农药登记产品信息汇编

（2016）

农业部农药检定所　主编

中国农业出版社

#《农药登记产品信息汇编》(2016)

编辑委员会

前　言

为了方便农药管理、生产、销售、使用等部门及时了解农药登记情况，我们编辑出版了《农药登记产品信息汇编》(2016年版)。

本汇编汇集了我国自1984年实施农药登记制度以来，国内外农药（含卫生杀虫剂）在我国获得登记并在2015年处于登记有效期内的产品34 876个。

截至2015年12月31日，有效期内登记产品34 311个，正式登记32 910个，其中大田正式登记30 518个，卫生正式登记2 392个；临时登记875个，其中大田临时登记810个，卫生临时登记65个；分装登记526个。登记有效成分（通用名）661个。按原药和制剂区分，原药登记4 046个，制剂登记30 265个。登记企业2 231家，其中境内2 119家，境外112家。

本汇编包括农药产品的名称、通用名称、有效成分含量、登记作物、防治对象、登记有效期、农药生产企业名称、详细地址、电话等信息。

《农药登记产品信息汇编》是农药登记产品信息的权威发布，适用于从事农业、化工、卫生、环保、农资、林业、粮食、烟草、工商、技术监督、商检、进出境贸易等行业的农药生产、使用、经营、科研和管理等单位和人员，也可供大专院校师生使用。

本汇编中个别产品的申请单位名称、防治对象、使用剂量等会因登记情况的改变有所变动，如遇此类情况一律以最新核发的农药登记证（或农药临时登记证）上的内容为准。如需了解详细情况或发现问题，请与农业部农药检定所药情信息处、药政管理处联系。

联系地址：北京市朝阳区麦子店街22号楼　　邮编：100125

电　　话：010-59194109，65937009　　传真：010-59194075

农业部农药检定所

2016年1月

目　录

前言

农药登记……………………………………………… 1
奥地利金奥特微胶囊技术有限公司 ………………… 1
澳大利亚拜迪斯有限公司 ………………………… 1
澳大利亚环球科技有限公司 ……………………… 1
澳大利亚卡灵顿哈文有限公司 …………………… 1
澳大利亚纽发姆有限公司 ………………………… 1
澳大利亚天然除虫菊公司 ………………………… 2
保加利亚艾格利亚有限公司 ……………………… 2
比利时农化公司 …………………………………… 2
比利时特胺有限公司 ……………………………… 2
比利时杨森制药公司 ……………………………… 3
丹麦科麦农公司 …………………………………… 3
巴斯夫欧洲公司 …………………………………… 3
拜耳有限责任公司 ………………………………… 7
德国阿格福莱农林环境生物技术股份有限公司 …… 8
德国拜耳作物科学公司 …………………………… 8
德国默克公司……………………………………… 12
德国赛拓有限责任公司…………………………… 12
德国斯杜宁公司…………………………………… 12
法国戴商高士公司………………………………… 12
法国道达尔流体公司……………………………… 12
古巴朗伯姆公司…………………………………… 12
韩国 LG 生命科学有限公司……………………… 12
韩国东部韩农株式会社…………………………… 12
韩国国宝药业有限公司…………………………… 12
韩国韩世药品公司………………………………… 12
韩国汉高家庭护理有限公司……………………… 12
韩国日明制药株式会社…………………………… 13
韩国生物株式会社………………………………… 13
韩国泰光制药股份有限公司……………………… 13
吉克特种油株式会社……………………………… 13
荷兰 Denka 国际有限公司 ……………………… 13
捷克生物制剂股份有限公司……………………… 13
马来西亚护农（马）私人有限公司……………… 13
爱利思达生物化学品北美有限公司……………… 13
麦德梅农业解决方案有限公司…………………… 13
美国阿塞托农化有限公司………………………… 14
美国拜沃股份有限公司…………………………… 14
美国杜邦公司……………………………………… 15
美国恩斯特克斯公司……………………………… 18
美国凡特鲁斯公司………………………………… 18
美国富美实公司…………………………………… 18
美国高文国际商业有限公司……………………… 20
美国罗门哈斯公司………………………………… 20
美国孟山都公司…………………………………… 20
美国默赛技术公司………………………………… 21
美国硼砂集团……………………………………… 22
美国世科姆公司…………………………………… 22
美国陶氏益农公司………………………………… 23
美国仙农有限公司………………………………… 26
美国伊甸生物技术公司…………………………… 27
美国庄臣公司……………………………………… 27
美商华仑生物科学公司…………………………… 27
挪威劳道克斯公司………………………………… 28
爱利思达生命科学株式会社……………………… 28
白元安速株式会社………………………………… 28
井上石灰工业株式会社…………………………… 28
日本阿斯制药株式会社…………………………… 28
日本拜耳作物科学公司…………………………… 28
日本北兴化学工业株式会社……………………… 28
日本曹达株式会社………………………………… 29
日本化药株式会社………………………………… 30
日本佳田化学（株）中国有限公司……………… 30
日本科研制药株式会社…………………………… 30
日本明治制果药业株式会社……………………… 30
日本农药株式会社………………………………… 30
日本欧爱特农业科技株式会社…………………… 31
日本日产化学工业株式会社……………………… 31
日本日友商社（香港）有限公司………………… 31
日本三井化学 AGRO 株式会社 ………………… 31
日本狮王株式会社………………………………… 32
日本石原产业株式会社…………………………… 32
日本史迪士生物科学株式会社…………………… 33
日本卫材食品化学株式会社……………………… 33
日本旭化学工业株式会社………………………… 33
日本住友化学株式会社…………………………… 33
日本组合化学工业株式会社……………………… 35
瑞士龙沙有限公司………………………………… 35

瑞士先正达作物保护有限公司…………………………35
泰国波罗格力国际有限公司…………………………41
委内瑞拉英奎伯特公司…………………………41
乌克兰国家科学院和科教部联合科技中心…………………………41
西班牙艾克威化学工业有限公司…………………………41
新加坡冈田生态技术私人有限公司…………………………42
新加坡利农私人有限公司…………………………42
新西兰塔拉纳奇化学有限公司…………………………43
新西兰庄臣有限公司…………………………43
安道麦阿甘有限公司…………………………43
安道麦马克西姆有限公司…………………………43
意大利艾格汶生命科学有限公司…………………………44
意大利芬奇米凯公司…………………………44
意大利意赛格公司…………………………44
爱斯特克生物科学有限公司…………………………44
拜耳瓦比有限公司…………………………44
克里什树农（印度）有限公司…………………………44
印度 TAGROS 公司 …………………………44
印度格达化学有限公司…………………………44
印度禾润保工业有限公司…………………………44
印度赫曼尼工业有限公司…………………………45
印度科门德国际有限公司…………………………45
印度利农实业有限公司…………………………45
印度联合磷化物有限公司…………………………45
印度瑞利有限公司…………………………45
印度万民利有机化学有限公司…………………………46
印度伊克胜作物护理有限公司…………………………46
印度印地菲尔工业有限公司…………………………46
英国先正达有限公司…………………………46
智利科米塔工业公司…………………………47
安徽常泰化工有限公司…………………………47
安徽长城生化有限公司…………………………48
安徽春辉植物农药厂…………………………48
安徽迪邦药业有限公司…………………………49
安徽东至广信农化有限公司…………………………49
安徽繁农化工科技有限公司…………………………49
安徽丰乐农化有限责任公司…………………………50
安徽丰特农化有限公司…………………………54
安徽福瑞德生物科技有限公司…………………………54
安徽富地神生物科技有限公司…………………………54
安徽富田农化有限公司…………………………54
安徽广信农化股份有限公司…………………………54
安徽国星生物化学有限公司…………………………55
安徽海日农化有限公司…………………………56
安徽禾丰农药厂…………………………56
安徽禾健生物科技有限公司…………………………56
安徽华旗农化有限公司…………………………57
安徽华星化工有限公司…………………………57
安徽嘉联生物科技有限公司…………………………63
安徽佳田森农药化工有限公司…………………………64
安徽金泰农药化工有限公司…………………………65
安徽锦邦化工股份有限公司…………………………66
安徽久易农业股份有限公司…………………………66
安徽凯正农化有限公司…………………………68
安徽康达化工有限责任公司…………………………68
安徽康宇生物科技工程有限公司…………………………69
安徽科立华化工有限公司…………………………69
安徽科苑植保工程有限责任公司…………………………70
安徽立康杀虫制品有限公司…………………………70
安徽陆野农化有限责任公司…………………………70
安徽美科达农化有限公司…………………………71
安徽美兰农业发展股份有限公司…………………………71
安徽全力集团有限公司…………………………74
安徽瑞然生物药肥科技有限公司…………………………74
安徽三荷日用品有限公司…………………………74
安徽沙隆达生物科技有限公司…………………………74
安徽生力农化有限公司…………………………75
安徽省安庆市南风日化有限责任公司…………………………76
安徽省安庆市茁壮农药有限公司…………………………76
安徽省蚌埠九采罗化学有限公司…………………………76
安徽省池州新赛德化工有限公司…………………………76
安徽省丰臣农化有限公司…………………………77
安徽省广德县青山卫生实验厂…………………………77
安徽省合肥海明日用化工厂…………………………77
安徽省合肥天润日用化工公司…………………………77
安徽省合肥益丰化工有限公司…………………………77
安徽省合肥正宇工贸有限公司…………………………78
安徽省化工研究院…………………………78
安徽省淮北市农药厂…………………………79
安徽省淮南市田家庵区九龙杀虫剂厂…………………………79
安徽省黄山市农业化工厂…………………………79
安徽省锦江农化有限公司…………………………80
安徽省灵璧县通达化工厂…………………………81
安徽省六安利庭日用化工有限公司…………………………81
安徽省六安市种子公司安丰种衣剂厂…………………………81
安徽省宁国市朝农化工有限责任公司…………………………82
安徽省庆丰农化有限责任公司…………………………83
安徽省全椒县椒陵精细化工厂…………………………83
安徽省全椒县龙雾精细化工有限公司…………………………83
安徽省瑞特农化有限公司…………………………83
安徽省圣丹生物化工有限公司…………………………84
安徽省四达农药化工有限公司…………………………85
安徽省宿州市化工厂…………………………86
安徽省太和县农药厂…………………………86
安徽省铜陵福成农药有限公司…………………………87
安徽省益农化工有限公司…………………………87
安徽省银山药业有限公司…………………………88
安徽省亳州市百施乐生化有限责任公司…………………………89
安徽圣丰生化有限公司…………………………89
安徽天恒农化科技发展有限公司…………………………89

安徽喜丰收农业科技有限公司 …… 89
安徽兴隆化工有限公司 …… 91
安徽亚华医药化工有限公司 …… 91
安徽扬子化工有限公司 …… 91
安徽永丰农药化工有限公司 …… 92
安徽正峰日化有限公司 …… 93
安徽中山化工有限公司 …… 93
安徽众邦生物工程有限公司 …… 94
安徽琪嘉日化有限责任公司 …… 96
安徽榄菊日用制品有限公司 …… 96
安庆博远生化科技有限公司 …… 96
安庆美程化工有限公司 …… 96
池州飞昊达化工有限公司 …… 97
定远县嘉禾植物保护剂有限责任公司 …… 97
合肥合农农药有限公司 …… 97
合肥星宇化学有限责任公司 …… 98
恒诚制药集团淮南有限公司 …… 101
绩溪农华生物科技有限公司 …… 101
绩溪县庆丰天鹰生化有限公司 …… 103
宁国市百立德生物科技有限公司 …… 103
瑞隆化工（宿州）有限公司 …… 104
天长市正德卫生用品厂 …… 104
芜湖市多威农化有限责任公司 …… 104
中土化工（安徽）有限公司 …… 104
北京艾比蒂生物科技有限公司 …… 104
北京北农天风农药有限公司 …… 104
北京比荣达生化技术开发有限责任公司 …… 105
北京达世丰生物科技有限公司 …… 105
北京富力特农业科技有限责任公司 …… 106
北京广源益农化学有限责任公司 …… 108
北京华戎生物激素厂 …… 108
北京金地优诺生物科技发展有限公司 …… 110
北京金龙翔工贸有限公司 …… 111
北京科林世纪海鹰科技发展有限公司 …… 111
北京科诺华生物科技有限公司 …… 111
北京来福林生物技术有限公司 …… 111
北京绿百灵化学实验厂 …… 111
北京绿叶世纪日化用品有限公司 …… 111
北京洛娃日化有限公司 …… 112
北京三浦百草绿色植物制剂有限公司 …… 112
北京市百盟兴科贸有限责任公司 …… 112
北京市朝阳区利华鼠药厂 …… 112
北京市东旺农药厂 …… 112
北京市隆华新业卫生杀虫剂有限公司 …… 113
北京市益环天敌农业技术服务公司 …… 114
北京顺意生物农药厂 …… 114
北京沃特瑞尔科技发展有限公司 …… 116
北京亚戈农生物药业有限公司 …… 116
北京燕化永乐生物科技股份有限公司 …… 117
北京中农大生物技术股份有限公司 …… 120
北京中农研创高科技有限公司 …… 121
北京中植科华农业技术有限公司 …… 121
北京鑫四环消毒技术开发中心 …… 122
台湾百泰生物科技股份有限公司 …… 122
台湾亿丰农化厂股份有限公司 …… 122
中港泰富（北京）高科技有限公司 …… 122
重庆蝶王日化厂 …… 122
重庆东方农药有限公司 …… 122
重庆丰化科技有限公司 …… 122
重庆金合蚊香制品有限公司 …… 123
重庆金马蚊香厂 …… 123
重庆井口农药有限公司 …… 123
重庆净龙巴州化工有限公司 …… 124
重庆农药化工（集团）有限公司 …… 124
重庆山城蚊香制品有限责任公司 …… 125
重庆市晨豹日化有限公司 …… 125
重庆市宏利蚊香厂 …… 125
重庆市化工研究院 …… 125
重庆市诺意农药有限公司 …… 125
重庆市山丹生物农药有限公司 …… 125
重庆市永川化学制品厂 …… 125
重庆市众力生物工程有限公司 …… 126
重庆树荣作物科学有限公司 …… 126
重庆双丰化工有限公司 …… 127
重庆泰帮化工有限公司 …… 129
重庆正大精细化工研究所有限公司 …… 129
重庆中邦药业（集团）有限公司 …… 129
重庆种衣剂厂 …… 130
重庆重大生物技术发展有限公司 …… 130
重庆紫光国际化工有限责任公司 …… 130
重庆榄菊实业有限公司 …… 130
福建宝捷利生化农药有限公司 …… 130
福建奔马日化有限公司 …… 130
福建高科日化有限公司 …… 131
福建豪德化工科技有限公司 …… 131
福建凯立生物制品有限公司 …… 131
福建浦城绿安生物农药有限公司 …… 132
福建青松股份有限公司 …… 132
福建泉州高科日化制造有限公司 …… 132
福建三农化学农药有限责任公司 …… 133
福建三农农化有限公司 …… 134
福建神狮日化有限公司 …… 134
福建省德盛生物工程有限责任公司 …… 134
福建省福鼎市绿丰化工有限公司 …… 134
福建省福州绿色应用化学技术开发有限公司 …… 134
福建省福州市防治白蚁公司 …… 134
福建省花仙子（厦门）日用化学品有限公司 …… 134
福建省惠安县东岭东山蚊香厂 …… 134
福建省建瓯福农化工有限公司 …… 134
福建省金鹿日化股份有限公司 …… 135

福建省锦江日用化工有限公司 …… 135
福建省晋江金童蚊香制品有限公司 …… 136
福建省晋江市安海镇双鳄日用品厂 …… 136
福建省晋江市安鹿卫生用品有限公司 …… 136
福建省晋江市老君日化有限责任公司 …… 136
福建省晋江市灵源娃力蚊香厂 …… 137
福建省晋江市罗山华隆蚊香制品有限公司 …… 137
福建省晋江市罗山金马蚊香有限公司 …… 137
福建省晋江市罗山金猫日用蚊香有限公司 …… 137
福建省晋江市罗山许坑太目蚊香厂 …… 137
福建省晋江市罗山许坑蚊香二厂 …… 137
福建省晋江市亲亲日化有限公司 …… 137
福建省连城县萤火虫蚊业有限公司 …… 137
福建省梦娇兰日用化学品有限公司 …… 137
福建省南安市大通蚊香厂 …… 137
福建省莆田市荔城区康盛蚊香厂 …… 137
福建省莆田市友缘实业有限公司 …… 137
福建省泉州市神象日化有限公司 …… 138
福建省厦门群鹭香业有限公司 …… 138
福建省厦门市格灵生物技术有限公司 …… 138
福建省厦门市绿地康生物工程有限公司 …… 138
福建省厦门市胜伟达工贸有限公司 …… 139
福建省仙游县林宇蚊香厂 …… 139
福建省旭化学工业（漳州）有限公司 …… 139
福建省漳州快丰收植物生长剂有限公司 …… 139
福建省漳州市龙文农化有限公司 …… 139
福建省漳州永恒化妆品有限公司 …… 139
福建省漳州庄臣化学品有限公司 …… 140
福建省政和县官湖化工有限公司 …… 140
福建双飞日化有限公司 …… 140
福建新农大正生物工程有限公司 …… 140
福建永春县洁静日化有限公司 …… 144
福州千姿化妆品有限公司 …… 144
古田县科达生物化工有限公司 …… 144
晋江市安海万兴日用化工厂 …… 144
晋江蝙蝠蚊香有限公司 …… 144
龙岩市家卫日用制品有限公司 …… 144
纳润（厦门）科技有限公司 …… 144
邵武市不用拆蚊香厂 …… 144
蛙王（福建）日化有限公司 …… 144
厦门荣美香业有限公司 …… 144
厦门三圈电池有限公司 …… 144
厦门市象球精细化工有限公司 …… 145
厦门市允信香业有限公司 …… 145
元龙（福建）日用品有限公司 …… 145
甘肃富民生态农业科技有限公司 …… 145
甘肃国力生物科技开发有限公司 …… 145
甘肃华实农业科技有限公司 …… 145
甘肃省兰州固诚化工有限公司 …… 147
甘肃省两西新产品开发试验中心 …… 147
甘肃省武山县农药厂 …… 147
甘肃省张掖市大弓农化有限公司 …… 147
甘肃天保农药化工有限公司 …… 149
兰州润泽生化科技有限公司 …… 149
兰州石油化工宏达公司 …… 149
兰州世创生物科技有限公司 …… 149
武威春飞作物科技有限公司 …… 149
佛山市高明区万邦生物有限公司 …… 149
佛山市南海区黄岐嘉纯生物工程有限公司 …… 149
佛山市雅洁丽化妆品有限公司 …… 149
广东北大新世纪生物工程股份有限公司 …… 149
广东大丰植保科技有限公司 …… 149
广东德利生物科技有限公司 …… 150
广东福尔康化工科技股份有限公司 …… 150
广东广州奥森农药有限公司 …… 151
广东浩德作物科技有限公司 …… 151
广东金农达生物科技有限公司 …… 153
广东劲劲化工有限公司 …… 154
广东九极日用保健品有限公司 …… 154
广东莱雅化工有限公司 …… 154
广东蓝琛科技实业有限公司 …… 155
广东立农生物科技有限公司 …… 155
广东立威化工有限公司 …… 155
广东茂名绿银农化有限公司 …… 156
广东美时家庭用品有限公司 …… 157
广东梦想日用化工有限公司 …… 157
广东全美实业日用化工有限公司 …… 157
广东省保血（江门）日用制品有限公司 …… 158
广东省潮州市城西荣兴蚊香厂 …… 158
广东省东莞博迪化妆品有限公司 …… 158
广东省东莞市金凤莞香有限公司 …… 158
广东省东莞市瑞德丰生物科技有限公司 …… 158
广东省东莞市万江万宝日用制品厂 …… 168
广东省东莞万盛家庭用品有限公司 …… 168
广东省佛山市大兴生物化工有限公司 …… 168
广东省佛山市高明佳莉日用化工有限公司 …… 171
广东省佛山市南海奥帝精细化工有限公司 …… 171
广东省佛山市南海区绿宝生化技术研究所 …… 172
广东省佛山市南海施乐华化妆品有限公司 …… 172
广东省佛山市南海添惠日化有限公司 …… 172
广东省佛山市顺德区香江精细化工实业有限公司 …… 172
广东省佛山市盈辉作物科学有限公司 …… 172
广东省广州帝盟精细化工实业有限公司 …… 174
广东省广州法德美化妆品有限公司 …… 174
广东省广州农泰生物科技有限公司 …… 174
广东省广州市白云区新东方日用化工品厂 …… 175
广东省广州市广农化工有限公司 …… 175
广东省广州市海珠区山田日用品厂 …… 175
广东省广州市豪恩思精细化工有限公司 …… 175
广东省广州市花都区花山日用化工厂 …… 175

广东省广州市黄埔化工厂 …… 176
广东省广州市佳丽日用化妆品有限公司 …… 176
广东省广州市金农科技开发有限公司 …… 176
广东省广州市浪奇实业股份有限公司 …… 176
广东省广州市泰祥白蚁防治工程有限公司 …… 176
广东省广州市益农生化有限公司 …… 176
广东省广州市越秀区恒利卫生用品厂 …… 177
广东省广州市智灵公共卫生研究所 …… 177
广东省广州市中达生物工程有限公司 …… 177
广东省广州新天地化学实业有限公司 …… 178
广东省化州市天力化工有限公司 …… 178
广东省江门市新会区农得丰有限公司 …… 178
广东省蕉岭县嘉福香业有限公司 …… 178
广东省揭东县雪美化妆品有限公司 …… 178
广东省揭阳市渔湖中学为民蚂蚁药厂 …… 178
广东省揭阳市泓泰百货有限公司 …… 179
广东省揭阳市榕城区榕东潮洲灭蚁药厂 …… 179
广东省开平市马冈镇达豪粘胶日用制品厂 …… 179
广东省雷州市天品有限公司 …… 179
广东省陆丰市东海丰富日用化学品厂 …… 179
广东省陆丰市飞龙实业有限公司 …… 179
广东省陆丰市港达日用化学品厂 …… 179
广东省陆丰市通达精细化工厂 …… 179
广东省陆丰裕达企业发展公司 …… 179
广东省罗定市永安化工有限责任公司 …… 179
广东省汕头市哈神实业有限公司 …… 179
广东省汕头市宏光化工有限公司 …… 180
广东省汕头市雅百莉化妆品有限公司 …… 180
广东省汕头市友情精细化工实业有限公司 …… 180
广东省汕头市倩芬化妆品实业有限公司 …… 180
广东省深圳市沃科生物工程有限公司 …… 180
广东省四会市农药厂 …… 180
广东省遂溪县农药厂 …… 181
广东省台山市日用化工厂 …… 181
广东省英德广农康盛化工有限责任公司 …… 181
广东省英红华侨农药厂 …… 183
广东省湛江市春江生物化学实业有限公司 …… 183
广东省湛江市甘丰农药厂 …… 183
广东省中山市多益化工有限公司 …… 183
广东省中山市金鸟化工有限公司 …… 183
广东省中山市凯迪日化制品有限公司 …… 184
广东省中山市威特健日用品有限公司 …… 184
广东省中山市盈科化工实业有限公司 …… 184
广东省中山榄菊日化实业有限公司 …… 184
广东省珠海市华夏生物制剂有限公司 …… 186
广东省珠海市佳弘科技有限公司 …… 186
广东施露兰化妆品有限公司 …… 187
广东新景象生物工程有限公司 …… 187
广东新秀田化工有限公司 …… 187
广东原沣生物工程有限公司 …… 187
广东园田生物工程有限公司 …… 187
广东植物龙生物技术有限公司 …… 188
广东中迅农科股份有限公司 …… 189
广东珠海经济特区瑞农植保技术有限公司 …… 194
广州超威日用化学用品有限公司 …… 194
广州农密生物科技有限公司白云分公司 …… 196
广州农药厂从化市分厂 …… 196
广州粤果农业科技有限公司 …… 196
惠州市银农科技股份有限公司 …… 197
江门市大光明农化新会有限公司 …… 197
江门市大自然纺织品有限公司 …… 200
江门市植保有限公司 …… 200
揭阳试验区百信灭蚁药厂 …… 200
金奇集团金奇日化有限公司 …… 200
陆丰市港达实业有限公司日用化学品厂 …… 201
陆丰市朗肤丽实业有限公司 …… 201
普宁市洪阳宏达蚊香厂 …… 201
清远市顾地丰生物科技有限公司 …… 201
汕头市金龙日化实业有限公司 …… 202
深圳诺普信农化股份有限公司 …… 202
深圳市伟丰隆贸易有限公司 …… 210
四会市润土作物科学有限公司 …… 211
肇庆市真格生物科技有限公司 …… 211
质检总局国家实蝇检疫重点实验室 …… 212
中山富士化工有限公司 …… 212
中山凯中有限公司 …… 212
中山雅黛日用化工有限公司 …… 215
珠海真绿色技术有限公司 …… 215
博白县天地和农药厂 …… 215
广西安农化工有限责任公司 …… 215
广西安泰化工有限责任公司 …… 216
广西拜科生物科技有限公司 …… 218
广西北海国发海洋生物农药有限公司 …… 219
广西贝嘉尔生物化学制品有限公司 …… 219
广西博白县避害增有限公司 …… 220
广西博白县大西南农药厂 …… 220
广西发昌香业有限公司 …… 220
广西富利海化工有限公司 …… 221
广西桂林宝盛农药有限公司 …… 221
广西桂林井田生化有限公司 …… 221
广西桂林荔浦晶鹰蚊香厂 …… 222
广西桂林瑞泰化工有限责任公司 …… 222
广西桂林市柏松卫生品有限责任公司 …… 222
广西桂林市宏田生化有限责任公司 …… 222
广西桂林五丰化学农药有限公司 …… 222
广西桂林依柯诺农药有限公司 …… 222
广西桂林益源农化有限公司 …… 223
广西国泰农药有限公司 …… 223
广西禾泰农药有限责任公司 …… 223
广西贺州八步区贺街金龙蚊香厂 …… 224

广西恒丰化工有限公司 …… 224
广西弘峰（北海）合浦农药有限公司 …… 224
广西汇丰生物科技有限公司 …… 226
广西金宏达农药有限公司 …… 226
广西金穗农药有限公司 …… 226
广西金土地生化有限公司 …… 227
广西金燕子农药有限公司 …… 228
广西金裕隆农药化工有限公司 …… 228
广西康赛德农化有限公司 …… 228
广西科联生化有限公司 …… 229
广西乐土生物科技有限公司 …… 230
广西荔浦东升蚊香厂 …… 230
广西荔浦黑蛙牌兴旺蚊香厂 …… 230
广西荔浦县荔东蚊香厂 …… 230
广西荔浦县梦香蚊香厂 …… 230
广西灵川县新华日用卫生制品厂 …… 230
广西灵山县逢春化工有限公司 …… 230
广西柳州华力家庭品业股份有限公司 …… 231
广西柳州市白云杀虫剂厂 …… 231
广西柳州蚊敌香业有限公司 …… 232
广西柳州昊邦日化有限公司 …… 232
广西隆丰农药化工有限公司 …… 232
广西路明宝化工有限公司 …… 232
广西绿田农药厂 …… 232
广西南宁化工股份有限公司 …… 233
广西南宁利民农用化学品有限公司 …… 233
广西南宁神鹰卫生害虫防治有限责任公司 …… 234
广西南宁泰达丰化工有限公司 …… 234
广西农大生化科技有限责任公司 …… 234
广西农喜作物科学有限公司 …… 235
广西平乐农药厂 …… 235
广西平乐野牛有限责任公司 …… 236
广西钦州谷虫净总厂 …… 236
广西上思县农药厂 …… 236
广西省柳州市万友家庭卫生害虫防治所 …… 236
广西施乐农化科技开发有限责任公司 …… 236
广西田园生化股份有限公司 …… 236
广西梧州蒙山县广字蚊香厂 …… 241
广西兴安县农药厂 …… 241
广西兄弟农药厂 …… 242
广西易多收生物科技有限公司 …… 242
广西易多收生物科技有限公司河池农药厂 …… 244
广西玉林市百能达日用粘胶制品厂 …… 244
广西玉林市农宝农药厂 …… 244
广西玉林祥和源化工药业有限公司 …… 245
广西植保农药厂 …… 245
广西钟山县农药厂 …… 245
广西壮族自治区化工研究院 …… 245
广西自主化工有限公司 …… 246
广西鑫金泰化工有限公司 …… 246
桂林桂开生物科技股份有限公司 …… 247
桂林集琦生化有限公司 …… 247
桂林荔浦辉煌香业厂 …… 249
柳州市惠农化工有限公司 …… 249
柳州市新岩消杀药剂厂 …… 250
南宁市德丰富化工有限责任公司 …… 250
贵州道元生物技术有限公司 …… 251
贵州贵大科技产业有限责任公司 …… 251
贵州利尔化工有限公司 …… 252
贵州南明远航蚊香厂 …… 252
贵州省贵阳市花溪茂业植物速丰剂厂 …… 252
贵州省华鹰化学工业有限责任公司 …… 252
贵州省化工研究院 …… 252
贵州省铜仁地区植保技术服务公司 …… 252
贵州省镇远县宝丰农化有限责任公司 …… 252
贵州天骜生物科技有限公司 …… 253
贵州亚净卫生用品有限公司 …… 253
贵州遵义泉通化工有限公司 …… 253
贵州仝鑫工贸有限公司 …… 253
海南博士威农用化学有限公司 …… 253
海南江河农药化工厂有限公司 …… 254
海南利蒙特生物农药有限公司 …… 255
海南力智生物工程有限责任公司 …… 257
海南侨华农药厂 …… 258
海南侨华农药厂有限公司 …… 258
海南润禾农药有限公司 …… 258
海南正业中农高科股份有限公司 …… 258
上海家化海南日用化学品有限公司 …… 261
保定大中方香业有限公司 …… 261
保定鸿鑫制香有限公司 …… 261
保定嘉瑞日化科技有限公司 …… 261
保定康宝制香有限公司 …… 262
保定农药厂 …… 262
保定市地芭化工有限公司 …… 262
保定市恒洁日化有限公司 …… 262
保定市康美日化有限公司 …… 262
保定市顺博日化有限公司 …… 262
保定市天润康华日化有限公司 …… 263
保定市一诺日化科技有限公司 …… 263
保定市益佳日化有限公司 …… 263
保定伊普丰化工有限公司 …… 263
保定正大阳光日用品有限公司 …… 263
北农（海利）涿州种衣剂有限公司 …… 263
阜城县永发化工厂 …… 264
高碑店市田星生物工程有限公司 …… 264
高阳县康华爱卫用品厂 …… 265
邯郸市新阳光化工有限公司 …… 265
邯郸市赵都精细化工有限公司 …… 265
河北安瑞特化工有限公司 …… 265
河北奥德植保药业有限公司 …… 265

河北八源生物制品有限公司 …… 266
河北保润生物科技有限公司 …… 267
河北博嘉农业有限公司 …… 267
河北成悦化工有限公司 …… 269
河北德美化工有限责任公司 …… 269
河北德农生物化工有限公司 …… 270
河北德瑞化工有限公司 …… 270
河北德裕祥生物化工有限公司 …… 270
河北格雷特生物科技有限公司 …… 270
河北共好生物科技有限公司 …… 271
河北古城香业集团股份有限公司 …… 271
河北冠龙农化有限公司 …… 271
河北国东化工科技有限公司 …… 274
河北国美化工有限公司 …… 275
河北国欣诺农生物技术有限公司 …… 275
河北海虹生化有限公司 …… 276
河北贺森化工有限公司 …… 276
河北华灵农药有限公司 …… 276
河北金德伦生化科技有限公司 …… 277
河北军星生物化工有限公司 …… 278
河北康达有限公司 …… 279
河北阔达生物制品有限公司 …… 281
河北兰升生物科技有限公司 …… 282
河北廊坊乐万家联合家化有限公司 …… 282
河北利时捷生物科技有限公司 …… 282
河北力威日化有限公司 …… 282
河北绿风肥业集团有限公司 …… 282
河北美邦化工科技有限公司 …… 282
河北农佳生物科技有限公司 …… 283
河北欧亚化学工业有限公司 …… 283
河北奇峰化工有限公司 …… 283
河北青园腾达生物科技有限公司 …… 283
河北擎云化工科技有限公司 …… 284
河北荣威生物药业有限公司 …… 285
河北瑞宝德生物化学有限公司 …… 285
河北润达农药化工有限公司 …… 286
河北润农化工有限公司 …… 287
河北赛瑞德化工有限公司 …… 288
河北三农农用化工有限公司 …… 289
河北山立化工有限公司 …… 291
河北善思生物科技有限公司 …… 291
河北上瑞化工有限公司 …… 291
河北神华药业有限公司 …… 292
河北省霸州市腾达精细日用化工厂 …… 292
河北省保定古堡香厂 …… 292
河北省保定容泰卫生保健用品有限公司 …… 292
河北省保定市保力康日化有限公司 …… 293
河北省保定市甘雨日化有限公司 …… 293
河北省保定市金诺制香有限公司 …… 293
河北省保定市科绿丰生化科技有限公司 …… 293
河北省保定市联合家用化工有限责任公司 …… 294
河北省保定市南市区三利源日化厂 …… 294
河北省保定市神采美日化有限公司 …… 294
河北省保定市新市区开元蚊香厂 …… 294
河北省保定市亚达化工有限公司 …… 294
河北省保定燕赵制香有限公司 …… 295
河北省沧州百斯特生物技术有限公司 …… 295
河北省沧州科润化工有限公司 …… 296
河北省沧州润德农药有限公司 …… 296
河北省沧州市天和农药厂 …… 297
河北省沧州天马绿化农药有限公司 …… 297
河北省沧州天胜农药化工厂 …… 298
河北省沧州正兴生物农药有限公司 …… 298
河北省沧州志诚化工有限公司 …… 298
河北省定兴县五合日用化学有限公司 …… 299
河北省定州市长城日用化学厂 …… 299
河北省高碑店市神达化工有限责任公司 …… 299
河北省高阳县豪捷制香有限公司 …… 299
河北省邯郸市建华植物农药厂 …… 299
河北省邯郸市金英精细化工有限公司 …… 300
河北省邯郸市瑞田农药有限公司 …… 300
河北省邯郸市太行农药厂 …… 300
河北省河间市长盛樟脑有限公司 …… 300
河北省衡水北方农药化工有限公司 …… 301
河北省黄骅市鸿承企业有限公司 …… 302
河北省黄骅市绿园农药化工有限公司 …… 302
河北省冀州市凯明农药有限责任公司 …… 302
河北省廊坊强盛精细化工有限公司 …… 303
河北省廊坊市奥姿化妆品有限公司 …… 303
河北省廊坊天威日化有限公司 …… 304
河北省农药化工有限公司 …… 304
河北省容城超达精细化工有限公司 …… 305
河北省容城县浩达日用制品有限公司 …… 305
河北省容城县鑫荣达日用制品有限公司 …… 305
河北省三河中澳科技发展有限公司 …… 305
河北省石家庄宝丰化工有限公司 …… 305
河北省石家庄华农化工有限责任公司 …… 306
河北省石家庄市绿丰化工有限公司 …… 306
河北省石家庄市深泰化工有限公司 …… 307
河北省肃宁县芳溢日化有限公司 …… 307
河北省肃宁县伸力日用化工有限责任公司 …… 307
河北省肃宁县兴业精细化工厂 …… 307
河北省唐山市瑞华生物农药有限公司 …… 307
河北省唐山鑫华农药有限公司 …… 308
河北省万全农药厂 …… 308
河北省吴桥农药有限公司 …… 309
河北省邢台富强化工有限公司 …… 309
河北省邢台市农药有限公司 …… 309
河北省雄县凯晨日化有限公司 …… 310
河北省张家口长城农化（集团）有限责任公司 …… 310

河北省张家口金赛制药有限公司 …… 310
河北省遵化市金山神猴日化厂 …… 311
河北省涿州市桃园农药厂 …… 311
河北省蠡县华松工艺制香厂 …… 311
河北省蠡县华业精细化工有限公司 …… 311
河北省蠡县冀中华联精细化工有限公司 …… 311
河北省蠡县冀蠡精细化工有限公司 …… 311
河北省蠡县远大日化有限公司 …… 311
河北省蠡县争锋精细化工有限公司 …… 311
河北盛世基农生物科技股份有限公司 …… 311
河北圣邦药业有限公司 …… 312
河北圣禾化工有限公司 …… 313
河北圣亚达化工有限公司 …… 313
河北石家庄市龙汇精细化工有限责任公司 …… 314
河北石滦农药化工有限公司 …… 314
河北双吉化工有限公司 …… 314
河北天发化工科技有限公司 …… 316
河北天路生物化工有限公司 …… 316
河北天顺生物工程有限公司 …… 317
河北万博生物科技有限公司 …… 317
河北万全宏宇化工有限责任公司 …… 317
河北万全力华化工有限责任公司 …… 317
河北万特生物化学有限公司 …… 318
河北威远生化农药有限公司 …… 318
河北沃德丰药业有限公司 …… 322
河北欣田生化工程有限公司 …… 322
河北新农生物化工股份有限公司 …… 322
河北新兴化工有限责任公司 …… 323
河北宣化农药有限责任公司 …… 323
河北野田农用化学有限公司 …… 325
河北伊诺生化有限公司 …… 326
河北益海安格诺农化有限公司 …… 328
河北益康制香有限公司 …… 329
河北赞峰生物工程有限公司 …… 330
河北志诚生物化工有限公司 …… 330
河北中谷药业有限公司 …… 331
河北中化滏恒股份有限公司 …… 332
河北中天邦正生物科技股份公司 …… 332
河北卓诚化工有限责任公司 …… 333
河北昊澜化工科技有限公司 …… 333
河北昊阳化工有限公司 …… 334
河北馥稷生物科技有限公司 …… 334
衡水景美化学工业有限公司 …… 335
华北制药河北华诺有限公司 …… 335
华北制药集团爱诺有限公司 …… 336
冀州市恒伟化工有限公司 …… 338
廊坊亿得安化工有限公司 …… 338
秦皇岛金兰电器有限责任公司 …… 338
容城县飞鹤卫生用品有限公司 …… 338
石家庄宏科生物化工有限公司 …… 338
石家庄瑞凯化工有限公司 …… 338
石家庄沙飞日化有限公司 …… 339
石家庄市华星农药有限公司 …… 339
石家庄市兴柏生物工程有限公司 …… 339
石家庄曙光制药厂 …… 340
石家庄曙光制药原料药有限公司 …… 340
肃宁县海蓝农药有限公司 …… 340
邢台佰斯特化工科技有限公司 …… 340
邢台宝波农药有限公司 …… 341
张家口长城农药有限公司 …… 341
中国农科院植保所廊坊农药中试厂 …… 342
涿州拜奥威生物科技有限公司 …… 344
涿州市翔翊华太生物技术有限公司 …… 344
蠡县华奥工艺制香厂 …… 345
蠡县佳鑫香业日化厂 …… 345
蠡县金诺达制香有限公司 …… 345
爱普瑞（焦作）农药有限公司 …… 345
安阳全丰生物科技有限公司 …… 345
安阳市安诺农化有限公司 …… 347
安阳市方圆农药科技有限责任公司 …… 347
登封市金博农药化工有限公司 …… 347
航空航天部正阳六九三兴华化工厂 …… 349
河南爱地森植保技术开发有限公司 …… 349
河南倍尔农化有限公司 …… 349
河南比赛尔农业科技有限公司 …… 350
河南波尔森农业科技有限公司 …… 351
河南德西扬农生物科技有限公司 …… 351
河南地卫士生物科技有限公司 …… 351
河南广农农药厂 …… 351
河南好年景生物发展有限公司 …… 352
河南鹤壁陶英陶生物科技有限公司 …… 352
河南恒信农化有限公司 …… 352
河南红东方化工股份有限公司 …… 352
河南捷利康农化有限公司 …… 353
河南金鹏化工有限公司 …… 353
河南金田地农化有限责任公司 …… 353
河南今越生物技术有限公司 …… 354
河南锦绣之星作物保护有限公司 …… 354
河南科邦化工有限公司 …… 355
河南科辉实业有限公司 …… 356
河南雷力农用化工有限公司 …… 356
河南力克化工有限公司 …… 356
河南绿保科技发展有限公司 …… 358
河南赛诺化工科技有限公司 …… 359
河南三浦百草生物工程有限公司 …… 359
河南省安阳市安林生物化工有限责任公司 …… 359
河南省安阳市国丰农药有限责任公司 …… 360
河南省安阳市红旗药业有限公司 …… 361
河南省安阳市红星农化有限公司 …… 362
河南省安阳市瑞泽农药有限责任公司 …… 362

河南省安阳市锐普农化有限责任公司 …………………… 362
河南省安阳市五星农药厂 ……………………………………… 363
河南省安阳市小康农药有限责任公司 …………………… 363
河南省安阳市振华化工有限责任公司 …………………… 363
河南省博爱惠丰生化农药有限公司 ……………………… 364
河南省博爱县田园农化厂 ……………………………………… 365
河南省春光农化有限公司 ……………………………………… 365
河南省郑州农康化工有限公司 ……………………………… 365
河南省丰收乐化学有限公司 ………………………………… 365
河南省鹤壁市农林制药有限公司 …………………………… 365
河南省鹤壁市锐沣生物科技发展中心 …………………… 365
河南省鹤壁天元股份有限公司 ……………………………… 366
河南省华威化学有限公司 ……………………………………… 366
河南省化肥矿山公司化工厂 ………………………………… 366
河南省获嘉县星火化工厂 ……………………………………… 366
河南省济源白云实业有限公司 ……………………………… 366
河南省焦作华生化工有限公司 ……………………………… 366
河南省焦作市红马农药厂 ……………………………………… 367
河南省焦作市瑞宝丰生化农药有限公司 ………………… 367
河南省金亮精细化工有限公司 ……………………………… 367
河南省金旺生化有限公司 ……………………………………… 368
河南省浚县粮保农药有限责任公司 ……………………… 368
河南省浚县绿宝农药厂 ………………………………………… 368
河南省开封克灵丰药业有限公司 …………………………… 369
河南省开封市浪潮化工有限公司 …………………………… 369
河南省开封市利民农药厂 ……………………………………… 370
河南省开封市种衣剂厂 ………………………………………… 370
河南省开封田威生物化学有限公司 ……………………… 370
河南省兰考县苏豫精细化工厂 ……………………………… 371
河南省洛阳龙邦生化科技有限公司 ……………………… 371
河南省洛阳市绿野生物工程有限公司 …………………… 371
河南省孟州市华丰生化农药有限公司 …………………… 371
河南省孟州市平原农药有限责任公司 …………………… 372
河南省南阳大华化工厂 ………………………………………… 372
河南省南阳市丰达农药化工有限责任公司 ……………… 372
河南省南阳市福来石油化学有限公司 …………………… 372
河南省南阳卧龙农药厂 ………………………………………… 373
河南省平顶山市梨园化工总厂 ……………………………… 373
河南省商丘天神农药厂 ………………………………………… 373
河南省商丘永佳精细化工厂 ………………………………… 374
河南省商水艾尔植物激素厂 ………………………………… 374
河南省沈丘县农药厂 …………………………………………… 374
河南省尉氏县农药总厂 ………………………………………… 375
河南省新乡市东风化工厂 ……………………………………… 375
河南省新乡市洪洲农化有限公司 …………………………… 375
河南省新乡市植物化学厂 ……………………………………… 375
河南省信阳富邦化工股份有限公司 ……………………… 375
河南省星火农业技术公司 ……………………………………… 376
河南省许昌晶威化工有限公司 ……………………………… 376
河南省许昌县昌盛日化实业有限公司 …………………… 376
河南省亚乐生物科技股份有限公司 ……………………… 377
河南省虞城县韩氏化工有限公司 …………………………… 377
河南省原阳县第一农药厂 ……………………………………… 377
河南省郑州爱力生化工产品有限公司 …………………… 377
河南省郑州富利达农药有限公司 …………………………… 377
河南省郑州良友种衣剂有限公司 …………………………… 378
河南省郑州农达生化制品有限公司 ……………………… 378
河南省郑州天邦生物制品有限公司 ……………………… 378
河南省郑州天宝日化有限公司 ……………………………… 379
河南省郑州裕通化工有限公司 ……………………………… 379
河南省郑州志信农化有限公司 ……………………………… 379
河南省周口市德贝尔生物化学品工程有限公司 ……… 380
河南省周口市红旗农药有限公司 …………………………… 380
河南省周口市金石化工有限公司 …………………………… 381
河南省周口市先达化工有限公司 …………………………… 381
河南省周口市豫东农药厂 ……………………………………… 381
河南省周口市中科化工有限公司 …………………………… 382
河南省淅川县丰源农药有限公司 …………………………… 382
河南省漯河市康丰达药业有限公司 ……………………… 383
河南省漯河市山鑫化工有限公司 …………………………… 383
河南省濮阳市科濮生化有限公司 …………………………… 383
河南省濮阳市农科所科技开发中心 ……………………… 383
河南省濮阳市双灵化工有限公司 …………………………… 383
河南省濮阳市新科化工有限公司 …………………………… 383
河南省濮阳市豫北农药厂 ……………………………………… 384
河南省柘城县新威农药有限公司 …………………………… 384
河南世诚生物科技有限公司 ………………………………… 384
河南喜夫农生物科技有限公司 ……………………………… 385
河南翔大化工有限公司 ………………………………………… 385
河南欣农化工有限公司 ………………………………………… 386
河南新乡中电除草剂有限公司 ……………………………… 386
河南银田精细化工有限公司 ………………………………… 387
河南颖泰农化股份有限公司 ………………………………… 388
河南勇冠乔迪农业科技有限公司 …………………………… 388
河南豫之星作物保护有限公司 ……………………………… 388
河南远东生物工程有限公司 ………………………………… 389
河南远见农业科技有限公司 ………………………………… 389
河南郑州裕元工贸有限责任公司 …………………………… 392
河南中天恒信生物化学科技有限公司 …………………… 392
河南中威高科技化工有限公司 ……………………………… 393
河南中州种子科技发展有限公司 …………………………… 393
河南瀚斯作物保护有限公司 ………………………………… 394
鹤壁市维多利生物科技有限公司 …………………………… 394
淮阳县蓝天化工有限责任公司 ……………………………… 394
济源艾格弗作物保护有限公司 ……………………………… 395
开封卞京蒂国生物化学有限公司 …………………………… 395
开封博凯生物化工有限公司 ………………………………… 395
开封大地农化生物科技有限公司 …………………………… 396
开封华瑞化工新材料股份有限公司 ……………………… 396
开封市联友化工有限公司 ……………………………………… 396

开封市普朗克生物化学有限公司 …………………… 397
联保作物科技有限公司 …………………………… 398
洛阳派仕克农业科技有限公司 …………………… 398
洛阳市嘉创农业开发有限公司 …………………… 399
孟州沙隆达植物保护技术有限公司 ……………… 399
南阳神圣农化科技有限公司 ……………………… 399
平顶山市益农科技有限公司 ……………………… 399
沁阳市新兴化工有限公司 ………………………… 399
撒尔夫（河南）农化有限公司 …………………… 400
山都丽化工有限公司 ……………………………… 400
商丘市大卫化工厂 ………………………………… 402
商丘市梁园区豪志农药化工厂 …………………… 403
上海沪联生物药业（夏邑）股份有限公司 ……… 403
上海帅克（河南）化学有限公司 ………………… 409
上海宜邦生物工程（信阳）有限公司 …………… 409
上海易施特农药（郑州）有限公司 ……………… 410
舞阳永泰化学有限公司 …………………………… 411
新乡市莱恩坪安园林有限公司 …………………… 411
信阳信化化工有限公司 …………………………… 411
许昌魏都农药化工有限公司 ……………………… 411
正阳县原野科技有限公司 ………………………… 411
郑州大农药业有限公司 …………………………… 411
郑州福瑞得化工有限公司 ………………………… 412
郑州科银生物制品有限公司 ……………………… 412
郑州兰博尔科技有限公司 ………………………… 412
郑州领先化工有限公司 …………………………… 414
郑州农丰化工有限公司 …………………………… 414
郑州田丰生化工程有限公司 ……………………… 415
郑州万荣农用物资有限公司 ……………………… 415
郑州先利达化工有限公司 ………………………… 415
郑州豫珠恒力生物科技有限责任公司 …………… 416
郑州郑氏化工产品有限公司 ……………………… 417
郑州中港万象作物科学有限公司 ………………… 418
漯河科瑞达生物科技有限公司 …………………… 419
漯河市新旺化工有限公司 ………………………… 419
德强生物股份有限公司 …………………………… 420
东部福阿母韩农（黑龙江）化工有限公司 ……… 421
哈尔滨汇丰生物农化有限公司 …………………… 422
哈尔滨火龙神农业生物化工有限公司 …………… 422
哈尔滨理工化工科技有限公司 …………………… 423
哈尔滨瑞丰农业科技发展有限公司 ……………… 423
哈尔滨市益农生化制品开发集团有限公司 ……… 424
鹤岗市旭祥禾友化工有限公司 …………………… 424
黑龙江八一农垦大学种衣剂厂 …………………… 425
黑龙江华诺生物科技有限责任公司 ……………… 425
黑龙江九洲农药有限公司 ………………………… 425
黑龙江科润生物科技有限公司 …………………… 425
黑龙江绿丰源生物科技有限公司 ………………… 425
黑龙江梅亚种业有限公司 ………………………… 426
黑龙江企达农药开发有限公司 …………………… 426
黑龙江省大地丰农业科技开发有限公司 ………… 426
黑龙江省大庆卫健生物科技有限公司 …………… 426
黑龙江省大庆志飞生物化工有限公司 …………… 426
黑龙江省哈尔滨富利生化科技发展有限公司 …… 427
黑龙江省哈尔滨广洁环境卫生用品研究所 ……… 428
黑龙江省哈尔滨利民农化技术有限公司 ………… 428
黑龙江省哈尔滨龙志农资化工有限公司 ………… 430
黑龙江省哈尔滨市动力区为民消杀制剂厂 ……… 430
黑龙江省哈尔滨市联丰农药化工有限公司 ……… 430
黑龙江省哈尔滨市农丰科技化工有限公司 ……… 430
黑龙江省哈尔滨市农欢化工厂 …………………… 431
黑龙江省哈尔滨正业农药有限公司 ……………… 431
黑龙江省哈尔滨周元有害生物防制科技有限公司 …… 431
黑龙江省鹤岗市清华紫光英力农化有限公司 …… 432
黑龙江省化工研究院天泽农药有限公司 ………… 432
黑龙江省佳木斯市恺乐农药有限公司 …………… 432
黑龙江省佳木斯兴宇生物技术开发有限公司 …… 433
黑龙江省绿洲农药厂 ……………………………… 433
黑龙江省苗必壮农业科技有限公司 ……………… 433
黑龙江省牡丹江金达农化有限公司 ……………… 433
黑龙江省牡丹江农垦朝阳化工有限公司 ………… 433
黑龙江省牡丹江市水稻壮秧剂厂 ………………… 434
黑龙江省嫩江绿芳化工有限公司 ………………… 434
黑龙江省平山林业制药厂 ………………………… 434
黑龙江省齐齐哈尔市田丰农药化工有限公司 …… 434
黑龙江省齐齐哈尔四友化工有限公司 …………… 435
黑龙江省双城市盖敌农药有限责任公司 ………… 436
黑龙江省绥化农垦晨环生物制剂有限责任公司 … 436
黑龙江省绥化市沣源复合肥料有限公司 ………… 436
黑龙江省卫星生物科技有限公司 ………………… 436
黑龙江省沃达农业科技开发有限公司 …………… 436
黑龙江省新兴农药有限责任公司 ………………… 436
黑龙江绥农农药有限公司 ………………………… 437
黑龙江五常农化技术有限公司 …………………… 437
黑龙江岱安生物科技有限公司 …………………… 437
佳木斯黑龙农药化工股份有限公司 ……………… 437
牡丹江佰佳信生物科技有限公司 ………………… 438
齐齐哈尔华丰化工有限公司 ……………………… 438
齐齐哈尔盛泽农药有限公司 ……………………… 439
安陆市华鑫化工有限公司 ………………………… 439
成都彩虹电器（集团）中南有限公司 …………… 440
湖北犇星农化有限责任公司 ……………………… 440
湖北贝斯特农化有限责任公司 …………………… 440
湖北谷瑞特生物技术有限公司 …………………… 441
湖北广富林生物制剂有限公司 …………………… 441
湖北禾泰农化有限公司 …………………………… 442
湖北华意峰生物科技有限公司 …………………… 442
湖北汇达科技发展有限公司 ……………………… 442
湖北佳禾化工科技有限公司 ……………………… 442
湖北金海潮科技有限公司 ………………………… 443

湖北荆洪生物科技股份有限公司 …… 443
湖北康欣农用药业有限公司 …… 443
湖北龙圣化工有限公司 …… 444
湖北农本化工有限公司 …… 445
湖北农昴化工有限公司 …… 445
湖北沙隆达股份有限公司 …… 446
湖北省赤壁志诚生物工程有限公司 …… 449
湖北省汉川瑞天利化工有限公司 …… 449
湖北省荆州市扬长日化有限公司 …… 449
湖北省荆州市鑫隆达农药化工有限公司 …… 450
湖北省天门市生物农药厂 …… 450
湖北省天门斯普林植物保护有限公司 …… 450
湖北省天门易普乐农化有限公司 …… 450
湖北省蚊香厂 …… 452
湖北省武汉环保盾高新科技发展有限公司 …… 452
湖北省武汉洁利日化有限责任公司 …… 452
湖北省武汉天惠生物工程有限公司 …… 452
湖北省武汉武隆农药有限公司 …… 453
湖北省武汉兴泰生物技术有限公司 …… 454
湖北省孝感市日用化工厂 …… 454
湖北省阳新县泰鑫化工有限公司 …… 454
湖北省宜昌地区三峡农药厂 …… 454
湖北省宜昌三峡农药厂 …… 454
湖北省枣阳市先飞高科农药有限公司 …… 454
湖北省钟祥市第二化工农药厂 …… 454
湖北泰盛化工有限公司 …… 455
湖北太极生化有限公司 …… 455
湖北天泽农生物工程有限公司 …… 456
湖北旺世化工有限公司 …… 457
湖北武汉宝世卫生药械有限责任公司 …… 457
湖北仙隆化工股份有限公司 …… 458
湖北相和精密化学有限公司 …… 460
湖北信风作物保护有限公司 …… 460
湖北移栽灵农业科技股份有限公司 …… 460
湖北蕲农化工有限公司 …… 461
武汉楚强生物科技有限公司 …… 462
武汉富强科技发展有限责任公司 …… 463
武汉科诺生物科技股份有限公司 …… 463
武汉老马人和化妆品有限公司 …… 465
常德双鹤日化有限公司 …… 465
湖南比德生化科技有限公司 …… 465
湖南长青润慷宝农化有限公司 …… 465
湖南大乘医药化工有限公司 …… 466
湖南大方农化有限公司 …… 466
湖南东永化工有限责任公司 …… 469
湖南丰阳化工有限责任公司 …… 471
湖南国发精细化工科技有限公司 …… 471
湖南海利常德农药化工有限公司 …… 472
湖南海利化工股份有限公司 …… 472
湖南衡阳莱德生物药业有限公司 …… 473
湖南惠民生物科技有限公司 …… 474
湖南惠农生物工程有限公司 …… 474
湖南京西祥隆化工有限公司 …… 474
湖南绿叶化工有限公司 …… 474
湖南猫头家化有限公司 …… 475
湖南南天实业股份有限公司 …… 475
湖南农大海特农化有限公司 …… 476
湖南农杰生物科技有限公司 …… 478
湖南瑞泽农化有限公司 …… 478
湖南三村农业发展有限公司 …… 478
湖南神隆超级稻丰产生化有限公司 …… 479
湖南神隆海洋生物工程有限公司 …… 479
湖南神网生物化工有限公司 …… 480
湖南生华农化有限公司 …… 480
湖南省安乡县天马蚊香厂 …… 480
湖南省常德鹤王蚊香有限公司 …… 480
湖南省常德市鼎城万球日用品有限公司 …… 480
湖南省长沙美佳家庭用品有限公司 …… 481
湖南省长沙向阳日用化工厂 …… 481
湖南省郴州市金穗农药化工有限责任公司 …… 481
湖南省郴州天龙农药化工有限公司 …… 481
湖南省华容县远大农资有限公司 …… 481
湖南省金穗农药有限公司 …… 481
湖南省九喜日化有限公司 …… 481
湖南省临湘市化学农药厂 …… 481
湖南省隆回县农药厂 …… 482
湖南省娄底化工总厂 …… 482
湖南省娄底农科所农药实验厂 …… 482
湖南省麻阳苗族自治县农药化工公司 …… 483
湖南省南县云昌蚊香厂 …… 483
湖南省平江县化学农药厂 …… 483
湖南省益阳海润化工科技有限公司 …… 483
湖南省益阳市生物农药厂 …… 483
湖南省益阳市资江蚊香厂 …… 483
湖南省益阳市资阳区金宇灭蚊药片厂 …… 483
湖南省永州广丰农化有限公司 …… 484
湖南省株洲邦化化工有限公司 …… 484
湖南省沅江市永丰化工有限公司 …… 484
湖南省醴陵市金牛蚊香厂 …… 484
湖南圣雨药业有限公司 …… 484
湖南穗丰化工有限公司 …… 484
湖南天鸟生化科技有限公司 …… 484
湖南天人农药有限公司 …… 485
湖南万家丰科技有限公司 …… 485
湖南湘沙化工有限公司 …… 486
湖南兴同化学科技有限公司 …… 486
湖南雪天精细化工股份有限公司 …… 486
湖南迅超农化有限公司 …… 486
湖南亚泰生物发展有限公司 …… 487
湖南岳阳安达化工有限公司 …… 488

湖南泽丰农化有限公司 …………………………………… 488
湖南沅江赤蜂农化有限公司 ………………………………… 488
湖南昊华化工有限责任公司 ………………………………… 489
新晃新龙辰化工有限公司 …………………………………… 489
岳阳迪普化工技术有限公司 ………………………………… 489
澧县城头山蚊香厂 …………………………………………… 489
吉林邦农生物农药有限公司 ………………………………… 489
吉林金秋农药有限公司 ……………………………………… 490
吉林美联化学品有限公司 …………………………………… 493
吉林省八达农药有限公司 …………………………………… 494
吉林省长白山化工有限公司 ………………………………… 498
吉林省长春市长双农药有限公司 …………………………… 498
吉林省长春市恒大实业有限责任公司 ……………………… 499
吉林省吉林市吉丰农药有限公司 …………………………… 499
吉林省吉林市绿邦科技发展有限公司 ……………………… 499
吉林省吉林市农科院高新技术研究所 ……………………… 500
吉林省吉林市升泰农药有限责任公司 ……………………… 500
吉林省吉林市世纪农药有限责任公司 ……………………… 500
吉林省吉林市松润农药厂 …………………………………… 500
吉林省吉林市田丰农药有限公司 …………………………… 501
吉林省吉林市新民农药有限公司 …………………………… 501
吉林省吉林市永青农药厂 …………………………………… 502
吉林省瑞野农药有限公司 …………………………………… 502
吉林省四平市圣峰化学有限公司 …………………………… 502
吉林省通化绿地农药化学有限公司 ………………………… 503
吉林省通化农药化工股份有限公司 ………………………… 503
吉林省延边春雷生物药业有限公司 ………………………… 504
吉林省延边天泰生物工程科贸有限公司 …………………… 504
吉林省延边西爱斯开化学农药厂 …………………………… 505
吉林市吉九农科农药有限公司 ……………………………… 505
吉林市绿盛农药化工有限公司 ……………………………… 505
吉林延边天保生物制剂有限公司 …………………………… 508
延边绿洲化工有限公司 ……………………………………… 508
巴斯夫植物保护（江苏）有限公司 ………………………… 508
常熟力菱精细化工有限公司 ………………………………… 508
常州康美化工有限公司 ……………………………………… 508
常州市闻江防蛀用品有限公司 ……………………………… 509
发事达（南通）化工有限公司 ……………………………… 509
阜宁宁翔化工有限公司 ……………………………………… 510
海门兆丰化工有限公司 ……………………………………… 510
淮安国瑞化工有限公司 ……………………………………… 510
姜堰市兴农生物工程有限公司 ……………………………… 510
江苏艾津农化有限责任公司 ………………………………… 510
江苏爱特福 84 股份有限公司……………………………… 510
江苏安邦电化有限公司 ……………………………………… 511
江苏敖广日化集团股份有限公司 …………………………… 513
江苏百灵农化有限公司 ……………………………………… 514
江苏邦盛生物科技有限责任公司 …………………………… 516
江苏宝灵化工股份有限公司 ………………………………… 516
江苏宝众宝达药业有限公司 ………………………………… 518
江苏常隆化工有限公司 ……………………………………… 518
江苏常隆农化有限公司 ……………………………………… 522
江苏长青农化股份有限公司 ………………………………… 523
江苏长青农化南通有限公司 ………………………………… 523
江苏长青生物科技有限公司 ………………………………… 523
江苏春江润田农化有限公司 ………………………………… 527
江苏东宝农药化工有限公司 ………………………………… 527
江苏东进农药化工厂 ………………………………………… 531
江苏飞翔化工股份有限公司 ………………………………… 531
江苏丰登作物保护股份有限公司 …………………………… 531
江苏丰华化学工业有限公司 ………………………………… 532
江苏丰山集团股份有限公司 ………………………………… 532
江苏丰源生物工程有限公司 ………………………………… 536
江苏富田农化有限公司 ……………………………………… 537
江苏耕耘化学有限公司 ……………………………………… 540
江苏谷顺农化有限公司 ……………………………………… 540
江苏好收成韦恩农化股份有限公司 ………………………… 540
江苏禾本生化有限公司 ……………………………………… 543
江苏禾笑化工有限公司 ……………………………………… 543
江苏禾业农化有限公司 ……………………………………… 543
江苏禾裕泰化学有限公司 …………………………………… 544
江苏黑鹰化学工业有限公司 ………………………………… 544
江苏恒隆作物保护有限公司 ………………………………… 544
江苏华农生物化学有限公司 ………………………………… 545
江苏华裕农化有限公司 ……………………………………… 545
江苏黄海农药化工有限公司 ………………………………… 546
江苏皇马农化有限公司 ……………………………………… 546
江苏辉丰农化股份有限公司 ………………………………… 547
江苏辉胜农药有限公司 ……………………………………… 553
江苏汇丰科技有限公司 ……………………………………… 554
江苏嘉隆化工有限公司 ……………………………………… 554
江苏健谷化工有限公司 ……………………………………… 557
江苏健神生物农化有限公司 ………………………………… 558
江苏剑牌农化股份有限公司 ………………………………… 558
江苏建农植物保护有限公司 ………………………………… 562
江苏江南农化有限公司 ……………………………………… 563
江苏洁利三三有限责任公司 ………………………………… 565
江苏景宏生物科技有限公司 ………………………………… 566
江苏康鹏农化有限公司 ……………………………………… 566
江苏克胜集团股份有限公司 ………………………………… 567
江苏克胜集团克山天华化工有限公司 ……………………… 569
江苏克胜作物科技有限公司 ………………………………… 569
江苏快达农化股份有限公司 ………………………………… 569
江苏莱科化学有限公司 ……………………………………… 572
江苏蓝丰生物化工股份有限公司 …………………………… 573
江苏利达农药有限公司 ……………………………………… 577
江苏联合农用化学有限公司 ………………………………… 578
江苏联化科技有限公司 ……………………………………… 578
江苏连云港立本农药化工有限公司 ………………………… 578
江苏粮满仓农化有限公司 …………………………………… 580

江苏龙灯化学有限公司 …… 582
江苏隆力奇生物科技股份有限公司 …… 589
江苏绿利来股份有限公司 …… 589
江苏绿叶农化有限公司 …… 591
江苏茂期化工有限公司 …… 592
江苏梦达日用品有限公司 …… 592
江苏明德立达作物科技有限公司 …… 593
江苏南京常丰农化有限公司 …… 594
江苏磐希化工有限公司 …… 595
江苏七洲绿色化工股份有限公司 …… 595
江苏洽益农化有限公司 …… 597
江苏侨基生物化学有限公司 …… 598
江苏仁信作物保护技术有限公司 …… 598
江苏瑞邦农药厂有限公司 …… 598
江苏瑞东农药有限公司 …… 602
江苏瑞禾生物科技有限公司 …… 603
江苏瑞祥化工有限公司 …… 603
江苏瑞泽农化有限公司 …… 603
江苏润鸿生物化学有限公司 …… 603
江苏润泽农化有限公司 …… 605
江苏三迪化学有限公司 …… 605
江苏三山农药有限公司 …… 606
江苏三笑集团有限公司 …… 607
江苏生久农化有限公司 …… 607
江苏省常熟市农药厂有限公司 …… 608
江苏省常熟市义农农化有限公司 …… 608
江苏省常州华夏农药有限公司 …… 609
江苏省常州兰陵制药有限公司 …… 609
江苏省常州市宝利德农药有限公司 …… 609
江苏省常州市农林药业有限公司 …… 609
江苏省常州沃富斯农化有限公司 …… 609
江苏省常州永泰丰化工有限公司 …… 610
江苏省常州中天气雾制品有限公司 …… 610
江苏省常州晔康化学制品有限公司 …… 610
江苏省丹阳市农药化工厂 …… 611
江苏省东台市东南农药化工有限公司 …… 611
江苏省丰县百农思达农用化学品有限公司 …… 611
江苏省高邮市丰田农药有限公司 …… 611
江苏省海门市江乐农药化工有限责任公司 …… 612
江苏省激素研究所股份有限公司 …… 612
江苏省江阴市福达农化有限公司 …… 614
江苏省江阴市农药二厂有限公司 …… 615
江苏省金坛市兴达化工厂 …… 616
江苏省靖江市新茂塑化厂 …… 616
江苏省句容市宏达生物农药科技有限公司 …… 616
江苏省昆山市鼎烽农药有限公司 …… 616
江苏省连云港市东金化工有限公司 …… 617
江苏省连云港死海溴化物有限公司 …… 618
江苏省涟水先锋化学有限公司 …… 618
江苏省绿盾植保农药实验有限公司 …… 618
江苏省南京博臣农化有限公司 …… 618
江苏省南京高正农用化工有限公司 …… 619
江苏省南京红太阳生物化学有限责任公司 …… 619
江苏省南京惠宇农化有限公司 …… 620
江苏省南京金陵蚊香实业有限公司 …… 620
江苏省南京荣诚化工有限公司 …… 621
江苏省南京祥宇农药有限公司 …… 621
江苏省南通宝叶化工有限公司 …… 622
江苏省南通飞天化学实业有限公司 …… 623
江苏省南通功成精细化工有限公司 …… 623
江苏省南通宏洋化工有限公司 …… 626
江苏省南通嘉禾化工有限公司 …… 626
江苏省南通江山农药化工股份有限公司 …… 626
江苏省南通金陵农化有限公司 …… 629
江苏省南通利华农化有限公司 …… 631
江苏省南通联农农药制剂研究开发有限公司 …… 631
江苏省南通南沈植保科技开发有限公司 …… 632
江苏省南通派斯第农药化工有限公司 …… 632
江苏省南通神雨绿色药业有限公司 …… 633
江苏省南通施壮化工有限公司 …… 633
江苏省南通泰禾化工有限公司 …… 634
江苏省南通同济化工有限公司 …… 635
江苏省南通正达农化有限公司 …… 635
江苏省农垦生物化学有限公司 …… 635
江苏省农药研究所股份有限公司 …… 636
江苏省农用激素工程技术研究中心有限公司 …… 638
江苏省双菱化工集团有限公司 …… 640
江苏省苏科农化有限责任公司 …… 640
江苏省苏州富美实植物保护剂有限公司 …… 641
江苏省苏州诗妍生物日化有限公司 …… 643
江苏省苏州市宝带农药有限责任公司 …… 643
江苏省苏州市江枫白蚁防治有限公司 …… 644
江苏省苏州市林克制片有限公司 …… 644
江苏省苏州市新兴保健品厂 …… 644
江苏省苏州兴达喷雾制品有限公司 …… 644
江苏省泰兴市东风农药化工厂 …… 644
江苏省太仓市长江化工厂 …… 644
江苏省通州正大农药化工有限公司 …… 644
江苏省无锡联华日用科技有限公司 …… 646
江苏省无锡龙邦化工有限公司 …… 646
江苏省无锡洛社卫生材料厂 …… 646
江苏省无锡市稼宝药业有限公司 …… 647
江苏省无锡市锡南农药有限公司 …… 647
江苏省无锡市锡西日用品有限公司 …… 648
江苏省无锡市玉祁生物有限公司 …… 648
江苏省无锡伊斯顿罐头制品有限公司 …… 648
江苏省吴江森亮化工有限公司 …… 648
江苏省新沂市科大农药厂 …… 648
江苏省新沂中凯农用化工有限公司 …… 648
江苏省兴化市宝中宝化妆品有限公司 …… 650

江苏省兴化市青松农药化工有限公司 …………………… 650
江苏省徐州丰威化工厂 …………………………………… 650
江苏省徐州龙威药物化工有限公司 ……………………… 650
江苏省徐州诺恩农化有限公司 …………………………… 651
江苏省徐州诺特化工有限公司 …………………………… 651
江苏省徐州市临黄农药厂 ………………………………… 651
江苏省盐城利民农化有限公司 …………………………… 651
江苏省盐城南方化工有限公司 …………………………… 653
江苏省盐城双宁农化有限公司 …………………………… 654
江苏省扬州佳美斯气雾剂制品厂 ………………………… 655
江苏省扬州绿源生物化工有限公司 ……………………… 655
江苏省扬州市苏灵农药化工有限公司 …………………… 655
江苏省扬州亿佳人日化有限公司 ………………………… 658
江苏省宜兴市亚晶芯棒电器有限公司 …………………… 658
江苏省宜兴市宜州化学制品有限公司 …………………… 658
江苏省宜兴兴农化工制品有限公司 ……………………… 659
江苏省张家港市美佳乐气雾剂制造有限公司 …………… 660
江苏省镇江豪威杀虫消毒用品有限责任公司 …………… 660
江苏省镇江市长江卫生用品有限公司 …………………… 661
江苏省镇江市丹徒区利民卫生用品厂 …………………… 661
江苏省镇江振邦化工有限公司 …………………………… 661
江苏省泗阳县鼠药厂 ……………………………………… 661
江苏省溧阳中南化工有限公司 …………………………… 661
江苏苏滨生物农化有限公司 ……………………………… 662
江苏苏中农药化工厂 ……………………………………… 663
江苏苏州佳辉化工有限公司 ……………………………… 663
江苏泰仓农化有限公司 …………………………………… 664
江苏腾龙生物药业有限公司 ……………………………… 665
江苏天禾宝农化有限责任公司 …………………………… 667
江苏天容集团股份有限公司 ……………………………… 667
江苏托球农化股份有限公司 ……………………………… 669
江苏万农化工有限公司 …………………………………… 670
江苏威耳化工有限公司 …………………………………… 670
江苏维尤纳特精细化工有限公司 ………………………… 670
江苏无锡开立达实业有限公司 …………………………… 671
江苏新港农化有限公司 …………………………………… 671
江苏新河农用化工有限公司 ……………………………… 671
江苏星源生物科技有限公司 ……………………………… 671
江苏雪豹日化有限公司 …………………………………… 671
江苏亚美日用化工有限公司 ……………………………… 671
江苏扬农化工股份有限公司 ……………………………… 671
江苏扬农化工集团有限公司 ……………………………… 673
江苏永安化工有限公司 …………………………………… 675
江苏优嘉植物保护有限公司 ……………………………… 675
江苏优士化学有限公司 …………………………………… 675
江苏裕廊化工有限公司 …………………………………… 676
江苏耘农化工有限公司 …………………………………… 676
江苏云帆化工有限公司 …………………………………… 676
江苏灶星农化有限公司 …………………………………… 677
江苏正本农药化工有限公司 ……………………………… 677
江苏中丹化工技术有限公司 ……………………………… 677
江苏中旗作物保护股份有限公司 ………………………… 677
江苏中意化学有限公司 …………………………………… 679
江苏庄臣同大有限公司 …………………………………… 679
江阴苏利化学股份有限公司 ……………………………… 680
九康生物科技发展有限责任公司 ………………………… 682
昆山隆腾生物制品有限公司 ……………………………… 682
利民化工股份有限公司 …………………………………… 682
立志美丽（南京）有限公司 ……………………………… 685
连云港埃森化学有限公司 ………………………………… 685
连云港禾田化工有限公司 ………………………………… 685
连云港纽泰科化工有限公司 ……………………………… 685
连云港市金囤农化有限公司 ……………………………… 685
连云港市特别特生化有限公司 …………………………… 686
迈克斯（如东）化工有限公司 …………………………… 686
南京保丰农药有限公司 …………………………………… 686
南京红太阳股份有限公司 ………………………………… 688
南京华洲药业有限公司 …………………………………… 693
南京南农农药科技发展有限公司 ………………………… 694
南龙（连云港）化学有限公司 …………………………… 695
南通商禧达化工科技有限公司 …………………………… 695
南通维立科化工有限公司 ………………………………… 695
南通新华农药有限公司 …………………………………… 696
如东县华盛化工有限公司 ………………………………… 696
如东众意化工有限公司 …………………………………… 696
瑞邦农化（江苏）有限公司 ……………………………… 696
沈阳化工研究院（南通）化工科技发展有限公司 ……… 696
苏州遍净植保科技有限公司 ……………………………… 697
苏州东沙合成化工有限公司 ……………………………… 699
苏州海光石油制品有限公司 ……………………………… 699
苏州桐柏生物科技有限公司 ……………………………… 699
泰州百力化学股份有限公司 ……………………………… 699
陶氏益农农业科技（中国）有限公司 …………………… 699
无锡禾美农化科技有限公司 ……………………………… 700
无锡楗农生物科技有限公司 ……………………………… 701
先正达（苏州）作物保护有限公司 ……………………… 701
先正达南通作物保护有限公司 …………………………… 702
新沂市泰松化工有限公司 ………………………………… 704
新沂市永诚化工有限公司 ………………………………… 705
徐州农丰生物化工有限公司 ……………………………… 705
徐州市金地农化有限公司 ………………………………… 705
徐州新鼎业化工材料厂 …………………………………… 705
盐城辉煌化工有限公司 …………………………………… 706
盐城联合伟业化工有限公司 ……………………………… 706
扬州市正鸿卫生用品厂 …………………………………… 706
镇江建苏农药化工有限公司 ……………………………… 706
镇江江南化工有限公司 …………………………………… 708
镇江市润宇生物科技开发有限公司 ……………………… 708
镇江先锋植保科技有限公司 ……………………………… 708
安福超威日化有限公司 …………………………………… 708

福建省金鹿日化股份有限公司江西省瑞昌分公司 …… 708
赣州卫农农药有限公司 …… 708
赣州鑫谷生物化工有限公司 …… 709
吉安同瑞生物科技有限公司 …… 710
江西安利达化工有限公司 …… 710
江西巴菲特化工有限公司 …… 710
江西巴姆博生物科技有限公司 …… 712
江西博邦生物药业有限公司 …… 713
江西长荣天然香料有限公司 …… 714
江西诚志日化有限公司 …… 714
江西大农化工有限公司 …… 714
江西盾牌化工有限责任公司 …… 715
江西丰源生物高科有限公司 …… 716
江西抚州新兴化工有限公司 …… 716
江西海阔利斯生物科技有限公司 …… 717
江西核工业金品生物科技有限公司 …… 718
江西禾益化工股份有限公司 …… 718
江西红土地化工有限公司 …… 720
江西华兴化工有限公司 …… 720
江西汇和化工有限公司 …… 721
江西金龙化工有限公司 …… 722
江西劲农化工有限公司 …… 722
江西龙源农药有限公司 …… 724
江西绿川生物科技实业有限公司 …… 724
江西绿田生化有限公司 …… 725
江西明兴农药实业有限公司 …… 725
江西农大锐特化工科技有限公司 …… 725
江西农大植保化工有限公司 …… 725
江西农喜作物科学有限公司 …… 726
江西欧美生物科技有限公司 …… 726
江西欧氏化工有限公司 …… 727
江西日上化工有限公司 …… 727
江西三林香业有限公司 …… 728
江西山峰日化有限公司 …… 728
江西山野化工有限责任公司 …… 729
江西生成卫生用品有限公司 …… 730
江西省安农生化有限公司 …… 730
江西省丰城市金丰化工有限责任公司 …… 730
江西省抚州泰菊实业有限公司 …… 730
江西省赣州宇田化工有限公司 …… 730
江西省高安金龙生物科技有限公司 …… 731
江西省冠菊精细化工有限公司 …… 732
江西省海利贵溪化工农药有限公司 …… 732
江西省吉安市东庆精细化工有限公司 …… 732
江西省科泰化学工业有限公司 …… 732
江西省南昌蚊香厂 …… 733
江西省农福来农化有限公司 …… 733
江西省新龙生物科技有限公司 …… 733
江西省余干县农业化工厂 …… 733
江西省樟树市樟菊日用化工厂 …… 733
江西盛华生物农药有限责任公司 …… 734
江西睡怡日化有限公司 …… 734
江西顺泉生物科技有限公司 …… 734
江西天人生态股份有限公司 …… 735
江西田友生化有限公司 …… 736
江西同昌实业有限公司 …… 737
江西万德化工科技有限公司 …… 738
江西万丰农药化工有限公司 …… 738
江西威力特生物科技有限公司 …… 738
江西威牛作物科学有限公司 …… 739
江西文达实业有限公司 …… 742
江西新瑞丰生化有限公司 …… 742
江西新兴农药有限公司 …… 743
江西易顺作物科学有限公司 …… 744
江西益隆化工有限公司 …… 745
江西正邦生物化工有限责任公司 …… 745
江西中科合臣实业有限公司 …… 749
江西中迅农化有限公司 …… 749
江西中源化工有限公司 …… 750
江西众和化工有限公司 …… 750
江西珀尔农作物工程有限公司 …… 753
江西榄菊日化实业有限公司 …… 753
上海威敌生化（南昌）有限公司 …… 753
宜春新龙化工有限公司 …… 756
易克斯特农药（南昌）有限公司 …… 756
北镇市永丰农药有限责任公司 …… 757
大连贯发药业有限公司 …… 757
大连木春农药厂有限公司 …… 757
大连瑞泽生物科技有限公司 …… 757
丹东天祥农药有限公司 …… 760
海城市博圣化工有限公司 …… 760
葫芦岛市鹏翔农药化工科技有限公司 …… 761
科伯特（大连）生物制品有限公司 …… 761
辽宁春华药业科技股份有限公司 …… 761
辽宁凤凰蚕药厂 …… 761
辽宁抚顺丰谷农药有限公司 …… 761
辽宁海佳农化有限公司 …… 761
辽宁津田科技有限公司 …… 762
辽宁科生生物化学制品有限公司 …… 762
辽宁三征化学有限公司 …… 762
辽宁省鞍山东大嘉隆生物控制技术开发有限公司 …… 764
辽宁省鞍山市千山区汤岗子镇温泉卫生杀虫剂厂 …… 764
辽宁省鞍山市泽鑫农药有限公司 …… 764
辽宁省北宁市家宝消杀药剂厂 …… 764
辽宁省北镇市文喜消杀药品厂 …… 764
辽宁省大连广达农药有限责任公司 …… 764
辽宁省大连广垠生物农药有限公司 …… 765
辽宁省大连金猫鼠药有限公司 …… 765
辽宁省大连凯飞化工有限公司 …… 765
辽宁省大连凯飞化学股份有限公司 …… 766

辽宁省大连绿峰化学股份有限公司 …… 766
辽宁省大连诺斯曼化工有限公司 …… 766
辽宁省大连润邦化工科技有限公司 …… 766
辽宁省大连实验化工有限公司 …… 766
辽宁省大连松辽化工有限公司 …… 766
辽宁省大连瓦房店市无机化工厂 …… 770
辽宁省大连越达农药化工有限公司 …… 770
辽宁省大石桥星光农药有限公司 …… 771
辽宁省丹东市红泽农化有限公司 …… 771
辽宁省丹东市农药总厂 …… 772
辽宁省丹东市益民卫生药厂 …… 772
辽宁省海城市八里镇鑫源卫生杀虫剂厂 …… 773
辽宁省海城园艺化工有限公司 …… 773
辽宁省葫芦岛金信化工有限公司 …… 773
辽宁省葫芦岛凌云集团农药化工有限公司 …… 773
辽宁省锦州市德泉消杀药品有限责任公司 …… 774
辽宁省锦州硕丰农药集团有限公司 …… 774
辽宁省锦州天缘农药厂 …… 774
辽宁省开原市光明杀虫药剂厂 …… 774
辽宁省开原市卫生杀虫药剂厂 …… 775
辽宁省辽阳绿丰农药厂 …… 775
辽宁省沈阳爱威科技发展股份有限公司 …… 775
辽宁省沈阳北方卫生防疫消杀站 …… 775
辽宁省沈阳东大迪克化工药业有限公司 …… 775
辽宁省沈阳丰收农药有限公司 …… 775
辽宁省沈阳红旗林药有限公司 …… 776
辽宁省沈阳市东陵区兴达卫生用品厂 …… 776
辽宁省沈阳市和田化工有限公司 …… 776
辽宁省沈阳市双兴卫生消杀药剂厂 …… 778
辽宁省沈阳市阳威日用品厂 …… 778
辽宁省沈阳市于洪区五凌消杀药厂 …… 778
辽宁省沈阳市于洪区紫燕卫生药剂厂 …… 778
辽宁省沈阳同祥农化有限公司 …… 778
辽宁省沈阳喜伦日用化工厂 …… 778
辽宁省沈阳兴农化工农药有限公司 …… 778
辽宁省沈阳中科生物工程有限公司 …… 778
辽宁省瓦房店市蚊香厂 …… 778
辽宁省西丰县新兴卫生消杀药剂厂 …… 778
辽宁省营口雷克农药有限公司 …… 778
辽宁双博农化科技有限公司 …… 779
辽宁天一农药化工有限责任公司 …… 779
辽宁微科生物工程有限公司 …… 780
辽宁正诺生物技术有限公司 …… 780
辽宁壮苗生化科技股份有限公司 …… 780
沈阳科创化学品有限公司 …… 781
沈阳世一科技有限公司 …… 785
赤峰市嘉宝仕生物化学有限公司 …… 785
赤峰中农大生化科技有限责任公司 …… 785
内蒙古百草原防虫制品有限责任公司 …… 785
内蒙古拜克生物有限公司 …… 785
内蒙古宏裕科技股份有限公司 …… 785
内蒙古华星生物科技有限公司 …… 786
内蒙古佳瑞米精细化工有限公司 …… 787
内蒙古宁城县天力神卫生制品有限责任公司 …… 787
内蒙古清源保生物科技有限公司 …… 787
内蒙古帅旗生物科技股份有限公司 …… 787
内蒙古新威远生物化工有限公司 …… 787
齐鲁制药（内蒙古）有限公司 …… 787
山东神威生物农药科技有限公司 …… 787
宁夏大地丰之源生物药业有限公司 …… 788
宁夏大荣化工冶金有限公司 …… 788
宁夏格瑞精细化工有限公司 …… 788
宁夏垦原生物化工科技有限公司 …… 788
宁夏启元药业有限公司 …… 788
宁夏瑞泰科技股份有限公司 …… 788
宁夏新安科技有限公司 …… 788
宁夏亚乐农业科技有限责任公司 …… 789
宁夏裕农化工有限责任公司 …… 789
宁夏中天技术创新工程有限公司 …… 789
青海黎化实业有限责任公司 …… 789
青海绿原生物工程有限公司 …… 789
青海生物药品厂 …… 789
德州绿霸精细化工有限公司 …… 790
德州雪豹化学有限公司 …… 791
东营康瑞药业有限公司 …… 791
高密建滔化工有限公司 …… 791
海利尔药业集团股份有限公司 …… 791
济南绿霸农药有限公司 …… 798
济南泰禾化工有限公司 …… 801
济南天邦化工有限公司 …… 801
济南约克农化有限公司 …… 805
济南中科绿色生物工程有限公司 …… 805
京博农化科技股份有限公司 …… 806
梁山县金鹰化工厂 …… 809
聊城市华能精细化工厂 …… 809
临沂市恒拓日用品有限公司 …… 809
临沂市君健商贸有限公司 …… 809
临沂市蓝天环科日化有限公司 …… 810
临沂市兴冠精细化工有限公司 …… 810
齐鲁晟华制药有限公司 …… 810
青岛海纳生物科技有限公司 …… 810
青岛户清害虫控制有限公司 …… 812
青岛三力本诺化学工业有限公司 …… 812
青岛双收农药化工有限公司 …… 812
青岛四象日用化工有限公司 …… 813
青岛星牌作物科学有限公司 …… 813
青岛正道药业有限公司 …… 817
青岛中达农业科技有限公司 …… 818
山东玥鸣生物科技有限公司 …… 820
山东埃森化学有限公司 …… 822

山东奥丰生物科技有限责任公司 …… 823
山东奥坤生物科技有限公司 …… 823
山东奥农生物科技有限公司 …… 825
山东奥胜生物科技有限公司 …… 825
山东奥维特生物科技有限公司 …… 825
山东澳得利化工有限公司 …… 826
山东百纳生物科技有限公司 …… 828
山东百农思达生物科技有限公司 …… 828
山东百士威农药有限公司 …… 829
山东碧奥生物科技有限公司 …… 829
山东滨农科技有限公司 …… 831
山东曹达化工有限公司 …… 836
山东昌裕集团宝乐来日用化工有限公司 …… 839
山东大成农化有限公司 …… 840
山东大农药业有限公司 …… 841
山东戴盟得生物科技有限公司 …… 842
山东德浩化学有限公司 …… 842
山东德乐化工有限公司 …… 843
山东德州大成农药有限公司 …… 843
山东得峰生化科技有限公司 …… 844
山东东方农药科技实业公司 …… 844
山东东合生物科技有限公司 …… 845
山东东泰农化有限公司 …… 845
山东东信生物农药有限公司 …… 847
山东东营胜德制罐有限公司 …… 848
山东东营胜利绿野农药化工有限公司 …… 848
山东东远生物科技有限公司 …… 848
山东丰倍尔生物科技有限公司 …… 849
山东丰禾立健生物科技有限公司 …… 849
山东丰泽化工有限公司 …… 850
山东福川生物科技有限公司 …… 850
山东福牌生物科技有限公司 …… 850
山东福瑞德化工有限公司 …… 850
山东富安集团农药有限公司 …… 851
山东富邦农业科技开发有限公司 …… 851
山东富先达农药有限公司 …… 852
山东光扬生物科技有限公司 …… 852
山东贵合生物科技有限公司 …… 852
山东国润生物农药有限责任公司 …… 853
山东哈维斯生化科技有限公司 …… 853
山东海而三利生物化工有限公司 …… 853
山东海利尔化工有限公司 …… 854
山东海利莱化工科技有限公司 …… 854
山东海立信农化有限公司 …… 855
山东海讯生物化学有限公司 …… 855
山东韩农化学有限公司 …… 856
山东汉兴化学工业有限公司 …… 857
山东菏泽华宇日用化工有限公司 …… 857
山东禾宜生物科技有限公司 …… 857
山东恒丰化学有限公司 …… 858
山东恒利达生物科技有限公司 …… 860
山东红箭农药有限公司 …… 861
山东华程化工科技有限公司 …… 861
山东华阳和乐农药有限公司 …… 861
山东华阳农药化工集团有限公司 …… 862
山东慧邦生物科技有限公司 …… 866
山东惠民中联生物科技有限公司 …… 867
山东济宁弘发化工有限公司 …… 868
山东济宁新星化工有限公司 …… 868
山东嘉诚农作物科学有限公司 …… 869
山东洁保生物科技有限公司 …… 869
山东金华海生物开发有限公司 …… 870
山东金农华药业有限公司 …… 870
山东京蓬生物药业股份有限公司 …… 870
山东九洲农药有限公司 …… 871
山东凯利农生物科技有限公司 …… 872
山东康乔生物科技有限公司 …… 872
山东科大创业生物有限公司 …… 873
山东科信生物化学有限公司 …… 875
山东科源化工有限公司 …… 875
山东乐邦化学品有限公司 …… 876
山东利邦农化有限公司 …… 878
山东力邦化工有限公司 …… 878
山东聊城赛德农药有限公司 …… 878
山东临沂化联化工有限公司 …… 879
山东临沂圣骐日化有限公司 …… 880
山东临沂市维尔雅精细化工厂 …… 880
山东隆昱科技有限公司 …… 880
山东鲁抗生物农药有限责任公司 …… 880
山东绿霸化工股份有限公司 …… 881
山东绿贝尔农化有限公司 …… 882
山东绿德地生物科技有限公司 …… 882
山东绿丰农药有限公司 …… 883
山东罗邦生物农药有限公司 …… 884
山东美罗福农化有限公司 …… 885
山东农丰化工有限公司 …… 886
山东齐发药业有限公司 …… 886
山东侨昌化学有限公司 …… 886
山东侨昌现代农业有限公司 …… 887
山东荣邦化工有限公司 …… 890
山东瑞星生物有限公司 …… 893
山东润扬化学有限公司 …… 893
山东三农生物科技有限公司 …… 894
山东三元工贸有限公司 …… 895
山东山鹰化工有限公司 …… 895
山东申达作物科技有限公司 …… 895
山东申王生物药业有限公司 …… 896
山东神星药业有限公司 …… 896
山东省昌邑市化工厂 …… 898
山东省长清农药厂有限公司 …… 898

山东省成武县有机化工厂 …… 899
山东省德州天邦农化有限公司 …… 899
山东省德州祥龙生化有限公司 …… 899
山东省东都农药厂 …… 901
山东省冠县洁宝日用化工厂 …… 902
山东省冠县鲁奥精细化工厂 …… 902
山东省冠县亿康精细化工厂 …… 902
山东省菏泽北联农药制造有限公司 …… 902
山东省济南海启明化工有限责任公司 …… 903
山东省济南金地农药有限公司 …… 903
山东省济南开发区捷康化学商贸中心 …… 904
山东省济南科海有限公司 …… 904
山东省济南科赛基农化工有限公司 …… 905
山东省济南历下快克消杀药剂厂 …… 907
山东省济南绿邦化工有限公司 …… 907
山东省济南赛普实业有限公司 …… 909
山东省济南仕邦农化有限公司 …… 910
山东省济南一农化工有限公司 …… 912
山东省济宁高新技术开发区永丰化工厂 …… 914
山东省济宁高新区益康精细化工厂 …… 914
山东省济宁济兴农化有限责任公司 …… 914
山东省济宁圣城化工实验有限责任公司 …… 914
山东省济宁市通达化工厂 …… 915
山东省济宁市益民化工厂 …… 915
山东省济宁市中武消杀药剂厂 …… 915
山东省金农生物化工有限责任公司 …… 916
山东省联合农药工业有限公司 …… 916
山东省梁山川田化学有限公司 …… 921
山东省梁山及时雨化工有限公司 …… 921
山东省梁山鲁鹏化工有限公司 …… 921
山东省聊城凤凰精细化工有限公司 …… 922
山东省聊城金太阳日用化工有限公司 …… 922
山东省聊城经济开发区齐龙精细化工厂 …… 922
山东省聊城市长城精细化工厂 …… 922
山东省聊城市东昌府区国泰精细化工厂 …… 922
山东省聊城市东昌府区金洁日化有限公司 …… 922
山东省聊城市东昌府区康美精细化工厂 …… 922
山东省聊城市东昌府区水城爱家精细化工厂 …… 922
山东省聊城市金霸王精细化工厂 …… 922
山东省聊城市经济开发区嘉乐宝日化厂 …… 922
山东省聊城市康泰精细化工厂 …… 922
山东省聊城市鲁西精细化工厂 …… 922
山东省聊城市鲁亚精细化工厂 …… 922
山东省聊城市齐鲁精细化工厂 …… 923
山东省聊城市圣达日化科技有限公司 …… 923
山东省聊城市曙光化工有限公司 …… 923
山东省聊城市泰鑫化工有限公司 …… 923
山东省聊城市新兴卫生药剂厂 …… 923
山东省聊城天骄日用化工有限公司 …… 923
山东省聊城同大纳米科技有限公司 …… 923
山东省临清市第一农用制剂厂 …… 923
山东省临沂红星日用化学有限公司 …… 923
山东省临沂圣健工贸有限公司 …… 923
山东省临沂市宝韵化妆品有限公司 …… 924
山东省临沂市昌运卫生用品有限公司 …… 924
山东省临沂市罗庄区恒谊精细化工厂 …… 924
山东省临沂市奇星精细化工厂 …… 924
山东省临沂市胜豹日用化工有限公司 …… 924
山东省临沂市圣亚精细化工有限公司 …… 924
山东省临沂市威克气雾剂有限公司 …… 924
山东省临沂市友谊日化有限公司 …… 924
山东省临沂市靓宣化妆品厂 …… 924
山东省龙口市化工厂 …… 924
山东省绿士农药有限公司 …… 925
山东省农科院植保所新农药中试厂 …… 926
山东省农业科学院高效农药实验厂 …… 926
山东省平邑县蒙阳精细化工厂 …… 926
山东省栖霞市化工厂 …… 926
山东省栖霞市通达化工有限公司 …… 926
山东省青岛奥迪斯生物科技有限公司 …… 927
山东省青岛东生药业有限公司 …… 932
山东省青岛丰邦农化有限公司 …… 935
山东省青岛富尔农艺生化有限公司 …… 936
山东省青岛格力斯药业有限公司 …… 937
山东省青岛海贝尔化工有限公司 …… 937
山东省青岛好利特生物农药有限公司 …… 938
山东省青岛金尔农化研制开发有限公司 …… 939
山东省青岛金汇丰化学有限公司 …… 942
山东省青岛金正农药有限公司 …… 942
山东省青岛凯源祥化工有限公司 …… 943
山东省青岛朗格尔日用品有限公司 …… 945
山东省青岛农冠农药有限责任公司 …… 945
山东省青岛润生农化有限公司 …… 946
山东省青岛泰生生物科技有限公司 …… 948
山东省青岛泰源科技发展有限公司 …… 949
山东省青岛现代农化有限公司 …… 950
山东省青岛瀚生生物科技股份有限公司 …… 951
山东省曲阜市尔福农药厂 …… 956
山东省曲阜市兴卫消杀药厂 …… 957
山东省乳山韩威生物科技有限公司 …… 957
山东省寿光市立英日化有限责任公司 …… 958
山东省泰安市宝丰农药厂 …… 958
山东省泰安市利邦农化有限公司 …… 958
山东省泰安市泰山现代农业科技有限公司 …… 959
山东省天润化工有限公司 …… 959
山东省潍坊鸿汇化工有限公司 …… 959
山东省潍坊科力化工有限公司 …… 960
山东省潍坊绿霸化工有限公司 …… 960
山东省武城县恒达精细化工有限公司 …… 960
山东省夏津县捷豹精细化工厂 …… 960

山东省烟台博瑞特生物科技有限公司 …………………… 960
山东省烟台科达化工有限公司 ………………………… 961
山东省烟台市福山区强力日用制品厂 ………………… 962
山东省烟台鑫润精细化工有限公司 …………………… 962
山东省亿美家生活用品有限公司 ……………………… 962
山东省禹城市农药厂 …………………………………… 962
山东省招远三联远东化学有限公司 …………………… 962
山东省招远市金虹精细化工有限公司 ………………… 963
山东省植物保护总站服务部 …………………………… 963
山东省淄博丰登农药化工有限公司 …………………… 964
山东省淄博恒生农药有限公司 ………………………… 964
山东省淄博科龙生物药业有限公司 …………………… 965
山东省淄博绿晶农药有限公司 ………………………… 965
山东省淄博美田农药有限公司 ………………………… 966
山东省淄博市周村穗丰农药化工有限公司 …………… 966
山东省淄博市淄川黉阳农药有限公司 ………………… 968
山东省淄博新农基农药化工有限公司 ………………… 969
山东省邹平县德兴精细化工有限公司 ………………… 970
山东省邹平县绿大药业有限公司 ……………………… 970
山东省兖州市天成化工有限公司 ……………………… 971
山东省泗水丰田农药有限公司 ………………………… 971
山东胜邦绿野化学有限公司 …………………………… 972
山东圣鹏科技股份有限公司 …………………………… 976
山东寿光德力生物农化有限公司 ……………………… 977
山东松冈化学有限公司 ………………………………… 977
山东松井农化有限公司 ………………………………… 977
山东松田化工有限公司 ………………………………… 977
山东泰来化学有限公司 ………………………………… 978
山东泰诺药业有限公司 ………………………………… 978
山东泰阳生物科技有限公司 …………………………… 979
山东天成生物科技有限公司 …………………………… 979
山东天道生物工程有限公司 …………………………… 980
山东天威农药有限公司 ………………………………… 980
山东通用化学品有限公司 ……………………………… 980
山东潍坊润丰化工股份有限公司 ……………………… 981
山东潍坊双星农药有限公司 …………………………… 986
山东沃康生物科技有限公司 …………………………… 989
山东先达农化股份有限公司 …………………………… 989
山东先隆达农药有限公司 ……………………………… 991
山东乡村生物科技有限公司 …………………………… 991
山东新禾农药化工有限公司 …………………………… 992
山东新势立生物科技有限公司 ………………………… 992
山东信邦生物化学有限公司 …………………………… 993
山东兴禾作物科学技术有限公司 ……………………… 994
山东亚星农药有限公司 ………………………………… 995
山东燕山三丰生物科技有限公司 ……………………… 995
山东一览科技有限公司 ………………………………… 996
山东一松生化有限公司 ………………………………… 996
山东亿尔化学有限公司 ………………………………… 997
山东亿嘉农化有限公司 ………………………………… 997
山东亿星生物科技有限公司 …………………………… 998
山东玉成生化农药有限公司 …………………………… 998
山东源丰生物科技有限公司 …………………………… 1000
山东兆丰年生物科技有限公司 ………………………… 1000
山东志诚化工有限公司 ………………………………… 1006
山东中禾化学有限公司 ………………………………… 1006
山东中凯生物科技有限公司 …………………………… 1007
山东中农民昌化学工业有限公司 ……………………… 1007
山东中诺药业有限公司 ………………………………… 1008
山东中石药业有限公司 ………………………………… 1008
山东中新科农生物科技有限公司 ……………………… 1009
山东中信化学有限公司 ………………………………… 1010
山东淄博康力农药有限公司 …………………………… 1011
山东邹平农药有限公司 ………………………………… 1011
山东兖州新天地农药有限公司 ………………………… 1013
山东怡浦农业科技有限公司 …………………………… 1013
山东鑫玛生物科技有限公司 …………………………… 1014
山东鑫农农药有限公司 ………………………………… 1014
山东鑫星农药有限公司 ………………………………… 1014
山东麒麟农化有限公司 ………………………………… 1015
寿光新龙生物工程有限公司 …………………………… 1017
威海韩孚生化药业有限公司 …………………………… 1017
威海崴威利科技有限公司 ……………………………… 1020
潍坊华诺生物科技有限公司 …………………………… 1020
潍坊区天博家用日化厂 ………………………………… 1021
潍坊万胜生物农药有限公司 …………………………… 1021
潍坊先达化工有限公司 ………………………………… 1022
潍坊中农联合化工有限公司 …………………………… 1022
夏津金三笑卫生杀虫剂有限公司 ……………………… 1023
烟台绿云生物科技有限公司 …………………………… 1023
烟台欧贝斯生物化学有限公司 ………………………… 1023
烟台万丰生物科技有限公司 …………………………… 1023
烟台沐丹阳药业有限公司 ……………………………… 1024
沾化国昌精细化工有限公司 …………………………… 1025
招远三联化工厂有限公司 ……………………………… 1025
霍州市绿洲农药有限公司 ……………………………… 1026
山西安顺生物科技有限公司 …………………………… 1026
山西奥赛诺生物科技有限公司 ………………………… 1027
山西北方果康宝农药有限公司 ………………………… 1027
山西德威生化有限责任公司 …………………………… 1027
山西浩之大生物科技有限公司 ………………………… 1028
山西稼稷丰农业科技开发有限公司 …………………… 1028
山西康派伟业生物科技有限公司 ……………………… 1029
山西科锋农业科技有限公司 …………………………… 1029
山西科谷生物农药有限公司 …………………………… 1030
山西科力科技有限公司 ………………………………… 1030
山西科星农药液肥有限公司 …………………………… 1030
山西绿海农药科技有限公司 …………………………… 1031
山西美源化工有限公司 ………………………………… 1032
山西农丰宝农药有限公司 ……………………………… 1032

山西农药厂…… 1032
山西普鑫药业有限公司…… 1032
山西奇星农药有限公司…… 1033
山西三立化工有限公司…… 1035
山西三维丰海化工有限公司…… 1035
山西省长治市森晟化工有限公司…… 1035
山西省临汾海兰实业有限公司…… 1035
山西省临猗县精细化工有限公司…… 1035
山西省临猗县三晋化工总厂…… 1035
山西省临猗中晋化工有限公司…… 1035
山西省南风化工集团股份有限公司…… 1036
山西省农科院棉花所三联农化实验厂…… 1036
山西省平陆环球植保农药厂…… 1036
山西省太原高新技术产业西芮生物有限公司…… 1036
山西省阳泉市双泉化工厂…… 1037
山西省运城精化农药有限公司…… 1037
山西省芮城华农生物化学有限公司…… 1037
山西省芮城县生物农药厂…… 1037
山西向阳生物科技有限公司…… 1037
山西永合化工有限公司…… 1037
山西运城绿康实业有限公司…… 1038
山西泓洋化工有限公司…… 1040
太原市华罡化工科技有限公司…… 1040
万荣欣苗农药化工有限公司…… 1040
运城绿齐农药有限公司…… 1040
运城市星海化工有限公司…… 1041
陕西安德瑞普生物化学有限公司…… 1041
陕西白鹿农化有限公司…… 1041
陕西标正作物科学有限公司…… 1042
陕西博宇农化有限公司…… 1047
陕西国丰化工有限公司…… 1047
陕西恒润化学工业有限公司…… 1048
陕西恒田化工有限公司…… 1049
陕西皇牌作物科技有限公司…… 1053
陕西锦兴生物工程有限公司…… 1058
陕西康禾立丰生物科技药业有限公司…… 1058
陕西麦可罗生物科技有限公司…… 1060
陕西美邦农药有限公司…… 1062
陕西农大德力邦科技股份有限公司…… 1073
陕西喷得绿生物科技有限公司…… 1073
陕西秦丰农化有限公司…… 1074
陕西秦乐药业化工有限公司…… 1074
陕西上格之路生物科学有限公司…… 1075
陕西省宝鸡市力华精细化工厂…… 1083
陕西省汉中市瑞丰生物科技有限责任公司…… 1083
陕西省化工总厂…… 1084
陕西省蒲城华迪药业有限责任公司…… 1084
陕西省蒲城美尔果农化有限责任公司…… 1084
陕西省商州市农药厂…… 1086
陕西省渭南经济开发区望康农化有限责任公司…… 1086
陕西省渭南生乐有限责任公司…… 1086
陕西省西安常隆正华作物保护有限公司…… 1086
陕西省西安华阳化工科技有限公司…… 1087
陕西省西安嘉科农化有限公司…… 1087
陕西省西安市植丰农药厂…… 1088
陕西省西安文远化学工业有限公司…… 1088
陕西省西安西诺农化有限责任公司…… 1088
陕西省咸阳德丰有限责任公司…… 1090
陕西省杨凌大地化工有限公司…… 1090
陕西省泾阳微生物厂…… 1090
陕西盛德邦生物科技有限公司…… 1090
陕西汤普森生物科技有限公司…… 1090
陕西韦尔奇作物保护有限公司…… 1098
陕西西大华特科技实业有限公司…… 1103
陕西先农生物科技有限公司…… 1106
陕西亿农高科药业有限公司…… 1108
西安北农华农作物保护有限公司…… 1109
西安鼎盛生物化工有限公司…… 1110
西安航天动力试验技术研究所…… 1110
西安近代农药科技有限公司…… 1110
杨凌翔林农业科技化工有限公司…… 1112
礼来（上海）动物保健有限公司…… 1112
墨西哥英吉利工业公司…… 1112
上海百雀羚日用化学有限公司…… 1112
上海东风农药厂有限公司…… 1112
上海东樱日化有限公司…… 1113
上海杜邦农化有限公司…… 1113
上海杜榔技术有限公司…… 1113
上海福音日化厂…… 1113
上海高伦现代农化股份有限公司…… 1114
上海禾本药业股份有限公司…… 1114
上海赫腾精细化工有限公司…… 1115
上海沪江生化有限公司…… 1115
上海华谊集团华原化工有限公司彭浦化工厂…… 1115
上海惠光环境科技有限公司…… 1115
上海嘉定鑫明日用化工厂…… 1117
上海嘉亨日用化学品有限公司…… 1117
上海家化联合股份有限公司…… 1117
上海皆丰药械有限公司…… 1118
上海皆乐药械厂…… 1118
上海金鹿化工有限公司…… 1118
上海科捷佳实业有限公司…… 1118
上海菱农化工有限公司…… 1118
上海绿伞环保科技发展有限公司…… 1118
上海绿泽生物科技有限责任公司…… 1118
上海美臣化妆品有限公司…… 1120
上海美兴化工股份有限公司…… 1120
上海梦利日化厂…… 1120
上海农乐生物制品股份有限公司…… 1120
上海农药厂有限公司…… 1122

上海萨莎化妆品有限公司…………………………… 1122
上海三樱扑雷药业有限公司………………………… 1123
上海生农生化制品有限公司………………………… 1123
上海升联化工有限公司……………………………… 1124
上海同瑞生物科技有限公司………………………… 1126
上海万佳日用化工有限公司………………………… 1127
上海英达精细化工有限公司………………………… 1127
上海悦家清洁用品有限公司………………………… 1127
上海悦联化工有限公司……………………………… 1127
上海悦联生物科技有限公司………………………… 1130
上海中科昆虫生物技术开发有限公司……………… 1130
上海庄臣有限公司…………………………………… 1130
上海萃精杀虫技术有限公司………………………… 1132
台湾嘉泰企业股份有限公司………………………… 1132
兴农药业（中国）有限公司………………………… 1132
允发化工（上海）有限公司………………………… 1136
安岳县腾达蚊香厂…………………………………… 1139
拜耳（四川）动物保健有限公司…………………… 1139
成都邦农化学有限公司……………………………… 1139
成都观智农业科技有限公司………………………… 1139
成都华西农药有限公司……………………………… 1140
成都金牌农化有限公司……………………………… 1140
成都科利隆生化有限公司…………………………… 1140
成都蓝风（集团）股份有限公司…………………… 1142
成都丽雅嘉化妆品有限公司………………………… 1142
成都绿金生物科技有限责任公司…………………… 1142
成都民航六维航化有限责任公司…………………… 1142
成都普惠生物工程有限公司………………………… 1143
成都士发生物科技有限公司………………………… 1143
成都特普科技发展有限公司………………………… 1143
成都西部爱地作物科学有限公司…………………… 1143
成都新朝阳作物科学有限公司……………………… 1144
成都迅强生物科技有限公司………………………… 1145
广安诚信化工有限责任公司………………………… 1145
广汉二仙蚊香厂……………………………………… 1145
乐山新路化工有限公司……………………………… 1146
利尔化学股份有限公司……………………………… 1146
眉山市民威林产制品有限公司……………………… 1146
四川贝尔化工集团有限公司………………………… 1146
四川长寿生物工程有限责任公司…………………… 1147
四川迪美特生物科技有限公司……………………… 1147
四川国光农化股份有限公司………………………… 1148
四川海润作物科学技术有限公司…………………… 1152
四川和邦生物科技股份有限公司…………………… 1152
四川红种子高新农业有限责任公司………………… 1152
四川华英化工有限责任公司………………………… 1153
四川稼得利科技开发有限公司……………………… 1153
四川金广地生物科技有限公司……………………… 1153
四川金珠生态农业科技有限公司…………………… 1153
四川锦辰生物科技股份有限公司…………………… 1153
四川锦泰植保技术有限公司………………………… 1153
四川科瑞森生物工程有限公司……………………… 1154
四川利尔作物科学有限公司………………………… 1154
四川龙蟒福生科技有限责任公司…………………… 1157
四川绿润科技开发有限公司………………………… 1157
四川绵阳康尔日化有限公司………………………… 1157
四川南充邦威药业有限责任公司…………………… 1157
四川赛威生物工程有限公司………………………… 1157
四川上景植物保护有限公司………………………… 1158
四川省成都彩虹电器（集团）股份有限公司……… 1158
四川省成都海宁化工实业有限公司………………… 1160
四川省成都宏丰日用品发展有限公司……………… 1161
四川省成都年年丰农化有限公司…………………… 1161
四川省成都泉源卫生用品有限公司………………… 1161
四川省成都市红牛实业有限责任公司……………… 1162
四川省成都市牛头蚊香有限责任公司……………… 1162
四川省成都市新津生化工程研究所………………… 1162
四川省成都市兴中化妆品有限公司
　金菊日用化学制品分公司………………………… 1162
四川省成都田丰农业有限公司……………………… 1162
四川省成都宇辰农药有限责任公司………………… 1162
四川省川东丰乐化工有限公司……………………… 1163
四川省川东农药化工有限公司……………………… 1163
四川省达州市澳诗商贸有限责任公司……………… 1166
四川省达州市兴隆化工有限公司…………………… 1166
四川省德阳市鸿发化工有限公司…………………… 1167
四川省富贵日化用品有限公司……………………… 1167
四川省广汉市小太阳农用化工厂…………………… 1167
四川省好利尔生物化工有限公司…………………… 1167
四川省禾康生物科技有限公司……………………… 1167
四川省化学工业研究设计院………………………… 1168
四川省化学工业研究设计院广汉试验厂…………… 1168
四川省金蜘蛛日化有限公司………………………… 1168
四川省精细化工研究设计院………………………… 1169
四川省科鑫化工厂…………………………………… 1169
四川省兰月科技有限公司…………………………… 1169
四川省乐山市福华通达农药科技有限公司………… 1170
四川省仁寿县神牛蚊香厂…………………………… 1170
四川省遂宁市川宁农药有限责任公司……………… 1170
四川省万源市海豹蚊香有限责任公司……………… 1171
四川省宜宾川安高科农药有限责任公司…………… 1171
四川省自贡市恒达农药厂…………………………… 1171
四川施特优化工有限公司…………………………… 1171
四川蜀峰化工有限公司……………………………… 1172
四川泰杰植保技术有限公司………………………… 1172
四川沃野农化有限公司……………………………… 1172
四川先易达农化有限公司…………………………… 1173
四川新朝阳邦威生物科技有限公司………………… 1173
四川新洁灵生化科技有限公司……………………… 1173
泸州东方农化有限公司……………………………… 1173

（台湾）环益顾问有限公司 …………………………… 1174
龙杏生技制药股份有限公司………………………… 1174
台湾日产化工股份有限公司………………………… 1174
台湾隽农实业股份有限公司………………………… 1174
兴农股份有限公司…………………………………… 1174
天津阿斯化学有限公司……………………………… 1174
天津艾格福农药科技有限公司……………………… 1175
天津博克百胜科技有限公司………………………… 1176
天津东方红化工有限公司…………………………… 1177
天津京津农药有限公司……………………………… 1177
天津久日化学股份有限公司………………………… 1178
天津科润北方种衣剂有限公司……………………… 1178
天津绿源生物药业有限公司………………………… 1179
天津农药股份有限公司……………………………… 1180
天津人农药业有限责任公司………………………… 1180
天津市阿格罗帕克农药有限公司…………………… 1180
天津市大安农药有限公司…………………………… 1180
天津市东方农药有限公司…………………………… 1181
天津市富达化学农药制造有限公司………………… 1181
天津市汉邦植物保护剂有限责任公司……………… 1181
天津市恒源伟业生物科技发展有限公司…………… 1185
天津市华宇农药有限公司…………………………… 1185
天津市汇源化学品有限公司………………………… 1187
天津市津绿宝农药制造有限公司…………………… 1188
天津市绿保农用化学科技开发有限公司…………… 1189
天津市绿亨化工有限公司…………………………… 1189
天津市绿农生物技术有限公司……………………… 1190
天津市南洋兄弟化学有限公司……………………… 1190
天津市农药研究所…………………………………… 1191
天津市施普乐农药技术发展有限公司……………… 1192
天津市塘沽农药厂…………………………………… 1196
天津市天环药业有限公司…………………………… 1197
天津市天庆化工有限公司…………………………… 1197
天津市兴光农药厂…………………………………… 1197
天津市兴果农药厂…………………………………… 1198
天津市中景百英化工有限公司……………………… 1198
天津市鑫卫化工有限责任公司……………………… 1199
天津永阔国际贸易有限公司………………………… 1199
天津郁美净集团有限公司…………………………… 1199
源达日化（天津）有限公司………………………… 1199
中农立华（天津）农用化学品有限公司…………… 1199
乐信药业有限公司…………………………………… 1201
五家渠农佳绿和生物科技有限公司………………… 1201
新疆金棉科技有限责任公司………………………… 1201
新疆锦华农药有限公司……………………………… 1201
新疆绿洲兴源农业科技有限责任公司……………… 1201
新疆塔河勤丰植物科技有限公司…………………… 1201
新疆兴林农资有限公司……………………………… 1201
新疆伊宁市合美化工厂……………………………… 1201
新疆伊宁市雨露化工厂……………………………… 1201
新疆友合生物科技有限公司………………………… 1201
昆明百事德生物化学科技有限公司………………… 1202
昆明农药有限公司…………………………………… 1202
云南创森实业有限公司……………………………… 1204
云南光明印楝产业开发股份有限公司……………… 1204
云南海通生物科技有限公司………………………… 1204
云南建元生物开发有限公司………………………… 1204
云南金色太阳农药有限公司………………………… 1204
云南陆良酶制剂有限责任公司……………………… 1204
云南南宝生物科技有限责任公司…………………… 1204
云南省昆明爱德望化工有限责任公司……………… 1205
云南省玉溪安安绿色气雾剂有限公司……………… 1205
云南省玉溪山水生物科技有限责任公司…………… 1205
云南省玉溪市红云化工有限公司…………………… 1205
云南省种衣剂有限责任公司………………………… 1205
云南师范大学农药研究所…………………………… 1205
云南天丰农药有限公司……………………………… 1205
云南文山润泽生物农药厂…………………………… 1205
云南星耀生物制品有限公司………………………… 1205
云南云大科技农化有限公司………………………… 1206
云南中科生物产业有限公司………………………… 1207
云南中植生物科技开发有限责任公司……………… 1207
拜耳作物科学（中国）有限公司…………………… 1207
东阳市康家日用品有限公司………………………… 1208
杭州邦化化工有限公司……………………………… 1209
杭州恩孚生化有限公司……………………………… 1209
杭州丰收农药有限公司……………………………… 1209
杭州禾新化工有限公司……………………………… 1209
杭州华艺气雾制品有限公司………………………… 1209
杭州家得好日用品有限公司………………………… 1210
杭州绿普达生物科技有限公司……………………… 1210
杭州茂宇电子化学有限公司………………………… 1210
杭州万得仕日用品有限公司………………………… 1210
杭州颖泰生物科技有限公司………………………… 1210
黑猫神日化股份有限公司…………………………… 1211
捷马化工股份有限公司……………………………… 1212
兰溪市京杭生物科技有限公司……………………… 1213
丽水市绿谷生物药业有限公司……………………… 1213
临海市利民化工有限公司…………………………… 1213
美丰农化有限公司…………………………………… 1213
宁波纽康生物技术有限公司………………………… 1215
宁波三江益农化学有限公司………………………… 1216
宁波新大昌织造有限公司…………………………… 1218
宁波中北生物科技发展股份有限公司……………… 1218
上虞颖泰精细化工有限公司………………………… 1218
台州市大鹏药业有限公司…………………………… 1219
温州绿佳化工有限公司……………………………… 1220
温州市鹿城东瓯染料中间体厂……………………… 1220
温州英杰工艺品有限公司…………………………… 1221
一帆生物科技集团有限公司………………………… 1221

永农生物科学有限公司…… 1223
浙江埃森化学有限公司…… 1226
浙江安吉邦化化工有限公司…… 1226
浙江拜克开普化工有限公司…… 1226
浙江博仕达作物科技有限公司…… 1227
浙江德清邦化化工有限公司…… 1228
浙江迪乐化学品有限公司…… 1228
浙江东风化工有限公司…… 1228
浙江富农生物科技有限公司…… 1229
浙江海正化工股份有限公司…… 1230
浙江禾本科技有限公司…… 1231
浙江禾田化工有限公司…… 1233
浙江花园生物高科股份有限公司…… 1234
浙江华京生物科技开发有限公司…… 1234
浙江华兴化学农药有限公司…… 1234
浙江黄岩鼎正化工有限公司…… 1234
浙江惠光生化有限公司…… 1235
浙江嘉华化工有限公司…… 1235
浙江嘉化集团股份有限公司…… 1235
浙江金帆达生化股份有限公司…… 1236
浙江劲豹日化有限公司…… 1237
浙江来益生物技术有限公司…… 1237
浙江蓝剑生物科技有限公司…… 1237
浙江兰溪巨化氟化学有限公司…… 1238
浙江乐吉化工股份有限公司…… 1238
浙江李字日化有限责任公司…… 1239
浙江菱化实业股份有限公司…… 1239
浙江龙湾化工有限公司…… 1240
浙江龙游东方阿纳萨克作物科技有限公司…… 1240
浙江绿岛科技有限公司…… 1241
浙江宁尔杀虫药业有限公司…… 1241
浙江平湖农药厂…… 1242
浙江钱江生物化学股份有限公司…… 1243
浙江瑞利生物科技有限公司…… 1245
浙江锐特化工科技有限公司…… 1245
浙江三元农业高新技术实验有限公司…… 1246
浙江升华拜克生物股份有限公司…… 1246
浙江省长兴第一化工有限公司…… 1248
浙江省慈溪市逍林化工有限公司…… 1250
浙江省东阳市东农化工有限公司…… 1250
浙江省东阳市金鑫化学工业有限公司…… 1250
浙江省东阳市医药卫生用品有限公司…… 1250
浙江省富阳市益民农药厂…… 1251
浙江省杭州南郊化学有限公司…… 1251
浙江省杭州三箭侠日化用品有限公司…… 1251
浙江省杭州泰丰化工有限公司…… 1251
浙江省杭州萧山钱潮日化有限公司…… 1251
浙江省杭州永新化工日用品有限公司…… 1252
浙江省杭州宇龙化工有限公司…… 1252
浙江省杭州运达农药制造有限公司…… 1253
浙江省湖州荣盛农药化工有限公司…… 1253
浙江省乐斯化学有限公司…… 1253
浙江省临海市建新化工有限公司…… 1254
浙江省宁波舜宏化工有限公司…… 1254
浙江省上虞市银邦化工有限公司…… 1254
浙江省绍兴市东湖生化有限公司…… 1255
浙江省绍兴市幸运胶囊化学有限公司…… 1255
浙江省绍兴天诺农化有限公司…… 1255
浙江省台州市红梦实业有限公司…… 1255
浙江省台州市黄岩永宁农药化工有限公司…… 1255
浙江省桐庐汇丰生物科技有限公司…… 1256
浙江省温州市展农化工农药厂…… 1257
浙江省武义通用科技有限公司…… 1258
浙江省新昌县城关古塔化工厂…… 1258
浙江省新昌县恒达化工厂…… 1258
浙江省义乌市稠城夏宝日化厂…… 1258
浙江省义乌市皇嘉生化有限公司…… 1258
浙江省永康市农药厂…… 1258
浙江省永康市西津卫生医药用品有限公司…… 1258
浙江省诸暨利国蚊香厂…… 1259
浙江省诸暨市白蚁防制技术开发服务研究所…… 1259
浙江石原金牛农药有限公司…… 1259
浙江世佳科技有限公司…… 1259
浙江斯佩斯植保有限公司…… 1260
浙江泰达作物科技有限公司…… 1260
浙江天丰生物科学有限公司…… 1262
浙江天一农化有限公司…… 1264
浙江桐乡钱江生物化学有限公司…… 1265
浙江威尔达化工有限公司…… 1265
浙江武义钓鱼实业有限公司…… 1268
浙江武义嘉诚实业有限公司…… 1268
浙江新安化工集团股份有限公司…… 1268
浙江新农化工股份有限公司…… 1271
浙江信心日用工业有限公司…… 1272
浙江一点红有限公司…… 1273
浙江正点实业有限公司…… 1273
浙江中山化工集团股份有限公司…… 1273

农药分装登记…… 1275

索引一（按中文通用名）…… 1302
索引二（中英文通用名称对照）…… 1340

奥地利

奥地利金奥特微胶囊技术有限公司　(上海市浦东大道720号国际航运金融大厦13B　200120　021-50367200)

PD20152312　高效氯氟氰菊酯/23%/微囊悬浮剂/高效氯氟氰菊酯 23%/2015.10.21 至 2020.10.21/中等毒
甘蓝　菜青虫　7.5-15克/公顷　喷雾

澳大利亚

澳大利亚拜迪斯有限公司　(安徽省合肥市高新区红枫路7号A座12楼　230088　0551-5848158)

PD20100047　氯氰·毒死蜱/522.5克/升/乳油/毒死蜱 475克/升、氯氰菊酯 47.5克/升/2015.01.04 至 2020.01.04/中等毒
柑橘树　潜叶蛾　435.4-550毫克/千克　喷雾

PD20102215　草甘膦异丙胺盐/30%/水剂/草甘膦 30%/2015.12.23 至 2020.12.23/低毒
柑橘园　杂草　1125-2250克/公顷　定向茎叶喷雾
注:草甘膦异丙胺盐含量: 41%

WP20090374　杀蟑胶饵/2.5%/胶饵/吡虫啉 2.5%/2014.11.30 至 2019.11.30/低毒
卫生　蜚蠊　/　投放

WP20150080　吡虫啉/20%/悬浮剂/吡虫啉 20%/2015.05.14 至 2020.05.14/低毒
木材　白蚁　600-1000毫克/千克　木材浸泡
土壤　白蚁　4-6克/平方米　土壤处理

WP20150096　杀蝇饵剂/1%/饵剂/吡虫啉 1%/2015.06.10 至 2020.06.10/微毒
室内　蝇　/　投放

澳大利亚环球科技有限公司　(深圳市福田区车公庙阳光高尔夫大厦1101室　0755-83377111)

LS20120019　梨小性迷向素/95%/原药/Z-8-十二碳烯乙酯 85%、Z-8-十二碳烯醇 2%、E-8-十二碳烯乙酯 8%/2014.01.09 至2015.01.09/微毒

LS20120022　梨小性迷向素/240毫克/条/缓释剂/Z-8-十二碳烯乙酯 215毫克/条、Z-8-十二碳烯醇 5毫克/条、E-8-十二碳烯乙酯 20毫克/条/2014.01.09 至 2015.01.09/微毒
桃树　梨小食心虫　33-43条/亩　距地面1.5-1.8米处挂条

澳大利亚卡灵顿哈文有限公司　(北京市朝阳区高碑店北路甲3号　100025　010-85754681)

WP20070034　杀虫气雾剂/2%/气雾剂/氯菊酯 2%/2013.07.22 至 2018.07.22/低毒
卫生　蚊　/　喷雾

WP20070035　杀虫气雾剂/4%/气雾剂/氯菊酯 2%、右旋苯醚菊酯 2%/2013.07.22 至 2018.07.22/低毒
卫生　蚊　　喷雾

WP20080065　杀虫气雾剂/2%/气雾剂/右旋苯醚菊酯 2%/2013.04.29 至 2018.04.29/低毒
卫生　蚊　　喷雾
注:航空器专用。

澳大利亚纽发姆有限公司　(上海市浦东大道720号国际航运金融大厦25D　200120　021-50367200)

PD221-97　仲丁灵/360克/升/乳油/仲丁灵 360克/升/2012.09.29 至 2017.09.29/低毒
烟草　抑制腋芽生长　54-72毫克/株　杯淋

PD268-99　碱式硫酸铜/27.12%/悬浮剂/碱式硫酸铜 27.12%/2014.02.10 至 2019.02.10/低毒
番茄　早疫病　678-813.6克/公顷　喷雾
柑橘树　溃疡病　400-500倍液　喷雾
苹果树　轮纹病　400-500倍液　喷雾
水稻　稻瘟病　256.28-384.43克/公顷　喷雾
水稻　稻曲病　254.25-339克/公顷　喷雾

PD321-2000　氢氧化铜/77%/可湿性粉剂/氢氧化铜 77%/2015.03.10 至 2020.03.10/低毒
番茄　早疫病　1575-2310克/公顷　喷雾
柑橘树　溃疡病　1283-1925毫克/千克　喷雾
黄瓜　角斑病　1732.5-2310克/公顷　喷雾
葡萄　霜霉病　1100-1283毫克/千克　喷雾
注:葡萄有效期至2009年12月31日。

PD20081080　草甘膦/95%/原药/草甘膦 95%/2013.08.18 至 2018.08.18/低毒

PD20084775　稻瘟灵/40%/乳油/稻瘟灵 40%/2013.12.22 至 2018.12.22/低毒
水稻　稻瘟病　420～600克/公顷　喷雾

PD20085459　2甲4氯/96%/原药/2甲4氯 96%/2013.12.24 至 2018.12.24/低毒

PD20085757　赤霉酸/90%/原药/赤霉酸 90%/2013.12.29 至 2018.12.29/低毒

PD20090735　氢氧化铜/57.6%/水分散粒剂/氢氧化铜 57.6%/2014.01.19 至 2019.01.19/低毒
柑橘　溃疡病　443-576毫克/千克　喷雾
黄瓜　角斑病　540-682克/公顷　喷雾
烟草　野火病　411-576毫克/千克　喷雾

PD20090894　噻嗪酮/25%/可湿性粉剂/噻嗪酮 25%/2014.01.19 至 2019.01.19/低毒
水稻　稻飞虱　112.5-187.5克/公顷　喷雾

PD20091168　草甘膦异丙胺盐（41%）//水剂/草甘膦 30%/2014.01.22 至 2019.01.22/低毒
苹果园　杂草　1125-2880克/公顷　定向茎叶喷雾

PD20095389　赤霉酸/20%/可溶粉剂/赤霉酸 20%/2014.04.27 至 2019.04.27/低毒
水稻　调节生长　60-90克/公顷　喷雾

PD20097193 毒死蜱/480克/升/乳油/毒死蜱 480克/升/2014.10.16 至 2019.10.16/中等毒
柑橘 介壳虫 320-480毫克/千克 喷雾
苹果树 绵蚜 200-300毫克/千克 喷雾
水稻 稻飞虱 504-600克/公顷 喷雾
水稻 三化螟 432-576克/公顷 喷雾
小麦 蚜虫 108-180克/公顷 喷雾

PD20098480 2甲4氯钠/56%/可溶粉剂/2甲4氯钠 56%/2014.12.24 至 2019.12.24/低毒
水稻移栽田 阔叶杂草及莎草科杂草 420-630克/公顷 茎叶喷雾

PD20100327 氢氧化铜/37.5%/悬浮剂/氢氧化铜 37.5%/2014.01.11 至 2019.01.11/低毒
辣椒 疫病 280-400克/公顷 喷雾

PD20110802 氢氧化铜/57.6%/可分散粒剂/氢氧化铜 57.6%/2011.07.26 至 2016.07.26/低毒
柑橘 溃疡病 443-576毫克/千克 喷雾
黄瓜 角斑病 540-682克/公顷 喷雾
烟草 野火病 411-576毫克/千克 喷雾

PD20120645 2甲4氯二甲胺盐/750克/升/水剂/2甲4氯 750克/升/2012.04.18 至 2017.04.18/低毒
冬小麦田 阔叶杂草及莎草科杂草 562.5-675克/公顷 茎叶喷雾
水稻移栽田 阔叶杂草、莎草 450-562.5克/公顷(南方稻区)787.5-1012.5克/公顷(北方稻区) 喷雾
注:2甲4氯二甲铵盐含量: 918.6克/升。

PD20140137 草甘・2甲胺/47.5%/可溶液剂/草甘膦异丙胺盐 41%、2甲4氯异丙胺盐 6.5%/2014.01.20 至 2019.01.20/低毒
柑橘园 一年生和多年生杂草 1074-1653克/公顷 定向茎叶喷雾

PD20142177 氟环唑/125克/升/悬浮剂/氟环唑 125克/升/2014.09.18 至 2019.09.18/低毒
水稻 水稻纹枯病 56.25-84.375克/公顷 喷雾

PD20142503 嘧菌酯/250克/升/悬浮剂/嘧菌酯 250克/升/2014.11.21 至 2019.11.21/低毒
黄瓜 霜霉病 112.5-168.75克/公顷 喷雾

PD20151487 吡虫啉/600克/升/悬浮种衣剂/吡虫啉 600克/升/2015.07.31 至 2020.07.31/中等毒
花生 蛴螬 180-240克/100千克种子 种子包衣
玉米 蛴螬 240-360克/100千克种子 种子包衣

澳大利亚天然除虫菊公司 ( )

WP20130001 除虫菊素/50%/母药/除虫菊素 50%/2013.01.04 至 2018.01.04/低毒

保加利亚

保加利亚艾格利亚有限公司 (北京市朝阳区麦子店街40号富丽花园1号楼2205室 100125 010-65075527)

PD309-99 代森锌/80%/可湿性粉剂/代森锌 80%/2014.09.28 至 2019.09.28/低毒
番茄 早疫病 2550-3600克/公顷 喷雾

PD369-2001 代森锌/65%/可湿性粉剂/代森锌 65%/2011.09.04 至 2016.09.04/低毒
番茄 早疫病 2550-3600克/公顷 喷雾

PD375-2002 代森锰锌/80%/可湿性粉剂/代森锰锌 80%/2012.03.08 至 2017.03.08/低毒
番茄 早疫病 2040-2520克/公顷 喷雾
花生 叶斑病 600-900克/公顷 喷雾
马铃薯 晚疫病 188-2160克/公顷 喷雾
苹果树 斑点落叶病 1000毫克/千克 喷雾
西瓜 炭疽病 2160-3000克/公顷 喷雾

PD382-2002 王铜・代森锌/52%/可湿性粉剂/代森锌 15%、王铜 37%/2012.11.26 至 2017.11.26/低毒
柑橘树 溃疡病 1733-2600毫克/千克 喷雾

PD20082054 代森锰锌/88%/原药/代森锰锌 88%/2013.11.25 至 2018.11.25/低毒

PD20094826 代森锌/95%/原药/代森锌 95%/2014.04.13 至 2019.04.13/低毒

PD20141270 代森锰锌/75%/水分散粒剂/代森锰锌 75%/2014.05.07 至 2019.05.07/低毒
苹果树 轮纹病 790—1360毫克/千克 喷雾

PD20150783 霜脲・锰锌/44%/水分散粒剂/代森锰锌 40%、霜脲氰 4%/2015.05.13 至 2020.05.13/低毒
马铃薯 晚疫病 990-1650克/公顷 喷雾
葡萄 霜霉病 977-1257毫克/千克 喷雾

PD20152421 霜霉威盐酸盐/66.5%/水剂/霜霉威盐酸盐 66.5%/2015.10.25 至 2020.10.25/低毒
黄瓜 霜霉病 866.5-1083克/公顷 喷雾
甜椒 疫病 897.5-1197克/公顷 喷雾

比利时

比利时农化公司 (广东省深圳彩田路中银大厦B座5－0 518026 0755-82468891)

PD20070009 霜霉威盐酸盐/722克/升/水剂/霜霉威盐酸盐 722克/升/2012.01.18 至 2017.01.18/低毒
黄瓜 霜霉病 649.8-1083克/公顷 喷雾
甜椒 疫病 775.5-1164克/公顷 喷雾

PD20070010 霜霉威盐酸盐原药/97%/原药/霜霉威盐酸盐 97%/2012.01.18 至 2017.01.18/低毒

比利时特胺有限公司 (上海市长宁区遵义路100号虹桥上海城B-3303 200051 021-51097998-809)

PD20101364 福美双/98%/原药/福美双 98%/2015.04.02 至 2020.04.02/低毒

PD20110918 福美双/80%/水分散粒剂/福美双 80%/2011.08.22 至 2016.08.22/低毒

苹果树 炭疽病 667-800毫克/千克 喷雾
香蕉 叶斑病 888—1143毫克/千克 喷雾
LS20150247 福美锌/75%/水分散粒剂/福美锌 75%/2015.07.30 至 2016.07.30/中等毒
番茄 早疫病 1575-2250克/公顷 喷雾

比利时杨森制药公司　(浙江省杭州市西湖区工路531号601室　310052　0571-87206542)

PD20050128 抑霉唑/95%/原药/抑霉唑 95%/2015.08.22 至 2020.08.22/低毒

丹麦

丹麦科麦农公司　(上海市徐汇区宜山路889号齐来工业城齐来大厦802室　200233　021-62366680)

PD20080674 精高效氯氟氰菊酯/98%/原药/精高效氯氟氰菊酯 98%/2013.05.27 至 2018.05.27/中等毒
PD20080675 精高效氯氟氰菊酯/1.5%/微囊悬浮剂/精高效氯氟氰菊酯 1.5%/2013.05.27 至 2018.05.27/低毒
甘蓝 菜青虫 5.625-7.875克/公顷 喷雾
苹果树 桃小食心虫 10-15毫克/千克 喷雾

德国

巴斯夫欧洲公司　(上海市浦东新区江心沙路300号　200137　021-20391000)

PD10-85 氯氰菊酯/100克/升/乳油/氯氰菊酯 100克/升/2011.01.11 至 2016.01.11/中等毒
柑橘树、果菜、叶菜 害虫 37.5-52.5克/公顷 喷雾
棉花 害虫 45-60克/公顷 喷雾
PD37-87 灭草松/480克/升/水剂/灭草松 480克/升/2012.04.23 至 2017.04.23/低毒
大豆田 阔叶杂草 750-1500克/公顷 喷雾
花生田、马铃薯田 一年生阔叶杂草 1080-1440克/公顷 茎叶喷雾
水稻田 阔叶杂草、莎草 960-1440克/公顷 喷雾
PD39-87 顺式氯氰菊酯/100克/升/乳油/顺式氯氰菊酯 100克/升/2012.05.15 至 2017.05.15/中等毒
甘蓝 菜青虫、小菜蛾 7.5-15克/公顷 喷雾
柑橘树 潜叶蛾 5-10毫克/千克 喷雾
黄瓜 蚜虫 7.5-15克/公顷 喷雾
棉花 红铃虫、棉铃虫 10-20克/公顷 喷雾
豇豆 大豆卷叶螟 15-19.5克/公顷 喷雾
PD134-91 二甲戊灵/330克/升/乳油/二甲戊灵 330克/升/2016.02.18 至 2021.02.18/低毒
甘蓝田、韭菜田 杂草 495-742.5克/公顷 喷雾或撒毒土
棉花田 一年生杂草 742.5-990克/公顷 毒土法
水稻旱育秧田 一年生杂草 743-990克/公顷 播后苗前土壤喷雾
玉米田 杂草 750-1500克/公顷 喷雾
PD135-91 十三吗啉/750克/升/乳油/十三吗啉 750克/升/2011.01.11 至 2016.01.11/低毒
橡胶树 红根病 15-22.5克/株 灌淋
PD172-93 咪唑乙烟酸/50克/升/水剂/咪唑乙烟酸 50克/升/2013.04.09 至 2018.04.09/低毒
大豆 一年生杂草 75-100.5克/公顷 土壤喷雾处理
PD178-93 二甲戊灵/330克/升/乳油/二甲戊灵 330克/升/2013.07.24 至 2018.07.24/低毒
烟草 抑制腋芽生长 60-80毫克/株 杯淋
PD185-94 氟鼠灵/0.005%/毒饵/氟鼠灵 0.005%/2014.01.15 至 2019.01.15/低毒
农田 田鼠 1-1.5千克制剂/公顷 堆施
室内 家鼠 50克制剂/房间 堆施
PD207-96 氟虫脲/50克/升/可分散液剂/氟虫脲 50克/升/2011.01.02 至 2016.01.02/低毒
草地 蝗虫 6-7.5克/公顷 喷雾
柑橘树 潜叶蛾 25-50毫克/千克 喷雾
柑橘树 红蜘蛛、锈蜘蛛 50-75毫克/千克 喷雾
苹果树 红蜘蛛 50-75毫克/千克 喷雾
PD349-2001 环丙嘧磺隆/97.4%/原药/环丙嘧磺隆 97.4%/2011.05.15 至 2016.05.15/低毒
PD350-2001 环丙嘧磺隆/10%/可湿性粉剂/环丙嘧磺隆 10%/2011.05.15 至 2016.05.15/低毒
冬小麦田 阔叶杂草 1)30-45克/公顷2)混用金秋15克/公顷+施田补743克/公顷 苗后早期茎叶喷雾
水稻田(直播)、水稻移栽田 稗草、阔叶杂草、莎草 1)15-30克/公顷(南方地区)2)30-40克/公顷(北方地区) 撒毒砂或喷雾
PD20060015 二氯喹啉酸/96%/原药/二氯喹啉酸 96%/2016.01.09 至 2021.01.09/低毒
PD20060016 二氯喹啉酸/250克/升/悬浮剂/二氯喹啉酸 250克/升/2011.01.09 至 2016.01.09/低毒
水稻田(直播) 稗草 200-375克/公顷 喷雾
PD20070124 醚菌酯/50%/水分散粒剂/醚菌酯 50%/2012.05.18 至 2017.05.18/低毒
草莓 白粉病 100～166.7毫克/千克 喷雾
黄瓜 白粉病 100-150克/公顷 喷雾
梨树 黑星病 100-166.7毫克/千克 喷雾
苹果 斑点落叶病 125-166.7毫克/千克 喷雾
苹果树 黑星病 5000-7000倍液 喷雾
PD20070135 醚菌酯/94%/原药/醚菌酯 94%/2012.05.29 至 2017.05.29/低毒
PD20070341 烯酰吗啉/96%/原药/烯酰吗啉 96%/2012.10.24 至 2017.10.24/低毒

登记证号	登记作物	防治对象	用药量	施用方法
PD20070342	烯酰吗啉/50%/可湿性粉剂/烯酰吗啉 50%/2012.10.24 至 2017.10.24/低毒			
	黄瓜	霜霉病	225-300克/公顷	喷雾
	辣椒	疫病	225-300克/公顷	喷雾
	烟草	黑胫病	202.5-300克/公顷	喷雾
PD20070364	氟环唑/92%/原药/氟环唑 92%/2012.10.24 至 2017.10.24/低毒			
PD20070365	氟环唑/125克/升/悬浮剂/氟环唑 125克/升/2012.10.24 至 2017.10.24/低毒			
	水稻	稻曲病、纹枯病	75-93.75克/公顷	喷雾
	小麦	锈病	90-112.5克/公顷	喷雾
PD20070366	灭菌唑/25克/升/悬浮种衣剂/灭菌唑 25克/升/2012.10.24 至 2017.10.24/低毒			
	小麦	散黑穗病、腥黑穗病	2.5-5克/100千克种子	拌种
PD20070367	灭菌唑/95%/原药/灭菌唑 95%/2012.10.24 至 2017.10.24/低毒			
PD20070370	甲咪唑烟酸/240克/升/水剂/甲咪唑烟酸 240克/升/2012.10.24 至 2017.10.24/低毒			
	甘蔗田	莎草及阔叶杂草、一年生禾本科杂草	1)108-144克/公顷2)72-108克/公顷	1)芽前喷雾2)苗后定向喷雾
	甘蔗田	阔叶杂草、莎草	1)108-144克/公顷 2)72-108克/公顷	1)芽前土壤喷雾2)苗后定向喷雾
	花生田	一年生杂草	72-108克/公顷	喷雾
PD20070371	甲咪唑烟酸/96.4%/原药/甲咪唑烟酸 96.4%/2012.10.24 至 2017.10.24/低毒			
PD20070374	代森联/85%/原药/代森联 85%/2012.10.24 至 2017.10.24/低毒			
PD20070375	代森联/70%/水分散粒剂/代森联 70%/2012.10.24 至 2017.10.24/低毒			
	柑橘	疮痂病	1000～1400毫克/千克	喷雾
	黄瓜	霜霉病	1120-1750克/公顷	喷雾
	梨树	黑星病	1000-1400毫克/千克	喷雾
	苹果	斑点落叶病、轮纹病、炭疽病	1000-2333毫克/千克	喷雾
PD20070435	二甲戊灵/90%/原药/二甲戊灵 90%/2012.11.20 至 2017.11.20/低毒			
PD20070442	咪唑乙烟酸/98%/原药/咪唑乙烟酸 98%/2012.11.20 至 2017.11.20/低毒			
PD20070456	二甲戊灵/450克/升/微囊悬浮剂/二甲戊灵 450克/升/2012.11.20 至 2017.11.20/低毒			
	大豆田、烟草田	阔叶杂草、一年生禾本科杂草	1012.5-1350克/公顷(东北地区)742.5-1012.5克/公顷(其它地区)	喷雾
	甘蓝田、韭菜田、棉花田	部分阔叶杂草、一年生禾本科杂草	743-945克/公顷	喷雾
	花生田	阔叶杂草、一年生禾本科杂草	742.5-1012.5克/公顷	喷雾
	马铃薯田	一年生禾本科杂草及阔叶杂草	742.5-978.75克/公顷	土壤喷雾
PD20070492	硫磺/99%/原药/硫磺 99%/2012.11.28 至 2017.11.28/低毒			
PD20080071	硫磺/80%/水分散粒剂/硫磺 80%/2013.01.03 至 2018.01.03/低毒			
	柑橘树	疮痂病	300-500倍液	喷雾
	黄瓜	白粉病	2400-2800克/公顷	喷雾
	苹果树	白粉病	500-1000倍液	喷雾
	桃树	褐斑病	800～1600毫克/千克	喷雾
	西瓜	白粉病	2800-3200克/公顷	喷雾
PD20080229	顺式氯氰菊酯/93%/原药/顺式氯氰菊酯 93%/2013.01.11 至 2018.01.11/中等毒			
PD20080433	咪唑烟酸/25%/水剂/咪唑烟酸 25%/2013.03.11 至 2018.03.11/低毒			
	非耕地	多年生杂草、一年生杂草	750-1500克/公顷	喷雾
PD20080434	咪唑烟酸/95%/原药/咪唑烟酸 95%/2013.03.11 至 2018.03.11/低毒			
PD20080463	吡唑醚菌酯/97.5%/原药/吡唑醚菌酯 97.5%/2013.03.31 至 2018.03.31/中等毒			
PD20080464	吡唑醚菌酯/250克/升/乳油/吡唑醚菌酯 250克/升/2013.03.31 至 2018.03.31/中等毒			
	白菜	炭疽病	112.5-187.5克/公顷	喷雾
	草坪	褐斑病	125-250毫克/千克	喷雾
	茶树、芒果树	炭疽病	125-250毫克/千克	喷雾
	大豆	叶斑病、植物健康作用	112.5-150克/公顷	喷雾
	黄瓜	白粉病、霜霉病	75-150克/公顷	喷雾
	苹果树	腐烂病	166.7-250毫克/千克	喷淋
	西瓜	炭疽病	56.25～112.5克/公顷	喷雾
	西瓜	调节生长	37.5～93.5克/公顷	喷雾
	香蕉	炭疽病、轴腐病	125-250毫克/千克	浸果
	香蕉	黑星病、叶斑病	83.3-250毫克/千克	喷雾
	香蕉	调节生长	125～250毫克/千克	喷雾
	玉米	大斑病、植物健康作用	112.5-187.5克/公顷	喷雾
PD20080470	2甲·灭草松/460克/升/可溶液剂/2甲4氯 60克/升、灭草松 400克/升/2013.03.31 至 2018.03.31/低毒			
	水稻田(直播)、水稻移栽田	阔叶杂草、莎草科杂草	920-1150克/公顷	喷雾
PD20080473	甲氧咪草烟/97%/原药/甲氧咪草烟 97%/2013.03.31 至 2018.03.31/低毒			
PD20080474	甲氧咪草烟/4%/水剂/甲氧咪草烟 4%/2013.03.31 至 2018.03.31/低毒			

大豆田　一年生杂草　45-50克/公顷　播后苗前土壤喷雾
PD20080476　虫螨腈/94.5%/原药/虫螨腈 94.5%/2013.03.31 至 2018.03.31/低毒
PD20080477　虫螨腈/10%/悬浮剂/虫螨腈 10%/2013.03.31 至 2018.03.31/低毒
甘蓝　甜菜夜蛾、小菜蛾　50-75克/公顷　喷雾
PD20080506　唑醚·代森联/60%/水分散粒剂/吡唑醚菌酯 5%、代森联 55%/2013.04.10 至 2018.04.10/低毒
大白菜　炭疽病　360-540毫克/千克　喷雾
大蒜　叶枯病　540-900克/公顷　喷雾
番茄、马铃薯　晚疫病、早疫病　360～540克/公顷　喷雾
柑橘树　疮痂病　300～600毫克/千克　喷雾
柑橘树　炭疽病　400-800克/公顷　喷雾
花生、姜　叶斑病　540-900克/公顷　喷雾
黄瓜　炭疽病、疫病　540～900克/公顷　喷雾
黄瓜　霜霉病　360-540克/公顷　喷雾
辣椒　疫病　360～900克/公顷　喷雾
荔枝　霜疫霉病　300～600毫克/千克　喷雾
棉花　立枯病　540-1080克/公顷　喷雾
苹果树　斑点落叶病、轮纹病、炭疽病　300～600毫克/千克　喷雾
葡萄　白腐病、霜霉病　300～600毫克/千克　喷雾
桃树　褐斑穿孔病　300-600毫克/千克　喷雾
甜瓜　霜霉病　900－1080克/公顷　喷雾
西瓜　蔓枯病　540-900克/公顷　喷雾
西瓜　炭疽病　720-1080克/公顷　喷雾
西瓜　疫病　540～900克/公顷　喷雾
烟草　赤星病　540-900克/公顷　喷雾
枣树　炭疽病　400-600毫克/千克　喷雾
PD20081106　啶酰菌胺/50%/水分散粒剂/啶酰菌胺 50%/2013.08.19 至 2018.08.19/低毒
草莓　灰霉病　225～337.5克/公顷　喷雾
番茄　灰霉病　225～375克/公顷　喷雾
番茄、马铃薯　早疫病　150～225克/公顷　喷雾
黄瓜　灰霉病　250-350克/公顷　喷雾
葡萄　灰霉病　333～1000毫克/千克　喷雾
油菜　菌核病　225～375克/公顷　喷雾
PD20081107　啶酰菌胺/96%/原药/啶酰菌胺 96%/2013.08.19 至 2018.08.19/低毒
PD20081197　灭草松/96%/原药/灭草松 96%/2013.09.11 至 2018.09.11/低毒
PD20093402　烯酰·吡唑酯/18.7%/水分散粒剂/吡唑醚菌酯 6.7%、烯酰吗啉 12%/2014.03.20 至 2019.03.20/低毒
黄瓜　霜霉病、疫病　210-350克/公顷　喷雾
辣椒　疫病　280-350克/公顷　喷雾
马铃薯　晚疫病、早疫病　210-350克/公顷　喷雾
甜瓜　霜霉病　210-350克/公顷　喷雾
PD20095337　氟环唑/75克/升/乳油/氟环唑 75克/升/2014.04.27 至 2019.04.27/低毒
香蕉　叶斑病　100～187.5毫克/千克　喷雾
香蕉　黑星病　100～150毫克/千克　喷雾
PD20096880　氟虫脲/95%/原药/氟虫脲 95%/2014.09.23 至 2019.09.23/低毒
PD20101017　醚菌·啶酰菌/300克/升/悬浮剂/醚菌酯 100克/升、啶酰菌胺 200克/升/2015.01.20 至 2020.01.20/低毒
草莓　白粉病　112.5-225克/公顷　喷雾
黄瓜、甜瓜　白粉病　202.5-270克/公顷　喷雾
苹果　白粉病　75-150毫克/千克　喷雾
葡萄　穗轴褐枯病　150-300毫克/千克　喷雾
PD20101190　氰氟虫腙/96%/原药/氰氟虫腙 96%/2015.02.08 至 2020.02.08/低毒
PD20101191　氰氟虫腙/22%/悬浮剂/氰氟虫腙 22%/2015.02.08 至 2020.02.08/低毒
甘蓝　甜菜夜蛾　216-288克/公顷　喷雾
甘蓝　小菜蛾　252-288克/公顷　喷雾
水稻　稻纵卷叶螟　108-180克/公顷　喷雾
PD20130400　灭菌唑/28%/悬浮种衣剂/灭菌唑 28%/2013.03.12 至 2018.03.12/低毒
玉米　丝黑穗病　28-56克/100千克种子　种子包衣
PD20130533　虫螨腈/240克/升/悬浮剂/虫螨腈 240克/升/2013.03.29 至 2018.03.29/中等毒
茶树　茶小绿叶蝉　72-108克/公顷　喷雾
甘蓝　甜菜夜蛾、小菜蛾　90-120克/公顷　喷雾
黄瓜　斜纹夜蛾　108-180克/公顷　喷雾
梨树　梨木虱　96-160毫克/千克　喷雾
苹果　金纹细蛾　40-60毫克/千克　喷雾
茄子　蓟马、朱砂叶螨　72-108克/公顷　喷雾
注:虫螨腈含量：21.4%。

PD20131924 苯嘧磺草胺/97.4%/原药/苯嘧磺草胺 97.4%/2013.09.25 至 2018.09.25/低毒

PD20131925 苯唑草酮/97%/原药/苯唑草酮 97%/2013.09.25 至 2018.09.25/低毒

PD20131930 苯嘧磺草胺/70%/水分散粒剂/苯嘧磺草胺 70%/2013.09.25 至 2018.09.25/低毒

作物	防治对象	用药量	施用方法
非耕地	阔叶杂草	52.5-78.75克/公顷	茎叶喷雾
柑橘园	阔叶杂草	52.5-78.75克/公顷	定向茎叶喷雾

PD20131931 苯唑草酮/30%/悬浮剂/苯唑草酮 30%/2013.09.25 至 2018.09.25/低毒

作物	防治对象	用药量	施用方法
玉米田	一年生杂草	25.2-30.2克/公顷	茎叶喷雾

PD20142264 烯酰・唑嘧菌/47%/悬浮剂/烯酰吗啉 20%、唑嘧菌胺 27%/2014.10.20 至 2019.10.20/低毒

作物	防治对象	用药量	施用方法
黄瓜	霜霉病	283.8-425.7克/公顷	喷雾
马铃薯	晚疫病	315-472.5克/公顷	喷雾
葡萄	霜霉病	262.5-525毫克/千克	喷雾

PD20142265 唑嘧菌胺/98%/原药/唑嘧菌胺 98%/2014.10.20 至 2019.10.20/低毒

PD20151198 灭草松/51%/母药/灭草松 51%/2015.06.27 至 2020.06.27/低毒

PD20152375 醚菌・氟环唑/23%/悬浮剂/氟环唑 11.5%、醚菌酯 11.5%/2015.10.22 至 2020.10.22/微毒

作物	防治对象	用药量	施用方法
水稻	稻瘟病	150-187.5克/公顷	喷雾
水稻	纹枯病	112.5-187.5克/公顷	喷雾

PD20152480 二甲戊灵/35%/悬浮剂/二甲戊灵 35%/2015.12.04 至 2020.12.04/低毒

作物	防治对象	用药量	施用方法
姜田、马铃薯田、棉花田	一年生杂草	750-1200克/公顷	土壤喷雾

LS20130445 唑醚・氟酰胺/42.4%/悬浮剂/吡唑醚菌酯 21.2%、氟唑菌酰胺 21.2%/2015.09.17 至 2016.09.17/中等毒

作物	防治对象	用药量	施用方法
草莓、黄瓜	灰霉病	150-225克/公顷	喷雾
草莓、黄瓜、西瓜	白粉病	75-150克/公顷	喷雾
番茄	灰霉病、叶霉病	150-225克/公顷	喷雾
辣椒	炭疽病	150-200克/公顷	喷雾
马铃薯	早疫病	75-150克/公顷	喷雾
马铃薯	黑痣病	225-300克/公顷	沟施喷洒种薯
芒果	炭疽病	143-200毫克/千克	喷雾
葡萄	白粉病	100-200毫克/千克	喷雾
葡萄	灰霉病	125-200毫克/千克	喷雾
香蕉	黑星病	166.7-250毫克/千克	喷雾

LS20130446 氟唑菌酰胺/98%/原药/氟唑菌酰胺 98%/2015.09.17 至 2016.09.17/低毒

LS20130447 氟菌・氟环唑/12%/乳油/氟环唑 6%、氟唑菌酰胺 6%/2015.09.17 至 2016.09.17/低毒

作物	防治对象	用药量	施用方法
水稻	纹枯病	72-108克/公顷	喷雾
香蕉	叶斑病	125-250毫克/千克	喷雾

LS20140367 唑醚・啶酰菌/38%/水分散粒剂/吡唑醚菌酯 12.8%、啶酰菌胺 25.2%/2015.12.11 至 2016.12.11/低毒

作物	防治对象	用药量	施用方法
草莓	灰霉病	228-342克/公顷	喷雾
葡萄	灰霉病	190-380毫克/千克	喷雾

LS20140368 唑醚・氟环唑/17%/悬乳剂/吡唑醚菌酯 12.3%、氟环唑 4.7%/2015.12.11 至 2016.12.11/中等毒

作物	防治对象	用药量	施用方法
大豆	叶斑病	110-160克/公顷	喷雾
花生	褐斑病	110-160克/公顷	喷雾
玉米	大斑病	110-160克/公顷	喷雾

LS20150090 吡唑醚菌酯/18%/悬浮种衣剂/吡唑醚菌酯 18%/2015.04.16 至 2016.04.16/低毒

作物	防治对象	用药量	施用方法
棉花	立枯病、猝倒病	5-6克/100千克种子	种子包衣
玉米	茎基腐病	5-6克/100千克种子	种子包衣

LS20150189 唑醚・甲菌灵/41%/悬浮种衣剂/吡唑醚菌酯 4.1%、甲基硫菌灵 36.9%/2015.06.14 至 2016.06.14/低毒

作物	防治对象	用药量	施用方法
花生	根腐病	50-150克/100千克种子	种子包衣

LS20150273 苯甲・氟酰胺/12%/悬浮剂/苯醚甲环唑 5%、氟唑菌酰胺 7%/2015.08.28 至 2016.08.28/低毒

作物	防治对象	用药量	施用方法
番茄	早疫病	100.8-126克/公顷	喷雾
黄瓜	白粉病	100.8-126克/公顷	喷雾
苹果	斑点落叶病	63.15-75毫克/千克	喷雾

LS20150274 二氰・吡唑酯/16%/水分散粒剂/吡唑醚菌酯 4%、二氰蒽醌 12%/2015.08.30 至 2016.08.30/中等毒

作物	防治对象	用药量	施用方法
苹果树、枣树	炭疽病	213-427毫克/千克	喷雾

LS20150322 苯菌酮/98%/原药/苯菌酮 98%/2015.12.04 至 2016.12.04/微毒

LS20150333 苯菌酮/42%/悬浮剂/苯菌酮 42%/2015.12.05 至 2016.12.05/微毒

作物	防治对象	用药量	施用方法
豌豆	白粉病	90-180克/公顷	喷雾

WP29-96 顺式氯氰菊酯/15克/升/悬浮剂/顺式氯氰菊酯 15克/升/2011.07.16 至 2016.07.16/低毒

作物	防治对象	用药量	施用方法
卫生	蜚蠊	20-30毫克/平方米	滞留喷雾
卫生	蚊、蝇	10-20毫克/平方米	滞留喷雾

WP121-90 顺式氯氰菊酯/5%/可湿性粉剂/顺式氯氰菊酯 5%/2015.03.11 至 2020.03.11/中等毒

作物	防治对象	用药量	施用方法
卫生	蜚蠊、蚊、蝇	10-30毫克/平方米	滞留喷雾

WP20060001 氟蚁腙/95%/原药/氟蚁腙 95%/2016.01.09 至 2021.01.09/低毒

WP20060002 杀蟑胶饵/2%/胶饵/氟蚁腙 2%/2016.01.09 至 2021.01.09/低毒

作物	防治对象	用药量	施用方法
卫生	德国小蠊	0.25克制剂/平方米	投放

卫生 美洲大蠊 0.5克制剂/平方米 投放

WP20080030 顺式氯氰菊酯/100克/升/悬浮剂/顺式氯氰菊酯 100克/升/2013.02.26 至 2018.02.26/低毒
卫生 蚊、蝇 10-20毫克/平方米 滞留喷雾
卫生 蜚蠊 20-30毫克/平方米 滞留喷雾

WP20080050 顺式氯氰菊酯/250克/升/母药/顺式氯氰菊酯 250克/升/2013.03.04 至 2018.03.04/低毒

WP20080053 双硫磷/90%/原药/双硫磷 90%/2013.03.11 至 2018.03.11/低毒

WP20080054 杀虫颗粒剂/1%/颗粒剂/双硫磷 1%/2013.03.11 至 2018.03.11/低毒
卫生 孑孓 干净水0.5-1克制剂/平方米，中度污染水1-2克制剂/平方米，高度污染水2-5克制剂/平方米 投入水中

WP20110135 驱蚊帐/0.67%/驱蚊帐/顺式氯氰菊酯 0.67%/2011.06.07 至 2016.06.07/低毒
卫生 蚊 / 悬挂

WP20130065 虫螨腈/240克/升/悬浮剂/虫螨腈 240克/升/2013.04.17 至 2018.04.17/中等毒
木材 白蚁 2500毫克/千克 涂抹或浸渍
土壤 白蚁 6.25-12.5克/平方米 喷洒
注:虫螨腈质量分数：21.4%

WP20140140 杀蚁饵剂/0.73%/饵剂/氟蚁腙 0.73%/2014.06.17 至 2019.06.17/低毒
卫生 红火蚁 投放

WL20140023 杀虫气雾剂/0.5%/气雾剂/除虫菊素 0.5%/2015.10.16 至 2016.10.16/低毒
室内 蚊、蝇、蜚蠊 喷雾

WL20150008 除虫菊素/3%/可溶液剂/除虫菊素 3%/2015.06.14 至 2016.06.14/低毒
室内 蚊、蝇、蜚蠊 稀释30倍 喷雾

拜耳有限责任公司 (北京市朝阳区东三环北路27号拜耳中心 100020 010-65893000)

PD136-91 溴氰菊酯/25克/升/乳油/溴氰菊酯 25克/升/2016.02.01 至 2021.02.01/中等毒
稻谷原粮、小麦原粮 仓储害虫 0.5-1毫克/千克 喷雾或拌糠

PD265-99 杀鼠醚/0.75%/追踪粉剂/杀鼠醚 0.75%/2014.01.15 至 2019.01.15/低毒(原药高毒)
室内 家鼠 1)5.625克/平方米2)0.038克/平方米 1)堆施2)制成饵剂堆施
室外 田鼠 1)5.625克/平方米2)0.008克/平方米 1)堆施2)制成饵剂堆施

PD20070274 杀鼠醚/0.038%/饵剂/杀鼠醚 0.038%/2012.09.05 至 2017.09.05/低毒(原药高毒)
室内 家鼠 / 投放

PD20070577 杀鼠醚/98%/原药/杀鼠醚 98%/2012.12.03 至 2017.12.03/高毒

LS20140139 肟菌·戊唑醇/27%/悬浮剂/戊唑醇 18%、肟菌酯 9%/2015.04.10 至 2016.04.10/低毒
草坪 褐斑病、币斑病 540-1080克/公顷 喷雾

LS20150030 肟菌·异菌脲/25%/悬浮剂/异菌脲 23.6%、肟菌酯 1.4%/2015.03.17 至 2016.03.17/低毒
草坪 褐斑病、叶斑病 2450-4900克/公顷 喷雾
草坪 枯萎病 3063-6250克/公顷 喷雾

LS20150136 甲基碘磺隆钠盐/10%/水分散粒剂/甲基碘磺隆钠盐 10%/2015.05.19 至 2016.05.19/低毒
草坪(狗牙根)、草坪(结缕草) 杂草 10-15克/公顷 茎叶喷雾

WP6-93 溴氰菊酯/25克/升/悬浮剂/溴氰菊酯 25克/升/2013.05.30 至 2018.05.30/低毒
卫生 蜚蠊 15毫克/平方米 滞留喷雾
卫生 蝇 10毫克/平方米 滞留喷雾

WP31-96 氟氯氰菊酯/50克/升/水乳剂/氟氯氰菊酯 50克/升/2011.10.30 至 2016.10.30/低毒
室内 蚊 1.5毫克/立方米 超低容量喷雾；热雾
室内 跳蚤 10-60毫克/平方米 滞留喷洒
室内 蝇 0.15毫克/立方米 超低容量喷雾；热雾
室外 蝇 3毫克/平方米 超低容量喷雾；热雾
室外 蚊 0.3毫克/平方米 超低容量喷雾；热雾
卫生 蚊、蝇、蜚蠊 10-60毫克/平方米 滞留喷洒

WP33-96 氟氯氰菊酯/10%/可湿性粉剂/氟氯氰菊酯 10%/2011.10.30 至 2016.10.30/低毒
卫生 蚊、蝇、蜚蠊(木) 15-22.5毫克/平方米 滞留喷洒
卫生 蚊、蝇、蜚蠊(水泥) 45毫克/平方米 滞留喷洒
卫生 蚊、蝇、蜚蠊(玻璃) 7.5-15毫克/平方米 滞留喷洒

WP47-97 四氟苯菊酯/98.5%/原药/四氟苯菊酯 98.5%/2014.09.06 至 2019.09.06/低毒

WP120-90 溴氰菊酯/2.5%/可湿性粉剂/溴氰菊酯 2.5%/2015.03.18 至 2020.03.18/低毒
卫生 臭虫 15毫克/平方米 滞留喷雾
卫生 蚊 5毫克/平方米 滞留喷雾

卫生 蜚蠊 10-15毫克/平方米 滞留喷雾
卫生 蝇 10毫克/平方米 滞留喷雾

WP20070041 溴氰菊酯/25%/水分散片剂/溴氰菊酯 25%/2012.12.17 至 2017.12.17/低毒
卫生 蚊 25毫克/平方米 浸泡蚊帐

WP20080051 杀蝇饵剂/0.5%/饵剂/吡虫啉 0.5%/2013.03.04 至 2018.03.04/低毒
卫生 蝇 / 投放

WP20080052 杀蟑胶饵/2.15%/胶饵/吡虫啉 2.15%/2013.03.07 至 2018.03.07/低毒
卫生 蜚蠊 / 投放

WP20080088 噁虫威/98%/原药/噁虫威 98%/2013.08.06 至 2018.08.06/中等毒

WP20080089 噁虫威/80%/可湿性粉剂/噁虫威 80%/2013.08.06 至 2018.08.06/中等毒
卫生 蚊、蝇 80-120毫克/平方米 滞留喷洒
卫生 蜚蠊 160-300毫克/平方米 滞留喷洒

WP20080090 氯菊·烯丙菊/104克/升/水乳剂/氯菊酯 102.6克/升、S-生物烯丙菊酯 1.4克/升/2013.08.19 至 2018.08.19/低毒
室内 蚊 1.3毫克/立方米 超低量喷雾
室内 蝇 2.6毫克/立方米 超低量喷雾

WP20100012 氟虫腈/25克/升/乳油/氟虫腈 25克/升/2015.01.11 至 2020.01.11/低毒
建筑物 白蚁 3.0-4.5克/平方米 喷洒或灌穴

WP20120237 杀蚁胶饵/0.03%/胶饵/吡虫啉 0.03%/2012.12.12 至 2017.12.12/低毒
卫生 蚂蚁 / 投放

WP20130016 杀蟑胶饵/0.05%/胶饵/氟虫腈 0.05%/2013.01.17 至 2018.01.17/低毒
室内 美洲大蠊 0.09-0.18克制剂/平方米 投饵
室内 德国小蠊 0.03-0.09克制剂/平方米 投饵

WP20140164 溴氰菊酯/2%/水乳剂/溴氰菊酯 2%/2014.07.24 至 2019.07.24/中等毒
室外 蚊 0.1毫克/平方米 超低容量喷雾或热雾
室外 蝇 0.2毫克/平方米 超低容量喷雾或热雾

WL20130022 吡虫·诱虫烯/10.084%/浓饵剂/吡虫啉 10%、诱虫烯 0.084%/2015.05.13 至 2016.05.13/低毒
室内 蝇 250毫克/平方米 滞留喷洒

德国阿格福莱农林环境生物技术股份有限公司 (北京市朝阳区十八里堡甲3号A座22层25N 100101 010-65821632)

PD20096812 赤·吲乙·芸苔/3.423%/母药/赤霉酸 3.4%、吲哚乙酸 0.014%、芸苔素内酯 0.0085%/2014.09.21 至 2019.09.21/微毒

PD20096813 赤·吲乙·芸苔/0.136%/可湿性粉剂/赤霉酸 0.135%、吲哚乙酸 0.00052%、芸苔素内酯 0.00031%/2014.09.21 至 2019.09.21/低毒
茶叶 调节生长、增产 0.0714-0.1428克/公顷 喷雾
黄瓜(保护地) 调节生长 0.1428-0.2856克/公顷 喷雾
苹果树 调节生长、增产 0.1224-0.1836克/公顷 喷雾
水稻 调节生长、增产 0.06-0.12克/公顷 喷雾2次
小麦 调节生长 0.1428-0.2856克/公顷 播前浸种结合拔节期茎叶喷雾

德国拜耳作物科学公司 (北京市朝阳区东三环北路27号拜耳中心 100020 010-65893000)

PD1-85 溴氰菊酯/25克/升/乳油/溴氰菊酯 25克/升/2015.09.20 至 2020.09.20/中等毒
茶树 害虫 3.75-7.5克/公顷 喷雾
大白菜、棉花 主要害虫 7.5-15克/公顷 喷雾
大豆 食心虫 6-9克/公顷 喷雾
柑橘树、苹果树 害虫 5-10毫克/千克 喷雾
谷子 粘虫 7.5-9.375克/公顷 喷雾
花生 棉铃虫 9.375-11.25克/公顷 喷雾
花生 蚜虫 7.5-9.375克/公顷 喷雾
荒地 飞蝗 10.5-12克/公顷 喷雾
梨树 梨小食心虫 5-10毫克/千克 喷雾
荔枝树 蝽蟓 5-8.3毫克/千克 喷雾
森林 松毛虫 1)4-7毫克/千克2)10-20毫克/千克 1)喷雾2)弥雾、涂药环
小麦 害虫 3.75-5.63克/公顷 喷雾
烟草 烟青虫 7.5-9克/公顷 喷雾
油菜、玉米 蚜虫 3.75-7.5克/公顷 喷雾
玉米 玉米螟 7.5-10.5克/公顷 拌毒砂、土撒喇叭口

PD42-87 噁草酮/250克/升/乳油/噁草酮 250克/升/2012.03.31 至 2017.03.31/低毒
花生田 杂草 375-555克/公顷 喷雾
水稻田 杂草 375-495克/公顷 喷雾

PD51-87 噁草酮/120克/升/乳油/噁草酮 120克/升/2012.04.22 至 2017.04.22/低毒
水稻田 杂草 360-480克/公顷 瓶洒

PD225-97 霜霉威盐酸盐/722克/升/水剂/霜霉威盐酸盐 722克/升/2012.10.25 至 2017.10.25/低毒

作物	防治对象	用药量	施用方法
黄瓜	疫病、猝倒病	3.6-5.4克/平方米	苗床浇灌
黄瓜	霜霉病	649.8-1083克/公顷	喷雾
甜椒	疫病	775.5-1164克/公顷	喷雾

PD238-98 精噁唑禾草灵/69克/升/水乳剂/精噁唑禾草灵 69克/升/2013.06.25 至 2018.06.25/低毒

作物	防治对象	用药量	施用方法
春小麦田	野燕麦、一年生禾本科杂草	51.75-62.1克/公顷	喷雾
冬小麦田	看麦娘、一年生禾本科杂草	41.4-51.75克/公顷	喷雾

PD250-98 氟氯氰菊酯/92%/原药/氟氯氰菊酯 92%/2013.09.23 至 2018.09.23/低毒

PD285-99 噁草酮/94%/原药/噁草酮 94%/2014.06.25 至 2019.06.25/低毒

PD344-2000 三唑酮/96%/原药/三唑酮 96%/2010.10.25 至 2015.10.25/低毒

PD361-2001 精噁唑禾草灵/69克/升/水乳剂/精噁唑禾草灵 69克/升/2011.06.01 至 2016.06.01/低毒

作物	防治对象	用药量	施用方法
春油菜田	一年生禾本科杂草	51.75-62.1克/公顷	喷雾
大豆田	一年生禾本科杂草	50.7-73.2克/公顷	喷雾
冬油菜田	一年生禾本科杂草	41.4-51.75克/公顷	喷雾
花生田	一年生禾本科杂草	45-61.93克/公顷	喷雾
花椰菜田、棉花田	一年生禾本科杂草	51.8-62.1克/公顷	喷雾

PD364-2001 吡虫啉/97%/原药/吡虫啉 97%/2011.06.27 至 2016.06.27/低毒

PD365-2001 吡虫啉/200克/升/可溶液剂/吡虫啉 200克/升/2011.06.27 至 2016.06.27/低毒

作物	防治对象	用药量	施用方法
番茄(保护地)	白粉虱	45-60克/公顷	喷雾
梨树	梨木虱	40-80毫克/千克	喷雾
棉花	苗蚜	15-30克/公顷	喷雾
棉花	蚜虫	150-180克/公顷	滴灌或灌根
棉花	伏蚜	30-45克/公顷	喷雾
苹果树	黄蚜	25-40毫克/千克	喷雾
茄子	白粉虱	45-90克/公顷	喷雾
十字花科蔬菜	蚜虫	15-30克/公顷	喷雾
水稻	稻飞虱	20-30克/公顷	喷雾
烟草	蚜虫	30-45克/公顷	喷雾

PD366-2001 戊唑醇/95%/原药/戊唑醇 95%/2011.06.27 至 2016.06.27/低毒

PD20040031 溴氰菊酯/98.5%/原药/溴氰菊酯 98.5%/2014.12.17 至 2019.12.17/中等毒

PD20050011 吡虫啉/70%/水分散粒剂/吡虫啉 70%/2015.04.12 至 2020.04.12/中等毒

作物	防治对象	用药量	施用方法
茶树	小绿叶蝉	21-42克/公顷	喷雾
棉花	蚜虫	21-31.5克/公顷	喷雾
十字花科蔬菜	蚜虫	14-20克/公顷	喷雾
水稻	稻飞虱	21-31.5克/公顷	喷雾
小麦	蚜虫	21-42克/公顷	喷雾

PD20050014 戊唑醇/60克/升/种子处理悬浮剂/戊唑醇 60克/升/2015.04.12 至 2020.04.12/低毒

作物	防治对象	用药量	施用方法
高粱	丝黑穗病	6-9克/100千克种子	种子包衣
小麦	散黑穗病	1.8-2.7克/100千克种子	种子包衣
小麦	纹枯病	3-4克/100千克种子	种子包衣
玉米	丝黑穗病	6-12克/100千克种子	种子包衣

PD20050056 吡虫啉/600克/升/悬浮种衣剂/吡虫啉 600克/升/2015.05.08 至 2020.05.08/中等毒

作物	防治对象	用药量	施用方法
棉花	蚜虫	350-500克/100千克种子	种子包衣

PD20050146 噻苯隆/98%/原药/噻苯隆 98%/2015.09.19 至 2020.09.19/中等毒

PD20050149 莎稗磷/90%/原药/莎稗磷 90%/2010.09.19 至 2015.09.19/中等毒

PD20050150 莎稗磷/300克/升/乳油/莎稗磷 300克/升/2010.09.19 至 2015.09.19/低毒

作物	防治对象	用药量	施用方法
水稻移栽田	莎草、一年生禾本科杂草	1)225-270克/公顷(长江以南)2)270-315克/公顷(长江以北)	药土法或喷雾法

PD20050192 丙森锌/70%/可湿性粉剂/丙森锌 70%/2015.12.13 至 2020.12.13/低毒

作物	防治对象	用药量	施用方法
大白菜、黄瓜	霜霉病	1575-2250克/公顷	喷雾
番茄	早疫病	1312.5-1968.75克/公顷	喷雾
番茄	晚疫病	1575-2250克/公顷	喷雾
柑橘树	炭疽病	875-1167毫克/千克	喷雾
马铃薯	早疫病	1575－2100克/公顷	喷雾
苹果树	斑点落叶病	1000-1167毫克/千克	喷雾
葡萄	霜霉病	400-600倍液	喷雾
水稻	胡麻斑病	1050～1575克/公顷	喷雾
甜椒	疫病	1575-2100克/公顷	喷雾
西瓜	疫病	1575－2100克/公顷	喷雾
玉米	大斑病	1050～1575克/公顷	喷雾

PD20050193 丙森锌/80%/母粉/丙森锌 80%/2015.12.13 至 2020.12.13/中等毒

PD20050200 丙森·缬霉威/66.8%/可湿性粉剂/丙森锌 61.3%、缬霉威 5.5%/2015.12.13 至 2020.12.13/低毒

作物	防治对象	用药量	施用方法
黄瓜	霜霉病	1002-1336克/公顷	喷雾

葡萄　霜霉病　668-954毫克/千克　喷雾
PD20050202　缬霉威/95%/原药/缬霉威 95%/2015.12.19 至 2020.12.19/低毒
PD20050216　戊唑醇/430克/升/悬浮剂/戊唑醇 430克/升/2015.12.23 至 2020.12.23/低毒
大白菜　黑斑病　125-150克/公顷　喷雾
黄瓜　白粉病　96.75-116.1克/公顷　喷雾
梨树　黑星病　108.5-143.3毫克/千克　喷雾
苹果树　斑点落叶病　61.4-86毫克/千克　喷雾
苹果树　轮纹病　3000-4000倍液　喷雾
水稻　稻曲病　64.6-96.75克/公顷　喷雾
PD20060009　乙氧磺隆/95%/原药/乙氧磺隆 95%/2016.01.09 至 2021.01.09/低毒
PD20060010　乙氧磺隆/15%/水分散粒剂/乙氧磺隆 15%/2011.01.09 至 2016.01.09/低毒
水稻抛秧田、水稻移栽田　阔叶杂草、莎草科杂草　6.75-11.25克/公顷(华南地区)11.25-15.75克/公顷(长江流域地区)15.75-31.50克/公顷(东北、华北地区)　毒土或喷雾
水稻田(直播)　阔叶杂草、莎草科杂草　9-13.5克/公顷(华南地区)13.5-20.25克/公顷(长江流域地区)22.5-33.75克/公顷(华北、东北地区)　毒土或喷雾
PD20060013　嘧霉胺/98%/原药/嘧霉胺 98%/2016.01.09 至 2021.01.09/低毒
PD20060014　嘧霉胺/400克/升/悬浮剂/嘧霉胺 400克/升/2016.01.09 至 2021.01.09/低毒
番茄、黄瓜　灰霉病　375-562.5克/公顷　喷雾
葡萄　灰霉病　1000-1500倍液　喷雾
PD20060024　高效氟氯氰菊酯/95%/原药/高效氟氯氰菊酯 95%/2016.01.09 至 2021.01.09/中等毒
PD20060025　高效氟氯氰菊酯/25克/升/乳油/高效氟氯氰菊酯 25克/升/2016.01.09 至 2021.01.09/低毒
甘蓝　菜青虫　10-15克/公顷　喷雾
棉花　红铃虫、棉铃虫　11.25-18.75克/公顷　喷雾
苹果树　金纹细蛾　12.5-16.7毫克/千克　喷雾
苹果树　桃小食心虫　8.3-12.5毫克/千克　喷雾
PD20060042　酰嘧磺隆/97%/原药/酰嘧磺隆 97%/2016.02.07 至 2021.02.07/低毒
PD20060044　酰嘧·甲碘隆/6.25%/水分散粒剂/酰嘧磺隆 5%、甲基碘磺隆钠盐 1.25%/2016.02.07 至 2021.02.07/低毒
冬小麦田　一年生阔叶杂草　9.38-18.75克/公顷　喷雾
PD20060045　甲基碘磺隆钠盐/91%/原药/甲基碘磺隆钠盐 91%/2016.02.14 至 2021.02.14/低毒
PD20060140　嗪草酮/91%/原药/嗪草酮 91%/2011.07.21 至 2016.07.21/低毒
PD20070051　甲基二磺隆/30克/升/可分散油悬浮剂/甲基二磺隆 30克/升/2012.03.07 至 2017.03.07/低毒
春小麦田、冬小麦田　部分阔叶杂草、牛繁缕、一年生禾本科杂草　9-15.7克/公顷　茎叶喷雾
注:本品须加入喷液量0.2-0.5%的非离子表面活性剂使用。
PD20070056　丙炔噁草酮/96%/原药/丙炔噁草酮 96%/2012.03.07 至 2017.03.07/低毒
PD20070062　甲基二磺隆/93%/原药/甲基二磺隆 93%/2012.03.12 至 2017.03.12/低毒
PD20070158　精噁唑禾草灵/69克/升/水乳剂/精噁唑禾草灵 69克/升/2012.06.14 至 2017.06.14/低毒
大麦田　一年生禾本科杂草　冬大麦41.4-51.75克/公顷;春大麦51.75-62.1克/公顷　茎叶喷雾
PD20070161　精噁唑禾草灵/92%/原药/精噁唑禾草灵 92%/2012.06.14 至 2017.06.14/低毒
PD20070231　霜霉威盐酸盐/69%/原药/霜霉威盐酸盐 69%/2012.08.08 至 2017.08.08/低毒
PD20070353　螺螨酯/95.5%/原药/螺螨酯 95.5%/2012.10.24 至 2017.10.24/低毒
PD20070378　螺螨酯/240克/升/悬浮剂/螺螨酯 240克/升/2012.10.24 至 2017.10.24/低毒
柑橘树　红蜘蛛　40-60毫克/千克　喷雾
PD20070400　三唑醇/97%/原药/三唑醇 97%/2012.11.05 至 2017.11.05/低毒
PD20070611　丙炔噁草酮/80%/可湿性粉剂/丙炔噁草酮 80%/2012.12.14 至 2017.12.14/低毒
马铃薯田　一年生杂草　180-216克/公顷　土壤喷雾
水稻移栽田　稗草、陌上菜、鸭舌草、异型莎草　1)72克/公顷(南方地区)2)72-96克/公顷(北方地区)　瓶甩法
PD20081445　二磺·甲碘隆/3.6%/水分散粒剂/甲基二磺隆 3%、甲基碘磺隆钠盐 0.6%/2013.10.31 至 2018.10.31/低毒
冬小麦田　一年生禾本科杂草及阔叶杂草　制剂用量：15-25克/亩；225-375克/公顷　喷雾
PD20081918　戊唑醇/250克/升/水乳剂/戊唑醇 250克/升/2013.11.21 至 2018.11.21/低毒
香蕉树　叶斑病　167-250毫克/千克　喷雾
PD20090011　氟吡菌胺/97%/原药/氟吡菌胺 97%/2014.01.04 至 2019.01.04/微毒
PD20090012　氟菌·霜霉威/687.5克/升/悬浮剂/霜霉威盐酸盐 625克/升、氟吡菌胺 62.5克/升/2014.01.04 至 2019.01.04/低毒
番茄　晚疫病　618.8-773.4克/公顷　喷雾
黄瓜　霜霉病　618.8-773.4克/公顷　喷雾
PD20090444　噻苯·敌草隆/540克/升/悬浮剂/敌草隆 180克/升、噻苯隆 360克/升/2014.01.12 至 2019.01.12/中等毒
棉花　脱叶　72.9-97.2克/公顷　茎叶喷雾

PD20094981 三乙膦酸铝/96%/原药/三乙膦酸铝 96%/2014.04.21 至 2019.04.21/低毒

PD20096847 草铵膦/18%/可溶液剂/草铵膦 18%/2014.09.21 至 2019.09.21/中等毒

茶园、木瓜、香蕉园	杂草	600-900克/公顷	定向茎叶喷雾
柑橘园、葡萄园	杂草	600-900克/公顷	定向喷雾
蔬菜地	杂草	450-750克/公顷	定向茎叶喷雾

PD20096850 草铵膦/95%/原药/草铵膦 95%/2014.09.21 至 2019.09.21/中等毒

PD20102052 甜菜宁/97%/原药/甜菜宁 97%/2010.11.10 至 2015.11.10/低毒

PD20102136 乙虫腈/94%/原药/乙虫腈 94%/2015.12.02 至 2020.12.02/低毒

PD20102137 乙虫腈/9.7%/悬浮剂/乙虫腈 9.7%/2015.12.02 至 2020.12.02/低毒

水稻	稻飞虱	45-60克/公顷	喷雾

注：乙虫腈浓度为：100克/升。

PD20102160 肟菌·戊唑醇/75%/水分散粒剂/戊唑醇 50%、肟菌酯 25%/2015.12.08 至 2020.12.08/低毒

番茄、马铃薯	早疫病	112.5～168.75克/公顷	喷雾
柑橘树	疮痂病、炭疽病	125～187.5毫克/千克	喷雾
黄瓜	白粉病、炭疽病	112.5～168.75克/公顷	喷雾
辣椒、西瓜	炭疽病	112.5～168.75克/公顷	喷雾
苹果树	斑点落叶病、褐斑病	125～187.5毫克/千克	喷雾
葡萄	白腐病、黑痘病	125-150毫克/千克	喷雾
水稻	稻瘟病	168.75-225克/公顷	喷雾
水稻	稻曲病、纹枯病	112.5-168.75克/公顷	喷雾
香蕉	黑星病、叶斑病	166.75-300毫克/千克	喷雾
玉米	大斑病、灰斑病	169-225克/公顷	喷雾

PD20102161 肟菌酯/96%/原药/肟菌酯 96%/2015.12.08 至 2020.12.08/低毒

PD20110188 螺虫乙酯/96%/原药/螺虫乙酯 96%/2016.03.16 至 2021.03.16/低毒

PD20110281 螺虫乙酯/22.4%/悬浮剂/螺虫乙酯 22.4%/2016.03.16 至 2021.03.16/低毒

番茄	烟粉虱	72-108克/公顷	喷雾
柑橘树	红蜘蛛、介壳虫	48-60毫克/千克	喷雾
苹果树	绵蚜	60-80毫克/千克	喷雾

PD20121072 二磺·甲碘隆/1.2%/可分散油悬浮剂/甲基二磺隆 1%、甲基碘磺隆钠盐 0.2%/2012.07.17 至 2017.07.17/低毒

冬小麦田	一年生禾本科杂草及部分阔叶杂草	8.1-13.5克/公顷	茎叶喷雾

PD20121664 氟吡菌酰胺/41.7%/悬浮剂/氟吡菌酰胺 41.7%/2012.11.05 至 2017.11.05/低毒

番茄	根结线虫	0.012-0.015克/株	灌根
黄瓜	白粉病	37.5～75克/公顷	喷雾

PD20121673 氟吡菌酰胺/96%/原药/氟吡菌酰胺 96%/2012.11.05 至 2017.11.05/低毒

PD20130121 氟苯虫酰胺/95%/原药/氟苯虫酰胺 95%/2013.01.17 至 2018.01.17/低毒

PD20150897 咪鲜胺//水乳剂/ /2015.05.21 至 2020.05.21/低毒

柑橘	蒂腐病、绿霉病、青霉病、炭疽病	225-450毫克/千克	浸果

PD20150963 吡氟酰草胺/97%/原药/吡氟酰草胺 97%/2015.06.11 至 2020.06.11/低毒

PD20152040 草铵膦/50%/母药/草铵膦 50%/2015.09.07 至 2020.09.07/低毒

PD20152429 氟菌·肟菌酯/43%/悬浮剂/氟吡菌酰胺 21.5%、肟菌酯 21.5%/2015.12.04 至 2020.12.04/低毒

番茄	叶霉病	150-225克/公顷	喷雾
番茄	早疫病	112.5-187.5克/公顷	喷雾
黄瓜	炭疽病、靶斑病	112.5-187.5克/公顷	喷雾
黄瓜	白粉病	37.5-75克/公顷	喷雾
辣椒	炭疽病	150-225克/公顷	喷雾
西瓜	蔓枯病	112.5-187.5克/公顷	喷雾

LS20140021 噻虫啉/97.5%/原药/噻虫啉 97.5%/2016.01.14 至 2017.01.14/中等毒

LS20140288 氟菌·戊唑醇/35%/悬浮剂/氟吡菌酰胺 17.5%、戊唑醇 17.5%/2015.08.25 至 2016.08.25/低毒

番茄	早疫病	150－180克/公顷	喷雾
番茄	叶霉病	180－240克/公顷	喷雾
黄瓜	白粉病	30－60克/公顷	喷雾
黄瓜	炭疽病	150－180克/公顷	喷雾
黄瓜	靶斑病	120－150克/公顷	喷雾
西瓜	蔓枯病	150－180克/公顷	喷雾
香蕉	黑星病、叶斑病	125－200毫克/千克	喷雾

LS20140292 螺虫·噻虫啉/22%/悬浮剂/噻虫啉 11%、螺虫乙酯 11%/2015.09.16 至 2016.09.16/中等毒

番茄、黄瓜、辣椒	烟粉虱	108-144克/公顷	喷雾

LS20150034 氟酮磺草胺/19%/悬浮剂/氟酮磺草胺 19%/2015.03.17 至 2016.03.17/低毒

水稻移栽田	一年生杂草	24-36克/公顷	甩施法或药土法

注：氟酮磺草胺含量：200克/升。

LS20150035 氟酮磺草胺/93.6%/原药/氟酮磺草胺 93.6%/2015.03.17 至 2016.03.17/低毒

LS20150048 氟唑菌苯胺/22%/种子处理悬浮剂/氟唑菌苯胺 22%/2015.03.18 至 2016.03.18/低毒

马铃薯	黑痣病	1.76-2.64克/100千克种薯	种薯包衣

注:氟唑菌苯胺含量240克/升

LS20150049 氟唑菌苯胺/95%/原药/氟唑菌苯胺 95%/2015.03.18 至 2016.03.18/低毒

LS20150151 氟噻·吡酰·呋/33%/悬浮剂/吡氟酰草胺 11%、呋草酮 11%、氟噻草胺 11%/2015.06.09 至 2016.06.09/中等毒

冬小麦田	一年生杂草	324-432克/公顷	土壤喷雾

LS20150164 氟噻草胺/95%/原药/氟噻草胺 95%/2015.06.11 至 2016.06.11/低毒

LS20150194 呋草酮/98%/原药/呋草酮 98%/2015.06.14 至 2016.06.14/低毒

德国默克公司　(上海市外高桥保税区基隆路1号汤臣国贸大楼908室　200131　021-20338100)

WP20040007 驱蚊酯/98%/原药/驱蚊酯 98%/2014.11.03 至 2019.11.03/微毒

德国赛拓有限责任公司　(上海市静安区南京西路1601号越洋广场16楼　200040　021-61096666)

WP20120210 羟哌酯/97%/原药/羟哌酯 97%/2012.11.05 至 2017.11.05/低毒

WP20120211 驱蚊液/20%/驱蚊液/羟哌酯 20%/2012.11.05 至 2017.11.05/低毒

卫生	蚊	/	涂抹

德国斯杜宁公司　(广东省广州市番禺区大石大新商务广场509A　511430　020-34544236)

PD20110108 硫磺/80%/水分散粒剂/硫磺 80%/2016.01.26 至 2021.01.26/低毒

柑橘树	疮痂病	1600-2667毫克/千克（300-500倍液）	喷雾

法国

法国戴商高士公司　(北京市西城区宣武门外大街甲1号　100052　010-59337455)

PD20070448 四聚乙醛/5%/颗粒剂/四聚乙醛 5%/2012.11.20 至 2017.11.20/低毒

水稻	福寿螺	360-495克/公顷	撒施
小白菜	蜗牛	360-495克/公顷	撒施
烟草	蜗牛	350-500克/公顷	撒施

PD20096195 溴敌隆/0.005%/饵剂/溴敌隆 0.005%/2014.07.13 至 2019.07.13/低毒(原药高毒)

室内	家鼠	1.6-2.4克制剂/平方米	堆施
田间	田鼠	1500-2500克制剂/公顷	堆施

法国道达尔流体公司　(江苏省昆山市经济开发区龙灯路88号　215300　0512-5709267)

PD20096069 矿物油/97%/乳油/矿物油 97%/2014.06.18 至 2019.06.18/低毒

柑橘树	红蜘蛛、介壳虫、潜叶蛾、蚜虫	100－150倍	喷雾
梨树	红蜘蛛	100－150倍	喷雾
苹果树	红蜘蛛、蚜虫	100－150倍	喷雾

古巴

古巴朗伯姆公司　(北京市朝阳区日坛路6号安琪商务中心536室　100020　010-65861990)

WP20100153 苏云金杆菌(以色列亚种)/600TTU/毫克/悬浮剂/苏云金杆菌(以色列亚种) 600TTU/毫克/2010.12.08 至2015.12.08/低毒

卫生	蚊(幼虫)	2-5毫升制剂/平方米水面	喷洒

WP20100182 苏云金杆菌(以色列亚种)/100%/原药/苏云金杆菌(以色列亚种) 100%/2010.12.21 至 2015.12.21/低毒

韩国

韩国LG生命科学有限公司　(黑龙江省哈尔滨市道外区东化工路96-50号　150056　0451-82406597)

PD20101262 嘧啶肟草醚/95%/原药/嘧啶肟草醚 95%/2015.03.05 至 2020.03.05/低毒

PD20101271 嘧啶肟草醚/5%/乳油/嘧啶肟草醚 5%/2015.03.05 至 2020.03.05/低毒

水稻田(直播)、水稻移栽田	稗草、阔叶杂草、一年生杂草	30-37.5克/公顷(南方地区)37.5-45克/公顷(北方地区)	茎叶喷雾

PD20110184 氟吡磺隆/97%/原药/氟吡磺隆 97%/2011.02.18 至 2016.02.18/低毒

PD20110185 氟吡磺隆/10%/可湿性粉剂/氟吡磺隆 10%/2011.02.18 至 2016.02.18/低毒

水稻田(直播)	多种一年生杂草	20-30克/公顷	喷雾
水稻移栽田	多种一年生杂草	20-30克/公顷（杂草苗前）；30-40克/公顷（杂草2-4叶期）	毒土法

PD20120493 氟吡磺隆原药/66.5%/原药/ /2012.03.19 至 2017.03.19/低毒

韩国东部韩农株式会社　(北京市海淀区中关村大街19号新中关大厦B座906室　100086　010-82515675)

PD20101576 噁唑酰草胺/96%/原药/噁唑酰草胺 96%/2015.06.01 至 2020.06.01/低毒

韩国国宝药业有限公司　(北京市朝阳区建国路99号中服大厦717室　100029　010-65810330)

WP20110085 杀蟑饵膏/2%/饵膏/氟蚁腙 2%/2011.04.12 至 2016.04.12/低毒

卫生	蜚蠊	/	投放

WP20110088 氟蚁腙/98%/原药/氟蚁腙 98%/2011.04.14 至 2016.04.14/低毒

韩国韩世药品公司　(北京市海淀区广源闸5号广源大厦5036室　100081　010-68703263)

WP20080083 杀蟑饵剂/2%/饵剂/氟蚁腙 2%/2013.07.09 至 2018.07.09/低毒

卫生	蜚蠊	/	投放

韩国汉高家庭护理有限公司　(广东省广州市越秀区流花路中国大酒店C-333　510015　020-86667036)

WP20090274 杀蚁饵剂/0.008%/饵剂/氟虫腈 0.008%/2014.05.27 至 2019.05.27/低毒

室内	蚂蚁	/	投放

WP20090275 杀蟑饵剂/0.05%/饵剂/氟虫腈 0.05%/2014.05.27 至 2019.05.27/低毒

卫生	蜚蠊	/	投饵

WP20090349 杀蟑饵剂/2%/饵剂/氟蚁腙 2%/2014.10.26 至 2019.10.26/低毒

卫生	蜚蠊	/	投放

WP20150160 杀虫气雾剂/0.28%/气雾剂/右旋胺菊酯 0.14%、右旋苯醚氰菊酯 0.14%/2015.08.28 至 2020.08.28/低毒
室内 蚊、蝇、蜚蠊 / 喷雾
WL20120001 电热蚊香片/10毫克/片/电热蚊香片/炔丙菊酯 5毫克/片、氯氟醚菊酯 5毫克/片/2014.01.05 至 2015.01.05/微毒
室内 蚊 / 电热加温
注:本产品有两种香型：鲜花香型、清新草本香型。
WL20120013 电热蚊香液/0.47%/电热蚊香液/四氟甲醚菊酯 0.47%/2014.03.07 至 2015.03.07/低毒
室内 蚊 / 电热加温
注:本产品有两种香型：花香型、草本香型。
WL20120016 电热蚊香片/9.2毫克/片/电热蚊香片/炔丙菊酯 4.6毫克/片、四氟甲醚菊酯 4.6毫克/片/2014.03.07 至 2015.03.07/微毒
室内 蚊 / 电热加温
注:本产品有两种香型：花香型、草本香型。

韩国日明制药株式会社 （北京市东城区胜古中路1号蓝宝大厦C座1042室 100029 010-64411497）

WP20080084 杀蚁饵粒/1%/饵粒/氟蚁腙 1%/2013.07.09 至 2018.07.09/低毒
卫生 蚂蚁 / 投放

韩国生物株式会社 （北京市朝阳区霄云路38号现代汽车大厦22楼B106 100027 010-84787269）

PD20132711 苦参碱/0.5%/可溶液剂/苦参碱 0.5%/2013.12.30 至 2018.12.30/低毒
甘蓝 菜青虫 3.375-4.5克/公顷 喷雾
PD20151486 枯草芽孢杆菌/10亿个/克/水乳剂/枯草芽孢杆菌 10亿个/克/2015.07.31 至 2020.07.31/低毒
黄瓜 霜霉病 675-900克制剂/公顷 喷雾

韩国泰光制药股份有限公司 （北京市丰台区南三环中路70号南习大厦D座2108号 100075 010-87875428）

WP20110115 杀蟑饵剂/1%/饵剂/毒死蜱 1%/2011.05.03 至 2016.05.03/微毒
卫生 蜚蠊 / 投放

吉克特种油株式会社 （天津市河西区围堤道125号天信大厦1711室 300074 022-28138525）

PD20095615 矿物油/99%/乳油/矿物油 99%/2014.05.12 至 2019.05.12/微毒
茶树 茶橙瘿螨 4455-7425克/公顷 喷雾
番茄 烟粉虱 4455-7425克/公顷 喷雾
柑橘树 红蜘蛛 3300-6600毫克/千克 喷雾
柑橘树 介壳虫 4950-9900毫克/千克 喷雾
黄瓜 白粉病 2970-4455克/公顷 喷雾
苹果树 红蜘蛛 4950-9900毫克/千克 喷雾

荷兰

荷兰Denka国际有限公司 （上海市徐汇区长乐路989号世纪商贸广场1601室 200031 021-54035050）

WP20110131 诱虫烯/78%/原药/诱虫烯 78%/2011.06.02 至 2016.06.02/低毒

捷克斯洛伐克

捷克生物制剂股份有限公司 （北京市中关村南大街8号 100081 400-699-2098）

PD20131755 寡雄腐霉菌/500万孢子/克/原药/寡雄腐霉菌 500万孢子/克/2013.09.06 至 2018.09.06/低毒
PD20131756 寡雄腐霉菌/100万孢子/克/可湿性粉剂/寡雄腐霉菌 100万孢子/克/2013.09.06 至 2018.09.06/低毒
番茄 晚疫病 100-300克制剂/公顷 喷雾
水稻 立枯病 2500-3000倍液 苗床喷雾
烟草 黑胫病 150-300克制剂/亩 喷雾

马来西亚

马来西亚护农(马)私人有限公司 （北京市朝阳区农展馆南路12号通广大厦1105室 100125 010-59192012）

PD20060122 草甘膦异丙胺盐(41%)////水剂/草甘膦 30%/2011.06.15 至 2016.06.15/低毒
非耕地 一年生和多年生杂草 1230-2460克/公顷 定向喷雾
橡胶园 一年生和多年生杂草 1845-2460克/公顷 定向喷雾
注:茶园为临时登记，有效期至2007年6月5日。

美国

爱利思达生物化学品北美有限公司 （上海市西藏中路18号港陆广场1001-1003室 200001 021-52418855-811）

PD20081109 氟唑磺隆/70%/水分散粒剂/氟唑磺隆 70%/2013.08.19 至 2018.08.19/低毒
春小麦田 杂草 20-30克/公顷 喷雾
冬小麦田 杂草 31.5-42克/公顷 喷雾
PD20081110 氟唑磺隆/95%/原药/氟唑磺隆 95%/2013.08.19 至 2018.08.19/低毒
LS20140259 氨唑草酮/97%/原药/氨唑草酮 97%/2015.07.23 至 2016.07.23/低毒
LS20140260 氨唑草酮/70%/水分散粒剂/氨唑草酮 70%/2015.07.23 至 2016.07.23/低毒
玉米田 一年生杂草 210－315克/公顷 茎叶喷雾

麦德梅农业解决方案有限公司 （上海市浦东新区延安西路726号华敏.翰尊国际11A 200122 021-52373517）

PD29-87 炔螨特/73%/乳油/炔螨特 73%/2012.06.24 至 2017.06.24/低毒
柑橘树 螨 243-365毫克/千克 喷雾
棉花 螨 273.75-383.25克/公顷 喷雾
苹果树 叶螨 243-365毫克/千克 喷雾
PD102-89 炔螨特/57%/乳油/炔螨特 57%/2014.07.08 至 2019.07.08/低毒
柑橘树 螨 243-365毫克/千克 喷雾

棉花 螨 273.75-383.25克/公顷 喷雾
苹果树 叶螨 243-365毫克/千克 喷雾

PD111-89 萎锈·福美双/75%/可湿性粉剂/福美双 37.5%、萎锈灵 37.5%/2014.11.03 至 2019.11.03/低毒
水稻 苗期立枯病 150-187.5克/100千克种子 拌种
水稻 恶苗病 1)150-187.5克/100千克种子 2)0.75-1.125克/升水/千克种子 1)拌种2)浸种
小麦 散黑穗病 187.5-210克/100千克种子 拌种

PD112-89 萎锈·福美双/400克/升/悬浮剂/福美双 200克/升、萎锈灵 200克/升/2014.11.03 至 2019.11.03/低毒
大豆 根腐病 140-200克/100千克种子 拌种
大麦 黑穗病 0.2-0.3升/100千克种子 拌种
大麦 调节生长 100-120克/100千克种子 拌种
大麦 条纹病 80-120克/100千克种子 拌种
棉花、水稻 立枯病 160-200克/100千克种子 拌种
水稻 恶苗病 120-160克/100千克种子 拌种
小麦 散黑穗病 108.8-131.2克/100千克种子 拌种
小麦、玉米 调节生长 120克/100千克种子 拌种
玉米 丝黑穗病 160-200克/100千克种子 拌种
玉米 苗期茎基腐病 80～120克/100千克种子 拌种

PD117-90 除虫脲/25%/可湿性粉剂/除虫脲 25%/2015.03.08 至 2020.03.08/低毒
甘蓝 菜青虫 189-236克/公顷 喷雾
柑橘树 锈壁虱 62-83毫克/千克 喷雾
柑橘树 潜叶蛾 62-125毫克/千克 喷雾
苹果树 金纹细蛾 125-250毫克/千克 喷雾
森林 松毛虫 1)40-60毫克/千克 2)30-45克/公顷 1)喷雾 2)超低容量喷雾
小麦 黏虫 22.5-75克/公顷 喷雾

PD260-98 除虫脲/97.9%/原药/除虫脲 97.9%/2013.12.11 至 2018.12.11/低毒

PD261-98 炔螨特/90.6%/原药/炔螨特 90.6%/2013.12.11 至 2018.12.11/低毒

PD262-98 萎锈灵/97.9%/原药/萎锈灵 97.9%/2013.12.11 至 2018.12.11/低毒

PD263-98 福美双/97.5%/原药/福美双 97.5%/2013.12.11 至 2018.12.11/低毒

PD20070198 氯氰菊酯/300克/升/悬浮种衣剂/氯氰菊酯 300克/升/2012.07.17 至 2017.07.17/中等毒
玉米 地下害虫 50-60克/100千克种子 种子包衣

PD20082529 喹禾糠酯/40克/升/乳油/喹禾糠酯 40克/升/2013.12.03 至 2018.12.03/低毒
大豆田 一年生禾本科杂草 36-48克/公顷 茎叶喷雾
油菜田 一年生禾本科杂草 30-48克/公顷 茎叶喷雾

PD20082530 喹禾糠酯/95%/原药/喹禾糠酯 95%/2013.12.03 至 2018.12.03/低毒

PD20083328 克菌丹/450克/升/悬浮种衣剂/克菌丹 450克/升/2013.12.11 至 2018.12.11/低毒
玉米 苗期茎基腐病 67.5-78.75克/100千克种子 种子包衣

PD20092477 戊唑醇/80克/升/悬浮种衣剂/戊唑醇 80克/升/2014.02.25 至 2019.02.25/低毒
小麦 散黑穗病 2.0-2.8克/100千克种子 种子包衣
玉米 丝黑穗病 8-12克/100千克种子 种子包衣

PD20096836 联苯肼酯/97%/原药/联苯肼酯 97%/2014.09.21 至 2019.09.21/低毒

PD20096837 联苯肼酯/43%/悬浮剂/联苯肼酯 43%/2014.09.21 至 2019.09.21/低毒
观赏玫瑰、辣椒 茶黄螨 129-193.6克/公顷 喷雾
苹果树 红蜘蛛 160-240毫克/千克 喷雾

PD20101542 顺式氯氰菊酯/200克/升/种子处理悬浮剂/顺式氯氰菊酯 200克/升/2015.05.19 至 2020.05.19/中等毒
玉米 地下害虫 30-35克/100千克种子 种子包衣

PD20120230 种菌唑/97%/原药/种菌唑 97%/2012.02.10 至 2017.02.10/低毒

PD20120231 甲霜·种菌唑/4.23%/微乳剂/甲霜灵 1.88%、种菌唑 2.35%/2012.02.10 至 2017.02.10/低毒
棉花 立枯病 13.5-18克/100千克种子 拌种
玉米 丝黑穗病 9～18克/100公斤种子 种子包衣
玉米 茎基腐病 3.375～5.4克/100公斤种子 种子包衣

PD20120882 丁酰肼/99%/原药/丁酰肼 99%/2012.05.24 至 2017.05.24/低毒

PD20121675 抑芽丹/99.6%/原药/抑芽丹 99.6%/2012.11.05 至 2017.11.05/低毒

PD20132396 嘧苯胺磺隆/50%/水分散粒剂/嘧苯胺磺隆 50%/2013.11.20 至 2018.11.20/低毒
移栽水稻田 稗草、莎草及阔叶杂草 45-75克/公顷 药土法

美国阿塞托农化有限公司 （上海市外高桥保税区台中南路2号新贸楼133室 010-62251605）

PD20131190 氯苯胺灵/99%/原药/氯苯胺灵 99%/2013.05.27 至 2018.05.27/低毒

PD20131814 氯苯胺灵/50%/热雾剂/氯苯胺灵 50%/2013.09.17 至 2018.09.17/低毒
贮藏的马铃薯 抑制马铃薯块茎发芽 30-40毫克/千克马铃薯 热雾

LS20130415 氯苯胺灵/99%/熏蒸剂/氯苯胺灵 99%/2015.07.30 至 2016.07.30/低毒
贮藏的马铃薯 抑制出芽 30-40毫克/千克马铃薯 熏蒸

美国拜沃股份有限公司 （北京市海淀区中关村东路18号财智国际大厦610室 102600 010-60216031）

PD20121225 矿物油/95%/乳油/矿物油 95%/2012.08.20 至 2017.08.20/低毒
柑橘树 介壳虫 4750-9500毫克/千克 喷雾
PD20140319 哈茨木霉菌/3亿CFU/克/可湿性粉剂/哈茨木霉菌 3亿CFU/克/2014.02.13 至 2019.02.13/微毒
番茄 立枯病、猝倒病 4-6克制剂/平方米 灌根
番茄 灰霉病 100-166.7克制剂/亩 喷雾
观赏百合（温室） 根腐病 60-70克制剂/升水 浸泡种球
人参 灰霉病 100-140克制剂/亩 喷雾
人参 立枯病 5-6克制剂/平方米 浇灌
PD20140320 哈茨木霉菌/300亿CFU/克/母药/哈茨木霉菌 300亿CFU/克/2014.02.13 至 2019.02.13/微毒

美国杜邦公司 （上海市浦东新区浦东北路3055号 200137 021-20671666）

PD124-90 环嗪酮/25%/可溶液剂/环嗪酮 25%/2015.05.10 至 2020.05.10/低毒
森林 灌木、杂草 0.125-0.5克/穴 点射
PD132-91 苄嘧磺隆/10%/可湿性粉剂/苄嘧磺隆 10%/2016.04.01 至 2021.04.01/低毒
水稻 阔叶杂草、莎草 19.95-45克/公顷 喷雾或毒土
PD133-91 灭多威/24%/可溶液剂/灭多威 24%/2016.04.01 至 2021.04.01/中等毒(原药高毒)
棉花 棉铃虫、棉蚜 270-360克/公顷 喷雾
烟草 烟青虫、烟蚜 180-270/公顷 喷雾
PD203-95 苯磺隆/75%/水分散粒剂/苯磺隆 75%/2015.06.28 至 2020.06.28/低毒
小麦 阔叶杂草 10.05-19.5克/公顷 喷雾
PD211-96 苯磺隆/75%/可湿性粉剂/苯磺隆 75%/2011.07.02 至 2016.07.02/低毒
小麦田 阔叶杂草 10.05-19.5克/公顷 喷雾
PD267-99 苄嘧磺隆/30%/可湿性粉剂/苄嘧磺隆 30%/2014.02.20 至 2019.02.20/低毒
水稻 多年生莎草 60-90克/公顷或45-67.5克/公顷(第一次),30-67.5克/公顷(第二次) 毒土法
水稻 阔叶杂草、一年生莎草 1)60-90克/公顷或45-67.5克/公顷(第一次),30-67.5克/公顷(第二次),2)30-60克/公顷 毒土法
PD280-99 灭多威/98%/原药/灭多威 98%/2014.04.20 至 2019.04.20/高毒
PD294-99 氢氧化铜/53.8%/水分散粒剂/氢氧化铜 53.8%/2014.08.20 至 2019.08.20/低毒
柑橘 溃疡病 489.1～597.8毫克/千克 喷雾
黄瓜 角斑病 550.5-672克/公顷 喷雾
PD301-99 苄嘧磺隆/96%/原药/苄嘧磺隆 96%/2014.09.09 至 2019.09.09/低毒
PD302-99 环嗪酮/98%/原药/环嗪酮 98%/2014.09.09 至 2019.09.09/低毒
PD303-99 苯磺隆/95%/原药/苯磺隆 95%/2014.09.09 至 2019.09.09/低毒
PD376-2002 氟硅唑/400克/升/乳油/氟硅唑 400克/升/2012.03.27 至 2017.03.27/低毒
菜豆 白粉病 45-56.25克/公顷 喷雾
黄瓜 黑星病 45-75克/公顷 喷雾
梨树 赤星病、黑星病 40-50毫克/千克 喷雾
葡萄 黑痘病 40-50毫克/千克 喷雾
PD377-2002 氟硅唑/92.5%/原药/氟硅唑 92.5%/2012.03.27 至 2017.03.27/低毒
PD383-2003 甲磺隆/96%/原药/甲磺隆 96%/2013.03.07 至 2015.07.01/低毒
PD384-2003 苄嘧·甲磺隆/10%/可湿性粉剂/苄嘧磺隆 8.25%、甲磺隆 1.75%/2013.03.11 至 2015.06.30/低毒
水稻移栽田 阔叶杂草、一年生莎草 6-10克/公顷(南方地区) 喷雾或撒毒土
PD387-2003 噻吩磺隆/95%/原药/噻吩磺隆 95%/2013.03.17 至 2018.03.17/低毒
PD388-2003 噻吩磺隆/75%/水分散粒剂/噻吩磺隆 75%/2013.03.17 至 2018.03.17/低毒
大豆田 一年生阔叶杂草、一年生杂草 1)15-20克/公顷(华北地区)2)20-25克/公顷(东北地区) 11.25-15克/公顷+乙草胺600-750克/公顷(华北地区)15-18.75克/公顷+乙草胺11 播前或播后苗前土壤喷雾
玉米田 一年生阔叶杂草 1)15-20克/公顷(华北地区)20-25克/公顷(东北地区)2)8-15克/公顷(华北地区)15-20克/公顷(东北地区) 1)芽前土壤喷雾处理2)苗后茎叶喷雾
PD20040018 砜嘧磺隆/99%/原药/砜嘧磺隆 99%/2014.11.02 至 2019.11.02/低毒
PD20040019 砜嘧磺隆/25%/水分散粒剂/砜嘧磺隆 25%/2014.11.02 至 2019.11.02/低毒
春玉米田 一年生杂草 18.75-22.5克/公顷或15-18.5克/公顷+莠去津720-900克/公顷+0.2%非离子表面活性剂(东北地区) 定向喷雾
马铃薯田 一年生杂草 20.625-22.5克/公顷 茎叶喷雾
夏玉米田 一年生及部分多年生杂草 18.75-22.5克/公顷或11.25-15克/公顷+莠去津600-720克/公顷 定向喷雾
烟草 一年生杂草 18.75-22.5克/公顷 定向喷雾

PD20060006 噁唑菌酮/98%/原药/噁唑菌酮 98%/2016.01.09 至 2021.01.09/低毒

PD20060007 噁唑菌酮/78.5%/母药/噁唑菌酮 78.5%/2016.01.09 至 2021.01.09/微毒

PD20060008 噁酮·霜脲氰/52.5%/水分散粒剂/噁唑菌酮 22.5%、霜脲氰 30%/2016.01.09 至 2021.01.09/低毒

番茄、马铃薯	晚疫病	157.5-315克/公顷	喷雾
番茄、马铃薯	早疫病	236-315克/公顷	喷雾
黄瓜	霜霉病	183.8-275.6克/公顷	喷雾
辣椒	疫病	256-341克/公顷	喷雾

PD20060017 茚虫威/94%/原药/茚虫威 94%/2016.01.09 至 2021.01.09/中等毒

PD20060018 茚虫威/70.3%/母药/茚虫威 70.3%/2016.01.09 至 2021.01.09/中等毒

PD20060019 茚虫威/150克/升/悬浮剂/茚虫威 150克/升/2016.01.09 至 2021.01.09/低毒

棉花	棉铃虫	22.5-40.5克/公顷	喷雾
十字花科蔬菜	甜菜夜蛾、小菜蛾	22.5-40.5克/公顷	喷雾
十字花科蔬菜	菜青虫	11.25-22.5克/公顷	喷雾

PD20060022 霜脲氰/96%/原药/霜脲氰 96%/2016.01.09 至 2021.01.09/低毒

PD20060023 霜脲·锰锌/72%/可湿性粉剂/代森锰锌 64%、霜脲氰 8%/2016.01.09 至 2021.01.09/低毒

番茄	晚疫病	1404-1944克/公顷	喷雾
黄瓜	霜霉病	1440-1800克/公顷	喷雾
荔枝树	霜疫霉病	1030-1440毫克/千克	喷雾

PD20070093 茚虫威/30%/水分散粒剂/茚虫威 30%/2012.04.18 至 2017.04.18/低毒

十字花科蔬菜	菜青虫	11.25-20.25克/公顷	喷雾
十字花科蔬菜	甜菜夜蛾、小菜蛾	22.5-40.5克/公顷	喷雾

PD20070202 苄嘧·禾草丹/35.75%/可湿性粉剂/苄嘧磺隆 0.75%、禾草丹 35%/2012.08.07 至 2017.08.07/低毒

水稻田(直播)、水稻移栽田	稗草、莎草及阔叶杂草	1)1072.5-1605克/公顷(南方地区) 2)1605-2145克/公顷(北方地区)	毒土法
水稻秧田	稗草、阔叶杂草及一年生莎草、千金子	804-1072.5克/公顷	喷雾或毒土法

PD20070216 苯磺隆/18%/可湿性粉剂/苯磺隆 18%/2012.08.07 至 2017.08.07/低毒

冬小麦田	一年生阔叶杂草	11.34-18.9克/公顷	茎叶喷雾

PD20070662 噁酮·氟硅唑/206.7克/升/乳油/噁唑菌酮 100克/升、氟硅唑 106.7克/升/2012.12.17 至 2017.12.17/低毒

苹果树	轮纹病	2000-3000倍液	喷雾
香蕉	叶斑病	138-207毫克/千克	喷雾
枣树	锈病	82.68～103.35毫克/千克	喷雾

PD20090445 敌草隆/98.4%/原药/敌草隆 98.4%/2014.01.12 至 2019.01.12/低毒

PD20090685 噁酮·锰锌/68.75%/水分散粒剂/噁唑菌酮 6.25%、代森锰锌 62.5%/2014.01.19 至 2019.01.19/低毒

白菜	黑斑病	464－773.4克/公顷	喷雾
番茄	早疫病	773.4－966.8克/公顷	喷雾
柑橘树	疮痂病	458.3-687.5毫克/千克	喷雾
苹果树	斑点落叶病、轮纹病	1000-1500倍液	喷雾
葡萄	霜霉病	800-1200倍液	喷雾
西瓜	炭疽病	464.06－580克/公顷	喷雾

PD20100676 氯虫苯甲酰胺/95.3%/原药/氯虫苯甲酰胺 95.3%/2015.01.15 至 2020.01.15/微毒

PD20100677 氯虫苯甲酰胺/200克/升/悬浮剂/氯虫苯甲酰胺 200克/升/2015.01.15 至 2020.01.15/微毒

菜用大豆	豆荚螟	18-36克/公顷	喷雾
甘蔗	蔗螟	45-60克/公顷	喷雾
甘蔗	小地老虎	20－30克/公顷	喷雾
棉花	棉铃虫	20－40克/公顷	喷雾
水稻	二化螟	15-30克/公顷	喷雾
水稻	稻水象甲	20－40克/公顷	喷雾
水稻	稻纵卷叶螟、三化螟	15～30克/公顷	喷雾
水稻	大螟	25－30克/公顷	喷雾
玉米	小地老虎	10-20克/公顷	喷雾
玉米	粘虫	30-39克/公顷	喷雾
玉米	二点委夜蛾	21-30克/公顷	喷雾
玉米	玉米螟	9-15克/公顷	喷雾

PD20101870 茚虫威/150克/升/乳油/茚虫威 150克/升/2015.08.04 至 2020.08.04/低毒

茶树	茶小绿叶蝉	37.5－50克/公顷	喷雾
甘蓝	小菜蛾	10-18毫升制剂/亩	喷雾
棉花	棉铃虫	33.75-40.5克/公顷	喷雾
水稻	稻纵卷叶螟	12-16毫升制剂/亩	喷雾

PD20110053 氢氧化铜/46%/水分散粒剂/氢氧化铜 46%/2016.01.11 至 2021.01.11/低毒

茶树	炭疽病	230-306.67毫克/千克	喷雾
番茄	早疫病	172.5-207克/公顷	喷雾
番茄	溃疡病	207-276克/公顷	喷雾
柑橘	溃疡病	230.5－307.3毫克/千克	喷雾

黄瓜 角斑病 277-415克/公顷 喷雾
姜 姜瘟病 307-460毫克/千克 喷淋、灌根
辣椒 疮痂病 207-310.5克/公顷 喷雾
马铃薯 晚疫病 172.5-207克/公顷 喷雾
葡萄 霜霉病 230—263毫克/千克 喷雾
烟草 野火病 207-310.5克/公顷 喷雾

PD20110172 氯虫苯甲酰胺/5%/悬浮剂/氯虫苯甲酰胺 5%/2011.02.16 至 2016.02.16/微毒
甘蓝 甜菜夜蛾、小菜蛾 22.5-41.25克/公顷 喷雾
花椰菜 斜纹夜蛾 33.75-40.5克/公顷 喷雾

PD20110463 氯虫苯甲酰胺/35%/水分散粒剂/氯虫苯甲酰胺 35%/2011.04.21 至 2016.04.21/微毒
苹果树 桃小食心虫 35-50毫克/千克 喷雾
苹果树 金纹细蛾 14-20毫克/千克 喷雾
水稻 稻纵卷叶螟、二化螟、三化螟 21-31.5克/公顷 喷雾

PD20111323 甲嘧磺隆/95%/原药/甲嘧磺隆 95%/2011.12.05 至 2016.12.05/低毒

PD20120509 氯嘧磺隆/97.8%/原药/氯嘧磺隆 97.8%/2012.03.28 至 2017.03.28/低毒

PD20121668 啶氧菌酯/22.5%/悬浮剂/啶氧菌酯 22.5%/2012.11.05 至 2017.11.05/低毒
番茄、黄瓜 灰霉病 97.5—135克/公顷 喷雾
黄瓜 霜霉病 113-150克/公顷 喷雾
辣椒 炭疽病 94-113克/公顷 喷雾
葡萄 黑痘病、霜霉病 125-167毫克/千克 喷雾
西瓜 蔓枯病、炭疽病 131.25-168.75克/公顷 喷雾
香蕉 黑星病、叶斑病 143-167毫克/千克 喷雾
枣树 锈病 125-167毫克/千克 喷雾

PD20121671 啶氧菌酯/97%/原药/啶氧菌酯 97%/2012.11.05 至 2017.11.05/低毒

PD20140321 溴氰虫酰胺/94%/原药/溴氰虫酰胺 94%/2014.02.13 至 2019.02.13/微毒

PD20140322 溴氰虫酰胺/10%/可分散油悬浮剂/溴氰虫酰胺 10%/2014.02.13 至 2019.02.13/微毒
大葱 蓟马 27-36克/公顷 喷雾
大葱 甜菜夜蛾 15-27克/公顷 喷雾
大葱 美洲斑潜蝇 21-36克/公顷 喷雾
番茄 美洲斑潜蝇、棉铃虫 21-27克/公顷 喷雾
番茄、黄瓜 白粉虱 65-85克/公顷 喷雾
番茄、棉花 蚜虫、烟粉虱 50-60克/公顷 喷雾
黄瓜 美洲斑潜蝇 21-27克/公顷 喷雾
黄瓜 蓟马、烟粉虱 50-60克/公顷 喷雾
黄瓜 蚜虫 27-60克/公顷 喷雾
棉花 棉铃虫 29-36克/公顷 喷雾
水稻 稻纵卷叶螟、二化螟、三化螟 30-39克/公顷 喷雾
水稻 蓟马 45-60.56克/公顷 喷雾
西瓜 棉铃虫、甜菜夜蛾 29-36克/公顷 喷雾
西瓜 蓟马、蚜虫、烟粉虱 50-60克/公顷 喷雾
小白菜 黄条跳甲 36-42克/公顷 喷雾
小白菜 菜青虫、小菜蛾、斜纹夜蛾 15-21克/公顷 喷雾
小白菜 蚜虫 45-60克/公顷 喷雾
豇豆 豆荚螟、美洲斑潜蝇 21-27克/公顷 喷雾
豇豆 蓟马、蚜虫 50-60克/公顷 喷雾

PD20151140 溴氰虫酰胺/10%/悬乳剂/溴氰虫酰胺 10%/2015.06.26 至 2020.06.26/微毒
甘蓝 小菜蛾 19.5-34.5克/公顷 喷雾
甘蓝 甜菜夜蛾 25-30克/公顷 喷雾
甘蓝、辣椒 蚜虫 45-60克/公顷 喷雾
辣椒 棉铃虫 30-45克/公顷 喷雾
辣椒 白粉虱 75-90克/公顷 喷雾
辣椒 蓟马、烟粉虱 60-75克/公顷 喷雾

LS20130514 氯虫苯甲酰胺/50%/悬浮种衣剂/氯虫苯甲酰胺 50%/2015.12.10 至 2016.12.10/微毒
玉米 小地老虎 190-265克/100千克种子 种子包衣

LS20140233 溴氰虫酰胺/19%/悬浮剂/溴氰虫酰胺 19%/2015.06.24 至 2016.06.24/微毒
番茄、黄瓜、辣椒 蓟马、烟粉虱 120-150克/公顷 苗床喷淋
番茄、辣椒 甜菜夜蛾 75-90克/公顷 苗床喷淋
黄瓜 瓜绢螟 75-90克/公顷 苗床喷淋
黄瓜 美洲斑潜蝇 90-105克/公顷 苗床喷淋

LS20150355 氟噻唑吡乙酮/10%/可分散油悬浮剂/氟噻唑吡乙酮 10%/2015.12.19 至 2016.12.19/微毒
番茄 晚疫病 15-30克/公顷 喷雾
黄瓜 霜霉病 15-30克/公顷 喷雾
辣椒 疫病 22.5-37.5克/公顷 喷雾

马铃薯 晚疫病 22.5-30克/公顷 喷雾
葡萄 霜霉病 33.3-50毫克/千克 喷雾

LS20150356 氟噻唑吡乙酮/95%/原药/氟噻唑吡乙酮 95%/2015.12.19 至 2016.12.19/低毒

美国恩斯特克斯公司 （上海市共和新路3201号806室 200072 021-36366870）

WP20100125 氟啶脲/0.1%/浓饵剂/氟啶脲 0.1%/2015.10.27 至 2020.10.27/低毒
卫生 白蚁 用水稀释3-4倍 投放

美国凡特鲁斯公司 （上海市延安西路1030弄14号703室 200052 021-62517430）

WP20080077 避蚊胺/95%/原药/避蚊胺 95%/2013.05.30 至 2018.05.30/低毒

美国富美实公司 （上海市浦东新区张江高科技园区金科路4560号3号楼 201203 021-20675888）

PD11-86 克百威/3%/颗粒剂/克百威 3%/2016.03.08 至 2021.03.08/中等毒(原药高毒)
甘蔗 害虫 1350-2250克/公顷 沟施
花生 根结线虫 1800-2250克/公顷 条施、沟施
棉花 蚜虫 675-900克/公顷 条施、沟施
水稻 害虫 900-1350克/公顷 撒施

PD49-87 氯氰菊酯/100克/升/乳油/氯氰菊酯 100克/升/2012.05.31 至 2017.05.31/中等毒
茶树 茶毛虫、茶尺蠖、小绿叶蝉 27-50毫克/千克 喷雾
甘蓝 菜青虫、蚜虫 15-30克/公顷 喷雾
棉花 棉铃虫、蚜虫 75-120克/公顷 喷雾
苹果树 桃小食心虫 30-60毫克/千克 喷雾

PD64-88 异菌脲/50%/可湿性粉剂/异菌脲 50%/2013.01.14 至 2018.01.14/低毒
番茄 灰霉病、早疫病 375-750克/公顷 喷雾
苹果树 褐斑病、轮斑病 333.3-500毫克/千克 喷雾

PD78-88 克百威/350克/升/悬浮种衣剂/克百威 350克/升/2013.09.03 至 2018.09.03/高毒
棉花 蚜虫 种子重量的1% 种子处理
甜菜 地下害虫 种子重量的1% 种子处理
玉米 地下害虫 种子重量的0.7-1% 种子处理

PD81-88 联苯菊酯/100克/升/乳油/联苯菊酯 100克/升/2013.09.03 至 2018.09.03/中等毒
茶树 象甲 45-52.5克/公顷 喷雾
茶树 茶小绿叶蝉、粉虱 30-37.5克/公顷 喷雾
茶树 茶毛虫、茶尺蠖 7.5-15克/公顷 喷雾
番茄(保护地) 白粉虱 7.5-15克/公顷 喷雾
柑橘树 潜叶蛾 7.5-10毫克/千克 喷雾
柑橘树 红蜘蛛 20-30毫克/千克 喷雾
棉花 红蜘蛛 45-60克/公顷 喷雾
棉花 红铃虫、棉铃虫 30-52.5克/公顷 喷雾
苹果树 桃小食心虫、叶螨 20-30毫克/千克 喷雾

PD84-88 顺式氯氰菊酯/50克/升/乳油/顺式氯氰菊酯 50克/升/2013.10.13 至 2018.10.13/中等毒
棉花 红铃虫、盲蝽蟓、棉铃虫 25.5-34.5克/公顷 喷雾

PD96-89 联苯菊酯/25克/升/乳油/联苯菊酯 25克/升/2014.03.23 至 2019.03.23/低毒
茶树 茶小绿叶蝉、粉虱、黑刺粉虱 30-37.5克/公顷 喷雾
茶树 茶毛虫、茶尺蠖 7.5-15克/公顷 喷雾
茶树 象甲 45-52.5克/公顷 喷雾
番茄(保护地) 白粉虱 7.5-15克/公顷 喷雾
柑橘树 红蜘蛛 20-30毫克/千克 喷雾
柑橘树 潜叶蛾 7.5-10毫克/千克 喷雾
棉花 红铃虫、棉铃虫 30-52.5克/公顷 喷雾
棉花 棉红蜘蛛 45-60克/公顷 喷雾
苹果树 桃小食心虫、叶螨 20-30毫克/千克 喷雾

PD184-93 异噁草松/480克/升/乳油/异噁草松 480克/升/2013.11.03 至 2018.11.03/低毒
大豆 一年生杂草 1000.5-1200克/公顷 芽前喷雾
甘蔗 一年生杂草 795-1005克/公顷 芽前喷雾
注:该药剂仅限于非豆麦轮作的地区使用。

PD194-94 丁硫克百威/200克/升/乳油/丁硫克百威 200克/升/2012.08.14 至 2017.08.14/中等毒
甘蓝 蚜虫 75-150毫克/千克 喷雾
柑橘树 锈壁虱 100-133.3毫克/千克 喷雾
柑橘树 潜叶蛾、蚜虫 133.3-200毫克/千克 喷雾
节瓜 蓟马 187.5-375克/公顷 喷雾
棉花 蚜虫 90-180克/公顷 喷雾
苹果树 蚜虫 50-66.67毫克/千克 喷雾
水稻 褐飞虱、三化螟 600-750克/公顷 喷雾

PD202-95 异菌脲/255克/升/悬浮剂/异菌脲 255克/升/2012.11.05 至 2017.11.05/低毒
香蕉 冠腐病、轴腐病 1500毫克/千克 浸果
油菜 菌核病 450-750克/公顷 喷雾

PD234-98 克百威/85%/母药/克百威 85%/2015.07.29 至 2020.07.29/高毒

PD284-99 丁硫克百威/35%/种子处理干粉剂/丁硫克百威 35%/2014.07.07 至 2019.07.07/中等毒

水稻	稻蓟马	210-400克/100千克种子	拌种
水稻	稻瘿蚊	600-800克/100千克种子	拌种

PD287-99 氯氰菊酯/90%/原药/氯氰菊酯 90%/2014.07.07 至 2019.07.07/中等毒

PD288-99 顺式氯氰菊酯/90%/原药/顺式氯氰菊酯 90%/2014.07.07 至 2019.07.07/中等毒

PD289-99 克百威/95%/原药/克百威 95%/2014.07.07 至 2019.07.07/高毒

PD291-99 联苯菊酯/90%/原药/联苯菊酯 90%/2014.04.05 至 2019.04.05/中等毒

PD292-99 异噁草松/92%/原药/异噁草松 92%/2014.07.07 至 2019.07.07/低毒

PD342-2000 丁硫克百威/86%/原药/丁硫克百威 86%/2015.06.09 至 2020.06.09/中等毒

PD385-2003 咪鲜胺/95%/原药/咪鲜胺 95%/2013.03.17 至 2018.03.17/低毒

PD386-2003 咪鲜胺锰盐/50%/可湿性粉剂/咪鲜胺锰盐 50%/2013.03.17 至 2018.03.17/低毒

柑橘(果实)	蒂腐病、绿霉病、青霉病、炭疽病	250-500毫克/千克	浸果
黄瓜	炭疽病	282-562.5克/公顷	喷雾
芒果	炭疽病	1)250-500毫克/千克2)500-1000毫克/千克	1)喷雾2)浸果
蘑菇	白腐病、褐腐病	0.4-0.6克/平方米	拌于覆盖土或喷淋菇床

PD20030004 咪鲜胺/450克/升/水乳剂/咪鲜胺 450克/升/2013.05.13 至 2018.05.13/低毒

柑橘	蒂腐病、绿霉病、青霉病、炭疽病	225-450毫克/千克	浸果
水稻	恶苗病	56.25-112.5毫克/千克	浸种
香蕉	冠腐病、炭疽病	250-500毫克/千克	浸果

PD20030005 异菌脲/500克/升/悬浮剂/异菌脲 500克/升/2013.07.08 至 2018.07.08/低毒

番茄	灰霉病、早疫病	375-750克/公顷	喷雾
苹果树	斑点落叶病	1000-2000倍液	喷雾
葡萄	灰霉病	750-1000倍液	喷雾

PD20030018 咪鲜胺/250克/升/乳油/咪鲜胺 250克/升/2013.12.18 至 2018.12.18/低毒

柑橘	蒂腐病、绿霉病、青霉病、炭疽病	250-500毫克/千克	浸果
芒果	炭疽病	1)500-1000毫克/千克,2)250-500毫克/千克	1)浸果2)喷雾
水稻	恶苗病	62.5-125毫克/千克	浸种

PD20050157 zeta-氯氰菊酯/88%/原药/zeta-氯氰菊酯 88%/2015.10.12 至 2020.10.12/中等毒

PD20060020 唑草酮/90%/原药/唑草酮 90%/2016.01.09 至 2021.01.09/低毒

PD20060021 唑草酮/40%/水分散粒剂/唑草酮 40%/2016.01.09 至 2021.01.09/微毒

春小麦	阔叶杂草	30-36克/公顷	喷雾
冬小麦	阔叶杂草	24-30克/公顷	茎叶喷雾

PD20060030 丁硫克百威/5%/颗粒剂/丁硫克百威 5%/2016.01.25 至 2021.01.25/低毒

番茄、黄瓜	根结线虫	3750-5250克/公顷	沟施
甘蓝	蚜虫	1500-3000克/公顷	穴施、沟施
甘蓝	地下害虫	2250-3750克/公顷	沟施、撒施
甘蔗	蔗螟	2250-3000克/公顷	沟施
甘蔗	蔗龟	2250-3750克/公顷	沟施、撒施
水稻	稻水象甲	1500-2250克/公顷	撒施

PD20060031 zeta-氯氰菊酯/181克/升/乳油/zeta-氯氰菊酯 181克/升/2016.01.25 至 2021.01.25/低毒

棉花	棉铃虫	45-60克/公顷	喷雾
十字花科蔬菜	蚜虫	45-60克/公顷	喷雾

PD20070319 异菌脲/96%/原药/异菌脲 96%/2012.09.27 至 2017.09.27/低毒

PD20070528 异噁草松/360克/升/微囊悬浮剂/异噁草松 360克/升/2012.11.28 至 2017.11.28/低毒

夏大豆田	部分阔叶杂草、一年生禾本科杂草	378-540克/公顷	喷雾
移栽水稻田	稗草、千金子	150-189克/公顷	药土法
油菜(移栽田)	一年生杂草	140.4-178.2克/公顷	土壤喷雾
直播水稻田	稗草、千金子	1)150-189克/公顷(南方地区)2)189-216克/公顷(北方地区)	1)药土法2)喷雾

PD20082588 唑草酮/52.6%/母药/唑草酮 52.6%/2013.12.04 至 2018.12.04/低毒

PD20110288 嗪草酸甲酯/95%/原药/嗪草酸甲酯 95%/2016.03.11 至 2021.03.11/低毒

PD20120232 甲磺草胺/91%/原药/甲磺草胺 91%/2012.02.10 至 2017.02.10/低毒

PD20122113 噁唑酰草胺/10%/乳油/噁唑酰草胺 10%/2012.12.26 至 2017.12.26/低毒

直播水稻田	一年生禾本科杂草	105-120克/公顷	茎叶喷雾

WP20080069 氯菊酯/92%/原药/氯菊酯 92%/2013.05.09 至 2018.05.09/低毒

WP20080147 顺式氯氰菊酯/50克/升/悬浮剂/顺式氯氰菊酯 50克/升/2013.11.05 至 2018.11.05/低毒

卫生	蚊、蝇	10-20毫克/平方米	滞留喷洒
卫生	蜚蠊、跳蚤	15-25毫克/平方米	滞留喷洒

WP20080453 氯菊酯/380克/升/乳油/氯菊酯 380克/升/2013.12.16 至 2018.12.16/低毒

卫生 跳蚤 150-300毫克/平方米 滞留喷雾

WP20090032 zeta-氯氰菊酯/180克/升/水乳剂/zeta-氯氰菊酯 180克/升/2014.01.12 至 2019.01.12/低毒

卫生 蜚蠊 15-25毫克/平方米 滞留喷雾

卫生 蚊、蝇 10-20毫克/平方米 滞留喷雾

美国高文国际商业有限公司 (广东省中山市石岐区悦来南路第一城步行街37卡 528400 0760-88923856)

PD48-87 野麦畏/400克/升/乳油/野麦畏 400克/升/2012.05.15 至 2017.05.15/低毒

小麦 野燕麦 900-1200克/公顷 土壤处理

PD20060036 喹螨醚/95克/升/乳油/喹螨醚 95克/升/2016.02.07 至 2021.02.07/中等毒

苹果树 红蜘蛛 20-25毫克/千克 喷雾

PD20060037 喹螨醚/99%/原药/喹螨醚 99%/2016.02.07 至 2021.02.07/中等毒

LS20120071 喹螨醚/18%/悬浮剂/喹螨醚 18%/2014.03.07 至 2015.03.07/中等毒

茶树 红蜘蛛 75-105克/公顷 喷雾

LS20130311 苯酰菌胺/96%/原药/苯酰菌胺 96%/2015.06.04 至 2016.06.04/低毒

LS20130312 苯酰·锰锌/75%/水分散粒剂/代森锰锌 66.7%、苯酰菌胺 8.3%/2015.06.04 至 2016.06.04/微毒

黄瓜 霜霉病 1125-1687.5克/公顷 喷雾

美国罗门哈斯公司 (北京市东城区东长安街1号东方广场西3办公楼1101室 100738 010-85279182)

PD20080475 1-甲基环丙烯/3.3%/微囊粒剂/1-甲基环丙烯 3.3%/2013.03.31 至 2018.03.31/低毒

番茄、梨、李子、柿子、香甜瓜 保鲜 35-70毫克/立方米（制剂） 熏蒸

苹果 保鲜 1）125-250毫克/立方米（制剂）；2）35-70毫克/立方米（制剂） 1）熏蒸（纸箱）；2）熏蒸

猕猴桃 保鲜 17.5-35毫克/立方米（制剂） 熏蒸

PD20110706 1-甲基环丙烯/0.14%/微囊粒剂/1-甲基环丙烯 0.14%/2011.07.18 至 2016.07.18/低毒

非洲菊、唐菖蒲 保鲜 1000-1500微克/千克 密闭熏蒸

花卉百合、康乃馨(香石竹) 保鲜 500-1000微克/千克 密闭熏蒸

玫瑰 保鲜 1000-2000微克/千克 密闭熏蒸

PD20131624 1-甲基环丙烯/0.014%/微囊粒剂/1-甲基环丙烯 0.014%/2013.07.30 至 2018.07.30/低毒

番茄 保鲜 4.2-12.95毫克/立方米 密闭熏蒸

花椰菜 保鲜 8.75-12.95毫克/立方米 密闭熏蒸

康乃馨 保鲜 8.4-14毫克/立方米 密闭熏蒸

梨、苹果、香甜瓜 保鲜 4.2-8.75毫克/立方米 密闭熏蒸

李子 保鲜 场 密闭熏蒸

PD20151537 1-甲基环丙烯/2%/片剂/1-甲基环丙烯 2%/2015.08.03 至 2020.08.03/微毒

苹果 保鲜 500-1000微克/千克 密闭熏蒸

猕猴桃 保鲜 250-500微克/千克 密闭熏蒸

美国孟山都公司 (上海市浦东新区世纪大道88号2506室 200121 021-50498998)

PD31-87 丁草胺/600克/升/乳油/丁草胺 600克/升/2012.04.02 至 2017.04.02/低毒

水稻田 一年生杂草 750-1275克/公顷 喷雾或毒土撒施

PD73-88 草甘膦异丙胺盐/30%/水剂/草甘膦 30%/2013.04.15 至 2018.04.15/微毒

茶园、桑园 杂草 675-1800克/公顷 喷雾

柑橘园 杂草 678.3-2743.9克/公顷 喷雾

棉花免耕田、玉米田 杂草 675-1125克/公顷 喷雾

棉田行间 杂草 675-900克/公顷 喷雾

水稻田埂 杂草 900-1800克/公顷 喷雾

橡胶园 杂草 1350-2250克/公顷 喷雾

注:草甘膦异丙胺盐含量：41%。

PD76-88 丁草胺/600克/升/水乳剂/丁草胺 600克/升/2013.08.14 至 2018.08.14/低毒

水稻 一年生杂草 750-1275克/公顷 喷雾或撒毒土

PD88-88 甲草胺/480克/升/乳油/甲草胺 480克/升/2013.02.19 至 2018.02.19/低毒

春大豆田 一年生杂草 2520-2880克/公顷,1800-2160克/公顷(盖膜) 播后芽前或播前土壤处理

花生田、夏大豆田 一年生杂草 1800-2160克/公顷,1080-1440克/公顷(盖膜) 播后芽前或播前土壤处理

棉花田 一年生杂草 1800-2160克/公顷,1080-1440克/公顷(盖膜,华北地区);1440-1800克/公顷,900-1080克/公顷(盖膜,长江流域) 播后芽前或播前土壤处理

PD137-91 丁草胺/600克/升/乳油/丁草胺 600克/升/2011.03.01 至 2016.03.01/低毒

水稻 一年生杂草 750-1275克/公顷 喷雾或撒毒土

注:本品含安全剂

PD243-98 乙草胺/900克/升/乳油/乙草胺 900克/升/2013.08.14 至 2018.08.14/低毒

大豆田 部分阔叶杂草、一年生禾本科杂草 1350-1890克/公顷(东北地区),810 土壤喷雾处理

			-1350克/公顷(其它地区)	
	花生田	部分阔叶杂草、一年生禾本科杂草	780-1275克/公顷	土壤喷雾处理
	棉花田	部分阔叶杂草、一年生禾本科杂草	1)810-945克/公顷(南疆)2)945-1080克/公顷(北疆)3)810-1080克/公顷(其他地区)	1)播前土壤喷雾处理,2)播后苗前土壤喷雾处理,移栽前使用农达土壤喷雾处理
	油菜田	部分阔叶杂草、一年生禾本科杂草	540-810克/公顷	移栽后土壤喷雾处理
	、			
	玉米田	部分阔叶杂草、一年生禾本科杂草	1350-1620克/公顷(东北地区),810-1350克/公顷(其他地区)	土壤喷雾处理
PD343-2000	草甘膦/95%/原药/草甘膦 95%/2015.06.13 至 2020.06.13/低毒			
PD20060050	草甘膦铵盐/68%/可溶粒剂/草甘膦 68%/2011.03.03 至 2016.03.03/低毒			
	柑橘园	一年生和多年生杂草	1120.5-2241克/公顷	定向茎叶喷雾
	注:草甘膦铵盐含量:74.7%。			
PD20080775	硅噻菌胺/97.7%/原药/硅噻菌胺 97.7%/2013.06.16 至 2018.06.16/低毒			
PD20080776	硅噻菌胺/125克/升/悬浮剂/硅噻菌胺 125克/升/2013.06.16 至 2018.06.16/低毒			
	冬小麦	全蚀病	20-40克/100千克种子	拌种
PD20140976	草甘膦钾盐/41%/水剂/草甘膦 41%/2014.04.14 至 2019.04.14/低毒			
	茶园	杂草	1107-1661克/公顷	定向茎叶喷雾
	柑橘园	杂草	1230-2460克/公顷	定向茎叶喷雾
	注:草甘膦钾盐含量:49%。			
美国默赛技术公司	(北京市海淀区农大南路1号万景亮城2B703室 100084 010-82782833)			
PD20060087	代森锰锌/90%/原药/代森锰锌 90%/2016.05.12 至 2021.05.12/低毒			
PD20060158	代森锰锌/80%/可湿性粉剂/代森锰锌 80%/2011.09.22 至 2016.09.22/低毒			
	番茄	早疫病	1560-2520克/公顷	喷雾
	花生	叶斑病	720～900克/公顷	喷雾
	荔枝树	霜疫霉病	1333.3-2000毫克/千克	喷雾
	马铃薯	晚疫病	1440～2160克/公顷	喷雾
	苹果树	斑点落叶病	1000-1600毫克/千克	喷雾
	烟草	赤星病	1440～1920克/公顷	喷雾
PD20070037	高效氯氟氰菊酯/98%/原药/高效氯氟氰菊酯 98%/2012.02.08 至 2017.02.08/中等毒			
PD20070038	草甘膦异丙胺盐/41%/水剂/草甘膦异丙胺盐 41%/2012.02.08 至 2017.02.08/低毒			
	柑橘园	一年生和多年生杂草	1230-2460克/公顷	定向喷雾
PD20070439	三唑酮/25%/可湿性粉剂/三唑酮 25%/2012.11.20 至 2017.11.20/低毒			
	小麦	白粉病、锈病	112.5-131.25克/公顷	喷雾
PD20070440	三唑酮/95%/原药/三唑酮 95%/2012.11.20 至 2017.11.20/低毒			
PD20080346	甲基硫菌灵/97%/原药/甲基硫菌灵 97%/2013.02.26 至 2018.02.26/低毒			
PD20082011	毒死蜱/97%/原药/毒死蜱 97%/2013.11.25 至 2018.11.25/中等毒			
PD20084731	毒死蜱/480克/升/乳油/毒死蜱 480克/升/2013.12.22 至 2018.12.22/中等毒			
	水稻	稻纵卷叶螟	390-540克/公顷	喷雾
PD20084737	甲基硫菌灵/70%/可湿性粉剂/甲基硫菌灵 70%/2013.12.22 至 2018.12.22/低毒			
	水稻	纹枯病	1050-1500克/公顷	喷雾
PD20094158	高效氯氟氰菊酯/2.5%/可湿性粉剂/高效氯氟氰菊酯 2.5%/2014.03.27 至 2019.03.27/低毒			
	甘蓝	蚜虫	7.5-11.25克/公顷	喷雾
PD20111160	嘧菌酯/250克/升/悬浮剂/嘧菌酯 250克/升/2011.11.07 至 2016.11.07/微毒			
	黄瓜	霜霉病	167-312.5毫克/千克	喷雾
	马铃薯	晚疫病	56.25-75克/公顷	喷雾
PD20111223	代森锰锌/90%/原药/代森锰锌 90%/2011.11.17 至 2016.11.17/低毒			
PD20121535	噻唑膦/98%/原药/噻唑膦 98%/2012.10.17 至 2017.10.17/中等毒			
PD20121613	茚虫威/76.2%/母药/茚虫威 76.2%/2012.10.30 至 2017.10.30/低毒			
PD20121614	嘧菌酯/98%/原药/嘧菌酯 98%/2012.10.30 至 2017.10.30/低毒			
PD20121617	多杀霉素/92%/原药/多杀霉素 92%/2012.10.30 至 2017.10.30/低毒			
PD20122087	戊唑醇/430克/升/悬浮剂/戊唑醇 430克/升/2012.12.26 至 2017.12.26/低毒			
	苹果树	斑点落叶病	86-107.5毫克/千克	喷雾
	水稻	稻曲病	78-97克/公顷	喷雾
PD20130445	硝磺草酮/98%/原药/硝磺草酮 98%/2013.03.18 至 2018.03.18/低毒			
PD20132274	噻唑膦/10%/颗粒剂/噻唑膦 10%/2013.11.08 至 2018.11.08/中等毒			
	黄瓜	根结线虫	1500－3000克/公顷	土壤撒施
PD20140269	螺螨酯/240克/升/悬浮剂/螺螨酯 240克/升/2014.02.12 至 2019.02.12/低毒			
	柑橘树	红蜘蛛	48-60毫克/千克	喷雾
PD20140270	苯甲·嘧菌酯/325克/升/悬浮剂/苯醚甲环唑 200克/升、嘧菌酯 125克/升/2014.02.12 至 2019.02.12/低毒			
	水稻	纹枯病	195－243.75克/公顷	喷雾

PD20140271 氟环唑/98%/原药/氟环唑 98%/2014.02.12 至 2019.02.12/低毒
PD20140771 吡蚜酮/98%/原药/吡蚜酮 98%/2014.03.24 至 2019.03.24/低毒
PD20141330 甲氧虫酰肼/98%/原药/甲氧虫酰肼 98%/2014.06.03 至 2019.06.03/微毒
PD20141664 噁唑菌酮/98%/原药/噁唑菌酮 98%/2014.06.27 至 2019.06.27/低毒
PD20141669 唑草酮/90%/原药/唑草酮 90%/2014.06.27 至 2019.06.27/低毒
PD20141774 氟节胺/98%/原药/氟节胺 98%/2014.07.14 至 2019.07.14/低毒
PD20141879 茚虫威/30%/水分散粒剂/茚虫威 30%/2014.07.24 至 2019.07.24/低毒
水稻 稻纵卷叶螟 27-36克/公顷 喷雾
PD20142072 克菌丹/95%/原药/克菌丹 95%/2014.09.02 至 2019.09.02/低毒
PD20142162 氟虫腈/5%/悬浮种衣剂/氟虫腈 5%/2014.09.18 至 2019.09.18/低毒
玉米 蛴螬 66.7-200克/100千克种子 种子包衣
PD20142240 茚虫威/20%/乳油/茚虫威 20%/2014.09.28 至 2019.09.28/低毒
棉花 棉铃虫 27-45克/公顷 喷雾
PD20150423 2甲4氯钠/98%/原药/2甲4氯钠 98%/2015.03.19 至 2020.03.19/低毒
PD20150683 克菌丹/50%/可湿性粉剂/克菌丹 50%/2015.04.17 至 2020.04.17/低毒
番茄 叶霉病 937.5-1406.25克/公顷 喷雾
PD20151027 春雷霉素/70%/原药/春雷霉素 70%/2015.06.14 至 2020.06.14/微毒
PD20151202 烯啶虫胺/98%/原药/烯啶虫胺 98%/2015.07.29 至 2020.07.29/低毒
PD20151203 吡唑醚菌酯/97.5%/原药/吡唑醚菌酯 97.5%/2015.07.29 至 2020.07.29/中等毒
PD20151204 吡唑醚菌酯/250克/升/乳油/吡唑醚菌酯 250克/升/2015.07.29 至 2020.07.29/低毒
香蕉 叶斑病 166.67-250毫克/千克 喷雾
PD20151395 氰氟草酯/10%/乳油/氰氟草酯 10%/2015.07.30 至 2020.07.30/低毒
水稻移栽田 稗草、千金子等禾本科杂草 90-105克/公顷 茎叶喷雾
PD20151728 烯啶·噻嗪酮/70%/水分散粒剂/噻嗪酮 60%、烯啶虫胺 10%/2015.08.28 至 2020.08.28/低毒
水稻 稻飞虱 210-252克/公顷 喷雾
PD20152021 硝磺·莠去津/55%/悬浮剂/莠去津 50%、硝磺草酮 5%/2015.08.31 至 2020.08.31/低毒
玉米田 一年生杂草 1237.5-1650.0克/公顷 茎叶喷雾
LS20140001 茚虫威/15%/乳油/茚虫威 15%/2016.01.13 至 2017.01.13/低毒
棉花 棉铃虫 21-35克/公顷 喷雾

美国硼砂集团 (上海市静安区南京西路1717号会德丰国际广场40楼 200040 021-61033544)

WP20120209 四水八硼酸二钠/98%/可溶粉剂/四水八硼酸二钠 98%/2012.11.05 至 2017.11.05/低毒
木材 腐朽菌 2250毫克/千克 浸泡
木材 白蚁 8.2-8.4千克/立方米 加压浸泡
WP20130204 硼酸锌/98.8%/粉剂/硼酸锌 98.8%/2013.09.25 至 2018.09.25/低毒
木材 白蚁、腐朽菌 0.85%(药剂/板材) 板材加工中添加
WP20130207 硼酸锌/98.8%/原药/硼酸锌 98.8%/2013.09.25 至 2018.09.25/低毒

美国世科姆公司 (上海市普陀区光新路88号中一国际商务大厦1102室 200061 021-32551491)

PD20121090 百菌清/75%/水分散粒剂/百菌清 75%/2012.07.19 至 2017.07.19/低毒
番茄 晚疫病 1125-1406克/公顷 喷雾
PD20121091 三乙膦酸铝/80%/可湿性粉剂/三乙膦酸铝 80%/2012.07.19 至 2017.07.19/低毒
黄瓜 霜霉病 1500～2880克/公顷 喷雾
PD20140013 吡虫啉/600克/升/悬浮种衣剂/吡虫啉 600克/升/2014.01.02 至 2019.01.02/低毒
花生 金针虫 120-180克/100千克种子 种子包衣
玉米 金针虫 240-360克/100千克种子 种子包衣
PD20140189 灭草松/480克/升/水剂/灭草松 480克/升/2014.01.29 至 2019.01.29/低毒
水稻移栽田 阔叶杂草及莎草科杂草 1080-1440克/公顷 茎叶喷雾
PD20140192 戊唑醇/25%/水乳剂/戊唑醇 25%/2014.01.29 至 2019.01.29/低毒
苹果树 斑点落叶病 100-166.7毫克/千克 喷雾
PD20140644 禾草敌/90.9%/乳油/禾草敌 90.9%/2014.03.07 至 2019.03.07/低毒
水稻田(直播)、水稻移栽田 稗草 2184-3003克/公顷 药土法
PD20141595 嘧菌酯/20%/水分散粒剂/嘧菌酯 20%/2014.06.18 至 2019.06.18/低毒
草坪 褐斑病 270-360克/公顷 喷雾
花生 叶斑病 180-240克/公顷 喷雾
黄瓜 霜霉病 120-240克/公顷 喷雾
菊科和蔷薇科观赏花卉 白粉病 125-250毫克/千克 喷雾
马铃薯 早疫病 135-180克/公顷 喷雾
葡萄 霜霉病 125-250毫克/千克 喷雾
水稻 纹枯病 120-240克/公顷 喷雾
香蕉 叶斑病 167-250毫克/千克 喷雾
PD20141821 吡蚜·异丙威/50%/可湿性粉剂/吡蚜酮 10%、异丙威 40%/2014.07.23 至 2019.07.23/低毒
水稻 稻飞虱 300-600克/公顷 喷雾

PD20141943 戊唑·嘧菌酯/75%/水分散粒剂/嘧菌酯 25%、戊唑醇 50%/2014.08.13 至 2019.08.13/低毒
水稻 纹枯病 112.5-168.75克/公顷 喷雾
香蕉 叶斑病 375-500毫克/千克 喷雾

PD20141996 氟胺·嘧菌酯/20%/水分散粒剂/氟酰胺 10%、嘧菌酯 10%/2014.08.14 至 2019.08.14/低毒
水稻 纹枯病 210-300克/公顷 喷雾

PD20142052 异甲·莠去津/45%/悬乳剂/异丙甲草胺 27%、莠去津 18%/2014.08.27 至 2019.08.27/低毒
夏玉米田 一年生杂草 1012.5-1350克/公顷 土壤喷雾

PD20142224 苯甲·嘧菌酯/30%/悬浮剂/苯醚甲环唑 12%、嘧菌酯 18%/2014.09.28 至 2019.09.28/低毒
辣椒 炭疽病 135-225克/公顷 喷雾
葡萄 炭疽病 150-300毫克/千克 喷雾
西瓜 蔓枯病 135-225克/公顷 喷雾
香蕉 叶斑病 200-250毫克/千克 喷雾

PD20142241 霜脲·嘧菌酯/60%/水分散粒剂/嘧菌酯 10%、霜脲氰 50%/2014.09.28 至 2019.09.28/低毒
黄瓜 霜霉病 270-360克/公顷 喷雾
葡萄 霜霉病 400-500毫克/千克 喷雾

PD20142522 甲·嘧·甲霜灵/12%/悬浮种衣剂/甲基硫菌灵 6%、甲霜灵 3%、嘧菌酯 3%/2014.11.21 至 2019.11.21/低毒
花生 立枯病 60-180克/100千克种子 种子包衣
水稻 恶苗病 60-180克/100公斤种子 种子包衣

PD20142620 百菌清/54%/悬浮剂/百菌清 54%/2014.12.15 至 2019.12.15/低毒
草坪 褐斑病 972－1458克/公顷 喷雾
香蕉 叶斑病 900-1080毫克/千克 喷雾

PD20151581 硝磺·异甲·莠/45%/悬乳剂/异丙甲草胺 20%、莠去津 20%、硝磺草酮 5%/2015.08.28 至 2020.08.28/低毒
夏玉米田 一年生杂草 810-1080克/公顷 茎叶喷雾

PD20151655 三环·氟环唑/30%/悬浮剂/氟环唑 5%、三环唑 25%/2015.08.28 至 2020.08.28/中等毒
水稻 稻瘟病 270-405克/公顷 喷雾

PD20151817 甲·戊·嘧菌酯/10%/悬浮种衣剂/甲霜灵 2%、嘧菌酯 4%、戊唑醇 4%/2015.08.28 至 2020.08.28/低毒
玉米 茎基腐病、丝黑穗病 20-40克/100千克种子 种子包衣

PD20152500 氯吡·唑草酮/34%/可湿性粉剂/唑草酮 5%、氯氟吡氧乙酸异辛酯 29%/2015.12.05 至 2020.12.05/低毒
冬小麦田 一年生阔叶杂草 76.5-153克/公顷 茎叶喷雾

PD20152640 阿维·茚虫威/8%/水分散粒剂/阿维菌素 2%、茚虫威 6%/2015.12.18 至 2020.12.18/低毒(原药高毒)
水稻 稻纵卷叶螟 21.6-28.8克/公顷 喷雾

LS20140101 吡虫·咯·苯甲/23%/悬浮种衣剂/苯醚甲环唑 2%、吡虫啉 20%、咯菌腈 1%/2015.03.14 至 2016.03.14/低毒
小麦 全蚀病、纹枯病、蚜虫 138-184克/100千克种子 种子包衣

LS20150087 氟胺·嘧菌酯/60%/水分散粒剂/氟酰胺 30%、嘧菌酯 30%/2015.04.16 至 2016.04.16/低毒
水稻 纹枯病 207-270克/公顷 喷雾

美国陶氏益农公司 (北京市东城区东长安街1号东方广场W3办公楼1103室 100738 010-85279199)

PD6-85 三环唑/75%/可湿性粉剂/三环唑 75%/2015.12.14 至 2020.12.14/低毒
水稻 稻瘟病 225-300克/公顷 喷雾

PD47-87 毒死蜱/480克/升/乳油/毒死蜱 480克/升/2012.04.22 至 2017.04.22/中等毒
柑橘树 红蜘蛛、矢尖蚧、锈壁虱 240-480毫克/千克 喷雾
棉花 害虫 450-900克/公顷 喷雾
苹果树 桃小食心虫 160-240毫克/千克 喷雾
苹果树 绵蚜 203.5-271.3毫克/千克 喷雾
水稻 二化螟、三化螟 360-576克/公顷 喷雾
水稻 稻瘿蚊 1800-2160克/公顷 毒土法
水稻 稻纵卷叶螟、飞虱 300-600克/公顷 喷雾
小麦 蚜虫 108-180克/公顷 喷雾

PD109-89 乙氧氟草醚/240克/升/乳油/乙氧氟草醚 240克/升/2014.01.06 至 2019.01.06/低毒
大蒜田 一年生杂草 144-180克/公顷 茎叶喷雾
甘蔗田 一年生杂草 105-180克/公顷 芽前土壤处理
森林苗圃 一年生杂草 180-300克/公顷 喷雾
水稻田 一年生杂草 36-72克/公顷 毒土

PD148-91 氯氟吡氧乙酸/200克/升/乳油/氯氟吡氧乙酸 200克/升/2011.11.29 至 2016.11.29/低毒
水田畦畔 空心莲子草(水花生) 150克/公顷 喷雾
小麦田 阔叶杂草 150-199.5克/公顷 喷雾
玉米田 阔叶杂草 150-210克/公顷 喷雾

PD153-92 三氯吡氧乙酸/480克/升/乳油/三氯吡氧乙酸 480克/升/2013.01.22 至 2018.01.22/低毒
森林 阔叶杂草、灌木 1999.5-3000克/公顷 喷雾

PD215-97 高效氟吡甲禾灵/108克/升/乳油/高效氟吡甲禾灵 108克/升/2012.03.08 至 2017.03.08/低毒
春大豆田、棉花田 芦苇 97.2-145.8克/公顷 茎叶喷雾
大豆田 一年生禾本科杂草 48.6-72.9克/公顷 喷雾
甘蓝田 一年生禾本科杂草 48.6-64.8 克/公顷 茎叶喷雾
花生田 一年生禾本科杂草 32.4-48.6克/公顷 喷雾

马铃薯田、西瓜田 一年生禾本科杂草 56.7-81克/公顷 茎叶喷雾
棉花田 一年生禾本科杂草 40.5-48.6克/公顷 喷雾
向日葵田 禾本科杂草 97.2-162.0克/公顷 茎叶喷雾
油菜田 一年生禾本科杂草 30-45克/公顷 喷雾

PD220-97 代森锰锌/80%/可湿性粉剂/代森锰锌 80%/2012.05.08 至 2017.05.08/低毒
番茄 早疫病 1560-2520克/公顷 喷雾
柑橘树 疮痂病、炭疽病 400-600倍液 喷雾
柑橘树 锈蜘蛛 500-600倍液 喷雾
柑橘树 树脂病 1333～2000毫克/千克 喷雾
花生 叶斑病 720-900克/公顷 喷雾
黄瓜 霜霉病 2040-3000克/公顷 喷雾
梨树 黑星病 800-1333.3毫克/千克 喷雾
荔枝树 霜疫霉病 1333.3～2000毫克/千克 喷雾
马铃薯 晚疫病 1440-2160克/公顷 喷雾
苹果树 斑点落叶病 1000-1500毫克/千克 喷雾
苹果树 轮纹病、炭疽病 1000-1333.3毫克/千克 喷雾
葡萄 白腐病、黑痘病 600-800倍液 喷雾
葡萄 霜霉病 1800-2520克/公顷 喷雾
甜椒 疫病 2000-2400克/公顷 喷雾
西瓜 炭疽病 1995-3000克/公顷 喷雾
烟草 赤星病 1400-1920克/公顷 喷雾

PD240-98 腈苯唑/24%/悬浮剂/腈苯唑 24%/2013.07.09 至 2018.07.09/低毒
水稻 稻曲病 54-72克/公顷 喷雾
桃树 桃褐腐病 75-96毫克/千克 喷雾
香蕉 叶斑病 200-250毫克/千克 喷雾

PD273-99 毒死蜱/97%/原药/毒死蜱 97%/2014.03.31 至 2019.03.31/中等毒

PD328-2000 氯氰·毒死蜱/522.5克/升/乳油/毒死蜱 475克/升、氯氰菊酯 47.5克/升/2015.03.24 至 2020.03.24/中等毒
大豆 蚜虫 156.75-196克/公顷 喷雾
柑橘树 潜叶蛾 366.7-550毫克/千克 喷雾
梨树 梨木虱 261-348毫克/千克 喷雾
荔枝树、龙眼 蒂蛀虫 261.3-522.5毫克/千克 喷雾
棉花 棉铃虫 550-825克/公顷 喷雾
苹果树 食心虫 275-366.7毫克/千克 喷雾
桃树 介壳虫 261.3-348.3毫克/千克 喷雾

PD372-2001 氯氟吡氧乙酸异辛酯/95%/原药/氯氟吡氧乙酸异辛酯 95%/2012.12.10 至 2017.12.10/低毒

PD20030001 乙氧氟草醚/97%/原药/乙氧氟草醚 97%/2013.03.17 至 2018.03.17/低毒

PD20050158 氯氰·毒死蜱/220克/升/乳油/毒死蜱 200克/升、氯氰菊酯 20克/升/2015.10.12 至 2020.10.12/中等毒
柑橘树 潜叶蛾 366.7-550毫克/千克 喷雾
荔枝树、龙眼树 蒂蛀虫 261.3-522.5毫克/千克 喷雾
棉花 棉铃虫 550-825克/公顷 喷雾
苹果树 桃小食心虫 275-366.7毫克/千克 喷雾

PD20050197 甲氧虫酰肼/240克/升/悬浮剂/甲氧虫酰肼 240克/升/2015.12.13 至 2020.12.13/低毒
甘蓝 甜菜夜蛾 36-72克/公顷 喷雾
苹果树 小卷叶蛾 48-80毫克/千克 喷雾
水稻 二化螟 70-100克/公顷 喷雾

PD20050206 甲氧虫酰肼/97.6%/原药/甲氧虫酰肼 97.6%/2015.12.20 至 2020.12.20/低毒

PD20060004 多杀霉素/90%/原药/多杀霉素 90%/2016.01.09 至 2021.01.09/低毒

PD20060005 多杀霉素/25克/升/悬浮剂/多杀霉素 25克/升/2011.01.09 至 2016.01.09/低毒
甘蓝 小菜蛾 12.5-25克/公顷 喷雾
茄子 蓟马 25-37.5克/公顷 喷雾

PD20060011 2,4-滴异辛酯/94.4%/原药/2,4-滴异辛酯 94.4%/2016.01.09 至 2021.01.09/低毒

PD20060012 双氟·滴辛酯/459克/升/悬乳剂/2,4-滴异辛酯 453克/升、双氟磺草胺 6克/升/2016.01.09 至 2021.01.09/低毒
冬小麦田 阔叶杂草 206.4-275.2克/公顷 茎叶喷雾

PD20060026 双氟磺草胺/97%/原药/双氟磺草胺 97%/2016.01.09 至 2021.01.09/低毒

PD20060027 双氟磺草胺/50克/升/悬浮剂/双氟磺草胺 50克/升/2016.01.09 至 2021.01.09/低毒
冬小麦田 阔叶杂草 3.75-4.5克/公顷 茎叶喷雾

PD20060040 氰氟草酯/95%/原药/氰氟草酯 95%/2011.02.07 至 2016.02.07/低毒

PD20060041 氰氟草酯/100克/升/乳油/氰氟草酯 100克/升/2011.02.07 至 2016.02.07/低毒
水稻田(直播)、水稻秧田 稗草、部分禾本科杂草、千金子 75-105克/公顷 喷雾

PD20060184 丙环唑/250克/升/乳油/丙环唑 250克/升/2011.11.10 至 2016.11.10/低毒
香蕉 叶斑病 500-700倍液 喷雾
小麦 锈病 124.5-150克/公顷 喷雾

PD20070111 双氟·唑嘧胺/58克/升/悬浮剂/双氟磺草胺 25克/升、唑嘧磺草胺 33克/升/2012.04.27 至 2017.04.27/低毒
冬小麦田 阔叶杂草 7.875-11.8克/公顷 喷雾
PD20070112 双氟·唑嘧胺/175克/升/悬浮剂/双氟磺草胺 75克/升、唑嘧磺草胺 100克/升/2012.04.27 至 2017.04.27/低毒
冬小麦田 阔叶杂草 7.875-11.8克/公顷 茎叶喷雾
PD20070190 多杀霉素/480克/升/悬浮剂/多杀霉素 480克/升/2012.07.11 至 2017.07.11/低毒
棉花 棉铃虫 30.2-40.3克/公顷 喷雾
水稻 稻纵卷叶螟 43.2-72克/公顷 喷雾
PD20070199 腈菌唑/40%/可湿性粉剂/腈菌唑 40%/2012.07.18 至 2017.07.18/低毒
黄瓜 白粉病 45-60克/公顷 喷雾
梨树 黑星病 8000-10000倍液 喷雾
荔枝树 炭疽病 66.7～100毫克/千克 喷雾
苹果树 白粉病 6000-8000倍液 喷雾
葡萄 炭疽病 66.7-100毫克/千克 喷雾
豇豆 锈病 78-120克/公顷 喷雾
PD20070200 腈菌唑/94%/原药/腈菌唑 94%/2012.07.18 至 2017.07.18/低毒
PD20070204 丙环唑/93%/原药/丙环唑 93%/2012.08.07 至 2017.08.07/低毒
PD20070290 甲基毒死蜱/96%/原药/甲基毒死蜱 96%/2012.09.07 至 2017.09.07/低毒
PD20070291 甲基毒死蜱/400克/升/乳油/甲基毒死蜱 400克/升/2012.09.07 至 2017.09.07/低毒
甘蓝 菜青虫 360-480克/公顷 喷雾
棉花 棉铃虫 600-1050克/公顷 喷雾
PD20070349 五氟磺草胺/98%/原药/五氟磺草胺 98%/2012.10.24 至 2017.10.24/低毒
PD20070350 五氟磺草胺/25克/升/可分散油悬浮剂/五氟磺草胺 25克/升/2012.10.24 至 2017.10.24/低毒
水稻田 一年生杂草 1)稗草2-3叶期15-30克/公顷2)稗草2-3叶期22.5-37.5克/公顷 1)茎叶喷雾2)毒土法
水稻秧田 一年生杂草 12.5-17.5克/公顷 茎叶喷雾
PD20070358 唑嘧磺草胺/97%/原药/唑嘧磺草胺 97%/2012.10.24 至 2017.10.24/低毒
PD20070359 唑嘧磺草胺/80%/水分散粒剂/唑嘧磺草胺 80%/2012.10.24 至 2017.10.24/低毒
春玉米田、大豆田 阔叶杂草 45-60克/公顷 土壤喷雾
冬小麦田 阔叶杂草 20-30克/公顷 茎叶喷雾
夏玉米田 阔叶杂草 24-48克/公顷 土壤喷雾
PD20070615 草甘膦异丙胺盐/30%/水剂/草甘膦 30%/2012.12.14 至 2017.12.14/低毒
柑橘园 杂草 922.5-2460克/公顷 定向茎叶喷雾
注:草甘膦异丙胺盐含量: 41%。
PD20080496 氟硫草定/91.5%/原药/氟硫草定 91.5%/2013.04.09 至 2018.04.09/低毒
PD20080662 高效氟吡甲禾灵/94%/原药/高效氟吡甲禾灵 94%/2013.05.27 至 2018.05.27/低毒
PD20080666 多杀霉素/0.02%/饵剂/多杀霉素 0.02%/2013.05.27 至 2018.05.27/微毒
柑橘树 橘小实蝇 0.26-0.37克/公顷 点喷投饵
PD20081117 二氯吡啶酸/95%/原药/二氯吡啶酸 95%/2013.08.19 至 2018.08.19/低毒
PD20081118 二氯吡啶酸/75%/可溶粒剂/二氯吡啶酸 75%/2013.08.19 至 2018.08.19/低毒
春油菜田 阔叶杂草 100-180克/公顷 茎叶喷雾
冬油菜田 部分阔叶杂草 67.5-112.5克/公顷 茎叶喷雾
PD20081132 代森锰锌/430克/升/悬浮剂/代森锰锌 430克/升/2013.09.01 至 2018.09.01/低毒
苹果 斑点落叶病 716.7—1075毫克/千克 喷雾
香蕉 叶斑病 1050-1400毫克/千克 喷雾
PD20096674 锰锌·腈菌唑/62.25%/可湿性粉剂/腈菌唑 2.25%、代森锰锌 60%/2014.09.07 至 2019.09.07/低毒
黄瓜 白粉病 1867.5-2340克/公顷 喷雾
梨树 黑星病 1037.5-1556.3毫克/千克 喷雾
PD20100417 毒死蜱/15%/颗粒剂/毒死蜱 15%/2015.01.14 至 2020.01.14/低毒
花生 地下害虫 2250-3375克/公顷 撒施
PD20110528 代森锰锌/75%/水分散粒剂/代森锰锌 75%/2011.05.12 至 2016.05.12/低毒
苹果树 斑点落叶病 937.5—1250毫克/千克 喷雾
PD20120015 啶磺草胺/7.5%/水分散粒剂/啶磺草胺 7.5%/2012.01.06 至 2017.01.06/微毒
冬小麦田 一年生杂草 10.55-14.06克/公顷 茎叶喷雾
PD20120016 啶磺草胺/96.5%/原药/啶磺草胺 96.5%/2012.01.06 至 2017.01.06/低毒
PD20120240 乙基多杀菌素/60克/升/悬浮剂/乙基多杀菌素 60克/升/2012.02.13 至 2017.02.13/低毒
甘蓝 甜菜夜蛾、小菜蛾 18-36克/公顷 喷雾
茄子 蓟马 9-18克/公顷 喷雾
水稻 稻纵卷叶螟 18-27克/公顷 喷雾
PD20120250 乙基多杀菌素/81.2%/原药/乙基多杀菌素 81.2%/2012.02.13 至 2017.02.13/微毒
PD20120363 五氟·氰氟草/60克/升/可分散油悬浮剂/氰氟草酯 50克/升、五氟磺草胺 10克/升/2012.02.23 至 2017.02.23/低毒
水稻秧田 稗草、千金子、一年生阔叶杂草及莎草科杂草 90-103.5克/公顷 茎叶喷雾
移栽水稻田 稗草、千金子、一年生阔叶杂草及莎草科 90-148.5克/公顷 茎叶喷雾

杂草
直播水稻田 千金子、稗草及部分阔叶杂草和莎草 90-120克/公顷 茎叶喷雾
PD20121665 氯酯磺草胺/97.5%/原药/氯酯磺草胺 97.5%/2012.11.05 至 2017.11.05/低毒
PD20121666 氯酯磺草胺/84%/水分散粒剂/氯酯磺草胺 84%/2012.11.05 至 2017.11.05/低毒
春大豆田 阔叶杂草 25.2-31.5克/公顷 茎叶喷雾
PD20142263 氯氨吡啶酸/91.6%/原药/氯氨吡啶酸 91.6%/2014.10.20 至 2019.10.20/低毒
PD20142270 氯氨吡啶酸(暂定)/21%/水剂/氯氨吡啶酸 21%/2014.10.20 至 2019.10.20/低毒
草原牧场(禾本科) 阔叶杂草 78.8-110.3克/公顷 茎叶喷雾
PD20142375 噻呋酰胺/240克/升/悬浮剂/噻呋酰胺 240克/升/2014.11.04 至 2019.11.04/微毒
水稻 纹枯病 64.8-82.8克/公顷 喷雾
PD20142649 毒死蜱/40%/水乳剂/毒死蜱 40%/2014.12.16 至 2019.12.16/中等毒
柑橘树 介壳虫 300－600毫克/千克 喷雾
苹果树 绵蚜 300－450毫克/千克 喷雾
水稻 稻纵卷叶螟 607.5－810克/公顷 喷雾
PD20150435 2甲·双氟/43%/悬乳剂/双氟磺草胺 0.39%、2甲4氯异辛酯 42.61%/2015.03.20 至 2020.03.20/低毒
小麦田 一年生阔叶杂草 387-645克/公顷 茎叶喷雾
PD20150818 五氟磺草胺/22%/悬浮剂/五氟磺草胺 22%/2015.05.14 至 2020.05.14/微毒
水稻移栽田 一年生杂草 (1)18-32.4克/公顷；(2)28.8-36克/公顷 (1)茎叶喷雾；(2)药土法
PD20151472 硝苯菌酯/36%/乳油/硝苯菌酯 36%/2015.07.31 至 2020.07.31/低毒
黄瓜 白粉病 150-216克/公顷 喷雾
PD20151473 硝苯菌酯/90%/原药/硝苯菌酯 90%/2015.07.31 至 2020.07.31/中等毒
PD20152106 五氟·丁草胺/40%/悬乳剂/丁草胺 39%、五氟磺草胺 1%/2015.09.22 至 2020.09.22/微毒
移栽水稻田 一年生杂草 431-800克/公顷 药土法
LS20130288 氟啶虫胺腈/95.9%/原药/氟啶虫胺腈 95.9%/2015.05.13 至 2016.05.13/低毒
LS20130290 氟啶虫胺腈/50%/水分散粒剂/氟啶虫胺腈 50%/2015.05.24 至 2016.05.24/低毒
棉花 烟粉虱 75-100克/公顷 喷雾
棉花 盲蝽蟓 50-75克/公顷 喷雾
小麦 蚜虫 15-22.5克/公顷 喷雾
LS20130291 氟啶虫胺腈/22%/悬浮剂/氟啶虫胺腈 22%/2015.05.24 至 2016.05.24/微毒
柑橘树 矢尖蚧 36.67-48.8毫克/千克 喷雾
黄瓜 烟粉虱 50-75克/公顷 喷雾
水稻 飞虱 50-75克/公顷 喷雾
LS20140105 双氟·氯氟吡/15%/悬乳剂/双氟磺草胺 0.5%、氯氟吡氧乙酸异辛酯 14.5%/2015.03.17 至 2016.03.17/微毒
冬小麦田 阔叶杂草 135-180克/公顷 茎叶喷雾
LS20140136 双氟·氟氯酯/20%/水分散粒剂/双氟磺草胺 10%、氟氯吡啶酯 10%/2015.04.10 至 2016.04.10/微毒
冬小麦田 阔叶杂草 15-19.5克/公顷 茎叶喷雾
LS20140138 氟氯吡啶酯/93%/原药/氟氯吡啶酯 93%/2015.04.10 至 2016.04.10/微毒
LS20150015 啶磺草胺/4%/可分散油悬浮剂/啶磺草胺 4%/2016.01.15 至 2017.01.15/低毒
小麦 一年生杂草 10.1-16.9克/公顷 茎叶喷雾
LS20150084 氟虫·乙多素/40%/水分散粒剂/乙基多杀菌素 20%、氟啶虫胺腈 20%/2015.04.16 至 2016.04.16/微毒
甘蓝 小菜蛾、蚜虫 45-75克/公顷 喷雾
LS20150135 乙多·甲氧虫/34%/悬浮剂/甲氧虫酰肼 28.3%、乙基多杀菌素 5.7%/2015.05.19 至 2016.05.19/微毒
水稻 稻纵卷叶螟、二化螟 102-122克/公顷 喷雾
LS20150246 氟啶·毒死蜱/37%/悬乳剂/毒死蜱 34%、氟啶虫胺腈 3%/2015.07.30 至 2016.07.30/中等毒
水稻 稻飞虱 389-500克/公顷 喷雾
WP20070014 氟铃脲/97%/原药/氟铃脲 97%/2012.07.18 至 2017.07.18/低毒
WP20070015 杀白蚁饵剂/0.5%/饵剂/氟铃脲 0.5%/2012.07.18 至 2017.07.18/低毒
卫生 白蚁 / 投放

美国仙农有限公司 (北京市朝阳区朝外大街26号朝外心写字中心B1503室 100020 010-65889371)

PD266-99 代森锰锌/80%/可湿性粉剂/代森锰锌 80%/2014.02.13 至 2019.02.13/低毒
番茄 早疫病 2000克/公顷 喷雾
柑橘 疮痂病、炭疽病 1333～2000毫克/千克 喷雾
花生 叶斑病 720～900克/公顷 喷雾
黄瓜 霜霉病 2040～3000克/公顷 喷雾
辣椒 疫病 1800-2520克/公顷 喷雾
辣椒 炭疽病 1800～2520克/公顷 喷雾
梨树 黑星病 1000-1333毫克/千克 喷雾
荔枝树 霜疫霉病 1333～2000毫克/千克 喷雾
马铃薯 晚疫病 1680-2100克/公顷 喷雾
苹果树 斑点落叶病 1000毫克/千克 喷雾
苹果树 轮纹病 1000-1333毫克/千克 喷雾
葡萄 白腐病、黑痘病、霜霉病 1000～1600毫克/千克 喷雾

登记证号	登记作物	防治对象	用药量	施用方法
	甜椒	炭疽病	1800-2520克/公顷	喷雾
	甜椒	疫病	1800～2520克/公顷	喷雾
	西瓜	炭疽病	1995-3000克/公顷	喷雾
	烟草	赤星病	1440～1920克/公顷	喷雾
PD300-99	抑霉唑/22.2%/乳油/抑霉唑 22.2%/2014.07.30 至 2019.07.30/中等毒			
	柑橘	绿霉病、青霉病	250-500毫克/千克	浸果
PD20060066	高效氯氰菊酯/100克/升/乳油/高效氯氰菊酯 100克/升/2016.04.04 至 2021.04.04/低毒			
	茶树	茶小绿叶蝉	15-19.5克/公顷	喷雾
	茶树	茶尺蠖	10.5-15克/公顷	喷雾
	甘蓝	菜青虫	7.5-15克/公顷	喷雾
	柑橘树	潜叶蛾	100-133毫克/千克	喷雾
	棉花	棉铃虫	52.5-72克/公顷	喷雾
	苹果树	桃小食心虫	25-33.3毫克/千克	喷雾
	小麦	蚜虫	12-18.75克/公顷	喷雾
PD20080975	代森锰锌/88%/原药/代森锰锌 88%/2013.07.24 至 2018.07.24/低毒			
PD20080981	抑霉唑/0.1%/涂抹剂/抑霉唑 0.1%/2013.07.24 至 2018.07.24/微毒			
	柑橘	绿霉病、青霉病	2-3升/吨	涂果
PD20080991	代森锰锌/420克/升/悬浮剂/代森锰锌 420克/升/2013.07.24 至 2018.07.24/低毒			
	香蕉树	叶斑病	1400-1050毫克/千克	喷雾
PD20081044	波尔多液/80%/可湿性粉剂/波尔多液 80%/2013.08.06 至 2018.08.06/低毒			
	柑橘树	溃疡病	1333-2000毫克/千克	喷雾
	辣椒	炭疽病	1600-2667毫克/千克	喷雾
	苹果树	轮纹病	1600-2667毫克/千克	喷雾
	葡萄	霜霉病	2000-2667毫克/千克	喷雾
PD20081113	氯苯胺灵/2.5%/粉剂/氯苯胺灵 2.5%/2013.08.19 至 2018.08.19/低毒			
	马铃薯	抑制出芽	10-15克/1000千克	撒施或喷粉
PD20081114	氯苯胺灵/99%/原药/氯苯胺灵 99%/2013.08.19 至 2018.08.19/低毒			
PD20086361	波尔·锰锌/78%/可湿性粉剂/波尔多液 48%、代森锰锌 30%/2013.12.31 至 2018.12.31/低毒			
	番茄	早疫病	1638-1989克/公顷	喷雾
	柑橘树	溃疡病	1560-1950毫克/千克	喷雾
	黄瓜	霜霉病	1989-2691克/公顷	喷雾
	苹果树	轮纹病	1300-1560毫克/千克	喷雾
	苹果树	斑点落叶病	1300-1950毫克/千克	喷雾
	葡萄	白腐病、霜霉病	1300-1560毫克/千克	喷雾
PD20093161	氯苯胺灵/49.65%/热雾剂/氯苯胺灵 49.65%/2014.03.11 至 2019.03.11/低毒			
	马铃薯	抑制出芽	30-40毫克/千克马铃薯	热雾
PD20095247	硫磺/99.5%/原药/硫磺 99.5%/2014.04.27 至 2019.04.27/低毒			
PD20096463	硫磺/80%/水分散粒剂/硫磺 80%/2014.08.14 至 2019.08.14/低毒			
	黄瓜	白粉病	2200-2600克/公顷	喷雾
PD20110530	碱式硫酸铜/70%/水分散粒剂/碱式硫酸铜 70%/2011.05.12 至 2016.05.12/低毒			
	黄瓜	霜霉病	547.2-638.4克/公顷	喷雾

美国伊甸生物技术公司　(湖南省长沙市雨花区人民东路38号农大哥科技大楼1523室　410016　0731-84742110)

登记证号	登记作物	防治对象	用药量	施用方法
PD20070120	超敏蛋白/3%/微粒剂/超敏蛋白 3%/2012.05.08 至 2017.05.08/低毒			
	番茄、辣椒、烟草	抗病、调节生长、增产	30-60毫克/千克	喷雾

美国庄臣公司　(上海市浦东新区新金桥路932号　201206　021-58994833)

登记证号	登记作物	防治对象	用药量	施用方法
WP20080568	驱蚊乳/7.5%/驱蚊乳/避蚊胺 7.5%/2013.12.25 至 2018.12.25/微毒			
	卫生	蚊	/	涂抹
WL20150003	杀蚊烟片/0.45%/烟片/四氟苯菊酯 0.45%/2015.03.24 至 2016.03.24/低毒			
	室内	蚊	/	点燃

美商华仑生物科学公司　(广东省化州市桔城北路26号　525100　010-81610801)

登记证号	登记作物	防治对象	用药量	施用方法
PD174-93	苏云金杆菌/3.2%/可湿性粉剂/苏云金杆菌 3.2%(16000国际单位/毫克)/2013.12.29 至 2018.12.29/低毒			
	甘蓝	菜青虫、小菜蛾	1000-2000倍液	喷雾
PD175-93	赤霉酸/20%/可溶粉剂/赤霉酸 20%/2015.05.04 至 2020.05.04/低毒			
	柑橘树	调节生长	6.67-13.33毫克/千克	全株喷雾
	葡萄	调节生长	4-6.7毫克/千克(花前使用)或10-20毫克/千克(花后使用)	喷雾
	水稻	调节生长	60-90克/公顷	喷雾
PD380-2002	苄氨·赤霉酸/3.6%/液剂/苄氨基嘌呤 1.8%、赤霉酸A4+A7 1.8%/2012.06.17 至 2017.06.17/低毒			
	苹果树	调节果型	75.24-112.86克/公顷	喷雾
	注:新红星、红富士苹果			
PD20040007	苏云金杆菌/15000IU/毫克/水分散粒剂/苏云金杆菌 15000IU/毫克/2014.07.27 至 2019.07.27/低毒			
	甘蓝	菜青虫、甜菜夜蛾、小菜蛾	375-750克制剂/公顷	喷雾

挪威

挪威劳道克斯公司　(北京市崇文区广渠门领行国际中心1－1座23层　100061　010-67131677)

PD20110480　氧化亚铜/86.2%/水分散粒剂/氧化亚铜 86.2%/2011.05.05 至 2016.05.05/低毒

荔枝	霜疫霉病	574.7-862毫克/千克	喷雾
苹果树	斑点落叶病	344.8—431毫克/千克	喷雾

PD20110520　氧化亚铜/86.2%/可湿性粉剂/氧化亚铜 86.2%/2011.05.05 至 2016.05.05/低毒

番茄	早疫病	900-1260克/公顷	喷雾
柑橘树	溃疡病	862-1078毫克/千克	喷雾
黄瓜	霜霉病	1800-2400克/公顷	喷雾
苹果	轮纹病	345－431毫克/千克	喷雾
葡萄	霜霉病	718-1078毫克/千克	喷雾
水稻	纹枯病	355.6-474.1克/公顷	喷雾
甜椒	疫病	1800-2400克/公顷	喷雾

日本

爱利思达生命科学株式会社　(上海市西藏中路18号港陆广场1001-1003室　200001　021-52418855-811)

PD9-85　双甲脒/200克/升/乳油/双甲脒 200克/升/2016.02.02 至 2021.02.02/中等毒

柑橘树	介壳虫、螨	130-200毫克/千克	喷雾
梨树	梨木虱	166-250毫克/千克	喷雾
棉花	棉红蜘蛛	60-120克/公顷	喷雾
苹果树	苹果叶螨、山楂红蜘蛛	130-200毫克/千克	喷雾

PD188-94　烯草酮/240克/升/乳油/烯草酮 240克/升/2015.03.09 至 2020.03.09/低毒

大豆田	一年生禾本科杂草	单用:97.5-144克/公顷,混用:57-72克/公顷+ Amigo 0.125%喷液量或400-500毫升/公顷	喷雾
油菜田	一年生禾本科杂草	单用:90-108克/公顷,混用:43.2-86.4克/公顷+ 用水量 0.125%植物油助剂	茎叶喷雾

PD210-96　烯草酮/120克/升/乳油/烯草酮 120克/升/2016.04.29 至 2021.04.29/低毒

大豆田	一年生禾本科杂草	63-72克/公顷	茎叶喷雾
油菜田	一年生禾本科杂草	54-72克/公顷	喷雾

白元安速株式会社　(广东省深圳市宝安区西乡街道黄田工业区第29栋厂一楼　518128　0755-27516860)

WP20100115　防蛀片剂/35%/防蛀剂/右旋烯炔菊酯 35%/2015.09.20 至 2020.09.20/微毒

卫生	黑皮蠹	/	投放

WP20100118　防蛀片剂/18%/防蛀剂/右旋烯炔菊酯 18%/2015.09.21 至 2020.09.21/微毒

卫生	黑皮蠹	/	投放

WL20140014　防虫罩/65毫克/平方米/防虫罩/右旋苯醚菊酯 45毫克/平方米、右旋烯炔菊酯 20毫克/平方米/2014.05.06 至 2015.05.06/微毒

衣柜	黑皮蠹、衣蛾	/	悬挂

井上石灰工业株式会社　(广东省广州市保税区广保大道74号313室　510075　020-37812286)

PD20150862　波尔多液/28%/悬浮剂/波尔多液 28%/2015.05.18 至 2020.05.18/低毒

柑橘树	溃疡病	1873-2810毫克/千克	喷雾
葡萄	霜霉病	1873-2810毫克/千克	喷雾

日本阿斯制药株式会社　(天津经济技术开发区西区新安路98号　300462　022-59832120)

WP20080608　杀虫烟雾剂/7.2%/烟雾剂/右旋苯醚氰菊酯 7.2%/2013.12.31 至 2018.12.31/低毒

卫生	跳蚤、螨	0.33克制剂/平方米	加水发烟
卫生	蜚蠊	1克制剂/平方米	加水发烟

WP20100085　驱蚊片/500毫克/片/驱蚊片/四氟苯菊酯 500毫克/片/2010.06.03 至 2015.06.03/低毒

卫生	蚊	/	电吹风

WP20100096　驱蚊片/300毫克/片/驱蚊片/四氟苯菊酯 300毫克/片/2010.06.28 至 2015.06.28/低毒

卫生	蚊	/	电吹风

WP20100184　驱蚊片/120毫克/片/驱蚊片/四氟苯菊酯 120毫克/片/2015.12.22 至 2020.12.22/微毒

卫生	蚊	/	电吹风

WP20110192　驱蚊片/750毫克/片/驱蚊片/四氟苯菊酯 750毫克/片/2011.08.22 至 2016.08.22/低毒

卫生	蚊	/	电吹风

日本拜耳作物科学公司　(上海市浦东新区陆家嘴环路1000号汇丰大厦7楼　200120　021-68411177)

PD20050194　噁嗪草酮/1%/悬浮剂/噁嗪草酮 1%/2015.12.13 至 2020.12.13/低毒

水稻田(直播)、水稻移栽田	稗草、沟繁缕、千金子、异型莎草	40-50克/公顷	瓶甩或喷雾
水稻秧田	稗草、千金子、异型莎草	30-37.5克/公顷	喷雾

注:1)水稻秧田的稗草在二叶期前喷雾。2)水稻直播田仅限水直播田。

PD20050204　噁嗪草酮/96.5%/原药/噁嗪草酮 96.5%/2015.12.20 至 2020.12.20/低毒

PD20150535　噁嗪草酮/30%/悬浮剂/噁嗪草酮 30%/2015.03.23 至 2020.03.23/低毒

水稻田(直播)	稗草、千金子、异型莎草及部分阔叶杂草	22.5-45克/公顷	茎叶喷雾

日本北兴化学工业株式会社　(上海市西藏中路18号港陆广场1001-1003室　200001　021-52418855-811)

PD54-87	春雷霉素/2%/水剂/春雷霉素 2%/2012.07.24 至 2017.07.24/低毒			
	番茄	叶霉病	42-52.5克/公顷	喷雾
	黄瓜	角斑病	42-52.5克/公顷	喷雾
	水稻	稻瘟病	24-30克/公顷	喷雾
PD166-92	春雷·王铜/50%/可湿性粉剂/春雷霉素 5%、王铜 45%/2012.11.12 至 2017.11.12/低毒			
	柑橘树	溃疡病	625-1000毫克/千克	喷雾
PD167-92	春雷·王铜/47%/可湿性粉剂/春雷霉素 2%、王铜 45%/2012.08.27 至 2017.08.27/低毒			
	番茄	叶霉病	661.5-877.5克/公顷	喷雾
	柑橘树	溃疡病	625-1000毫克/千克	喷雾
	黄瓜	霜霉病	600-800倍液	喷雾
	荔枝	霜疫霉病	587.5～783.3毫克/千克	喷雾
PD276-99	亚胺唑/15%/可湿性粉剂/亚胺唑 15%/2014.05.10 至 2019.05.10/低毒			
	梨树	黑星病	43-50毫克/千克	喷雾
PD283-99	亚胺唑/5%/可湿性粉剂/亚胺唑 5%/2012.07.24 至 2017.07.24/低毒			
	柑橘树	疮痂病	55.6-83.3毫克/千克	喷雾
	梨树	黑星病	43-50毫克/千克	喷雾
	苹果树	斑点落叶病	71.4-83.3毫克/千克	喷雾
	葡萄	黑痘病	62.5-83.3毫克/千克	喷雾
	青梅	黑星病	62.5-83.3毫克/千克	喷雾
PD316-99	春雷霉素/70%/原药/春雷霉素 70%/2015.01.07 至 2020.01.07/低毒			
日本曹达株式会社 （上海市茂名南路205号瑞金大厦2318室 200020 021-64731277）				
PD3-86	烯禾啶/20%/乳油/烯禾啶 20%/2012.01.25 至 2017.01.25/低毒			
	大豆田	一年生禾本科杂草	300-600克/公顷	喷雾
	花生田	一年生禾本科杂草	199.5-300克/公顷	喷雾
	棉花田	一年生禾本科杂草	300-360克/公顷	喷雾
	甜菜田	一年生禾本科杂草	300克/公顷	喷雾
	亚麻	一年生禾本科杂草	195-360克/公顷	喷雾
	油菜田	一年生禾本科杂草	199.5-360克/公顷	喷雾
PD61-88	甲基硫菌灵/70%/可湿性粉剂/甲基硫菌灵 70%/2013.01.28 至 2018.01.28/低毒			
	花生	褐斑病	262.57-350克/公顷	喷雾
	芦笋	茎枯病	630-787.5克/公顷	喷雾
	苹果树	轮纹病	700－875毫克/千克	喷雾
	水稻	纹枯病	1050-1500克/公顷	喷雾
	西瓜	炭疽病	420-525克/公顷	喷雾
	小麦	赤霉病	750-1050克/公顷	喷雾
PD122-90	噻螨酮/5%/乳油/噻螨酮 5%/2012.01.25 至 2017.01.25/中等毒			
	柑橘树	红蜘蛛	25毫克/千克	喷雾
	棉花	红蜘蛛	37.5-49.5克/公顷	喷雾
	苹果树	苹果红蜘蛛、山楂红蜘蛛	25-30毫克/千克	喷雾
PD123-90	噻螨酮/5%/可湿性粉剂/噻螨酮 5%/2012.01.25 至 2017.01.25/低毒			
	柑橘树	红蜘蛛	25-30毫克/千克	喷雾
PD139-91	甲基硫菌灵/500克/升/悬浮剂/甲基硫菌灵 500克/升/2011.09.18 至 2016.09.18/低毒			
	水稻	稻瘟病、纹枯病	750-1125克/公顷	喷雾
	小麦	赤霉病	750-1125克/公顷	喷雾
PD142-91	氟菌唑/30%/可湿性粉剂/氟菌唑 30%/2013.07.25 至 2018.07.25/低毒			
	草莓	白粉病	67.5－135克/公顷	喷雾
	黄瓜	白粉病	60-90克/公顷	喷雾
	梨树	黑星病	75-100毫克/千克	喷雾
	葡萄、西瓜	白粉病	67.5-81克/公顷	喷雾
	烟草	白粉病	36-54克/公顷	喷雾
PD162-92	甲基硫菌灵/3%/糊剂/甲基硫菌灵 3%/2012.01.25 至 2017.01.25/低毒			
	苹果树	腐烂病	/	涂抹病斑
PD190-94	螨醇·噻螨酮/22.5%/乳油/三氯杀螨醇 20%、噻螨酮 2.5%/2012.01.25 至 2017.01.25/低毒			
	柑橘树、苹果树	红蜘蛛	150-225毫克/千克	喷雾
PD245-98	虫酰肼/97%/原药/虫酰肼 97%/2013.11.19 至 2018.11.19/低毒			
PD311-99	噻螨酮/97%/原药/噻螨酮 97%/2014.12.14 至 2019.12.14/中等毒			
PD326-2000	甲基硫菌灵/90%/原药/甲基硫菌灵 90%/2015.03.17 至 2020.03.17/低毒			
PD363-2001	虫酰肼/24%/悬浮剂/虫酰肼 24%/2011.06.18 至 2016.06.18/低毒			
	甘蓝	甜菜夜蛾	180-216克/公顷	喷雾
	森林	马尾松毛虫	60-120毫克/千克	喷雾
PD373-2001	双胍三辛烷基苯磺酸盐/90%/原药/双胍三辛烷基苯磺酸盐 90%/2011.12.18 至 2016.12.18/低毒			
PD374-2001	双胍三辛烷基苯磺酸盐/40%/可湿性粉剂/双胍三辛烷基苯磺酸盐 40%/2011.12.18 至 2016.12.18/低毒			
	番茄、葡萄	灰霉病	180-300克/公顷	喷雾

柑橘　贮藏期病害　200-400毫克/千克　浸果
黄瓜　白粉病　200-400毫克/千克　喷雾
芦笋　茎枯病　400-500毫克/千克　喷雾
苹果树　斑点落叶病　400-500毫克/千克　喷雾
西瓜　蔓枯病　400-500毫克/千克　喷雾

PD391-2003　啶虫脒/99%/原药/啶虫脒 99%/2013.08.26 至 2018.08.26/中等毒

PD20081026　氟菌唑/97%/原药/氟菌唑 97%/2013.08.06 至 2018.08.06/低毒

PD20081633　啶虫脒/20%/可溶粉剂/啶虫脒 20%/2013.11.14 至 2018.11.14/中等毒
柑橘树、苹果树　蚜虫　12-15毫克/千克　喷雾
黄瓜　蚜虫　18-22.5克/公顷　喷雾
棉花　蚜虫　9-18克/公顷　喷雾

PD20096139　烯禾啶/50%/母药/烯禾啶 50%/2014.06.24 至 2019.06.24/低毒

PD20152260　甲硫·三环唑/70%/可湿性粉剂/甲基硫菌灵 35%、三环唑 35%/2015.10.20 至 2020.10.20/低毒
水稻　稻瘟病　315-420克/公顷　喷雾

日本化药株式会社　(上海市西藏中路18号港陆广场1001-1003室　200001　021-52418855-811)

PD44-87　杀虫环/50%/可溶粉剂/杀虫环 50%/2012.05.28 至 2017.05.28/中等毒
水稻　稻纵卷叶螟、二化螟、三化螟　375-750克/公顷　喷雾

LS20150350　环虫酰肼/5%/悬浮剂/环虫酰肼 5%/2015.12.18 至 2016.12.18/低毒
水稻　稻纵卷叶螟、二化螟　52.5-67.5克/公顷　喷雾

LS20150360　环虫酰肼/92%/原药/环虫酰肼 92%/2015.12.19 至 2016.12.19/低毒

日本佳田化学(株)中国有限公司　(上海市镇宁路200号欣安大厦东峰19楼C座　200040　021-61026611)

PD20093203　甲基硫菌灵/70%/可湿性粉剂/甲基硫菌灵 70%/2014.03.11 至 2019.03.11/低毒
番茄　叶霉病　375-562.5克/公顷　喷雾

日本科研制药株式会社　(广东省广州市越秀区天河路45之二号天伦大厦7楼03号房　510075　020-37812286)

PD138-91　多抗霉素/10%/可湿性粉剂/多抗霉素 10%/2011.06.15 至 2016.06.15/低毒
番茄　叶霉病　150-210克/公顷　喷雾
黄瓜　灰霉病　150-210克/公顷　喷雾
苹果树　斑点病、轮斑病　67-100毫克/千克　喷雾
烟草　赤星病　105-135克/公顷　喷雾

PD259-98　多抗霉素/31-34%/原药/多抗霉素 31-34%/2013.12.26 至 2018.12.26/低毒

日本明治制果药业株式会社　(上海市西藏中路18号港陆广场1001-1003室　200001　021-52418855-811)

PD20090005　烯丙苯噻唑/95%/原药/烯丙苯噻唑 95%/2014.01.04 至 2019.01.04/低毒

PD20090006　烯丙苯噻唑/8%/颗粒剂/烯丙苯噻唑 8%/2014.01.04 至 2019.01.04/低毒
水稻　稻瘟病　2000-4000克/公顷　撒施
水稻育秧盘　稻瘟病　12-24克/平方米　撒施

LS20140312　精草铵膦/10%/液剂/精草铵膦 10%/2015.10.24 至 2016.10.24/低毒
柑橘园　一年生和多年生杂草　600-900克/公顷　茎叶喷雾
注:精草铵膦铵钠盐含量：11.2%。

LS20140328　精草铵膦/90%/原药/精草铵膦 90%/2015.11.03 至 2016.11.03/低毒

日本农药株式会社　(上海市长宁区延安西路2299号上海世贸商城1510室　200336　021-62361901)

PD15-86　稻瘟灵/40%/乳油/稻瘟灵 40%/2016.04.09 至 2021.04.09/低毒
水稻　稻瘟病　399-600克/公顷　喷雾

PD19-86　稻瘟灵/40%/可湿性粉剂/稻瘟灵 40%/2011.09.17 至 2016.09.17/低毒
水稻　稻瘟病　399-600克/公顷　喷雾

PD93-89　氟酰胺/20%/可湿性粉剂/氟酰胺 20%/2014.08.06 至 2019.08.06/低毒
水稻　纹枯病　300-375克/公顷　喷雾

PD98-89　噻嗪酮/25%/可湿性粉剂/噻嗪酮 25%/2014.04.14 至 2019.04.14/低毒
茶树　小绿叶蝉　166-250毫克/千克　喷雾
柑橘树　矢尖蚧　125-250毫克/千克　喷雾
水稻　飞虱　75-112.5克/公顷　喷雾

PD193-94　唑螨酯/5%/悬浮剂/唑螨酯 5%/2014.08.11 至 2019.08.11/中等毒
柑橘树　红蜘蛛、锈壁虱　25-50毫克/千克　喷雾
棉花、啤酒花　叶螨　15-30克/公顷　喷雾
苹果树　红蜘蛛　16-25毫克/千克　喷雾
注:其中棉花和啤酒花为临时登记状态，棉花有效期至2008年8月11日，啤酒花有效期截止到2007年12月31日。

PD304-99　噻嗪酮/99%/原药/噻嗪酮 99%/2014.09.24 至 2019.09.24/低毒

PD305-99　氟酰胺/97.5%/原药/氟酰胺 97.5%/2014.09.24 至 2019.09.24/低毒

PD306-99　唑螨酯/96%/原药/唑螨酯 96%/2014.09.24 至 2019.09.24/中等毒

PD307-99　稻瘟灵/95%/原药/稻瘟灵 95%/2014.09.24 至 2019.09.24/低毒

PD20060147　唑酯·炔螨特/13%/水乳剂/炔螨特 10%、唑螨酯 3%/2011.08.18 至 2016.08.18/中等毒
柑橘树　红蜘蛛　86.7-130毫克/千克　喷雾
苹果树　红蜘蛛　65-86.6毫克/千克　喷雾
苹果树　二斑叶螨　86.7-130毫克/千克　喷雾

PD20080448 吡草醚/2%/悬浮剂/吡草醚 2%/2013.03.27 至 2018.03.27/低毒
冬小麦田 猪殃殃为主的阔叶杂草 9-12克/公顷 茎叶喷雾
PD20080449 吡草醚/40%/母药/吡草醚 40%/2013.03.27 至 2018.03.27/低毒
PD20080450 吡草醚/95%/原药/吡草醚 95%/2013.03.27 至 2018.03.27/低毒
PD20110318 氟苯虫酰胺/96%/原药/氟苯虫酰胺 96%/2016.03.24 至 2021.03.24/低毒
PD20110319 氟苯虫酰胺/20%/水分散粒剂/氟苯虫酰胺 20%/2016.03.24 至 2021.03.24/低毒
白菜 甜菜夜蛾、小菜蛾 45-50克/公顷 喷雾
PD20140661 氟苯虫酰胺/20%/悬浮剂/氟苯虫酰胺 20%/2014.03.14 至 2019.03.14/低毒
水稻 稻纵卷叶螟、二化螟 20-30克/公顷 喷雾
玉米 玉米螟 24-36克/公顷 喷雾

日本欧爱特农业科技株式会社 (上海市崇明县潘园公路12号南楼220室 202150 021-62286378)

PD20098161 丙硫克百威/94%/原药/丙硫克百威 94%/2014.12.14 至 2019.12.14/中等毒
PD20130361 丁氟螨酯/97%/原药/丁氟螨酯 97%/2013.03.11 至 2018.03.11/低毒

日本日产化学工业株式会社 (北京市东城区建国门内大街18号恒基中心办公楼二座八层 100005 010-65183030)

PD187-94 吡嘧磺隆/10%/可湿性粉剂/吡嘧磺隆 10%/2014.01.18 至 2019.01.18/低毒
水稻 稗草、阔叶杂草、莎草 15-30克/公顷 药土法或喷雾
PD205-95 精喹禾灵/50克/升/乳油/精喹禾灵 50克/升/2015.07.14 至 2020.07.14/低毒
大白菜、西瓜 一年生禾本科杂草 30-45克/公顷 喷雾
大豆、花生、棉花、油菜 一年生禾本科杂草 37.5-60克/公顷 喷雾
芝麻 一年生禾本科杂草 37.5-45克/公顷 喷雾
PD330-2000 精喹禾灵/95%/原药/精喹禾灵 95%/2015.04.14 至 2020.04.14/低毒
PD20040025 吡嘧磺隆/7.5%/可湿性粉剂/吡嘧磺隆 7.5%/2014.12.07 至 2019.12.07/低毒
水稻移栽田 阔叶杂草、莎草、幼龄稗草 16.875-22.5克/公顷 毒土法或喷雾
PD20070127 噻呋酰胺/240克/升/悬浮剂/噻呋酰胺 240克/升/2012.05.21 至 2017.05.21/低毒
马铃薯 黑痣病 252-432克/公顷 喷雾
水稻 纹枯病 45.3-81.5克/公顷 喷雾
PD20070128 噻呋酰胺/96%/原药/噻呋酰胺 96%/2012.05.21 至 2017.05.21/低毒
LS20120183 氯吡嘧磺隆/75%/水分散粒剂/氯吡嘧磺隆 75%/2014.05.11 至 2015.05.11/低毒
夏玉米田 香附子 33.75-45克/公顷 茎叶喷雾
LS20120230 氯吡嘧磺隆/97%/原药/氯吡嘧磺隆 97%/2014.06.21 至 2015.06.21/低毒
LS20140326 嗪吡嘧磺隆/33%/水分散粒剂/嗪吡嘧磺隆 33%/2015.10.27 至 2016.10.27/低毒
水稻移栽田 一年生杂草 74.3-99克/公顷 药土法
LS20140327 嗪吡嘧磺隆/91%/原药/嗪吡嘧磺隆 91%/2015.10.27 至 2016.10.27/低毒

日本日友商社(香港)有限公司 (山东省济南市蓝翔路15号时代总部基地二区17栋 250032 0531-86517636)

PD20081302 甲基硫菌灵/70%/可湿性粉剂/甲基硫菌灵 70%/2013.10.09 至 2018.10.09/低毒
苹果树 轮纹病 800-1200倍液 喷雾
PD20090601 代森锰锌/80%/可湿性粉剂/代森锰锌 80%/2014.01.14 至 2019.01.14/低毒
番茄 早疫病 1800-2200克/公顷 喷雾
柑橘树 疮痂病、炭疽病 1333～2000毫克/千克 喷雾
花生 叶斑病 720～900克/公顷 喷雾
黄瓜 霜霉病 2040～3000克/公顷 喷雾
辣椒 炭疽病、疫病 1800～2520克/公顷 喷雾
梨树 黑星病 800～1600毫克/千克 喷雾
荔枝树 霜疫霉病 1333～2000毫克/千克 喷雾
马铃薯 晚疫病 1440～2160克/公顷 喷雾
苹果树 斑点落叶病、轮纹病、炭疽病 1000～1600毫克/千克 喷雾
葡萄 白腐病、黑痘病、霜霉病 1000～1600毫克/千克 喷雾
西瓜 炭疽病 1560～2560克/公顷 喷雾
烟草 赤星病 1440～1920克/公顷 喷雾

日本三井化学AGRO株式会社 (广州市越秀区天河路45之二号天伦大厦7楼03号房 510075 020-37812286)

PD103-89 噁霉灵/70%/可湿性粉剂/噁霉灵 70%/2014.10.20 至 2019.10.20/低毒
甜菜 立枯病 280-490克加福美双200-400克/100千克种子 拌种
PD104-89 噁霉灵/30%/水剂/噁霉灵 30%/2014.10.01 至 2019.10.01/低毒
水稻苗床 立枯病 0.9-1.8克/平方米 浇灌
水稻育秧箱 立枯病 0.9克/平方米 浇灌
西瓜 枯萎病 375-500毫克/千克 苗床喷淋、本田灌根
注:西瓜有效期至2006年10月20日。
PD149-92 醚菊酯/10%/悬浮剂/醚菊酯 10%/2012.07.24 至 2017.07.24/低毒
甘蓝 菜青虫 45-60克/公顷 喷雾
林木 松毛虫 33.3-50毫克/千克 喷雾

水稻 象甲 120-150克/公顷 喷雾
水稻 飞虱 60-90克/公顷 喷雾
PD228-98 醚菊酯/20%/乳油/醚菊酯 20%/2013.07.11 至 2018.07.11/低毒
水稻 稻飞虱 90-135克/公顷 喷雾
PD229-98 醚菊酯/4%/油剂/醚菊酯 4%/2013.07.11 至 2018.07.11/低毒
水稻 稻象甲 120-150克/公顷 直接施药
PD313-99 噁霉灵/99%/原药/噁霉灵 99%/2014.09.24 至 2019.09.24/低毒
PD20070515 醚菊酯/96%/原药/醚菊酯 96%/2012.11.28 至 2017.11.28/低毒
LS20130077 呋虫胺/20%/可溶粒剂/呋虫胺 20%/2015.03.06 至 2016.03.06/低毒
黄瓜(保护地) 白粉虱 90—150克/公顷 喷雾
黄瓜(保护地) 蓟马 60—120克/公顷 喷雾
水稻 飞虱 60—120克/公顷 喷雾
水稻 二化螟 90—150克/公顷 喷雾
LS20130078 呋虫胺/99.1%/原药/呋虫胺 99.1%/2015.03.06 至 2016.03.06/低毒

日本狮王株式会社 (上海市茂名南205号瑞金大厦1006室 100055 021-64735159)

WL20130026 杀虫烟雾剂/5%/烟雾剂/氯菊酯 5%/2015.05.13 至 2016.05.13/微毒
室内 蜚蠊、螨 1克制剂/立方米 发烟

日本石原产业株式会社 (北京市朝阳区东三环北路3号幸福大厦B座1316号 100027 010-64620130)

PD25-87 吡氟禾草灵/35%/乳油/吡氟禾草灵 35%/2012.01.29 至 2017.01.29/低毒
大豆田、花生田、棉花田、甜菜田 禾本科杂草 262.5-525克/公顷 喷雾
PD91-89 精吡氟禾草灵/150克/升/乳油/精吡氟禾草灵 150克/升/2014.03.26 至 2019.03.26/低毒
大豆、花生、甜菜 多年生禾本科杂草、一年生禾本科杂草 112.5-150克/公顷 喷雾
冬油菜 一年生禾本科杂草 90-150克/公顷 喷雾
棉花 多年生禾本科杂草、一年生禾本科杂草 75-150克/公顷 喷雾
PD141-91 氟啶脲/50克/升/乳油/氟啶脲 50克/升/2011.04.29 至 2016.04.29/低毒
甘蓝 菜青虫、甜菜夜蛾、小菜蛾 30-60克/公顷 喷雾
柑橘树 潜叶蛾 16.6-25毫克/千克 喷雾
棉花 红铃虫、棉铃虫 45-105克/公顷 喷雾
PD235-98 烟嘧磺隆/40克/升/可分散油悬浮剂/烟嘧磺隆 40克/升/2013.06.05 至 2018.06.05/低毒
玉米田 一年生单子叶杂草、一年生双子叶杂草 40-60克/公顷 茎叶喷雾
PD286-99 精吡氟禾草灵/52%/母液/精吡氟禾草灵 52%/2012.08.05 至 2017.08.05/低毒
PD370-2001 氟啶脲/94%/原药/氟啶脲 94%/2011.10.23 至 2016.10.23/低毒
PD371-2001 烟嘧磺隆/90%/原药/烟嘧磺隆 90%/2011.10.23 至 2016.10.23/低毒
PD389-2003 啶嘧磺隆/94%/原药/啶嘧磺隆 94%/2013.05.14 至 2018.05.14/低毒
PD390-2003 啶嘧磺隆/25%/水分散粒剂/啶嘧磺隆 25%/2013.05.22 至 2018.05.22/低毒
暖季型草坪 杂草 37.5-75克/公顷 喷雾
PD20050144 噻唑膦/93%/原药/噻唑膦 93%/2015.09.19 至 2020.09.19/中等毒
PD20050145 噻唑膦/10%/颗粒剂/噻唑膦 10%/2015.09.19 至 2020.09.19/中等毒
番茄、黄瓜、马铃薯 根结线虫 2250-3000克/公顷 土壤撒施
西瓜 根结线虫 2250～3000克/公顷 土壤撒施
PD20050191 氰霜唑/100克/升/悬浮剂/氰霜唑 100克/升/2015.12.13 至 2020.12.13/低毒
番茄 晚疫病 80-100克/公顷 喷雾
黄瓜 霜霉病 80-100克/公顷 喷雾
荔枝树 霜疫霉病 40-50毫克/千克 喷雾
马铃薯 晚疫病 48-60克/公顷 喷雾
葡萄 霜霉病 40-50毫克/千克 喷雾
西瓜 疫病 80—100克/公顷 喷雾
PD20050203 氰霜唑/93.5%/原药/氰霜唑 93.5%/2015.12.20 至 2020.12.20/低毒
PD20060196 精吡氟禾草灵/85.7%/原药/精吡氟禾草灵 85.7%/2011.12.06 至 2016.12.06/低毒
PD20080180 氟啶胺/500克/升/悬浮剂/氟啶胺 500克/升/2013.01.03 至 2018.01.03/低毒
大白菜 根肿病 2000～2500克/公顷 土壤喷雾
辣椒 疫病 187.5-250克/公顷 喷雾
辣椒 炭疽病 187.5～262.5克/公顷 喷雾
马铃薯 晚疫病 200-250克/公顷 喷雾
马铃薯 早疫病 187.5～262.5克/公顷 喷雾
PD20080181 氟啶胺/94.5%/原药/氟啶胺 94.5%/2013.01.03 至 2018.01.03/低毒
PD20083325 烟嘧磺隆/80%/可湿性粉剂/烟嘧磺隆 80%/2013.12.11 至 2018.12.11/微毒
春玉米田 一年生单、双子叶杂草 40—60克/公顷 喷雾
夏玉米田 一年生单、双子叶杂草 40—50克/公顷 喷雾
PD20110323 氟啶虫酰胺/96%/原药/氟啶虫酰胺 96%/2011.03.24 至 2016.03.24/低毒
PD20110324 氟啶虫酰胺/10%/水分散粒剂/氟啶虫酰胺 10%/2016.03.24 至 2021.03.24/低毒
黄瓜 蚜虫 45-75克/公顷 喷雾

	马铃薯	蚜虫	52.5-75克/公顷	喷雾
	苹果	蚜虫	20-40毫克/千克	喷雾
PD20110960	烟嘧磺隆/60克/升/可分散油悬浮剂/烟嘧磺隆 60克/升/2011.09.28 至 2016.09.28/低毒			
	玉米田	一年生杂草	40-60克/公顷	茎叶喷雾
PD20151295	氟啶·异丙威/53%/可湿性粉剂/异丙威 45.5%、氟啶虫酰胺 7.5%/2015.07.30 至 2020.07.30/中等毒			
	水稻	褐飞虱	525-700克/公顷	喷雾
日本史迪士生物科学株式会社 (上海市长宁区延安西路2299号220室 200336 021-22119720)				
PD106-89	百菌清/75%/可湿性粉剂/百菌清 75%/2015.01.25 至 2020.01.25/低毒			
	番茄	早疫病	1650-3000克/公顷	喷雾
	花生	叶斑病	1249.5-1500克/公顷	喷雾
	黄瓜	霜霉病	1650-3000克/公顷	喷雾
PD345-2000	百菌清/40%/悬浮剂/百菌清 40%/2015.09.29 至 2020.09.29/低毒			
	番茄	早疫病	900-1050克/公顷	喷雾
	花生	叶斑病	600-900克/公顷	喷雾
	黄瓜	霜霉病	900-1050克/公顷	喷雾
PD20060060	百菌清/98%/原药/百菌清 98%/2011.03.31 至 2016.03.31/低毒			
日本卫材食品化学株式会社 (北京市朝阳区朝外大街18号丰联广场A座18层 100020 010-65881922)				
PD20096814	丙酰芸苔素内酯/95%/原药/丙酰芸苔素内酯 95%/2014.09.21 至 2019.09.21/低毒			
PD20096815	丙酰芸苔素内酯/0.003%/水剂/丙酰芸苔素内酯 0.003%/2014.09.21 至 2019.09.21/低毒			
	黄瓜、葡萄	提高产量	3000-5000倍液	兑水喷雾
日本旭化学工业株式会社 (福建省漳州市蓝田工业开发区纵四路 363007 0596—2107556)				
PD165-92	复硝酚钠/1.8%/水剂/5-硝基邻甲氧基苯酚钠 0.3%、对硝基苯酚钠 0.9%、邻硝基苯酚钠 0.6%/2011.12.11 至2016.12.11/低毒			
	番茄	调节生长	4.05-8.1克/公顷	喷雾
	荔枝树	保果、促花	2000-3000倍液	花穗期前后各喷1次
	棉花	调节生长、增产	2000-3000倍液	喷雾3次
	水稻	促进生长、增产	1)6000倍液2)6000倍液3)1000-2000倍液	1)播前浸种36-72小时2)移栽前5-7天喷秧苗3)幼穗形成期、齐穗期各喷1次,花穗期、花前后各喷1次。
日本住友化学株式会社 (上海市外高桥保税区基隆路6号外高桥大厦706室 200131 021-68817700)				
PD17-86	氰戊菊酯/20%/乳油/氰戊菊酯 20%/2011.09.26 至 2016.09.26/中等毒			
	大豆	蚜虫	30-60克/公顷	喷雾
	大豆	食心虫	60-90克/公顷	喷雾
	大豆	豆荚螟	60-120克/公顷	喷雾
	柑橘树	潜叶蛾	16-25毫克/千克	喷雾
	棉花	害虫	75-150克/公顷	喷雾
	苹果树	桃小食心虫	50-100毫克/千克	喷雾
	叶菜类蔬菜	害虫	60-120克/公顷	喷雾
PD20-86	杀螟丹/50%/可溶粉剂/杀螟丹 50%/2011.09.18 至 2016.09.18/中等毒			
	水稻	螟虫	300-750克/公顷	喷雾
PD72-88	杀螟丹/98%/可溶粉剂/杀螟丹 98%/2013.05.29 至 2018.05.29/中等毒			
	白菜、甘蓝	小菜蛾	441-735克/公顷	喷雾
	白菜、甘蓝	菜青虫	441-588克/公顷	喷雾
	茶树	茶小绿叶蝉	490-653.3毫克/千克	喷雾
	甘蔗	螟虫	100-150毫克/千克	喷雾
	柑橘树	潜叶蛾	500-550毫克/千克	喷雾
	水稻	二化螟	588-882克/公顷	喷雾
PD74-88	腐霉利/50%/可湿性粉剂/腐霉利 50%/2013.08.21 至 2018.08.21/低毒			
	番茄、黄瓜	灰霉病	375-750克/公顷	喷雾
	葡萄	灰霉病	562.5-1125克/公顷	喷雾
	油菜	菌核病	225-450克/公顷	喷雾
PD77-88	甲氰菊酯/20%/乳油/甲氰菊酯 20%/2013.10.17 至 2018.10.17/中等毒			
	茶树	茶尺蠖	22.5-28.13克/公顷	喷雾
	甘蓝	菜青虫、小菜蛾	75-90克/公顷	喷雾
	柑橘树	潜叶蛾	20-25毫克/千克	喷雾
	柑橘树	红蜘蛛	67-100毫克/千克	喷雾
	棉花	红铃虫、红蜘蛛、棉铃虫	90-120克/公顷	喷雾
	苹果树	山楂红蜘蛛	100毫克/千克	喷雾
	苹果树	桃小食心虫	67-100毫克/千克	喷雾

PD118-90 S-氰戊菊酯/50克/升/乳油/S-氰戊菊酯 50克/升/2015.03.09 至 2020.03.09/中等毒
大豆 食心虫、蚜虫 7.5-15克/公顷 喷雾
甘蓝 菜青虫 7.5-15克/公顷 喷雾
柑橘树 潜叶蛾 6-7毫克/千克 喷雾
棉花 害虫 16.75-26.25克/公顷 喷雾
苹果树 桃小食心虫 16-25毫克/千克 喷雾
森林 松毛虫 5-8毫克/千克 喷雾
甜菜 甘蓝夜蛾 7.5-15克/公顷 喷雾
小麦 黏虫、蚜虫 7.5-11.25克/公顷 喷雾
烟草 蚜虫、烟青虫 7.5-11.25克/公顷 喷雾
玉米 黏虫 7.5-15克/公顷 喷雾

PD237-98 丙炔氟草胺/50%/可湿性粉剂/丙炔氟草胺 50%/2013.07.31 至 2018.07.31/低毒
春大豆田 一年生阔叶杂草及禾本科杂草 22.5-30克/公顷(东北地区) 苗后早期喷雾
大豆田 一年生阔叶杂草及禾本科杂草 60-90克/公顷 播后苗前土壤处理
柑橘园 一年生阔叶杂草及禾本科杂草 397.5-600克/公顷 定向茎叶喷雾
花生田 一年生阔叶杂草及禾本科杂草 40-60克/公顷 播后苗前土壤处理
夏大豆田 一年生阔叶杂草及禾本科杂草 22.5-26.25克/公顷 苗后早期喷雾

PD252-98 S-氰戊菊酯/83%/原药/S-氰戊菊酯 83%/2013.11.27 至 2018.11.27/中等毒
PD253-98 氰戊菊酯/95.6%/原药/氰戊菊酯 95.6%/2014.01.18 至 2019.01.18/中等毒
PD255-98 甲氰菊酯/91%/原药/甲氰菊酯 91%/2013.07.18 至 2018.07.18/中等毒
PD256-98 腐霉利/98.5%/原药/腐霉利 98.5%/2013.10.17 至 2018.10.17/低毒
PD257-98 丙炔氟草胺/99.2%/原药/丙炔氟草胺 99.2%/2013.08.21 至 2018.08.21/低毒
PD324-2000 杀螟丹/97%/原药/杀螟丹 97%/2015.03.17 至 2020.03.17/中等毒
PD20070063 乙霉威/95%/原药/乙霉威 95%/2012.03.12 至 2017.03.12/低毒

PD20070064 甲硫·乙霉威/65%/可湿性粉剂/甲基硫菌灵 52.5%、乙霉威 12.5%/2012.03.12 至 2017.03.12/低毒
番茄 灰霉病 454.5-682.5克/公顷 喷雾

PD20080532 S-氰戊菊酯/50克/升/水乳剂/S-氰戊菊酯 50克/升/2013.04.29 至 2018.04.29/中等毒
甘蓝 菜青虫 13.5-22.5克/公顷 喷雾
苹果 桃小食心虫 2000-4000倍液 喷雾
烟草 烟青虫、烟蚜 9-18克/公顷 喷雾

PD20110254 三氟甲吡醚/91%/原药/三氟甲吡醚 91%/2016.03.04 至 2021.03.04/低毒

PD20110255 三氟甲吡醚/10.5%/乳油/三氟甲吡醚 10.5%/2016.03.04 至 2021.03.04/低毒
甘蓝 小菜蛾 75-105克/公顷 喷雾
注:产品质量浓度为100克/升。

PD20120215 乙螨唑/110克/升/悬浮剂/乙螨唑 110克/升/2012.02.09 至 2017.02.09/低毒
柑橘树、苹果树 红蜘蛛 14.7-22毫克/千克 喷雾

PD20120251 乙螨唑/93%/原药/乙螨唑 93%/2012.02.13 至 2017.02.13/低毒

PD20121669 噻虫胺/50%/水分散粒剂/噻虫胺 50%/2012.11.05 至 2017.11.05/低毒
番茄 烟粉虱 45-60克/公顷 喷雾

PD20121677 噻虫胺/95%/原药/噻虫胺 95%/2012.11.05 至 2017.11.05/低毒

PD20140386 甲氰菊酯/10%/水乳剂/甲氰菊酯 10%/2014.02.20 至 2019.02.20/中等毒
柑橘树 红蜘蛛 100－200毫克/千克 喷雾

PD20151500 腐霉利/43%/悬浮剂/腐霉利 43%/2015.07.31 至 2020.07.31/低毒
番茄 灰霉病 774-967.5克/公顷 喷雾
注:腐霉利质量浓度：500克/升。

PD20151575 丙嗪嘧磺隆/95%/原药/丙嗪嘧磺隆 95%/2015.08.28 至 2020.08.28/低毒

PD20151576 丙嗪嘧磺隆/9.5%/悬浮剂/丙嗪嘧磺隆 9.5%/2015.08.28 至 2020.08.28/低毒
水稻田(直播)、水稻移栽田 一年生杂草 52.5-82.5克/公顷 茎叶喷雾

WP12-93 右旋苯醚菊酯/10%/水乳剂/右旋苯醚菊酯 10%/2013.07.11 至 2018.07.11/低毒
卫生 蜚蠊 20毫克/平方米 喷雾
卫生 蚊、蝇 2-4毫克/平方米 喷雾

WP39-97 炔丙菊酯/10%/母药/炔丙菊酯 10%/2012.07.31 至 2017.07.31/低毒

WP41-97 苯氰·右胺菊/160克/升/乳油/右旋胺菊酯 40克/升、右旋苯醚氰菊酯 120克/升/2012.07.22 至 2017.07.22/低毒
卫生 蚊、蝇 6毫克/立方米 喷雾
卫生 蜚蠊 200毫克/平方米 滞留喷雾

WP51-98 右旋胺菊酯/92%/原药/右旋胺菊酯 92%/2013.08.21 至 2018.08.21/低毒
WP52-98 右旋苄呋菊酯/88%/原药/右旋苄呋菊酯 88%/2013.08.21 至 2018.08.21/低毒
WP53-98 右旋苯醚氰菊酯/92%/原药/右旋苯醚氰菊酯 92%/2013.08.21 至 2018.08.21/中等毒
WP54-98 氯菊酯/90%/原药/氯菊酯 90%/2013.09.23 至 2018.09.23/中等毒
WP55-98 右旋烯丙菊酯/90%/原药/右旋烯丙菊酯 90%/2013.09.23 至 2018.09.23/低毒
WP56-98 炔丙菊酯/90%/原药/炔丙菊酯 90%/2013.09.23 至 2018.09.23/中等毒
WP57-98 右旋苯醚菊酯/92%/原药/右旋苯醚菊酯 92%/2013.08.28 至 2018.08.28/低毒

WP58-98 吡丙醚/95%/原药/吡丙醚 95%/2013.09.23 至 2018.09.23/低毒
WP59-98 胺菊酯/92%/原药/胺菊酯 92%/2013.09.23 至 2018.09.23/低毒
WP60-98 右旋烯炔菊酯/93%/原药/右旋烯炔菊酯 93%/2013.09.23 至 2018.09.23/低毒
WP76-2001 右旋苯醚氰菊酯/10%/微囊悬浮剂/右旋苯醚氰菊酯 10%/2011.04.05 至 2016.04.05/低毒
卫生 蜚蠊 50-100毫克/平方米 喷雾
WP20030007 杀蟑饵剂/5%/饵剂/杀螟硫磷 5%/2013.02.09 至 2018.02.09/低毒
卫生 蜚蠊 / 投放
WP20070020 炔咪菊酯/93%/原药/炔咪菊酯 93%/2012.10.24 至 2017.10.24/低毒
WP20080002 炔咪菊酯/50%/母药/炔咪菊酯 50%/2013.01.03 至 2018.01.03/低毒
WP20080014 四氟甲醚菊酯/95%/原药/四氟甲醚菊酯 95%/2013.01.03 至 2018.01.03/低毒
WP20080015 蚊香/0.03%/蚊香/四氟甲醚菊酯 0.03%/2013.01.03 至 2018.01.03/低毒
卫生 蚊 / 点燃
WP20080064 炔丙菊酯/6%/母药/炔丙菊酯 6%/2013.04.29 至 2018.04.29/中等毒
WP20080073 四氟甲醚菊酯/5%/母药/四氟甲醚菊酯 5%/2013.05.13 至 2018.05.13/低毒
WP20080093 S-生物烯丙菊酯/95%/原药/S-生物烯丙菊酯 95%/2013.08.27 至 2018.08.27/中等毒
WP20080408 蚊香/0.015%/蚊香/四氟甲醚菊酯 0.015%/2013.12.12 至 2018.12.12/低毒
卫生 蚊 / 点燃
WP20100063 四氟甲·炔丙/8%/母药/炔丙菊酯 4%、四氟甲醚菊酯 4%/2015.05.04 至 2020.05.04/低毒
WP20110006 四氟甲醚菊酯/6%/母药/四氟甲醚菊酯 6%/2016.01.04 至 2021.01.04/低毒
WP20130205 甲氧苄氟菊酯/92.6%/原药/甲氧苄氟菊酯 92.6%/2013.09.25 至 2018.09.25/中等毒
WP20140017 长效蚊帐/2%/长效蚊帐/氯菊酯 2%/2014.01.29 至 2019.01.29/低毒
室内 蚊 / 悬挂
WP20150008 氯菊酯/12%/母药/氯菊酯 12%/2015.01.05 至 2020.01.05/低毒
WL20130028 四氟甲·炔丙/8%/母药/炔丙菊酯 3.2%、四氟甲醚菊酯 4.8%/2015.06.05 至 2016.06.05/低毒
注:用于南方致倦库蚊区。

日本组合化学工业株式会社 (北京市海淀区大钟寺13号华杰大厦 100098 010-81715006)

PD35-87 禾草丹/50%/乳油/禾草丹 50%/2012.04.30 至 2017.04.30/低毒
水稻本田 一年生杂草 1995-3000克/公顷 毒土或喷雾
PD182-93 禾草丹/90%/乳油/禾草丹 90%/2013.02.26 至 2018.02.26/低毒
水稻田 稗草、一年生杂草 1995-3000克/公顷 喷雾或毒土
PD332-2000 禾草丹/93%/原药/禾草丹 93%/2015.04.26 至 2020.04.26/低毒
PD20040014 双草醚/100克/升/悬浮剂/双草醚 100克/升/2014.09.01 至 2019.09.01/低毒
水稻田(直播) 稗草、阔叶杂草、莎草 1)22.5-30克/公顷+(0.03-0.1%展着剂)(南方地区)2)30-37.5克/公顷+(0.03-0.1%展着剂)(北方地区) 喷雾
PD20040015 双草醚/93%/原药/双草醚 93%/2014.09.01 至 2019.09.01/低毒
PD20086020 嘧草醚/10%/可湿性粉剂/嘧草醚 10%/2013.12.29 至 2018.12.29/低毒
水稻田(直播)、水稻移栽田 稗草 30-45克/公顷 药土法
PD20086021 嘧草醚/97%/原药/嘧草醚 97%/2013.12.29 至 2018.12.29/低毒

瑞士

瑞士龙沙有限公司 (广东省广州市海珠区金辉路39号 510288 020-84338998-386)

PD393-2003 四聚乙醛/98%/原药/四聚乙醛 98%/2013.08.26 至 2018.08.26/中等毒
PD394-2003 四聚乙醛/6%/颗粒剂/四聚乙醛 6%/2013.09.02 至 2018.09.02/低毒
棉花、蔬菜、烟草 蛞蝓、蜗牛 360-490克/公顷 撒施
水稻 福寿螺 360-490克/公顷 撒施
PD20122132 四聚乙醛/40%/悬浮剂/四聚乙醛 40%/2012.04.10 至 2017.04.10/中等毒
滩涂 钉螺 1-2克/平方米 喷洒

瑞士先正达作物保护有限公司 (上海市浦东新区浦东南路999号新梅联合广场21楼 200120 400-881-2568)

PD28-87 丙环唑/250克/升/乳油/丙环唑 250克/升/2012.03.07 至 2017.03.07/低毒
香蕉 叶斑病 250-500毫克/千克 喷雾
小麦 纹枯病 112.5-150克/公顷 喷雾
小麦 白粉病、根腐病、锈病 124.5克/公顷 喷雾
PD82-88 噁霜·锰锌/64%/可湿性粉剂/噁霜灵 8%、代森锰锌 56%/2013.10.10 至 2018.10.10/低毒
黄瓜 霜霉病 1650-1950克/公顷 喷雾
烟草 黑胫病 1950-2400克/公顷 喷雾
PD97-89 麦草畏/480克/升/水剂/麦草畏 480克/升/2014.03.25 至 2019.03.25/低毒
芦苇 阔叶杂草 210-540克/公顷 喷雾
小麦 阔叶杂草 144-195克/公顷 喷雾
玉米 阔叶杂草 190-280克/公顷 喷雾
PD156-92 丙草胺/300克/升/乳油/丙草胺 300克/升/2012.06.26 至 2017.06.26/低毒
水稻田 一年生杂草 450-525克/公顷 喷雾、毒土
PD198-95 氟节胺/125克/升/乳油/氟节胺 125克/升/2015.05.25 至 2020.05.25/低毒

	烟草	抑制腋芽生长	10毫克/株	杯淋,涂抹,喷雾
PD199-95	阿维菌素/18克/升/乳油/阿维菌素 18克/升/2015.05.25 至 2020.05.25/低毒(原药高毒)			
	柑橘树	潜叶蛾	4.5-9毫克/千克	喷雾
	观赏玫瑰	红蜘蛛	5.4-10.8克/公顷	喷雾
	棉花	红蜘蛛	8.1-10.8克/公顷	喷雾
	十字花科蔬菜	小菜蛾	9-13.5克/公顷	喷雾
PD214-97	氯氰·丙溴磷/440克/升/乳油/丙溴磷 400克/升、氯氰菊酯 40克/升/2012.02.21 至 2017.02.21/中等毒			
	棉花	红铃虫、棉铃虫	435-660克/公顷	喷雾
	棉花	棉蚜	198-396克/公顷	喷雾
PD226-97	代森锰锌/80%/可湿性粉剂/代森锰锌 80%/2012.12.06 至 2017.12.06/低毒			
	番茄	早疫病	1560-2520克/公顷	喷雾
	花生	叶斑病	720-900克/公顷	喷雾
	黄瓜	霜霉病	1800-2700克/公顷	喷雾
	梨树	黑星病	800-1333.3毫克/千克	喷雾
	荔枝树	霜疫霉病	1333.3-2000毫克/千克	喷雾
	马铃薯	晚疫病	1440-2160克/公顷	喷雾
	苹果树	斑点落叶病	1000-1600毫克/千克	喷雾
	苹果树	轮纹病、炭疽病	1000-1333.3毫克/千克	喷雾
	葡萄	霜霉病	1170-2250克/公顷	喷雾
	甜椒	疫病	2000-2400克/公顷	喷雾
	西瓜	炭疽病	1995-3000克/公顷	喷雾
	烟草	赤星病	1400-1680克/公顷	喷雾
PD271-99	丙溴磷/89%/原药/丙溴磷 89%/2014.03.25 至 2019.03.25/中等毒			
PD281-99	噁霜灵/96%/原药/噁霜灵 96%/2014.05.27 至 2019.05.27/低毒			
PD282-99	丙草胺/94%/原药/丙草胺 94%/2014.06.11 至 2019.06.11/低毒			
PD297-99	丙环唑/88%/原药/丙环唑 88%/2014.08.10 至 2019.08.10/低毒			
PD314-99	氯氰菊酯/90%/原药/氯氰菊酯 90%/2014.10.21 至 2019.10.21/中等毒			
PD319-99	麦草畏/80%/原药/麦草畏 80%/2014.12.10 至 2019.12.10/低毒			
PD347-2001	丙草胺/500克/升/乳油/丙草胺 500克/升/2011.04.12 至 2016.04.12/低毒			
	水稻抛秧田	一年生杂草	300-450克/公顷	毒土
	水稻移栽田	部分阔叶杂草、莎草、一年生禾本科杂草	450-525克/公顷	毒土
PD20050187	精异丙甲草胺/960克/升/乳油/精异丙甲草胺 960克/升/2015.12.12 至 2020.12.12/低毒			
	菜豆田、番茄田	一年生禾本科杂草及部分阔叶杂草	936-1224克/公顷(东北地区)720-936(其它地区)	播后苗前土壤喷雾
	春大豆田	部分阔叶杂草、一年生禾本科杂草	864-1224克/公顷	播后苗前土壤喷雾
	大蒜田、洋葱田	一年生禾本科杂草及部分阔叶杂草	756-936克/公顷	播后苗前土壤喷雾
	甘蓝田	一年生禾本科杂草及部分阔叶杂草	675-810克/公顷	移栽前土壤喷雾
	花生田	部分阔叶杂草、一年生禾本科杂草、一年生禾本科杂草及部分小粒种子阔叶杂草	648-864克/公顷	播后苗前土壤喷雾
	马铃薯田	一年生禾本科杂草及部分阔叶杂草	土壤有机质含量小于3%,756-936克/公顷;土壤有机质含量3-4%,1440-1872克/公顷	播后苗前土壤喷雾
	棉花田、夏玉米田	一年生禾本科杂草及部分阔叶杂草	720-1224克/公顷	土壤喷雾
	甜菜田	一年生禾本科杂草及部分阔叶杂草	846-1296克/公顷	播后苗前土壤喷雾
	西瓜田	一年生禾本科杂草及部分阔叶杂草	576-936克/公顷	土壤喷雾
	夏大豆田	部分阔叶杂草、一年生禾本科杂草	720-1224克/公顷	播后苗前土壤喷雾
	向日葵田	一年生禾本科杂草及小粒阔叶杂草	1440-1872克/公顷	播后苗前土壤喷雾
	烟草田	一年生禾本科杂草及部分阔叶杂草	576-1080克/公顷	土壤喷雾
	油菜(移栽田)	部分阔叶杂草、一年生禾本科杂草	648-864克/公顷	移栽前土壤喷雾
	芝麻田	一年生禾本科杂草及部分阔叶杂草	720-936克/公顷	播后苗前土壤喷雾
PD20050188	精异丙甲草胺/96%/原药/精异丙甲草胺 96%/2015.12.13 至 2020.12.13/低毒			
PD20050195	咯菌腈/95%/原药/咯菌腈 95%/2015.12.13 至 2020.12.13/低毒			
PD20050196	咯菌腈/25克/升/悬浮种衣剂/咯菌腈 25克/升/2015.12.13 至 2020.12.13/低毒			
	大豆、花生	根腐病	15-20克/100千克种子	种子包衣
	马铃薯	黑痣病	2.5-5克/100千克种子	种子包衣
	棉花	立枯病	15-20克/100千克种子	种子包衣
	人参	立枯病	5-10克/100千克种子	种子包衣
	水稻	恶苗病	1)10-15克/100千克种子2)5-7.5克/100千克种子	1)种子包衣2)浸种
	西瓜	枯萎病	10-15克/100千克种子	种子包衣
	向日葵	菌核病	15-20克/100千克种子	种子包衣
	小麦	腥黑穗病	2.5-5克/100千克种子	种子包衣
	小麦	根腐病	3.75-5克/100千克种子	种子包衣

	玉米	茎基腐病	2.5-5克/100千克种子	种子包衣
PD20060001	噻虫嗪/98%/原药/噻虫嗪 98%/2016.01.09 至 2021.01.09/低毒			
PD20060002	噻虫嗪/70%/种子处理可分散粉剂/噻虫嗪 70%/2016.01.09 至 2021.01.09/低毒			
	马铃薯	蚜虫	7-28克/100千克种薯	种薯包衣或拌种
	棉花	苗期蚜虫	210-420克/100千克种子	拌种
	人参	金针虫	70-98克/100千克种子	种子包衣
	油菜	黄条跳甲	280-840克/100千克种子	种子包衣
	玉米	灰飞虱	70-210克/100千克种子	种子包衣
PD20060003	噻虫嗪/25%/水分散粒剂/噻虫嗪 25%/2016.01.09 至 2021.01.09/低毒			
	菠菜	蚜虫	22.5-30克/公顷	喷雾
	茶树	茶小绿叶蝉	15-22.5克/公顷	喷雾
	番茄、甘蓝、辣椒、茄子	白粉虱	1)26.25-56.25克/公顷2)62.5-125毫克/千克,30-50毫克/株	1)苗期(定植前3-5天)喷雾2)灌根
	甘蔗	绵蚜	20.8-25毫克/千克	喷雾
	柑橘树	蚜虫	20.8-25毫克/千克	喷雾
	柑橘树、葡萄	介壳虫	50-62.5毫克/千克	喷雾
	花卉	蚜虫	15-22.5克/公顷	喷雾
	花卉、节瓜、棉花	蓟马	30-56.25克/公顷	喷雾
	黄瓜	白粉虱	37.5-46.88克/公顷	喷雾
	马铃薯	白粉虱	30-56.25克/公顷	喷雾
	棉花	白粉虱	26.25-56.25克/公顷	喷雾
	棉花、芹菜、烟草、油菜	蚜虫	15-30克/公顷	喷雾
	水稻	稻飞虱	7.5-15克/公顷	喷雾
	西瓜	蚜虫	30-37.5克/公顷	喷雾
	油菜	黄条跳甲	37.5-56.25克/公顷	喷雾
PD20070053	苯醚甲环唑/92%/原药/苯醚甲环唑 92%/2012.03.07 至 2017.03.07/低毒			
PD20070054	苯醚甲环唑/30克/升/悬浮种衣剂/苯醚甲环唑 30克/升/2012.03.07 至 2017.03.07/低毒			
	小麦	散黑穗病、纹枯病	6-9克/100千克种子	种子包衣
	小麦	全蚀病	1:167-200(药种比)	种子包衣
PD20070061	苯醚甲环唑/10%/水分散粒剂/苯醚甲环唑 10%/2012.03.09 至 2017.03.09/低毒			
	菜豆	锈病	75-125克/公顷	喷雾
	茶树	炭疽病	66.7-100毫克/千克	喷雾
	大白菜	黑斑病	52.5-75克/公顷	喷雾
	大蒜	叶枯病	45-90克/公顷	喷雾
	番茄	早疫病	100.5-150克/公顷	喷雾
	柑橘树	疮痂病	50-150毫克/千克	喷雾
	黄瓜	白粉病	75-125克/公顷	喷雾
	苦瓜	白粉病	105-150克/公顷	喷雾
	辣椒	炭疽病	75-125克/公顷	喷雾
	梨树	黑星病	14.3-16.7毫克/千克	喷雾
	荔枝树	炭疽病	100-150毫克/千克	喷雾
	芦笋	茎枯病	66.7-100毫克/千克	喷雾
	苹果树	斑点落叶病	1500-3000倍液	喷雾
	葡萄	炭疽病	75-125毫克/千克	喷雾
	芹菜	斑枯病	52.5-67.5克/公顷	喷雾
	芹菜	叶斑病	100-125克/公顷	喷雾
	石榴	麻皮病	50-100毫克/千克	喷雾
	西瓜	炭疽病	75-112.5克/公顷	喷雾
	洋葱	紫斑病	45-112.5克/公顷	喷雾
PD20070071	阿维菌素/85%/原药/阿维菌素 85%/2012.03.30 至 2017.03.30/高毒			
PD20070088	苯甲·丙环唑/300克/升/乳油/苯醚甲环唑 150克/升、丙环唑 150克/升/2013.09.25 至 2018.09.25/低毒			
	大豆	锈病	90-135克/公顷	喷雾
	花生	叶斑病	90-135克/公顷	喷雾
	水稻	纹枯病	67.5-90克/公顷	喷雾
	小麦	纹枯病	90-135克/公顷	喷雾
PD20070316	噻菌灵/500克/升/悬浮剂/噻菌灵 500克/升/2012.09.27 至 2017.09.27/低毒			
	柑橘	绿霉病、青霉病	833－1250毫克/千克	浸果1分钟
	蘑菇	褐腐病	1)1：1250-2500(药料比) 2)0.5-0.75克/平方米	1)拌料2)喷雾
	香蕉	冠腐病	500－750毫克/千克	浸果1分钟
PD20070343	虱螨脲/96%/原药/虱螨脲 96%/2012.10.24 至 2017.10.24/低毒			

PD20070344　虱螨脲/50克/升/乳油/虱螨脲 50克/升/2012.10.24 至 2017.10.24/低毒

菜豆	豆荚螟	30-37.5克/公顷	喷雾
番茄、棉花	棉铃虫	37.5-45克/公顷	喷雾
甘蓝	甜菜夜蛾	22.5-30克/公顷	喷雾
柑橘	潜叶蛾、锈壁虱	20-33.3毫克/千克	喷雾
马铃薯	马铃薯块茎蛾	30-45克/公顷	喷雾
苹果	小卷叶蛾	25-50毫克/千克	喷雾

PD20070345　咯菌·精甲霜/35克/升/悬浮种衣剂/咯菌腈 25克/升、精甲霜灵 10克/升/2012.10.24 至 2017.10.24/低毒

玉米	茎基腐病	3.5-5.25克/100千克种子	种子包衣

PD20070346　精甲霜灵/91%/原药/精甲霜灵 91%/2012.10.24 至 2017.10.24/低毒

PD20070474　精甲霜灵/350克/升/种子处理乳剂/精甲霜灵 350克/升/2012.11.21 至 2017.11.21/低毒

大豆	根腐病	14-28克/100千克种子	拌种
花生	霜霉病	14-28克/100千克种子	拌种
棉花	猝倒病	14-28克/100千克种子	拌种
水稻	烂秧病	1）5.25-8.75克/100千克种子;2)58.3-87.5毫克/千克	1）拌种；2浸种
向日葵	霜霉病	35-105克/100千克种子	拌种(晾干后播种)

PD20080452　丙溴磷/500克/升/乳油/丙溴磷 500克/升/2013.03.27 至 2018.03.27/低毒

棉花	棉铃虫	562.5-937.5克/公顷	喷雾

PD20080730　苯醚甲环唑/250克/升/乳油/苯醚甲环唑 250克/升/2013.06.11 至 2018.06.11/低毒

香蕉	黑星病、叶斑病	83.3-125毫克/千克	喷雾

PD20080846　精甲霜·锰锌/68%/水分散粒剂/精甲霜灵 4%、代森锰锌 64%/2013.07.14 至 2018.07.14/低毒

番茄、马铃薯	晚疫病	1020-1224克/公顷	喷雾
花椰菜	霜霉病	1020～1326克/公顷	喷雾
黄瓜、葡萄	霜霉病	1020-1224克/公顷	喷雾
辣椒、西瓜	疫病	1020-1224克/公顷	喷雾
荔枝	霜疫霉病	680-850毫克/千克	喷雾
烟草	黑胫病	1020-1224克/公顷	喷雾

PD20081388　吡蚜酮/95%/原药/吡蚜酮 95%/2013.10.28 至 2018.10.28/低毒

PD20081892　莠去津/96%/原药/莠去津 96%/2013.11.20 至 2018.11.20/低毒

PD20083920　百菌清/98%/原药/百菌清 98%/2013.12.16 至 2018.12.16/微毒

PD20083944　甲氨基阿维菌素苯甲酸盐/95%/原药/甲氨基阿维菌素苯甲酸盐 95%/2013.12.15 至 2018.12.15/中等毒

PD20090988　莠去津/90%/水分散粒剂/莠去津 90%/2014.01.20 至 2019.01.20/低毒

甘蔗田	一年生杂草	1350-1485克/公顷	喷雾
玉米田	一年生杂草	1485-1755克/公顷(东北春播)1350-1485克/公顷(其它夏播)	播后苗前喷雾

PD20093358　丙环唑/156克/升/乳油/丙环唑 156克/升/2014.03.18 至 2019.03.18/低毒

草坪	褐斑病	312-936克/公顷	喷雾

PD20093924　灭蝇胺/75%/可湿性粉剂/灭蝇胺 75%/2014.03.26 至 2019.03.26/低毒

花卉	美洲斑潜蝇	150-225克/公顷	喷雾

PD20094118　吡蚜酮/50%/水分散粒剂/吡蚜酮 50%/2014.03.27 至 2019.03.27/低毒

观赏菊花	蚜虫	150-225克/公顷	喷雾
水稻	稻飞虱	90-150克/公顷	喷雾

PD20095400　咯菌腈/50%/可湿性粉剂/咯菌腈 50%/2014.04.27 至 2019.04.27/低毒

观赏菊花	灰霉病	83.3-125毫克/千克	喷雾

PD20096644　精甲·咯菌腈/62.5克/升/悬浮种衣剂/咯菌腈 25克/升、精甲霜灵 37.5克/升/2014.09.02 至 2019.09.02/微毒

大豆	根腐病	18.75-25克/100千克种子	种子包衣
水稻	恶苗病	18.75-25克/100千克种子	种子包衣

PD20096724　灭蝇胺/95%/原药/灭蝇胺 95%/2014.09.07 至 2019.09.07/低毒

PD20096820　硝磺草酮/9%/悬浮剂/硝磺草酮 9%/2014.09.21 至 2019.09.21/低毒

玉米田	部分禾本科杂草、一年生阔叶杂草	105-150克/公顷	茎叶喷雾

PD20096821　硝磺草酮/94%/原药/硝磺草酮 94%/2014.09.21 至 2019.09.21/低毒

PD20096825　炔草酯/95%/原药/炔草酯 95%/2014.09.21 至 2019.09.21/低毒

PD20096826　炔草酯/15%/可湿性粉剂/炔草酯 15%/2014.09.21 至 2019.09.21/低毒

春小麦田	部分禾本科杂草	30-45克/公顷	茎叶喷雾
冬小麦田	部分禾本科杂草	45-67.5克/公顷	茎叶喷雾

PD20102063　嘧菌·百菌清/560克/升/悬浮剂/百菌清 500克/升、嘧菌酯 60克/升/2015.11.03 至 2020.11.03/低毒

番茄	早疫病	630-1008克/公顷	喷雾
黄瓜	霜霉病	504-1008克/公顷	喷雾
辣椒	炭疽病	672-1008克/公顷	喷雾
荔枝树	霜疫霉病	560－1120毫克/千克	喷雾
西瓜	蔓枯病	630-1008克/公顷	喷雾

PD20102138　双炔酰菌胺/93%/原药/双炔酰菌胺 93%/2015.12.02 至 2020.12.02/低毒

PD20102139 双炔酰菌胺/23.4%/悬浮剂/双炔酰菌胺 23.4%/2015.12.02 至 2020.12.02/低毒
番茄 晚疫病 112.5—150克/公顷 喷雾
辣椒 疫病 112.5～150克/公顷 喷雾
荔枝树 霜疫霉病 125～250毫克/千克 喷雾
马铃薯 晚疫病 75～150克/公顷 喷雾
葡萄 霜霉病 125～167毫克/千克 喷雾
西瓜 疫病 112.5`150克/公顷 喷雾
PD20102141 唑啉·炔草酯/5%/乳油/唑啉草酯 2.5%、炔草酯 2.5%/2015.12.02 至 2020.12.02/低毒
春小麦田 禾本科杂草 30-60克/公顷 茎叶喷雾
冬小麦田 禾本科杂草 45-75克/公顷 茎叶喷雾
PD20102142 唑啉草酯/95%/原药/唑啉草酯 95%/2015.12.02 至 2020.12.02/低毒
PD20102152 硝磺·莠去津/550克/升/悬浮剂/莠去津 500克/升、硝磺草酮 50克/升/2015.12.07 至 2020.12.07/低毒
春玉米田 多种一年生杂草 825-1237.5克/公顷 茎叶喷雾
夏玉米田 多种一年生杂草 660-990克/公顷 茎叶喷雾
PD20102154 抗倒酯/11.3%/可溶液剂/抗倒酯 11.3%/2015.12.08 至 2020.12.08/低毒
高羊茅草坪 调节生长 2000-3000毫升制剂/公顷 茎叶喷雾
PD20102159 环酯草醚/96%/原药/环酯草醚 96%/2015.12.08 至 2020.12.08/低毒
PD20102201 环酯草醚/24.3%/悬浮剂/环酯草醚 24.3%/2015.12.20 至 2020.12.20/低毒
水稻移栽田 一年生禾本科、莎草科及部分阔叶杂草 187.5-300克/公顷 茎叶喷雾
PD20102202 抗倒酯/94%/原药/抗倒酯 94%/2015.12.20 至 2020.12.20/低毒
PD20110171 精异丙甲草胺//乳油/ /2011.02.16 至 2016.02.16/低毒
大蒜、洋葱 一年生禾本科杂草及部分阔叶杂草 756-936克/公顷 播后苗前土壤喷雾
马铃薯 一年生禾本科杂草及部分阔叶杂草 土壤有机质含量小于3%：756-936克/公顷；含量3%-4%：1440-1872克/公顷 播后苗前土壤喷雾
向日葵 一年生禾本科杂草及小粒阔叶杂草 1440-1872克/公顷 播后苗前土壤喷雾
PD20110357 苯甲·嘧菌酯/325克/升/悬浮剂/苯醚甲环唑 125克/升、嘧菌酯 200克/升/2016.04.11 至 2021.04.11/低毒
花生 叶斑病 146.25—243.8克/公顷 喷雾
辣椒 炭疽病 97.5-243.75克/公顷 喷雾
水稻 纹枯病 97.5-146.25克/公顷 喷雾
水稻 稻瘟病 146.25-243.75克/公顷 喷雾
西瓜 蔓枯病、炭疽病 146.25-243.75克/公顷 喷雾
香蕉 叶斑病 162.25-217毫克/千克 喷雾
PD20110596 氯虫·噻虫嗪/40%/水分散粒剂/噻虫嗪 20%、氯虫苯甲酰胺 20%/2011.06.03 至 2016.06.03/低毒
水稻 二化螟 48-60克/公顷 喷雾
水稻 三化螟 60-72克/公顷 喷雾
水稻 稻纵卷叶螟、褐飞虱、稻水象甲 36-48克/公顷 喷雾
玉米 玉米螟 48-72克/公顷 喷雾
PD20110690 精甲·百菌清/440克/升/悬浮剂/百菌清 400克/升、精甲霜灵 40克/升/2011.06.21 至 2016.06.21/低毒
番茄 晚疫病 495-792克/公顷 喷雾
黄瓜 霜霉病 594-990克/公顷 喷雾
辣椒 疫病 495-792克/公顷 喷雾
西瓜 疫病 660-990克/公顷 喷雾
PD20111010 氯虫·噻虫嗪/300克/升/悬浮剂/噻虫嗪 200克/升、氯虫苯甲酰胺 100克/升/2011.09.28 至 2016.09.28/低毒
甘蔗 蓟马 180-225克/公顷 拌土撒施
甘蔗 蔗螟 135-225克/公顷 拌土撒施
小青菜苗床 黄条跳甲、小菜蛾 125-150克/公顷 喷淋或灌根
PD20111315 抗倒酯/250克/升/乳油/抗倒酯 250克/升/2011.12.02 至 2016.12.02/低毒
小麦 防止倒伏 75-125克/公倾 喷雾
PD20120035 噻虫·高氯氟/22%/微囊悬浮－悬浮剂/高效氯氟氰菊酯 9.4%、噻虫嗪 12.6%/2012.01.09 至 2017.01.09/中等毒
茶树 茶尺蠖、茶小绿叶蝉 14.82-22.23克/公顷 喷雾
大豆 蚜虫、造桥虫 14.82-22.23克/公顷 喷雾
甘蓝 菜青虫、蚜虫 18.53-37.05克/公顷 喷雾
辣椒 白粉虱 18.53-37.05克/公顷 喷雾
马铃薯 蚜虫 16.5-49.5克/公顷 喷雾
棉花 棉铃虫、棉蚜 18.53-37.05克/公顷 喷雾
苹果 蚜虫 24.7-49.4毫克/千克 喷雾
小麦 蚜虫 14.82-22.23克/公顷 喷雾
烟草 蚜虫、烟青虫 18.53-37.05克/公顷 喷雾
PD20120151 异丙·莠去津/670克/升/悬乳剂/精异丙甲草胺 350克/升、莠去津 320克/升/2012.01.30 至 2017.01.30/低毒
春玉米田 一年生禾本科杂草及阔叶杂草 1620-2160克/公顷 播后苗前土壤喷雾
夏玉米田 一年生禾本科杂草及阔叶杂草 1080-1620克/公顷 播后苗前土壤喷雾
PD20120245 嘧菌环胺/98%/原药/嘧菌环胺 98%/2012.02.13 至 2017.02.13/低毒

PD20120252 嘧环·咯菌腈/62%/水分散粒剂/咯菌腈 25%、嘧菌环胺 37%/2012.02.13 至 2017.02.13/低毒

观赏百合	灰霉病	186～558克/公顷	/喷雾

PD20120438 双炔·百菌清/440克/升/悬浮剂/百菌清 400克/升、双炔酰菌胺 40克/升/2012.03.14 至 2017.03.14/低毒

黄瓜	霜霉病	660－990克/公顷	喷雾

PD20120464 精甲·咯·嘧菌/11%/悬浮种衣剂/咯菌腈 1.1%、精甲霜灵 3.3%、嘧菌酯 6.6%/2012.03.19 至 2017.03.19/微毒

棉花	立枯病、猝倒病	25-50克/100千克种子	种子包衣
玉米	茎基腐病	11-33克/100千克种子	种子包衣

PD20120807 苯醚·咯菌腈/4.8%/悬浮种衣剂/苯醚甲环唑 2.4%、咯菌腈 2.4%/2012.05.17 至 2017.05.17/低毒

小麦	散黑穗病	5-15克/100千克种子	种子包衣

PD20121230 氯虫·高氯氟/14%/微囊悬浮－悬浮剂/高效氯氟氰菊酯 4.7%、氯虫苯甲酰胺 9.3%/2012.08.24 至 2017.08.24/中等毒

大豆	食心虫	22.5-45克/公顷	喷雾
番茄	棉铃虫、蚜虫	22.5-45克/公顷	喷雾
姜	甜菜夜蛾	22.5-45克/公顷	喷雾
辣椒	蚜虫、烟青虫	22.5-45克/公顷	喷雾
棉花	棉铃虫	22.5-45克/公顷	喷雾
苹果	桃小食心虫、小卷叶蛾	3000-5000倍液	喷雾
玉米	玉米螟	22.5-45克/公顷	喷雾
豇豆	豆荚螟	22.5-45克/公顷	喷雾

PD20130364 三氟啶磺隆钠盐/11%/可分散油悬浮剂/三氟啶磺隆钠盐 11%/2013.03.11 至 2018.03.11/微毒

暖季型草坪	部分禾本科杂草、莎草及阔叶杂草	32.4-48.6克/公顷	茎叶喷雾

PD20130366 三氟啶磺隆钠盐/90%/原药/三氟啶磺隆钠盐 90%/2013.03.11 至 2018.03.11/低毒

PD20130863 嘧肟·丙草胺/30.6%/乳油/丙草胺 28.7%、嘧啶肟草醚 1.9%/2013.04.22 至 2018.04.22/低毒

移栽水稻田	多种一年生杂草	东北地区：384-480克/公顷；其他地区：288-384克/公顷	茎叶喷雾
直播水稻田	多种一年生杂草	288-384克/公顷	茎叶喷雾

PD20131017 唑啉草酯/5%/乳油/唑啉草酯 5%/2013.05.13 至 2018.05.13/微毒

大麦田	一年生禾本科杂草	45-75克/公顷	茎叶喷雾
小麦田	一年生禾本科杂草	45-60克/公顷	茎叶喷雾

PD20131474 噻虫嗪/21%/悬浮剂/噻虫嗪 21%/2013.07.05 至 2018.07.05/低毒

草坪	蛴螬	288-384克/公顷	喷雾
观赏菊花	蚜虫	30-50毫升/株，2000-4000倍液	灌根
观赏玫瑰	蓟马	54-72克/公顷	喷雾

PD20131926 氨氟乐灵/65%/水分散粒剂/氨氟乐灵 65%/2013.09.25 至 2018.09.25/低毒

冷季型草坪、暖季型草坪	杂草	780-1170克/公顷	土壤喷雾

PD20131932 氨氟乐灵/93%/原药/氨氟乐灵 93%/2013.09.25 至 2018.09.25/中等毒

PD20132405 阿维·氯苯酰/6%/悬浮剂/阿维菌素 1.7%、氯虫苯甲酰胺 4.3%/2013.11.20 至 2018.11.20/低毒(原药高毒)

甘蓝	甜菜夜蛾、小菜蛾	30-50毫升制剂/亩	喷雾
棉花	棉铃虫	28.35-47.25克/公顷	喷雾
苹果	桃小食心虫	21-31.5毫克/千克	喷雾
水稻	稻纵卷叶螟、二化螟	37.8-47.25克/公顷	喷雾

PD20141777 丙环·嘧菌酯/18.7%/悬乳剂/丙环唑 11.7%、嘧菌酯 7%/2014.07.14 至 2019.07.14/低毒

香蕉	叶斑病	160～267毫克/千克	喷雾
玉米	大斑病、小斑病	150-210克/公顷	喷雾

PD20141919 精甲·嘧菌酯/39%/悬乳剂/精甲霜灵 10.6%、嘧菌酯 28.4%/2014.08.01 至 2019.08.01/低毒

草坪	腐霉枯萎病	292.5-585克/公顷	喷雾
观赏玫瑰	霜霉病	175.5-351克/公顷	喷雾

PD20142275 吡萘·嘧菌酯/29%/悬浮剂/嘧菌酯 17.8%、吡唑萘菌胺 11.2%/2014.10.20 至 2019.10.20/低毒

黄瓜	白粉病	146.25－243.75克/公顷	喷雾

PD20142277 吡唑萘菌胺/92%/原药/吡唑萘菌胺 92%/2014.10.21 至 2019.10.21/低毒

PD20142387 嘧菌环胺/50%/水分散粒剂/嘧菌环胺 50%/2014.11.04 至 2019.11.04/低毒

葡萄	灰霉病	500-800毫克/千克	喷雾

PD20150221 氟唑环菌胺/95%/原药/氟唑环菌胺 95%/2015.03.02 至 2020.03.02/低毒

PD20150321 氟唑环菌胺/44%/悬浮种衣剂/氟唑环菌胺 44%/2015.03.02 至 2020.03.02/低毒

玉米	丝黑穗病	15-45克/100千克种子	种子包衣

PD20150397 噻虫嗪/30%/种子处理悬浮剂/噻虫嗪 30%/2015.03.18 至 2020.03.18/低毒

水稻	蓟马	1）35-105克/100千克种子；2）35-140克/100千克种子	1）浸种后种子包衣；2）种子包衣后浸种
玉米	蚜虫	70-210克/100千克种子	种子包衣

PD20150430 噻虫·咯·霜灵/29%/悬浮种衣剂/咯菌腈 0.66%、精甲霜灵 0.26%、噻虫嗪 28.08%/2015.03.20 至 2020.03.20/微毒

玉米	茎基腐病、灰飞虱	108.5～162.8克/100千克种子	种子包衣

PD20150729 噻虫·咯·霜灵/25%/悬浮种衣剂/咯菌腈 1.1%、精甲霜灵 1.7%、噻虫嗪 22.2%/2015.04.20 至 2020.04.20/低毒

花生 根腐病、蛴螬 86.22-201.18克/100千克种子 种子包衣
棉花 立枯病、蚜虫、猝倒病 172.5～345克/100千克种子 种子包衣
人参 金针虫、立枯病、疫病、锈腐病 220-340克/100千克种子 种子包衣

PD20150972 硝磺·莠去津/25%/悬浮剂/莠去津 22.7%、硝磺草酮 2.3%/2015.06.11 至 2020.06.11/低毒
春玉米田 一年生杂草 937.5-1312.5克/公顷 茎叶喷雾
夏玉米田 一年生杂草 750-1125克/公顷 茎叶喷雾

PD20151131 苯醚·咯·噻虫/27%/悬浮种衣剂/苯醚甲环唑 2.2%、咯菌腈 2.2%、噻虫嗪 22.6%/2015.06.25 至 2020.06.25/低毒
小麦 金针虫、散黑穗病 54-162克/100千克种子 种子包衣

PD20151850 硝磺·丙草胺/5%/颗粒剂/丙草胺 4.4%、硝磺草酮 0.6%/2015.08.30 至 2020.08.30/微毒
移栽水稻田 稗草、部分一年生阔叶草及莎草 675-825克/公顷 撒施或药土法

PD20152101 硝·精·莠去津/38.5%/悬乳剂/精异丙甲草胺 24.7%、莠去津 10.8%、硝磺草酮 3%/2015.09.22 至 2020.09.22/低毒
春玉米田 一年生杂草 2258-2903克/公顷 土壤喷雾

PD20152283 溴酰·噻虫嗪/40%/种子处理悬浮剂/噻虫嗪 20%、溴氰虫酰胺 20%/2015.10.20 至 2020.10.20/低毒
玉米 蓟马、蛴螬 120-180克/100千克种子 拌种

LS20120067 硝磺草酮/40%/悬浮剂/硝磺草酮 40%/2014.03.06 至 2015.03.06/微毒
草坪(早熟禾) 杂草 144-240克/公顷 茎叶喷雾

LS20130313 苯锈啶/96%/原药/苯锈啶 96%/2015.06.04 至 2016.06.04/中等毒

LS20130314 苯锈·丙环唑/42%/乳油/丙环唑 13.16%、苯锈啶 28.95%/2015.06.04 至 2016.06.04/低毒
小麦 白粉病 240-480克/公顷 喷雾

LS20130392 噻虫嗪/46%/种子处理悬浮剂/噻虫嗪 46%/2015.07.29 至 2016.07.29/微毒
玉米 蚜虫 90-210克/100千克种子 种子包衣

LS20130482 咯菌腈/12%/悬浮剂/咯菌腈 12%/2015.11.08 至 2016.11.08/低毒
草坪 褐斑病 125-375克/公顷 喷雾

LS20140123 三环·己唑醇/27%/悬浮剂/己唑醇 4.5%、三环唑 22.5%/2015.03.17 至 2016.03.17/低毒
水稻 稻瘟病 270-360克/公顷 喷雾

LS20140257 吡萘·嘧菌酯/29%/悬浮剂/嘧菌酯 17.8%、吡唑萘菌胺 11.2%/2014.07.23 至 2015.07.23/低毒
黄瓜 白粉病 146.25-243.75克/公顷 喷雾

LS20140258 吡唑萘菌胺/92%/原药/吡唑萘菌胺 92%/2014.07.23 至 2015.07.23/低毒

LS20150018 甲维·虱螨脲/45%/水分散粒剂/甲氨基阿维菌素苯甲酸盐 5%、虱螨脲 40%/2016.01.15 至 2017.01.15/低毒
甘蓝 菜青虫 33.75-67.5克/公顷 喷雾

LS20150059 氟环·咯·苯甲/9%/种子处理悬浮剂/苯醚甲环唑 2.2%、咯菌腈 2.2%、氟唑环菌胺 4.6%/2015.03.20 至2016.03.20/低毒
小麦 散黑穗病 10-20克/100千克种子 拌种

LS20150133 丙环·嘧菌酯/1%/颗粒剂/丙环唑 0.7%、嘧菌酯 0.3%/2015.05.19 至 2016.05.19/微毒
草坪 褐斑病 1500-1995克/公顷 撒施

WP20090313 杀蟑饵剂/0.1%/饵剂/甲氨基阿维菌素苯甲酸盐 0.1%/2014.09.02 至 2019.09.02/微毒
卫生 蜚蠊 / 投放

WP20110122 杀蚁胶饵/0.01%/胶饵/噻虫嗪 0.01%/2011.05.20 至 2016.05.20/微毒
卫生 蚂蚁 / 投放

泰国

泰国波罗格力国际有限公司 (云南省昆明市世纪城茗春苑2-2-7C 650214 0871-8151618)

PD20121173 溴氰菊酯/25克/升/乳油/溴氰菊酯 25克/升/2012.07.30 至 2017.07.30/中等毒
小白菜 菜青虫 7.5-15克/公顷 喷雾

PD20121621 甲霜·锰锌/58%/可湿性粉剂/甲霜灵 10%、代森锰锌 48%/2012.10.30 至 2017.10.30/低毒
黄瓜 霜霉病 1305-1566克/公顷 喷雾

委内瑞拉

委内瑞拉英奎伯特公司 ( )

PD20142603 敌稗/96%/原药/敌稗 96%/2014.12.15 至 2019.12.15/中等毒

乌克兰

乌克兰国家科学院和科教部联合科技中心 (北京市新街口外大街2号有研大厦 100088 010-82014898)

PD20100675 吲哚乙酸/0.11%/水剂/吲哚乙酸 0.11%/2015.01.15 至 2020.01.15/低毒
大豆、水稻、玉米 促进生长 1)10-15毫升/1000千克2)结合苗期和花期10-15毫升/公顷 1)拌种2)兑水喷雾
大豆、水稻、玉米 增产 / /
番茄、黄瓜 促进生长 1)0.75-1毫升/千克种子2)结合苗期和花期6-12毫升/公顷 1)浸种2)兑水喷雾
瓜类、蔬菜 促进生长、增产 / /
小麦 调节生长 1)10-15毫升/1000千克2)结合小麦拔节期10-15毫升/公顷 1)拌种2)兑水喷雾
小麦 促进生长 / /

西班牙

西班牙艾克威化学工业有限公司 (江苏省昆山市经济技术开发区龙灯路88号 215301 0512-57709267)

PD270-99 硫酸铜钙/77%/可湿性粉剂/硫酸铜钙 77%/2014.03.05 至 2019.03.05/低毒

	柑橘树	溃疡病	1283-1925毫克/千克	喷雾
	柑橘树	疮痂病	962.5～1925毫克/千克	喷雾
	黄瓜	霜霉病	1347.5-2021.3克/公顷	喷雾
	姜	腐烂病	962.5-1283毫克/千克，250-500毫克/珠	喷淋灌根
	苹果树	褐斑病	962.5～1283毫克/千克	喷雾
	葡萄	霜霉病	1100-1540毫克/千克	喷雾
	烟草	野火病	1283-1925毫克/千克	喷雾
PD20050166	硫酸铜钙/98%/原药/硫酸铜钙 98%/2015.11.04 至 2020.11.04/低毒			

新加坡

新加坡冈田生态技术私人有限公司　(南京市江宁开发区胜太东路8号同曦鸣城A8栋5楼　211100　025-52103688-540)

WL20140010	杀虫气雾剂/1%/气雾剂/醚菊酯 1%/2015.04.11 至 2016.04.11/低毒			
	室内	蜚蠊	/	喷雾

新加坡利农私人有限公司　(北京市朝阳区光华路甲8号和乔大厦B座511A室　100026　010-65816127)

PD333-2000	顺式氯氰菊酯/30克/升/乳油/顺式氯氰菊酯 30克/升/2015.04.12 至 2020.04.12/中等毒			
	棉花	棉铃虫	30-45克/公顷	喷雾
	枸杞	瘿蚊	18.75-20毫克/千克	喷雾
	注:枸杞为临时登记，有效期最多至2011年4月3日。			
PD334-2000	顺式氯氰菊酯/95%/原药/顺式氯氰菊酯 95%/2015.04.12 至 2020.04.12/中等毒			
PD338-2000	丁硫克百威/200克/升/乳油/丁硫克百威 200克/升/2015.05.12 至 2020.05.12/中等毒			
	棉花	棉蚜	90-180克/公顷	喷雾
PD339-2000	丁硫克百威/85%/母液/丁硫克百威 85%/2015.06.16 至 2020.06.16/中等毒			
PD340-2000	毒死蜱/400克/升/乳油/毒死蜱 400克/升/2015.06.13 至 2020.06.13/中等毒			
	棉花	棉铃虫	450-900克/公顷	喷雾
PD341-2000	毒死蜱/94%/原药/毒死蜱 94%/2015.06.16 至 2020.06.16/中等毒			
PD351-2001	氯氰菊酯/92%/原药/氯氰菊酯 92%/2011.06.01 至 2016.06.01/中等毒			
PD352-2001	氯氰菊酯/10%/乳油/氯氰菊酯 10%/2011.06.01 至 2016.06.01/中等毒			
	甘蓝	菜青虫	30-45克/公顷	喷雾
	注:荔枝树蝽蟓为临时登记，有效期至2009.09.28。			
PD353-2001	草甘膦/95%/原药/草甘膦 95%/2011.06.01 至 2016.06.01/低毒			
PD354-2001	草甘膦异丙胺盐/41%/水剂/草甘膦异丙胺盐 41%/2011.06.01 至 2016.06.01/低毒			
	苹果园	杂草	1125-2250克/公顷	喷雾
PD355-2001	溴氰菊酯/98%/原药/溴氰菊酯 98%/2011.06.01 至 2016.06.01/中等毒			
PD356-2001	溴氰菊酯/2.5%/乳油/溴氰菊酯 2.5%/2011.06.01 至 2016.06.01/中等毒			
	棉花	棉铃虫	7.5-15克/公顷	喷雾
PD20030012	甲基硫菌灵/95%/原药/甲基硫菌灵 95%/2013.11.21 至 2018.11.21/低毒			
PD20030013	丙环唑/250克/升/乳油/丙环唑 250克/升/2013.11.21 至 2018.11.21/低毒			
	水稻	纹枯病	75～150克/公顷	喷雾
	香蕉	叶斑病	250-500毫克/千克	喷雾
	小麦	白粉病	124.5-150克/公顷	喷雾
	注:水稻为临时登记，有效期最多至2011年6月。			
PD20030014	丙环唑/90%/原药/丙环唑 90%/2013.11.21 至 2018.11.21/低毒			
PD20030016	甲基硫菌灵/70%/可湿性粉剂/甲基硫菌灵 70%/2013.12.04 至 2018.12.04/低毒			
	水稻	纹枯病	1050-1500克/公顷	喷雾
PD20040020	炔螨特/92%/原药/炔螨特 92%/2014.11.09 至 2019.11.09/低毒			
PD20040021	百菌清/75%/可湿性粉剂/百菌清 75%/2014.11.09 至 2019.11.09/低毒			
	花生	叶斑病	1249.5-1500克/公顷	喷雾
PD20040022	炔螨特/570克/升/乳油/炔螨特 570克/升/2014.11.09 至 2019.11.09/低毒			
	柑橘树	红蜘蛛	285-380毫克/千克	喷雾
	棉花	红蜘蛛	342-513克/公顷	喷雾
PD20040023	百菌清/96%/原药/百菌清 96%/2014.11.09 至 2019.11.09/低毒			
PD20080082	甲氰菊酯/92%/原药/甲氰菊酯 92%/2013.01.04 至 2018.01.04/中等毒			
PD20080248	甲氰菊酯/20%/乳油/甲氰菊酯 20%/2013.02.18 至 2018.02.18/低毒			
	棉花	棉铃虫	120-150克/公顷	喷雾
PD20080425	草甘膦/70%/可溶粒剂/草甘膦 70%/2013.03.10 至 2018.03.10/低毒			
	苹果园	一年生杂草	1500-2000克/公顷	定向茎叶喷雾
	苹果园	多年生杂草	1875-2250克/公顷	定向茎叶喷雾
PD20080426	草甘膦/50%/可溶粒剂/草甘膦 50%/2013.03.10 至 2018.03.10/低毒			
	苹果园	多年生杂草	1875-2250克/公顷	定向茎叶喷雾
	苹果园	一年生杂草	1520-2000克/公顷	定向茎叶喷雾
PD20081070	百草枯/44%/母药/百草枯 44%/2013.08.14 至 2018.08.14/中等毒			
PD20091627	福美双/98%/原药/福美双 98%/2014.02.03 至 2019.02.03/低毒			
PD20094208	福美双/80%/水分散粒剂/福美双 80%/2014.03.30 至 2019.03.30/低毒			

	黄瓜	白粉病	600-1200克/公顷	喷雾

新西兰

新西兰塔拉纳奇化学有限公司 （北京市朝阳区光华路甲8号和乔大厦B座511A室 100026 010-65816127）

PD20091929 甲硫·百菌清/50%/悬浮剂/百菌清 25%、甲基硫菌灵 25%/2014.02.12 至 2019.02.12/微毒

	黄瓜	白粉病	1200-1600克/公顷	喷雾

PD20092701 甲霜灵/98%/原药/甲霜灵 98%/2014.03.03 至 2019.03.03/低毒

PD20094038 乙氧氟草醚/25%/悬浮剂/乙氧氟草醚 25%/2014.03.27 至 2019.03.27/中等毒

	甘蔗田	一年生杂草	140-180克/公顷	土壤喷雾

PD20094331 乙氧氟草醚/95%/原药/乙氧氟草醚 95%/2014.03.31 至 2019.03.31/中等毒

PD20096368 代森锰锌/88%/原药/代森锰锌 88%/2014.08.04 至 2019.08.04/低毒

PD20121768 甲霜·锰锌/36%/悬浮剂/甲霜灵 4%、代森锰锌 32%/2012.11.15 至 2017.11.15/低毒

	黄瓜	霜霉病	1300-1600克/公顷	喷雾

新西兰庄臣有限公司 （上海市中国(上海)自由贸易区试验区新金桥路932号 201206 021-58994833）

WP20110274 杀蟑饵剂/0.5%/饵剂/茚虫威 0.5%/2011.12.29 至 2016.12.29/微毒

	卫生	蜚蠊	/	投放

以色列

安道麦阿甘有限公司 （上海市静安区南京西路1168号中信泰富广场2306室 200041 021-52929933）

PD233-98 氟乐灵/480克/升/乳油/氟乐灵 480克/升/2013.08.19 至 2018.08.19/低毒

	大豆田	一年生禾本科杂草及部分阔叶杂草	900-1260克/公顷	土壤喷雾
	棉花田	一年生禾本科杂草及部分阔叶杂草	72-1080克/公顷	土壤喷雾

PD315-99 氟乐灵/96%/原药/氟乐灵 96%/2014.11.23 至 2019.11.23/低毒

PD20082551 莠灭净/80%/可湿性粉剂/莠灭净 80%/2013.12.04 至 2018.12.04/低毒

	菠萝田	一年生单、双子叶杂草	1440-1800克/公顷	喷雾
	甘蔗田	杂草	1560-2400克/公顷	喷雾

PD20082555 莠灭净/95%/原药/莠灭净 95%/2013.12.04 至 2018.12.04/低毒

安道麦马克西姆有限公司 （上海市静安区南京西路1168号中信泰富广场2306室 200041 021-52929933）

PD224-97 四螨嗪/500克/升/悬浮剂/四螨嗪 500克/升/2012.12.25 至 2017.12.25/低毒

	苹果树	苹果红蜘蛛、山楂红蜘蛛	83-100毫克/千克	喷雾

PD227-98 杀扑磷/40%/乳油/杀扑磷 40%/2013.03.06 至 2015.09.30/高毒

	柑橘树	介壳虫	200-400毫克/千克	喷雾

PD20080205 戊唑醇/97.5%/原药/戊唑醇 97.5%/2013.01.11 至 2018.01.11/低毒

PD20080232 丙环唑/93%/原药/丙环唑 93%/2013.01.28 至 2018.01.28/低毒

PD20080246 咪鲜胺/97%/原药/咪鲜胺 97%/2013.02.18 至 2018.02.18/低毒

PD20080249 咪鲜胺/450克/升/乳油/咪鲜胺 450克/升/2013.02.19 至 2018.02.19/低毒

	柑橘	绿霉病、青霉病	250-500毫克/千克	浸果
	芒果	炭疽病	500-1000毫克/千克	浸果
	芒果树	炭疽病	300-500毫克/千克	喷雾
	水稻	恶苗病	3600-7200倍液	浸种(南方3天北方5天)

PD20080465 克菌丹/92%/原药/克菌丹 92%/2013.03.31 至 2018.03.31/低毒

PD20080466 克菌丹/50%/可湿性粉剂/克菌丹 50%/2013.03.31 至 2018.03.31/低毒

	草莓	灰霉病	833.3-1250毫克/千克	喷雾
	番茄	叶霉病、早疫病	937.5-1406.25克/公顷	喷雾
	黄瓜、辣椒	炭疽病	937.5-1406.25克/公顷	喷雾
	梨树	黑星病	714-1000毫克/千克	喷雾
	苹果	轮纹病	625-1250毫克/千克	喷雾
	葡萄	霜霉病	833-1250毫克/千克	喷雾

PD20080924 抑霉唑/98%/原药/抑霉唑 98%/2013.07.17 至 2018.07.17/低毒

PD20080936 二嗪磷/95%/原药/二嗪磷 95%/2013.07.17 至 2018.07.17/低毒

PD20081449 丙环唑/250克/升/乳油/丙环唑 250克/升/2013.11.04 至 2018.11.04/低毒

	水稻	纹枯病	112.5～225克/公顷	喷雾
	香蕉	叶斑病	250-500毫克/千克	喷雾

PD20081752 毒死蜱/97%/原药/毒死蜱 97%/2013.11.18 至 2018.11.18/低毒

PD20091184 戊唑醇/250克/升/水乳剂/戊唑醇 250克/升/2014.01.22 至 2019.01.22/低毒

	花生	叶斑病	100-125毫克/千克	喷雾
	梨树	黑星病	100-125毫克/千克	喷雾
	苹果树	斑点落叶病	100-125毫克/千克	喷雾
	葡萄	白腐病	100-125毫克/千克	喷雾
	香蕉	叶斑病	167-250毫克/千克	喷雾
	小麦	锈病	75-125克/公顷	喷雾

PD20094928 戊唑·咪鲜胺/400克/升/水乳剂/咪鲜胺 267克/升、戊唑醇 133克/升/2014.04.13 至 2019.04.13/低毒

	香蕉	黑星病	266.7-400毫克/千克	喷雾
	小麦	小麦赤霉病	120-150克/公顷	喷雾

PD20094930 丙环·咪鲜胺/490克/升/乳油/丙环唑 90克/升、咪鲜胺 400克/升/2014.04.13 至 2019.04.13/低毒
水稻 稻曲病、稻瘟病、纹枯病 220-294克/公顷 喷雾
PD20095905 抑霉唑/500克/升/乳油/抑霉唑 500克/升/2014.05.31 至 2019.05.31/低毒
柑橘 绿霉病、青霉病 250-500毫克/千克 浸果
PD20096584 戊唑醇/6%/悬浮种衣剂/戊唑醇 6%/2014.08.25 至 2019.08.25/低毒
小麦 散黑穗病 1.8-2.7克/100千克种子 种子包衣
玉米 丝黑穗病 6-12克/100千克种子 种子包衣
PD20098352 戊唑醇/430克/升/悬浮剂/戊唑醇 430克/升/2014.12.18 至 2019.12.18/低毒
梨树 黑星病 72－108毫克/千克 喷雾
苹果树 斑点落叶病 72－108毫克/千克 喷雾
PD20101127 克菌丹/80%/水分散粒剂/克菌丹 80%/2015.01.25 至 2020.01.25/低毒
柑橘 树脂病 800-1333毫克/千克 喷雾
PD20120820 克菌·戊唑醇/400克/升/悬浮剂/克菌丹 320克/升、戊唑醇 80克/升/2012.05.22 至 2017.05.22/低毒
番茄 叶霉病 240－360克/公顷 喷雾
苹果树 轮纹病 267-400毫克/千克 喷雾
葡萄 白腐病、霜霉病、炭疽病 267-400毫克/千克 喷雾
PD20141645 抑霉唑硫酸盐/75%/可溶粒剂/抑霉唑硫酸盐 75%/2014.06.24 至 2019.06.24/低毒
香蕉 轴腐病 500－700毫克/千克 浸果
LS20150115 戊唑·嘧菌酯/29%/悬浮剂/嘧菌酯 11%、戊唑醇 18%/2015.05.12 至 2016.05.12/低毒
番茄 早疫病 130.5-174克/公顷 喷雾

意大利

意大利艾格汶生命科学有限公司 (北京市朝阳区朝阳光华路甲8号和乔大厦北座511A室 100026 010-65816127-29)
PD20140136 戊菌唑/95%/原药/戊菌唑 95%/2014.01.20 至 2019.01.20/低毒
PD20140263 戊菌唑/10%/乳油/戊菌唑 10%/2014.01.29 至 2019.01.29/低毒
葡萄 白腐病 20-40毫克/千克 喷雾

意大利芬奇米凯公司 (上海市浦东新区世纪大道88号金茂大厦19楼 021-61048500)
PD60-87 氟乐灵/480克/升/乳油/氟乐灵 480克/升/2013.11.19 至 2018.11.19/低毒
大豆 一年生禾本科杂草及部分阔叶杂草 900-1260克/公顷 播前土壤处理
棉花 一年生禾本科杂草及部分阔叶杂草 720-1080克/公顷 播前土壤处理
PD20142528 二甲戊灵/95%/原药/二甲戊灵 95%/2014.11.21 至 2019.11.21/低毒

意大利意赛格公司 (上海市闵行区伟业路199弄1号605室 201104 021-54373807)
PD20070129 四氟醚唑/94%/原药/四氟醚唑 94%/2012.05.21 至 2017.05.21/低毒
PD20070130 四氟醚唑/4%/水乳剂/四氟醚唑 4%/2012.05.21 至 2017.05.21/低毒
草莓 白粉病 30-50克/公顷 喷雾
黄瓜、甜瓜 白粉病 40-60克/公顷 喷雾
PD20121667 嘧苯胺磺隆/50%/水分散粒剂/嘧苯胺磺隆 50%/2012.11.05 至 2017.11.05/低毒
移栽水稻田 稗草、莎草及阔叶杂草 60-75克/公顷 茎叶喷雾或毒土法
PD20121674 嘧苯胺磺隆/98%/原药/嘧苯胺磺隆 98%/2012.11.05 至 2017.11.05/低毒
PD20150447 四氟醚唑/12.5%/水乳剂/四氟醚唑 12.5%/2015.03.20 至 2020.03.20/低毒
草莓 白粉病 28-47克/公顷 喷雾
LS20140313 四氟·嘧菌酯/17%/悬浮剂/嘧菌酯 9.5%、四氟醚唑 7.5%/2016.10.27 至 2017.10.27/低毒
水稻 纹枯病 90-110克/公顷 喷雾

印度

爱斯特克生物科学有限公司 (上海市西藏中路18号港陆广场1001-1003室 200001 13910587324)
PD20152088 戊唑醇/97%/原药/戊唑醇 97%/2015.09.22 至 2020.09.22/低毒

拜耳瓦比有限公司 (北京市朝阳区芍药居西区综合楼15楼A座1809 100101 010-64976259)
PD20050125 顺式氯氰菊酯/95%/原药/顺式氯氰菊酯 95%/2015.08.22 至 2020.08.22/中等毒

克里什树农（印度）有限公司 (上海市浦东新区钱仓路1号8A 200127 021-50117562)
PD20152478 代森锰锌/88%/原药/代森锰锌 88%/2015.12.04 至 2020.12.04/低毒

印度TAGROS公司 (北京市朝阳区芍药居北里101号世奥国际中心A座1809 100029 010-64976659)
PD20081008 氯菊酯/90%/原药/氯菊酯 90%/2013.08.06 至 2018.08.06/低毒
PD20081021 顺式氯氰菊酯/95%/原药/顺式氯氰菊酯 95%/2013.08.06 至 2018.08.06/中等毒
PD20081039 溴氰菊酯/98%/原药/溴氰菊酯 98%/2013.08.06 至 2018.08.06/低毒
PD20081184 氯氰菊酯/92%/原药/氯氰菊酯 92%/2013.09.11 至 2018.09.11/低毒
WP20150174 溴氰菊酯/2.5%/悬浮剂/溴氰菊酯 2.5%/2015.08.30 至 2020.08.30/低毒
室内 蜚蠊 15-25毫克/平方米 滞留喷洒

印度格达化学有限公司 (北京市朝阳区安立路68号阳光广场A2座1503室 100101 010-64976085)
PD20030002 溴氰菊酯/98%/原药/溴氰菊酯 98%/2013.03.18 至 2018.03.18/中等毒
PD20030003 毒死蜱/98%/原药/毒死蜱 98%/2013.03.18 至 2018.03.18/中等毒
PD20070126 顺式氯氰菊酯/95%/原药/顺式氯氰菊酯 95%/2012.05.21 至 2017.05.21/中等毒
PD20101570 莎稗磷/90%/原药/莎稗磷 90%/2015.05.27 至 2020.05.27/低毒

印度禾润保工业有限公司 (北京市朝阳区芍药居北里101号世奥国际中心A座1809 100029 010-64976659)
PD20085421 氯氰菊酯/96%/原药/氯氰菊酯 96%/2013.12.24 至 2018.12.24/低毒

PD20093078 溴氰菊酯/98%/原药/溴氰菊酯 98%/2014.03.09 至 2019.03.09/中等毒
PD20096031 顺式氯氰菊酯/95%/原药/顺式氯氰菊酯 95%/2014.06.15 至 2019.06.15/中等毒
PD20096330 氯菊酯/92%/原药/氯菊酯 92%/2014.07.22 至 2019.07.22/中等毒
PD20097621 乙酰甲胺磷/97%/原药/乙酰甲胺磷 97%/2014.11.03 至 2019.11.03/中等毒

印度赫曼尼工业有限公司 (北京市海淀区马连洼北路9号东侧东居兴业写字楼202室 010-62966032)

PD20142457 顺式氯氰菊酯/97%/原药/顺式氯氰菊酯 97%/2014.11.15 至 2019.11.15/中等毒
PD20142478 氯氰菊酯/93%/原药/氯氰菊酯 93%/2014.11.19 至 2019.11.19/中等毒

印度科门德国际有限公司 (上海市黄浦区淮海中路93号大上海时代广场26楼 200020 021-51176399)

PD20101305 代森锰锌/88%/原药/代森锰锌 88%/2015.03.17 至 2020.03.17/低毒
PD20101444 毒死蜱/97%/原药/毒死蜱 97%/2015.05.04 至 2020.05.04/中等毒
PD20140432 代森锰锌/80%/可湿性粉剂/代森锰锌 80%/2014.02.24 至 2019.02.24/低毒
番茄 早疫病 2040—2520克/公顷 喷雾
苹果树 斑点落叶病 1000—1600毫克/千克 喷雾
PD20140831 毒死蜱/480克/升/乳油/毒死蜱 480克/升/2014.04.08 至 2019.04.08/中等毒
棉花 棉铃虫 750-900克/公顷 喷雾
水稻 三化螟 576-720克/公顷 喷雾

印度利农实业有限公司 (北京市朝阳区光华路甲8号和乔大厦北座511A室 100026 010-65816127-29)

PD20091058 苯磺隆/95%/原药/苯磺隆 95%/2014.01.21 至 2019.01.21/低毒
PD20095725 苯磺隆/75%/水分散粒剂/苯磺隆 75%/2014.05.18 至 2019.05.18/低毒
小麦田 阔叶杂草 15.0-19.5克/公顷 茎叶喷雾

印度联合磷化物有限公司 (上海市长宁区仙霞路369号A座现代广场3001室 200336 021-61921195)

PD65-88 三氟羧草醚/21.4%/水剂/三氟羧草醚 21.4%/2013.02.22 至 2018.02.22/低毒
大豆田 阔叶杂草 360-480克/公顷 喷雾
PD171-92 氟醚·灭草松/440克/升/水剂/三氟羧草醚 80克/升、灭草松 360克/升/2013.04.09 至 2018.04.09/低毒
大豆田 阔叶杂草 825-975克/公顷 喷雾
PD201-95 敌草胺/50%/水分散粒剂/敌草胺 50%/2012.12.02 至 2017.12.02/低毒
西瓜田 阔叶杂草、一年生禾本科杂草 1125-1500克/公顷 喷雾
烟草田 部分阔叶杂草、一年生禾本科杂草 1500-1995克/公顷 喷雾
PD20050055 氯氰菊酯/95%/原药/氯氰菊酯 95%/2015.06.01 至 2020.06.01/中等毒
PD20050151 代森锰锌/88%/原药/代森锰锌 88%/2015.09.23 至 2020.09.23/低毒
PD20060068 代森锰锌/80%/可湿性粉剂/代森锰锌 80%/2011.04.13 至 2016.04.13/低毒
番茄 早疫病 2000克/公顷 喷雾
苹果树 斑点落叶病 1000毫克/千克 喷雾
PD20081200 乙酰甲胺磷/97%/原药/乙酰甲胺磷 97%/2013.09.11 至 2018.09.11/低毒
PD20082590 代森锰锌/75%/水分散粒剂/代森锰锌 75%/2013.12.04 至 2018.12.04/低毒
柑橘树 疮痂病 1071.4-1500毫克/千克 喷雾
黄瓜 霜霉病 1406.25-1687.5克/公顷 喷雾
马铃薯 晚疫病 1440-2160克/公顷 喷雾
苹果树 轮纹病 750-1250毫克/千克 喷雾
PD20083597 顺式氯氰菊酯/97%/原药/顺式氯氰菊酯 97%/2013.12.12 至 2018.12.12/中等毒
PD20096046 吡虫啉/95%/原药/吡虫啉 95%/2014.06.18 至 2019.06.18/低毒
PD20096887 联苯菊酯/98%/原药/联苯菊酯 98%/2014.09.23 至 2019.09.23/中等毒
PD20096888 代森锰锌/88%/原药/代森锰锌 88%/2014.09.23 至 2019.09.23/低毒
PD20097433 敌草胺/94%/原药/敌草胺 94%/2014.10.28 至 2019.10.28/低毒
PD20097738 二甲戊灵/95%/原药/二甲戊灵 95%/2014.11.12 至 2019.11.12/低毒
PD20097765 甲霜·锰锌/72%/可湿性粉剂/甲霜灵 8%、代森锰锌 64%/2014.11.12 至 2019.11.12/低毒
黄瓜 霜霉病 1080-2160克/公顷 喷雾
PD20100429 喹硫磷/25%/乳油/喹硫磷 25%/2015.01.14 至 2020.01.14/中等毒
棉花 棉铃虫 375-525克/公顷 喷雾
PD20101070 高效氯氰菊酯/96%/原药/高效氯氰菊酯 96%/2015.01.21 至 2020.01.21/中等毒
PD20101930 氯菊酯/92%/原药/氯菊酯 92%/2015.08.27 至 2020.08.27/低毒
PD20130218 乙酰甲胺磷/97%/水分散粒剂/乙酰甲胺磷 97%/2013.01.30 至 2018.01.30/低毒
棉花 盲蝽蟓 654.8-873克/公顷 喷雾
棉花 棉铃虫 727.5-873克/公顷 喷雾
PD20130675 多·锰锌/75%/可湿性粉剂/多菌灵 12%、代森锰锌 63%/2013.04.09 至 2018.04.09/微毒
苹果树 斑点落叶病 1000-1250毫克/千克 喷雾
PD20131783 二甲戊灵/330克/升/乳油/二甲戊灵 330克/升/2013.09.09 至 2018.09.09/低毒
玉米田 一年生杂草 742.5-1237.5克/公顷 土壤喷雾
PD20152035 精异丙甲草胺/96%/原药/精异丙甲草胺 96%/2015.09.07 至 2020.09.07/低毒
PD20152528 嘧菌酯/98%/原药/嘧菌酯 98%/2015.12.05 至 2020.12.05/低毒

印度瑞利有限公司 (北京市朝阳区芍药居北里101号世奥国际中心A座1809 100029 010-64976659)

PD20090639 二甲戊灵/95%/原药/二甲戊灵 95%/2014.01.14 至 2019.01.14/中等毒
PD20111121 乙酰甲胺磷/97%/原药/乙酰甲胺磷 97%/2011.10.27 至 2016.10.27/低毒

印度万民利有机化学有限公司 （香港九龙登打士街23－29嘉兴商业中心2101室 ）

PD20080771 顺式氯氰菊酯/97%/原药/顺式氯氰菊酯 97%/2014.03.25 至 2019.03.25/中等毒

PD20080862 氯氰菊酯/92%/原药/氯氰菊酯 92%/2014.03.25 至 2019.03.25/中等毒

印度伊克胜作物护理有限公司 （北京市朝阳区亚运村安慧里四区十六楼化工大厦902室 100723 010-84885899）

PD20085680 毒死蜱/97%/原药/毒死蜱 97%/2013.12.26 至 2018.12.26/中等毒

PD20092211 毒死蜱/480克/升/乳油/毒死蜱 480克/升/2014.02.24 至 2019.02.24/中等毒

棉花	棉铃虫	750-900克/公顷	喷雾
苹果树	绵蚜	160-240毫克/千克	喷雾
水稻	稻飞虱、稻纵卷叶螟	504-648克/公顷	喷雾
水稻	三化螟	450-576克/公顷	喷雾

PD20096595 草甘膦/97%/原药/草甘膦 97%/2014.09.02 至 2019.09.02/低毒

PD20100881 草甘膦异丙胺盐(41%)///水剂/草甘膦 30%/2015.01.19 至 2020.01.19/低毒

橡胶园	杂草	250-400毫升制剂/亩	茎叶喷雾

PD20110273 硫丹/350克/升/乳油/硫丹 350克/升/2011.03.07 至 2016.03.07/中等毒(原药高毒)

棉花	棉铃虫	682.5-840克/公顷	喷雾

PD20130305 草甘膦铵盐/63%/可溶粒剂/草甘膦 63%/2013.02.26 至 2018.02.26/低毒

非耕地	杂草	1890-2835克/公顷	茎叶喷雾

注:草甘膦铵盐含量: 69.3%。

PD20150356 硫磺/80%/水分散粒剂/硫磺 80%/2015.03.03 至 2020.03.03/低毒

柑橘树	疮痂病	1600－2667毫克/千克	喷雾
苹果树	白粉病	800－1600毫克/千克	喷雾

印度印地菲尔工业有限公司 （上海市浦东新区黄杨路18号4幢3009室 201206 021-61652813）

PD20101550 代森锰锌/85%/原药/代森锰锌 85%/2015.05.19 至 2020.05.19/中等毒

PD20101691 代森锰锌/80%/可湿性粉剂/代森锰锌 80%/2015.06.08 至 2020.06.08/低毒

番茄	早疫病	1875-2100克/公顷	喷雾
苹果树	斑点落叶病	1000-1143毫克/千克	喷雾

英国

英国先正达有限公司 （上海市浦东新区浦东南路999号新梅联合广场21楼 200120 400-881-2568）

PD16-86 溴鼠灵/0.005%/饵剂/溴鼠灵 0.005%/2011.06.12 至 2016.06.12/高毒

室内	家鼠	0.04-0.15克/公顷	穴施、点施
室外	田鼠	0.04-0.15克/公顷	穴施、点施

PD18-86 溴鼠灵/0.005%/饵块/溴鼠灵 0.005%/2011.06.12 至 2016.06.12/高毒

室外	田鼠	0.04-0.15克/公顷	穴施、点施

PD27-87 禾草敌/90.9%/乳油/禾草敌 90.9%/2012.02.21 至 2017.02.21/低毒

水稻田	稗草、牛毛草	1995-3000克/公顷	喷雾或毒土

PD69-88 氟磺胺草醚/250克/升/水剂/氟磺胺草醚 250克/升/2013.04.01 至 2018.04.01/低毒

春大豆	一年生阔叶杂草	222-375克/公顷	喷雾
夏大豆	一年生阔叶杂草	187.5-225克/公顷	喷雾

PD80-88 高效氯氟氰菊酯/25克/升/乳油/高效氯氟氰菊酯 25克/升/2013.09.24 至 2018.09.24/中等毒

茶树	茶小绿叶蝉	15-30克/公顷	喷雾
茶树	茶尺蠖	3.75-7.5克/公顷	喷雾
大豆	食心虫	5.63-7.5克/公顷	喷雾
柑橘树	潜叶蛾	4.2-6.2毫克/千克	喷雾
果菜、叶菜	菜红蜘蛛	常规用量下抑制作用	喷雾
果菜、叶菜	菜青虫	6.25-12.5毫克/千克	喷雾
果菜、叶菜	蚜虫	6-10毫克/千克	喷雾
梨树	梨小食心虫	5-8.3毫克/千克	喷雾
梨树、苹果树	红蜘蛛	常规用量下抑制作用	喷雾
荔枝树	蝽蟓	6.25-12.5毫克/千克	喷雾
棉花	红铃虫、棉铃虫	7.5-22.5克/公顷	喷雾
棉花	棉红蜘蛛	常规用量下抑制作用	喷雾
棉花	棉蚜	3.75-7.5克/公顷	喷雾
苹果树	桃小食心虫	5-6.3毫克/千克	喷雾
小麦	麦蚜、粘虫	4.5-7.5克/公顷	喷雾
烟草	烟青虫	5.63-7.5毫克/千克	喷雾

PD85-88 甲基嘧啶磷/500克/升/乳油/甲基嘧啶磷 500克/升/2013.09.24 至 2018.09.24/低毒

稻谷原粮、小麦原粮	玉米象	5-10毫克/千克	喷雾

PD87-88 抗蚜威/50%/水分散粒剂/抗蚜威 50%/2015.05.09 至 2020.05.09/中等毒

大豆	蚜虫	75-120克/公顷	喷雾
甘蓝	蚜虫	75-135克/公顷	喷雾
小麦	蚜虫	75-150克/公顷	喷雾
烟草	烟蚜	120-165克/公顷	喷雾
油菜	蚜虫	90-150克/公顷	喷雾

PD195-95 百草枯/30.5%/原药/百草枯 30.5%/2015.02.17 至 2020.02.17/中等毒
PD217-97 高效氯氟氰菊酯/40%/母药/高效氯氟氰菊酯 40%/2012.05.19 至 2017.05.19/中等毒
PD218-97 高效氯氟氰菊酯/81%/原药/高效氯氟氰菊酯 81%/2012.05.19 至 2017.05.19/中等毒
PD20060032 嘧菌酯/93%/原药/嘧菌酯 93%/2016.01.27 至 2021.01.27/低毒
PD20060033 嘧菌酯/250克/升/悬浮剂/嘧菌酯 250克/升/2013.09.25 至 2018.09.25/低毒

大豆	锈病	150～225克/公顷	喷雾
冬瓜	霜霉病、炭疽病	180-337.5克/公顷	喷雾
番茄	晚疫病、叶霉病	225-337.5克/公顷	喷雾
番茄	早疫病	90-120克/公顷	喷雾
柑橘	疮痂病、炭疽病	208.3-312.5毫克/千克	喷雾
花椰菜	霜霉病	150-270克/公顷	喷雾
黄瓜	霜霉病	120-180克/公顷	喷雾
黄瓜	白粉病、黑星病、蔓枯病	225-337.5克/公顷	喷雾
菊科和蔷薇科观赏花卉	白粉病	100－250毫克/千克	喷雾
辣椒	疫病	150-270克/公顷	喷雾
辣椒	炭疽病	120-180克/公顷	喷雾
荔枝	霜疫霉病	150-200毫克/千克	喷雾
马铃薯	早疫病	112.5～187.5克/公顷	喷雾
马铃薯	黑痣病	135-225克/公顷	播种时喷雾沟施
马铃薯	晚疫病	56.25-75克/公顷	喷雾
芒果	炭疽病	150-200毫克/千克	喷雾
葡萄	霜霉病	1000-2000倍液	喷雾
葡萄	白腐病、黑痘病	200-300毫克/千克	喷雾
人参	黑斑病	150～225克/公顷	喷雾
丝瓜	霜霉病	180-337.5克/公顷	喷雾
西瓜	炭疽病	150-300毫克/千克	喷雾
香蕉	叶斑病	166.7－250毫克/千克	喷雾
枣树	炭疽病	100－166.7毫克/千克	喷雾

PD20070055 敌草快/260克/升/母液/敌草快 260克/升/2012.03.09 至 2017.03.09/低毒
PD20070058 敌草快/200克/升/水剂/敌草快 200克/升/2012.03.09 至 2017.03.09/低毒

马铃薯	枯叶	600-750克/公顷	喷雾
水稻	催枯、干燥	450-600克/公顷	喷雾

PD20070203 嘧菌酯/50%/水分散粒剂/嘧菌酯 50%/2012.08.07 至 2017.08.07/低毒

草坪	褐斑病、枯萎病	200-400克/公顷	喷雾
观赏菊花	锈病	112.5-225克/公顷	喷雾

PD20082361 草甘膦/95%/原药/草甘膦 95%/2013.12.01 至 2018.12.01/低毒
PD20096032 草甘膦钾盐/35%/水剂/草甘膦 35%/2014.06.15 至 2019.06.15/微毒

冬油菜田（免耕）	杂草	750-1200克/公顷	定向茎叶喷雾
非耕地	杂草	1125-3000克/公顷	定向茎叶喷雾
柑橘园	杂草	1080-2520克/公顷	定向喷雾
棉花田	杂草	750-1650克/公顷	定向茎叶喷雾
苹果园、香蕉园	杂草	1125-2250克/公顷	定向茎叶喷雾
晚稻抛秧田(免耕)	杂草	2100-2550克/公顷	定向茎叶喷雾

注:草甘膦钾盐含量：43%。

PD20120824 高效氯氟氰菊酯/10%/种子处理微囊悬浮剂/高效氯氟氰菊酯 10%/2012.05.22 至 2017.05.22/中等毒

大豆、小麦、玉米	蛴螬	20-30克/100千克种子	种子包衣

PD20120830 抗蚜威/96%/原药/抗蚜威 96%/2012.05.22 至 2017.05.22/中等毒
WP62-99 高效氯氟氰菊酯/25克/升/微囊悬浮剂/高效氯氟氰菊酯 25克/升/2014.04.13 至 2019.04.13/低毒

卫生	蜚蠊、蚊、蝇	10-20毫克/平方米	滞留喷洒

WP85-88 甲基嘧啶磷/500克/升/乳油/甲基嘧啶磷 500克/升/2013.09.24 至 2018.09.24/低毒

卫生	蚊	1)2克/平方米(室内)2)300克/公顷(室外)	1)滞留喷雾2)超低量喷雾
卫生	蝇	2克/平方米	滞留喷雾

智利

智利科米塔工业公司 （浙江省宁波市海曙区机场路1000号2楼266室 315000 ）

PD20152634 硫磺/80%/水分散粒剂/硫磺 80%/2015.12.18 至 2020.12.18/低毒

黄瓜	白粉病	2232-2520克/公顷	喷雾

LS20150153 波尔多液/86%/水分散粒剂/波尔多液 86%/2015.06.09 至 2016.06.09/低毒

葡萄	霜霉病	1922-2162毫克/千克	喷雾

安徽省

安徽常泰化工有限公司 （安徽省东至县香隅镇化工园区 247260 0566-8167462）

PD20091731 甲哌鎓/250克/升/水剂/甲哌鎓 250克/升/2014.02.04 至 2019.02.04/低毒

棉花　调节生长　45-60克/公顷　喷雾
PD20098102　联苯菊酯/25克/升/乳油/联苯菊酯 25克/升/2014.12.08 至 2019.12.08/低毒
茶树　茶尺蠖　7.5-15克/公顷　喷雾
PD20098143　高效氯氟氰菊酯/25克/升/乳油/高效氯氟氰菊酯 25克/升/2014.12.14 至 2019.12.14/低毒
十字花科叶菜　菜青虫　7.5-15克/公顷　喷雾
PD20100414　福美双/50%/可湿性粉剂/福美双 50%/2015.01.14 至 2020.01.14/低毒
黄瓜　霜霉病　975－1200克/公顷　喷雾
PD20100931　福·福锌/80%/可湿性粉剂/福美双 30%、福美锌 50%/2015.08.27 至 2020.08.27/低毒
西瓜　炭疽病　1650－1800克/公顷　喷雾
PD20101719　草甘膦/30%/水剂/草甘膦 30%/2015.06.28 至 2020.06.28/低毒
茶园　杂草　333-500毫升制剂/亩　定向喷雾
PD20120439　啶虫脒/96%/原药/啶虫脒 96%/2012.03.14 至 2017.03.14/中等毒
PD20121143　杀螟丹/98%/原药/杀螟丹 98%/2012.07.20 至 2017.07.20/中等毒
PD20121161　联苯菊酯/96%/原药/联苯菊酯 96%/2012.07.30 至 2017.07.30/中等毒
PD20150725　吡虫·噻嗪酮/10%/可湿性粉剂/吡虫啉 2%、噻嗪酮 8%/2015.04.20 至 2020.04.20/低毒
水稻　稻飞虱　45-75克/公顷　喷雾
PD20151277　炔草酯/15%/微乳剂/炔草酯 15%/2015.07.30 至 2020.07.30/低毒
冬小麦田　一年生禾本科杂草　56.25-78.75克/公顷　茎叶喷雾
PD20152460　草甘膦/95%/原药/草甘膦 95%/2015.12.04 至 2020.12.04/低毒

安徽长城生化有限公司　(安徽省宿州市砀山县砀城东四公里　235300　0557-8865606)

PD20083998　阿维菌素/0.5%/乳油/阿维菌素 0.5%/2013.12.16 至 2018.12.16/低毒(原药高毒)
梨树　梨木虱　6-12毫克/千克　喷雾
PD20084268　炔螨特/57%/乳油/炔螨特 57%/2013.12.17 至 2018.12.17/低毒
柑橘树　红蜘蛛　285-380毫克/千克　喷雾
PD20091546　毒死蜱/45%/乳油/毒死蜱 45%/2014.02.03 至 2019.02.03/中等毒
水稻　飞虱　468-612克/公顷　喷雾
PD20094844　阿维·啶虫脒/4%/乳油/阿维菌素 1%、啶虫脒 3%/2014.04.13 至 2019.04.13/低毒(原药高毒)
黄瓜　蚜虫　9～12克/公顷　喷雾
PD20097411　阿维菌素/1.8%/乳油/阿维菌素 1.8%/2014.10.28 至 2019.10.28/低毒(原药高毒)
甘蓝　小菜蛾　8.1-10.8克/公顷　喷雾
PD20097929　吡虫啉/10%/可湿性粉剂/吡虫啉 10%/2014.11.30 至 2019.11.30/低毒
水稻　稻飞虱　30-45克/公顷　喷雾
PD20100562　阿维菌素/3.2%/乳油/阿维菌素 3.2%/2015.01.14 至 2020.01.14/中等毒(原药高毒)
甘蓝　小菜蛾　8.4-10.5克/公顷　喷雾
PD20130069　唑磷·毒死蜱/20%/乳油/毒死蜱 5%、三唑磷 15%/2013.01.07 至 2018.01.07/中等毒
水稻　三化螟　240-300克/公顷　喷雾
PD20130272　阿维菌素/5%/微乳剂/阿维菌素 5%/2013.02.21 至 2018.02.21/低毒(原药高毒)
水稻　稻纵卷叶螟　4.4-8.8克/公顷　喷雾
PD20130275　阿维菌素/1.8%/可湿性粉剂/阿维菌素 1.8%/2013.02.21 至 2018.02.21/低毒(原药高毒)
甘蓝　小菜蛾　8.1-10.8克/公顷　喷雾
PD20131675　吡虫啉/25%/可湿性粉剂/吡虫啉 25%/2013.08.07 至 2018.08.07/低毒
十字花科蔬菜　蚜虫　22.5-30克/公顷　喷雾
PD20150023　氟虫腈/8%/悬浮种衣剂/氟虫腈 8%/2015.01.04 至 2020.01.04/低毒
玉米　灰飞虱　药种比1:200-1:300　种子包衣

安徽春辉植物农药厂　(安徽省阜阳市阜口路袁寨西2公里　236151　0558-3325118)

PD20085744　三唑酮/20%/乳油/三唑酮 20%/2013.12.26 至 2018.12.26/低毒
小麦　白粉病　120-150克/公顷　喷雾
PD20085755　硫磺·三环唑/20%/可湿性粉剂/硫磺 10%、三环唑 10%/2013.12.29 至 2018.12.29/低毒
水稻　稻瘟病　300-450克/公顷　喷雾
PD20090636　高效氯氟氰菊酯/25克/升/乳油/高效氯氟氰菊酯 25克/升/2014.01.14 至 2019.01.14/中等毒
十字花科蔬菜　菜青虫　7.5-11.25克/公顷　喷雾
PD20091498　灭威·高氯氟/12%/微乳剂/高效氯氟氰菊酯 1%、灭多威 11%/2014.02.02 至 2019.02.02/中等毒(原药高毒)
棉花　棉铃虫　90-144克/公顷　喷雾
PD20092703　辛硫磷/40%/乳油/辛硫磷 40%/2014.03.03 至 2019.03.03/低毒
玉米　玉米螟　450-600克/公顷　灌心叶
PD20092977　乙烯利/40%/水剂/乙烯利 40%/2014.03.09 至 2019.03.09/低毒
棉花　调节生长　330-500倍(800-1210毫克/千克)　喷雾
PD20093222　联苯菊酯/25克/升/乳油/联苯菊酯 25克/升/2014.03.11 至 2019.03.11/低毒
茶树　茶小绿叶蝉　30-37.5克/公顷　喷雾
PD20093492　辛硫磷/3%/颗粒剂/辛硫磷 3%/2014.03,23 至 2019.03.23/低毒
花生　地下害虫　1800-3600克/公顷　撒施
PD20093618　马拉·杀螟松/12%/乳油/马拉硫磷 10%、杀螟硫磷 2%/2014.03.25 至 2019.03.25/低毒
水稻　二化螟　252-324克/公顷　喷雾

PD20096893 烟嘧磺隆/40克/升/可分散油悬浮剂/烟嘧磺隆 40克/升/2014.09.23 至 2019.09.23/低毒
玉米田 一年生杂草 42-60克/公顷 茎叶喷雾

PD20097003 啶虫脒/5%/乳油/啶虫脒 5%/2014.09.29 至 2019.09.29/低毒
黄瓜 蚜虫 18-22.5克/公顷 喷雾

PD20097914 毒·辛/25%/乳油/毒死蜱 7%、辛硫磷 18%/2014.11.30 至 2019.11.30/低毒
水稻 稻纵卷叶螟 450-562.5克/公顷 喷雾

PD20100011 阿维·哒螨灵/5%/乳油/阿维菌素 0.2%、哒螨灵 4.8%/2015.01.04 至 2020.01.04/中等毒(原药高毒)
苹果树 红蜘蛛 25-33.3毫克/千克 喷雾

PD20100239 甲基硫菌灵/70%/可湿性粉剂/甲基硫菌灵 70%/2015.01.11 至 2020.01.11/低毒
黄瓜 白粉病 294－352.8克/公顷 喷雾
小麦 赤霉病 630－735克/公顷 喷雾

PD20101373 矮壮素/50%/水剂/矮壮素 50%/2015.04.02 至 2020.04.02/低毒
棉花 调节生长 10000倍液 喷雾

PD20110941 甲氨基阿维菌素苯甲酸盐/0.5%/乳油/甲氨基阿维菌素 0.5%/2011.09.07 至 2016.09.07/低毒
甘蓝 甜菜夜蛾 1.875-2.625克/公顷 喷雾
注:甲氨基阿维菌素苯甲酸盐含量:0.57%。

PD20131583 高效氯氰菊酯/4.5%/水乳剂/高效氯氰菊酯 4.5%/2013.07.23 至 2018.07.23/中等毒
棉花 棉铃虫 40.5-54克/公顷 喷雾

PD20151195 甲氨基阿维菌素苯甲酸盐/5%/水分散粒剂/甲氨基阿维菌素 5%/2015.06.27 至 2020.06.27/低毒
甘蓝 甜菜夜蛾 7.5-11.25克/公顷 喷雾
注:甲氨基阿维菌素苯甲酸盐含量: 5.7%。

PD20152029 苯甲·嘧菌酯/30%/悬浮剂/苯醚甲环唑 11.5%、嘧菌酯 18.5%/2015.08.31 至 2020.08.31/低毒
水稻 纹枯病 180-225克/公顷 喷雾

安徽迪邦药业有限公司 (安徽省砀山县城北郊一公里 235300 0557-8890488)

PD20082090 高效氯氰菊酯/4.5%/乳油/高效氯氰菊酯 4.5%/2013.11.25 至 2018.11.25/中等毒
苹果树 桃小食心虫 22.5-45毫克/千克 喷雾

PD20082340 阿维菌素/5%/乳油/阿维菌素 5%/2013.12.01 至 2018.12.01/低毒(原药高毒)
梨树 梨木虱 6-12毫克/千克 喷雾

PD20082973 阿维菌素/1.8%/乳油/阿维菌素 1.8%/2013.12.09 至 2018.12.09/低毒(原药高毒)
十字花科蔬菜 菜青虫 8.1-10.8克/公顷 喷雾

PD20083377 腈菌唑/12.5%/乳油/腈菌唑 12.5%/2013.12.11 至 2018.12.11/低毒
梨树 黑星病 1500-2000倍液 喷雾

PD20083435 阿维·哒螨灵/10%/乳油/阿维菌素 0.4%、哒螨灵 9.6%/2013.12.11 至 2018.12.11/低毒(原药高毒)
苹果树 二斑叶螨 33.3-50毫克/千克 喷雾

PD20084815 阿维菌素/3.2%/乳油/阿维菌素 3.2%/2013.12.22 至 2018.12.22/低毒(原药高毒)
梨树 梨木虱 6-12毫克/千克 喷雾

PD20085361 吡虫啉/5%/乳油/吡虫啉 5%/2013.12.24 至 2018.12.24/低毒
小麦 蚜虫 11.25-18.75克/公顷 喷雾

PD20085362 阿维·高氯/2.4%/乳油/阿维菌素 1.1%、高效氯氰菊酯 1.3%/2013.12.24 至 2018.12.24/中等毒(原药高毒)
梨树 梨木虱 4-6毫克/千克 喷雾

PD20085535 毒死蜱/40%/乳油/毒死蜱 40%/2013.12.25 至 2018.12.25/中等毒
水稻 稻纵卷叶螟 510-600克/公顷 喷雾

PD20090252 多菌灵/50%/可湿性粉剂/多菌灵 50%/2014.01.09 至 2019.01.09/低毒
苹果树 炭疽病 625-833.3毫克/千克 喷雾

PD20091953 甲霜·锰锌/58%/可湿性粉剂/甲霜灵 10%、代森锰锌 48%/2014.02.12 至 2019.02.12/微毒
黄瓜 霜霉病 870-1305克/千克 喷雾

PD20092663 甲基硫菌灵/70%/可湿性粉剂/甲基硫菌灵 70%/2014.03.03 至 2019.03.03/低毒
梨树 黑星病 700-875毫克/千克 喷雾

PD20093263 高效氯氟氰菊酯/25克/升/乳油/高效氯氟氰菊酯 25克/升/2014.03.11 至 2019.03.11/中等毒
棉花 棉铃虫 16.875-22.5克/公顷 喷雾

安徽东至广信农化有限公司 (安徽省东至县香隅化工园区 247260 0566-8168888)

PD20093657 多菌灵/98%/原药/多菌灵 98%/2014.03.25 至 2019.03.25/低毒

PD20110093 草甘膦/95%/原药/草甘膦 95%/2016.01.26 至 2021.01.26/低毒

安徽繁农化工科技有限公司 (安徽省繁昌县孙村镇工业园西区 241206 0553-7252086)

PD86148-83 异丙威/20%/乳油/异丙威 20%/2015.03.23 至 2020.03.23/中等毒
水稻 飞虱、叶蝉 450-600克/公顷 喷雾

PD86159-2 三乙膦酸铝/40%/可湿性粉剂/三乙膦酸铝 40%/2011.11.29 至 2016.11.29/低毒
胡椒 瘟病 1克/株 灌根
棉花 疫病 1410-2820克/公顷 喷雾
蔬菜 霜霉病 1410-2820克/公顷 喷雾
水稻 稻瘟病、纹枯病 1410克/公顷 喷雾
橡胶树 割面条溃疡病 100倍液 1)切口涂药,2)喷雾

烟草 黑胫病 1）4500克/公顷,2）0.8克/株 1）喷雾,2）灌根
PD20040418 吡虫啉/5%/乳油/吡虫啉 5%/2014.12.19 至 2019.12.19/低毒
水稻 飞虱 15-22.5克/公顷 喷雾
PD20093053 氰戊·乐果/25%/乳油/乐果 21.8%、氰戊菊酯 3.2%/2014.03.09 至 2019.03.09/中等毒
棉花 蚜虫 187.5-262.5克/公顷 喷雾
PD20094468 阿维·哒螨灵/5%/乳油/阿维菌素 0.2%、哒螨灵 4.8%/2014.04.01 至 2019.04.01/低毒(原药高毒)
苹果树 二斑叶螨 25-50毫克/千克 喷雾
PD20096436 三唑磷/20%/乳油/三唑磷 20%/2014.08.05 至 2019.08.05/中等毒
水稻 二化螟 360—450克/公顷 喷雾
PD20097460 三唑磷/85%/原药/三唑磷 85%/2014.11.03 至 2019.11.03/中等毒
PD20100560 毒死蜱/40%/乳油/毒死蜱 40%/2015.01.14 至 2020.01.14/中等毒
水稻 稻纵卷叶螟 504-648克/公顷 喷雾
PD20100854 辛硫·三唑磷/20%/乳油/三唑磷 10%、辛硫磷 10%/2015.01.19 至 2020.01.19/中等毒
水稻 二化螟 360-450克/公顷 喷雾

安徽丰乐农化有限责任公司 （安徽省合肥市肥东县循环经济示范园 230031 0551-65360943)

PD20040265 高效氯氰菊酯/95%/原药/高效氯氰菊酯 95%/2014.12.19 至 2019.12.19/中等毒
PD20050118 高效氯氰菊酯/4.5%/乳油/高效氯氰菊酯 4.5%/2015.08.15 至 2020.08.15/中等毒
茶树 茶尺蠖 15-25.5克/公顷 喷雾
柑橘树 潜叶蛾 15-20毫克/千克 喷雾
柑橘树 红蜡蚧 50毫克/千克 喷雾
辣椒 烟青虫 24-34克/公顷 喷雾
棉花 红铃虫、棉铃虫、棉蚜 15-30克/公顷 喷雾
蔬菜 蚜虫 3-18克/公顷 喷雾
蔬菜 菜青虫、小菜蛾 9-25.5克/公顷 喷雾
烟草 烟青虫 15-25.5克/公顷 喷雾
枸杞 蚜虫 18-22.5毫克/千克 喷雾
PD20070277 异噁草松/95%/原药/异噁草松 95%/2012.09.05 至 2017.09.05/低毒
PD20070284 草甘膦/95%/原药/草甘膦 95%/2012.09.05 至 2017.09.05/低毒
PD20070401 丙环唑/\/原药/丙环唑 95%/2012.11.05 至 2017.11.05/低毒
PD20070534 萎锈灵/98%/原药/萎锈灵 98%/2012.12.03 至 2017.12.03/低毒
PD20070552 苯磺隆/95%/原药/苯磺隆 95%/2012.12.03 至 2017.12.03/低毒
PD20070562 精喹禾灵/95%/原药/精喹禾灵 95%/2012.12.03 至 2017.12.03/低毒
PD20070623 噻吩磺隆/95%/原药/噻吩磺隆 95%/2012.12.14 至 2017.12.14/低毒
PD20070639 噻吩磺隆/25%/可湿性粉剂/噻吩磺隆 25%/2012.12.14 至 2017.12.14/低毒
春大豆田、春玉米田 一年生阔叶杂草 30-37.5克/公顷(东北地区) 喷雾
冬小麦田、夏大豆田、夏玉米田 一年生阔叶杂草 22.5-30克/公顷 喷雾
PD20070642 苯磺隆/75%/水分散粒剂/苯磺隆 75%/2012.12.14 至 2017.12.14/低毒
冬小麦田 一年生阔叶杂草 13.5-22.5克/公顷 茎叶喷雾
PD20070657 噻吩磺隆/75%/水分散粒剂/噻吩磺隆 75%/2012.12.17 至 2017.12.17/低毒
春大豆田 一年生阔叶杂草 25.9-33.8克/公顷(东北地区) 喷雾
夏大豆田 一年生阔叶杂草 22.5-25.9克/公顷(其它地区) 喷雾
PD20080115 毒死蜱/95%/原药/毒死蜱 95%/2013.01.03 至 2018.01.03/低毒
PD20080368 草甘膦异丙胺盐/30%/水剂/草甘膦 30%/2013.02.28 至 2018.02.28/低毒
茶园 一年生和多年生杂草 1125-2250克/公顷 定向茎叶喷雾
注:草甘膦异丙胺盐含量：41%。
PD20080493 精噁唑禾草灵/95%/原药/精噁唑禾草灵 95%/2013.04.07 至 2018.04.07/低毒
PD20080513 精噁唑禾草灵/6.9%/水乳剂/精噁唑禾草灵 6.9%/2013.04.29 至 2018.04.29/低毒
春小麦田 一年生禾本科杂草 72.5—82.8克/公顷 茎叶喷雾
冬小麦田 一年生禾本科杂草 51.8—72.5克/公顷 茎叶喷雾
PD20080514 烯酰吗啉/97%/原药/烯酰吗啉 97%/2013.04.29 至 2018.04.29/低毒
PD20080579 乳氟禾草灵/240克/升/乳油/乳氟禾草灵 240克/升/2013.05.12 至 2018.05.12/低毒
春大豆田 一年生阔叶杂草 90-126克/公顷 茎叶喷雾
花生田 一年生阔叶杂草 54-108克/公顷 茎叶喷雾
夏大豆田 一年生阔叶杂草 72-90克/公顷 茎叶喷雾
PD20080622 烯酰·锰锌/69%/可湿性粉剂/代森锰锌 60%、烯酰吗啉 9%/2013.05.12 至 2018.05.12/低毒
黄瓜 霜霉病 1035—1380克/公顷 喷雾
PD20080625 异噁草松/480克/升/乳油/异噁草松 480克/升/2013.05.12 至 2018.05.12/低毒
春大豆田 一年生杂草 1008-1152克/公顷(东北地区) 土壤喷雾
PD20080630 氟磺胺草醚/250克/升/水剂/氟磺胺草醚 250克/升/2013.05.13 至 2018.05.13/低毒
春大豆田、夏大豆田 一年生阔叶杂草 262.5-375克/公顷 喷雾
PD20080631 高效氟吡甲禾灵/108克/升/乳油/高效氟吡甲禾灵 108克/升/2013.05.13 至 2018.05.13/低毒
春大豆田 一年生禾本科杂草 48.6-56.7克/公顷 茎叶喷雾

	春油菜田	一年生禾本科杂草	45.4-64.8克/公顷	茎叶喷雾
	冬油菜田	一年生禾本科杂草	32.4-45.4克/公顷	茎叶喷雾
	夏大豆田	一年生禾本科杂草	45.4-48.6克/公顷	茎叶喷雾
PD20080632	高效氟吡甲禾灵/95%/原药/高效氟吡甲禾灵 95%/2013.05.13 至 2018.05.13/低毒			
PD20080633	精噁唑禾草灵/80.5克/升/乳油/精噁唑禾草灵 80.5克/升/2013.05.13 至 2018.05.13/低毒			
	花生田	一年生禾本科杂草	48.3－78.5克/公顷	茎叶喷雾
	夏大豆田	一年生禾本科杂草	48.3－72.5克/公顷	茎叶喷雾
PD20080690	异松·乙草胺/50%/乳油/乙草胺 40%、异噁草松 10%/2013.06.04 至 2018.06.04/低毒			
	冬油菜田	一年生杂草	525-600克/公顷	土壤喷雾
PD20080747	精喹·乙草胺/35%/乳油/精喹禾灵 2.5%、乙草胺 32.5%/2013.06.11 至 2018.06.11/低毒			
	大豆田	部分阔叶杂草、一年生禾本科杂草	900-1070克/公顷	茎叶喷雾
PD20080751	噻磺·乙草胺/50%/乳油/噻吩磺隆 0.3%、乙草胺 49.7%/2013.06.11 至 2018.06.11/低毒			
	花生田	一年生杂草	600-750克/公顷	播后苗前喷雾
	夏大豆田、夏玉米田	一年生杂草	600-750克/公顷	喷雾
PD20080849	噻嗪·杀虫单/50%/可湿性粉剂/噻嗪酮 10%、杀虫单 40%/2013.06.23 至 2018.06.23/中等毒			
	水稻	稻飞虱、二化螟	300-600克/公顷	喷雾
PD20080861	莠去津/38%/悬浮剂/莠去津 38%/2013.06.23 至 2018.06.23/低毒			
	春玉米田	一年生杂草	600-900克/公顷(东北地区)	茎叶喷雾
	夏玉米田	一年生杂草	540-600克/公顷(其它地区)	茎叶喷雾
PD20081057	丙环唑/250克/升/乳油/丙环唑 250克/升/2013.08.14 至 2018.08.14/低毒			
	香蕉	叶斑病	500-1000倍液	喷雾
	茭白	胡麻斑病	56-75克/公顷	喷雾
PD20081290	苯磺隆/10%/可湿性粉剂/苯磺隆 10%/2013.09.26 至 2018.09.26/低毒			
	春小麦田	一年生阔叶杂草	22.5-30克/公顷	茎叶喷雾
	冬小麦田	一年生阔叶杂草	13.5-22.5克/公顷	茎叶喷雾
PD20081472	丙草胺/300克/升/乳油/丙草胺 300克/升/2013.11.04 至 2018.11.04/低毒			
	水稻田(直播)	一年生杂草	540－675克/公顷	土壤喷雾
PD20081717	精喹·草除灵/14%/乳油/草除灵 12%、精喹禾灵 2%/2013.11.18 至 2018.11.18/低毒			
	油菜田	一年生杂草	210-252克/公顷	茎叶喷雾
PD20081906	噻磺·异丙隆/72%/可湿性粉剂/噻吩磺隆 1.5%、异丙隆 70.5%/2013.11.21 至 2018.11.21/低毒			
	冬小麦田	一年生杂草	1080-1296克/公顷	喷雾
PD20081919	福美·拌种灵/15%/悬浮种衣剂/拌种灵 7.5%、福美双 7.5%/2013.11.21 至 2018.11.21/低毒			
	棉花	苗期立枯病	200-250克/100千克种子	种子包衣
PD20081936	精喹禾灵/5%/乳油/精喹禾灵 5%/2013.11.25 至 2018.11.25/低毒			
	大豆田	一年生禾本科杂草	37.5-52.5克/公顷	喷雾
	花生田	一年生禾本科杂草	45-60克/公顷	喷雾
	棉花田	一年生禾本科杂草	37.5-60克/公顷	喷雾
	油菜田	一年生禾本科杂草	30-45克/公顷	喷雾
PD20082133	福·克/20%/悬浮种衣剂/福美双 12%、克百威 8%/2013.11.25 至 2018.11.25/中等毒(原药高毒)			
	玉米	地下害虫、苗期茎基腐病	1:40-50(药种比)	种子包衣
PD20082251	苄·乙/20%/可湿性粉剂/苄嘧磺隆 4.5%、乙草胺 15.5%/2013.11.27 至 2018.11.27/低毒			
	水稻移栽田	多种一年生杂草	84-118克/公顷	喷雾
PD20082271	氰戊·辛硫磷/30%/乳油/氰戊菊酯 5%、辛硫磷 25%/2013.11.27 至 2018.11.27/中等毒			
	棉花	蚜虫	150-225克/公顷	喷雾
	棉花	棉铃虫	180-270克/公顷	喷雾
PD20082362	噁草·丁草胺/20%/乳油/丁草胺 14%、噁草酮 6%/2013.12.01 至 2018.12.01/低毒			
	水稻半旱育秧田、水稻旱育秧田	一年生杂草	450-600克/公顷	复土后喷雾
PD20082369	毒死蜱/40%/乳油/毒死蜱 40%/2013.12.01 至 2018.12.01/中等毒			
	水稻	稻飞虱、二化螟	432-576克/公顷	喷雾
PD20082481	精噁唑禾草灵/10%/乳油/精噁唑禾草灵 10%/2013.12.03 至 2018.12.03/低毒			
	春小麦田	一年生禾本科杂草	90－105克/公顷	茎叶喷雾
	冬小麦田	一年生禾本科杂草	75－90克/公顷	茎叶喷雾
PD20082889	烯酰吗啉/50%/可湿性粉剂/烯酰吗啉 50%/2013.12.09 至 2018.12.09/低毒			
	花椰菜	霜霉病	225-375克/公顷	喷雾
	黄瓜	霜霉病	225-300克/公顷	喷雾
PD20082951	精喹禾灵/10%/乳油/精喹禾灵 10%/2013.12.09 至 2018.12.09/低毒			
	花生田、棉花田、夏大豆田、油菜田	一年生禾本科杂草	39.6-52.8克/公顷	喷雾
	西瓜田	一年生禾本科杂草	46.2-59.4克/公顷	茎叶喷雾
PD20083245	萎·克·福美双/25%/悬浮种衣剂/福美双 11.5%、克百威 7%、萎锈灵 6.5%/2013.12.11 至 2018.12.11/中等毒(原药高毒)			
	玉米	金针虫、蝼蛄、蛴螬、丝黑穗病、小地老	1:40-50(药种比)	种子包衣

	虎		
PD20083336	溴氰菊酯/25克/升/乳油/溴氰菊酯 25克/升/2013.12.11 至 2018.12.11/中等毒		
苹果树	桃小食心虫	10-12.5毫克/千克	喷雾
PD20083483	氯氟吡氧乙酸异辛酯/95%/原药/氯氟吡氧乙酸异辛酯 95%/2013.12.12 至 2018.12.12/低毒		
PD20084107	噻磺·乙草胺/39%/可湿性粉剂/噻吩磺隆 0.6%、乙草胺 38.4%/2013.12.16 至 2018.12.16/低毒		
春大豆田、春玉米田	一年生杂草	1170-1462.5克/公顷(东北地区)	播后苗前土壤喷雾
花生田、夏大豆田、	一年生杂草	585-877.5克/公顷	播后苗前土壤喷雾
夏玉米田			
PD20084885	多·咪·福美双/18%/悬浮种衣剂/多菌灵 9%、福美双 7%、咪鲜胺 2%/2013.12.22 至 2018.12.22/低毒		
水稻	恶苗病	1:40-50(药种比)	种子包衣
PD20084946	萎锈·福美双/400克/升/悬浮种衣剂/福美双 200克/升、萎锈灵 200克/升/2013.12.22 至 2018.12.22/低毒		
棉花	立枯病	160-200克/100千克种子	种子包衣
PD20085331	松·喹·氟磺胺/35%/乳油/氟磺胺草醚 9.5%、精喹禾灵 2.5%、异噁草松 23%/2013.12.24 至 2018.12.24/低毒		
春大豆田	一年生杂草	525－787.5克/公顷(东北地区)	茎叶喷雾
PD20086144	氯氟吡氧乙酸/200克/升/乳油/氯氟吡氧乙酸 200克/升/2013.12.30 至 2018.12.30/低毒		
冬小麦田	阔叶杂草	180-210克/公顷	茎叶喷雾
水田畦畔	水花生	150-210克/公顷	茎叶喷雾
玉米田	一年生阔叶杂草	150-210克/公顷	茎叶喷雾
PD20086221	灭草松/480克/升/水剂/灭草松 480克/升/2013.12.31 至 2018.12.31/低毒		
春大豆田	一年生阔叶杂草	1440-1800克/公顷	茎叶喷雾
夏大豆田	一年生阔叶杂草	1080-1440克/公顷	茎叶喷雾
PD20086273	多·福·克/35%/悬浮种衣剂/多菌灵 12%、福美双 15%、克百威 8%/2013.12.31 至 2018.12.31/中等毒(原药高毒)		
大豆	孢囊线虫、根腐病	583.3-700克/100千克种子	种子包衣
PD20090832	精吡氟禾草灵/150克/升/乳油/精吡氟禾草灵 150克/升/2014.01.19 至 2019.01.19/低毒		
春大豆田、夏大豆田	一年生禾本科杂草	135-157.5克/公顷	茎叶喷雾
PD20090875	烟嘧磺隆/97%/原药/烟嘧磺隆 97%/2014.01.19 至 2019.01.19/低毒		
PD20091872	多·福/15%/悬浮种衣剂/多菌灵 8%、福美双 7%/2014.02.09 至 2019.02.09/低毒		
小麦	根腐病、散黑穗病	1:60-80(药种比)	种子包衣
PD20091902	阿维·高氯/1%/乳油/阿维菌素 0.3%、高效氯氰菊酯 0.7%/2014.02.09 至 2019.02.09/低毒(原药高毒)		
十字花科蔬菜	小菜蛾	7.5-15克/公顷	喷雾
PD20095011	咪乙·甲戊灵/34.5%/乳油/二甲戊灵 32.25%、咪唑乙烟酸 2.25%/2014.04.21 至 2019.04.21/低毒		
春大豆田	一年生杂草	828-1035克/公顷	土壤喷雾
PD20095735	烯草酮/120克/升/乳油/烯草酮 120克/升/2014.05.18 至 2019.05.18/低毒		
冬油菜田	一年生禾本科杂草	54-72克/公顷	茎叶喷雾
PD20096419	甲戊·莠去津/42%/悬浮剂/二甲戊灵 17%、莠去津 25%/2014.08.04 至 2019.08.04/低毒		
夏玉米田	一年生杂草	945-1260克/公顷	土壤喷雾
PD20096692	唑磷·毒死蜱/30%/乳油/毒死蜱 15%、三唑磷 15%/2014.09.07 至 2019.09.07/中等毒		
水稻	三化螟	180-270克/公顷	茎叶喷雾
PD20098397	烟嘧磺隆/40克/升/可分散油悬浮剂/烟嘧磺隆 40克/升/2014.12.18 至 2019.12.18/低毒		
玉米田	一年生禾本科杂草及阔叶杂草	48-60克/公顷	喷雾
PD20100876	唑螨酯/5%/悬浮剂/唑螨酯 5%/2015.01.19 至 2020.01.19/低毒		
柑橘树	红蜘蛛	25-50毫克/千克	喷雾
苹果树	红蜘蛛	16.7-25毫克/千克	喷雾
PD20111030	高效氯氰菊酯/4.5%/微乳剂/高效氯氰菊酯 4.5%/2011.09.30 至 2016.09.30/中等毒		
甘蓝	菜青虫	13.5-27克/公顷	喷雾
PD20111339	氯氰·福美双/13%/悬浮种衣剂/福美双 10%、氯氰菊酯 3%/2011.12.06 至 2016.12.06/低毒		
玉米	地老虎、茎枯病、金针虫、蛴螬	217-325克/100千克种子	种子包衣
PD20120032	高效氯氟氰菊酯/25克/升/乳油/高效氯氟氰菊酯 25克/升/2012.01.09 至 2017.01.09/中等毒		
小白菜	蚜虫	5.625－7.5克/公顷	喷雾
PD20120050	精喹禾灵/5%/微乳剂/精喹禾灵 5%/2012.01.11 至 2017.01.11/低毒		
大豆田	一年生禾本科杂草	37.5-67.5克/公顷	茎叶喷雾
PD20120191	精喹禾灵/20%/乳油/精喹禾灵 20%/2012.01.30 至 2017.01.30/低毒		
大豆田	一年生禾本科杂草	52.5-67.5克/公顷	茎叶喷雾
PD20120293	敌百·毒死蜱/40%/乳油/敌百虫 20%、毒死蜱 20%/2012.02.17 至 2017.02.17/中等毒		
水稻	稻纵卷叶螟	450-600克/公顷	喷雾
PD20120484	烟嘧·莠去津/23%/可分散油悬浮剂/烟嘧磺隆 3%、莠去津 20%/2012.03.19 至 2017.03.19/低毒		
春玉米田、夏玉米田	一年生杂草	345-517.5克/公顷	茎叶喷雾
PD20120515	烟嘧磺隆/8%/可分散油悬浮剂/烟嘧磺隆 8%/2012.03.28 至 2017.03.28/低毒		
春玉米田	一年生杂草	60-72克/公顷	茎叶喷雾
夏玉米田	一年生杂草	48-60克/公顷	茎叶喷雾
PD20120570	烟嘧·莠去津/52%/可湿性粉剂/烟嘧磺隆 4%、莠去津 48%/2012.03.28 至 2017.03.28/低毒		
玉米田	一年生杂草	585-780克/公顷	茎叶喷雾
PD20121086	吡虫啉/15%/微囊悬浮剂/吡虫啉 15%/2012.07.19 至 2017.07.19/低毒		

登记证号	农药信息/登记作物	防治对象	用药量	施用方法
	林木	天牛	37.5-50毫克/千克	喷雾
	松树	松褐天牛	37.5-50毫克/千克	喷雾
PD20121399	灭草松/95%/原药/灭草松 95%/2012.09.19 至 2017.09.19/低毒			
PD20121418	甲氨基阿维菌素苯甲酸盐/5%/水分散粒剂/甲氨基阿维菌素 5%/2012.09.19 至 2017.09.19/低毒			
	甘蓝	甜菜夜蛾	7.5-15克/公顷	喷雾
	注:甲氨基阿维菌素苯甲酸盐5.7%。			
PD20121421	辛硫磷/30%/微囊悬浮剂/辛硫磷 30%/2012.09.19 至 2017.09.19/低毒			
	花生	蛴螬	3600-5400克/公顷	喷雾于播种穴
PD20121692	吡虫啉/600克/升/悬浮种衣剂/吡虫啉 600克/升/2012.11.05 至 2017.11.05/低毒			
	玉米	灰飞虱	200—500克/100千克种子	种子包衣
	玉米	蚜虫	350—500克/100千克种子	种子包衣
PD20121708	己唑醇/5%/悬浮剂/己唑醇 5%/2012.11.05 至 2017.11.05/低毒			
	水稻	稻曲病、纹枯病	60-75克/公顷	喷雾
PD20121709	戊唑醇/60克/升/悬浮种衣剂/戊唑醇 60克/升/2012.11.05 至 2017.11.05/低毒			
	小麦	全蚀病	1.8-3.6克/100千克种子	种子包衣
	玉米	丝黑穗病	8-12克/100千克种子	种子包衣
PD20122003	醚菌酯/30%/悬浮剂/醚菌酯 30%/2012.12.19 至 2017.12.19/低毒			
	小麦	锈病	225-315克/公顷	喷雾
PD20122015	草铵膦/200克/升/水剂/草铵膦 200克/升/2012.12.19 至 2017.12.19/低毒			
	非耕地	杂草	1350-1890克/公顷	定向茎叶喷雾
	柑橘园	杂草	1050-1650克/公顷	定向茎叶喷雾
PD20130254	毒死蜱/30%/微囊悬浮剂/毒死蜱 30%/2013.02.06 至 2018.02.06/低毒			
	花生	蛴螬	1575-2250克/公顷	喷雾于播种穴
PD20130278	二氯吡啶酸/95%/原药/二氯吡啶酸 95%/2013.02.21 至 2018.02.21/低毒			
PD20130503	精喹禾灵/8%/微乳剂/精喹禾灵 8%/2013.03.27 至 2018.03.27/低毒			
	大豆田	一年生禾本科杂草	52.8-66克/公顷	茎叶喷雾
PD20130637	吡蚜酮/25%/可湿性粉剂/吡蚜酮 25%/2013.04.05 至 2018.04.05/低毒			
	芹菜	蚜虫	75-120克/公顷	喷雾
	水稻	飞虱	60-75克/公顷	喷雾
	小麦	蚜虫	60-75克/公顷	喷雾
PD20130812	炔草酯/15%/可湿性粉剂/炔草酯 15%/2013.04.22 至 2018.04.22/低毒			
	小麦田	部分禾本科杂草	45-56.25克/公顷	茎叶喷雾
PD20131420	吡蚜酮/98.5%/原药/吡蚜酮 98.5%/2013.07.02 至 2018.07.02/低毒			
PD20131457	草甘膦铵盐/68%/可溶粒剂/草甘膦 68%/2013.07.05 至 2018.07.05/低毒			
	柑橘园	杂草	1122-2244克/公顷	定向茎叶喷雾
	注:草甘膦铵盐含量: 74.7%。			
PD20131828	烟嘧磺隆/75%/水分散粒剂/烟嘧磺隆 75%/2013.09.17 至 2018.09.17/低毒			
	春玉米田	一年生杂草	61.9-72克/公顷	茎叶喷雾
	夏玉米田	一年生杂草	50.6-61.9克/公顷	茎叶喷雾
PD20132486	吡·拌·福美双/20%/悬浮种衣剂/拌种灵 7.5%、吡虫啉 5%、福美双 7.5%/2013.12.09 至 2018.12.09/低毒			
	棉花	立枯病、棉蚜	267-308克/100千克种子	种子包衣
PD20132626	嘧菌酯/50/水分散粒剂/嘧菌酯 50%/2013.12.20 至 2018.12.20/低毒			
	水稻	稻瘟病	300-397.5克/公顷	喷雾
PD20132670	烯啶虫胺/10%/水剂/烯啶虫胺 10%/2013.12.23 至 2018.12.23/低毒			
	水稻	稻飞虱	30-60克/公顷	喷雾
PD20140143	麦畏·草甘膦/33%/水剂/草甘膦 30%、麦草畏 3%/2014.01.20 至 2019.01.20/低毒			
	非耕地	杂草	891-1188克/公顷	茎叶喷雾
PD20140145	双草醚/100克/升/悬浮剂/双草醚 100克/升/2014.01.20 至 2019.01.20/低毒			
	水稻田(直播)	一年生杂草	22.5-30克/公顷	茎叶喷雾
PD20140153	噻虫嗪/25%/悬浮剂/噻虫嗪 25%/2014.01.28 至 2019.01.28/低毒			
	水稻	飞虱	15-22.5克/公顷	喷雾
	小麦	蚜虫	15-30克/公顷	喷雾
PD20140289	唑草· 苯磺隆/24%/可湿性粉剂/苯磺隆 14%、唑草酮 10%/2014.02.12 至 2019.02.12/低毒			
	小麦田	一年生杂草	28.8-43.2克/公顷	茎叶喷雾
PD20140787	氰氟草酯/100克/升/水乳剂/氰氟草酯 100克/升/2014.03.25 至 2019.03.25/低毒			
	水稻田(直播)	一年生禾本科杂草	90-105克/公顷	茎叶喷雾
PD20141134	硝磺草酮/15%/悬浮剂/硝磺草酮 15%/2014.04.28 至 2019.04.28/低毒			
	玉米田	一年生杂草	90-135克/公顷	茎叶喷雾
PD20141379	氰氟草酯/100克/升/乳油/氰氟草酯 100克/升/2014.06.04 至 2019.06.04/低毒			
	水稻田(直播)、水稻秧田	稗草、千金子等禾本科杂草	75-105克/公顷	茎叶喷雾
PD20141679	苯甲·嘧菌酯/30%/悬浮剂/苯醚甲环唑 18.5%、嘧菌酯 11.5%/2014.06.30 至 2019.06.30/低毒			
	水稻	纹枯病	146.25—243.75克/公顷	喷雾

PD20141896 氟虫腈/8%/悬浮种衣剂/氟虫腈 8%/2014.08.01 至 2019.08.01/低毒
玉米 蛴螬 40-50克/100千克种子 种子包衣
PD20142219 多杀霉素/5%/悬浮剂/多杀霉素 5%/2014.09.28 至 2019.09.28/低毒
花椰菜 小菜蛾 15-22.5克/公顷 喷雾
水稻 蓟马 30-37.5克/公顷 喷雾
PD20150064 噻呋酰胺/240克/升/悬浮剂/噻呋酰胺 240克/升/2015.01.05 至 2020.01.05/低毒
水稻 纹枯病 54—79.2克/公顷 喷雾
PD20150548 螺螨酯/24%/悬浮剂/螺螨酯 24%/2015.03.23 至 2020.03.23/低毒
柑橘树 红蜘蛛 50-62.5毫克/千克 喷雾
PD20151220 异隆·炔草酯/65%/可湿性粉剂/异丙隆 60%、炔草酯 5%/2015.07.30 至 2020.07.30/低毒
冬小麦田 一年生杂草 780-975克/公顷 茎叶喷雾
PD20151497 双氟磺草胺/50克/升/悬浮剂/双氟磺草胺 50克/升/2015.07.31 至 2020.07.31/微毒
冬小麦田 一年生阔叶杂草 3.75-4.5克/公顷 茎叶喷雾
PD20151769 二氯喹啉酸/25%/悬浮剂/二氯喹啉酸 25%/2015.08.28 至 2020.08.28/微毒
直播水稻田 稗草 225-375克/公顷 茎叶喷雾
PD20152197 枯草芽孢杆菌/1000亿芽孢/克/可湿性粉剂/枯草芽孢杆菌 1000亿芽孢/克/2015.09.23 至 2020.09.23/微毒
水稻 稻瘟病 225-300克制剂/公顷 喷雾
PD20152492 杀螺胺乙醇胺盐/50%/可湿性粉剂/杀螺胺乙醇胺盐 50%/2015.12.05 至 2020.12.05/低毒
水稻 福寿螺 450-600克/公顷 撒毒土
PD20152537 氯吡嘧磺隆/75%/水分散粒剂/氯吡嘧磺隆 75%/2015.12.05 至 2020.12.05/低毒
甘蔗田 一年生阔叶杂草及莎草科杂草 33.75-56.25克/公顷 茎叶喷雾
玉米田 一年生阔叶杂草及莎草科杂草 45-56.25克/公顷 茎叶喷雾
PD20152591 炔苯酰草胺/80/水分散粒剂/炔苯酰草胺 80%/2015.12.17 至 2020.12.17/低毒
姜田 一年生杂草 1440-1680克/公顷 土壤喷雾
LS20130454 炔苯酰草胺/80%/水分散粒剂/炔苯酰草胺 80%/2015.10.10 至 2016.10.10/低毒
姜田 一年生杂草 1200-1680克/公顷 土壤喷雾
LS20150065 丙环·福美双/31%/悬浮剂/丙环唑 13%、福美双 18%/2015.03.24 至 2016.03.24/低毒
小麦 白粉病、赤霉病 262.5-315克/公顷 喷雾
LS20150256 硝磺·异丙·莠/46%/悬浮剂/异丙草胺 20%、莠去津 20%、硝磺草酮 6%/2015.07.30 至 2016.07.30/低毒
玉米田 一年生杂草 828-1242克/公顷 茎叶喷雾

安徽丰特农化有限公司 （安徽省桐城市吕亭镇 231420 025-84392733)

PD20082570 氰戊·辛硫磷/25%/乳油/氰戊菊酯 6.5%、辛硫磷 18.5%/2013.12.04 至 2018.12.04/中等毒
棉花 棉铃虫 270-300克/公顷 喷雾
PD20085973 溴氰 ·敌敌畏/20.5%/乳油/敌敌畏 20%、溴氰菊酯 0.5%/2013.12.29 至 2018.12.29/中等毒
棉花 蚜虫 230.625-307.5克/公顷 喷雾

安徽福瑞德生物科技有限公司 （安徽省合肥市瑶海区睢溪东路1号嘉华中心B座1701室 230041 0551-64393621)

PD20086235 甲氰·辛硫磷/25%/乳油/甲氰菊酯 3%、辛硫磷 22%/2013.12.31 至 2018.12.31/中等毒
棉花 棉铃虫 281.25-375克/公顷 喷雾
PD20090669 溴氰 ·敌敌畏/20.5%/乳油/敌敌畏 20%、溴氰菊酯 0.5%/2014.01.19 至 2019.01.19/中等毒
棉花 蚜虫 230.625-307.5克/公顷 喷雾

安徽富地神生物科技有限公司 （安徽省宿州市埇桥区杨庄乡奎河西 234000 0557-4378777)

PD20080956 甲拌磷/3%/颗粒剂/甲拌磷 3%/2013.07.23 至 2018.07.23/中等毒(原药高毒)
棉花 蚜虫 1350-1800克/公顷 苗期沟施或穴施
PD20090155 甲·克/3%/颗粒剂/甲拌磷 1.8%、克百威 1.2%/2014.01.08 至 2019.01.08/中等毒(原药高毒)
棉花 地老虎、棉蚜 1800-2250克/公顷 沟施

安徽富田农化有限公司 （安徽省东至县香隅化工园区 247260 0566-8168008)

PD20121383 乙草胺/97%/原药/乙草胺 97%/2012.09.13 至 2017.09.13/低毒
PD20121733 丁草胺/95%/原药/丁草胺 95%/2012.11.08 至 2017.11.08/低毒
PD20121825 丙草胺/98%/原药/丙草胺 98%/2012.11.22 至 2017.11.22/低毒
PD20122062 甲草胺/97%/原药/甲草胺 97%/2012.12.24 至 2017.12.24/低毒
PD20140008 嘧菌酯/98%/原药/嘧菌酯 98%/2014.01.02 至 2019.01.02/低毒
PD20140017 氰氟草酯/98%/原药/氰氟草酯 98%/2014.01.02 至 2019.01.02/低毒
PD20141427 吡蚜酮/97%/原药/吡蚜酮 97%/2014.06.06 至 2019.06.06/低毒
PD20141727 杀铃脲/97%/原药/杀铃脲 97%/2014.06.30 至 2019.06.30/低毒
PD20141741 虱螨脲/98%/原药/虱螨脲 98%/2014.06.30 至 2019.06.30/低毒
PD20142260 茚虫威/71.25%/母药/茚虫威 71.25%/2014.10.15 至 2019.10.15/低毒
PD20142541 除虫脲/98%/原药/除虫脲 98%/2014.12.12 至 2019.12.12/低毒
PD20142562 氟节胺/98%/原药/氟节胺 98%/2014.12.15 至 2019.12.15/低毒
PD20142582 嗪草酮/95%/原药/嗪草酮 95%/2014.12.15 至 2019.12.15/低毒
PD20151542 噻虫嗪/98%/原药/噻虫嗪 98%/2015.08.03 至 2020.08.03/低毒
PD20151808 异丙草胺/92%/原药/异丙草胺 92%/2015.08.28 至 2020.08.28/低毒
WP20150093 避蚊胺/99/原药/避蚊胺 99%/2015.05.18 至 2020.05.18/低毒

安徽广信农化股份有限公司 （安徽省广德县新杭镇彭村 242235 0563-6038999)

PD20060029 多菌灵/98%/原药/多菌灵 98%/2016.01.25 至 2021.01.25/低毒

PD20060188 多菌灵/40%/悬浮剂/多菌灵 40%/2011.12.06 至 2016.12.06/低毒

水稻 纹枯病 840-1080克/公顷 喷雾

PD20070091 甲基硫菌灵/95%/原药/甲基硫菌灵 95%/2012.04.18 至 2017.04.18/低毒

PD20070286 多菌灵/50%/可湿性粉剂/多菌灵 50%/2012.09.05 至 2017.09.05/低毒

水稻 稻瘟病 750-937.5克/公顷 喷雾

PD20070304 草甘膦/95%/原药/草甘膦 95%/2012.09.21 至 2017.09.21/低毒

PD20070431 甲基硫菌灵/70%/可湿性粉剂/甲基硫菌灵 70%/2012.11.12 至 2017.11.12/低毒

水稻 纹枯病 892.5-1102.5克/公顷 喷雾

PD20092888 敌草隆/80%/可湿性粉剂/敌草隆 80%/2014.03.05 至 2019.03.05/低毒

甘蔗田 杂草 1200-1800克/公顷 土壤喷雾

PD20092940 吡虫啉/95%/原药/吡虫啉 95%/2014.03.05 至 2019.03.05/中等毒

PD20093842 多菌灵/50%/悬浮剂/多菌灵 50%/2014.03.25 至 2019.03.25/低毒

水稻 稻瘟病 562.5-937.5克/公顷 喷雾

PD20093866 噻嗪酮/97%/原药/噻嗪酮 97%/2014.03.25 至 2019.03.25/低毒

PD20094231 异丙威/95%/原药/异丙威 95%/2014.03.31 至 2019.03.31/低毒

PD20098131 敌草隆/97%/原药/敌草隆 97%/2014.12.08 至 2019.12.08/低毒

PD20098214 草甘膦异丙胺盐(62%)///水剂/草甘膦 46%/2014.12.16 至 2019.12.16/微毒

非耕地 杂草 1125-3000克/公顷 茎叶喷雾

PD20098435 敌草隆/80%/水分散粒剂/敌草隆 80%/2014.12.24 至 2019.12.24/低毒

甘蔗田 一年生杂草 1200-2400克/公顷 土壤喷雾

PD20102224 草甘膦异丙胺盐/30%/水剂/草甘膦 30%/2015.12.31 至 2020.12.31/低毒

茶园 杂草 2745-5490毫升/公顷 定向喷雾

注:草甘膦异丙胺盐含量:41%。

PD20110092 毒死蜱/98%/原药/毒死蜱 98%/2016.01.26 至 2021.01.26/中等毒

PD20110628 环嗪酮/98%/原药/环嗪酮 98%/2011.06.16 至 2016.06.16/低毒

PD20120670 异丙隆/98%/原药/异丙隆 98%/2012.04.18 至 2017.04.18/低毒

PD20121722 噻虫嗪/98%/原药/噻虫嗪 98%/2012.11.08 至 2017.11.08/低毒

PD20121915 嘧菌酯/97%/原药/嘧菌酯 97%/2012.12.07 至 2017.12.07/微毒

PD20130801 烟嘧磺隆/95%/原药/烟嘧磺隆 95%/2013.04.22 至 2018.04.22/低毒

PD20130953 异丙隆/50%/可湿性粉剂/异丙隆 50%/2013.05.02 至 2018.05.02/低毒

冬小麦田 一年生杂草 1125-1500克/公顷 播后苗前土壤喷雾

PD20131018 噁草酮/95%/原药/噁草酮 95%/2013.05.13 至 2018.05.13/低毒

PD20131308 敌草隆/80%/悬浮剂/敌草隆 80%/2013.06.08 至 2018.06.08/低毒

注:专供出口,不得在国内销售。

PD20131355 硫双威/95%/原药/硫双威 95%/2013.06.20 至 2018.06.20/中等毒

PD20131380 除虫脲/98%/原药/除虫脲 98%/2013.06.24 至 2018.06.24/低毒

PD20131650 环嗪·敌草隆/60%/水分散粒剂/敌草隆 46.8%、环嗪酮 13.2%/2013.08.01 至 2018.08.01/低毒

注:专供出口，不得在国内销售。

PD20131974 氰氟草酯/97.4%/原药/氰氟草酯 97.4%/2013.10.10 至 2018.10.10/低毒

PD20131989 咪鲜胺/97%/原药/咪鲜胺 97%/2013.10.10 至 2018.10.10/低毒

PD20131993 噻吩磺隆/95%/原药/噻吩磺隆 95%/2013.10.10 至 2018.10.10/低毒

PD20132288 醚菌酯/98%/原药/醚菌酯 98%/2013.11.08 至 2018.11.08/低毒

PD20132299 虱螨脲/98%/原药/虱螨脲 98%/2013.11.08 至 2018.11.08/低毒

PD20132459 啶虫脒/99%/原药/啶虫脒 99%/2013.12.02 至 2018.12.02/中等毒

PD20132467 多菌灵/80%/可湿性粉剂/多菌灵 80%/2013.12.02 至 2018.12.02/低毒

苹果树 轮纹病 400—800毫克/千克 喷雾

PD20132568 氟啶脲/96%/原药/氟啶脲 96%/2013.12.17 至 2018.12.17/低毒

PD20132690 乙霉威/95%/原药/乙霉威 95%/2013.12.25 至 2018.12.25/低毒

PD20140216 多菌灵/90%/水分散粒剂/多菌灵 90%/2014.01.29 至 2019.01.29/低毒

注:专供出口，不得在国内销售。

PD20140843 联苯菊酯/98%/原药/联苯菊酯 98%/2014.04.08 至 2019.04.08/中等毒

PD20141076 抑霉唑/98%/原药/抑霉唑 98%/2014.04.25 至 2019.04.25/低毒

PD20141209 甲基硫菌灵/500克/升/悬浮剂/甲基硫菌灵 500克/升/2014.05.06 至 2019.05.06/低毒

水稻 纹枯病 93.5-112.5克/公顷 喷雾

PD20141280 多菌灵/90%/水分散粒剂/多菌灵 90%/2014.05.12 至 2019.05.12/低毒

油菜 菌核病 1012.5-1350克/公顷 喷雾

WP20130220 残杀威/97%/原药/残杀威 97%/2013.10.29 至 2018.10.29/中等毒

WP20140048 吡丙醚/95%/原药/吡丙醚 95%/2014.03.06 至 2019.03.06/低毒

安徽国星生物化学有限公司 （安徽省马鞍山市当涂经济开发区程桥外滩红太阳 243100 025-87151982)

PD20101872 草甘膦/96%/原药/草甘膦 96%/2015.08.09 至 2020.08.09/低毒

PD20102088 百草枯/30.5%/母药/百草枯 30.5%/2015.11.25 至 2020.11.25/中等毒

PD20120584 百草枯/200克/升/水剂/百草枯 200克/升/2012.03.30 至 2017.03.30/中等毒

注：专供出口，不得在国内销售。
PD20121326　草甘膦异丙胺盐/30%/水剂/草甘膦 30%/2012.09.11 至 2017.09.11/低毒
苹果树　杂草　900-1800克/公顷　定向茎叶喷雾
注:草甘膦异丙胺盐含量:41%
PD20130238　毒死蜱/97%/原药/毒死蜱 97%/2013.02.05 至 2018.02.05/中等毒
PD20130844　敌草快/40%/母药/敌草快 40%/2013.04.22 至 2018.04.22/中等毒
PD20132371　草甘膦铵盐/80%/可溶粒剂/草甘膦 80%/2013.11.20 至 2018.11.20/低毒
非耕地　杂草　2040-3060克/公顷　茎叶喷雾
注:草甘膦铵盐含量：88%。
PD20150071　草甘膦铵盐/68%/可溶粒剂/草甘膦 68%/2015.01.05 至 2020.01.05/低毒
非耕地　杂草　1020-2040克/公顷　茎叶喷雾
注:草甘膦铵盐含量为：74.7%。

安徽海日农化有限公司　(安徽省亳州市谯城区亳古路19号　236800　0551-68500931)

PD20085407　硫磺·三环唑/45%/可湿性粉剂/硫磺 40%、三环唑 5%/2013.12.24 至 2018.12.24/低毒
水稻　稻瘟病　810-1215克/公顷　喷雾
PD20090373　辛硫磷/3%/颗粒剂/辛硫磷 3%/2014.01.12 至 2019.01.12/低毒
玉米　玉米螟　135-180克/公顷　喇叭口撒施
PD20090512　甲基硫菌灵/70%/可湿性粉剂/甲基硫菌灵 70%/2014.01.12 至 2019.01.12/低毒
黄瓜　白粉病　336-504克/公顷　喷雾
PD20092187　噻螨酮/5%/乳油/噻螨酮 5%/2014.02.23 至 2019.02.23/低毒
柑橘树　红蜘蛛　25-33.3毫克/千克　喷雾
PD20093552　杀虫双/18%/水剂/杀虫双 18%/2014.03.23 至 2019.03.23/低毒
水稻　三化螟　675-810克/公顷　喷雾
PD20093608　敌敌畏/48%/乳油/敌敌畏 48%/2014.03.23 至 2019.03.23/中等毒
十字花科蔬菜　菜青虫　750-1050克/公顷　喷雾
PD20094625　阿维菌素/1.8%/水乳剂/阿维菌素 1.8%/2014.04.10 至 2019.04.10/低毒(原药高毒)
十字花科蔬菜　小菜蛾　8.1-10.8克/公顷　喷雾
PD20096691　辛硫磷/40%/乳油/辛硫磷 40%/2014.09.07 至 2019.09.07/低毒
棉花　棉铃虫　300-375克/公顷　喷雾
PD20097052　草甘膦异丙胺盐/30%/水剂/草甘膦 30%/2014.10.10 至 2019.10.10/低毒
甘蔗田　杂草　1125-2250克/公顷　定向喷雾
注:草甘膦异丙胺盐含量：41%。

安徽禾丰农药厂　(安徽省阜阳市阜涡路周棚西三公里阜阳市棉种场　236027　0558-3520193)

PD20090911　高效氯氟氰菊酯/25克/升/乳油/高效氯氟氰菊酯 25克/升/2014.01.19 至 2019.01.19/中等毒
苹果树　桃小食心虫　5-8.3毫克/千克　喷雾
PD20091050　克百·多菌灵/25%/悬浮种衣剂/多菌灵 7%、克百威 18%/2014.01.21 至 2019.01.21/高毒
花生　茎枯病、蚜虫　1:80-85(药种比)　种子包衣
PD20091131　三唑酮/25%/可湿性粉剂/三唑酮 25%/2014.01.21 至 2019.01.21/低毒
小麦　白粉病　130-150克/公顷　喷雾
PD20092543　福·克/20%/悬浮种衣剂/福美双 10%、克百威 10%/2014.02.26 至 2019.02.26/高毒
玉米　茎基腐病、蚜虫　1:40-45 (药种比)　种子包衣
PD20093096　毒死蜱/45%/乳油/毒死蜱 45%/2014.03.09 至 2019.03.09/中等毒
水稻　稻纵卷叶螟　432-576克/公顷　喷雾
PD20093155　炔螨特/570克/升/乳油/炔螨特 570克/升/2014.03.11 至 2019.03.11/中等毒
柑橘树　红蜘蛛　228-285毫克/千克　喷雾
PD20096504　多·福·克/28%/悬浮种衣剂/多菌灵 5%、福美双 11%、克百威 12%/2014.08.17 至 2019.08.17/高毒
大豆　地下害虫、根腐病　1:40-50(药种比)　种子包衣
PD20098360　多·福·唑醇/20%/悬浮种衣剂/多菌灵 9%、福美双 10%、三唑醇 1%/2014.12.18 至 2019.12.18/低毒
小麦　纹枯病　1:50-60(药种比)　种子包衣
PD20101044　烯唑醇/12.5%/可湿性粉剂/烯唑醇 12.5%/2015.01.21 至 2020.01.21/低毒
梨树　黑星病　31.3－62.5毫克/千克　喷雾
PD20111428　多·福/17%/悬浮种衣剂/多菌灵 10%、福美双 7%/2011.12.28 至 2016.12.28/低毒
水稻　立枯病　1:40-50 (药种比)　种子包衣
PD20142042　吡虫啉/600克/升/悬浮种衣剂/吡虫啉 600克/升/2014.08.27 至 2019.08.27/低毒
棉花　蚜虫　350-500克/100千克种子　种子包衣

安徽禾健生物科技有限公司　(安徽省萧县永堌轻化工业园区　235200　0557-8815688)

PD20095375　氰戊·辛硫磷/30%/乳油/氰戊菊酯 3%、辛硫磷 27%/2014.04.27 至 2019.04.27/中等毒
棉花　棉蚜　150-225克/公顷　喷雾
棉花　棉铃虫　180-270克/公顷　喷雾
PD20101106　辛硫磷/40%/乳油/辛硫磷 40%/2015.01.25 至 2020.01.25/低毒
十字花科蔬菜　菜青虫　180-240克/公顷　喷雾
PD20151115　虫酰肼/20%/悬浮剂/虫酰肼 20%/2015.06.25 至 2020.06.25/低毒
甘蓝　甜菜夜蛾　240-300克/公顷　喷雾

安徽华旗农化有限公司 (安徽省合肥市循环经济工业园纬五路南 230031 0551-5575060)

PD20101839 氰戊·辛硫磷/25%/乳油/氰戊菊酯 6.25%、辛硫磷 18.75%/2015.07.28 至 2020.07.28/中等毒
棉花 棉铃虫 270-300克/公顷 喷雾

PD20120880 氯氟吡氧乙酸异辛酯/200克/升/乳油/氯氟吡氧乙酸 200克/升/2012.05.24 至 2017.05.24/低毒
冬小麦田 一年生阔叶杂草 259.2-345.6克/公顷 茎叶喷雾
注:氯氟吡氧乙酸异辛酯含量: 288克/升。

PD20121332 草甘膦铵盐/80%/可溶粒剂/草甘膦 80%/2012.09.11 至 2017.09.11/低毒
非耕地 杂草 1200-2160克/公顷 定向茎叶喷雾
注:草甘膦铵盐含量: 88.8%。

PD20131331 嘧菌酯/25%/悬浮剂/嘧菌酯 25%/2013.06.08 至 2018.06.08/低毒
黄瓜 白粉病 225-337.5克/公顷 喷雾

PD20131782 甲氨基阿维菌素苯甲酸盐/3%/微乳剂/甲氨基阿维菌素 3%/2013.09.09 至 2018.09.09/低毒
甘蓝 甜菜夜蛾 2.25-3.15克/公顷 喷雾
注:甲氨基阿维菌素苯甲酸盐含量: 3.4%。

PD20141337 苄嘧磺隆/10%/可湿性粉剂/苄嘧磺隆 10%/2014.06.04 至 2019.06.04/低毒
冬小麦田 一年生阔叶杂草 45-60克/公顷 茎叶喷雾

PD20142023 烟嘧·莠去津/24%/可分散油悬浮剂/烟嘧磺隆 4%、莠去津 20%/2014.08.27 至 2019.08.27/低毒
玉米田 一年生杂草 288-360克/公顷 茎叶喷雾

PD20142073 吡蚜酮/25%/可湿性粉剂/吡蚜酮 25%/2014.09.02 至 2019.09.02/低毒
水稻 稻飞虱 56.3-75.0克/公顷 喷雾

PD20150808 噁草酮/26%/乳油/噁草酮 26%/2015.05.14 至 2020.05.14/低毒
水稻田(直播) 一年生杂草 468-585克/公顷 土壤喷雾

PD20151284 双草醚/100克/升/悬浮剂/双草醚 100克/升/2015.07.30 至 2020.07.30/低毒
水稻田(直播) 一年生杂草 22.5-30克/公顷 茎叶喷雾

LS20120026 炔草酯/24%/乳油/炔草酯 24%/2014.01.10 至 2015.01.10/低毒
小麦田 一年生禾本科杂草 54-72克/公顷 茎叶喷雾

LS20140316 炔草酯/24%/微乳剂/炔草酯 24%/2015.10.27 至 2016.10.27/低毒
冬小麦田 一年生禾本科杂草 54-72克/公顷 茎叶喷雾

WP20130169 氟虫腈/5%/悬浮剂/氟虫腈 5%/2013.07.29 至 2018.07.29/低毒
木材 白蚁 250毫克/千克 木材浸泡或涂刷

安徽华星化工有限公司 (安徽省和县乌江镇 238251 0551-65620568)

PD84104-43 杀虫双/18%/水剂/杀虫双 18%/2014.11.05 至 2019.11.05/中等毒
甘蔗、蔬菜、水稻、小麦、玉米 多种害虫 540-675克/公顷 喷雾
果树 多种害虫 225-360毫克/千克 喷雾

PD84117-2 多菌灵/98%/原药/多菌灵 98%/2014.11.16 至 2019.11.16/低毒

PD84118-24 多菌灵/25%/可湿性粉剂/多菌灵 25%/2014.11.16 至 2019.11.16/低毒
果树 病害 0.05-0.1%药液 喷雾
花生 倒秧病 750克/公顷 喷雾
莲藕 叶斑病 375-450克/公顷 喷雾
麦类 赤霉病 750克/公顷 喷雾,泼浇
棉花 苗期病害 500克/100千克种子 拌种
水稻 稻瘟病、纹枯病 750克/公顷 喷雾,泼浇
油菜 菌核病 1125-1500克/公顷 喷雾

PD85150-19 多菌灵/50%/可湿性粉剂/多菌灵 50%/2015.07.07 至 2020.07.07/低毒
果树 病害 0.05-0.1%药液 喷雾
花生 倒秧病 750克/公顷 喷雾
莲藕 叶斑病 375-450克/公顷 喷雾
麦类 赤霉病 750克/公顷 喷雾、泼浇
棉花 苗期病害 500克/100千克种子 拌种
水稻 稻瘟病、纹枯病 750克/公顷 喷雾、泼浇
油菜 菌核病 1125-1500克/公顷 喷雾

PD86115-4 甲基硫菌灵/97%,95%,90%,87%/原药/甲基硫菌灵 97%,95%,90%,87%/2011.05.29 至 2016.05.29/低毒

PD86134-6 多菌灵/40%/悬浮剂/多菌灵 40%/2011.05.29 至 2016.05.29/低毒
果树 病害 0.05-0.1%药液 喷雾
花生 倒秧病 750克/公顷 喷雾
绿萍 霉腐病 0.05%药液 喷雾
麦类 赤霉病 0.025%药液 喷雾
棉花 苗期病害 0.3%药液 浸种
水稻 纹枯病 0.025%药液 喷雾
甜菜 褐斑病 250-500倍液 喷雾
油菜 菌核病 1125-1500克/公顷 喷雾

PD91106-13 甲基硫菌灵/70%,50%/可湿性粉剂/甲基硫菌灵 70%,50%/2011.05.29 至 2016.05.29/低毒

登记证号	登记作物	防治对象	用药量	施用方法
	番茄	叶霉病	375-562.5克/公顷	喷雾
	甘薯	黑斑病	360-450毫克/千克	浸薯块
	瓜类	白粉病	337.5-506.25克/公顷	喷雾
	梨树	黑星病	360-450毫克/千克	喷雾
	苹果树	轮纹病	700毫克/千克	喷雾
	水稻	稻瘟病、纹枯病	1050-1500克/公顷	喷雾
	小麦	赤霉病	750-1050克/公顷	喷雾
PD92101	多菌灵/40%/可湿性粉剂/多菌灵 40%/2011.11.22 至 2016.11.22/低毒			
	果树	病害	0.05-0.1%药液	喷雾
	花生	倒秧病	750克/公顷	喷雾
	莲藕	叶斑病	375-450克/公顷	喷雾
	麦类	赤霉病	750克/公顷	喷雾,泼浇
	棉花	苗期病害	500克/100千克种子	拌种
	水稻	稻瘟病、纹枯病	750克/公顷	喷雾,泼浇
	油菜	菌核病	1125-1500克/公顷	喷雾
PD92102	多菌灵/80%/可湿性粉剂/多菌灵 80%/2011.11.22 至 2016.11.22/低毒			
	果树	病害	0.05-0.1%药液	喷雾
	花生	倒秧病	750克/公顷	喷雾
	莲藕	叶斑病	375-450克/公顷	喷雾
	麦类	赤霉病	750克/公顷	喷雾,泼浇
	棉花	苗期病害	500克/100千克种子	拌种
	水稻	稻瘟病、纹枯病	750克/公顷	喷雾,泼浇
	油菜	菌核病	1125-1500克/公顷	喷雾
PD20040718	吡虫·杀虫单/60%/可湿性粉剂/吡虫啉 2%、杀虫单 58%/2014.12.19 至 2019.12.19/中等毒			
	水稻	二化螟、飞虱	450-750克/公顷	喷雾
PD20040725	三唑磷/20%/乳油/三唑磷 20%/2014.12.19 至 2019.12.19/中等毒			
	水稻	二化螟、三化螟	300-450克/公顷	喷雾
PD20040805	异丙隆/50%/可湿性粉剂/异丙隆 50%/2014.12.20 至 2019.12.20/低毒			
	冬小麦	一年生单、双子叶杂草	1050-1200克/公顷	喷雾
PD20040815	杀虫单/95%/原药/杀虫单 95%/2014.12.23 至 2019.12.23/中等毒			
PD20040816	杀虫单/90%/可溶粉剂/杀虫单 90%/2014.12.23 至 2019.12.23/中等毒			
	水稻	二化螟、三化螟	675-810克/公顷	喷雾
PD20050033	杀虫单/95%/可溶粉剂/杀虫单 95%/2015.04.15 至 2020.04.15/中等毒			
	水稻	螟虫	525-750克/公顷	喷雾
PD20050081	异丙隆/95%/原药/异丙隆 95%/2015.06.24 至 2020.06.24/低毒			
PD20050127	多·酮/60%/可湿性粉剂/多菌灵 57%、三唑酮 3%/2015.08.25 至 2020.08.25/低毒			
	小麦	白粉病、赤霉病	450-600克/公顷	喷雾
PD20060105	噁霜灵/96%/原药/噁霜灵 96%/2011.06.12 至 2016.06.12/低毒			
PD20060214	环嗪酮/98%/原药/环嗪酮 98%/2011.12.26 至 2016.12.26/低毒			
PD20070118	抗蚜威/95%/原药/抗蚜威 95%/2012.05.08 至 2017.05.08/中等毒			
PD20070305	伏杀硫磷/95%/原药/伏杀硫磷 95%/2012.09.21 至 2017.09.21/中等毒			
PD20070309	多·硫/50%/可湿性粉剂/多菌灵 15%、硫磺 35%/2012.11.20 至 2017.11.20/低毒			
	花生	叶斑病	1200-1800克/公顷	喷雾
PD20070428	伏杀硫磷/35%/乳油/伏杀硫磷 35%/2012.11.12 至 2017.11.12/中等毒			
	棉花	棉铃虫	840-945克/公顷	喷雾
PD20070479	啶虫脒/96%/原药/啶虫脒 96%/2012.11.28 至 2017.11.28/低毒			
PD20070681	胺苯磺隆/96%/原药/胺苯磺隆 96%/2012.12.17 至 2015.06.30/低毒			
PD20080685	环嗪酮/25%/可溶液剂/环嗪酮 25%/2013.06.04 至 2018.06.04/低毒			
	森林防火道	杂草、杂灌	1125-1875克/公顷	茎叶喷雾
PD20080703	多·福·锰锌/50%/可湿性粉剂/多菌灵 10%、福美双 25%、代森锰锌 15%/2013.06.04 至 2018.06.04/低毒			
	苹果树	轮纹病	625-1000毫克/千克	喷雾
PD20080904	啶虫脒/5%/乳油/啶虫脒 5%/2013.07.09 至 2018.07.09/低毒			
	菠菜	蚜虫	22.5-37.5克/公顷	喷雾
	黄瓜	蚜虫	18-22.5克/公顷	喷雾
	莲藕	莲缢管蚜	15-22.5克/公顷	喷雾
	萝卜	黄条跳甲	45-90克/公顷	喷雾
	芹菜	蚜虫	18-27克/公顷	喷雾
	小麦	蚜虫	9-13.5克/公顷	喷雾
PD20080907	精喹禾灵/95%/原药/精喹禾灵 95%/2013.07.09 至 2018.07.09/微毒			
PD20081051	抗蚜威/25%/可湿性粉剂/抗蚜威 25%/2013.08.14 至 2018.08.14/中等毒			
	小麦	蚜虫	45-90克/公顷	喷雾
PD20081396	草除灵/96%/原药/草除灵 96%/2013.10.28 至 2018.10.28/低毒			
PD20081571	杀虫双/25%/母液/杀虫双 25%/2013.11.12 至 2018.11.12/中等毒			

PD20081572 苯磺隆/95%/原药/苯磺隆 95%/2013.11.12 至 2018.11.12/低毒
PD20082077 草甘膦/95%/原药/草甘膦 95%/2013.11.25 至 2018.11.25/低毒
PD20082082 吡虫啉/95%/原药/吡虫啉 95%/2013.11.25 至 2018.11.25/低毒
PD20082084 苄嘧磺隆/96%/原药/苄嘧磺隆 96%/2013.11.25 至 2018.11.25/低毒
PD20082085 精噁唑禾草灵/95%/原药/精噁唑禾草灵 95%/2013.11.25 至 2018.11.25/低毒
PD20082191 毒死蜱/97%/原药/毒死蜱 97%/2013.11.26 至 2018.11.26/中等毒
PD20082296 精噁唑禾草灵/6.9%/水乳剂/精噁唑禾草灵 6.9%/2013.12.01 至 2018.12.01/微毒
冬小麦田 一年生禾本科杂草 750-1050毫升/公顷(制剂) 茎叶喷雾
PD20082318 高效氯氟氰菊酯/95%/原药/高效氯氟氰菊酯 95%/2013.12.01 至 2018.12.01/高毒
PD20082385 杀螟丹/98%/原药/杀螟丹 98%/2013.12.01 至 2018.12.01/中等毒
PD20082543 精喹禾灵/5%/乳油/精喹禾灵 5%/2013.12.03 至 2018.12.03/低毒
春大豆田 一年生禾本科杂草 52.5-75克/公顷 茎叶喷雾
夏大豆田 一年生禾本科杂草 52.5-67.5克/公顷 茎叶喷雾
油菜田 一年生禾本科杂草 45-60克/公顷 茎叶喷雾
PD20082670 高效氟氯氰菊酯/95%/原药/高效氟氯氰菊酯 95%/2013.12.05 至 2018.12.05/低毒
PD20082850 草甘膦铵盐/30%/水剂/草甘膦 30%/2013.10.22 至 2018.10.22/微毒
茶园、甘蔗田、柑橘园、果园、剑麻园、林木、桑园、橡胶园 一年生杂草和多年生恶性杂草 1125-2250克/公顷 定向茎叶喷雾
注:草甘膦铵盐含量: 33%。
PD20083220 杀虫单/50%/可溶粉剂/杀虫单 50%/2013.12.09 至 2018.12.09/中等毒
水稻 二化螟、三化螟 750-900克/公顷 喷雾
PD20083971 灭多威/20%/乳油/灭多威 20%/2013.12.16 至 2018.12.16/高毒
棉花 蚜虫 75-150克/公顷 喷雾
棉花 棉铃虫 150-225克/公顷 喷雾
PD20084172 精噁唑禾草灵/100克/升/乳油/精噁唑禾草灵 100克/升/2013.12.16 至 2018.12.16/低毒
春大豆田 一年生禾本科杂草 75-112.5克/公顷 茎叶喷雾
花生田、夏大豆田 一年生禾本科杂草 60-75克/公顷 茎叶喷雾
PD20084210 精噁唑禾草灵/100克/升/乳油/精噁唑禾草灵 100克/升/2013.12.16 至 2018.12.16/低毒
春小麦田 一年生禾本科杂草 975-1200毫升/公顷(制剂) 茎叶喷雾
冬小麦田 一年生禾本科杂草 750-900毫升/公顷(制剂) 茎叶喷雾
PD20084212 精噁唑禾草灵/6.9%/水乳剂/精噁唑禾草灵 6.9%/2013.12.16 至 2018.12.16/低毒
春小麦田 一年生禾本科杂草 62.1-82.8克/公顷 茎叶喷雾
冬小麦田 一年生禾本科杂草 51.8-62.1克/公顷 茎叶喷雾
PD20084279 杀螟丹/50%/可溶粉剂/杀螟丹 50%/2013.12.17 至 2018.12.17/中等毒
水稻 三化螟 600-750克/公顷 喷雾
PD20084448 杀虫双/25%/水剂/杀虫双 25%/2013.12.17 至 2018.12.17/低毒
水稻 二化螟 562.5-937.5克/公顷 喷雾
PD20084552 氟硅唑/95%/原药/氟硅唑 95%/2013.12.18 至 2018.12.18/低毒
PD20084611 杀虫双/18%/水剂/杀虫双 18%/2013.12.18 至 2018.12.18/中等毒
水稻 潜叶蝇 540-810克/公顷 撒滴
水稻 二化螟、三化螟 540-675克/公顷 撒滴
PD20084776 敌敌畏/98%/原药/敌敌畏 98%/2013.12.22 至 2018.12.22/中等毒
PD20084797 氟硅唑/400克/升/乳油/氟硅唑 400克/升/2013.12.22 至 2018.12.22/低毒
梨 黑星病 40-50毫克/千克 喷雾
葡萄 黑痘病 40-50毫克/千克 喷雾
PD20084912 戊唑醇/95%/原药/戊唑醇 95%/2013.12.22 至 2018.12.22/低毒
PD20085279 苄嘧磺隆/10%/可湿性粉剂/苄嘧磺隆 10%/2013.12.23 至 2018.12.23/低毒
冬小麦田 一年生阔叶杂草 45-75克/公顷 喷雾
水稻田 阔叶杂草及一年生莎草 30-60克/公顷 毒土法
PD20085280 精喹禾灵/10%/乳油/精喹禾灵 10%/2013.12.23 至 2018.12.23/低毒
花生田 一年生禾本科杂草 46.2-66克/公顷 茎叶喷雾
棉花田、油菜田 一年生禾本科杂草 46.2-59.4克/公顷 茎叶喷雾
夏大豆田 一年生禾本科杂草 52.5-66克/公顷 茎叶喷雾
PD20085478 苄嘧·苯噻酰/55%/可湿性粉剂/苯噻酰草胺 52%、苄嘧磺隆 3%/2013.12.25 至 2018.12.25/低毒
水稻抛秧田 部分多年生杂草、一年生杂草 412.5-495克/公顷 药土法
PD20085485 氟氯氰菊酯/5.7%/乳油/氟氯氰菊酯 5.7%/2013.12.25 至 2018.12.25/中等毒
棉花 棉铃虫 34.2-42.75克/公顷 喷雾
十字花科蔬菜 菜青虫 25.65-34.2克/公顷 喷雾
PD20085659 草除灵/30%/悬浮剂/草除灵 30%/2013.12.26 至 2018.12.26/微毒
冬油菜田 一年生阔叶杂草 225-292.5克/公顷 茎叶喷雾
PD20085958 嗪酮·乙草胺/28%/可湿性粉剂/嗪草酮 8%、乙草胺 20%/2013.12.29 至 2018.12.29/低毒
春大豆田、春玉米田 一年生杂草 1050-1260克/公顷(东北地区) 喷雾

夏大豆田、夏玉米田 一年生杂草 630-898.8克/公顷 播后苗前土壤喷雾

PD20085962 精噁唑禾草灵/6.9%/水乳剂/精噁唑禾草灵 6.9%/2013.12.29 至 2018.12.29/低毒

春大豆田 一年生禾本科杂草 62.1-82.8克/公顷(东北地区) 茎叶喷雾

冬油菜田 一年生禾本科杂草 51.8-62.1克/公顷 茎叶喷雾

棉花田 一年生禾本科杂草 51.8-72.1克/公顷 茎叶喷雾

夏大豆田 一年生禾本科杂草 51.8-62.1克/公顷(其它地区) 茎叶喷雾

PD20086079 灭多威/98%/原药/灭多威 98%/2013.12.30 至 2018.12.30/高毒

PD20086181 草甘膦/58%/可溶粒剂/草甘膦 60%/2013.12.30 至 2018.12.30/低毒

非耕地 一年生及部分多年生杂草 1125-3000克/公顷 茎叶喷雾

柑橘园 一年生及部分多年生杂草 1125-2250克/公顷 定向茎叶喷雾

免耕抛秧水稻田、免耕油菜 一年生及部分多年生杂草 1080-1440克/公顷 茎叶喷雾

PD20090135 丙溴·敌百虫/40%/乳油/丙溴磷 10%、敌百虫 30%/2014.01.08 至 2019.01.08/中等毒

棉花 棉铃虫 195-300克/公顷 喷雾

PD20090363 杀单·三唑磷/15%/微乳剂/三唑磷 5%、杀虫单 10%/2014.01.12 至 2019.01.12/中等毒

水稻 稻纵卷叶螟、二化螟、三化螟 337.5-450克/公顷 喷雾

PD20090537 精喹·草除灵/17.5%/乳油/草除灵 15%、精喹禾灵 2.5%/2014.01.13 至 2019.01.13/低毒

冬油菜田 一年生杂草 262.5-367.5克/公顷 喷雾

PD20090640 乙草胺/50%/乳油/乙草胺 50%/2014.01.14 至 2019.01.14/低毒

大豆田 一年生单、双子叶杂草 春大豆：1200－1800克/公顷；夏大豆：750－1050克/公顷 播后苗前土壤喷雾

冬油菜(移栽田) 部分阔叶杂草、一年生禾本科杂草 600-750克/公顷 土壤喷雾

玉米田 一年生单、双子叶杂草 春玉米：1200－1800克/公顷；夏玉米：750－1050克/公顷 播后苗前土壤喷雾

PD20090643 甲硫·福美双/50%/可湿性粉剂/福美双 20%、甲基硫菌灵 30%/2014.01.14 至 2019.01.14/中等毒

黄瓜 炭疽病 525-787.5克/公顷 喷雾

PD20091727 阿维·哒螨灵/5%/乳油/阿维菌素 0.2%、哒螨灵 4.8%/2014.02.04 至 2019.02.04/低毒(原药高毒)

柑橘树 红蜘蛛 33-50毫克/千克 喷雾

苹果树 二斑叶螨 16.7-25毫克/千克 喷雾

苹果树 红蜘蛛 12.5-16.7毫克/公顷 喷雾

PD20091963 高效氯氟氰菊酯/25克/升/乳油/高效氯氟氰菊酯 25克/升/2014.02.12 至 2019.02.12/中等毒

棉花 棉蚜 11.25-13.125克/公顷 喷雾

PD20092124 噁禾·异丙隆/50%/可湿性粉剂/精噁唑禾草灵 2%、异丙隆 48%/2014.02.23 至 2019.02.23/低毒

冬小麦田 一年生杂草 450-600克/公顷 茎叶喷雾

PD20092150 异丙草·莠/40%/悬乳剂/异丙草胺 24%、莠去津 16%/2014.02.23 至 2019.02.23/低毒

春玉米田 一年生杂草 1800-2100克/公顷 土壤喷雾

夏玉米田 一年生杂草 1200-1500克/公顷 土壤喷雾

PD20092196 2甲4氯钠/13%/水剂/2甲4氯钠 13%/2014.02.23 至 2019.02.23/低毒

冬小麦田 莎草科杂草、一年生阔叶杂草 682.5-975克/公顷 茎叶喷雾

PD20092267 草甘膦异丙胺盐/62%/水剂/草甘膦异丙胺盐 62%/2014.02.24 至 2019.02.24/低毒

柑橘园 一年生及部分多年生杂草 1125-2250克/公顷 定向茎叶喷雾

PD20092668 高效氟吡甲禾灵/93%/原药/高效氟吡甲禾灵 93%/2014.03.03 至 2019.03.03/低毒

PD20092781 多·福/50%/可湿性粉剂/多菌灵 15%、福美双 35%/2014.03.04 至 2019.03.04/低毒

梨树 黑星病 1000-1500毫克/千克 喷雾

PD20092831 苄·二氯/36%/可湿性粉剂/苄嘧磺隆 3%、二氯喹啉酸 33%/2014.03.05 至 2019.03.05/低毒

水稻抛秧田 一年生杂草 216-270克/公顷 茎叶喷雾

PD20093011 锰锌·腈菌唑/50%/可湿性粉剂/腈菌唑 2%、代森锰锌 48%/2014.03.09 至 2019.03.09/低毒

黄瓜 白粉病 1650-2100克/公顷 喷雾

梨树 黑星病 714.3-1000毫克/千克 喷雾

苹果树 轮纹病 384.6-625毫克/千克 喷雾

PD20093225 毒死蜱/40%/乳油/毒死蜱 40%/2014.03.11 至 2019.03.11/中等毒

棉花 棉铃虫 675-900克/公顷 喷雾

水稻 稻纵卷叶螟 300-600克/公顷 喷雾

水稻 飞虱 480-720克/公顷 喷雾

PD20093304 精噁·胺苯/14%/悬浮剂/胺苯磺隆 4%、精噁唑禾草灵 10%/2014.03.13 至 2015.06.30/微毒

冬油菜(移栽田) 一年生杂草 52.5-78.75克/公顷 茎叶喷雾

PD20093562 杀螟丹/98%/可溶粉剂/杀螟丹 98%/2014.03.23 至 2019.03.23/中等毒

茶树 茶小绿叶蝉 490-653毫克/千克 喷雾

PD20093823 氟磺胺草醚/250克/升/水剂/氟磺胺草醚 250克/升/2014.03.25 至 2019.03.25/低毒

春大豆田 一年生阔叶杂草 300-375克/公顷 茎叶喷雾

夏大豆田 一年生阔叶杂草 225-300克/公顷 茎叶喷雾

PD20093830 苄·乙/20%/可湿性粉剂/苄嘧磺隆 4.5%、乙草胺 15.5%/2014.03.25 至 2019.03.25/低毒

水稻移栽田 部分多年生杂草、阔叶杂草、莎草科杂草 84-118克/公顷 毒土法

、一年生禾本科杂草

PD20094179 复硝酚钠/1.4%/水剂/5-硝基邻甲氧基苯酚钠 0.3%、对硝基苯酚钠 0.7%、邻硝基苯酚钠 0.4%/2014.03.27至 2019.03.27/低毒
番茄 调节生长、增产 5000-6000倍液 喷雾

PD20094240 丙环唑/250克/升/乳油/丙环唑 250克/升/2014.03.31 至 2019.03.31/低毒
莲藕 叶斑病 75-112.5克/公顷 喷雾
香蕉 叶斑病 312.5-500毫克/千克 喷雾
茭白 胡麻斑病 56-75克/公顷 喷雾

PD20094301 烟嘧磺隆/95%/原药/烟嘧磺隆 95%/2014.03.31 至 2019.03.31/微毒

PD20094553 乙草胺/900克/升/乳油/乙草胺 900克/升/2014.04.09 至 2019.04.09/低毒
春大豆田 一年生杂草 1620-2025克/公顷 土壤喷雾

PD20094694 胺·喹·草除灵/26%/悬浮剂/胺苯磺隆 2%、草除灵 16%、精噁唑禾草灵 8%/2014.04.10 至 2015.06.30/低毒
冬油菜田 一年生杂草 195－234克/公顷 茎叶喷雾

PD20094702 苯磺隆/10%/可湿性粉剂/苯磺隆 10%/2014.04.10 至 2019.04.10/微毒
冬小麦田 一年生阔叶杂草 13.5－22.5克/公顷 茎叶喷雾

PD20095022 草甘膦异丙胺盐/30%/水剂/草甘膦 30%/2014.04.21 至 2019.04.21/微毒
非耕地 一年生及部分多年生杂草 1125－3000克/公顷 茎叶喷雾
苹果园 一年生及部分多年生杂草 1125－2250克/公顷 定向茎叶喷雾
注:草甘膦异丙胺盐含量为41% 草甘膦异丙胺盐水剂质量浓度为: 480克/升。

PD20095220 高效氟吡甲禾灵/108克/升/乳油/高效氟吡甲禾灵 108克/升/2014.04.24 至 2019.04.24/低毒
大豆田、棉花田 一年生禾本科杂草 40.5-48.6克/公顷 茎叶喷雾
油菜田 一年生禾本科杂草 32.4--64.8克/公顷 茎叶喷雾

PD20095282 苄嘧·苯磺隆/30%/可湿性粉剂/苯磺隆 10%、苄嘧磺隆 20%/2014.04.27 至 2019.04.27/微毒
冬小麦田 一年生阔叶杂草 45-67.5克/公顷 茎叶喷雾

PD20095430 高效氯氰菊酯/95%/原药/高效氯氰菊酯 95%/2014.05.11 至 2019.05.11/中等毒

PD20095442 乙·嗪·滴丁酯/60%/乳油/2,4-滴丁酯 15%、嗪草酮 5%、乙草胺 40%/2014.05.11 至 2019.05.11/低毒
春大豆田、春玉米田 一年生杂草 1800-2250克/公顷 土壤喷雾

PD20095510 扑·乙/30%/乳油/扑草净 5%、乙草胺 25%/2014.05.11 至 2019.05.11/低毒
夏玉米田 一年生杂草 1125-1350克/公顷 土壤喷雾

PD20095634 辛溴·滴丁酯/40%/乳油/2,4-滴丁酯 26.6%、辛酰溴苯腈 13.4%/2014.05.12 至 2019.05.12/低毒
春玉米田 一年生阔叶杂草 600-720克/公顷（东北地区） 茎叶喷雾

PD20095873 异松·乙草胺/45%/乳油/乙草胺 30%、异噁草松 15%/2014.05.27 至 2019.05.27/低毒
春大豆田 一年生杂草 1080-1350克/公顷 播后苗前土壤喷雾

PD20096355 杀虫双/3.6%/大粒剂/杀虫双 3.6%/2014.07.28 至 2019.07.28/微毒
水稻 二化螟 540-675克/公顷 撒施

PD20096716 烟嘧磺隆/40克/升/可分散油悬浮剂/烟嘧磺隆 40克/升/2014.09.07 至 2019.09.07/低毒
玉米田 一年生杂草 42-60克/公顷 茎叶喷雾

PD20096937 百草枯/30.5%/母药/百草枯 30.5%/2014.09.29 至 2019.09.29/中等毒

PD20096938 吡虫啉/200克/升/可溶液剂/吡虫啉 200克/升/2014.09.29 至 2019.09.29/低毒
水稻 稻飞虱 22.5-30克/公顷 喷雾

PD20096947 氟虫腈/50克/升/悬浮剂/氟虫腈 50克/升/2014.09.29 至 2019.09.29/中等毒
注:专供出口，不得在国内销售。

PD20096997 异丙甲草胺/720克/升/乳油/异丙甲草胺 720克/升/2014.09.29 至 2019.09.29/低毒
花生田 一年生禾本科杂草及部分阔叶杂草 1080-1620克/公顷 土壤喷雾

PD20097130 烯草酮/240克/升/乳油/烯草酮 240克/升/2014.10.16 至 2019.10.16/低毒
大豆田 一年生禾本科杂草 108-144克/公顷 茎叶喷雾
冬油菜田 一年生禾本科杂草 72-90克/公顷 茎叶喷雾

PD20097181 氯氟吡氧乙酸异辛酯(288克/升)///乳油/氯氟吡氧乙酸 200克/升/2014.10.16 至 2019.10.16/低毒
冬小麦田 一年生阔叶杂草 150-210克/公顷 茎叶喷雾

PD20097231 2甲4氯钠/56%/可溶粉剂/2甲4氯钠 56%/2014.10.19 至 2019.10.19/低毒
冬小麦田 一年生阔叶杂草 840-1260克/公顷 茎叶喷雾

PD20097236 2,4-滴丁酯/总酯72%/乳油/2,4-滴丁酯 57%/2014.10.19 至 2019.10.19/低毒
春玉米田 一年生阔叶杂草 100-125毫升制剂/亩 播后苗前土壤喷雾

PD20097243 氟虫腈/95%/原药/氟虫腈 95%/2014.10.19 至 2019.10.19/中等毒

PD20097311 吡虫啉/10%/可湿性粉剂/吡虫啉 10%/2014.10.27 至 2019.10.27/低毒
菠菜 蚜虫 30-45克/公顷 喷雾
韭菜 韭蛆 300-450克/公顷 药土法
莲藕 莲缢管蚜 15-30克/公顷 喷雾
芹菜 蚜虫 15-30克/公顷 喷雾
水稻 稻飞虱 15-30克/公顷 喷雾

PD20097989 氟虫腈/80%/水分散粒剂/氟虫腈 80%/2014.12.07 至 2019.12.07/中等毒
注:专供出口，不得在国内销售。

PD20097991 敌敌畏/80%/乳油/敌敌畏 80%/2014.12.07 至 2019.12.07/中等毒

甘蓝　菜青虫　780-900克/公顷　喷雾
PD20098011　醚菌酯/95%/原药/醚菌酯 95%/2014.12.07 至 2019.12.07/低毒
PD20098297　氟虫腈/4克/升/超低容量液剂/氟虫腈 4克/升/2014.12.18 至 2019.12.18/低毒
注:专供出口，不得在国内销售。
PD20098357　戊唑醇/250克/升/水乳剂/戊唑醇 250克/升/2014.12.18 至 2019.12.18/低毒
苦瓜　白粉病　75-112.5克/公顷　喷雾
香蕉　叶斑病　166.7-277.8毫克/千克　喷雾
PD20100134　高效氟氯氰菊酯/25克/升/乳油/高效氟氯氰菊酯 2.5%/2015.01.05 至 2020.01.05/低毒
甘蓝　菜青虫　7.5-11.25克/公顷　喷雾
PD20100193　多·酮/40%/可湿性粉剂/多菌灵 35%、三唑酮 5%/2015.01.05 至 2020.01.05/低毒
油菜　菌核病　600-840克/公顷　喷雾
PD20100326　吡虫啉/70%/水分散粒剂/吡虫啉 70%/2015.01.11 至 2020.01.11/低毒
水稻　稻飞虱　26.25-36.75克/公顷　喷雾
PD20100726　杀虫单/80%/可溶粉剂/杀虫单 80%/2015.01.16 至 2020.01.16/中等毒
水稻　二化螟　540-720克/公顷　喷雾
PD20101066　毒死蜱/10%/颗粒剂/毒死蜱 10%/2015.01.21 至 2020.01.21/低毒
花生　地下害虫　1800-2700克/公顷　撒施
PD20101368　苯菌灵/50%/可湿性粉剂/苯菌灵 50%/2015.04.02 至 2020.04.02/低毒
梨树　黑星病　500-667毫克/千克　喷雾
PD20101472　高效氯氟氰菊酯/2.5%/水乳剂/高效氯氟氰菊酯 2.5%/2015.05.04 至 2020.05.04/中等毒
甘蓝　菜青虫　7.5-11.25克/公顷　喷雾
PD20101545　氧氟·草甘膦/40%/可湿性粉剂/草甘膦 37.8%、乙氧氟草醚 2.2%/2015.05.19 至 2020.05.19/低毒
非耕地　一年生杂草　1200-1500克/公顷　喷雾
PD20101752　2,4-滴/97%/原药/2,4-滴 97%/2015.07.07 至 2020.07.07/低毒
PD20101794　松·喹·氟磺胺/15%/微乳剂/氟磺胺草醚 4.5%、精喹禾灵 1.5%、异噁草松 9%/2015.07.13 至 2020.07.13/低毒
春大豆田　一年生杂草　540-630克/公顷　茎叶喷雾
夏大豆田　一年生杂草　450-540克/公顷　茎叶喷雾
PD20101840　麦草畏/98%/原药/麦草畏 98%/2015.07.28 至 2020.07.28/低毒
PD20102092　高效氯氰菊酯/4.5%/水乳剂/高效氯氰菊酯 4.5%/2015.11.25 至 2020.11.25/中等毒
十字花科蔬菜　菜青虫　33.75-47.25克/公顷　喷雾
PD20102116　醚菌酯/30%/悬浮剂/醚菌酯 30%/2015.12.21 至 2020.12.21/微毒
番茄　早疫病　180-270克/公顷　喷雾
葡萄　霜霉病　94-136毫克/千克　喷雾
小麦　白粉病　135-225克/公顷　喷雾
小麦　锈病　225-315克/公顷　喷雾
PD20102206　戊唑醇/430克/升/悬浮剂/戊唑醇 430克/升/2015.12.23 至 2020.12.23/低毒
苦瓜　白粉病　77.4-116.1克/公顷　喷雾
苹果树　斑点落叶病　61.4-107.5毫克/千克　喷雾
PD20110114　苯菌灵/95%/原药/苯菌灵 95%/2011.01.26 至 2016.01.26/低毒
PD20110259　丙溴·敌百虫/40%/乳油/丙溴磷 10%、敌百虫 30%/2011.03.04 至 2016.03.04/中等毒
棉花　棉铃虫　195-300克/公顷　喷雾
水稻　稻纵卷叶螟　720—840克/公顷　喷雾
水稻　二化螟　600—720克/公顷　喷雾
PD20110557　草甘膦铵盐/98%/原药/草甘膦铵盐 98%/2011.05.20 至 2016.05.20/低毒
PD20111438　草铵膦/95%/原药/草铵膦 95%/2011.12.29 至 2016.12.29/低毒
PD20121917　苯甲·丙环唑/300克/升/乳油/苯醚甲环唑 150克/升、丙环唑 150克/升/2012.12.07 至 2017.12.07/低毒
水稻　纹枯病　67.5-90克/公顷　喷雾
PD20130639　吡蚜酮/50%/水分散粒剂/吡蚜酮 50%/2013.04.05 至 2018.04.05/低毒
水稻　稻飞虱　90-112.5克/公顷　喷雾
PD20131014　苄嘧·草甘膦/75%/可湿性粉剂/苄嘧磺隆 3%、草甘膦 72%/2013.05.13 至 2018.05.13/低毒
非耕地　杂草　1125—2250克/公顷　茎叶喷雾
PD20132040　烟嘧·莠去津/21%/可分散油悬浮剂/烟嘧磺隆 3%、莠去津 18%/2013.10.22 至 2018.10.22/低毒
玉米田　一年生杂草　220.5-283.5克/公顷　茎叶喷雾
PD20132323　吡虫啉/600克/升/悬浮种衣剂/吡虫啉 600克/升/2013.11.13 至 2018.11.13/低毒
棉花　蚜虫　450-600克/100千克种子　种子包衣
PD20140433　2甲·氯氟吡/30%/可湿性粉剂/2甲4氯 25%、氯氟吡氧乙酸 5%/2014.02.24 至 2019.02.24/低毒
冬小麦田　一年生阔叶杂草　562.5-675克/公顷　茎叶喷雾
PD20140979　烟嘧磺隆/75%/水分散粒剂/烟嘧磺隆 75%/2014.04.14 至 2019.04.14/微毒
玉米田　一年生杂草　50.6-56.3克/公顷　茎叶喷雾
PD20140980　麦草畏/480克/升/水剂/麦草畏 480克/升/2014.04.14 至 2019.04.14/低毒
小麦田　一年生阔叶杂草　180-216克/公顷　茎叶喷雾
玉米田　一年生阔叶杂草　216-288克/公顷　茎叶喷雾
PD20141161　联苯菊酯/10%/水乳剂/联苯菊酯 10%/2014.04.28 至 2019.04.28/中等毒

茶树 茶小绿叶蝉 30-45克/公顷 喷雾

PD20142551 高氯·啶虫脒/7.5%/微乳剂/啶虫脒 2.5%、高效氯氰菊酯 5%/2014.12.15 至 2019.12.15/低毒

小麦 蚜虫 22.5～45克/公顷 喷雾

LS20120382 2甲· 草甘膦/36%/水剂/草甘膦 30%、2甲4氯 6%/2014.11.08 至 2015.11.08/低毒

非耕地 一年生杂草 250-300毫升/亩 定向茎叶喷雾

注:草甘膦异丙胺盐含量为:40.5%; 以草甘膦异丙胺盐和2甲4氯计总含量为: 46.5%.

LS20130496 硝磺草酮/10%/可分散油悬浮剂/硝磺草酮 10%/2015.11.08 至 2016.11.08/低毒

玉米田 一年生阔叶杂草及禾本科杂草 105-150克/公顷 茎叶喷雾

安徽嘉联生物科技有限公司 (安徽省桐城市新渡镇新港路1号 231470 0556-6810777)

PD20050065 高效氯氰菊酯/4.5%/乳油/高效氯氰菊酯 4.5%/2015.06.24 至 2020.06.24/中等毒

棉花 棉铃虫 15-30克/公顷 喷雾

PD20050066 吡虫·三唑酮/22%/可湿性粉剂/吡虫啉 2%、三唑酮 20%/2015.06.24 至 2020.06.24/低毒

小麦 白粉病、蚜虫 165-198克/公顷 喷雾

PD20050087 吡虫啉/10%/可湿性粉剂/吡虫啉 10%/2015.06.28 至 2020.06.28/低毒

水稻 飞虱 15-30克/公顷 喷雾

PD20060083 吡虫·杀虫单/70%/可湿性粉剂/吡虫啉 2%、杀虫单 68%/2011.04.13 至 2016.04.13/中等毒

水稻 稻飞虱、稻纵卷叶螟 525-735克/公顷 喷雾

PD20080641 辛硫·三唑磷/40%/乳油/三唑磷 20%、辛硫磷 20%/2013.05.13 至 2018.05.13/中等毒

水稻 二化螟 360-480克/公顷 喷雾

PD20082352 精喹禾灵/5%/乳油/精喹禾灵 5%/2013.12.01 至 2018.12.01/低毒

油菜田 一年生禾本科杂草 37.5-45克/公顷 茎叶喷雾

PD20082475 井·酮·三环唑/16%/可湿性粉剂/井冈霉素 2%、三环唑 8%、三唑酮 6%/2013.12.03 至 2018.12.03/低毒

水稻 稻瘟病、纹枯病 300-420克/公顷 喷雾

水稻 稻曲病 360-480克/公顷 喷雾

PD20082652 阿维菌素/3.2%/乳油/阿维菌素 3.2%/2013.12.04 至 2018.12.04/低毒(原药高毒)

菜豆、黄瓜 美洲斑潜蝇 10.8-21.6克/公顷 喷雾

柑橘树 红蜘蛛、潜叶蛾 4.5-9毫克/千克 喷雾

柑橘树 锈壁虱 2.25-4.5毫克/千克 喷雾

梨树 梨木虱 6-12毫克/千克 喷雾

棉花 红蜘蛛 10.8-16.2克/公顷 喷雾

棉花 棉铃虫 21.6-32.4克/公顷 喷雾

苹果树 红蜘蛛 3-6毫克/千克 喷雾

苹果树 桃小食心虫 4.5-9毫克/千克 喷雾

苹果树 二斑叶螨 4.5-6毫克/千克 喷雾

十字花科蔬菜 菜青虫、小菜蛾 8.1-10.8克/公顷 喷雾

PD20082789 二氯喹啉酸/25%/悬浮剂/二氯喹啉酸 25%/2013.12.09 至 2018.12.09/低毒

水稻移栽田 稗草 225-375克/公顷 茎叶喷雾

PD20083889 多·酮/30%/可湿性粉剂/多菌灵 20%、三唑酮 10%/2013.12.15 至 2018.12.15/低毒

小麦 白粉病、赤霉病 450-675克/公顷 喷雾

PD20085152 苄·丁/20%/可湿性粉剂/苄嘧磺隆 0.5%、丁草胺 19.5%/2013.12.23 至 2018.12.23/低毒

水稻插秧田 部分多年生杂草、一年生杂草 600-900克/公顷 毒土法

PD20085162 苄·二氯/36%/可湿性粉剂/苄嘧磺隆 3%、二氯喹啉酸 33%/2013.12.23 至 2018.12.23/低毒

水稻抛秧田 一年生杂草 216-270克/公顷 茎叶喷雾

PD20085363 氰戊·丙溴磷/25%/乳油/丙溴磷 12.5%、氰戊菊酯 12.5%/2013.12.24 至 2018.12.24/中等毒

棉花 棉铃虫 262.5-375克/公顷 喷雾

PD20086320 苄嘧·苯噻酰/50%/可湿性粉剂/苯噻酰草胺 45%、苄嘧磺隆 5%/2013.12.31 至 2018.12.31/低毒

水稻抛秧田 部分多年生杂草、一年生杂草 397.5-477克/公顷(南方地区) 药土法

PD20090809 腈菌·福美双/20%/可湿性粉剂/福美双 18%、腈菌唑 2%/2014.01.19 至 2019.01.19/低毒

黄瓜 黑星病 200-400克/公顷 喷雾

PD20093874 喹·胺·草除灵/21.2%/悬浮剂/胺苯磺隆 1.2%、草除灵 15%、喹禾灵 5%/2014.03.25 至 2015.06.30/低毒

冬油菜田 一年生杂草 127.2-159克/公顷 茎叶喷雾

PD20094837 苄·乙·甲/18%/可湿性粉剂/苄嘧磺隆 1.2%、甲磺隆 0.8%、乙草胺 16%/2014.04.13 至 2015.06.30/低毒

水稻移栽田 部分多年生阔叶杂草、莎草科杂草、一年生禾本科杂草 67.5-81克/公顷 毒土法

PD20095026 螨醇·哒螨灵/20%/乳油/哒螨灵 8%、三氯杀螨醇 12%/2014.04.21 至 2019.04.21/中等毒

苹果树 红蜘蛛 100-133毫克/千克 喷雾

PD20095483 甲磺·乙草胺/19%/可湿性粉剂/甲磺隆 0.5%、乙草胺 18.5%/2014.05.11 至 2015.06.30/低毒

水稻移栽田 一年生杂草 72-100.5克/公顷 药土法

PD20096146 高效氟吡甲禾灵/108克/升/乳油/高效氟吡甲禾灵 108克/升/2014.06.24 至 2019.06.24/低毒

大豆田 一年生禾本科杂草 48.6-72.9克/公顷 茎叶喷雾

PD20096749 毒死蜱/45%/乳油/毒死蜱 45%/2014.09.07 至 2019.09.07/中等毒

水稻 稻飞虱、稻纵卷叶螟 400-600克/公顷 喷雾

PD20096750 氯氟吡氧乙酸异辛酯/288克/升/乳油/氯氟吡氧乙酸异辛酯 288克/升/2014.09.07 至 2019.09.07/低毒

玉米田 一年生阔叶杂草 150-210克/公顷 茎叶喷雾
PD20100154 烯草酮/120克/升/乳油/烯草酮 120克/升/2015.01.05 至 2020.01.05/低毒
大豆田 一年生禾本科杂草 63-72克/公顷 茎叶喷雾
PD20100658 烟嘧磺隆/40克/升/可分散油悬浮剂/烟嘧磺隆 40克/升/2015.01.15 至 2020.01.15/微毒
玉米田 一年生杂草 40-60克/公顷 茎叶喷雾
PD20101056 联苯菊酯/25克/升/乳油/联苯菊酯 25克/升/2015.01.21 至 2020.01.21/低毒
棉花 棉铃虫 37.5-45克/公顷 喷雾
PD20101396 灭线磷/10%/颗粒剂/灭线磷 10%/2015.04.14 至 2020.04.14/高毒
水稻 稻瘿蚊 1500-1800克/公顷 撒施
PD20120625 阿维菌素/1.8%/微乳剂/阿维菌素 1.8%/2012.04.11 至 2017.04.11/低毒(原药高毒)
甘蓝 小菜蛾 8.1-10.8克/公顷 喷雾
PD20130769 草甘膦铵盐/65%/可溶粉剂/草甘膦 65%/2013.04.16 至 2018.04.16/低毒
柑橘园 杂草 1125-2250克/公顷 行间定向茎叶喷雾
注:草甘膦铵盐含量：71.5%。
PD20130799 毒死蜱/30%/微囊悬浮剂/毒死蜱 30%/2013.04.22 至 2018.04.22/低毒
花生 蛴螬 575-2250克/公顷 喷雾于播种穴
PD20131083 甲氨基阿维菌素苯甲酸盐/5%/水分散粒剂/甲氨基阿维菌素 5%/2013.05.20 至 2018.05.20/低毒
甘蓝 菜青虫 1.5-2.25克/公顷 喷雾
注:甲氨基阿维菌素苯甲酸盐含量：5.7%。
PD20140935 吡虫啉/5/片剂/吡虫啉 5%/2014.04.14 至 2019.04.14/低毒
黄瓜 蚜虫 0.00665-0.009975g/株 穴施
PD20140936 氟虫腈/5%/悬浮种衣剂/氟虫腈 5%/2014.04.14 至 2019.04.14/低毒
玉米 蛴螬 50-62.5克/100kg种子 种子包衣
PD20140937 甲哌鎓/90%/可溶粒剂/甲哌鎓 90%/2014.04.14 至 2019.04.14/低毒
棉花 调节生长 45-60克/公顷 喷雾
PD20140938 噻虫嗪/25%/悬浮剂/噻虫嗪 25%/2014.04.14 至 2019.04.14/低毒
水稻 稻飞虱 15-22.5克/公顷 喷雾
PD20141039 氰氟草酯/20/水乳剂/氰氟草酯 20%/2014.04.21 至 2019.04.21/低毒
水稻移栽田 一年生禾本科杂草 75-105克/公顷 茎叶喷雾
PD20141138 麦畏·草甘膦/33%/水剂/草甘膦 30%、麦草畏 3%/2014.04.28 至 2019.04.28/低毒
非耕地 杂草 891-1188克/公顷 茎叶喷雾
PD20141331 嘧菌酯/50/水分散粒剂/嘧菌酯 50%/2014.06.03 至 2019.06.03/低毒
马铃薯 早疫病 112.5—262.5克/公顷 喷雾
PD20141380 炔草酯/20/可湿性粉剂/炔草酯 20%/2014.06.04 至 2019.06.04/低毒
小麦田 一年生禾本科杂草 45-60克/公顷 茎叶喷雾
PD20141535 吡蚜酮/50%/水分散粒剂/吡蚜酮 50%/2014.06.17 至 2019.06.17/低毒
水稻 飞虱 75-90克/公顷 喷雾
PD20141855 多效唑/25%/悬浮剂/多效唑 25%/2014.07.24 至 2019.07.24/低毒
小麦 调节生长 100-156.25毫克/千克 喷雾
PD20142276 氯嘧磺隆/25%/水分散粒剂/氯嘧磺隆 25%/2014.10.20 至 2019.10.20/低毒
注:专供出口，不得在国内销售。
PD20142360 硝磺·莠去津/45/悬浮剂/莠去津 35%、硝磺草酮 10%/2014.11.04 至 2019.11.04/低毒
玉米田 一年生杂草 607.5-742.5克/公顷 茎叶喷雾
PD20152152 二氯喹啉酸/75%/水分散粒剂/二氯喹啉酸 75%/2015.09.22 至 2020.09.22/低毒
移栽水稻田 稗草 225-450克/公顷 茎叶喷雾

安徽佳田森农药化工有限公司 (安徽省东至县香隅镇化学工业园区 247260 0566-8171508)

PD20080778 啶虫脒/5%/可湿性粉剂/啶虫脒 5%/2013.06.20 至 2018.06.20/低毒
柑橘树 蚜虫 10-20毫克/千克 喷雾
PD20081084 噻吩磺隆/75%/水分散粒剂/噻吩磺隆 75%/2013.08.18 至 2018.08.18/微毒
春大豆田 一年生阔叶杂草 22.5—33.8克/公顷 土壤喷雾
PD20081711 氰戊菊酯/20%/乳油/氰戊菊酯 20%/2013.11.18 至 2018.11.18/低毒
甘蓝 菜青虫 60-120克/公顷 喷雾
PD20081787 精喹·草除灵/17.5%/乳油/草除灵 15%、精喹禾灵 2.5%/2013.11.19 至 2018.11.19/低毒
冬油菜田 一年生杂草 262.5-393.8克/公顷 茎叶喷雾
PD20081830 氯氰·辛硫磷/20%/乳油/氯氰菊酯 1.5%、辛硫磷 18.5%/2013.11.20 至 2018.11.20/低毒
棉花 棉铃虫 270-300克/公顷 喷雾
PD20082149 三环·多菌灵/20%/可湿性粉剂/多菌灵 12%、三环唑 8%/2013.11.25 至 2018.11.25/低毒
水稻 稻瘟病 360-420克/公顷 喷雾
PD20084755 三环唑/75%/可湿性粉剂/三环唑 75%/2013.12.22 至 2018.12.22/低毒
水稻 稻瘟病 225-300克/公顷 喷雾
PD20085454 苯磺隆/10%/可湿性粉剂/苯磺隆 10%/2013.12.24 至 2018.12.24/微毒
冬小麦田 一年生阔叶杂草 13.5-22.5克/公顷 茎叶喷雾
PD20091559 高效氯氟氰菊酯/25克/升/乳油/高效氯氟氰菊酯 25克/升/2014.02.03 至 2019.02.03/中等毒

十字花科蔬菜　菜青虫　7.5-11.25克/公顷　喷雾

PD20093715　苄·二氯/36%/可湿性粉剂/苄嘧磺隆 3%、二氯喹啉酸 33%/2014.03.25 至 2019.03.25/微毒
水稻抛秧田　一年生杂草　216-270克/公顷　喷雾

PD20095968　精喹禾灵/8.8%/乳油/精喹禾灵 8.8%/2014.06.04 至 2019.06.04/微毒
棉花田　一年生禾本科杂草　39.6-66克/公顷　茎叶喷雾

PD20097111　吡嘧磺隆/10%/可湿性粉剂/吡嘧磺隆 10%/2014.10.12 至 2019.10.12/低毒
移栽水稻田　一年生阔叶杂草　15-30克/公顷　药土法

PD20097397　烟嘧磺隆/40克/升/可分散油悬浮剂/烟嘧磺隆 40克/升/2014.10.28 至 2019.10.28/低毒
玉米田　一年生杂草　42-60克/公顷　茎叶喷雾

PD20097652　莠去津/48%/可湿性粉剂/莠去津 48%/2014.11.04 至 2019.11.04/微毒
春玉米田　一年生杂草　2250-2628克/公顷　播后苗前土壤喷雾
夏玉米田　一年生杂草　1350-2025克/公顷　播后苗前土壤喷雾

PD20101561　毒死蜱/45%/乳油/毒死蜱 45%/2015.05.19 至 2020.05.19/中等毒
水稻　稻飞虱　504-648克/公顷　喷雾

PD20131322　双草醚/95%/原药/双草醚 95%/2013.06.08 至 2018.06.08/低毒

PD20131403　噻吩磺隆/95%/原药/噻吩磺隆 95%/2013.07.02 至 2018.07.02/低毒

PD20132456　松·喹·氟磺胺/35%/乳油/氟磺胺草醚 9.5%、精喹禾灵 2.5%、异噁草松 23%/2013.12.02 至 2018.12.02/低毒
春大豆田　一年生杂草　735-1102.5克/公顷　茎叶喷雾

安徽金泰农药化工有限公司　(安徽省肥东县循环经济示范园纬四路　231600　0551-7602008)

PD85154-23　氰戊菊酯/20%/乳油/氰戊菊酯 20%/2011.07.31 至 2016.07.31/中等毒
柑橘树　潜叶蛾　10-20毫克/千克　喷雾
果树　梨小食心虫　10-20毫克/千克　喷雾
棉花　红铃虫、蚜虫　75-150克/公顷　喷雾
蔬菜　菜青虫、蚜虫　60-120克/公顷　喷雾

PD20050103　三唑磷/20%/乳油/三唑磷 20%/2015.07.29 至 2020.07.29/中等毒
水稻　二化螟　300-450克/公顷　喷雾

PD20070338　哒螨灵/20%/可湿性粉剂/哒螨灵 20%/2012.10.15 至 2017.10.15/低毒
苹果树　红蜘蛛　50-66.7毫克/千克　喷雾

PD20083048　草甘膦异丙胺盐/41%/水剂/草甘膦异丙胺盐 41%/2013.12.10 至 2018.12.10/低毒
苹果园　一年生及部分多年生杂草　1125－2250克/公顷　定向茎叶喷雾

PD20083390　三环唑/75%/可湿性粉剂/三环唑 75%/2013.12.11 至 2018.12.11/中等毒
水稻　稻瘟病　225-300克/公顷　喷雾

PD20083673　苯磺隆/10%/可湿性粉剂/苯磺隆 10%/2013.12.15 至 2018.12.15/低毒
冬小麦田　多种一年生阔叶杂草　13.5－22.5克/公顷　茎叶喷雾

PD20083780　氟乐灵/480克/升/乳油/氟乐灵 480克/升/2013.12.15 至 2018.12.15/低毒
夏大豆田　部分阔叶杂草、一年生禾本科杂草　1080－1440克/公顷　播后苗前土壤喷雾

PD20084049　吡虫啉/95%/原药/吡虫啉 95%/2013.12.16 至 2018.12.16/低毒

PD20084727　多菌灵/80%/可湿性粉剂/多菌灵 80%/2013.12.22 至 2018.12.22/低毒
苹果树　轮纹病　500-1000毫克/千克　喷雾

PD20084784　三乙膦酸铝/80%/可湿性粉剂/三乙膦酸铝 80%/2013.12.22 至 2018.12.22/低毒
黄瓜　霜霉病　1800－2700克/公顷　喷雾

PD20085081　啶虫脒/5%/乳油/啶虫脒 5%/2013.12.23 至 2018.12.23/低毒
黄瓜　蚜虫　18-22.5克/公顷　喷雾

PD20085597　氰戊·辛硫磷/20%/乳油/氰戊菊酯 2.5%、辛硫磷 17.5%/2013.12.25 至 2018.12.25/中等毒
棉花　棉铃虫　240-360克/公顷　喷雾

PD20086052　阿维菌素/1.8%/乳油/阿维菌素 1.8%/2013.12.29 至 2018.12.29/低毒(原药高毒)
十字花科蔬菜　菜青虫　8.1-10.8克/公顷　喷雾

PD20086192　阿维·哒螨灵/10.5%/可湿性粉剂/阿维菌素 0.5%、哒螨灵 10%/2013.12.30 至 2018.12.30/低毒(原药高毒)
柑橘树　红蜘蛛　52.5-105毫克/千克　喷雾

PD20090549　吡虫啉/10%/可湿性粉剂/吡虫啉 10%/2014.01.13 至 2019.01.13/低毒
水稻　稻飞虱　30-45克/公顷　喷雾

PD20091996　高效氯氰菊酯/4.5%/乳油/高效氯氰菊酯 4.5%/2014.02.12 至 2019.02.12/低毒
棉花　棉铃虫　27-54克/公顷　喷雾

PD20092175　腈菌唑/12%/乳油/腈菌唑 12%/2014.02.23 至 2019.02.23/低毒
梨树　黑星病　30-40毫克/千克　喷雾

PD20092810　烯唑醇/12.5%/可湿性粉剂/烯唑醇 12.5%/2014.03.04 至 2019.03.04/低毒
梨树　黑星病　3000-4000倍液　喷雾

PD20093472　吡虫啉/20%/可溶液剂/吡虫啉 20%/2014.03.23 至 2019.03.23/低毒
水稻　稻飞虱　22.5-30克/公顷　喷雾

PD20094018　精喹禾灵/5%/乳油/精喹禾灵 5%/2014.03.27 至 2019.03.27/低毒
夏大豆田　一年生禾本科杂草　45-52.5克/公顷　茎叶喷雾

PD20094887　吡虫·灭多威/10%/可湿性粉剂/吡虫啉 2.5%、灭多威 7.5%/2014.04.13 至 2019.04.13/中等毒(原药高毒)
棉花　蚜虫　45-60克/公顷　喷雾

PD20095458 精喹·草除灵/17.5%/乳油/草除灵 15%、精喹禾灵 2.5%/2014.05.11 至 2019.05.11/低毒
油菜田 单、双子叶杂草 262.5-315克/公顷 喷雾
PD20100242 氯氰·毒死蜱/25%/乳油/毒死蜱 21.5%、氯氰菊酯 3.5%/2015.01.11 至 2020.01.11/中等毒
棉花 棉铃虫 225-375克/公顷 喷雾
PD20101468 哒螨灵/15%/乳油/哒螨灵 15%/2015.05.04 至 2020.05.04/中等毒
苹果树 红蜘蛛 50-60毫克/千克 喷雾
PD20102003 啶虫脒/5%/可湿性粉剂/啶虫脒 5%/2015.09.25 至 2020.09.25/低毒
棉花 蚜虫 9-18克/公顷 喷雾
PD20110738 阿维·哒螨灵/5%/乳油/阿维菌素 0.2%、哒螨灵 4.8%/2011.07.18 至 2016.07.18/低毒(原药高毒)
苹果树 红蜘蛛 25-50毫克/千克 喷雾

安徽锦邦化工股份有限公司 (安徽省合肥市合裕路惠商大厦 230011 0551-4532424)

PD84104-40 杀虫双/18%/水剂/杀虫双 18%/2013.06.27 至 2018.06.27/中等毒
甘蔗、蔬菜、水稻、小麦、玉米 多种害虫 540-675克/公顷 喷雾
果树 多种害虫 225-360毫克/千克 喷雾
PD20040569 吡虫·杀虫单/60%/可湿性粉剂/吡虫啉 2%、杀虫单 58%/2014.12.19 至 2019.12.19/中等毒
水稻 稻飞虱、稻纵卷叶螟、二化螟、三化螟 450-750克/公顷 喷雾
PD20040646 杀虫单/90%/可溶粉剂/杀虫单 90%/2014.12.19 至 2019.12.19/中等毒
水稻 螟虫 675-810克/公顷 喷雾
PD20060189 噻嗪·杀虫单/70%/可湿性粉剂/噻嗪酮 8%、杀虫单 62%/2011.12.06 至 2016.12.06/中等毒
水稻 稻飞虱、三化螟 577.5-735克/公顷 喷雾
PD20070081 草甘膦/30%/水剂/草甘膦 30%/2012.04.12 至 2017.04.12/低毒
茶园 一年生和多年生杂草 1500-2400克/公顷 定向喷雾
PD20070082 草甘膦/95%/原药/草甘膦 95%/2012.04.12 至 2017.04.12/低毒
PD20081791 草甘膦异丙胺盐/30%/水剂/草甘膦 30%/2013.11.19 至 2018.11.19/低毒
茶园 杂草 1125-2250克/公顷 定向茎叶喷雾
棉花田、玉米田 杂草 549-1206克/公顷 行间定向茎叶喷雾
注:草甘膦异丙胺盐含量：41%。
PD20111203 杀虫单/95%/原药/杀虫单 95%/2011.11.16 至 2016.11.16/中等毒
PD20111305 草甘膦铵盐/50%/可溶粉剂/草甘膦 50%/2011.11.24 至 2016.11.24/低毒
柑橘园 杂草 1125-2250克/公顷 定向茎叶喷雾
注:草甘膦铵盐含量：55%。
PD20130852 杀虫双/29%/水剂/杀虫双 29%/2013.04.22 至 2018.04.22/低毒
水稻 二化螟 750-937.5克/公顷 喷雾
PD20131241 草甘膦铵盐/65%/可溶粉剂/草甘膦 65%/2013.05.29 至 2018.05.29/微毒
非耕地 杂草 1316-2633克/公顷 茎叶喷雾
注:草甘膦铵盐含量:72%。
PD20132244 苄嘧·丙草胺/40%/可湿性粉剂/苄嘧磺隆 4%、丙草胺 36%/2013.11.05 至 2018.11.05/低毒
水稻田(直播) 一年生及部分多年生杂草 360-420克/公顷 播后苗前土壤喷雾
PD20132512 吡嘧·苯噻酰/50%/可湿性粉剂/苯噻酰草胺 48.2%、吡嘧磺隆 1.8%/2013.12.16 至 2018.12.16/低毒
水稻移栽田 一年生及部分多年生杂草 375-525克/公顷(南方地区)，525-750克/公顷(北方地区) 药土法
PD20140086 戊唑醇/430克/升/悬浮剂/戊唑醇 430克/升/2014.01.20 至 2019.01.20/低毒
水稻 稻曲病 64.5-96.75克/公顷 喷雾
PD20141226 氰氟草酯/10%/水乳剂/氰氟草酯 10%/2014.05.06 至 2019.05.06/低毒
水稻田(直播) 稗草、千金子等禾本科杂草 75-105克/公顷 茎叶喷雾
PD20142353 嘧菌酯/250克/升/悬浮剂/嘧菌酯 250克/升/2014.11.04 至 2019.11.04/低毒
水稻 纹枯病 400-500克/公顷 喷雾

安徽久易农业股份有限公司 (安徽省合肥市循环经济示范园 230088 0551-65780466)

PD85112-15 莠去津/38%/悬浮剂/莠去津 38%/2014.09.14 至 2019.09.14/低毒
茶园 一年生杂草 1125-1875克/公顷 喷于地表
防火隔离带、公路、森林、铁路 一年生杂草 0.8-2克/平方米 喷于地表
甘蔗田 一年生杂草 1050-1500克/公顷 喷于地表
高粱、糜子、玉米田 一年生杂草 1800-2250克/公顷(东北地区) 喷于地表
红松苗圃 一年生杂草 0.2-0.3克/平方米 喷于地表
梨树、苹果树 一年生杂草 1625-1875克/公顷(12年以上树龄东北) 喷于地表
橡胶园 一年生杂草 2250-3750克/公顷 喷于地表
PD86126-5 扑草净/40%/可湿性粉剂/扑草净 40%/2014.09.14 至 2019.09.14/低毒
茶园、成年果园、苗圃 阔叶杂草 1875-3000克/公顷 喷于地表、切勿喷至树上
大豆田、花生田 阔叶杂草 750-1125克/公顷 喷雾

甘蔗田、棉花田、苎麻 阔叶杂草 750-1125克/公顷 播后苗前土壤喷雾
谷子 阔叶杂草 375克/公顷 喷雾
麦田 阔叶杂草 450-750克/公顷 喷雾
水稻秧田、水稻移栽田 阔叶杂草 150-900克/公顷 撒毒土

PD20083602 精喹禾灵/5%/乳油/精喹禾灵 5%/2013.12.12 至 2018.12.12/低毒
大豆田 一年生禾本科杂草 37.5-60克/公顷 茎叶喷雾
冬油菜田 一年生禾本科杂草 750-1050毫升/公顷(制剂) 茎叶喷雾

PD20084632 草除灵/15%/乳油/草除灵 15%/2013.12.18 至 2018.12.18/低毒
冬油菜田 一年生阔叶杂草 225-315克/公顷 茎叶喷雾

PD20085803 精喹禾灵/8.8%/乳油/精喹禾灵 8.8%/2013.12.29 至 2018.12.29/低毒
大豆田 一年生禾本科杂草 45-60克/公顷 喷雾
冬油菜田 一年生禾本科杂草 46.2-59.4克/公顷 茎叶喷雾

PD20090392 氟磺胺草醚/250克/升/水剂/氟磺胺草醚 250克/升/2014.01.12 至 2019.01.12/低毒
春大豆田 一年生阔叶杂草 225-375克/公顷 茎叶喷雾
夏大豆田 一年生阔叶杂草 187.5-225克/公顷 茎叶喷雾

PD20090813 精喹·草除灵/17.5%/乳油/草除灵 15%、精喹禾灵 2.5%/2014.01.19 至 2019.01.19/低毒
冬油菜田 一年生杂草 262.5-393.8克/公顷 茎叶喷雾

PD20090857 苯磺隆/10%/可湿性粉剂/苯磺隆 10%/2014.01.19 至 2019.01.19/低毒
冬小麦田 一年生阔叶杂草 13.5-22.5克/公顷 茎叶喷雾

PD20091356 烟嘧磺隆/95%/原药/烟嘧磺隆 95%/2014.02.02 至 2019.02.02/低毒

PD20092855 精噁唑禾草灵/69克/升/水乳剂/精噁唑禾草灵 69克/升/2014.03.05 至 2019.03.05/低毒
冬小麦田 一年生禾本科杂草 41.4-51.75克/公顷 茎叶喷雾

PD20093321 烟嘧磺隆/40克/升/可分散油悬浮剂/烟嘧磺隆 40克/升/2014.03.16 至 2019.03.16/低毒
玉米田 多种一年生杂草 1200-1500毫升制剂/公顷 茎叶喷雾

PD20095622 苄·乙/18%/可湿性粉剂/苄嘧磺隆 4%、乙草胺 14%/2014.05.12 至 2019.05.12/低毒
水稻移栽田 部分多年生杂草、一年生杂草 84-118克/公顷 药土法

PD20096598 松·喹·氟磺胺/35%/乳油/氟磺胺草醚 9.5%、精喹禾灵 2.5%、异噁草松 23%/2014.09.02 至 2019.09.02/低毒
春大豆田 一年生杂草 525-630克/公顷 茎叶喷雾

PD20097482 辛硫·三唑磷/20%/乳油/三唑磷 10%、辛硫磷 10%/2014.11.03 至 2019.11.03/中等毒
水稻 二化螟 360-480克/公顷 喷雾

PD20101394 烟嘧磺隆/75%/水分散粒剂/烟嘧磺隆 75%/2015.04.14 至 2020.04.14/微毒
玉米田 一年生杂草 50-60克/公顷 茎叶喷雾

PD20101395 烟嘧·莠去津/24%/可分散油悬浮剂/烟嘧磺隆 4%、莠去津 20%/2015.04.14 至 2020.04.14/微毒
玉米田 一年生杂草 288-360克/公顷 茎叶喷雾

PD20101406 烟嘧磺隆/10%/可分散油悬浮剂/烟嘧磺隆 10%/2015.04.14 至 2020.04.14/低毒
玉米田 一年生杂草 37.5-52.5克/公顷 茎叶喷雾

PD20110610 苯磺隆/95%/原药/苯磺隆 95%/2011.06.07 至 2016.06.07/低毒

PD20110782 精噁唑禾草灵/95%/原药/精噁唑禾草灵 95%/2011.07.25 至 2016.07.25/低毒

PD20121242 精喹禾灵/98%/原药/精喹禾灵 98%/2012.08.28 至 2017.08.28/低毒

PD20130829 烟嘧·莠去津/52%/可湿性粉剂/烟嘧磺隆 4%、莠去津 48%/2013.04.22 至 2018.04.22/低毒
玉米田 一年生杂草 546-780克/公顷 茎叶喷雾

PD20130839 吡虫啉/5%/乳油/吡虫啉 5%/2013.04.22 至 2018.04.22/低毒
烟草 蚜虫 27-37.5克/公顷 喷雾

PD20130974 炔草酸/15%/可湿性粉剂/炔草酯 15%/2013.05.02 至 2018.05.02/低毒
小麦田 一年生禾本科杂草 45-67.5克/公顷 茎叶喷雾

PD20131209 多·酮/36%/悬浮剂/多菌灵 32.5%、三唑酮 3.5%/2013.05.28 至 2018.05.28/低毒
小麦 白粉病、赤霉病 675-810克/公顷 喷雾

PD20131509 苯磺隆/75%/水分散粒剂/苯磺隆 75%/2013.07.17 至 2018.07.17/低毒
小麦田 一年生阔叶杂草 18.0-22.5克/公顷 茎叶喷雾

PD20140345 吡蚜酮/50%/水分散粒剂/吡蚜酮 50%/2014.02.18 至 2019.02.18/低毒
水稻 稻飞虱 90-150克/公顷 喷雾

PD20142099 炔草酯/15%/微乳剂/炔草酯 15%/2014.09.02 至 2019.09.02/低毒
小麦田 一年生禾本科杂草 56.25-78.75克/公顷 茎叶喷雾

PD20150310 氰氟草酯/100克/升/水乳剂/氰氟草酯 100克/升/2015.02.05 至 2020.02.05/低毒
水稻移栽田 一年生杂草 75-105克/公顷 茎叶喷雾

PD20150647 莠去津/90%/水分散粒剂/莠去津 90%/2015.04.16 至 2020.04.16/低毒
玉米田 一年生杂草 1485-1755克/公顷 土壤喷雾

PD20151080 戊唑醇/430克/升/悬浮剂/戊唑醇 430克/升/2015.06.14 至 2020.06.14/低毒
水稻 稻曲病 64.5-96.75克/公顷 喷雾

PD20151599 硝磺·莠去津/25%/可分散油悬浮剂/莠去津 20%、硝磺草酮 5%/2015.08.28 至 2020.08.28/低毒
玉米田 一年生杂草 469-563克/公顷 茎叶喷雾

PD20151646 2甲·唑草酮/70.5%/可湿性粉剂/2甲4氯钠 66.5%、唑草酮 4%/2015.08.28 至 2020.08.28/低毒
冬小麦田 一年生阔叶杂草 423-476克/公顷 喷雾
PD20151725 唑草酮/95%/原药/唑草酮 95%/2015.08.28 至 2020.08.28/低毒
PD20151771 氯氟吡氧乙酸异辛酯/288克/升/乳油/氯氟吡氧乙酸异辛酯 288克/升/2015.08.28 至 2020.08.28/低毒
冬小麦田 一年生阔叶杂草 172.8-216克/公顷 茎叶喷雾
PD20152098 硝磺·莠去津/55%/悬浮剂/莠去津 50%、硝磺草酮 5%/2015.09.22 至 2020.09.22/低毒
玉米田 一年生杂草 825-1237.5克/公顷 茎叶喷雾
PD20152606 阿维菌素/5%/乳油/阿维菌素 5%/2015.12.17 至 2020.12.17/中等毒(原药高毒)
水稻 稻纵卷叶螟 9-11.25克/公顷 喷雾
LS20130010 硝磺草酮/15%/可分散油悬浮剂/硝磺草酮 15%/2015.01.07 至 2016.01.07/低毒
玉米田 一年生阔叶杂草及禾本科杂草 105-150克/公顷 茎叶喷雾
LS20150125 烟嘧·莠·氯吡/33%/可分散油悬浮剂/氯氟吡氧乙酸 9%、烟嘧磺隆 4%、莠去津 20%/2015.05.13 至 2016.05.13/低毒
玉米田 一年生杂草 396-495克/公顷 茎叶喷雾

安徽凯正农化有限公司 (安徽省太湖县经济开发区 246400 0556-4161117)

PD20094092 氯氟吡氧乙酸异辛酯/95%/原药/氯氟吡氧乙酸异辛酯 95%/2014.03.27 至 2019.03.27/低毒

安徽康达化工有限责任公司 (安徽省亳州市谯城区亳魏路2号 236822 0558-5559611)

PD20040134 甲拌磷/3%/颗粒剂/甲拌磷 3%/2014.12.19 至 2019.12.19/高毒
棉花 蚜虫 1350-1800克/公顷 苗期沟施或穴施
PD20040166 吡虫啉/5%/片剂/吡虫啉 5%/2014.12.19 至 2019.12.19/低毒
水稻 飞虱 22.5-30克/公顷 撒施
PD20040216 甲拌·多菌灵/15%/悬浮种衣剂/多菌灵 5%、甲拌磷 10%/2014.12.19 至 2019.12.19/高毒
小麦 地下害虫 333-400克/100千克种子 种子包衣
PD20040263 唑酮·甲拌磷/10%/拌种剂/甲拌磷 9%、三唑酮 1%/2014.12.19 至 2019.12.19/高毒
小麦 白粉病、地下害虫 80-100克/100千克种子 拌种
PD20080813 甲拌磷/55%/乳油/甲拌磷 55%/2013.06.20 至 2018.06.20/高毒
棉花 蚜虫 600-800克/100千克种子 浸种、拌种
PD20092163 氰戊·氧乐果/25%/乳油/氰戊菊酯 2.5%、氧乐果 22.5%/2014.02.23 至 2019.02.23/高毒
棉花 棉铃虫、蚜虫 187.5-225克/公顷 喷雾
PD20093869 硫磺·三环唑/45%/可湿性粉剂/硫磺 40%、三环唑 5%/2014.03.25 至 2019.03.25/中等毒
水稻 稻瘟病 810-1215克/公顷 喷雾
PD20094134 唑酮·氧乐果/20%/乳油/三唑酮 4%、氧乐果 16%/2014.03.27 至 2019.03.27/中等毒
小麦 白粉病、蚜虫 510-600克/公顷 喷雾
PD20094187 辛硫磷/3%/颗粒剂/辛硫磷 3%/2014.03.30 至 2019.03.30/中等毒
花生 地下害虫 2250-3600克/公顷 沟施
PD20094197 乙铝·多菌灵/60%/可湿性粉剂/多菌灵 20%、三乙膦酸铝 40%/2014.03.30 至 2019.03.30/低毒
苹果树 轮纹病 300-600倍液 喷雾
PD20094895 氯氰·辛硫磷/20%/乳油/氯氰菊酯 1.5%、辛硫磷 18.5%/2014.04.13 至 2019.04.13/中等毒
甘蓝 菜青虫 90-150克/公顷 喷雾
棉花 棉铃虫 300-360克/公顷 喷雾
PD20094961 复硝酚钠/1.4%/水剂/5-硝基邻甲氧基苯酚钠 0.7%、对硝基苯酚钾 0.3%、邻硝基苯酚钠 0.4%/2014.04.21至 2019.04.21/低毒
番茄 调节生长、增产 5000-6000倍液 喷雾
PD20095315 乙·莠/40%/可湿性粉剂/乙草胺 14%、莠去津 26%/2014.04.27 至 2019.04.27/低毒
夏玉米田 一年生杂草 1200-1500克/公顷 喷雾
PD20095890 苄嘧·苯噻酰/53%/可湿性粉剂/苯噻酰草胺 50%、苄嘧磺隆 3%/2014.05.31 至 2019.05.31/低毒
水稻移栽田 一年生及部分多年生杂草 397.5-477克/公顷(南方地区) 药土法
PD20096027 吡虫啉/10%/可湿性粉剂/吡虫啉 10%/2014.06.15 至 2019.06.15/低毒
菠菜 蚜虫 30-45克/公顷 喷雾
韭菜 韭蛆 300-450克/公顷 药土法
芹菜 蚜虫 15-30克/公顷 喷雾
水稻 稻飞虱 15-22.5克/公顷 喷雾
PD20096726 氰戊·辛硫磷/20%/乳油/氰戊菊酯 2%、辛硫磷 18%/2014.09.07 至 2019.09.07/中等毒
甘蓝 菜青虫 90-150克/公顷 喷雾
棉花 蚜虫 150-225克/公顷 喷雾
PD20097100 辛硫磷/40%/乳油/辛硫磷 40%/2014.10.10 至 2019.10.10/低毒
棉花 蚜虫 450-600克/公顷 喷雾
PD20097263 甲基异柳磷/3%/颗粒剂/甲基异柳磷 3%/2014.10.26 至 2019.10.26/高毒
甘蔗 蔗龟 1800-2250克/公顷 穴施
PD20097556 氧乐果/40%/乳油/氧乐果 40%/2014.11.03 至 2019.11.03/中等毒(原药高毒)
小麦 蚜虫 81-162克/公顷 喷雾
PD20110124 噻嗪·杀虫单/25%/可湿性粉剂/噻嗪酮 5%、杀虫单 20%/2011.01.27 至 2016.01.27/中等毒
水稻 稻飞虱 562.5-750克/公顷 喷雾
PD20120010 哒螨·矿物油/40%/乳油/哒螨灵 4%、矿物油 36%/2012.01.05 至 2017.01.05/中等毒

柑橘树 红蜘蛛 267-400毫克/千克 喷雾
PD20120069 三唑磷/20%/乳油/三唑磷 20%/2012.01.16 至 2017.01.16/中等毒
水稻 二化螟 225-300克/公顷 喷雾
PD20131618 甲氨基阿维菌素苯甲酸盐/1%/微乳剂/甲氨基阿维菌素 1%/2013.07.29 至 2018.07.29/低毒
甘蓝 小菜蛾 2.25-3.75克/公顷 喷雾
辣椒 烟青虫 1.5-3克/公顷 喷雾
注:甲氨基阿维菌素苯甲酸盐含量: 1.14%。
PD20131707 啶虫脒/20%/可湿性粉剂/啶虫脒 20%/2013.08.07 至 2018.08.07/低毒
柑橘树 蚜虫 12-20毫克/千克 喷雾
PD20142385 嘧菌酯/25%/悬浮剂/嘧菌酯 25%/2014.11.04 至 2019.11.04/低毒
黄瓜 霜霉病 168.75-225克/公顷 喷雾

安徽康宇生物科技工程有限公司 (安徽省滁州市天长市西城区工业园天滁路 239300 0550-7621188)

WP20070039 氯氰·氯菊/0.4%/水乳剂/氯菊酯 0.2%、氯氰菊酯 0.2%/2012.12.17 至 2017.12.17/低毒
卫生 蚊、蝇 1.5毫升制剂/立方米 喷洒
WP20080512 蚊香/0.3%/蚊香/富右旋反式烯丙菊酯 0.3%/2013.12.22 至 2018.12.22/低毒
卫生 蚊 / 点燃
WP20090078 杀虫气雾剂/0.4%/气雾剂/胺菊酯 0.2%、氯菊酯 0.2%/2014.02.02 至 2019.02.02/低毒
卫生 蚊、蝇、蜚蠊 / 喷雾
WP20090092 高效氯氰菊酯/4.5%/可湿性粉剂/高效氯氰菊酯 4.5%/2014.02.03 至 2019.02.03/低毒
卫生 蚊、蝇、蜚蠊 50毫克/平方米 滞留喷洒
WP20090177 高氯·残杀威/8%/悬浮剂/残杀威 5%、高效氯氰菊酯 3%/2014.03.11 至 2019.03.11/低毒
卫生 蚊、蝇、蜚蠊 1.34克/平方米 滞留喷洒
WP20090314 杀虫水乳剂/0.5%/水乳剂/氯菊酯 0.25%、氯氰菊酯 0.25%/2014.09.02 至 2019.09.02/低毒
卫生 跳蚤、蚊、蝇、蜚蠊 / 喷射
WP20100020 杀虫饵剂/2.15%/饵剂/吡虫啉 2.15%/2015.01.14 至 2020.01.14/低毒
室内 蜚蠊、蚂蚁、蝇 / 投放
WP20110221 杀虫热雾剂/2.5%/热雾剂/残杀威 1%、氯氰菊酯 1.5%/2011.09.28 至 2016.09.28/低毒
卫生 蚊 25-37.5毫克/立方米 热雾机喷雾
WP20120020 高效氟氯氰菊酯/2.5%/悬浮剂/高效氟氯氰菊酯 2.5%/2012.01.30 至 2017.01.30/低毒
卫生 蜚蠊、蚊、蝇 25-40毫克/平方米 滞留喷洒
WP20120021 胺·氯菊/0.45%/水乳剂/胺菊酯 0.25%、氯菊酯 0.2%/2012.01.30 至 2017.01.30/低毒
卫生 蚊、蝇 / 喷雾
WP20120096 电热蚊香片/10毫克/片/电热蚊香片/炔丙菊酯 10毫克/片/2012.05.22 至 2017.05.22/低毒
卫生 蚊 / 电热加温
WP20120169 烯丙·氯菊酯/10.4%/水乳剂/氯菊酯 10.26%、S-生物烯丙菊酯 0.14%/2012.09.11 至 2017.09.11/低毒
卫生 蚊、蝇 稀释50倍液 喷雾
WP20130107 联苯菊酯/100克/升/悬浮剂/联苯菊酯 100克/升/2013.05.20 至 2018.05.20/低毒
木材 白蚁 500-625毫克/千克 木材浸泡
土壤 白蚁 2.5克/平方米 土壤喷洒
WP20140153 高效氯氟氰菊酯/5%/水乳剂/高效氯氟氰菊酯 5%/2014.07.01 至 2019.07.01/中等毒
室外 蚊、蝇 500毫克/千克 喷雾
WP20140224 吡虫啉/15%/悬浮剂/吡虫啉 15%/2014.11.03 至 2019.11.03/低毒
木材 白蚁 750-1000毫克/千克 木材浸泡
土壤 白蚁 5克/平方米 土壤处理
WL20130047 吡虫啉/70%/可分散粒剂/吡虫啉 70%/2015.11.20 至 2016.11.20/低毒
木材 白蚁 70毫克/千克 浸泡
土壤 白蚁 5克/平方米 喷洒

安徽科立华化工有限公司 (安徽省宿州市经济开发区科苑工业园 232100 0557-3327007)

PD20060074 噁草酮/97%/原药/噁草酮 97%/2011.04.13 至 2016.04.13/低毒
PD20082871 噁草酮/12.5%/乳油/噁草酮 12.5%/2013.12.09 至 2018.12.09/低毒
水稻移栽田 一年生杂草 356.3-487.5克/公顷 药土法
PD20095523 烟嘧磺隆/95%/原药/烟嘧磺隆 95%/2014.05.11 至 2019.05.11/低毒
PD20110157 烟嘧磺隆/40克/升/可分散油悬浮剂/烟嘧磺隆 40克/升/2011.02.10 至 2016.02.10/低毒
玉米田 一年生杂草 42-60克/公顷 茎叶喷雾
PD20120441 噁草酮/26%/乳油/噁草酮 26%/2012.03.14 至 2017.03.14/微毒
花生田 一年生杂草 390-585克/公顷 播后苗前土壤喷雾
PD20120479 噁草·丁草胺/60%/乳油/丁草胺 50%、噁草酮 10%/2012.03.19 至 2017.03.19/低毒
水稻田(直播) 一年生杂草 720-900克/公顷 土壤喷雾
PD20120619 阿维·三唑磷/20%/乳油/阿维菌素 0.2%、三唑磷 19.8%/2012.04.11 至 2017.04.11/中等毒(原药高毒)
水稻 二化螟 180-270克/公顷 喷雾
PD20121297 阿维菌素/1.8%/乳油/阿维菌素 1.8%/2012.09.06 至 2017.09.06/中等毒(原药高毒)
棉花 红蜘蛛 10.8-14.85克/公顷 喷雾
PD20131360 嘧菌酯/97%/原药/嘧菌酯 97%/2013.06.20 至 2018.06.20/低毒

PD20132304 丙炔噁草酮/96%/原药/丙炔噁草酮 96%/2013.11.08 至 2018.11.08/低毒

PD20150955 茚虫威/15%/悬浮剂/茚虫威 15%/2015.06.10 至 2020.06.10/低毒

水稻 稻纵卷叶螟 33.75-45克/公顷 喷雾

PD20151047 嘧菌酯/250克/升/悬浮剂/嘧菌酯 250克/升/2015.06.14 至 2020.06.14/低毒

水稻 稻瘟病 112.5-150克/公顷 喷雾

PD20151454 氟虫腈/8%/悬浮种衣剂/氟虫腈 8%/2015.07.31 至 2020.07.31/低毒

玉米 蛴螬 26.7-32克/100千克种子 种子包衣

LS20140078 丙炔噁草酮/10%/可分散油悬浮剂/丙炔噁草酮 10%/2015.03.03 至 2016.03.03/低毒

水稻移栽田 稗草、莎草及阔叶杂草 75-90克/公顷 甩施

LS20140079 吡嘧·丙噁/24%/可分散油悬浮剂/吡嘧磺隆 4%、丙炔噁草酮 20%/2015.03.03 至 2016.03.03/低毒

水稻移栽田 稗草、莎草及阔叶杂草 72-90克/公顷 甩施

LS20140080 丙炔噁草酮/25%/可分散油悬浮剂/丙炔噁草酮 25%/2015.03.03 至 2016.03.03/低毒

水稻移栽田 稗草、莎草及阔叶杂草 75-93.75克/公顷 甩施

安徽科苑植保工程有限责任公司 (安徽省合肥市庐阳区农科南路40号 230031 0551-5160911)

PD20040747 多·酮/36%/悬浮剂/多菌灵 32.5%、三唑酮 3.5%/2014.12.19 至 2019.12.19/低毒

水稻 纹枯病 540-756克/公顷 喷雾

小麦 白粉病、赤霉病 150-225克/公顷 喷雾

油菜 菌核病 540-800克/公顷 喷雾

PD20070638 高氯·辛硫磷/60%/乳油/高效氯氰菊酯 5%、辛硫磷 55%/2012.12.14 至 2017.12.14/低毒

棉花 棉铃虫 270－360克/公顷 喷雾

PD20081012 硫磺·三唑酮/30%/悬浮剂/硫磺 25%、三唑酮 5%/2013.08.06 至 2018.08.06/低毒

水稻 纹枯病 675-900克/公顷 喷雾

PD20091517 苄·乙/18%/可湿性粉剂/苄嘧磺隆 4%、乙草胺 14%/2014.02.02 至 2019.02.02/低毒

水稻移栽田 一年生及部分多年生杂草 84-118克/公顷 毒土法

PD20094382 精喹·草除灵/14%/乳油/草除灵 12%、精喹禾灵 2%/2014.04.01 至 2019.04.01/低毒

冬油菜田 一年生杂草 210-252克/公顷 茎叶喷雾

PD20096048 甲柳·三唑酮/50%/乳油/甲基异柳磷 40%、三唑酮 10%/2014.06.18 至 2019.06.18/高毒

小麦 金针虫、蝼蛄、蛴螬等地下害虫 50-75克/100千克种子 拌种

PD20096924 噻嗪·异丙威/25%/可湿性粉剂/噻嗪酮 5%、异丙威 20%/2014.09.23 至 2019.09.23/低毒

水稻 稻飞虱 450-562.5克/公顷 喷雾

PD20100067 甲霜·锰锌/58%/可湿性粉剂/甲霜灵 10%、代森锰锌 48%/2015.01.04 至 2020.01.04/低毒

黄瓜 霜霉病 1305-1566克/公顷 喷雾

PD20130059 吡嘧磺隆/10%/可湿性粉剂/吡嘧磺隆 10%/2013.01.07 至 2018.01.07/低毒

水稻移栽田 稗草、莎草及阔叶杂草 15-30克/公顷 毒土法

PD20150875 氟虫腈/5%/悬浮种衣剂/氟虫腈 5%/2015.05.18 至 2020.05.18/低毒

玉米 蛴螬 100-200克/100千克种子 种子包衣

安徽立康杀虫制品有限公司 (安徽省六安市经济开发区皋城东路1号 237000 0564-3636622)

WP20140108 蚊香/0.05%/蚊香/氯氟醚菊酯 0.05%/2014.05.06 至 2019.05.06/微毒

室内 蚊 / 点燃

WP20150027 氯氟醚菊酯/0.6%/电热蚊香液/氯氟醚菊酯 0.6%/2015.02.04 至 2020.02.04/低毒

室内 蚊 / 电热加温

WP20150154 电热蚊香片/10毫克/片/电热蚊香片/炔丙菊酯 5毫克/片、氯氟醚菊酯 5毫克/片/2015.08.28 至 2020.08.28/低毒

室内 蚊 / 电热加温

安徽陆野农化有限责任公司 (安徽省亳州市谯城区十河工业区 236839 0558-5226003)

PD20090653 辛硫磷/3%/颗粒剂/辛硫磷 3%/2014.01.15 至 2019.01.15/低毒

花生 地下害虫 2250-3600克/公顷 撒施

PD20091150 高效氯氰菊酯/4.5%/乳油/高效氯氰菊酯 4.5%/2014.01.21 至 2019.01.21/低毒

十字花科蔬菜 菜青虫 18.75-22.5克/公顷 喷雾

PD20091162 辛硫磷/40%/乳油/辛硫磷 40%/2014.01.22 至 2019.01.22/低毒

棉花 棉铃虫 300-360克/公顷 喷雾

PD20092696 高效氯氟氰菊酯/25克/升/乳油/高效氯氟氰菊酯 25克/升/2014.03.03 至 2019.03.03/中等毒

十字花科蔬菜 菜青虫 7.5-15克/公顷 喷雾

PD20093118 联苯菊酯/25克/升/乳油/联苯菊酯 25克/升/2014.03.10 至 2019.03.10/低毒

茶树 茶尺蠖 7.5-11.25克/公顷 喷雾

PD20093693 敌敌畏/77.5%/乳油/敌敌畏 77.5%/2014.03.25 至 2019.03.25/中等毒

小麦 蚜虫 600-720克/公顷 喷雾

PD20097458 三唑磷/20%/乳油/三唑磷 20%/2014.10.28 至 2019.10.28/中等毒

水稻 二化螟 202.5-303.75克/公顷 喷雾

PD20098372 阿维菌素/1.8%/乳油/阿维菌素 1.8%/2014.12.18 至 2019.12.18/低毒(原药高毒)

棉花 红蜘蛛 40-60毫升制剂/亩 喷雾

PD20098378 毒死蜱/45%/乳油/毒死蜱 45%/2014.12.18 至 2019.12.18/中等毒

水稻 二化螟 504-648克/公顷 喷雾

PD20098379 噻嗪·异丙威/25%/可湿性粉剂/噻嗪酮 5%、异丙威 20%/2014.12.18 至 2019.12.18/低毒

	水稻	稻飞虱	450-562.5克/公顷	喷雾
PD20100760	高效氯氰菊酯/4.5%/水乳剂/高效氯氰菊酯 4.5%/2015.01.18 至 2020.01.18/低毒			
	甘蓝	菜青虫	900-1200毫升制剂/公顷	喷雾
PD20131337	氟铃脲/5%/乳油/氟铃脲 5%/2013.06.09 至 2018.06.09/低毒			
	棉花	棉铃虫	90-120克/公顷	喷雾
PD20151763	噻虫嗪/25%/水分散粒剂/噻虫嗪 25%/2015.08.28 至 2020.08.28/低毒			
	水稻	稻飞虱	11.25-15克/公顷	喷雾
PD20152660	硝磺·莠去津/55%/悬浮剂/莠去津 50%、硝磺草酮 5%/2015.12.19 至 2020.12.19/低毒			
	玉米田	一年生杂草	660-990克/公顷	茎叶喷雾
LS20140181	氰氟草酯/20%/水乳剂/氰氟草酯 20%/2015.04.27 至 2016.04.27/低毒			
	水稻田(直播)	稗草、千金子等禾本科杂草	75-105克/公顷	茎叶喷雾
WP20140028	氟虫腈/5%/悬浮剂/氟虫腈 5%/2014.02.12 至 2019.02.12/低毒			
	卫生	蝇	稀释30倍	滞留喷洒

安徽美科达农化有限公司 （安徽省芜湖市无为县十里乡工业园 238300 0553-6395085）

PD20081476	草甘膦异丙胺盐/30%/水剂/草甘膦 30%/2013.11.04 至 2018.11.04/低毒			
	非耕地	杂草	1125-3000克/公顷	喷雾
	注:草甘膦异丙胺盐含量：41%。			
PD20082454	草甘膦铵盐/30%/可溶粉剂/草甘膦 30%/2013.12.02 至 2018.12.02/低毒			
	非耕地	一年生及部分多年生杂草	1125-3000克/公顷	茎叶喷雾
	注:草甘膦铵盐含量：33%。			
PD20083374	溴氰 ·敌敌畏/20.5%/乳油/敌敌畏 20%、溴氰菊酯 0.5%/2013.12.11 至 2018.12.11/中等毒			
	棉花	棉蚜	246-307.5克/公顷	喷雾
PD20091772	丙环唑/250克/升/乳油/丙环唑 250克/升/2014.02.04 至 2019.02.04/低毒			
	香蕉	叶斑病	250-500毫克/千克	喷雾
PD20095717	精喹·草除灵/14%/乳油/草除灵 12%、精喹禾灵 2%/2014.05.18 至 2019.05.18/低毒			
	冬油菜田	一年生杂草	210-252克/公顷	茎叶喷雾
PD20096563	精噁唑禾草灵/69克/升/水乳剂/精噁唑禾草灵 69克/升/2014.08.24 至 2019.08.24/低毒			
	冬小麦田	一年生禾本科杂草	41.4-62.1克/公顷	茎叶喷雾
PD20097341	氰戊·辛硫磷/20%/乳油/氰戊菊酯 5%、辛硫磷 15%/2014.10.27 至 2019.10.27/中等毒			
	棉花	棉铃虫	135-180克/公顷	喷雾
PD20097733	高效氟吡甲禾灵/108克/升/乳油/高效氟吡甲禾灵 108克/升/2014.11.12 至 2019.11.12/低毒			
	棉花田	一年生禾本科杂草	43.74-56.7克/公顷	茎叶喷雾
PD20100524	毒死蜱/45%/乳油/毒死蜱 45%/2015.01.14 至 2020.01.14/中等毒			
	水稻	稻纵卷叶螟	576-648克/公顷	喷雾
PD20110380	氟铃脲/5%/乳油/氟铃脲 5%/2011.04.14 至 2016.04.14/低毒			
	棉花	棉铃虫	90-120克/公顷	喷雾
PD20130521	草甘膦铵盐/80%/可溶粉剂/草甘膦 80%/2013.03.27 至 2018.03.27/低毒			
	柑橘园	杂草	1598.4-2397.6克/公顷	定向茎叶喷雾
	注:草甘膦铵盐含量:88%。			
PD20130719	莠去津/90%/水分散粒剂/莠去津 90%/2013.04.12 至 2018.04.12/低毒			
	春玉米田	一年生杂草	1485-1755克/公顷	播后苗前土壤喷雾
	夏玉米田	一年生杂草	945-1485克/公顷	播后苗前土壤喷雾
PD20131276	草甘膦铵盐/68%/可溶粒剂/草甘膦 68%/2013.06.05 至 2018.06.05/低毒			
	柑橘园	杂草	1120.5-2241克/公顷	定向茎叶喷雾
	注:草甘膦铵盐含量:74.7%			
PD20132200	烯草酮/120克/升/乳油/烯草酮 120克/升/2013.10.29 至 2018.10.29/低毒			
	油菜田	一年生禾本科杂草	54-72克/公顷	定向茎叶喷雾
PD20132275	草除灵/50%/悬浮剂/草除灵 50%/2013.11.08 至 2018.11.08/低毒			
	冬油菜田	一年生阔叶杂草	225-375克/公顷	茎叶喷雾
PD20140260	草甘膦异丙胺盐/46%/水剂/草甘膦 46%/2014.01.29 至 2019.01.29/低毒			
	非耕地	杂草	1035-1380克/公顷	茎叶喷雾
	注:草甘膦异丙胺盐含量：62%。			
PD20141870	草甘膦铵盐/65%/可溶粉剂/草甘膦 65%/2014.07.24 至 2019.07.24/微毒			
	非耕地	一年生及部分多年生杂草	1657.5-2145克/公顷	茎叶喷雾
	注:草甘膦铵盐含量：71.5%。			
PD20151258	草铵膦/18%/水剂/草铵膦 18%/2015.07.30 至 2020.07.30/低毒			
	非耕地	杂草	945-1620克/公顷	茎叶喷雾
PD20151414	草甘膦铵盐/30%/水剂/草甘膦 30%/2015.07.30 至 2020.07.30/低毒			
	非耕地	杂草	1125-2250克/公顷	茎叶喷雾
	注:草甘膦铵盐含量：33%。			

安徽美兰农业发展股份有限公司（合肥市国家高新区望江西路800号创新产业园D2楼6层 230088 0551-68500931）

PD20083239	三唑锡/25%/可湿性粉剂/三唑锡 25%/2013.12.11 至 2018.12.11/低毒			
	柑橘树	红蜘蛛	125-166.7毫克/千克	喷雾

PD20083242 甲氰菊酯/20%/乳油/甲氰菊酯 20%/2013.12.11 至 2018.12.11/中等毒
柑橘树 红蜘蛛 100-200毫克/千克 喷雾
PD20084374 仲丁威/20%/乳油/仲丁威 20%/2013.12.17 至 2018.12.17/低毒
水稻 稻飞虱 450-600克/公顷 喷雾
PD20084560 噻嗪·异丙威/25%/可湿性粉剂/噻嗪酮 5%、异丙威 20%/2013.12.18 至 2018.12.18/低毒
水稻 稻飞虱 375～562.5克/公顷 喷雾
PD20084688 异丙威/20%/乳油/异丙威 20%/2013.12.22 至 2018.12.22/微毒
水稻 飞虱 450-600克/公顷 喷雾
PD20084763 毒死蜱/45%/乳油/毒死蜱 480克/升/2013.12.22 至 2018.12.22/中等毒
水稻 飞虱 540-607.5克/公顷 喷雾
PD20085771 高效氯氟氰菊酯/25克/升/乳油/高效氯氟氰菊酯 25克/升/2013.12.29 至 2018.12.29/中等毒
茶树 茶尺蠖 3.75-7.5克/公顷 喷雾
PD20090652 精噁唑禾草灵/69克/升/水乳剂/精噁唑禾草灵 69克/升/2014.01.15 至 2019.01.15/低毒
春小麦田 一年生禾本科杂草 51.75-62.1克/公顷 茎叶喷雾
PD20091338 氟啶脲/50克/升/乳油/氟啶脲 50克/升/2014.02.01 至 2019.02.01/低毒
十字花科蔬菜 甜菜夜蛾 45-60克/公顷 喷雾
PD20092079 高效氟吡甲禾灵/108克/升/乳油/高效氟吡甲禾灵 108克/升/2014.02.16 至 2019.02.16/低毒
棉花田 一年生禾本科杂草 44.5-48.6克/公顷 茎叶喷雾
PD20092660 联苯菊酯/25克/升/乳油/联苯菊酯 25克/升/2014.03.03 至 2019.03.03/中等毒
棉花 棉铃虫 41.25-52.5克/公顷 喷雾
PD20092817 氯氰·丙溴磷/440克/升/乳油/丙溴磷 400克/升、氯氰菊酯 40克/升/2014.03.04 至 2019.03.04/中等毒
棉花 棉铃虫 528-660克/公顷 喷雾
PD20093421 精喹禾灵/50克/升/乳油/精喹禾灵 50克/升/2014.03.23 至 2019.03.23/低毒
大豆田 一年生禾本科杂草 48.75-60克/公顷 茎叶喷雾
PD20095594 高效氯氰菊酯/4.5%/乳油/高效氯氰菊酯 4.5%/2014.05.12 至 2019.05.12/低毒
十字花科蔬菜 菜青虫 15-22.5克/公顷 喷雾
PD20095633 阿维·高氯/3%/乳油/阿维菌素 0.2%、高效氯氰菊酯 2.8%/2014.05.12 至 2019.05.12/低毒(原药高毒)
十字花科蔬菜 菜青虫、小菜蛾 13.5-27克/公顷 喷雾
PD20096912 喹硫磷/25%/乳油/喹硫磷 25%/2014.09.23 至 2019.09.23/中等毒
水稻 稻纵卷叶螟 375-495克/公顷 喷雾
PD20098449 烯草酮/120克/升/乳油/烯草酮 120克/升/2014.12.24 至 2019.12.24/低毒
大豆田 一年生禾本科杂草 63-72克/公顷 茎叶喷雾
PD20098519 烟嘧磺隆/40克/升/可分散油悬浮剂/烟嘧磺隆 40克/升/2014.12.24 至 2019.12.24/低毒
玉米田 一年生单、双子叶杂草 48-60克/公顷 茎叶喷雾
PD20101480 苄·丁/30%/可湿性粉剂/苄嘧磺隆 1.5%、丁草胺 28.5%/2015.05.05 至 2020.05.05/低毒
水稻抛秧田 一年生杂草 787.5-900克/公顷 药土法
PD20110063 氯氟吡氧乙酸异辛酯/200克/升/乳油/氯氟吡氧乙酸 200克/升/2016.01.11 至 2021.01.11/微毒
小麦田 一年生阔叶杂草 150-210克/公顷 茎叶喷雾
注:氯氟吡氧乙酸异辛酯含量: 288克/升。
PD20110140 氟铃·辛硫磷/20%/乳油/氟铃脲 2%、辛硫磷 18%/2016.02.10 至 2021.02.10/低毒
甘蓝 小菜蛾 120-180克/公顷 喷雾
PD20110564 苯甲·丙环唑/30%/乳油/苯醚甲环唑 15%、丙环唑 15%/2011.05.26 至 2016.05.26/低毒
水稻 纹枯病 90-112.5克/公顷 喷雾
PD20120983 阿维菌素/5%/乳油/阿维菌素 5%/2012.06.21 至 2017.06.21/低毒(原药高毒)
水稻 稻纵卷叶螟 9-11.25克/公顷 喷雾
小白菜 小菜蛾 9.75—12克/公顷 喷雾
PD20121194 氰氟草酯/10%/乳油/氰氟草酯 10%/2012.08.06 至 2017.08.06/微毒
直播水稻田 稗草、千金子等禾本科杂草 90-105克/ 公顷 茎叶喷雾
PD20121379 阿维菌素/18克/升/乳油/阿维菌素 18克/升/2012.09.13 至 2017.09.13/低毒(原药高毒)
棉花 红蜘蛛 10.8-16.2克/公顷 喷雾
水稻 稻纵卷叶螟 9.45-10.8克/公顷 喷雾
PD20121381 甲氨基阿维菌素苯甲酸盐/2%/微乳剂/甲氨基阿维菌素 2%/2012.09.13 至 2017.09.13/低毒
甘蓝 小菜蛾 1.65-1.98克/公顷 喷雾
注:甲氨基阿维菌素苯甲酸盐: 2.2%。
PD20121848 戊唑醇/430克/升/悬浮剂/戊唑醇 430克/升/2012.11.28 至 2017.11.28/低毒
水稻 稻曲病 84-103克/公顷 喷雾
PD20131545 甲氨基阿维菌素苯甲酸盐/5%/微乳剂/甲氨基阿维菌素 5%/2013.07.18 至 2018.07.18/低毒
甘蓝 小菜蛾 2.25-3.75克/公顷 喷雾
注:甲氨基阿维菌素苯甲酸盐含量: 5.7%。
PD20132164 氟铃脲/5%/微乳剂/氟铃脲 5%/2013.10.29 至 2018.10.29/低毒
甘蓝 甜菜夜蛾 45-52.5克/公顷 喷雾
PD20132305 甲氨基阿维菌素苯甲酸盐/1%/微乳剂/甲氨基阿维菌素 1%/2013.11.08 至 2018.11.08/低毒
甘蓝 小菜蛾 1.95-2.85克/公顷 喷雾

注:甲氨基阿维菌素苯甲酸盐含量1.14%。

PD20132319 甲维·氟铃脲/4%/微乳剂/氟铃脲 3.4%、甲氨基阿维菌素苯甲酸盐 0.6%/2013.11.13 至 2018.11.13/低毒
甘蓝 甜菜夜蛾 8.4-10.8克/公顷 喷雾

PD20132399 己唑醇/30%/悬浮剂/己唑醇 30%/2013.11.20 至 2018.11.20/低毒
水稻 纹枯病 58—72克/公顷 喷雾

PD20132650 炔草酯/15%/水乳剂/炔草酯 15%/2013.12.20 至 2018.12.20/低毒
小麦田 一年生单子叶杂草 67.5-85.5克/公顷 茎叶喷雾

PD20140091 吡蚜酮/25%/可湿性粉剂/吡蚜酮 25%/2014.01.20 至 2019.01.20/低毒
观赏花卉 蚜虫 150-225克/公顷 喷雾

PD20140553 吡蚜酮/50%/可湿性粉剂/吡蚜酮 50%/2014.03.06 至 2019.03.06/低毒
观赏菊花、月季 蚜虫 150-225克/公顷 喷雾
水稻 稻飞虱 75-90克/公顷 喷雾
小麦 蚜虫 60-90克/公顷 喷雾

PD20140554 炔草酯/8%/水乳剂/炔草酯 8%/2014.03.06 至 2019.03.06/低毒
小麦田 一年生禾本科杂草 66-84克/公顷 茎叶喷雾

PD20141808 多杀霉素/480克/升/悬浮剂/多杀霉素 480克/升/2014.07.14 至 2019.07.14/低毒
棉花 棉铃虫 36-43.2克/公顷 喷雾

PD20141916 炔草酯/24%/水乳剂/炔草酯 24%/2014.08.01 至 2019.08.01/低毒
冬小麦田 一年生禾本科杂草 64.8-79.2克/公顷 茎叶喷雾

PD20142088 噻呋酰胺/240克/升/悬浮剂/噻呋酰胺 240克/升/2014.09.02 至 2019.09.02/低毒
水稻 纹枯病 54—72克/公顷 喷雾

PD20142145 苯甲·丙环唑/60%/乳油/苯醚甲环唑 30%、丙环唑 30%/2014.09.18 至 2019.09.18/低毒
水稻 纹枯病 90-126克/公顷 喷雾

PD20142301 氟环唑/25%/悬浮剂/氟环唑 25%/2014.11.02 至 2019.11.02/低毒
水稻 纹枯病 75—93.75克/公顷 喷雾

PD20142310 嘧菌酯/25%/悬浮剂/嘧菌酯 25%/2014.11.03 至 2019.11.03/低毒
马铃薯 晚疫病 63.75—75克/公顷 喷雾

PD20142314 草铵膦/50%/水剂/草铵膦 50%/2014.11.03 至 2019.11.03/低毒
非耕地 杂草 750-900克/公顷 茎叶喷雾

PD20142346 氰氟·精噁唑/20%/微乳剂/精噁唑禾草灵 4%、氰氟草酯 16%/2014.11.03 至 2019.11.03/低毒
水稻田(直播) 一年生禾本科杂草 75-105克/公顷 茎叶喷雾

PD20142402 氰氟草酯/30%/乳油/氰氟草酯 30%/2014.11.13 至 2019.11.13/低毒
水稻田(直播) 稗草、千金子等禾本科杂草 90-112.5克/公顷 茎叶喷雾

PD20142452 炔草酯/30%/水乳剂/炔草酯 30%/2014.11.15 至 2019.11.15/低毒
春小麦田 一年生禾本科杂草 63-81克/公顷 茎叶喷雾

PD20142617 噻虫嗪/25%/水分散粒剂/噻虫嗪 25%/2014.12.15 至 2019.12.15/低毒
茶树 茶小绿叶蝉 18.75-22.5克/公顷 喷雾

PD20142623 茚虫威/30%/水分散粒剂/茚虫威 30%/2014.12.15 至 2019.12.15/低毒
甘蓝 小菜蛾 31.5-40.5克/公顷 喷雾

PD20142664 阿维菌素/10%/乳油/阿维菌素 10%/2014.12.18 至 2019.12.18/中等毒(原药高毒)
水稻 稻纵卷叶螟 10.5-13.5克/公顷 喷雾
小白菜 小菜蛾 7.5-13.5克/公顷 喷雾

PD20150787 氰氟草酯/20%/乳油/氰氟草酯 20%/2015.05.13 至 2020.05.13/低毒
水稻田(直播) 稗草、千金子等禾本科杂草 90-105克/公顷 茎叶喷雾

PD20151153 氰氟·精噁唑/15%/微乳剂/精噁唑禾草灵 3%、氰氟草酯 12%/2015.06.26 至 2020.06.26/低毒
水稻田(直播) 一年生禾本科杂草 78.75-101.25克/公顷 茎叶喷雾

PD20151520 辛硫·三唑磷/20%/乳油/三唑磷 10%、辛硫磷 10%/2015.08.03 至 2020.08.03/中等毒
水稻 二化螟 300-450克/公顷 喷雾

PD20152096 双氟磺草胺/50克/升/悬浮剂/双氟磺草胺 50克/升/2015.09.22 至 2020.09.22/低毒
冬小麦田 一年生阔叶杂草 3.75-4.5克/公顷 茎叶喷雾

PD20152159 草铵膦/200克/升/水剂/草铵膦 200克/升/2015.09.22 至 2020.09.22/低毒
非耕地 杂草 750-900克/公顷 茎叶喷雾

LS20130027 吡蚜酮/50%/可湿性粉剂/吡蚜酮 50%/2015.01.15 至 2016.01.15/低毒
观赏花卉 蚜虫 150-225克/公顷 喷雾
水稻 稻飞虱 75-90克/公顷 喷雾
小麦 蚜虫 60-90克/公顷 喷雾

LS20140118 噻呋酰胺/24%/悬浮剂/噻呋酰胺 24%/2016.03.17 至 2017.03.17/低毒
水稻 纹枯病 54-72克/公顷 喷雾

LS20140119 氟环唑/25%/悬浮剂/氟环唑 25%/2016.03.17 至 2017.03.17/低毒
水稻 纹枯病 75-93.75克/公顷 喷雾

LS20140218 噻虫·吡蚜酮/75%/水分散粒剂/吡蚜酮 60%、噻虫嗪 15%/2015.06.17 至 2016.06.17/低毒
观赏花卉 蚜虫 56.25-112.5克/公顷 喷雾

LS20150106 噻呋·戊唑醇/52%/悬浮剂/噻呋酰胺 20%、戊唑醇 32%/2015.04.20 至 2016.04.20/低毒

水稻　纹枯病　78-101.4克/公顷　喷雾
LS20150281　苯甲·丙环唑/60%/水乳剂/苯醚甲环唑 30%、丙环唑 30%/2015.08.30 至 2016.08.30/低毒
水稻　纹枯病　108-126克/公顷　喷雾
WP20120070　氟虫腈/3%/微乳剂/氟虫腈 3%/2012.04.18 至 2017.04.18/低毒
卫生　蝇　稀释20倍液　喷雾
WP20120179　氟虫腈/6%/微乳剂/氟虫腈 6%/2012.09.13 至 2017.09.13/低毒
室内　蝇　稀释40倍液　喷雾

安徽全力集团有限公司　(安徽省潜山县舒州东路49号　246300　0556-8935199)

WP20120136　蚊香/0.3%/蚊香/富右旋反式烯丙菊酯 0.3%/2012.07.19 至 2017.07.19/微毒
卫生　蚊　/　点燃

安徽瑞然生物药肥科技有限公司 (宁国经济技术开发区河沥园宜黄线旁外环东路109号　242300　0563-4305999)

PD84111-28　氧乐果/40%/乳油/氧乐果 40%/2015.12.10 至 2020.12.10/高毒
棉花　蚜虫、螨　375-600克/公顷　喷雾
森林　松干蚧、松毛虫　500倍液　喷雾或直接涂树干
水稻　稻纵卷叶螟、飞虱　375-600克/公顷　喷雾
小麦　蚜虫　300-450克/公顷　喷雾
PD20083812　氰戊·氧乐果/40%/乳油/氰戊菊酯 4%、氧乐果 36%/2013.12.15 至 2018.12.15/高毒
棉花　棉铃虫、棉蚜　120-150克/公顷　喷雾
PD20084466　氰戊·辛硫磷/30%/乳油/氰戊菊酯 5%、辛硫磷 25%/2013.12.17 至 2018.12.17/中等毒
棉花　棉铃虫　180-270克/公顷　喷雾
棉花　棉蚜　150-225克/公顷　喷雾
PD20085488　氰戊·辛硫磷/40%/乳油/氰戊菊酯 5%、辛硫磷 35%/2013.12.25 至 2018.12.25/中等毒
棉花　棉铃虫　300-360克/公顷　喷雾
PD20090908　扑·乙/35%/可湿性粉剂/扑草净 14%、乙草胺 21%/2014.01.19 至 2019.01.19/低毒
春大豆田　一年生杂草　1050-1575克/公顷(东北地区)　播后苗前喷雾
花生田、夏玉米田　一年生杂草　787.5-1050克/公顷　播后苗前喷雾
棉花田　一年生杂草　1050-1312.5克/公顷　播后苗前喷雾
夏大豆田　一年生杂草　787.5-1321.5克/公顷(其它地区)　播后苗前喷雾
PD20092103　氰戊·氧乐果/25%/乳油/氰戊菊酯 2.5%、氧乐果 22.5%/2014.02.23 至 2019.02.23/高毒
棉花　棉铃虫、蚜虫　187.5-225克/公顷　喷雾
PD20096617　阿维菌素/1.8%/乳油/阿维菌素 1.8%/2014.09.02 至 2019.09.02/低毒(原药高毒)
梨树　梨木虱　55.5-105毫升制剂/公顷　喷雾
PD20097289　氧乐果/40%/乳油/氧乐果 40%/2014.10.26 至 2019.10.26/高毒
棉花、小麦　蚜虫　81-162克/公顷　喷雾
PD20100247　烯唑醇/12.5%/可湿性粉剂/烯唑醇 12.5%/2015.01.11 至 2020.01.11/低毒
梨树　黑星病　31-42毫克/千克　喷雾
小麦　白粉病　60-120克/公顷　喷雾
PD20101756　锰锌·烯唑醇/32.5%/可湿性粉剂/代森锰锌 30%、烯唑醇 2.5%/2015.07.07 至 2020.07.07/低毒
梨树　黑星病　400-600倍液　喷雾
PD20102176　嗪草酮/95%/原药/嗪草酮 95%/2015.12.15 至 2020.12.15/低毒
PD20120124　高效氯氰菊酯/4.5%/乳油/高效氯氰菊酯 4.5%/2012.01.29 至 2017.01.29/中等毒
甘蓝　菜蚜　3-18克/公顷　喷雾
甘蓝　菜青虫、小菜蛾　9-25.5克/公顷　喷雾
棉花　红铃虫、棉铃虫、棉蚜　15-30克/公顷　喷雾
PD20140212　甲氨基阿维菌素苯甲酸盐/5%/水分散粒剂/甲氨基阿维菌素 5%/2014.01.29 至 2019.01.29/低毒
甘蓝　甜菜夜蛾　2.25-3克/公顷　喷雾
注:甲氨基阿维菌素苯甲酸盐含量：5.7%。
PD20141105　草甘膦铵盐/80%/可溶粒剂/草甘膦 80%/2014.04.27 至 2019.04.27/低毒
非耕地　杂草　1200-2160克/公顷　茎叶喷雾
注:草甘膦胺盐含量：88.8%。
PD20141988　嘧菌酯/25%/悬浮剂/嘧菌酯 25%/2014.08.14 至 2019.08.14/低毒
黄瓜　霜霉病　150－225克/公顷　喷雾
PD20150531　苯甲·嘧菌酯/30%/悬浮剂/苯醚甲环唑 11.5%、嘧菌酯 18.5%/2015.03.23 至 2020.03.23/低毒
水稻　纹枯病　157.5-243克/公顷　喷雾
PD20150724　噻呋酰胺/240克/升/悬浮剂/噻呋酰胺 240克/升/2015.04.20 至 2020.04.20/低毒
水稻　纹枯病　54-90克/公顷　喷雾
PD20151077　苦参碱/0.6%/水剂/苦参碱 0.6%/2015.06.14 至 2020.06.14/低毒
甘蓝　蚜虫　7.2-10.8克/公顷　喷雾

安徽三荷日用品有限公司　(安徽省六安市经济技术开发区　237000　0564-3680475)

WP20130125　蚊香/0.29%/蚊香/富右旋反式烯丙菊酯 0.29%/2013.06.08 至 2018.06.08/低毒
卫生　蚊　/　点燃

安徽沙隆达生物科技有限公司　(安徽省淮南市谢家集卧龙山西路　232033　0551-65596528)

PD20083961　氯氰·辛硫磷/20%/乳油/氯氰菊酯 1.5%、辛硫磷 18.5%/2013.12.16 至 2018.12.16/低毒

棉花　棉铃虫　210-300克/公顷　喷雾

PD20085238　氰戊·辛硫磷/12%/乳油/氰戊菊酯 2%、辛硫磷 10%/2013.12.23 至 2018.12.23/中等毒

棉花　棉铃虫　90-135克/公顷　喷雾

PD20085808　精噁唑禾草灵/69克/升/水乳剂/精噁唑禾草灵 69克/升/2013.12.29 至 2018.12.29/低毒

春小麦田　一年生禾本科杂草　51.75-62.1克/公顷　茎叶喷雾

冬小麦田　一年生禾本科杂草　41.4-51.75克/公顷　茎叶喷雾

PD20095741　苄嘧磺隆/10%/可湿性粉剂/苄嘧磺隆 10%/2014.05.18 至 2019.05.18/低毒

移栽水稻田　阔叶杂草及莎草科杂草　45-60克/公顷(东北地区)22.5-30克/公顷(其它地区)　毒土法

PD20098159　噁草·丁草胺/20%/乳油/丁草胺 14%、噁草酮 6%/2014.12.14 至 2019.12.14/低毒

水稻移栽田　一年生杂草　600-750克/公顷　毒土法

PD20120141　草甘膦铵盐/80%/可溶粒剂/草甘膦 80%/2012.01.29 至 2017.01.29/低毒

非耕地　杂草　1200-2160克/公顷　茎叶喷雾

注:草甘膦铵盐含量:88.8%。

PD20120382　草甘膦铵盐/68%/可溶粒剂/草甘膦 68%/2012.02.24 至 2017.02.24/低毒

柑橘园　杂草　1428-1836克/公顷　定向茎叶喷雾

注:草甘膦铵盐含量:75.7%。

PD20131746　烟嘧·莠去津/24%/可分散油悬浮剂/烟嘧磺隆 4%、莠去津 20%/2013.08.16 至 2018.08.16/低毒

玉米田　一年生杂草　288-360克/公顷　茎叶喷雾

PD20132076　炔草酯/15%/微乳剂/炔草酯 15%/2013.10.23 至 2018.10.23/低毒

冬小麦田　一年生禾本科杂草　56.25-78.75克/公顷　茎叶喷雾

PD20132476　烯草酮/24%/乳油/烯草酮 24%/2013.12.09 至 2018.12.09/低毒

大豆田　一年生禾本科杂草　72-108克/公顷　茎叶喷雾

PD20132569　甲氨基阿维菌素苯甲酸盐/5%/水分散粒剂/甲氨基阿维菌素 5%/2013.12.17 至 2018.12.17/低毒

甘蓝　甜菜夜蛾　2.25-3克/公顷　喷雾

注:甲氨基阿维菌素苯甲酸盐含量: 5.7%。

PD20132612　戊唑醇/430克/升/悬浮剂/戊唑醇 430克/升/2013.12.20 至 2018.12.20/低毒

苹果树　斑点落叶病　61.4-86毫克/千克　喷雾

PD20140214　草甘膦异丙胺盐/46%/水剂/草甘膦 46%/2014.01.29 至 2019.01.29/低毒

非耕地　杂草　1395-2325克/公顷　茎叶喷雾

注:草甘膦异丙胺盐含量: 62%。

PD20141468　吡蚜酮/25/可湿性粉剂/吡蚜酮 25%/2014.06.09 至 2019.06.09/低毒

水稻　稻飞虱　60-75克/公顷　喷雾

PD20141858　二氯喹啉酸/50%/可湿性粉剂/二氯喹啉酸 50%/2014.07.24 至 2019.07.24/低毒

水稻移栽田　稗草　225-375克/公顷　茎叶喷雾

PD20142006　硝磺草酮/15%/悬浮剂/硝磺草酮 15%/2014.08.14 至 2019.08.14/低毒

玉米田　一年生杂草　112.5-157.5克/公顷　茎叶喷雾

PD20150214　氰氟草酯/20%/可分散油悬浮剂/氰氟草酯 20%/2015.01.15 至 2020.01.15/低毒

水稻田(直播)　稗草、千金子、一年生禾本科杂草　75-105克/公顷　茎叶喷雾

PD20150851　丁硫克百威/35%/种子处理干粉剂/丁硫克百威 35%/2015.05.18 至 2020.05.18/中等毒

水稻　稻蓟马　315-420g/100kg种子　拌种

PD20151058　氰氟草酯/15%/乳油/氰氟草酯 15%/2015.06.14 至 2020.06.14/低毒

水稻田(直播)　稗草、千金子等禾本科杂草　112.5-135克/公顷　茎叶喷雾

PD20151280　炔草酯/8%/乳油/炔草酯 8%/2015.07.30 至 2020.07.30/低毒

冬小麦田　一年生禾本科杂草　48-66克/公顷　茎叶喷雾

PD20152626　草甘膦异丙胺盐/30%/水剂/草甘膦 30%/2015.12.18 至 2020.12.18/低毒

非耕地　杂草　1125-2025克/公顷　茎叶喷雾

注:草甘膦异丙胺盐含量: 41%。

PD20152653　草甘膦异丙胺盐/30%/水剂/草甘膦 30%/2015.12.19 至 2020.12.19/低毒

非耕地　杂草　1350-1800克/公顷　喷雾

注:草甘膦异丙胺盐含量: 41%。

LS20150093　乙羧·草甘膦/80%/可湿性粉剂/草甘膦铵盐 77%、乙羧氟草醚 3%/2015.04.17 至 2016.04.17/低毒

非耕地　杂草　1200-2160克/公顷　茎叶喷雾

WP20130223　氟虫腈/5%/悬浮剂/氟虫腈 5%/2013.10.29 至 2018.10.29/低毒

室内　蝇　稀释30倍液　滞留喷雾

安徽生力农化有限公司　(安徽省宁国市汪溪镇石村　242300　0563-4308777)

PD84121-6　磷化铝/56%/片剂/磷化铝 56%/2014.12.07 至 2019.12.07/高毒

洞穴　室外啮齿动物　根据洞穴大小而定　密闭熏蒸

货物　仓储害虫　5-10片/1000千克　密闭熏蒸

空间　多种害虫　1-4片/立方米　密闭熏蒸

粮食、种子　储粮害虫　3-10片/1000千克　密闭熏蒸

PD86145-2　磷化铝/90%、85%/原药/磷化铝 90%、85%/2011.09.19 至 2016.09.19/高毒

洞穴　室外啮齿动物　根据洞穴大小而定　密闭熏蒸

货物 仓储害虫 10-20克/吨 密闭熏蒸
空间 多种害虫 2-8克/立方米 密闭熏蒸
粮食、种子 储粮害虫 6-20克/吨 密闭熏蒸

PD86148-65 异丙威/20%/乳油/异丙威 20%/2015.03.24 至 2020.03.24/中等毒
水稻 飞虱、叶蝉 450-600克/公顷 喷雾

PD20060061 三唑磷/20%/乳油/三唑磷 20%/2011.03.24 至 2016.03.24/中等毒
水稻 二化螟 300-450克/公顷 喷雾

PD20060099 高效氯氰菊酯/4.5%/乳油/高效氯氰菊酯 4.5%/2011.05.22 至 2016.05.22/中等毒
十字花科蔬菜 菜青虫 13.5-27克/公顷 喷雾

PD20091385 草甘膦异丙胺盐（41%）///水剂/草甘膦 30%/2014.02.02 至 2019.02.02/低毒
茶园 杂草 1125-2250克/公顷 定向喷雾

PD20092166 仲丁威/20%/乳油/仲丁威 20%/2014.02.23 至 2019.02.23/低毒
水稻 稻飞虱 540-600克/公顷 喷雾

PD20094583 三唑磷/85%/原药/三唑磷 85%/2014.04.10 至 2019.04.10/中等毒

PD20095229 乐果/40%/乳油/乐果 40%/2014.04.27 至 2019.04.27/中等毒
水稻 稻飞虱 510—600克/公顷 喷雾

PD20096004 氯氰菊酯/5%/乳油/氯氰菊酯 5%/2014.06.11 至 2019.06.11/中等毒
叶菜 菜青虫 30-45克/公顷 喷雾

PD20097014 乙烯利/40%/水剂/乙烯利 40%/2014.10.10 至 2019.10.10/低毒
棉花 催熟、调节生长 300-500倍液 兑水喷雾

PD20101339 毒死蜱/40%/乳油/毒死蜱 40%/2015.03.23 至 2020.03.23/中等毒
水稻 稻纵卷叶螟 600-720克/公顷 喷雾

PD20120205 草甘膦铵盐/68%/可溶粒剂/草甘膦 68%/2012.02.07 至 2017.02.07/低毒
柑橘园 杂草 1122-2244克/公顷 定向茎叶喷雾
注:草甘膦铵盐含量：74.7%。

PD20130659 三唑磷/40%/乳油/三唑磷 40%/2013.04.08 至 2018.04.08/中等毒
水稻 二化螟 450-600克/公顷 喷雾

安徽省安庆市南风日化有限责任公司 （安徽省安庆市渡江路11号 246003 0556-5207272）

WP20080281 杀虫气雾剂/0.7%/气雾剂/苯醚氰菊酯 0.15%、氯菊酯 0.25%、右旋胺菊酯 0.3%/2013.12.01 至 2018.12.01/微毒
卫生 蚊、蝇、蜚蠊 / 喷雾

WP20080357 蚊香/0.4%/蚊香/富右旋反式烯丙菊酯 0.4%/2013.12.09 至 2018.12.09/低毒
卫生 蚊 / 点燃

安徽省安庆市茁壮农药有限公司 （安徽省安庆市岳西县前进路19号工商大厦4楼 246600 0556-2172655）

PD20084100 硫丹/35%/乳油/硫丹 35%/2013.12.16 至 2018.12.16/中等毒(原药高毒)
棉花 棉铃虫 525-840克/公顷 喷雾

PD20086019 氰戊·辛硫磷/30%/乳油/氰戊菊酯 5%、辛硫磷 25%/2013.12.29 至 2018.12.29/中等毒
棉花 棉铃虫 180-270克/公顷 喷雾
棉花 蚜虫 150-225克/公顷 喷雾

安徽省蚌埠九采罗化学有限公司 （安徽省蚌埠市华光大道1135号 233045 0551-2628349）

PD86148-35 异丙威/20%/乳油/异丙威 20%/2012.01.22 至 2017.01.22/中等毒
水稻 飞虱、叶蝉 450-600克/公顷 喷雾

安徽省池州新赛德化工有限公司 （安徽省池州市杏村西路318号 247000 0566-2031558）

PD85121-21 乐果/40%/乳油/乐果 40%/2015.06.13 至 2020.06.13/中等毒
茶树 蚜虫、叶蝉、螨 1000-2000倍液 喷雾
甘薯 小象甲 2000倍液 浸鲜薯片诱杀
柑橘树、苹果树 鳞翅目幼虫、蚜虫、螨 800-1600倍液 喷雾
棉花 蚜虫、螨 450-600克/公顷 喷雾
蔬菜 蚜虫、螨 300-600克/公顷 喷雾
水稻 飞虱、螟虫、叶蝉 450-600克/公顷 喷雾
烟草 蚜虫、烟青虫 300-600克/公顷 喷雾

PD85139 哒嗪硫磷/20%/乳油/哒嗪硫磷 20%/2015.07.13 至 2020.07.13/低毒
茶树 害虫 800-1000倍液 喷雾
大豆 蚜虫 800倍液 喷雾
果树 食心虫、蚜虫 500-800倍液 喷雾
林木 松毛虫、竹青虫 500倍液 喷雾
棉花 棉铃虫、蚜虫、螨 800-1000倍液 喷雾
蔬菜 菜青虫、蚜虫 500-1000倍液 喷雾
水稻 螟虫、叶蝉 800-1000倍液 喷雾
小麦、玉米 黏虫、玉米螟 800-1000倍液 喷雾

PD86148-40 异丙威/20%/乳油/异丙威 20%/2011.08.15 至 2016.08.15/中等毒
水稻 飞虱、叶蝉 450-600克/公顷 喷雾

PD20040776 三唑磷/20%/乳油/三唑磷 20%/2014.12.19 至 2019.12.19/中等毒
棉花 棉红铃虫 375-450克/公顷 喷雾

水稻 二化螟、三化螟 300-450克/公顷 喷雾
PD20084430 噻嗪酮/25%/可湿性粉剂/噻嗪酮 25%/2013.12.17 至 2018.12.17/低毒
水稻 飞虱 75-112.5克/公顷 喷雾
PD20090231 腈菌唑/12%/乳油/腈菌唑 12%/2014.01.09 至 2019.01.09/低毒
小麦 白粉病 30-60克/公顷 喷雾
PD20090408 异稻·三环唑/20%/可湿性粉剂/三环唑 6.7%、异稻瘟净 13.3%/2014.01.12 至 2019.01.12/低毒
水稻 稻瘟病 300-450克/公顷 喷雾
PD20095077 乐果·敌百虫/40%/乳油/敌百虫 20%、乐果 20%/2014.04.22 至 2019.04.22/中等毒
水稻 稻飞虱、稻纵卷叶螟 480-720克/公顷 喷雾
PD20095461 苄嘧·苯噻酰/53%/可湿性粉剂/苯噻酰草胺 50%、苄嘧磺隆 3%/2014.05.11 至 2019.05.11/低毒
水稻抛秧田 部分多年生杂草、一年生杂草 397.5-556.5克/公顷 药土法
PD20095789 苄·乙·甲/20%/可湿性粉剂/苄嘧磺隆 1.1%、甲磺隆 0.2%、乙草胺 18.7%/2014.05.27 至 2015.06.30/低毒
水稻移栽田 杂草 75-105克/公顷 药土法
PD20096311 毒死蜱/40%/乳油/毒死蜱 40%/2014.07.22 至 2019.07.22/中等毒
水稻 稻飞虱 450-600克/公顷 喷雾
PD20096735 毒死蜱/97%/原药/毒死蜱 97%/2014.09.07 至 2019.09.07/中等毒
PD20111197 二嗪磷/97%/原药/二嗪磷 97%/2011.11.16 至 2016.11.16/中等毒

安徽省丰臣农化有限公司 (安徽省利辛县利张路工业区 230031 0551-5578135)

PD20098039 毒死蜱/45%/乳油/毒死蜱 45%/2014.12.07 至 2019.12.07/中等毒
水稻 二化螟 468-576克/公顷 喷雾
PD20120014 草甘膦铵盐/80%/可溶粒剂/草甘膦 80%/2012.01.05 至 2017.01.05/微毒
非耕地 杂草 1200-1680克/公顷 定向茎叶喷雾
注:草甘膦铵盐含量：88%
PD20120313 草甘膦铵盐/68%/可溶粒剂/草甘膦 68%/2012.02.17 至 2017.02.17/微毒
柑橘园 杂草 1428-1836克/公顷 定向茎叶喷雾
注:草甘膦铵盐含量：74.7%。
PD20120726 烟嘧·莠去津/24%/可分散油悬浮剂/烟嘧磺隆 4%、莠去津 20%/2012.05.02 至 2017.05.02/低毒
玉米田 一年生杂草 288-360克/公顷 茎叶喷雾
PD20131575 草甘膦异丙胺盐/46%/水剂/草甘膦 46%/2013.07.23 至 2018.07.23/低毒
非耕地 杂草 1380-1725克/公顷 茎叶喷雾
注:草甘膦异丙胺盐含量：62%。
PD20131767 草甘膦/95%/原药/草甘膦 95%/2013.09.06 至 2018.09.06/低毒
PD20132685 阿维·高氯/1.5%/乳油/阿维菌素 0.2%、高效氯氰菊酯 1.3%/2013.12.25 至 2018.12.25/低毒(原药高毒)
甘蓝 菜青虫、小菜蛾 13.5-27克/公顷 喷雾
PD20141087 草铵膦/200/水剂/草铵膦 200克/升/2014.04.27 至 2019.04.27/低毒
非耕地 杂草 1200-1600克/公顷 茎叶喷雾
LS20140287 硝磺·莠去津/55%/悬浮剂/莠去津 50%、硝磺草酮 5%/2015.08.25 至 2016.08.25/低毒
春玉米田 一年生杂草 990-1320克/公顷 茎叶喷雾
夏玉米田 一年生杂草 660-990克/公顷 茎叶喷雾

安徽省广德县青山卫生实验厂 (安徽省广德县祠山岗乡祠山岗村 242200 0551-286067)

WP20090064 杀蟑笔剂/0.4%/笔剂/溴氰菊酯 0.4%/2014.02.01 至 2019.02.01/低毒
卫生 蜚蠊 3克制剂/平方米 涂抹
WP20090065 杀蟑烟剂/2.8%/烟剂/氯氰菊酯 2.8%/2014.02.01 至 2019.02.01/低毒
卫生 蜚蠊 / 点燃

安徽省合肥海明日用化工厂 (安徽省合肥市肥西县北张乡 230012 0551-2655635)

WP20100131 杀虫气雾剂/0.25%/气雾剂/胺菊酯 0.2%、氯氰菊酯 0.05%/2010.11.01 至 2015.11.01/低毒
卫生 蚊、蝇、蜚蠊 / 喷雾

安徽省合肥天润日用化工公司 (安徽省合肥市蒙城北路和煦园18号楼1104室 230041 0551-5552522-801)

WP20090350 杀虫气雾剂/0.16%/气雾剂/Es-生物烯丙菊酯 0.15%、溴氰菊酯 0.01%/2014.10.28 至 2019.10.28/低毒
卫生 蚊、蝇 / 喷雾
WP20100111 蚊香/0.3%/蚊香/富右旋反式烯丙菊酯 0.3%/2015.08.09 至 2020.08.09/低毒
卫生 蚊 / 点燃
WP20110159 电热蚊香液/1.2%/电热蚊香液/炔丙菊酯 1.2%/2011.06.20 至 2016.06.20/低毒
卫生 蚊 / 电热加温
WP20110211 电热蚊香片/15毫克/片/电热蚊香片/炔丙菊酯 15毫克/片/2011.09.15 至 2016.09.15/低毒
卫生 蚊 / 电热加温

安徽省合肥益丰化工有限公司 (安徽省循环经济示范园纬四路北侧 231602 0551-67600871)

PD20096482 硫丹/350克/升/乳油/硫丹 350克/升/2014.08.14 至 2019.08.14/高毒
棉花 棉铃虫 682.5-840克/公顷 喷雾
PD20096917 草甘膦异丙胺盐(41%)///水剂/草甘膦 30%/2014.09.23 至 2019.09.23/低毒
棉花免耕田 杂草 922.5-1537.5克/公顷 茎叶喷雾
PD20096930 精噁唑禾草灵/69克/升/水乳剂/精噁唑禾草灵 69克/升/2014.09.23 至 2019.09.23/低毒
冬小麦田 一年生禾本科杂草 51.75-62.10克/公顷 茎叶喷雾

PD20141931 代森锰锌/80%/可湿性粉剂/代森锰锌 80%/2014.08.04 至 2019.08.04/低毒
黄瓜 霜霉病 2040-3000克/公顷 喷雾
PD20141932 嘧菌酯/250克/升/悬浮剂/嘧菌酯 250克/升/2014.08.04 至 2019.08.04/微毒
黄瓜 霜霉病 150-180克/公顷 喷雾
PD20142330 多菌灵/500克/升/悬浮剂/多菌灵 500克/升/2014.11.03 至 2019.11.03/低毒
苹果树 轮纹病 625-833.3 毫克/千克 喷雾
PD20142416 啶虫脒/20%/可溶粉剂/啶虫脒 20%/2014.11.13 至 2019.11.13/低毒
黄瓜 蚜虫 18-27克/公顷 喷雾
PD20142499 甲氨基阿维菌素苯甲酸盐/5%/水分散粒剂/甲氨基阿维菌素 5%/2014.11.21 至 2019.11.21/低毒
甘蓝 小菜蛾 1.5-3克/公顷 喷雾
注:甲氨基阿维菌素苯甲酸盐含量：5.7%。
PD20150382 甲基硫菌灵/70%/可湿性粉剂/甲基硫菌灵 70%/2015.03.18 至 2020.03.18/低毒
苹果树 轮纹病 700-875毫克/千克 喷雾
PD20152339 吡虫啉/20%/可溶液剂/吡虫啉 20%/2015.10.22 至 2020.10.22/低毒
水稻 稻飞虱 36-45克/公顷 喷雾
PD20152524 百菌清/720克/升/悬浮剂/百菌清 720克/升/2015.12.05 至 2020.12.05/低毒
番茄 早疫病 864-1296克/公顷 喷雾

安徽省合肥正宇工贸有限公司 (安徽省合肥市瑶海工业园合磨路站北社居委 230000 0551-4320299)

WP20100084 杀虫气雾剂/0.25%/气雾剂/胺菊酯 0.2%、氯氰菊酯 0.05%/2010.06.03 至 2015.06.03/低毒
卫生 蚊、蝇、蜚蠊 / 喷雾

安徽省化工研究院 (安徽省合肥市庐阳区阜阳北路363号 230041 0551-65536014)

PD20040478 吡虫啉/5%/乳油/吡虫啉 5%/2014.12.19 至 2019.12.19/低毒
水稻 飞虱 15-22.5克/公顷 喷雾
PD20040772 吡虫·杀虫单/60%/可湿性粉剂/吡虫啉 2%、杀虫单 58%/2014.12.19 至 2019.12.19/低毒
水稻 稻飞虱、稻纵卷叶螟、二化螟、三化螟 450-750克/公顷 喷雾
PD20060073 高效氯氰菊酯/4.5%/乳油/高效氯氰菊酯 4.5%/2011.04.13 至 2016.04.13/中等毒
十字花科蔬菜 菜青虫 20.25-27克/公顷 喷雾
PD20080714 苄嘧·苯噻酰/50%/可湿性粉剂/苯噻酰草胺 47%、苄嘧磺隆 3%/2013.06.11 至 2018.06.11/低毒
水稻移栽田 部分多年生杂草、一年生杂草 375-525克/公顷(南方地区) 药土法
PD20082112 噁草·丁草胺/30%/乳油/丁草胺 24%、噁草酮 6%/2013.11.25 至 2018.11.25/低毒
水稻移栽田 一年生杂草 585-810克/公顷 毒土法
PD20084670 氰戊·辛硫磷/30%/乳油/氰戊菊酯 5%、辛硫磷 25%/2013.12.22 至 2018.12.22/中等毒
棉花 棉铃虫 225-337.5克/公顷 喷雾
PD20086260 阿维菌素/1.8%/乳油/阿维菌素 1.8%/2013.12.31 至 2018.12.31/低毒(原药高毒)
苹果树 二斑叶螨 1-1.5毫克/千克 喷雾
PD20090290 苯磺隆/75%/水分散粒剂/苯磺隆 75%/2014.01.09 至 2019.01.09/低毒
冬小麦田 一年生阔叶杂草 13.5-22.5克/公顷 茎叶喷雾
PD20090360 杀虫双/3.6%/大粒剂/杀虫双 3.6%/2014.01.12 至 2019.01.12/中等毒
水稻 二化螟 540-675克/公顷 撒施
PD20091186 苄·二氯/36%/可湿性粉剂/苄嘧磺隆 3%、二氯喹啉酸 33%/2014.01.22 至 2019.01.22/低毒
水稻移栽田 一年生及部分多年生杂草 216-270克/公顷 喷雾
PD20091217 苯磺隆/10%/可湿性粉剂/苯磺隆 10%/2014.02.01 至 2019.02.01/低毒
冬小麦田 一年生阔叶杂草 13.5-22.5克/公顷 茎叶喷雾
PD20091291 唑酮·福美双/45%/可湿性粉剂/福美双 40%、三唑酮 5%/2014.02.01 至 2019.02.01/中等毒
水稻 恶苗病 750-1500毫克/千克 浸种
PD20091499 乙铝·锰锌/70%/可湿性粉剂/代森锰锌 24%、三乙膦酸铝 46%/2014.02.02 至 2019.02.02/低毒
黄瓜 霜霉病 1399.95-4200克/公顷 喷雾
PD20091688 乙铝·多菌灵/60%/可湿性粉剂/多菌灵 20%、三乙膦酸铝 40%/2014.02.03 至 2019.02.03/低毒
苹果树 轮纹病 300-500倍液 喷雾
PD20092012 高效氯氰菊酯/4.5%/水乳剂/高效氯氰菊酯 4.5%/2014.02.12 至 2019.02.12/低毒
十字花科蔬菜 菜青虫 27-40.5克/公顷 喷雾
PD20092624 多·福/50%/可湿性粉剂/多菌灵 25%、福美双 25%/2014.03.02 至 2019.03.02/低毒
梨树 黑星病 1000-1500毫克/千克 喷雾
PD20092725 硫磺·三环唑/45%/可湿性粉剂/硫磺 40%、三环唑 5%/2014.03.04 至 2019.03.04/低毒
水稻 稻瘟病 1012.5-1350克/公顷 喷雾
PD20093276 辛硫·灭多威/30%/乳油/灭多威 10%、辛硫磷 20%/2014.03.11 至 2019.03.11/高毒
棉花 棉铃虫 225-337.5克/公顷 喷雾
PD20093598 溴氰 ·敌敌畏/20.5%/乳油/敌敌畏 20%、溴氰菊酯 0.5%/2014.03.23 至 2019.03.23/中等毒
棉花 棉蚜 246-307.5克/公顷 喷雾
PD20095369 乙草胺/40%/水乳剂/乙草胺 40%/2014.04.27 至 2019.04.27/低毒
冬油菜田 一年生禾本科杂草及部分阔叶杂草 600-750克/公顷 喷雾
PD20095616 苄·乙/20%/可湿性粉剂/苄嘧磺隆 4.5%、乙草胺 15.5%/2014.05.12 至 2019.05.12/低毒
水稻移栽田 一年生及部分多年生杂草 84-118克/公顷(南方地区) 药土法

PD20096728 氰戊·氧乐果/25%/乳油/氰戊菊酯 2.5%、氧乐果 22.5%/2014.09.07 至 2019.09.07/高毒
棉花 棉铃虫 187.5-225克/公顷 喷雾
PD20101822 阿维·哒螨灵/5%/乳油/阿维菌素 0.2%、哒螨灵 4.8%/2015.07.19 至 2020.07.19/低毒(原药高毒)
苹果树 二斑叶螨 1500-2000倍液 喷雾
PD20110594 丁草胺/50%/乳油/丁草胺 50%/2011.05.30 至 2016.05.30/低毒
水稻移栽田 稗草、牛毛草、鸭舌草 337.5-450克/公顷 毒土法
PD20111455 阿维菌素/1.8%/水乳剂/阿维菌素 1.8%/2011.12.30 至 2016.12.30/低毒(原药高毒)
甘蓝 小菜蛾 5.4-10.8克/公顷 喷雾
PD20121244 高效氯氟氰菊酯/2.5%/水乳剂/高效氯氟氰菊酯 2.5%/2012.08.28 至 2017.08.28/中等毒
甘蓝 菜青虫 7.5-15克/公顷 喷雾
PD20132571 吡嘧磺隆/10%/可湿性粉剂/吡嘧磺隆 10%/2013.12.17 至 2018.12.17/微毒
水稻移栽田 一年生阔叶杂草及部分莎草科杂草 22.5-30克/公顷 药土法
PD20142050 炔草酯/15%/微乳剂/炔草酯 15%/2014.08.27 至 2019.08.27/低毒
冬小麦田 一年生禾本科杂草 56.3-78.8克/公顷 茎叶喷雾

安徽省淮北市农药厂 (安徽省淮北市经济开发区凤凰山工业园 235000 0561-3230308)

PD20080340 敌畏·吡虫啉/21%/乳油/吡虫啉 1%、敌敌畏 20%/2013.02.26 至 2018.02.26/低毒
水稻 飞虱 189-220.5克/公顷 喷雾
PD20083270 氰戊·辛硫磷/12%/乳油/氰戊菊酯 2%、辛硫磷 10%/2013.12.11 至 2018.12.11/中等毒
棉花 棉铃虫 90-135克/公顷 喷雾
PD20084906 三唑锡/25%/可湿性粉剂/三唑锡 25%/2013.12.22 至 2018.12.22/低毒
柑橘树 红蜘蛛 167-250毫克/千克 喷雾
PD20084935 福·福锌/80%/可湿性粉剂/福美双 30%、福美锌 50%/2013.12.22 至 2018.12.22/低毒
黄瓜 炭疽病 1500-1800克/公顷 喷雾
PD20086275 高效氯氟氰菊酯/25克/升/乳油/高效氯氟氰菊酯 25克/升/2013.12.31 至 2018.12.31/中等毒
十字花科蔬菜 蚜虫 5.625-7.5克/公顷;15-20克制剂/亩 喷雾
PD20090394 炔螨特/73%/乳油/炔螨特 73%/2014.01.12 至 2019.01.12/低毒
柑橘树 红蜘蛛 243.3-365毫克/千克 喷雾
PD20090866 多·福/60%/可湿性粉剂/多菌灵 30%、福美双 30%/2014.01.19 至 2019.01.19/低毒
梨树 黑星病 1000-1500毫克/千克 喷雾
PD20093076 甲基硫菌灵/70%/可湿性粉剂/甲基硫菌灵 70%/2014.03.09 至 2019.03.09/低毒
水稻 稻瘟病 1050-1900克/公顷 喷雾
水稻 纹枯病 1050-1950克/公顷 喷雾
PD20094362 吡虫啉/10%/可湿性粉剂/吡虫啉 10%/2014.04.01 至 2019.04.01/低毒
芹菜 蚜虫 15-30克/公顷 喷雾
水稻 稻飞虱 15-30克/公顷 喷雾
PD20096367 联苯菊酯/100克/升/乳油/联苯菊酯 100克/升/2014.08.04 至 2019.08.04/低毒
茶树 茶小绿叶蝉 300-375毫升制剂/公顷 喷雾
PD20097604 丙环唑/250克/升/乳油/丙环唑 250克/升/2014.11.03 至 2019.11.03/低毒
香蕉 叶斑病 250-500毫克/千克 喷雾
小麦 白粉病 120-180克/公顷 喷雾
PD20100502 阿维·高氯/3%/乳油/阿维菌素 0.2%、高效氯氰菊酯 2.8%/2015.01.14 至 2020.01.14/低毒(原药高毒)
甘蓝 小菜蛾 13.5-27克/公顷 喷雾
PD20101949 吡虫啉/5%/乳油/吡虫啉 5%/2015.09.20 至 2020.09.20/低毒
水稻 稻飞虱 15-30克/公顷 喷雾

安徽省淮南市田家庵区九龙杀虫剂厂 (安徽省淮南市田区洞山上湖 232001 0554-2118715)

WP20080536 杀虫水乳剂/0.4%/水乳剂/氯菊酯 0.2%、氯氰菊酯 0.2%/2013.12.23 至 2018.12.23/低毒
卫生 蚊、蝇 / 喷雾
WP20080559 杀虫气雾剂/0.32%/气雾剂/胺菊酯 0.08%、富右旋反式烯丙菊酯 0.04%、氯菊酯 0.2%/2013.12.24 至 2018.12.24/低毒
卫生 蚊、蝇、蜚蠊 / 喷雾
WP20080605 蚊香/0.3%/蚊香/富右旋反式烯丙菊酯 0.3%/2013.12.31 至 2018.12.31/低毒
卫生 蚊 / 点燃

安徽省黄山市农业化工厂 (安徽省黄山市屯溪区资口亭路82号 245000 0559-2512886)

PD20085467 阿维菌素/1.8%/乳油/阿维菌素 1.8%/2013.12.25 至 2018.12.25/低毒(原药高毒)
梨树 梨木虱 1-2毫克/千克 喷雾
PD20086114 克百·敌百虫/3%/颗粒剂/敌百虫 1.5%、克百威 1.5%/2013.12.30 至 2018.12.30/高毒
水稻 二化螟 1800-2025克/公顷 拌土撒施
PD20093071 烟嘧磺隆/40克/升/可分散油悬浮剂/烟嘧磺隆 40克/升/2014.03.09 至 2019.03.09/低毒
玉米田 一年生杂草 40-60克/公顷 茎叶喷雾
PD20093079 灭草松/480克/升/水剂/灭草松 480克/升/2014.03.09 至 2019.03.09/低毒
大豆田 一年生阔叶杂草 720-1440克/公顷 茎叶喷雾
PD20093346 毒死蜱/40%/乳油/毒死蜱 40%/2014.03.18 至 2019.03.18/中等毒
水稻 稻飞虱 504-576克/公顷 喷雾

PD20096123 噁草酮/26%/乳油/噁草酮 26%/2014.06.18 至 2019.06.18/低毒
水稻田(直播) 一年生杂草 375-487.5克/公顷 土壤喷雾
PD20096755 乙铝·锰锌/50%/可湿性粉剂/代森锰锌 30%、三乙膦酸铝 20%/2014.09.07 至 2019.09.07/低毒
黄瓜 霜霉病 900-1400克/公顷 喷雾
PD20097510 高效氟吡甲禾灵/108克/升/乳油/高效氟吡甲禾灵 108克/升/2014.11.03 至 2019.11.03/低毒
大豆田 一年生禾本科杂草 48.6-72.9克/公顷 茎叶喷雾
PD20097561 克百威/3%/颗粒剂/克百威 3%/2014.11.03 至 2019.11.03/中等毒
甘蔗 蚜虫、蔗龟 1350-2250克/公顷 沟施
花生 线虫 1800-2500克/公顷 条施、沟施
棉花 蚜虫 675-900克/公顷 条施、沟施
水稻 螟虫、瘿蚊 900-1350克/公顷 撒施
PD20097802 2甲4氯钠/56%/可溶粉剂/2甲4氯钠 56%/2014.11.20 至 2019.11.20/低毒
冬小麦田 一年生阔叶杂草 1050-1260克/公顷 茎叶喷雾
PD20100175 氯氟吡氧乙酸异辛酯(288克/升)///乳油/氯氟吡氧乙酸 200克/升/2015.01.05 至 2020.01.05/低毒
冬小麦田 一年生阔叶杂草 150-210克/公顷 茎叶喷雾
PD20101819 草甘膦异丙胺盐(41%)///水剂/草甘膦 30%/2015.07.19 至 2020.07.19/微毒
非耕地 杂草 1230-2460克/公顷 茎叶喷雾
PD20130385 甲戊·丁草胺/60%/乳油/丁草胺 48%、二甲戊灵 12%/2013.03.12 至 2018.03.12/低毒
水稻田(直播) 一年生杂草 1080-1620克/公顷 土壤喷雾
PD20130389 双草醚/10%/悬浮剂/双草醚 10%/2013.03.12 至 2018.03.12/低毒
水稻田(直播) 稗草、莎草及阔叶杂草 22.5-30克/公顷 茎叶喷雾
PD20130454 氰氟草酯/10%/乳油/氰氟草酯 10%/2013.03.19 至 2018.03.19/低毒
水稻田(直播) 稗草、千金子等禾本科杂草 90-105克/公顷 茎叶喷雾
PD20130455 烟嘧·莠去津/23%/油悬浮剂/烟嘧磺隆 1%、莠去津 22%/2013.03.19 至 2018.03.19/低毒
玉米田 一年生杂草 517.5-690克/公顷 茎叶喷雾
PD20130456 烟嘧·莠去津/24%/可分散油悬浮剂/烟嘧磺隆 4%、莠去津 20%/2013.03.19 至 2018.03.19/低毒
玉米田 一年生杂草 288-360克/公顷 茎叶喷雾
PD20142083 噁草· 丁草胺/66%/乳油/丁草胺 55%、噁草酮 11%/2014.09.02 至 2019.09.02/低毒
水稻田(直播) 一年生禾本科杂草及阔叶杂草 742.5-891克/公顷 土壤喷雾
PD20142111 烟嘧·莠去津/25%/可分散油悬浮剂/烟嘧磺隆 5%、莠去津 20%/2014.09.02 至 2019.09.02/微毒
玉米田 一年生禾本科杂草及阔叶杂草 225-300克/公顷 茎叶喷雾
PD20142184 炔草酯/15%/微乳剂/炔草酯 15%/2014.09.26 至 2019.09.26/低毒
小麦田 一年生禾本科杂草 56.25-78.75克/公顷 茎叶喷雾
PD20142334 苄嘧·唑草酮/38%/可湿性粉剂/苄嘧磺隆 30%、唑草酮 8%/2014.11.03 至 2019.11.03/低毒
水稻移栽田 一年生阔叶杂草及莎草科杂草 57-79.8克/公顷 茎叶喷雾
PD20142335 硝磺·莠去津/26%/悬浮剂/莠去津 20%、硝磺草酮 6%/2014.11.03 至 2019.11.03/微毒
玉米田 一年生杂草 468-585克/公顷 茎叶喷雾
PD20151106 氯吡·炔草酯/18%/悬浮剂/氯氟吡氧乙酸 12%、炔草酯 6%/2015.06.23 至 2020.06.23/微毒
冬小麦田 一年生杂草 108-135克/公顷 茎叶喷雾
PD20151314 硝磺草酮/15%/悬浮剂/硝磺草酮 15%/2015.07.30 至 2020.07.30/微毒
玉米田 一年生杂草 112.5-146.25克/公顷 茎叶喷雾
PD20151322 吡蚜酮/50%/可湿性粉剂/吡蚜酮 50%/2015.07.30 至 2020.07.30/低毒
水稻 稻飞虱 75-90克/公顷 喷雾
PD20152019 多杀霉素/25克/升/悬浮剂/多杀霉素 25克/升/2015.08.31 至 2020.08.31/低毒
甘蓝 小菜蛾 18.75-25克/公顷 喷雾
茄子 蓟马 25-37.5克/公顷 喷雾
PD20152408 烯啶虫胺/50%/可溶粒剂/烯啶虫胺 50%/2015.10.25 至 2020.10.25/低毒
水稻 稻飞虱 45-60克/公顷 喷雾

安徽省锦江农化有限公司 (安徽省合肥市庐江县泥河镇 231561 0551-87776866)

PD20085202 高效氯氟氰菊酯/25克/升/乳油/高效氯氟氰菊酯 25克/升/2013.12.23 至 2018.12.23/中等毒
十字花科蔬菜 菜青虫 11.25-18.75克/公顷 喷雾
PD20092479 仲丁威/20%/乳油/仲丁威 20%/2014.02.26 至 2019.02.26/低毒
水稻 稻飞虱 540-675克/公顷 喷雾
PD20093338 苏云金杆菌/4000IU/微升/悬浮剂/苏云金杆菌 4000IU/微升/2014.03.18 至 2019.03.18/低毒
茶树 茶毛虫 200-400倍液 喷雾
棉花 二代棉铃虫 3000-3750毫升制剂/公顷 喷雾
森林 松毛虫 200-400倍液 喷雾
十字花科蔬菜 菜青虫、小菜蛾 1500-2250毫升制剂/公顷 喷雾
水稻 稻纵卷叶螟 3000-3750毫升制剂/公顷 喷雾
烟草 烟青虫 3000-3750毫升制剂/公顷 喷雾
玉米 玉米螟 2250-3000毫升制剂/公顷 加细沙灌心
枣树 枣尺蠖 200-400倍液 喷雾
PD20101022 丙溴磷/50%/乳油/丙溴磷 50%/2015.01.20 至 2020.01.20/低毒

棉花 棉铃虫 450-600克/公顷 喷雾
PD20101303 阿维菌素/1.8%/乳油/阿维菌素 1.8%/2015.03.17 至 2020.03.17/低毒(原药高毒)
十字花科蔬菜 小菜蛾 8.1-13.5克/公顷 喷雾
PD20131918 啶虫脒/20%/可溶液剂/啶虫脒 20%/2013.09.25 至 2018.09.25/低毒
棉花 蚜虫 18-30克/公顷 喷雾
PD20132388 噻虫嗪/25%/水分散粒剂/噻虫嗪 25%/2013.11.20 至 2018.11.20/低毒
水稻 稻飞虱 7.5-22.5克/公顷 喷雾
PD20132610 氟铃脲/5%/乳油/氟铃脲 5%/2013.12.20 至 2018.12.20/低毒
棉花 棉铃虫 90-120克/公顷 喷雾
PD20140788 嘧菌酯/250克/升/悬浮剂/嘧菌酯 250克/升/2014.03.25 至 2019.03.25/低毒
黄瓜 霜霉病 168.75—225克/公顷 喷雾
PD20140789 丙森锌/70%/可湿性粉剂/丙森锌 70%/2014.03.25 至 2019.03.25/低毒
番茄 早疫病 1575—1890克/公顷 喷雾
PD20140844 氟环唑/125克/升/悬浮剂/氟环唑 125克/升/2014.04.08 至 2019.04.08/低毒
香蕉 叶斑病 131.25-168.75克/公顷 喷雾
PD20150223 蛇床子素/1%/水乳剂/蛇床子素 1%/2015.01.15 至 2020.01.15/低毒
水稻 稻曲病 22.5-26.25克/公顷 喷雾
PD20150327 多杀霉素/25克/升/悬浮剂/多杀霉素 25克/升/2015.03.02 至 2020.03.02/低毒
甘蓝 小菜蛾 16.88-22.5克/公顷 喷雾
LS20130510 噻虫嗪/30%/种子处理悬浮剂/噻虫嗪 30%/2015.12.10 至 2016.12.10/低毒
水稻 蓟马 69-105克/100千克种子 拌种
WP20140036 氟虫腈/5%/悬浮剂/氟虫腈 5%/2014.02.20 至 2019.02.20/低毒
室内 蝇 稀释40倍液 滞留喷洒

安徽省灵璧县通达化工厂 (安徽省灵璧县朝阳镇南首 234221 0557-6581688)

PD20083512 溴氰 ·敌敌畏/20.5%/乳油/敌敌畏 20%、溴氰菊酯 0.5%/2013.12.12 至 2018.12.12/中等毒
棉花 蚜虫 230.625-307.5克/公顷 喷雾
WP20080351 杀虫水乳剂/0.4%/水乳剂/氯菊酯 0.2%、氯氰菊酯 0.2%/2013.12.09 至 2018.12.09/低毒
卫生 蚊、蝇、蜚蠊 / 喷射
WP20150058 杀虫粉剂/2.01%/粉剂/马拉硫磷 2%、溴氰菊酯 0.01%/2015.05.12 至 2020.05.12/微毒
室内 蜚蠊 3克制剂/平方米 撒布

安徽省六安利庭日用化工有限公司 (安徽省六安市裕安区私营经济园 237005 0564-3284406)

WP20080522 蚊香/0.23%/蚊香/Es-生物烯丙菊酯 0.23%/2013.12.23 至 2018.12.23/低毒
卫生 蚊 / 点燃
WP20080534 杀虫气雾剂/0.6%/气雾剂/氯菊酯 0.25%、右旋胺菊酯 0.2%、右旋苯醚菊酯 0.15%/2013.12.23 至 2018.12.23/低毒
卫生 蚊、蝇、蜚蠊 / 喷雾
WP20080535 杀虫气雾剂/0.34%/气雾剂/富右旋反式烯丙菊酯 0.19%、右旋苯醚菊酯 0.15%/2013.12.23 至 2018.12.23/低毒
卫生 蚊、蝇、蜚蠊 / 喷雾
WP20080546 蚊香/0.21%/蚊香/富右旋反式烯丙菊酯 0.2%、四氟醚菊酯 0.01%/2013.12.24 至 2018.12.24/低毒
卫生 蚊 / 点燃
WP20080549 杀虫气雾剂/0.35%/气雾剂/富右旋反式炔丙菊酯 0.15%、炔咪菊酯 0.05%、右旋苯醚氰菊酯 0.15%/2013.12.24至 2018.12.24/低毒
卫生 蚊、蝇、蜚蠊 / 喷雾
WP20080553 蚊香/0.02%/蚊香/四氟甲醚菊酯 0.02%/2013.12.24 至 2018.12.24/低毒
卫生 蚊 / 点燃
WP20090067 电热蚊香片/11毫克/片/电热蚊香片/炔丙菊酯 11毫克/片/2014.02.01 至 2019.02.01/低毒
卫生 蚊 / 电热加温
WP20090169 电热蚊香液/0.86%/电热蚊香液/炔丙菊酯 0.86%/2014.03.09 至 2019.03.09/低毒
卫生 蚊 / 电热加温
WP20100045 杀虫气雾剂/0.38%/气雾剂/氯菊酯 0.28%、炔丙菊酯 0.1%/2015.03.10 至 2020.03.10/低毒
卫生 蚊、蝇、蜚蠊 / 喷雾
WP20130263 蚊香/0.05%/蚊香/氯氟醚菊酯 .05%/2013.12.17 至 2018.12.17/低毒
卫生 蚊 / 点燃

安徽省六安市种子公司安丰种衣剂厂 (安徽省六安市经济开发区 237161 0564-3630242)

PD20084508 克百·多菌灵/17%/悬浮种衣剂/多菌灵 10%、克百威 7%/2013.12.18 至 2018.12.18/高毒
小麦 地下害虫、散黑穗病 1:40-50(药种比) 种子包衣
PD20085294 甲枯·福美双/20%/悬浮种衣剂/福美双 15%、甲基立枯磷 5%/2013.12.23 至 2018.12.23/低毒
棉花 苗期立枯病、炭疽病 1:40-60(药种比) 种子包衣
PD20085460 福·克/20%/悬浮种衣剂/福美双 12%、克百威 8%/2013.12.24 至 2018.12.24/中等毒(原药高毒)
玉米 茎基腐病、蚜虫 1:40-45(药种比) 种子包衣
PD20085837 多·福/15%/悬浮种衣剂/多菌灵 10%、福美双 5%/2013.12.29 至 2018.12.29/低毒
水稻 恶苗病 300-375克/100千克种子 种子包衣
PD20120440 戊唑·福美双/10.2%/悬浮种衣剂/福美双 9.8%、戊唑醇 0.4%/2012.03.14 至 2017.03.14/低毒
小麦 散黑穗病 170-255克/100千克种子 种子包衣

玉米　丝黑穗病　204-255克/100千克种子　种子包衣
PD20130068　多·福/14%/悬浮种衣剂/多菌灵 5%、福美双 9%/2013.01.07 至 2018.01.07/低毒
小麦　黑穗病　233-350克/100克种子　种子包衣
小麦　根腐病　280-350克/100克种子　种子包衣
PD20130911　戊唑·福美双/11%/悬浮种衣剂/福美双 10.7%、戊唑醇 0.3%/2013.04.28 至 2018.04.28/低毒
玉米　丝黑穗病　220-275克/100千克种子　种子包衣

安徽省宁国市朝农化工有限责任公司　(安徽省宁国市港口生态工业园　242300　0563-4180918)

PD20085434　噻嗪·异丙威/25%/可湿性粉剂/噻嗪酮 5%、异丙威 20%/2013.12.24 至 2018.12.24/低毒
水稻　稻飞虱　450-562.5克/公顷　喷雾
PD20086297　多菌灵/80%/可湿性粉剂/多菌灵 80%/2013.12.31 至 2018.12.31/低毒
苹果树　轮纹病　750-1000毫克/千克　喷雾
PD20090388　速灭威/20%/乳油/速灭威 20%/2014.01.12 至 2019.01.12/低毒
水稻　稻飞虱　540-630克/公顷　喷雾
PD20091113　仲丁威/25%/乳油/仲丁威 25%/2014.01.21 至 2019.01.21/低毒
水稻　飞虱　375-750克/公顷　喷雾
PD20091119　高效氯氟氰菊酯/25克/升/乳油/高效氯氟氰菊酯 25克/升/2014.01.21 至 2019.01.21/中等毒
十字花科蔬菜　菜青虫　11.25-15克/公顷　喷雾
PD20091476　毒死蜱/480克/升/乳油/毒死蜱 480克/升/2014.02.02 至 2019.02.02/中等毒
水稻　稻飞虱　432-576克/公顷　喷雾
PD20091491　甲氰菊酯/20%/乳油/甲氰菊酯 20%/2014.02.02 至 2019.02.02/中等毒
苹果树　山楂红蜘蛛　100-125毫克/千克　喷雾
PD20091931　噻嗪酮/25%/可湿性粉剂/噻嗪酮 25%/2014.02.12 至 2019.02.12/低毒
水稻　稻飞虱　112.5-150克/公顷　喷雾
PD20092028　联苯菊酯/100克/升/乳油/联苯菊酯 100克/升/2014.02.12 至 2019.02.12/中等毒
茶树　茶小绿叶蝉　30-37.5克/公顷　喷雾
PD20092305　异稻·稻瘟灵/30%/乳油/稻瘟灵 7.5%、异稻瘟净 22.5%/2014.02.24 至 2019.02.24/低毒
水稻　稻瘟病　450-675克/公顷　喷雾
PD20092946　苄·二氯/36%/可湿性粉剂/苄嘧磺隆 4%、二氯喹啉酸 32%/2014.03.09 至 2019.03.09/低毒
水稻田(直播)　一年生杂草　216-270克/公顷　喷雾法
PD20093037　苯磺隆/10%/可湿性粉剂/苯磺隆 10%/2014.03.09 至 2019.03.09/低毒
冬小麦田　阔叶杂草　13.5-18克/公顷　茎叶喷雾
PD20093103　氯氰·毒死蜱/522.5克/升/乳油/毒死蜱 475克/升、氯氰菊酯 47.5克/升/2014.03.09 至 2019.03.09/中等毒
棉花　棉铃虫　550-850克/公顷　喷雾
PD20093679　三环·多菌灵/20%/可湿性粉剂/多菌灵 15%、三环唑 5%/2014.03.25 至 2019.03.25/低毒
水稻　稻瘟病　330-390克/公顷　喷雾
PD20094451　杀虫双/18%/水剂/杀虫双 18%/2014.04.01 至 2019.04.01/低毒
水稻　二化螟　540-810克/公顷　喷雾
PD20096017　三唑磷/20%/乳油/三唑磷 20%/2014.06.15 至 2019.06.15/中等毒
水稻　三化螟　300-450克/公顷　喷雾
PD20097245　速灭威/25%/可湿性粉剂/速灭威 25%/2014.10.19 至 2019.10.19/中等毒
水稻　稻飞虱　562.5-750克/公顷　喷雾
PD20097352　烟嘧磺隆/40克/升/可分散油悬浮剂/烟嘧磺隆 40克/升/2014.10.27 至 2019.10.27/低毒
玉米田　一年生杂草　42-60克/公顷　茎叶喷雾
PD20097457　乐果/40%/乳油/乐果 40%/2014.10.28 至 2019.10.28/中等毒
棉花　棉铃虫　540-660克/公顷　喷雾
PD20097964　草甘膦异丙胺盐(41%)///水剂/草甘膦 30%/2014.12.01 至 2019.12.01/低毒
茶园　杂草　1125-2250克/公顷　定向喷雾
PD20098301　混灭威/50%/乳油/混灭威 50%/2014.12.18 至 2019.12.18/中等毒
水稻　稻飞虱　562.5-750克/公顷　喷雾
PD20098306　异丙威/20%/乳油/异丙威 20%/2014.12.18 至 2019.12.18/中等毒
水稻　稻飞虱　450-600克/公顷　喷雾
PD20100497　噻嗪·仲丁威/25%/乳油/噻嗪酮 5%、仲丁威 20%/2015.01.14 至 2020.01.14/低毒
水稻　稻飞虱　187.5-281.25克/公顷　喷雾
PD20101662　草甘膦铵盐(33%)/30%/水剂/草甘膦 30%/2015.06.03 至 2020.06.03/低毒
非耕地　杂草　1500-2250克/公顷　喷雾
PD20101768　辛硫·三唑磷/27%/乳油/三唑磷 5%、辛硫磷 22%/2015.07.07 至 2020.07.07/中等毒
水稻　二化螟　243-405克/公顷　喷雾
PD20110566　阿维菌素/1.8%/乳油/阿维菌素 1.8%/2011.05.27 至 2016.05.27/低毒(原药高毒)
水稻　稻纵卷叶螟　4.5-6克/公顷　喷雾
PD20120958　苄嘧·丙草胺/20%/可湿性粉剂/苄嘧磺隆 2%、丙草胺 18%/2012.06.14 至 2017.06.14/低毒
水稻田(直播)　一年生及部分多年生杂草　300-375克/公顷　土壤喷雾
PD20131363　氟铃脲/5%/乳油/氟铃脲 5%/2013.06.20 至 2018.06.20/低毒
甘蓝　小菜蛾　45-60克/公顷　喷雾

PD20140558 草甘膦胺盐/50%/可溶粉剂/草甘膦 50%/2014.03.06 至 2019.03.06/低毒
柑橘园 杂草 1125-2250克/公顷 喷雾
注:草甘膦胺盐含量:55%。

安徽省庆丰农化有限责任公司 (安徽省滁州市来安县张山乡玉带村 239200 0550-5612687)

PD20081762 苯磺隆/10%/可湿性粉剂/苯磺隆 10%/2013.11.18 至 2018.11.18/低毒
冬小麦田 一年生阔叶杂草 13.5-22.5克/公顷 茎叶喷雾
PD20083223 溴氰·敌敌畏/20.5%/乳油/敌敌畏 20%、溴氰菊酯 0.5%/2013.12.11 至 2018.12.11/中等毒
棉花 蚜虫 246-307.5克/公顷 喷雾
PD20092441 苯磺隆/75%/水分散粒剂/苯磺隆 75%/2014.02.25 至 2019.02.25/低毒
小麦田 一年生阔叶杂草 15-22.5克/公顷 茎叶喷雾
PD20093024 乙·莠/40%/可湿性粉剂/乙草胺 14%、莠去津 26%/2014.03.09 至 2019.03.09/低毒
玉米田 一年生杂草 1200-1500克/公顷 播后苗前土壤喷雾
PD20093707 氯氰·辛硫磷/20%/乳油/氯氰菊酯 1.5%、辛硫磷 18.5%/2014.03.25 至 2019.03.25/中等毒
棉花 棉铃虫 225-300克/公顷 喷雾
PD20093952 苄嘧磺隆/10%/可湿性粉剂/苄嘧磺隆 10%/2014.03.27 至 2019.03.27/低毒
移栽水稻田 一年生阔叶杂草及莎草科杂草 22.5-30克/公顷 药土法
PD20094562 精喹禾灵/50克/升/乳油/精喹禾灵 50克/升/2014.04.09 至 2019.04.09/低毒
油菜田 一年生禾本科杂草 45-48.8克/公顷 茎叶喷雾
PD20101183 烟嘧磺隆/40克/升/可分散油悬浮剂/烟嘧磺隆 40克/升/2015.01.28 至 2020.01.28/低毒
玉米田 一年生杂草 48-60克/公顷 茎叶喷雾
PD20121188 乙羧氟草醚/10%/乳油/乙羧氟草醚 10%/2012.08.06 至 2017.08.06/低毒
春大豆田 阔叶杂草 90-105克/公顷(东北地区) 茎叶喷雾
夏大豆田 阔叶杂草 60-90克/公顷 茎叶喷雾
PD20152529 苄嘧·二甲戊/16%/可湿性粉剂/苄嘧磺隆 4%、二甲戊灵 12%/2015.12.05 至 2020.12.05/低毒
水稻移栽田 一年生杂草 96-192克/公顷 药土法

安徽省全椒县椒陵精细化工厂 (安徽省滁州市全椒县武岗镇中心街道 239525 0550-5255429)

WP20080326 杀虫粉剂/0.07%/粉剂/胺菊酯 0.05%、溴氰菊酯 0.02%/2013.12.08 至 2018.12.08/低毒
卫生 蜚蠊 3克制剂/平方米 撒布
WP20080398 杀虫水乳剂/0.3%/水乳剂/氯菊酯 0.15%、氯氰菊酯 0.15%/2013.12.11 至 2018.12.11/低毒
卫生 蚊、蝇 / 喷射

安徽省全椒县龙雾精细化工有限公司 (安徽省全椒县武岗镇中心街道 239521 0550-5255438)

WP20090025 杀虫粉剂/0.2%/粉剂/高效氯氰菊酯 0.2%/2014.01.09 至 2019.01.09/低毒
卫生 蜚蠊、蚂蚁 3克制剂/平方米 撒布

安徽省瑞特农化有限公司 (安徽省当涂县姑孰镇提署东路10号附1 243100 0555-6735063)

PD86148-42 异丙威/20%/乳油/异丙威 20%/2011.09.19 至 2016.09.19/中等毒
水稻 飞虱、叶蝉 450-600克/公顷 喷雾
PD20081337 螨醇·哒螨灵/25%/乳油/哒螨灵 5%、三氯杀螨醇 20%/2013.10.21 至 2018.10.21/中等毒
苹果树 叶螨 100-125毫克/千克 喷雾
PD20081841 三唑磷/20%/乳油/三唑磷 20%/2013.11.20 至 2018.11.20/中等毒
水稻 二化螟 300-450克/公顷 喷雾
PD20083087 阿维菌素/1.8%/乳油/阿维菌素 1.8%/2013.12.10 至 2018.12.10/中等毒(原药高毒)
菜豆、黄瓜 美洲斑潜蝇 10.8-21.6克/公顷 喷雾
柑橘树 锈壁虱 2.25-4.5毫克/千克 喷雾
柑橘树 红蜘蛛、潜叶蛾 4.5-9毫克/千克 喷雾
梨树 桃小食心虫 6-12克/公顷 喷雾
棉花 红蜘蛛 10.8-16.2克/公顷 喷雾
棉花 棉铃虫 21.6-32.4克/公顷 喷雾
苹果树 棉铃虫 4.5-9毫克/千克 喷雾
苹果树 红蜘蛛 3-6毫克/千克 喷雾
苹果树 二斑叶螨 4.5-6毫克/千克 喷雾
十字花科蔬菜 菜青虫 8.1-10.8克/公顷 喷雾
十字花科蔬菜 小菜蛾 6.75-12.15克/公顷 喷雾
PD20083419 高效氯氟氰菊酯/2.5%/乳油/高效氯氟氰菊酯 2.5%/2013.12.11 至 2018.12.11/中等毒
十字花科蔬菜 菜青虫 8.1-13.5克/公顷 喷雾
PD20083517 克百威/3%/颗粒剂/克百威 3%/2013.12.12 至 2018.12.12/中等毒
甘蔗 蚜虫、蔗龟 1350-2250克/公顷 沟施
花生 线虫 1800-2250克/公顷 条施,沟施
棉花 蚜虫 900克/公顷 条施,沟施
水稻 稻纵卷叶螟、二化螟、三化螟、瘿蚊 900-1350克/公顷 撒施
PD20084090 克百·敌百虫/3%/颗粒剂/敌百虫 1.5%、克百威 1.5%/2013.12.16 至 2018.12.16/中等毒
水稻 二化螟 1800-2025克/公顷 撒施
PD20084995 丙环唑/250克/升/乳油/丙环唑 250克/升/2013.12.22 至 2018.12.22/低毒
香蕉树 叶斑病 333-500毫克/千克 喷雾

PD20086253 腐霉·百菌清/20%/烟剂/百菌清 15%、腐霉利 5%/2013.12.31 至 2018.12.31/低毒
黄瓜(保护地) 霜霉病 750-900克/公顷 点燃放烟
PD20090610 腈菌·福美双/20%/可湿性粉剂/福美双 18%、腈菌唑 2%/2014.01.14 至 2019.01.14/低毒
黄瓜 黑星病 294-390克/公顷 喷雾
PD20091124 多·福/60%/可湿性粉剂/多菌灵 30%、福美双 30%/2014.01.21 至 2019.01.21/低毒
梨树 黑星病 1000-1500毫克/千克 喷雾
PD20092284 福·甲·硫磺/70%/可湿性粉剂/福美双 25%、甲基硫菌灵 14%、硫磺 31%/2014.02.24 至 2019.02.24/低毒
苹果树 炭疽病 1000-1166.7毫克/千克 喷雾
PD20092761 福·甲·硫磺/50%/可湿性粉剂/福美双 18%、甲基硫菌灵 10%、硫磺 22%/2014.03.04 至 2019.03.04/低毒
苹果树 炭疽病 1000-1250毫克/千克 喷雾
PD20093544 硫磺·多菌灵/50%/悬浮剂/多菌灵 15%、硫磺 35%/2014.03.23 至 2019.03.23/低毒
水稻 稻瘟病 1200-1800克/公顷 喷雾
PD20093932 除脲·辛硫磷/20%/乳油/除虫脲 1%、辛硫磷 19%/2014.03.27 至 2019.03.27/低毒
十字花科蔬菜 菜青虫 90-150克/公顷 喷雾
PD20094686 敌敌畏/22%/烟剂/敌敌畏 22%/2014.04.10 至 2019.04.10/中等毒
黄瓜(保护地) 瓜蚜 990-1320克/公顷 点燃放烟
PD20095376 锰锌·烯唑醇/40%/可湿性粉剂/代森锰锌 37%、烯唑醇 3%/2014.04.27 至 2019.04.27/低毒
梨树 黑星病 400-667毫克/千克 喷雾
PD20095429 乙烯利/40%/水剂/乙烯利 40%/2014.05.11 至 2019.05.11/低毒
棉花 调节生长 300-400倍液 兑水喷雾
PD20096651 甲硫·福美双/70%/可湿性粉剂/福美双 40%、甲基硫菌灵 30%/2014.09.02 至 2019.09.02/低毒
苹果树 轮纹病 875-1167毫克/千克 喷雾
PD20100488 高效氯氰菊酯/4.5%/水乳剂/高效氯氰菊酯 4.5%/2015.01.14 至 2020.01.14/中等毒
甘蓝 菜青虫 30-45克/公顷 喷雾
PD20100496 阿维·高氯/9%/乳油/阿维菌素 0.6%、高效氯氰菊酯 8.4%/2015.01.14 至 2020.01.14/中等毒(原药高毒)
十字花科蔬菜 小菜蛾 13.5-27克/公顷 喷雾
PD20111264 啶虫脒/20%/可湿性粉剂/啶虫脒 20%/2011.11.23 至 2016.11.23/低毒
柑橘树 蚜虫 12.5-18毫克/千克 喷雾
PD20121569 吡虫啉/25%/可湿性粉剂/吡虫啉 25%/2012.10.25 至 2017.10.25/低毒
小麦 蚜虫 15-30克/公顷（南方）；45-60克/公顷（北方） 喷雾
PD20122020 联苯菊酯/4.5%/水乳剂/联苯菊酯 4.5%/2012.12.19 至 2017.12.19/低毒
茶树 茶小绿叶蝉 30-45克/公顷 喷雾
PD20141017 甲萘威/5%/颗粒剂/甲萘威 5%/2014.04.21 至 2019.04.21/低毒
水稻 稻蓟马、稻瘿蚊、二化螟 1875-2250克/公顷 撒施
PD20141467 甲氨基阿维菌素苯甲酸盐/1%/乳油/甲氨基阿维菌素 1%/2014.06.09 至 2019.06.09/低毒
甘蓝 小菜蛾 1.32-1.97克/公顷 喷雾
注:甲氨基阿维菌素苯甲酸盐含量：1.14%。

安徽省圣丹生物化工有限公司 (安徽省合肥市阜阳北路436号骏豪商务中心1406 230041 0551-5535365)

PD85131-18 井冈霉素/2.4%,4%/水剂/井冈霉素A 2.4%,4%/2015.08.15 至 2020.08.15/低毒
水稻 纹枯病 75-112.5克/公顷 喷雾、泼浇
PD20081187 苄嘧磺隆/10%/可湿性粉剂/苄嘧磺隆 10%/2013.09.11 至 2018.09.11/低毒
直播水稻(南方) 一年生阔叶杂草及莎草科杂草 30-45克/公顷 喷雾
PD20083543 扑·乙/40%/乳油/扑草净 15%、乙草胺 25%/2013.12.12 至 2018.12.12/低毒
夏大豆田、夏玉米田 一年生杂草 1200－1500克/公顷 播后苗前土壤喷雾
PD20093043 氟磺胺草醚/250克/升/水剂/氟磺胺草醚 250克/升/2014.03.09 至 2019.03.09/低毒
大豆田 一年生阔叶杂草 187.5-375克/公顷 茎叶喷雾
PD20093186 苄·乙/14%/可湿性粉剂/苄嘧磺隆 3.5%、乙草胺 10.5%/2014.03.11 至 2019.03.11/低毒
水稻移栽田 一年生及部分多年生杂草 84-118克/公顷 药土法
PD20093194 苯磺隆/10%/可湿性粉剂/苯磺隆 10%/2014.03.11 至 2019.03.11/低毒
冬小麦田 阔叶杂草 13.5－22.5克/公顷 茎叶喷雾
PD20093258 精噁唑禾草灵/69克/升/水乳剂/精噁唑禾草灵 69克/升/2014.03.11 至 2019.03.11/低毒
小麦田 一年生禾本科杂草 51.75-103.5克/公顷 茎叶喷雾
PD20094657 氯氟吡氧乙酸/200克/升/乳油/氯氟吡氧乙酸 200克/升/2014.04.10 至 2019.04.10/低毒
冬小麦田 一年生阔叶杂草 150-225克/公顷 茎叶喷雾
PD20095535 草甘膦/41%/水剂/草甘膦 41%/2014.05.12 至 2019.05.12/低毒
茶园 杂草 1125-2250克/公顷 定向茎叶喷雾
PD20095916 噁草酮/12.5%/乳油/噁草酮 12.5%/2014.06.02 至 2019.06.02/低毒
水稻移栽田 一年生杂草 270-360克/公顷 瓶甩法
PD20096286 敌敌畏/50%/乳油/敌敌畏 50%/2014.07.22 至 2019.07.22/中等毒
十字花科蔬菜 甜菜夜蛾 400-500克/公顷 喷雾
PD20096913 吡嘧磺隆/10%/可湿性粉剂/吡嘧磺隆 10%/2014.09.23 至 2019.09.23/低毒
水稻田(直播) 稗草、莎草及阔叶杂草 15-30克/公顷 茎叶喷雾

PD20097532 烟嘧磺隆/40克/升/可分散油悬浮剂/烟嘧磺隆 40克/升/2014.11.03 至 2019.11.03/低毒
夏玉米田 一年生杂草 42-60克/公顷 茎叶喷雾
PD20098508 仲丁威/50%/乳油/仲丁威 50%/2014.12.24 至 2019.12.24/低毒
水稻 稻飞虱 600-900克/公顷 喷雾
PD20100609 杀螟丹/50%/可溶粉剂/杀螟丹 50%/2015.01.14 至 2020.01.14/中等毒
水稻 二化螟 600-900克/公顷 喷雾
PD20101196 高效氟吡甲禾灵/108克/升/乳油/高效氟吡甲禾灵 108克/升/2015.02.08 至 2020.02.08/低毒
春油菜田 一年生禾本科杂草 48.6-64.8克/公顷 茎叶喷雾
冬油菜田 一年生禾本科杂草 32.4-48.6克/公顷 茎叶喷雾
PD20101914 联苯菊酯/25克/升/乳油/联苯菊酯 25克/升/2015.08.27 至 2020.08.27/低毒
棉花 棉铃虫 37.5-45克/公顷 喷雾
PD20110651 阿维·矿物油/18.3%/乳油/阿维菌素 0.3%、矿物油 18%/2011.06.20 至 2016.06.20/低毒(原药高毒)
十字花科蔬菜 小菜蛾 164.7-219.6克/公顷 喷雾
PD20111250 异丙隆/50%/可湿性粉剂/异丙隆 50%/2011.11.23 至 2016.11.23/低毒
冬小麦田 一年生杂草 937.5-1500克/公顷 茎叶喷雾
PD20120641 灭草松/480克/升/水剂/灭草松 480克/升/2012.04.12 至 2017.04.12/低毒
大豆田 一年生阔叶杂草 1080-1440克/公顷 茎叶喷雾
PD20120869 精噁唑禾草灵/10%/乳油/精噁唑禾草灵 10%/2012.05.24 至 2017.05.24/低毒
小麦田 一年生禾本科杂草 60-90克/公顷 茎叶喷雾
PD20131846 草甘膦铵盐/80%/可溶粒剂/草甘膦 80%/2013.09.23 至 2018.09.23/低毒
非耕地 杂草 1332-2397.6克/公顷 定向茎叶喷雾
注:草甘膦铵盐含量：88.8%。
PD20140258 氰氟草酯/10%/水乳剂/氰氟草酯 10%/2014.01.29 至 2019.01.29/低毒
水稻田(直播) 稗草、千金子等禾本科杂草 75-105克/公顷 茎叶喷雾
PD20142176 炔草酯/15%/微乳剂/炔草酯 15%/2014.09.18 至 2019.09.18/低毒
小麦田 一年生禾本科杂草 56.3-78.8克/公顷 茎叶喷雾
PD20142492 吡嘧·苯噻酰/50%/可湿性粉剂/苯噻酰草胺 48.2%、吡嘧磺隆 1.8%/2014.11.19 至 2019.11.19/微毒
移栽水稻田 一年生杂草 375-525克/公顷 药土法
PD20142663 二氯喹啉酸/50%/可湿性粉剂/二氯喹啉酸 50%/2014.12.18 至 2019.12.18/微毒
水稻移栽田 稗草 225-375克/公顷 茎叶喷雾
PD20150031 噁草·丁草胺/60%/乳油/丁草胺 50%、噁草酮 10%/2015.01.04 至 2020.01.04/低毒
水稻田(直播) 一年生杂草 720-900克/公顷 土壤喷雾
PD20152661 双草醚/10%/悬浮剂/双草醚 10%/2015.12.19 至 2020.12.19/低毒
水稻田(直播) 一年生杂草 22.5-30克/公顷 茎叶喷雾
PD20152662 井冈·腐殖酸/6%/水剂/腐殖酸 5%、井冈霉素A 1%/2015.12.19 至 2020.12.19/低毒
水稻 纹枯病 150-187.5克/公顷 喷雾
LS20130452 硝磺·莠去津/55%/悬浮剂/莠去津 50%、硝磺草酮 5%/2015.10.10 至 2016.10.10/低毒
玉米田 一年生杂草 825-1237.5克/公顷 茎叶喷雾

安徽省四达农药化工有限公司 (安徽省和县乌江镇精细化工园区 238251 0555-2568108)

PD20081017 精喹禾灵/10.8%/乳油/精喹禾灵 10.8%/2013.08.06 至 2018.08.06/低毒
冬油菜田 一年生禾本科杂草 40.5-56.7克/公顷 茎叶喷雾
PD20081018 苄嘧磺隆/10%/可湿性粉剂/苄嘧磺隆 10%/2013.08.06 至 2018.08.06/低毒
直播水稻(南方) 一年生阔叶杂草及莎草科杂草 22.5-45克/公顷 喷雾法
PD20081052 精噁唑禾草灵/69克/升/水乳剂/精噁唑禾草灵 69克/升/2013.08.14 至 2018.08.14/低毒
春小麦田 一年生禾本科杂草 51.75-61.2克/公顷 茎叶喷雾
冬小麦田 一年生禾本科杂草 41.4-51.75克/公顷 茎叶喷雾
PD20081063 乳氟禾草灵/240克/升/乳油/乳氟禾草灵 240克/升/2013.08.14 至 2018.08.14/低毒
花生田 一年生阔叶杂草 54-108克/公顷 喷雾
PD20095961 苄·乙/12%/可湿性粉剂/苄嘧磺隆 3%、乙草胺 9%/2014.06.04 至 2019.06.04/低毒
移栽水稻田 一年生杂草 90-108克/公顷 药土法
PD20096399 乙草胺/40%/水乳剂/乙草胺 40%/2014.08.04 至 2019.08.04/低毒
冬油菜田 小粒种子阔叶杂草、一年生禾本科杂草 600-780克/公顷 土壤喷雾
PD20096940 氯氟吡氧乙酸异辛酯(288克/升)///乳油/氯氟吡氧乙酸 200克/升/2014.09.29 至 2019.09.29/低毒
冬小麦田 一年生阔叶杂草 180-210克/公顷 茎叶喷雾
PD20111221 精噁唑禾草灵/10%/乳油/精噁唑禾草灵 10%/2011.11.17 至 2016.11.17/低毒
冬小麦田 一年生禾本科杂草 75-90克/公顷 茎叶喷雾
PD20111356 杀螺胺乙醇胺盐/70%/可湿性粉剂/杀螺胺 70%/2011.12.12 至 2016.12.12/低毒
水稻 福寿螺 315-420克/公顷 喷雾
注:杀螺胺乙醇胺盐含量：83.1%。
PD20121045 草甘膦铵盐/80%/可溶粒剂/草甘膦 80%/2012.07.04 至 2017.07.04/低毒
非耕地 杂草 1200-2160克/公顷 定向茎叶喷雾
注:草甘膦铵盐含量：88.8%。
PD20130014 嘧菌酯/25%/悬浮剂/嘧菌酯 25%/2013.01.04 至 2018.01.04/低毒

黄瓜 白粉病 225～337.5克/公顷 喷雾
PD20130838 炔草酯/8%/乳油/炔草酯 8%/2013.04.22 至 2018.04.22/低毒
小麦田 一年生禾本科杂草 48-60克/公顷 茎叶喷雾
PD20131499 双草醚/10%/悬浮剂/双草醚 10%/2013.07.05 至 2018.07.05/低毒
水稻田(直播) 一年生杂草 22.5-30克/公顷 茎叶喷雾
PD20131654 炔草酯/15%/微乳剂/炔草酯 15%/2013.08.01 至 2018.08.01/低毒
小麦田 部分禾本科杂草 56.25-78.75克/公顷 茎叶喷雾
PD20141317 噻呋酰胺/240克/升/悬浮剂/噻呋酰胺 240克/升/2014.05.30 至 2019.05.30/低毒
水稻 纹枯病 72－90克/公顷 喷雾
PD20142129 苯甲·嘧菌酯/30%/悬浮剂/苯醚甲环唑 18.5%、嘧菌酯 11.5%/2014.09.03 至 2019.09.03/低毒
水稻 纹枯病 195－243.75克/公顷 喷雾
PD20150582 虫螨·茚虫威/10%/悬浮剂/虫螨腈 7.5%、茚虫威 2.5%/2015.04.15 至 2020.04.15/低毒
甘蓝 小菜蛾 22.5-30克/公顷 喷雾
PD20151155 噻呋·己唑醇/13%/悬浮剂/己唑醇 10.5%、噻呋酰胺 2.5%/2015.07.29 至 2020.07.29/低毒
水稻 纹枯病 37.5-56.25克/公顷 喷雾
PD20151234 苯醚甲环唑/3%/悬浮种衣剂/苯醚甲环唑 3%/2015.07.30 至 2020.07.30/低毒
小麦 纹枯病 6-9克/100千克种子 种子包衣
LS20130148 二氯·双草醚/27.5%/悬浮剂/二氯喹啉酸 25%、双草醚 2.5%/2015.04.03 至 2016.04.03/低毒
水稻田(直播) 一年生杂草 247.5-330克/公顷 茎叶喷雾
LS20140071 硝磺·异丙·莠/46%/悬浮剂/异丙草胺 15%、莠去津 25%、硝磺草酮 6%/2015.03.03 至 2016.03.03/低毒
春玉米田 一年生杂草 1035-1380克/公顷 茎叶喷雾
夏玉米田 一年生杂草 690-1035克/公顷 茎叶喷雾
LS20140366 噻虫嗪/30%/种子处理悬浮剂/噻虫嗪 30%/2015.12.11 至 2016.12.11/低毒
水稻 蓟马 35-105克/100千克种子 拌种
LS20150077 戊唑·咪鲜胺/40%/悬乳剂/咪鲜胺 13.3%、戊唑醇 26.7%/2015.04.15 至 2016.04.15/低毒
小麦 赤霉病 150－210克/公顷 喷雾

安徽省宿州市化工厂 （安徽省合肥市史河路凤凰城2期31栋102室 230031 0551-65637244)

PD20140552 炔草酯/15%/微乳剂/炔草酯 15%/2014.03.06 至 2019.03.06/低毒
小麦田 一年生禾本科杂草 56.25-78.75克/公顷 茎叶喷雾
PD20140751 苄嘧磺隆/10%/可湿性粉剂/苄嘧磺隆 10%/2014.03.24 至 2019.03.24/低毒
冬小麦田 一年生阔叶杂草 45-60克/公顷 茎叶喷雾
PD20141980 甲基二磺隆/95%/原药/甲基二磺隆 95%/2014.08.14 至 2019.08.14/低毒
PD20142053 炔草酯/8%/乳油/炔草酯 8%/2014.08.27 至 2019.08.27/低毒
小麦田 一年生禾本科杂草 48-60克/公顷 茎叶喷雾
PD20142678 苯甲·嘧菌酯/325克/升/悬浮剂/苯醚甲环唑 125克/升、嘧菌酯 200克/升/2014.12.18 至 2019.12.18/低毒
水稻 纹枯病 146.25－243.75克/公顷 喷雾
PD20150671 精喹禾灵/10.8%/水乳剂/精喹禾灵 10.8%/2015.04.17 至 2020.04.17/低毒
大豆田 一年生禾本科杂草 48.6-81克/公顷 茎叶喷雾
PD20151145 氟唑磺隆/95%/原药/氟唑磺隆 95%/2015.06.26 至 2020.06.26/低毒
PD20151166 氰氟草酯/20%/可分散油悬浮剂/氰氟草酯 20%/2015.06.26 至 2020.06.26/低毒
水稻田(直播) 稗草、千金子等禾本科杂草 75-105克/公顷 茎叶喷雾
PD20151626 甲基二磺隆/30克/升/可分散油悬浮剂/甲基二磺隆 30克/升/2015.08.28 至 2020.08.28/低毒
冬小麦田 一年生禾本科杂草及部分阔叶杂草 11.25-15.75克/公顷 茎叶喷雾
PD20151723 嘧草醚/97%/原药/嘧草醚 97%/2015.08.28 至 2020.08.28/低毒
PD20152071 氰氟草酯/20%/可分散油悬浮剂/氰氟草酯 20%/2015.09.07 至 2020.09.07/低毒
水稻田(直播) 一年生禾本科杂草 75-105克/公顷 茎叶喷雾
LS20140314 炔草酯/24%/微乳剂/炔草酯 24%/2015.10.27 至 2016.10.27/低毒
冬小麦田 一年生禾本科杂草 54-72克/公顷 茎叶喷雾
LS20140360 噻虫·异丙威/50%/可湿性粉剂/噻虫嗪 10%、异丙威 40%/2015.12.11 至 2016.12.11/低毒
水稻 飞虱 60-75克/公顷 喷雾
LS20150307 氰氟草酯/30%/可分散油悬浮剂/氰氟草酯 30%/2015.10.21 至 2016.10.21/低毒
水稻田(直播) 稗草、千金子等禾本科杂草 90-112.5克/公顷 茎叶喷雾
LS20150335 2甲·双氟/46%/悬浮剂/双氟磺草胺 0.6%、2甲4氯异辛酯 45.4%/2015.12.17 至 2016.12.17/低毒
冬小麦田 一年生杂草 276-345克/公顷 茎叶喷雾
WP20130174 高效氯氟氰菊酯/25克/升/水乳剂/高效氯氟氰菊酯 25克/升/2013.08.16 至 2018.08.16/低毒
室外 蚊 25-30毫克/平方米 滞留喷洒
WP20140217 氟虫腈/5%/悬浮剂/氟虫腈 5%/2014.09.28 至 2019.09.28/低毒
室内 蝇 50毫克/平方米 滞留喷洒

安徽省太和县农药厂 （安徽省太和县县城北关经济技术开发区 236600 0558-8622045)

PD20083326 氰戊·马拉松/21%/乳油/马拉硫磷 15%、氰戊菊酯 6%/2013.12.11 至 2018.12.11/中等毒
棉花 蚜虫 75-120克/公顷 喷雾
棉花 红蜘蛛 120-180克/公顷 喷雾
苹果树 蚜虫 50-75毫克/千克 喷雾

	苹果树	食心虫	60-100毫克/千克	喷雾
	苹果树	红蜘蛛	60-150毫克/千克	喷雾
PD20085906	马拉·联苯菊/14%/乳油/联苯菊酯 0.6%、马拉硫磷 13.4%/2013.12.29 至 2018.12.29/中等毒			
	茶树	茶小绿叶蝉	84-105克/公顷	喷雾
	甘蓝	菜青虫	21-25.2克/公顷	喷雾
	苹果树	红蜘蛛	28-35毫克/千克	喷雾
PD20095016	氰戊·灭多威/9%/乳油/灭多威 6%、氰戊菊酯 3%/2014.04.21 至 2019.04.21/高毒			
	棉花	棉铃虫	506-1012克/公顷	喷雾
	棉花	棉蚜	180-240克/公顷	喷雾
WP20080391	杀虫气雾剂/0.8%/气雾剂/胺菊酯 0.3%、氯菊酯 0.5%/2013.12.11 至 2018.12.11/低毒			
	卫生	蚊、蝇	/	喷雾

安徽省铜陵福成农药有限公司 (安徽省铜陵县钟鸣镇丰泉东路 244121 0562-8727032)

PD86153-11	叶枯唑/20%/可湿性粉剂/叶枯唑 20%/2011.12.10 至 2016.12.10/低毒			
	水稻	白叶枯病	300克/公顷	喷雾、弥雾
PD20082409	毒死蜱/40%/乳油/毒死蜱 40%/2013.12.02 至 2018.12.02/中等毒			
	水稻	稻纵卷叶螟	432-576克/公顷	喷雾
PD20082423	辛硫·三唑磷/27%/乳油/三唑磷 7%、辛硫磷 20%/2013.12.02 至 2018.12.02/中等毒			
	水稻	二化螟	243-324克/公顷	喷雾
PD20082607	硫磺·三环唑/45%/可湿性粉剂/硫磺 40%、三环唑 5%/2013.12.04 至 2018.12.04/低毒			
	水稻	稻瘟病	675-1012.5克/公顷	喷雾
PD20083443	苄磺隆/10%/可湿性粉剂/苄磺隆 10%/2013.12.11 至 2018.12.11/低毒			
	冬小麦田	一年生阔叶杂草	15－18克/公顷	茎叶喷雾
PD20085920	草甘膦异丙胺盐/30%/水剂/草甘膦 30%/2013.12.29 至 2018.12.29/低毒			
	茶园	杂草	200-400毫升/亩	定向茎叶喷雾
	注:草甘膦异丙胺盐含量: 41%。			
PD20092733	氯氰·敌敌畏/10%/乳油/敌敌畏 8%、氯氰菊酯 2%/2014.03.04 至 2019.03.04/中等毒			
	菜豆	蚜虫	45-75克/公顷	喷雾
PD20094829	吡虫啉/10%/可湿性粉剂/吡虫啉 10%/2014.04.13 至 2019.04.13/低毒			
	水稻	稻飞虱	15-30克/公顷	喷雾
PD20100733	噻嗪·异丙威/25%/可湿性粉剂/噻嗪酮 5%、异丙威 20%/2015.01.16 至 2020.01.16/低毒			
	水稻	稻飞虱	375-562.5克/公顷	喷雾
PD20140846	苄·二氯/30%/可湿性粉剂/苄嘧磺隆 5%、二氯喹啉酸 25%/2014.04.08 至 2019.04.08/低毒			
	水稻田(直播)	一年生禾本科杂草及部分阔叶杂草	180-225克/公顷	茎叶喷雾

安徽省益农化工有限公司 (安徽省六安市舒城县城关镇县城城南郊206国道边 231300 0564-8622435)

PD20081517	草甘膦/95%/原药/草甘膦 95%/2013.11.06 至 2018.11.06/低毒			
PD20082433	草甘膦异丙胺盐/41%/水剂/草甘膦异丙胺盐 41%/2013.12.02 至 2018.12.02/低毒			
	非耕地	杂草	1230-2152.5克/公顷	喷雾
PD20082694	高效氯氟氰菊酯/25克/升/乳油/高效氯氟氰菊酯 25克/升/2013.12.05 至 2018.12.05/中等毒			
	棉花	棉铃虫	3.6-4.5克/公顷	喷雾
PD20083594	氰戊·乐果/13%/乳油/乐果 11%、氰戊菊酯 2%/2013.12.12 至 2018.12.12/中等毒			
	棉花	蚜虫	117-225克/公顷	喷雾
PD20083609	噻嗪·异丙威/25%/可湿性粉剂/噻嗪酮 7%、异丙威 18%/2013.12.12 至 2018.12.12/中等毒			
	水稻	稻飞虱	93.8-131.3克/公顷	喷雾
PD20084497	苄磺隆/10%/可湿性粉剂/苄磺隆 10%/2013.12.18 至 2018.12.18/低毒			
	冬小麦田	一年生阔叶杂草	15－22.5克/公顷	茎叶喷雾
PD20084658	甲氰菊酯/10%/乳油/甲氰菊酯 10%/2013.12.22 至 2018.12.22/中等毒			
	十字花科蔬菜	菜青虫	45-75克/公顷	喷雾
PD20085546	苄磺隆/75%/水分散粒剂/苄磺隆 75%/2013.12.25 至 2018.12.25/低毒			
	小麦田	阔叶杂草	11.25-15.75克/公顷	茎叶喷雾
PD20085687	草甘膦/50%/可溶粉剂/草甘膦 50%/2013.12.26 至 2018.12.26/低毒			
	苹果园	杂草	1125-2250克/公顷	定向茎叶喷雾
PD20091160	氰戊·辛硫磷/15%/乳油/氰戊菊酯 5%、辛硫磷 10%/2014.01.22 至 2019.01.22/中等毒			
	棉花	棉铃虫	150-225克/公顷	喷雾
PD20092894	高氯·氟铃脲/5%/乳油/氟铃脲 1.2%、高效氯氰菊酯 3.8%/2014.03.05 至 2019.03.05/中等毒			
	十字花科蔬菜	甜菜夜蛾	22.5-45克/公顷	喷雾
PD20093838	腈菌·福美双/20%/可湿性粉剂/福美双 18%、腈菌唑 2%/2014.03.25 至 2019.03.25/低毒			
	梨树	黑星病	285.7-333.3毫克/千克	喷雾
PD20094101	溴氰·仲丁威/2.5%/乳油/溴氰菊酯 0.6%、仲丁威 1.9%/2014.03.27 至 2019.03.27/中等毒			
	甘蓝	蚜虫	11.25-15克/公顷	喷雾
PD20095996	阿维·毒死蜱/17%/乳油/阿维菌素 0.1%、毒死蜱 16.9%/2014.06.11 至 2019.06.11/中等毒(原药高毒)			
	水稻	二化螟	255-306克/公顷	喷雾
PD20101358	乙蒜素/30%/乳油/乙蒜素 30%/2015.04.02 至 2020.04.02/中等毒			
	棉花	枯萎病	292.5-353.6克/公顷	喷雾

PD20110341　锰锌·烯唑醇/32.5%/可湿性粉剂/代森锰锌 30%、烯唑醇 2.5%/2011.03.24 至 2016.03.24/低毒
梨树　黑星病　406-525毫克/千克　喷雾
PD20141037　草甘膦铵盐/30%/水剂/草甘膦 30%/2014.04.21 至 2019.04.21/低毒
非耕地　一年生和多年生杂草　1125-2025克/公顷　茎叶喷雾
注:草甘膦铵盐含量: 33%。
PD20141104　草甘膦铵盐/80%/可溶粒剂/草甘膦 80%/2014.04.27 至 2019.04.27/低毒
非耕地　杂草　1200-2160克/公顷　茎叶喷雾
注:草甘膦铵盐含量: 88.8%。
PD20150354　烟嘧磺隆/95%/原药/烟嘧磺隆 95%/2015.03.03 至 2020.03.03/微毒
PD20150554　草甘膦异丙胺盐/46%/水剂/草甘膦 46%/2015.03.23 至 2020.03.23/低毒
非耕地　杂草　1035-1725克/公顷　茎叶喷雾
注:草甘膦异丙胺盐含量: 62%。

安徽省银山药业有限公司　(安徽省合肥市祁门路1777号辉隆大厦4楼　230022　0551-64393207)

PD20081739　高氯·灭多威/10%/乳油/高效氯氰菊酯 2%、灭多威 8%/2013.11.18 至 2018.11.18/低毒(原药高毒)
棉花　棉铃虫　60-75克/公顷　喷雾
PD20081800　苄嘧·苯噻酰/53%/可湿性粉剂/苯噻酰草胺 50%、苄嘧磺隆 3%/2013.11.19 至 2018.11.19/低毒
水稻抛秧田　部分多年生杂草、一年生杂草　397.5-447克/公顷(南方地区)　药土法
PD20084149　阿维·氯氰/2.1%/乳油/阿维菌素 0.1%、氯氰菊酯 2%/2013.12.16 至 2018.12.16/低毒(原药高毒)
十字花科蔬菜　小菜蛾　15.75-22.05克/公顷　喷雾
PD20093993　溴氰 ·敌敌畏/20.5%/乳油/敌敌畏 20%、溴氰菊酯 0.5%/2014.03.27 至 2019.03.27/中等毒
棉花　蚜虫　246-369克/公顷　喷雾
PD20096760　精噁唑禾草灵/69克/升/水乳剂/精噁唑禾草灵 69克/升/2014.09.15 至 2019.09.15/低毒
冬小麦田　一年生禾本科杂草　41.4-62.1克/公顷　茎叶喷雾
PD20097024　草甘膦异丙胺盐/30%/水剂/草甘膦 30%/2014.10.10 至 2019.10.10/低毒
非耕地　杂草　200-366毫升制剂/亩　茎叶喷雾
注:草甘膦异丙胺盐含量: 41%。
PD20097622　烟嘧磺隆/40克/升/可分散油悬浮剂/烟嘧磺隆 40克/升/2014.11.03 至 2019.11.03/低毒
玉米田　一年生杂草　42-60克/公顷　茎叶喷雾
PD20098173　氟硅唑/400克/升/乳油/氟硅唑 400克/升/2014.12.14 至 2019.12.14/低毒
梨树　黑星病　40-50毫克/千克　喷雾
PD20110804　高效氯氟氰菊酯/2.5%/水乳剂/高效氯氟氰菊酯 2.5%/2011.08.04 至 2016.08.04/中等毒
甘蓝　菜青虫　11.25-15.0克/公顷　喷雾
PD20110847　苯甲·丙环唑/300克/升/乳油/苯醚甲环唑 150克/升、丙环唑 150克/升/2011.08.10 至 2016.08.10/低毒
水稻　纹枯病　67.5-90克/公顷　喷雾
PD20120022　草甘膦铵盐/68%/可溶粒剂/草甘膦 68%/2012.01.09 至 2017.01.09/低毒
柑橘园　杂草　1125-2250克/公顷　定向茎叶喷雾
注:草甘膦铵盐含量为: 75.7%。
PD20120203　草甘膦铵盐/30%/可溶粉剂/草甘膦 30%/2012.02.06 至 2017.02.06/低毒
柑橘园　杂草　1125-2250克/公顷　定向茎叶喷雾
注:草甘膦铵盐含量: 33%。
PD20120930　甲氨基阿维菌素苯甲酸盐/5%/水分散粒剂/甲氨基阿维菌素 5%/2012.06.04 至 2017.06.04/低毒
甘蓝　小菜蛾　1.69-2.25克/公顷　喷雾
注:甲氨基阿维菌素苯甲酸盐含量: 5.7%。
PD20121064　联苯菊酯/2.5%/水乳剂/联苯菊酯 2.5%/2012.07.12 至 2017.07.12/低毒
茶树　茶尺蠖　18.75-22.5克/公顷　喷雾
PD20130731　戊唑醇/430克/升/悬浮剂/戊唑醇 430克/升/2013.04.12 至 2018.04.12/低毒
苹果树　斑点落叶病　61.4-86毫克/千克　喷雾
PD20130885　甲嘧·草甘膦/32%/悬浮剂/草甘膦 30%、甲嘧磺隆 2%/2013.04.25 至 2018.04.25/低毒
非耕地　杂草　1350-2025克/公顷　茎叶喷雾
PD20130931　己唑醇/5%/悬浮剂/己唑醇 5%/2013.04.28 至 2018.04.28/低毒
水稻　纹枯病　60～75克/公顷　喷雾
PD20130955　吡虫啉/350克/升/悬浮剂/吡虫啉 350克/升/2013.05.02 至 2018.05.02/低毒
甘蓝　蚜虫　15.75-26.25克/公顷　喷雾
PD20130959　噻嗪酮/25%/悬浮剂/噻嗪酮 25%/2013.05.02 至 2018.05.02/低毒
水稻　稻飞虱　75-112.5克/公顷　喷雾
PD20131065　阿维菌素/3%/水乳剂/阿维菌素 3%/2013.05.20 至 2018.05.20/低毒(原药高毒)
甘蓝　小菜蛾　8.1-10.8克/公顷　喷雾
PD20131552　吡虫啉/600克/升/悬浮种衣剂/吡虫啉 600克/升/2013.07.23 至 2018.07.23/低毒
棉花　蚜虫　350-500克/100千克种子　种子包衣
PD20132373　杀虫单/80%/可溶粉剂/杀虫单 80%/2013.11.20 至 2018.11.20/中等毒
水稻　三化螟　420-600克/公顷　喷雾
PD20132523　毒死蜱/5%/颗粒剂/毒死蜱 5%/2013.12.16 至 2018.12.16/低毒
花生　蛴螬　1687.5-2250克/公顷　拌毒土撒施

PD20140314 丙唑·多菌灵/36%/悬浮剂/丙环唑 2.5%、多菌灵 33.5%/2014.02.12 至 2019.02.12/低毒
油菜 菌核病 432-540克/公顷 喷雾
PD20141240 吡虫啉/70%/种子处理可分散粉剂/吡虫啉 70%/2014.05.07 至 2019.05.07/中等毒
玉米 蚜虫 350-490克/100千克种子 拌种
PD20141523 2甲·草甘膦/80%/可溶粒剂/草甘膦铵盐 75%、2甲4氯钠 5%/2014.06.16 至 2019.06.16/低毒
非耕地 一年生杂草 1500-1860克/公顷 茎叶喷雾
PD20142247 茚虫威/150克/升/悬浮剂/茚虫威 150克/升/2014.09.28 至 2019.09.28/低毒
白菜 甜菜夜蛾 31.5-40.5克/公顷 喷雾
PD20142333 啶虫脒/20%/可溶粉剂/啶虫脒 20%/2014.11.03 至 2019.11.03/低毒
黄瓜 蚜虫 24-36克/公顷 喷雾
PD20142675 嘧菌酯/250克/升/悬浮剂/嘧菌酯 250克/升/2014.12.18 至 2019.12.18/低毒
葡萄 霜霉病 125-250克/公顷 喷雾
PD20151073 敌草隆/80%/水分散粒剂/敌草隆 80%/2015.06.14 至 2020.06.14/低毒
甘蔗田 一年生杂草 1200-2400克/公顷 土壤喷雾
PD20151955 吡虫啉/10%/可湿性粉剂/吡虫啉 10%/2015.08.30 至 2020.08.30/低毒
水稻 稻飞虱 30-45克/公顷 喷雾
PD20152160 草铵膦/200克/升/水剂/草铵膦 200克/升/2015.09.22 至 2020.09.22/微毒
非耕地 杂草 1050-1650克/公顷 茎叶喷雾

安徽省亳州市百施乐生化有限责任公司 (安徽省亳州市谯城区亳古路18号 236840 0558-5185222)

PD20082488 高效氯氰菊酯/4.5%/乳油/高效氯氰菊酯 4.5%/2013.12.03 至 2018.12.03/低毒
棉花 棉铃虫 27－40.5克/公顷 喷雾
PD20083800 氰戊·辛硫磷/25%/乳油/氰戊菊酯 5%、辛硫磷 20%/2013.12.15 至 2018.12.15/中等毒
棉花 棉铃虫 281.25－375克/公顷 喷雾
PD20092091 氯氰菊酯/2.5%/乳油/氯氰菊酯 2.5%/2014.02.16 至 2019.02.16/低毒
十字花科蔬菜 菜青虫 15－30克/公顷 /喷雾
PD20100012 三唑磷/20%/乳油/三唑磷 20%/2010.01.04 至 2015.01.04/中等毒
水稻 二化螟 202.5-303.75克/公顷 喷雾
PD20132165 毒死蜱/5%/颗粒剂/毒死蜱 5%/2013.10.29 至 2018.10.29/低毒
花生 蛴螬 1350-2400克/公顷 撒施
PD20151964 高效氯氟氰菊酯/2.5%/水乳剂/高效氯氟氰菊酯 2.5%/2015.08.30 至 2020.08.30/低毒
甘蓝 菜青虫 7.5-11.25克/公顷 喷雾

安徽圣丰生化有限公司 (安徽省砀山县经济开发区 235300 0557-8811518)

PD20120815 甲氨基阿维菌素苯甲酸盐/3%/微乳剂/甲氨基阿维菌素 3%/2012.05.17 至 2017.05.17/低毒
甘蓝 甜菜夜蛾 2.25-3.15克/公顷 喷雾
注:甲氨基阿维菌素苯甲酸盐含量:3.4%。
PD20151251 炔草酯/15%/微乳剂/炔草酯 15%/2015.07.30 至 2020.07.30/低毒
冬小麦田 一年生禾本科杂草 56.25-90克/公顷 茎叶喷雾
PD20151319 氰氟草酯/20%/可分散油悬浮剂/氰氟草酯 20%/2015.07.30 至 2020.07.30/低毒
水稻田(直播) 稗草、千金子等禾本科杂草 75-105克/公顷 茎叶喷雾
PD20151373 苄嘧磺隆/10%/可湿性粉剂/苄嘧磺隆 10%/2015.07.30 至 2020.07.30/低毒
冬小麦田 一年生阔叶杂草 67.5-82.5克/公顷 喷雾
PD20151411 炔草酯/8%/乳油/炔草酯 8%/2015.07.30 至 2020.07.30/低毒
小麦田 一年生禾本科杂草 48-60克/公顷 茎叶喷雾
PD20151715 戊唑·咪鲜胺/45%/水乳剂/咪鲜胺 30%、戊唑醇 15%/2015.08.28 至 2020.08.28/低毒
水稻 稻瘟病 202.5-270克/公顷 喷雾
PD20152384 硝磺草酮/75%/水分散粒剂/硝磺草酮 75%/2015.10.22 至 2020.10.22/低毒
玉米田 一年生杂草 168.75-225克/公顷 茎叶喷雾

安徽天恒农化科技发展有限公司 (安徽省泾县琴溪镇3甲30号 242523 0563-5400300)

PD20084721 吡·多·福美双/25%/悬浮种衣剂/吡虫啉 5%、多菌灵 10%、福美双 10%/2013.12.22 至 2018.12.22/中等毒
棉花 立枯病、蚜虫 1:40-50(药种比) 种子包衣
PD20085036 多·福/20%/悬浮种衣剂/多菌灵 10%、福美双 10%/2013.12.22 至 2018.12.22/低毒
水稻 恶苗病 1:40-50(药种比) 种子包衣
PD20086058 多·福/15%/悬浮种衣剂/多菌灵 8%、福美双 7%/2013.12.30 至 2018.12.30/低毒
棉花 立枯病 1:45-50(药种比) 种子包衣
小麦 黑穗病 1:40-60(药种比) 种子包衣
小麦 根腐病 1:40-50(药种比) 种子包衣
PD20092573 福·克/20%/悬浮种衣剂/福美双 10%、克百威 10%/2014.02.27 至 2019.02.27/高毒
玉米 蓟马、黏虫、蚜虫、玉米螟 1:40(药种比) 种子包衣

安徽喜丰收农业科技有限公司 (安徽省合肥市瑶海区滁溪东路1号嘉华中心B座1701室 230041 0551-64393621)

PD20092447 高效氟吡甲禾灵/108克/升/乳油/高效氟吡甲禾灵 108克/升/2014.02.25 至 2019.02.25/低毒
春大豆田 一年生禾本科杂草 48.6-56.7克/公顷 茎叶喷雾
夏大豆田 一年生禾本科杂草 45.4-48.6克/公顷 茎叶喷雾
PD20092552 高效氯氟氰菊酯/25克/升/乳油/高效氯氟氰菊酯 25克/升/2014.02.26 至 2019.02.26/中等毒

十字花科蔬菜　蚜虫　7.5-9克/公顷　喷雾
PD20093559　毒死蜱/40%/乳油/毒死蜱 40%/2014.03.23 至 2019.03.23/中等毒
水稻　二化螟　432-576克/公顷　喷雾
PD20095876　噁草酮/250克/升/乳油/噁草酮 250克/升/2014.05.31 至 2019.05.31/低毒
水稻田(直播)　一年生杂草　375-495克/公顷　播前土壤喷雾
PD20096086　灭草松/480克/升/水剂/灭草松 480克/升/2014.06.18 至 2019.06.18/低毒
大豆田　一年生阔叶杂草　1080-1440克/公顷　茎叶喷雾
PD20097727　2甲4氯钠/56%/可溶粉剂/2甲4氯钠 56%/2014.11.04 至 2019.11.04/低毒
玉米田　一年生阔叶杂草　840-1260克/公顷　茎叶喷雾
PD20101523　阿维菌素/1.8%/乳油/阿维菌素 1.8%/2015.05.19 至 2020.05.19/低毒(原药高毒)
甘蓝　小菜蛾　9-13.5克/公顷　喷雾
PD20101692　草甘膦异丙胺盐/30%/水剂/草甘膦 30%/2015.06.17 至 2020.06.17/低毒
水稻田埂　杂草　1230-2460克/公顷　定向茎叶喷雾
注:草甘膦异丙胺盐含量: 41%。
PD20101730　氯氟吡氧乙酸/200克/升/乳油/氯氟吡氧乙酸 200克/升/2015.06.28 至 2020.06.28/低毒
冬小麦田　一年生阔叶杂草　180-210克/公顷　茎叶喷雾
PD20101733　辛硫・三唑磷/20%/乳油/三唑磷 10%、辛硫磷 10%/2015.06.28 至 2020.06.28/中等毒
水稻　二化螟　360-450克/公顷　喷雾
PD20120806　井冈・蜡芽菌//水剂/井冈霉素 25克/升、蜡质芽孢杆菌 10000亿活孢子/升/2012.05.17 至 2017.05.17/低毒
水稻　纹枯病　56.25-93.75克/公顷　喷雾
PD20121494　草甘膦/95%/原药/草甘膦 95%/2012.10.09 至 2017.10.09/低毒
PD20130329　嘧啶核苷类抗菌素/2%/水剂/嘧啶核苷类抗菌素 2%/2013.03.05 至 2018.03.05/微毒
水稻　纹枯病　150～180克/公顷　喷雾
PD20130864　三乙膦酸铝/40%/可湿性粉剂/三乙膦酸铝 40%/2013.04.22 至 2018.04.22/低毒
水稻　稻瘟病　1410-2115克/公顷　喷雾
PD20131290　唑磷・毒死蜱/20%/乳油/毒死蜱 5%、三唑磷 15%/2013.06.08 至 2018.06.08/中等毒
水稻　三化螟　240-300克/公顷　喷雾
PD20132596　草甘膦铵盐/68%/可溶粒剂/草甘膦 68%/2013.12.17 至 2018.12.17/低毒
柑橘园　杂草　1125-2250克/公顷　定向茎叶喷雾
注:草甘膦铵盐含量: 75.7%。
PD20140845　吡虫・异丙威/25%/可湿性粉剂/吡虫啉 1%、异丙威 24%/2014.04.08 至 2019.04.08/低毒
水稻　稻飞虱　112.5-150克/公顷　喷雾
PD20141075　蛇床子素/1%/水乳剂/蛇床子素 1%/2014.04.25 至 2019.04.25/低毒
水稻　稻曲病　19—25克/公顷　喷雾
PD20141426　嘧菌酯/25%/悬浮剂/嘧菌酯 25%/2014.06.06 至 2019.06.06/低毒
黄瓜　霜霉病　168.75-225克/公顷　喷雾
PD20141451　枯草芽孢杆菌/10亿芽孢/克/可湿性粉剂/枯草芽孢杆菌 10亿芽孢/克/2014.06.09 至 2019.06.09/低毒
水稻　稻曲病　1500-1875克制剂/公顷　喷雾
小麦　赤霉病　3000-3750克制剂/公顷　喷雾
PD20150649　烯啶虫胺/50%/可溶粒剂/烯啶虫胺 50%/2015.04.16 至 2020.04.16/微毒
水稻　飞虱　22.5-33.75克/公顷　喷雾
PD20151221　炔草酯/15%/微乳剂/炔草酯 15%/2015.07.30 至 2020.07.30/低毒
冬小麦田　一年生禾本科杂草　56.25-90克/公顷　茎叶喷雾
PD20151358　咪鲜胺/25%/水乳剂/咪鲜胺 25%/2015.07.30 至 2020.07.30/低毒
香蕉(果实)　炭疽病　333.3-1000毫克/千克　浸果
LS20140002　2甲・草甘膦/47.2%/水剂/草甘膦异丙胺盐 41%、2甲4氯异丙胺盐 6.2%/2016.01.13 至 2017.01.13/低毒
非耕地　杂草　1575-2100克/公顷　茎叶喷雾
LS20140129　乙羧・草甘膦/71%/可湿性粉剂/草甘膦 68%、乙羧氟草醚 3%/2015.03.17 至 2016.03.17/低毒
非耕地　杂草　1065-1917克/公顷　喷雾
LS20150005　己唑・嘧菌酯/30%/悬浮剂/己唑醇 10%、嘧菌酯 20%/2016.01.15 至 2017.01.15/低毒
水稻　稻曲病、稻瘟病、水稻纹枯病　180-225克/公顷　喷雾
WP20090057　高效氯氰菊酯/2.5%/乳油/高效氯氰菊酯 2.5%/2014.01.21 至 2019.01.21/低毒
卫生　蚂蚁、蚊、蝇　40毫克/平方米　滞留喷洒
WP20090211　高效氯氰菊酯/5%/可湿性粉剂/高效氯氰菊酯 5%/2014.03.27 至 2019.03.27/低毒
卫生　蚊、蝇、蜚蠊　玻璃面、木板面40毫克/平方米;石灰面60毫克/平方米　滞留喷洒
WP20090235　杀虫粉剂/0.1%/粉剂/高效氯氰菊酯 0.1%/2014.04.16 至 2019.04.16/低毒
卫生　红火蚁　10-20克制剂量/巢　撒施
卫生　蜚蠊、蚂蚁　3克制剂/平方米　撒布
WP20090266　杀虫气雾剂/0.32%/气雾剂/胺菊酯 0.08%、氯菊酯 0.2%、右旋烯丙菊酯 0.04%/2014.05.12 至 2019.05.12/低毒
卫生　蚊、蝇、蜚蠊　/　喷雾
WP20120244　蚊香/0.3%/蚊香/富右旋反式烯丙菊酯 0.3%/2012.12.18 至 2017.12.18/低毒
卫生　蚊　/　点燃

WP20130229 氟虫腈/6%/微乳剂/氟虫腈 6%/2013.11.05 至 2018.11.05/低毒
室内 蝇 稀释46倍 滞留喷洒
WP20140218 杀蚁饵剂/0.1%/饵剂/茚虫威 0.1%/2014.08.27 至 2019.08.27/低毒
卫生 红火蚁 15-20克制剂量/巢 投放

安徽兴隆化工有限公司 (安徽省池州市东至县香隅镇化工园区 247260 0566-3276645)

PD85102-7 2甲4氯/13%/水剂/2甲4氯 13%/2015.03.09 至 2020.03.09/低毒
水稻 多种杂草 450-900克/公顷 喷雾
小麦 多种杂草 600-900克/公顷 喷雾
PD20091678 2甲4氯钠/56%/可溶粉剂/2甲4氯钠 56%/2014.02.03 至 2019.02.03/低毒
冬小麦田 一年生阔叶杂草 840-1008克/公顷 茎叶喷雾
PD20097526 烟嘧磺隆/40克/升/可分散油悬浮剂/烟嘧磺隆 40克/升/2014.11.03 至 2019.11.03/低毒
玉米田 一年生杂草 42-60克/公顷 茎叶喷雾
PD20101617 草甘膦异丙胺盐/30%/水剂/草甘膦 30%/2015.06.03 至 2020.06.03/低毒
柑橘园 杂草 1230-2460克/公顷 行间定向喷雾
注:草甘膦异丙胺盐含量：41%。
PD20121935 咪鲜胺/40%/水乳剂/咪鲜胺 40%/2012.12.10 至 2017.12.10/低毒
香蕉 炭疽病 250～500毫克/千克 /浸果
PD20132175 2,4-滴异辛酯/96%/原药/2,4-滴异辛酯 96%/2013.10.29 至 2018.10.29/低毒
PD20140125 2,4-滴二甲胺盐/55%/水剂/2,4-滴二甲胺盐 55%/2014.01.20 至 2019.01.20/低毒
冬小麦田 一年生阔叶杂草 651.75-759克/公顷 茎叶喷雾
PD20151066 烟嘧磺隆/95%/原药/烟嘧磺隆 95%/2015.06.14 至 2020.06.14/微毒

安徽亚华医药化工有限公司 (安徽省淮南市大通区上窑镇工业区 232007 0554-3601898)

PD20083238 杀螺胺乙醇胺盐/50%/可湿性粉剂/杀螺胺乙醇胺盐 50%/2013.12.11 至 2018.12.11/低毒
沟渠 钉螺 1-2克/平方米 浸杀
滩涂 钉螺 2-3克/平方米 喷洒
PD20096340 杀螺胺乙醇胺盐(83.1%)///可湿性粉剂/杀螺胺 70%/2014.07.27 至 2019.07.27/低毒
水稻 福寿螺 315-525克/公顷 毒土法
PD20140931 杀螺胺乙醇胺盐/4%/粉剂/杀螺胺乙醇胺盐 4%/2014.05.20 至 2019.05.20/低毒
滩涂 钉螺 2克/平方米 喷粉

安徽扬子化工有限公司 (安徽省池州市东至县香隅化工园区 247200 0556-8161218)

PD85131-6 井冈霉素/2.4%,4%/水剂/井冈霉素A 2.4%,4%/2015.07.29 至 2020.07.29/低毒
水稻 纹枯病 75-112.5克/公顷 喷雾,泼浇
PD86110 嘧啶核苷类抗菌素/2%,4%/水剂/嘧啶核苷类抗菌素 2%,4%/2011.10.16 至 2016.10.16/低毒
大白菜 黑斑病 100毫克/千克 喷雾
番茄 疫病 100毫克/千克 喷雾
瓜类、花卉、苹果、葡萄、烟草 白粉病 100毫克/千克 喷雾
水稻 炭疽病、纹枯病 150-180克/公顷 喷雾
西瓜 枯萎病 100毫克/千克 灌根
小麦 锈病 100毫克/千克 喷雾
PD20040264 多·酮/40%/可湿性粉剂/多菌灵 35%、三唑酮 5%/2014.12.19 至 2019.12.19/低毒
水稻 叶尖枯病 450-600克/公顷 喷雾
小麦 白粉病、赤霉病 450-600克/公顷 喷雾
PD20040325 吡虫啉/10%/可湿性粉剂/吡虫啉 10%/2014.12.19 至 2019.12.19/低毒
水稻 稻飞虱 15-30克/公顷 喷雾
小麦 蚜虫 15-30克/公顷（南方）；45-60克/公顷（北方） 喷雾
PD20070674 苄嘧磺隆/95%/原药/苄嘧磺隆 95%/2012.12.17 至 2017.12.17/低毒
PD20080119 啶虫脒/5%/可湿性粉剂/啶虫脒 5%/2013.01.04 至 2018.01.04/低毒
柑橘树 蚜虫 10-12毫克/千克 喷雾
PD20080149 噻嗪酮/25%/可湿性粉剂/噻嗪酮 25%/2013.01.04 至 2018.01.04/低毒
柑橘树 介壳虫 125～250毫克/千克 喷雾
水稻 稻飞虱 112.5-150克/公顷 喷雾
PD20080190 苄嘧磺隆/30%/可湿性粉剂/苄嘧磺隆 30%/2013.01.07 至 2018.01.07/低毒
水稻移栽田 阔叶杂草、莎草科杂草 36—67.5克/公顷 喷雾或药土法
PD20080192 噻·杀单/20%/可湿性粉剂/噻嗪酮 3%、杀虫单 17%/2013.01.07 至 2018.01.07/中等毒
水稻 稻飞虱 210-300克/公顷 喷雾
PD20080226 毒死蜱/40%/乳油/毒死蜱 40%/2013.01.11 至 2018.01.11/中等毒
水稻 稻纵卷叶螟 600-720克/公顷 喷雾
PD20080230 苄嘧磺隆/10%/可湿性粉剂/苄嘧磺隆 10%/2013.01.11 至 2018.01.11/低毒
水稻移栽田 部分多年生阔叶杂草、莎草科杂草、一年生阔叶杂草 22.5-37.5克/公顷 喷雾
PD20080240 噻吩磺隆/15%/可湿性粉剂/噻吩磺隆 15%/2013.02.14 至 2018.12.24/低毒

冬小麦 一年生阔叶杂草 22.5-30克/公顷 喷雾

PD20080244 苯磺隆/75%/水分散粒剂/苯磺隆 75%/2013.02.14 至 2018.02.14/低毒

冬小麦田 一年生阔叶杂草 13.5-22.5克/公顷 茎叶喷雾

PD20080256 苯磺隆/95%/原药/苯磺隆 95%/2013.02.19 至 2018.02.19/低毒

PD20080502 噻嗪・异丙威/25%/可湿性粉剂/噻嗪酮 7%、异丙威 18%/2013.04.10 至 2018.04.10/中等毒

水稻 稻飞虱 93.75-131.25克/公顷 喷雾

PD20081339 草甘膦异丙胺盐/30%/水剂/草甘膦 30%/2013.10.21 至 2018.10.21/低毒

非耕地 杂草 1230-2460克/公顷 茎叶喷雾

注:草甘膦异丙胺盐含量：41%。

PD20081345 苯磺隆/10%/可湿性粉剂/苯磺隆 10%/2013.10.21 至 2018.10.21/低毒

冬小麦田 一年生阔叶杂草 13.5-22.5克/公顷 喷雾

PD20081357 高效氯氟氰菊酯/25克/升/乳油/高效氯氟氰菊酯 25克/升/2013.10.21 至 2018.10.21/中等毒

十字花科叶菜 蚜虫 9.375-18.75克/公顷 喷雾

PD20082479 噻嗪・杀虫单/25%/可湿性粉剂/噻嗪酮 5%、杀虫单 20%/2013.12.03 至 2018.12.03/中等毒

水稻 稻飞虱 187.5-281.25克/公顷 喷雾

PD20083927 氰戊・辛硫磷/25%/乳油/氰戊菊酯 2.2%、辛硫磷 22.8%/2013.12.15 至 2018.12.15/中等毒

棉花 棉铃虫 300-450克/公顷 喷雾

PD20084003 辛硫磷/3%/颗粒剂/辛硫磷 3%/2013.12.16 至 2018.12.16/中等毒

花生 地下害虫 1800-3600克/公顷 撒施

PD20084583 炔螨特/570克/升/乳油/炔螨特 570克/升/2013.12.18 至 2018.12.18/中等毒

棉花 红蜘蛛 285-380毫克/千克 喷雾

PD20086308 异丙・苄/30%/可湿性粉剂/苄嘧磺隆 5%、异丙草胺 25%/2013.12.31 至 2018.12.31/低毒

水稻抛秧田 一年生及部分多年生杂草 135-180克/公顷 毒土法

PD20090458 氰戊菊酯/20%/乳油/氰戊菊酯 20%/2014.01.12 至 2019.01.12/中等毒

十字花科蔬菜 菜青虫 60-120克/公顷 喷雾

PD20091538 乙草胺/50%/乳油/乙草胺 50%/2014.02.03 至 2019.02.03/低毒

夏大豆田 一年生禾本科杂草及小粒阔叶杂草 750-1050克/公顷 土壤喷雾

PD20091937 三环唑/20%/可湿性粉剂/三环唑 20%/2014.02.12 至 2019.02.12/低毒

水稻 稻瘟病 270-300克/公顷 喷雾

PD20092236 丁草胺/50%/乳油/丁草胺 50%/2014.02.24 至 2019.02.24/低毒

水稻田 多种一年生杂草 750-1275克/公顷 毒土法

PD20092540 苄・丁/30%/可湿性粉剂/苄嘧磺隆 1.5%、丁草胺 28.5%/2014.02.26 至 2019.02.26/低毒

水稻抛秧田 部分多年生杂草、一年生杂草 675－900克/公顷(南方地区) 药土法

PD20095304 乙草胺/20%/可湿性粉剂/乙草胺 20%/2014.04.27 至 2019.04.27/低毒

冬油菜田 一年生禾本科杂草及小粒阔叶杂草 600-750克/公顷 土壤喷雾

水稻移栽田 一年生禾本科杂草及部分阔叶杂草 90-112.5克/公顷 药土法

PD20095368 苄・乙/12%/粉剂/苄嘧磺隆 3%、乙草胺 9%/2014.04.27 至 2019.04.27/低毒

水稻移栽田 一年生及部分多年生杂草 90-108克/公顷 药土法

PD20095764 麦畏・甲磺隆/20%/可湿性粉剂/甲磺隆 2%、麦草畏 18%/2009.05.18 至 2015.06.30/低毒

注:专供出口，不得在国内销售。

PD20096013 辛硫・三唑磷/20%/乳油/三唑磷 10%、辛硫磷 10%/2014.06.15 至 2019.06.15/中等毒

水稻 三化螟 360-480克/公顷 喷雾

水稻 二化螟 300-450克/公顷 喷雾

PD20096138 苄・二氯/36%/可湿性粉剂/苄嘧磺隆 4%、二氯喹啉酸 32%/2014.06.24 至 2019.06.24/低毒

水稻秧田 一年生及部分多年生杂草 216-270克/公顷 喷雾

PD20096741 苄嘧・苯噻酰/53%/可湿性粉剂/苯噻酰草胺 50%、苄嘧磺隆 3%/2014.09.07 至 2019.09.07/低毒

水稻移栽田 一年生及部分多年生杂草 318-397.5克/公顷（南方地区） 药土法

PD20097088 嘧霉胺/400克/升/悬浮剂/嘧霉胺 400克/升/2014.10.10 至 2019.10.10/低毒

黄瓜 灰霉病 480-600克/公顷 喷雾

PD20110240 二氯喹啉酸/50%/可湿性粉剂/二氯喹啉酸 50%/2011.03.03 至 2016.03.03/低毒

直播水稻(南方) 稗草 225-375克/公顷 茎叶喷雾

PD20121678 吡蚜酮/95%/原药/吡蚜酮 95%/2012.11.05 至 2017.11.05/低毒

PD20130617 吡蚜酮/25%/可湿性粉剂/吡蚜酮 25%/2013.04.03 至 2018.04.03/微毒

水稻 稻飞虱 75-112.5克/公顷 喷雾

PD20131237 草甘膦/95%/原药/草甘膦 95%/2013.05.29 至 2018.05.29/低毒

PD20131239 双草醚/95%/原药/双草醚 95%/2013.05.29 至 2018.05.29/低毒

WP20110123 杀蟑胶饵/0.05%/胶饵/氟虫腈 0.05%/2011.05.26 至 2016.05.26/微毒

卫生 蜚蠊 / 投放

安徽永丰农药化工有限公司 (安徽省宿州市汴河东路144号棉麻综合楼东单元7楼 234000 0557-3050966)

PD20096380 辛硫磷/40%/乳油/辛硫磷 40%/2014.08.04 至 2019.08.04/低毒

棉花 棉铃虫 300-450克/公顷 喷雾

PD20121215 毒死蜱/480克/升/乳油/毒死蜱 480克/升/2012.08.10 至 2017.08.10/中等毒

水稻 稻纵卷叶螟 504-648克/公顷 喷雾

PD20150116　二嗪磷/5%/颗粒剂/二嗪磷 5%/2015.01.07 至 2020.01.07/低毒
花生　蛴螬　600-900克/公顷　撒施
PD20150528　吡虫啉/70%/种子处理可分散粉剂/吡虫啉 70%/2015.03.23 至 2020.03.23/低毒
棉花　蚜虫　280-420克/100千克种子　拌种
PD20150886　辛硫磷/3%/颗粒剂/辛硫磷 3%/2015.05.19 至 2020.05.19/中等毒
花生　蛴螬　1800-2700克/公顷　撒施
LS20140175　毒·辛/6%/颗粒剂/毒死蜱 3%、辛硫磷 3%/2015.04.11 至 2016.04.11/低毒
甘蔗　蔗龟　2250-2970　拌毒土撒施

安徽正峰日化有限公司　(安徽省六安市经济开发区经六路　237001　0564-3633699)

WP20120067　蚊香/0.05%/蚊香/氯氟醚菊酯 0.05%/2012.04.11 至 2017.04.11/低毒
卫生　蚊　/　点燃
WP20130019　杀虫气雾剂/0.37%/气雾剂/胺菊酯 0.3%、高效氯氰菊酯 0.07%/2013.01.24 至 2018.01.24/低毒
室内　蚊、蝇、蜚蠊　/　喷雾
WP20140073　电热蚊香片/10毫克/片/电热蚊香片/炔丙菊酯 5毫克/片、氯氟醚菊酯 5毫克/片/2014.04.08 至 2019.04.08/低毒
室内　蚊　/　电热加温
WP20140139　电热蚊香液/0.4%/电热蚊香液/氯氟醚菊酯 0.4%/2014.06.17 至 2019.06.17/低毒
室内　蚊　/　电热加温

安徽中山化工有限公司　(安徽省池州市东至县香隅化工园区　247260　0566-8167588)

PD20081573　丙草胺/95%/原药/丙草胺 95%/2013.11.12 至 2018.11.12/低毒
PD20082079　异丙甲草胺/96%/原药/异丙甲草胺 96%/2013.11.25 至 2018.11.25/低毒
PD20084761　环嗪酮/98%/原药/环嗪酮 98%/2013.12.22 至 2018.12.22/低毒
PD20084796　百菌清/98.5%/原药/百菌清 98.5%/2013.12.22 至 2018.12.22/低毒
PD20092917　百草枯/42%/母药/百草枯 42%/2014.03.05 至 2019.03.05/中等毒
PD20093017　草甘膦/95%/原药/草甘膦 95%/2014.03.09 至 2019.03.09/低毒
PD20094734　草甘膦异丙胺盐(41%)///水剂/草甘膦 30%/2014.04.10 至 2019.04.10/低毒
柑橘园　杂草　200-400毫升制剂/亩　定向茎叶喷雾
PD20096271　乙草胺/93%/原药/乙草胺 93%/2014.07.22 至 2019.07.22/低毒
PD20096276　莠去津/97%/原药/莠去津 97%/2014.07.22 至 2019.07.22/低毒
PD20096779　百菌清/40%/悬浮剂/百菌清 40%/2014.09.15 至 2019.09.15/低毒
黄瓜　霜霉病　1080-1320克/公顷　喷雾
PD20097234　西玛津/95%/原药/西玛津 95%/2014.10.19 至 2019.10.19/低毒
PD20100366　敌敌畏/77.5%/乳油/敌敌畏 77.5%/2015.01.11 至 2020.01.11/中等毒
棉花　蚜虫　840-1560克/公顷　喷雾
PD20100773　乙草胺/81.5%/乳油/乙草胺 81.5%/2015.01.18 至 2020.01.18/低毒
油菜田　一年生禾本科杂草及部分阔叶杂草　675-945克/公顷　土壤喷雾
PD20101329　扑草净/95%/原药/扑草净 95%/2015.03.17 至 2020.03.17/低毒
PD20110792　草甘膦铵盐/68%/可溶粒剂/草甘膦 68%/2011.07.26 至 2016.07.26/低毒
柑橘园　杂草　1362.6-2043.9克/公顷　定向茎叶喷雾
注:草甘膦铵盐含量75.7%。
PD20111212　灭草松/97%/原药/灭草松 97%/2011.11.17 至 2016.11.17/低毒
PD20130922　吡蚜酮/96%/原药/吡蚜酮 96%/2013.04.28 至 2018.04.28/低毒
PD20131167　麦草畏/98%/原药/麦草畏 98%/2013.05.27 至 2018.05.27/低毒
PD20131179　硝磺草酮/97%/原药/硝磺草酮 97%/2013.05.27 至 2018.05.27/低毒
PD20132178　甲·灭·敌草隆/56%/可湿性粉剂/敌草隆 7%、2甲4氯钠 9%、莠灭净 40%/2013.10.29 至 2018.10.29/低毒
甘蔗田　一年生杂草　1260-1680克/公顷　定向茎叶喷雾
PD20132382　吡蚜酮/50%/水分散粒剂/吡蚜酮 50%/2013.11.20 至 2018.11.20/低毒
观赏菊花　蚜虫　225-300克/公顷　喷雾
PD20132510　嘧菌酯/250克/升/悬浮剂/嘧菌酯 250克/升/2013.12.16 至 2018.12.16/低毒
黄瓜　霜霉病　180-240克/公顷　喷雾
PD20132529　嘧菌酯/50%/水分散粒剂/嘧菌酯 50%/2013.12.16 至 2018.12.16/低毒
草坪　褐斑病　397.5-600克/公顷　喷雾
PD20132703　灭草松/480克/升/水剂/灭草松 480克/升/2013.12.25 至 2018.12.25/低毒
大豆田　一年生阔叶杂草　1080-1440克/公顷　茎叶喷雾
PD20142051　硝磺草酮/15%/悬浮剂/硝磺草酮 15%/2014.08.27 至 2019.08.27/低毒
玉米田　一年生杂草　146.25-191.25克/公顷　茎叶喷雾
PD20142319　硝磺草酮/75%/水分散粒剂/硝磺草酮 75%/2014.11.03 至 2019.11.03/低毒
玉米田　一年生杂草　146.25-180克/公顷　茎叶喷雾
PD20150241　硝磺·莠去津/55%/悬浮剂/莠去津 50%、硝磺草酮 5%/2015.01.15 至 2020.01.15/低毒
玉米田　一年生杂草　1237.5-1815克/公顷　茎叶喷雾
PD20150286　硝磺·莠去津/80%/水分散粒剂/莠去津 72%、硝磺草酮 8%/2015.02.04 至 2020.02.04/低毒
玉米田　一年生杂草　1080-1440克/公顷　茎叶喷雾
PD20150362　双氟磺草胺/98%/原药/双氟磺草胺 98%/2015.03.03 至 2020.03.03/低毒
PD20150504　精异丙甲草胺/96%/原药/精异丙甲草胺 96%/2015.03.23 至 2020.03.23/低毒

PD20150514 戊唑醇/430克/升/悬浮剂/戊唑醇 430克/升/2015.03.23 至 2020.03.23/低毒
黄瓜 白粉病 96.75-129克/公顷 喷雾
PD20150675 戊唑醇/80%/水分散粒剂/戊唑醇 80%/2015.04.17 至 2020.04.17/低毒
苹果树 斑点落叶病 100-133毫克/千克 喷雾
PD20151270 莠灭净/97%/原药/莠灭净 97%/2015.07.30 至 2020.07.30/低毒
PD20151469 2,4-滴二甲胺盐/70%/水剂/2,4-滴二甲胺盐 70%/2015.07.31 至 2020.07.31/低毒
非耕地 阔叶杂草 2100-2730克/公顷 茎叶喷雾
PD20151493 环嗪酮/75%/水分散粒剂/环嗪酮 75%/2015.07.31 至 2020.07.31/低毒
森林 杂草 1800-2250克/公顷 定向茎叶喷雾
PD20151558 嘧菌酯/98%/原药/嘧菌酯 98%/2015.08.03 至 2020.08.03/低毒
PD20152150 多菌灵/75%/水分散粒剂/多菌灵 75%/2015.09.22 至 2020.09.22/低毒
苹果树 轮纹病 750-1071.4毫克/千克 喷雾
LS20120001 特丁津/97%/原药/特丁津 97%/2014.01.04 至 2015.01.04/低毒
LS20120013 特丁净/97%/原药/特丁净 97%/2014.02.03 至 2015.02.03/低毒
LS20130283 苯嗪草酮/58%/悬浮剂/苯嗪草酮 58%/2014.05.07 至 2015.05.07/低毒
注:专供出口，不得在国内销售。

安徽众邦生物工程有限公司 （安徽省合肥市蜀山区高新技术产业开发区众邦路8号 230031 0551-5313411）

PD85154-20 氰戊菊酯/20%/乳油/氰戊菊酯 20%/2015.08.15 至 2020.08.15/中等毒
柑橘树 潜叶蛾 10-20毫克/千克 喷雾
果树 梨小食心虫 10-20毫克/千克 喷雾
棉花 红铃虫、蚜虫 75-150克/公顷 喷雾
蔬菜 菜青虫、蚜虫 60-120克/公顷 喷雾
PD86109-27 苏云金杆菌/16000IU/毫克/可湿性粉剂/苏云金杆菌 16000IU/毫克/2013.03.28 至 2018.03.28/低毒
茶树 茶毛虫 800-1600倍液 喷雾
棉花 二代棉铃虫 1500-2250克制剂/公顷 喷雾
森林 松毛虫 1200-1600倍液 喷雾
十字花科蔬菜 菜青虫 375-750克制剂/公顷 喷雾
十字花科蔬菜 小菜蛾 750-1125克制剂/公顷 喷雾
水稻 稻纵卷叶螟 1500-2250克制剂/公顷 喷雾
烟草 烟青虫 750-1500克制剂/公顷 喷雾
玉米 玉米螟 750-1500克制剂/公顷 加细沙灌心
枣树 尺蠖 1200-1600倍液 喷雾
PD20082243 氰戊·辛硫磷/20%/乳油/氰戊菊酯 5%、辛硫磷 15%/2013.11.27 至 2018.11.27/中等毒
棉花 棉铃虫 180-225克/公顷 喷雾
PD20090672 仲丁威/50%/乳油/仲丁威 50%/2014.01.19 至 2019.01.19/低毒
水稻 稻飞虱 600-900克/公顷 喷雾
PD20090924 联苯菊酯/100克/升/乳油/联苯菊酯 100克/升/2014.01.19 至 2019.01.19/中等毒
茶树 茶尺蠖 11.25-15克/公顷 喷雾
PD20092127 甲氰菊酯/20%/乳油/甲氰菊酯 20%/2014.02.23 至 2019.02.23/中等毒
十字花科蔬菜 菜青虫 75-135克/公顷 喷雾
PD20092995 阿维·敌敌畏/40%/乳油/阿维菌素 0.2%、敌敌畏 39.8%/2014.03.09 至 2019.03.09/中等毒(原药高毒)
黄瓜 美洲斑潜蝇 360-480克/公顷 喷雾
PD20094203 高氯·辛硫磷/22%/乳油/高效氯氰菊酯 2%、辛硫磷 20%/2014.03.30 至 2019.03.30/中等毒
棉花 棉铃虫 132-165克/公顷 喷雾
PD20094320 阿维·苏云菌//可湿性粉剂/阿维菌素 0.2%、苏云金杆菌 100亿活芽孢/克/2014.03.31 至 2019.03.31/低毒(原药高毒)
十字花科蔬菜 小菜蛾 1050-1500克制剂/公顷 喷雾
PD20094941 杀单·苏云菌//可湿性粉剂/杀虫单 36%、苏云金杆菌 100亿活芽孢/克/2014.04.16 至 2019.04.16/中等毒
水稻 三化螟 750-1050克制剂/公顷 喷雾
PD20094942 吡虫·噻嗪酮/10%/可湿性粉剂/吡虫啉 2%、噻嗪酮 8%/2014.04.16 至 2019.04.16/低毒
水稻 稻飞虱 45-75克/公顷 喷雾
PD20095732 二甲戊灵/330克/升/乳油/二甲戊灵 330克/升/2014.05.18 至 2019.05.18/低毒
春玉米田 一年生杂草 1113.75-1485克/公顷 土壤喷雾
夏玉米田 一年生杂草 742.5-1113.75克/公顷 土壤喷雾
PD20097025 硫磺·三环唑/45%/可湿性粉剂/硫磺 40%、三环唑 5%/2014.10.10 至 2019.10.10/中等毒
水稻 稻瘟病 810-1012.5克/公顷 喷雾
PD20097136 乙铝·锰锌/50%/可湿性粉剂/代森锰锌 22%、三乙膦酸铝 28%/2014.10.16 至 2019.10.16/低毒
黄瓜 霜霉病 900-1350克/公顷 喷雾
PD20097724 井·唑·多菌灵/20%/可湿性粉剂/多菌灵 10%、井冈霉素A 5%、三环唑 5%/2014.11.04 至 2019.11.04/中等毒
水稻 稻瘟病、纹枯病 300-450克/公顷 喷雾
PD20098347 高效氟吡甲禾灵/108克/升/乳油/高效氟吡甲禾灵 108克/升/2014.12.18 至 2019.12.18/低毒
大豆田 一年生禾本科杂草 48.6-72.9克/公顷 茎叶喷雾
PD20098517 吡嘧磺隆/10%/可湿性粉剂/吡嘧磺隆 10%/2014.12.24 至 2019.12.24/低毒
移栽水稻田 稗草、部分一年生阔叶草及莎草 22.5-30克/公顷 移栽后5-7天拌肥

拌土撒施

PD20100940 阿维·高氯/1%/乳油/阿维菌素 0.3%、高效氯氰菊酯 0.7%/2015.01.19 至 2020.01.19/低毒(原药高毒)
梨树 梨木虱 6-12毫克/千克 喷雾
PD20101177 联苯菊酯/25克/升/乳油/联苯菊酯 25克/升/2015.01.28 至 2020.01.28/低毒
茶树 茶尺蠖、茶小绿叶蝉 7.5-15克/公顷 喷雾
PD20110338 吡虫啉/30%/微乳剂/吡虫啉 30%/2011.03.24 至 2016.03.24/低毒
水稻 飞虱 22.5-37.5克/公顷 喷雾
PD20110434 苯甲·丙环唑/30%/乳油/苯醚甲环唑 15%、丙环唑 15%/2011.04.21 至 2016.04.21/低毒
水稻 纹枯病 67.5-112.5克/公顷 喷雾
PD20121429 高效氯氰菊酯/4.5%/微乳剂/高效氯氰菊酯 4.5%/2012.10.08 至 2017.10.08/中等毒
甘蓝 菜青虫 20.25-27克/公顷 喷雾
PD20121947 氟啶脲/5%/乳油/氟啶脲 5%/2012.12.12 至 2017.12.12/低毒
甘蓝 甜菜夜蛾 30-60克/公顷 喷雾
韭菜 韭蛆 150-225克/公顷 药土法
PD20122102 苄嘧·丙草胺/40%/可湿性粉剂/苄嘧磺隆 4%、丙草胺 36%/2012.12.26 至 2017.12.26/低毒
直播水稻田 一年生杂草 360-480克/公顷 茎叶喷雾
PD20130150 阿维菌素/1.8%/乳油/阿维菌素 1.8%/2013.01.17 至 2018.01.17/低毒(原药高毒)
棉花 红蜘蛛 8.1-10.8克/公顷 喷雾
茭白 二化螟 9.5-13.5克/公顷 喷雾
PD20130716 甲氨基阿维菌素苯甲酸盐/3%/微乳剂/甲氨基阿维菌素 3%/2013.04.11 至 2018.04.11/低毒
甘蓝 甜菜夜蛾 2.25-3.15克/公顷 喷雾
茭白 二化螟 12-17克/公顷 喷雾
注:甲氨基阿维菌素苯甲酸盐含量: 3.4%
PD20131168 灭草松/480克/升/水剂/灭草松 480克/升/2013.05.27 至 2018.05.27/低毒
大豆田 一年生阔叶杂草 1152-1440克/公顷 喷雾
PD20131259 氟磺胺草醚/250克/升/水剂/氟磺胺草醚 250克/升/2013.06.04 至 2018.06.04/低毒
大豆田 一年生阔叶杂草 春大豆: 300-375克/公顷, 夏大豆: 188—300克/公顷 茎叶喷雾
PD20131320 氯氟吡氧乙酸异辛酯/200克/升/乳油/氯氟吡氧乙酸 200克/升/2013.06.08 至 2018.06.08/低毒
冬小麦田 一年生阔叶杂草 180-240克/公顷 茎叶喷雾
注:氯氟吡氧乙酸异辛酯含量:288克/升。
PD20131449 戊唑醇/430克/升/悬浮剂/戊唑醇 430克/升/2013.07.05 至 2018.07.05/低毒
苦瓜 白粉病 77.4-116.1克/公顷 喷雾
水稻 稻曲病 64.5-116.1克/公顷 喷雾
PD20132027 氟磺胺草醚/25%/水剂/氟磺胺草醚 25%/2013.10.21 至 2018.10.21/低毒
春大豆田 一年生阔叶杂草 375-450克/公顷 茎叶喷雾
夏大豆田 一年生阔叶杂草 150-375克/公顷 茎叶喷雾
PD20132167 毒死蜱/30%/微乳剂/毒死蜱 30%/2013.10.29 至 2018.10.29/中等毒
水稻 稻纵卷叶螟 450-540克/公顷 喷雾
PD20132592 烟嘧·莠去津/22%/可分散油悬浮剂/烟嘧磺隆 2%、莠去津 20%/2013.12.17 至 2018.12.17/低毒
玉米田 一年生杂草 396-528克/公顷 茎叶喷雾
PD20132599 咪鲜·三环唑/40%/可湿性粉剂/咪鲜胺 10%、三环唑 30%/2013.12.17 至 2018.12.17/低毒
水稻 稻瘟病 162-192克/公顷 喷雾
PD20132616 三唑锡/25%/可湿性粉剂/三唑锡 25%/2013.12.20 至 2018.12.20/低毒
柑橘树 红蜘蛛 125-166.7毫克/千克 喷雾
PD20132620 噻虫嗪/25%/水分散粒剂/噻虫嗪 25%/2013.12.20 至 2018.12.20/低毒
菠菜 蚜虫 22.5-30克/公顷 喷雾
芹菜 蚜虫 15-30克/公顷 喷雾
水稻 稻飞虱 7.5-15克/公顷 喷雾
PD20140078 烟嘧磺隆/60克/升/可分散油悬浮剂/烟嘧磺隆 60克/升/2014.01.20 至 2019.01.20/低毒
玉米田 一年生杂草 45-58.5克/公顷 茎叶喷雾
PD20141850 茚虫威/15%/悬浮剂/茚虫威 15%/2014.07.24 至 2019.07.24/低毒
甘蓝 甜菜夜蛾 31.5-40.5克/公顷 喷雾
注:含量以s体计
PD20151328 噻呋酰胺/24%/悬浮剂/噻呋酰胺 24%/2015.07.30 至 2020.07.30/低毒
水稻 纹枯病 54-90克/公顷 喷雾
PD20151349 阿维菌素/5%/乳油/阿维菌素 5%/2015.07.30 至 2020.07.30/中等毒
水稻 稻纵卷叶螟 7.5-15克/公顷 喷雾
PD20151352 吡蚜酮/50%/可湿性粉剂/吡蚜酮 50%/2015.07.30 至 2020.07.30/微毒
莲藕 莲缢管蚜 45-67.5克/公顷 喷雾
小麦 蚜虫 45-75克/公顷 喷雾
PD20151693 氰氟草酯/10%/水乳剂/氰氟草酯 10%/2015.08.28 至 2020.08.28/低毒
水稻田(直播) 稗草、千金子等禾本科杂草 75-105克/公顷 茎叶喷雾

PD20152620 炔草酯/15%/可湿性粉剂/炔草酯 15%/2015.12.17 至 2020.12.17/低毒

小麦田 一年生禾本科杂草 45-56.25克/公顷 茎叶喷雾

LS20130153 吡蚜·异丙威/50%/可湿性粉剂/吡蚜酮 10%、异丙威 40%/2015.04.03 至 2016.04.03/低毒

水稻 稻飞虱 300－375克/公顷 喷雾

LS20130477 氰氟·二氯喹/40%/可湿性粉剂/二氯喹啉酸 32%、氰氟草酯 8%/2014.11.08 至 2015.11.08/低毒

水稻田(直播) 稗草、千金子等禾本科杂草 180-300克/公顷 茎叶喷雾

WP20130160 氟虫腈/5%/悬浮剂/氟虫腈 5%/2013.07.23 至 2018.07.23/低毒

室内 蝇 稀释30倍液 滞留喷洒

安徽琪嘉日化有限责任公司 (安徽省淮北市烈山区宿丁路888号 235000 0561-4083228)

WP20080470 电热蚊香片/10毫克/片/电热蚊香片/炔丙菊酯 10毫克/片/2013.12.16 至 2018.12.16/微毒

卫生 蚊 / 电热加温

WP20100072 杀虫气雾剂/0.25%/气雾剂/炔咪菊酯 0.03%、右旋胺菊酯 0.12%、右旋苯醚菊酯 0.1%/2010.05.19 至 2015.05.19/微毒

卫生 蚊、蝇、蜚蠊 / 喷雾

安徽榄菊日用制品有限公司 (安徽省明光市工业园区 239400 0550-8153973)

WP20130245 蚊香/0.05%/蚊香/氯氟醚菊酯 0.05%/2013.12.02 至 2018.12.02/微毒

室内 蚊 / 点燃

WP20140024 蚊香/0.03%/蚊香/四氟甲醚菊酯 0.03%/2014.01.29 至 2019.01.29/微毒

室内 蚊 / 点燃

安庆博远生化科技有限公司 (安徽省安庆市经济技术开发区三期工业园 246008 0556-5422966)

PD85104-8 敌敌畏/95%，92%/原药/敌敌畏 95%，92%/2016.01.08 至 2021.01.08/中等毒

PD85105-74 敌敌畏/77.5%/乳油/敌敌畏 77.5%(气谱法)%/2015.03.25 至 2020.03.25/中等毒

茶树 食叶害虫 600克/公顷 喷雾

粮仓 多种储藏害虫 1)400-500倍液，2)0.4-0.5克/立方米 1)喷雾，2)挂条熏蒸

棉花 蚜虫、造桥虫 600-1200克/公顷 喷雾

苹果树 小卷叶蛾、蚜虫 400-500毫克/千克 喷雾

青菜 菜青虫 600克/公顷 喷雾

桑树 尺蠖 600克/公顷 喷雾

卫生 多种卫生害虫 1)300-400倍液，2)0.08克/立方米 1)泼洒.2)挂条熏蒸

小麦 黏虫、蚜虫 600克/公顷 喷雾

PD85156-5 辛硫磷/85%，75%/原药/辛硫磷 85%，75%/2015.07.05 至 2020.07.05/低毒

PD85157-9 辛硫磷/40%/乳油/辛硫磷 40%/2015.07.05 至 2020.07.05/低毒

茶树、桑树 食叶害虫 200-400毫克/千克 喷雾

果树 食心虫、蚜虫、螨 200-400毫克/千克 喷雾

林木 食叶害虫 3000-6000克/公顷 喷雾

棉花 棉铃虫、蚜虫 300-600克/公顷 喷雾

蔬菜 菜青虫 300-450克/公顷 喷雾

烟草 食叶害虫 300-600克/公顷 喷雾

玉米 玉米螟 450-600克/公顷 灌心叶

PD91104-25 敌敌畏/48%/乳油/敌敌畏 48%/2012.01.14 至 2017.01.14/中等毒

茶树 食叶害虫 600克/公顷 喷雾

粮仓 多种储粮害虫 1)300-400倍液2)0.4-0.5克/立方米 1)喷雾2)挂条熏蒸

棉花 蚜虫、造桥虫 600-1200克/公顷 喷雾

苹果树 小卷叶蛾、蚜虫 400-500毫克/千克 喷雾

青菜 菜青虫 600克/公顷 喷雾

桑树 尺蠖 600克/公顷 喷雾

卫生 多种卫生害虫 1)250-300倍液2)0.08克/立方米 1)泼洒2)挂条熏蒸

小麦 黏虫、蚜虫 600克/公顷 喷雾

PD20050176 三唑磷/20%/乳油/三唑磷 20%/2015.11.15 至 2020.11.15/中等毒

水稻 三化螟 300-450克/公顷 喷雾

安庆美程化工有限公司 (安徽省安庆市蜡烛山省化校内 246005 0556-5372109)

PD20093406 溴氰·敌敌畏/20.5%/乳油/敌敌畏 20%、溴氰菊酯 0.5%/2014.03.20 至 2019.03.20/中等毒

棉花 棉蚜 246-307.5克/公顷 喷雾

PD20151093 噁草酮/26%/乳油/噁草酮 26%/2015.06.14 至 2020.06.14/低毒

水稻移栽田 一年生杂草 351-585克/公顷 药土法

PD20151235 炔草酯/15%/微乳剂/炔草酯 15%/2015.07.30 至 2020.07.30/低毒

冬小麦田 部分禾本科杂草 56.25-78.75克/公顷 茎叶喷雾

PD20151386 氰氟草酯/10%/水乳剂/氰氟草酯 10%/2015.07.30 至 2020.07.30/低毒

水稻田(直播) 稗草、千金子等禾本科杂草 90-120克/公顷 茎叶喷雾

PD20152423 丙草胺/50%/水乳剂/丙草胺 50%/2015.12.03 至 2020.12.03/低毒

水稻移栽田 一年生杂草 450－600克/公顷 药土法

LS20150197 2甲·灭草松/46%/水剂/2甲4氯 6%、灭草松 40%/2015.06.14 至 2016.06.14/低毒
水稻移栽田 一年生阔叶杂草及莎草科杂草 1030－1380克/公顷 茎叶喷雾

池州飞昊达化工有限公司 （安徽省东至县香隅化工开发区 247260 0566-8171227）

PD20110712 乙氧氟草醚/97%/原药/乙氧氟草醚 97%/2011.07.06 至 2016.07.06/低毒
PD20121267 吡氟酰草胺/98%/原药/吡氟酰草胺 98%/2012.09.06 至 2017.09.06/微毒
注:专供出口，不得在国内销售。

定远县嘉禾植物保护剂有限责任公司 （安徽省定远县盐化工业园 233200 0550-2167689）

PD20040086 多·酮/33%/可湿性粉剂/多菌灵 25%、三唑酮 8%/2015.03.03 至 2020.03.03/低毒
小麦 白粉病、赤霉病 450-600克/公顷 喷雾
PD20040483 吡虫·三唑酮/15.8%/可湿性粉剂/吡虫啉 1.8%、三唑酮 14%/2015.07.03 至 2020.07.03/低毒
小麦 白粉病、蚜虫 130-160克/公顷 喷雾
PD20040659 吡虫·杀虫单/46%/可湿性粉剂/吡虫啉 1%、杀虫单 45%/2015.07.03 至 2020.07.03/中等毒
水稻 飞虱 450-750克/公顷 喷雾
PD20040741 吡虫啉/10%/可湿性粉剂/吡虫啉 10%/2015.03.03 至 2020.03.03/低毒
水稻 飞虱 15-30克/公顷 喷雾
小麦 蚜虫 15-30克/公顷 喷雾
PD20081430 噻嗪酮/25%/可湿性粉剂/噻嗪酮 25%/2013.10.31 至 2018.12.24/低毒
茶树 茶小绿叶蝉 166-250毫克/千克 喷雾
柑橘树 矢尖蚧 150-250毫克/千克 喷雾
水稻 稻飞虱 75-112.5克/公顷 喷雾
PD20081597 敌百·辛硫磷/30%/乳油/敌百虫 10%、辛硫磷 20%/2013.11.12 至 2018.12.24/低毒
水稻 二化螟 450-540克/公顷 喷雾
PD20081862 三环·多菌灵/40%/可湿性粉剂/多菌灵 30%、三环唑 10%/2013.11.20 至 2018.12.24/低毒
水稻 稻瘟病 480-600克/公顷 喷雾
PD20082075 氰戊·辛硫磷/25%/乳油/氰戊菊酯 6.25%、辛硫磷 18.75%/2013.11.25 至 2018.12.24/中等毒
棉花 棉铃虫 270-300克/公顷 喷雾
PD20082099 霜霉盐/40%/水剂/霜霉威盐酸盐 40%/2013.11.25 至 2018.12.24/低毒
黄瓜 霜霉病 649.8-1083克/公顷 喷雾
PD20082115 苄嘧·苯噻酰/50%/可湿性粉剂/苯噻酰草胺 47%、苄嘧磺隆 3%/2013.11.25 至 2018.12.24/低毒
水稻移栽田 一年生及部分多年生杂草 375-450克/公顷(南方地区) 药土法
PD20082162 霜霉威盐酸盐/722克/升/水剂/霜霉威盐酸盐 722克/升/2013.11.26 至 2018.12.24/低毒
黄瓜 霜霉病 705-1174克/公顷 喷雾
PD20082216 苯噻酰草胺/50%/可湿性粉剂/苯噻酰草胺 50%/2013.11.26 至 2018.12.24/低毒
水稻移栽田 稗草等杂草 375-450克/公顷(南方地区) 药土法
PD20083214 噻嗪·杀虫单/50%/可湿性粉剂/噻嗪酮 8%、杀虫单 42%/2013.12.11 至 2018.12.11/中等毒
水稻 稻飞虱、螟虫 750-900克/公顷 喷雾
PD20083893 唑磷·毒死蜱/30%/乳油/毒死蜱 15%、三唑磷 15%/2013.12.15 至 2018.12.15/中等毒
水稻 稻飞虱、三化螟 675-810克/公顷 喷雾
PD20084113 苄嘧磺隆/30%/可湿性粉剂/苄嘧磺隆 30%/2013.12.16 至 2018.12.16/低毒
水稻移栽田 阔叶杂草及一年生莎草 31.5-63克/公顷 药土法
PD20085172 苄·乙/20%/可湿性粉剂/苄嘧磺隆 4.5%、乙草胺 15.5%/2013.12.23 至 2018.12.23/低毒
水稻移栽田 一年生杂草 90-120克/公顷（南方地区） 药土法
水稻移栽田 一年生及部分多年生杂草 84-118克/公顷 毒土法
PD20090176 井·噻·杀虫单/50%/可湿性粉剂/井冈霉素 6%、噻嗪酮 8%、杀虫单 36%/2014.01.08 至 2019.01.08/中等毒
水稻 稻飞虱、稻纵卷叶螟、二化螟 750-950克/公顷 喷雾
PD20092054 腈菌·福美双/20%/可湿性粉剂/福美双 18%、腈菌唑 2%/2014.02.13 至 2019.02.13/低毒
黄瓜 黑星病 200-400克/公顷 喷雾
PD20092056 阿维·高氯氟/2%/乳油/阿维菌素 0.2%、高效氯氟氰菊酯 1.8%/2014.02.13 至 2019.02.13/中等毒(原药高毒)
十字花科蔬菜 小菜蛾 15-18克/公顷 喷雾
PD20101138 苄·乙·甲/18.2%/可湿性粉剂/苄嘧磺隆 1%、甲磺隆 0.2%、乙草胺 17%/2010.01.25 至 2015.01.25/低毒
水稻移栽田 一年生及部分多年生杂草 68.3-81.9克/公顷 毒土法

合肥合农农药有限公司 （安徽省合肥市长丰县双墩镇双三路南侧 231131 0551-66395511）

PD84108-13 敌百虫/90%/原药/敌百虫 90%/2015.01.11 至 2020.01.11/低毒
白菜、青菜 菜青虫 960-1200克/公顷 喷雾
白菜、青菜 地下害虫 750-1500克/公顷 喷雾
茶树 尺蠖、刺蛾 450-900毫克/千克 喷雾
大豆 造桥虫 1800克/公顷 喷雾
柑橘树 卷叶蛾 600-750毫克/千克 喷雾
林木 松毛虫 600-900毫克/千克 喷雾
水稻 螟虫 1500-1800克/公顷 喷雾、泼浇或毒土
小麦 黏虫 1800克/公顷 喷雾
烟草 烟青虫 900毫克/千克 喷雾
PD85105-29 敌敌畏/80%/乳油/敌敌畏 77.5%/2015.01.11 至 2020.01.11/中等毒

	茶树	食叶害虫	600克/公顷	喷雾
	粮仓	多种储藏害虫	1)400-500倍液,2)0.4-0.5克/立方米	1)喷雾,2)挂条熏蒸
	棉花	蚜虫、造桥虫	600-1200克/公顷	喷雾
	苹果树	小卷叶蛾、蚜虫	400-500毫克/千克	喷雾
	青菜	菜青虫	600克/公顷	喷雾
	桑树	尺蠖	600克/公顷	喷雾
	卫生	多种卫生害虫	1)300-400倍液,2)0.08克/立方米	1)泼洒.2)挂条熏蒸
	小麦	黏虫、蚜虫	600克/公顷	喷雾
PD85154-37	氰戊菊酯/20%/乳油/氰戊菊酯 20%/2015.08.15 至 2020.08.15/中等毒			
	柑橘树	潜叶蛾	10-20毫克/千克	喷雾
	果树	梨小食心虫	10-20毫克/千克	喷雾
	棉花	红铃虫、蚜虫	75-150克/公顷	喷雾
	蔬菜	菜青虫、蚜虫	60-120克/公顷	喷雾
PD86148-78	异丙威/20%/乳油/异丙威 20%/2011.11.22 至 2016.11.22/中等毒			
	水稻	飞虱、叶蝉	450-600克/公顷	喷雾
PD86157-6	硫磺/50%/悬浮剂/硫磺 50%/2012.01.30 至 2017.01.30/低毒			
	果树	白粉病	200-400倍液	喷雾
	花卉	白粉病	750-1500克/公顷	喷雾
	黄瓜	白粉病	1125-1500克/公顷	喷雾
	橡胶树	白粉病	1875-3000克/公顷	喷雾
	小麦	白粉病、螨	3000克/公顷	喷雾
PD20092426	氰戊·马拉松/20%/乳油/马拉硫磷 15%、氰戊菊酯 5%/2014.02.25 至 2019.02.25/中等毒			
	棉花	棉铃虫	90-150克/公顷	喷雾
	苹果树	桃小食心虫	166-333毫克/千克	喷雾
	蔬菜	菜青虫、蚜虫	90-150克/公顷	喷雾
	小麦	蚜虫	60-90克/公顷	喷雾
PD20093984	辛硫·三唑磷/20%/乳油/三唑磷 10%、辛硫磷 10%/2014.03.27 至 2019.03.27/中等毒			
	水稻	二化螟	300-450克/公顷	喷雾
PD20094824	精喹·草除灵/17.5%/乳油/草除灵 15%、精喹禾灵 2.5%/2014.04.13 至 2019.04.13/低毒			
	油菜田	一年生杂草	262.5-367.5克/公顷	茎叶喷雾
PD20095159	精喹禾灵/10%/乳油/精喹禾灵 10%/2014.04.24 至 2019.04.24/低毒			
	冬油菜田	一年生禾本科杂草	39.6-52.8克/公顷	茎叶喷雾
PD20095192	高效氟吡甲禾灵/108克/升/乳油/高效氟吡甲禾灵 108克/升/2014.04.24 至 2019.04.24/低毒			
	冬油菜田	一年生禾本科杂草	48.6-64.8克/公顷	喷雾
PD20095420	苄嘧磺隆/1.1%/水面扩散剂/苄嘧磺隆 1.1%/2014.05.11 至 2019.05.11/微毒			
	水稻移栽田	一年生阔叶杂草及莎草科杂草	19.8－33克/公顷(南方地区)	直接滴施

合肥星宇化学有限责任公司 （安徽省合肥市循环经济示范园内 231602 ）

PD20083430	精噁唑禾草灵/69克/升/水乳剂/精噁唑禾草灵 69克/升/2013.12.11 至 2018.12.11/低毒			
	春小麦田	一年生禾本科杂草	62.1-72.45克/公顷	茎叶喷雾
	冬小麦田	一年生禾本科杂草	51.75-62.1克/公顷	茎叶喷雾
PD20083788	氟磺胺草醚/250克/升/水剂/氟磺胺草醚 250克/升/2013.12.15 至 2018.12.15/低毒			
	春大豆田	一年生阔叶杂草	262.5-375克/公顷	茎叶喷雾
	夏大豆田	一年生阔叶杂草	206.25-262.5克/公顷	茎叶喷雾
PD20084886	萎锈·福美双/400克/升/悬浮种衣剂/福美双 200克/升、萎锈灵 200克/升/2013.12.22 至 2018.12.22/低毒			
	玉米	丝黑穗病	1:200-300(药种比)	种子包衣
PD20086214	噻吩磺隆/25%/可湿性粉剂/噻吩磺隆 25%/2013.12.31 至 2018.12.31/低毒			
	春大豆田	一年生阔叶杂草	22.5-30克/公顷	土壤喷雾
PD20090065	烯草酮/120克/升/乳油/烯草酮 120克/升/2014.01.08 至 2019.01.08/低毒			
	春大豆田、夏大豆田	一年生禾本科杂草	63-72克/公顷	茎叶喷雾
PD20090077	烯酰吗啉/50%/可湿性粉剂/烯酰吗啉 50%/2014.01.08 至 2019.01.08/低毒			
	黄瓜	霜霉病	225-300克/公顷	喷雾
PD20090239	乳氟禾草灵/240克/升/乳油/乳氟禾草灵 240克/升/2014.01.09 至 2019.01.09/低毒			
	春大豆田	一年生阔叶杂草	90-126克/公顷	茎叶喷雾
	夏大豆田	一年生阔叶杂草	72-90克/公顷	茎叶喷雾
PD20090242	精喹禾灵/5%/乳油/精喹禾灵 5%/2014.01.09 至 2019.01.09/低毒			
	春大豆田	一年生禾本科杂草	52.5-60克/公顷	茎叶喷雾
	夏大豆田	一年生禾本科杂草	45-52.5克/公顷	茎叶喷雾
PD20090269	苄嘧磺隆/10%/可湿性粉剂/苄嘧磺隆 10%/2014.01.09 至 2019.01.09/低毒			
	水稻田	莎草、一年生阔叶杂草	30-45克/公顷	毒土法
PD20090272	乳禾·氟磺胺/15%/乳油/氟磺胺草醚 11%、乳氟禾草灵 4%/2014.01.09 至 2019.01.09/低毒			
	春大豆田	一年生阔叶杂草	270-337.5克/公顷	茎叶喷雾

PD20090407 松·喹·氟磺胺/35%/乳油/氟磺胺草醚 9.5%、精喹禾灵 2.5%、异噁草松 23%/2014.01.12 至 2019.01.12/低毒
春大豆田 一年生杂草 525-630克/公顷 茎叶喷雾

PD20090412 高效氯氟氰菊酯/25克/升/乳油/高效氯氟氰菊酯 25克/升/2014.01.12 至 2019.01.12/中等毒
甘蓝 菜青虫 11.25-15克/公顷 喷雾

PD20090440 毒死蜱/45%/乳油/毒死蜱 45%/2014.01.12 至 2019.01.12/中等毒
水稻 二化螟 432-576克/公顷 喷雾

PD20090509 异噁草松/480克/升/乳油/异噁草松 480克/升/2014.01.12 至 2019.01.12/低毒
春大豆田 一年生杂草 1008-1152克/公顷 土壤喷雾

PD20090540 三唑·辛硫磷/20%/乳油/三唑磷 10%、辛硫磷 10%/2014.01.13 至 2019.01.13/中等毒
水稻 二化螟 360-480克/公顷 喷雾

PD20090546 高效氟吡甲禾灵/108克/升/乳油/高效氟吡甲禾灵 108克/升/2014.01.13 至 2019.01.13/低毒
油菜田 一年生禾本科杂草 45.36-51.84克/公顷 茎叶喷雾

PD20091348 莠去津/20%/悬浮剂/莠去津 20%/2014.02.02 至 2019.02.02/低毒
夏玉米田 一年生杂草 540-750克/公顷 茎叶喷雾

PD20092847 草甘膦异丙胺盐/41%/水剂/草甘膦异丙胺盐 41%/2014.03.05 至 2019.03.05/微毒
水稻田埂 杂草 1230-2460克/公顷 定向茎叶喷雾

PD20092848 烟嘧磺隆/95%/原药/烟嘧磺隆 95%/2014.03.05 至 2019.03.05/低毒

PD20093398 噁草酮/120克/升/乳油/噁草酮 120克/升/2014.03.20 至 2019.03.20/低毒
棉花田 一年生杂草 414-468克/公顷 播后苗前土壤喷雾
移栽水稻田 一年生杂草 360－540克/公顷 移栽前甩施

PD20093429 灭草松/480克/升/水剂/灭草松 480克/升/2014.03.23 至 2019.03.23/低毒
春大豆田 一年生阔叶杂草 720-1080克/公顷 茎叶喷雾
水稻田(直播) 莎草及阔叶杂草 960-1440克/公顷 茎叶喷雾
夏大豆田 一年生阔叶杂草 1080-1440克/公顷 茎叶喷雾

PD20094751 烟嘧磺隆/40克/升/可分散油悬浮剂/烟嘧磺隆 40克/升/2014.04.10 至 2019.04.10/低毒
玉米田 一年生杂草 48-60克/公顷 茎叶喷雾

PD20096603 苯磺隆/75%/水分散粒剂/苯磺隆 75%/2014.09.02 至 2019.09.02/低毒
冬小麦田 一年生阔叶杂草 16.88-22.5克/公顷 茎叶喷雾

PD20096640 氯氟吡氧乙酸/200克/升/乳油/氯氟吡氧乙酸 200克/升/2014.09.02 至 2019.09.02/低毒
冬小麦田 一年生阔叶杂草 150-210克/公顷 茎叶喷雾

PD20100394 萎锈·福美双/75%/种子处理可分散粉剂/福美双 37.5%、萎锈灵 37.5%/2015.01.14 至 2020.01.14/低毒
小麦 散黑穗病 187.5－250克/100千克种子 拌种

PD20100447 氟醚·灭草松/440克/升/水剂/三氟羧草醚 80克/升、灭草松 360克/升/2015.01.14 至 2020.01.14/低毒
春大豆田 一年生阔叶杂草 825-990克/公顷 茎叶喷雾

PD20100518 嗪草酮/70%/可湿性粉剂/嗪草酮 70%/2015.01.14 至 2020.01.14/低毒
春大豆田 一年生阔叶杂草 525-735克/公顷 播后苗前土壤喷雾

PD20100686 二甲戊灵/330克/升/乳油/二甲戊灵 330克/升/2015.01.16 至 2020.01.16/低毒
春玉米田 一年生杂草 990-1485克/公顷 播后苗前土壤喷雾
甘蓝田 一年生杂草 495-742.5克/公顷 土壤喷雾
棉花田、水稻旱育秧田 一年生杂草 742.5-990克/公顷 土壤喷雾
夏玉米田 一年生杂草 742.5-990克/公顷 播后苗前土壤喷雾

PD20100723 丙环唑/250克/升/乳油/丙环唑 250克/升/2015.01.16 至 2020.01.16/低毒
香蕉 叶斑病 250－500毫克/千克 喷雾

PD20100750 三氟羧草醚/21.4%/水剂/三氟羧草醚 21.4%/2015.01.16 至 2020.01.16/低毒
春大豆田 一年生阔叶杂草 369.15-481.5克/公顷 茎叶喷雾

PD20100808 噻菌灵/450克/升/悬浮剂/噻菌灵 450克/升/2015.01.19 至 2020.01.19/低毒
香蕉 贮藏期病害 500－750毫克/千克 浸果

PD20101858 噁草酮/98%/原药/噁草酮 98%/2015.08.04 至 2020.08.04/低毒

PD20101867 灭草松/98%/原药/灭草松 98%/2015.08.04 至 2020.08.04/低毒

PD20110065 丙草胺/30%/乳油/丙草胺 30%/2016.01.11 至 2021.01.11/低毒
直播水稻田 一年生杂草 450-675克/公顷 土壤喷雾

PD20110270 噁草·丁草胺/60%/乳油/丁草胺 50%、噁草酮 10%/2016.03.07 至 2021.03.07/低毒
水稻田(直播) 一年生杂草 720-900克/公顷 土壤喷雾

PD20110391 精喹·乳氟禾/8%/乳油/精喹禾灵 4%、乳氟禾草灵 4%/2016.04.12 至 2021.04.12/低毒
大豆田 一年生杂草 120-144克/公顷 茎叶喷雾

PD20120142 福美·拌种灵/15%/悬浮种衣剂/拌种灵 7.5%、福美双 7.5%/2012.01.29 至 2017.01.29/低毒
棉花 苗期立枯病 200-250克/100千克种子 种子包衣

PD20120310 多·福/15%/悬浮种衣剂/多菌灵 7%、福美双 8%/2012.02.17 至 2017.02.17/低毒
小麦 根腐病、黑穗病 187.5-250克/100千克种子 种子包衣

PD20120495 双草醚/98%/原药/双草醚 98%/2012.03.19 至 2017.03.19/低毒

PD20120946 双草醚/15%/悬浮剂/双草醚 15%/2012.06.14 至 2017.06.14/微毒
水稻田(直播) 稗草、莎草及阔叶杂草 22.5-30克/公顷（南方） 茎叶喷雾

PD20121285 双草醚/10%/悬浮剂/双草醚 10%/2012.09.06 至 2017.09.06/微毒
水稻田(直播) 稗草、莎草及阔叶杂草 23.9-31.9克/公顷 茎叶喷雾
PD20132070 唑草酮/40%/水分散粒剂/唑草酮 40%/2013.10.23 至 2018.10.23/低毒
水稻移栽田 一年生阔叶杂草 30-33克/公顷 茎叶喷雾
小麦田 一年生阔叶杂草 30-36克/公顷 茎叶喷雾
PD20132071 氯吡・苯磺隆/18%/可分散油悬浮剂/苯磺隆 4%、氯氟吡氧乙酸 14%/2013.10.23 至 2018.10.23/低毒
小麦田 一年生阔叶杂草 81-135克/公顷 茎叶喷雾
PD20132141 炔草酯/8%/可分散油悬浮剂/炔草酯 8%/2013.10.29 至 2018.10.29/低毒
小麦田 一年生禾本科杂草 45-60克/公顷 茎叶喷雾
PD20132223 苯磺・炔草酯/14%/可分散油悬浮剂/苯磺隆 4%、炔草酯 10%/2013.11.05 至 2018.11.05/低毒
小麦田 一年生杂草 84-105克/公顷 茎叶喷雾
PD20132224 氯氟吡氧乙酸异辛酯/95%/原药/氯氟吡氧乙酸异辛酯 95%/2013.11.05 至 2018.11.05/低毒
PD20132312 砜嘧磺隆/99%/原药/砜嘧磺隆 99%/2013.11.13 至 2018.11.13/微毒
PD20132313 烟嘧・莠去津/23%/可分散油悬浮剂/烟嘧磺隆 1%、莠去津 22%/2013.11.13 至 2018.11.13/低毒
玉米田 一年生杂草 517.5-690克/公顷 茎叶喷雾
PD20132333 氰氟草酯/97.4%/原药/氰氟草酯 97.4%/2013.11.20 至 2018.11.20/低毒
PD20140178 噁草酮/35%/悬浮剂/噁草酮 35%/2014.01.28 至 2019.01.28/低毒
直播水稻田 一年生杂草 360-480克/公顷 毒土法
PD20140179 唑草酮/90%/原药/唑草酮 90%/2014.01.28 至 2019.01.28/低毒
PD20140283 砜嘧・烯草酮/15%/可分散油悬浮剂/砜嘧磺隆 3%、烯草酮 12%/2014.02.12 至 2019.02.12/低毒
马铃薯田 一年生杂草 90-135克/公顷 茎叶喷雾
PD20140294 炔草酯/8%/水乳剂/炔草酯 8%/2014.02.12 至 2019.02.12/低毒
小麦田 一年生禾本科杂草 45-60克/公顷 茎叶喷雾
PD20140487 噁草酮/26%/乳油/噁草酮 26%/2014.03.06 至 2019.03.06/低毒
水稻田(直播) 一年生杂草 370.5-487.5克/公顷 土壤喷雾
PD20140646 氧氟・噁草酮/14%/乳油/噁草酮 10%、乙氧氟草醚 4%/2014.03.14 至 2019.03.14/低毒
棉花田 一年生杂草 420-504克/公顷 土壤喷雾
水稻移栽田 一年生杂草 280-360克/公顷 药土法
PD20140664 灭草松/80%/可溶粉剂/灭草松 80%/2014.03.14 至 2019.03.14/低毒
大豆田 一年生阔叶杂草 1080-1500克/公顷 茎叶喷雾
水稻移栽田 一年生阔叶杂草 960-1140克/公顷 茎叶喷雾
PD20140686 烟嘧・莠去津/24%/可分散油悬浮剂/烟嘧磺隆 4%、莠去津 20%/2014.03.24 至 2019.03.24/微毒
玉米田 一年生杂草 288-360克/公顷 茎叶喷雾
PD20140687 硝磺草酮/15%/悬浮剂/硝磺草酮 15%/2014.03.24 至 2019.03.24/微毒
玉米田 一年生杂草 112.5-146.25克/公顷 茎叶喷雾
PD20141005 氰氟草酯/10%/水乳剂/氰氟草酯 10%/2014.04.21 至 2019.04.21/微毒
水稻移栽田 稗草、千金子等禾本科杂草 75-105克/公顷 茎叶喷雾
PD20141453 丙炔噁草酮/96%/原药/丙炔噁草酮 96%/2014.06.09 至 2019.06.09/低毒
PD20141476 唑嘧磺草胺/97%/原药/唑嘧磺草胺 97%/2014.06.09 至 2019.06.09/低毒
PD20141944 草除灵/50%/悬浮剂/草除灵 50%/2014.08.13 至 2019.08.13/低毒
油菜田 一年生阔叶杂草 225-375克/公顷 茎叶喷雾
PD20150047 精喹・灭草松/30%/乳油/精喹禾灵 3%、灭草松 27%/2015.01.05 至 2020.01.05/低毒
马铃薯田 一年生杂草 720-1080克/公顷 茎叶喷雾
PD20150251 灭草松/80/可溶性粉剂/灭草松 80%/2015.01.15 至 2020.01.15/低毒
小麦田 一年生阔叶杂草 1080-1500克/公顷 茎叶喷雾
PD20150332 丙炔噁草酮/80%/水分散粒剂/丙炔噁草酮 80%/2015.03.02 至 2020.03.02/微毒
水稻移栽田 稗草、莎草及阔叶杂草 72-84克/公顷 药土法
PD20150408 氰氟草酯/15%/乳油/氰氟草酯 15%/2015.03.19 至 2020.03.19/低毒
直播水稻田 稗草、千金子等禾本科杂草 74.25-105.75克/公顷 茎叶喷雾
PD20150629 精喹・氟磺胺/22%/乳油/氟磺胺草醚 16%、精喹禾灵 6%/2015.04.16 至 2020.04.16/低毒
大豆田 一年生杂草 231-297克/公顷 茎叶喷雾
PD20150749 氟磺胺草醚/90%/可溶粉剂/氟磺胺草醚 90%/2015.04.21 至 2020.04.21/低毒
大豆田 一年生阔叶杂草 202.5-270克/公顷 茎叶喷雾
PD20150793 氯吡・唑草酮/12%/可分散油悬浮剂/氯氟吡氧乙酸 10%、唑草酮 2%/2015.05.14 至 2020.05.14/低毒
小麦田 一年生阔叶杂草 72-90克/公顷 茎叶喷雾
PD20150828 砜嘧磺隆/12%/可分散油悬浮剂/砜嘧磺隆 12%/2015.05.14 至 2020.05.14/微毒
马铃薯田 一年生杂草 18-22.5克/公顷 茎叶喷雾
PD20150829 氟磺・ 灭草松/82%/可溶粉剂/氟磺胺草醚 14%、灭草松 68%/2015.05.14 至 2020.05.14/低毒
大豆田 莎草科杂草、一年生阔叶杂草 1107-1230克/公顷 茎叶喷雾
PD20150948 2甲・灭草松/80%/可溶粉剂/2甲4氯 15%、灭草松 65%/2015.06.10 至 2020.06.10/低毒
水稻移栽田 一年生阔叶杂草及莎草科杂草 1080-1200克/公顷 茎叶喷雾
PD20150965 氰氟・双草醚/16%/可分散油悬浮剂/氰氟草酯 12%、双草醚 4%/2015.06.11 至 2020.06.11/微毒
水稻田(直播) 一年生杂草 120-144克/公顷 茎叶喷雾

PD20151119 吡蚜酮/25%/可湿性粉剂/吡蚜酮 25%/2015.06.25 至 2020.06.25/低毒
水稻 飞虱 67.5-75克/公顷 喷雾
PD20151120 茚虫威/30%/水分散粒剂/茚虫威 30%/2015.06.25 至 2020.06.25/低毒
甘蓝 小菜蛾 31.5-40.5克/公顷 喷雾
PD20151351 精喹禾灵/98%/原药/精喹禾灵 98%/2015.07.30 至 2020.07.30/低毒
PD20151401 草甘膦铵盐/80%/可溶粒剂/草甘膦 80%/2015.07.30 至 2020.07.30/低毒
非耕地 杂草 1200-2160克/公顷 定向茎叶喷雾法
注:草甘膦铵盐含量: 88%。
PD20151494 精喹禾灵/10%/乳油/精喹禾灵 10%/2015.07.31 至 2020.07.31/低毒
大豆田 一年生禾本科杂草 45-60克/公顷 茎叶喷雾
PD20152431 2甲·氯氟吡/40%/乳油/氯氟吡氧乙酸 10%、2甲4氯异辛酯 30%/2015.12.04 至 2020.12.04/低毒
小麦田 一年生阔叶杂草 360-420克/公顷 茎叶喷雾
PD20152588 甲基二磺隆/95%/原药/甲基二磺隆 95%/2015.12.17 至 2020.12.17/低毒

恒诚制药集团淮南有限公司 (安徽省淮南市经济技术开发区振兴路1号 232007 0554-3311427)

PD20070498 杀螺胺乙醇胺盐/98%/原药/杀螺胺乙醇胺盐 98%/2012.11.28 至 2017.11.28/低毒
PD20084321 杀螺胺/70%/可湿性粉剂/杀螺胺 70%/2013.12.17 至 2018.12.17/低毒
水稻 福寿螺 420-472.5克/公顷 喷雾
PD20091602 杀螺胺乙醇胺盐/50%/可湿性粉剂/杀螺胺乙醇胺盐 50%/2014.02.03 至 2019.02.03/低毒
水稻 福寿螺 450-600克/公顷 喷雾
滩涂 钉螺 1-3克/平方米 喷洒
PD20110492 杀螺胺乙醇胺盐/4%/粉剂/杀螺胺乙醇胺盐 4%/2011.05.03 至 2016.05.03/低毒
滩涂 钉螺 1-2克/平方米 喷粉
PD20151561 杀螺胺/98%/原药/杀螺胺 98%/2015.08.03 至 2020.08.03/低毒
PD20152253 杀螺胺乙醇胺盐/25%/悬浮剂/杀螺胺乙醇胺盐 25%/2015.10.08 至 2020.10.08/微毒
沟渠 钉螺 1-2克/立方米 浸杀
滩涂 钉螺 1-2克/平方米 喷洒

绩溪农华生物科技有限公司 (安徽省绩溪县红星工业园区 245300 0563-8155810)

PD20080101 唑螨酯/96%/原药/唑螨酯 96%/2013.01.03 至 2018.01.03/低毒
PD20082337 阿维菌素/1.8%/乳油/阿维菌素 1.8%/2013.12.01 至 2018.12.01/低毒(原药高毒)
梨树 梨木虱 3-4.5毫克/千克 喷雾
PD20084088 啶虫脒/5%/乳油/啶虫脒 5%/2013.12.16 至 2018.12.16/低毒
黄瓜 蚜虫 18-22.5克/公顷 喷雾
PD20084609 三唑锡/25%/可湿性粉剂/三唑锡 25%/2013.12.18 至 2018.12.18/低毒
柑橘树 红蜘蛛 125-250毫克/千克 喷雾
PD20090409 高效氯氟氰菊酯/25克/升/乳油/高效氯氟氰菊酯 25克/升/2014.01.12 至 2019.01.12/中等毒
苹果树 桃小食心虫 5-6.25毫克/千克 喷雾
PD20090944 嘧霉胺/40%/悬浮剂/嘧霉胺 40%/2014.01.19 至 2019.01.19/低毒
黄瓜 灰霉病 468.75-562.5克/公顷 喷雾
PD20091042 咪鲜胺/25%/乳油/咪鲜胺 25%/2014.01.21 至 2019.01.21/低毒
芒果 炭疽病 250-500毫克/千克 喷雾
PD20091125 氟硅唑/400克/升/乳油/氟硅唑 400克/升/2014.01.21 至 2019.01.21/低毒
梨树 黑星病 40-50毫克/千克 喷雾
PD20091204 噁草酮/26/乳油/噁草酮 26%/2014.02.01 至 2019.02.01/低毒
移栽水稻田 一年生杂草 375-562.5克/公顷 喷雾法
PD20092118 除虫脲/20%/悬浮剂/除虫脲 20%/2014.02.23 至 2019.02.23/低毒
茶树 茶尺蠖 100-200毫克/千克 喷雾
PD20092308 苯磺隆/10%/可湿性粉剂/苯磺隆 10%/2014.02.24 至 2019.02.24/低毒
冬小麦田 一年生阔叶杂草 15-22.5克/公顷 茎叶喷雾
PD20092425 咪鲜·杀螟丹/16%/可湿性粉剂/咪鲜胺 6%、杀螟丹 10%/2014.02.25 至 2019.02.25/低毒
水稻 恶苗病、干尖线虫病 200-400毫克/千克 浸种
PD20093094 炔螨特/40%/乳油/炔螨特 40%/2014.03.09 至 2019.03.09/低毒
柑橘树 红蜘蛛 266.7-400毫克/千克 喷雾
PD20094029 阿维·杀虫单/20%/微乳剂/阿维菌素 0.2%、杀虫单 19.8%/2014.03.27 至 2019.03.27/低毒(原药高毒)
菜豆 美洲斑潜蝇 120-180克/公顷 喷雾
PD20094549 精喹·草除灵/14%/乳油/草除灵 12%、精喹禾灵 2%/2014.04.09 至 2019.04.09/低毒
油菜田 一年生杂草 189-273克/公顷 喷雾
PD20094552 多抗霉素/1%/水剂/多抗霉素 1%/2014.04.09 至 2019.04.09/低毒
黄瓜 白粉病 75-150克/公顷 喷雾
PD20094621 戊唑醇/250克/升/水乳剂/戊唑醇 250克/升/2014.04.10 至 2019.04.10/低毒
香蕉 叶斑病 167-250毫克/千克 喷雾
PD20094916 异丙草·莠/40%/悬乳剂/异丙草胺 24%、莠去津 16%/2014.04.13 至 2019.04.13/低毒
夏玉米田 一年生杂草 900-1200克/公顷 土壤喷雾
PD20095006 苯醚甲环唑/30克/升/悬浮种衣剂/苯醚甲环唑 30克/升/2014.04.21 至 2019.04.21/低毒

小麦 散黑穗病 6-9克/100千克种子 种子包衣

PD20095358 精喹禾灵/5%/乳油/精喹禾灵 5%/2014.04.27 至 2019.04.27/低毒

春大豆田 一年生禾本科杂草 45-52.5克/公顷 茎叶喷雾

夏大豆田 一年生禾本科杂草 52.5-60克/公顷 茎叶喷雾

PD20095755 高效氟吡甲禾灵/108克/升/乳油/高效氟吡甲禾灵 108克/升/2014.05.18 至 2019.05.18/低毒

花生田 一年生禾本科杂草 48.6-64.8克/公顷 茎叶喷雾

PD20096432 唑螨酯/5%/悬浮剂/唑螨酯 5%/2014.08.05 至 2019.08.05/低毒

柑橘树 锈壁虱 50-62.5毫克/千克 喷雾

PD20096441 苯醚甲环唑/95%/原药/苯醚甲环唑 95%/2014.08.05 至 2019.08.05/低毒

PD20097545 虫酰肼/20%/悬浮剂/虫酰肼 20%/2014.11.03 至 2019.11.03/低毒

甘蓝 甜菜夜蛾 180-300克/公顷 喷雾

PD20097551 吡虫·杀虫单/70%/可湿性粉剂/吡虫啉 2%、杀虫单 68%/2014.11.03 至 2019.11.03/中等毒

水稻 稻飞虱、稻纵卷叶螟 525-735克/公顷 喷雾

PD20097850 高效氯氟氰菊酯/2.5%/水乳剂/高效氯氟氰菊酯 2.5%/2014.11.20 至 2019.11.20/中等毒

十字花科蔬菜 菜青虫 7.5-9.375克/公顷 喷雾

PD20100992 锰锌·腈菌唑/62.25%/可湿性粉剂/腈菌唑 2.25%、代森锰锌 60%/2015.03.05 至 2020.03.05/低毒

梨树 黑星病 1104.2-1556.3毫克/千克 喷雾

PD20101255 苯丁·哒螨灵/10%/乳油/苯丁锡 5%、哒螨灵 5%/2015.03.05 至 2020.03.05/低毒

柑橘树 红蜘蛛 67-100毫克/千克 喷雾

PD20101429 多抗霉素/32%/母药/多抗霉素 32%/2015.04.26 至 2020.04.26/低毒

PD20101491 苯醚甲环唑/10%/水分散粒剂/苯醚甲环唑 10%/2015.05.10 至 2020.05.10/低毒

柑橘树 疮痂病 50-100毫克/千克 喷雾

梨树 黑星病 14.3-16.7毫克/千克 喷雾

PD20101610 春雷霉素/70%/原药/春雷霉素 70%/2015.06.03 至 2020.06.03/低毒

PD20101655 多抗霉素/3%/水剂/多抗霉素 3%/2015.06.03 至 2020.06.03/低毒

番茄 叶霉病 56.25-84.38克/公顷 喷雾

苹果树 斑点落叶病 400-600倍液 喷雾

烟草 赤星病 45-67.5克/公顷 喷雾

PD20101725 霜脲·锰锌/72%/可湿性粉剂/代森锰锌 64%、霜脲氰 8%/2015.06.28 至 2020.06.28/低毒

黄瓜 霜霉病 1440-1800克/公顷 喷雾

PD20101744 甲氨基阿维菌素苯甲酸盐(1.14%)///乳油/甲氨基阿维菌素 1%/2015.06.28 至 2020.06.28/低毒

十字花科蔬菜 甜菜夜蛾 1.5-3克/公顷 喷雾

PD20101812 春雷霉素/6%/可湿性粉剂/春雷霉素 6%/2015.07.19 至 2020.07.19/低毒

大白菜 黑腐病 22.5-36克/公顷 喷雾

水稻 稻瘟病 28－33克/公顷 喷雾

PD20101813 春雷霉素/2%/水剂/春雷霉素 2%/2015.07.19 至 2020.07.19/低毒

水稻 稻瘟病 24－30克/公顷 喷雾

PD20101816 多抗霉素/10%/可湿性粉剂/多抗霉素 10%/2015.07.19 至 2020.07.19/低毒

苹果树 斑点落叶病 67-100毫克/千克 喷雾

PD20102128 苯甲·丙环唑/300克/升/乳油/苯醚甲环唑 150克/升、丙环唑 150克/升/2015.12.02 至 2020.12.02/低毒

水稻 纹枯病 67.5-112.5克/公顷 喷雾

PD20110232 阿维·三唑磷/20%/乳油/阿维菌素 0.2%、三唑磷 19.8%/2011.02.28 至 2016.02.29/中等毒(原药高毒)

水稻 二化螟 210-300克/公顷 喷雾

PD20110718 苯醚甲环唑/25%/乳油/苯醚甲环唑 25%/2011.07.07 至 2016.07.07/低毒

水稻 纹枯病 56.25-112.5克/公顷 喷雾

香蕉树 叶斑病 83.3-125毫克/千克 喷雾

PD20111418 烯酰·锰锌/69%/可湿性粉剂/代森锰锌 60%、烯酰吗啉 9%/2011.12.23 至 2016.12.23/低毒

葡萄 霜霉病 1380-1725克/公顷 喷雾

PD20122029 苯醚甲环唑/37%/水分散粒剂/苯醚甲环唑 37%/2012.12.19 至 2017.12.19/微毒

柑橘树 疮痂病 92.5-123.3毫克/千克 喷雾

PD20131730 炔草酯/15%/可湿性粉剂/炔草酯 15%/2013.08.16 至 2018.08.16/低毒

冬小麦田 一年生禾本科杂草 45-67.5克/公顷 茎叶喷雾

PD20140942 甲氨基阿维菌素苯甲酸盐/1%/微乳剂/甲氨基阿维菌素 1%/2014.04.14 至 2019.04.14/低毒

甘蓝 甜菜夜蛾 2.25-3克/公顷 喷雾

注:甲氨基阿维菌素苯甲酸盐含量：1.14%。

PD20141512 氟啶胺/500克/升/悬浮剂/氟啶胺 500克/升/2014.06.16 至 2019.06.16/微毒

马铃薯 晚疫病 225-247.5克/公顷 喷雾

苹果树 褐斑病 166.7-250毫克/千克 喷雾

PD20141655 精甲·苯醚甲/10%/悬浮种衣剂/苯醚甲环唑 9.5%、精甲霜灵 0.5%/2014.06.24 至 2019.06.24/微毒

玉米 茎基腐病、丝黑穗病 18.4-21克/100千克种子 种子包衣

PD20141921 苯甲·嘧菌酯/325克/升/悬浮剂/苯醚甲环唑 125克/升、嘧菌酯 200克/升/2014.08.01 至 2019.08.01/低毒

西瓜 炭疽病 195-243.75克/公顷 喷雾

PD20142201 烯酰吗啉/80%/水分散粒剂/烯酰吗啉 80%/2014.09.28 至 2019.09.28/低毒

黄瓜 霜霉病 240-300克/公顷 喷雾

PD20142388 精甲·嘧菌酯/30%/悬浮剂/精甲霜灵 10%、嘧菌酯 20%/2014.11.04 至 2019.11.04/低毒
黄瓜 霜霉病 180-270克/公顷 喷雾

PD20150175 丙森锌/80%/水分散粒剂/丙森锌 80%/2015.01.15 至 2020.01.15/低毒
苹果树 斑点落叶病 1000-1333毫克/千克 喷雾

PD20150704 苯甲·多抗/10%/可湿性粉剂/苯醚甲环唑 8%、多抗霉素B 2%/2015.04.20 至 2020.04.20/低毒
小麦 赤霉病 37.5-45克/公顷 喷雾

PD20151188 咪鲜胺/25%/水乳剂/咪鲜胺 25%/2015.06.27 至 2020.06.27/低毒
芒果 炭疽病 250-500毫克/千克 喷雾

PD20151354 烯啶·吡蚜酮/80%/可湿性粉剂/吡蚜酮 60%、烯啶虫胺 20%/2015.07.30 至 2020.07.30/低毒
水稻 稻飞虱 60-120克/公顷 喷雾

PD20151681 阿维·螺螨酯/20%/悬浮剂/阿维菌素 1%、螺螨酯 19%/2015.08.28 至 2020.08.28/低毒(原药高毒)
柑橘树 红蜘蛛 44.5-50毫克/千克 喷雾

PD20152569 噻虫嗪/30%/悬浮种衣剂/噻虫嗪 30%/2015.12.06 至 2020.12.06/低毒
水稻 蓟马 30-90克/100千克种子 拌种
玉米 蚜虫 120-180克/100千克种子 拌种

LS20120200 嘧菌环胺/50%/水分散粒剂/嘧菌环胺 50%/2014.06.04 至 2015.06.04/低毒
葡萄 灰霉病 500-800毫克/千克 喷雾
人参 灰霉病 300-450克/公顷 喷雾

LS20140051 精甲·嘧菌酯/30%/悬浮剂/精甲霜灵 10%、嘧菌酯 20%/2014.02.18 至 2015.02.18/低毒
黄瓜 霜霉病 180-270克/公顷 喷雾

LS20140225 氟虫腈/8%/悬浮种衣剂/氟虫腈 8%/2015.06.17 至 2016.06.17/低毒
玉米 蛴螬 29.1-32克/100千克种子 种子包衣

LS20150344 二氰·戊唑醇/35%/悬浮剂/二氰蒽醌 20%、戊唑醇 15%/2015.12.17 至 2016.12.17/低毒
苹果树 褐斑病 175-233毫克/千克 喷雾

绩溪县庆丰天鹰生化有限公司 (安徽省绩溪县华红路1号 245300 0563-8168383)

PD89104-10 氰戊菊酯/92%/原药/氰戊菊酯 92%/2014.11.09 至 2019.11.09/中等毒

PD20082254 精喹禾灵/5%/乳油/精喹禾灵 5%/2013.11.27 至 2018.11.27/低毒
冬油菜田 一年生禾本科杂草 37.5-45克/公顷 茎叶喷雾

PD20083433 阿维·苏云菌//可湿性粉剂/阿维菌素 0.1%、苏云金杆菌 100亿活芽孢/克/2013.12.11 至 2018.12.11/低毒(原药高毒)
十字花科蔬菜 小菜蛾 600-750克制剂/公顷 喷雾

PD20085735 嘧霉·福美双/30%/可湿性粉剂/福美双 15%、嘧霉胺 15%/2013.12.26 至 2018.12.26/低毒
番茄 灰霉病 315-450克/公顷 喷雾

PD20096845 苜蓿银纹夜蛾核型多角体病毒/1000亿PIB/毫升/母药/苜蓿银纹夜蛾核型多角体病毒 1000亿PIB/毫升/2014.09.21 至 2019.09.21/低毒

PD20096846 苜蓿银纹夜蛾核型多角体病毒/10亿PIB/毫升/悬浮剂/苜蓿银纹夜蛾核型多角体病毒 10亿PIB/毫升/2014.09.21 至 2019.09.21/低毒
十字花科蔬菜 甜菜夜蛾 1500-2250毫升制剂/公顷 喷雾

PD20142445 烯酰·锰锌/50%/可湿性粉剂/代森锰锌 44%、烯酰吗啉 6%/2014.11.15 至 2019.11.15/低毒
黄瓜 霜霉病 1050-1350克/公顷 喷雾

LS20140090 甲维·毒死蜱/40%/水乳剂/毒死蜱 39%、甲氨基阿维菌素苯甲酸盐 1%/2015.03.14 至 2016.03.14/中等毒
水稻 稻纵卷叶螟 180-240克/公顷 喷雾

宁国市百立德生物科技有限公司 (安徽省宁国市经济技术开发区宜黄线 242300 0571-56031518)

PD20070266 高氯·辛硫磷/20%/乳油/高效氯氰菊酯 2%、辛硫磷 18%/2012.09.04 至 2017.09.04/中等毒
棉花 棉铃虫 225-300克/公顷 喷雾
十字花科蔬菜 菜青虫 90-120克/公顷 喷雾

PD20092456 溴氰 ·敌敌畏/20.5%/乳油/敌敌畏 20%、溴氰菊酯 0.5%/2014.02.25 至 2019.02.25/中等毒
棉花 棉蚜 307.5-369克/公顷 喷雾

PD20094723 精喹禾灵/5%/乳油/精喹禾灵 5%/2014.04.10 至 2019.04.10/低毒
夏大豆田 一年生禾本科杂草 900-1350毫升制剂/公顷 喷雾

PD20095636 噁草·丁草胺/20%/乳油/丁草胺 14%、噁草酮 6%/2014.05.12 至 2019.05.12/低毒
水稻移栽田 一年生杂草 300-3750毫升制剂/公顷 药土法

PD20101203 甲基立枯磷/20%/乳油/甲基立枯磷 20%/2015.02.09 至 2020.02.09/低毒
棉花 苗期立枯病 200-300克/100千克种子 拌种
水稻 苗期立枯病 450-660克/公顷 苗床喷雾

PD20130477 枯草芽胞杆菌/10亿CUF/克/可湿性粉剂/枯草芽孢杆菌 10亿CFU/克/2013.03.20 至 2018.03.20/微毒
辣椒 枯萎病 2-4克制剂/100克种子 拌种

LS20140213 坚强芽孢杆菌/100亿牙孢/克/母药/坚强芽孢杆菌 100亿牙孢/克/2015.06.17 至 2016.06.17/微毒

LS20140221 坚强芽孢杆菌/25亿牙孢/克/可湿性粉剂/坚强芽孢杆菌 25亿牙孢/克/2015.06.17 至 2016.06.17/微毒
核桃 炭疽病 450-1050克制剂/公顷 喷雾
黄瓜 灰霉病 450-1050克制剂/公顷 喷雾

LS20150029 印楝素/0.5%/水分散粒剂/印楝素 0.5%/2015.02.05 至 2016.02.05/低毒
十字花科蔬菜 菜青虫 2.625-3.75克/公顷 喷雾

LS20150120 坚强芽孢杆菌/25亿CFU/克/可湿性粉剂/坚强芽孢杆菌 25亿CFU/克/2015.05.12 至 2016.05.12/微毒

核桃树	炭疽病	500-700倍液	喷雾
黄瓜	灰霉病	/	/

WP20080293 杀虫水乳剂/0.4%/水乳剂/氯菊酯 0.2%、氯氰菊酯 0.2%/2013.12.03 至 2018.12.03/低毒

卫生	蚊	/	喷洒

瑞隆化工（宿州）有限公司　（安徽省宿州市埇桥经济开发区化工园内纬二路以南　220116　0516-83506009）

PD20050053 甲拌磷/5%/颗粒剂/甲拌磷 5%/2015.04.29 至 2020.04.29/高毒

小麦	地下害虫	1500-1875克/公顷	播种时沟施

PD20084139 高效氯氟氰菊酯/25克/升/乳油/高效氯氟氰菊酯 25克/升/2013.12.16 至 2018.12.16/低毒

十字花科蔬菜	菜青虫	11.25-15克/公顷	喷雾

PD20100537 辛硫磷/40%/乳油/辛硫磷 40%/2015.01.14 至 2020.01.14/低毒

棉花	棉铃虫	300-375克/公顷	喷雾
棉花	蚜虫	180-240克/公顷	喷雾

PD20131489 毒死蜱/10%/颗粒剂/毒死蜱 10%/2013.07.05 至 2018.07.05/中等毒

甘蔗	蔗龟	1800-2250克/公顷	撒施

PD20142580 辛硫磷/5/颗粒剂/辛硫磷 5%/2014.12.15 至 2019.12.15/低毒

甘蔗	蔗龟	2700-3600克/公顷	沟施

PD20151644 毒・辛/8%/颗粒剂/毒死蜱 3%、辛硫磷 5%/2015.08.28 至 2020.08.28/低毒

甘蔗	蔗龟	2400-3000克/公顷	撒施

天长市正德卫生用品厂　（安徽省天长市杨村镇工业园区　239304　0550-7763865）

WP20090094 杀虫水乳剂/0.4%/水乳剂/胺菊酯 0.2%、氯菊酯 0.2%/2014.02.04 至 2019.02.04/低毒

卫生	蚊、蝇	/	喷雾

芜湖市多威农化有限责任公司　（安徽省繁昌县孙村镇黄浒　241207　0553-7230088）

PD20093819 氰戊・乐果/20%/乳油/乐果 18%、氰戊菊酯 2%/2014.03.25 至 2019.03.25/中等毒

十字花科蔬菜	蚜虫	300-360克/公顷	喷雾

PD20098375 仲丁威/20%/乳油/仲丁威 20%/2014.12.18 至 2019.12.18/低毒

水稻	叶蝉	375-555克/公顷	喷雾

PD20101228 马拉硫磷/45%/乳油/马拉硫磷 45%/2010.03.01 至 2015.03.01/低毒

水稻	稻蓟马	675-742.5克/公顷	喷雾
水稻	稻飞虱、叶蝉	675-810克/公顷	喷雾

PD20120721 丙溴・辛硫磷/25%/乳油/丙溴磷 6%、辛硫磷 19%/2012.04.28 至 2017.04.28/低毒

水稻	稻纵卷叶螟	262.5-375克/公顷	喷雾

PD20120934 高氯・马/20%/乳油/高效氯氰菊酯 1.5%、马拉硫磷 18.5%/2012.06.04 至 2017.06.04/低毒

滩(草)地、滩涂	蝗虫	150-210克/公顷	喷雾

中土化工(安徽)有限公司　（安徽省合肥市长丰县双墩工业园　230061　0551-2226616）

PD20091851 乙草胺/50%/乳油/乙草胺 50%/2014.02.06 至 2019.02.06/低毒

冬油菜田	一年生杂草	600-750克/公顷	土壤喷雾

PD20091911 辛硫・三唑磷/20%/乳油/三唑磷 10%、辛硫磷 10%/2014.02.12 至 2019.02.12/中等毒

水稻	二化螟	360-480克/公顷	喷雾

PD20093430 乙草胺/900克/升/乳油/乙草胺 900克/升/2014.03.23 至 2019.03.23/低毒

夏玉米田	一年生杂草	810-1350克/公顷	土壤喷雾

PD20093431 苯磺隆/75%/可分散粒剂/苯磺隆 75%/2014.03.23 至 2019.03.23/低毒

冬小麦田	一年生阔叶杂草	13.5-22.5克/公顷	茎叶喷雾

PD20101141 烟嘧磺隆/40克/升/可分散油悬浮剂/烟嘧磺隆 40克/升/2015.01.25 至 2020.01.25/低毒

玉米田	一年生杂草	75-100毫升制剂/亩	茎叶喷雾

北京市

北京艾比蒂生物科技有限公司　（北京市中关村科技园区超前路11号　102200　010-62889649）

PD20081124 吲哚乙酸/97%/原药/吲哚乙酸 97%/2013.08.19 至 2018.08.19/低毒

PD20081125 吲乙・萘乙酸/50%/可溶粉剂/萘乙酸 20%、吲哚乙酸 30%/2013.08.19 至 2018.08.19/低毒

花生、小麦	调节生长	20-30毫克/千克	拌种
沙棘	调节生长、提高成活率	100-200毫克/千克	浸插条基部

北京北农天风农药有限公司　（北京市通州区工业开发区北二街3号　101113　010-61567798）

PD85157-36 辛硫磷/40%/乳油/辛硫磷 40%/2015.02.15 至 2020.02.15/低毒

林木	食叶害虫	3000-6000克/公顷	喷雾
棉花	棉铃虫、蚜虫	300-600克/公顷	喷雾
蔬菜	菜青虫	300-450克/公顷	喷雾
玉米	玉米螟	450-600克/公顷	灌心叶

PD20080006 啶虫脒/5%/乳油/啶虫脒 5%/2013.01.04 至 2018.01.04/中等毒

柑橘树	蚜虫	12-15毫克/千克	喷雾

PD20082399 阿维・辛硫磷/10%/乳油/阿维菌素 0.1%、辛硫磷 9.9%/2013.12.01 至 2018.12.01/低毒(原药高毒)

十字花科蔬菜	小菜蛾	90-150克/公顷	喷雾

PD20082485 阿维菌素/3.2%/乳油/阿维菌素 3.2%/2013.12.03 至 2018.12.03/低毒(原药高毒)

十字花科蔬菜	菜青虫	8.1-10.8克/公顷	喷雾

PD20083001 噁霉·稻瘟灵/20%/乳油/稻瘟灵 10%、噁霉灵 10%/2013.12.10 至 2018.12.10/低毒
水稻 立枯病 2-3毫升制剂/平方米 苗床喷洒
PD20083023 多唑·甲哌鎓/20%/微乳剂/多效唑 3.3%、甲哌鎓 16.7%/2013.12.10 至 2018.12.10/低毒
冬小麦 调节生长 90-120克/公顷 喷雾
PD20083148 阿维菌素/1.8%/乳油/阿维菌素 1.8%/2013.12.11 至 2018.12.11/低毒(原药高毒)
棉花 红蜘蛛 10.8-16.2克/公顷 喷雾
棉花 棉铃虫 21.6-32.4克/公顷 喷雾
十字花科蔬菜 菜青虫 8.1-10.8克/公顷 喷雾
PD20083251 高效氯氟氰菊酯/2.5%/乳油/高效氯氟氰菊酯 2.5%/2013.12.11 至 2018.12.11/中等毒
苹果树 桃小食心虫 5-6.3毫克/千克 喷雾
PD20084975 杀扑磷/40%/乳油/杀扑磷 40%/2013.12.22 至 2015.09.30/高毒
柑橘树 介壳虫 500-667毫克/千克 喷雾
PD20085382 阿维·辛硫磷/20%/乳油/阿维菌素 0.2%、辛硫磷 19.8%/2013.12.24 至 2018.12.24/低毒(原药高毒)
十字花科蔬菜 小菜蛾 90-150克/公顷 喷雾
PD20110643 丁硫·矿物油/30%/乳油/丁硫克百威 5%、矿物油 25%/2011.06.13 至 2016.06.13/中等毒
棉花 蚜虫 112.5-180克/公顷 喷雾
PD20110767 阿维·矿物油/24.5%/乳油/阿维菌素 0.2%、柴油 24.3%/2011.07.25 至 2016.07.25/低毒(原药高毒)
柑橘树 红蜘蛛 123-245毫克/千克 喷雾
PD20111089 唑螨酯/5%/悬浮剂/唑螨酯 5%/2011.11.15 至 2016.11.15/低毒
柑橘树 红蜘蛛 25-50毫克/千克 喷雾
PD20120562 苯醚甲环唑/10%/水分散粒剂/苯醚甲环唑 10%/2012.03.28 至 2017.03.28/低毒
苦瓜 白粉病 105-150克/公顷 喷雾
梨树 黑星病 14.3−16.7毫克/千克 喷雾
PD20120973 咪鲜胺/45%/水乳剂/咪鲜胺 45%/2012.06.21 至 2017.06.21/低毒
水稻 稻瘟病 225~375克/公顷 喷雾
PD20130620 阿维菌素/5%/乳油/阿维菌素 5%/2013.04.03 至 2018.04.03/低毒(原药高毒)
水稻 稻纵卷叶螟 7.5-15克/公顷 喷雾

北京比荣达生化技术开发有限责任公司 (北京市朝阳区南十里居17号楼1701 100016 010-60435529)

PD85122-20 福美双/50%/可湿性粉剂/福美双 50%/2011.03.15 至 2016.03.15/低毒
黄瓜 白粉病、霜霉病 500-1000倍液 喷雾
葡萄 白腐病 500-1000倍液 喷雾
水稻 稻瘟病、胡麻叶斑病 250克/100千克种子 拌种
甜菜、烟草 根腐病 500克/500千克温床土 土壤处理
小麦 白粉病、赤霉病 500倍液 喷雾
PD20091693 阿维·甲氰/1.8%/乳油/阿维菌素 0.2%、甲氰菊酯 1.6%/2014.02.03 至 2019.02.03/低毒(原药高毒)
甘蓝 菜青虫 5.4-8.1克/公顷 喷雾
PD20092332 吡虫啉/5%/可溶液剂/吡虫啉 5%/2014.02.24 至 2019.02.24/低毒
梨树 梨木虱 12.5-25毫克/千克 喷雾
PD20094482 禾草丹/90%/乳油/禾草丹 90%/2014.04.09 至 2019.04.09/低毒
水稻田(直播) 一年生杂草 1350-2430克/公顷（南方） 喷雾
移栽水稻田 一年生杂草 1687.5-2025克/公顷 药土法或喷雾
PD20095195 甲硫·锰锌/75%/可湿性粉剂/甲基硫菌灵 25%、代森锰锌 50%/2014.04.24 至 2019.04.24/低毒
辣椒 疫病 900-1350克/公顷 喷雾
PD20100095 盐酸吗啉胍/10%/可溶粉剂/盐酸吗啉胍 10%/2010.01.04 至 2015.01.04/低毒
番茄 病毒病 500-750克/公顷 喷雾
PD20100669 高效氯氟氰菊酯/25克/升/乳油/高效氯氟氰菊酯 25克/升/2010.01.15 至 2015.01.15/中等毒
棉花 棉铃虫 7.5-15克/公顷 喷雾
PD20140772 赤霉酸A4+A7/2%/脂膏/赤霉酸A4+A7 2%/2014.03.25 至 2019.03.25/低毒
梨树 促进果实生长 20−25毫克制剂/果 涂抹果柄

北京达世丰生物科技有限公司 (北京市通州区漷县镇马头村委会西1000米 101109 010-80583661)

PD20081330 啶虫脒/5%/可湿性粉剂/啶虫脒 5%/2013.10.21 至 2018.10.21/低毒
柑橘树 蚜虫 6.7-12毫克/千克 喷雾
PD20084896 甲基硫菌灵/70%/可湿性粉剂/甲基硫菌灵 70%/2013.12.22 至 2018.12.22/低毒
黄瓜 白粉病 336-504克/公顷 喷雾
小麦 赤霉病 750-1050克/公顷 喷雾
PD20092144 百·福/70%/可湿性粉剂/百菌清 20%、福美双 50%/2014.02.23 至 2019.02.23/低毒
葡萄 霜霉病 800−600倍液 喷雾
PD20092889 阿维·辛硫磷/20%/乳油/阿维菌素 0.2%、辛硫磷 19.8%/2014.03.05 至 2019.03.05/低毒(原药高毒)
十字花科蔬菜 小菜蛾 120-150克/公顷 喷雾
PD20092937 阿维·敌敌畏/40%/乳油/阿维菌素 0.3%、敌敌畏 39.7%/2014.03.05 至 2019.03.05/中等毒(原药高毒)
黄瓜 美洲斑潜蝇 360-450克/公顷 喷雾
PD20092999 高氯·甲维盐/4%/微乳剂/高效氯氟氰菊酯 3.7%、甲氨基阿维菌素苯甲酸盐 0.3%/2014.03.09 至 2019.03.09/低毒
十字花科蔬菜 小菜蛾 9-12克/公顷 喷雾

PD20093767 代森锰锌/80%/可湿性粉剂/代森锰锌 80%/2014.03.25 至 2019.03.25/低毒
黄瓜 霜霉病 2040-3000克/公顷 喷雾
PD20094425 三唑锡/20%/悬浮剂/三唑锡 20%/2014.04.01 至 2019.04.01/低毒
苹果树 红蜘蛛 100-200毫克/千克 喷雾
PD20094431 噁霜·锰锌/64%/可湿性粉剂/噁霜灵 8%、代森锰锌 56%/2014.04.01 至 2019.04.01/低毒
黄瓜 霜霉病 1650-1950克/公顷 喷雾
PD20094877 烯酰吗啉/50%/水分散粒剂/烯酰吗啉 50%/2014.04.13 至 2019.04.13/低毒
黄瓜 霜霉病 225-300克/公顷 喷雾
PD20094888 氯氰·毒死蜱/522.5克/升/乳油/毒死蜱 475克/升、氯氰菊酯 47.5克/升/2014.04.13 至 2019.04.13/中等毒
棉花 棉铃虫 548.6-738.75克/公顷 喷雾
PD20095112 苯磺隆/10%/可湿性粉剂/苯磺隆 10%/2014.04.24 至 2019.04.24/低毒
冬小麦田 一年生阔叶杂草 13.5-22.5克/公顷 茎叶喷雾
PD20095934 硫磺·多菌灵/50%/可湿性粉剂/多菌灵 15%、硫磺 35%/2014.06.02 至 2019.06.02/低毒
花生 叶斑病 1200-1800克/公顷 喷雾
PD20097571 阿维菌素/1.8%/乳油/阿维菌素 1.8%/2014.11.03 至 2019.11.03/低毒(原药高毒)
甘蓝 小菜蛾 8.1-10.8克/公顷 喷雾
PD20101165 阿维·苏云菌///可湿性粉剂/阿维菌素 0.1%、苏云金杆菌 100亿活芽孢/克/2015.01.27 至 2020.01.27/低毒(原药高毒)
十字花科蔬菜 小菜蛾 750-1125克制剂/公顷 喷雾
PD20101226 高效氯氟氰菊酯/2.5%/水乳剂/高效氯氟氰菊酯 2.5%/2015.03.01 至 2020.03.01/中等毒
甘蓝 菜青虫 11.25-13.125克/公顷 喷雾
PD20101797 阿维·杀虫单/20%/微乳剂/阿维菌素 0.2%、杀虫单 19.8%/2015.07.13 至 2020.07.13/低毒(原药高毒)
菜豆 美洲斑潜蝇 90-180克/公顷 喷雾
水稻 二化螟 300-600克/公顷 喷雾
PD20102016 甲氨基阿维菌素苯甲酸盐/2%/水分散粒剂/甲氨基阿维菌素 2%/2015.09.25 至 2020.09.25/低毒
十字花科蔬菜 小菜蛾 1.5-2.25克/公顷 喷雾
注:甲氨基阿维菌素苯甲酸盐含量：2.3%。
PD20102043 烟嘧磺隆/40克/升/可分散油悬浮剂/烟嘧磺隆 40克/升/2015.10.27 至 2020.10.27/低毒
玉米田 一年生杂草 42-60克/公顷 茎叶喷雾
PD20110249 甲氨基阿维菌素苯甲酸盐/0.5%/乳油/甲氨基阿维菌素 0.5%/2011.03.03 至 2016.03.03/低毒
甘蓝 甜菜夜蛾 1.5～1.8克/公顷 喷雾
注:甲氨基阿维菌素苯甲酸盐含量:0.57%。
PD20110597 吡虫啉/70%/水分散粒剂/吡虫啉 70%/2011.05.30 至 2016.05.30/低毒
甘蓝 蚜虫 15.75-21克/公顷 喷雾
小麦 蚜虫 21-42克/公顷 喷雾
PD20110698 阿维·矿物油/24.5%/乳油/阿维菌素 0.2%、矿物油 24.3%/2011.06.27 至 2016.06.27/低毒(原药高毒)
十字花科蔬菜 小菜蛾 147-220.5克/公顷 喷雾
PD20110844 嘧霉胺/20%/可湿性粉剂/嘧霉胺 20%/2011.08.10 至 2016.08.10/低毒
黄瓜 灰霉病 450－540克/公顷 喷雾
PD20111364 甲氨基阿维菌素苯甲酸盐/1%/乳油/甲氨基阿维菌素 1%/2011.12.13 至 2016.12.13/低毒
甘蓝 小菜蛾 1.5～1.8克/公顷 喷雾
注:甲氨基阿维菌素苯甲酸盐含量：1.14%。
PD20120712 咪鲜胺锰盐/50%/可湿性粉剂/咪鲜胺锰盐 50%/2012.04.18 至 2017.04.18/低毒
柑橘(果实) 青霉病 250－500毫克/千克 浸果
PD20121092 炔螨·矿物油/73%/乳油/柴油 43%、炔螨特 30%/2012.07.19 至 2017.07.19/中等毒
柑橘树 红蜘蛛 365-730毫克/千克 喷雾
PD20121102 甲维·氟铃脲/10.5%/水分散粒剂/氟铃脲 10%、甲氨基阿维菌素苯甲酸盐 0.5%/2012.07.19 至 2017.07.19/低毒
甘蓝 小菜蛾 31.5-47.25克/公顷 喷雾
PD20140784 甲维·丁醚脲/21.5%/悬浮剂/丁醚脲 20%、甲氨基阿维菌素苯甲酸盐 1.5%/2014.03.25 至 2019.03.25/低毒
甘蓝 小菜蛾 161.25-193.5克/公顷 喷雾
PD20140786 阿维·灭蝇胺/31%/悬浮剂/阿维菌素 0.7%、灭蝇胺 30.3%/2014.03.25 至 2019.03.25/低毒(原药高毒)
菜豆 美洲斑潜蝇 79-125克/公顷 喷雾
PD20142461 烯酰·锰锌/69%/水分散粒剂/代森锰锌 60%、烯酰吗啉 9%/2014.11.15 至 2019.11.15/低毒
黄瓜 霜霉病 1035-1376克/公顷 喷雾
PD20150308 嘧菌酯/50%/水分散粒剂/嘧菌酯 50%/2015.02.05 至 2020.02.05/低毒
草坪 褐斑病 300-375克/公顷 喷雾

北京富力特农业科技有限责任公司 (北京市大兴区西红门镇新建工业区南路2号 100076 010-81284458)

PD20040693 吡虫啉/5%/乳油/吡虫啉 5%/2014.12.19 至 2019.12.19/低毒
棉花 蚜虫 11.25-18.75克/公顷 喷雾
PD20070646 啶虫脒/5%/乳油/啶虫脒 5%/2012.12.17 至 2017.12.17/低毒
柑橘树 蚜虫 10-12毫克/千克 喷雾
PD20082010 辛硫·高氯氟/25%/乳油/高效氯氟氰菊酯 1%、辛硫磷 24%/2013.11.25 至 2018.11.25/中等毒
棉花 棉铃虫 300-375克/公顷 喷雾
PD20082938 阿维菌素/1.8%/乳油/阿维菌素 1.8%/2013.12.09 至 2018.12.09/中等毒(原药高毒)

苹果　红蜘蛛　3-4.5毫克/千克　喷雾
PD20082954　霜脲·锰锌/72%/可湿性粉剂/代森锰锌 64%、霜脲氰 8%/2013.12.09 至 2018.12.09/低毒
黄瓜　霜霉病　1440-1800克/公顷　喷雾
PD20083201　甲基硫菌灵/70%/可湿性粉剂/甲基硫菌灵 70%/2013.12.11 至 2018.12.11/低毒
番茄　叶霉病　375-560克/公顷　喷雾
PD20083235　腈菌唑/12%/乳油/腈菌唑 12%/2013.12.11 至 2018.12.11/低毒
梨树　黑星病　40-60毫克/千克　喷雾
PD20083850　吡虫啉/200克/升/可溶液剂/吡虫啉 200克/升/2013.12.15 至 2018.12.15/低毒
梨树　梨木虱　50-80毫克/千克　喷雾
PD20084964　丙环唑/250克/升/乳油/丙环唑 250克/升/2013.12.22 至 2018.12.22/低毒
香蕉　叶斑病　250-500毫克/千克　喷雾
PD20085383　高氯·辛硫磷/22%/乳油/高效氯氰菊酯 2%、辛硫磷 20%/2013.12.24 至 2018.12.24/中等毒
十字花科蔬菜　菜青虫　99-132克/公顷　喷雾
PD20085729　阿维·杀虫单/20%/微乳剂/阿维菌素 0.2%、杀虫单 19.8%/2013.12.26 至 2018.12.26/低毒(原药高毒)
菜豆　美洲斑潜蝇　90-180克/公顷　喷雾
PD20085918　阿维·高氯/1%/乳油/阿维菌素 0.2%、高效氯氰菊酯 0.8%/2013.12.29 至 2018.12.29/低毒(原药高毒)
黄瓜　美洲斑潜蝇　6-9克/公顷　喷雾
梨树　梨木虱　6-12毫克/千克　喷雾
十字花科蔬菜　小菜蛾　7.5-15克/公顷　喷雾
PD20086130　噻嗪·杀扑磷/31%/乳油/噻嗪酮 15%、杀扑磷 16%/2013.12.30 至 2015.09.30/低毒(原药高毒)
柑橘树　介壳虫　310-387.5毫克/千克　喷雾
PD20090124　复硝酚钠/1.4%/水剂/5-硝基邻甲氧基苯酚钠 0.3%、对硝基苯酚钠 0.7%、邻硝基苯酚钠 0.4%/2014.01.08至 2019.01.08/低毒
黄瓜　调节生长　5000-6000倍　喷雾
PD20092709　联苯菊酯/100克/升/乳油/联苯菊酯 100克/升/2014.03.04 至 2019.03.04/中等毒
茶树　茶小绿叶蝉　30-37.5克/公顷　喷雾
PD20094781　氯氰·丙溴磷/440克/升/乳油/丙溴磷 400克/升、氯氰菊酯 40克/升/2014.04.13 至 2019.04.13/中等毒
棉花　棉铃虫　528-660克/公顷　喷雾
PD20094843　三唑锡/25%/可湿性粉剂/三唑锡 25%/2014.04.13 至 2019.04.13/低毒
柑橘树　红蜘蛛　125-167毫克/千克　喷雾
PD20097434　烟嘧磺隆/40克/升/可分散油悬浮剂/烟嘧磺隆 40克/升/2014.10.28 至 2019.10.28/低毒
玉米田　一年生杂草　42-60克/公顷　茎叶喷雾
PD20100626　吗胍·乙酸铜/20%/可湿性粉剂/盐酸吗啉胍 10%、乙酸铜 10%/2015.01.14 至 2020.01.14/低毒
番茄　病毒病　333.3-500毫克/千克　喷雾
PD20100644　苯丁锡/50%/可湿性粉剂/苯丁锡 50%/2015.01.15 至 2020.01.15/低毒
柑橘树　红蜘蛛　200-250毫克/千克　喷雾
PD20100668　噻螨酮/5%/乳油/噻螨酮 5%/2015.01.15 至 2020.01.15/低毒
柑橘树　红蜘蛛　20-33毫克/千克　喷雾
PD20100961　异菌脲/50%/可湿性粉剂/异菌脲 50%/2015.01.19 至 2020.01.19/低毒
番茄　灰霉病　525-750克/公顷　喷雾
PD20100991　高效氟吡甲禾灵/108克/升/乳油/高效氟吡甲禾灵 108克/升/2015.01.20 至 2020.01.20/低毒
大豆田　一年生禾本科杂草　48.6-72.9克/公顷　茎叶喷雾
PD20101455　苦参碱/0.3%/水剂/苦参碱 0.3%/2015.05.04 至 2020.05.04/低毒
十字花科蔬菜　菜青虫　2.7-4.5克/公顷　喷雾
PD20120764　甲氨基阿维菌素苯甲酸盐/3%/微乳剂/甲氨基阿维菌素 3%/2012.05.05 至 2017.05.05/低毒
小油菜　甜菜夜蛾　1.98-2.98克/公顷　喷雾
注:甲氨基阿维菌素苯甲酸盐含量: 3.4%。
PD20120765　苯醚甲环唑/20%/微乳剂/苯醚甲环唑 20%/2012.05.05 至 2017.05.05/低毒
梨树　黑星病　16.7-20毫克/千克　喷雾
PD20120801　高效氯氟氰菊酯/2.5%/微乳剂/高效氯氟氰菊酯 2.5%/2012.05.17 至 2017.05.17/中等毒
小白菜　菜青虫　11.25-15克/公顷　喷雾
PD20130040　苯甲·丙环唑/50%/乳油/苯醚甲环唑 25%、丙环唑 25%/2013.01.07 至 2018.01.07/低毒
水稻　纹枯病　90-110克/公顷　喷雾
PD20131156　苯甲·咪鲜胺/20%/微乳剂/苯醚甲环唑 5%、咪鲜胺 15%/2013.05.21 至 2018.05.21/低毒
黄瓜　炭疽病　90-150克/公顷　喷雾
PD20142612　甲维·苏云金/0.9%/悬浮剂/甲氨基阿维菌素苯甲酸盐 0.5%、苏云金杆菌 0.4%(以毒素蛋白计)/2014.12.15 至 2019.12.15/低毒
甘蓝　小菜蛾　450-600克制剂/公顷　喷雾
LS20120283　苯醚·甲硫灵/40%/悬浮剂/苯醚甲环唑 5%、甲基硫菌灵 35%/2014.08.08 至 2015.08.08/低毒
苹果树　白粉病　150-250毫克/千克　喷雾
LS20130098　苯甲·嘧菌酯/35%/悬浮剂/苯醚甲环唑 15%、嘧菌酯 20%/2015.03.11 至 2016.03.11/低毒
草坪　枯萎病　200-600克/公顷　喷雾
LS20130099　烯酰·霜脲氰/40%/悬浮剂/霜脲氰 15%、烯酰吗啉 25%/2015.03.11 至 2016.03.11/低毒

葡萄 霜霉病 200-267毫克/千克 喷雾

LS20130171 嘧霉·异菌脲/40%/悬浮剂/嘧霉胺 20%、异菌脲 20%/2015.04.03 至 2016.04.03/低毒

葡萄 灰霉病 200～400毫克/千克 喷雾

LS20150039 戊唑·嘧菌酯/32%/悬浮剂/嘧菌酯 12%、戊唑醇 20%/2015.03.18 至 2016.03.18/低毒

玉米 大斑病、小斑病 153.6-201.6克/公顷 喷雾

北京广源益农化学有限责任公司 （北京市海淀区学院路20号北教楼 100083 010-64265489）

PD20110545 吡虫啉/70%/水分散粒剂/吡虫啉 70%/2011.05.12 至 2016.05.12/低毒

甘蓝 蚜虫 15－30克/公顷 喷雾

北京华戎生物激素厂 （北京市朝阳区北辰西路69号 100029 010-58772543）

PD84118-46 多菌灵/25%/可湿性粉剂/多菌灵 25%/2015.03.11 至 2020.03.11/低毒

果树 病害 0.05-0.1%药液 喷雾

花生 倒秧病 750克/公顷 喷雾

麦类 赤霉病 750克/公顷 喷雾，泼浇

棉花 苗期病害 500克/100千克种子 拌种

水稻 稻瘟病、纹枯病 750克/公顷 喷雾，泼浇

油菜 菌核病 1125-1500克/公顷 喷雾

PD85157-34 辛硫磷/40%/乳油/辛硫磷 40%/2015.08.15 至 2020.08.15/低毒

茶树、桑树 食叶害虫 200-400毫克/千克 喷雾

果树 食心虫、蚜虫、螨 200-400毫克/千克 喷雾

林木 食叶害虫 3000-6000克/公顷 喷雾

棉花 棉铃虫、蚜虫 300-600克/公顷 喷雾

蔬菜 菜青虫 300-450克/公顷 喷雾

烟草 食叶害虫 300-600克/公顷 喷雾

玉米 玉米螟 450-600克/公顷 灌心叶

PD86180-11 百菌清/75%/可湿性粉剂/百菌清 75%/2011.12.31 至 2016.12.31/低毒

茶树 炭疽病 600-800倍液 喷雾

豆类 炭疽病、锈病 1275-2325克/公顷 喷雾

柑橘树 疮痂病 750-900毫克/千克 喷雾

瓜类 白粉病、霜霉病 1200-1650克/公顷 喷雾

果菜类蔬菜 多种病害 1125-2400克/公顷 喷雾

花生 锈病、叶斑病 1125-1350克/公顷 喷雾

梨树 斑点落叶病 500倍液 喷雾

苹果树 多种病害 600倍液 喷雾

葡萄 白粉病、黑痘病 600-700倍液 喷雾

水稻 稻瘟病、纹枯病 1125-1425克/公顷 喷雾

橡胶树 炭疽病 500-800倍液 喷雾

小麦 叶斑病、叶锈病 1125-1425克/公顷 喷雾

叶菜类蔬菜 白粉病、霜霉病 1275-1725克/公顷 喷雾

PD20040102 高效氯氰菊酯/4.5%/乳油/高效氯氰菊酯 4.5%/2014.12.19 至 2019.12.19/中等毒

茶树 茶尺蠖 15-25.5克/公顷 喷雾

棉花 红铃虫、红蜘蛛、蚜虫 15-30克/公顷 喷雾

苹果树 桃小食心虫 20-33毫克/千克 喷雾

十字花科蔬菜 菜青虫、小菜蛾 9-25.5克/公顷 喷雾

十字花科蔬菜 蚜虫 3-18克/公顷 喷雾

PD20040129 高效氯氰菊酯/4.5%/水乳剂/高效氯氰菊酯 4.5%/2014.12.19 至 2019.12.19/中等毒

十字花科蔬菜 菜青虫 20.25-33.75克/公顷 喷雾

PD20040323 吡虫啉/5%/乳油/吡虫啉 5%/2014.12.19 至 2019.12.19/低毒

水稻 稻飞虱 15-30克/公顷 喷雾

小麦 蚜虫 15-30克/公顷(南方地区)45-60克/公顷(北方地区) 喷雾

注:水稻为临时登记，有效期2005年12月23日至2006年12月23日。

PD20080031 锰锌·霜脲/72%/可湿性粉剂/代森锰锌 64%、霜脲氰 8%/2013.01.04 至 2018.01.04/低毒

黄瓜 霜霉病 1440-1800克/公顷 喷雾

PD20080043 啶虫脒/5%/乳油/啶虫脒 5%/2013.01.03 至 2018.01.03/中等毒

黄瓜 蚜虫 18-22.5克/公顷 喷雾

PD20080740 嘧霉胺/40%/悬浮剂/嘧霉胺 40%/2013.06.11 至 2018.06.11/低毒

黄瓜 灰霉病 450-540克/公顷 喷雾

PD20081268 甲氨基阿维菌素苯甲酸盐/1.5%/乳油/甲氨基阿维菌素苯甲酸盐 1.5%/2013.09.18 至 2018.09.18/低毒

甘蓝 甜菜夜蛾 2.25-3.75克/公顷 喷雾

PD20081270 甲氨基阿维菌素苯甲酸盐/0.5%/乳油/甲氨基阿维菌素苯甲酸盐 0.5%/2013.09.22 至 2018.09.22/低毒

甘蓝 甜菜夜蛾 2.25-3.75克/公顷 喷雾

PD20082371 阿维·敌敌畏/40%/乳油/阿维菌素 0.3%、敌敌畏 39.7%/2013.12.01 至 2018.12.01/中等毒(原药高毒)

黄瓜 美洲斑潜蝇 360-450克/公顷 喷雾

PD20082915 高氯·硫丹/20%/乳油/高效氯氰菊酯 2%、硫丹 18%/2013.12.09 至 2018.12.09/中等毒
棉花 棉铃虫 120-180克/公顷 喷雾
烟草 蚜虫 90-180克/公顷 喷雾
PD20083864 腈菌唑/5%/乳油/腈菌唑 5%/2013.12.15 至 2018.12.15/低毒
小麦 白粉病 30-60克/公顷 喷雾
PD20083881 唑螨酯/5%/悬浮剂/唑螨酯 5%/2013.12.15 至 2018.12.15/低毒
柑橘树 红蜘蛛 33.3-50毫克/千克 喷雾
PD20084265 异丙威/20%/乳油/异丙威 20%/2013.12.17 至 2018.12.17/中等毒
水稻 稻飞虱 525-600克/公顷 喷雾
PD20084672 百菌清/45%/烟剂/百菌清 45%/2013.12.22 至 2018.12.22/低毒
黄瓜(保护地) 霜霉病 1667-2667克制剂/公顷 点燃放烟
PD20084788 氟氯氰菊酯/50克/升/乳油/氟氯氰菊酯 50克/升/2013.12.22 至 2018.12.22/低毒
棉花 棉铃虫 30-37.5克/公顷 喷雾
PD20085061 高氯·噻嗪酮/20%/乳油/高效氯氰菊酯 2%、噻嗪酮 18%/2013.12.23 至 2018.12.23/低毒
番茄(保护地) 白粉虱 195-240克/公顷 喷雾
PD20085184 杀螟丹/50%/可溶粉剂/杀螟丹 50%/2013.12.23 至 2018.12.23/中等毒
水稻 二化螟 525-750克/公顷 喷雾
PD20085303 丙环唑/250克/升/乳油/丙环唑 250克/升/2013.12.23 至 2018.12.23/低毒
香蕉 叶斑病 250-500毫克/千克 喷雾
PD20085544 三唑锡/25%/可湿性粉剂/三唑锡 25%/2013.12.25 至 2018.12.25/低毒
柑橘树 红蜘蛛 125-250毫克/千克 喷雾
PD20085931 腐霉利/15%/烟剂/腐霉利 15%/2013.12.29 至 2018.12.29/低毒
韭菜(保护地) 灰霉病 300-750克/公顷 点燃放烟
PD20090617 复硝酚钠/1.4%/水剂/5-硝基邻甲氧基苯酚钠 0.3%、对硝基苯酚钠 0.7%、邻硝基苯酚钠 0.4%/2014.01.14 至2019.01.14/低毒
黄瓜 调节生长、增产 4000-5000倍液 喷雾
PD20090772 甲氰·马拉松/40%/乳油/甲氰菊酯 5%、马拉硫磷 35%/2014.01.19 至 2019.01.19/中等毒
苹果树 桃小食心虫 200-400毫克/千克 喷雾
PD20091127 氟硅唑/400克/升/乳油/氟硅唑 400克/升/2014.01.21 至 2019.01.21/低毒
梨树 黑星病 40-66.7毫克/千克 喷雾
PD20091158 锰锌·腈菌唑/60%/可湿性粉剂/腈菌唑 2%、代森锰锌 58%/2014.01.22 至 2019.01.22/低毒
梨树 黑星病 1000-1500倍液 喷雾
PD20092221 联苯菊酯/100克/升/乳油/联苯菊酯 100克/升/2014.02.24 至 2019.02.24/中等毒
茶树 茶小绿叶蝉 30-37.5克/公顷 喷雾
PD20092266 阿维菌素/1.8%/乳油/阿维菌素 1.8%/2014.02.24 至 2019.02.24/低毒(原药高毒)
梨树 梨木虱 6-12毫克/千克 喷雾
苹果树 山楂叶螨 3-6毫克/千克 喷雾
PD20092297 阿维·高氯/2%/乳油/阿维菌素 0.6%、高效氯氰菊酯 1.4%/2014.02.24 至 2019.02.24/低毒(原药高毒)
甘蓝 小菜蛾 7.5-13.5克/公顷 喷雾
梨树 梨木虱 6-12毫克/千克 喷雾
PD20092581 氟铃·辛硫磷/40%/乳油/氟铃脲 2.5%、辛硫磷 37.5%/2014.02.27 至 2019.02.27/低毒
棉花 棉铃虫 360-540克/公顷 喷雾
PD20101773 苯醚甲环唑/20%/水分散粒剂/苯醚甲环唑 20%/2015.07.07 至 2020.07.07/低毒
番茄 早疫病 120-150克/公顷 喷雾
PD20101833 敌百·毒死蜱/30%/乳油/敌百虫 20%、毒死蜱 10%/2015.07.28 至 2020.07.28/低毒
水稻 二化螟 450-675克/公顷 喷雾
PD20111031 吡虫啉/70%/水分散粒剂/吡虫啉 70%/2011.09.30 至 2016.09.30/低毒
节瓜 蓟马 47.25-63克/公顷 喷雾
PD20111055 阿维菌素/10%/水分散粒剂/阿维菌素 10%/2011.10.10 至 2016.10.10/中等毒(原药高毒)
水稻 稻纵卷叶螟 7.5-9克/公顷 喷雾
PD20111229 多杀霉素/10%/水分散粒剂/多杀霉素 10%/2011.11.18 至 2016.11.18/微毒
大白菜 小菜蛾 15-30克/公顷 喷雾
PD20111271 戊唑醇/70%/水分散粒剂/戊唑醇 70%/2011.11.23 至 2016.11.23/低毒
苹果树 斑点落叶病 100-120毫克/千克 喷雾
水稻 稻曲病 63-94.5克/公顷 喷雾
PD20120510 啶虫脒/70%/水分散粒剂/啶虫脒 70%/2012.03.28 至 2017.03.28/低毒
黄瓜 蚜虫 18-36克/公顷 喷雾
PD20120894 己唑醇/10%/悬浮剂/己唑醇 10%/2012.05.24 至 2017.05.24/低毒
苹果树 白粉病 40—50毫克/千克 喷雾
PD20130039 灭蝇胺/80%/水分散粒剂/灭蝇胺 80%/2013.01.07 至 2018.01.07/低毒
黄瓜 美洲斑潜蝇 180-225克/公顷 喷雾
PD20130382 甲氨基阿维菌素苯甲酸盐/3%/水分散粒剂/甲氨基阿维菌素 3%/2013.03.12 至 2018.03.12/低毒
大白菜 甜菜夜蛾 3-3.75克/公顷 喷雾

注:甲氨基阿维菌素苯甲酸盐含量：3.4%。

PD20130435 噻嗪酮/70%/水分散粒剂/噻嗪酮 70%/2013.03.18 至 2018.03.18/低毒
水稻 稻飞虱 105-147克/公顷 喷雾

PD20131498 氟铃脲/15%/水分散粒剂/氟铃脲 15%/2013.07.05 至 2018.07.05/微毒
棉花 棉铃虫 112.5-135克/公顷 喷雾

PD20131503 戊唑醇/30%/悬浮剂/戊唑醇 30%/2013.07.05 至 2018.07.05/低毒
苹果 轮纹病 100-150毫克/千克 喷雾

PD20140362 氟环唑/70%/水分散粒剂/氟环唑 70%/2014.02.19 至 2019.02.19/微毒
小麦 锈病 84－126克/公顷 喷雾

PD20140628 噻虫嗪/25%/水分散粒剂/噻虫嗪 25%/2014.03.07 至 2019.03.07/低毒
水稻 稻飞虱 11.25-18.75克/公顷 喷雾

PD20140629 烯啶虫胺/20%/水分散粒剂/烯啶虫胺 20%/2014.03.07 至 2019.03.07/微毒
棉花 蚜虫 15-30克/公顷 喷雾

PD20141127 嘧菌酯/60%/水分散粒剂/嘧菌酯 60%/2014.04.27 至 2019.04.27/低毒
葡萄 霜霉病 300-600毫克/千克 喷雾

PD20142158 螺螨酯/240克/升/悬浮剂/螺螨酯 240克/升/2014.09.18 至 2019.09.18/低毒
柑橘树 红蜘蛛 40-60毫克/千克 喷雾

PD20142380 噻呋酰胺/240克/升/悬浮剂/噻呋酰胺 240克/升/2014.11.04 至 2019.11.04/低毒
水稻 水稻纹枯病 54－79.2克/公顷 喷雾

PD20142506 嘧菌酯/250克/升/悬浮剂/嘧菌酯 250克/升/2014.11.21 至 2019.11.21/低毒
柑橘树 炭疽病 260.4－312.5毫克/千克 喷雾

PD20150168 吡蚜酮/60%/水分散粒剂/吡蚜酮 60%/2015.01.14 至 2020.01.14/微毒
水稻 稻飞虱 90-135克/公顷 喷雾

PD20150479 咯菌腈/25克/升/悬浮种衣剂/咯菌腈 25克/升/2015.03.20 至 2020.03.20/低毒
小麦 根腐病 3.75-5克/100千克种子 种子包衣

PD20150827 噻呋酰胺/40%/水分散粒剂/噻呋酰胺 40%/2015.05.14 至 2020.05.14/低毒
水稻 纹枯病 48-78克/公顷 喷雾

PD20151390 丁醚脲/70%/水分散粒剂/丁醚脲 70%/2015.07.30 至 2020.07.30/低毒
十字花科蔬菜 小菜蛾 420-525克/公顷 喷雾

PD20151873 氟啶胺/500克/升/悬浮剂/氟啶胺 500克/升/2015.08.30 至 2020.08.30/低毒
辣椒 疫病 187.5-250克/公顷 喷雾
马铃薯 晚疫病 200-250克/公顷 喷雾

LS20130240 茚虫威/15%/水分散粒剂/茚虫威 15%/2015.04.28 至 2016.04.28/低毒
甘蓝 小菜蛾 18-29.25克/公顷 喷雾

LS20130347 烯啶虫胺/30%/水分散粒剂/烯啶虫胺 30%/2015.07.02 至 2016.07.02/低毒
水稻 稻飞虱 90-112.5克/公顷 喷雾

LS20130449 虫螨腈/50%/水分散粒剂/虫螨腈 50%/2015.09.17 至 2016.09.17/低毒
大白菜 小菜蛾 75-112.5克/公顷 喷雾

LS20130476 噻呋·戊唑醇/30%/水分散粒剂/噻呋酰胺 20%、戊唑醇 10%/2015.11.08 至 2016.11.08/低毒
水稻 稻曲病、纹枯病 67.5-90克/公顷 喷雾

LS20150162 噻虫嗪/70%/水分散粒剂/噻虫嗪 70%/2015.06.11 至 2016.06.11/低毒
烟草 蚜虫 15-30克/公顷 喷雾

LS20150196 噻虫胺/30%/水分散粒剂/噻虫胺 30%/2015.06.14 至 2016.06.14/低毒
水稻 稻飞虱 112.5-150克/公顷 喷雾

LS20150297 克菌·多菌灵/75%/可湿性粉剂/多菌灵 25%、克菌丹 50%/2015.09.23 至 2016.09.23/低毒
苹果树 轮纹病 500-750毫克/千克 喷雾

北京金地优诺生物科技发展有限公司 (北京市密云县十里堡镇岭东村村东30米 101500 010-69654520)

PD20084103 异菌·福美双/50%/可湿性粉剂/福美双 40%、异菌脲 10%/2013.12.16 至 2018.12.16/低毒
番茄 灰霉病 703-937克/公顷 喷雾

PD20090910 霜·代·乙膦铝/76%/可湿性粉剂/代森锌 50%、甲霜灵 2%、三乙膦酸铝 24%/2014.01.19 至 2019.01.19/低毒
黄瓜 霜霉病 1068.75-1425克/公顷 喷雾

PD20094034 腐霉利/15%/烟剂/腐霉利 15%/2014.03.27 至 2019.03.27/低毒
番茄(保护地) 灰霉病 450-675克/公顷 点燃放烟

PD20094525 百菌清/45%/烟剂/百菌清 45%/2014.04.09 至 2019.04.09/低毒
黄瓜(保护地) 霜霉病 1012.5-1687.5克/公顷 点燃放烟

PD20094979 琥·铝·甲霜灵/40%/可湿性粉剂/琥胶肥酸铜 30%、甲霜灵 4%、三乙膦酸铝 6%/2014.04.21 至 2019.04.21/低毒
黄瓜 角斑病 270-360克/公顷 喷雾

PD20097468 琥胶肥酸铜/30%/可湿性粉剂/琥胶肥酸铜 30%/2014.11.03 至 2019.11.03/低毒
黄瓜 角斑病 900-1050克/公顷 喷雾

PD20097819 百菌清/20%/烟剂/百菌清 20%/2014.11.20 至 2019.11.20/低毒
黄瓜(保护地) 霜霉病 750-1200克/公顷 点燃放烟

WP20090098 高效氯氰菊酯/5%/悬浮剂/高效氯氰菊酯 5%/2014.02.04 至 2019.02.04/低毒
卫生 蚊、蝇、蜚蠊 40毫克/平方米 滞留喷洒

北京金龙翔工贸有限公司 (北京市通州区永顺地区西富河园1号院11楼221 101101 010-87312689)

WP20090071 驱蚊液/6%/喷射剂/避蚊胺 6%/2014.02.01 至 2019.02.01/微毒
卫生 蚊 / 涂抹

北京科林世纪海鹰科技发展有限公司 (北京市昌平区流村镇北流村科技园环岛西600米 102204 010-89774383)

PD20082849 溴敌隆/0.005%/毒饵/溴敌隆 0.005%/2013.12.09 至 2018.12.09/低毒(原药高毒)
卫生 家鼠 饱和投饵 投饵

PD20095063 溴敌隆/0.5%/母液/溴敌隆 0.5%/2014.04.21 至 2019.04.21/中等毒(原药高毒)

PD20097098 百菌清/20%/烟剂/百菌清 20%/2014.10.10 至 2019.10.10/低毒
黄瓜(保护地) 霜霉病 750-1200克/公顷 点燃放烟

PD20097284 溴鼠灵/0.005%/饵粒/溴鼠灵 0.005%/2014.10.26 至 2019.10.26/低毒(原药高毒)
室内 家鼠 饱和投饵 投放

PD20097577 吗胍·乙酸铜/20%/可湿性粉剂/盐酸吗啉胍 10%、乙酸铜 10%/2014.11.03 至 2019.11.03/低毒
番茄 病毒病 600-750克/公顷 喷雾

PD20097906 琥·铝·甲霜灵/60%/可湿性粉剂/琥胶肥酸铜 16%、甲霜灵 2.5%、三乙膦酸铝 41.5%/2014.11.30 至 2019.11.30/低毒
黄瓜 霜霉病 1125-1500克/公顷 喷雾

PD20100137 甲基硫菌灵/70%/可湿性粉剂/甲基硫菌灵 70%/2010.01.05 至 2015.01.05/低毒
苹果树 轮纹病 778-1000毫克/千克 喷雾

PD20100146 琥铜·甲霜灵/40%/可湿性粉剂/琥胶肥酸铜 30%、甲霜灵 10%/2010.01.07 至 2015.01.07/低毒
黄瓜 霜霉病 900-1200克/公顷 喷雾

PD20100430 乙铝·锰锌/20%/烟剂/代森锰锌 7%、三乙膦酸铝 13%/2010.01.14 至 2015.01.14/低毒
黄瓜(保护地) 霜霉病 750-1050克/公顷 点燃放烟

PD20101408 琥胶肥酸铜/30%/可湿性粉剂/琥胶肥酸铜 30%/2015.04.14 至 2020.04.14/低毒
黄瓜 角斑病 900-1050克/公顷 喷雾

PD20101529 噁霜·锰锌/64%/可湿性粉剂/噁霜灵 8%、代森锰锌 56%/2015.05.19 至 2020.05.19/低毒
黄瓜 霜霉病 1650－1950克/公顷 喷雾

WP20080455 杀虫烟剂/2%/烟剂/高效氯氰菊酯 2%/2013.12.16 至 2018.12.16/低毒
卫生 蜚蠊 20毫克/平方米 点燃
卫生 蚊、蝇 10毫克/立方米 点燃

北京科诺华生物科技有限公司 (北京市平谷区夏各庄镇龙家务开发小区一号 101213 010-89963689)

WP20080473 杀蟑饵剂/30%/饵剂/硼酸 30%/2013.12.16 至 2018.12.16/低毒
卫生 蜚蠊 / 投放

WP20090199 杀虫气雾剂/0.3%/气雾剂/右旋胺菊酯 0.15%、右旋苯醚氰菊酯 0.15%/2014.03.23 至 2019.03.23/低毒
卫生 蜚蠊、蚊、蝇 / 喷雾

WP20100176 杀蚁饵剂/0.04%/饵剂/顺式氯氰菊酯 0.04%/2015.12.16 至 2020.12.16/微毒
卫生 蚂蚁 / 投放

WP20130175 电热蚊香液/1.5%/电热蚊香液/炔丙菊酯 1.5%/2013.08.16 至 2018.08.16/低毒
卫生 蚊 / 电热加温

WP20150158 氟虫腈/0.05%/胶饵/氟虫腈 0.05%/2015.08.28 至 2020.08.28/微毒
室内 蜚蠊 / 投饵

WP20150168 杀蟑饵粉/0.05%/饵粉/氟虫腈 0.05%/2015.08.28 至 2020.08.28/微毒
室内 蜚蠊 / 投饵

北京来福林生物技术有限公司 (北京市海淀区天秀路10号楼4027室 100193 010-82557059)

LS20140230 蝗虫微孢子虫/0.2亿孢子/毫升/悬浮剂/蝗虫微孢子虫 0.2亿孢子/毫升/2015.06.24 至 2016.06.24/微毒
非耕地 飞蝗 65-80毫升制剂/亩 喷雾

LS20140231 蝗虫微孢子虫/100亿孢子/毫升/母药/蝗虫微孢子虫 100亿孢子/毫升/2015.06.24 至 2016.06.24/微毒

北京绿百灵化学实验厂 (北京市昌平区流字五号 102211 010-61792480)

WP20090245 胺·氯·高氯菊/8.7%/可溶液剂/胺菊酯 3%、高效氯氰菊酯 2.5%、氯菊酯 3.2%/2014.04.24 至 2019.04.24/低毒
室内 蚊、蝇、蜚蠊 60毫克/平方米 滞留喷洒

WP20090248 杀虫喷射剂/0.85%/喷射剂/Es-生物烯丙菊酯 0.25%、氯菊酯 0.6%/2014.04.24 至 2019.04.24/微毒
卫生 蚊、蝇、蜚蠊 / 喷射

WP20090261 杀虫粉剂/0.68%/粉剂/胺菊酯 0.3%、高效氟氯氰菊酯 0.08%、氯菊酯 0.3%/2014.04.27 至 2019.04.27/微毒
卫生 蜚蠊、蚂蚁 3克制剂/平方米 撒布

WP20130151 电热蚊香液/1.2%/电热蚊香液/炔丙菊酯 1.2%/2013.07.17 至 2018.07.17/微毒
卫生 蚊 / 电热加温

北京绿叶世纪日化用品有限公司 (北京市大兴区西红门金星工业园警大路8号 100162 010-61281091)

WP20100083 杀蟑饵剂/2.5%/饵剂/乙酰甲胺磷 2.5%/2010.06.03 至 2015.06.03/低毒
卫生 蜚蠊 / 投放

WP20110146 杀蟑饵剂/0.05%/饵剂/氟虫腈 0.05%/2011.06.15 至 2016.06.15/低毒
卫生 蜚蠊 / 投放

WP20130017 杀蟑胶饵/0.05%/胶饵/氟虫腈 0.05%/2013.01.24 至 2018.01.24/低毒
卫生 蜚蠊 / 投放

WP20130109 蚊香/0.05%/蚊香/氯氟醚菊酯 0.05%/2013.05.27 至 2018.05.27/微毒
卫生 蚊 / 点燃

注:本产品有三种香型：野菊花香型、百花香型、无香型。
WP20130195 蚊香/0.08%/蚊香/氯氟醚菊酯 0.08%/2013.09.24 至 2018.09.24/微毒
室内 蚊 / 点燃
注:本产品有三种香型：无香型、野菊花香型、百花香型。
WP20130247 杀虫气雾剂/0.13%/气雾剂/高效氯氰菊酯 0.07%、右旋反式氯丙炔菊酯 0.06%/2013.12.09 至 2018.12.09/微毒
室内 蜚蠊、蚊、蝇 / 喷雾
注:本产品有三种香型：苹果香型、茉莉花香型、无香型。
WP20140004 电热蚊香片/13毫克/片/电热蚊香片/炔丙菊酯 5.2毫克/片、氯氟醚菊酯 7.8毫克/片/2014.01.02 至 2019.01.02/微毒
室内 蚊 / 电热加温
注:本产品有三种香型：无香型、野菊花香型、百花香型。
WP20140027 电热蚊香液/0.8%/电热蚊香液/氯氟醚菊酯 0.8%/2014.02.12 至 2019.02.12/微毒
室内 蚊 / 电热加温
注:本产品有三种香型：无香型、野菊花香型、百花香型。
WP20140117 电热蚊香片/10毫克/片/电热蚊香片/炔丙菊酯 5毫克/片、氯氟醚菊酯 5毫克/片/2014.06.04 至 2019.06.04/微毒
室内 蚊 / 电热加温
注:香型：无香型、野菊花香型，百花香型
WP20140229 杀蟑胶饵/2.5%/胶饵/吡虫啉 2.5%/2014.11.04 至 2019.11.04/低毒
室内 蜚蠊 / 投放

北京洛娃日化有限公司 （北京市朝阳区望京利泽中园二区203号洛娃大厦 100102 010-69391807）
WP20090360 蚊香/.3%/蚊香/富右旋反式烯丙菊酯 0.3%/2014.11.04 至 2019.11.04/微毒
卫生 蚊 / 点燃

北京三浦百草绿色植物制剂有限公司 （北京市密云县隆源工业小区15号 100020 010-65911526）
PD20102071 苦参碱/5%/母药/苦参碱 5%/2015.11.03 至 2020.11.03/低毒
PD20110058 苦参碱/0.5%/水剂/苦参碱 0.5%/2016.01.11 至 2021.01.11/低毒
十字花科蔬菜 蚜虫 6.48-8.64克/公顷 喷雾
十字花科蔬菜 菜青虫 2.7-4.05克/公顷 喷雾
PD20110546 苦参碱/0.3%/水剂/苦参碱 0.3%/2011.05.12 至 2016.05.12/低毒
花卉 蚜虫 / 直接喷雾
PD20121511 甲氨基阿维菌素苯甲酸盐/3%/微乳剂/甲氨基阿维菌素 3%/2012.10.09 至 2017.10.09/低毒
甘蓝 甜菜夜蛾 2-2.7克/公顷 喷雾
注:甲氨基阿维菌素苯甲酸盐含量:3.4%。
PD20121979 香菇多糖/1%/水剂/香菇多糖 1%/2012.12.18 至 2017.12.18/低毒
番茄 病毒病 23-38克/公顷 喷雾
PD20140436 烯啶虫胺/10%/水剂/烯啶虫胺 10%/2014.02.25 至 2019.02.25/低毒
观赏菊花 烟粉虱 40-66.7毫克/千克 喷雾
PD20140993 香菇多糖/10%/母药/香菇多糖 10%/2014.04.14 至 2019.04.14/低毒
PD20141381 氨基寡糖素/3%/水剂/氨基寡糖素 3%/2014.06.04 至 2019.06.04/低毒
番茄 晚疫病 18-22.5克/公顷 喷雾
PD20142178 鱼藤酮/6%/微乳剂/鱼藤酮 6%/2014.09.18 至 2019.09.18/中等毒
甘蓝 蚜虫 30-45克/公顷 喷雾
PD20152022 多杀霉素/25克/升/悬浮剂/多杀霉素 25克/升/2015.08.31 至 2020.08.31/低毒
甘蓝 小菜蛾 20.63-26.25克/公顷 喷雾
PD20152585 吡蚜·噻嗪酮/25%/悬浮剂/吡蚜酮 8%、噻嗪酮 17%/2015.12.17 至 2020.12.17/低毒
水稻 稻飞虱 112.5-150克/公顷 喷雾

北京市百盟兴科贸有限责任公司 （北京市丰台区东大街53号A1138室 100071 ）
WP20090253 杀蟑饵剂/0.8%/饵剂/毒死蜱 0.8%/2014.04.27 至 2019.04.27/低毒
卫生 蜚蠊 / 投放

北京市朝阳区利华鼠药厂 （北京市朝阳区小红门南里 100176 ）
PD20093308 溴敌隆/0.005%/毒饵/溴敌隆 0.005%/2014.03.13 至 2019.03.13/低毒(原药高毒)
室内 褐家鼠 20-40克毒饵/15平方米 饱和投饵堆施或穴施

北京市东旺农药厂 （北京市房山区良乡城西固村 102488 010-89356448）
PD20040079 氯氰菊酯/5%/乳油/氯氰菊酯 5%/2014.12.19 至 2019.12.19/中等毒
棉花 棉铃虫 45-90克/公顷 喷雾
十字花科蔬菜 菜青虫 30-45克/公顷 喷雾
PD20040251 高效氯氰菊酯/4.5%/乳油/高效氯氰菊酯 4.5%/2014.12.19 至 2019.12.19/中等毒
茶树 茶尺蠖 15-25.5克/公顷 喷雾
柑橘树 潜叶蛾 15-20毫克/千克 喷雾
棉花 棉铃虫 15-30克/公顷 喷雾
苹果树 食心虫 20-33毫克/千克 喷雾
十字花科蔬菜 菜青虫 9-25.5克/公顷 喷雾
烟草 烟青虫 15-25.5克/公顷 喷雾
PD20040684 高氯·三唑磷/15%/乳油/高效氯氰菊酯 1%、三唑磷 14%/2014.12.19 至 2019.12.19/中等毒

棉花 棉铃虫 94-140克/公顷 喷雾
十字花科蔬菜 小菜蛾 180-225克/公顷 喷雾
十字花科蔬菜 菜青虫 90-135克/公顷 喷雾
PD20085111 甲氰·马拉松/25%/乳油/甲氰菊酯 2%、马拉硫磷 23%/2013.12.23 至 2018.12.23/中等毒
柑橘树 红蜘蛛 250-312.5毫克/千克 喷雾
棉花 棉铃虫 187.5-262.5克/公顷 喷雾
棉花 红蜘蛛 225-300克/公顷 喷雾
PD20085762 高氯·辛硫磷/25%/乳油/高效氯氰菊酯 2.5%、辛硫磷 22.5%/2013.12.29 至 2018.12.29/中等毒
棉花 棉铃虫 187.5-281.25克/公顷 喷雾
PD20085915 辛硫·高氯氟/30%/乳油/高效氯氟氰菊酯 0.25%、辛硫磷 29.75%/2013.12.29 至 2018.12.29/中等毒
十字花科蔬菜 菜青虫 180-270克/公顷 喷雾
PD20094412 甲哌鎓/25%/水剂/甲哌鎓 25%/2014.04.01 至 2019.04.01/低毒
棉花 调节生长 40-60克/公顷 喷雾
PD20096959 高氯·辛硫磷/25%/乳油/高效氯氰菊酯 0.4%、辛硫磷 24.6%/2014.09.29 至 2019.09.29/中等毒
甘蓝 菜青虫 150-225克/公顷 喷雾
棉花 棉铃虫 280-375克/公顷 喷雾
PD20101024 霜霉·络氨铜/48%/水剂/络氨铜 23%、霜霉威 25%/2015.03.22 至 2020.03.22/低毒
烟草 黑胫病 320-480毫克/千克 喷雾
PD20101263 混脂·硫酸铜/8%/水乳剂/混合脂肪酸 7.6%、硫酸铜 0.4%/2015.03.05 至 2020.03.05/低毒
番茄 病毒病 300-450克/公顷 喷雾
烟草 花叶病毒病 240-300克/公顷 喷雾
PD20101264 混脂·硫酸铜/24%/水乳剂/混合脂肪酸 22.8%、硫酸铜 1.2%/2015.03.05 至 2020.03.05/低毒
番茄 病毒病 300-450克/公顷 喷雾
辣椒、西瓜 病毒病 280-420克/公顷 喷雾
烟草 花叶病毒病 300-450克/公顷 喷雾
PD20101336 噁霉·络氨铜/19%/水剂/噁霉灵 13%、络氨铜 6%/2015.03.22 至 2020.03.22/低毒
烟草 赤星病 95-142克/公顷 喷雾
PD20101728 高氯·甲维盐/5%/微乳剂/高效氯氰菊酯 4.8%、甲氨基阿维菌素苯甲酸盐 0.2%/2015.06.28 至 2020.06.28/中等毒
烟草 烟青虫 15-30克/公顷 喷雾
烟草 斜纹夜蛾 15-30毫升制剂/亩 喷雾
PD20102004 水胺·高氯/22%/乳油/高效氯氰菊酯 1%、水胺硫磷 21%/2010.09.25 至 2015.09.25/高毒
棉花 棉铃虫 124-186克/公顷 喷雾
PD20102108 阿维·丁硫/25%/水乳剂/阿维菌素 0.5%、丁硫克百威 24.5%/2015.11.30 至 2020.11.30/中等毒(原药高毒)
烟草 根结线虫 125-250毫克/千克 灌根
PD20110803 联苯·甲维盐/5.3%/微乳剂/甲氨基阿维菌素苯甲酸盐 0.3%、联苯菊酯 5%/2011.07.26 至 2016.07.26/中等毒
茶树 茶毛虫、茶尺蠖 13.25-26.5毫克/千克 喷雾
PD20110873 甲氨基阿维菌素苯甲酸盐/3%/微乳剂/甲氨基阿维菌素 3%/2011.08.16 至 2016.08.16/低毒
甘蓝 甜菜夜蛾、小菜蛾 1.8-2.25克/公顷 喷雾
注:甲氨基阿维菌素苯甲酸盐含量：3.4%。
PD20110983 甲戊·烯效唑/30%/乳油/二甲戊灵 28%、烯效唑 2%/2011.09.16 至 2016.09.16/低毒
烟草 抑制腋芽生长 160-200倍液 杯淋法
PD20111439 腈菌唑/12.5%/微乳剂/腈菌唑 12.5%/2011.12.29 至 2016.12.29/微毒
烟草 白粉病、赤星病 56.25—75克/公顷 喷雾
PD20120017 啶虫脒/3%/微乳剂/啶虫脒 3%/2012.01.06 至 2017.01.06/低毒
烟草 蚜虫 13.5—18克/公顷 喷雾
PD20120088 氟铃脲/5%/乳油/氟铃脲 5%/2012.01.19 至 2017.01.19/微毒
甘蓝 小菜蛾 52.5—67.5克/公顷 喷雾
WP20100107 高氯·氟铃脲/5%/悬浮剂/氟铃脲 1%、高效氯氰菊酯 4%/2015.07.28 至 2020.07.28/低毒
卫生 蜚蠊、蝇 50毫克/平方米 滞留喷洒

北京市隆华新业卫生杀虫剂有限公司 (北京市朝阳区平房乡平房东口工业区 100025 010-65488469，65487951)

PD20080602 溴敌隆/0.01%/饵粒/溴敌隆 0.01%/2013.05.12 至 2018.05.12/低毒(原药高毒)
室内 家鼠 10-20克制剂/15平方米 堆施或穴施
PD20081524 溴鼠灵/0.005%/毒饵/溴鼠灵 0.005%/2013.11.06 至 2018.11.06/低毒(原药高毒)
室内 家鼠 15-30克/15平方米 堆施或穴施
PD20081761 溴敌隆/0.5%/母液/溴敌隆 0.5%/2013.11.18 至 2018.11.18/中等毒(原药高毒)
室外 田鼠 2-5克0.005%毒饵×(300-450)点/公顷 堆施或穴施
PD20086047 溴敌隆/0.005%/毒饵/溴敌隆 0.005%/2013.12.29 至 2018.12.29/低毒(原药高毒)
室内 家鼠 10-20克制剂/10平方米 堆施或穴施
室外 田鼠 2-5克制剂×(300-450)点/公顷 堆施或穴施
PD20086384 杀鼠醚/0.0375%/毒饵/杀鼠醚 0.0375%/2013.12.31 至 2018.12.31/低毒(原药高毒)
室内 家鼠 15-20克制剂/堆、穴 堆施或穴施(连续投放5天)

PD20093977 杀鼠醚/0.75%/母粉/杀鼠醚 0.75%/2014.03.27 至 2019.03.27/低毒(原药高毒)
室内 家鼠 饱和投饵 配成0.0375%毒饵堆施或穴施

WP20080085 杀蟑胶饵/4.5%/胶饵/灭幼脲 0.5%、乙酰甲胺磷 4%/2013.07.10 至 2018.07.10/低毒
卫生 蜚蠊 / 投放

WP20080219 高效氯氰菊酯/5%/悬浮剂/高效氯氰菊酯 5%/2013.11.25 至 2018.11.25/低毒
卫生 蚊、蝇 50毫克/平方米 滞留喷雾
卫生 蜚蠊 83.3毫克/平方米 滞留喷雾

WP20080242 高效氯氟氰菊酯/2.5%/水分散粒剂/高效氯氟氰菊酯 2.5%/2013.11.25 至 2018.11.25/低毒
卫生 蚊、蝇、蜚蠊 50毫克/平方米 滞留喷洒

WP20080244 杀蚁饵剂/1%/饵剂/毒死蜱 1%/2013.11.26 至 2018.11.26/低毒
卫生 蚂蚁 / 投饵

WP20080247 杀蟑饵剂/2.8%/饵剂/毒死蜱 0.8%、乙酰甲胺磷 2%/2013.11.26 至 2018.11.26/低毒
卫生 蜚蠊 / 投饵

WP20080256 杀虫粉剂/0.17%/粉剂/胺菊酯 0.06%、氯菊酯 0.01%、溴氰菊酯 0.10%/2013.11.26 至 2018.11.26/低毒
卫生 蜚蠊、蚊、蝇 1.1-2.2毫克/平方米 撒布

WP20080271 杀虫粉剂/0.6%/粉剂/残杀威 0.45%、高效氯氰菊酯 0.15%/2013.12.01 至 2018.12.01/低毒
卫生 蜚蠊 3克制剂/平方米 撒布

WP20080400 杀蟑饵剂/2.6%/饵剂/残杀威 2%、毒死蜱 0.6%/2013.12.11 至 2018.12.11/低毒
卫生 蜚蠊 / 投饵

WP20080460 杀蟑饵膏/2%/膏剂/残杀威 2%/2013.12.16 至 2018.12.16/低毒
卫生 蜚蠊 / 投饵

WP20080483 高效氯氰菊酯/4.5%/水乳剂/高效氯氰菊酯 4.5%/2013.12.17 至 2018.12.17/低毒
卫生 蚊、蝇 30毫克/平方米 滞留喷洒
卫生 蜚蠊 40毫克/平方米 滞留喷洒

WP20090005 杀蟑饵剂/2.5%/毒饵/灭幼脲 0.5%、乙酰甲胺磷 2.0%/2014.01.04 至 2019.01.04/低毒
卫生 蜚蠊 / 投饵

WP20090212 高效氯氟氰菊酯/2.5%/悬浮剂/高效氯氟氰菊酯 2.5%/2014.03.31 至 2019.03.31/低毒
卫生 蝇 15毫克/平方米 滞留喷洒
卫生 蜚蠊 30毫克/平方米 滞留喷洒

WP20090233 氯氰·敌敌畏/16.5%/乳油/敌敌畏 15%、氯氰菊酯 1.5%/2014.04.13 至 2019.04.13/中等毒
室外 蚊、蝇 0.04-0.06毫升制剂/平方米 喷洒

WP20090319 敌·氯·辛硫磷/12.8%/乳油/敌敌畏 8.8%、氯氰菊酯 0.8%、辛硫磷 3.2%/2014.09.10 至 2019.09.10/中等毒
卫生 蚊、蝇 100倍液 喷洒

WP20100127 杀蟑烟剂/6%/烟剂/高效氯氰菊酯 6%/2010.11.01 至 2015.11.01/低毒
室内 蜚蠊 / 点燃

WP20110010 杀蟑胶饵/2.5%/胶饵/吡虫啉 2.5%/2011.01.04 至 2016.03.15/低毒
卫生 蜚蠊 / 投放

WP20120040 杀蟑胶饵/0.05%/胶饵/氟虫腈 0.05%/2012.03.12 至 2017.03.12/微毒
卫生 蜚蠊 / 投放

WP20120132 杀蟑热雾剂/2.5%/热雾剂/胺菊酯 0.5%、高效氯氰菊酯 2%/2012.07.19 至 2017.07.19/微毒
卫生 蜚蠊 1.5毫升制剂/立方米 热雾机喷雾

WP20120152 杀蟑饵剂/0.05%/饵剂/氟虫腈 0.05%/2012.08.28 至 2017.08.28/微毒
卫生 蜚蠊 / 投饵

WP20120186 吡丙醚/0.5%/颗粒剂/吡丙醚 0.5%/2012.09.19 至 2017.09.19/微毒
卫生 蝇(幼虫) 100毫克/平方米 撒施
卫生 蚊(幼虫) 50毫克/平方米 撒施

WP20130077 烯丙·氯菊/10.5%/微乳剂/Es-生物烯丙菊酯 0.5%、氯菊酯 10%/2013.04.22 至 2018.04.22/微毒
卫生 蚊 / 喷雾

WP20130196 杀蟑饵剂/2%/饵剂/氟蚁腙 2%/2013.09.24 至 2018.09.24/微毒
室内 蜚蠊 / 投放

WP20130203 杀蚁饵剂/1%/饵剂/氟蚁腙 1%/2013.09.25 至 2018.09.25/微毒
室内 蚂蚁 / 投放

北京市益环天敌农业技术服务公司 (北京市密云县水源路保利花园南侧 101500 010-69042622)

PD20151943 松毛虫赤眼蜂/10000头/袋/杀虫卵袋/松毛虫赤眼蜂 10000头/袋/2015.08.30 至 2020.08.30/低毒
玉米 玉米螟 20000－30000头/亩 挂放蜂袋放蜂

北京顺意生物农药厂 (北京市顺义区北石槽镇 101300 010-60421788)

PD20040242 高效氯氰菊酯/4.5%/乳油/高效氯氰菊酯 4.5%/2014.12.19 至 2019.12.19/低毒
茶树 尺蠖 15-25.5克/公顷 喷雾
柑橘树 红蜡蚧 50毫克/千克 喷雾
柑橘树 潜叶蛾 15-20毫克/千克 喷雾
棉花 红铃虫、棉铃虫、蚜虫 15-30克/公顷 喷雾
苹果树 桃小食心虫 30-45毫克/千克 喷雾

十字花科蔬菜 菜青虫、小菜蛾 9-25.5克/公顷 喷雾
十字花科蔬菜 美洲斑潜蝇 27-33.8克/公顷 喷雾
十字花科蔬菜 菜蚜 3-18克/公顷 喷雾
烟草 烟青虫 15-25.5克/公顷 喷雾

PD20040685 吡虫·杀虫单/50%/可湿性粉剂/吡虫啉 1%、杀虫单 49%/2014.12.19 至 2019.12.19/中等毒
水稻 稻飞虱、稻纵卷叶螟 750-900克/公顷 喷雾

PD20060150 氯氰菊酯/5%/乳油/氯氰菊酯 5%/2011.08.24 至 2016.08.24/中等毒
十字花科蔬菜 菜青虫、蚜虫 30-45克/公顷 喷雾

PD20080527 噻吩磺隆/15%/可湿性粉剂/噻吩磺隆 15%/2013.04.29 至 2018.04.29/低毒
冬小麦田 一年生阔叶杂草 22.5-33.8克/公顷 喷雾
花生田、夏大豆田 一年生阔叶杂草 18-27克/公顷 土壤喷雾
夏玉米田 一年生阔叶杂草 18-27克/公顷 土壤或茎叶喷雾

PD20084870 辛硫·氟氯氰/43%/乳油/氟氯氰菊酯 3%、辛硫磷 40%/2013.12.22 至 2018.12.22/低毒
棉花 棉蚜 129-258克/公顷 喷雾
棉花 红蜘蛛 161.25-322.5克/公顷 喷雾(有抑制作用)
棉花 棉铃虫 161.25-322.5克/公顷 喷雾

PD20085045 苯磺隆/10%/可湿性粉剂/苯磺隆 10%/2013.12.23 至 2018.12.23/低毒
冬小麦田 一年生阔叶杂草 13.5-22.5克/公顷 茎叶喷雾

PD20085553 阿维·高氯/3%/乳油/阿维菌素 0.2%、高效氯氰菊酯 2.8%/2013.12.25 至 2018.12.25/低毒(原药高毒)
黄瓜 美洲斑潜蝇 15-30克/公顷 喷雾
梨树 梨木虱 6-12毫克/千克 喷雾
十字花科蔬菜 小菜蛾 7.5-15克/公顷 喷雾

PD20085614 百菌清/40%/悬浮剂/百菌清 40%/2013.12.25 至 2018.12.25/低毒
番茄 灰霉病 900-1000克/公顷 喷雾
黄瓜 霜霉病 900-1050克/公顷 喷雾

PD20090133 辛硫·氟氯氰/30%/乳油/氟氯氰菊酯 1%、辛硫磷 29%/2014.01.08 至 2019.01.08/低毒
棉花 棉铃虫 150-225克/公顷 喷雾
棉花 美洲斑潜蝇 180-270克/公顷 喷雾
十字花科蔬菜 美洲斑潜蝇、蚜虫 135-225克/公顷 喷雾

PD20091732 高氯·马/20%/乳油/高效氯氰菊酯 2%、马拉硫磷 18%/2014.02.04 至 2019.02.04/中等毒
茶树 茶毛虫、小绿叶蝉 60-180克/公顷 喷雾
甘蓝 小菜蛾 150-300克/公顷 喷雾
甘蓝 菜青虫、蚜虫 45-120克/公顷 喷雾
棉花 棉铃虫、蚜虫 60-180克/公顷 喷雾
苹果树 蚜虫 50-200毫克/千克 喷雾
苹果树 桃小食心虫 133-200毫克/千克 喷雾
十字花科蔬菜 甜菜夜蛾 90-150克/公顷 喷雾
小麦 蚜虫 120-150克/公顷 喷雾

PD20093550 复硝酚钠/1.8%/水剂/5-硝基邻甲氧基苯酚钠 0.3%、对硝基苯酚钠 0.9%、邻硝基苯酚钠 0.6%/2014.03.23至 2019.03.23/低毒
番茄 调节生长 4.5-6.0毫克/千克 喷雾

PD20094392 氯·灭·辛硫磷/25%/乳油/高效氯氰菊酯 2%、灭多威 5%、辛硫磷 18%/2014.04.01 至 2019.04.01/中等毒(原药高毒)
棉花 红蜘蛛、棉铃虫、棉蚜 127.5-187.5克/公顷 喷雾
棉花 美洲斑潜蝇 187.5-262.5克/公顷 喷雾

PD20094839 噻磺·乙草胺/20%/可湿性粉剂/噻吩磺隆 1%、乙草胺 19%/2014.04.13 至 2019.04.13/低毒
冬小麦田 一年生杂草 240-300克/公顷 喷雾

PD20095447 苄·二氯/36%/可湿性粉剂/苄嘧磺隆 4%、二氯喹啉酸 32%/2014.05.11 至 2019.05.11/低毒
水稻抛秧田 部分多年生杂草、一年生杂草 216-270克/公顷（南方地区） 排水、喷雾

PD20095568 苄嘧·苯噻酰/50%/可湿性粉剂/苯噻酰草胺 47.4%、苄嘧磺隆 2.6%/2014.05.12 至 2019.05.12/低毒
水稻抛秧田 部分多年生杂草、一年生杂草 375-450克/公顷 药土法

PD20095895 精喹·草除灵/17.5%/乳油/草除灵 15%、精喹禾灵 2.5%/2014.05.31 至 2019.05.31/低毒
油菜田 一年生杂草 262.5-393.8克/公顷 茎叶喷雾

PD20095904 扑·乙/40%/乳油/扑草净 15%、乙草胺 25%/2014.05.31 至 2019.05.31/低毒
春大豆田 一年生杂草 1200-1500克/公顷 喷雾
春玉米田 一年生杂草 1200-1500克/公顷(东北地区) 喷雾
花生田 一年生杂草 900-1500克/公顷 喷雾

PD20100231 盐酸吗啉胍/23%/可溶粉剂/盐酸吗啉胍 23%/2015.01.11 至 2020.01.11/低毒
番茄 病毒病 703-1406克/公顷 喷雾

PD20110366 阿维·哒螨灵/5%/乳油/阿维菌素 0.2%、哒螨灵 4.8%/2011.03.31 至 2016.03.31/低毒(原药高毒)
柑橘树 红蜘蛛 40-60毫克/千克 喷雾

PD20110889 高效氯氰菊酯/4.5%/微乳剂/高效氯氰菊酯 4.5%/2011.08.16 至 2016.08.16/中等毒
甘蓝 菜青虫 27-40.5克/公顷 喷雾

WPN2-94 溴氰菊酯/2.5%/可湿性粉剂/溴氰菊酯 2.5%/2014.09.23 至 2019.09.23/中等毒

卫生 蜚蠊、蝇 10-20毫克/平方米 喷雾

WP20080220 高效氯氰菊酯/5%/可湿性粉剂/高效氯氰菊酯 5%/2013.11.25 至 2018.11.25/低毒
卫生 蚊、蝇 10-20毫克/平方米 滞留喷雾
卫生 蜚蠊 40毫克/平方米 滞留喷雾
卫生 蚂蚁 50-100毫克/平方米 滞留喷雾

WP20080267 杀虫粉剂/1%/粉剂/高效氯氰菊酯 1%/2013.11.27 至 2018.11.27/低毒
卫生 蜚蠊 6克制剂/平方米 撒布
卫生 蚂蚁 3克制剂/平方米 撒布

WP20080356 高效氯氰菊酯/5%/悬浮剂/高效氯氰菊酯 5%/2013.12.09 至 2018.12.09/低毒
卫生 蚂蚁 50-100毫克/平方米 滞留喷洒
卫生 蜚蠊、蚊、蝇 10-20毫克/平方米 滞留喷洒

WP20080579 杀虫喷射剂/0.6%/喷射剂/胺菊酯 0.3%、氯菊酯 0.3%/2013.12.29 至 2018.12.29/低毒
卫生 蚊、蝇、蜚蠊 / 喷射

WP20090143 高效氟氯氰菊酯/2.5%/悬浮剂/高效氟氯氰菊酯 2.5%/2014.02.26 至 2019.02.26/低毒
卫生 蜚蠊、蚊、蝇 玻璃面10毫克/平方米；木板面、石灰面20毫克/平方米 滞留喷洒
卫生 蚂蚁 20毫克/平方米 滞留喷洒

WP20110255 杀蟑胶饵/2%/胶饵/吡虫啉 2%/2011.11.18 至 2016.11.18/微毒
卫生 蜚蠊 / 投放

WP20130088 杀蟑饵剂/0.05%/饵剂/氟虫腈 0.05%/2013.05.07 至 2018.05.07/微毒
卫生 蜚蠊 / 投放

北京沃特瑞尔科技发展有限公司 (北京市海淀区上地西里 100085 010-62964685)

PD20096415 甲氨基阿维菌素苯甲酸盐(90%)///原药/甲氨基阿维菌素 79.1%/2014.08.04 至 2019.08.04/中等毒

PD20096416 草甘膦/95%/原药/草甘膦 95%/2014.08.04 至 2019.08.04/低毒

PD20096964 烟嘧磺隆/95%/原药/烟嘧磺隆 95%/2014.09.29 至 2019.09.29/低毒

北京亚戈农生物药业有限公司 (北京市平谷区东高村镇崔庄前街13号 101203 010-89922404)

PD20080911 嘧霉·多菌灵/40%/悬浮剂/多菌灵 30%、嘧霉胺 10%/2013.07.14 至 2018.07.14/低毒
黄瓜 灰霉病 450－562.5克/公顷 喷雾

PD20084987 毒死蜱/40%/乳油/毒死蜱 40%/2013.12.22 至 2018.12.22/中等毒
水稻 稻飞虱 300-600克/公顷 喷雾

PD20085526 联苯菊酯/25克/升/乳油/联苯菊酯 25克/升/2013.12.25 至 2018.12.25/低毒
茶树 茶小绿叶蝉 30-37.5克/公顷 喷雾

PD20086039 丙溴·辛硫磷/25%/乳油/丙溴磷 5%、辛硫磷 20%/2013.12.29 至 2018.12.29/低毒
棉花 棉铃虫 225-375克/公顷 喷雾
十字花科蔬菜 小菜蛾 262.5-450克/公顷 喷雾

PD20090088 阿维·杀虫单/15%/微乳剂/阿维菌素 0.3%、杀虫单 14.7%/2014.01.08 至 2019.01.08/低毒(原药高毒)
水稻 二化螟 135-225克/公顷 喷雾

PD20090340 阿维·哒螨灵/10%/乳油/阿维菌素 0.2%、哒螨灵 9.8%/2014.01.12 至 2019.01.12/低毒(原药高毒)
苹果树 红蜘蛛 2000-3000倍液 喷雾

PD20090361 炔螨特/570克/升/乳油/炔螨特 570克/升/2014.01.12 至 2019.01.12/低毒
柑橘树 红蜘蛛 285-427.5毫克/千克 喷雾

PD20090430 氯氰·丙溴磷/440克/升/乳油/丙溴磷 400克/升、氯氰菊酯 40克/升/2014.01.12 至 2019.01.12/中等毒
棉花 棉铃虫 528-660克/公顷 喷雾

PD20090806 丙环唑/250克/升/乳油/丙环唑 250克/升/2014.01.19 至 2019.01.19/低毒
小麦 白粉病 112.5-131.25克/公顷 喷雾

PD20091287 甲霜·锰锌/58%/可湿性粉剂/甲霜灵 10%、代森锰锌 48%/2014.02.01 至 2019.02.01/低毒
黄瓜 霜霉病 696-1044克/公顷 喷雾

PD20092530 高效氯氟氰菊酯/25克/升/乳油/高效氯氟氰菊酯 25克/升/2014.02.26 至 2019.02.26/中等毒
棉花 棉铃虫 15-22.5克/公顷 喷雾

PD20093543 氟硅唑/400克/升/乳油/氟硅唑 400克/升/2014.03.23 至 2019.03.23/低毒
梨树 黑星病 40-50毫克/千克 喷雾

PD20096909 吡虫啉/5%/乳油/吡虫啉 5%/2014.09.23 至 2019.09.23/低毒
苹果树 蚜虫 25-50毫克/千克 喷雾

PD20101265 桉油精/70%/母药/桉油精 70%/2015.03.05 至 2020.03.05/低毒

PD20101270 桉油精/5%/可溶液剂/桉油精 5%/2015.03.05 至 2020.03.05/低毒
十字花科蔬菜 蚜虫 52.5～75克/公顷 喷雾

PD20102013 苦参碱/0.5%/可溶液剂/苦参碱 0.5%/2015.09.25 至 2020.09.25/低毒
甘蓝 蚜虫 4.56-6.84克/公顷 喷雾

PD20131119 甲氨基阿维菌素苯甲酸盐/1%/微乳剂/甲氨基阿维菌素 1%/2013.05.20 至 2018.05.20/低毒
甘蓝 甜菜夜蛾 3.0-4.5克/公顷 喷雾
注:甲氨基阿维菌素苯甲酸盐含量:1.14%。

PD20142061 咪鲜胺/45%/微乳剂/咪鲜胺 45%/2014.08.28 至 2019.08.28/低毒
柑橘 绿霉病、青霉病、炭疽病 225-300毫克/千克 浸果

PD20150510 丁硫克百威/20%/乳油/丁硫克百威 20%/2015.03.23 至 2020.03.23/中等毒
棉花 棉蚜 90－180克/公顷 喷雾

北京燕化永乐生物科技股份有限公司 (北京市通州区永乐店镇德仁务村 102488 010-89360210)

PD86123-3 矮壮素/50%/水剂/矮壮素 50%/2011.07.10 至 2016.07.10/低毒
棉花 防止徒长,化学整枝 10000倍液 喷顶，后期喷全株
棉花 提高产量、植株紧凑 1)10000倍液2)0.3-0.5%药液 1)喷雾2)浸种
棉花 防止疯长 25000倍液 喷顶
小麦 防止倒伏,提高产量 1)3-5%药液 2)100-400倍液 1)拌种2)返青、拔节期喷雾
玉米 增产 0.5%药液 浸种

PD20070318 氯氰·辛硫磷/26%/乳油/氯氰菊酯 1%、辛硫磷 25%/2012.09.27 至 2017.09.27/低毒
棉花 棉铃虫 390-585克/公顷 喷雾

PD20080497 草甘膦异丙胺盐/30%/水剂/草甘膦 30%/2013.04.10 至 2018.04.10/低毒
茶园、柑橘园、剑麻园、梨园、苹果园、桑园、橡胶园 杂草 1125-2250克/公顷 行间定向喷雾
非耕地 一年生和多年生杂草 1230-2460克/公顷 茎叶喷雾
注:草甘膦异丙胺盐含量：41%。

PD20080609 氯氟吡氧乙酸异辛酯/200克/升/乳油/氯氟吡氧乙酸异辛酯 200克/升/2013.05.12 至 2018.05.12/低毒
冬小麦田 一年生阔叶杂草 180-210克/公顷 茎叶喷雾
水田畦畔 空心莲子草 150-180克/公顷 定向茎叶喷雾

PD20081676 二甲戊灵/330克/升/乳油/二甲戊灵 330克/升/2013.11.17 至 2018.11.17/低毒
甘蓝田 一年生禾本科杂草及部分阔叶杂草 594-742.5克/公顷 土壤喷雾
烟草 抑制腋芽生长 60-80毫克/千克 杯淋法

PD20082351 霜脲·锰锌/72%/可湿性粉剂/代森锰锌 64%、霜脲氰 8%/2013.12.01 至 2018.12.01/低毒
黄瓜 霜霉病 1620-1800克/公顷 喷雾
荔枝树 霜疫霉病 1200-1450毫克/千克 喷雾

PD20083068 代森锰锌/80%/可湿性粉剂/代森锰锌 80%/2013.12.10 至 2018.12.10/低毒
柑橘树 疮痂病、炭疽病 1333-2000毫克/千克 喷雾
梨树 黑星病 800-1500毫克/千克 喷雾
荔枝树 霜疫霉病 1333-2000毫克/千克 喷雾
苹果树 斑点落叶病、轮纹病、炭疽病 1000-1500毫克/千克 喷雾
葡萄 白腐病、黑痘病、霜霉病 1000-1600毫克/千克 喷雾
西瓜 炭疽病 1560-2520克/公顷 喷雾

PD20083125 代森锌/80%/可湿性粉剂/代森锌 80%/2013.12.10 至 2018.12.10/低毒
番茄 早疫病 2550-3600克/公顷 喷雾

PD20083202 阿维菌素/1.8%/乳油/阿维菌素 1.8%/2013.12.11 至 2018.12.11/低毒(原药高毒)
菜豆、黄瓜 美洲斑潜蝇 10.8-21.6克/公顷 喷雾
柑橘树 红蜘蛛、潜叶蛾 4.5-9毫克/千克 喷雾
柑橘树 锈壁虱 2.25-4.5毫克/千克 喷雾
梨树 梨木虱 6-12毫克/千克 喷雾
苹果树 二斑叶螨 4.5-6毫克/千克 喷雾
苹果树 红蜘蛛 3-6毫克/千克 喷雾
苹果树 桃小食心虫 4.5-9毫克/千克 喷雾
十字花科蔬菜 菜青虫、小菜蛾 8.1-10.8克/公顷 喷雾

PD20083261 噁霜·锰锌/64%/可湿性粉剂/噁霜灵 8%、代森锰锌 56%/2013.12.11 至 2018.12.11/低毒
烟草 黑胫病 1920-2880克/公顷 喷雾

PD20083349 丙环唑/250克/升/乳油/丙环唑 250克/升/2013.12.11 至 2018.12.11/低毒
香蕉 叶斑病 360-500毫克/千克 喷雾

PD20083392 毒死蜱/45%/乳油/毒死蜱 45%/2013.12.11 至 2018.12.11/中等毒
柑橘树 介壳虫 240-480毫克/千克 喷雾
苹果树 桃小食心虫 160-240毫克/千克 喷雾
苹果树 绵蚜 240-320毫克/千克 喷雾
水稻 稻纵卷叶螟 432-720克/公顷 喷雾

PD20083698 三环唑/75%/可湿性粉剂/三环唑 75%/2013.12.15 至 2018.12.15/中等毒
水稻 稻瘟病 250-300克/公顷 喷雾

PD20084299 三唑酮/25%/可湿性粉剂/三唑酮 25%/2013.12.17 至 2018.12.17/低毒
小麦 白粉病 75-135克/公顷 喷雾

PD20084924 多菌灵/50%/可湿性粉剂/多菌灵 50%/2013.12.22 至 2018.12.22/低毒
苹果树 炭疽病 500-833毫克/千克 喷雾

PD20085182 抑霉唑/50%/乳油/抑霉唑 50%/2013.12.23 至 2018.12.23/低毒
柑橘 绿霉病、青霉病 357-500毫克/千克 浸果

PD20085326 苯丁锡/50%/可湿性粉剂/苯丁锡 50%/2013.12.24 至 2018.12.24/低毒

柑橘树 红蜘蛛 200-250毫克/千克 喷雾

PD20085501 精喹禾灵/5%/乳油/精喹禾灵 5%/2013.12.25 至 2018.12.25/低毒

棉花田 一年生禾本科杂草 37.5-60克/公顷 茎叶喷雾

PD20085668 除虫脲/25%/可湿性粉剂/除虫脲 25%/2013.12.26 至 2018.12.26/低毒

森林 松毛虫 40-60毫克/千克 喷雾

PD20085810 高效氟吡甲禾灵/108克/升/乳油/高效氟吡甲禾灵 108克/升/2013.12.29 至 2018.12.29/低毒

春大豆田 一年生禾本科杂草 48.6-56.7克/公顷 茎叶喷雾

春油菜 一年生禾本科杂草 45.36-51.84克/公顷 茎叶喷雾

冬油菜田 一年生禾本科杂草 32.5-45克/公顷 茎叶喷雾

夏大豆田 一年生禾本科杂草 45.4-48.6克/公顷 茎叶喷雾

PD20086289 联苯菊酯/100克/升/乳油/联苯菊酯 100克/升/2013.12.31 至 2018.12.31/低毒

茶树 茶小绿叶蝉 37.5-45克/公顷 喷雾

PD20090139 复硝酚钠/1.8%/水剂/5-硝基邻甲氧基苯酚钠 0.3%、对硝基苯酚钠 0.9%、邻硝基苯酚钠 0.6%/2014.01.08至 2019.01.08/低毒

番茄 调节生长 3.6-4.5微升/升（4000-5000倍液） 兑水喷雾

PD20091592 烯草酮/240克/升/乳油/烯草酮 240克/升/2014.02.03 至 2019.02.03/低毒

大豆田 一年生禾本科杂草 108-144克/公顷 茎叶喷雾

PD20091680 甲基硫菌灵/70%/可湿性粉剂/甲基硫菌灵 70%/2014.02.03 至 2019.02.03/低毒

苹果树 轮纹病 700-1167毫克/千克 喷雾

PD20093841 唑磷·毒死蜱/25%/乳油/毒死蜱 10%、三唑磷 15%/2014.03.25 至 2019.03.25/中等毒

水稻 二化螟 375-450克/公顷 喷雾

PD20095821 精噁唑禾草灵/69克/升/水乳剂/精噁唑禾草灵 69克/升/2014.05.27 至 2019.05.27/低毒

春小麦田 一年生禾本科杂草 51.75-62.1克/公顷

冬小麦田 一年生禾本科杂草 41.4-51.75克/公顷 茎叶喷雾 茎叶喷雾

PD20096262 香菇多糖/2%/母药/香菇多糖 2%/2014.07.15 至 2019.07.15/低毒

PD20096263 香菇多糖/0.5%/水剂/香菇多糖 0.5%/2014.07.15 至 2019.07.15/低毒

番茄 病毒病 12.45-18.75克/公顷 喷雾

烟草 病毒病 7.5-12.5克/公顷 喷雾

PD20096418 多·锰锌/50%/可湿性粉剂/多菌灵 8%、代森锰锌 42%/2014.08.04 至 2019.08.04/低毒

苹果树 轮纹病 625-833毫克/千克 喷雾

PD20101060 烟嘧磺隆/40克/升/可分散油悬浮剂/烟嘧磺隆 40克/升/2015.01.21 至 2020.01.21/低毒

玉米田 一年生杂草 39-54克/公顷 茎叶喷雾

PD20101683 混铜·多菌灵/15%/悬浮剂/多菌灵 3%、混合氨基酸铜 12%/2015.06.08 至 2020.06.08/低毒

西瓜 枯萎病 2190-2805克/公顷 灌根

PD20110099 吡嘧·苯噻酰/50%/可湿性粉剂/苯噻酰草胺 48.2%、吡嘧磺隆 1.8%/2016.01.26 至 2021.01.26/低毒

水稻移栽田 一年生及部分多年生杂草 375-525克/公顷(南方地区)；525-750克/公顷(北方地区) 药土法

PD20110744 苯醚甲环唑/10%/水分散粒剂/苯醚甲环唑 10%/2011.07.25 至 2016.07.25/低毒

苹果树 斑点落叶病 50-66.7毫克/千克 喷雾

PD20110850 高氯·甲维盐/4.8%/微乳剂/高效氯氰菊酯 4.5%、甲氨基阿维菌素苯甲酸盐 0.3%/2011.08.10 至 2016.08.10/低毒

甘蓝 甜菜夜蛾 18-28.8克/公顷 喷雾

PD20111419 甲嘧磺隆/10%/悬浮剂/甲嘧磺隆 10%/2011.12.23 至 2016.12.23/低毒

林地防火隔离带非耕地 杂草 375-750克/公顷 喷雾

林地防火隔离带非耕地 杂灌 1050-3000克/公顷 喷雾

针叶苗圃 杂草 105-210克/公顷 喷雾

PD20120156 吡虫·毒死蜱/22%/乳油/吡虫啉 2%、毒死蜱 20%/2012.01.30 至 2017.01.30/中等毒

柑橘树 白粉虱 100-110毫克/千克 喷雾

水稻 稻飞虱 132-165克/公顷 喷雾

PD20120292 香菇多糖/1%/水剂/香菇多糖 1%/2012.02.17 至 2017.02.17/低毒

番茄 病毒病 15-18克/公顷 喷雾

水稻 条纹叶枯病 15-18克/公顷 喷雾

PD20120395 灭草松/480克/升/水剂/灭草松 480克/升/2012.03.07 至 2017.03.07/低毒

直播水稻田 莎草及阔叶杂草 900-1440克/公顷 喷雾

PD20120548 己唑醇/50%/水分散粒剂/己唑醇 50%/2012.03.28 至 2017.03.28/低毒

水稻 纹枯病 60-75克/公顷 喷雾

PD20120751 腈菌唑/40%/可湿性粉剂/腈菌唑 40%/2012.05.05 至 2017.05.05/低毒

小麦 白粉病 60-90克/公顷 喷雾

PD20121913 2甲·草甘膦/80%/可溶粒剂/草甘膦铵盐 75%、2甲4氯钠 5%/2012.12.07 至 2017.12.07/低毒

非耕地 杂草 1500-1860克/公顷 茎叶喷雾

注:草甘膦含量：68%，2甲4氯含量：4.5%。

PD20122081 氰氟草酯/100克/升/乳油/氰氟草酯 100克/升/2012.12.24 至 2017.12.24/低毒
水稻田(直播) 千金子 75-105克/公顷 茎叶喷雾
PD20130131 甲维·毒死蜱/33%/水乳剂/毒死蜱 32%、甲氨基阿维菌素苯甲酸盐 1%/2013.01.17 至 2018.01.17/中等毒
水稻 稻纵卷叶螟 250—300克/公顷 喷雾
PD20130214 噻呋酰胺/240克/升/悬浮剂/噻呋酰胺 240克/升/2013.01.30 至 2018.01.30/低毒
水稻 纹枯病 63-80克/公顷 喷雾
PD20130330 2甲·草甘膦/49%/水剂/草甘膦异丙胺盐 41%、2甲4氯钠 8%/2013.03.05 至 2018.03.05/低毒
非耕地 杂草 1980-2970克/公顷 定向茎叶喷雾
PD20130441 戊唑醇/50%/水分散粒剂/戊唑醇 50%/2013.03.18 至 2018.03.18/低毒
苹果树 斑点落叶病 100—167毫克/千克 喷雾
PD20130710 噻螨酮/5%/水乳剂/噻螨酮 5%/2013.04.11 至 2018.04.11/低毒
柑橘树 红蜘蛛 25—33毫克/千克 喷雾
PD20130718 毒死蜱/15%/颗粒剂/毒死蜱 15%/2013.04.12 至 2018.04.12/低毒
花生 蛴螬 1800-3200克/公顷 撒施
PD20131031 戊唑·丙森锌/70%/可湿性粉剂/丙森锌 40%、戊唑醇 30%/2013.05.13 至 2018.05.13/低毒
苹果树 斑点落叶病 175—233毫克/千克 喷雾
水稻 纹枯病 180-210克/公顷 喷雾
PD20131039 烯啶·吡蚜酮/80%/水分散粒剂/吡蚜酮 60%、烯啶虫胺 20%/2013.05.13 至 2018.05.13/低毒
水稻 稻飞虱 60-120克/公顷 喷雾
PD20131067 多杀霉素/5%/悬浮剂/多杀霉素 5%/2013.05.20 至 2018.05.20/低毒
甘蓝 小菜蛾 15-26.25克/公顷 喷雾
水稻 稻纵卷叶螟 55-65克/公顷 喷雾
PD20131073 多杀霉素/20%/水分散粒剂/多杀霉素 20%/2013.05.20 至 2018.05.20/低毒
甘蓝 小菜蛾 15—27克/公顷 喷雾
水稻 稻纵卷叶螟 56-65克/公顷 喷雾
PD20131745 草甘膦钾盐/41%/水剂/草甘膦 41%/2013.08.16 至 2018.08.16/低毒
非耕地 一年生及部分多年生杂草 1275-2475克/公顷 茎叶喷雾
注:草甘膦钾盐含量：50%。
PD20132648 噻呋·已唑醇/50%/悬浮剂/已唑醇 25%、噻呋酰胺 25%/2013.12.20 至 2018.12.20/低毒
水稻 纹枯病 45—75克/公顷 喷雾
PD20140237 噻酮·炔螨特/33%/水乳剂/炔螨特 30%、噻螨酮 3%/2014.01.29 至 2019.01.29/低毒
柑橘树 红蜘蛛 165-330毫克/千克 喷雾
PD20140310 多杀·甲维盐/10%/水分散粒剂/多杀霉素 6%、甲氨基阿维菌素苯甲酸盐 4%/2014.02.12 至 2019.02.12/低毒
水稻 稻纵卷叶螟 18-24克/公顷 喷雾
PD20140313 硝磺·莠去津/33%/悬浮剂/莠去津 30%、硝磺草酮 3%/2014.02.12 至 2019.02.12/低毒
春玉米田 一年生杂草 891-1188克/公顷 茎叶喷雾
夏玉米田 一年生杂草 594-891克/公顷 茎叶喷雾
PD20141382 烯啶·吡蚜酮/60%/水分散粒剂/吡蚜酮 45%、烯啶虫胺 15%/2014.06.04 至 2019.06.04/低毒
水稻 稻飞虱 90—120克/公顷 喷雾
PD20141939 多杀霉素/25克/升/悬浮剂/多杀霉素 25克/升/2014.08.04 至 2019.08.04/低毒
甘蓝 小菜蛾 13.125-24.375克/公顷 喷雾
PD20142087 噻虫嗪/50%/水分散粒剂/噻虫嗪 50%/2014.09.02 至 2019.09.02/低毒
水稻 稻飞虱 11.25-15克/公顷 喷雾
PD20150474 氟腈·毒死蜱/18%/悬浮种衣剂/毒死蜱 15%、氟虫腈 3%/2015.03.20 至 2020.03.20/低毒
花生 蛴螬 180-360克/100千克种子 种子包衣
PD20150922 多杀霉素/8%/水乳剂/多杀霉素 8%/2015.06.09 至 2020.06.09/低毒
茄子 蓟马 25-37.5克/公顷 喷雾
PD20151015 多杀霉素/10%/悬浮剂/多杀霉素 10%/2015.06.12 至 2020.06.12/低毒
茄子 蓟马 25.2-37.8克/公顷 喷雾
PD20151278 硝磺·五氟磺/18%/可分散油悬浮剂/五氟磺草胺 6%、甲基磺草酮 12%/2015.07.30 至 2020.07.30/低毒
水稻移栽田 一年生杂草 54-94.5克/公顷 药土法
PD20151466 烯酰·嘧菌酯/60%/水分散粒剂/嘧菌酯 20%、烯酰吗啉 40%/2015.07.31 至 2020.07.31/低毒
黄瓜 霜霉病 153—243克/公顷 喷雾
PD20151764 阿维·噻唑膦/10.5%/颗粒剂/阿维菌素 0.5%、噻唑膦 10%/2015.08.28 至 2020.08.28/中等毒(原药高毒)
黄瓜 根结线虫 2364.5-2835克/公顷 撒施、沟施、穴施
PD20151974 多抗·已唑醇/10%/悬浮剂/已唑醇 5%、多抗霉素B 5%/2015.08.30 至 2020.08.30/低毒
苹果树 斑点落叶病 50-68.97毫克/千克 喷雾
LS20130136 多杀·甲维盐/10%/水分散粒剂/多杀霉素 6%、甲氨基阿维菌素苯甲酸盐 4%/2014.04.02 至 2015.04.02/低毒
水稻 稻纵卷叶螟 18-24克/公顷 喷雾
LS20140096 吡嘧·五氟磺/4%/可分散油悬浮剂/吡嘧磺隆 2%、五氟磺草胺 2%/2016.03.14 至 2017.03.14/低毒
水稻田(直播) 一年生杂草 30-48克/公顷 茎叶喷雾
LS20140097 精噁·五氟磺/10%/可分散油悬浮剂/精噁唑禾草灵 4%、五氟磺草胺 6%/2016.03.14 至 2017.03.14/低毒
水稻田(直播) 一年生杂草 22.5-37.5克/公顷 茎叶喷雾

LS20140098 五氟·氯氟吡/29%/可分散油悬浮剂/氯氟吡氧乙酸异辛酯 26%、五氟磺草胺 3%/2016.03.14 至 2017.03.14/低毒
水稻田(直播) 一年生杂草 78.8-157.5克/公顷 茎叶喷雾
LS20150075 吡唑醚菌酯/15%/悬浮剂/吡唑醚菌酯 15%/2015.04.15 至 2016.04.15/低毒
苹果树 斑点落叶病 50-68.2毫克/千克 喷雾
LS20150076 噻呋·吡唑酯/20%/悬浮剂/吡唑醚菌酯 10%、噻呋酰胺 10%/2015.04.15 至 2016.04.15/低毒
草坪 褐斑病 187.5-200毫克/千克 喷雾
LS20150078 草铵膦/30%/水剂/草铵膦 30%/2015.04.15 至 2016.04.15/低毒
非耕地 杂草 900-1200克/公顷 茎叶喷雾
LS20150113 唑醚·甲硫灵/30%/悬浮剂/吡唑醚菌酯 5%、甲基硫菌灵 25%/2015.05.12 至 2016.05.12/低毒
苹果树 斑点落叶病 150-300毫克/千克 喷雾
LS20150128 吡虫·咯·苯甲/52%/悬浮种衣剂/苯醚甲环唑 1%、吡虫啉 50%、咯菌腈 1%/2015.05.15 至 2016.05.15/低毒
小麦 纹枯病、蚜虫 390-413.4克/100千克 种子包衣
LS20150193 戊唑·丙森锌/70%/水分散粒剂/丙森锌 40%、戊唑醇 30%/2015.06.14 至 2016.06.14/低毒
苹果树 斑点落叶病 175-233毫克/千克 喷雾
LS20150230 异丙·乙氧氟/30%/水乳剂/精异丙甲草胺 24%、乙氧氟草醚 6%/2015.07.30 至 2016.07.30/低毒
花生田 一年生杂草 405-585克/公顷 土壤喷雾
LS20150235 硝·乙·莠去津/45%/悬乳剂/乙草胺 21%、莠去津 21%、硝磺草酮 3%/2015.07.30 至 2016.07.30/低毒
玉米田 一年生杂草 1215-1552.5克/公顷 茎叶喷雾
LS20150242 苯醚·咯·噻虫/22%/悬浮种衣剂/苯醚甲环唑 1%、咯菌腈 1%、噻虫嗪 20%/2015.07.30 至 2016.07.30/低毒
花生 根腐病、蚜虫 110-145.2克/100千克种子 种子包衣
LS20150253 氧氟·丙草胺/25%/水乳剂/丙草胺 20%、乙氧氟草醚 5%/2015.07.30 至 2016.07.30/低毒
水稻移栽田 一年生杂草 244-300克/公顷（南方）；375-488克/公顷（东北） 药土法

北京中农大生物技术股份有限公司 （北京市大兴区安定北街3号（北京市精细化工园区） 102607 010-57230758）

PD20070017 高效氯氰菊酯/4.5%/乳油/高效氯氰菊酯 4.5%/2012.01.18 至 2017.01.18/中等毒
韭菜 迟眼蕈蚊 6.75-13.5克/公顷 喷雾
苹果树 桃小食心虫 20-33毫克/千克 喷雾
蔬菜 菜青虫、小菜蛾 9-25.5克/公顷 喷雾
蔬菜 菜蚜 3-18克/公顷 喷雾
PD20084208 阿维菌素/1.8%/乳油/阿维菌素 1.8%/2013.12.16 至 2018.12.16/低毒(原药高毒)
菜豆、黄瓜 美洲斑潜蝇 10.8-21.6克/公顷 喷雾
柑橘树 红蜘蛛、潜叶蛾 4.5-9毫克/千克 喷雾
柑橘树 锈壁虱 2.25-4.5毫克/千克 喷雾
梨树 梨木虱 6-12毫克/千克 喷雾
棉花 棉铃虫 21.6-32.4克/公顷 喷雾
棉花 红蜘蛛 10.8-16.2克/公顷 喷雾
苹果树 桃小食心虫 4.5-9毫克/千克 喷雾
苹果树 红蜘蛛 3-6毫克/千克 喷雾
苹果树 二斑叶螨 4.5-6毫克/千克 喷雾
十字花科蔬菜 菜青虫、小菜蛾 8.1-10.8克/公顷 喷雾
PD20096501 辛硫·高氯氟/21.5%/可溶液剂/高效氯氟氰菊酯 1.5%、辛硫磷 20%/2014.08.14 至 2019.08.14/低毒
甘蓝 蚜虫 64.5-96.75克/公顷 喷雾
PD20097557 阿维·高氯氟/1.7%/可溶液剂/阿维菌素 0.2%、高效氯氟氰菊酯 1.5%/2014.11.03 至 2019.11.03/低毒(原药高毒)
十字花科蔬菜 菜青虫 5.1-7.65克/公顷 喷雾
PD20100796 阿维·矿物油/24.5%/乳油/阿维菌素 0.2%、矿物油 24.3%/2015.01.19 至 2020.01.19/低毒(原药高毒)
柑橘树 红蜘蛛 123-245毫克/千克 喷雾
十字花科蔬菜 小菜蛾 110.25-183.75克/公顷 喷雾
PD20102177 阿维·毒死蜱/5.5%/乳油/阿维菌素 0.1%、毒死蜱 5.4%/2015.12.15 至 2020.12.15/低毒(原药高毒)
柑橘树 红蜘蛛 36.7-55毫克/千克 喷雾
棉花 棉铃虫 49.5-66克/公顷 喷雾
PD20110555 甲氨基阿维菌素苯甲酸盐/2%/可溶液剂/甲氨基阿维菌素 2%/2011.05.20 至 2016.05.20/低毒
白菜 甜菜夜蛾 13-17毫升/亩 喷雾
注:甲氨基阿维菌素苯甲酸盐含量：2.3%。
PD20120316 高效氯氰菊酯/4.5%/水乳剂/高效氯氰菊酯 4.5%/2012.02.17 至 2017.02.17/低毒
甘蓝 菜青虫 33.75-40.5克/公顷 喷雾
PD20120457 啶虫脒/5%/微乳剂/啶虫脒 5%/2012.03.14 至 2017.03.14/低毒
甘蓝 蚜虫 15-22.5克/公顷 喷雾
PD20120966 阿维菌素/5%/可溶液剂/阿维菌素 5%/2012.06.15 至 2017.06.15/中等毒(原药高毒)
白菜 小菜蛾 7.5-9克/公顷 喷雾
PD20131060 混合脂肪酸/10%/水乳剂/混合脂肪酸 10%/2013.05.20 至 2018.05.20/低毒
烟草 花叶病毒病 900-1500克/公顷 喷雾
PD20131615 苯甲·丙环唑/30%/微乳剂/苯醚甲环唑 15%、丙环唑 15%/2013.07.29 至 2018.07.29/低毒
水稻 纹枯病 90-113克/公顷 喷雾

PD20140842 高氯·甲维盐/3%/微乳剂/高效氯氰菊酯 2.5%、甲氨基阿维菌素苯甲酸盐 0.5%/2014.04.08 至 2019.04.08/低毒
甘蓝 甜菜夜蛾 13.5-22.5克/公顷 喷雾

北京中农研创高科技有限公司 (北京市海淀区中关村南大街12号中国农业科学院187号 100081 010-62145748)

PD20083585 异丙甲草胺/720克/升/乳油/异丙甲草胺 720克/升/2013.12.23 至 2018.12.23/低毒
春大豆田 一年生禾本科杂草及部分小粒种子阔叶杂草 1890-2160克/公顷 播后苗前土壤喷雾
夏大豆田 一年生禾本科杂草及部分小粒种子阔叶杂草 1350-1890克/公顷 播后苗前土壤喷雾

PD20084454 苯丁锡/50%/可湿性粉剂/苯丁锡 50%/2013.12.17 至 2018.12.17/低毒
柑橘树 红蜘蛛 200-250毫克/千克 喷雾

PD20084519 炔螨特/57%/乳油/炔螨特 57%/2013.12.18 至 2018.12.18/低毒
柑橘树 红蜘蛛 285-325毫克/千克 喷雾

PD20085014 高效氯氟氰菊酯/25克/升/乳油/高效氯氟氰菊酯 25克/升/2013.12.22 至 2018.12.22/中等毒
十字花科蔬菜 菜青虫 7.5-11.25克/公顷 喷雾

PD20097707 烯禾啶/12.5%/乳油/烯禾啶 12.5%/2014.11.04 至 2019.11.04/低毒
大豆田 一年生禾本科杂草 140.6-187.5克/公顷 茎叶喷雾

PD20097734 三唑锡/25%/可湿性粉剂/三唑锡 25%/2014.11.12 至 2019.11.12/低毒
柑橘树 红蜘蛛 125-167毫克/千克 喷雾

PD20098087 醚菊酯/10%/悬浮剂/醚菊酯 10%/2014.12.08 至 2019.12.08/低毒
甘蓝 菜青虫 450-600毫升制剂/公顷 喷雾

PD20101330 烟嘧磺隆/40克/升/可分散油悬浮剂/烟嘧磺隆 40克/升/2015.03.17 至 2020.03.17/低毒
玉米田 一年生杂草 42-60克/公顷 茎叶喷雾

PD20101825 联苯菊酯/100克/升/乳油/联苯菊酯 100克/升/2015.07.28 至 2020.07.28/中等毒
柑橘树 红蜘蛛 22.2-28.6毫克/千克 喷雾

PD20121685 甲氰·噻螨酮/7.5%/乳油/甲氰菊酯 5%、噻螨酮 2.5%/2012.11.05 至 2017.11.05/低毒
柑橘树 红蜘蛛 75-100毫克/千克 喷雾

PD20130462 精喹禾灵/10%/乳油/精喹禾灵 10%/2013.03.19 至 2018.03.19/低毒
夏大豆田 一年生禾本科杂草 37.5-52.5克/公顷 茎叶喷雾

PD20140030 咪鲜胺/45%/乳油/咪鲜胺 45%/2014.01.02 至 2019.01.02/低毒
辣椒 炭疽病 100-200克/公顷 喷雾

PD20140208 阿维菌素/1.8%/乳油/阿维菌素 1.8%/2014.01.29 至 2019.01.29/中等毒(原药高毒)
甘蓝 小菜蛾 8.1-10.8克/公顷 喷雾

PD20142110 春雷霉素/2%/水剂/春雷霉素 2%/2014.09.02 至 2019.09.02/低毒
水稻 稻瘟病 30-45克/公顷 喷雾

北京中植科华农业技术有限公司 (北京市通州区永乐经济开发区A区102 101105 010-80514878)

PD20090827 阿维菌素/1.8%/乳油/阿维菌素 1.8%/2014.01.19 至 2019.01.19/中等毒(原药高毒)
十字花科蔬菜 小菜蛾 5.4-10.8克/公顷 喷雾

PD20091618 高效氯氟氰菊酯/25克/升/乳油/高效氯氟氰菊酯 25克/升/2014.02.03 至 2019.03.26/中等毒
十字花科蔬菜 菜青虫 11.25-15克/公顷 喷雾

PD20092646 吡虫啉/5%/可溶液剂/吡虫啉 5%/2014.03.03 至 2019.03.03/低毒
梨树 梨木虱 20-30毫克/千克 喷雾

PD20093234 啶虫脒/5%/乳油/啶虫脒 5%/2014.03.11 至 2019.03.11/低毒
柑橘树 蚜虫 10-15毫克/千克 喷雾

PD20094397 丙环唑/250克/升/乳油/丙环唑 250克/升/2014.04.01 至 2019.04.01/低毒
香蕉 叶斑病 250-500毫克/千克 喷雾

PD20096434 高效氯氰菊酯/4.5%/乳油/高效氯氰菊酯 4.5%/2014.08.05 至 2019.08.05/中等毒
十字花科蔬菜 菜青虫 13.5-27克/公顷 喷雾

PD20096729 二嗪磷/50%/乳油/二嗪磷 50%/2014.09.07 至 2019.09.07/低毒
水稻 二化螟 675-900克/公顷 喷雾

PD20096974 烟嘧磺隆/40克/升/可分散油悬浮剂/烟嘧磺隆 40克/升/2014.09.29 至 2019.09.29/低毒
玉米田 一年生杂草 42-60克/公顷 茎叶喷雾

PD20101179 氟磺胺草醚/250克/升/水剂/氟磺胺草醚 250克/升/2015.01.28 至 2020.01.28/低毒
春大豆田 一年生阔叶杂草 75-100毫升制剂/亩 茎叶喷雾
夏大豆田 一年生阔叶杂草 50-75毫升制剂/亩 茎叶喷雾

PD20121467 芸苔素内酯/0.004%/水剂/芸苔素内酯 0.004%/2012.10.08 至 2017.10.08/低毒
玉米 提高产量 0.02-0.04毫克/升 喷雾

PD20130625 氟硅唑/5%/微乳剂/氟硅唑 5%/2013.04.03 至 2018.04.03/低毒
梨树 黑星病 33-50毫克/千克 喷雾

PD20142584 苯醚甲环唑/10%/微乳剂/苯醚甲环唑 10%/2014.12.15 至 2019.12.15/低毒
苹果树 斑点落叶病 50-67毫克/千克 喷雾

PD20142592 咪鲜胺/20%/微乳剂/咪鲜胺 20%/2014.12.15 至 2019.12.15/低毒
芒果 炭疽病 500-900毫克/千克 喷雾

PD20150162 甲哌鎓/98%/可溶粉剂/甲哌鎓 98%/2015.01.14 至 2020.01.14/中等毒

棉花　调节生长　44.1-58.8克/公顷　喷雾
LS20140251　噻苯隆/50%/悬浮剂/噻苯隆 50%/2015.07.14 至 2016.07.14/低毒
棉花　脱叶　225-300克/公顷　喷雾

北京鑫四环消毒技术开发中心　(北京市丰台区7130信箱　100071　010-63754093)
WP20080406　驱蚊喷射剂/10%/喷射剂/避蚊胺 10%/2013.12.12 至 2018.12.12/微毒
卫生　蚊　/　喷射

台湾百泰生物科技股份有限公司　(北京市大兴区西红门镇第肆村民生路北区东七条14号231室　102600　010-60260450)
PD20121487　枯草芽孢杆菌/100亿孢子/克/母药/枯草芽孢杆菌 100亿孢子/克/2012.10.09 至 2017.10.09/低毒
PD20121632　枯草芽孢杆菌/10亿孢子/克/可湿性粉剂/枯草芽孢杆菌 10亿孢子/克/2012.10.30 至 2017.10.30/微毒
草莓　白粉病　500～1000倍　喷雾
黄瓜　白粉病　400-800倍液　喷雾
PD20152215　枯草芽孢杆菌/1亿孢子/毫升/水剂/枯草芽孢杆菌 1亿孢子/毫升/2015.09.23 至 2020.09.23/微毒
番茄　青枯病　300-500倍　灌根

台湾亿丰农化厂股份有限公司　(北京市西城区宣武门外大街甲1号　100052　010-59337345)
PD20070393　草甘膦异丙胺盐/30%/水剂/草甘膦 30%/2012.11.05 至 2017.11.05/低毒
柑橘园　杂草　1125-2250克/公顷　定向茎叶喷雾
注:草甘膦异丙胺盐含量: 41%。

中港泰富(北京)高科技有限公司　(北京市通州区永乐店镇柴厂屯村委会东南1000米　101115　010-68700216)
PD20085208　异菌脲/50%/可湿性粉剂/异菌脲 50%/2013.12.23 至 2018.12.23/低毒
番茄　灰霉病　562.5-750克/公顷　喷雾
PD20090382　烯草酮/240克/升/乳油/烯草酮 240克/升/2014.01.12 至 2019.01.12/低毒
大豆田　一年生禾本科杂草　108-144克/公顷　茎叶喷雾
PD20090399　氟磺胺草醚/250克/升/水剂/氟磺胺草醚 250克/升/2014.01.12 至 2019.01.12/低毒
春大豆田　一年生阔叶杂草　247.5-375克/公顷　茎叶喷雾
PD20092370　阿维·高氯/3%/乳油/阿维菌素 0.2%、高效氯氰菊酯 2.8%/2014.02.24 至 2019.02.24/低毒(原药高毒)
十字花科蔬菜　菜青虫、小菜蛾　13.5-27克/公顷　喷雾
PD20092992　阿维·炔螨特/40%/乳油/阿维菌素 0.3%、炔螨特 39.7%/2014.03.09 至 2019.03.09/低毒(原药高毒)
柑橘树　红蜘蛛　200-400毫克/千克　喷雾
PD20093449　霜霉威/66.5%/水剂/霜霉威 66.5%/2014.03.23 至 2019.03.23/低毒
黄瓜　霜霉病　864-1080克/公顷　喷雾
PD20093781　草甘膦异丙胺盐/41%/水剂/草甘膦 41%/2014.03.25 至 2019.03.25/低毒
玉米田　一年生和多年生杂草　1230-1537.5克/公顷　行间定向茎叶喷雾
PD20094752　二甲戊灵/330克/升/乳油/二甲戊灵 330克/升/2014.04.10 至 2019.04.10/低毒
甘蓝田　一年生杂草　495-742.5克/公顷　移栽前土壤喷雾
PD20096059　灭草松/480克/升/水剂/灭草松 480克/升/2014.06.18 至 2019.06.18/低毒
大豆田　一年生阔叶杂草　1080-1440克/公顷　茎叶喷雾
PD20097529　烟嘧磺隆/40克/升/可分散油悬浮剂/烟嘧磺隆 40克/升/2014.11.03 至 2019.11.03/低毒
玉米田　一年生单、双子叶杂草　75-100毫升制剂/亩　茎叶喷雾
PD20102158　吡虫啉/25%/可湿性粉剂/吡虫啉 25%/2015.12.08 至 2020.12.08/低毒
水稻　稻飞虱　15-30克/公顷　喷雾
WP20110235　顺式氯氰菊酯/10%/悬浮剂/顺式氯氰菊酯 10%/2011.10.13 至 2016.10.13/低毒
卫生　蚊、蝇、蜚蠊　20毫克/平方米(玻璃板面); 30毫克/平方米(油漆板面、水泥板面、白灰板面)　滞留喷洒

重庆市

重庆蝶王日化厂　(重庆市德感坪头山　402284　023-47838888)
WP20130261　蚊香/0.05%/蚊香/氯氟醚菊酯 0.05%/2013.12.17 至 2018.12.17/微毒
卫生　蚊　/　点燃
WP20140057　氯氟醚菊酯/0.6%/电热蚊香液/氯氟醚菊酯 0.6%/2014.03.10 至 2019.03.10/微毒
室内　蚊　/　电热加温

重庆东方农药有限公司　(重庆市忠州忠渝路龙蛇脊　404300　023-54211590)
PD20081691　稻瘟灵/40%/乳油/稻瘟灵 40%/2013.11.17 至 2018.11.17/低毒
水稻　稻瘟病　600-700克/公顷　喷雾
PD20090714　氰戊·乐果/25%/乳油/乐果 22%、氰戊菊酯 3%/2014.01.19 至 2019.01.19/中等毒
十字花科蔬菜　菜青虫　75-150克/公顷　喷雾
PD20096689　草甘膦异丙胺盐(41%)///水剂/草甘膦 30%/2014.09.07 至 2019.09.07/微毒
柑橘园　杂草　1845-2460克/公顷　茎叶喷雾
PD20098492　吡虫·杀虫单/38%/可湿性粉剂/吡虫啉 1.2%、杀虫单 36.8%/2014.12.24 至 2019.12.24/低毒
水稻　稻飞虱、稻纵卷叶螟、二化螟、三化螟　450-750克/公顷　喷雾
PD20101216　烟碱·苦参碱/0.5%/水剂/苦参碱 0.05%、烟碱 0.45%/2010.02.21 至 2015.02.21/中等毒
柑橘树　矢尖蚧　5-10毫克/千克　喷雾

重庆丰化科技有限公司　(重庆市永川区化工路808号　402160　023-49845558)
PD85105-59　敌敌畏/80%/乳油/敌敌畏 77.5%(气谱法)/2015.02.02 至 2020.02.02/中等毒

	茶树	食叶害虫	600克/公顷	喷雾
	粮仓	多种储藏害虫	1)400-500倍液2)0.4-0.5克/立方米	1)喷雾2)挂条熏蒸
	棉花	蚜虫、造桥虫	600-1200克/公顷	喷雾
	苹果树	小卷叶蛾、蚜虫	400-500毫克/千克	喷雾
	青菜	菜青虫	600克/公顷	喷雾
	桑树	尺蠖	600克/公顷	喷雾
	卫生	多种卫生害虫	1)300-400倍液2)0.08克/立方米	1)泼洒2)挂条熏蒸
	小麦	黏虫、蚜虫	600克/公顷	喷雾
PD91107-5	农用硫酸链霉素/72%/可溶粉剂/链霉素 72%/2011.06.14 至 2016.06.14/低毒			
	大白菜	软腐病	150-300克/公顷	喷雾
	柑橘树	溃疡病	150-300克/公顷	喷雾
	水稻	白叶枯病	150-300克/公顷	喷雾
PD20085352	阿维·辛硫磷/20%/乳油/阿维菌素 0.2%、辛硫磷 19.8%/2013.12.24 至 2018.12.24/低毒(原药高毒)			
	十字花科蔬菜	小菜蛾	90-150克/公顷	喷雾
PD20091910	甲霜·锰锌/58%/可湿性粉剂/甲霜灵 10%、代森锰锌 48%/2014.02.10 至 2019.02.10/低毒			
	黄瓜	霜霉病	1305-1632克/公顷	喷雾
	烟草	黑胫病	870-1305克/公顷	喷雾
PD20093532	三环唑/20%/可湿性粉剂/三环唑 20%/2014.03.23 至 2019.03.23/微毒			
	水稻	稻瘟病	240-300克/公顷	喷雾
PD20095050	杀虫双/18%/水剂/杀虫双 18%/2014.04.21 至 2019.04.21/低毒			
	水稻	二化螟	675-810克/公顷	喷雾
PD20095671	杀虫双/3.6%/大粒剂/杀虫双 3.6%/2014.05.14 至 2019.05.14/中等毒			
	水稻	螟虫	540-675克/公顷	撒施
PD20095850	氰戊·辛硫磷/25%/乳油/氰戊菊酯 6.25%、辛硫磷 18.75%/2014.05.27 至 2019.05.27/中等毒			
	十字花科蔬菜	菜青虫	150-225克/公顷	喷雾
PD20096677	苄·二氯/27.5%/可湿性粉剂/苄嘧磺隆 2.75%、二氯喹啉酸 24.75%/2014.09.07 至 2019.09.07/微毒			
	水稻秧田	一年生杂草	206.3-247.5克/公顷	茎叶喷雾
PD20096987	草甘膦/30%/水剂/草甘膦 30%/2014.09.29 至 2019.09.29/微毒			
	柑橘园	一年生和多年生杂草	1125-2250克/公顷	定向茎叶喷雾
PD20097031	甲氰菊酯/20%/乳油/甲氰菊酯 20%/2014.10.10 至 2019.10.10/中等毒			
	柑橘树	红蜘蛛	100-133.3毫克/千克	喷雾
PD20097142	草甘膦/95%/原药/草甘膦 95%/2014.10.16 至 2019.10.16/微毒			
PD20110781	吡虫·杀虫单/35%/可湿性粉剂/吡虫啉 1%、杀虫单 34%/2011.07.25 至 2016.07.25/低毒			
	水稻	二化螟、飞虱	525-787.5克/公顷	喷雾
PD20141759	杀虫单/90%/可溶粉剂/杀虫单 90%/2014.07.02 至 2019.07.02/中等毒			
	水稻	二化螟	540-675克/公顷	喷雾
PD20142676	草甘膦铵盐/68%/可溶粒剂/草甘膦 68%/2014.12.18 至 2019.12.18/低毒			
	柑橘园	杂草	`1020—2040克/公顷	定向茎叶喷雾
	注:草甘膦铵盐含量74.7%。			
PD20150185	草甘膦铵盐/30%/可溶粉剂/草甘膦 30%/2015.01.15 至 2020.01.15/低毒			
	柑橘园	一年生和多年生杂草	1485-2250克/公顷	定向茎叶喷雾
	注:草甘膦铵盐含量: 33%。			

重庆金合蚊香制品有限公司　(重庆市长寿县轻化路96号　401220　023-40614889)

WP20110140	杀虫气雾剂/0.36%/气雾剂/胺菊酯 0.3%、高效氯氰菊酯 0.06%/2011.06.08 至 2016.06.08/微毒			
	卫生	蚊、蝇、蜚蠊	/	喷雾
WP20110234	蚊香/0.25%/蚊香/富右旋反式烯丙菊酯 0.25%/2011.10.13 至 2016.10.13/微毒			
	卫生	蚊	/	点燃
WP20140020	蚊香/0.05%/蚊香/氯氟醚菊酯 0.05%/2014.01.29 至 2019.01.29/微毒			
	室内	蚊	/	点燃
WP20150195	电热蚊香液/0.6%/电热蚊香液/氯氟醚菊酯 0.6%/2015.09.22 至 2020.09.22/微毒			
	室内	蚊	/	电热加温

重庆金马蚊香厂　(重庆市江津市油溪镇罐头厂内　402285　023-47883166)

WP20090040	蚊香/0.2%/蚊香/富右旋反式烯丙菊酯 0.2%/2014.01.19 至 2019.01.19/低毒			
	卫生	蚊	/	点燃
WP20150002	蚊香/0.05%/蚊香/氯氟醚菊酯 0.05%/2015.01.04 至 2020.01.04/微毒			
	室内	蚊	/	点燃

重庆井口农药有限公司　(重庆市沙坪坝区井口经济桥119号　400033　023-65184249)

PD20040094	氯氰菊酯/5%/乳油/氯氰菊酯 5%/2014.12.19 至 2019.12.19/中等毒			
	十字花科蔬菜	菜青虫	30-45克/公顷	喷雾
PD20080713	甲氰菊酯/20%/乳油/甲氰菊酯 20%/2013.06.11 至 2018.06.11/中等毒			
	苹果树	红蜘蛛	100-150毫克/千克	喷雾
PD20082286	溴氰菊酯/25克/升/乳油/溴氰菊酯 25克/升/2013.12.01 至 2018.12.01/中等毒			

十字花科蔬菜 菜青虫 3.15-4.5克/公顷 喷雾

PD20082910 氰戊·乐果/25%/乳油/乐果 22%、氰戊菊酯 3%/2013.12.09 至 2018.12.09/中等毒
十字花科蔬菜 菜青虫 180-300克/公顷 喷雾

PD20083097 敌敌畏/77.5%/乳油/敌敌畏 77.5%/2013.12.16 至 2018.12.16/中等毒
十字花科蔬菜 菜青虫 600-960克/公顷 喷雾

PD20083509 辛硫磷/40%/乳油/辛硫磷 40%/2013.12.12 至 2018.12.12/低毒
十字花科蔬菜 菜青虫 480-600克/公顷 喷雾

PD20084230 氯氰·辛硫磷/26%/乳油/氯氰菊酯 1%、辛硫磷 25%/2013.12.17 至 2018.12.17/低毒
十字花科蔬菜 菜青虫 195-234克/公顷 喷雾

PD20084654 高效氯氰菊酯/4.5%/乳油/高效氯氰菊酯 4.5%/2013.12.22 至 2018.12.22/中等毒
十字花科蔬菜 小菜蛾 13.5-27克/公顷 喷雾

PD20095507 三唑磷/20%/乳油/三唑磷 20%/2014.05.11 至 2019.05.11/中等毒
水稻 二化螟 300-450克/公顷 喷雾

PD20101237 杀虫双/3.6%/大粒剂/杀虫双 3.6%/2015.03.01 至 2020.03.01/中等毒
水稻 螟虫 540-675克/公顷 撒施

PD20110648 毒死蜱/480克/升/乳油/毒死蜱 480克/升/2011.06.13 至 2016.06.13/中等毒
水稻 稻纵卷叶螟 504-648克/公顷 喷雾

WP20090244 杀虫粉剂/0.9%/粉剂/氰戊菊酯 0.9%/2014.04.24 至 2019.04.24/低毒
卫生 蜚蠊 3克制剂/平方米 撒布

重庆净龙巴州化工有限公司 （重庆市九龙坡区含谷镇净龙村六社 401329 023-65702194)

WP20080462 杀虫粉剂/0.9%/粉剂/氰戊菊酯 0.9%/2013.12.16 至 2018.12.16/微毒
卫生 蜚蠊 3克制剂/平方米 撒布

WP20090279 杀虫粉剂/0.45%/粉剂/高效氯氰菊酯 0.05%、氰戊菊酯 0.4%/2014.06.02 至 2019.06.02/微毒
卫生 蜚蠊 3克制剂/平方米 撒布

WP20110154 杀虫粉剂/0.09%/粉剂/溴氰菊酯 0.09%/2011.06.20 至 2016.06.20/低毒
卫生 蜚蠊 2.7毫克/平方米 撒布

重庆农药化工(集团)有限公司 （重庆市长寿区重化工园化南路四支路3号 401221 023-61028081)

PD84104-18 杀虫双/18%/水剂/杀虫双 18%/2014.10.15 至 2019.10.15/中等毒
甘蔗、蔬菜、水稻、小麦、玉米 多种害虫 540-675克/公顷 喷雾
果树 多种害虫 225-360毫克/千克 喷雾

PD84111-18 氧乐果/40%/乳油/氧乐果 40%/2014.10.15 至 2019.10.15/中等毒(原药高毒)
棉花 蚜虫、螨 375-600克/公顷 喷雾
森林 松干蚧、松毛虫 500倍液 喷雾或直接涂树干
水稻 稻纵卷叶螟、飞虱 375-600克/公顷 喷雾
小麦 蚜虫 300-450克/公顷 喷雾

PD85121-3 乐果/40%/乳油/乐果 40%/2015.06.21 至 2020.06.21/中等毒
茶树 蚜虫、叶蝉、螨 1000-2000倍液 喷雾
甘薯 小象甲 2000倍液 浸鲜薯片诱杀
柑橘树、苹果树 鳞翅目幼虫、蚜虫、螨 800-1600倍液 喷雾
棉花 蚜虫、螨 450-600克/公顷 喷雾
蔬菜 蚜虫、螨 300-600克/公顷 喷雾
水稻 飞虱、螟虫、叶蝉 450-600克/公顷 喷雾
烟草 蚜虫、烟青虫 300-600克/公顷 喷雾

PD85142-9 氧乐果/70%/原药/氧乐果 70%/2015.08.15 至 2020.08.15/高毒

PD85154-4 氰戊菊酯/20%/乳油/氰戊菊酯 20%/2015.08.15 至 2020.08.15/中等毒
柑橘树 潜叶蛾 10-20毫克/千克 喷雾
果树 梨小食心虫 10-20毫克/千克 喷雾
棉花 红铃虫、蚜虫 75-150克/公顷 喷雾
蔬菜 菜青虫、蚜虫 60-120克/公顷 喷雾

PD86177-2 结晶乐果/98%,97%,96%/结晶/乐果 98%,97%,96%/2011.10.30 至 2016.10.30/中等毒

PD88101-18 水胺硫磷/40%/乳油/水胺硫磷 40%/2013.06.02 至 2018.06.02/高毒
棉花 红蜘蛛、棉铃虫 300-600克/公顷 喷雾
水稻 蓟马、螟虫 450-900克/公顷 喷雾

PD89104-11 氰戊菊酯/89%/原药/氰戊菊酯 89%/2014.10.15 至 2019.10.15/中等毒

PD20040282 吡虫啉/95%/原药/吡虫啉 95%/2014.12.19 至 2019.12.19/低毒

PD20040563 哒螨灵/15%/乳油/哒螨灵 15%/2014.12.19 至 2019.12.19/中等毒
柑橘树 红蜘蛛 50-67毫克/千克 喷雾

PD20040597 吡虫啉/10%/可湿性粉剂/吡虫啉 10%/2014.12.19 至 2019.12.19/低毒
水稻 飞虱 15-30克/公顷 喷雾

PD20050126 杀虫单/95%/原药/杀虫单 95%/2015.08.25 至 2020.08.25/中等毒

PD20070044 乙酰甲胺磷/90%/原药/乙酰甲胺磷 90%/2012.03.06 至 2017.03.06/低毒

PD20080420 啶虫脒/96%/原药/啶虫脒 96%/2013.03.04 至 2018.03.04/低毒

PD20080457 啶虫脒/5%/乳油/啶虫脒 5%/2013.03.27 至 2018.03.27/低毒
柑橘树 蚜虫 10-15毫克/千克 喷雾

PD20084136 乙酰甲胺磷/30%/乳油/乙酰甲胺磷 30%/2013.12.16 至 2018.12.16/低毒
水稻 二化螟 810-1080克/公顷 喷雾

PD20084848 毒死蜱/40%/乳油/毒死蜱 40%/2013.12.22 至 2018.12.22/中等毒
棉花 棉铃虫 600-900克/公顷 喷雾

PD20090253 氰戊·乐果/25%/乳油/乐果 22%、氰戊菊酯 3%/2014.01.09 至 2019.01.09/中等毒
甘蓝 菜青虫 75-150克/公顷 喷雾
柑橘树 潜叶蛾、锈壁虱 125-250毫克/千克 喷雾

PD20091152 乐果·哒螨灵/30%/乳油/哒螨灵 5%、乐果 25%/2014.01.21 至 2019.01.21/中等毒
柑橘树 红蜘蛛 250-375毫克/千克 喷雾

PD20092702 草甘膦/95%/原药/草甘膦 95%/2014.03.03 至 2019.03.03/微毒

PD20096312 杀虫双/25%/母液/杀虫双 25%/2014.07.22 至 2019.07.22/中等毒

PD20110257 草甘膦铵盐/30%/水剂/草甘膦 30%/2016.03.04 至 2021.03.04/低毒
甘蔗田 杂草 1125-2250克/公顷 定向茎叶喷雾
注:草甘膦铵盐含量: 33%。

重庆山城蚊香制品有限责任公司 (重庆市合川区清平镇街上 401532 023-42411108)

WP20080105 电热蚊香液/1.2%/电热蚊香液/炔丙菊酯 1.2%/2013.10.20 至 2018.10.20/微毒
卫生 蚊 / 电热加温

WP20080109 电热蚊香片/10毫克/片/电热蚊香片/炔丙菊酯 10毫克/片/2013.10.21 至 2018.10.21/微毒
卫生 蚊 / 电热加温

WP20090286 杀虫气雾剂/0.43%/气雾剂/胺菊酯 0.28%、氯菊酯 0.15%/2014.06.18 至 2019.06.18/微毒
卫生 蜚蠊、蚊、蝇 / 喷雾

WP20100095 电热蚊香液/1.3%/电热蚊香液/四氟苯菊酯 1.3%/2010.07.07 至 2015.07.07/微毒
卫生 蚊 / 电热加温

WP20140037 蚊香/0.05%/蚊香/氯氟醚菊酯 0.05%/2014.02.20 至 2019.02.20/微毒
室内 蚊 / 点燃

重庆市晨豹日化有限公司 (重庆市江津区几江镇五举办事处石墙村四社 400002 023-47583996)

WP20140054 蚊香/0.05%/蚊香/氯氟醚菊酯 0.05%/2014.03.07 至 2019.03.07/微毒
室内 蚊 / 点燃

重庆市宏利蚊香厂 (重庆市江津市油溪镇 402285 023-47883428)

WP20130224 蚊香/0.05%/蚊香/氯氟醚菊酯 0.05%/2013.10.29 至 2018.10.29/微毒
室内 蚊 / 点燃

重庆市化工研究院 (重庆市江北区化工村1号 400021 023-67662300)

PD20083745 霜霉威盐酸盐/66.5%/水剂/霜霉威盐酸盐 66.5%/2013.12.15 至 2018.12.15/低毒
黄瓜 霜霉病 649.8-1083克/公顷 喷雾

重庆市诺意农药有限公司 (重庆市双桥区龙滩子街道太平村 400900 023-43331656)

PD20096131 杀虫双/3.6%/大粒剂/杀虫双 3.6%/2014.06.24 至 2019.06.24/中等毒
水稻 螟虫 540-630克/公顷 撒施

PD20120194 四聚乙醛/6%/颗粒剂/四聚乙醛 6%/2012.01.30 至 2017.01.30/低毒
棉花 蜗牛 360-490克/公顷 撒施

PD20130086 四聚乙醛/80%/可湿性粉剂/四聚乙醛 80%/2013.01.15 至 2018.01.15/中等毒
甘蓝 蜗牛 375-750克/公顷 喷雾

PD20140334 氯吡脲/0.1%/可溶液剂/氯吡脲 0.1%/2014.02.17 至 2019.02.17/低毒
葡萄 调节生长、增产 10-20毫克/千克 浸幼果穗
西瓜 提高座瓜率 10-20毫克/千克 浸、喷瓜胎

PD20150137 吲丁·萘乙酸/5%/可溶粉剂/萘乙酸钠 2.5%、吲哚丁酸 2.5%/2015.01.13 至 2020.01.13/低毒
杨树 促进生根 100-200毫克/千克 浸泡插条基部

重庆市山丹生物农药有限公司 (重庆市永川市南大街175号(兴南路) 402160 023-49831999)

PD20130658 禾草丹/50%/乳油/禾草丹 50%/2013.04.08 至 2018.04.08/低毒
移栽水稻田 一年生杂草 1995-3000克/公顷 茎叶喷雾

PD20131753 2甲·草甘膦/93%/可溶粉剂/草甘膦铵盐 88%、2甲4氯钠 5%/2013.09.05 至 2018.09.05/低毒
非耕地 杂草 1396-1674克/公顷 茎叶喷雾

PD20151127 多效唑/15%/可湿性粉剂/多效唑 15%/2015.06.25 至 2020.06.25/低毒
水稻育秧田 控制生长 200-300毫克/千克 茎叶喷雾

重庆市永川化学制品厂 (重庆市永川何埂镇聚美 402185 023-49815881)

PD20094262 麦畏·草甘膦/35%/水剂/草甘膦 32%、麦草畏 3%/2014.03.31 至 2019.03.31/低毒
非耕地 杂草 1050-1575克/公顷 喷雾

PD20094678 莠去津/48%/可湿性粉剂/莠去津 48%/2014.04.10 至 2019.04.10/低毒
春玉米田 一年生杂草 2160-2880克/公顷 土壤喷雾
夏玉米田 一年生杂草 1080-1440克/公顷 土壤喷雾

PD20096053 三唑磷/20%/乳油/三唑磷 20%/2014.06.18 至 2019.06.18/中等毒
水稻 二化螟 243-303.75克/公顷 喷雾

PD20096534 吡虫·杀虫单/35%/可湿性粉剂/吡虫啉 1%、杀虫单 34%/2014.08.20 至 2019.08.20/低毒
水稻 二化螟、飞虱 525-787.5克/公顷 喷雾
PD20097147 2甲4氯钠/56%/可溶粉剂/2甲4氯钠 56%/2014.10.16 至 2019.10.16/低毒
冬小麦田 阔叶杂草 1015-1260克/公顷 茎叶喷雾
PD20097893 阿维·高氯/1.8%/乳油/阿维菌素 0.3%、高效氯氰菊酯 1.5%/2014.11.30 至 2019.11.30/低毒(原药高毒)
甘蓝 菜青虫 8.1-10.8克/公顷 喷雾
PD20100825 井冈·杀虫双/22%/水剂/井冈霉素 3%、杀虫双 19%/2015.01.19 至 2020.01.19/中等毒
水稻 二化螟、纹枯病 660-825克/公顷 喷雾
PD20110860 草甘膦胺盐/50%/可溶粉剂/草甘膦 50%/2011.08.10 至 2016.08.10/低毒
柑橘园 杂草 1125-2250 定向喷雾
注:草甘膦胺盐含量:55%
PD20130147 吡嘧磺隆/10%/可湿性粉剂/吡嘧磺隆 10%/2013.01.17 至 2018.01.17/低毒
水稻移栽田 稗草、莎草及阔叶杂草 30-45克/公顷 毒土法
PD20130216 四聚乙醛/6%/颗粒剂/四聚乙醛 6%/2013.01.30 至 2018.01.30/低毒
小白菜 蜗牛 7500-9000克/公顷 撒施
PD20141303 草甘膦铵盐/80%/可溶粉剂/草甘膦 80%/2014.05.12 至 2019.05.12/低毒
非耕地 杂草 1125-2250克/公顷 茎叶喷雾
注:草甘膦铵盐含量: 88.8%。
PD20141856 苄·乙/12%/可湿性粉剂/苄嘧磺隆 3%、乙草胺 9%/2014.07.24 至 2019.07.24/低毒
水稻移栽田 一年生及部分多年生杂草 90-126克/公顷 药土法

重庆市众力生物工程有限公司 (重庆市江北区建新北路84号 400020 023-67610806)

PD20121941 苄嘧·苯噻酰/0.11%/颗粒剂/苯噻酰草胺 0.1%、苄嘧磺隆 0.01%/2012.12.12 至 2017.12.12/低毒
水稻抛秧田 一年生杂草 330-495克/公顷 撒施
注:本产品为药肥混剂。
PD20151129 枯草芽孢杆菌/1000亿个/克/可湿性粉剂/枯草芽孢杆菌 1000亿个/克/2015.06.25 至 2020.06.25/低毒
黄瓜 白粉病 1050-1200克制剂/公顷 喷雾
PD20151510 吡蚜酮/25%/可湿性粉剂/吡蚜酮 25%/2015.07.31 至 2020.07.31/低毒
水稻 稻飞虱 67.5-75克/公顷 喷雾

重庆树荣作物科学有限公司 (重庆市永川区经济技术开发区工业园内 402160 023-49583777)

PD84115-4 代森锌/90%/原药/代森锌 90%/2014.11.25 至 2019.11.25/低毒
PD84116-4 代森锌/80%/可湿性粉剂/代森锌 80%/2014.11.25 至 2019.11.25/低毒
茶树 炭疽病 1143-1600毫克/千克 喷雾
观赏植物 炭疽病、锈病、叶斑病 1143-1600毫克/千克 喷雾
花生 叶斑病 750-960克/公顷 喷雾
梨树、苹果树 多种病害 1143-1600毫克/千克 喷雾
马铃薯 晚疫病、早疫病 960-1200克/公顷 喷雾
麦类 锈病 960-1440克/公顷 喷雾
蔬菜、油菜 多种病害 960-1200克/公顷 喷雾
烟草 立枯病、炭疽病 960-1200克/公顷 喷雾
PD20081888 噻嗪酮/25%/可湿性粉剂/噻嗪酮 25%/2013.11.20 至 2018.11.20/低毒
茶树 小绿叶蝉 166-250毫克/千克 喷雾
柑橘树 介壳虫 150-250毫克/千克 喷雾
水稻 飞虱 75-112.5克/公顷 喷雾
PD20082160 三环唑/20%/可湿性粉剂/三环唑 20%/2013.11.26 至 2018.11.26/中等毒
水稻 稻瘟病 225-300克/公顷 喷雾
PD20082300 噻嗪·杀虫单/20%/可湿性粉剂/噻嗪酮 3.5%、杀虫单 16.5%/2013.12.01 至 2018.12.01/中等毒
水稻 稻飞虱、稻纵卷叶螟、二化螟 600-900克/公顷 喷雾
PD20083999 硫磺·三环唑/20%/可湿性粉剂/硫磺 10%、三环唑 10%/2013.12.16 至 2018.12.16/中等毒
水稻 稻瘟病 300-450克/公顷 喷雾
PD20090384 阿维·杀虫单/30%/可湿性粉剂/阿维菌素 0.1%、杀虫单 29.9%/2014.01.12 至 2019.01.12/低毒(原药高毒)
甘蓝 菜青虫 225-315克/公顷 喷雾
PD20090448 氰戊菊酯/20%/乳油/氰戊菊酯 20%/2014.01.12 至 2019.01.12/中等毒
十字花科蔬菜 菜青虫 90-120克/公顷 喷雾
PD20090837 溴氰菊酯/25克/升/乳油/溴氰菊酯 25克/升/2014.01.19 至 2019.01.19/低毒
十字花科蔬菜 菜青虫 11.25-15克/公顷 喷雾
PD20091695 高效氯氟氰菊酯/25克/升/乳油/高效氯氟氰菊酯 2.5%/2014.02.03 至 2019.02.03/中等毒
十字花科蔬菜 菜青虫 7.5-11.25克/公顷 喷雾
PD20091933 甲氰菊酯/20%/乳油/甲氰菊酯 20%/2014.02.12 至 2019.02.12/中等毒
十字花科蔬菜 菜青虫 75-90克/公顷 喷雾
PD20091957 代森锰锌/70%/可湿性粉剂/代森锰锌 70%/2014.02.12 至 2019.02.12/低毒
番茄 早疫病 1837.5-2362.5克/公顷 喷雾
PD20092192 甲霜·锰锌/72%/可湿性粉剂/甲霜灵 8%、代森锰锌 64%/2014.02.23 至 2019.02.23/低毒
葡萄 霜霉病 1500-1800克/公顷 喷雾

PD20092276 代森锰锌/80%/可湿性粉剂/代森锰锌 80%/2014.02.24 至 2019.02.24/低毒
番茄 早疫病 1845-2370克/公顷 喷雾
PD20093521 代森锰锌/85%/原药/代森锰锌 85%/2014.03.23 至 2019.03.23/低毒
PD20094763 代森锌/65%/可湿性粉剂/代森锌 65%/2014.04.13 至 2019.04.13/低毒
番茄 早疫病 975-1200克/公顷 喷雾
PD20095577 草甘膦/50%/可溶粉剂/草甘膦 50%/2014.05.12 至 2019.05.12/微毒
柑橘园 杂草 1125-2250克/公顷 定向茎叶喷雾
PD20096230 多效唑/15%/可湿性粉剂/多效唑 15%/2014.07.15 至 2019.07.15/低毒
水稻 控制生长 225-300克/公顷 喷雾
PD20097030 草甘膦异丙胺盐/30%/水剂/草甘膦 30%/2014.10.10 至 2019.10.10/低毒
柑橘园 杂草 1230-2460克/公顷 定向茎叶喷雾
注:草甘膦异丙胺盐含量：41%。
PD20098257 乙铝·锰锌/70%/可湿性粉剂/代森锰锌 45%、三乙膦酸铝 25%/2014.12.16 至 2019.12.16/低毒
黄瓜 霜霉病 1400-4200克/公顷 喷雾
PD20100550 稻瘟灵/40%/乳油/稻瘟灵 40%/2015.01.14 至 2020.01.14/低毒
水稻 稻瘟病 450－675克/公顷 喷雾
PD20101456 霜脲·锰锌/72%/可湿性粉剂/代森锰锌 64%、霜脲氰 8%/2015.05.04 至 2020.05.04/低毒
黄瓜 霜霉病 1440-1800克/公顷 喷雾
PD20101679 苏云金杆菌/16000IU/毫克/可湿性粉剂/苏云金杆菌 16000IU/毫克/2015.06.08 至 2020.06.08/微毒
茶树 茶毛虫 400-800倍液 喷雾
棉花 二代棉铃虫 3000-4500克制剂/公顷 喷雾
森林 松毛虫 600-800倍液 喷雾
十字花科蔬菜 小菜蛾 1500-2250克制剂/公顷 喷雾
十字花科蔬菜 菜青虫 750-1500克制剂/公顷 喷雾
水稻 稻纵卷叶螟 3000-4500克制剂/公顷 喷雾
烟草 烟青虫 1500-3000克制剂/公顷 喷雾
玉米 玉米螟 1500-3000克制剂/公顷 加细沙灌心
枣树 枣尺蠖 600-800倍液 喷雾
PD20101706 甲霜·锰锌/58%/可湿性粉剂/甲霜灵 10%、代森锰锌 48%/2015.06.28 至 2020.06.28/低毒
烟草 黑胫病 696-1044克/公顷 喷雾
PD20121131 高效氯氰菊酯/4.5%/水乳剂/高效氯氰菊酯 4.5%/2012.07.20 至 2017.07.20/中等毒
甘蓝 菜青虫 20.25-27克/公顷 喷雾
PD20121631 菌核·福美双/48%/可湿性粉剂/福美双 40%、菌核净 8%/2012.10.30 至 2017.10.30/低毒
番茄 灰霉病 540-1080克/公顷 喷雾
PD20121965 2甲·草甘膦/32%/水剂/草甘膦 30%、2甲4氯 2%/2012.12.12 至 2017.12.12/低毒
非耕地 杂草 960-1920克/公顷 定向茎叶喷雾
PD20121989 唑磷·毒死蜱/32%/水乳剂/毒死蜱 16%、三唑磷 16%/2012.12.18 至 2017.12.18/中等毒
水稻 三化螟 240-288克/公顷 喷雾
PD20130850 2甲4氯钠/56%/可溶粉剂/2甲4氯钠 56%/2013.04.22 至 2018.04.22/低毒
小麦田 阔叶杂草 900-1200克/公顷 茎叶喷雾
PD20141179 甲氨基阿维菌素苯甲酸盐/1%/微乳剂/甲氨基阿维菌素 1%/2014.04.28 至 2019.04.28/微毒
甘蓝 菜青虫 1.5-2.55克/公顷 喷雾
注:甲氨基阿维菌素苯甲酸盐含量：1.14%。
PD20141687 哒灵·炔螨特/40%/水乳剂/哒螨灵 10%、炔螨特 30%/2014.06.30 至 2019.06.30/低毒
柑橘树 红蜘蛛 200-266.7毫克/千克 喷雾
PD20142331 多·福/40%/可湿性粉剂/多菌灵 25%、福美双 15%/2014.11.03 至 2019.11.03/低毒
辣椒 苗期根腐病 4.4-5.2克/平方米 拌土撒施
PD20142559 草甘膦铵盐/30%/水剂/草甘膦 30%/2014.12.15 至 2019.12.15/低毒
柑橘园 杂草 900-1800克/公顷 定向茎叶喷雾
注:草甘膦铵盐含量：33%。
PD20150388 氯氟吡氧乙酸异辛酯/200克/升/乳油/氯氟吡氧乙酸 200克/升/2015.03.18 至 2020.03.18/低毒
水田畦畔 空心莲子草 120-180克/公顷 喷雾
注:氯氟吡氧乙酸异辛酯含量：288克/升
LS20140336 2甲·草甘膦/90%/可溶粉剂/草甘膦铵盐 80%、2甲4氯钠 10%/2015.11.17 至 2016.11.17/低毒
非耕地 杂草 1350-2025克/公顷 喷雾

重庆双丰化工有限公司 (重庆市永川区萱花路663号 402160 023-49859888)

PD84125-27 乙烯利/40%/水剂/乙烯利 40%/2014.11.30 至 2019.11.30/低毒
番茄 催熟 800-1000倍液 喷雾或浸渍
棉花 催熟、增产 330-500倍液 喷雾
柿子、香蕉 催熟 400倍液 喷雾或浸渍
水稻 催熟、增产 800倍液 喷雾
橡胶树 增产 5-10倍液 涂布
烟草 催熟 1000-2000倍液 喷雾

PD86123-9 矮壮素/50%/水剂/矮壮素 50%/2011.10.25 至 2016.10.25/低毒

棉花	提高产量、植株紧凑	1)10000倍液2)0.3-0.5%药液	1)喷雾2)浸种
棉花	防止疯长	25000倍液	喷顶
棉花	防止徒长,化学整枝	10000倍液	喷顶，后期喷全株
小麦	防止倒伏,提高产量	1)3-5%药液 2)100-400倍液	1)拌种2)返青、拔节期喷雾
玉米	增产	0.5%药液	浸种

PD20080315 霜脲·锰锌/72%/可湿性粉剂/代森锰锌 64%、霜脲氰 8%/2013.02.25 至 2018.02.25/低毒

黄瓜	霜霉病	1440-1800克/公顷	喷雾

PD20080391 高效氯氟氰菊酯/25克/升/乳油/高效氯氟氰菊酯 25克/升/2013.02.28 至 2018.02.28/中等毒

棉花	蚜虫	11.25-22.5克/公顷	喷雾
十字花科蔬菜	菜青虫	7.5-15克/公顷	喷雾

PD20080447 氯氟吡氧乙酸异辛酯/200克/升/乳油/氯氟吡氧乙酸 200克/升/2013.03.19 至 2018.03.19/低毒

冬小麦田	一年生阔叶杂草	150-210克/公顷	茎叶喷雾
狗牙根草坪	一年生阔叶杂草	120-240克/公顷	茎叶喷雾
水田畦畔	空心莲子草(水花生)	150-180克/公顷	茎叶喷雾

注:氯氟吡氧乙酸异辛酯含量：288克/升。

PD20080554 复硝酚钠/1.4%/水剂/复硝酚钠 1.4%/2013.05.09 至 2018.05.09/低毒

番茄	调节生长、增产	5000-6000倍液	喷雾

PD20080780 草甘膦/95%/原药/草甘膦 95%/2013.06.20 至 2018.06.20/微毒

PD20080988 氯氟吡氧乙酸异辛酯/95%/原药/氯氟吡氧乙酸异辛酯 95%/2013.07.24 至 2018.07.24/低毒

PD20081747 多·锰锌/40%/可湿性粉剂/多菌灵 20%、代森锰锌 20%/2013.11.18 至 2018.11.18/低毒

黄瓜	霜霉病	562.5-900克/公顷	喷雾

PD20081776 苄嘧·苯噻酰/53%/可湿性粉剂/苯噻酰草胺 50%、苄嘧磺隆 3%/2013.11.19 至 2018.11.19/低毒

水稻移栽田	一年生及部分多年生杂草	397.5-477克/公顷(南方地区)	药土法

PD20083021 复硝酚钠/0.7%/水剂/复硝酚钠 0.7%/2013.12.10 至 2018.12.10/低毒

番茄	调节生长	2000-3000倍液	喷雾

PD20086269 福美双/50%/可湿性粉剂/福美双 50%/2013.12.31 至 2018.12.31/低毒

葡萄	白腐病	625-833.3毫克/千克	喷雾

PD20090257 草甘膦/50%/可溶粉剂/草甘膦 50%/2014.01.09 至 2019.01.09/微毒

非耕地、柑橘园	杂草	1125-2250克/公顷	喷雾

PD20090325 精喹禾灵/5%/乳油/精喹禾灵 5%/2014.01.12 至 2019.01.12/低毒

棉花田	一年生禾本科杂草	45-67.5克/公顷	茎叶喷雾
油菜田	一年生禾本科杂草	37.5-45克/公顷	茎叶喷雾

PD20092288 乙草胺/20%/可湿性粉剂/乙草胺 20%/2014.02.24 至 2019.02.24/低毒

水稻移栽田	一年生禾本科杂草及部分阔叶杂草	90-120克/公顷	药土法

PD20092793 硫磺/50%/悬浮剂/硫磺 50%/2014.03.04 至 2019.03.04/低毒

黄瓜	白粉病	1350-1800克/公顷	喷雾

PD20094483 氯吡脲/97%/原药/氯吡脲 97%/2014.04.09 至 2019.04.09/低毒

PD20094878 异丙甲·苄/20%/可湿性粉剂/苄嘧磺隆 3%、异丙甲草胺 17%/2014.04.13 至 2019.04.13/低毒

水稻移栽田	一年生及部分多年生杂草	120-150克/公顷(南方地区)	药土法

PD20095135 氯吡·甲磺隆/14%/乳油/甲磺隆 0.3%、氯氟吡氧乙酸 13.7%/2015.04.24 至 2020.04.24/低毒

注:专供出口，不得在国内销售。

PD20096198 咪鲜胺/25%/乳油/咪鲜胺 25%/2014.07.13 至 2019.07.13/低毒

柑橘	蒂腐病、绿霉病、青霉病、炭疽病	333-500毫克/千克	浸果
芒果树	炭疽病	250-500毫克/千克	喷雾
水稻	恶苗病	62.5-125毫克/千克	浸种

PD20096250 草甘膦铵盐(33%)///水剂/草甘膦 30%/2014.07.15 至 2019.07.15/微毒

柑橘园	杂草	1125-2250克/公顷	定向茎叶喷雾

PD20096300 精喹·草除灵/17.5%/乳油/草除灵 15%、精喹禾灵 2.5%/2014.07.22 至 2019.07.22/低毒

油菜田	一年生杂草	262.5-393.8克/公顷	喷雾

PD20096354 苄·乙/18%/可湿性粉剂/苄嘧磺隆 4.5%、乙草胺 13.5%/2014.07.28 至 2019.07.28/低毒

水稻移栽田	一年生杂草	84-118克/公顷	药土法

PD20096514 氨氯吡啶酸/95%/原药/氨氯吡啶酸 95%/2014.08.19 至 2019.08.19/低毒

PD20097069 吲哚丁酸/95%/原药/吲哚丁酸 95%/2014.10.10 至 2019.10.10/低毒

PD20098246 2甲·氯氟吡/30%/可湿性粉剂/2甲4氯钠 25%、氯氟吡氧乙酸 5%/2014.12.16 至 2019.12.16/低毒

移栽水稻田	阔叶杂草、莎草科杂草、水花生	450-675克/公顷	茎叶喷雾

PD20098380 吗胍·乙酸铜/20%/可湿性粉剂/盐酸吗啉胍 10%、乙酸铜 10%/2014.12.18 至 2019.12.18/低毒

番茄	病毒病	499.5-750克/公顷	喷雾

PD20100831 吲丁·萘乙酸/10%/可湿性粉剂/萘乙酸 2%、吲哚丁酸 8%/2015.01.19 至 2020.01.19/低毒

玉米	调节生长、增产	15-20毫克/千克	浸种

PD20101578 氯化胆碱/60%/水剂/氯化胆碱 60%/2015.06.01 至 2020.06.01/低毒

大蒜、甘薯、花生、	调节生长	135-180克/公顷	茎叶喷雾

萝卜、马铃薯、山药
PD20101776 2,4-滴钠盐/85%/可溶粉剂/2,4-滴钠盐 85%/2015.07.07 至 2020.07.07/低毒
番茄 调节生长 10-20毫克/千克 涂花、点花
PD20101883 2,4-滴/96%/原药/2,4-滴 96%/2015.08.09 至 2020.08.09/低毒
PD20111125 氯氟吡氧乙酸异辛酯/25%/乳油/氯氟吡氧乙酸 25%/2011.10.27 至 2016.10.27/低毒
冬小麦田、夏玉米田 一年生阔叶杂草 187.5-225克/公顷 茎叶喷雾
非耕地 阔叶杂草 150-187.5克/公顷 茎叶喷雾
注:氯氟吡氧乙酸异辛酯含量: 36%。
PD20111330 氯胆·萘乙酸/18%/可湿性粉剂/氯化胆碱 17%、萘乙酸 1%/2011.12.06 至 2016.12.06/微毒
大蒜 调节生长、增产 180-220.5克/公顷 喷雾
姜 调节生长、增产 135-189克/公顷 喷雾
PD20130336 二氯吡啶酸/30%/水剂/二氯吡啶酸 30%/2013.03.07 至 2018.03.07/低毒
春油菜田、玉米田 一年生阔叶杂草 135-180克/公顷 茎叶喷雾
PD20130415 氨氯·二氯吡/30%/水剂/氨氯吡啶酸 6%、二氯吡啶酸 24%/2013.03.14 至 2018.03.14/微毒
春油菜田 一年生阔叶杂草 112.5-157.5克/公顷 茎叶喷雾
PD20131452 草甘膦铵盐/65%/可溶粉剂/草甘膦 65%/2013.07.05 至 2018.07.05/微毒
柑橘园 杂草 1646.5-2250克/公顷 定向茎叶喷雾
注:草甘膦铵盐含量: 71.5%。
PD20132329 氯吡脲/0.1%/可溶液剂/氯吡脲 0.1%/2013.11.13 至 2018.11.13/低毒
葡萄 调节生长、增产 10-20毫克/千克 浸幼果穗

重庆泰帮化工有限公司 (重庆市合川区工业园区核心区 401520 023-42723939)

PD20082560 溴敌隆/0.5%/母液/溴敌隆 0.5%/2013.12.04 至 2018.12.04/高毒
农田 田鼠 饱和投饵 配制成0.005%毒饵
PD20083857 溴敌隆/0.005%/毒饵/溴敌隆 0.005%/2013.12.15 至 2018.12.15/微毒(原药高毒)
室内 家鼠 / 饱和投饵
PD20085240 杀虫双/3.6%/大粒剂/杀虫双 3.6%/2013.12.23 至 2018.12.23/中等毒
水稻 二化螟 540-675克/公顷 撒施
WP20080350 蚊香/0.2%/蚊香/富右旋反式烯丙菊酯 0.2%/2013.12.09 至 2018.12.09/微毒
卫生 蚊 / 点燃

重庆正大精细化工研究所有限公司 (重庆市沙坪坝区井口小湾8号 400033 023-65181271)

WP20050015 杀虫粉剂/0.45%/粉剂/氰戊菊酯 0.4%、溴氰菊酯 0.05%/2015.11.14 至 2020.11.14/微毒
卫生 蜚蠊 3克制剂/平方米 撒布
WP20110191 杀虫粉剂/0.48%/粉剂/高效氯氰菊酯 0.08%、氰戊菊酯 0.4%/2011.08.17 至 2016.08.17/低毒
卫生 蜚蠊 3克制剂/平方米 撒布

重庆中邦药业(集团)有限公司 (重庆市涪陵区清溪镇平原村 408013 023-72714888)

PD20081882 苯磺隆/75%/可分散粒剂/苯磺隆 75%/2013.11.20 至 2018.11.20/微毒
冬小麦田 一年生阔叶杂草 15-19.5克/公顷 茎叶喷雾
PD20082743 腐霉利/50%/可湿性粉剂/腐霉利 50%/2013.12.08 至 2018.12.08/低毒
番茄 灰霉病 562.5-750克/公顷 喷雾
PD20090108 阿维·高氯/3%/乳油/阿维菌素 0.3%、高效氯氰菊酯 2.7%/2014.01.08 至 2019.01.08/低毒(原药高毒)
十字花科蔬菜 菜青虫、小菜蛾 13.5-27克/公顷 喷雾
PD20091909 多·锰锌/25%/可湿性粉剂/多菌灵 8.3%、代森锰锌 16.7%/2014.02.10 至 2019.02.10/低毒
梨树 黑星病 1000-1250毫克/千克 喷雾
PD20092364 噻嗪·异丙威/25%/可湿性粉剂/噻嗪酮 5%、异丙威 20%/2014.02.24 至 2019.02.24/低毒
水稻 稻飞虱 375-562.5克/公顷 喷雾
PD20092721 吡虫啉/20%/可溶液剂/吡虫啉 20%/2014.03.04 至 2019.03.04/低毒
水稻 稻飞虱 18-30克/公顷 喷雾
PD20093643 莠去津/38%/悬浮剂/莠去津 38%/2014.03.25 至 2019.03.25/低毒
春玉米田 一年生杂草 1800-2250克/公顷 播后苗期土壤喷雾
PD20093941 甲氰菊酯/20%/乳油/甲氰菊酯 20%/2014.03.27 至 2019.03.27/中等毒
棉花 棉铃虫 120-150克/公顷 喷雾
PD20094066 三环唑/20%/可湿性粉剂/三环唑 20%/2014.03.27 至 2019.03.27/低毒
水稻 稻瘟病 225-300克/公顷 喷雾
PD20094376 井冈霉素/20%/可溶粉剂/井冈霉素 20%/2014.04.01 至 2019.04.01/低毒
水稻 纹枯病 75-112.5克/公顷 喷雾
PD20094432 稻瘟灵/40%/乳油/稻瘟灵 40%/2014.04.01 至 2019.04.01/低毒
水稻 稻瘟病 400-600克/公顷 喷雾
PD20094773 精喹禾灵/5%/乳油/精喹禾灵 5%/2014.04.13 至 2019.04.13/低毒
大豆田 一年生禾本科杂草 48.75-60克/公顷 茎叶喷雾
PD20094956 炔螨特/57%/乳油/炔螨特 57%/2014.04.20 至 2019.04.20/低毒
柑橘树 红蜘蛛 285-380毫克/千克 喷雾
PD20097144 烟嘧磺隆/40克/升/可分散油悬浮剂/烟嘧磺隆 40克/升/2014.10.16 至 2019.10.16/低毒
春玉米田 一年生杂草 84-100毫升制剂/亩 茎叶喷雾

PD20097387 阿维菌素/1.8%/乳油/阿维菌素 1.8%/2014.10.28 至 2019.10.28/低毒(原药高毒)
甘蓝 小菜蛾 8.1-10.8克/公顷 喷雾
PD20098411 氯氟吡氧乙酸异辛酯(288克/升)///乳油/氯氟吡氧乙酸 200克/升/2014.12.18 至 2019.12.18/低毒
水田畦畔 空心莲子草(水花生) 150-180克/公顷 茎叶喷雾
PD20100142 吡虫·杀虫单/40%/可湿性粉剂/吡虫啉 1.2%、杀虫单 38.8%/2015.01.05 至 2020.01.05/低毒
水稻 稻纵卷叶螟、二化螟、飞虱、三化螟 450-750克/公顷 喷雾
PD20100434 草甘膦异丙胺盐(41%)///水剂/草甘膦 30%/2015.01.14 至 2020.01.14/微毒
柑橘园 杂草 1125-2250克/公顷 定向茎叶喷雾
PD20100636 咪鲜胺/250克/升/乳油/咪鲜胺 250克/升/2015.01.14 至 2020.01.14/低毒
柑橘 蒂腐病 312.5—500毫克/千克 浸果
PD20100987 精噁唑禾草灵/69克/升/水乳剂/精噁唑禾草灵 69克/升/2015.01.19 至 2020.01.19/低毒
春小麦田 一年生禾本科杂草 51.75-62.1克/公顷 茎叶喷雾
PD20101014 敌敌畏/50%/乳油/敌敌畏 50%/2010.01.20 至 2015.01.20/中等毒
甘蓝 菜青虫 600-750克/公顷 喷雾
PD20101051 毒死蜱/40%/乳油/毒死蜱 40%/2015.01.21 至 2020.01.21/中等毒
棉花 棉铃虫 450-900克/公顷 喷雾
PD20142325 氯氰菊酯/8%/微囊剂/氯氰菊酯 8%/2014.11.03 至 2019.11.03/低毒
杨树 天牛 267-400mg/kg 喷雾
WP20090218 高效氯氟氰菊酯/2.5%/微囊悬浮剂/高效氯氟氰菊酯 2.5%/2014.04.01 至 2019.04.01/低毒
卫生 蚊、蝇 60毫克/平方米 滞留喷洒
卫生 蜚蠊 80毫克/平方米 滞留喷洒

重庆种衣剂厂 (重庆市永川区萱花路段末5-061信箱 402160 023-49838104)

PD20083469 多·福/15%/悬浮种衣剂/多菌灵 7%、福美双 8%/2013.12.12 至 2018.12.12/低毒
水稻 苗期病害 1:40-50(药种比) 种子包衣
玉米 茎基腐病 1:30-40(药种比) 种子包衣
PD20083570 福·克/15%/悬浮种衣剂/福美双 7%、克百威 8%/2013.12.12 至 2018.12.12/高毒
玉米 地老虎、金针虫、蝼蛄、苗期病害、蛴螬 1:40-50(药种比) 种子包衣
PD20091543 戊唑·福美双/10.2%/悬浮种衣剂/福美双 9.8%、戊唑醇 0.4%/2014.02.03 至 2019.02.03/低毒
小麦 散黑穗病 1:60(药种比) 种子包衣
玉米 丝黑穗病 167-255/100千克种子 种子包衣
PD20131008 戊唑醇/6%/悬浮种衣剂/戊唑醇 6%/2013.05.13 至 2018.05.13/低毒
玉米 丝黑穗病 8.57-12克/100千克种子 种子包衣

重庆重大生物技术发展有限公司 (重庆市沙坪坝区沙中路重大科技园大楼2楼 400033 023-65180688)

PD20080670 金龟子绿僵菌/500亿孢子/克/母药/金龟子绿僵菌 500亿孢子/克/2013.05.27 至 2018.05.27/微毒
PD20080671 金龟子绿僵菌/100亿孢子/毫升/油悬浮剂/金龟子绿僵菌 100亿孢子/毫升/2013.05.27 至 2018.05.27/微毒
滩涂 飞蝗 250-500毫升/公顷 超低容量喷雾
LS20150169 金龟子绿僵菌CQMa128/10亿孢子/克/微粒剂/金龟子绿僵菌CQMa128 10亿孢子/克/2015.06.12 至 2016.06.12/微毒
花生 蛴螬 3000-5000克制剂/亩 撒施
LS20150175 大孢绿僵菌/10亿孢子/克/微粒剂/大孢绿僵菌 10亿孢子/克/2015.06.14 至 2016.06.14/微毒
甘蔗 土天牛幼虫 3000-5000克制剂/公顷 撒施
LS20150177 大孢绿僵菌/100亿孢子/克/乳粉剂/大孢绿僵菌 100亿孢子/克/2015.06.14 至 2016.06.14/微毒
甘蓝 菜青虫 100-125克制剂/公顷 喷雾
LS20150199 金龟子绿僵菌CQMa128/100亿孢子/克/乳粉剂/金龟子绿僵菌CQMa128 100亿孢子/克/2015.06.14 至 2016.06.14/微毒
甘蓝 小菜蛾 100-125克制剂/亩 喷雾
花生 蛴螬 200-250克制剂/亩 喷雾

重庆紫光国际化工有限责任公司 (重庆市(长寿)化工园区北区化工路3号 401221 023-87200913)

PD20131340 嘧菌酯/95%/原药/嘧菌酯 95%/2013.06.09 至 2018.06.09/低毒

重庆榄菊实业有限公司 (重庆市璧山县丁家镇工业园区 402760 023-41489109)

WP20120001 蚊香/0.03%/蚊香/四氟甲醚菊酯 0.03%/2012.01.05 至 2017.01.05/微毒
卫生 蚊 / 点燃
注:本产品有两种香型:檀香型、薰衣草香型。
WP20120043 蚊香/0.05%/蚊香/氯氟醚菊酯 0.05%/2012.03.14 至 2017.03.14/微毒
卫生 蚊 / 点燃

福建省

福建宝捷利生化农药有限公司 (福建省福安市城南溪口8号 355000 0593-6332665)

PD88101-9 水胺硫磷/40%/乳油/水胺硫磷 40%/2013.04.01 至 2018.04.01/高毒
棉花 红蜘蛛、棉铃虫 300-600克/公顷 喷雾
水稻 蓟马、螟虫 450-900克/公顷 喷雾

福建奔马日化有限公司 (福建省晋江市罗山许坑工业区38、40号 362200 0595-88196979)

WP20080302 蚊香/0.25%/蚊香/富右旋反式烯丙菊酯 0.25%/2013.12.04 至 2018.12.04/低毒
卫生 蚊 / 点燃
WP20110019 电热蚊香片/10毫克/片/电热蚊香片/炔丙菊酯 10毫克/片/2016.01.21 至 2021.01.21/微毒
室内 蚊 / 电热加温

WP20120141 蚊香/0.25%/蚊香/富右旋反式烯丙菊酯 0.25%/2012.07.20 至 2017.07.20/微毒
卫生 蚊 / 点燃
WP20120245 电热蚊香液/0.8%/电热蚊香液/炔丙菊酯 0.8%/2012.12.18 至 2017.12.18/微毒
卫生 蚊 / 电热加温
WP20150026 杀虫气雾剂/0.65%/气雾剂/Es-生物烯丙菊酯 0.25%、氯菊酯 0.4%/2015.02.04 至 2020.02.04/微毒
室内 蚊、蝇、蜚蠊 / 喷雾

福建高科日化有限公司 (福建省泉州市南安市东大路帽山工业区 362300 0595-86354222)

WP20080080 电热蚊香液/0.8%/电热蚊香液/炔丙菊酯 0.8%/2013.06.11 至 2018.06.11/低毒
卫生 蚊 / 电热加温
WP20100165 13毫克/片贝斯特牌电热蚊香片/13毫克/片/电热蚊香片/炔丙菊酯 13毫克/片/2015.12.15 至 2020.12.15/微毒
卫生 蚊 / 电热加温
WP20140176 蚊香/0.2%/蚊香/Es-生物烯丙菊酯 0.2%/2014.09.03 至 2019.09.03/微毒
室内 蚊 / 点燃
WP20140195 蟑香/7.2%/蟑香/右旋苯醚氰菊酯 7.2%/2014.08.27 至 2019.08.27/微毒
室内 蜚蠊 / 点燃
WP20150090 电热蚊香片/40毫克/片/电热蚊香片/右旋烯丙菊酯 40毫克/片/2015.05.18 至 2020.05.18/微毒
室内 蚊 / 电热加温
WP20150105 电热蚊香片/50毫克/片/电热蚊香片/右旋烯丙菊酯 50毫克/片/2015.06.14 至 2020.06.14/微毒
室内 蚊 / 电热加温
WP20150121 杀蝇饵剂/0.5%/饵剂/吡虫啉 0.5%/2015.07.30 至 2020.07.30/微毒
卫生 蝇 / 投放
WP20150125 杀蟑笔剂/0.5%/笔剂/溴氰菊酯 0.5%/2015.07.30 至 2020.07.30/低毒
室内 蜚蠊 / 涂抹
WP20150127 杀蟑胶饵/0.05%/胶饵/氟虫腈 0.05%/2015.07.30 至 2020.07.30/微毒
室内 蜚蠊 / 投放
WP20150128 杀蟑饵剂/2%/饵剂/吡虫啉 2%/2015.07.30 至 2020.07.30/微毒
室内 蜚蠊 / 投放
WP20150180 杀虫气雾剂/0.3%/气雾剂/富右旋反式烯丙菊酯 0.15%、右旋苯醚氰菊酯 0.15%/2015.08.31 至 2020.08.31/微毒
室内 蚊、蝇、蜚蠊 / 喷雾

福建豪德化工科技有限公司 (福建省龙岩市新罗区龙门镇 364015 0597-2569998)

PD20040411 吡虫啉/10%/可湿性粉剂/吡虫啉 10%/2014.12.19 至 2019.12.19/低毒
甘蓝 蚜虫 15-22.5克/公顷 喷雾
PD20092647 苄·丁/35%/可湿性粉剂/苄嘧磺隆 1.5%、丁草胺 33.5%/2014.03.03 至 2019.03.03/低毒
水稻抛秧田 部分多年生杂草、一年生杂草 525-787.5克/公顷 毒土法
PD20096637 异丙甲·苄/25%/可湿性粉剂/苄嘧磺隆 4%、异丙甲草胺 21%/2014.09.02 至 2019.09.02/低毒
水稻移栽田 一年生杂草 112.5-150克/公顷 药土法
PD20096669 腈菌·福美双/20%/可湿性粉剂/福美双 18%、腈菌唑 2%/2014.09.07 至 2019.09.07/低毒
黄瓜 白粉病 450-600克制剂/公顷 喷雾
PD20131574 苄·丁/0.35%/颗粒剂/苄嘧磺隆 0.015%、丁草胺 0.335%/2013.07.23 至 2018.07.23/低毒
水稻抛秧田 一年生及部分多年生杂草 525-787.5克/公顷 直接撒施
注:本产品为药肥混剂。

福建凯立生物制品有限公司 (福建省长泰县兴泰工业区 363900 0596-6950678)

PD20096840 淡紫拟青霉/200亿活孢子/克/母药/淡紫拟青霉 200亿活孢子/克/2014.09.21 至 2019.09.21/低毒
PD20096841 淡紫拟青霉/2亿活孢子/克/粉剂/淡紫拟青霉 2亿活孢子/克/2014.09.21 至 2019.09.21/低毒
番茄 线虫 22.5-30千克制剂/公顷 穴施
PD20110113 中生菌素/3%/可湿性粉剂/中生菌素 3%/2016.02.14 至 2021.02.14/低毒
黄瓜 细菌性角斑病 1200-1650克/公顷 喷雾
苹果树 轮纹病 30-37.5毫克/千克 喷雾
PD20110121 中生菌素/12%/母药/中生菌素 12%/2016.01.27 至 2021.01.27/低毒
PD20120784 苯甲·中生/8%/可湿性粉剂/苯醚甲环唑 5%、中生菌素 3%/2012.05.11 至 2017.05.11/中等毒
苹果树 斑点落叶病 40-53.3毫克/千克 喷雾
PD20120933 中生·多菌灵/53%/可湿性粉剂/多菌灵 51%、中生菌素 2%/2012.06.04 至 2017.06.04/低毒
苹果树 轮纹病 353.3-530毫克/千克 喷雾
PD20131736 烯酰·中生/25%/可湿性粉剂/烯酰吗啉 22%、中生菌素 3%/2013.08.16 至 2018.08.16/低毒
黄瓜 霜霉病 112.5～150克/公顷 喷雾
PD20140548 甲硫·中生/52%/可湿性粉剂/甲基硫菌灵 50%、中生菌素 2%/2014.03.06 至 2019.03.06/低毒
苹果树 轮纹病 347-520毫克/千克 喷雾
PD20140840 嘧啶核苷类抗菌素/4%/水剂/嘧啶核苷类抗菌素 4%/2014.04.08 至 2019.04.08/低毒
黄瓜 白粉病 100-133毫克/千克 喷雾
PD20141677 中生·戊唑醇/10%/可湿性粉剂/戊唑醇 8%、中生菌素 2%/2014.06.30 至 2019.06.30/低毒
苹果树 斑点落叶病 83.3-125毫克/千克 喷雾
PD20141731 中生·嘧霉胺/25%/可湿性粉剂/嘧霉胺 22%、中生菌素 3%/2014.06.30 至 2019.06.30/低毒
黄瓜 灰霉病 375-450克/公顷 喷雾

LS20140207 中生菌素/5%/可湿性粉剂/中生菌素 5%/2015.06.16 至 2016.06.16/低毒
黄瓜 细菌性角斑病 37.5-52.5克/公顷 喷雾
LS20140285 中生·醚菌酯/13%/可湿性粉剂/醚菌酯 10%、中生菌素 3%/2015.08.25 至 2016.08.25/低毒
黄瓜 白粉病 87.75-117克/公顷 喷雾

福建浦城绿安生物农药有限公司 (福建省南平市浦城县南浦生态工业园17号 353400 0599-2831937)

PD20083029 苏云金杆菌/50000IU/毫克/原药/苏云金杆菌 50000IU/毫克/2013.12.10 至 2018.12.10/低毒
PD20083182 苏云金杆菌/32000IU/毫克/可湿性粉剂/苏云金杆菌 32000IU/毫克/2013.12.11 至 2018.12.11/低毒
十字花科蔬菜 小菜蛾 450-750克制剂/公顷 喷雾
PD20083324 苏云金杆菌/16000IU/毫克/可湿性粉剂/苏云金杆菌 16000IU/毫克/2013.12.11 至 2018.12.11/低毒
茶树 茶毛虫 800-1600倍液 喷雾
棉花 二代棉铃虫 1500-2250克制剂/公顷 喷雾
森林 松毛虫 1200-1600倍液 喷雾
十字花科蔬菜 小菜蛾 750-1125克制剂/公顷 喷雾
十字花科蔬菜 菜青虫 375-750克制剂/公顷 喷雾
水稻 稻纵卷叶螟 1500-2250克制剂/公顷 喷雾
烟草 烟青虫 750-1500克制剂/公顷 喷雾
玉米 玉米螟 750-1500克制剂/公顷 加细纱灌心
枣树 枣尺蠖 1200-1200倍液 喷雾
PD20083525 苏云金杆菌/6000IU/微升/悬浮剂/苏云金杆菌 6000IU/微升/2013.12.12 至 2018.12.12/低毒
茶树 茶毛虫 200-400倍液 喷雾
棉花 棉铃虫 3000-3750毫升制剂/公顷 喷雾
森林 松毛虫 200-400倍液 喷雾
十字花科蔬菜 菜青虫、小菜蛾 1500-2250毫升制剂/公顷 喷雾
水稻 稻纵卷叶螟 3000-3750毫升制剂/公顷 喷雾
烟草 烟青虫 3000-3750毫升制剂/公顷 喷雾
玉米 玉米螟 2250-3000毫升制剂/公顷 加细沙灌心
枣树 枣尺蠖 200-400倍液 喷雾
PD20083929 苏云金杆菌/8000IU/微升/悬浮剂/苏云金杆菌 8000IU/微升/2013.12.15 至 2018.12.15/微毒
十字花科蔬菜 小菜蛾 1125-2250毫升制剂/公顷 喷雾
PD20085313 苏云金杆菌/4000IU/毫克/粉剂/苏云金杆菌 4000IU/毫克/2013.12.24 至 2018.12.24/低毒
森林 松毛虫 4500-6000克制剂/公顷 喷粉
PD20086093 杀单·苏云菌//可湿性粉剂/杀虫单 51%、苏云金杆菌 100亿活芽孢/克/2013.12.30 至 2018.12.30/中等毒
水稻 三化螟 750-1125克制剂/公顷 喷雾
PD20090646 井冈霉素/8%/水剂/井冈霉素 8%/2014.01.15 至 2019.01.15/低毒
水稻 纹枯病 150-187.5克/公顷 喷雾
PD20093485 井冈霉素/16%/可溶粉剂/井冈霉素 16%/2014.03.23 至 2019.03.23/低毒
水稻 纹枯病 120-150克/公顷 喷雾
PD20094595 井冈霉素/4%/水剂/井冈霉素 4%/2014.04.10 至 2019.04.10/低毒
水稻 纹枯病 150-187.5克/公顷 喷雾
PD20095145 井冈霉素A/60%/原药/井冈霉素 60%/2014.04.24 至 2019.04.24/低毒
PD20130544 枯草芽孢杆菌/200亿孢子/克/可湿性粉剂/枯草芽孢杆菌 200亿孢子/克/2013.04.01 至 2018.04.01/低毒
黄瓜 白粉病 1350-2250克制剂/公顷 喷雾
PD20142128 枯草芽孢杆菌/10000亿芽孢/克/母药/枯草芽孢杆菌 10000亿芽孢/克/2014.09.03 至 2019.09.03/低毒
WP20120259 苏云金杆菌(以色列亚种)/1200ITU/毫克/可湿性粉剂/苏云金杆菌(以色列亚种) 1200ITU/毫克/2012.12.26 至2017.12.26/低毒
室外 蚊(幼虫) 0.5-1克制剂/平方米 喷洒
WP20140019 苏云金杆菌(以色列亚种)/7000ITU/毫克/母药/苏云金杆菌(以色列亚种) 7000ITU/毫克/2014.01.29 至2019.01.29/低毒

福建青松股份有限公司 (福建省建阳市回瑶工业园区 354200 0599-5820121)

WP20110016 樟脑/96%/原药/樟脑 96%/2016.01.11 至 2021.01.11/低毒

福建泉州高科日化制造有限公司 (福建省南安市东大路帽山工业区 362300 0595-86354222)

WP20080388 杀虫气雾剂/0.18%/气雾剂/胺菊酯 0.11%、富右旋反式炔丙菊酯 0.05%、溴氰菊酯 0.02%/2013.12.11 至2018.12.11/低毒
卫生 蜚蠊、蚊、蝇 / 喷雾
WP20090043 杀虫气雾剂/0.35%/气雾剂/Es-生物烯丙菊酯 0.05%、胺菊酯 0.2%、氯氰菊酯 0.1%/2014.01.19 至 2019.01.19/微毒
卫生 蜚蠊、蚊、蝇 / 喷雾
WP20100126 蚊香/0.02%/蚊香/四氟甲醚菊酯 0.02%/2015.11.01 至 2020.11.01/微毒
卫生 蚊 / 点燃
WP20120202 电热蚊香液/0.9%/电热蚊香液/氯氟醚菊酯 0.9%/2012.10.25 至 2017.10.25/微毒
卫生 蚊 / 电热加温
WP20120204 电热蚊香液/0.6%/电热蚊香液/氯氟醚菊酯 0.6%/2012.10.25 至 2017.10.25/微毒
卫生 蚊 / 电热加温
WP20130008 蚊香/0.05%/蚊香/氯氟醚菊酯 0.05%/2013.01.14 至 2018.01.14/微毒
卫生 蚊 / 点燃

WP20130086 蚊香/0.05%/蚊香/四氟苯菊酯 0.05%/2013.05.02 至 2018.05.02/微毒
卫生 蚊 / 点燃

WP20130087 电热蚊香液/0.62%/电热蚊香液/四氟甲醚菊酯 0.62%/2013.05.06 至 2018.05.06/微毒
卫生 蚊 / 电热加温

WP20130095 电热蚊香片/8毫克/片/电热蚊香片/炔丙菊酯 4毫克/片、四氟甲醚菊酯 4毫克/片/2013.05.20 至 2018.05.20/微毒
卫生 蚊 / 电热加温

WP20130100 杀虫气雾剂/0.3%/水基气雾剂/炔咪菊酯 0.1%、右旋苯醚氰菊酯 0.2%/2013.05.20 至 2018.05.20/微毒
卫生 蜚蠊 / 喷雾

WP20130112 电热蚊香片/15毫克/片/电热蚊香片/四氟苯菊酯 15毫克/片/2013.05.27 至 2018.05.27/微毒
卫生 蚊 / 电热加温

WP20130119 电热蚊香液/1.3%/电热蚊香液/四氟苯菊酯 1.3%/2013.06.04 至 2018.06.04/微毒
卫生 蚊 / 电热加温

WP20130129 杀虫气雾剂/0.25%/水基气雾剂/炔丙菊酯 0.1%、右旋苯醚菊酯 0.15%/2013.06.08 至 2018.06.08/微毒
卫生 蚊、蝇、蜚蠊 / 喷雾

WP20130131 杀虫气雾剂/0.36%/水基气雾剂/右旋胺菊酯 0.18%、右旋苯醚氰菊酯 0.18%/2013.06.08 至 2018.06.08/微毒
卫生 蚊、蝇、蜚蠊 / 喷雾

WP20130147 电热蚊香片/10毫克/片/电热蚊香片/炔丙菊酯 5毫克/片、氯氟醚菊酯 5毫克/片/2013.07.15 至 2018.07.15/微毒
室内 蚊 / 电热加温

WP20130163 电热蚊香片/13毫克/片/电热蚊香片/炔丙菊酯 5.2毫克/片、氯氟醚菊酯 7.8毫克/片/2013.07.29 至 2018.07.29/微毒
室内 蚊 / 电热加温

WP20150108 杀蟑烟片/6.5%/烟片/右旋苯醚氰菊酯 6.5%/2015.06.14 至 2020.06.14/微毒
室内 蜚蠊 / 点燃

WP20150117 驱蚊液/7%/驱蚊液/驱蚊酯 7%/2015.06.27 至 2020.06.27/微毒
卫生 蚊 / 涂抹

WP20150120 驱蚊花露水/5%/驱蚊花露水/驱蚊酯 5%/2015.06.27 至 2020.06.27/微毒
卫生 蚊 / 涂抹

福建三农化学农药有限责任公司 （福建省三明市梅列区列东街北段1829号 365000 0598-8238445）

PD84111-21 氧乐果/40%/乳油/氧乐果 40%/2014.12.13 至 2019.12.13/中等毒
棉花 蚜虫、螨 375-600克/公顷 喷雾
森林 松干蚧、松毛虫 500倍液 喷雾或直接涂树干
水稻 稻纵卷叶螟、飞虱 375-600克/公顷 喷雾
小麦 蚜虫 300-450克/公顷 喷雾

PD85121-14 乐果/40%/乳油/乐果 40%/2015.06.13 至 2020.06.13/中等毒
茶树 蚜虫、叶蝉、螨 1000-2000倍液 喷雾
甘薯 小象甲 2000倍液 浸鲜薯片诱杀
柑橘树、苹果树 鳞翅目幼虫、蚜虫、螨 800-1600倍液 喷雾
棉花 蚜虫、螨 450-600克/公顷 喷雾
蔬菜 蚜虫、螨 300-600克/公顷 喷雾
水稻 飞虱、螟虫、叶蝉 450-600克/公顷 喷雾
烟草 蚜虫、烟青虫 300-600克/公顷 喷雾

PD92103-3 草甘膦/95%,93%,90%/原药/草甘膦 95%,93%,90%/2012.08.06 至 2017.08.06/低毒

PD20040441 哒螨灵/15%/乳油/哒螨灵 15%/2014.12.19 至 2019.12.19/中等毒
柑橘树 红蜘蛛 50-67毫克/千克 喷雾
苹果树 叶螨 50-67毫克/千克 喷雾

PD20040645 三唑磷/20%/乳油/三唑磷 20%/2014.12.19 至 2019.12.19/中等毒
棉花 棉红铃虫 375-450克/公顷 喷雾
水稻 二化螟、三化螟 300-450克/公顷 喷雾

PD20050219 三唑磷/85%/原药/三唑磷 85%/2015.12.23 至 2020.12.23/中等毒

PD20082078 草甘膦异丙胺盐/41%/水剂/草甘膦 41%/2013.11.25 至 2018.11.25/低毒
柑橘园 杂草 3000-4500毫升/公顷(制剂) 定向茎叶喷雾

PD20085730 氟磺胺草醚/95%/原药/氟磺胺草醚 95%/2013.12.26 至 2018.12.26/低毒

PD20092777 氟磺胺草醚/250克/升/水剂/氟磺胺草醚 250克/升/2014.03.04 至 2019.03.04/低毒
春大豆田、夏大豆田 一年生阔叶杂草 250-500克/公顷 喷雾

PD20096767 敌敌畏/80%/乳油/敌敌畏 80%/2014.09.15 至 2019.09.15/中等毒
十字花科蔬菜 菜青虫 720-960克/公顷 喷雾

PD20097994 丁草胺/60%/乳油/丁草胺 60%/2014.12.07 至 2019.12.07/低毒
水稻移栽田 一年生杂草 720-1296克/公顷 毒土法

PD20097995 丁草胺/50%/乳油/丁草胺 50%/2014.12.07 至 2019.12.07/低毒
水稻移栽田 一年生杂草 750-1275克/公顷 毒土法

PD20098314 噻嗪酮/25%/可湿性粉剂/噻嗪酮 25%/2014.12.18 至 2019.12.18/低毒
水稻 飞虱 93.75-131.25克/公顷 喷雾

PD20100533 毒死蜱/40%/乳油/毒死蜱 40%/2015.01.14 至 2020.01.14/中等毒
棉花 棉铃虫 720-900克/公顷 喷雾

PD20111043 草甘膦异丙胺盐/46%/母药/草甘膦 46%/2011.10.10 至 2016.10.10/低毒
注:草甘膦异丙胺盐含量:62%。

福建三农农化有限公司 (福建省漳州市龙海市角美镇上房 363107 0596-6774411)

PD20082751 克百威/3%/颗粒剂/克百威 3%/2013.12.08 至 2018.12.08/中等毒(原药高毒)

甘蔗	螟虫	1800-2250克/公顷	撒施
花生	根结线虫	1800-2250克/公顷	沟施
水稻	三化螟	900-1350克/公顷	撒施

PD20101286 草甘膦铵盐(33%)///水剂/草甘膦 30%/2010.03.10 至 2015.03.10/低毒

柑橘园	杂草	1125-1500克/公顷	喷雾

福建神狮日化有限公司 (福建省厦门市台湾街251号 361009 0592-5562406)

WP20100149 蚊香/0.3%/蚊香/富右旋反式烯丙菊酯 0.3%/2015.11.30 至 2020.11.30/微毒

卫生	蚊	/	点燃

WP20100157 电热蚊香液/0.8%/电热蚊香液/炔丙菊酯 0.8%/2015.12.14 至 2020.12.14/微毒

卫生	蚊	/	电热加温

WP20100167 电热蚊香片/10毫克/片/电热蚊香片/富右旋反式炔丙菊酯 10毫克/片/2015.12.15 至 2020.12.15/微毒

卫生	蚊	/	电热加温

WP20100178 杀虫气雾剂/0.6%/气雾剂/胺菊酯 0.3%、氯菊酯 0.3%/2015.12.16 至 2020.12.16/微毒

卫生	蜚蠊、蚊、蝇	/	喷雾

福建省德盛生物工程有限责任公司 (福建省泉州市永春县玉斗镇玉斗工业区 362616 0595-23788178)

PD20083224 联苯菊酯/25克/升/乳油/联苯菊酯 25克/升/2013.12.11 至 2018.12.11/低毒

茶树	茶小绿叶蝉	22.5-30克/公顷	喷雾

PD20086241 高效氯氟氰菊酯/25克/升/乳油/高效氯氟氰菊酯 25克/升/2013.12.31 至 2018.12.31/中等毒

茶树	茶尺蠖	7.5-11.25克/公顷	喷雾

PD20093422 氯氰·毒死蜱/20%/乳油/毒死蜱 18.8%、氯氰菊酯 1.2%/2014.06.18 至 2019.06.18/中等毒

柑橘树	矢尖蚧	200-250毫克/千克	喷雾

PD20096613 草甘膦异丙胺盐/30%/水剂/草甘膦 30%/2014.09.02 至 2019.09.02/低毒

柑橘园	杂草	3000-60000毫升制剂/公顷	定向茎叶喷雾

注:草甘膦异丙胺盐含量：41%。

PD20096973 噻螨酮/5%/乳油/噻螨酮 5%/2014.09.29 至 2019.09.29/低毒

柑橘树	红蜘蛛	33-50毫克/千克	喷雾

PD20100744 阿维菌素/18克/升/乳油/阿维菌素 18克/升/2015.01.16 至 2020.01.16/低毒(原药高毒)

甘蓝	小菜蛾	9.45-13.5克/公顷	喷雾

PD20100749 稻丰散/50%/乳油/稻丰散 50%/2015.01.16 至 2020.01.16/中等毒

柑橘树	介壳虫	333.33-500毫克/千克	喷雾

PD20131225 啶虫·毒死蜱/20%/乳油/啶虫脒 2%、毒死蜱 18%/2013.05.28 至 2018.05.28/低毒

柑橘树	介壳虫	133.3-200毫克/千克	喷雾

PD20131973 阿维·哒螨灵/10%/乳油/阿维菌素 0.4%、哒螨灵 9.6%/2013.10.10 至 2018.10.10/中等毒(原药高毒)

柑橘树	红蜘蛛	50-100毫克/千克	喷雾

PD20141267 噻嗪酮/25%/悬浮剂/噻嗪酮 25%/2014.05.07 至 2019.05.07/低毒

柑橘树	介壳虫	167-250毫克/千克	喷雾

PD20150329 茚虫威/150克/升/悬浮剂/茚虫威 150克/升/2015.03.02 至 2020.03.02/低毒

甘蓝	菜青虫	16.875-22.5克/公顷	喷雾

PD20151161 唑螨酯/5%/悬浮剂/唑螨酯 5%/2015.06.26 至 2020.06.26/低毒

柑橘树	红蜘蛛	33.3-50毫克/千克	喷雾

福建省福鼎市绿丰化工有限公司 (福建省宁德市福鼎市山前铁塘里 355200 0593-7851735)

PD20081441 草甘膦异丙胺盐/41%/水剂/草甘膦异丙胺盐 41%/2013.10.31 至 2018.10.31/低毒

柑橘园	一年生和多年生杂草	1230-2460克/公顷	定向茎叶喷雾

福建省福州绿色应用化学技术开发有限公司 (福建省福州市晋安区新店镇赤桥村42号 350012 0591-87911376)

WP20110058 杀蟑饵剂/0.1%/饵剂/毒死蜱 0.1%/2016.02.28 至 2021.02.28/微毒

卫生	蜚蠊	/	投放

福建省福州市防治白蚁公司 (福建省福州市古田路29号双福楼东三层 350005 0591-83337717)

WP20080036 杀虫饵剂/0.05%/毒饵/溴氰菊酯 0.05%/2013.03.04 至 2018.03.04/低毒

卫生	蜚蠊、蚂蚁	/	投放

福建省花仙子(厦门)日用化学品有限公司 (福建省厦门市集美区北部工业区 361021 0592-6100323-20)

WP20090291 防蛀防霉片剂/99.5%/片剂/对二氯苯 99.5%/2014.07.08 至 2019.07.08/低毒

卫生	黑皮蠹、霉菌	40克制剂/立方米	投放

WP20110269 防蛀片剂/96%/防蛀片剂/樟脑 96%/2011.12.14 至 2016.12.14/低毒

卫生	黑皮蠹	/	投放

福建省惠安县东岭东山蚊香厂 (福建省惠安县东岭镇东山村 362141 0595-87883313)

WP20090341 蚊香/0.3%/蚊香/富右旋反式烯丙菊酯 0.3%/2014.10.12 至 2019.10.12/微毒

卫生	蚊	/	点燃

福建省建瓯福农化工有限公司 (福建省南平市建瓯市北门 353100 0599-3851542)

PD86156-12 异丙威/4%/粉剂/异丙威 4%/2014.04.07 至 2019.04.07/中等毒

水稻 飞虱、叶蝉 600克/公顷 喷粉
PD20040289 三唑磷/85%/原药/三唑磷 85%/2014.12.19 至 2019.12.19/中等毒
PD20040524 三唑磷/20%/乳油/三唑磷 20%/2014.12.19 至 2019.12.19/中等毒
水稻 二化螟、三化螟 300-450克/公顷 喷雾
PD20082645 唑磷·毒死蜱/40%/乳油/毒死蜱 20%、三唑磷 20%/2013.12.04 至 2018.12.04/中等毒
水稻 三化螟 210-300克/公顷 喷雾
PD20082661 阿维·高氯/1.8%/乳油/阿维菌素 0.3%、高效氯氰菊酯 1.5%/2013.12.04 至 2018.12.04/低毒(原药高毒)
十字花科蔬菜 小菜蛾 13.5-18.9克/公顷 喷雾
PD20090565 吡虫·噻嗪酮/10%/乳油/吡虫啉 2%、噻嗪酮 8%/2014.01.13 至 2019.01.13/低毒
茶树 茶小绿叶蝉 90-120克/公顷 喷雾
PD20091871 阿维·哒螨灵/5%/乳油/阿维菌素 0.2%、哒螨灵 4.8%/2014.02.09 至 2019.02.09/低毒(原药高毒)
柑橘树 红蜘蛛 33-50毫克/千克 喷雾
PD20092348 三唑磷/40%/乳油/三唑磷 40%/2014.02.24 至 2019.02.24/中等毒
水稻 二化螟 300-450克/公顷 喷雾

福建省金鹿日化股份有限公司 (福建省泉州市南安市洪濑镇东溪开发区金鹿工业园 362331 0595-86696838)

WP20080204 电热蚊香液/0.8%/电热蚊香液/炔丙菊酯 0.8%/2013.11.20 至 2018.11.20/微毒
卫生 蚊 / 电热加温
WP20100073 杀蟑烟片/7%/烟片/右旋苯醚氰菊酯 7%/2015.05.19 至 2020.05.19/低毒
卫生 蜚蠊 / 点燃
WP20100168 蚊香/0.03%/蚊香/四氟甲醚菊酯 0.03%/2015.12.15 至 2020.12.15/微毒
卫生 蚊 / 点燃
WP20110155 杀虫气雾剂/0.65%/气雾剂/Es-生物烯丙菊酯 0.21%、氯菊酯 0.21%、右旋胺菊酯 0.23%/2011.06.20 至 2016.06.20/微毒
卫生 蚂蚁、蚊、蝇、蜚蠊 / 喷雾
WP20110177 杀虫气雾剂(水基)/0.51%/气雾剂/胺菊酯 0.25%、氯菊酯 0.18%、炔丙菊酯 0.08%/2011.07.25 至 2016.07.25/微毒
卫生 蚊、蝇、蜚蠊 / 喷雾
WP20110205 驱蚊花露水/5%/驱蚊花露水/避蚊胺 5%/2011.09.08 至 2016.09.08/微毒
卫生 蚊 / 涂抹
WP20110241 电热蚊香液/0.31%/电热蚊香液/四氟甲醚菊酯 0.31%/2011.10.27 至 2016.10.27/微毒
卫生 蚊 / 电热加温
WP20120023 杀蟑胶饵/2.5%/胶饵/吡虫啉 2.5%/2012.01.30 至 2017.01.30/微毒
卫生 蜚蠊 / 投放
WP20120055 杀虫气雾剂/0.36%/气雾剂/炔丙菊酯 0.07%、右旋胺菊酯 0.17%、右旋苯醚氰菊酯 0.12%/2012.03.28 至2017.03.28/微毒
卫生 蚊、蝇、蜚蠊 / 喷雾
WP20120073 杀虫气雾剂/0.43%/气雾剂/氯菊酯 0.18%、右旋胺菊酯 0.18%、右旋苯醚氰菊酯 0.07%/2012.04.18 至2017.04.18/微毒
卫生 蚊、蝇、蜚蠊 / 喷雾
WP20120077 杀虫气雾剂/0.37%/气雾剂/氯菊酯 0.13%、氯氰菊酯 0.06%、右旋胺菊酯 0.18%/2012.04.18 至 2017.04.18/微毒
卫生 蚊、蝇、蜚蠊 / 喷雾
WP20120116 杀虫气雾剂/0.45%/气雾剂/炔丙菊酯 0.14%、右旋苯醚氰菊酯 0.31%/2012.06.15 至 2017.06.15/微毒
卫生 蜚蠊 / 喷雾
WP20120133 电热蚊香片/10毫克/片/电热蚊香片/炔丙菊酯 5毫克/片、四氟甲醚菊酯 5毫克/片/2012.07.19 至 2017.07.19/微毒
卫生 蚊 / 电热加温
注:本产品有三种香型:清香型、果香型、无香型。
WP20120157 蚊香/0.08%/蚊香/氯氟醚菊酯 0.08%/2012.09.04 至 2017.09.04/微毒
卫生 蚊 / 点燃
WP20120183 电热蚊香液/0.62%/电热蚊香液/四氟甲醚菊酯 0.62%/2012.09.19 至 2017.09.19/微毒
卫生 蚊 / 电热加温
WP20120191 蚊香/0.05%/蚊香/氯氟醚菊酯 0.05%/2012.10.09 至 2017.10.09/微毒
卫生 蚊 / 点燃
WP20120192 杀虫气雾剂/0.55%/气雾剂/Es-生物烯丙菊酯 0.3%、氯菊酯 0.25%/2012.10.17 至 2017.10.17/微毒
卫生 蚊、蝇、蜚蠊 / 喷雾
WP20130061 电热蚊香液/0.6%/电热蚊香液/氯氟醚菊酯 0.6%/2013.04.09 至 2018.04.09/微毒
卫生 蚊 / 电热加温
WP20150176 电热蚊香片/10毫克/片/电热蚊香片/炔丙菊酯 5毫克/片、氯氟醚菊酯 5毫克/片/2015.08.30 至 2020.08.30/微毒
室内 蚊 / 电热加温
WL20140001 蚊香/0.02%/蚊香/七氟甲醚菊酯 0.02%/2015.01.14 至 2016.01.14/微毒
室内 蚊 / 点燃

福建省锦江日用化工有限公司 (福建省龙海市傍山镇雾林工业区 363100 0596-6593188)

WP20080008 电热蚊香片/12毫克/片/电热蚊香片/富右旋反式炔丙菊酯 12毫克/片/2013.01.03 至 2018.01.03/微毒
卫生 蚊 / 电热加温
WP20080029 电热蚊香液/0.8%/电热蚊香液/富右旋反式炔丙菊酯 0.8%/2013.02.26 至 2018.02.26/微毒
卫生 蚊 / 电热加温

WP20080040 杀虫气雾剂/0.8%/气雾剂/胺菊酯 0.3%、氯氰菊酯 0.3%、烯丙菊酯 0.2%/2013.03.03 至 2018.03.03/微毒
卫生 蚊、蝇、蜚蠊 / 喷雾
WP20080145 蚊香/0.2%/蚊香/富右旋反式烯丙菊酯 0.2%/2013.11.04 至 2018.11.04/低毒
卫生 蚊 / 点燃
WP20110150 杀虫气雾剂/0.55%/气雾剂/Es-生物烯丙菊酯 0.3%、氯菊酯 0.25%/2011.06.20 至 2016.06.20/微毒
卫生 蚊 / 喷雾
WP20140157 驱蚊花露水/5%/驱蚊花露水/避蚊胺 5%/2014.07.02 至 2019.07.02/微毒
卫生 蚊 / 涂抹

福建省晋江金童蚊香制品有限公司 (福建省晋江市五里工业园一区 362216 0595-88183030)

WP20080156 杀虫气雾剂/0.29%/气雾剂/胺菊酯 0.19%、氯菊酯 0.10%/2013.11.06 至 2018.11.06/微毒
卫生 蚊、蝇 / 喷雾
WP20080168 蚊香/0.24%/蚊香/富右旋反式烯丙菊酯 0.24%/2013.11.18 至 2018.11.18/微毒
卫生 蚊 / 点燃
WP20080177 蚊香/0.3%/蚊香/富右旋反式烯丙菊酯 0.3%/2013.11.18 至 2018.11.18/低毒
卫生 蚊 / 点燃
WP20080321 杀虫气雾剂/0.42%/气雾剂/胺菊酯 0.25%、氯菊酯 0.17%/2013.12.05 至 2018.12.05/低毒
卫生 蚊、蝇 / 喷雾
WP20080461 电热蚊香片/13毫克/片/电热蚊香片/炔丙菊酯 13毫克/片/2013.12.22 至 2018.12.22/微毒
卫生 蚊 / 电热加温
WP20080481 杀虫气雾剂/0.38%/气雾剂/富右旋反式烯丙菊酯 0.1%、氯菊酯 0.2%、炔丙菊酯 0.08%/2013.12.17 至2018.12.17/微毒
卫生 蚊、蝇、蜚蠊 / 喷雾
WP20080531 电热蚊香液/0.8%/电热蚊香液/炔丙菊酯 0.8%/2013.12.23 至 2018.12.23/微毒
卫生 蚊 / 电热加温
WP20110208 杀蟑气雾剂/0.36%/气雾剂/胺菊酯 0.16%、右旋苯醚氰菊酯 0.2%/2011.09.13 至 2016.09.13/微毒
卫生 蜚蠊 / 喷雾
WP20120137 杀蟑烟片/7%/烟片/右旋苯醚氰菊酯 7%/2012.07.19 至 2017.07.19/微毒
卫生 蜚蠊 / 点燃
WP20120140 蚊香/0.08%/蚊香/氯氟醚菊酯 0.08%/2012.07.20 至 2017.07.20/微毒
卫生 蚊 / 点燃
WP20120203 蚊香/0.05%/蚊香/氯氟醚菊酯 0.05%/2012.10.25 至 2017.10.25/微毒
卫生 蚊 / 点燃
WP20140113 杀虫气雾剂/0.4%/气雾剂/胺菊酯 0.25%、炔咪菊酯 0.15%/2014.05.12 至 2019.05.12/微毒
室内 蚂蚁、跳蚤、蚊、蝇、蜚蠊、螨 / 喷雾
WP20140255 电热蚊香液/0.6%/电热蚊香液/氯氟醚菊酯 0.6%/2014.12.18 至 2019.12.18/微毒
室内 蚊 / 电热加温
WP20150045 电热蚊香片/10毫克/片/电热蚊香片/炔丙菊酯 5毫克/片、氯氟醚菊酯 5毫克/片/2015.03.20 至 2020.03.20/微毒
室内 蚊 / 电热加温
WP20150078 电热蚊香液/0.4%/电热蚊香液/氯氟醚菊酯 0.4%/2015.05.13 至 2020.05.13/微毒
室内 蚊 / 电热加温

福建省晋江市安海镇双鳄日用品厂 (福建省晋江市安海镇庄头村玉林南里48号 362261 0595-85783020)

WP20120143 蚊香/0.3%/蚊香/富右旋反式烯丙菊酯 0.3%/2012.07.20 至 2017.07.20/微毒
卫生 蚊 / 点燃

福建省晋江市安鹿卫生用品有限公司 (福建省晋江市罗山镇梧安工业区 362200 0595-88195885)

WP20080477 蚊香/0.3%/蚊香/富右旋反式烯丙菊酯 0.3%/2013.12.16 至 2018.12.16/微毒
卫生 蚊 / 点燃

福建省晋江市老君日化有限责任公司 (福建省泉州市晋江市五里工业区 362216 0595-88186286)

WP20080172 蚊香/0.25%/蚊香/富右旋反式烯丙菊酯 0.25%/2013.11.18 至 2018.11.18/低毒
卫生 蚊 / 点燃
WP20100152 电热蚊香片/11毫克/片/电热蚊香片/炔丙菊酯 11毫克/片/2015.12.07 至 2020.12.07/微毒
卫生 蚊 / 电热加温
WP20110143 电热蚊香液/0.8%/电热蚊香液/炔丙菊酯 0.8%/2011.06.13 至 2016.06.13/微毒
卫生 蚊 / 电热加温
WP20120221 杀蟑气雾剂/0.4%/气雾剂/炔咪菊酯 0.15%、右旋苯醚氰菊酯 0.25%/2012.11.22 至 2017.11.22/微毒
卫生 蜚蠊 / 喷雾
WP20130010 杀虫气雾剂/0.53%/气雾剂/氯菊酯 0.39%、炔丙菊酯 0.14%/2013.01.17 至 2018.01.17/微毒
卫生 蚊 / 喷雾
WP20130135 蚊香/0.05%/蚊香/氯氟醚菊酯 0.05%/2013.06.20 至 2018.06.20/微毒
卫生 蚊 / /点燃
WP20140047 电热蚊香液/0.6%/电热蚊香液/氯氟醚菊酯 0.6%/2014.03.06 至 2019.03.06/微毒
室内 蚊 / 电热加温
WP20150081 杀虫气雾剂/0.5%/气雾剂/胺菊酯 0.25%、右旋苯醚氰菊酯 0.25%/2015.05.14 至 2020.05.14/微毒
室内 蚊 / 喷雾
WL20130027 蟑香/7.2%/蟑香/右旋苯醚氰菊酯 7.2%/2015.06.04 至 2016.06.04/微毒

卫生　蜚蠊　/　点燃

福建省晋江市灵源娃力蚊香厂　(福建省晋江市灵源街道张前东区77号　362200　0595-88171897)

WP20120139　蚊香/0.3%/蚊香/富右旋反式烯丙菊酯 0.3%/2012.07.20 至 2017.07.20/微毒

卫生　蚊　/　点燃

福建省晋江市罗山华隆蚊香制品有限公司　(福建省晋江市罗山镇山仔工业区198号　362216　0595-88172558)

WP20150184　蚊香/0.2%/蚊香/Es-生物烯丙菊酯 0.2%/2015.09.22 至 2020.09.22/微毒

室内　蚊　/　点燃

WP20150218　蚊香/0.05%/蚊香/四氟苯菊酯 0.05%/2015.12.06 至 2020.12.06/微毒

卫生　蚊　/　点燃

福建省晋江市罗山金马蚊香有限公司　(福建省晋江市罗山镇许坑村工业北区76号　362216　0595-88186953)

WP20120063　蚊香/0.25%/蚊香/富右旋反式烯丙菊酯 0.25%/2012.04.11 至 2017.04.11/微毒

卫生　蚊　/　点燃

福建省晋江市罗山金猫日用蚊香有限公司　(福建省晋江市罗山许坑工业区166号　362200　0595-88197261)

WP20120061　蚊香/0.15%/蚊香/Es-生物烯丙菊酯 0.15%/2012.04.11 至 2017.04.11/微毒

卫生　蚊　/　点燃

福建省晋江市罗山许坑太目蚊香厂　(福建省晋江市罗山许坑工业小区　362200　)

WP20120098　蚊香/0.3%/蚊香/富右旋反式烯丙菊酯 0.3%/2012.05.24 至 2017.05.24/微毒

卫生　蚊　/　点燃

福建省晋江市罗山许坑蚊香二厂　(福建省晋江市罗山许坑工业区　362200　0595-88185226)

WP20120117　蚊香/0.3%/蚊香/富右旋反式烯丙菊酯 0.3%/2012.06.15 至 2017.06.15/微毒

卫生　蚊　/　点燃

福建省晋江市亲亲日化有限公司　(福建省晋江市灵源街道办事处张前东区100号　362216　0595-85975337)

WP20080232　蚊香/0.15%/蚊香/富右旋反式炔丙菊酯 0.15%/2013.11.25 至 2018.11.25/微毒

卫生　蚊　/　点燃

福建省连城县萤火虫蚊业有限公司　(福建省连城县新泉镇黄松岗工贸小区　366214　0597-8330517)

WP20120059　蚊香/0.3%/蚊香/富右旋反式烯丙菊酯 0.3%/2012.03.31 至 2017.03.31/微毒

卫生　蚊　/　点燃

福建省梦娇兰日用化学品有限公司　(福建省漳州市龙海市龙海颜厝工业开发区　363118　0596-6651636)

WP20070029　蚊香/0.3%/蚊香/富右旋反式烯丙菊酯 0.3%/2012.11.28 至 2017.11.28/低毒

卫生　蚊　/　点燃

注:本产品有三种香型:柠檬香型、檀香型、栀子花香型。

WP20080324　电热蚊香片/12.5毫克/片/电热蚊香片/炔丙菊酯 12.5毫克/片/2013.12.05 至 2018.12.05/微毒

卫生　蚊　/　电热加温

注:本产品有三种香型:柠檬香型、玫瑰香型、薰衣草香型。

WP20090240　电热蚊香液/0.8%/电热蚊香液/炔丙菊酯 0.8%/2014.04.21 至 2019.04.21/微毒

卫生　蚊　/　电热加温

注:本产品有三种香型:柠檬香型、玫瑰香型、薰衣草香型。

WP20100069　杀虫气雾剂/0.5%/气雾剂/胺菊酯 0.2%、氯菊酯 0.2%、氯氰菊酯 0.1%/2015.05.10 至 2020.05.10/微毒

卫生　蚊、蝇、蜚蠊　/　喷雾

注:本品有三种香型:柠檬香型、玫瑰香型、茉莉香型。

WP20110008　驱蚊花露水/5%/驱蚊花露水/避蚊胺 5%/2016.01.04 至 2021.01.04/微毒

卫生　蚊　/　涂抹

WP20120058　驱蚊乳/7.5%/驱蚊乳/避蚊胺 7.5%/2012.03.30 至 2017.03.30/微毒

卫生　蚊　/　涂抹

WP20120189　杀虫气雾剂/0.6%/气雾剂/Es-生物烯丙菊酯 0.18%、氯菊酯 0.28%、右旋苯醚氰菊酯 0.14%/2012.10.08 至2017.10.08/微毒

卫生　蚊、蝇、蜚蠊　/　喷雾

注:本产品有三种香型:柠檬香型、玫瑰香型、茉莉香型。

WP20130208　蚊香/0.05%/蚊香/氯氟醚菊酯 0.05%/2013.10.10 至 2018.10.10/微毒

室内　蚊　/　点燃

WP20130258　电热蚊香液/1.3%/电热蚊香液/四氟苯菊酯 1.3%/2013.12.17 至 2018.12.17/微毒

卫生　蚊　/　电热加温

福建省南安市大通蚊香厂　(福建省南安市康美镇草埔工业区　362332　0595-86651081)

WP20080239　蚊香/0.25%/蚊香/富右旋反式烯丙菊酯 0.25%/2013.11.25 至 2018.11.25/低毒

卫生　蚊　/　点燃

WL20120049　电热蚊香液/0.6%/电热蚊香液/氯氟醚菊酯 0.6%/2014.08.10 至 2015.08.10/微毒

卫生　蚊　/　/电热加温

福建省莆田市荔城区康盛蚊香厂　(福建省莆田市荔城区新度镇扬美村田洋14号　351142　0594-2991765)

WP20100040　蚊香/0.3%/蚊香/富右旋反式烯丙菊酯 0.3%/2015.02.21 至 2020.02.21/微毒

卫生　蚊　/　点燃

福建省莆田市友缘实业有限公司　(福建省莆田市涵江区涵华东路塔桥　351111　0594-3586566)

PD20121049　戊唑醇/0.25%/悬浮种衣剂/戊唑醇 0.25%/2012.07.12 至 2017.07.12/低毒

水稻　恶苗病、立枯病　5-6.25克/100千克种子　种子包衣

玉米　丝黑穗病　8.33-12.5克/100千克种子　种子包衣
PD20121401　戊唑醇/6%/微乳剂/戊唑醇 6%/2012.09.19 至 2017.09.19/低毒
水稻　稻瘟病　67.5-90克/公顷　喷雾
水稻　恶苗病　20-30毫克/千克　浸种
PD20142640　氰氟草酯/100克/升/水乳剂/氰氟草酯 100克/升/2014.12.15 至 2019.12.15/低毒
水稻移栽田　稗草、千金子等禾本科杂草　75-105克/公顷　茎叶喷雾
PD20142653　高效氯氟氰菊酯/2.5%/悬浮剂/高效氯氟氰菊酯 2.5%/2014.12.18 至 2019.12.18/中等毒
甘蓝　菜青虫　9.375-11.25克/公顷　喷雾
PD20151463　噻虫嗪/25%/悬浮剂/噻虫嗪 25%/2015.07.31 至 2020.07.31/低毒
水稻　稻飞虱、潜叶蝇　15-22.5克/公顷　喷雾
PD20151477　福·戊·氯氰/6%/悬浮种衣剂/福美双 5%、氯氰菊酯 0.2%、戊唑醇 0.8%/2015.07.31 至 2020.07.31/低毒
玉米　金针虫、丝黑穗病　100-120克/100千克种子　种子包衣

福建省泉州市神象日化有限公司　(福建省泉州市南安市洪濑镇东溪工业区　362331　0595-86699168)

WP20080496　电热蚊香液/0.8%/电热蚊香液/炔丙菊酯 0.8%/2013.12.18 至 2018.12.18/微毒
卫生　蚊　/　电热加温
WP20080552　电热蚊香片/10毫克/片/电热蚊香片/富右旋反式炔丙菊酯 10毫克/片/2013.12.24 至 2018.12.24/低毒
卫生　蚊　/　电热加温

福建省厦门群鹭香业有限公司　(福建省厦门市集美区灌口镇武警农场内　361023　0592-6381781)

WP20110258　蚊香/0.3%/蚊香/富右旋反式烯丙菊酯 0.3%/2011.11.18 至 2016.11.18/微毒
卫生　蚊　/　点燃
WP20120155　电热蚊香液/0.85%/电热蚊香液/炔丙菊酯 0.85%/2012.09.04 至 2017.09.04/微毒
卫生　蚊　/　电热加温
WP20120156　电热蚊香片/15毫克/片/电热蚊香片/炔丙菊酯 15毫克/片/2012.09.04 至 2017.09.04/微毒
卫生　蚊　/　电热加温
WP20130140　杀虫气雾剂/0.55%/气雾剂/Es-生物烯丙菊酯 0.3%、氯菊酯 0.25%/2013.07.02 至 2018.07.02/微毒
卫生　蚊、蝇、蜚蠊　/　喷雾
注:水基型气雾剂。

福建省厦门市格灵生物技术有限公司　(福建省厦门市湖里区竹坑路深汇大厦1004室　361006　0592-5650701)

PD20140324　平腹小蜂/500粒卵/卡/卡片/平腹小蜂 500粒卵/卡/2014.02.13 至 2019.02.13/微毒
荔枝、龙眼　荔枝蝽蟓　300-500粒寄生卵/株/次，放蜂2次　悬挂
PD20142345　松毛虫赤眼蜂/1000粒卵/卡/卡片/松毛虫赤眼蜂 1000粒卵/卡/2014.11.03 至 2019.11.03/低毒
林业苗圃　松毛虫　25000-50000粒卵/亩　悬挂

福建省厦门市绿地康生物工程有限公司　(福建省厦门市同安区同安城南工业区　361100　0592-7129111)

PD20085148　杀虫双/3.6%/颗粒剂/杀虫双 3.6%/2013.12.23 至 2018.12.23/中等毒
水稻　螟虫　540-750克/公顷　撒施
PD20085302　苏云金杆菌/16000IU/毫克/可湿性粉剂/苏云金杆菌 16000IU/毫克/2013.12.23 至 2018.12.23/微毒
茶树　茶毛虫　800-1600倍　喷雾
棉花　棉铃虫　1500-2250克制剂/公顷　喷雾
森林　松毛虫　1200-1600倍　喷雾
十字花科蔬菜　菜青虫　375-750克制剂/公顷　喷雾
十字花科蔬菜　小菜蛾　750-1125克制剂/公顷　喷雾
水稻　稻纵卷叶螟　1500-2250克制剂/公顷　喷雾
烟草　烟青虫　750-1500克制剂/公顷　喷雾
玉米　玉米螟　750-1500克制剂/公顷　加细沙灌心
枣树　枣尺蠖　1200-1600倍　喷雾
PD20085573　三乙膦酸铝/40%/可湿性粉剂/三乙膦酸铝 40%/2013.12.25 至 2018.12.25/低毒
黄瓜　霜霉病　1800—2700克/公顷　喷雾
PD20090798　阿维·毒死蜱/5.5%/乳油/阿维菌素 0.1%、毒死蜱 5.4%/2014.01.19 至 2019.01.19/低毒(原药高毒)
柑橘树　红蜘蛛　27.5-55毫克/千克　喷雾
PD20091812　阿维·苏云菌//可湿性粉剂/阿维菌素 0.1%、苏云金杆菌 100亿活孢子/克/2014.02.04 至 2019.02.04/低毒(原药高毒)
十字花科蔬菜　小菜蛾　900-1500克/公顷　喷雾
PD20092185　杀单·苏云菌//可湿性粉剂/杀虫单 51%、苏云金杆菌 100亿活芽孢/克/2014.02.23 至 2019.02.23/中等毒
水稻　三化螟　1125-1500克制剂/公顷　喷雾
PD20094043　碱式硫酸铜/30%/悬浮剂/碱式硫酸铜 30%/2014.03.27 至 2019.03.27/低毒
柑橘　溃疡病　750-1000毫克/千克　喷雾
梨树　黑星病　750-1000毫克/千克　喷雾
PD20094044　阿维·高氯/3%/乳油/阿维菌素 0.5%、高效氯氰菊酯 2.5%/2014.03.27 至 2019.03.27/中等毒(原药高毒)
十字花科蔬菜　甜菜夜蛾　18-27克/公顷　喷雾
十字花科蔬菜　小菜蛾　7.5-15克/公顷　喷雾
PD20095182　甲硫·福美双/70%/可湿性粉剂/福美双 22%、甲基硫菌灵 48%/2014.04.24 至 2019.04.24/低毒
黄瓜　白粉病　525-787.5克/公顷　喷雾
PD20095882　辛硫磷/3%/颗粒剂/辛硫磷 3%/2014.05.31 至 2019.05.31/微毒
花生　蛴螬　2700-3600克/公顷　沟施

福建省厦门市胜伟达工贸有限公司　(福建省厦门市前埔工业区2号　361009　0592-5024238)

WP20080197　蚊香/0.27%/蚊香/富右旋反式烯丙菊酯 0.27%/2013.11.20 至 2018.11.20/低毒
　卫生　蚊　/　点燃
WP20080286　电热蚊香片/10毫克/片/电热蚊香片/富右旋反式炔丙菊酯 10毫克/片/2013.12.02 至 2018.12.02/微毒
　卫生　蚊　/　电热加温
WP20080344　电热蚊香液/0.8%/电热蚊香液/富右旋反式炔丙菊酯 0.8%/2013.12.09 至 2018.12.09/微毒
　卫生　蚊　/　电热加温
WP20090062　杀虫气雾剂/0.36%/气雾剂/胺菊酯 0.13%、氯菊酯 0.23%/2014.01.22 至 2019.01.22/微毒
　卫生　蚊、蝇、蜚蠊　/　喷雾
WP20130211　蚊香/0.05%/蚊香/氯氟醚菊酯 0.05%/2013.10.10 至 2018.10.10/微毒
　室内　蚊　/　点燃
WP20130238　残杀威/1%/毒饵/残杀威 1%/2013.11.20 至 2018.11.20/微毒
　室内　蜚蠊　/　投放
WP20140071　氯氟醚菊酯/0.6%/电热蚊香液/氯氟醚菊酯 .6%/2014.04.08 至 2019.04.08/微毒
　室内　蚊　/　电热加温
WP20150151　驱蚊液/10%/驱蚊液/避蚊胺 10%/2015.08.28 至 2020.08.28/微毒
　卫生　蚊　/　涂抹
WL20120063　电热蚊香片/10毫克/片/电热蚊香片/炔丙菊酯 5毫克/片、氯氟醚菊酯 5毫克/片/2015.12.19 至 2016.12.19/微毒
　卫生　蚊子(成虫)　/　电热加温

福建省仙游县林宇蚊香厂　(福建省仙游县榜头镇官舍村工业区　351256　0594-7795714)

WP20120148　电热蚊香液/0.82%/电热蚊香液/炔丙菊酯 0.82%/2012.08.10 至 2017.08.10/微毒
　卫生　蚊　/　电加热温
WP20130236　蚊香/0.3%/蚊香/富右旋反式烯丙菊酯 0.3%/2013.11.08 至 2018.11.08/微毒
　室内　蚊　/　点燃

福建省旭化学工业(漳州)有限公司　(福建省漳州市芗城区蓝田工业开发区纵四路　363007　0596-2107556)

PD20096552　复硝酚钠/1.8%/水剂/5-硝基邻甲氧基苯酚钠 0.3%、对硝基苯酚钠 0.9%、邻硝基苯酚钠 0.6%/2014.08.24 至2019.08.24/微毒
　番茄　调节生长　4000-6000倍　茎叶喷雾

福建省漳州快丰收植物生长剂有限公司　(福建省漳州市漳华路新厝段　363000　0596-2551513)

PD20090345　硝钠·萘乙酸/2.85%/水剂/2,4-二硝基苯酚钠 0.15%、对硝基苯酚钠 0.9%、邻硝基苯酚钠 0.6%、α-萘乙酸钠 1.2%/2014.01.12 至 2019.01.12/低毒
　大豆　调节生长　4000-6000倍液　喷雾(二次)
　水稻　调节生长　3000-4000倍液　喷雾(二次)
　小麦　调节生长　2000-3000倍液　喷雾(二次)

福建省漳州市龙文农化有限公司　(福建省漳州市龙文区郭坑镇工业路17号　363006　0596-2188468)

PD85154-15　氰戊菊酯/20%/乳油/氰戊菊酯 20%/2011.09.05 至 2016.09.05/中等毒
　柑橘树　潜叶蛾　10-20毫克/千克　喷雾
　果树　梨小食心虫　10-20毫克/千克　喷雾
　棉花　红铃虫、蚜虫　75-150克/公顷　喷雾
　蔬菜　菜青虫、蚜虫　60-120克/公顷　喷雾
PD86148-32　异丙威/20%/乳油/异丙威 20%/2011.09.30 至 2016.09.30/中等毒
　水稻　飞虱、叶蝉　450-600克/公顷　喷雾
PD20091954　联苯菊酯/100克/升/乳油/联苯菊酯 100克/升/2014.02.12 至 2019.02.12/中等毒
　茶树　茶小绿叶蝉　30-37.5克/公顷　喷雾
PD20096646　草甘膦异丙胺盐(41%)///水剂/草甘膦 30%/2014.09.02 至 2019.09.02/低毒
　柑橘园　杂草　1125-2250克/公顷　喷雾
PD20097496　联苯菊酯/25克/升/乳油/联苯菊酯 25克/升/2014.11.03 至 2019.11.03/低毒
　茶树　茶小绿叶蝉　30-37.5克/公顷　喷雾
PD20097498　阿维菌素/1.8%/乳油/阿维菌素 1.8%/2014.11.03 至 2019.11.03/低毒(原药高毒)
　棉花　红蜘蛛　10.8-16.2克/公顷　喷雾
PD20097542　噻嗪酮/25%/可湿性粉剂/噻嗪酮 25%/2014.11.03 至 2019.11.03/低毒
　水稻　飞虱　112.5-150克/公顷　喷雾
PD20097896　高效氯氟氰菊酯/25克/升/乳油/高效氯氟氰菊酯 25克/升/2014.11.30 至 2019.11.30/低毒
　茶树　茶小绿叶蝉　30-37.5克/公顷　喷雾
PD20098310　吡虫啉/20%/可溶液剂/吡虫啉 20%/2014.12.18 至 2019.12.18/低毒
　水稻　稻飞虱　20-40克/公顷　喷雾

福建省漳州永恒化妆品有限公司　(福建省漳州市诏安县闽粤边界贸易加工区北侧　363500　0596-3322568)

WP20080275　杀虫气雾剂/0.4%/气雾剂/Es-生物烯丙菊酯 0.1%、氯菊酯 0.2%、氯氰菊酯 0.1%/2013.12.01 至 2018.12.01/低毒
　卫生　蜚蠊、蚊、蝇　/　喷雾
WP20080287　蚊香/0.2%/蚊香/富右旋反式烯丙菊酯 0.2%/2013.12.02 至 2018.12.02/低毒
　卫生　蚊　/　点燃
WP20100092　蚊香/0.3%/蚊香/富右旋反式烯丙菊酯 0.3%/2010.06.28 至 2015.06.28/微毒
　卫生　蚊　/　涂抹

WP20130003 电热蚊香液/0.8%/电热蚊香液/炔丙菊酯 0.8%/2013.01.07 至 2018.01.07/微毒
卫生 蚊 / 电热加温

福建省漳州庄臣化学品有限公司 （福建省漳州市颜厝工业区 363118 0596-6650486）

WP20140089 蚊香/0.18%/蚊香/富右旋反式烯丙菊酯 0.12%、富右旋反式炔丙菊酯 0.06%/2014.04.14 至 2019.04.14/微毒
室内 蚊 / 点燃

WP20140096 杀虫气雾剂/0.55%/气雾剂/Es-生物烯丙菊酯 0.3%、氯菊酯 0.25%/2014.04.28 至 2019.04.28/微毒
室内 蚊 / 喷雾

福建省政和县官湖化工有限公司 （福建省南平市政和县鹤林工业园区 353600 0599-3331953）

PD20101323 松脂酸钠/20%/可溶粉剂/松脂酸钠 20%/2015.03.17 至 2020.03.17/低毒
柑橘树 介壳虫 1667-2000毫克/千克（限冬季清园时使用） 喷雾

福建双飞日化有限公司 （福建省漳洲市龙文工业开发区北环城路8号 363005 0596-2172811）

WPN27-99 杀虫气雾剂/0.45%/气雾剂/Es-生物烯丙菊酯 0.15%、氯菊酯 0.2%、氯氰菊酯 0.1%/2012.06.17 至 2017.06.17/低毒
卫生 蚊 / 喷雾
注:本产品有三种香型：柠檬香型、清香型、无香型。

WP20080007 电热蚊香液/0.87%/电热蚊香液/炔丙菊酯 0.87%/2013.01.03 至 2018.01.03/微毒
卫生 蚊 / 电热加温
注:本产品有三种香型：柠檬香型、清香型、无香型。

WP20080120 电热蚊香片/12毫克/片/电热蚊香片/炔丙菊酯 12毫克/片/2013.10.28 至 2018.10.28/微毒
卫生 蚊 / 电热加温

WP20080277 杀蟑气雾剂/0.5%/气雾剂/富右旋反式苯氰菊酯 0.3%、富右旋反式炔丙菊酯 0.2%/2013.12.01 至 2018.12.01/微毒
卫生 蜚蠊 / 喷雾

WP20080436 杀虫气雾剂/0.5/气雾剂/富右旋反式炔丙菊酯 0.2%、高效氯氰菊酯 0.3%/2013.12.15 至 2018.12.15/低毒
卫生 蚊 / 喷雾
注:本产品有三种香型：茉莉香型、清香型、无香型。

WP20100061 驱蚊花露水/5%/驱蚊花露水/避蚊胺 5%/2015.04.26 至 2020.04.26/微毒
卫生 蚊 / 涂抹

WP20120216 杀虫气雾剂/.22%/气雾剂/富右旋反式炔丙菊酯 .1%、炔咪菊酯 .05%、右旋苯醚氰菊酯 .07%/2012.11.08 至 2017.11.08/微毒
卫生 蚊、蝇、蜚蠊 / 喷雾

WP20140097 电热蚊香液/0.6%/电热蚊香液/氯氟醚菊酯 0.6%/2014.04.28 至 2019.04.28/微毒
室内 蚊 / 电热加温

WP20140136 电热蚊香片/10毫克/片/电热蚊香片/炔丙菊酯 5毫克/片、氯氟醚菊酯 5毫克/片/2014.06.17 至 2019.06.17/微毒
室内 蚊 / 电热加温

WP20140199 蚊香/0.05%/蚊香/氯氟醚菊酯 0.05%/2014.09.02 至 2019.09.02/微毒
室内 蚊 / 点燃

WP20150038 电热蚊香液/0.4%/电热蚊香液/氯氟醚菊酯 0.4%/2015.03.20 至 2020.03.20/微毒
室内 蚊 / 电热加温

WP20150074 驱蚊花露水/4.5%/驱蚊花露水/驱蚊酯 4.5%/2015.04.20 至 2020.04.20/微毒
卫生 蚊 / 涂抹

WP20150111 杀虫气雾剂/0.3%/水基气雾剂/氯菊酯 0.25%、四氟醚菊酯 0.05%/2015.06.25 至 2020.06.25/微毒
室内 蚊、蝇、蜚蠊 / 喷雾

WL20120006 蚊香/0.04%/蚊香/氯氟醚菊酯 0.04%/2014.01.09 至 2015.01.09/微毒
卫生 蚊 / 点燃

福建新农大正生物工程有限公司 （福建省福州市杨桥西路268号太阳城综合楼2号楼6F 350002 0591-28308486）

PD86148-79 异丙威/20%/乳油/异丙威 20%/2013.01.08 至 2018.01.08/中等毒
水稻 飞虱、叶蝉 450-600克/公顷 喷雾

PD20040278 高效氯氰菊酯/2.5%/乳油/高效氯氰菊酯 2.5%/2014.12.19 至 2019.12.19/低毒
梨树 梨木虱 16.7-25毫克/千克 喷雾

PD20040442 高效氯氰菊酯/4.5%/乳油/高效氯氰菊酯 4.5%/2014.12.19 至 2019.12.19/低毒
十字花科蔬菜 菜青虫 13.5-27克/公顷 喷雾

PD20040528 哒螨灵/15%/乳油/哒螨灵 15%/2014.12.19 至 2019.12.19/低毒
柑橘树 红蜘蛛 50-67毫克/千克 喷雾
萝卜 黄条跳甲 90-135克/公顷 喷雾

PD20040751 吡虫啉/10%/可湿性粉剂/吡虫啉 10%/2014.12.19 至 2019.12.19/低毒
韭菜 韭蛆 300-450克/公顷 药土法
苹果树 蚜虫 25-33.3毫克/千克 喷雾
水稻 稻飞虱 15-30克/公顷 喷雾

PD20080063 三唑锡/25%/可湿性粉剂/三唑锡 25%/2013.01.03 至 2018.01.03/低毒
柑橘树 红蜘蛛 125-166毫克/千克 喷雾

PD20080388 福美双/50%/可湿性粉剂/福美双 50%/2013.02.28 至 2018.02.28/低毒
黄瓜 霜霉病 700—1125克/公顷 喷雾

PD20080456 多·福/40%/可湿性粉剂/多菌灵 15%、福美双 25%/2013.03.27 至 2018.03.27/低毒

葡萄　霜霉病　1000-1250毫克/千克　喷雾

PD20080535　甲氰·辛硫磷/25%/乳油/甲氰菊酯 5%、辛硫磷 20%/2013.05.04 至 2018.05.04/低毒

棉花　棉铃虫　262.5-375克/公顷　喷雾

PD20080824　烯酰·锰锌/69%/可湿性粉剂/代森锰锌 60%、烯酰吗啉 9%/2013.06.20 至 2018.06.20/低毒

黄瓜　霜霉病　1035-1380克/公顷　喷雾

PD20080896　氰戊·辛硫磷/25%/乳油/氰戊菊酯 6.25%、辛硫磷 18.75%/2013.07.09 至 2018.07.09/中等毒

棉花　棉铃虫　187.5-300克/公顷　喷雾

PD20080957　霜霉威盐酸盐/66.5%/水剂/霜霉威盐酸盐 66.5%/2013.07.23 至 2018.07.23/低毒

黄瓜　霜霉病　650－1083克/公顷　喷雾

PD20081025　代森锰锌/50%/可湿性粉剂/代森锰锌 50%/2013.08.06 至 2018.08.06/低毒

番茄　早疫病　1560-2520克/公顷　喷雾

PD20081030　代森锰锌/80%/可湿性粉剂/代森锰锌 80%/2013.08.06 至 2018.08.06/低毒

番茄　早疫病　1560-2520克/公顷　喷雾

柑橘树　疮痂病、炭疽病　1333-2000毫克/千克　喷雾

梨树　黑星病　800-1600毫克/千克　喷雾

荔枝树　霜疫霉病　1333-2000毫克/千克　喷雾

苹果树　斑点落叶病、轮纹病、炭疽病　1000-1600毫克/千克　喷雾

葡萄　白腐病、黑痘病、霜霉病　1000-1600毫克/千克　喷雾

西瓜　炭疽病　1560-2520克/公顷　喷雾

PD20081139　嘧霉胺/400克/升/悬浮剂/嘧霉胺 400克/升/2013.09.01 至 2018.09.01/低毒

番茄　灰霉病　375-562.5克/公顷　喷雾

PD20081668　锰锌·腈菌唑/60%/可湿性粉剂/腈菌唑 2%、代森锰锌 58%/2013.11.17 至 2018.11.17/低毒

梨树　黑星病　1000－1500倍液　喷雾

PD20081741　硫磺/45%/悬浮剂/硫磺 45%/2013.11.18 至 2018.11.18/低毒

黄瓜　白粉病　1050-1575克/公顷　喷雾

PD20081768　腈菌唑/25%/乳油/腈菌唑 25%/2013.11.18 至 2018.11.18/低毒

小麦　白粉病　37.5-56.25克/公顷　喷雾

PD20083556　芸苔素内酯/0.01%/乳油/芸苔素内酯 0.01%/2013.12.12 至 2018.12.12/低毒

小白菜　调节生长、增产　0.02-0.04毫克/千克　茎叶喷雾

PD20084072　毒死蜱/45%/乳油/毒死蜱 45%/2013.12.16 至 2018.12.16/中等毒

水稻　稻瘿蚊　1800-2160克/公顷　喷雾

PD20084209　阿维菌素/0.5%/乳油/阿维菌素 0.5%/2013.12.16 至 2018.12.16/低毒(原药高毒)

十字花科蔬菜　小菜蛾　8.1-10.8克/公顷　喷雾

PD20084965　四嗪·炔螨特/20%/可湿性粉剂/炔螨特 13%、四螨嗪 7%/2013.12.22 至 2018.12.22/低毒

柑橘树　红蜘蛛　100-200毫克/千克　喷雾

PD20086350　复硝酚钠/1.4%/水剂/复硝酚钠 1.4%/2013.12.31 至 2018.12.31/低毒

黄瓜　调节生长　2-2.8毫克/千克　茎叶喷雾

PD20090794　高氯·辛硫磷/25%/乳油/高效氯氰菊酯 2.5%、辛硫磷 22.5%/2014.01.19 至 2019.01.19/低毒

棉花　棉铃虫　187.5-262.5克/公顷　喷雾

PD20091478　稻瘟灵/40%/乳油/稻瘟灵 40%/2014.02.02 至 2019.02.02/低毒

水稻　稻瘟病　450-675克/公顷　喷雾

PD20092532　乙铝·锰锌/70%/可湿性粉剂/代森锰锌 45%、三乙膦酸铝 25%/2014.02.26 至 2019.02.26/低毒

黄瓜　霜霉病　1400－4200克/公顷　喷雾

PD20092671　苄嘧磺隆/10%/可湿性粉剂/苄嘧磺隆 10%/2014.03.03 至 2019.03.03/微毒

抛秧水稻　一年生阔叶杂草　22.5-30克/公顷　毒土法

PD20092961　丙环唑/250克/升/乳油/丙环唑 250克/升/2014.03.09 至 2019.03.09/低毒

香蕉　叶斑病　250-500毫克/千克　喷雾

PD20093187　氯氰菊酯/10%/乳油/氯氰菊酯 10%/2014.03.11 至 2019.03.11/低毒

十字花科蔬菜　蚜虫　30-60克/公顷　喷雾

PD20093362　甲硫·福美双/70%/可湿性粉剂/福美双 22%、甲基硫菌灵 48%/2014.03.18 至 2019.03.18/低毒

黄瓜　白粉病　525－787.5克/公顷　喷雾

PD20093826　杀螺胺/70%/可湿性粉剂/杀螺胺 70%/2014.03.25 至 2019.03.25/低毒

水稻　福寿螺　315～420克/公顷　喷雾

PD20094334　甲维·氟铃脲/2.2%/乳油/氟铃脲 2%、甲氨基阿维菌素苯甲酸盐 0.2%/2014.03.31 至 2019.03.31/低毒

甘蓝　甜菜夜蛾　13.2-19.8克/公顷　喷雾

PD20094576　阿维菌素/1.8%/乳油/阿维菌素 1.8%/2014.04.09 至 2019.04.09/低毒(原药高毒)

菜豆　美洲斑潜蝇　13.5-20.25克/公顷　喷雾

PD20094668　三乙膦酸铝/40%/可湿性粉剂/三乙膦酸铝 40%/2014.04.10 至 2019.04.10/低毒

水稻　稻瘟病　1410-1620克/公顷　喷雾

PD20095167　辛硫磷/40%/乳油/辛硫磷 40%/2014.04.24 至 2019.04.24/低毒

十字花科蔬菜　菜青虫　300-600克/公顷　喷雾

PD20095703　噻嗪·杀扑磷/20%/乳油/噻嗪酮 15%、杀扑磷 5%/2014.05.15 至 2015.09.30/中等毒(原药高毒)

柑橘(果实)　粉介壳虫　250-333毫克/千克　喷雾

PD20096175 琥·铝·甲霜灵/40%/可湿性粉剂/琥胶肥酸铜 30%、甲霜灵 4%、三乙膦酸铝 6%/2014.10.27 至 2019.10.27/低毒
黄瓜 细菌性角斑病 460-600克/公顷 喷雾
PD20096338 氯氟吡氧乙酸异辛酯/200克/升/乳油/氯氟吡氧乙酸 200克/升/2014.07.22 至 2019.07.22/低毒
水田畦畔 空心莲子草(水花生) 120-180克/公顷 茎叶喷雾
注:氯氟吡氧乙酸异辛酯含量: 288克/升。
PD20096732 杀扑磷/40%/乳油/杀扑磷 40%/2014.09.07 至 2015.09.30/高毒
柑橘树 介壳虫 266.7-400毫克/千克 喷雾
PD20097187 噻嗪·异丙威/25%/可湿性粉剂/噻嗪酮 5%、异丙威 20%/2014.10.16 至 2019.10.16/低毒
水稻 稻飞虱 562.5-750克/公顷 喷雾
PD20097307 高效氯氟氰菊酯/25克/升/乳油/高效氯氟氰菊酯 25克/升/2014.10.26 至 2019.10.26/中等毒
十字花科蔬菜叶菜 蚜虫 5.625-7.5克/公顷 喷雾
PD20097337 氨基寡糖素/0.5%/水剂/氨基寡糖素 0.5%/2014.10.27 至 2019.10.27/低毒
番茄 晚疫病 14.06-18.75克/公顷 喷雾
PD20097415 复硝酚钠/1.8%/水剂/5-硝基邻甲氧基苯酚钠 0.3%、对硝基苯酚钠 0.9%、邻硝基苯酚钠 0.6%/2014.10.28 至2019.10.28/微毒
番茄 调节生长 2000-3000倍液 茎叶喷雾
PD20097629 甲霜·锰锌/58%/可湿性粉剂/甲霜灵 10%、代森锰锌 48%/2014.11.03 至 2019.11.03/低毒
黄瓜 霜霉病 675－1050克/公顷 喷雾
PD20098254 噻嗪·异丙威/25%/可湿性粉剂/噻嗪酮 5%、异丙威 20%/2014.12.16 至 2019.12.16/低毒
水稻 稻飞虱 337.5-450克/公顷 喷雾
PD20100325 代森锌/65%/可湿性粉剂/代森锌 65%/2015.01.11 至 2020.01.11/低毒
芦笋 茎枯病 866.7-1155.6克/公顷 喷雾
PD20100927 十三吗啉/750克/升/乳油/十三吗啉 750克/升/2015.01.19 至 2020.01.19/低毒
橡胶树 红根病 20-25克/株 灌根
PD20100944 春雷霉素/2%/水剂/春雷霉素 2%/2015.01.19 至 2020.01.19/低毒
黄瓜 角斑病 52.5－63克/公顷 喷雾
PD20101199 琥胶肥酸铜/30%/可湿性粉剂/琥胶肥酸铜 30%/2015.02.08 至 2020.02.08/低毒
黄瓜 细菌性角斑病 900-1050克/公顷 喷雾
PD20101435 苦参碱/0.3%/水剂/苦参碱 0.3%/2015.05.04 至 2020.05.04/低毒
十字花科蔬菜 菜青虫 5.4-6.75克/公顷 喷雾
PD20110228 吡虫啉/30%/微乳剂/吡虫啉 30%/2016.02.28 至 2021.02.28/低毒
水稻 稻飞虱 22.5～31.5克/公顷 /喷雾
PD20110344 咪鲜胺/450克/升/水乳剂/咪鲜胺 450克/升/2016.03.24 至 2021.03.24/低毒
香蕉 炭疽病 500毫克/千克 浸果
PD20110849 戊唑醇/430克/升/悬浮剂/戊唑醇 430克/升/2011.08.10 至 2016.08.10/低毒
苹果树 斑点落叶病 86－107.5毫克/千克 喷雾
PD20110904 腈菌唑/40%/悬浮剂/腈菌唑 40%/2011.08.17 至 2016.08.17/低毒
梨树 黑星病 40－50毫克/千克 喷雾
PD20111064 阿维菌素/1.8%/微乳剂/阿维菌素 1.8%/2011.10.11 至 2016.10.11/低毒(原药高毒)
甘蓝 小菜蛾 6.75－8.1克/公顷 喷雾
PD20111198 苯醚甲环唑/37%/水分散粒剂/苯醚甲环唑 37%/2011.11.16 至 2016.11.16/低毒
苦瓜 白粉病 105-150克/公顷 喷雾
香蕉 叶斑病 92.5－123.3毫克/千克 喷雾
PD20111279 啶虫脒/40%/可溶粉剂/啶虫脒 40%/2011.11.23 至 2016.11.23/低毒
黄瓜 蚜虫 24-48克/公顷 喷雾
PD20111299 啶虫脒/20%/可溶液剂/啶虫脒 20%/2011.11.24 至 2016.11.24/低毒
黄瓜 蚜虫 22.5-30克/公顷 喷雾
PD20111422 四螨·三唑锡/20%/悬浮剂/四螨嗪 5%、三唑锡 15%/2011.12.23 至 2016.12.23/低毒
柑橘树 红蜘蛛 50-66.7毫克/千克 喷雾
PD20120157 联苯菊酯/10%/水乳剂/联苯菊酯 10%/2012.01.30 至 2017.01.30/中等毒
茶树 茶小绿叶蝉 30－37.5克/公顷 喷雾
PD20120273 吡虫啉/600克/升/悬浮剂/吡虫啉 600克/升/2012.02.15 至 2017.02.15/低毒
水稻 稻飞虱 27-45克/公顷 喷雾
PD20120516 烯酰吗啉/80%/水分散粒剂/烯酰吗啉 80%/2012.03.28 至 2017.03.28/低毒
黄瓜 霜霉病 240－300克/公顷 喷雾
PD20120566 毒死蜱/30%/水乳剂/毒死蜱 30%/2012.03.28 至 2017.03.28/中等毒
水稻 稻纵卷叶螟 450－540克/公顷 喷雾
PD20120577 阿维·三唑磷/15%/微乳剂/阿维菌素 .1%、三唑磷 14.9%/2012.03.28 至 2017.03.28/中等毒(原药高毒)
棉花 棉铃虫 180－270克/公顷 喷雾
PD20120580 高效氯氟氰菊酯/5%/微乳剂/高效氯氟氰菊酯 5%/2012.03.28 至 2017.03.28/中等毒
茶树 小绿叶蝉 18.75-22.5克/公顷 喷雾
甘蓝 菜青虫 11.25-15克/公顷 喷雾
PD20120597 噻嗪酮/50%/悬浮剂/噻嗪酮 50%/2012.04.11 至 2017.04.11/低毒

	登记作物	防治对象	用药量	施用方法
	水稻	稻飞虱	112.5－150克/公顷	喷雾
PD20120608	灭蝇胺/50%/可溶粉剂/灭蝇胺 50%/2012.04.11 至 2017.04.11/低毒			
	菜豆	美洲斑潜蝇	150-225克/公顷	喷雾
PD20120611	苯醚甲环唑/10%/水分散粒剂/苯醚甲环唑 10%/2012.04.11 至 2017.04.11/低毒			
	西瓜	炭疽病	60-90克/公顷	喷雾
PD20120760	阿维菌素/1.8%/水乳剂/阿维菌素 1.8%/2012.05.05 至 2017.05.05/中等毒(原药高毒)			
	甘蓝	小菜蛾	8.1-10.8克/公顷	喷雾
PD20120768	高效氯氟氰菊酯/2.5%/水乳剂/高效氯氟氰菊酯 2.5%/2012.05.05 至 2017.05.05/中等毒			
	甘蓝	菜青虫	7.5－15克/公顷	喷雾
PD20120781	氟硅唑/10%/水乳剂/氟硅唑 10%/2012.05.05 至 2017.05.05/低毒			
	黄瓜	黑星病	60－75克/公顷	喷雾
PD20120895	阿维菌素/0.5%/颗粒剂/阿维菌素 0.5%/2012.05.24 至 2017.05.24/低毒			
	黄瓜	根结线虫	225－262.5克/公顷	沟施、穴施
PD20120957	吡虫啉/70%/水分散粒剂/吡虫啉 70%/2012.06.14 至 2017.06.14/低毒			
	甘蓝	蚜虫	10.5-21克/公顷	喷雾
PD20121157	丙溴磷/40%/乳油/丙溴磷 40%/2012.07.30 至 2017.07.30/低毒			
	棉花	棉铃虫	600-720克/公顷	喷雾
PD20121171	甲氨基阿维菌素苯甲酸盐/3%/水分散粒剂/甲氨基阿维菌素 3%/2012.07.30 至 2017.07.30/低毒			
	甘蓝	甜菜夜蛾	4.5-9克/公顷	喷雾
	注:甲氨基阿维菌素苯甲酸盐含量:3.4%。			
PD20121273	阿维菌素/3%/水乳剂/阿维菌素 3%/2012.09.06 至 2017.09.06/低毒(原药高毒)			
	甘蓝	小菜蛾	8.1－10.8克/公顷	喷雾
PD20121366	丙森·霜脲氰/76%/可湿性粉剂/丙森锌 70%、霜脲氰 6%/2012.09.13 至 2017.09.13/低毒			
	黄瓜	霜霉病	1824－2736克/公顷	喷雾
PD20121386	戊唑醇/430克/升/悬浮剂/戊唑醇 430克/升/2012.09.13 至 2017.09.13/低毒			
	苦瓜	白粉病	77.4-116.1克/公顷	喷雾
	苹果树	斑点落叶病	71.7－86毫克/千克	喷雾
PD20122109	丙森·多菌灵/70%/可湿性粉剂/丙森锌 30%、多菌灵 40%/2012.12.26 至 2017.12.26/低毒			
	苹果树	斑点落叶病	467-700毫克/千克	喷雾
PD20130756	甲霜·噁霉灵/3%/水剂/噁霉灵 2.5%、甲霜灵 0.5%/2013.04.16 至 2018.04.16/低毒			
	水稻育秧田	立枯病	0.36-0.54克/平方米	苗床喷雾
PD20130991	烯酰吗啉/50%/水分散粒剂/烯酰吗啉 50%/2013.05.07 至 2018.05.07/低毒			
	黄瓜	霜霉病	225-300克/公顷	喷雾
PD20131036	烯酰吗啉/25%/可湿性粉剂/烯酰吗啉 25%/2013.05.13 至 2018.05.13/低毒			
	葡萄	霜霉病	248-548克/公顷	喷雾
PD20131176	毒死蜱/15%/颗粒剂/毒死蜱 15%/2013.05.27 至 2018.05.27/低毒			
	花生	蛴螬	1800-3600克/公顷	撒施
PD20131370	阿维·丁醚脲/15.6%/乳油/阿维菌素 0.6%、丁醚脲 15%/2013.06.24 至 2018.06.24/中等毒(原药高毒)			
	甘蓝	小菜蛾	48.6-58.5克/公顷	喷雾
PD20132038	烯酰·嘧菌酯/80%/水分散粒剂/嘧菌酯 35%、烯酰吗啉 45%/2013.10.22 至 2018.10.22/低毒			
	黄瓜	霜霉病	180-300克/公顷	喷雾
PD20132484	啶虫·哒螨灵/20%/微乳剂/哒螨灵 10%、啶虫脒 10%/2013.12.09 至 2018.12.09/中等毒			
	甘蓝	黄条跳甲	60-75克/公顷	喷雾
PD20132644	阿维·三唑锡/11%/悬浮剂/阿维菌素 0.4%、三唑锡 10.6%/2013.12.20 至 2018.12.20/低毒(原药高毒)			
	柑橘树	红蜘蛛	61-91.6毫克/千克	喷雾
PD20140367	甲维·丁醚脲/43.7%/悬浮剂/丁醚脲 42.3%、甲氨基阿维菌素苯甲酸盐 1.4%/2014.02.20 至 2019.02.20/低毒			
	甘蓝	小菜蛾	64.8-86.4克/公顷	喷雾
PD20140955	阿维·哒螨灵/10.8%/悬浮剂/阿维菌素 0.8%、哒螨灵 10%/2014.04.14 至 2019.04.14/低毒(原药高毒)			
	柑橘树	红蜘蛛	43.2-54毫克/千克	喷雾
PD20141038	甲基硫菌灵/50%/悬浮剂/甲基硫菌灵 50%/2014.04.21 至 2019.04.21/低毒			
	苹果树	白粉病	333.3－500毫克/千克	喷雾
PD20141049	吡蚜酮/70%/水分散粒剂/吡蚜酮 70%/2014.04.24 至 2019.04.24/低毒			
	水稻	稻飞虱	90-120克/公顷	喷雾
PD20141437	甲基硫菌灵/80%/可湿性粉剂/甲基硫菌灵 80%/2014.06.09 至 2019.06.09/低毒			
	黄瓜	白粉病	480－600克/公顷	喷雾
PD20141567	阿维·三唑锡/21%/悬浮剂/阿维菌素 1%、三唑锡 20%/2014.06.17 至 2019.06.17/低毒(原药高毒)			
	柑橘树	红蜘蛛	70-105毫克/千克	喷雾
PD20142405	氟啶胺/50%/悬浮剂/氟啶胺 50%/2014.11.13 至 2019.11.13/低毒			
	大白菜	根肿病	2000-2500克/公顷	土壤喷雾
PD20142671	吡蚜酮/25%/可湿性粉剂/吡蚜酮 25%/2014.12.18 至 2019.12.18/低毒			
	水稻	稻飞虱	60-75克/公顷	喷雾
PD20151464	草甘膦铵盐/58%/可溶粒剂/草甘膦 58%/2015.07.31 至 2020.07.31/微毒			
	柑橘园	杂草	1131-2262克/公顷	定向茎叶喷雾

注:草甘膦铵盐含量64%

PD20151746 醚菌酯/50%/水分散粒剂/醚菌酯 50%/2015.08.28 至 2020.08.28/微毒
黄瓜 白粉病 112.5-150克/公顷 喷雾

LS20120125 氟硅唑/20%/可湿性粉剂/氟硅唑 20%/2014.03.30 至 2015.03.30/低毒
苹果树 轮纹病 50-66.7毫克/千克 喷雾

LS20150053 丁醚·茚虫威/30%/悬浮剂/丁醚脲 24%、茚虫威 6%/2015.03.20 至 2016.03.20/低毒
甘蓝 小菜蛾 90－135克/公顷 喷雾

LS20150107 虫腈.哒螨灵/40%/悬浮剂/虫螨腈 15%、哒螨灵 25%/2015.04.20 至 2016.04.20/中等毒
甘蓝 黄条跳甲 144-180克/公顷 喷雾

LS20150219 甲维.茚虫威/15%/悬浮剂/甲氨基阿维菌素苯甲酸盐 2%、茚虫威 13%/2015.07.30 至 2016.07.30/低毒
甘蓝 甜菜夜蛾 18-24克/公顷 喷雾

LS20150336 阿维.乙螨唑/15%/悬浮剂/阿维菌素 3%、乙螨唑 12%/2015.12.17 至 2016.12.17/低毒
柑橘树 红蜘蛛 25-33.33毫克/千克 喷雾

福建永春县洁静日化有限公司 (福建省永春县石鼓二轻工业开发区 362600 0595-3866802)

WP20100039 电热蚊香液/1%/电热蚊香液/炔丙菊酯 1%/2010.02.21 至 2015.02.21/微毒
卫生 蚊 / 电热加温

福州千姿化妆品有限公司 (福建省福州市金山工业集中区金山大道618号橘园洲工业园18号4层 350001 0591-8384533

WP20110099 驱蚊花露水/5%/驱蚊花露水/避蚊胺 5%/2016.04.22 至 2021.04.22/微毒
卫生 蚊 / 涂抹

古田县科达生物化工有限公司 (福建省古田县城东614中路八支路1号 352200 0593-3881066)

PD20120711 二氯异氰尿酸钠/66%/烟剂/二氯异氰尿酸钠 66%/2012.04.18 至 2017.04.18/低毒
菇房 霉菌 3.96-5.28克/立方米 点燃放烟

PD20130483 二氯异氰尿酸钠/40%/可溶粉剂/二氯异氰尿酸钠 40%/2013.03.20 至 2018.03.20/低毒
平菇 木霉菌 40-48克/100千克干料 拌料

晋江市安海万兴日用化工厂 (福建省泉州市晋江市安海镇桐林村 362261 0595-85701491)

WP20080068 蚊香/0.18%/蚊香/Es-生物烯丙菊酯 0.18%/2013.05.08 至 2018.05.08/微毒
卫生 蚊 / 点燃

晋江蝙蝠蚊香有限公司 (福建省晋江市罗山镇许坑工业区64号 362200 0595-88184321)

WP20080435 蚊香/0.25%/蚊香/富右旋反式烯丙菊酯 0.25%/2013.12.15 至 2018.12.15/微毒
卫生 蚊 / 点燃

龙岩市家卫日用制品有限公司 (龙岩市新罗区龙雁工业集中区管理委员会办公楼2层203室 364000 0597-2880798)

WP20150041 蚊香/0.29%/蚊香/富右旋反式烯丙菊酯 0.29%/2015.03.20 至 2020.03.20/微毒
室内 蚊 / 点燃

纳润(厦门)科技有限公司 (福建省厦门市湖里区仙岳路860号台商务馆11楼 361009 0592-5520555)

WP20110014 驱蚊花露水/5%/驱蚊花露水/避蚊胺 5%/2011.01.11 至 2016.01.11/微毒
卫生 蚊 / 涂抹

邵武市不用拆蚊香厂 (福建省南平市邵武工业园区 363100 0595-88150891)

WP20120045 蚊香/0.15%/蚊香/Es-生物烯丙菊酯 0.15%/2012.03.19 至 2017.03.19/微毒
卫生 蚊 / 点燃

蛙王(福建)日化有限公司 (福建省晋江市罗山街道办事处许坑工业区 362216 0595-88176611)

WP20080250 蚊香/0.25%/蚊香/富右旋反式烯丙菊酯 0.25%/2013.11.26 至 2018.11.26/低毒
卫生 蚊 / 点燃

WP20100082 电热蚊香片/10毫克/片/电热蚊香片/炔丙菊酯 10毫克/片/2015.06.03 至 2020.06.03/微毒
卫生 蚊 / 电热加温

WP20110152 杀虫气雾剂/0.5%/气雾剂/胺菊酯 0.25%、富右旋反式烯丙菊酯 0.15%、氯氰菊酯 0.1%/2011.06.20 至2016.06.20/微毒
卫生 蚊、蝇、蜚蠊 / 喷雾

WP20110162 蚊香/0.25%/蚊香/Es-生物烯丙菊酯 0.25%/2011.06.20 至 2016.06.20/微毒
卫生 蚊 / 点燃

WP20120031 电热蚊香液/1.2%/电热蚊香液/炔丙菊酯 1.2%/2012.02.17 至 2017.02.17/微毒
卫生 蚊 / 电热加温

WP20140029 蚊香/0.05%/蚊香/四氟苯菊酯 0.05%/2014.02.18 至 2019.02.18/微毒
室内 蚊 / 点燃

WP20140030 蟑香/8.8%/蟑香/右旋苯醚氰菊酯 8.8%/2014.02.18 至 2019.02.18/微毒
室内 蜚蠊 / 点燃

WP20140121 蚊香/0.05%/蚊香/氯氟醚菊酯 0.05%/2014.06.04 至 2019.06.04/微毒
室内 蚊 / 点燃

WP20140250 电热蚊香液/0.6%/电热蚊香液/氯氟醚菊酯 0.6%/2014.12.15 至 2019.12.15/微毒
室内 蚊 / 电热加温

厦门荣美香业有限公司 (福建省厦门市集美区灌口镇武警农场)

WP20100104 蚊香/0.3%/蚊香/富右旋反式烯丙菊酯 0.3%/2015.07.28 至 2020.07.28/微毒
卫生 蚊 / 点燃

厦门三圈电池有限公司 (福建省厦门市集美区灌南机电工业区 361023 0592-6388721)

WP20080254 杀虫气雾剂/0.34%/气雾剂/富右旋反式炔丙菊酯 0.30%、溴氰菊酯 0.04%/2013.11.26 至 2018.11.26/低毒

卫生 蜚蠊、蚊、蝇 / 喷雾
WP20090239 杀虫气雾剂/0.36%/气雾剂/右旋胺菊酯 0.18%、右旋苯醚氰菊酯 0.18%/2014.04.21 至 2019.04.21/低毒
卫生 蜚蠊、蚊、蝇 / 喷雾
WP20110210 蚊香/0.015%/蚊香/四氟甲醚菊酯 0.015%/2011.09.14 至 2016.09.14/微毒
卫生 蚊 / 点燃
WP20120241 电热蚊香片/10毫克/片/电热蚊香片/炔丙菊酯 5毫克/片、四氟甲醚菊酯 5毫克/片/2012.12.18 至 2017.12.18/低毒
卫生 蚊 / 电热加温
WP20120242 电热蚊香液/0.4%/电热蚊香液/氯氟醚菊酯 0.4%/2012.12.18 至 2017.12.18/微毒
卫生 蚊 / 电热加温
WP20130265 蚊香/0.05%/蚊香/氯氟醚菊酯 0.05%/2013.12.20 至 2018.12.20/微毒
室内 蚊 / 点燃
WP20140177 电热蚊香液/0.6%/电热蚊香液/氯氟醚菊酯 0.6%/2014.08.13 至 2019.08.13/微毒
室内 蚊 / 电热加温

厦门市象球精细化工有限公司 （福建省厦门市翔安区马巷镇舫阳工业区 361101 0592-7062300）

WP20080437 杀虫气雾剂/0.3%/气雾剂/右旋苯醚氰菊酯 0.15%、右旋反式胺菊酯 0.15%/2013.12.15 至 2018.12.15/低毒
卫生 蜚蠊、蚊、蝇 / 喷雾
WP20100059 杀虫气雾剂/0.55%/气雾剂/胺菊酯 0.35%、氯菊酯 0.1%、右旋烯丙菊酯 0.1%/2015.04.14 至 2020.04.14/微毒
卫生 蚊、蝇、蜚蠊 / 喷雾
WP20100101 蚊香/0.3%/蚊香/富右旋反式烯丙菊酯 0.3%/2015.07.13 至 2020.07.13/微毒
卫生 蚊 / 点燃
WP20100164 电热蚊香液/0.8%/电热蚊香液/炔丙菊酯 0.8%/2010.12.14 至 2015.12.14/微毒
卫生 蚊 / 电热加温
WP20110214 电热蚊香片/10毫克/片/电热蚊香片/炔丙菊酯 10毫克/片/2011.09.15 至 2016.09.15/微毒
卫生 蚊 / 电热加温
WP20130233 蚊香/0.015%/蚊香/四氟甲醚菊酯 0.015%/2013.11.08 至 2018.11.08/微毒
室内 蚊 / 点燃

厦门市允信香业有限公司 （福建省厦门市思明区天湖路50号140 0595-88150891）

WP20120162 蚊香/0.27%/蚊香/富右旋反式烯丙菊酯 0.27%/2012.09.06 至 2017.09.06/微毒
卫生 蚊 / 点燃

元龙（福建）日用品有限公司 （福建省永春县探花山工业园区 362600 0595-23876268）

WP20100078 杀虫气雾剂/0.6%/气雾剂/富右旋反式胺菊酯 0.2%、富右旋反式苯醚菊酯 0.2%、富右旋反式烯丙菊酯 0.2%/2010.06.03 至 2015.06.03/微毒
卫生 蚊、蝇、蜚蠊 / 喷雾
WP20130066 电热蚊香片/15毫克/片/电热蚊香片/富右旋反式炔丙菊酯 15毫克/片/2013.04.18 至 2018.04.18/微毒
卫生 蚊 / 电热加温
WP20130078 蚊香/0.3%/蚊香/富右旋反式烯丙菊酯 0.3%/2013.04.22 至 2018.04.22/微毒
卫生 蚊 / 点燃
WP20130079 电热蚊香液/1.2%/电热蚊香液/炔丙菊酯 1.2%/2013.04.22 至 2018.04.22/微毒
卫生 蚊 / 电热加温
WP20140165 杀虫气雾剂/0.55%/气雾剂/Es-生物烯丙菊酯 0.3%、氯菊酯 0.25%/2014.07.24 至 2019.07.24/微毒
室内 蚊、蝇、蜚蠊 / 喷雾
WP20140200 蚊香/0.05%/蚊香/氯氟醚菊酯 0.05%/2014.09.02 至 2019.09.02/微毒
室内 蚊 / 点燃
WP20140233 电热蚊香片/10毫克/片/电热蚊香片/炔丙菊酯 5毫克/片、氯氟醚菊酯 5毫克/片/2014.11.13 至 2019.11.13/微毒
室内 蚊 / 电热加温
WP20150206 电热蚊香液/0.6%/电热蚊香液/氯氟醚菊酯 0.6%/2015.10.22 至 2020.10.22/微毒
室内 蚊 / 电热加温
WP20150214 蟑香/7.2%/蟑香/右旋苯醚氰菊酯 7.2%/2015.12.04 至 2020.12.04/微毒
室内 蜚蠊 / 点燃

甘肃省

甘肃富民生态农业科技有限公司 （甘肃省定西市循环经济产业园区 743000 ）

PD20141383 甲霜·嘧菌酯/30%/悬浮剂/甲霜灵 25%、嘧菌酯 5%/2014.06.04 至 2019.06.04/低毒
马铃薯 晚疫病 337.5-450克/公顷 浸种+喷雾

甘肃国力生物科技开发有限公司 （甘肃省兰州市城关区庆阳路258号 730000 0931-8474900）

PD20120876 狼毒素/9.5%/母药/狼毒素 9.5%/2012.05.24 至 2017.05.24/低毒
PD20120877 狼毒素/1.6%/水乳剂/狼毒素 1.6%/2012.05.24 至 2017.05.24/微毒
十字花科蔬菜 菜青虫 12-24克/公顷 喷雾

甘肃华实农业科技有限公司 （甘肃省定西市安定区南川飞天路 743000 0932-8201075）

PD84111-52 氧乐果//乳油/氧乐果 40%/2015.02.01 至 2020.02.01/中等毒
棉花 蚜虫、螨 375-600克/公顷 喷雾
森林 松干蚧、松毛虫 500倍液 喷雾或直接涂树干
水稻 稻纵卷叶螟、飞虱 375-600克/公顷 喷雾
小麦 蚜虫 300-450克/公顷 喷雾

登记证号	登记作物	防治对象	用药量	施用方法
PD85105-79	敌敌畏/80%/乳油/敌敌畏 77.5%(气谱法)/2015.02.01 至 2020.02.01/中等毒			
	茶树	食叶害虫	600克/公顷	喷雾
	粮仓	多种储藏害虫	1)400-500倍液2)0.4-0.5克/立方米	1)喷雾2)挂条熏蒸
	棉花	蚜虫、造桥虫	600-1200克/公顷	喷雾
	苹果树	小卷叶蛾、蚜虫	400-500毫克/千克	喷雾
	青菜	菜青虫	600克/公顷	喷雾
	桑树	尺蠖	600克/公顷	喷雾
	卫生	多种卫生害虫	1)300-400倍液2)0.08克/立方米	1)泼洒2)挂条熏蒸
	小麦	黏虫、蚜虫	600克/公顷	喷雾
PD85154-50	氰戊菊酯/20%/乳油/氰戊菊酯 20%/2015.08.15 至 2020.08.15/中等毒			
	柑橘树	潜叶蛾	10-20毫克/千克	喷雾
	果树	梨小食心虫	10-20毫克/千克	喷雾
	棉花	红铃虫、蚜虫	75-150克/公顷	喷雾
	蔬菜	菜青虫、蚜虫	60-120克/公顷	喷雾
PD85157-29	辛硫磷/40%/乳油/辛硫磷 40%/2015.08.15 至 2020.08.15/低毒			
	茶树、桑树	食叶害虫	200-400毫克/千克	喷雾
	果树	食心虫、蚜虫、螨	200-400毫克/千克	喷雾
	林木	食叶害虫	3000-6000克/公顷	喷雾
	棉花	棉铃虫、蚜虫	300-600克/公顷	喷雾
	蔬菜	菜青虫	300-450克/公顷	喷雾
	烟草	食叶害虫	300-600克/公顷	喷雾
	玉米	玉米螟	450-600克/公顷	灌心叶
PD20080011	霜脲氰/94%/原药/霜脲氰 94%/2013.01.04 至 2018.01.04/低毒			
PD20092457	氰戊·敌敌畏/20%/乳油/敌敌畏 13.5%、氰戊菊酯 6.5%/2014.02.25 至 2019.02.25/中等毒			
	棉花	棉铃虫	480-600克/公顷	喷雾
	十字花科蔬菜	菜青虫、小菜蛾	150-240克/公顷	喷雾
	小麦	蚜虫	60-120克/公顷	喷雾
PD20093714	溴氰菊酯/25克/升/乳油/溴氰菊酯 25克/升/2014.03.25 至 2019.03.25/中等毒			
	十字花科蔬菜	蚜虫	7.5-15克/公顷	喷雾
PD20093964	氰戊·氧乐果/25%/乳油/氰戊菊酯 2.5%、氧乐果 22.5%/2014.03.27 至 2019.03.27/中等毒(原药高毒)			
	棉花	蚜虫	150-225克/公顷	喷雾
PD20094422	甲哌鎓/98%/可溶粉剂/甲哌鎓 98%/2014.04.01 至 2019.04.01/低毒			
	棉花	调节生长	45-60克/公顷	喷雾
PD20094571	氯氟·敌敌畏/20%/乳油/敌敌畏 19.4%、高效氯氟氰菊酯 0.6%/2014.04.09 至 2019.04.09/中等毒			
	棉花	蚜虫	120-180克/公顷	喷雾
PD20094924	辛硫·高氯氟/26%/乳油/高效氯氟氰菊酯 0.6%、辛硫磷 25.4%/2014.04.13 至 2019.04.13/中等毒			
	棉花	蚜虫	234-273克/公顷	喷雾
PD20095113	甲氰菊酯/20%/乳油/甲氰菊酯 20%/2014.04.24 至 2019.04.24/中等毒			
	苹果树	红蜘蛛	100毫克/千克	喷雾
PD20096025	甲氰 ·敌敌畏/20%/乳油/敌敌畏 13%、甲氰菊酯 7%/2014.06.15 至 2019.06.15/中等毒			
	甘蓝	菜青虫	60-120克/公顷	喷雾
PD20097543	烟嘧磺隆/40克/升/可分散油悬浮剂/烟嘧磺隆 40克/升/2014.11.03 至 2019.11.03/低毒			
	玉米田	一年生杂草	42-60克/公顷	茎叶喷雾
PD20097602	溴氰 ·敌敌畏/20%/乳油/敌敌畏 19.4%、溴氰菊酯 0.6%/2014.11.03 至 2019.11.03/中等毒			
	十字花科蔬菜	菜青虫	120-150克/公顷	喷雾
PD20101460	阿维菌素/1.8%/乳油/阿维菌素 1.8%/2015.05.04 至 2020.05.04/低毒(原药高毒)			
	甘蓝	小菜蛾	8.1-13.5克/公顷	喷雾
	茭白	二化螟	9.5-13.5克/公顷	喷雾
PD20120825	霜脲·锰锌/72%/可湿性粉剂/代森锰锌 64%、霜脲氰 8%/2012.05.22 至 2017.05.22/低毒			
	黄瓜	霜霉病	1440-1800克/公顷	喷雾
PD20121087	甲霜灵/25%/悬浮种衣剂/甲霜灵 25%/2012.07.19 至 2017.07.19/低毒			
	马铃薯	晚疫病	31.25-37.5克/100千克种薯	拌种薯
PD20121598	联苯菊酯/100克/升/乳油/联苯菊酯 100克/升/2012.10.25 至 2017.10.25/中等毒			
	茶树	茶小绿叶蝉	30-37.5克/公顷	喷雾
PD20130378	甲氨基阿维菌素苯甲酸盐/5%/水分散粒剂/甲氨基阿维菌素 5%/2013.03.12 至 2018.03.12/低毒			
	甘蓝	甜菜夜蛾	2.1-3.15克/公顷	喷雾
	注:甲氨基阿维菌素苯甲酸盐含量：5.7%。			
PD20130683	苯醚甲环唑/37%/水分散粒剂/苯醚甲环唑 37%/2013.04.09 至 2018.04.09/低毒			
	柑橘树	疮痂病	923-123毫克/千克	喷雾
	苦瓜	白粉病	105-150克/公顷	喷雾
	芹菜	斑枯病	52.5-67.5克/公顷	喷雾
PD20130775	烯酰吗啉/80%/水分散粒剂/烯酰吗啉 80%/2013.04.18 至 2018.04.18/低毒			

花椰菜 霜霉病 240-360克/公顷 喷雾
黄瓜 霜霉病 204-300克/公顷 喷雾
PD20140835 噻唑酮/50%/悬浮剂/噻唑酮 50%/2014.04.08 至 2019.04.08/低毒
水稻 稻飞虱 112.5-150克/公顷 喷雾
PD20140912 戊唑醇/430克/升/悬浮剂/戊唑醇 430克/升/2014.04.10 至 2019.04.10/低毒
苹果树 斑点落叶病 61.4-86毫克/千克 喷雾
PD20140913 嘧菌酯/250克/升/悬浮剂/嘧菌酯 250克/升/2014.04.10 至 2019.04.10/低毒
黄瓜 霜霉病 120-180克/公顷 喷雾
PD20140915 氟虫腈/5%/悬浮种衣剂/氟虫腈 5%/2014.04.10 至 2019.04.10/低毒
玉米 蛴螬 1-2克/千克种子 种子包衣
PD20141510 氟环唑/125克/升/悬浮剂/氟环唑 125克/升/2014.06.16 至 2019.06.16/低毒
水稻 纹枯病 75—93.75克/公顷 喷雾
PD20141511 毒・辛/6%/颗粒剂/毒死蜱 3%、辛硫磷 3%/2014.06.16 至 2019.06.16/低毒
花生 蛴螬 1800-2400克/公顷 撒施
PD20141775 烯啶・吡蚜酮/80%/水分散粒剂/吡蚜酮 60%、烯啶虫胺 20%/2014.07.14 至 2019.07.14/低毒
水稻 稻飞虱 60-120克/公顷 喷雾
PD20142075 吡虫啉/600克/升/悬浮剂/吡虫啉 600克/升/2014.09.02 至 2019.09.02/低毒
水稻 稻飞虱 36-45克/公顷 喷雾
LS20150019 阿维・螺螨酯/35%/悬浮剂/阿维菌素 5%、螺螨酯 30%/2016.01.15 至 2017.01.15/低毒(原药高毒)
柑橘树 红蜘蛛 58.3-70毫克/千克 喷雾

甘肃省兰州固诚化工有限公司 (甘肃省兰州市西固区环行东路10号 730060 0931-7324311)

PD85151-5 2,4-滴丁酯/57%/乳油/2,4-滴丁酯 57%/2015.06.17 至 2020.06.17/低毒
谷子、小麦 双子叶杂草 419克/公顷 喷雾
水稻 双子叶杂草 239-419克/公顷 喷雾
玉米 双子叶杂草 1)829克/公顷2)359-419克/公顷 1)苗前土壤处理2)喷雾

甘肃省两西新产品开发试验中心 (甘肃省兰州市科技街64号 730000 0931-8264969)

PD20097566 甲拌磷/5%/颗粒剂/甲拌磷 5%/2014.11.03 至 2019.11.03/高毒
小麦 地下害虫 1500-1875克/公顷 撒施

甘肃省武山县农药厂 (甘肃省武山县洛门镇 741306 0938-3225239)

PD20092321 溴敌隆/0.02%/毒饵/溴敌隆 0.02%/2014.02.24 至 2019.02.24/中等毒(原药高毒)
农田 鼢鼠 5-10克毒饵/洞 洞内投饵
PD20101206 溴敌隆/0.005%/毒饵/溴敌隆 0.005%/2015.02.21 至 2020.02.21/低毒
农田 田鼠 饱和投饵 投放

甘肃省张掖市大弓农化有限公司 (甘肃省张掖市甘州区东北郊开发区 734000 0936-8436169)

PD84111-42 氧乐果/40%/乳油/氧乐果 40%/2012.01.23 至 2017.01.23/中等毒(原药高毒)
棉花 蚜虫、螨 375-600克/公顷 喷雾
森林 松干蚧、松毛虫 500倍液 喷雾或直接涂树干
水稻 稻纵卷叶螟、飞虱 375-600克/公顷 喷雾
小麦 蚜虫 300-450克/公顷 喷雾
PD20080127 仲丁灵/95%/原药/仲丁灵 95%/2013.01.03 至 2018.01.03/低毒
PD20080317 仲丁灵/48%/乳油/仲丁灵 48%/2013.02.26 至 2018.02.26/低毒
番茄地 一年生禾本科杂草及部分阔叶杂草 1080-1800克/公顷 土壤喷雾
花生田 一年生禾本科杂草及部分阔叶杂草 1440-1800克/公顷 播后苗前土壤喷雾
辣椒田、棉花田、茄子(大棚) 一年生禾本科杂草及部分阔叶杂草 1440-1800克/公顷 土壤喷雾
水稻旱直播田 一年生禾本科杂草及部分阔叶杂草 1440-2160克/公顷 土壤喷雾
水稻移栽田 一年生禾本科杂草及部分阔叶杂草 1440-1800克/公顷 毒土法
西瓜田 一年生禾本科杂草及部分阔叶杂草 1080-1440克/公顷 土壤喷雾
烟草 抑制腋芽生长 3200-4800毫克/千克 杯淋法
PD20080595 仲丁灵/360克/升/乳油/仲丁灵 360克/升/2013.05.12 至 2018.05.12/低毒
烟草 抑制腋芽生长 72-90毫克/株 杯淋
PD20082145 氟乐灵/480克/升/乳油/氟乐灵 480克/升/2013.11.25 至 2018.11.25/低毒
棉花田 一年生禾本科杂草及部分阔叶杂草 540-1080克/公顷 播后苗前土壤喷雾
PD20083984 灭多威/20%/乳油/灭多威 20%/2013.12.16 至 2018.12.16/高毒
棉花 蚜虫 75-150克/公顷 喷雾
棉花 棉铃虫 150-225克/公顷 喷雾
PD20085140 辛硫・灭多威/35%/乳油/灭多威 7%、辛硫磷 28%/2013.12.23 至 2018.12.23/高毒
棉花 棉铃虫 373.75-525克/公顷 喷雾
PD20085282 仲灵・乙草胺/50%/乳油/乙草胺 30%、仲丁灵 20%/2013.12.23 至 2018.12.23/低毒
棉花田、夏大豆田 一年生杂草 750-1500克/公顷 土壤喷雾
PD20085388 速灭威/20%/乳油/速灭威 20%/2013.12.24 至 2018.12.24/低毒
水稻 稻飞虱 525-600克/公顷 喷雾

PD20085564 氰戊·氧乐果/25%/乳油/氰戊菊酯 2.5%、氧乐果 22.5%/2013.12.25 至 2018.12.25/高毒
棉花 棉铃虫、蚜虫 187.5-225克/公顷 喷雾
PD20091025 二甲戊灵/330克/升/乳油/二甲戊灵 330克/升/2014.01.21 至 2019.01.21/低毒
棉花田 一年生杂草 742.5-990克/公顷 播后苗前土壤喷雾
PD20092290 氧乐·灭多威/25%/乳油/灭多威 5%、氧乐果 20%/2014.02.24 至 2019.02.24/高毒
小麦 蚜虫 112.5-150克/公顷 喷雾
PD20092401 阿维菌素/1.8%/乳油/阿维菌素 1.8%/2014.02.25 至 2019.02.25/低毒(原药高毒)
甘蓝 小菜蛾 8.1-10.8克/公顷 喷雾
PD20092685 敌敌畏/77.5%/乳油/敌敌畏 77.5%/2014.03.03 至 2019.03.03/中等毒
小麦 蚜虫 600-720克/公顷 喷雾
PD20094161 乙烯利/40%/水剂/乙烯利 40%/2014.03.27 至 2019.03.27/低毒
棉花 催熟 400-500倍 喷雾
PD20094438 乐果/40%/乳油/乐果 40%/2014.04.01 至 2019.04.01/中等毒
十字花科蔬菜 蚜虫 450-600克/公顷 喷雾
PD20095027 敌畏·氧乐果/50%/乳油/敌敌畏 40%、氧乐果 10%/2014.04.21 至 2019.04.21/高毒
水稻 二化螟、飞虱 750-1125克/公顷 喷雾
小麦 蚜虫 375-750克/公顷 喷雾
PD20095494 2,4-滴丁酯/57%/乳油/2,4-滴丁酯 57%/2014.05.11 至 2019.05.11/低毒
春小麦田 一年生阔叶杂草 427.5-641.25克/公顷 茎叶喷雾
冬小麦田 一年生阔叶杂草 342-427.5克/公顷 茎叶喷雾
PD20100836 井冈霉素(5%)///水剂/井冈霉素A 4%/2015.01.19 至 2020.01.19/低毒
移栽水稻田 纹枯病 150－187.5克/公顷 喷雾
PD20101482 草甘膦异丙胺盐/30%/水剂/草甘膦 30%/2015.05.05 至 2020.05.05/低毒
茶园 杂草 1125-1800克/公顷 喷雾
棉田行间 杂草 922.5-1230克/公顷 行间定向茎叶喷雾
注:草甘膦异丙胺盐含量: 41%。
PD20110784 仲灵·异噁松/50%/乳油/异噁草松 12.5%、仲丁灵 37.5%/2011.07.25 至 2016.07.25/低毒
烟草田 一年生杂草 1200-1500克/公顷 移栽前土壤喷雾
PD20110785 草甘膦/95%/原药/草甘膦 95%/2011.07.25 至 2016.07.25/低毒
PD20121725 噻嗪酮/25%/可湿性粉剂/噻嗪酮 25%/2012.11.08 至 2017.11.08/低毒
水稻 稻飞虱 93.5－112.5克/公顷 喷雾
PD20130835 噻苯隆/50%/可湿性粉剂/噻苯隆 50%/2013.04.22 至 2018.04.22/低毒
棉花 脱叶 225-300克/公顷 茎叶喷雾
PD20131348 氟乐灵/96%/原药/氟乐灵 96%/2013.06.19 至 2018.06.19/低毒
PD20131421 甲氨基阿维菌素苯甲酸盐/5%/水分散粒剂/甲氨基阿维菌素 5%/2013.07.02 至 2018.07.02/低毒
水稻 二化螟 7.5-11.25克/公顷 喷雾
注:甲氨基阿维菌素苯甲酸盐含量: 5.7%。
PD20131996 氟节胺/25%/可分散油悬浮剂/氟节胺 25%/2013.10.10 至 2018.10.10/低毒
烟草 抑制腋芽生长 500-625毫克/千克 杯淋法
PD20132219 茚虫威/72%/母药/茚虫威 72%/2013.11.05 至 2018.11.05/中等毒
PD20132715 仲丁灵/30%/水乳剂/仲丁灵 30%/2013.12.30 至 2018.12.30/低毒
棉花田 一年生禾本科杂草及部分阔叶杂草 1575-1800克/公顷 播后苗前土壤喷雾
PD20140061 已唑醇/25%/悬浮剂/已唑醇 25%/2014.01.20 至 2019.01.20/低毒
水稻 纹枯病 67.5-75克/公顷 喷雾
PD20140062 双氟磺草胺/97%/原药/双氟磺草胺 97%/2014.01.20 至 2019.01.20/低毒
PD20140152 棉铃虫核型多角病毒/20亿PIB/毫升/悬浮剂/棉铃虫核型多角体病毒 2020亿PIB/毫升/2014.01.28 至 2019.01.28/低毒
棉花 棉铃虫 750-900毫升制剂/公顷 喷雾
PD20141974 二甲戊灵/98%/原药/二甲戊灵 98%/2014.08.13 至 2019.08.13/低毒
PD20142668 烟嘧·莠去津/24%/可分散油悬浮剂/烟嘧磺隆 4%、莠去津 20%/2014.12.18 至 2019.12.18/低毒
玉米田 一年生杂草 288-360克/公顷 茎叶喷雾
PD20150216 氟节胺/96%/原药/氟节胺 96%/2015.01.15 至 2020.01.15/低毒
PD20150580 硫双威/95%/原药/硫双威 95%/2015.04.15 至 2020.04.15/中等毒
PD20151107 硝磺草酮/98%/原药/硝磺草酮 98%/2015.06.23 至 2020.06.23/低毒
PD20151606 双氟磺草胺/50克/升/悬浮剂/双氟磺草胺 50克/升/2015.08.28 至 2020.08.28/低毒
冬小麦田 一年生阔叶杂草 3.75-4.5克/公顷 茎叶喷雾
PD20152005 氟磺胺草醚/95%/原药/氟磺胺草醚 95%/2015.08.31 至 2020.08.31/低毒
PD20152023 烟嘧磺隆/95%/原药/烟嘧磺隆 95%/2015.08.31 至 2020.08.31/低毒
PD20152435 敌草隆/40%/悬浮剂/敌草隆 40%/2015.12.04 至 2020.12.04/低毒
棉花田 一年生杂草 750-900克/公顷 土壤喷雾
PD20152467 2甲·唑草酮/70.5%/可湿性粉剂/2甲4氯钠 66.5%、唑草酮 4%/2015.12.04 至 2020.12.04/低毒
冬小麦田 一年生阔叶杂草 423-475.9克/公顷 茎叶喷雾
PD20152676 硝磺草酮/10%/可分散油悬浮剂/硝磺草酮 10%/2015.12.19 至 2020.12.19/低毒
玉米田 一年生杂草 120-180克/公顷 茎叶喷雾

甘肃天保农药化工有限公司　（甘肃省陇南市武都区两水镇　746010　0939-8519777）

PD20110686　敌鼠钠盐/0.1%/毒饵/敌鼠钠盐 0.1%/2011.06.20 至 2016.06.20/低毒(原药高毒)
室内　家鼠　饱和投饵　投饵
PD20121640　三唑酮/15%/可湿性粉剂/三唑酮 15%/2012.10.30 至 2017.10.30/低毒
小麦　条锈病　225-270克/公顷　喷雾

兰州润泽生化科技有限公司　（甘肃省兰州市安宁区枣林路139号　730070　0931-7617688）

PD20110026　腐酸・硫酸铜/3.3%/水剂/腐殖酸 2.7%、硫酸铜 0.6%/2016.01.04 至 2021.01.04/低毒
苹果树　腐烂病　150-200克原液/平方米病疤或15-20克/株　刮病斑涂抹

兰州石油化工宏达公司　（甘肃省兰州市西固区东路308号　0931-7982952　0931-7982952）

PDN15-92　野麦畏/400克/升/乳油/野麦畏 400克/升/2011.12.26 至 2016.12.26/低毒
小麦田　野燕麦　900-1200克/公顷　喷雾,毒土
PD20070689　氟乐灵/480克/升/乳油/氟乐灵 480克/升/2012.12.20 至 2017.12.20/低毒
大豆田　部分阔叶杂草、一年生禾本科杂草　900-1260克/公顷　土壤喷雾

兰州世创生物科技有限公司　（甘肃省兰州市安宁区枣林路139号　730070　0931-4956207）

PD20140941　香芹酚/5%/水剂/香芹酚 5%/2014.04.14 至 2019.04.14/低毒
番茄　灰霉病　75-90克/公顷　喷雾

武威春飞作物科技有限公司　（甘肃省武威市凉州区武南镇工业开发区华源路　733009　0935-2716018）

PD20111303　多・福/15%/悬浮种衣剂/多菌灵 10%、福美双 5%/2011.11.24 至 2016.11.24/低毒
小麦　黑穗病　214-300克/100千克种子　种子包衣
PD20120543　吡・福・烯唑醇/15%/悬浮种衣剂/吡虫啉 5%、福美双 9.6%、烯唑醇 0.4%/2012.03.28 至 2017.03.28/低毒
玉米　地老虎、金针虫、蝼蛄、蛴螬、丝黑穗病　250-375克/100千克种子　种子包衣
PD20141612　苯醚甲环唑/40%/悬浮剂/苯醚甲环唑 40%/2014.06.24 至 2019.06.24/微毒
玉米　黑粉病　75-90克/公顷　喷雾

广东省

佛山市高明区万邦生物有限公司　（广东省佛山市高明区沧江工业区名城园区　528518　0757-88831120）

PD20132058　丁醚脲/500克/升/悬浮剂/丁醚脲 500克/升/2013.10.22 至 2018.10.22/低毒
茶树　小绿叶蝉　750-900克/公顷　喷雾

佛山市南海区黄岐嘉纯生物工程有限公司　（广东省南海市黄岐泌冲工业区　528248　0757-85996168）

WP20080348　杀虫气雾剂/1.1%/气雾剂/胺菊酯 0.28%、残杀威 0.82%/2013.12.09 至 2018.12.09/低毒
卫生　蚊、蝇、蜚蠊　/　喷雾

佛山市雅洁丽化妆品有限公司　（广东省佛山市三水中心科技工业区南边工业园　528135　0757-87322028）

WP20130106　杀虫气雾剂/0.2%/气雾剂/胺菊酯 0.15%、氯氰菊酯 0.05%/2013.05.20 至 2018.05.20/微毒
卫生　蜚蠊、蚊、蝇　/　喷雾

广东北大新世纪生物工程股份有限公司　（广东省梅州市梅县锭子桥新世纪大厦　514700　0753-2525191）

PD86109-24　苏云金杆菌/16000IU/毫克/可湿性粉剂/苏云金杆菌 16000IU/毫克/2011.11.01 至 2016.11.01/低毒
白菜、萝卜、青菜　菜青虫、小菜蛾　1500-4500克制剂/公顷　喷雾
茶树　茶毛虫　1500-7500克制剂/公顷　喷雾
大豆、甘薯　天蛾　1500-2250克制剂/公顷　喷雾
柑橘树　柑橘凤蝶　2250-3750克制剂/公顷　喷雾
高粱、玉米　玉米螟　3750-4500克制剂/公顷　喷雾、毒土
梨树　天幕毛虫　1500-3750克制剂/公顷　喷雾
林木　尺蠖、柳毒蛾、松毛虫　2250-7500克制剂/公顷　喷雾
棉花　棉铃虫、造桥虫　1500-7500克制剂/公顷　喷雾
苹果树　巢蛾　2250-3750克制剂/公顷　喷雾
水稻　稻苞虫、稻纵卷叶螟　1500-6000克制剂/公顷　喷雾
烟草　烟青虫　3750-7500克制剂/公顷　喷雾
枣树　尺蠖　3750-4500克制剂/公顷　喷雾

广东大丰植保科技有限公司　（广东省广州市天河区五山省农科院大丰基地内　510640　020-38765158）

PDN31-94　王铜/30%/悬浮剂/王铜 30%/2014.12.07 至 2019.12.07/低毒
柑橘树　溃疡病　375-500毫克/千克　喷雾
PD20040173　吡虫啉/10%/可湿性粉剂/吡虫啉 10%/2014.12.19 至 2019.12.19/低毒
节瓜　蓟马　30-52.5克/公顷　喷雾
PD20040627　高氯・三唑磷/13%/乳油/高效氯氰菊酯 1.7%、三唑磷 11.3%/2014.12.19 至 2019.12.19/中等毒
荔枝树　蒂蛀虫　86.67-130毫克/千克　喷雾
PD20040750　吡虫啉/5%/乳油/吡虫啉 5%/2014.12.19 至 2019.12.19/低毒
节瓜　蓟马　36-45毫克/千克　喷雾
PD20085592　阿维菌素/1.8%/乳油/阿维菌素 1.8%/2013.12.25 至 2018.12.25/中等毒(原药高毒)
柑橘树　潜叶蛾　4.5-9毫升/公顷　喷雾
棉花　红蜘蛛　10.8-16.2克/公顷　喷雾
十字花科蔬菜　小菜蛾　5.4-6.75克/公顷　喷雾
PD20085710　噻嗪・杀虫单/58%/可湿性粉剂/噻嗪酮 8%、杀虫单 50%/2013.12.26 至 2018.12.26/中等毒
水稻　稻飞虱、稻纵卷叶螟　870-1044克/公顷　喷雾

PD20090197 苄·丁/32.5%/可湿性粉剂/苄嘧磺隆 1.5%、丁草胺 31%/2014.01.08 至 2019.01.08/低毒
水稻抛秧田 一年生及部分多年生杂草 585-877.5克/公顷 药土法
PD20090245 啶虫脒/5%/乳油/啶虫脒 5%/2014.01.09 至 2019.01.09/低毒
黄瓜(保护地) 白粉虱 22.5-36克/公顷 喷雾
PD20090298 高氯·毒死蜱/15%/乳油/毒死蜱 11.5%、高效氯氰菊酯 3.5%/2014.01.09 至 2019.01.09/中等毒
荔枝树 蒂蛀虫 150-300毫克/千克 喷雾
PD20090339 阿维·吡虫啉/2.2%/乳油/阿维菌素 0.2%、吡虫啉 2%/2014.01.12 至 2019.01.12/低毒(原药高毒)
节瓜 蓟马 19.8-26.4克/公顷 喷雾
PD20090428 甲氰·三唑磷/20%/乳油/甲氰菊酯 8%、三唑磷 12%/2014.01.12 至 2019.01.12/中等毒
柑橘树 红蜘蛛 133.3-200毫克/千克 喷雾
PD20090437 高氯·辛硫磷/22%/乳油/高效氯氰菊酯 1%、辛硫磷 21%/2014.01.12 至 2019.01.12/中等毒
荔枝树 卷叶虫 110-147毫克/千克 喷雾
PD20092246 吡虫·杀虫双/14.5%/微乳剂/吡虫啉 1%、杀虫双 13.5%/2014.02.24 至 2019.02.24/中等毒
水稻 稻纵卷叶螟、飞虱 326.25-435克/公顷 喷雾
PD20093416 杀螟丹/50%/可溶粉剂/杀螟丹 50%/2014.03.20 至 2019.03.20/低毒
水稻 二化螟 675-750克/公顷 喷雾
PD20093462 多·锰锌/62%/可湿性粉剂/多菌灵 30%、代森锰锌 32%/2014.03.23 至 2019.03.23/低毒
荔枝树 炭疽病 500-700倍液 喷雾
PD20094561 稻丰·仲丁威/40%/乳油/稻丰散 18%、仲丁威 22%/2014.04.09 至 2019.04.09/中等毒
节瓜 蓟马 450-900克/公顷 喷雾
PD20095060 咪锰·三环唑/28%/可湿性粉剂/咪鲜胺锰盐 14%、三环唑 14%/2014.04.21 至 2019.04.21/低毒
菜苔 炭疽病 210-262.8克/公顷 喷雾
PD20097511 乙氧氟草醚/240克/升/乳油/乙氧氟草醚 240克/升/2014.11.03 至 2019.11.03/低毒
甘蔗田 一年生杂草 108-180克/公顷 土壤喷雾
PD20101121 萘乙·乙烯利/10%/水剂/萘乙酸 0.5%、乙烯利 9.5%/2015.01.25 至 2020.01.25/低毒
荔枝树 杀花穗 1000-1200倍液 喷雾
PD20110390 阿维菌素/1.8%/乳油/阿维菌素 1.8%/2011.04.12 至 2016.04.12/中等毒(原药高毒)
柑橘 潜叶蛾 4.5—9毫克/千克 喷雾
棉花 红蜘蛛 10.8—16.2克/公顷 喷雾
PD20120999 甲氨基阿维菌素苯甲酸盐/0.5%/乳油/甲氨基阿维菌素 0.5%/2012.06.21 至 2017.06.21/低毒
甘蓝 甜菜夜蛾 2.25-4.5克/公顷 喷雾
注:甲氨基阿维菌素苯甲酸盐:0.57%。
PD20121874 甲氨基阿维菌素苯甲酸盐/2%/微乳剂/甲氨基阿维菌素 2%/2012.11.28 至 2017.11.28/低毒
甘蓝 甜菜夜蛾 3-4.5克/公顷 喷雾
注:甲氨基阿维菌素苯甲酸盐含量:2.3%。
PD20131053 高氯·甲维盐/4%/微乳剂/高效氯氰菊酯 3.7%、甲氨基阿维菌素苯甲酸盐 0.3%/2013.05.20 至 2018.05.20/低毒
甘蓝 小菜蛾 9-12克/公顷 喷雾
PD20131970 丙环唑/250克/升/乳油/丙环唑 250克/升/2013.10.10 至 2018.10.10/低毒
香蕉树 叶斑病 250-500毫克/千克 喷雾
PD20141906 嘧菌酯/250克/升/悬浮剂/嘧菌酯 250克/升/2014.08.01 至 2019.08.01/低毒
番茄 晚疫病 281.25—375克/公顷 喷雾
PD20141990 烯酰·锰锌//可湿性粉剂/代森锰锌 60%、烯酰吗啉 9%/2014.08.14 至 2019.08.14/低毒
黄瓜 霜霉病 1035-1380克/公顷 喷雾
PD20150518 氟硅唑/8%/微乳剂/氟硅唑 8%/2015.03.23 至 2020.03.23/低毒
黄瓜 白粉病 48-72克/公顷 喷雾
PD20152128 噻虫嗪/30%/悬浮剂/噻虫嗪 30%/2015.09.22 至 2020.09.22/低毒
水稻 稻飞虱 9-18克/公顷 喷雾

广东德利生物科技有限公司 (广东省茂名市化州市鉴江经济开发区试验区金垌岭 525100 0668-7363099)

PD20093725 氯氰菊酯/92%/原药/氯氰菊酯 92%/2014.03.25 至 2019.03.25/低毒
PD20094144 高效氯氰菊酯/4.5%/乳油/高效氯氰菊酯 4.5%/2014.03.27 至 2019.03.27/低毒
十字花科蔬菜 菜青虫 13.5-27克/公顷 喷雾
PD20095193 高效氯氰菊酯/27%/母药/高效氯氰菊酯 27%/2014.04.24 至 2019.04.24/低毒
PD20131720 芸苔素内酯/0.01%/乳油/芸苔素内酯 0.01%/2013.08.16 至 2018.08.16/低毒
棉花 调节生长 0.027-0.040毫克/千克 喷雾
PD20140953 代森锰锌/430克/升/悬浮剂/代森锰锌 430克/升/2014.04.14 至 2019.04.14/低毒
香蕉 叶斑病 1050—1400毫克/千克 喷雾
PD20150711 毒死蜱/40%/乳油/毒死蜱 40%/2015.04.20 至 2020.04.20/中等毒
水稻 稻飞虱 450—600克/公顷 喷雾

广东福尔康化工科技股份有限公司 (广东省普宁市燎原镇广揭公路东侧 515344 0663-2687336)

PD20092480 杀虫双/18%/水剂/杀虫双 18%/2014.02.26 至 2019.02.26/中等毒
水稻 三化螟 675-810克/公顷 喷雾
PD20093985 氰戊·乐果/25%/乳油/乐果 22%、氰戊菊酯 3%/2014.03.27 至 2019.03.27/中等毒
甘蓝 菜青虫 180-300克/公顷 喷雾

PD20095111 氰戊·马拉松/21%/乳油/马拉硫磷 15%、氰戊菊酯 6%/2014.04.24 至 2019.04.24/中等毒
柑橘树 红蜘蛛 53-70毫克/千克 喷雾
PD20100282 草甘膦/30%/水剂/草甘膦 30%/2015.01.11 至 2020.01.11/低毒
柑橘园 杂草 1125-2250克/公顷 茎叶喷雾
PD20131045 草甘膦铵盐/50%/可溶粉剂/草甘膦 50%/2013.05.13 至 2018.05.13/低毒
柑橘园 杂草 1500-2250克/公顷 定向茎叶喷雾
注:草甘膦铵盐含量: 55%。

广东广州奥森农药有限公司 (广东省广州市花都区新华镇工业大道18号 510800 020-86869929)

PD20141016 阿维菌素/5%/水乳剂/阿维菌素 5%/2014.04.21 至 2019.04.21/低毒(原药高毒)
甘蓝 小菜蛾 8.25-10.5克/公顷 喷雾
PD20152337 高效氯氟氰菊酯/5%/水乳剂/高效氯氟氰菊酯 5%/2015.10.22 至 2020.10.22/中等毒
甘蓝 菜青虫 11.25-15克/公顷 喷雾
PD20152362 啶虫脒/10%/微乳剂/啶虫脒 10%/2015.10.22 至 2020.10.22/低毒
甘蓝 蚜虫 15-30克/公顷 喷雾
PD20152365 咪鲜胺/45%/水乳剂/咪鲜胺 45%/2015.10.22 至 2020.10.22/低毒
香蕉(果实) 冠腐病 333-500毫克/千克 浸果

广东浩德作物科技有限公司 (广东省东莞市大岭山镇大岭村 523820 0755-27948402)

PD20081782 苯磺隆/75%/水分散粒剂/苯磺隆 75%/2013.11.19 至 2018.11.19/低毒
冬小麦田 一年生阔叶杂草 13.5—22.5克/公顷 茎叶喷雾
PD20081974 精喹禾灵/8.8%/乳油/精喹禾灵 8.8%/2013.11.25 至 2018.11.25/低毒
冬油菜田 一年生禾本科杂草 46.2-52.8克/公顷 茎叶喷雾
PD20082283 莠灭净/80%/可湿性粉剂/莠灭净 80%/2013.12.01 至 2018.12.01/低毒
甘蔗田 一年生杂草 1800-2400克/公顷 土壤喷雾或定向喷雾
PD20083863 精吡氟禾草灵/150克/升/乳油/精吡氟禾草灵 150克/升/2013.12.15 至 2018.12.15/低毒
大豆田 一年生禾本科杂草 112.5-135克/公顷 茎叶喷雾
PD20084158 乙草胺/900克/升/乳油/乙草胺 900克/升/2013.12.16 至 2018.12.16/低毒
夏大豆田 一年生禾本科杂草及部分小粒种子阔叶杂草 1080-1350克/公顷 土壤喷雾
PD20086088 二甲戊灵/33%/乳油/二甲戊灵 33%/2013.12.30 至 2018.12.30/低毒
大蒜田 一年生杂草 742.5-990克/公顷 土壤喷雾
PD20090100 异噁草松/480克/升/乳油/异噁草松 480克/升/2014.01.08 至 2019.01.08/低毒
春大豆田 一年生杂草 1080-1296克/公顷 播后苗期土壤喷雾
PD20090665 精喹禾灵/10%/乳油/精喹禾灵 10%/2014.01.15 至 2019.01.15/低毒
春大豆田 一年生禾本科杂草 64.8-81克/公顷 茎叶喷雾
PD20090825 苄·乙/20%/可湿性粉剂/苄嘧磺隆 5%、乙草胺 15%/2014.01.19 至 2019.01.19/低毒
水稻移栽田 一年生及部分多年生杂草 84-118克/公顷 药土法
PD20090930 莠去津/48%/可湿性粉剂/莠去津 48%/2014.01.19 至 2019.01.19/低毒
夏玉米田 一年生杂草 1080-1440克/公顷 播后苗前土壤喷雾
PD20090943 烯草酮/240克/升/乳油/烯草酮 240克/升/2014.01.19 至 2019.01.19/低毒
大豆田 一年生禾本科杂草 72-108克/公顷 茎叶喷雾
PD20090980 吡嘧磺隆/10%/可湿性粉剂/吡嘧磺隆 10%/2014.01.20 至 2019.01.20/低毒
移栽水稻田 一年生阔叶杂草 21-30克/公顷 药土法
PD20091022 精喹·乳氟禾/11.8%/乳油/精喹禾灵 10%、乳氟禾草灵 1.8%/2014.01.21 至 2019.01.21/低毒
花生田 一年生杂草 53.1-70.8克/公顷 喷雾
PD20091065 苯磺隆/10%/可湿性粉剂/苯磺隆 10%/2014.01.21 至 2019.01.21/低毒
冬小麦田 一年生阔叶杂草 13.5-22.5克/公顷 茎叶喷雾
PD20091292 精喹·草除灵/15%/乳油/草除灵 12%、精喹禾灵 3%/2014.02.01 至 2019.02.01/低毒
冬油菜田 一年生杂草 270-337.5克/公顷 茎叶喷雾
PD20091333 甲·乙·莠/42%/悬乳剂/甲草胺 8%、乙草胺 9%、莠去津 25%/2014.02.01 至 2019.02.01/低毒
夏玉米田 一年生杂草 945-1260克/公顷 土壤喷雾
PD20091585 精喹禾灵/5%/乳油/精喹禾灵 5%/2014.02.03 至 2019.02.03/低毒
大豆田 一年生禾本科杂草 45-60克/公顷 茎叶喷雾
PD20092020 噻吩·苯磺隆/10%/可湿性粉剂/苯磺隆 7%、噻吩磺隆 3%/2014.02.12 至 2019.02.12/低毒
冬小麦田 一年生阔叶杂草 15—22.5克/公顷 茎叶喷雾
PD20092699 莠去津/38%/悬浮剂/莠去津 38%/2014.03.03 至 2019.03.03/低毒
春玉米田 一年生杂草 3000-6000毫升制剂/公顷 土壤喷雾
PD20093279 嗪酮·乙草胺/56%/乳油/嗪草酮 14%、乙草胺 42%/2014.03.11 至 2019.03.11/低毒
夏玉米田 一年生单子叶杂草 924-1120克/公顷 土壤喷雾
PD20093667 氟磺胺草醚/250克/升/水剂/氟磺胺草醚 250克/升/2014.03.25 至 2019.03.25/低毒
夏大豆田 一年生阔叶杂草 187.5-375克/公顷 茎叶喷雾
PD20093836 苄·丁/35%/可湿性粉剂/苄嘧磺隆 1.5%、丁草胺 33.5%/2014.03.25 至 2019.03.25/低毒
水稻抛栽田 一年生及部分多年生杂草 630-787.5克/公顷(南方地区) 药土法

PD20094239 氯氟吡氧乙酸异辛酯/288克/升/乳油/氯氟吡氧乙酸异辛酯 288克/升/2014.03.31 至 2019.03.31/低毒

春小麦田 一年生阔叶杂草 150-210克/公顷 茎叶喷雾

PD20095283 噻·噁·苯磺隆/55%/可湿性粉剂/苯磺隆 8%、精噁唑禾草灵 45%、噻吩磺隆 2%/2014.04.27 至 2019.04.27/低毒

冬小麦田 一年生禾本科杂草及阔叶杂草 82.5-99克/公顷 茎叶喷雾

PD20095485 丙草胺/30%/乳油/丙草胺 30%/2014.05.11 至 2019.05.11/低毒

水稻秧田 一年生杂草 562.5-675克/公顷 土壤喷雾

PD20095753 高效氟吡甲禾灵/108克/升/乳油/高效氟吡甲禾灵 108克/升/2014.05.18 至 2019.05.18/低毒

甘蓝田、花生田 一年生禾本科杂草 48.6-64.8克/公顷 茎叶喷雾

PD20095788 精噁唑禾草灵/69克/升/水乳剂/精噁唑禾草灵 69克/升/2014.05.27 至 2019.05.27/低毒

冬小麦田 一年生禾本科杂草 51.75-62.1克/公顷 茎叶喷雾

注:安全剂吡啶解草酯含量：2%。

PD20096308 烟嘧磺隆/40克/升/可分散油悬浮剂/烟嘧磺隆 40克/升/2014.07.22 至 2019.07.22/低毒

玉米田 一年生杂草 42-60克/公顷 茎叶喷雾

PD20097235 苄嘧磺隆/30%/可湿性粉剂/苄嘧磺隆 30%/2014.10.19 至 2019.10.19/低毒

水稻移栽田 一年生阔叶杂草 45-90克/公顷 药土法

PD20097452 苄嘧·苯噻酰/53%/可湿性粉剂/苯噻酰草胺 50%、苄嘧磺隆 3%/2014.10.28 至 2019.10.28/低毒

水稻移栽田 一年生及部分多年生杂草 397.5-556.5克/公顷(南方地区) 药土法

PD20110629 烟嘧磺隆/8%/可分散油悬浮剂/烟嘧磺隆 8%/2011.06.08 至 2016.06.08/低毒

玉米田 一年生杂草 48-60克/公顷 茎叶喷雾

PD20110632 吡虫啉/30%/微乳剂/吡虫啉 30%/2011.06.08 至 2016.06.08/低毒

水稻 稻飞虱 22.5—31.5克/公顷 喷雾

PD20120338 噻嗪酮/50%/悬浮剂/噻嗪酮 50%/2012.02.17 至 2017.02.17/低毒

水稻 稻飞虱 112.5—150克/公顷 喷雾

PD20120520 高效氯氟氰菊酯/2.5%/水乳剂/高效氯氟氰菊酯 2.5%/2012.03.28 至 2017.03.28/中等毒

甘蓝 菜青虫 7.5-15克/公顷 喷雾

PD20120604 烟嘧·莠去津/21%/可分散油悬浮剂/烟嘧磺隆 2%、莠去津 19%/2012.04.11 至 2017.04.11/低毒

玉米田 一年生杂草 378-441克/公顷 茎叶喷雾

PD20120885 毒死蜱/15%/颗粒剂/毒死蜱 15%/2012.05.24 至 2017.05.24/低毒

花生 蛴螬 2700—3600克/公顷 撒施

PD20121731 啶虫脒/20%/可溶液剂/啶虫脒 20%/2012.11.08 至 2017.11.08/低毒

黄瓜 蚜虫 18—30克/公顷 喷雾

PD20130284 氟磺胺草醚/12.8%/微乳剂/氟磺胺草醚 12.8%/2013.02.26 至 2018.02.26/低毒

夏大豆田 一年生阔叶杂草 230.4-307.2克/公顷 茎叶喷雾

PD20130738 炔草酯/15%/可湿性粉剂/炔草酯 15%/2013.04.12 至 2018.04.12/低毒

小麦田 一年生禾本科杂草 45-67.5克/公顷 茎叶喷雾

PD20131412 精喹禾灵/5%/微乳剂/精喹禾灵 5%/2013.07.02 至 2018.07.02/低毒

夏大豆田 一年生禾本科杂草 45-60克/公顷 茎叶喷雾

PD20131614 莠去津/90%/水分散粒剂/莠去津 90%/2013.07.29 至 2018.07.29/低毒

春玉米田 一年生杂草 1350-1485克/公顷 土壤喷雾

夏玉米田 一年生杂草 1215-1350克/公顷 土壤喷雾

PD20131674 烟嘧·莠去津/52%/可湿性粉剂/烟嘧磺隆 2%、莠去津 50%/2013.08.07 至 2018.08.07/低毒

玉米田 一年生杂草 780-1170克/公顷 茎叶喷雾

PD20131945 草铵膦/200克/升/水剂/草铵膦 200克/升/2013.10.10 至 2018.10.10/低毒

柑橘园 杂草 1050-2100克/公顷 定向茎叶喷雾

PD20131949 氟吡·苯磺隆/20%/可湿性粉剂/苯磺隆 2.7%、氯氟吡氧乙酸 17.3%/2013.10.10 至 2018.10.10/低毒

冬小麦田 一年生阔叶杂草 90-120克/公顷 茎叶喷雾

PD20132149 氰氟草酯/100克/升/乳油/氰氟草酯 100克/升/2013.10.29 至 2018.10.29/低毒

水稻秧田 千金子 75-105克/公顷 茎叶喷雾

PD20132314 松·喹·氟磺胺/35%/乳油/氟磺胺草醚 9.5%、精喹禾灵 2.5%、异噁草松 23%/2013.11.13 至 2018.11.13/低毒

春大豆田 一年生杂草 630-787.5克/公顷 茎叶喷雾

PD20140580 苄嘧·丙草胺/40%/可湿性粉剂/苄嘧磺隆 4%、丙草胺 36%/2014.03.06 至 2019.03.06/低毒

直播水稻田 一年生杂草 360-480克/公顷 喷雾

PD20142004 硝磺草酮/10%/悬浮剂/硝磺草酮 10%/2014.08.14 至 2019.08.14/低毒

玉米田 一年生禾本科杂草及阔叶杂草 105-150克/公顷 茎叶喷雾

PD20150102 氰氟草酯/100克/升/水乳剂/氰氟草酯 100克/升/2015.01.05 至 2020.01.05/低毒

水稻秧田 千金子 75—105克/公顷 茎叶喷雾

PD20150413 甲维·灭幼脲/25%/悬浮剂/甲氨基阿维菌素苯甲酸盐 0.5%、灭幼脲 24.5%/2015.03.19 至 2020.03.19/低毒

甘蓝 小菜蛾 37.5-56.25克/公顷 喷雾

PD20151102 甲维·毒死蜱/15.5%/微乳剂/毒死蜱 15%、甲氨基阿维菌素苯甲酸盐 0.5%/2015.06.23 至 2020.06.23/中等毒

苹果树 绵蚜 62-77.5毫克/千克 喷雾

PD20151413 粉唑醇/25%/悬浮剂/粉唑醇 25%/2015.07.30 至 2020.07.30/低毒

小麦 锈病 75-90克/公顷 喷雾

PD20151539 咪鲜胺/450克/升/水乳剂/咪鲜胺 450克/升/2015.08.03 至 2020.08.03/低毒

香蕉 炭疽病 375-500毫克/千克 浸果
PD20151677 硝磺·莠去津/30%/悬浮剂/莠去津 25%、硝磺草酮 5%/2015.08.28 至 2020.08.28/低毒
玉米田 一年生杂草 720-900克/公顷 茎叶喷雾
PD20151708 高氯·甲维盐/4.2%/水乳剂/高效氯氰菊酯 4%、甲氨基阿维菌素苯甲酸盐 0.2%/2015.08.28 至 2020.08.28/低毒
甘蓝 甜菜夜蛾 25.2-28.35克/公顷 喷雾
PD20151712 高氯·啶虫脒/5%/微乳剂/啶虫脒 3%、高效氯氰菊酯 2%/2015.08.28 至 2020.08.28/低毒
甘蓝 蚜虫 15-30克/公顷 喷雾
LS20120275 硝磺草酮/15%/悬浮剂/硝磺草酮 15%/2014.08.06 至 2015.08.06/低毒
玉米田 一年生禾本科杂草及阔叶杂草 105-150克/公顷 茎叶喷雾

广东金农达生物科技有限公司 (广东省清远市清城区龙塘镇浩良工业园 511540 0763-3695028)

PD86176-14 乙酰甲胺磷/30%/乳油/乙酰甲胺磷 30%/2015.01.19 至 2020.01.19/低毒
棉花 棉铃虫、蚜虫 450-900克/公顷 喷雾
小麦、玉米 黏虫、玉米螟 540-1080克/公顷 喷雾
烟草 烟青虫 450-900克/公顷 喷雾
PD20040195 高效氯氰菊酯/4.5%/乳油/高效氯氰菊酯 4.5%/2014.12.19 至 2019.12.19/中等毒
十字花科蔬菜 蚜虫 17-27克/公顷 喷雾
PD20040291 氯氰菊酯/10%/乳油/氯氰菊酯 10%/2014.12.19 至 2019.12.19/低毒
蔬菜 菜青虫 30-45克/公顷 喷雾
PD20040461 哒螨灵/15%/乳油/哒螨灵 15%/2014.12.19 至 2019.12.19/中等毒
柑橘树 红蜘蛛 50-67毫克/千克 喷雾
PD20070117 丙威·毒死蜱/13%/乳油/毒死蜱 3%、异丙威 10%/2012.05.08 至 2017.05.08/低毒
水稻 稻飞虱 292.5-390克/公顷 喷雾
PD20070119 代森锰锌/50%/可湿性粉剂/代森锰锌 50%/2012.05.08 至 2017.05.08/低毒
番茄 早疫病 1845-2370克/公顷 喷雾
PD20070125 异丙威/20%/乳油/异丙威 20%/2012.05.18 至 2017.05.18/低毒
水稻 稻飞虱 450-600克/公顷 喷雾
PD20070424 氰戊菊酯/20%/乳油/氰戊菊酯 20%/2012.11.12 至 2017.11.12/低毒
十字花科蔬菜 蚜虫 150-180克/公顷 喷雾
PD20070500 乙烯利/40%/水剂/乙烯利 40%/2012.11.28 至 2017.11.28/低毒
香蕉 催熟 800-1000毫克/千克 浸渍
PD20080413 啶虫脒/5%/乳油/啶虫脒 5%/2013.03.04 至 2018.03.04/低毒
柑橘树 蚜虫 10-15毫克/千克 喷雾
PD20080868 芸苔素内酯/0.01%/可溶液剂/芸苔素内酯 0.01%/2013.06.27 至 2018.06.27/低毒
柑橘树 调节生长 0.03-0.04毫克/千克 喷雾
棉花 调节生长、增产 0.02-0.04毫克/千克 苗期、初花、盛花各喷雾1次
水稻 调节生长、增产 0.02-0.03毫克/千克 浸种及喷雾
小白菜 调节生长、增产 0.02-0.04毫克/千克 苗期和莲座期各喷雾1次
小麦 调节生长、增产 0.02-0.03毫克/千克 扬花和齐穗各喷1次
玉米 调节生长、增产 0.1-0.14毫克/千克 浸种及喷雾
PD20081429 稻瘟灵/40%/乳油/稻瘟灵 40%/2013.10.31 至 2018.10.31/低毒
水稻 稻瘟病 450-675克/公顷 喷雾
PD20083271 辛硫磷/40%/乳油/辛硫磷 40%/2013.12.11 至 2018.12.11/低毒
十字花科蔬菜 菜青虫 360-450克/公顷 喷雾
PD20083785 咪鲜胺/25%/水乳剂/咪鲜胺 25%/2013.12.15 至 2018.12.15/低毒
香蕉 冠腐病 500-1000毫克/千克 浸果
PD20084241 阿维菌素/1.8%/乳油/阿维菌素 1.8%/2013.12.17 至 2018.12.17/低毒(原药高毒)
十字花科蔬菜 小菜蛾 7.5-11.25克/公顷 喷雾
PD20084646 井冈霉素A/4%/水剂/井冈霉素 4%/2013.12.18 至 2018.12.18/低毒
水稻 纹枯病 120-150克/公顷 喷雾
PD20084847 腈菌·咪鲜胺/12.5%/乳油/腈菌唑 10%、咪鲜胺 2.5%/2013.12.22 至 2018.12.22/低毒
香蕉 叶斑病 600-800倍液 喷雾
PD20085108 鱼藤酮/2.5%/乳油/鱼藤酮 2.5%/2013.12.23 至 2018.12.23/中等毒(原药高毒)
十字花科蔬菜 蚜虫 37.5-56.25克/公顷 喷雾
PD20085157 杀螺胺乙醇胺盐/50%/可湿性粉剂/杀螺胺乙醇胺盐 50%/2013.12.23 至 2018.12.23/低毒
水稻田 福寿螺 450-600克/公顷 撒毒土
PD20085165 甲氰菊酯/20%/乳油/甲氰菊酯 20%/2013.12.23 至 2018.12.23/中等毒
十字花科蔬菜 菜青虫 60-120克/公顷 喷雾
PD20085489 高效氯氰菊酯/4.5%/水乳剂/高效氯氰菊酯 4.5%/2013.12.25 至 2018.12.25/中等毒
十字花科蔬菜 菜青虫 20.25-27克/公顷 喷雾
PD20086301 硫磺·三环唑/45%/悬浮剂/硫磺 40%、三环唑 5%/2013.12.31 至 2018.12.31/低毒

水稻 稻瘟病 675-1012.5克/公顷 喷雾
PD20090417 井冈霉素/3%/水剂/井冈霉素 3%/2014.01.12 至 2019.01.12/低毒
水稻 纹枯病 120-150克/公顷 喷雾
PD20091939 吡虫啉/10%/可湿性粉剂/吡虫啉 10%/2014.02.12 至 2019.02.12/低毒
水稻 稻飞虱 15-30克/公顷 喷雾
PD20101652 阿维・高氯/2.4%/乳油/阿维菌素 0.4%、高效氯氰菊酯 2%/2015.06.03 至 2020.06.03/低毒(原药高毒)
十字花科蔬菜 菜青虫、小菜蛾 7.5-15克/公顷 喷雾
PD20120090 咪鲜・异菌脲/32%/悬浮剂/咪鲜胺 16%、异菌脲 16%/2012.01.29 至 2017.01.29/低毒
香蕉 冠腐病 320-400毫克/千克 浸果
PD20121432 咪鲜・异菌脲/20%/悬浮剂/咪鲜胺 10%、异菌脲 10%/2012.10.08 至 2017.10.08/低毒
香蕉 冠腐病 333～400毫克/千克 浸果
PD20121597 甲氨基阿维菌素苯甲酸盐/3%/水分散粒剂/甲氨基阿维菌素 3%/2012.10.25 至 2017.10.25/低毒
甘蓝 小菜蛾 1.875-2.25克/公顷 喷雾
注:甲氨基阿维菌素苯甲酸盐含量:3.4%。
PD20122026 高效氯氟氰菊酯/2.5%/水乳剂/高效氯氟氰菊酯 2.5%/2012.12.19 至 2017.12.19/中等毒
甘蓝 菜青虫 7.5-9.375克/公顷 喷雾
PD20130724 阿维・哒螨灵/5%/乳油/阿维菌素 0.2%、哒螨灵 4.8%/2013.04.12 至 2018.04.12/低毒(原药高毒)
柑橘树 红蜘蛛 33.3-50毫克/千克 喷雾
PD20131181 阿维・杀虫单/20%/微乳剂/阿维菌素 0.2%、杀虫单 19.8%/2013.05.27 至 2018.05.27/低毒(原药高毒)
水稻 二化螟 450-600克/公顷 喷雾
PD20140722 吡蚜酮/25%/可湿性粉剂/吡蚜酮 25%/2014.03.24 至 2019.03.24/低毒
水稻 稻飞虱 60-75克/公顷 喷雾
PD20141340 草铵膦/18%/水剂/草铵膦 18%/2014.06.04 至 2019.06.04/低毒
非耕地 杂草 1350-1890克/公顷 茎叶喷雾
PD20151888 草甘膦异丙胺盐/30%/水剂/草甘膦 30%/2015.08.30 至 2020.08.30/低毒
柑橘园 杂草 900-1800克/公顷 定向茎叶喷雾

广东劲劲化工有限公司 (广东省化州市鉴江开发区金锅岭 525100 0668-7361922)

PD20093953 井冈・杀虫双/22%/水剂/井冈霉素 2.5%、杀虫双 19.5%/2014.03.27 至 2019.03.27/低毒
水稻 二化螟、纹枯病 660-825克/公顷 喷雾
PD20094125 氰戊・乐果/15%/乳油/乐果 12.5%、氰戊菊酯 2.5%/2014.03.27 至 2019.03.27/中等毒
十字花科蔬菜 蚜虫 60-120克/公顷 喷雾
PD20096798 高效氯氟氰菊酯/95%/原药/高效氯氟氰菊酯 95%/2014.09.15 至 2019.09.15/中等毒
PD20100495 高效氯氟氰菊酯/25克/升/乳油/高效氯氟氰菊酯 25克/升/2015.01.14 至 2020.01.14/中等毒
茶树 茶尺蠖 5.625-7.5克/公顷 喷雾
柑橘树 潜叶蛾 8.3-16.7毫克/千克 喷雾

广东九极日用保健品有限公司 (广东省广州市天河区高新技术产业开发区科韵路20-22号 511356 020-32223999)

WP20090122 驱蚊液/5.5%/驱蚊液/避蚊胺 5.5%/2014.02.12 至 2019.02.12/低毒
卫生 蚊 / 涂抹

广东莱雅化工有限公司 (广东省佛山市顺德区顺峰山工业区 528333 0757-22325908)

WP20080176 蚊香/0.2%/蚊香/富右旋反式烯丙菊酯 0.2%/2013.11.18 至 2018.11.18/低毒
卫生 蚊 / 点燃
WP20080216 杀虫气雾剂/1.17%/气雾剂/Es-生物烯丙菊酯 0.15%、残杀威 1.0%、溴氰菊酯 0.02%/2013.11.24 至 2018.11.24/低毒
卫生 蜚蠊、蚊、蝇 / 喷雾
WP20080221 杀虫气雾剂/0.4%/气雾剂/胺菊酯 0.25%、氯菊酯 0.15%/2013.11.25 至 2018.11.25/低毒
卫生 蚊、蝇、蜚蠊 / 喷雾
WP20080240 电热蚊香片/11毫克/片/电热蚊香片/富右旋反式炔丙菊酯 11毫克/片/2013.11.25 至 2018.11.25/低毒
卫生 蚊 / 电热加温
WP20080332 电热蚊香液/0.87%/电热蚊香液/炔丙菊酯 0.87%/2013.12.08 至 2018.12.08/低毒
卫生 蚊 / 电热加温
WP20080334 蚊香/0.25%/蚊香/富右旋反式烯丙菊酯 0.25%/2013.12.08 至 2018.12.08/微毒
卫生 蚊 / 点燃
WP20080439 驱蚊气雾剂/10%/气雾剂/避蚊胺 10%/2013.12.15 至 2018.12.15/低毒
卫生 蚊 / 喷涂
WP20110207 杀虫气雾剂/0.7%/气雾剂/残杀威 0.5%、氯菊酯 0.1%、右旋胺菊酯 0.1%/2011.09.13 至 2016.09.13/微毒
卫生 蚂蚁、蚊、蝇、蜚蠊 / 喷雾
WP20130060 杀虫气雾剂/0.2%/气雾剂/炔咪菊酯 0.1%、右旋苯醚菊酯 0.1%/2013.04.09 至 2018.04.09/微毒
卫生 蜚蠊、蚂蚁 / 喷雾
WP20130091 杀虫气雾剂/0.4%/气雾剂/炔咪菊酯 0.15%、右旋苯醚氰菊酯 0.25%/2013.05.13 至 2018.05.13/微毒
卫生 蜚蠊、蚂蚁 / 喷雾
WP20130136 杀虫气雾剂/0.2%/气雾剂/高效氯氰菊酯 0.1%、炔咪菊酯 0.1%/2013.06.24 至 2018.06.24/微毒
卫生 蚂蚁、蚊、蝇、蜚蠊 / 喷雾
WP20130161 杀虫气雾剂/0.47%/气雾剂/Es-生物烯丙菊酯 0.115%、氯菊酯 0.18%、右旋胺菊酯 0.175%/2013.07.23 至2018.07.23/微毒

卫生 蚂蚁、蚊、蝇、蜚蠊 / 喷雾

WP20140083 杀飞虫气雾剂/0.44%/气雾剂/炔丙菊酯 0..08%、右旋胺菊酯 0.18%、右旋苯醚菊酯 0.18%/2014.04.08 至2019.04.08/微毒

室内 蚊、蝇 / 喷雾

WP20140094 蚊香/0.02%/蚊香/四氟甲醚菊酯 0.02%/2014.04.28 至 2019.04.28/微毒

卫生 蚊 / 点燃

WP20140095 四氟甲醚菊酯/0.03%/蚊香/四氟甲醚菊酯 0.03%/2014.04.28 至 2019.04.28/微毒

室内 蚊 / 点燃

WP20140236 杀虫气雾剂/0.54%/气雾剂/富右旋反式烯丙菊酯 0.26%、氯菊酯 0.2%、炔丙菊酯 0.08%/2014.11.15 至2019.11.15/微毒

室内 蚂蚁、蚊、蝇、蜚蠊 / 喷雾

WP20140257 杀虫气雾剂/0.31%/气雾剂/高效氯氰菊酯 0.13%、炔丙菊酯 0.04%、右旋胺菊酯 0.14%/2014.12.18 至2019.12.18/微毒

室内 蚂蚁、蚊、蝇、蜚蠊 / 喷雾

WP20150186 电热蚊香液/1%/电热蚊香液/四氟苯菊酯 1%/2015.09.22 至 2020.09.22/微毒

室内 蚊 / 电热加温

WL20120009 电热蚊香片/12毫克/片/电热蚊香片/炔丙菊酯 10毫克/片、四氟苯菊酯 2毫克/片/2014.02.09 至 2015.02.09/微毒

卫生 蚊 / 电热加温

广东蓝琛科技实业有限公司 (广东省兴宁市官汕一路359号 514500 0753-3266187)

PD85131-23 井冈霉素/4%,2.4%/水剂/井冈霉素 4%,2.4%/2015.12.25 至 2020.12.25/低毒

辣椒	立枯病	0.1-0.15克/平方米	泼浇
水稻	纹枯病	75-112.5克/公顷	喷雾,泼浇

PD86183-37 赤霉酸/85%/粉剂/赤霉酸 85%/2012.01.15 至 2017.01.15/低毒

菠菜	增加鲜重	10-25毫克/千克	叶面处理1-3次
菠萝	果实增大、增重	40-80毫克/千克	喷花
柑橘树	果实增大、增重	20-40毫克/千克	喷花
花卉	提前开花	700毫克/千克	叶面处理涂抹花芽
绿肥	增产	10-20毫克/千克	喷雾
马铃薯	苗齐、增产	0.5-1毫克/千克	浸薯块10-30分钟
棉花	提高结铃率、增产	10-20毫克/千克	点喷、点涂或喷雾
葡萄	无核、增产	50-200毫克/千克	花后一周处理果穗
芹菜	增加鲜重	20-100毫克/千克	叶面处理1次
人参	增加发芽率	20毫克/千克	播种前浸种15分钟
水稻	增加千粒重、制种	20-30毫克/千克	喷雾

PD20121162 噻嗪·异丙威/25%/可湿性粉剂/噻嗪酮 5%、异丙威 20%/2012.07.30 至 2017.07.30/低毒

水稻	飞虱	450－562.5克/公顷	喷雾

广东立农生物科技有限公司 (广东省化州市同庆镇龙豆管理区林科所内 525127 0668-7813368)

PD85159-35 草甘膦铵盐/30%/水剂/草甘膦 30%/2015.08.15 至 2020.08.15/低毒

茶树、甘蔗、果园、剑麻、林木、桑树、橡胶树	一年生杂草和多年生恶性杂草	1125-2250克/公顷	喷雾

注:草甘膦铵盐含量: 33%。

PD20094729 草甘膦异丙胺盐/30%/水剂/草甘膦 30%/2014.04.10 至 2019.04.10/低毒

柑橘园	杂草	1230-2460克/公顷	定向茎叶喷雾

注:草甘膦异丙胺盐含量: 41%。

PD20110342 高效氯氟氰菊酯/2.5%/水乳剂/高效氯氟氰菊酯 2.5%/2011.03.24 至 2016.03.24/中等毒

十字花科蔬菜	蚜虫	7.5-11.25克/公顷	喷雾

PD20121527 草甘膦铵盐/50%/可溶粉剂/草甘膦 50%/2012.10.09 至 2017.10.09/低毒

柑橘园	杂草	1125-2250克/公顷	定向茎叶喷雾

注:草甘膦铵盐含量:55%。

PD20130857 草甘膦铵盐/80%/可溶粉剂/草甘膦 80%/2013.04.22 至 2018.04.22/低毒

橡胶园	杂草	1125-2250克/公顷	定向茎叶喷雾

注:草甘膦铵盐含量: 88%。

PD20131101 草铵膦/200克/升/水剂/草铵膦 200克/升/2013.05.20 至 2018.05.20/低毒

柑橘园	一年生杂草	600-1200克/公顷	定向茎叶喷雾

PD20152109 敌草快/200克/升/水剂/敌草快 200克/升/2015.09.22 至 2020.09.22/低毒

非耕地	杂草	900-1050克/公顷	茎叶喷雾

广东立威化工有限公司 (广东省茂名市茂南区金塘镇 525025 0668-2366098)

PD85159-31 草甘膦/30%/水剂/草甘膦 30%/2015.08.15 至 2020.08.15/低毒

茶树、甘蔗、果园、剑麻、林木、桑树、橡胶树	一年生杂草和多年生恶性杂草	1125-2250克/公顷	喷雾

PD92103-14 草甘膦/95%/原药/草甘膦 95%/2012.12.03 至 2017.12.03/低毒

PD20040038 氯氰菊酯/95%/原药/氯氰菊酯 95%/2014.12.19 至 2019.12.19/中等毒

PD20040336 氯氰菊酯/5%/乳油/氯氰菊酯 5%/2014.12.19 至 2019.12.19/中等毒
十字花科蔬菜 菜青虫 30-45克/公顷 喷雾

PD20040354 氯氰菊酯/10%/乳油/氯氰菊酯 10%/2014.12.19 至 2019.12.19/中等毒
棉花 棉铃虫、棉蚜 45-90克/公顷 喷雾
十字花科蔬菜 菜青虫 30-45克/公顷 喷雾

PD20050036 高效氯氰菊酯/4.5%/乳油/高效氯氰菊酯 4.5%/2015.04.15 至 2020.04.15/中等毒
棉花 棉铃虫、棉蚜 15-30克/公顷 喷雾
蔬菜 菜青虫 9-25.5克/公顷 喷雾

PD20050040 高效氯氰菊酯/4.5%/微乳剂/高效氯氰菊酯 4.5%/2015.04.15 至 2020.04.15/低毒
十字花科蔬菜 菜青虫 13.5-27克/公顷 喷雾

PD20081390 高效氯氟氰菊酯/95%/原药/高效氯氟氰菊酯 95%/2013.10.28 至 2018.10.28/中等毒

PD20081826 氟氯氰菊酯/92%/原药/氟氯氰菊酯 92%/2013.11.20 至 2018.11.20/低毒

PD20082270 高效氯氰菊酯/27%/原药/高效氯氰菊酯 27%/2013.11.27 至 2018.11.27/低毒

PD20083105 高效氟氯氰菊酯/95%/原药/高效氟氯氰菊酯 95%/2013.12.10 至 2018.12.10/中等毒

PD20083825 阿维·高氯/2.5%/乳油/阿维菌素 0.1%、高效氯氰菊酯 2.4%/2013.12.15 至 2018.12.15/低毒(原药高毒)
十字花科蔬菜 菜青虫、小菜蛾 13.5-27克/公顷 喷雾

PD20083980 氟氯氰菊酯/5.7%/乳油/氟氯氰菊酯 5.7%/2013.12.16 至 2018.12.16/低毒
十字花科蔬菜 菜青虫 20-25克/公顷 喷雾

PD20084309 马拉·氟氯氰/20%/乳油/氟氯氰菊酯 2%、马拉硫磷 18%/2013.12.17 至 2018.12.17/中等毒
甘蓝 菜青虫 120-180克/公顷 喷雾

PD20085402 氰戊·辛硫磷/50%/乳油/氰戊菊酯 4.5%、辛硫磷 45.5%/2013.12.24 至 2018.12.24/中等毒
甘蓝 菜青虫、蚜虫 75-150克/公顷 喷雾
棉花 蚜虫 150-225克/公顷 喷雾
小麦 蚜虫 90克/公顷 喷雾

PD20086200 氰戊·马拉松/20%/乳油/马拉硫磷 15%、氰戊菊酯 5%/2013.12.30 至 2018.12.30/中等毒
棉花 棉铃虫 90-150克/公顷 喷雾
苹果树 桃小食心虫 160-333毫克/千克 喷雾
蔬菜 菜青虫、蚜虫 90-150克/公顷 喷雾
小麦 蚜虫 60-90克/公顷 喷雾

PD20091015 氰戊·马拉松/21%/乳油/马拉硫磷 15%、氰戊菊酯 6%/2014.01.21 至 2019.01.21/中等毒
柑橘树 红蜘蛛 53-70毫克/千克 喷雾
花生 斜纹夜蛾 75-90克/公顷 喷雾
苹果树 食心虫 60-100毫克/千克 喷雾
苹果树 红蜘蛛 60-150毫克/千克 喷雾
苹果树 蚜虫 50-75毫克/千克 喷雾

PD20092110 高氯·马/20%/乳油/高效氯氰菊酯 2%、马拉硫磷 18%/2014.02.27 至 2019.02.27/低毒
十字花科蔬菜 菜青虫 90-150克/公顷 喷雾

PD20092384 毒死蜱/92%/原药/毒死蜱 92%/2014.02.25 至 2019.02.25/中等毒

PD20092593 阿维·三唑磷/20%/乳油/阿维菌素 0.1%、三唑磷 19.9%/2014.02.27 至 2019.02.27/中等毒(原药高毒)
水稻 二化螟 180-240克/公顷 喷雾

PD20093392 丙溴磷/40%/乳油/丙溴磷 40%/2014.03.19 至 2019.03.19/中等毒
棉花 棉铃虫 480-600克/公顷 喷雾

PD20096781 高效氯氟氰菊酯/25克/升/乳油/高效氯氟氰菊酯 25克/升/2014.09.15 至 2019.09.15/中等毒
十字花科叶菜 菜青虫 7.5-11.25克/公顷 喷雾

PD20140123 高效氯氟氰菊酯/95%/原药/高效氯氟氰菊酯 95%/2014.01.20 至 2019.01.20/中等毒

PD20140124 嘧菌酯/95%/原药/嘧菌酯 95%/2014.01.20 至 2019.01.20/低毒

PD20141865 草甘膦铵盐/80%/可溶粒剂/草甘膦 80%/2014.07.24 至 2019.07.24/低毒
非耕地 杂草 1200-2400克/公顷 定向茎叶喷雾
注:草甘膦铵盐含量: 88.8%。

PD20150109 吡蚜酮/97%/原药/吡蚜酮 97%/2015.01.05 至 2020.01.05/低毒

PD20151505 草铵膦/200克/升/水剂/草铵膦 200克/升/2015.07.31 至 2020.07.31/低毒
柑橘园 杂草 1050-1380克/公顷 定向茎叶喷雾

PD20151540 草甘膦铵盐/68%/可溶粒剂/草甘膦 68%/2015.08.03 至 2020.08.03/低毒
非耕地 杂草 1530-2244克/公顷 茎叶喷雾/
注:草甘膦铵盐含量: 74.7%。

WP20090380 胺菊酯/95%/原药/胺菊酯 95%/2014.12.18 至 2019.12.18/低毒

WP20120164 氯菊酯/95%/原药/氯菊酯 95%/2012.09.06 至 2017.09.06/低毒

广东茂名绿银农化有限公司 (广东省化州市南盛镇山尾村委会竹头岭 525126 0668-7617368)

PD20083215 高效氯氟氰菊酯/25克/升/乳油/高效氯氟氰菊酯 25克/升/2013.12.11 至 2018.12.11/中等毒
茶树 茶尺蠖 5.625-7.5克/公顷 喷雾

PD20083809 顺式氯氰菊酯/50克/升/乳油/顺式氯氰菊酯 50克/升/2013.12.15 至 2018.12.15/中等毒
棉花 棉铃虫 38.3-45克/公顷 喷雾

PD20083868 甲基硫菌灵/70%/可湿性粉剂/甲基硫菌灵 70%/2013.12.15 至 2018.12.15/低毒

番茄　叶霉病　472.5-787.5克/公顷　喷雾
PD20084362　丙环唑/250克/升/乳油/丙环唑 250克/升/2013.12.17 至 2018.12.17/低毒
香蕉　叶斑病　250-500毫克/千克　喷雾
PD20084526　噻嗪酮/25%/可湿性粉剂/噻嗪酮 25%/2013.12.18 至 2018.12.18/低毒
水稻　稻飞虱　112.5-150克/公顷　喷雾
PD20084882　代森锰锌/80%/可湿性粉剂/代森锰锌 80%/2013.12.22 至 2018.12.22/低毒
番茄　早疫病　2160-2400克/公顷　喷雾
PD20091560　辛硫磷/40%/乳油/辛硫磷 40%/2014.02.03 至 2019.02.03/低毒
甘蓝　菜青虫　360-480克/公顷　喷雾
PD20091725　异丙威/20%/乳油/异丙威 20%/2014.02.04 至 2019.02.04/中等毒
水稻　飞虱　525-600克/公顷　喷雾
PD20093173　三乙膦酸铝/40%/可湿性粉剂/三乙膦酸铝 40%/2014.03.11 至 2019.03.11/低毒
黄瓜　霜霉病　1800-2820克/公顷　喷雾
PD20095106　复硝酚钠/1.8%/水剂/5-硝基邻甲氧基苯酚钠 0.3%、对硝基苯酚钠 0.9%、邻硝基苯酚钠 0.6%/2014.04.24至 2019.04.24/低毒
番茄　增产　15-30毫升制剂/亩　喷雾
PD20096348　阿维菌素/1.8%/乳油/阿维菌素 1.8%/2014.07.28 至 2019.07.28/低毒(原药高毒)
甘蓝　小菜蛾　9-10.8克/公顷　喷雾
PD20097054　氟硅唑/400克/升/乳油/氟硅唑 400克/升/2014.10.10 至 2019.10.10/低毒
梨树　黑星病　40－50毫克/千克　喷雾
PD20098005　毒死蜱/45%/乳油/毒死蜱 45%/2014.12.07 至 2019.12.07/中等毒
棉花　棉铃虫　750-900克/公顷　喷雾
PD20098364　代森锌/65%/可湿性粉剂/代森锌 65%/2014.12.18 至 2019.12.18/低毒
番茄　早疫病　2550-3600克/公顷　喷雾
PD20110843　苯甲·丙环唑/300克/升/乳油/苯醚甲环唑 150克/升、丙环唑 150克/升/2011.08.10 至 2016.08.10/低毒
水稻　纹枯病　67.5-90克/公顷　喷雾
香蕉　叶斑病　150-300毫克/千克　喷雾
PD20121059　苯醚甲环唑/250克/升/乳油/苯醚甲环唑 250克/升/2012.07.12 至 2017.07.12/低毒
水稻　纹枯病　75-112.5克/公顷　喷雾
PD20130875　戊唑醇/250克/升/乳油/戊唑醇 250克/升/2013.04.25 至 2018.04.25/低毒
苹果树　斑点落叶病　100-167毫克/千克　喷雾
PD20140455　噻虫嗪/10%/水分散粒剂/噻虫嗪 10%/2014.02.25 至 2019.02.25/低毒
节瓜　蓟马　45-75克/公顷　喷雾
PD20142035　草甘膦异丙胺盐/30%/水剂/草甘膦 30%/2014.08.27 至 2019.08.27/低毒
柑橘园　杂草　1350-1800克/公顷　定向茎叶喷雾
注:草甘膦异丙胺盐含量: 41%。
PD20150558　螺螨酯/240克/升/悬浮剂/螺螨酯 240克/升/2015.03.24 至 2020.03.24/低毒
柑橘树　红蜘蛛　40-60毫克/千克　喷雾
PD20151276　阿维菌素/5%/乳油/阿维菌素 5%/2015.07.30 至 2020.07.30/中等毒(原药高毒)
甘蓝　小菜蛾　8.1-10.8克/公顷　喷雾
WP20140052　氟虫腈/6%/微乳剂/氟虫腈 6%/2014.03.06 至 2019.03.06/低毒
室内　蝇　稀释40倍　滞留喷洒

广东美时家庭用品有限公司　(广东省广州市海珠区前进路郭墩新街83号202　510230　020-34286407)

WP20080272　杀虫笔剂/0.65%/笔剂/氯氰菊酯 0.65%/2013.12.01 至 2018.12.01/低毒
卫生　蜚蠊、蚂蚁　/　涂抹

广东梦想日用化工有限公司　(广东省汕尾市城区红草镇埔边工业区东升路3号　510010　020-28327222)

WP20080280　蚊香/0.3%/蚊香/富右旋反式烯丙菊酯 0.3%/2013.12.01 至 2018.12.01/微毒
卫生　蚊　/　点燃
WP20080349　杀虫气雾剂/0.55%/气雾剂/胺菊酯 0.4%、高效氯氰菊酯 0.15%/2013.12.09 至 2018.12.09/微毒
卫生　蚊、蝇、蜚蠊　/　喷雾

广东全美实业日用化工有限公司　(广东省陆丰市东海经济开发区南合大道　516500　0660-8805088)

WP20080170　蚊香/0.3%/蚊香/富右旋反式烯丙菊酯 0.3%/2013.11.18 至 2018.11.18/微毒
卫生　蚊　/　点燃
WP20080314　杀虫气雾剂/0.66%/气雾剂/胺菊酯 0.21%、残杀威 0.32%、氯氰菊酯 0.13%/2013.12.04 至 2018.12.04/低毒
卫生　蚊、蝇、蜚蠊　/　喷雾
WP20080432　电热蚊香液/1.3%/电热蚊香液/富右旋反式炔丙菊酯 1.3%/2013.12.15 至 2018.12.15/微毒
卫生　蚊　/　电热加温
WP20080516　杀虫气雾剂/0.45%/气雾剂/富右旋反式烯丙菊酯 0.15%、氯氰菊酯 0.3%/2013.12.22 至 2018.12.22/微毒
卫生　蚊、蝇、蜚蠊　/　喷雾
WP20080565　电热蚊香片/15毫克/片/电热蚊香片/富右旋反式炔丙菊酯 15毫克/片/2013.12.24 至 2018.12.24/微毒
卫生　蚊　/　电热加温
WP20090082　杀虫气雾剂/0.6%/气雾剂/胺菊酯 0.2%、富右旋反式烯丙菊酯 0.1%、高效氯氰菊酯 0.3%/2014.02.02 至2019.02.02/微毒

卫生　蚊、蝇、蜚蠊　/　喷雾

广东省保血(江门)日用制品有限公司　(广东省江门市新会区大泽镇小泽村背江坑　529100　0750-6805680)

WP20120062　蚊香/0.25%/蚊香/富右旋反式烯丙菊酯 0.25%/2012.04.11 至 2017.04.11/微毒
卫生　蚊　/　点燃

WP20140012　灭蚊烟棒/0.25%/烟棒/富右旋反式烯丙菊酯 0.25%/2014.01.20 至 2019.01.20/微毒
注:专供出口，不得在国内销售

WL20150009　蚊香/0.065%/蚊香/炔丙菊酯 0.065%/2015.07.30 至 2016.07.30/低毒
室内　蚊　/　燃点

广东省潮州市城西荣兴蚊香厂　(广东省潮州市桥东卧石工业区　521000　0768-2287999)

WP20080210　蚊香/0.25%/蚊香/富右旋反式烯丙菊酯 0.25%/2013.11.21 至 2018.11.21/低毒
卫生　蚊　/　点燃
注:本产品有三种香型：花香型、艾草香型、檀香型。

广东省东莞博迪化妆品有限公司　(广东省东莞市石排镇铺心管理工业区　523338　0769-6658719)

WP20100139　杀虫喷射剂/0.25%/喷射剂/氯菊酯 0.25%/2015.11.04 至 2020.11.04/微毒
卫生　蜚蠊、蚊、蝇　/　喷洒

广东省东莞市金凤莞香有限公司　(广东省东莞市平乐坊36号　523000　0769-2211049)

WP20080511　蚊香/0.3%/蚊香/富右旋反式烯丙菊酯 0.3%/2013.12.22 至 2018.12.22/微毒
卫生　蚊　/　点燃

广东省东莞市瑞德丰生物科技有限公司　(广东省东莞市大岭山镇大片美管理区　523832　0769-85611090)

PD20040150　三唑酮/20%/乳油/三唑酮 20%/2014.12.19 至 2019.12.19/低毒
小麦　白粉病　120-150克/公顷　喷雾

PD20040188　吡虫啉/10%/可湿性粉剂/吡虫啉 10%/2014.12.19 至 2019.12.19/低毒
水稻　飞虱　15-30克/公顷　喷雾
小麦　蚜虫　15-30克/公顷(南方地区)45-60克/公顷(北方地区)　喷雾

PD20040629　哒螨灵/20%/可湿性粉剂/哒螨灵 20%/2014.12.19 至 2019.12.19/中等毒
柑橘树　红蜘蛛　50-67毫克/千克　喷雾

PD20040767　多·酮/25%/可湿性粉剂/多菌灵 20%、三唑酮 5%/2014.12.19 至 2019.12.19/低毒
小麦　赤霉病　450-600克/公顷　喷雾

PD20040802　哒螨灵/15%/乳油/哒螨灵 15%/2014.12.19 至 2019.12.19/中等毒
柑橘树　红蜘蛛　50-67毫克/千克　喷雾

PD20050100　氯氰·吡虫啉/10%/乳油/吡虫啉 2%、氯氰菊酯 8%/2015.07.29 至 2020.07.29/中等毒
十字花科蔬菜　蚜虫　22.5-30克/公顷　喷雾

PD20050136　氯氰菊酯/10%/乳油/氯氰菊酯 10%/2015.09.09 至 2020.09.09/低毒
十字花科蔬菜　菜青虫　36-54克/公顷　喷雾

PD20050171　螨醇·哒螨灵/20%/乳油/哒螨灵 15%、三氯杀螨醇 5%/2015.11.14 至 2020.11.14/中等毒
柑橘树　红蜘蛛　133-200毫克/千克　喷雾

PD20060199　吡虫·辛硫磷/25%/乳油/吡虫啉 1%、辛硫磷 24%/2011.12.07 至 2016.12.07/低毒
十字花科蔬菜　蚜虫　56.25-75克/公顷　喷雾
水稻　飞虱　300-375克/公顷　喷雾

PD20070159　草甘膦异丙胺盐/41%/水剂/草甘膦异丙胺盐 41%/2012.06.14 至 2017.06.14/低毒
柑橘园　一年生和多年生杂草　1125-2250克/公顷　定向茎叶喷雾

PD20080055　芸苔素内酯/0.01%/乳油/芸苔素内酯 0.01%/2013.01.04 至 2018.01.04/低毒
小麦　调节生长、增产　0.02-0.05毫克/千克　兑水喷雾2次

PD20080141　多·福/60%/可湿性粉剂/多菌灵 30%、福美双 30%/2013.01.04 至 2018.01.04/低毒
梨树　黑星病　1000-1250毫克/千克　喷雾
葡萄　霜霉病　1000-1250毫克/千克　喷雾

PD20080237　甲霜·锰锌/58%/可湿性粉剂/甲霜灵 10%、代森锰锌 48%/2013.02.14 至 2018.02.14/低毒
黄瓜　霜霉病　1305-1632克/公顷　喷雾

PD20080267　氯氰·辛硫磷/30%/乳油/氯氰菊酯 1.5%、辛硫磷 28.5%/2013.02.20 至 2018.02.20/中等毒
棉花　棉铃虫　270-337.5克/公顷　喷雾

PD20080295　硫磺·三环唑/20%/可湿性粉剂/硫磺 10%、三环唑 10%/2013.02.25 至 2018.02.25/中等毒
水稻　稻瘟病　300-450克/公顷　喷雾

PD20080296　甲基硫菌灵/500克/升/悬浮剂/甲基硫菌灵 500克/升/2013.02.25 至 2018.02.25/低毒
水稻　纹枯病　703-937.5克/公顷　喷雾

PD20080350　四螨嗪/20%/悬浮剂/四螨嗪 20%/2013.02.26 至 2018.02.26/低毒
柑橘树　红蜘蛛　100-200毫克/千克　喷雾

PD20080408　氯氰菊酯/10%/乳油/氯氰菊酯 10%/2013.02.28 至 2018.02.28/低毒
茶树　茶毛虫　45-60克/公顷　喷雾

PD20080790　硫磺·多菌灵/50%/可湿性粉剂/多菌灵 15%、硫磺 35%/2013.06.20 至 2018.06.20/低毒
花生　叶斑病　1200-1800克/公顷　喷雾

PD20081404　哒螨·三唑锡/16%/可湿性粉剂/哒螨灵 8%、三唑锡 8%/2013.10.28 至 2018.10.28/低毒
柑橘树　红蜘蛛　107-160毫克/千克　喷雾

PD20081446 代森锌/65%/可湿性粉剂/代森锌 65%/2013.11.04 至 2018.11.04/低毒
黄瓜 霜霉病 1950-3000克/公顷 喷雾
PD20081447 三唑锡/20%/悬浮剂/三唑锡 20%/2013.11.04 至 2018.11.04/中等毒
柑橘树 红蜘蛛 133-200毫克/千克 喷雾
PD20081466 四螨·三唑锡/10%/悬浮剂/四螨嗪 3%、三唑锡 7%/2013.11.04 至 2018.11.04/中等毒
柑橘树 红蜘蛛 67-100毫克/千克 喷雾
PD20081507 硫磺·三唑酮/45%/悬浮剂/硫磺 40%、三唑酮 5%/2013.11.06 至 2018.11.06/低毒
黄瓜 白粉病 1500-2000倍液 喷雾
PD20081580 氰戊·辛硫磷/20%/乳油/氰戊菊酯 2%、辛硫磷 18%/2013.11.12 至 2018.11.12/低毒
甘蓝 菜青虫 180-240克/公顷 喷雾
苹果树 桃小食心虫 167-250毫克/千克 喷雾
PD20081645 霜脲·锰锌/72%/可湿性粉剂/代森锰锌 64%、霜脲氰 8%/2013.11.14 至 2018.11.14/低毒
黄瓜 霜霉病 1440-1800克/公顷 喷雾
辣椒 疫病 1029-1440克/公顷 喷雾
PD20081646 吡虫·噻嗪酮/22%/可湿性粉剂/吡虫啉 2%、噻嗪酮 20%/2013.11.14 至 2018.11.14/低毒
水稻 稻飞虱 49.5-82.5克/公顷 喷雾
PD20081698 四螨·哒螨灵/10%/悬浮剂/哒螨灵 7%、四螨嗪 3%/2013.11.17 至 2018.11.17/中等毒
柑橘树 红蜘蛛 40-67毫克/千克 喷雾
PD20081732 多·福/30%/可湿性粉剂/多菌灵 15%、福美双 15%/2013.11.18 至 2018.11.18/低毒
辣椒 立枯病 3-4.5克/平方米 每平方米的用药量与15-20千克细土混匀,其中1/3的量撒于苗床底部,2/3的量覆盖在种子上面。
茄子 枯萎病 600-1000毫克/千克 灌根
PD20082437 霜霉威盐酸盐/722克/升/水剂/霜霉威盐酸盐 722克/升/2013.12.02 至 2018.12.02/低毒
黄瓜 霜霉病 650-1300克/公顷 喷雾
PD20082610 灭幼脲/25%/悬浮剂/灭幼脲 25%/2013.12.04 至 2018.12.04/低毒
甘蓝 菜青虫 37.5-75克/公顷 喷雾
苹果树 金纹细蛾 125-167毫克/千克 喷雾
PD20082616 阿维·敌敌畏/40%/乳油/阿维菌素 0.3%、敌敌畏 39.7%/2013.12.04 至 2018.12.04/中等毒(原药高毒)
十字花科蔬菜 小菜蛾 240-360克/公顷 喷雾
PD20082687 阿维·辛硫磷/15%/乳油/阿维菌素 0.1%、辛硫磷 14.9%/2013.12.05 至 2018.12.05/低毒(原药高毒)
十字花科蔬菜 小菜蛾 112.5-168.75克/公顷 喷雾
PD20082740 噁霜·锰锌/64%/可湿性粉剂/噁霜灵 8%、代森锰锌 56%/2013.12.08 至 2018.12.08/低毒
黄瓜 霜霉病 1650-1950克/公顷 喷雾
PD20082939 三唑酮/25%/可湿性粉剂/三唑酮 25%/2013.12.09 至 2018.12.09/低毒
小麦 白粉病 135-168.7克/公顷 喷雾
PD20082940 丙环唑/250克/升/乳油/丙环唑 250克/升/2013.12.09 至 2018.12.09/低毒
香蕉 叶斑病 250-500毫克/千克 喷雾
PD20082943 辛硫磷/40%/乳油/辛硫磷 40%/2013.12.09 至 2018.12.09/低毒
十字花科蔬菜 菜青虫 360-450克/公顷 喷雾
PD20082944 碱式硫酸铜/27.12%/悬浮剂/碱式硫酸铜 27.12%/2013.12.09 至 2018.12.09/低毒
苹果树 轮纹病 542.4-678毫克/千克 喷雾
PD20082990 多菌灵/50%/可湿性粉剂/多菌灵 50%/2013.12.10 至 2018.12.10/微毒
苹果树 轮纹病 500-833毫克/千克 喷雾
PD20082991 腐霉利/50%/可湿性粉剂/腐霉利 50%/2013.12.10 至 2018.12.10/低毒
番茄 灰霉病 525-750克/公顷 喷雾
PD20082995 异菌脲/50%/可湿性粉剂/异菌脲 50%/2013.12.10 至 2018.12.10/低毒
番茄 灰霉病 562.5-750克/公顷 喷雾
PD20082997 噻嗪酮/25%/可湿性粉剂/噻嗪酮 25%/2013.12.10 至 2018.12.10/低毒
水稻 飞虱 93.75-131.25克/公顷 喷雾
PD20083002 甲氰菊酯/20%/乳油/甲氰菊酯 20%/2013.12.10 至 2018.12.10/中等毒
柑橘树 红蜘蛛 66.67-100毫克/千克 喷雾
PD20083003 虫酰肼/20%/悬浮剂/虫酰肼 20%/2013.12.10 至 2018.12.10/低毒
甘蓝 甜菜夜蛾 240-300克/公顷 喷雾
PD20083174 杀扑磷/40%/乳油/杀扑磷 40%/2013.12.11 至 2015.09.30/高毒
柑橘树 介壳虫 400-666.7毫克/千克 喷雾
PD20083175 井冈霉素/8%/可溶粉剂/井冈霉素 8%/2013.12.11 至 2018.12.11/低毒
水稻 纹枯病 150-187.5克/公顷 喷雾
PD20083189 高效氯氟氰菊酯/25克/升/乳油/高效氯氟氰菊酯 25克/升/2013.12.11 至 2018.12.11/中等毒
十字花科蔬菜 蚜虫 7.5-11.25克/公顷 喷雾

PD20083196 杀螺胺/70%/可湿性粉剂/杀螺胺 70%/2013.12.11 至 2018.12.11/低毒
水稻 福寿螺 315-420克/公顷 喷雾

PD20083296 硫双威/375克/升/悬浮剂/硫双威 375克/升/2013.12.11 至 2018.12.11/中等毒
棉花 棉铃虫 450-562.5克/公顷 喷雾

PD20083331 异稻瘟净/40%/乳油/异稻瘟净 40%/2013.12.11 至 2018.12.11/低毒
水稻 稻瘟病 900-1260克/公顷 喷雾

PD20083382 赤霉酸/4%/乳油/赤霉酸 4%/2013.12.11 至 2018.12.11/低毒
芹菜 调节生长、增产 500-1000倍液 茎叶喷雾

PD20083440 噁霉灵/30%/水剂/噁霉灵 30%/2013.12.11 至 2018.12.11/低毒
水稻苗床 立枯病 9000-18000克/公顷 苗床土壤处理

PD20083462 速灭威/25%/可湿性粉剂/速灭威 25%/2013.12.12 至 2018.12.12/低毒
水稻 稻飞虱 562.5-750克/公顷 喷雾

PD20083652 稻瘟灵/40%/乳油/稻瘟灵 40%/2013.12.12 至 2018.12.12/低毒
水稻 稻瘟病 480-720克/公顷 喷雾

PD20083759 毒死蜱/45%/乳油/毒死蜱 45%/2013.12.15 至 2018.12.15/中等毒
水稻 稻纵卷叶螟 576-720克/公顷 喷雾

PD20083768 氟氯氰菊酯/50克/升/乳油/氟氯氰菊酯 50克/升/2013.12.15 至 2018.12.15/中等毒
十字花科蔬菜 菜青虫 20.25-24.75克/公顷 喷雾

PD20083770 炔螨特/57%/乳油/炔螨特 57%/2013.12.15 至 2018.12.15/中等毒
苹果树 红蜘蛛 285-380毫克/千克 喷雾

PD20083877 联苯菊酯/100克/升/乳油/联苯菊酯 100克/升/2013.12.15 至 2018.12.15/低毒
茶树 茶小绿叶蝉 30-37.5克/公顷 喷雾

PD20083934 噁霉灵/70%/可湿性粉剂/噁霉灵 70%/2013.12.15 至 2018.12.15/低毒
甜菜 立枯病 280-490克/100千克种子 拌种

PD20083948 仲丁威/20%/乳油/仲丁威 20%/2013.12.15 至 2018.12.15/低毒
水稻 稻飞虱 450-540克/公顷 喷雾

PD20084048 噻嗪·异丙威/25%/可湿性粉剂/噻嗪酮 5%、异丙威 20%/2013.12.16 至 2018.12.16/低毒
水稻 稻飞虱 450-562.5克/公顷 喷雾

PD20084182 百菌清/40%/悬浮剂/百菌清 40%/2013.12.16 至 2018.12.16/低毒
黄瓜 霜霉病 900-1050克/公顷 喷雾

PD20084228 异菌脲/255克/升/悬浮剂/异菌脲 255克/升/2013.12.17 至 2018.12.17/低毒
香蕉 冠腐病 1275-1700毫克/千克 浸果

PD20084259 嘧啶核苷类抗菌素/4%/水剂/嘧啶核苷类抗菌素 4%/2013.09.17 至 2018.09.17/低毒
西瓜 枯萎病 100-200毫克/千克 灌根

PD20084273 三环唑/20%/可湿性粉剂/三环唑 20%/2013.12.17 至 2018.12.17/低毒
水稻 稻瘟病 225-300克/公顷 喷雾

PD20084274 丙环唑/50%/乳油/丙环唑 50%/2013.12.17 至 2018.12.17/低毒
莲藕 叶斑病 75-112.5克/公顷 喷雾
香蕉 叶斑病 250-500毫克/千克 喷雾

PD20084285 阿维·甲氰/1.8%/乳油/阿维菌素 0.1%、甲氰菊酯 1.7%/2013.12.17 至 2018.12.17/低毒(原药高毒)
苹果树 红蜘蛛 12-18毫克/千克 喷雾

PD20084310 稻瘟灵/30%/乳油/稻瘟灵 30%/2013.12.17 至 2018.12.17/低毒
水稻 稻瘟病 450-675克/公顷 喷雾

PD20084335 多菌灵/80%/可湿性粉剂/多菌灵 80%/2013.12.17 至 2018.12.17/微毒
苹果树 轮纹病 667-1000毫克/千克 喷雾

PD20084355 三环唑/75%/可湿性粉剂/三环唑 75%/2013.12.17 至 2018.12.17/低毒
水稻 稻瘟病 281.25-337.5克/公顷 喷雾

PD20084370 甲基硫菌灵/70%/可湿性粉剂/甲基硫菌灵 70%/2013.12.17 至 2018.12.17/低毒
番茄 叶霉病 577.5-787.5克/公顷 喷雾

PD20084373 三唑锡/70%/可湿性粉剂/三唑锡 70%/2013.12.17 至 2018.12.17/中等毒
柑橘树 红蜘蛛 140-175毫克/千克 喷雾

PD20084388 溴氰菊酯/25克/升/乳油/溴氰菊酯 25克/升/2013.12.17 至 2018.12.17/低毒
十字花科蔬菜 菜青虫 11.25-18.75克/公顷 喷雾

PD20084418 氯氰·毒死蜱/522.5克/升/乳油/毒死蜱 475克/升、氯氰菊酯 47.5克/升/2013.12.17 至 2018.12.17/中等毒
棉花 棉铃虫 627-862.125克/公顷 喷雾

PD20084431 苏云金杆菌/16000IU/毫克/可湿性粉剂/苏云金杆菌 16000IU/毫克/2013.12.17 至 2018.12.17/低毒
十字花科蔬菜 小菜蛾 750-1500克(制剂)/公顷 喷雾

PD20084432 联苯菊酯/25克/升/乳油/联苯菊酯 25克/升/2013.12.17 至 2018.12.17/低毒
茶树 茶小绿叶蝉 22.5-37.5克/公顷 喷雾

PD20084555 二嗪磷/50%/乳油/二嗪磷 50%/2013.12.18 至 2018.12.18/低毒
小麦 蝼蛄 0.2%-0.3%种子量 用水稀释后拌种

PD20084623 硫磺·多菌灵/25%/可湿性粉剂/多菌灵 12.5%、硫磺 12.5%/2013.12.18 至 2018.12.18/低毒
水稻 稻瘟病 1200-1800克/公顷 喷雾

PD20084668 代森锰锌/80%/可湿性粉剂/代森锰锌 80%/2013.12.22 至 2018.12.22/低毒
番茄 早疫病 1920-2400克/公顷 喷雾

PD20084678 阿维·辛硫磷/35%/乳油/阿维菌素 0.12%、辛硫磷 34.88%/2013.12.22 至 2018.12.22/低毒(原药高毒)
十字花科蔬菜 小菜蛾 131.25-262.5克/公顷 喷雾

PD20084723 三唑锡/25%/可湿性粉剂/三唑锡 25%/2013.12.22 至 2018.12.22/中等毒
柑橘树 红蜘蛛 125-250毫克/千克 喷雾

PD20084771 仲丁威/50%/乳油/仲丁威 50%/2013.12.22 至 2018.12.22/低毒
水稻 稻飞虱 375-562.5克/公顷 喷雾

PD20084843 辛硫磷/600克/升/乳油/辛硫磷 600克/升/2013.12.22 至 2018.12.22/低毒
水稻 稻纵卷叶螟 720-900克/公顷 喷雾

PD20084974 阿维菌素/0.9%/乳油/阿维菌素 0.9%/2013.12.22 至 2018.12.22/低毒(原药高毒)
菜豆 斑潜蝇 10.8-21.6克/公顷 喷雾
十字花科蔬菜 菜青虫、小菜蛾 8.1-10.8克/公顷 喷雾

PD20084996 杀螟丹/50%/可溶粉剂/杀螟丹 50%/2013.12.22 至 2018.12.22/低毒
水稻 二化螟 600-750克/公顷 喷雾

PD20085032 氢氧化铜/77%/可湿性粉剂/氢氧化铜 77%/2013.12.22 至 2018.12.22/低毒
柑橘 溃疡病 1283.3-1925毫克/千克 喷雾

PD20085097 灭多威/10%/可湿性粉剂/灭多威 10%/2013.12.23 至 2018.12.23/中等毒(原药高毒)
棉花 棉铃虫 270-360克/公顷 喷雾

PD20085122 四螨嗪/500克/升/悬浮剂/四螨嗪 500克/升/2013.12.23 至 2018.12.23/低毒
苹果树 红蜘蛛 83-100毫克/千克 喷雾

PD20085124 敌敌畏/77.5%/乳油/敌敌畏 77.5%/2013.12.23 至 2018.12.23/中等毒
苹果树 小卷叶蛾 500-667毫克/千克 喷雾

PD20085137 异丙威/20%/乳油/异丙威 20%/2013.12.23 至 2018.12.23/低毒
水稻 稻飞虱 450-600克/公顷 喷雾

PD20085232 杀螟丹/98%/可溶粉剂/杀螟丹 98%/2013.12.23 至 2018.12.23/中等毒
水稻 二化螟 588-882克/公顷 喷雾

PD20085520 腈菌唑/12.5%/乳油/腈菌唑 12.5%/2013.12.25 至 2018.12.25/低毒
小麦 白粉病 45-60克/公顷 喷雾

PD20085820 阿维·三唑磷/15%/乳油/阿维菌素 0.1%、三唑磷 14.9%/2013.12.29 至 2018.12.29/中等毒(原药高毒)
棉花 棉铃虫 67-135克/公顷 喷雾

PD20085851 敌畏·马/50%/乳油/敌敌畏 40%、马拉硫磷 10%/2013.12.29 至 2018.12.29/中等毒
十字花科蔬菜 黄条跳甲 250-375克/公顷 喷雾

PD20085859 阿维菌素/1.8%/乳油/阿维菌素 1.8%/2013.12.29 至 2018.12.29/中等毒(原药高毒)
十字花科蔬菜 菜青虫、小菜蛾 8.1-10.8克/公顷 喷雾

PD20085969 百菌清/75%/可湿性粉剂/百菌清 75%/2013.12.29 至 2018.12.29/低毒
黄瓜 霜霉病 1125-2400克/公顷 喷雾

PD20086119 硫磺·三环唑/45%/悬浮剂/硫磺 40%、三环唑 5%/2013.12.30 至 2018.12.30/低毒
水稻 稻瘟病 675-1012克/公顷 喷雾

PD20090014 阿维·哒螨灵/10.5%/乳油/阿维菌素 0.3%、哒螨灵 10.2%/2014.01.08 至 2019.01.08/低毒(原药高毒)
柑橘树 红蜘蛛 70-105毫克/千克 喷雾

PD20090664 硫磺·甲硫灵/70%/可湿性粉剂/甲基硫菌灵 25%、硫磺 45%/2014.01.15 至 2019.01.15/低毒
黄瓜 白粉病 840-1050克/公顷 喷雾

PD20090723 甲硫·福美双/70%/可湿性粉剂/福美双 40%、甲基硫菌灵 30%/2014.01.19 至 2019.01.19/中等毒
黄瓜 炭疽病 750-975克/公顷 喷雾

PD20090833 阿维·苏云菌//可湿性粉剂/阿维菌素 0.1%、苏云金杆菌 100亿活芽孢/克/2014.01.19 至 2019.01.19/低毒(原药高毒)
十字花科蔬菜 小菜蛾 750-1125克制剂/公顷 喷雾

PD20090891 氟啶脲/50克/升/乳油/氟啶脲 50克/升/2014.01.19 至 2019.01.19/低毒
甘蓝 甜菜夜蛾 45-60克/公顷 喷雾

PD20091073 四螨·哒螨灵/12%/可湿性粉剂/哒螨灵 8%、四螨嗪 4%/2014.01.21 至 2019.01.21/中等毒
柑橘树 红蜘蛛 80-120毫克/千克 喷雾

PD20091082 多菌灵/40%/悬浮剂/多菌灵 40%/2014.01.21 至 2019.01.21/低毒
水稻 纹枯病 250-308毫克/千克 喷雾

PD20091363 硫双威/75%/可湿性粉剂/硫双威 75%/2014.02.02 至 2019.02.02/中等毒
棉花 棉铃虫 675-787.5克/公顷 喷雾

PD20092134 阿维·噻螨酮/10%/乳油/阿维菌素 1%、噻螨酮 9%/2014.02.23 至 2019.02.23/低毒(原药高毒)
柑橘树 红蜘蛛 20-25毫克/千克 喷雾

PD20092486 氯氰·毒死蜱/25%/乳油/毒死蜱 22.5%、氯氰菊酯 2.5%/2014.02.26 至 2019.02.26/中等毒
棉花 棉铃虫 225-375克/公顷 喷雾

PD20092716 草甘膦异丙胺盐/600克/升/水剂/草甘膦异丙胺盐 600克/升/2014.03.04 至 2019.03.04/低毒
柑橘园 杂草 1125-2250克/公顷 定向茎叶喷雾

PD20092926 噻螨酮/5%/乳油/噻螨酮 5%/2014.03.05 至 2019.03.05/微毒
柑橘树 红蜘蛛 20-33.3毫克/千克 喷雾

PD20093507 硫磺/80%/水分散粒剂/硫磺 80%/2014.03.23 至 2019.03.23/低毒
苹果 白粉病 1000-1600毫克/千克 喷雾
PD20093551 硫磺/50%/悬浮剂/硫磺 50%/2014.03.23 至 2019.03.23/低毒
黄瓜 白粉病 1350-1800克/公顷 喷雾
PD20093834 氟硅唑/400克/升/乳油/氟硅唑 400克/升/2014.03.25 至 2019.03.25/低毒
梨树 黑星病 40-50毫克/千克 喷雾
PD20094547 丙溴磷/40%/乳油/丙溴磷 40%/2014.04.09 至 2019.04.09/低毒
棉花 棉铃虫 540-600克/公顷 喷雾
PD20094565 苯醚甲环唑/10%/水分散粒剂/苯醚甲环唑 10%/2014.04.09 至 2019.04.09/低毒
西瓜 炭疽病 60-90克/公顷 喷雾
PD20094615 阿维·吡虫啉/2.5%/乳油/阿维菌素 0.1%、吡虫啉 2.4%/2014.04.10 至 2019.04.10/低毒(原药高毒)
梨树 梨木虱 2000-3000倍液 喷雾
PD20094635 高效氯氰菊酯/4.5%/微乳剂/高效氯氰菊酯 4.5%/2014.04.10 至 2019.04.10/低毒
甘蓝 菜青虫 20.25-33.75克/公顷 喷雾
PD20095130 四聚乙醛/6%/颗粒剂/四聚乙醛 6%/2014.04.24 至 2019.04.24/低毒
十字花科蔬菜 蜗牛 360-495克/公顷 撒施
PD20095131 乙铝·锰锌/70%/可湿性粉剂/代森锰锌 45%、三乙膦酸铝 25%/2014.04.24 至 2019.04.24/低毒
黄瓜 霜霉病 1399.95-4200克/公顷 喷雾
PD20095345 草甘膦铵盐/70%/可溶粒剂/草甘膦 70%/2014.04.27 至 2019.04.27/低毒
柑橘园 杂草 1125-2250克/公顷 定向茎叶喷雾
PD20095903 二甲戊灵/330克/升/乳油/二甲戊灵 330克/升/2014.05.31 至 2019.05.31/低毒
春玉米田 一年生杂草 990-1485克/公顷 土壤喷雾
夏玉米田 一年生杂草 742.5-990克/公顷 土壤喷雾
PD20096475 高氯·甲维盐/4.2%/乳油/高效氯氰菊酯 4%、甲氨基阿维菌素苯甲酸盐 0.2%/2014.08.14 至 2019.08.14/低毒
甘蓝 甜菜夜蛾 37.8-44.1克/公顷 喷雾
PD20096673 甲基硫菌灵/50%/可湿性粉剂/甲基硫菌灵 50%/2014.09.07 至 2019.09.07/低毒
黄瓜 白粉病 450-600克/公顷 喷雾
PD20096711 啶虫脒/5%/乳油/啶虫脒 5%/2014.09.07 至 2019.09.07/低毒
苹果树 蚜虫 10-12毫克/千克 喷雾
PD20096723 阿维·高氯/2%/乳油/阿维菌素 0.6%、高效氯氰菊酯 1.4%/2014.09.07 至 2019.09.07/低毒(原药高毒)
十字花科蔬菜 小菜蛾 7.5-15克/公顷 喷雾
PD20096734 阿维·矿物油/24.5%/乳油/阿维菌素 0.2%、矿物油 24.3%/2014.09.07 至 2019.09.07/低毒(原药高毒)
柑橘树 红蜘蛛 123-245毫克/千克 喷雾
苹果树 二斑叶螨 163.3-245毫克/千克 喷雾
PD20096766 矿物油/95%/乳油/矿物油 95%/2014.09.15 至 2019.09.15/低毒
柑橘树 介壳虫 稀释100-150倍 喷雾
PD20097015 烟嘧磺隆/40克/升/可分散油悬浮剂/烟嘧磺隆 40克/升/2014.10.10 至 2019.10.10/低毒
玉米田 一年生杂草 42-60克/公顷 茎叶喷雾
PD20097112 速灭威/20%/乳油/速灭威 20%/2014.10.12 至 2019.10.12/低毒
水稻 稻飞虱 540-630克/公顷 喷雾
PD20097681 三乙膦酸铝/80%/可湿性粉剂/三乙膦酸铝 80%/2014.11.04 至 2019.11.04/低毒
黄瓜 霜霉病 1440-2880克/公顷 喷雾
PD20097742 唑螨酯/5%/悬浮剂/唑螨酯 5%/2014.11.12 至 2019.11.12/低毒
柑橘树 红蜘蛛 33.3-50毫克/千克 喷雾
PD20097775 双甲脒/200克/升/乳油/双甲脒 200克/升/2014.11.12 至 2019.11.12/低毒
柑橘树 红蜘蛛 133.3-200毫克/千克 喷雾
PD20097883 杀螺胺乙醇胺盐/50%/可湿性粉剂/杀螺胺乙醇胺盐 50%/2014.11.20 至 2019.11.20/低毒
水稻 福寿螺 450-600克/公顷 毒土撒施
PD20097951 吗胍·乙酸铜/20%/可湿性粉剂/盐酸吗啉胍 10%、乙酸铜 10%/2014.11.30 至 2019.11.30/低毒
番茄 病毒病 499.5-750克/公顷 喷雾
PD20097982 喹硫磷/25%/乳油/喹硫磷 25%/2014.12.01 至 2019.12.01/中等毒(原药高毒)
棉花 棉铃虫 300-600克/公顷 喷雾
PD20098367 十三吗啉/750克/升/乳油/十三吗啉 750克/升/2014.12.18 至 2019.12.18/低毒
橡胶树 红根病 15－30克/株 灌淋
PD20100660 多抗霉素/10%/可湿性粉剂/多抗霉素 10%/2015.01.15 至 2020.01.15/微毒
番茄 叶霉病 180－225克/公顷 喷雾
PD20100834 盐酸吗啉胍/20%/可湿性粉剂/盐酸吗啉胍 20%/2015.01.19 至 2020.01.19/低毒
番茄 病毒病 703-1406克/公顷 喷雾
PD20101343 甲氰·噻螨酮/7.5%/乳油/甲氰菊酯 5%、噻螨酮 2.5%/2015.03.26 至 2020.03.26/中等毒
柑橘树 红蜘蛛 75-100毫克/千克 喷雾
PD20101478 吡虫啉/30%/微乳剂/吡虫啉 30%/2015.05.05 至 2020.05.05/低毒
水稻 稻飞虱 22.5-30克/公顷 喷雾
PD20101589 炔螨·矿物油/73%/乳油/矿物油 33%、炔螨特 40%/2015.06.03 至 2020.06.03/中等毒

柑橘树 红蜘蛛 243-486毫克/千克 喷雾
PD20101590 哒螨·矿物油/41%/乳油/哒螨灵 8%、矿物油 33%/2015.06.03 至 2020.06.03/中等毒
柑橘树 红蜘蛛 205-275毫克/千克 喷雾
PD20101608 哒螨·矿物油/34%/乳油/哒螨灵 4%、矿物油 30%/2015.06.03 至 2020.06.03/中等毒
柑橘树 红蜘蛛 226.7-340 毫克/千克 喷雾
PD20101763 哒螨·矿物油/45%/乳油/哒螨灵 5%、矿物油 40%/2015.07.07 至 2020.07.07/中等毒
柑橘树 红蜘蛛 300-450毫克/千克 喷雾
PD20101778 复硝酚钾/2%/水剂/2,4-二硝基苯酚钾 0.1%、对硝基苯酚钾 0.9%、邻硝基苯酚钾 1%/2015.07.07 至 2020.07.07/低毒
叶菜类蔬菜 调节生长、增产 2000-3000倍液 喷雾
PD20101845 毒·矿物油/40%/乳油/毒死蜱 15%、矿物油 25%/2015.07.28 至 2020.07.28/中等毒
柑橘树 介壳虫 400-500毫克/千克 喷雾
PD20101878 联苯菊酯/10%/水乳剂/联苯菊酯 10%/2015.08.09 至 2020.08.09/中等毒
茶树 茶小绿叶蝉 30-37.5克/公顷 喷雾
PD20101891 阿维菌素/3.2%/乳油/阿维菌素 3.2%/2015.08.09 至 2020.08.09/低毒(原药高毒)
柑橘树 红蜘蛛 6-7.5毫克/千克 喷雾
PD20101895 咪鲜胺/25%/乳油/咪鲜胺 25%/2015.08.27 至 2020.08.27/低毒
柑橘 炭疽病 333-500毫克/千克 浸果
PD20101997 戊唑醇/430克/升/悬浮剂/戊唑醇 430克/升/2015.09.25 至 2020.09.25/低毒
苦瓜 白粉病 77.4-116.1克/公顷 喷雾
苹果树 斑点落叶病 61.4-86毫克/千克 喷雾
PD20102023 异丙威/20%/悬浮剂/异丙威 20%/2015.09.25 至 2020.09.25/低毒
水稻 稻飞虱 150-200毫升制剂/亩 喷雾
PD20102041 苯醚甲环唑/37%/水分散粒剂/苯醚甲环唑 37%/2015.10.27 至 2020.10.27/低毒
芹菜 斑枯病 52.5-67.5克/公顷 喷雾
香蕉 叶斑病 74-123.3毫克/千克 喷雾
PD20102103 腈菌唑/40%/悬浮剂/腈菌唑 40%/2015.11.30 至 2020.11.30/低毒
梨树 黑星病 40-50毫克/千克 喷雾
PD20102113 络氨铜/15%/水剂/络氨铜 15%/2015.11.30 至 2020.11.30/低毒
柑橘树 溃疡病 200-300倍液 喷雾
PD20102181 溴氰菊酯/2.5%/微乳剂/溴氰菊酯 2.5%/2015.12.15 至 2020.12.15/中等毒
甘蓝 菜青虫 7.5-15克/公顷 喷雾
PD20110103 苯醚甲环唑/250克/升/乳油/苯醚甲环唑 250克/升/2016.01.26 至 2021.01.26/低毒
香蕉 叶斑病 100-125毫克/千克 喷雾
PD20110192 杀虫单/90%/可溶粉剂/杀虫单 90%/2016.02.18 至 2021.02.18/中等毒
水稻 二化螟 675-810克/公顷 喷雾
PD20110196 高效氯氟氰菊酯/5%/水乳剂/高效氯氟氰菊酯 5%/2016.02.18 至 2021.02.18/中等毒
甘蓝 蚜虫 7.5-11.25克/公顷 喷雾
PD20110238 灭蝇胺/50%/可溶粉剂/灭蝇胺 50%/2016.03.03 至 2021.03.03/低毒
菜豆 美洲斑潜蝇 150-225克/公顷 喷雾
PD20110239 甲氨基阿维菌素苯甲酸盐/3%/水分散粒剂/甲氨基阿维菌素 3%/2016.03.03 至 2021.03.03/低毒
甘蓝 甜菜夜蛾 2.7-4.5克/公顷 喷雾
注:甲氨基阿维菌素苯甲酸盐含量:3.4%。
PD20110394 啶虫脒/70%/水分散粒剂/啶虫脒 70%/2016.04.12 至 2021.04.12/低毒
黄瓜 蚜虫 21-26.25克/公顷 喷雾
PD20110429 高氯·啶虫脒/5%/微乳剂/啶虫脒 3%、高效氯氰菊酯 2%/2016.04.21 至 2021.04.21/中等毒
甘蓝 蚜虫 15-30克/公顷 喷雾
PD20110430 高氯·甲维盐/4.2%/水乳剂/高效氯氰菊酯 4%、甲氨基阿维菌素苯甲酸盐 0.2%/2016.04.21 至 2021.04.21/中等毒
甘蓝 甜菜夜蛾 22.05-28.35克/公顷 喷雾
PD20110437 苯甲·丙环唑/300克/升/乳油/苯醚甲环唑 150克/升、丙环唑 150克/升/2016.04.21 至 2021.04.21/低毒
香蕉 叶斑病 120-200毫克/千克 喷雾
PD20110465 吡虫啉/70%/水分散粒剂/吡虫啉 70%/2016.04.22 至 2021.04.22/中等毒
甘蓝 蚜虫 10.5-21克/公顷 喷雾
PD20110479 阿维·三唑磷/15%/微乳剂/阿维菌素 0.1%、三唑磷 14.9%/2016.04.22 至 2021.04.22/中等毒(原药高毒)
棉花 棉铃虫 180-270克/公顷 喷雾
PD20110543 高效氯氟氰菊酯/5%/微乳剂/高效氯氟氰菊酯 5%/2016.05.12 至 2021.05.12/中等毒
甘蓝、小白菜 菜青虫 9-13.5克/公顷 喷雾
小麦 蚜虫 7.5-9.0克/公顷 喷雾
PD20110587 戊唑醇/25%/水乳剂/戊唑醇 25%/2011.05.30 至 2016.05.30/低毒
梨树 黑星病 83.3-125毫克/千克 喷雾
PD20110590 嘧霉胺/400克/升/悬浮剂/嘧霉胺 400克/升/2011.05.30 至 2016.05.30/低毒
番茄 灰霉病 375-562.5克/公顷 喷雾
PD20110591 高氯·毒死蜱/44.5%/微乳剂/毒死蜱 41.5%、高效氯氰菊酯 3%/2011.05.30 至 2016.05.30/中等毒
棉花 棉铃虫 400.50-534.0克/公顷 喷雾

PD20110599 氯氰菊酯/10%/微乳剂/氯氰菊酯 10%/2016.05.30 至 2021.05.30/低毒
甘蓝 菜青虫 30-45克/公顷 喷雾
PD20110611 醚菌酯/50%/水分散粒剂/醚菌酯 50%/2011.06.07 至 2016.06.07/低毒
黄瓜 白粉病 112.5－150克/公顷 喷雾
苹果树 斑点落叶病 100～166.7毫克/千克 喷雾
PD20110617 炔螨特/40%/微乳剂/炔螨特 40%/2011.06.07 至 2016.06.07/低毒
柑橘树 红蜘蛛 266.7-400毫克/千克 喷雾
PD20110630 吡虫啉/20%/乳油/吡虫啉 20%/2011.06.08 至 2016.06.08/低毒
水稻 稻飞虱 15-30克/公顷 喷雾
PD20110703 毒死蜱/5%/颗粒剂/毒死蜱 5%/2011.07.05 至 2016.07.05/低毒
花生 蛴螬 1800－2250克/公顷 撒施
PD20110713 阿维菌素/1.8%/微乳剂/阿维菌素 1.8%/2011.07.06 至 2016.07.06/低毒(原药高毒)
甘蓝 小菜蛾 6.75-8.1克/公顷 喷雾
PD20110931 吡虫啉/600克/升/悬浮剂/吡虫啉 600克/升/2011.09.06 至 2016.09.06/低毒
水稻 稻飞虱 21.6－28.8克/公顷 喷雾
PD20110979 五硝·多菌灵/40%/可湿性粉剂/多菌灵 32%、五氯硝基苯 8%/2011.09.15 至 2016.09.15/低毒
西瓜 枯萎病 0.25-0.33克/株 灌根
PD20110986 丙森锌/70%/可湿性粉剂/丙森锌 70%/2011.09.20 至 2016.09.20/低毒
黄瓜 霜霉病 1575-2250克/公顷 喷雾
PD20111098 烯酰吗啉/80%/水分散粒剂/烯酰吗啉 80%/2011.10.13 至 2016.10.13/低毒
花椰菜 霜霉病 240-360克/公顷 喷雾
黄瓜 霜霉病 240-300克/公顷 喷雾
PD20111288 毒死蜱/15%/颗粒剂/毒死蜱 15%/2011.11.23 至 2016.11.23/低毒
花生 蛴螬 2700-3600克/公顷 撒施
PD20111336 吡虫·噻嗪酮/300克/升/悬浮剂/吡虫啉 50克/升、噻嗪酮 250克/升/2011.12.06 至 2016.12.06/低毒
水稻 稻飞虱 54-72克/公顷 喷雾
PD20120021 烯酰吗啉/50%/可湿性粉剂/烯酰吗啉 50%/2012.01.06 至 2017.01.06/低毒
黄瓜 霜霉病 300-375克/公顷 喷雾
PD20120040 多菌灵/50%/水分散粒剂/多菌灵 50%/2012.01.10 至 2017.01.10/低毒
油菜 菌核病 1200-1500克/公顷 喷雾
PD20120077 毒死蜱/40%/微乳剂/毒死蜱 40%/2012.01.19 至 2017.01.19/中等毒
水稻 稻纵卷叶螟 540-720克/公顷 喷雾
PD20120079 氟磺胺草醚/12.8%/微乳剂/氟磺胺草醚 12.8%/2012.01.19 至 2017.01.19/低毒
夏大豆田 一年生阔叶杂草 230.4-384 克/公顷 茎叶喷雾
PD20120096 甲氨基阿维菌素苯甲酸盐/3%/微乳剂/甲氨基阿维菌素 3%/2012.01.29 至 2017.01.29/低毒
甘蓝 甜菜夜蛾 2.25-3.75克/公顷 喷雾
注:甲氨基阿维菌素苯甲酸盐含量: 3.4%。
PD20120161 咪鲜·三环唑/20%/可湿性粉剂/咪鲜胺 5%、三环唑 15%/2012.01.30 至 2017.01.30/低毒
水稻 稻瘟病 150－180克/公顷 喷雾
PD20120264 中生菌素/3%/可湿性粉剂/中生菌素 3%/2012.02.15 至 2017.02.15/低毒
番茄 青枯病 37.5-50毫克/千克 灌根
PD20120445 阿维·丙溴磷/20%/乳油/阿维菌素 1%、丙溴磷 19%/2012.03.14 至 2017.03.14/低毒(原药高毒)
棉花 红蜘蛛 90-150克/公顷 喷雾
PD20120447 苯甲·丙环唑/500克/升/乳油/苯醚甲环唑 250克/升、丙环唑 250克/升/2012.03.14 至 2017.03.14/低毒
水稻 纹枯病 67.5-90克/公顷 喷雾
PD20120539 高效氟氯氰菊酯/2.5%/水乳剂/高效氟氯氰菊酯 2.5%/2012.03.28 至 2017.03.28/中等毒
甘蓝 菜青虫 7.5-11.25克/公顷 喷雾
PD20120550 氟硅唑/25%/水乳剂/氟硅唑 25%/2012.03.28 至 2017.03.28/低毒
黄瓜 黑星病 56.25-75克/公顷 喷雾
PD20120582 百菌清/75%/水分散粒剂/百菌清 75%/2012.03.28 至 2017.03.28/低毒
番茄 晚疫病 1125-1462.5克/公顷 喷雾
PD20120700 己唑醇/5%/微乳剂/己唑醇 5%/2012.04.18 至 2017.04.18/低毒
梨树 黑星病 40-50毫克/千克 喷雾
PD20120754 灭蝇胺/20%/可溶粉剂/灭蝇胺 20%/2012.05.05 至 2017.05.05/低毒
菜豆 美洲斑潜蝇 150－210克/公顷 喷雾
PD20120757 啶虫脒/3%/微乳剂/啶虫脒 3%/2012.05.05 至 2017.05.05/低毒
甘蓝 蚜虫 13.5-22.5克/公顷 喷雾
PD20120813 丁硫克百威/5%/颗粒剂/丁硫克百威 5%/2012.05.17 至 2017.05.17/中等毒
甘蔗 蔗螟 2250-3000克/公顷 沟施
PD20120846 聚醛·甲萘威/6%/颗粒剂/甲萘威 1.5%、四聚乙醛 4.5%/2012.05.22 至 2017.05.22/低毒
大白菜 蜗牛 540-675克/公顷 撒施
PD20120998 啶虫脒/20%/可溶粉剂/啶虫脒 20%/2012.06.21 至 2017.06.21/低毒
黄瓜 蚜虫 18-36克/公顷 喷雾

PD20121094 氟氯氰菊酯/5.7%/水乳剂/氟氯氰菊酯 5.7%/2012.07.19 至 2017.07.19/中等毒
甘蓝 菜青虫 17.1-25.65克/公顷 喷雾
棉花 棉铃虫 34.2-42.75克/公顷 喷雾

PD20121099 高效氯氟氰菊酯/2.5%/微乳剂/高效氯氟氰菊酯 2.5%/2012.07.19 至 2017.07.19/中等毒
甘蓝 菜青虫 11.25-15克/公顷 喷雾

PD20121110 丙环唑/25%/水乳剂/丙环唑 25%/2012.07.19 至 2017.07.19/低毒
苹果树 褐斑病 100-167毫克/千克 喷雾
水稻 纹枯病 113-150克/公顷 喷雾

PD20121114 甲氨基阿维菌素苯甲酸盐/3%/悬浮剂/甲氨基阿维菌素 3%/2012.07.19 至 2017.07.19/低毒
甘蓝 小菜蛾 1.8—2.7克/公顷 喷雾
注:甲氨基阿维菌素苯甲酸盐含量: 3.4%。

PD20121118 丁醚脲/500克/升/悬浮剂/丁醚脲 500克/升/2012.07.20 至 2017.07.20/中等毒
甘蓝 小菜蛾 300-450克/公顷 喷雾
柑橘树 红蜘蛛 250-500毫克/千克 喷雾

PD20121127 咪鲜胺/40%/水乳剂/咪鲜胺 40%/2012.07.20 至 2017.07.20/低毒
苹果树 炭疽病 225-375毫克/千克 喷雾
水稻 稻瘟病 270-337.5克/公顷 喷雾
香蕉 炭疽病 333—500毫克/千克 浸果

PD20121136 草铵膦/200克/升/水剂/草铵膦 200克/升/2012.07.20 至 2017.07.20/低毒
柑橘园 杂草 1050-1575克/公顷 定向茎叶喷雾

PD20121146 甲氨基阿维菌素苯甲酸盐/5%/乳油/甲氨基阿维菌素 5%/2012.07.20 至 2017.07.20/低毒
甘蓝 甜菜夜蛾 2.25-3.75克/公顷 喷雾
注:甲氨基阿维菌素苯甲酸盐含量: 5.7%。

PD20121318 甲氨基阿维菌素苯甲酸盐/0.9%/微囊悬浮剂/甲氨基阿维菌素 0.9%/2012.09.11 至 2017.09.11/低毒
甘蓝 甜菜夜蛾 2.25-3.75克/公顷 喷雾
注:甲氨基阿维菌素苯甲酸盐含量: 1%。

PD20121362 异菌脲/500克/升/悬浮剂/异菌脲 500克/升/2012.09.13 至 2017.09.13/低毒
番茄 灰霉病 562.5-750克/公顷 喷雾

PD20121396 三唑磷/40%/乳油/三唑磷 40%/2012.09.14 至 2017.09.14/中等毒
水稻 二化螟 360-480克/公顷 喷雾

PD20121542 丁醚·哒螨灵/40%/悬浮剂/哒螨灵 15%、丁醚脲 25%/2012.10.17 至 2017.10.17/低毒
柑橘树 红蜘蛛 200-266.7毫克/千克 喷雾

PD20121638 甲维·丁醚脲/43.7%/悬浮剂/丁醚脲 42.3%、甲氨基阿维菌素苯甲酸盐 1.4%/2012.10.30 至 2017.10.30/低毒
茶树 茶小绿叶蝉 196.65-262.2克/公顷 喷雾
甘蓝 小菜蛾 64.8—86.4克/公顷 喷雾

PD20121781 阿维·四螨嗪/20.8%/悬浮剂/阿维菌素 0.5%、四螨嗪 20.3%/2012.11.16 至 2017.11.16/低毒(原药高毒)
柑橘树 红蜘蛛 83.2-138.7毫克/千克 喷雾

PD20122009 高效氯氟氰菊酯/2.5%/水乳剂/高效氯氟氰菊酯 2.5%/2012.12.19 至 2017.12.19/低毒
甘蓝 菜青虫 7.5-15克/公顷 喷雾

PD20122047 甲氨基阿维菌素苯甲酸盐/1%/微乳剂/甲氨基阿维菌素 1%/2012.12.24 至 2017.12.24/低毒
甘蓝 甜菜夜蛾 1.5-2.25克/公顷 喷雾
注:甲氨基阿维菌素苯甲酸盐含量:1.1%。

PD20122052 阿维菌素/3%/悬浮剂/阿维菌素 3%/2012.12.24 至 2017.12.24/低毒(原药高毒)
柑橘树 红蜘蛛 7.5—10毫克/千克 喷雾

PD20122106 吡蚜酮/50%/水分散粒剂/吡蚜酮 50%/2012.12.26 至 2017.12.26/低毒
水稻 稻飞虱 60—90克/公顷 喷雾

PD20122116 阿维·丁醚脲/15.6%/乳油/阿维菌素 0.6%、丁醚脲 15%/2012.12.26 至 2017.12.26/低毒(原药高毒)
苹果树 红蜘蛛 52-78毫克/千克 喷雾

PD20130032 戊唑醇/25%/可湿性粉剂/戊唑醇 25%/2013.01.07 至 2018.01.07/低毒
苹果树 斑点落叶病 100-166.7毫克/千克 /喷雾

PD20130163 阿维·丁醚脲/45.5%/悬浮剂/阿维菌素 0.5%、丁醚脲 45%/2013.01.24 至 2018.01.24/低毒(原药高毒)
十字花科蔬菜 小菜蛾 204.75-273克/公顷 喷雾

PD20130173 甲氨基阿维菌素苯甲酸盐/2%/水乳剂/甲氨基阿维菌素 2%/2013.01.24 至 2018.01.24/低毒
甘蓝 甜菜夜蛾 2.1—2.85克/公顷 喷雾
注:甲氨基阿维菌素苯甲酸盐含量: 2.2%。

PD20130227 氟硅唑/8%/微乳剂/氟硅唑 8%/2013.01.30 至 2018.01.30/低毒
黄瓜 白粉病 60-72克/公顷 喷雾

PD20130631 苄嘧·丙草胺/40%/可湿性粉剂/苄嘧磺隆 4%、丙草胺 36%/2013.04.05 至 2018.04.05/低毒
水稻田(直播) 一年生杂草 360-480克/公顷 茎叶喷雾

PD20130662 哒螨灵/30%/悬浮剂/哒螨灵 30%/2013.04.08 至 2018.04.08/中等毒
柑橘树 红蜘蛛 75-150毫克/千克 喷雾

PD20130679 嘧菌酯/25%/水分散粒剂/嘧菌酯 25%/2013.04.09 至 2018.04.09/低毒
水稻 纹枯病 187.5～300克/公顷/ 喷雾

PD20130862 嘧霉·百菌清/40%/悬浮剂/百菌清 25%、嘧霉胺 15%/2013.04.22 至 2018.04.22/低毒
番茄 灰霉病 2100-2700克/公顷 喷雾

PD20130866 丁醚脲/50%/可湿性粉剂/丁醚脲 50%/2013.04.22 至 2018.04.22/低毒
甘蓝 小菜蛾 300-450克/公顷 喷雾

PD20131032 噻嗪·毒死蜱/42%/乳油/毒死蜱 28%、噻嗪酮 14%/2013.05.13 至 2018.05.13/中等毒
水稻 稻飞虱 252—315克/公顷 喷雾

PD20131136 苯甲·中生/8%/可湿性粉剂/苯醚甲环唑 5%、中生菌素 3%/2013.05.20 至 2018.05.20/低毒
苹果树 斑点落叶病 40-53毫克/千克 喷雾

PD20131206 四螨·丁醚脲/500克/升/悬浮剂/丁醚脲 300克/升、四螨嗪 200克/升/2013.05.28 至 2018.05.28/低毒
柑橘树 红蜘蛛 166.7-250毫克/千克 喷雾

PD20131310 噻嗪酮/50%/悬浮剂/噻嗪酮 50%/2013.06.08 至 2018.06.08/低毒
水稻 稻飞虱 112.5-150克/公顷 喷雾

PD20131388 甲氰菊酯/20%/水乳剂/甲氰菊酯 20%/2013.06.24 至 2018.06.24/中等毒
苹果树 桃小食心虫 67-100毫克/千克 喷雾

PD20131513 高效氯氟氰菊酯/5%/微乳剂/高效氯氟氰菊酯 5%/2013.07.17 至 2018.07.17/中等毒
十字花科蔬菜 菜青虫 9-13.5克/公顷 喷雾

PD20131637 丁醚脲/25%/乳油/丁醚脲 25%/2013.07.30 至 2018.07.30/低毒
甘蓝 小菜蛾 300-450克/公顷 喷雾

PD20131944 毒死蜱/15%/微乳剂/毒死蜱 15%/2013.10.10 至 2018.10.10/中等毒
水稻 稻纵卷叶螟 300-600克/公顷 喷雾

PD20131948 高效氯氰菊酯/4.5%/水乳剂/高效氯氰菊酯 4.5%/2013.10.10 至 2018.10.10/低毒
甘蓝 菜青虫 13.5-27克/公顷 喷雾

PD20132197 烯酰·中生/25%/可湿性粉剂/烯酰吗啉 22%、中生菌素 3%/2013.10.29 至 2018.10.29/低毒
黄瓜 霜霉病 112.5-150克/公顷 喷雾

PD20132207 中生·多菌灵/53%/可湿性粉剂/多菌灵 51%、中生菌素 2%/2013.10.29 至 2018.10.29/低毒
苹果树 轮纹病 265-530毫克/千克 喷雾

PD20132291 腈菌唑/12.5%/微乳剂/腈菌唑 12.5%/2013.11.08 至 2018.11.08/低毒
梨树 黑星病 42—62.5毫克/千克 喷雾

PD20132315 虫螨腈/30%/悬浮剂/虫螨腈 30%/2013.11.13 至 2018.11.13/低毒
甘蓝 甜菜夜蛾 67.5-90克/公顷 喷雾

PD20132445 阿维·灭幼脲/30%/悬浮剂/阿维菌素 0.3%、灭幼脲 29.7%/2013.12.02 至 2018.12.02/低毒(原药高毒)
甘蓝 小菜蛾 90-180克/公顷 喷雾

PD20132446 甲氰菊酯/20%/水乳剂/甲氰菊酯 20%/2013.12.02 至 2018.12.02/中等毒
柑橘树 潜叶蛾 100-133.3毫克/千克 喷雾

PD20132447 虫螨腈/100克/升/悬浮剂/虫螨腈 100克/升/2013.12.02 至 2018.12.02/低毒
甘蓝 甜菜夜蛾 60-75克/公顷 喷雾

PD20132448 代森锰锌/70%/水分散粒剂/代森锰锌 70%/2013.12.02 至 2018.12.02/低毒
苹果树 轮纹病 1000-1400毫克/千克 喷雾

PD20132474 噻虫嗪/25%/水分散粒剂/噻虫嗪 25%/2013.12.09 至 2018.12.09/低毒
水稻 稻飞虱 11.25-15克/公顷 喷雾

PD20132516 中生·代森锌/46%/可湿性粉剂/代森锌 44%、中生菌素 2%/2013.12.16 至 2018.12.16/低毒
番茄 早疫病 517.5-690克/公顷 喷雾

PD20132583 三环·多菌灵/30%/可湿性粉剂/多菌灵 15%、三环唑 15%/2013.12.17 至 2018.12.17/低毒
水稻 稻瘟病 270—450克/公顷 喷雾

PD20132672 多杀霉素/10%/悬浮剂/多杀霉素 10%/2013.12.25 至 2018.12.25/低毒
棉花 棉铃虫 30-45克/公顷 喷雾

PD20132699 苯醚甲环唑/10%/水乳剂/苯醚甲环唑 10%/2013.12.25 至 2018.12.25/低毒
苹果树 褐斑病 50-66.7毫克/千克 喷雾

PD20140220 苯甲·锰锌/55%/可湿性粉剂/苯醚甲环唑 5%、代森锰锌 50%/2014.01.29 至 2019.01.29/低毒
梨树 黑星病 122-157毫克/千克 喷雾

PD20140221 甲维·灭幼脲/25%/悬浮剂/甲氨基阿维菌素苯甲酸盐 0.5%、灭幼脲 24.5%/2014.01.29 至 2019.01.29/低毒
甘蓝 小菜蛾 37.5-56.25克/公顷 喷雾

PD20140224 甲维·虫酰肼/20%/悬浮剂/虫酰肼 19%、甲氨基阿维菌素苯甲酸盐 1%/2014.01.29 至 2019.01.29/低毒
甘蓝 甜菜夜蛾 48-60克/公顷 喷雾

PD20140582 苯醚甲环唑/20%/微乳剂/苯醚甲环唑 20%/2014.03.06 至 2019.03.06/低毒
西瓜 炭疽病 90-120克/公顷 喷雾

PD20140720 氟环唑/125克/升/悬浮剂/氟环唑 125克/升/2014.03.24 至 2019.03.24/低毒
香蕉 叶斑病 125—250毫克/千克 喷雾

PD20140726 腈菌·多菌灵/40%/悬浮剂/多菌灵 30%、腈菌唑 10%/2014.03.24 至 2019.03.24/低毒
梨树 黑星病 160—200毫克/千克 喷雾

PD20140899 烯酰·乙膦铝/60%/可湿性粉剂/烯酰吗啉 15%、三乙膦酸铝 45%/2014.04.08 至 2019.04.08/低毒
黄瓜 霜霉病 540—900克/公顷 喷雾

PD20140905 草甘膦铵盐/50%/可溶粉剂/草甘膦 50%/2014.04.08 至 2019.04.08/低毒

非耕地 杂草 1687.5-2250克/公顷 茎叶喷雾

注:草甘膦铵盐含量：55%。

PD20140906 代锰·戊唑醇/50%/可湿性粉剂/代森锰锌 45%、戊唑醇 5%/2014.04.08 至 2019.04.08/低毒

苹果树 斑点落叶病 250～500毫克/千克 喷雾

PD20140907 戊唑·多菌灵/42%/悬浮剂/多菌灵 30%、戊唑醇 12%/2014.04.08 至 2019.04.08/低毒

苹果树 轮纹病 210～420毫克/千克 喷雾

PD20141158 锰锌·腈菌唑//可湿性粉剂/腈菌唑 2%、代森锰锌 58%/2014.04.28 至 2019.04.28/低毒

梨树 黑星病 400-667毫克/千克 喷雾

PD20141159 丁醚·高氯氟/17.5%/微乳剂/丁醚脲 15%、高效氯氟氰菊酯 2.5%/2014.04.28 至 2019.04.28/中等毒

甘蓝 小菜蛾 78.75-105克/公顷 喷雾

PD20141527 甲维·茚虫威/10%/悬浮剂/甲氨基阿维菌素苯甲酸盐 1%、茚虫威 9%/2014.06.16 至 2019.06.16/低毒

甘蓝 甜菜夜蛾 30-45克/公顷 喷雾

PD20141635 苯醚甲环唑/30克/升/悬浮种衣剂/苯醚甲环唑 30克/升/2014.06.24 至 2019.06.24/低毒

小麦 全蚀病 15－18克/100千克种子 种子包衣

PD20141690 吡虫啉/600克/升/悬浮种衣剂/吡虫啉 600克/升/2014.06.30 至 2019.06.30/低毒

小麦 蚜虫 192-288克/100千克种子 种子包衣

PD20141811 戊唑醇/60克/升/悬浮种衣剂/戊唑醇 60克/升/2014.07.14 至 2019.07.14/低毒

小麦 散黑穗病 2-3克/100千克种子 种子包衣

PD20141929 吡虫·毒死蜱/45%/乳油/吡虫啉 5%、毒死蜱 40%/2014.08.04 至 2019.08.04/中等毒

苹果树 绵蚜 180-225毫克/千克 喷雾

PD20141957 吡蚜酮/25%/可湿性粉剂/吡蚜酮 25%/2014.08.13 至 2019.08.13/低毒

芹菜 蚜虫 75-120克/公顷 喷雾

水稻 稻飞虱 60-75克/公顷 喷雾

PD20142228 甲维·毒死蜱/21%/微乳剂/毒死蜱 20%、甲氨基阿维菌素苯甲酸盐 1%/2014.09.28 至 2019.09.28/中等毒

水稻 稻纵卷叶螟 157.5-220.5克/公顷 喷雾

PD20142235 阿维·毒死蜱/15%/微乳剂/阿维菌素 0.1%、毒死蜱 14.9%/2014.09.28 至 2019.09.28/中等毒(原药高毒)

水稻 稻纵卷叶螟 135-157.5克/公顷 喷雾

PD20142476 吡蚜·噻嗪酮/45%/悬浮剂/吡蚜酮 15%、噻嗪酮 30%/2014.11.19 至 2019.11.19/低毒

水稻 飞虱 101.25-168.75克/公顷 喷雾

PD20150298 阿维菌素/1%/颗粒剂/阿维菌素 1%/2015.02.04 至 2020.02.04/低毒

黄瓜 根结线虫 243.75-262.5克/公顷 沟施

PD20150333 己唑醇/250克/升/悬浮剂/己唑醇 250克/升/2015.03.02 至 2020.03.02/低毒

黄瓜 白粉病 30-37.5克/公顷 喷雾

PD20150584 氟铃·辛硫磷/15%/乳油/氟铃脲 2%、辛硫磷 13%/2015.04.15 至 2020.04.15/低毒

棉花 棉铃虫 168.75-225克/公顷 喷雾

PD20150800 苯甲·丙环唑/30%/水乳剂/苯醚甲环唑 15%、丙环唑 15%/2015.05.14 至 2020.05.14/低毒

苹果树 褐斑病 100－150毫克/千克 喷雾

PD20151024 啶虫·哒螨灵/10%/微乳剂/哒螨灵 5%、啶虫脒 5%/2015.06.12 至 2020.06.12/低毒

甘蓝 黄条跳甲 60-75克/公顷 喷雾

PD20151287 烯啶虫胺/10%/水剂/烯啶虫胺 10%/2015.07.30 至 2020.07.30/低毒

棉花 蚜虫 22.5-30克/公顷 喷雾

PD20151370 阿维·螺螨酯/22%/悬浮剂/阿维菌素 2%、螺螨酯 20%/2015.07.30 至 2020.07.30/低毒(原药高毒)

柑橘树 红蜘蛛 37-55毫克/千克 喷雾

PD20151402 甲硫·戊唑醇/43%/悬浮剂/甲基硫菌灵 30%、戊唑醇 13%/2015.07.30 至 2020.07.30/低毒

苹果树 轮纹病 268.75-358.3毫克/千克 喷雾

PD20151517 粉唑醇/25%/悬浮剂/粉唑醇 25%/2015.08.03 至 2020.08.03/低毒

小麦 锈病 60-90克/公顷 喷雾

PD20152154 噻唑膦/15%/颗粒剂/噻唑膦 15%/2015.09.22 至 2020.09.22/低毒

黄瓜 根结线虫 2250-2925克/公顷 土壤撒施

PD20152438 丁醚·茚虫威/43%/悬浮剂/丁醚脲 35.5%、茚虫威 7.5%/2015.12.04 至 2020.12.04/低毒

甘蓝 小菜蛾 129-161.25克/公顷 喷雾

PD20152508 草铵膦/10%/水剂/草铵膦 10%/2015.12.05 至 2020.12.05/低毒

柑橘园 杂草 750-1350克/公顷 定向茎叶喷雾

PD20152525 高效氯氟氰菊酯/23%/微囊悬浮剂/高效氯氟氰菊酯 23%/2015.12.05 至 2020.12.05/低毒

棉花 地老虎 15-27克/公顷 喷雾

PD20152672 吡唑醚菌酯/30%/乳油/吡唑醚菌酯 30%/2015.12.19 至 2020.12.19/低毒

香蕉 黑星病 125-250毫克/千克 喷雾

LS20130048 甲维·茚虫威/10%/悬浮剂/甲氨基阿维菌素苯甲酸盐 1%、茚虫威 9%/2014.02.06 至 2015.02.06/低毒

甘蓝 甜菜夜蛾 30-45克/公顷 喷雾

LS20140323 哒螨·茚虫威/30%/悬浮剂/哒螨灵 15%、茚虫威 15%/2015.10.27 至 2016.10.27/低毒

茶树 茶小绿叶蝉 58.5-67.5克/公顷 喷雾

LS20150002 硅唑·多菌灵//可湿性粉剂/多菌灵 50%、氟硅唑 5%/2016.01.15 至 2017.01.15/低毒

苹果树 轮纹病 458.3-687.5毫克/千克 喷雾

LS20150044　烯酰·吡唑酯/45%/悬浮剂/吡唑醚菌酯 15%、烯酰吗啉 30%/2015.03.18 至 2016.03.18/低毒
葡萄　霜霉病　187.5-375毫克/千克　喷雾
LS20150045　氰霜·嘧菌酯/35%/悬浮剂/嘧菌酯 25%、氰霜唑 10%/2015.03.18 至 2016.03.18/低毒
葡萄　霜霉病　145.8-194.4毫克/千克　喷雾
LS20150046　甲维·噻虫嗪/13%/水分散粒剂/甲氨基阿维菌素苯甲酸盐 1.3%、噻虫嗪 11.7%/2015.03.18 至 2016.03.18/低毒
茶树　茶小绿叶蝉　17.55-23.4克/公顷　喷雾
LS20150068　阿维·异菌脲/2.5%/颗粒剂/阿维菌素 0.5%、异菌脲 2%/2015.03.24 至 2016.03.24/低毒(原药高毒)
黄瓜　根结线虫　1125-1312.5克/公顷　沟施
LS20150134　唑醚·戊唑醇/40%/悬浮剂/吡唑醚菌酯 10%、戊唑醇 30%/2015.05.19 至 2016.05.19/低毒
苹果树　斑点落叶病　80-100毫克/千克　喷雾
LS20150168　苯甲·嘧菌酯/35%/悬浮剂/苯醚甲环唑 20%、嘧菌酯 15%/2015.06.12 至 2016.06.12/低毒
辣椒　炭疽病　210-262.5克/公顷　喷雾
LS20150286　啶酰·腐霉利/65%/水分散粒剂/腐霉利 45%、啶酰菌胺 20%/2015.09.22 至 2016.09.22/低毒
番茄　灰霉病　585-780克/公顷　喷雾
LS20150296　戊唑·醚菌酯/45%/悬浮剂/醚菌酯 15%、戊唑醇 30%/2015.09.22 至 2016.09.22/低毒
苹果树　轮纹病　112.5-225毫克/千克　喷雾
LS20150327　甲霜·嘧菌酯/10%/悬浮种衣剂/甲霜灵 6%、嘧菌酯 4%/2015.12.04 至 2016.12.04/低毒
玉米　茎基腐病　20-30克/100千克种子　种子包衣
LS20150357　噻虫·吡蚜酮/80%/水分散粒剂/吡蚜酮 40%、噻虫嗪 40%/2015.12.19 至 2016.12.19/低毒
水稻　稻飞虱　24-36克/公顷　喷雾

广东省东莞市万江万宝日用制品厂　(广东省东莞市万江大汾中立州工业区　523052　0769-2784828)

WP20110045　防蛀防霉片剂/98%/片剂/对二氯苯 98%/2016.02.17 至 2021.02.17/低毒
卫生　黑皮蠹、霉菌　40克制剂/立方米　投放
WP20110201　防蛀片剂/94%/片剂/樟脑 94%/2011.09.07 至 2016.09.07/低毒
卫生　黑皮蠹　200克制剂/立方米　投放

广东省东莞万盛家庭用品有限公司　(广东省东莞市万江区莫屋村　523041　0769-2271310)

WP20130157　防蛀球剂/98%/球剂/对二氯苯 98%/2013.07.23 至 2018.07.23/低毒
卫生　黑皮蠹　40克/立方米　投放

广东省佛山市大兴生物化工有限公司　(广东省佛山市禅城区南庄镇醒群工业区　528219　0757-85332748)

PD84105-10　马拉硫磷/45%/乳油/马拉硫磷 45%/2015.02.04 至 2020.02.04/低毒
茶树　长白蚧、象甲　625-1000毫克/千克　喷雾
豆类　食心虫、造桥虫　561.5-750克/公顷　喷雾
果树　蝽蟓、蚜虫　250-333毫克/千克　喷雾
林木、牧草、农田　蝗虫　450-600克/公顷　喷雾
棉花　盲蝽蟓、蚜虫、叶跳虫　375-562.5克/公顷　喷雾
蔬菜　黄条跳甲、蚜虫　562.5-750克/公顷　喷雾
水稻　飞虱、蓟马、叶蝉　562.5-750克/公顷　喷雾
小麦　黏虫、蚜虫　562.5-750克/公顷　喷雾
PD84108-22　敌百虫/97%,90%,87%/原药/敌百虫 97%,90%,87%/2015.02.04 至 2020.02.04/低毒
白菜、青菜　地下害虫　750-1500克/公顷　喷雾
白菜、青菜　菜青虫　960-1200克/公顷　喷雾
茶树　尺蠖、刺蛾　450-900毫克/千克　喷雾
大豆　造桥虫　1800克/公顷　喷雾
柑橘树　卷叶蛾　600-750毫克/千克　喷雾
林木　松毛虫　600-900毫克/千克　喷雾
水稻　螟虫　1500-1800克/公顷　喷雾、泼浇或毒土
小麦　黏虫　1800克/公顷　喷雾
烟草　烟青虫　900毫克/千克　喷雾
PD85121-25　乐果/40%/乳油/乐果 40%/2015.07.13 至 2020.07.13/中等毒
茶树　蚜虫、叶蝉、螨　1000-2000倍液　喷雾
甘薯　小象甲　2000倍液　浸鲜薯片诱杀
柑橘树、苹果树　鳞翅目幼虫、蚜虫、螨　800-1600倍液　喷雾
棉花　蚜虫、螨　450-600克/公顷　喷雾
蔬菜　蚜虫、螨　300-600克/公顷　喷雾
水稻　飞虱、螟虫、叶蝉　450-600克/公顷　喷雾
烟草　蚜虫、烟青虫　300-600克/公顷　喷雾
PD85159-21　草甘膦/30%/水剂/草甘膦 30%/2015.08.15 至 2020.08.15/低毒
茶树、甘蔗、果园、剑麻、林木、桑树、橡胶树　一年生杂草和多年生恶性杂草　1125-2250克/公顷　喷雾
PD86148-56　异丙威/20%/乳油/异丙威 20%/2012.01.22 至 2017.01.22/中等毒
水稻　飞虱、叶蝉　450-600克/公顷　喷雾
PD20040732　氯氰·吡虫啉/6%/乳油/吡虫啉 2%、氯氰菊酯 4%/2014.12.19 至 2019.12.19/中等毒

十字花科蔬菜　蚜虫　18-27克/公顷　喷雾

PD20040762　吡虫啉/10%/可湿性粉剂/吡虫啉 10%/2014.12.19 至 2019.12.19/低毒

十字花科蔬菜　蚜虫　15-22.5克/公顷　喷雾

PD20083311　炔螨特/73%/乳油/炔螨特 73%/2013.12.11 至 2018.12.11/低毒

柑橘树　红蜘蛛　292-365毫克/千克　喷雾

PD20083312　甲氰・辛硫磷/20%/乳油/甲氰菊酯 2%、辛硫磷 18%/2013.12.11 至 2018.12.11/中等毒

甘蓝　菜青虫　150-240克/公顷　喷雾

PD20083348　三唑锡/25%/可湿性粉剂/三唑锡 25%/2013.12.11 至 2018.12.11/低毒

柑橘树　红蜘蛛　100-166.7毫克/千克　喷雾

PD20083506　稻瘟灵/30%/乳油/稻瘟灵 30%/2013.12.12 至 2018.12.12/低毒

水稻　稻瘟病　450-675克/公顷　喷雾

PD20083762　阿维菌素/1.8%/乳油/阿维菌素 1.8%/2013.12.15 至 2018.12.15/低毒(原药高毒)

十字花科蔬菜　小菜蛾　8.1-10.8克/公顷　喷雾

茭白　二化螟　9.5-13.5克/公顷　喷雾

PD20083915　三唑锡/20%/悬浮剂/三唑锡 20%/2013.12.15 至 2018.12.15/低毒

柑橘树　红蜘蛛　133-200毫克/千克　喷雾

PD20083953　甲基硫菌灵/70%/可湿性粉剂/甲基硫菌灵 70%/2013.12.15 至 2018.12.15/低毒

水稻　稻瘟病　1050－1500克/公顷　喷雾

PD20083991　霜脲・锰锌/72%/可湿性粉剂/代森锰锌 64%、霜脲氰 8%/2013.12.16 至 2018.12.16/低毒

黄瓜　霜霉病　1440-1800克/公顷　喷雾

PD20084164　甲霜・锰锌/58%/可湿性粉剂/甲霜灵 10%、代森锰锌 48%/2013.12.16 至 2018.12.16/低毒

黄瓜　霜霉病　1305-1632克/公顷　喷雾

PD20084294　噻嗪酮/25%/可湿性粉剂/噻嗪酮 25%/2013.12.17 至 2018.12.17/低毒

水稻　稻飞虱　75-112.5克/公顷　喷雾

PD20084381　高效氯氰菊酯/4.5%/乳油/高效氯氰菊酯 4.5%/2013.12.17 至 2018.12.17/低毒

辣椒　烟青虫　24-34克/公顷　喷雾

十字花科蔬菜　菜青虫　13.5-27克/公顷　喷雾

PD20084461　氯氰菊酯/5%/乳油/氯氰菊酯 5%/2013.12.17 至 2018.12.17/低毒

十字花科蔬菜　菜青虫　37.5-60克/公顷　喷雾

PD20084660　高效氯氟氰菊酯/25克/升/乳油/高效氯氟氰菊酯 25克/升/2013.12.22 至 2018.12.22/中等毒

十字花科蔬菜　菜青虫　7.5-11.25克/公顷　喷雾

PD20084733　马拉・杀螟松/12%/乳油/马拉硫磷 10%、杀螟硫磷 2%/2013.12.22 至 2018.12.22/中等毒

水稻　二化螟　180-360克/公顷　喷雾

PD20084734　氯氰・敌敌畏/10%/乳油/敌敌畏 8%、氯氰菊酯 2%/2013.12.22 至 2018.12.22/中等毒

甘蓝　菜青虫、蚜虫　50-75克/公顷　喷雾

PD20084911　氯氰・辛硫磷/20%/乳油/氯氰菊酯 1.5%、辛硫磷 18.5%/2013.12.22 至 2018.12.22/中等毒

十字花科蔬菜　菜青虫　90-150克/公顷　喷雾

PD20085056　氰戊・喹硫磷/15%/乳油/喹硫磷 12.5%、氰戊菊酯 2.5%/2013.12.23 至 2018.12.23/中等毒

柑橘树　矢尖蚧　150-215毫克/千克　喷雾

PD20085190　苯丁锡/25%/可湿性粉剂/苯丁锡 25%/2013.12.23 至 2018.12.23/低毒

柑橘树　红蜘蛛、锈壁虱　150-250毫克/千克　喷雾

PD20085207　阿维・高氯/1.8%/乳油/阿维菌素 0.3%、高效氯氰菊酯 1.5%/2013.12.23 至 2018.12.23/中等毒(原药高毒)

十字花科蔬菜　小菜蛾　7.5-15/公顷　喷雾

十字花科蔬菜　菜青虫　7.5-15克/公顷　喷雾

PD20085570　氰戊・马拉松/20%/乳油/马拉硫磷 15%、氰戊菊酯 5%/2013.12.25 至 2018.12.25/中等毒

十字花科蔬菜　菜青虫　150-210克/公顷　喷雾

PD20085767　敌百虫/30%/乳油/敌百虫 30%/2013.12.29 至 2018.12.29/低毒

十字花科蔬菜　菜青虫　450-675克/公顷　喷雾

PD20085770　阿维・氯氰/2.5%/乳油/阿维菌素 0.2%、氯氰菊酯 2.3%/2013.12.29 至 2018.12.29/低毒(原药高毒)

十字花科蔬菜　小菜蛾　18.75-26.25克/公顷　喷雾

PD20090997　溴氰菊酯/25克/升/乳油/溴氰菊酯 25克/升/2014.01.21 至 2019.01.21/低毒

柑橘　蚜虫　12.5-16.7毫克/千克　喷雾

PD20091105　福美双/50%/可湿性粉剂/福美双 50%/2014.01.21 至 2019.01.21/低毒

黄瓜　霜霉病　750-1125克/公顷　喷雾

PD20091187　杀虫双/18%/水剂/杀虫双 18%/2014.01.22 至 2019.01.22/中等毒

水稻　二化螟　675-810克/公顷　喷雾

PD20091324　苯丁・哒螨灵/10%/乳油/苯丁锡 5%、哒螨灵 5%/2014.02.01 至 2019.02.01/中等毒

柑橘树　红蜘蛛　50-67毫克/千克　喷雾

PD20091754　多・福/30%/可湿性粉剂/多菌灵 15%、福美双 15%/2014.02.04 至 2019.02.04/低毒

辣椒　立枯病　3-4.5克/平方米　每平米的药量与细土混合1/3撒于苗床底部2/3覆盖在种子上面

PD20091798 顺式氯氰菊酯/50克/升/乳油/顺式氯氰菊酯 50克/升/2014.02.04 至 2019.02.04/低毒
棉花 棉铃虫 10-20克/公顷 喷雾

PD20092376 氰戊·敌百虫/21%/乳油/敌百虫 20%、氰戊菊酯 1%/2014.02.25 至 2019.02.25/低毒
十字花科蔬菜 菜青虫 157.5-220.5克/公顷 喷雾

PD20093077 阿维·辛硫磷/20%/乳油/阿维菌素 0.2%、辛硫磷 19.8%/2014.03.09 至 2019.03.09/低毒(原药高毒)
十字花科蔬菜 小菜蛾 150-240克/公顷 喷雾

PD20094153 硫磺/50%/悬浮剂/硫磺 50%/2014.03.27 至 2019.03.27/低毒
黄瓜 白粉病 1125-1500克/公顷 喷雾

PD20094157 硫磺·苯丁锡/50%/悬浮剂/苯丁锡 5%、硫磺 45%/2014.03.27 至 2019.03.27/低毒
柑橘树 红蜘蛛 500-625毫克/千克 喷雾

PD20094246 阿维·吡虫啉/1.45%/可湿性粉剂/阿维菌素 0.45%、吡虫啉 1%/2014.03.31 至 2019.03.31/低毒(原药高毒)
十字花科蔬菜 蚜虫 8.7-10.86克/公顷 喷雾
十字花科蔬菜 小菜蛾 17.4-21.75克/公顷 喷雾

PD20094260 腐霉·福美双/25%/可湿性粉剂/腐霉利 5%、福美双 20%/2014.03.31 至 2019.03.31/低毒
番茄 灰霉病 225-375克/公顷 喷雾

PD20094665 氯氰·敌百虫/20%/乳油/敌百虫 18%、氯氰菊酯 2%/2014.04.10 至 2019.04.10/中等毒
十字花科蔬菜 菜青虫 150-300克/公顷 喷雾

PD20094676 辛硫磷/40%/乳油/辛硫磷 40%/2014.04.10 至 2019.04.10/低毒
十字花科蔬菜 菜青虫 225-300克/公顷 喷雾

PD20094797 苯丁锡/95%/原药/苯丁锡 95%/2014.04.13 至 2019.04.13/低毒

PD20094863 苯丁锡/10%/乳油/苯丁锡 10%/2014.04.13 至 2019.04.13/低毒
柑橘树 红蜘蛛 166.7-200毫克/千克 喷雾

PD20096624 噻嗪·杀虫单/25%/可湿性粉剂/噻嗪酮 5%、杀虫单 20%/2014.09.02 至 2019.09.02/低毒
水稻 稻飞虱 187.5-375克/公顷 喷雾

PD20096975 吡虫·杀虫单/58%/可湿性粉剂/吡虫啉 2.5%、杀虫单 55.5%/2014.09.29 至 2019.09.29/中等毒
水稻 稻飞虱、稻纵卷叶螟、二化螟、三化螟 450-750克/公顷 喷雾

PD20097378 苏云金杆菌/8000IU/微升/悬浮剂/苏云金杆菌 8000IU/微升/2014.10.28 至 2019.10.28/低毒
十字花科蔬菜 菜青虫 3000-4500毫升/公顷 喷雾

PD20097737 丙溴磷/40%/乳油/丙溴磷 40%/2014.11.12 至 2019.11.12/低毒
棉花 棉铃虫 360-450克/公顷 喷雾

PD20097980 啶虫脒/5%/乳油/啶虫脒 5%/2014.12.01 至 2019.12.01/低毒
柑橘树 蚜虫 10-12毫克/千克 喷雾
萝卜 黄条跳甲 45-90克/公顷 喷雾
芹菜 蚜虫 18-27克/公顷 喷雾

PD20098494 高氯·甲维盐/2.02%/乳油/高效氯氰菊酯 1.9%、甲氨基阿维菌素苯甲酸盐 0.12%/2014.12.24 至 2019.12.24/低毒
甘蓝 甜菜夜蛾 18.18～27.27克/公顷 喷雾

PD20101310 多·锰锌/25%/可湿性粉剂/多菌灵 8%、代森锰锌 17%/2015.03.17 至 2020.03.17/低毒
花生 叶斑病 375-750克/公顷 喷雾

PD20102200 高效氯氰菊酯/4.5%/微乳剂/高效氯氰菊酯 4.5%/2015.12.17 至 2020.12.17/低毒
甘蓝 蚜虫 20.25-27克/公顷 喷雾

PD20110641 哒螨·矿物油/34%/乳油/哒螨灵 4%、矿物油 30%/2011.06.13 至 2016.06.13/低毒
柑橘树 红蜘蛛 170-340毫克/千克 喷雾

PD20110799 联苯菊酯/25克/升/乳油/联苯菊酯 25克/升/2011.07.26 至 2016.07.26/低毒
柑橘树 红蜘蛛 20～30毫克/千克 喷雾

PD20120605 阿维·苏云菌///可湿性粉剂/阿维菌素 0.1%、苏云金杆菌 100亿活芽孢/克/2012.04.11 至 2017.04.11/低毒(原药高毒)
甘蓝 小菜蛾 900-1500克制剂/公顷 喷雾

PD20121932 哒螨灵/15%/乳油/哒螨灵 15%/2012.12.07 至 2017.12.07/中等毒
柑橘树 红蜘蛛 75-150毫克/千克 喷雾
萝卜 黄条跳甲 90-135克/公顷 喷雾

PD20131256 高氯·胺菊/3%/微乳剂/胺菊酯 1%、高效氯氰菊酯 2%/2013.06.04 至 2018.06.04/低毒
卫生 蚊、蝇、蜚蠊 30毫克/平方米 滞留喷洒

PD20132095 甲氨基阿维菌素苯甲酸盐/3%/微乳剂/甲氨基阿维菌素 3%/2013.10.24 至 2018.10.24/低毒
甘蓝 甜菜夜蛾 2.25-3.6克/公顷 喷雾
注:甲氨基阿维菌素苯甲酸盐含量：3.4%。

WP20080595 氯氰·敌敌畏/12.5%/乳油/敌敌畏 10%、氯氰菊酯 2.5%/2013.12.30 至 2018.12.30/低毒
室外 蚊、蝇、蜚蠊 1.875-3.75毫克/立方米 喷雾

WP20130093 顺式氯氰菊酯/1.5%/悬浮剂/顺式氯氰菊酯 1.5%/2013.05.17 至 2018.05.17/低毒
卫生 蚊、蝇、蜚蠊 30毫克/平方米 滞留喷洒

WP20130122 高效氯氰菊酯/4.5%/水乳剂/高效氯氰菊酯 4.5%/2013.06.06 至 2018.06.06/低毒
卫生 蚊、蝇、蜚蠊 50毫克/平方米 滞留喷洒

WP20130124 高氯·胺菊/3%/微乳剂/胺菊酯 1%、高效氯氰菊酯 2%/2013.06.08 至 2018.06.08/低毒
卫生 蚊、蝇、蜚蠊 30毫克/平方米 滞留喷洒

WP20130144 氯氰·氨菊/5%/悬浮剂/胺菊酯 3%、氯氰菊酯 2%/2013.07.05 至 2018.07.05/低毒

卫生 蚊、蝇、蜚蠊 50毫克/平方米 滞留喷洒

广东省佛山市高明佳莉日用化工有限公司 (广东省佛山市高明区沧江工业园合水园区 528524 0757-88879361)

WPN30-99 杀虫气雾剂/1.08%/气雾剂/胺菊酯 0.09%、氯菊酯 0.04%、杀螟硫磷 0.95%/2014.11.02 至 2019.11.02/低毒
卫生 蚊、蝇、蜚蠊 / 喷雾

WP20080136 电热蚊香液/0.8%/电热蚊香液/炔丙菊酯 0.8%/2013.10.31 至 2018.10.31/微毒
卫生 蚊 / 电热加温

WP20080241 杀虫气雾剂/1.2%/气雾剂/胺菊酯 0.4%、氯菊酯 0.8%/2013.11.25 至 2018.11.25/低毒
卫生 蜚蠊、蚊、蝇 / 喷雾

WP20080330 电热蚊香片/18毫克/片/电热蚊香片/炔丙菊酯 18毫克/片/2013.12.08 至 2018.12.08/微毒
卫生 蚊 / 电热加温

WP20080389 蚊香/0.2%/蚊香/富右旋反式烯丙菊酯 0.2%/2013.12.11 至 2018.12.11/低毒
卫生 蚊 / 点燃

WP20120068 杀虫气雾剂/0.36%/气雾剂/胺菊酯 0.18%、氯氰菊酯 0.18%/2012.04.12 至 2017.04.12/微毒
卫生 蚊、蝇、蜚蠊 / 喷雾

WP20120069 电热蚊香液/0.86%/电热蚊香液/炔丙菊酯 0.86%/2012.04.12 至 2017.04.12/微毒
卫生 蚊 / 电热加温

WP20120246 电热蚊香片//电热蚊香片/炔丙菊酯 11毫克/片/2012.12.19 至 2017.12.19/微毒
卫生 蚊 / 电热加温

WP20130210 蚊香/0.25%/蚊香/富右旋反式烯丙菊酯 0.25%/2013.10.10 至 2018.10.10/微毒
室内 蚊 / 点燃

WP20130216 杀虫气雾剂/0.3%/气雾剂/胺菊酯 0.18%、富右旋反式烯丙菊酯 0.07%、氯菊酯 0.05%/2013.10.24 至 2018.10.24/微毒
室内 蚊、蝇、蜚蠊 / 喷雾

WP20150033 驱蚊液/3.5%/驱蚊液/避蚊胺 3.5%/2015.03.03 至 2020.03.03/微毒
卫生 蚊 / 涂抹

广东省佛山市南海奥帝精细化工有限公司 (广东省佛山市南海区里水镇太行路90号 528244 0757-85666288)

WP20080087 蚊香/0.08%/蚊香/富右旋反式炔丙菊酯 0.08%/2013.08.06 至 2018.08.06/低毒
卫生 蚊 / 点燃

WP20080127 电热蚊香片/12.5毫克/片/电热蚊香片/炔丙菊酯 12.5毫克/片/2013.10.29 至 2018.10.29/低毒
卫生 蚊 / 电热加温

WP20080152 杀虫气雾剂/0.46%/气雾剂/富右旋反式炔丙菊酯 0.12%、氯菊酯 0.22%、右旋苯醚氰菊酯 0.12%/2013.11.05 至2018.11.05/低毒
卫生 蜚蠊、蚊、蝇 / 喷雾

WP20080162 电热蚊香液/0.8%/电热蚊香液/炔丙菊酯 0.8%/2013.11.12 至 2018.11.12/低毒
卫生 蚊 / 电热加温

WP20080180 电热蚊香液/0.8%/电热蚊香液/炔丙菊酯 0.8%/2013.11.19 至 2018.11.19/低毒
卫生 蚊 / 电热加温

WP20080207 电热蚊香片/12.5毫克/片/电热蚊香片/炔丙菊酯 12.5毫克/片/2013.11.21 至 2018.11.21/低毒
卫生 蚊 / 电热加温

WP20090084 杀虫气雾剂/0.65%/气雾剂/Es-生物烯丙菊酯 0.35%、氯菊酯 0.15%、右旋苯醚氰菊酯 0.15%/2014.02.02 至2019.02.02/微毒
卫生 蚊、蝇、蜚蠊 / 喷雾

WP20090109 杀蟑气雾剂/0.3%/气雾剂/炔咪菊酯 0.1%、右旋苯氰菊酯 0.2%/2014.02.06 至 2019.02.06/微毒
卫生 蜚蠊 / 喷雾

WP20090119 杀虫气雾剂/0.31%/气雾剂/Es-生物烯丙菊酯 0.2%、高效氟氯氰菊酯 0.03%、炔咪菊酯 0.08%/2014.02.12 至2019.02.12/微毒
卫生 蚊、蝇、蜚蠊 / 喷雾

WP20090128 电热蚊香片/20毫克/片/电热蚊香片/Es-生物烯丙菊酯 10毫克/片、炔丙菊酯 10毫克/片/2014.02.16 至 2019.02.16/微毒
卫生 蚊 / 电热加温

WP20090173 蚊香/0.3%/蚊香/富右旋反式烯丙菊酯 0.3%/2014.03.10 至 2019.03.10/微毒
卫生 蚊 / 点燃

WP20090210 电热蚊香液/1.2%/电热蚊香液/炔丙菊酯 1.2%/2014.03.27 至 2019.03.27/微毒
卫生 蚊 / 电热加温

WP20090226 杀虫气雾剂/0.8%/气雾剂/Es-生物烯丙菊酯 0.3%、氯菊酯 0.25%、右旋胺菊酯 0.25%/2014.04.09 至 2019.04.09/微毒
卫生 蚊、蝇、蜚蠊 / 喷雾

WP20090277 蚊香/0.25%/蚊香/Es-生物烯丙菊酯 0.25%/2014.05.31 至 2019.05.31/微毒
卫生 蚊 / 点燃

WP20100010 蚊香/0.03%/蚊香/四氟甲醚菊酯 0.03%/2010.01.11 至 2015.01.11/微毒
卫生 蚊 / 点燃

WP20120234 杀虫气雾剂/0.35%/气雾剂/Es-生物烯丙菊酯 0.2%、氯氰菊酯 0.1%、炔咪菊酯 0.05%/2012.12.07 至 2017.12.07/低毒
卫生 蚊、蝇、蜚蠊 / 喷雾
注:本产品有两种香型:清香型、无香型。

WP20150013 蚊香/0.05%/蚊香/氯氟醚菊酯 0.05%/2015.01.05 至 2020.01.05/微毒

室内 蚊 / 点燃
WP20150177 电热蚊香液/0.8%/电热蚊香液/氯氟醚菊酯 0.8%/2015.08.30 至 2020.08.30/微毒
室内 蚊 / 电热加温

广东省佛山市南海区绿宝生化技术研究所 (广东省佛山市南海区平洲东区工业园11号 528251 0757-86705280)

PD20121938 啶虫·杀虫单/45%/粉剂/啶虫脒 15%、杀虫单 30%/2012.12.12 至 2017.12.12/低毒
绿化景观椰子树 椰心叶甲 5-10克制剂/袋,2袋/株 挂袋

广东省佛山市南海施乐华化妆品有限公司 (广东省佛山市南海区金沙镇南沙新墟 528223 0757-86616678)

WP20080382 杀虫气雾剂/0.48%/气雾剂/富右旋反式烯丙菊酯 0.36%、高效氯氰菊酯 0.12%/2013.12.11 至 2018.12.11/微毒
卫生 蜚蠊、蚊 / 喷雾
WP20080445 蚊香/0.3%/蚊香/富右旋反式烯丙菊酯 0.3%/2013.12.15 至 2018.12.15/微毒
卫生 蚊 / 点燃
WP20080479 电热蚊香液/0.8%/电热蚊香液/炔丙菊酯 0.8%/2013.12.16 至 2018.12.16/低毒
卫生 蚊 / 电热加温
WP20080606 电热蚊香片/10毫克/片/电热蚊香片/炔丙菊酯 10毫克/片/2013.12.31 至 2018.12.31/微毒
卫生 蚊 / 电热加温

广东省佛山市南海添惠日化有限公司 (广东省佛山市南海区松岗镇石泉铁坑工业区 528234 0757-85206202)

WP20080564 杀虫气雾剂/0.45%/气雾剂/胺菊酯 0.3%、高效氯氰菊酯 0.15%/2013.12.24 至 2018.12.24/微毒
卫生 蚊、蝇、蜚蠊 / 喷雾
WP20100150 蚊香/0.2%/蚊香/Es-生物烯丙菊酯 0.2%/2015.11.30 至 2020.11.30/微毒
卫生 蚊 / 点燃
WP20120160 电热蚊香液/0.85%/电热蚊香液/炔丙菊酯 0.85%/2012.09.06 至 2017.09.06/微毒
卫生 蚊 / 电热加温
WP20120163 蚊香/0.3%/蚊香/富右旋反式烯丙菊酯 0.3%/2012.09.06 至 2017.09.06/低毒
卫生 蚊 / 点燃
WP20130232 杀虫气雾剂/0.37%/气雾剂/胺菊酯 0.25%、氯菊酯 0.12%/2013.11.08 至 2018.11.08/微毒
室内 蚊、蝇、蜚蠊 / 喷雾
WP20140015 杀虫气雾剂/0.3%/气雾剂/胺菊酯 0.2%、右旋苯醚氰菊酯 0.1%/2014.01.20 至 2019.01.20/微毒
室内 蚊、蝇、蜚蠊 / 喷雾
WP20140016 驱蚊花露水/5%/驱蚊花露水/驱蚊酯 5%/2014.01.20 至 2019.01.20/微毒
WP20140082 杀虫气雾剂/0.3%/气雾剂/高效氯氰菊酯 0.12%、炔丙菊酯 0.06%、右旋胺菊酯 0.12%/2014.04.08 至 2019.04.08/微毒
卫生 蜚蠊、蚊、蝇 / 喷雾
WP20150150 电热蚊香液/0.9%/电热蚊香液/四氟苯菊酯 0.9%/2015.08.03 至 2020.08.03/低毒
室内 蚊 / 电热加温
WP20150190 电热蚊香片/20毫克/片/电热蚊香片/Es-生物烯丙菊酯 20毫克/片/2015.09.22 至 2020.09.22/微毒
室内 蚊 / 电热加温
WP20150191 氟虫腈/0.05%/饵剂/氟虫腈 0.05%/2015.09.22 至 2020.09.22/微毒
室内 蜚蠊 / 投放

广东省佛山市顺德区香江精细化工实业有限公司 (广东省佛山市顺德区容桂容边天河工业区 528305 0765-8301202)

WP20080449 杀虫气雾剂/0.2%/气雾剂/胺菊酯 0.15%、氯氰菊酯 0.05%/2013.12.16 至 2018.12.16/低毒
卫生 蜚蠊、蚊、蝇 / 喷雾
WP20080538 杀虫气雾剂/0.23%/气雾剂/胺菊酯 0.16%、高效氯氰菊酯 0.07%/2013.12.23 至 2018.12.23/低毒
卫生 蚊、蝇、蜚蠊 / 喷雾
WP20100008 蚊香/0.25%/蚊香/富右旋反式烯丙菊酯 0.25%/2015.01.11 至 2020.01.11/微毒
卫生 蚊 / 点燃
WP20100180 电热蚊香片/10.5毫克/片/电热蚊香片/富右旋反式炔丙菊酯 10.5毫克/片/2015.12.21 至 2020.12.21/微毒
卫生 蚊 / 电热加温
WP20150040 电热蚊香液/0.81%/电热蚊香液/富右旋反式炔丙菊酯 0.81%/2015.03.20 至 2020.03.20/微毒
室内 蚊 / 电热加温

广东省佛山市盈辉作物科学有限公司 (广东省佛山市高明区更合镇合和大道白石工业区内 528522 0757-83032181)

PD20082773 毒死蜱/3%/颗粒剂/毒死蜱 3%/2013.12.08 至 2018.12.08/低毒
PD20083966 敌瘟磷/30%/乳油/敌瘟磷 30%/2013.12.16 至 2018.12.16/中等毒
水稻 稻瘟病 500-600克/公顷 喷雾
PD20084535 灭线磷/10%/颗粒剂/灭线磷 10%/2013.12.18 至 2018.12.18/中等毒(原药高毒)
水稻 稻瘿蚊 1500-1800克/公顷 撒施
PD20085536 阿维·高氯/5.2%/乳油/阿维菌素 0.4%、高效氯氰菊酯 4.8%/2013.12.25 至 2018.12.25/中等毒(原药高毒)
十字花科蔬菜 小菜蛾 13.5-27克/公顷 喷雾
PD20090690 马拉·杀螟松/12%/乳油/马拉硫磷 10%、杀螟硫磷 2%/2014.01.19 至 2019.01.19/低毒
水稻 二化螟 270-360克/公顷 喷雾
PD20091400 异噁草松/480克/升/乳油/异噁草松 480克/升/2014.02.02 至 2019.02.02/低毒
春大豆田 一年生杂草 864-1200克/公顷 茎叶喷雾
PD20093771 苯磺隆/10%/可湿性粉剂/苯磺隆 10%/2014.03.25 至 2019.03.25/低毒
冬小麦田 一年生阔叶杂草 15-22.5克/公顷 茎叶喷雾
PD20094190 灭线磷/5%/颗粒剂/灭线磷 5%/2014.03.30 至 2019.03.30/低毒(原药高毒)

红薯 茎线虫病 750-1125克/公顷 沟、条施
水稻 稻瘿蚊 1500-1800克/公顷 撒施
PD20094274 高氯·虫酰肼/18%/乳油/虫酰肼 15%、高效氯氰菊酯 3%/2014.03.31 至 2019.03.31/低毒
甘蓝 甜菜夜蛾 202.5-270克/公顷 喷雾
PD20094603 丙·噁·滴丁酯/70%/乳油/2,4-滴丁酯 18%、异丙草胺 40%、异噁草松 12%/2014.04.10 至 2019.04.10/低毒
春大豆田 一年生杂草 2100-2520克/公顷 土壤喷雾
PD20096631 氟磺胺草醚/250克/升/水剂/氟磺胺草醚 250克/升/2014.09.02 至 2019.09.02/低毒
春大豆田 一年生阔叶杂草 225-375克/公顷 茎叶喷雾
夏大豆田 一年生阔叶杂草 187.5-225克/公顷 茎叶喷雾
PD20096769 烯禾啶/12.5%/乳油/烯禾啶 12.5%/2014.09.15 至 2019.09.15/低毒
春大豆田 一年生禾本科杂草 150-187.5克/公顷 茎叶喷雾
夏大豆田 一年生禾本科杂草 187.5-225克/公顷 茎叶喷雾
PD20110328 丁硫·啶虫脒/8%/乳油/啶虫脒 2%、丁硫克百威 6%/2011.03.24 至 2016.03.24/中等毒
棉花 蚜虫 36-60克/公顷 喷雾
PD20110735 苯甲·丙环唑/30%/乳油/苯醚甲环唑 15%、丙环唑 15%/2011.07.11 至 2016.07.11/低毒
水稻 纹枯病 67.5-112.5克/公顷 喷雾
PD20110968 阿维菌素/0.5%/颗粒剂/阿维菌素 0.5%/2011.09.13 至 2016.09.13/低毒(原药高毒)
黄瓜 根结线虫 225-300克/公顷 沟施、穴施
PD20111066 阿维·吡虫啉/5%/乳油/阿维菌素 0.5%、吡虫啉 4.5%/2011.10.11 至 2016.10.11/低毒(原药高毒)
甘蓝 蚜虫 7.5－22.5克/公顷 喷雾
PD20111444 莎稗磷/30%/乳油/莎稗磷 30%/2011.12.29 至 2016.12.29/低毒
移栽水稻田 一年生禾本科、莎草科及某些多年生杂草 南方：270-315克/公顷；北方：315-360克/公顷 毒土法
PD20120421 甲氨基阿维菌素苯甲酸盐/2%/微乳剂/甲氨基阿维菌素 2%/2012.03.12 至 2017.03.12/低毒
甘蓝 甜菜夜蛾 1.875-3.75克/公顷 喷雾
注:甲氨基阿维菌素苯甲酸盐含量:2.2%。
PD20121084 枯草芽孢杆菌/100亿孢子/克/可湿性粉剂/枯草芽孢杆菌 100亿孢子/克/2012.07.19 至 2017.07.19/低毒
黄瓜 白粉病 100-120克/公顷 喷雾
PD20121316 吡虫·毒死蜱/45%/乳油/吡虫啉 5%、毒死蜱 40%/2012.09.11 至 2017.09.11/中等毒
水稻 稻飞虱 135-168.75克/公顷 喷雾
PD20121335 棉铃虫核型多角体病毒/20亿PIB/毫升/悬浮剂/棉铃虫核型多角体病毒 20亿PIB/毫升/2012.09.11 至 2017.09.11/低毒
棉花 棉铃虫 750-900毫升制剂/公顷 喷雾
PD20121835 灭草松/480克/升/液剂/灭草松 480克/升/2012.11.22 至 2017.11.22/低毒
大豆田 一年生阔叶杂草 1080-1440克/公顷 茎叶喷雾
PD20122019 淡紫拟青霉/5亿活孢子/克/颗粒剂/淡紫拟青霉 5亿活孢子/克/2012.12.19 至 2017.12.19/低毒
番茄 根结线虫 3000-3500克/亩 沟施
PD20122112 吡蚜酮/25%/可湿性粉剂/吡蚜酮 25%/2012.12.26 至 2017.12.26/低毒
水稻 飞虱 75-90克/公顷 喷雾
PD20130171 丙草胺/50%/水乳剂/丙草胺 50%/2013.01.24 至 2018.01.24/低毒
移栽水稻田 一年生杂草 450-600克/公顷 毒土法
PD20130174 烟嘧磺隆/10%/可分散油悬浮剂/烟嘧磺隆 10%/2013.01.24 至 2018.01.24/低毒
玉米田 一年生杂草 48-60克/公顷 茎叶喷雾
PD20130193 阿维菌素/1%/颗粒剂/阿维菌素 1%/2013.01.24 至 2018.01.24/低毒(原药高毒)
黄瓜 根结线虫 225-300克/公顷 沟施
PD20130288 松·喹·氟磺胺/18%/乳油/氟磺胺草醚 5.8%、精喹禾灵 1%、异噁草松 11.2%/2013.02.26 至 2018.02.26/低毒
春大豆田 一年生杂草 540-594克/公顷 茎叶喷雾
PD20140147 噻唑膦/10%/颗粒剂/噻唑膦 10%/2014.01.20 至 2019.01.20/低毒
番茄 根结线虫 2250-3000克/公顷 土壤撒施
PD20140456 噁草酮/120克/升/乳油/噁草酮 120克/升/2014.02.25 至 2019.02.25/低毒
水稻移栽田 一年生杂草 360.75-487.5克/公顷 甩施
PD20140577 噁草酮/250克/升/乳油/噁草酮 250克/升/2014.03.06 至 2019.03.06/低毒
水稻移栽田 一年生杂草 351-468克/公顷 喷雾
PD20140584 草铵膦/200克/升/水剂/草铵膦 200克/升/2014.03.06 至 2019.03.06/低毒
非耕地 杂草 900-1500克/公顷 茎叶喷雾
PD20140715 丁硫克百威/5%/颗粒剂/丁硫克百威 5%/2014.03.24 至 2019.03.24/低毒
甘蔗 蔗螟 2250-3750克/公顷 沟施、撒施
PD20140718 烟嘧·莠去津/23%/可分散油悬浮剂/烟嘧磺隆 3%、莠去津 20%/2014.03.24 至 2019.03.24/低毒
玉米田 一年生杂草 345-448.5克/公顷 茎叶喷雾
PD20140727 烟嘧·辛酰溴/20%/可分散油悬浮剂/辛酰溴苯腈 16%、烟嘧磺隆 4%/2014.03.24 至 2019.03.24/低毒
玉米田 一年生杂草 240-300克/公顷 茎叶喷雾
PD20141452 阿维菌素/3.2%/乳油/阿维菌素 3.2%/2014.06.09 至 2019.06.09/低毒(原药高毒)
柑橘树 潜叶蛾 6.4-10.7毫克/千克 喷雾
PD20141491 戊唑·咪鲜胺/400克/升/水乳剂/咪鲜胺 267克/升、戊唑醇 133克/升/2014.06.09 至 2019.06.09/低毒

香蕉 黑星病 200-400毫克/千克 喷雾
PD20150043 氰氟草酯/10%/水乳剂/氰氟草酯 10%/2015.01.04 至 2020.01.04/低毒
水稻田(直播) 稗草、千金子等禾本科杂草 90-135克/公顷 茎叶喷雾
PD20150639 吡蚜酮/70%/可湿性粉剂/吡蚜酮 70%/2015.04.16 至 2020.04.16/低毒
水稻 飞虱 90-110克/公顷 喷雾
PD20150696 苄嘧磺隆/30%/可湿性粉剂/苄嘧磺隆 30%/2015.04.20 至 2020.04.20/低毒
直播水稻田 一年生阔叶杂草及莎草科杂草 36-54克/公顷 药土法
PD20150768 春雷·三环唑/13%/可湿性粉剂/春雷霉素 3%、三环唑 10%/2015.05.12 至 2020.05.12/低毒
水稻 稻瘟病 156-234克/公顷 喷雾
PD20150951 甲氨基阿维菌素苯甲酸盐/5%/微乳剂/甲氨基阿维菌素 5%/2015.06.10 至 2020.06.10/低毒
甘蓝 甜菜夜蛾 4.5-6.75克/公顷 喷雾
注:甲氨基阿维菌素苯甲酸盐含量: 5.7%。
PD20151059 阿维菌素/1.5%/颗粒剂/阿维菌素 1.5%/2015.06.14 至 2020.06.14/低毒(原药高毒)
黄瓜 根结线虫 225-300 撒施
PD20151285 硝磺草酮/15%/悬浮剂/硝磺草酮 15%/2015.07.30 至 2020.07.30/低毒
玉米田 一年生杂草 135-157.5克/公顷 茎叶喷雾
PD20151286 莎稗磷/40%/乳油/莎稗磷 40%/2015.07.30 至 2020.07.30/低毒
水稻移栽田 莎草科杂草、一年生禾本科杂草 240-300克/公顷 药土法
PD20151447 吡嘧磺隆/20%/可湿性粉剂/吡嘧磺隆 20%/2015.07.31 至 2020.07.31/低毒
水稻移栽田 一年生阔叶杂草及部分莎草科杂草 22.5-30克/公顷 毒土法
PD20151739 丙草胺/55%/水乳剂/丙草胺 55%/2015.08.28 至 2020.08.28/低毒
移栽水稻田 一年生杂草 454-742.5克/公顷 药土法
PD20151912 莠去津/90%/水分散粒剂/莠去津 90%/2015.08.30 至 2020.08.30/低毒
玉米田 一年生阔叶杂草 1485-1755克/公顷 土壤喷雾
PD20151913 戊唑·氟虫腈/8%/悬浮种衣剂/氟虫腈 6%、戊唑醇 2%/2015.08.30 至 2020.08.30/低毒
玉米 蛴螬、丝黑穗病 35.6-42.4克/100千克种子 种子包衣
PD20152170 虫螨腈/10%/悬浮剂/虫螨腈 10%/2015.09.22 至 2020.09.22/低毒
甘蓝 小菜蛾 75-97.5克/公顷 喷雾
LS20130381 阿维菌素/1.5%/颗粒剂/阿维菌素 1.5%/2015.07.29 至 2016.07.29/低毒(原药高毒)
黄瓜 根结线虫 225-300克/公顷 沟施
WP20110015 氟虫腈/3%/微乳剂/氟虫腈 3%/2016.01.11 至 2021.01.11/低毒
卫生 蝇 20倍液 喷雾(室内)
注:仅限专业人员使用。
WP20110160 吡丙醚/5%/微乳剂/吡丙醚 5%/2011.06.20 至 2016.06.20/低毒
卫生 蝇(幼虫) 100毫克/平方米 喷洒
WP20130217 杀蚁饵剂/0.05%/饵剂/氟虫腈 0.05%/2013.10.24 至 2018.10.24/低毒
卫生 蚂蚁 / 投放
卫生 红火蚁 20-30克制剂量/巢 撒施
WL20140031 杀蚁饵剂/0.55%/饵剂/氟虫胺 0.5%、氟虫腈 0.05%/2015.11.27 至 2016.11.27/低毒
卫生 红火蚁 / 撒施

广东省广州帝盟精细化工实业有限公司 (广东省广州市天河区中山大道科韵路6号608 510665 020-82850808)

WP20090214 杀虫气雾剂/0.6%/气雾剂/Es-生物烯丙菊酯 0.18%、氯菊酯 0.28%、右旋苯醚氰菊酯 0.14%/2014.03.31 至2019.03.31/微毒
卫生 蚊、蝇、蜚蠊 / 喷雾
WP20090232 电热蚊香片/36毫克/片/电热蚊香片/炔丙菊酯 10毫克/片、右旋烯丙菊酯 26毫克/片/2014.04.13 至 2019.04.13/微毒
卫生 蚊 / 电热加温
WP20100124 蚊香/0.25%/蚊香/Es-生物烯丙菊酯 0.25%/2015.10.19 至 2020.10.19/微毒
卫生 蚊 / 点燃
WP20100177 电热蚊香片/13毫克/片/电热蚊香片/炔丙菊酯 13毫克/片/2015.12.16 至 2020.12.16/微毒
卫生 蚊 / 电热加温
WP20120017 电热蚊香液/0.86%/电热蚊香液/炔丙菊酯 0.86%/2012.01.31 至 2017.01.31/微毒
卫生 蚊 / 电热加温

广东省广州法德美化妆品有限公司 (广东省广州市机场路建发广场首层C-3A 510403 020-86348808)

WP20120064 蚊香/0.25%/蚊香/富右旋反式烯丙菊酯 0.25%/2012.04.11 至 2017.04.11/低毒
卫生 蚊 / 点燃
WP20130180 驱蚊花露水/2%/驱蚊花露水/避蚊胺 2%/2013.09.06 至 2018.09.06/微毒
卫生 蚊 / 涂抹

广东省广州农泰生物科技有限公司 (广东省广州市花都区新华镇工业大道18号 510812 020-86875496)

PD20081877 多·福/60%/可湿性粉剂/多菌灵 30%、福美双 30%/2013.11.20 至 2018.11.20/低毒
梨树 黑星病 1000-1500毫克/千克 喷雾
PD20082870 氯氰·敌敌畏/20%/乳油/敌敌畏 18%、氯氰菊酯 2%/2013.12.09 至 2018.12.09/中等毒
十字花科蔬菜 黄条跳甲 150-225克/公顷 喷雾
PD20091151 甲硫·锰锌/60%/可湿性粉剂/甲基硫菌灵 15%、代森锰锌 45%/2014.01.21 至 2019.01.21/低毒

梨树 黑星病 600-800倍液 喷雾
PD20092027 福·福锌/60%/可湿性粉剂/福美双 30%、福美锌 30%/2014.02.12 至 2019.02.12/中等毒
黄瓜 炭疽病 900-1350克/公顷 喷雾
PD20097081 苯丁·哒螨灵/10%/乳油/苯丁锡 5%、哒螨灵 5%/2014.10.10 至 2019.10.10/中等毒
柑橘树 红蜘蛛 50-67毫克/千克 喷雾
PD20097338 阿维菌素/1.8%/乳油/阿维菌素 1.8%/2014.10.27 至 2019.10.27/低毒(原药高毒)
甘蓝 小菜蛾 9-11.25克/公顷 喷雾
PD20120498 芸苔素内酯/0.004%/水剂/芸苔素内酯 0.004%/2012.03.19 至 2017.03.19/低毒
菜心 调节生长 0.01-0.02毫克/千克 喷雾
PD20122076 啶虫脒/10%/微乳剂/啶虫脒 10%/2012.12.24 至 2017.12.24/低毒
甘蓝 蚜虫 13.5-22.5克/公顷 喷雾
PD20130783 甲氨基阿维菌素苯甲酸盐/2%/微乳剂/甲氨基阿维菌素 2%/2013.04.22 至 2018.04.22/低毒
甘蓝 甜菜夜蛾 2.31-2.97克/公顷 喷雾
注:甲氨基阿维菌素苯甲酸盐含量: 2.2%。
PD20151232 乙氧氟草醚/6%/微乳剂/乙氧氟草醚 6%/2015.07.30 至 2020.07.30/低毒
柑橘树 杀梢 40-48毫克/千克 喷雾

广东省广州市白云区新东方日用化工品厂 (广东省广州市白云区龙归镇南岭村南新路23号 510445 020-86043881)

WP20080499 驱蚊液/4%/驱蚊液/驱蚊酯 4%/2013.12.18 至 2018.12.18/微毒
卫生 蚊 / 涂抹

广东省广州市广农化工有限公司 (广东省广州市开发区萝岗街水西村樟掘地段 529000 020-82077666)

PD20092954 丁草胺/50%/乳油/丁草胺 50%/2014.03.09 至 2019.03.09/低毒
移栽水稻田 一年生杂草 900-1350克/公顷 药土法
PD20093454 乐果/50%/乳油/乐果 50%/2014.03.23 至 2019.03.23/低毒
十字花科蔬菜 蚜虫 450-600克/公顷 喷雾
PD20121479 硫磺·多菌灵/40%/悬浮剂/多菌灵 20%、硫磺 20%/2012.10.08 至 2017.10.08/低毒
水稻 稻瘟病 1200-1800克/公顷 喷雾

广东省广州市海珠区山田日用品厂 (广东省广州市新窖南路龙潭三社龙三工业区内3号 510315 020-83316762)

WP20080223 电热蚊香片/12毫克/片/电热蚊香片/炔丙菊酯 12毫克/片/2013.11.25 至 2018.11.25/微毒
卫生 蚊 / 电热加温
WP20080224 杀虫气雾剂/0.4%/气雾剂/胺菊酯 0.25%、高效氯氰菊酯 0.15%/2013.11.25 至 2018.11.25/微毒
卫生 蚊、蝇、蜚蠊 / 喷雾
WP20080268 蚊香/0.25%/蚊香/右旋烯丙菊酯 0.25%/2013.12.01 至 2018.12.01/低毒
卫生 蚊 / 点燃
WP20080361 电热蚊香液/0.86%/电热蚊香液/炔丙菊酯 0.86%/2013.12.10 至 2018.12.10/低毒
卫生 蚊 / 电热加温
WP20080451 杀虫气雾剂/1.24%/气雾剂/胺菊酯 0.20%、残杀威 1.00%、氟氯氰菊酯 0.04%/2013.12.16 至 2018.12.16/低毒
卫生 蜚蠊、蚊、蝇 / 喷雾

广东省广州市豪恩思精细化工有限公司 (广东省广州市白云区罗岗村环岗一路26号 510440 020-36634466)

WP20080370 蚊香/0.2%/蚊香/富右旋反式烯丙菊酯 0.2%/2013.12.10 至 2018.12.10/微毒
卫生 蚊 / 点燃
WP20080386 杀虫气雾剂/0.5%/气雾剂/胺菊酯 0.3%、高效氯氰菊酯 0.1%、氯菊酯 0.1%/2013.12.11 至 2018.12.11/低毒
卫生 蚊、蝇、蜚蠊 / 喷雾

广东省广州市花都区花山日用化工厂 (广东省广州市花都区花山镇坪山东村路 510880 020-86848103)

PD20090962 溴敌隆/0.005%/饵剂/溴敌隆 0.005%/2014.01.20 至 2019.01.20/低毒(原药高毒)
室内、外 家鼠 饱和投饵 投饵
PD20093388 敌鼠钠盐/0.1%/毒饵/敌鼠钠盐 0.1%/2014.03.19 至 2019.03.19/中等毒(原药高毒)
卫生 野鼠 0.05-0.2%谷饵料 条带或饱和法
PD20100396 溴敌隆/0.5%/母液/溴敌隆 0.5%/2015.01.14 至 2020.01.14/高毒
PD20121033 溴鼠灵/0.005%/饵剂/溴鼠灵 0.005%/2012.07.03 至 2017.07.03/低毒(原药剧毒)
室内 家鼠 饱和投饵 堆施
WP20080376 杀虫热雾剂/2%/热雾剂/胺菊酯 1.2%、右旋苯醚氰菊酯 0.8%/2013.12.10 至 2018.12.10/低毒
卫生 蜚蠊、蚊 / 加热雾化
WP20080501 高效氯氟氰菊酯/2.5%/悬浮剂/高效氯氟氰菊酯 2.5%/2013.12.18 至 2018.12.18/低毒
卫生 蜚蠊、蝇 25毫克/平方米 滞留喷洒
WP20090015 溴氰菊酯/2.5%/悬浮剂/溴氰菊酯 2.5%/2014.01.08 至 2019.01.08/低毒
卫生 蚊、蝇、蜚蠊 20毫克/平方米 滞留喷洒
WP20090237 杀虫热雾剂/1.5%/热雾剂/氯氰菊酯 1.5%/2014.04.21 至 2019.04.21/微毒
卫生 蜚蠊 30毫克/立方米 喷雾
WP20090252 高效氯氰菊酯/5%/悬浮剂/高效氯氰菊酯 5%/2014.04.27 至 2019.04.27/低毒
卫生 蚊、蝇、蜚蠊 45毫克/平方米 滞留喷洒
WP20090280 吡丙醚/5%/微乳剂/吡丙醚 5%/2014.06.02 至 2019.06.02/微毒
卫生 蝇(幼虫) 0.1克/平方米 喷洒(室外)
WP20100035 高氯·烯丙菊/5%/悬乳剂/高效氯氰菊酯 4%、右旋烯丙菊酯 1%/2015.01.28 至 2020.01.28/低毒

卫生 蜚蠊、蚊 40-50毫克/平方米 滞留喷洒
WP20110052 右胺·氯菊/10%/乳油/氯菊酯 7%、右旋胺菊酯 3%/2016.02.24 至 2021.02.24/低毒
室外 蚊、蝇 1.5-3毫克/平方米 喷雾
WP20110175 氯氰·胺菊/5%/悬浮剂/胺菊酯 3%、氯氰菊酯 2%/2011.07.25 至 2016.07.25/低毒
卫生 蜚蠊 15-30毫克/平方米 喷洒
卫生 蚊、蝇 1.5-3毫克/立方米 喷洒
WP20120106 氯菊酯/5%/超低容量剂/氯菊酯 5%/2012.06.04 至 2017.06.04/微毒
卫生 蚊 0.1-0.35毫升/平方米 超低溶量喷雾

广东省广州市黄埔化工厂 (广东省广州市黄埔东路2009号大院 510730 020-82219793)

WP20090326 樟脑/96%/原药/樟脑 96%/2014.09.21 至 2019.09.21/低毒

广东省广州市佳丽日用化妆品有限公司 (广东省广州市天河区高新技术产业开发区工业园 510665 020-85535183)

WP20080202 杀蟑笔剂/0.4%/笔剂/溴氰菊酯 0.4%/2013.11.20 至 2018.11.20/低毒
卫生 蜚蠊 3克制剂/平方米 涂抹
WP20080430 杀虫粉剂/0.4%/粉剂/溴氰菊酯 0.4%/2013.12.15 至 2018.12.15/低毒
卫生 蜚蠊、蚂蚁 3克制剂/平方米 撒布
WP20080433 杀虫气雾剂/0.22%/气雾剂/胺菊酯 0.2%、溴氰菊酯 0.02%/2013.12.15 至 2018.12.15/低毒
卫生 蜚蠊、蚊、蝇 / 喷雾

广东省广州市金农科技开发有限公司 (广东省广州市花都区梯面镇达板隆 510870 020-86781696)

PD20070166 吡虫啉/5%/乳油/吡虫啉 5%/2012.06.25 至 2017.06.25/低毒
水稻 稻飞虱 11.25-22.5克/公顷 喷雾
PD20080025 杀螺胺乙醇胺盐/50%/可湿性粉剂/杀螺胺乙醇胺盐 50%/2013.01.03 至 2018.01.03/低毒
水稻 福寿螺 450-525克/公顷 撒毒土
PD20083885 阿维菌素/1.8%/乳油/阿维菌素 1.8%/2013.12.15 至 2018.12.15/低毒(原药高毒)
十字花科蔬菜 小菜蛾 8.1-10.8克/公顷 喷雾
PD20084106 敌畏·马/45%/乳油/敌敌畏 40%、马拉硫磷 5%/2013.12.16 至 2018.12.16/中等毒
十字花科蔬菜 黄条跳甲 270-337.5克/公顷 喷雾
PD20091601 阿维·哒螨灵/3.2%/乳油/阿维菌素 0.2%、哒螨灵 3%/2014.02.03 至 2019.02.03/低毒(原药高毒)
柑橘树 红蜘蛛 32-40毫克/千克 喷雾
PD20096874 氯氰·敌敌畏/20%/乳油/敌敌畏 18%、氯氰菊酯 2%/2014.09.23 至 2019.09.23/中等毒
十字花科蔬菜 黄条跳甲 180-250克/公顷 喷雾
PD20100976 甲基硫菌灵/36%/悬浮剂/甲基硫菌灵 36%/2015.01.19 至 2020.01.19/低毒
柑橘 绿霉病 450－600毫克/千克 浸果
PD20130744 甲氨基阿维菌素苯甲酸盐/2%/微乳剂/甲氨基阿维菌素 2%/2013.04.12 至 2018.04.12/低毒
甘蓝 甜菜夜蛾 2.4-3.6克/公顷 喷雾
注:甲氨基阿维菌素苯甲酸盐含量：2.2%。

广东省广州市浪奇实业股份有限公司 (广东省广州市天河区黄埔大道东128号 510660 020-82161128-6278)

WP20090058 杀虫气雾剂/0.16%/气雾剂/高效氯氰菊酯 0.08%、炔咪菊酯 0.08%/2014.01.21 至 2019.01.21/微毒
卫生 蚊、蝇、蜚蠊 / 喷雾
WP20110244 蚊香/0.3%/蚊香/富右旋反式烯丙菊酯 0.3%/2011.10.28 至 2016.10.28/微毒
卫生 蚊 / 点燃
WP20140234 杀虫气雾剂/0.35%/气雾剂/炔丙菊酯 0.06%、右旋胺菊酯 0.16%、右旋苯醚氰菊酯 0.13%/2014.11.15 至2019.11.15/微毒
室内 蜚蠊、蚊、蝇 / 喷雾

广东省广州市泰祥白蚁防治工程有限公司 (广东省广州市海珠区新港东路27号江畔楼 510308 020-61169390)

WP20110126 硼酸·硫酸铜/12%/可溶液剂/硼酸 7%、硫酸铜 5%/2011.05.27 至 2016.05.27/低毒
卫生 白蚁、腐朽菌 1500毫克/千克 木材浸泡、喷涂

广东省广州市益农生化有限公司 (广东省广州市花都区新华镇工业大道18号 510800 020-86863970)

PD86148-61 异丙威/20%/乳油/异丙威 20%/2011.11.21 至 2016.11.21/中等毒
水稻 飞虱、叶蝉 450-600克/公顷 喷雾
PD86152-6 乙酰甲胺磷/40%/乳油/乙酰甲胺磷 40%/2011.11.21 至 2016.11.21/低毒
茶树 茶尺蠖 500-1000倍液 喷雾
柑橘树 介壳虫、螨 500-1000倍液 喷雾
棉花 棉铃虫、蚜虫 600-750克/公顷 喷雾
苹果树 食心虫 500-1000倍液 喷雾
蔬菜 菜青虫、蚜虫 500-1000倍液 喷雾
水稻 螟虫、叶蝉 600-750克/公顷 喷雾
小麦、玉米 黏虫、玉米螟 500-1000倍液 喷雾
烟草 烟青虫 500-1000倍液 喷雾
PD86176-5 乙酰甲胺磷/30%/乳油/乙酰甲胺磷 30%/2011.11.21 至 2016.11.21/低毒
柑橘树 介壳虫、螨 500-1000倍液 喷雾
果树 食心虫 500-1000倍液 喷雾
棉花 棉铃虫、蚜虫 450-900克/公顷 喷雾
蔬菜 菜青虫、蚜虫 337.5-540克/公顷 喷雾

水稻 螟虫、叶蝉 562.5-1012.5克/公顷 喷雾
小麦、玉米 黏虫、玉米螟 540-1080克/公顷 喷雾
烟草 烟青虫 450-900克/公顷 喷雾
PD20084406 高效氯氰菊酯/4.5%/乳油/高效氯氰菊酯 4.5%/2013.12.17 至 2018.12.17/低毒
十字花科蔬菜 菜青虫、小菜蛾、蚜虫 20.25-27克/公顷 喷雾
小麦 蚜虫 13.5-27克/公顷 喷雾
PD20085203 辛硫磷/40%/乳油/辛硫磷 40%/2013.12.23 至 2018.12.23/低毒
十字花科蔬菜 菜青虫 360-420克/公顷 喷雾
PD20086166 阿维·氯氰/5%/乳油/阿维菌素 0.2%、氯氰菊酯 4.8%/2013.12.30 至 2018.12.30/低毒(原药高毒)
十字花科蔬菜 小菜蛾 37.5-52.5克/公顷 喷雾
PD20090098 氯氰·敌敌畏/10%/乳油/敌敌畏 8%、氯氰菊酯 2%/2014.01.08 至 2019.01.08/中等毒
十字花科蔬菜 蚜虫 45-75克/公顷 喷雾
PD20091482 乐果/40%/乳油/乐果 40%/2014.02.02 至 2019.02.02/中等毒
十字花科蔬菜 蚜虫 480-600克/公顷 喷雾
PD20093806 草甘膦/30%/水剂/草甘膦 30%/2014.03.25 至 2019.03.25/低毒
茶园、剑麻园、梨园、苹果园、桑园、香蕉园、橡胶园 杂草 1125-2250克/公顷 定向茎叶喷雾
春玉米田、棉花田、夏玉米田 杂草 750-1650克/公顷 定向茎叶喷雾
柑橘园 杂草 1125-2250克/公顷 定向喷雾
PD20094580 井冈霉素/2.4%/水剂/井冈霉素 2.4%/2014.04.09 至 2019.04.09/低毒
水稻 纹枯病 150-187.5克/公顷 喷雾
PD20097583 丁草胺/50%/乳油/丁草胺 50%/2014.11.03 至 2019.11.03/低毒
移栽水稻田 稗草 1012.5-1275克/公顷 毒土法
PD20101442 杀虫双/18%/水剂/杀虫双 18%/2015.05.04 至 2020.05.04/低毒
水稻 三化螟 675-810克/公顷 喷雾
PD20110891 鱼藤酮/2.5%/乳油/鱼藤酮 2.5%/2011.08.16 至 2016.08.16/中等毒
甘蓝 蚜虫 37.5-56.25克/公顷 喷雾

广东省广州市越秀区恒利卫生用品厂 (广东省广州市越秀区广园中路景泰直街68号202室 510405 020-86576997)

WP20090162 高氯·胺菊/3%/微乳剂/胺菊酯 1%、高效氯氰菊酯 2%/2014.03.05 至 2019.03.05/低毒
卫生 蚊、蝇、蜚蠊 20毫克/平方米 滞留喷洒
WP20090251 杀虫喷射剂/0.3%/喷射剂/胺菊酯 0.1%、高效氯氰菊酯 0.2%/2014.04.27 至 2019.04.27/微毒
卫生 蚊 / 喷射
WP20090299 杀虫气雾剂/0.3%/气雾剂/胺菊酯 0.1%、高效氯氰菊酯 0.2%/2014.07.15 至 2019.07.15/微毒
卫生 蚊、蝇、蜚蠊 / 喷雾
WP20100159 氯氰·胺菊/8%/乳油/胺菊酯 2%、氯氰菊酯 6%/2015.12.14 至 2020.12.14/低毒
卫生 蚊、蝇、蜚蠊 48毫克/100平方米 喷洒

广东省广州市智灵公共卫生研究所 (广东省广州市天河区中山大道89号B8层北12号 510630 020-85560984)

WP20090205 氯菊·烯丙菊/5%/微乳剂/Es-生物烯丙菊酯 1%、氯菊酯 4%/2014.03.25 至 2019.03.25/低毒
卫生 蚊、蝇、蜚蠊 / 滞留喷洒
WP20100016 杀虫热雾剂/1%/热雾剂/氯氰菊酯 1%/2015.01.14 至 2020.01.14/低毒
卫生 蜚蠊 / /
WL20130029 烯丙·氯氰/4%/水乳剂/Es-生物烯丙菊酯 1%、氯氰菊酯 3%/2015.07.29 至 2016.07.29/低毒
室内 蚊、蝇 30倍液 喷雾

广东省广州市中达生物工程有限公司 (广东省广州市白云区大岭南路10号自编2号 510460 020-86607186)

PD20095403 多·福/40%/可湿性粉剂/多菌灵 10%、福美双 30%/2014.04.27 至 2019.04.27/低毒
葡萄 霜霉病 1000-1250毫克/千克 喷雾
PD20096252 阿维·高氯/3%/乳油/阿维菌素 0.2%、高效氯氰菊酯 2.8%/2014.07.15 至 2019.07.15/低毒(原药高毒)
十字花科蔬菜 菜青虫、小菜蛾 13.5-27克/公顷 喷雾
PD20096705 吡虫·杀虫单/35%/可湿性粉剂/吡虫啉 1%、杀虫单 34%/2014.09.07 至 2019.09.07/中等毒
水稻 稻飞虱、稻纵卷叶螟、二化螟、三化螟 450-750克/公顷 喷雾
PD20096742 斜纹夜蛾核型多角体病毒/10亿PIB/克/可湿性粉剂/斜纹夜蛾核型多角体病毒 10亿PIB/克/2014.09.07 至 2019.09.07/低毒
十字花科蔬菜 斜纹夜蛾 600-750克制剂/公顷 喷雾
PD20096743 斜纹夜蛾核型多角体病毒/300亿PIB/克/母药/斜纹夜蛾核型多角体病毒 300亿PIB/克/2014.09.07 至 2019.09.07/低毒
PD20132526 甜菜夜蛾核型多角体病毒/10亿PIB/毫升/悬浮剂/甜菜夜蛾核型多角体病毒 10亿PIB/毫升/2013.12.16 至 2018.12.16/低毒
甘蓝 甜菜夜蛾 750-1500毫升制剂/公顷 喷雾
PD20132627 斜纹夜蛾核型多角体病毒/10亿PIB/毫升/悬浮剂/斜纹夜蛾核型多角体病毒 10亿PIB/毫升/2013.12.20 至 2018.12.20/低毒
甘蓝 斜纹夜蛾 750-1125毫升制剂/公顷 喷雾
WP20150202 杀蚁饵剂/0.05%/饵剂/氟虫腈 0.05%/2015.09.23 至 2020.09.23/低毒

卫生 红火蚁 5-10克/蚁巢 环状撒施于蚁巢附近

广东省广州新天地化学实业有限公司 （广东省广州市天河区黄埔大道中87号 510630 020-85675260)

PD20082245 溴敌隆/0.005%/毒饵/溴敌隆 0.005%/2013.11.27 至 2018.11.27/高毒
室内 家鼠 10-20克制剂/平方米 堆施或穴施

WP20110144 高效氯氰菊酯/5%/悬浮剂/高效氯氰菊酯 5%/2011.06.13 至 2016.06.13/低毒
卫生 蚊、蝇、蜚蠊 玻璃面：60毫克/平方米；木板面：100毫克/平方米；石灰板面：200毫克/平方米 滞留喷洒

WP20110226 氯氰·氯菊/6%/微乳剂/氯菊酯 3%、氯氰菊酯 3%/2011.10.10 至 2016.10.10/低毒
卫生 蚊、蝇 0.6毫克/平方米 喷洒

WP20120134 高效氯氟氰菊酯/2.5%/悬浮剂/高效氯氟氰菊酯 2.5%/2012.07.19 至 2017.07.19/中等毒
卫生 蚊、蝇、蜚蠊 0.6克制剂/100平方米 喷洒

WP20130083 杀蟑热雾剂//热雾剂/残杀威 1%、氯氰菊酯 1.5%/2013.05.02 至 2018.05.02/低毒
卫生 蜚蠊 60毫克/立方米 喷雾

WP20130089 杀虫粉剂/2%/粉剂/吡虫啉 2%/2013.05.07 至 2018.05.07/低毒
蚊虫滋生地 蚊(幼虫) 3克制剂/平方米 撒施

广东省化州市天力化工有限公司 （广东省茂名市化州市人民南路 525100 0668-7354178)

PD20091206 阿维·高氯/1%/乳油/阿维菌素 0.2%、高效氯氰菊酯 0.8%/2014.02.01 至 2019.02.01/低毒(原药高毒)
甘蓝 小菜蛾 7.5-10.5克/公顷 喷雾

PD20091628 高氯·辛乳油/22%/乳油/高效氯氰菊酯 1.7%、辛硫磷 20.3%/2014.02.03 至 2019.02.03/低毒
荔枝树 卷叶虫 110-147毫克/千克 喷雾

PD20094739 高效氯氟氰菊酯/25克/升/乳油/高效氯氟氰菊酯 25克/升/2014.04.10 至 2019.04.10/中等毒
果菜、叶菜 菜青虫 7.5-15克/公顷 喷雾

PD20100820 速灭威/20%/乳油/速灭威 20%/2015.01.19 至 2020.01.19/低毒
水稻 稻飞虱 450-600克/公顷 喷雾

PD20131480 草甘膦铵盐/68%/可溶粒剂/草甘膦 68%/2013.07.05 至 2018.07.05/低毒
柑橘园 杂草 1155-2310克/公顷 定向茎叶喷雾
注:草甘膦铵盐含量74.7%。

PD20142397 草甘膦异丙胺盐/30%/水剂/草甘膦 30%/2014.11.06 至 2019.11.06/低毒
非耕地 杂草 900-1800克/公顷 茎叶喷雾
注:草甘膦异丙胺盐含量为41%。

PD20151417 丁硫克百威/5%/颗粒剂/丁硫克百威 5%/2015.07.30 至 2020.07.30/低毒
甘蔗 蔗螟 2137.5-2400克/公顷 药土撒施

PD20152680 草铵膦/200克/升/水剂/草铵膦 200克/升/2015.12.23 至 2020.12.23/低毒
非耕地 杂草 1200-1500克/公顷 茎叶喷雾

广东省江门市新会区农得丰有限公司 （广东省江门市新会区会城镇河口工业大道 529100 0750-6317240)

PD20084163 克百威/3%/颗粒剂/克百威 3%/2013.12.16 至 2018.12.16/中等毒(原药高毒)
甘蔗 螟虫 1350-2250克/公顷 沟施

PD20090083 丁硫克百威/5%/颗粒剂/丁硫克百威 5%/2014.01.08 至 2019.01.08/低毒
甘蔗 螟虫 2250-3750克/公顷 沟施
水稻 稻水象甲 1500-2250克/公顷 撒施

PD20110081 联苯菊酯/0.2%/颗粒剂/联苯菊酯 0.2%/2016.01.21 至 2021.01.21/低毒
甘蓝 小地老虎 90-150克/公顷 撒施

PD20140457 毒死蜱/5%/颗粒剂/毒死蜱 5%/2014.02.25 至 2019.02.25/低毒
水稻 稻瘿蚊 1350-1500克/公顷 撒施

PD20151013 苄·丁/0.21%/颗粒剂/苄嘧磺隆 0.01%、丁草胺 0.2%/2015.06.12 至 2020.06.12/低毒
水稻移栽田 一年生杂草 630-945克/公顷 撒施

LS20120349 联苯·噻虫胺/1%/颗粒剂/联苯菊酯 0.5%、噻虫胺 0.5%/2014.10.16 至 2015.10.16/低毒
甘蓝 黄条跳甲 450－600克/公顷 撒施
甘蔗 蔗龟 450－600克/公顷 撒施

LS20140309 噻虫胺/0.5%/颗粒剂/噻虫胺 0.5%/2015.10.21 至 2016.10.21/低毒
甘蓝 黄条跳甲 300-375克/公顷 拌土穴施
甘蔗 蔗螟 225-375克/公顷 撒施

广东省蕉岭县嘉福香业有限公司 （广东省蕉岭县广福镇乐干工业园区 514165 0753-7545843)

WP20100110 蚊香/0.2%/蚊香/Es-生物烯丙菊酯 0.2%/2015.08.09 至 2020.08.09/微毒
卫生 蚊 / 点燃

WP20110108 蚊香/0.3%/蚊香/富右旋反式烯丙菊酯 0.3%/2016.04.22 至 2021.04.22/微毒
卫生 蚊 / 点燃

广东省揭东县雪美化妆品有限公司 （广东省揭阳市揭东县白塔镇南工业区 515526 0663-3594988)

WP20080336 杀虫气雾剂/0.3%/气雾剂/胺菊酯 0.2%、高效氯氰菊酯 0.1%/2013.12.09 至 2018.12.09/低毒
卫生 蚊、蝇、蜚蠊 / 喷雾

广东省揭阳市渔湖中学为民蚂蚁药厂 （广东省揭阳市渔湖中学 522000 0663-8779030)

WP20090105　杀蚁饵剂/0.5%/毒饵/胺菊酯 0.45%、氯氰菊酯 0.05%/2014.02.05 至 2019.02.05/低毒
卫生　蚂蚁　投放

广东省揭阳市泓泰百货有限公司　(广东省揭阳市榕城区西环城路三房巷27号　522000　0663-8601199)

WP20080282　蚊香/0.2%/蚊香/富右旋反式烯丙菊酯 0.2%/2013.12.01 至 2018.12.01/低毒
卫生　蚊　/　点燃

广东省揭阳市榕城区榕东潮洲灭蚁药厂　(广东省揭阳市榕城区新兴东路梅兜中路桥边　522000　0663-8675468)

WP20070006　杀白蚁膏/0.84%/膏剂/胺菊酯 0.80%、顺式氯氰菊酯 0.04%/2012.05.08 至 2017.05.08/低毒
卫生　白蚁　/　投放

WP20070009　灭蚁饵剂/0.47%/饵剂/胺菊酯 0.45%、顺式氯氰菊酯 0.02%/2012.05.30 至 2017.05.30/低毒
卫生　蚂蚁　20克制剂/平方米　投放

WP20070011　杀虫粉剂/0.18%/粉剂/氰戊菊酯 0.05%、溴氰菊酯 0.13%/2012.06.07 至 2017.06.07/低毒
卫生　蜚蠊　3.0克制剂/平方米　撒布

广东省开平市马冈镇达豪粘胶日用制品厂　(广东省开平市马冈镇涧渡路口　529353　0750-2877079)

WP20070025　杀蟑饵剂/2%/饵剂/残杀威 2%/2012.11.28 至 2017.11.28/低毒
卫生　蜚蠊　/　投放

WP20110059　杀蟑笔剂/1%/笔剂/高效氯氰菊酯 1%/2011.02.28 至 2016.02.29/低毒
卫生　蜚蠊　3克制剂/平方米　涂抹

广东省雷州市天品有限公司　(广东省雷州市广海北路269号　524200　0759-8892666)

WP20120176　蚊香/0.2%/蚊香/富右旋反式烯丙菊酯 0.2%/2012.09.12 至 2017.09.12/微毒
卫生　蚊　/　点燃

WP20130105　蚊香/0.26%/蚊香/富右旋反式烯丙菊酯 0.25%、四氟醚菊酯 0.01%/2013.05.20 至 2018.05.20/微毒
卫生　蚊　/　点燃

广东省陆丰市东海丰富日用化学品厂　(广东省陆丰市东海金驿市场一排二幢B面1-2号　516500　0660-8824815)

WP20140151　蚊香/0.13%/蚊香/Es-生物烯丙菊酯 0.08%、炔丙菊酯 0.05%/2014.06.30 至 2019.06.30/微毒
室内　蚊　/　点燃

广东省陆丰市飞龙实业有限公司　(广东省陆丰市人民东路12号　516500　0660-8824300)

WP20070037　蚊香/0.3%/蚊香/富右旋反式烯丙菊酯 0.3%/2012.12.03 至 2017.12.03/低毒
卫生　蚊　/　点燃

WP20130199　电热蚊香液/1.1%/电热蚊香液/炔丙菊酯 1.1%/2013.09.24 至 2018.09.24/微毒
室内　蚊　/　电热加温

WP20130201　电热蚊香片/15毫克/片/电热蚊香片/炔丙菊酯 15毫克/片/2013.09.25 至 2018.09.25/微毒
室内　蚊　/　电热加温

广东省陆丰市港达日用化学品厂　(广东省陆丰市潭西广汕公路南侧上埔路口　516500　0660-8966066)

WP20080320　杀虫气雾剂/0.66%/气雾剂/胺菊酯 0.26%、氯菊酯 0.40%/2013.12.05 至 2018.12.05/低毒
卫生　蜚蠊、蚊、蝇　/　喷雾

广东省陆丰市通达精细化工厂　(广东省陆丰市亚太工业城　516500　0660-8821790)

WP20080347　杀虫气雾剂/0.8%/气雾剂/胺菊酯 0.5%、氯菊酯 0.3%/2013.12.09 至 2018.12.09/微毒
卫生　蚊、蝇、蜚蠊　/　喷雾

广东省陆丰裕达企业发展公司　(广东省陆丰市河东青山仔　516500　0660-8824076)

WPN33-2000　杀虫气雾剂/0.38%/气雾剂/胺菊酯 0.15%、高效氯氰菊酯 0.20%、氯菊酯 0.03%/2015.02.02 至 2020.02.02/低毒
卫生　蜚蠊、蚊、蝇　/　喷雾

WP20090321　电热蚊香片/12.5毫克/片/电热蚊香片/炔丙菊酯 12.5毫克/片/2014.09.15 至 2019.09.15/微毒
卫生　蚊　/　电热加温

WP20090322　蚊香/0.3%/蚊香/富右旋反式烯丙菊酯 0.3%/2014.09.15 至 2019.09.15/微毒
卫生　蚊　/　点燃

广东省罗定市永安化工有限责任公司　(广东省云浮市罗定市双东镇白荷烟墩村　527200　0766-3903368)

PD84104-50　杀虫双/18%/水剂/杀虫双 18%/2014.10.12 至 2019.10.12/中等毒
甘蔗、蔬菜、水稻、小麦、玉米　多种害虫　540-675克/公顷　喷雾
果树　多种害虫　225-360毫克/千克　喷雾

PD86121　田安/5%/水剂/田安 5%/2011.11.22 至 2016.11.22/低毒
水稻　纹枯病　150克/公顷　均匀喷雾

WL20140021　杀蚁饵剂/1%/饵剂/氟虫胺 1%/2015.09.02 至 2016.09.02/低毒
卫生　红火蚁　15-20克制剂量/巢　撒施

广东省汕头市哈神实业有限公司　(广东省汕头市升平工业区沿河路12号　515021　0754-2528550)

WP20080367　蚊香/0.3%/蚊香/富右旋反式烯丙菊酯 0.3%/2013.12.10 至 2018.12.10/微毒
卫生　蚊　/　点燃

WP20080467　杀虫气雾剂/0.29%/气雾剂/右旋胺菊酯 0.14%、右旋苯醚氰菊酯 0.15%/2013.12.16 至 2018.12.16/微毒
卫生　蚊、蝇、蜚蠊　/　喷雾

WP20080545　电热蚊香液/0.8%/电热蚊香液/炔丙菊酯 0.8%/2013.12.24 至 2018.12.24/微毒
卫生　蚊　/　电热加温

WP20080578　电热蚊香片/10毫克/片/电热蚊香片/炔丙菊酯 10毫克/片/2013.12.29 至 2018.12.29/微毒
卫生　蚊　/　电热加温

广东省汕头市宏光化工有限公司　（广东省汕头市澄海区溪南中心工业区金山路　515832　0754-85757038）

PD20083793　丙环唑/25%/乳油/丙环唑 25%/2013.12.15 至 2018.12.15/低毒
香蕉　叶斑病　250-500毫克/千克　喷雾

PD20085173　阿维菌素/1.8%/可湿性粉剂/阿维菌素 1.8%/2013.12.23 至 2018.12.23/低毒(原药高毒)
十字花科蔬菜　小菜蛾　8.1-10.8克/公顷　喷雾

PD20086099　腈菌·咪鲜胺/25%/乳油/腈菌唑 15%、咪鲜胺 10%/2013.12.30 至 2018.12.30/低毒
香蕉　叶斑病　200-250毫克/千克　喷雾

PD20091886　阿维·甲氰/5.1%/可湿性粉剂/阿维菌素 0.1%、甲氰菊酯 5%/2014.02.09 至 2019.02.09/低毒(原药高毒)
十字花科蔬菜　小菜蛾　30.6-45.9克/公顷　喷雾

PD20095037　阿维·辛硫磷/20.15%/乳油/阿维菌素 0.15%、辛硫磷 20%/2014.04.21 至 2019.04.21/低毒(原药高毒)
十字花科蔬菜　小菜蛾　120.9-181.35克/公顷　喷雾

广东省汕头市雅百莉化妆品有限公司　（广东省汕头市护堤路马西北二街13号　515000　0754-2482489）

WP20100116　驱蚊花露水/5%/驱蚊花露水/避蚊胺 5%/2015.09.21 至 2020.09.21/微毒
卫生　蚊　/　涂抹

广东省汕头市友情精细化工实业有限公司　（广东省汕头市潮阳区平北工业区中街9号　515100　0754-8720066）

WP20080319　杀虫气雾剂/0.43%/气雾剂/胺菊酯 0.08%、富右旋反式烯丙菊酯 0.20%、氯菊酯 0.15%/2013.12.05 至2018.12.05/低毒
卫生　蜚蠊、蚊、蝇　/　喷雾

广东省汕头市倩芬化妆品实业有限公司　（广东省汕头市潮南区峡山镇东沟工业区　515144　0661-7909138）

WP20080352　杀虫气雾剂/0.6%/气雾剂/胺菊酯 0.4%、高效氯氰菊酯 0.2%/2013.12.09 至 2018.12.09/低毒
卫生　蚊、蝇、蜚蠊　/　喷雾

广东省深圳市沃科生物工程有限公司　（广东省深圳市龙岗区坪山镇三洋湖工业大道19栋　518118　0755-84641294）

PD20070045　氯·辛/25%/乳油/氯氰菊酯 5%、辛硫磷 20%/2012.03.06 至 2017.03.06/低毒
十字花科蔬菜　菜青虫　112.5-187.5克/公顷　喷雾

PD20081575　三唑锡/20%/悬浮剂/三唑锡 20%/2013.11.12 至 2018.11.12/低毒
柑橘树　红蜘蛛　133-200毫克/千克　喷雾

PD20082047　多·福/50%/可湿性粉剂/多菌灵 25%、福美双 25%/2013.11.25 至 2018.11.25/低毒
梨树　黑星病　300-500倍液（1000-1667毫克/千克）　喷雾

PD20082819　四螨嗪/20%/悬浮剂/四螨嗪 20%/2013.12.09 至 2018.12.09/低毒
柑橘树　红蜘蛛　100-200毫克/千克　喷雾

PD20083504　氯氰·毒死蜱/24%/乳油/毒死蜱 20%、氯氰菊酯 4%/2013.12.12 至 2018.12.12/中等毒
荔枝树　蒂蛀虫　120-160毫克/千克　喷雾

PD20083710　阿维·高氯/1.65%/乳油/阿维菌素 0.15%、高效氯氰菊酯 1.5%/2013.12.15 至 2018.12.15/低毒(原药高毒)
十字花科蔬菜　小菜蛾　9.9-14.85克/公顷　喷雾

PD20084053　苏云金杆菌/16000IU/毫克/可湿性粉剂/苏云金杆菌 16000IU/毫克/2013.12.16 至 2018.12.16/低毒
十字花科蔬菜　小菜蛾　750-1125克制剂/公顷　喷雾

PD20085607　苏云金杆菌/8000IU/毫克/可湿性粉剂/苏云金杆菌 8000IU/毫克/2013.12.25 至 2018.12.25/低毒
十字花科蔬菜　小菜蛾　1500-2250克制剂/公顷　喷雾

PD20085836　灭胺·毒死蜱/25%/可湿性粉剂/毒死蜱 20%、灭蝇胺 5%/2013.12.29 至 2018.12.29/低毒
黄瓜　美洲斑潜蝇　112.5-187.5克/公顷　喷雾

PD20086137　丙森锌/70%/可湿性粉剂/丙森锌 70%/2013.12.30 至 2018.12.30/低毒
番茄　早疫病　1200-1680克/公顷　喷雾

PD20090300　阿维·苏云菌//可湿性粉剂/阿维菌素 0.15%、苏云金杆菌 100亿活芽孢/克/2014.01.12 至 2019.01.12/低毒(原药高毒)
十字花科蔬菜　小菜蛾　750-900克制剂/公顷　喷雾

PD20090776　阿维·四螨嗪/5.1%/可湿性粉剂/阿维菌素 0.1%、四螨嗪 5%/2014.01.19 至 2019.01.19/低毒(原药高毒)
柑橘树　红蜘蛛　34-51毫克/千克　喷雾

PD20091255　阿维·甲氰/5.1%/可湿性粉剂/阿维菌素 0.1%、甲氰菊酯 5%/2014.02.01 至 2019.02.01/低毒(原药高毒)
甘蓝　小菜蛾　30.6-45.9克/公顷　喷雾

PD20091832　硫磺·甲硫灵/70%/可湿性粉剂/甲基硫菌灵 25%、硫磺 45%/2014.02.06 至 2019.02.06/低毒
黄瓜　白粉病　840-1050克/公顷　喷雾

PD20092285　咪鲜胺/25%/乳油/咪鲜胺 25%/2014.02.24 至 2019.02.24/低毒
水稻　恶苗病　2000-4000倍液　浸种

PD20093193　阿维·三唑锡/12.15%/可湿性粉剂/阿维菌素 0.15%、三唑锡 12%/2014.03.11 至 2019.03.11/低毒(原药高毒)
柑橘树　红蜘蛛　81-121.5毫克/千克　喷雾

PD20093829　烯唑醇/12.5%/可湿性粉剂/烯唑醇 12.5%/2014.03.25 至 2019.03.25/低毒
梨树　黑星病　3000-4000倍液　喷雾

PD20097155　丙环唑/250克/升/乳油/丙环唑 250克/升/2014.10.16 至 2019.10.16/低毒
香蕉　叶斑病　250－500毫克/千克　喷雾

PD20100015　甲氰·噻螨酮/7.5%/乳油/甲氰菊酯 5%、噻螨酮 2.5%/2015.01.04 至 2020.01.04/中等毒
柑橘树　红蜘蛛　75-100克/公顷　喷雾

PD20101229　复硝酚钠/1.4%/水剂/复硝酚钠 1.4%/2015.03.01 至 2020.03.01/低毒
黄瓜　调节生长、增产　3000-4000倍液　兑水喷雾

广东省四会市农药厂　（广东省肇庆市四会市东城区北三棵榕　526200　0758-3323364）

PD85131-12 井冈霉素/2.4%、4%/水剂/井冈霉素A 2.4%、4%/2015.08.15 至 2020.08.15/低毒
水稻 纹枯病 150-187.5克/公顷 喷雾,泼浇
PD88109-14 井冈霉素/20%/水溶粉剂/井冈霉素 20%/2013.11.25 至 2018.11.25/低毒
水稻 纹枯病 75-112.5克/公顷 喷雾、泼浇
PD20095270 氯氰菊酯/5%/乳油/氯氰菊酯 5%/2014.04.27 至 2019.04.27/低毒
甘蓝 菜青虫 37.5-40克/公顷 喷雾
PD20100544 井冈霉素/2.4%/可溶粉剂/井冈霉素 2.4%/2015.01.14 至 2020.01.14/低毒
水稻 纹枯病 150-187.5克/公顷 喷雾
PD20140459 阿维·啶虫脒/12.5%/微乳剂/阿维菌素 2.5%、啶虫脒 10%/2014.02.25 至 2019.02.25/低毒(原药高毒)
茄子 白粉虱 28.125-37.5克/公顷 喷雾

广东省遂溪县农药厂 (广东省湛江市遂溪县城遂海路白泥坡 524300 0759-7732768)

PD20097664 克百威/3%/颗粒剂/克百威 3%/2014.11.04 至 2019.11.04/高毒
甘蔗 蚜虫、蔗龟 1350-2250克/公顷 沟施

广东省台山市日用化工厂 (广东省江门市台山市大江镇公益侨园新村一号 529259 0750-5411298)

WP20090330 防蛀防霉片剂/98%/片剂/对二氯苯 98%/2014.09.23 至 2019.09.23/低毒
卫生 黑皮蠹、青霉菌 40克制剂/立方米 投放
WP20090378 防蛀球剂/94%/球剂/樟脑 94%/2014.12.08 至 2019.12.08/低毒
卫生 黑皮蠹 200克制剂/立方米 投放
WP20100009 防蛀防霉球剂/98%/球剂/对二氯苯 98%/2015.01.11 至 2020.01.11/低毒
卫生 黑皮蠹、青霉菌 40克制剂/立方米 投放
WP20100026 防蛀片剂/94%/防蛀片/樟脑 94%/2015.01.19 至 2020.01.19/低毒
卫生 黑皮蠹 200克制剂/立方米 投放

广东省英德广农康盛化工有限责任公司 (广东省清远市英德市沙口镇红丰管理区 513052 0763-2551401)

PD84104-19 杀虫双/18%/水剂/杀虫双 18%/2015.02.02 至 2020.02.02/中等毒
甘蔗、蔬菜、水稻、小麦、玉米 多种害虫 540-675克/公顷 喷雾
果树 多种害虫 225-360毫克/千克 喷雾
PD85105-35 敌敌畏/80%/乳油/敌敌畏 77.5%(气谱法)/2011.09.13 至 2016.09.13/中等毒
茶树 食叶害虫 600克/公顷 喷雾
粮仓 多种储藏害虫 1)400-500倍液2)0.4-0.5克/立方米 1)喷雾2)挂条熏蒸
棉花 蚜虫、造桥虫 600-1200克/公顷 喷雾
苹果树 小卷叶蛾、蚜虫 400-500毫克/千克 喷雾
青菜 菜青虫 600克/公顷 喷雾
桑树 尺蠖 600克/公顷 喷雾
卫生 多种卫生害虫 1)300-400倍液2)0.08克/立方米 1)泼洒2)挂条熏蒸
小麦 黏虫、蚜虫 600克/公顷 喷雾
PD85121-9 乐果/40%/乳油/乐果 40%/2015.06.28 至 2020.06.28/中等毒
茶树 蚜虫、叶蝉、螨 1000-2000倍液 喷雾
甘薯 小象甲 2000倍液 浸鲜薯片诱杀
柑橘树、苹果树 鳞翅目幼虫、蚜虫、螨 800-1600倍液 喷雾
棉花 蚜虫、螨 450-600克/公顷 喷雾
蔬菜 蚜虫、螨 300-600克/公顷 喷雾
水稻 飞虱、螟虫、叶蝉 450-600克/公顷 喷雾
烟草 蚜虫、烟青虫 300-600克/公顷 喷雾
PD86148-55 异丙威/20%/乳油/异丙威 20%/2011.07.31 至 2016.07.31/中等毒
水稻 飞虱、叶蝉 450-600克/公顷 喷雾
PD86152-4 乙酰甲胺磷/40%/乳油/乙酰甲胺磷 40%/2011.09.13 至 2016.09.13/低毒
茶树 茶尺蠖 500-1000倍液 喷雾
柑橘树 介壳虫、螨 500-1000倍液 喷雾
棉花 棉铃虫、蚜虫 600-750克/公顷 喷雾
苹果树 食心虫 500-1000倍液 喷雾
蔬菜 菜青虫、蚜虫 500-1000倍液 喷雾
水稻 螟虫、叶蝉 600-750克/公顷 喷雾
小麦、玉米 黏虫、玉米螟 500-1000倍液 喷雾
烟草 烟青虫 500-1000倍液 喷雾
PD86177-4 乐果/96%/原药/乐果 96%/2011.07.31 至 2016.07.31/中等毒
PD20040799 哒螨灵/15%/乳油/哒螨灵 15%/2014.12.19 至 2019.12.19/中等毒
柑橘树 红蜘蛛 50-67毫克/千克 喷雾
PD20050003 氯氰菊酯/10%/乳油/氯氰菊酯 10%/2015.01.04 至 2020.01.04/中等毒
棉花 棉铃虫、棉蚜 45-90克/公顷 喷雾
十字花科蔬菜 菜青虫 30-45克/公顷 喷雾
PD20050004 氯氰菊酯/5%/乳油/氯氰菊酯 5%/2015.01.04 至 2020.01.04/中等毒

棉花 棉铃虫、棉蚜 45-90克/公顷 喷雾

十字花科蔬菜 菜青虫 30-45克/公顷 喷雾

PD20080358 氯氰菊酯/95%/原药/氯氰菊酯 95%/2013.02.28 至 2018.02.28/中等毒

PD20080361 高效氯氰菊酯/95%/原药/高效氯氰菊酯 95%/2013.02.28 至 2018.02.28/低毒

PD20080363 乙草胺/93%/原药/乙草胺 93%/2013.02.28 至 2018.02.28/低毒

PD20080364 高效氯氰菊酯/27%/母药/高效氯氰菊酯 27%/2013.02.28 至 2018.02.28/中等毒

PD20080402 高效氯氟氰菊酯/95%/原药/高效氯氟氰菊酯 95%/2013.02.28 至 2018.02.28/中等毒

PD20081480 乙草胺/88%/乳油/乙草胺 88%/2013.11.04 至 2018.11.04/低毒

花生田 一年生杂草 制剂用量：1023-1500毫升公顷；68-100毫升/亩 播后苗前土壤喷雾

PD20081672 乐果/50%/乳油/乐果 50%/2013.11.17 至 2018.11.17/中等毒

十字花科蔬菜 蚜虫 450-600克/公顷 喷雾

PD20081718 乙草胺/50%/乳油/乙草胺 50%/2013.11.18 至 2018.11.18/低毒

大豆田 一年生禾本科杂草及小粒阔叶杂草 1)1200-1875克/公顷(东北地区)2)750-1050克/公顷(其它地区) 播后、苗前土壤喷雾处理

花生田 一年生禾本科杂草及小粒阔叶杂草 975-1200克/公顷 播后苗前土壤喷雾处理(覆膜时药量酌减)

油菜田 一年生禾本科杂草及小粒阔叶杂草 525-750克/公顷 栽前或移栽后3天喷雾

玉米田 一年生禾本科杂草及小粒阔叶杂草 1)900-1875克/公顷(东北地区)2)750-1050克/公顷(其它地区) 播后或苗期喷雾

PD20081810 草甘膦异丙胺盐/41%/水剂/草甘膦异丙胺盐 41%/2013.11.19 至 2018.11.19/低毒

柑橘园 杂草 1050-3750g/ha 定向茎叶喷雾

PD20082021 高效氯氟氰菊酯/25克/升/乳油/高效氯氟氰菊酯 25克/升/2013.11.25 至 2018.11.25/中等毒

茶树 茶尺蠖 7.5-15克/公顷 喷雾喷雾

茶树 茶小绿叶蝉 22.5-37.5克/公顷 喷雾

棉花 红铃虫、棉铃虫、蚜虫 15-30克/公顷 喷雾

叶菜类蔬菜 菜青虫 7.5-15克/公顷 喷雾

PD20084251 毒死蜱/40%/乳油/毒死蜱 40%/2013.12.17 至 2018.12.17/中等毒

水稻 稻飞虱 540-720克/公顷 喷雾

PD20084510 毒死蜱/97%/原药/毒死蜱 97%/2013.12.18 至 2018.12.18/中等毒

PD20085475 高效氯氰菊酯/4.5%/乳油/高效氯氰菊酯 4.5%/2013.12.25 至 2018.12.25/中等毒

茶树 茶尺蠖、茶小绿叶蝉 20.25-40.5克/公顷 喷雾

果菜、叶菜 蚜虫 20.25-33.75克/公顷 喷雾

马铃薯 二十八星瓢虫 15-30克/公顷 喷雾

棉花 红铃虫、棉铃虫、蚜虫 27-54克/公顷 喷雾

小麦 蚜虫 13.5-27克/公顷 喷雾

烟草 蚜虫、烟青虫 13.5-27克/公顷 喷雾

PD20090256 氰戊·乐果/40%/乳油/乐果 39.2%、氰戊菊酯 0.8%/2014.01.09 至 2019.01.09/中等毒

棉花 蚜虫 150-225克/公顷 喷雾

十字花科蔬菜 蚜虫 150-195克/公顷 喷雾

小麦 蚜虫 90克/公顷 喷雾

PD20091397 氯氰·敌敌畏/25%/乳油/敌敌畏 22%、氯氰菊酯 3%/2014.02.02 至 2019.02.02/中等毒

十字花科蔬菜 菜青虫 150-225克/公顷 喷雾

PD20091705 氯氰·辛硫磷/20%/乳油/氯氰菊酯 2%、辛硫磷 18%/2014.02.03 至 2019.02.03/中等毒

十字花科蔬菜 菜青虫 90-150克/公顷 喷雾

PD20092286 氯氰·毒死蜱/522.5克/升/乳油/毒死蜱 475克/升、氯氰菊酯 47.5克/升/2014.02.24 至 2019.02.24/中等毒

十字花科蔬菜叶菜 菜青虫 313.5-470.25克/公顷 喷雾

PD20092460 苄·丁/30%/可湿性粉剂/苄嘧磺隆 1.5%、丁草胺 28.5%/2014.02.25 至 2019.02.25/低毒

水稻抛秧田 一年生及部分多年生杂草 540-720克/公顷(南方地区) 药土法

PD20094958 高效氯氰菊酯/4.5%/微乳剂/高效氯氰菊酯 4.5%/2014.04.21 至 2019.04.21/中等毒

十字花科蔬菜 菜青虫 20.25-33.75克/公顷 喷雾

PD20096435 滴酯·丁草胺/35%/乳油/2,4-滴丁酯 9.5%、丁草胺 25.5%/2014.08.05 至 2019.08.05/低毒

水稻田 一年生杂草 420-525克/公顷 毒土法

PD20110231 克菌丹/95%/原药/克菌丹 95%/2011.02.28 至 2016.02.29/低毒

PD20110478 顺式氯氰菊酯/95%/原药/顺式氯氰菊酯 95%/2011.04.22 至 2016.04.22/中等毒

PD20110692 萎锈灵/98%/原药/萎锈灵 98%/2011.06.22 至 2016.06.22/低毒

PD20120574 联苯菊酯/96%/原药/联苯菊酯 96%/2012.03.28 至 2017.03.28/中等毒

PD20120732 棉隆/98%/微粒剂/棉隆 98%/2012.05.03 至 2017.05.03/低毒

注:专供出口,不得在国内销售.

PD20120733 克菌丹/50%/可湿性粉剂/克菌丹 50%/2012.05.03 至 2017.05.03/低毒

番茄 灰霉病 1162.5-1425克/公顷 喷雾

PD20120871 克菌丹/80%/水分散粒剂/克菌丹 80%/2012.05.24 至 2017.05.24/低毒
苹果树 轮纹病 940-1230毫克/千克 喷雾
PD20121006 甜菜安/96%/原药/甜菜安 96%/2012.06.21 至 2017.06.21/低毒
注:专供出口,不得在国内销售。
PD20121210 甜菜宁/97%/原药/甜菜宁 97%/2012.08.10 至 2017.08.10/低毒
PD20131643 克菌丹/40%/悬浮剂/克菌丹 40%/2013.07.30 至 2018.07.30/低毒
注:专供出口,不得在国内销售。
PD20131719 噻呋酰胺/96%/原药/噻呋酰胺 96%/2013.08.16 至 2018.08.16/低毒
PD20132185 克菌丹/90%/水分散粒剂/克菌丹 90%/2013.10.29 至 2018.10.29/低毒
注:专供出口,不得在国内销售。
PD20141689 棉隆/98%/原药/棉隆 98%/2014.06.30 至 2019.06.30/低毒
PD20142266 土菌灵/96%/原药/土菌灵 96%/2014.10.20 至 2019.10.20/低毒
注:专供出口,不得在国内销售。
PD20150924 克菌丹/50%/可湿性粉剂/克菌丹 50%/2015.06.10 至 2020.06.10/低毒
番茄 灰霉病 1162.5-1425克/公顷 喷雾
PD20151689 甜菜安/96%/原药/甜菜安 96%/2015.08.28 至 2020.08.28/低毒
PD20152458 联苯肼酯/97%/原药/联苯肼酯 97%/2015.12.04 至 2020.12.04/低毒
PD20152552 克菌丹/80%/水分散粒剂/克菌丹 80%/2015.12.05 至 2020.12.05/低毒
苹果树 轮纹病 940-1230毫克/千克 喷雾
LS20120070 抑芽丹/99.6%/原药/抑芽丹 99.6%/2014.03.07 至 2015.03.07/低毒
WP20070036 顺式氯氰菊酯/5%/可湿性粉剂/顺式氯氰菊酯 5%/2012.12.03 至 2017.12.03/低毒
卫生 蜚蠊 30-60毫克/平方米 滞留喷洒
卫生 蚊、蝇 15-30毫克/平方米 滞留喷洒
WP20100186 高效氯氰菊酯/5%/悬浮剂/高效氯氰菊酯 5%/2015.12.23 至 2020.12.23/低毒
卫生 蜚蠊、蚊、蝇 600毫克/平方米 滞留喷洒
WP20140111 顺式氯氰菊酯/10%/悬浮剂/顺式氯氰菊酯 10%/2014.05.07 至 2019.05.07/低毒
室内 蚊、蝇、蜚蠊 10-30毫克/平方米 滞留喷洒
WL20130037 毒死蜱/45%/乳油/毒死蜱 45%/2015.09.10 至 2016.09.10/中等毒
木材 白蚁 2500-5000毫克/千克 浸泡或涂刷
卫生 白蚁 12.5-25克/平方米 土壤处理

广东省英红华侨农药厂 (广东省英德市坑口咀 513042 0763-2501228)

PDN64-2000 克百威/3%/颗粒剂/克百威 3%/2015.03.19 至 2020.03.19/中等毒(原药高毒)
甘蔗 蚜虫、蔗龟 1350-2250克/公顷 沟施
花生 线虫 1800-2250克/公顷 条施、沟施
棉花 蚜虫 675-900克/公顷 条施、沟施
水稻 螟虫、瘿蚊 900-1350克/公顷 撒施
PD20096471 灭线磷/10%/颗粒剂/灭线磷 10%/2014.08.17 至 2019.08.17/中等毒(原药高毒)
花生 根结线虫 4500-5250克/公顷 沟施
水稻 稻瘿蚊 1500-1800克/公顷 撒施

广东省湛江市春江生物化学实业有限公司 (广东省湛江市遂溪县界炮镇界洋路68号 524391 0759-7353081)

PD20101254 苄·丁/0.21%/颗粒剂/苄嘧磺隆 0.01%、丁草胺 0.2%/2015.03.05 至 2020.03.05/低毒
水稻移栽田 部分多年生杂草、一年生杂草 630-945克/公顷 直接撒施

广东省湛江市甘丰农药厂 (广东省湛江市遂溪县新桥 524300 0759-7738538)

PD20091133 甲·克/3%/颗粒剂/甲拌磷 1.8%、克百威 1.2%/2014.01.21 至 2019.01.21/高毒
甘蔗 蔗龟、蔗螟 2250-2700克/公顷 沟施
PD20092569 甲基异柳磷/2.5%/颗粒剂/甲基异柳磷 2.5%/2014.02.26 至 2019.02.26/高毒
甘蔗 蔗龟 1875克/公顷 苗期或中期沟施
PD20110766 杀单·毒死蜱/5%/颗粒剂/毒死蜱 2.5%、杀虫单 2.5%/2011.07.25 至 2016.07.25/低毒
甘蔗 螟虫 3000-3750克/公顷 沟施

广东省中山市多益化工有限公司 (广东省中山市横栏镇茂辉工业区益辉三路1号 528478 0760-3377880)

WP20070042 电热蚊香片/10毫克/片/电热蚊香片/炔丙菊酯 10毫克/片/2012.12.17 至 2017.12.17/微毒
卫生 蚊 / 电热加温
WP20110185 杀蟑饵剂/8%/饵剂/硼酸 8%/2011.08.04 至 2016.08.04/微毒
卫生 蜚蠊 / 投放
WP20140065 电热蚊香液/0.8%/电热蚊香液/氯氟醚菊酯 0.8%/2014.03.24 至 2019.03.24/微毒
室内 蚊 / 电热加温
WP20140194 杀蟑饵剂/6%/饵剂/硼酸 6%/2014.08.27 至 2019.08.27/微毒
室内 蜚蠊 / 投放

广东省中山市金鸟化工有限公司 (广东省中山市石岐区海景路10号 528401 0760-8710318)

WP20080569 电热蚊香液/0.91%/电热蚊香液/炔丙菊酯 0.91%/2013.12.29 至 2018.12.29/低毒
卫生 蚊 / 电热加温
WP20080585 蚊香/0.2%/蚊香/右旋烯丙菊酯 0.2%/2013.12.29 至 2018.12.29/低毒
卫生 蚊 / 点燃

WP20090033 防蛀片剂/238毫克/片/片剂/右旋烯炔菊酯 238毫克/片/2014.01.14 至 2019.01.14/低毒
卫生 黑毛皮蠹、幕衣蛾 / 投放
注:本品有三种香型:无香型、花香型、柑橘香型。
WP20090107 防蛀片剂/60毫克/片/片剂/右旋烯炔菊酯 60毫克/片/2014.02.05 至 2019.02.05/低毒
卫生 黑毛皮蠹、幕衣蛾 / 投放
注:本品有三种香型: 无香型、柑橘香型、花香型。
WP20120022 驱蚊粒/100毫克/盘/驱蚊粒/四氟苯菊酯 100毫克/盘/2012.01.30 至 2017.01.30/低毒
卫生 蚊 / 电吹风
WP20130103 杀虫气雾剂/0.27%/气雾剂/炔咪菊酯 .07%、右旋苯醚氰菊酯 .2%/2013.05.20 至 2018.05.20/微毒
卫生 蜚蠊、蚂蚁 / 喷雾
WP20130123 杀蟑饵剂/0.05%/饵剂/氟虫腈 0.05%/2013.06.06 至 2018.06.06/低毒
卫生 蜚蠊 / 投放
WP20130156 杀虫气雾剂/0.6%/气雾剂/氯菊酯 0.3%、右旋胺菊酯 0.3%/2013.07.23 至 2018.07.23/低毒
卫生 蚊、蝇、蜚蠊 / 喷雾
WP20130171 防蛀片剂/600毫克/片/防蛀片剂/右旋烯炔菊酯 600毫克/片/2013.07.30 至 2018.07.30/微毒
卫生 黑毛皮蠹 / 投放
WP20130206 驱蚊片/60毫克/片/驱蚊片/甲氧苄氟菊酯 60毫克/片/2013.09.25 至 2018.09.25/低毒
室内 蚊 / 电吹风(风力来源,既可以使用家庭用电源,也可以使用电池,用电动机使药剂筒自身旋转)
WP20140145 驱蚊液//驱蚊液/避蚊胺 10%/2014.06.17 至 2019.06.17/微毒
卫生 蚊 / 涂抹
WP20150056 防蛀片剂/1040毫克/片/防蛀片剂/右旋烯炔菊酯 1040毫克/片/2015.03.23 至 2020.03.23/微毒
室内 黑毛皮蠹 / 投放
WP20150068 驱蚊粒/150毫克/盘/驱蚊粒/四氟苯菊酯 150毫克/盘/2015.04.20 至 2020.04.20/低毒
室内 蚊 / 电吹风
WL20120037 防蛀片剂/800毫克/片/片剂/右旋烯炔菊酯 800毫克/片/2014.07.12 至 2015.07.12/微毒
卫生 黑毛皮蠹 投放

广东省中山市凯迪日化制品有限公司 (广东省中山市神湾镇成鸿路 528462 0760-6609446)

WP20080340 蚊香/0.2%/蚊香/富右旋反式烯丙菊酯 0.2%/2013.12.09 至 2018.12.09/微毒
卫生 蚊 / 点燃
WP20110167 防蛀防霉球剂/98%/球剂/对二氯苯 98%/2011.07.01 至 2016.07.01/低毒
卫生 黑皮蠹、霉菌 / 投放
WP20110168 防蛀防霉片剂/98%/片剂/对二氯苯 98%/2011.07.01 至 2016.07.01/低毒
卫生 黑皮蠹、霉菌 / 投放
WP20120200 杀虫气雾剂/0.25%/气雾剂/胺菊酯 0.1%、高效氯氰菊酯 0.15%/2012.10.25 至 2017.10.25/微毒
卫生 蚊、蝇、蜚蠊 / 喷雾
注:本产品有一种香型: 柠檬香型。

广东省中山市威特健日用品有限公司 (广东省中山市五桂山长命水村兴隆街12号4楼 528458 0760-3378312)

WP20140084 杀虫烟雾剂/7%/烟雾剂/右旋苯醚氰菊酯 7%/2014.04.08 至 2019.04.08/低毒
室内 蜚蠊 / 加热放烟

广东省中山市盈科化工实业有限公司 (广东省中山市五桂山长命水 528458 0760-3378888)

WP20080227 蚊香/0.2%/蚊香/富右旋反式烯丙菊酯 0.2%/2013.11.25 至 2018.11.25/低毒
卫生 蚊 / 点燃
WP20080253 电热蚊香片/11毫克/片/电热蚊香片/富右旋反式炔丙菊酯 11毫克/片/2013.11.26 至 2018.11.26/微毒
卫生 蚊 / 电热加温
WP20080368 电热蚊香液/0.87%/电热蚊香液/富右旋反式炔丙菊酯 0.87%/2013.12.10 至 2018.12.10/微毒
卫生 蚊 / 电热加温
WP20090012 杀虫气雾剂/0.66%/气雾剂/胺菊酯 0.20%、富右旋反式烯丙菊酯 0.22%、氯菊酯 0.24%/2014.01.06 至2019.01.06/微毒
卫生 蜚蠊、蚊、蝇 / 喷雾

广东省中山榄菊日化实业有限公司 (广东省中山市小榄镇乐丰路 528415 0760-22129538)

WPN31-20 电热蚊香液/0.82%/电热蚊香液/炔丙菊酯 0.82%/2011.08.29 至 2016.08.29/微毒
卫生 蚊 / 电热加温
WP20070004 蚊香/0.3%/蚊香/富右旋反式烯丙菊酯 0.3%/2012.04.12 至 2017.04.12/微毒
卫生 蚊 / 点燃
WP20070017 杀虫气雾剂/0.32%/气雾剂/胺菊酯 0.17%、富右旋反式烯丙菊酯 0.09%、高效氯氰菊酯 0.06%/2012.09.05 至2017.09.05/微毒
卫生 蜚蠊、蚊、蝇 / 喷雾
注:本品有两种香型: 无香型、柠檬香型、。
WP20080001 电热蚊香片/11毫克/片/电热蚊香片/炔丙菊酯 11毫克/片/2013.01.03 至 2018.01.03/微毒

卫生 蚊 电热加温

注:本品有三种香型：檀香型、熏衣草香型、野菊花香型。

WP20080010 杀虫气雾剂/1.22%/气雾剂/胺菊酯 0.12%、残杀威 1%、炔丙菊酯 0.1%/2013.01.04 至 2018.01.04/低毒

卫生 蜚蠊、蚊、蝇 / 喷雾

注:本品有一种香型：清香型。

WP20080103 杀虫气雾剂/1.25%/气雾剂/胺菊酯 0.15%、残杀威 1%、富右旋反式烯丙菊酯 0.1%/2013.09.26 至 2018.09.26/微毒

卫生 蚊、蝇、蜚蠊 / 喷雾

WP20080124 杀虫气雾剂/0.3%/气雾剂/右旋胺菊酯 0.15%、右旋苯醚氰菊酯 0.15%/2013.10.28 至 2018.10.28/低毒

卫生 蚊、蝇、蜚蠊 / 喷雾

WP20080226 杀蟑饵剂/0.1%/饵剂/毒死蜱 0.1%/2013.11.25 至 2018.11.25/微毒

卫生 蜚蠊 / 投放

WP20080290 蚊香/0.02%/蚊香/四氟甲醚菊酯 0.02%/2013.12.03 至 2018.12.03/微毒

卫生 蚊 / 点燃

注:本产品有两种香型：檀香型、无香型。

WP20080299 杀虫气雾剂/0.3%/气雾剂/胺菊酯 0.17%、富右旋反式烯丙菊酯 0.08%、氯氰菊酯 0.05%/2013.12.03 至2018.12.03/微毒

卫生 蚊、蝇、蜚蠊 / 喷雾

WP20080312 蚊香/0.15%/蚊香/Es-生物烯丙菊酯 0.15%/2013.12.04 至 2018.12.04/微毒

卫生 蚊 / 点燃

WP20080327 杀虫气雾剂/0.5%/气雾剂/胺菊酯 0.25%、富右旋反式烯丙菊酯 0.15%、氯氰菊酯 0.1%/2013.12.08 至2018.12.08/微毒

卫生 蚊、蝇、蜚蠊 / 喷雾

注:本产品有三种香型：无香型、玉兰香型、柠檬香型。

WP20080474 杀虫气雾剂/0.45%/气雾剂/Es-生物烯丙菊酯 0.15%、胺菊酯 0.15%、右旋苯醚氰菊酯 0.15%/2013.12.16 至2018.12.16/微毒

卫生 蚊、蝇、蜚蠊 / 喷雾

注:本产品有三种香型：无香型、玉兰香型、柠檬香型。

WP20080497 电热蚊香液/1.35%/电热蚊香液/炔丙菊酯 1.35%/2013.12.18 至 2018.12.18/微毒

卫生 蚊 / 电热加温

WP20080502 杀虫气雾剂/0.6%/气雾剂/胺菊酯 0.15%、残杀威 0.3%、氯氰菊酯 0.15%/2013.12.18 至 2018.12.18/微毒

卫生 蚊、蝇、蜚蠊 / 喷雾

注:本品有一种香型：清香型。

WP20080598 驱蚊液/5%/驱蚊液/避蚊胺 5%/2013.12.30 至 2018.12.30/微毒

卫生 蚊 / 涂抹

WP20090069 杀虫气雾剂/0.19%/气雾剂/富右旋反式炔丙菊酯 0.1%、炔咪菊酯 0.02%、右旋苯醚氰菊酯 0.07%/2014.02.01 至2019.02.01/微毒

卫生 蚊、蝇、蜚蠊 / 喷雾

注:本产品有两种香型：无香型、柠檬香型。

WP20090073 蚊香/0.2%/蚊香/Es-生物烯丙菊酯 0.2%/2014.02.01 至 2019.02.01/微毒

卫生 蚊 / 点燃

WP20090139 驱蚊液/7%/驱蚊液/驱蚊酯 7%/2014.02.25 至 2019.02.25/微毒

卫生 蚊 / 涂抹

WP20090327 杀虫气雾剂/0.3%/气雾剂/Es-生物烯丙菊酯 0.1%、胺菊酯 0.1%、右旋苯醚氰菊酯 0.1%/2014.09.23 至 2019.09.23/微毒

卫生 蚊、蝇、蜚蠊 / 喷雾

WP20100187 蚊香/0.03%/蚊香/四氟甲醚菊酯 0.03%/2015.12.23 至 2020.12.23/微毒

卫生 蚊 / 点燃

注:本品有三种香型:檀香型、艾草香型、无香型。

WP20110054 电热蚊香片/9.6毫克/片/电热蚊香片/炔丙菊酯 4.8毫克/片、四氟甲醚菊酯 4.8毫克/片/2016.02.24 至 2021.02.24/微毒

卫生 蚊 / 电热加温

注:本产品本两种香型：无香型、果香型。

WP20110188 电热蚊香液/0.31%/电热蚊香液/四氟甲醚菊酯 0.31%/2011.08.10 至 2016.08.10/微毒

卫生 蚊 / 电热加温

注:本产品有两种香型：无香型、果香型。

WP20110213 驱蚊花露水/5%/驱蚊花露水/避蚊胺 5%/2011.09.15 至 2016.09.15/微毒

卫生 蚊 / 涂抹

WP20110224 电热蚊香片/15毫克/片/电热蚊香片/炔丙菊酯 15毫克/片/2011.09.30 至 2016.09.30/微毒

卫生 蚊 / 电热加温

WP20110251 电热蚊香液/0.52%/电热蚊香液/四氟甲醚菊酯 0.52%/2011.11.15 至 2016.11.15/微毒

卫生 蚊 / 电热加温

注:本产品有两种香型：无香型、果香型。

WP20110266 杀蟑气雾剂/0.25%/气雾剂/高效氯氰菊酯 0.2%、炔咪菊酯 0.05%/2011.12.12 至 2016.12.12/微毒

卫生 蜚蠊 / 喷雾

WP20120004 驱蚊乳/15%/驱蚊乳/避蚊胺 15%/2012.01.13 至 2017.01.13/低毒
卫生 蚊 / 涂抹
WP20120025 杀蟑饵剂/0.2%/饵剂/毒死蜱 0.2%/2012.02.09 至 2017.02.09/微毒
卫生 蜚蠊 / 投放
WP20120048 杀虫气雾剂/0.51%/气雾剂/Es-生物烯丙菊酯 0.17%、胺菊酯 0.17%、右旋苯醚氰菊酯 0.17%/2012.03.19 至 2017.03.19/微毒
卫生 蚊、蝇、蜚蠊 / 喷雾
注:本产品有三种香型:无香型、玉兰香型、柠檬香型。
WP20120150 蚊香/0.08%/蚊香/氯氟醚菊酯 0.08%/2012.08.27 至 2017.08.27/微毒
卫生 蚊 / 点燃
注:本产品有三种香型:野菊花香型、薄荷香型、无香型。
WP20130182 蚊香/0.05%/蚊香/氯氟醚菊酯 0.05%/2013.09.09 至 2018.09.09/微毒
卫生 蚊 / 点燃
WP20130184 电热蚊香液/0.6%/电热蚊香液/氯氟醚菊酯 0.6%/2013.09.09 至 2018.09.09/微毒
室内 蚊 / 电热加温
注:本产品有三种香型:野菊花香型、清香型、无香型。
WP20130185 电热蚊香片/13毫克/片/电热蚊香片/炔丙菊酯 5.2毫克/片、氯氟醚菊酯 7.8毫克/片/2013.09.09 至 2018.09.09/微毒
室内 蚊 / 电热加温
注:本产品有两种香型:无香型、野菊花香型。
WP20130187 杀虫气雾剂/0.61%/气雾剂/胺菊酯 0.3%、氯菊酯 0.2%、炔丙菊酯 0.11%/2013.09.09 至 2018.09.09/微毒
卫生 蚊、蝇、蜚蠊 / 喷雾
WP20130240 蟑香/7.2%/蟑香/右旋苯醚氰菊酯 7.2%/2013.11.20 至 2018.11.20/微毒
室内 蜚蠊 / 点燃
WP20130241 驱蚊液/15%/驱蚊液/避蚊胺 15%/2013.11.20 至 2018.11.20/低毒
室内 蚊 / 涂抹
WP20140072 电热蚊香片/10毫克/片/电热蚊香片/炔丙菊酯 5毫克/片、氯氟醚菊酯 5毫克/片/2014.05.12 至 2019.05.12/微毒
室内 蚊 / 电热加温
WP20140107 电热蚊香液/0.4%/电热蚊香液/氯氟醚菊酯 0.4%/2014.05.06 至 2019.05.06/微毒
室内 蚊 / 电热加温
WP20140230 杀虫气雾剂/0.56%/气雾剂/氯菊酯 0.2%、炔丙菊酯 0.16%、右旋苯醚氰菊酯 0.2%/2014.11.04 至 2019.11.04/微毒
室内 蚊、蝇、蜚蠊 / 喷雾
WP20150006 杀虫气雾剂/0.51%/气雾剂/Es-生物烯丙菊酯 0.13%、胺菊酯 0.3%、高效氯氰菊酯 0.08%/2015.01.04 至2020.01.04/微毒
室内 蚊、蝇、蜚蠊 / 喷雾
WP20150102 蚊香/0.04%/蚊香/氯氟醚菊酯 0.04%/2015.06.14 至 2020.06.14/微毒
室内 蚊 / 点燃
WP20150118 电热蚊香液/1%/电热蚊香液/氯氟醚菊酯 1%/2015.06.27 至 2020.06.27/微毒
室内 蚊 / 电热加温
注:本产品有三种香型:无香型、清香型、野菊花香型。
WP20150153 蚊香/0.06%/蚊香/四氟苯菊酯 0.03%、氯氟醚菊酯 0.03%/2015.08.28 至 2020.08.28/微毒
室内 蚊 / 点燃
WL20140022 杀虫气雾剂/0.51%/气雾剂/胺菊酯 0.4%、氯氰菊酯 0.11%/2015.09.18 至 2016.09.18/微毒
室内 尘螨、蚂蚁、跳蚤、蚊、蝇、蜚蠊 / 喷雾
注:本产品有三种香型:无香型、柠檬香型、玉兰香型。

广东省珠海市华夏生物制剂有限公司 (广东省珠海市斗门区井岸镇濠门工业区 519100 0756-5554013)

PD20040423 吡虫啉/10%/可湿性粉剂/吡虫啉 10%/2014.12.19 至 2019.12.19/低毒
水稻 飞虱 15-30克/公顷 喷雾
PD20090060 阿维·氯氰/2.4%/微乳剂/阿维菌素 0.3%、氯氰菊酯 2.1%/2014.01.08 至 2019.01.08/低毒(原药高毒)
十字花科蔬菜 小菜蛾 18-25.2克/公顷 喷雾
PD20090470 敌畏·马/55%/乳油/敌敌畏 40%、马拉硫磷 15%/2014.01.12 至 2019.01.12/中等毒
十字花科蔬菜 黄条跳甲 412.5-495克/公顷 喷雾
PD20091448 阿维菌素/5%/乳油/阿维菌素 5%/2014.02.02 至 2019.02.02/低毒(原药高毒)
十字花科蔬菜 小菜蛾 8.1-10.8克/公顷 喷雾
PD20091485 阿维·苏云菌//可湿性粉剂/阿维菌素 0.1%、苏云金杆菌 70亿活芽孢/克/2014.02.02 至 2019.02.02/低毒(原药高毒)
十字花科蔬菜 小菜蛾 700-1200克制剂/公顷 喷雾
PD20091706 阿维菌素/1.8%/乳油/阿维菌素 1.8%/2014.02.03 至 2019.02.03/中等毒(原药高毒)
十字花科蔬菜 小菜蛾 8.1-10.8克/公顷 喷雾
PD20094416 阿维菌素/1.8%/可湿性粉剂/阿维菌素 1.8%/2014.04.01 至 2019.04.01/低毒(原药高毒)
柑橘树 红蜘蛛 2.-2.5毫克/千克 喷雾
十字花科蔬菜 小菜蛾 8.1-10.8克/公顷 喷雾
PD20098111 棉铃虫核型多角体病毒/20亿PIB/毫升/悬浮剂/棉铃虫核型多角体病毒 20亿PIB/毫升/2014.12.08 至 2019.12.08/低毒
棉花 棉铃虫 1350-1800毫升制剂/公顷 喷雾

广东省珠海市佳弘科技有限公司 (广东省珠海市唐家湾镇金唐路一号四栋二楼 519000 0756-3318498)

WP20080305 杀虫气雾剂/0.55%/气雾剂/胺菊酯 0.2%、氯菊酯 0.35%/2013.12.05 至 2018.12.05/低毒
卫生 蜚蠊、蚊、蝇 / 喷雾
WP20090283 胺·氯菊/5%/微乳剂/胺菊酯 1.5%、氯菊酯 3.5%/2014.06.08 至 2019.06.08/微毒
卫生 蚊、蝇 0.3毫升/平方米 喷雾
WL20130048 右旋·苯醚菊/4.8%/水乳剂/右旋胺菊酯 2.8%、右旋苯醚菊酯 2%/2015.11.20 至 2016.11.20/低毒
室内 蜚蠊、蚊 / 滞留喷洒
注:仅限专业人员使用。
WL20140009 杀蟑热雾剂/2%/热雾剂/胺菊酯 .5%、高效氯氰菊酯 1.5%/2015.04.11 至 2016.04.11/微毒
室内 蜚蠊 2毫升制剂/立方米 热雾机喷雾

广东施露兰化妆品有限公司 (广东省汕头市潮南区峡山桃溪金光南路北工业区 515144 0754-7772388)

WP20090176 驱蚊花露水/5%/驱蚊花露水/避蚊胺 5%/2014.03.11 至 2019.03.11/微毒
卫生 蚊 / 涂抹

广东新景象生物工程有限公司 (广东省阳东县北惯镇万象工业园赤城七路1号)

PD20141051 甲维·虫酰肼/25%/悬浮剂/虫酰肼 24%、甲氨基阿维菌素苯甲酸盐 1%/2014.04.24 至 2019.04.24/低毒
甘蓝 甜菜夜蛾 191.25-221.25克/公顷 喷雾
PD20141052 阿维·灭幼脲/30%/悬浮剂/阿维菌素 .3%、灭幼脲 29.7%/2014.04.24 至 2019.04.24/低毒(原药高毒)
甘蓝 小菜蛾 180-220.5克/公顷 喷雾
PD20141570 苦参碱/0.5%/水剂/苦参碱 0.5%/2014.06.17 至 2019.06.17/低毒
十字花科蔬菜 菜青虫 3.525-3.975 克/公顷 喷雾

广东新秀田化工有限公司 (广东省德庆县新圩镇河口石角 526631 0758-7732213)

PDN30-94 氰·鱼藤/1.3%/乳油/氰戊菊酯 0.5%、鱼藤酮 0.8%/2014.05.18 至 2019.05.18/低毒
蔬菜 菜青虫、蚜虫 19.5-24克/公顷 喷雾
PD20086351 氰戊·鱼藤酮/2.5%/乳油/氰戊菊酯 1%、鱼藤酮 1.5%/2013.12.31 至 2018.12.31/中等毒
十字花科叶菜 菜青虫 30-45克/公顷 喷雾
PD20086352 氰戊·鱼藤酮/7.5%/乳油/氰戊菊酯 4%、鱼藤酮 3.5%/2013.12.31 至 2018.12.31/中等毒(原药高毒)
十字花科蔬菜 小菜蛾 42.4-84.4克/公顷 喷雾
PD20093596 敌百·鱼藤酮/25%/乳油/敌百虫 24.5%、鱼藤酮 0.5%/2014.03.23 至 2019.03.23/中等毒(原药高毒)
甘蓝 菜青虫 150-225克/公顷 喷雾

广东原沣生物工程有限公司 (广东省化州市鉴江开发区文仙路36号 525100 0668-7225928)

PD20110253 低聚糖素/0.4%/水剂/低聚糖素 0.4%/2016.03.04 至 2021.03.04/低毒
水稻 纹枯病 7.2-15克/公顷 喷雾
小麦 赤霉病 7.2-9克/公顷 喷雾

广东园田生物工程有限公司 (广东省江门市新会区大泽镇背江坑 529162 0750-6899313)

PD20082386 甲氰·噻螨酮/12.5%/乳油/甲氰菊酯 10%、噻螨酮 2.5%/2013.12.01 至 2018.12.01/中等毒
柑橘树 红蜘蛛 50-62.5毫克/千克 喷雾
PD20085482 甲基硫菌灵/70%/可湿性粉剂/甲基硫菌灵 70%/2013.12.25 至 2018.12.25/低毒
番茄 叶霉病 577.5-787.5克/公顷 喷雾
PD20091185 高效氯氟氰菊酯/25克/升/乳油/高效氯氟氰菊酯 25克/升/2014.01.22 至 2019.01.22/中等毒
十字花科叶菜 菜青虫 11.25-15克/公顷 喷雾
PD20092468 氯氰菊酯/10%/乳油/氯氰菊酯 10%/2014.02.25 至 2019.02.25/低毒
十字花科蔬菜 菜青虫 30-60克/公顷 喷雾
PD20092955 联苯菊酯/25克/升/乳油/联苯菊酯 25克/升/2014.03.09 至 2019.03.09/低毒
茶树 茶小绿叶蝉 22.5-37.5克/公顷 喷雾
PD20093069 喹硫磷/25%/乳油/喹硫磷 25%/2014.03.09 至 2019.03.09/中等毒
水稻 二化螟 450-525克/公顷 喷雾
PD20094068 氰戊菊酯/20%/乳油/氰戊菊酯 20%/2014.03.27 至 2019.03.27/低毒
十字花科蔬菜 菜青虫 90-120克/公顷 喷雾
PD20094073 代森锰锌/80%/可湿性粉剂/代森锰锌 80%/2014.03.27 至 2019.03.27/低毒
番茄 早疫病 1800-2400克/公顷 喷雾
PD20094882 氯氰·毒死蜱/220克/升/乳油/毒死蜱 200%、氯氰菊酯 20%/2014.04.13 至 2019.04.13/中等毒
荔枝 蒂蛀虫 275-550毫克/千克 喷雾
PD20096495 丙环唑/250克/升/乳油/丙环唑 250克/升/2014.08.14 至 2019.08.14/低毒
香蕉 叶斑病 250-500毫克/千克 喷雾
PD20097127 噻嗪·异丙威/25%/可湿性粉剂/噻嗪酮 5%、异丙威 20%/2014.10.16 至 2019.10.16/低毒
水稻 稻飞虱 450-562.5克/公顷 喷雾
PD20097578 甲氰菊酯/20%/乳油/甲氰菊酯 20%/2014.11.03 至 2019.11.03/中等毒
甘蓝 菜青虫 60-90克/公顷 喷雾
PD20101449 草甘膦/30%/水剂/草甘膦 30%/2015.05.04 至 2020.05.04/低毒
柑橘园 杂草 1125-2250克/公顷 行间定向茎叶喷雾
PD20110733 高效氯氰菊酯/4.5%/微乳剂/高效氯氰菊酯 4.5%/2011.07.11 至 2016.07.11/低毒
甘蓝 菜青虫 20.25-27克/公顷 喷雾
PD20130116 吡虫·仲丁威/20%/乳油/吡虫啉 1%、仲丁威 19%/2013.01.17 至 2018.01.17/低毒
水稻 稻飞虱 180-240克/公顷 喷雾

PD20131192 氟硅唑/8%/微乳剂/氟硅唑 8%/2013.05.27 至 2018.05.27/低毒
黄瓜 白粉病 60-72克/公顷 喷雾

PD20141033 苦参碱/0.3%/水剂/苦参碱 0.3%/2014.04.21 至 2019.04.21/低毒
十字花科蔬菜 蚜虫 6.75-9 克/公顷 喷雾

PD20141036 印楝素/2%/水分散粒剂/印楝素 2%/2014.04.21 至 2019.04.21/低毒
甘蓝 小菜蛾 4.5-6克/公顷 喷雾

PD20141073 鱼藤酮/2.5%/悬浮剂/鱼藤酮 2.5%/2014.04.25 至 2019.04.25/低毒
甘蓝 蚜虫 37.5-56.25克/公顷 喷雾

PD20141074 印楝素/1%/微乳剂/印楝素 1%/2014.04.25 至 2019.04.25/低毒
甘蓝 小菜蛾 5.4-6.75克/公顷 喷雾

PD20141103 苦参碱/1%/可溶液剂/苦参碱 1%/2014.04.27 至 2019.04.27/低毒
甘蓝 蚜虫 7.5-12.0克/公顷 喷雾

PD20151357 鱼藤酮/6%/微乳剂/鱼藤酮 6%/2015.07.30 至 2020.07.30/低毒
甘蓝 蚜虫 600—900克/公顷 喷雾

广东植物龙生物技术有限公司 (广东省珠海市香洲区南屏科技园屏西七路1号 519060 0756-8699856)

PD20097693 阿维菌素/1.8%/乳油/阿维菌素 1.8%/2014.11.04 至 2019.11.04/中等毒(原药高毒)
菜豆 美洲斑潜蝇 6-9克/公顷 喷雾

PD20097844 阿维·矿物油/58%/乳油/阿维菌素 0.15%、矿物油 57.85%/2014.11.20 至 2019.11.20/低毒(原药高毒)
柑橘树 红蜘蛛 290-580毫克/千克 喷雾

PD20110094 胺鲜酯/1.6%/水剂/胺鲜酯 1.6%/2016.01.26 至 2021.01.26/低毒
白菜 调节生长、增产 800-1000倍液 喷药2次

PD20110095 胺鲜酯/98%/原药/胺鲜酯 98%/2016.01.26 至 2021.01.26/低毒

PD20121149 胺鲜酯/5%/水剂/胺鲜酯 5%/2012.07.20 至 2017.07.20/低毒
小白菜 调节生长、增产 20-25毫克/千克 /喷雾

PD20130569 芸苔素内酯/0.004%/水剂/芸苔素内酯 0.004%/2013.04.02 至 2018.04.02/微毒
小白菜 调节生长 0.013-0.02毫克/千克 茎叶喷雾

PD20130734 苜蓿银纹夜蛾核型多角体病毒/10亿PIB/毫升/悬浮剂/苜蓿银纹夜蛾核型多角体病毒 10亿PIB/毫升/2013.04.12 至 2018.04.12/低毒
十字花科蔬菜 甜菜夜蛾 1500-1950克制剂/公顷 喷雾

PD20130830 甲氨基阿维菌素苯甲酸盐/5%/悬浮剂/甲氨基阿维菌素 5%/2013.04.22 至 2018.04.22/低毒
水稻 稻纵卷叶螟 9-11.25克/公顷 喷雾
注:甲氨基阿维菌素苯甲酸盐含量: 5.7%。

PD20130867 哒螨灵/30%/悬浮剂/哒螨灵 30%/2013.04.22 至 2018.04.22/中等毒
柑橘树 红蜘蛛 100-140毫克/千克 喷雾

PD20130896 胺鲜酯/2%/水剂/胺鲜酯 2%/2013.04.25 至 2018.04.25/微毒
番茄 调节生长 13.3-20毫克/千克 喷雾

PD20131698 甲氨基阿维菌素苯甲酸盐/0.5%/微乳剂/甲氨基阿维菌素 0.5%/2013.08.07 至 2018.08.07/低毒
甘蓝 甜菜夜蛾 1.64-1.97克/公顷 喷雾
注:甲氨基阿维菌素苯甲酸盐含量: 0.57%。

PD20132053 苏云金杆菌/8000IU/毫克/悬浮剂/苏云金杆菌 8000IU/毫克/2013.10.22 至 2018.10.22/低毒
白菜 菜青虫 100-150克制剂/亩 喷雾

PD20132127 戊唑·百菌清/43%/悬浮剂/百菌清 35%、戊唑醇 8%/2013.10.24 至 2018.10.24/低毒
黄瓜 白粉病 344-430克/公顷 喷雾

PD20140113 甲氨基阿维菌素苯甲酸盐/3%/微乳剂/甲氨基阿维菌素 3%/2014.01.20 至 2019.01.20/低毒
水稻 稻纵卷叶螟 9-11.25克/公顷 喷雾
注:甲氨基阿维菌素苯甲酸盐含量: 3.4%。

PD20140219 联苯菊酯/25克/升/微乳剂/联苯菊酯 25克/升/2014.01.29 至 2019.01.29/低毒
茶树 茶尺蠖 11.25-15克/公顷 喷雾

PD20140579 高效氯氟氰菊酯/25克/升/微乳剂/高效氯氟氰菊酯 25克/升/2014.03.06 至 2019.03.06/中等毒
甘蓝 菜青虫 11.25-15克/公顷 喷雾

PD20140581 啶虫脒/20%/可溶液剂/啶虫脒 20%/2014.03.06 至 2019.03.06/低毒
黄瓜 白粉虱 20-25克/公顷 喷雾

PD20140723 烯啶虫胺/20%/可溶液剂/烯啶虫胺 20%/2014.03.24 至 2019.03.24/低毒
水稻 稻飞虱 30-60克/公顷 喷雾

PD20140897 炔螨特/40%/水乳剂/炔螨特 40%/2014.04.08 至 2019.04.08/低毒
柑橘树 红蜘蛛 267-400毫克/千克 喷雾

PD20140903 百菌清/40%/悬浮剂/百菌清 40%/2014.04.08 至 2019.04.08/低毒
黄瓜 霜霉病 900—1050克/公顷 喷雾

PD20141133 苯醚甲环唑/10%/悬浮剂/苯醚甲环唑 10%/2014.04.28 至 2019.04.28/低毒
黄瓜 炭疽病 75-112.5克/公顷 喷雾

PD20141206 苯醚甲环唑/25%/微乳剂/苯醚甲环唑 25%/2014.05.06 至 2019.05.06/低毒
香蕉树 叶斑病 100—125毫克/千克 喷雾

PD20141207 甲霜·噁霉灵/30%/水剂/噁霉灵 20%、甲霜灵 10%/2014.05.06 至 2019.05.06/低毒

西瓜 枯萎病 450—585克/公顷 灌根
PD20141568 甲基硫菌灵/50%/悬浮剂/甲基硫菌灵 50%/2014.06.17 至 2019.06.17/低毒
水稻 纹枯病 750—1125克/公顷 喷雾
PD20141569 吡蚜酮/25%/悬浮剂/吡蚜酮 25%/2014.06.17 至 2019.06.17/低毒
水稻 稻飞虱 60-90克/公顷 喷雾
PD20142028 苯甲·丙环唑/33%/微乳剂/苯醚甲环唑 18%、丙环唑 15%/2014.08.27 至 2019.08.27/低毒
香蕉 叶斑病 165-220毫克/千克 喷雾
PD20150345 噻虫嗪/25%/水分散粒剂/噻虫嗪 25%/2015.03.03 至 2020.03.03/微毒
节瓜 蓟马 43-56克/公顷 喷雾
PD20150986 灭蝇胺/30%/悬浮剂/灭蝇胺 30%/2015.06.11 至 2020.06.11/低毒
黄瓜 美洲斑潜蝇 135-225克/公顷 喷雾
PD20151253 戊唑·咪鲜胺/50%/微乳剂/咪鲜胺 20%、戊唑醇 30%/2015.07.30 至 2020.07.30/低毒
香蕉树 叶斑病 250-333毫克/千克 喷雾
PD20151312 联菊·丁醚脲/18%/微乳剂/丁醚脲 15%、联苯菊酯 3%/2015.07.30 至 2020.07.30/低毒
茶树 小绿叶蝉 120—180克/公顷 喷雾
PD20152130 咪鲜·稻瘟灵/52%/乳油/稻瘟灵 39%、咪鲜胺 13%/2015.09.22 至 2020.09.22/低毒
水稻 稻瘟病 413.4-647.4克/公顷 喷雾
LS20130515 丙环·咪鲜胺/50%/微乳剂/丙环唑 30%、咪鲜胺 20%/2015.12.10 至 2016.12.10/低毒
香蕉 叶斑病 250-500毫克/千克 喷雾
LS20150100 苯甲·氟硅唑/40%/微乳剂/苯醚甲环唑 35%、氟硅唑 5%/2015.04.20 至 2016.04.20/低毒
香蕉 黑星病 100-119.4毫克/千克 喷雾

广东中迅农科股份有限公司 (广东省惠州市仲恺高新技术产业开发区24号小区 516006 0752-2775592)

PD20040333 吡虫啉/25%/可湿性粉剂/吡虫啉 25%/2014.12.19 至 2019.12.19/低毒
茶树 小绿叶蝉 5000-7500倍液 喷雾
韭菜 韭蛆 300-450克/公顷 药土法
芹菜 蚜虫 15-30克/公顷 喷雾
PD20040407 吡虫啉/5%/乳油/吡虫啉 5%/2014.12.19 至 2019.12.19/中等毒
棉花 蚜虫 22.5-37.5克/公顷 喷雾
PD20040556 氯氰·吡虫啉/5%/乳油/吡虫啉 1%、氯氰菊酯 4%/2014.12.19 至 2019.12.19/低毒
甘蓝 蚜虫 22.5-37.5克/公顷 喷雾
PD20040585 氯氰·三唑磷/20%/乳油/氯氰菊酯 2%、三唑磷 18%/2014.12.19 至 2019.12.19/中等毒
荔枝、龙眼 蒂蛀虫 133-200毫克/千克 喷雾
棉花 棉铃虫 300-360克/公顷 喷雾
注:荔枝、龙眼的有效期为2006.08.11至2007.08.11。
PD20080014 灭幼脲/25%/可湿性粉剂/灭幼脲 25%/2013.01.04 至 2018.01.04/低毒
苹果树 金纹细蛾 167-250毫克/千克 喷雾
PD20080057 灭幼脲/25%/悬浮剂/灭幼脲 25%/2013.01.04 至 2018.01.04/低毒
甘蓝 菜青虫 37.5-75克/公顷 喷雾
苹果树 金纹细蛾 125-167毫克/千克 喷雾
松树 松毛虫 112.5-150克/公顷 喷雾
PD20082892 啶虫脒/5/乳油/啶虫脒 5%/2013.12.09 至 2018.12.09/中等毒
萝卜 黄条跳甲 45-90克/公顷 喷雾
苹果树 蚜虫 15-20毫克/千克 喷雾
芹菜 蚜虫 18-27克/公顷 喷雾
PD20083527 阿维菌素/1.8%/乳油/阿维菌素 1.8%/2013.12.12 至 2018.12.12/低毒(原药高毒)
菜豆 美洲斑潜蝇 10.8-21.6克/公顷 喷雾
茭白 二化螟 9.5-13.5克/公顷 喷雾
PD20084872 丙环唑/25%/乳油/丙环唑 25%/2013.12.22 至 2018.12.22/微毒
香蕉 叶斑病 500-1000倍液 喷雾
PD20084986 咪鲜胺/25%/乳油/咪鲜胺 25%/2013.12.22 至 2018.12.22/低毒
芹菜 斑枯病 187.5-262.5克/公顷 喷雾
水稻 恶苗病 2000-4000倍液 浸种
PD20085089 灭幼脲/20%/悬浮剂/灭幼脲 20%/2013.12.23 至 2018.12.23/低毒
甘蓝 菜青虫 37.5-75克/公顷 喷雾
苹果树 金纹细蛾 125-167毫克/千克 喷雾
松树 松毛虫 112.5-150克/公顷 喷雾
PD20086112 三环·多菌灵/18%/悬浮剂/多菌灵 10%、三环唑 8%/2013.12.30 至 2018.12.30/低毒
水稻 稻瘟病 243-324克/公顷 喷雾
PD20090076 代森锌/65%/可湿性粉剂/代森锌 65%/2014.01.08 至 2019.01.08/低毒
番茄 早疫病 975-1200克/公顷 喷雾
PD20090529 虫酰肼/20%/悬浮剂/虫酰肼 20%/2014.01.12 至 2019.01.12/低毒
甘蓝 甜菜夜蛾 180-288克/公顷 喷雾
PD20090864 草甘膦异丙胺盐/41%/水剂/草甘膦异丙胺盐 41%/2014.01.19 至 2019.01.19/低毒

柑橘园 杂草 1230-2460克/公顷 喷雾

PD20090985 苄嘧·苯噻酰/60%/可湿性粉剂/苯噻酰草胺 53.5%、苄嘧磺隆 6.5%/2014.01.20 至 2019.01.20/低毒

水稻抛秧田 部分多年生杂草、一年生杂草 405－540克/公顷(南方地区) 药土法

PD20091100 噻嗪酮/25%/可湿性粉剂/噻嗪酮 25%/2014.01.21 至 2019.01.21/低毒

柑橘树 介壳虫 167-250毫克/千克 喷雾

PD20091243 毒死蜱/40%/乳油/毒死蜱 40%/2014.02.01 至 2019.02.01/中等毒

苹果树 桃小食心虫 200-267毫克/千克 喷雾

PD20091270 灭多威/90%/可溶粉剂/灭多威 90%/2014.02.01 至 2019.02.01/高毒

棉花 棉铃虫 135-270克/公顷 喷雾

PD20091423 腈菌·三唑酮/12%/乳油/腈菌唑 2%、三唑酮 10%/2014.02.02 至 2019.02.02/低毒

小麦 白粉病 45-54克/公顷 喷雾

PD20091466 马拉硫磷/45%/乳油/马拉硫磷 45%/2014.02.02 至 2019.02.02/低毒

十字花科蔬菜 黄条跳甲 540-742.5克/公顷 喷雾

PD20091536 苯丁锡/25%/可湿性粉剂/苯丁锡 25%/2014.02.03 至 2019.02.03/低毒

柑橘树 红蜘蛛 166.7-250毫克/千克 喷雾

PD20091768 霜脲·百菌清/18%/悬浮剂/百菌清 16%、霜脲氰 2%/2014.02.04 至 2019.02.04/低毒

黄瓜 霜霉病 405-506克/公顷 喷雾

PD20091790 敌百虫/30%/乳油/敌百虫 30%/2014.02.04 至 2019.02.04/低毒

十字花科蔬菜 菜青虫 450-675克/公顷 喷雾

PD20091906 异菌脲/50%/可湿性粉剂/异菌脲 50%/2014.02.12 至 2019.02.12/低毒

番茄 早疫病 750-1500克/公顷 喷雾

PD20091959 双甲脒/20%/乳油/双甲脒 20%/2014.02.12 至 2019.02.12/低毒

苹果树 红蜘蛛 133.3-200毫克/千克 喷雾

PD20091984 阿维·吡虫啉/1.8%/可湿性粉剂/阿维菌素 0.1%、吡虫啉 1.7%/2014.02.12 至 2019.02.12/低毒(原药高毒)

甘蓝 蚜虫 6.75-10.8克/公顷 喷雾

PD20092213 三唑锡/25%/可湿性粉剂/三唑锡 25%/2014.02.24 至 2019.02.24/中等毒

柑橘树 红蜘蛛 125-166.7毫克/千克 喷雾

PD20092475 代森锰锌/80%/可湿性粉剂/代森锰锌 80%/2014.02.25 至 2019.02.25/低毒

番茄 早疫病 1845-2370克/公顷 喷雾

PD20092476 三环唑/75%/可湿性粉剂/三环唑 75%/2014.02.25 至 2019.02.25/中等毒

水稻 稻瘟病 225-300克/公顷 喷雾

PD20092649 丙溴磷/40%/乳油/丙溴磷 40%/2014.03.03 至 2019.03.03/中等毒

棉花 棉铃虫 480-600克/公顷 喷雾

PD20093003 百菌清/75%/可湿性粉剂/百菌清 75%/2014.03.09 至 2019.03.09/低毒

苦瓜 霜霉病 1125-2250克/公顷 喷雾

苹果树 斑点落叶病 400-600倍液 喷雾

PD20093474 马拉·辛硫磷/20%/乳油/马拉硫磷 10%、辛硫磷 10%/2014.03.23 至 2019.03.23/低毒

棉花 棉铃虫 150-225克/公顷 喷雾

PD20093648 溴氰·敌敌畏/20.5%/乳油/敌敌畏 20%、溴氰菊酯 0.5%/2014.03.25 至 2019.03.25/中等毒

棉花 棉蚜 230-307克/公顷 喷雾

PD20094180 噻嗪·异丙威/25%/可湿性粉剂/噻嗪酮 6%、异丙威 19%/2014.03.30 至 2019.03.30/中等毒

水稻 稻飞虱 112.5-184.5克/公顷 喷雾

PD20094220 福美双/50%/可湿性粉剂/福美双 50%/2014.03.31 至 2019.03.31/低毒

黄瓜 霜霉病 750-1125克/公顷 喷雾

PD20094291 苏云金杆菌/16000IU/毫克/可湿性粉剂/苏云金杆菌 16000IU/毫克/2014.03.31 至 2019.03.31/低毒

茶树 茶毛虫 800-1600倍 喷雾

棉花 二代棉铃虫 1500-2250克制剂/公顷 喷雾

森林 松毛虫 1200-1600倍 喷雾

十字花科蔬菜 菜青虫 375-750克制剂/公顷 喷雾

十字花科蔬菜 小菜蛾 750-1125克制剂/公顷 喷雾

水稻 稻纵卷叶螟 1500-2250克制剂/公顷 喷雾

烟草 烟青虫 750-1500克制剂/公顷 喷雾

玉米 玉米螟 750-1500克制剂/公顷 加细沙灌心

枣树 枣尺蠖 1200-1600倍 喷雾

PD20094305 溴氰·硫丹/10%/乳油/硫丹 9.8%、溴氰菊酯 0.2%/2014.03.31 至 2019.03.31/高毒

棉花 棉铃虫 150-210克/公顷 喷雾

PD20094426 氯氰·毒死蜱/25%/乳油/毒死蜱 22.5%、氯氰菊酯 2.5%/2014.04.01 至 2019.04.01/中等毒

棉花 棉铃虫 225-375克/公顷 喷雾

PD20094447 吡虫·灭多威/10%/乳油/吡虫啉 1%、灭多威 9%/2014.04.01 至 2019.04.01/中等毒(原药高毒)

小麦 蚜虫 90-120克/公顷 喷雾

PD20094458 霜霉威盐酸盐/66.5%/水剂/霜霉威盐酸盐 66.5%/2014.04.01 至 2019.04.01/低毒

黄瓜 霜霉病 866.4-1083克/公顷 喷雾

PD20094579 嘧霉胺/40%/悬浮剂/嘧霉胺 40%/2014.04.09 至 2019.04.09/微毒

番茄 灰霉病 375-562.5克/公顷 喷雾

PD20094601 多菌灵/25%/可湿性粉剂/多菌灵 25%/2014.04.10 至 2019.04.10/低毒

油菜 菌核病 1125-1500克/公顷 喷雾

PD20094634 甲基硫菌灵/70%/可湿性粉剂/甲基硫菌灵 70%/2014.04.10 至 2019.04.10/低毒

苹果 轮纹病 467-700毫克/千克 喷雾

PD20095152 辛硫磷/40%/乳油/辛硫磷 40%/2014.04.24 至 2019.04.24/低毒

十字花科蔬菜 菜青虫 300-480克/公顷 喷雾

PD20095153 杀螟丹/50%/可溶粉剂/杀螟丹 50%/2014.04.24 至 2019.04.24/低毒

水稻 二化螟 600-900克/公顷 喷雾

PD20096325 氟铃脲/5%/乳油/氟铃脲 5%/2014.07.22 至 2019.07.22/低毒

棉花 棉铃虫 90-120克/公顷 喷雾

PD20096513 烯唑醇/12.5%/可湿性粉剂/烯唑醇 12.5%/2014.08.19 至 2019.08.19/低毒

梨树 黑星病 31.3-41.7毫克/千克 喷雾

PD20096638 苯丁·哒螨灵/10%/乳油/苯丁锡 5%、哒螨灵 5%/2014.09.02 至 2019.09.02/中等毒

柑橘树 红蜘蛛 50-67毫克/千克 喷雾

PD20097405 锰锌·百菌清/64%/可湿性粉剂/百菌清 8%、代森锰锌 56%/2014.10.28 至 2019.10.28/低毒

番茄 早疫病 1028-1440克/公顷 喷雾

PD20097815 吗胍·乙酸铜/20%/可湿性粉剂/盐酸吗啉胍 10%、乙酸铜 10%/2014.11.20 至 2019.11.20/低毒

番茄 病毒病 525-750克/公顷 喷雾

PD20098356 哒螨·矿物油/34%/乳油/哒螨灵 4%、矿物油 30%/2014.12.18 至 2019.12.18/中等毒

柑橘树 红蜘蛛 11-16毫克/千克 喷雾

PD20100218 速灭威/25%/可湿性粉剂/速灭威 25%/2015.01.11 至 2020.01.11/中等毒

水稻 稻飞虱 750-1125克/公顷 喷雾

PD20100578 阿维·矿物油/24.5%/乳油/阿维菌素 0.2%、矿物油 24.3%/2015.01.14 至 2020.01.14/低毒(原药高毒)

柑橘树 红蜘蛛 123-245毫克/千克 喷雾

PD20100602 乙酸铜/20%/水分散粒剂/乙酸铜 20%/2015.01.14 至 2020.01.14/低毒

柑橘 溃疡病 167-250毫克/千克 喷雾

PD20102093 辛菌·吗啉胍/5.9%/水剂/盐酸吗啉胍 5%、辛菌胺醋酸盐 0.9%/2015.11.25 至 2020.11.25/低毒

番茄 病毒病 135-196.88克/公顷 喷雾

PD20102107 霜霉·辛菌胺/16.8%/水剂/霜霉威盐酸盐 1.8%、辛菌胺醋酸盐 15%/2015.11.30 至 2020.11.30/低毒

黄瓜 霜霉病 300-480克/公顷 喷雾

PD20110024 甲维·氯氰/3.2%/微乳剂/甲氨基阿维菌素 0.2%、氯氰菊酯 3%/2016.01.04 至 2021.01.04/低毒

甘蓝 甜菜夜蛾 24-28.8克/公顷 喷雾

PD20120041 二氯喹啉酸/50%/可湿性粉剂/二氯喹啉酸 50%/2012.01.10 至 2017.01.10/低毒

水稻移栽田 稗草 300-375克/公顷 茎叶喷雾

PD20120044 高效氯氟氰菊酯/25克/升/乳油/高效氯氟氰菊酯 25克/升/2012.01.10 至 2017.01.10/中等毒

甘蓝 菜青虫 7.5－11.25克/公顷 喷雾

PD20120083 霜脲·锰锌/72%/可湿性粉剂/代森锰锌 64%、霜脲氰 8%/2012.01.19 至 2017.01.19/低毒

黄瓜 霜霉病 1350-1620克/公顷 喷雾

PD20120084 吡嘧·二氯喹/50%/可湿性粉剂/吡嘧磺隆 3%、二氯喹啉酸 47%/2012.01.19 至 2017.01.19/低毒

水稻田(直播) 一年生杂草 225-300克/公顷 茎叶喷雾

PD20120085 甲氨基阿维菌素苯甲酸盐/5%/微乳剂/甲氨基阿维菌素 5%/2012.01.19 至 2017.01.19/低毒

甘蓝 小菜蛾 1.5－2.25克/公顷 喷雾

花椰菜 小菜蛾 1.5-3克/公顷 喷雾

辣椒 烟青虫 1.5-3克/公顷 喷雾

茭白 二化螟 12-17克/公顷 喷雾

注:甲氨基阿维菌素苯甲酸盐含量: 5.7%。

PD20120285 苯醚甲环唑/10%/水分散粒剂/苯醚甲环唑 10%/2012.02.15 至 2017.02.15/低毒

苦瓜 白粉病 105-150克/公顷 喷雾

梨树 黑星病 14.3-16.7毫克/千克 喷雾

芹菜 斑枯病 52.5-67.5克/公顷 喷雾

PD20120384 阿维菌素/1.8%/微乳剂/阿维菌素 1.8%/2012.03.06 至 2017.03.06/中等毒(原药高毒)

甘蓝 小菜蛾 8.1－10.8克/公顷 喷雾

PD20121037 草甘膦铵盐/65%/可溶粉剂/草甘膦 65%/2012.07.04 至 2017.07.04/低毒

柑橘园 杂草 1462.5-2242.5克/公顷 定向喷雾

注:草甘膦铵盐含量: 71.5%。

PD20121083 四螨嗪/20%/悬浮剂/四螨嗪 20%/2012.07.19 至 2017.07.19/低毒

柑橘树 红蜘蛛 100-200毫克/千克 喷雾

PD20121135 三唑锡/20%/悬浮剂/三唑锡 20%/2012.07.20 至 2017.07.20/低毒

苹果树 红蜘蛛 100-200毫克/千克 喷雾

PD20121138 三唑酮/25%/可湿性粉剂/三唑酮 25%/2012.07.20 至 2017.07.20/低毒

小麦 白粉病 120－127.5克/公顷 喷雾

PD20121264 吡虫啉/10%/可湿性粉剂/吡虫啉 10%/2012.09.04 至 2017.09.04/低毒

韭菜 韭蛆 300-450克/公顷 药土法
芹菜 蚜虫 15-30克/公顷 喷雾
水稻 稻飞虱 15-30克/公顷 喷雾

PD20121270 哒螨灵/20%/可湿性粉剂/哒螨灵 20%/2012.09.06 至 2017.09.06/低毒
苹果树 红蜘蛛 50-66.7毫克/千克 喷雾

PD20121294 联苯菊酯/100克/升/乳油/联苯菊酯 100克/升/2012.09.06 至 2017.09.06/中等毒
茶树 茶小绿叶蝉 37.5-45克/公顷 喷雾

PD20121346 苄嘧·苯噻酰/0.2%/颗粒剂/苯噻酰草胺 0.19%、苄嘧磺隆 0.01%/2012.09.13 至 2017.09.13/低毒
抛秧水稻 一年生杂草 303-454.5克/公顷 撒施
注:本产品为药肥混剂。

PD20121373 高效氯氰菊酯/4.5%/乳油/高效氯氰菊酯 4.5%/2012.09.13 至 2017.09.13/中等毒
棉花 棉铃虫 27-40.5克/公顷 喷雾

PD20121375 哒螨灵/15%/乳油/哒螨灵 15%/2012.09.13 至 2017.09.13/中等毒
柑橘树 红蜘蛛 75-100毫克/千克 喷雾
萝卜 黄条跳甲 90-135克/公顷 喷雾

PD20121495 甲氨基阿维菌素苯甲酸盐/2%/乳油/甲氨基阿维菌素 2%/2012.10.09 至 2017.10.09/低毒
甘蓝 小菜蛾 1.5-3克/公顷 喷雾
注:甲氨基阿维菌素苯甲酸盐含量: 2.3%。

PD20121522 阿维·哒螨灵/10.5%/乳油/阿维菌素 0.25%、哒螨灵 10.25%/2012.10.09 至 2017.10.09/中等毒(原药高毒)
柑橘树 红蜘蛛 70-105毫克/千克 喷雾

PD20121526 阿维菌素/1.8%/水乳剂/阿维菌素 1.8%/2012.10.09 至 2017.10.09/低毒(原药高毒)
柑橘树 红蜘蛛 7.5-10毫克/千克 /喷雾

PD20121699 三唑磷/20%/乳油/三唑磷 20%/2012.11.05 至 2017.11.05/中等毒
水稻 三化螟 360-450克/公顷 喷雾

PD20121758 阿维·哒螨灵/12.5%/可湿性粉剂/阿维菌素 0.25%、哒螨灵 12.25%/2012.11.15 至 2017.11.15/低毒(原药高毒)
苹果树 二斑叶螨 50-83.3毫克/千克 喷雾

PD20121899 灭蝇胺/80%/水分散粒剂/灭蝇胺 80%/2012.12.07 至 2017.12.07/低毒
黄瓜 美洲斑潜蝇 180-216克/公顷 喷雾

PD20122027 五硝·多菌灵/40%/可湿性粉剂/多菌灵 20%、五氯硝基苯 20%/2012.12.19 至 2017.12.19/低毒
西瓜 枯萎病 0.25-0.33克/株 灌根

PD20122033 高效氟吡甲禾灵/108克/升/乳油/高效氟吡甲禾灵 108克/升/2012.12.19 至 2017.12.19/低毒
大豆田 一年生禾本科杂草 48.6-72.9克/公顷 茎叶喷雾

PD20122073 氯氰菊酯/10%/乳油/氯氰菊酯 10%/2012.12.24 至 2017.12.24/低毒
叶菜 菜青虫 30-45克/公顷 喷雾

PD20130241 甲氨基阿维菌素苯甲酸盐/2%/微乳剂/甲氨基阿维菌素 2%/2013.02.05 至 2018.02.05/低毒
水稻 稻纵卷叶螟 9-12克/公顷 喷雾
注:甲氨基阿维菌素苯甲酸盐含量: 2.3%。

PD20130261 己唑醇/5%/微乳剂/己唑醇 5%/2013.02.06 至 2018.02.06/低毒
苹果树 白粉病 33-50毫克/千克 喷雾

PD20130331 噻嗪·毒死蜱/30%/乳油/毒死蜱 15%、噻嗪酮 15%/2013.03.05 至 2018.03.05/中等毒
柑橘树 介壳虫 120-200毫克/千克 喷雾

PD20130552 炔螨特/73%/乳油/炔螨特 73%/2013.04.01 至 2018.04.01/低毒
柑橘树 红蜘蛛 243.3-365毫克/千克 喷雾

PD20130607 吡嘧磺隆/2.5%/泡腾片剂/吡嘧磺隆 2.5%/2013.04.03 至 2018.04.03/低毒
水稻抛秧田 阔叶杂草及莎草科杂草 18.75-30克/公顷 撒施法

PD20131126 阿维·三唑锡/12.5%/可湿性粉剂/阿维菌素 0.25%、三唑锡 12.25%/2013.05.20 至 2018.05.20/低毒(原药高毒)
苹果树 二斑叶螨 83.3-125毫克/千克 喷雾

PD20131264 苄嘧·丙草胺/0.3%/颗粒剂/苄嘧磺隆 0.033%、丙草胺 0.267%/2013.06.04 至 2018.06.04/微毒
水稻田(直播) 一年生杂草 450-675克/公顷 撒施
注:药肥混剂。

PD20131270 苄·二氯/0.3%/颗粒剂/苄嘧磺隆 0.033%、二氯喹啉酸 0.267%/2013.06.05 至 2018.06.05/微毒
水稻田(直播) 一年生杂草 450-675克/公顷 撒施
注:药肥混剂。

PD20131398 啶虫脒/40%/水分散粒剂/啶虫脒 40%/2013.07.02 至 2018.07.02/低毒
甘蓝 蚜虫 13.5-22.5克/公顷 喷雾

PD20131543 氰氟·二氯喹/20%/可湿性粉剂/二氯喹啉酸 17%、氰氟草酯 3%/2013.07.18 至 2018.07.18/低毒
水稻秧田 一年生禾本科杂草 240-300克/公顷 茎叶喷雾

PD20131697 苯磺隆/80%/水分散粒剂/苯磺隆 80%/2013.08.07 至 2018.08.07/低毒
冬小麦田 一年生阔叶杂草 12-24克/公顷 茎叶喷雾

PD20131700 氯吡·苯磺隆/20%/可湿性粉剂/苯磺隆 2.7%、氯氟吡氧乙酸 17.3%/2013.08.07 至 2018.08.07/低毒
冬小麦田 一年生阔叶杂草 90-120克/公顷 茎叶喷雾

PD20131794 氰氟草酯/100克/升/乳油/氰氟草酯 100克/升/2013.09.09 至 2018.09.09/低毒
水稻田(直播) 千金子 90—120克/公顷 茎叶喷雾

PD20132328 吡嘧·苯噻酰/68%/可湿性粉剂/苯噻酰草胺 64%、吡嘧磺隆 4%/2013.11.13 至 2018.11.13/低毒
移栽水稻田 一年生杂草 255-357克/公顷 药土法

PD20132625 精噁唑禾草灵/10%/乳油/精噁唑禾草灵 10%/2013.12.20 至 2018.12.20/低毒
冬小麦田 一年生禾本科杂草 60-90克/公顷 茎叶喷雾

PD20132678 杀螟丹/0.8%/颗粒剂/杀螟丹 0.8%/2013.12.25 至 2018.12.25/低毒
水稻 稻纵卷叶螟 1500-1800克/公顷 撒施
注:本产品为药肥混剂。

PD20140238 噁霉灵/0.1%/颗粒剂/噁霉灵 0.1%/2014.01.29 至 2019.01.29/低毒
西瓜 枯萎病 450-600克/公顷 撒施
注:本产品为药肥混剂。

PD20140578 炔螨特/30%/水乳剂/炔螨特 30%/2014.03.06 至 2019.03.06/低毒
柑橘树 红蜘蛛 300－400毫克/千克 喷雾

PD20140587 醚菌酯//可湿性粉剂/醚菌酯 50%/2014.03.06 至 2019.03.06/低毒
黄瓜 白粉病 97.5-150克/公顷 喷雾

PD20140719 氰氟草酯/10%/水乳剂/氰氟草酯 10%/2014.03.24 至 2019.03.24/低毒
水稻田(直播) 千金子 90～120克/公顷 茎叶喷雾

PD20141007 二氯喹啉酸/75%/可湿性粉剂/二氯喹啉酸 75%/2014.04.21 至 2019.04.21/低毒
水稻抛秧田 稗草 225-337.5克/公顷 茎叶喷雾

PD20141205 噻唑膦/20%/水乳剂/噻唑膦 20%/2014.05.06 至 2019.05.06/中等毒
黄瓜 根结线虫 2250-3000克/公顷 灌根

PD20141271 烯酰·甲霜灵/30%/水分散粒剂/甲霜灵 8%、烯酰吗啉 22%/2014.05.12 至 2019.05.12/低毒
葡萄 霜霉病 300—450克/公顷 喷雾

PD20141342 甲基硫菌灵/36%/悬浮剂/甲基硫菌灵 36%/2014.06.04 至 2019.06.04/低毒
水稻 稻瘟病 756－1134克/公顷 喷雾

PD20141469 阿维·炔螨特/40%/水乳剂/阿维菌素 0.3%、炔螨特 39.7%/2014.06.17 至 2019.06.17/低毒(原药高毒)
柑橘树 红蜘蛛 200-266.7毫克/千克 喷雾

PD20141489 烯酰吗啉/80%/可湿性粉剂/烯酰吗啉 80%/2014.06.09 至 2019.06.09/低毒
黄瓜 霜霉病 240-300克/公顷 喷雾

PD20141848 苄·二氯/3%/颗粒剂/苄嘧磺隆 0.33%、二氯喹啉酸 2.67%/2014.07.24 至 2019.07.24/低毒
水稻抛秧田 一年生杂草 337.5-450克/公顷 药土法

PD20142086 苄嘧·丙草胺/3%/颗粒剂/苄嘧磺隆 0.33%、丙草胺 2.67%/2014.09.02 至 2019.09.02/低毒
水稻抛秧田 一年生杂草 337.5-450克/公顷 药土法

PD20142420 毒死蜱/0.5%/颗粒剂/毒死蜱 0.5%/2014.11.13 至 2019.11.13/低毒
花生 蛴螬 2250-2700克/公顷 撒施
注:本产品为药肥混剂。

PD20142646 啶虫脒/20%/可溶液剂/啶虫脒 20%/2014.12.15 至 2019.12.15/低毒
黄瓜 蓟马 22.5-30克/公顷 喷雾

PD20150324 甲霜·霜脲氰/25%/可湿性粉剂/甲霜灵 12.5%、霜脲氰 12.5%/2015.03.02 至 2020.03.02/低毒
辣椒 疫病 416.7-625毫克/千克 灌根

PD20150481 高效氯氟氰菊酯/10%/悬浮剂/高效氯氟氰菊酯 10%/2015.03.20 至 2020.03.20/中等毒
小麦 蚜虫 7.5-10.5克/公顷 喷雾

PD20150844 丁硫克百威/5%/颗粒剂/丁硫克百威 5%/2015.05.18 至 2020.05.18/低毒
花生 蛴螬 2250-3750克/公顷 沟施

PD20150892 阿维·哒螨灵/10%/水乳剂/阿维菌素 0.2%、哒螨灵 9.8%/2015.05.19 至 2020.05.19/中等毒(原药高毒)
柑橘树 红蜘蛛 33.3－50毫克/千克 喷雾

PD20151751 虫螨腈/10%/悬浮剂/虫螨腈 10%/2015.08.28 至 2020.08.28/低毒
甘蓝 甜菜夜蛾 60-90克/公顷 喷雾

PD20151782 聚醛·甲萘威/6%/颗粒剂/甲萘威 1.5%、四聚乙醛 4.5%/2015.08.28 至 2020.08.28/低毒
玉米田 蜗牛 540-675克/公顷 撒施

PD20152135 吡嘧·丙草胺/35%/可湿性粉剂/吡嘧磺隆 2%、丙草胺 33%/2015.09.22 至 2020.09.22/低毒
水稻田(直播) 一年生杂草 315-420克/公顷 茎叶喷雾

PD20152270 丙森·戊唑醇/65%/可湿性粉剂/丙森锌 60%、戊唑醇 5%/2015.10.20 至 2020.10.20/低毒
苹果树 斑点落叶病 433-722毫克/千克 喷雾

PD20152439 苯醚甲环唑/20%/微乳剂/苯醚甲环唑 20%/2015.12.04 至 2020.12.04/低毒
西瓜 炭疽病 90-120克/公顷 喷雾

PD20152496 虫螨腈/10%/微乳剂/虫螨腈 10%/2015.12.05 至 2020.12.05/低毒
甘蓝 甜菜夜蛾 60-75克/公顷 喷雾

PD20152608 戊唑·异菌脲/25%/悬浮剂/戊唑醇 5%、异菌脲 20%/2015.12.17 至 2020.12.17/低毒
苹果树 斑点落叶病 62.5-83.3毫克/千克 喷雾

LS20130317 苯甲·嘧菌酯/26%/悬浮剂/苯醚甲环唑 10%、嘧菌酯 16%/2015.06.05 至 2016.06.05/低毒
西瓜 炭疽病 156-234克/公顷 喷雾

LS20130364 吡蚜酮/50%/可湿性粉剂/吡蚜酮 50%/2015.07.05 至 2016.07.05/低毒
水稻 稻飞虱 60-75克/公顷 喷雾

LS20130436 甲维·虫螨腈/6%/微乳剂/虫螨腈 5%、甲氨基阿维菌素 1%/2015.09.09 至 2016.09.09/低毒
甘蓝 甜菜夜蛾 9-18克/公顷 喷雾

LS20130437 吡嘧磺隆/20%/水分散粒剂/吡嘧磺隆 20%/2015.09.09 至 2016.09.09/低毒
水稻田(直播) 一年生阔叶杂草及部分莎草科杂草 22.5-30克/公顷 喷雾

LS20130442 烯啶·噻嗪酮/15%/可湿性粉剂/噻嗪酮 10%、烯啶虫胺 5%/2015.09.10 至 2016.09.10/低毒
水稻 稻飞虱 54-81克/公顷 喷雾

LS20130461 甲维·毒死蜱/20%/微乳剂/毒死蜱 19.5%、甲氨基阿维菌素 0.5%/2015.10.10 至 2016.10.10/中等毒
水稻 稻纵卷叶螟 180-210克/公顷 喷雾

LS20130479 硝磺·莠去津/55%/悬浮剂/莠去津 50%、硝磺草酮 5%/2015.11.08 至 2016.11.08/低毒
夏玉米田 一年生阔叶杂草 660-990克/公顷 茎叶喷雾

LS20130486 氟硅唑/15%/水乳剂/氟硅唑 15%/2015.11.08 至 2016.11.08/低毒
梨树 黑星病 37.5-50毫克/千克 喷雾

LS20130523 甲氨基阿维菌素苯甲酸盐/2%/微囊悬浮剂/甲氨基阿维菌素 2%/2015.12.10 至 2016.12.10/低毒
甘蓝 甜菜夜蛾 2.25-3.75克/公顷 喷雾
注:甲氨基阿维菌素苯甲酸盐: 2.3%。

LS20140025 甲维·氟铃脲/3%/悬浮剂/氟铃脲 2%、甲氨基阿维菌素 1%/2016.01.14 至 2017.01.14/低毒
棉花 棉铃虫 13.5-18 克/公顷 喷雾

LS20140167 二氯·双草醚/35%/可湿性粉剂/二氯喹啉酸 30%、双草醚 5%/2015.04.11 至 2016.04.11/低毒
水稻抛秧田 一年生杂草 157.5-189克/公顷 茎叶喷雾

LS20140246 吡·松·丙草胺/38%/可湿性粉剂/吡嘧磺隆 2%、丙草胺 26%、异噁草松 10%/2015.07.14 至 2016.07.14/低毒
水稻田(直播) 一年生杂草 171-228克/公顷 土壤喷雾

LS20140264 甲硫·乙嘧酚/70%/可湿性粉剂/甲基硫菌灵 50%、乙嘧酚 20%/2015.07.23 至 2016.07.23/低毒
苹果树 白粉病 233-350毫克/千克 喷雾

LS20140281 苄嘧·二甲戊/20%/可湿性粉剂/苄嘧磺隆 4%、二甲戊灵 16%/2015.08.25 至 2016.08.25/低毒
水稻旱直播田 一年生杂草 120-180克/公顷 土壤喷雾

LS20140302 高效氟氯氰菊酯/5%/水乳剂/高效氟氯氰菊酯 5%/2015.09.18 至 2016.09.18/低毒
小麦 蚜虫 5.25-7.5克/公顷 喷雾

LS20140343 敌草快/25%/水剂/敌草快 25%/2015.11.21 至 2016.11.21/低毒
非耕地 杂草 900-1050克/公顷 茎叶喷雾

LS20150058 阿维·螺螨酯/13%/水乳剂/阿维菌素 1%、螺螨酯 12%/2015.03.20 至 2016.03.20/低毒(原药高毒)
柑橘树 红蜘蛛 32.5-43.3毫克/千克 喷雾

LS20150104 阿维·虫螨腈/10%/水乳剂/阿维菌素 .5%、虫螨腈 9.5%/2015.04.20 至 2016.04.20/低毒(原药高毒)
甘蓝 小菜蛾 30-60克/公顷 喷雾

LS20150123 草甘·氯氟吡/73%/可湿性粉剂/草甘膦 70%、氯氟吡氧乙酸 3%/2015.05.13 至 2016.05.13/低毒
非耕地 杂草 1314-1752克/公顷 茎叶喷雾
注:氯氟吡氧乙酸异辛酯含量为: 4.3%

LS20150161 虫螨·茚虫威/10%/悬浮剂/虫螨腈 5%、茚虫威 5%/2015.06.10 至 2016.06.10/低毒
甘蓝 小菜蛾 45-60克/公顷 喷雾

LS20150203 茚虫威/23%/悬浮剂/茚虫威 23%/2015.07.30 至 2016.07.30/低毒
甘蓝 小菜蛾 31.5-40.5克/公顷 喷雾

LS20150308 苯甲·戊唑醇/40%/悬浮剂/苯醚甲环唑 20%、戊唑醇 20%/2015.10.22 至 2016.10.22/低毒
水稻 纹枯病 90-120克/公顷 喷雾

WP20150017 联苯菊酯/2.5%/水乳剂/联苯菊酯 2.5%/2015.01.15 至 2020.01.15/低毒
木材 白蚁 500毫克/千克 浸泡或涂刷
土壤 白蚁 4-5克/平方米 喷洒

广东珠海经济特区瑞农植保技术有限公司 (广东省珠海市金湾区临港工业区大浪湾工业小区 519050 0756-7268813)

WP20140049 杀蚁饵剂/0.015%/饵剂/多杀霉素 0.015%/2014.03.06 至 2019.03.06/低毒
卫生 红火蚁 / 投饵

广州超威日用化学用品有限公司 (广东省广州市番禺区新造镇新谭公路永兴工业区综合管理大楼402 511436 020-818

WP20080230 杀虫气雾剂/0.45%/气雾剂/高效氯氰菊酯 0.1%、右旋胺菊酯 0.25%、右旋苯醚氰菊酯 0.1%/2013.11.25至 2018.11.25/微毒
卫生 臭虫、蚂蚁、跳蚤、蚊、蝇、蜚蠊 / 喷雾
注:本品有三种香型: 无香型、茉莉香型、玫瑰香型。

WP20080252 杀蟑气雾剂/0.28%/气雾剂/炔咪菊酯 0.08%、右旋苯氰菊酯 0.2%/2013.11.26 至 2018.11.26/微毒
卫生 蜚蠊 / 喷雾

WP20080308 电热蚊香液/1%/电热蚊香液/炔丙菊酯 1%/2013.12.04 至 2018.12.04/微毒
卫生 蚊 / 电热加温

WP20080343 杀蚊气雾剂/0.5%/气雾剂/氯菊酯 0.1%、右旋胺菊酯 0.3%、右旋苯醚菊酯 0.1%/2013.12.09 至 2018.12.09/微毒
卫生 蚊 / 喷雾
注:本产品有一种香型: 柠檬香型。

WP20080414 驱蚊花露水/5%/驱蚊花露水/避蚊胺 5%/2013.12.12 至 2018.12.12/微毒
卫生 蚊 / 涂抹

WP20090049 蚊香/0.3%/蚊香/富右旋反式烯丙菊酯 0.3%/2014.01.21 至 2019.01.21/微毒

卫生 蚊 / 点燃

WP20090168 蚊香/0.3%/蚊香/右旋烯丙菊酯 0.3%/2014.03.09 至 2019.03.09/微毒

卫生 蚊 / 点燃

注:本产品有一种香型：檀香型。

WP20090227 杀虫气雾剂/0.5%/气雾剂/富右旋反式炔丙菊酯 0.15%、氯菊酯 0.2%、右旋苯醚菊酯 0.15%/2014.04.09 至2019.04.09/微毒

卫生 蚊、蝇、蜚蠊 / 喷雾

注:本产品有两种香型：桉树清香型、无香型。

WP20100025 蚊香/0.03%/蚊香/四氟甲醚菊酯 0.03%/2015.01.19 至 2020.01.19/微毒

卫生 蚊 / 点燃

注:本品有三种香型：无香型、艾草香型、荷花香型。

WP20110183 蚊香/0.08%/蚊香/氯氟醚菊酯 0.08%/2011.08.04 至 2016.08.04/微毒

卫生 蚊 / 点燃

注:本产品有三种香型：艾草清香型、香草玫瑰香型、檀香香型。

WP20120071 电热蚊香液/1.5%/电热蚊香液/炔丙菊酯 1.5%/2012.04.18 至 2017.04.18/微毒

卫生 蚊 / 电热加温

注:本产品有一种香型：无香型。

WP20130059 电热蚊香片/13毫克/片/电热蚊香片/炔丙菊酯 5.2毫克/片、氯氟醚菊酯 7.8毫克/片/2013.04.08 至 2018.04.08/微毒

卫生 蚊 / 电热加温

注:本产品有三种香型：艾草清香型、玫瑰香草香型、无香型。

WP20130117 电热蚊香液/1%/电热蚊香液/氯氟醚菊酯 1%/2013.06.04 至 2018.06.04/微毒

卫生 蚊 / 电热加温

注:本产品有三种香型：艾草香型、香草玫瑰香型、无香型。

WP20130230 电热蚊香液/1.5%/电热蚊香液/四氟苯菊酯 1.5%/2013.11.08 至 2018.11.08/微毒

室内 蚊 / 电热加温

注:本产品有三种香型：艾草香型、玫瑰香型、无香型。

WP20130259 蚊香/0.05%/蚊香/氯氟醚菊酯 0.05%/2013.12.17 至 2018.12.17/微毒

卫生 蚊 / 点燃

注:本产品有艾草香型、田园荷花香型。

WP20140008 杀蟑饵剂/8%/饵剂/硼酸 8%/2014.01.20 至 2019.01.20/微毒

室内 蜚蠊 / 投放

WP20140184 杀虫气雾剂/0.6%/气雾剂/胺菊酯 0.3%、氯菊酯 0.3%/2014.08.14 至 2019.08.14/微毒

室内 臭虫、蚂蚁、跳蚤、蚊、蝇、蜚蠊 / 喷雾

WP20140221 电热蚊香液/0.62%/电热蚊香液/四氟甲醚菊酯 0.62%/2014.11.03 至 2019.11.03/微毒

室内 蚊 / 电热加温

WP20140223 杀虫气雾剂/0.6%/气雾剂/除虫菊素 0.6%/2014.11.03 至 2019.11.03/微毒

室内 蚊、蝇、蜚蠊 / 喷雾

WP20150115 电热蚊香液/0.93%/电热蚊香液/四氟甲醚菊酯 0.93%/2015.07.30 至 2020.07.30/微毒

室内 蚊 / 电热加温

WP20150122 电热蚊香片/10毫克/片/电热蚊香片/炔丙菊酯 5毫克/片、四氟甲醚菊酯 5毫克/片/2015.07.30 至 2020.07.30/微毒

室内 蚊 / 电热加温

WP20150132 杀蟑气雾剂/0.32%/气雾剂/氯氰菊酯 0.2%、炔咪菊酯 0.12%/2015.07.30 至 2020.07.30/微毒

室内 蜚蠊 / 喷雾

WP20150140 杀蟑胶饵/0.05%/胶饵/氟虫腈 0.05%/2015.07.30 至 2020.07.30/微毒

室内 蜚蠊 / 投放

WP20150155 杀飞虫气雾剂/0.21%/水基气雾剂/氯菊酯 0.16%、右旋反式氯丙炔菊酯 0.05%/2015.08.28 至 2020.08.28/微毒

室内 蚊、蝇 / 喷雾

WP20150156 杀蟑气雾剂/0.48%/气雾剂/氯菊酯 0.36%、炔咪菊酯 0.12%/2015.08.28 至 2020.08.28/微毒

室内 蜚蠊 / 喷雾

WP20150166 杀蟑气雾剂/0.42%/气雾剂/氯菊酯 0.3%、炔咪菊酯 0.12%/2015.08.28 至 2020.08.28/微毒

卫生 蜚蠊 / 喷雾

WP20150167 杀蚊气雾剂/0.21%/气雾剂/氯菊酯 0.16%、右旋反式氯丙炔菊酯 0.05%/2015.08.28 至 2020.08.28/微毒

室内 蚊 / 喷雾

WP20150179 杀虫气雾剂/0.34%/气雾剂/氯菊酯 0.30%、右旋反式氯丙炔菊酯 0.04%/2015.08.31 至 2020.08.31/微毒

室内 臭虫、蚂蚁、跳蚤、蚊、蝇、蜚蠊 / 喷雾

WP20150183 杀虫气雾剂/0.34%/气雾剂/氯菊酯 0.3%、右旋反式氯丙炔菊酯 0.04%/2015.08.31 至 2020.08.31/微毒

室内 臭虫、蚂蚁、跳蚤、蚊、蝇、蜚蠊 / 喷雾

WP20150192 电热蚊香液/1.2%/电热蚊香液/氯氟醚菊酯 1.2%/2015.09.22 至 2020.09.22/微毒

室内 蚊 / 电热加温

WP20150193 电热蚊香片/15毫克/片/电热蚊香片/四氟苯菊酯 8毫克/片、氯氟醚菊酯 7毫克/片/2015.09.22 至 2020.09.22/微毒

室内 蚊 / 电热加温

WL20130012 驱蚊液/9%/驱蚊液/驱蚊酯 9%/2015.02.06 至 2016.02.06/微毒

卫生 蚊 / 涂抹

WL20130021 杀蟑饵剂/0.9%/饵剂/毒死蜱 0.9%/2015.04.28 至 2016.04.28/微毒
卫生 蜚蠊 / 投放
WL20140026 杀虫气雾剂/0.4%/气雾剂/除虫菊素 .4%/2015.11.17 至 2016.11.17/微毒
室内 臭虫、蚂蚁、跳蚤、蚊、蝇、蜚蠊 / 喷雾
WL20150016 驱蚊液/15%/驱蚊液/羟哌酯 15%/2015.09.23 至 2016.09.23/微毒
卫生 蚊 / 涂抹

广州农密生物科技有限公司白云分公司 (广东省广州市白云区钟落潭五龙岗康杜岭5号 514700 020-37401360)

PDN4-88 复硝酚钾/2%/水剂/2,4-二硝基苯酚钾 0.1%、对硝基苯酚钾 1%、邻硝基苯酚钾 0.9%/2013.10.30 至 2018.10.30/低毒
茶树 调节生长 4000-6000倍液 喷雾,浸种
甘蔗 调节生长 3000-4000倍液 喷雾,浸种
瓜菜类蔬菜、叶菜类蔬菜 调节生长 2000-3000倍液 喷雾,浸种
黄麻 调节生长 5000-6000倍液 喷雾
亚麻 调节生长 2000-3000倍液 喷雾
PD20130081 四聚乙醛/6%/颗粒剂/四聚乙醛 6%/2013.01.15 至 2018.01.15/低毒
叶菜 蜗牛 360-540克/公顷 撒施
PD20140020 四聚乙醛/40%/悬浮剂/四聚乙醛 40%/2014.01.07 至 2019.01.07/低毒
滩涂 钉螺 1-2克/平方米 喷洒
PD20150534 胺鲜酯/1.6%/水剂/胺鲜酯 1.6%/2015.03.23 至 2020.03.23/低毒
白菜 调节生长 13.3-20毫克/千克 喷雾
PD20150750 四聚·杀螺胺/26%/悬浮剂/杀螺胺乙醇胺盐 25%、四聚乙醛 1%/2015.04.29 至 2020.04.29/低毒
滩涂 钉螺 0.52-1.04克/立方米(浸杀);0.52-1.04克/平方米(喷洒) 浸杀或喷洒
WP20150084 杀螺胺乙醇胺盐/50%/悬浮剂/杀螺胺乙醇胺盐 50%/2015.05.18 至 2020.05.18/低毒
滩涂 钉螺 0.5-1克/平方米 喷洒

广州农药厂从化市分厂 (广东省广州市从化市江埔街锦三村 510925 020-87992055)

PDN9-91 丁草胺/60%/乳油/丁草胺 60%/2011.07.31 至 2016.07.31/低毒
水稻田 稗草、牛毛草、鸭舌草 750-1275克/公顷 喷雾,毒土
PDN10-91 丁草胺/50%/乳油/丁草胺 50%/2011.07.31 至 2016.07.31/低毒
水稻田 稗草、牛毛草、鸭舌草 750-1275克/公顷 喷雾,毒土
PD85131-37 井冈霉素/2.4%,4%/水剂/井冈霉素 2.4%,4%/2011.04.29 至 2016.04.29/低毒
水稻 纹枯病 75-112.5克/公顷 喷雾,泼浇
PD86122 乐果/50%/乳油/乐果 50%/2011.07.31 至 2016.07.31/中等毒
棉花 蚜虫、螨 450-600克/公顷 喷雾
水稻 飞虱、螟虫、叶蝉 450-600克/公顷 喷雾
PD91105-2 鱼藤酮/2.5%/乳油/鱼藤酮 2.5%/2011.11.23 至 2016.11.23/低毒(原药高毒)
叶菜 蚜虫 37.5克/公顷 喷雾
PD20082895 克百威/3%/颗粒剂/克百威 3%/2013.12.09 至 2018.12.09/高毒
甘蔗 蚜虫、蔗龟 1350-2250克/公顷 沟施
花生 线虫 1800-2250克/公顷 条施、沟施
棉花 蚜虫 675-900克/公顷 条施、沟施
水稻 二化螟、瘿蚊 900-1350克/公顷 撒施
PD20083380 多菌灵/50%/可湿性粉剂/多菌灵 50%/2013.12.11 至 2018.12.11/低毒
水稻 纹枯病 750-900克/公顷 喷雾
PD20083620 乐果/40%/乳油/乐果 40%/2013.12.12 至 2018.12.12/中等毒
十字花科蔬菜 蚜虫 450-600克/公顷 喷雾
PD20084055 异丙威/20%/乳油/异丙威 20%/2013.12.16 至 2018.12.16/低毒
水稻 叶蝉 600-750克/公顷 喷雾
PD20085480 丁草胺/5%/颗粒剂/丁草胺 5%/2013.12.25 至 2018.12.25/低毒
水稻 稗草、牛毛草、鸭舌草 750-1275克/公顷 撒施
PD20091390 百菌清/75%/可湿性粉剂/百菌清 75%/2014.02.02 至 2019.02.02/低毒
黄瓜 白粉病 1687.5-2250克/公顷 喷雾
PD20092834 草甘膦异丙胺盐/30%/水剂/草甘膦 30%/2014.03.05 至 2019.03.05/低毒
柑橘园 杂草 1125-2250克/公顷 定向茎叶喷雾
注:草甘膦异丙胺盐含理:41%。
PD20093970 乙草胺/50%/乳油/乙草胺 50%/2014.03.27 至 2019.03.27/低毒
花生田 一年生禾本科杂草及部分小粒种子阔叶杂草 975-1200克/公顷 播后苗前土壤喷雾
PD20100464 乙草胺/81.5%/乳油/乙草胺 81.5%/2015.01.14 至 2020.01.14/低毒
花生田 一年生杂草 80-100毫升制剂/亩 播后苗前土壤喷雾

广州粤果农业科技有限公司 (广东省广州市天河区五山省农科院果树所 510640 020-38765869)

PD20095572 多效唑/10%/可湿性粉剂/多效唑 10%/2014.05.12 至 2019.05.12/低毒
荔枝树、龙眼树 控梢 250-500倍液 喷雾2次

惠州市银农科技股份有限公司　（广东省惠州市马安镇赤澳地段　516257　0752-2566777）

PD20100442　咪锰·多菌灵/30%/水分散粒剂/多菌灵 20%、咪鲜胺锰盐 10%/2015.10.08 至 2020.10.08/低毒
　黄瓜　炭疽病　450－600克/公顷　喷雾

PD20101213　甲氨基阿维菌素苯甲酸盐/5%/水分散粒剂/甲氨基阿维菌素 5%/2015.02.21 至 2020.02.21/低毒
　甘蓝　甜菜夜蛾　11.25-15克/公顷　喷雾
　水稻　稻纵卷叶螟　7.5-15克/公顷　喷雾
　注:甲氨基阿维菌素苯甲酸盐含量：5.7%。

PD20101675　苯甲·丙环唑/30%/微乳剂/苯醚甲环唑 15%、丙环唑 15%/2015.06.08 至 2020.06.08/低毒
　水稻　纹枯病　67.5－120克/公顷　喷雾

PD20120592　甲氨基阿维菌素苯甲酸盐/5%/微乳剂/甲氨基阿维菌素 5%/2012.04.10 至 2017.04.10/低毒
　甘蓝　甜菜夜蛾　3－3.375克/公顷　喷雾
　注:甲氨基阿维菌素苯甲酸盐含量：5.7%。

PD20131546　苯甲·嘧菌酯/48%/悬浮剂/苯醚甲环唑 18%、嘧菌酯 30%/2013.07.18 至 2018.07.18/低毒
　西瓜　炭疽病　215-290克/公顷　喷雾

PD20131749　醚菌酯/30%/悬浮剂/醚菌酯 30%/2013.08.16 至 2018.08.16/低毒
　黄瓜　白粉病　135-157.5克/公顷　喷雾

PD20140698　唑螨酯/5%/悬浮剂/唑螨酯 5%/2014.03.24 至 2019.03.24/低毒
　柑橘树　红蜘蛛　33.3-50毫克/千克　喷雾

PD20141740　硝磺·莠去津/55%/悬浮剂/莠去津 50%、硝磺草酮 5%/2014.06.30 至 2019.06.30/低毒
　春玉米田　一年生杂草　；春玉米田：1031.25-1237.5克/公顷　茎叶喷雾
　夏玉米田　一年生杂草　825-990克/公顷　茎叶喷雾

PD20151281　氰氟草酯/15%/微乳剂/氰氟草酯 15%/2015.07.30 至 2020.07.30/低毒
　水稻田(直播)　一年生禾本科杂草　90-135克/公顷　茎叶喷雾

PD20151910　吡蚜酮/50%/水分散粒剂/吡蚜酮 50%/2015.08.30 至 2020.08.30/微毒
　水稻　稻飞虱　120-150克/公顷　喷雾

LS20120333　噻虫啉/40%/悬浮剂/噻虫啉 40%/2014.10.08 至 2015.10.08/低毒
　黄瓜　蚜虫　61.5-123克/公顷　喷雾

江门市大光明农化新会有限公司　（广东省江门市新会区沙堆镇洋关开发区　529148　0750-3508606）

PD84111-33　氧乐果/40%/乳油/氧乐果 40%/2014.10.28 至 2019.10.28/中等毒(原药高毒)
　棉花　蚜虫、螨　375-600克/公顷　喷雾
　森林　松干蚧、松毛虫　500倍液　喷雾或直接涂树干
　水稻　稻纵卷叶螟、飞虱　375-600克/公顷　喷雾
　小麦　蚜虫　300-450克/公顷　喷雾

PD84125-17　乙烯利/40%/水剂/乙烯利 40%/2014.10.28 至 2019.10.28/低毒
　番茄　催熟　800-1000倍液　喷雾或浸渍
　棉花　催熟、增产　330-500倍液　喷雾
　柿子、香蕉　催熟　400倍液　喷雾或浸渍
　水稻　催熟、增产　800倍液　喷雾
　橡胶树　增产　5-10倍液　涂布
　烟草　催熟　1000-2000倍液　喷雾

PD85121-19　乐果/40%/乳油/乐果 40%/2015.07.07 至 2020.07.07/中等毒
　茶树　蚜虫、叶蝉、螨　1000-2000倍液　喷雾
　甘薯　小象甲　2000倍液　浸鲜薯片诱杀
　柑橘树、苹果树　鳞翅目幼虫、蚜虫、螨　800-1600倍液　喷雾
　棉花　蚜虫、螨　450-600克/公顷　喷雾
　蔬菜　蚜虫、螨　300-600克/公顷　喷雾
　水稻　飞虱、螟虫、叶蝉　450-600克/公顷　喷雾
　烟草　蚜虫、烟青虫　300-600克/公顷　喷雾

PD86148-60　异丙威/20%/乳油/异丙威 20%/2011.12.13 至 2016.12.13/中等毒
　水稻　飞虱、叶蝉　450-600克/公顷　喷雾

PD86152-3　乙酰甲胺磷/30%/乳油/乙酰甲胺磷 30%/2011.12.13 至 2016.12.13/低毒
　柑橘树　介壳虫、螨　500-1000倍液　喷雾
　棉花　棉铃虫、蚜虫　450-562.5克/公顷　喷雾
　苹果树　食心虫　500-1000倍液　喷雾
　蔬菜　菜青虫、蚜虫　500-1000倍液　喷雾
　水稻　螟虫、叶蝉　450-562.5克/公顷　喷雾
　玉米　黏虫、玉米螟　500-1000倍液　喷雾

PD86157-16　硫磺/50%/悬浮剂/硫磺 50%/2011.12.13 至 2016.12.13/低毒
　果树　白粉病　200-400倍液　喷雾
　花卉　白粉病　750-1500克/公顷　喷雾
　黄瓜　白粉病　1125-1500克/公顷　喷雾
　橡胶树　白粉病　1875-3000克/公顷　喷雾

	小麦	白粉病、螨	3000克/公顷	喷雾
PD91106-17	甲基硫菌灵/70%/可湿性粉剂/甲基硫菌灵 70%/2011.04.09 至 2016.04.09/低毒			
	番茄	叶霉病	375-562.5克/公顷	喷雾
	甘薯	黑斑病	360-450毫克/千克	浸薯块
	瓜类	白粉病	337.5-506.25克/公顷	喷雾
	梨树	黑星病	360-450毫克/千克	喷雾
	苹果树	轮纹病	700毫克/千克	喷雾
	水稻	稻瘟病、纹枯病	1050-1500克/公顷	喷雾
	小麦	赤霉病	750-1050克/公顷	喷雾
PD20040390	氯氰菊酯/10%/乳油/氯氰菊酯 10%/2014.12.19 至 2019.12.19/中等毒			
	棉花	棉铃虫、棉蚜	45-90克/公顷	喷雾
	十字花科蔬菜	菜青虫	30-45克/公顷	喷雾
PD20040460	吡虫啉/5%/乳油/吡虫啉 5%/2014.12.19 至 2019.12.19/低毒			
	水稻	飞虱	11.25-18.75克/公顷	喷雾
PD20040548	吡虫啉/10%/可湿性粉剂/吡虫啉 10%/2014.12.19 至 2019.12.19/低毒			
	菠菜	蚜虫	30-45克/公顷	喷雾
	韭菜	韭蛆	300-450克/公顷	药土法
	莲藕	莲缢管蚜	15-30克/公顷	喷雾
	芹菜	蚜虫	15-30克/公顷	喷雾
	水稻	飞虱	11.25-18.75克/公顷	喷雾
PD20040634	高效氯氰菊酯/4.5%/乳油/高效氯氰菊酯 4.5%/2014.12.19 至 2019.12.19/中等毒			
	茶树	茶尺蠖	15-22.5克/公顷	喷雾
	柑橘树	红蜡蚧	50毫克/千克	喷雾
	柑橘树	潜叶蛾	15-20毫克/千克	喷雾
	韭菜	迟眼蕈蚊	6.75-13.5克/公顷	喷雾
	辣椒	烟青虫	24-34克/公顷	喷雾
	棉花	红铃虫、棉铃虫、棉蚜	15-30克/公顷	喷雾
	苹果树	桃小食心虫	20-33毫克/千克	喷雾
	十字花科蔬菜	菜青虫、小菜蛾	9-22.5克/公顷	喷雾
	十字花科蔬菜	蚜虫	3-18克/公顷	喷雾
	烟草	烟青虫	15-22.5克/公顷	喷雾
PD20060126	甲氰菊酯/20%/乳油/甲氰菊酯 20%/2016.01.26 至 2021.01.26/中等毒			
	甘蓝	菜青虫	75-90克/公顷	喷雾
	柑橘树	红蜘蛛	67-100毫克/千克	喷雾
	棉花	棉铃虫	90-120克/公顷	喷雾
	苹果树	山楂红蜘蛛	100毫克/千克	喷雾
PD20070549	芸苔素内酯/0.01%/可溶液剂/芸苔素内酯 0.01%/2012.12.03 至 2017.12.03/微毒			
	大豆、番茄、花生、香蕉、烟草	调节生长	0.02-0.04毫克/升	喷雾
	柑橘树	调节生长	0.02-0.04毫克/千克	喷雾
	黄瓜	调节生长	0.03－0.05毫克/千克	喷雾
	荔枝树、葡萄	调节生长	0.02-0.04 毫克/千克	喷雾
	棉花、小白菜	调节生长、增产	0.02-0.04毫克/千克	喷雾
	水稻	调节生长、增产	0.02-0.06毫克/千克	喷雾
	小麦	调节生长、增产	0.01-0.1毫克/千克	喷雾
	玉米	调节生长、增产	0.05-0.2毫克/千克	喷雾
PD20070550	芸苔素内酯/90%/原药/芸苔素内酯 90%/2012.12.03 至 2017.12.03/低毒			
PD20080353	草甘膦异丙胺盐/30%/水剂/草甘膦 30%/2013.02.28 至 2018.02.28/低毒			
	柑橘园	一年生和多年生杂草	1230-2460克/公顷	定向茎叶喷雾
	注:草甘膦异丙胺盐含量：41。			
PD20080756	灭多威/24%/可溶液剂/灭多威 24%/2013.06.11 至 2018.06.11/中等毒(原药高毒)			
	棉花	棉铃虫、棉蚜	270-360克/公顷	喷雾
	烟草	烟青虫、烟蚜	180-270克/公顷	喷雾
PD20081424	甲氰菊酯/20%/乳油/甲氰菊酯 20%/2013.10.31 至 2018.10.31/中等毒			
	苹果树	桃小食心虫	67-100毫克/千克	喷雾
	苹果树	红蜘蛛	100毫克/千克	喷雾
PD20082321	苯噻酰草胺/50%/可湿性粉剂/苯噻酰草胺 50%/2013.12.01 至 2018.12.01/低毒			
	水稻抛秧田	一年生杂草	450-525克/公顷(南方地区)	药土法
	水稻移栽田	稗草、异型莎草	450-600克/公顷(北方地区)	药土法
PD20083159	氟乐灵/480克/升/乳油/氟乐灵 480克/升/2013.12.11 至 2018.12.11/低毒			
	春大豆田	一年生禾本科杂草及部分阔叶杂草	1080-1440克/公顷(东北地区)	土壤喷雾
	夏大豆田	一年生禾本科杂草及部分阔叶杂草	846-1080克/公顷(其他地区)	土壤喷雾
PD20083190	毒死蜱/45%/乳油/毒死蜱 45%/2013.12.11 至 2018.12.11/中等毒			

	荔枝	蒂蛀虫	400-500毫克/千克	喷雾
	水稻	稻纵卷叶螟	450-600克/公顷	喷雾
PD20083532	高效氯氟氰菊酯/25克/升/乳油/高效氯氟氰菊酯 25克/升/2013.12.12 至 2018.12.12/中等毒			
	棉花	棉铃虫	7.5-22.5克/公顷	喷雾
	十字花科蔬菜	蚜虫	5.625-7.5克/公顷	喷雾
PD20083576	啶虫脒/5%/乳油/啶虫脒 5%/2013.12.12 至 2018.12.12/低毒			
	菠菜	蚜虫	22.5-37.5克/公顷	喷雾
	柑橘树、苹果树	蚜虫	12-15毫克/千克	喷雾
	黄瓜	蚜虫	18-22.5克/公顷	喷雾
	莲藕	莲缢管蚜	15-22.5克/公顷	喷雾
	萝卜	黄条跳甲	45-90克/公顷	喷雾
	芹菜	蚜虫	18-27克/公顷	喷雾
	烟草	蚜虫	13.5-18克/公顷	喷雾
PD20083628	精喹禾灵/5%/乳油/精喹禾灵 5%/2013.12.12 至 2018.12.12/低毒			
	花生田	一年生禾本科杂草	45-60克/公顷	茎叶喷雾
PD20085722	苄嘧·苯噻酰/50%/可湿性粉剂/苯噻酰草胺 45%、苄嘧磺隆 5%/2013.12.26 至 2018.12.26/低毒			
	水稻移栽田	一年生及部分多年生杂草	1)600-750克/公顷(北方地区)2)375-525克/公顷(南方地区)	药土法
PD20086327	灭多威/20%/乳油/灭多威 20%/2013.12.31 至 2018.12.31/中等毒(原药高毒)			
	棉花	蚜虫	75-150克/公顷	喷雾
	棉花	棉铃虫	150-225克/公顷	喷雾
PD20090285	硫磺·三唑酮/50%/悬浮剂/硫磺 45%、三唑酮 5%/2014.01.09 至 2019.01.09/低毒			
	小麦	锈病	750-900克/公顷	喷雾
	小麦	白粉病	600-750克/公顷	喷雾
	小麦	霜霉病	750-1200克/公顷	喷雾
PD20090406	硫磺·三环唑/45%/悬浮剂/硫磺 40%、三环唑 5%/2014.01.12 至 2019.01.12/低毒			
	水稻	稻瘟病	675-1012.5克/公顷	喷雾
PD20092396	噁霜·锰锌/64%/可湿性粉剂/噁霜灵 8%、代森锰锌 56%/2014.02.25 至 2019.02.25/低毒			
	黄瓜	霜霉病	1650-1950克/公顷	喷雾
PD20092406	氰戊·乐果/15%/乳油/乐果 13%、氰戊菊酯 2%/2014.02.25 至 2019.02.25/中等毒			
	柑橘树	潜叶蛾	60-150毫克/千克	喷雾
	十字花科蔬菜	菜青虫、蚜虫	60-150毫克/千克	喷雾
PD20092423	甲氰·炔螨特/20%/乳油/甲氰菊酯 5%、炔螨特 15%/2014.02.25 至 2019.02.25/中等毒			
	柑橘树	红蜘蛛	200-250毫克/千克	喷雾
PD20092576	抗蚜威/25%/水分散粒剂/抗蚜威 25%/2014.02.27 至 2019.02.27/中等毒			
	烟草	烟蚜	112.5-187.5克/公顷	喷雾
PD20093296	高效氯氰菊酯/4.5%/水乳剂/高效氯氰菊酯 4.5%/2014.03.13 至 2019.03.13/低毒			
	棉花	棉铃虫	33.75-54克/公顷	喷雾
PD20093994	甲霜·锰锌/58%/可湿性粉剂/甲霜灵 10%、代森锰锌 48%/2014.03.27 至 2019.03.27/低毒			
	黄瓜	霜霉病	1305-1632克/公顷	喷雾
PD20094409	甲氰·辛硫磷/12%/乳油/甲氰菊酯 10%、辛硫磷 2%/2014.04.01 至 2019.04.01/中等毒			
	苹果树	桃小食心虫	60-80毫克/千克	喷雾
PD20094707	S-氰戊菊酯/50克/升/乳油/S-氰戊菊酯 50克/升/2014.04.10 至 2019.04.10/中等毒			
	甘蓝	菜青虫	7.5-15克/公顷	喷雾
	棉花	棉铃虫	18.75-26.25克/公顷	喷雾
	苹果树	桃小食心虫	16-25毫克/千克	喷雾
	小麦	蚜虫	9-11.25克/公顷	喷雾
PD20094767	噻螨酮/5%/乳油/噻螨酮 5%/2014.04.13 至 2019.04.13/低毒			
	柑橘树	红蜘蛛	25毫克/千克	喷雾
	棉花	红蜘蛛	37.5-49.5克/公顷	喷雾
	苹果树	苹果红蜘蛛、山楂红蜘蛛	25-30毫克/千克	喷雾
PD20095608	硫磺·百菌清/50%/悬浮剂/百菌清 15%、硫磺 35%/2014.05.12 至 2019.05.12/低毒			
	黄瓜	霜霉病	1125-1875克/公顷	喷雾
PD20096246	喹硫磷/10%/乳油/喹硫磷 10%/2014.07.15 至 2019.07.15/中等毒			
	水稻	稻纵卷叶螟、三化螟	150-180克/公顷	喷雾
PD20097102	高效氯氟氰菊酯/2.5%/可湿性粉剂/高效氯氟氰菊酯 2.5%/2014.10.10 至 2019.10.10/中等毒			
	甘蓝	蚜虫	7.5-11.25克/公顷	喷雾
PD20101392	烯禾啶/12.5%/乳油/烯禾啶 12.5%/2015.04.14 至 2020.04.14/低毒			
	大豆田、花生田、油菜田	一年生禾本科杂草	124.5-187.5克/公顷	茎叶喷雾
PD20101926	三唑磷/20%/乳油/三唑磷 20%/2015.08.27 至 2020.08.27/中等毒			
	水稻	三化螟	300-375克/公顷	喷雾
PD20110681	吡虫啉/70%/水分散粒剂/吡虫啉 70%/2011.06.20 至 2016.06.20/低毒			

	甘蓝	蚜虫	17－20克/公顷	喷雾
PD20121504	硫磺·多菌灵/40%/悬浮剂/多菌灵 20%、硫磺 20%/2012.10.09 至 2017.10.09/低毒			
	水稻	稻瘟病	1200-1800克/公顷	喷雾
PD20121688	甲氨基阿维菌素苯甲酸盐/2%/微乳剂/甲氨基阿维菌素 2%/2012.11.05 至 2017.11.05/低毒			
	甘蓝	甜菜夜蛾	1.43-2.86克/公顷	喷雾
	辣椒	烟青虫	1.5-3克/公顷	喷雾
	茭白	二化螟	12-17克/公顷	喷雾
	注：甲氨基阿维菌素苯甲酸盐含量:2.3%。			
PD20130845	戊唑醇/250克/升/水乳剂/戊唑醇 250克/升/2013.04.22 至 2018.04.22/低毒			
	香蕉	叶斑病	250-500毫克/千克	喷雾
PD20131667	乙酰甲胺磷/75%/可溶性粉剂/乙酰甲胺磷 75%/2013.08.06 至 2018.08.06/低毒			
	水稻	稻纵卷叶螟	956.25-1125克/公顷	喷雾
PD20141675	氯虫苯甲酰胺/0.4%/颗粒剂/氯虫苯甲酰胺 0.4%/2014.06.30 至 2019.06.30/微毒			
	甘蔗	蔗螟	90-120克/公顷	撒施
	水稻	稻纵卷叶螟、二化螟	36－42克/公顷	撒施
PD20151241	阿维菌素/0.5%/颗粒剂/阿维菌素 0.5%/2015.07.30 至 2020.07.30/低毒(原药高毒)			
	黄瓜	根结线虫	225-262.5克/公顷	沟施、穴施
LS20150114	噻虫嗪/2%/颗粒剂/噻虫嗪 2%/2015.05.12 至 2016.05.12/低毒			
	甘蔗	蚜虫	225-300克/公顷	撒施
WP20080298	高效氯氰菊酯/5%/悬浮剂/高效氯氰菊酯 5%/2013.12.03 至 2018.12.03/低毒			
	室内	蚊、蝇	15毫克/平方米	滞留喷洒
	室内	蜚蠊	22.5毫克/平方米	滞留喷洒
WP20080335	溴氰菊酯/2.5%/悬浮剂/溴氰菊酯 2.5%/2013.12.09 至 2018.12.09/低毒			
	卫生	蜚蠊	15毫克/平方米	滞留喷雾
	卫生	蚊、蝇	10毫克/平方米	滞留喷雾
WP20110136	杀蟑胶饵/2.5%/胶饵/吡虫啉 2.5%/2011.06.07 至 2016.06.07/低毒			
	卫生	蜚蠊	/	投放
WP20120027	烯丙·氯菊/8.5%/水乳剂/富右旋反式烯丙菊酯 0.5%、氯菊酯 8%/2012.02.15 至 2017.02.15/低毒			
	卫生	蝇	80毫克/平方米	滞留喷洒
	卫生	蚊	1)80毫克/平方米；2)稀释20倍	1)滞留喷洒；2)超低容量喷雾
WP20120084	杀蟑热雾剂/2%/热雾剂/胺菊酯 0.5%、氯氰菊酯 1.5%/2012.05.05 至 2017.05.05/低毒			
	仓库	蜚蠊	30毫克/立方米	热雾机喷雾
WP20130193	残杀威/10%/微乳剂/残杀威 10%/2013.09.24 至 2018.09.24/低毒			
	卫生	蚊	1克/平方米	滞留喷洒
WP20130194	毒死蜱/45%/乳油/毒死蜱 45%/2013.09.24 至 2018.09.24/中等毒			
	卫生	白蚁	20-50克/平方米；5000-10000毫克/千克	土壤处理；木材浸泡
WP20130209	氯氰菊酯/10%/乳油/氯氰菊酯 10%/2013.10.10 至 2018.10.10/中等毒			
	室外	蚊、蝇	稀释100倍	喷雾

江门市大自然纺织品有限公司　(广东省江门市篁庄叶坑工业区建达北路6号之4　529000　0750-3082779)

WL20140028	驱蚊帐/0.18%/驱蚊帐/溴氰菊酯 0.18%/2015.11.21 至 2016.11.21/微毒			
	卫生	蚊	/	悬挂

江门市植保有限公司　(广东省江门市杜阮镇北环路9号之一至之四　529000　0750-3287333)

PD20090132	春雷霉素/2%/水剂/春雷霉素 2%/2014.01.08 至 2019.01.08/低毒			
	番茄	叶霉病	40-50毫克/千克	喷雾
	黄瓜	角斑病	42-52.5克/公顷	喷雾
	水稻	稻瘟病	24-36克/公顷	喷雾
PD20121600	丙环唑/250克/升/乳油/丙环唑 250克/升/2012.10.25 至 2017.10.25/低毒			
	香蕉	叶斑病	333-500毫克/千克	喷雾
PD20130273	三环唑/20%/悬浮剂/三环唑 20%/2013.02.21 至 2018.02.21/低毒			
	水稻	稻瘟病	210-300克/公顷	喷雾
PD20151128	春雷·三环唑/22%/可湿性粉剂/春雷霉素 2%、三环唑 20%/2015.06.25 至 2020.06.25/低毒			
	水稻	稻瘟病	165-198克/公顷	喷雾
LS20130527	嘧菌·戊唑醇/40%/悬浮剂/嘧菌酯 15%、戊唑醇 25%/2015.12.10 至 2016.12.10/低毒			
	黄瓜	炭疽病	120-180克/公顷	喷雾
LS20150063	春雷·三环唑/22%/悬浮剂/春雷霉素 2%、三环唑 20%/2015.03.20 至 2016.03.20/低毒			
	水稻	稻瘟病	165-198克/公顷	喷雾

揭阳试验区百信灭蚊药厂　(广东省揭阳市试验区渔湖镇渔湖桥头　522031　0663-8776907)

WP20140114	杀蟑饵剂/0.3%/饵剂/胺菊酯 0.15%、高效氯氰菊酯 0.15%/2014.05.12 至 2019.05.12/低毒			
	室内	蜚蠊	/	投放

金奇集团金奇日化有限公司　(广东省汕头市澄海区莲下潜溪工业区　515834　0754-85103656)

WP20100017	电热蚊香片/13毫克/片/电热蚊香片/炔丙菊酯 13毫克/片/2015.01.14 至 2020.01.14/微毒			

卫生 蚊 电热加温

WP20110007 电热蚊香液/1%/电热蚊香液/炔丙菊酯 1%/2016.01.04 至 2021.01.04/微毒

卫生 蚊 / 电热加温

WP20120240 蚊香/0.15%/蚊香/Es-生物烯丙菊酯 0.09%、炔丙菊酯 0.06%/2012.12.18 至 2017.12.18/微毒

卫生 蚊 / 点燃

WP20140162 杀虫气雾剂/0.28%/气雾剂/胺菊酯 0.12%、富右旋反式烯丙菊酯 0.06%、氯菊酯 0.1%/2014.07.14 至 2019.07.14/微毒

室内 蜚蠊、蚊、蝇 / 喷雾

陆丰市港达实业有限公司日用化学品厂 (广东省陆丰市谭西镇上埔路口 516500 0660-8966066)

WP20090364 杀虫气雾剂/0.15%/气雾剂/胺菊酯 0.1%、高效氯氰菊酯 0.05%/2014.11.12 至 2019.11.12/微毒

卫生 蜚蠊、蚊、蝇 / 喷雾

陆丰市朗肤丽实业有限公司 (广东省陆丰市东海开发区第十一区 528305 0660-8239819，8239828)

WP20080558 蚊香/0.25%/蚊香/富右旋反式烯丙菊酯 0.25%/2013.12.24 至 2018.12.24/微毒

卫生 蚊 / 点燃

WP20140067 杀虫气雾剂/0.3%/气雾剂/Es-生物烯丙菊酯 0.1%、右旋苯醚氰菊酯 0.2%/2014.03.25 至 2019.03.25/微毒

室内 蜚蠊、蚊、蝇 / 喷雾

普宁市洪阳宏达蚊香厂 (广东省普宁市洪阳镇环城北路 514347 0663-2851696)

WP20100051 杀虫气雾剂/0.31%/气雾剂/胺菊酯 0.08%、氯氰菊酯 0.23%/2015.03.17 至 2020.03.17/微毒

卫生 蜚蠊、蚊 / 喷雾

WP20120054 蚊香/0.3%/蚊香/富右旋反式烯丙菊酯 0.3%/2012.03.28 至 2017.03.28/微毒

卫生 蚊 / 点燃

清远市顾地丰生物科技有限公司 (广东省清远市连南县寨岗镇阳爱村 513300 0763-8481795)

PD85154-30 氰戊菊酯/20%/乳油/氰戊菊酯 20%/2011.07.23 至 2016.07.23/中等毒

柑橘树 潜叶蛾 10-20毫克/千克 喷雾

果树 梨小食心虫 10-20毫克/千克 喷雾

棉花 红铃虫、蚜虫 75-150克/公顷 喷雾

蔬菜 菜青虫、蚜虫 60-120克/公顷 喷雾

PD20090501 高效氯氟氰菊酯/25克/升/乳油/高效氯氟氰菊酯 25克/升/2014.01.12 至 2019.01.12/中等毒

十字花科蔬菜 菜青虫 10.3-13.1克/公顷 喷雾

PD20090514 福美双/50%/可湿性粉剂/福美双 50%/2014.01.12 至 2019.01.12/低毒

黄瓜 霜霉病 750-1125克/公顷 喷雾

PD20091120 百菌清/75%/可湿性粉剂/百菌清 75%/2014.01.21 至 2019.01.21/低毒

黄瓜 霜霉病 1282.5-1766.25克/公顷 喷雾

PD20091203 联苯菊酯/25克/升/乳油/联苯菊酯 25克/升/2014.02.01 至 2019.02.01/低毒

茶树 茶尺蠖 7.5-15克/公顷 喷雾

PD20091521 丙环唑/250克/升/乳油/丙环唑 250克/升/2014.02.02 至 2019.02.02/低毒

香蕉 叶斑病 250-500毫克/千克 喷雾

PD20091522 甲基硫菌灵/70%/可湿性粉剂/甲基硫菌灵 70%/2014.02.02 至 2019.02.02/低毒

小麦 赤霉病 756-1050克/公顷 喷雾

PD20091757 多菌灵/25%/可湿性粉剂/多菌灵 25%/2014.02.04 至 2019.02.04/微毒

水稻 稻瘟病 750-990克/公顷 喷雾

PD20092086 毒死蜱/40%/乳油/毒死蜱 480克/升/2014.02.16 至 2019.02.16/中等毒

柑橘树 矢尖蚧 320-480毫克/千克 喷雾

PD20094578 氯氰菊酯/50克/升/乳油/氯氰菊酯 50克/升/2014.04.09 至 2019.04.09/低毒

十字花科蔬菜 菜青虫 33.75-45克/公顷 喷雾

PD20095199 代森锰锌/80%/可湿性粉剂/代森锰锌 80%/2014.04.24 至 2019.04.24/低毒

苹果树 轮纹病 1000-1333毫克/千克 喷雾

PD20101200 甲霜·锰锌/58%/可湿性粉剂/甲霜灵 10%、代森锰锌 48%/2014.02.09 至 2019.02.09/低毒

黄瓜 霜霉病 1305-1635克/公顷 喷雾

PD20130048 阿维菌素/18克/升/乳油/阿维菌素 18克/升/2013.01.07 至 2018.01.07/低毒(原药高毒)

棉花 红蜘蛛 10.8-16.2克/公顷 喷雾

PD20130921 甲氨基阿维菌素苯甲酸盐/5%/微乳剂/甲氨基阿维菌素 5%/2013.04.28 至 2018.04.28/低毒(原药中等毒)

甘蓝 小菜蛾 2.25-3克/公顷 喷雾

注:甲氨基阿维菌素苯甲酸盐含量：5.7%。

PD20131688 噻嗪·异丙威/25%/可湿性粉剂/噻嗪酮 5%、异丙威 20%/2013.08.07 至 2018.08.07/中等毒

水稻 稻飞虱 468.75-562.5克/公顷 喷雾

PD20140003 吡虫·毒死蜱/30%/微乳剂/吡虫啉 5%、毒死蜱 25%/2014.01.02 至 2019.01.02/中等毒

水稻 稻飞虱 180-225克/公顷 喷雾

PD20140610 氟啶脲/50克/升/乳油/氟啶脲 50克/升/2014.03.07 至 2019.03.07/低毒

甘蓝 小菜蛾 45-60克/公顷 喷雾

PD20140947 噻嗪酮/25%/可湿性粉剂/噻嗪酮 25%/2014.04.14 至 2019.04.14/低毒

水稻 稻飞虱 93.75-112.5克/公顷 喷雾

PD20141416 棉铃虫核型多角体病毒/20亿PIB/毫升/悬浮剂/棉铃虫核型多角体病毒 20亿PIB/毫升/2014.06.06 至 2019.06.06/低毒

棉花 棉铃虫 825-900毫升制剂/公顷 喷雾

PD20150441 阿维·四螨嗪/10%/悬浮剂/阿维菌素 0.1%、四螨嗪 9.9%/2015.03.20 至 2020.03.20/微毒(原药高毒)
苹果树 红蜘蛛 50-67毫克/千克 喷雾

汕头市金龙日化实业有限公司 (广东省汕头市金园工业区揭阳路11片区2F、3F 515064 0754-82543287)

WP20080038 电热灭蚊液/0.81%/电热蚊香液/炔丙菊酯 0.81%/2013.02.28 至 2018.02.28/低毒
卫生 蚊 / 电热加温

WP20080115 电热蚊香片/10毫克/片/电热蚊香片/炔丙菊酯 10毫克/片/2013.10.22 至 2018.10.22/低毒
卫生 蚊 / 电热加温

WP20080434 蚊香/0.3%/蚊香/富右旋反式烯丙菊酯 0.3%/2013.12.15 至 2018.12.15/微毒
卫生 蚊 / 点燃

深圳诺普信农化股份有限公司 (广东省深圳市宝安区西乡水库路113号 518102 0755-29977776)

PD20040169 高效氯氰菊酯/4.5%/乳油/高效氯氰菊酯 4.5%/2014.12.19 至 2019.12.19/低毒
十字花科蔬菜 小菜蛾 27-33.75克/公顷 喷雾

PD20040204 氯氰菊酯/20%/乳油/氯氰菊酯 20%/2014.12.19 至 2019.12.19/中等毒
十字花科蔬菜 菜青虫 30-45克/公顷 喷雾

PD20040227 吡虫啉/30%/微乳剂/吡虫啉 30%/2014.12.19 至 2019.12.19/低毒
水稻 飞虱 22.5-30克/公顷 喷雾

PD20060180 氯氰·毒死蜱/55%/乳油/毒死蜱 50%、氯氰菊酯 5%/2011.11.09 至 2016.11.09/中等毒
棉花 棉铃虫 247.5-330克/公顷 喷雾

PD20080236 甲霜·锰锌/58%/可湿性粉剂/甲霜灵 10%、代森锰锌 48%/2013.02.14 至 2018.02.14/低毒
黄瓜 霜霉病 1305-1632克/公顷 喷雾

PD20080284 三唑锡/20%/可湿性粉剂/三唑锡 20%/2013.02.25 至 2018.02.25/低毒
柑橘树 红蜘蛛 100-200毫克/千克 喷雾

PD20080298 硫磺·三环唑/60%/可湿性粉剂/硫磺 30%、三环唑 30%/2013.02.25 至 2018.02.25/低毒
水稻 稻瘟病 900-1125克/公顷 喷雾

PD20080396 炔螨特/73%/乳油/炔螨特 73%/2013.02.28 至 2018.02.28/低毒
柑橘树 红蜘蛛 292-365毫克/千克 喷雾

PD20080414 高效氯氟氰菊酯/25克/升/乳油/高效氯氟氰菊酯 25克/升/2013.03.04 至 2018.03.04/中等毒
十字花科蔬菜 蚜虫 5.6-7.5克/公顷 喷雾

PD20080735 丙环唑/25%/乳油/丙环唑 25%/2013.06.11 至 2018.06.11/低毒
香蕉 叶斑病 500-1000倍液 喷雾

PD20080976 氰戊菊酯/25%/乳油/氰戊菊酯 25%/2013.07.24 至 2018.07.24/中等毒
十字花科蔬菜 菜青虫 60-120克/公顷 喷雾

PD20081346 异菌脲/50%/可湿性粉剂/异菌脲 50%/2013.10.21 至 2018.10.21/低毒
番茄 早疫病 1050-1500克/公顷 喷雾

PD20081511 咪鲜胺/45%/微乳剂/咪鲜胺 45%/2013.11.06 至 2018.11.06/低毒
芒果 炭疽病 450-600毫克/千克 喷雾
水稻 稻瘟病 202.5—337.5克/公顷 喷雾

PD20081626 咪鲜·异菌脲/16%/悬浮剂/咪鲜胺 8%、异菌脲 8%/2013.11.12 至 2018.11.12/低毒
香蕉 冠腐病 300-400倍液 浸果

PD20081714 甲霜·锰锌/72%/可湿性粉剂/甲霜灵 8%、代森锰锌 64%/2013.11.18 至 2018.11.18/低毒
黄瓜 霜霉病 1440-1800克/公顷 喷雾

PD20081844 噁霜·锰锌/64%/可湿性粉剂/噁霜灵 8%、代森锰锌 56%/2013.11.20 至 2018.11.20/低毒
黄瓜 霜霉病 1650-1950克/公顷 喷雾

PD20081875 甲硫·福美双/70%/可湿性粉剂/福美双 40%、甲基硫菌灵 30%/2013.11.20 至 2018.11.20/低毒
小麦 赤霉病 1260-1470克/公顷 喷雾

PD20081938 虫酰肼/30%/悬浮剂/虫酰肼 30%/2013.11.24 至 2018.11.24/低毒
甘蓝 甜菜夜蛾 225-270克/公顷 喷雾

PD20082088 草甘膦异丙胺盐/41%/水剂/草甘膦异丙胺盐 41%/2013.11.25 至 2018.11.25/低毒
茶园、柑橘园、橡胶园 杂草 1125-2250克/公顷 定向茎叶喷雾
春玉米田、棉花田、夏玉米田 杂草 750-1650克/公顷 行间定向茎叶喷雾
免耕抛秧晚稻田 杂草 2100-2550克/公顷 茎叶喷雾
注:草甘膦异丙胺盐

PD20082265 三环唑/75%/可湿性粉剂/三环唑 75%/2013.11.27 至 2018.11.27/低毒
水稻 稻瘟病 225-300克/公顷 喷雾

PD20082394 氯氰·啶虫脒/10%/乳油/啶虫脒 1%、氯氰菊酯 9%/2013.12.01 至 2018.12.01/低毒
苹果树 绵蚜 1000-2000倍液 喷雾

PD20082447 阿维菌素/5%/乳油/阿维菌素 5%/2013.12.02 至 2018.12.02/中等毒(原药高毒)
十字花科蔬菜 小菜蛾 8.1-10.8克/公顷 喷雾
水稻 稻纵卷叶螟 13.5-18克/公顷 喷雾

PD20082451 腐霉·福美双/25%/可湿性粉剂/腐霉利 5%、福美双 20%/2013.12.02 至 2018.12.02/低毒
番茄 灰霉病 225-300克/公顷 喷雾

PD20082998 稻瘟灵/40%/乳油/稻瘟灵 40%/2013.12.10 至 2018.12.10/低毒
水稻 稻瘟病 600-720克/公顷 喷雾
PD20083061 辛硫磷/40%/乳油/辛硫磷 40%/2013.12.10 至 2018.12.10/低毒
棉花 棉铃虫 540-720克/公顷 喷雾
PD20083197 氟啶脲/50克/升/乳油/氟啶脲 50克/升/2013.12.11 至 2018.12.11/低毒
十字花科蔬菜 甜菜夜蛾 30-60克/公顷 喷雾
PD20083455 杀扑磷/40%/乳油/杀扑磷 40%/2013.12.12 至 2015.09.30/高毒
柑橘树 介壳虫 400-666.7毫克/千克 喷雾
PD20083461 敌敌畏/90%/可溶液剂/敌敌畏 90%/2013.12.12 至 2018.12.12/中等毒
十字花科蔬菜 黄条跳甲 337.5-450克/公顷 喷雾
PD20083474 四螨嗪/20%/悬浮剂/四螨嗪 20%/2013.12.12 至 2018.12.12/低毒
柑橘树 红蜘蛛 100-200毫克/千克 喷雾
PD20083478 甲基硫菌灵/70%/可湿性粉剂/甲基硫菌灵 70%/2013.12.12 至 2018.12.12/低毒
番茄 叶霉病 525-787.5克/公顷 喷雾
PD20083647 异菌脲/255克/升/悬浮剂/异菌脲 255克/升/2013.12.12 至 2018.12.12/低毒
葡萄 灰霉病 510-680毫克/千克 喷雾
油菜 菌核病 459-765克/公顷 喷雾
PD20083838 丙溴·辛硫磷/25%/乳油/丙溴磷 5%、辛硫磷 20%/2013.12.15 至 2018.12.15/低毒
棉花 棉铃虫 187.5-375克/公顷 喷雾
PD20083879 腈菌唑/40%/可湿性粉剂/腈菌唑 40%/2013.12.15 至 2018.12.15/低毒
梨树 黑星病 40-66.7毫克/千克 喷雾
PD20083949 速灭威/25%/可湿性粉剂/速灭威 25%/2013.12.15 至 2018.12.15/低毒
水稻 稻飞虱 562.5-750克/公顷 喷雾
PD20083957 甲氰菊酯/20%/乳油/甲氰菊酯 20%/2013.12.15 至 2018.12.15/中等毒
柑橘树 红蜘蛛 100-133.3毫克/千克 喷雾
PD20084041 吡虫·异丙威/25%/可湿性粉剂/吡虫啉 2%、异丙威 23%/2013.12.16 至 2018.12.16/低毒
水稻 飞虱 112.5-150克/公顷 喷雾
PD20084167 联苯菊酯/100克/升/乳油/联苯菊酯 100克/升/2013.12.16 至 2018.12.16/中等毒
茶树 茶小绿叶蝉 37.5-45克/公顷 喷雾
PD20084184 霜霉威盐酸盐/722克/升/水剂/霜霉威盐酸盐 722克/升/2013.12.16 至 2018.12.16/低毒
菠菜 霜霉病 948-1300克/公顷 喷雾
黄瓜 霜霉病 705-1174克/公顷 喷雾
PD20084325 百菌清/40%/悬浮剂/百菌清 40%/2013.12.17 至 2018.12.17/低毒
黄瓜 霜霉病 960-1080克/公顷 喷雾
PD20084340 噻嗪酮/25%/可湿性粉剂/噻嗪酮 25%/2013.12.17 至 2018.12.17/低毒
水稻 稻飞虱 75-112.5克/公顷 喷雾
PD20084356 甲基硫菌灵/500克/升/悬浮剂/甲基硫菌灵 500克/升/2013.12.17 至 2018.12.17/低毒
水稻 纹枯病 937.5-1125克/公顷 喷雾
PD20084396 多菌灵/40%/悬浮剂/多菌灵 40%/2013.12.17 至 2018.12.17/低毒
水稻 纹枯病 250-307.7毫克/千克 喷雾
PD20084415 炔螨特/57%/乳油/炔螨特 57%/2013.12.17 至 2018.12.17/低毒
柑橘树 红蜘蛛 285-380毫克/千克 喷雾
PD20084416 氯氰·毒死蜱/522.5克/升/乳油/毒死蜱 475克/升、氯氰菊酯 47.5克/升/2013.12.17 至 2018.12.17/中等毒
棉花 棉铃虫 550-783克/公顷 喷雾
PD20084606 氢氧化铜/53.8%/水分散粒剂/氢氧化铜 53.8%/2013.12.18 至 2018.12.18/低毒
黄瓜 角斑病 565-706克/公顷 喷雾
PD20084709 三唑酮/25%/可湿性粉剂/三唑酮 25%/2013.12.22 至 2018.12.22/低毒
小麦 白粉病 150-168.75克/公顷 喷雾
PD20084787 阿维·辛硫磷/35%/乳油/阿维菌素 0.3%、辛硫磷 34.7%/2013.12.22 至 2018.12.22/低毒(原药高毒)
十字花科蔬菜 小菜蛾 157.5-262.5克/公顷 喷雾
PD20084795 三唑锡/20%/悬浮剂/三唑锡 20%/2013.12.22 至 2018.12.22/低毒
柑橘树 红蜘蛛 100-200毫克/千克 喷雾
PD20084821 甲基硫菌灵/50%/可湿性粉剂/甲基硫菌灵 50%/2013.12.22 至 2018.12.22/低毒
黄瓜 白粉病 450-600克/公顷 喷雾
PD20084944 联苯菊酯/25克/升/乳油/联苯菊酯 25克/升/2013.12.22 至 2018.12.22/低毒
茶树 茶小绿叶蝉 30-37.5克/公顷 喷雾
PD20084948 氟氯氰菊酯/50克/升/乳油/氟氯氰菊酯 50克/升/2013.12.22 至 2018.12.22/中等毒
棉花 棉铃虫 37.5-52.5克/公顷 喷雾
PD20084961 毒死蜱/45%/乳油/毒死蜱 45%/2013.12.22 至 2018.12.22/中等毒
水稻 稻纵卷叶螟 468-612克/公顷 喷雾
PD20084999 仲丁威/80%/乳油/仲丁威 80%/2013.12.22 至 2018.12.22/低毒
水稻 稻飞虱 420-540克/公顷 喷雾
PD20085063 四螨嗪/500克/升/悬浮剂/四螨嗪 500克/升/2013.12.23 至 2018.12.23/低毒

登记证号	作物	防治对象	用药量	施用方法
	苹果树	红蜘蛛	83.3-100毫克/千克	喷雾
PD20085071	井冈霉素A/4%/可溶粉剂/井冈霉素A 4%/2013.12.23 至 2018.12.23/低毒			
	水稻	纹枯病	52.5-75克/公顷	喷雾
PD20085077	噁霉灵/15%/水剂/噁霉灵 15%/2013.12.23 至 2018.12.23/低毒			
	辣椒	立枯病	0.75-1.05克/平方米	泼浇
	水稻	立枯病	6-12克/平方米；9000-18000克/公顷	苗床土壤处理
PD20085123	敌敌畏/48%/乳油/敌敌畏 48%/2013.12.23 至 2018.12.23/中等毒			
	十字花科蔬菜	菜青虫	600-900克/公顷	喷雾
PD20085259	噻菌灵/15%/悬浮剂/噻菌灵 15%/2013.12.23 至 2018.12.23/低毒			
	香蕉	冠腐病	150-250倍液	浸果
PD20085457	马拉硫磷/45%/乳油/马拉硫磷 45%/2013.12.24 至 2018.12.24/低毒			
	水稻	稻飞虱	675-810克/公顷	喷雾
PD20085466	复硝酚钠/1.8%/水剂/5-硝基邻甲氧基苯酚钠 0.3%、对硝基苯酚钠 0.9%、邻硝基苯酚钠 0.6%/2013.12.24 至2018.12.24/低毒			
	番茄	调节生长	6-9毫克/升	兑水喷雾，移栽后10天，花蕾期和幼果期各施药一次
PD20085714	溴氰菊酯/2.5%/可湿性粉剂/溴氰菊酯 2.5%/2013.12.26 至 2018.12.26/低毒			
	甘蓝、小白菜	菜青虫	7.5-15克/公顷	喷雾
PD20085716	三唑锡/25%/可湿性粉剂/三唑锡 25%/2013.12.26 至 2018.12.26/低毒			
	柑橘树	红蜘蛛	100-167毫克/千克	喷雾
PD20085876	百菌清/75%/可湿性粉剂/百菌清 75%/2013.12.29 至 2018.12.29/低毒			
	黄瓜	霜霉病	1500-1867.5克/公顷	喷雾
PD20085887	阿维·毒死蜱/26.5%/乳油/阿维菌素 0.5%、毒死蜱 26%/2013.12.29 至 2018.12.29/中等毒(原药高毒)			
	梨树	梨木虱	177-265毫克/千克	喷雾
PD20085945	氰戊·马拉松/30%/乳油/马拉硫磷 22.5%、氰戊菊酯 7.5%/2013.12.29 至 2018.12.29/中等毒			
	苹果树	桃小食心虫	150-300毫克/千克	喷雾
PD20085968	甲霜·百菌清/72%/可湿性粉剂/百菌清 64%、甲霜灵 8%/2013.12.29 至 2018.12.29/低毒			
	葡萄	霜霉病	720-900毫克/千克	喷雾
PD20086204	乙铝·多菌灵/45%/可湿性粉剂/多菌灵 25%、三乙膦酸铝 20%/2013.12.30 至 2018.12.30/低毒			
	苹果树	轮纹病	300-500倍液	喷雾
PD20086272	氟硅唑/400克/升/乳油/氟硅唑 400克/升/2013.12.31 至 2018.12.31/低毒			
	梨树	黑星病	40-50毫克/千克	喷雾
PD20086339	丙森锌/70%/可湿性粉剂/丙森锌 70%/2013.12.31 至 2018.12.31/低毒			
	番茄	早疫病	1312.5-1968.75克/公顷	喷雾
PD20086370	腈菌唑/12.5%/乳油/腈菌唑 12.5%/2013.12.31 至 2018.12.31/低毒			
	小麦	白粉病	45-60克/公顷	喷雾
PD20090122	阿维·炔螨特/40%/乳油/阿维菌素 0.3%、炔螨特 39.7%/2014.01.08 至 2019.01.08/低毒(原药高毒)			
	柑橘树	红蜘蛛	1000-2000倍液	喷雾
PD20090164	阿维·灭幼脲/30%/悬浮剂/阿维菌素 0.3%、灭幼脲 29.7%/2014.01.08 至 2019.01.08/低毒(原药高毒)			
	苹果	金纹细蛾	100-150毫克/千克	喷雾
	十字花科蔬菜	小菜蛾	135-180克/公顷	喷雾
PD20090520	硫磺·三环唑/40%/悬浮剂/硫磺 20%、三环唑 20%/2014.01.12 至 2019.01.12/低毒			
	水稻	稻瘟病	900-1200克/公顷	喷雾
PD20090535	阿维·氯氰/8.8%/可湿性粉剂/阿维菌素 0.3%、氯氰菊酯 8.5%/2014.01.13 至 2019.01.13/低毒(原药高毒)			
	十字花科蔬菜	小菜蛾	39.6-52.8克/公顷	喷雾
PD20090732	杀螟丹/50%/可溶粉剂/杀螟丹 50%/2014.01.19 至 2019.01.19/低毒			
	水稻	二化螟	675-825克/公顷	喷雾
PD20090781	代森锰锌/80%/可湿性粉剂/代森锰锌 80%/2014.01.19 至 2019.01.19/低毒			
	苹果树	轮纹病	500-700倍液	喷雾
PD20090907	阿维·苏云菌//可湿性粉剂/阿维菌素 0.1%、苏云金杆菌 100亿活芽孢/克/2014.01.19 至 2019.01.19/低毒(原药高毒)			
	十字花科蔬菜	小菜蛾	750-1125克制剂/公顷	喷雾
PD20091031	噻嗪·杀扑磷/28%/乳油/噻嗪酮 8%、杀扑磷 20%/2014.01.21 至 2015.09.30/中等毒(原药高毒)			
	柑橘树	介壳虫	800-1200倍液	喷雾
PD20091260	喹硫磷/25%/乳油/喹硫磷 25%/2014.02.01 至 2019.02.01/中等毒			
	水稻	二化螟	450-562.5克/公顷	喷雾
PD20091299	杀螟丹/98%/可溶粉剂/杀螟丹 98%/2014.02.01 至 2019.02.01/中等毒			
	水稻	二化螟	661.5-955.5克/公顷	喷雾
PD20091368	三乙膦酸铝/80%/可湿性粉剂/三乙膦酸铝 80%/2014.02.02 至 2019.02.02/低毒			
	黄瓜	霜霉病	1440-2880克/公顷	喷雾
PD20091381	硫双威/75%/可湿性粉剂/硫双威 75%/2014.02.02 至 2019.02.02/低毒			
	棉花	棉铃虫	600-900克/公顷	喷雾

PD20091420 甲霜·福美双/58%/可湿性粉剂/福美双 50%、甲霜灵 8%/2014.02.02 至 2019.02.02/低毒
荔枝树 霜疫霉病 600-800倍液 喷雾

PD20091440 噻嗪·异丙威/25%/可湿性粉剂/噻嗪酮 5%、异丙威 20%/2014.02.02 至 2019.02.02/低毒
水稻 稻飞虱 337.5～450克/公顷 喷雾

PD20091457 多菌灵/80%/可湿性粉剂/多菌灵 80%/2014.02.02 至 2019.02.02/低毒
苹果树 轮纹病 533-800毫克/千克 喷雾

PD20092075 多菌灵/50%/可湿性粉剂/多菌灵 50%/2014.02.16 至 2019.02.16/低毒
苹果树 轮纹病 500-833.3毫克/千克 喷雾

PD20092123 丙溴磷/40%/乳油/丙溴磷 40%/2014.02.23 至 2019.02.23/低毒
棉花 棉铃虫 562.5-737.5克/公顷 喷雾

PD20092205 草甘膦异丙胺盐/35%/水剂/草甘膦 35%%/2014.02.24 至 2019.02.24/低毒
柑橘园 杂草 1800-2250克/公顷 定向茎叶喷雾
注:草甘膦异丙胺盐含量47%。

PD20092270 异丙威/20%/乳油/异丙威 20%/2014.02.24 至 2019.02.24/低毒
水稻 稻飞虱 450-600克/公顷 喷雾

PD20092293 毒死蜱/40%/乳油/毒死蜱 40%/2014.02.24 至 2019.02.24/中等毒
柑橘树 矢尖蚧 320-400毫克/千克 喷雾
水稻 稻纵卷叶螟 450-600克/公顷 喷雾

PD20092621 阿维菌素/1.8%/乳油/阿维菌素 1.8%/2014.03.02 至 2019.03.02/低毒(原药高毒)
十字花科蔬菜 菜青虫 8.1-10.8克/公顷 喷雾
十字花科蔬菜 小菜蛾 8.1-13.5克/公顷 喷雾

PD20093317 代森锌/65%/可湿性粉剂/代森锌 65%/2014.03.13 至 2019.03.13/低毒
芦笋 茎枯病 1170-1462.5克/公顷 喷雾

PD20093530 草甘膦异丙胺盐/30%/水剂/草甘膦 30%/2014.03.23 至 2019.03.23/微毒
柑橘园 一年生和多年生杂草 1800-2400克/公顷 定向茎叶喷雾
注:草甘膦异丙胺盐含量：41%。

PD20093645 苯甲·丙环唑/300克/升/乳油/苯醚甲环唑 150克/升、丙环唑 150克/升/2014.03.25 至 2019.03.25/低毒
水稻 纹枯病 90-112.5克/公顷 喷雾

PD20094415 敌畏·毒死蜱/35%/乳油/敌敌畏 25%、毒死蜱 10%/2014.04.01 至 2019.04.01/中等毒
水稻 稻纵卷叶螟 420-525克/公顷 喷雾

PD20094870 甲氰·噻螨酮/7.5%/乳油/甲氰菊酯 5%、噻螨酮 2.5%/2014.04.13 至 2019.04.13/低毒
柑橘树 红蜘蛛 75-100毫克/千克 喷雾

PD20094996 甲维·辛硫磷/20.2%/乳油/甲氨基阿维菌素苯甲酸盐 0.2%、辛硫磷 20%/2014.04.21 至 2019.04.21/低毒
甘蓝 小菜蛾 454.5-606克/公顷 喷雾

PD20095245 高效氯氰菊酯/4.5%/水乳剂/高效氯氰菊酯 4.5%/2014.04.27 至 2019.04.27/中等毒
甘蓝 菜青虫 16.875-27克/公顷 喷雾

PD20095339 聚醛·甲萘威/6%/颗粒剂/甲萘威 1.5%、四聚乙醛 4.5%/2014.04.27 至 2019.04.27/低毒
旱地 蜗牛 540-675克/公顷 撒施

PD20096447 除虫脲/20%/悬浮剂/除虫脲 20%/2014.08.05 至 2019.08.05/低毒
甘蓝 菜青虫 60-75克/公顷 喷雾

PD20097021 稻瘟灵/18%/微乳剂/稻瘟灵 18%/2014.10.10 至 2019.10.10/低毒
水稻 稻瘟病 432-648克/公顷 喷雾

PD20097398 噻螨酮/5%/乳油/噻螨酮 5%/2014.10.28 至 2019.10.28/低毒
柑橘树 红蜘蛛 25-50毫克/千克 喷雾

PD20097474 吗胍·乙酸铜/20%/可湿性粉剂/盐酸吗啉胍 10%、乙酸铜 10%/2014.11.03 至 2019.11.03/低毒
番茄 病毒病 500-750克/公顷 喷雾

PD20097600 苯醚甲环唑/25%/乳油/苯醚甲环唑 25%/2014.11.03 至 2019.11.03/低毒
香蕉 叶斑病 83.3-125毫克/千克 喷雾

PD20097884 唑螨酯/5%/悬浮剂/唑螨酯 5%/2014.11.20 至 2019.11.20/低毒
柑橘树 红蜘蛛 33.3-50毫克/千克 喷雾

PD20098132 苯醚甲环唑/20%/微乳剂/苯醚甲环唑 20%/2014.12.08 至 2019.12.08/低毒
西瓜 炭疽病 90-120克/公顷 喷雾

PD20100521 丙环唑/40%/微乳剂/丙环唑 40%/2015.01.14 至 2020.01.14/低毒
香蕉 叶斑病 266.7-400毫克/千克 喷雾

PD20100830 阿维菌素/18克/升/乳油/阿维菌素 18克/升/2010.01.19 至 2015.01.19/低毒(原药高毒)
十字花科蔬菜 小菜蛾 8.1-10.8克/公顷 喷雾

PD20100955 多抗霉素/10%/可湿性粉剂/多抗霉素B 10%/2015.01.19 至 2020.01.19/低毒
苹果 斑点落叶病 66.7—100毫克/千克 喷雾

PD20101122 甲硫·噁霉灵/56%/可湿性粉剂/噁霉灵 16%、甲基硫菌灵 40%/2015.01.25 至 2020.01.25/低毒
西瓜 枯萎病 700-933毫克/千克 灌根

PD20101219 哒螨·矿物油/34%/乳油/哒螨灵 4%、矿物油 30%/2015.02.21 至 2020.02.21/中等毒
柑橘树 红蜘蛛 266.7-340毫克/千克 喷雾

PD20101643 炔螨·矿物油/73%/乳油/矿物油 43%、炔螨特 30%/2015.06.03 至 2020.06.03/低毒

柑橘树 红蜘蛛 1000-1200倍液 喷雾
PD20101721 吡虫啉/600克/升/悬浮剂/吡虫啉 600克/升/2015.06.28 至 2020.06.28/低毒
水稻 稻飞虱 27-45克/公顷 喷雾
PD20101762 啶虫脒/20%/可溶粉剂/啶虫脒 20%/2015.07.07 至 2020.07.07/低毒
黄瓜 蚜虫 24-36克/公顷 喷雾
PD20101784 高效氯氟氰菊酯/2.5%/水乳剂/高效氯氟氰菊酯 2.5%/2015.07.13 至 2020.07.13/中等毒
甘蓝 菜青虫 7.5-11.25克/公顷 喷雾
PD20101788 甲氨基阿维菌素苯甲酸盐(0.57%)///乳油/甲氨基阿维菌素 0.5%/2015.07.13 至 2020.07.13/低毒
甘蓝 甜菜夜蛾 3.75-5.625克/公顷 喷雾
PD20101865 哒螨·矿物油/44%/乳油/哒螨灵 9%、矿物油 35%/2015.08.04 至 2020.08.04/中等毒
柑橘树 红蜘蛛 293-440毫克/千克 喷雾
PD20102022 毒死蜱/15%/颗粒剂/毒死蜱 15%/2015.09.25 至 2020.09.25/低毒
花生 地下害虫 800-1600克制剂/亩 撒施
PD20102162 高效氯氟氰菊酯/4.5%/微乳剂/高效氯氟氰菊酯 4.5%/2015.12.08 至 2020.12.08/中等毒
甘蓝 菜青虫 20.25-27克/公顷 喷雾
PD20102170 噻嗪酮/65%/可湿性粉剂/噻嗪酮 65%/2015.12.09 至 2020.12.09/低毒
水稻 稻飞虱 97.5-146.25克/公顷 喷雾
PD20110078 己唑醇/5%/微乳剂/己唑醇 5%/2016.01.21 至 2021.01.21/低毒
葡萄 白粉病 20-33.3毫克/千克 喷雾
PD20110115 十三吗啉/750克/升/乳油/十三吗啉 750克/升/2016.01.26 至 2021.01.26/低毒
橡胶树 红根病 22.5-30克/株 灌根
PD20110133 阿维菌素/0.5%/颗粒剂/阿维菌素 0.5%/2011.02.09 至 2016.02.09/低毒(原药高毒)
黄瓜 根结线虫 225-262.5克/公顷 沟施、穴施
PD20110134 高氯·毒死蜱/12%/乳油/毒死蜱 9.5%、高效氯氰菊酯 2.5%/2016.02.09 至 2021.02.09/中等毒
棉花 棉铃虫 180-270克/公顷 喷雾
PD20110156 毒死蜱/40%/微乳剂/毒死蜱 40%/2016.02.10 至 2021.02.10/中等毒
苹果树 绵蚜 240-320毫克/千克 喷雾
PD20110169 苯醚甲环唑/10%/水分散粒剂/苯醚甲环唑 10%/2016.02.11 至 2021.02.11/低毒
西瓜 炭疽病 90-120克/公顷 喷雾
PD20110244 烯酰吗啉/50%/水分散粒剂/烯酰吗啉 50%/2016.03.03 至 2021.03.03/低毒
花椰菜 霜霉病 240-360克/公顷 喷雾
黄瓜 霜霉病 225-300克/公顷 喷雾
马铃薯 晚疫病 300-375克/公顷 喷雾
PD20110277 草甘膦铵盐/68%/可溶粒剂/草甘膦 68%/2016.03.11 至 2021.03.11/低毒
柑橘园 杂草 1748-2331克/公顷 定向茎叶喷雾
注:草甘膦铵盐含量: 74.7%。
PD20110321 苯甲·丙环唑/500克/升/乳油/苯醚甲环唑 250克/升、丙环唑 250克/升/2016.03.24 至 2021.03.24/低毒
水稻 纹枯病 67.5-90克/公顷 喷雾
PD20110395 毒死蜱/30%/水乳剂/毒死蜱 30%/2016.04.12 至 2021.04.12/中等毒
水稻 稻纵卷叶螟 450-540克/公顷 喷雾
PD20110405 噻嗪·毒死蜱/42%/乳油/毒死蜱 28%、噻嗪酮 14%/2016.04.12 至 2021.04.12/中等毒
水稻 飞虱 126-252克/公顷 喷雾
PD20110433 三唑磷/40%/乳油/三唑磷 40%/2016.04.21 至 2021.04.21/中等毒
水稻 三化螟 480-600克/公顷 喷雾
PD20110477 草甘膦铵盐/50%/可溶粉剂/草甘膦 50%/2016.04.22 至 2021.04.22/低毒
柑橘园 杂草 1500-1875克/公顷 定向茎叶喷雾
注:草甘膦铵盐含量: 55%。
PD20110539 仲丁威/20%/微乳剂/仲丁威 20%/2011.05.12 至 2016.05.12/低毒
水稻 稻飞虱 450－540克/公顷 喷雾
PD20110653 高效氯氟氰菊酯/2.5%/微乳剂/高效氯氟氰菊酯 2.5%/2011.06.20 至 2016.06.20/低毒
小白菜 蚜虫 13.13-18.75克/公顷 喷雾
PD20110659 阿维菌素/18克/升/水乳剂/阿维菌素 18克/升/2011.06.20 至 2016.06.20/低毒(原药高毒)
甘蓝 小菜蛾 8.1-10.8克/公顷 喷雾
PD20110668 异丙威/40%/可湿性粉剂/异丙威 40%/2011.06.20 至 2016.06.20/低毒
水稻 稻飞虱 450-600克/公顷 喷雾
PD20110716 腈菌唑/5%/微乳剂/腈菌唑 5%/2011.07.07 至 2016.07.07/低毒
梨树 黑星病 25-50毫克/千克 喷雾
PD20110765 吡虫啉/5%/乳油/吡虫啉 5%/2011.07.25 至 2016.07.25/低毒
水稻 稻飞虱 15-30克/公顷 喷雾
PD20110818 哒螨灵/15%/微乳剂/哒螨灵 15%/2011.08.04 至 2016.08.04/中等毒
甘蓝 黄条跳甲 168.75－225克/公顷 喷雾
柑橘树 红蜘蛛 75-100毫克/千克 喷雾
PD20110966 吡虫啉/20%/可湿性粉剂/吡虫啉 20%/2011.09.08 至 2016.09.08/低毒

水稻 稻飞虱 15-30克/公顷 喷雾

小麦 蚜虫 15-30克/公顷(南方地区)45-60克/公顷(北方地区) 喷雾

PD20111050 多菌灵/40%/悬浮剂/多菌灵 40%/2011.10.10 至 2016.10.10/低毒

苹果树 轮纹病 400－666.7毫克/千克 喷雾

PD20111106 灭蝇胺/20%/可溶粉剂/灭蝇胺 20%/2011.10.17 至 2016.10.17/低毒

菜豆 美洲斑潜蝇 150-225克/公顷 喷雾

PD20111233 联苯菊酯/2.5%/水乳剂/联苯菊酯 2.5%/2011.11.18 至 2016.11.18/低毒

茶树 茶尺蠖 11.25-15克/公顷 喷雾

PD20111234 噻嗪酮/25%/悬浮剂/噻嗪酮 25%/2011.11.18 至 2016.11.18/低毒

柑橘树 介壳虫 125-250毫克/千克 喷雾

PD20111450 己唑醇/25%/悬浮剂/己唑醇 25%/2011.12.30 至 2016.12.30/低毒

黄瓜 白粉病 30－37.5克/公顷 喷雾

PD20120042 醚菌酯/30%/可湿性粉剂/醚菌酯 30%/2012.01.10 至 2017.01.10/低毒

黄瓜 白粉病 123.75－157.5克/公顷 喷雾

PD20120078 阿维菌素/1.8%/微乳剂/阿维菌素 1.8%/2012.01.19 至 2017.01.19/低毒(原药高毒)

甘蓝 小菜蛾 6-7.5克/公顷 喷雾

PD20120204 吡虫啉/70%/水分散粒剂/吡虫啉 70%/2012.02.07 至 2017.02.07/低毒

甘蓝 蚜虫 10.5-21克/公顷 喷雾

PD20120269 阿维菌素/3%/微乳剂/阿维菌素 3%/2012.02.15 至 2017.02.15/中等毒(原药高毒)

甘蓝 小菜蛾 8.4-10.5克/公顷 喷雾

柑橘树 红蜘蛛 7.5－10毫克/千克 喷雾

水稻 二化螟 4.5-9克/公顷 喷雾

PD20120299 甲氨基阿维菌素苯甲酸盐/5%/微乳剂/甲氨基阿维菌素 5%/2012.02.17 至 2017.02.17/低毒

甘蓝 甜菜夜蛾 2.25－3克/公顷 喷雾

注:甲氨基阿维菌素苯甲酸盐含量:5.7%。

PD20120446 氟硅唑/25%/微乳剂/氟硅唑 25%/2012.03.14 至 2017.03.14/低毒

黄瓜 白粉病 60－75克/公顷 喷雾

PD20120468 阿维菌素/3.2%/乳油/阿维菌素 3.2%/2012.03.19 至 2017.03.19/中等毒(原药高毒)

柑橘树 红蜘蛛 7.5-10毫克/千克 喷雾

PD20120472 毒死蜱/15%/微乳剂/毒死蜱 15%/2012.03.19 至 2017.03.19/中等毒

苹果树 绵蚜 187.5-250毫克/千克 喷雾

PD20120673 戊唑·多菌灵/30%/可湿性粉剂/多菌灵 22%、戊唑醇 8%/2012.04.18 至 2017.04.18/低毒

苹果树 轮纹病 375－500毫克/千克 喷雾

PD20120873 阿维·吡虫啉/5%/乳油/阿维菌素 0.5%、吡虫啉 4.5%/2012.05.24 至 2017.05.24/低毒(原药高毒)

梨树 梨木虱 6.25-10毫克/千克 喷雾

PD20120878 吡虫·噻嗪酮/18%/悬浮剂/吡虫啉 2%、噻嗪酮 16%/2012.05.24 至 2017.05.24/低毒

水稻 稻飞虱 81-108克/公顷 喷雾

PD20121027 溴氰菊酯/2.5%/微乳剂/溴氰菊酯 2.5%/2012.07.02 至 2017.07.02/中等毒

甘蓝 菜青虫 7.5-15克/公顷 喷雾

PD20121030 哒螨灵/10%/微乳剂/哒螨灵 10%/2012.07.02 至 2017.07.02/中等毒

柑橘树 红蜘蛛 50-100毫克/千克 喷雾

PD20121199 高氯·甲维盐/5%/微乳剂/高效氯氰菊酯 4.5%、甲氨基阿维菌素苯甲酸盐 0.5%/2012.08.06 至 2017.08.06/低毒

甘蓝 甜菜夜蛾 22.5-30克/公顷 喷雾

PD20121213 戊唑醇/25%/水乳剂/戊唑醇 25%/2012.08.10 至 2017.08.10/低毒

梨树 黑星病 83.3－125毫克/千克 喷雾

香蕉 叶斑病 167-250毫克/千克 喷雾

PD20121235 丁醚脲/10%/微乳剂/丁醚脲 10%/2012.08.27 至 2017.08.27/低毒

甘蓝 小菜蛾 150-300克/公顷 喷雾

PD20121243 苯醚甲环唑/10%/可湿性粉剂/苯醚甲环唑 10%/2012.08.28 至 2017.08.28/低毒

梨树 黑星病 14.3-16.7毫克/千克 喷雾

PD20121251 丁醚脲/25%/乳油/丁醚脲 25%/2012.09.04 至 2017.09.04/中等毒

甘蓝 小菜蛾 300-450克/公顷 喷雾

PD20121254 烯酰吗啉/25%/悬浮剂/烯酰吗啉 25%/2012.09.04 至 2017.09.04/低毒

葡萄 霜霉病 166.7－250毫克/千克 喷雾

PD20121310 甲氨基阿维菌素苯甲酸盐/2%/微乳剂/甲氨基阿维菌素 2%/2012.09.11 至 2017.09.11/低毒

甘蓝 甜菜夜蛾 2.25-3.75克/公顷 喷雾

注:甲氨基阿维菌素苯甲酸盐含量:2.3%。

PD20121370 炔螨特/40%/微乳剂/炔螨特 40%/2012.09.13 至 2017.09.13/低毒

柑橘树 红蜘蛛 200-400毫克/千克 喷雾

PD20121478 苯醚甲环唑/25%/悬浮剂/苯醚甲环唑 25%/2012.10.08 至 2017.10.08/低毒

番茄 炭疽病 112.5－150克/公顷 喷雾

PD20121484 高效氯氰菊酯/10%/微乳剂/高效氯氰菊酯 10%/2012.10.08 至 2017.10.08/中等毒

甘蓝 菜青虫 15-22.5克/公顷 喷雾

PD20121524 甲氨基阿维菌素苯甲酸盐/3%/微乳剂/甲氨基阿维菌素 3%/2012.10.09 至 2017.10.09/低毒
甘蓝 甜菜夜蛾 2.25-3克/公顷 喷雾
苹果树 卷叶蛾 7.5-10毫克/千克 喷雾
注:甲氨基阿维菌素苯甲酸盐含量：3.4%。

PD20121740 氯氰菊酯/5%/微乳剂/氯氰菊酯 5%/2012.11.08 至 2017.11.08/低毒
甘蓝 菜青虫 30-45克/公顷 喷雾

PD20121774 甲氨基阿维菌素苯甲酸盐/0.5%/微乳剂/甲氨基阿维菌素 0.5%/2012.11.16 至 2017.11.16/低毒
甘蓝 甜菜夜蛾 2.25-3克/公顷 喷雾
注:甲氨基阿维菌素苯甲酸盐含量：0.57%。

PD20121961 阿维·高氯/3%/乳油/阿维菌素 0.6%、高效氯氰菊酯 2.4%/2012.12.12 至 2017.12.12/中等毒(原药高毒)
叶菜 小菜蛾 7.5-15克/公顷 喷雾

PD20122100 戊唑醇/430克/升/悬浮剂/戊唑醇 430克/升/2012.12.26 至 2017.12.26/低毒
苹果树 斑点落叶病 71.7～86毫克/千克 喷雾

PD20122122 烯酰吗啉/80%/可湿性粉剂/烯酰吗啉 80%/2012.12.26 至 2017.12.26/低毒
黄瓜 霜霉病 240-300克/公顷 喷雾

PD20122126 甲维·高氯氟/2.6%/微乳剂/高效氯氟氰菊酯 2%、甲氨基阿维菌素苯甲酸盐 0.6%/2012.12.26 至 2017.12.26/低毒
甘蓝 甜菜夜蛾 7.02-9.36克/公顷 喷雾

PD20130169 吡虫啉/10%/微乳剂/吡虫啉 10%/2013.01.24 至 2018.01.24/低毒
甘蓝 蚜虫 15-22.5克/公顷 喷雾

PD20130210 中生菌素/3%/可湿性粉剂/中生菌素 3%/2013.01.30 至 2018.01.30/低毒
番茄 青枯病 37.5-50毫克/千克 灌根

PD20130212 高效氯氟氰菊酯/5%/微乳剂/高效氯氟氰菊酯 5%/2013.01.30 至 2018.01.30/中等毒
甘蓝 蚜虫 7.5-11.25克/公顷 喷雾

PD20130217 咪鲜胺/450克/升/水乳剂/咪鲜胺 450克/升/2013.01.30 至 2018.01.30/低毒
香蕉(果实) 冠腐病 375～500毫克/千克 浸果

PD20130220 苯甲·多菌灵/30%/可湿性粉剂/苯醚甲环唑 5%、多菌灵 25%/2013.01.30 至 2018.01.30/低毒
苹果树 斑点落叶病 200-300毫克/千克 喷雾

PD20130387 噻嗪酮/50%/悬浮剂/噻嗪酮 50%/2013.03.12 至 2018.03.12/低毒
水稻 稻飞虱 112.5-150克/公顷 喷雾

PD20130567 吡蚜酮/70%/水分散粒剂/吡蚜酮 70%/2013.04.01 至 2018.04.01/低毒
水稻 稻飞虱 94.5-126克/公顷 喷雾

PD20130616 草铵膦/200克/升/水剂/草铵膦 200克/升/2013.04.03 至 2018.04.03/低毒
柑橘园 杂草 1050-1575克/公顷 定向茎叶喷雾

PD20130636 阿维·炔螨特/40.6%/微乳剂/阿维菌素 0.6%、炔螨特 40%/2013.04.05 至 2018.04.05/低毒(原药高毒)
柑橘树 红蜘蛛 203-406毫克/千克 喷雾

PD20130840 甲维·苏云菌//可湿性粉剂/甲氨基阿维菌素苯甲酸盐 0.3%、苏云金杆菌 100亿活芽孢/克/2013.04.22 至 2018.04.22/低毒
甘蓝 小菜蛾 750-1125克制剂/公顷 喷雾

PD20131027 甲氰菊酯/10%/微乳剂/甲氰菊酯 10%/2013.05.13 至 2018.05.13/中等毒
柑橘树 红蜘蛛 100-133.3毫克/千克 喷雾

PD20131104 多菌灵/80%/水分散粒剂/多菌灵 80%/2013.05.20 至 2018.05.20/微毒
苹果 轮纹病 533-800毫克/千克 喷雾

PD20131143 丁醚脲/43.5%/悬浮剂/丁醚脲 43.5%/2013.05.20 至 2018.05.20/低毒
甘蓝 小菜蛾 375-525克/公顷 喷雾

PD20131305 阿维·高氯氟/3%/微乳剂/阿维菌素 0.6%、高效氯氟氰菊酯 2.4%/2013.06.08 至 2018.06.08/中等毒(原药高毒)
甘蓝 菜青虫 9-13.5克/公顷 喷雾

PD20131382 阿维·三唑锡/16.8%/可湿性粉剂/阿维菌素 0.3%、三唑锡 16.5%/2013.06.24 至 2018.06.24/低毒(原药高毒)
苹果树 二斑叶螨 84-112毫克/千克 喷雾

PD20131486 多杀霉素/8%/水乳剂/多杀霉素 8%/2013.07.05 至 2018.07.05/低毒
甘蓝 甜菜夜蛾 18-30克/公顷 喷雾

PD20131822 氟硅唑/8%/微乳剂/氟硅唑 8%/2013.09.17 至 2018.09.17/低毒
黄瓜 白粉病 60-72克/公顷 喷雾

PD20131829 咪鲜·三环唑/20%/可湿性粉剂/咪鲜胺 5%、三环唑 15%/2013.09.17 至 2018.09.17/低毒
水稻 稻瘟病 150-270克/公顷 喷雾

PD20132048 螺螨酯/24%/悬浮剂/螺螨酯 24%/2013.10.22 至 2018.10.22/低毒
柑橘树 红蜘蛛 48-60毫克/千克 喷雾

PD20132206 吡虫啉/20%/可溶液剂/吡虫啉 20%/2013.10.29 至 2018.10.29/低毒
甘蓝 蚜虫 24-36克/公顷 喷雾

PD20132214 硫磺·多菌灵/42%/悬浮剂/多菌灵 7%、硫磺 35%/2013.10.29 至 2018.10.29/低毒
水稻 稻瘟病 1764-2142克/公顷 喷雾

PD20132215 腈菌唑/12.5%/微乳剂/腈菌唑 12.5%/2013.10.30 至 2018.10.30/低毒
梨树 黑星病 42－62.5毫克/千克 喷雾

PD20132282 阿维·哒螨灵/5.6%/微乳剂/阿维菌素 0.6%、哒螨灵 5%/2013.11.08 至 2018.11.08/中等毒(原药高毒)
柑橘树 红蜘蛛 28-46.7毫克/千克 喷雾

PD20132283 丙溴磷/20%/微乳剂/丙溴磷 20%/2013.11.08 至 2018.11.08/低毒
甘蓝 小菜蛾 390-450克/公顷 喷雾

PD20132334 虫螨腈/5%/微乳剂/虫螨腈 5%/2013.11.20 至 2018.11.20/低毒
甘蓝 甜菜夜蛾 60-75克/公顷 喷雾

PD20132377 四聚乙醛/6%/颗粒剂/四聚乙醛 6%/2013.11.20 至 2018.11.20/低毒
甘蓝 蜗牛 360-540克/公顷 撒施

PD20132435 阿维·啶虫脒/4%/微乳剂/阿维菌素 0.5%、啶虫脒 3.5%/2013.11.20 至 2018.11.20/低毒(原药高毒)
甘蓝 蚜虫 9—15克/公顷 喷雾

PD20132444 阿维·四螨嗪/10%/悬浮剂/阿维菌素 0.1%、四螨嗪 9.9%/2013.12.02 至 2018.12.02/低毒(原药高毒)
柑橘树 红蜘蛛 50-66.7毫克/千克 喷雾

PD20132475 戊唑醇/80%/水分散粒剂/戊唑醇 80%/2013.12.09 至 2018.12.09/低毒
苹果树 斑点落叶病 100-133.3毫克/千克 喷雾

PD20132482 氟环唑/125克/升/悬浮剂/氟环唑 125克/升/2013.12.09 至 2018.12.09/低毒
香蕉 叶斑病 166.7-250毫克/千克 喷雾

PD20132483 苯醚·甲硫/40%/可湿性粉剂/苯醚甲环唑 5%、甲基硫菌灵 35%/2013.12.09 至 2018.12.09/低毒
苹果树 炭疽病 444-667毫克/千克 喷雾

PD20132488 烯酰·异菌脲/40%/悬浮剂/烯酰吗啉 20%、异菌脲 20%/2013.12.10 至 2018.12.10/低毒
葡萄 霜霉病 267-400毫克/千克 喷雾

PD20132532 阿维·甲氰/5%/微乳剂/阿维菌素 0.5%、甲氰菊酯 4.5%/2013.12.16 至 2018.12.16/低毒(原药高毒)
柑橘树 红蜘蛛 33.3-50毫克/千克 喷雾

PD20132539 苯甲·中生/16%/可湿性粉剂/苯醚甲环唑 14%、中生菌素 2%/2013.12.16 至 2018.12.16/低毒
苹果树 斑点落叶病 45.7-64毫克/千克 喷雾

PD20132540 烯酰·霜脲氰/70%/水分散粒剂/霜脲氰 20%、烯酰吗啉 50%/2013.12.16 至 2018.12.16/低毒
黄瓜 霜霉病 262.5-315克/公顷 喷雾

PD20132686 烯酰吗啉/25%/可湿性粉剂/烯酰吗啉 25%/2013.12.25 至 2018.12.25/低毒
黄瓜 霜霉病 225-300克/公顷 喷雾

PD20140028 阿维·哒螨灵/10.5%/微乳剂/阿维菌素 0.3%、哒螨灵 10.2%/2014.01.02 至 2019.01.02/中等毒(原药高毒)
柑橘树 锈蜘蛛 35-42毫克/千克 喷雾

PD20140051 烯酰·锰锌/69%/可湿性粉剂/代森锰锌 60%、烯酰吗啉 9%/2014.01.16 至 2019.01.16/低毒
黄瓜 霜霉病 1035-1552.5克/公顷 喷雾

PD20140198 甲硫·戊唑醇/43%/悬浮剂/甲基硫菌灵 30%、戊唑醇 13%/2014.01.29 至 2019.01.29/低毒
苹果树 轮纹病 286.7-430毫克/千克 喷雾

PD20140201 苯醚甲环唑/10%/水乳剂/苯醚甲环唑 10%/2014.01.29 至 2019.01.29/低毒
苹果树 斑点落叶病 40-66.7毫克/千克 喷雾

PD20140210 烯酰·乙膦铝/60%/可湿性粉剂/烯酰吗啉 15%、三乙膦酸铝 45%/2014.01.29 至 2019.01.29/低毒
黄瓜 霜霉病 720-900克/公顷 喷雾

PD20140250 戊唑·咪鲜胺/40%/水乳剂/咪鲜胺 26.7%、戊唑醇 13.3%/2014.01.29 至 2019.01.29/低毒
香蕉 黑星病 266.7-400毫克/千克 喷雾

PD20140290 啶虫·哒螨灵/10%/微乳剂/哒螨灵 5%、啶虫脒 5%/2014.02.12 至 2019.02.12/低毒
甘蓝 黄条跳甲 60—75克/公顷 喷雾

PD20140332 甲硫·中生素/52%/可湿性粉剂/甲基硫菌灵 50%、中生菌素 2%/2014.02.17 至 2019.02.17/低毒
苹果树 轮纹病 346.7-520毫克/千克 喷雾

PD20140442 甲维·毒死蜱/15.5%/微乳剂/毒死蜱 15%、甲氨基阿维菌素苯甲酸盐 0.5%/2014.02.25 至 2019.02.25/中等毒
苹果树 绵蚜 51.667-77.5毫克/千克 喷雾

PD20140555 甲基硫菌灵/36%/悬浮剂/甲基硫菌灵 36%/2014.03.06 至 2019.03.06/低毒
黄瓜 白粉病 405-810克/公顷 喷雾

PD20141189 阿维·丁醚脲/15.6%/乳油/阿维菌素 0.6%、丁醚脲 15%/2014.05.06 至 2019.05.06/低毒(原药高毒)
苹果树 红蜘蛛 52-78毫克/千克 喷雾

PD20141190 辛硫磷/20%/微乳剂/辛硫磷 20%/2014.05.06 至 2019.05.06/低毒
甘蓝 菜青虫 240-360克/公顷 喷雾

PD20141465 吡虫啉/600克/升/悬浮种衣剂/吡虫啉 600克/升/2014.06.09 至 2019.06.09/低毒
花生 蛴螬 96-144克/100千克种子 种子包衣
小麦 蚜虫 192-288克/100千克种子 种子包衣

PD20141647 粉唑醇/25%/悬浮剂/粉唑醇 25%/2014.06.24 至 2019.06.24/低毒
小麦 锈病 60—90克/公顷 喷雾

PD20141851 虫螨·丁醚脲//悬浮剂/虫螨腈 10%、丁醚脲 25%/2014.07.24 至 2019.07.24/低毒
甘蓝 小菜蛾 157.5-183.75 克/公顷 喷雾

PD20141978 虫螨腈/100克/升/悬浮剂/虫螨腈 100克/升/2014.08.14 至 2019.08.14/低毒
甘蓝 小菜蛾 60-90克/公顷 喷雾

PD20142057 乙嘧酚/25%/悬浮剂/乙嘧酚 25%/2014.08.27 至 2019.08.27/低毒
黄瓜 白粉病 225-375克/公顷 喷雾

PD20142174 吡虫啉/600克/升/悬浮种衣剂/吡虫啉 600克/升/2014.09.18 至 2019.09.18/低毒
注:2014-12-3此证已批准与PD20141465合并

PD20150006 敌草快/20%/水剂/敌草快 20%/2015.01.04 至 2020.01.04/低毒
柑橘园 杂草 450-600克/公顷 茎叶喷雾

PD20150055 吡蚜酮/25%/可湿性粉剂/吡蚜酮 25%/2015.01.05 至 2020.01.05/低毒
水稻 稻飞虱 60-75克/公顷 喷雾

PD20150402 嘧霉·百菌清/40%/悬浮剂/百菌清 25%、嘧霉胺 15%/2015.03.18 至 2020.03.18/低毒
番茄 灰霉病 2100-2400克/公顷 喷雾

PD20150415 嘧菌酯/50%/水分散粒剂/嘧菌酯 50%/2015.03.19 至 2020.03.19/微毒
黄瓜 霜霉病 150—180克/公顷 喷雾

PD20150918 甲维·灭幼脲/25%/悬浮剂/甲氨基阿维菌素苯甲酸盐 0.5%、灭幼脲 24.5%/2015.06.09 至 2020.06.09/中等毒
甘蓝 小菜蛾 37.5—56.25克/公顷 喷雾

PD20151103 咪鲜·甲硫灵//可湿性粉剂/甲基硫菌灵 42%、咪鲜胺 8%/2015.06.23 至 2020.06.23/低毒
黄瓜 炭疽病 450-525克/公顷 喷雾

PD20151104 敌敌畏/80%/可溶液剂/敌敌畏 80%/2015.06.23 至 2020.06.23/中等毒
白菜 黄条跳甲 360-480克/公顷 喷雾

PD20151260 哒螨·噻虫嗪/55%/水分散粒剂/哒螨灵 20%、噻虫嗪 35%/2015.07.30 至 2020.07.30/低毒
茶树 茶小绿叶蝉 24.75-33克/公顷 喷雾

PD20151293 氟啶胺/50%/悬浮剂/氟啶胺 50%/2015.07.30 至 2020.07.30/低毒
马铃薯 晚疫病 225-262.5克/公顷 喷雾

PD20151404 噻虫嗪/35%/悬浮种衣剂/噻虫嗪 35%/2015.07.30 至 2020.07.30/低毒
玉米 蚜虫 140-210克/100千克种子 种子包衣

PD20151428 甲硫·丙森锌/70%/可湿性粉剂/丙森锌 30%、甲基硫菌灵 40%/2015.07.30 至 2020.07.30/低毒
黄瓜 炭疽病 525-735克/公顷 喷雾

PD20151791 噻呋酰胺/240 克/升/悬浮剂/噻呋酰胺 240克/升/2015.08.28 至 2020.08.28/低毒
水稻 纹枯病 61.2-79.2克/公顷 喷雾

PD20152063 烯啶虫胺/10%/水剂/烯啶虫胺 10%/2015.09.07 至 2020.09.07/低毒
棉花 蚜虫 15-30克/公顷 喷雾

PD20152488 吡唑醚菌酯/30%/悬浮剂/吡唑醚菌酯 30%/2015.12.05 至 2020.12.05/低毒
香蕉 黑星病 150-250毫克/千克 喷雾

PD20152673 咯菌腈/25克/升/悬浮种衣剂/咯菌腈 25克/升/2015.12.19 至 2020.12.19/低毒
水稻 恶苗病 10-15克/100千克种子 种子包衣

LS20120195 中生·代森锌/46%/可湿性粉剂/代森锌 44%、中生菌素 2%/2014.06.04 至 2015.06.04/低毒
番茄 早疫病 517.5-690克/公顷 喷雾

LS20130348 噻虫啉/48%/悬浮剂/噻虫啉 48%/2015.07.02 至 2016.07.02/低毒
黄瓜 蚜虫 36-72克/公顷 喷雾

LS20150067 烯酰·氰霜唑/40%/悬浮剂/氰霜唑 10%、烯酰吗啉 30%/2015.03.24 至 2016.03.24/低毒
葡萄 霜霉病 100-133.33毫克/千克 喷雾

LS20150080 氟环·嘧菌酯/35%/悬浮剂/氟环唑 15%、嘧菌酯 20%/2015.04.16 至 2016.04.16/低毒
香蕉 叶斑病 175-233.3毫克/千克 喷雾

LS20150148 唑醚·代森锌/60%/水分散粒剂/吡唑醚菌酯 5%、代森锌 55%/2015.06.08 至 2016.06.08/低毒
苹果树 斑点落叶病 300-600毫克/千克 喷雾

LS20150154 异菌·氟啶胺/45%/悬浮剂/氟啶胺 30%、异菌脲 15%/2015.06.09 至 2016.06.09/低毒
番茄 灰霉病 270-337.5克/公顷 喷雾

LS20150158 螺螨·三唑锡/45%/悬浮剂/螺螨酯 25%、三唑锡 20%/2015.06.10 至 2016.06.10/中等毒
柑橘树 红蜘蛛 60-90毫克/千克 喷雾

LS20150291 己唑·醚菌酯/40%/悬浮剂/己唑醇 25%、醚菌酯 15%/2015.09.22 至 2016.09.22/低毒
黄瓜 白粉病 36-48克/公顷 喷雾

LS20150292 甲氧·茚虫威/35%/悬浮剂/甲氧虫酰肼 20%、茚虫威 15%/2015.09.22 至 2016.09.22/低毒
甘蓝 甜菜夜蛾 42-63克/公顷 喷雾

LS20150294 霜霉·氟啶胺/48%/悬浮剂/氟啶胺 8%、霜霉威盐酸盐 40%/2015.09.22 至 2016.09.22/低毒
马铃薯 晚疫病 432-576克/公顷 喷雾

LS20150316 苯甲·吡唑酯/30%/悬浮剂/苯醚甲环唑 20%、吡唑醚菌酯 10%/2015.12.03 至 2016.12.03/低毒
香蕉 黑星病 150-200毫克/千克 喷雾

LS20150359 乙螨·三唑锡/30%/悬浮剂/三唑锡 15%、乙螨唑 15%/2015.12.19 至 2016.12.19/低毒
苹果树 红蜘蛛 20-40毫克/千克 喷雾

WP20100174 高效氯氰菊酯/4.5%/微乳剂/高效氯氰菊酯 4.5%/2015.12.15 至 2020.12.15/低毒
室内 蜚蠊 40-50毫克/平方米 滞留喷洒

WP20140063 蚊香/0.05%/蚊香/氯氟醚菊酯 0.05%/2014.03.14 至 2019.03.14/低毒
卫生 蚊 / 点燃

WL20150007 杀虫气雾剂/0.1%/气雾剂/高效氯氰菊酯 0.05%、右旋反式氯丙炔菊酯 0.05%/2015.06.14 至 2016.06.14/低毒
室内 蚊 / 喷雾

深圳市伟丰隆贸易有限公司 (深圳市罗湖区宝安北路笋岗仓库827栋桃园商业大厦六层D626 515100 0755-29612691)

WP20120051　蚊香/0.3%/蚊香/富右旋反式烯丙菊酯 0.3%/2012.03.28 至 2017.03.28/微毒
　卫生　蚊　/　点燃

四会市润土作物科学有限公司　(广东省四会市龙甫镇禄村管理区白石塘酒厂内　526200　0758-3816165)

PD92103-13　草甘膦/95%/原药/草甘膦 95%/2012.11.01 至 2017.11.01/低毒
PD20083370　仲丁威/20%/乳油/仲丁威 20%/2013.12.11 至 2018.12.11/低毒
　水稻　飞虱　450-540克/公顷　喷雾
PD20083854　异稻瘟净/40%/乳油/异稻瘟净 40%/2013.12.15 至 2018.12.15/低毒
　水稻　稻瘟病　900-1200克/公顷　喷雾
PD20084683　井冈霉素/2.4%/水剂/井冈霉素 2.4%/2013.12.22 至 2018.12.22/低毒
　水稻　纹枯病　157.5-180克/公顷　喷雾
PD20084704　氯氰菊酯/50克/升/乳油/氯氰菊酯 50克/升/2013.12.22 至 2018.12.22/低毒
　甘蓝　菜青虫　37.5-52.5克/公顷　喷雾
PD20084925　异丙威/20%/乳油/异丙威 20%/2013.12.22 至 2018.12.22/低毒
　水稻　飞虱　450-600克/公顷　喷雾
PD20090720　草甘膦异丙胺盐(41%)///水剂/草甘膦 30%/2014.01.19 至 2019.01.19/低毒
　柑橘园　杂草　1125-2250克/公顷　喷雾
PD20092897　杀虫双/18%/水剂/杀虫双 18%/2014.03.05 至 2019.03.05/低毒
　水稻　三化螟　675-810克/公顷　喷雾
PD20097756　丁草胺/50%/乳油/丁草胺 50%/2014.11.12 至 2019.11.12/低毒
　移栽水稻田　一年生杂草　1125-1500克/公顷　毒土法
PD20100036　阿维菌素/1.8%/乳油/阿维菌素 1.8%/2015.01.04 至 2020.01.04/低毒(原药高毒)
　甘蓝　小菜蛾　8.1-10.8克/公顷　喷雾
PD20100613　丙环唑/250克/升/乳油/丙环唑 250克/升/2015.01.14 至 2020.01.14/低毒
　香蕉　叶斑病　375－500毫克/千克　喷雾
PD20100624　速灭威/20%/乳油/速灭威 20%/2015.01.14 至 2020.01.14/低毒
　水稻　稻飞虱　450-600克/公顷　喷雾
PD20100650　乐果/40%/乳油/乐果 40%/2015.01.15 至 2020.01.15/中等毒
　甘蓝　蚜虫　450-600克/公顷　喷雾
PD20100697　炔螨特/73%/乳油/炔螨特 73%/2015.01.16 至 2020.01.16/低毒
　柑橘树　红蜘蛛　243-365毫克/千克　喷雾
PD20100803　速灭威/25%/可湿性粉剂/速灭威 25%/2015.01.19 至 2020.01.19/低毒
　水稻　稻飞虱　375-750克/公顷　喷雾
PD20100805　高效氯氟氰菊酯/25克/升/乳油/高效氯氟氰菊酯 25克/升/2015.01.19 至 2020.01.19/低毒
　十字花科蔬菜　菜青虫　7.5-11.25克/公顷　喷雾
PD20102005　联苯菊酯/25克/升/乳油/联苯菊酯 25克/升/2015.09.25 至 2020.09.25/低毒
　柑橘树　红蜘蛛　25-30毫克/千克　喷雾
PD20110400　乙草胺/50%/乳油/乙草胺 50%/2011.04.12 至 2016.04.12/低毒
　花生田　一年生杂草　975-1350克/公顷　播后苗前土壤喷雾
PD20132509　草铵膦/200克/升/水剂/草铵膦 200克/升/2013.12.16 至 2018.12.16/低毒
　柑橘园　杂草　900-1050克/公顷　定向茎叶喷雾
WP20130154　杀蟑胶饵/2.5%/胶饵/吡虫啉 2.5%/2013.07.17 至 2018.07.17/低毒
　卫生　蜚蠊　/　投饵

肇庆市真格生物科技有限公司　(广东省高要市金渡镇G6小区工业园内　526108　0758-8512569)

PD86148-81　异丙威/20%/乳油/异丙威 20%/2012.01.30 至 2017.01.30/中等毒
　水稻　飞虱、叶蝉　450-600克/公顷　喷雾
PD20092112　乐果/40%/乳油/乐果 40%/2014.02.23 至 2019.02.23/中等毒
　十字花科蔬菜　蚜虫　360-600克/公顷　喷雾
PD20092676　啶虫脒/5%/乳油/啶虫脒 5%/2014.03.03 至 2019.03.03/低毒
　柑橘树　蚜虫　7.5-10毫克/千克　喷雾
　萝卜　黄条跳甲　45-90克/公顷　喷雾
PD20093683　杀虫双/18%/水剂/杀虫双 18%/2014.03.25 至 2019.03.25/中等毒
　水稻　二化螟　675-810克/公顷　喷雾
PD20093843　高效氯氟氰菊酯/25克/升/乳油/高效氯氟氰菊酯 25克/升/2014.03.25 至 2019.03.25/中等毒
　十字花科蔬菜　菜青虫　7.5-11.25克/公顷　喷雾
PD20094176　高效氯氰菊酯/4.5%/乳油/高效氯氰菊酯 4.5%/2014.03.27 至 2019.03.27/中等毒
　甘蓝　菜青虫　27-33.75克/公顷　喷雾
PD20094237　高氯・辛/20%/乳油/高效氯氰菊酯 4%、辛硫磷 16%/2014.03.31 至 2019.03.31/中等毒
　棉花　棉铃虫　240-360克/公顷　喷雾
PD20094485　代森锰锌/80%/可湿性粉剂/代森锰锌 80%/2014.04.09 至 2019.04.09/低毒
　番茄　早疫病　1845-2370克/公顷　喷雾
PD20094540　敌敌畏/77.5%/乳油/敌敌畏 77.5%/2014.04.09 至 2019.04.09/中等毒
　十字花科蔬菜　菜青虫　600-960克/公顷　喷雾
PD20094554　氯氰・敌敌畏/10%/乳油/敌敌畏 8%、氯氰菊酯 2%/2014.04.09 至 2019.04.09/中等毒

	甘蓝	蚜虫	45-75克/公顷	喷雾
PD20097441	吡虫啉/10%/可湿性粉剂/吡虫啉 10%/2014.10.28 至 2019.10.28/低毒			
	水稻	稻飞虱	15-30克/公顷	喷雾
PD20100461	井冈霉素/2.4%/水剂/井冈霉素A 2.4%/2015.01.14 至 2020.01.14/低毒			
	辣椒	立枯病	0.1-0.15克/平方米	泼浇
	水稻	纹枯病	150-187.5克/公顷	喷雾
PD20101922	草甘膦铵盐(33%)///水剂/草甘膦 30%/2015.08.27 至 2020.08.27/低毒			
	柑橘园	杂草	1125-2250克/公顷	定向茎叶喷雾
PD20151707	荧光假单胞杆菌/3000亿活芽孢/克/可湿性粉剂/荧光假单胞杆菌 3000亿活芽孢/克/2015.08.28 至 2020.08.28/低毒			
	烟草	青枯病	8400-9900克制剂/公顷	灌根
PD20152113	敌草快/20%/水剂/敌草快 20%/2015.09.22 至 2020.09.22/低毒			
	非耕地	杂草	900-1050克/公顷	喷雾
PD20152352	草铵膦/10%/水剂/草铵膦 10%/2015.10.22 至 2020.10.22/低毒			
	非耕地	杂草	1200-1800克/公顷	茎叶喷雾
PD20152579	厚孢轮枝菌/2.5亿孢子/克/颗粒剂/厚孢轮枝菌 2.5亿孢子/克/2015.12.06 至 2020.12.06/微毒			
	烟草	根结线虫	22-30千克制剂/公顷	穴施
LS20150023	草铵膦/30%/水剂/草铵膦 30%/2016.01.15 至 2017.01.15/低毒			
	非耕地	杂草	1125-1800克/公顷	茎叶喷雾
WP20130267	球形芽孢杆菌/80ITU/毫克/悬浮剂/球形芽孢杆菌 80ITU/毫克/2013.12.25 至 2018.12.25/低毒			
	卫生	孑孓	4毫升/平方米	喷洒

质检总局国家实蝇检疫重点实验室 (广东省广州市珠江新城花城大道66号B705 510623 020-38290672)

PD20101331	假丝酵母/20%/饵剂/假丝酵母 20%/2015.03.18 至 2020.03.18/低毒			
	专供检验检疫用	地中海实蝇	50倍液	放在特定的诱捕器中
PD20101335	地中海实蝇引诱剂/95%/诱芯/地中海实蝇引诱剂 95%/2015.03.18 至 2020.03.18/低毒			
	专供检验检疫用	地中海实蝇	检测区内挂1-4个/平方公里	放置于专用诱捕器

中山富士化工有限公司 (广东省中山市火炬开发区世纪三路2号 528436 0760-5331390)

WP20080592	防蛀防霉片剂/99%/片剂/对二氯苯 99%/2013.12.29 至 2018.12.29/低毒			
	卫生	黑皮蠹、霉菌	40克制剂/立方米	投放
WP20090008	防蛀防霉球剂/99%/球剂/对二氯苯 99%/2014.01.04 至 2019.01.04/低毒			
	衣柜	黑皮蠹、霉菌	40克制剂/立方米	投放
WP20100002	防蛀片剂/94%/防蛀片剂/樟脑 94%/2015.01.04 至 2020.01.04/低毒			
	卫生	黑皮蠹	200克制剂/立方米	投放
WP20100032	防蛀球剂/94%/球剂/樟脑 94%/2015.01.25 至 2020.01.25/低毒			
	卫生	黑皮蠹	200克/立方米	投放

中山凯中有限公司 (广东省中山市东区起湾北道142号 528402 0760-8703869)

PD84104-20	杀虫双/18%/水剂/杀虫双 18%/2014.12.27 至 2019.12.27/中等毒			
	甘蔗、蔬菜、水稻、小麦、玉米	多种害虫	540-675克/公顷	喷雾
	果树	多种害虫	225-360毫克/千克	喷雾
PD85154-5	氰戊菊酯/20%/乳油/氰戊菊酯 20%/2015.08.15 至 2020.08.15/中等毒			
	柑橘树	潜叶蛾	10-20毫克/千克	喷雾
	果树	梨小食心虫	10-20毫克/千克	喷雾
	棉花	红铃虫、蚜虫	75-150克/公顷	喷雾
	蔬菜	菜青虫、蚜虫	60-120克/公顷	喷雾
PD89104-2	氰戊菊酯/90%/原药/氰戊菊酯 90%/2014.12.27 至 2019.12.27/中等毒			
PD20050015	高效氯氰菊酯/92%/原药/高效氯氰菊酯 92%/2015.04.14 至 2020.04.14/中等毒			
PD20050135	氯氰菊酯/5%/乳油/氯氰菊酯 5%/2015.09.09 至 2020.09.09/中等毒			
	棉花	棉铃虫、棉蚜	45-90克/公顷	喷雾
	十字花科蔬菜	菜青虫	30-45克/公顷	喷雾
PD20050142	氯氰菊酯/10%/乳油/氯氰菊酯 10%/2015.09.12 至 2020.09.12/中等毒			
	棉花	棉铃虫、棉蚜	45-90克/公顷	喷雾
	十字花科蔬菜	菜青虫	30-45克/公顷	喷雾
PD20050186	高效氯氰菊酯/4.5%/乳油/高效氯氰菊酯 4.5%/2015.11.30 至 2020.11.30/中等毒			
	茶树	茶尺蠖	15-25.5克/公顷	喷雾
	柑橘树	红蜡蚧	50毫克/千克	喷雾
	柑橘树	潜叶蛾	15-20毫克/千克	喷雾
	棉花	红铃虫、棉铃虫、棉蚜	15-30克/公顷	喷雾
	苹果树	桃小食心虫	20-33毫克/千克	喷雾
	十字花科蔬菜	菜蚜	3-18克/公顷	喷雾
	十字花科蔬菜	菜青虫、小菜蛾	9-25.5克/公顷	喷雾
	烟草	烟青虫	15-25.5克/公顷	喷雾
PD20091887	硫磺·多菌灵/40%/悬浮剂/多菌灵 20%、硫磺 20%/2014.02.09 至 2019.02.09/低毒			

	水稻	稻瘟病	1200-1800克/公顷	喷雾
	甜菜	褐斑病	900-1200克/公顷	喷雾
PD20092799	虫酰肼/95%/原药/虫酰肼 95%/2014.03.04 至 2019.03.04/低毒			
PD20092911	丙环唑/25%/乳油/丙环唑 25%/2014.03.05 至 2019.03.05/低毒			
	香蕉	叶斑病	500—700倍液	喷雾
PD20092958	虫酰肼/20%/悬浮剂/虫酰肼 20%/2014.03.09 至 2019.03.09/低毒			
	十字花科蔬菜	甜菜夜蛾	240-300克/公顷	喷雾
PD20093570	高效氯氟氰菊酯/2.5%/乳油/高效氯氟氰菊酯 2.5%/2014.03.23 至 2019.03.23/中等毒			
	十字花科蔬菜	蚜虫	9.4-11.25克/公顷	喷雾
PD20094000	氯氰菊酯/90%/原药/氯氰菊酯 90%/2014.03.27 至 2019.03.27/中等毒			
PD20094873	甲氰菊酯/20%/乳油/甲氰菊酯 20%/2014.04.13 至 2019.04.13/中等毒			
	甘蓝	菜青虫	75-105克/公顷	喷雾
PD20095071	甲氰菊酯/92%/原药/甲氰菊酯 92%/2014.04.22 至 2019.04.22/低毒			
PD20100509	氟氯氰菊酯/92%/原药/氟氯氰菊酯 92%/2015.01.14 至 2020.01.14/中等毒			
PD20100815	顺式氯氰菊酯/92%/原药/顺式氯氰菊酯 92%/2015.01.19 至 2020.01.19/中等毒			
PD20102120	丙环唑/90%/原药/丙环唑 90%/2015.12.02 至 2020.12.02/低毒			
WPN23-98	杀虫气雾剂/0.36%/气雾剂/胺菊酯 0.13%、氯菊酯 0.23%/2013.08.17 至 2018.08.17/低毒			
	室内	蜚蠊、蚂蚁、蚊、蝇	/	喷雾
	注:本产品有两种香型：清香型、无香型。			
WP20030008	胺菊酯/92%/原药/胺菊酯 92%/2013.04.11 至 2018.04.11/低毒			
WP20030009	Es-生物烯丙菊酯/93%/原药/Es-生物烯丙菊酯 93%/2013.05.14 至 2018.05.14/中等毒			
WP20030010	右旋烯丙菊酯/总酯93%，右旋91%/原药/右旋烯丙菊酯 总酯93%，右旋91%/2013.06.24 至 2018.06.24/低毒			
WP20030014	生物烯丙菊酯/总酯93%，右旋反式体90%/原药/生物烯丙菊酯 总酯93%，右旋反式体90%/2013.07.14 至 2018.07.14/低毒			
WP20030015	右旋苯醚菊酯/总酯92%，右旋体89/原药/右旋苯醚菊酯 总酯92%，右旋体89%/2013.10.17 至 2018.10.17/低毒			
WP20030016	右旋苯醚氰菊酯/总酯92%，右旋体89/原药/右旋苯醚氰菊酯 总酯92%，右旋体89%/2013.10.17 至 2018.10.17/中等毒			
WP20040002	氯菊酯/≥95%/原药/氯菊酯 ≥95%/2014.03.31 至 2019.03.31/低毒			
WP20050014	炔丙菊酯/总酯93%,右旋体89/原药/炔丙菊酯 总酯93%,右旋体89%/2015.10.11 至 2020.10.11/中等毒			
WP20080095	杀虫气雾剂/0.15%/气雾剂/胺菊酯 0.10%、高效氯氰菊酯 0.05%/2013.09.11 至 2018.09.11/微毒			
	卫生	蜚蠊、蚂蚁、蚊、蝇	/	喷雾
WP20080119	杀蟑饵剂/0.9%/饵剂/杀螟硫磷 0.9%/2013.10.28 至 2018.10.28/低毒			
	卫生	蜚蠊	/	投放
WP20080130	电热蚊香片/25毫克/片/电热蚊香液/Es-生物烯丙菊酯 15毫克/片、富右旋反式炔丙菊酯 10毫克/片/2013.10.31 至 2018.10.31/微毒			
	卫生	蚊	/	电热加温
WP20080137	杀虫气雾剂/0.55%/气雾剂/胺菊酯 0.15%、残杀威 0.32%、高效氯氰菊酯 0.08%/2013.11.04 至 2018.11.04/微毒			
	卫生	蚂蚁、蚊、蝇、蜚蠊	/	喷雾
	注:本品有三种香型：清香型、茉莉香型、柠檬香型。			
WP20080270	Es-生物烯丙菊酯/5%/烟雾剂/Es-生物烯丙菊酯 5%/2013.12.01 至 2018.12.01/低毒			
	卫生	蜚蠊	1克制剂/平方米	加水放烟
WP20080323	蚊香/0.3%/蚊香/生物烯丙菊酯 0.3%/2013.12.05 至 2018.12.05/微毒			
	卫生	蚊	/	点燃
	注:本品有三种香型：檀香型、野菊花香型、清香型。			
WP20080441	富右旋反式炔丙菊酯/总酯90%,右旋反式80%/原药/富右旋反式炔丙菊酯 总酯90%,右旋反式80%/2013.12.15 至 2018.12.15/中等毒			
WP20080472	富右旋反式烯丙菊酯/总酯93%,右旋反式80%/原药/富右旋反式烯丙菊酯 总酯93%,右旋反式80%/2013.12.16 至 2018.12.16/低毒			
WP20080600	烯丙·氯菊/10.5%/乳油/Es-生物烯丙菊酯 0.5%、氯菊酯 10%/2013.12.30 至 2018.12.30/低毒			
	卫生	蚊	0.1毫升制剂/平方米	超低容量喷雾
WP20090100	氯菊酯/10%/微乳剂/氯菊酯 10%/2014.02.04 至 2019.02.04/低毒			
	卫生	白蚁	25克/平方米；250毫克/千克	土壤喷洒；木材浸泡
	卫生	蚊、蝇	30倍液	喷洒
WP20090131	杀虫气雾剂/0.4%/气雾剂/生物烯丙菊酯 0.2%、右旋苯氰菊酯 0.2%/2014.02.23 至 2019.02.23/微毒			
	卫生	蚂蚁、蚊、蝇、蜚蠊	/	喷雾
WP20090137	顺式氯氰菊酯/10%/悬浮剂/顺式氯氰菊酯 10%/2014.02.24 至 2019.02.24/低毒			
	卫生	蜚蠊	玻璃面12.5毫克/平方米 木板面25毫克/平方米 水泥面50毫克/平方米	滞留喷洒
WP20090138	杀虫气雾剂/0.47%/气雾剂/残杀威 0.35%、高效氯氰菊酯 0.075%、炔咪菊酯 0.045%/2014.02.25 至 2019.02.25/低毒			
	卫生	蚂蚁、蚊、蝇、蜚蠊	/	喷雾
	注:本品有三种香型：柠檬型、柑桔香型、清香型。			
WP20090150	电热蚊香片/50毫克/片/电热蚊香片/富右旋反式炔丙菊酯 15毫克/片、生物烯丙菊酯 35毫克/片/2014.03.03 至 2019.03.03/低毒			

卫生 蚊 / 电热加温
注:本品有三种香型：无香型、清香型、果香型。
WP20090157 杀虫水乳剂/4.5%/水乳剂/高效氯氰菊酯 4.5%/2014.03.04 至 2019.03.04/低毒
卫生 蚊、蝇 100倍液 喷洒
WP20090175 右旋烯炔菊酯/总酯90%,右旋85%/原药/右旋烯炔菊酯 总酯90%,右旋85%/2014.03.11 至 2019.03.11/低毒
WP20090187 高效氯氟氰菊酯/95%/原药/高效氯氟氰菊酯 95%/2014.03.20 至 2019.03.20/中等毒
WP20090188 电热蚊香片/11毫克/片/电热蚊香片/富右旋反式炔丙菊酯 11毫克/片/2014.03.23 至 2019.03.23/低毒
卫生 蚊 / 电热加温
WP20090256 杀蚁饵剂/0.08%/饵剂/右旋苯醚菊酯 0.08%/2014.04.27 至 2019.04.27/低毒
卫生 蚂蚁 / 投放
WP20090320 电热蚊香液/1.8%/电热蚊香液/Es-生物烯丙菊酯 1.8%/2014.09.14 至 2019.09.14/微毒
卫生 蚊 / 电热加温
WP20100065 右旋胺菊酯/总酯92%,右旋体90%/原药/右旋胺菊酯 总酯92%,右旋体90%/2015.05.04 至 2020.05.04/低毒
WP20100075 电热蚊香液/0.9%/电热蚊香液/四氟苯菊酯 0.9%/2015.05.19 至 2020.05.19/微毒
卫生 蚊 / 电热加温
WP20100077 电热蚊香液/1.3%/电热蚊香液/炔丙菊酯 1.3%/2015.05.19 至 2020.05.19/微毒
卫生 蚊 / 电热加温
注:本品有有一种香型：清香型。
WP20100123 四氟苯菊酯/92%/原药/四氟苯菊酯 92%/2015.10.19 至 2020.10.19/低毒
WP20110184 杀飞虫气雾剂/0.65%/气雾剂/氯菊酯 0.4%、生物烯丙菊酯 0.25%/2011.08.04 至 2016.08.04/微毒
卫生 蚊、蝇 / 喷雾
注:本产品有三种香型：柠檬香型、清香型、茉莉香型。
WP20120092 杀虫气雾剂/0.51%/气雾剂/残杀威 0.36%、高效氯氰菊酯 0.09%、炔咪菊酯 0.06%/2012.05.17 至 2017.05.17/微毒
卫生 蜚蠊、蚂蚁、蚊、蝇 / 喷雾
注:本产品有三种香型：无香型、清香型、柑桔香型。
WP20120093 杀虫气雾剂/0.74%/气雾剂/胺菊酯 0.21%、残杀威 0.42%、高效氯氰菊酯 0.11%/2012.05.17 至 2017.05.17/微毒
卫生 蜚蠊、蚂蚁、跳蚤、蚊、蝇 / 喷雾
注:本产品有三种香型：清香型、无香型、飘逸香型。
WP20130034 电热蚊香液/1.5%/电热蚊香液/四氟苯菊酯 1.5%/2013.02.21 至 2018.02.21/微毒
卫生 蚊 / 电热加温
注:本产品有三种香型：清香型、桉树香型、无香型。
WP20130075 炔咪菊酯/50.5%/母药/炔咪菊酯 50.5%/2013.04.22 至 2018.04.22/低毒
WP20130076 炔咪菊酯/90%/原药/炔咪菊酯 90%/2013.04.22 至 2018.04.22/中等毒
WP20140041 杀虫气雾剂/0.6%/气雾剂/胺菊酯 0.15%、残杀威 0.4%、炔丙菊酯 0.05%/2014.02.25 至 2019.02.25/微毒
室内 蚂蚁、蚊、蝇、蜚蠊 / 喷雾
注:本产品有两种香型：柠檬香型、清香型。
WP20140043 杀虫气雾剂/0.48%/气雾剂/生物烯丙菊酯 0.2%、四氟苯菊酯 0.08%、右旋苯醚氰菊酯 0.2%/2014.02.25 至 2019.02.25/微毒
室内 蚂蚁、蚊、蝇、蜚蠊 / 喷雾
注:本产品有三种香型：无香型、清香型、柑桔香型。
WP20140053 杀虫气雾剂/0.81%/气雾剂/胺菊酯 0.36%、残杀威 0.45%/2014.03.06 至 2019.03.06/微毒
卫生 蚂蚁、蚊、蝇、蜚蠊 / 喷雾
WP20140099 杀蟑气雾剂/0.52%/气雾剂/氯菊酯 0.20%、炔咪菊酯 0.12%、右旋苯醚氰菊酯 0.20%/2014.04.28 至 2019.04.28/微毒
室内 蜚蠊 / 喷雾
WP20140186 杀蟑气雾剂/0.45%/气雾剂/炔丙菊酯 0.14%、右旋苯醚氰菊酯 0.31%/2014.08.27 至 2019.08.27/微毒
室内 蜚蠊 / 喷雾
注:本产品有两种香型：柑桔香型、无香型。
WP20140187 杀飞虫气雾剂/0.56%/气雾剂/炔丙菊酯 0.14%、右旋苯醚菊酯 0.42%/2014.08.27 至 2019.08.27/微毒
室内 蚊、蝇 / 喷雾
注:本产品有两种香型：清香型、无香型。
WP20140192 电热蚊香液/1.5%/电热蚊香液/炔丙菊酯 1.5%/2014.08.27 至 2019.08.27/微毒
室内 蚊 / 电热加温
注:本产品有三种香型：无香型、清香型、桉树香型。
WP20140235 蚊香/0.21%/蚊香/炔丙菊酯 0.03%、右旋烯丙菊酯 0.18%/2014.11.15 至 2019.11.15/微毒
室内 蚊 / 点燃
注:本产品有三种香型：檀香型、野菊花香型、清香型。
WP20140245 电热蚊香片/22.5毫克/片/电热蚊香片/生物烯丙菊酯 15毫克/片、四氟苯菊酯 7.5毫克/片/2014.11.21 至 2019.11.21/微毒
室内 蚊 / 电热加温
WP20140249 蚊香/0.13%/蚊香/生物烯丙菊酯 0.1%、四氟苯菊酯 0.03%/2014.12.15 至 2019.12.15/微毒
室内 蚊 / 点燃
注:本产品有三种香型：清香型、野菊花香型、薰衣草香型。
WP20150075 杀虫气雾剂/0.5%/气雾剂/生物烯丙菊酯 0.3%、右旋苯醚菊酯 0.2%/2015.04.20 至 2020.04.20/微毒

室内 蚂蚁、蚊、蝇、蜚蠊 / 喷雾

WP20150189 杀虫气雾剂/0.45%/气雾剂/胺菊酯 0.3%、高效氯氰菊酯 0.15%/2015.09.22 至 2020.09.22/低毒
室内 蚂蚁、蚊、蝇、蜚蠊 / 喷雾
注:本产品有两种香型:清香型、柠檬香型。

WP20150199 蚊香/0.05%/蚊香/四氟苯菊酯 0.05%/2015.09.23 至 2020.09.23/低毒
室内 蚊 / 点燃

WP20150200 杀虫气雾剂/0.18%/气雾剂/炔咪菊酯 0.08%、四氟苯菊酯 0.1%/2015.09.23 至 2020.09.23/微毒
室内 蚂蚁、跳蚤、蚊、蝇、蜚蠊 / 喷雾

中山雅黛日用化工有限公司 (广东省中山市阜沙镇大有开发区 528434 0760-23452626)

WP20140109 避蚊胺/15%/驱蚊乳/避蚊胺 15%/2014.05.06 至 2019.05.06/微毒
卫生 蚊 / 涂抹

WP20140123 杀虫气雾剂/0.25%/气雾剂/高效氯氰菊酯 0.2%、炔咪菊酯 0.05%/2014.06.04 至 2019.06.04/微毒
室内 蚊、蝇、蜚蠊 / 喷雾

WP20140132 毒死蜱/0.2%/饵剂/毒死蜱 0.2%/2014.06.09 至 2019.06.09/微毒
室内 蜚蠊 / 投放

WP20140178 驱蚊花露水/5%/驱蚊花露水/避蚊胺 5%/2014.08.13 至 2019.08.13/微毒
卫生 蚊 / 涂抹

WP20150129 电热蚊香片/10毫克/片/电热蚊香片/炔丙菊酯 5毫克/片、氯氟醚菊酯 5毫克/片/2015.07.30 至 2020.07.30/微毒
室内 蚊 电热加温

WP20150133 电热蚊香液/0.4%/电热蚊香液/氯氟醚菊酯 0.4%/2015.07.30 至 2020.07.30/微毒
室内 蚊 / 电热加温

珠海真绿色技术有限公司 (广东省珠海市南屏科技工业园屏西7路1号 519060 0756-8699856)

PD20094524 咪鲜胺/0.05%/水剂/咪鲜胺 0.05%/2014.04.09 至 2019.04.09/低毒
柑橘 保鲜 2-3升制剂量/吨 喷涂

PD20095324 咪鲜·抑霉唑/14%/乳油/咪鲜胺 12%、抑霉唑 2%/2014.04.27 至 2019.04.27/低毒
柑橘 蒂腐病、绿霉病、青霉病、酸腐病 600-800倍液 浸果一分钟

PD20097718 咪鲜·异菌脲/16%/悬浮剂/咪鲜胺 8%、异菌脲 8%/2014.11.04 至 2019.11.04/低毒
香蕉 冠腐病 400-500倍液 浸果2分钟

PD20110330 咪鲜胺/10%/微乳剂/咪鲜胺 10%/2011.03.24 至 2016.03.24/低毒
柑橘 绿霉病、青霉病 222-333毫克/千克 浸果

PD20120651 咪鲜胺/45%/微乳剂/咪鲜胺 45%/2012.04.18 至 2017.04.18/低毒
柑橘 绿霉病、青霉病 337.5-450毫克/千克 浸果

PD20120774 异菌脲/25%/悬浮剂/异菌脲 25%/2012.05.05 至 2017.05.05/低毒
香蕉 冠腐病 1500-2000毫克/千克 浸果

LS20130490 咪鲜·抑霉唑/28%/乳油/咪鲜胺 24%、抑霉唑 4%/2015.11.08 至 2016.11.08/低毒
柑橘 蒂腐病、绿霉病、青霉病、酸腐病 233-467毫克/千克 浸果

广西壮族自治区

博白县天地和农药厂 (广西壮族自治区玉林市博白县南洲南路277号 537600 0775-8336278)

PD20084327 氯氰菊酯/5%/乳油/氯氰菊酯 5%/2013.12.17 至 2018.12.17/低毒
十字花科蔬菜 菜青虫 45-52.5克/公顷 喷雾

PD20084808 异丙威/20%/乳油/异丙威 20%/2013.12.22 至 2018.12.22/中等毒
水稻 飞虱 450-600克/公顷 喷雾

PD20084895 毒死蜱/40%/乳油/毒死蜱 40%/2013.12.22 至 2018.12.22/中等毒
水稻 稻纵卷叶螟 450-600克/公顷 喷雾

PD20084985 氯氰·丙溴磷/440克/升/乳油/丙溴磷 400克/升、氯氰菊酯 40克/升/2013.12.22 至 2018.12.22/中等毒
棉花 棉铃虫 528-660克/公顷 喷雾

PD20085502 辛硫磷/40%/乳油/辛硫磷 40%/2013.12.25 至 2018.12.25/低毒
棉花 棉铃虫 450-600克/公顷 喷雾

PD20097205 丙环唑/250克/升/乳油/丙环唑 250克/升/2014.10.19 至 2019.10.19/低毒
香蕉 叶斑病 250-500毫克/千克 喷雾

PD20101792 联苯菊酯/25克/升/乳油/联苯菊酯 25克/升/2015.07.13 至 2020.07.13/低毒
柑橘树 红蜘蛛 20-33.3毫克/千克 喷雾

PD20102047 高效氯氟氰菊酯/25克/升/乳油/高效氯氟氰菊酯 25克/升/2015.11.01 至 2020.11.01/中等毒
荔枝树 蝽蟓 6.25-12.5毫克/千克 喷雾

PD20111321 阿维菌素/1.8%/乳油/阿维菌素 1.8%/2011.12.05 至 2016.12.05/低毒(原药高毒)
小白菜 小菜蛾 8.1-10.8克/公顷 喷雾

PD20130183 苏云金杆菌/8000IU/毫克/悬浮剂/苏云金杆菌 8000IU/毫克/2013.06.18 至 2018.06.18/低毒
甘蓝 菜青虫 50-100毫升制剂/亩 喷雾

广西安农化工有限责任公司 (广西壮族自治区桂林市全州县绍水镇 541501 0773-4681153)

PD20040743 高效氯氰菊酯/5%/微乳剂/高效氯氰菊酯 5%/2014.12.19 至 2019.12.19/中等毒
十字花科蔬菜 菜青虫 13.5-27克/公顷 喷雾

PD20100491 三十烷醇/0.1%/微乳剂/三十烷醇 0.1%/2015.01.14 至 2020.01.14/微毒
小麦 调节生长、增产 0.25-0.5毫克/千克 喷雾

PD20101222 高氯·杀虫单/16%/微乳剂/高效氯氰菊酯 1%、杀虫单 15%/2015.02.24 至 2020.02.24/中等毒
番茄 斑潜蝇 180-360克/公顷 喷雾

广西安泰化工有限责任公司 (广西壮族自治区贵港市平南县平南镇甘莲村 537300 0775-2983303)

PD20040141 吡虫啉/5%/乳油/吡虫啉 5%/2014.12.19 至 2019.12.19/低毒
水稻 飞虱 15-30克/公顷 喷雾
小麦 蚜虫 15-30克/公顷(南方地区)45-60克/公顷(北方地区) 喷雾

PD20040179 高效氯氰菊酯/4.5%/微乳剂/高效氯氰菊酯 4.5%/2014.12.19 至 2019.12.19/中等毒
十字花科蔬菜 菜青虫 13.5-27克/公顷 喷雾

PD20040299 高效氯氰菊酯/4.5%/乳油/高效氯氰菊酯 4.5%/2014.12.19 至 2019.12.19/中等毒
茶树 茶尺蠖 15-25.5克/公顷 喷雾
柑橘树 红蜡蚧 50毫克/千克 喷雾
柑橘树 潜叶蛾 15-20 毫克/千克 喷雾
棉花 红铃虫、棉铃虫、棉蚜 15-30克/公顷 喷雾
苹果树 桃小食心虫 20-33毫克/千克 喷雾
十字花科蔬菜 菜青虫、小菜蛾 9-25.5克/公顷 喷雾
十字花科蔬菜 菜蚜 3-18克/公顷 喷雾
烟草 烟青虫 15-22.5克公顷 喷雾

PD20080372 啶虫脒/5%/乳油/啶虫脒 5%/2013.02.28 至 2018.02.28/低毒
苹果树 蚜虫 10-15毫克/千克 喷雾
小麦 蚜虫 18-30克/公顷 喷雾

PD20081304 丙环唑/25%/乳油/丙环唑 25%/2013.10.09 至 2018.10.09/低毒
香蕉 叶斑病 250-500毫克/千克 喷雾

PD20081306 杀螟丹/50%/可溶粉剂/杀螟丹 50%/2013.10.09 至 2018.10.09/中等毒
水稻 二化螟 600-900克/公顷 喷雾

PD20081418 腐霉·福美双/25%/可湿性粉剂/腐霉利 10%、福美双 15%/2013.10.31 至 2018.10.31/低毒
番茄 灰霉病 225-300克/公顷 喷雾

PD20081688 草甘膦铵盐/30%/水剂/草甘膦 30%/2013.11.17 至 2018.11.17/低毒
柑橘园 杂草 1200-2250克/公顷 定向茎叶喷雾
注:草甘膦铵盐含量: 33%。

PD20083385 吡虫·仲丁威/20%/乳油/吡虫啉 1%、仲丁威 19%/2013.12.11 至 2018.12.11/低毒
水稻 稻飞虱 180-240克/公顷 喷雾

PD20083702 阿维·哒螨灵/5%/乳油/阿维菌素 0.2%、哒螨灵 4.8%/2013.12.15 至 2018.12.15/低毒(原药高毒)
柑橘树 红蜘蛛 25-33毫克/千克 喷雾
苹果树 红蜘蛛 20-25毫克/千克 喷雾

PD20084028 异稻·稻瘟灵/40%/乳油/稻瘟灵 10%、异稻瘟净 30%/2013.12.16 至 2018.12.16/低毒
水稻 稻瘟病 750-900克/公顷 喷雾

PD20084218 甲氰·辛硫磷/12%/乳油/甲氰菊酯 2%、辛硫磷 10%/2013.12.17 至 2018.12.17/中等毒
苹果树 桃小食心虫 60-80毫克/千克 喷雾

PD20084389 毒死蜱/40%/乳油/毒死蜱 40%/2013.12.17 至 2019.05.01/中等毒
水稻 稻纵卷叶螟 480-600克/公顷 喷雾

PD20084529 甲霜·锰锌/58%/可湿性粉剂/甲霜灵 10%、代森锰锌 48%/2013.12.18 至 2018.12.18/低毒
黄瓜 霜霉病 696-1044克/公顷 喷雾

PD20084621 阿维菌素/1.8%/乳油/阿维菌素 1.8%/2013.12.18 至 2018.12.18/低毒(原药高毒)
十字花科蔬菜 小菜蛾 8.1-10.8克/公顷 喷雾

PD20084637 硫磺·三环唑/45%/可湿性粉剂/硫磺 40%、三环唑 5%/2013.12.18 至 2018.12.18/低毒
水稻 稻瘟病 742.5-1080克/公顷 喷雾

PD20085491 阿维·毒死蜱/15%/乳油/阿维菌素 0.2%、毒死蜱 14.8%/2013.12.25 至 2019.05.01/中等毒(原药高毒)
水稻 二化螟 90-135克/公顷 喷雾

PD20086147 芸苔素内酯/0.01%/乳油/芸苔素内酯 0.01%/2013.12.30 至 2018.12.30/低毒
小白菜 调节生长、增产 0.02-0.04毫克/千克 喷雾

PD20090262 溴氰 ·敌敌畏/15%/乳油/敌敌畏 14.7%、溴氰菊酯 0.3%/2014.01.09 至 2019.01.09/中等毒
甘蓝 菜青虫 112.5-225克/公顷 喷雾

PD20090951 百菌清/40%/悬浮剂/百菌清 40%/2014.01.20 至 2019.01.20/低毒
番茄 早疫病 900－1050克/公顷 喷雾

PD20091005 敌畏·毒死蜱/35%/乳油/敌敌畏 30%、毒死蜱 5%/2014.01.21 至 2019.01.21/中等毒
水稻 稻纵卷叶螟 525-630克/公顷 喷雾

PD20091239 毒·辛/20%/乳油/毒死蜱 4%、辛硫磷 16%/2014.02.01 至 2019.02.01/低毒
棉花 棉铃虫 300-450克/公顷 喷雾

PD20091294 氯氰·敌敌畏/10%/乳油/敌敌畏 8%、氯氰菊酯 2%/2014.02.01 至 2019.02.01/中等毒
甘蓝 蚜虫 37.5-75克/公顷 喷雾
甘蓝 菜青虫 60-90克/公顷 喷雾
苹果树 蚜虫 83.3-125毫克/千克 喷雾

PD20091553 甲基硫菌灵/36%/悬浮剂/甲基硫菌灵 36%/2014.02.03 至 2019.02.03/低毒
花生 叶斑病 180-216克/公顷 喷雾
PD20091625 二嗪磷/30%/乳油/二嗪磷 30%/2014.02.03 至 2019.02.03/中等毒
水稻 二化螟 675-787.5克/公顷 喷雾
PD20092424 阿维菌素/3.2%/乳油/阿维菌素 3.2%/2014.02.25 至 2019.02.25/低毒(原药高毒)
甘蓝 小菜蛾 9-12克/公顷 喷雾
PD20092814 高氯·辛硫磷/24%/乳油/高效氯氰菊酯 1.5%、辛硫磷 22.5%/2014.03.04 至 2019.03.04/中等毒
甘蓝 小菜蛾 180-270克/公顷 喷雾
棉花 棉铃虫 270-360克/公顷 喷雾
PD20092925 噻嗪·异丙威/25%/乳油/噻嗪酮 5%、异丙威 20%/2014.03.05 至 2019.03.05/中等毒
水稻 稻飞虱 375-562.5克/公顷 喷雾
PD20093065 马拉·灭多威/30%/乳油/马拉硫磷 25%、灭多威 5%/2014.03.09 至 2019.03.09/中等毒(原药高毒)
水稻 稻纵卷叶螟 540-675克/公顷 喷雾
PD20093253 高效氯氟氰菊酯/25克/升/乳油/高效氯氟氰菊酯 25克/升/2014.03.11 至 2019.03.11/中等毒
十字花科蔬菜 菜青虫 11.25-15克/公顷 喷雾
PD20093669 氯氰菊酯/5%/乳油/氯氰菊酯 5%/2014.03.25 至 2019.03.25/低毒
甘蓝 菜青虫 30-45克/公顷 喷雾
PD20093913 联苯菊酯/25克/升/乳油/联苯菊酯 25克/升/2014.03.26 至 2019.03.26/低毒
茶树 茶小绿叶蝉 30-45克/公顷 喷雾
PD20094333 氯氰·敌敌畏/20%/乳油/敌敌畏 16%、氯氰菊酯 4%/2014.03.31 至 2019.03.31/中等毒
甘蓝 菜青虫 120-180克/公顷 喷雾
PD20094651 哒灵·炔螨特/30%/乳油/哒螨灵 6%、炔螨特 24%/2014.04.10 至 2019.04.10/中等毒
柑橘树 红蜘蛛 150-200毫克/千克 喷雾
PD20095587 苄嘧·苯噻酰/53%/可湿性粉剂/苯噻酰草胺 50%、苄嘧磺隆 3%/2014.05.12 至 2019.05.12/低毒
水稻抛秧田 部分多年生杂草、一年生杂草 318-397.5克/公顷(南方地区) 药土法
PD20095991 阿维·杀虫单/20%/微乳剂/阿维菌素 0.1%、杀虫单 19.9%/2014.06.11 至 2019.06.11/低毒(原药高毒)
水稻 二化螟 300-450克/公顷 喷雾
PD20096483 阿维·甲氰/10%/乳油/阿维菌素 1%、甲氰菊酯 9%/2014.08.14 至 2019.08.14/中等毒(原药高毒)
甘蓝 小菜蛾 45-67.5克/公顷 喷雾
PD20096609 杀虫双/18%/水剂/杀虫双 18%/2014.09.02 至 2019.09.02/低毒
水稻 三化螟 540-675克/公顷 喷雾
PD20097381 高效氯氰菊酯/27%/母药/高效氯氰菊酯 27%/2014.10.28 至 2019.10.28/低毒
PD20098290 噻嗪·异丙威/25%/可湿性粉剂/噻嗪酮 5%、异丙威 20%/2014.12.18 至 2019.12.18/低毒
水稻 稻飞虱 412.5-525克/公顷 喷雾
PD20100059 甲氰·噻螨酮/7.5%/乳油/甲氰菊酯 5%、噻螨酮 2.5%/2015.01.04 至 2020.01.04/低毒
柑橘树 红蜘蛛 78.75-101.25克/公顷 喷雾
PD20100867 阿维·辛硫磷/15%/乳油/阿维菌素 0.1%、辛硫磷 14.9%/2015.01.19 至 2020.01.19/低毒(原药高毒)
甘蓝 小菜蛾 157.5-225克/公顷 喷雾
PD20101363 氯氰·硫丹/18%/乳油/硫丹 16%、氯氰菊酯 2%/2015.04.02 至 2020.04.02/低毒(原药高毒)
棉花 棉铃虫 189-270克/公顷 喷雾
PD20101834 甲氨基阿维菌素苯甲酸盐/0.5%/微乳剂/甲氨基阿维菌素 0.5%/2015.07.28 至 2020.07.28/低毒
小白菜 甜菜夜蛾 2.25-3克/公顷 喷雾
注:甲氨基阿维菌素苯甲酸盐含量: 0.57%。
PD20102210 高效氯氰菊酯/3%/水乳剂/高效氯氰菊酯 3%/2015.12.23 至 2020.12.23/中等毒
甘蓝 菜青虫 22.5-30克/公顷 喷雾
PD20110206 阿维·溴氰/1.5%/乳油/阿维菌素 0.5%、溴氰菊酯 1%/2016.02.18 至 2021.02.18/低毒(原药高毒)
小白菜 小菜蛾 11.25-18克/公顷 喷雾
PD20110248 仲威·毒死蜱/20%/乳油/毒死蜱 10%、仲丁威 10%/2016.03.03 至 2021.03.03/低毒
水稻 稻飞虱 600-660克/公顷 喷雾
PD20110801 阿维·高氯/1.8%/乳油/阿维菌素 0.3%、高效氯氰菊酯 1.5%/2011.07.26 至 2016.07.26/低毒(原药高毒)
甘蓝 小菜蛾 13.5-16.2克/公顷 喷雾
PD20111118 高氯·甲维盐/2%/乳油/高效氯氰菊酯 1.8%、甲氨基阿维菌素苯甲酸盐 0.2%/2011.10.27 至 2016.10.27/低毒
甘蓝 甜菜夜蛾 12-18克/公顷 喷雾
PD20111242 井冈·三环唑/20%/可湿性粉剂/井冈霉素 4%、三环唑 16%/2011.11.18 至 2016.11.18/低毒
水稻 稻瘟病、纹枯病 300-450克/公顷 喷雾
PD20120218 2甲·莠灭净/48%/可湿性粉剂/2甲4氯钠 8%、莠灭净 40%/2012.02.09 至 2017.02.09/低毒
甘蔗田 一年生杂草 1800-2160克/公顷 定向茎叶喷雾
PD20120627 甲氨基阿维菌素苯甲酸盐/1%/乳油/甲氨基阿维菌素 1%/2012.04.11 至 2017.04.11/低毒
棉花 棉铃虫 9-12克/公顷 喷雾
注:甲氨基阿维菌素苯甲酸盐含量: 1.14%。
PD20120838 三唑磷/20%/乳油/三唑磷 20%/2012.05.22 至 2017.05.22/中等毒
水稻 二化螟 360-450克/公顷 喷雾
PD20120852 高效氯氟氰菊酯/5%/水乳剂/高效氯氟氰菊酯 5%/2012.05.22 至 2017.05.22/低毒

甘蓝 菜青虫 7.5-15克/公顷 喷雾
PD20121178 唑磷·毒死蜱/25%/乳油/毒死蜱 5%、三唑磷 20%/2012.07.30 至 2017.07.30/中等毒
水稻 稻纵卷叶螟、二化螟 300-375克/公顷 喷雾
PD20121797 阿维·杀虫单/20%/可湿性粉剂/阿维菌素 0.1%、杀虫单 19.9%/2012.11.22 至 2017.11.22/中等毒(原药高毒)
小白菜 菜青虫 300-360克/公顷 喷雾
PD20122014 高效氯氰菊酯/4.5%/水乳剂/高效氯氰菊酯 4.5%/2012.12.19 至 2017.12.19/低毒
甘蓝 菜青虫 27-40.5克/公顷 喷雾
PD20130141 噻嗪·毒死蜱/20%/可湿性粉剂/毒死蜱 10%、噻嗪酮 10%/2013.01.17 至 2018.01.17/低毒
水稻 飞虱 210-270克/公顷 喷雾
PD20130334 甲氨基阿维菌素苯甲酸盐/0.5%/可湿性粉剂/甲氨基阿维菌素 0.5%/2013.03.07 至 2018.03.07/低毒
小白菜 甜菜夜蛾 2.25-3.75克/公顷 喷雾
注:甲氨基阿维菌素苯甲酸盐含量：0.57%。
PD20130447 阿维·吡虫啉/3%/乳油/阿维菌素 0.27%、吡虫啉 2.73%/2013.03.18 至 2018.03.18/低毒(原药高毒)
梨树 梨木虱 15-20毫克/千克 喷雾
PD20130638 高氯·啶虫脒/2%/乳油/啶虫脒 1%、高效氯氰菊酯 1%/2013.04.05 至 2018.04.05/低毒
柑橘 蚜虫 8-13.3毫克/千克 喷雾
PD20130643 苯甲·丙环唑/30%/悬浮剂/苯醚甲环唑 15%、丙环唑 15%/2013.04.05 至 2018.04.05/低毒
水稻 纹枯病 90-112.5克/公顷 喷雾
PD20131492 咪锰·多菌灵/20%/可湿性粉剂/多菌灵 4%、咪鲜胺锰盐 16%/2013.07.05 至 2018.07.05/低毒
荔枝 炭疽病 200-400毫克/千克 喷雾
PD20132268 氯氰·丙溴磷/22%/乳油/丙溴磷 20%、氯氰菊酯 2%/2013.11.05 至 2018.11.05/低毒
棉花 棉铃虫 198-264克/公顷 喷雾
PD20140502 高氯·氟铃脲/5%/乳油/氟铃脲 1.2%、高效氯氰菊酯 3.8%/2014.03.06 至 2019.03.06/低毒
甘蓝 小菜蛾 60-75克/公顷 喷雾
PD20140503 氟铃·辛硫磷/20%/乳油/氟铃脲 2%、辛硫磷 18%/2014.03.06 至 2019.03.06/低毒
棉花 棉铃虫 225-300克/公顷 喷雾
PD20140717 阿维·氟铃脲/2.5%/乳油/阿维菌素 0.2%、氟铃脲 2.3%/2014.03.24 至 2019.03.24/低毒(原药高毒)
甘蓝 小菜蛾 30-37.5克/公顷 喷雾
PD20140926 甲氨基阿维菌素苯甲酸盐/3%/微乳剂/甲氨基阿维菌素 3%/2014.04.10 至 2019.04.10/低毒
甘蓝 甜菜夜蛾 3.6-4.5克/公顷 喷雾
注:甲氨基阿维菌素苯甲酸盐含量：3.4%。
PD20141125 丙溴·辛硫磷/25%/乳油/丙溴磷 5%、辛硫磷 20%/2014.04.27 至 2019.04.27/低毒
棉花 棉铃虫 225-375克/公顷 喷雾
PD20141139 甲氰·哒螨灵/10%/乳油/哒螨灵 5%、甲氰菊酯 5%/2014.04.28 至 2019.04.28/低毒
柑橘树 红蜘蛛 67-100毫克/千克 喷雾
PD20141149 联苯菊酯/2.5%/水乳剂/联苯菊酯 2.5%/2014.04.28 至 2019.04.28/低毒
茶树 茶尺蠖 11.25-15克/公顷 喷雾
PD20141150 哒螨灵/15%/乳油/哒螨灵 15%/2014.04.28 至 2019.04.28/中等毒
柑橘树 红蜘蛛 67-84毫克/千克 喷雾
PD20141384 井冈霉素/4%/水剂/井冈霉素A 4%/2014.06.04 至 2019.06.04/低毒
水稻 纹枯病 120—180克/公顷 喷雾
PD20141618 阿维·二嗪磷/20%/乳油/阿维菌素 0.1%、二嗪磷 19.9%/2014.06.24 至 2019.06.24/低毒(原药高毒)
水稻 二化螟 300～450克/公顷 喷雾
PD20141694 唑磷·毒死蜱/20%/水乳剂/毒死蜱 5%、三唑磷 15%/2014.06.30 至 2019.06.30/中等毒
水稻 三化螟 240-300克/公顷 喷雾
PD20141895 阿维·三唑磷/15%/水乳剂/阿维菌素 0.2%、三唑磷 14.8%/2014.08.01 至 2019.08.01/中等毒(原药高毒)
水稻 二化螟 112.5-135克/公顷 喷雾
PD20141985 苄·二氯/40%/可湿性粉剂/苄嘧磺隆 6%、二氯喹啉酸 34%/2014.08.14 至 2019.08.14/低毒
水稻田(直播) 一年生及部分多年生杂草 270-360克/公顷 茎叶喷雾
PD20150349 溴氰·吡虫啉/20%/悬浮剂/吡虫啉 18%、溴氰菊酯 2%/2015.03.03 至 2020.03.03/中等毒
甘蓝 桃蚜 90-120克/公顷 喷雾
PD20150556 甲氨基阿维菌素苯甲酸盐/2%/悬浮剂/甲氨基阿维菌素 2%/2015.03.24 至 2020.03.24/低毒
甘蓝 小菜蛾 2.25-3.75克/公顷 喷雾
注:甲氨基阿维菌素苯甲酸盐含量：2.3%
LS20140293 吡蚜·噻嗪酮/60%/可湿性粉剂/吡蚜酮 20%、噻嗪酮 40%/2015.09.18 至 2016.09.18/低毒
水稻 飞虱 135-270克/公顷 喷雾
LS20150126 甲维·丁醚脲/20%/悬浮剂/丁醚脲 19%、甲氨基阿维菌素苯甲酸盐 1%/2015.05.13 至 2016.05.13/低毒
棉花 棉铃虫 120-150克/公顷 喷雾

广西拜科生物科技有限公司 (广西壮族自治区南宁市科园大道财智时代10楼A1016号 530003 0771-2275880)

PD20093179 井冈霉素/3%/水剂/井冈霉素 3%/2014.03.11 至 2019.03.11/低毒
水稻 纹枯病 75-112.5克/公顷 喷雾
PD20098402 草甘膦异丙胺盐/30%/水剂/草甘膦 30%/2014.12.18 至 2019.12.18/低毒
柑橘园 杂草 1125-2250克/公顷 定向茎叶喷雾

注:草甘膦异丙胺盐含量：41%。
PD20100196　杀虫双/18%/水剂/杀虫双 18%/2015.01.05 至 2020.01.05/低毒
水稻　三化螟　540-675克/公顷　喷雾
PD20100753　噻嗪·异丙威/25%/可湿性粉剂/噻嗪酮 5%、异丙威 20%/2015.01.16 至 2020.01.16/低毒
水稻　稻飞虱　450-562.5克/公顷　喷雾
PD20121551　草甘膦铵盐/80%/可溶粉剂/草甘膦 80%/2012.10.25 至 2017.10.25/低毒
非耕地　杂草　1128-2256克/公顷　定向茎叶喷雾
注:草甘膦铵盐含量:88%。
PD20121701　草甘膦铵盐/50%/可溶粉剂/草甘膦 50%/2012.11.05 至 2017.11.05/低毒
非耕地　杂草　1125-2250克/公顷　定向茎叶喷雾
注:草甘膦铵盐含量：55%。
PD20122111　甲氨基阿维菌素苯甲酸盐/3%/微乳剂/甲氨基阿维菌素 3%/2012.12.26 至 2017.12.26/低毒
甘蓝　甜菜夜蛾　2.25－3.15克/公顷　喷雾
注:甲氨基阿维菌素苯甲酸盐含量:3.4%。
PD20130746　辛硫磷/20%/微乳剂/辛硫磷 20%/2013.04.12 至 2018.04.12/低毒
甘蓝　菜青虫　240-300克/公顷　喷雾
PD20131170　滴酸·草甘膦/35.6%/水剂/草甘膦 30%、2,4-滴 2.4%/2013.05.27 至 2018.05.27/低毒
非耕地　杂草　1215-2430克/公顷　定向茎叶喷雾
注:　2,4-滴钠盐含量:2.6%,　草甘膦铵盐含量:33%。
PD20132116　阿维菌素/3%/微乳剂/阿维菌素 3%/2013.10.24 至 2018.10.24/中等毒(原药高毒)
甘蓝　小菜蛾　8.1-10.8克/公顷　喷雾
PD20132131　高氯·甲维盐/3.2%/微乳剂/高效氯氰菊酯 3%、甲氨基阿维菌素苯甲酸盐 0.2%/2013.10.24 至 2018.10.24/低毒
甘蓝　甜菜夜蛾　13.5-18克/公顷　喷雾
PD20151029　啶虫脒/3%/微乳剂/啶虫脒 3%/2015.06.14 至 2020.06.14/低毒
甘蓝　蚜虫　18-22.5克/公顷　喷雾
PD20152305　草铵膦/200克/升/水剂/草铵膦 200克/升/2015.10.21 至 2020.10.21/低毒
非耕地　杂草　1050-1740克/公顷　茎叶喷雾

广西北海国发海洋生物农药有限公司　(广西壮族自治区北海市北部湾东路78号　536000　0779-6803692)
PD20098403　氨基寡糖素/0.5%/水剂/氨基寡糖素 0.5%/2014.12.18 至 2019.12.18/低毒
番茄　晚疫病　14.06-18.75克/公顷　喷雾
棉花　黄萎病　400倍液　喷雾
西瓜　枯萎病　400－600倍液　喷雾
烟草　花叶病毒病　400－600倍液　喷雾

广西贝嘉尔生物化学制品有限公司 (广西隆安县华侨管理区（隆安浪湾华侨农场那飞分场） 532700 0771-6509026)
PD20083350　炔螨特/73%/乳油/炔螨特 73%/2013.12.11 至 2018.12.11/低毒
柑橘树　红蜘蛛　243-365毫克/千克　喷雾
PD20083910　多菌灵/50%/可湿性粉剂/多菌灵 50%/2013.12.15 至 2018.12.15/微毒
苹果树　轮纹病　800-1000毫克/千克　喷雾
PD20084581　高效氯氟氰菊酯/25克/升/乳油/高效氯氟氰菊酯 25克/升/2013.12.18 至 2018.12.18/中等毒
十字花科蔬菜　菜青虫　7.5-15克/公顷　喷雾
PD20090869　代森锰锌/80%/可湿性粉剂/代森锰锌 80%/2014.01.19 至 2019.01.19/低毒
番茄　早疫病　1650-2520克/公顷　喷雾
PD20091565　联苯菊酯/100克/升/乳油/联苯菊酯 100克/升/2014.02.03 至 2019.02.03/中等毒
茶树　茶尺蠖　7.5-15克/公顷　喷雾
PD20091599　甲基硫菌灵/70%/可湿性粉剂/甲基硫菌灵 70%/2014.02.03 至 2019.02.03/低毒
苹果树　轮纹病　800-1167毫克/千克　喷雾
PD20092409　代森锌/80%/可湿性粉剂/代森锌 80%/2014.02.25 至 2019.02.25/低毒
番茄　早疫病　2400-3600克/公顷　喷雾
PD20092824　百菌清/75%/可湿性粉剂/百菌清 75%/2014.03.04 至 2019.03.04/微毒
黄瓜　霜霉病　1125-1687.5克/公顷　喷雾
PD20094217　噁霉灵/15%/水剂/噁霉灵 15%/2014.03.31 至 2019.03.31/低毒
水稻　立枯病　0.9-1.8克/平方米　苗床,育秧箱土壤处理
PD20097093　异菌脲/25%/悬浮剂/异菌脲 25%/2014.10.10 至 2019.10.10/低毒
香蕉　冠腐病　1500-1700毫克/千克　浸果
PD20098110　氟氯氰菊酯/50克/升/乳油/氟氯氰菊酯 50克/升/2014.12.08 至 2019.12.08/低毒
棉花　棉铃虫　37.5-52.5克/公顷　喷雾
PD20098370　溴氰菊酯/25克/升/乳油/溴氰菊酯 25克/升/2014.12.18 至 2019.12.18/中等毒
甘蓝　菜青虫　11.25-18.75克/公顷　喷雾
PD20098427　唑螨酯/5%/悬浮剂/唑螨酯 5%/2014.12.24 至 2019.12.24/低毒
柑橘树　红蜘蛛　25-50毫克/千克　喷雾
PD20100981　氟硅唑/400克/升/乳油/氟硅唑 400克/升/2015.01.19 至 2020.01.19/低毒
葡萄　黑痘病　40-66.7毫克/千克　喷雾

PD20102102 苯醚甲环唑/10%/水分散粒剂/苯醚甲环唑 10%/2015.11.30 至 2020.11.30/低毒
苦瓜 白粉病 105-150克/公顷 喷雾
西瓜 炭疽病 67.5－112.5克/公顷 喷雾
PD20110045 噻嗪酮/25%/可湿性粉剂/噻嗪酮 25%/2016.01.11 至 2021.01.11/低毒
水稻 飞虱 112.5－150克/公顷 喷雾
PD20110443 苯醚甲环唑/25%/乳油/苯醚甲环唑 25%/2011.04.21 至 2016.04.21/低毒
香蕉树 叶斑病 83.3－125毫克/千克 喷雾
PD20110450 硫磺/50%/悬浮剂/硫磺 50%/2011.04.21 至 2016.04.21/低毒
黄瓜 白粉病 1125－1500克/公顷 喷雾
PD20110829 高氯·甲维盐/4.2%/乳油/高效氯氰菊酯 4%、甲氨基阿维菌素苯甲酸盐 0.2%/2011.08.10 至 2016.08.10/中等毒
甘蓝 甜菜夜蛾 31.5-37.8克/公顷 喷雾
PD20111093 吡虫啉/70%/水分散粒剂/吡虫啉 70%/2011.10.13 至 2016.10.13/低毒
水稻 飞虱 21-42克/公顷 喷雾
PD20120298 阿维·啶虫脒/5%/微乳剂/阿维菌素 1%、啶虫脒 4%/2012.02.17 至 2017.02.17/低毒(原药高毒)
甘蓝 蚜虫 11.25－15.75克/公顷 喷雾
PD20120320 多抗·锰锌/46%/可湿性粉剂/多抗霉素 2%、代森锰锌 44%/2012.02.17 至 2017.02.17/低毒
苹果树 斑点落叶病 460-575毫克/千克 喷雾
PD20120506 丙环唑/55%/微乳剂/丙环唑 55%/2012.03.20 至 2017.03.20/低毒
香蕉树 叶斑病 275－400毫克/千克 喷雾
PD20120674 戊唑醇/25%/水乳剂/戊唑醇 25%/2012.04.18 至 2017.04.18/低毒
梨树 黑星病 100－125毫克/千克 喷雾
PD20120778 甲氨基阿维菌素苯甲酸盐/5%/水分散粒剂/甲氨基阿维菌素 5%/2012.05.05 至 2017.05.05/低毒
甘蓝 甜菜夜蛾 2.25－3.375克/公顷 喷雾
注:5%甲氨基阿维菌素苯甲酸盐含量：5.7%。
PD20121369 甲氨基阿维菌素苯甲酸盐/3%/水乳剂/甲氨基阿维菌素 3%/2012.09.13 至 2017.09.13/低毒
小白菜 甜菜夜蛾 2.25－3.6克/公顷 喷雾
注:甲氨基阿维菌素苯甲酸盐含量:3.4%。
PD20130022 阿维菌素/3.2%/乳油/阿维菌素 3.2%/2013.01.04 至 2018.01.04/低毒(原药高毒)
叶菜 菜青虫 7.5-11.25克/公顷 喷雾
PD20130772 灭蝇胺/50%/可湿性粉剂/灭蝇胺 50%/2013.04.17 至 2018.04.17/低毒
黄瓜 美洲斑潜蝇 187.5－225克/公顷 喷雾
PD20130859 毒死蜱/30%/微乳剂/毒死蜱 30%/2013.04.22 至 2018.04.22/中等毒
苹果树 绵蚜 150-250毫克/千克 喷雾
PD20132460 啶虫脒/40%/水分散粒剂/啶虫脒 40%/2013.12.02 至 2018.12.02/低毒
甘蓝 蚜虫 18-24克/公顷 喷雾
PD20140458 草甘膦铵盐/80%/可溶粒剂/草甘膦 80%/2014.02.25 至 2019.02.25/低毒
非耕地 杂草 1440-2040克/公顷 茎叶喷雾
注:草甘膦铵盐含量：88%。
PD20141800 毒死蜱/15%/颗粒剂/毒死蜱 15%/2014.07.14 至 2019.07.14/中等毒
花生 金针虫、蝼蛄、蛴螬 2250-3375克/公顷 撒施
PD20150034 哒螨灵/40%/悬浮剂/哒螨灵 40%/2015.01.04 至 2020.01.04/低毒
柑橘树 红蜘蛛 80-100毫克/千克 喷雾
PD20150812 灭蝇胺/80%/水分散粒剂/灭蝇胺 80%/2015.05.14 至 2020.05.14/低毒
黄瓜 美洲斑潜蝇 120-240克/公顷 喷雾
PD20151041 烯酰吗啉/80%/水分散粒剂/烯酰吗啉 80%/2015.06.14 至 2020.06.14/低毒
黄瓜 霜霉病 240-300克/公顷 喷雾
PD20151146 戊唑醇/80%/水分散粒剂/戊唑醇 80%/2015.06.26 至 2020.06.26/低毒
苹果树 轮纹病 114.3-160毫克/千克 喷雾
PD20151217 甲基硫菌灵/500克/升/悬浮剂/甲基硫菌灵 500克/升/2015.07.30 至 2020.07.30/低毒
小麦 赤霉病 900-1350克/公顷 喷雾
PD20151331 苯醚甲环唑/40%/悬浮剂/苯醚甲环唑 40%/2015.07.30 至 2020.07.30/低毒
香蕉 叶斑病 100-133毫克/千克 喷雾

广西博白县避害增有限公司 （广西壮族自治区玉林市博白县沙河镇河中二路023号 537626 0775-8326259)

PD20091463 氯氰·辛硫磷/20%/乳油/氯氰菊酯 1%、辛硫磷 19%/2014.02.02 至 2019.02.02/中等毒
十字花科蔬菜 蚜虫 150-225克/公顷 喷雾
PD20094402 高效氯氰菊酯/2.5%/乳油/高效氯氰菊酯 2.5%/2014.04.01 至 2019.04.01/中等毒
十字花科蔬菜 菜青虫 6.25-15克/公顷 喷雾

广西博白县大西南农药厂 （广西壮族自治区博白县城长岗岭 537600 0775-8330381)

PD20091526 氯氰·辛硫磷/40%/乳油/氯氰菊酯 2%、辛硫磷 38%/2014.02.03 至 2019.02.03/中等毒
甘蓝 菜青虫 120-150克/公顷 喷雾
PD20094171 溴氰·马拉松/10%/乳油/马拉硫磷 9.6%、溴氰菊酯 0.4%/2014.03.27 至 2019.03.27/中等毒
十字花科蔬菜 蚜虫 18.75-37.5克/公顷 喷雾

广西发昌香业有限公司 （广西壮族自治区南宁市宾阳县大桥经济开发区 530408 0771-8112820)

WP20090312 蚊香/0.2%/蚊香/富右旋反式烯丙菊酯 0.2%/2014.09.02 至 2019.09.02/微毒
卫生 蚊 / 点燃
WP20120222 杀虫气雾剂/0.5%/气雾剂/胺菊酯 0.2%、氯菊酯 0.2%、炔丙菊酯 0.1%/2012.11.22 至 2017.11.22/微毒
卫生 蚊、蝇、蜚蠊 / 喷雾
WP20140156 蚊香/0.05%/蚊香/氯氟醚菊酯 0.05%/2014.07.02 至 2019.07.02/微毒
室内 蚊 / 点燃
WP20140160 劲豹电热蚊香片//电热蚊香片/炔丙菊酯 12毫克/片/2014.07.14 至 2019.07.14/低毒
室内 蚊 / 电热加温
WP20150003 电热蚊香液/0.9%/电热蚊香液/四氟苯菊酯 0.9%/2015.01.04 至 2020.01.04/微毒
室内 蚊 / 电热加温

广西富利海化工有限公司 (广西壮族自治区玉林市玉州区仁厚镇大卢村脚底山 537000 0775-2086968)

PD20090056 氰戊·氧乐果/35%/乳油/氰戊菊酯 5%、氧乐果 30%/2014.01.08 至 2019.01.08/高毒
棉花 棉铃虫 210-270克/公顷 喷雾
PD20092041 异丙威/20%/乳油/异丙威 20%/2014.02.12 至 2019.02.12/低毒
水稻 稻飞虱 450-600克/公顷 喷雾
PD20101030 草甘膦/30%/水剂/草甘膦 30%/2015.01.20 至 2020.01.20/低毒
柑橘园 杂草 750-1500毫升制剂/公顷 定向茎叶喷雾
PD20121028 阿维·毒死蜱/15%/乳油/阿维菌素 0.1%、毒死蜱 14.9%/2012.07.02 至 2017.07.02/中等毒(原药高毒)
水稻 二化螟 157.5-202.5克/公顷 喷雾

广西桂林宝盛农药有限公司 (广西壮族自治区桂林市灵川县普陀路59号 541200 0773-6860629)

PD20040674 吡虫·杀虫单/66.2%/可湿性粉剂/吡虫啉 2.2%、杀虫单 64%/2014.12.19 至 2019.12.19/中等毒
水稻 稻飞虱、稻纵卷叶螟、二化螟、三化螟 450-750克/公顷 喷雾
PD20080754 甲霜·锰锌/60%/可湿性粉剂/甲霜灵 10%、代森锰锌 50%/2013.06.11 至 2018.06.11/低毒
黄瓜 霜霉病 1305-1620克/公顷 喷雾
PD20081037 异稻·稻瘟灵/35%/乳油/稻瘟灵 12.5%、异稻瘟净 22.5%/2013.08.06 至 2018.08.06/低毒
水稻 稻瘟病 525-630克/公顷 喷雾
PD20081315 炔螨特/73%/乳油/炔螨特 73%/2013.10.17 至 2018.10.17/低毒
柑橘树 红蜘蛛 246-365毫克/千克 喷雾
PD20081478 甲氰·哒螨灵/15%/乳油/哒螨灵 7.5%、甲氰菊酯 7.5%/2013.11.04 至 2018.11.04/中等毒
柑橘树 红蜘蛛 75-100毫克/千克 喷雾
PD20081737 三十烷醇/0.1%/微乳剂/三十烷醇 0.1%/2013.11.18 至 2018.11.18/低毒
花生 调节生长、增产 0.5-0.1毫克/千克 喷药2次
PD20082462 甲氰·乐果/30%/乳油/甲氰菊酯 8%、乐果 22%/2013.12.02 至 2018.12.02/中等毒
柑橘树 红蜘蛛 200-300毫克/千克 喷雾
PD20084794 甲氰·氧乐果/30%/乳油/甲氰菊酯 8%、氧乐果 22%/2013.12.22 至 2018.12.22/中等毒(原药高毒)
大豆 蚜虫 130-180克/公顷 喷雾
PD20086148 溴氰 ·敌敌畏/18%/乳油/敌敌畏 16.5%、溴氰菊酯 1.5%/2013.12.30 至 2018.12.30/中等毒
十字花科蔬菜 蚜虫 81-108克/公顷 喷雾
PD20094994 甲氰菊酯/20%/乳油/甲氰菊酯 20%/2014.06.11 至 2019.06.11/中等毒
柑橘树 潜叶蛾 133.3-200毫克/千克 喷雾
PD20095032 氰戊·乐果/25%/乳油/乐果 14.5%、氰戊菊酯 10.5%/2014.04.21 至 2019.04.21/中等毒
甘蓝 菜青虫 112.5-187.5克/公顷 喷雾
PD20095658 阿维菌素/1.8%/乳油/阿维菌素 1.8%/2014.05.13 至 2019.05.13/低毒(原药高毒)
甘蓝 菜青虫 8.1-10.8克/公顷 喷雾
PD20095908 毒死蜱/40%/乳油/毒死蜱 40%/2014.06.02 至 2019.06.02/中等毒
水稻 稻纵卷叶螟 300-600克/公顷 喷雾
PD20096176 甲氰 ·敌敌畏/35%/乳油/敌敌畏 25%、甲氰菊酯 10%/2014.07.03 至 2019.07.03/低毒
甘蓝 菜青虫 105-210克/公顷 喷雾
PD20101474 敌敌畏/48%/乳油/敌敌畏 48%/2015.05.04 至 2020.05.04/低毒
水稻 稻飞虱 300-450克/公顷 喷雾
PD20101827 咪鲜胺/25%/乳油/咪鲜胺 25%/2015.07.28 至 2020.07.28/低毒
水稻 恶苗病 62.5-125毫克/千克 浸种

广西桂林井田生化有限公司 (桂林市永福县高新区世纪新城3幢1单元1502室 541004 0773-5801518)

PD20081913 多·福/45%/可湿性粉剂/多菌灵 15%、福美双 30%/2013.11.21 至 2018.11.21/低毒
葡萄 霜霉病 1000-1250毫克/千克 喷雾
PD20081965 多·锰锌/36%/可湿性粉剂/多菌灵 12%、代森锰锌 24%/2013.11.24 至 2018.11.24/低毒
番茄 早疫病 756-1134克/公顷 喷雾
PD20084250 溴氰菊酯/0.006%/粉剂/溴氰菊酯 0.006%/2013.12.17 至 2018.12.17/低毒
仓储原粮 仓储害虫 0.3-0.5克制剂/千克原粮 拌粮
森林 松毛虫 0.5625-1.125克/公顷 喷粉
PD20091303 草甘膦/30%/水剂/草甘膦 30%/2014.02.01 至 2019.02.01/低毒
柑橘园 杂草 1125-2250克/公顷 定向喷雾
PD20096505 代森锰锌/50%/可湿性粉剂/代森锰锌 50%/2014.08.17 至 2019.08.17/低毒

番茄 早疫病 1845-2370克/公顷 喷雾
PD20100713 福·福锌/40%/可湿性粉剂/福美双 15%、福美锌 25%/2015.01.16 至 2020.01.16/低毒
黄瓜 炭疽病 1500-1800克/公顷 喷雾
PD20100888 吡虫啉/10%/可湿性粉剂/吡虫啉 10%/2015.01.19 至 2020.01.19/低毒
水稻 稻飞虱 15-30克/公顷 喷雾
PD20101487 阿维·高氯/1.8%/乳油/阿维菌素 0.2%、高效氯氰菊酯 1.6%/2015.05.10 至 2020.05.10/低毒(原药高毒)
黄瓜 美洲斑潜蝇 15-30克/公顷 喷雾
PD20151877 甲·灭·敌草隆/55%/可湿性粉剂/敌草隆 15%、2甲4氯 10%、莠灭净 30%/2015.08.30 至 2020.08.30/低毒
甘蔗田 一年生杂草 1237.5-1732.5克/公顷 定向茎叶喷雾

广西桂林荔浦晶鹰蚊香厂 (广西壮族自治区桂林市荔蒲县荔平路15-13号 546600 0773-7116026)

WP20090145 蚊香/0.2%/蚊香/Es-生物烯丙菊酯 0.2%/2014.02.27 至 2019.02.27/微毒
卫生 蚊 / /

广西桂林瑞泰化工有限责任公司 (广西壮族自治区桂林市平乐县月城工业开发区365号 542400 0773-7882633)

PD85159-50 草甘膦/30%/水剂/草甘膦 30%/2015.08.15 至 2020.08.15/低毒
茶树、甘蔗、果园、剑麻、林木、桑树、橡胶树 一年生杂草和多年生恶性杂草 1125-2250克/公顷 喷雾
注:草甘膦铵盐为33%

广西桂林市柏松卫生品有限责任公司 (广西壮族自治区桂林市七星区穿山东路16号 541004 0773-5813452)

WP20080158 杀虫粉剂/0.5%/粉剂/氯氰菊酯 0.5%/2013.11.11 至 2018.11.11/微毒
卫生 白蚁 / 撒布建筑物、木材
WP20080260 杀蟑饵剂/0.5%/饵剂/残杀威 0.5%/2013.11.27 至 2018.11.27/微毒
卫生 蜚蠊 / 投放
WP20090304 杀蚁饵剂/15%/饵剂/硼酸 15%/2014.07.22 至 2019.07.22/微毒
卫生 蚂蚁 / 投放
WP20120214 胺·氯菊/2%/水乳剂/胺菊酯 0.5%、氯菊酯 1.5%/2012.11.05 至 2017.11.05/微毒
卫生 蚊、蝇 / 喷雾
WP20130098 杀虫粉剂/0.6%/粉剂/残杀威 0.4%、氯菊酯 0.2%/2013.05.20 至 2018.05.20/微毒
卫生 蜚蠊、蚂蚁 3克制剂/平方米 撒布
WP20130186 杀蟑笔剂/0.5%/笔剂/残杀威 0.2%、氯菊酯 0.3%/2013.09.09 至 2018.09.09/微毒
室内 蜚蠊 / 涂抹
WP20150131 杀虫喷射剂/0.3%/喷射剂/Es-生物烯丙菊酯 0.15%、氯菊酯 0.15%/2015.07.30 至 2020.07.30/微毒
室内 蚂蚁、蚊、蝇、蜚蠊 / 喷洒
WL20120045 杀蝇饵剂/1.5%/饵剂/残杀威 1.5%/2014.08.10 至 2015.08.10/低毒
卫生 蝇 / 投放

广西桂林市宏田生化有限责任公司 (桂林市兴安县国家高新技术开发区桑立大厦 541300 0773-6259588)

PD20097863 三十烷醇/95%/原药/三十烷醇 95%/2014.11.20 至 2019.11.20/低毒
PD20101421 草甘膦铵盐(33%)/、/水剂/草甘膦 30%/2015.04.26 至 2020.04.26/低毒
柑橘园 杂草 1125-2250克/公顷 定向喷雾
PD20101422 三十烷醇/0.1%/微乳剂/三十烷醇 0.1%/2015.04.26 至 2020.04.26/低毒
小麦 调节生长、增产 0.2-0.4毫克/千克 喷雾2次
PD20110655 络铜·柠铜/21.4%/水剂/络氨铜 15%、柠檬酸铜 6.4%/2011.06.20 至 2016.06.20/低毒
水稻 细菌性条斑病 323.8-485.5克/公顷 喷雾
西瓜 枯萎病 1)0.09-0.1克/株,2)388.5克/公顷 1)灌根,2)喷雾
PD20111112 甲氨基阿维菌素苯甲酸盐/3%/微乳剂/甲氨基阿维菌素 3%/2011.10.27 至 2016.10.27/低毒
甘蓝 小菜蛾 1.8－2.25克/公顷 喷雾
注:甲氨基阿维菌素苯甲酸盐含量：3.4%。
PD20151365 阿维菌素/3%/微乳剂/阿维菌素 3%/2015.07.30 至 2020.07.30/中等毒(原药高毒)
柑橘树 红蜘蛛 6.7-10毫克/千克 喷雾
LS20150329 噻虫胺/0.5%/颗粒剂/噻虫胺 0.5%/2015.12.04 至 2016.12.04/低毒
甘蔗 蔗螟 150-187.5克/公顷 沟施

广西桂林五丰化学农药有限公司 (广西壮族自治区桂林市平乐县县城东郊马蹄井 542400 0773-7881161)

PD20070526 氰戊·辛硫磷/12%/乳油/氰戊菊酯 4%、辛硫磷 8%/2012.11.28 至 2017.11.28/低毒
叶菜类蔬菜 菜青虫 72-108克/公顷 喷雾
PD20070624 氯氰·乐果/15%/乳油/乐果 4%、氯氰菊酯 8%/2012.12.14 至 2017.12.14/低毒
十字花科蔬菜 菜青虫 112.5-168.75克/公顷 喷雾
PD20080068 氰戊菊酯/20%/乳油/氰戊菊酯 20%/2013.01.03 至 2018.01.03/中等毒
十字花科蔬菜 菜青虫 90-120克/公顷 喷雾

广西桂林依柯诺农药有限公司 (广西壮族自治区桂林市荔浦县荔城黄寨工业区荔桂路桥富 546600 0773-7231298)

PD85154-12 氰戊菊酯/20%/乳油/氰戊菊酯 20%/2011.04.09 至 2016.04.09/中等毒
柑橘树 潜叶蛾 10-20毫克/千克 喷雾
果树 梨小食心虫 10-20毫克/千克 喷雾
棉花 红铃虫、蚜虫 75-150克/公顷 喷雾

	蔬菜	菜青虫、蚜虫	60-120克/公顷	喷雾
PD89104-3	氰戊菊酯/90%/原药/氰戊菊酯 90%/2010.01.18 至 2015.01.18/中等毒			
PD20100787	马拉·异丙威/30%/乳油/马拉硫磷 20%、异丙威 10%/2010.01.19 至 2015.01.19/中等毒			
	水稻	稻飞虱	450-540克/公顷	喷雾
PD20101464	络氨铜/25%/水剂/络氨铜 25%/2015.05.04 至 2020.05.04/低毒			
	番茄	蕨叶病	1000—1500克/公顷	喷雾
PD20101644	草甘膦/30%/水剂/草甘膦 30%/2015.06.03 至 2020.06.03/低毒			
	柑橘园	杂草	1125-2250克/公顷	定向喷雾
	注:草甘膦铵盐为33%			
广西桂林益源农化有限公司　(广西壮族自治区平乐县平乐镇月城村小嵅　542400　0773-7890628)				
PD20095061	氯氰·敌敌畏/10%/乳油/敌敌畏 8%、氯氰菊酯 2%/2014.04.21 至 2019.04.21/中等毒			
	十字花科蔬菜	蚜虫	45-75克/公顷	喷雾
PD20100387	杀虫双/18%/水剂/杀虫双 18%/2015.01.14 至 2020.01.14/低毒			
	水稻	三化螟	675-810克/公顷	喷雾
PD20101638	草甘膦/30%/水剂/草甘膦 30%/2015.06.03 至 2020.06.03/低毒			
	柑橘园	杂草	1200-2400克/公顷	定向喷雾
	注:草甘膦铵盐为33%			
PD20131496	溴氰菊酯/0.006%/粉剂/溴氰菊酯 0.006%/2013.07.05 至 2018.07.05/低毒			
	仓储原粮	仓储害虫	0.3-0.5克制剂/千克原粮	拌粮
广西国泰农药有限公司　(广西壮族自治区陆川县陆兴路532号　537700　0775-7313424)				
PD86148-30	异丙威/20%/乳油/异丙威 20%/2012.01.24 至 2017.01.24/中等毒			
	水稻	飞虱、叶蝉	450-600克/公顷	喷雾
PD20085275	甲基异柳磷/3%/颗粒剂/甲基异柳磷 3%/2013.12.23 至 2018.12.23/中等毒			
	甘蔗	蔗龟	1875克/公顷	穴施
PD20086319	克百威/3%/颗粒剂/克百威 3%/2013.12.31 至 2018.12.31/中等毒(原药高毒)			
	甘蔗	蚜虫、蔗龟	1350-2250克/公顷	沟施
	花生	线虫	1800-2250克/公顷	条施、沟施
	棉花	蚜虫	675-900克/公顷	条施、沟施
	水稻	稻瘿蚊、螟虫	900-1350克/公顷	撒施
PD20094705	甲柳·克百威/3%/颗粒剂/甲基异柳磷 1.8%、克百威 1.2%/2014.04.10 至 2019.04.10/中等毒(原药高毒)			
	甘蔗	螟虫、蔗龟	1800-2700克/公顷	撒施
广西禾泰农药有限责任公司　(广西壮族自治区平南县县城郊区　537300　0775-7860448)				
PD20084343	马拉·辛硫磷/25%/乳油/马拉硫磷 12.5%、辛硫磷 12.5%/2013.12.17 至 2018.12.17/低毒			
	水稻	稻纵卷叶螟	300-375克/公顷	喷雾
PD20084474	马拉·杀螟松/12%/乳油/马拉硫磷 10%、杀螟硫磷 2%/2013.12.17 至 2018.12.17/低毒			
	水稻	二化螟	180-270克/公顷	喷雾
PD20098500	三唑磷/20%/乳油/三唑磷 20%/2014.12.24 至 2019.12.24/中等毒			
	水稻	二化螟	300-375克/公顷	喷雾
PD20100739	杀螟硫磷/45%/乳油/杀螟硫磷 45%/2015.01.16 至 2020.01.16/低毒			
	水稻	二化螟	472.5-540克/公顷	喷雾
PD20101376	阿维菌素/1.8%/乳油/阿维菌素 1.8%/2015.04.02 至 2020.04.02/低毒(原药高毒)			
	甘蓝	小菜蛾	9-12克/公顷	喷雾
PD20110276	阿维菌素/3.2%/乳油/阿维菌素 3.2%/2016.03.11 至 2021.03.11/中等毒(原药高毒)			
	甘蓝	小菜蛾	8.1-10.8克/公顷	喷雾
PD20110301	甲氨基阿维菌素苯甲酸盐/1%/乳油/甲氨基阿维菌素 1%/2016.03.21 至 2021.03.21/低毒			
	甘蓝	甜菜夜蛾	2.25—3.75克/公顷	喷雾
	注:甲氨基阿维菌素苯甲酸盐含量: 1.14%			
PD20111254	高效氯氰菊酯/4.5%/水乳剂/高效氯氰菊酯 4.5%/2011.11.23 至 2016.11.23/中等毒			
	甘蓝	菜青虫	20.25-27克/公顷	喷雾
PD20120953	高效氯氟氰菊酯/2.5%/水乳剂/高效氯氟氰菊酯 2.5%/2012.06.14 至 2017.06.14/中等毒			
	甘蓝	菜青虫	11.25-15克/公顷	喷雾
PD20121609	毒死蜱/480克/升/乳油/毒死蜱 480克/升/2012.10.25 至 2017.10.25/中等毒			
	水稻	二化螟	612-720克/公顷	喷雾
PD20130452	吡虫·噻嗪酮/10%/乳油/吡虫啉 2%、噻嗪酮 8%/2013.03.18 至 2018.03.18/低毒			
	水稻	稻飞虱	75-105克/公顷	喷雾
PD20130603	氯氟·丙溴磷/10%/乳油/丙溴磷 8.5%、高效氯氟氰菊酯 1.5%/2013.04.02 至 2018.04.02/中等毒			
	棉花	棉铃虫	195-225克/公顷	喷雾
PD20130650	阿维·高氯氟/2%/乳油/阿维菌素 0.2%、高效氯氟氰菊酯 1.8%/2013.04.08 至 2018.04.08/低毒(原药高毒)			
	甘蓝	小菜蛾	15-18克/公顷	喷雾
PD20130975	甲氨基阿维菌素苯甲酸盐/5%/水分散粒剂/甲氨基阿维菌素 5%/2013.05.02 至 2018.05.02/低毒			
	甘蓝	甜菜夜蛾	2.25-3.75克/公顷	喷雾
	注:甲氨基阿维菌素苯甲酸盐含量: 5.7%。			
PD20131793	丙溴磷/40%/乳油/丙溴磷 40%/2013.09.09 至 2018.09.09/中等毒			

棉花 棉铃虫 450-600克/公顷 喷雾
PD20132668 草甘膦异丙胺盐/30%/水剂/草甘膦 30%/2013.12.20 至 2018.12.20/低毒
柑橘园 杂草 1125-2256克/公顷 定向茎叶喷雾
注:草甘膦异丙胺盐含量: 41%。
PD20140716 联苯菊酯/25克/升/乳油/联苯菊酯 25克/升/2014.03.24 至 2019.03.24/低毒
茶树 茶小绿叶蝉 30-39克/公顷 喷雾
PD20140721 杀螟·三唑磷/20%/乳油/三唑磷 16%、杀螟硫磷 4%/2014.03.24 至 2019.03.24/中等毒
水稻 二化螟 210-300克/公顷 喷雾
PD20141341 井冈霉素/4%/水剂/井冈霉素A 4%/2014.06.04 至 2019.06.04/低毒
水稻 纹枯病 150－195克/公顷 喷雾
PD20142415 虫酰肼/20%/悬浮剂/虫酰肼 20%/2014.11.13 至 2019.11.13/低毒
甘蓝 甜菜夜蛾 240-300克/公顷 喷雾
PD20142631 硫磺·多菌灵/50%/悬浮剂/多菌灵 15%、硫磺 35%/2014.12.15 至 2019.12.15/微毒
水稻 稻瘟病 1200－1800克/公顷 喷雾
PD20150181 噻嗪·异丙威/25%/可湿性粉剂/噻嗪酮 5%、异丙威 20%/2015.01.15 至 2020.01.15/低毒
水稻 稻飞虱 487.5-600克/公顷 喷雾
PD20150732 吡虫啉/70%/可湿性粉剂/吡虫啉 70%/2015.04.20 至 2020.04.20/低毒
水稻 稻飞虱 21-31.5克/公顷 喷雾
PD20152188 辛硫磷/40%/乳油/辛硫磷 40%/2015.09.23 至 2020.09.23/低毒
甘蓝 菜青虫 135-270克/公顷 喷雾

广西贺州八步区贺街金龙蚊香厂 (广西壮族自治区贺州市贺街城西大道 542801 0774-5022893)

WP20100160 蚊香/0.2%/蚊香/Es-生物烯丙菊酯 0.2%/2010.12.14 至 2015.12.14/微毒
卫生 蚊 / 点燃

广西恒丰化工有限公司 (广西壮族自治区南宁市二塘镇邕宾路6号 530023 0771-5661259)

PD20150547 草甘膦异丙胺盐/30%/水剂/草甘膦 30%/2015.03.23 至 2020.03.23/低毒
非耕地 杂草 1125-2250克/公顷 茎叶喷雾
注:草甘膦异丙胺盐含量: 41%。

广西弘峰(北海)合浦农药有限公司 (广西壮族自治区北海市合浦县廉州镇清水江1号 536100 0779-7223161)

PD20040271 吡虫啉/10%/可湿性粉剂/吡虫啉 10%/2014.12.19 至 2019.12.19/低毒
水稻 飞虱 15-30克/公顷 喷雾
PD20040304 氯氰菊酯/10%/乳油/氯氰菊酯 10%/2014.12.19 至 2019.12.19/低毒
棉花 棉铃虫 67.5-90克/公顷 喷雾
十字花科蔬菜 菜青虫 37.5-52.5克/公顷 喷雾
PD20040409 高效氯氰菊酯/4.5%/乳油/高效氯氰菊酯 4.5%/2014.12.19 至 2019.12.19/低毒
柑橘树 潜叶蛾 22.5-45毫克/千克 喷雾
苹果树 桃小食心虫 18-22.5毫克/千克 喷雾
十字花科蔬菜 蚜虫 20.25-27克/公顷 喷雾
十字花科蔬菜 菜青虫 13.5-27克/公顷 喷雾
PD20040412 吡虫啉/25%/可湿性粉剂/吡虫啉 25%/2014.12.19 至 2019.12.19/低毒
菠菜 蚜虫 30-45克/公顷 喷雾
芹菜 蚜虫 15-30克/公顷 喷雾
水稻 飞虱 15-30克/公顷 喷雾
PD20040782 哒螨灵/15%/乳油/哒螨灵 15%/2014.12.19 至 2019.12.19/低毒
柑橘树 红蜘蛛 50-67毫克/千克 喷雾
PD20050048 吡虫啉/5%/乳油/吡虫啉 5%/2015.04.27 至 2020.04.27/低毒
水稻 飞虱 15-30克/公顷 喷雾
小麦 蚜虫 15-30克/公顷(南方地区)45-60克/公顷(北方地区) 喷雾
PD20070331 多菌灵/50%/可湿性粉剂/多菌灵 50%/2012.10.12 至 2017.10.12/低毒
水稻 纹枯病 525-975克/公顷 喷雾
PD20070333 多菌灵/40%/悬浮剂/多菌灵 40%/2012.10.12 至 2017.10.12/低毒
水稻 纹枯病 1300-1600倍液 喷雾
PD20080095 丙环唑/25%/乳油/丙环唑 25%/2013.01.04 至 2018.01.04/低毒
香蕉 叶斑病 500-1000倍液 喷雾
PD20080753 甲基硫菌灵/70%/可湿性粉剂/甲基硫菌灵 70%/2013.06.11 至 2018.06.11/低毒
番茄 叶霉病 536-825克/公顷 喷雾
PD20081014 仲丁威/25%/乳油/仲丁威 25%/2013.08.06 至 2018.08.06/低毒
水稻 飞虱 375-562.5克/公顷 喷雾
PD20081196 氰戊菊酯/20%/乳油/氰戊菊酯 20%/2013.09.11 至 2018.09.11/低毒
甘蓝 菜青虫 90-120克/公顷 喷雾
PD20081217 代森锰锌/80%/可湿性粉剂/代森锰锌 80%/2013.09.11 至 2018.09.11/低毒
番茄 早疫病 2100－2400克/公顷 喷雾
PD20081307 顺式氯氰菊酯/50克/升/乳油/顺式氯氰菊酯 50克/升/2013.10.09 至 2018.10.09/低毒

	甘蓝	菜青虫	22.5-30克/公顷	喷雾
PD20081624	杀螟丹/50%/可溶粉剂/杀螟丹 50%/2013.11.12 至 2018.11.12/中等毒			
	水稻	二化螟	600-900克/公顷	喷雾
PD20081780	溴氰菊酯/25克/升/乳油/溴氰菊酯 25克/升/2013.11.19 至 2018.11.19/中等毒			
	苹果树	桃小食心虫	12.5-16.7毫克/千克	喷雾
PD20081803	噻嗪酮/25%/可湿性粉剂/噻嗪酮 25%/2013.11.19 至 2018.11.19/低毒			
	水稻	稻飞虱	75-112.5克/公顷	喷雾
PD20081814	乐果/40%/乳油/乐果 40%/2013.11.19 至 2018.11.19/中等毒			
	水稻	三化螟	450-600克/公顷	喷雾
PD20081893	乙草胺/50%/乳油/乙草胺 50%/2013.11.20 至 2018.11.20/低毒			
	花生田	部分阔叶杂草、一年生禾本科杂草	975-1125克/公顷	喷雾
PD20081911	甲霜·锰锌/72%/可湿性粉剂/甲霜灵 8%、代森锰锌 64%/2013.11.21 至 2018.11.21/低毒			
	黄瓜	霜霉病	1620-2250克/公顷	喷雾
PD20082018	百菌清/40%/悬浮剂/百菌清 40%/2013.11.25 至 2018.11.25/低毒			
	番茄	早疫病	900-1050克/公顷	喷雾
PD20082535	阿维菌素/1.8%/乳油/阿维菌素 1.8%/2013.12.03 至 2018.12.03/低毒(原药高毒)			
	十字花科蔬菜	小菜蛾	8.1-13.5克/公顷	喷雾
PD20082575	乙烯利/40%/水剂/乙烯利 40%/2013.12.04 至 2018.12.04/低毒			
	水稻	调节生长、增产	700-800倍液	喷雾2次
PD20082729	百菌清/75%/可湿性粉剂/百菌清 75%/2013.12.08 至 2018.12.08/低毒			
	番茄	早疫病	1687.5-3037.5克/公顷	喷雾
	花生	叶斑病	1125-1350克/公顷	喷雾
	辣椒	炭疽病	1687.5-2025克/公顷	喷雾
PD20083267	阿维·氯氰/2.1%/乳油/阿维菌素 0.1%、氯氰菊酯 2%/2013.12.11 至 2018.12.11/低毒(原药高毒)			
	十字花科蔬菜	小菜蛾	750-1050克/公顷	喷雾
PD20083977	草甘膦异丙胺盐(41%)///水剂/草甘膦 30%/2013.12.16 至 2018.12.16/低毒			
	甘蔗田	行间杂草	1230-1845克/公顷	定向茎叶喷雾
	果园	行间杂草	1125-2250克/公顷	定向茎叶喷雾
	棉花免耕田、免耕玉米田	行间杂草	1230-1537.5克/公顷	喷雾
	棉田行间	行间杂草	922.5-1230克/公顷	定向茎叶喷雾
PD20084192	高效氯氟氰菊酯/2.5%/乳油/高效氯氟氰菊酯 2.5%/2013.12.16 至 2018.12.16/低毒			
	十字花科叶菜	美洲斑潜蝇	15-18.75克/公顷	喷雾
	十字花科叶菜	蚜虫	5.6-7.5克/公顷	喷雾
	十字花科叶菜	菜青虫	5.625-11.25克/公顷	喷雾
PD20085782	敌敌畏/80%/乳油/敌敌畏 80%/2013.12.29 至 2018.12.29/中等毒			
	十字花科蔬菜	菜青虫	960-1200克/公顷	喷雾
PD20086051	毒死蜱/40%/乳油/毒死蜱 40%/2013.12.29 至 2018.12.29/低毒			
	荔枝树	蒂蛀虫	400-500毫克/千克	喷雾
PD20091173	代森锰锌/30%/悬浮剂/代森锰锌 30%/2014.01.22 至 2019.01.22/低毒			
	番茄	早疫病	1125-1350克/公顷	喷雾
PD20091613	二嗪磷/60%/乳油/二嗪磷 60%/2014.02.03 至 2019.02.03/中等毒			
	水稻	二化螟	450-900克/公顷	喷雾
PD20092608	氯氰·丙溴磷/440克/升/乳油/丙溴磷 400克/升、氯氰菊酯 40克/升/2014.03.02 至 2019.03.02/中等毒			
	棉花	棉铃虫	528-660克/公顷	喷雾
PD20092666	霜脲·锰锌/72%/可湿性粉剂/代森锰锌 64%、霜脲氰 8%/2014.03.03 至 2019.03.03/微毒			
	黄瓜	霜霉病	1800-2160克/公顷	喷雾
PD20096281	二氯喹啉酸/50%/可湿性粉剂/二氯喹啉酸 50%/2014.07.22 至 2019.07.22/低毒			
	水稻移栽田	稗草	450-750克制剂/公顷(北方地区)	喷雾
PD20097694	丁草胺/60%/乳油/丁草胺 60%/2014.11.04 至 2019.11.04/低毒			
	水稻移栽田	一年生杂草	900-1350克/公顷	药土法
PD20097698	已唑醇/5%/悬浮剂/已唑醇 5%/2014.11.04 至 2019.11.04/低毒			
	水稻	纹枯病	45-90克/公顷	喷雾
PD20098016	三氟羧草醚/21.4%/水剂/三氟羧草醚 21.4%/2014.12.07 至 2019.12.07/低毒			
	春大豆田	一年生阔叶杂草	385.2-481.5克/公顷(东北地区)	茎叶喷雾
PD20100627	苯菌灵/50%/可湿性粉剂/苯菌灵 50%/2015.01.14 至 2020.01.14/低毒			
	香蕉	叶斑病	800-600倍液	喷雾
PD20100673	代森锌/80%/可湿性粉剂/代森锌 80%/2015.01.15 至 2020.01.15/微毒			
	花生	叶斑病	960-1200克/公顷	喷雾
PD20110504	敌草隆/80%/可湿性粉剂/敌草隆 80%/2011.05.03 至 2016.05.03/低毒			
	甘蔗田	一年生杂草	1560-2400克/公顷	土壤喷雾
PD20142037	莠灭净/80%/可湿性粉剂/莠灭净 80%/2014.08.27 至 2019.08.27/低毒			
	甘蔗田	一年生杂草	1920-2400克/公顷	定向茎叶喷雾

PD20150522 2,4-滴二甲胺盐/720克/升/水剂/2,4-滴二甲胺盐 720克/升/2015.03.23 至 2020.03.23/中等毒
玉米田 一年生阔叶杂草 864-1296克/公顷 茎叶喷雾

LS20130366 复硝酚钠/2.1%/水剂/复硝酚钠 2.1%/2015.07.05 至 2016.07.05/低毒
番茄 调节生长 4.5-9毫克/千克 喷雾

广西汇丰生物科技有限公司 (广西壮族自治区南宁市江南区明阳石油基地 530267 0771-6722288)

PD20081417 氯氰·乐果/30%/乳油/乐果 27%、氯氰菊酯 3%/2013.10.31 至 2018.10.31/中等毒
白菜 蚜虫 90-180克/公顷 喷雾

PD20121713 甲·灭·敌草隆/55%/可湿性粉剂/敌草隆 15%、2甲4氯 10%、莠灭净 30%/2012.11.08 至 2017.11.08/低毒
甘蔗田 一年生杂草 1485-1732.5克/公顷 茎叶喷雾

PD20131632 吡虫·仲丁威/10%/乳油/吡虫啉 0.5%、仲丁威 9.5%/2013.07.30 至 2018.07.30/低毒
茶树 茶小绿叶蝉 83.3-125毫克/千克 喷雾
水稻 飞虱 150-225克/公顷 喷雾

PD20140053 甲·灭·敌草隆/68%/可湿性粉剂/敌草隆 12%、2甲4氯钠 10%、莠灭净 46%/2014.01.20 至 2019.01.20/低毒
甘蔗田 一年生杂草 1530-2040克/公顷 定向茎叶喷雾

PD20141321 敌草快/200克/升/水剂/敌草快 200克/升/2014.06.03 至 2019.06.03/低毒
非耕地 杂草 900-1050克/公顷 茎叶喷雾

PD20141322 吡蚜·异丙威/50%/可湿性粉剂/吡蚜酮 10%、异丙威 40%/2014.06.03 至 2019.06.03/低毒
水稻 稻飞虱 337.5-375克/公顷 喷雾

PD20141619 戊唑·咪鲜胺/40%/微乳剂/咪鲜胺 26.7%、戊唑醇 13.3%/2014.06.24 至 2019.06.24/低毒
水稻 稻瘟病 150-180克/公顷 喷雾

PD20150380 草铵膦/10%/水剂/草铵膦 10%/2015.03.17 至 2020.03.17/低毒
非耕地 杂草 1050-1800克/公顷 茎叶喷雾

PD20151230 辛菌·吗啉胍/5.9%/水剂/盐酸吗啉胍 5%、辛菌胺 0.9%/2015.07.30 至 2020.07.30/低毒
水稻 黑条矮缩病 132.75-221.25克/公顷 喷雾法

PD20151242 甲维·虫螨腈/6%/微乳剂/虫螨腈 5%、甲氨基阿维菌素苯甲酸盐 1%/2015.07.30 至 2020.07.30/低毒
茶树 茶小绿叶蝉 67.5-76.5克/公顷 喷雾

PD20152100 甲·灭·敌草隆/86%/可湿性粉剂/敌草隆 12%、2甲4氯钠 14%、莠灭净 60%/2015.09.22 至 2020.09.22/低毒
甘蔗田 一年生杂草 1290-1677克/公顷 茎叶喷雾

LS20150088 噻虫·毒死蜱/1%/颗粒剂/毒死蜱 0.7%、噻虫胺 0.3%/2015.04.16 至 2016.04.16/微毒
甘蔗 蔗龟 525-600克/公顷 沟施

LS20150163 噻虫嗪/0.12%/颗粒剂/噻虫嗪 0.12%/2015.06.11 至 2016.06.11/低毒
甘蔗 绵蚜 45-60克/公顷 撒施
注:本产品为药肥混剂

WP20130246 吡丙醚/0.5%/颗粒剂/吡丙醚 0.5%/2013.12.09 至 2018.12.09/微毒
卫生 蝇(幼虫) 100毫克/平方米 撒施

WP20140137 吡丙醚/5%/水乳剂/吡丙醚 5.0%/2014.06.17 至 2019.06.17/低毒
室外 蝇(幼虫) 100毫克/平方米 喷洒

广西金宏达农药有限公司 (广西壮族自治区陆川县师范学校 537700 0775-7229497)

PD20085288 敌百虫/30%/乳油/敌百虫 30%/2013.12.23 至 2018.12.23/低毒
十字花科蔬菜 菜青虫 450-675克/公顷 喷雾

PD20090600 克百·敌百虫/3%/颗粒剂/敌百虫 2%、克百威 1%/2014.01.14 至 2019.01.14/低毒(原药高毒)
水稻 二化螟 1575-2025克/公顷 撒施

PD20130748 甲·灭·敌草隆/55%/可湿性粉剂/敌草隆 15%、2甲4氯 10%、莠灭净 30%/2013.04.12 至 2018.04.12/低毒
甘蔗田 一年生杂草 1237.5-1732.5克/公顷 定向茎叶喷雾

广西金穗农药有限公司 (广西壮族自治区南宁市新城区邕宾路6号 530023 0771-3902168)

PD20070618 氰戊·倍硫磷/25%/乳油/倍硫磷 19%、氰戊菊酯 6%/2012.12.14 至 2017.12.14/低毒
甘蓝 蚜虫 105-112.5克/公顷 喷雾

PD20070619 草甘膦异丙胺盐/30%/水剂/草甘膦 30%/2012.12.14 至 2017.12.14/低毒
柑橘园 杂草 1125—2250克/公顷 定向喷雾
注:草甘膦异丙胺盐含量: 41%。

PD20080024 阿维·辛/10%/乳油/阿维菌素 0.1%、辛硫磷 9.9%/2013.01.03 至 2018.01.03/低毒(原药高毒)
十字花科蔬菜 小菜蛾 120-150克/公顷 喷雾

PD20080069 高效氯氟氰菊酯/2.5%/乳油/高效氯氟氰菊酯 2.5%/2013.01.03 至 2018.01.03/低毒
十字花科蔬菜 菜青虫 11.25-15克/公顷 喷雾

PD20080085 毒·辛/25%/乳油/毒死蜱 7%、辛硫磷 18%/2013.01.03 至 2018.01.03/低毒
水稻 稻纵卷叶螟 450-562.5克/公顷 喷雾

PD20080102 高氯·毒死蜱/12%/乳油/毒死蜱 9.5%、高效氯氰菊酯 2.5%/2013.01.03 至 2018.01.03/低毒
棉花 棉铃虫 216-270克/公顷 喷雾

PD20082797 敌百·辛硫磷/30%/乳油/敌百虫 20%、辛硫磷 10%/2013.12.09 至 2018.12.09/低毒
水稻 二化螟 450-540克/公顷 喷雾

PD20082812 氰戊·辛硫磷/12%/乳油/氰戊菊酯 4%、辛硫磷 8%/2013.12.09 至 2018.12.09/中等毒
十字花科蔬菜 菜青虫 108-144克/公顷 喷雾

PD20082906 异丙威/20%/乳油/异丙威 20%/2013.12.09 至 2018.12.09/低毒

水稻 稻飞虱 450-600克/公顷 喷雾
PD20083167 辛硫·三唑磷/20%/乳油/三唑磷 10%、辛硫磷 10%/2013.12.11 至 2018.12.11/中等毒
水稻 二化螟 360-480克/公顷 喷雾
PD20083387 敌百虫/30%/乳油/敌百虫 30%/2013.12.11 至 2018.12.11/中等毒
十字花科蔬菜 菜青虫 675-900克/公顷 喷雾
PD20083531 乐果/40%/乳油/乐果 40%/2013.12.12 至 2018.12.12/低毒
水稻 三化螟 540-600克/公顷 喷雾
PD20083599 炔螨特/40%/乳油/炔螨特 40%/2013.12.12 至 2018.12.12/低毒
柑橘树 红蜘蛛 266.7-400毫克/千克 喷雾
PD20084786 马拉硫磷/1.2%/粉剂/马拉硫磷 1.2%/2013.12.22 至 2018.12.22/微毒
原粮 储粮害虫 20-30克/1000千克原粮 拌粮
PD20091172 敌敌畏/50%/乳油/敌敌畏 50%/2014.01.22 至 2019.01.22/中等毒
水稻 稻飞虱 450-675克/公顷 喷雾
PD20092744 马拉·杀螟松/12%/乳油/马拉硫磷 10%、杀螟硫磷 2%/2014.03.04 至 2019.03.04/中等毒
甘蓝 菜青虫 54-90克/公顷 喷雾
水稻 飞虱 144-180克/公顷 喷雾
PD20093379 唑磷·毒死蜱/25%/乳油/毒死蜱 5%、三唑磷 20%/2014.03.18 至 2019.03.18/中等毒
水稻 二化螟 300-375克/公顷 喷雾
PD20094689 啶虫脒/5%/乳油/啶虫脒 5%/2014.04.10 至 2019.04.10/低毒
柑橘树 蚜虫 10-12毫克/千克 喷雾
PD20096235 乙草胺/50%/乳油/乙草胺 50%/2014.07.15 至 2019.07.15/低毒
春玉米田 一年生禾本科杂草及部分阔叶杂草 1500-1875克/公顷 土壤喷雾
夏玉米田 一年生禾本科杂草及部分阔叶杂草 900-1050克/公顷 土壤喷雾
PD20096915 杀虫双/18%/水剂/杀虫双 18%/2014.09.23 至 2019.09.23/中等毒
水稻 三化螟 540-675克/公顷 喷雾
PD20097115 毒死蜱/40%/乳油/毒死蜱 40%/2014.10.12 至 2019.10.12/中等毒
水稻 稻纵卷叶螟 600-720克/公顷 喷雾
PD20100896 多·锰锌/50%/可湿性粉剂/多菌灵 8%、代森锰锌 42%/2015.01.19 至 2020.01.19/低毒
梨树 黑星病 714.3—833.3毫克/千克 喷雾
PD20142022 甲·灭·敌草隆/65%/可湿性粉剂/敌草隆 15%、2甲4氯 10%、莠灭净 40%/2014.08.27 至 2019.08.27/低毒
甘蔗田 一年生杂草 1462.5-1775克/公顷 定向茎叶喷雾
PD20150142 苄·丁/0.32%/颗粒剂/苄嘧磺隆 0.016%、丁草胺 0.304%/2015.01.14 至 2020.01.14/低毒
水稻抛秧田 一年生杂草 576-720克/公顷 撒施

广西金土地生化有限公司 (广西壮族自治区玉林市兴业县长城小区A2-16号 537800 0775-3881389)

PD20080288 马拉硫磷/95%/原药/马拉硫磷 95%/2013.02.25 至 2018.02.25/低毒
PD20081311 马拉·辛硫磷/20%/乳油/马拉硫磷 10%、辛硫磷 10%/2013.10.17 至 2018.10.17/低毒
水稻 稻纵卷叶螟 240-300克/公顷 喷雾
PD20081313 马拉·杀螟松/12%/乳油/马拉硫磷 10%、杀螟硫磷 2%/2013.10.17 至 2018.10.17/低毒
水稻 二化螟 180-270克/公顷 喷雾
PD20081320 毒·辛/20%/乳油/毒死蜱 4%、辛硫磷 16%/2013.10.20 至 2018.10.20/低毒
水稻 三化螟 375-450克/公顷 喷雾
PD20081372 草甘膦/30%/水剂/草甘膦 30%/2013.10.23 至 2018.10.23/微毒
柑橘园 杂草 1200-2400克/公顷 行间定向茎叶喷雾
PD20081824 高效氯氰菊酯/4.5%/乳油/高效氯氰菊酯 4.5%/2013.11.19 至 2018.11.19/中等毒
甘蓝 小菜蛾 27-40.5克/公顷 喷雾
PD20082239 联苯菊酯/25克/升/乳油/联苯菊酯 25克/升/2013.11.27 至 2018.11.27/低毒
茶树 茶小绿叶蝉 30-37.5克/公顷 喷雾
PD20085160 敌百虫/30%/乳油/敌百虫 30%/2013.12.23 至 2018.12.23/低毒
十字花科蔬菜 菜青虫 450-900克/公顷 喷雾
PD20085656 辛硫·三唑磷/20%/乳油/三唑磷 10%、辛硫磷 10%/2013.12.26 至 2018.12.26/中等毒
水稻 二化螟 360-450克/公顷 喷雾
PD20086346 辛硫磷/3%/颗粒剂/辛硫磷 3%/2013.12.31 至 2018.12.31/微毒
花生 地下害虫 1800-3600克/公顷 沟施
PD20094677 阿维菌素/1.8%/乳油/阿维菌素 1.8%/2014.04.10 至 2019.04.10/低毒(原药高毒)
甘蓝 小菜蛾 8.1-10.8克/公顷 喷雾
PD20095300 喹硫磷/25%/乳油/喹硫磷 25%/2014.04.27 至 2019.04.27/中等毒
水稻 二化螟 375-450克/公顷 喷雾
PD20096570 异丙威/20%/乳油/异丙威 20%/2014.08.24 至 2019.08.24/低毒
水稻 稻飞虱 450-600克/公顷 喷雾
PD20097151 杀虫双/18%/水剂/杀虫双 18%/2014.10.16 至 2019.10.16/低毒
水稻 三化螟 540-675克/公顷 喷雾
PD20098520 唑磷·毒死蜱/25%/乳油/毒死蜱 8.3%、三唑磷 16.7%/2014.12.24 至 2019.12.24/中等毒
水稻 稻纵卷叶螟 300-375克/公顷 喷雾

PD20130277 丙溴·辛硫磷/25%/乳油/丙溴磷 6%、辛硫磷 19%/2013.02.21 至 2018.02.21/低毒
水稻 二化螟 300-375克/公顷 喷雾
PD20131988 吡虫·仲丁威/10%/乳油/吡虫啉 1%、仲丁威 9%/2013.10.10 至 2018.10.10/低毒
水稻 稻飞虱 150-225克/公顷 喷雾
PD20151310 乙草胺/50%/乳油/乙草胺 50%/2015.07.30 至 2020.07.30/低毒
花生田 一年生杂草 975-1200克/公顷 土壤喷雾

广西金燕子农药有限公司 (广西壮族自治区贵港市港北区中山路 537100 0775-4566138)

PD20081176 高效氯氟氰菊酯/25克/升/乳油/高效氯氟氰菊酯 25克/升/2013.09.11 至 2018.09.11/中等毒
甘蓝 菜青虫 9.375-11.25克/公顷 喷雾
PD20082034 草甘膦铵盐/30%/水剂/草甘膦 30%/2013.11.25 至 2018.11.25/低毒
非耕地 一年生和多年生杂草 1125-3000克/公顷 茎叶喷雾
注:草甘膦铵盐含量: 33%。
PD20084316 炔螨特/40%/乳油/炔螨特 40%/2013.12.17 至 2018.12.17/低毒
柑橘树 红蜘蛛 200-400毫克/千克 喷雾
PD20084656 唑磷·毒死蜱/25%/乳油/毒死蜱 8.3%、三唑磷 16.7%/2013.12.22 至 2018.12.22/中等毒
水稻 二化螟、三化螟 225-300克/公顷 喷雾
水稻 稻纵卷叶螟 187.5-262.5克/公顷 喷雾
PD20085292 联苯菊酯/25克/升/乳油/联苯菊酯 25克/升/2013.12.23 至 2018.12.23/低毒
茶树 茶尺蠖 7.5-15克/公顷 喷雾
PD20085386 井冈霉素/3%/水剂/井冈霉素 3%/2013.12.24 至 2018.12.24/低毒
水稻 纹枯病 150-187.5克/公顷 喷雾
PD20085406 阿维·毒死蜱/15%/乳油/阿维菌素 0.1%、毒死蜱 14.9%/2013.12.24 至 2018.12.24/低毒(原药高毒)
水稻 稻飞虱、稻纵卷叶螟、二化螟 112.5-157.5克/公顷 喷雾
PD20085517 辛硫·三唑磷/30%/乳油/三唑磷 7.5%、辛硫磷 22.5%/2013.12.25 至 2018.12.25/中等毒
水稻 稻纵卷叶螟、二化螟、三化螟 405-540克/公顷 喷雾
PD20090379 稻瘟灵/30%/乳油/稻瘟灵 30%/2014.01.12 至 2019.01.12/低毒
水稻 稻瘟病 450-675克/公顷 喷雾
PD20090389 代森锰锌/80%/可湿性粉剂/代森锰锌 80%/2014.01.12 至 2019.01.12/低毒
葡萄 霜霉病 1000-1600毫克/千克 喷雾
PD20090536 甲霜·锰锌/58%/可湿性粉剂/甲霜灵 10%、代森锰锌 48%/2014.01.13 至 2019.01.13/低毒
黄瓜 霜霉病 675-1050克/公顷 喷雾
PD20091188 敌敌畏/77.5%/乳油/敌敌畏 77.5%/2014.01.22 至 2019.01.22/中等毒
十字花科蔬菜 菜青虫 600-780克/公顷 喷雾
PD20092984 氯氰·马拉松/16%/乳油/氯氰菊酯 2%、马拉硫磷 14%/2014.03.09 至 2019.03.09/中等毒
荔枝树 蝽蟓 80-106.7毫克/千克 喷雾
十字花科蔬菜 菜青虫 60-120克/公顷 喷雾
PD20093820 毒死蜱/45%/乳油/毒死蜱 45%/2014.03.25 至 2019.03.25/中等毒
水稻 稻纵卷叶螟 576-648克/公顷 喷雾
PD20100698 异丙威/20%/乳油/异丙威 20%/2015.01.16 至 2020.01.16/中等毒
水稻 稻飞虱 450-600克/公顷 喷雾
PD20121859 敌畏·毒死蜱/70%/乳油/敌敌畏 50%、毒死蜱 20%/2012.11.28 至 2017.11.28/中等毒
水稻 稻飞虱 483-609克/公顷 喷雾
PD20131275 吡虫啉/70%/种子处理可分散粉剂/吡虫啉 70%/2013.06.05 至 2018.06.05/低毒
小麦 蚜虫 175-210克/100千克种子 拌种
PD20131639 噻嗪·毒死蜱/40%/乳油/毒死蜱 32%、噻嗪酮 8%/2013.07.30 至 2018.07.30/中等毒
水稻 稻飞虱 450-540克/公顷 喷雾
PD20140012 阿维·毒死蜱/21%/微乳剂/阿维菌素 1%、毒死蜱 20%/2014.01.02 至 2019.01.02/中等毒(原药高毒)
水稻 稻纵卷叶螟 189-283.5克/公顷 喷雾
PD20140122 地衣芽孢杆菌/80亿个活芽孢/毫升/水剂/地衣芽孢杆菌 80亿个活芽孢/毫升/2014.01.20 至 2019.01.20/低毒
黄瓜(保护地) 霜霉病 1950-3900毫升制剂/公顷 喷雾
WP20130244 杀蟑饵剂/0.05%/饵剂/氟虫腈 0.05%/2013.12.02 至 2018.12.02/微毒
室内 蜚蠊 / 投放
WP20150009 氟虫腈/3%/微乳剂/氟虫腈 3%/2015.01.05 至 2020.01.05/低毒
室内 蝇 稀释20倍 滞留喷洒

广西金裕隆农药化工有限公司 (广西壮族自治区宾阳县甘棠镇平南岭 530416 0771-8370283)

PD20082493 草甘膦/30%/水剂/草甘膦 30%/2013.12.03 至 2018.12.03/低毒
柑橘园 一年生及部分多年生杂草 1125—2250克/公顷 定向茎叶喷雾
PD20092329 阿维·高氯氟/1.3%/乳油/阿维菌素 0.3%、高效氯氟氰菊酯 1%/2014.02.24 至 2019.02.24/中等毒(原药高毒)
十字花科蔬菜 小菜蛾 7.8-9.75克/公顷 喷雾

广西康赛德农化有限公司 (南宁市东盟经济开发区平良路89号办公楼306号 530105 0771-2310562)

PD86148-26 异丙威/20%/乳油/异丙威 20%/2011.12.26 至 2016.12.26/中等毒
水稻 飞虱、叶蝉 450-600克/公顷 喷雾
PD20084499 井冈霉素/2.4%/水剂/井冈霉素A 2.4%/2013.12.18 至 2018.12.18/低毒

水稻 纹枯病 150-187.5克/公顷 喷雾
注:井冈霉素含量: 3%。
PD20084682 井冈霉素A/4%/水剂/井冈霉素A 4%/2013.12.22 至 2018.12.22/低毒
水稻 纹枯病 150-187.5克/公顷 喷雾,泼浇
PD20085580 高效氯氟氰菊酯/25克/升/乳油/高效氯氟氰菊酯 25克/升/2013.12.25 至 2018.12.25/中等毒
荔枝树 蝽蟓 6.25-12.5毫克/千克 喷雾
PD20085645 噻嗪酮/25%/可湿性粉剂/噻嗪酮 25%/2013.12.26 至 2018.12.26/低毒
水稻 飞虱 75-150克/公顷 喷雾
PD20090025 溴氰菊酯/25克/升/乳油/溴氰菊酯 25克/升/2014.01.06 至 2019.01.06/中等毒
大白菜、小油菜 菜青虫 7.5-15克/公顷 喷雾
PD20090397 草甘膦异丙胺盐(41%)///水剂/草甘膦 30%/2014.01.12 至 2019.01.12/低毒
甘蔗田 杂草 1125-2250克/公顷 定向喷雾
柑橘园 杂草 1230-2460克/公顷 定向喷雾
PD20091971 杀虫双/18%/水剂/杀虫双 18%/2014.02.12 至 2019.02.12/中等毒
水稻 三化螟 540-675克/公顷 喷雾
PD20096378 噻嗪·异丙威/25%/可湿性粉剂/噻嗪酮 5%、异丙威 20%/2014.08.04 至 2019.08.04/低毒
水稻 稻飞虱 375-562.5克/公顷 喷雾
PD20096440 三唑磷/20%/乳油/三唑磷 20%/2014.08.05 至 2019.08.05/中等毒
水稻 三化螟 300-450克/公顷 喷雾
PD20096548 仲丁威/20%/乳油/仲丁威 20%/2014.08.24 至 2019.08.24/低毒
水稻 稻飞虱 450-540克/公顷 喷雾
PD20096856 毒死蜱/45%/乳油/毒死蜱 45%/2014.09.22 至 2019.09.22/中等毒
水稻 稻纵卷叶螟 504-612克/公顷 喷雾
PD20098088 杀螺胺/70%/可湿性粉剂/杀螺胺 70%/2014.12.08 至 2019.12.08/低毒
水稻 福寿螺 315-420克/公顷 喷雾
PD20101448 乙草胺/81.5%/乳油/乙草胺 81.5%/2015.05.04 至 2020.05.04/低毒
花生田 一年生禾本科杂草 1080-1350克/公顷 土壤喷雾
PD20101902 草甘膦异丙胺盐/30%/水剂/草甘膦 30%/2015.08.27 至 2020.08.27/低毒
甘蔗田 杂草 1125-2250克/公顷 定向喷雾
注:草甘膦异丙胺盐含量: 41。
PD20110775 辛菌·吗啉胍/5.9%/水剂/盐酸吗啉胍 5%、辛菌胺 0.9%/2011.07.25 至 2016.07.25/低毒
番茄 病毒病 103.2-154.9克/公顷 喷雾
注:本产品辛菌胺醋酸盐含量:1.3%。
PD20140900 苯甲·醚菌酯/50%/水分散粒剂/苯醚甲环唑 25%、醚菌酯 25%/2014.04.08 至 2019.04.08/低毒
黄瓜 白粉病 75-150克/公顷 喷雾
PD20141487 烯酰·丙森锌/72%/可湿性粉剂/丙森锌 60%、烯酰吗啉 12%/2014.06.09 至 2019.06.09/低毒
黄瓜 霜霉病 1836-2160克/公顷 喷雾
PD20142571 草甘膦铵盐/80%/可溶性粒剂/草甘膦 80%/2014.12.15 至 2019.12.15/低毒
非耕地 杂草 1560-2040克/公顷 茎叶喷雾
注:草甘膦铵盐含量: 88%。
PD20150609 高氯·甲维盐/3%/微乳剂/高效氯氰菊酯 2.7%、甲氨基阿维菌素苯甲酸盐 0.3%/2015.04.16 至 2020.04.16/低毒
甘蓝 甜菜夜蛾 18-22.5克/公顷 喷雾

广西科联生化有限公司 (广西壮族自治区玉林市塘步岭 530023 0771-5708791)
PD20098262 毒·辛/20%/乳油/毒死蜱 4%、辛硫磷 16%/2014.12.16 至 2019.12.16/低毒
水稻 稻纵卷叶螟 140-160毫升制剂/亩 喷雾
PD20101297 高效氯氟氰菊酯/25克/升/乳油/高效氯氟氰菊酯 25克/升/2015.03.10 至 2020.03.10/中等毒
十字花科蔬菜 菜青虫 7.5-11.25克/公顷 喷雾
PD20101636 阿维菌素/1.8%/乳油/阿维菌素 1.8%/2015.06.03 至 2020.06.03/低毒(原药高毒)
甘蓝 小菜蛾 10.8-13.5克/公顷 喷雾
PD20110144 啶虫脒/5%/乳油/啶虫脒 5%/2016.02.10 至 2021.02.10/低毒
萝卜 黄条跳甲 45-90克/公顷 喷雾
烟草 蚜虫 13.5～18克/公顷 喷雾
PD20120653 吡虫·仲丁威/10%/乳油/吡虫啉 1%、仲丁威 9%/2012.04.18 至 2017.04.18/低毒
水稻 稻飞虱 195-225克/公顷 喷雾
PD20131863 敌畏·毒死蜱/35%/乳油/敌敌畏 30%、毒死蜱 5%/2013.09.24 至 2018.09.24/中等毒
水稻 稻纵卷叶螟 420-630克/公顷 喷雾
PD20140898 草甘膦异丙胺盐/30%/水剂/草甘膦 30%/2014.04.08 至 2019.04.08/低毒
柑橘园 杂草 900-1125克/公顷 定向茎叶喷雾
注:草甘膦异丙胺盐含量: 41%。
PD20141266 丙溴·辛硫磷/25%/乳油/丙溴磷 6%、辛硫磷 19%/2014.05.07 至 2019.05.07/低毒
水稻 稻纵卷叶螟 300-375克/公顷 喷雾
PD20141343 吡虫·噻嗪酮/11.5%/乳油/吡虫啉 1%、噻嗪酮 10.5%/2014.06.04 至 2019.06.04/低毒
水稻 稻飞虱 86.25-103.5克/公顷 喷雾

广西乐土生物科技有限公司 （广西南宁市高新科技工业区科园大道31号财智时代12层 530003 0771-3210658）

PD20040739 氯氰·吡虫啉/5%/乳油/吡虫啉 1%、氯氰菊酯 4%/2014.12.19 至 2019.12.19/低毒
十字花科蔬菜 菜青虫 37.5-52.5克/公顷 喷雾

PD20080201 马拉·杀螟松/12%/乳油/马拉硫磷 10%、杀螟硫磷 2%/2013.01.11 至 2018.01.11/低毒
水稻 二化螟 180-270克/公顷 喷雾

PD20081054 草甘膦/30%/水剂/草甘膦 30%/2013.08.14 至 2018.08.14/低毒
茶园、柑橘园、剑麻园、梨园、苹果园、桑园、香蕉园、橡胶园 杂草 1125-2250克/公顷 定向喷雾
免耕抛秧晚稻田 稻茬 2100-2550克/公顷 定向喷雾

PD20084748 敌百虫/30%/乳油/敌百虫 30%/2013.12.22 至 2018.12.22/低毒
十字花科蔬菜 菜青虫 450-900克/公顷 喷雾

PD20092300 甲·灭·敌草隆/30%/可湿性粉剂/敌草隆 4%、2甲4氯 6%、莠灭净 20%/2014.02.24 至 2019.02.24/微毒
甘蔗田 一年生杂草 1350-1800克/公顷 土壤或定向喷雾

PD20095463 苄·丁/0.101%/颗粒剂/苄嘧磺隆 0.005%、丁草胺 0.096%/2014.05.11 至 2019.05.11/低毒
水稻抛栽田 一年生杂草 606-757.5克/公顷 直接撒施
注:该产品为药肥混剂

PD20095740 苄·丁/0.32%/颗粒剂/苄嘧磺隆 0.016%、丁草胺 0.304%/2014.05.18 至 2019.05.18/低毒
水稻抛秧田 一年生杂草 606-757.5克/公顷 直接撒施
注:该产品为药肥混剂。

PD20100041 吡虫啉/20%/可溶液剂/吡虫啉 20%/2015.01.04 至 2020.01.04/低毒
水稻 稻飞虱 15-30克/公顷 喷雾

PD20131111 苄嘧·丙草胺/0.2%/颗粒剂/苄嘧磺隆 0.025%、丙草胺 0.175%/2013.05.20 至 2018.05.20/低毒
直播水稻(南方) 一年生杂草 300-360克/公顷 直接撒施
注:本产品为药肥混剂。

PD20150054 苄嘧·苯噻酰/0.42%/颗粒剂/苯噻酰草胺 0.396%、苄嘧磺隆 0.024%/2015.01.05 至 2020.01.05/低毒
水稻抛秧田 一年生杂草 630-756克/公顷 撒施
注:本产品为药肥混剂，主要养分氮（以N计）含量18%。

PD20150521 甲·灭·敌草隆/72%/可湿性粉剂/敌草隆 5%、2甲4氯 8%、莠灭净 59%/2015.03.23 至 2020.03.23/微毒
甘蔗田 一年生杂草 1620-2160克/公顷 定向茎叶喷雾

LS20120309 苯噻·吡磺隆/0.43%/颗粒剂/苯噻酰草胺 0.414%、吡嘧磺隆 0.016%/2014.09.04 至 2015.09.04/低毒
抛秧水稻 一年生杂草 516-774克/公顷 施撒
注:本产品为药肥混剂。

广西荔浦东升蚊香厂 （广西壮族自治区桂林市荔蒲县东昌镇栗木街 546613 0773-7116230）

WP20090370 蚊香/0.3%/蚊香/富右旋反式烯丙菊酯 0.3%/2014.11.20 至 2019.11.20/微毒
卫生 蚊 / 点燃

广西荔浦黑蛙牌兴旺蚊香厂 （广西壮族自治区荔浦县东昌镇新街工业区 546613 0773-7116186）

WP20140050 蚊香/0.2%/蚊香/Es-生物烯丙菊酯 0.2%/2014.03.06 至 2019.03.06/微毒
室内 蚊 / 点燃

广西荔浦县荔东蚊香厂 （广西壮族自治区桂林市荔蒲县东昌镇小学中心对面 546613 0773-7152339）

WP20080490 蚊香/0.2%/蚊香/Es-生物烯丙菊酯 0.2%/2013.12.17 至 2018.12.17/低毒
卫生 蚊 / 点燃

广西荔浦县梦香蚊香厂 （广西壮族自治区荔浦县东昌镇栗木东路街48号 546613 0773-7116899）

WP20090305 蚊香/0.2%/蚊香/Es-生物烯丙菊酯 0.2%/2014.08.04 至 2019.08.04/微毒
卫生 蚊 / 点燃

广西灵川县新华日用卫生制品厂 （广西壮族自治区桂林市灵川县灵川镇灵西路24号 541200 0773-6811246）

WP20090342 蚊香/0.2%/蚊香/Es-生物烯丙菊酯 0.2%/2014.10.12 至 2019.10.12/微毒
卫生 蚊 / 点燃

广西灵山县逢春化工有限公司 （广西壮族自治区灵山县十里工业园 535400 0777-6425128）

PD84125-28 乙烯利/40%/水剂/乙烯利 40%/2015.07.01 至 2020.07.01/低毒
番茄 催熟 800-1000倍液 喷雾或浸渍
棉花 催熟、增产 330-500倍液 喷雾
柿子、香蕉 催熟 400倍液 喷雾或浸渍
水稻 催熟、增产 800倍液 喷雾
橡胶树 增产 5-10倍液 涂布
烟草 催熟 1000-2000倍液 喷雾

PD86148-82 异丙威/20%/乳油/异丙威 20%/2010.03.19 至 2015.03.19/中等毒
水稻 飞虱、叶蝉 450-600克/公顷 喷雾

PD20070650 草甘膦异丙胺盐/30%/水剂/草甘膦 30%/2012.12.17 至 2017.12.17/低毒
柑橘园 杂草 1125—2250克/公顷 定向喷雾
注:草甘膦异丙胺盐含量：41%。

PD20095158 杀虫双/18%/水剂/杀虫双 18%/2014.04.24 至 2019.04.24/中等毒

水稻 三化螟 540-810克/公顷 喷雾
PD20101697 2甲4氯钠/13%/水剂/2甲4氯钠 13%/2015.06.28 至 2020.06.28/低毒
移栽水稻田 阔叶杂草、莎草科杂草 585-877.5克/公顷 茎叶喷雾

广西柳州华力家庭品业股份有限公司 (广西壮族自治区柳州市鱼峰区东环路228号 545006 0772-2615888)

WPN12-97 电热蚊香液/0.81%/电热蚊香液/炔丙菊酯 0.81%/2012.06.24 至 2017.06.24/微毒
卫生 蚊 / 电热加温
WP20080218 杀蟑饵剂/1%/毒饵/残杀威 1%/2013.11.25 至 2018.11.25/微毒
卫生 蜚蠊 / 投放
WP20080235 电热蚊香液/0.9%/电热蚊香液/四氟苯菊酯 0.9%/2013.11.25 至 2018.11.25/微毒
卫生 蚊 / 电热加温
WP20080329 电热蚊香液/1.8%/电热蚊香液/四氟苯菊酯 1.8%/2013.12.08 至 2018.12.08/微毒
卫生 蚊 / 电热加温
WP20080589 电热蚊香片/18毫克/片/电热蚊香片/S-生物烯丙菊酯 18毫克/片/2013.12.29 至 2018.12.29/微毒
卫生 蚊 / 电热加温
WP20080609 杀蟑烟片/6.5%/烟片/右旋苯醚氰菊酯 6.5%/2013.12.31 至 2018.12.31/低毒
卫生 蜚蠊 / 点燃
WP20090039 杀蟑胶饵/2.5%/饵剂/吡虫啉 2.5%/2014.01.15 至 2019.01.15/微毒
卫生 蜚蠊 / 投放
WP20100050 蚊香/0.04%/蚊香/四氟醚菊酯 0.04%/2010.03.17 至 2015.03.17/微毒
卫生 蚊 / 点燃
WP20100053 蚊香/0.08%/蚊香/四氟醚菊酯 0.08%/2010.03.23 至 2015.03.23/微毒
卫生 蚊 / 点燃
WP20100087 蚊香/0.05%/蚊香/四氟苯菊酯 0.05%/2010.06.08 至 2015.06.08/微毒
卫生 蚊 / 点燃
WP20100097 蚊香/0.07%/蚊香/炔丙菊酯 0.07%/2010.06.28 至 2015.06.28/微毒
卫生 蚊 / 点燃
WP20100100 电热蚊香片/45毫克/片/电热蚊香片/炔丙菊酯 10毫克/片、右旋烯丙菊酯 35毫克/片/2015.07.13 至 2020.07.13/微毒
卫生 蚊 / 电热加温
WP20110001 蚊香/0.02%/蚊香/四氟甲醚菊酯 0.02%/2016.01.04 至 2021.01.04/微毒
室内 蚊 / 点燃
注:本品有三种香型:清香型、檀香型、野菊花香型。
WP20110119 杀虫气雾剂/0.5%/气雾剂/富右旋反式烯丙菊酯 0.15%、高效氯氰菊酯 0.1%、右旋胺菊酯 0.25%/2011.05.12 至2016.05.12/微毒
室内 蜚蠊、蚊、蝇 / 喷雾
注:本产品有三种香型:青蒿香型、清香型、百花香型。
WP20120129 电热蚊香片/13毫克/片/电热蚊香片/炔丙菊酯 13毫克/片/2012.07.12 至 2017.07.12/微毒
卫生 蚊 / 电热加温
WP20130027 杀虫气雾剂/0.25%/气雾剂/高效氯氰菊酯 0.04%、炔丙菊酯 0.02%、右旋胺菊酯 0.19%/2013.01.30 至2018.01.30/微毒
卫生 蚊、蝇、蜚蠊 / 喷雾
WP20130052 杀蟑气雾剂/0.45%/气雾剂/氯菊酯 0.3%、炔咪菊酯 0.15%/2013.03.27 至 2018.03.27/微毒
卫生 蜚蠊 / 喷雾
WP20130214 杀虫气雾剂/0.25%/气雾剂/高效氯氰菊酯 0.1%、炔丙菊酯 0.15%/2013.10.22 至 2018.10.22/微毒
卫生 蚊、蝇、蜚蠊 / 喷雾
WP20140051 杀蟑胶饵/2.15%/胶饵/氟蚁腙 2.15%/2014.03.06 至 2019.03.06/微毒
室内 蜚蠊 / 投放
WP20140070 杀虫气雾剂/0.56%/气雾剂/氯菊酯 0.24%、右旋烯丙菊酯 0.32%/2014.03.25 至 2019.03.25/微毒
室内 蚊、蝇、蜚蠊 / 喷雾
注:本产品有三种香型:清香型、百花香型、柠檬香型。
WP20140110 电热蚊香片/13毫克/片/电热蚊香片/炔丙菊酯 5.2毫克/片、氯氟醚菊酯 7.8毫克/片/2014.05.07 至 2019.05.07/微毒
室内 蚊 / 电热加温
WP20140141 蚊香/0.05%/蚊香/氯氟醚菊酯 0.05%/2014.06.17 至 2019.06.17/微毒
室内 蚊 / 点燃
WP20150022 电热蚊香液/0.4%/电热蚊香液/氯氟醚菊酯 0.4%/2015.01.15 至 2020.01.15/微毒
室内 蚊 / 电热加温
WP20150212 电热蚊香液/0.8%/电热蚊香液/氯氟醚菊酯 0.8%/2015.12.04 至 2020.12.04/微毒
室内 蚊 / 电热加温

广西柳州市白云杀虫剂厂 (广西壮族自治区柳州市柳南区革新路一区304号 545007 0772-3955911)

PD20110697 溴鼠灵/0.005%/饵剂/溴鼠灵 0.005%/2011.06.27 至 2016.06.27/低毒(原药高毒)
室内 家鼠 饱和投饵 堆施
PD20120121 溴敌隆/0.005%/饵剂/溴敌隆 0.005%/2012.01.31 至 2017.01.31/低毒(原药高毒)
卫生 家鼠 饱和投饵 堆施
WP20070031 杀蟑饵剂/0.8%/饵剂/乙酰甲胺磷 0.8%/2012.11.28 至 2017.11.28/低毒
卫生 蜚蠊 / 投放

WP20080573 顺式氯氰菊酯/4.5%/微乳剂/顺式氯氰菊酯 4.5%/2013.12.26 至 2018.12.26/低毒
卫生 蜚蠊、蝇 25毫克/平方米 滞留喷洒
WP20090050 杀蟑烟片/6%/烟剂/胺菊酯 3%、高效氯氰菊酯 3%/2014.01.21 至 2019.01.21/低毒
卫生 蜚蠊 / 点燃
WP20090204 杀虫粉剂/1.6%/粉剂/胺菊酯 0.8%、高效氯氰菊酯 0.8%/2014.03.25 至 2019.03.25/低毒
卫生 蜚蠊 3克制剂/平方米 撒布
WP20110076 杀蟑胶饵/2.5%/胶饵/吡虫啉 2.5%/2011.03.24 至 2016.03.24/微毒
卫生 蜚蠊 / 投放
WP20120008 杀蟑烟剂/5%/烟剂/高效氯氰菊酯 5%/2012.01.18 至 2017.01.18/低毒
卫生 蜚蠊 / 点燃
WP20120108 吡虫啉/10%/悬浮剂/吡虫啉 10%/2012.06.14 至 2017.06.14/低毒
卫生 白蚁 5克有效成份/平方米；1000毫克/千克 土壤处理；木材浸泡
WP20120188 溴氰菊酯/2.5%/悬浮剂/溴氰菊酯 2.5%/2012.10.08 至 2017.10.08/低毒
卫生 蜚蠊、蚊、蝇 20-25毫克/平方米 滞留喷洒
WP20130092 高效氯氰菊酯/5%/悬浮剂/高效氯氰菊酯 5%/2013.05.17 至 2018.05.17/低毒
卫生 蜚蠊、蚊 45毫克/平方米 滞留喷洒
WP20130231 联苯菊酯/5%/水乳剂/联苯菊酯 5%/2013.11.08 至 2018.11.08/低毒
木材 白蚁 250-625毫克/千克 浸泡
土壤 白蚁 2.5-3.1克/平方米 喷洒
WP20130257 杀蟑热雾剂/1%/热雾剂/高效氯氰菊酯 1%/2013.12.16 至 2018.12.16/低毒
室内 蜚蠊 25.714-71.428毫克/立方米 喷雾
WP20150106 杀蚊烟剂/0.8%/烟剂/富右旋反式烯丙菊酯 0.8%/2015.06.14 至 2020.06.14/低毒
室内 蚊 / 点燃

广西柳州蚊敌香业有限公司 (广西壮族自治区柳州市西江路静兰工业开发区 545006 0772-3161159)

WP20110038 蚊香/0.3%/蚊香/富右旋反式烯丙菊酯 0.3%/2011.02.10 至 2016.02.10/微毒
卫生 蚊 / 点燃
WP20110090 蚊香/0.07%/蚊香/炔丙菊酯 0.07%/2011.04.15 至 2016.04.15/微毒
卫生 蚊 / 点燃
WL20110075 杀虫气雾剂/0.46%/气雾剂/Es-生物烯丙菊酯 0.18%、氯氰菊酯 0.1%、右旋苯醚氰菊酯 0.18%/2014.05.11 至2015.05.11/微毒
卫生 蚊、蝇、蜚蠊 / 喷雾
WL20120064 电热蚊香液/1.4%/电热蚊香液/炔丙菊酯 1.4%/2014.12.19 至 2015.12.19/低毒
室内 蚊 / 电热加温

广西柳州昊邦日化有限公司 (广西壮族自治区柳州市鹿寨县中心工业园一区 545600 0772-6826721)

WP20110061 蚊香/0.015%/蚊香/四氟甲醚菊酯 0.015%/2016.02.28 至 2021.02.28/微毒
室内 蚊 / 点燃
WP20150005 蚊香/0.05%/蚊香/氯氟醚菊酯 0.05%/2015.01.04 至 2020.01.04/微毒
室内 蚊 / 点燃
WP20150152 电热蚊香液/0.6%/电热蚊香液/氯氟醚菊酯 0.6%/2015.08.28 至 2020.08.28/微毒
室内 蚊 / 电热加温
WL20140029 七氟甲醚菊酯/0.02%/蚊香/七氟甲醚菊酯 0.02%/2015.11.21 至 2016.11.21/微毒
室内 蚊 / 点燃

广西隆丰农药化工有限公司 (广西壮族自治区南宁地区宾州宾黎公路七里路口 530405 0771-8231008)

PD20110969 硫磺/91%/粉剂/硫磺 91%/2011.09.14 至 2016.09.14/低毒
橡胶树 白粉病 10237.5-13650克/公顷 喷粉

广西路明宝化工有限公司 (广西博白县东平镇博龙街149号 537619 0775-8513338)

PD20081252 草甘膦异丙胺盐/30%/水剂/草甘膦 30%/2013.09.18 至 2018.09.18/低毒
甘蔗田 杂草 1200-2250克/公顷 定向茎叶喷雾
注:草甘膦异丙胺盐含量41%。
PD20081266 马拉·异丙威/30%/乳油/马拉硫磷 15%、异丙威 15%/2013.09.18 至 2018.09.18/中等毒
水稻 稻飞虱 450-630克/公顷 喷雾
PD20081783 异稻·稻瘟灵/30%/乳油/稻瘟灵 6%、异稻瘟净 24%/2013.11.19 至 2018.11.19/低毒
水稻 稻瘟病 900-1200克/公顷 喷雾
PD20081790 高氯·马/30%/乳油/高效氯氰菊酯 1%、马拉硫磷 29%/2013.11.19 至 2018.11.19/低毒
十字花科蔬菜 小菜蛾 270-360克/公顷 喷雾
PD20098185 乐果/40%/乳油/乐果 40%/2014.12.14 至 2019.12.14/中等毒
水稻 稻飞虱 450-600克/公顷 喷雾
PD20142586 辛硫·高氯氟/50%/乳油/高效氯氟氰菊酯 2.5%、辛硫磷 47.5%/2014.12.15 至 2019.12.15/低毒
甘蓝 斜纹夜蛾 187.5-262.5克/公顷 喷雾

广西绿田农药厂 (广西壮族自治区玉林市容县石头镇 537519 0775-5587120)

PD20080352 草甘膦铵盐/30%/水剂/草甘膦 30%/2013.02.28 至 2018.02.28/低毒
甘蔗田 杂草 1125-2250克/公顷 定向茎叶喷雾

注:草甘膦铵盐含量:33%。

广西南宁化工股份有限公司　(广西壮族自治区南宁市亭洪路80号　530031　0771-2104219)

PD84108-10　敌百虫/90%/可溶粉剂/敌百虫 90%/2014.11.18 至 2019.11.18/低毒

作物	防治对象	用药量	施用方法
白菜、青菜	菜青虫	960-1200克/公顷	喷雾
白菜、青菜	地下害虫	750-1500克/公顷	喷雾
茶树	尺蠖、刺蛾	450-900毫克/千克	喷雾
大豆	造桥虫	1800克/公顷	喷雾
柑橘树	卷叶蛾	600-750毫克/千克	喷雾
林木	松毛虫	600-900毫克/千克	喷雾
水稻	螟虫	1500-1800克/公顷	喷雾、泼浇或毒土
小麦	黏虫	1800克/公顷	喷雾
烟草	烟青虫	900毫克/千克	喷雾

PD85105-22　敌敌畏/77.5%/乳油/敌敌畏 77.5%(气谱法)%/2015.03.24 至 2020.03.24/中等毒

作物	防治对象	用药量	施用方法
茶树	食叶害虫	600克/公顷	喷雾
粮仓	多种储藏害虫	1)400-500倍液2)0.4-0.5克/立方米	1)喷雾2)挂条熏蒸
棉花	蚜虫、造桥虫	600-1200克/公顷	喷雾
苹果树	小卷叶蛾、蚜虫	400-500毫克/千克	喷雾
青菜	菜青虫	600克/公顷	喷雾
桑树	尺蠖	600克/公顷	喷雾
卫生	多种卫生害虫	1)300-400倍液2)0.08克/立方米	1)泼洒2)挂条熏蒸
小麦	黏虫、蚜虫	600克/公顷	喷雾

PD20097776　敌百虫/90%/原药/敌百虫 90%/2014.11.12 至 2019.11.12/低毒

广西南宁利民农用化学品有限公司　(广西壮族自治区南宁市新城区邕宾路6号　530023　0771-5709105)

PD20085393　甲氰·辛硫磷/20%/乳油/甲氰菊酯 2%、辛硫磷 18%/2013.12.24 至 2018.12.24/低毒

作物	防治对象	用药量	施用方法
十字花科叶菜	菜青虫	180-240克/公顷	喷雾

PD20086155　高效氯氟氰菊酯/25克/升/乳油/高效氯氟氰菊酯 25克/升/2013.12.30 至 2018.12.30/中等毒

作物	防治对象	用药量	施用方法
十字花科蔬菜	菜青虫	9.4～11.25克/公顷	喷雾

PD20090202　氯氟·敌敌畏/20%/乳油/敌敌畏 19.4%、高效氯氟氰菊酯 0.6%/2014.01.09 至 2019.01.09/中等毒

作物	防治对象	用药量	施用方法
棉花	蚜虫	120～240克/公顷	喷雾

PD20090443　丙溴·辛硫磷/25%/乳油/丙溴磷 5%、辛硫磷 20%/2014.01.12 至 2019.01.12/中等毒

作物	防治对象	用药量	施用方法
棉花	棉铃虫	225～300克/公顷	喷雾

PD20091315　毒·辛/25%/乳油/毒死蜱 5%、辛硫磷 20%/2014.02.01 至 2019.02.01/中等毒

作物	防治对象	用药量	施用方法
水稻	稻纵卷叶螟	450～562.5克/公顷	喷雾

PD20092411　高效氯氰菊酯/4.5%/乳油/高效氯氰菊酯 4.5%/2014.02.25 至 2019.02.25/中等毒

作物	防治对象	用药量	施用方法
十字花科蔬菜	菜青虫	20.25-27克/公顷	喷雾

PD20093978　联苯菊酯/25克/升/乳油/联苯菊酯 25克/升/2014.03.27 至 2019.03.27/低毒

作物	防治对象	用药量	施用方法
茶树	小绿叶蝉	30-37.5克/公顷	喷雾

PD20094728　井冈霉素A/2.4%/水剂/井冈霉素A 2.4%/2014.04.10 至 2019.04.10/微毒

作物	防治对象	用药量	施用方法
水稻	纹枯病	120-150克/公顷	喷雾

PD20097870　草甘膦铵盐(33%)///水剂/草甘膦 30%/2014.11.20 至 2019.11.20/微毒

作物	防治对象	用药量	施用方法
柑橘园	杂草	1125－2250克/公顷	行间定向茎叶喷雾

PD20100389　杀螺胺乙醇胺盐/50%/可湿性粉剂/杀螺胺乙醇胺盐 50%/2015.01.14 至 2020.01.14/低毒

作物	防治对象	用药量	施用方法
水稻	福寿螺	450-525克/公顷	毒土撒施

PD20101180　高氯·杀虫单/16%/水乳剂/高效氯氰菊酯 1%、杀虫单 15%/2015.01.28 至 2020.01.28/中等毒

作物	防治对象	用药量	施用方法
黄瓜	美洲斑潜蝇	120-180克/公顷	喷雾

PD20101567　辛硫·三唑磷/20%/乳油/三唑磷 10%、辛硫磷 10%/2015.05.19 至 2020.05.19/中等毒

作物	防治对象	用药量	施用方法
水稻	二化螟	360～450克/公顷	喷雾

PD20101929　毒死蜱/40%/乳油/毒死蜱 40%/2015.08.27 至 2020.08.27/中等毒

作物	防治对象	用药量	施用方法
棉花	棉铃虫	660-900克/公顷	喷雾

PD20111142　吡虫·毒死蜱/22%/乳油/吡虫啉 2%、毒死蜱 20%/2011.11.03 至 2016.11.03/中等毒

作物	防治对象	用药量	施用方法
水稻	稻飞虱	264-396克/公顷	喷雾

PD20120725　吡虫·仲丁威/20%/乳油/吡虫啉 1%、仲丁威 19%/2012.05.02 至 2017.05.02/低毒

作物	防治对象	用药量	施用方法
水稻	稻飞虱	225-300克/公顷	喷雾

PD20121008　阿维菌素/18克/升/乳油/阿维菌素 18克/升/2012.06.21 至 2017.06.21/中等毒(原药高毒)

作物	防治对象	用药量	施用方法
小白菜	小菜蛾	8.1-13.5克/公顷	喷雾

PD20121371　唑磷·毒死蜱/20%/乳油/毒死蜱 5%、三唑磷 15%/2012.09.19 至 2017.09.19/中等毒

作物	防治对象	用药量	施用方法
水稻	三化螟	240-300克/公顷	喷雾

PD20121403　阿维·三唑磷/15%/乳油/阿维菌素 0.1%、三唑磷 14.9%/2012.09.19 至 2017.09.19/中等毒(原药高毒)

作物	防治对象	用药量	施用方法
水稻	二化螟	225-315克/公顷	喷雾

PD20121554　仲丁威/20%/乳油/仲丁威 20%/2012.10.25 至 2017.10.25/低毒

作物	防治对象	用药量	施用方法
水稻	飞虱	450－600克/公顷	喷雾

PD20141847　草甘膦异丙胺盐/46%/水剂/草甘膦 46%/2014.07.24 至 2019.07.24/低毒

柑橘园 杂草 1242-1656克/公顷 茎叶喷雾
PD20141917 乙草胺/81.5%/乳油/乙草胺 81.5%/2014.08.01 至 2019.08.01/低毒
夏玉米田 一年生杂草 978-1467克/公顷 土壤喷雾
PD20142365 噻嗪酮/65%/可湿性粉剂/噻嗪酮 65%/2014.11.04 至 2019.11.04/低毒
水稻 稻飞虱 112.125-146.25克/公顷 喷雾
PD20150002 草甘膦铵盐/80%/可溶粒剂/草甘膦 80%/2015.01.04 至 2020.01.04/低毒
非耕地 杂草 1200-1680克/公顷 茎叶喷雾
注:草甘膦铵盐含量：88%。

广西南宁神鹰卫生害虫防治有限责任公司 （广西壮族自治区南宁市人民东路11-1号 530012 0771-2822256)

WP20090060 杀虫粉剂/0.05%/粉剂/溴氰菊酯 0.05%/2014.01.21 至 2019.01.21/低毒
卫生 蜚蠊 3克制剂/平方米 撒布

广西南宁泰达丰化工有限公司 （广西壮族自治区南宁市武鸣县双桥镇 530100 0771-3214916)

PD20083724 高效氯氟氰菊酯/2.5%/乳油/高效氯氟氰菊酯 2.5%/2013.12.15 至 2018.12.15/中等毒
十字花科蔬菜 菜青虫 7.5-15克/公顷 喷雾
PD20085001 敌百虫/30%/乳油/敌百虫 30%/2013.12.22 至 2018.12.22/低毒
十字花科蔬菜 菜青虫 450-675克/公顷 喷雾
PD20085610 草甘膦异丙胺盐/30%/水剂/草甘膦 30%/2013.12.25 至 2018.12.25/低毒
柑橘园 杂草 1125-2250克/公顷 定向茎叶喷雾
注:草甘膦异丙胺盐含量:41%。
PD20095585 毒・辛/20%/乳油/毒死蜱 4%、辛硫磷 16%/2014.05.12 至 2019.05.12/低毒
棉花 棉铃虫 300-450克/公顷 喷雾
PD20096168 敌畏・毒死蜱/35%/乳油/敌敌畏 25%、毒死蜱 10%/2014.06.24 至 2019.06.24/中等毒
水稻 稻纵卷叶螟 420-525克/公顷 喷雾
PD20096582 辛硫・高氯氟/16%/乳油/高效氯氟氰菊酯 0.7%、辛硫磷 15.3%/2014.08.25 至 2019.08.25/低毒
棉花 棉铃虫 135～168克/公顷 喷雾
PD20098453 马拉・辛硫磷/20%/乳油/马拉硫磷 10%、辛硫磷 10%/2014.12.24 至 2019.12.24/低毒
棉花 棉铃虫 225-300克/公顷 喷雾
PD20102109 联苯菊酯/25克/升/乳油/联苯菊酯 25克/升/2015.11.30 至 2020.11.30/低毒
柑橘树 红蜘蛛 20-31.25毫克/千克 喷雾
PD20120507 啶虫脒/5%/乳油/啶虫脒 5%/2012.03.20 至 2017.03.20/低毒
柑橘树 蚜虫 10-12毫克/千克 喷雾
PD20130714 阿维菌素/1.8%/乳油/阿维菌素 1.8%/2013.04.11 至 2018.04.11/低毒(原药高毒)
甘蓝 小菜蛾 9-11克/公顷 喷雾
PD20131204 甲氨基阿维菌素苯甲酸盐/1%/乳油/甲氨基阿维菌素 1%/2013.05.27 至 2018.05.27/低毒
甘蓝 小菜蛾 2.25-3克/公顷 喷雾
注:甲氨基阿维菌素苯甲酸盐含量:1.14%。
PD20141490 乙烯利/40%/水剂/乙烯利 40%/2014.06.09 至 2019.06.09/低毒
香蕉 催熟 1000-1333毫克/升 喷雾
PD20141950 哒螨灵/15%/乳油/哒螨灵 15%/2014.08.13 至 2019.08.13/中等毒
柑橘树 红蜘蛛 60-75毫克/千克 喷雾
PD20151452 丙溴磷/40%/乳油/丙溴磷 40%/2015.07.31 至 2020.07.31/低毒
水稻 稻纵卷叶螟 600-720克/公顷 喷雾
PD20151580 甜菜夜蛾核型多角体病毒/30亿PIB/毫升/悬浮剂/甜菜夜蛾核型多角体病毒 30亿PIB/毫升/2015.08.28 至 2020.08.28/低毒
甘蓝 甜菜夜蛾 300-450克制剂/公顷 喷雾

广西农大生化科技有限责任公司 （广西壮族自治区扶绥县渠黎镇 530007 0771-3219691)

PD85159-48 草甘膦/30%/水剂/草甘膦 30%/2014.11.05 至 2019.11.05/低毒
茶树、甘蔗、果园、剑麻、林木、桑树、橡胶树 一年生杂草和多年生恶性杂草 1125-2250克/公顷 喷雾
PD20040456 吡虫・杀虫单/70%/可湿性粉剂/吡虫啉 2%、杀虫单 68%/2014.12.19 至 2019.12.19/中等毒
水稻 飞虱、螟虫 420-630克/公顷 喷雾
PD20070616 高氯・辛硫磷/20%/乳油/高效氯氰菊酯 2%、辛硫磷 18%/2012.12.14 至 2017.12.14/低毒
棉花 棉铃虫 180-240克/公顷 喷雾
PD20080983 霜脲・锰锌/72%/可湿性粉剂/代森锰锌 64%、霜脲氰 8%/2013.07.24 至 2018.07.24/低毒
黄瓜 霜霉病 1440-1800克/公顷 喷雾
PD20090490 阿维・杀虫单/20%/微乳剂/阿维菌素 0.2%、杀虫单 19.8%/2014.01.12 至 2019.01.12/低毒(原药高毒)
菜豆 斑潜蝇 120-150克/公顷 喷雾
PD20090972 苄嘧・苯噻酰/53%/可湿性粉剂/苯噻酰草胺 50%、苄嘧磺隆 3%/2014.01.20 至 2019.01.20/低毒
水稻抛秧田 部分多年生杂草、一年生杂草 397.5-477克/公顷(南方地区) 药土法
PD20094486 苄・丁/35%/可湿性粉剂/苄嘧磺隆 1.5%、丁草胺 33.5%/2014.04.09 至 2019.04.09/低毒
水稻移栽田 一年生及部分多年生杂草 600-900克/公顷 药土法
PD20100103 烯唑・多菌灵/30%/可湿性粉剂/多菌灵 26%、烯唑醇 4%/2014.01.04 至 2019.01.04/低毒

梨树 黑星病 250-333毫克/千克 喷雾
PD20110455 草甘膦铵盐/65%/可溶粉剂/草甘膦 65%/2011.04.21 至 2016.04.21/低毒
非耕地 杂草 1125-2250克/公顷 茎叶喷雾
注:草甘膦铵盐含量: 71.5%。
PD20131144 甲·灭·敌草隆/55%/可湿性粉剂/敌草隆 15%、2甲4氯 10%、莠灭净 30%/2013.05.20 至 2018.05.20/低毒
甘蔗田 一年生杂草 1237.5-1732.5克/公顷 茎叶喷雾

广西农喜作物科学有限公司 (南宁市东盟经济开发区平良路89号办公楼302号 530007 0771-2310175)

PD20110902 毒死蜱/30%/水乳剂/毒死蜱 30%/2011.08.17 至 2016.08.17/中等毒
水稻 稻纵卷叶螟 360－540克/公顷 喷雾
PD20111032 仲丁威/20%/乳油/仲丁威 20%/2011.09.30 至 2016.09.30/低毒
水稻 稻飞虱 450-540克/公顷 喷雾
PD20120200 啶虫脒/5%/乳油/啶虫脒 5%/2012.02.03 至 2017.02.03/低毒
柑橘树 蚜虫 7.5-10毫克/千克 喷雾
PD20120455 高效氯氟氰菊酯/25克/升/乳油/高效氯氟氰菊酯 25克/升/2012.03.14 至 2017.03.14/中等毒
甘蓝 菜青虫 7.5-11.25克/公顷 喷雾
PD20120666 甲氨基阿维菌素苯甲酸盐/5%/乳油/甲氨基阿维菌素 5%/2012.04.18 至 2017.04.18/低毒
水稻 稻纵卷叶螟 11.25-15克/公顷 喷雾
注:甲氨基阿维菌素苯甲酸盐含量:5.7%。
PD20121337 阿维菌素/1.8%/水乳剂/阿维菌素 1.8%/2012.09.11 至 2017.09.11/低毒(原药高毒)
甘蓝 小菜蛾 8.1-10.8克/公顷 喷雾
PD20121437 阿维·高氯/1.8%/乳油/阿维菌素 0.2%、高效氯氰菊酯 1.6%/2012.10.08 至 2017.10.08/低毒(原药高毒)
小白菜 菜青虫、小菜蛾 13.5-27克/公顷 喷雾
PD20121536 阿维菌素/5%/乳油/阿维菌素 5%/2012.10.17 至 2017.10.17/中等毒(原药高毒)
水稻 稻纵卷叶螟 4.5－6克/公顷 喷雾
PD20140284 吡蚜酮/30%/可湿性粉剂/吡蚜酮 30%/2014.02.12 至 2019.02.12/低毒
水稻 飞虱 76.5-90克/公顷 喷雾
PD20140366 己唑醇/70%/水分散粒剂/己唑醇 70%/2014.02.19 至 2019.02.19/低毒
水稻 纹枯病 63－73.5克/公顷 喷雾
PD20140622 己唑·嘧菌酯/35%/悬浮剂/己唑醇 13%、嘧菌酯 22%/2014.04.08 至 2019.04.08/低毒
水稻 稻瘟病 105－131.25克/公顷 喷雾
PD20140829 烯啶虫胺/60%/可溶粒剂/烯啶虫胺 60%/2014.04.08 至 2019.04.08/低毒
水稻 稻飞虱 60-75克/公顷 喷雾
PD20141184 草甘膦铵盐/41%/水剂/草甘膦 41%/2014.05.06 至 2019.05.06/低毒
柑橘园 杂草 1125-2251克/公顷 行间定向喷雾
注:草甘膦铵盐含量: 45%。
PD20141712 己唑醇/40%/悬浮剂/己唑醇 40%/2014.06.30 至 2019.06.30/低毒
水稻 纹枯病 52.5-78.75克/公顷 喷雾
PD20142424 嘧菌酯/35%/悬浮剂/嘧菌酯 35%/2014.11.14 至 2019.11.14/低毒
水稻 稻瘟病 52.5－78.75克/公顷 喷雾
PD20150018 阿维菌素/3.2%/乳油/阿维菌素 3.2%/2015.01.04 至 2020.01.04/低毒(原药高毒)
水稻 稻纵卷叶螟 4.5-6克/公顷 喷雾
PD20150076 2甲4氯钠/56%/可湿性粉剂/2甲4氯钠 56%/2015.01.05 至 2020.01.05/低毒
甘蔗田 一年生阔叶杂草 756-840克/公顷 定向茎叶喷雾
PD20150532 甲维盐·氯氰/3.2%/微乳剂/甲氨基阿维菌素 0.2%、氯氰菊酯 3%/2015.03.23 至 2020.03.23/低毒
甘蓝 甜菜夜蛾 24-28.8克/公顷 喷雾
PD20150781 烯啶·吡蚜酮/25%/可湿性粉剂/吡蚜酮 12.5%、烯啶虫胺 12.5%/2015.05.13 至 2020.05.13/低毒
水稻 稻飞虱 75-112.5克/公顷 喷雾
PD20152599 吡蚜·异丙威/45%/可湿性粉剂/吡蚜酮 5%、异丙威 40%/2015.12.17 至 2020.12.17/低毒
水稻 稻飞虱 202.5-337.5克/公顷 喷雾
LS20120097 甲·灭·敌草隆/62%/可湿性粉剂/敌草隆 8%、2甲4氯钠 10%、莠灭净 44%/2014.03.12 至 2015.03.12/低毒
甘蔗田 一年生杂草 1627-2046克/公顷 定向茎叶喷雾
LS20130456 氰氟草酯/15%/水乳剂/氰氟草酯 15%/2015.10.10 至 2016.10.10/低毒
水稻移栽田 一年生禾本科杂草 67.5-112.5克/公顷 茎叶喷雾

广西平乐农药厂 (广西壮族自治区桂林地区平乐县平乐镇正北街307号 542400 0773-7890026)

PD84104-16 杀虫双/18%/水剂/杀虫双 18%/2014.12.21 至 2019.12.21/中等毒
甘蔗、蔬菜、水稻、小麦、玉米 多种害虫 540-675克/公顷 喷雾
果树 多种害虫 225-360毫克/千克 喷雾
PD85159-10 草甘膦/30%/水剂/草甘膦 30%/2015.07.29 至 2020.07.29/低毒
茶树、甘蔗、果园、剑麻、林木、桑树、橡胶树 一年生杂草和多年生恶性杂草 1125-2250克/公顷 喷雾
注:草甘膦铵盐为33%

PD20098444　草甘膦/95%/原药/草甘膦 95%/2014.12.24 至 2019.12.24/低毒
PD20100315　噻嗪酮/95%/原药/噻嗪酮 95%/2015.01.11 至 2020.01.11/低毒
PD20100707　杀螟丹/98%/原药/杀螟丹 98%/2015.01.16 至 2020.01.16/中等毒
PD20101499　阿维·辛硫磷/10%/乳油/阿维菌素 0.1%、辛硫磷 9.9%/2015.05.10 至 2020.05.10/低毒(原药高毒)
甘蓝　小菜蛾　90-150克/公顷　喷雾

广西平乐野牛有限责任公司　(广西壮族自治区平乐县平乐镇东泉街138号　542400　0773-7882218)

WP20030017　蚊香/0.2%/蚊香/富右旋反式烯丙菊酯 0.2%/2013.10.27 至 2018.10.27/微毒
卫生　蚊　点燃
WP20080169　蚊香/0.3%/蚊香/富右旋反式烯丙菊酯 0.3%/2013.11.18 至 2018.11.18/微毒
卫生　蚊　点燃
WP20130168　蚊香/0.05%/蚊香/氯氟醚菊酯 0.05%/2013.07.29 至 2018.07.29/微毒
室内　蚊　点燃
注:本产品有一种香型：桂花香型。

广西钦州谷虫净总厂　(广西壮族自治区钦州市钦南区黄屋屯镇　535033　0777-3525158)

PD20080520　溴氰·八角油/0.042%/微粒剂/八角茴香油 0.018%、溴氰菊酯 0.024%/2013.04.29 至 2018.04.29/低毒
仓储原粮　仓储害虫　1-1.5:1000(药:粮)　分层均匀撒施

广西上思县农药厂　(广西壮族自治区上思县县城东郊　535500　0771-5624046)

PD20100952　马拉·异丙威/30%/乳油/马拉硫磷 15%、异丙威 15%/2015.01.19 至 2020.01.19/低毒
水稻　稻飞虱　450-630克/公顷　喷雾
PD20151740　乙草胺/81.5%/乳油/乙草胺 81.5%/2015.08.28 至 2020.08.28/低毒
花生田　一年生禾本科杂草　1100.25-1222.5克/公顷　土壤喷雾

广西省柳州市万友家庭卫生害虫防治所　(广西壮族自治区柳州市柳邕路123号　545005　0772-3161262)

WP20080459　蚊香/0.2%/蚊香/烯丙菊酯 0.2%/2013.12.16 至 2018.12.16/微毒
卫生　蚊　/　点燃
WP20100067　蚊香/0.3%/蚊香/富右旋反式烯丙菊酯 0.3%/2015.05.05 至 2020.05.05/微毒
卫生　蚊　/　点燃
WP20130013　溴鼠灵/0.005%/饵粒/溴鼠灵 0.005%/2013.01.17 至 2018.01.17/低毒
卫生　家鼠　饱和投饵　投放
WP20130133　杀虫粉剂/0.3%/粉剂/残杀威 0.3%/2013.06.08 至 2018.06.08/低毒
室内　蜚蠊、黄家蚁　3克制剂/平方米　撒布
WP20130226　杀虫饵粒/1%/饵剂/乙酰甲胺磷 1%/2013.11.05 至 2018.11.05/低毒
室内　蜚蠊、蚂蚁　/　投放
WP20140155　杀虫气雾剂/0.33%/气雾剂/胺菊酯 0.2%、氯菊酯 0.13%/2014.07.02 至 2019.07.02/微毒
室内　蚊、蝇、蜚蠊　/　喷雾
WP20150024　杀虫粉剂/0.25%/粉剂/高效氯氰菊酯 0.25%/2015.01.15 至 2020.01.15/低毒
室内　蜚蠊、蚂蚁　7.5毫克/平方米　撒施
WP20150073　杀蟑饵剂/2.5%/饵剂/吡虫啉 2.5%/2015.04.20 至 2020.04.20/微毒
室内　蜚蠊　投放
WL20150001　杀蚁饵剂/0.3%/饵剂/氟虫腈 0.3%/2016.01.15 至 2017.01.15/低毒
卫生　红火蚁　15-20克制剂/巢　环状撒施于蚁巢附近

广西施乐农化科技开发有限责任公司 (广西壮族自治区南宁市城北区南宁市科园大道60号 530007 0771-3214636)

PD20083523　鱼藤酮/95%/原药/鱼藤酮 95%/2013.12.12 至 2018.12.12/中等毒
PD20090576　马拉·异丙威/23%/乳油/马拉硫磷 12%、异丙威 11%/2014.01.14 至 2019.01.14/低毒
水稻　飞虱　172.5-258.75克/公顷　喷雾
PD20091876　鱼藤酮/7.5%/乳油/鱼藤酮 7.5%/2014.02.09 至 2019.02.09/低毒
十字花科叶菜　蚜虫　33.75-45克/公顷　喷雾
PD20095175　藤酮·辛硫磷/18%/乳油/辛硫磷 17.3%、鱼藤酮 0.7%/2014.04.24 至 2019.04.24/低毒
甘蓝　斜纹夜蛾　162-324克/公顷　喷雾
PD20098486　阿维·氯氰/7.5%/乳油/阿维菌素 0.3%、氯氰菊酯 7.2%/2014.12.24 至 2019.12.24/低毒(原药高毒)
梨树　梨木虱　3000-4000倍液　喷雾

广西田园生化股份有限公司 (广西壮族自治区南宁市西乡塘区创新路西段1号质控中心楼 530007 0771-2310486)

PD20050134　高氯·三唑磷/15%/乳油/高效氯氰菊酯 2%、三唑磷 13%/2015.09.09 至 2020.09.09/中等毒
荔枝树　蒂蛀虫　100-150毫克/千克　喷雾
PD20080378　异稻·稻瘟灵/40%/乳油/稻瘟灵 10%、异稻瘟净 30%/2013.02.28 至 2018.02.28/低毒
水稻　稻瘟病　600-1000克/公顷　喷雾
PD20080379　敌畏·辛硫磷/25%/乳油/敌敌畏 17%、辛硫磷 8%/2013.02.28 至 2018.02.28/低毒
水稻　二化螟　450-562克/公顷　喷雾
水稻　稻纵卷叶螟　300－450克/公顷　喷雾
PD20081554　三环·多菌灵/75%/可湿性粉剂/多菌灵 45%、三环唑 30%/2013.11.11 至 2018.11.11/中等毒
水稻　稻瘟病　292.5-405克/公顷　喷雾
PD20081557　高效氯氟氰菊酯/25克/升/乳油/高效氯氟氰菊酯 25克/升/2013.11.11 至 2018.11.11/中等毒
茶树　茶尺蠖　7.5-15克/公顷　喷雾

茶树 茶小绿叶蝉 22.5-37.5克/公顷 喷雾
柑橘树 潜叶蛾 12.5-31.25毫克/千克 喷雾
梨树 梨小食心虫 6.25-16.7毫克/千克 喷雾
荔枝树 蝽蟓 6.25-12.5毫克/千克 喷雾
荔枝树 蒂蛀虫 12.5-25毫克/千克 喷雾
棉花 红铃虫、棉铃虫、蚜虫 15-30克/公顷 喷雾
苹果树 桃小食心虫 6.25-16.7毫克/千克 喷雾
十字花科蔬菜 小菜蛾 15-30克/公顷 喷雾
小麦 蚜虫 7.5-11.25克/公顷 喷雾
烟草 蚜虫、烟青虫 11.25-22.5克/公顷 喷雾

PD20081622 马拉·辛硫磷/25%/乳油/马拉硫磷 12.5%、辛硫磷 12.5%/2013.11.12 至 2018.11.12/低毒
棉花 盲蝽蟓 300-375克/公顷 喷雾
水稻 二化螟 337.5-375克/公顷 喷雾
水稻 稻纵卷叶螟 300—375克/公顷 喷雾

PD20083856 氯氟·敌敌畏/20%/乳油/敌敌畏 19.4%、高效氯氟氰菊酯 0.6%/2013.12.15 至 2018.12.15/中等毒
棉花 蚜虫 120-180克/公顷 喷雾

PD20085264 联苯菊酯/25克/升/乳油/联苯菊酯 25克/升/2013.12.23 至 2018.12.23/低毒
茶树 茶尺蠖 11.25-15克/公顷 喷雾

PD20085586 辛硫磷/3%/颗粒剂/辛硫磷 3%/2013.12.25 至 2018.12.25/低毒
玉米 玉米螟 135-180克/公顷 心叶期喇叭口撒施

PD20085741 甲氰·辛硫磷/25%/乳油/甲氰菊酯 5%、辛硫磷 20%/2013.12.26 至 2018.12.26/中等毒
棉花 棉铃虫 225-345克/公顷 喷雾
苹果树 红蜘蛛 166.67-250毫克/千克 喷雾
十字花科蔬菜 菜青虫 93.75-187.5克/公顷 喷雾

PD20086081 杀虫双/29%/水剂/杀虫双 29%/2013.12.30 至 2018.12.30/低毒
水稻 二化螟 540-660克/公顷 喷雾

PD20086157 春雷·硫磺/50.5%/可湿性粉剂/春雷霉素 0.5%、硫磺 50%/2013.12.30 至 2018.12.30/低毒
水稻 稻瘟病 1060.5-1212克/公顷 喷雾

PD20086188 春雷·三环唑/10%/可湿性粉剂/春雷霉素 1%、三环唑 9%/2013.12.30 至 2018.12.30/中等毒
水稻 稻瘟病 150-195克/公顷 喷雾

PD20086220 2甲·莠灭净/49%/可湿性粉剂/2甲4氯钠 7%、莠灭净 42%/2013.12.31 至 2018.12.31/低毒
甘蔗田 一年生杂草 1470-2205克/公顷 定向茎叶喷雾

PD20086227 毒死蜱/45%/乳油/毒死蜱 45%/2013.12.31 至 2018.12.31/中等毒
水稻 稻纵卷叶螟 432-576克/公顷 喷雾

PD20086247 草甘膦异丙胺盐/30%/水剂/草甘膦 30%/2013.12.31 至 2018.12.31/低毒
柑橘园 杂草 200-400毫升制剂/公亩 定向喷雾
注:草甘膦异丙胺盐含量: 41%。

PD20086257 阿维·杀虫单/20%/微乳剂/阿维菌素 0.2%、杀虫单 19.8%/2013.12.31 至 2018.12.31/低毒(原药高毒)
菜豆 美洲斑潜蝇 90-180克/公顷 喷雾

PD20086274 吡虫啉/5%/乳油/吡虫啉 5%/2013.12.31 至 2018.12.31/低毒
小麦 蚜虫 15-22.5克/公顷 喷雾

PD20086329 辛硫·灭多威/20%/乳油/灭多威 10%、辛硫磷 10%/2013.12.31 至 2018.12.31/中等毒(原药高毒)
棉花 棉铃虫 240-300克/公顷 喷雾

PD20090121 吡虫·仲丁威/25%/乳油/吡虫啉 1%、仲丁威 24%/2014.01.08 至 2019.01.08/低毒
甘蓝 蚜虫 150-225克/公顷 喷雾
水稻 飞虱 187.5-281.25克/公顷 喷雾

PD20090218 高效氯氟氰菊酯/0.6%/乳油/高效氯氟氰菊酯 0.6%/2014.01.09 至 2019.01.09/中等毒
棉花 棉铃虫 6.3-8.1克/公顷 喷雾

PD20090238 氰戊·辛硫磷/25%/乳油/氰戊菊酯 5%、辛硫磷 20%/2014.01.09 至 2019.01.09/中等毒
棉花 棉铃虫 281.25-375克/公顷 喷雾
十字花科蔬菜 菜青虫 150-225克/公顷 喷雾
小麦 蚜虫 112.5-150克/公顷 喷雾

PD20090251 硫丹·灭多威/20%/乳油/硫丹 10%、灭多威 10%/2014.01.09 至 2019.01.09/中等毒(原药高毒)
棉花 棉铃虫 120-150克/公顷 喷雾

PD20090615 溴氰·马拉松/10%/乳油/马拉硫磷 9.6%、溴氰菊酯 0.4%/2014.01.14 至 2019.01.14/中等毒
叶菜类十字花科蔬菜 蚜虫 18.75-37.5克/公顷 喷雾

PD20091234 高氯·毒死蜱/52.25%/乳油/毒死蜱 50%、高效氯氟氰菊酯 2.25%/2014.02.01 至 2019.02.01/中等毒
柑橘树 潜叶蛾 348.3-522.5毫克/千克 喷雾
苹果树 绵蚜 326-373毫克/千克 喷雾

PD20091366 辛硫·高氯氟/26%/乳油/高效氯氟氰菊酯 1%、辛硫磷 25%/2014.02.02 至 2019.02.02/中等毒
棉花 棉铃虫 312-390克/公顷 喷雾
十字花科蔬菜 小菜蛾 162.63-243.75克/公顷 喷雾

PD20091803 三唑磷/20%/乳油/三唑磷 20%/2014.02.04 至 2019.02.04/中等毒

水稻 三化螟 180-225克/公顷 喷雾

PD20092021 氯氰·辛硫磷/20%/乳油/氯氰菊酯 1.5%、辛硫磷 18.5%/2014.02.12 至 2019.02.12/中等毒

棉花 棉铃虫 225-300克/公顷 喷雾

十字花科蔬菜 小菜蛾 150-225克/公顷 喷雾

PD20092100 辛硫磷/40%/乳油/辛硫磷 40%/2014.02.23 至 2019.02.23/低毒

棉花 棉铃虫 225-300克/公顷 喷雾

PD20092161 高氯·马/20%/乳油/高效氯氰菊酯 2%、马拉硫磷 18%/2014.02.23 至 2019.02.23/低毒

甘蓝 菜青虫 90-150克/公顷 喷雾

PD20092168 高效氯氰菊酯/4.5%/乳油/高效氯氰菊酯 4.5%/2014.02.23 至 2019.02.23/低毒

茶树 茶尺蠖 13.5-20.25克/公顷 喷雾

烟草 烟青虫 13.5-20.25克/公顷 喷雾

PD20092408 马拉·杀螟松/12%/乳油/马拉硫磷 10%、杀螟硫磷 2%/2014.02.25 至 2019.02.25/低毒

水稻 二化螟 180-270克/公顷 喷雾

PD20092529 辛硫·三唑磷/20%/乳油/三唑磷 10%、辛硫磷 10%/2014.02.26 至 2019.02.26/中等毒

水稻 稻纵卷叶螟 270～360克/公顷 喷雾

水稻 二化螟 360-480克/公顷 喷雾

PD20092720 乙草胺/50%/乳油/乙草胺 50%/2014.03.04 至 2019.03.04/低毒

冬油菜田 一年生杂草 600-750克/公顷 土壤喷雾

PD20092930 硫磺·百菌清/40%/可湿性粉剂/百菌清 8%、硫磺 32%/2014.03.05 至 2019.03.05/低毒

花生 叶斑病 900－1200克/公顷 喷雾

PD20093749 杀双·灭多威/20%/水剂/灭多威 10%、杀虫双 10%/2014.03.25 至 2019.03.25/中等毒(原药高毒)

水稻 二化螟 240-300克/公顷 喷雾

PD20094539 烯唑醇/25%/乳油/烯唑醇 25%/2014.04.09 至 2019.04.09/低毒

梨树 黑星病 5000-7000倍液 喷雾

小麦 白粉病 75-112.5克/公顷 喷雾

PD20095832 阿维·高氯氟/1.3%/乳油/阿维菌素 0.3%、高效氯氟氰菊酯 1%/2014.05.27 至 2019.05.27/低毒(原药高毒)

甘蓝 小菜蛾 7.8-11.7克/公顷 喷雾

PD20095998 阿维·辛硫磷/15%/乳油/阿维菌素 0.1%、辛硫磷 14.9%/2014.06.11 至 2019.06.11/低毒(原药高毒)

甘蓝 小菜蛾 112.5-168.75克/公顷 喷雾

PD20096055 阿维·甲氰/10%/乳油/阿维菌素 1%、甲氰菊酯 9%/2014.06.18 至 2019.06.18/中等毒(原药高毒)

甘蓝 小菜蛾 45-67.5克/公顷 喷雾

PD20096079 吡虫啉/20%/可溶液剂/吡虫啉 20%/2014.06.18 至 2019.06.18/低毒

水稻 稻飞虱 15-30克/公顷 喷雾

PD20096323 哒螨灵/15%/乳油/哒螨灵 15%/2014.07.22 至 2019.07.22/中等毒

柑橘树 红蜘蛛 30-40毫克/千克 喷雾

萝卜 黄条跳甲 90-135克/公顷 喷雾

PD20097335 敌敌畏/48%/乳油/敌敌畏 48%/2014.10.27 至 2019.10.27/中等毒

水稻 稻飞虱 420-450克/公顷 喷雾

PD20097495 高效氯氟氰菊酯/2.5%/水乳剂/高效氯氟氰菊酯 2.5%/2014.11.03 至 2019.11.03/低毒

茶树 茶尺蠖 3.75－7.5克/公顷 喷雾

甘蓝 菜青虫 7.5-9.375克/公顷 喷雾

PD20097649 阿维菌素/1.8%/乳油/阿维菌素 1.8%/2014.11.04 至 2019.11.04/低毒(原药高毒)

甘蓝 小菜蛾 8.1-10.8克/公顷 喷雾

柑橘树 红蜘蛛 6-8毫克/千克 喷雾

水稻 稻纵卷叶螟 4.5-6克/公顷 喷雾

PD20097650 阿维菌素/3.2%/乳油/阿维菌素 3.2%/2014.11.04 至 2019.11.04/低毒(原药高毒)

菜豆 美洲斑潜蝇 10.8-21.6克/公顷 喷雾

水稻 稻纵卷叶螟 4.5－6克/公顷 喷雾

PD20097706 毒死蜱/40%/乳油/毒死蜱 40%/2014.11.04 至 2019.11.04/低毒

水稻 稻纵卷叶螟 288-360克/公顷 喷雾

PD20098075 稻瘟灵/30%/乳油/稻瘟灵 30%/2014.12.08 至 2019.12.08/低毒

水稻 稻瘟病 270-324克/公顷 喷雾

PD20098460 阿维·矿物油/25%/乳油/阿维菌素 0.2%、矿物油 24.8%/2014.12.24 至 2019.12.24/低毒(原药高毒)

柑橘树 红蜘蛛 125-250毫克/千克 喷雾

PD20101753 哒螨·矿物油/34%/乳油/哒螨灵 4%、矿物油 30%/2015.07.07 至 2020.07.07/中等毒

柑橘树 红蜘蛛 226.7-340毫克/千克 喷雾

PD20110329 苯甲·丙环唑/300克/升/乳油/苯醚甲环唑 150克/升、丙环唑 150克/升/2011.03.24 至 2016.03.24/低毒

水稻 纹枯病 67.5—90克/公顷 喷雾

PD20110685 联苯菊酯/2.5%/微乳剂/联苯菊酯 2.5%/2011.07.04 至 2016.07.04/低毒

茶树 茶小绿叶蝉 30-37.5克/公顷 喷雾

PD20110699 络氨铜/15%/水剂/络氨铜 15%/2011.07.04 至 2016.07.04/低毒

西瓜 枯萎病 200-300倍液 灌根

PD20110701 吡虫·噻嗪酮/10%/乳油/吡虫啉 2%、噻嗪酮 8%/2011.07.05 至 2016.07.05/低毒

水稻 稻飞虱 60-75克/公顷 喷雾
PD20110757 甲氨基阿维菌素苯甲酸盐/2%/乳油/甲氨基阿维菌素 2%/2011.07.25 至 2016.07.25/低毒
甘蓝 小菜蛾 3-3.3克/公顷 喷雾
水稻 稻纵卷叶螟 10.2-13.4克/公顷 喷雾
注:甲氨基阿维菌素苯甲酸盐含量: 2.3%。
PD20110778 丙溴磷/40%/乳油/丙溴磷 40%/2011.07.25 至 2016.07.25/低毒
水稻 稻纵卷叶螟 480－600克/公顷 喷雾
PD20110779 啶虫脒/5%/乳油/啶虫脒 5%/2011.07.25 至 2016.07.25/低毒
大白菜 蚜虫 12-15克/公顷 喷雾
萝卜 黄条跳甲 45-90克/公顷 喷雾
PD20110864 阿维·炔螨特/40%/乳油/阿维菌素 0.3%、炔螨特 39.7%/2011.08.10 至 2016.08.10/低毒(原药高毒)
柑橘树 红蜘蛛 200-400毫克/千克 喷雾
PD20110868 甲维·毒死蜱/10%/乳油/毒死蜱 9.9%、甲氨基阿维菌素苯甲酸盐 0.1%/2011.08.10 至 2016.08.10/中等毒
水稻 稻纵卷叶螟 375-600克/公顷 喷雾
PD20111001 甲·灭·敌草隆/56%/可湿性粉剂/敌草隆 7%、2甲4氯钠 9%、莠灭净 40%/2011.09.21 至 2016.09.21/低毒
甘蔗田 一年生杂草 1260-1680克/公顷 定向茎叶喷雾
PD20111054 阿维·毒死蜱/5.5%/乳油/阿维菌素 0.1%、毒死蜱 5.4%/2011.10.10 至 2016.10.10/低毒(原药高毒)
柑橘树 红蜘蛛 55-73毫克/千克 喷雾
水稻 稻纵卷叶螟 247.5-297克/公顷 喷雾
PD20111228 高效氯氟氰菊酯/5%/水乳剂/高效氯氟氰菊酯 5%/2011.11.18 至 2016.11.18/中等毒
茶树 茶小绿叶蝉 15～30克/公顷 喷雾
PD20111231 甲氨基阿维菌素苯甲酸盐/1%/乳油/甲氨基阿维菌素 1%/2011.11.18 至 2016.11.18/低毒
甘蓝 小菜蛾 1.5-2.25克/公顷 喷雾
水稻 稻纵卷叶螟 10.125-13.5克/公顷 喷雾
注:甲氨基阿维菌素苯甲酸盐含量: 1.14%。
PD20111346 灭蝇胺/50%/可湿性粉剂/灭蝇胺 50%/2011.12.09 至 2016.12.09/低毒
菜豆 美洲斑潜蝇 150－225克/公顷 喷雾
PD20111395 丙环唑/50%/乳油/丙环唑 50%/2011.12.21 至 2016.12.21/低毒
香蕉 叶斑病 333－500毫克/千克 喷雾
PD20111396 苯甲·丙环唑/500克/升/乳油/苯醚甲环唑 250克/升、丙环唑 250克/升/2011.12.21 至 2016.12.21/低毒
水稻 纹枯病 60－120克/公顷 喷雾
PD20120067 高效氯氰菊酯/3%/水乳剂/高效氯氰菊酯 3%/2012.02.03 至 2017.02.03/低毒
甘蓝 菜青虫 22.5-45克/公顷 喷雾
棉花 棉铃虫 33.75-54克/公顷 喷雾
PD20120284 阿维·氟铃脲/3%/乳油/阿维菌素 1%、氟铃脲 2%/2012.02.15 至 2017.02.15/低毒
甘蓝 小菜蛾 22.5－27克/公顷 喷雾
PD20120588 甲氨基阿维菌素苯甲酸盐/5%/乳油/甲氨基阿维菌素 5%/2012.04.10 至 2017.04.10/低毒
水稻 稻纵卷叶螟 11.25-15克/公顷 喷雾
注:甲氨基阿维菌素苯甲酸盐含量: 5.7%。
PD20120738 噻嗪酮/65%/可湿性粉剂/噻嗪酮 65%/2012.05.03 至 2017.05.03/低毒
水稻 飞虱 78-146.25克/公顷 喷雾
PD20121107 噻嗪·仲丁威/25%/乳油/噻嗪酮 5%、仲丁威 20%/2012.07.19 至 2017.07.19/低毒
水稻 飞虱 281.25-337.5克/公顷 喷雾
PD20121172 噁霉灵/15%/水剂/噁霉灵 15%/2012.07.30 至 2017.07.30/低毒
西瓜 枯萎病 375～500毫克/千克 灌根
PD20121197 吡嘧·苯噻酰/0.15%/颗粒剂/苯噻酰草胺 0.14%、吡嘧磺隆 0.01%/2012.08.06 至 2017.08.06/低毒
水稻抛秧田 一年生杂草 450-675克/公顷 毒土法
注:本产品为药肥混剂。
PD20121206 苄嘧·苯噻酰/0.11%/颗粒剂/苯噻酰草胺 0.1%、苄嘧磺隆 0.01%/2012.08.08 至 2017.08.08/低毒
水稻抛秧田 一年生杂草 330-495克/公顷 毒土法
注:本产品为药肥混剂。
PD20121259 甲氨基阿维菌素苯甲酸盐/0.5%/乳油/甲氨基阿维菌素 0.5%/2012.09.04 至 2017.09.04/低毒
甘蓝 小菜蛾 1.65-1.8克/公顷 喷雾
注:甲氨基阿维菌素苯甲酸盐含量: 0.57%。
PD20121272 阿维·吡虫啉/2.2%/乳油/阿维菌素 0.2%、吡虫啉 2%/2012.09.06 至 2017.09.06/低毒(原药高毒)
水稻 稻飞虱 27-30克/公顷 喷雾
PD20121880 丁硫克百威/35%/种子处理干粉剂/丁硫克百威 35%/2012.11.28 至 2017.11.28/中等毒
水稻 稻瘿蚊 600－800克/100千克种子 拌种
PD20122120 噻嗪·毒死蜱/10%/乳油/毒死蜱 6%、噻嗪酮 4%/2012.12.26 至 2017.12.26/低毒
水稻 稻飞虱 112.5－135克/公顷 喷雾
PD20130138 唑磷·毒死蜱/25%/乳油/毒死蜱 8.3%、三唑磷 16.7%/2013.01.17 至 2018.01.17/中等毒
水稻 二化螟 337.5－375克/公顷 喷雾
PD20130240 高效氯氰菊酯/4.5%/微乳剂/高效氯氰菊酯 4.5%/2013.02.05 至 2018.02.05/中等毒

甘蓝 菜青虫 13.5-27克/公顷 喷雾
PD20130314 噻嗪酮/25%/乳油/噻嗪酮 25%/2013.02.26 至 2018.02.26/低毒
水稻 飞虱 75-150克/公顷 喷雾
PD20130414 吡蚜酮/25%/可湿性粉剂/吡蚜酮 25%/2013.03.14 至 2018.03.14/低毒
水稻 飞虱 60-75克/公顷 喷雾
PD20130502 氰氟草酯/15%/乳油/氰氟草酯 15%/2013.03.26 至 2018.03.26/微毒
水稻田(直播) 稗草、千金子等禾本科杂草 75-105克/公顷 茎叶喷雾
PD20130900 烯啶虫胺/50%/可溶粒剂/烯啶虫胺 50%/2013.04.27 至 2018.04.27/低毒
水稻 稻飞虱 37.5-75克/公顷 喷雾
PD20130943 丙溴·辛硫磷/25%/乳油/丙溴磷 6%、辛硫磷 19%/2013.05.02 至 2018.05.02/低毒
水稻 稻纵卷叶螟、二化螟 300-375克/公顷 喷雾
PD20130988 苄嘧·双草醚/30%/可湿性粉剂/苄嘧磺隆 12%、双草醚 18%/2013.05.06 至 2018.05.06/低毒
水稻田(直播) 一年生杂草 45-67.5克/公顷 茎叶喷雾
PD20131102 啶虫脒/15%/乳油/啶虫脒 15%/2013.05.20 至 2018.05.20/低毒
大白菜 蚜虫 15-30克/公顷 喷雾
PD20131282 杀螺胺乙醇胺盐/50%/可湿性粉剂/杀螺胺乙醇胺盐 50%/2013.06.08 至 2018.06.08/低毒
水稻 福寿螺 450—600克/公顷 喷雾
PD20131923 草甘膦铵盐/65%/可溶粉剂/草甘膦 65%/2013.09.25 至 2018.09.25/低毒
非耕地 杂草 1657.5-2242.5克/公顷 茎叶喷雾
注:草甘膦铵盐含量: 71.5%。
PD20132007 苄嘧·丙草胺/40%/可湿性粉剂/苄嘧磺隆 4%、丙草胺 36%/2013.10.18 至 2018.10.18/低毒
水稻田(直播) 一年生杂草 222-300克/公顷 播后苗前土壤喷雾
PD20132013 烯啶虫胺/50%/可湿性粉剂/烯啶虫胺 50%/2013.10.21 至 2018.10.21/低毒
水稻 飞虱 37.5-75克/公顷 喷雾
PD20132281 异丙甲草胺/960克/升/乳油/异丙甲草胺 960克/升/2013.11.08 至 2018.11.08/低毒
玉米田 一年生杂草 1296-1620克/公顷 土壤喷雾
PD20132321 苄嘧·草甘膦/75%/可湿性粉剂/苄嘧磺隆 3%、草甘膦 72%/2013.11.13 至 2018.11.13/低毒
非耕地 杂草 1687.5-2250克/公顷 定向茎叶喷雾
PD20140173 敌草隆/80%/可湿性粉剂/敌草隆 80%/2014.01.28 至 2019.01.28/低毒
甘蔗田 一年生杂草 1500-1800克/公顷 土壤喷雾
PD20140174 莠灭净 /80%/可湿性粉剂/莠灭净 80%/2014.01.28 至 2019.01.28/低毒
甘蔗田 一年生杂草 1500-1800克/公顷 定向茎叶喷雾
PD20140286 苄嘧·苯噻酰/0.33%/颗粒剂/苯噻酰草胺 0.3%、苄嘧磺隆 0.03%/2014.02.12 至 2019.02.12/低毒
水稻抛秧田 一年生杂草 331.65-495克/公顷 撒施
注:本产品为药肥混剂。
PD20140505 戊唑·丙森锌/70%/可湿性粉剂/丙森锌 60%、戊唑醇 10%/2014.03.06 至 2019.03.06/低毒
苹果树 斑点落叶病 420-720毫克/千克 喷雾
PD20140725 四聚乙醛/10%/颗粒剂/四聚乙醛 10%/2014.03.24 至 2019.03.24/低毒
甘蓝 蜗牛 427.5-495克/公顷 撒施
PD20140902 醚菌酯/50%/水分散粒剂/醚菌酯 50%/2014.04.08 至 2019.04.08/低毒
黄瓜 白粉病 112.5—150克/公顷 喷雾
PD20140904 氟胺·灭草松/50%/水剂/氟磺胺草醚 15%、灭草松 35%/2014.04.08 至 2019.04.08/低毒
春大豆田 一年生阔叶杂草 750-900克/公顷 茎叶喷雾
PD20141272 氰氟·二氯喹/60%/可湿性粉剂/二氯喹啉酸 51%、氰氟草酯 9%/2014.05.12 至 2019.05.12/低毒
水稻秧田 一年生禾本科杂草 225-315克/公顷 茎叶喷雾
PD20141771 异丙威/40%/可湿性粉剂/异丙威 40%/2014.07.14 至 2019.07.14/低毒
水稻 稻飞虱 600-750克/公顷 喷雾
PD20141772 阿维菌素/3%/水乳剂/阿维菌素 3%/2014.07.14 至 2019.07.14/低毒(原药高毒)
水稻 稻纵卷叶螟 9-13.5克/公顷 喷雾
PD20141773 丙草胺/40%/可湿性粉剂/丙草胺 40%/2014.07.14 至 2019.07.14/低毒
水稻田(直播) 一年生杂草 336-450克/公顷 土壤喷雾
PD20142024 草甘膦铵盐/80%/可溶粒剂/草甘膦 80%/2014.08.27 至 2019.08.27/低毒
柑橘园 杂草 1200-2160克/公顷 定向茎叶喷雾
注:草甘膦铵盐含量: 88%。
PD20150594 虱螨脲/2%/微乳剂/虱螨脲 2%/2015.04.15 至 2020.04.15/低毒
甘蓝 甜菜夜蛾 22.5-30克/公顷 喷雾
PD20150595 茚虫威/5%/悬浮剂/茚虫威 5%/2015.04.15 至 2020.04.15/低毒
甘蓝 小菜蛾 33.75-45克/公顷 喷雾
PD20150596 阿维·毒死蜱/32%/乳油/阿维菌素 2%、毒死蜱 30%/2015.04.15 至 2020.04.15/中等毒(原药高毒)
水稻 稻纵卷叶螟 72—86.4克/公顷 喷雾
PD20150608 戊唑·嘧菌酯/45%/悬浮剂/嘧菌酯 15%、戊唑醇 30%/2015.04.16 至 2020.04.16/低毒
黄瓜 白粉病 81-121.5克/公顷 喷雾
PD20150612 甲萘威/5%/颗粒剂/甲萘威 5%/2015.04.16 至 2020.04.16/低毒

甘蓝　蜗牛　2062.5-2250克/公顷　撒施
PD20151320　氟环唑/25%/悬浮剂/氟环唑 25%/2015.07.30 至 2020.07.30/低毒
水稻　纹枯病　90-105克/公顷　喷雾
小麦　锈病　90-120克/公顷　喷雾
PD20151366　甲维·丙溴磷/20%/乳油/丙溴磷 19.5%、甲氨基阿维菌素苯甲酸盐 0.5%/2015.07.30 至 2020.07.30/低毒
水稻　稻纵卷叶螟　320－400克/公顷　喷雾
PD20151491　聚醛·甲萘威/6%/颗粒剂/甲萘威 1.5%、四聚乙醛 4.5%/2015.07.31 至 2020.07.31/低毒
甘蓝　蜗牛　540-675克/公顷　撒施
PD20151506　2甲·草甘膦/33%/水剂/草甘膦 30%、2甲4氯 3%/2015.07.31 至 2020.07.31/微毒
非耕地　杂草　1485-1980克/公顷　茎叶喷雾
PD20151755　吡嘧·苯噻酰/.3%/颗粒剂/苯噻酰草胺 .28%、吡嘧磺隆 .02%/2015.08.28 至 2020.08.28/低毒
水稻抛秧田　一年生杂草　382.5-675克/公顷　撒施
注:本产品为药肥混剂。
PD20151781　甲氨基阿维菌素苯甲酸盐/1%/超低容量液剂/甲氨基阿维菌素 1%/2015.08.28 至 2020.08.28/低毒
水稻　稻纵卷叶螟　15-30克/公顷　喷雾
注:甲氨基阿维菌素苯甲酸盐含量含量：1.14%。
PD20151823　仲丁威/20%/微乳剂/仲丁威 20%/2015.08.28 至 2020.08.28/低毒
水稻　稻飞虱　600-750克/公顷　喷雾
PD20151918　甲氨基阿维菌素苯甲酸盐/3%/水乳剂/甲氨基阿维菌素 3%/2015.08.30 至 2020.08.30/低毒
水稻　稻纵卷叶螟　11.25－15克/公顷　喷雾
注:甲氨基阿维菌素苯甲酸盐含量：3.4%。
PD20152045　嘧菌酯/5%/超低容量液剂/嘧菌酯 5%/2015.09.07 至 2020.09.07/低毒
水稻　纹枯病　75-150克/公顷　喷雾
PD20152258　甲·灭·敌草隆/70%/可湿性粉剂/敌草隆 8.75%、2甲4氯钠 11.25%、莠灭净 50%/2015.10.19 至 2020.10.19/低毒
甘蔗田　一年生杂草　1260-1890克/公顷　定向茎叶喷雾
PD20152494　阿维菌素/1.8%/水乳剂/阿维菌素 1.8%/2015.12.05 至 2020.12.05/低毒(原药高毒)
甘蓝　小菜蛾　8.1-10.8克/公顷　喷雾
PD20152566　草铵膦/50%/水剂/草铵膦 50%/2015.12.05 至 2020.12.05/低毒
非耕地　杂草　900-1350克/公顷　茎叶喷雾
PD20152665　高效氯氰菊酯/4.5%/水乳剂/高效氯氰菊酯 4.5%/2015.12.19 至 2020.12.19/低毒
甘蓝　菜青虫　20.25-27克/公顷　喷雾
PD20152671　虫螨腈/8%/微乳剂/虫螨腈 8%/2015.12.19 至 2020.12.19/低毒
茶树　茶小绿叶蝉　72-108克/公顷　喷雾
LS20130117　烯啶·异丙威/25%/可湿性粉剂/烯啶虫胺 5%、异丙威 20%/2015.03.29 至 2016.03.29/低毒
水稻　飞虱　187.5-300克/公顷　喷雾
LS20130177　杀螺胺乙醇胺盐/0.6%/颗粒剂/杀螺胺乙醇胺盐 0.6%/2015.04.03 至 2016.04.03/低毒
水稻　福寿螺　405-675克/公顷　撒施
注:本品为药肥混剂。
LS20130358　毒氟磷/98%/原药/毒氟磷 98%/2015.07.04 至 2016.07.04/低毒
LS20130359　毒氟磷/30%/可湿性粉剂/毒氟磷 30%/2015.07.04 至 2016.07.04/低毒
番茄　病毒病　400-500克/公顷　喷雾
水稻　黑条矮缩病　200-340克/公顷　喷雾
LS20140020　阿维菌素/1.5%/超低容量液剂/阿维菌素 1.5%/2016.01.14 至 2017.01.14/低毒(原药高毒)
水稻　稻纵卷叶螟　11.25-13.5克/公顷　超低容量喷雾
LS20140373　噻虫胺/0.06%/颗粒剂/噻虫胺 0.06%/2015.12.11 至 2016.12.11/低毒
甘蔗　蔗龟、蔗螟　225-315克/公顷　沟施、穴施
注:本产品为药肥混剂。
LS20150207　噻虫·氟氯氰/2%/颗粒剂/氟氯氰菊酯 0.5%、噻虫胺 1.5%/2015.07.30 至 2016.07.30/低毒
甘蔗　蔗龟　300-375克/公顷　撒施
WP20120258　氟虫腈/3%/微乳剂/氟虫腈 3%/2012.12.26 至 2017.12.26/低毒
卫生　蝇　稀释20倍　喷雾
WP20150203　杀蟑胶饵/0.05%/胶饵/氟虫腈 0.05%/2015.10.19 至 2020.10.19/微毒
室内　蜚蠊　/　投放

广西梧州蒙山县广字蚊香厂　(广西壮族自治区梧州市蒙山县蒙山镇高堆村　546700　0774-2347505)

WP20090056　蚊香/0.3%/蚊香/富右旋反式烯丙菊酯 0.3%/2014.01.21 至 2019.01.21/微毒
卫生　蚊　/　点燃

广西兴安县农药厂　(广西壮族自治区桂林市兴安县工业园C区　541300　0773-6093966)

PD84104-39　杀虫双/18%/水剂/杀虫双 18%/2014.09.21 至 2019.09.21/中等毒
甘蔗、蔬菜、水稻、小麦、玉米　多种害虫　540-675克/公顷　喷雾
果树　多种害虫　225-360毫克/千克　喷雾
PD85159-26　草甘膦铵盐/30%/水剂/草甘膦 30%/2015.08.15 至 2020.08.15/低毒
茶树、甘蔗、果园、　一年生杂草和多年生恶性杂草　1125-2250克/公顷　定向喷雾

剑麻、林木、桑树、

橡胶树

注:草甘膦铵盐含量:33%。

PD86148-31　异丙威/20%/乳油/异丙威 20%/2011.12.05 至 2016.12.05/中等毒

水稻　飞虱、叶蝉　450-600克/公顷　喷雾

PD20151313　甲·灭·敌草隆/62%/可湿性粉剂/敌草隆 8%、2甲4氯钠 10%、莠灭净 44%/2015.07.30 至 2020.07.30/低毒

甘蔗田　一年生杂草　1674-1953克/公顷　定向茎叶喷雾

广西兄弟农药厂　(广西贵港市覃塘区覃塘镇覃塘林场内　537121　0775-4869686)

PD20081474　稻瘟灵/40%/乳油/稻瘟灵 40%/2013.11.04 至 2018.11.04/低毒

水稻　稻瘟病　450－660克/公顷　喷雾

PD20083020　异丙威/20%/乳油/异丙威 20%/2013.12.10 至 2018.12.10/中等毒

水稻　飞虱　450-600克/公顷　喷雾

PD20092278　甲氰 ·敌敌畏/35%/乳油/敌敌畏 25%、甲氰菊酯 10%/2014.02.24 至 2019.02.24/中等毒

甘蓝　菜青虫、蚜虫　105-157.5克/公顷　喷雾

PD20092623　辛硫磷/40%/乳油/辛硫磷 40%/2014.03.02 至 2019.03.02/低毒

十字花科蔬菜　菜青虫　300-450克/公顷　喷雾

PD20093883　丁硫·马/20%/乳油/丁硫克百威 4%、马拉硫磷 16%/2014.03.25 至 2019.03.25/中等毒

水稻　三化螟　300-420克/公顷　喷雾

PD20096939　异松·乙草胺/58%/乳油/乙草胺 34%、异噁草松 24%/2014.09.29 至 2019.09.29/低毒

春大豆田　一年生杂草　140-160毫升制剂/亩　播后苗前土壤喷雾

PD20098472　杀虫双/18%/水剂/杀虫双 18%/2014.12.24 至 2019.12.24/中等毒

水稻　三化螟　675-810克/公顷　喷雾

PD20100093　甲氰·辛硫磷/25%/乳油/甲氰菊酯 5%、辛硫磷 20%/2015.01.04 至 2020.01.04/中等毒

十字花科蔬菜　菜青虫　93.75-187.5克/公顷　喷雾

PD20100416　毒死蜱/40%/乳油/毒死蜱 40%/2015.01.14 至 2020.01.14/中等毒

棉花　棉铃虫　450-900克/公顷　喷雾

PD20110996　高效氯氰菊酯/3%/水乳剂/高效氯氰菊酯 3%/2011.09.21 至 2016.09.21/低毒

甘蓝　菜青虫　22.5-31.5克/公顷　喷雾

PD20111277　联苯菊酯/2.5%/微乳剂/联苯菊酯 2.5%/2011.11.23 至 2016.11.23/低毒

茶树　茶小绿叶蝉　30-37.5克/公顷　喷雾

PD20111407　阿维菌素/1.8%/微乳剂/阿维菌素 1.8%/2011.12.22 至 2016.12.22/低毒

甘蓝　小菜蛾　8.1-10.8克/公顷　喷雾

PD20130891　高效氯氟氰菊酯/2.5%/微乳剂/高效氯氟氰菊酯 2.5%/2013.04.25 至 2018.04.25/中等毒

甘蓝　菜青虫　7.5-15克/公顷　喷雾

PD20130978　草甘膦铵盐/30%/水剂/草甘膦 30%/2013.05.02 至 2018.05.02/低毒

非耕地　杂草　1687.5-2250克/公顷　茎叶喷雾

注:草甘膦铵盐含量:33%。

PD20131477　联苯菊酯/25克/升/乳油/联苯菊酯 25克/升/2013.07.05 至 2018.07.05/低毒

柑橘树　红蜘蛛　25-30毫克/千克　喷雾

PD20131937　甲氨基阿维菌素苯甲酸盐/1%/微乳剂/甲氨基阿维菌素 1%/2013.09.30 至 2018.09.30/低毒

甘蓝　甜菜夜蛾　1.875-3克/公顷　喷雾

注:甲氨基阿维菌素苯甲酸盐含量：1.14%。

PD20140724　草甘膦铵盐/50%/可溶粉剂/草甘膦 50%/2014.03.24 至 2019.03.24/低毒

非耕地　杂草　1687.5-2250克/公顷　茎叶喷雾

注:草甘膦铵盐含量：55%。

PD20141035　精喹禾灵/5%/乳油/精喹禾灵 5%/2014.04.21 至 2019.04.21/低毒

大豆田　一年生禾本科杂草　37.5-60克/公顷　茎叶喷雾

PD20142032　苦参碱/0.3%/水剂/苦参碱 0.3%/2014.08.27 至 2019.08.27/低毒

甘蓝　菜青虫　4.5-6.75克/公顷　喷雾

PD20142358　阿维·辛硫磷/15%/微乳剂/阿维菌素 0.1%、辛硫磷 14.9%/2014.11.04 至 2019.11.04/低毒(原药高毒)

甘蓝　菜青虫　135-180克/公顷　喷雾

PD20151449　阿维菌素/3%/微乳剂/阿维菌素 3%/2015.07.31 至 2020.07.31/中等毒(原药高毒)

柑橘树　红蜘蛛　6－10毫克/千克　喷雾

PD20151682　仲丁威/20%/微乳剂/仲丁威 20%/2015.08.28 至 2020.08.28/低毒

水稻　稻飞虱　450－570克/公顷　喷雾

PD20152272　阿维·毒死蜱/10%/微乳剂/阿维菌素 0.1%、毒死蜱 9.9%/2015.10.20 至 2020.10.20/低毒(原药高毒)

水稻　稻纵卷叶螟　195-210克/公顷　喷雾

PD20152403　敌草隆/80%/可湿性粉剂/敌草隆 80%/2015.10.25 至 2020.10.25/低毒

甘蔗田　一年生杂草　1560-2400克/公顷　土壤喷雾

PD20152598　苏云金杆菌/0.2%/颗粒剂/苏云金杆菌 0.2%/2015.12.17 至 2020.12.17/低毒

玉米　玉米螟　12-15克/公顷　心叶撒施

广西易多收生物科技有限公司　(广西壮族自治区南宁市大学路32-1号　530007　0771-3244986)

PD20080392　高效氯氟氰菊酯/25克/升/乳油/高效氯氟氰菊酯 25克/升/2013.02.28 至 2018.02.28/低毒

烟草 烟青虫 7.5-9.375克/公顷 喷雾
PD20080504 三唑磷/20%/乳油/三唑磷 20%/2013.04.10 至 2018.04.10/中等毒
水稻 二化螟、三化螟 300-450克/公顷 喷雾
PD20080542 吡虫·杀虫单/58%/可湿性粉剂/吡虫啉 2.5%、杀虫单 55.5%/2013.05.04 至 2018.05.04/中等毒
水稻 稻飞虱、稻纵卷叶螟 450-750克/公顷 喷雾
PD20080794 草甘膦铵盐/30%/水剂/草甘膦 30%/2014.12.31 至 2019.12.31/低毒
柑橘园 杂草 1125—2250克/公顷 定向喷雾
注:草甘膦铵盐含量: 33%。
PD20080977 敌敌畏/80%/乳油/敌敌畏 80%/2013.07.24 至 2018.07.24/中等毒
叶菜类十字花科蔬菜 菜青虫 600-780克/公顷 喷雾
PD20081149 草甘膦异丙胺盐/41%/水剂/草甘膦异丙胺盐 41%/2013.09.01 至 2018.09.01/低毒
柑橘园 杂草 1660-2214毫升/公顷 定向茎叶喷雾
PD20081385 炔螨特/40%/乳油/炔螨特 40%/2013.10.28 至 2018.10.28/低毒
柑橘树 红蜘蛛 200-400毫克/千克 喷雾
PD20081555 毒死蜱/40%/乳油/毒死蜱 40%/2013.11.11 至 2018.11.11/中等毒
水稻 稻纵卷叶螟 480-600克/公顷 喷雾
PD20084214 硫磺·三环唑/45%/可湿性粉剂/硫磺 40%、三环唑 5%/2013.12.16 至 2018.12.16/低毒
水稻 稻瘟病 1012.5—1215克/公顷 喷雾
PD20084554 乙草胺/50%/乳油/乙草胺 50%/2013.12.18 至 2018.12.18/低毒
春玉米田 一年生禾本科杂草及部分小粒种子阔叶杂草 1125-1350克/公顷 土壤喷雾
夏玉米田 一年生禾本科杂草及部分小粒种子阔叶杂草 900-1050克/公顷 土壤喷雾
PD20084580 甲氰菊酯/20%/乳油/甲氰菊酯 20%/2013.12.18 至 2018.12.18/中等毒
十字花科蔬菜 菜青虫 75-90克/公顷 喷雾
PD20084703 敌百虫/30%/乳油/敌百虫 30%/2013.12.22 至 2018.12.22/低毒
甘蓝 菜青虫 450-675克/公顷 喷雾
PD20084973 甲霜·锰锌/58%/可湿性粉剂/甲霜灵 10%、代森锰锌 48%/2013.12.22 至 2018.12.22/低毒
黄瓜 霜霉病 1305-1740克/公顷 喷雾
PD20085440 氰戊·辛硫磷/25%/乳油/氰戊菊酯 3%、辛硫磷 22%/2013.12.24 至 2018.12.24/中等毒
十字花科蔬菜 菜青虫 150-225克/公顷 喷雾
PD20086284 敌百·辛硫磷/30%/乳油/敌百虫 10%、辛硫磷 20%/2013.12.31 至 2018.12.31/低毒
水稻 二化螟 450-540克/公顷 喷雾
PD20090402 莠灭净/40%/可湿性粉剂/莠灭净 40%/2014.01.12 至 2019.01.12/低毒
甘蔗田 一年生杂草 1500—2100克/公顷 土壤喷雾
PD20091345 丁草胺/50%/乳油/丁草胺 50%/2014.02.02 至 2019.02.02/低毒
移栽水稻田 稗草、牛毛草、鸭舌草等杂草 900-1275克/公顷 毒土法
PD20091529 丙环唑/25%/乳油/丙环唑 25%/2014.02.03 至 2019.02.03/低毒
香蕉树 叶斑病 250-500毫克/千克 喷雾
PD20091699 联苯菊酯/25克/升/乳油/联苯菊酯 25克/升/2014.02.03 至 2019.02.03/低毒
茶树 小绿叶蝉 30-37.克/公顷 喷雾
PD20091923 辛硫磷/3%/颗粒剂/辛硫磷 3%/2014.02.12 至 2019.02.12/低毒
花生 地下害虫 2700—3600克/公顷 沟施
PD20092449 高效氯氰菊酯/2.5%/乳油/高效氯氰菊酯 2.5%/2014.02.25 至 2019.02.25/低毒
甘蓝 菜青虫 15-22.5克/公顷 喷雾
PD20092972 异丙威/20%/乳油/异丙威 20%/2014.03.09 至 2019.03.09/低毒
水稻 稻飞虱 525-600克/公顷 喷雾
PD20093166 敌畏·毒死蜱/35%/乳油/敌敌畏 25%、毒死蜱 10%/2014.03.11 至 2019.03.11/中等毒
水稻 稻纵卷叶螟 472.5-525克/公顷 喷雾
PD20093709 氯氰菊酯/5%/乳油/氯氰菊酯 5%/2014.03.25 至 2019.03.25/低毒
十字花科蔬菜 菜青虫 30-45克/公顷 喷雾
PD20093817 联苯菊酯/100克/升/乳油/联苯菊酯 100克/升/2014.03.25 至 2019.03.25/中等毒
茶树 小绿叶蝉 30-37.5克/公顷 喷雾
PD20094503 草甘膦/30%/可溶粉剂/草甘膦 30%/2014.04.09 至 2019.04.09/低毒
柑橘园 杂草 1125-2250克/公顷 喷雾
PD20094617 溴氰菊酯/25克/升/乳油/溴氰菊酯 2.8%/2014.04.10 至 2019.04.10/低毒
大白菜 菜青虫 7.5-15克/公顷 喷雾
PD20094680 氰戊·乐果/25%/乳油/乐果 20%、氰戊菊酯 5%/2014.04.10 至 2019.04.10/低毒
甘蓝 菜青虫 187.5-262.5克/公顷 喷雾
PD20094847 高氯 ·敌敌畏/26%/乳油/敌敌畏 25%、高效氯氰菊酯 1%/2014.04.13 至 2019.04.13/中等毒
十字花科蔬菜 菜青虫 156—234克/公顷 喷雾
PD20095000 乐果·敌百虫/40%/乳油/敌百虫 20%、乐果 20%/2014.04.21 至 2019.04.21/低毒
水稻 稻纵卷叶螟 450-540克/公顷 喷雾

PD20096020 复硝酚钠/1.8%/水剂/复硝酚钠 1.8%/2014.06.15 至 2019.06.15/微毒
番茄 调节生长 2000-3000倍液 喷雾3次
PD20097158 2甲4氯钠/13%/水剂/2甲4氯钠 13%/2014.10.16 至 2019.10.16/低毒
水稻 阔叶杂草及莎草科杂草 450-975克/公顷 茎叶喷雾
PD20097269 马拉·杀螟松/12%/乳油/马拉硫磷 10%、杀螟硫磷 2%/2014.10.26 至 2019.10.26/低毒
水稻 二化螟 180-360克/公顷 喷雾
PD20097486 杀虫双/20%/水剂/杀虫双 20%/2014.11.03 至 2019.11.03/低毒
水稻 稻纵卷叶螟、三化螟 540-675克/公顷 喷雾
PD20097489 辛硫·三唑磷/20%/乳油/三唑磷 10%、辛硫磷 10%/2014.11.03 至 2019.11.03/中等毒
水稻 二化螟 360-450克/公顷 喷雾
PD20100835 2甲4氯钠/56%/可溶粉剂/2甲4氯钠 56%/2015.01.19 至 2020.01.19/低毒
移栽水稻田 阔叶杂草及莎草科杂草 504-840克/公顷 茎叶喷雾
PD20100936 杀虫双/18%/水剂/杀虫双 18%/2015.01.19 至 2020.01.19/低毒
水稻 三化螟 405-675克/公顷 喷雾
PD20101352 2甲·莠灭净/48%/可湿性粉剂/2甲4氯钠 8%、莠灭净 40%/2015.03.26 至 2020.03.26/低毒
甘蔗田 一年生杂草 1440-2160克/公顷 喷雾
PD20110780 啶虫脒/5%/乳油/啶虫脒 5%/2011.07.25 至 2016.07.25/低毒
柑橘树 蚜虫 8-10毫克/千克 喷雾
PD20111037 丙草胺/95%/原药/丙草胺 95%/2011.10.10 至 2016.10.10/低毒
PD20121644 草甘膦铵盐/68%/可溶粒剂/草甘膦 68%/2012.10.30 至 2017.10.30/低毒
非耕地 杂草 1122-2244克/公顷 定向茎叶喷雾
注:草甘膦铵盐含量: 74.7%。
PD20152157 甲·灭·敌草隆/58%/可湿性粉剂/敌草隆 8%、2甲4氯 10%、莠灭净 40%/2015.09.22 至 2020.09.22/低毒
甘蔗田 杂草 1305-1740克/公顷 茎叶喷雾
PD20152503 2甲·草甘膦/38%/可溶粉剂/草甘膦 30%、2甲4氯 8%/2015.12.05 至 2020.12.05/低毒
非耕地 杂草 1140-1710克/公顷 茎叶喷雾
LS20130354 甲维·杀虫双/26%/微乳剂/甲氨基阿维菌素苯甲酸盐 0.5%、杀虫双 25.5%/2015.07.03 至 2016.07.03/低毒
甘蔗 二点螟 390-975克/公顷 喷雾
LS20130368 滴酸·草甘膦/31%/水剂/草甘膦 30%、2,4-滴 1%/2015.07.17 至 2016.07.17/低毒
非耕地 一年生杂草 1237.5-2475克/公顷 茎叶喷雾
LS20130465 杀双·辛硫磷/8%/颗粒剂/杀虫双 5%、辛硫磷 3%/2015.10.10 至 2016.10.10/低毒
甘蔗 二点螟 3600-4800克/公顷 拌毒土撒施
LS20150254 莠灭·乙草胺/40%/可湿性粉剂/乙草胺 20%、莠灭净 20%/2015.07.30 至 2016.07.30/低毒
甘蔗田 一年生杂草 990-1320克/公顷 土壤喷雾

广西易多收生物科技有限公司河池农药厂 (广西壮族自治区河池市东江镇 547001 0771-3244986)

PD20080930 敌敌畏/95%/原药/敌敌畏 95%/2013.07.17 至 2018.07.17/中等毒
PD20080933 草甘膦/95%/原药/草甘膦 95%/2013.07.17 至 2018.07.17/低毒
PD20081086 丁草胺/90%/原药/丁草胺 90%/2013.08.18 至 2018.08.18/低毒
PD20081508 百草枯/42%/母药/百草枯 42%/2013.11.06 至 2018.11.06/中等毒
PD20097491 高效氯氰菊酯/95%/原药/高效氯氰菊酯 95%/2014.11.03 至 2019.11.03/中等毒

广西玉林市百能达日用粘胶制品厂 (广西壮族自治区玉林市一环北路西环里153号 537000 0775-2098073)

WP20110084 杀虫饵粒/1.5%/饵粒/残杀威 1.5%/2011.04.06 至 2016.04.06/微毒
卫生 蜚蠊、蚂蚁 / 投放
WP20110118 杀蟑笔剂/0.35%/笔剂/残杀威 0.25%、高效氯氰菊酯 0.1%/2011.05.12 至 2016.05.12/微毒
卫生 蜚蠊 3克制剂/平方米 涂抹
WP20110219 杀蟑胶饵/1%/胶饵/杀螟硫磷 1%/2011.09.23 至 2016.09.23/微毒
卫生 蜚蠊 / 投放
WP20120086 高氯·残杀威/10%/微乳剂/残杀威 6%、高效氯氰菊酯 4%/2012.05.10 至 2017.05.10/低毒
卫生 蚊、蝇、蜚蠊 玻璃面: 30毫克/平方米; 木板面,水泥面: 50毫克/平方米 滞留喷洒
WP20120218 杀蟑烟片/8%/烟片/右旋苯醚氰菊酯 8%/2012.11.08 至 2017.11.08/低毒
室内 蜚蠊 / 点燃
WP20150123 杀虫热雾剂/2.5%/热雾剂/残杀威 1%、氯氰菊酯 1.5%/2015.07.30 至 2020.07.30/微毒
室内 蜚蠊、蚊 25毫克/立方米 热雾机喷雾
WL20150014 杀虫气雾剂/0.22%/气雾剂/胺菊酯 0.08%、高效氯氰菊酯 0.14%/2015.07.30 至 2016.07.30/低毒
室内 蚊、蝇、蜚蠊 / 喷雾
WL20150015 电热蚊香液/1.2%/电热蚊香液/四氟苯菊酯 1.2%/2015.09.22 至 2016.09.22/低毒
室内 蚊 / 电热加温

广西玉林市农宝农药厂 (广西壮族自治区玉林市博白江南工业区 537600 0775-8333828)

PD20081274 马拉硫磷/45%/乳油/马拉硫磷 45%/2013.09.25 至 2018.09.25/低毒
水稻 叶蝉 675-810克/公顷 喷雾
PD20081275 辛硫磷/40%/乳油/辛硫磷 40%/2013.09.25 至 2018.09.25/低毒
甘蓝 菜青虫 450-600克/公顷 喷雾

PD20081296 氰戊·马拉松/20%/乳油/马拉硫磷 15%、氰戊菊酯 5%/2013.10.06 至 2018.10.06/中等毒
十字花科蔬菜 菜青虫 90-150克/公顷 喷雾
PD20081955 乐果/40%/乳油/乐果 40%/2013.11.24 至 2018.11.24/中等毒
水稻 三化螟 480-600克/公顷 喷雾
PD20083553 丙溴·辛硫磷/25%/乳油/丙溴磷 5%、辛硫磷 20%/2013.12.12 至 2018.12.12/低毒
棉花 棉铃虫 187.5-281.25克/公顷 喷雾
PD20097470 杀虫双/18%/水剂/杀虫双 18%/2014.11.03 至 2019.11.03/中等毒
水稻 三化螟 540-675克/公顷 喷雾
PD20101980 敌敌畏/50%/乳油/敌敌畏 50%/2015.09.21 至 2020.09.21/中等毒
水稻 飞虱 450-675克/公顷 喷雾

广西玉林祥和源化工药业有限公司 （广西壮族自治区玉林市城站路73号 537001 0775-3832736）

PD20101562 溴敌隆/0.005%/毒饵/溴敌隆 0.005%/2015.05.19 至 2020.05.19/低毒(原药高毒)
室内 家鼠 20-30克毒饵/10平方米 投放毒饵
PD20101811 杀鼠醚/0.0375%/毒饵/杀鼠醚 0.0375%/2015.07.19 至 2020.07.19/低毒(原药高毒)
卫生 家鼠 10-20克毒饵/10平方米 饱和投饵
PD20111263 敌鼠钠盐/0.05%/毒饵/敌鼠钠盐 0.05%/2011.11.23 至 2016.11.23/低毒(原药高毒)
室内 家鼠 10-20克毒饵/10平方米 饱和投饵
WP20100071 杀虫饵粒/1.5%/饵粒/残杀威 1.5%/2015.05.19 至 2020.05.19/低毒
卫生 蜚蠊、蚂蚁 / 投放

广西植保农药厂 （广西壮族自治区博白县城玉公公路边 537600 0775-8338385）

PD20094861 氰戊·辛硫磷/12%/乳油/氰戊菊酯 4%、辛硫磷 8%/2014.04.13 至 2019.04.13/低毒
十字花科蔬菜 菜青虫 72-108克/公顷 喷雾
PD20095812 氰戊·辛硫磷/50%/乳油/氰戊菊酯 5%、辛硫磷 45%/2014.05.27 至 2019.05.27/中等毒
甘蓝 菜青虫 75-150克/公顷 喷雾
PD20097413 毒·辛/20%/乳油/毒死蜱 4%、辛硫磷 16%/2014.10.28 至 2019.10.28/低毒
棉花 棉铃虫 360-390克/公顷 喷雾
PD20097427 乐果·敌百虫/40%/乳油/敌百虫 20%、乐果 20%/2014.10.28 至 2019.10.28/中等毒
水稻 稻纵卷叶螟 600-720克/公顷 喷雾
PD20100402 敌敌畏/80%/乳油/敌敌畏 80%/2010.01.14 至 2015.01.14/中等毒
十字花科蔬菜 菜青虫 600-900克/公顷 喷雾
PD20101680 马拉·杀螟松/12%/乳油/马拉硫磷 10%、杀螟硫磷 2%/2015.06.08 至 2020.06.08/低毒
水稻 二化螟 180-270克/公顷 喷雾
PD20101746 草甘膦铵盐(33%)///水剂/草甘膦 30%/2015.06.28 至 2020.06.28/低毒
柑橘园 杂草 1125-2250克/公顷 定向茎叶喷雾

广西钟山县农药厂 （广西壮族自治区贺州市钟山县城北环东路309号 542600 0774-8982606）

PD86148-29 异丙威/20%/乳油/异丙威 20%/2011.11.02 至 2016.11.02/中等毒
水稻 飞虱、叶蝉 450-600克/公顷 喷雾
PD20100254 灭线磷/10%/颗粒剂/灭线磷 10%/2010.01.11 至 2015.01.11/低毒(原药高毒)
水稻 瘿蚊 1500-2250克/公顷 拌细土撒施

广西壮族自治区化工研究院 （广西壮族自治区南宁市城北区望州路北二里7号 530001 0771-3331751）

PD85159 草甘膦/30%/水剂/草甘膦 30%/2015.05.20 至 2020.05.20/低毒
茶树、甘蔗、果园、剑麻、林木、桑树、橡胶树 一年生杂草和多年生恶性杂草 1125-2250克/公顷 喷雾
PD20083225 辛硫磷/3%/颗粒剂/辛硫磷 3%/2013.12.11 至 2018.12.11/微毒
甘蔗 蔗龟、蔗螟 1800-3600克/公顷 撒施
花生 金针虫、蝼蛄、蛴螬 1800-2700克/公顷 穴施
PD20092334 草甘膦/95%/原药/草甘膦 95%/2014.02.24 至 2019.02.24/低毒
PD20092798 溴氰·敌敌畏/24%/乳油/敌敌畏 23.5%、溴氰菊酯 0.5%/2014.03.04 至 2019.03.04/中等毒
甘蓝 菜青虫 72-108克/公顷 喷雾
PD20094172 草甘膦异丙胺盐(41%)///水剂/草甘膦 30%/2014.03.27 至 2019.03.27/低毒
柑橘园 杂草 1125-2250克/公顷 定向茎叶喷雾
PD20094227 莠去津/95%/原药/莠去津 95%/2014.03.31 至 2019.03.31/低毒
PD20095078 杀虫双/18%/水剂/杀虫双 18%/2014.04.22 至 2019.04.22/低毒
水稻 三化螟 675-810克/公顷 喷雾
PD20095326 莠去津/38%/悬浮剂/莠去津 38%/2014.04.27 至 2019.04.27/低毒
甘蔗田 一年生杂草 1197-1425克/公顷 土壤喷雾
PD20100963 滴酸·草甘膦/32%/水剂/草甘膦 30%、2,4-滴 2%/2015.01.19 至 2020.01.19/微毒
柑橘园 杂草 1215-2430克/公顷 茎叶喷雾
PD20101208 甲·莠·敌草隆/20%/可湿性粉剂/敌草隆 6%、2甲4氯钠 5%、莠去津 9%/2015.02.21 至 2020.02.21/低毒
甘蔗田 一年生杂草 1200-1800克/公顷 杂草3-5叶期茎叶喷雾
PD20101431 氯氰·烟碱/4%/水乳剂/氯氰菊酯 0.6%、烟碱 3.4%/2015.05.04 至 2020.05.04/中等毒

甘蓝 蚜虫 60-120克/公顷 喷雾
PD20130045 草甘膦铵盐/50%/可溶粉剂/草甘膦 50%/2013.01.07 至 2018.01.07/低毒
柑橘园 杂草 1125-2250克/公顷 定向茎叶喷雾
注:草甘膦铵盐含量:55%。
PD20131021 草甘膦铵盐/65%/可溶粉剂/草甘膦 65%/2013.05.13 至 2018.05.13/低毒
柑橘园 杂草 1125-2250克/公顷 行间定向茎叶喷雾
注:草甘膦铵盐含量：71.5%。
PD20142560 辛硫磷/0.3%/颗粒剂/辛硫磷 0.3%/2014.12.15 至 2019.12.15/微毒
甘蔗 蔗龟、蔗螟 3600-4500克/公顷 沟施、穴施
注:本品为药肥混剂。
PD20152137 甲·灭·敌草隆/73%/可湿性粉剂/敌草隆 23%、2甲4氯钠 10%、莠灭净 40%/2015.09.22 至 2020.09.22/低毒
甘蔗田 一年生杂草 1314-1752克/公顷 定向茎叶喷雾

广西自主化工有限公司 （广西壮族自治区南宁市江南区白沙大道100号 530031 0771-4832589)

PD85159-12 草甘膦异丙胺盐/30%/水剂/草甘膦 30%/2014.07.14 至 2019.07.14/低毒
茶树、甘蔗、果园、剑麻、林木、桑树、橡胶树 一年生杂草和多年生恶性杂草 1125-2250克/公顷 喷雾
注:草甘膦异丙胺盐含量：41%。

广西鑫金泰化工有限公司 （广西壮族自治区贵港市平南县瑞雁广场南 537300 0775-7866335)

PD20083351 代森锰锌/80%/可湿性粉剂/代森锰锌 80%/2013.12.11 至 2018.12.11/低毒
荔枝树 霜疫霉病 1333-2000毫克/千克 喷雾
PD20083426 丙环唑/250克/升/乳油/丙环唑 250克/升/2013.12.11 至 2018.12.11/低毒
香蕉 叶斑病 250-500毫克/千克 喷雾
PD20083830 甲氰菊酯/20%/乳油/甲氰菊酯 20%/2013.12.15 至 2018.12.15/中等毒
十字花科蔬菜 菜青虫 90-120克/公顷 喷雾
PD20083852 高效氯氰菊酯/25克/升/乳油/高效氯氰菊酯 25克/升/2013.12.15 至 2018.12.15/低毒
十字花科蔬菜 菜青虫 7.5-15克/公顷 喷雾
PD20084016 杀螟丹/50%/可溶粉剂/杀螟丹 50%/2013.12.16 至 2018.12.16/中等毒
水稻 二化螟 600-750克/公顷 喷雾
PD20084539 甲基硫菌灵/70%/可湿性粉剂/甲基硫菌灵 70%/2013.12.18 至 2018.12.18/低毒
水稻 纹枯病 1050-1470克/公顷 喷雾
PD20085384 噻嗪·异丙威/25%/可湿性粉剂/噻嗪酮 5%、异丙威 20%/2013.12.24 至 2018.12.24/低毒
水稻 稻飞虱 450-562.5克/公顷 喷雾
PD20086245 三唑锡/25%/可湿性粉剂/三唑锡 25%/2013.12.31 至 2018.12.31/中等毒
柑橘树 红蜘蛛 125-167毫克/千克 喷雾
PD20090882 敌百·仲丁威/36%/乳油/敌百虫 24%、仲丁威 12%/2014.01.19 至 2019.01.19/低毒
水稻 飞虱 486-648克/公顷 喷雾
PD20091244 仲丁威/50%/乳油/仲丁威 50%/2014.02.01 至 2019.02.01/低毒
水稻 稻飞虱 600-900克/公顷 喷雾
PD20092948 三环唑/75%/可湿性粉剂/三环唑 75%/2014.03.09 至 2019.03.09/中等毒
水稻 稻瘟病 225-375克/公顷 喷雾
PD20093458 联苯菊酯/25克/升/乳油/联苯菊酯 25克/升/2014.03.23 至 2019.03.23/低毒
茶树 茶小绿叶蝉 30-37.5克/公顷 喷雾
PD20094314 硫磺·三环唑/40%/悬浮剂/硫磺 35%、三环唑 5%/2014.03.31 至 2019.03.31/中等毒
水稻 稻瘟病 720-120克/公顷 喷雾
PD20094747 硫磺·百菌清/50%/悬浮剂/百菌清 15%、硫磺 35%/2014.04.10 至 2019.04.10/低毒
黄瓜 霜霉病 1125-1875克/公顷 喷雾
PD20094809 甲霜·锰锌/58%/可湿性粉剂/甲霜灵 10%、代森锰锌 48%/2014.04.13 至 2019.04.13/低毒
黄瓜 霜霉病 696-1044克/公顷 喷雾
PD20095161 杀虫双/18%/水剂/杀虫双 18%/2014.04.24 至 2019.04.24/中等毒
水稻 三化螟 675-810克/公顷 喷雾
PD20095766 虫酰肼/20%/悬浮剂/虫酰肼 20%/2014.05.18 至 2019.05.18/低毒
十字花科蔬菜 甜菜夜蛾 240-360克/公顷 喷雾
PD20095805 阿维菌素/1.8%/乳油/阿维菌素 1.8%/2014.05.27 至 2019.05.27/低毒(原药高毒)
十字花科蔬菜 小菜蛾 8.1-10.8克/公顷 喷雾
PD20096245 喹硫磷/25%/乳油/喹硫磷 25%/2014.07.15 至 2019.07.15/中等毒
水稻 二化螟 450-562.5克/公顷 喷雾
PD20097383 吡虫啉/20%/可溶液剂/吡虫啉 20%/2014.10.28 至 2019.10.28/低毒
水稻 稻飞虱 30-45克/公顷 喷雾
PD20100190 杀螺胺乙醇胺盐/50%/可湿性粉剂/杀螺胺乙醇胺盐 50%/2015.01.05 至 2020.01.05/低毒
水稻 福寿螺 450-525克/公顷 毒土撒施
PD20100441 吡嘧磺隆/10%/可湿性粉剂/吡嘧磺隆 10%/2015.01.14 至 2020.01.14/低毒
移栽水稻田 稗草、莎草及阔叶杂草 22.5-30克/公顷 药土法

PD20110454 高效氯氰菊酯/4.5%/微乳剂/高效氯氰菊酯 4.5%/2011.04.21 至 2016.04.21/低毒
甘蓝 菜青虫 20.25-27克/公顷 喷雾
PD20121283 草甘膦铵盐/80%/可溶粒剂/草甘膦 80%/2012.09.06 至 2017.09.06/低毒
非耕地 杂草 1125-3000克/公顷 定向茎叶喷雾
注:草甘膦铵盐含量: 88%。
PD20121635 戊唑醇/430克/升/悬浮剂/戊唑醇 430克/升/2012.10.30 至 2017.10.30/低毒
梨树 黑星病 107.5-143.2毫克/千克 喷雾
PD20130680 阿维・啶虫脒/5%/微乳剂/阿维菌素 1%、啶虫脒 4%/2013.04.09 至 2018.04.09/低毒(原药高毒)
甘蓝 蚜虫 11.25－13.5克/公顷 喷雾
PD20130856 高效氯氟氰菊酯/8%/微乳剂/高效氯氟氰菊酯 8%/2013.04.22 至 2018.04.22/中等毒
甘蓝 菜青虫 12－18克/公顷 喷雾
PD20140420 嘧菌酯/25%/悬浮剂/嘧菌酯 25%/2014.02.24 至 2019.02.24/低毒
荔枝树 霜疫霉病 150-200毫克/千克 喷雾
PD20140588 苯甲・多菌灵/55%/可湿性粉剂/苯醚甲环唑 5%、多菌灵 50%/2014.03.06 至 2019.03.06/低毒
苹果树 轮纹病 366.7—550毫克/千克 喷雾
PD20150841 甲维・毒死蜱/27%/水乳剂/毒死蜱 25%、甲氨基阿维菌素苯甲酸盐 2%/2015.05.18 至 2020.05.18/中等毒
水稻 稻纵卷叶螟 202.5-243克/公顷 喷雾
PD20151389 60%三环・稻瘟灵可湿性粉剂/60%/可湿性粉剂/稻瘟灵 20%、三环唑 40%/2015.07.30 至 2020.07.30/低毒
水稻 稻瘟病 540-630克/公顷 喷雾
PD20151965 吡蚜・噻嗪酮/20%/可湿性粉剂/吡蚜酮 5%、噻嗪酮 15%/2015.08.30 至 2020.08.30/低毒
水稻 稻飞虱 150-180克/公顷 喷雾
LS20130196 苯甲・多菌灵/55%/可湿性粉剂/苯醚甲环唑 5%、多菌灵 50%/2014.04.08 至 2015.04.08/低毒
苹果树 轮纹病 367-550毫克/千克 喷雾

桂林桂开生物科技股份有限公司 (广西壮族自治区桂林市灵川县花江 541200 0773-6860735)

PD20093726 复硝酚钠/0.7%/水剂/5-硝基邻甲氧基苯酚钠 0.12%、对硝基苯酚钠 0.35%、邻硝基苯酚钠 0.23%/2014.03.25 至2019.03.25/低毒
柑橘树 调节生长、增产 2000-3000倍液 喷雾
PD20094867 氰戊・马拉松/30%/乳油/马拉硫磷 22.5%、氰戊菊酯 7.5%/2014.04.13 至 2019.04.13/中等毒
苹果树 桃小食心虫 120-150毫克/千克 喷雾
PD20096481 多效唑/15%/可湿性粉剂/多效唑 15%/2014.08.14 至 2019.08.14/低毒
花生 调节生长 108-135克/公顷 茎叶喷雾
PD20100120 复硝酚钠/1.4%/水剂/复硝酚钠 1.4%/2015.01.05 至 2020.01.05/低毒
柑橘树 调节生长 5000-6000倍液 喷雾
PD20101563 复硝酚钠/0.9%/可湿性粉剂/5-硝基邻甲氧基苯酚钠 0.15%、对硝基苯酚钠 0.45%、邻硝基苯酚钠 0.3%/2015.05.19 至 2020.05.19/低毒
柑橘树 调节生长 2000-3000倍液 喷雾
PD20101632 阿维・高氯/2%/乳油/阿维菌素 0.6%、高效氯氰菊酯 1.4%/2015.06.03 至 2020.06.03/低毒(原药高毒)
甘蓝 小菜蛾 7.5-10.5克/公顷 喷雾

桂林集琦生化有限公司 (广西壮族自治区桂林市七星区育才路55号 541004 0773-5871685)

PD20080789 阿维菌素/92%/原药/阿维菌素 92%/2013.06.20 至 2018.06.20/高毒
PD20081970 啶虫脒/20%/可湿性粉剂/啶虫脒 20%/2013.11.25 至 2018.11.25/低毒
柑橘树 蚜虫 12.5-25毫克/千克 喷雾
PD20084039 噁霉灵/15%/水剂/噁霉灵 15%/2013.12.16 至 2018.12.16/低毒
水稻 苗期立枯病 0.9-1.8克/平方米 苗床喷雾
PD20084538 阿维菌素/0.9%/乳油/阿维菌素 0.9%/2013.12.18 至 2018.12.18/低毒(原药高毒)
柑橘树 柑橘锈螨 2.25-4.5毫克/千克 喷雾
棉花 棉铃虫 21.6-32.4克/公顷 喷雾
十字花科蔬菜 菜青虫、小菜蛾 8.1-10.8克/公顷 喷雾
PD20085125 阿维菌素/0.3%/乳油/阿维菌素 0.3%/2013.12.23 至 2018.12.23/低毒(原药高毒)
十字花科蔬菜 小菜蛾 1.8-3.6克/公顷 喷雾
PD20085453 代森锰锌/80%/可湿性粉剂/代森锰锌 80%/2013.12.24 至 2018.12.24/低毒
番茄 早疫病 1875－2370克/公顷 喷雾
柑橘树 疮痂病、炭疽病 1333-2000毫克/千克 喷雾
梨树 黑星病 800-1600毫克/千克 喷雾
荔枝树 霜疫霉病 1333-2000毫克/千克 喷雾
苹果树 斑点落叶病、轮纹病、炭疽病 1000-1500毫克/千克 喷雾
葡萄 白腐病、黑痘病、霜霉病 1000-1600毫克/千克 喷雾
西瓜 炭疽病 1560-2520克/公顷 喷雾
PD20085783 阿维菌素/1.8%/乳油/阿维菌素 1.8%/2013.12.29 至 2018.12.29/低毒(原药高毒)
柑橘树 红蜘蛛、潜叶蛾 4.5-9毫克/千克 喷雾
柑橘树 锈壁虱 2.25-4.5毫克/千克 喷雾
梨树 梨木虱 6-12毫克/千克 喷雾
棉花 棉铃虫 21.6-32.4克/公顷 喷雾

	苹果树	二斑叶螨	4.5-6毫克/千克	喷雾
	苹果树	桃小食心虫	4.5-9毫克/千克	喷雾
	苹果树	红蜘蛛	3-6毫克/千克	喷雾
	十字花科蔬菜	小菜蛾	8.1-10.8克/公顷	喷雾
	水稻	稻纵卷叶螟	8.1-10.8克/公顷	喷雾
PD20086215	霜霉威/722克/升/水剂/霜霉威 722克/升/2013.12.31 至 2018.12.31/低毒			
	黄瓜	霜霉病	649.8-1083克/公顷	喷雾
PD20086252	阿维·高氯氟/1.3%/乳油/阿维菌素 0.3%、高效氯氟氰菊酯 1%/2013.12.31 至 2018.12.31/低毒(原药高毒)			
	十字花科蔬菜	小菜蛾	7.8-9.75克/公顷	喷雾
PD20086271	氯氰·辛硫磷/30%/乳油/氯氰菊酯 1.5%、辛硫磷 28.5%/2013.12.31 至 2018.12.31/低毒			
	棉花	棉铃虫	270-360克/公顷	喷雾
PD20090533	霜脲·锰锌/72%/可湿性粉剂/代森锰锌 64%、霜脲氰 8%/2014.01.13 至 2019.01.13/低毒			
	黄瓜	霜霉病	1440－1800克/公顷	喷雾
PD20090999	福美双/50%/可湿性粉剂/福美双 50%/2014.01.21 至 2019.01.21/低毒			
	黄瓜	霜霉病	800－1125克/公顷	喷雾
PD20091405	氟铃·辛硫磷/42%/乳油/氟铃脲 2%、辛硫磷 40%/2014.02.02 至 2019.02.02/低毒			
	十字花科蔬菜	小菜蛾	567-693克/公顷	喷雾
PD20091519	腐霉·福美双/25%/可湿性粉剂/腐霉利 5%、福美双 20%/2014.02.02 至 2019.02.02/低毒			
	番茄	灰霉病	225－300克/公顷	喷雾
PD20091578	阿维·杀虫单/30%/可湿性粉剂/阿维菌素 0.1%、杀虫单 29.9%/2014.02.03 至 2019.02.03/低毒(原药高毒)			
	菜豆	美洲斑潜蝇	180-270克/公顷	喷雾
PD20091922	甲霜·锰锌/58%/可湿性粉剂/甲霜灵 10%、代森锰锌 48%/2014.02.12 至 2019.02.12/低毒			
	黄瓜	霜霉病	1305－1632克/公顷	喷雾
PD20092049	敌畏·马/50%/乳油/敌敌畏 40%、马拉硫磷 10%/2014.02.12 至 2019.02.12/中等毒			
	十字花科蔬菜	黄条跳甲	450-600克/公顷	喷雾
PD20092638	腈菌·福美双/20%/可湿性粉剂/福美双 15%、腈菌唑 5%/2014.03.02 至 2019.03.02/低毒			
	黄瓜	黑星病	200-390克/公顷	喷雾
PD20093681	虫酰肼/20%/悬浮剂/虫酰肼 20%/2014.03.25 至 2019.03.25/低毒			
	甘蓝	甜菜夜蛾	216-360克/公顷	喷雾
PD20096113	复硝酚钠/1.4%/水剂/复硝酚钠 1.4%/2014.06.18 至 2019.06.18/低毒			
	番茄	调节生长	3000-4000倍	茎叶喷雾
PD20096591	吡虫·矿物油/25%/乳油/吡虫啉 1%、矿物油 24%/2014.08.25 至 2019.08.25/低毒			
	棉花	蚜虫	112.5-187.5克/公顷	喷雾
PD20096593	阿维·矿物油/24.5%/乳油/阿维菌素 0.2%、矿物油 24.3%/2014.08.25 至 2019.08.25/低毒(原药高毒)			
	柑橘树	红蜘蛛	123-245毫克/千克	喷雾
PD20097182	阿维·苏云菌///可湿性粉剂/阿维菌素 0.1%、苏云金杆菌 100亿活芽孢/克/2014.10.16 至 2019.10.16/低毒(原药高毒)			
	甘蓝	小菜蛾	750-1125克制剂/公顷	喷雾
PD20100248	吡虫啉/5%/乳油/吡虫啉 5%/2015.01.11 至 2020.01.11/低毒			
	甘蓝	蚜虫	11.25-15克/公顷	喷雾
PD20100948	氯氰·丙溴磷/440克/升/乳油/丙溴磷 400克/升、氯氰菊酯 40克/升/2015.01.19 至 2020.01.19/中等毒			
	棉花	棉铃虫	80-100毫升制剂/亩	喷雾
PD20101596	苦参碱/0.3%/水剂/苦参碱 0.3%/2015.06.03 至 2020.06.03/低毒			
	十字花科蔬菜	菜青虫、蚜虫	2.81-6.75克/公顷	喷雾
PD20101950	苯丁·哒螨灵/10%/乳油/苯丁锡 5%、哒螨灵 5%/2015.09.20 至 2020.09.20/低毒			
	柑橘树	红蜘蛛	66.7-100毫克/千克	喷雾
PD20110067	阿维·三唑磷/20%/乳油/阿维菌素 0.2%、三唑磷 19.8%/2016.01.11 至 2021.01.11/中等毒(原药高毒)			
	水稻	二化螟	180-270克/公顷	喷雾
PD20110106	甲氨基阿维菌素苯甲酸盐/0.5%/乳油/甲氨基阿维菌素 0.5%/2016.01.26 至 2021.01.26/低毒			
	甘蓝	小菜蛾	1.5-1.8克/公顷	喷雾
	注:甲氨基阿维菌素苯甲酸盐含量:0.57%			
PD20110365	吡虫·毒死蜱/22%/乳油/吡虫啉 2%、毒死蜱 20%/2016.03.31 至 2021.03.31/中等毒			
	水稻	稻飞虱	132-165克/公顷	喷雾
PD20110747	五硝·多菌灵/40%/可湿性粉剂/多菌灵 32%、五氯硝基苯 8%/2011.07.25 至 2016.07.25/低毒			
	西瓜	枯萎病	0.25－0.33克/株	灌根
PD20110928	甲氨基阿维菌素苯甲酸盐/5%/水分散粒剂/甲氨基阿维菌素 5%/2011.09.06 至 2016.09.06/低毒			
	甘蓝	甜菜夜蛾	2.25－3.75克/公顷	喷雾
	注:甲氨基阿维菌素苯甲酸盐含量: 5.7%。			
PD20111374	阿维菌素/5%/微乳剂/阿维菌素 5%/2011.12.14 至 2016.12.14/中等毒(原药高毒)			
	甘蓝	小菜蛾	7.5-11.25克/公顷	喷雾
PD20120186	甲氨基阿维菌素苯甲酸盐/5%/乳油/甲氨基阿维菌素 5%/2012.01.30 至 2017.01.30/低毒			
	甘蓝	甜菜夜蛾	2.25－3.75克/公顷	喷雾
	注:甲氨基阿维菌素苯甲酸盐含量: 5.7%。			
PD20120811	嘧霉胺/30%/悬浮剂/嘧霉胺 30%/2012.05.17 至 2017.05.17/低毒			

	番茄	灰霉病	360-540克/公顷	喷雾
PD20130963	氨基寡糖素/20克/升/水剂/氨基寡糖素 20克/升/2013.05.02 至 2018.05.02/低毒			
	番茄	晚疫病	18-24毫升/公顷	喷雾
PD20131831	甲氨基阿维菌素苯甲酸盐/2%/乳油/甲氨基阿维菌素 2%/2013.09.17 至 2018.09.17/低毒			
	水稻	稻纵卷叶螟	9-11.25克/公顷	喷雾
	注:甲氨基阿维菌素苯甲酸盐含量: 2.3%。			
PD20132098	氟硅唑/400克/升/乳油/氟硅唑 400克/升/2013.10.24 至 2018.10.24/低毒			
	梨树	黑星病	40-50毫克/千克	喷雾
PD20140583	吡蚜酮/25%/可湿性粉剂/吡蚜酮 25%/2014.03.06 至 2019.03.06/低毒			
	水稻	飞虱	75-90克/公顷	喷雾
PD20142155	哒螨灵/40%/悬浮剂/哒螨灵 40%/2014.09.18 至 2019.09.18/低毒			
	水稻	稻水象甲	150-180克/公顷	喷雾
PD20151593	嘧菌酯/250克/升/悬浮剂/嘧菌酯 250克/升/2015.08.28 至 2020.08.28/低毒			
	黄瓜	霜霉病	150-180克/公顷	喷雾

桂林荔浦辉煌香业厂 (广西壮族自治区荔浦县新坪镇道班 546600)

WP20120239	蚊香/0.2%/蚊香/Es-生物烯丙菊酯 0.2%/2012.12.12 至 2017.12.12/低毒			
	卫生	蚊	/	点燃

柳州市惠农化工有限公司 (广西壮族自治区柳州市雒容镇强容路13号 545616 0772-6520508)

PD20040613	哒螨灵/15%/乳油/哒螨灵 15%/2014.12.19 至 2019.12.19/中等毒			
	柑橘树	红蜘蛛	50-67毫克/千克	喷雾
PD20050043	哒螨灵/20%/乳油/哒螨灵 20%/2015.04.15 至 2020.04.15/中等毒			
	柑橘树	红蜘蛛	2000-2500倍液	喷雾
PD20084471	炔螨特/73%/乳油/炔螨特 73%/2013.12.17 至 2018.12.17/低毒			
	柑橘树	红蜘蛛	280-350毫克/千克	喷雾
PD20085724	甲氰·三唑磷/22%/乳油/甲氰菊酯 4%、三唑磷 18%/2013.12.26 至 2018.12.26/中等毒			
	柑橘树	红蜘蛛	147-220毫克/千克	喷雾
PD20092450	哒灵·炔螨特/33%/乳油/哒螨灵 3.5%、炔螨特 29.5%/2014.02.25 至 2019.02.25/中等毒			
	柑橘树	红蜘蛛	132-220毫克/千克	喷雾
PD20093847	吡虫·噻嗪酮/11.5%/乳油/吡虫啉 1%、噻嗪酮 10.5%/2014.03.25 至 2019.03.25/低毒			
	水稻	稻飞虱	69-103.5克/公顷	喷雾
PD20093867	多·锰锌/50%/可湿性粉剂/多菌灵 6%、代森锰锌 44%/2014.03.25 至 2019.03.25/低毒			
	柑橘树	炭疽病	500-800倍液	喷雾
PD20101423	水胺·辛硫磷/26%/乳油/水胺硫磷 24%、辛硫磷 2%/2015.04.26 至 2020.04.26/中等毒(原药高毒)			
	水稻	三化螟	156-234克/公顷	喷雾
PD20111007	喹硫磷/25%/乳油/喹硫磷 25%/2011.09.22 至 2016.09.22/中等毒			
	柑橘树	木虱	125－166.7毫克/千克	喷雾
PD20111151	阿维菌素/1.8%/乳油/阿维菌素 1.8%/2011.11.04 至 2016.11.04/低毒(原药高毒)			
	柑橘树	锈壁虱	4.5-6毫克/千克	喷雾
	柑橘树	潜叶蛾	7.2-12毫克/千克	喷雾
PD20120291	咪鲜胺/25%/乳油/咪鲜胺 25%/2012.02.17 至 2017.02.17/低毒			
	柑橘(果实)	绿霉病、青霉病	250－500毫克/千克	浸果
	柑橘树	树脂病(砂皮病)	167-250毫克/千克	喷雾
PD20120295	丙森锌/70%/可湿性粉剂/丙森锌 70%/2012.02.17 至 2017.02.17/低毒			
	柑橘树	炭疽病	875－1167毫克/千克	喷雾
PD20120400	高氯·毒死蜱/51.5%/乳油/毒死蜱 50%、高效氯氰菊酯 1.5%/2012.03.07 至 2017.03.07/中等毒			
	柑橘树	木虱	257.5-515毫克/千克	喷雾
PD20120466	矿物油/97%/乳油/矿物油 97%/2012.03.19 至 2017.03.19/低毒			
	柑橘树	红蜘蛛	4850－9700毫克/千克	喷雾
PD20121714	联苯菊酯/4.5%/水乳剂/联苯菊酯 4.5%/2012.11.08 至 2017.11.08/低毒			
	柑橘树	潜叶蛾	15-22.5毫克/千克	喷雾
	柑橘树	木虱	18-30毫克/千克	喷雾
PD20121716	高效氯氟氰菊酯/2.5%/水乳剂/高效氯氟氰菊酯 2.5%/2012.11.08 至 2017.11.08/低毒			
	柑橘树	木虱	10-16.7毫克/千克	喷雾
PD20121762	抑霉唑/22%/水乳剂/抑霉唑 22%/2012.11.15 至 2017.11.15/低毒			
	柑橘(果实)	绿霉病、青霉病	250-500毫克/千克	浸果
PD20121955	阿维菌素/1.8%/水乳剂/阿维菌素 1.8%/2012.12.12 至 2017.12.12/低毒(原药高毒)			
	柑橘树	潜叶蛾	7.2-12毫克/千克	喷雾
	柑橘树	锈壁虱	4.5-9毫克/千克	喷雾
PD20121967	氟硅唑/10%/水乳剂/氟硅唑 10%/2012.12.12 至 2017.12.12/低毒			
	柑橘树	树脂病(砂皮病)	50～66.7毫克/千克	喷雾
	柑橘树	炭疽病	50-100毫克/千克	喷雾
PD20130468	苯醚甲环唑/10%/水分散粒剂/苯醚甲环唑 10%/2013.03.20 至 2018.03.20/低毒			
	柑橘树	疮痂病	50-67毫克/千克	喷雾

PD20130524　啶虫脒/5%/乳油/啶虫脒 5%/2013.03.27 至 2018.03.27/低毒
　柑橘树　蚜虫　10-12.5毫克/千克　喷雾
PD20130571　阿维・苯丁锡/10.8%/悬浮剂/阿维菌素 0.8%、苯丁锡 10%/2013.04.02 至 2018.04.02/低毒(原药高毒)
　柑橘树　红蜘蛛　72－108毫克/千克　喷雾
　柑橘树　锈壁虱　54－72毫克/千克　喷雾
PD20132300　松脂酸铜/20%/可湿性粉剂/松脂酸铜 20%/2013.11.08 至 2018.11.08/低毒
　柑橘树　溃疡病　250—400毫克/千克　喷雾
PD20132572　嘧菌酯/250克/升/悬浮剂/嘧菌酯 250克/升/2013.12.17 至 2018.12.17/低毒
　柑橘树　疮痂病　800-1200倍液　喷雾
PD20140207　螺螨酯/24%/悬浮剂/螺螨酯 24%/2014.01.29 至 2019.01.29/低毒
　柑橘树　红蜘蛛　41.7-62.5毫克/千克　喷雾
PD20141441　啶虫脒/20%/可湿性粉剂/啶虫脒 20%/2014.06.09 至 2019.06.09/低毒
　柑橘树　潜叶蛾　12.5-16.67毫克/千克　喷雾
PD20141845　噻虫嗪/21%/悬浮剂/噻虫嗪 21%/2014.07.24 至 2019.07.24/低毒
　柑橘树　木虱　50-62.5毫克/千克　喷雾
PD20141871　代森锌/65%/可湿性粉剂/代森锌 65%/2014.07.24 至 2019.07.24/低毒
　柑橘树　炭疽病　812.5－1083毫克/千克　喷雾
PD20150520　丁硫克百威/20%/乳油/丁硫克百威 20%/2015.03.23 至 2020.03.23/中等毒
　棉花　蚜虫　135-180克/公顷　喷雾
PD20150543　联苯肼酯/43%/悬浮剂/联苯肼酯 43%/2015.03.23 至 2020.03.23/低毒
　柑橘树　红蜘蛛　86-107.5毫克/千克　喷雾

柳州市新岩消杀药剂厂　(广西壮族自治区柳州市雅儒路291号8栋1-5-1　545000　0772-3917686)

WP20120249　杀蟑饵剂/1.5%/饵剂/残杀威 1.5%/2012.12.19 至 2017.12.19/微毒
　室内　蜚蠊　/　投放
WP20120252　杀蟑烟片/5%/烟片/高效氯氰菊酯 5%/2012.12.19 至 2017.12.19/微毒
　室内　蜚蠊　/　点燃

南宁市德丰富化工有限责任公司　(广西壮族自治区南宁市东盟经济开发区平良路89号　530007　0771-2310501)

PD20081962　草甘膦铵盐/30%/水剂/草甘膦 30%/2013.11.24 至 2018.11.24/低毒
　柑橘园　杂草　1200－2400克/公顷　定向茎叶喷雾
　注:草甘膦铵盐含量: 33%。
PD20097588　氯氰・敌敌畏/43%/乳油/敌敌畏 38%、氯氰菊酯 5%/2014.11.03 至 2019.11.03/中等毒
　甘蓝　菜青虫　75-150克/公顷　喷雾
PD20098057　仲丁威/50%/乳油/仲丁威 50%/2014.12.07 至 2019.12.07/低毒
　水稻　飞虱　375-562.5克/公顷　喷雾
PD20101856　阿维菌素/3.2%/乳油/阿维菌素 3.2%/2015.07.28 至 2020.07.28/中等毒(原药高毒)
　十字花科蔬菜　小菜蛾　9.6-12克/公顷　喷雾
PD20101857　高效氯氟氰菊酯/25克/升/乳油/高效氯氟氰菊酯 25克/升/2015.07.28 至 2020.07.28/低毒
　甘蓝　蚜虫　20-30毫升制剂/亩　喷雾
PD20110038　甲氨基阿维菌素苯甲酸盐/1%/乳油/甲氨基阿维菌素 1%/2016.01.11 至 2021.01.11/低毒
　甘蓝　小菜蛾　2.625-3 克/公顷　喷雾
　水稻　稻纵卷叶螟　11.25-15克/公顷　喷雾
　注:甲氨基阿维菌素苯甲酸盐含量:1.14%。
PD20110673　阿维菌素/1.8%/乳油/阿维菌素 1.8%/2011.06.20 至 2016.06.20/中等毒(原药高毒)
　甘蓝　小菜蛾　7.5－9克/公顷　喷雾
PD20110954　噻嗪酮/80%/可湿性粉剂/噻嗪酮 80%/2011.09.08 至 2016.09.08/低毒
　水稻　稻飞虱　108-156克/公顷　喷雾
PD20111085　草甘膦铵盐/80%/可溶粉剂/草甘膦 80%/2011.10.13 至 2016.10.13/低毒
　柑橘园　杂草　1120.5-2241克/公顷　定向茎叶喷雾
　注:草甘膦铵盐含量: 88%。
PD20111173　甲氨基阿维菌素苯甲酸盐/3%/水分散粒剂/甲氨基阿维菌素 3%/2011.11.15 至 2016.11.15/低毒
　甘蓝　甜菜夜蛾　2.7－3.15克/公顷　喷雾
　注:甲氨基阿维菌素苯甲酸盐含量3.4%。
PD20111435　草甘膦铵盐/58%/可溶粉剂/草甘膦 58%/2011.12.29 至 2016.12.29/低毒
　柑橘园　一年生杂草　1866-2488克/公顷　定向茎叶喷雾
　注:草甘膦铵盐含量: 63.8%。
PD20120023　高氯・甲维盐/2%/乳油/高效氯氰菊酯 1.8%、甲氨基阿维菌素苯甲酸盐 0.2%/2012.01.09 至 2017.01.09/低毒
　甘蓝　甜菜夜蛾　12－18克/公顷　喷雾
PD20120532　甲氨基阿维菌素苯甲酸盐/5%/微乳剂/甲氨基阿维菌素 5%/2012.03.28 至 2017.03.28/低毒
　甘蓝　小菜蛾　2.25-4.5克/公顷　喷雾
　注:甲氨基阿维菌素苯甲酸盐含量: 5.7%。
PD20120660　春雷霉素/2%/水分散粒剂/春雷霉素 2%/2012.04.18 至 2017.04.18/低毒
　水稻　稻瘟病　27－30克/公顷　喷雾
PD20120717　阿维菌素/5%/乳油/阿维菌素 5%/2012.04.18 至 2017.04.18/低毒(原药高毒)

甘蓝 小菜蛾 9-12克/公顷 喷雾

PD20121004 甲氨基阿维菌素苯甲酸盐/5%/乳油/甲氨基阿维菌素 5%/2012.06.21 至 2017.06.21/低毒
甘蓝 小菜蛾 2.25-3克/公顷 喷雾
注:甲氨基阿维菌素苯甲酸盐含量:5.7%。

PD20121575 甲氨基阿维菌素苯甲酸盐/2%/水分散粒剂/甲氨基阿维菌素 2%/2012.10.25 至 2017.10.25/低毒
甘蓝 甜菜夜蛾 2.25-3.45克/公顷 喷雾
注:甲氨基阿维菌素苯甲酸盐含量: 2.3%。

PD20130312 乙草胺/89%/乳油/乙草胺 89%/2013.02.26 至 2018.02.26/低毒
花生田 一年生杂草 1001.25-1201.5克/公顷 播后苗前土壤喷雾

PD20130910 甲氨基阿维菌素苯甲酸盐/0.5%/水乳剂/甲氨基阿维菌素 0.5%/2013.04.28 至 2018.04.28/低毒
甘蓝 小菜蛾 1.5-2.25克/公顷 喷雾
注:甲氨基阿维菌素苯甲酸盐含量: 0.57%。

PD20150197 草甘膦异丙铵盐/41%/水剂/草甘膦 41%/2015.01.15 至 2020.01.15/低毒
柑橘园 杂草 1125.45-1789.65克/公顷 茎叶喷雾
注:草甘膦异丙铵盐含量为56%。

PD20151192 甲维·虫酰肼/2%/乳油/虫酰肼 0.2%、甲氨基阿维菌素苯甲酸盐 1.8%/2015.06.27 至 2020.06.27/低毒
甘蓝 甜菜夜蛾 3-4.5克/公顷 喷雾

PD20151969 乙羧氟草醚/20%/乳油/乙羧氟草醚 20%/2015.08.30 至 2020.08.30/低毒
花生田 一年生阔叶杂草 60-90克/公顷 茎叶喷雾

LS20150032 杀单·噻虫胺/0.5%/颗粒剂/杀虫单 0.45%、噻虫胺 0.05%/2015.03.17 至 2016.03.17/低毒
甘蔗 蔗螟 2250-3750克/公顷 撒施
注:本产品为药肥混剂。

贵州省

贵州道元生物技术有限公司 (贵州省贵阳市白云区白云南路186号 550014 0851-4485550)

PD20096096 噻嗪·杀虫单/17.5%/悬浮剂/噻嗪酮 2.5%、杀虫单 15%/2014.06.18 至 2019.06.18/中等毒
水稻 二化螟、飞虱 525-787.5克/公顷 喷雾

PD20100897 甲霜·锰锌/58%/可湿性粉剂/甲霜灵 10%、代森锰锌 48%/2015.01.19 至 2020.01.19/低毒
黄瓜 霜霉病 875—1075克/公顷 喷雾

PD20110561 己唑醇/5%/悬浮剂/己唑醇 5%/2011.05.26 至 2016.05.26/低毒
水稻 纹枯病 60—75克/公顷 喷雾

PD20110562 甲氨基阿维菌素苯甲酸盐/3%/微乳剂/甲氨基阿维菌素 3%/2011.05.26 至 2016.05.26/低毒
甘蓝 小菜蛾 1.8—2.25克/公顷 喷雾
辣椒 烟青虫 1.35-3.15克/公顷 喷雾
注:甲氨基阿维菌素苯甲酸盐含量: 3.4%。

PD20120237 丙唑·吗啉胍/18%/可湿性粉剂/丙硫唑 2%、盐酸吗啉胍 16%/2012.02.13 至 2017.02.13/低毒
烟草 病毒病 168.75-202.5克/公顷 喷雾

PD20120238 丙硫唑/10%/悬浮剂/丙硫唑 10%/2012.02.13 至 2017.02.13/低毒
水稻 稻瘟病 225-300克/公顷 喷雾
香蕉 叶斑病 100—200毫克/千克 喷雾

PD20120239 丙硫唑/98%/原药/丙硫唑 98%/2012.02.13 至 2017.02.13/低毒

PD20120587 啶虫脒/5%/微乳剂/啶虫脒 5%/2012.04.10 至 2017.04.10/低毒
甘蓝 蚜虫 15—30克/公顷 喷雾

PD20120667 高效氯氟氰菊酯/5%/水乳剂/高效氯氟氰菊酯 5%/2012.04.18 至 2017.04.18/中等毒
甘蓝 菜青虫 7.5—11.25克/公顷 喷雾

PD20121368 丙唑·多菌灵/6%/悬浮剂/丙硫唑 1%、多菌灵 5%/2012.09.13 至 2017.09.13/低毒
水稻 稻瘟病 150-225克/公顷 喷雾

PD20122090 丙硫唑/10%/水分散粒剂/丙硫唑 10%/2012.12.26 至 2017.12.26/低毒
西瓜 枯萎病 125-166.7克/公顷 喷雾
西瓜 炭疽病 225克/公顷 喷雾

PD20141086 烯啶虫胺/10%/水剂/烯啶虫胺 10%/2014.04.27 至 2019.04.27/低毒
水稻 飞虱 37.5-45克/公顷 喷雾

PD20141140 仲威·毒死蜱/40%/乳油/毒死蜱 15%、仲丁威 25%/2014.04.28 至 2019.04.28/中等毒
水稻 稻纵卷叶螟 300-400克/公顷 喷雾

PD20141204 氨基寡糖素/0.5%/水剂/氨基寡糖素 0.5%/2014.05.06 至 2019.05.06/低毒
番茄 晚疫病 16.5—18.75克/公顷 喷雾

贵州贵大科技产业有限责任公司 (贵州省安顺市经济技术开发区王庄村 561000 0853-3410945)

PD20083260 吡·井·杀虫单/60%/可湿性粉剂/吡虫啉 2%、井冈霉素 5%、杀虫单 53%/2013.12.11 至 2018.12.11/中等毒
水稻 二化螟、飞虱、纹枯病 900-1080克/公顷 喷雾

PD20085684 高氯 ·敌敌畏/26%/乳油/敌敌畏 25.6%、高效氯氰菊酯 0.4%/2013.12.26 至 2018.12.26/中等毒
甘蓝 菜青虫 117-234克/公顷 喷雾

PD20092762 甲霜·噁霉灵/3%/水剂/噁霉灵 2.5%、甲霜灵 0.5%/2014.03.04 至 2019.03.04/低毒
黄瓜 枯萎病 500-700倍液每株250毫升 灌根
水稻 立枯病 0.36-0.54克/平方米 喷雾

PD20120350 阿维·三唑磷/10.2%/乳油/阿维菌素 0.2%、三唑磷 10%/2012.02.23 至 2017.02.23/低毒(原药高毒)
水稻 二化螟 153-229.5克/公顷 喷雾
PD20121315 阿维菌素/5%/乳油/阿维菌素 5%/2012.09.11 至 2017.09.11/低毒
水稻 稻纵卷叶螟 6-9克/公顷 喷雾
PD20121322 甲氨基阿维菌素苯甲酸盐/5%/乳油/甲氨基阿维菌素 5%/2012.09.11 至 2017.09.11/低毒
甘蓝 甜菜夜蛾 2.25-3克/公顷 喷雾
注：甲氨基阿维菌素苯甲酸盐含量:5.7%。
PD20131207 2甲·草甘膦/77.7%/可湿性粉剂/草甘膦 70%、2甲4氯钠 7.7%/2013.05.28 至 2018.05.28/低毒
非耕地 杂草 1165.5-3496.5克/公顷 茎叶喷雾
PD20131638 哒螨灵/15%/乳油/哒螨灵 15%/2013.07.30 至 2018.07.30/中等毒
柑橘树 红蜘蛛 31.7-47.5毫克/千克 喷雾
PD20132665 阿维菌素/1.8%/乳油/阿维菌素 1.8%/2013.12.20 至 2018.12.20/低毒(原药高毒)
大白菜 小菜蛾 6.75-10.8克/公顷 喷雾
PD20132683 氨基寡糖素/2%/水剂/氨基寡糖素 2%/2013.12.25 至 2018.12.25/低毒
番茄 病毒病 48-81克/公顷 喷雾
PD20140986 草铵膦/200克/升/水剂/草铵膦 200克/升/2014.04.14 至 2019.04.14/低毒
非耕地 杂草 1350-1890克/公顷 茎叶喷雾
PD20141122 草甘膦异丙胺盐/30%/水剂/草甘膦 30%/2014.04.27 至 2019.04.27/低毒
柑橘园 杂草 1125-2250克/公顷 定向喷雾
注:草甘膦异丙胺盐含量：41%。
PD20141124 苯甲·丙环唑/30%/微乳剂/苯醚甲环唑 15%、丙环唑 15%/2014.04.27 至 2019.04.27/低毒
水稻 纹枯病 90-112.5克/公顷 喷雾
PD20141470 噁霜·锰锌/64%/可湿性粉剂/噁霜灵 8%、代森锰锌 56%/2014.06.09 至 2019.06.09/低毒
黄瓜 霜霉病 1560-1950克/公顷 喷雾
PD20152190 甲·灭·敌草隆/68%/可湿性粉剂/敌草隆 12%、2甲4氯钠 10%、莠灭净 46%/2015.09.23 至 2020.09.23/低毒
甘蔗田 一年生杂草 1530-2040克/公顷 定向茎叶喷雾

贵州利尔化工有限公司 (贵州省惠水县高镇 550601 0854-6328750)

PD20040592 吡虫·杀虫单/70%/可湿性粉剂/吡虫啉 2%、杀虫单 68%/2014.12.19 至 2019.12.19/中等毒
水稻 稻飞虱、二化螟 525-630克/公顷 喷雾
PD20094361 苄·乙·扑草净/7%/粉剂/苄嘧磺隆 0.3%、扑草净 1.7%、乙草胺 5%/2014.04.01 至 2019.04.01/低毒
水稻移栽田 一年生杂草 84-105克/公顷 药土法
PD20095133 高氯·敌敌畏/26%/乳油/敌敌畏 25.6%、高效氯氰菊酯 0.4%/2014.04.24 至 2019.04.24/中等毒
甘蓝 菜青虫 117-234克/公顷 喷雾
PD20096985 溴氰菊酯/2.8%/乳油/溴氰菊酯 2.8%/2014.09.29 至 2019.09.29/中等毒
十字花科蔬菜 菜青虫 1.8-2.7克/公顷 喷雾
WP20090194 杀虫粉剂/0.09%/粉剂/溴氰菊酯 0.09%/2014.03.23 至 2019.03.23/低毒
卫生 蜚蠊 3克制剂/平方米 撒布

贵州南明远航蚊香厂 (贵州省贵阳市南明区小碧乡柏腊山农场 550005 0851-3902011)

WP20080547 蚊香/0.3%/蚊香/富右旋反式烯丙菊酯 0.3%/2013.12.24 至 2018.12.24/微毒
卫生 蚊 / 点燃

贵州省贵阳市花溪茂业植物速丰剂厂 (贵州省贵阳市花溪区花溪乡 550025 0851-8292170)

PD20131347 抗坏血酸/6%/水剂/抗坏血酸 6%/2013.06.09 至 2018.06.09/低毒
烟草 调节生长 2000倍液 喷雾2次

贵州省华鹰化学工业有限责任公司 (贵州省遵义地区遵义市桃溪寺 0852-8425637)

WP20080495 溴氰·高氯氟/4.5%/可湿性粉剂/高效氯氰菊酯 2.5%、溴氰菊酯 2%/2013.12.18 至 2018.12.18/低毒
卫生 蚊、蝇、蜚蠊 玻璃面蚊、蝇15毫克/平方米，蜚蠊25毫克/平方米；木板面蚊、蝇30毫克/平方米，蜚蠊50毫克/平方米；石灰面蚊、蝇60毫克/平方米，蜚蠊75毫克/平方米 滞留喷洒

贵州省化工研究院 (贵州省贵阳市晒田坝路1号 550002 0851-5923040)

PD20082086 高氯·马/40%/乳油/高效氯氰菊酯 1.2%、马拉硫磷 38.8%/2013.11.25 至 2018.11.25/中等毒
十字花科蔬菜 菜青虫 240-360克/公顷 喷雾
PD20085216 高氯·敌敌畏/18%/乳油/敌敌畏 17.3%、高效氯氰菊酯 0.7%/2013.12.23 至 2018.12.23/中等毒
菜豆 蚜虫 81-108克/公顷 喷雾

贵州省铜仁地区植保技术服务公司 (贵州省铜仁市北关路2号附23号 554300 0856-5223815)

PD20084517 三环唑/75%/可湿性粉剂/三环唑 75%/2013.12.18 至 2018.12.18/中等毒
水稻 稻瘟病 225-300克/公顷 喷雾
PD20084605 甲氰菊酯/20%/乳油/甲氰菊酯 20%/2013.12.18 至 2018.12.18/中等毒
十字花科蔬菜 菜青虫 90-150克/公顷 喷雾

贵州省镇远县宝丰农化有限责任公司 (贵州省镇远县工业园区 557702 0855-5810179)

PD20085540 高氯·马/40%/乳油/高效氯氰菊酯 1.2%、马拉硫磷 38.8%/2013.12.25 至 2018.12.25/中等毒
柑橘树 蚜虫 200-267毫克/千克 喷雾

十字花科蔬菜　菜青虫　150-240克/公顷　喷雾

PD20086163　高氯·敌敌畏/26%/乳油/敌敌畏 25.6%、高效氯氰菊酯 0.4%/2013.12.30 至 2018.12.30/中等毒

十字花科蔬菜　菜青虫　117-234克/公顷　喷雾

PD20140901　阿维菌素/0.5%/颗粒剂/阿维菌素 0.5%/2014.04.08 至 2019.04.08/低毒(原药高毒)

黄瓜　根结线虫　225—270克/公顷　沟施、穴施

贵州天骜生物科技有限公司　(贵州省贵阳市白云区白云南路福鑫华庭9栋3单元303　550014　0851-4894246)

PD20150323　蝗虫微孢子虫/0.4亿孢子/毫升/悬浮剂/蝗虫微孢子虫 0.4亿孢子/毫升/2015.03.02 至 2020.03.02/低毒

草地　蝗虫　120-240毫升制剂/公顷　喷雾

贵州亚净卫生用品有限公司　(贵州省贵阳市云岩区南垭路15号　550000　0851-6807300)

WP20120166　杀蝇饵粒/0.4%/饵粒/甲基吡噁磷 0.4%/2012.09.06 至 2017.09.06/低毒

卫生　蝇　/　投放

贵州遵义泉通化工有限公司　(贵州省遵义市红花岗区上海路4#同盛华庭C栋402室　563002　0852-8624626)

PD20096884　异丙甲草胺/72%/乳油/异丙甲草胺 72%/2014.09.23 至 2019.09.23/低毒

烟草　一年生杂草　1080-1620克/公顷　土壤喷雾

PD20100546　仲丁灵/360克/升/乳油/仲丁灵 360克/升/2015.01.14 至 2020.01.14/低毒

烟草　抑制腋芽生长　5.4-7.2毫克/株　杯淋法

PD20121964　赤霉酸/4%/水剂/赤霉酸A3 4%/2012.12.12 至 2017.12.12/低毒

烟草　调节生长　6.7-13.3毫克/千克　茎叶喷雾

贵州仝鑫工贸有限公司　(贵州省平坝县夏云镇茶场　561104　0853-4299898)

WP20130262　蚊香/0.05%/蚊香/氯氟醚菊酯 0.05%/2013.12.17 至 2018.12.17/微毒

卫生　蚊　/　点燃

海南省

海南博士威农用化学有限公司　(海南省澄迈县老城开发区工业大道美朗路东侧　571100　0898-65868371)

PD20040769　吡虫啉/10%/可湿性粉剂/吡虫啉 10%/2014.12.19 至 2019.12.19/低毒

水稻　飞虱　22.5-30克/公顷　喷雾

PD20070621　丙环唑/25%/乳油/丙环唑 25%/2012.12.14 至 2017.12.14/低毒

香蕉　叶斑病　250-500毫克/千克　喷雾

PD20070666　高效氯氟氰菊酯/2.5%/乳油/高效氯氟氰菊酯 2.5%/2012.12.17 至 2017.12.17/低毒

甘蓝　菜青虫　11.25-18.75克/公顷　喷雾

PD20081667　腈菌·三唑酮/12%/乳油/腈菌唑 2%、三唑酮 10%/2013.11.17 至 2018.11.17/低毒

小麦　白粉病　45-54克/公顷　喷雾

PD20082708　阿维菌素/1.8%/乳油/阿维菌素 1.8%/2013.12.05 至 2018.12.05/低毒(原药高毒)

棉花　棉铃虫　21.6-32.4克/公顷　喷雾

棉花　红蜘蛛　10.8-16.2克/公顷　喷雾

十字花科蔬菜　菜青虫、小菜蛾　8.1-10.8克/公顷　喷雾

PD20083088　阿维菌素/3.2%/乳油/阿维菌素 3.2%/2013.12.10 至 2018.12.10/低毒(原药高毒)

菜豆　美洲斑潜蝇　10.8-21.6克/公顷　喷雾

PD20083598　烯腺·羟烯腺/0.004%/可溶粉剂/羟烯腺嘌呤 0.0035%、烯腺嘌呤 0.0005%/2013.12.12 至 2018.12.12/低毒

番茄　调节生长、增产　1000-1500倍液　兑水喷雾

PD20093680　丁硫克百威/200克/升/乳油/丁硫克百威 200克/升/2014.03.25 至 2019.03.25/中等毒

水稻　稻飞虱　525-600克/公顷　喷雾

PD20094326　联苯菊酯/100克/升/乳油/联苯菊酯 100克/升/2014.03.31 至 2019.03.31/中等毒

茶树　茶小绿叶蝉　30-45克/公顷　喷雾

PD20101793　甲氨基阿维菌素苯甲酸盐/5%/微乳剂/甲氨基阿维菌素 5%/2015.07.13 至 2020.07.13/低毒

小油菜　甜菜夜蛾　4.5-6克/公顷　喷雾

注:甲氨基阿维菌素苯甲酸盐含量: 5.7%。

PD20102018　嘧霉胺/25%/乳油/嘧霉胺 25%/2015.09.25 至 2020.09.25/低毒

番茄　灰霉病　250-312.5毫克/千克　喷雾

PD20102089　甲氨基阿维菌素苯甲酸盐/0.5%/微乳剂/甲氨基阿维菌素 0.5%/2010.11.25 至 2015.11.25/低毒

小油菜　甜菜夜蛾　18-26毫升制剂/亩　喷雾

注:甲氨基阿维菌素苯甲酸盐含量: 0.57%

PD20110006　烟嘧磺隆/40克/升/可分散油悬浮剂/烟嘧磺隆 40克/升/2011.01.04 至 2016.01.04/低毒

玉米田　一年生杂草　40-60克/升　茎叶喷雾

PD20110029　咪鲜胺/15%/微乳剂/咪鲜胺 15%/2011.01.04 至 2016.01.04/低毒

柑橘　蒂腐病、黑腐病、绿霉病、青霉病　200-300毫克/千克　浸果

PD20110102　甲氨基阿维菌素苯甲酸盐/3%/微乳剂/甲氨基阿维菌素 3%/2016.01.26 至 2021.01.26/低毒

小油菜　甜菜夜蛾　3.75-5.4克/公顷　喷雾

注:甲氨基阿维菌素苯甲酸盐含量:3.4%。

PD20110428　咪鲜胺/45%/微乳剂/咪鲜胺 45%/2011.04.21 至 2016.04.21/低毒

柑橘　蒂腐病、绿霉病、青霉病　225—300毫克/千克　浸果

PD20110791　烯酰吗啉/80%/水分散粒剂/烯酰吗啉 80%/2011.07.26 至 2016.07.26/低毒

黄瓜　霜霉病　240—300克/公顷　喷雾

PD20110936　吡虫啉/20%/可溶液剂/吡虫啉 20%/2011.09.07 至 2016.09.07/低毒

十字花科蔬菜 蚜虫 22.5-30克/公顷 喷雾
PD20110940 噻螨酮/5%/乳油/噻螨酮 5%/2011.09.07 至 2016.09.07/低毒
柑橘树 红蜘蛛 25-35毫克/千克 喷雾
PD20111004 吡虫啉/70%/水分散粒剂/吡虫啉 70%/2011.09.21 至 2016.09.21/低毒
甘蓝 蚜虫 21—31.5克/公顷 喷雾
PD20111368 春雷霉素/2%/水剂/春雷霉素 2%/2011.12.14 至 2016.12.14/低毒
大白菜 黑腐病 22.5-36克/公顷 喷雾
水稻 稻瘟病 30—36克/公顷 喷雾
PD20111369 苯醚甲环唑/20%/微乳剂/苯醚甲环唑 20%/2011.12.14 至 2016.12.14/低毒
梨树 黑星病 16.7-25毫克/千克 喷雾
西瓜 炭疽病 60—90克/公顷 喷雾
PD20120378 精吡氟禾草灵/150克/升/乳油/精吡氟禾草灵 150克/升/2012.02.24 至 2017.02.24/低毒
大豆田 一年生禾本科杂草 112.5-157.5克/公顷 茎叶喷雾
PD20120394 氯氰·毒死蜱/522.5克/升/乳油/毒死蜱 475克/升、氯氰菊酯 47.5克/升/2012.03.07 至 2017.03.07/中等毒
苹果树 桃小食心虫 261.25-348.3毫克/千克 喷雾
PD20120823 十三吗啉/750克/升/乳油/十三吗啉 750克/升/2012.05.22 至 2017.05.22/低毒
橡胶树 红根病 15-26.25克/株 灌淋
PD20121154 甲氨基阿维菌素苯甲酸盐/2%/微乳剂/甲氨基阿维菌素 2%/2012.07.30 至 2017.07.30/低毒
小油菜 甜菜夜蛾 3-4.5克/公顷 喷雾
注:甲氨基阿维菌素苯甲酸盐含量2.3%。
PD20121229 噻酮·炔螨特/36%/乳油/炔螨特 33%、噻螨酮 3%/2012.08.24 至 2017.08.24/低毒
柑橘树 红蜘蛛 180-240毫克/千克 喷雾
PD20121531 啶虫脒/70%/水分散粒剂/啶虫脒 70%/2012.10.16 至 2017.10.16/中等毒
黄瓜 蚜虫 21-31.5克/公顷 喷雾
PD20121754 阿维菌素/5%/微乳剂/阿维菌素 5%/2012.11.15 至 2017.11.15/中等毒(原药高毒)
甘蓝 小菜蛾 8.1-10.8克/公顷 喷雾
PD20130129 啶虫脒/10%/微乳剂/啶虫脒 10%/2013.01.17 至 2018.01.17/低毒
黄瓜 蚜虫 30-37.5克/公顷 喷雾
PD20130500 丙森·霜脲氰/75%/水分散粒剂/丙森锌 60%、霜脲氰 15%/2013.03.26 至 2018.03.26/低毒
黄瓜 霜霉病 450-675克/公顷 喷雾
PD20130542 甲维·毒死蜱/32%/微乳剂/毒死蜱 31.2%、甲氨基阿维菌素苯甲酸盐 0.8%/2013.04.01 至 2018.04.01/中等毒
水稻 稻纵卷叶螟 192-288克/公顷 喷雾
PD20130579 己唑醇/10%/微乳剂/己唑醇 10%/2013.04.02 至 2018.04.02/低毒
葡萄 白粉病 25-33毫克/千克 喷雾
PD20130998 灭蝇胺/60%/水分散粒剂/灭蝇胺 60%/2013.05.07 至 2018.05.07/低毒
黄瓜 美洲斑潜蝇 180-225克/公顷 喷雾
PD20131055 高效氯氟氰菊酯/15%/微乳剂/高效氯氟氰菊酯 15%/2013.05.20 至 2018.05.20/中等毒
甘蓝 小菜蛾 22.5-33.75克/公顷 喷雾
PD20131154 丁硫·毒死蜱/30%/微乳剂/丁硫克百威 10%、毒死蜱 20%/2013.05.21 至 2018.05.21/中等毒
水稻 稻飞虱 180-225克/公顷 喷雾
PD20131485 烯腺·羟烯腺/0.001%/水剂/羟烯腺嘌呤 0.000875%、烯腺嘌呤 0.000125%/2013.07.05 至 2018.07.05/低毒
番茄 调节生长 0.0025-0.0033毫克/千克 茎叶喷雾
PD20131516 烯腺·羟烯腺/0.001%/可溶粉剂/羟烯腺嘌呤 0.000875%、烯腺嘌呤 0.000125%/2013.07.17 至 2018.07.17/低毒
柑橘树 调节生长 0.0033-0.005毫克/千克 喷雾
PD20131582 氟硅唑/30%/微乳剂/氟硅唑 30%/2013.07.23 至 2018.07.23/低毒
梨树 黑星病 40-50毫克/千克 喷雾
PD20140067 醚菌酯/60%/水分散粒剂/醚菌酯 60%/2014.01.20 至 2019.01.20/低毒
黄瓜 白粉病 126-162克/公顷 喷雾
PD20140488 霜霉威盐酸盐/66.5%/水剂/霜霉威盐酸盐 66.5%/2014.03.06 至 2019.03.06/低毒
黄瓜 霜霉病 866-1083克/公顷 喷雾
PD20140489 唑螨酯/8%/微乳剂/唑螨酯 8%/2014.03.06 至 2019.03.06/中等毒
柑橘树 红蜘蛛 33.3-50毫克/千克 喷雾
PD20142533 啶虫脒/20%/微乳剂/啶虫脒 20%/2014.12.10 至 2019.12.10/低毒
黄瓜 蚜虫 22.5-37.5克/公顷 喷雾
PD20150166 嘧菌酯/50%/水分散粒剂/嘧菌酯 50%/2015.01.14 至 2020.01.14/低毒
番茄 晚疫病 300—450克/公顷 喷雾
PD20151346 草铵膦/30%/水剂/草铵膦 30%/2015.07.30 至 2020.07.30/低毒
非耕地 杂草 1575-1800克/公顷 茎叶喷雾
LS20140306 烯腺·羟烯腺/0.8%/母药/羟烯腺嘌呤 0.7%、烯腺嘌呤 0.1%/2014.10.20 至 2015.10.20/低毒

海南江河农药化工厂有限公司 (海南省海口市金牛新村B1—8别墅 570206 0898-68917977)

PD20070086 硫磺·多菌灵/25%/可湿性粉剂/多菌灵 7.5%、硫磺 17.5%/2012.04.18 至 2017.04.18/低毒
花生 叶斑病 1200-1800克/公顷 喷雾
PD20070087 硫磺·多菌灵/50%/可湿性粉剂/多菌灵 15%、硫磺 35%/2012.04.18 至 2017.04.18/低毒

花生 叶斑病 1200-1800克/公顷 喷雾
黄瓜 白粉病 1125-1500克/公顷 喷雾
水稻 稻瘟病 1200-1800克/公顷 喷雾
橡胶树 白粉病、炭疽病 350-400克/公顷 喷雾
PD20070233 多菌灵/15%/烟剂/多菌灵 15%/2012.08.08 至 2017.08.08/低毒
橡胶树 炭疽病 400-500克/公顷 点燃放烟
PD20080649 联苯菊酯/100克/升/乳油/联苯菊酯 100克/升/2013.05.27 至 2018.05.27/中等毒
茶树 茶小绿叶蝉 30-37.5克/公顷 喷雾
PD20080848 甲柳・三唑酮/10%/乳油/甲基异柳磷 8%、三唑酮 2%/2013.06.23 至 2018.06.23/高毒
小麦 地下害虫 40-80克/100千克种子 拌种
PD20080856 腐霉利/50%/可湿性粉剂/腐霉利 50%/2013.06.23 至 2018.06.23/低毒
番茄 灰霉病 500-750克/公顷 喷雾
PD20082424 辛硫・三唑酮/22%/乳油/三唑酮 4%、辛硫磷 18%/2013.12.02 至 2018.12.02/低毒
小麦 白粉病、蚜虫 577.5-660克/公顷 喷雾
PD20083668 咪鲜・三唑酮/16%/热雾剂/咪鲜胺 4%、三唑酮 12%/2013.12.12 至 2018.12.12/中等毒
橡胶树 白粉病、炭疽病 240-360克/公顷 热雾机喷雾
PD20090658 氰戊・氧乐果/25%/乳油/氰戊菊酯 5%、氧乐果 20%/2014.01.15 至 2019.01.15/中等毒(原药高毒)
棉花 红蜘蛛、棉铃虫、蚜虫 112.5-150克/公顷 喷雾
PD20095234 氧乐果/40%/乳油/氧乐果 40%/2014.04.27 至 2019.04.27/中等毒(原药高毒)
小麦 蚜虫 81-162克/公顷 喷雾
PD20095524 咪・酮・百菌清/16%/热雾剂/百菌清 5%、咪鲜胺 5%、三唑酮 6%/2014.05.11 至 2019.05.11/低毒
橡胶树 白粉病、炭疽病 285-330克/公顷 喷雾
PD20095611 福・福锌/40%/可湿性粉剂/福美双 15%、福美锌 25%/2014.05.12 至 2019.05.12/低毒
西瓜 炭疽病 1500-1800克/公顷 喷雾
PD20097219 乙烯利/40%/水剂/乙烯利 40%/2014.10.19 至 2019.10.19/低毒
橡胶树 增产 50-10倍液 涂抹
PD20098331 福・甲・硫磺/50%/可湿性粉剂/福美双 18%、甲基硫菌灵 10%、硫磺 22%/2014.12.18 至 2019.12.18/低毒
辣椒 炭疽病 1125克/公顷 喷雾
PD20101674 硫磺/91%/粉剂/硫磺 91%/2015.06.08 至 2020.06.08/低毒
橡胶树 白粉病 11943.75－13650克/公顷 喷粉
PD20131054 氟硅唑/400克/升/乳油/氟硅唑 400克/升/2013.05.20 至 2018.05.20/低毒
菜豆 白粉病 45-56.25克/公顷 喷雾
PD20131215 苯丁锡/50%/可湿性粉剂/苯丁锡 50%/2013.05.28 至 2018.05.28/低毒
柑橘树 红蜘蛛 200-250毫克/千克 喷雾
PD20131383 丙环唑/250克/升/乳油/丙环唑 250克/升/2013.06.24 至 2018.06.24/低毒
香蕉 叶斑病 375-500毫克/千克 喷雾
PD20132544 阿维菌素/0.5%/颗粒剂/阿维菌素 0.5%/2013.12.16 至 2018.12.16/低毒
黄瓜 根结线虫 225-262.5克/公顷 沟施
PD20140696 阿维菌素/3%/微乳剂/阿维菌素 3%/2014.03.24 至 2019.03.24/低毒(原药高毒)
柑橘树 红蜘蛛 7.5-10毫克/千克 喷雾
PD20140966 阿维菌素/5%/乳油/阿维菌素 5%/2014.04.14 至 2019.04.14/低毒(原药高毒)
甘蓝 小菜蛾 6-12克/公顷 喷雾
PD20142433 三环唑/75%/可湿性粉剂/三环唑 75%/2014.11.15 至 2019.11.15/中等毒
水稻 稻瘟病 225-300克/公顷 喷雾
PD20151482 灭幼脲/25%/悬浮剂/灭幼脲 25%/2015.07.31 至 2020.07.31/低毒
苹果树 金纹细蛾 100-167毫升/千克 喷雾
LS20130112 苯甲・锰锌/10%/热雾剂/苯醚甲环唑 5%、代森锰锌 5%/2015.03.12 至 2016.03.12/低毒
橡胶树 棒孢霉落叶病 15-20毫克/千克 热雾机喷雾
LS20130300 哒灵・炔螨特/10%/热雾剂/哒螨灵 5%、炔螨特 5%/2015.06.04 至 2016.06.04/低毒
橡胶树 红蜘蛛 225-300克/公顷 热雾机喷雾

海南利蒙特生物农药有限公司 (海南省海口市世贸东路2号世贸中心E座1705室 570125 0898-68591553)

PD20050154 吡虫・杀虫单/80%/可湿性粉剂/吡虫啉 2%、杀虫单 78%/2015.09.29 至 2020.09.29/中等毒
水稻 稻飞虱、三化螟 600-750克/公顷 喷雾
PD20081083 霜脲・锰锌/72%/可湿性粉剂/代森锰锌 64%、霜脲氰 8%/2013.08.18 至 2018.08.18/低毒
番茄 晚疫病 1836-2160克/公顷 喷雾
黄瓜 霜霉病 1836-2160克/公顷 喷雾
PD20081352 啶虫脒/5%/乳油/啶虫脒 5%/2013.10.21 至 2018.10.21/低毒
黄瓜 蚜虫 18-22.5克/公顷 喷雾
萝卜 黄条跳甲 45-90克/公顷 喷雾
PD20084178 阿维・高氯/6.3%/可湿性粉剂/阿维菌素 0.7%、高效氯氰菊酯 5.6%/2013.12.16 至 2018.12.16/低毒(原药高毒)
柑橘树 潜叶蛾 12.6-18.9毫克/千克 喷雾
十字花科蔬菜 菜青虫、小菜蛾 7.5-15克/公顷 喷雾
PD20084282 阿维・杀虫单/20%/微乳剂/阿维菌素 0.2%、杀虫单 19.8%/2013.12.17 至 2018.12.17/低毒(原药高毒)

菜豆	美洲斑潜蝇	120-180克/公顷	喷雾
PD20086007 草甘膦/50%/可溶粉剂/草甘膦 50%/2013.12.29 至 2018.12.29/低毒			
柑橘园	杂草	1125－2250克/公顷	定向茎叶喷雾
PD20090464 高效氯氟氰菊酯/25克/升/乳油/高效氯氟氰菊酯 25克/升/2014.01.12 至 2019.01.12/中等毒			
十字花科蔬菜	菜青虫	9.375-11.25克/公顷	喷雾
PD20090598 氟啶脲/50克/升/乳油/氟啶脲 50克/升/2014.01.14 至 2019.01.14/低毒			
十字花科蔬菜	甜菜夜蛾	30-60克/公顷	喷雾
PD20090663 高氯・辛硫磷/20%/乳油/高效氯氰菊酯 1.5%、辛硫磷 18.5%/2014.01.15 至 2019.01.15/中等毒			
棉花	棉铃虫	225-300克/公顷	喷雾
PD20090839 炔螨特/57%/乳油/炔螨特 57%/2014.01.19 至 2019.01.19/低毒			
柑橘树	红蜘蛛	228-380毫克/千克	喷雾
PD20091240 异丙威/20%/乳油/异丙威 20%/2014.02.01 至 2019.02.01/低毒			
水稻	稻飞虱	450-600克/公顷	喷雾
PD20094279 烯唑・多菌灵/30%/可湿性粉剂/多菌灵 26%、烯唑醇 4%/2014.03.31 至 2019.03.31/低毒			
梨树	黑星病	250-375毫克/千克	喷雾
PD20094506 丙环唑/250克/升/乳油/丙环唑 250克/升/2014.04.09 至 2019.04.09/低毒			
香蕉	叶斑病	250-500毫克/千克	喷雾
PD20095321 异丙・苄/30%/可湿性粉剂/苄嘧磺隆 5%、异丙草胺 25%/2014.04.27 至 2019.04.27/低毒			
水稻抛秧田、水稻移栽田	部分多年生杂草、一年生杂草	135－180克/公顷	药土法
PD20096145 阿维・高氯/6%/乳油/阿维菌素 0.4%、高效氯氰菊酯 5.6%/2014.06.24 至 2019.06.24/低毒(原药高毒)			
十字花科蔬菜	小菜蛾	18-27克/公顷	喷雾
PD20096277 阿维菌素/1.8%/乳油/阿维菌素 1.8%/2014.07.22 至 2019.07.22/中等毒(原药高毒)			
甘蓝	小菜蛾	8.1-10.8克/公顷	喷雾
PD20096411 吡虫啉/25%/可湿性粉剂/吡虫啉 25%/2014.08.04 至 2019.08.04/低毒			
水稻	稻飞虱	15-30克/公顷	喷雾
PD20096662 阿维菌素/3%/微乳剂/阿维菌素 3%/2014.09.07 至 2019.09.07/中等毒(原药高毒)			
十字花科蔬菜	小菜蛾	8.1-10.8克/公顷	喷雾
PD20102205 甲氨基阿维菌素苯甲酸盐/3%/微乳剂/甲氨基阿维菌素 3%/2010.12.23 至 2015.12.23/低毒			
甘蓝	甜菜夜蛾	3-4.5克/公顷	喷雾
注:甲氨基阿维菌素苯甲酸盐含量:3.4%。			
PD20110076 印楝素/0.3%/乳油/印楝素 0.3%/2011.01.21 至 2016.01.21/低毒			
十字花科蔬菜	小菜蛾	2.25-3.6克/公顷	喷雾
PD20110145 甲氨基阿维菌素苯甲酸盐/0.5%/微乳剂/甲氨基阿维菌素 0.5%/2011.02.10 至 2016.02.10/低毒			
甘蓝	甜菜夜蛾	26-39毫升/亩	喷雾
注:甲氨基阿维菌素苯甲酸盐含量:0.57%。			
PD20110387 阿维・矿物油/40%/乳油/阿维菌素 0.3%、矿物油 39.7%/2011.04.12 至 2016.04.12/低毒(原药高毒)			
柑橘树	红蜘蛛	200-400毫克/千克	喷雾
PD20120948 草甘膦铵盐/80%/可溶粒剂/草甘膦 80%/2012.06.14 至 2017.06.14/低毒			
柑橘园	杂草	1125-2250克/公顷	定向茎叶喷雾
注:草甘膦铵盐含量:88%。			
PD20121593 甲氨基阿维菌素苯甲酸盐/5%/水分散粒剂/甲氨基阿维菌素 5%/2012.10.25 至 2017.10.25/低毒			
甘蓝	甜菜夜蛾	2.25～3.75克/公顷	喷雾
注:甲氨基阿维菌素苯甲酸盐含量:5.7%。			
PD20130894 高氯・甲维盐/4.2%/微乳剂/高效氯氰菊酯 4%、甲氨基阿维菌素苯甲酸盐 0.2%/2013.04.25 至 2018.04.25/低毒			
甘蓝	甜菜夜蛾	37.8-44.1克/公顷	喷雾
PD20131476 枯草芽孢杆菌/200亿活芽孢/克/可湿性粉剂/枯草芽孢杆菌 200亿活芽孢/克/2013.07.05 至 2018.07.05/低毒			
水稻	稻瘟病	80-100克制剂/亩	喷雾
PD20140026 联苯菊酯/100克/升/乳油/联苯菊酯 100克/升/2014.01.02 至 2019.01.02/低毒			
茶树	茶小绿叶蝉	30-37.5克/公顷	喷雾
PD20140704 丙森锌/70%/可湿性粉剂/丙森锌 70%/2014.03.24 至 2019.03.24/低毒			
黄瓜	霜霉病	1911-2247克/公顷	喷雾
PD20141004 灭胺・杀虫单/60%/可溶粉剂/灭蝇胺 10%、杀虫单 50%/2014.04.21 至 2019.04.21/中等毒			
菜豆	美洲斑潜蝇	225-315克/公顷	喷雾
PD20150117 草铵膦/200克/升/水剂/草铵膦 200克/升/2015.01.07 至 2020.01.07/低毒			
非耕地	杂草	1050-1350克/公顷	茎叶喷雾
PD20151330 氟硅唑/8%/热雾剂/氟硅唑 8%/2015.07.30 至 2020.07.30/低毒			
橡胶树	白粉病	120-130克/公顷	喷雾
PD20151332 苯醚甲环唑/10%/热雾剂/苯醚甲环唑 10%/2015.07.30 至 2020.07.30/低毒			
橡胶树	炭疽病	90～120克/公顷	热雾机喷雾
PD20151521 多效唑/15%/可湿性粉剂/多效唑 15%/2015.08.03 至 2020.08.03/低毒			
水稻育秧田	控制生长	200-300毫克/千克	喷雾
PD20152412 丙环唑/62%/乳油/丙环唑 62%/2015.10.25 至 2020.10.25/低毒			

香蕉 叶斑病 375－400毫克/千克 喷雾

PD20152550 啶虫脒/40%/可溶粉剂/啶虫脒 40%/2015.12.05 至 2020.12.05/低毒

黄瓜 白粉虱 24-30克/公顷 喷雾

LS20130517 虫螨腈/20%/微乳剂/虫螨腈 20%/2014.12.10 至 2015.12.10/低毒

甘蓝 小菜蛾 45-75克/公顷 喷雾

海南力智生物工程有限责任公司 (海南省海口市沿江五西路15号白沙门别墅16栋 570208 0898-66286100)

PD20083404 啶虫脒/20%/可溶粉剂/啶虫脒 20%/2013.12.11 至 2018.12.11/低毒

黄瓜 蚜虫 15-30克/公顷 喷雾

PD20093410 联苯菊酯/25克/升/乳油/联苯菊酯 25克/升/2014.03.20 至 2019.03.20/低毒

茶树 茶尺蠖 7.5-15克/公顷 喷雾

PD20094097 高效氯氟氰菊酯/2.5%/水乳剂/高效氯氟氰菊酯 2.5%/2014.03.27 至 2019.03.27/中等毒

十字花科蔬菜 菜青虫 7.5-11.25克/公顷 喷雾

PD20094259 杀螟丹/50%/可溶粉剂/杀螟丹 50%/2014.03.31 至 2019.03.31/中等毒

水稻 二化螟 525-750克/公顷 喷雾

PD20094519 顺式氯氰菊酯/5%/乳油/顺式氯氰菊酯 5%/2014.04.09 至 2019.04.09/低毒

黄瓜 蚜虫 7.5-15克/公顷 喷雾

PD20100455 氟啶脲/5%/乳油/氟啶脲 5%/2015.01.14 至 2020.01.14/低毒

甘蓝 小菜蛾 45-60克/公顷 喷雾

PD20100858 联苯菊酯/100克/升/乳油/联苯菊酯 100克/升/2015.01.19 至 2020.01.19/中等毒

番茄 白粉虱 12-15克/公顷 喷雾

PD20101321 锰锌·腈菌唑/62.25%/可湿性粉剂/腈菌唑 2.25%、代森锰锌 60%/2015.03.17 至 2020.03.17/低毒

黄瓜 白粉病 1867.5-2340克/公顷 喷雾

PD20101940 甲氨基阿维菌素苯甲酸盐/0.5%/乳油/甲氨基阿维菌素 0.5%/2015.08.27 至 2020.08.27/低毒

甘蓝 小菜蛾 1.2-1.8克/公顷 喷雾

注:甲氨基阿维菌素苯甲酸盐含量含量: 0.57%。

PD20110175 高效氯氟氰菊酯/4.5%/微乳剂/高效氯氟氰菊酯 4.5%/2016.02.17 至 2021.02.17/低毒

甘蓝 菜青虫 13.5-20.25克/公顷 喷雾

PD20111009 阿维菌素/0.5%/颗粒剂/阿维菌素 0.5%/2011.09.28 至 2016.09.28/低毒(原药高毒)

胡椒 根结线虫 225-375克/公顷 沟施或穴施

PD20120068 吡虫啉/20%/可溶液剂/吡虫啉 20%/2012.01.16 至 2017.01.16/低毒

甘蓝 蚜虫 15-30克/公顷 喷雾

PD20131114 丙环·戊唑醇/40%/水乳剂/丙环唑 15%、戊唑醇 25%/2013.05.20 至 2018.05.20/低毒

香蕉 叶斑病 333-500毫克/千克 喷雾

PD20131560 甲维·高氯氟/4%/微乳剂/高效氯氟氰菊酯 3.5%、甲氨基阿维菌素苯甲酸盐 0.5%/2013.07.23 至 2018.07.23/中等毒

甘蓝 甜菜夜蛾 15-21克/公顷 喷雾

PD20132468 阿维菌素/3%/水乳剂/阿维菌素 3%/2013.12.02 至 2018.12.02/低毒(原药高毒)

甘蓝 小菜蛾 8.1-10.8克/公顷 喷雾

PD20132479 阿维·毒死蜱/42%/水乳剂/阿维菌素 2%、毒死蜱 40%/2013.12.09 至 2018.12.09/中等毒(原药高毒)

水稻 稻纵卷叶螟 175-225克/公顷 喷雾

PD20132623 啶虫脒/10%/水乳剂/啶虫脒 10%/2013.12.20 至 2018.12.20/低毒

柑橘树 蚜虫 10-12.5毫克/千克 喷雾

PD20140445 联菊·啶虫脒/6%/微乳剂/啶虫脒 3%、联苯菊酯 3%/2014.02.25 至 2019.02.25/低毒

番茄 白粉虱 23.625-30克/公顷 喷雾

PD20140478 甲氨基阿维菌素苯甲酸盐/3%/水乳剂/甲氨基阿维菌素 3%/2014.02.25 至 2019.02.25/低毒

甘蓝 小菜蛾 4.5-5.4克/公顷 喷雾

注:甲氨基阿维菌素苯甲酸盐含量: 3.4%。

PD20140708 阿维·哒螨灵/10.5%/微乳剂/阿维菌素 0.5%、哒螨灵 10%/2014.03.24 至 2019.03.24/低毒(原药高毒)

柑橘树 红蜘蛛 52.5～105毫克/千克 喷雾

PD20140944 氟硅唑/15%/水乳剂/氟硅唑 15%/2014.04.14 至 2019.04.14/低毒

梨树 黑星病 40-53.3毫克/千克 喷雾

PD20141162 阿维·啶虫脒/6%/水乳剂/阿维菌素 0.6%、啶虫脒 5.4%/2014.04.28 至 2019.04.28/低毒(原药高毒)

柑橘树 介壳虫 30-60毫克/千克 喷雾

PD20150776 醚菌酯/30%/悬浮剂/醚菌酯 30%/2015.05.13 至 2020.05.13/低毒

黄瓜 白粉病 135-180克/公顷 喷雾

PD20150977 多杀霉素/5%/悬浮剂/多杀霉素 5%/2015.06.11 至 2020.06.11/低毒

甘蓝 小菜蛾 18.75-26.25克/公顷 喷雾

PD20151182 草铵膦/200克/升/水剂/草铵膦 200克/升/2015.06.27 至 2020.06.27/低毒

非耕地 杂草 600-900克/公顷 茎叶喷雾

PD20151297 戊唑醇/45%/悬浮剂/戊唑醇 45%/2015.07.30 至 2020.07.30/低毒

黄瓜 黑星病 108-135克/公顷 喷雾

PD20151410 烯酰吗啉/20%/悬浮剂/烯酰吗啉 20%/2015.07.30 至 2020.07.30/低毒

黄瓜 霜霉病 300-375克/公顷 喷雾

PD20151654 苯醚甲环唑/15%/悬浮剂/苯醚甲环唑 15%/2015.08.28 至 2020.08.28/低毒

黄瓜 炭疽病 112.5-135克/公顷 喷雾
PD20151951 咪鲜胺/50%/悬浮剂/咪鲜胺 50%/2015.08.30 至 2020.08.30/低毒
黄瓜 炭疽病 450-600克/公顷 喷雾
PD20152206 哒螨灵/30%/悬浮剂/哒螨灵 30%/2015.09.23 至 2020.09.23/低毒
柑橘树 红蜘蛛 75-100毫克/千克 喷雾
PD20152587 烯酰·醚菌酯/35%/悬浮剂/醚菌酯 15%、烯酰吗啉 20%/2015.12.17 至 2020.12.17/低毒
黄瓜 霜霉病 262.5-315克/公顷 喷雾

海南侨华农药厂 (海南省海口市金盘工业区金盘路12号 570216 0898-6816763)

PD20097043 阿维菌素/18克/升/乳油/阿维菌素 18克/升/2014.10.10 至 2019.10.10/低毒
甘蓝 小菜蛾 8.1-10.8克/公顷 喷雾

海南侨华农药厂有限公司 (海南省海口市灵山琼文线公路3公里处 571100 0898-65822176)

PD20141080 苦参碱/0.3%/水剂/苦参碱 0.3%/2014.04.27 至 2019.04.27/低毒
甘蓝 菜青虫 4.5-6.75克/公顷 喷雾

海南润禾农药有限公司 (海南省海口市秀英区工业水库旁 570311 0898-68661580)

PD20091342 草甘膦异丙胺盐/41%/水剂/草甘膦异丙胺盐 41%/2014.02.01 至 2019.02.01/低毒
橡胶园 杂草 1845-2460克/公顷 喷雾
PD20092036 草甘膦/50%/可溶粉剂/草甘膦 50%/2014.02.12 至 2019.02.12/低毒
橡胶园 杂草 1500-2625克/公顷 喷雾
PD20131079 多效唑/15%/可湿性粉剂/多效唑 15%/2013.05.20 至 2018.05.20/低毒
水稻育秧田 控制生长 200-300毫克/升 茎叶喷雾

海南正业中农高科股份有限公司 (海南省澄迈县老城开发区富昌村 571924 0898-66766912)

PD20082630 炔螨特/40%/乳油/炔螨特 40%/2013.12.04 至 2018.12.04/低毒
柑橘树 红蜘蛛 266.7-400毫克/千克 喷雾
PD20083753 乙铝·锰锌/50%/可湿性粉剂/代森锰锌 22%、三乙膦酸铝 28%/2013.12.15 至 2018.12.15/低毒
黄瓜 霜霉病 1125—1875克/公顷 喷雾
PD20084011 敌百虫/30%/乳油/敌百虫 30%/2013.12.16 至 2018.12.16/低毒
十字花科蔬菜 菜青虫 450-675克/公顷 喷雾
PD20084186 阿维菌素/1.8%/乳油/阿维菌素 1.8%/2013.12.16 至 2018.12.16/中等毒(原药高毒)
梨树 梨木虱 6-12毫克/千克 喷雾
PD20084237 异菌脲/50%/可湿性粉剂/异菌脲 50%/2013.12.17 至 2018.12.17/低毒
番茄 早疫病 750-1500克/公顷 喷雾
PD20085845 代森锰锌/80%/可湿性粉剂/代森锰锌 80%/2013.12.29 至 2018.12.29/低毒
柑橘树 疮痂病、炭疽病 1333-2000毫克/千克 喷雾
梨树 黑星病 800-1600毫克/千克 喷雾
荔枝树 霜疫霉病 1333-2000毫克/千克 喷雾
苹果树 斑点落叶病、轮纹病、炭疽病 1000-1500毫克/千克 喷雾
葡萄 白腐病、黑痘病、霜霉病 1000-1600毫克/千克 喷雾
西瓜 炭疽病 1560-2520克/公顷 喷雾
PD20085893 甲硫·福美双/70%/可湿性粉剂/福美双 22%、甲基硫菌灵 48%/2013.12.29 至 2018.12.29/低毒
黄瓜 白粉病 525-787.5克/公顷 喷雾
PD20085902 草甘膦/30%/可溶粉剂/草甘膦 30%/2013.12.29 至 2018.12.29/低毒
柑橘园 一年生杂草 675-1125克/公顷 杂草生长旺盛期喷雾
柑橘园 多年生杂草 1125-2250克/公顷 杂草生长旺盛期喷雾
PD20086127 毒死蜱/40%/乳油/毒死蜱 40%/2013.12.30 至 2018.12.30/中等毒
柑橘树 矢尖蚧 200-400毫克/千克 喷雾
PD20086293 阿维·辛硫磷/15%/乳油/阿维菌素 0.1%、辛硫磷 14.9%/2013.12.31 至 2018.12.31/中等毒(原药高毒)
十字花科蔬菜 小菜蛾 112.5-180克/公顷 喷雾
PD20086317 腈菌·福美双/20%/可湿性粉剂/福美双 18%、腈菌唑 2%/2013.12.31 至 2018.12.31/低毒
黄瓜 黑星病 200-400克/公顷 喷雾
PD20090093 毒死蜱/40%/乳油/毒死蜱 40%/2014.01.08 至 2019.01.08/中等毒
苹果树 绵蚜 200-250毫克/千克 喷雾
PD20090138 霜脲·锰锌/72%/可湿性粉剂/代森锰锌 64%、霜脲氰 8%/2014.01.08 至 2019.01.08/低毒
黄瓜 霜霉病 1440-1800克/公顷 喷雾
PD20091454 硫磺·三环唑/45%/可湿性粉剂/硫磺 40%、三环唑 5%/2014.02.02 至 2019.02.02/低毒
水稻 稻瘟病 1012.5-1215克/公顷 喷雾
PD20091855 甲霜·锰锌/58%/可湿性粉剂/甲霜灵 10%、代森锰锌 48%/2014.02.06 至 2019.02.06/低毒
葡萄 霜霉病 1087.5-1740克/公顷 喷雾
PD20092448 联苯菊酯/25克/升/乳油/联苯菊酯 25克/升/2014.02.25 至 2019.02.25/低毒
茶树 茶尺蠖 7.5-15克/公顷 喷雾
PD20092517 三环唑/75%/可湿性粉剂/三环唑 75%/2014.02.26 至 2019.02.26/低毒
水稻 稻瘟病 225-300克/公顷 喷雾

PD20092943 咪鲜胺/25%/乳油/咪鲜胺 25%/2014.03.09 至 2019.03.09/低毒
芒果 炭疽病 250-500毫克/千克 喷雾
芹菜 斑枯病 187.5-262.5克/公顷 喷雾

PD20092981 高效氯氟氰菊酯/2.5%/乳油/高效氯氟氰菊酯 2.5%/2014.03.09 至 2019.03.09/中等毒
棉花 棉铃虫 18.75-26.25克/公顷 喷雾

PD20093032 腐霉利/50%/可湿性粉剂/腐霉利 50%/2014.03.09 至 2019.03.09/低毒
番茄 灰霉病 500-750克/公顷 喷雾

PD20093093 三唑锡/25%/可湿性粉剂/三唑锡 25%/2014.03.09 至 2019.03.09/低毒
柑橘树 红蜘蛛 125-166毫克/千克 喷雾

PD20093275 噻螨酮/5%/乳油/噻螨酮 5%/2014.03.11 至 2019.03.11/低毒
柑橘树 红蜘蛛 33.3-50毫克/千克 喷雾

PD20093587 吡虫啉/20%/可溶液剂/吡虫啉 20%/2014.03.23 至 2019.03.23/低毒
棉花 蚜虫 15-30克/公顷 喷雾

PD20093592 杀螺胺/70%/可湿性粉剂/杀螺胺 70%/2014.03.23 至 2019.03.23/低毒
水稻 福寿螺 450-600克/公顷 喷雾或撒毒土

PD20093644 杀螟丹/50%/可溶粉剂/杀螟丹 50%/2014.03.25 至 2019.03.25/中等毒
水稻 二化螟 500-750克/公顷 喷雾

PD20093723 氟铃脲/5%/乳油/氟铃脲 5%/2014.03.25 至 2019.03.25/低毒
十字花科蔬菜 小菜蛾 30-56.25克/公顷 喷雾

PD20093740 草甘膦异丙胺盐/41%/水剂/草甘膦异丙胺盐 41%/2014.03.25 至 2019.03.25/低毒
橡胶园 杂草 2050-3075克/公顷 定向茎叶喷雾

PD20093757 丙环唑/250克/升/乳油/丙环唑 250克/升/2014.03.25 至 2019.03.25/低毒
香蕉 叶斑病 250-500毫克/千克 喷雾

PD20093758 哒螨灵/15%/乳油/哒螨灵 15%/2014.03.25 至 2019.03.25/中等毒
柑橘树 红蜘蛛 60-100毫克/千克 喷雾

PD20094014 哒螨灵/20%/可湿性粉剂/哒螨灵 20%/2014.03.27 至 2019.03.27/低毒
苹果树 红蜘蛛 66.7-100毫克/千克 喷雾

PD20094024 四螨嗪/10%/可湿性粉剂/四螨嗪 10%/2014.03.27 至 2019.03.27/低毒
柑橘树 红蜘蛛 100-125毫克/千克 喷雾

PD20094025 甲基硫菌灵/70%/可湿性粉剂/甲基硫菌灵 70%/2014.03.27 至 2019.03.27/微毒
苹果树 轮纹病 600-800毫克/千克 喷雾

PD20094091 稻瘟灵/40%/乳油/稻瘟灵 40%/2014.03.27 至 2019.03.27/低毒
水稻 稻瘟病 450-600克/公顷 喷雾

PD20094290 多菌灵/80%/可湿性粉剂/多菌灵 80%/2014.03.31 至 2019.03.31/低毒
水稻 稻瘟病 700-900克/公顷 喷雾

PD20094569 氟硅唑/400克/升/乳油/氟硅唑 400克/升/2014.04.09 至 2019.04.09/低毒
梨树 赤星病 40-50毫克/千克 喷雾

PD20094659 代森锌/80%/可湿性粉剂/代森锌 80%/2014.04.10 至 2019.04.10/低毒
番茄 早疫病 2550-3600克/公顷 喷雾

PD20094753 联苯菊酯/100克/升/乳油/联苯菊酯 100克/升/2014.04.10 至 2019.04.10/中等毒
茶树 茶小绿叶蝉 30-37.5克/公顷 喷雾

PD20094769 丙环唑/95%/原药/丙环唑 95%%/2014.04.13 至 2019.04.13/低毒

PD20094770 草甘膦/95%/原药/草甘膦 95%/2014.04.13 至 2019.04.13/低毒

PD20095680 阿维·哒螨灵/6%/微乳剂/阿维菌素 0.6%、哒螨灵 5.4%/2014.05.15 至 2019.05.15/中等毒(原药高毒)
苹果树 二斑叶螨 30-40毫克/千克 喷雾

PD20096854 琥胶肥酸铜/30%/可湿性粉剂/琥胶肥酸铜 30%/2014.09.21 至 2019.09.21/低毒
黄瓜 角斑病 900-1080克/公顷 喷雾

PD20098536 高效氯氰菊酯/4.5%/微乳剂/高效氯氰菊酯 4.5%/2014.12.24 至 2019.12.24/低毒
甘蓝 菜青虫 20.25-27克/公顷 喷雾

PD20100452 啶虫脒/5%/乳油/啶虫脒 5%/2015.01.14 至 2020.01.14/低毒
柑橘树 蚜虫 10-12毫克/千克 喷雾

PD20100639 百菌清/75%/可湿性粉剂/百菌清 75%/2015.01.15 至 2020.01.15/低毒
柑橘树 疮痂病 900-1250毫克/千克 喷雾

PD20100999 噻嗪·异丙威/25%/可湿性粉剂/噻嗪酮 5%、异丙威 20%/2015.01.20 至 2020.01.20/低毒
水稻 稻飞虱 1500-2250克制剂/亩 喷雾

PD20102057 乙蒜素/80%/乳油/乙蒜素 80%/2015.11.03 至 2020.11.03/中等毒
水稻 烂秧病 100-133毫克/千克 浸种

PD20102099 啶虫脒/40%/可溶粉剂/啶虫脒 40%/2015.11.25 至 2020.11.25/低毒
黄瓜 白粉虱 18-30克/公顷 喷雾

PD20102173 丙环唑/50%/微乳剂/丙环唑 50%/2015.12.14 至 2020.12.14/低毒
香蕉 叶斑病 250-400毫克/千克 喷雾

PD20110137 高氯·甲维盐/3.2%/微乳剂/高效氯氰菊酯 3%、甲氨基阿维菌素苯甲酸盐 0.2%/2016.02.09 至 2021.02.09/中等毒
甘蓝 甜菜夜蛾 19.2-28.8克/公顷 喷雾

PD20110711 高效氯氟氰菊酯/2.5%/水乳剂/高效氯氟氰菊酯 2.5%/2011.07.06 至 2016.07.06/中等毒
棉花 棉铃虫 18.75－26.25克/公顷 喷雾
PD20110724 阿维菌素/1.8%/水乳剂/阿维菌素 1.8%/2011.07.11 至 2016.07.11/中等毒(原药高毒)
梨树 梨木虱 6－12毫克/千克 喷雾
PD20110753 吡虫啉/45%/微乳剂/吡虫啉 45%/2011.07.25 至 2016.07.25/低毒
节瓜 蓟马 22.5-30克/公顷 喷雾
PD20110786 甲氨基阿维菌素苯甲酸盐/0.5%/微乳剂/甲氨基阿维菌素 0.5%/2011.07.25 至 2016.07.25/低毒
甘蓝 甜菜夜蛾 1.5-3克/公顷 喷雾
注:甲氨基阿维菌素苯甲酸盐含量：0.57%。
PD20110797 吡虫·噻嗪酮/16%/可湿性粉剂/吡虫啉 2%、噻嗪酮 14%/2011.07.26 至 2016.07.26/低毒
水稻 稻飞虱 52.8-60克/公顷 喷雾
PD20110837 代森锰锌/75%/水分散粒剂/代森锰锌 75%/2011.08.10 至 2016.08.10/低毒
黄瓜 霜霉病 1046-1687克/公顷 喷雾
PD20110845 丙溴磷/40%/乳油/丙溴磷 40%/2011.08.10 至 2016.08.10/低毒
甘蓝 斜纹夜蛾 480-600克/公顷 喷雾
PD20110846 哒螨灵/15%/水乳剂/哒螨灵 15%/2011.08.10 至 2016.08.10/中等毒
柑橘树 红蜘蛛 60－100毫克/千克 喷雾
PD20110856 阿维·杀虫单/20%/微乳剂/阿维菌素 0.2%、杀虫单 19.8%/2011.08.10 至 2016.08.10/低毒(原药高毒)
菜豆 美洲斑潜蝇 150-210克/公顷 喷雾
PD20110863 啶虫脒/5%/微乳剂/啶虫脒 5%/2011.08.10 至 2016.08.10/低毒
柑橘树 蚜虫 10-12.5毫克/千克 喷雾
PD20110897 毒死蜱/40%/水乳剂/毒死蜱 40%/2011.08.17 至 2016.08.17/中等毒
苹果树 绵蚜 150-250毫克/千克 喷雾
PD20110987 咪鲜胺/25%/水乳剂/咪鲜胺 25%/2011.09.21 至 2016.09.21/低毒
芒果树 炭疽病 250－500毫克/千克 喷雾
PD20111015 氟硅唑/95%/原药/氟硅唑 95%/2011.09.28 至 2016.09.28/低毒
PD20111026 烯酰·膦酸铝/50%/可湿性粉剂/烯酰吗啉 8%、三乙膦酸铝 42%/2011.09.30 至 2016.09.30/低毒
马铃薯 晚疫病 281.25-375克/公顷 喷雾
PD20111027 戊唑醇/97%/原药/戊唑醇 97%/2011.09.30 至 2016.09.30/低毒
PD20111171 噻嗪酮/98%/原药/噻嗪酮 98%/2011.11.15 至 2016.11.15/低毒
PD20111352 草甘膦铵盐/65%/可溶粉剂/草甘膦 65%/2011.12.12 至 2016.12.12/低毒
橡胶园 杂草 1125-2250克/公顷 定向茎叶喷雾
注:草甘膦铵盐含量：71.5%。
PD20111361 灭蝇胺/30%/可湿性粉剂/灭蝇胺 30%/2011.12.12 至 2016.12.12/低毒
黄瓜 美洲斑潜蝇 120-150克/公顷 喷雾
PD20111367 唑酯·炔螨特/13%/乳油/炔螨特 10%、唑螨酯 3%/2011.12.13 至 2016.12.13/低毒
柑橘树 红蜘蛛 86.7-130毫克/千克 喷雾
PD20111372 松脂酸铜/12%/乳油/松脂酸铜 12%/2011.12.14 至 2016.12.14/低毒
柑橘 溃疡病 240-400毫克/千克 喷雾
PD20111412 联苯菊酯/100克/升/水乳剂/联苯菊酯 100克/升/2011.12.22 至 2016.12.22/中等毒
茶树 茶小绿叶蝉 22.5－37.5克/公顷 喷雾
PD20120007 甲维·哒螨灵/15.5%/乳油/哒螨灵 15.3%、甲氨基阿维菌素苯甲酸盐 0.2%/2012.01.05 至 2017.01.05/中等毒
柑橘树 红蜘蛛 77.5-103毫克/千克 喷雾
PD20120158 腈菌唑/12.5%/微乳剂/腈菌唑 12.5%/2012.01.30 至 2017.01.30/低毒
梨树 黑星病 41.7-62.5毫克/千克 喷雾
PD20120377 甲氨基阿维菌素苯甲酸盐/5%/水分散粒剂/甲氨基阿维菌素 5%/2012.02.24 至 2017.02.24/低毒
芥蓝 小菜蛾 2.75－3.25克/公顷 喷雾
注:甲氨基阿维菌素苯甲酸盐含量：5.7%。
PD20121446 氨基寡糖素/5%/水剂/氨基寡糖素 5%/2012.10.08 至 2017.10.08/低毒
梨树 黑星病 75-100毫克/千克 喷雾
棉花 枯萎病 56-75克/公顷 喷雾
苹果树 斑点落叶病 50-100毫克/千克 喷雾
水稻 稻瘟病 56-75克/公顷 喷雾
西瓜 枯萎病 37.5-75克/公顷 喷雾
小麦 赤霉病 56.25-75克/公顷 喷雾
烟草 病毒病 56-75克/公顷 喷雾
玉米 粗缩病 56-75克/公顷 喷雾
PD20121594 丙威·毒死蜱/25%/乳油/毒死蜱 15%、异丙威 10%/2012.10.25 至 2017.10.25/中等毒
水稻 二化螟 375-450克/公顷 喷雾
PD20121751 啶虫·仲丁威/22%/乳油/啶虫脒 2%、仲丁威 20%/2012.11.15 至 2017.11.15/低毒
水稻 稻飞虱 132-198克/公顷 喷雾
PD20121813 低聚糖素/6%/水剂/低聚糖素 6%/2012.11.22 至 2017.11.22/低毒
番茄 病毒病 56-75克/公顷 喷雾

胡椒　病毒病　50-100毫克/千克　喷雾
水稻　稻瘟病　56-75克/公顷　喷雾
小麦　赤霉病　54-72克/公顷　喷雾
玉米　粗缩病　56-75克/公顷　喷雾

PD20121969　甲氰·甲维盐/10.5%/乳油/甲氨基阿维菌素苯甲酸盐 0.2%、甲氰菊酯 10.3%/2012.12.18 至 2017.12.18/中等毒
苹果树　红蜘蛛　52.5-105毫克/千克　喷雾

PD20130008　苯醚甲环唑/20%/水乳剂/苯醚甲环唑 20%/2013.01.04 至 2018.01.04/低毒
柑橘树　炭疽病　40-50毫克/千克　喷雾

PD20130458　阿维·毒死蜱/42%/微乳剂/阿维菌素 1%、毒死蜱 41%/2013.03.19 至 2018.03.19/中等毒(原药高毒)
橡胶树　红蜘蛛　140-186.7毫克/千克　喷雾

PD20130504　草铵膦/200克/升/水剂/草铵膦 200克/升/2013.03.27 至 2018.03.27/低毒
非耕地　杂草　900-1200克/公顷　喷雾

PD20130555　氨基·嘧霉胺/25%/悬浮剂/氨基寡糖素 5%、嘧霉胺 20%/2013.04.01 至 2018.04.01/低毒
番茄　灰霉病　375-563克/公顷　喷雾

PD20130556　氨基·氟硅唑/15%/微乳剂/氨基寡糖素 5%、氟硅唑 10%/2013.04.01 至 2018.04.01/低毒
香蕉树　黑星病　115-150毫克/千克　喷雾

PD20130557　氨基·烯酰/23%/悬浮剂/氨基寡糖素 3%、烯酰吗啉 20%/2013.04.01 至 2018.04.01/低毒
黄瓜　霜霉病　115-230克/公顷　喷雾

PD20130558　氨基·戊唑醇/33%/悬浮剂/氨基寡糖素 3%、戊唑醇 30%/2013.04.01 至 2018.04.01/低毒
苹果树　斑点落叶病　83-110毫克/千克　喷雾

PD20130559　氨基·嘧菌酯/23%/悬浮剂/氨基寡糖素 3%、嘧菌酯 20%/2013.04.01 至 2018.04.01/低毒
黄瓜　白粉病　225-337.5克/公顷　喷雾

PD20130597　氨基寡糖素/85%/原药/氨基寡糖素 85%/2013.04.02 至 2018.04.02/低毒

PD20130967　氨基·乙蒜素/25%/微乳剂/氨基寡糖素 5%、乙蒜素 20%/2013.05.02 至 2018.05.02/中等毒
棉花　枯萎病　187.5-250克/公顷　喷雾

PD20132012　甲维·虫螨腈/5%/水乳剂/虫螨腈 4.5%、甲氨基阿维菌素苯甲酸盐 0.5%/2013.10.21 至 2018.10.21/低毒
芥蓝　小菜蛾　2.25-3克/公顷　喷雾

PD20140032　烯酰吗啉/25%/微乳剂/烯酰吗啉 25%/2014.01.02 至 2019.01.02/低毒
黄瓜　霜霉病　270-300克/公顷　喷雾

PD20140034　苯甲·丙环唑/40%/微乳剂/苯醚甲环唑 20%、丙环唑 20%/2014.01.02 至 2019.01.02/低毒
水稻　纹枯病　66-114克/公顷　喷雾

PD20142186　氟脲·炔螨特/20%/微乳剂/氟虫脲 1%、炔螨特 19%/2014.09.26 至 2019.09.26/低毒
柑橘树　红蜘蛛　133.3-200毫克/千克　喷雾

PD20142394　甲维·氟铃脲/6%/悬浮剂/氟铃脲 5%、甲氨基阿维菌素苯甲酸盐 1%/2014.11.06 至 2019.11.06/低毒
棉花　棉铃虫　22.5-30克/公顷　喷雾

PD20150386　阿维·螺螨酯/27%/悬浮剂/阿维菌素 2%、螺螨酯 25%/2015.03.18 至 2020.03.18/低毒(原药高毒)
柑橘树　红蜘蛛　60-77.14毫克/千克　喷雾

PD20152678　多杀·甲维盐/20%/悬浮剂/多杀霉素 16%、甲氨基阿维菌素苯甲酸盐 4%/2015.12.19 至 2020.12.19/低毒
水稻　稻纵卷叶螟　45-75克/公顷　喷雾

LS20150017　烯啶·吡蚜酮/40%/可湿性粉剂/吡蚜酮 30%、烯啶虫胺 10%/2015.01.15 至 2016.01.15/低毒
水稻　稻飞虱　60-90克/公顷　喷雾

LS20150031　多杀·甲维盐/20%/悬浮剂/多杀霉素 16%、甲氨基阿维菌素苯甲酸盐 4%/2015.03.17 至 2016.03.17/低毒
水稻　稻纵卷叶螟　45-75克/公顷　喷雾

LS20150040　寡糖·噻·氟虫/31%/悬浮种衣剂/氨基寡糖素 1%、氟虫腈 10%、噻虫嗪 20%/2015.03.18 至 2016.03.18/低毒
玉米　蛴螬、粗缩病　155-206.7克/100千克种子　种子包衣

LS20150244　吡虫·噻嗪酮/38%/悬浮剂/吡虫啉 4%、噻嗪酮 34%/2015.07.30 至 2016.07.30/低毒
芒果树　介壳虫　190-253毫克/千克　喷雾

上海家化海南日用化学品有限公司　(海南省澄迈县金江镇金江大道西侧　571900　0898-68660726)

WP20120147　驱蚊花露水/4.5%/驱蚊花露水/驱蚊酯 4.5%/2012.08.06 至 2017.08.06/低毒
卫生　蚊　/　涂抹

河北省

保定大中方香业有限公司　(河北省保定市长城北大街2397号　071000　0312-5092500)

WP20130032　蚊香/0.2%/蚊香/富右旋反式烯丙菊酯 0.18%、四氟苯菊酯 0.02%/2013.02.21 至 2018.02.21/微毒
卫生　蚊　/　点燃

WP20130134　杀虫气雾剂/0.6%/气雾剂/胺菊酯 0.3%、高效氯氰菊酯 0.1%、氯菊酯 0.2%/2013.06.09 至 2018.06.09/微毒
卫生　蚊、蝇、蜚蠊　/　喷雾
注:本产品有三种香型:茉莉香型、桂花香型、柠檬香型。

保定鸿鑫制香有限公司　(河北省高阳县邢南工业区　071500　0312-6803856)

WP20110040　电热蚊香片/11毫克/块/电热蚊香片/炔丙菊酯 11毫克/块/2011.02.15 至 2016.02.15/微毒
卫生　蚊　电热加温

保定嘉瑞日化科技有限公司　(河北省保定市莲池南大街　071000　0312-2111505)

WP20130022　电热蚊香液/1.24%/电热蚊香液/四氟苯菊酯 1.24%/2013.01.30 至 2018.01.30/微毒
室内　蚊　/　电热加温

WP20130030 电热蚊香片/56毫克/片/电热蚊香片/右旋烯丙菊酯 56毫克/片/2013.02.21 至 2018.02.21/微毒
室内 蚊 / 电热加温
WP20130031 杀虫气雾剂/0.64%/气雾剂/Es-生物烯丙菊酯 0.32%、右旋苯醚菊酯 0.32%/2013.02.21 至 2018.02.21/微毒
室内 蚊、蝇、蜚蠊 / 喷雾
WP20130181 蚊香/0.02%/蚊香/富右旋反式烯丙菊酯 0.18%、四氟苯菊酯 0.02%/2013.09.06 至 2018.09.06/微毒
室内 蚊 / 点燃

保定康宝制香有限公司 (河北省定兴县天宫寺乡李八营村 072658 0312-6880178)

WP20080096 蚊香/0.2%/蚊香/富右旋反式烯丙菊酯 0.2%/2013.09.11 至 2018.09.11/微毒
卫生 蚊 / 点燃
WP20130064 杀虫气雾剂/0.47%/气雾剂/胺菊酯 0.3%、氯氰菊酯 0.17%/2013.04.17 至 2018.04.17/低毒
卫生 蚊、蝇 / 喷雾

保定农药厂 (河北省保定市高保路清苑西石桥开发区 071106 0312-8041236)

PD20083294 阿维菌素/1.8%/乳油/阿维菌素 1.8%/2013.12.11 至 2018.12.11/低毒(原药高毒)
梨树 梨木虱 6-12毫克/千克 喷雾
PD20083548 啶虫脒/5%/可湿性粉剂/啶虫脒 5%/2013.12.12 至 2018.12.12/低毒
小麦 蚜虫 22.5-30克/公顷 喷雾
PD20084349 多·锰锌/50%/可湿性粉剂/多菌灵 20%、代森锰锌 30%/2013.12.17 至 2018.12.17/低毒
苹果树 斑点落叶病 1000-1250毫克/千克 喷雾
PD20085841 甲基硫菌灵/70%/可湿性粉剂/甲基硫菌灵 70%/2013.12.29 至 2018.12.29/低毒
苹果树 轮纹病 700-1166.7毫克/千克 喷雾
PD20090488 氯氰·毒死蜱/20%/乳油/毒死蜱 18%、氯氰菊酯 2%/2014.01.12 至 2019.01.12/低毒
棉花 棉铃虫 225-270克/公顷 喷雾
PD20094963 高效氯氰菊酯/4.5%/乳油/高效氯氰菊酯 4.5%/2014.04.21 至 2019.04.21/低毒
十字花科蔬菜 小菜蛾 22.5-33.75克/公顷 喷雾
PD20095857 单甲脒盐酸盐/25%/水剂/单甲脒盐酸盐 25%/2014.05.27 至 2019.05.27/低毒
柑橘树 红蜘蛛 250-312.5毫克/千克 喷雾
PD20098276 碱式硫酸铜/95%/原药/碱式硫酸铜 95%/2014.12.18 至 2019.12.18/低毒
PD20100066 碱式硫酸铜/30%/悬浮剂/碱式硫酸铜 30%/2015.01.04 至 2020.01.04/低毒
梨树 黑星病 700-1000毫克/千克 喷雾
苹果树 叶果病害 750-1000毫克/千克 喷雾
PD20111248 啶虫脒/20%/可湿性粉剂/啶虫脒 20%/2011.11.23 至 2016.11.23/低毒
小麦 蚜虫 30-36克/公顷 喷雾
PD20131115 哒螨·单甲脒/20%/悬浮剂/哒螨灵 5%、单甲脒盐酸盐 15%/2013.05.20 至 2018.05.20/低毒
柑橘树 红蜘蛛 111.1-166.7毫克/千克 喷雾
LS20120319 单甲脒盐酸盐/80%/水分散粒剂/单甲脒盐酸盐 80%/2014.09.10 至 2015.09.10/中等毒
棉花 红蜘蛛 600－750克/公顷 喷雾
LS20130018 阿维·单甲脒/25%/水分散粒剂/阿维菌素 1%、单甲脒盐酸盐 24%/2015.01.07 至 2016.01.07/低毒(原药高毒)
国槐 木虱 156-312毫克/千克 喷雾
LS20130047 甲氰·单甲脒/60%/水分散粒剂/单甲脒盐酸盐 48%、甲氰菊酯 12%/2015.02.06 至 2016.02.06/中等毒
柑橘树 红蜘蛛 300-400毫克/千克 喷雾

保定市地芭化工有限公司 (河北省保定市清苑县第三工业园区路21号 071000 0312-8011791)

PD20082920 复硝酚钠/2.7%/水剂/2,4-二硝基苯酚钠 0.2%、5-硝基邻甲氧基苯酚钠 0.6%、对硝基苯酚钠 0.8%、邻硝基苯酚钠 1.1%/2013.12.09 至 2018.12.09/低毒
小麦 调节生长 3000-4000倍液 兑水喷雾
PD20091891 霜脲·锰锌/72%/可湿性粉剂/代森锰锌 64%、霜脲氰 8%/2014.02.09 至 2019.02.09/低毒
黄瓜 霜霉病 1440-1800克/公顷 喷雾
PD20132237 丙森·霜脲氰/50%/可湿性粉剂/丙森锌 38%、霜脲氰 12%/2013.11.05 至 2018.11.05/低毒
番茄 晚疫病 1275-1725克/公顷 喷雾
PD20142097 硅唑·多菌灵/40%/悬浮剂/多菌灵 27.5%、氟硅唑 12.5%/2014.09.02 至 2019.09.02/低毒
黄瓜 白粉病 84-96克/公顷 喷雾

保定市恒洁日化有限公司 (河北省保定市天香街4-18号 071000 0312-8621688)

WP20130074 蚊香/0.3%/蚊香/富右旋反式烯丙菊酯 0.3%/2013.04.22 至 2018.04.22/低毒
卫生 蚊 / 点燃

保定市康美日化有限公司 (河北省保定市天威中路715号 071000 0312-2205086)

WP20090383 蚊香/0.2%/蚊香/富右旋反式烯丙菊酯 0.2%/2014.12.24 至 2019.12.24/微毒
卫生 蚊 / 点燃
WP20100037 杀虫气雾剂/0.46%/气雾剂/胺菊酯 0.33%、氯菊酯 0.1%、氯氰菊酯 0.03%/2015.02.08 至 2020.02.08/微毒
卫生 蚊、蝇、蜚蠊 / 喷雾

保定市顺博日化有限公司 (河北省保定市北市区后辛庄工业园 071000 0312-5013749)

WP20120170 杀虫气雾剂/0.55%/气雾剂/胺菊酯 0.3%、氯菊酯 0.2%、氯氰菊酯 0.05%/2012.09.11 至 2017.09.11/微毒
卫生 蚊、蝇、蜚蠊 / 喷雾
WP20120226 蚊香/0.3%/蚊香/富右旋反式烯丙菊酯 0.3%/2012.11.22 至 2017.11.22/微毒
卫生 蚊 / 点燃

保定市天润康华日化有限公司　(河北省保定市乐凯南大街2989号　071000　0312-2199880)

WP20130033　杀虫气雾剂/0.46%/气雾剂/Es-生物烯丙菊酯 0.06%、氯菊酯 0.2%、右旋胺菊酯 0.02%/2013.02.21 至2018.02.21/低毒
　卫生　蚊、蝇、蜚蠊　/　喷雾

保定市一诺日化科技有限公司　(河北省保定市保新路8号　071000　0312-8081288)

WP20090323　蚊香/0.3%/蚊香/富右旋反式烯丙菊酯 0.3%/2014.09.15 至 2019.09.15/微毒
　卫生　蚊　/　点燃
　注:本产品有两种香型:无香型、绿茶香型。

WP20110005　杀虫气雾剂/0.48%/气雾剂/胺菊酯 0.3%、氯菊酯 0.13%、氯氰菊酯 0.05%/2016.01.04 至 2021.01.04/微毒
　卫生　蜚蠊、蚊、蝇　/　喷雾

WP20110081　杀虫气雾剂/0.39%/气雾剂/Es-生物烯丙菊酯 0.06%、氯菊酯 0.10%、右旋胺菊酯 0.23%/2016.03.31 至 2021.03.31/微毒
　卫生　蜚蠊、蚊、蝇　　喷雾

WP20110094　电热蚊香片/56毫克/片/电热蚊香片/右旋烯丙菊酯 56毫克/片/2016.04.21 至 2021.04.21/微毒
　卫生　蚊　/　电热加温

WP20110242　电热蚊香液/1.28%/电热蚊香液/炔丙菊酯 1.28%/2011.10.27 至 2016.10.27/微毒
　卫生　蚊　/　电热加温

WP20120006　蚊香/0.20%/蚊香/富右旋反式烯丙菊酯 0.18%、四氟苯菊酯 0.02%/2012.01.16 至 2017.01.16/微毒
　卫生　蚊　/　点燃
　注:本产品有三种香型:檀香型、清香型、绿茶香型。

保定市益佳日化有限公司　(河北省保定市永华南大街22号　071000　0312-2215610)

WP20120130　蚊香/0.24%/蚊香/富右旋反式烯丙菊酯 0.24%/2012.07.12 至 2017.07.12/微毒
　卫生　蚊　/　点燃

WP20130239　杀虫气雾剂/0.42%/气雾剂/胺菊酯 0.19%、富右旋反式烯丙菊酯 0.15%、氯菊酯 0.08%/2013.11.20 至2018.11.20/微毒
　室内　蚊、蝇、蜚蠊　/　喷雾

保定伊普丰化工有限公司　(河北省顺平县高于埔村火车站　072251　0312-7682144)

PD20040764　氯氰·吡虫啉/5%/乳油/吡虫啉 1%、氯氰菊酯 4%/2014.12.19 至 2019.12.19/中等毒
　十字花科蔬菜　蚜虫　30-45克/公顷　喷雾

PD20092459　高效氯氟氰菊酯/25克/升/乳油/高效氯氟氰菊酯 25克/升/2014.02.25 至 2019.02.25/中等毒
　苹果树　桃小食心虫　8.3-12.5毫克/千克　喷雾

PD20095166　炔螨特/57%/乳油/炔螨特 57%/2014.04.24 至 2019.04.24/低毒
　苹果树　红蜘蛛　285-380毫克/千克　喷雾

PD20097668　高氯·马/20%/乳油/高效氯氰菊酯 2%、马拉硫磷 18%/2014.11.04 至 2019.11.04/低毒
　棉花　棉铃虫　120-180克/公顷　喷雾

保定正大阳光日用品有限公司　(河北省保定市清苑县孙村乡戌官营　071104　0312-8080353)

WP20130063　蚊香/0.25%/蚊香/富右旋反式烯丙菊酯 0.25%/2013.04.16 至 2018.04.16/微毒
　卫生　蚊　/　点燃

WP20130071　杀虫气雾剂/0.35%/气雾剂/胺菊酯 0.3%、氯氰菊酯 0.05%/2013.04.18 至 2018.04.18/微毒
　卫生　蚊、蝇、蜚蠊　/　喷雾

北农(海利)涿州种衣剂有限公司 (涿州市东城坊镇(中国农业大学涿州农业科技园区)　072750　0312-7125766)

PD20040826　甲拌·多菌灵/15%/悬浮种衣剂/多菌灵 8%、甲拌磷 7%/2014.12.31 至 2019.12.31/高毒
　花生　地下害虫、根腐病、茎腐病　1:40-50(药种比)　种子包衣

PD20083199　克·醇·福美双/16%/悬浮种衣剂/福美双 8%、克百威 7%、三唑醇 1%/2013.12.11 至 2018.12.11/中等毒(原药高毒)
　玉米　金针虫、蝼蛄、蛴螬、丝黑穗病、小地老虎　1:30-50(药种比)　种子包衣

PD20083362　克·戊·福美双/63%/干粉种衣剂/福美双 25%、克百威 35%、戊唑醇 3%/2013.12.11 至 2018.12.11/高毒
　玉米　地下害虫、丝黑穗病　1:200-300(药种比)　种子包衣

PD20083827　辛硫磷/1.5%/颗粒剂/辛硫磷 1.5%/2013.12.15 至 2018.12.15/低毒
　玉米　玉米螟　112.5-168.75克/公顷　(喇叭口)撒心

PD20084180　甲柳·福美双/20%/悬浮种衣剂/福美双 10%、甲基异柳磷 10%/2013.12.16 至 2018.12.16/高毒
　玉米　地老虎、茎基腐病、金针虫、蝼蛄、蛴螬　1:40-50(药种比)　种子包衣

PD20084573　多·福·克/35%/悬浮种衣剂/多菌灵 15%、福美双 10%、克百威 10%/2013.12.18 至 2018.12.18/高毒
　大豆　根腐病、蓟马、蚜虫　1.5-2%种子重　种子包衣

PD20084628　多·福·甲拌磷/17%/悬浮种衣剂/多菌灵 5%、福美双 4%、甲拌磷 8%/2013.12.18 至 2018.12.18/高毒
　小麦　地下害虫、黑穗病　1:40-50(药种比)　种子包衣

PD20085899　福·克/20%/悬浮种衣剂/福美双 10%、克百威 10%/2013.12.29 至 2018.12.29/高毒
　玉米　蓟马、黏虫、蚜虫、玉米螟　1:40(药种比)　种子包衣

PD20085980　福·克/18%/悬浮种衣剂/福美双 10%、克百威 8%/2013.12.29 至 2018.12.29/高毒
　玉米　地下害虫、茎腐病　1:40-50(药种比)　种子包衣

PD20090018　克百·多菌灵/20%/悬浮种衣剂/多菌灵 10%、克百威 10%/2014.01.06 至 2019.01.06/高毒
　花生　地老虎、金针虫、立枯病、蝼蛄、蛴螬　500-667克/100千克种子　种子包衣
　棉花　立枯病、苗蚜　500-666克/100千克种子　种子包衣

PD20091396　多·福/17%/悬浮种衣剂/多菌灵 5%、福美双 12%/2014.02.02 至 2019.02.02/中等毒
　棉花　苗期立枯病、炭疽病　486-567克/100千克种子　种子包衣

水稻　恶苗病　340－425克/100千克种子　种子包衣
小麦　根腐病、黑穗病　243-283克/100千克种子　种子包衣
PD20093370　克百·敌百虫/3%/颗粒剂/敌百虫 1.5%、克百威 1.5%/2014.03.18 至 2019.03.18/中等毒(原药高毒)
水稻　二化螟　1800-2025克/公顷　撒施
PD20093694　吡·萎·福美双/63%/干粉种衣剂/吡虫啉 18%、福美双 22.5%、萎锈灵 22.5%/2014.03.25 至 2019.03.25/低毒
棉花　立枯病、蚜虫　175-233克/100千克种子　种子包衣
PD20094185　戊唑·福美双/6%/干粉种衣剂/福美双 4.5%、戊唑醇 1.5%/2014.03.30 至 2019.03.30/低毒
小麦　散黑穗病　1：560-1：840（药种比）　种子包衣
PD20094370　多·福·毒死蜱/25%/悬浮种衣剂/毒死蜱 7%、多菌灵 6%、福美双 12%/2014.04.01 至 2019.04.01/中等毒
花生　地下害虫、根腐病　417-500克/100千克种子　种子包衣
PD20094949　咪鲜·吡虫啉/2.5%/悬浮种衣剂/吡虫啉 2%、咪鲜胺 0.5%/2014.04.17 至 2019.04.17/低毒
水稻　恶苗病、蓟马　药种比：1：40-1：50　种子包衣
PD20094969　滴丁·莠去津/45%/悬乳剂/2,4-滴丁酯 12%、莠去津 33%/2014.04.21 至 2019.04.21/低毒
春玉米田　一年生杂草　1822.5-2025克/公顷　土壤喷雾
PD20094972　戊·氯·吡虫啉/6.5%/悬浮种衣剂/吡虫啉 3.2%、高效氯氰菊酯 2.4%、戊唑醇 0.9%/2014.04.21 至 2019.04.21/低毒
玉米　金针虫、丝黑穗病　81.25-92.86克/100千克种子　种子包衣
PD20097188　多·福·毒死蜱/38%/悬浮种衣剂/毒死蜱 8%、多菌灵 10%、福美双 20%/2014.10.16 至 2019.10.16/中等毒
大豆　地下害虫、根腐病　1:60-80（药种比）　种子包衣
PD20102131　精喹禾灵/10%/乳油/精喹禾灵 10%/2015.12.02 至 2020.12.02/低毒
春大豆田、春油菜田　一年生禾本科杂草　60-80克/公顷　茎叶喷雾
PD20111174　吡虫啉/70%/可湿性粉剂/吡虫啉 70%/2011.11.15 至 2016.11.15/低毒
棉花　蚜虫　15.75-31.5克/公顷　喷雾
PD20140052　乙·莠· 滴丁酯/63%/悬乳剂/2,4-滴丁酯 9%、乙草胺 27%、莠去津 27%/2014.01.20 至 2019.01.20/低毒
春玉米田　一年生杂草　3750－5250毫升制剂/公顷　土壤喷雾
PD20141182　戊唑醇/6%/悬浮种衣剂/戊唑醇 6%/2014.05.06 至 2019.05.06/低毒
玉米　丝黑穗病　10-15克/100千克种子　种子包衣
PD20141183　丁硫克百威/40%/水乳剂/丁硫克百威 40%/2014.05.06 至 2019.05.06/中等毒
玉米　地下害虫　114-160/100公斤种子　拌种
PD20141338　噻虫嗪/70%/种子处理可分散粉剂/噻虫嗪 70%/2014.06.04 至 2019.06.04/低毒
棉花　蚜虫　315-420克/100千克种子　种子包衣
棉花　棉蚜　315-420克/100千克种　种子包衣
油菜　跳甲　280-350克/100千克种　拌种
玉米　灰飞虱　140-280克/100千克种　拌种
PD20141880　精甲·咯菌腈/35克/升/悬浮种衣剂/咯菌腈 25克/升、精甲霜灵 10克/升/2014.07.31 至 2019.07.31/低毒
玉米　茎基腐病　4.4-5.8克 /100千克种子　种子包衣
PD20151236　咯菌腈/25克/升/悬浮种衣剂/咯菌腈 25克/升/2015.07.30 至 2020.07.30/低毒
棉花　立枯病　14.7-20.8克/100千克种子　种子包衣
PD20151783　精甲·咯·嘧菌/11%/悬浮种衣剂/咯菌腈 1.1%、精甲霜灵 3.3%、嘧菌酯 6.6%/2015.08.28 至 2020.08.28/低毒
棉花　立枯病、猝倒病　27.5克/100千克种子　种子包衣
LS20140185　噁霉灵/30%/悬浮种衣剂/噁霉灵 30%/2015.05.06 至 2016.05.06/低毒
玉米　茎基腐病　12-15克/100千克种子　种子包衣
LS20140244　咪鲜·噁霉灵/3%/悬浮种衣剂/噁霉灵 2%、咪鲜胺 1%/2015.07.14 至 2016.07.14/低毒
水稻　恶苗病、立枯病　22.36-28.57克/100千克种子　种子包衣
LS20140271　丙硫克百威/50%/种子处理乳剂/丙硫克百威 50%/2015.08.25 至 2016.08.25/低毒
玉米　金针虫、蛴螬　50-62.5克/100千克种子　种子包衣
LS20150022　精甲霜灵/20%/悬浮种衣剂/精甲霜灵 20%/2015.01.15 至 2016.01.15/低毒
玉米　茎基腐病　7.7-15.38克/100千克种子　种子包衣
LS20150057　噻虫嗪/40%/悬浮种衣剂/噻虫嗪 40%/2015.03.20 至 2016.03.20/低毒
棉花　蚜虫　315-480克/100千克种子　种子包衣
油菜　黄条跳甲　280-350克/100千克种子　种子包衣
玉米　灰飞虱　240-480克/100千克种子　种子包衣

阜城县永发化工厂　(河北省阜城县阜城镇杜场村南　053700　)
PD20096161　磷化铝/56%/片剂/磷化铝 56%/2014.06.24 至 2019.06.24/高毒
粮食　储粮害虫　4-6克/立方米　密闭熏蒸

高碑店市田星生物工程有限公司　(河北省高碑店市东大街45号　074000　0312-2812066)
PD86183-12　赤霉酸/85%/结晶粉/赤霉酸 85%/2011.12.13 至 2016.12.13/低毒
菠菜　增加鲜重　10-25毫克/千克　叶面处理1-3次
菠萝　果实增大、增重　40-80毫克/千克　喷花
柑橘树　果实增大、增重　20-40毫克/千克　喷花
花卉　提前开花　700毫克/千克　叶面处理涂抹花芽
绿肥　增产　10-20毫克/千克　喷雾
马铃薯　苗齐、增产　0.5-1毫克/千克　浸薯块10-30分钟
棉花　提高结铃率、增产　10-20毫克/千克　点喷、点涂或喷雾

登记作物	防治对象	用药量	施用方法
葡萄	无核、增产	50-200毫克/千克	花后一周处理果穗
芹菜	增加鲜重	20-100毫克/千克	叶面处理1次
人参	增加发芽率	20毫克/千克	播种前浸种15分钟
水稻	增加千粒重、制种	20-30毫克/千克	喷雾

PD20082584 烯腺·羟烯腺/0.006%/母药/羟烯腺嘌呤 0.004%、烯腺嘌呤 0.002%/2013.12.04 至 2018.12.04/低毒

PD20086388 羟烯腺·烯腺/0.0001%/可湿性粉剂/羟烯腺嘌呤 0.00006%、烯腺嘌呤 0.00004%/2013.12.31 至 2018.12.31/低毒

登记作物	防治对象	用药量	施用方法
大豆	调节生长	0.0017毫克/千克	喷雾
水稻、玉米	调节生长	1)0.0017毫克/千克2)100-150倍液	1)喷雾2)浸种

PD20096992 羟烯腺·烯腺/0.0001%/水剂/羟烯腺嘌呤 0.00004%、烯腺嘌呤 0.00006%/2014.09.29 至 2019.09.29/低毒

登记作物	防治对象	用药量	施用方法
番茄	调节生长、增产	200-400倍液	喷雾(3次)

PD20096993 甲硫·萘乙酸/3.315%/涂抹剂/甲基硫菌灵 3.3%、萘乙酸 0.015%/2014.09.29 至 2019.09.29/低毒

登记作物	防治对象	用药量	施用方法
苹果树	腐烂病	原液	涂抹于病疤

高阳县康华爱卫用品厂　(河北省高阳县庞石公路西侧　071504　0312-5655888)

WP20130158 电热蚊香片/60毫克/片/电热蚊香片/右旋烯丙菊酯 60毫克/片/2013.07.23 至 2018.07.23/微毒

登记作物	防治对象	用药量	施用方法
卫生	蚊	/	电热加温

WP20130166 杀虫气雾剂/0.65%/气雾剂/胺菊酯 0.34%、氯菊酯 0.21%、右旋烯丙菊酯 0.1%/2013.07.29 至 2018.07.29/微毒

登记作物	防治对象	用药量	施用方法
室内	蚊、蝇、蜚蠊	/	喷雾

WP20140138 蚊香/0.02%/蚊香/富右旋反式烯丙菊酯 0.18%、四氟苯菊酯 0.02%/2014.06.17 至 2019.06.17/微毒

登记作物	防治对象	用药量	施用方法
室内	蚊	/	点燃

邯郸市新阳光化工有限公司　(河北省邯郸市(馆陶)新型化工园区昊阳道3号　056003　0310-4042112)

PD84108-18 敌百虫原粉//原药/敌百虫 97%,90%,87%/2014.12.22 至 2019.12.22/低毒

登记作物	防治对象	用药量	施用方法
白菜、青菜	菜青虫	960-1200克/公顷	喷雾
白菜、青菜	地下害虫	750-1500克/公顷	喷雾
茶树	尺蠖、刺蛾	450-900毫克/千克	喷雾
大豆	造桥虫	1800克/公顷	喷雾
柑橘树	卷叶蛾	600-750毫克/千克	喷雾
林木	松毛虫	600-900毫克/千克	喷雾
水稻	螟虫	1500-1800克/公顷	喷雾、泼浇或毒土
小麦	黏虫	1800克/公顷	喷雾
烟草	烟青虫	900毫克/千克	喷雾

PD85105-34 敌敌畏/80%/乳油/敌敌畏 77.5%(气谱法)/2014.12.22 至 2019.12.22/中等毒

登记作物	防治对象	用药量	施用方法
茶树	食叶害虫	600克/公顷	喷雾
粮仓	多种储藏害虫	1)400-500倍液,2)0.4-0.5克/立方米	1)喷雾,2)挂条熏蒸
棉花	蚜虫、造桥虫	600-1200克/公顷	喷雾
苹果树	小卷叶蛾、蚜虫	400-500毫克/千克	喷雾
青菜	菜青虫	600克/公顷	喷雾
桑树	尺蠖	600克/公顷	喷雾
卫生	多种卫生害虫	1)300-400倍液2)0.08克/立方米	1)泼洒.2)挂条熏蒸
小麦	黏虫、蚜虫	600克/公顷	喷雾

PD85158-9 喹硫磷/25%/乳油/喹硫磷 25%/2015.08.15 至 2020.08.15/高毒

登记作物	防治对象	用药量	施用方法
棉花	棉铃虫、蚜虫	180-600克/公顷	喷雾
水稻	螟虫	375-495克/公顷	喷雾

PD20080536 敌敌畏/95%/原药/敌敌畏 95%/2013.05.04 至 2018.05.04/中等毒

PD20093130 草甘膦/95%/原药/草甘膦 95%/2014.03.10 至 2019.03.10/低毒

PD20093497 草甘膦异丙胺盐/41%/水剂/草甘膦异丙胺盐 41%/2014.03.23 至 2019.03.23/低毒

登记作物	防治对象	用药量	施用方法
玉米田	杂草	1100-2250克/公顷	行间定向茎叶喷雾

PD20097325 敌百虫/30%/乳油/敌百虫 30%/2014.10.27 至 2019.10.27/低毒

登记作物	防治对象	用药量	施用方法
甘蓝	菜青虫	450-675克/公顷	喷雾

邯郸市赵都精细化工有限公司　(河北省邯郸市馆陶县新型化工园区　056002　0310-8067016)

PD20150753 抑芽丹/99.6%/原药/抑芽丹 99.6%/2015.05.12 至 2020.05.12/低毒

WP20090190 甲基吡噁磷/10%/可湿性粉剂/甲基吡噁磷 10%/2014.03.23 至 2019.03.23/低毒

登记作物	防治对象	用药量	施用方法
卫生	蝇	200-300毫克/平方米	滞留喷洒

WP20090191 杀虫饵剂/1%/饵剂/甲基吡噁磷 1%/2014.03.23 至 2019.03.23/低毒

登记作物	防治对象	用药量	施用方法
卫生	蜚蠊、蝇	/	投放

WP20090192 甲基吡噁磷/98%/原药/甲基吡噁磷 98%/2014.03.23 至 2019.03.23/低毒

河北安瑞特化工有限公司　(河北省邯郸市鸡泽县曹庄工业区　057350　0310-7631888)

PD20141826 烟嘧·莠去津/23%/可分散油悬浮剂/烟嘧磺隆 3%、莠去津 20%/2014.07.23 至 2019.07.23/低毒

登记作物	防治对象	用药量	施用方法
夏玉米田	一年生杂草	345-517.5克/公顷	茎叶喷雾

河北奥德植保药业有限公司　(河北省南宫市南环路1号　055750　0319-5229081)

PD86109-31 苏云金杆菌/16000IU/毫克/可湿性粉剂/苏云金杆菌 16000IU/毫克/2011.10.15 至 2016.10.15/低毒

登记作物	防治对象	用药量	施用方法
白菜、萝卜、青菜	菜青虫、小菜蛾	1500-4500克制剂/公顷	喷雾

登记证号	登记作物	防治对象	用药量	施用方法
	茶树	茶毛虫	1500-7500克制剂/公顷	喷雾
	大豆、甘薯	天蛾	1500-2250克制剂/公顷	喷雾
	柑橘树	柑橘凤蝶	2250-3750克制剂/公顷	喷雾
	高粱、玉米	玉米螟	3750-4500克制剂/公顷	喷雾、毒土
	梨树	天幕毛虫	1500-3750克制剂/公顷	喷雾
	林木	尺蠖、柳毒蛾、松毛虫	2250-7500克制剂/公顷	喷雾
	棉花	棉铃虫、造桥虫	1500-7500克制剂/公顷	喷雾
	苹果树	巢蛾	2250-3750克制剂/公顷	喷雾
	水稻	稻苞虫、稻纵卷叶螟	1500-6000克制剂/公顷	喷雾
	烟草	烟青虫	3750-7500克制剂/公顷	喷雾
	枣树	尺蠖	3750-4500克制剂/公顷	喷雾
PD20101201	氨基寡糖素/0.5%/水剂/氨基寡糖素 0.5%/2015.02.09 至 2020.02.09/低毒			
	番茄	晚疫病	14.06-18.75克/公顷	喷雾
	烟草	病毒病	7.5-11.25克/公顷	喷雾
PD20131376	氨基寡糖素/3%/水剂/氨基寡糖素 3%/2013.06.24 至 2018.06.24/低毒			
	黄瓜	枯萎病	30-50毫克/千克	灌根
	烟草	病毒病	9-13.5克/公顷	喷雾

河北八源生物制品有限公司 (河北省石家庄市长安区西兆通镇店上村北 050036 0311-85307866)

登记证号	登记作物	防治对象	用药量	施用方法
PD85157-31	辛硫磷/40%/乳油/辛硫磷 40%/2015.07.25 至 2020.07.25/低毒			
	茶树、桑树	食叶害虫	200-400毫克/千克	喷雾
	果树	食心虫、蚜虫、螨	200-400毫克/千克	喷雾
	林木	食叶害虫	3000-6000克/公顷	喷雾
	棉花	棉铃虫、蚜虫	300-600克/公顷	喷雾
	蔬菜	菜青虫	300-450克/公顷	喷雾
	烟草	食叶害虫	300-600克/公顷	喷雾
	玉米	玉米螟	450-600克/公顷	灌心叶
PD20040093	氯氰菊酯/5%/乳油/氯氰菊酯 5%/2014.12.19 至 2019.12.19/低毒			
	梨树	梨木虱	33.3-50毫克/千克	喷雾
	棉花	棉铃虫	60-90克/公顷	喷雾
	十字花科蔬菜	菜青虫	22.5-37.5克/公顷	喷雾
	小麦	蚜虫	37.5-52.5克/公顷	喷雾
PD20040315	吡虫啉/5%/乳油/吡虫啉 5%/2014.12.19 至 2019.12.19/低毒			
	梨树	梨木虱	12.5-16.7毫克/千克	喷雾
	棉花	蚜虫	15-22.5克/公顷	喷雾
	水稻	飞虱	15-22.5克/公顷	喷雾
	小麦	蚜虫	22.5-37.5克/公顷	喷雾
PD20040345	高效氯氰菊酯/4.5%/乳油/高效氯氰菊酯 4.5%/2014.12.19 至 2019.12.19/低毒			
	梨树	梨木虱	20.8-31.25毫克/千克	喷雾
	棉花	棉铃虫	22.5-30克/公顷	喷雾
	小麦	蚜虫	15-22.5克/公顷	喷雾
PD20081099	敌畏·吡虫啉/26%/乳油/吡虫啉 1%、敌敌畏 25%/2013.08.18 至 2018.08.18/中等毒			
	梨树	黄粉虫	173.3-260毫克/千克	喷雾
	棉花	蚜虫	234-312克/公顷	喷雾
	水稻	飞虱	234-312克/公顷	喷雾
	小麦	蚜虫	156-234克/公顷	喷雾
PD20083102	毒死蜱/40%/乳油/毒死蜱 40%/2013.12.10 至 2018.12.10/中等毒			
	棉花	棉铃虫	225-300克/公顷	喷雾
PD20084368	辛硫磷/40%/乳油/辛硫磷 40%/2013.12.17 至 2018.12.17/低毒			
	棉花	棉铃虫	420-480克/公顷	喷雾
PD20085319	辛硫·灭多威/30%/乳油/灭多威 10%、辛硫磷 20%/2013.12.24 至 2018.12.24/高毒			
	棉花	棉铃虫	180-360克/公顷	喷雾
PD20090395	氯氰·辛硫磷/40/乳油/氯氰菊酯 2%、辛硫磷 38%/2014.01.12 至 2019.01.12/中等毒			
	棉花	棉铃虫	180-270克/公顷	喷雾
PD20095924	高效氯氰菊酯/4.5%/水乳剂/高效氯氰菊酯 4.5%/2014.06.02 至 2019.06.02/低毒			
	甘蓝	小菜蛾	20.25-27克/公顷	喷雾
PD20096098	双甲脒/10%/乳油/双甲脒 10%/2014.06.18 至 2019.06.18/中等毒			
	梨树	梨木虱	67-100毫克/千克	喷雾
	棉花	红蜘蛛	90-120克/公顷	喷雾
PD20097820	吡虫·矿物油/25%/乳油/吡虫啉 1%、矿物油 24%/2014.11.20 至 2019.11.20/低毒			
	棉花	蚜虫	112.5-187.5克/公顷	喷雾
	苹果树	黄蚜	125-167毫克/千克	喷雾
	小麦	蚜虫	225-375克/公顷	喷雾
PD20097859	阿维·矿物油/18%/乳油/阿维菌素 1%、矿物油 17%/2014.11.20 至 2019.11.20/低毒(原药高毒)			

梨树 梨木虱 4000-5000倍液 喷雾
苹果树 二斑叶螨 3000-4000倍液 喷雾
PD20098179 辛硫·矿物油/50%/乳油/矿物油 30%、辛硫磷 20%/2014.12.14 至 2019.12.14/中等毒
棉花 棉铃虫 300-450克/公顷 喷雾
小麦 蚜虫 600-750克/公顷 喷雾
PD20100997 阿维·矿物油/24.5%/乳油/阿维菌素 0.2%、矿物油 24.3%/2015.04.22 至 2020.04.22/低毒(原药高毒)
柑橘树 红蜘蛛 1000-2000倍液 喷雾
梨树 梨木虱 1500-2000倍液 喷雾
PD20120797 啶虫脒/20%/可溶液剂/啶虫脒 20%/2012.05.17 至 2017.05.17/低毒
棉花 蚜虫 15-30克/公顷 喷雾
PD20121581 高效氯氟氰菊酯/2.5%/微乳剂/高效氯氟氰菊酯 2.5%/2012.10.25 至 2017.10.25/中等毒
甘蓝 菜青虫 7.5-11.25克/公顷 喷雾
PD20121679 阿维菌素/1.8%/微乳剂/阿维菌素 1.8%/2012.11.05 至 2017.11.05/低毒(原药高毒)
梨树 梨木虱 6-12毫克/千克 喷雾
苹果 二斑叶螨 4.5-6毫克/千克 喷雾
PD20132472 哒螨灵/10%/微乳剂/哒螨灵 10%/2013.12.09 至 2018.12.09/低毒
棉花 红蜘蛛 90～112.5克/公顷 喷雾
PD20141336 噻虫嗪/30%/悬浮剂/噻虫嗪 30%/2014.06.04 至 2019.06.04/低毒
水稻 稻飞虱 9-18克/公顷 喷雾
PD20150905 甲氨基阿维菌素苯甲酸盐/2%/微乳剂/甲氨基阿维菌素 2%/2015.06.08 至 2020.06.08/低毒
甘蓝 甜菜夜蛾 2.25-3克/公顷 喷雾
注:甲氨基阿维菌素苯甲酸盐含量2.3%。
PD20150909 阿维·螺螨酯/25%/悬浮剂/阿维菌素 1%、螺螨酯 24%/2015.06.09 至 2020.06.09/低毒
柑橘树 红蜘蛛 41.7-52.1毫克/千克 喷雾
WP20090108 高效氯氰菊酯/6%/悬浮剂/高效氯氰菊酯 6%/2014.02.05 至 2019.02.05/低毒
卫生 蝇 24毫克/平方米 滞留喷洒

河北保润生物科技有限公司 (河北省衡水市故城县衡德工业园 253800 0318-5665366)
PD20095694 百草枯/42%/母药/百草枯 42%/2014.05.15 至 2019.05.15/中等毒
PD20121505 双草醚/95%/原药/双草醚 95%/2012.10.09 至 2017.10.09/低毒

河北博嘉农业有限公司 (河北省石家庄市桥西区友谊南大街46号楼 050051 0311-83027025)
PD20080370 啶虫脒/5%/乳油/啶虫脒 5%/2013.02.28 至 2018.02.28/低毒
黄瓜 蚜虫 13.5-22.5克/公顷 喷雾
PD20081694 高氯·辛硫磷/20%/乳油/高效氯氰菊酯 2%、辛硫磷 18%/2013.11.17 至 2018.11.17/中等毒
棉花 棉铃虫 150-225克/公顷 喷雾
PD20085518 马拉硫磷/45%/乳油/马拉硫磷 45%/2013.12.25 至 2018.12.25/低毒
棉花 盲蝽蟓 562.5-750克/公顷 喷雾
PD20090173 春雷霉素/2%/水剂/春雷霉素 2%/2014.01.08 至 2019.01.08/低毒
番茄 叶霉病 42-65克/公顷 喷雾
PD20091637 高效氯氟氰菊酯/25克/升/乳油/高效氯氟氰菊酯 25克/升/2014.02.03 至 2019.02.03/中等毒
棉花 棉蚜 7.5-15克/公顷 喷雾
小麦 蚜虫 4.5-7.5克/公顷 喷雾
PD20092156 四螨嗪/20%/悬浮剂/四螨嗪 20%/2014.02.23 至 2019.02.23/低毒
柑橘树 红蜘蛛 100-200毫克/千克 喷雾
PD20093344 氟啶脲/50克/升/乳油/氟啶脲 50克/升/2014.03.18 至 2019.03.18/低毒
甘蓝 小菜蛾 30-60克/公顷 喷雾
PD20093510 三唑锡/25%/可湿性粉剂/三唑锡 25%/2014.03.23 至 2019.03.23/低毒
苹果树 红蜘蛛 166.7-250毫克/千克 喷雾
PD20093539 阿维菌素/2%/乳油/阿维菌素 2%/2014.03.23 至 2019.03.23/低毒(原药高毒)
菜豆 美洲斑潜蝇 6-7.5克/公顷 喷雾
棉花 红蜘蛛 10.8-16.2克/公顷 喷雾
棉花 棉铃虫 21.6-32.8克/公顷 喷雾
PD20093722 氟磺胺草醚/250克/升/水剂/氟磺胺草醚 250克/升/2014.03.25 至 2019.03.25/低毒
春大豆田 阔叶杂草 375-487.5克/公顷 茎叶喷雾
PD20093731 烟嘧磺隆/40克/升/可分散油悬浮剂/烟嘧磺隆 40克/升/2014.03.25 至 2019.03.25/低毒
玉米田 一年生杂草 83-100毫升制剂/亩 茎叶喷雾
PD20093762 草甘膦异丙胺盐/30%/水剂/草甘膦 30%/2014.03.25 至 2019.03.25/低毒
春玉米田 杂草 1125-1433克/公顷 行间定向茎叶喷雾
注:草甘膦异丙胺盐含量: 41%。
PD20093782 噁霉灵/30%/水剂/噁霉灵 30%/2014.03.25 至 2019.03.25/低毒
西瓜 枯萎病 375-500毫克/千克 灌根
PD20096239 烯草酮/120克/升/乳油/烯草酮 120克/升/2014.07.15 至 2019.07.15/低毒
春大豆田 一年生禾本科杂草 72-108克/公顷 茎叶喷雾
PD20096292 丁硫克百威/200克/升/乳油/丁硫克百威 200克/升/2014.07.22 至 2019.07.22/中等毒

	棉花	蚜虫	90-180克/公顷	喷雾
PD20096402	乙烯利/40%/水剂/乙烯利 40%/2014.08.04 至 2019.08.04/低毒			
	棉花	催熟	330-350倍液	茎叶喷雾
PD20098369	联苯菊酯/25克/升/乳油/联苯菊酯 25克/升/2014.12.18 至 2019.12.18/低毒			
	棉花	红蜘蛛	45-60克/公顷	喷雾
PD20098421	吡虫啉/20%/可溶液剂/吡虫啉 20%/2014.12.24 至 2019.12.24/低毒			
	棉花	伏蚜	45-60克/公顷	喷雾
PD20100453	春雷霉素/70%/原药/春雷霉素 70%/2015.01.14 至 2020.01.14/低毒			
PD20100978	噻螨酮/5%/乳油/噻螨酮 5%/2015.01.19 至 2020.01.19/低毒			
	苹果树	红蜘蛛	20-40毫克/千克	喷雾
PD20101170	灭草松/480克/升/水剂/灭草松 480克/升/2015.01.28 至 2020.01.28/低毒			
	春大豆田	一年生阔叶杂草	1440-1800克/公顷	茎叶喷雾
PD20110209	阿维菌素/3.2%/乳油/阿维菌素 3.2%/2016.02.22 至 2021.02.22/中等毒(原药高毒)			
	棉花	红蜘蛛	8.64-15.36克/公顷	喷雾
PD20110569	阿维菌素/5%/乳油/阿维菌素 5%/2016.05.27 至 2021.05.27/中等毒(原药高毒)			
	水稻	稻纵卷叶螟	5.25-6克/公顷	喷雾
PD20111382	甲氨基阿维菌素苯甲酸盐/0.5%/微乳剂/甲氨基阿维菌素 0.5%/2011.12.14 至 2016.12.14/低毒			
	甘蓝	甜菜夜蛾	3.75-4.5克/公顷	喷雾
	注:甲氨基阿维菌素苯甲酸盐含量:0.57%。			
PD20120104	啶虫脒/10%/乳油/啶虫脒 10%/2012.01.29 至 2017.01.29/低毒			
	黄瓜	蚜虫	15-22.5克/公顷	喷雾
PD20120554	啶虫脒/40%/水分散粒剂/啶虫脒 40%/2012.03.28 至 2017.03.28/低毒			
	甘蓝	蚜虫	18－24克/公顷	喷雾
PD20120656	甲氨基阿维菌素苯甲酸盐/3%/微乳剂/甲氨基阿维菌素 3%/2012.04.18 至 2017.04.18/低毒			
	甘蓝	甜菜夜蛾	3－3.75克/公顷	喷雾
	注:甲氨基阿维菌素苯甲酸盐含量: 3.4%。			
PD20120810	甲氨基阿维菌素苯甲酸盐/1%/微乳剂/甲氨基阿维菌素 1%/2012.05.17 至 2017.05.17/低毒			
	甘蓝	甜菜夜蛾	3-3.75克/公顷	喷雾
	注:甲氨基阿维菌素苯甲酸盐含量: 1.14%。			
PD20130897	磺草·莠去津/36%/悬浮剂/磺草酮 12%、莠去津 24%/2013.04.27 至 2018.04.27/低毒			
	夏玉米	一年生杂草	1080-1620克/公顷	茎叶喷雾
PD20131262	甲氨基阿维菌素苯甲酸盐/8%/水分散粒剂/甲氨基阿维菌素 8%/2013.06.04 至 2018.06.04/低毒			
	大白菜	甜菜夜蛾	2.25-3.75克/公顷	喷雾
	注:甲氨基阿维菌素苯甲酸盐含量: 9.1%。			
PD20131553	吡虫啉/25%/可湿性粉剂/吡虫啉 25%/2013.07.23 至 2018.07.23/低毒			
	小麦	蚜虫	45-75克/公顷	喷雾
PD20131725	吡蚜酮/50%/可湿性粉剂/吡蚜酮 50%/2013.08.16 至 2018.08.16/低毒			
	观赏菊花	蚜虫	166.7-250毫克/千克	喷雾
	水稻	稻飞虱	60-90克/公顷	喷雾
PD20140088	己唑醇/30%/悬浮剂/己唑醇 30%/2014.01.20 至 2019.01.20/微毒			
	水稻	纹枯病	45-90克/公顷	喷雾
	小麦	白粉病	22.5-27克/公顷	喷雾
	小麦	锈病	22.5-40.5克/公顷	喷雾
PD20140514	噻苯隆/30%/可分散油悬浮剂/噻苯隆 30%/2014.03.06 至 2019.03.06/微毒			
	棉花	脱叶	202.5-292.5克/公顷	喷雾
PD20141089	氟环唑/30%/悬浮剂/氟环唑 30%/2014.04.27 至 2019.04.27/微毒			
	水稻	纹枯病	90-135克/公顷	喷雾
	小麦	锈病	90-135克/公顷	喷雾
PD20141624	茚虫威/15%/悬浮剂/茚虫威 15%/2014.06.24 至 2019.06.24/低毒			
	棉花	棉铃虫	22.5-45克/公顷	喷雾
PD20142147	高氯·甲维盐/5%/微乳剂/高效氯氰菊酯 4%、甲氨基阿维菌素苯甲酸盐 1%/2014.09.18 至 2019.09.18/中等毒			
	甘蓝	小菜蛾	15-22.5克/公顷	喷雾
PD20150112	甲维·氟铃脲/4%/微乳剂/氟铃脲 3.4%、甲氨基阿维菌素苯甲酸盐 0.6%/2015.01.05 至 2020.01.05/低毒			
	甘蓝	甜菜夜蛾	12-18克/公顷	喷雾
PD20150854	咪鲜·嘧菌酯/30%/微乳剂/咪鲜胺 28%、嘧菌酯 2%/2015.05.18 至 2020.05.18/低毒			
	水稻	稻曲病、稻瘟病、纹枯病	135-180克/公顷	喷雾
LS20130296	虱脲·毒死蜱/30%/微乳剂/毒死蜱 28.8%、虱螨脲 1.2%/2015.06.04 至 2016.06.04/中等毒			
	棉花	棉铃虫	405-675克/公顷	喷雾
LS20130339	吡蚜·醚菊酯/21%/悬浮剂/吡蚜酮 16%、醚菊酯 5%/2015.07.02 至 2016.07.02/低毒			
	观赏菊花	蚜虫	105-210毫克/千克	喷雾
LS20140152	噻呋酰胺/35%/悬浮剂/噻呋酰胺 35%/2015.04.10 至 2016.04.10/低毒			
	水稻	纹枯病	54-108克/公顷	喷雾
LS20140284	噻虫嗪/10%/微乳剂/噻虫嗪 10%/2015.08.25 至 2016.08.25/低毒			

棉花 蚜虫 45-60克/公顷 喷雾
LS20140320 阿维·噻虫嗪/6%/微乳剂/阿维菌素 1%、噻虫嗪 5%/2015.10.27 至 2016.10.27/低毒(原药高毒)
棉花 蚜虫 45-63克/公顷 喷雾
LS20140372 噻虫胺/30%/悬浮剂/噻虫胺 30%/2015.12.11 至 2016.12.11/低毒
水稻 稻飞虱 67.5-112.5克/公顷 喷雾
LS20150195 吡蚜·噻虫胺/30%/悬浮剂/吡蚜酮 25%、噻虫胺 5%/2015.06.14 至 2016.06.14/低毒
水稻 稻飞虱 67.5-112.5克/公顷 喷雾
LS20150250 噻苯·敌草隆/30%/可分散油悬浮剂/敌草隆 10%、噻苯隆 20%/2015.07.30 至 2016.07.30/低毒
棉花 脱叶 90-112.5克/公顷 茎叶喷雾
WP20140203 氟虫腈/5%/悬浮剂/氟虫腈 5%/2014.09.02 至 2019.09.02/低毒
室内 蝇 50毫克/平方米 滞留喷洒

河北成悦化工有限公司 (河北省邢台市宁晋县盐化工园区纬一路十号 055550 0311-85292216)

PD20070475 嘧霉胺/95%/原药/嘧霉胺 95%/2012.11.28 至 2017.11.28/低毒
PD20080214 嘧霉胺/20%/悬浮剂/嘧霉胺 20%/2013.01.11 至 2018.01.11/低毒
黄瓜 灰霉病 375-562.5克/公顷 喷雾
PD20083391 阿维菌素/1.8%/乳油/阿维菌素 1.8%/2013.12.11 至 2018.12.11/低毒(原药高毒)
柑橘树 红蜘蛛 6-7.2毫克/千克 喷雾
十字花科蔬菜 小菜蛾 8.1-10.8克/公顷 喷雾
PD20083688 吡虫啉/10%/可溶液剂/吡虫啉 10%/2013.12.15 至 2018.12.15/低毒
水稻 稻飞虱 30-45克/公顷 喷雾
PD20085260 吡虫啉/5%/可溶液剂/吡虫啉 5%/2013.12.23 至 2018.12.23/低毒
苹果树 黄蚜 20-30毫克/千克 喷雾
PD20093945 高效氯氰菊酯/4.5%/乳油/高效氯氰菊酯 4.5%/2014.03.27 至 2019.03.27/低毒
棉花 棉铃虫 47.25-60.75克/公顷 喷雾
PD20096173 高效氯氰菊酯/4.5%/微乳剂/高效氯氰菊酯 4.5%/2014.07.02 至 2019.07.02/低毒
甘蓝 菜青虫 20.25-33.75克/公顷 喷雾
PD20100821 阿维·矿物油/24.5%/乳油/阿维菌素 0.2%、矿物油 24.3%/2015.01.19 至 2020.01.19/低毒(原药高毒)
柑橘树 红蜘蛛 163-245毫克/千克 喷雾
PD20151082 草铵膦/200克/升/水剂/草铵膦 200克/升/2015.06.14 至 2020.06.14/低毒
柑橘园 杂草 1050-1750克/公顷 定向茎叶喷雾
PD20151091 草铵膦/10%/水剂/草铵膦 10%/2015.06.14 至 2020.06.14/低毒
非耕地 杂草 1050-1800克/公顷 茎叶喷雾
WP20080463 高效氯氰菊酯/5%/悬浮剂/高效氯氰菊酯 5%/2013.12.16 至 2018.12.16/低毒
卫生 蚊、蝇 25毫克/平方米 滞留喷洒

河北德美化工有限责任公司 (河北省元氏城南工业区 050000 0311-84627922)

PD85109-12 甲拌磷//乳油/甲拌磷 55%/2015.01.31 至 2020.01.31/高毒
棉花 地下害虫、蚜虫、螨 600-800克/100千克种子 浸种、拌种
注:甲拌磷乳油只准用于浸、拌种，严禁喷雾使用。
PD20040085 高效氯氰菊酯/4.5%/乳油/高效氯氰菊酯 4.5%/2014.12.19 至 2019.12.19/中等毒
棉花 棉铃虫、棉蚜 15-30克/公顷 喷雾
十字花科蔬菜 菜青虫、小菜蛾 9-25.5克/公顷 喷雾
十字花科蔬菜 菜蚜 3-18克/公顷 喷雾
PD20094366 多·福·锰锌/50%/可湿性粉剂/多菌灵 15%、福美双 25%、代森锰锌 10%/2014.04.01 至 2019.04.01/低毒
苹果树 轮纹病 500-800倍液 喷雾
PD20098191 氯氰菊酯/5%/乳油/氯氰菊酯 5%/2014.12.14 至 2019.12.14/中等毒
棉花 棉铃虫 45-90克/公顷 喷雾
PD20101603 锰锌·三唑酮/33%/可湿性粉剂/代森锰锌 23%、三唑酮 10%/2015.06.03 至 2020.06.03/低毒
梨树 黑星病 800-1200倍液 喷雾
PD20110901 甲氨基阿维菌素苯甲酸盐/2%/乳油/甲氨基阿维菌素 2%/2011.08.17 至 2016.08.17/低毒
甘蓝 小菜蛾 2.25－3克/公顷 喷雾
注:甲氨基阿维菌素苯甲酸盐含量:2.3%。
PD20120197 过氧乙酸/21%/水剂/过氧乙酸 21%/2012.01.30 至 2017.01.30/低毒
黄瓜 灰霉病 441-735克/公顷 喷雾
PD20120290 阿维菌素/5%/乳油/阿维菌素 5%/2012.02.17 至 2017.02.17/低毒(原药高毒)
甘蓝 菜青虫 8.1-10.5克/公顷 喷雾
PD20132533 丁硫克百威/200克/升/乳油/丁硫克百威 200克/升/2013.12.16 至 2018.12.16/中等毒
棉花 蚜虫 90-180克/公顷 喷雾
PD20132682 高效氯氟氰菊酯/25克/升/乳油/高效氯氟氰菊酯 25克/升/2013.12.25 至 2018.12.25/中等毒
小麦 麦蚜 4.5-7.5克/公顷 喷雾
PD20142474 甲氨基阿维菌素苯甲酸盐/5%/水分散粒剂/甲氨基阿维菌素 5%/2014.11.17 至 2019.11.17/低毒
甘蓝 甜菜夜蛾 2.25-3.375克/公顷 喷雾
注:甲氨基阿维菌素苯甲酸盐含量：5.7%。
PD20150340 吡虫啉/70%/水分散粒剂/吡虫啉 70%/2015.03.03 至 2020.03.03/低毒

甘蓝　蚜虫　15-30克/公顷　喷雾

PD20152185　烯啶虫胺/10%/水剂/烯啶虫胺 10%/2015.09.22 至 2020.09.22/低毒

棉花　蚜虫　22.5-30克/公顷　喷雾

LS20130274　吡蚜酮/50%/可湿性粉剂/吡蚜酮 50%/2015.05.07 至 2016.05.07/低毒

观赏菊花　蚜虫　166.7-250毫克/千克　喷雾

河北德农生物化工有限公司　(河北省沧州市崔尔庄工业园　061027　0317-4984444)

PD92103-22　草甘膦/95%/原药/草甘膦 95%/2013.06.14 至 2018.06.14/低毒

PD20081755　草甘膦异丙胺盐/41%/水剂/草甘膦异丙胺盐 41%/2013.11.18 至 2018.11.18/低毒

柑橘园　一年生和多年生杂草　1107-2460克/公顷　定向茎叶喷雾

河北德瑞化工有限公司　(河北省藁城市新区1号路1号　052160　0311-86597290)

PD20120812　啶虫脒/99%/原药/啶虫脒 99%/2012.05.17 至 2017.05.17/中等毒

PD20121147　吡虫啉/98%/原药/吡虫啉 98%/2012.07.20 至 2017.07.20/中等毒

PD20130800　噻虫嗪/98%/原药/噻虫嗪 98%/2013.04.22 至 2018.04.22/低毒

PD20141034　螺螨酯/97%/原药/螺螨酯 97%/2014.04.21 至 2019.04.21/微毒

PD20141495　噻虫嗪/25%/水分散粒剂/噻虫嗪 25%/2014.06.09 至 2019.06.09/低毒

菠菜　蚜虫　22.5-30克/公顷　喷雾

芹菜　蚜虫　15-30克/公顷　喷雾

水稻　稻飞虱　7.5-15克/公顷　喷雾

PD20151706　螺螨酯/240克/升/悬浮剂/螺螨酯 240克/升/2015.08.28 至 2020.08.28/低毒

柑橘树　红蜘蛛　40-60毫克/千克　喷雾

河北德裕祥生物化工有限公司　(河北省石家庄市裕华区二十里铺镇大马村东　050031　0311-85968298)

PD20082194　高效氯氰菊酯/4.5%/乳油/高效氯氰菊酯 4.5%/2013.11.26 至 2018.11.26/低毒

十字花科蔬菜　菜青虫　20.25-27克/公顷　喷雾

PD20083834　阿维菌素/1.8%/乳油/阿维菌素 1.8%/2013.12.15 至 2018.12.15/低毒(原药高毒)

十字花科蔬菜　小菜蛾　8.1-10.8克/公顷　喷雾

PD20084684　阿维菌素/3.2%/乳油/阿维菌素 3.2%/2013.12.22 至 2018.12.22/中等毒(原药高毒)

十字花科蔬菜　小菜蛾　8.1-10.8克/公顷　喷雾

PD20085133　阿维菌素/3.2%/乳油/阿维菌素 3.2%/2013.12.23 至 2018.12.23/低毒(原药高毒)

梨树　梨木虱　6-12毫克/千克　喷雾

PD20090582　氯氰·毒死蜱/20%/乳油/毒死蜱 18%、氯氰菊酯 2%/2014.01.14 至 2019.01.14/低毒

柑橘树　介壳虫　200-250毫克/千克　喷雾

PD20091873　啶虫脒/5%/可湿性粉剂/啶虫脒 5%/2014.02.09 至 2019.02.09/中等毒

小麦　蚜虫　22.5-30克/公顷　喷雾

PD20091890　锰锌·腈菌唑/50%/可湿性粉剂/腈菌唑 2%、代森锰锌 48%/2014.02.09 至 2019.02.09/低毒

梨树　黑星病　800-1000倍液　喷雾

PD20092258　高氯·啶虫脒/5%/乳油/啶虫脒 1.5%、高效氯氰菊酯 3.5%/2014.02.24 至 2019.02.24/低毒

番茄　蚜虫　26.25-30克/公顷　喷雾

PD20092431　阿维·高氯/1.2%/乳油/阿维菌素 0.2%、高效氯氰菊酯 1%/2014.02.25 至 2019.02.25/低毒(原药高毒)

梨树　梨木虱　6-12毫克/千克　喷雾

PD20092518　高氯·辛硫磷/20%/乳油/高效氯氰菊酯 1%、辛硫磷 19%/2014.02.26 至 2019.02.26/低毒

棉花　棉铃虫　1125-1500克制剂/公顷　喷雾

PD20093281　阿维菌素/5%/乳油/阿维菌素 5%/2014.03.11 至 2019.03.11/低毒(原药高毒)

梨树　梨木虱　1.25-1.67毫克/千克　喷雾

PD20093640　高效氯氟氰菊酯/25克/升/乳油/高效氯氟氰菊酯 25克/升/2014.03.25 至 2019.03.25/低毒

苹果树　桃小食心虫　6.3-8.3毫克/千克　喷雾

PD20093788　阿维菌素/1.8%/乳油/阿维菌素 1.8%/2014.03.25 至 2019.03.25/低毒(原药高毒)

苹果树　红蜘蛛　1-1.5毫克/千克　喷雾

PD20093906　辛硫·灭多威/30%/乳油/灭多威 10%、辛硫磷 20%/2014.03.26 至 2019.03.26/高毒

棉花　棉铃虫　180-360克/公顷　喷雾

PD20094001　丁硫克百威/5%/乳油/丁硫克百威 5%/2014.03.27 至 2019.03.27/中等毒

棉花　蚜虫　28.05-37.5克/公顷　喷雾

PD20094820　多菌灵/80%/可湿性粉剂/多菌灵 80%/2014.04.13 至 2019.04.13/低毒

苹果树　褐斑病　667-800毫克/千克　喷雾

PD20095841　多·锰锌/50%/可湿性粉剂/多菌灵 20%、代森锰锌 30%/2014.05.27 至 2019.05.27/低毒

苹果树　斑点落叶病　1000-1250毫克/千克　喷雾

河北格雷特生物科技有限公司　(河北省南宫市邢德路96号　055750　0319-5196611)

PD20083475　阿维菌素/1.8%/乳油/阿维菌素 1.8%/2013.12.12 至 2018.12.12/低毒(原药高毒)

梨树　梨木虱　1.5-2.25毫克/千克　喷雾

棉花　棉铃虫　11.25-22.5克/公顷　喷雾

十字花科蔬菜　菜青虫　3-6克/公顷　喷雾

PD20121893　啶虫脒/5%/可湿性粉剂/啶虫脒 5%/2012.12.07 至 2017.12.07/低毒

甘蓝　蚜虫　15-22.5克/公顷　喷雾

PD20121894　高效氯氟氰菊酯/25克/升/乳油/高效氯氟氰菊酯 25克/升/2012.12.07 至 2017.12.07/中等毒

	小麦	蚜虫	4.5-7.5克/公顷	喷雾
PD20121895	吡虫啉/10%/可湿性粉剂/吡虫啉 10%/2012.12.07 至 2017.12.07/低毒			
	小麦	蚜虫	15-30克/公顷(南方地区)45-60克/公顷(北方地区)	喷雾
PD20132016	阿维菌素/5%/乳油/阿维菌素 5%/2013.10.21 至 2018.10.21/中等毒(原药高毒)			
	柑橘树	潜叶蛾	4.5-9毫克/千克	喷雾
PD20132584	吡蚜酮/50%/可湿性粉剂/吡蚜酮 50%/2013.12.17 至 2018.12.17/低毒			
	观赏菊花	蚜虫	166.7-250毫克/千克	喷雾
PD20141604	甲氨阿维菌素苯甲酸盐/5%/微乳剂/甲氨基阿维菌素 5%/2014.06.24 至 2019.06.24/低毒			
	甘蓝	小菜蛾	1.5-2.25克/公顷	喷雾
	注:甲氨阿维菌素苯甲酸盐含量: 5.7%。			
LS20130272	吡蚜酮/50%/可湿性粉剂/吡蚜酮 50%/2014.05.07 至 2015.05.07/低毒			
	观赏菊花	蚜虫	166.7-250毫克/千克	喷雾
河北共好生物科技有限公司 (河北省盐山县正港路星马村段 061300 0317-6091967)				
PD85122-5	福美双/50%/可湿性粉剂/福美双 50%/2015.06.16 至 2020.06.16/中等毒			
	黄瓜	白粉病、霜霉病	500-1000倍液	喷雾
	葡萄	白腐病	500-1000倍液	喷雾
	水稻	稻瘟病、胡麻叶斑病	250克/100千克种子	拌种
	甜菜、烟草	根腐病	500克/500千克温床土	土壤处理
	小麦	白粉病、赤霉病	500倍液	喷雾
PD85124-11	福·福锌/80%/可湿性粉剂/福美双 30%、福美锌 50%/2015.06.16 至 2020.06.16/中等毒			
	黄瓜、西瓜	炭疽病	1500-1800克/公顷	喷雾
	麻	炭疽病	240-400克/100千克种子	拌种
	棉花	苗期病害	0.5%药液	浸种
	苹果树、杉木、橡胶树	炭疽病	500-600倍液	喷雾
PD96101	福·福锌/40%/可湿性粉剂/福美双 15%、福美锌 25%/2011.09.20 至 2016.09.20/中等毒			
	黄瓜、西瓜	炭疽病	1500-1800克/公顷	喷雾
	麻	炭疽病	240-400克/100千克种子	拌种
	棉花	苗期病害	1.0%药液	浸种
	苹果树、杉木、橡胶树	炭疽病	250-300倍液	喷雾
PD20070299	福美双/96%/原药/福美双 96%/2012.09.21 至 2017.09.21/低毒			
PD20080715	福美锌/95%/原药/福美锌 95%/2013.06.11 至 2018.06.11/低毒			
PD20081678	多·福/60%/可湿性粉剂/多菌灵 30%、福美双 30%/2013.11.17 至 2018.11.17/低毒			
	梨树	黑星病	1000-1500毫克/千克	喷雾
PD20081789	锰锌·三唑酮/33%/可湿性粉剂/代森锰锌 23%、三唑酮 10%/2013.11.19 至 2018.11.19/低毒			
	梨树	黑星病	275-412.5毫克/千克(800-1200倍液)	喷雾
PD20082119	硫磺·多菌灵/50%/可湿性粉剂/多菌灵 15%、硫磺 35%/2013.11.25 至 2018.11.25/低毒			
	花生	叶斑病	1200-1800克/公顷	喷雾
PD20082224	多·福·锰锌/50%/可湿性粉剂/多菌灵 15%、福美双 25%、代森锰锌 10%/2013.11.26 至 2018.11.26/中等毒			
	苹果树	轮纹病	625-1000毫克/千克	喷雾
PD20092779	氰戊·辛硫磷/25%/乳油/氰戊菊酯 5%、辛硫磷 20%/2014.03.04 至 2019.03.04/中等毒			
	小麦	蚜虫	93.75-150克/公顷	喷雾
河北古城香业集团股份有限公司 (河北省保定市清苑县发展东街030号 071100 0312-7966371)				
WP20110028	电热蚊香片/12毫克/片/电热蚊香片/炔丙菊酯 12毫克/片/2016.01.26 至 2021.01.26/微毒			
	卫生	蚊	/	电热加温
WP20110133	电热蚊香液/0.8%/电热蚊香液/炔丙菊酯 0.8%/2011.06.07 至 2016.06.07/低毒			
	卫生	蚊	/	电热加温
WP20120078	蚊香/0.05%/蚊香/氯氟醚菊酯 0.05%/2012.04.18 至 2017.04.18/微毒			
	卫生	蚊	/	点燃
河北冠龙农化有限公司 (河北省衡水工业新区循环经济园区威武大街8号 053000 0318-2036368)				
PD84118-42	多菌灵/25%/可湿性粉剂/多菌灵 25%/2014.12.24 至 2019.12.24/低毒			
	果树	病害	0.05-0.1%药液	喷雾
	花生	倒秧病	750克/公顷	喷雾
	麦类	赤霉病	750克/公顷	喷雾,泼浇
	棉花	苗期病害	500克/100千克种子	拌种
	水稻	稻瘟病、纹枯病	750克/公顷	喷雾,泼浇
	油菜	菌核病	1125-1500克/公顷	喷雾
PD85122-13	福美双/50%/可湿性粉剂/福美双 50%/2015.07.29 至 2020.07.29/中等毒			
	黄瓜	白粉病、霜霉病	500-1000倍液	喷雾
	葡萄	白腐病	500-1000倍液	喷雾

	水稻	稻瘟病、胡麻叶斑病	250克/100千克种子	拌种
	甜菜、烟草	根腐病	500克/500千克温床土	土壤处理
	小麦	白粉病、赤霉病	500倍液	喷雾
PD85124-8	福·福锌/80%/可湿性粉剂/福美双 30%、福美锌 50%/2015.07.29 至 2020.07.29/中等毒			
	黄瓜、西瓜	炭疽病	1500-1800克/公顷	喷雾
	麻	炭疽病	240-400克/100千克种子	拌种
	棉花	苗期病害	0.5%药液	浸种
	苹果树、杉木、橡胶树	炭疽病	500-600倍液	喷雾
PD85150-36	多菌灵/50%/可湿性粉剂/多菌灵 50%/2015.07.29 至 2020.07.29/低毒			
	果树	病害	0.05-0.1%药液	喷雾
	花生	倒秧病	750克/公顷	喷雾
	麦类	赤霉病	750克/公顷	喷雾、泼浇
	棉花	苗期病害	250克/50千克种子	拌种
	水稻	稻瘟病、纹枯病	750克/公顷	喷雾、泼浇
	油菜	菌核病	1125-1500克/公顷	喷雾
PD96101-3	福·福锌/40%/可湿性粉剂/福美双 15%、福美锌 25%/2011.10.17 至 2016.10.17/中等毒			
	黄瓜、西瓜	炭疽病	1500-1800克/公顷	喷雾
	麻	炭疽病	240-400克/100千克种子	拌种
	棉花	苗期病害	4000毫克/千克	浸种
	苹果树、橡胶树	炭疽病	1600-1333毫克/千克	喷雾
	杉木	炭疽病	1333-1600毫克/千克	喷雾
PD20060138	福美双/95%/原药/福美双 95%/2011.07.21 至 2016.07.21/低毒			
PD20080318	多·福/40%/可湿性粉剂/多菌灵 5%、福美双 35%/2013.02.26 至 2018.02.26/低毒			
	葡萄	霜霉病	1000-1500毫克/千克	喷雾
PD20082538	烯酰吗啉/95%/原药/烯酰吗啉 95%/2013.12.03 至 2018.12.03/低毒			
PD20083451	氟啶脲/50克/升/乳油/氟啶脲 50克/升/2013.12.12 至 2018.12.12/低毒			
	韭菜	韭蛆	150-225克/公顷	药土法
	十字花科蔬菜	小菜蛾	30-60克/公顷	喷雾
PD20083814	异菌脲/255克/升/悬浮剂/异菌脲 255克/升/2013.12.15 至 2018.12.15/低毒			
	油菜	菌核病	450-750克/公顷	喷雾
PD20083935	高效氯氟氰菊酯/25克/升/乳油/高效氯氟氰菊酯 25克/升/2013.12.15 至 2018.12.15/中等毒			
	茶树	茶小绿叶蝉	22.5-37.5克/公顷	喷雾
	棉花	棉铃虫	15-30克/公顷	喷雾
	十字花科蔬菜	菜青虫	7.5-11.25克/公顷	喷雾
	小麦	蚜虫	7.5—11.25克/公顷	喷雾
PD20084456	三环唑/75%/可湿性粉剂/三环唑 75%/2013.12.17 至 2018.12.17/中等毒			
	水稻	稻瘟病	225-300克/公顷	喷雾
PD20084503	多·福/60%/可湿性粉剂/多菌灵 30%、福美双 30%/2013.12.18 至 2018.12.18/低毒			
	梨树	黑星病	1000-1500毫克/千克	喷雾
PD20084592	炔螨特/730克/升/乳油/炔螨特 730克/升/2013.12.18 至 2018.12.18/低毒			
	柑橘树	红蜘蛛	243-365毫克/千克	喷雾
PD20084708	噁霉·福美双/68%/可湿性粉剂/噁霉灵 8%、福美双 60%/2013.12.22 至 2018.12.22/低毒			
	黄瓜	枯萎病	680-850毫克/千克	灌根
PD20084713	甲基硫菌灵/70%/可湿性粉剂/甲基硫菌灵 70%/2013.12.22 至 2018.12.22/低毒			
	番茄	叶霉病	375-562.5克/公顷	喷雾
PD20084725	代森锰锌/80%/可湿性粉剂/代森锰锌 80%/2013.12.22 至 2018.12.22/低毒			
	梨树	黑星病	800-1333毫克/千克	喷雾
PD20084778	异菌脲/50%/可湿性粉剂/异菌脲 50%/2013.12.22 至 2018.12.22/低毒			
	番茄	早疫病	375-750克/公顷	喷雾
	辣椒	立枯病	1-2克/平方米	泼浇
PD20084842	多菌灵/80%/可湿性粉剂/多菌灵 80%/2013.12.22 至 2018.12.22/低毒			
	苹果树	轮纹病	667-1000毫克/千克	喷雾
PD20084900	丙环唑/250克/升/乳油/丙环唑 250克/升/2013.12.22 至 2018.12.22/低毒			
	香蕉	叶斑病	250-500毫克/千克	喷雾
	小麦	白粉病	112.5-150毫克/千克	喷雾
PD20084994	虫酰肼/20%/悬浮剂/虫酰肼 20%/2013.12.22 至 2018.12.22/低毒			
	甘蓝	甜菜夜蛾	200-300克/公顷	喷雾
PD20085116	福美锌/90%/原药/福美锌 90%/2013.12.23 至 2018.12.23/低毒			
PD20085588	氯氰·丙溴磷/440克/升/乳油/丙溴磷 400克/升、氯氰菊酯 40克/升/2013.12.25 至 2018.12.25/低毒			
	棉花	棉铃虫	528-660克/公顷	喷雾
PD20091288	甲硫·福美双/70%/可湿性粉剂/福美双 40%、甲基硫菌灵 30%/2014.02.01 至 2019.02.01/低毒			
	黄瓜	炭疽病	750-975克/公顷	喷雾

PD20092816 嘧霉·福美双/50%/可湿性粉剂/福美双 40%、嘧霉胺 10%/2014.03.04 至 2019.03.04/低毒
番茄 灰霉病 900-1050克/公顷 喷雾

PD20094381 烯酰吗啉/10%/水乳剂/烯酰吗啉 10%/2014.04.01 至 2019.04.01/低毒
黄瓜 霜霉病 225-300克/公顷 喷雾

PD20096151 吡虫·噻嗪酮/22%/可湿性粉剂/吡虫啉 2%、噻嗪酮 20%/2014.06.24 至 2019.06.24/低毒
水稻 稻飞虱 66-82.5克/公顷 喷雾

PD20096547 多·福·锌/80%/可湿性粉剂/多菌灵 25%、福美双 25%、福美锌 30%/2014.08.24 至 2019.08.24/低毒
苹果树 轮纹病 1000-1143毫克/千克 喷雾

PD20096984 唑磷·毒死蜱/30%/乳油/毒死蜱 7%、三唑磷 23%/2014.09.29 至 2019.09.29/低毒
水稻 稻纵卷叶螟 315-450克/公顷 喷雾

PD20097333 氟硅唑/400克/升/乳油/氟硅唑 400克/升/2014.10.27 至 2019.10.27/低毒
葡萄 黑痘病 40-50毫克/千克 喷雾

PD20098170 多·锰锌/80%/可湿性粉剂/多菌灵 15%、代森锰锌 65%/2014.12.14 至 2019.12.14/低毒
苹果树 斑点落叶病 1000-1333毫克/千克 喷雾

PD20100177 马拉·杀螟松/12%/乳油/马拉硫磷 10%、杀螟硫磷 2%/2015.01.05 至 2020.01.05/低毒
水稻 二化螟 180-270克/公顷 喷雾

PD20101445 联苯菊酯/25克/升/乳油/联苯菊酯 25克/升/2015.05.04 至 2020.05.04/低毒
茶树 茶小绿叶蝉 30-37.5克/公顷 喷雾

PD20101962 啶虫脒/20%/可溶粉剂/啶虫脒 20%/2015.09.20 至 2020.09.20/低毒
黄瓜 蚜虫 24-36克/公顷 喷雾

PD20102097 咪鲜胺/450克/升/水乳剂/咪鲜胺 450克/升/2015.11.25 至 2020.11.25/低毒
水稻 恶苗病 75-112.5毫克/千克 浸种
水稻 稻瘟病 300-360克/公顷 喷雾
香蕉 炭疽病 250-500毫克/千克 浸果

PD20110306 阿维菌素/5%/乳油/阿维菌素 5%/2016.03.22 至 2021.03.22/低毒(原药高毒)
甘蓝 小菜蛾 7.5-11.25克/公顷 喷雾
水稻 稻纵卷叶螟 6-9克/公顷 喷雾

PD20110308 己唑醇/30%/悬浮剂/己唑醇 30%/2016.03.22 至 2021.03.22/微毒
水稻 纹枯病 67.5-76.5克/公顷 喷雾
小麦 锈病 18-27克/公顷 喷雾

PD20110309 吡虫啉/70%/水分散粒剂/吡虫啉 70%/2016.03.22 至 2021.03.22/低毒
甘蓝 蚜虫 15.75-21克/公顷 喷雾
小麦 蚜虫 21-31.5 喷雾

PD20110402 甲氨基阿维菌素苯甲酸盐/5%/水分散粒剂/甲氨基阿维菌素 5%/2016.04.12 至 2021.04.12/低毒
甘蓝 甜菜夜蛾 2.14-3.85克/公顷 喷雾
注:甲氨基阿维菌素苯甲酸盐含量: 5.7%。

PD20110456 烯酰吗啉/50%/水分散粒剂/烯酰吗啉 50%/2016.04.21 至 2021.04.21/低毒
黄瓜 霜霉病 225-300克/公顷 喷雾

PD20110858 苯甲·丙环唑/30%/悬浮剂/苯醚甲环唑 15%、丙环唑 15%/2011.08.10 至 2016.08.10/低毒
水稻 纹枯病 78.75-90克/公顷 喷雾

PD20111067 烯酰吗啉/50%/可湿性粉剂/烯酰吗啉 50%/2011.10.11 至 2016.10.11/低毒
黄瓜 霜霉病 225-300克/公顷 喷雾

PD20111388 烯酰吗啉/80%/水分散粒剂/烯酰吗啉 80%/2011.12.21 至 2016.12.21/微毒
黄瓜 霜霉病 270-300克/公顷 喷雾

PD20120461 苯醚甲环唑/37%/水分散粒剂/苯醚甲环唑 37%/2012.03.16 至 2017.03.16/低毒
苦瓜 白粉病 105-150克/公顷 喷雾
芹菜 斑枯病 52.5-67.5克/公顷 喷雾
香蕉 叶斑病 92.5-123.5毫克/千克 喷雾

PD20120601 克菌丹/80%/水分散粒剂/克菌丹 80%/2012.04.11 至 2017.04.11/低毒
草莓 灰霉病 800-1333毫克/千克 喷雾

PD20120648 克菌丹/97%/原药/克菌丹 97%/2012.04.18 至 2017.04.18/低毒

PD20120819 克菌丹/50%/可湿性粉剂/克菌丹 50%/2012.05.22 至 2017.05.22/低毒
苹果树 轮纹病 625-1250毫克/千克 喷雾

PD20121507 戊唑·多菌灵/60%/水分散粒剂/多菌灵 45%、戊唑醇 15%/2012.10.09 至 2017.10.09/低毒
水稻 稻曲病 292.5-315克/公顷 喷雾

PD20121508 戊唑醇/12.5%/水乳剂/戊唑醇 12.5%/2012.10.09 至 2017.10.09/低毒
苦瓜 白粉病 75-112.5克/公顷 喷雾
香蕉树 叶斑病 167-250毫克/千克 喷雾

PD20121788 嘧霉胺/80%/水分散粒剂/嘧霉胺 80%/2012.11.22 至 2017.11.22/微毒
黄瓜 灰霉病 450-540克/公顷 喷雾

PD20121818 吡蚜酮/50%/水分散粒剂/吡蚜酮 50%/2012.11.22 至 2017.11.22/低毒
观赏菊花 蚜虫 150-225克/公顷 喷雾
水稻 稻飞虱 90-150克/公顷 喷雾

PD20122056 福美双/80%/水分散粒剂/福美双 80%/2012.12.24 至 2017.12.24/低毒
黄瓜 白粉病 900-1200克/公顷 喷雾
PD20130583 嘧菌酯/50%/水分散粒剂/嘧菌酯 50%/2013.04.02 至 2018.04.02/低毒
草坪 枯萎病 200-400克/公顷 喷雾
PD20132528 咯菌腈/97%/原药/咯菌腈 97%/2013.12.16 至 2018.12.16/低毒
PD20140396 茚虫威/30%/悬浮剂/茚虫威 30%/2014.02.20 至 2019.02.20/低毒
棉花 棉铃虫 22.5-40.5克/公顷 喷雾
PD20140507 噻虫嗪/25%/水分散粒剂/噻虫嗪 25%/2014.03.06 至 2019.03.06/低毒
菠菜 蚜虫 22.5-30克/公顷 喷雾
芹菜 蚜虫 15-30克/公顷 喷雾
水稻 稻飞虱 7.5-15克/公顷 喷雾
PD20140697 噻呋酰胺/96%/原药/噻呋酰胺 96%/2014.03.24 至 2019.03.24/低毒
PD20140700 苯甲・嘧菌酯/325克/升/悬浮剂/苯醚甲环唑 125克/升、嘧菌酯 200克/升/2014.03.24 至 2019.03.24/低毒
西瓜 炭疽病 146.25-243.75克/公顷 喷雾
PD20140702 醚菌酯/60%/水分散粒剂/醚菌酯 60%/2014.03.24 至 2019.03.24/低毒
苹果树 斑点落叶病 133.3-171.4毫克/千克 喷雾
PD20140713 氟环唑/96%/原药/氟环唑 96%/2014.03.24 至 2019.03.24/低毒
PD20141881 氟虫腈/8%/悬浮种衣剂/氟虫腈 8%/2014.07.31 至 2019.07.31/低毒
玉米 蛴螬 100-150克/100千克种子 种子包衣
PD20141903 螺螨酯/97%/原药/螺螨酯 97%/2014.08.01 至 2019.08.01/微毒
PD20150602 噻呋酰胺/240克/升/悬浮剂/噻呋酰胺 240克/升/2015.04.15 至 2020.04.15/低毒
水稻 纹枯病 46.8-82.8克/公顷 喷雾
PD20150721 噻唑膦/15%/颗粒剂/噻唑膦 15%/2015.04.20 至 2020.04.20/中等毒
黄瓜 根结线虫 2250-3000克/公顷 土壤撒施
PD20150723 戊唑.丙森锌/70%/水分散粒剂/丙森锌 60%、戊唑醇 10%/2015.04.20 至 2020.04.20/低毒
苹果树 斑点落叶病 350-700毫克/千克 喷 雾
PD20151076 虫螨腈/240克/升/悬浮剂/虫螨腈 240克/升/2015.06.14 至 2020.06.14/低毒
甘蓝 小菜蛾 86.4-100.8克/公顷 喷雾
PD20151308 甲维・虫酰肼/25%/悬浮剂/虫酰肼 24%、甲氨基阿维菌素苯甲酸盐 1%/2015.07.30 至 2020.07.30/低毒
甘蓝 甜菜夜蛾 150-225克/公顷 喷雾
PD20151379 苯醚甲环唑/3%/悬浮种衣剂/苯醚甲环唑 3%/2015.07.30 至 2020.07.30/低毒
小麦 全蚀病 7.5-15克/100千克种子 种子包衣
PD20151598 枯草芽孢杆菌/1000亿孢子/克/可湿性粉剂/枯草芽孢杆菌 1000亿孢子/克/2015.08.28 至 2020.08.28/微毒
水稻 稻瘟病 90-180克制剂/公顷 喷雾
PD20151672 氨基寡糖素/2%/水剂/氨基寡糖素 2%/2015.08.28 至 2020.08.28/低毒
番茄 病毒病 48-80克/公顷 喷雾
LS20130289 茚虫威/23%/悬浮剂/茚虫威 23%/2015.05.20 至 2016.05.20/低毒
棉花 棉铃虫 22.5-40克/公顷 喷雾

河北国东化工科技有限公司 (河北省衡水市枣强县裕华东街178号 053100 0318-8986699)

PD85108-2 甲拌磷/80%/原药/甲拌磷 80%/2015.01.04 至 2020.01.04/高毒
PD85109-4 甲拌磷/55%/乳油/甲拌磷 55%/2015.01.04 至 2020.01.04/高毒
棉花 地下害虫、蚜虫、螨 600-800克/100千克种子 浸种、拌种
注:甲拌磷乳油只准用于浸、拌种，严禁喷雾使用。
PD20040269 高效氯氰菊酯/4.5%/乳油/高效氯氰菊酯 4.5%/2014.12.19 至 2019.12.19/中等毒
十字花科蔬菜 菜青虫 9-25.5克/公顷 喷雾
PD20050131 甲拌磷/3%/颗粒剂/甲拌磷 3%/2015.09.08 至 2020.09.08/高毒
棉花 蚜虫 1125-1875克/公顷 沟施,穴施
PD20090495 丙环唑/250克/升/乳油/丙环唑 250克/升/2014.01.12 至 2019.01.12/低毒
小麦 白粉病 131.25-168.75克/公顷 喷雾
PD20091202 啶虫脒/5%/乳油/啶虫脒 5%/2014.02.01 至 2019.02.01/低毒
苹果树 蚜虫 10-15毫克/千克 喷雾
PD20093549 马拉硫磷/95%/原药/马拉硫磷 95%/2014.03.23 至 2019.03.23/低毒
PD20093710 精喹禾灵/5%/乳油/精喹禾灵 5%/2014.03.25 至 2019.03.25/低毒
春大豆田 一年生禾本科杂草 45-52.5克/公顷 喷雾
PD20093734 苄嘧・苯噻酰/53%/可湿性粉剂/苯噻酰草胺 50%、苄嘧磺隆 3%/2014.03.25 至 2019.03.25/低毒
水稻抛秧田 部分多年生杂草、一年生杂草 397.5-556.5克/公顷(南方地区) 药土法
PD20093832 丙环唑/95%/原药/丙环唑 95%/2014.03.25 至 2019.03.25/低毒
PD20094925 高效氯氟氰菊酯/25克/升/乳油/高效氯氟氰菊酯 25克/升/2014.04.13 至 2019.04.13/中等毒
棉花 棉铃虫 15-22.5克/公顷 喷雾
PD20096253 炔螨特/40%/乳油/炔螨特 40%/2014.07.15 至 2019.07.15/低毒
柑橘树 红蜘蛛 200-400毫克/千克 喷雾
PD20096512 辛硫・灭多威/30%/乳油/灭多威 10%、辛硫磷 20%/2014.08.19 至 2019.08.19/中等毒(原药高毒)
棉花 棉铃虫 225-337.5克/公顷 喷雾

PD20096905　灭线磷/95%/原药/灭线磷 95%/2014.09.23 至 2019.09.23/高毒

PD20097449　灭线磷/10%/颗粒剂/灭线磷 10%/2014.10.28 至 2019.10.28/中等毒(原药高毒)

水稻　稻瘿蚊　1500-1800克/公顷　撒施

PD20097662　辛硫磷/3%/颗粒剂/辛硫磷 3%/2014.11.04 至 2019.11.04/低毒

玉米　玉米螟　135-180克/公顷　心叶期喇叭口撒施

PD20098100　马拉硫磷/45%/乳油/马拉硫磷 45%/2014.12.08 至 2019.12.08/低毒

大豆　食心虫　540-742.5克/公顷　喷雾

棉花　盲蝽蟓　540-742.5克/公顷　喷雾

河北国美化工有限公司　(河北省沧州市沧县风化店乡曹庄子工业区　061028　0317-4831589)

PD20083904　氯氰菊酯/100克/升/乳油/氯氰菊酯 100克/升/2013.12.15 至 2018.12.15/低毒

甘蓝　菜青虫　37.5-52.5克/公顷　喷雾

PD20084700　氰戊菊酯/20%/乳油/氰戊菊酯 20%/2013.12.22 至 2018.12.22/低毒

甘蓝　菜青虫　60-120克/公顷　喷雾

PD20092560　阿维菌素/1.8%/乳油/阿维菌素 1.8%/2014.02.26 至 2019.02.26/低毒(原药高毒)

甘蓝　小菜蛾　9-10.8克/公顷　喷雾

PD20094399　高效氯氟氰菊酯/25克/升/乳油/高效氯氟氰菊酯 25克/升/2014.04.01 至 2019.04.01/中等毒

小麦　蚜虫　4.5-7.5克/公顷　喷雾

PD20096537　氟乐灵/45.5%/乳油/氟乐灵 45.5%/2014.08.20 至 2019.08.20/低毒

春大豆田　一年生杂草　1080-1260克/公顷　土壤喷雾

夏大豆田　一年生杂草　900-1080克/公顷　土壤喷雾

PD20098234　马拉硫磷/45%/乳油/马拉硫磷 45%/2014.12.16 至 2019.12.16/低毒

甘蓝　蚜虫　540-675克/公顷　喷雾

PD20098298　高效氟吡甲禾灵/108克/升/乳油/高效氟吡甲禾灵 108克/升/2014.12.18 至 2019.12.18/低毒

大豆田　一年生禾本科杂草　40.5-56.7克/公顷　茎叶喷雾

PD20142594　甲氨基阿维菌素/1%/乳油/甲氨基阿维菌素 1%/2014.12.15 至 2019.12.15/低毒

水稻　稻纵卷叶螟　9-11.25克/公顷　喷雾

PD20150519　敌草快/200克/升/水剂/敌草快 200克/升/2015.03.23 至 2020.03.23/低毒

非耕地　杂草　900-1200克/公顷　茎叶喷雾

PD20150567　吡虫啉/10%/可湿性粉剂/吡虫啉 10%/2015.03.24 至 2020.03.24/微毒

小麦　蚜虫　15克-30克/公顷　喷雾

PD20151512　草甘膦异丙胺盐/30%/水剂/草甘膦 30%/2015.07.31 至 2020.07.31/低毒

苹果园　杂草　1125-1575克/公顷　定向茎叶喷雾

注:草甘膦异丙胺盐含量：41%。

PD20151738　啶虫脒/20%/可溶性粉剂/啶虫脒 20%/2015.08.28 至 2020.08.28/低毒

黄瓜　蚜虫　15－45克/公顷　喷雾

河北国欣诺农生物技术有限公司　(河北省河间市经济技术开发区齐会大街西侧　062450　0317-7685666)

PD20092160　联苯菊酯/25克/升/乳油/联苯菊酯 25克/升/2014.02.23 至 2019.02.23/低毒

茶树　茶小绿叶蝉　30-37.5克/公顷　喷雾

PD20092167　高效氯氟氰菊酯/25克/升/乳油/高效氯氟氰菊酯 25克/升/2014.02.23 至 2019.02.23/中等毒

小麦　蚜虫　4.5-7.5克/公顷　喷雾

PD20092953　四螨嗪/20%/悬浮剂/四螨嗪 20%/2014.03.09 至 2019.03.09/低毒

柑橘树　红蜘蛛　100-200毫克/千克　喷雾

PD20094053　丙环唑/250克/升/乳油/丙环唑 250克/升/2014.03.27 至 2019.03.27/低毒

香蕉　叶斑病　250-500毫克/千克　喷雾

PD20097477　炔螨特/57%/乳油/炔螨特 57%/2014.11.03 至 2019.11.03/低毒

苹果树　红蜘蛛　250-450毫克/千克　喷雾

PD20100855　异丙甲草胺/720克/升/乳油/异丙甲草胺 720克/升/2015.01.19 至 2020.01.19/低毒

玉米田　一年生杂草　春玉米：1296-1620克/公顷；夏玉米：972-1296克/公顷　土壤喷雾

PD20100923　春雷霉素/2%/水剂/春雷霉素 2%/2015.01.19 至 2020.01.19/低毒

水稻　稻瘟病　30－36克/公顷　喷雾

PD20110496　阿维菌素/1.8%/乳油/阿维菌素 1.8%/2016.05.03 至 2021.05.03/低毒(原药高毒)

柑橘树　潜叶蛾　4.5-9毫克/千克　喷雾

PD20110634　苯醚甲环唑/10%/水分散粒剂/苯醚甲环唑 10%/2011.06.13 至 2016.06.13/低毒

西瓜　炭疽病　75－112.5克/公顷　喷雾

PD20120416　吡虫啉/5%/片剂/吡虫啉 5%/2012.03.12 至 2017.03.12/低毒

黄瓜　蚜虫　6.5－9.75毫克/株　穴施

PD20121016　甲氨基阿维菌素苯甲酸盐/3%/微乳剂/甲氨基阿维菌素 3%/2012.07.02 至 2017.07.02/低毒

小白菜　甜菜夜蛾　2.25-4.5克/公顷　喷雾

注:甲氨基阿维菌素苯甲酸盐含量：3.4%。

PD20121193　高效氯氰菊酯/4.5%/微乳剂/高效氯氰菊酯 4.5%/2012.08.06 至 2017.08.06/中等毒

甘蓝　菜青虫　20.25-27克/公顷　喷雾

PD20131591　丙溴磷/50%/乳油/丙溴磷 50%/2013.07.29 至 2018.07.29/中等毒

棉花 棉铃虫 360-540克/公顷 喷雾
PD20132327 甲哌鎓/98%/可溶粉剂/甲哌鎓 98%/2013.11.13 至 2018.11.13/低毒
棉花 调节生长 45-75克/公顷 喷雾
PD20132511 二甲戊灵/33%/乳油/二甲戊灵 33%/2013.12.16 至 2018.12.16/低毒
甘蓝田 一年生杂草 495-742.5克/公顷 土壤喷雾
PD20141571 毒死蜱/45%/乳油/毒死蜱 45%/2014.06.17 至 2019.06.17/中等毒
棉花 棉铃虫 877.5-1147.5克/公顷 喷雾
PD20141960 噻虫嗪/70%/种子处理可分散粉剂/噻虫嗪 70%/2014.08.13 至 2019.08.13/低毒
棉花 苗期蚜虫 210～420克/100千克种子 拌种
PD20142606 噻虫嗪/25%/水分散粒剂/噻虫嗪 25%/2014.12.15 至 2019.12.15/低毒
棉花 蚜虫 15-30克/公顷 喷雾
PD20151495 氟铃脲/20%/悬浮剂/氟铃脲 20%/2015.07.31 至 2020.07.31/低毒
棉花 棉铃虫 90-120克/公顷 喷雾
PD20151759 苄嘧·二甲戊/20%/可湿性粉剂/苄嘧磺隆 4%、二甲戊灵 16%/2015.08.28 至 2020.08.28/低毒
移栽水稻田 一年生杂草 120-180克/公顷 药土法

河北海虹生化有限公司 (河北省南和县和阳镇东关东路南侧 054400 0319-4565155)

PD20093350 啶虫脒/5%/乳油/啶虫脒 5%/2014.03.18 至 2019.03.18/低毒
黄瓜 蚜虫 18-22.5克/公顷 喷雾
PD20093986 高效氯氟氰菊酯/25克/升/乳油/高效氯氟氰菊酯 25克/升/2014.03.27 至 2019.03.27/中等毒
甘蓝 蚜虫 7.5-11.25克/公顷 喷雾
小麦 蚜虫 6-7.5克/公顷 喷雾
PD20094740 高氯·辛硫磷/20%/乳油/高效氯氰菊酯 1.5%、辛硫磷 18.5%/2014.04.10 至 2019.04.10/低毒
甘蓝 菜青虫 120-150克/公顷 喷雾
PD20095286 阿维菌素/1.8%/乳油/阿维菌素 1.8%/2014.04.27 至 2019.04.27/低毒(原药高毒)
十字花科蔬菜 小菜蛾 10.8-13.5克/公顷 喷雾
PD20098419 混合氨基酸铜/10%/水剂/混合氨基酸铜 10%/2014.12.24 至 2019.12.24/低毒
西瓜 枯萎病 150－200倍液 灌根
PD20101385 苦参碱/0.36%/可溶液剂/苦参碱 0.36%/2015.04.14 至 2020.04.14/低毒
梨树 黑星病 600-800倍液 喷雾
PD20102140 过氧乙酸/21%/水剂/过氧乙酸 21%/2015.12.02 至 2020.12.02/低毒
黄瓜 灰霉病 441-735克/公顷 喷雾

河北贺森化工有限公司 (河北省邢台市广宗县兴广北路168号 054600 0319-7212184)

PD20070561 代森锰锌/70%/可湿性粉剂/代森锰锌 70%/2012.12.03 至 2017.12.03/低毒
番茄 早疫病 1845-2370克/公顷 喷雾
PD20082763 代森锰锌/80%/可湿性粉剂/代森锰锌 80%/2013.12.08 至 2018.12.08/低毒
番茄 早疫病 1845-2370克/公顷 喷雾
PD20083751 乙铝·锰锌/70%/可湿性粉剂/代森锰锌 45%、三乙膦酸铝 25%/2013.12.15 至 2018.12.15/低毒
黄瓜 霜霉病 1399.95-4200克/公顷 喷雾
PD20092234 吡虫啉/10%/可湿性粉剂/吡虫啉 10%/2014.02.24 至 2019.02.24/低毒
水稻 稻飞虱 15-30克/公顷 喷雾
PD20093911 甲霜·锰锌/58%/可湿性粉剂/甲霜灵 10%、代森锰锌 48%/2014.03.26 至 2019.03.26/低毒
葡萄 霜霉病 1087.5-1740克/公顷 喷雾
PD20094607 代森锰锌/50%/可湿性粉剂/代森锰锌 50%/2014.04.10 至 2019.04.10/低毒
番茄 早疫病 1845-2370克/公顷 喷雾
PD20094761 啶虫脒/5%/乳油/啶虫脒 5%/2014.04.13 至 2019.04.13/低毒
柑橘树 蚜虫 12.5-16.7毫克/千克 喷雾
PD20094834 硫磺·锰锌/70%/可湿性粉剂/硫磺 42%、代森锰锌 28%/2014.04.13 至 2019.04.13/低毒
豇豆 锈病 1575-2100克/公顷 喷雾
PD20098487 代森锰锌/85%/原药/代森锰锌 85%/2014.12.24 至 2019.12.24/低毒

河北华灵农药有限公司 (河北省赵县工业区生物产业园兴园路9号 051530)

PD84111-50 氧乐果/40%/乳油/氧乐果 40%/2014.12.16 至 2019.12.16/中等毒
棉花 蚜虫、螨 375-600克/公顷 喷雾
森林 松干蚧、松毛虫 500倍液 喷雾或直接涂树干
水稻 稻纵卷叶螟、飞虱 375-600克/公顷 喷雾
小麦 蚜虫 300-450克/公顷 喷雾
PD85126-21 三氯杀螨醇/20%/乳油/三氯杀螨醇 20%/2014.12.16 至 2019.12.16/低毒
棉花 红蜘蛛 225-300克/公顷 喷雾
苹果树 红蜘蛛、锈蜘蛛 800-1000倍液 喷雾
PD20080052 氟乐灵/480克/升/乳油/氟乐灵 480克/升/2013.01.03 至 2018.01.03/低毒
棉花田 一年生杂草 810-1080克/公顷 土壤喷雾
PD20080245 敌敌畏/48%/乳油/敌敌畏 48%/2013.02.18 至 2018.02.18/中等毒
棉花 蚜虫 900-1200克/公顷 喷雾
PD20080265 乙酰甲胺磷/30%/乳油/乙酰甲胺磷 30%/2013.02.20 至 2018.02.20/低毒

	棉花	蚜虫	810-900克/公顷	喷雾
PD20080297	高效氯氰菊酯/4.5%/乳油/高效氯氰菊酯 4.5%/2013.02.25 至 2018.02.25/中等毒			
	甘蓝	蚜虫	13.5-20.25克/公顷	喷雾
	甘蓝	菜青虫、小菜蛾	13.5-22.5克/公顷	喷雾
	棉花	红铃虫、棉铃虫、蚜虫	13.5-30.375克/公顷	喷雾
	苹果树	桃小食心虫	22.5-37.5毫克/千克	喷雾
PD20080712	乙烯利/40%/水剂/乙烯利 40%/2013.06.11 至 2018.06.11/低毒			
	棉花	催熟、增产	300-400倍液(1000-1333毫克/千克)	兑水喷雾
PD20082986	三十烷醇/0.1%/微乳剂/三十烷醇 0.1%/2013.12.10 至 2018.12.10/低毒			
	小麦	调节生长、增产	0.4-0.6毫克/千克	喷雾2-3次
PD20083121	氯氰菊酯/5%/乳油/氯氰菊酯 5%/2013.12.10 至 2018.12.10/中等毒			
	棉花	棉铃虫	45-60克/公顷	喷雾
PD20084464	高效氯氟氰菊酯/25克/升/乳油/高效氯氟氰菊酯 25克/升/2013.12.17 至 2018.12.17/中等毒			
	棉花	棉铃虫	22.5-30克/公顷	喷雾
	小麦	麦蚜	4.5-7.5克/公顷	喷雾
PD20084809	毒死蜱/40%/乳油/毒死蜱 40%/2013.12.22 至 2018.12.22/中等毒			
	棉花	棉铃虫	600-900克/公顷	喷雾
PD20096596	氰戊菊酯/20%/乳油/氰戊菊酯 20%/2014.09.02 至 2019.09.02/中等毒			
	棉花	红铃虫	75-150克/公顷	喷雾
PD20096962	联苯菊酯/100克/升/乳油/联苯菊酯 100克/升/2014.09.29 至 2019.09.29/中等毒			
	棉花	棉铃虫	30-52.5克/公顷	喷雾
PD20097066	辛硫磷/40%/乳油/辛硫磷 40%/2014.10.10 至 2019.10.10/低毒			
	棉花	棉铃虫	540-720克/公顷	喷雾
PD20097159	噁霉灵/15%/水剂/噁霉灵 15%/2014.10.16 至 2019.10.16/低毒			
	水稻	立枯病	1.35-1.8克/平方米	苗床土壤处理
PD20098292	啶虫脒/5%/乳油/啶虫脒 5%/2014.12.18 至 2019.12.18/中等毒			
	棉花	蚜虫	9-13.5克/公顷	喷雾
PD20110952	过氧乙酸/21%/水剂/过氧乙酸 21%/2011.09.08 至 2016.09.08/低毒			
	黄瓜	灰霉病	441-735克/公顷	喷雾
PD20111377	阿维菌素/1.8%/乳油/阿维菌素 1.8%/2011.12.14 至 2016.12.14/低毒(原药高毒)			
	棉花	红蜘蛛	10.8-16.2克/公顷	喷雾
PD20120541	丁硫克百威/200克/升/乳油/丁硫克百威 200克/升/2012.03.28 至 2017.03.28/中等毒			
	棉花	蚜虫	90-180克/公顷	喷雾
PD20121129	甲氨基阿维菌素苯甲酸盐/5%/水分散粒剂/甲氨基阿维菌素 5%/2012.07.20 至 2017.07.20/低毒			
	甘蓝	甜菜夜蛾	2.82－3.375克/公顷	喷雾
	注:甲氨基阿维菌素苯甲酸盐含量: 5.7%。			
PD20121261	啶虫脒/20%/可溶液剂/啶虫脒 20%/2012.09.04 至 2017.09.04/低毒			
	黄瓜	蚜虫	15－30克/公顷	喷雾
PD20121262	苯醚甲环唑/10%/水分散粒剂/苯醚甲环唑 10%/2012.09.04 至 2017.09.04/低毒			
	梨树	黑星病	16.7～20毫克/千克	喷雾
PD20140426	苦参碱/1.3%/水剂/苦参碱 1.3%/2014.02.24 至 2019.02.24/低毒			
	甘蓝	菜青虫	6-7.5克/公顷	喷雾
河北金德伦生化科技有限公司 (河北省石家庄市鹿泉市寺家庄镇东营北街 050225 0311-82266866)				
PD20083153	阿维菌素/1.8%/乳油/阿维菌素 1.8%/2013.12.11 至 2018.12.11/低毒(原药高毒)			
	十字花科蔬菜	菜青虫	8.1-10.8克/公顷	喷雾
PD20083871	毒死蜱/45%/乳油/毒死蜱 45%/2013.12.15 至 2018.12.15/中等毒			
	棉花	棉铃虫	648-900克/公顷	喷雾
PD20084008	联苯菊酯/25克/升/乳油/联苯菊酯 25克/升/2013.12.16 至 2018.12.16/低毒			
	茶树	茶毛虫、茶尺蠖	7.5-15克/公顷	喷雾
PD20084211	马拉硫磷/45%/乳油/马拉硫磷 45%/2013.12.16 至 2018.12.16/低毒			
	棉花	盲蝽蟓	472.5-573.75克/公顷	喷雾
	水稻	稻飞虱	540-742.5克/公顷	喷雾
PD20084626	啶虫脒/5%/乳油/啶虫脒 5%/2013.12.18 至 2018.12.18/低毒			
	柑橘树	蚜虫	8.3-12毫克/千克	喷雾
PD20085884	马拉·吡虫啉/6%/可湿性粉剂/吡虫啉 1%、马拉硫磷 5%/2013.12.29 至 2018.12.29/低毒			
	甘蓝	蚜虫	45-63克/公顷	喷雾
PD20085944	马拉硫磷/1.2%/粉剂/马拉硫磷 1.2%/2013.12.29 至 2018.12.29/低毒			
	仓储原粮	储粮害虫	12-24克/1000千克原粮	撒施(拌粮)
PD20092861	马拉硫磷/90%/原药/马拉硫磷 90%/2014.03.05 至 2019.03.05/低毒			
PD20095310	氟铃脲/5%/乳油/氟铃脲 5%/2014.04.27 至 2019.04.27/低毒			
	甘蓝	小菜蛾	37.5-52.5克/公顷	喷雾
PD20097983	吡虫·杀虫单/40%/可湿性粉剂/吡虫啉 1%、杀虫单 39%/2014.12.01 至 2019.12.01/中等毒			

水稻　稻飞虱、稻纵卷叶螟、二化螟、三化螟　450-750克/公顷　喷雾
PD20098452　氟铃·辛硫磷/20%/乳油/氟铃脲 2%、辛硫磷 18%/2014.12.24 至 2019.12.24/低毒
十字花科蔬菜　小菜蛾　120-150克/公顷　喷雾
PD20100615　高效氯氰菊酯/4.5%/乳油/高效氯氰菊酯 4.5%/2015.01.14 至 2020.01.14/中等毒
棉花　棉铃虫　22.5-30克/公顷　喷雾
PD20101612　吡虫啉/25%/可湿性粉剂/吡虫啉 25%/2015.06.03 至 2020.06.03/低毒
小麦　蚜虫　15-30克/公顷(南方地区)45-60克/公顷(北方地区)　喷雾
PD20101983　井冈霉素/20%/可溶粉剂/井冈霉素 20%/2015.09.21 至 2020.09.21/低毒
水稻　纹枯病　150-187.5克/公顷　喷雾
PD20110008　阿维菌素/5%/乳油/阿维菌素 5%/2016.01.04 至 2021.01.04/中等毒(原药高毒)
甘蓝　菜青虫　8.1-10.5毫升/公顷　喷雾
PD20110389　啶虫脒/20%/可湿性粉剂/啶虫脒 20%/2011.04.12 至 2016.04.12/低毒
柑橘树　蚜虫　10-13.3毫克/千克　喷雾
PD20130242　吡虫啉/350克/升/悬浮剂/吡虫啉 350克/升/2013.02.05 至 2018.02.05/低毒
水稻　稻飞虱　36－45克/公顷　喷雾
PD20130408　烟嘧磺隆//可分散油悬浮剂/烟嘧磺隆 40克/升/2013.03.12 至 2018.03.12/低毒
玉米田　一年生杂草　48-60克/公顷　茎叶喷雾
PD20131518　苯醚甲环唑/30%/悬浮剂/苯醚甲环唑 30%/2013.07.17 至 2018.07.17/低毒
香蕉　叶斑病　84-125毫克/千克　喷雾
PD20132198　吡虫啉/5%/乳油/吡虫啉 5%/2013.10.29 至 2018.10.29/低毒
小麦　蚜虫　45-60克/公顷　喷雾
PD20141107　甲氨基阿维菌素/5%/水分散粒剂/甲氨基阿维菌素 5%/2014.04.27 至 2019.04.27/低毒
甘蓝　甜菜夜蛾　3-3.75克/公顷　喷雾
PD20150378　吡蚜酮/25%/可湿性粉剂/吡蚜酮 25%/2015.03.09 至 2020.03.09/低毒
水稻　稻飞虱　60-75克/公顷　喷雾
PD20152351　阿维菌素/0.5%/颗粒剂/阿维菌素 0.5%/2015.10.22 至 2020.10.22/低毒
黄瓜　根结线虫　225-262.5克/公顷　沟施
WP20090289　高效氯氰菊酯/5%/悬浮剂/高效氯氰菊酯 5%/2014.06.24 至 2019.06.24/低毒
卫生　蚊、蝇　30毫克/平方米　滞留喷洒

河北军星生物化工有限公司　(河北省曲周县城西工业区军星路1号　057250　0310-8896758)

PD85131-31　井冈霉素/2.4%/水剂/井冈霉素 2.4%/2011.11.19 至 2016.11.19/低毒
水稻　纹枯病　75-112.5克/公顷　喷雾,泼浇
注:井冈霉素含量:3%。
PD85132-3　井冈霉素/2.4%/可溶粉剂/井冈霉素A 2.4%/2011.11.19 至 2016.11.19/低毒
水稻　纹枯病　75-112.5克/公顷　喷雾、泼浇
注:井冈霉素含量: 3%。
PD85157-19　辛硫磷/40%/乳油/辛硫磷 40%/2015.07.25 至 2020.07.25/低毒
茶树、桑树　食叶害虫　200-400毫克/千克　喷雾
果树　食心虫、蚜虫、螨　200-400毫克/千克　喷雾
林木　食叶害虫　3000-6000克/公顷　喷雾
棉花　棉铃虫、蚜虫　300-600克/公顷　喷雾
蔬菜　菜青虫　300-450克/公顷　喷雾
烟草　食叶害虫　300-600克/公顷　喷雾
玉米　玉米螟　450-600克/公顷　灌心叶
PD20040157　氯氰菊酯/5%/乳油/氯氰菊酯 5%/2014.12.19 至 2019.12.19/中等毒
棉花　棉铃虫　60-90克/公顷　喷雾
十字花科蔬菜　菜青虫　15-30克/公顷　喷雾
小麦　蚜虫　37.5-52.5克/公顷　喷雾
PD20040174　高效氯氰菊酯/4.5%/乳油/高效氯氰菊酯 4.5%/2014.12.19 至 2019.12.19/中等毒
梨树　梨木虱　20.8-31.25毫克/千克　喷雾
十字花科蔬菜　菜青虫　13.5-22.5克/公顷　喷雾
小麦　蚜虫　15-22.5克/公顷　喷雾
PD20080290　敌畏·吡虫啉/26%/乳油/吡虫啉 1%、敌敌畏 25%/2013.02.25 至 2018.02.25/中等毒
棉花　蚜虫　234-312克/公顷　喷雾
水稻　飞虱　234-312克/公顷　喷雾
PD20083824　氰戊·马拉松/20%/乳油/马拉硫磷 15%、氰戊菊酯 5%/2013.12.15 至 2018.12.15/中等毒
棉花　棉铃虫　90-150克/公顷　喷雾
苹果树　桃小食心虫　160-333毫克/千克　喷雾
蔬菜　菜青虫、蚜虫　90-150克/公顷　喷雾
小麦　蚜虫　60-90克/公顷　喷雾
PD20085594　辛硫磷/40%/乳油/辛硫磷 40%/2013.12.25 至 2018.12.25/低毒
甘蓝　菜青虫　300-450克/公顷　喷雾

棉花 棉铃虫 360-480克/公顷 喷雾

PD20085713 氯氰·辛硫磷/40%/乳油/氯氰菊酯 2%、辛硫磷 38%/2013.12.26 至 2018.12.26/中等毒
棉花 棉铃虫 180-270克/公顷 喷雾

PD20090062 氰戊·马拉松/40%/乳油/马拉硫磷 30%、氰戊菊酯 10%/2014.01.08 至 2019.01.08/中等毒
棉花 棉铃虫 90-150克/公顷 喷雾
小麦 蚜虫 60-90克/公顷 喷雾

PD20090175 氰戊·辛硫磷/40%/乳油/氰戊菊酯 5%、辛硫磷 35%/2014.01.08 至 2019.01.08/中等毒
棉花 棉铃虫 300-360克/公顷 喷雾

PD20090184 氰戊·辛硫磷/50%/乳油/氰戊菊酯 4.5%、辛硫磷 45.5%/2014.01.08 至 2019.01.08/中等毒
棉花 棉铃虫 600-750克/公顷 喷雾
棉花 蚜虫 150-225克/公顷 喷雾
小麦 蚜虫 90克/公顷 喷雾

PD20092394 双甲脒/10%/乳油/双甲脒 10%/2014.02.25 至 2019.02.25/中等毒
梨树 梨木虱 60-100毫克/千克 喷雾

PD20096343 吡虫啉/10%/可湿性粉剂/吡虫啉 10%/2014.07.28 至 2019.07.28/低毒
小麦 蚜虫 15-30克/公顷（南方地区）45-60克/公顷（北方地区） 喷雾

PD20096458 氰戊菊酯/20%/乳油/氰戊菊酯 20%/2014.08.06 至 2019.08.06/中等毒
甘蓝 菜青虫 37.5-75克/公顷 喷雾
棉花 棉铃虫 120-150克/公顷 喷雾

PD20096560 氧乐果/40%/乳油/氧乐果 40%/2014.08.24 至 2019.08.24/中等毒(原药高毒)
棉花、小麦 蚜虫 81-162克/公顷 喷雾

PD20097316 烟嘧磺隆/40克/升/可分散油悬浮剂/烟嘧磺隆 40克/升/2014.10.27 至 2019.10.27/低毒
玉米田 一年生杂草 42-60克/公顷 茎叶喷雾

PD20101524 氰戊·水胺/30%/乳油/氰戊菊酯 7.5%、水胺硫磷 22.5%/2015.05.19 至 2020.05.19/中等毒(原药高毒)
棉花 棉铃虫 225-270克/公顷 喷雾

PD20110347 水胺硫磷/35%/乳油/水胺硫磷 35%/2016.03.24 至 2021.03.24/高毒
棉花 红蜘蛛 252-336克/公顷 喷雾
棉花 棉铃虫 210-315克/公顷 喷雾
水稻 象甲 105-210克/公顷 喷雾

PD20121126 吡虫啉/70%/水分散粒剂/吡虫啉 70%/2012.07.20 至 2017.07.20/低毒
甘蓝 蚜虫 15-30克/公顷 喷雾

PD20121702 啶虫脒/40%/水分散粒剂/啶虫脒 40%/2012.11.05 至 2017.11.05/低毒
甘蓝 蚜虫 18-22.50克/公顷 /喷雾

PD20121838 甲氨基阿维菌素苯甲酸盐/5%/水分散粒剂/甲氨基阿维菌素 5%/2012.11.23 至 2017.11.23/低毒
甘蓝 小菜蛾 1.69-2.25克/公顷 喷雾
注:甲氨基阿维菌素苯甲酸盐含量：5.7%。

PD20130621 甲氨基阿维菌素苯甲酸盐/5%/微乳剂/甲氨基阿维菌素 5%/2013.04.03 至 2018.04.03/低毒
甘蓝 小菜蛾 1.5-2.25克/公顷 喷雾
注:甲氨基阿维菌素苯甲酸盐含量:5.7%。

PD20131188 高效氯氟氰菊酯/5%/水乳剂/高效氯氟氰菊酯 5%/2013.05.27 至 2018.05.27/中等毒
甘蓝 菜青虫 7.5-11.25克/公顷 喷雾

PD20131196 高氯·甲维盐/3.5%/微乳剂/高效氯氰菊酯 3%、甲氨基阿维菌素苯甲酸盐 0.5%/2013.05.27 至 2018.05.27/中等毒
甘蓝 小菜蛾 14-21克/公顷 喷雾

PD20132384 阿维·毒死蜱/20%/微乳剂/阿维菌素 0.5%、毒死蜱 19.5%/2013.11.20 至 2018.11.20/中等毒(原药高毒)
水稻 二化螟 180-225克/公顷 喷雾

PD20132655 高效氯氟氰菊酯/2.5%/微乳剂/高效氯氟氰菊酯 2.5%/2013.12.20 至 2018.12.20/低毒
小白菜 甜菜夜蛾 15-24.3克/公顷 喷雾

PD20140509 甲氨基阿维菌素苯甲酸盐/1%/微乳剂/甲氨基阿维菌素 1%/2014.03.06 至 2019.03.06/低毒
甘蓝 小菜蛾 1.5-3克/公顷 喷雾
注:甲氨基阿维菌素苯甲酸盐含量：1.14%。

PD20142157 甲氨基阿维菌素苯甲酸盐/3%/微乳剂/甲氨基阿维菌素 3%/2014.09.18 至 2019.09.18/低毒
甘蓝 小菜蛾 1.8-2.7克/公顷 喷雾
注:甲氨基阿维菌素苯甲酸盐含量：3.4%。

PD20150911 三唑酮/9%/微乳剂/三唑酮 9%/2015.06.09 至 2020.06.09/低毒
小麦 白粉病 90-135克/公顷 喷雾

PD20152239 阿维·高氯/3%/乳油/阿维菌素 0.2%、高效氯氰菊酯 2.8%/2015.09.23 至 2020.09.23/低毒
小白菜 小菜蛾 20-27克/公顷 喷雾

河北康达有限公司 (河北省保定市天鹅中路118号 071051 400-055-1989)

WP20080543 电热蚊香液/0.86%/电热蚊香液/炔丙菊酯 0.86%/2013.12.23 至 2018.12.23/微毒
卫生 蚊 / 电热加温

WP20090121 电热蚊香液/1.1%/电热蚊香液/炔丙菊酯 1.1%/2014.02.12 至 2019.02.12/微毒
卫生 蚊 / 电热加温

注:本品有三种香型：无香型、熏衣草香型、清香型。

WP20090347 电热蚊香片/14.5毫克/片/电热蚊香片/炔丙菊酯 14.5毫克/片/2014.10.26 至 2019.10.26/微毒
卫生 蚊 / 电热加温

WP20110020 杀蟑气雾剂/0.3%/气雾剂/炔咪菊酯 0.13%、右旋苯醚氰菊酯 0.17%/2016.01.21 至 2021.01.21/微毒
卫生 蜚蠊 / 喷雾

WP20110046 杀虫气雾剂/0.61%/气雾剂/Es-生物烯丙菊酯 0.06%、胺菊酯 0.34%、氯菊酯 0.21%/2016.02.18 至 2021.02.18/微毒
卫生 蜚蠊、蚊、蝇 / 喷雾
注:本产品有一种香型：清香型。

WP20110070 蚊香/0.26%/蚊香/富右旋反式烯丙菊酯 0.26%/2016.03.24 至 2021.03.24/微毒
家庭 蚊 / 点燃
注:本产品有一种香型：绿茶香型。

WP20110074 杀虫气雾剂/0.65%/气雾剂/胺菊酯 0.34%、氯菊酯 0.21%、右旋烯丙菊酯 0.1%/2016.03.24 至 2021.03.24/微毒
家庭 蜚蠊、蚂蚁、跳蚤、蚊、蝇 / 喷雾
注:本产品有一种香型:清香型。

WP20110078 蚊香/0.24%/蚊香/右旋烯丙菊酯 0.24%/2016.03.24 至 2021.03.24/微毒
家庭 蚊 / 点然
注:本产品有一种香型：檀香型。

WP20110093 杀虫气雾剂/0.515%/气雾剂/胺菊酯 0.33%、氯菊酯 0.16%、四氟苯菊酯 0.025%/2011.04.21 至 2016.04.21/微毒
卫生 蚊、蝇、蜚蠊 / 喷雾
注:本产品有一种香型：绿茶香型。

WP20110100 杀虫气雾剂/0.25%/气雾剂/Es-生物烯丙菊酯 0.15%、高效氯氰菊酯 0.045%、四氟苯菊酯 0.055%/2011.04.22 至2016.04.22/微毒
卫生 蚊、蝇、蜚蠊 / 喷雾

WP20110120 杀飞虫气雾剂/0.53%/气雾剂/氯菊酯 0.39%、炔丙菊酯 0.14%/2011.05.12 至 2016.05.12/微毒
卫生 蚊、蝇 / 喷雾
注:本产品有一种香型：清香型。

WP20110132 杀蚊气雾剂/0.3%/气雾剂/Es-生物烯丙菊酯 0.15%、四氟苯菊酯 0.04%、右旋苯醚菊酯 0.11%/2011.06.07 至2016.06.07/微毒
卫生 蚊 / 喷雾
注:本产品有两种香型：无香型、柠檬香型。

WP20110134 蚊香/0.26%/蚊香/四氟苯菊酯 0.02%、右旋烯丙菊酯 0.24%/2011.06.07 至 2016.06.07/微毒
卫生 蚊 / 点燃
注:本产品有三种香型：草本香型、清香型、无香型。

WP20110138 杀虫气雾剂/0.42%/气雾剂/胺菊酯 0.33%、高效氯氰菊酯 0.06%、四氟苯菊酯 0.03%/2011.06.07 至 2016.06.07/微毒
卫生 蚂蚁、蚊、蝇、蜚蠊 / 喷雾
注:本产品有两种香型：蕈衣草香型、绿茶香型。

WP20110139 电热蚊香液/1.24%/电热蚊香液/四氟苯菊酯 1.24%/2011.06.07 至 2016.06.07/微毒
卫生 蚊 / 电热加温
注:本产品有三种香型：清香型、薰衣草香型、无香型。

WP20110187 杀虫气雾剂/0.41%/气雾剂/Es-生物烯丙菊酯 0.22%、右旋苯醚菊酯 0.19%/2011.08.10 至 2016.08.10/微毒
卫生 蚊、蝇、蜚蠊 / 喷雾

WP20110189 电热蚊香液/0.72%/电热蚊香液/四氟醚菊酯 0.72%/2011.08.16 至 2016.08.16/微毒
卫生 蚊 / 电热加温
注:本产品有一种香型：薰衣草香型。

WP20110190 杀蟑胶饵/0.05%/胶饵/氟虫腈 0.05%/2011.08.16 至 2016.08.16/微毒
卫生 蜚蠊 / 投放

WP20110216 电热蚊香片/30.5毫克/片/电热蚊香片/Es-生物烯丙菊酯 23.2毫克/片、四氟苯菊酯 7.3毫克/片/2011.09.20 至 2016.09.20/微毒
卫生 蚊 / 电热加温
注:本产品有三种香型：清香型、绿茶香型、无香型。

WP20110217 电热蚊香片/27.8毫克/片/电热蚊香片/Es-生物烯丙菊酯 17.4毫克/片、炔丙菊酯 10.4毫克/片/2011.09.20 至2016.09.20/微毒
卫生 蚊 / 电热加温
注:本产品有三种香型：无香型、薰衣草香型、绿茶香型。

WP20120010 杀蟑饵剂/2%/饵剂/吡虫啉 2%/2012.01.18 至 2017.01.18/微毒
卫生 蜚蠊 / 投放

WP20120032 蟑香/8.8%/蟑香/右旋苯醚氰菊酯 8.8%/2012.02.23 至 2017.02.23/微毒
卫生 蜚蠊 / 点燃

WP20120223 蚊香/0.08%/蚊香/氯氟醚菊酯 0.08%/2012.11.22 至 2017.11.22/微毒
卫生 蚊 / 点燃
注:本产品有三种香型：清香型、绿茶香型、无香型。

WP20140032 蚊香/0.03%/蚊香/四氟甲醚菊酯 0.03%/2014.02.19 至 2019.02.19/微毒
室内 蚊 / 点燃

注:本产品有三种香型：清香型、绿茶香型、无香型。

WP20140040 电热蚊香片/10毫克/片/电热蚊香片/炔丙菊酯 5毫克/片、四氟甲醚菊酯 5毫克/片/2014.02.24 至 2019.02.24/微毒
室内 蚊 / 电热加温
注:本产品有三种香型：清香型、薰衣草香型、无香型。

WP20140042 杀虫气雾剂/0.3%/气雾剂/Es-生物烯丙菊酯 0.25%、高效氯氰菊酯 0.05%/2014.02.25 至 2019.02.25/微毒
室内 蚊、蝇、蜚蠊 / 喷雾
注:本产品有三种香型：无香型、清香型、柠檬香型。

WP20140059 杀蟑气雾剂/0.32%/气雾剂/炔咪菊酯 0.15%、右旋苯醚氰菊酯 0.17%/2014.03.14 至 2019.03.14/微毒
室内 蜚蠊 / 喷雾

WP20140060 电热蚊香片/33毫克/片/电热蚊香片/炔丙菊酯 9毫克/片、右旋烯丙菊酯 24毫克/片/2014.03.14 至 2019.03.14/微毒
室内 蚊 / 电热加温
注:本产品有三种香型：清香型、薰衣草香型、无香型。

WP20140061 杀虫气雾剂/0.36%/气雾剂/富右旋反式烯丙菊酯 0.32%、四氟苯菊酯 0.04%/2014.03.14 至 2019.03.14/微毒
室内 蚊、蝇、蜚蠊 / 喷雾
注:本产品有三种香型：无香型、清香型、柠檬香型。

WP20140166 电热蚊香液/0.9%/电热蚊香液/氯氟醚菊酯 0.9%/2014.08.01 至 2019.08.01/微毒
室内 蚊 / 电热加温
注:本产品有三种香型：清香型、薰衣草香型、无香型。

WP20140169 蚊香/0.3%/蚊香/Es-生物烯丙菊酯 0.3%/2014.08.01 至 2019.08.01/微毒
室内 蚊 / 点燃

WP20140170 电热蚊香片/10毫克/片/电热蚊香片/炔丙菊酯 5毫克/片、氯氟醚菊酯 5毫克/片/2014.08.01 至 2019.08.01/微毒
室内 蚊 / 电热加温

WP20140171 电热蚊香液/0.62%/电热蚊香液/四氟甲醚菊酯 0.62%/2014.08.01 至 2019.08.01/微毒
室内 蚊 / 电热加温
注:本产品有三种香型：清香型、薰衣草香型、无香型。

WP20140215 电热蚊香片/13毫克/片/电热蚊香片/炔丙菊酯 5.2毫克/片、氯氟醚菊酯 7.8毫克/片/2014.09.28 至 2019.09.28/微毒
室内 蚊 / 电热加温
注:本产品有三种香型：无香型、薰衣草香型、清香型。

WP20140240 蚊香/0.05%/蚊香/氯氟醚菊酯 0.05%/2014.11.15 至 2019.11.15/微毒
室内 蚊 / 点燃
注:本产品有三种香型：无香型、草本香型、绿茶香型。

WP20140258 电热蚊香片/37.5毫克/片/电热蚊香片/四氟苯菊酯 7.5毫克/片、右旋烯丙菊酯 30毫克/片/2014.12.18 至 2019.12.18/微毒
室内 蚊 / 电热加温
注:本产品有三种香型：清香型、无香型、薰衣草香型。

WP20150130 电热蚊香液/1.2%/电热蚊香液/氯氟醚菊酯 1.2%/2015.07.30 至 2020.07.30/微毒
室内 蚊 / 电热加温
注:本产品有三种香型：无香型、清香型、薰衣草香型。

WP20150144 杀虫气雾剂/0.39%/气雾剂/右旋胺菊酯 0.25%、右旋苯醚菊酯 0.14%/2015.07.31 至 2020.07.31/微毒
室内 蚊、蝇、蜚蠊 / 喷雾
注:本产品有三种香型：无香型、薰衣草香型、绿茶香型。

WP20150148 杀虫气雾剂/0.22%/气雾剂/Es-生物烯丙菊酯 0.16%、四氟苯菊酯 0.06%/2015.08.03 至 2020.08.03/微毒
室内 蚊、蝇、蜚蠊 / 喷雾

WL20140004 蚊香/0.02%/蚊香/七氟甲醚菊酯 0.02%/2015.02.18 至 2016.02.18/微毒
室内 蚊 / 点燃
注:本产品有三种香型：清香型、绿茶香型、无香型。

河北阔达生物制品有限公司 (河北省高邑县千秋西路8号 051330 0311-84066686)

PD90106-3 苏云金杆菌/8000IU/微升/悬浮剂/苏云金杆菌 8000IU/微升/2011.02.26 至 2016.02.26/低毒

白菜、萝卜、青菜	菜青虫、小菜蛾	1500-2250克制剂/公顷	喷雾
茶树	茶毛虫	3000克制剂/公顷	喷雾
高粱、玉米	玉米螟	2250-3000克制剂/公顷	加细沙灌心叶
梨树、苹果树、桃树、枣树	尺蠖、食心虫	200倍液	喷雾
林木	尺蠖、柳毒蛾、松毛虫	150-200倍液	喷雾
棉花	棉铃虫、造桥虫	3750-6000克制剂/公顷	喷雾
水稻	稻苞虫、螟虫	3000-6000克制剂/公顷	喷雾
烟草	烟青虫	3000克制剂/公顷	喷雾

PD20084017 阿维菌素/3.2%/乳油/阿维菌素 3.2%/2013.12.16 至 2018.12.16/低毒(原药高毒)

菜豆	美洲斑潜蝇	10.8-21.6克/公顷	喷雾

PD20084636 阿维菌素/1.8%/乳油/阿维菌素 1.8%/2013.12.18 至 2018.12.18/低毒(原药高毒)

梨树	梨木虱	6-12毫克/千克	喷雾
棉花	棉铃虫	21.6-32.4克/公顷	喷雾
十字花科蔬菜	菜青虫	8.1-10.8克/公顷	喷雾

PD20101233 苦参碱/0.3%/水剂/苦参碱 0.3%/2015.03.01 至 2020.03.01/低毒
梨树 黑星病 800-600倍液 喷雾
十字花科蔬菜 蚜虫 6.75-11.25克/公顷 喷雾
PD20101507 苦参碱/0.3%/水剂/苦参碱 .3%/2010.05.10 至 2015.05.10/低毒
十字花科蔬菜 蚜虫 6.75-11.25克/公顷 喷雾
PD20120481 甲氨基阿维菌素苯甲酸盐/2%/乳油/甲氨基阿维菌素 2%/2012.03.19 至 2017.03.19/低毒
甘蓝 菜青虫 1.8-2.55克/公顷 喷雾
注:甲氨基阿维菌素苯甲酸盐含量: 2.3%。
PD20142257 吡蚜酮/25%/悬浮剂/吡蚜酮 25%/2014.09.28 至 2019.09.28/低毒
水稻 稻飞虱 75-90克/公顷 喷雾

河北兰升生物科技有限公司 (河北省石家庄市晋州市马于村 052260 0311-89138010)

WP20090343 对二氯苯/99.5%/原药/对二氯苯 99.5%/2014.10.16 至 2019.10.16/低毒

河北廊坊乐万家联合家化有限公司 (廊坊市广阳区爱民东道80号浙商广场1幢1单元1901 065001 0316-3287399)

WP20090365 电热蚊香片/13毫克/片/电热蚊香片/炔丙菊酯 13毫克/片/2014.11.12 至 2019.11.12/微毒
卫生 蚊 / 电热加温
WP20100047 蚊香/0.25%/蚊香/Es-生物烯丙菊酯 0.25%/2015.03.10 至 2020.03.10/微毒
卫生 蚊 / 点燃
WP20110087 蚊香/0.25%/蚊香/富右旋反式烯丙菊酯 0.25%/2011.04.12 至 2016.04.12/低毒
卫生 蚊 / 点燃
WP20120005 杀虫气雾剂/0.47%/气雾剂/胺菊酯 0.45%、高效氯氰菊酯 0.02%/2012.01.16 至 2017.01.16/微毒
卫生 蚊、蝇、蜚蠊 / 喷雾
WP20130018 蚊香/0.05%/蚊香/氯氟醚菊酯 0.05%/2013.01.24 至 2018.01.24/微毒
卫生 蚊 / 点燃
WP20140003 电热蚊香液/0.6%/电热蚊香液/氯氟醚菊酯 0.6%/2014.01.02 至 2019.01.02/微毒
室内 蚊 / 电热加温
WP20140006 杀蟑气雾剂/0.4%/气雾剂/炔咪菊酯 0.15%、右旋苯醚氰菊酯 0.25%/2014.01.02 至 2019.01.02/微毒
室内 蜚蠊 / 喷雾
WP20140013 杀虫气雾剂/0.28%/气雾剂/胺菊酯 0.25%、高效氯氰菊酯 0.03%/2014.01.20 至 2019.01.20/低毒
室内 蚊、蝇、蜚蠊 / 喷雾

河北利时捷生物科技有限公司 (河北省赵县工业区生物产业园区兴园路8号 051530 0311-86050792)

PD20097585 阿维菌素/1.8%/乳油/阿维菌素 1.8%/2014.11.03 至 2019.11.03/低毒(原药高毒)
菜豆 美洲斑潜蝇 5.4-10.8克/公顷 喷雾
PD20100459 多菌灵/50%/可湿性粉剂/多菌灵 50%/2015.01.14 至 2020.01.14/低毒
小麦 赤霉病 937.5—1125克/公顷 喷雾
PD20101166 敌敌畏/80%/乳油/敌敌畏 80%/2015.01.27 至 2020.01.27/中等毒
十字花科蔬菜 菜青虫 600-780克/公顷 喷雾
PD20120357 甲氨基阿维菌素苯甲酸盐/5%/水分散粒剂/甲氨基阿维菌素 5%/2012.02.23 至 2017.02.23/低毒
甘蓝 小菜蛾 1.5-3克/公顷 喷雾
注:甲氨基阿维菌素苯甲酸盐含量: 5.7%。
PD20121534 阿维·高氯/5.4%/乳油/阿维菌素 0.9%、高效氯氰菊酯 4.5%/2012.10.17 至 2017.10.17/中等毒(原药高毒)
甘蓝 小菜蛾 8.1-16.2克/公顷 喷雾
PD20121653 甲氨基阿维菌素苯甲酸盐/1%/乳油/甲氨基阿维菌素 1%/2012.10.30 至 2017.10.30/低毒
甘蓝 小菜蛾 1.125-2.25克/公顷 喷雾
注:甲氨基阿维菌素苯甲酸盐含量:1.14%。
PD20150755 草铵膦/200克/升/水剂/草铵膦 200克/升/2015.05.12 至 2020.05.12/低毒
柑橘园 杂草 750-1050克/公顷 定向茎叶喷雾

河北力威日化有限公司 (河北省石家庄市开发区留村荣昌大街91号 050035 0311-85387639)

WP20140252 杀虫气雾剂/0.65%/气雾剂/胺菊酯 0.34%、氯菊酯 0.21%、右旋烯丙菊酯 0.1%/2014.12.15 至 2019.12.15/微毒
室内 蚊、蝇、蜚蠊 / 喷雾
WP20150147 电热蚊香片/60毫克/片/电热蚊香片/右旋烯丙菊酯 60毫克/片/2015.08.03 至 2020.08.03/微毒
室内 蚊 / 电热加温
WP20150163 电热蚊香液/1.24%/电热蚊香液/四氟苯菊酯 1.24%/2015.08.28 至 2020.08.28/微毒
室内 蚊 / 电热加温
WP20150182 蚊香/0.20%/蚊香/富右旋反式烯丙菊酯 0.18%、四氟苯菊酯 0.02%/2015.08.31 至 2020.08.31/微毒
室内 蚊 / 点燃

河北绿风肥业集团有限公司 (河北省徐水县史端乡南营 072550 0312-8596888)

PD20097220 复硝酚钠/1.4%/水剂/5-硝基邻甲氧基苯酚钠 0.23%、对硝基苯酚钠 0.7%、邻硝基苯酚钠 0.47%/2014.10.19 至2019.10.19/微毒
番茄 调节生长 3000-4000倍液 喷雾

河北美邦化工科技有限公司 (河北省邯郸市广平县化工园区经六路 057650 0310-2611118)

PD20082101 硫磺·甲硫灵/70%/可湿性粉剂/甲基硫菌灵 40%、硫磺 30%/2013.11.25 至 2018.11.25/低毒
黄瓜 白粉病 840-1050克/公顷 喷雾
PD20082419 阿维菌素/1.8%/乳油/阿维菌素 1.8%/2013.12.02 至 2018.12.02/中等毒(原药高毒)

苹果树 红蜘蛛 3－4.5毫克/千克 喷雾

PD20084123 锰锌·硫磺/70%/可湿性粉剂/硫磺 42%、代森锰锌 28%/2013.12.16 至 2018.12.16/低毒
豇豆 锈病 1575-2100克/公顷 喷雾

PD20092444 高氯·辛硫磷/20%/乳油/高效氯氰菊酯 1%、辛硫磷 19%/2014.02.25 至 2019.02.25/低毒
棉花 棉铃虫 240-300克/公顷 喷雾

PD20093634 啶虫脒/5%/乳油/啶虫脒 5%/2014.03.25 至 2019.03.25/低毒
苹果树 蚜虫 10-12毫克/千克 喷雾

PD20094332 多·福/40%/可湿性粉剂/多菌灵 5%、福美双 35%/2014.03.31 至 2019.03.31/低毒
梨树 黑星病 1000-1500毫克/千克 喷雾

PD20098060 吡虫啉/10%/可湿性粉剂/吡虫啉 10%/2014.12.07 至 2019.12.07/低毒
小麦 蚜虫 15-30克/公顷(南方地区)45-60克/公顷(北方地区) 喷雾

PD20120139 过氧乙酸/21%/水剂/过氧乙酸 21%/2012.01.29 至 2017.01.29/低毒
黄瓜 灰霉病 441-735克/公顷 喷雾

河北农佳生物科技有限公司 (河北省邯郸县代召裴堡村南309国道南侧 056108 0310-8172666)

PD20040383 吡虫啉/5%/可溶液剂/吡虫啉 5%/2015.03.03 至 2020.03.03/低毒
苹果树 蚜虫 15-30毫克/千克 喷雾

河北欧亚化学工业有限公司 (河北省衡水市景县景新西大街158号 053500 0318-4307288)

PD20092037 异丙草·莠/40%/悬乳剂/异丙草胺 24%、莠去津 16%/2014.02.12 至 2019.02.12/低毒
夏玉米田 一年生杂草 1200-1500克/公顷 土壤喷雾

PD20094336 烟嘧磺隆/40克/升/可分散油悬浮剂/烟嘧磺隆 40克/升/2014.03.31 至 2019.03.31/低毒
玉米田 一年生杂草 48-60克/公顷 茎叶喷雾

PD20095329 烟嘧磺隆/95%/原药/烟嘧磺隆 95%/2014.04.27 至 2019.04.27/低毒

PD20095651 苯磺隆/10%/可湿性粉剂/苯磺隆 10%/2014.05.12 至 2019.05.12/低毒
冬小麦田 一年生阔叶杂草 15～22.5克/公顷 茎叶喷雾

PD20130021 乙·莠/48%/悬乳剂/乙草胺 20%、莠去津 28%/2013.01.04 至 2018.01.04/低毒
玉米田 一年生杂草 1440-2160克/公顷(春玉米田)，1080-1440克/公顷(夏玉米田) 播后苗前土壤喷雾

PD20130120 烟嘧·莠去津/22%/可分散油悬浮剂/烟嘧磺隆 2%、莠去津 20%/2013.01.17 至 2018.01.17/低毒
玉米田 一年生杂草 412.5-660克/公顷 茎叶喷雾

WP20110089 双硫磷/90%/原药/双硫磷 90%/2011.04.14 至 2016.04.14/低毒
注:专供出口，不得在国内销售。

WP20110265 杀蚊颗粒剂/1%/颗粒剂/双硫磷 1%/2011.12.05 至 2016.12.05/低毒
卫生 蚊(幼虫) 50毫克/平方米 投入水中
注:专供出口，不得在国内销售。

河北奇峰化工有限公司 (河北省晋州市通达路鼓城桥北 052260 0311-84323874)

PD85159-11 草甘膦/30%/水剂/草甘膦 30%/2015.08.15 至 2020.08.15/低毒
茶树、甘蔗、果园、剑麻、林木、桑树、橡胶树 一年生杂草和多年生恶性杂草 1125-2250克/公顷 喷雾

PD92103-8 草甘膦/95%,93%,90%/原药/草甘膦 95%,93%,90%/2012.07.11 至 2017.07.11/低毒

PD20060141 草甘膦异丙胺盐/62%/母药/草甘膦异丙胺盐 62%/2011.08.07 至 2016.08.07/低毒

PD20060142 草甘膦异丙胺盐/41%/水剂/草甘膦 41%/2011.08.07 至 2016.08.07/低毒
苹果园 一年生和多年生杂草 1125-2250克/公顷 定向茎叶喷雾

PD20140276 噻虫嗪/98%/原药/噻虫嗪 98%/2014.02.12 至 2019.02.12/低毒

河北青园腾达生物科技有限公司 (河北省邢台县南石门西(邢台兴华化工有限公司院内) 054000 0319-5906255)

PD90106-29 苏云金杆菌/8000IU/微升/悬浮剂/苏云金杆菌 8000IU/微升/2015.07.01 至 2020.07.01/低毒
茶树 茶毛虫 100-200倍液 喷雾
林木 美国白蛾 250-350倍液 喷雾
棉花 二代棉铃虫 6000-7500毫升制剂/公顷 喷雾
森林 松毛虫 100-200倍液 喷雾
十字花科蔬菜 菜青虫、小菜蛾 3000-4500毫升制剂/公顷 喷雾
水稻 稻纵卷叶螟 6000-7500毫升制剂/公顷 喷雾
烟草 烟青虫 6000-7500毫升制剂/公顷 喷雾
玉米 玉米螟 4500-6000毫升制剂/公顷 加细沙灌心叶
枣树 尺蠖 100-200倍液 喷雾

PD20040727 吡虫啉/10%/可湿性粉剂/吡虫啉 10%/2014.12.19 至 2019.12.19/低毒
水稻 飞虱 15-30克/公顷 喷雾

PD20081996 代森锰锌/70%/可湿性粉剂/代森锰锌 70%/2013.11.25 至 2018.11.25/低毒
番茄 早疫病 1845-2370克/公顷 喷雾

PD20082193 福美双/50%/可湿性粉剂/福美双 50%/2013.11.26 至 2018.11.26/低毒
黄瓜 霜霉病 937.5-1406.25克/公顷 喷雾

PD20082582 甲基硫菌灵/70%/可湿性粉剂/甲基硫菌灵 70%/2013.12.04 至 2018.12.04/低毒

梨树 黑星病 1000-1500倍液 喷雾
PD20083736 代森锰锌/50%/可湿性粉剂/代森锰锌 50%/2013.12.15 至 2018.12.15/低毒
番茄 早疫病 1845-2370克/公顷 喷雾
PD20083898 高氯·马/37%/乳油/高效氯氰菊酯 1%、马拉硫磷 36%/2013.12.15 至 2018.12.15/中等毒
甘蓝 菜青虫 175.5-354克/公顷 喷雾
PD20085153 毒死蜱/40%/乳油/毒死蜱 40%/2013.12.23 至 2018.12.23/中等毒
苹果树 绵蚜 200-267毫克/千克 喷雾
PD20090739 乙铝·锰锌/70%/可湿性粉剂/代森锰锌 45%、三乙膦酸铝 25%/2014.01.19 至 2019.01.19/低毒
黄瓜 霜霉病 1312.5-1968.8克/公顷 喷雾
PD20090784 多·福/60%/可湿性粉剂/多菌灵 30%、福美双 30%/2014.01.19 至 2019.01.19/低毒
梨树 黑星病 1000-1500毫克/千克 喷雾
PD20091001 高效氯氟氰菊酯/25克/升/乳油/高效氯氟氰菊酯 25克/升/2014.01.21 至 2019.01.21/中等毒
苹果 桃小食心虫 8.3-9.3毫克/千克 喷雾
PD20091814 代森锰锌/80%/可湿性粉剂/代森锰锌 80%/2014.02.05 至 2019.02.05/低毒
番茄 早疫病 1845-2370克/公顷 喷雾
PD20091993 乙铝·多菌灵/60%/可湿性粉剂/多菌灵 20%、三乙膦酸铝 40%/2014.02.12 至 2019.02.12/低毒
苹果 轮纹病 1200-1500毫克/千克 喷雾
PD20092901 噻螨酮/5%/可湿性粉剂/噻螨酮 5%/2014.03.05 至 2019.03.05/低毒
柑橘树 红蜘蛛 33.3-50毫克/千克 喷雾
PD20093162 多·锰锌/40%/可湿性粉剂/多菌灵 20%、代森锰锌 20%/2014.03.11 至 2019.03.11/低毒
梨树 黑星病 1000-1250毫克/千克 喷雾
PD20097627 噻嗪酮/25%/可湿性粉剂/噻嗪酮 25%/2014.11.03 至 2019.11.03/低毒
水稻 飞虱 75-150克/公顷 喷雾
PD20097744 丙环唑/250克/升/乳油/丙环唑 250克/升/2014.11.12 至 2019.11.12/低毒
香蕉 叶斑病 312.5-500毫克/千克 喷雾
PD20097872 三唑锡/25%/可湿性粉剂/三唑锡 25%/2014.11.20 至 2019.11.20/低毒
苹果树 红蜘蛛 125-250毫克/千克 喷雾
PD20098225 代森锌/65%/可湿性粉剂/代森锌 65%/2014.12.16 至 2019.12.16/低毒
番茄 早疫病 3075-3600克/公顷 喷雾
PD20111042 过氧乙酸/21%/水剂/过氧乙酸 21%/2011.10.10 至 2016.10.10/低毒
黄瓜 灰霉病 441-735克/公顷 喷雾
PD20121555 阿维菌素/1.8%/乳油/阿维菌素 1.8%/2012.10.25 至 2017.10.25/低毒(原药高毒)
柑橘树 潜叶蛾 4.5-9毫克/千克 喷雾
PD20152241 阿维·哒螨灵/10%/乳油/阿维菌素 0.3%、哒螨灵 9.7%/2015.09.23 至 2020.09.23/低毒
苹果树 二斑叶螨 40-66.7毫克/千克 喷雾

河北擎云化工科技有限公司 (石家庄市南二环与石铜路路口南环旺角3号楼3121号商铺二楼 050091 0311-87233290)

PD20086090 啶虫·辛硫磷/21%/乳油/啶虫脒 1%、辛硫磷 20%/2013.12.30 至 2018.12.30/低毒
甘蓝 白粉虱 126-189克/公顷 喷雾
PD20094067 辛硫·氧乐果/30%/乳油/辛硫磷 15%、氧乐果 15%/2014.03.27 至 2019.03.27/中等毒(原药高毒)
小麦 蚜虫 225-300克/公顷 喷雾
PD20094462 乙铝·百菌清/70%/可湿性粉剂/百菌清 20%、三乙膦酸铝 50%/2014.04.01 至 2019.04.01/低毒
黄瓜 霜霉病 1406-2109克/公顷 喷雾
PD20094662 多·锰锌/60%/可湿性粉剂/多菌灵 25%、代森锰锌 35%/2014.04.10 至 2019.04.10/低毒
梨树 黑星病 1000-1250毫克/千克 喷雾
苹果树 轮纹病 600-800倍液 喷雾
PD20097443 吡虫啉/10%/可湿性粉剂/吡虫啉 10%/2014.10.28 至 2019.10.28/低毒
水稻 稻飞虱 15-30克/公顷 喷雾
PD20100388 马拉硫磷/45%/乳油/马拉硫磷 45%/2015.01.14 至 2020.01.14/低毒
梨树 蝽蟓 250-300毫克/千克 喷雾
PD20101484 络氨铜/15%/水剂/络氨铜 15%/2015.05.05 至 2020.05.05/低毒
西瓜 枯萎病 0.075-0.1克/株 灌根
PD20101623 水胺·辛硫磷/35%/乳油/水胺硫磷 11.5%、辛硫磷 23.5%/2015.06.03 至 2020.06.03/中等毒(原药高毒)
棉花 棉铃虫 262.5-472.5克/公顷 喷雾
PD20110768 三唑磷/15%/微乳剂/三唑磷 15%/2011.07.25 至 2016.07.25/中等毒
水稻 二化螟 225-300克/公顷 喷雾
PD20130548 丁硫克百威/200克/升/乳油/丁硫克百威 200克/升/2013.04.01 至 2018.04.01/中等毒
棉花 蚜虫 135-180克/公顷 喷雾
PD20132536 甲氨基阿维菌素苯甲酸盐/3%/微乳剂/甲氨基阿维菌素 3%/2013.12.16 至 2018.12.16/低毒
甘蓝 甜菜夜蛾 2.25-3克/公顷 喷雾
注:甲氨基阿维菌素苯甲酸盐含量：3.4%。
PD20152266 高效氯氟氰菊酯/25克/升/乳油/高效氯氟氰菊酯 25克/升/2015.10.20 至 2020.10.20/低毒
茶树 茶尺蠖 5.625-7.5克/公顷 喷雾
PD20152545 阿维菌素/1.8%/微乳剂/阿维菌素 1.8%/2015.12.05 至 2020.12.05/低毒(原药高毒)

棉花	棉铃虫	21.6-32.4克/公顷	喷雾

河北荣威生物药业有限公司　(河北省廊坊市固安县公主府固东路南侧　065500　0311-686129962)

PD20085409　多·锰锌/50%/可湿性粉剂/多菌灵 10%、代森锰锌 40%/2013.12.24 至 2018.12.24/低毒

梨树	黑星病	1000-1250毫克/千克	喷雾

PD20091009　乙草胺/900克/升/乳油/乙草胺 900克/升/2014.01.21 至 2019.01.21/低毒

花生田	一年生杂草	1080-1350克/公顷	土壤喷雾

PD20095272　异噁草松/480克/升/乳油/异噁草松 480克/升/2014.04.27 至 2019.04.27/低毒

春大豆田	一年生杂草	900-1008克/公顷	土壤喷雾

PD20100512　莠去津/38%/悬浮剂/莠去津 38%/2015.01.14 至 2020.01.14/低毒

夏玉米田	一年生杂草	180-200毫升制剂/亩	茎叶喷雾

PD20121867　阿维·高氯/1.8%/乳油/阿维菌素 0.3%、高效氯氰菊酯 1.5%/2012.11.28 至 2017.11.28/中等毒(原药高毒)

甘蓝	菜青虫、小菜蛾	7.5-15克/公顷	喷雾

PD20121950　二甲戊灵/30%/悬浮剂/二甲戊灵 30%/2012.12.12 至 2017.12.12/低毒

甘蓝田	一年生杂草	630-765克/公顷	土壤喷雾

PD20131651　莠去津/80%/可湿性粉剂/莠去津 80%/2013.08.01 至 2018.08.01/低毒

夏玉米田	一年生杂草	1200-1400克/公顷	播后苗前土壤喷雾

PD20132566　乙·莠/40%/悬乳剂/乙草胺 16%、莠去津 24%/2013.12.17 至 2018.12.17/低毒

春玉米田	一年生杂草	300－400毫升制剂/亩	土壤喷雾

PD20140168　乙·莠/52%/悬乳剂/乙草胺 26%、莠去津 26%/2014.01.28 至 2019.01.28/低毒

夏玉米田	一年生杂草	1248-1560克/公顷	播后苗前土壤喷雾

PD20141057　异丙草·莠/50%/悬乳剂/异丙草胺 20%、莠去津 30%/2014.04.25 至 2019.04.25/低毒

春玉米田	一年生杂草	1500-2250克/公顷	播后苗前土壤喷雾
夏玉米田	一年生杂草	1125-1500克/公顷	播后苗前土壤喷雾

PD20141060　草铵膦/200克/升/水剂/草铵膦 200克/升/2014.04.25 至 2019.04.25/低毒

非耕地	杂草	1050-1750克/公顷	喷雾

PD20141078　敌草快/200克/升/水剂/敌草快 200克/升/2014.04.25 至 2019.04.25/中等毒

非耕地	一年生杂草	750-1050克/公顷	喷雾

PD20141706　2，4-滴丁酯/999克/升/乳油/2,4-滴丁酯 999克/升/2014.06.30 至 2019.06.30/中等毒

小麦田	一年生阔叶杂草	540-648克/公顷	茎叶喷雾

注:有效成分以百分比表示为：82.5%。

PD20141819　2甲·唑草酮/70.5%/可湿性粉剂/2甲4氯钠 66.5%、唑草酮 4%/2014.07.14 至 2019.07.14/低毒

冬小麦田	一年生阔叶杂草	423-475.9克/公顷	茎叶喷雾

PD20151283　2，4-滴二甲胺盐/70%/水剂/2,4-滴二甲胺盐 70%/2015.07.30 至 2020.07.30/低毒

小麦田	一年生阔叶杂草	525-945克/公顷	茎叶喷雾

PD20151397　烟嘧·莠去津/52%/可湿性粉剂/烟嘧磺隆 4%、莠去津 48%/2015.07.30 至 2020.07.30/低毒

玉米田	一年生杂草	429-741克/公顷	茎叶喷雾

PD20152289　硝磺·莠去津/25%/可分散油悬浮剂/莠去津 20%、硝磺草酮 5%/2015.10.20 至 2020.10.20/低毒

夏玉米田	一年生杂草	469-563克/公顷	茎叶喷雾

河北瑞宝德生物化学有限公司　(河北省石家庄市栾城县樊家屯工业区　051430　0311-85430988)

PD20080151　乙烯利/89%/原药/乙烯利 89%/2013.01.03 至 2018.01.03/低毒

PD20082218　氰戊·马拉松/20%/乳油/马拉硫磷 15%、氰戊菊酯 5%/2013.11.26 至 2018.11.26/中等毒

苹果树	桃小食心虫	200-400毫克/千克	喷雾

PD20082287　阿维菌素/1.8%/乳油/阿维菌素 1.8%/2013.12.01 至 2018.12.01/低毒(原药高毒)

柑橘树	红蜘蛛、潜叶蛾	4.5-9毫克/千克	喷雾
柑橘树	锈壁虱	2.25-4.5毫克/千克	喷雾
棉花	红蜘蛛	10.8-16.2克/公顷	喷雾
棉花	棉铃虫	21.6-32.4克/公顷	喷雾
十字花科蔬菜	小菜蛾	8.1-10.8克/公顷	喷雾

PD20082874　乙酰甲胺磷/30%/乳油/乙酰甲胺磷 30%/2013.12.09 至 2018.12.09/低毒

水稻	二化螟	675－900克/公顷	喷雾

PD20084147　辛硫磷/91%/原药/辛硫磷 91%/2013.12.16 至 2018.12.16/低毒

PD20084312　毒死蜱/480克/升/乳油/毒死蜱 480克/升/2013.12.17 至 2018.12.17/中等毒

水稻	二化螟	360-648克/公顷	喷雾
小麦	蚜虫	144－216克/公顷	喷雾

PD20084400　高效氯氟氰菊酯/25克/升/乳油/高效氯氟氰菊酯 25克/升/2013.12.17 至 2018.12.17/中等毒

十字花科蔬菜	菜青虫	7.5-15.5克/公顷	喷雾
小麦	蚜虫	4.5-7.5克/公顷	喷雾

PD20084442　高效氯氟氰菊酯/95%/原药/高效氯氟氰菊酯 95%/2013.12.17 至 2018.12.17/中等毒

PD20084742　丁硫克百威/5%/乳油/丁硫克百威 5%/2013.12.22 至 2018.12.22/中等毒

棉花	蚜虫	22.5-37.5克/公顷	喷雾

PD20085299　多菌灵/25%/可湿性粉剂/多菌灵 25%/2013.12.23 至 2018.12.23/低毒

苹果树	轮纹病	333-500毫克/千克	喷雾

PD20085690　辛硫磷/40%/乳油/辛硫磷 40%/2013.12.26 至 2018.12.26/低毒

十字花科蔬菜 菜青虫 360-480克/公顷 喷雾
PD20085823 啶虫脒/20%/可湿性粉剂/啶虫脒 20%/2013.12.29 至 2018.12.29/低毒
柑橘树 蚜虫 10-13.3毫克/千克 喷雾
PD20086095 乙烯利/40%/水剂/乙烯利 40%/2013.12.30 至 2018.12.30/低毒
棉花 催熟 800-1333毫克/千克 喷雾
PD20092863 丙溴·辛硫磷/24%/乳油/丙溴磷 10%、辛硫磷 14%/2014.03.05 至 2019.03.05/中等毒
十字花科蔬菜 菜青虫 144-198克/公顷 喷雾
PD20093248 啶虫脒/5%/乳油/啶虫脒 5%/2014.03.11 至 2019.03.11/低毒
柑橘树 蚜虫 10-12.5毫克/千克 喷雾
PD20096386 阿维·矿物油/24.5%/乳油/阿维菌素 0.2%、矿物油 24.3%/2014.08.04 至 2019.08.04/低毒(原药高毒)
柑橘树 红蜘蛛 123-245毫克/千克 喷雾
PD20096770 辛硫磷/40%/乳油/辛硫磷 40%/2014.09.15 至 2019.09.15/低毒
棉花 棉铃虫 375-450克/公顷 喷雾
PD20110243 毒死蜱/5%/颗粒剂/毒死蜱 5%/2016.03.03 至 2021.03.03/低毒
小麦 吸浆虫 750-1500克/公顷 撒施
PD20110695 甲氨基阿维菌素苯甲酸盐/2%/乳油/甲氨基阿维菌素 2%/2011.06.22 至 2016.06.22/低毒
甘蓝 小菜蛾 6.7-10.4克/公顷 喷雾
注:甲氨基阿维菌素苯甲酸盐含量：2.3%。
PD20110935 烯酰吗啉/50%/可湿性粉剂/烯酰吗啉 50%/2011.09.07 至 2016.09.07/低毒
黄瓜 霜霉病 225－375克/公顷 喷雾
PD20111101 高效氯氰菊酯/10%/水乳剂/高效氯氰菊酯 10%/2011.10.17 至 2016.10.17/低毒
棉花 棉铃虫 45-75克/公顷 喷雾
PD20111309 阿维菌素/5%/乳油/阿维菌素 5%/2011.11.24 至 2016.11.24/中等毒(原药高毒)
甘蓝 小菜蛾 9－12克/公顷 喷雾
PD20130486 啶虫脒/10%/乳油/啶虫脒 10%/2013.03.20 至 2018.03.20/低毒
柑橘树 蚜虫 10-20毫克/千克 喷雾
PD20131407 吡虫啉/25%/可湿性粉剂/吡虫啉 25%/2013.07.02 至 2018.07.02/低毒
小麦 蚜虫 45-60克/公顷 喷雾
PD20131487 甲氨基阿维菌素苯甲酸盐/5%/水分散粒剂/甲氨基阿维菌素 5%/2013.07.05 至 2018.07.05/低毒
甘蓝 甜菜夜蛾 2.25-3.75克/公顷 喷雾
注:甲氨基阿维菌素苯甲酸盐含量：5.7%。
PD20131830 阿维菌素/5%/水乳剂/阿维菌素 5%/2013.09.17 至 2018.09.17/低毒(原药高毒)
棉花 棉铃虫 22.5-37.5克/公顷 喷雾
水稻 稻纵卷叶螟 5.25-6.75克/公顷 喷雾
PD20142471 吡蚜酮/25%/可湿性粉剂/吡蚜酮 25%/2014.11.17 至 2019.11.17/微毒
水稻 飞虱 45-75克/公顷 喷雾
小麦 蚜虫 45-75克/公顷 喷雾
PD20151173 阿维·高氯/10%/水乳剂/阿维菌素 1%、高效氯氰菊酯 9%/2015.06.26 至 2020.06.26/低毒(原药高毒)
棉花 棉铃虫 45--75克/公顷 喷雾

河北润达农药化工有限公司 (河北省石家庄市赵县生物产业园 051500 0311-84773968)

PD20082202 多·福/40%/可湿性粉剂/多菌灵 5%、福美双 35%/2013.11.26 至 2018.11.26/低毒
梨树 黑星病 1000-1500毫克/千克 喷雾
葡萄 霜霉病 1000-1250毫克/千克 喷雾
PD20084165 代森锰锌/80%/可湿性粉剂/代森锰锌 80%/2013.12.16 至 2018.12.16/低毒
番茄 早疫病 1920-2400克/公顷 喷雾
PD20084505 啶虫脒/20%/可湿性粉剂/啶虫脒 20%/2013.12.18 至 2018.12.18/低毒
柑橘树 蚜虫 10-13.3毫克/千克 喷雾
PD20085000 高效氯氟氰菊酯/25克/升/乳油/高效氯氟氰菊酯 25克/升/2013.12.22 至 2018.12.22/低毒
十字花科蔬菜 菜青虫 7.5-15克/公顷 喷雾
PD20085314 噻嗪·异丙威/25%/可湿性粉剂/噻嗪酮 5%、异丙威 20%/2013.12.24 至 2018.12.24/低毒
水稻 稻飞虱 375-562.5克/公顷 喷雾
PD20085964 多·锰锌/50%/可湿性粉剂/多菌灵 8%、代森锰锌 42%/2013.12.29 至 2018.12.29/低毒
苹果树 斑点落叶病 1000-1250毫克/千克 喷雾
PD20091019 吡虫啉/25%/可湿性粉剂/吡虫啉 25%/2014.01.21 至 2019.01.21/低毒
小麦 蚜虫 15-30克/公顷(南方地区)45-60克/公顷(北方地区) 喷雾
PD20093463 吡虫啉/10%/可湿性粉剂/吡虫啉 10%/2014.03.23 至 2019.03.23/低毒
小麦 蚜虫 15-30克/公顷(南方地区)45-60克/公顷(北方地区) 喷雾
PD20096497 啶虫脒/5%/乳油/啶虫脒 5%/2014.08.14 至 2019.08.14/低毒
柑橘树 蚜虫 10-14.3毫克/千克 喷雾
PD20110178 阿维菌素/18克/升/乳油/阿维菌素 18克/升/2016.02.17 至 2021.02.17/低毒(原药高毒)
棉花 红蜘蛛 9.45-10.8克/公顷 喷雾

PD20110293 啶虫脒/25%/乳油/啶虫脒 25%/2016.03.11 至 2021.03.11/低毒

柑橘树 蚜虫 10-13.3毫克/千克 喷雾

PD20110375 阿维·高氯/10%/乳油/阿维菌素 1%、高效氯氰菊酯 9%/2016.04.11 至 2021.04.11/低毒(原药高毒)

甘蓝 小菜蛾 22.5-30克/公顷 喷雾

PD20110527 阿维菌素/5%/乳油/阿维菌素 5%/2016.05.12 至 2021.05.12/中等毒(原药高毒)

棉花 红蜘蛛 9-15克/公顷 喷雾

PD20120003 甲氨基阿维菌素苯甲酸盐/5%/乳油/甲氨基阿维菌素 5%/2012.01.05 至 2017.01.05/低毒

甘蓝 小菜蛾 3-3.75克/公顷 喷雾

注:甲氨基阿维菌素苯甲酸盐含量: 5.7%。

PD20120263 阿维·高氯/2%/乳油/阿维菌素 0.2%、高效氯氰菊酯 1.8%/2012.02.14 至 2017.02.14/低毒(原药高毒)

甘蓝 菜青虫、小菜蛾 13.5-27克/公顷 喷雾

PD20121024 啶虫脒/40%/水分散粒剂/啶虫脒 40%/2012.07.02 至 2017.07.02/低毒

甘蓝 蚜虫 18-24克/颂 喷雾

PD20131890 甲氨基阿维菌素苯甲酸盐/5%/水分散粒剂/甲氨基阿维菌素 5%/2013.09.25 至 2018.09.25/低毒

甘蓝 甜菜夜蛾 1.125--3.375克/公顷 喷雾

注:甲氨基阿维菌素苯甲酸盐含量: 5.7%。

PD20132392 噻嗪酮/50%/可湿性粉剂/噻嗪酮 50%/2013.11.20 至 2018.11.20/微毒

茶树 小绿叶蝉 166--250毫克/千克 喷雾

PD20151623 吡虫啉/70%/可湿性粉剂/吡虫啉 70%/2015.08.28 至 2020.08.28/低毒

小麦 蚜虫 52.5-73.5克/公顷 喷雾

PD20151661 阿维·毒死蜱/50%/乳油/阿维菌素 0.5%、毒死蜱 49.5%/2015.08.28 至 2020.08.28/中等毒(原药高毒)

棉花 棉铃虫 450--675克/公顷 喷雾

河北润农化工有限公司 (河北宁晋盐化工园区 055550 0319-5764986)

PD84111-51 氧乐果/40%/乳油/氧乐果 40%/2015.03.10 至 2020.03.10/高毒

棉花 蚜虫、螨 375-600克/公顷 喷雾

森林 松干蚧、松毛虫 500倍液 喷雾或直接涂树干

水稻 稻纵卷叶螟、飞虱 375-600克/公顷 喷雾

小麦 蚜虫 300-450克/公顷 喷雾

PD85105-78 敌敌畏/80%/乳油/敌敌畏 77.5%(气谱法)/2015.03.10 至 2020.03.10/中等毒

茶树 食叶害虫 600克/公顷 喷雾

粮仓 多种储藏害虫 1)400-500倍液2)0.4-0.5克/立方米 1)喷雾2)挂条熏蒸

棉花 蚜虫、造桥虫 600-1200克/公顷 喷雾

苹果树 小卷叶蛾、蚜虫 400-500毫克/千克 喷雾

青菜 菜青虫 600克/公顷 喷雾

桑树 尺蠖 600克/公顷 喷雾

卫生 多种卫生害虫 1)300-400倍液2)0.08克/立方米 1)泼洒2)挂条熏蒸

小麦 黏虫、蚜虫 600克/公顷 喷雾

PD20085180 阿维菌素/1.8%/乳油/阿维菌素 1.8%/2013.12.23 至 2018.12.23/低毒(原药高毒)

十字花科蔬菜 小菜蛾 6-9克/公顷 喷雾

PD20093441 高效氟吡甲禾灵/108克/升/乳油/高效氟吡甲禾灵 108克/升/2014.03.23 至 2019.03.23/低毒

大豆田 一年生禾本科杂草 48.6-56.7克/公顷 茎叶喷雾

PD20094282 氰戊·辛硫磷/40%/乳油/氰戊菊酯 5%、辛硫磷 35%/2014.03.31 至 2019.03.31/中等毒

棉花 棉铃虫 300-360克/公顷 喷雾

PD20097586 氧乐果/40%/乳油/氧乐果 40%/2014.11.03 至 2019.11.03/高毒

小麦 蚜虫 81-162克/公顷 喷雾

PD20097972 高效氯氟氰菊酯/25克/升/乳油/高效氯氟氰菊酯 25克/升/2014.12.01 至 2019.12.01/中等毒

甘蓝 蚜虫 5.625-9.375克/公顷 喷雾

小麦 蚜虫 6-7.5克/公顷 喷雾

PD20098036 丙环唑/250克/升/乳油/丙环唑 250克/升/2014.12.07 至 2019.12.07/低毒

香蕉 叶斑病 250-500毫克/千克 喷雾

小麦 白粉病 112.5-150克/公顷 喷雾

PD20110307 阿维菌素/5%/乳油/阿维菌素 5%/2016.03.22 至 2021.03.22/低毒(原药高毒)

甘蓝 小菜蛾 7.5-11.25克/公顷 喷雾

棉花 红蜘蛛 7.5-10.5克/公顷 喷雾

PD20110373 甲氨基阿维菌素苯甲酸盐/5%/乳油/甲氨基阿维菌素 5%/2016.03.31 至 2021.03.31/低毒

甘蓝 小菜蛾 1.71-3.42克/公顷 喷雾

注:甲氨基阿维菌素苯甲酸盐含量: 5.7%。

PD20111207 过氧乙酸/21%/水剂/过氧乙酸 21%/2011.11.17 至 2016.11.17/低毒

黄瓜 灰霉病 441-735克/公顷 喷雾

PD20120827 毒死蜱/30%/微乳剂/毒死蜱 30%/2012.05.22 至 2017.05.22/中等毒

水稻 稻纵卷叶螟 450-540克/公顷 喷雾

PD20130640 啶虫脒/20%/可溶液剂/啶虫脒 20%/2013.04.05 至 2018.04.05/低毒

棉花	蚜虫	15-30克/公顷	喷雾

PD20150720 氟虫腈/8%/悬浮种衣剂/氟虫腈 8%/2015.04.20 至 2020.04.20/低毒

玉米	蛴螬	50-70克/100千克种子	种子包衣

PD20151429 苯醚甲环唑/3%/悬浮种衣剂/苯醚甲环唑 3%/2015.07.30 至 2020.07.30/低毒

小麦	全蚀病	7.5-15克/100千克种子	种子包衣

河北赛瑞德化工有限公司　(河北省沧州临港化工园区精细化工区　061108　0317-5488335)

PD85105-90 敌敌畏/77.5%/乳油/敌敌畏 77.5%/2015.02.03 至 2020.02.03/中等毒

茶树	食叶害虫	600克/公顷	喷雾
粮仓	多种储藏害虫	1)400-500倍液2)0.4-0.5克/立方米	1)喷雾2)挂条熏蒸
棉花	蚜虫、造桥虫	600-1200克/公顷	喷雾
苹果树	小卷叶蛾、蚜虫	400-500毫克/千克	喷雾
青菜	菜青虫	600克/公顷	喷雾
桑树	尺蠖	600克/公顷	喷雾
卫生	多种卫生害虫	1)300-400倍液2)0.08克/立方米	1)泼洒2)挂条熏蒸
小麦	黏虫、蚜虫	600克/公顷	喷雾

PD85109-17 甲拌磷/55%/乳油/甲拌磷 55%/2015.02.03 至 2020.02.03/高毒

棉花	地下害虫、蚜虫、螨	600-800克/100千克种子	浸种、拌种

注:甲拌磷乳油只准用于浸、拌种,严禁喷雾使用。

PD91104-14 敌敌畏/50%/乳油/敌敌畏 48%(气谱法)/2011.12.31 至 2016.12.31/中等毒

茶树	食叶害虫	600克/公顷	喷雾
粮仓	多种储粮害虫	1)300-400倍液2)0.4-0.5克/立方米	1)喷雾2)挂条熏蒸
棉花	蚜虫、造桥虫	600-1200克/公顷	喷雾
苹果树	小卷叶蛾、蚜虫	400-500毫克/千克	喷雾
青菜	菜青虫	600克/公顷	喷雾
桑树	尺蠖	600克/公顷	喷雾
卫生	多种卫生害虫	1)250-300倍液2)0.08克/立方米	1)泼洒2)挂条熏蒸
小麦	黏虫、蚜虫	600克/公顷	喷雾

PD91104-33 敌敌畏/50%/乳油/敌敌畏 48%(气谱法)/2016.01.16 至 2021.01.16/中等毒

茶树	食叶害虫	600克/公顷	喷雾
粮仓	多种储粮害虫	1)300-400倍液2)0.4-0.5克/立方米	1)喷雾2)挂条熏蒸
棉花	蚜虫、造桥虫	600-1200克/公顷	喷雾
苹果树	小卷叶蛾、蚜虫	400-500毫克/千克	喷雾
青菜	菜青虫	600克/公顷	喷雾
桑树	尺蠖	600克/公顷	喷雾
卫生	多种卫生害虫	1)250-300倍液2)0.08克/立方米	1)泼洒2)挂条熏蒸
小麦	黏虫、蚜虫	600克/公顷	喷雾

PD20040062 高效氯氰菊酯/95%/原药/高效氯氰菊酯 95%/2014.12.19 至 2019.12.19/中等毒

PD20040088 氯氰菊酯/5%/乳油/氯氰菊酯 5%/2014.12.19 至 2019.12.19/中等毒

棉花	棉铃虫	45-90克/公顷	喷雾
十字花科蔬菜	菜青虫	30-45克/公顷	喷雾

PD20040089 高效氯氰菊酯/4.5%/乳油/高效氯氰菊酯 4.5%/2014.12.19 至 2019.12.19/中等毒

棉花	红铃虫、棉铃虫、蚜虫	15-30克/公顷	喷雾
十字花科蔬菜	菜青虫、小菜蛾	9-25.5克/公顷	喷雾
十字花科蔬菜	蚜虫	3-18克/公顷	喷雾

PD20040116 氯氰菊酯/5%/微乳剂/氯氰菊酯 5%/2014.12.19 至 2019.12.19/中等毒

十字花科蔬菜	菜青虫	30-45克/公顷	喷雾

PD20040231 高效氯氰菊酯/4.5%/微乳剂/高效氯氰菊酯 4.5%/2014.12.19 至 2019.12.19/中等毒

十字花科蔬菜	菜青虫	13.5-20.25克/公顷	喷雾

PD20085257 马拉硫磷/45%/乳油/马拉硫磷 45%/2013.12.23 至 2018.12.23/低毒

棉花	盲蝽蟓	540-607.5克/公顷	喷雾

PD20085785 甲氰菊酯/20%/乳油/甲氰菊酯 20%/2013.12.29 至 2018.12.29/中等毒

苹果树	山楂红蜘蛛	100-150毫克/千克	喷雾

PD20086100 甲硫·福美双/70%/可湿性粉剂/福美双 40%、甲基硫菌灵 30%/2013.12.30 至 2018.12.30/中等毒

黄瓜	炭疽病	750-975克/公顷	喷雾

PD20090087 阿维·高氯/1.2%/乳油/阿维菌素 0.3%、高效氯氰菊酯 0.9%/2014.01.08 至 2019.01.08/低毒(原药高毒)

甘蓝	甜菜夜蛾	10.8-14.4克/公顷	喷雾
苹果树	红蜘蛛	6-8毫克/千克	喷雾

PD20090581 烯酰·福美双/35%/可湿性粉剂/福美双 30.5%、烯酰吗啉 4.5%/2014.01.14 至 2019.01.14/低毒

黄瓜	霜霉病	1050-1470克/公顷	喷雾

PD20091265 甲基硫菌灵/70%/可湿性粉剂/甲基硫菌灵 70%/2014.02.01 至 2019.02.01/低毒

梨树 黑星病 360-450克/公顷 喷雾
PD20091760 辛硫磷/40%/乳油/辛硫磷 40%/2014.02.04 至 2019.02.04/低毒
十字花科蔬菜 菜青虫 300-480克/公顷 喷雾
PD20093048 高氯·辛硫磷/35%/乳油/高效氯氰菊酯 1%、辛硫磷 34%/2014.03.09 至 2019.03.09/中等毒
甘蓝 菜青虫 131.3-262.50克/公顷 喷雾
棉花 棉铃虫 262.5-525克/公顷 喷雾
苹果树 桃小食心虫 233-350毫克/千克 喷雾
PD20094814 敌畏·氧乐果/30%/乳油/敌敌畏 10%、氧乐果 20%/2014.04.13 至 2019.04.13/中等毒(原药高毒)
小麦 蚜虫 225-270克/公顷 喷雾
PD20098160 复硝酚钠/1.8%/水剂/5-硝基邻甲氧基苯酚钠 0.3%、对硝基苯酚钠 0.9%、邻硝基苯酚钠 0.6%/2014.12.14 至2019.12.14/低毒
番茄 调节生长 4.5-6毫克/千克 茎叶喷雾
PD20100864 噁霉灵/99%/原药/噁霉灵 99%/2015.01.19 至 2020.01.19/低毒
PD20140480 啶虫脒/20%/可湿性粉剂/啶虫脒 20%/2014.02.25 至 2019.02.25/低毒
柑橘树 蚜虫 8-12.5毫克/千克 喷雾
PD20140710 苦参碱/0.5%/水剂/苦参碱 0.5%/2014.03.24 至 2019.03.24/低毒
甘蓝 菜青虫 4.32—6.48克/公顷 喷雾
梨树 黑星病 4.5-6毫克/千克 喷雾
PD20150566 吡虫啉/10%/乳油/吡虫啉 10%/2015.03.24 至 2020.03.24/低毒
小麦 蚜虫 15-18.75克/公顷 喷雾
PD20150577 三唑酮/20%/乳油/三唑酮 20%/2015.04.15 至 2020.04.15/低毒
小麦 白粉病 120-126克/公顷 喷雾
PD20152336 烟嘧·莠·异丙/37%/可分散油悬浮剂/烟嘧磺隆 2.2%、异丙草胺 15%、莠去津 19.8%/2015.10.22 至 2020.10.22/低毒
玉米田 一年生杂草 666—999克/公顷 茎叶喷雾

河北三农农用化工有限公司 (河北省石家庄市栾城县窦妪工业区 051430 0311-85468822)

PD20060201 多·福/40%/可湿性粉剂/多菌灵 10%、福美双 30%/2011.12.07 至 2016.12.07/中等毒
梨树 黑星病 500-750倍液 喷雾
PD20070153 多·福/60%/可湿性粉剂/多菌灵 30%、福美双 30%/2012.06.08 至 2017.06.08/低毒
梨树 黑星病 1000-1500毫克/千克 喷雾
PD20070466 嘧霉胺/95%/原药/嘧霉胺 95%/2012.11.20 至 2017.11.20/低毒
PD20080033 嘧霉胺/20%/可湿性粉剂/嘧霉胺 20%/2013.01.03 至 2018.01.03/低毒
黄瓜 灰霉病 375-450克/公顷 喷雾
PD20080261 啶虫脒/5%/可湿性粉剂/啶虫脒 5%/2013.02.20 至 2018.02.20/低毒
小麦 蚜虫 15-30克/公顷 喷雾
PD20080282 啶虫脒/10%/可湿性粉剂/啶虫脒 10%/2013.02.25 至 2018.02.25/低毒
苹果树 蚜虫 16.7-33毫克/千克 喷雾
PD20080612 霜脲·锰锌/72%/可湿性粉剂/代森锰锌 64%、霜脲氰 8%/2013.05.12 至 2018.05.12/低毒
黄瓜 霜霉病 1350-1800克/公顷 喷雾
PD20080721 代森锰锌/80%/可湿性粉剂/代森锰锌 80%/2013.06.11 至 2018.06.11/低毒
番茄 早疫病 1800-2160克/公顷 喷雾
柑橘树 炭疽病 1333-2000毫克/千克 喷雾
苹果树 炭疽病 1000-1333毫克/千克 喷雾
PD20082640 阿维菌素/1.8%/乳油/阿维菌素 1.8%/2013.12.04 至 2018.12.04/低毒(原药高毒)
十字花科蔬菜 菜青虫 8.1-10.8克/公顷 喷雾
PD20082691 阿维·高氯/3%/乳油/阿维菌素 1%、高效氯氰菊酯 2%/2013.12.05 至 2018.12.05/低毒(原药高毒)
棉花 棉铃虫 22.5-33.75克/公顷 喷雾
PD20082700 啶虫脒/5%/微乳剂/啶虫脒 5%/2013.12.05 至 2018.12.05/低毒
棉花 蚜虫 15-22.5克/公顷 喷雾
PD20082953 辛硫·高氯氟/26%/乳油/高效氯氟氰菊酯 1%、辛硫磷 25%/2013.12.09 至 2018.12.09/中等毒
十字花科蔬菜 小菜蛾 156-234克/公顷 喷雾
PD20083728 吡虫啉/20%/可溶液剂/吡虫啉 20%/2013.12.15 至 2018.12.15/低毒
十字花科蔬菜 蚜虫 15-30克/公顷 喷雾
PD20084647 阿维菌素/3.2%/乳油/阿维菌素 3.2%/2013.12.18 至 2018.12.18/低毒(原药高毒)
梨树 梨木虱 6-12毫克/千克 喷雾
PD20085449 乙铝·锰锌/70%/可湿性粉剂/代森锰锌 45%、三乙膦酸铝 25%/2013.12.24 至 2018.12.24/低毒
黄瓜 霜霉病 2800-4200克/公顷 喷雾
PD20085512 异菌脲/50%/可湿性粉剂/异菌脲 50%/2013.12.25 至 2018.12.25/低毒
番茄 灰霉病 375-750克/公顷 喷雾
PD20085654 联苯菊酯/100克/升/乳油/联苯菊酯 100克/升/2013.12.26 至 2018.12.26/中等毒
茶树 茶小绿叶蝉 30-37.5克/公顷 喷雾
PD20090126 阿维菌素/3%/微乳剂/阿维菌素 3%/2014.01.08 至 2019.01.08/中等毒(原药高毒)
黄瓜 美洲斑潜蝇 10.8-21.6克/公顷 喷雾
PD20090166 阿维·毒死蜱/24%/乳油/阿维菌素 1%、毒死蜱 23%/2014.01.08 至 2019.01.08/低毒(原药高毒)

梨树 梨木虱 48-60毫克/千克 喷雾

PD20090332 腈菌唑/12.5%/可湿性粉剂/腈菌唑 12.5%/2014.01.12 至 2019.01.12/低毒

黄瓜 黑星病 56.25-75克/公顷 喷雾

PD20090343 氰戊·马拉松/20%/乳油/马拉硫磷 15%、氰戊菊酯 5%/2014.01.12 至 2019.01.12/中等毒

苹果树 桃小食心虫 167-333毫克/千克 喷雾

PD20090472 腈菌·福美双/20%/可湿性粉剂/福美双 18%、腈菌唑 2%/2014.01.12 至 2019.01.12/中等毒

黄瓜 黑星病 195-390克/公顷 喷雾

PD20092867 阿维·哒螨灵/10.5%/可湿性粉剂/阿维菌素 0.5%、哒螨灵 10%/2014.03.05 至 2019.03.05/低毒(原药高毒)

柑橘树 红蜘蛛 52.5-70毫克/千克 喷雾

PD20092885 吡虫啉/10%/可湿性粉剂/吡虫啉 10%/2014.03.05 至 2019.03.05/低毒

小麦 蚜虫 15-30克/公顷（南方地区）；45-60克/公顷（北方地区） 喷雾

PD20093148 高效氯氰菊酯/10%/微乳剂/高效氯氰菊酯 10%/2014.03.11 至 2019.03.11/中等毒

甘蓝 菜青虫 13.5-27克/公顷 喷雾

PD20093365 吡虫啉/70%/水分散粒剂/吡虫啉 70%/2014.03.18 至 2019.03.18/低毒

十字花科蔬菜 蚜虫 15-30克/公顷 喷雾

小麦 蚜虫 21-24克/公顷 喷雾

PD20095023 甲氨基阿维菌素苯甲酸盐/1%/乳油/甲氨基阿维菌素 1%/2014.04.21 至 2019.04.21/低毒

十字花科蔬菜 小菜蛾 1.5-3克/公顷 喷雾

水稻 二化螟 11.25-15克/公顷 喷雾

注:甲氨基阿维菌素苯甲酸盐:1.2%。

PD20097869 氟虫腈/95%/原药/氟虫腈 95%/2014.11.20 至 2019.11.20/中等毒

PD20097873 四螨嗪/500克/升/悬浮剂/四螨嗪 500克/升/2014.11.20 至 2019.11.20/低毒

苹果树 红蜘蛛 83-100毫克/千克 喷雾

PD20110251 硫酸链霉素/85%/原药/硫酸链霉素 85%/2011.03.04 至 2016.03.04/低毒

PD20110252 硫酸链霉素/72%/可溶粉剂/硫酸链霉素 72%/2011.03.04 至 2016.03.04/低毒

烟草 野火病 180-720毫克/千克 喷雾

PD20111202 噻唑膦/96%/原药/噻唑膦 96%/2011.11.16 至 2016.11.16/中等毒

PD20120734 噻唑膦/10%/颗粒剂/噻唑膦 10%/2012.05.03 至 2017.05.03/中等毒

甘蔗、黄瓜 根结线虫 2250-3000克/公顷 撒施

PD20121002 甲氨基阿维菌素苯甲酸盐/5%/水分散粒剂/甲氨基阿维菌素 5%/2012.06.21 至 2017.06.21/低毒

甘蓝 甜菜夜蛾 3-3.75克/公顷 喷雾

烟草 烟青虫 1.5-2.25克/公顷 喷雾

注:甲氨基阿维菌素苯甲酸盐含量：5.7%。

PD20121461 苯醚甲环唑/25%/乳油/苯醚甲环唑 25%/2012.10.08 至 2017.10.08/低毒

香蕉 叶斑病 103-125毫克/千克 喷雾

PD20130785 噻呋酰胺/240克/升/悬浮剂/噻呋酰胺 240克/升/2013.04.22 至 2018.04.22/低毒

水稻 稻曲病、纹枯病 45.3-81.5克/公顷 喷雾

PD20131040 硝磺草酮/15%/悬浮剂/硝磺草酮 15%/2013.05.13 至 2018.05.13/低毒

玉米田 一年生杂草 150.75-191.25克/公顷 茎叶喷雾

PD20131087 硝磺草酮/95%/原药/硝磺草酮 95%/2013.05.20 至 2018.05.20/低毒

PD20131535 噻呋酰胺/96%/原药/噻呋酰胺 96%/2013.07.17 至 2018.07.17/低毒

PD20131580 戊唑醇/80%/可湿性粉剂/戊唑醇 80%/2013.07.23 至 2018.07.23/低毒

小麦 白粉病 97.5-120克/公顷 喷雾

小麦 锈病 75-125克/公顷 喷雾

PD20131772 多杀霉素/5%/悬浮剂/多杀霉素 5%/2013.09.06 至 2018.09.06/低毒

甘蓝 小菜蛾 18.75-26.25克/公顷 喷雾

PD20131816 噻虫嗪/50%/水分散粒剂/噻虫嗪 50%/2013.09.17 至 2018.09.17/低毒

水稻 稻飞虱 7.5-15克/公顷 喷雾

PD20140692 鱼藤酮/6%/微乳剂/鱼藤酮 6%/2014.03.24 至 2019.03.24/中等毒

甘蓝 蚜虫 30-45克/公顷 喷雾

PD20140836 噻唑膦/5%/颗粒剂/噻唑膦 5%/2014.04.08 至 2019.04.08/中等毒

番茄 根结线虫 2250-3000克/公顷 撒施

PD20141345 螺螨酯/240克/升/悬浮剂/螺螨酯 240克/升/2014.06.04 至 2019.06.04/低毒

柑橘树 红蜘蛛 40-60毫克/千克 喷雾

PD20141457 吡蚜酮/50%/水分散粒剂/吡蚜酮 50%/2014.06.09 至 2019.06.09/低毒

水稻 稻飞虱 120-150克/公顷 喷雾

PD20141518 硝磺·莠去津/50%/悬浮剂/莠去津 45%、硝磺草酮 5%/2014.06.16 至 2019.06.16/低毒

夏玉米田 一年生杂草 750-900克/公顷 茎叶喷雾

PD20141719 噁霉·稻瘟灵/20%/微乳剂/稻瘟灵 10%、噁霉灵 10%/2014.06.30 至 2019.06.30/低毒

烟草 黑胫病 150-180克/公顷 苗床浇洒、本田灌根

PD20150313 阿维菌素/3%/悬浮剂/阿维菌素 3%/2015.02.05 至 2020.02.05/低毒(原药高毒)

柑橘树　　红蜘蛛　　7.8-10毫克/千克　　喷雾
PD20150847　噻唑膦/75%/乳油/噻唑膦 75%/2015.05.18 至 2020.05.18/中等毒
番茄　　根结线虫　　2250～3000克/公顷　　灌根
PD20151478　烯酰吗啉/50%/水分散粒剂/烯酰吗啉 50%/2015.07.31 至 2020.07.31/低毒
辣椒　　疫病　　325-400克/公顷　　喷雾
PD20151662　吡唑醚菌酯/97.5%/原药/吡唑醚菌酯 97.5%/2015.08.28 至 2020.08.28/中等毒
PD20151726　烯酰吗啉/80%/水分散粒剂/烯酰吗啉 80%/2015.08.28 至 2020.08.28/低毒
辣椒　　疫病　　240-300克/公顷　　喷雾
PD20151983　草甘膦铵盐/80%/可溶粒剂/草甘膦 80%/2015.08.30 至 2020.08.30/低毒
柑橘园　　杂草　　1125-2250克/公顷　　定向茎叶喷雾
注:草甘膦铵盐含量: 88.8%。
PD20151984　阿维菌素/5%/悬浮剂/阿维菌素 5%/2015.08.30 至 2020.08.30/低毒(原药高毒)
水稻　　稻纵卷叶螟　　9-15克/公顷　　喷雾
LS20150130　噻唑膦/5%/微乳剂/噻唑膦 5%/2015.05.18 至 2016.05.18/中等毒
香蕉　　根结线虫　　937.5-1125克/公顷　　灌根
LS20150305　吡唑醚菌酯/25%/悬浮剂/吡唑醚菌酯 25%/2015.10.21 至 2016.10.21/低毒
香蕉　　叶斑病　　83-250毫克/千克　　喷雾
WP20100007　四氟苯菊酯/92%/原药/四氟苯菊酯 92%/2015.01.05 至 2020.01.05/低毒
WL20120058　七氟甲醚菊酯/93%/原药/七氟甲醚菊酯 93%/2014.11.08 至 2015.11.08/低毒

河北山立化工有限公司　(河北省沧州市中捷农场十八队　061108　0317-5481565)

PD20080325　百草枯/42%/母药/百草枯 42%/2013.02.26 至 2018.02.26/中等毒
PD20085644　灭多威/98%/原药/灭多威 98%/2013.12.26 至 2018.12.26/高毒
PD20085978　灭多威/20%/乳油/灭多威 20%/2013.12.29 至 2018.12.29/高毒
棉花　　蚜虫　　75-150克/公顷　　喷雾
棉花　　棉铃虫　　150-225克/公顷　　喷雾
PD20090584　灭多威/90%/可溶粉剂/灭多威 90%/2014.01.14 至 2019.01.14/高毒
棉花　　棉铃虫、蚜虫　　105-180克/公顷　　喷雾
PD20093310　高效氯氰菊酯/95%/原药/高效氯氰菊酯 95%/2014.03.13 至 2019.03.13/中等毒
PD20093712　氯氰菊酯/10%/乳油/氯氰菊酯 10%/2014.03.25 至 2019.03.25/中等毒
棉花　　棉铃虫、棉蚜　　45-90克/公顷　　喷雾
蔬菜　　菜青虫　　30-45克/公顷　　喷雾
PD20094914　氯氰菊酯/92%/原药/氯氰菊酯 92%/2014.04.13 至 2019.04.13/中等毒
PD20095932　高效氯氰菊酯/4.5%/乳油/高效氯氰菊酯 4.5%/2014.06.02 至 2019.06.02/中等毒
棉花　　红铃虫、棉铃虫、棉蚜　　15-30克/公顷　　喷雾
十字花科蔬菜　　菜青虫、小菜蛾　　9-25.5克/公顷　　喷雾
十字花科蔬菜　　菜蚜　　3-18克/公顷　　喷雾
PD20100167　溴氰菊酯/25克/升/乳油/溴氰菊酯 25克/升/2015.01.05 至 2020.01.05/中等毒
大白菜、棉花　　害虫　　7.5-15克/公顷　　喷雾
WP20090329　高效氯氰菊酯/5%/可湿性粉剂/高效氯氰菊酯 5%/2014.09.23 至 2019.09.23/低毒
卫生　　蚊、蝇　　20-25毫克/平方米　　滞留喷雾

河北善思生物科技有限公司　(河北省赵县工业区生物产业园　051530　18606196819)

PD20098147　阿维菌素/1.8%/乳油/阿维菌素 1.8%/2014.12.14 至 2019.12.14/低毒(原药高毒)
甘蓝　　小菜蛾　　6-9克/公顷　　喷雾
PD20150900　阿维・杀虫单/20%/微乳剂/阿维菌素 0.2%、杀虫单 19.8%/2015.06.08 至 2020.06.08/中等毒(原药高毒)
菜豆　　美洲斑潜蝇　　135-180克/公顷　　喷雾

河北上瑞化工有限公司　(河北省栾城县窦妪工业区窦南路2号　050031　0311-85666800)

PD20085528　春雷霉素/2%/可湿性粉剂/春雷霉素 2%/2013.12.25 至 2018.12.25/微毒
黄瓜　　枯萎病　　200-270克/公顷　　喷雾、灌根
PD20092735　吡虫啉/20%/可溶液剂/吡虫啉 20%/2014.03.04 至 2019.03.04/低毒
十字花科蔬菜　　蚜虫　　15-30克/公顷　　喷雾
PD20095855　阿维菌素/1.8%/乳油/阿维菌素 1.8%/2014.05.27 至 2019.05.27/低毒(原药高毒)
甘蓝　　小菜蛾　　8.1-10.8克/公顷　　喷雾
PD20120065　除虫脲/5%/可湿性粉剂/除虫脲 5%/2012.01.16 至 2017.01.16/低毒
苹果树　　金纹细蛾　　125-166.7毫升/千克　　喷雾
PD20120971　苯醚甲环唑/10%/微乳剂/苯醚甲环唑 10%/2012.06.21 至 2017.06.21/低毒
梨树　　黑星病　　12.5-25毫克/千克　　喷雾
PD20122125　甲氨基阿维菌素苯甲酸盐/2%/微乳剂/甲氨基阿维菌素 2%/2012.12.26 至 2017.12.26/低毒
甘蓝　　小菜蛾　　1.8-2.4克/公顷　　喷雾
注:甲氨基阿维菌素苯甲酸盐含量:2.2%。
PD20140337　嘧菌酯/250克/升/悬浮剂/嘧菌酯 250克/升/2014.02.18 至 2019.02.18/低毒
黄瓜　　蔓枯病　　225-262.5克/公顷　　喷雾
PD20140627　烯酰吗啉/10%/悬浮剂/烯酰吗啉 10%/2014.03.07 至 2019.03.07/微毒
葡萄　　霜霉病　　167－250毫克/千克　　喷雾

PD20140828 氯溴异氰尿酸/50%/可溶粉剂/氯溴异氰尿酸 50%/2014.04.02 至 2019.04.02/低毒
烟草 野火病 450-600克/公顷 喷雾
PD20140928 几丁聚糖/0.5%/水剂/几丁聚糖 0.5%/2014.04.11 至 2019.04.11/微毒
水稻 稻瘟病 3.75-6.75克/公顷 喷雾
LS20140149 己唑·多菌灵/35%/悬浮剂/多菌灵 32.5%、己唑醇 2.5%/2015.04.10 至 2016.04.10/低毒
小麦 白粉病 300-450克/公顷 喷雾

河北神华药业有限公司 (河北省黄骅市经济技术开发区7号路 061100 0317-5334888)

PD20060054 三唑酮/20%/乳油/三唑酮 20%/2016.03.06 至 2021.03.06/低毒
小麦 白粉病 120-127.5克/公顷 喷雾
PD20060193 氯氰菊酯/5%/乳油/氯氰菊酯 5%/2011.12.06 至 2016.12.06/低毒
棉花 棉铃虫 75-90克/公顷 喷雾
PD20082907 啶虫脒/5%/乳油/啶虫脒 5%/2013.12.09 至 2018.12.09/低毒
柑橘树 蚜虫 8.3-10毫克/千克 喷雾
PD20083046 氯氰·辛硫磷/20%/乳油/氯氰菊酯 1.5%、辛硫磷 18.5%/2013.12.10 至 2018.12.10/低毒
棉花 棉铃虫 300-360克/公顷 喷雾
PD20091154 啶虫脒/5%/可湿性粉剂/啶虫脒 5%/2014.01.21 至 2019.01.21/低毒
十字花科蔬菜 蚜虫 15-22.5克/公顷 喷雾
PD20093815 乙烯利/40%/水剂/乙烯利 40%/2014.03.25 至 2019.03.25/低毒
棉花 催熟 330-500倍液 喷雾
PD20095079 氧乐果/40%/乳油/氧乐果 40%/2014.04.22 至 2019.04.22/中等毒(原药高毒)
棉花 蚜虫 108-162克/公顷 喷雾
PD20098062 马拉硫磷/45%/乳油/马拉硫磷 45%/2014.12.07 至 2019.12.07/低毒
棉花 盲蝽蟓 337.5-540克/公顷 喷雾
PD20098146 高效氯氟氰菊酯/25克/升/乳油/高效氯氟氰菊酯 25克/升/2014.12.14 至 2019.12.14/低毒
甘蓝 菜青虫 7.5—11.25克/公顷 喷雾
PD20098506 顺式氯氰菊酯/50克/升/乳油/顺式氯氰菊酯 50克/升/2014.12.24 至 2019.12.24/低毒
甘蓝 菜青虫 11.25-15克/公顷 喷雾
PD20100194 唑螨酯/5%/悬浮剂/唑螨酯 5%/2015.01.05 至 2020.01.05/低毒
柑橘树 红蜘蛛 33.33-50毫克/千克 喷雾
PD20100253 矮壮素/50%/水剂/矮壮素 50%/2015.01.11 至 2020.01.11/低毒
棉花 调节生长 50-62.5克/公顷 茎叶喷雾
PD20100800 虫酰肼/20%/悬浮剂/虫酰肼 20%/2015.01.19 至 2020.01.19/低毒
苹果树 卷叶蛾 100-133.3毫克/千克 喷雾
PD20100817 氟啶脲/50克/升/乳油/氟啶脲 50克/升/2015.01.19 至 2020.01.19/低毒
棉花 棉铃虫 75-105克/公顷 喷雾
PD20101197 乙酰甲胺磷/30%/乳油/乙酰甲胺磷 30%/2015.02.08 至 2020.02.08/低毒
棉花 棉铃虫 675-900克/公顷 喷雾
PD20101454 阿维菌素/1.8%/乳油/阿维菌素 1.8%/2015.05.04 至 2020.05.04/低毒(原药高毒)
甘蓝 小菜蛾 8.1-13.5克/公顷 喷雾
PD20110030 醚菊酯/10%/悬浮剂/醚菊酯 10%/2016.01.04 至 2021.01.04/低毒
甘蓝 菜青虫 45-60克/公顷 喷雾
PD20110888 辛菌胺醋酸盐/1.8%/水剂/辛菌胺醋酸盐 1.8%/2011.08.16 至 2016.08.16/低毒
苹果树 腐烂病 500-1000毫克/千克 喷雾
PD20142356 草甘膦异丙胺盐/30%/水剂/草甘膦 30%/2014.11.04 至 2019.11.04/低毒
苹果园 杂草 1350克-1575克/公顷 茎叶喷雾
注:草甘膦异丙胺盐含量: 41%。
PD20152437 敌草快/200克/升/水剂/敌草快 200克/升/2015.12.04 至 2020.12.04/低毒
非耕地 杂草 900-1500克/公顷 茎叶喷雾

河北省霸州市腾达精细日用化工厂 (河北省霸州市南4公里老堤村中亭河北 065700 0316-5317681)

WP20080322 杀虫气雾剂/0.51%/气雾剂/胺菊酯 0.35%、富右旋反式烯丙菊酯 0.11%、氯氰菊酯 0.05%/2013.12.05至2018.12.05/低毒
卫生 蚊、蝇、蜚蠊 / 喷雾

河北省保定古堡香厂 (河北省满城县要庄乡前大留村 072150 0312-7015191)

WP20100054 蚊香/0.25%/蚊香/富右旋反式烯丙菊酯 0.25%/2010.03.26 至 2015.03.26/低毒
卫生 蚊 / 点燃

河北省保定容泰卫生保健用品有限公司 (河北省保定市容城县津保路容泰工业园118号 071700 0312-5612780)

WP20080188 杀虫气雾剂/0.26%/气雾剂/胺菊酯 0.20%、氯菊酯 0.06%/2013.11.19 至 2018.11.19/低毒
卫生 蚊、蝇、蜚蠊 / 喷雾
WP20080196 蚊香/0.2%/蚊香/富右旋反式烯丙菊酯 0.2%/2013.11.20 至 2018.11.20/微毒
卫生 蚊 / 点燃
WP20080201 杀虫气雾剂/0.26%/气雾剂/胺菊酯 0.20%、氯菊酯 0.06%/2013.11.20 至 2018.11.20/低毒
卫生 蜚蠊、蚊、蝇 / 喷雾
WP20080217 电热蚊香片/11毫克/片/电热蚊香片/炔丙菊酯 11毫克/片/2013.11.24 至 2018.11.24/低毒

卫生 蚊 / 电热加温
WP20080607 蚊香/0.07%/蚊香/炔丙菊酯 0.07%/2013.12.31 至 2018.12.31/低毒
卫生 蚊 / 点燃
WP20090080 杀虫气雾剂/0.47%/气雾剂/胺菊酯 0.45%、高效氯氰菊酯 0.02%/2014.02.02 至 2019.02.02/低毒
卫生 蚊、蝇、蜚蠊 / 喷雾
WP20090093 电热蚊香液/0.86%/电热蚊香液/炔丙菊酯 0.86%/2014.02.03 至 2019.02.03/微毒
卫生 蚊 / 电热加温
WP20090106 杀虫气雾剂/0.47%/气雾剂/胺菊酯 0.40%、氯氰菊酯 0.07%/2014.02.05 至 2019.02.05/低毒
卫生 蜚蠊、蚊、蝇 / 喷雾
WP20100179 高氯·溴氰/5%/悬浮剂/高效氯氰菊酯 4.5%、溴氰菊酯 0.5%/2015.12.21 至 2020.12.21/低毒
卫生 蚊、蝇 15-25毫克/平方米 滞留喷洒
卫生 蜚蠊 18-30毫克/平方米 滞留喷雾
WP20120185 杀虫气雾剂/0.28%/气雾剂/炔咪菊酯 0.1%、四氟苯菊酯 0.06%、右旋苯醚菊酯 0.12%/2012.09.19 至 2017.09.19/微毒
室内 蚂蚁、蚊、蝇、蜚蠊 / 喷雾
WP20130080 蚊香/0.05%/蚊香/氯氟醚菊酯 0.05%/2013.04.25 至 2018.04.25/微毒
卫生 蚊 / 点燃
WP20130081 蚊香/0.115%/蚊香/Es-生物烯丙菊酯 0.08%、四氟苯菊酯 0.035%/2013.04.25 至 2018.04.25/微毒
卫生 蚊 / 点燃
WP20130183 电热蚊香液/0.6%/电热蚊香液/氯氟醚菊酯 0.6%/2013.09.09 至 2018.09.09/微毒
室内 蚊 / 电热加温
WP20140039 蚊香/0.08%/蚊香/氯氟醚菊酯 0.08%/2014.02.20 至 2019.02.20/微毒
室内 蚊 / 点燃
WP20140081 电热蚊香片/14毫克/片/电热蚊香片/炔丙菊酯 10毫克/片、四氟苯菊酯 4毫克/片/2014.04.08 至 2019.04.08/微毒
室内 蚊 / 电热加温

河北省保定市保力康日化有限公司 (河北省保定市富昌路 071000 0312-3215793)

WP20080003 电热蚊香片/11毫克/片/电热蚊香片/炔丙菊酯 11毫克/片/2013.01.03 至 2018.01.03/低毒
卫生 蚊 / 电热加温
WP20080009 蚊香/0.2%/蚊香/富右旋反式烯丙菊酯 0.2%/2013.01.04 至 2018.01.04/低毒
卫生 蚊 / 点燃
WP20100066 杀虫气雾剂/0.36%/气雾剂/胺菊酯 0.28%、氯菊酯 0.08%/2015.05.04 至 2020.05.04/微毒
卫生 蚊、蝇、蜚蠊 / 喷雾
WP20110086 电热蚊香液/1%/电热蚊香液/炔丙菊酯 1%/2011.04.12 至 2016.04.12/微毒
卫生 蚊 / 电热加温
注:本产品有两种香型:薰衣草香型、无香型。

河北省保定市甘雨日化有限公司 (河北省保定市永华南大街22号 071000 0312-2273239)

WP20120165 蚊香/0.23%/蚊香/富右旋反式烯丙菊酯 0.23%/2012.09.06 至 2017.09.06/低毒
卫生 蚊 / 点燃

河北省保定市金诺制香有限公司 (河北省保定市清苑县保新路戎官营变电站南 071000 0312-8080328)

WP20080041 杀虫气雾剂/0.52%/气雾剂/胺菊酯 0.33%、氯菊酯 0.19%/2013.03.03 至 2018.03.03/微毒
卫生 蚊、蝇 / 喷雾
WP20110179 蚊香/0.05%/蚊香/四氟苯菊酯 0.05%/2011.07.26 至 2016.07.26/微毒
卫生 蚊 / 点燃
WP20130218 电热蚊香片/11毫克/片/电热蚊香片/炔丙菊酯 11毫克/片/2013.10.24 至 2018.10.24/微毒
室内 蚊 / 电热加温
WP20150007 电热蚊香液/0.9%/电热蚊香液/四氟苯菊酯 0.9%/2015.01.04 至 2020.01.04/微毒
室内 蚊 / 电热加温
WL20140013 蚊香/0.02%/蚊香/七氟甲醚菊酯 0.02%/2015.05.06 至 2016.05.06/微毒
卫生 蚊 / 点燃

河北省保定市科绿丰生化科技有限公司 (河北省保定市南市区宝硕路 071000 0312-5065511)

PD20080283 霜脲·锰锌/72%/可湿性粉剂/代森锰锌 64%、霜脲氰 8%/2013.02.28 至 2018.02.28/低毒
黄瓜 霜霉病 1440-1800克/公顷 喷雾
PD20092395 多·锰锌/50%/可湿性粉剂/多菌灵 8%、代森锰锌 42%/2014.02.25 至 2019.02.25/低毒
苹果树 斑点落叶病 1000-1250毫克/千克 喷雾
PD20092419 甲哌鎓/98%/可溶粉剂/甲哌鎓 98%/2014.02.25 至 2019.02.25/低毒
棉花 调节生长 45-60克/公顷 茎叶喷雾
PD20092465 马拉硫磷/45%/乳油/马拉硫磷 45%/2014.02.25 至 2019.02.25/低毒
棉花 盲蝽蟓 405-607.5克/公顷 喷雾
枣树 盲蝽 250-450毫克/千克 喷雾
PD20092588 吡虫·辛硫磷/20%/乳油/吡虫啉 1%、辛硫磷 19%/2014.02.27 至 2019.02.27/低毒
韭菜 韭蛆 1500-2250克/公顷 灌根
PD20093646 啶虫脒/5%/乳油/啶虫脒 5%/2014.03.25 至 2019.03.25/低毒
柑橘树 蚜虫 10-15毫克/千克 喷雾
萝卜 黄条跳甲 45-90克/公顷 喷雾

芹菜 蚜虫 18-27克/公顷 喷雾
PD20093753 啶虫脒/20%/可溶粉剂/啶虫脒 20%/2014.03.25 至 2019.03.25/低毒
棉花 蚜虫 9-18克/公顷 喷雾
PD20093987 甲氰菊酯/20%/乳油/甲氰菊酯 20%/2014.03.27 至 2019.03.27/中等毒
柑橘树 红蜘蛛 100-150毫克/千克 喷雾
PD20095279 多·福/50%/可湿性粉剂/多菌灵 25%、福美双 25%/2014.04.27 至 2019.04.27/低毒
梨树 黑星病 1000-1500毫克/千克 喷雾
PD20096152 毒死蜱/40%/乳油/毒死蜱 40%/2014.06.24 至 2019.06.24/中等毒
棉花 棉铃虫 600-900克/公顷 喷雾
苹果树 桃小食心虫 200-300毫克/千克 喷雾
PD20096621 吡虫啉/10%/可湿性粉剂/吡虫啉 10%/2014.09.02 至 2019.09.02/低毒
韭菜 韭蛆 300-450克/公顷 药土法
芹菜 蚜虫 15-30克/公顷 喷雾
水稻 稻飞虱 15-30克/公顷 喷雾
PD20096712 阿维·高氯/1.8%/乳油/阿维菌素 0.3%、高效氯氰菊酯 1.5%/2014.09.07 至 2019.09.07/低毒(原药高毒)
甘蓝 菜青虫、小菜蛾 7.5-15克/公顷 喷雾
PD20098196 阿维菌素/3.2%/乳油/阿维菌素 3.2%/2014.12.16 至 2019.12.16/中等毒(原药高毒)
菜豆 美洲斑潜蝇 10.8-21.6克/公顷 喷雾
PD20098445 石硫合剂/45%/结晶粉/石硫合剂 45%/2014.12.24 至 2019.12.24/低毒
柑橘树 锈壁虱 900-1500毫克/千克 喷雾
柑橘树 红蜘蛛 1500-2250毫克/千克 喷雾
PD20101654 枯草芽孢杆菌/10亿活芽孢/克/可湿性粉剂/枯草芽孢杆菌 10亿活芽孢/克/2015.06.03 至 2020.06.03/低毒
棉花 黄萎病 1:10-15(拌种); 1125-1500克制剂/公顷（喷雾） 拌种或喷雾
人参 根腐病、立枯病 2-3克制剂/平方米 浇灌
PD20111306 吡虫啉/5%/油剂/吡虫啉 5%/2011.11.24 至 2016.11.24/低毒
草原 蝗虫 9-15克/公顷 超低容量喷雾

河北省保定市联合家用化工有限责任公司 (河北省保定市东外环路焦庄乡政府西 071000 0312-2169938)
WP20100181 蚊香/0.3%/蚊香/富右旋反式烯丙菊酯 0.3%/2010.12.21 至 2015.12.21/低毒
室内 蚊 / 点燃
WP20110064 蚊香/0.05%/蚊香/氯氟醚菊酯 0.05%/2011.03.04 至 2016.03.04/微毒
卫生 蚊 / 点燃
WP20120033 杀虫气雾剂/0.45%/气雾剂/胺菊酯 0.3%、高效氯氰菊酯 0.05%、氯菊酯 0.1%/2012.02.24 至 2017.02.24/微毒
卫生 蚊、蝇、蜚蠊 / 喷雾
WP20130137 杀蟑气雾剂/0.3%/气雾剂/炔咪菊酯 0.1%、右旋苯醚氰菊酯 0.2%/2013.06.24 至 2018.06.24/微毒
卫生 蜚蠊 / 喷雾
WP20130213 蚊香/0.08%/蚊香/氯氟醚菊酯 0.08%/2013.10.10 至 2018.10.10/微毒
室内 蚊 / 点燃
WP20150157 电热蚊香液/0.6%/电热蚊香液/氯氟醚菊酯 0.6%/2015.08.28 至 2020.08.28/微毒
室内 蚊 / 电热加温
WP20150197 电热蚊香片/10毫克/片/电热蚊香片/炔丙菊酯 5毫克/片、氯氟醚菊酯 5毫克/片/2015.09.23 至 2020.09.23/微毒
卫生 蚊 / 电热加温

河北省保定市南市区三利源日化厂 (河北省保定市油田路109号 071000 0312-2177708)
WP20080427 蚊香/0.2%/蚊香/富右旋反式烯丙菊酯 0.2%/2013.12.15 至 2018.12.15/低毒
卫生 蚊 / 点燃

河北省保定市神采美日化有限公司 (河北省保定市东外环路焦庄村南 071000 0312-2165819)
WP20080353 蚊香/0.25%/蚊香/富右旋反式烯丙菊酯 0.25%/2013.12.09 至 2018.12.09/低毒
卫生 蚊 / 点燃
WP20080554 杀虫气雾剂/0.76%/气雾剂/胺菊酯 0.72%、氯氰菊酯 0.04%/2013.12.24 至 2018.12.24/低毒
卫生 蚊、蝇 / 喷雾
WP20140031 电热蚊香片/10毫克/片/电热蚊香片/炔丙菊酯 5毫克/片、氯氟醚菊酯 5毫克/片/2014.02.18 至 2019.02.18/微毒
室内 蚊 / 电热加温
WP20140034 电热蚊香液/0.6%/电热蚊香液/氯氟醚菊酯 0.6%/2014.02.19 至 2019.02.19/微毒
室内 蚊 / 电热加温

河北省保定市新市区开元蚊香厂 (河北省保定市富昌园小区4号楼702室 071051 0312-3174613)
WP20080159 蚊香/0.23%/蚊香/富右旋反式烯丙菊酯 0.23%/2013.11.11 至 2018.11.11/低毒
卫生 蚊 / 点燃
WP20110036 杀虫气雾剂/0.36%/气雾剂/胺菊酯 0.13%、氯菊酯 0.23%/2016.02.10 至 2021.02.10/微毒
卫生 蜚蠊、蚊、蝇 / 喷雾
WP20110164 电热蚊香片/10毫克/片/电热蚊香片/炔丙菊酯 10毫克/片/2011.06.22 至 2016.06.22/微毒
卫生 蚊 / 电热加温

河北省保定市亚达化工有限公司 (河北省保定市徐水县安肃镇青庙营村西 072550 0312-8683157)
PD20083233 丙环唑/250克/升/乳油/丙环唑 250克/升/2013.12.11 至 2018.12.11/低毒

	香蕉	叶斑病	250-500毫克/千克	喷雾
PD20084005	毒死蜱/45%/乳油/毒死蜱 45%/2013.12.16 至 2018.12.16/中等毒			
	水稻	二化螟	468-576克/公顷	喷雾
PD20084747	石硫合剂/29%/水剂/石硫合剂 29%/2013.12.22 至 2018.12.22/低毒			
	苹果树	白粉病	0.5-0.75Be	喷雾
PD20085004	噁霉灵/15%/水剂/噁霉灵 15%/2013.12.22 至 2018.12.22/低毒			
	水稻	立枯病	9000-18000克/公顷	苗床,育秧箱土壤处理
PD20085042	氟啶脲/50克/升/乳油/氟啶脲 50克/升/2013.12.23 至 2018.12.23/低毒			
	甘蓝	菜青虫	45-60克/公顷	喷雾
PD20091347	高效氯氟氰菊酯/25克/升/乳油/高效氯氟氰菊酯 25克/升/2014.02.02 至 2019.02.02/中等毒			
	苹果树	桃小食心虫	5-6.3毫克/千克	喷雾
PD20095005	烯酰吗啉/10%/水乳剂/烯酰吗啉 10%/2014.04.21 至 2019.04.21/低毒			
	黄瓜	霜霉病	225-300克/公顷	喷雾
PD20101707	联苯菊酯/100克/升/乳油/联苯菊酯 100克/升/2015.06.28 至 2020.06.28/中等毒			
	柑橘树	红蜘蛛	20-33.3毫克/千克	喷雾
PD20110312	丁子香酚/0.3%/可溶液剂/丁子香酚 0.3%/2016.03.22 至 2021.03.22/低毒			
	番茄	灰霉病	4-5.3克/公顷	喷雾
	马铃薯	晚疫病	3.6-5.4克/公顷	喷雾
	葡萄	霜霉病	4.6-6毫克/千克	喷雾
PD20120294	阿维菌素/1.8%/乳油/阿维菌素 1.8%/2012.02.17 至 2017.02.17/低毒(原药高毒)			
	棉花	红蜘蛛	10.8-16.2克/公顷	喷雾
PD20120620	甲氨基阿维菌素苯甲酸盐/1%/微乳剂/甲氨基阿维菌素 1%/2012.04.11 至 2017.04.11/低毒			
	甘蓝	小菜蛾	1.5-2.25克/公顷	喷雾
	注:甲氨基阿维菌素苯甲酸盐含量:1.14%。			
PD20120826	苦参碱/0.5%/水剂/苦参碱 0.5%/2012.05.22 至 2017.05.22/低毒			
	马铃薯	晚疫病	5.625～6.75克/公顷	喷雾
PD20130085	啶虫脒/5%/乳油/啶虫脒 5%/2013.01.15 至 2018.01.15/低毒			
	柑橘树	蚜虫	10-15毫克/千克	喷雾
PD20141962	氨基寡糖素/0.5%/水剂/氨基寡糖素 0.5%/2014.08.13 至 2019.08.13/低毒			
	番茄	晚疫病	14.06-18.75克/公顷	喷雾
PD20150973	印楝素/0.5%/可溶液剂/印楝素 0.5%/2015.06.11 至 2020.06.11/低毒			
	茶树	茶小绿叶蝉	7.14-10毫克/千克	喷雾
PD20151196	蛇床子素/0.4%/可溶液剂/蛇床子素 0.4%/2015.06.27 至 2020.06.27/低毒			
	豇豆	白粉病	5-6.67毫克/千克	喷雾
LS20140092	蛇床子素/0.4%/可溶液剂/蛇床子素 0.4%/2015.03.14 至 2016.03.14/低毒			
	豇豆	白粉病	5-6.67毫克/千克	喷雾
LS20140093	印楝素/0.5%/可溶液剂/印楝素 0.5%/2015.03.14 至 2016.03.14/低毒			
	茶树	茶小绿叶蝉	7.14-10毫克/千克	喷雾

河北省保定燕赵制香有限公司 (河北省高阳县邢南工业区198号 071500 0312-6803399)

WP20100151	杀虫气雾剂/0.53%/气雾剂/胺菊酯 0.35%、富右旋反式烯丙菊酯 0.12%、氯氰菊酯 0.06%/2016.12.02 至2021.12.02/低毒			
	卫生	蜚蠊、蚊、蝇	/	喷雾
WP20110247	蚊香/0.23%/蚊香/富右旋反式烯丙菊酯 0.23%/2011.11.04 至 2016.11.04/低毒			
	室内	蚊	/	点燃
WP20110259	蚊香/0.15%/蚊香/Es-生物烯丙菊酯 0.15%/2011.11.21 至 2016.11.21/微毒			
	卫生	蚊	/	点燃
WP20120153	蚊香/0.015%/蚊香/四氟甲醚菊酯 0.015%/2012.08.28 至 2017.08.28/微毒			
	卫生	蚊	/	点燃
WP20120172	电热蚊香片/11毫克/片/电热蚊香片/炔丙菊酯 11毫克/片/2012.09.11 至 2017.09.11/微毒			
	卫生	蚊	/	电热加温

河北省沧州百斯特生物技术有限公司 (河北省辛集市朗口经济园区 062650 0317-4298999)

PD20092139	丁硫克百威/200克/升/乳油/丁硫克百威 200克/升/2014.02.23 至 2019.02.23/中等毒			
	水稻	三化螟	750-900克/公顷	喷雾
PD20092978	马拉硫磷/45%/乳油/马拉硫磷 45%/2014.03.09 至 2019.03.09/低毒			
	水稻	稻飞虱	675—810克/公顷	喷雾
PD20095194	高效氯氟氰菊酯/25克/升/乳油/高效氯氟氰菊酯 25克/升/2014.04.24 至 2019.04.24/中等毒			
	苹果树	桃小食心虫	8.3-12.5毫克/千克	喷雾
PD20098538	阿维菌素/1.8%/乳油/阿维菌素 1.8%/2014.12.24 至 2019.12.24/低毒(原药高毒)			
	甘蓝	小菜蛾	10.8-13.5克/公顷	喷雾
PD20132585	甲维·毒死蜱/20%/水乳剂/毒死蜱 19.5%、甲氨基阿维菌素苯甲酸盐 0.5%/2013.12.17 至 2018.12.17/中等毒			
	水稻	二化螟	300-400克/公顷	喷雾
PD20141473	甲维·氟铃脲/5%/乳油/氟铃脲 4%、甲氨基阿维菌素苯甲酸盐 1%/2014.06.09 至 2019.06.09/低毒			

甘蓝　小菜蛾　4-8克/公顷　喷雾
PD20142505　高效氯氰菊酯/4.5%/乳油/高效氯氰菊酯 4.5%/2014.11.21 至 2019.11.21/低毒
甘蓝　菜青虫　13.5-22.5克/公顷　喷雾
韭菜　迟眼蕈蚊　6.75-13.5克/公顷　喷雾
PD20150198　辛硫磷/5%/颗粒剂/辛硫磷 5%/2015.01.15 至 2020.01.15/低毒
玉米　玉米螟　150-200克/公顷　喷雾

河北省沧州科润化工有限公司　(河北省沧州市兴济镇　061021　0317-4856207)

PD86175-9　乙酰甲胺磷/98%/原药/乙酰甲胺磷 98%/2011.11.16 至 2016.11.16/低毒
PD20081226　烯禾啶/95%/原药/烯禾啶 95%/2013.09.11 至 2018.09.11/低毒
PD20083071　烯禾啶/12.5%/乳油/烯禾啶 12.5%/2013.12.10 至 2018.12.10/低毒
棉花田、夏大豆田　一年生禾本科杂草　150-187.5克/公顷　茎叶喷雾
PD20091207　啶虫脒/5%/乳油/啶虫脒 5%/2014.02.01 至 2019.02.01/低毒
烟草　蚜虫　13.5-18克/公顷　喷雾
PD20091360　阿维菌素/1.8%/乳油/阿维菌素 1.8%/2014.02.02 至 2019.02.02/低毒(原药高毒)
十字花科蔬菜　小菜蛾　7.5-10.5克/公顷　喷雾
PD20094167　氟磺胺草醚/250克/升/水剂/氟磺胺草醚 250克/升/2014.03.27 至 2019.03.27/低毒
春大豆　一年生阔叶杂草　225-375克/公顷　茎叶喷雾
夏大豆　一年生阔叶杂草　187.5-225克/公顷　茎叶喷雾
PD20094828　烯草酮/90%/原药/烯草酮 90%/2014.04.13 至 2019.04.13/低毒
PD20095554　丁・莠/40%/悬浮剂/丁草胺 20%、莠去津 20%/2014.05.12 至 2019.05.12/低毒
春玉米田　一年生杂草　2100-2400克/公顷　土壤喷雾
夏玉米田　一年生杂草　1200-1500克/公顷　土壤喷雾
PD20095754　烯草酮/240克/升/乳油/烯草酮 240克/升/2014.05.18 至 2019.05.18/低毒
春大豆田　一年生禾本科杂草　90-108克/公顷　茎叶喷雾
夏大豆田　一年生禾本科杂草　79.2-90克/公顷　茎叶喷雾
PD20095906　烯草酮/120克/升/乳油/烯草酮 120克/升/2014.05.31 至 2019.05.31/低毒
春大豆田　一年生禾本科杂草　72-108克/公顷　茎叶喷雾
春油菜、夏大豆田　一年生禾本科杂草　63-72克/公顷　茎叶喷雾
冬油菜田　一年生禾本科杂草　54-72克/公顷　茎叶喷雾
PD20095975　乙草胺/81.5%/乳油/乙草胺 81.5%/2014.06.04 至 2019.06.04/低毒
春大豆田　一年生禾本科杂草及部分阔叶杂草　1350-1890克/公顷　土壤喷雾
夏大豆田　一年生禾本科杂草及部分阔叶杂草　1080-1350克/公顷　土壤喷雾
PD20096154　异噁草松/480克/升/乳油/异噁草松 480克/升/2014.06.24 至 2019.06.24/低毒
春大豆田　一年生杂草　1000-1200克/公顷　土壤喷雾
PD20097480　精喹禾灵/5%/乳油/精喹禾灵 5%/2014.11.03 至 2019.11.03/低毒
春大豆田　一年生禾本科杂草　52.5-60克/公顷　茎叶喷雾
夏大豆田　一年生禾本科杂草　45-52.5克/公顷　茎叶喷雾
PD20100918　高效氯氟氰菊酯/25克/升/乳油/高效氯氟氰菊酯 25克/升/2015.01.19 至 2020.01.19/低毒
棉花　棉铃虫　15-22.5克/公顷　喷雾
小麦　麦蚜　4.5-7.5克/公顷　喷雾
PD20101157　异松・乙草胺/50%/乳油/乙草胺 40%、异噁草松 10%/2015.01.25 至 2020.01.25/低毒
冬油菜田　一年生杂草　525-600克/公顷　土壤喷雾
PD20150635　烟嘧・莠去津/23%/可分散油悬浮剂/烟嘧磺隆 3%、莠去津 20%/2015.04.16 至 2020.04.16/低毒
玉米田　一年生杂草　362-414克/公顷　茎叶喷雾

河北省沧州润德农药有限公司　(河北省沧县兴济镇　061021　0317-4856900)

PD20082281　啶虫脒/3%/微乳剂/啶虫脒 3%/2013.12.01 至 2018.12.01/低毒
黄瓜　蚜虫　13.5-22.5克/公顷　喷雾
PD20093019　高氯・辛硫磷/25%/乳油/高效氯氰菊酯 2.5%、辛硫磷 22.5%/2014.03.09 至 2019.03.09/低毒
棉花　棉铃虫　225-280克/公顷　喷雾
PD20094624　辛硫磷/40%/乳油/辛硫磷 40%/2014.04.10 至 2019.04.10/低毒
甘蓝　菜青虫　300-450克/公顷　喷雾
PD20100350　高效氯氟氰菊酯/25克/升/乳油/高效氯氟氰菊酯 25克/升/2015.01.11 至 2020.01.11/中等毒
棉花　棉铃虫　15-22.5克/公顷　喷雾
小麦　蚜虫　7.5-11.25克/公顷　喷雾
PD20102151　高效氯氰菊酯/4.5%/微乳剂/高效氯氰菊酯 4.5%/2015.12.07 至 2020.12.07/低毒
甘蓝　菜青虫　13.5-27克/公顷　喷雾
PD20110608　氯氰・吡虫啉/5%/乳油/吡虫啉 1%、氯氰菊酯 4%/2011.06.08 至 2016.06.08/低毒
甘蓝　蚜虫　22.5-37.5克/公顷　喷雾
PD20111193　阿维・毒死蜱/15%/乳油/阿维菌素 0.2%、毒死蜱 14.8%/2011.11.16 至 2016.11.16/中等毒(原药高毒)
水稻　稻纵卷叶螟　135-157.5克/公顷　喷雾
PD20111430　阿维・三唑磷/20%/乳油/阿维菌素 0.2%、三唑磷 19.8%/2011.12.28 至 2016.12.28/中等毒(原药高毒)
水稻　二化螟　150-210克/公顷　喷雾
PD20120265　乙草胺/89%/乳油/乙草胺 89%/2012.02.15 至 2017.02.15/低毒

花生田 一年生禾本科杂草 1080-1350克/公顷 播后苗前土壤喷雾

PD20130078 阿维菌素/3.2%/乳油/阿维菌素 3.2%/2013.01.14 至 2018.01.14/中等毒

甘蓝 小菜蛾 9-12克/公顷 喷雾

PD20130890 阿维·哒螨灵/10%/乳油/阿维菌素 0.3%、哒螨灵 9.7%/2013.04.25 至 2018.04.25/低毒(原药高毒)

柑橘树 红蜘蛛 50-66.7毫克/千克 喷雾

PD20140004 二甲戊灵/330克/升/乳油/二甲戊灵 330克/升/2014.01.02 至 2019.01.02/低毒

甘蓝田 一年生杂草 495-742.5克/公顷 土壤喷雾

PD20141749 氟乐灵/480克/升/乳油/氟乐灵 480克/升/2014.07.02 至 2019.07.02/低毒

棉花田 一年生禾本科杂草及部分阔叶杂草 720-1080克/公顷 土壤喷雾

河北省沧州市天和农药厂 (河北省沧州市运河区北环桥北小圈村 061001 0317-2166388)

PD20083774 虫酰肼/95%/原药/虫酰肼 95%/2013.12.15 至 2018.12.15/低毒

PD20085138 氰戊·马拉松/40%/乳油/马拉硫磷 30%、氰戊菊酯 10%/2013.12.23 至 2018.12.23/中等毒

苹果树 桃小食心虫 160-333毫克/千克 喷雾

小麦 蚜虫 60-90克/公顷 喷雾

PD20085229 氰戊·马拉松/20%/乳油/马拉硫磷 15%、氰戊菊酯 5%/2013.12.23 至 2018.12.23/中等毒

苹果树 桃小食心虫 160-333毫克/千克 喷雾

十字花科蔬菜 菜青虫、蚜虫 90-150克/公顷 喷雾

小麦 蚜虫 60-90克/公顷 喷雾

PD20092352 高效氯氟氰菊酯/25克/升/乳油/高效氯氟氰菊酯 25克/升/2014.02.24 至 2019.02.24/中等毒

棉花 棉铃虫 18.75-26.25克/公顷 喷雾

PD20093022 敌畏·马/35%/乳油/敌敌畏 26%、马拉硫磷 9%/2014.03.09 至 2019.03.09/中等毒

水稻 稻水象甲 210-262.5克/公顷 喷雾

PD20093109 顺式氯氰菊酯/3%/乳油/顺式氯氰菊酯 3%/2014.03.09 至 2019.03.09/低毒

黄瓜 蚜虫 18-22.5克/公顷 喷雾

PD20093196 百草枯/42%/母药/百草枯 42%/2014.03.11 至 2019.03.11/中等毒

PD20093900 氯氰·敌敌畏/10%/乳油/敌敌畏 8%、氯氰菊酯 2%/2014.03.26 至 2019.03.26/低毒

十字花科蔬菜 蚜虫 60-75克/公顷 喷雾

PD20094183 阿维菌素/1.8%/乳油/阿维菌素 1.8%/2014.03.30 至 2019.03.30/低毒(原药高毒)

十字花科蔬菜 小菜蛾 10.8-13.5克/公顷 喷雾

PD20094388 高氯·辛硫磷/25%/乳油/高效氯氰菊酯 2.5%、辛硫磷 22.5%/2014.04.01 至 2019.04.01/中等毒

棉花 棉铃虫 300-375克/公顷 喷雾

PD20094475 阿维·三唑磷/20%/乳油/阿维菌素 0.2%、三唑磷 19.8%/2014.04.09 至 2019.04.09/中等毒(原药高毒)

水稻 二化螟 180-240克/公顷 喷雾

PD20095070 乙酰甲胺磷/30%/乳油/乙酰甲胺磷 30%/2014.04.21 至 2019.04.21/低毒

玉米 玉米螟 810-1080克/公顷 喷雾

PD20095309 乙烯利/40%/水剂/乙烯利 40%/2014.04.27 至 2019.04.27/低毒

棉花 催熟 300-500倍液 兑水喷雾

PD20096477 啶虫脒/5%/乳油/啶虫脒 5%/2014.08.14 至 2019.08.14/低毒

黄瓜 蚜虫 360-450毫升制剂/公顷 喷雾

PD20097703 氟铃脲/5%/乳油/氟铃脲 5%/2014.11.04 至 2019.11.04/低毒

甘蓝 小菜蛾 30-60克/公顷 喷雾

PD20101389 阿维·辛硫磷/20%/乳油/阿维菌素 0.2%、辛硫磷 19.8%/2015.04.14 至 2020.04.14/低毒(原药高毒)

甘蓝 小菜蛾 120-150克/公顷 喷雾

PD20101402 阿维·高氯/2%/乳油/阿维菌素 0.3%、高效氯氰菊酯 1.7%/2015.04.14 至 2020.04.14/低毒(原药高毒)

甘蓝 菜青虫、小菜蛾 7.5-15克/公顷 喷雾

河北省沧州天马绿化农药有限公司 (河北省沧州市北郊兴济镇工业区 061021 0317-4856568)

PD20070608 啶虫脒/5%/乳油/啶虫脒 5%/2012.12.14 至 2017.12.14/低毒

苹果树 蚜虫 12—15毫克/千克 喷雾

PD20082253 马拉硫磷/45%/乳油/马拉硫磷 45%/2013.11.27 至 2018.11.27/低毒

棉花 盲蝽蟓 405-607.5克/公顷 喷雾

PD20082873 氟乐灵/480克/升/乳油/氟乐灵 480克/升/2013.12.09 至 2018.12.09/低毒

春大豆田 一年生禾本科杂草及部分阔叶杂草 1080-1440克/公顷(东北地区) 土壤喷雾

夏大豆田 一年生禾本科杂草及部分阔叶杂草 900-1080克/公顷(其它地区) 土壤喷雾

PD20083549 溴氰·辛硫磷/50%/乳油/辛硫磷 49.5%、溴氰菊酯 0.5%/2013.12.12 至 2018.12.12/中等毒

棉花 棉铃虫、蚜虫 150-187.5克/公顷 喷雾

PD20084386 氯氰菊酯/5%/乳油/氯氰菊酯 5%/2013.12.17 至 2018.12.17/低毒

十字花科蔬菜 菜青虫 30-45克/公顷 喷雾

小麦 蚜虫 37.5-52.5克/公顷 喷雾

PD20094062 多菌灵/40%/可湿性粉剂/多菌灵 40%/2014.03.27 至 2019.03.27/低毒

苹果树 轮纹病 667-1000毫克/千克 喷雾

PD20095647 乐果/40%/乳油/乐果 40%/2014.05.12 至 2019.05.12/低毒

棉花 蚜虫 480-600克/公顷 喷雾

PD20095867 烯禾啶/12.5%/乳油/烯禾啶 12.5%/2014.05.27 至 2019.05.27/低毒

	春大豆田	一年生禾本科杂草	187.5-225克/公顷	茎叶喷雾
	夏大豆田	一年生禾本科杂草	150-187.5克/公顷	茎叶喷雾
PD20100794	溴氰菊酯/25克/升/乳油/溴氰菊酯 25克/升/2015.01.19 至 2020.01.19/低毒			
	苹果树	桃小食心虫	16.7-25毫克/千克	喷雾

河北省沧州天胜农药化工厂　(河北省沧州市兴济镇　061021　0317-4867026)

PD20093546	氰戊菊酯/20%/乳油/氰戊菊酯 20%/2014.03.23 至 2019.03.23/低毒			
	棉花	棉蚜	180～300克/公顷	喷雾
PD20095973	乙酰甲胺磷/40%/乳油/乙酰甲胺磷 40%/2014.06.04 至 2019.06.04/低毒			
	棉花	棉铃虫	600～840克/公顷	喷雾
PD20096197	氟乐灵/45.5%/乳油/氟乐灵 45.5%/2014.07.15 至 2019.07.15/低毒			
	春大豆田	一年生禾本科杂草及部分阔叶杂草	125-175克制剂/亩	播后苗前土壤喷雾
PD20096213	乙草胺/81.5%/乳油/乙草胺 81.5%/2014.07.15 至 2019.07.15/低毒			
	春玉米田	一年生禾本科杂草及部分小粒种子阔叶杂草	100-120毫升制剂/亩	土壤喷雾
PD20096863	啶虫脒/5%/乳油/啶虫脒 5%/2014.09.22 至 2019.09.22/低毒			
	柑橘树	蚜虫	10-16.7毫克/千克	喷雾
PD20097440	高效氯氰菊酯/4.5%/乳油/高效氯氰菊酯 4.5%/2014.10.28 至 2019.10.28/中等毒			
	甘蓝	菜青虫	27-33.75克/公顷	喷雾
PD20097817	毒死蜱/45%/乳油/毒死蜱 45%/2014.11.20 至 2019.11.20/中等毒			
	苹果树	桃小食心虫	200-240毫克/千克	喷雾
PD20098252	辛硫磷/40%/乳油/辛硫磷 40%/2014.12.16 至 2019.12.16/低毒			
	甘蓝	菜青虫	360-480克/公顷	喷雾
PD20151141	吡虫啉/5%/乳油/吡虫啉 5%/2015.06.26 至 2020.06.26/低毒			
	小麦	蚜虫	15-30克/公顷(南方地区)45-60克/公顷(北方地区)	喷雾

河北省沧州正兴生物农药有限公司　(河北省沧州市献县河城街镇后沿路2号　062250　0317-4658738)

PD20096540	高效氯氟氰菊酯/25克/升/乳油/高效氯氟氰菊酯 25克/升/2014.08.20 至 2019.08.20/低毒			
	苹果树	桃小食心虫	12.5-16.6毫克/千克	喷雾
PD20098431	灭草松/480克/升/水剂/灭草松 480克/升/2014.12.24 至 2019.12.24/低毒			
	春大豆田	一年生阔叶杂草	1440-2160克/公顷	茎叶喷雾
PD20100671	毒死蜱/45%/乳油/毒死蜱 45%/2015.01.15 至 2020.01.15/中等毒			
	水稻	稻纵卷叶螟	432-576克/公顷	喷雾
PD20100966	吡虫啉/20%/可溶液剂/吡虫啉 20%/2015.01.19 至 2020.01.19/低毒			
	甘蓝	蚜虫	18-30克/公顷	喷雾
PD20101023	阿维菌素/1.8%/乳油/阿维菌素 1.8%/2015.01.20 至 2020.01.20/低毒(原药高毒)			
	十字花科蔬菜	小菜蛾	9.45-12.15克/公顷	喷雾
PD20131203	苦参碱/0.5%/水剂/苦参碱 0.5%/2013.05.27 至 2018.05.27/低毒			
	大白菜	菜青虫	4.5-6.75克/公顷	喷雾
PD20141224	苦参碱/1.3%/水剂/苦参碱 1.3%/2014.05.06 至 2019.05.06/低毒			
	甘蓝	菜青虫	4.875-7.8克/公顷	喷雾
WP20120212	杀蟑饵剂/2.5%/饵剂/吡虫啉 2.5%/2012.11.05 至 2017.11.05/微毒			
	卫生	蜚蠊	/	投饵
WP20130111	高效氟氯氰菊酯/2.5%/微囊悬浮剂/高效氟氯氰菊酯 2.5%/2013.05.27 至 2018.05.27/低毒			
	卫生	蚊、蝇、蜚蠊	20-25毫克/平方米	滞留喷洒
WP20140212	高效氟氯氰菊酯/6%/悬浮剂/高效氟氯氰菊酯 6%/2014.09.28 至 2019.09.28/低毒			
	室内	蚊、蝇、蜚蠊	20毫克/平方米	滞留喷洒

河北省沧州志诚化工有限公司　(河北省沧州市盐山县城东化工园区　061300　0317-3301828)

PD20070600	辛硫·高氯氟/20%/乳油/高效氯氟氰菊酯 1%、辛硫磷 19%/2012.12.14 至 2017.12.14/低毒			
	棉花	棉铃虫	360-420克/公顷	喷雾
PD20080152	啶虫脒/5%/可湿性粉剂/啶虫脒 5%/2013.01.03 至 2018.01.03/低毒			
	柑橘树	蚜虫	10-12毫克/千克	喷雾
PD20080189	氟乐灵/480克/升/乳油/氟乐灵 480克/升/2013.01.07 至 2018.01.07/低毒			
	棉花田	一年生禾本科杂草及部分阔叶杂草	720-1080克/公顷	土壤喷雾
PD20080219	啶虫脒/20%/可湿性粉剂/啶虫脒 20%/2013.01.11 至 2018.01.11/中等毒			
	柑橘树	蚜虫	10-13.3毫克/千克	喷雾
PD20080689	精喹禾灵/8.8%/乳油/精喹禾灵 8.8%/2013.06.04 至 2018.06.04/低毒			
	夏大豆田	一年生禾本科杂草	39.6-52.8克/公顷	喷雾
PD20080767	二甲戊灵/330克/升/乳油/二甲戊灵 330克/升/2013.06.11 至 2018.06.11/低毒			
	甘蓝(保护地)	一年生杂草	618.75-742.5克/公顷	土壤喷雾
	棉花田	一年生杂草	886-990克/公顷	土壤喷雾
PD20081559	辛硫磷/40%/乳油/辛硫磷 40%/2013.11.11 至 2018.11.11/低毒			
	苹果树	桃小食心虫	333.3-400毫克/千克	喷雾
PD20082804	啶虫脒/5%/乳油/啶虫脒 5%/2013.12.09 至 2018.12.09/低毒			

菠菜 蚜虫 22.5-37.5克/公顷 喷雾
柑橘树 蚜虫 10-15毫克/千克 喷雾

PD20083641 乐果/40%/乳油/乐果 40%/2013.12.12 至 2018.12.12/低毒
棉花 蚜虫 540-600克/公顷 喷雾

PD20084377 丙环唑/250克/升/乳油/丙环唑 250克/升/2013.12.17 至 2018.12.17/低毒
莲藕 叶斑病 75-112.5克/公顷 喷雾
小麦 白粉病 125-150克/公顷 喷雾
茭白 胡麻斑病 56-75克/公顷 喷雾

PD20098014 联苯菊酯/25克/升/乳油/联苯菊酯 25克/升/2014.12.07 至 2019.12.07/低毒
棉花 棉铃虫 30-52.5克/公顷 喷雾

PD20098130 福美双/50%/可湿性粉剂/福美双 50%/2014.12.08 至 2019.12.08/低毒
葡萄 白腐病 500-1000毫克/千克 喷雾

PD20098181 辛硫·矿物油/40%/乳油/矿物油 25%、辛硫磷 15%/2014.12.14 至 2019.12.14/低毒
十字花科蔬菜 菜青虫 300-450克/公顷 喷雾

PD20098222 阿维菌素/3.2%/乳油/阿维菌素 3.2%/2014.12.16 至 2019.12.16/低毒(原药高毒)
菜豆 美洲斑潜蝇 10.8-21.6克/公顷 喷雾
棉花 红蜘蛛 9.5-10.8克/公顷 喷雾
茭白 二化螟 9.5-13.5克/公顷 喷雾

PD20098269 代森锰锌/80%/可湿性粉剂/代森锰锌 80%/2014.12.18 至 2019.12.18/低毒
苹果树 斑点落叶病 1000-1143毫克/千克 喷雾

PD20098443 阿维·矿物油/24.5%/乳油/阿维菌素 0.2%、矿物油 24.3%/2014.12.24 至 2019.12.24/低毒(原药高毒)
柑橘树 红蜘蛛 163.3-245毫克/千克 喷雾

PD20110028 甲基硫菌灵/70%/可湿性粉剂/甲基硫菌灵 70%/2016.01.04 至 2021.01.04/低毒
苹果树 轮纹病 700-800毫克/千克,875-1000倍溶液 喷雾

PD20130527 噻苯隆/50%/可湿性粉剂/噻苯隆 50%/2013.03.27 至 2018.03.27/低毒
棉花 脱叶 225-300克/公顷 茎叶喷雾

PD20151660 吡虫啉/70%/种子处理可分散粉剂/吡虫啉 70%/2015.08.28 至 2020.08.28/低毒
玉米 蚜虫 455-490克/100千克种子 拌种

河北省定兴县五合日用化学有限公司 (河北省定兴县北南蔡乡北蔡村 072652 0312-6972189)

WP20080454 杀虫气雾剂/0.75%/气雾剂/胺菊酯 0.60%、氯菊酯 0.15%/2013.12.16 至 2018.12.16/低毒
卫生 蚊、蝇 / 喷雾

河北省定州市长城日用化学厂 (河北省定州市明月经济开发区 073004 0312-2590792)

WP20080135 杀虫气雾剂/0.73%/气雾剂/胺菊酯 0.45%、高效氯氰菊酯 0.08%、氯菊酯 0.2%/2013.10.31 至 2018.10.31/低毒
卫生 蚊、蝇 / 喷雾

WP20090332 蚊香/0.2%/蚊香/富右旋反式烯丙菊酯 0.2%/2014.09.27 至 2019.09.27/微毒
卫生 蚊 / 点燃

WP20100064 杀虫气雾剂/0.4%/气雾剂/胺菊酯 0.35%、高效氯氰菊酯 0.05%/2015.05.04 至 2020.05.04/微毒
卫生 蝇 / 喷雾

WP20100163 电热蚊香液/2.6%/电热蚊香液/Es-生物烯丙菊酯 2.6%/2015.12.14 至 2020.12.14/低毒
卫生 蚊 / 电热加温

河北省高碑店市神达化工有限责任公司 (河北省高碑店市经济开发区 074000 0312-2883575)

WP20130101 杀虫气雾剂/0.47%/气雾剂/胺菊酯 0.45%、高效氯氰菊酯 0.02%/2013.05.20 至 2018.05.20/低毒
卫生 蚊、蝇、蜚蠊 / 喷雾

WP20130104 蚊香/0.25%/蚊香/富右旋反式烯丙菊酯 0.25%/2013.05.20 至 2018.05.20/低毒
卫生 蚊 / 点燃

河北省高阳县豪捷制香有限公司 (河北省高阳县三利工业区 071500 0312-6717281)

WP20080443 蚊香/0.23%/蚊香/富右旋反式烯丙菊酯 0.23%/2013.12.15 至 2018.12.15/低毒
卫生 蚊 / 点燃

WP20140163 四氟苯菊酯/1.24%/电热蚊香液/四氟苯菊酯 1.24%/2014.07.24 至 2019.07.24/微毒
室内 蚊 / 电热加温

河北省邯郸市建华植物农药厂 (河北省邯郸市北环西路 056106 0310-7195018)

PD20091645 阿维菌素/1.8%/乳油/阿维菌素 1.8%/2014.02.03 至 2019.02.03/低毒(原药高毒)
甘蓝 小菜蛾 8.1-10.8克/公顷 喷雾

PD20100541 高效氯氟氰菊酯/25克/升/乳油/高效氯氟氰菊酯 25克/升/2015.01.14 至 2020.01.14/中等毒
棉花 棉铃虫 60-80毫升制剂/亩 喷雾

PD20100661 丁硫克百威/200克/升/乳油/丁硫克百威 200克/升/2015.01.15 至 2020.01.15/中等毒
水稻 三化螟 600-750克/公顷 喷雾

PD20110125 藜芦碱/0.5%/可溶液剂/藜芦碱 0.5%/2016.01.27 至 2021.01.27/低毒
甘蓝 菜青虫 5.625-7.5克/公顷 喷雾
棉花 棉蚜 5.625-7.5克/公顷 喷雾

PD20132262 咪鲜胺/45%/水乳剂/咪鲜胺 45%/2013.11.05 至 2018.11.05/低毒
香蕉 冠腐病 250-500毫克/千克 浸果

PD20142610　啶虫脒/40%/水分散粒剂/啶虫脒 40%/2014.12.15 至 2019.12.15/中等毒
　甘蓝　蚜虫　18-22.5克/公顷　喷雾
PD20150756　螺螨酯/29%/悬浮剂/螺螨酯 29%/2015.05.12 至 2020.05.12/低毒
　柑橘树　红蜘蛛　60-75毫克/千克　喷雾
PD20152612　甲氨基阿维菌素苯甲酸盐/2%/乳油/甲氨基阿维菌素 2%/2015.12.17 至 2020.12.17/低毒
　甘蓝　小菜蛾　2.4-3克/公顷　喷雾
　注:甲氨基阿维菌素苯甲酸盐含量: 2.2%。

河北省邯郸市金英精细化工有限公司　(河北省邯郸市馆陶县 城西工业区　057750　0310-2885869)

WP20090185　杀虫气雾剂/0.38%/气雾剂/胺菊酯 0.33%、氯氰菊酯 0.05%/2014.03.19 至 2019.03.19/低毒
　卫生　蜚蠊、蚊、蝇　/　喷雾

河北省邯郸市瑞田农药有限公司　(河北省邯郸市邯大公路38公里处　056700　0310-7388368)

PD20040080　氯氰菊酯/5%/乳油/氯氰菊酯 5%/2014.12.19 至 2019.12.19/中等毒
　十字花科蔬菜　菜青虫　30-45克/公顷　喷雾
PD20040228　高效氯氰菊酯/4.5%/乳油/高效氯氰菊酯 4.5%/2014.12.19 至 2019.12.19/中等毒
　棉花　红铃虫、棉铃虫、棉蚜　15-30克/公顷　喷雾
　十字花科蔬菜　菜蚜　3-18克/公顷　喷雾
　十字花科蔬菜　菜青虫、小菜蛾　9-25.5克/公顷　喷雾
PD20080395　毒死蜱/95%/原药/毒死蜱 95%/2013.02.28 至 2018.02.28/中等毒
PD20080597　哒螨灵/20%/可湿性粉剂/哒螨灵 20%/2013.05.12 至 2018.05.12/低毒
　苹果树　红蜘蛛　67-100毫克/千克　喷雾
PD20080645　氯氰·辛硫磷/40%/乳油/氯氰菊酯 2%、辛硫磷 38%/2013.05.13 至 2018.05.13/中等毒
　棉花　棉铃虫　180-240克/公顷　喷雾
PD20081767　联苯菊酯/93%/原药/联苯菊酯 93%/2013.11.18 至 2018.11.18/中等毒
PD20081961　联苯菊酯/2.5%/乳油/联苯菊酯 2.5%/2013.11.24 至 2018.11.24/低毒
　棉花　棉铃虫　37.5-45克/公顷　喷雾
PD20090234　甲硫·福美双/50%/可湿性粉剂/福美双 40%、甲基硫菌灵 10%/2014.01.09 至 2019.01.09/中等毒
　梨树　黑星病　600-700倍液　喷雾
PD20091724　高效氯氟氰菊酯/25克/升/乳油/高效氯氟氰菊酯 25克/升/2014.02.04 至 2019.02.04/中等毒
　棉花　棉铃虫　15-22.5克/公顷　喷雾
PD20092906　阿维·甲氰/1.8%/乳油/阿维菌素 0.2%、甲氰菊酯 1.6%/2014.03.05 至 2019.03.05/低毒(原药高毒)
　苹果树　红蜘蛛　12-18毫克/千克　喷雾
PD20094427　啶虫脒/3%/乳油/啶虫脒 3%/2014.04.01 至 2019.04.01/低毒
　黄瓜　蚜虫　18-22.5克/公顷　喷雾
PD20094566　草甘膦/95%/原药/草甘膦 95%/2014.04.09 至 2019.04.09/低毒
PD20097073　阿维菌素/1.8%/乳油/阿维菌素 1.8%/2014.10.10 至 2019.10.10/低毒(原药高毒)
　甘蓝　小菜蛾　8.1-10.8克/公顷　喷雾
PD20097525　烟嘧磺隆/95%/原药/烟嘧磺隆 95%/2014.11.03 至 2019.11.03/低毒
PD20100261　高效氯氟氰菊酯/95%/原药/高效氯氟氰菊酯 95%/2015.01.11 至 2020.01.11/中等毒
PD20101403　哒螨·矿物油/34%/乳油/哒螨灵 4%、矿物油 30%/2015.04.14 至 2020.04.14/中等毒
　苹果树　红蜘蛛　170-340毫克/千克　喷雾
PD20142101　噻虫嗪/98%/原药/噻虫嗪 98%/2014.09.02 至 2019.09.02/低毒
PD20150894　噻虫嗪/25%/悬浮剂/噻虫嗪 25%/2015.05.19 至 2020.05.19/低毒
　水稻　稻飞虱　18.75-22.5克/公顷　喷雾

河北省邯郸市太行农药厂　(河北省魏县城西西邯大路北　056800　0310-5208899)

PD85157-10　辛硫磷/40%/乳油/辛硫磷 40%/2010.08.15 至 2015.08.15/低毒
　茶树、桑树　食叶害虫　200-400毫克/千克　喷雾
　果树　食心虫、蚜虫、螨　200-400毫克/千克　喷雾
　林木　食叶害虫　3000-6000克/公顷　喷雾
　棉花　棉铃虫、蚜虫　300-600克/公顷　喷雾
　蔬菜　菜青虫　300-450克/公顷　喷雾
　烟草　食叶害虫　300-600克/公顷　喷雾
　玉米　玉米螟　450-600克/公顷　灌心叶
PD88101-16　水胺硫磷/40%/乳油/水胺硫磷 40%/2013.03.04 至 2018.03.04/高毒
　棉花　红蜘蛛、棉铃虫　300-600克/公顷　喷雾
　水稻　蓟马、螟虫　450-900克/公顷　喷雾

河北省河间市长盛樟脑有限公司　(河北省河间市行别营乡南大史村　062452　0317-3898401)

WP20110149　杀蟑饵剂/2.5%/饵剂/吡虫啉 2.5%/2011.06.20 至 2016.06.20/微毒
　卫生　蜚蠊　/　投放
WP20120056　防蛀防霉片剂/99%/片剂/对二氯苯 99%/2012.03.28 至 2017.03.28/低毒
　卫生　黑皮蠹、霉菌　/　投放
WP20140130　杀蟑饵剂/2%/饵剂/吡虫啉 2%/2014.06.09 至 2019.06.09/微毒
　室内　蝇　/　投放
WP20150173　杀蝇饵剂/1%/饵剂/甲基吡噁磷 1%/2015.08.30 至 2020.08.30/微毒

	室内	蝇	/	投放
WL20150011	啶虫脒/2.5%/饵剂/啶虫脒 2.5%/2015.07.30 至 2016.07.30/微毒			
	室内	蝇	/	投放

河北省衡水北方农药化工有限公司　(河北省衡水市枣强县肖张镇　053100　0318-8489235)

PD84101-2	马拉硫磷/90%,85%,75%/原药/马拉硫磷 90%,85%,75%/2011.12.30 至 2016.12.30/低毒			
PD84105-7	马拉硫磷/45%/乳油/马拉硫磷 45%/2011.07.17 至 2016.07.17/低毒			
	茶树	长白蚧、象甲	625-1000毫克/千克	喷雾
	豆类	食心虫、造桥虫	561.5-750克/公顷	喷雾
	果树	蝽蟓、蚜虫	250-333毫克/千克	喷雾
	林木、牧草、农田	蝗虫	450-600克/公顷	喷雾
	棉花	盲蝽蟓、蚜虫、叶跳虫	375-562.2克/公顷	喷雾
	蔬菜	黄条跳甲、蚜虫	562.5-750克/公顷	喷雾
	水稻	飞虱、蓟马、叶蝉	562.5-750克/公顷	喷雾
	小麦	黏虫、蚜虫	562.5-750克/公顷	喷雾
PD20084676	高效氯氟氰菊酯/25克/升/乳油/高效氯氟氰菊酯 25克/升/2013.12.22 至 2018.12.22/低毒			
	苹果树	桃小食心虫	5-6.25毫克/千克	喷雾
PD20085751	氯氰菊酯/100克/升/乳油/氯氰菊酯 100克/升/2013.12.29 至 2018.12.29/低毒			
	十字花科蔬菜	菜青虫	30-45克/公顷	喷雾
PD20086158	吡虫啉/98%/原药/吡虫啉 98%/2013.12.30 至 2018.12.30/低毒			
PD20090856	烯草酮/240克/升/乳油/烯草酮 240克/升/2014.01.19 至 2019.01.19/低毒			
	春大豆田	一年生禾本科杂草	72-108克/公顷	茎叶喷雾
PD20091052	氟磺胺草醚/25%/水剂/氟磺胺草醚 25%/2014.01.21 至 2019.01.21/低毒			
	春大豆田	一年生阔叶杂草	337.5-412.5克/公顷	喷雾
PD20091941	咪唑乙烟酸/15%/水剂/咪唑乙烟酸 15%/2014.02.12 至 2019.02.12/低毒			
	春大豆田	一年生杂草	90-112.5克/公顷	茎叶喷雾
PD20093176	精喹禾灵/50克/升/乳油/精喹禾灵 50克/升/2014.03.11 至 2019.03.11/低毒			
	大豆田	一年生禾本科杂草	52.5-60克/公顷	茎叶喷雾
PD20094229	咪唑乙烟酸/10%/水剂/咪唑乙烟酸 10%/2014.03.31 至 2019.03.31/低毒			
	春大豆田	一年生杂草	90-105克/公顷	茎叶喷雾
PD20094602	烟嘧磺隆/95%/原药/烟嘧磺隆 95%/2014.04.10 至 2019.04.10/低毒			
PD20096797	丁硫克百威/200克/升/乳油/丁硫克百威 200克/升/2014.09.15 至 2019.09.15/低毒			
	棉花	蚜虫	90-180克/公顷	喷雾
PD20096957	烟嘧磺隆/40克/升/可分散油悬浮剂/烟嘧磺隆 40克/升/2014.09.29 至 2019.09.29/低毒			
	玉米田	一年生杂草	42-60克/公顷	茎叶喷雾
PD20101799	联苯菊酯/25克/升/乳油/联苯菊酯 25克/升/2015.07.13 至 2020.07.13/低毒			
	柑橘树	红蜘蛛	20-33毫克/千克	喷雾
PD20110424	啶虫脒/99%/原药/啶虫脒 99%/2016.04.15 至 2021.04.15/中等毒			
PD20110972	吡虫啉/50%/可湿性粉剂/吡虫啉 50%/2011.09.14 至 2016.09.14/低毒			
	韭菜	韭蛆	300-450克/公顷	药土法
	水稻	稻飞虱	22.5-30克/公顷	喷雾
PD20121606	烟嘧·莠去津/23%/可分散油悬浮剂/烟嘧磺隆 3%、莠去津 20%/2012.10.25 至 2017.10.25/低毒			
	玉米田	一年生杂草	310.5-379.5克/公顷	茎叶喷雾
PD20130308	啶虫脒/20%/可溶液剂/啶虫脒 20%/2013.02.26 至 2018.02.26/低毒			
	棉花	蚜虫	15-30克/公顷	喷雾
PD20130778	烟嘧·辛酰溴/20%/油悬浮剂/辛酰溴苯腈 16%、烟嘧磺隆 4%/2013.04.19 至 2018.04.19/低毒			
	玉米田	一年生杂草	1200－1500毫升制剂/公顷	茎叶喷雾
PD20131097	杀螟丹/98%/原药/杀螟丹 98%/2013.05.20 至 2018.05.20/中等毒			
PD20131394	茚虫威/70.5%/母药/茚虫威 70.5%/2013.07.02 至 2018.07.02/低毒			
PD20140275	噻苯隆/98%/原药/噻苯隆 98%/2014.02.12 至 2019.02.12/低毒			
PD20140412	醚菊酯/96%/原药/醚菊酯 96%/2014.02.24 至 2019.02.24/低毒			
PD20141208	吡虫啉/70%/水分散粒剂/吡虫啉 70%/2014.05.06 至 2019.05.06/低毒			
	棉花	蚜虫	21-31.5克/公顷	喷雾
PD20141346	噻虫嗪/98%/原药/噻虫嗪 98%/2014.06.04 至 2019.06.04/低毒			
PD20141575	噻唑膦/96%/原药/噻唑膦 96%/2014.06.17 至 2019.06.17/中等毒			
PD20141615	噻虫嗪/25%/水分散粒剂/噻虫嗪 25%/2014.06.24 至 2019.06.24/低毒			
	菠菜	蚜虫	22.5-30克/公顷	喷雾
	芹菜	蚜虫	15-30克/公顷	喷雾
	水稻	稻飞虱	7.5-15克/公顷	喷雾
PD20141681	茚虫威/30%/水分散粒剂/茚虫威 30%/2014.06.30 至 2019.06.30/低毒			
	小白菜	小菜蛾	22.5-40克/公顷	喷雾
PD20141818	噁唑菌酮/98%/原药/噁唑菌酮 98%/2014.07.14 至 2019.07.14/微毒			
PD20141901	嘧菌酯/25%/悬浮剂/嘧菌酯 25%/2014.08.01 至 2019.08.01/低毒			
	黄瓜	霜霉病	150-180克/公顷	喷雾

PD20142036 矮壮素/98%/原药/矮壮素 98%/2014.08.27 至 2019.08.27/低毒

PD20142117 丙溴磷/90%/原药/丙溴磷 90%/2014.09.02 至 2019.09.02/低毒

PD20142120 戊唑醇/430克/升/悬浮剂/戊唑醇 430克/升/2014.09.03 至 2019.09.03/低毒

苹果树	斑点落叶病	61.4-86毫克/千克	喷雾

PD20142305 虫螨腈/95%/原药/虫螨腈 95%/2014.11.03 至 2019.11.03/低毒

PD20150642 虫螨腈/240克/升/悬浮剂/虫螨腈 240克/升/2015.04.16 至 2020.04.16/低毒

甘蓝	小菜蛾	86.4-100.8克/公顷	喷雾

PD20151396 咯菌腈/97%/原药/咯菌腈 97%/2015.07.30 至 2020.07.30/微毒

河北省黄骅市鸿承企业有限公司 (河北省沧州市黄骅市经济技术开发区 061100 0317-5620205)

PD84125-5 乙烯利/40%/水剂/乙烯利 40%/2014.11.19 至 2019.11.19/低毒

番茄	催熟	800-1000倍液	喷雾或浸渍
棉花	催熟、增产	330-500倍液	喷雾
柿子、香蕉	催熟	400倍液	喷雾或浸渍
水稻	催熟、增产	800倍液	喷雾
橡胶树	增产	5-10倍液	涂布
烟草	催熟	1000-2000倍液	喷雾

PD86123-2 矮壮素/50%/水剂/矮壮素 50%/2011.10.15 至 2016.10.15/低毒

棉花	防止徒长,化学整枝	10000倍液	喷顶，后期喷全株
棉花	防止疯长	25000倍液	喷顶
棉花	提高产量、植株紧凑	1)10000倍液2)0.3-0.5%药液	1)喷雾2)浸种
小麦	防止倒伏,提高产量	1)3-5%药液 2)100-400倍液	1)拌种2)返青、拔节期喷雾
玉米	增产	0.5%药液	浸种

PD20081585 乙烯利/85%/原药/乙烯利 85%/2013.11.12 至 2018.11.12/低毒

PD20083155 矮壮素/98%/原药/矮壮素 98%/2013.12.11 至 2018.12.11/低毒

河北省黄骅市绿园农药化工有限公司 (河北省黄骅市滕庄工业区大港路2号 061106 0317-5474058)

PD20040260 三唑酮/20%/乳油/三唑酮 20%/2014.12.19 至 2019.12.19/低毒

小麦	白粉病	120-127.5克/公顷	喷雾

PD20040719 高氯·吡虫啉/5%/乳油/吡虫啉 2%、高效氯氰菊酯 3%/2014.12.19 至 2019.12.19/低毒

梨树	梨木虱	1500-2000倍液	喷雾

PD20082887 吡虫·辛硫磷/20%/乳油/吡虫啉 2%、辛硫磷 18%/2013.12.09 至 2018.12.09/低毒

棉花	棉铃虫、蚜虫	300-360克/公顷	喷雾

PD20091329 高氯·马/20%/乳油/高效氯氰菊酯 0.5%、马拉硫磷 19.5%/2014.02.01 至 2019.02.01/中等毒

甘蓝	菜青虫	90-150克/公顷	喷雾

PD20091468 马拉硫磷/45%/乳油/马拉硫磷 45%/2014.02.02 至 2019.02.02/低毒

牧草	蝗虫	472.5-607.5克/公顷	喷雾

PD20091562 氯氰菊酯/50克/升/乳油/氯氰菊酯 50克/升/2014.02.03 至 2019.02.03/低毒

苹果树	桃小食心虫	50-60毫克/千克	喷雾

PD20092241 辛硫磷/40%/乳油/辛硫磷 40%/2014.02.24 至 2019.02.24/低毒

棉花	棉铃虫	450-600克/公顷	喷雾

PD20093359 烯唑醇/10%/乳油/烯唑醇 10%/2014.03.18 至 2019.03.18/低毒

梨树	黑星病	2000-3000倍液	喷雾

PD20093685 精喹禾灵/5%/乳油/精喹禾灵 5%/2014.03.25 至 2019.03.25/低毒

春大豆田	一年生禾本科杂草	52.5-60克/公顷	茎叶喷雾

PD20095775 氟乐灵/480克/升/乳油/氟乐灵 480克/升/2014.05.18 至 2019.05.18/低毒

棉花田	一年生杂草	900-1080克/公顷	土壤喷雾

河北省冀州市凯明农药有限责任公司 (河北省冀州市飞机场 053200 0318-8683376)

PD85105-31 敌敌畏/77.5%(气谱法)/乳油/敌敌畏 77.5%(气谱法)/2015.03.23 至 2020.03.23/中等毒

茶树	食叶害虫	600克/公顷	喷雾
粮仓	多种储藏害虫	1)400-500倍液2)0.4-0.5克/立方米	1)喷雾2)挂条熏蒸
棉花	蚜虫、造桥虫	600-1200克/公顷	喷雾
苹果树	小卷叶蛾、蚜虫	400-500毫克/千克	喷雾
青菜	菜青虫	600克/公顷	喷雾
桑树	尺蠖	600克/公顷	喷雾
卫生	多种卫生害虫	1)300-400倍液2)0.08克/立方米	1)泼洒2)挂条熏蒸
小麦	黏虫、蚜虫	600克/公顷	喷雾

PD85157-6 辛硫磷/40%/乳油/辛硫磷 40%/2015.07.25 至 2020.07.25/低毒

茶树、桑树	食叶害虫	200-400毫克/千克	喷雾
果树	食心虫、蚜虫、螨	200-400毫克/千克	喷雾
林木	食叶害虫	3000-6000克/公顷	喷雾
棉花	棉铃虫、蚜虫	300-600克/公顷	喷雾
蔬菜	菜青虫	300-450克/公顷	喷雾

烟草	食叶害虫	300-600克/公顷	喷雾
玉米	玉米螟	450-600克/公顷	灌心叶

PD96101-5 福·福锌/40%/可湿性粉剂/福美双 15%、福美锌 25%/2011.09.15 至 2016.09.15/低毒

黄瓜、西瓜	炭疽病	1500-1800克/公顷	喷雾
麻	炭疽病	240-400克/100千克种子	拌种
棉花	苗期病害	4000毫克/千克	浸种
苹果树、杉木、橡胶树	炭疽病	1600-1333毫克/千克	喷雾

PD20040197 氯氰菊酯/5%/乳油/氯氰菊酯 5%/2014.12.19 至 2019.12.19/中等毒

棉花	棉铃虫、蚜虫	45-90克/公顷	喷雾
十字花科蔬菜	菜青虫	30-45克/公顷	喷雾

PD20040198 高效氯氰菊酯/4.5%/乳油/高效氯氰菊酯 4.5%/2014.12.19 至 2019.12.19/中等毒

草地	蝗虫	40-60毫升制剂/亩	喷雾
棉花	红铃虫、棉铃虫、棉蚜	15-30克/公顷	喷雾
苹果树	桃小食心虫	15-25.5克/公顷	喷雾
十字花科蔬菜	菜青虫、小菜蛾	9-25.5克/公顷	喷雾
十字花科蔬菜	菜蚜	3-18克/公顷	喷雾
烟草	烟青虫	15-25.5克/公顷	喷雾

PD20040199 氯氰菊酯/10%/乳油/氯氰菊酯 10%/2014.12.19 至 2019.12.19/中等毒

棉花	棉铃虫、棉蚜	45-90克/公顷	喷雾
十字花科蔬菜	菜青虫	30-45克/公顷	喷雾

PD20040791 辛硫·三唑磷/20%/乳油/三唑磷 10%、辛硫磷 10%/2014.12.19 至 2019.12.19/中等毒

棉花	棉铃虫	90-120克/公顷	喷雾
水稻	二化螟	300-450克/公顷	喷雾
水稻	稻水象甲	120-150克/公顷	喷雾

PD20081966 丁硫克百威/90%/原药/丁硫克百威 90%/2013.11.25 至 2018.11.25/中等毒

PD20082429 啶虫脒/5%/乳油/啶虫脒 5%/2013.12.02 至 2018.12.02/低毒

黄瓜	蚜虫	18-22.5克/公顷	喷雾

PD20082820 代森锰锌/50%/可湿性粉剂/代森锰锌 50%/2013.12.09 至 2018.12.09/低毒

番茄	早疫病	1845-2370克/公顷	喷雾

PD20090768 硫丹/350克/升/乳油/硫丹 350克/升/2014.01.19 至 2019.01.19/中等毒(原药高毒)

棉花	棉铃虫	525-840克/公顷	喷雾

PD20092152 霜脲·锰锌/72%/可湿性粉剂/代森锰锌 64%、霜脲氰 8%/2014.02.23 至 2019.02.23/低毒

黄瓜	霜霉病	1440-1800克/公顷	喷雾

PD20092380 敌畏·氧乐果/30%/乳油/敌敌畏 15%、氧乐果 15%/2014.02.25 至 2019.02.25/中等毒(原药高毒)

小麦	蚜虫	225-360克/公顷	喷雾

PD20092403 高效氯氰菊酯/4.5%/微乳剂/高效氯氰菊酯 4.5%/2014.02.25 至 2019.02.25/低毒

苹果树	桃小食心虫	30-45毫克/千克	喷雾

PD20092495 高效氯氟氰菊酯/25克/升/乳油/高效氯氟氰菊酯 25克/升/2014.02.26 至 2019.02.26/低毒

苹果树	桃小食心虫	8.33-12.5毫克/千克	喷雾

PD20093518 甲硫·福美双/50%/可湿性粉剂/福美双 30%、甲基硫菌灵 20%/2014.03.23 至 2019.03.23/中等毒

黄瓜	炭疽病	450-600克/公顷	喷雾

PD20093631 丁硫克百威/200克/升/乳油/丁硫克百威 200克/升/2014.03.25 至 2019.03.25/中等毒

棉花	蚜虫	90-180克/公顷	喷雾

PD20094281 高效氯氰菊酯/95%/原药/高效氯氰菊酯 95%/2014.03.31 至 2019.03.31/中等毒

PD20120624 高效氯氟氰菊酯/2.5%/水乳剂/高效氯氟氰菊酯 2.5%/2012.04.11 至 2017.04.11/中等毒

苹果树	桃小食心虫	8.3-12.5毫克/千克	喷雾

PD20131077 啶虫脒/70%/水分散粒剂/啶虫脒 70%/2013.05.20 至 2018.05.20/低毒

黄瓜	蚜虫	21-42克/公顷	喷雾

PD20131365 高效氯氰菊酯/4.5%/水乳剂/高效氯氰菊酯 4.5%/2013.06.20 至 2018.06.20/低毒

大白菜	菜青虫	30-37.5克/公顷	喷雾

WP20090254 高效氯氰菊酯/4.5%/微乳剂/高效氯氰菊酯 4.5%/2014.04.27 至 2019.04.27/低毒

卫生	蝇	90毫克/平方米	滞留喷洒

河北省廊坊强盛精细化工有限公司　(河北省廊坊市大城县外贸局院内　065900　0316-3506156)

WP20080150 杀虫气雾剂/0.37%/气雾剂/胺菊酯 0.17%、富右旋反式烯丙菊酯 0.05%、氯菊酯 0.15%/2013.11.05 至2018.11.05/低毒

卫生	蜚蠊、蚊、蝇	/	喷雾

河北省廊坊市奥姿化妆品有限公司　(河北省廊坊市文安县陈黄甫开发区1号楼　065800　0316-5033238)

WP20080005 0.4%癞蛤蟆杀虫气雾剂//气雾剂/胺菊酯 0.2%、富右旋反式烯丙菊酯 0.1%、氯菊酯 0.1%/2013.01.04 至2018.01.04/低毒

卫生	蜚蠊、蚂蚁、蚊、蝇	/	喷雾

WP20080379 蚊香/0.25%/蚊香/富右旋反式烯丙菊酯 0.25%/2013.12.11 至 2018.12.11/微毒

卫生	蚊	/	点燃

WP20120199 蚊香/0.05%/蚊香/氯氟醚菊酯 0.05%/2012.10.25 至 2017.10.25/微毒

卫生 蚊 / 点燃

WP20150211 电热蚊香片/10毫克/片/电热蚊香片/炔丙菊酯 5毫克/片、氯氟醚菊酯 5毫克/片/2015.12.19 至 2020.12.19/微毒
室内 蚊 / 电热加温

河北省廊坊天威日化有限公司 (河北省廊坊市文安县黄庄工业区 065800 0316-5057088)

WP20080411 杀虫气雾剂/0.65%/气雾剂/胺菊酯 0.3%、高效氯氰菊酯 0.15%、氯菊酯 0.2%/2013.12.12 至 2018.12.12/低毒
卫生 蚊、蝇 / 喷雾

河北省农药化工有限公司 (河北省石家庄市无极城北工业区 052460 0311-85758709)

PD20082597 辛硫·高氯氟/20%/乳油/高效氯氟氰菊酯 1%、辛硫磷 19%/2013.12.04 至 2018.12.04/低毒
棉花 棉铃虫 300-360克/公顷 喷雾

PD20083229 高效氯氟氰菊酯/25克/升/乳油/高效氯氟氰菊酯 25克/升/2013.12.11 至 2018.12.11/中等毒
棉花 棉铃虫 22.5-26.25克/公顷 喷雾
小麦 蚜虫 7.5-11.25克/公顷 喷雾

PD20084063 马拉硫磷/45%/乳油/马拉硫磷 45%/2013.12.16 至 2018.12.16/低毒
小麦 蚜虫 573.75-742.5克/公顷 喷雾

PD20084531 灭多威/10%/可湿性粉剂/灭多威 10%/2013.12.18 至 2018.12.18/高毒
棉花 棉铃虫 225-300克/公顷 喷雾

PD20084753 阿维菌素/1.8%/乳油/阿维菌素 1.8%/2013.12.22 至 2018.12.22/低毒(原药高毒)
十字花科蔬菜 小菜蛾 8.1-10.8克/公顷 喷雾
水稻 稻纵卷叶螟 8.1-9.45克/公顷 喷雾

PD20086001 啶虫脒/5%/乳油/啶虫脒 5%/2013.12.29 至 2018.12.29/低毒
苹果树 蚜虫 12-20毫克/千克 喷雾
芹菜 蚜虫 18-27克/公顷 喷雾

PD20090095 辛硫磷/40%/乳油/辛硫磷 40%/2014.01.08 至 2019.01.08/低毒
棉花 棉铃虫 300-600克/公顷 喷雾

PD20091747 高氯·毒死蜱/15%/乳油/毒死蜱 13.5%、高效氯氰菊酯 1.5%/2014.02.04 至 2019.02.04/低毒
棉花 棉铃虫 180-270克/公顷 喷雾

PD20092047 萘乙酸/5%/水剂/萘乙酸 5%/2014.02.12 至 2019.02.12/低毒
番茄 调节生长、增产 4000-5000倍 喷花

PD20094940 高效氯氰菊酯/4.5%/乳油/高效氯氰菊酯 4.5%/2014.04.16 至 2019.04.16/低毒
甘蓝 菜青虫 13-27克/公顷 喷雾
柑橘树 潜叶蛾 37.5-75毫克/千克 喷雾
小麦 蚜虫 13.5—20.25克/公顷 喷雾
枸杞 蚜虫 18-22.5毫克/千克 喷雾

PD20095967 毒死蜱/45%/乳油/毒死蜱 45%/2014.06.04 至 2019.06.04/中等毒
小麦 蚜虫 135-202.5克/公顷 喷雾

PD20097798 阿维菌素/5%/乳油/阿维菌素 5%/2014.11.20 至 2019.11.20/中等毒(原药高毒)
十字花科蔬菜 小菜蛾 7.5-11.25克/公顷 喷雾
水稻 稻纵卷叶螟 6-9克/公顷 喷雾

PD20097950 混合氨基酸铜/10%/水剂/混合氨基酸铜 10%/2014.11.30 至 2019.11.30/低毒
西瓜 枯萎病 250-350倍液 灌根

PD20098264 阿维·矿物油/18%/乳油/阿维菌素 1%、矿物油 17%/2014.12.16 至 2019.12.16/中等毒(原药高毒)
梨树 梨木虱 36-45毫克/千克 喷雾

PD20100174 唑磷·毒死蜱/30%/乳油/毒死蜱 7%、三唑磷 23%/2015.01.05 至 2020.01.05/中等毒
水稻 稻纵卷叶螟 315-450克/公顷 喷雾

PD20101244 苦参碱/0.3%/水剂/苦参碱 0.3%/2015.03.01 至 2020.03.01/低毒
甘蓝 蚜虫 6.48-8.64克/公顷 喷雾

PD20102031 水胺硫磷/35%/乳油/水胺硫磷 35%/2015.10.19 至 2020.10.19/高毒
棉花 棉铃虫 300-600克/公顷 喷雾

PD20110361 甲氨基阿维菌素苯甲酸盐/5%/乳油/甲氨基阿维菌素 5%/2016.03.31 至 2021.03.31/低毒
甘蓝 小菜蛾 1.71-3.42克/公顷 喷雾
注:甲氨基阿维菌素苯甲酸盐含量: 5.7%。

PD20120071 吡虫啉/10%/可湿性粉剂/吡虫啉 10%/2012.01.18 至 2017.01.18/低毒
苹果树 黄蚜 25—50毫克/千克 喷雾
小麦 蚜虫 22.5-30克/公顷(南方地区)45-60克/公顷(北方地区) 喷雾

PD20120229 甲氨基阿维菌素苯甲酸盐/5%/水分散粒剂/甲氨基阿维菌素 5%/2012.02.10 至 2017.02.10/低毒
甘蓝 甜菜夜蛾 1.875-3.375克/公顷 (按甲氨基阿维菌素含量计) 喷雾
注:甲氨基阿维菌素苯甲酸盐含量: 5.7%。

PD20120385 咪鲜胺/450克/升/水乳剂/咪鲜胺 450克/升/2012.03.06 至 2017.03.06/低毒
水稻 稻瘟病 300-360克/公顷 喷雾
水稻 恶苗病 75-112.5毫克/千克 浸种
香蕉(果实) 炭疽病 333—500毫克/千克 浸果

PD20121057 吡虫啉/25%/可湿性粉剂/吡虫啉 25%/2012.07.12 至 2017.07.12/低毒
菠菜 蚜虫 30-45克/公顷 喷雾
水稻 稻飞虱 15-30克/公顷 喷雾
小麦 蚜虫 北方地区45-60克/公顷；南方地区：22.5-37.5克/公顷 喷雾

PD20130584 嘧菌酯/25%/悬浮剂/嘧菌酯 25%/2013.04.02 至 2018.04.02/低毒
黄瓜 霜霉病 120-180克/公顷 喷雾

PD20130585 吡蚜酮/25%/可湿性粉剂/吡蚜酮 25%/2013.04.02 至 2018.04.02/低毒
观赏菊花 蚜虫 150-225克/公顷 喷雾
水稻 稻飞虱 60-75克/公顷 喷雾

PD20140701 噻虫嗪/25%/水分散粒剂/噻虫嗪 25%/2014.03.24 至 2019.03.24/低毒
水稻 稻飞虱 7.5-15克/公顷 喷雾

PD20140821 唑螨酯/28%/悬浮剂/唑螨酯 28%/2014.04.02 至 2019.04.02/低毒
柑橘树 红蜘蛛 39.9-56毫克/千克 喷雾

PD20140925 茚虫威/30%/水分散粒剂/茚虫威 30%/2014.04.10 至 2019.04.10/低毒
小白菜 小菜蛾 22.5-40.5克/公顷 喷雾

PD20141044 苯甲·嘧菌酯/325克/升/悬浮剂/苯醚甲环唑 125克/升、嘧菌酯 200克/升/2014.04.24 至 2019.04.24/低毒
西瓜 炭疽病 146.25-243.75毫升/公顷 喷雾

PD20141284 吡虫啉/600克/升/悬浮种衣剂/吡虫啉 600克/升/2014.05.12 至 2019.05.12/低毒
棉花 蚜虫 350-500克/100公斤种子 种子包衣

PD20150601 阿维·螺螨酯/20%/悬浮剂/阿维菌素 1%、螺螨酯 19%/2015.04.15 至 2020.04.15/低毒(原药高毒)
柑橘树 红蜘蛛 33-40毫克/千克 喷雾

PD20150607 氟虫腈/8%/悬浮种衣剂/氟虫腈 8%/2015.04.16 至 2020.04.16/低毒
玉米 蛴螬 125-150克/100千克种子 种子包衣

河北省容城超达精细化工有限公司 (河北省容城县东城路108号 071700 0312-5611757)

WP20070024 杀虫气雾剂/0.28%/气雾剂/胺菊酯 0.26%、高效氯氰菊酯 0.02%/2012.11.22 至 2017.11.22/低毒
卫生 蜚蠊、蚊、蝇 / 喷雾

WP20110097 蚊香/0.25%/蚊香/富右旋反式烯丙菊酯 0.25%/2011.04.22 至 2016.04.22/低毒
卫生 蚊 / 点燃

河北省容城县浩达日用制品有限公司 (河北省容城县北环路23号 071700 0312-5616185)

WP20130228 杀虫气雾剂/0.35%/气雾剂/胺菊酯 0.3%、氯氰菊酯 0.05%/2013.11.05 至 2018.11.05/低毒
卫生 蚊、蝇 / 喷雾

WP20130260 蚊香/0.28%/蚊香/富右旋反式烯丙菊酯 0.28%/2013.12.17 至 2018.12.17/低毒
卫生 蚊 / 点燃

河北省容城县鑫荣达日用制品有限公司 (河北省容城县西关 071700 0312-5615872)

WP20100055 蚊香/0.25%/蚊香/富右旋反式烯丙菊酯 0.25%/2015.03.26 至 2020.03.26/微毒
卫生 蚊 / 点燃

WP20130068 杀虫气雾剂/0.45%/气雾剂/胺菊酯 0.4%、高效氯氰菊酯 0.05%/2013.04.18 至 2018.04.18/微毒
卫生 蚊、蝇、蜚蠊 / 喷雾

河北省三河中澳科技发展有限公司 (河北省三河市李旗庄镇何屯村北李翟路东侧 065206 0316-3455161)

PD20092392 高效氯氟氰菊酯/25克/升/乳油/高效氯氟氰菊酯 25克/升/2014.02.25 至 2019.02.25/中等毒
甘蓝 菜青虫 9.4—11.25克/公顷 喷雾

PD20095178 毒死蜱/45%/乳油/毒死蜱 45%/2014.04.24 至 2019.04.24/中等毒
棉花 棉铃虫 600-900克/公顷 喷雾

PD20095701 碱式硫酸铜/30%/悬浮剂/碱式硫酸铜 30%/2014.05.15 至 2019.05.15/低毒
梨树 黑星病 350-500倍液 喷雾

PD20098182 草甘膦异丙胺盐(41%)///水剂/草甘膦 30%/2014.12.14 至 2019.12.14/低毒
玉米田 一年生杂草 922.5-1650克/公顷 定向茎叶喷雾

PD20098528 阿维菌素/1.8%/乳油/阿维菌素 1.8%/2014.12.24 至 2019.12.24/中等毒(原药高毒)
菜豆 美洲斑潜蝇 10.8-21.6克/公顷 喷雾

河北省石家庄宝丰化工有限公司 (河北省石家庄市栾城县窦妪工业区 051431 0311-85971250)

PD92103-10 草甘膦/95%/原药/草甘膦 95%/2012.08.28 至 2017.08.28/低毒

PD20040002 百草枯/42%/母药/百草枯 42%/2014.03.02 至 2019.03.02/中等毒

PD20040003 百草枯/200克/升/水剂/百草枯 200克/升/2014.06.30 至 2019.06.30/中等毒
注:专供出口，不得在国内销售。

PD20040324 吡虫啉/5%/乳油/吡虫啉 5%/2014.12.19 至 2019.12.19/低毒
棉花 棉蚜 15-22.5克/公顷 喷雾
小麦 蚜虫 12-15克/公顷 喷雾

PD20084799 唑酮·福美双/45%/可湿性粉剂/福美双 40%、三唑酮 5%/2013.12.22 至 2018.12.22/中等毒
水稻 恶苗病 750-1500毫克/千克 浸种

PD20085396 草甘膦异丙胺盐(41%)///水剂/草甘膦 30%/2013.12.24 至 2018.12.24/低毒
茶树、甘蔗、果园、剑麻、林木、桑树、 一年生杂草和多年生恶性杂草 1125-2250克/公顷 喷雾

橡胶树
柑橘园　杂草　1107-2214克/公顷　定向茎叶喷雾
PD20090168　阿维·敌敌畏/40%/乳油/阿维菌素 0.3%、敌敌畏 39.7%/2014.01.08 至 2019.01.08/中等毒(原药高毒)
黄瓜　美洲斑潜蝇　360-450克/公顷　喷雾
PD20090235　阿维·辛硫磷/20%/乳油/阿维菌素 0.1%、辛硫磷 19.9%/2014.01.09 至 2019.01.09/低毒(原药高毒)
苹果树　山楂红蜘蛛　200-400毫克/千克　喷雾
PD20090309　阿维菌素/1.8%/乳油/阿维菌素 1.8%/2014.01.12 至 2019.01.12/中等毒(原药高毒)
柑橘树　红蜘蛛　9-12毫克/千克　喷雾
梨树　梨木虱　1-2毫克/千克　喷雾
十字花科蔬菜　小菜蛾　8.1-10.8克/公顷　喷雾
PD20091316　甲霜·福美双/35%/可湿性粉剂/福美双 25%、甲霜灵 10%/2014.02.01 至 2019.02.01/中等毒
水稻苗床　立枯病　3500-5250克/公顷　苗床浇洒
PD20100063　阿维·矿物油/24.5%/乳油/阿维菌素 0.2%、矿物油 24.3%/2015.01.04 至 2020.01.04/低毒(原药高毒)
柑橘树　红蜘蛛　163.3-245毫克/千克　喷雾
PD20101987　啶虫脒/5%/乳油/啶虫脒 5%/2015.09.25 至 2020.09.25/低毒
柑橘树　蚜虫　7.5-10毫克/千克　喷雾
PD20110676　过氧乙酸/21%/水剂/过氧乙酸 21%/2011.06.20 至 2016.06.20/低毒
黄瓜　灰霉病　441-735克/公顷　喷雾
PD20120536　甲氨基阿维菌素苯甲酸盐/3%/微乳剂/甲氨基阿维菌素 3%/2012.03.28 至 2017.03.28/低毒
甘蓝　甜菜夜蛾　2.25-3.15克/公顷　喷雾
注:甲氨基阿维菌素苯甲酸盐：3.4%。
PD20120879　阿维菌素/5%/乳油/阿维菌素 5%/2012.05.24 至 2017.05.24/中等毒(原药高毒)
甘蓝　小菜蛾　9-11.25克/公顷　喷雾
水稻　稻纵卷叶螟　11.25-13.5克/公顷　喷雾
PD20121061　啶虫脒/25%/乳油/啶虫脒 25%/2012.07.12 至 2017.07.12/低毒
柑橘树　蚜虫　10-12.5毫克/千克　喷雾
PD20131042　双草醚/95%/原药/双草醚 95%/2013.05.13 至 2018.05.13/微毒
PD20141823　高氯·毒死蜱/52.25%/乳油/毒死蜱 50%、高效氯氰菊酯 2.25%/2014.07.23 至 2019.07.23/中等毒
棉花　盲蝽蟓　250－350克/公顷　喷雾
PD20142080　阿维菌素/3.2%/乳油/阿维菌素 3.2%/2014.09.02 至 2019.09.02/低毒(原药高毒)
甘蓝　小菜蛾　9-12克/公顷　喷雾
PD20150882　甲维·毒死蜱/20%/乳油/毒死蜱 19.8%、甲氨基阿维菌素苯甲酸盐 0.2%/2015.05.19 至 2020.05.19/低毒
玉米　玉米螟　200-400克/公顷　喷雾

河北省石家庄华农化工有限责任公司　(河北省石家庄市栾城县窦妪工业区　051430　0311-85468001)

PD20083437　啶虫脒/5%/乳油/啶虫脒 5%/2013.12.11 至 2018.12.11/低毒
黄瓜　蚜虫　18-22.5克/公顷　喷雾
PD20092916　甲基硫菌灵/70%/可湿性粉剂/甲基硫菌灵 70%/2014.03.05 至 2019.03.05/低毒
番茄　叶霉病　375-562.5克/公顷　喷雾
PD20094189　阿维菌素/3.2%/乳油/阿维菌素 3.2%/2014.03.30 至 2019.03.30/中等毒(原药高毒)
菜豆　美洲斑潜蝇　10.8-21.6克/公顷　喷雾
PD20097097　辛硫磷/3%/颗粒剂/辛硫磷 3%/2014.10.10 至 2019.10.10/低毒
玉米　玉米螟　135-157.5克/公顷　加细沙后在喇叭口处均匀撒施
PD20097687　吡虫啉/10%/可湿性粉剂/吡虫啉 10%/2014.11.04 至 2019.11.04/低毒
水稻　稻飞虱　15-30克/公顷　喷雾
PD20102055　烟嘧磺隆/95%/原药/烟嘧磺隆 95%/2015.11.03 至 2020.11.03/低毒

河北省石家庄市绿丰化工有限公司　(河北省深泽县南苑路88号　052560　0311-83520670)

PD85122-16　福美双/50%/可湿性粉剂/福美双 50%/2012.03.07 至 2017.03.07/中等毒
黄瓜　白粉病、霜霉病　500-1000倍液　喷雾
葡萄　白腐病　500-1000倍液　喷雾
水稻　稻瘟病、胡麻叶斑病　250克/100千克种子　拌种
甜菜、烟草　根腐病　500克/500千克温床土　土壤处理
小麦　白粉病、赤霉病　500倍液　喷雾
PD85124-12　福·福锌/80%/可湿性粉剂/福美双 30%、福美锌 50%/2016.01.04 至 2021.01.04/中等毒
黄瓜、西瓜　炭疽病　1500-1800克/公顷　喷雾
麻　炭疽病　240-400克/100千克种子　拌种
棉花　苗期病害　0.5%药液　浸种
苹果树、杉木、橡胶树　炭疽病　500-600倍液　喷雾
PD20060157　四螨嗪/98%/原药/四螨嗪 98%/2011.08.30 至 2016.08.30/低毒
PD20070171　福美双/95%/原药/福美双 95%/2012.06.25 至 2017.06.25/低毒
PD20070336　四螨嗪/20%/悬浮剂/四螨嗪 20%/2012.10.17 至 2017.10.17/低毒
苹果树　红蜘蛛　100-125毫克/千克　喷雾

PD20101192　异菌脲/50%/可湿性粉剂/异菌脲 50%/2015.02.08 至 2020.02.08/低毒
番茄　灰霉病　375－750克/公顷　喷雾
辣椒　立枯病　1-2克/平方米　泼浇
PD20111292　阿维・四螨嗪/40%/悬浮剂/阿维菌素 0.5%、四螨嗪 39.5%/2011.11.24 至 2016.11.24/低毒
柑橘树　红蜘蛛　100－133毫克/千克　喷雾

河北省石家庄市深泰化工有限公司　(河北省石家庄市深泽县城西正饶路路南　052560　0311-83525409)

PD86158-5　三乙膦酸铝/95%、87%/原药/三乙膦酸铝 95%、87%/2011.10.30 至 2016.10.30/低毒
PD20070256　多・锰锌/70%/可湿性粉剂/多菌灵 20%、代森锰锌 50%/2012.09.04 至 2017.09.04/低毒
梨树　黑星病　1000-1250毫克/千克　喷雾
PD20070276　乙铝・锰锌/70%/可湿性粉剂/代森锰锌 25%、三乙膦酸铝 45%/2012.09.05 至 2017.09.05/低毒
黄瓜　霜霉病　1312.5-1515克/公顷　喷雾
PD20080164　啶虫脒/5%/乳油/啶虫脒 5%/2013.01.03 至 2018.01.03/中等毒
苹果树　蚜虫　12-15毫克/千克　喷雾
PD20082392　三乙膦酸铝/80%/可湿性粉剂/三乙膦酸铝 80%/2013.12.01 至 2018.12.01/低毒
黄瓜　霜霉病　2175-2820克/公顷　喷雾
烟草　黑胫病　4500－4875克/公顷　喷雾
PD20090027　氰戊・马拉松/20%/乳油/马拉硫磷 15%、氰戊菊酯 5%/2014.01.06 至 2019.01.06/中等毒
甘蓝　菜青虫　120-150克/公顷　喷雾
PD20094052　哒螨灵/15%/乳油/哒螨灵 15%/2014.03.27 至 2019.03.27/中等毒
苹果树　红蜘蛛　50-60毫克/千克　喷雾
PD20100535　氟铃脲/5%/乳油/氟铃脲 5%/2015.01.14 至 2020.01.14/微毒
甘蓝　小菜蛾　45-56.25克/公顷　喷雾
PD20110271　啶虫脒/20%/可湿性粉剂/啶虫脒 20%/2016.03.07 至 2021.03.07/低毒
柑橘树　蚜虫　10－13.3毫克/千克　喷雾
PD20110291　高效氯氟氰菊酯/5%/水乳剂/高效氯氟氰菊酯 5%/2016.03.11 至 2021.03.11/中等毒
甘蓝　菜青虫　11.25-15克/公顷　喷雾
小麦　蚜虫　7.5-11.25克/公顷　喷雾
PD20110296　甲氨基阿维菌素苯甲酸盐/2%/乳油/甲氨基阿维菌素 2%/2016.03.11 至 2021.03.11/低毒
甘蓝　小菜蛾　2.25－3克/公顷　喷雾
注:甲氨基阿维菌素苯甲酸盐含量：2.3%。
PD20120741　阿维菌素/3%/水乳剂/阿维菌素 3%/2012.05.03 至 2017.05.03/中等毒(原药高毒)
水稻　稻纵卷叶螟　9－13.5克/公顷　喷雾
PD20130507　吡虫啉/50%/可湿性粉剂/吡虫啉 50%/2013.03.27 至 2018.03.27/低毒
小麦　蚜虫　15-30克/公顷　喷雾
PD20132677　吡蚜酮/50%/可湿性粉剂/吡蚜酮 50%/2013.12.25 至 2018.12.25/低毒
水稻　稻飞虱　60-90克/公顷　喷雾
PD20140894　嘧菌酯/25%/悬浮剂/嘧菌酯 25%/2014.04.08 至 2019.04.08/低毒
葡萄　霜霉病　125-250毫克/千克　喷雾
PD20141079　戊唑醇/430克/升/悬浮剂/戊唑醇 430克/升/2014.04.25 至 2019.04.25/低毒
苹果树　斑点落叶病　86-108毫克/千克　喷雾
PD20150934　氟环唑/12.5%/悬浮剂/氟环唑 12.5%/2015.06.10 至 2020.06.10/低毒
小麦　白粉病　90-112.5克/公顷　喷雾
PD20151659　吡唑醚菌酯/97.5%/原药/吡唑醚菌酯 97.5%/2015.08.28 至 2020.08.28/低毒
PD20151872　噻呋酰胺/240克/升/悬浮剂/噻呋酰胺 240克/升/2015.08.30 至 2020.08.30/低毒
水稻　纹枯病　47-83克/公顷　喷雾
PD20152017　吡唑醚菌酯/250克/升/乳油/吡唑醚菌酯 250克/升/2015.08.31 至 2020.08.31/低毒
黄瓜　霜霉病　112.5-150克/公顷　喷雾
WP20150159　氟虫腈/0.05%/胶饵/氟虫腈 0.05%/2015.08.28 至 2020.08.28/微毒
室内　蜚蠊　/　投饵

河北省肃宁县芳溢日化有限公司　(河北省肃宁县师素镇西淡　062350　0317-5072888)

WP20120037　杀虫气雾剂/0.45%/气雾剂/胺菊酯 0.25%、氯氰菊酯 0.2%/2012.03.07 至 2017.03.07/微毒
卫生　蚊、蝇　/　喷雾

河北省肃宁县伸力日用化工有限责任公司　(河北省肃宁县付佐工业区2号付佐橡胶厂　062350　0317-5092380)

WP20080198　杀虫气雾剂/0.55%/气雾剂/胺菊酯 0.30%、氯氰菊酯 0.25%/2013.11.20 至 2018.11.20/低毒
卫生　蜚蠊、蚊、蝇　/　喷雾

河北省肃宁县兴业精细化工厂　(河北省肃宁县城关镇大五里　062350　0312-6032111)

WP20100088　杀虫气雾剂/0.45%/气雾剂/胺菊酯 0.2%、氯氰菊酯 0.25%/2015.06.08 至 2020.06.08/低毒
卫生　蜚蠊、蚊、蝇　/　喷雾
注:本品有一种香型：柠檬香型。

河北省唐山市瑞华生物农药有限公司　(河北省滦南县扒齿港镇绳庄村南　063502　0315-4422197)

PD20080694　氰戊・马拉松/20%/乳油/马拉硫磷 15%、氰戊菊酯 5%/2013.06.04 至 2018.06.04/中等毒
棉花　棉铃虫　90-150克/公顷　喷雾
小麦　蚜虫　60-90克/公顷　喷雾

PD20082302 百菌清/75%/可湿性粉剂/百菌清 75%/2013.12.01 至 2018.12.01/低毒
黄瓜 霜霉病 1237.5-1575克/公顷 喷雾
PD20083645 多菌灵/50%/可湿性粉剂/多菌灵 50%/2013.12.12 至 2018.12.12/低毒
水稻 稻瘟病 600-750克/公顷 喷雾
PD20086092 噁霉灵/15%/水剂/噁霉灵 15%/2013.12.30 至 2018.12.30/低毒
水稻苗床、水稻育秧箱 立枯病 0.9-1.8克/平方米 土壤处理
PD20092107 敌畏·马/35%/乳油/敌敌畏 26%、马拉硫磷 9%/2014.02.23 至 2019.02.23/中等毒
水稻 稻水象甲 210-262.5克/公顷 喷雾
PD20093898 高效氟吡甲禾灵/108克/升/乳油/高效氟吡甲禾灵 108克/升/2014.03.26 至 2019.03.26/低毒
大豆田 一年生禾本科杂草 48.6-72.9克/公顷 茎叶喷雾
花生田 一年生禾本科杂草 40.5-48.6克/公顷 茎叶喷雾
PD20097422 烟嘧磺隆/40克/升/可分散油悬浮剂/烟嘧磺隆 40克/升/2014.10.28 至 2019.10.28/低毒
玉米田 一年生杂草 42-60克/公顷 茎叶喷雾
PD20097953 吗胍·乙酸铜/20%/可湿性粉剂/盐酸吗啉胍 10%、乙酸铜 10%/2014.12.01 至 2019.12.01/低毒
番茄 病毒病 500-750克/公顷 喷雾
PD20100072 甲基硫菌灵/70%/可湿性粉剂/甲基硫菌灵 70%/2015.01.04 至 2020.01.04/低毒
苹果 轮纹病 600-800毫克/千克 喷雾
PD20101140 烯酰吗啉/50%/可湿性粉剂/烯酰吗啉 50%/2015.01.25 至 2020.01.25/低毒
葡萄 霜霉病 166.7－250毫克/千克 喷雾
PD20130476 甲氨基阿维菌素苯甲酸盐/3%/微乳剂/甲氨基阿维菌素 3%/2013.03.20 至 2018.03.20/低毒
甘蓝 甜菜夜蛾 2.25-2.7克/公顷 喷雾
注:甲氨基阿维菌素苯甲酸盐含量:3.4%。
PD20130519 阿维·高氯氟/2%/微乳剂/阿维菌素 0.4%、高效氯氟氰菊酯 1.6%/2013.03.27 至 2018.03.27/低毒(原药高毒)
甘蓝 小菜蛾 9-15克/公顷 喷雾
PD20130587 阿维菌素/1.8%/乳油/阿维菌素 1.8克/升/2013.04.02 至 2018.04.02/低毒(原药高毒)
柑橘树 潜叶蛾 4.5-6.75毫克/千克 喷雾
PD20130622 阿维·哒螨灵/5%/乳油/阿维菌素 0.2%、哒螨灵 4.8%/2013.04.03 至 2018.04.03/低毒(原药高毒)
柑橘树 红蜘蛛 33.3-50毫克/千克 喷雾
PD20131261 高效氯氰菊酯/5%/油剂/高效氯氰菊酯 5%/2013.06.04 至 2018.06.04/低毒
滩涂 飞蝗 18.75-22.5克/公顷 超低容量喷雾
PD20131699 氟硅唑/8%/微乳剂/氟硅唑 8%/2013.08.07 至 2018.08.07/低毒
黄瓜 白粉病 60-90克/公顷 喷雾
PD20132047 啶虫脒/5%/乳油/啶虫脒 5%/2013.10.22 至 2018.10.22/低毒
柑橘树 蚜虫 10-15毫克/千克 喷雾
PD20141408 高氯·甲维盐/3.8%/乳油/高效氯氰菊酯 3.7%、甲氨基阿维菌素苯甲酸盐 0.1%/2014.06.06 至 2019.06.06/低毒
棉花 棉铃虫 31.4-39.9克/公顷 喷雾
PD20141617 甲氨基阿维菌素苯甲酸盐/0.5%/乳油/甲氨基阿维菌素 0.5%/2014.06.24 至 2019.06.24/低毒
甘蓝 甜菜夜蛾 1.875-2.7克/公顷 喷雾
注:甲氨基阿维菌素苯甲酸盐含量：0.57%。
PD20141751 甲硫·乙霉威/65%/可湿性粉剂/甲基硫菌灵 52.5%、乙霉威 12.5%/2014.07.02 至 2019.07.02/低毒
番茄 灰霉病 487.5-731.25克/公顷 喷雾

河北省唐山鑫华农药有限公司 (河北省唐山市丰润区丰遵路压库山 064000 0315-5196002)

PD20085366 敌畏·马/35%/乳油/敌敌畏 26%、马拉硫磷 9%/2013.12.24 至 2018.12.24/中等毒
水稻 稻水象甲 210-262.5克/公顷 喷雾
PD20090036 磷化铝/56%/片剂/磷化铝 56%/2014.01.06 至 2019.01.06/高毒
贮粮 害虫 4-7克/立方米 密闭熏蒸
PD20090137 氰戊·马拉松/21%/乳油/马拉硫磷 15%、氰戊菊酯 6%/2014.01.08 至 2019.01.08/中等毒
苹果树 食心虫 60-100毫克/千克 喷雾
苹果树 蚜虫 50-75毫克/千克 喷雾
苹果树 红蜘蛛 60－150毫克/千克 喷雾
PD20091101 高氯·辛硫磷/20%/乳油/高效氯氰菊酯 2%、辛硫磷 18%/2014.01.21 至 2019.01.21/低毒
棉花 棉铃虫 240-300克/公顷 喷雾
PD20093581 腐霉利/15%/烟剂/腐霉利 15%/2014.03.23 至 2019.03.23/低毒
番茄(保护地) 灰霉病 350-675克/公顷 点燃放烟
PD20095439 福·甲·硫磺/70%/可湿性粉剂/福美双 24%、甲基硫菌灵 16%、硫磺 30%/2014.05.11 至 2019.05.11/低毒
小麦 赤霉病 1470-2100克/公顷 喷雾
PD20097541 吗胍·硫酸铜/1.5%/水剂/盐酸吗啉胍 1%、硫酸铜 0.5%/2014.11.03 至 2019.11.03/低毒
番茄 病毒病 90-112.5克/公顷 喷雾
PD20101238 百菌清/20%/烟剂/百菌清 20%/2015.03.01 至 2020.03.01/低毒
黄瓜(保护地) 霜霉病 750-1200克/公顷 点燃放烟

河北省万全农药厂 (河北省万全县孔家庄镇 076250 0313-4221601)

PD85151-4 2,4-滴丁酯/57%/乳油/2,4-滴丁酯 57%/2015.08.15 至 2020.08.15/低毒

	谷子、小麦	双子叶杂草	419克/公顷	喷雾
	水稻	双子叶杂草	239-419克/公顷	喷雾
	玉米	双子叶杂草	1)829克/公顷2)359-419克/公顷	1)苗前土壤处理2)喷雾
PD85156-7	辛硫磷/85%/原药/辛硫磷 85%/2015.08.15 至 2020.08.15/低毒			
PD85157-22	辛硫磷/40%/乳油/辛硫磷 40%/2015.08.15 至 2020.08.15/低毒			
	茶树、桑树	食叶害虫	200-400毫克/千克	喷雾
	果树	食心虫、蚜虫、螨	200-400毫克/千克	喷雾
	林木	食叶害虫	3000-6000克/公顷	喷雾
	棉花	棉铃虫、蚜虫	300-600克/公顷	喷雾
	蔬菜	菜青虫	300-450克/公顷	喷雾
	烟草	食叶害虫	300-600克/公顷	喷雾
	玉米	玉米螟	450-600克/公顷	灌心叶
PD20080588	霜脲氰/97%/原药/霜脲氰 97%/2013.05.12 至 2018.05.12/低毒			
PD20081686	二甲戊灵/95%/原药/二甲戊灵 95%/2013.11.17 至 2018.11.17/低毒			
PD20081796	毒死蜱/97%/原药/毒死蜱 97%/2013.11.19 至 2018.11.19/中等毒			
PD20082114	氯氰·辛硫磷/40%/乳油/氯氰菊酯 2%、辛硫磷 38%/2013.11.25 至 2018.11.25/低毒			
	棉花	蚜虫	90-150克/公顷	喷雾
	棉花	棉铃虫	180-240克/公顷	喷雾
PD20082580	异菌·福美双/50%/可湿性粉剂/福美双 40%、异菌脲 10%/2013.12.04 至 2018.12.04/低毒			
	番茄	灰霉病	705-937.5克/公顷	喷雾
PD20082945	霜脲·锰锌/72%/可湿性粉剂/代森锰锌 64%、霜脲氰 8%/2013.12.09 至 2018.12.09/低毒			
	黄瓜	霜霉病	1440-1800克/公顷	喷雾
PD20091907	氰戊·辛硫磷/50%/乳油/氰戊菊酯 4.5%、辛硫磷 45.5%/2014.02.09 至 2019.02.09/低毒			
	甘蓝	菜青虫、蚜虫	75-150克/公顷	喷雾
	棉花	棉铃虫	450-562.5克/公顷	喷雾
	棉花	蚜虫	150-225克/公顷	喷雾
	小麦	蚜虫	90克/公顷	喷雾
PD20093878	二甲戊灵/330克/升/乳油/二甲戊灵 330克/升/2014.03.25 至 2019.03.25/低毒			
	春玉米田	一年生杂草	990-1485克/公顷	播后苗前土壤喷雾
	夏玉米田	一年生杂草	742.5-990克/公顷	播后苗前土壤喷雾
PD20094572	2,4-滴/96%/原药/2,4-滴 96%/2014.04.09 至 2019.04.09/中等毒			
PD20094995	2,4-滴丁酯/96%/原药/2,4-滴丁酯 96%/2014.04.21 至 2019.04.21/低毒			
PD20096632	高效氟吡甲禾灵/95%/原药/高效氟吡甲禾灵 95%/2014.09.02 至 2019.09.02/低毒			
PD20097730	琥铜 ·霜脲氰/50%/可湿性粉剂/琥胶肥酸铜 42%、霜脲氰 8%/2014.11.04 至 2019.11.04/低毒			
	黄瓜	霜霉病、细菌性角斑病	500-700倍液	喷雾
LS20120092	双酰草胺/98%/原药/双酰草胺 98%/2014.03.07 至 2015.03.07/低毒			
	注:专供出口，不得在国内销售。			

河北省吴桥农药有限公司　(河北省吴桥县经济开发区宋门工业园区　061800　0317-7238181)

PD20084603	马拉硫磷/90%/原药/马拉硫磷 90%/2013.12.18 至 2018.12.18/低毒			
PD20090747	马拉硫磷/45%/乳油/马拉硫磷 45%/2014.01.19 至 2019.01.19/低毒			
	柑橘树	蚜虫	225-300毫克/千克	喷雾
	棉花	盲蝽蟓	405-540克/公顷	喷雾
PD20100911	啶虫脒/96%/原药/啶虫脒 96%/2015.01.19 至 2020.01.19/中等毒			
PD20101090	敌敌畏/95%/原药/敌敌畏 95%/2015.01.25 至 2020.01.25/中等毒			
PD20101915	噁草酮/95%/原药/噁草酮 95%/2015.08.27 至 2020.08.27/低毒			
PD20120722	烯草酮/90%/原药/烯草酮 90%/2012.04.28 至 2017.04.28/低毒			
PD20130923	烯啶虫胺/95%/原药/烯啶虫胺 95%/2013.04.28 至 2018.04.28/低毒			
	注:专供出口，不得在国内销售。			

河北省邢台富强化工有限公司　(河北省邢台市　054000　0319-2670518)

PD20110592	过氧乙酸/21%/水剂/过氧乙酸 21%/2011.05.30 至 2016.05.30/低毒			
	黄瓜	灰霉病	441-735克/公顷	喷雾

河北省邢台市农药有限公司　(河北省邢台市任县邢得公路西侧　055150　0319-7572899)

PD85157-15	辛硫磷/40%/乳油/辛硫磷 40%/2016.01.06 至 2021.01.06/低毒			
	茶树、桑树	食叶害虫	200-400毫克/千克	喷雾
	果树	食心虫、蚜虫、螨	200-400毫克/千克	喷雾
	林木	食叶害虫	3000-6000克/公顷	喷雾
	棉花	棉铃虫、蚜虫	300-600克/公顷	喷雾
	蔬菜	菜青虫	300-450克/公顷	喷雾
	烟草	食叶害虫	300-600克/公顷	喷雾
	玉米	玉米螟	450-600克/公顷	灌心叶
PD20050122	高效氯氰菊酯/4.5%/乳油/高效氯氰菊酯 4.5%/2015.08.15 至 2020.08.15/中等毒			
	棉花	红铃虫、棉铃虫、棉蚜	15-30克/公顷	喷雾

	苹果树	桃小食心虫	20-33毫克/千克	喷雾
	十字花科蔬菜	菜青虫、小菜蛾	9-25.5克/公顷	喷雾
	十字花科蔬菜	菜蚜	3-18克/公顷	喷雾
PD20083660	辛硫磷/91%/原药/辛硫磷 91%/2013.12.12 至 2018.12.12/低毒			
PD20085328	克百威/3%/颗粒剂/克百威 3%/2013.12.24 至 2018.12.24/中等毒(原药高毒)			
	甘蔗	蚜虫、蔗龟、蔗螟	1350-2250克/公顷	沟施
	花生	线虫	1800-2250克/公顷	条施、沟施
	棉花	蚜虫	675-900克/公顷	条施、沟施
	水稻	二化螟、螟虫、瘿蚊	900-1350克/公顷	撒施
PD20090989	辛硫磷/3%/颗粒剂/辛硫磷 3%/2014.01.21 至 2019.01.21/低毒			
	玉米	玉米螟	135-180克/公顷	喇叭口撒施
PD20092651	腐霉·多菌灵/15%/烟剂/多菌灵 10%、腐霉利 5%/2014.03.03 至 2019.03.03/低毒			
	番茄(保护地)	灰霉病	765-900克/公顷	点燃放烟
PD20093697	百菌清/30%/烟剂/百菌清 30%/2014.03.25 至 2019.03.25/低毒			
	黄瓜(保护地)	霜霉病	750-1200克/公顷	点燃放烟
PD20094998	敌敌畏/15%/烟剂/敌敌畏 15%/2014.04.21 至 2019.04.21/中等毒			
	黄瓜(保护地)	白粉虱	867-1020克/公顷	点燃放烟
PD20096908	溴氰菊酯/2.5%/乳油/溴氰菊酯 2.5%/2014.09.23 至 2019.09.23/中等毒			
	茶树	害虫	3.75-7.5克/公顷	喷雾
	大白菜、棉花	害虫	11.25-18.75克/公顷	喷雾
	柑橘树	害虫	5-10毫克/千克	喷雾
	苹果树	蚜虫	10-12.5毫克/公顷	喷雾
	烟草	烟青虫	7.5-9克/公顷	喷雾
PD20097555	甲霜·百菌清/12.5%/烟剂/百菌清 10%、甲霜灵 2.5%/2014.11.03 至 2019.11.03/低毒			
	番茄(保护地)	晚疫病	637.5-750克/公顷	点燃
	黄瓜(保护地)	霜霉病	637.5-750克/公顷	点燃
WP20090258	杀蟑烟剂/5%/烟剂/高效氯氰菊酯 5%/2014.04.27 至 2019.04.27/低毒			
	卫生	蜚蠊	/	点燃

河北省雄县凯晨日化有限公司　(河北省雄县南董庄村　071800　0312-5793688)

WP20100042	蚊香/0.25%/蚊香/富右旋反式烯丙菊酯 0.25%/2015.03.01 至 2020.03.01/低毒			
	卫生	蚊	/	点燃
WP20100070	杀虫气雾剂/0.51%/气雾剂/胺菊酯 0.2%、高效氯氰菊酯 0.06%、氯菊酯 0.25%/2015.05.10 至 2020.05.10/低毒			
	卫生	蚊、蝇、蜚蠊	/	喷雾

河北省张家口长城农化(集团)有限责任公司　(河北省张家口市怀来县沙城　075400　0313-6893518)

PDN39-96	甲哌鎓/98%/可溶粉剂/甲哌鎓 98%/2011.04.09 至 2016.04.09/低毒			
	棉花	调节生长	45-60克/公顷	喷雾
PD20091140	四螨·哒螨灵/16%/可湿性粉剂/哒螨灵 7%、四螨嗪 9%/2014.01.21 至 2019.01.21/低毒			
	苹果树	红蜘蛛	80-100毫克/千克	喷雾
PD20092912	甲哌鎓/250克/升/水剂/甲哌鎓 250克/升/2014.03.05 至 2019.03.05/低毒			
	棉花	调节生长、增产	45-60克/公顷	喷雾
PD20093087	四螨嗪/20%/可湿性粉剂/四螨嗪 20%/2014.03.09 至 2019.03.09/低毒			
	苹果树	山楂红蜘蛛	100-200毫克/千克	喷雾
PD20093141	四螨嗪/95%/原药/四螨嗪 95%/2014.03.11 至 2019.03.11/低毒			
PD20093792	莠去津/38%/悬浮剂/莠去津 38%/2014.03.25 至 2019.03.25/低毒			
	春玉米田	一年生杂草	1995-2280克/公顷	播后苗前土壤喷雾
	夏玉米田	一年生杂草	1140-1425克/公顷	播后苗前土壤喷雾
PD20093801	乙草胺/50%/乳油/乙草胺 50%/2014.03.25 至 2019.03.25/低毒			
	大豆田	小粒种子阔叶杂草、一年生禾本科杂草	1200-1875克/公顷(东北地区)，750-1050克/公顷(其它地区)	喷雾
	花生田	小粒种子阔叶杂草、一年生禾本科杂草	750-1200克/公顷（覆膜时药量酌减)	喷雾
	油菜田	小粒种子阔叶杂草、一年生禾本科杂草	525-750克/公顷	喷雾
	玉米田	小粒种子阔叶杂草、一年生禾本科杂草	900-1875克/公顷(东北地区)，750-1050克/公顷(其它地区)	喷雾
PD20093851	四螨嗪/20%/悬浮剂/四螨嗪 20%/2014.03.25 至 2019.03.25/低毒			
	苹果树	红蜘蛛	80-100毫克/千克	喷雾
PD20101808	甲哌鎓/98%/原药/甲哌鎓 98%/2015.07.14 至 2020.07.14/低毒			

河北省张家口金赛制药有限公司　(河北省张家口市桥西区印台沟7号　075000　0313-4101198)

PD86118	杀鼠灵/98%/原药/杀鼠灵 98%/2011.11.16 至 2016.11.16/高毒			
	卫生	田鼠	/	配制成毒饵
PD86119	杀鼠灵/2.5%/母药/杀鼠灵 2.5%/2011.11.16 至 2016.11.16/高毒			
	卫生	家鼠、田鼠	/	配置成毒饵
PD86120	杀鼠灵/0.025%/毒饵/杀鼠灵 0.025%/2011.11.16 至 2016.11.16/高毒			

	室内	家鼠	/	配制成毒饵
	室外	田鼠	/	配制成毒饵
PD20070387	溴敌隆/95%/原药/溴敌隆 95%/2012.11.05 至 2017.11.05/高毒			
PD20085637	溴鼠灵/95%/原药/溴鼠灵 95%/2013.12.26 至 2018.12.26/剧毒			
PD20090909	杀鼠醚/3.75%/母粉/杀鼠醚 3.75%/2014.01.19 至 2019.01.19/高毒			
	室内	家鼠	饱和毒饵	配制成毒饵
	室外	田鼠	饱和毒饵	配制成毒饵
PD20101547	杀鼠醚/98%/原药/杀鼠醚 98%/2015.05.19 至 2020.05.19/高毒			

河北省遵化市金山神猴日化厂　(河北省遵化市清东陵南新城　064206　0315-6947907)

WP20090353	高效氯氰菊酯/5%/悬浮剂/高效氯氰菊酯 5%/2014.11.03 至 2019.11.03/低毒			
	卫生	蚊、蝇、蜚蠊	50毫克/平方米	滞留喷洒

河北省涿州市桃园农药厂　(河北省保定市涿州市长城桥南　072750　0312-3986844)

PD86180-7	百菌清/75%/可湿性粉剂/百菌清 75%/2011.11.29 至 2016.11.29/低毒			
	茶树	炭疽病	600-800倍液	喷雾
	豆类	炭疽病、锈病	1275-2325克/公顷	喷雾
	柑橘树	疮痂病	750-900毫克/千克	喷雾
	瓜类	白粉病、霜霉病	1200-1650克/公顷	喷雾
	果菜类蔬菜	多种病害	1125-2400克/公顷	喷雾
	花生	锈病、叶斑病	1125-1350克/公顷	喷雾
	梨树	斑点落叶病	500倍液	喷雾
	苹果树	多种病害	600倍液	喷雾
	葡萄	白粉病、黑痘病	600-700倍液	喷雾
	水稻	稻瘟病、纹枯病	1125-1425克/公顷	喷雾
	橡胶树	炭疽病	500-800倍液	喷雾
	小麦	叶斑病、叶锈病	1125-1425克/公顷	喷雾
	叶菜类蔬菜	白粉病、霜霉病	1275-1725克/公顷	喷雾

河北省蠡县华松工艺制香厂　(河北省保定市蠡县北埝开发北区　071400　0312-6039977)

WP20090127	蚊香/0.25%/蚊香/富右旋反式烯丙菊酯 0.25%/2014.02.16 至 2019.02.16/低毒			
	卫生	蚊	/	点燃

河北省蠡县华业精细化工有限公司　(河北省蠡县张七村　071400　0312-6033045)

WP20090295	杀虫气雾剂/0.7%/气雾剂/胺菊酯 0.45%、氯菊酯 0.25%/2014.07.13 至 2019.07.13/低毒			
	卫生	蜚蠊、蚊、蝇	/	喷雾
WP20120083	杀虫气雾剂/0.33%/气雾剂/胺菊酯 0.29%、高效氯氰菊酯 0.04%/2012.05.05 至 2017.05.05/低毒			
	卫生	蚊、蝇	/	喷雾
WP20120097	蚊香/0.25%/蚊香/富右旋反式烯丙菊酯 0.25%/2012.05.22 至 2017.05.22/低毒			
	卫生	蚊	/	点燃

河北省蠡县冀中华联精细化工有限公司　(河北省蠡县传七村　071401　0312-6033818)

WP20080049	杀虫气雾剂/0.40%/气雾剂/胺菊酯 0.35%、高效氯氰菊酯 0.05%/2013.03.04 至 2018.03.04/低毒			
	卫生	蜚蠊、蚊、蝇	/	喷雾
WP20080262	蚊香/0.25%/蚊香/右旋反式烯丙菊酯 0.25%/2013.11.27 至 2018.11.27/低毒			
	卫生	蚊	/	点燃
WP20120123	电热蚊香片/11毫克/片/电热蚊香片/炔丙菊酯 11毫克/片/2012.06.21 至 2017.06.21/低毒			
	卫生	蚊	/	电热加温

河北省蠡县冀蠡精细化工有限公司　(河北省蠡县北埝乡张七村　071400　0312-6033050)

WP20120247	杀虫气雾剂/0.26%/气雾剂/高效氯氰菊酯 0.06%、右旋胺菊酯 0.2%/2012.12.19 至 2017.12.19/低毒			
	卫生	蚊、蝇	/	喷雾
WP20130028	蚊香/0.26%/蚊香/富右旋反式烯丙菊酯 0.26%/2013.02.05 至 2018.02.05/低毒			
	卫生	蚊	/	点燃
	注:本产品有三种香型：桂花香型、茉莉香型、檀香型。			

河北省蠡县远大日化有限公司　(河北省蠡县北埝乡白庄　071400　0312-6036163)

WP20130120	杀虫气雾剂/0.45%/气雾剂/胺菊酯 0.25%、氯氰菊酯 0.2%/2013.06.05 至 2018.06.05/微毒			
	卫生	蚊、蝇	/	喷雾

河北省蠡县争锋精细化工有限公司　(河北省蠡县北埝乡泊庄　071401　0312-6033535)

WP20080383	杀虫气雾剂/0.45%/气雾剂/胺菊酯 0.25%、氯氰菊酯 0.2%/2013.12.11 至 2018.12.11/微毒			
	卫生	蚊、蝇、蜚蠊	/	喷雾

河北盛世基农生物科技股份有限公司　(河北省沧州高新技术产业开发区永济西路北侧　061028　0317-4042067)

PD20040364	高效氯氰菊酯/2.5%/乳油/高效氯氰菊酯 2.5%/2014.12.19 至 2019.12.19/中等毒			
	梨树	梨木虱	12.5-20.8毫克/千克	喷雾
	苹果树	桃小食心虫	12.5-25毫克/千克	喷雾
PD20040368	高效氯氰菊酯/4.5%/乳油/高效氯氰菊酯 4.5%/2014.12.19 至 2019.12.19/中等毒			
	十字花科蔬菜	菜青虫	9-25.5克/公顷	喷雾
PD20040565	吡虫啉/5%/乳油/吡虫啉 5%/2014.12.19 至 2019.12.19/低毒			
	小麦	蚜虫	11.25-18.75克/公顷	喷雾

PD20060175　辛硫磷/40%/乳油/辛硫磷 40%/2011.11.01 至 2016.11.01/低毒
棉花　棉铃虫　450-600克/公顷　喷雾
PD20070578　氯氰菊酯/5%/乳油/氯氰菊酯 5%/2012.12.03 至 2017.12.03/低毒
甘蓝　菜青虫　45-60克/公顷　喷雾
PD20080158　啶虫脒/5%/可湿性粉剂/啶虫脒 5%/2013.01.03 至 2018.01.03/低毒
柑橘树　蚜虫　10-12毫克/千克　喷雾
PD20080225　啶虫脒/5%/乳油/啶虫脒 5%/2013.01.11 至 2018.01.11/低毒
烟草　蚜虫　13.5-18克/公顷　喷雾
PD20080823　苯磺隆/75%/水分散粒剂/苯磺隆 75%/2013.06.20 至 2018.06.20/低毒
冬小麦田　一年生阔叶杂草　13.5-22.5克/公顷　茎叶喷雾
PD20082238　氰戊·辛硫磷/50%/乳油/氰戊菊酯 5%、辛硫磷 45%/2013.11.26 至 2018.11.26/低毒
甘蓝　菜青虫　112.5-150克/公顷　喷雾
PD20082738　苯磺隆/10%/可湿性粉剂/苯磺隆 10%/2013.12.08 至 2018.12.08/低毒
冬小麦田　一年生阔叶杂草　15-22.5克/公顷　茎叶喷雾
PD20082865　马拉硫磷/45%/乳油/马拉硫磷 45%/2013.12.09 至 2018.12.09/低毒
牧草　蝗虫　450-600克/公顷　喷雾
PD20083256　高氯·氧乐果/20%/乳油/高效氯氰菊酯 1%、氧乐果 19%/2013.12.11 至 2018.12.11/中等毒(原药高毒)
小麦　蚜虫　120-180克/公顷　喷雾
PD20083663　高氯·杀虫单/16%/微乳剂/高效氯氰菊酯 1%、杀虫单 15%/2013.12.12 至 2018.12.12/中等毒
番茄　美洲斑潜蝇　180-360克/公顷　喷雾
PD20084038　灭多威/10%/可湿性粉剂/灭多威 10%/2013.12.16 至 2018.12.16/低毒(原药高毒)
棉花　棉铃虫　225-300克/公顷　喷雾
PD20084765　阿维菌素/1.8%/乳油/阿维菌素 1.8%/2013.12.22 至 2018.12.22/低毒(原药高毒)
小油菜　小菜蛾　6-9克/公顷　喷雾
PD20085862　甲硫·福美双/50%/可湿性粉剂/福美双 30%、甲基硫菌灵 20%/2013.12.29 至 2018.12.29/低毒
黄瓜　炭疽病　500-600克/公顷　喷雾
PD20086005　丙溴·灭多威/25%/乳油/丙溴磷 15%、灭多威 10%/2013.12.29 至 2018.12.29/中等毒(原药高毒)
棉花　棉铃虫　281.25-375克/公顷　喷雾
PD20091170　氰戊·马拉松/20%/乳油/马拉硫磷 15%、氰戊菊酯 5%/2014.01.22 至 2019.01.22/低毒
苹果树　桃小食心虫　200-333毫克/千克　喷雾
PD20091661　氟铃脲/5%/乳油/氟铃脲 5%/2014.02.03 至 2019.02.03/低毒
甘蓝　小菜蛾　45-60克/公顷　喷雾
PD20091675　三唑锡/25%/可湿性粉剂/三唑锡 25%/2014.02.03 至 2019.02.03/低毒
柑橘树　红蜘蛛　125-250毫克/千克　喷雾
PD20101614　毒死蜱/40%/乳油/毒死蜱 40%/2015.06.03 至 2020.06.03/低毒
柑橘树　矢尖蚧　250-500毫克/千克　喷雾
PD20111070　吡虫啉/10%/可湿性粉剂/吡虫啉 10%/2011.10.11 至 2016.10.11/低毒
棉花　蚜虫　22.5-37.5克/公顷　喷雾
PD20111289　甲氨基阿维菌素苯甲酸盐/2%/微乳剂/甲氨基阿维菌素 2%/2011.11.23 至 2016.11.23/低毒
甘蓝　小菜蛾　1.8-2.4克/公顷　喷雾
辣椒　烟青虫　1.5-3克/公顷　喷雾
注:甲氨基阿维菌素苯甲酸盐含量：2.2%。
PD20130007　高效氯氟氰菊酯/25克/升/乳油/高效氯氟氰菊酯 25克/升/2013.01.04 至 2018.01.04/低毒
苹果树　桃小食心虫　8.33-12.5克/公顷　喷雾
小麦　蚜虫　6.75-9.0克/公顷　喷雾
PD20130055　阿维·三唑磷/20%/乳油/阿维菌素 0.2%、三唑磷 19.8%/2013.01.07 至 2018.01.07/中等毒(原药高毒)
水稻　二化螟　150-210克/公顷　喷雾
PD20130480　烟嘧磺隆/40克/升/可分散油悬浮剂/烟嘧磺隆 40克/升/2013.03.20 至 2018.03.20/低毒
玉米田　一年生杂草　40-60克/公顷　茎叶喷雾
PD20130570　阿维菌素/1.8%/乳油/阿维菌素 1.8%/2013.04.02 至 2018.04.02/中等毒(原药高毒)
棉花　红蜘蛛　10.8-16.2克/公顷　喷雾
PD20130916　己唑醇/5%/悬浮剂/己唑醇 5%/2013.04.28 至 2018.04.28/低毒
水稻　纹枯病　60-75克/公顷　喷雾
小麦　白粉病　15-30克/公顷　喷雾
PD20130930　虫酰肼/20%/悬浮剂/虫酰肼 20%/2013.04.28 至 2018.04.28/低毒
甘蓝　甜菜夜蛾　240-300克/公顷　喷雾
PD20150730　嘧菌酯/25%/悬浮剂/嘧菌酯 25%/2015.04.20 至 2020.04.20/低毒
葡萄　霜霉病　100-150毫克/千克　喷雾
PD20151796　高效氯氟氰菊酯/10%/水乳剂/高效氯氟氰菊酯 10%/2015.08.28 至 2020.08.28/中等毒
甘蓝　菜青虫　7.5-15克/公顷　喷雾
PD20152224　高氯·马/25%/乳油/高效氯氰菊酯 1%、马拉硫磷 24%/2015.09.23 至 2020.09.23/低毒
滩涂　蝗虫　150-300克/公顷　喷雾

河北圣邦药业有限公司　(河北省阜城县王集乡工业区　053701　0318-4926690)

PD20070590 辛硫磷/40%/乳油/辛硫磷 40%/2012.12.14 至 2017.12.14/低毒
十字花科蔬菜 菜青虫 300-450克/公顷 喷雾
PD20080169 马拉硫磷/45%/乳油/马拉硫磷 45%/2013.01.04 至 2018.01.04/低毒
小麦 蚜虫 540-742.5克/公顷 喷雾

河北圣禾化工有限公司 (河北省藁城市新区东宁路36号 052160 0311-88929972)

PD85122-9 福美双/50%/可湿性粉剂/福美双 50%/2010.07.01 至 2015.07.01/中等毒
黄瓜 白粉病、霜霉病 500-1000倍液 喷雾
葡萄 白腐病 500-1000倍液 喷雾
水稻 稻瘟病、胡麻叶斑病 250克/100千克种子 拌种
甜菜、烟草 根腐病 500克/500千克温床土 土壤处理
小麦 白粉病、赤霉病 500倍液 喷雾
PD85124-6 福·福锌/80%/可湿性粉剂/福美双 30%、福美锌 50%/2010.07.01 至 2015.07.01/中等毒
黄瓜、西瓜 炭疽病 1500-1800克/公顷 喷雾
麻 炭疽病 240-400克/100千克种子 拌种
棉花 苗期病害 0.5%药液 浸种
苹果树、杉木、橡胶树 炭疽病 500-600倍液 喷雾
PD85140-4 福美·拌种灵/40%/可湿性粉剂/拌种灵 20%、福美双 20%/2010.07.01 至 2015.07.01/中等毒
高粱 黑穗病 120-200克/100千克种子 拌种
红麻 炭疽病 160倍液 浸种
花生 锈病 500倍液 喷雾
棉花 苗期病害 200克/100千克种子 拌种
小麦 黑穗病 40-80克/100千克种子 拌种
玉米 黑穗病 200克/100千克种子 拌种
PD20084785 阿维菌素/1.8%/乳油/阿维菌素 1.8%/2013.12.22 至 2018.12.22/低毒(原药高毒)
十字花科蔬菜 小菜蛾 8.1-10.8克/公顷 喷雾
PD20090432 甲基硫菌灵/70%/可湿性粉剂/甲基硫菌灵 70%/2014.01.12 至 2019.01.12/低毒
水稻 纹枯病 1050-1500克/公顷 喷雾
PD20097651 福·福锌/40%/可湿性粉剂/福美双 15%、福美锌 25%/2014.11.04 至 2019.11.04/低毒
黄瓜 炭疽病 1500-1800克/公顷 喷雾
PD20141131 啶虫脒/20%/可湿性粉剂/啶虫脒 20%/2014.04.28 至 2019.04.28/低毒
柑橘树 蚜虫 12-20毫克/千克 喷雾
PD20142190 啶虫脒/5%/乳油/啶虫脒 5%/2014.09.26 至 2019.09.26/低毒
柑橘树 蚜虫 5-10毫克/千克 喷雾
PD20142573 吡蚜酮/50%/可湿性粉剂/吡蚜酮 50%/2014.12.15 至 2019.12.15/微毒
水稻 稻飞虱 60～90克/公顷 喷雾
PD20142673 吡虫啉/25%/可湿性粉剂/吡虫啉 25%/2014.12.18 至 2019.12.18/低毒
小麦 蚜虫 45-75克/公顷（北方地区） 喷雾

河北圣亚达化工有限公司 (河北省沧州市盐山县沧乐路常金路口西侧 061300 0317-6320159)

PD20040215 氯氰菊酯/5%/乳油/氯氰菊酯 5%/2014.12.19 至 2019.12.19/中等毒
棉花 棉铃虫 45-90克/公顷 喷雾
PD20080837 氯氰·辛硫磷/20%/乳油/氯氰菊酯 1.5%、辛硫磷 18.5%/2013.06.20 至 2018.06.20/中等毒
棉花 棉铃虫 225-300克/公顷 喷雾
PD20083932 马拉硫磷/45%/乳油/马拉硫磷 45%/2013.12.15 至 2018.12.15/低毒
棉花 盲蝽蟓 472.5-607.5克/公顷 喷雾
PD20091842 乙烯利/40%/水剂/乙烯利 40%/2014.02.06 至 2019.02.06/低毒
棉花 催熟 300-500倍液 喷雾
PD20091946 多菌灵/50%/可湿性粉剂/多菌灵 50%/2014.02.12 至 2019.02.12/低毒
水稻 纹枯病 750-1000克/公顷 喷雾
PD20093201 高氯·马/20%/乳油/高效氟氯氰菊酯 2%、马拉硫磷 18%/2014.03.11 至 2019.03.11/低毒
甘蓝 菜青虫 90-120克/公顷 喷雾
PD20093221 多·福·锰锌/50%/可湿性粉剂/多菌灵 20%、福美双 20%、代森锰锌 10%/2014.03.11 至 2019.03.11/中等毒
苹果树 轮纹病 500-650倍液 喷雾
PD20095960 阿维·辛硫磷/15%/乳油/阿维菌素 0.3%、辛硫磷 14.7%/2014.06.04 至 2019.06.04/低毒(原药高毒)
十字花科蔬菜 小菜蛾 90-135克/公顷 喷雾
PD20097605 啶虫脒/5%/乳油/啶虫脒 5%/2014.11.03 至 2019.11.03/低毒
柑橘树 蚜虫 10-12.5毫克/千克 喷雾
PD20098188 哒螨灵/20%/可湿性粉剂/哒螨灵 20%/2014.12.14 至 2019.12.14/低毒
苹果树 红蜘蛛 66.7-100毫克/千克 喷雾
PD20111206 啶虫脒/5%/可湿性粉剂/啶虫脒 5%/2011.11.17 至 2016.11.17/微毒
柑橘 蚜虫 8.6-12毫克/千克 喷雾
PD20131484 高效氯氰菊酯/4.5%/乳油/高效氯氰菊酯 4.5%/2013.07.05 至 2018.07.05/低毒
梨树 梨木虱 12.5-25毫克/千克 喷雾

PD20131673 甲氨基阿维菌素苯甲酸盐/1%/乳油/甲氨基阿维菌素 1%/2013.08.07 至 2018.08.07/低毒
棉花 棉铃虫 11.25-15克/公顷 喷雾
注:甲氨基阿维菌素苯甲酸盐含量: 1.14%。
PD20131823 氰戊·吡虫啉/7.5%/乳油/吡虫啉 1.5%、氰戊菊酯 6%/2013.09.17 至 2018.09.17/中等毒
甘蓝 蚜虫 45-67.5克/公顷 喷雾
PD20140651 吡虫啉/10%/可湿性粉剂/吡虫啉 10%/2014.03.14 至 2019.03.14/低毒
小麦 蚜虫 45-60克/公顷 喷雾
PD20150804 草甘膦异丙胺盐/30%/水剂/草甘膦 30%/2015.05.14 至 2020.05.14/低毒
苹果园 杂草 1350-1575克/公顷 喷雾
注:草甘膦异丙胺盐含量: 41%。
PD20151669 二甲戊灵/330克/升/乳油/二甲戊灵 330克/升/2015.08.28 至 2020.08.28/低毒
水稻旱育秧田 一年生杂草 750克/公顷-1500克/公顷 土壤喷雾

河北石家庄市龙汇精细化工有限责任公司 (河北省石家庄市赵县赵元路024号 051530 0311-80803563)

PD20086233 甲氨基阿维菌素苯甲酸盐/95%/原药/甲氨基阿维菌素苯甲酸盐 95%/2013.12.31 至 2018.12.31/中等毒
PD20111454 矿物油/95%/乳油/矿物油 95%/2011.12.30 至 2016.12.30/低毒
柑橘树 介壳虫 9500－19000毫克/千克 喷雾
PD20130316 甲氨基阿维菌素苯甲酸盐/5%/可溶粒剂/甲氨基阿维菌素 5%/2013.02.26 至 2018.02.26/低毒
甘蓝 甜菜夜蛾 2.25-3克/公顷 喷雾
注:甲氨基阿维菌素苯甲酸盐含量:5.7%。
PD20132671 草铵膦/95%/原药/草铵膦 95%/2013.12.25 至 2018.12.25/低毒
PD20150480 草铵膦/200克/升/水剂/草铵膦 200克/升/2015.03.20 至 2020.03.20/低毒
非耕地 杂草 1350-1890克/公顷 茎叶喷雾
WP20090363 杀虫饵剂/1.1%/饵剂/氯菊酯 0.1%、乙酰甲胺磷 1.0%/2014.11.09 至 2019.11.09/低毒
卫生 蜚蠊、蚂蚁 / 投放

河北石滦农药化工有限公司 (河北省滦平县滦平镇庄头营村 068250 0314-8586510)

PD20121411 高效氯氟氰菊酯/2.5%/微乳剂/高效氯氟氰菊酯 2.5%/2012.11.08 至 2017.11.08/中等毒
甘蓝 菜青虫 9-15克/公顷 喷雾
PD20121811 甲氨基阿维菌素苯甲酸盐/0.5%/微乳剂/甲氨基阿维菌素 0.5%/2012.11.22 至 2017.11.22/低毒
甘蓝 小菜蛾 1.875-2.25克/公顷 喷雾
注:甲氨基阿维菌素苯甲酸盐含量:0.57%。

河北双吉化工有限公司 (河北省石家庄市辛集市东郊 052360 0311-83372618)

PD84119-9 代森铵/45%/水剂/代森铵 45%/2014.12.15 至 2019.12.15/低毒
白菜、黄瓜 霜霉病 525克/公顷 喷雾
甘薯 黑斑病 200-400倍液 浸种
谷子 白发病 180-360倍液 浸种
苹果树 腐烂病、枝干轮纹病 2250-4500毫克/千克 涂抹
水稻 稻瘟病 535-675克/公顷 喷雾
水稻 白叶枯病、纹枯病 337.5克/公顷 喷雾
橡胶树 条溃疡病 150倍液 涂抹
玉米 大斑病、小斑病 525-675克/公顷 喷雾
PD86157 硫磺/50%/悬浮剂/硫磺 50%/2011.10.23 至 2016.10.23/微毒
果树 白粉病 200-400倍液 喷雾
哈密瓜、黄瓜 白粉病 1125-1500克/公顷 喷雾
花卉 白粉病 750-1500克/公顷 喷雾
芦笋 茎枯病 870-1170克/公顷 喷雾
橡胶树 白粉病 1875-3000克/公顷 喷雾
小麦 白粉病、螨 3000克/公顷 喷雾
PD88112-6 石硫合剂/29%/水剂/石硫合剂 29%/2013.11.21 至 2018.11.21/中等毒
茶树 红蜘蛛 0.5-1Be(波美) 喷雾
柑橘树 白粉病、红蜘蛛 1Be(波美) 喷雾
观赏植物 白粉病、介壳虫 0.5Be(波美) 喷雾
核桃树、麦类 白粉病 1Be(波美) 喷雾
苹果树 白粉病 0.5Be(波美) 喷雾
葡萄 白粉病 3-5Be(波美) 喷雾
PD90105-2 石硫合剂/45%/结晶/石硫合剂 45%/2015.03.25 至 2020.03.25/低毒
茶树 叶螨 150倍液 喷雾
柑橘树 锈壁虱 300-500倍液 晚秋喷雾
柑橘树 介壳虫、螨 1)180-300倍液2)300-500倍液 1)早春喷雾2)晚秋喷雾
麦类 白粉病 150倍液 喷雾
苹果树 叶螨 20-30倍液 萌芽前喷雾
PD96103 硫磺/99.5%/原药/硫磺 99.5%/2012.01.18 至 2017.01.18/微毒
PD20070496 代森锰锌/70%/可湿性粉剂/代森锰锌 70%/2012.11.28 至 2017.11.28/微毒

登记证号	登记作物	防治对象	用药量	施用方法
	番茄	早疫病	1837.5-2362.5克/公顷	喷雾
	柑橘树	疮痂病、炭疽病	1333-2000毫克/千克	喷雾
	花生	叶斑病	720-900克/公顷	喷雾
	黄瓜	霜霉病	2040-3000毫克/千克	喷雾
	辣椒	炭疽病、疫病	1800-2520克/公顷	喷雾
	梨树	黑星病	800-1600毫克/千克	喷雾
	荔枝树	霜疫霉病	1333-2000毫克/千克	喷雾
	马铃薯	晚疫病	1440-2160克/公顷	喷雾
	苹果树	斑点落叶病、轮纹病、炭疽病	1000-1600毫克/千克	喷雾
	葡萄	白腐病、黑痘病、霜霉病	1000-1600毫克/千克	喷雾
	西瓜	炭疽病	1560-2520克/公顷	喷雾
	烟草	赤星病	1440-1920克/公顷	喷雾
PD20070509	代森锰锌/88%/原药/代森锰锌 88%/2012.11.28 至 2017.11.28/低毒			
PD20080424	代森锌/90%/原药/代森锌 90%/2013.03.07 至 2018.03.07/低毒			
PD20080482	甲霜・锰锌/58%/可湿性粉剂/甲霜灵 10%、代森锰锌 48%/2013.03.31 至 2018.03.31/低毒			
	黄瓜	霜霉病	1305-1632克/公顷	喷雾
	烟草	黑胫病	696-1044克/公顷	茎基部喷淋
PD20080723	代森锌/65%/可湿性粉剂/代森锌 65%/2013.06.11 至 2018.06.11/微毒			
	黄瓜	霜霉病	1950-3000克/公顷	喷雾
PD20080917	霜脲・锰锌/72%/可湿性粉剂/代森锰锌 64%、霜脲氰 8%/2013.07.14 至 2018.07.14/低毒			
	黄瓜	霜霉病	1440-1800克/公顷	喷雾
PD20081295	代森锰锌/80%/可湿性粉剂/代森锰锌 80%/2013.10.06 至 2018.10.06/微毒			
	番茄	早疫病	1845-2370克/公顷	喷雾
	柑橘树	疮痂病、炭疽病	1333-2000毫克/千克	喷雾
	花生	叶斑病	720-900克/公顷	喷雾
	黄瓜	霜霉病	2040-3000克/公顷	喷雾
	辣椒	炭疽病、疫病	1800-2520克/公顷	喷雾
	梨树	黑星病	800-1600毫克/千克	喷雾
	荔枝树	霜疫霉病	1333-2000毫克/千克	喷雾
	芦笋	茎枯病	900-1200克/公顷	喷雾
	马铃薯	晚疫病	1440-2160克/公顷	喷雾
	苹果树	斑点落叶病、炭疽病	1000-1600毫克/千克	喷雾
	苹果树	轮纹病	600-800倍液	喷雾
	葡萄	白腐病、黑痘病、霜霉病	1000-1600毫克/千克	喷雾
	西瓜	炭疽病	1560-2520克/公顷	喷雾
	烟草	赤星病	1440-1920克/公顷	喷雾
	烟草	炭疽病	960-1200克/公顷	喷雾
PD20082657	硫磺・多菌灵/50%/悬浮剂/多菌灵 15%、硫磺 35%/2013.12.04 至 2018.12.04/微毒			
	花生	叶斑病	1200-1800克/公顷	喷雾
PD20085301	代森锰锌/30%/悬浮剂/代森锰锌 30%/2013.12.23 至 2018.12.23/微毒			
	番茄	早疫病	1080-1440克/公顷	喷雾
	香蕉	叶斑病	1200－1500毫克/千克	喷雾
PD20091950	硫磺・锰锌/70%/可湿性粉剂/硫磺 42%、代森锰锌 28%/2014.02.12 至 2019.02.12/微毒			
	豇豆	锈病	1575-2100克/公顷	喷雾
PD20094428	硫磺/80%/水分散粒剂/硫磺 80%/2014.04.01 至 2019.04.01/微毒			
	苹果树	白粉病	800-1600毫克/千克	喷雾
PD20094654	硫磺・锰锌/50%/可湿性粉剂/硫磺 30%、代森锰锌 20%/2014.04.10 至 2019.04.10/微毒			
	豇豆	锈病	1875-2100克/公顷	喷雾
PD20095880	代森锰锌/75%/水分散粒剂/代森锰锌 75%/2014.05.31 至 2019.05.31/微毒			
	番茄	早疫病	1687.5-2250克/公顷	喷雾
	柑橘树	疮痂病、炭疽病	1333－2000毫克/千克	喷雾
	黄瓜	霜霉病	2040-3000克/公顷	喷雾
	辣椒	炭疽病、疫病	1800-2520克/公顷	喷雾
	梨树	黑星病	800-1600毫克/千克	喷雾
	马铃薯	晚疫病	1440－2160克/公顷	喷雾
	苹果	轮纹病	937.5-1250毫克/千克	喷雾
	苹果树	斑点落叶病、炭疽病	1000-1600毫克/千克	喷雾
	西瓜	炭疽病	2475-2700克/公顷	喷雾
PD20096093	代森锌/80%/可湿性粉剂/代森锌 80%/2014.06.18 至 2019.06.18/微毒			
	花生	叶斑病	780-960克/公顷	喷雾
	烟草	炭疽病	960－1200克/公顷	喷雾
PD20101306	硫磺/91%/粉剂/硫磺 91%/2015.03.17 至 2020.03.17/微毒			
	橡胶树	白粉病	10237.5－13650克/公顷	喷粉

PD20110179 多菌灵/50%/水分散粒剂/多菌灵 50%/2016.02.17 至 2021.02.17/低毒
苹果树 轮纹病 667-1000毫克/千克 喷雾
PD20110741 吡虫啉/70%/水分散粒剂/吡虫啉 70%/2011.07.18 至 2016.07.18/中等毒
水稻 稻飞虱 21-31.5克/公顷 喷雾
小麦 蚜虫 21-42克/公顷 喷雾
PD20111335 甲氨基阿维菌素苯甲酸盐/5%/水分散粒剂/甲氨基阿维菌素 5%/2011.12.06 至 2016.12.06/中等毒
甘蓝 小菜蛾 1.5—3克/公顷 喷雾
注:甲氨基阿维菌素苯甲酸盐含量：5.7%。
PD20130593 多菌灵/50%/可湿性粉剂/多菌灵 50%/2013.04.02 至 2018.04.02/微毒
油菜 菌核病 1125-1500克/公顷 喷雾
PD20130934 啶虫脒/5%/乳油/啶虫脒 5%/2013.05.02 至 2018.05.02/低毒
苹果树 蚜虫 10-12毫克/千克 喷雾
PD20131172 吡虫啉/10%/可湿性粉剂/吡虫啉 10%/2013.05.27 至 2018.05.27/低毒
水稻 稻飞虱 15-30克/公顷 喷雾
小麦 蚜虫 45-52.5克/公顷 喷雾
PD20131507 丙森锌/70%/可湿性粉剂/丙森锌 70%/2013.07.15 至 2018.07.15/低毒
黄瓜 霜霉病 1575-2247克/公顷 喷雾
PD20132072 乙铝·锰锌//可湿性粉剂/代森锰锌 45%、三乙膦酸铝 25%/2013.10.23 至 2018.10.23/低毒
黄瓜 霜霉病 1440-4200克/公顷 喷雾
PD20140415 甲霜·锰锌/72%/可湿性粉剂/甲霜灵 8%、代森锰锌 64%/2014.02.24 至 2019.02.24/低毒
黄瓜 霜霉病 1620--2268克/公顷 喷雾
PD20140668 代森锰锌/48%/悬浮剂/代森锰锌 48%/2014.03.17 至 2019.03.17/低毒
香蕉 叶斑病 1200-1600毫克/千克 喷雾
PD20142133 吡蚜酮/25%/悬浮剂/吡蚜酮 25%/2014.09.03 至 2019.09.03/低毒
水稻 稻飞虱 90-120克/公顷 喷雾
小麦 蚜虫 60-90克/公顷 喷雾
PD20142134 戊唑醇/430克/升/悬浮剂/戊唑醇 430克/升/2014.09.03 至 2019.09.03/低毒
苹果树 轮纹病 107.5 -143.3毫克/千克 喷雾
小麦 锈病 77.5-129克/公顷 喷雾
PD20142149 阿维菌素/1.8%/乳油/阿维菌素 1.8%/2014.09.18 至 2019.09.18/中等毒(原药高毒)
水稻 稻纵卷叶螟 9-18克/公顷 喷雾
PD20150910 吡蚜酮/97%/原药/吡蚜酮 97%/2015.06.09 至 2020.06.09/低毒
PD20151994 联苯·三唑磷/20%/微乳剂/联苯菊酯 3%、三唑磷 17%/2015.08.31 至 2020.08.31/中等毒
小麦 蚜虫 60-120克/公顷 喷雾
PD20151998 噻虫嗪/25%/水分散粒剂/噻虫嗪 25%/2015.08.31 至 2020.08.31/低毒
小麦 蚜虫 30-37.5克/公顷 喷雾
PD20152217 烯酰·代森/72%/可湿性粉剂/代森锰锌 60%、烯酰吗啉 12%/2015.09.23 至 2020.09.23/低毒
黄瓜 霜霉病 1211-1387克/公顷 喷雾
PD20152364 草铵膦/200克/升/水剂/草铵膦 200克/升/2015.10.22 至 2020.10.22/低毒
非耕地 杂草 900-1200克/公顷 喷雾
PD20152367 吡蚜酮/70%/水分散粒剂/吡蚜酮 70%/2015.10.22 至 2020.10.22/低毒
甘蓝 蚜虫 84-126克/公顷 喷雾
LS20150050 苯甲·锰锌/30%/悬浮剂/苯醚甲环唑 10%、代森锰锌 20%/2015.03.18 至 2016.03.18/低毒
苹果树 轮纹病 50-75毫克/千克 喷雾

河北天发化工科技有限公司 (河北省沧东经济开发区 061000 0317-2168588)

PD20082448 阿维菌素/1.8%/乳油/阿维菌素 1.8%/2013.12.02 至 2018.12.02/低毒(原药高毒)
十字花科蔬菜 小菜蛾 8.1-10.8克/公顷 喷雾
PD20082801 灭幼脲/25%/悬浮剂/灭幼脲 25%/2013.12.09 至 2018.12.09/低毒
甘蓝 菜青虫 37.5-75克/公顷 喷雾
PD20083103 阿维菌素/1.8%/乳油/阿维菌素 1.8%/2013.12.10 至 2018.12.10/低毒(原药高毒)
十字花科蔬菜 菜青虫 8.1-10.8克/公顷 喷雾
PD20100591 丁硫·矿物油/30%/乳油/丁硫克百威 5%、矿物油 25%/2015.01.14 至 2020.01.14/中等毒
棉花 蚜虫 112.5-180克/公顷 喷雾
PD20100672 阿维·矿物油/24.5%/乳油/阿维菌素 0.2%、矿物油 24.3%/2015.01.15 至 2020.01.15/中等毒(原药高毒)
柑橘树 红蜘蛛 123-245毫克/千克 喷雾
PD20111205 过氧乙酸/21%/水剂/过氧乙酸 21%/2011.11.16 至 2016.11.16/低毒
黄瓜 灰霉病 441-735克/公顷 喷雾

河北天路生物化工有限公司 (河北省新乐市东部开发区南双晶村东 05000 0311-67693786)

PD20082845 氰戊·乐果/25%/乳油/乐果 22%、氰戊菊酯 3%/2013.12.09 至 2018.12.09/中等毒
甘蓝 菜青虫 75-150克/公顷 喷雾
柑橘树 潜叶蛾 125-250毫克/千克 喷雾
柑橘树 锈壁虱 125-150毫克/千克 喷雾
小麦 蚜虫 75-112.5克/公顷 喷雾

烟草 蚜虫、烟青虫 75-187.5克/公顷 喷雾
PD20090068 氰戊·马拉松/20%/乳油/马拉硫磷 15%、氰戊菊酯 5%/2014.01.08 至 2019.01.08/低毒
十字花科蔬菜 菜青虫 90-150克/公顷 喷雾
PD20091126 甲氰菊酯/20%/乳油/甲氰菊酯 20%/2014.01.21 至 2019.01.21/中等毒
柑橘树 红蜘蛛 100-133毫克/千克 喷雾
PD20098232 高效氯氟氰菊酯/25克/升/乳油/高效氯氟氰菊酯 25克/升/2014.12.16 至 2019.12.16/低毒
十字花科蔬菜 菜青虫 9.375-13.125克/公顷 喷雾
PD20098413 联苯菊酯/25克/升/乳油/联苯菊酯 25克/升/2014.12.24 至 2019.12.24/低毒
苹果树 桃小食心虫 25-31.25毫克/千克 喷雾
PD20120267 啶虫脒/5%/乳油/啶虫脒 5%/2012.02.15 至 2017.02.15/低毒
柑橘树 蚜虫 10-12.5毫克/千克 喷雾
PD20120972 阿维·高氯氟/1.8%/乳油/阿维菌素 0.3%、高效氯氟氰菊酯 1.5%/2012.06.21 至 2017.06.21/低毒(原药高毒)
叶菜 小菜蛾 8.1-13.5克/公顷 喷雾

河北天顺生物工程有限公司 (河北省石家庄市晋州市工业经济园区工业路南侧26号 052460 0311-85760288)

PD20083941 代森锰锌/80%/可湿性粉剂/代森锰锌 80%/2013.12.15 至 2018.12.15/低毒
苹果树 斑点落叶病 1000-1500毫克/千克 喷雾
PD20092307 鱼藤酮/4%/乳油/鱼藤酮 4%/2014.02.24 至 2019.02.24/中等毒(原药高毒)
十字花科蔬菜 蚜虫 24-36克/公顷 喷雾
PD20092909 高效氯氰菊酯/4.5%/乳油/高效氯氰菊酯 4.5%/2014.03.05 至 2019.03.05/低毒
棉花 棉铃虫 30-45克/公顷 喷雾
PD20095935 鱼藤酮/95%/原药/鱼藤酮 95%/2014.06.02 至 2019.06.02/中等毒
PD20096036 阿维菌素/1.8%/乳油/阿维菌素 1.8%/2014.06.15 至 2019.06.15/低毒(原药高毒)
甘蓝 小菜蛾 9.45-10.8克/公顷 喷雾
PD20096559 辛硫磷/40%/乳油/辛硫磷 40%/2014.08.24 至 2019.08.24/低毒
玉米 玉米螟 480—600克/公顷 拌毒土撒施心叶
PD20096954 烟嘧磺隆/40克/升/可分散油悬浮剂/烟嘧磺隆 40克/升/2014.09.29 至 2019.09.29/低毒
玉米田 一年生杂草 42-60克/公顷 茎叶喷雾
PD20100797 毒死蜱/45%/乳油/毒死蜱 45%/2015.01.19 至 2020.01.19/中等毒
苹果树 桃小食心虫 192-240毫克/千克 喷雾
PD20100900 啶虫脒/5%/乳油/啶虫脒 5%/2015.01.19 至 2020.01.19/低毒
柑橘树 蚜虫 10-12.5毫克/千克 喷雾
PD20110925 甲氨基阿维菌素苯甲酸盐/5%/水分散粒剂/甲氨基阿维菌素 5%/2011.09.06 至 2016.09.06/低毒
甘蓝 小菜蛾 1.125-2.25克/公顷 喷雾
注:甲氨基阿维菌素苯甲酸盐含量:5.7%。
PD20110939 甲氨基阿维菌素苯甲酸盐/2%/微乳剂/甲氨基阿维菌素 2%/2011.09.07 至 2016.09.07/低毒
甘蓝 甜菜夜蛾 1.8-2.25克/公顷 喷雾
注:甲氨基阿维菌素苯甲酸盐含量: 2.2%。
PD20111240 甲氨基阿维菌素苯甲酸盐/79.1%/原药/甲氨基阿维菌素 79.1%/2011.11.18 至 2016.11.18/中等毒
注:甲氨基阿维菌素苯甲酸盐含量:90%。
PD20141109 阿维菌素/3%/微乳剂/阿维菌素 3%/2014.04.27 至 2019.04.27/低毒(原药高毒)
梨树 梨木虱 6-12毫克/千克 喷雾

河北万博生物科技有限公司 (河北省赞皇县龙门乡榆底村 051230 0311-84262111)

PD20132006 阿维菌素/95%/原药/阿维菌素 95%/2013.10.17 至 2018.10.17/高毒

河北万全宏宇化工有限责任公司 (河北省万全县郭磊庄镇 076250 0313-4831054)

PD20096012 烯草酮/90%/原药/烯草酮 90%/2014.06.12 至 2019.06.12/低毒
PD20120243 苯嗪草酮/98%/原药/苯嗪草酮 98%/2012.02.13 至 2017.02.13/低毒
注:仅供出口，不得在国内销售。
PD20120248 苯嗪草酮/70%/水分散粒剂/苯嗪草酮 70%/2012.02.13 至 2017.02.13/低毒
注:仅供出口，不得在国内销售。
PD20141222 烯草酮/120克/升/乳油/烯草酮 120克/升/2014.05.06 至 2019.05.06/低毒
大豆田 一年生禾本科杂草 72-90克/公顷 茎叶喷雾
油菜田 一年生禾本科杂草 63-81克/公顷 茎叶喷雾

河北万全力华化工有限责任公司 (河北省万全县孔家庄镇 076250 0313-4230078)

PD20080650 氨氯吡啶酸/95%/原药/氨氯吡啶酸 95%/2013.05.27 至 2018.05.27/低毒
PD20080651 烯草酮/70%/母液/烯草酮 70%/2013.05.27 至 2018.05.27/低毒
PD20080652 烯草酮/120克/升/乳油/烯草酮 120克/升/2013.05.27 至 2018.05.27/低毒
春大豆田 一年生禾本科杂草 72-108克/公顷 茎叶喷雾
夏大豆田 一年生禾本科杂草 63-72克/公顷 茎叶喷雾
PD20080653 烯草酮/90%/原药/烯草酮 90%/2013.05.27 至 2018.05.27/低毒
PD20081658 三氯吡氧乙酸/99%/原药/三氯吡氧乙酸 99%/2013.11.14 至 2018.11.14/低毒
PD20081987 高效氟吡甲禾灵/95%/原药/高效氟吡甲禾灵 95%/2013.11.25 至 2018.11.25/低毒
PD20081988 氯氟吡氧乙酸异辛酯/95%/原药/氯氟吡氧乙酸异辛酯 95%/2013.11.25 至 2018.11.25/低毒
PD20082235 烯禾啶/50%/母药/烯禾啶 50%/2013.11.26 至 2018.11.26/低毒

PD20082236 烯禾啶/94%/原药/烯禾啶 94%/2013.11.26 至 2018.11.26/低毒

PD20082988 氯氟吡氧乙酸/200克/升/乳油/氯氟吡氧乙酸 200克/升/2013.12.10 至 2018.12.10/低毒

小麦田	阔叶杂草	150-200克/公顷	茎叶喷雾

PD20083009 烯禾啶/12.5%/乳油/烯禾啶 12.5%/2013.12.10 至 2018.12.10/低毒

夏大豆田	一年生禾本科杂草	150-187.5克/公顷	茎叶喷雾

PD20083648 高效氟吡甲禾灵/108克/升/乳油/高效氟吡甲禾灵 108克/升/2013.12.12 至 2018.12.12/低毒

春大豆田	一年生禾本科杂草	48.6-56.7克/公顷	茎叶喷雾
夏大豆田	一年生禾本科杂草	40.5-48.6克/公顷	茎叶喷雾

PD20101783 二氯吡啶酸/95%/原药/二氯吡啶酸 95%/2015.07.13 至 2020.07.13/低毒

PD20110903 氨氯吡啶酸/21%/水剂/氨氯吡啶酸 21%/2011.08.17 至 2016.08.17/低毒

森林	阔叶杂草	1200-1800克/公顷	茎叶喷雾
森林	灌木	1200-3600克/公顷	茎叶喷雾

PD20140685 氟啶胺/97%/原药/氟啶胺 97%/2014.03.24 至 2019.03.24/低毒

注:专供出口,不得在国内销售。

PD20141238 二氯吡啶酸/30%/水剂/二氯吡啶酸 30%/2014.05.07 至 2019.05.07/低毒

春玉米田	一年生阔叶杂草	301.5-481.5克/公顷	茎叶喷雾

LS20120006 杀虫畏/98%/原药/杀虫畏 98%/2014.01.06 至 2015.01.06/低毒

注:专供出口,不得在国内销售。

河北万特生物化学有限公司 (河北省石家庄市赞皇县五马山工业区山前大道6号 051230 0311-89206688)

PD20085074 代森锰锌/80%/可湿性粉剂/代森锰锌 80%/2013.12.23 至 2018.12.23/低毒

番茄	早疫病	1560-2520克/公顷	喷雾
马铃薯	晚疫病	1440-2160克/公顷	喷雾

PD20086217 多·锰锌/50%/可湿性粉剂/多菌灵 8%、代森锰锌 42%/2013.12.31 至 2018.12.31/低毒

苹果树	斑点落叶病	1000-1250毫克/千克	喷雾

PD20091692 福美双/50%/可湿性粉剂/福美双 50%/2014.02.03 至 2019.02.03/低毒

水稻	稻瘟病	750-937.5克/公顷	喷雾

PD20096261 阿维·高氯/3%/乳油/阿维菌素 0.4%、高效氯氰菊酯 2.6%/2014.07.15 至 2019.07.15/低毒(原药高毒)

甘蓝	菜青虫、小菜蛾	7.5-15克/公顷	喷雾

PD20096803 福·福锌/80%/可湿性粉剂/福美双 30%、福美锌 50%/2014.09.15 至 2019.09.15/低毒

苹果树、西瓜、橡胶树	炭疽病	1600-2000毫克/千克	喷雾

PD20097186 毒死蜱/45%/乳油/毒死蜱 45%/2014.10.16 至 2019.10.16/中等毒

苹果树	棉蚜	240-480毫克/千克	喷雾

PD20097889 代森锌/80%/可湿性粉剂/代森锌 80%/2014.11.25 至 2019.11.25/低毒

番茄	早疫病	3000－3500克/公顷	喷雾

PD20098481 吡虫啉/10%/可湿性粉剂/吡虫啉 10%/2014.12.24 至 2019.12.24/低毒

小麦	蚜虫	15-30克/公顷(南方地区)45-60克/公顷(北方地区)	喷雾

PD20100229 甲硫·福美双/70%/可湿性粉剂/福美双 35%、甲基硫菌灵 35%/2015.01.11 至 2020.01.11/低毒

苹果树	轮纹病	1000－1167毫克/千克	喷雾

PD20100526 氢氧化铜/77%/可湿性粉剂/氢氧化铜 77%/2015.01.14 至 2020.01.14/低毒

柑橘树	溃疡病	1283－1925毫克/千克	喷雾
黄瓜	角斑病	1732.5－2310克/公顷	喷雾

PD20110491 吗胍·乙酸铜/20%/可湿性粉剂/盐酸吗啉胍 10%、乙酸铜 10%/2011.05.03 至 2016.05.03/低毒

烟草	病毒病	450-600克/公顷	喷雾

PD20111158 霜脲·锰锌/72%/可湿性粉剂/代森锰锌 64%、霜脲氰 8%/2011.11.07 至 2016.11.07/低毒

黄瓜	霜霉病	1600-1800克/公顷	喷雾

PD20140248 高效氯氟氰菊酯/5%/水乳剂/高效氯氟氰菊酯 5%/2014.01.29 至 2019.01.29/中等毒

甘蓝	菜青虫	7.5--15克/公顷	喷雾

PD20141472 哒螨灵/20%/可湿性粉剂/哒螨灵 20%/2014.06.09 至 2019.06.09/低毒

柑橘树	红蜘蛛	80-133毫克/千克	喷雾

PD20150834 苦参碱/1.3%/水剂/苦参碱 1.3%/2015.05.18 至 2020.05.18/微毒

甘蓝	蚜虫	6.34－7.8克/公顷	喷雾

PD20151375 小檗碱/0.5%/水剂/小檗碱 0.5%/2015.07.30 至 2020.07.30/低毒

番茄	灰霉病	15-18.75克/公顷	喷雾

河北威远生化农药有限公司 (河北省石家庄循环化工园区化工中路6号 050031 400-800-5888)

PD86165-6 甲基异柳磷/40%/乳油/甲基异柳磷 40%/2011.12.06 至 2016.12.06/高毒

甘薯	茎线虫病	1500-3000克/公顷	拌土条施或铺施
甘薯	蛴螬	600克/公顷	毒饵
甘蔗	黑色蔗龟	1500克/公顷	淋于蔗苗基部并覆薄土
高粱	地下害虫	0.05%药液	拌种
花生	蛴螬	1500克/公顷	沟施花生墩旁

	小麦	地下害虫	40克/100千克种子	拌种
	玉米	地下害虫	0.1%药液	拌种
PD86176-15	乙酰甲胺磷/30%/乳油/乙酰甲胺磷 30%/2012.01.24 至 2017.01.24/低毒			
	柑橘树	介壳虫、螨	500-1000倍液	喷雾
	果树	食心虫	500-1000倍液	喷雾
	棉花	棉铃虫、蚜虫	450-900克/公顷	喷雾
	蔬菜	菜青虫、蚜虫	337.5-540克/公顷	喷雾
	水稻	螟虫、叶蝉	562.5-1012.5克/公顷	喷雾
	小麦、玉米	黏虫、玉米螟	540-1080克/公顷	喷雾
	烟草	烟青虫	450-900克/公顷	喷雾
PD88101-10	水胺硫磷/40%/乳油/水胺硫磷 40%/2013.03.11 至 2018.03.11/高毒			
	棉花	红蜘蛛、棉铃虫	300-600克/公顷	喷雾
	水稻	蓟马、螟虫	450-900克/公顷	喷雾
PD20040051	吡虫啉/95%/原药/吡虫啉 95%/2014.12.19 至 2019.12.19/低毒			
PD20040319	吡虫啉/25%/可湿性粉剂/吡虫啉 25%/2014.12.19 至 2019.12.19/低毒			
	水稻	稻飞虱	15-30克/公顷	喷雾
PD20040380	吡虫啉/5%/可溶液剂/吡虫啉 5%/2014.12.19 至 2019.12.19/低毒			
	梨树	梨木虱	15-20毫克/千克	喷雾
	苹果树	黄蚜	2000-4000倍液	喷雾
PD20040381	吡虫啉/5%/乳油/吡虫啉 5%/2014.12.19 至 2019.12.19/低毒			
	小麦	蚜虫	12-15克/公顷	喷雾
PD20040382	吡虫啉/10%/乳油/吡虫啉 10%/2014.12.19 至 2019.12.19/低毒			
	水稻	飞虱	22.5-30克/公顷	喷雾
PD20040464	吡虫啉/10%/可湿性粉剂/吡虫啉 10%/2014.12.19 至 2019.12.19/低毒			
	茶树	小绿叶蝉	25-33毫克/千克	喷雾
	黄瓜(温棚)	白粉虱	15-30克/公顷	喷雾
	韭菜	韭蛆	300-450克/公顷	药土法
	梨树	梨木虱	20-25毫克/千克	喷雾
	梨树	黄粉虫	4000-5000倍液	喷雾
	棉花	蚜虫	30-45克/公顷	喷雾
	苹果树	黄蚜	25-50毫克/千克	喷雾
	十字花科蔬菜	蚜虫	12-18克/公顷	喷雾
	水稻	飞虱	15-30克/公顷	喷雾
	桃树	桃蚜	4000-5000倍液	喷雾
	小麦	蚜虫	15-30克/公顷	喷雾
PD20050215	阿维菌素/95%/原药/阿维菌素 95%/2015.12.23 至 2020.12.23/高毒			
PD20070362	甲氨基阿维菌素苯甲酸盐/1%/乳油/甲氨基阿维菌素 1%/2012.10.24 至 2017.10.24/低毒			
	甘蓝	小菜蛾	2.25-3克/公顷	喷雾
	棉花	棉铃虫	7.5-11.25克/公顷	喷雾
	水稻	稻纵卷叶螟	7.5－15克/公顷	喷雾
	注:甲氨基阿维菌素苯甲酸盐含量: 1.1%。			
PD20070363	甲氨基阿维菌素苯甲酸盐/83.5%/原药/甲氨基阿维菌素 83.5%/2012.10.24 至 2017.10.24/中等毒			
	注:甲氨基阿维菌素苯甲酸盐含量:95%。			
PD20080154	啶虫脒/5%/乳油/啶虫脒 5%/2013.01.04 至 2018.01.04/低毒			
	柑橘树	蚜虫	16.7-20毫克/千克	喷雾
PD20080182	啶虫脒/96%/原药/啶虫脒 96%/2013.01.04 至 2018.01.04/中等毒			
PD20081248	苯磺隆/10%/可湿性粉剂/苯磺隆 10%/2013.09.18 至 2018.09.18/低毒			
	冬小麦田	一年生阔叶杂草	15－22.5克/公顷	茎叶喷雾
PD20082406	阿维·辛硫磷/15%/乳油/阿维菌素 0.1%、辛硫磷 14.9%/2013.12.02 至 2018.12.02/低毒(原药高毒)			
	十字花科蔬菜	小菜蛾	112.5-168.75克/公顷	喷雾
PD20082621	除虫脲/98%/原药/除虫脲 98%/2013.12.04 至 2018.12.04/低毒			
PD20083096	啶虫·辛硫磷/20%/乳油/啶虫脒 1%、辛硫磷 19%/2013.12.10 至 2018.12.10/低毒			
	苹果树	蚜虫	100-133毫克/千克	喷雾
	十字花科蔬菜	白粉虱	90-150克/公顷	喷雾
	小麦	蚜虫	75-105克/公顷	喷雾
PD20083129	阿维菌素/1.8%/乳油/阿维菌素 1.8%/2013.12.10 至 2018.12.10/低毒(原药高毒)			
	菜豆	美洲斑潜蝇	16.2-21.6克/公顷	喷雾
	柑橘树	锈壁虱	2.25-4.5毫克/千克	喷雾
	梨树	梨木虱	6-12毫克/千克	喷雾
	棉花	棉铃虫	21.6-32.4克/公顷	喷雾
	苹果树	红蜘蛛	3-6毫克/千克	喷雾
	十字花科蔬菜	菜青虫	8.1-10.8克/公顷	喷雾
	水稻	稻纵卷叶螟	3.78-4.86克/公顷	喷雾

PD20083836 阿维·哒螨灵/5%/乳油/阿维菌素 0.2%、哒螨灵 4.8%/2013.12.15 至 2018.12.15/低毒(原药高毒)
柑橘树 红蜘蛛 25-50毫克/千克 喷雾
PD20084493 除虫脲/25%/可湿性粉剂/除虫脲 25%/2013.12.18 至 2018.12.18/低毒
苹果树 金纹细蛾 50-62.5毫克/千克 喷雾
PD20084671 乙酰甲胺磷/95%/原药/乙酰甲胺磷 95%/2013.12.22 至 2018.12.22/低毒
PD20085367 腐霉·福美双/25%/可湿性粉剂/腐霉利 5%、福美双 20%/2013.12.24 至 2018.12.24/低毒
番茄 灰霉病 225－300克/公顷 喷雾
PD20085379 啶虫脒/5%/可湿性粉剂/啶虫脒 5%/2013.12.24 至 2018.12.24/低毒
苹果树 绵蚜 16.7-25毫克/千克 喷雾
PD20085380 阿维·高氯/1.1%/微乳剂/阿维菌素 0.1%、高效氯氰菊酯 1%/2013.12.24 至 2018.12.24/低毒(原药高毒)
黄瓜 美洲斑潜蝇 15-30克/公顷 喷雾
PD20085468 高氯·辛硫磷/20%/乳油/高效氯氰菊酯 2%、辛硫磷 18%/2013.12.25 至 2018.12.25/低毒
大豆 甜菜夜蛾 240-360克/公顷 喷雾
十字花科蔬菜 蚜虫 150-225克/公顷 喷雾
PD20090070 吡虫·辛硫磷/30%/乳油/吡虫啉 1%、辛硫磷 29%/2014.01.08 至 2019.01.08/低毒
棉花 蚜虫 67.5-90克/公顷 喷雾
PD20090116 烯唑·三唑酮/15%/乳油/三唑酮 10%、烯唑醇 5%/2014.01.08 至 2019.01.08/低毒
小麦 白粉病 90-120克/公顷 喷雾
PD20090769 氟铃脲/95%/原药/氟铃脲 95%/2014.01.19 至 2019.01.19/低毒
PD20091144 除虫脲/5%/乳油/除虫脲 5%/2014.01.21 至 2019.01.21/低毒
茶树 茶尺蠖 33-50毫克/千克 喷雾
苹果树 金纹细蛾 25-50毫克/千克 喷雾
PD20091195 高氯·毒死蜱/20%/乳油/毒死蜱 18%、高效氯氰菊酯 2%/2014.02.01 至 2019.02.01/中等毒
棉花 棉铃虫 120-180克/公顷 喷雾
苹果树 桃小食心虫 111-333毫克/千克 喷雾
PD20091451 百菌清/20%/烟剂/百菌清 20%/2014.02.02 至 2019.02.02/低毒
黄瓜(保护地) 霜霉病 750-1200克/公顷 点燃放烟
PD20091672 啶虫脒/3%/微乳剂/啶虫脒 3%/2014.02.03 至 2019.02.03/低毒
番茄 白粉虱 13.5-27克/公顷 喷雾
PD20092132 除脲·辛硫磷/20%/乳油/除虫脲 1%、辛硫磷 19%/2014.02.23 至 2019.02.23/低毒
十字花科蔬菜 菜青虫 90-120克/公顷 喷雾
PD20092314 阿维·敌敌畏/40%/乳油/阿维菌素 0.3%、敌敌畏 39.7%/2014.02.24 至 2019.02.24/中等毒(原药高毒)
黄瓜 美洲斑潜蝇 360-480克/公顷 喷雾
PD20092361 阿维·杀虫单/20%/微乳剂/阿维菌素 0.2%、杀虫单 19.8%/2014.02.24 至 2019.02.24/低毒(原药高毒)
菜豆 美洲斑潜蝇 135-180克/公顷 喷雾
PD20092455 高氯 ·敌敌畏/20%/乳油/敌敌畏 19%、高效氯氰菊酯 1%/2014.02.25 至 2019.02.25/中等毒
棉花 棉铃虫 120-180克/公顷 喷雾
PD20092821 氟铃脲/5%/乳油/氟铃脲 5%/2014.03.04 至 2019.03.04/低毒
棉花 棉铃虫 90-120克/公顷 喷雾
十字花科蔬菜 小菜蛾 30-52.5克/公顷 喷雾
PD20093047 苄·丁/35%/可湿性粉剂/苄嘧磺隆 1.5%、丁草胺 33.5%/2014.03.09 至 2019.03.09/低毒
水稻移栽田 部分多年生杂草、一年生杂草 577.5－787.5克/公顷 药土法
PD20093968 高氯·甲维盐/2%/微乳剂/高效氯氰菊酯 1.9%、甲氨基阿维菌素苯甲酸盐 0.1%/2014.03.27 至 2019.03.27/低毒
十字花科蔬菜 小菜蛾、斜纹夜蛾 12-18克/公顷 喷雾
PD20094750 除虫脲/20%/悬浮剂/除虫脲 20%/2014.04.10 至 2019.04.10/低毒
茶树 茶尺蠖 100-133 毫克/千克 喷雾
甘蓝 菜青虫 30-75克/公顷 喷雾
松树 松毛虫 112.5-150克/公顷 喷雾
PD20095675 阿维·高氯/6%/乳油/阿维菌素 0.4%、高效氯氰菊酯 5.6%/2014.05.14 至 2019.05.14/低毒(原药高毒)
甘蓝 小菜蛾 18-24克/公顷 喷雾
黄瓜 美洲斑潜蝇 22.5-31.5克/公顷 喷雾
PD20095784 霜脲·锰锌/72%/可湿性粉剂/代森锰锌 64%、霜脲氰 8%/2014.05.27 至 2019.05.27/低毒
番茄 晚疫病 1440－1944克/公顷 喷雾
黄瓜 霜霉病 1440－1800克/公顷 喷雾
PD20096270 锰锌·烯唑醇/40%/可湿性粉剂/代森锰锌 37%、烯唑醇 3%/2014.07.22 至 2019.07.22/低毒
梨树 黑星病 600-1000倍液 喷雾
PD20096524 阿维·啶虫脒/1.8%/微乳剂/阿维菌素 0.3%、啶虫脒 1.5%/2014.08.20 至 2019.08.20/低毒(原药高毒)
黄瓜 美洲斑潜蝇 8.1-16.2克/公顷 喷雾
PD20097166 甲氨基阿维菌素苯甲酸盐/0.5%/微乳剂/甲氨基阿维菌素 0.5%/2014.10.16 至 2019.10.16/低毒
甘蓝 甜菜夜蛾 0.75-1.5克/公顷 喷雾
烟草 烟青虫 1－2.25克/公顷 喷雾
注:甲氨基阿维菌素苯甲酸盐含量:0.6%。
PD20097485 甲氨基阿维菌素苯甲酸盐/2%/乳油/甲氨基阿维菌素 2%/2014.11.03 至 2019.11.03/低毒

棉花 棉铃虫 11.25-22.5克/公顷 喷雾
注:甲氨基阿维菌素苯甲酸含量：2.3%。
PD20098073 高效氯氰菊酯/4.5%/乳油/高效氯氰菊酯 4.5%/2014.12.08 至 2019.12.08/低毒
梨树 梨木虱 20.8-31.25毫克/千克 喷雾
PD20098189 阿维·矿物油/20%/乳油/阿维菌素 0.2%、矿物油 19.8%/2014.12.14 至 2019.12.14/低毒(原药高毒)
梨树 梨木虱 100-133毫克/千克 喷雾
PD20098362 甲氨基阿维菌素苯甲酸盐/2%/可溶粒剂/甲氨基阿维菌素 2%/2014.12.18 至 2019.12.18/低毒
十字花科蔬菜 甜菜夜蛾 2.25-3克/公顷 喷雾
注:甲氨基阿维菌素苯甲酸盐含：2.3%。
PD20101495 阿维菌素/2%/微囊悬浮剂/阿维菌素 2%/2015.05.10 至 2020.05.10/低毒(原药高毒)
梨树 梨木虱 4-5毫克/千克 喷雾
水稻 稻纵卷叶螟 4.5-9克/公顷 喷雾
PD20102028 水胺硫磷/95%/原药/水胺硫磷 95%/2015.10.18 至 2020.10.18/高毒
PD20110087 水胺硫磷/35%/乳油/水胺硫磷 35%/2016.02.17 至 2021.02.17/中等毒(原药高毒)
棉花 棉铃虫 210-315克/公顷 喷雾
水稻 象甲 105-210克/公顷 喷雾
PD20110284 阿维菌素/5%/乳油/阿维菌素 5%/2016.03.11 至 2021.03.11/中等毒(原药高毒)
苹果树 二斑叶螨 4.5-6毫克/千克 喷雾
水稻 稻纵卷叶螟 9-18克/公顷 喷雾
PD20111245 啶虫脒/20%/可溶液剂/啶虫脒 20%/2011.11.18 至 2016.11.18/低毒
苹果树 蚜虫 25-30毫克/千克 喷雾
PD20111293 阿维菌素/1%/水乳剂/阿维菌素 1%/2011.11.24 至 2016.11.24/低毒(原药高毒)
菜豆 美洲斑潜蝇 15-22.5克/公顷 喷雾
PD20120179 甲氨基阿维菌素苯甲酸盐/2%/微乳剂/甲氨基阿维菌素 2%/2012.01.30 至 2017.01.30/低毒
甘蓝 斜纹夜蛾 1.5-2.1克/公顷 喷雾
甘蓝 小菜蛾 1.5-2.25克/公顷 喷雾
茭白 二化螟 12-17克/公顷 喷雾
注:甲氨基阿维菌素苯甲酸盐含量：2.3%。
PD20120187 甲维·毒死蜱/30%/微乳剂/毒死蜱 29%、甲氨基阿维菌素苯甲酸盐 1%/2012.01.30 至 2017.01.30/中等毒
水稻 二化螟 360—450克/公顷 喷雾
PD20120286 乙酰甲胺磷/75%/可溶粉剂/乙酰甲胺磷 75%/2012.02.16 至 2017.02.16/中等毒
水稻 稻纵卷叶螟 750-1500克/公顷 喷雾
PD20120383 吡虫啉/70%/种子处理可分散粉剂/吡虫啉 70%/2012.03.06 至 2017.03.06/中等毒
水稻 蓟马 560-840克/100千克种子 拌种
夏玉米 蚜虫 350-490克/100千克种子 拌种
小麦 蚜虫 140-175克/100千克种子 拌种
PD20120459 甲氨基阿维菌素苯甲酸盐/5%/乳油/甲氨基阿维菌素 5%/2012.03.14 至 2017.03.14/低毒
甘蓝 甜菜夜蛾、小菜蛾 1.5-2克/公顷 喷雾
水稻 稻纵卷叶螟 12-18克/公顷 喷雾
注:甲氨基阿维菌素苯甲酸盐含量：5.7%。
PD20120755 除脲·毒死蜱/20%/乳油/除虫脲 1%、毒死蜱 19%/2012.05.05 至 2017.05.05/中等毒
棉花 棉铃虫 240-300克/公顷 喷雾
PD20121012 甲氨基阿维菌素苯甲酸盐/5%/可溶粒剂/甲氨基阿维菌素 5%/2012.06.27 至 2017.06.27/低毒
棉花 棉铃虫 9.9-19.7克/公顷 喷雾
注:甲氨基阿维菌素苯甲酸盐含量：5.7%。
PD20121050 烯酰吗啉/50%/可湿性粉剂/烯酰吗啉 50%/2012.07.12 至 2017.07.12/低毒
黄瓜 霜霉病、疫病 225-300克/公顷 喷雾
PD20121486 嘧菌酯/97%/原药/嘧菌酯 97%/2012.10.09 至 2017.10.09/微毒
PD20121717 草铵膦/200克/升/水剂/草铵膦 200克/升/2012.11.08 至 2017.11.08/低毒
柑橘园 杂草 750-1050克/公顷 定向茎叶喷雾
PD20130151 阿维菌素/5%/可湿性粉剂/阿维菌素 5%/2013.01.17 至 2018.01.17/低毒(原药高毒)
甘蓝 小菜蛾 11.25-15克/公顷 喷雾
PD20130518 嘧菌酯/250克/升/悬浮剂/嘧菌酯 250克/升/2013.03.27 至 2018.03.27/低毒
黄瓜 霜霉病 120-180克/公顷 喷雾
马铃薯 晚疫病 56.25-105克/公顷 喷雾
水稻 稻瘟病 75-150克/公顷 喷雾
PD20131090 草铵膦/95%/原药/草铵膦 95%/2013.05.20 至 2018.05.20/低毒
PD20132147 噻唑膦/10%/颗粒剂/噻唑膦 10%/2013.10.29 至 2018.10.29/中等毒
番茄 根结线虫 2000-3000克/公顷 撒施或沟施
PD20132443 高氯·啶虫脒/5%/可湿性粉剂/啶虫脒 3%、高效氯氰菊酯 2%/2013.12.02 至 2018.12.02/低毒
番茄 烟粉虱 18.75-30克/公顷 喷雾
PD20132560 甲氨基阿维菌素苯甲酸盐/5%/水分散粒剂/甲氨基阿维菌素 5%/2013.12.17 至 2018.12.17/低毒
注：专供出口，不得在国内销售。 甲氨基阿维菌素苯甲酸盐含量：5.7%。

PD20140059 吡蚜酮/50%/水分散粒剂/吡蚜酮 50%/2014.01.20 至 2019.01.20/低毒
水稻 稻飞虱 90-150克/公顷 喷雾
PD20140060 除虫脲/240克/升/悬浮剂/除虫脲 240克/升/2014.01.20 至 2019.01.20/低毒
注:专供出口，不得在国内销售。
PD20140186 多杀霉素/91%/原药/多杀霉素 91%/2014.01.29 至 2019.01.29/微毒
PD20142058 吡蚜酮/98%/原药/吡蚜酮 98%/2014.08.27 至 2019.08.27/低毒
PD20142059 阿维·螺螨酯/28%/悬浮剂/阿维菌素 4%、螺螨酯 24%/2014.08.27 至 2019.08.27/低毒(原药高毒)
柑橘树 红蜘蛛 35-45毫克/千克 喷雾
PD20150164 苯甲·嘧菌酯/325克/升/悬浮剂/苯醚甲环唑 125克/升、嘧菌酯 200克/升/2015.01.14 至 2020.01.14/低毒
西瓜 炭疽病 100-300毫克/千克 喷雾
PD20150700 烟嘧·硝磺·莠/24%/可分散油悬浮剂/烟嘧磺隆 2%、莠去津 18%、硝磺草酮 4%/2015.04.20 至 2020.04.20/低毒
玉米田 一年生杂草 540-720克/公顷 喷雾
PD20151348 多杀霉素/480克/升/悬浮剂/多杀霉素 480克/升/2015.07.30 至 2020.07.30/低毒
甘蓝 小菜蛾 10-20克/公顷 喷雾
PD20151467 阿维·毒死蜱/25%/乳油/阿维菌素 0.3%、毒死蜱 24.7%/2015.07.31 至 2020.07.31/中等毒(原药高毒)
棉花 棉铃虫 75-225克/公顷 喷雾
PD20151821 高效氯氟氰菊酯/5%/水乳剂/高效氯氟氰菊酯 5%/2015.08.28 至 2020.08.28/中等毒
小麦 蚜虫 7.5-10.5克/公顷 喷雾
PD20152203 草铵膦/10%/水剂/草铵膦 10%/2015.09.23 至 2020.09.23/低毒
非耕地 杂草 750-1500毫升/公顷 茎叶喷雾
PD20152348 噻唑膦/95%/原药/噻唑膦 95%/2015.10.22 至 2020.10.22/中等毒
LS20120172 噻虫胺/98%/原药/噻虫胺 98%/2014.05.03 至 2015.05.03/低毒
LS20130279 噻虫胺/20%/悬浮剂/噻虫胺 20%/2015.05.07 至 2016.05.07/低毒
水稻 稻飞虱 90-150克/公顷 喷雾
LS20140186 阿维·茚虫威/6%/微乳剂/阿维菌素 2%、茚虫威 4%/2015.05.06 至 2016.05.06/低毒(原药高毒)
水稻 稻纵卷叶螟 30-50克/公顷 喷雾
LS20150141 呋虫胺/98%/原药/呋虫胺 98%/2015.06.17 至 2016.06.17/低毒

河北沃德丰药业有限公司 (河北省石家庄赞皇东高工业区 051230 0311-85610981)

PD20132586 甲氨基阿维菌素苯甲酸盐/2%/微乳剂/甲氨基阿维菌素 2%/2013.12.17 至 2018.12.17/低毒
甘蓝 甜菜夜蛾 2.1-2.7克/公顷 喷雾
注:甲氨基阿维菌素苯甲酸盐含量: 2.3%
PD20132689 苦参碱/0.3%/水剂/苦参碱 0.3%/2013.12.25 至 2018.12.25/低毒
甘蓝 菜青虫 5.625-6.75克/公顷 喷雾
PD20140257 甲氨基阿维菌素苯甲酸盐/5%/水分散粒剂/甲氨基阿维菌素 5%/2014.01.29 至 2019.01.29/低毒
甘蓝 小菜蛾 2.25-3.375克/公顷 喷雾
注:甲氨基阿维菌素苯甲酸盐含量: 5.7%。
PD20141948 阿维菌素/3%/微乳剂/阿维菌素 3%/2014.08.13 至 2019.08.13/中等毒(原药高毒)
甘蓝 小菜蛾 7.5-9克/公顷 喷雾
WP20080412 杀虫气雾剂/0.6%/气雾剂/胺菊酯 0.35%、氯菊酯 0.15%、氯氰菊酯 0.1%/2013.12.12 至 2018.12.12/低毒
卫生 蜚蠊、蚊、蝇 / 喷雾
WP20080567 蚊香/0.28%/蚊香/富右旋反式烯丙菊酯 0.28%/2013.12.24 至 2018.12.24/低毒
卫生 蚊 / 点燃

河北欣田生化工程有限公司 (河北省柏乡县固路东侧188号 055450 0319-7799399)

PD20101551 啶虫脒/20%/可湿性粉剂/啶虫脒 20%/2015.05.19 至 2020.05.19/低毒
柑橘树 蚜虫 10-13.33毫克/千克 喷雾
PD20121361 苦参碱/0.3%/可溶液剂/苦参碱 0.3%/2012.09.13 至 2017.09.13/低毒
梨树 黑星病 4.5-6毫克/千克 喷雾
PD20131386 阿维菌素/1.8%/乳油/阿维菌素 1.8%/2013.06.24 至 2018.06.24/低毒(原药高毒)
甘蓝 小菜蛾 8.1-10.8克/公顷 喷雾
PD20131571 吡虫啉/20%/可溶液剂/吡虫啉 20%/2013.07.23 至 2018.07.23/低毒
甘蓝 蚜虫 15-30克/公顷 喷雾

河北新农生物化工股份有限公司 (河北省海兴县农场西 061200 0317-6656228)

PD20098128 棉铃虫核型多角体病毒/20亿PIB/毫升/悬浮剂/棉铃虫核型多角体病毒 20亿PIB/毫升/2014.12.08 至 2019.12.08/低毒
棉花 棉铃虫 750-900毫升/公顷 喷雾
PD20100019 高效氯氟氰菊酯/25克/升/乳油/高效氯氟氰菊酯 25克/升/2015.01.04 至 2020.01.04/低毒
十字花科叶菜 蚜虫 7.5-9.375克/公顷 喷雾
小麦 蚜虫 7.5-15克/公顷 喷雾
PD20100271 顺式氯氰菊酯/50克/升/乳油/顺式氯氰菊酯 50克/升/2015.01.11 至 2020.01.11/低毒
甘蓝 菜青虫 11.25-15.75克/公顷 喷雾
PD20110770 啶虫脒/5%/乳油/啶虫脒 5%/2011.07.25 至 2016.07.25/低毒
柑橘树 蚜虫 10—15毫克/千克; 3333—5000倍稀释 喷雾
PD20110937 吡虫啉/25%/可湿性粉剂/吡虫啉 25%/2011.09.07 至 2016.09.07/低毒

水稻 稻飞虱 22.5-30克/公顷 喷雾

PD20111437 甲氨基阿维菌素苯甲酸盐/2%/乳油/甲氨基阿维菌素 2%/2011.12.29 至 2016.12.29/低毒
甘蓝 小菜蛾 1.5-3克/公顷 喷雾
注:甲氨基阿维菌素苯甲酸盐含量:2.3%。

PD20120061 啶虫脒/20%/可湿性粉剂/啶虫脒 20%/2012.01.16 至 2017.01.16/低毒
柑橘树 蚜虫 10-13.3毫克/千克 喷雾

PD20130825 阿维·毒死蜱/15%/乳油/阿维菌素 0.1%、毒死蜱 14.9%/2013.04.22 至 2018.04.22/中等毒(原药高毒)
水稻 二化螟 90-180克/公顷 喷雾

PD20132246 阿维·三唑磷/20%/乳油/阿维菌素 0.2%、三唑磷 19.8%/2013.11.05 至 2018.11.05/中等毒(原药剧毒)
水稻 二化螟 180-270克/公顷 喷雾

PD20140712 阿维菌素/5%/乳油/阿维菌素 5%/2014.03.24 至 2019.03.24/中等毒(原药高毒)
甘蓝 小菜蛾 7.5-11.5克/公顷 喷雾

河北新兴化工有限责任公司 (河北省保定市涿州市松林店镇 072761 0312-3615555)

PD84111-7 氧乐果/40%/乳油/氧乐果 40%/2014.10.26 至 2019.10.26/中等毒(原药高毒)
棉花 蚜虫、螨 375-600克/公顷 喷雾
森林 松干蚧、松毛虫 500倍液 喷雾或直接涂树干
水稻 稻纵卷叶螟、飞虱 375-600克/公顷 喷雾
小麦 蚜虫 300-450克/公顷 喷雾

PD20080828 噁草酮/25.5%/乳油/噁草酮 25.5%/2013.06.20 至 2018.06.20/低毒
春大豆田 一年生杂草 750-1125克/公顷 土壤喷雾

PD20080831 噁草酮/94%/原药/噁草酮 94%/2013.06.20 至 2018.06.20/低毒

PD20080886 噁草酮/12.5%/乳油/噁草酮 12.5%/2013.07.09 至 2018.07.09/低毒
移栽水稻田 一年生杂草 375-468.8克/公顷 直接撒施或药土法

PD20080937 嗪草酮/50%/可湿性粉剂/嗪草酮 50%/2013.07.17 至 2018.07.17/低毒
春大豆田 一年生阔叶杂草 525-637.5克/公顷 土壤喷雾

PD20080938 嗪草酮/95%/原药/嗪草酮 95%/2013.07.17 至 2018.07.17/低毒

PD20080939 嗪草酮/70%/可湿性粉剂/嗪草酮 70%/2013.07.17 至 2018.07.17/低毒
大豆田 一年生阔叶杂草 525-735克/公顷 土壤喷雾

PD20082918 双甲脒/98%/原药/双甲脒 98%/2013.12.09 至 2018.12.09/中等毒

河北宣化农药有限责任公司 (河北省张家口市宣化区大东门外三里台 075100 0313-3185125)

PD85112-4 莠去津/38%/悬浮剂/莠去津 38%/2015.04.18 至 2020.04.18/低毒
茶园 一年生杂草 1125-1875克/公顷 喷于地表
防火隔离带、公路、森林、铁路 一年生杂草 0.8-2克/平方米 喷于地表
甘蔗 一年生杂草 1050-1500克/公顷 喷于地表
高粱、糜子、玉米 一年生杂草 1800-2250克/公顷(东北地区) 喷于地表
红松苗圃 一年生杂草 0.2-0.3克/平方米 喷于地表
梨园、苹果园 一年生杂草 1625-1875克/公顷 喷于地表
橡胶园 一年生杂草 2250-3750克/公顷 喷于地表

PD93105-3 莠去津/92%,88%,85%/原药/莠去津 92%,88%,85%/2013.06.03 至 2018.06.03/低毒

PD20040575 哒螨灵/15%/乳油/哒螨灵 15%/2014.12.19 至 2019.12.19/中等毒
柑橘树、苹果树 红蜘蛛 50-67毫克/千克 喷雾

PD20080060 苯磺隆/95%/原药/苯磺隆 95%/2013.01.04 至 2018.01.04/低毒

PD20080128 啶虫脒/96%/原药/啶虫脒 96%/2013.01.04 至 2018.01.04/中等毒

PD20080308 苯磺隆/75%/水分散粒剂/苯磺隆 75%/2013.02.25 至 2018.02.25/低毒
冬小麦田 一年生阔叶杂草 13.5-22.5克/公顷 茎叶喷雾

PD20081428 硫双威/95%/原药/硫双威 95%/2013.10.31 至 2018.10.31/中等毒

PD20081662 异丙草胺/90%/原药/异丙草胺 90%/2013.11.14 至 2018.11.14/低毒

PD20081695 氯嘧磺隆/95%/原药/氯嘧磺隆 95%/2013.11.17 至 2018.11.17/低毒

PD20082276 异噁草松/95%/原药/异噁草松 95%/2013.11.27 至 2018.11.27/低毒

PD20082880 异噁草松/480克/升/乳油/异噁草松 480克/升/2013.12.09 至 2018.12.09/低毒
春大豆田 一年生杂草 2100-2500毫升/公顷(制剂) 播后苗前土壤喷雾处理

PD20083806 异丙草胺/70%/乳油/异丙草胺 70%/2013.12.15 至 2018.12.15/低毒
春大豆田 一年生禾本科杂草及部分小粒种子阔叶杂草 1575-2100克/公顷(东北地区) 播后苗前土壤喷雾
夏大豆田 一年生禾本科杂草及部分小粒种子阔叶杂草 1260-1575克/公顷(其它地区) 播后苗前土壤喷雾

PD20084715 啶虫脒/5%/乳油/啶虫脒 5%/2013.12.22 至 2018.12.22/中等毒
黄瓜 蚜虫 18-22.5克/公顷 喷雾
苹果树 蚜虫 15-20毫克/千克 喷雾

PD20085847 异丙草胺/868克/升/乳油/异丙草胺 868克/升/2013.12.29 至 2018.12.29/低毒
春大豆田 部分阔叶杂草、一年生禾本科杂草 1953-2604克/公顷(东北地区) 土壤喷雾

夏大豆田	部分阔叶杂草、一年生禾本科杂草	1302-1953克/公顷(其它地区)	土壤喷雾

PD20086302 乙·莠/40%/悬乳剂/乙草胺 20%、莠去津 20%/2013.12.31 至 2018.12.31/低毒

春玉米田	一年生杂草	1800-2400克/公顷(东北地区)	播后苗前土壤处理
夏玉米田	一年生杂草	900-1500克/公顷(华北地区)	播后苗前土壤处理

PD20090624 吡嘧磺隆/10%/可湿性粉剂/吡嘧磺隆 10%/2014.01.14 至 2019.01.14/低毒

水稻移栽田	稗草、阔叶杂草、莎草	15-30克/公顷	毒土

PD20090770 苯磺隆/10%/可湿性粉剂/苯磺隆 10%/2014.01.19 至 2019.01.19/低毒

小麦田	阔叶杂草	10.05-19.5克/公顷	喷雾

PD20092138 噻吩磺隆/70%/可湿性粉剂/噻吩磺隆 70%/2014.02.23 至 2019.02.23/低毒

春大豆田、春玉米田	一年生阔叶杂草	29.4－50.4克/公顷(东北地区)	土壤喷雾

PD20092316 异丙·异噁松/51%/乳油/异丙草胺 36%、异噁草松 15%/2014.02.24 至 2019.02.24/低毒

春大豆田	一年生杂草	1530-1912.5克/公顷(东北地区)	喷雾
冬油菜(移栽田)	一年生杂草	688.5－841.5克/公顷	茎叶喷雾
花生田	一年生杂草	765－1147.5克/公顷	土壤喷雾

PD20092791 苯磺隆/25%/可溶粉剂/苯磺隆 25%/2014.03.04 至 2019.03.04/低毒

冬小麦田	一年生阔叶杂草	15－22.5克/公顷	茎叶喷雾

PD20092993 唑草·苯磺隆/28%/可湿性粉剂/苯磺隆 16%、唑草酮 12%/2014.03.09 至 2019.03.09/低毒

小麦田	一年生杂草	21－25.2克/公顷	茎叶喷雾

PD20095196 异松·乙草胺/80%/乳油/乙草胺 60%、异噁草松 20%/2014.04.24 至 2019.04.24/低毒

大豆田	一年生杂草	1680－2040克/公顷	土壤喷雾

PD20095198 丁·莠/48%/悬乳剂/丁草胺 19%、莠去津 29%/2014.04.24 至 2019.04.24/低毒

夏玉米田	一年生杂草	1080-1440克/公顷	播后苗前土壤喷雾

PD20095372 异松·乙草胺/45%/乳油/乙草胺 30%、异噁草松 15%/2014.04.27 至 2019.04.27/低毒

大豆田	一年生杂草	1012.5-1350克/公顷	播后苗前土壤喷雾处理

PD20095414 乙·莠/52%/悬乳剂/乙草胺 27%、莠去津 25%/2014.05.11 至 2019.05.11/低毒

春玉米田	一年生杂草	1560-1950克/公顷	播后苗前土壤喷雾
夏玉米田	一年生杂草	957-1560克/公顷	播后苗前土壤喷雾

PD20095435 乙草胺/50%/乳油/乙草胺 50%/2014.05.11 至 2019.05.11/低毒

大豆田	一年生禾本科杂草及小粒阔叶杂草	1)1200-1875克/公顷(东北地区)2)750-1050克/公顷(其它地区)	播前、播后苗前土壤处理
花生田	一年生禾本科杂草及小粒阔叶杂草	750-1200克/公顷	播后苗前土壤处理(覆膜时药量酌减)
油菜田	一年生禾本科杂草及小粒阔叶杂草	525-750克/公顷	栽前或栽后3天土壤处理
玉米田	一年生禾本科杂草及小粒阔叶杂草	1)900-1875克/公顷(东北地区)2)750-1050克/公顷(其它地区)	播后苗期土壤处理

PD20095448 吡嘧磺隆/95%/原药/吡嘧磺隆 95%/2014.05.11 至 2019.05.11/低毒

PD20095573 莠去津/50%/悬浮剂/莠去津 50%/2014.05.12 至 2019.05.12/低毒

春玉米田	一年生杂草	1800-2250克/公顷(东北地区)	播后苗前土壤喷雾
夏玉米田	一年生杂草	1050-1500克/公顷(其它地区)	播后苗前土壤喷雾

PD20095814 乙·莠· 滴丁酯/43.2%/悬乳剂/2,4-滴丁酯 7.2%、乙草胺 18%、莠去津 18%/2014.05.27 至 2019.05.27/低毒

春玉米田	一年生杂草	2916-3240克/公顷(东北地区)	土壤喷雾

PD20095837 吡嘧·苯噻酰/40%/可湿性粉剂/苯噻酰草胺 39%、吡嘧磺隆 1%/2014.05.27 至 2019.05.27/低毒

水稻移栽田	一年生及部分多年生杂草	600-720克/公顷	药土法

PD20095864 砜嘧·莠去津/50%/可湿性粉剂/砜嘧磺隆 1%、莠去津 49%/2014.05.27 至 2019.05.27/低毒

春玉米田	一年生杂草	900-1125克/公顷(东北地区)	茎叶喷雾
夏玉米田	一年生杂草	675-900克/公顷	茎叶喷雾

PD20095974 乙草胺/81.5%/乳油/乙草胺 81.5%/2014.06.04 至 2019.06.04/低毒

春大豆田	一年生禾本科杂草及部分阔叶杂草	1636.2-2045克/公顷	土壤喷雾
夏大豆田	一年生禾本科杂草及部分阔叶杂草	1090.8-1636.2克/公顷	土壤喷雾

PD20097467 2,4-滴丁酯/57%/乳油/2,4-滴丁酯 57%/2014.11.03 至 2019.11.03/低毒

春小麦田	一年生阔叶杂草	810-1080克/公顷	喷雾
冬小麦田	一年生阔叶杂草	540-810克/公顷	茎叶喷雾

PD20131070 烟嘧·莠去津/20.5%/可分散油悬浮剂/烟嘧磺隆 1.5%、莠去津 19%/2013.05.20 至 2018.05.20/低毒

玉米田	一年生杂草	615-768.75克/公顷	茎叶喷雾

PD20132194 砜嘧·莠去津/19.5%/可分散油悬浮剂/砜嘧磺隆 0.5%、莠去津 19%/2013.10.29 至 2018.10.29/低毒

春玉米田	杂草	731.25-877.5克/公顷	茎叶喷雾
夏玉米田	杂草	585-731.25克/公顷	茎叶喷雾

PD20140705 烟嘧·莠去津/50.5%/可湿性粉剂/烟嘧磺隆 3.5%、莠去津 47%/2014.03.24 至 2019.03.24/低毒

玉米田	一年生杂草	606-909克/公顷	茎叶喷雾

PD20151513 乙·莠/61%/悬乳剂/乙草胺 36%、莠去津 25%/2015.07.31 至 2020.07.31/低毒

夏玉米田	一年生杂草	823.5-1189克/公顷	土壤喷雾

河北野田农用化学有限公司 (河北省石家庄市元氏县城南工业区 051130 0311-85321692)

PD20040132 高效氯氰菊酯/4.5%/微乳剂/高效氯氰菊酯 4.5%/2014.12.19 至 2019.12.19/低毒
十字花科蔬菜 菜青虫 20.25-27克/公顷 喷雾

PD20070481 啶虫脒/99%/原药/啶虫脒 99%/2012.11.28 至 2017.11.28/低毒

PD20081521 吡虫啉/97%/原药/吡虫啉 97%/2013.11.06 至 2018.11.06/低毒

PD20081781 苯磺隆/10%/可湿性粉剂/苯磺隆 10%/2013.11.19 至 2018.11.19/低毒
冬小麦田 一年生阔叶杂草 13.5-22.5克/公顷 茎叶喷雾

PD20082089 啶虫脒/5%/乳油/啶虫脒 5%/2013.11.25 至 2018.11.25/低毒
柑橘树 蚜虫 8.3-10毫克/千克 喷雾
萝卜 黄条跳甲 45-90克/公顷 喷雾
芹菜 蚜虫 18-27克/公顷 喷雾

PD20082684 阿维菌素/1.8%/乳油/阿维菌素 1.8%/2013.12.05 至 2018.12.05/低毒(原药高毒)
十字花科蔬菜 小菜蛾 8.1-10.8克/公顷 喷雾
茭白 二化螟 9.5-13.5克/公顷 喷雾

PD20083616 阿维·啶虫脒/4%/乳油/阿维菌素 1%、啶虫脒 3%/2013.12.12 至 2018.12.12/低毒(原药高毒)
苹果树 蚜虫 8-13.3毫克/千克 喷雾

PD20083782 阿维菌素/3.2%/乳油/阿维菌素 3.2%/2013.12.15 至 2018.12.15/低毒(原药高毒)
菜豆 美洲斑潜蝇 10.8-21.6克/公顷 喷雾

PD20084225 莠去津/48%/可湿性粉剂/莠去津 48%/2013.12.17 至 2018.12.17/低毒
春玉米田 一年生杂草 2160-2592克/公顷 播后苗前土壤喷雾
夏玉米田 一年生杂草 1080-1440克/公顷 播后苗前土壤喷雾

PD20084460 啶虫脒/10%/微乳剂/啶虫脒 10%/2013.12.17 至 2018.12.17/低毒
苹果树 蚜虫 12-15毫克/千克 喷雾

PD20091146 啶虫脒/5%/乳油/啶虫脒 5%/2014.01.21 至 2019.01.21/低毒
黄瓜 蚜虫 18-22.5克/公顷 喷雾

PD20091350 啶虫脒/5%/可湿性粉剂/啶虫脒 5%/2014.02.02 至 2019.02.02/低毒
十字花科蔬菜 蚜虫 15-22.5克/公顷 喷雾

PD20092084 阿维·矿物油/24.5%/乳油/阿维菌素 0.2%、矿物油 24.3%/2014.02.16 至 2019.02.16/低毒(原药高毒)
柑橘树 红蜘蛛 163.3-245毫克/千克 喷雾

PD20093892 甲氨基阿维菌素苯甲酸盐/1%/乳油/甲氨基阿维菌素 1%/2014.03.25 至 2019.03.25/低毒
甘蓝 小菜蛾 2.25-4.5克/公顷 喷雾
注:甲氨基阿维菌素苯甲酸盐含量:1.14%。

PD20111371 吡虫啉/10%/可湿性粉剂/吡虫啉 10%/2011.12.14 至 2016.12.14/低毒
韭菜 韭蛆 300-450克/公顷 药土法
棉花 蚜虫 30-45克/公顷 喷雾
芹菜 蚜虫 15-30克/公顷 喷雾
小麦 蚜虫 45-60克/公顷(北方);15-30克/公顷(南方) 喷雾

PD20111456 甲氨基阿维菌素苯甲酸盐/0.57%/微乳剂/甲氨基阿维菌素 0.5%/2011.12.30 至 2016.12.30/低毒
甘蓝 甜菜夜蛾 1.125-2.25克/公顷 喷雾
注:甲氨基阿维菌素苯甲酸盐含量:0.57%。

PD20120018 吡虫啉/10%/乳油/吡虫啉 10%/2012.01.06 至 2017.01.06/低毒
水稻 稻飞虱 15-30克/公顷 喷雾
小麦 蚜虫 15-30克/公顷(南方地区);45-60克/公顷(北方地区) 喷雾

PD20121056 高氯·甲维盐/2%/乳油/高效氯氰菊酯 1.9%、甲氨基阿维菌素苯甲酸盐 0.1%/2012.07.12 至 2017.07.12/低毒
甘蓝 小菜蛾 18-24克/公顷 喷雾

PD20121523 啶虫脒/20%/可溶液剂/啶虫脒 20%/2012.10.09 至 2017.10.09/低毒
柑橘树 蚜虫 10-13.3毫克/千克 喷雾

PD20121806 吡虫啉/5%/乳油/吡虫啉 5%/2012.11.22 至 2017.11.22/低毒
小麦 蚜虫 15-30克/公顷(南方地区)45-60克/公顷(北方地区) 喷雾

PD20121810 吡虫啉/25%/可湿性粉剂/吡虫啉 25%/2012.11.22 至 2017.11.22/低毒
棉花 蚜虫 22.5-45克/公顷 喷雾
芹菜 蚜虫 15-30克/公顷 喷雾
小麦 蚜虫 15-30克/公顷(南方);45-60克/公顷(北方) 喷雾

PD20121839 吡虫啉/70%/可湿性粉剂/吡虫啉 70%/2012.11.23 至 2017.11.23/低毒
棉花 蚜虫 30-37.5克/公顷 喷雾
芹菜 蚜虫 15-30克/公顷 喷雾

PD20121904 吡虫啉/20%/乳油/吡虫啉 20%/2012.12.07 至 2017.12.07/低毒
棉花 蚜虫 22.5-31.5克/公顷 喷雾

PD20121945 甲氨基阿维菌素苯甲酸盐/3%/微乳剂/甲氨基阿维菌素 3%/2012.12.12 至 2017.12.12/低毒

甘蓝 小菜蛾 1.5-3克/公顷 喷雾
辣椒 烟青虫 1.35-3.15克/公顷 喷雾
注:甲氨基阿维菌素苯甲酸盐含量：3.4%。

PD20130568 啶虫脒/50%/水分散粒剂/啶虫脒 50%/2013.04.01 至 2018.04.01/低毒
甘蓝 蚜虫 18—20.25克/公顷 喷雾

PD20141326 噻虫嗪/50%/水分散粒剂/噻虫嗪 50%/2014.06.03 至 2019.06.03/微毒
芹菜 蚜虫 15-30克/公顷 喷雾
水稻 稻飞虱 7.5-15克/公顷 喷雾

PD20141327 噻呋酰胺/240克/升/悬浮剂/噻呋酰胺 240克/升/2014.06.03 至 2019.06.03/微毒
水稻 纹枯病 36—72克/公顷 喷雾

PD20141328 嘧菌酯/30%/悬浮剂/嘧菌酯 30%/2014.06.03 至 2019.06.03/低毒
番茄 早疫病 90-135克/公顷 喷雾

PD20142187 噻虫嗪/25%/水分散粒剂/噻虫嗪 25%/2014.09.26 至 2019.09.26/微毒
芹菜 蚜虫 15-30克/公顷 喷雾
水稻 稻飞虱 7.5-15克/公顷 喷雾

PD20150655 吡虫啉/600克/升/悬浮种衣剂/吡虫啉 600克/升/2015.04.16 至 2020.04.16/低毒
小麦 蚜虫 360-420克/100千克种子 种子包衣

PD20151989 戊唑·咪鲜胺/400克/升/水乳剂/咪鲜胺 267克/升、戊唑醇 133克/升/2015.08.30 至 2020.08.30/低毒
香蕉 黑星病 266.7-400毫克/千克 喷雾

PD20152616 噻苯·敌草隆/540克/升/悬浮剂/敌草隆 180克/升、噻苯隆 360克/升/2015.12.17 至 2020.12.17/低毒
棉花 脱叶 72.9-97.2克/公顷 茎叶喷雾

LS20150028 阿维·噻唑膦/15%/颗粒剂/阿维菌素 2%、噻唑膦 13%/2015.01.15 至 2016.01.15/中等毒(原药高毒)
黄瓜 根结线虫 2250-3375克/公顷 撒施

LS20150081 阿维·螺螨酯/22%/悬浮剂/阿维菌素 2%、螺螨酯 20%/2015.04.16 至 2016.04.16/低毒(原药高毒)
柑橘树 红蜘蛛 44-55毫克/千克 喷雾

LS20150127 多杀·吡虫啉/16%/悬浮剂/吡虫啉 14%、多杀霉素 2%/2015.05.14 至 2016.05.14/低毒
节瓜 蓟马 36-48克/公顷 喷雾

河北伊诺生化有限公司 (河北省新乐市新无公路南侧888号 050081 0311-88680030)

PD20084457 啶虫脒/5%/乳油/啶虫脒 5%/2013.12.17 至 2018.12.17/低毒
柑橘树 蚜虫 10-12.5毫克/千克 喷雾

PD20084949 高效氯氰菊酯/25克/升/乳油/高效氯氰菊酯 25克/升/2013.12.22 至 2018.12.22/中等毒
十字花科蔬菜 菜青虫 11.25-15克/公顷 喷雾
小麦 蚜虫 7.5-9克/公顷 喷雾

PD20085258 氰戊·马拉松/20%/乳油/马拉硫磷 15%、氰戊菊酯 5%/2013.12.23 至 2018.12.23/中等毒
棉花 棉铃虫 180-360克/公顷 喷雾

PD20085524 吡虫啉/10%/可湿性粉剂/吡虫啉 10%/2013.12.25 至 2018.12.25/低毒
水稻 稻飞虱 15-30克/公顷 喷雾
小麦 蚜虫 15-30克/公顷（南方地区），45-60克/公顷（北方地区） 喷雾

PD20085538 三唑锡/25%/可湿性粉剂/三唑锡 25%/2013.12.25 至 2018.12.25/低毒
柑橘树 红蜘蛛 125-166.7毫克/千克 喷雾

PD20085635 代森锰锌/80%/可湿性粉剂/代森锰锌 80%/2013.12.26 至 2018.12.26/低毒
苹果树 轮纹病 1000-1333.3毫克/千克 喷雾

PD20090144 马拉硫磷/45%/乳油/马拉硫磷 45%/2014.01.08 至 2019.01.08/低毒
水稻 稻飞虱 675-810克/公顷 喷雾

PD20092222 多·锰锌/70%/可湿性粉剂/多菌灵 20%、代森锰锌 50%/2014.02.24 至 2019.02.24/低毒
梨树 黑星病 1000-1250毫克/千克 喷雾
苹果 斑点落叶病 1000-1250毫克/千克 喷雾

PD20092373 氟铃脲/5%/乳油/氟铃脲 5%/2014.02.25 至 2019.02.25/低毒
甘蓝 小菜蛾 30-52.5克/公顷 喷雾

PD20092568 毒死蜱/40%/乳油/毒死蜱 40%/2014.02.26 至 2019.02.26/中等毒
苹果树 食心虫 133.3-200毫克/千克 喷雾
小麦 蚜虫 120-180克/公顷 喷雾

PD20092724 甲基硫菌灵/70%/可湿性粉剂/甲基硫菌灵 70%/2014.03.04 至 2019.03.04/低毒
甘薯 黑斑病 1000-2333毫克/千克 浸种薯
梨树 黑星病 360-450毫克/千克 喷雾

PD20092985 百菌清/75%/可湿性粉剂/百菌清 75%/2014.03.09 至 2019.03.09/低毒
黄瓜 霜霉病 1650-3000克/公顷 喷雾

PD20093482 联苯菊酯/100克/升/乳油/联苯菊酯 100克/升/2014.03.23 至 2019.03.23/中等毒
茶树 茶小绿叶蝉 30-37.5克/公顷 喷雾
柑橘树 红蜘蛛 20-40克/公顷 喷雾

PD20093590 吡虫啉/20%/可溶液剂/吡虫啉 20%/2014.03.23 至 2019.03.23/低毒
水稻 稻飞虱 30-45克/公顷 喷雾

	烟草	蚜虫	30-45克/公顷	喷雾
PD20093597	井冈霉素/5%/水剂/井冈霉素 5%/2014.03.23 至 2019.03.23/低毒			
	水稻	纹枯病	150-187.5克/公顷	喷雾
PD20093619	噻嗪·异丙威/25%/可湿性粉剂/噻嗪酮 5%、异丙威 20%/2014.03.25 至 2019.03.25/低毒			
	水稻	稻飞虱	375-562.5克/公顷	喷雾
PD20093665	杀扑磷/40%/乳油/杀扑磷 40%/2014.03.25 至 2015.09.30/高毒			
	柑橘树	介壳虫	400-600毫克/千克	喷雾
PD20094598	阿维菌素/1.8%/乳油/阿维菌素 1.8%/2014.04.10 至 2019.04.10/低毒(原药高毒)			
	甘蓝	小菜蛾	10.8-13.5克/公顷	喷雾
	黄瓜	斑潜蝇	2.7-3.6克/公顷	喷雾
PD20094643	乙烯利/40%/水剂/乙烯利 40%/2014.04.10 至 2019.04.10/低毒			
	棉花	调节生长	800-1333毫克/千克（300-500倍液）	喷雾法
PD20094854	啶虫脒/5%/可湿性粉剂/啶虫脒 5%/2015.04.27 至 2020.04.27/低毒			
	小麦	蚜虫	22.5-30克/公顷	喷雾
PD20096454	溴氰菊酯/25克/升/乳油/溴氰菊酯 25克/升/2014.08.05 至 2019.08.05/中等毒			
	十字花科蔬菜	菜青虫	11.25-18.75克/公顷	喷雾
PD20097456	阿维·高氯/3%/乳油/阿维菌素 0.2%、高效氯氰菊酯 2.8%/2014.10.28 至 2019.10.28/低毒(原药高毒)			
	甘蓝	菜青虫、小菜蛾	13.5-27克/公顷	喷雾
PD20097589	高氯·矿物油/26%/乳油/高效氯氰菊酯 2%、矿物油 24%/2014.11.03 至 2019.11.03/低毒			
	黄瓜	蚜虫	195-273克/公顷	喷雾
PD20100150	阿维·高氯/2.4%/可湿性粉剂/阿维菌素 0.3%、高效氯氰菊酯 2.1%/2015.01.05 至 2020.01.05/低毒(原药高毒)			
	甘蓝	菜青虫、小菜蛾	13.5-27克/公顷	喷雾
PD20101000	春雷霉素/2%/水剂/春雷霉素 2%/2015.01.20 至 2020.01.20/低毒			
	大白菜	黑腐病	22.5-36克/公顷	喷雾
	黄瓜	角斑病	47.25—52.5克/公顷	喷雾
PD20101025	烟嘧磺隆/40克/升/可分散油悬浮剂/烟嘧磺隆 40克/升/2015.01.20 至 2020.01.20/低毒			
	玉米田	一年生杂草	40-60克/公顷	茎叶喷雾
PD20102126	嘧霉胺/40%/悬浮剂/嘧霉胺 40%/2015.12.02 至 2020.12.02/低毒			
	黄瓜	灰霉病	63-94毫升制剂/亩	喷雾
PD20102198	烯酰吗啉/50%/可湿性粉剂/烯酰吗啉 50%/2015.12.17 至 2020.12.17/低毒			
	黄瓜	霜霉病	225-300克/公顷	喷雾
PD20110119	苯醚甲环唑/10%/水分散粒剂/苯醚甲环唑 10%/2016.01.26 至 2021.01.26/低毒			
	梨树	黑星病	14.3—16.7毫克/千克	喷雾
PD20110272	烯酰·锰锌/69%/可湿性粉剂/代森锰锌 60%、烯酰吗啉 9%/2011.03.07 至 2016.03.07/低毒			
	黄瓜	霜霉病	1035-1380克/公顷	喷雾
PD20121468	阿维菌素/5%/乳油/阿维菌素 5%/2012.10.08 至 2017.10.08/中等毒(原药高毒)			
	水稻	稻纵卷叶螟	7.5-15克/公顷	喷雾
PD20131194	毒死蜱/30%/微囊悬浮剂/毒死蜱 30%/2013.05.27 至 2018.05.27/低毒			
	花生	蛴螬	1575-2250克/公顷	灌根
PD20131997	草甘膦异丙胺盐/41%/水剂/草甘膦 41%/2013.10.10 至 2018.10.10/低毒			
	非耕地	杂草	1107-2091克/公顷	定向茎叶喷雾
	注:草甘膦异丙胺盐含量：55%。			
PD20132133	草铵膦/200克/升/水剂/草铵膦 200克/升/2013.10.24 至 2018.10.24/低毒			
	柑橘园	杂草	900-1050克/公顷	定向茎叶喷雾
PD20132208	甲氨基阿维菌素苯甲酸盐/2%/微乳剂/甲氨基阿维菌素 2%/2013.10.29 至 2018.10.29/低毒			
	甘蓝	甜菜夜蛾	1.8—2.4克/公顷	喷雾
	辣椒	烟青虫	1.5-3克/公顷	喷雾
	注:甲氨基阿维菌素苯甲酸盐含量：2.3%。			
PD20132618	高效氯氰菊酯/10%/水乳剂/高效氯氰菊酯 10%/2013.12.20 至 2018.12.20/低毒			
	棉花	棉铃虫	60-75克/公顷	喷雾
PD20140096	丁·莠/48%/悬乳剂/丁草胺 19%、莠去津 29%/2014.01.20 至 2019.01.20/低毒			
	夏玉米田	一年生杂草	1080-1440克/公顷	土壤喷雾
PD20140100	啶虫脒/40%/水分散粒剂/啶虫脒 40%/2014.01.20 至 2019.01.20/中等毒			
	棉花	蚜虫	18-27克/公顷	喷雾
PD20140112	吡蚜酮/25%/可湿性粉剂/吡蚜酮 25%/2014.01.20 至 2019.01.20/低毒			
	水稻	稻飞虱	60-75克/公顷	喷雾
	小麦	蚜虫	60-75克/公顷	喷雾
PD20141225	辛硫·矿物油/40%/乳油/矿物油 25%、辛硫磷 15%/2014.05.06 至 2019.05.06/低毒			
	甘蓝	菜青虫	300-450克/公顷	喷雾
PD20150907	苦参碱/0.5%/水剂/苦参碱 0.5%/2015.06.08 至 2020.06.08/低毒			
	甘蓝	小菜蛾	5.625-6.75克/公顷	喷雾
PD20151812	腈菌唑/25%/乳油/腈菌唑 25%/2015.08.28 至 2020.08.28/低毒			

小麦 白粉病 30-60克/公顷 喷雾
PD20152055 嘧菌酯/25%/悬浮剂/嘧菌酯 25%/2015.09.07 至 2020.09.07/低毒
黄瓜 霜霉病 150-180克/公顷 喷雾
PD20152391 三唑酮/20%/乳油/三唑酮 20%/2015.10.23 至 2020.10.23/低毒
小麦 白粉病 112.5-127.5克/公顷 喷雾

河北益海安格诺农化有限公司 (河北省石家庄市藁城区市府路东段路南 052160 0311-85159081)

PD20050207 甲硫·福美双/70%/可湿性粉剂/福美双 35%、甲基硫菌灵 35%/2015.12.23 至 2020.12.23/低毒
苹果树 轮纹病 875-1167毫克/千克 喷雾
PD20050210 多·福/60%/可湿性粉剂/多菌灵 30%、福美双 30%/2015.12.23 至 2020.12.23/低毒
梨树 黑星病 1000-1500毫克/千克 喷雾
PD20070434 炔螨特/57%/乳油/炔螨特 57%/2012.11.20 至 2017.11.20/低毒
柑橘树 红蜘蛛 285-380毫克/千克 喷雾
PD20070572 高效氯氟氰菊酯/25克/升/乳油/高效氯氟氰菊酯 25克/升/2012.12.03 至 2017.12.03/低毒
棉花 棉铃虫 15-22.5克/公顷 喷雾
小麦 蚜虫 7.5-11.25克/公顷 喷雾
PD20080327 莠去津/48%/可湿性粉剂/莠去津 48%/2013.02.26 至 2018.02.26/低毒
春玉米田 一年生杂草 2160-2880克/公顷 土壤喷雾
夏玉米田 一年生杂草 1152-1440克/公顷 土壤喷雾
PD20081440 马拉硫磷/45%/乳油/马拉硫磷 45%/2013.10.31 至 2018.10.31/低毒
棉花 盲蝽蟓 540-675克/公顷 喷雾
PD20081599 毒死蜱/40%/乳油/毒死蜱 40%/2013.11.12 至 2018.11.12/中等毒
苹果树 桃小食心虫 200-266.7毫克/千克 喷雾
PD20082905 草甘膦异丙胺盐/30%/水剂/草甘膦 30%/2013.12.09 至 2018.12.09/低毒
苹果园 杂草 1125-2250克/公顷 定向茎叶喷雾
注:草甘膦异丙胺盐含量:41%。
PD20083565 啶虫脒/5%/可湿性粉剂/啶虫脒 5%/2013.12.12 至 2018.12.12/低毒
小麦 蚜虫 22.5-30克/公顷 喷雾
PD20083938 丙环唑/250克/升/乳油/丙环唑 250克/升/2013.12.15 至 2018.12.15/低毒
香蕉 叶斑病 250-500毫克/千克 喷雾
PD20083990 精喹禾灵/10%/乳油/精喹禾灵 10%/2013.12.16 至 2018.12.16/低毒
夏大豆田 一年生禾本科杂草 39.6-52.8克/公顷 茎叶喷雾
PD20084014 多菌灵/80%/可湿性粉剂/多菌灵 80%/2013.12.16 至 2018.12.16/低毒
水稻 纹枯病 720-900克/公顷 喷雾
PD20085418 联苯菊酯/100克/升/乳油/联苯菊酯 100克/升/2013.12.24 至 2018.12.24/低毒
茶树 茶小绿叶蝉 30-37.5克/公顷 喷雾
PD20090141 春雷霉素/2%/可湿性粉剂/春雷霉素 2%/2014.01.08 至 2019.01.08/低毒
水稻 稻瘟病 30-36克/公顷 喷雾
PD20093299 甲氨基阿维菌素苯甲酸盐/1%/乳油/甲氨基阿维菌素 1%/2014.03.13 至 2019.03.13/低毒
甘蓝 小菜蛾 2.25-3克/公顷 喷雾
注:甲氨基阿维菌素苯甲酸盐含量:1.1%。
PD20095489 吡虫啉/70%/可湿性粉剂/吡虫啉 70%/2014.05.11 至 2019.05.11/低毒
小麦 蚜虫 15-30克/公顷(南方地区)45-60克/公顷(北方地区) 喷雾
PD20097218 烟嘧磺隆/40克/升/可分散油悬浮剂/烟嘧磺隆 40克/升/2014.10.19 至 2019.10.19/低毒
玉米田 一年生杂草 42-60克/公顷 茎叶喷雾
PD20097373 啶虫脒/20%/可溶粉剂/啶虫脒 20%/2014.10.28 至 2019.10.28/低毒
黄瓜 蚜虫 18-36克/公顷 喷雾
PD20097831 阿维·高氯/3%/乳油/阿维菌素 0.2%、高效氯氰菊酯 2.8%/2014.11.20 至 2019.11.20/低毒(原药高毒)
十字花科蔬菜 小菜蛾 13.5-27克/公顷 喷雾
PD20098507 吡虫啉/10%/可湿性粉剂/吡虫啉 10%/2014.12.24 至 2019.12.24/低毒
菠菜 蚜虫 30-45克/公顷 喷雾
小麦 蚜虫 15-30克/公顷(南方地区)45-60克/公顷(北方地区) 喷雾
PD20101848 嘧霉胺/40%/可湿性粉剂/嘧霉胺 40%/2015.07.28 至 2020.07.28/低毒
番茄 灰霉病 360-540克/公顷 喷雾
PD20102098 阿维菌素/1.8%/乳油/阿维菌素 1.8%/2015.11.25 至 2020.11.25/中等毒(原药高毒)
梨树 梨木虱 6-12毫克/千克 喷雾
PD20110339 氟啶脲/50克/升/乳油/氟啶脲 50克/升/2016.03.24 至 2021.03.24/微毒
韭菜 韭蛆 150-225克/公顷 药土法
棉花 棉铃虫 75-105克/公顷 喷雾
PD20110379 高效氯氰菊酯/4.5%/乳油/高效氯氰菊酯 4.5%/2016.04.11 至 2021.04.11/低毒
棉花 棉铃虫 16.88-30.38克/公顷 喷雾
小麦 蚜虫 13.5-37克/公顷 喷雾

枸杞　蚜虫　18-20毫克/千克　喷雾

PD20110955　稻瘟灵/40%/乳油/稻瘟灵 40%/2011.09.08 至 2016.09.08/低毒

水稻　稻瘟病　480-600克/公顷　喷雾

PD20111143　阿维菌素/5%/乳油/阿维菌素 5%/2011.11.03 至 2016.11.03/中等毒(原药高毒)

水稻　稻纵卷叶螟　6-10克/公顷　喷雾

PD20111144　阿维·毒死蜱/25%/乳油/阿维菌素 1%、毒死蜱 24%/2011.11.03 至 2016.11.03/中等毒(原药高毒)

水稻　二化螟　300－375克/公顷　喷雾

PD20111146　甲氨基阿维菌素苯甲酸盐/5%/乳油/甲氨基阿维菌素 5%/2011.11.03 至 2016.11.03/低毒

甘蓝　小菜蛾　3－5克/公顷　喷雾

注:甲氨基阿维菌素苯甲酸盐含量：5.7%。

PD20111237　噻嗪·毒死蜱/42%/乳油/毒死蜱 28%、噻嗪酮 14%/2011.11.18 至 2016.11.18/中等毒(原药高毒)

水稻　稻飞虱　157.5-189克/公顷　喷雾

PD20120220　高效氯氟氰菊酯/2.5%/可湿性粉剂/高效氯氟氰菊酯 2.5%/2012.02.09 至 2017.02.09/低毒

大白菜　蚜虫　7.5-11.25克/公顷　喷雾

PD20120276　啶虫脒/10%/乳油/啶虫脒 10%/2012.02.15 至 2017.02.15/低毒

菠菜　蚜虫　22.5-37.5克/公顷　喷雾

苹果树　蚜虫　25-33.3毫克/千克　喷雾

PD20120330　苯醚甲环唑/37%/水分散粒剂/苯醚甲环唑 37%/2012.02.17 至 2017.02.17/低毒

香蕉　叶斑病　92.5－123.3毫克/千克　喷雾

PD20120929　阿维·哒螨灵/10.5%/乳油/阿维菌素 0.3%、哒螨灵 10.2%/2012.06.04 至 2017.06.04/中等毒

柑橘树　红蜘蛛　70-105毫克/千克　喷雾

PD20121257　吡虫啉/70%/种子处理可分散粉剂/吡虫啉 70%/2012.09.04 至 2017.09.04/低毒

棉花　蚜虫　400-500克/100千克种子　拌种

小麦　蚜虫　250-350克/100千克种子　拌种

玉米　蚜虫　420-490克/100千克种子　拌种

PD20121585　烯酰吗啉/50%/水分散粒剂/烯酰吗啉 50%/2012.10.25 至 2017.10.25/低毒

葡萄　霜霉病　225-375克/公顷　喷雾

PD20121729　甲氨基阿维菌素苯甲酸盐/2%/微乳剂/甲氨基阿维菌素 2%/2012.11.08 至 2017.11.08/低毒

甘蓝　小菜蛾　1.65-2.31克/公顷　喷雾

注:甲氨基阿维菌素苯甲酸盐含量:2.3%。

PD20130537　乙草·莠去津/52%/悬乳剂/乙草胺 26%、莠去津 26%/2013.04.01 至 2018.04.01/低毒

夏玉米田　一年生杂草　1170-1560克/公顷　土壤喷雾

PD20131253　阿维菌素/1.8%/水乳剂/阿维菌素 1.8%/2013.06.04 至 2018.06.04/低毒(原药高毒)

梨树　梨木虱　10－12毫克/千克　喷雾

PD20131623　戊唑醇/430克/升/悬浮剂/戊唑醇 430克/升/2013.07.30 至 2018.07.30/低毒

苹果树　斑点落叶病　64.5-107.5毫克/千克　喷雾

PD20131978　高效氯氟氰菊酯/2.5%/水乳剂/高效氯氟氰菊酯 2.5%/2013.10.10 至 2018.10.10/中等毒

棉花　棉铃虫　20-22.5克/公顷　喷雾

PD20132029　杀螺胺乙醇胺盐/25%/可湿性粉剂/杀螺胺乙醇胺盐 25%/2013.10.21 至 2018.10.21/低毒

水稻　福寿螺　375-450克/公顷　喷雾

PD20132061　醚菌酯/50%/水分散粒剂/醚菌酯 50%/2013.10.22 至 2018.10.22/低毒

黄瓜　白粉病　130-150克/公顷　喷雾

PD20140358　氯吡·苯磺隆/19%/可湿性粉剂/苯磺隆 2.5%、氯氟吡氧乙酸 16.5%/2014.02.19 至 2019.02.19/低毒

冬小麦田　一年生阔叶杂草　85.5-114克/公顷　茎叶喷雾

PD20140971　烯酰·锰锌/50%/可湿性粉剂/代森锰锌 44%、烯酰吗啉 6%/2014.04.14 至 2019.04.14/低毒

黄瓜　霜霉病　1050-1350克/公顷　喷雾

PD20141455　噻嗪酮/25%/悬浮剂/噻嗪酮 25%/2014.06.09 至 2019.06.09/低毒

水稻　稻飞虱　112.5-150克/公顷　喷雾

PD20141662　氟虫腈/5%/悬浮种衣剂/氟虫腈 5%/2014.06.27 至 2019.06.27/低毒

玉米　蛴螬　100-200克/100千克种子　种子包衣

PD20150319　氰氟草酯/15%/水乳剂/氰氟草酯 15%/2015.02.05 至 2020.02.05/低毒

水稻田(直播)　稗草、千金子等禾本科杂草　72-108克/公顷　茎叶喷雾

PD20151837　苯甲·丙环唑/50%/水乳剂/苯醚甲环唑 25%、丙环唑 25%/2015.08.28 至 2020.08.28/低毒

水稻　纹枯病　67.5-90克/公顷　喷雾

PD20152011　吡虫啉/70%/水分散粒剂/吡虫啉 70%/2015.08.31 至 2020.08.31/低毒

小麦　蚜虫　21-40克/公顷　喷雾

PD20152451　烟嘧·莠去津/48%/可湿性粉剂/烟嘧磺隆 3.5%、莠去津 44.5%/2015.12.04 至 2020.12.04/低毒

玉米田　一年生杂草　576-720克/公顷　茎叶喷雾

PD20152466　甲基嘧啶磷/55%/乳油/甲基嘧啶磷 55%/2015.12.16 至 2020.12.16/低毒

仓储原粮　储粮害虫　5-10毫克/千克　拌粮法

河北益康制香有限公司　(河北省涞水县南关永安大街221号　074100　0312-4522440)

WP20080140　电热蚊香片/12毫克/片/电热蚊香片/富右旋反式炔丙菊酯 12毫克/片/2013.11.04 至 2018.11.04/低毒

卫生　蚊　/　电热加温

注:本品有三种香型：茉莉香型、绿茶香型、无香型。

WP20080146 杀虫气雾剂/0.65%/气雾剂/胺菊酯 0.30%、氯菊酯 0.35%/2013.11.05 至 2018.11.05/低毒
卫生 蜚蠊、蚊、蝇 / 喷雾
注:本品有三种香型：茉莉香型、奶香型、柠檬香型。

WP20080385 杀蝇饵粒/0.06%/饵剂/溴氰菊酯 0.06%/2013.12.11 至 2018.12.11/低毒
卫生 蝇 / 投放

WP20100052 电热蚊香液/1%/电热蚊香液/炔丙菊酯 1%/2015.03.17 至 2020.03.17/微毒
卫生 蚊 / 电热加温
注:本品有三种香型：清香型、无香型、绿茶香型。

WP20110095 杀虫气雾剂/0.65%/气雾剂/胺菊酯 0.35%、高效氯氰菊酯 0.1%、氯菊酯 0.2%/2011.04.21 至 2016.04.21/微毒
卫生 蚊、蝇、蜚蠊 / 喷雾
注:本产品有三种香型:奶香型、柠檬香型、茉莉香型。

WP20110101 杀蟑气雾剂/0.6%/气雾剂/氯菊酯 0.35%、炔咪菊酯 0.05%、右旋胺菊酯 0.2%/2011.04.22 至 2016.04.22/微毒
卫生 蜚蠊 / 喷雾

WP20110142 杀虫气雾剂/0.46%/气雾剂/Es-生物烯丙菊酯 0.2%、右旋苯醚菊酯 0.26%/2011.06.13 至 2016.06.13/微毒
卫生 蚊、蝇、蜚蠊 / 喷雾
注:本产品有三种香型:无香型、柠檬香型、茉莉香型。

WP20110202 杀虫气雾剂/0.43%/气雾剂/右旋胺菊酯 0.24%、右旋苯醚菊酯 0.19%/2011.09.08 至 2016.09.08/微毒
卫生 蚊、蝇、蜚蠊 / 喷雾
注:本产品有三种香型：无香型、柠檬香型、茉莉香型。

WP20120003 蚊香/0.025%/蚊香/四氟甲醚菊酯 0.025%/2012.01.11 至 2017.01.11/微毒
卫生 蚊 / 点燃
注:本产品有三种香型：绿茶香型、檀香型、桂花香型。

WP20130153 蚊香/0.05%/蚊香/氯氟醚菊酯 0.05%/2013.07.17 至 2018.07.17/微毒
卫生 蚊 / 点燃

河北赞峰生物工程有限公司 (河北省武邑县清凉店镇长兴路19号 053411 0318-5811111)

PD85122-3 福美双/50%/可湿性粉剂/福美双 50%/2016.01.08 至 2021.01.08/中等毒
黄瓜 白粉病、霜霉病 500-1000倍液 喷雾
葡萄 白腐病 500-1000倍液 喷雾
水稻 稻瘟病、胡麻叶斑病 250克/100千克种子 拌种
甜菜、烟草 根腐病 500克/500千克温床土 土壤处理
小麦 白粉病、赤霉病 500倍液 喷雾

PD85124-2 福·福锌/80%/可湿性粉剂/福美双 30%、福美锌 50%/2016.01.08 至 2021.01.08/中等毒
黄瓜、西瓜 炭疽病 1500-1800克/公顷 喷雾
麻 炭疽病 240-400克/100千克种子 拌种
棉花 苗期病害 0.5%药液 浸种
苹果树、杉木、橡胶树 炭疽病 500-600倍液 喷雾

PD96101-4 福·福锌/40%/可湿性粉剂/福美双 15%、福美锌 25%/2011.10.19 至 2016.10.19/中等毒
黄瓜、西瓜 炭疽病 1500-1800克/公顷 喷雾
麻 炭疽病 240-400克/100千克种子 拌种
棉花 苗期病害 4000毫克/千克 浸种
苹果树、杉木、橡胶树 炭疽病 1600-1333毫克/千克 喷雾

PD20040004 福美双/95%/原药/福美双 95%/2014.03.21 至 2019.03.21/低毒

PD20083157 甲基硫菌灵/70%/可湿性粉剂/甲基硫菌灵 70%/2014.12.11 至 2019.12.11/低毒
番茄 叶霉病 337.5-506.25克/公顷 喷雾

PD20091332 氟铃脲/95%/原药/氟铃脲 95%/2014.02.01 至 2019.02.01/低毒

PD20093322 福·福锌/60%/可湿性粉剂/福美双 23%、福美锌 37%/2014.03.16 至 2019.03.16/中等毒
黄瓜 炭疽病 1440-1800克/公顷 喷雾

PD20094159 多·福·锰锌/50%/可湿性粉剂/多菌灵 20%、福美双 20%、代森锰锌 10%/2014.03.27 至 2019.03.27/中等毒
苹果树 轮纹病 500-650倍液 喷雾

PD20094253 硫·酮·多菌灵/40%/悬浮剂/多菌灵 10%、硫磺 27.5%、三唑酮 2.5%/2014.03.31 至 2019.03.31/低毒
水稻 稻瘟病、纹枯病 1200-1500克/公顷 喷雾

PD20095154 甲硫·福美双/40%/可湿性粉剂/福美双 15%、甲基硫菌灵 25%/2014.04.24 至 2019.04.24/低毒
西瓜 枯萎病 500-667毫克/千克 灌根

PD20100938 阿维菌素/1.8%/乳油/阿维菌素 1.8%/2015.01.19 至 2020.01.19/低毒(原药高毒)
甘蓝 小菜蛾 6-9克/公顷 喷雾

河北志诚生物化工有限公司 (河北省晋州市工业路45号 052260 0311-84322902)

PD84111-6 氧乐果/40%/乳油/氧乐果 40%/2014.11.09 至 2019.11.09/中等毒(原药高毒)
棉花 蚜虫、螨 375-600克/公顷 喷雾
森林 松干蚧、松毛虫 500倍液 喷雾或直接涂树干
水稻 稻纵卷叶螟、飞虱 375-600克/公顷 喷雾

小麦 蚜虫 300-450克/公顷 喷雾

PD20040522 吡虫啉/5%/乳油/吡虫啉 5%/2014.12.19 至 2019.12.19/低毒

小麦 蚜虫 7.5-11.2克/公顷 喷雾

PD20040596 吡虫啉/10%/可湿性粉剂/吡虫啉 10%/2014.12.19 至 2019.12.19/低毒

水稻 飞虱 75-150克/公顷 喷雾

PD20082808 阿维菌素/1.8%/乳油/阿维菌素 1.8%/2013.12.09 至 2018.12.09/低毒(原药高毒)

梨树 梨木虱 6-12毫克/千克 喷雾

PD20082846 阿维菌素/1.8%/乳油/阿维菌素 1.8%/2013.12.09 至 2018.12.09/低毒(原药高毒)

棉花 棉铃虫 21.6-32.4克/公顷 喷雾

PD20083111 毒死蜱/40%/乳油/毒死蜱 40%/2013.12.10 至 2018.12.10/中等毒

水稻 稻飞虱 450-600克/公顷 喷雾

PD20090216 腈菌·福美双/20%/可湿性粉剂/福美双 18%、腈菌唑 2%/2014.01.09 至 2019.01.09/低毒

黄瓜 黑星病 195-390克/公顷 喷雾

PD20090912 氯氰·辛硫磷/30%/乳油/氯氰菊酯 1.5%、辛硫磷 28.5%/2014.01.19 至 2019.01.19/低毒

棉花 棉铃虫 360－450克/公顷 喷雾

PD20091800 高效氯氰菊酯/4.5%/乳油/高效氯氰菊酯 4.5%/2014.02.04 至 2019.02.04/低毒

甘蓝 菜青虫 20.25-30.375克/公顷 喷雾

PD20094088 精喹禾灵/8.8%/乳油/精喹禾灵 8.8%/2014.03.27 至 2019.03.27/低毒

夏大豆田 一年生禾本科杂草 46.2-52.8克/公顷 茎叶喷雾

PD20094726 腈菌唑/12%/乳油/腈菌唑 12%/2014.04.10 至 2019.04.10/低毒

小麦 白粉病 36-54克/公顷 喷雾

PD20094827 莠去津/48%/可湿性粉剂/莠去津 48%/2014.04.13 至 2019.04.13/低毒

春玉米田 一年生杂草 2160-2520克/公顷 播后苗前土壤喷雾

夏玉米田 一年生杂草 1260-1440克/公顷 播后苗前土壤喷雾

PD20095384 辛硫磷/40%/乳油/辛硫磷 40%/2014.04.27 至 2019.04.27/低毒

甘蓝 菜青虫 360-420克/公顷 喷雾

PD20095946 多·福/40%/可湿性粉剂/多菌灵 20%、福美双 20%/2014.06.02 至 2019.06.02/低毒

葡萄 霜霉病 1000-1250毫克/千克 喷雾

PD20110367 阿维菌素/5%/乳油/阿维菌素 5%/2016.03.31 至 2021.03.31/中等毒(原药高毒)

棉花 棉铃虫 22.5-37.5克/公顷 喷雾

PD20120153 甲氨基阿维菌素苯甲酸盐/5%/乳油/甲氨基阿维菌素 5%/2012.01.30 至 2017.01.30/低毒

甘蓝 小菜蛾 2.25-3.75克/公顷 喷雾

注:甲氨基阿维菌素苯甲酸盐含量:5.7%。

PD20120266 甲氨基阿维菌素苯甲酸盐/2%/乳油/甲氨基阿维菌素 2%/2012.02.15 至 2017.02.15/低毒

甘蓝 小菜蛾 3－3.9克/公顷 喷雾

注:甲氨基阿维菌素苯甲酸盐含量:2.3%。

PD20120341 苄嘧磺隆/10%/可湿性粉剂/苄嘧磺隆 10%/2012.02.17 至 2017.02.17/低毒

水稻移栽田 莎草、一年生阔叶杂草 30-45克/公顷 药土法

PD20120535 吡虫啉/25%/可湿性粉剂/吡虫啉 25%/2012.03.28 至 2017.03.28/低毒

小麦 蚜虫 45－75克/公顷(北方地区) 喷雾

PD20130572 烟嘧·莠去津/48%/可湿性粉剂/烟嘧磺隆 3.5%、莠去津 44.5%/2013.04.02 至 2018.04.02/低毒

玉米田 一年生杂草 540-828克/公顷 茎叶喷雾

PD20130784 阿维菌素/3.2%/乳油/阿维菌素 3.2%/2013.04.22 至 2018.04.22/中等毒(原药高毒)

棉花 棉铃虫 22.5-37.5克/公顷 喷雾

PD20132394 苯磺隆/20%/可湿性粉剂/苯磺隆 20%/2013.11.20 至 2018.11.20/微毒

小麦田 一年生阔叶杂草 15-18克/公顷 茎叶喷雾

PD20141684 吡蚜酮/25%/可湿性粉剂/吡蚜酮 25%/2014.06.30 至 2019.06.30/微毒

水稻 稻飞虱 45--75克/公顷 喷雾

PD20141902 烟嘧·莠去津/42%/可分散油悬浮剂/烟嘧磺隆 4%、莠去津 38%/2014.08.01 至 2019.08.01/低毒

玉米田 一年生杂草 472.5-630克/公顷 茎叶喷雾

PD20141991 乙·莠/52%/悬乳剂/乙草胺 26%、莠去津 26%/2014.08.14 至 2019.08.14/低毒

夏玉米田 一年生杂草 936-1560克/公顷 土壤喷雾

PD20151187 硝磺草酮/15%/悬浮剂/硝磺草酮 15%/2015.06.27 至 2020.06.27/微毒

玉米田 一年生杂草 146.25--191.25克/公顷 茎叶喷雾

PD20151801 唑草酮/10%/可湿性粉剂/唑草酮 10%/2015.08.28 至 2020.08.28/微毒

小麦田 一年生阔叶杂草 24--36克/公顷 茎叶喷雾

PD20152037 甲氨基阿维菌素苯甲酸盐/5%/水分散粒剂/甲氨基阿维菌素 5%/2015.09.07 至 2020.09.07/低毒

甘蓝 甜菜夜蛾 喷雾 1.125-3.375克/公顷

注:甲氨基阿维菌素苯甲酸盐含量: 5.7%。

WP20140226 吡虫啉/2%/胶饵/吡虫啉 2%/2014.11.04 至 2019.11.04/低毒

室内 蜚蠊 / 投放

河北中谷药业有限公司 (河北省盐山县韩集镇辛霞公路纸坊段 061300 0317-6336679)

PD20100899 代森锰锌/80%/可湿性粉剂/代森锰锌 80%/2015.01.19 至 2020.01.19/低毒
苹果树 斑点落叶病 1000-1600毫克/千克 喷雾
PD20101078 乙烯利/40%/水剂/乙烯利 40%/2015.01.25 至 2020.01.25/低毒
棉花 增产 1000-1333毫克/千克 喷雾
PD20101086 噻嗪·异丙威/25%/可湿性粉剂/噻嗪酮 5%、异丙威 20%/2015.01.25 至 2020.01.25/低毒
水稻 稻飞虱 450-562.5克/公顷 喷雾
PD20130402 高效氯氰菊酯/4.5%/乳油/高效氯氰菊酯 4.5%/2013.03.12 至 2018.03.12/中等毒
甘蓝 菜青虫 13.5-27克/公顷 喷雾
PD20130611 阿维菌素/5%/乳油/阿维菌素 5%/2013.04.03 至 2018.04.03/中等毒(原药高毒)
棉花 红蜘蛛 7.5-11.25克/公顷 喷雾
PD20130618 吡虫啉/10%/乳油/吡虫啉 10%/2013.04.03 至 2018.04.03/中等毒
水稻 稻飞虱 22.5-30克/公顷 喷雾
PD20131051 啶虫脒/10%/乳油/啶虫脒 10%/2013.05.13 至 2018.05.13/中等毒
棉花 蚜虫 9-13.5克/公顷 喷雾
PD20131456 烟嘧磺隆/40克/升/可分散油悬浮剂/烟嘧磺隆 40克/升/2013.07.05 至 2018.07.05/低毒
玉米田 一年生杂草 40-60克/公顷 茎叶喷雾
PD20140206 吡虫啉/25%/可湿性粉剂/吡虫啉 25%/2014.01.29 至 2019.01.29/低毒
小麦 蚜虫 22.5-30克/公顷（南方地区）、52.5-60克/公顷（北方地区） 喷雾
PD20141493 甲氨基阿维菌素苯甲酸盐/5.7%/微囊悬浮剂/甲氨基阿维菌素 5%/2014.06.09 至 2019.06.09/低毒
甘蓝 小菜蛾 2.25-3.0克/公顷 喷雾
注:甲氨基阿维菌素苯甲酸盐含量为5.7%

河北中化滏恒股份有限公司 （河北省石家庄市联盟路707号中化大厦 056500 0311-87795024）

PD20140327 炔苯酰草胺/98%/原药/炔苯酰草胺 98%/2014.02.13 至 2019.02.13/低毒
注:专供出口，不得在国内销售。

河北中天邦正生物科技股份公司 （河北省青县周官屯镇小许庄村工业园 062650 0317-4286958）

PD20070235 代森锰锌/80%/可湿性粉剂/代森锰锌 80%/2012.08.08 至 2017.08.08/低毒
苹果树 轮纹病 1000-1333.3毫克/千克 喷雾
PD20081891 辛硫·高氯氟/26%/乳油/高效氯氟氰菊酯 0.6%、辛硫磷 25.4%/2013.11.20 至 2018.11.20/低毒
棉花 蚜虫 234-312克/公顷 喷雾
PD20084567 啶虫脒/5%/乳油/啶虫脒 5%/2013.12.18 至 2018.12.18/低毒
柑橘树 蚜虫 10-12毫克/千克 喷雾
PD20090717 马拉硫磷/45%/乳油/马拉硫磷 45%/2014.01.19 至 2019.01.19/低毒
棉花 盲蝽蟓 506.3-607.5克/公顷 喷雾
PD20091623 乙酰甲胺磷/30%/乳油/乙酰甲胺磷 30%/2014.02.03 至 2019.02.03/低毒
玉米 玉米螟 810-1080克/公顷 喷雾
PD20091646 辛硫磷/40%/乳油/辛硫磷 40%/2014.02.03 至 2019.02.03/低毒
十字花科蔬菜 菜青虫 300-450克/公顷 喷雾
PD20092516 吡虫啉/20%/可溶液剂/吡虫啉 20%/2014.02.26 至 2019.02.26/低毒
苹果树 蚜虫 33.3-40毫克/千克 喷雾
PD20092950 异丙威/20%/乳油/异丙威 20%/2014.03.09 至 2019.03.09/低毒
水稻 稻飞虱、叶蝉 450-600克/公顷 喷雾
PD20093736 乙烯利/40%/水剂/乙烯利 40%/2014.03.25 至 2019.03.25/低毒
棉花 催熟、增产 330-500倍液 兑水喷雾
PD20093860 三唑磷/20%/乳油/三唑磷 20%/2014.03.25 至 2019.03.25/中等毒
水稻 二化螟 360-600克/公顷 喷雾
PD20093907 精喹禾灵/5%/乳油/精喹禾灵 5%/2014.03.26 至 2019.03.26/低毒
大豆田 一年生禾本科杂草 45-52.5克/公顷 茎叶喷雾
PD20094418 乐果/40%/乳油/乐果 40%/2014.04.01 至 2019.04.01/中等毒
棉花 蚜虫 600-750克/公顷 喷雾
PD20095149 高效氯氟氰菊酯/25克/升/乳油/高效氯氟氰菊酯 25克/升/2014.04.24 至 2019.04.24/中等毒
小麦 粘虫、蚜虫 7.5-10.5克/公顷 喷雾
PD20095752 烯禾啶/12.5%/乳油/烯禾啶 12.5%/2014.05.18 至 2019.05.18/低毒
大豆田 一年生禾本科杂草 150-187.5克/公顷 茎叶喷雾
PD20095970 多·福/50%/可湿性粉剂/多菌灵 15%、福美双 35%/2014.06.04 至 2019.06.04/低毒
葡萄 霜霉病 1000-1250毫克/千克 喷雾
PD20096014 氟铃脲/5%/乳油/氟铃脲 5%/2014.06.15 至 2019.06.15/低毒
甘蓝 小菜蛾 45-60克/公顷 喷雾
PD20096160 阿维·高氯/3%/乳油/阿维菌素 0.2%、高效氯氰菊酯 2.8%/2014.06.24 至 2019.06.24/低毒(原药高毒)
甘蓝 小菜蛾 13.5-27克/公顷 喷雾
PD20097402 毒死蜱/40%/乳油/毒死蜱 40%/2014.10.28 至 2019.10.28/中等毒
苹果树 桃小食心虫 200-250毫克/千克 喷雾
PD20097599 吡虫·杀虫单/40%/可湿性粉剂/吡虫啉 1%、杀虫单 39%/2014.11.03 至 2019.11.03/低毒

水稻 稻飞虱、稻纵卷叶螟、二化螟、三化螟 450-750克/公顷 喷雾
PD20098229 高效氯氰菊酯/4.5%/乳油/高效氯氰菊酯 4.5%/2014.12.16 至 2019.12.16/低毒
甘蓝 菜青虫 20.25-27克/公顷 喷雾
PD20100883 甲氰·噻螨酮/7.5%/乳油/甲氰菊酯 5%、噻螨酮 2.5%/2015.01.19 至 2020.01.19/中等毒
苹果树 红蜘蛛 50-75毫克/千克 喷雾
PD20100914 辛硫·三唑磷/20%/乳油/三唑磷 10%、辛硫磷 10%/2015.01.19 至 2020.01.19/中等毒
水稻 稻水象甲 120-210克/公顷 喷雾
PD20110494 水胺硫磷/35%/乳油/水胺硫磷 35%/2011.05.03 至 2016.05.03/高毒
水稻 象甲 105-210克/公顷 喷雾
PD20111380 氟铃·辛硫磷/20%/乳油/氟铃脲 2%、辛硫磷 18%/2011.12.14 至 2016.12.14/低毒
甘蓝 小菜蛾 120-150克/公顷 喷雾
PD20132579 烯草酮/240克/升/乳油/烯草酮 240克/升/2013.12.17 至 2018.12.17/低毒
大豆田 一年生禾本科杂草 108-144克/公顷 茎叶喷雾
PD20132716 二甲戊灵/330克/升/乳油/二甲戊灵 330克/升/2013.12.30 至 2018.12.30/低毒
玉米田 一年生杂草 742.5-1485克/公顷 土壤喷雾
PD20140158 戊唑醇/80%/可湿性粉剂/戊唑醇 80%/2014.01.28 至 2019.01.28/低毒
苹果树 轮纹病 80-160毫克/千克 喷雾
PD20140342 阿维菌素/3.2%/乳油/阿维菌素 3.2%/2014.02.18 至 2019.02.18/中等毒(原药高毒)
甘蓝 小菜蛾 8.1-10.8克/公顷 喷雾
PD20140454 苄嘧·苯噻酰/75%/可湿性粉剂/苯噻酰草胺 69%、苄嘧磺隆 6%/2014.03.06 至 2019.03.06/低毒
水稻抛秧田 一年生杂草 450-675克/公顷 毒土法
PD20140484 吡嘧·苯噻酰/80%/可湿性粉剂/苯噻酰草胺 75%、吡嘧磺隆 5%/2014.03.06 至 2019.03.06/低毒
水稻移栽田 一年生杂草 480-660克/公顷 药土法
PD20140711 甲氨基阿维菌素苯甲酸盐/5%/乳油/甲氨基阿维菌素 5%/2014.03.24 至 2019.03.24/低毒
甘蓝 小菜蛾 2.25-3克/公顷 喷雾
注:甲氨基阿维菌素苯甲酸盐含量：5.7%。
PD20141091 三唑酮/15%/可湿性粉剂/三唑酮 15%/2014.04.27 至 2019.04.27/低毒
小麦 白粉病 135-180克/公顷 喷雾
PD20142484 啶虫脒/70%/水分散粒剂/啶虫脒 70%/2014.11.19 至 2019.11.19/低毒
黄瓜 蚜虫 21-42克/公顷 喷雾
PD20150581 高效氯氟氰菊酯/10%/可湿性粉剂/高效氯氟氰菊酯 10%/2015.04.15 至 2020.04.15/中等毒
大白菜 菜青虫 12-16.5克/公顷 喷雾
PD20150906 吡虫啉/70%/水分散粒剂/吡虫啉 70%/2015.06.08 至 2020.06.08/低毒
小麦 蚜虫 21-42克/公顷 喷雾
PD20151164 烟嘧·辛酰溴/20%/可分散油悬浮剂/辛酰溴苯腈 16%、烟嘧磺隆 4%/2015.06.26 至 2020.06.26/低毒
玉米田 一年生杂草 210-240克/公顷 茎叶喷雾
PD20151603 四螨嗪/500克/升/悬浮剂/四螨嗪 500克/升/2015.08.28 至 2020.08.28/低毒
苹果树 红蜘蛛 100-125毫克/千克 喷雾
PD20151705 噁草·丙草胺/40%/微乳剂/丙草胺 30%、噁草酮 10%/2015.08.28 至 2020.08.28/低毒
水稻移栽田 一年生杂草 480-600克/公顷 药土法
PD20151896 己唑醇/50%/水分散粒剂/己唑醇 50%/2015.08.30 至 2020.08.30/低毒
水稻 纹枯病 60-75克/公顷 喷雾

河北卓诚化工有限责任公司 (河北省内丘县清修岗工业园区 054200 0319-2624298)

PDN32-95 甲拌磷/26%/粉剂/甲拌磷 26%/2015.08.15 至 2020.08.15/高毒
棉花 地下害虫、蚜虫 1.2-1.8千克/100千克种子 拌种
小麦 地下害虫 0.3千克/100千克种子 拌种
PD20084544 啶虫脒/20%/可溶粉剂/啶虫脒 20%/2013.12.18 至 2018.12.18/低毒
柑橘树 蚜虫 20-30毫克/千克 喷雾
PD20084869 腈菌唑/25%/乳油/腈菌唑 25%/2013.12.22 至 2018.12.22/低毒
小麦 白粉病 60-90克/公顷 喷雾
PD20100729 丁硫克百威/200克/升/乳油/丁硫克百威 200克/升/2015.01.16 至 2020.01.16/中等毒
棉花 蚜虫 90-180克/公顷 喷雾
PD20111201 过氧乙酸/21%/水剂/过氧乙酸 21%/2011.11.16 至 2016.11.16/低毒
黄瓜 灰霉病 441-735克/公顷 喷雾
PD20131229 阿维菌素/0.5%/颗粒剂/阿维菌素 0.5%/2013.05.28 至 2018.05.28/低毒(原药高毒)
黄瓜 根结线虫 220-260克/公顷 沟施、穴施
PD20131558 苯醚甲环唑/40%/悬浮剂/苯醚甲环唑 40%/2013.07.23 至 2018.07.23/低毒
香蕉 叶斑病 83-125毫克/千克 喷雾

河北昊澜化工科技有限公司 (河北省石家庄市新华区中华北大街203号 050000 0311-85468900)

PD20083817 甲氰·辛硫磷/30%/乳油/甲氰菊酯 2%、辛硫磷 28%/2013.12.15 至 2018.12.15/中等毒
甘蓝 菜青虫 360-540克/公顷 喷雾
PD20085132 辛硫·灭多威/30%/乳油/灭多威 10%、辛硫磷 20%/2013.12.23 至 2018.12.23/高毒
棉花 棉铃虫 180-360克/公顷 喷雾

PD20092099 马拉硫磷/45%/乳油/马拉硫磷 45%/2014.02.23 至 2019.02.23/低毒
水稻 稻飞虱 675-810克/公顷 喷雾
PD20092135 高效氯氟氰菊酯/25克/升/乳油/高效氯氟氰菊酯 25克/升/2014.02.23 至 2019.02.23/中等毒
十字花科蔬菜 菜青虫 11.25-15克/公顷 喷雾
PD20092458 毒死蜱/45%/乳油/毒死蜱 45%/2014.02.25 至 2019.02.25/中等毒
水稻 稻纵卷叶螟 432-576克/公顷 喷雾
PD20096396 氧乐果/40%/乳油/氧乐果 40%/2014.08.04 至 2019.08.04/高毒
小麦 蚜虫 90-150克/公顷 喷雾
PD20121309 阿维菌素/5%/乳油/阿维菌素 5%/2012.09.11 至 2017.09.11/中等毒(原药高毒)
甘蓝 小菜蛾 9-10.8克/公顷 喷雾
PD20130026 高效氯氰菊酯/10%/乳油/高效氯氰菊酯 10%/2013.01.04 至 2018.01.04/低毒
甘蓝 菜青虫 15-30克/公顷 喷雾
PD20131722 啶虫脒/20%/可湿性粉剂/啶虫脒 20%/2013.08.16 至 2018.08.16/低毒
柑橘树 蚜虫 10-20毫克/千克 喷雾
PD20131910 甲氨基阿维菌素苯甲酸盐/2%/乳油/甲氨基阿维菌素 2%/2013.09.25 至 2018.09.25/低毒
甘蓝 小菜蛾 2-3.9克/公顷 喷雾
注:甲氨基阿维菌素苯甲酸盐含量：2.3%。

河北昊阳化工有限公司 (河北省邯郸市新型化工园区昊阳大道2号 057750 0310-4915235)

PD20050013 甲拌磷/95%/原药/甲拌磷 95%/2015.04.12 至 2020.04.12/剧毒
PD20060086 氯氰菊酯/5%/乳油/氯氰菊酯 5%/2011.05.11 至 2016.05.11/低毒
甘蓝 菜青虫 30-45克/公顷 喷雾
PD20081700 辛硫磷/40%/乳油/辛硫磷 40%/2013.11.17 至 2018.11.17/低毒
十字花科蔬菜 菜青虫 450-600克/公顷 喷雾
PD20085809 氰戊·马拉松/20%/乳油/马拉硫磷 15%、氰戊菊酯 5%/2013.12.29 至 2018.12.29/低毒
十字花科蔬菜 菜青虫 150-180克/公顷 喷雾
PD20092870 高效氯氟氰菊酯/25克/升/乳油/高效氯氟氰菊酯 25克/升/2014.03.05 至 2019.03.05/低毒
小麦 蚜虫 4.5-7.5克/公顷 喷雾
PD20093721 草甘膦/95%/原药/草甘膦 95%/2014.03.25 至 2019.03.25/低毒
PD20094051 氟乐灵/480克/升/乳油/氟乐灵 480克/升/2014.03.27 至 2019.03.27/低毒
棉花田 一年生杂草 720-1080克/公顷 播后苗前土壤喷雾
PD20096614 氧乐果/40%/乳油/氧乐果 40%/2014.09.02 至 2019.09.02/中等毒(原药高毒)
小麦 蚜虫 108-162克/公顷 喷雾
PD20097721 鱼藤酮/2.5%/乳油/鱼藤酮 2.5%/2014.11.04 至 2019.11.04/低毒
十字花科叶菜 蚜虫 37.5-56.25克/公顷 喷雾
PD20100026 二甲戊灵/330克/升/乳油/二甲戊灵 330克/升/2015.01.04 至 2020.01.04/低毒
玉米田 一年生杂草 742.5-990克/公顷 土壤喷雾
PD20100085 甲拌磷/55%/乳油/甲拌磷 55%/2015.01.04 至 2020.01.04/高毒
棉花 地下害虫 550-825克/100千克种子 浸种、拌种
PD20100642 草甘膦异丙胺盐（41%）///水剂/草甘膦 30%/2015.01.15 至 2020.01.15/低毒
柑橘园 杂草 1230-2460克/公顷 喷雾
PD20120728 辛硫磷/5%/颗粒剂/辛硫磷 5%/2012.05.02 至 2017.05.02/低毒
玉米 玉米螟 112.5-180克/公顷 撒施
PD20121153 2甲4氯/97%/原药/2甲4氯 97%/2015.08.04 至 2020.08.04/低毒
PD20130453 杀虫双/3.6%/颗粒剂/杀虫双 3.6%/2013.03.18 至 2018.03.18/低毒
甘蔗 蔗螟 1350-2700克/公顷 撒施
PD20130482 嘧菌酯/96%/原药/嘧菌酯 96%/2015.07.02 至 2020.07.02/微毒
PD20130810 辛硫磷/30%/微囊悬浮剂/辛硫磷 30%/2013.04.22 至 2018.04.22/微毒
花生 蛴螬 1:40-60（药种比） 拌种
PD20131177 噻虫嗪/98%/原药/噻虫嗪 98%/2013.05.27 至 2018.05.27/低毒
PD20131641 阿维菌素/1.8%/乳油/阿维菌素 1.8%/2013.07.30 至 2018.07.30/低毒(原药高毒)
棉花 红蜘蛛 10.8-16.2克/公顷 喷雾
PD20131711 毒·辛/8%/颗粒剂/毒死蜱 3%、辛硫磷 5%/2013.08.15 至 2018.08.15/低毒
甘蔗 蔗龟 3000—3600克/公顷 撒施
PD20131938 甲·灭·敌草隆/55%/可湿性粉剂/敌草隆 15%、2甲4氯 10%、莠灭净 30%/2013.09.30 至 2018.09.30/低毒
甘蔗田 一年生杂草 1237.5-1650克/公顷 定向茎叶喷雾
PD20132605 噻虫嗪/70%/种子处理可分散粉剂/噻虫嗪 70%/2013.12.19 至 2018.12.19/低毒
棉花 苗期蚜虫 315-420克/100千克种子 拌种
PD20140407 毒死蜱/30%/微囊悬浮剂/毒死蜱 30%/2014.02.24 至 2019.02.24/低毒
甘蔗 蔗龟 1800-2250克/公顷 药土法
WP20090359 高效氯氰菊酯/4.5%/乳油/高效氯氰菊酯 4.5%/2014.11.03 至 2019.11.03/低毒
卫生 蚊、蝇 1.5毫克/立方米 喷雾(仅限室外)

河北馥稷生物科技有限公司 (河北省新乐市工业园区无繁路北侧 050700 0311-88680918)

PD20101371 苦参碱/0.3%/乳油/苦参碱 0.3%/2015.04.02 至 2020.04.02/低毒

黄瓜　霜霉病　5.4-7.2克/公顷　喷雾
PD20102064　藜芦碱/1%/母药/藜芦碱 1%/2015.11.10 至 2020.11.10/低毒
PD20102081　藜芦碱/0.5%/可溶液剂/藜芦碱 0.5%/2015.11.10 至 2020.11.10/低毒
茶树　茶橙瘿螨、茶小绿叶蝉　6.25-8.33克/公顷　喷雾
甘蓝　菜青虫　5.625-7.5克/公顷　喷雾
棉花　棉蚜　5.25-8.33克/公顷　喷雾
棉花　棉铃虫　5.625-7.5克/公顷　喷雾
枸杞　蚜虫　6.25-8.33毫克/千克　喷雾
PD20120012　苦参碱/0.3%/水剂/苦参碱 0.3%/2012.01.05 至 2017.01.05/低毒
十字花科蔬菜　菜青虫　2.81-6.75克/公顷　喷雾
PD20130125　甲氨基阿维菌素苯甲酸盐/1%/微乳剂/甲氨基阿维菌素 1%/2013.01.17 至 2018.01.17/低毒
甘蓝　小菜蛾　1.5-1.8克/公顷　喷雾
注:甲氨基阿维菌素苯甲酸盐含量: 1.14%。

衡水景美化学工业有限公司　(河北省枣强县肖张镇工业园　053500　0318-8485678)

PD20070080　咪唑乙烟酸/98%/原药/咪唑乙烟酸 98%/2012.04.12 至 2017.04.12/低毒
PD20081806　咪唑乙烟酸/5%/水剂/咪唑乙烟酸 5%/2013.11.19 至 2018.11.19/低毒
春大豆田　一年生杂草　75-100.5克/公顷　土壤喷雾处理,苗后早期喷雾处理
PD20081958　咪唑乙烟酸/10%/水剂/咪唑乙烟酸 10%/2013.11.24 至 2018.11.24/低毒
春大豆田　一年生杂草　90-105克/公顷(东北地区)　喷雾
PD20110340　烯草酮/95%/原药/烯草酮 95%/2016.03.24 至 2021.03.24/低毒
PD20121307　精喹禾灵/10%/乳油/精喹禾灵 10%/2012.09.11 至 2017.09.11/低毒
夏大豆田　一年生禾本科杂草　37.5-52.5克/公顷　茎叶喷雾
PD20121681　灭草松/48%/水剂/灭草松 48%/2012.11.05 至 2017.11.05/低毒
春大豆田　一年生阔叶杂草　1510.74-1726.56克/公顷　茎叶喷雾
PD20121760　烟嘧磺隆/8%/可分散油悬浮剂/烟嘧磺隆 8%/2012.11.15 至 2017.11.15/低毒
玉米田　一年生杂草　42-60克/公顷　茎叶喷雾
PD20121767　草甘膦异丙胺盐/41%/水剂/草甘膦 41%/2012.11.15 至 2017.11.15/低毒
非耕地　杂草　1237.5-2062.5克/公顷　定向茎叶喷雾
注:草甘膦异丙胺盐含量: 55%。
PD20130902　莎稗磷/91%/原药/莎稗磷 91%/2013.04.27 至 2018.04.27/低毒
PD20131033　烟嘧磺隆/75%/水分散粒剂/烟嘧磺隆 75%/2013.05.13 至 2018.05.13/低毒
夏玉米田　一年生杂草　45-56.25克/公顷　茎叶喷雾
PD20140274　噁草酮/96%/原药/噁草酮 96%/2014.02.12 至 2019.02.12/低毒
PD20140413　甲咪唑烟酸/97%/原药/甲咪唑烟酸 97%/2014.02.24 至 2019.02.24/低毒
PD20140924　啶嘧磺隆/98%/原药/啶嘧磺隆 98%/2014.04.10 至 2019.04.10/微毒
PD20141253　唑草酮/95%/原药/唑草酮 95%/2014.05.07 至 2019.05.07/低毒
PD20141269　丙草胺/50%/水乳剂/丙草胺 50%/2014.05.07 至 2019.05.07/低毒
水稻移栽田　一年生杂草　450-525克/公顷　药土法
PD20141574　硝磺草酮/15%/悬浮剂/硝磺草酮 15%/2014.06.17 至 2019.06.17/低毒
玉米田　一年生阔叶杂草　112.5-157.5克/公顷　茎叶喷雾
PD20141739　咪唑烟酸/97%/原药/咪唑烟酸 97%/2014.06.30 至 2019.06.30/低毒
PD20141786　咪唑烟酸/25%/水剂/咪唑烟酸 25%/2014.07.14 至 2019.07.14/低毒
非耕地　一年生杂草　750-1500克/公顷　茎叶喷雾
PD20141787　甲咪唑烟酸/240克/升/水剂/甲咪唑烟酸 240克/升/2014.07.14 至 2019.07.14/低毒
花生田　一年生杂草　72-108毫升/公顷　茎叶喷雾
PD20141961　双草醚/97%/原药/双草醚 97%/2014.08.13 至 2019.08.13/低毒
PD20142304　氰氟草酯/10%/水乳剂/氰氟草酯 10%/2014.11.03 至 2019.11.03/低毒
水稻田(直播)　一年生禾本科杂草　90-120克/公顷　茎叶喷雾
PD20150990　精噁唑禾草灵/10%/水乳剂/精噁唑禾草灵 10%/2015.06.11 至 2020.06.11/低毒
春小麦田　一年生禾本科杂草　58.5-70.5克/公顷　茎叶喷雾
冬小麦田　一年生禾本科杂草　48-61.5克/公顷　茎叶喷雾
PD20151426　噁草酮/40%/悬浮剂/噁草酮 40%/2015.07.30 至 2020.07.30/低毒
移栽水稻田　一年生杂草　360-480克/公顷　药土法
PD20151742　甲氧咪草烟/97%/原药/甲氧咪草烟 97%/2015.08.28 至 2020.08.28/微毒
PD20151792　麦草畏/98%/原药/麦草畏 98%/2015.08.28 至 2020.08.28/低毒
LS20140240　噁草酮/40%/悬浮剂/噁草酮 40%/2015.07.14 至 2016.07.14/低毒
移栽水稻田　一年生杂草　360-480克/公顷　药土法

华北制药河北华诺有限公司　(河北省石家庄市高新区黄河198号大道　050035　0311-67596667)

PD91107　农用硫酸链霉素/72%/可溶粉剂/硫酸链霉素 72%(720单位/毫克)/2011.03.15 至 2016.03.15/低毒
大白菜　软腐病　150-300克/公顷　喷雾
柑橘树　溃疡病　150-300克/公顷　喷雾
水稻　白叶枯病　150-300克/公顷　喷雾

PD20070281 春雷霉素/65%/原药/春雷霉素 65%/2012.09.05 至 2017.09.05/低毒

PD20081484 春雷霉素/6%/可湿性粉剂/春雷霉素 6%/2013.11.05 至 2018.11.05/低毒
大白菜 黑腐病 22.5-36克/公顷 喷雾
水稻 稻瘟病 28-33克/公顷 喷雾

PD20085636 春雷霉素/2%/水剂/春雷霉素 2%/2013.12.26 至 2018.12.26/微毒
大白菜 黑腐病 22.5-36克/公顷 喷雾
水稻 稻瘟病 24-36克/公顷 喷雾

PD20092478 噻嗪酮/25%/可湿性粉剂/噻嗪酮 25%/2014.02.26 至 2019.02.26/低毒
水稻 稻飞虱 93.75-112.5克/公顷 喷雾

PD20097998 春雷・王铜/47%/可湿性粉剂/春雷霉素 2%、王铜 45%/2014.12.07 至 2019.12.07/低毒
黄瓜 霜霉病 530-580克/公顷 喷雾

PD20111301 嘧霉・多菌灵/40%/可湿性粉剂/多菌灵 30%、嘧霉胺 10%/2011.11.24 至 2016.11.24/低毒
番茄 灰霉病 525-675克/公顷 喷雾

PD20151625 春雷・咪锰/10%/可湿性粉剂/春雷霉素 2%、咪鲜胺锰盐 8%/2015.08.28 至 2020.08.28/低毒
烟草 赤星病 105-120克/公顷 喷雾

华北制药集团爱诺有限公司 (河北省石家庄市良村经济技术开发区兴业街 052165 0311-83096353)

PD20030007 阿维菌素/90%/原药/阿维菌素 90%/2013.07.10 至 2018.07.10/高毒

PD20081932 腈菌唑/12.5%/乳油/腈菌唑 12.5%/2013.11.24 至 2018.11.24/低毒
梨树 黑星病 31.25-62.5毫克/千克 喷雾
小麦 白粉病 30—60克/公顷 喷雾

PD20082372 阿维・吡虫啉/3.15%/乳油/阿维菌素 0.15%、吡虫啉 3.0%/2013.12.01 至 2018.12.01/低毒(原药高毒)
梨树 梨木虱 15.75-31.5毫克/千克 喷雾

PD20082832 阿维菌素/1.8%/乳油/阿维菌素 1.8%/2013.12.09 至 2018.12.09/低毒(原药高毒)
黄瓜 美洲斑潜蝇 900-1200克/公顷 喷雾
梨树 梨木虱 6-12毫克/千克 喷雾
棉花 棉铃虫 21.6-32.4克/公顷 喷雾
苹果树 红蜘蛛 3.6-4.5毫克/千克 喷雾
苹果树 蚜虫 4.5-6毫克/千克 喷雾
十字花科蔬菜 菜青虫、小菜蛾 8.1-10.8克/公顷 喷雾

PD20083208 阿维菌素/3.2%/微乳剂/阿维菌素 3.2%/2013.12.11 至 2018.12.11/中等毒(原药高毒)
梨树 梨木虱 6-12毫克/千克 喷雾

PD20084084 春雷霉素/2%/水剂/春雷霉素 2%/2013.12.16 至 2018.12.16/低毒
大白菜 黑腐病 22.5-36克/公顷 喷雾
番茄 叶霉病 40-50克/公顷 喷雾
水稻 稻瘟病 30-33克/公顷 喷雾

PD20085164 甲霜・乙膦铝/50%/可湿性粉剂/甲霜灵 12.5%、三乙膦酸铝 37.5%/2013.12.23 至 2018.12.23/低毒
葡萄 霜霉病 750-1000倍液 喷雾

PD20085476 阿维・哒螨灵/6.78%/乳油/阿维菌素 0.11%、哒螨灵 6.67%/2013.12.29 至 2018.12.29/中等毒(原药高毒)
柑橘树 红蜘蛛 33.9-45.2毫克/千克 喷雾
苹果树 二斑叶螨 27.12-45.2毫克/千克 喷雾
苹果树 红蜘蛛 27.12-33.9毫克/千克 喷雾

PD20090557 烯酰・锰锌/50%/可湿性粉剂/代森锰锌 43.5%、烯酰吗啉 6.5%/2014.01.13 至 2019.01.13/低毒
番茄 晚疫病 1215-1395克/公顷 喷雾

PD20091262 草甘膦异丙胺盐/30%/水剂/草甘膦 30%/2014.02.01 至 2019.02.01/低毒
柑橘园、苹果树 杂草 1350-2250克/公顷 喷雾
注:草甘膦异丙胺盐含量:41%。

PD20092802 阿维・高氯/3.3%/乳油/阿维菌素 0.8%、高效氯氰菊酯 2.5%/2014.03.04 至 2019.03.04/中等毒(原药高毒)
十字花科蔬菜 菜青虫、小菜蛾 7.5-15克/公顷 喷雾

PD20094345 阿维・三唑锡/5.5%/乳油/阿维菌素 0.2%、三唑锡 5.3%/2014.04.01 至 2019.04.01/低毒(原药高毒)
柑橘树 红蜘蛛 22-36.9毫克/千克 喷雾

PD20094497 阿维・三唑磷/15%/乳油/阿维菌素 0.3%、三唑磷 14.7%/2014.04.09 至 2019.04.09/中等毒(原药高毒)
水稻 二化螟 135-202.5克/公顷 喷雾

PD20095244 精喹禾灵/10%/乳油/精喹禾灵 10%/2014.04.27 至 2019.04.27/低毒
油菜田 禾本科杂草 45-51克/公顷 茎叶喷雾

PD20096809 代森锰锌/80%/可湿性粉剂/代森锰锌 80%/2014.09.15 至 2019.09.15/低毒
苹果树 斑点落叶病 1000—1333毫克/千克 喷雾

PD20097761 异丙威/20%/乳油/异丙威 20%/2014.11.12 至 2019.11.12/低毒
水稻 飞虱 450-600克/公顷 喷雾

PD20097782 甲氨基阿维菌素苯甲酸盐/0.5%/水乳剂/甲氨基阿维菌素 0.5%/2014.11.20 至 2019.11.20/低毒
甘蓝 小菜蛾 1.5-2.25克/公顷 喷雾
注:甲氨基阿维菌素苯甲酸盐:0.57%。

PD20097785 啶虫脒/20%/可湿性粉剂/啶虫脒 20%/2014.11.20 至 2019.11.20/低毒
苹果树 黄蚜 25-33毫克/千克 喷雾

PD20098223 高效氯氰菊酯/4.5%/水乳剂/高效氯氰菊酯 4.5%/2014.12.16 至 2019.12.16/中等毒
甘蓝 小菜蛾 40.5-47.25克/公顷 喷雾

PD20098235 噻嗪酮/25%/可湿性粉剂/噻嗪酮 25%/2014.12.16 至 2019.12.16/低毒
水稻 稻飞虱 112.5-150克/公顷 喷雾

PD20100727 戊唑醇/12.5%/微乳剂/戊唑醇 12.5%/2015.01.16 至 2020.01.16/低毒
苹果树 斑点落叶病 41.7-62.5毫克/千克 喷雾
香蕉 叶斑病 156.25-208毫克/千克 喷雾

PD20101293 吡虫啉/70%/水分散粒剂/吡虫啉 70%/2015.03.10 至 2020.03.10/低毒
棉花 蚜虫 15.75-31.5克/公顷 喷雾

PD20101889 氟铃·毒死蜱/22%/乳油/毒死蜱 20%、氟铃脲 2%/2015.08.09 至 2020.08.09/中等毒
棉花 棉铃虫 297-330克/公顷 喷雾

PD20110334 苯醚甲环唑/25%/乳油/苯醚甲环唑 25%/2011.03.24 至 2016.03.24/低毒
香蕉树 叶斑病 125-166.7毫克/千克 喷雾

PD20110526 阿维菌素/5%/乳油/阿维菌素 5%/2011.05.12 至 2016.05.12/中等毒(原药高毒)
梨树 梨木虱 6-9毫克/千克 喷雾
水稻 稻纵卷叶螟 6.75-9克/公顷 喷雾
茭白 二化螟 9.5-13.5克/公顷 喷雾

PD20110565 甲氨基阿维菌素苯甲酸盐/2%/微乳剂/甲氨基阿维菌素 2%/2011.05.26 至 2016.05.26/低毒
甘蓝 甜菜夜蛾 1.5－1.875克/公顷 喷雾
茭白 二化螟 12-17克/公顷 喷雾
注:甲氨基阿维菌素苯甲酸盐含量:2.3%。

PD20120127 甲氨基阿维菌素苯甲酸盐/5%/乳油/甲氨基阿维菌素 5%/2012.01.29 至 2017.01.29/低毒
甘蓝 甜菜夜蛾 2.85-3.56克/公顷 喷雾
注:甲氨基阿维菌素苯甲酸盐含量:5.7%。

PD20120406 戊唑醇/430克/升/悬浮剂/戊唑醇 430克/升/2012.03.07 至 2017.03.07/低毒
苦瓜 白粉病 77.4-116.1克/公顷 喷雾
苹果树 斑点落叶病 95.6－143.3毫克/千克 喷雾

PD20120473 高氯·甲维盐/4%/微乳剂/高效氯氰菊酯 3.7%、甲氨基阿维菌素苯甲酸盐 0.3%/2012.03.19 至 2017.03.19/中等毒
甘蓝 小菜蛾 6-12克/公顷 喷雾

PD20121684 哒灵·炔螨特/31%/乳油/哒螨灵 4%、炔螨特 27%/2012.11.05 至 2017.11.05/中等毒
柑橘树 红蜘蛛 155-206.7毫克/千克 喷雾

PD20130148 嘧霉·百菌清/40%/悬浮剂/百菌清 25%、嘧霉胺 15%/2013.01.17 至 2018.01.17/低毒
番茄 灰霉病 1800-2100克/公顷 喷雾

PD20130635 高效氯氟氰菊酯/2.5%/水乳剂/高效氯氟氰菊酯 2.5%/2013.04.05 至 2018.04.05/中等毒
甘蓝 菜青虫 11.25-18.75克/公顷 喷雾

PD20131724 阿维菌素/1%/颗粒剂/阿维菌素 1%/2013.08.16 至 2018.08.16/低毒(原药高毒)
黄瓜 根结线虫 225-263克/公顷 沟施/穴施

PD20140427 己唑醇/30%/悬浮剂/己唑醇 30%/2014.02.24 至 2019.02.24/低毒
水稻 纹枯病 58.5-76.5克/公顷 喷雾

PD20140699 醚菌酯/50%/可湿性粉剂/醚菌酯 50%/2014.03.24 至 2019.03.24/低毒
草莓 白粉病 120-150克/公顷 喷雾

PD20141344 阿维菌素/10%/悬浮剂/阿维菌素 10%/2014.06.04 至 2019.06.04/中等毒(原药高毒)
水稻 稻纵卷叶螟 6.75-9克/公顷 喷雾

PD20141456 高效氯氟氰菊酯/10%/水乳剂/高效氯氟氰菊酯 10%/2014.06.09 至 2019.06.09/低毒
甘蓝 蚜虫 15-22.5克/公顷 喷雾/

PD20142148 啶虫脒/70%/水分散粒剂/啶虫脒 70%/2014.09.18 至 2019.09.18/中等毒
甘蓝 蚜虫 18-22.5克/公顷 喷雾

PD20142283 氟环唑/30%/悬浮剂/氟环唑 30%/2014.10.27 至 2019.10.27/低毒
小麦 锈病 67.5-112.5克/公顷 喷雾

PD20142371 啶虫脒/10%/乳油/啶虫脒 10%/2014.11.04 至 2019.11.04/低毒
棉花 蚜虫 13.5-20.25克/公顷 喷雾

PD20142437 嘧霉胺/40%/悬浮剂/嘧霉胺 40%/2014.11.15 至 2019.11.15/低毒
番茄 灰霉病 300－540克/公顷 喷雾

PD20150369 丙森·醚菌酯/56%/可湿性粉剂/丙森锌 52%、醚菌酯 4%/2015.03.03 至 2020.03.03/低毒
苹果树 斑点落叶病 1000-1167毫克/千克 喷雾/

PD20150436 戊唑·吡虫啉/11%/悬浮种衣剂/吡虫啉 10.2%、戊唑醇 0.8%/2015.03.20 至 2020.03.20/低毒
玉米 丝黑穗病、蚜虫 200-240克/100千克种子 种子拌包衣

PD20151627 甲基硫菌灵/70%/可湿性粉剂/甲基硫菌灵 70%/2015.08.28 至 2020.08.28/低毒
苹果树 轮纹病 700-875毫克/千克 喷雾

PD20152209 阿维·螺螨酯/25%/悬浮剂/阿维菌素 3%、螺螨酯 22%/2015.09.23 至 2020.09.23/中等毒(原药高毒)
柑橘树 红蜘蛛 40-60毫克/千克 喷雾

PD20152240 四螨·三唑锡/20%/悬浮剂/四螨嗪 15%、三唑锡 5%/2015.09.23 至 2020.09.23/低毒
柑橘树 红蜘蛛 50-100毫克/千克 喷雾

PD20152343 甲维·茚虫威/22%/悬浮剂/甲氨基阿维菌素苯甲酸盐 2%、茚虫威 20%/2015.10.22 至 2020.10.22/低毒
甘蓝 小菜蛾 25-40克/公顷 喷雾
PD20152655 噁霉灵/30%/水剂/噁霉灵 30%/2015.12.19 至 2020.12.19/低毒
水稻 立枯病 9000-18000克/公顷 苗床喷雾
LS20130488 丙森·醚菌酯/56%/可湿性粉剂/丙森锌 52%、醚菌酯 4%/2014.11.08 至 2015.11.08/低毒
苹果树 斑点落叶病 933.3-1120毫克/千克 喷雾
LS20140349 噻虫啉/40%/悬浮剂/噻虫啉 40%/2015.11.21 至 2016.11.21/中等毒
水稻 飞虱 72-100.8克/公顷 喷雾
LS20150303 四螨·三唑锡/20%/悬浮剂/四螨嗪 15%、三唑锡 5%/2015.10.20 至 2016.10.20/低毒
柑橘树 红蜘蛛 50-100毫克/千克 喷雾

冀州市恒伟化工有限公司 (河北省冀州市化工园区 053200 0318-5250565)

PD20083123 氰戊·辛硫磷/35%/乳油/氰戊菊酯 5%、辛硫磷 30%/2013.12.10 至 2018.12.10/中等毒
棉花 棉铃虫 210-315克/公顷 喷雾
PD20084288 阿维菌素/1.8%/乳油/阿维菌素 1.8%/2013.12.17 至 2018.12.17/低毒(原药高毒)
梨树 梨木虱 6-12毫克/千克 喷雾
PD20086172 阿维·哒螨灵/6%/乳油/阿维菌素 0.15%、哒螨灵 5.85%/2013.12.30 至 2018.12.30/低毒(原药高毒)
苹果树 红蜘蛛 24-30毫克/千克 喷雾
PD20122032 丁硫克百威/200克/升/乳油/丁硫克百威 200克/升/2012.12.19 至 2017.12.19/中等毒
棉花 蚜虫 35-45克/公顷 喷雾
PD20140632 三唑醇/25%/可湿性粉剂/三唑醇 25%/2014.03.07 至 2019.03.07/低毒
小麦 纹枯病 30-45克/100千克种子 拌种
PD20140837 吡虫啉/20%/可溶液剂/吡虫啉 20%/2014.04.08 至 2019.04.08/低毒
棉花 蚜虫 21-30克/公顷 喷雾
PD20141513 高氯·啶虫脒/3.5%/微乳剂/啶虫脒 2%、高效氯氟氰菊酯 1.5%/2014.06.16 至 2019.06.16/中等毒
棉花 蚜虫 12-18克/公顷 喷雾
PD20142074 噻虫嗪/98%/原药/噻虫嗪 98%/2014.09.02 至 2019.09.02/低毒
PD20142279 氯氰菊酯/10%/乳油/氯氰菊酯 10%/2014.10.21 至 2019.10.21/低毒
棉花 棉铃虫 75-90克/公顷 喷雾
PD20142576 氯氰·啶虫脒/3.5%/乳油/啶虫脒 2%、高效氯氟氰菊酯 1.5%/2014.12.15 至 2019.12.15/低毒
注:专供出口,不得在国内销售。

廊坊亿得安化工有限公司 (河北省固安县马庄镇辛庄户村 065502 0316-6208571)

WP20080203 杀虫气雾剂/0.53%/气雾剂/胺菊酯 0.35%、富右旋反式烯丙菊酯 0.12%、氯菊酯 0.06%/2013.11.20 至2018.11.20/低毒
卫生 蚊、蝇、蜚蠊 / 喷雾
WP20090052 杀虫气雾剂/0.28%/气雾剂/胺菊酯 0.25%、高效氯氰菊酯 0.03%/2014.01.21 至 2019.01.21/低毒
卫生 蚊、蝇、蜚蠊 / 喷雾
WP20090053 蚊香/0.25%/蚊香/富右旋反式烯丙菊酯 0.25%/2014.01.21 至 2019.01.21/低毒
卫生 蚊 / 点燃
WP20140088 杀虫气雾剂/0.44%/气雾剂/Es-生物烯丙菊酯 0.12%、氯菊酯 0.16%、右旋胺菊酯 0.16%/2014.04.14 至2019.04.14/微毒
室内 蚊、蝇、蜚蠊 / 喷雾

秦皇岛金兰电器有限责任公司 (河北省秦皇岛市卢龙县印庄 066405 0335-7048241)

WP20100162 电热蚊香液/2.6%/电热蚊香液/Es-生物烯丙菊酯 2.6%/2010.12.14 至 2015.12.14/低毒
卫生 蚊 / 电热加温

容城县飞鹤卫生用品有限公司 (河北省容城县中心北大街100号 071700 0312-5602980)

WP20130069 蚊香/0.25%/蚊香/富右旋反式烯丙菊酯 0.25%/2013.04.18 至 2018.04.18/微毒
卫生 蚊 / 点燃
WP20130070 杀虫气雾剂/0.46%/气雾剂/胺菊酯 0.4%、高效氯氰菊酯 0.06%/2013.04.18 至 2018.04.18/微毒
卫生 蚊、蝇、蜚蠊 / 喷雾

石家庄宏科生物化工有限公司 (河北省无极县县城无极路(原正深路40公里处) 052460 0311-85571185)

PD20084718 辛硫·高氯氟/40%/乳油/高效氯氟氰菊酯 0.5%、辛硫磷 39.5%/2013.12.22 至 2018.12.22/中等毒
棉花 棉铃虫 300-420克/公顷 喷雾
PD20100577 毒死蜱/45%/乳油/毒死蜱 45%/2015.01.14 至 2020.01.14/中等毒
水稻 稻纵卷叶螟 432-576克/公顷 喷雾
PD20120767 阿维菌素/5%/乳油/阿维菌素 5%/2012.05.05 至 2017.05.05/低毒
甘蓝 小菜蛾 11.3-13.5克/公顷 喷雾
PD20121413 甲氨基阿维菌素苯甲酸盐/5%/水分散粒剂/甲氨基阿维菌素 5%/2012.09.19 至 2017.09.19/低毒
甘蓝 甜菜夜蛾 2.4-3.2克/公顷 喷雾
注:甲氨基阿维菌素苯甲酸盐含量:5.7%。

石家庄瑞凯化工有限公司 (河北省石家庄市裕华东路148号国际名邸A2101 050031 0311-89626916)

PD20121159 苄嘧磺隆/96%/原药/苄嘧磺隆 96%/2012.07.30 至 2017.07.30/低毒
PD20121163 双草醚/95%/原药/双草醚 95%/2012.07.30 至 2017.07.30/低毒
PD20121186 高效氯氟氰菊酯/97%/原药/高效氯氟氰菊酯 97%/2012.08.06 至 2017.08.06/中等毒
PD20121189 噻虫嗪/98%/原药/噻虫嗪 98%/2012.08.06 至 2017.08.06/低毒

PD20121414 噻菌灵/99%/原药/噻菌灵 99%/2012.09.29 至 2017.09.29/低毒
PD20121422 乙烯利/90%/原药/乙烯利 90%/2012.09.29 至 2017.09.29/低毒
PD20121423 毒死蜱/97%/原药/毒死蜱 97%/2012.09.29 至 2017.09.29/中等毒
PD20121949 百菌清/98.5%/原药/百菌清 98.5%/2012.12.12 至 2017.12.12/低毒
PD20130903 唑螨酯/98.5%/原药/唑螨酯 98.5%/2013.04.27 至 2018.04.27/中等毒
PD20131965 草铵膦/95%/原药/草铵膦 95%/2013.10.10 至 2018.10.10/低毒
PD20141325 虱螨脲/98%/原药/虱螨脲 98%/2014.06.03 至 2019.06.03/低毒
PD20141507 吡虫啉/70%/水分散粒剂/吡虫啉 70%/2014.06.16 至 2019.06.16/低毒
水稻 稻飞虱 21-31.5克/公顷 喷雾
PD20141596 吡蚜酮/98%/原药/吡蚜酮 98%/2014.06.23 至 2019.06.23/低毒
PD20142259 草铵膦/200克/升/水剂/草铵膦 200克/升/2014.09.28 至 2019.09.28/低毒
非耕地、柑橘园 杂草 1050-1710克/公顷 茎叶喷雾
PD20142574 螺螨酯/98%/原药/螺螨酯 98%/2014.12.15 至 2019.12.15/低毒
PD20150136 虫螨腈/98%/原药/虫螨腈 98%/2015.01.12 至 2020.01.12/中等毒
PD20150754 草铵膦/50%/母药/草铵膦 50%/2015.05.12 至 2020.05.12/低毒
PD20152003 螺螨酯/240克/升/悬浮剂/螺螨酯 240克/升/2015.08.31 至 2020.08.31/低毒
柑橘树 红蜘蛛 50-60毫克/千克 喷雾
PD20152074 虫螨腈/10%/悬浮剂/虫螨腈 10%/2015.09.22 至 2020.09.22/低毒
甘蓝 小菜蛾 50－75克/公顷 喷雾
PD20152132 噻虫嗪/25%/水分散粒剂/噻虫嗪 25%/2015.09.22 至 2020.09.22/微毒
水稻 稻飞虱 11.25-15克/公顷 喷雾
WP20140247 吡丙醚/97%/原药/吡丙醚 97%/2014.12.11 至 2019.12.11/低毒

石家庄沙飞日化有限公司 (河北省石家庄市正定县东柏棠 050800 0311-87237789)

WP20080205 蚊香/0.23%/蚊香/富右旋反式烯丙菊酯 0.23%/2013.11.21 至 2018.11.21/微毒
卫生 蚊 / 点燃
WP20080278 杀虫气雾剂/0.45%/气雾剂/胺菊酯 0.27%、氯菊酯 0.13%、氯氰菊酯 0.05%/2013.12.01 至 2018.12.01/低毒
卫生 蚊、蝇、蜚蠊 / 喷雾
WP20100038 电热蚊香片/10毫克/片/电热蚊香片/富右旋反式炔丙菊酯 10毫克/片/2015.02.08 至 2020.02.08/微毒
卫生 蚊 / 电热加温
WP20150053 蚊香/0.05%/蚊香/氯氟醚菊酯 0.05%/2015.03.23 至 2020.03.23/微毒
室内 蚊 / 点燃

石家庄市华星农药有限公司 (河北省石家庄307国道251公里处开发区 052260 0311-84451368)

PD20040214 高效氯氰菊酯/4.5%/乳油/高效氯氰菊酯 4.5%/2014.12.19 至 2019.12.19/中等毒
甘蓝 菜青虫 10.1-20.25克/公顷 喷雾
PD20082403 阿维菌素/1.8%/乳油/阿维菌素 1.8%/2013.12.01 至 2018.12.01/低毒(原药高毒)
苹果树 红蜘蛛 1.8-3毫克/千克 喷雾
PD20082511 多·福/60%/可湿性粉剂/多菌灵 30%、福美双 30%/2013.12.03 至 2018.12.03/低毒
梨树 黑星病 400-600倍液 喷雾
PD20141093 啶虫脒/5%/乳油/啶虫脒 5%/2014.04.27 至 2019.04.27/低毒
黄瓜 蚜虫 22.5-30克/公顷 喷雾
PD20141396 吡虫啉/10%/可湿性粉剂/吡虫啉 10%/2014.06.05 至 2019.06.05/低毒
春小麦 蚜虫 45-60克/公顷 喷雾
冬小麦 蚜虫 15-30克/公顷 喷雾
WP20120205 氟虫腈/50克/升/悬浮剂/氟虫腈 50克/升/2012.10.25 至 2017.10.25/低毒
室内 蜚蠊 62.5毫克/平方米 滞留喷洒

石家庄市兴柏生物工程有限公司 (河北省石家庄市赵县南柏舍镇工业园 050000 0311-86063840)

PD20094210 阿维菌素/92%/原药/阿维菌素 92%/2014.03.31 至 2019.03.31/高毒
PD20097114 阿维菌素/1.8%/乳油/阿维菌素 1.8%/2014.10.12 至 2019.10.12/中等毒(原药高毒)
十字花科蔬菜 小菜蛾 8.1-10.8克/公顷 喷雾
PD20111243 甲氨基阿维菌素苯甲酸盐/2%/乳油/甲氨基阿维菌素 2%/2011.11.18 至 2016.11.18/低毒
甘蓝 小菜蛾 2.25-3.0克/公顷 喷雾
注:甲氨基阿维菌素苯甲酸盐含量：2.3%。
PD20120360 阿维菌素/1.8%/水乳剂/阿维菌素 1.8%/2012.02.23 至 2017.02.23/低毒(原药高毒)
甘蓝 小菜蛾 8.1-13.5克/公顷 喷雾
PD20120376 阿维菌素/5%/乳油/阿维菌素 5%/2012.02.24 至 2017.02.24/低毒(原药高毒)
甘蓝 小菜蛾 8.1-10.8克/公顷 喷雾
PD20121271 甲氨基阿维菌素苯甲酸盐/5%/水分散粒剂/甲氨基阿维菌素 5%/2012.09.06 至 2017.09.06/低毒
甘蓝 小菜蛾 2.25-3.75克/公顷 喷雾
注:甲氨基阿维菌素苯甲酸盐含量：5.7%。
PD20130383 螺螨酯/98%/原药/螺螨酯 98%/2013.03.12 至 2018.03.12/低毒
PD20130404 咯菌腈/98%/原药/咯菌腈 98%/2013.03.12 至 2018.03.12/低毒
PD20130506 噻虫嗪/98%/原药/噻虫嗪 98%/2013.03.27 至 2018.03.27/低毒
PD20131666 噻呋酰胺/98%/原药/噻呋酰胺 98%/2013.08.05 至 2018.08.05/低毒

PD20131789 多杀霉素/92%/原药/多杀霉素 92%/2013.09.09 至 2018.09.09/低毒
PD20140585 苯醚甲环唑/10%/水分散粒剂/苯醚甲环唑 10%/2014.03.06 至 2019.03.06/低毒
梨树 黑星病 14-17毫克/千克 喷雾
PD20140745 氰霜唑/95%/原药/氰霜唑 95%/2014.03.24 至 2019.03.24/低毒
PD20141068 多杀霉素/25克/升/悬浮剂/多杀霉素 25克/升/2014.04.25 至 2019.04.25/低毒
甘蓝 小菜蛾 12.5-25克/公顷 喷雾
PD20141300 唑嘧磺草胺/98%/原药/唑嘧磺草胺 98%/2014.05.12 至 2019.05.12/低毒
PD20141306 丙炔噁草酮/98%/原药/丙炔噁草酮 98%/2014.05.12 至 2019.05.12/低毒
PD20141329 甲基二磺隆/95%/原药/甲基二磺隆 95%/2014.06.03 至 2019.06.03/低毒
PD20141791 氟啶胺/98%/原药/氟啶胺 98%/2014.07.14 至 2019.07.14/低毒
PD20142244 甲氨基阿维菌素苯甲酸盐/83.5%/原药/甲氨基阿维菌素 83.5%/2014.09.28 至 2019.09.28/中等毒
注:甲氨基阿维菌素苯甲酸盐含量: 95%。
PD20142256 双氟磺草胺/97%/原药/双氟磺草胺 97%/2014.09.28 至 2019.09.28/低毒
PD20142341 氟唑磺隆/96%/原药/氟唑磺隆 96%/2014.11.03 至 2019.11.03/低毒
PD20142348 吡虫啉/20%/可湿性粉剂/吡虫啉 20%/2014.11.03 至 2019.11.03/低毒
小麦 蚜虫 北方地区: 45-60克/公顷(有效成分)南方地区: 15-30克/公顷(有效成分) 喷雾
PD20142364 虫螨腈/98%/原药/虫螨腈 98%/2014.11.04 至 2019.11.04/低毒
PD20142680 啶酰菌胺/98%/原药/啶酰菌胺 98%/2014.12.31 至 2019.12.31/低毒
PD20151636 吡唑醚菌酯/98%/原药/吡唑醚菌酯 98%/2015.08.28 至 2020.08.28/低毒
PD20151884 喹啉铜/98.6%/原药/喹啉铜 98.6%/2015.08.30 至 2020.08.30/低毒
PD20151891 精甲霜灵/96%/原药/精甲霜灵 96%/2015.08.30 至 2020.08.30/低毒
PD20151892 吲哚乙酸/98%/原药/吲哚乙酸 98%/2015.08.30 至 2020.08.30/低毒
PD20152004 代森联/90%/原药/代森联 90%/2015.08.31 至 2020.08.31/低毒
PD20152590 硅噻菌胺/98%/原药/硅噻菌胺 98%/2015.12.17 至 2020.12.17/低毒
LS20130474 呋虫胺/98%/原药/呋虫胺 98%/2015.11.01 至 2016.11.01/低毒

石家庄曙光制药厂 (河北省石家庄长安区高营大街17号 050031 0311-85612065)

PD20092564 阿维·哒螨灵/10%/乳油/阿维菌素 0.2%、哒螨灵 9.8%/2014.02.26 至 2019.02.26/低毒(原药高毒)
苹果树 红蜘蛛 25-50毫克/千克 喷雾
PD20098010 吗胍·乙酸铜/20%/可溶粉剂/盐酸吗啉胍 15%、乙酸铜 5%/2014.12.07 至 2019.12.07/低毒
番茄 病毒病 450-600克/公顷 喷雾

石家庄曙光制药原料药有限公司 (河北省石家庄市高营大街29号 050031 0311-85611841)

PD20083880 阿维菌素/92%/原药/阿维菌素 92%/2013.12.15 至 2018.12.15/高毒

肃宁县海蓝农药有限公司 (河北省肃宁县梁村镇丰乐堡村西 062350 0317-6123388)

PD20085050 氯氰菊酯/5%/乳油/氯氰菊酯 5%/2013.12.23 至 2018.12.23/低毒
十字花科蔬菜 菜青虫 22.5-45克/公顷 喷雾
PD20085095 多菌灵/50%/可湿性粉剂/多菌灵 50%/2013.12.23 至 2018.12.23/低毒
水稻 纹枯病 600-750克/公顷 喷雾
PD20086212 甲基硫菌灵/70%/可湿性粉剂/甲基硫菌灵 70%/2013.12.31 至 2018.12.31/低毒
苹果树 轮纹病 600-700毫克/千克 喷雾
PD20091046 辛硫磷/40%/乳油/辛硫磷 40%/2014.01.21 至 2019.01.21/低毒
十字花科蔬菜 菜青虫 360-540克/公顷 喷雾
PD20092504 乙草胺/900克/升/乳油/乙草胺 900克/升/2014.02.26 至 2019.02.26/低毒
春玉米田 一年生禾本科杂草及部分小粒种子阔叶杂草 1620-1890克/公顷 播后苗前土壤喷雾
夏玉米田 一年生禾本科杂草及部分小粒种子阔叶杂草 1080-1350克/公顷 播后苗前土壤喷雾
PD20092679 马拉硫磷/45%/乳油/马拉硫磷 45%/2014.03.03 至 2019.03.03/低毒
棉花 盲蝽蟓 375-562.2克/公顷 喷雾
PD20093470 氟乐灵/480克/升/乳油/氟乐灵 480克/升/2014.03.23 至 2019.03.23/低毒
棉花田 一年生禾本科杂草 720-1080克/公顷 土壤喷雾
PD20093833 联苯菊酯/25克/升/乳油/联苯菊酯 25克/升/2014.03.25 至 2019.03.25/低毒
苹果树 桃小食心虫 20-30毫克/千克 喷雾
PD20101160 精喹禾灵/5%/乳油/精喹禾灵 5%/2015.01.25 至 2020.01.25/低毒
棉花田 一年生禾本科杂草 37.5-60克/公顷 喷雾
PD20101919 毒死蜱/40%/乳油/毒死蜱 40%/2015.08.27 至 2020.08.27/中等毒
棉花 棉铃虫 450-900克/公顷 喷雾
PD20111281 高效氯氰菊酯/4.5%/水乳剂/高效氯氰菊酯 4.5%/2011.11.23 至 2016.11.23/低毒
甘蓝 菜青虫 20.25一27克/公顷 喷雾
PD20150281 高效氯氟氰菊酯/2.5%/水乳剂/高效氯氟氰菊酯 2.5%/2015.02.04 至 2020.02.04/低毒
甘蓝 蚜虫 5.625-9.375克/公顷 喷雾

邢台佰斯特化工科技有限公司 (河北省邢台县祝村镇大吕村北 054000 0319-89691963)

PD85154-16 氰戊菊酯/20%/乳油/氰戊菊酯 20%/2015.07.23 至 2020.07.23/中等毒

柑橘树	潜叶蛾	10-20毫克/千克	喷雾
果树	梨小食心虫	10-20毫克/千克	喷雾
棉花	红铃虫、蚜虫	75-150克/公顷	喷雾
蔬菜	菜青虫、蚜虫	60-120克/公顷	喷雾

PD85157-27 辛硫磷/40%/乳油/辛硫磷 40%/2011.09.14 至 2016.09.14/低毒

茶树、桑树	食叶害虫	200-400毫克/千克	喷雾
果树	食心虫、蚜虫、螨	200-400毫克/千克	喷雾
林木	食叶害虫	3000-6000克/公顷	喷雾
棉花	棉铃虫、蚜虫	300-600克/公顷	喷雾
蔬菜	菜青虫	300-450克/公顷	喷雾
烟草	食叶害虫	300-600克/公顷	喷雾
玉米	玉米螟	450-600克/公顷	灌心叶

PD20092554 高效氯氟氰菊酯/25克/升/乳油/高效氯氟氰菊酯 25克/升/2014.02.26 至 2019.04.26/中等毒

苹果树	桃小食心虫	8.33-12.5毫克/千克	喷雾

PD20094955 毒·辛/40%/乳油/毒死蜱 10%、辛硫磷 30%/2014.04.20 至 2019.04.20/中等毒

棉花	棉铃虫	420-450克/公顷	喷雾

PD20094999 多·福/40%/可湿性粉剂/多菌灵 20%、福美双 20%/2014.04.21 至 2019.04.21/低毒

梨树	黑星病	800-1000毫克/千克	喷雾

PD20110349 啶虫脒/20%/可湿性粉剂/啶虫脒 20%/2011.04.08 至 2016.04.08/低毒

柑橘树	蚜虫	10—13.3毫克/千克	喷雾

PD20111213 过氧乙酸/21%/水剂/过氧乙酸 21%/2011.11.17 至 2016.11.17/低毒

黄瓜	灰霉病	441-735克/公顷	喷雾

PD20131541 阿维菌素/5%/乳油/阿维菌素 5%/2013.07.17 至 2018.07.17/中等毒(原药高毒)

棉花	红蜘蛛	9—15克/公顷	喷雾

邢台宝波农药有限公司 (河北省邢台市西郊贾乡口 054009 0319-2991999)

PD20050137 高效氯氰菊酯/4.5%/乳油/高效氯氰菊酯 4.5%/2015.09.09 至 2020.09.09/中等毒

棉花	棉铃虫、蚜虫	15-30克/公顷	喷雾
苹果树	桃小食心虫	20-33毫克/千克	喷雾
十字花科蔬菜	蚜虫	3-18克/公顷	喷雾
十字花科蔬菜	菜青虫、小菜蛾	9-25.5克/公顷	喷雾

PD20085795 丁酰肼/98%/原药/丁酰肼 98%/2013.12.29 至 2018.12.29/低毒

PD20086122 高氯·辛硫磷/20%/乳油/高效氯氰菊酯 2%、辛硫磷 18%/2013.12.30 至 2018.12.30/低毒

棉花	棉铃虫	225-300克/公顷	喷雾

PD20090704 丁酰肼/92%/可溶粉剂/丁酰肼 92%/2014.01.19 至 2019.01.19/低毒

观赏菊花	调节生长	2500-3500毫克/千克	喷雾

PD20091430 辛硫磷/40%/乳油/辛硫磷 40%/2014.02.02 至 2019.02.02/低毒

甘蓝	菜青虫	360-480克/公顷	喷雾

PD20094536 高效氯氟氰菊酯/25克/升/乳油/高效氯氟氰菊酯 25克/升/2014.04.09 至 2019.04.09/中等毒

苹果	桃小食心虫	8.3-9.3毫克/千克	喷雾

PD20097925 马拉硫磷/45%/乳油/马拉硫磷 45%/2014.11.30 至 2019.11.30/低毒

小麦	蚜虫	405-742.5克/公顷	喷雾

PD20130908 阿维·哒螨灵/10%/乳油/阿维菌素 0.2%、哒螨灵 9.8%/2013.04.27 至 2018.04.27/低毒(原药高毒)

柑橘树	红蜘蛛	25-50毫克/千克	喷雾

张家口长城农药有限公司 (河北省张家口市怀来县沙城镇 075400 0313-6893300)

PD20085397 乙草胺/900克/升/乳油/乙草胺 900克/升/2013.12.24 至 2018.12.24/低毒

春大豆田、春玉米田	一年生杂草	1620-1890克/公顷	土壤喷雾
夏大豆田、夏玉米田	一年生杂草	1080-1350克/公顷	土壤喷雾

PD20093773 莠去津/50%/悬浮剂/莠去津 50%/2014.03.25 至 2019.03.25/低毒

春玉米田	一年生杂草	1800-2250克/公顷	播后苗前土壤喷雾
夏玉米田	一年生杂草	1050-1500克/公顷	播后苗前土壤喷雾

PD20093805 苯磺隆/10%/可湿性粉剂/苯磺隆 10%/2014.03.25 至 2019.03.25/低毒

冬小麦田	一年生阔叶杂草	18-22.5克/公顷	茎叶喷雾

PD20095548 滴丁·乙草胺/70%/乳油/2,4-滴丁酯 20%、乙草胺 50%/2014.05.12 至 2019.05.12/低毒

春大豆田、春玉米田	一年生杂草	2100-2625克/公顷	土壤喷雾

PD20096509 异丙草·莠/40%/悬乳剂/异丙草胺 20%、莠去津 20%/2014.08.19 至 2019.08.19/低毒

春玉米田	一年生杂草	2100-2400克/公顷	土壤喷雾
夏玉米田	一年生杂草	1200-1500克/公顷	土壤喷雾

PD20096684 甲·乙·莠/40%/悬乳剂/甲草胺 11%、乙草胺 9%、莠去津 20%/2014.09.07 至 2019.09.07/低毒

春玉米田	一年生杂草	2100-2400克/公顷	土壤喷雾
夏玉米田	一年生杂草	1200-1500克/公顷	土壤喷雾

PD20110516 烟嘧·莠去津/15%/可分散油悬浮剂/烟嘧磺隆 1.5%、莠去津 13.5%/2011.05.03 至 2016.05.03/低毒

玉米田	一年生杂草	337.5-562.5克/公顷	茎叶喷雾

PD20110663 精喹禾灵/15%/乳油/精喹禾灵 15%/2011.06.20 至 2016.06.20/低毒
花生田 一年生禾本科杂草 45-67.5克/公顷 茎叶喷雾
PD20111115 烟嘧·乙·莠/40%/可分散油悬浮剂/烟嘧磺隆 2%、乙草胺 22%、莠去津 16%/2011.10.27 至 2016.10.27/低毒
玉米田 一年生杂草 900-1200克/公顷 茎叶喷雾
PD20121855 乙·莠·滴丁酯/63%/悬乳剂/2,4-滴丁酯 9%、乙草胺 27%、莠去津 27%/2012.11.28 至 2017.11.28/低毒
春玉米田 一年生杂草 2362.5-3307.5克/公顷 播后苗前土壤喷雾
PD20121925 烟·莠·辛酰腈/39%/可分散油悬浮剂/辛酰溴苯腈 15%、烟嘧磺隆 4%、莠去津 20%/2012.12.07 至 2017.12.07/低毒
玉米田 一年生杂草 468-585克/公顷 茎叶喷雾
PD20130547 烟嘧·莠去津/48%/可湿性粉剂/烟嘧磺隆 3.5%、莠去津 44.5%/2013.04.01 至 2018.04.01/低毒
玉米田 一年生杂草 720-822.9克/公顷 茎叶喷雾
PD20142563 1-甲基环丙烯/3.3%/微囊粒剂/1-甲基环丙烯 3.3%/2014.12.15 至 2019.12.15/微毒
番茄 保鲜 1-1.5毫克/千克 密闭熏蒸
苹果 保鲜 2-4毫克/千克 密闭熏蒸
PD20151885 2甲4氯钠/56%/可溶粉剂/2甲4氯 56%/2015.08.30 至 2020.08.30/低毒
玉米田 一年生阔叶杂草 924-1176克/公顷 茎叶喷雾
LS20150124 烟嘧·莠·氯吡/30%/可分散油悬浮剂/烟嘧磺隆 2%、莠去津 20%、氯氟吡氧乙酸异辛酯 8%/2015.05.13 至 2016.05.13/低毒
玉米田 一年生杂草 675-900克/公顷 茎叶喷雾

中国农科院植保所廊坊农药中试厂 (河北省廊坊市广阳区九州镇中国农科院科研基地内 065000)

PD20050184 高效氯氰菊酯/4.5%/乳油/高效氯氰菊酯 4.5%/2015.11.15 至 2020.11.15/低毒
韭菜 迟眼蕈蚊 6.75-13.5克/公顷 喷雾
梨树 梨木虱 20.8-31.25毫克/千克 喷雾
马铃薯 二十八星瓢虫 15-30克/公顷 喷雾
十字花科蔬菜 菜青虫 13.5-27克/公顷 喷雾
PD20081950 霜脲·锰锌/72%/可湿性粉剂/代森锰锌 64%、霜脲氰 8%/2013.11.24 至 2018.11.24/低毒
番茄 晚疫病 1440-1800克/公顷 喷雾
黄瓜 霜霉病 1440-1800克/公顷 喷雾
辣椒 疫病 1080-1800克/公顷 喷淋
PD20081971 氰戊·马拉松/20%/乳油/马拉硫磷 15%、氰戊菊酯 5%/2013.12.01 至 2018.12.01/中等毒
棉花 棉铃虫 90-150克/公顷 喷雾
苹果树 桃小食心虫 160-333毫克/千克 喷雾
蔬菜 菜青虫、蚜虫 90-150克/公顷 喷雾
PD20082401 嘧霉胺/40%/悬浮剂/嘧霉胺 40%/2013.12.01 至 2018.12.01/低毒
黄瓜 灰霉病 375-562.5克/公顷 喷雾
PD20082572 阿维·哒螨灵/8%/乳油/阿维菌素 0.2%、哒螨灵 7.8%/2013.12.04 至 2018.12.04/低毒(原药高毒)
柑橘树 红蜘蛛 40-53毫克/千克 喷雾
PD20083409 锰锌·腈菌唑/62.25%/可湿性粉剂/腈菌唑 2.25%、代森锰锌 60%/2013.12.11 至 2018.12.11/低毒
黄瓜 白粉病 1867.5－2340克/公顷 喷雾
PD20083467 高效氯氰菊酯/95%/原药/高效氯氰菊酯 95%/2013.12.12 至 2018.12.12/中等毒
PD20083510 氰戊·杀螟松/20%/乳油/氰戊菊酯 6%、杀螟硫磷 14%/2013.12.12 至 2018.12.12/中等毒
棉花 棉铃虫 120-150克/公顷 喷雾
苹果树 桃小食心虫 160-333毫克/千克 喷雾
PD20084453 异稻·三环唑/20%/可湿性粉剂/三环唑 10%、异稻瘟净 10%/2013.12.17 至 2018.12.17/低毒
水稻 稻瘟病 300-450克/公顷 喷雾
PD20084712 噻嗪·异丙威/25%/可湿性粉剂/噻嗪酮 5%、异丙威 20%/2013.12.22 至 2018.12.22/低毒
水稻 稻飞虱 375-487.5克/公顷 喷雾
PD20085277 硫丹·辛硫磷/35%/乳油/硫丹 5%、辛硫磷 30%/2013.12.23 至 2018.12.23/低毒
棉花 棉铃虫 制剂量：750-1125克/公顷 喷雾
PD20085772 阿维·杀虫单/20%/微乳剂/阿维菌素 0.2%、杀虫单 19.8%/2013.12.29 至 2018.12.29/低毒(原药高毒)
菜豆 美洲斑潜蝇 90-180克/公顷 喷雾
PD20085852 甲霜·噁霉灵/3%/水剂/噁霉灵 2.5%、甲霜灵 0.5%/2013.12.29 至 2018.12.29/低毒
黄瓜 枯萎病 50-60毫克/千克，250毫升/株 灌根
水稻 立枯病 0.36-0.54克/平方米 喷雾
PD20086314 苄·乙/20%/可湿性粉剂/苄嘧磺隆 5%、乙草胺 15%/2013.12.31 至 2018.12.31/低毒
移栽水稻田 部分多年生杂草、一年生杂草 84-118克/公顷 药土法
PD20086321 乙·莠·氰草津/40%/悬浮剂/氰草津 26.6%、乙草胺 6.7%、莠去津 6.7%/2013.12.31 至 2018.12.31/低毒
夏玉米田 一年生杂草 1320-1800克/公顷 土壤喷雾
PD20090383 腈菌唑/25%/乳油/腈菌唑 25%/2014.01.12 至 2019.01.12/低毒
小麦 白粉病 48-60克/公顷 喷雾
PD20090796 阿维·毒死蜱/15%/乳油/阿维菌素 0.2%、毒死蜱 14.8%/2014.01.19 至 2019.01.19/低毒(原药高毒)
棉花 斜纹夜蛾 75-90克/公顷 喷雾
水稻 稻纵卷叶螟 135-157.5克/公顷 喷雾
PD20091123 草甘膦异丙胺盐/41%/水剂/草甘膦异丙胺盐 41%/2014.01.21 至 2019.01.21/低毒

柑橘园 杂草 1230-2460克/公顷 定向喷雾
PD20092178 烯酰吗啉/10%/水乳剂/烯酰吗啉 10%/2014.02.23 至 2019.02.23/低毒
黄瓜 霜霉病 225-300克/公顷 喷雾
PD20092578 联苯菊酯/100克/升/乳油/联苯菊酯 100克/升/2014.02.27 至 2019.02.27/中等毒
茶树 粉虱 30-37.5克/公顷 喷雾
PD20093243 烯唑醇/5%/微乳剂/烯唑醇 5%/2014.03.11 至 2019.03.11/低毒
梨树 黑星病 25-50毫克/千克 喷雾
PD20093255 噻螨酮/5%/可湿性粉剂/噻螨酮 5%/2014.03.11 至 2019.03.11/低毒
柑橘树 红蜘蛛 25-50毫克/千克 喷雾
PD20093390 苯醚甲环唑/10%/微乳剂/苯醚甲环唑 10%/2014.03.19 至 2019.03.19/低毒
番茄 早疫病 112.5-150克/公顷 喷雾
PD20093766 阿维·啶虫脒/4%/乳油/阿维菌素 1%、啶虫脒 3%/2014.03.25 至 2019.03.25/低毒(原药高毒)
黄瓜 蚜虫 6-12克/公顷 喷雾
PD20095200 丙环唑/20%/微乳剂/丙环唑 20%/2014.04.24 至 2019.04.24/低毒
香蕉 叶斑病 250-500毫克/千克 喷雾
PD20095330 多·福·溴菌腈/40%/可湿性粉剂/多菌灵 20%、福美双 10%、溴菌腈 10%/2014.04.27 至 2019.04.27/低毒
黄瓜 炭疽病 600-900克/公顷 喷雾
PD20095695 霜霉威盐酸盐/66.5%/水剂/霜霉威盐酸盐 66.5%/2014.05.15 至 2019.05.15/低毒
甜椒 疫病 775.5-1164克/公顷 喷雾
PD20096345 除虫脲/25%/可湿性粉剂/除虫脲 25%/2014.07.28 至 2019.07.28/低毒
苹果树 金纹细蛾 125-250毫克/千克 喷雾
PD20096645 高氯·甲维盐/3%/微乳剂/高效氯氰菊酯 2.7%、甲氨基阿维菌素苯甲酸盐 0.3%/2014.09.02 至 2019.09.02/低毒
甘蓝 甜菜夜蛾、小菜蛾 13.5-18克/公顷 喷雾
PD20096919 烟嘧磺隆/40克/升/可分散油悬浮剂/烟嘧磺隆 40克/升/2014.09.23 至 2019.09.23/低毒
玉米田 一年生杂草 42-60克/公顷 茎叶喷雾
PD20097364 琥胶肥酸铜/30%/悬浮剂/琥胶肥酸铜 30%/2014.10.27 至 2019.10.27/低毒
柑橘 溃疡病 400-500倍液 喷雾
PD20097705 烯草酮/120克/升/乳油/烯草酮 120克/升/2014.11.04 至 2019.11.04/低毒
油菜田 一年生禾本科杂草 54-72克/公顷 茎叶喷雾
PD20097711 噻苯隆/0.1%/可湿性粉剂/噻苯隆 0.1%/2014.11.04 至 2019.11.04/低毒
甜瓜 提高座瓜率、增产 2.5-3.3毫克/升 兑水喷雾
PD20097723 烯腺·羟烯腺/0.02%/母药/羟烯腺嘌呤 0.01%、烯腺嘌呤 0.01%/2014.11.04 至 2019.11.04/低毒
PD20097957 烯·羟·吗啉胍/40%/可溶粉剂/盐酸吗啉胍 39.996%、羟烯腺嘌呤 0.002%、烯腺嘌呤 0.002%/2014.12.01 至2019.12.01/低毒
番茄 病毒病 600-900克/公顷 喷雾
水稻 黑条矮缩病 750-900克/公顷 喷雾
PD20100007 三唑磷/20%/微乳剂/三唑磷 20%/2015.01.04 至 2020.01.04/中等毒
水稻 二化螟 375-450克/公顷 喷雾
PD20101432 烯腺·羟烯腺/0.0025%/可溶粉剂/羟烯腺嘌呤 0.001%、烯腺嘌呤 0.0015%/2015.05.04 至 2020.05.04/低毒
番茄 调节生长、增产 600-800倍液 喷雾
PD20101781 高效氯氰菊酯/4.5%/微乳剂/高效氯氰菊酯 4.5%/2015.07.13 至 2020.07.13/低毒
甘蓝 菜青虫 20.25-27克/公顷 喷雾
PD20131447 吡虫·三唑磷/20%/乳油/吡虫啉 2%、三唑磷 18%/2013.07.05 至 2018.07.05/中等毒
水稻 稻飞虱、二化螟 300-390克/公顷 喷雾
PD20132074 精噁唑禾草灵/69克/升/水乳剂/精噁唑禾草灵 69克/升/2013.10.23 至 2018.10.23/低毒
棉花田 一年生禾本科杂草 51.75-72.45克/公顷 茎叶喷雾
PD20140929 嘧菌酯/25%/悬浮剂/嘧菌酯 25%/2014.04.11 至 2019.04.11/低毒
草坪 褐斑病 200-400克/公顷 喷雾
PD20141019 溴菌·多菌灵/25%/可湿性粉剂/多菌灵 5%、溴菌腈 20%/2014.04.21 至 2019.04.21/低毒
柑橘树 炭疽病 500-833.3毫克/千克 喷雾
PD20141148 异丙·苄/30%/可湿性粉剂/苄嘧磺隆 5%、异丙草胺 25%/2014.04.28 至 2019.04.28/低毒
水稻抛秧田 一年生杂草 135-180克/公顷 药土法
PD20141406 硝磺草酮/10%/悬浮剂/硝磺草酮 10%/2014.06.05 至 2019.06.05/低毒
玉米田 一年生杂草 105-150克/公顷 喷雾
PD20141407 球孢白僵菌/500亿孢子/克/母药/球孢白僵菌 500亿孢子/克/2014.06.05 至 2019.06.05/低毒
PD20141711 苦参碱/0.5%/水剂/苦参碱 0.5%/2014.06.30 至 2019.06.30/低毒
甘蓝 小菜蛾 4.5-6.75克/公顷 喷雾
PD20141799 金龟子绿僵菌/250亿孢子/克/母药/金龟子绿僵菌 250亿孢子/克/2014.07.14 至 2019.07.14/低毒
PD20150036 氰氟草酯/10%/水乳剂/氰氟草酯 10%/2015.01.04 至 2020.01.04/低毒
水稻田(直播) 稗草、千金子等禾本科杂草 90-105克/公顷 茎叶喷雾
PD20150091 枯草芽孢杆菌/1000亿个/克/可湿性粉剂/枯草芽孢杆菌 1000亿个/克/2015.01.05 至 2020.01.05/低毒
水稻 纹枯病 1000－1500克制剂/公顷 喷雾
PD20150289 噻虫嗪/30%/悬浮剂/噻虫嗪 30%/2015.02.04 至 2020.02.04/低毒

水稻 稻飞虱 9-18克/公顷 喷雾
PD20150527 吡蚜酮/25%/悬浮剂/吡蚜酮 25%/2015.03.23 至 2020.03.23/低毒
水稻 稻飞虱 95-105克/公顷 喷雾
PD20151124 吡虫啉/600克/升/悬浮种衣剂/吡虫啉 600克/升/2015.06.25 至 2020.06.25/低毒
棉花 蚜虫 425-500克/100千克种子 种子包衣
PD20151179 氟硅唑/8%/微乳剂/氟硅唑 8%/2015.06.27 至 2020.06.27/低毒
草坪 褐斑病 100-120克/公顷 喷雾
PD20151329 螺螨酯/24%/悬浮剂/螺螨酯 24%/2015.07.30 至 2020.07.30/低毒
柑橘树 红蜘蛛 50-60毫克/千克 喷雾
PD20151412 莠去津/38%/悬浮剂/莠去津 38%/2015.07.30 至 2020.07.30/低毒
春玉米田 一年生杂草 1254-1510.5克/公顷 茎叶喷雾
夏玉米田 一年生杂草 1000-1500克/公顷 茎叶喷雾
PD20151990 甲氨基阿维菌素苯甲酸盐/5%/水分散粒剂/甲氨基阿维菌素 5%/2015.08.30 至 2020.08.30/低毒
甘蓝 小菜蛾 3.0-3.75克/公顷 喷雾
注:甲氨基阿维菌素苯甲酸盐含量：5.7%。
PD20152638 甲维·茚虫威/12%/水乳剂/甲氨基阿维菌素苯甲酸盐 2%、茚虫威 10%/2015.12.18 至 2020.12.18/低毒
甘蓝 甜菜夜蛾 25-34.2克/公顷 喷雾
LS20140049 寡糖·链蛋白/6%/可湿性粉剂/氨基寡糖素 3%、极细链格孢激活蛋白 3%/2015.02.18 至 2016.02.18/低毒
番茄、烟草 病毒病 67.5-90克/公顷 喷雾
WP20100011 高效氯氰菊酯/4.5%/微乳剂/高效氯氰菊酯 4.5%/2015.01.11 至 2020.01.11/低毒
卫生 蚊、蝇、蜚蠊 50毫克/平方米 滞留喷洒

涿州拜奥威生物科技有限公司 (河北省涿州市桃园区镇安寺 072650 0312-3981978)

PD20121389 吡虫啉/20%/可溶液剂/吡虫啉 20%/2012.09.14 至 2017.09.14/低毒
草坪 蛴螬 1050-2100克/公顷 喷雾（施药前及施药后小水浅浇）
PD20141293 甲氨基阿维菌素苯甲酸盐/3%/微乳剂/甲氨基阿维菌素 3%/2014.05.12 至 2019.05.12/低毒
杨树 美国白蛾 15-37.5毫克/千克 喷雾
注:甲氨基阿维菌素苯甲酸盐含量：3.4%。
PD20141377 丙环唑/20%/微乳剂/丙环唑 20%/2014.06.04 至 2019.06.04/低毒
草坪 褐斑病 180-240克/公顷 喷雾

涿州市翔翊华太生物技术有限公司 (河北省保定市涿州市松林店镇 072761 0312-3615738)

PD20081006 毒死蜱/40%/乳油/毒死蜱 40%/2013.08.06 至 2018.08.06/中等毒
苹果树 绵蚜 266.7-400毫克/千克 喷雾
PD20082299 啶虫脒/20%/可溶液剂/啶虫脒 20%/2013.12.01 至 2018.12.01/低毒
棉花 蚜虫 30-45克/公顷 喷雾
PD20082644 甲氰·辛硫磷/25%/乳油/甲氰菊酯 5%、辛硫磷 20%/2013.12.04 至 2018.12.04/低毒
棉花 棉铃虫 300—375克/公顷 喷雾
PD20082866 啶虫脒/20%/可溶粉剂/啶虫脒 20%/2013.12.09 至 2018.12.09/低毒
黄瓜 蚜虫 18-36克/公顷 喷雾
PD20083383 啶虫脒/5%/可湿性粉剂/啶虫脒 5%/2013.12.11 至 2018.12.11/低毒
小麦 蚜虫 22.5-30克/公顷 喷雾
PD20084161 阿维菌素/1.8%/乳油/阿维菌素 1.8%/2013.12.16 至 2018.12.16/中等毒(原药高毒)
梨树 梨木虱 6-12毫克/千克 喷雾
PD20091441 高效氯氰菊酯/25克/升/乳油/高效氯氰菊酯 25克/升/2014.02.02 至 2019.02.02/中等毒
十字花科蔬菜 菜青虫 11.25-15克/公顷 喷雾
PD20092181 福·福锌/40%/可湿性粉剂/福美双 15%、福美锌 25%/2014.02.23 至 2019.02.23/低毒
苹果树 炭疽病 1333-1600毫克/千克 喷雾
PD20093727 异菌·多菌灵/20%/悬浮剂/多菌灵 15%、异菌脲 5%/2014.03.25 至 2019.03.25/低毒
苹果树 斑点落叶病 400-500毫克/千克 喷雾
PD20095981 哒螨灵/15%/乳油/哒螨灵 15%/2014.06.04 至 2019.06.04/中等毒
苹果树 红蜘蛛 50-75毫克/千克 喷雾
PD20098399 高氯·啶虫脒/5%/乳油/啶虫脒 1.5%、高效氯氰菊酯 3.5%/2014.12.18 至 2019.12.18/中等毒
番茄 蚜虫 22.5-30克/公顷 喷雾
PD20100075 烟嘧磺隆/40克/升/可分散油悬浮剂/烟嘧磺隆 40克/升/2015.01.04 至 2020.01.04/低毒
玉米田 一年生杂草 42-60克/公顷 茎叶喷雾
PD20111215 甲氨基阿维菌素苯甲酸盐/3%/微乳剂/甲氨基阿维菌素 3%/2011.11.17 至 2016.11.17/低毒
甘蓝 甜菜夜蛾 5-6.7毫升/亩 喷雾
注:甲氨基阿维菌素苯甲酸盐含量:3.4%。
PD20120637 阿维菌素/3%/微乳剂/阿维菌素 3%/2012.04.12 至 2017.04.12/低毒(原药高毒)
甘蓝 小菜蛾 8.1-10.8克/公顷 喷雾
PD20130884 苯丁·哒螨灵/25%/可湿性粉剂/苯丁锡 8%、哒螨灵 17%/2013.04.25 至 2018.04.25/中等毒
柑橘树 红蜘蛛 166.7-250毫克/千克 喷雾
PD20131865 己唑醇/5%/悬浮剂/己唑醇 5%/2013.09.24 至 2018.09.24/低毒

苹果树 斑点落叶病 25-33.3毫克/千克 喷雾

蠡县华奥工艺制香厂 (河北省蠡县北埝乡李岗村 071400 0312-6031098)

WP20120213 蚊香/0.26%/蚊香/富右旋反式烯丙菊酯 0.26%/2012.11.05 至 2017.11.05/低毒
卫生 蚊 / 点燃

蠡县佳鑫香业日化厂 (河北省保定市蠡县北埝乡贾庄村 071401 0312-6033685)

WP20140198 电热蚊香片/12毫克/片/电热蚊香片/炔丙菊酯 12毫克/片/2014.09.02 至 2019.09.02/微毒
室内 蚊 / 电热加温

蠡县金诺达制香有限公司 (河北省蠡县李岗 071401 0312-6031288)

PD20094117 溴敌隆/0.005%/毒饵/溴敌隆 0.005%/2014.03.27 至 2019.03.27/低毒(原药高毒)
农田 田鼠 饱和投饵 投饵
室内 家鼠 饱和投饵 投饵

WP20130142 蚊香/0.05%/蚊香/氯氟醚菊酯 0.05%/2013.07.03 至 2018.07.03/微毒
卫生 蚊 / 点燃

河南省

爱普瑞（焦作）农药有限公司 (河南省博爱县温博路南4公里 454450 0391-8610516)

PD85156-9 辛硫磷/90%、87%、80%/原药/辛硫磷 90%、87%、80%/2015.07.21 至 2020.07.21/低毒

PD20040408 吡虫啉/5%/乳油/吡虫啉 5%/2014.12.19 至 2019.12.19/低毒
水稻 飞虱 9-18克/公顷 喷雾

PD20040806 吡虫啉/5%/片剂/吡虫啉 5%/2014.12.20 至 2019.12.20/低毒
棉花 蚜虫 15-22.5克/公顷 喷雾

PD20050072 高效氯氰菊酯/4.5%/乳油/高效氯氰菊酯 4.5%/2015.06.24 至 2020.06.24/中等毒
棉花 棉铃虫 15-30克/公顷 喷雾

PD20092862 霜脲·锰锌/72%/可湿性粉剂/代森锰锌 64%、霜脲氰 8%/2014.03.05 至 2019.03.05/低毒
黄瓜 霜霉病 1440-1800克/公顷 喷雾

PD20094241 芸苔素内酯/0.01%/乳油/芸苔素内酯 0.01%/2014.03.31 至 2019.03.31/低毒
冬小麦 调节生长、增产 0.02-0.04毫克/千克 喷雾

PD20095818 辛硫磷/3%/颗粒剂/辛硫磷 3%/2014.05.27 至 2019.05.27/低毒
花生 地下害虫 2700-3600克/公顷 沟施

PD20097062 苯磺隆/10%/可湿性粉剂/苯磺隆 10%/2014.10.10 至 2019.10.10/低毒
冬小麦田 一年生阔叶杂草 13.5-22.5克/公顷 茎叶喷雾

PD20097576 啶虫脒/95%/原药/啶虫脒 95%/2014.11.03 至 2019.11.03/中等毒

PD20100180 氧乐果/40%/乳油/氧乐果 40%/2015.01.05 至 2020.01.05/高毒
小麦 蚜虫 81-162克/公顷 喷雾

PD20101846 毒死蜱/95%/原药/毒死蜱 95%/2015.07.28 至 2020.07.28/中等毒

PD20110031 吡虫啉/95%/原药/吡虫啉 95%/2011.01.07 至 2016.01.07/低毒

PD20120867 阿维菌素/95%/原药/阿维菌素 95%/2012.05.23 至 2017.05.23/高毒

PD20132119 草甘膦/95%/原药/草甘膦 95%/2013.10.24 至 2018.10.24/低毒

安阳全丰生物科技有限公司 (河南省安阳市北关区韩工业园创业大道中段路北 455000 0372-3723338)

PD86101-42 赤霉酸/3%/乳油/赤霉酸 3%/2011.11.07 至 2016.11.07/低毒
菠菜 增加鲜重 10-25毫克/千克 叶面处理1-3次
菠萝 果实增大、增重 40-80毫克/千克 喷花
柑橘树 果实增大、增重 20-40毫克/千克 喷花
花卉 提前开花 700毫克/千克 叶面处理涂抹花芽
绿肥 增产 10-20毫克/千克 喷雾
马铃薯 苗齐、增产 0.5-1毫克/千克 浸薯块10-30分钟
棉花 提高结铃率、增产 10-20毫克/千克 点喷、点涂或喷雾
葡萄 无核、增产 50-200毫克/千克 花后1周处理果穗
芹菜 增产 20-100毫克/千克 叶面处理1次
人参 增加发芽率 20毫克/千克 播前浸种15分钟
水稻 增加千粒重、制种 20-30毫克/千克 喷雾

PD86123-4 矮壮素/50%/水剂/矮壮素 50%/2016.04.13 至 2021.04.13/低毒
棉花 防止疯长 25000倍液 喷顶
棉花 防止徒长,化学整枝 10000倍液 喷顶，后期喷全株
棉花 提高产量、植株紧凑 1)10000倍液2)0.3-0.5%药液 1)喷雾2)浸种
小麦 防止倒伏,提高产量 1)3-5%药液 2)100-400倍液 1)拌种2)返青、拔节期喷雾
玉米 增产 0.5%药液 浸种

PD86123-8 矮壮素/50%/水剂/矮壮素 50%/2011.11.07 至 2016.11.07/低毒
棉花 提高产量、植株紧凑 1)10000倍液2)0.3-0.5%药液 1)喷雾2)浸种
棉花 防止疯长 25000倍液 喷顶
棉花 防止徒长,化学整枝 10000倍液 喷顶，后期喷全株
小麦 防止倒伏,提高产量 1)3-5%药液 2)100-400倍液 1)拌种2)返青、拔节期喷雾

玉米　增产　0.5%药液　浸种
PD86124-2　萘乙酸/80%/母药/萘乙酸 80%/2011.11.07 至 2016.11.07/低毒
PD20082698　氰戊·辛硫磷/50%/乳油/氰戊菊酯 4.5%、辛硫磷 45.5%/2013.12.05 至 2018.12.05/中等毒
棉花　棉铃虫　450-562.5克/公顷　喷雾
PD20085988　氰戊·马拉松/20%/乳油/马拉硫磷 15%、氰戊菊酯 5%/2013.12.29 至 2018.12.29/中等毒
十字花科蔬菜　菜青虫　90-150克/公顷　喷雾
PD20092808　阿维·灭幼脲/20%/可湿性粉剂/阿维菌素 0.2%、灭幼脲 19.8%/2014.03.04 至 2019.03.04/低毒(原药高毒)
十字花科蔬菜　甜菜夜蛾　240-360克/公顷　喷雾
松树　松毛虫　100-133.33毫克/千克　喷雾
PD20093135　萘乙酸/5%/水剂/萘乙酸 5%/2014.03.10 至 2019.03.10/低毒
番茄　调节生长、增产　4000-5000倍液　开花后喷花
PD20095758　敌鼠钠盐/0.05%/饵剂/敌鼠钠盐 0.05%/2014.05.18 至 2019.05.18/低毒(原药高毒)
农田　田鼠　20克制剂/50平方米　投饵
PD20095861　乙烯利/90%/原药/乙烯利 90%/2014.05.27 至 2019.05.27/低毒
PD20097416　矮壮素/80%/可溶粉剂/矮壮素 80%/2014.10.28 至 2019.10.28/低毒
棉花　调节生长、增产　8000－16000倍　茎叶喷雾
小麦　调节生长　1500-2000毫克/千克　茎叶喷雾
PD20097453　萘乙酸/95%/原药/萘乙酸 95%/2014.10.28 至 2019.10.28/低毒
PD20097877　除虫脲/98%/原药/除虫脲 98%/2014.11.20 至 2019.11.20/低毒
PD20098407　矮壮素/97%/原药/矮壮素 97%/2014.12.18 至 2019.12.18/中等毒
PD20098457　啶虫脒/5%/乳油/啶虫脒 5%/2014.12.24 至 2019.12.24/低毒
黄瓜　蚜虫　18-27毫升制剂/亩　喷雾
莲藕　莲缢管蚜　15-22.5克/公顷　喷雾
芹菜　蚜虫　18-27克/公顷　喷雾
小麦　蚜虫　22.5-30克/公顷　喷雾
PD20100170　虫酰肼/20%/悬浮剂/虫酰肼 20%/2015.01.05 至 2020.01.05/低毒
甘蓝　甜菜夜蛾　190-285克/公顷　喷雾
松树　松毛虫　100-133毫克/千克　喷雾
PD20100410　敌敌畏/48%/乳油/敌敌畏 48%/2015.01.14 至 2020.01.14/中等毒
甘蓝　菜青虫　600-900克/公顷　喷雾
PD20100551　复硝酚钠/1.4%/水剂/5-硝基邻甲氧基苯酚钠 0.2%、对硝基苯酚钠 0.7%、邻硝基苯酚钠 0.5%/2015.01.14 至2020.01.14/低毒
番茄　调节生长、增产　6-9毫克/千克　茎叶喷雾
PD20100647　草甘膦异丙胺盐/30%/水剂/草甘膦 30%/2015.01.15 至 2020.01.15/低毒
柑橘园　杂草　1230-1845克/公顷　定向茎叶喷雾
注:草甘膦异丙胺盐含量：41%。
PD20101979　氟虫脲/50克/升/可分散液剂/氟虫脲 50克/升/2015.09.21 至 2020.09.21/低毒
柑橘树　红蜘蛛　50-8303毫克/千克　喷雾
PD20111165　高效氯氰菊酯/4.5%/乳油/高效氯氰菊酯 4.5%/2011.11.07 至 2016.11.07/低毒
柑橘树　红蜡蚧　50-60克/公顷　喷雾
辣椒　烟青虫　24-34克/公顷　喷雾
棉花　棉蚜　30－45克/公顷　喷雾
枸杞　蚜虫　18-20毫克/千克　喷雾
PD20131548　乙烯利/40%/水剂/乙烯利 40%/2013.07.19 至 2018.07.19/低毒
玉米　调节生长、增产　60-90克/公顷　喷雾
PD20132163　吡虫啉/600克/升/悬浮剂/吡虫啉 600克/升/2013.10.29 至 2018.10.29/低毒
甘蓝　蚜虫　21.6-28.8克/公顷　喷雾
小麦　蚜虫　1）36-45克/公顷；2）800-850克/100千克种子　1）喷雾；2）拌种
PD20140556　毒·辛/30%/微囊悬浮剂/毒死蜱 10%、辛硫磷 20%/2014.03.06 至 2019.03.06/低毒
花生　金针虫、蛴螬　4500-6750克/公顷　药土法
PD20141045　甲维·氟铃脲/3%/乳油/氟铃脲 2.8%、甲氨基阿维菌素苯甲酸盐 0.2%/2014.04.24 至 2019.04.24/低毒
甘蓝　甜菜夜蛾　13.5-20.25克/公顷　喷雾
PD20141636　矮壮·多效唑/30%/悬浮剂/矮壮素 24%、多效唑 6%/2014.06.24 至 2019.06.24/低毒
花生　调节生长　180-225克/公顷　茎叶喷雾
PD20150029　萘乙酸/10%/泡腾片剂/萘乙酸 10%/2015.01.04 至 2020.01.04/低毒
番茄　调节生长　10-20毫克/千克　茎叶喷雾
PD20150085　胺鲜酯/1.6%/水剂/胺鲜酯 1.6%/2015.01.05 至 2020.01.05/低毒
大白菜　调节生长　26.7-40毫克/千克　茎叶喷雾
PD20150092　灭幼脲/25%/悬浮剂/灭幼脲 25%/2015.01.05 至 2020.01.05/低毒
松树　松毛虫　125-167毫克/千克　喷雾
PD20150690　除虫脲/20%/悬浮剂/除虫脲 20%/2015.04.17 至 2020.04.17/低毒
松树　松毛虫　100-133毫克/千克　喷雾

PD20151157　稻瘟灵/40%/可湿性粉剂/稻瘟灵 40%/2015.06.26 至 2020.06.26/低毒
水稻　稻瘟病　480-720克/公顷　喷雾
PD20151169　二嗪磷/5%/颗粒剂/二嗪磷 5%/2015.06.26 至 2020.06.26/低毒
花生　蛴螬　600-900克/公顷　撒施
PD20151218　三环唑/20%/可湿性粉剂/三环唑 20%/2015.07.30 至 2020.07.30/低毒
水稻　稻瘟病　225-300克/公顷　喷雾
PD20151356　腐霉利/10%/烟剂/腐霉利 10%/2015.07.30 至 2020.07.30/低毒
番茄(保护地)　灰霉病　300-450克/公顷　点燃放烟
PD20151484　戊唑醇/30%/悬浮剂/戊唑醇 30%/2015.07.31 至 2020.07.31/微毒
苹果树　斑点落叶病　75-150毫升/千克　喷雾
PD20151501　苯醚甲环唑/30克/升/悬浮种衣剂/苯醚甲环唑 30克/升/2015.07.31 至 2020.07.31/微毒
小麦　散黑穗病　6-9克/100千克种子　种子包衣
PD20151531　辛硫磷/3%/颗粒剂/辛硫磷 3%/2015.08.03 至 2020.08.03/微毒
花生　蛴螬　2700-3600克/公顷　撒施
PD20151883　赤霉酸/20%/可溶粉剂/赤霉酸 20%/2015.08.30 至 2020.08.30/低毒
水稻　调节生长　60-90克/公顷　茎叶喷雾
PD20152493　咪鲜胺/45%/水乳剂/咪鲜胺 45%/2015.12.05 至 2020.12.05/微毒
水稻　恶苗病　62.5-125毫克/千克　浸种
LS20140212　调环酸钙/88%/原药/调环酸钙 88%/2015.06.17 至 2016.06.17/低毒
LS20150314　调环酸钙/5%/泡腾粒剂/调环酸钙 5%/2015.10.23 至 2016.10.23/低毒
水稻　调节生长　15-22.5克/公顷　喷雾
WP20080311　顺式氯氰菊酯/2.5%/微乳剂/顺式氯氰菊酯 2.5%/2013.12.04 至 2018.12.04/中等毒
卫生　蚊、蝇　0.02克/平方米　滞留喷雾
WP20080541　高效氯氰菊酯/8%/悬浮剂/高效氯氰菊酯 8%/2013.12.23 至 2018.12.23/低毒
卫生　蜚蠊　8毫克/平方米　滞留喷洒
卫生　蚊、蝇　4毫克/平方米　滞留喷洒
WP20080594　蚊香/0.25%/蚊香/富右旋反式烯丙菊酯 0.25%/2013.12.30 至 2018.12.30/微毒
卫生　蚊　/　点燃
WP20090219　高氯·残杀威/8%/悬浮剂/残杀威 5%、高效氯氰菊酯 3%/2014.04.03 至 2019.04.03/低毒
卫生　蜚蠊　1克制剂/平方米　滞留喷雾
卫生　蚊、蝇　0.08克/平方米　滞留喷雾
WP20090260　杀虫气雾剂/0.7%/气雾剂/胺菊酯 0.4%、氯菊酯 0.3%/2014.04.27 至 2019.04.27/低毒
卫生　蚊、蝇　/　喷雾
WP20090270　杀虫气雾剂/0.4%/气雾剂/胺菊酯 0.2%、高效氯氰菊酯 0.05%、氯菊酯 0.15%/2014.05.18 至 2019.05.18/低毒
卫生　蚊、蝇　/　喷雾
WP20100158　杀虫气雾剂/0.36%/气雾剂/胺菊酯 0.13%、氯菊酯 0.23%/2015.12.14 至 2020.12.14/中等毒
卫生　蚊、蝇、蜚蠊　/　喷雾
WP20150010　氟虫腈/0.05%/胶饵/氟虫腈 0.05%/2015.01.05 至 2020.01.05/低毒
室内　蜚蠊　/　投放
WP20150014　溴敌隆/0.005%/毒饵/溴敌隆 0.005%/2015.01.05 至 2020.01.05/低毒(原药剧毒)
卫生　家鼠　/　投放
WP20150216　杀蟑烟片/2.5%/烟剂/残杀威 2.5%/2015.12.19 至 2020.12.19/低毒
室内　蜚蠊　/　点燃

安阳市安诺农化有限公司　(河南省安阳市滑县白道口镇　450462　0372-5571879)

PD20132614　百菌清/10%/烟剂/百菌清 10%/2013.12.20 至 2018.12.20/低毒
黄瓜(保护地)　霜霉病　1095—1200克/公顷　点燃放烟
PD20140446　异丙威/15%/烟剂/异丙威 15%/2014.02.25 至 2019.02.25/低毒
黄瓜(保护地)　蚜虫　562.5-675克/公顷　点燃放烟

安阳市方圆农药科技有限责任公司　(河南省安阳市北关区韩陵工业园区　455000　)

PD20093450　草甘膦异丙胺盐/41%/水剂/草甘膦异丙胺盐 41%/2014.03.23 至 2019.03.23/低毒
柑橘园　杂草　1125-2250克/公顷　定向喷雾
PD20131858　甲哌鎓/250克/升/水剂/甲哌鎓 250克/升/2013.09.24 至 2018.09.24/低毒
棉花　调节生长　45-60克/公顷　喷雾
PD20131864　灭幼脲/25%/悬浮剂/灭幼脲 25%/2013.09.24 至 2018.09.24/低毒
松树　松毛虫　100-167毫克/千克　喷雾
PD20142421　草甘膦钠盐/50%/可溶粉剂/草甘膦 50%/2014.11.13 至 2019.11.13/低毒
非耕地　杂草　1125-2250克/公顷　茎叶喷雾
注:草甘膦钠盐含量：56%。
WP20150015　高效氯氰菊酯/5%/悬浮剂/高效氯氰菊酯 5%/2015.01.05 至 2020.01.05/低毒
室内　蚊、蝇、蜚蠊　20毫克/平方米　滞留喷洒

登封市金博农药化工有限公司　(河南省登封市颍阳镇　452487　0371-65793692)

PD86109-32　苏云金杆菌/16000IU/毫克/可湿性粉剂/苏云金杆菌 16000IU/毫克/2011.11.29 至 2016.11.29/低毒
茶树　茶毛虫　400-800倍液　喷雾

棉花　二代棉铃虫　3000-4500克制剂/公顷　喷雾
森林　松毛虫　600-800倍液　喷雾
十字花科蔬菜　小菜蛾　1500-2250克制剂/公顷　喷雾
十字花科蔬菜　菜青虫　750-1500克制剂/公顷　喷雾
水稻　稻纵卷叶螟　3000-4500克制剂/公顷　喷雾
烟草　烟青虫　1500-3000克制剂/公顷　喷雾
玉米　玉米螟　1500-3000克制剂/公顷　加细沙灌心
枣树　尺蠖　600-800倍液　喷雾

PD20085038　高效氯氟氰菊酯/25克/升/乳油/高效氯氟氰菊酯 25克/升/2013.12.23 至 2018.12.23/低毒
十字花科蔬菜　菜青虫　11.25-15克/公顷　喷雾

PD20085422　精喹禾灵/5%/乳油/精喹禾灵 5%/2013.12.24 至 2018.12.24/低毒
冬油菜田、花生田　一年生禾本科杂草　45-52.5克/公顷　茎叶喷雾

PD20090354　氟磺胺草醚/250克/升/水剂/氟磺胺草醚 250克/升/2014.01.12 至 2019.01.12/低毒
春大豆田　一年生阔叶杂草　375-468.75克/公顷　茎叶喷雾
花生田　一年生阔叶杂草　150-187.5克/公顷　喷雾

PD20092052　莠去津/38%/悬浮剂/莠去津 38%/2014.02.12 至 2019.02.12/低毒
夏玉米田　一年生杂草　1140-1425克/公顷　播后苗前土壤喷雾

PD20092072　精喹禾灵/10%/乳油/精喹禾灵 10%/2014.02.16 至 2019.02.16/低毒
夏大豆田　一年生禾本科杂草　48.6-64.8克/公顷　茎叶喷雾

PD20093188　氯氟吡氧乙酸异辛酯/288克/升/乳油/氯氟吡氧乙酸异辛酯 288克/升/2014.03.11 至 2019.03.11/低毒
冬小麦田　一年生阔叶杂草　180-210克/公顷　茎叶喷雾

PD20095169　三唑酮/20%/乳油/三唑酮 20%/2014.04.24 至 2019.04.24/低毒
小麦　白粉病　120-150克/公顷　喷雾

PD20095191　灭草松/48%/水剂/灭草松 48%/2014.05.11 至 2019.05.11/低毒
水稻移栽田　阔叶杂草及莎草科杂草　1260-1440克/公顷　茎叶喷雾

PD20095263　高效氟吡甲禾灵/108克/升/乳油/高效氟吡甲禾灵 108克/升/2014.04.27 至 2019.04.27/低毒
冬油菜田、花生田　一年生禾本科杂草　32.4-48.6克/公顷　茎叶喷雾

PD20095527　二甲戊灵/330克/升/乳油/二甲戊灵 330克/升/2014.05.11 至 2019.05.11/低毒
甘蓝田　一年生杂草　618.8-742.5克/公顷　土壤喷雾

PD20095872　苯磺隆/75%/水分散粒剂/苯磺隆 75%/2014.05.27 至 2019.05.27/低毒
冬小麦田　一年生阔叶杂草　18-22.5克/公顷　茎叶喷雾

PD20096045　乙草胺/81.5%/乳油/乙草胺 81.5%/2014.06.16 至 2019.06.16/低毒
冬油菜田　一年生禾本科杂草　1215-1350克/公顷　土壤喷雾

PD20096130　乙烯利/40%/水剂/乙烯利 40%/2014.06.24 至 2019.06.24/低毒
番茄　催熟　800-1000倍　喷雾

PD20097037　草甘膦异丙胺盐(41%)///水剂/草甘膦 30%/2014.10.10 至 2019.10.10/低毒
柑橘园　一年生和多年生杂草　1845-2460克/公顷　定向茎叶喷雾

PD20097347　苯磺隆/10%/可湿性粉剂/苯磺隆 10%/2014.10.27 至 2019.10.27/低毒
冬小麦田　一年生阔叶杂草　15-22.5克/公顷　茎叶喷雾

PD20097805　烟嘧·莠去津/20%/可分散油悬浮剂/烟嘧磺隆 3%、莠去津 17%/2014.11.20 至 2019.11.20/低毒
夏玉米田　一年生杂草　100-120毫升制剂/亩　茎叶喷雾

PD20098376　烟嘧磺隆/40克/升/可分散油悬浮剂/烟嘧磺隆 40克/升/2014.12.18 至 2019.12.18/低毒
夏玉米田　一年生杂草　48-60克/公顷　茎叶喷雾

PD20100359　异丙甲草胺/720克/升/乳油/异丙甲草胺 720克/升/2015.01.11 至 2020.01.11/低毒
玉米田　一年生杂草　972-1944克/公顷　土壤喷雾

PD20100476　精噁唑禾草灵/69克/升/水乳剂/精噁唑禾草灵 69克/升/2015.01.14 至 2020.01.14/低毒
小麦田　看麦娘、野燕麦等一年生禾本科杂草　62.1-82.8克/公顷　茎叶喷雾

PD20100734　吡嘧磺隆/10%/可湿性粉剂/吡嘧磺隆 10%/2015.01.16 至 2020.01.16/低毒
移栽水稻田　一年生阔叶杂草　15-30克/公顷　毒土法

PD20100772　苄嘧磺隆/30%/可湿性粉剂/苄嘧磺隆 30%/2015.01.18 至 2020.01.18/低毒
移栽水稻田　一年生阔叶杂草　45-90克/公顷　毒土法

PD20100819　乙蒜素/15%/可湿性粉剂/乙蒜素 15%/2015.01.19 至 2020.01.19/低毒
水稻　稻瘟病　292.5-360克/公顷　喷雾

PD20101350　乙蒜素/80%/乳油/乙蒜素 80%/2015.03.26 至 2020.03.26/低毒
水稻　烂秧病　100-133毫克/千克　浸种

PD20101470　2甲4氯钠/56%/可溶粉剂/2甲4氯钠 56%/2015.05.04 至 2020.05.04/低毒
小麦田　一年生阔叶杂草　900-1200克/公顷　茎叶喷雾

PD20101637　乙氧氟草醚/240克/升/乳油/乙氧氟草醚 240克/升/2015.06.03 至 2020.06.03/低毒
大蒜田　一年生杂草　144-180克/公顷　播后苗前土壤喷雾

PD20121256　噻吩磺隆/15%/可湿性粉剂/噻吩磺隆 15%/2012.09.04 至 2017.09.04/低毒
冬小麦田　一年生阔叶杂草　22.5-33.75克/公顷　茎叶喷雾

PD20131012　草甘膦铵盐/65%/可溶粉剂/草甘膦 65%/2013.05.13 至 2018.05.13/低毒
非耕地　杂草　1560-2047.5克/公顷　茎叶喷雾

注:草甘膦铵盐含量:72%
PD20131013 草甘膦铵盐/80%/可溶粒剂/草甘膦 80%/2013.05.13 至 2018.05.13/微毒
非耕地 杂草 85-170克/亩 茎叶喷雾
注:草甘膦铵盐含量: 88%。
PD20132046 草除灵/500克/升/悬浮剂/草除灵 500克/升/2013.10.22 至 2018.10.22/低毒
油菜田 繁缕、牛繁缕、雀舌草等阔叶杂草 238-275克/公顷 喷雾
PD20132060 甲氨基阿维菌素苯甲酸盐/5%/水分散粒剂/甲氨基阿维菌素 5%/2013.10.22 至 2018.10.22/低毒
甘蓝 甜菜夜蛾 13.125-15克/公顷 喷雾
注:甲氨基阿维菌素苯甲酸盐含量: 5.7%。
PD20141733 烯草酮/120克/升/乳油/烯草酮 120克/升/2014.06.30 至 2019.06.30/低毒
油菜田 一年生禾本科杂草 54-72克/公顷 茎叶喷雾
PD20151248 炔草酯/8.0%/水乳剂/炔草酯 8%/2015.07.30 至 2020.07.30/低毒
小麦田 一年生禾本科杂草 48-60克/公顷 茎叶喷雾
PD20151300 氰氟·精噁唑/15%/微乳剂/精噁唑禾草灵 3%、氰氟草酯 12%/2015.07.30 至 2020.07.30/低毒
移栽水稻田 一年生禾本科杂草 90-112.5克/公顷 茎叶喷雾
LS20130419 硝磺草酮/20%/悬浮剂/硝磺草酮 20%/2015.09.09 至 2016.09.09/微毒
玉米田 一年生杂草 150-195克/公顷 茎叶喷雾
LS20150054 烟嘧·乙·莠/52%/可分散油悬浮剂/烟嘧磺隆 2%、乙草胺 25%、莠去津 25%/2015.03.20 至 2016.03.20/低毒
玉米田 一年生杂草 1404-1560克/公顷 茎叶喷雾

航空航天部正阳六九三兴华化工厂 (河南省正阳县南关街178号 463600 0396-8222636)

PD84111-54 氧乐果/40%/乳油/氧乐果 40%/2011.04.05 至 2016.04.05/高毒
棉花 蚜虫、螨 375-600克/公顷 喷雾
森林 松干蚧、松毛虫 500倍液 喷雾或直接涂树干
水稻 稻纵卷叶螟、飞虱 375-600克/公顷 喷雾
小麦 蚜虫 300-450克/公顷 喷雾
PD85105-66 敌敌畏/80%/乳油/敌敌畏 77.5%(气谱法)/2015.03.07 至 2020.03.07/中等毒
茶树 食叶害虫 600克/公顷 喷雾
粮仓 多种储藏害虫 1)400-500倍液2)0.4-0.5克/立方米 1)喷雾2)挂条熏蒸
棉花 蚜虫、造桥虫 600-1200克/公顷 喷雾
苹果树 小卷叶蛾、蚜虫 400-500毫克/千克 喷雾
青菜 菜青虫 600克/公顷 喷雾
桑树 尺蠖 600克/公顷 喷雾
卫生 多种卫生害虫 1)300-400倍液2)0.08克/立方米 1)泼洒2)挂条熏蒸
小麦 黏虫、蚜虫 600克/公顷 喷雾
PD85131-34 井冈霉素/2.4%, 4%/水剂/井冈霉素 2.4%, 4%/2011.04.05 至 2016.04.05/低毒
水稻 纹枯病 75-112.5克/公顷 喷雾,泼浇
PD20092354 三唑酮/20%/乳油/三唑酮 20%/2014.02.24 至 2019.02.24/低毒
小麦 白粉病 120-127.5克/公顷 喷雾
PD20093289 溴氰菊酯/25g/L/乳油/溴氰菊酯 25克/升/2014.03.11 至 2019.03.11/中等毒
棉花 棉铃虫、棉蚜 3-4.5克/公顷 喷雾
PD20094121 甲氰·辛硫磷/23%/乳油/甲氰菊酯 5%、辛硫磷 18%/2014.03.27 至 2019.03.27/中等毒
棉花 棉铃虫 258.8-345克/公顷 喷雾
PD20094142 丁草胺/50%/乳油/丁草胺 50%/2014.03.27 至 2019.03.27/低毒
水稻移栽田 一年生杂草 937.5-1275克/公顷 毒土法
PD20095311 乙草胺/50%/乳油/乙草胺 50%/2014.04.27 至 2019.04.27/低毒
夏玉米田 一年生禾本科杂草及部分阔叶杂草 750-1050克/公顷 播后1-2天内喷雾

河南爱地森植保技术开发有限公司 (河南省滑县什孔路东滑州东路南 456472 0371-65826173)

PD20090607 腐霉利/10%/烟剂/腐霉利 10%/2014.01.14 至 2019.01.14/低毒
番茄(保护地) 灰霉病 300-450克/公顷 点燃放烟
PD20091512 百菌清/10%/烟剂/百菌清 10%/2014.02.02 至 2019.02.02/低毒
黄瓜(保护地) 霜霉病 750-1200克/公顷 点燃放烟
PD20130315 异丙威/10%/烟剂/异丙威 10%/2013.02.26 至 2018.02.26/低毒
黄瓜(保护地) 蚜虫 750-900克/公顷 点燃
PD20132018 百菌清/40%/烟剂/百菌清 40%/2013.10.21 至 2018.10.21/中等毒
黄瓜(保护地) 霜霉病 750－1200克/公顷 点燃放烟
WP20110223 杀虫烟剂/3%/烟剂/高效氯氰菊酯 3%/2011.09.30 至 2016.09.30/低毒
卫生 蚊、蝇 / 点燃

河南倍尔农化有限公司 (河南省商丘市梁园区(周集)农药化工工业园 476115 0370-3488336)

PD86108-6 菌核净/40%/可湿性粉剂/菌核净 40%/2015.03.17 至 2020.03.17/低毒
水稻 纹枯病 1200-1500克/公顷 喷雾
烟草 赤星病 1125-2025克/公顷 喷雾
油菜 菌核病 600-900克/公顷 喷雾

PD20097710 溴氰·辛硫磷/25%/乳油/辛硫磷 24.5%、溴氰菊酯 0.5%/2014.11.04 至 2019.11.04/中等毒
棉花 棉铃虫 300-375克/公顷 喷雾

PD20100859 甲基硫菌灵/70%/可湿性粉剂/甲基硫菌灵 70%/2015.01.19 至 2020.01.19/低毒
梨树 黑星病 400-450毫克/千克 喷雾

PD20100882 高效氯氟氰菊酯/25克/升/乳油/高效氯氟氰菊酯 25克/升/2015.01.19 至 2020.01.19/中等毒
十字花科蔬菜 菜青虫 405-495毫升/公顷 喷雾

PD20100908 代森锰锌/80%/可湿性粉剂/代森锰锌 80%/2015.01.19 至 2020.01.19/低毒
番茄 早疫病 1600-2370克/公顷 喷雾

PD20101073 多菌灵/25%/可湿性粉剂/多菌灵 25%/2015.01.21 至 2020.01.21/低毒
苹果树 轮纹病 500—833.3毫克/千克 喷雾

PD20101102 苯磺隆/10%/可湿性粉剂/苯磺隆 10%/2015.01.25 至 2020.01.25/低毒
小麦田 阔叶杂草 13.5-22.5克/公顷 喷雾

PD20101113 烯·羟·硫酸铜/6%/可湿性粉剂/羟烯腺嘌呤 0.000015%、硫酸铜 6%、烯腺嘌呤 0.000015%/2015.01.25 至2020.01.25/低毒
辣椒 病毒病 200-250倍液 喷雾
烟草 病毒病 528-600克/公顷 喷雾

PD20101144 乙烯利/40%/水剂/乙烯利 40%/2015.01.25 至 2020.01.25/低毒
棉花 催熟、增产 300-500倍液 茎叶喷雾

PD20101155 腐霉·福美双/50%/可湿性粉剂/腐霉利 10%、福美双 40%/2015.01.25 至 2020.01.25/低毒
番茄 灰霉病 600-900克/公顷 喷雾

PD20101660 乙草胺/50%/乳油/乙草胺 50%/2015.06.03 至 2020.06.03/低毒
玉米田 一年生禾本科杂草及小粒阔叶杂草 夏玉米：900-1125克/公顷；春玉米：1612-1875克/公顷 土壤喷雾

PD20102017 啶虫脒/5%/乳油/啶虫脒 5%/2015.09.25 至 2020.09.25/低毒
黄瓜 蚜虫 18-22.5克/公顷 喷雾

PD20110014 烟嘧磺隆/40克/升/可分散油悬浮剂/烟嘧磺隆 40克/升/2016.01.04 至 2021.01.04/低毒
玉米田 一年生杂草 50-60克/公顷 茎叶喷雾

PD20120612 辛硫磷/3%/颗粒剂/辛硫磷 3%/2012.04.11 至 2017.04.11/低毒
小麦 地下害虫 1350-1800克/公顷 沟施

河南比赛尔农业科技有限公司 （河南省尉氏县新尉工业园区 475500 0371-60909999)

PD85132-4 井冈霉素/4%/可溶粉剂/井冈霉素A 4%/2011.08.13 至 2016.08.13/低毒
水稻 纹枯病 75-112.5克/公顷 喷雾、泼浇

PD20090638 百菌清/28%/烟剂/百菌清 28%/2014.01.14 至 2019.01.14/低毒
黄瓜(保护地) 霜霉病 750-1200克/公顷 点燃放烟

PD20093291 芸苔素内酯/0.01%/乳油/芸苔素内酯 0.01%/2014.03.11 至 2019.03.11/低毒
水稻 调节生长、增产 0.030-0.045毫克/千克 喷雾1-2次
小麦 调节生长、增产 0.01-0.1毫克/千克 喷雾1-2次

PD20093854 甲柳·三唑酮/10%/粉剂/甲基异柳磷 8%、三唑酮 2%/2014.03.25 至 2019.03.25/高毒
小麦 地下害虫(兼治小麦白粉病、条锈病) 40-80克/100千克种子 拌种

PD20094396 多·福/50%/可湿性粉剂/多菌灵 25%、福美双 25%/2014.04.01 至 2019.04.01/低毒
梨树 黑星病 1000-1500毫克/千克 喷雾
葡萄 霜霉病 1000-1250毫克/千克 喷雾

PD20095398 唑酮·氧乐果/20%/乳油/三唑酮 7%、氧乐果 13%/2014.04.27 至 2019.04.27/高毒
小麦 白粉病、蚜虫 360-450克/公顷 喷雾

PD20096557 阿维·高氯/3%/乳油/阿维菌素 0.2%、高效氯氰菊酯 2.8%/2014.08.24 至 2019.08.24/低毒(原药高毒)
甘蓝 菜青虫、小菜蛾 13.5-27克/公顷 喷雾

PD20097424 氧乐果/40%/乳油/氧乐果 40%/2014.10.28 至 2019.10.28/高毒
小麦 蚜虫 81-162克/公顷 喷雾

PD20098207 炔螨特/73%/乳油/炔螨特 73%/2014.12.16 至 2019.12.16/低毒
柑橘树 红蜘蛛 292-365毫克/千克 喷雾

PD20098213 啶虫脒/5%/乳油/啶虫脒 5%/2014.12.16 至 2019.12.16/低毒
柑橘树 蚜虫 10-12毫克/千克 喷雾

PD20098309 辛硫磷/40%/乳油/辛硫磷 40%/2014.12.18 至 2019.12.18/低毒
棉花 棉铃虫 225-300克/公顷 喷雾
水稻 三化螟 600-750克/公顷 喷雾

PD20100382 吡虫·杀虫单/80%/可湿性粉剂/吡虫啉 2%、杀虫单 78%/2015.01.13 至 2020.01.13/中等毒
水稻 稻飞虱、稻纵卷叶螟、二化螟、三化螟 450-750克/公顷 喷雾

PD20101311 唑酮·乙蒜素/32%/乳油/三唑酮 2%、乙蒜素 30%/2015.03.17 至 2020.03.17/中等毒
棉花 枯萎病 199.5-300克/公顷 喷雾

PD20101805 吡虫啉/5%/乳油/吡虫啉 5%/2015.07.13 至 2020.07.13/低毒
小麦 蚜虫 15-30克/公顷(南方地区)45-60克/公顷(北方地区) 喷雾

PD20110731 哒螨·矿物油/34%/乳油/哒螨灵 4%、矿物油 30%/2011.07.11 至 2016.07.11/低毒

柑橘树　红蜘蛛　226.7-340毫克/千克　喷雾
PD20150561　螺螨酯/240克/升/悬浮剂/螺螨酯 240克/升/2015.03.24 至 2020.03.24/低毒
柑橘树　红蜘蛛　40-60毫克/千克　喷雾
PD20151679　咪鲜胺/45%/水乳剂/咪鲜胺 45%/2015.08.28 至 2020.08.28/低毒
香蕉(果实)　炭疽病　250-500毫克/千克　浸果
PD20152341　丁子香酚/0.3%/可溶液剂/丁子香酚 0.3%/2015.10.22 至 2020.10.22/低毒
番茄　灰霉病　4-5.4克/公顷　喷雾

河南波尔森农业科技有限公司　(河南省商丘市梁园区周集化工园张周大道西侧　453700　0371-86058373)
PD20081636　复硝酚钠/1.4%/水剂/复硝酚钠 1.4%/2013.11.14 至 2018.11.14/低毒
番茄、黄瓜、茄子　促进生长　6000-8000倍液　喷雾
PD20083369　联苯菊酯/25克/升/乳油/联苯菊酯 25克/升/2013.12.11 至 2018.12.11/低毒
茶树　茶小绿叶蝉　25-37.5毫克/千克　喷雾
PD20084035　乙草胺/900克/升/乳油/乙草胺 900克/升/2013.12.16 至 2018.12.16/低毒
夏玉米田　一年生杂草　1080-1350克/公顷　土壤喷雾
PD20084061　炔螨特/73%/乳油/炔螨特 73%/2013.12.16 至 2018.12.16/低毒
棉花　红蜘蛛　273.75-492.75克/公顷　喷雾
PD20084233　高效氯氟氰菊酯/25克/升/乳油/高效氯氟氰菊酯 25克/升/2013.12.17 至 2018.12.17/中等毒
十字花科蔬菜　菜青虫　7.5-11.25克/公顷　喷雾
PD20085451　氯氰·丙溴磷/440克/升/乳油/丙溴磷 400克/升、氯氰菊酯 40克/升/2013.12.24 至 2018.12.24/低毒
棉花　棉铃虫　462-660克/公顷　喷雾
PD20091013　吡虫啉/50%/可湿性粉剂/吡虫啉 50%/2014.01.21 至 2019.01.21/低毒
水稻　稻飞虱　22.5-30克/公顷　喷雾
PD20092402　高效氟吡甲禾灵/108克/升/乳油/高效氟吡甲禾灵 108克/升/2014.02.25 至 2019.02.25/低毒
夏大豆田　一年生禾本科杂草　48.6-72.9克/公顷　茎叶喷雾
PD20095950　阿维菌素/1.8%/乳油/阿维菌素 1.8%/2014.06.02 至 2019.06.02/低毒(原药高毒)
十字花科蔬菜　小菜蛾　8.1-10.8克/公顷　喷雾
PD20096754　阿维菌素/1.8%/乳油/阿维菌素 1.8%/2014.09.07 至 2019.09.07/低毒(原药高毒)
十字花科蔬菜　小菜蛾　8.1-10.8克/公顷　喷雾
PD20097993　高效氯氟氰菊酯/25克/升/乳油/高效氯氟氰菊酯 25克/升/2014.12.07 至 2019.12.07/中等毒
甘蓝　菜青虫　7.5-11.25克/公顷　喷雾
PD20110604　阿维菌素/5%/乳油/阿维菌素 5%/2011.06.07 至 2016.06.07/中等毒(原药高毒)
甘蓝　小菜蛾　8.1—10.8克/公顷　喷雾
PD20111360　苯甲·丙环唑/300克/升/乳油/苯醚甲环唑 150克/升、丙环唑 150克/升/2011.12.12 至 2016.12.12/低毒
水稻　纹枯病　67.5-90克/公顷　喷雾
PD20130073　烟嘧磺隆/40克/升/可分散油悬浮剂/烟嘧磺隆 40克/升/2013.01.07 至 2018.01.07/低毒
玉米田　一年生杂草　48-60克/公顷　茎叶喷雾
PD20130478　高氯·甲维盐/3.8%/乳油/高效氯氰菊酯 3.7%、甲氨基阿维菌素苯甲酸盐 0.1%/2013.03.20 至 2018.03.20/低毒
棉花　棉铃虫　28.5-42.75克/公顷　喷雾
PD20151640　吡虫啉/2%/颗粒剂/吡虫啉 2%/2015.08.28 至 2020.08.28/低毒
韭菜　韭蛆　300-450克/公顷　撒施
WP20130067　杀虫水乳剂/0.45%/水乳剂/胺菊酯 0.25%、氯菊酯 0.2%/2013.04.18 至 2018.04.18/低毒
卫生　蚊、蝇　/　喷雾

河南德西扬农生物科技有限公司(孟州市产业集聚区生物化产业园内(珠江大道南侧)　454750 0371-69105102)
PD20151976　高效氯氟氰菊酯/2.5%/悬浮剂/高效氯氟氰菊酯 2.5%/2015.08.30 至 2020.08.30/低毒
甘蓝　菜青虫　7.5-11.25克/公顷　喷雾
WP20130190　杀虫水乳剂/0.45%/水乳剂/胺菊酯 0.25%、氯菊酯 0.2%/2013.09.17 至 2018.09.17/低毒
卫生　蚊、蝇　/　喷洒

河南地卫士生物科技有限公司　(河南省郑州市庆丰路北段路东　450002　0371-63779080)
PD20091881　马拉·灭多威/32%/乳油/马拉硫磷 24%、灭多威 8%/2014.02.09 至 2019.03.26/低毒(原药高毒)
棉花　棉铃虫、蚜虫　360-480克/公顷　喷雾
PD20095779　唑酮·氧乐果/30%/乳油/三唑酮 7%、氧乐果 23%/2014.05.21 至 2019.05.21/高毒
小麦　白粉病、红蜘蛛、蚜虫　450-480克/公顷　喷雾
PD20096265　甲氰·氧乐果/20%/乳油/甲氰菊酯 1%、氧乐果 19%/2014.07.20 至 2019.07.20/高毒
大豆　食心虫、蚜虫　120-180克/公顷　喷雾
小麦　蚜虫　120-150克/公顷　喷雾
PD20101080　二嗪磷/5%/颗粒剂/二嗪磷 5%/2015.01.25 至 2020.01.25/低毒
花生　地下害虫　600-1800克/公顷　撒施
PD20121097　高效氯氟氰菊酯/2.5%/水乳剂/高效氯氟氰菊酯 2.5%/2012.07.19 至 2017.07.19/中等毒
甘蓝　菜青虫　7.5-11.25克/公顷　喷雾
PD20121743　阿维菌素/0.5%/颗粒剂/阿维菌素 0.5%/2012.11.08 至 2017.11.08/中等毒(原药高毒)
黄瓜　根结线虫　225-450克/公顷　沟施

河南广农农药厂　(河南省商丘市梁园区周集化工园区　473000　0371-86007379)
PD20083030　辛硫·高氯氟/25%/乳油/高效氯氟氰菊酯 0.5%、辛硫磷 24.5%/2013.12.10 至 2018.12.10/中等毒

棉花 棉铃虫 300-375克/公顷 喷雾
PD20142378 烯酰吗啉/40%/悬浮剂/烯酰吗啉 40%/2014.11.04 至 2019.11.04/低毒
葡萄 霜霉病 167−250毫克/千克 喷雾
PD20142482 吡虫·杀虫单/35%/可湿性粉剂/吡虫啉 1%、杀虫单 34%/2014.11.19 至 2019.11.19/中等毒
水稻 稻飞虱、稻纵卷叶螟、二化螟、三化螟 450-750克/公顷 喷雾
PD20142657 噻呋酰胺/240克/升/悬浮剂/噻呋酰胺 240克/升/2014.12.18 至 2019.12.18/低毒
水稻 纹枯病 54−72克/公顷 喷雾
PD20150147 戊唑醇/430克/升/悬浮剂/戊唑醇 430克/升/2015.01.14 至 2020.01.14/低毒
梨树 黑星病 107.5−215毫克/千克 喷雾
PD20150494 咪鲜胺/450克/升/水乳剂/咪鲜胺 450克/升/2015.03.20 至 2020.03.20/低毒
香蕉(果实) 炭疽病 250−500毫克/千克 浸果
PD20150574 螺螨酯/34%/悬浮剂/螺螨酯 34%/2015.03.24 至 2020.03.24/低毒
柑橘树 红蜘蛛 40-60毫克/千克 喷雾
PD20151084 苯醚甲环唑/40%/悬浮剂/苯醚甲环唑 40%/2015.06.14 至 2020.06.14/低毒
香蕉 叶斑病 100-125毫克/千克 喷雾
PD20151605 啶虫脒/70%/水分散粒剂/啶虫脒 70%/2015.08.28 至 2020.08.28/低毒
黄瓜 蚜虫 21-26.25克/公顷 喷雾
PD20152091 氰霜唑/100克/升/悬浮剂/氰霜唑 100克/升/2015.09.22 至 2020.09.22/低毒
葡萄 霜霉病 40-50毫克/千克 喷雾

河南好年景生物发展有限公司 (郑州市金水区农科路金城国际广场4号楼1单元2002室 450008 0371-55011191)

PD20082012 高效氯氟氰菊酯/25克/升/乳油/高效氯氟氰菊酯 25克/升/2013.11.25 至 2018.11.25/中等毒
十字花科蔬菜 菜青虫 7.5-15克/公顷 喷雾
PD20083274 联苯菊酯/25克/升/乳油/联苯菊酯 25克/升/2013.12.11 至 2018.12.11/低毒
茶树 茶小绿叶蝉 30-37.5克/公顷 喷雾
PD20092064 二嗪·辛硫磷/16%/乳油/二嗪磷 5%、辛硫磷 11%/2014.02.16 至 2019.02.16/低毒
水稻 三化螟 540-600克/公顷 喷雾
PD20095537 井冈·硫酸铜/4.5%/水剂/井冈霉素 4%、硫酸铜 0.5%/2014.05.12 至 2019.05.12/低毒
水稻 纹枯病 417−625倍液 喷雾
PD20152222 吡虫啉/2%/缓释粒/吡虫啉 2%/2015.09.23 至 2020.09.23/低毒
小麦 蚜虫 450-600克/公顷 沟施
LS20130021 阿维菌素/1%/缓释粒/阿维菌素 1%/2016.01.07 至 2017.01.07/低毒(原药高毒)
黄瓜 根结线虫 338-375克/公顷 沟施、穴施
LS20130062 吡虫·杀虫单/0.5%/缓释粒剂/吡虫啉 0.4%、杀虫单 0.1%/2015.02.20 至 2016.02.20/低毒
甘蔗 条螟、蚜虫 3375−4500克/公顷 沟施
LS20130489 吡虫啉/0.2%/缓释粒剂/吡虫啉 0.2%/2015.11.08 至 2016.11.08/低毒
小麦 蚜虫 600-900克/公顷 沟施

河南鹤壁陶英陶生物科技有限公司 (河南省鹤壁市新区黎阳路398号城信社8楼 456250 0392-2223355)

PD20101847 印楝素/12%/母药/印楝素 12%/2015.07.28 至 2020.07.28/微毒
PD20110147 印楝素/0.7%/乳油/印楝素 0.7%/2011.02.10 至 2016.02.10/低毒
甘蓝 小菜蛾 6.3-8.4克/公顷 喷雾
甘蓝 菜青虫 4.2-6.3克/公顷 喷雾

河南恒信农化有限公司 (河南省郑州市经三路68号1−1502 450008 0371-65388271)

WP20110109 高效氯氟氰菊酯/2.5%/悬浮剂/高效氯氟氰菊酯 2.5%/2011.04.22 至 2016.04.22/低毒
卫生 蚊、蝇、蜚蠊 30-50毫克/平方米 滞留喷洒
WP20150001 高氯·残杀威/8%/悬浮剂/残杀威 5%、高效氯氰菊酯 3%/2015.01.04 至 2020.01.04/低毒
室内 蚊、蝇、蜚蠊 50毫克/平方米 滞留喷洒

河南红东方化工股份有限公司 (河南省许昌县精细化工园区 461100 0374-5699566)

PD20060134 高效氯氰菊酯/4.5%/乳油/高效氯氰菊酯 4.5%/2011.07.14 至 2016.07.14/中等毒
茶树 茶尺蠖 15-25.5克/公顷 喷雾
柑橘树 红蜡蚧 50毫克/千克 喷雾
柑橘树 潜叶蛾 15-20毫克/千克 喷雾
棉花 红铃虫、棉铃虫、蚜虫 15-30克/公顷 喷雾
蔬菜 菜青虫、小菜蛾 9-25.5克/公顷 喷雾
蔬菜 菜蚜 3-18克/公顷 喷雾
烟草 烟青虫 15-25.5克/公顷 喷雾
PD20060139 氯氰菊酯/10%/乳油/氯氰菊酯 10%/2011.07.21 至 2016.07.21/中等毒
棉花 棉铃虫、棉蚜 45-90克/公顷 喷雾
十字花科蔬菜 菜青虫 30-45克/公顷 喷雾
PD20060190 高效氯氰菊酯/27%/母液/高效氯氰菊酯 27%/2011.12.06 至 2016.12.06/中等毒
PD20060192 氯氰菊酯/5%/乳油/氯氰菊酯 5%/2011.12.06 至 2016.12.06/中等毒
棉花 棉铃虫、棉蚜 45-90克/公顷 喷雾
十字花科蔬菜 菜青虫 30-45克/公顷 喷雾
PD20080928 草甘膦/95%/原药/草甘膦 95%/2013.07.17 至 2018.07.17/低毒

PD20094139 氯氰菊酯/93%/原药/氯氰菊酯 93%/2014.03.27 至 2019.03.27/中等毒

PD20101318 草甘膦异丙胺盐(41%)///水剂/草甘膦 30%/2015.03.17 至 2020.03.17/低毒

柑橘园 杂草 1230-2460克/公顷 定向茎叶喷雾

PD20110059 阿维·矿物油/24.5%/乳油/阿维菌素 0.2%、矿物油 24.3%/2011.01.11 至 2016.01.11/低毒(原药高毒)

柑橘树 红蜘蛛 123-245毫克/千克 喷雾

PD20150935 草甘膦异丙胺盐/46%/水剂/草甘膦 46%/2015.06.10 至 2020.06.10/低毒

非耕地 杂草 1173-1932克/公顷 茎叶喷雾

注:草甘膦异丙胺盐含量为62%。

PD20150974 草甘膦铵盐/80%/可溶粒剂/草甘膦 80%/2015.06.11 至 2020.06.11/低毒

非耕地 杂草 1140-2280克/公顷 茎叶喷雾

注:草甘膦铵盐含量为88.8%。

河南捷利康农化有限公司 (河南省郑州市中牟县城花桥东路北100米 451450 0371-65646786)

PD20092868 氰戊·辛硫磷/25%/乳油/氰戊菊酯 6.25%、辛硫磷 18.75%/2014.03.05 至 2019.03.05/中等毒

棉花 棉铃虫 300-375克/公顷 喷雾

PD20093620 氯氰·氧乐果/10%/乳油/氯氰菊酯 1%、氧乐果 9%/2014.03.25 至 2019.03.25/低毒(原药高毒)

棉花 蚜虫 60-75克/公顷 喷雾

PD20094903 乙草胺/50%/乳油/乙草胺 50%/2014.04.13 至 2019.04.13/低毒

夏玉米田 一年生禾本科杂草及部分阔叶杂草 900-1200克/公顷 土壤喷雾

PD20095503 二氯异氰尿酸钠/20%/可溶粉剂/二氯异氰尿酸钠 20%/2014.05.11 至 2019.05.11/低毒

黄瓜 霜霉病 562.5-750克/公顷 喷雾

PD20095630 阿维菌素/1.8%/乳油/阿维菌素 1.8%/2014.05.12 至 2019.05.12/低毒(原药高毒)

梨树 梨木虱 1.25-1.67毫克/千克 喷雾

PD20095641 高效氯氰菊酯/4.5%/乳油/高效氯氰菊酯 4.5%/2014.05.12 至 2019.05.12/低毒

梨树 梨木虱 20.8-31.25毫克/千克 喷雾

PD20097654 高效氯氟氰菊酯/25克/升/乳油/高效氯氟氰菊酯 25克/升/2014.11.04 至 2019.11.04/中等毒

甘蓝 菜青虫 20-30毫升制剂/亩 喷雾

河南金鹏化工有限公司 (河南省郑州市管城区十八里河小刘村工业园 475300 0371-69077656)

PD20040308 氯氰菊酯/5%/乳油/氯氰菊酯 5%/2014.12.19 至 2019.12.19/中等毒

甘蓝 菜青虫 30-45克/公顷 喷雾

PD20040400 三唑酮/20%/乳油/三唑酮 20%/2014.12.19 至 2019.12.19/低毒

小麦 白粉病 75-105克/公顷 喷雾

PD20085131 高氯·马/37%/乳油/高效氯氰菊酯 0.8%、马拉硫磷 36.2%/2013.12.23 至 2018.12.23/低毒

棉花 棉铃虫 333-444克/公顷 喷雾

PD20091784 辛硫磷/3%/颗粒剂/辛硫磷 3%/2014.02.04 至 2019.02.04/低毒

玉米 地下害虫 1350-1800克/公顷 播前沟施

PD20093555 敌百·氧乐果/40%/乳油/敌百虫 20%、氧乐果 20%/2014.03.23 至 2019.03.23/中等毒(原药高毒)

小麦 蚜虫 360-480克/公顷 喷雾

PD20094160 高氯·辛硫磷/20%/乳油/高效氯氰菊酯 0.8%、辛硫磷 19.2%/2014.03.27 至 2019.03.27/中等毒

十字花科蔬菜 菜青虫 100-150克/公顷 喷雾

PD20095593 辛硫磷/1.5%/颗粒剂/辛硫磷 1.5%/2014.05.12 至 2019.05.12/低毒

玉米 玉米螟 112.5-168.75克/公顷 撒施(喇叭口)

PD20096337 辛硫磷/40%/乳油/辛硫磷 40%/2014.07.22 至 2019.07.22/低毒

棉花 棉铃虫 300-375克/公顷 喷雾

PD20098162 高效氯氟氰菊酯/25克/升/乳油/高效氯氟氰菊酯 25克/升/2014.12.14 至 2019.12.14/中等毒

甘蓝 菜青虫 25-30毫升制剂/亩 喷雾

PD20098209 阿维菌素/1.8%/乳油/阿维菌素 1.8%/2014.12.16 至 2019.12.16/低毒(原药高毒)

甘蓝 小菜蛾 9-13.5克/公顷 喷雾

PD20100645 硫双威/95%/原药/硫双威 95%/2015.01.15 至 2020.01.15/中等毒

PD20151237 硫双威/375克/升/悬浮剂/硫双威 375克/升/2015.07.30 至 2020.07.30/低毒

棉花 棉铃虫 506.25-675克/公顷 喷雾

PD20151639 硫双威/75%/可湿性粉剂/硫双威 75%/2015.08.28 至 2020.08.28/低毒

棉花 棉铃虫 506.25-675克/公顷 喷雾

PD20152282 草甘膦异丙胺盐/30%/水剂/草甘膦 30%/2015.10.20 至 2020.10.20/低毒

非耕地 杂草 900-1800克/公顷 茎叶喷雾

注:草甘膦异丙胺盐含量: 41%。

PD20152611 嘧菌酯/250克/升/悬浮剂/嘧菌酯 250克/升/2015.12.17 至 2020.12.17/低毒

黄瓜 白粉病 225-450克/公顷 喷雾

PD20152621 吡虫啉/20%/可溶液剂/吡虫啉 20%/2015.12.17 至 2020.12.17/低毒

棉花 伏蚜 45-60克/公顷 喷雾

河南金田地农化有限责任公司 (河南省尉氏县工业基地二环路南 475500 0371-23208809)

PD20090913 2甲·草甘膦/46%/可溶粉剂/草甘膦 38%、2甲4氯 8%/2014.01.19 至 2019.01.19/低毒

苹果园 杂草 1242-2070克/公顷 喷雾

PD20090946 精喹禾灵/8.8%/乳油/精喹禾灵 8.8%/2014.01.19 至 2019.01.19/低毒

登记证号	登记作物/产品信息	防治对象	用药量	施用方法
	夏大豆田	一年生禾本科杂草	39.6-52.8克/公顷	喷雾
PD20091280	百菌清/30%/烟剂/百菌清 30%/2014.02.01 至 2019.02.01/低毒			
	黄瓜(保护地)	霜霉病	750-1200克/公顷	点燃放烟
PD20091837	敌敌畏/30%/烟剂/敌敌畏 30%/2014.02.06 至 2019.02.06/中等毒			
	黄瓜(保护地)	蚜虫	1125-1350克/公顷	点燃放烟
PD20092043	乙草胺/900克/升/乳油/乙草胺 900克/升/2014.02.12 至 2019.02.12/低毒			
	春大豆田、春玉米田	部分阔叶杂草、一年生禾本科杂草	1620-2025克/公顷(东北地区)	喷雾
	花生田、棉花田	部分阔叶杂草、一年生禾本科杂草	945-1080克/公顷	喷雾
	夏玉米田	部分阔叶杂草、一年生禾本科杂草	810-1080克/公顷	喷雾
PD20095083	异丙甲草胺/720克/升/乳油/异丙甲草胺 720克/升/2014.04.22 至 2019.04.22/低毒			
	春大豆田	一年生禾本科杂草及部分阔叶杂草	1620-2160克/公顷 (东北地区)	喷雾
PD20095980	噁草·丁草胺/40%/乳油/丁草胺 24%、噁草酮 16%/2014.06.04 至 2019.06.04/低毒			
	水稻(旱育秧及半旱育秧田)	一年生杂草	600-800克/公顷	喷雾
PD20097104	烟嘧磺隆/6%/可分散油悬浮剂/烟嘧磺隆 6%/2014.10.10 至 2019.10.10/低毒			
	玉米田	一年生杂草	40-65毫升制剂/亩	茎叶喷雾
PD20097342	乙·莠/48%/可湿性粉剂/乙草胺 16%、莠去津 32%/2014.10.27 至 2019.10.27/低毒			
	甘蔗田	一年生杂草	1440-1800克/公顷	土壤喷雾
	夏玉米田	一年生杂草	1080-1440克/公顷	喷雾
PD20098462	烟嘧·莠去津/31.5%/悬浮剂/烟嘧磺隆 3.5%、莠去津 28%/2014.12.24 至 2019.12.24/低毒			
	玉米田	一年生杂草	150-200毫升制剂/亩	茎叶喷雾
PD20130882	二嗪磷/0.1%/颗粒剂/二嗪磷 0.1%/2013.04.25 至 2018.04.25/低毒			
	小麦	蝼蛄、蛴螬	600-750克/公顷	撒施
	注:本产品为药肥混剂。			
PD20132075	辛硫磷/0.3%/颗粒剂/辛硫磷 0.3%/2013.10.23 至 2018.10.23/低毒			
	小麦	蝼蛄、蛴螬	1800-2250克/公顷	撒施
	注:本产品为药药肥混剂。			
PD20140196	高效氟吡甲禾灵/17%/微乳剂/高效氟吡甲禾灵 17%/2014.01.29 至 2019.01.29/低毒			
	花生田	一年生禾本科杂草	40.3-55.4克/公顷	茎叶喷雾
PD20152498	氯吡·苯磺隆/38%/可湿性粉剂/苯磺隆 5%、氯氟吡氧乙酸 33%/2015.12.05 至 2020.12.05/低毒			
	冬小麦田	一年生阔叶杂草	114-171克/公顷	茎叶喷雾
LS20130118	阿维·噻唑膦/5.5%/颗粒剂/阿维菌素 0.5%、噻唑膦 5%/2015.03.29 至 2016.03.29/低毒(原药高毒)			
	黄瓜	根结线虫	2062-3300克/公顷	土壤撒施
LS20130250	丁硫克百威/30%/微囊悬浮剂/丁硫克百威 30%/2015.04.28 至 2016.04.28/中等毒			
	草坪	蛴螬	1800-2250克/公顷	喷雾
LS20130316	噁草·丙草胺/25%/展膜油剂/丙草胺 20%、噁草酮 5%/2015.06.05 至 2016.06.05/低毒			
	水稻移栽田	一年生杂草	562.5-656.25克/公顷	甩施
LS20130322	噻唑膦/5%/颗粒剂/噻唑膦 5%/2015.06.09 至 2016.06.09/低毒			
	黄瓜	根结线虫	3000-3750克/公顷	土壤撒施
LS20130481	硝磺草酮/15%/可分散油悬浮剂/硝磺草酮 15%/2015.11.08 至 2016.11.08/低毒			
	玉米田	一年生杂草	150-210克/公顷	茎叶喷雾
LS20140201	硝磺·莠去津/30%/可分散油悬浮剂/莠去津 24%、硝磺草酮 6%/2015.05.12 至 2016.05.12/低毒			
	玉米田	一年生杂草	585-742.5克/公顷	茎叶喷雾
LS20140353	噻虫嗪/0.08%/颗粒剂/噻虫嗪 0.08%/2015.12.11 至 2016.12.11/微毒			
	小麦、玉米	蛴螬	480-600克/公顷	撒施
河南今越生物技术有限公司 (河南省西华县西工业区 466611 0394-2342185)				
PD20070425	氯氰·辛硫磷/20%/乳油/氯氰菊酯 1.5%、辛硫磷 18.5%/2012.11.12 至 2017.11.12/低毒			
	棉花	棉铃虫	210-300克/公顷	喷雾
PD20094424	草甘膦/95%/原药/草甘膦 95%/2014.04.01 至 2019.04.01/低毒			
河南锦绣之星作物保护有限公司 (河南省新郑市郭店镇合欢路与轻工路交叉口东南角 450008 0371-65826231)				
PD20083293	氯氰·辛硫磷/20%/乳油/氯氰菊酯 2%、辛硫磷 18%/2013.12.11 至 2018.12.11/中等毒			
	棉花	棉铃虫	150-210克/公顷	喷雾
	棉花	棉蚜	75-150克/公顷	喷雾
PD20096881	氟磺胺草醚/250克/升/水剂/氟磺胺草醚 250克/升/2014.09.23 至 2019.09.23/低毒			
	夏大豆田	一年生阔叶杂草	187.5-225克/公顷	茎叶喷雾
PD20097251	代森锰锌/80%/可湿性粉剂/代森锰锌 80%/2014.10.19 至 2019.10.19/低毒			
	梨树	黑星病	1000—1333毫克/千克	喷雾
PD20097502	烟嘧磺隆/40克/升/可分散油悬浮剂/烟嘧磺隆 40克/升/2014.11.03 至 2019.11.03/低毒			
	玉米田	一年生杂草	48-60克/公顷	茎叶喷雾
PD20097516	高效氯氟氰菊酯/25克/升/乳油/高效氯氟氰菊酯 25克/升/2014.11.03 至 2019.11.03/中等毒			
	大豆	食心虫	5.625—7.5克/公顷	喷雾
PD20097536	甲基硫菌灵/70%/可湿性粉剂/甲基硫菌灵 70%/2014.11.03 至 2019.11.03/低毒			
	水稻	纹枯病	1050—1575克/公顷	喷雾

PD20097828 草甘膦异丙胺盐(41%)////水剂/草甘膦 30%/2014.11.20 至 2019.11.20/低毒
棉花田 杂草 922.5-1537.5克/公顷 行间定向茎叶喷雾

PD20098109 丁硫克百威/200克/升/乳油/丁硫克百威 200克/升/2014.12.08 至 2019.12.08/中等毒
棉花 蚜虫 120-180克/公顷 喷雾

PD20098430 阿维菌素/1.8%/乳油/阿维菌素 1.8%/2014.12.24 至 2019.12.24/中等毒(原药高毒)
甘蓝 小菜蛾 9.45-10.8克/公顷 喷雾

PD20100237 腐霉利/50%/可湿性粉剂/腐霉利 50%/2015.01.11 至 2020.01.11/低毒
黄瓜 灰霉病 375—750克/公顷 喷雾

PD20100241 毒死蜱/40%/乳油/毒死蜱 40%/2015.01.11 至 2020.01.11/中等毒
水稻 二化螟 468—576克/公顷 喷雾

PD20101453 精喹禾灵/5%/乳油/精喹禾灵 5%/2015.05.04 至 2020.05.04/低毒
花生田 一年生禾本科杂草 37.5-60克/公顷 茎叶喷雾

PD20110107 吡虫啉/20%/可溶液剂/吡虫啉 20%/2011.01.26 至 2016.01.26/低毒
水稻 稻飞虱 45-60克/公顷 喷雾

PD20110497 精喹禾灵/10%/乳油/精喹禾灵 10%/2011.05.03 至 2016.05.03/低毒
花生田 一年生禾本科杂草 48.6-64.8克/公顷 茎叶喷雾

PD20120990 苯磺隆/10%/可湿性粉剂/苯磺隆 10%/2012.06.21 至 2017.06.21/低毒
冬小麦田 一年生阔叶杂草 22.5-30克/公顷 茎叶喷雾

PD20122045 联苯菊酯/100克/升/乳油/联苯菊酯 100克/升/2012.12.24 至 2017.12.24/中等毒
苹果树 桃小食心虫 25-33.3毫克/千克 喷雾

PD20130197 氯氟吡氧乙酸异辛酯/200克/升/乳油/氯氟吡氧乙酸 200克/升/2013.01.24 至 2018.01.24/低毒
小麦田 一年生阔叶杂草 180-210克/公顷 茎叶喷雾
注:氯氟吡氧乙酸异辛酯含量:288克/升。

PD20132017 噻嗪酮/25%/悬浮剂/噻嗪酮 25%/2013.10.21 至 2018.10.21/低毒
水稻 稻飞虱 112.5—150克 / 公顷 喷雾

PD20132062 戊唑醇/430克/升/悬浮剂/戊唑醇 430克/升/2013.10.22 至 2018.10.22/低毒
水稻 稻曲病 96.75-129克/公顷 喷雾

PD20132088 毒死蜱/30%/微囊悬浮剂/毒死蜱 30%/2013.10.24 至 2018.10.24/中等毒
花生 蛴螬 1570-2925克/公顷 喷雾于播种穴

PD20132128 烯草酮/240克/升/乳油/烯草酮 240克/升/2013.10.24 至 2018.10.24/低毒
夏大豆田 一年生禾本科杂草 108-144克/公顷 茎叶喷雾

PD20140401 高效氟吡甲禾灵//乳油/高效氟吡甲禾灵 108克/升/2014.02.20 至 2019.02.20/低毒
夏大豆田 一年生禾本科杂草 40.5-48.6克/公顷 茎叶喷雾

PD20140952 甲氨基阿维菌素苯甲酸盐/5.0%/水分散粒剂/甲氨基阿维菌素 5%/2014.04.14 至 2019.04.14/低毒
甘蓝 甜菜夜蛾 2.25-3.75克/公顷 喷雾
注:甲氨基阿维菌素苯甲酸盐含量：5.7%。

PD20141006 灭草松/480克/升/水剂/灭草松 480克/升/2014.04.21 至 2019.04.21/低毒
大豆田 一年生阔叶杂草 756-1512克/公顷 茎叶喷雾

PD20142038 炔草酯/15%/可湿性粉剂/炔草酯 15%/2014.08.27 至 2019.08.27/低毒
冬小麦田 部分禾本科杂草 45-67.5克/公顷 茎叶喷雾

PD20142043 吡虫啉/600克/升/悬浮种衣剂/吡虫啉 600克/升/2014.08.27 至 2019.08.27/低毒
小麦 蚜虫 225-300克/100千克种子 种子包衣

PD20142055 苄嘧·苯磺隆/35%/可湿性粉剂/苯磺隆 10%、苄嘧磺隆 25%/2014.10.24 至 2019.10.24/低毒
小麦田 一年生阔叶杂草 52.5-78.5克/公顷 茎叶喷雾

PD20142299 吡蚜·毒死蜱/25%/可湿性粉剂/吡蚜酮 10%、毒死蜱 15%/2014.11.02 至 2019.11.02/低毒
水稻 稻飞虱 112.5-187.5克/公顷 喷雾

PD20142303 烟嘧·莠去津/24%/可分散油悬浮剂/烟嘧磺隆 4%、莠去津 20%/2014.11.03 至 2019.11.03/低毒
玉米田 一年生杂草 288-360克/公顷 茎叶喷雾

PD20142311 苯醚甲环唑/3%/悬浮种衣剂/苯醚甲环唑 3%/2014.11.03 至 2019.11.03/低毒
小麦 全蚀病 15—21克/100千克 种子包衣

PD20142557 2甲·唑草酮/70.5%/可湿性粉剂/2甲4氯钠 66.5%、唑草酮 4%/2014.12.15 至 2019.12.15/低毒
小麦田 一年生阔叶杂草 475.9-528.75克/公顷 茎叶喷雾

PD20150106 稻瘟灵/40%/可湿性粉剂/稻瘟灵 40%/2015.01.05 至 2020.01.05/低毒
水稻 稻瘟病 480—600克/公顷 喷雾

PD20150111 硝磺·莠去津/25%/可分散油悬浮剂/莠去津 20%、硝磺草酮 5%/2015.01.05 至 2020.01.05/低毒
玉米田 一年生杂草 562.5-750克/公顷 茎叶喷雾

PD20152118 炔草酯/24%/乳油/炔草酯 24%/2015.09.22 至 2020.09.22/低毒
冬小麦田 禾本科杂草 43.2-54克/公顷 茎叶喷雾

PD20152376 双氟磺草胺/50克/升/悬浮剂/双氟磺草胺 50克/升/2015.10.22 至 2020.10.22/低毒
冬小麦田 一年生阔叶杂草 3.75-4.5克/公顷 茎叶喷雾

PD20152514 唑草酮/10%/可湿性粉剂/唑草酮 10%/2015.12.05 至 2020.12.05/微毒
冬小麦田 一年生阔叶杂草 24-36克/公顷 茎叶喷雾

河南科邦化工有限公司 (河南省社旗县城郊东岗工业区 473300 0377-67912208)

PD20101232　乙蒜素/80%/乳油/乙蒜素 80%/2015.03.01 至 2020.03.01/中等毒
　棉花　黄萎病　300-360克/公顷　喷雾
WP20080419　高氯·残杀威/8%/悬浮剂/残杀威 5%、高效氯氰菊酯 3%/2013.12.12 至 2018.12.12/低毒
　卫生　蚊、蝇　1克制剂/平方米　滞留喷洒
WP20110107　顺式氯氰菊酯/5%/可湿性粉剂/顺式氯氰菊酯 5%/2011.04.22 至 2016.04.22/低毒
　卫生　蚊、蝇　35毫克/平方米　滞留喷洒

河南科辉实业有限公司　(河南省新密市白寨镇光武陈村　452372　0371-69926888)

PD20096879　高效氯氟氰菊酯/25克/升/乳油/高效氯氟氰菊酯 25克/升/2014.09.23 至 2019.09.23/中等毒
　甘蓝　菜青虫　7.5—11.25克/公顷　喷雾
PD20100016　敌百·氧乐果/40%/乳油/敌百虫 20%、氧乐果 20%/2015.01.04 至 2020.01.04/高毒
　小麦　蚜虫　360-600克/公顷　喷雾
PD20140703　噻嗪·异丙威/25%/可湿性粉剂/噻嗪酮 5%、异丙威 20%/2014.03.24 至 2019.03.24/低毒
　水稻　稻飞虱　468.75-562.5克/公顷　喷雾
PD20141475　噁霉灵/15%/水剂/噁霉灵 15%/2014.06.09 至 2019.06.09/低毒
　水稻苗床　立枯病　6-12毫升制剂/平方米　苗床喷雾

河南雷力农用化工有限公司　(河南省郑州市经三路北段63号院3号楼1号　450003　0371-65772890)

PD20060071　三唑酮/10%/乳油/三唑酮 10%/2011.04.13 至 2016.04.13/低毒
　小麦　白粉病　75-105克/公顷　喷雾
PD20080194　高氯·马/30%/乳油/高效氯氰菊酯 1%、马拉硫磷 29%/2013.01.10 至 2018.01.10/低毒
　棉花　棉铃虫　225-337.5克/公顷　喷雾
　棉花　棉蚜　180-270克/公顷　喷雾
PD20093347　唑酮·氧乐果/40%/乳油/三唑酮 10%、氧乐果 30%/2014.03.18 至 2019.03.18/中等毒(原药高毒)
　小麦　白粉病、蚜虫　420-480克/公顷　喷雾
PD20093579　高效氯氰菊酯/2.5%/乳油/高效氯氰菊酯 2.5%/2014.03.23 至 2019.03.23/低毒
　十字花科蔬菜　菜青虫　9.375-13.5克/公顷　喷雾
PD20094202　辛硫·灭多威/26%/乳油/灭多威 7%、辛硫磷 19%/2014.03.30 至 2019.03.30/中等毒(原药高毒)
　棉花　棉铃虫　195-292.5克/公顷　喷雾
　水稻　稻纵卷叶螟、二化螟　195-234克/公顷　喷雾
PD20095506　辛硫·三唑磷/20%/乳油/三唑磷 10%、辛硫磷 10%/2014.05.11 至 2019.05.11/低毒
　水稻　二化螟　360-450克/公顷　喷雾
PD20150961　硝磺草酮/15%/悬浮剂/硝磺草酮 15%/2015.06.11 至 2020.06.11/低毒
　玉米田　一年生杂草　112.5-157.5克/公顷　茎叶喷雾

河南力克化工有限公司　(河南省郑州市107国道黄河大桥南3公里处　450046　0371-65695488)

PD20082701　溴氰菊酯/25克/升/乳油/溴氰菊酯 25克/升/2013.12.05 至 2018.12.05/低毒
　苹果树　桃小食心虫　12.5-16.7毫克/千克　喷雾
PD20083145　毒死蜱/40%/乳油/毒死蜱 40%/2013.12.10 至 2018.12.10/中等毒
　棉花　蚜虫　600-900克/公顷　喷雾
PD20083482　三唑酮/15%/可湿性粉剂/三唑酮 15%/2013.12.12 至 2018.12.12/低毒
　小麦　白粉病　135-180克/公顷　喷雾
PD20084089　啶虫脒/5%/乳油/啶虫脒 5%/2013.12.16 至 2018.12.16/低毒
　柑橘树　蚜虫　10-12毫克/千克　喷雾
PD20085399　噻嗪·杀虫单/50%/可湿性粉剂/噻嗪酮 10%、杀虫单 40%/2013.12.24 至 2018.12.24/中等毒
　水稻　稻飞虱、二化螟　450-525克/公顷　喷雾
　水稻　稻纵卷叶螟　375-450克/公顷　喷雾
PD20085974　辛硫·灭多威/30%/乳油/灭多威 7%、辛硫磷 23%/2013.12.29 至 2018.12.29/中等毒(原药高毒)
　棉花　棉铃虫　360-540克/公顷　喷雾
PD20090019　唑酮·氧乐果/30%/乳油/三唑酮 7%、氧乐果 23%/2014.01.06 至 2019.01.06/中等毒(原药高毒)
　小麦　白粉病、蚜虫　450-480克/公顷　喷雾
PD20090327　多·硫/25%/可湿性粉剂/多菌灵 13%、硫磺 12%/2014.01.12 至 2019.01.12/低毒
　水稻　稻瘟病　1200-1800克/公顷　喷雾
PD20091281　苯磺隆/10%/可湿性粉剂/苯磺隆 10%/2014.02.01 至 2019.02.01/低毒
　春小麦田　一年生阔叶杂草　22.5-30克/公顷(东北地区)　茎叶喷雾
　冬小麦田　一年生阔叶杂草　13.5-22.5克/公顷(其它地区)　茎叶喷雾
PD20091581　阿维·高氯/1.5%/乳油/阿维菌素 0.45%、高效氯氰菊酯 1.05%/2014.02.03 至 2019.02.03/低毒(原药高毒)
　甘蓝　菜青虫、小菜蛾　7.5-15克/公顷　喷雾
　梨树　梨木虱　6-12毫克/千克　喷雾
PD20091807　氰戊·马拉松/20%/乳油/马拉硫磷 15%、氰戊菊酯 5%/2014.02.04 至 2019.02.04/中等毒
　棉花　棉铃虫　90-150克/公顷　喷雾
PD20092002　高效氯氟氰菊酯/2.5%/乳油/高效氯氟氰菊酯 2.5%/2014.02.12 至 2019.02.12/低毒
　十字花科蔬菜　菜青虫　7.5-11.25克/公顷　喷雾
PD20092125　多菌灵/25%/可湿性粉剂/多菌灵 25%/2014.02.23 至 2019.02.23/低毒
　油菜　菌核病　1320-1500克/公顷　喷雾
PD20092491　三唑酮/20%/乳油/三唑酮 20%/2014.02.26 至 2019.02.26/低毒

	小麦	白粉病	75-90克/公顷	喷雾
PD20092521	敌敌畏/48%/乳油/敌敌畏 48%/2014.02.26 至 2019.02.26/中等毒			
	棉花	蚜虫	900-1200克/公顷	喷雾
PD20092556	马拉·辛硫磷/25%/乳油/马拉硫磷 12.5%、辛硫磷 12.5%/2014.02.26 至 2019.02.26/低毒			
	水稻	稻纵卷叶螟	300-375克/公顷	喷雾
PD20092644	乐果/40%/乳油/乐果 40%/2014.03.03 至 2019.03.03/低毒			
	烟草	烟青虫	420-600克/公顷	喷雾
PD20093169	溴敌隆/0.5%/母液/溴敌隆 0.5%/2014.03.11 至 2019.03.11/低毒			
	农田	田鼠	配成0.005%毒饵，300-450点/公顷，4-5克毒饵/点	堆施或穴施
PD20093192	多效唑/15%/可湿性粉剂/多效唑 15%/2014.03.11 至 2019.03.11/低毒			
	花生	调节生长	90－112.5克/公顷	喷雾
PD20093490	甲哌鎓/250g/L/水剂/甲哌鎓 250克/升/2014.03.23 至 2019.03.23/低毒			
	棉花	调节生长	45-60克/公顷	喷雾
PD20093777	精喹禾灵/5%/乳油/精喹禾灵 5%/2014.03.25 至 2019.03.25/低毒			
	棉花田	一年生禾本科杂草	45－52.5克/公顷	茎叶喷雾
PD20094035	乙草胺/50%/乳油/乙草胺 50%/2014.03.27 至 2019.03.27/低毒			
	夏大豆田	一年生禾本科杂草及部分小粒种子阔叶杂草	900-1125克/公顷	土壤喷雾
PD20094120	辛硫磷/40%/乳油/辛硫磷 40%%/2014.03.27 至 2019.03.27/低毒			
	棉花	棉铃虫	300-375克/公顷	喷雾
PD20094309	异丙草·莠/40%/悬乳剂/异丙草胺 24%、莠去津 16%/2014.03.31 至 2019.03.31/低毒			
	夏玉米田	一年生杂草	1200-1500克/公顷	土壤喷雾
PD20096681	哒螨·矿物油/34%/乳油/哒螨灵 4%、矿物油 30%/2014.09.07 至 2019.09.07/低毒			
	苹果树	红蜘蛛	170-226.7毫克/千克	喷雾
PD20096910	吡虫啉/10%/可湿性粉剂/吡虫啉 10%/2014.09.23 至 2019.09.23/低毒			
	水稻	稻飞虱	15-30克/公顷	喷雾
PD20097317	毒·辛/20%/乳油/毒死蜱 4%、辛硫磷 16%/2014.10.27 至 2019.10.27/低毒			
	棉花	棉铃虫	80-140毫升制剂/亩	喷雾
PD20098544	氰戊·马拉松/40%/乳油/马拉硫磷 30%、氰戊菊酯 10%/2014.02.04 至 2019.02.04/中等毒			
	棉花	棉铃虫	90-150克/公顷	喷雾
PD20100230	腈菌·福美双/20%/可湿性粉剂/福美双 18%、腈菌唑 2%/2015.01.11 至 2020.01.11/低毒			
	黄瓜	黑星病	200-400克/公顷	喷雾
PD20100246	阿维菌素/1.8%/乳油/阿维菌素 1.8%/2015.01.11 至 2020.01.11/低毒(原药高毒)			
	甘蓝	小菜蛾	6-9克/公顷	喷雾
PD20100324	高氯·辛硫磷/20%/乳油/高效氯氰菊酯 2%、辛硫磷 18%/2015.01.11 至 2020.01.11/低毒			
	大豆	甜菜夜蛾	240-300克/公顷	喷雾
PD20100409	高氯·马/20%/乳油/高效氯氰菊酯 2%、马拉硫磷 18%/2015.01.14 至 2020.01.14/低毒			
	苹果树	桃小食心虫	133-200毫克/千克	喷雾
PD20100818	吡虫啉/5%/乳油/吡虫啉 5%/2015.01.19 至 2020.01.19/低毒			
	小麦	蚜虫	7.5-11.25克/公顷	喷雾
PD20101759	萘乙·硝钠/2.85%/水剂/2,4-二硝基苯酚钠 0.15%、对硝基苯酚钠 0.9%、邻硝基苯酚钠 0.6%、萘乙酸1.2%/2015.07.07 至 2020.07.07/低毒			
	冬小麦	调节生长	2000-3000倍液	喷雾(2次)
PD20101964	辛硫·三唑磷/20%/乳油/三唑磷 10%、辛硫磷 10%/2015.09.21 至 2020.09.21/低毒			
	水稻	稻水象甲	120-150克/公顷	喷雾
PD20101994	吡虫·杀虫单/35%/可湿性粉剂/吡虫啉 1%、杀虫单 34%/2015.09.25 至 2020.09.25/中等毒			
	水稻	稻飞虱	450-750克/公顷	喷雾
PD20102180	甲氨基阿维菌素苯甲酸盐/1%/乳油/甲氨基阿维菌素 1%/2015.12.15 至 2020.12.15/低毒			
	甘蓝	小菜蛾	1.3-2.6克/公顷	喷雾
	注:甲氨基阿维菌素苯甲酸盐含量为1.14%			
PD20110123	甲霜·锰锌/58%/可湿性粉剂/甲霜灵 48%、代森锰锌 10%/2016.01.27 至 2021.01.27/低毒			
	黄瓜	霜霉病	1305-1632克/公顷	喷雾
PD20110602	2甲4氯钠/13%/水剂/2甲4氯钠 13%/2011.05.30 至 2016.05.30/低毒			
	移栽水稻田	阔叶杂草	487-633克/公顷	茎叶喷雾
PD20120456	四螨·哒螨灵/15%/可湿性粉剂/哒螨灵 10%、四螨嗪 5%/2012.03.14 至 2017.03.14/中等毒			
	柑橘树	红蜘蛛	75-100毫克/千克	喷雾
PD20121970	哒螨灵/15%/乳油/哒螨灵 15%/2012.12.18 至 2017.12.18/低毒			
	棉花	红蜘蛛	22.5-36克/公顷	喷雾
PD20132709	苯醚甲环唑/10%/水分散粒剂/苯醚甲环唑 10%/2013.12.30 至 2018.12.30/低毒			
	苹果树	斑点落叶病	50-66.7毫克/千克	喷雾
PD20140351	阿维·毒死蜱/15%/乳油/阿维菌素 0.2%、毒死蜱 14.8%/2014.02.18 至 2019.02.18/中等毒(原药高毒)			
	水稻	稻纵卷叶螟	135-157.5克/公顷	喷雾

PD20140353 唑磷·毒死蜱/25%/乳油/毒死蜱 5%、三唑磷 20%/2014.02.18 至 2019.02.18/中等毒
水稻 二化螟 262.5-337.5克/公顷 喷雾

PD20140510 苯磺隆/75%/可湿性粉剂/苯磺隆 75%/2014.03.06 至 2019.03.06/低毒
小麦田 一年生阔叶杂草 13.5-22.5克/公顷 茎叶喷雾

PD20140513 氟磺胺草醚/25%/水剂/氟磺胺草醚 25%/2014.03.06 至 2019.03.06/低毒
春大豆田 一年生阔叶杂草 281.5-375克/公顷 茎叶喷雾
夏大豆田 一年生阔叶杂草 187.5-281.5克/公顷 茎叶喷雾

PD20140621 高氯·氟铃脲/5%/乳油/氟铃脲 1.2%、高效氯氰菊酯 3.8%/2014.03.07 至 2019.03.07/低毒
甘蓝 甜菜夜蛾 37.5-45克/公顷 喷雾

PD20140987 吡蚜酮/50%/水分散粒剂/吡蚜酮 50%/2014.04.14 至 2019.04.14/低毒
水稻 稻飞虱 120—150克/公顷 喷雾

PD20141504 氯吡·苯磺隆/20%/可湿性粉剂/苯磺隆 2.7%、氯氟吡氧乙酸 17.3%/2014.06.24 至 2019.06.24/低毒
冬小麦田 一年生阔叶杂草 90-120克/公顷 茎叶喷雾

PD20141620 炔草酯/8%/水乳剂/炔草酯 8%/2014.06.24 至 2019.06.24/低毒
小麦田 一年生禾本科杂草 48-84克/公顷 茎叶喷雾

PD20142011 2甲·唑草酮/70.5%/可湿性粉剂/2甲4氯钠 66.5%、唑草酮 4%/2014.08.14 至 2019.08.14/低毒
冬小麦田 一年生阔叶杂草 423-475.9克/公顷 茎叶喷雾

PD20150013 硝磺草酮/15%/悬浮剂/硝磺草酮 15%/2015.01.04 至 2020.01.04/低毒
玉米田 一年生杂草 112.5-202.5克/公顷 茎叶喷雾

PD20150179 氰氟草酯/100克/升/水乳剂/氰氟草酯 100克/升/2015.01.15 至 2020.01.15/低毒
水稻移栽田 稗草、千金子等禾本科杂草 75-105克/公顷 茎叶喷雾

PD20150290 氯氟吡氧乙酸异辛酯/200克/升/乳油/氯氟吡氧乙酸 200克/升/2015.02.04 至 2020.02.04/低毒
玉米田 一年生阔叶杂草 150-210克/公顷 茎叶喷雾
注:氯氟吡氧乙酸异辛酯含量：288克/升。

PD20150450 烟嘧磺隆//可分散油悬浮剂/烟嘧磺隆 40克/升/2015.03.20 至 2020.03.20/低毒
玉米田 一年生杂草 51-60克/公顷 茎叶喷雾

PD20150515 毒死蜱/30%/微囊悬浮剂/毒死蜱 30%/2015.03.23 至 2020.03.23/低毒
杨树 美国白蛾 150-300毫克/千克 喷雾

PD20151299 双氟磺草胺/50克/升/悬浮剂/双氟磺草胺 50克/升/2015.07.30 至 2020.07.30/低毒
冬小麦田 一年生阔叶杂草 3.75-4.5克/公顷 茎叶喷雾

PD20151462 烟嘧·莠去津/23%/油悬浮剂/烟嘧磺隆 3%、莠去津 20%/2015.07.31 至 2020.07.31/低毒
玉米田 一年生杂草 362.25-414克/公顷 茎叶喷雾

河南绿保科技发展有限公司 （河南省新乡市平原新区祝楼乡河南现代农业研究开发基地 450002 0371-65731656)

PD20040375 多·酮/30%/悬浮剂/多菌灵 25%、三唑酮 5%/2014.12.19 至 2019.12.19/低毒
小麦 纹枯病 315-405克/公顷 喷雾

PD20082006 萘乙酸/4.2%/水剂/萘乙酸 4.2%/2013.11.25 至 2018.11.25/低毒
冬小麦 调节生长 21-31.5毫克/千克 茎叶喷雾

PD20082682 噻磺·乙草胺/50%/乳油/噻吩磺隆 0.3%、乙草胺 49.7%/2013.12.05 至 2018.12.05/低毒
夏大豆田、夏花生田、夏玉米田 一年生杂草 600-750克/公顷 播后苗前土壤喷雾

PD20083161 氰草·莠去津/30%/悬浮剂/氰草津 15%、莠去津 15%/2013.12.11 至 2018.12.11/低毒
春玉米田 一年生杂草 1350-1710克/公顷 茎叶喷雾
夏玉米田 一年生杂草 900-1350克/公顷 播后苗前土壤喷雾

PD20085221 高氯·辛硫磷/20%/乳油/高效氯氰菊酯 1.5%、辛硫磷 18.5%/2013.12.23 至 2018.12.23/中等毒
棉花 棉铃虫 180-240克/公顷 喷雾
十字花科蔬菜 菜青虫 120-150克/公顷 喷雾
小麦 蚜虫 120-180克/公顷 喷雾

PD20085404 氰戊·氧乐果/25%/乳油/氰戊菊酯 5%、氧乐果 20%/2013.12.24 至 2018.12.24/高毒
棉花 棉红蜘蛛 112.5-180克/公顷 喷雾
棉花 棉铃虫、棉蚜 112.5-150克/公顷 喷雾
小麦 蚜虫 75-150克/公顷 喷雾

PD20092996 吡虫·辛硫磷/22%/乳油/吡虫啉 2%、辛硫磷 20%/2014.03.09 至 2019.03.09/低毒
花生 蛴螬 1485-1980克/公顷 撒毒土

PD20096999 异丙草·莠/42%/悬乳剂/异丙草胺 16%、莠去津 26%/2014.09.29 至 2019.09.29/低毒
春玉米田 一年生杂草 1890-2394克/公顷 土壤喷雾
夏玉米田 一年生杂草 1134-1512克/公顷 土壤喷雾

PD20097292 烟嘧磺隆/40克/升/可分散油悬浮剂/烟嘧磺隆 40克/升/2014.10.26 至 2019.10.26/低毒
玉米田 一年生杂草 70-100毫升制剂/亩 茎叶喷雾

PD20102056 精喹禾灵/10%/乳油/精喹禾灵 10%/2015.11.03 至 2020.11.03/低毒
大豆田、花生田、棉花田 一年生禾本科杂草 30-40毫升制剂/亩 茎叶喷雾

PD20141081 戊唑醇/0.2%/悬浮种衣剂/戊唑醇 0.2%/2014.04.27 至 2019.04.27/低毒
小麦 纹枯病 2.9—4克/100公斤种子 种子包衣

PD20141082 精喹·氟磺胺/20%/乳油/氟磺胺草醚 16%、精喹禾灵 4%/2014.04.27 至 2019.04.27/低毒

大豆田	一年生杂草	240-360克/公顷	茎叶喷雾

PD20141454 烟嘧·莠去津/20%/可分散油悬浮剂/烟嘧磺隆 2%、莠去津 18%/2014.06.09 至 2019.06.09/低毒

玉米田	一年生杂草	360-450克/公顷	茎叶喷雾

PD20142377 噻嗪·异丙威/25%/可湿性粉剂/噻嗪酮 5%、异丙威 20%/2014.11.04 至 2019.11.04/低毒

水稻	稻飞虱	337.5-562.5克/公顷	喷雾

PD20150093 苯醚甲环唑/30克/升/悬浮种衣剂/苯醚甲环唑 30克/升/2015.01.05 至 2020.01.05/低毒

小麦	全蚀病	15－18克/100千克种子	种子包衣

LS20130460 吡虫啉/350g/L/种子处理悬浮剂/吡虫啉 350克/升/2015.10.10 至 2016.10.10/低毒

小麦	蚜虫	343-572克/千克种子	拌种

河南赛诺化工科技有限公司 (河南省荥阳市汜水镇清净沟 450002 0371-65646889)

PD20070491 氯氰菊酯/5%/乳油/氯氰菊酯 5%/2012.12.03 至 2017.12.03/低毒

棉花	棉铃虫	45-90克/公顷	喷雾

PD20097490 氯氰·辛硫磷/30%/乳油/氯氰菊酯 1.5%、辛硫磷 28.5%/2014.11.03 至 2019.11.03/中等毒

棉花	棉铃虫	300-450克/公顷	喷雾

PD20100383 高效氯氰菊酯/4.5%/乳油/高效氯氰菊酯 4.5%/2015.01.14 至 2020.01.14/中等毒

甘蓝	菜青虫	20.25-27克/公顷	喷雾

PD20141062 S-诱抗素/0.1%/水剂/S-诱抗素 0.1%/2014.04.25 至 2019.04.25/微毒

番茄	调节生长	2.5-5毫克/千克	喷雾

PD20142436 甲氨基阿维菌素苯甲酸盐/1%/微乳剂/甲氨基阿维菌素 1%/2014.11.15 至 2019.11.15/低毒

甘蓝	甜菜夜蛾	2.25-3克/公顷	喷雾

注:甲氨基阿维菌素苯甲酸盐含量：1.14%。

河南三浦百草生物工程有限公司 (河南省新乡市榆东产业聚集区 453241 0373-7621921)

PD20101689 甲氨基阿维菌素苯甲酸盐/0.57%/微乳剂/甲氨基阿维菌素 0.5%/2015.06.08 至 2020.06.08/低毒

甘蓝	甜菜夜蛾	1.3-1.8克/公顷	喷雾

PD20131911 多杀霉素/90%/原药/多杀霉素 90%/2013.09.25 至 2018.09.25/微毒

PD20142100 多杀霉素/5%/悬浮剂/多杀霉素 5%/2014.09.02 至 2019.09.02/低毒

甘蓝	小菜蛾	15-26.25克/公顷	喷雾

PD20152580 阿维菌素/94%/原药/阿维菌素 94%/2015.12.06 至 2020.12.06/高毒

WP20080417 杀虫喷射剂/0.1%/喷射剂/除虫菊素(Ⅰ+Ⅱ) 0.1%/2013.12.12 至 2018.12.12/低毒

卫生	蚊、蝇	/	喷射

河南省安阳市安林生物化工有限责任公司 (河南省安阳县永和乡和西街北 455000 0372-2922186)

PD85105-53 敌敌畏/80%/乳油/敌敌畏 77.5%(气谱法)/2015.03.18 至 2020.03.18/中等毒

茶树	食叶害虫	600克/公顷	喷雾
粮仓	多种储藏害虫	1)400-500倍液,2)0.4-0.5克/立方米	1)喷雾,2)挂条熏蒸
棉花	蚜虫、造桥虫	600-1200克/公顷	喷雾
苹果树	小卷叶蛾、蚜虫	400-500毫克/千克	喷雾
青菜	菜青虫	600克/公顷	喷雾
桑树	尺蠖	600克/公顷	喷雾
卫生	多种卫生害虫	1)300-400倍液,2)0.08克/立方米	1)泼洒.2)挂条熏蒸
小麦	黏虫、蚜虫	600克/公顷	喷雾

PD85159-24 草甘膦异丙胺盐/30%/水剂/草甘膦 30%/2015.08.15 至 2020.08.15/低毒

茶园、甘蔗田、果园、剑麻园、林场、桑园、橡胶园	杂草	1125-2250克/公顷	喷雾
非耕地	杂草	1125-3000克/公顷	茎叶喷雾

注:草甘膦异丙胺盐含量：41%。

PD86168 百菌清/10%/油剂/百菌清 10%/2012.03.28 至 2017.03.28/低毒

林木	病害	300-375克/公顷	超低量喷雾或喷烟

PD92103-4 草甘膦/95%/原药/草甘膦 95%/2012.10.12 至 2017.10.12/低毒

PD20050075 三唑酮/20%/乳油/三唑酮 20%/2015.06.24 至 2020.06.24/低毒

小麦	白粉病	120-127.5克/公顷	喷雾

PD20081546 灭幼脲/95%/原药/灭幼脲 95%/2013.11.11 至 2018.11.11/低毒

PD20083203 阿维菌素/1.8%/乳油/阿维菌素 1.8%/2013.12.11 至 2018.12.11/低毒(原药高毒)

十字花科蔬菜	小菜蛾	8.1-10.8克/公顷	喷雾

PD20084092 除虫脲/97.9%/原药/除虫脲 97.9%/2013.12.16 至 2018.12.16/低毒

PD20084875 百菌清/30%/烟剂/百菌清 30%/2013.12.22 至 2018.12.22/低毒

黄瓜(保护地)	霜霉病	750-1200克/公顷	点燃放烟

PD20084888 百菌清/20%/烟剂/百菌清 20%/2013.12.22 至 2018.12.22/低毒

黄瓜(保护地)	霜霉病	750-1200克/公顷	点燃放烟

PD20084890 百菌清/45%/烟剂/百菌清 45%/2013.12.22 至 2018.12.22/低毒

黄瓜(保护地) 霜霉病 750-1200克/公顷 点燃放烟

PD20084940 灭幼脲/25%/悬浮剂/灭幼脲 25%/2013.12.22 至 2018.12.22/低毒

甘蓝 菜青虫 37.5-75克/公顷 喷雾

松树 松毛虫 112.5-150克/公顷 喷雾

PD20085310 氰戊·马拉松/20%/乳油/马拉硫磷 15%、氰戊菊酯 5%/2013.12.23 至 2018.12.23/中等毒

棉花 棉铃虫 90-150克/公顷 喷雾

苹果树 桃小食心虫 160-333毫克/千克 喷雾

小麦 蚜虫 60-90克/公顷 喷雾

PD20085465 百菌清/40%/悬浮剂/百菌清 40%/2013.12.24 至 2018.12.24/低毒

黄瓜 霜霉病 1050-1500克/公顷 喷雾

PD20085639 腐霉·百菌清/10%/烟剂/百菌清 5%、腐霉利 5%/2013.12.26 至 2018.12.26/低毒

番茄(保护地) 灰霉病 450-600克/公顷 点燃放烟

PD20085651 腐霉·百菌清/20%/烟剂/百菌清 10%、腐霉利 10%/2013.12.26 至 2018.12.26/低毒

番茄(保护地) 灰霉病 600-900克/公顷 点燃放烟

PD20090679 氯氰·辛硫磷/40%/乳油/氯氰菊酯 2%、辛硫磷 38%/2014.01.19 至 2019.01.19/中等毒

棉花 棉铃虫 180-270克/公顷 喷雾

PD20090811 百菌清/10%/烟剂/百菌清 10%/2014.01.19 至 2019.01.19/低毒

黄瓜(保护地) 霜霉病 750-1200克/公顷 点燃放烟

PD20091418 腐霉利/10%/烟剂/腐霉利 10%/2014.02.02 至 2019.02.02/低毒

番茄(保护地) 灰霉病 300-450克/公顷 点燃放烟

PD20091976 氟铃脲/5%/乳油/氟铃脲 5%/2014.02.12 至 2019.02.12/低毒

甘蓝 小菜蛾 30-56.25克/公顷 喷雾

PD20092069 草甘膦/50%/可溶粉剂/草甘膦 50%/2014.02.16 至 2019.02.16/低毒

柑橘园、苹果园 杂草 1125-2250克/公顷 喷雾

PD20094098 除虫脲/20%/悬浮剂/除虫脲 20%/2014.03.27 至 2019.03.27/低毒

十字花科蔬菜 菜青虫 60-90克/公顷 喷雾

PD20095098 异丙威/10%/烟剂/异丙威 10%/2014.04.24 至 2019.04.24/中等毒

黄瓜(保护地) 蚜虫 450-600克/公顷 点燃放烟

PD20096272 敌敌畏/30%/烟剂/敌敌畏 30%/2014.07.22 至 2019.07.22/中等毒

黄瓜(保护地) 蚜虫 1350克/公顷 点燃放烟

PD20110638 甲维·灭幼脲/25%/悬浮剂/甲氨基阿维菌素苯甲酸盐 0.2%、灭幼脲 24.8%/2011.06.20 至 2016.06.20/低毒

杨树 舟蛾 125-250毫克/千克 喷雾

PD20111024 腈菌·咪鲜胺/10%/热雾剂/腈菌唑 4.5%、咪鲜胺 5.5%/2011.09.30 至 2016.09.30/低毒

橡胶树 炭疽病 150-180克/公顷 热雾机喷雾

PD20121341 毒死蜱/20%/微囊悬浮剂/毒死蜱 20%/2012.09.12 至 2017.09.12/低毒

苹果树 桃小食心虫 160-250毫克/千克 喷雾

水稻 稻纵卷叶螟 450-525克/公顷 喷雾

小麦 金针虫、蝼蛄、蛴螬 1650-1950克/公顷 灌根

PD20121428 阿维·除虫脲/10%/悬浮剂/阿维菌素 0.3%、除虫脲 9.7%/2012.10.08 至 2017.10.08/低毒(原药高毒)

甘蓝 菜青虫 45-75克/公顷 喷雾

松树 松毛虫 100-125毫克/千克 喷雾

PD20141673 阿维·哒螨灵/10%/乳油/阿维菌素 0.3%、哒螨灵 9.7%/2014.06.30 至 2019.06.30/中等毒(原药高毒)

苹果树 红蜘蛛 33.3-50毫克/千克 喷雾

河南省安阳市国丰农药有限责任公司 (河南省安阳市滑县道口镇人民大道高科技开发区 456400 0372-8128858)

PD20083965 稻瘟灵/30%/乳油/稻瘟灵 30%/2013.12.16 至 2018.12.16/低毒

水稻 稻瘟病 450-675克/公顷 喷雾

PD20084546 丁硫克百威/35%/种子处理干粉剂/丁硫克百威 35%/2013.12.18 至 2018.12.18/中等毒

水稻 蓟马 305-400克/100千克种子 拌种

PD20084741 百菌清/10%/烟剂/百菌清 10%/2013.12.22 至 2018.12.22/低毒

黄瓜 霜霉病 750-1200克/公顷 点燃放烟

PD20091236 井冈·多菌灵/28%/悬浮剂/多菌灵 24%、井冈霉素 4%/2014.02.01 至 2019.02.01/低毒

水稻 稻瘟病 420-525克/公顷 喷雾

PD20091607 阿维菌素/1.8%/乳油/阿维菌素 1.8%/2014.02.03 至 2019.02.03/低毒(原药高毒)

十字花科蔬菜 小菜蛾 6-9克/公顷 喷雾

PD20091733 噻吩磺隆/15%/可湿性粉剂/噻吩磺隆 15%/2014.02.04 至 2019.02.04/低毒

冬小麦田 一年生阔叶杂草 22.5-33.8克/公顷 茎叶喷雾

PD20093337 甲氨基阿维菌素苯甲酸盐/1%/乳油/甲氨基阿维菌素苯甲酸盐 1%/2014.03.18 至 2019.03.18/低毒

十字花科蔬菜 小菜蛾 1.5-3克/公顷 喷雾

PD20095399 吡虫·杀虫单/70%/可湿性粉剂/吡虫啉 2%、杀虫单 68%/2014.04.27 至 2019.04.27/中等毒

水稻 稻飞虱 525-735克/公顷 喷雾

PD20096480 异丙威/20%/烟剂/异丙威 20%/2014.08.14 至 2019.08.14/低毒

黄瓜(保护地) 白粉虱 600-900克/公顷 点燃放烟

PD20098208 多抗霉素/3%/可湿性粉剂/多抗霉素B 3%/2014.12.16 至 2019.12.16/低毒

番茄 晚疫病 196.2—225克/公顷 喷雾

PD20100185 吗胍·硫酸铜/20%/水剂/盐酸吗啉胍 16%、硫酸铜 4%/2015.01.05 至 2020.01.05/低毒
辣椒 病毒病 180—300克/公顷 喷雾

PD20100264 香菇多糖/0.5%/水剂/香菇多糖 0.5%/2015.01.11 至 2020.01.11/低毒
烟草 病毒病 150-200毫升制剂/亩 喷雾

PD20100832 复硝酚钠/1.4%/水剂/5-硝基邻甲氧基苯酚钠 0.2%、对硝基苯酚钠 0.7%、邻硝基苯酚钠 0.5%/2015.01.19 至2020.01.19/低毒
番茄 调节生长 6-9毫克/千克 茎叶喷雾

PD20101441 芸苔素内酯/0.004%/水剂/芸苔素内酯 0.004%/2015.05.04 至 2020.05.04/低毒
玉米 提高产量 / 茎叶喷雾

PD20102010 络氨铜/25%/水剂/络氨铜 25%/2015.09.25 至 2020.09.25/低毒
水稻 纹枯病 465—690克/公顷 喷雾

PD20110311 辛菌胺醋酸盐/1.26%/水剂/辛菌胺 1.26%/2011.03.22 至 2016.03.22/低毒
棉花 枯萎病 40-60毫克/千克 喷雾
水稻 稻瘟病、条纹叶枯病 180-225克/公顷 喷雾
注:辛菌胺醋酸盐含量:1.8%。

PD20120766 辛菌胺醋酸盐/1.8%/水剂/辛菌胺醋酸盐 1.8%/2012.05.05 至 2017.05.05/低毒
棉花 枯萎病 300—200倍液 喷雾

PD20130411 地衣芽孢杆菌/80亿个/毫升/水剂/地衣芽孢杆菌 80亿个/毫升/2013.03.13 至 2018.03.13/低毒
西瓜 枯萎病 500-700倍液 灌根
小麦 全蚀病 1:90-110（药种比）、500-800倍液 拌种、喷雾

PD20152632 烯唑醇/12.5%/可湿性粉剂/烯唑醇 12.5%/2015.12.18 至 2020.12.18/低毒
小麦 白粉病 60-120克/公顷 喷雾

河南省安阳市红旗药业有限公司 （河南省安阳市滑县民寨工业城 456462 0372-8498666）

PD85157-14 辛硫磷/40%/乳油/辛硫磷 40%/2015.08.15 至 2020.08.15/低毒
茶树、桑树 食叶害虫 200-400毫克/千克 喷雾
果树 食心虫、蚜虫、螨 200-400毫克/千克 喷雾
林木 食叶害虫 3000-6000克/公顷 喷雾
棉花 棉铃虫、蚜虫 300-600克/公顷 喷雾
蔬菜 菜青虫 300-450克/公顷 喷雾
烟草 食叶害虫 300-600克/公顷 喷雾
玉米 玉米螟 450-600克/公顷 灌心叶

PD20080677 苄嘧·苯噻酰/18%/可湿性粉剂/苯噻酰草胺 17%、苄嘧磺隆 1%/2013.06.04 至 2018.06.04/低毒
水稻移栽田 部分多年生杂草、一年生杂草 216-270克/公顷(北方地区) 药土法

PD20083237 克百威/3%/颗粒剂/克百威 3%/2013.12.11 至 2018.12.11/高毒
花生 线虫 1800-2250克/公顷 条施.沟施
棉花 蚜虫 675-900克/公顷 条施.沟施

PD20084004 啶虫脒/5%/乳油/啶虫脒 5%/2013.12.16 至 2018.12.16/低毒
苹果树 蚜虫 12-15毫克/千克 喷雾

PD20085006 辛硫磷/3%/颗粒剂/辛硫磷 3%/2013.12.22 至 2018.12.22/低毒
玉米 玉米螟 112.5-157.5克/公顷 加细沙后在喇叭口期均匀撒施

PD20085721 氰戊·辛硫磷/50%/乳油/氰戊菊酯 4.5%、辛硫磷 45.5%/2013.12.26 至 2018.12.26/中等毒
甘蓝 菜青虫、蚜虫 75-150克/公顷 喷雾
棉花 蚜虫 150-225克/公顷 喷雾
小麦 蚜虫 90克/公顷 喷雾

PD20091758 氰戊·辛硫磷/25%/乳油/氰戊菊酯 6.25%、辛硫磷 18.75%/2014.02.04 至 2019.02.04/低毒
棉花 棉铃虫 281.25-375克/公顷 喷雾
苹果树 蚜虫 125-250毫克/千克 喷雾
十字花科蔬菜 菜青虫 150-225克/公顷 喷雾

PD20095576 阿维·苏云菌//可湿性粉剂/阿维菌素 0.1%、苏云金杆菌 100亿活芽孢/克/2014.05.12 至 2019.05.12/低毒(原药高毒)
十字花科蔬菜 小菜蛾 750-1050克制剂/公顷 喷雾

PD20100420 苯磺隆/10%/可湿性粉剂/苯磺隆 10%/2015.01.14 至 2020.01.14/低毒
冬小麦田 阔叶杂草 15-19.5克/公顷 茎叶喷雾

PD20100523 精喹禾灵/5%/乳油/精喹禾灵 5%/2015.01.14 至 2020.01.14/低毒
春大豆田 一年生禾本科杂草 52.5-75克/公顷 茎叶喷雾
夏大豆田 一年生禾本科杂草 45-52.5克/公顷 茎叶喷雾

PD20100632 噻菌灵/98%/原药/噻菌灵 98%/2015.01.14 至 2020.01.14/低毒

PD20100682 氟铃脲/5%/乳油/氟铃脲 5%/2015.01.16 至 2020.01.16/低毒
甘蓝 小菜蛾 30-56.25克/公顷 喷雾

PD20100998 乙草胺/50%/乳油/乙草胺 50%/2015.01.20 至 2020.01.20/低毒
夏玉米田 一年生禾本科杂草及部分阔叶杂草 1050-1350克/公顷 播后苗前土壤喷雾

PD20110489 异甲·莠去津/50%/悬乳剂/异丙甲草胺 30%、莠去津 20%/2011.05.03 至 2016.05.03/低毒
夏玉米 一年生杂草 1125-1500克/公顷 土壤喷雾

PD20142351 异丙威/10%/烟剂/异丙威 10%/2014.11.04 至 2019.11.04/低毒
黄瓜(保护地) 蚜虫 562.5-675克/公顷 点燃放烟

PD20152153 戊唑·吡虫啉/11%/悬浮种衣剂/吡虫啉 10.2%、戊唑醇 0.8%/2015.09.22 至 2020.09.22/低毒
小麦 散黑穗病、蚜虫 110-183克/100千克种子 种子包衣

河南省安阳市红星农化有限公司 (河南省安阳市滑县白道口镇东开发区 456462 0372-8490666)

PD20121973 异丙威/10%/烟剂/异丙威 10%/2012.12.18 至 2017.12.18/低毒
黄瓜(保护地) 蚜虫 525-675克/公顷 点燃

PD20140195 腐霉利/10%/烟剂/腐霉利 10%/2014.01.29 至 2019.01.29/低毒
番茄(保护地) 灰霉病 300-450克/公顷 点燃放烟

河南省安阳市瑞泽农药有限责任公司 (河南省安阳市七里店 455000 0372-3979123)

PD20082837 灭幼脲/20%/悬浮剂/灭幼脲 20%/2013.12.09 至 2018.12.09/低毒
甘蓝 菜青虫 45-75克/公顷 喷雾

PD20092171 腐霉·百菌清/15%/烟剂/百菌清 12%、腐霉利 3%/2014.02.23 至 2019.02.23/低毒
番茄(保护地) 灰霉病 450-675克/公顷 点燃放烟

PD20093202 百菌清/30%/烟剂/百菌清 30%/2014.03.11 至 2019.03.11/低毒
黄瓜(保护地) 霜霉病 900-1200克/公顷 点燃放烟

PD20094264 百菌清/10%/烟剂/百菌清 10%/2014.03.31 至 2019.03.31/低毒
黄瓜(保护地) 霜霉病 750-1200克/公顷 点燃放烟

PD20100044 棉铃虫核型多角体病毒/10亿PIB/克/可湿性粉剂/棉铃虫核型多角体病毒 10亿PIB/克/2010.01.04 至 2015.01.04/低毒
棉花 棉铃虫 1200-1500克制剂/公顷 喷雾

PD20142507 哒螨·异丙威/12%/烟剂/哒螨灵 3%、异丙威 9%/2014.11.21 至 2019.11.21/中等毒
黄瓜 白粉虱 540-720克/公顷 点燃放烟

WP20100105 高氯·残杀威/8%/悬浮剂/残杀威 5%、高效氯氰菊酯 3%/2015.07.28 至 2020.07.28/低毒
卫生 蜚蠊、蚊、蝇 / 滞留喷洒

WP20110246 高效氯氰菊酯/4.5%/微乳剂/高效氯氰菊酯 4.5%/2011.11.04 至 2016.11.04/低毒
卫生 蚊、蝇 0.036克/平方米 滞留喷洒

河南省安阳市锐普农化有限责任公司 (河南省滑县上官开发区 456472 0372-8326006)

PD20084264 多菌灵/25%/可湿性粉剂/多菌灵 25%/2013.12.17 至 2018.12.17/低毒
水稻 稻瘟病 750-937.5克/公顷 喷雾

PD20091788 异丙威/10%/烟剂/异丙威 10%/2014.02.04 至 2019.02.04/低毒
黄瓜(保护地) 蚜虫 750-900克/公顷 点燃放烟

PD20094631 2甲·草甘膦/46%/可溶粉剂/草甘膦 38%、2甲4氯钠 8%/2014.04.10 至 2019.04.10/低毒
苹果园 一年生杂草 1380-1725克/公顷 定向茎叶喷雾

PD20095490 乙烯利/40%/水剂/乙烯利 40%/2014.05.11 至 2019.05.11/低毒
番茄 催熟 500-666.7毫克/千克 喷雾

PD20096010 甲氨基阿维菌素苯甲酸盐/2%/乳油/甲氨基阿维菌素 2%/2014.06.11 至 2019.06.11/低毒
甘蓝 甜菜夜蛾 2.25-3.83克/公顷 喷雾
注:甲氨基阿维菌素苯甲酸盐含量: 2.3%。

PD20096221 草甘膦铵盐/68%/可溶粒剂/草甘膦 68%/2014.07.15 至 2019.07.15/低毒
柑橘园 杂草 1120.5-2241克/公顷 定向茎叶喷雾
注:草甘膦铵盐含量: 74.7%。

PD20097085 草甘膦异丙胺盐/30%/水剂/草甘膦 30%/2014.10.10 至 2019.10.10/低毒
苹果园 杂草 200-400毫升制剂/亩 定向喷雾
注:草甘膦异丙胺盐含量: 41%。

PD20101461 烟嘧磺隆/40克/升/可分散油悬浮剂/烟嘧磺隆 40克/升/2015.05.04 至 2020.05.04/低毒
玉米田 一年生杂草 70-100毫升制剂/亩 茎叶喷雾

PD20111261 高效氯氰菊酯/4.5%/乳油/高效氯氰菊酯 4.5%/2011.11.23 至 2016.11.23/中等毒
甘蓝 菜青虫 13.5-22.5克/公顷 喷雾

PD20121182 百菌清/40%/烟剂/百菌清 40%/2012.08.06 至 2017.08.06/中等毒
黄瓜(保护地) 霜霉病 750～1200克/公顷 点燃放烟

PD20121202 百菌清/10%/烟剂/百菌清 10%/2012.08.06 至 2017.08.06/中等毒
黄瓜(保护地) 霜霉病 1050—1200克/公顷 点燃放烟

PD20121711 腐霉利/10%/烟剂/腐霉利 10%/2012.11.08 至 2017.11.08/低毒
番茄(保护地) 灰霉病 300-450克/公顷 点燃

PD20131842 吡蚜酮/50%/水分散粒剂/吡蚜酮 50%/2013.09.23 至 2018.09.23/低毒
观赏菊花 蚜虫 150-225克/公顷 喷雾

PD20142520 滴酸·草甘膦/32.4%/水剂/草甘膦 30%、2,4-滴 2.4%/2014.11.21 至 2019.11.21/低毒
非耕地 杂草 1215-2430克/公顷 茎叶喷雾

PD20142568 噻虫嗪/21%/悬浮剂/噻虫嗪 21%/2014.12.15 至 2019.12.15/低毒
观赏玫瑰 蓟马 63-78.8克/公顷 喷雾

PD20150747 氰霜唑/100克/升/悬浮剂/氰霜唑 100克/升/2015.04.21 至 2020.04.21/低毒

黄瓜　霜霉病　82.5-97.5克/公顷　喷雾

PD20151374　腐霉·百菌清/15%/烟剂/百菌清 12%、腐霉利 3%/2015.07.30 至 2020.07.30/低毒
番茄(保护地)　灰霉病　450-675克/公顷　点燃放烟

WP20080526　高效氯氰菊酯/5%/悬浮剂/高效氯氰菊酯 5%/2013.12.23 至 2018.12.23/低毒
卫生　蚊、蝇、蜚蠊　40毫克/平方米　滞留喷洒

WP20100170　杀虫烟剂/3%/烟剂/高效氯氰菊酯 3%/2015.12.15 至 2020.12.15/低毒
卫生　蚊、蝇　/　点燃

WP20140033　氟虫腈/5%/悬浮剂/氟虫腈 5%/2014.02.19 至 2019.02.19/低毒
室内　蜚蠊　30-50毫克/平方米　滞留喷洒

河南省安阳市五星农药厂　(河南省安阳市滑县道口镇解放北路112号　456400　0372-8113571)

PD20090587　硫丹·辛硫磷/36%/乳油/硫丹 6%、辛硫磷 30%/2014.01.14 至 2019.01.14/低毒
棉花　棉铃虫　432-648克/公顷　喷雾

PD20092545　异丙威/20%/乳油/异丙威 20%/2014.02.26 至 2019.02.26/低毒
水稻　稻飞虱　525-600克/公顷　喷雾

PD20094929　百菌清/20%/烟剂/百菌清 20%/2014.04.13 至 2019.04.13/中等毒
黄瓜(保护地)　霜霉病　975-1200克/公顷　点燃发烟

PD20102096　甲氨基阿维菌素苯甲酸盐/1%/乳油/甲氨基阿维菌素 1%/2015.11.25 至 2020.11.25/低毒
甘蓝　小菜蛾　13.2-17.5克制剂/亩　喷雾
注:氨基阿维菌素苯甲酸盐含量:1.14%

PD20110085　烟碱·苦参碱/0.6%/乳油/苦参碱 0.5%、烟碱 0.1%/2016.01.21 至 2021.01.21/中等毒
甘蓝　蚜虫　5.4-10.8克/公顷　喷雾

PD20111157　异丙威/15%/烟剂/异丙威 15%/2011.11.07 至 2016.11.07/低毒
黄瓜(保护地)　蚜虫　562.5-675克/公顷　点燃放烟

PD20132090　敌百·毒死蜱/3%/颗粒剂/敌百虫 2%、毒死蜱 1%/2013.10.24 至 2018.10.24/低毒
甘蔗　蔗龟　2025-2250克/公顷　撒施

PD20151828　腐霉利/10%/烟剂/腐霉利 10%/2015.08.28 至 2020.08.28/低毒
番茄(保护地)　灰霉病　375-450克/公顷　点燃放烟

河南省安阳市小康农药有限责任公司　(河南省安阳市北关区工业园创业大道8号　455100　0372-2713388)

PD20081490　甲哌鎓/98%/原药/甲哌鎓 98%/2013.11.05 至 2018.11.05/低毒

PD20084981　百菌清/28%/烟剂/百菌清 28%/2013.12.22 至 2018.12.22/低毒
黄瓜(保护地)　霜霉病　840-1200克/公顷　点燃放烟

PD20085530　腐霉·百菌清/15%/烟剂/百菌清 12%、腐霉利 3%/2013.12.25 至 2018.12.25/中等毒
番茄(保护地)　灰霉病　450-675克/公顷　点燃放烟

PD20091092　甲哌鎓/250克/升/水剂/甲哌鎓 250克/升/2014.01.21 至 2019.01.21/低毒
棉花　调节生长、增产　45-60克/公顷　喷雾
玉米　调节生长　500-833毫克/千克　兑水喷雾，在玉米大喇叭口期

PD20091319　甲哌嗡/10%/可溶粉剂/甲哌鎓 10%/2014.02.01 至 2019.02.01/低毒
棉花　调节生长、增产　45-60克/公顷　茎叶喷雾

PD20092442　萘乙酸/1%/水剂/萘乙酸 1%/2014.02.25 至 2019.02.25/低毒
番茄　调节生长、增产　4000-5000倍液　喷花

PD20096364　萘乙酸/40%/可溶粉剂/萘乙酸 40%/2014.08.04 至 2019.08.04/低毒
番茄　调节生长、增产　20－30毫克/千克　喷花

PD20097034　乙烯利/40%/水剂/乙烯利 40%/2014.10.10 至 2019.10.10/低毒
棉花　催熟　800-1333毫克/千克　喷雾
棉花　增产　300-500倍液　喷雾

PD20097506　烟嘧磺隆/40克/升/可分散油悬浮剂/烟嘧磺隆 40克/升/2014.11.03 至 2019.11.03/低毒
玉米田　一年生杂草　42-60克/公顷　茎叶喷雾

PD20131750　异丙威/10%/烟剂/异丙威 10%/2013.08.16 至 2018.08.16/低毒
黄瓜(保护地)　蚜虫　525-600克/公顷　点燃放烟

PD20131914　高效氯氰菊酯/3%/烟剂/高效氯氰菊酯 3%/2013.09.25 至 2018.09.25/低毒
番茄(保护地)　白粉虱　67.5-157.5克/公顷　点燃放烟

PD20141471　乙蒜素//乳油/乙蒜素 30%/2014.06.09 至 2019.06.09/低毒
棉花　枯萎病　225-360克/公顷　喷雾

PD20141860　氟铃脲/5%/乳油/氟铃脲 5%/2014.07.24 至 2019.07.24/低毒
甘蓝　小菜蛾　30-60克/公顷　喷雾

PD20151150　噻苯隆/50%/可湿性粉剂/噻苯隆 50%/2015.06.26 至 2020.06.26/微毒
棉花　脱叶　225-300克/公顷　茎叶喷雾

WP20100022　高效氯氰菊酯/5%/悬浮剂/高效氯氰菊酯 5%/2015.01.14 至 2020.01.14/低毒
卫生　蚊、蝇　40毫克/平方米　滞留喷洒

WP20120101　杀虫喷射剂/0.6%/喷射剂/胺菊酯 0.3%、氯菊酯 0.3%/2012.05.24 至 2017.05.24/低毒
室内　蚊、蝇　/　喷射

河南省安阳市振华化工有限责任公司　(河南省安阳市滑县白道口东工业区　456462　0372-8491699)

PD20082402　啶虫脒/5%/乳油/啶虫脒 5%/2013.12.01 至 2018.12.01/低毒
柑橘树　蚜虫　10-15毫克/千克　喷雾
PD20083448　三唑锡/25%/可湿性粉剂/三唑锡 25%/2013.12.12 至 2018.12.12/低毒
柑橘树　红蜘蛛　125-250毫克/千克　喷雾
PD20083696　噻嗪酮/25%/可湿性粉剂/噻嗪酮 25%/2013.12.15 至 2018.12.15/低毒
水稻　稻飞虱　150-187.5克/公顷　喷雾
PD20084480　甲霜・锰锌/58%/可湿性粉剂/甲霜灵 10%、代森锰锌 48%/2013.12.17 至 2018.12.17/低毒
黄瓜　霜霉病　1305-1635.6克/公顷　喷雾
PD20091752　腐霉・百菌清/20%/烟剂/百菌清 10%、腐霉利 10%/2014.02.04 至 2019.02.04/中等毒
黄瓜(保护地)　灰霉病　525-600克/公顷　点燃放烟
PD20095696　阿维・辛硫磷/15%/乳油/阿维菌素 0.1%、辛硫磷 14.9%/2014.05.15 至 2019.05.15/低毒(原药高毒)
十字花科蔬菜　小菜蛾　135-168.75克/公顷　喷雾
PD20100654　香菇多糖/0.5%/水剂/香菇多糖 0.5%/2015.01.15 至 2020.01.15/低毒
番茄　病毒病　12.45-18.75克/公顷　喷雾
PD20130759　异丙威/20%/烟剂/异丙威 20%/2013.04.16 至 2018.04.16/低毒
黄瓜(保护地)　蚜虫　600-900克/公顷　点燃放烟

河南省博爱惠丰生化农药有限公司　(河南省焦作市博爱县城汽车站南2公里路东　454450　0391-8695669)

PD20081617　阿维菌素/1.8%/乳油/阿维菌素 1.8%/2013.11.12 至 2018.11.12/低毒(原药高毒)
菜豆　美洲斑潜蝇　5.4-10.8克/公顷　喷雾
PD20082125　莠去津/97%/原药/莠去津 97%/2013.11.25 至 2018.11.25/低毒
PD20082728　精喹禾灵/5%/乳油/精喹禾灵 5%/2013.12.08 至 2018.12.08/低毒
夏大豆田　一年生禾本科杂草　52.5-75克/公顷　茎叶喷雾
PD20083085　乙・莠/48%/悬乳剂/乙草胺 16%、莠去津 32%/2013.12.10 至 2018.12.10/低毒
夏玉米田　一年生杂草　1875-3000毫升/公顷(制剂)　土壤喷雾
PD20085272　莠去津/38%/悬浮剂/莠去津 38%/2013.12.23 至 2018.12.23/低毒
春玉米田　一年生杂草　300-400毫升制剂/亩　播后苗前土壤喷雾
夏玉米田　一年生杂草　230-260毫升制剂/亩　播后苗前土壤喷雾
PD20090446　炔螨特/73%/乳油/炔螨特 73%/2014.01.12 至 2019.01.12/低毒
柑橘树　红蜘蛛　243-365毫克/千克　喷雾
PD20090543　高效氯氟氰菊酯/25克/升/乳油/高效氯氟氰菊酯 25克/升/2014.01.13 至 2019.01.13/中等毒
十字花科蔬菜　菜青虫　7.5-15克/公顷　喷雾
PD20095551　矮壮・甲哌鎓/18%/水剂/矮壮素 15%、甲哌鎓 3%/2014.05.12 至 2019.05.12/低毒
棉花　调节生长、增产　40.5-67.5克/公顷　茎叶喷雾
PD20097018　烟嘧磺隆/40克/升/可分散油悬浮剂/烟嘧磺隆 40克/升/2014.10.10 至 2019.10.10/低毒
玉米田　一年生杂草　42-60克/公顷　茎叶喷雾
PD20097481　烟嘧磺隆/97%/原药/烟嘧磺隆 97%/2014.11.03 至 2019.11.03/低毒
PD20097935　棉铃虫核型多角体病毒/10亿PIB/克/可湿性粉剂/棉铃虫核型多角体病毒 10亿PIB/克/2014.11.30 至 2019.11.30/低毒
棉花　棉铃虫　1200-1500克制剂/公顷　喷雾
PD20098243　棉铃虫核型多角体病毒/5000亿PIB/克/母药/棉铃虫核型多角体病毒 5000亿PIB/克/2014.12.16 至 2019.12.16/低毒
PD20100130　二甲戊灵/330克/升/乳油/二甲戊灵 330克/升/2015.01.05 至 2020.01.05/低毒
甘蓝田　一年生杂草　495-742.5克/公顷　土壤喷雾
PD20101241　棉核・辛硫磷///可湿性粉剂/棉铃虫核型多角体病毒 10亿PIB/克、辛硫磷 16%/2015.03.01 至 2020.03.01/低毒
棉花　棉铃虫　1200-1500克制剂/公顷　喷雾
PD20101313　氯氟吡氧乙酸异辛酯(288克/升)////乳油/氯氟吡氧乙酸 200克/升/2015.03.17 至 2020.03.17/低毒
冬小麦田　一年生阔叶杂草　50-66.5毫升制剂/亩　茎叶喷雾
PD20101377　苯磺隆/75%/水分散粒剂/苯磺隆 75%/2015.04.02 至 2020.04.02/低毒
冬小麦田　一年生阔叶杂草　14.6-19.1克/公顷　茎叶喷雾
PD20121538　甲氨基阿维菌素苯甲酸盐/3%/微乳剂/甲氨基阿维菌素 3%/2012.10.17 至 2017.10.17/低毒
甘蓝　小菜蛾　1.8-2.7克/公顷　喷雾
辣椒　烟青虫　1.35-3.15克/公顷　喷雾
注:甲氨基阿维菌素苯甲酸盐含量: 3.4%。
PD20121576　丁子香酚/0.3%/可溶液剂/丁子香酚 0.3%/2012.10.25 至 2017.10.25/低毒
番茄　灰霉病　4.05-5.4克/公顷　喷雾
PD20121773　烟嘧・莠去津/19%/可分散油悬浮剂/烟嘧磺隆 1.5%、莠去津 17.5%/2012.11.16 至 2017.11.16/低毒
玉米田　一年生杂草　570-760克/公顷　茎叶喷雾
PD20130149　吡虫啉/5%/乳油/吡虫啉 5%/2013.01.17 至 2018.01.17/低毒
小麦　蚜虫　20.25-27克/公顷　喷雾
PD20130256　过氧乙酸/21%/水剂/过氧乙酸 21%/2013.02.06 至 2018.02.06/低毒
黄瓜　灰霉病　441-740克/公顷　喷雾
PD20150517　硝磺草酮/15%/悬浮剂/硝磺草酮 15%/2015.03.23 至 2020.03.23/低毒
玉米田　一年生杂草　157.5-191.25克/公顷　茎叶喷雾
PD20151642　唑草酮/40%/水分散粒剂/唑草酮 40%/2015.08.28 至 2020.08.28/低毒
小麦田　一年生阔叶杂草　24-36克/公顷　茎叶喷雾

PD20151665 双氟磺草胺/50克/升/悬浮剂/双氟磺草胺 50克/升/2015.08.28 至 2020.08.28/低毒
冬小麦田 阔叶杂草 3.75-4.5克/公顷 茎叶喷雾

河南省博爱县田园农化厂 (河南省博爱县月山镇工业路 454450 0391-8051769)

PD20142651 硝磺草酮/15%/悬浮剂/硝磺草酮 15%/2014.12.16 至 2019.12.16/低毒
玉米田 一年生杂草 112.5-180克/公顷 茎叶喷雾

河南省春光农化有限公司 (河南省安阳市滑县白道口镇东高开区 456462 0372-8492888)

PD20092858 敌敌畏/77.5%/乳油/敌敌畏 77.5%/2014.03.05 至 2019.03.05/中等毒
十字花科蔬菜 菜青虫 600-720克/公顷 喷雾

PD20095628 乙草胺/81.5%/乳油/乙草胺 81.5%/2014.05.12 至 2019.05.12/低毒
春大豆田 一年生禾本科杂草及部分阔叶杂草 1350-1890克/公顷 土壤喷雾
夏大豆田 一年生禾本科杂草及部分阔叶杂草 1080-1350克/公顷 土壤喷雾

PD20097282 精喹禾灵/5%/乳油/精喹禾灵 5%/2014.10.26 至 2019.10.26/低毒
花生田 一年生禾本科杂草 37.5-60克/公顷 茎叶喷雾

PD20098524 氟铃脲/5%/乳油/氟铃脲 5%/2014.12.24 至 2019.12.24/低毒
甘蓝 甜菜夜蛾 22.5-30克/公顷 喷雾

PD20110042 草甘膦铵盐/50%/可溶粉剂/草甘膦 50%/2016.01.11 至 2021.01.11/低毒
苹果园 杂草 1687.5-2250克/公顷 定向茎叶喷雾
注:草甘膦铵盐含量:55%。

PD20130469 除虫脲/98%/原药/除虫脲 98%/2013.03.20 至 2018.03.20/低毒

PD20130752 异丙威/15%/烟剂/异丙威 15%/2013.04.16 至 2018.04.16/低毒
黄瓜(保护地) 蚜虫 562.5-675克/公顷 点燃

河南省邓州农康化工有限公司 (河南省南阳市邓州市南环路工业区 474150 0377-63090888)

PD20094207 甲柳·三唑酮/10%/乳油/甲基异柳磷 8%、三唑酮 2%/2014.03.30 至 2019.03.30/高毒
小麦 地下害虫 40-80克/100千克种子 拌种

河南省丰收乐化学有限公司 (河南省郑州市金水区花园路53号 450003 0371-65727259)

PD20040746 吡虫啉/10%/可湿性粉剂/吡虫啉 10%/2014.12.19 至 2019.12.19/低毒
小麦 蚜虫 15-30克/公顷 喷雾

PD20096659 阿维菌素/1.8%/可湿性粉剂/阿维菌素 1.8%/2014.09.07 至 2019.09.07/低毒(原药高毒)
柑橘树 红蜘蛛 1.3-2毫克/千克 喷雾

PD20097729 毒死蜱/45%/乳油/毒死蜱 45%/2014.11.04 至 2019.11.04/中等毒
水稻 稻飞虱 62.5-83毫升制剂/亩 喷雾

PD20100925 噻嗪·异丙威/25%/可湿性粉剂/噻嗪酮 5%、异丙威 20%/2015.01.19 至 2020.01.19/低毒
水稻 稻飞虱 375-562.5克/公顷 喷雾

PD20150669 阿维菌素/5%/悬浮剂/阿维菌素 5%/2015.04.17 至 2020.04.17/低毒(原药高毒)
水稻 稻纵卷叶螟 9-15克/公顷 喷雾

PD20150842 苯甲·丙环唑/30%/悬浮剂/苯醚甲环唑 15%、丙环唑 15%/2015.05.18 至 2020.05.18/低毒
水稻 纹枯病 67.5－112.5克/公顷 喷雾

PD20151800 硝磺草酮/15%/悬浮剂/硝磺草酮 15%/2015.08.28 至 2020.08.28/低毒
玉米田 一年生杂草 123.75-149.25克/公顷 茎叶喷雾

PD20151822 硝·烟·莠去津/24%/可分散油悬浮剂/烟嘧磺隆 2%、莠去津 18%、硝磺草酮 4%/2015.08.28 至 2020.08.28/低毒
玉米田 一年生杂草 594-720克/公顷 茎叶喷雾

PD20152279 烯啶虫胺/10%/水剂/烯啶虫胺 10%/2015.10.20 至 2020.10.20/低毒
水稻 稻飞虱 37.5-45克/公顷 喷雾

PD20152413 草铵膦/200克/升/水剂/草铵膦 200克/升/2015.10.25 至 2020.10.25/低毒
非耕地 杂草 675-1050克/公顷 茎叶喷雾

河南省鹤壁市农林制药有限公司 (河南省鹤壁市浚县卫贤镇于村 456283 0392-5682288)

PD20094105 异丙威/10%/烟剂/异丙威 10%/2014.03.27 至 2019.03.27/低毒
黄瓜(保护地) 蚜虫 450-600克/公顷 点燃放烟

PD20095751 草甘膦/50%/可溶粉剂/草甘膦 50%/2014.05.18 至 2019.05.18/低毒
苹果园 杂草 1125-2250克/公顷 喷雾

PD20095954 草甘膦/95%/原药/草甘膦 95%/2014.06.03 至 2019.06.03/低毒

PD20096515 百菌清/10%/烟剂/百菌清 10%/2014.03.27 至 2019.03.27/低毒
黄瓜(保护地) 霜霉病 750-1200克/公顷 点燃放烟

PD20097834 草甘膦异丙胺盐(41%)///水剂/草甘膦 30%/2014.11.20 至 2019.11.20/低毒
茶园 一年生及部分多年生杂草 200-400毫升制剂/亩 定向茎叶喷雾

PD20100663 腐霉利/10%/烟片/腐霉利 10%/2015.01.15 至 2020.01.15/低毒
番茄(保护地) 灰霉病 300-450克/公顷 点燃

河南省鹤壁市锐沣生物科技发展中心 (河南省鹤壁市淇滨经济开发区 458030 0392-2635699)

WP20110203 蚊香/0.28%/蚊香/富右旋反式烯丙菊酯 0.28%/2011.09.08 至 2016.09.08/微毒
卫生 蚊 / 点燃

WP20110225 杀虫气雾剂/0.26%/气雾剂/高效氯氰菊酯 0.06%、右旋胺菊酯 0.2%/2011.09.30 至 2016.09.30/微毒
室内 蜚蠊、跳蚤、蚊、蝇 / 喷雾

WP20120215 杀虫气雾剂/0.45%/气雾剂/胺菊酯 0.3%、富右旋反式烯丙菊酯 0.1%、氯氰菊酯 0.05%/2012.11.05 至2017.11.05/微毒

卫生　蚊、蝇、蜚蠊　/　喷雾
WP20130026　电热蚊香液/0.9%/电热蚊香液/四氟苯菊酯 0.9%/2013.01.30 至 2018.01.30/微毒
卫生　蚊　电热加温
WP20150145　电热蚊香片/15毫克/片/电热蚊香片/四氟苯菊酯 15毫克/片/2015.07.31 至 2020.07.31/微毒
室内　蚊　/　电热加温

河南省鹤壁天元股份有限公司　(河南省鹤壁市淇滨经济开发区　458000　0392-2106888)

WP20110127　电热蚊香片/30毫克/片/电热蚊香片/Es-生物烯丙菊酯 30毫克/片/2011.05.27 至 2016.05.27/微毒
卫生　蚊　/　电热加温
WP20110128　杀虫气雾剂/0.3%/气雾剂/胺菊酯 0.15%、高效氯氰菊酯 0.03%、氯菊酯 0.12%/2011.05.30 至 2016.05.30/低毒
卫生　蚊、蝇、蜚蠊　/　喷雾
WP20130090　蚊香/0.05%/蚊香/氯氟醚菊酯 0.05%/2013.05.13 至 2018.05.13/微毒
卫生　蚊　/　点燃

河南省华威化学有限公司　(河南省荥阳市豫龙镇工业园区　450121　0371-65646652)

PD20040734　多·酮/40%/可湿性粉剂/多菌灵 35%、三唑酮 5%/2014.12.19 至 2019.12.19/低毒
小麦　白粉病、赤霉病　450-600克/公顷　喷雾
杂交水稻　叶尖枯病、云形病　450-600克/公顷　喷雾
PD20082520　啶虫脒/5%/乳油/啶虫脒 5%/2013.12.03 至 2018.12.03/低毒
黄瓜　蚜虫　18-22.5克/公顷　喷雾
苹果树　蚜虫　12-15毫克/千克　喷雾
PD20082867　烯酰·锰锌/69%/可湿性粉剂/代森锰锌 61%、烯酰吗啉 8%/2013.12.09 至 2018.12.09/低毒
黄瓜　霜霉病　1035-1380克/公顷　喷雾
PD20084223　氰戊·辛硫磷/50%/乳油/氰戊菊酯 4.5%、辛硫磷 45.5%/2013.12.17 至 2018.12.17/中等毒
棉花　蚜虫　150-225克/公顷　喷雾
PD20084897　乙铝·锰锌/61%/可湿性粉剂/代森锰锌 25%、三乙膦酸铝 36%/2013.12.22 至 2018.12.22/低毒
苹果树　斑点落叶病　1016-2033毫克/千克　喷雾
PD20091563　阿维·高氯/1%/乳油/阿维菌素 0.3%、高效氯氰菊酯 0.7%/2014.02.03 至 2019.02.03/低毒(原药高毒)
十字花科蔬菜　小菜蛾　6-9克/公顷　喷雾
PD20091897　井冈·杀虫单/50%/可湿性粉剂/井冈霉素 6.5%、杀虫单 43.5%/2014.02.09 至 2019.02.09/中等毒
水稻　螟虫、纹枯病　600-750克/公顷　喷雾

河南省化肥矿山公司化工厂　(河南省郑州市二七区齐礼闫乡荆胡村　450063　0371-68831088)

PD20060135　吡虫啉/5%/乳油/吡虫啉 5%/2011.07.14 至 2016.07.14/低毒
小麦　蚜虫　15-30克/公顷　喷雾

河南省获嘉县星火化工厂　(河南省新乡市获嘉县照镜镇樊庄城北马引桥　453801　0373-4958036)

PDN14-91　丁·西/5.3%/颗粒剂/丁草胺 4.0%、西草净 1.3%/2011.08.02 至 2016.08.02/低毒
水稻田　多种杂草　795-1200克/公顷(南方地区),1200-1590克/公顷(东北地区)　撒施

河南省济源白云实业有限公司　(河南省济源市济水大道东段　459002　0391-6608655)

PD20097636　棉铃虫核型多角体病毒/5000亿PIB/克/母药/棉铃虫核型多角体病毒 5000亿PIB/克/2014.11.12 至 2019.11.12/低毒
PD20110609　吡虫啉/70%/水分散粒剂/吡虫啉 70%/2011.06.07 至 2016.06.07/低毒
棉花　棉蚜　26－31.5克/公顷　喷雾
PD20120501　棉铃虫核型多角体病毒/600亿PIB/克/水分散粒剂/棉铃虫核型多角体病毒 600亿PIB/克/2012.03.19 至 2017.03.19/低毒
棉花　棉铃虫　30-37.5克制剂/公顷　喷雾
PD20121005　棉铃虫核型多角体病毒/50亿PIB/毫升/悬浮剂/棉铃虫核型多角体病毒 50亿PIB/毫升/2012.06.21 至 2017.06.21/低毒
棉花　棉铃虫　300-360克制剂/公顷　喷雾
PD20121168　斜纹夜蛾核型多角体病毒/200亿PIB/克/水分散粒剂/斜纹夜蛾核型多角体病毒 200亿PIB/克/2012.07.30 至 2017.07.30/低毒
十字花科蔬菜　斜纹夜蛾　45-60克制剂/公顷　喷雾
PD20121694　小菜蛾颗粒体病毒/300亿 OB/毫升/悬浮剂/小菜蛾颗粒体病毒 300亿 OB/毫升/2012.11.05 至 2017.11.05/低毒
十字花科蔬菜　小菜蛾　375-450毫升制剂/公顷　喷雾
PD20121697　甜菜夜蛾核型多角体病毒/2000亿PIB/克/母药/甜菜夜蛾核型多角体病毒 2000亿PIB/克/2012.11.05 至2017.11.05/低毒
PD20130162　甜菜夜蛾核型多角体病毒/30亿PIB/毫升/悬浮剂/甜菜夜蛾核型多角体病毒 30亿PIB/毫升/2013.01.24 至2018.01.24/低毒
十字花科蔬菜　甜菜夜蛾　300-450克制剂/公顷　喷雾
PD20130186　甜菜夜蛾核型多角体病毒/300亿PIB/克/水分散粒剂/甜菜夜蛾核型多角体病毒 300亿PIB/克/2013.01.24 至 2018.01.24/低毒
十字花科蔬菜　甜菜夜蛾　30-75克制剂/公顷　喷雾
PD20141165　阿维菌素/10%/悬浮剂/阿维菌素 10%/2014.04.28 至 2019.04.28/低毒(原药高毒)
棉花　红蜘蛛　10.5-16.5克/公顷　喷雾

河南省焦作华生化工有限公司　(河南省焦作市温县朱沟工业区　454850　0391-3861228)

PD20096521　混灭威/50%/乳油/混灭威 50%/2014.08.20 至 2019.08.20/低毒
水稻　稻飞虱　562.5-750克/公顷　喷雾
PD20096620　仲丁威/50%/乳油/仲丁威 50%/2014.09.02 至 2019.09.02/低毒
水稻　稻飞虱　750-900克/公顷　喷雾

PD20101281 杀螟丹/50%/可溶粉剂/杀螟丹 50%/2015.03.10 至 2020.03.10/低毒
水稻 二化螟 675-750克/公顷 喷雾

PD20120655 阿维·高氯氟/1%/乳油/阿维菌素 0.2%、高效氯氟氰菊酯 0.8%/2012.04.18 至 2017.04.18/中等毒(原药高毒)
甘蓝 小菜蛾 9-12克/公顷 喷雾

PD20131174 三唑磷/20%/乳油/三唑磷 20%/2013.05.27 至 2018.05.27/低毒
水稻 二化螟 225-300克/公顷 喷雾

PD20132111 吡虫啉/5%/乳油/吡虫啉 5%/2013.10.24 至 2018.10.24/低毒
水稻 稻飞虱 13.5-18克/公顷 喷雾

PD20132190 啶虫脒/5%/乳油/啶虫脒 5%/2013.10.29 至 2018.10.29/低毒
柑橘树 蚜虫 10-15毫克/千克 喷雾

PD20150466 甲氨基阿维菌素苯甲酸盐/1%/乳油/甲氨基阿维菌素 1%/2015.03.20 至 2020.03.20/低毒
甘蓝 小菜蛾 1.5-2.25克/公顷 喷雾
注:甲氨基阿维菌素苯甲酸盐含量：1.1%。

河南省焦作市红马农药厂 (河南省博爱县城南博张路西侧 454450 0391-8903303)

PD20040365 吡虫啉/5%/乳油/吡虫啉 5%/2014.12.19 至 2019.12.19/低毒
棉花 蚜虫 11.25-18.75克/公顷 喷雾

PD20040571 吡虫·杀虫单/75%/可湿性粉剂/吡虫啉 3%、杀虫单 72%/2014.12.19 至 2019.12.19/低毒
水稻 稻纵卷叶螟、飞虱 540-756克/公顷 喷雾

PD20040577 哒螨灵/15%/乳油/哒螨灵 15%/2014.12.19 至 2019.12.19/中等毒
苹果树 红蜘蛛 50-67毫克/千克 喷雾

PD20084019 甲氰·辛硫磷/25%/乳油/甲氰菊酯 5%、辛硫磷 20%/2013.12.16 至 2018.12.16/中等毒
棉花 棉铃虫 281.25-375克/公顷 喷雾

PD20096064 丙环唑/250克/升/乳油/丙环唑 250克/升/2014.06.18 至 2019.06.18/低毒
小麦 锈病 125-150克/公顷 喷雾

PD20100345 阿维·高氯/2%/乳油/阿维菌素 0.4%、高效氯氰菊酯 1.6%/2015.01.11 至 2020.01.11/低毒(原药高毒)
甘蓝 小菜蛾 7.5-10.5克/公顷 喷雾

河南省焦作市瑞宝丰生化农药有限公司 (河南省焦作市博爱县月山火车站东600米 454493 0391-8987818)

PD20040275 高效氯氰菊酯/4.5%/乳油/高效氯氰菊酯 4.5%/2014.12.19 至 2019.12.19/中等毒
十字花科蔬菜 菜蚜 9-18克/公顷 喷雾

PD20040334 吡虫啉/10%/可湿性粉剂/吡虫啉 10%/2014.12.19 至 2019.12.19/低毒
水稻 稻飞虱 15-30克/公顷 喷雾
小麦 蚜虫 15-30克/公顷(南方地区)45-60克/公顷(北方地区) 喷雾

PD20081608 啶虫脒/5%/乳油/啶虫脒 5%/2013.11.12 至 2018.11.12/低毒
小麦 蚜虫 11.25－22.5克/公顷 喷雾

PD20085239 阿维·高氯/1%/乳油/阿维菌素 0.3%、高效氯氰菊酯 0.7%/2013.12.23 至 2018.12.23/低毒(原药高毒)
十字花科蔬菜 小菜蛾 7.5-15克/公顷 喷雾

PD20090508 嗪酮·乙草胺/56%/乳油/嗪草酮 14%、乙草胺 42%/2014.01.12 至 2019.01.12/低毒
夏玉米田 一年生杂草 840-1008克/公顷 喷雾

PD20090555 吡·井·杀虫单/50%/可湿性粉剂/吡虫啉 1%、井冈霉素 6.5%、杀虫单 42.5%/2014.01.13 至 2019.01.13/中等毒
水稻 飞虱、纹枯病 750-900克/公顷 喷雾

PD20092169 阿维·高氯/3%/乳油/阿维菌素 0.2%、高效氯氰菊酯 2.8%/2014.02.23 至 2019.02.23/低毒(原药高毒)
十字花科蔬菜 菜青虫、小菜蛾 13.5-27克/公顷 喷雾

PD20096625 三唑锡/25%/可湿性粉剂/三唑锡 25%/2014.09.02 至 2019.09.02/低毒
柑橘树 红蜘蛛 166.7-250毫克/千克 喷雾

PD20096773 炔螨特/73%/乳油/炔螨特 73%/2014.09.15 至 2019.09.15/低毒
柑橘树 红蜘蛛 292-486.67毫克/千克 喷雾

PD20097363 棉核·高氯///可湿性粉剂/高效氯氰菊酯 2%、棉铃虫核型多角体病毒 1亿PIB/克/2014.10.27 至 2019.10.27/低毒
棉花 棉铃虫 1050-1500克制剂/公顷 喷雾

PD20097423 棉核·辛硫磷///可湿性粉剂/棉铃虫核型多角体病毒 1亿PIB/克、辛硫磷 18%/2014.10.28 至 2019.10.28/低毒
棉花 棉铃虫 1050-1500克制剂/公顷 喷雾

PD20100200 阿维·哒螨灵/10.5%/乳油/阿维菌素 0.5%、哒螨灵 10%/2015.01.05 至 2020.01.05/中等毒(原药高毒)
苹果树 红蜘蛛 4000-5000倍液 喷雾

PD20100941 辛硫磷/40%/乳油/辛硫磷 40%/2015.01.19 至 2020.01.19/低毒
棉花 棉铃虫 225-300克/公顷 喷雾

PD20101304 高氯·辛硫磷/21.5%/可湿性粉剂/高效氯氰菊酯 1.5%、辛硫磷 20%/2015.03.17 至 2020.03.17/低毒
棉花 棉铃虫 225.75-290.25克/公顷 喷雾

PD20101541 哒螨·矿物油/34%/乳油/哒螨灵 4%、矿物油 30%/2015.05.19 至 2020.05.19/中等毒
柑橘树 红蜘蛛 226.7-340毫克/千克 喷雾

PD20102175 硝钠·萘乙酸/2.85%/水剂/5-硝基邻甲氧基苯酚钠 0.27%、对硝基苯酚钠 0.83%、邻硝基苯酚钠 0.55%、萘乙酸 1.2%/2015.12.14 至 2020.12.14/低毒
大豆 调节生长 4000-6000倍液 喷雾

河南省金亮精细化工有限公司 (河南省商丘市周集工业园区 467000 0370-3489999)

PD20096510 高效氯氟氰菊酯/25克/升/乳油/高效氯氟氰菊酯 25克/升/2014.08.19 至 2019.08.19/中等毒
十字花科蔬菜 菜青虫 30-60毫升制剂/亩 喷雾
PD20097005 多菌灵/50%/可湿性粉剂/多菌灵 50%/2014.09.29 至 2019.09.29/低毒
花生 倒秧病 750-900克/公顷 喷雾
PD20151841 多效唑/15%/可湿性粉剂/多效唑 15%/2015.08.28 至 2020.08.28/低毒
花生 调节生长 67.5-112.5克/公顷 茎叶喷雾

河南省金旺生化有限公司 (河南省周口市沈丘县付井镇工业区 466321 0394-5322208)

PD85151-7 2,4-滴丁酯/72%/乳油/2,4-滴丁酯 72%/2011.12.20 至 2016.12.20/低毒
谷子田、小麦田 双子叶杂草 525克/公顷 喷雾
水稻田 双子叶杂草 300-525克/公顷 喷雾
玉米田 双子叶杂草 1)1050克/公顷2)450-525克/公顷 1)苗前土壤处理2)喷雾
PD20040096 高效氯氰菊酯/4.5%/乳油/高效氯氰菊酯 4.5%/2014.12.19 至 2019.12.19/中等毒
茶树 茶尺蠖 15-25.5克/公顷 喷雾
柑橘树 红蜡蚧 50毫克/千克 喷雾
柑橘树 潜叶蛾 15-20毫克/千克 喷雾
棉花 红铃虫、棉铃虫、棉蚜 15-30克/公顷 喷雾
苹果树 桃小食心虫 20-33毫克/千克 喷雾
十字花科蔬菜 菜蚜 3-18克/公顷 喷雾
十字花科蔬菜 菜青虫、小菜蛾 9-25.5克/公顷 喷雾
PD20094109 氯氰·辛硫磷/20%/乳油/氯氰菊酯 1.5%、辛硫磷 18.5%/2014.03.27 至 2019.03.27/中等毒
棉花 棉铃虫、棉蚜 225-300克/公顷 喷雾
PD20096527 辛硫磷/40%/乳油/辛硫磷 40%/2014.08.20 至 2019.08.20/低毒
棉花 蚜虫 120-180克/公顷 喷雾
PD20100520 敌百·氧乐果/40%/乳油/敌百虫 20%、氧乐果 20%/2015.01.14 至 2020.01.14/高毒
小麦 蚜虫 360-600克/公顷 喷雾
PD20100581 氧乐果/40%/乳油/氧乐果 40%/2015.01.14 至 2020.01.14/高毒
小麦 蚜虫 81-162克/公顷 喷雾

河南省浚县粮保农药有限责任公司 (河南省浚县城东工业区 456250 0392-5523001)

PD20094464 磷化铝/56%/片剂/磷化铝 56%/2014.04.01 至 2019.04.01/剧毒
原粮 储粮害虫 4-8克/立方米 密闭熏蒸

河南省浚县绿宝农药厂 (河南省鹤壁市浚县屯子北2公里 456250 0392-2223355)

PD20081433 代森锰锌/90%/原药/代森锰锌 90%/2013.10.31 至 2018.10.31/低毒
PD20084716 代森锰锌/70%/可湿性粉剂/代森锰锌 70%/2013.12.22 至 2018.12.22/低毒
番茄 早疫病 1837.5-2362.5克/公顷 喷雾
PD20092177 百菌清/10%/烟剂/百菌清 10%/2014.02.23 至 2019.02.23/低毒
黄瓜(保护地) 霜霉病 750-1200克/公顷 点燃放烟
PD20092997 百菌清/40%/烟剂/百菌清 40%/2014.03.09 至 2019.03.09/低毒
黄瓜(保护地) 霜霉病 750-1200克/公顷 点燃放烟
PD20093319 霜脲·百菌清/25%/可湿性粉剂/百菌清 20%、霜脲氰 5%/2014.03.13 至 2019.03.13/低毒
黄瓜 霜霉病 562.6-703.1克/公顷 喷雾
PD20093491 哒螨·异丙威/12%/烟剂/哒螨灵 3%、异丙威 9%/2014.03.23 至 2019.03.23/中等毒
黄瓜(保护地) 蚜虫 360-540克/公顷 点燃放烟
黄瓜(保护地) 白粉虱 540-720克/公顷 点燃放烟
PD20093858 百菌清/30%/烟剂/百菌清 30%/2014.03.25 至 2019.03.25/低毒
黄瓜(保护地) 霜霉病 750-1200克/公顷 点燃放烟
PD20093974 氯氰·辛硫磷/20%/乳油/氯氰菊酯 1.5%、辛硫磷 18.5%/2014.03.27 至 2019.03.27/中等毒
苹果树 桃小食心虫 133-200毫克/千克 喷雾
PD20094084 高氯·马/37%/乳油/高效氯氰菊酯 0.8%、马拉硫磷 36.2%/2014.03.27 至 2019.03.27/中等毒
棉花 棉铃虫 555-666克/公顷 喷雾
PD20094247 稻丰散/50%/乳油/稻丰散 50%/2014.03.31 至 2019.03.31/中等毒
水稻 二化螟 750-900克/公顷 喷雾
PD20094311 锰锌·睛菌唑/47%/可湿性粉剂/腈菌唑 5%、代森锰锌 42%/2014.03.31 至 2019.03.31/低毒
番茄 叶霉病 705-951.75克/公顷 喷雾
PD20094375 甲硫·锰锌/50%/可湿性粉剂/甲基硫菌灵 20%、代森锰锌 30%/2014.04.01 至 2019.04.01/低毒
青椒 炭疽病 703.1-937.5克/公顷 喷雾
PD20094444 百菌清/20%/烟剂/百菌清 20%/2014.04.01 至 2019.04.01/低毒
黄瓜(保护地) 霜霉病 750-1200克/公顷 点燃放烟
PD20094453 腐霉·百菌清/15%/烟剂/百菌清 12%、腐霉利 3%/2014.04.01 至 2019.04.01/低毒
番茄(保护地) 灰霉病 450-675克/公顷 点燃放烟
PD20095410 烯唑·甲硫灵/47%/可湿性粉剂/甲基硫菌灵 42%、R-烯唑醇 5%/2014.04.30 至 2019.04.30/低毒
梨树 黑星病 1500-2000倍液 喷雾
PD20095550 异丙威/10%/烟剂/异丙威 10%/2014.05.12 至 2019.05.12/中等毒

黄瓜(保护地) 蚜虫 450-600克/公顷 点燃放烟
PD20095581 腐霉利/10%/烟剂/腐霉利 10%/2014.05.12 至 2019.05.12/低毒
番茄(保护地) 灰霉病 350－675克/公顷 放烟
PD20097559 异菌·百菌清/15%/烟剂/百菌清 9%、异菌脲 6%/2014.11.03 至 2019.11.03/低毒
番茄(保护地) 灰霉病 450-675克/公顷 点燃放烟
PD20100631 福·甲·硫磺/70%/可湿性粉剂/福美双 25%、甲基硫菌灵 15%、硫磺 30%/2015.01.14 至 2020.01.14/低毒
辣椒 炭疽病 735-945克/公顷 喷雾

河南省开封克灵丰药业有限公司 (河南省开封市尉氏县十八里镇 452171 0378-7486660)

PD85126-14 三氯杀螨醇/20%/乳油/三氯杀螨醇 20%/2015.06.28 至 2020.06.28/低毒
棉花 红蜘蛛 240-300克/公顷 喷雾
苹果树 红蜘蛛、锈蜘蛛 800-1000倍液 喷雾
PD85154-11 氰戊菊酯/20%/乳油/氰戊菊酯 20%/2015.06.28 至 2020.06.28/中等毒
柑橘树 潜叶蛾 10-20毫克/千克 喷雾
果树 梨小食心虫 10-20毫克/千克 喷雾
棉花 红铃虫、蚜虫 75-150克/公顷 喷雾
PD20060116 氯氰菊酯/5%/乳油/氯氰菊酯 5%/2011.06.13 至 2016.06.13/中等毒
棉花 棉铃虫 60-90克/公顷 喷雾
PD20082517 氰戊·辛硫磷/50%/乳油/氰戊菊酯 4.5%、辛硫磷 45.5%/2013.12.03 至 2018.12.03/中等毒
棉花 蚜虫 150-225克/公顷 喷雾
PD20083381 辛硫·高氯氟/25%/乳油/高效氯氟氰菊酯 0.5%、辛硫磷 24.5%/2013.12.11 至 2018.12.11/中等毒
棉花 棉铃虫 300-375克/公顷 喷雾
PD20084598 氰戊·马拉松/20%/乳油/马拉硫磷 15%、氰戊菊酯 5%/2013.12.18 至 2018.12.18/中等毒
棉花 棉铃虫 300-360克/公顷 喷雾
PD20084853 溴氰·辛硫磷/25%/乳油/辛硫磷 24.5%、溴氰菊酯 0.5%/2013.12.22 至 2018.12.22/中等毒
棉花 棉铃虫 300-375克/公顷 喷雾
PD20085145 甲氰·辛硫磷/25%/乳油/甲氰菊酯 5%、辛硫磷 20%/2013.12.23 至 2018.12.23/中等毒
棉花 棉铃虫 225-345克/公顷 喷雾
PD20092765 辛硫磷/40%/乳油/辛硫磷 40%/2014.03.04 至 2019.03.04/低毒
棉花 棉铃虫 225-300克/公顷 喷雾
PD20095705 氧乐果/40%/乳油/氧乐果 40%/2014.05.15 至 2019.05.15/高毒
小麦 蚜虫 81-162克/公顷 喷雾
PD20151737 噻虫嗪/25%/水分散粒剂/噻虫嗪 25%/2015.08.28 至 2020.08.28/低毒
小麦 蚜虫 30-37.5克/公顷 喷雾
PD20152393 辛硫磷/3%/颗粒剂/辛硫磷 3%/2015.10.23 至 2020.10.23/低毒
花生 蛴螬 2700-3600克/公顷 沟施

河南省开封市浪潮化工有限公司 (河南省尉氏县大营工业区 452170 0378-7369666)

PD20085534 炔螨特/73%/乳油/炔螨特 73%/2013.12.25 至 2018.12.25/低毒
柑橘树 红蜘蛛 292-365毫克/千克 喷雾
PD20085718 高效氯氟氰菊酯/25克/升/乳油/高效氯氟氰菊酯 25克/升/2013.12.26 至 2018.12.26/中等毒
小麦 蚜虫 4.5-7.5克/公顷 喷雾
PD20091252 毒死蜱/480克/升/乳油/毒死蜱 480克/升/2014.02.01 至 2019.02.01/中等毒
水稻 稻纵卷叶螟 576-720克/公顷 喷雾
PD20091461 噻嗪·异丙威/25%/可湿性粉剂/噻嗪酮 5%、异丙威 20%/2014.02.02 至 2019.02.02/低毒
水稻 稻飞虱 506.25-562.5克/公顷 喷雾
PD20091915 敌敌畏/80%/乳油/敌敌畏 80%/2014.02.12 至 2019.02.12/中等毒
甘蓝 菜青虫 600-960克/公顷 喷雾
PD20092470 氯氰·丙溴磷/440克/升/乳油/丙溴磷 400克/升、氯氰菊酯 40克/升/2014.02.25 至 2019.02.25/低毒
棉花 棉铃虫 462～660克/公顷 喷雾
PD20092601 三唑磷/20%/乳油/三唑磷 20%/2014.02.27 至 2019.02.27/中等毒
水稻 二化螟 210-240克/公顷 喷雾
PD20093666 氰草·莠去津/30%/悬浮剂/氰草津 15%、莠去津 15%/2014.03.25 至 2019.03.25/低毒
夏玉米田 一年生杂草 900-1350克/公顷 土壤喷雾
PD20094104 异丙甲草胺/720克/升/乳油/异丙甲草胺 720克/升/2014.03.27 至 2019.03.27/低毒
夏玉米田 一年生禾本科杂草及部分小粒种子阔叶杂草 1350-1620克/公顷 土壤喷雾
PD20094116 精喹禾灵/10%/乳油/精喹禾灵 10%/2014.03.27 至 2019.03.27/低毒
夏大豆田 一年生禾本科杂草 48.6-64.8克/公顷 茎叶喷雾
PD20094901 阿维菌素/18克/升/乳油/阿维菌素 18克/升/2014.04.13 至 2019.04.13/低毒(原药高毒)
甘蓝 小菜蛾 8.1-10.8克/公顷 喷雾
PD20096551 乙草胺/81.5%/乳油/乙草胺 81.5%/2014.08.24 至 2019.08.24/低毒
夏玉米田 一年生禾本科杂草及部分小粒种子阔叶杂草 1080-1350克/公顷 播后苗前土壤喷雾
PD20097546 苯磺隆/75%/水分散粒剂/苯磺隆 75%/2014.11.03 至 2019.11.03/低毒

冬小麦田 一年生阔叶杂草 13.5-22.5克/公顷 茎叶喷雾
PD20098049 多菌灵/25%/可湿性粉剂/多菌灵 25%/2014.12.07 至 2019.12.07/低毒
水稻 稻瘟病 750-937.5克/公顷 喷雾
PD20101378 啶虫脒/5%/乳油/啶虫脒 5%/2015.04.02 至 2020.04.02/低毒
苹果树 蚜虫 8-12毫克/千克 喷雾
PD20101803 联苯菊酯/25克/升/乳油/联苯菊酯 25克/升/2015.07.13 至 2020.07.13/低毒
柑橘树 红蜘蛛 20.8-31.25毫克/千克 喷雾
PD20121472 甲氨基阿维菌素苯甲酸盐/2%/乳油/甲氨基阿维菌素 2%/2012.10.08 至 2017.10.08/低毒
甘蓝 小菜蛾 2.1-3.3克/公顷 喷雾
注:甲氨基阿维菌素苯甲酸盐含量: 2.3%。
PD20131426 阿维·哒螨灵/6.8%/乳油/阿维菌素 0.1%、哒螨灵 6.7%/2013.07.03 至 2018.07.03/低毒(原药高毒)
柑橘树 红蜘蛛 33.9-45.2毫克/千克 喷雾
PD20151678 异丙草·莠/42%/悬乳剂/异丙草胺 16%、莠去津 26%/2015.08.28 至 2020.08.28/低毒
夏玉米田 一年生杂草 1134-1512克/公顷 土壤喷雾

河南省开封市利民农药厂 (河南省开封市城北王周庄 475021 0378-5956725)

PD85109-5 55%甲拌磷乳油//乳油/甲拌磷 55%/2010.04.15 至 2015.04.15/高毒
棉花 地下害虫、蚜虫、螨 600-800克/100千克种子 浸种、拌种
注:甲拌磷乳油只准用于浸、拌种,严禁喷雾使用。

河南省开封市种衣剂厂 (河南省开封市南关区金梁45号 475003 0378-2535607)

PD20092113 福·克/20%/悬浮种衣剂/福美双 10%、克百威 10%/2014.02.23 至 2019.02.23/高毒
玉米 地下害虫 1:40-50(药种比) 种子包衣
PD20093055 甲·戊·福美双/14%/悬浮种衣剂/福美双 10%、甲基异柳磷 3.88%、戊唑醇 0.12%/2014.03.09 至 2019.03.09/低毒(原药高毒)
小麦 地下害虫、纹枯病 1:50(药种比) 种子包衣
PD20102127 溴氰菊酯/25克/升/乳油/溴氰菊酯 25克/升/2015.12.02 至 2020.12.02/中等毒
棉花 棉铃虫、棉蚜 3-4.5克/公顷 喷雾
小白菜 蚜虫 2.25-3克/公顷 喷雾
PD20131791 辛硫·多菌灵/16%/悬浮种衣剂/多菌灵 8%、辛硫磷 8%/2013.09.09 至 2018.09.09/低毒
花生 根腐病、蛴螬 266.7-400克/100千克种子 种子包衣

河南省开封田威生物化学有限公司 (河南省开封市经济开发区黄龙园区开封县科教大道11号 475100 0378-6668982)

PD20080374 啶虫脒/5%/乳油/啶虫脒 5%/2013.02.28 至 2018.02.28/低毒
黄瓜 蚜虫 18-22.5克/公顷 喷雾
PD20083737 氟乐灵/480克/升/乳油/氟乐灵 480克/升/2013.12.15 至 2018.12.15/低毒
棉花田 一年生禾本科杂草及部分阔叶杂草 900-1080克/公顷 土壤喷雾
PD20090671 精噁唑禾草灵/69克/升/水乳剂/精噁唑禾草灵 69克/升/2014.01.19 至 2019.01.19/低毒
春小麦田、冬小麦田 一年生禾本科杂草 51.75-72.45克/公顷 茎叶喷雾
PD20091926 烯草酮/240克/升/乳油/烯草酮 240克/升/2014.02.12 至 2019.02.12/低毒
春大豆田 一年生禾本科杂草 90-144克/公顷 茎叶喷雾
夏大豆田 一年生禾本科杂草 72-90克/公顷 茎叶喷雾
PD20091970 溴氰菊酯/25克/升/乳油/溴氰菊酯 25克/升/2014.02.12 至 2019.02.12/低毒
十字花科蔬菜 菜青虫 3.15-4.05克/公顷 喷雾
PD20093164 多菌灵/50%/可湿性粉剂/多菌灵 50%/2014.03.11 至 2019.03.11/低毒
小麦 赤霉病 750-900克/公顷 喷雾
PD20093170 联苯菊酯/100克/升/乳油/联苯菊酯 100克/升/2014.03.11 至 2019.03.11/中等毒
茶树 茶尺蠖 11.25-15克/公顷 喷雾
PD20093542 氯氟吡氧乙酸异辛酯/95%/原药/氯氟吡氧乙酸异辛酯 95%/2014.03.23 至 2019.03.23/低毒
PD20093564 氯氟吡氧乙酸/200克/升/乳油/氯氟吡氧乙酸 200克/升/2014.03.23 至 2019.03.23/低毒
冬小麦田 一年生阔叶杂草 150-210克/公顷 茎叶喷雾
PD20093811 乙铝·锰锌/42%/可湿性粉剂/代森锰锌 17%、三乙膦酸铝 25%/2014.03.25 至 2019.03.25/低毒
黄瓜 霜霉病 1181.25-2362.5克/公顷 喷雾
PD20094481 精喹禾灵/5%/乳油/精喹禾灵 5%/2014.04.09 至 2019.04.09/低毒
夏大豆田 一年生禾本科杂草 37.5-52.5克/公顷 喷雾
PD20094862 阿维菌素/1.8%/乳油/阿维菌素 1.8%/2014.04.13 至 2019.04.13/低毒(原药高毒)
十字花科蔬菜 小菜蛾 6-7.5克/公顷 喷雾
PD20095684 腈菌唑/12.5%/乳油/腈菌唑 12.5%/2014.05.15 至 2019.05.15/低毒
黄瓜 白粉病 22.5-30克/公顷 喷雾
PD20096065 烟嘧磺隆/95%/原药/烟嘧磺隆 95%/2014.06.18 至 2019.06.18/低毒
PD20096529 多抗霉素/3%/可湿性粉剂/多抗霉素 3%/2014.08.20 至 2019.08.20/低毒
番茄 晚疫病 213.75—270克/公顷 喷雾
PD20097391 烟嘧磺隆/40克/升/可分散油悬浮剂/烟嘧磺隆 40克/升/2014.10.28 至 2019.10.28/低毒
玉米田 一年生杂草 42-60克/公顷 茎叶喷雾
PD20097988 丙环唑/250克/升/乳油/丙环唑 250克/升/2014.12.07 至 2019.12.07/低毒
香蕉 叶斑病 250—500毫克/千克 喷雾

PD20100403 草甘膦异丙胺盐(41%)///水剂/草甘膦 30%/2015.01.14 至 2020.01.14/低毒
玉米田 杂草 922.5-1230克/公顷 定向茎叶喷雾
PD20111034 乙蒜素/90%/原药/乙蒜素 90%/2011.10.08 至 2016.10.08/中等毒
PD20121040 阿维菌素/3.2%/乳油/阿维菌素 3.2%/2012.07.04 至 2017.07.04/低毒(原药高毒)
水稻 稻纵卷叶螟 4.5-7.5克/公顷 喷雾

河南省兰考县苏豫精细化工厂 (河南省兰考县城关乡高场村工业园内 475300 0378-6915589)

PD20084033 氯氰·氧乐果/10%/乳油/氯氰菊酯 2%、氧乐果 8%/2013.12.16 至 2018.12.16/高毒
棉花 蚜虫 90-120克/公顷 喷雾
PD20084036 高效氯氟氰菊酯/25克/升/乳油/高效氯氟氰菊酯 25克/升/2013.12.16 至 2018.12.16/中等毒
棉花 棉铃虫 7.5-9.375克/公顷 喷雾
PD20085395 唑酮·氧乐果/30%/乳油/三唑酮 10%、氧乐果 20%/2013.12.24 至 2018.12.24/高毒
小麦 白粉病、蚜虫 408-480克/公顷 喷雾
PD20090725 马拉硫磷/45%/乳油/马拉硫磷 45%/2014.01.19 至 2019.01.19/低毒
棉花 盲蝽蟓 506.25-607.5克/公顷 喷雾
PD20097217 烟嘧磺隆/40克/升/可分散油悬浮剂/烟嘧磺隆 40克/升/2014.10.19 至 2019.10.19/低毒
玉米田 一年生杂草 42-60克/公顷 茎叶喷雾
PD20101240 溴氰菊酯/25克/升/乳油/溴氰菊酯 25克/升/2015.03.01 至 2020.03.01/中等毒
棉花 蚜虫 3-4.5克/公顷 喷雾
PD20101471 复硝酚钠/1.8%/水剂/5-硝基邻甲氧基苯酚钠 0.3%、对硝基苯酚钠 0.9%、邻硝基苯酚钠 0.6%/2015.05.04 至2020.05.04/低毒
棉花 调节生长、增产 2000-3000倍液 喷雾
PD20110946 阿维菌素/18克/升/乳油/阿维菌素 18克/片/2011.09.07 至 2016.09.07/低毒(原药高毒)
棉花 红蜘蛛 10.8-16.2克/公顷 喷雾
PD20111370 甲氨基阿维菌素苯甲酸盐/0.5%/微乳剂/甲氨基阿维菌素 0.5%/2011.12.14 至 2016.12.14/低毒
甘蓝 甜菜夜蛾 1.5-3克/公顷 喷雾
注:甲氨基阿维菌素苯甲酸盐含量: 0.57%。
PD20121013 啶虫脒/5%/可湿性粉剂/啶虫脒 5%/2012.07.02 至 2017.07.02/低毒
甘蓝 蚜虫 13.5-22.5克/公顷 喷雾
PD20141905 草甘膦铵盐/65%/可溶粉剂/草甘膦 65%/2014.08.01 至 2019.08.01/低毒
非耕地 杂草 1170-1755克/公顷 茎叶喷雾
注:草甘膦铵盐含量: 71.5%。

河南省洛阳龙邦生化科技有限公司 (河南省洛阳市洛龙区花园经济开发区 471023 0371-65360990)

PD20092180 甲基硫菌灵/70%/可湿性粉剂/甲基硫菌灵 70%/2014.02.23 至 2019.02.23/低毒
番茄 叶霉病 525-630克/公顷 喷雾
PD20094234 氯氟吡氧乙酸/200克/升/乳油/氯氟吡氧乙酸 200克/升/2014.03.31 至 2019.03.31/低毒
冬小麦田 一年生阔叶杂草 150-210克/公顷 茎叶喷雾
PD20095062 代森锰锌/80%/可湿性粉剂/代森锰锌 80%/2014.04.21 至 2019.04.21/低毒
番茄 早疫病 1800-2400克/公顷 喷雾
PD20131461 高氯·甲维盐/5.5%/微乳剂/高效氯氰菊酯 5%、甲氨基阿维菌素苯甲酸盐 0.5%/2013.07.05 至 2018.07.05/中等毒
甘蓝 甜菜夜蛾 28.88-33克/公顷 喷雾
PD20151257 2甲·唑草酮/70.5%/可湿性粉剂/2甲4氯钠 66.5%、唑草酮 4%/2015.07.30 至 2020.07.30/低毒
冬小麦田 一年生阔叶杂草 423-475.9克/公顷 茎叶喷雾

河南省洛阳市绿野生物工程有限公司 (河南省洛阳市涧西区天津路70号 471003 0379-64282284)

PD20085212 克百·多菌灵/16%/悬浮种衣剂/多菌灵 6%、克百威 10%/2013.12.23 至 2018.12.23/高毒
小麦 地老虎、金针虫、蝼蛄、蛴螬、纹枯病 1:25-30(药种比) 种子包衣
PD20091307 多·福·克/30%/悬浮种衣剂/多菌灵 10%、福美双 10%、克百威 10%/2014.02.01 至 2019.02.01/中等毒(原药高毒)
大豆 地老虎、根腐病、金针虫、蝼蛄、蛴螬 1:60-80(药种比) 种子包衣
PD20091394 福·克/20%/悬浮种衣剂/福美双 10%、克百威 10%/2014.02.02 至 2019.02.02/高毒
玉米 茎基腐病、金针虫、蝼蛄、蛴螬 1:30-40(药种比) 种子包衣

河南省孟州市华丰生化农药有限公司 (河南省孟州市东南化工工业区 457450 0391-8433263)

PD20040737 吡虫啉/5%/乳油/吡虫啉 5%/2014.12.19 至 2019.12.19/低毒
水稻 稻飞虱 9-18克/公顷 喷雾
PD20091308 多·福/50%/可湿性粉剂/多菌灵 25%、福美双 25%/2014.02.01 至 2019.02.01/低毒
梨树 黑星病 300-500倍液 喷雾
PD20097033 阿维菌素/1.8%/乳油/阿维菌素 1.8%/2014.10.10 至 2019.10.10/低毒(原药高毒)
甘蓝 小菜蛾 6-9克/公顷 喷雾
PD20140354 毒死蜱/30%/微囊悬浮剂/毒死蜱 30%/2014.02.18 至 2019.02.18/低毒
花生 蛴螬 1575-2250克/公顷 喷雾
PD20141110 吡虫啉/600克/升/悬浮种衣剂/吡虫啉 600克/升/2014.04.27 至 2019.04.27/低毒
小麦 蚜虫 360-420克/100千克种子 种子包衣
PD20141892 苯醚甲环唑/3%/悬浮种衣剂/苯醚甲环唑 3%/2014.08.01 至 2019.08.01/低毒
玉米 丝黑穗病 8.57-12克/100千克种子 种子包衣
PD20151968 吡虫啉/2%/颗粒剂/吡虫啉 2%/2015.08.30 至 2020.08.30/低毒

韭菜 韭蛆 300-450克/公顷 撒施

河南省孟州市平原农药有限责任公司 (河南省焦作市孟州市西工区 454750 0391-8166530)

PD20081757 硫磺·多菌灵/50%/悬浮剂/多菌灵 15%、硫磺 35%/2013.11.18 至 2018.11.18/低毒
花生 叶斑病 1200-1800克/公顷 喷雾

PD20081758 硫磺·多菌灵/50%/可湿性粉剂/多菌灵 15%、硫磺 35%/2013.11.18 至 2018.11.18/低毒
花生 叶斑病 1200-1800克/公顷 喷雾

PD20094135 辛硫磷/3%/颗粒剂/辛硫磷 3%/2014.03.27 至 2019.03.27/低毒
花生 地下害虫 2250-3600克/公顷 撒施

PD20094213 甲硫·福美双/70%/可湿性粉剂/福美双 22%、甲基硫菌灵 48%/2014.03.31 至 2019.03.31/中等毒
黄瓜 炭疽病 525-787.5克/公顷 喷雾

PD20095459 阿维菌素/1.8%/乳油/阿维菌素 1.8%/2014.05.11 至 2019.05.11/低毒(原药高毒)
十字花科蔬菜 小菜蛾 6.75-10.8克/公顷 喷雾

PD20101622 多菌灵/50%/可湿性粉剂/多菌灵 50%/2015.06.03 至 2020.06.03/低毒
苹果树 炭疽病 1000-1250毫克/千克 喷雾

PD20110279 吡虫啉/5%/乳油/吡虫啉 5%/2011.03.11 至 2016.03.11/低毒
水稻 稻飞虱 13.5-27克/公顷 喷雾

河南省南阳大华化工厂 (河南省南阳市宛城区溧河乡经济开发区 473000 0377-62262058)

PD20100762 三唑磷/20%/乳油/三唑磷 20%/2010.01.18 至 2015.01.18/中等毒
水稻 三化螟 1875-2250毫升制剂/公顷 喷雾

河南省南阳市丰达农药化工有限责任公司 (河南省南阳市宛城区北郊大庄 473000 0377-63223639)

PD20082557 甲氰·辛硫磷/23%/乳油/甲氰菊酯 5%、辛硫磷 18%/2013.12.04 至 2018.12.04/中等毒
棉花 棉铃虫 258.8-345克/公顷 喷雾

PD20082654 溴氰·马拉松/26%/乳油/马拉硫磷 25.2%、溴氰菊酯 0.8%/2013.12.04 至 2018.12.04/中等毒
棉花 棉铃虫 195-390克/公顷 喷雾

PD20082792 氰戊·马拉松/20%/乳油/马拉硫磷 15%、氰戊菊酯 5%/2013.12.09 至 2018.12.09/中等毒
棉花 棉铃虫 90-150克/公顷 喷雾
苹果树 桃小食心虫 160-333毫克/千克 喷雾
十字花科蔬菜 菜青虫、蚜虫 90-150克/公顷 喷雾
小麦 蚜虫 90-120克/公顷 喷雾

PD20142654 甲氨基阿维菌素苯甲酸盐/3%/微乳剂/甲氨基阿维菌素 3%/2014.12.18 至 2019.12.18/低毒
甘蓝 甜菜夜蛾 2.25-3.15克/公顷 喷雾
注:甲氨基阿维菌素苯甲酸盐含量: 3.4%。

河南省南阳市福来石油化学有限公司 (河南省南阳市七一路五号 473010 0377-63216501)

PD20040092 高效氯氰菊酯/4.5%/乳油/高效氯氰菊酯 4.5%/2014.12.19 至 2019.12.19/中等毒
韭菜 迟眼蕈蚊 6.75-13.5克/公顷 喷雾
辣椒 烟青虫 24-34克/公顷 喷雾
棉花 棉铃虫 15-30克/公顷 喷雾

PD20040185 氯氰菊酯/5%/乳油/氯氰菊酯 5%/2014.12.19 至 2019.12.19/中等毒
十字花科蔬菜 菜青虫 30-45克/公顷 喷雾

PD20082412 炔螨特/73%/乳油/炔螨特 73%/2013.12.02 至 2018.12.02/低毒
柑橘树 红蜘蛛 243.3-292毫克/千克 喷雾

PD20082537 炔螨特/57%/乳油/炔螨特 57%/2013.12.03 至 2018.12.03/低毒
柑橘树 红蜘蛛 228-380毫克/千克 喷雾

PD20084199 炔螨特/40%/乳油/炔螨特 40%/2013.12.16 至 2018.12.16/低毒
柑橘树 红蜘蛛 250-333毫克/千克 喷雾

PD20084521 氯氰·辛硫磷/20%/乳油/氯氰菊酯 1.5%、辛硫磷 18.5%/2013.12.18 至 2018.12.18/中等毒
棉花 棉铃虫 225-300克/公顷 喷雾

PD20084613 炔螨特/40%/乳油/炔螨特 40%/2013.12.18 至 2018.12.18/低毒
柑橘树 红蜘蛛 266.7-400毫克/千克 喷雾
棉花 红蜘蛛 240-360克/公顷 喷雾
苹果树 红蜘蛛 320-400毫克/千克 喷雾

PD20091334 高氯·马/20%/乳油/高效氯氰菊酯 2%、马拉硫磷 18%/2014.02.01 至 2019.02.01/低毒
茶树 茶小绿叶蝉 120-180克/公顷 喷雾
棉花 棉铃虫 60-180克/公顷 喷雾

PD20092693 毒·辛/40%/乳油/毒死蜱 10%、辛硫磷 30%/2014.03.03 至 2019.03.03/低毒
棉花 棉铃虫 360-450克/公顷 喷雾

PD20094567 阿维菌素/1.8%/乳油/阿维菌素 1.8%/2014.04.09 至 2019.04.09/低毒(原药高毒)
柑橘树 红蜘蛛 6-9毫克/千克 喷雾
茭白 二化螟 9.5-13.5克/公顷 喷雾

PD20097023 吡虫啉/20%/可溶液剂/吡虫啉 20%/2014.10.10 至 2019.10.10/低毒
水稻 飞虱 24-30克/公顷 喷雾

PD20100049 高效氯氟氰菊酯/25克/升/乳油/高效氯氟氰菊酯 25克/升/2015.01.04 至 2020.01.04/低毒
十字花科叶菜 菜青虫 7.5-15克/公顷 喷雾

	小麦	蚜虫	7.5-10.5克/公顷	喷雾
PD20100222	丙环唑/250克/升/乳油/丙环唑 250克/升/2015.01.11 至 2020.01.11/低毒			
	莲藕	叶斑病	75-112.5克/公顷	喷雾
	香蕉树	叶斑病	250-500毫克/千克	喷雾
	茭白	胡麻斑病	56-75克/公顷	喷雾
PD20100289	联苯菊酯/100克/升/乳油/联苯菊酯 100克/升/2015.01.11 至 2020.01.11/低毒			
	茶树	茶小绿叶蝉	30-45克/公顷	喷雾
PD20100298	毒死蜱/45%/乳油/毒死蜱 45%/2015.01.11 至 2020.01.11/中等毒			
	水稻	飞虱	70-90毫升制剂/亩	喷雾
PD20150859	螺螨酯/240克/升/悬浮剂/螺螨酯 240克/升/2015.05.18 至 2020.05.18/低毒			
	柑橘树	红蜘蛛	40-60毫克/千克	喷雾
WP20150169	高效氯氰菊酯/10%/悬浮剂/高效氯氰菊酯 10%/2015.08.28 至 2020.08.28/低毒			
	室内	蚊、蝇	50毫克/平方米	滞留喷洒
河南省南阳卧龙农药厂　(河南省南阳市中州西路130号　473000　0377-63551825)				
PD20101511	乙蒜素/20%/乳油/乙蒜素 20%/2015.05.10 至 2020.05.10/低毒			
	黄瓜	霜霉病	210－262.5克/公顷	喷雾
	棉花	枯萎病	210－262.5克/公顷	喷雾
	水稻	稻瘟病	225-281.25克/公顷	喷雾
PD20140706	乙蒜素/80%/乳油/乙蒜素 80%/2014.03.24 至 2019.03.24/低毒			
	苹果树	褐斑病	1000－800倍液	喷雾
PD20150302	噁霉・乙蒜素/20%/可湿性粉剂/噁霉灵 5%、乙蒜素 15%/2015.02.05 至 2020.02.05/低毒			
	辣椒	炭疽病	180-225克/公顷	喷雾
河南省平顶山市梨园化工总厂　(河南省汝州市广城西路　467500　0375-6862027)				
PD85105-86	敌敌畏/77.5%/乳油/敌敌畏 77.5%/2010.04.08 至 2015.04.08/中等毒			
	茶树	食叶害虫	600克/公顷	喷雾
	粮仓	多种储藏害虫	1)400-500倍液2)0.4-0.5克/立方米	1)喷雾2)挂条熏蒸
	棉花	蚜虫、造桥虫	600-1200克/公顷	喷雾
	苹果树	小卷叶蛾、蚜虫	400-500毫克/千克	喷雾
	青菜	菜青虫	600克/公顷	喷雾
	桑树	尺蠖	600克/公顷	喷雾
	卫生	多种卫生害虫	1)300-400倍液2)0.08克/立方米	1)泼洒2)挂条熏蒸
	小麦	黏虫、蚜虫	600克/公顷	喷雾
河南省商丘天神农药厂　(河南省商丘市睢阳区城东南门　476100　0370-3313106)				
PD84118-44	多菌灵/25%/可湿性粉剂/多菌灵 25%/2015.04.27 至 2020.04.27/低毒			
	果树	病害	0.05-0.1%药液	喷雾
	花生	倒秧病	750克/公顷	喷雾
	麦类	赤霉病	750克/公顷	喷雾,泼浇
	棉花	苗期病害	500克/100千克种子	拌种
	水稻	稻瘟病、纹枯病	750克/公顷	喷雾,泼浇
	油菜	菌核病	1125-1500克/公顷	喷雾
PD85126-17	三氯杀螨醇/20%/乳油/三氯杀螨醇 20%/2015.04.27 至 2020.04.27/低毒			
	棉花	红蜘蛛	225-300克/公顷	喷雾
	苹果树	红蜘蛛、锈蜘蛛	800-1000倍液	喷雾
PD20060209	吡虫啉/5%/乳油/吡虫啉 5%/2011.12.10 至 2016.12.10/低毒			
	水稻	飞虱	9-18克/公顷	喷雾
PD20070586	啶虫脒/5%/乳油/啶虫脒 5%/2012.12.14 至 2017.12.14/低毒			
	苹果树	蚜虫	15-20毫克/千克	喷雾
PD20082335	噻吩磺隆/15%/可湿性粉剂/噻吩磺隆 15%/2013.12.01 至 2018.12.01/低毒			
	冬小麦田	一年生阔叶杂草	22.5-31.5克/公顷	茎叶喷雾
PD20091583	氯氰・辛硫磷/20%/乳油/氯氰菊酯 1.5%、辛硫磷 18.5%/2014.02.03 至 2019.02.03/中等毒			
	棉花	棉铃虫、棉蚜	225-300克/公顷	喷雾
PD20091595	阿维・高氯/1%/乳油/阿维菌素 0.2%、高效氯氰菊酯 0.8%/2014.02.03 至 2019.02.03/低毒(原药高毒)			
	十字花科蔬菜	小菜蛾	7.5-10.5克/公顷	喷雾
PD20092022	辛硫磷/3%/颗粒剂/辛硫磷 3%/2014.02.12 至 2019.02.12/低毒			
	小麦	地下害虫	1350-1800克/公顷	撒施
PD20092214	异丙草・莠/40%/悬乳剂/异丙草胺 16%、莠去津 24%/2014.02.24 至 2019.02.24/低毒			
	夏玉米田	一年生杂草	1050-1500克/公顷	喷雾
PD20092535	马拉・三唑酮/35%/乳油/马拉硫磷 28%、三唑酮 7%/2014.02.26 至 2019.02.26/低毒			
	小麦	白粉病、蚜虫	525-656克/公顷	喷雾
PD20093251	辛硫・三唑酮/28.5%/乳油/三唑酮 4.5%、辛硫磷 24%/2014.03.11 至 2019.03.11/低毒			
	小麦	地下害虫	28.5-42.75克/100千克种子	拌种
PD20094717	辛硫・灭多威/20%/乳油/灭多威 10%、辛硫磷 10%/2014.04.10 至 2019.04.10/高毒			

	棉花	蚜虫	150-180克/公顷	喷雾
PD20094758	硫磺·锰锌/70%/可湿性粉剂/硫磺 42%、代森锰锌 28%/2014.04.13 至 2019.04.13/低毒			
	豇豆	锈病	1575-2100克/公顷	喷雾
PD20094911	苄嘧·苯噻酰/50%/可湿性粉剂/苯噻酰草胺 47%、苄嘧磺隆 3%/2014.04.13 至 2019.04.13/低毒			
	水稻抛秧田	多年生杂草、一年生杂草	375-450克/公顷	药土法
PD20095744	辛硫磷/40%/乳油/辛硫磷 40%/2014.05.18 至 2019.05.18/低毒			
	棉花	蚜虫	120-180克/公顷	喷雾
PD20095939	毒死蜱/45%/乳油/毒死蜱 45%/2014.06.02 至 2019.06.02/中等毒			
	水稻	二化螟	432－576克/公顷	喷雾
PD20096047	高效氯氰菊酯/25克/升/乳油/高效氯氰菊酯 25克/升/2014.06.18 至 2019.06.18/中等毒			
	十字花科叶菜	菜青虫	7.5－11.25克/公顷	喷雾
PD20096223	高效氯氰菊酯/4.5%/乳油/高效氯氰菊酯 4.5%/2014.07.15 至 2019.07.15/中等毒			
	棉花	棉铃虫	15-22.5克/公顷	喷雾
PD20097689	氧乐果/40%/乳油/氧乐果 40%/2014.11.04 至 2019.11.04/中等毒(原药高毒)			
	棉花	蚜虫	81-162克/公顷	喷雾
PD20097837	烟嘧磺隆/40克/升/可分散油悬浮剂/烟嘧磺隆 40克/升/2014.11.20 至 2019.11.20/低毒			
	玉米田	一年生杂草	42-60克/公顷	茎叶喷雾
PD20098533	氰戊·乐果/25%/乳油/乐果 22.5%、氰戊菊酯 2.5%/2014.12.24 至 2019.12.24/中等毒			
	棉花	蚜虫	225-300克/公顷	喷雾
PD20100128	甲柳·三唑酮/10%/乳油/甲基异柳磷 8%、三唑酮 2%/2015.01.05 至 2020.01.05/高毒			
	小麦	地下害虫	40-80克/100千克种子	拌种
PD20100251	乐果/40%/乳油/乐果 40%/2015.01.11 至 2020.01.11/中等毒			
	水稻	二化螟	480-600克/公顷	喷雾
PD20100906	乐果·敌百虫/40%/乳油/敌百虫 20%、乐果 20%/2015.01.19 至 2020.01.19/低毒			
	水稻	稻纵卷叶螟	600-720克/公顷	喷雾
PD20101450	芸苔素内酯/0.01%/水剂/芸苔素内酯 0.01%/2015.05.04 至 2020.05.04/低毒			
	小麦	调节生长、增产	0.05-0.1毫克/千克	喷雾2次
PD20111023	咪鲜胺/25%/乳油/咪鲜胺 25%/2011.09.30 至 2016.09.30/低毒			
	水稻	恶苗病	62.5-125毫克/千克	浸种
PD20111169	噻螨酮/5%/乳油/噻螨酮 5%/2011.11.15 至 2016.11.15/低毒			
	柑橘树	红蜘蛛	25-33.3毫克/千	喷雾
PD20120126	乙草胺/50%/乳油/乙草胺 50%/2012.01.29 至 2017.01.29/低毒			
	夏玉米田	一年生杂草	900-1350克/公顷	播后苗前土壤喷雾
PD20120714	草甘膦异丙胺盐/30%/水剂/草甘膦 30%/2012.04.18 至 2017.04.18/低毒			
	柑橘园	杂草	1200-2400克/公顷	定向茎叶喷雾
	注:草甘膦异丙胺盐含理：41%			

河南省商丘永佳精细化工厂　(河南省睢县城西2公里　476900　0370-8158587)

PD20050061	高效氯氰菊酯/2.5%/乳油/高效氯氰菊酯 2.5%/2015.06.16 至 2020.06.16/中等毒			
	梨树	梨木虱	12.5-20.8毫克/千克	喷雾
PD20091449	氯氰·氧乐果/10%/乳油/氯氰菊酯 2%、氧乐果 8%/2014.02.02 至 2019.02.02/高毒			
	棉花	蚜虫	60-75克/公顷	喷雾
PD20094022	氯氰·辛硫磷/20%/乳油/氯氰菊酯 1.5%、辛硫磷 18.5%/2014.03.27 至 2019.03.27/中等毒			
	棉花	棉铃虫	150-225克/公顷	喷雾
PD20097567	氧乐果/40%/乳油/氧乐果 40%/2014.11.03 至 2019.11.03/高毒			
	小麦	蚜虫	135-202.5克/公顷	喷雾
PD20098539	辛硫磷/40%/乳油/辛硫磷 40%/2014.12.24 至 2019.12.24/低毒			
	棉花	棉铃虫	225-300克/公顷	喷雾
PD20100973	代森锰锌/80%/可湿性粉剂/代森锰锌 80%/2015.01.19 至 2020.01.19/低毒			
	番茄	早疫病	2000-2370克/公顷	喷雾
PD20130285	四聚乙醛/6%/颗粒剂/四聚乙醛 6%/2013.02.26 至 2018.02.26/低毒			
	小白菜	蜗牛	450-540克/公顷	拌土撒施
PD20132531	高效氯氟氰菊酯/25克/升/乳油/高效氯氟氰菊酯 25克/升/2013.12.16 至 2018.12.16/中等毒			
	十字花科蔬菜	菜青虫	7.5-11.25克/公顷	喷雾
PD20150096	啶虫脒/5%/乳油/啶虫脒 5%/2015.01.05 至 2020.01.05/低毒			
	小麦	蚜虫	18-27克/公顷	喷雾

河南省商水艾尔植物激素厂　(河南省商水县西环工业区（科技路3号）　466100　0371-55695745)

WP20100141	高氯·残杀威/8%/悬浮剂/残杀威 5%、高效氯氰菊酯 3%/2010.11.08 至 2015.11.08/低毒			
	卫生	蚊、蝇	50毫克/平方米	滞留喷洒

河南省沈丘县农药厂　(河南省沈丘县新安集镇　466312　0394-5681125)

PD85105-52	敌敌畏/80%/乳油/敌敌畏 77.5%(气谱法)/2015.03.18 至 2020.03.18/中等毒			
	茶树	食叶害虫	600克/公顷	喷雾
	粮仓	多种储藏害虫	1)400-500倍液2)0.4-0.5克/立方米	1)喷雾2)挂条熏蒸

登记证号	登记作物	防治对象	用药量	施用方法
	棉花	蚜虫、造桥虫	600-1200克/公顷	喷雾
	苹果树	小卷叶蛾、蚜虫	400-500毫克/千克	喷雾
	青菜	菜青虫	600克/公顷	喷雾
	桑树	尺蠖	600克/公顷	喷雾
	卫生	多种卫生害虫	1)300-400倍液2)0.08克/立方米	1)泼洒2)挂条熏蒸
	小麦	黏虫、蚜虫	600克/公顷	喷雾

河南省尉氏县农药总厂　(河南省开封市尉氏县西关大转盘南侧　452170　0378-7585382)

登记证号	登记作物	防治对象	用药量	施用方法
PD20084669	马拉·辛硫磷/20%/乳油/马拉硫磷 10%、辛硫磷 10%/2013.12.22 至 2018.12.22/低毒			
	棉花	棉铃虫	225-300克/公顷	喷雾
PD20090405	高氯·氧乐果/10%/乳油/高效氯氰菊酯 2%、氧乐果 8%/2014.01.12 至 2019.01.12/高毒			
	棉花	蚜虫	45-75克/公顷	喷雾
PD20096319	吡虫啉/10%/可湿性粉剂/吡虫啉 10%/2014.07.22 至 2019.07.22/低毒			
	水稻	稻飞虱	15-30克/公顷	喷雾
PD20097924	阿维·矿物油/24.5%/乳油/阿维菌素 0.2%、矿物油 24.3%/2014.11.30 至 2019.11.30/低毒(原药高毒)			
	柑橘树	红蜘蛛	122.5-245毫克/千克	喷雾
PD20101738	敌敌畏/48%/乳油/敌敌畏 48%/2015.06.28 至 2020.06.28/中等毒			
	小麦	蚜虫	600-750克/公顷	喷雾
PD20102209	春雷霉素/2%/水剂/春雷霉素 2%/2015.12.23 至 2020.12.23/低毒			
	水稻	稻瘟病	1500-2250毫升制剂/公顷	喷雾
PD20130392	高效氯氟氰菊酯/2.5%/微乳剂/高效氯氟氰菊酯 2.5%/2013.03.12 至 2018.03.12/中等毒			
	甘蓝	菜青虫	11.25-15克/公顷	喷雾
PD20152329	胺鲜·乙烯利/30%/水剂/胺鲜酯 3%、乙烯利 27%/2015.10.22 至 2020.10.22/低毒			
	玉米	调节生长	90-112.5克/公顷	喷雾

河南省新乡市东风化工厂　(河南省新乡市小店工业区　453232　0373-3686009)

登记证号	登记作物	防治对象	用药量	施用方法
PD20101574	苦皮藤素/1%/乳油/苦皮藤素 1%/2015.06.01 至 2020.06.01/低毒			
	十字花科蔬菜	菜青虫	7.5-10.5克/公顷	喷雾
PD20101575	苦皮藤素/6%/母药/苦皮藤素 6%/2015.06.01 至 2020.06.01/低毒			

河南省新乡市洪洲农化有限公司　(河南省辉县市辉上路洪洲　453600　0373-6668776)

登记证号	登记作物	防治对象	用药量	施用方法
PD20090477	2甲4氯钠/13%/水剂/2甲4氯钠 13%/2014.01.12 至 2019.01.12/低毒			
	冬小麦田	阔叶杂草及莎草科杂草	585-780克/公顷	茎叶喷雾
	水稻移栽田	阔叶杂草及莎草科杂草	487.5-585克/公顷	茎叶喷雾
PD20096581	2甲4氯钠/56%/可溶粉剂/2甲4氯钠 56%/2014.08.25 至 2019.08.25/低毒			
	冬小麦田	阔叶杂草及莎草科杂草	840-1008克/公顷	茎叶喷雾
	水稻移栽田、玉米田	阔叶杂草及莎草科杂草	672-1008克/公顷	茎叶喷雾
PD20096649	氧乐果/40%/乳油/氧乐果 40%/2014.09.02 至 2019.09.02/高毒			
	小麦	蚜虫	135-162克/公顷	喷雾
PD20150930	草甘膦异丙铵盐/50%/可溶粉剂/草甘膦 50%/2015.06.10 至 2020.06.10/低毒			
	非耕地	杂草	1125-2025克/公顷	茎叶喷雾
	注:草甘膦异丙铵盐含量67.4%。			
PD20151444	草甘膦异丙胺盐/41%/水剂/草甘膦 30%/2015.07.30 至 2020.07.30/低毒			
	非耕地	杂草	1414.5-2830克/公顷	茎叶喷雾
	注:草甘膦异丙胺盐含量：41%。			

河南省新乡市植物化学厂　(河南省辉县西新乡市农科所院内　453600　0373-6280428)

登记证号	登记作物	防治对象	用药量	施用方法
PD20040623	吡虫啉/5%/乳油/吡虫啉 5%/2014.12.19 至 2019.12.19/低毒			
	小麦	蚜虫	7.5-11.2克/公顷	喷雾
PD20090670	辛硫·灭多威/30%/乳油/灭多威 10%、辛硫磷 20%/2014.01.19 至 2019.01.19/高毒			
	棉花	棉铃虫	450-675克/公顷	喷雾
PD20093240	甲柳·三唑酮/10%/乳油/甲基异柳磷 8%、三唑酮 2%/2014.03.11 至 2019.03.11/高毒			
	小麦	白粉病、地下害虫	40-60克/100千克种子	拌种
PD20093816	2甲·绿麦隆/35%/可湿性粉剂/2甲4氯 30.5%、绿麦隆 4.5%/2014.03.25 至 2019.03.25/低毒			
	冬小麦田	一年生阔叶杂草	682.5-945克/公顷	喷雾

河南省信阳富邦化工股份有限公司　(河南省信阳市双井工业园16号　464000　0376-6325999)

登记证号	登记作物	防治对象	用药量	施用方法
PD85112-9	莠去津/38%/悬浮剂/莠去津 38%/2015.06.09 至 2020.06.09/低毒			
	茶园	一年生杂草	1125-1875克/公顷	喷于地表
	防火隔离带、公路、森林、铁路	一年生杂草	0.8-2克/平方米	喷于地表
	甘蔗	一年生杂草	1050-1500克/公顷	喷于地表
	高粱、糜子、玉米	一年生杂草	1800-2250克/公顷(东北地区)	喷于地表
	红松苗圃	一年生杂草	0.2-0.3克/平方米	喷于地表
	梨树、苹果树	一年生杂草	1625-1875克/公顷	喷于地表
	橡胶园	一年生杂草	2250-3750克/公顷	喷于地表
PD88101-2	水胺硫磷/35%/乳油/水胺硫磷 35%/2013.03.17 至 2018.03.17/高毒			
	棉花	红蜘蛛、棉铃虫	300-600克/公顷	喷雾

水稻 蓟马、螟虫 450-900克/公顷 喷雾
PD93108-2 水胺硫磷/20%/乳油/水胺硫磷 20%/2014.02.17 至 2019.02.17/高毒
棉花 红蜘蛛、棉铃虫 300-600克/公顷 喷雾
水稻 蓟马、螟虫 450-900克/公顷 喷雾
PD20152531 氰津·莠悬/30%/悬浮剂/氰草津 15%、莠去津 15%/2015.12.05 至 2020.12.05/低毒
夏玉米田 一年生杂草 1350-1800克/公顷 喷雾

河南省星火农业技术公司 (河南省郑州市金水区花园路61号 450008 0371-65826095)

PD20091808 多·锰锌/70%/可湿性粉剂/多菌灵 12%、代森锰锌 58%/2014.02.04 至 2019.02.04/低毒
苹果树 斑点落叶病 1000-1250毫克/千克 喷雾
PD20093270 高效氯氰菊酯/25克/升/乳油/高效氯氰菊酯 25克/升/2014.03.11 至 2019.03.11/中等毒
十字花科蔬菜 菜青虫 7.5-11.25克/公顷 喷雾
PD20093466 炔螨特/57%/乳油/炔螨特 57%/2014.03.23 至 2019.03.23/低毒
柑橘树 红蜘蛛 243～365毫克/千克 喷雾
PD20093659 联苯菊酯/100克/升/乳油/联苯菊酯 100克/升/2014.03.25 至 2019.03.25/低毒
茶树 粉虱 30-37.5克/公顷 喷雾
PD20094296 氰戊·马拉松/20%/乳油/马拉硫磷 15%、氰戊菊酯 5%/2014.03.31 至 2019.03.31/中等毒
甘蓝 菜青虫 90-150克/公顷 喷雾
PD20094904 苄·乙/30%/可湿性粉剂/苄嘧磺隆 7%、乙草胺 23%/2014.04.13 至 2019.04.13/低毒
移栽水稻田 一年生杂草 84-118克/公顷 药土法
PD20095028 唑酮·氧乐果/20%/乳油/三唑酮 5%、氧乐果 15%/2014.04.21 至 2019.04.21/高毒
小麦 白粉病、蚜虫 405-480克/公顷 喷雾
PD20095543 辛硫磷/40%/乳油/辛硫磷 40%/2014.05.12 至 2019.05.12/低毒
棉花 棉铃虫 300克/公顷 喷雾
十字花科蔬菜 菜青虫 210-270克/公顷 喷雾
PD20096528 三唑磷/20%/乳油/三唑磷 20%/2014.08.20 至 2019.08.20/中等毒
水稻 三化螟 375-450克/公顷 喷雾
PD20096970 井冈霉素(5%)///水剂/井冈霉素A 4%/2014.09.29 至 2019.09.29/低毒
水稻 纹枯病 150-187.5克/公顷 喷雾
PD20097592 吡虫啉/10%/可湿性粉剂/吡虫啉 10%/2014.11.03 至 2019.11.03/低毒
水稻 稻飞虱 15-30克/公顷 喷雾
PD20097669 氧乐果/40%/乳油/氧乐果 40%/2014.11.04 至 2019.11.04/高毒
小麦 蚜虫 81-162克/公顷 喷雾
PD20100448 三环唑/75%/可湿性粉剂/三环唑 75%/2015.01.14 至 2020.01.14/中等毒
水稻 稻瘟病 225-300克/公顷 喷雾
PD20101058 毒死蜱/95%/原药/毒死蜱 95%/2015.01.21 至 2020.01.21/中等毒
PD20101108 异丙威/20%/乳油/异丙威 20%/2015.01.25 至 2020.01.25/低毒
水稻 稻飞虱 450-600克/公顷 喷雾
PD20101451 毒死蜱/45%/乳油/毒死蜱 45%/2015.05.04 至 2020.05.04/中等毒
水稻 二化螟 432-576克/公顷 喷雾
PD20101520 草甘膦异丙胺盐(56%)///水剂/草甘膦 41%/2015.05.19 至 2020.05.19/低毒
苹果园 杂草 200-400毫升制剂/亩 定向茎叶喷雾
PD20101688 草甘膦异丙胺盐(41%)///水剂/草甘膦 30%/2015.06.08 至 2020.06.08/低毒
茶园 一年生及部分多年生杂草 1125-2250克/公顷 定向茎叶喷雾
PD20102075 2甲4氯钠/56%/可溶粉剂/2甲4氯钠 56%/2015.11.03 至 2020.11.03/低毒
冬小麦田 一年生阔叶杂草 1050-1260克/公顷 茎叶喷雾
PD20102079 2甲4氯钠/13%/水剂/2甲4氯钠 13%/2015.11.03 至 2020.11.03/低毒
冬小麦田 一年生阔叶杂草 750-900克/公顷 茎叶喷雾

河南省许昌晶威化工有限公司 (河南省许昌市魏都区毓秀路北段 461000 0374-2334153)

PD20086046 辛硫磷/3%/颗粒剂/辛硫磷 3%/2013.12.29 至 2018.12.29/低毒
花生 地下害虫 2700-3600克/公顷 沟施
玉米 玉米螟 112.5-157.5克/公顷 喇叭口撒施
WP20080507 杀虫粉剂/1%/粉剂/残杀威 1%/2013.12.22 至 2018.12.22/低毒
卫生 蜚蠊 0.2-1克/平方米 撒施
WP20120154 高效氟氯氰菊酯/2.5%/悬浮剂/高效氟氯氰菊酯 2.5%/2012.09.03 至 2017.09.03/低毒
卫生 蚊、蝇、蜚蠊 25-30毫克/平方米 滞留喷洒

河南省许昌县昌盛日化实业有限公司 (河南省许昌县邓庄乡邓庄村 461113 0374-5671115)

PD20130777 阿维菌素/1.8%/乳油/阿维菌素 1.8%/2013.04.19 至 2018.04.19/低毒(原药高毒)
甘蓝 小菜蛾 8.1-10.8克/公顷 喷雾
PD20131740 苄嘧磺隆/30%/可湿性粉剂/苄嘧磺隆 30%/2013.08.16 至 2018.08.16/低毒
移栽水稻田 一年生阔叶杂草及部分莎草科杂草 56.25-67.5克/公顷 毒土法
PD20151309 草甘膦异丙胺盐/30%/水剂/草甘膦 30%/2015.07.30 至 2020.07.30/低毒
非耕地 杂草 1230-2460克/公顷 茎叶喷雾
注:草甘膦异丙胺盐含量：41%。

河南省亚乐生物科技股份有限公司 (河南省新密市未来大道中段 452370 0371-67006768)

PD20141907 苦参碱/0.3%/水剂/苦参碱 0.3%/2014.08.01 至 2019.08.01/低毒
甘蓝 蚜虫 4.5-9克/公顷 喷雾

河南省虞城县韩氏化工有限公司 (河南省虞城县大同路东段 476300 0370-4130342)

PD20142491 溴鼠灵/0.5%/母药/溴鼠灵 0.5%/2014.11.19 至 2019.11.19/中等毒(原药剧毒)
室内 家鼠 60克毒饵/15平方米 配制成0.005%毒饵饱和投饵

PD20150868 溴敌隆/0.5%/母药/溴敌隆 0.5%/2015.05.18 至 2020.05.18/中等毒(原药剧毒)
农田 田鼠 饱和投饵 配成0.005%毒饵,堆施或穴施

WP20140244 溴敌隆/0.005%/饵剂/溴敌隆 0.005%/2014.11.21 至 2019.11.21/低毒(原药剧毒)
室内 家鼠 饱和投饵 投放

河南省原阳县第一农药厂 (河南省新乡市原阳县城北干道198号 453500 0373-7291716)

PD20093541 高氯·辛硫磷/20%/乳油/高效氯氰菊酯 1.5%、辛硫磷 18.5%/2014.03.23 至 2019.03.23/低毒
棉花 棉铃虫 225-450克/公顷 喷雾

PD20094080 马拉·杀螟松/12%/乳油/马拉硫磷 10%、杀螟硫磷 2%/2014.03.27 至 2019.03.27/中等毒
甘蓝 菜青虫 63-72克/公顷 喷雾
水稻 二化螟 180-270克/公顷 喷雾

PD20094977 马拉·辛硫磷/22%/乳油/马拉硫磷 12%、辛硫磷 10%/2014.04.21 至 2019.04.21/低毒
水稻 二化螟 264-396克/公顷 喷雾
水稻 稻水象甲 231-330克/公顷 喷雾

PD20095317 马拉硫磷/1.2%/粉剂/马拉硫磷 1.2%/2014.04.27 至 2019.04.27/低毒
仓储原粮 储粮害虫 12-24克/1000千克原粮 撒施(拌粮)

PD20095476 乙酰甲胺磷/20%/乳油/乙酰甲胺磷 20%/2014.05.11 至 2019.05.11/低毒
棉花 蚜虫 750-900克/公顷 喷雾

PD20097686 辛硫磷/3%/颗粒剂/辛硫磷 3%/2014.11.04 至 2019.11.04/低毒
花生 地下害虫 1800-2700克/公顷 撒施

PD20098490 高效氯氰菊酯/4.5%/乳油/高效氯氰菊酯 4.5%/2014.12.24 至 2019.12.24/中等毒
十字花科蔬菜 菜青虫 18-25.5克/公顷 喷雾

PD20100115 喹硫·辛硫磷/30% /乳油/喹硫磷 24%、辛硫磷 6%/2015.01.05 至 2020.01.05/高毒
棉花 蚜虫 120-150克/公顷 喷雾

PD20100471 唑酮·氧乐果/25%/乳油/三唑酮 7%、氧乐果 18%/2015.01.14 至 2020.01.14/高毒
小麦 蚜虫 375-420克/公顷 喷雾

PD20101176 高氯·马/37%/乳油/高效氯氰菊酯 1%、马拉硫磷 36%/2015.01.28 至 2020.01.28/中等毒
甘蓝 菜青虫 175.5-354克/公顷 喷雾

PD20101961 水胺·辛硫磷/35%/乳油/水胺硫磷 17.5%、辛硫磷 17.5%/2015.09.20 至 2020.09.20/高毒
棉花 棉铃虫、棉蚜 210-270克/公顷 喷雾

PD20110537 水胺·高氯/20%/乳油/高效氯氰菊酯 1.5%、水胺硫磷 18.5%/2011.05.12 至 2016.05.12/中等毒(原药高毒)
棉花 棉铃虫 120-150克/公顷 喷雾

河南省郑州爱力生化工产品有限公司 (郑州市金印现代城1号楼2单元501室 450004 0371-66313180)

PD20090530 氯氰菊酯/10%/乳油/氯氰菊酯 10%/2014.01.12 至 2019.01.12/低毒
十字花科蔬菜 菜青虫 30-45克/公顷 喷雾

PD20092550 高效氯氰菊酯/4.5%/乳油/高效氯氰菊酯 4.5%/2014.02.26 至 2019.02.26/中等毒
十字花科蔬菜 小菜蛾 20.25-27克/公顷 喷雾

PD20110932 高效氯氟氰菊酯/2.5%/水乳剂/高效氯氟氰菊酯 2.5%/2011.09.06 至 2016.09.06/中等毒
甘蓝 菜青虫 7.5-11.25克/公顷 喷雾
小麦 蚜虫 7.5-9.375克/公顷 喷雾

河南省郑州富利达农药有限公司 (河南省郑州市中牟县中牟白沙工业区富利达大道1号 451464 0371-62366569)

PD20081309 啶虫脒/5%/乳油/啶虫脒 5%/2013.10.17 至 2018.10.17/低毒
苹果树 蚜虫 12-15毫克/千克 喷雾

PD20081885 乙酰甲胺磷/30%/乳油/乙酰甲胺磷 30%/2013.11.20 至 2018.11.20/低毒
棉花 棉铃虫 450-675克/公顷 喷雾

PD20082015 氯氰·毒死蜱/25%/乳油/毒死蜱 22.5%、氯氰菊酯 2.5%/2013.12.01 至 2018.12.01/中等毒
棉花 棉铃虫 375-525克/公顷 喷雾

PD20082045 高效氯氰菊酯/4.5%/乳油/高效氯氰菊酯 4.5%/2013.11.25 至 2018.11.25/低毒
棉花 蚜虫 27-40.5克/公顷 喷雾

PD20082128 毒死蜱/400克/升/乳油/毒死蜱 400克/升/2013.11.25 至 2018.11.25/中等毒
棉花 棉铃虫 450-900克/公顷 喷雾

PD20082234 敌敌畏/80%/乳油/敌敌畏 80%/2013.11.26 至 2018.11.26/中等毒
棉花 蚜虫 600-1200克/公顷 喷雾

PD20082568 辛硫磷/40%/乳油/辛硫磷 40%/2013.12.04 至 2018.12.04/低毒
十字花科蔬菜 菜青虫 300-450克/公顷 喷雾

PD20082647 三唑酮/20%/乳油/三唑酮 20%/2013.12.04 至 2018.12.04/低毒

小麦	白粉病	120—135克/公顷	喷雾
PD20082844	辛硫·高氯氟/25%/乳油/高效氯氟氰菊酯 0.5%、辛硫磷 24.5%/2013.12.09 至 2018.12.09/低毒		
棉花	棉铃虫	300-375克/公顷	喷雾
PD20082966	高氯·辛硫磷/25%/乳油/高效氯氰菊酯 2.5%、辛硫磷 22.5%/2013.12.09 至 2018.12.09/低毒		
棉花	棉铃虫	225-281.25克/公顷	喷雾
PD20082968	精喹禾灵/10%/乳油/精喹禾灵 10%/2013.12.09 至 2018.12.09/低毒		
花生田	一年生禾本科杂草	45-75克/公顷	茎叶喷雾
PD20084060	高效氯氟氰菊酯/25克/升/乳油/高效氯氟氰菊酯 25克/升/2013.12.16 至 2018.12.16/低毒		
苹果树	桃小食心虫	5—6.25毫克/千克	喷雾
PD20084284	三氯杀螨醇/20%/乳油/三氯杀螨醇 20%/2013.12.17 至 2018.12.17/低毒		
苹果树	红蜘蛛	200-250毫克/千克	喷雾
PD20090979	高氯 ·敌敌畏/40%/乳油/敌敌畏 39%、高效氯氰菊酯 1%/2014.01.20 至 2019.01.20/中等毒		
甘蓝	菜青虫	150-240克/公顷	喷雾
PD20091769	三唑磷/20%/乳油/三唑磷 20%/2014.02.04 至 2019.02.04/中等毒		
水稻	二化螟	300—450克/公顷	喷雾
PD20093361	氰戊·马拉松/21%/乳油/马拉硫磷 15%、氰戊菊酯 6%/2014.03.18 至 2019.03.18/中等毒		
棉花	红蜘蛛	120-180克/公顷	喷雾
棉花	蚜虫	75-120克/公顷	喷雾
苹果树	红蜘蛛	60-150毫克/千克	喷雾
苹果树	食心虫	60-100毫克/千克	喷雾
苹果树	蚜虫	50-75毫克/千克	喷雾
PD20095246	阿维菌素/1.8%/乳油/阿维菌素 1.8%/2014.04.27 至 2019.04.27/低毒(原药高毒)		
甘蓝	菜青虫	8.1-10.8克/公顷	喷雾
PD20096699	吡虫·辛硫磷/25%/乳油/吡虫啉 1%、辛硫磷 24%/2014.09.07 至 2019.09.07/低毒		
白菜	蚜虫	150—225克/公顷	喷雾
PD20101142	精喹·草除灵/17.5%/乳油/草除灵 15%、精喹禾灵 2.5%/2015.01.25 至 2020.01.25/低毒		
冬油菜田	一年生杂草	1500-2250毫升制剂/公顷	茎叶喷雾
PD20101616	高效氟吡甲禾灵/108克/升/乳油/高效氟吡甲禾灵 108克/升/2010.06.03 至 2015.06.03/低毒		
花生田	一年生禾本科杂草	25-35毫升制剂/亩	茎叶喷雾
PD20101755	草甘膦铵盐(33%)///水剂/草甘膦 30%/2015.07.07 至 2020.07.07/低毒		
苹果园	一年生和多年生杂草	1125-2250克/公顷	定向茎叶喷雾

河南省郑州良友种衣剂有限公司　(河南省郑州市新密市下庄河经济开发区　452392　0371-63102126)

PD20082347	高氯·氧乐果/10%/乳油/高效氯氰菊酯 2%、氧乐果 8%/2013.12.01 至 2018.12.01/中等毒(原药高毒)		
棉花	蚜虫	45-75克/公顷	喷雾
PD20082745	氯氰·毒死蜱/52.25%/乳油/毒死蜱 47.5%、氯氰菊酯 4.75%/2013.12.08 至 2018.12.08/中等毒		
棉花	棉铃虫	550-825克/公顷	喷雾
PD20132251	丁硫·福美双/25%/悬浮种衣剂/丁硫克百威 6%、福美双 19%/2013.11.05 至 2018.11.05/中等毒		
大豆	地下害虫、根腐病	500-625克/100千克种子	种子包衣
玉米	地下害虫、茎基腐病	417-625克/100千克种子	种子包衣

河南省郑州农达生化制品有限公司　(河南省郑州市中牟县姚家乡工业园区　450002　0371-65739147)

PD20093882	复硝酚钠/98%/原药/5-硝基邻甲氧基苯酚钠 16.3%、对硝基苯酚钠 49.1%、邻硝基苯酚钠 32.6%/2014.03.25 至2019.03.25/低毒		
PD20096359	复硝酚钠/1.8%/水剂/5-硝基邻甲氧基苯酚钠 0.3%、对硝基苯酚钠 0.9%、邻硝基苯酚钠 0.6%/2014.07.28 至2019.07.28/低毒		
番茄	调节生长	4.5-6.0毫克/千克	喷雾
PD20096941	三环唑/20%/可湿性粉剂/三环唑 20%/2014.09.29 至 2019.09.29/低毒		
水稻	稻瘟病	225—300克/公顷	喷雾
PD20098166	辛硫磷/40%/乳油/辛硫磷 40%/2014.12.14 至 2019.12.14/低毒		
棉花	棉铃虫	75-100毫升制剂/亩	喷雾
PD20098258	三乙膦酸铝/80%/可湿性粉剂/三乙膦酸铝 80%/2014.12.16 至 2019.12.16/低毒		
黄瓜	霜霉病	2160-2820克/公顷	喷雾
PD20098289	高效氯氟氰菊酯/25克/升/乳油/高效氯氟氰菊酯 25克/升/2014.12.18 至 2019.12.18/低毒		
十字花科蔬菜	菜青虫	150-30毫升制剂/亩	喷雾

河南省郑州天邦生物制品有限公司　(河南省郑州市兴隆铺路5号　450053　0371-63739985)

PD20070597	三十烷醇/89%/原药/三十烷醇 89%/2012.12.14 至 2017.12.14/低毒		
PD20091820	三十烷醇/0.1%/微乳剂/三十烷醇 0.1%/2014.02.05 至 2019.02.05/低毒		
花生	提高产量	0.5-1.0毫克/千克	开花末期及下针末期叶面喷雾
棉花	提高产量	0.5-0.8毫克/千克	盛花期及其后第2-3周叶面喷雾2次
小麦	提高产量	0.4-0.6毫克/千克	孕穗、扬花期叶面喷雾2次
烟草	提高产量	0.4-0.6毫克/千克	团棵至生长旺期叶

面喷雾2-3次

河南省郑州天宝日化有限公司　(河南省郑州市管城回族区新郑路南段(苏庄)　450005　0371-66807118)

WP20090328　杀虫气雾剂/0.32%/气雾剂/胺菊酯 0.16%、氯菊酯 0.16%/2014.09.23 至 2019.09.23/低毒
　卫生　蚊、蝇　/　喷雾

河南省郑州裕通化工有限公司　(河南省荥阳市南环路中段　450100　0371-65696909)

PD85154-45　氰戊菊酯/20%/乳油/氰戊菊酯 20%/2015.04.12 至 2020.04.12/中等毒
　柑橘树　潜叶蛾　10-20毫克/千克　喷雾
　果树　梨小食心虫　10-20毫克/千克　喷雾
　棉花　红铃虫、蚜虫　75-150克/公顷　喷雾
　蔬菜　菜青虫、蚜虫　60-120克/公顷　喷雾

PD20095125　莠去津/48%/可湿性粉剂/莠去津 48%/2014.04.24 至 2019.04.24/低毒
　春玉米田　一年生杂草　1800-2520克/公顷　播后苗前土壤喷雾

PD20095610　精喹禾灵/10%/乳油/精喹禾灵 10%/2014.05.12 至 2019.05.12/低毒
　棉花田　一年生禾本科杂草　30-40毫升制剂/亩　茎叶喷雾

PD20096297　苯磺隆/75%/水分散粒剂/苯磺隆 75%/2014.07.22 至 2019.07.22/低毒
　冬小麦田　一年生阔叶杂草　13.5-22.5克/公顷　茎叶喷雾

PD20096490　乙草胺/81.5%/乳油/乙草胺 81.5%/2014.08.14 至 2019.08.14/低毒
　夏玉米田　一年生禾本科杂草及部分阔叶杂草　1080-1350克/公顷　播后苗前土壤喷雾

PD20101439　氯氟吡氧乙酸异辛酯(288克/升)///乳油/氯氟吡氧乙酸 200克/升/2015.05.04 至 2020.05.04/低毒
　冬小麦田　一年生阔叶杂草　150-210克/公顷　茎叶喷雾

PD20101838　吡虫啉/50%/可湿性粉剂/吡虫啉 50%/2015.07.28 至 2020.07.28/低毒
　水稻　稻飞虱　15-30克/公顷　喷雾

PD20142095　烟嘧·滴辛酯/40%/可分散油悬浮剂/2,4-滴异辛酯 36%、烟嘧磺隆 4%/2014.09.02 至 2019.09.02/低毒
　春玉米田　一年生杂草　600-720克/公顷　茎叶喷雾
　夏玉米田　一年生杂草　480-600克/公顷　茎叶喷雾

PD20142655　毒死蜱/30%/微囊悬浮剂/毒死蜱 30%/2014.12.18 至 2019.12.18/低毒
　花生　蛴螬　1575-2250克/公顷　灌根

PD20150600　烟嘧磺隆/40克/升/可分散油悬浮剂/烟嘧磺隆 40克/升/2015.04.15 至 2020.04.15/低毒
　玉米田　一年生杂草　42-60克/公顷　茎叶喷雾

PD20151534　炔草酯/15%/微乳剂/炔草酯 15%/2015.08.03 至 2020.08.03/低毒
　小麦田　一年生禾本科杂草　45-67.5克/公顷　茎叶喷雾

河南省郑州志信农化有限公司　(河南省新郑市欧江大道中段　451150　0371-62620388)

PD20084025　乙草胺/90%/乳油/乙草胺 90%/2013.12.16 至 2018.12.16/低毒
　夏玉米田　一年生禾本科杂草及部分小粒种子阔叶杂草　1080-1350克/公顷　播后苗前土壤喷雾

PD20090233　乙草胺/50%/乳油/乙草胺 50%/2014.01.09 至 2019.01.09/低毒
　夏玉米田　部分阔叶杂草、一年生禾本科杂草　900-1125克/公顷　土壤喷雾

PD20091164　草甘膦异丙胺盐/41%/水剂/草甘膦异丙胺盐 41%/2014.01.22 至 2019.01.22/低毒
　苹果园　杂草　1125－2250克/公顷　定向茎叶喷雾

PD20092983　丙环唑/250克/升/乳油/丙环唑 250克/升/2014.03.09 至 2019.03.09/低毒
　香蕉树　叶斑病　250-500毫克/千克　喷雾
　小麦　条锈病　112.5-150克/公顷　喷雾

PD20093612　溴氰菊酯/25克/升/乳油/溴氰菊酯 25克/升/2014.03.25 至 2019.03.25/低毒
　小麦　蚜虫　4.69-5.63克/公顷　喷雾

PD20093837　甲基硫菌灵/70%/可湿性粉剂/甲基硫菌灵 70%/2014.03.25 至 2019.03.25/低毒
　水稻　纹枯病　1050-1500克/公顷　喷雾

PD20094054　高效氟吡甲禾灵/108克/升/乳油/高效氟吡甲禾灵 108克/升/2014.03.27 至 2019.03.27/低毒
　大豆田　一年生禾本科杂草　45-52.5克/公顷　茎叶喷雾

PD20094055　异丙甲草胺/720克/升/乳油/异丙甲草胺 720克/升/2014.03.27 至 2019.03.27/低毒
　春大豆田　一年生禾本科杂草及部分小粒种子阔叶杂草　1512-1944克/公顷　土壤喷雾
　夏大豆田　一年生禾本科杂草及部分小粒种子阔叶杂草　1080-1512克/公顷　土壤喷雾

PD20094061　烯唑醇/12.5%/可湿性粉剂/烯唑醇 12.5%/2014.03.27 至 2019.03.27/低毒
　梨树　黑星病　3000-4000倍液　喷雾
　小麦　白粉病　90-120克/公顷　喷雾

PD20094558　高效氯氟氰菊酯/25克/升/乳油/高效氯氟氰菊酯 25克/升/2014.04.09 至 2019.04.09/中等毒
　棉花　棉铃虫　15-22.5克/公顷　喷雾

PD20094560　代森锰锌/80%/可湿性粉剂/代森锰锌 80%/2014.04.09 至 2019.04.09/低毒
　番茄　早疫病　1845-2370克/公顷　喷雾
　柑橘树　疮痂病、炭疽病　1333-2000毫克/千克　喷雾
　梨树　黑星病　800-1600毫克/千克　喷雾
　荔枝树　霜疫霉病　1333-2000毫克/千克　喷雾

	苹果树	斑点落叶病、轮纹病、炭疽病	1000-1500毫克/千克	喷雾
	葡萄	白腐病、黑痘病、霜霉病	1000-1600毫克/千克	喷雾
	西瓜	炭疽病	1560-2520克/公顷	喷雾
PD20094803	氟硅唑/400克/升/乳油/氟硅唑 400克/升/2014.04.13 至 2019.04.13/低毒			
	梨树	黑星病	40-50毫克/千克	喷雾
PD20095933	草甘膦/95%/原药/草甘膦 95%/2014.06.02 至 2019.06.02/低毒			
PD20097382	氢氧化铜/77%/可湿性粉剂/氢氧化铜 77%/2014.10.28 至 2019.10.28/低毒			
	黄瓜	角斑病	1732.5-2310克/公顷	喷雾
PD20098469	敌草胺/50%/水分散粒剂/敌草胺 50%/2014.12.24 至 2019.12.24/低毒			
	烟草田	一年生杂草	1500-1875克/公顷	移栽前土壤喷雾
PD20100283	唑磷·毒死蜱/30%/乳油/毒死蜱 15%、三唑磷 15%/2015.01.11 至 2020.01.11/中等毒			
	水稻	三化螟	157.5-247.5克/公顷	喷雾
PD20100598	丙环唑/95%/原药/丙环唑 95%/2015.01.14 至 2020.01.14/低毒			
PD20100607	毒死蜱/97%/原药/毒死蜱 97%/2015.01.14 至 2020.01.14/中等毒			
PD20100612	百菌清/95%/原药/百菌清 95%/2015.01.14 至 2020.01.14/低毒			
PD20100691	氯氟吡氧乙酸/200克/升/乳油/氯氟吡氧乙酸 200克/升/2015.01.16 至 2020.01.16/低毒			
	小麦田	一年生阔叶杂草	150-199.5克/公顷	茎叶喷雾
PD20100717	氢氧化铜/88%/原药/氢氧化铜 88%/2015.01.16 至 2020.01.16/低毒			
PD20100802	高效氯氟氰菊酯/95%/原药/高效氯氟氰菊酯 95%/2015.01.19 至 2020.01.19/中等毒			
PD20100902	敌敌畏/95%/原药/敌敌畏 95%/2015.01.19 至 2020.01.19/中等毒			
PD20101105	氢氧化铜/53.8%/水分散粒剂/氢氧化铜 53.8%/2015.01.25 至 2020.01.25/低毒			
	黄瓜	角斑病	550.5-672克/公顷	喷雾
PD20101115	甲基硫菌灵/97%/原药/甲基硫菌灵 97%/2015.01.25 至 2020.01.25/低毒			
PD20101362	烟嘧磺隆/40克/升/可分散油悬浮剂/烟嘧磺隆 40克/升/2015.04.02 至 2020.04.02/低毒			
	玉米田	一年生杂草	65-100毫升/亩	茎叶喷雾
PD20110198	阿维菌素/18克/升/乳油/阿维菌素 18克/升/2016.02.18 至 2021.02.18/中等毒(原药高毒)			
	棉花	红蜘蛛	10.8-13.5克/公顷	喷雾
PD20150260	吡虫啉/600克/升/悬浮种衣剂/吡虫啉 600克/升/2015.01.15 至 2020.01.15/低毒			
	棉花	蚜虫	350-500克/100千克种子	种子包衣

河南省周口市德贝尔生物化学品工程有限公司（周口市太康县符草楼镇高新经济开发区 466421 0394-6792588)

PD85126-16	三氯杀螨醇/20%/乳油/三氯杀螨醇 20%/2015.07.29 至 2020.07.29/低毒			
	棉花	红蜘蛛	225-300克/公顷	喷雾
PD20040191	高效氯氰菊酯/4.5%/乳油/高效氯氰菊酯 4.5%/2014.12.19 至 2019.12.19/中等毒			
	十字花科蔬菜	菜青虫	9-25.5克/公顷	喷雾
PD20082272	氯氰·辛硫磷/26%/乳油/氯氰菊酯 1%、辛硫磷 25%/2013.11.27 至 2018.11.27/中等毒			
	棉花	棉铃虫	390-585克/公顷	喷雾
PD20130099	烟嘧磺隆/40克/升/可分散油悬浮剂/烟嘧磺隆 40克/升/2013.01.17 至 2018.01.17/低毒			
	夏玉米田	一年生杂草	40-60克/公顷	茎叶喷雾
PD20140896	己唑醇/30%/悬浮剂/己唑醇 30%/2014.04.08 至 2019.04.08/低毒			
	水稻	纹枯病	76.5-94.5克/公顷	喷雾

河南省周口市红旗农药有限公司 （河南省项城市郑郭经济开发区 466200 0394-4692888)

PD84125-6	乙烯利/40%/水剂/乙烯利 40%/2015.03.18 至 2020.03.18/低毒			
	番茄	催熟	800-1000倍液	喷雾或浸渍
	棉花	催熟、增产	330-500倍液	喷雾
	柿子、香蕉	催熟	400倍液	喷雾或浸渍
	水稻	催熟、增产	800倍液	喷雾
	橡胶树	增产	5-10倍液	涂布
	烟草	催熟	1000-2000倍液	喷雾
PD20040422	吡虫啉/5%/乳油/吡虫啉 5%/2014.12.19 至 2019.12.19/低毒			
	水稻	飞虱	11.25-15.75克/公顷	喷雾
PD20040541	吡虫·杀虫单/35%/可湿性粉剂/吡虫啉 1%、杀虫单 34%/2014.12.19 至 2019.12.19/中等毒			
	水稻	二化螟	525-787.5克/公顷	喷雾
PD20080129	氯·辛/20%/乳油/氯氰菊酯 1.5%、辛硫磷 18.5%/2013.01.04 至 2018.01.04/中等毒			
	棉花	棉铃虫、蚜虫	240-360克/公顷	喷雾
PD20084792	三唑磷/20%/乳油/三唑磷 20%/2013.12.22 至 2018.12.22/中等毒			
	水稻	二化螟	300-450克/公顷	喷雾
PD20086300	氰戊·氧乐果/20%/乳油/氰戊菊酯 2.5%、氧乐果 17.5%/2013.12.31 至 2018.12.31/高毒			
	棉花	棉铃虫、棉蚜	112.5-150克/公顷	喷雾
	小麦	蚜虫	180-240克/公顷	喷雾
PD20095957	阿维菌素/1.8%/乳油/阿维菌素 1.8%/2014.06.03 至 2019.06.03/低毒(原药高毒)			
	十字花科蔬菜	小菜蛾	7.2-10.8克/公顷	喷雾
PD20131280	阿维菌素/0.5%/颗粒剂/阿维菌素 0.5%/2013.06.08 至 2018.06.08/低毒(原药高毒)			
	黄瓜	根结线虫	225-262.5克/公顷	穴施

注:本产品为药肥混剂。

PD20141474 甲氨基阿维菌素苯甲酸盐/1%/乳油/甲氨基阿维菌素 1%/2014.06.09 至 2019.06.09/低毒

甘蓝	小菜蛾	1.32-1.97克/公顷	喷雾

注:甲氨基阿维菌素苯甲酸盐含量：1.14%。

河南省周口市金石化工有限公司 (河南省周口市太康县河滨公园3号 461400 0394-6910098)

PD20070437 氯氰·辛硫磷/30%/乳油/氯氰菊酯 1.5%、辛硫磷 28.5%/2012.11.20 至 2017.11.20/中等毒

棉花	棉铃虫	270-337.5克/公顷	喷雾

PD20093995 井冈霉素A/5%/可溶粉剂/井冈霉素A 5%/2014.03.27 至 2019.03.27/低毒

水稻	纹枯病	52.5-75克/公顷	喷雾

PD20095095 吡虫·杀虫单/35%/可湿性粉剂/吡虫啉 1%、杀虫单 34%/2014.04.24 至 2019.04.24/中等毒

水稻	稻飞虱、稻纵卷叶螟、二化螟、三化螟	450-750克/公顷	喷雾

PD20096203 三唑磷/20%/乳油/三唑磷 20%/2014.07.13 至 2019.07.13/中等毒

水稻	二化螟	300-450克/公顷	喷雾

PD20096238 辛硫磷/1.5%/颗粒剂/辛硫磷 1.5%/2014.07.15 至 2019.07.15/低毒

玉米	玉米螟	112.5-168.75克/公顷	撒心(喇叭口)

PD20097446 高效氯氰菊酯/4.5%/乳油/高效氯氰菊酯 4.5%/2014.10.28 至 2019.10.28/低毒

棉花	棉铃虫	22.5—30克/公顷	喷雾

PD20100493 井冈霉素(3%)///水剂/井冈霉素A 2.4%/2010.01.14 至 2015.01.14/低毒

水稻	纹枯病	150-187.5克/公顷	喷雾

PD20100503 阿维·高氯/1.1%/乳油/阿维菌素 0.1%、高效氯氰菊酯 1%/2015.01.14 至 2020.01.14/低毒(原药高毒)

甘蓝	菜青虫、小菜蛾	13.5-27克/公顷	喷雾

PD20100565 啶虫脒/5%/乳油/啶虫脒 5%/2015.01.14 至 2020.01.14/中等毒

苹果树	蚜虫	10-12毫克/千克	喷雾

河南省周口市先达化工有限公司 (河南省周口市太康县城南谢庄 461400 0394-6917209)

PD85109-7 甲拌磷/55%/乳油/甲拌磷 55%/2015.03.18 至 2020.03.18/高毒

棉花	地下害虫、蚜虫、螨	600-800克/100千克种子	浸种、拌种

注:甲拌磷乳油只准用于拌种,严禁喷雾使用

PD86123-10 矮壮素/50%/水剂/矮壮素 50%/2015.03.18 至 2020.03.18/低毒

棉花	防止徒长,化学整枝	10000倍液	喷顶, 后期喷全株
棉花	防止疯长	25000倍液	喷顶
棉花	提高产量、植株紧凑	1)10000倍液2)0.3-0.5%药液	1)喷雾2)浸种
小麦	防止倒伏,提高产量	1)3-5%药液 2)100-400倍液	1)拌种2)返青、拔节期喷雾
玉米	增产	0.5%药液	浸种

PD20083341 氰·辛·敌敌畏/30%/乳油/敌敌畏 7%、氰戊菊酯 3%、辛硫磷 20%/2013.12.11 至 2018.12.11/中等毒

棉花	棉铃虫	75-112.5克/公顷	喷雾

PD20092289 辛硫磷/40%/乳油/辛硫磷 40%/2014.02.24 至 2019.02.24/低毒

棉花	棉铃虫	300克/公顷	喷雾

PD20093314 敌百·辛硫磷/50%/乳油/敌百虫 25%、辛硫磷 25%/2014.03.13 至 2019.03.13/低毒

棉花	棉铃虫、棉蚜	450-600克/公顷	喷雾

PD20094078 辛硫·三唑酮/20%/乳油/三唑酮 5.5%、辛硫磷 14.5%/2014.03.27 至 2019.03.27/低毒

小麦	白粉病、蚜虫	360-450克/公顷	喷雾

PD20095526 吡虫啉/5%/乳油/吡虫啉 5%/2014.05.11 至 2019.05.11/低毒

小麦	蚜虫	7.5-11.2克/公顷	喷雾

PD20095858 氰戊·辛硫磷/40%/乳油/S-氰戊菊酯 1%、辛硫磷 39%/2014.05.27 至 2019.05.27/低毒

棉花	棉铃虫	240-360克/公顷	喷雾

PD20095969 敌百·氧乐果/40%/乳油/敌百虫 20%、氧乐果 20%/2014.06.04 至 2019.06.04/高毒

小麦	蚜虫	360-600克/公顷	喷雾

PD20098321 高效氯氟氰菊酯/25克/升/乳油/高效氯氟氰菊酯 25克/升/2014.12.18 至 2019.12.18/中等毒

甘蓝	菜青虫	20-30毫升制剂/亩	喷雾

PD20101670 水胺·辛硫磷/30%/乳油/水胺硫磷 10%、辛硫磷 20%/2015.06.08 至 2020.06.08/高毒

棉花	棉铃虫	270-450克/公顷	喷雾
棉花	蚜虫	270-360克/公顷	喷雾

PD20150516 草甘膦铵盐/80%/可溶粒剂/草甘膦 80%/2015.03.23 至 2020.03.23/微毒

非耕地	杂草	2040-3000克/公顷	茎叶喷雾

注:草甘膦铵盐含量：88.8%。

河南省周口市豫东农药厂 (河南省沈丘县老城北关 466333 0394-5381199)

PD20070278 敌畏·辛硫磷/30%/乳油/敌敌畏 10%、辛硫磷 20%/2012.09.05 至 2017.09.05/中等毒

棉花	棉铃虫	315-450克/公顷	喷雾

PD20080338 氯氰·辛硫磷/26%/乳油/氯氰菊酯 1%、辛硫磷 25%/2013.02.26 至 2018.02.26/中等毒

棉花	棉铃虫	312-390克/公顷	喷雾

PD20100893 高效氯氰菊酯/4.5%/乳油/高效氯氰菊酯 4.5%/2015.01.19 至 2020.01.19/低毒

十字花科蔬菜	菜青虫	20.25-27克/公顷	喷雾

PD20121756 阿维菌素/1.8%/乳油/阿维菌素 1.8%/2012.11.15 至 2017.11.15/低毒(原药高毒)
甘蓝 小菜蛾 8.1-10.8克/公顷 喷雾

河南省周口市中科化工有限公司 (河南省周口市太康县毛庄镇经济开发区 461400 0394-6910116)

PD20090564 辛硫·灭多威/20%/乳油/灭多威 6%、辛硫磷 14%/2014.01.13 至 2019.01.13/高毒
棉花 棉铃虫 150-300克/公顷 喷雾

PD20090779 高氯·氧乐果/10%/乳油/高效氯氰菊酯 2%、氧乐果 8%/2014.01.19 至 2019.01.19/高毒
棉花 蚜虫 45-75克/公顷 喷雾

PD20131561 高效氯氰菊酯/4.5%/乳油/高效氯氰菊酯 4.5%/2013.07.23 至 2018.07.23/低毒
梨树 梨木虱 25-31.25毫克/千克(1440-1800倍液) 喷雾

PD20132107 高效氯氟氰菊酯/25克/升/乳油/高效氯氟氰菊酯 25克/升/2013.10.24 至 2018.10.24/中等毒
小麦 蚜虫 4.5-7.5克/公顷 喷雾

PD20150452 阿维·高氯/1.8%/乳油/阿维菌素 0.3%、高效氯氰菊酯 1.5%/2015.03.20 至 2020.03.20/低毒(原药高毒)
小白菜 菜青虫、小菜蛾 13.5-27克/公顷 喷雾

PD20151306 吡虫啉/2%/颗粒剂/吡虫啉 2%/2015.07.30 至 2020.07.30/低毒
韭菜 韭蛆 300-450克/公顷 撒施

河南省淅川县丰源农药有限公司 (河南省郑州市农业路16号省汇中心B座2808 450003 0371-63582119)

PD84108-33 敌百虫/90%/原药/敌百虫 90%/2015.03.18 至 2020.03.18/低毒

PD85105-15 敌敌畏/80%/乳油/敌敌畏 77.5%(气谱法)/2015.03.18 至 2020.03.18/中等毒
茶树 食叶害虫 600克/公顷 喷雾
粮仓 多种储藏害虫 1)400-500倍液2)0.4-0.5克/立方米 1)喷雾2)挂条熏蒸
棉花 蚜虫、造桥虫 600-1200克/公顷 喷雾
苹果树 小卷叶蛾、蚜虫 400-500毫克/千克 喷雾
青菜 菜青虫 600克/公顷 喷雾
桑树 尺蠖 600克/公顷 喷雾
卫生 多种卫生害虫 1)300-400倍液2)0.08克/立方米 1)泼洒2)挂条熏蒸
小麦 黏虫、蚜虫 600克/公顷 喷雾

PD85157-25 辛硫磷/40%/乳油/辛硫磷 40%/2016.03.25 至 2021.03.25/低毒
茶树、桑树 食叶害虫 200-400毫克/千克 喷雾
果树 食心虫、蚜虫、螨 200-400毫克/千克 喷雾
林木 食叶害虫 3000-6000克/公顷 喷雾
棉花 棉铃虫、蚜虫 300-600克/公顷 喷雾
蔬菜 菜青虫 300-450克/公顷 喷雾
烟草 食叶害虫 300-600克/公顷 喷雾
玉米 玉米螟 450-600克/公顷 灌心叶

PD91104-28 敌敌畏/50%/乳油/敌敌畏 48%/2011.03.28 至 2016.03.28/中等毒
茶树 食叶害虫 600克/公顷 喷雾
粮仓 多种储粮害虫 1)300-400倍液2)0.4-0.5克/立方米 1)喷雾2)挂条熏蒸
棉花 蚜虫、造桥虫 600-1200克/公顷 喷雾
苹果树 小卷叶蛾、蚜虫 400-500毫克/千克 喷雾
青菜 菜青虫 600克/公顷 喷雾
桑树 尺蠖 600克/公顷 喷雾
卫生 多种卫生害虫 1)250-300倍液2)0.08克/立方米 1)泼洒2)挂条熏蒸
小麦 黏虫、蚜虫 600克/公顷 喷雾

PD20082901 氯氰·辛硫磷/20%/乳油/氯氰菊酯 1.5%、辛硫磷 18.5%/2013.12.09 至 2018.12.09/中等毒
棉花 棉铃虫 225-450克/公顷 喷雾

PD20083236 克百威/3%/颗粒剂/克百威 3%/2013.12.11 至 2018.12.11/高毒
甘蔗 蚜虫、蔗龟 1350-2250克/公顷 沟施
花生 线虫 1800-2250克/公顷 条施、沟施
棉花 蚜虫 675-900克/公顷 条施、沟施
水稻 蚜虫、瘿蚊 900-1350克/公顷 撒施

PD20084475 辛硫磷/3%/颗粒剂/辛硫磷 3%/2013.12.17 至 2018.12.17/低毒
玉米 玉米螟 112.5-157.5克/公顷 喷雾

PD20085126 辛硫·灭多威/20%/乳油/灭多威 10%、辛硫磷 10%/2013.12.23 至 2018.12.23/高毒
棉花 棉蚜 75-150克/公顷 喷雾

PD20085452 敌百·辛硫磷/50%/乳油/敌百虫 25%、辛硫磷 25%/2013.12.24 至 2018.12.24/低毒
棉花 棉铃虫 450-600克/公顷 喷雾

PD20090694 敌百虫/30%/乳油/敌百虫 30%/2014.01.19 至 2019.01.19/低毒
十字花科蔬菜 菜青虫 450-675克/公顷 喷雾

PD20093655 克百·敌百虫/3%/颗粒剂/敌百虫 1.5%、克百威 1.5%/2014.03.25 至 2019.03.25/高毒
棉花 蚜虫 900-1125克/公顷 穴施,沟施

PD20094151 阿维·高氯/2%/乳油/阿维菌素 0.4%、高效氯氰菊酯 1.6%/2014.03.27 至 2019.03.27/低毒(原药高毒)
甘蓝 小菜蛾 7.5-15克/公顷 喷雾
PD20096117 草甘膦/95%/原药/草甘膦 95%/2014.06.18 至 2019.06.18/低毒

河南省漯河市康丰达药业有限公司 (河南省漯河市漓江路东段 462000 0395-2693129)

PD20084766 井冈霉素/3%/水剂/井冈霉素 3%/2013.12.22 至 2018.12.22/低毒
水稻 纹枯病 150-187.5克/公顷 喷雾
PD20120748 阿维·高氯/1.8%/水乳剂/阿维菌素 0.3%、高效氯氰菊酯 1.5%/2012.05.05 至 2017.05.05/低毒(原药高毒)
甘蓝 小菜蛾 8.1-16.2克/公顷 喷雾
PD20120866 苯磺隆/75%/水分散粒剂/苯磺隆 75%/2012.05.23 至 2017.05.23/低毒
冬小麦田 一年生阔叶杂草 18-22.5克/公顷 茎叶喷雾

河南省漯河市山鑫化工有限公司 (河南省漯河市文化路183号 462400 0395-6162823)

WP20120171 杀虫喷射剂/0.45%/喷射剂/胺菊酯 0.25%、氯菊酯 0.2%/2012.09.11 至 2017.09.11/低毒
卫生 蚊、蝇 / 喷射

河南省濮阳市科濮生化有限公司 (河南省濮阳市工业路北段 457600 0393-8981189)

PD20094248 苏云金杆菌/16000IU/毫克/可湿性粉剂/苏云金杆菌 16000IU/毫克/2014.03.31 至 2019.03.31/低毒
十字花科蔬菜 小菜蛾 750-1125克制剂/公顷 喷雾
PD20094760 氯氰·辛硫磷/27%/乳油/氯氰菊酯 4%、辛硫磷 23%/2014.04.13 至 2019.04.13/中等毒
棉花 蚜虫 121.5-162克/公顷 喷雾
棉花 棉铃虫 81-121.5克/公顷 喷雾
PD20130709 烟嘧磺隆/40克/升/可分散油悬浮剂/烟嘧磺隆 40克/升/2013.04.11 至 2018.04.11/低毒
玉米田 一年生杂草 36-60克/公顷 茎叶喷雾
PD20130940 毒死蜱/45%/乳油/毒死蜱 45%/2013.05.02 至 2018.05.02/中等毒
水稻 飞虱 450-600克/公顷 喷雾
PD20130944 高效氯氟氰菊酯/25克/升/乳油/高效氯氟氰菊酯 25克/升/2013.05.02 至 2018.05.02/中等毒
甘蓝 菜青虫 7.5-15克/公顷 喷雾
PD20142146 噻嗪酮/25%/可湿性粉剂/噻嗪酮 25%/2014.09.18 至 2019.09.18/低毒
水稻 飞虱 75-112.5克/公顷 喷雾
PD20142309 三环唑/75%/可湿性粉剂/三环唑 75%/2014.11.03 至 2019.11.03/低毒
水稻 稻瘟病 281.3-337.5克/公顷 喷雾
PD20142523 甲氨基阿维菌素苯甲酸盐/5%/微乳剂/甲氨基阿维菌素 5%/2014.11.21 至 2019.11.21/低毒
甘蓝 甜菜夜蛾 2.25-3克/公顷 喷雾
注:甲氨基阿维菌素苯甲酸盐含量: 5.7%。
PD20150153 氨基寡糖素/2%/水剂/氨基寡糖素 2%/2015.01.14 至 2020.01.14/微毒
番茄 晚疫病 18-21克/公顷 喷雾
PD20151522 印楝素/1%/微乳剂/印楝素 1%/2015.08.03 至 2020.08.03/低毒
甘蓝 小菜蛾 6.3-8.4克/公顷 喷雾

河南省濮阳市农科所科技开发中心 (河南省濮阳市建设路6号 457000 0393-4421456)

PD20100812 盐酸吗啉胍/30%/可溶粉剂/盐酸吗啉胍 30%/2015.01.19 至 2020.01.19/低毒
番茄、烟草 病毒病 112.5-225克/公顷 喷雾

河南省濮阳市双灵化工有限公司 (河南省濮阳市南乐县城南2公里 457400 0393-4431899)

PD20081464 阿维菌素/1.8%/乳油/阿维菌素 1.8%/2013.11.04 至 2018.11.04/低毒(原药高毒)
柑橘树 红蜘蛛 4.5-9毫克/千克 喷雾
PD20090906 毒死蜱/45%/乳油/毒死蜱 45%/2014.01.19 至 2019.01.19/中等毒
水稻 二化螟 432-576克/公顷 喷雾
PD20091086 三环唑/20%/可湿性粉剂/三环唑 20%/2014.01.21 至 2019.01.21/低毒
水稻 稻瘟病 225-300克/公顷 喷雾
PD20121724 甲氨基阿维菌素苯甲酸盐/1%/乳油/甲氨基阿维菌素 1%/2012.11.08 至 2017.11.08/低毒
甘蓝 小菜蛾 1.5-2.25克/公顷 喷雾
注:甲氨基阿维菌素苯甲酸盐含量: 1.14%。
PD20130997 炔螨特/73%/乳油/炔螨特 73%/2013.05.07 至 2018.05.07/低毒
柑橘树 红蜘蛛 243.3—365毫克/千克 喷雾

河南省濮阳市新科化工有限公司 (河南省濮阳市台前县城关镇尚庄工业区 457600 0393-2219288)

PD20050211 氯氰·辛硫磷/20%/乳油/氯氰菊酯 1.5%、辛硫磷 18.5%/2015.12.23 至 2020.12.23/中等毒
棉花 棉铃虫 210-300克/公顷 喷雾
PD20082912 甲氰·辛硫磷/25%/乳油/甲氰菊酯 5%、辛硫磷 20%/2013.12.09 至 2018.12.09/中等毒
棉花 棉铃虫 281.25-375克/公顷 喷雾
PD20092412 井冈霉素/5%/可溶粉剂/井冈霉素 5%/2014.02.25 至 2019.02.25/低毒
水稻 纹枯病 150-187.5克/公顷 喷雾
PD20094074 阿维·高氯/1.1%/乳油/阿维菌素 0.1%、高效氯氰菊酯 1%/2014.03.27 至 2019.03.27/低毒(原药高毒)
甘蓝 菜青虫、小菜蛾 13.5-27克/公顷 喷雾
PD20094538 多·福/50%/可湿性粉剂/多菌灵 25%、福美双 25%/2014.04.09 至 2019.04.09/低毒
梨树 黑星病 1000-1500毫克/千克 喷雾
PD20095230 烟嘧磺隆/40克/升/可分散油悬浮剂/烟嘧磺隆 40克/升/2014.04.27 至 2019.04.27/低毒

玉米田 一年生杂草 42-60克/公顷 茎叶喷雾

PD20095958 乙草胺/50%/乳油/乙草胺 50%/2014.06.03 至 2019.06.03/低毒

夏玉米田 一年生禾本科杂草及部分阔叶杂草 1050-1200克/公顷 土壤喷雾

PD20096174 井冈霉素/3%/水剂/井冈霉素 3%/2014.07.02 至 2019.07.02/低毒

水稻 纹枯病 150-187.5克/公顷 喷雾

PD20096738 毒死蜱/95%/原药/毒死蜱 95%/2014.09.07 至 2019.09.07/中等毒

PD20100062 烟嘧磺隆/95%/原药/烟嘧磺隆 95%/2015.01.04 至 2020.01.04/低毒

PD20101175 啶虫脒/20%/可湿性粉剂/啶虫脒 20%/2015.01.28 至 2020.01.28/低毒

柑橘树 蚜虫 12.5-18.75毫克/千克 喷雾

PD20130693 烟嘧・莠去津/23%/可分散油悬浮剂/烟嘧磺隆 3%、莠去津 20%/2013.04.11 至 2018.04.11/低毒

春玉米田 一年生杂草 310.5-345克/公顷 茎叶喷雾

PD20131845 乙草胺/81.5%/乳油/乙草胺 81.5%/2013.09.23 至 2018.09.23/低毒

春玉米田 一年生禾本科杂草及部分阔叶杂草 1589-1895克/公顷 播后苗前土壤喷雾

PD20131848 氟磺胺草醚/250克/升/水剂/氟磺胺草醚 250克/升/2013.09.23 至 2018.09.23/低毒

春大豆田 一年生阔叶杂草 300-375克/公顷 茎叶喷雾

PD20151564 硝磺草酮/15%/悬浮剂/硝磺草酮 15%/2015.08.03 至 2020.08.03/微毒

春玉米田 一年生杂草 157.5-202.5克/公顷 茎叶喷雾

PD20151834 烟嘧・莠・异丙/37%/可分散油悬浮剂/烟嘧磺隆 2%、异丙草胺 15%、莠去津 20%/2015.08.28 至 2020.08.28/低毒

春玉米田 一年生杂草 971-1110克/公顷 茎叶喷雾

PD20152223 高效氯氟氰菊酯//水乳剂/高效氯氟氰菊酯 2.5%/2015.09.23 至 2020.09.23/低毒

甘蓝 菜青虫 7.5-9.375克/公顷 喷雾

河南省濮阳市豫北农药厂 (河南省濮阳市范县新区 457500 0393-5261231)

PD20060070 高氯・辛硫磷/20%/乳油/高效氯氰菊酯 1.5%、辛硫磷 18.5%/2011.04.13 至 2016.04.13/中等毒

棉花 棉铃虫 180-240克/公顷 喷雾

PD20082929 高氯・马/37%/乳油/高效氯氰菊酯 0.8%、马拉硫磷 36.2%/2013.12.09 至 2018.12.09/中等毒

十字花科蔬菜 菜青虫 194.25-360.75克/公顷 喷雾

河南省柘城县新威农药有限公司 (河南省商丘市柘城县春水西路工业区 476200 0370-7277699)

PD86109-15 苏云金杆菌/16000IU/毫克/可湿性粉剂/苏云金杆菌 16000IU/毫克/2012.01.30 至 2017.01.30/低毒

白菜、萝卜、青菜 菜青虫、小菜蛾 1500-4500克制剂/公顷 喷雾

茶树 茶毛虫 1500-7500克制剂/公顷 喷雾

大豆、甘薯 天蛾 1500-2250克制剂/公顷 喷雾

柑橘树 柑橘凤蝶 2250-3750克制剂/公顷 喷雾

高粱、玉米 玉米螟 3750-4500克制剂/公顷 喷雾、毒土

梨树 天幕毛虫 1500-3750克制剂/公顷 喷雾

林木 尺蠖、柳毒蛾、松毛虫 2250-7500克制剂/公顷 喷雾

棉花 棉铃虫、造桥虫 1500-7500克制剂/公顷 喷雾

苹果树 巢蛾 2250-3750克制剂/公顷 喷雾

水稻 稻苞虫、稻纵卷叶螟 1500-6000克制剂/公顷 喷雾

烟草 烟青虫 3750-7500克制剂/公顷 喷雾

枣树 尺蠖 3750-4500克制剂/公顷 喷雾

PD90106-18 苏云金杆菌/8000IU/微升/悬浮剂/苏云金杆菌 8000IU/微升/2015.07.29 至 2020.07.29/低毒

茶树 茶毛虫 100-200倍液 喷雾

棉花 二代棉铃虫 6000-7500毫升制剂/公顷 喷雾

森林 松毛虫 100-200倍液 喷雾

十字花科蔬菜 菜青虫、小菜蛾 3000-4500毫升制剂/公顷 喷雾

水稻 稻纵卷叶螟 6000-7500毫升制剂/公顷 喷雾

烟草 烟青虫 6000-7500毫升制剂/公顷 喷雾

玉米 玉米螟 4500-6000毫升制剂/公顷 加细沙灌心叶

枣树 尺蠖 100-200倍液 喷雾

PD20050074 吡虫啉/5%/乳油/吡虫啉 5%/2015.06.24 至 2020.06.24/低毒

小麦 蚜虫 7.5-11.2克/公顷 喷雾

河南世诚生物科技有限公司 (河南省漯河市孟庙镇中原路45号 462311 0395-3126778)

PD20095640 丙环唑/250克/升/乳油/丙环唑 250克/升/2014.05.12 至 2019.05.12/低毒

香蕉 叶斑病 375－500毫克/千克 喷雾

小麦 锈病 124.5－149克/公顷 喷雾

PD20096009 氟铃脲/5%/乳油/氟铃脲 5%/2014.06.11 至 2019.06.11/低毒

棉花 棉铃虫 90-120克/公顷 喷雾

PD20097564 氧乐果/40%/乳油/氧乐果 40%/2014.11.03 至 2019.11.03/中等毒

小麦 蚜虫 81-162克/公顷 喷雾

PD20100391 井冈霉素/2.4%/水剂/井冈霉素 2.4%/2015.01.14 至 2020.01.14/低毒

水稻 纹枯病 150－187.5克/公顷 喷雾

PD20100404 噁霉灵/15%/水剂/噁霉灵 15%/2015.01.14 至 2020.01.14/低毒

辣椒 立枯病 0.75-1.05克/平方米 泼浇

水稻苗床　立枯病　900-1800克/公顷　土壤喷雾
PD20100730　咪鲜胺/25%/乳油/咪鲜胺 25%/2015.01.16 至 2020.01.16/低毒
柑橘　绿霉病、青霉病　250－500毫克/千克　浸果
PD20101558　苯醚甲环唑/250克/升/乳油/苯醚甲环唑 250克/升/2015.05.19 至 2020.05.19/低毒
香蕉树　叶斑病　83.3－125毫克/千克　喷雾
PD20130348　烟嘧磺隆/40克/升/可分散油悬浮剂/烟嘧磺隆 40克/升/2013.03.11 至 2018.03.11/低毒
玉米田　一年生杂草　51-60克/公顷　茎叶喷雾
PD20132286　王铜/30%/悬浮剂/王铜 30%/2013.11.08 至 2018.11.08/低毒
柑橘树　溃疡病　375-500毫克/千克　喷雾
PD20142376　吡蚜酮/25%/可湿性粉剂/吡蚜酮 25%/2014.11.04 至 2019.11.04/低毒
水稻　飞虱　60-75克/公顷　喷雾
PD20142639　松脂酸铜/18%/乳油/松脂酸铜 18%/2014.12.15 至 2019.12.15/低毒
柑橘树　溃疡病　300－400毫克/千克　喷雾
PD20150706　精喹禾灵/10%/乳油/精喹禾灵 10%/2015.04.20 至 2020.04.20/低毒
大豆田　一年生禾本科杂草　45-52.5克/公顷　茎叶喷雾
PD20151028　甲氨基阿维菌素苯甲酸盐/2%/微囊悬浮剂/甲氨基阿维菌素 2%/2015.06.14 至 2020.06.14/低毒
水稻　稻纵卷叶螟　9-15克/公顷　喷雾
注:甲氨基阿维菌素苯甲酸盐含量：2.3%。
PD20151063　苯甲・丙环唑/30%/乳油/苯醚甲环唑 15%、丙环唑 15%/2015.06.14 至 2020.06.14/低毒
水稻　纹枯病　90-112.5克/公顷　喷雾
PD20151163　唑草・苯磺隆/40%/水分散粒剂/苯磺隆 18%、唑草酮 22%/2015.06.26 至 2020.06.26/微毒
小麦田　一年生阔叶杂草　18-30克/公顷　茎叶喷雾/
PD20151907　硝・烟・莠去津/24%/可分散油悬浮剂/烟嘧磺隆 2%、莠去津 18%、硝磺草酮 4%/2015.08.30 至 2020.08.30/低毒
玉米田　一年生杂草　594-720克/公顷　茎叶喷雾
PD20152116　戊唑醇/25%/可湿性粉剂/戊唑醇 25%/2015.09.22 至 2020.09.22/低毒
香蕉　叶斑病　167-250毫克/千克　喷雾

河南喜夫农生物科技有限公司　(河南省尉氏县人民路西关段　475500　0371-27539599)

PD20093336　草甘膦/95%/原药/草甘膦 95%/2014.03.18 至 2019.03.18/低毒
PD20093586　马拉硫磷/45%/乳油/马拉硫磷 45%/2014.03.23 至 2019.03.23/低毒
棉花　盲蝽蟓　405-607.5克/公顷　喷雾
PD20094833　氯氰・辛硫磷/20%/乳油/氯氰菊酯 1.5%、辛硫磷 18.5%/2014.04.13 至 2019.04.13/中等毒
棉花　棉铃虫　225-300克/公顷　喷雾
PD20095093　阿维・高氯/1.8%/乳油/阿维菌素 0.3%、高效氯氰菊酯 1.5%/2014.04.24 至 2019.04.24/低毒(原药高毒)
甘蓝　小菜蛾　10.8-15克/公顷　喷雾
PD20095397　氯氰・氧乐果/10%/乳油/氯氰菊酯 1%、氧乐果 9%/2014.04.27 至 2019.04.27/中等毒(原药高毒)
棉花　蚜虫　60-75克/公顷　喷雾
PD20095734　精喹禾灵/5%/乳油/精喹禾灵 5%/2014.05.18 至 2019.05.18/低毒
夏大豆田　一年生禾本科杂草　22.5-31.5克/公顷　茎叶喷雾
PD20101504　氯氰・水胺/20%/乳油/氯氰菊酯 1.5%、水胺硫磷 18.5%/2015.05.10 至 2020.05.10/高毒
棉花　棉铃虫　120-150克/公顷　喷雾
PD20150498　甲维・虫酰肼/25%/悬浮剂/虫酰肼 24%、甲氨基阿维菌素苯甲酸盐 1%/2015.03.23 至 2020.03.23/低毒
甘蓝　斜纹夜蛾　150-225克/公顷　喷雾
PD20152149　草甘膦铵盐/50%/可溶粉剂/草甘膦 50%/2015.09.22 至 2020.09.22/低毒
非耕地　杂草　1125-2250克/公顷　茎叶喷雾
注:草甘膦铵盐含量：55%。
PD20152201　草甘膦异丙胺盐/30%/水剂/草甘膦 30%/2015.09.23 至 2020.09.23/微毒
非耕地　杂草　1125-2250克/公顷　茎叶喷雾

河南翔大化工有限公司　(河南省郑州市金水区柳林镇唐庄　450003　0371-63816581)

PD20081969　高氯・马/40%/乳油/高效氯氰菊酯 0.7%、马拉硫磷 39.3%/2013.11.25 至 2018.11.25/中等毒
棉花　棉铃虫　120-240克/公顷　喷雾
PD20084197　氯氰・辛硫磷/20%/乳油/氯氰菊酯 1.5%、辛硫磷 18.5%/2013.12.16 至 2018.12.16/中等毒
棉花　棉铃虫、棉蚜　75-150克/公顷　喷雾
PD20085898　马拉・三唑酮/35%/乳油/马拉硫磷 27%、三唑酮 8%/2013.12.29 至 2018.12.29/低毒
小麦　白粉病、蚜虫　525-656克/公顷　喷雾
PD20092151　苯磺隆/10%/可湿性粉剂/苯磺隆 10%/2014.02.23 至 2019.02.23/低毒
冬小麦田　一年生阔叶杂草　13.5－22.5克/公顷　茎叶喷雾
PD20094205　甲柳・三唑酮/10%/乳油/甲基异柳磷 8%、三唑酮 2%/2014.03.30 至 2019.03.30/高毒
小麦　地下害虫　40-80克/100千克种子　拌种
PD20098304　高效氯氰氰菊酯/25克/升/乳油/高效氯氰氰菊酯 25克/升/2014.12.18 至 2019.12.18/中等毒
甘蓝　菜青虫　20-40毫升制剂/亩　喷雾
PD20100357　莠去津/38%/悬浮剂/莠去津 38%/2015.01.11 至 2020.01.11/低毒
春玉米田　一年生杂草　1995-2280克/公顷　土壤喷雾
LS20150287　敌・苯・乙烯利/65%/悬浮剂/敌草隆 7%、噻苯隆 18%、乙烯利 40%/2015.09.22 至 2016.09.22/低毒

棉花	脱叶	390-487.5克/公顷	茎叶喷雾

河南欣农化工有限公司　(河南省郑州市中原区未来大道65号天地大厦505号　450002　0371-65930933)

PD20090023	百菌清/75%/可湿性粉剂/百菌清 75%/2014.01.06 至 2019.01.06/低毒		
黄瓜	霜霉病	1856-2408克/公顷	喷雾
PD20090851	霜脲·锰锌/36%/可湿性粉剂/代森锰锌 32%、霜脲氰 4%/2014.01.19 至 2019.01.19/低毒		
黄瓜	霜霉病	1440-1800克/公顷	喷雾
PD20090898	唑酮·氧乐果/25%/乳油/三唑酮 7%、氧乐果 18%/2014.01.19 至 2019.01.19/高毒		
小麦	白粉病、蚜虫	405-480克/公顷	喷雾
PD20091755	苯磺隆/10%/可湿性粉剂/苯磺隆 10%/2014.02.04 至 2019.02.04/低毒		
冬小麦田	一年生阔叶杂草	15-22.5克/公顷	茎叶喷雾
PD20092145	氯氰·辛硫磷/27%/乳油/氯氰菊酯 4%、辛硫磷 23%/2014.02.23 至 2019.02.23/低毒		
棉花	棉铃虫	162-243克/公顷	喷雾
PD20092900	硫磺·三环唑/45%/可湿性粉剂/硫磺 40%、三环唑 5%/2014.03.05 至 2019.03.05/低毒		
水稻	稻瘟病	810-1215克/公顷	喷雾
PD20092927	硝钠·萘乙酸/2.85%/水剂/萘乙酸 1.2%、复硝酚钠 1.65%/2014.03.05 至 2019.03.05/低毒		
水稻	调节生长	3000-4000倍液	喷雾(2次)
PD20092989	啶虫脒/5%/乳油/啶虫脒 5%/2014.03.09 至 2019.03.09/低毒		
苹果树	蚜虫	12-15毫克/千克	喷雾
PD20093963	辛硫磷/40%/乳油/辛硫磷 40%/2014.03.27 至 2019.03.27/低毒		
棉花	蚜虫	240-300克/公顷	喷雾
PD20094141	氯氰·敌敌畏/45%/乳油/敌敌畏 42%、氯氰菊酯 3%/2014.03.27 至 2019.03.27/中等毒		
甘蓝	菜青虫	236.25-315克/公顷	喷雾
PD20094283	硫磺·锰锌/70%/可湿性粉剂/硫磺 30%、代森锰锌 40%/2014.03.31 至 2019.03.31/低毒		
豇豆	锈病	1575-2100克/公顷	喷雾
PD20095173	福·福锌/60%/可湿性粉剂/福美双 23%、福美锌 37%/2014.04.24 至 2019.04.24/低毒		
西瓜	炭疽病	1500-1800克/公顷	喷雾
PD20096808	马拉硫磷/45%/乳油/马拉硫磷 45%/2014.09.15 至 2019.09.15/低毒		
棉花	盲蝽蟓	405-573.75克/公顷	喷雾
PD20096950	敌敌畏/77.5%/乳油/敌敌畏 77.5%/2014.09.29 至 2019.09.29/中等毒		
小麦	蚜虫	50-60毫升制剂/亩	喷雾
PD20097574	福·甲·硫磺/70%/可湿性粉剂/福美双 25%、甲基硫菌灵 14%、硫磺 31%/2014.11.03 至 2019.11.03/低毒		
辣椒	炭疽病	735-1050克/公顷	喷雾
PD20097764	多菌灵/80%/可湿性粉剂/多菌灵 80%/2014.11.12 至 2019.11.12/低毒		
花生	倒秧病	720—840克/公顷	喷雾
PD20100555	丙环唑/250克/升/乳油/丙环唑 250克/升/2015.01.14 至 2020.01.14/低毒		
香蕉	叶斑病	357—500毫克/千克	喷雾
PD20100752	阿维·矿物油/24.5%/乳油/阿维菌素 0.2%、矿物油 24.3%/2015.01.16 至 2020.01.16/低毒(原药高毒)		
苹果树	红蜘蛛	1500-2000倍液	喷雾
PD20101602	代森锰锌/80%/可湿性粉剂/代森锰锌 80%/2015.06.03 至 2020.06.03/低毒		
番茄	早疫病	2100-2400克/公顷	喷雾
PD20132481	阿维·甲氰/1.8%/乳油/阿维菌素 0.3%、甲氰菊酯 1.5%/2013.12.09 至 2018.12.09/低毒(原药高毒)		
柑橘树	红蜘蛛	9-18毫克/千克	喷雾
PD20141387	丙溴·辛硫磷/25%/乳油/丙溴磷 6%、辛硫磷 19%/2014.06.05 至 2019.06.05/低毒		
水稻	稻纵卷叶螟	262.5-300克/公顷	喷雾
PD20141779	唑螨酯/5%/悬浮剂/唑螨酯 5%/2014.07.14 至 2019.07.14/低毒		
苹果树	红蜘蛛	16.7-25毫克/千克	喷雾
PD20141780	阿维菌素/5%/乳油/阿维菌素 5%/2014.07.14 至 2019.07.14/中等毒(原药高毒)		
柑橘树	红蜘蛛	6.75-9毫克/千克	喷雾
PD20141794	螺螨酯/240克/升/悬浮剂/螺螨酯 240克/升/2014.07.14 至 2019.07.14/低毒		
柑橘树	红蜘蛛	40-60毫克/千克	喷雾
PD20142122	咪鲜胺/450克/升/水乳剂/咪鲜胺 450克/升/2014.09.03 至 2019.09.03/微毒		
香蕉	炭疽病	375—500毫克/千克	浸果

河南新乡中电除草剂有限公司　(河南省新乡县朗公庙镇新原路口　453700　0373-5701262)

PD20092485	氯氰·辛硫磷/40%/乳油/氯氰菊酯 2%、辛硫磷 38%/2014.02.26 至 2019.02.26/中等毒		
甘蓝	菜青虫	120-150克/公顷	喷雾
棉花	棉铃虫	180-240克/公顷	喷雾
PD20095171	苄·二氯/36%/可湿性粉剂/苄嘧磺隆 3%、二氯喹啉酸 33%/2014.04.24 至 2019.04.24/低毒		
水稻抛秧田、水稻移栽田	一年生杂草	216-270克/公顷	喷雾
PD20095591	异丙草·莠/40%/悬浮剂/异丙草胺 16%、莠去津 24%/2014.05.12 至 2019.05.12/低毒		
夏玉米田	一年生杂草	1200-1500克/公顷	土壤喷雾
PD20096232	乙·莠/48%/可湿性粉剂/乙草胺 24%、莠去津 24%/2014.07.15 至 2019.07.15/低毒		
夏玉米田	一年生杂草	900-1440克/公顷	土壤喷雾

PD20096493　烟嘧磺隆/4.2%/可分散油悬浮剂/烟嘧磺隆 4.2%/2014.08.14 至 2019.08.14/低毒
玉米田　一年生杂草　42-60克/公顷　茎叶喷雾
PD20096568　苄·乙/14%/可湿性粉剂/苄嘧磺隆 3.5%、乙草胺 10.5%/2014.08.24 至 2019.08.24/低毒
水稻移栽田　一年生杂草　84-118克/公顷　毒土法
PD20102121　2甲·苯磺隆/50.8%/可湿性粉剂/苯磺隆 0.8%、2甲4氯钠 50%/2015.12.22 至 2020.12.22/低毒
小麦田　一年生阔叶杂草　381－571.5克/公顷　茎叶喷雾
PD20131596　丁·莠/48%/悬乳剂/丁草胺 19%、莠去津 29%/2013.07.29 至 2018.07.29/低毒
夏玉米田　一年生杂草　1080-1440克/公顷　土壤喷雾
PD20150656　烟嘧·莠·异丙/37%/可分散油悬浮剂/烟嘧磺隆 2%、异丙草胺 15%、莠去津 20%/2015.04.16 至 2020.04.16/微毒
玉米田　一年生杂草　832.5-1110克/公顷　茎叶喷雾
PD20151289　精喹禾灵/15%/悬浮剂/精喹禾灵 15%/2015.07.30 至 2020.07.30/微毒
夏大豆田　一年生禾本科杂草　45-67.5克/公顷　茎叶喷雾
LS20140335　烟嘧·乙·莠/42%/可分散油悬浮剂/烟嘧磺隆 2%、乙草胺 22%、莠去津 18%/2015.11.17 至 2016.11.17/低毒
玉米田　一年生杂草　945-1260克/公顷　茎叶喷雾

河南银田精细化工有限公司　(河南省新乡市原阳县原齐路6号　453500　0373-7275605)

PD20040691　三唑酮/20%/乳油/三唑酮 20%/2014.12.19 至 2019.12.19/低毒
小麦　白粉病　75-90克/公顷　喷雾
PD20085324　马拉·辛硫磷/20%/乳油/马拉硫磷 10%、辛硫磷 10%/2013.12.24 至 2018.12.24/低毒
棉花　棉铃虫　150-225克/公顷　喷雾
PD20086094　灭多威/10%/可湿性粉剂/灭多威 10%/2013.12.30 至 2018.12.30/中等毒(原药高毒)
棉花　棉铃虫　270-360克/公顷　喷雾
PD20086106　啶虫脒/5%/乳油/啶虫脒 5%/2013.12.30 至 2018.12.30/低毒
苹果树　蚜虫　12-15毫克/千克　喷雾
小麦　蚜虫　13.5-18克/公顷　喷雾
PD20086276　丙环唑/250克/升/乳油/丙环唑 250克/升/2013.12.31 至 2018.12.31/低毒
香蕉树　叶斑病　250-500毫克/千克　喷雾
PD20090356　杀扑磷/40%/乳油/杀扑磷 40%/2014.01.12 至 2015.09.30/高毒
柑橘树　介壳虫　400-500毫克/千克　喷雾
PD20090816　辛硫磷/3%/颗粒剂/辛硫磷 3%/2014.01.19 至 2019.01.19/微毒
花生　地下害虫　1800-3600克/公顷　沟施
PD20091523　敌畏·仲丁威/20%/乳油/敌敌畏 12%、仲丁威 8%/2014.02.02 至 2019.02.02/中等毒
水稻　飞虱　300-360克/公顷　喷雾
PD20091600　异丙威/10%/烟剂/异丙威 10%/2014.02.03 至 2019.02.03/低毒
黄瓜(保护地)　蚜虫　450-600克/公顷　点燃放烟
PD20091696　氯氰·毒死蜱/52.25%/乳油/毒死蜱 47.5%、氯氰菊酯 4.75%/2014.02.03 至 2019.02.03/中等毒
柑橘树　潜叶蛾　348.3-522.5毫克/千克　喷雾
PD20091802　异菌·百菌清/15%/烟剂/百菌清 9%、异菌脲 6%/2014.02.04 至 2019.02.04/低毒
番茄(保护地)　灰霉病　562.5-675克/公顷　点燃放烟
PD20092104　毒死蜱/40%/乳油/毒死蜱 40%/2014.02.23 至 2019.02.23/中等毒
苹果树　桃小食心虫　160-267毫克/千克　喷雾
PD20092603　腐霉利/15%/烟剂/腐霉利 15%/2014.02.27 至 2019.02.27/低毒
韭菜(保护地)　灰霉病　562.5-787.5克/公顷　点燃放烟
PD20092652　多·福/50%/可湿性粉剂/多菌灵 25%、福美双 25%/2014.03.03 至 2019.03.03/低毒
葡萄　霜霉病　1000-1250毫克/千克　喷雾
PD20093088　氰戊·辛硫磷/25%/乳油/氰戊菊酯 6.25%、辛硫磷 18.75%/2014.03.09 至 2019.03.09/低毒
棉花　棉铃虫　270-300克/公顷　喷雾
PD20093171　阿维·吡虫啉/5%/乳油/阿维菌素 0.5%、吡虫啉 4.5%/2014.03.11 至 2019.03.11/低毒(原药高毒)
梨树　梨木虱　6.25-10毫克/千克　喷雾
PD20093451　辛硫·三唑酮/20%/乳油/三唑酮 5%、辛硫磷 15%/2014.03.23 至 2019.03.23/低毒
小麦　白粉病、蚜虫　420-450克/公顷　喷雾
PD20093477　百菌清/20%/烟剂/百菌清 20%/2014.03.23 至 2019.03.23/低毒
黄瓜(保护地)　霜霉病　900-1200克/公顷　点燃放烟
PD20093495　氰戊·马拉松/20%/乳油/马拉硫磷 15%、氰戊菊酯 5%/2014.03.23 至 2019.03.23/低毒
小麦　蚜虫　90-120克/公顷　喷雾
PD20094152　霜脲·百菌清/22%/烟剂/百菌清 19%、霜脲氰 3%/2014.03.27 至 2019.03.27/低毒
黄瓜(保护地)　霜霉病　660-825克/公顷　点燃放烟
PD20094931　高效氯氰菊酯/4.5%/微乳剂/高效氯氰菊酯 4.5%/2014.04.13 至 2019.04.13/低毒
甘蓝　菜青虫　13.5-27克/公顷　喷雾
PD20094951　氯溴异氰尿酸/50%/可溶粉剂/氯溴异氰尿酸 50%/2014.04.20 至 2019.04.20/低毒
大白菜　软腐病　375-450克/公顷　喷雾
黄瓜　霜霉病　450-525克/公顷　喷雾
水稻　白叶枯病　300-450克/公顷　喷雾
PD20094952　氯溴异氰尿酸/90%/原药/氯溴异氰尿酸 90%/2014.04.20 至 2019.04.20/低毒

PD20095164　复硝酚钠/1.4%/水剂/5-硝基邻甲氧基苯酚钠 0.3%、对硝基苯酚钠 0.7%、邻硝基苯酚钠 0.4%/2014.04.24 至2019.04.24/低毒
　小麦　调节生长　2.8-3.5毫克/千克　喷雾
PD20095306　精喹禾灵/8.8%/乳油/精喹禾灵 8.8%/2014.04.27 至 2019.04.27/低毒
　夏大豆田　一年生禾本科杂草　39.6-52.8克/公顷　茎叶喷雾
PD20095418　高效氟吡甲禾灵/108克/升/乳油/高效氟吡甲禾灵 108克/升/2014.05.11 至 2019.05.11/低毒
　冬油菜田　一年生禾本科杂草　32.4-48.6克/公顷　茎叶喷雾
PD20095452　阿维·哒螨灵/6.78%/乳油/阿维菌素 0.11%、哒螨灵 6.67%/2014.05.11 至 2019.05.11/中等毒(原药高毒)
　苹果树　红蜘蛛　27.12-33.9毫克/千克　喷雾
PD20095638　苯磺隆/10%/可湿性粉剂/苯磺隆 10%/2014.05.12 至 2019.05.12/低毒
　冬小麦田　一年生阔叶杂草　15～22.5克/公顷　茎叶喷雾
PD20095870　吡虫啉/10%/可湿性粉剂/吡虫啉 10%/2014.05.27 至 2019.05.27/低毒
　水稻　稻飞虱　22.5-30克/公顷　喷雾
PD20097132　辛硫磷/40%/乳油/辛硫磷 40%/2014.10.16 至 2019.10.16/低毒
　棉花　棉铃虫　225-300克/公顷　喷雾
PD20100073　阿维菌素/1.8%/乳油/阿维菌素 1.8%/2015.01.04 至 2020.01.04/中等毒(原药高毒)
　菜豆　美洲斑潜蝇　10.8-21.6克/公顷　喷雾
PD20150887　咪鲜胺/450克/升/水乳剂/咪鲜胺 450克/升/2015.05.19 至 2020.05.19/低毒
　香蕉　炭疽病　333.3-500毫克/千克　浸果
WP20090081　杀蟑烟剂/5%/烟剂/高效氯氰菊酯 5%/2014.02.02 至 2019.02.02/低毒
　卫生　蜚蠊　/　点燃

河南颖泰农化股份有限公司　(河南省濮阳市胜利路西段路南　457000　0393-8910798)

PD20110830　乙草胺/97%/原药/乙草胺 97%/2011.08.10 至 2016.08.10/低毒
PD20130919　丙草胺/95%/原药/丙草胺 95%/2013.04.28 至 2018.04.28/低毒
PD20140151　异丙甲草胺/97%/原药/异丙甲草胺 97%/2014.01.22 至 2019.01.22/低毒
PD20140155　喹草酸/96%/原药/喹草酸 96%/2014.01.28 至 2019.01.28/低毒
　注:专供出口，不得在国内销售。
PD20140624　丁草胺/90%/原药/丁草胺 90%/2014.03.07 至 2019.03.07/低毒
PD20142530　精异丙甲草胺/97%/原药/精异丙甲草胺 97%/2014.11.21 至 2019.11.21/低毒

河南勇冠乔迪农业科技有限公司　(郑州市金水区三全路90号院13号楼3单元14层50号　461670　0371-55511925)

PD20093356　阿维菌素/1.8%/乳油/阿维菌素 1.8%/2014.03.18 至 2019.03.18/低毒(原药高毒)
　棉花　红蜘蛛　10.8-16.2克/公顷　喷雾
　棉花　蚜虫　3-4.5克/公顷　喷雾
　十字花科蔬菜　小菜蛾　8.1-10.8克/公顷　喷雾
PD20098113　棉铃虫核型多角体病毒/10亿PIB/克/可湿性粉剂/棉铃虫核型多角体病毒 10亿PIB/克/2014.12.08 至 2019.12.08/低毒
　棉花　棉铃虫　12000-15000亿PIB/公顷/次　喷雾
PD20098195　棉铃虫核型多角体病毒/20亿PIB/毫升/悬浮剂/棉铃虫核型多角体病毒 20亿PIB/毫升/2014.12.16 至 2019.12.16/低毒
　棉花　棉铃虫　750-900毫升制剂/公顷　喷雾

河南豫之星作物保护有限公司　(河南省焦作市番田镇余村　454800　0371-87000803)

PD20084121　溴氰·马拉松/25%/乳油/马拉硫磷 24.4%、溴氰菊酯 0.6%/2013.12.16 至 2018.12.16/中等毒
　棉花　棉铃虫　225-300克/公顷　喷雾
PD20097804　矮壮素/50%/水剂/矮壮素 50%/2014.11.20 至 2019.11.20/低毒
　棉花　调节生长　10000倍液　喷雾
PD20097960　三唑磷/20%/乳油/三唑磷 20%/2014.12.01 至 2019.12.01/低毒
　水稻　二化螟　225-375克/公顷　喷雾
PD20098175　高效氯氰菊酯/4.5%/乳油/高效氯氰菊酯 4.5%/2014.12.14 至 2019.12.14/低毒
　甘蓝　菜青虫　40-60毫升制剂/亩　喷雾
PD20098353　炔螨特/73%/乳油/炔螨特 73%/2014.12.18 至 2019.12.18/低毒
　柑橘树　红蜘蛛　243-365毫克/千克　喷雾
PD20098456　烟嘧磺隆/40克/升/可分散油悬浮剂/烟嘧磺隆 40克/升/2014.12.24 至 2019.12.24/低毒
　玉米田　一年生杂草　42-60克/公顷　茎叶喷雾
PD20100181　丙环唑/250克/升/乳油/丙环唑 250克/升/2015.01.05 至 2020.01.05/低毒
　香蕉　叶斑病　250—500毫克/千克　喷雾
PD20100278　乙烯利/40%/水剂/乙烯利 40%/2015.01.11 至 2020.01.11/低毒
　番茄　催熟　400-500毫克/千克　喷雾或涂抹
PD20100352　毒死蜱/480克/升/乳油/毒死蜱 480克/升/2010.01.11 至 2015.01.11/中等毒
　水稻　稻飞虱　576-864克/公顷　喷雾
PD20100746　氯氟吡氧乙酸/200克/升/乳油/氯氟吡氧乙酸 200克/升/2015.01.16 至 2020.01.16/低毒
　冬小麦田　一年生阔叶杂草　50-70毫升制剂/亩　茎叶喷雾
PD20101648　高效氟吡甲禾灵/108克/升/乳油/高效氟吡甲禾灵 108克/升/2015.06.03 至 2020.06.03/低毒
　花生田　一年生禾本科杂草　32.4-64.8克克/公顷　茎叶喷雾
PD20120260　吡虫啉/70%/种子处理可分散粉剂/吡虫啉 70%/2012.02.14 至 2017.02.14/低毒
　玉米　蚜虫　350-490克/100千克种子　拌种

河南远东生物工程有限公司　(河南省西华县西华营镇工业区　466223　0394-2321058)

PD20097610　复硝酚钠/1.4%/水剂/5-硝基邻甲氧基苯酚钠 0.23%、对硝基苯酚钠 0.7%、邻硝基苯酚钠 0.47%/2014.11.03 至2019.11.03/低毒
　番茄、黄瓜、茄子　促进生长　6000-8000倍液　喷雾

PD20110208　混合氨基酸铜/7.5%/水剂/混合氨基酸铜 7.5%/2016.02.22 至 2021.02.22/低毒
　黄瓜　枯萎病　375-187.5毫克/千克　灌根
　小麦　纹枯病　200-250毫升/亩　喷雾

PD20151596　噻虫嗪/25%/水分散粒剂/噻虫嗪 25%/2015.08.28 至 2020.08.28/微毒
　小麦　蚜虫　30-37.5克/公顷　喷雾

河南远见农业科技有限公司　(河南省尉氏县新尉工业园区　450053　0371-63821932)

PD85126-20　三氯杀螨醇/20%/乳油/三氯杀螨醇 20%/2015.01.14 至 2020.01.14/低毒
　棉花　红蜘蛛　225-300克/公顷　喷雾
　苹果树　红蜘蛛、锈蜘蛛　800-1000倍液　喷雾

PD20040098　高效氯氰菊酯/4.5%/乳油/高效氯氰菊酯 4.5%/2014.12.19 至 2019.12.19/中等毒
　十字花科蔬菜　菜青虫　15-22.5克/公顷　喷雾

PD20040109　三唑酮/15%/可湿性粉剂/三唑酮 15%/2014.12.19 至 2019.12.19/低毒
　小麦　白粉病　120-150克/公顷　喷雾

PD20040110　三唑酮/20%/乳油/三唑酮 20%/2014.12.19 至 2019.12.19/低毒
　小麦　白粉病　105-120克/公顷　喷雾

PD20040190　吡虫啉/10%/可湿性粉剂/吡虫啉 10%/2014.12.19 至 2019.12.19/低毒
　水稻　飞虱　15-30克/公顷　喷雾
　小麦　蚜虫　15-30克/公顷　喷雾
　烟草　蚜虫　11.25-18.75克/公顷　喷雾

PD20040317　吡虫啉/10%/可湿性粉剂/吡虫啉 10%/2014.12.19 至 2019.12.19/低毒
　水稻　飞虱　10-15克/公顷　喷雾

PD20040320　吡虫啉/5%/乳油/吡虫啉 5%/2014.12.19 至 2019.12.19/低毒
　小麦　蚜虫　12-15克/公顷　喷雾

PD20040508　哒螨灵/15%/乳油/哒螨灵 15%/2014.12.19 至 2019.12.19/中等毒
　苹果树　红蜘蛛　30-40毫克/千克　喷雾

PD20080075　溴敌隆/0.5%/母液/溴敌隆 0.5%/2013.01.04 至 2018.01.04/中等毒(原药高毒)
　农田　田鼠　饱和投饵　配成0.005-0.008%毒饵堆施或穴施

PD20080199　氰戊·马拉松/21%/乳油/马拉硫磷 15%、氰戊菊酯 6%/2013.01.11 至 2018.01.11/中等毒
　苹果树　蚜虫　105-210毫克/千克　喷雾

PD20080376　溴敌隆/0.5%/母粉/溴敌隆 0.5%/2013.02.28 至 2018.02.28/中等毒(原药高毒)
　农田　田鼠　0.05-0.08克/公顷　配成0.005-0.008%毒饵堆施或穴施

PD20082306　苯磺隆/10%/可湿性粉剂/苯磺隆 10%/2013.12.01 至 2018.12.01/低毒
　冬小麦田　一年生阔叶杂草　13.5-22.5克/公顷　茎叶喷雾

PD20082467　精喹禾灵/5%/乳油/精喹禾灵 5%/2013.12.03 至 2018.12.03/低毒
　花生　一年生禾本科杂草　37.5-60克/公顷　茎叶喷雾
　夏大豆田　一年生禾本科杂草　45一52.5克/公顷　茎叶喷雾

PD20082821　溴鼠灵/0.5%/母液/溴鼠灵 0.5%/2013.12.09 至 2018.12.09/高毒
　室外　田鼠　配成0.005%毒饵每洞15克　投放毒饵

PD20082830　三乙膦酸铝/40%/可湿性粉剂/三乙膦酸铝 40%/2013.12.09 至 2018.12.09/低毒
　黄瓜　霜霉病　1410-2820克/公顷　喷雾

PD20082900　草甘膦异丙胺盐/41%/水剂/草甘膦异丙胺盐 41%/2013.12.09 至 2018.12.09/低毒
　非耕地　一年生和多年生杂草　1500-2250克/公顷　喷雾

PD20083246　高氯·马/37%/乳油/高效氯氰菊酯 0.8%、马拉硫磷 36.2%/2013.12.11 至 2018.12.11/中等毒
　十字花科蔬菜　菜青虫　30-45克/公顷　喷雾

PD20083344　溴敌隆/0.005%/毒饵/溴敌隆 0.005%/2013.12.11 至 2018.12.11/低毒(原药高毒)
　农田　田鼠　饱和投饵　投饵
　室内、外　家鼠　饱和投饵　投饵

PD20083421　阿维菌素/1%/乳油/阿维菌素 1%/2013.12.11 至 2018.12.11/低毒(原药高毒)
　甘蓝　小菜蛾　8.1-10.8克/公顷　喷雾

PD20083946　苏云金杆菌/16000IU/毫克/可湿性粉剂/苏云金杆菌 16000IU/毫克/2013.12.15 至 2018.12.15/低毒
　十字花科蔬菜　小菜蛾　750-1125克制剂/公顷　喷雾

PD20084366　井冈霉素/5%/水剂/井冈霉素 5%/2013.12.17 至 2018.12.17/低毒
　水稻　纹枯病　150-187.5克/公顷　喷雾

PD20084434　多·福/45%/可湿性粉剂/多菌灵 15%、福美双 30%/2013.12.17 至 2018.12.17/低毒
　葡萄　霜霉病　1000-1250毫克/千克　喷雾

PD20084783　溴敌隆/0.05%/母药/溴敌隆 0.05%/2013.12.22 至 2018.12.22/低毒(原药高毒)
　室内　家鼠　15-30克毒饵/15平方米　饱和投饵

室外 田鼠 2250-3000克毒饵/公顷 饱和投饵
室外 家鼠 5-10克毒饵/15平方米 饱和投饵
PD20084839 百菌清/40%/悬浮剂/百菌清 40%/2013.12.22 至 2018.12.22/低毒
番茄 早疫病 900-1050克/公顷 喷雾
PD20085214 啶虫脒/10%/乳油/啶虫脒 10%/2013.12.23 至 2018.12.23/低毒
苹果树 蚜虫 10-12.5毫克/千克 喷雾
PD20085494 百菌清/10%/烟剂/百菌清 10%/2013.12.25 至 2018.12.25/低毒
黄瓜(保护地) 霜霉病 750-1200克/公顷 点燃放烟
PD20090592 溴敌隆/95%/原药/溴敌隆 95%/2014.01.14 至 2019.01.14/剧毒
PD20090929 多抗霉素/1%/水剂/多抗霉素 1%/2014.01.19 至 2019.01.19/低毒
黄瓜 白粉病 75-150克/公顷 喷雾
PD20090971 阿维菌素/5%/乳油/阿维菌素 5%/2014.01.20 至 2019.01.20/低毒(原药高毒)
十字花科蔬菜 菜青虫 3.6-4.5克/公顷 喷雾
PD20091295 异丙草·莠/40%/悬乳剂/异丙草胺 16%、莠去津 24%/2014.02.01 至 2019.02.01/低毒
春玉米田 一年生杂草 1800-2400克/公顷(东北地区) 土壤喷雾
夏玉米田 一年生杂草 1050-1500克/公顷 土壤喷雾
PD20091524 阿维菌素/1.8%/可湿性粉剂/阿维菌素 0.22%/2014.02.02 至 2019.02.02/低毒(原药高毒)
甘蓝 小菜蛾 1.35-1.8克/公顷 喷雾
PD20092194 辛硫磷/3%/颗粒剂/辛硫磷 3%/2014.02.23 至 2019.02.23/低毒
小麦 地下害虫 1350-1800克/公顷 沟施
玉米 玉米螟 112.5-157.5克/公顷 喇叭口期撒施
PD20092306 唑酮·氧乐果/32%/乳油/三唑酮 8%、氧乐果 24%/2014.02.24 至 2019.02.24/中等毒
小麦 白粉病、蚜虫 480-600克/公顷 喷雾
PD20092473 辛硫·灭多威/20%/乳油/灭多威 6%、辛硫磷 14%/2014.02.25 至 2019.02.25/高毒
棉花 棉铃虫 150-300克/公顷 喷雾
PD20092766 阿维菌素/1.8%/可湿性粉剂/阿维菌素 1.8%/2014.03.04 至 2019.03.04/低毒(原药高毒)
柑橘树 红蜘蛛 1.3-2毫克/千克 喷雾
PD20092767 辛硫磷/40%/乳油/辛硫磷 40%/2014.03.04 至 2019.03.04/低毒
棉花 棉铃虫 120-150克/公顷 喷雾
PD20092923 阿维·高氯/2%/乳油/阿维菌素 0.4%、高效氯氰菊酯 1.6%/2014.03.05 至 2019.03.05/低毒(原药高毒)
梨树 梨木虱 6-12毫克/千克 喷雾
十字花科蔬菜 菜青虫 7.5-15克/公顷 喷雾
十字花科蔬菜 小菜蛾 7.5-10.5克/公顷 喷雾
PD20094096 乙草胺/900克/升/乳油/乙草胺 900克/升/2014.03.27 至 2019.03.27/低毒
大豆田 一年生杂草 东北地区：1350-1890克/公顷；其他：810-1350克/公顷 播后苗前土壤喷雾
花生田、油菜田 一年生禾本科杂草及部分小粒种子阔叶杂草 810-1215克/公顷 土壤喷雾
PD20094308 异丙草·莠/40%/悬乳剂/异丙草胺 24%、莠去津 16%/2014.03.31 至 2019.03.31/低毒
夏玉米田 一年生杂草 1200－1500克/公顷 土壤喷雾
PD20094577 烟嘧磺隆/40克/升/悬浮剂/烟嘧磺隆 40克/升/2014.04.09 至 2019.04.09/低毒
玉米田 一年生杂草 42-60克/公顷 茎叶喷雾
PD20094950 阿维菌素/1.8%/乳油/阿维菌素 1.8%/2014.04.17 至 2019.04.17/低毒(原药高毒)
菜豆、黄瓜 美洲斑潜蝇 10.8-21.6克/公顷 喷雾
柑橘树 红蜘蛛、潜叶蛾 4.5-9毫克/千克 喷雾
柑橘树 锈壁虱 2.25-4.5毫克/千克 喷雾
梨树 梨木虱 6-12毫克/千克 喷雾
棉花 棉铃虫 21.6-32.4克/公顷 喷雾
苹果树 二斑叶螨 4.5-6毫克/千克 喷雾
苹果树 桃小食心虫 4.5-9毫克/千克 喷雾
苹果树 红蜘蛛 3-6毫克/千克 喷雾
十字花科蔬菜 菜青虫、小菜蛾 8.1-10.8克/公顷 喷雾
PD20095170 噻吩磺隆/15%/可湿性粉剂/噻吩磺隆 15%/2014.04.24 至 2019.04.24/低毒
冬小麦田 一年生阔叶杂草 22.5-33.8克/公顷 茎叶喷雾
PD20095923 阿维·矿物油/24.5%/乳油/阿维菌素 0.2%、矿物油 24.3%/2014.06.02 至 2019.06.02/低毒(原药高毒)
柑橘树 红蜘蛛 1000-2000倍液 喷雾
PD20096177 氧乐果/40%/乳油/氧乐果 40%/2014.07.03 至 2019.07.03/中等毒(原药高毒)
小麦 蚜虫 81-162克/公顷 喷雾
PD20096496 氯氟吡氧乙酸/200克/升/乳油/氯氟吡氧乙酸 200克/升/2014.08.14 至 2019.08.14/低毒
冬小麦田 一年生阔叶杂草 150-199.5克/公顷 茎叶喷雾
PD20096676 氟磺胺草醚/250克/升/水剂/氟磺胺草醚 250克/升/2014.09.07 至 2019.09.07/低毒
春大豆田 一年生阔叶杂草 300-375克/公顷 茎叶喷雾
夏大豆田 一年生阔叶杂草 188-225克/公顷 茎叶喷雾

PD20096722 精噁唑禾草灵/69克/升/水乳剂/精噁唑禾草灵 69克/升/2014.09.07 至 2019.09.07/低毒
冬小麦田 一年生禾本科杂草 41.4-51.75克/公顷 茎叶喷雾

PD20097116 莠去津/38%/悬浮剂/莠去津 38%/2014.10.12 至 2019.10.12/低毒
春玉米田 一年生杂草 275-375毫升制剂/亩 播后苗前土壤喷雾

PD20097179 吗胍·乙酸铜/20%/可湿性粉剂/盐酸吗啉胍 10%、乙酸铜 10%/2014.10.16 至 2019.10.16/低毒
番茄 病毒病 500-750克/公顷 喷雾

PD20097603 丙溴·辛硫磷/40%/乳油/丙溴磷 6%、辛硫磷 34%/2014.11.03 至 2019.11.03/中等毒
甘蓝 甜菜夜蛾 300-420克/公顷 喷雾
棉花 棉铃虫 125-187.5克/公顷 喷雾

PD20097625 噁草·丁草胺/20%/乳油/丁草胺 12%、噁草酮 8%/2014.11.03 至 2019.11.03/微毒
旱稻田 一年生杂草 750-1050克/公顷 土壤喷雾

PD20098066 百菌清/75%/可湿性粉剂/百菌清 75%/2014.12.07 至 2019.12.07/低毒
番茄 早疫病 975-1125克/公顷 喷雾

PD20098395 甲柳·三唑酮/3.5%/种衣剂/甲基异柳磷 2.5%、三唑酮 1%/2014.12.18 至 2019.12.18/高毒
花生 地下害虫 1:30-40(药种比) 种子包衣
小麦、玉米 地下害虫 1:40(药种比) 种子包衣

PD20100291 毒死蜱/40%/乳油/毒死蜱 40%/2015.01.11 至 2020.01.11/中等毒
棉花 棉铃虫 600-900克/公顷 喷雾
苹果树 桃小食心虫 200-250克/公顷 喷雾
水稻 稻纵卷叶螟 450-600克/公顷 喷雾
小麦 蚜虫 108-180克/公顷 喷雾

PD20101829 络氨铜/15%/水剂/络氨铜 15%/2015.07.28 至 2020.07.28/低毒
柑橘树 疮痂病 200-300倍液 喷雾

PD20102035 丁硫克百威/200克/升/乳油/丁硫克百威 200克/升/2015.10.19 至 2020.10.19/中等毒
水稻 三化螟 600-750克/公顷 喷雾

PD20102148 螨醇·哒螨灵/20%/乳油/哒螨灵 15%、三氯杀螨醇 5%/2015.12.07 至 2020.12.07/低毒
柑橘树 红蜘蛛 133-200毫克/千克 喷雾

PD20120070 阿维·毒死蜱/32%/乳油/阿维菌素 2%、毒死蜱 30%/2012.01.18 至 2017.01.18/中等毒
水稻 稻纵卷叶螟 240—336克/公顷 喷雾

PD20120275 苯丁·哒螨灵/10%/乳油/苯丁锡 5%、哒螨灵 5%/2012.02.15 至 2017.02.15/低毒
柑橘树 红蜘蛛 50-66.7毫克/千克 喷雾

PD20120607 精喹禾灵/20%/水分散粒剂/精喹禾灵 20%/2012.04.11 至 2017.04.11/低毒
棉花田 一年生禾本科杂草 48-60克/公顷 茎叶喷雾

PD20121352 草甘膦铵盐/65%/可溶粉剂/草甘膦 65%/2012.09.13 至 2017.09.13/低毒
非耕地 杂草 1675.5-2242.5克/公顷 定向茎叶喷雾
注:草甘膦铵盐含量:71.5%

PD20121612 2甲·草甘膦/56%/可溶粉剂/草甘膦铵盐 44%、2甲4氯钠 12%/2012.10.30 至 2017.10.30/低毒
非耕地 杂草 1560-2340克/公顷 茎叶喷雾

PD20122025 苯醚甲环唑/10%/水分散粒剂/苯醚甲环唑 10%/2012.12.19 至 2017.12.19/低毒
苹果树 斑点落叶病 50-70毫克/千克 喷雾

PD20122080 高效氟吡甲禾灵/108克/升/乳油/高效氟吡甲禾灵 108克/升/2012.12.24 至 2017.12.24/低毒
花生田 一年生禾本科杂草 40.5-56.7克/公顷 茎叶喷雾

PD20130550 氰氟·精噁唑/15%/微乳剂/精噁唑禾草灵 3%、氰氟草酯 12%/2013.04.01 至 2018.04.01/低毒
移栽水稻田 一年生禾本科杂草 90-135克/公顷 茎叶喷雾

PD20131092 精喹·氟磺胺/15%/微乳剂/氟磺胺草醚 10%、精喹禾灵 5%/2013.05.20 至 2018.05.20/低毒
大豆田 一年生杂草 夏大豆：180-225克/公顷；春大豆：225-270克/公顷 茎叶喷雾

PD20131210 烟嘧·滴辛酯/40%/可分散油悬浮剂/2,4-滴异辛酯 36%、烟嘧磺隆 4%/2013.05.28 至 2018.05.28/低毒
玉米田 一年生杂草 480-600克/公顷 茎叶喷雾

PD20131747 矿物油/97%/乳油/矿物油 97%/2013.08.16 至 2018.08.16/低毒
柑橘树 介壳虫 9700-12933毫克/千克 喷雾

PD20131833 2甲·草甘膦/80%/可溶粒剂/草甘膦铵盐 75%、2甲4氯钠 5%/2013.09.17 至 2018.09.17/低毒
非耕地 杂草 1680-1875克/公顷 定向茎叶喷雾

PD20140117 灭蝇胺/30%/可湿性粉剂/灭蝇胺 30%/2014.01.20 至 2019.01.20/低毒
菜豆 美洲斑潜蝇 180-210克/公顷 喷雾

PD20140385 2甲4氯钠/56%/可溶粉剂/2甲4氯钠 56%/2014.02.20 至 2019.02.20/低毒
水稻移栽田 一年生阔叶杂草 420-840克/公顷 茎叶喷雾

PD20140422 四螨·哒螨灵/15%/可湿性粉剂/哒螨灵 10%、四螨嗪 5%/2014.02.24 至 2019.02.24/微毒
柑橘树 红蜘蛛 50-75毫克/千克 喷雾

PD20140423 毒死蜱/0.5%/颗粒剂/毒死蜱 0.5%/2014.02.24 至 2019.02.24/低毒
花生 蛴螬 2250-2700克/公顷 沟施
玉米 蛴螬 1500-1875克/公顷 沟施
注:本产品为药肥混剂。

PD20141386 氯吡·炔草酯/18%/悬浮剂/氯氟吡氧乙酸 12%、炔草酯 6%/2014.06.05 至 2019.06.05/低毒
冬小麦田 一年生杂草 108-135克/公顷 茎叶喷雾

PD20141388 精喹·草除灵/38%/悬浮剂/草除灵 30%、精喹禾灵 8%/2014.06.05 至 2019.06.05/低毒
冬油菜田 一年生杂草 285-342克/公顷 茎叶喷雾

PD20141721 毒死蜱/30%/微囊悬浮剂/毒死蜱 30%/2014.06.30 至 2019.06.30/低毒
花生 蛴螬 1575-2250克/公顷 灌根

PD20150923 杀螟丹/0.8%/颗粒剂/杀螟丹 0.8%/2015.06.10 至 2020.06.10/低毒
水稻 稻纵卷叶螟 1500-1800克/公顷 撒施
注:本产品为药肥混剂。

PD20151171 硝磺·莠去津/50%/可湿性粉剂/莠去津 40%、硝磺草酮 10%/2015.06.26 至 2020.06.26/低毒
夏玉米田 一年生杂草 675-900克/公顷 茎叶喷雾

PD20151958 异丙甲.苄/20%/泡腾粒剂/苄嘧磺隆 4%、异丙甲草胺 16%/2015.08.30 至 2020.08.30/低毒
移栽水稻田 一年生杂草 150-180克/公顷 药土法

PD20152516 硝磺·异丙·莠/48%/悬浮剂/异丙草胺 20%、莠去津 23%、硝磺草酮 5%/2015.12.05 至 2020.12.05/低毒
玉米田 一年生杂草 1080-1800克/公顷 茎叶喷雾

WP20150079 氟虫腈/5%/悬浮剂/氟虫腈 5%/2015.05.13 至 2020.05.13/低毒
室内 蚊、蝇 50毫克/平方米 滞留喷洒

河南郑州裕元工贸有限责任公司 (河南省郑州市须水工贸园区 450042 0371-67622765)

PD20092414 磷化铝/56%/片剂/磷化铝 56%/2014.02.25 至 2019.02.25/高毒
粮仓 储粮害虫 5-7克制剂/立方米 密闭熏蒸

河南中天恒信生物化学科技有限公司 (郑州市农业路政七街交叉口省汇中心B座2107 450007 0371-65711277)

PD20081510 氯氰·辛硫磷/26%/乳油/氯氰菊酯 1%、辛硫磷 25%/2013.11.06 至 2018.11.06/中等毒
棉花 棉铃虫 312-390克/公顷 喷雾

PD20097176 高效氯氟氰菊酯/25克/升/乳油/高效氯氟氰菊酯 25克/升/2014.10.16 至 2019.10.16/中等毒
十字花科叶菜 菜青虫 7.5-15克/公顷 喷雾
小麦 蚜虫 7.5-11.25克/公顷 喷雾

PD20110234 高效氟吡甲禾灵/108克/升/乳油/高效氟吡甲禾灵 108克/升/2016.03.02 至 2021.03.02/低毒
大豆田 一年生禾本科杂草 40.5-48.6克/公顷 茎叶喷雾

PD20110236 草甘膦异丙胺盐/30%/水剂/草甘膦 30%/2016.03.03 至 2021.03.03/低毒
柑橘园 杂草 1230-2460克/公顷 定向茎叶喷雾
注:草甘膦异丙胺盐含量:41%。

PD20110241 吡嘧磺隆/10%/可湿性粉剂/吡嘧磺隆 10%/2016.03.03 至 2021.03.03/低毒
水稻移栽田 一年生阔叶杂草 22.5-30克/公顷 毒土法

PD20110245 氟磺胺草醚/250克/升/水剂/氟磺胺草醚 250克/升/2016.03.03 至 2021.03.03/低毒
夏大豆田 一年生阔叶杂草 206.25-225克/公顷 茎叶喷雾

PD20121226 氯氟吡氧乙酸异辛酯/200克/升/乳油/氯氟吡氧乙酸 200克/升/2012.08.24 至 2017.08.24/低毒
小麦田 一年生阔叶杂草 150-210克/公顷 茎叶喷雾
注:本产品氯氟吡氧乙酸异辛酯含量为:288克/升。

PD20121227 精噁唑禾草灵/69克/升/水乳剂/精噁唑禾草灵 69克/升/2012.08.24 至 2017.08.24/低毒
冬小麦田 一年生禾本科杂草 51.8-62.1克/公顷 茎叶喷雾

PD20121228 烯草酮/120克/升/乳油/烯草酮 120克/升/2012.08.24 至 2017.08.24/低毒
油菜田 一年生禾本科杂草 54-72克/公顷 茎叶喷雾

PD20121457 烟嘧磺隆/40克/升/可分散油悬浮剂/烟嘧磺隆 40克/升/2012.10.08 至 2017.10.08/低毒
玉米田 一年生杂草 51-60克/公顷 茎叶喷雾

PD20140403 双草醚/20%/可湿性粉剂/双草醚 20%/2014.02.24 至 2019.02.24/低毒
直播水稻田 一年生杂草 30-45克/公顷 茎叶喷雾

PD20140404 氰氟草酯/100克/升/乳油/氰氟草酯 100克/升/2014.02.24 至 2019.02.24/低毒
直播水稻田 一年生杂草 75-105克/公顷 茎叶喷雾

PD20141528 异丙甲草胺/720克/升/乳油/异丙甲草胺 720克/升/2014.06.16 至 2019.06.16/低毒
春玉米田 一年生杂草 1458-1836克/公顷 土壤喷雾
夏玉米田 一年生杂草 972-1836克/公顷 土壤喷雾

PD20141555 吡虫啉/70%/水分散粒剂/吡虫啉 70%/2014.06.17 至 2019.06.17/低毒
水稻 稻飞虱 31.5-42克/公顷 喷雾

PD20141807 己唑醇/5%/悬浮剂/己唑醇 5%/2014.07.14 至 2019.07.14/低毒
水稻 纹枯病 67.5—75克/公顷 喷雾

PD20151388 炔螨特/30%/水乳剂/炔螨特 30%/2015.07.30 至 2020.07.30/低毒
柑橘树 红蜘蛛 300-400毫克/千克 喷雾

PD20151458 毒死蜱/36%/微囊悬浮剂/毒死蜱 36%/2015.07.31 至 2020.07.31/低毒
花生 蛴螬 1890-2214克/公顷 喷雾于播种穴内

PD20151523 噻呋酰胺/240克/升/悬浮剂/噻呋酰胺 240克/升/2015.08.03 至 2020.08.03/低毒
水稻 纹枯病 46.8-79.2克/公顷 喷雾

PD20151663 阿维菌素/3%/悬浮种衣剂/阿维菌素 5%/2015.08.28 至 2020.08.28/低毒(原药高毒)
水稻 稻纵卷叶螟 12-15克/公顷 种子包衣

PD20151729 二氯喹啉酸/75%/可湿性粉剂/二氯喹啉酸 75%/2015.08.28 至 2020.08.28/低毒
水稻抛秧田 稗草 225-337.5克/公顷 茎叶喷雾
PD20151736 嘧菌酯/25%/悬浮剂/嘧菌酯 25%/2015.08.28 至 2020.08.28/低毒
水稻 纹枯病 281-337.5克/公顷 喷雾
PD20151897 烟・莠・异丙甲/56%/可湿性粉剂/烟嘧磺隆 2%、异丙甲草胺 22%、莠去津 32%/2015.08.30 至 2020.08.30/微毒
玉米田 一年生杂草 1008-1344克/公顷 茎叶喷雾
PD20151970 氟硅唑 /10%/水乳剂/氟硅唑 10%/2015.08.30 至 2020.08.30/低毒
梨树 黑星病 40-50毫克/千克 喷雾
PD20152050 炔草酯/15%/微乳剂/炔草酯 15%/2015.09.07 至 2020.09.07/低毒
冬小麦田 一年生禾本科杂草 56.25-78.75克/公顷 茎叶喷雾
PD20152090 草甘膦铵盐/80%/可溶粒剂/草甘膦 80%/2015.09.22 至 2020.09.22/低毒
非耕地 杂草 1800-2700克/公顷 茎叶喷雾
注:草甘膦铵盐含量: 88.8%。
PD20152251 苯醚甲环唑/3%/悬浮种衣剂/苯醚甲环唑 3%/2015.09.23 至 2020.09.23/低毒
玉米 丝黑穗病 10-12克/100千克种子 种子包衣
PD20152275 甲氨基阿维菌素苯甲酸盐/3%/微乳剂/甲氨基阿维菌素 3%/2015.10.20 至 2020.10.20/低毒
甘蓝 甜菜夜蛾 1.8-2.25克/公顷 喷雾
注:甲氨基阿维菌素苯甲酸盐: 3.4%。
PD20152359 吡虫啉/600克/升/悬浮种衣剂/吡虫啉 600克/升/2015.10.22 至 2020.10.22/低毒
花生 蛴螬 180-240克/100千克种子 种子包衣
PD20152368 硝磺草酮/15%/悬浮剂/硝磺草酮 15%/2015.10.22 至 2020.10.22/低毒
玉米田 一年生杂草 112.5-157.5克/公顷 茎叶喷雾
PD20152369 精喹・氟磺胺/15%/微乳剂/氟磺胺草醚 10%、精喹禾灵 5%/2015.10.22 至 2020.10.22/低毒
大豆田 一年生杂草 180-270克/公顷 茎叶喷雾
PD20152370 烟嘧・滴辛酯/40%/可分散油悬浮剂/2,4-滴异辛酯 36%、烟嘧磺隆 4%/2015.10.22 至 2020.10.22/低毒
玉米田 一年生杂草 480-600克/公顷 茎叶喷雾

河南中威高科技化工有限公司 (河南省郑州市金水区农业路东22号兴业大厦B座10层 450008 0371-65336800)

PD20060167 复硝酚钠/95%/原药/5-硝基邻甲氧基苯酚钠 15.8%、对硝基苯酚钠 47.5%、邻硝基苯酚钠 31.7%/2011.10.31 至2016.10.31/低毒
PD20080349 甲霜・锰锌/58%/可湿性粉剂/甲霜灵 10%、代森锰锌 48%/2013.02.26 至 2018.02.26/低毒
黄瓜 霜霉病 1305-1632克/公顷 喷雾
PD20090547 氰戊・马拉松/20%/乳油/马拉硫磷 15%、氰戊菊酯 5%/2014.01.13 至 2019.01.13/中等毒
苹果树 黄蚜 160-333毫克/千克 喷雾
PD20091551 阿维・哒螨灵/3.2%/乳油/阿维菌素 0.2%、哒螨灵 3%/2014.02.03 至 2019.02.03/低毒(原药高毒)
柑橘树 红蜘蛛 32-40毫克/千克 喷雾
PD20094156 硝钠・萘乙酸/2.85%/水剂/2,4-二硝基苯酚钠 0.15%、对硝基苯酚钠 0.9%、邻硝基苯酚钠 0.6%、萘乙酸钠 1.2%/2014.03.27 至 2019.03.27/低毒
冬小麦 调节生长、增产 2000-3000倍液 喷雾(2次)
黄瓜 调节生长、增产 5000-6000倍液 茎叶喷雾
PD20095366 甲哌鎓/250克/升/水剂/甲哌鎓 250克/升/2014.04.27 至 2019.04.27/低毒
棉花 调节生长、增产 52.5-67.5克/公顷 喷雾
PD20095438 乙烯利/40%/水剂/乙烯利 40%/2014.05.11 至 2019.05.11/低毒
棉花 催熟、增产 300-500倍液 茎叶喷雾
PD20095468 甲哌鎓/10%/可溶粉剂/甲哌鎓 10%/2014.05.11 至 2019.05.11/低毒
棉花 调节生长、增产 48-60克/公顷 喷雾
PD20095512 复硝酚钠/1.4%/可溶粉剂/5-硝基邻甲氧基苯酚钠 0.24%、对硝基苯酚钠 0.7%、邻硝基苯酚钠 0.46%/2014.05.11 至 2019.05.11/低毒
番茄 调节生长 4000－5000倍液 茎叶喷雾
PD20101287 乙蒜素/30%/乳油/乙蒜素 30%/2015.03.10 至 2020.03.10/低毒
棉花 枯萎病 247.5-353.6克/公顷 喷雾

河南中州种子科技发展有限公司 (河南省济源市东郊3公里 454650 0391-6606308)

PD20084444 多・酮・福美双/15%/悬浮种衣剂/多菌灵 10%、福美双 4%、三唑酮 1%/2013.12.17 至 2018.12.17/中等毒
棉花 红腐病 1:50-60(药种比) 种子包衣
PD20084811 福・克/20%/悬浮种衣剂/福美双 10%、克百威 10%/2013.12.22 至 2018.12.22/高毒
玉米 蓟马、黏虫、蚜虫、玉米螟 1:40(药种比) 种子包衣
PD20084938 克・酮・福美双/15%/悬浮种衣剂/福美双 7%、克百威 7%、三唑酮 1%/2013.12.22 至 2018.12.22/高毒
小麦 地下害虫、黑穗病 1:30-40(药种比) 种子包衣
玉米 地下害虫、茎基腐病 1:30-40(药种比) 种子包衣
PD20085622 腈菌・戊唑醇/0.8%/悬浮种衣剂/腈菌唑 0.6%、戊唑醇 0.2%/2013.12.25 至 2018.12.25/低毒
小麦 全蚀病 20-26.67克/100千克种子 种子包衣
玉米 丝黑穗病 13.4-20克/100千克种子 种子包衣
PD20085784 克・酮・多菌灵/17%/悬浮种衣剂/多菌灵 11.2%、克百威 4.3%、三唑酮 1.5%/2013.12.29 至 2018.12.29/高毒
小麦 白粉病、地下害虫 1:50-60(药比种) 种子包衣

PD20091806 克·酮·多菌灵/22.7%/悬浮种衣剂/多菌灵 12%、克百威 9.5%、三唑酮 1.2%/2014.02.04 至 2019.02.04/高毒
棉花 地老虎、红腐病、金针虫、蝼蛄、蛴螬、蚜虫 1:50-60(药比种) 种子包衣

PD20130661 戊唑·福美双/10.6%/悬浮种衣剂/福美双 10%、戊唑醇 0.6%/2013.04.08 至 2018.04.08/低毒
玉米 丝黑穗病 177-212克/100千克种子 种子包衣

PD20142417 苯醚甲环唑/3%/悬浮种衣剂/苯醚甲环唑 3%/2014.11.13 至 2019.11.13/低毒
棉花 立枯病 9-12克/100千克种子 种子包衣
小麦 全蚀病 15-18克/100千克种子 种子包衣

河南瀚斯作物保护有限公司 (河南省商丘市梁园区周集乡张周公路西农药化工工业园内 476000 0371-63217739)

PD20122007 烟嘧磺隆/40克/升/可分散油悬浮剂/烟嘧磺隆 40克/升/2012.12.19 至 2017.12.19/低毒
玉米田 一年生杂草 45-60克/公顷 茎叶喷雾

PD20130166 精喹禾灵/10%/乳油/精喹禾灵 10%/2013.03.06 至 2018.03.06/低毒
夏大豆田 一年生禾本科杂草 30-52.5克/公顷 茎叶喷雾

PD20130347 精噁唑禾草灵/69克/升/水乳剂/精噁唑禾草灵 69克/升/2013.03.11 至 2018.03.11/低毒
冬小麦田 一年生禾本科杂草 41.4-51.75克/公顷 茎叶喷雾

PD20130937 氟磺胺草醚/250克/升/水剂/氟磺胺草醚 250克/升/2013.05.02 至 2018.05.02/低毒
春大豆田 一年生阔叶杂草 300-375克/公顷 茎叶喷雾

PD20130964 苯磺隆/10%/可湿性粉剂/苯磺隆 10%/2013.05.02 至 2018.05.02/低毒
冬小麦田 一年生阔叶杂草 16.5-22.5克/公顷 茎叶喷雾

PD20140709 草甘膦铵盐/80%/可溶粒剂/草甘膦 80%/2014.03.24 至 2019.03.24/低毒
非耕地 杂草 1080-1560克/公顷 茎叶喷雾
注:草甘膦铵盐含量：88.8%。

PD20141765 烯草酮/240克/升/乳油/烯草酮 240克/升/2014.07.02 至 2019.07.02/低毒
冬油菜田 一年生禾本科杂草 54-72克/公顷 茎叶喷雾

PD20150291 烟嘧·莠去津/24%/可分散油悬浮剂/烟嘧磺隆 4%、莠去津 20%/2015.02.04 至 2020.02.04/微毒
玉米田 一年生杂草 288-360克/公顷 茎叶喷雾

PD20150624 氰氟草酯/20%/可分散油悬浮剂/氰氟草酯 20%/2015.04.16 至 2020.04.16/低毒
水稻田(直播) 一年生禾本科杂草 90-105克/公顷 茎叶喷雾

PD20151009 甲氨基阿维菌素/5%/水分散粒剂/甲氨基阿维菌素 5%/2015.06.12 至 2020.06.12/低毒
甘蓝 甜菜夜蛾 3.0-3.75克/公顷 喷雾
注:甲氨基阿维菌素苯甲酸盐含量：5.7%。

PD20151301 炔草酯/15%/微乳剂/炔草酯 15%/2015.07.30 至 2020.07.30/低毒
冬小麦田 一年生禾本科杂草 56.25-67.5克/公顷 茎叶喷雾

PD20151528 莠去津/48%/可湿性粉剂/莠去津 48%/2015.08.03 至 2020.08.03/低毒
夏玉米田 一年生杂草 1080-1440克/公顷 土壤喷雾

PD20152191 乙羧氟草醚/10%/微乳剂/乙羧氟草醚 10%/2015.09.23 至 2020.09.23/低毒
夏大豆田 一年生阔叶杂草 75-90克/公顷 茎叶喷雾

PD20152290 醚菌酯/30%/悬浮剂/醚菌酯 30%/2015.10.20 至 2020.10.20/低毒
小麦 锈病 225-315克/公顷 喷雾

PD20152575 硝磺·莠去津/33%/悬浮剂/莠去津 30%、硝磺草酮 3%/2015.12.06 至 2020.12.06/低毒
夏玉米田 一年生杂草 594-891克/公顷 茎叶喷雾

鹤壁市维多利生物科技有限公司 (河南省鹤壁市浚县黎阳工业区天宇路 456250 0392-5509339)

PD20096147 异丙威/20%/乳油/异丙威 20%/2014.06.24 至 2019.06.24/低毒
水稻 稻飞虱 450－600克/公顷 喷雾

PD20096209 草甘膦异丙胺盐(41%)///水剂/草甘膦 30%/2014.07.15 至 2019.07.15/低毒
柑橘园 杂草 200-400毫升制剂/亩 定向茎叶喷雾

PD20111322 草甘膦铵盐/65%/可溶粉剂/草甘膦 65%/2011.12.05 至 2016.12.05/低毒
柑橘园 杂草 1125-2250克/公顷 定向喷雾
注:草甘膦铵盐含量:75.7%。

PD20120649 甲氨基阿维菌素苯甲酸盐/2%/乳油/甲氨基阿维菌素 2%/2012.04.18 至 2017.04.18/低毒
甘蓝 小菜蛾 2.25-3克/公顷 喷雾
注:甲氨基阿维菌素苯甲酸盐含量:2.3%。

PD20121690 百菌清/40%/烟剂/百菌清 40%/2012.11.05 至 2017.11.05/中等毒
黄瓜(保护地) 霜霉病 900-1200克/公顷 点燃

PD20130980 百菌清/10%/烟剂/百菌清 10%/2013.05.02 至 2018.05.02/中等毒
黄瓜(保护地) 霜霉病 750-1200克/公顷 点燃放烟

PD20131049 异丙威/10%/烟剂/异丙威 10%/2013.05.13 至 2018.05.13/低毒
黄瓜(保护地) 蚜虫 450－675克/公顷 点燃放烟

WP20090379 顺式氯氰菊酯/50克/升/悬浮剂/顺式氯氰菊酯 50克/升/2014.12.14 至 2019.12.14/低毒
卫生 蜚蠊、蚊、蝇 25毫克/平方米 滞留喷洒

淮阳县蓝天化工有限责任公司 (河南省郑州市东风路20号河畔人家2号楼4单元3楼东户 450008 0371-65771751)

PD20110958 烯酰吗啉/50%/水分散粒剂/烯酰吗啉 50%/2011.09.08 至 2016.09.08/低毒
黄瓜 霜霉病 300－375克/公顷 喷雾

PD20151651 霜霉威盐酸盐/66.5%/水剂/霜霉威盐酸盐 66.5%/2015.08.28 至 2020.08.28/低毒
黄瓜 霜霉病 858-1077克/公顷 喷雾

济源艾格弗作物保护有限公司 (河南省济源市亚桥罡头村南 454600 0391-6608855)

PD85105-42 敌敌畏/80%/乳油/敌敌畏 77.5%(气谱法)/2015.03.17 至 2020.03.17/中等毒
茶树 食叶害虫 600克/公顷 喷雾
粮仓 多种储藏害虫 1)400-500倍液,2)0.4-0.5克/立方米 1)喷雾,2)挂条熏蒸
棉花 蚜虫、造桥虫 600-1200克/公顷 喷雾
苹果树 小卷叶蛾、蚜虫 400-500毫克/千克 喷雾
青菜 菜青虫 600克/公顷 喷雾
桑树 尺蠖 600克/公顷 喷雾
卫生 多种卫生害虫 1)300-400倍液,2)0.08克/立方米 1)泼洒.2)挂条熏蒸
小麦 黏虫、蚜虫 600克/公顷 喷雾

PD20096799 代森锰锌/80%/可湿性粉剂/代森锰锌 80%/2014.09.15 至 2019.09.15/低毒
番茄 早疫病 1680-1896克/公顷 喷雾

PD20097216 炔螨特/57%/乳油/炔螨特 57%/2014.10.19 至 2019.10.19/低毒
柑橘树 红蜘蛛 285-380毫升/千克 喷雾

PD20100405 甲基硫菌灵/70%/可湿性粉剂/甲基硫菌灵 70%/2015.01.14 至 2020.01.14/低毒
梨树 黑星病 560-700毫克/千克 喷雾

PD20100611 多菌灵/25%/可湿性粉剂/多菌灵 25%/2015.01.14 至 2020.01.14/低毒
苹果树 轮纹病 400－500毫克/千克 喷雾

PD20100980 甲霜·锰锌/58%/可湿性粉剂/甲霜灵 10%、代森锰锌 48%/2015.01.19 至 2020.01.19/低毒
黄瓜 霜霉病 835.2-1305克/公顷 喷雾

开封卞京蒂国生物化学有限公司 (河南省开封市尉氏县新世纪广场东100米 475500 0378-7585236)

PD20091652 马拉·辛硫磷/25%/乳油/马拉硫磷 12.5%、辛硫磷 12.5%/2014.02.03 至 2019.02.03/低毒
大蒜 根蛆 2812.5-3750克/公顷 灌根
棉花 棉铃虫 262.5-300克/公顷 喷雾
十字花科蔬菜 菜青虫 187.5-281.25克/公顷 喷雾
水稻 稻纵卷叶螟 300-375克/公顷 喷雾
小麦 蚜虫 187.5-281.25克/公顷 喷雾

PD20092397 高效氯氟氰菊酯/25克/升/乳油/高效氯氟氰菊酯 25克/升/2014.02.25 至 2019.02.25/中等毒
十字花科蔬菜 蚜虫 7.5-11.25克/公顷 喷雾

PD20092592 辛硫·灭多威/20%/乳油/灭多威 10%、辛硫磷 10%/2014.02.27 至 2019.02.27/高毒
棉花 蚜虫 135-180克/公顷 喷雾
棉花 棉铃虫 225-300克/公顷 喷雾

PD20095692 二甲戊灵/330克/升/乳油/二甲戊灵 330克/升/2014.05.15 至 2019.05.15/低毒
夏玉米田 一年生杂草 742.5-990克/公顷 播后苗前土壤喷雾

PD20096990 多·硫·锰锌/70%/可湿性粉剂/多菌灵 10%、硫磺 40%、代森锰锌 20%/2014.09.29 至 2019.09.29/低毒
花生 叶斑病 1600-1800克/公顷 喷雾

PD20098391 乙草胺/81.5%/乳油/乙草胺 81.5%/2014.12.18 至 2019.12.18/低毒
玉米田 一年生禾本科杂草及小粒阔叶杂草 100-120毫升制剂/亩(东北地区)80-100毫升制剂/亩(其它地区) 播后苗期土壤喷雾

PD20100783 毒死蜱/45%/乳油/毒死蜱 45%/2015.01.18 至 2020.01.18/中等毒
水稻 稻纵卷叶螟 450-600克/公顷 喷雾

PD20100801 丙环唑/250克/升/乳油/丙环唑 250克/升/2015.01.19 至 2020.01.19/低毒
香蕉 叶斑病 250-500毫克/千克 喷雾

PD20100932 联苯菊酯/25克/升/乳油/联苯菊酯 25克/升/2015.01.19 至 2020.01.19/中等毒
棉花 红铃虫 1200-2100毫升制剂/公顷 喷雾
苹果树 桃小食心虫 20-30毫克/千克 喷雾

PD20100942 敌敌畏/77.5%/乳油/敌敌畏 77.5%/2015.01.19 至 2020.01.19/中等毒
小麦 蚜虫 600-700克/公顷 喷雾

PD20101118 赤霉酸/4%/乳油/赤霉酸 4%/2015.01.25 至 2020.01.25/低毒
棉花 调节生长、增产 10-20毫克/千克 点喷、点涂、喷雾

PD20101907 烟嘧磺隆/40克/升/可分散油悬浮剂/烟嘧磺隆 40克/升/2015.08.27 至 2020.08.27/低毒
玉米田 一年生杂草 42-60克/公顷 茎叶喷雾

PD20151465 甲氨基阿维菌素苯甲酸盐/5.0%/微乳剂/甲氨基阿维菌素 5%/2015.07.31 至 2020.07.31/中等毒
甘蓝 甜菜夜蛾 3.0-3.75克/公顷 喷雾
注:甲氨基阿维菌素苯甲酸盐含量为:5.7%。

LS20150020 硝磺·莠去津/50%/悬浮剂/莠去津 45.5%、硝磺草酮 4.5%/2015.01.15 至 2016.01.15/低毒
玉米田 一年生杂草 1125-1312.5克/公顷 茎叶喷雾

开封博凯生物化工有限公司 (河南省开封市南郊杨正门 475003 0378-2633385)

PD85154-44 氰戊菊酯/20%/乳油/氰戊菊酯 20%/2015.08.15 至 2020.08.15/中等毒

柑橘树 潜叶蛾 10-20毫克/千克 喷雾
果树 梨小食心虫 10-20毫克/千克 喷雾
棉花 红铃虫、蚜虫 75-150克/公顷 喷雾
蔬菜 菜青虫、蚜虫 60-120克/公顷 喷雾

PD20050073 氯氰菊酯/5%/乳油/氯氰菊酯 5%/2015.06.24 至 2020.06.24/中等毒
棉花 棉铃虫、棉蚜 45-90克/公顷 喷雾
苹果树 桃小食心虫 33.3-50毫克/千克 喷雾
十字花科蔬菜 菜青虫 30-45克/公顷 喷雾

PD20060165 氯氰菊酯/10%/乳油/氯氰菊酯 10%/2011.10.10 至 2016.10.10/中等毒
棉花 棉铃虫、棉蚜 45-90克/公顷 喷雾
苹果树 桃小食心虫 33.5-50毫克/千克 喷雾
十字花科蔬菜 菜青虫 30-45克/公顷 喷雾

PD20092005 氰戊·氧乐果/25%/乳油/氰戊菊酯 5%、氧乐果 20%/2014.02.12 至 2019.02.12/高毒
棉花 红蜘蛛、棉铃虫、棉蚜 112.5-180克/公顷 喷雾
小麦 红蜘蛛、蚜虫 37.5-56.75克/公顷 喷雾

PD20092235 氰戊·氧乐果/20%/乳油/氰戊菊酯 2.5%、氧乐果 17.5%/2014.02.24 至 2019.02.24/高毒
棉花 红蜘蛛、棉铃虫、棉蚜 112.5-180克/公顷 喷雾
小麦 蚜虫 30-45克/公顷 喷雾
小麦 红蜘蛛 45-60克/公顷 喷雾

PD20093174 氰戊菊酯/90%/原药/氰戊菊酯 90%/2014.03.11 至 2019.03.11/中等毒

PD20095319 氯氰菊酯/95%/原药/氯氰菊酯 95%/2014.04.27 至 2019.04.27/低毒

PD20095455 辛硫·三唑酮/20%/乳油/三唑酮 2%、辛硫磷 18%/2014.05.11 至 2019.05.11/低毒
小麦 地下害虫 15-30克/100千克种子 拌种
小麦 麦蚜 60-120克/公顷 喷雾
注:对小麦白粉病有预防作用。

PD20130824 嘧菌酯/95%/原药/嘧菌酯 95%/2013.04.22 至 2018.04.22/低毒

PD20142487 虫螨腈/95%/原药/虫螨腈 95%/2014.11.19 至 2019.11.19/低毒

开封大地农化生物科技有限公司 (开封市禹王台区精细化工产业集聚区 475000 0371-22668903)

PD20091475 毒死蜱/40%/乳油/毒死蜱 40%/2014.02.02 至 2019.02.02/中等毒
棉花 棉铃虫 600-780克/公顷 喷雾

PD20095266 噁酮·乙草胺/36%/乳油/噁草酮 6%、乙草胺 30%/2014.04.27 至 2019.04.27/低毒
棉花田、夏大豆田 一年生杂草 540-810克/公顷 播后苗前喷雾

PD20095817 乳氟·喹禾灵/10.8%/乳油/喹禾灵 6.0%、乳氟禾草灵 4.8%/2014.05.27 至 2019.05.27/低毒
夏大豆田 一年生杂草 81-97.2克/公顷 喷雾

PD20096302 阿维菌素/1.8%/乳油/阿维菌素 1.8%/2014.07.22 至 2019.07.22/低毒(原药高毒)
甘蓝 小菜蛾 8.1-10.8克/公顷 喷雾

PD20096983 乙草胺/81.5%/乳油/乙草胺 81.5%/2014.09.29 至 2019.09.29/低毒
玉米田 一年生禾本科杂草及小粒阔叶杂草 100-120毫升制剂/亩(东北地区), 80-100毫升制剂/亩(其它地区) 播后苗前土壤喷雾

PD20098335 高效氯氟氰菊酯/25克/升/乳油/高效氯氟氰菊酯 25克/升/2014.12.18 至 2019.12.18/中等毒
十字花科叶菜 菜青虫 20-30毫升制剂/亩 喷雾

PD20100480 唑酮·乙蒜素/32%/乳油/三唑酮 2%、乙蒜素 30%/2015.01.14 至 2020.01.14/中等毒
黄瓜 枯萎病 360-450克/公顷 喷雾
棉花 枯萎病 199.5-300克/公顷 喷雾
苹果树 轮纹病 900-1200倍液 喷雾
水稻 稻瘟病 360-450克/公顷 喷雾

PD20100545 乙蒜素/90%/原药/乙蒜素 90%/2015.01.14 至 2020.01.14/中等毒

PD20101282 唑酮·乙蒜素/16%/可湿性粉剂/三唑酮 1%、乙蒜素 15%/2015.03.10 至 2020.03.10/中等毒
水稻 稻瘟病 108-144克/公顷 喷雾

PD20101285 乙蒜素/80%/乳油/乙蒜素 80%/2015.03.10 至 2020.03.10/中等毒
棉花 立枯病 133.3-160毫克/千克 浸种

PD20101469 苦参碱/1%/可溶液剂/苦参碱 1%/2010.05.04 至 2015.05.04/低毒
甘蓝 菜青虫 15-18克/公顷 喷雾

PD20101918 啶虫脒/5%/乳油/啶虫脒 5%/2015.08.27 至 2020.08.27/低毒
黄瓜 蚜虫 18-22.5克/公顷 喷雾

PD20131278 苄嘧磺隆/10%/可湿性粉剂/苄嘧磺隆 10%/2013.06.05 至 2018.06.05/低毒
移栽水稻田 一年生阔叶杂草 30-45克/公顷 药土法

PD20142093 莠去津/38%/悬浮剂/莠去津 38%/2014.09.02 至 2019.09.02/低毒
夏玉米田 一年生杂草 1140-1425 克/公顷 土壤喷雾

开封华瑞化工新材料股份有限公司 (河南省开封市精细化工产业集聚区苏州路1号(310国道汪屯转盘南600米) 47500

PD20151039 敌草隆/98%/原药/敌草隆 98%/2015.06.14 至 2020.06.14/低毒

开封市联友化工有限公司 (河南省开封市郊区南干道东转盘南300米 475003 0371-22659338)

PD20084128 氰戊·马拉松/20%/乳油/马拉硫磷 15%、氰戊菊酯 5%/2013.12.16 至 2018.12.16/中等毒

棉花 棉铃虫 90-150克/公顷 喷雾
苹果树 桃小食心虫 160-333毫克/千克 喷雾
小麦 蚜虫 60-90克/公顷 喷雾

PD20084500 灭多威/20%/乳油/灭多威 20%/2013.12.18 至 2018.12.18/高毒
棉花 蚜虫 75-150克/公顷 喷雾
棉花 棉铃虫 150-225克/公顷 喷雾

PD20086011 氰戊·氧乐果/25%/乳油/氰戊菊酯 5%、氧乐果 20%/2013.12.29 至 2018.12.29/高毒
棉花 棉铃虫、棉蚜 112.5-150克/公顷 喷雾
棉花 棉红蜘蛛 112.5-180克/公顷 喷雾

PD20094206 丙溴·灭多威/25%/乳油/丙溴磷 15%、灭多威 10%/2014.03.30 至 2019.03.30/中等毒(原药高毒)
棉花 棉铃虫 225-375克/公顷 喷雾

PD20095518 丙溴·辛硫磷/25%/乳油/丙溴磷 5%、辛硫磷 20%/2014.05.11 至 2019.05.11/低毒
棉花 棉铃虫 187.5-281.25克/公顷 喷雾

开封市普朗克生物化学有限公司 (河南省开封市汪屯精细化工产业区 475003 0371-22656593，65613846)

PD20040370 高效氯氰菊酯/4.5%/乳油/高效氯氰菊酯 4.5%/2014.12.19 至 2019.12.19/中等毒
十字花科蔬菜 菜蚜 3-18克/公顷 喷雾
十字花科蔬菜 菜青虫、小菜蛾 9-25.5克/公顷 喷雾

PD20040566 吡虫啉/5%/乳油/吡虫啉 5%/2014.12.19 至 2019.12.19/低毒
水稻 稻飞虱 9-18克/公顷 喷雾

PD20070463 多·福/50%/可湿性粉剂/多菌灵 25%、福美双 25%/2012.11.20 至 2017.11.20/低毒
梨树 黑星病 1000-1500毫克/千克 喷雾

PD20080067 氯氰·辛硫磷/20%/乳油/氯氰菊酯 1.5%、辛硫磷 18.5%/2013.01.04 至 2018.01.04/中等毒
棉花 棉铃虫、蚜虫 300-360克/公顷 喷雾

PD20080487 辛硫·三唑磷/30%/乳油/三唑磷 15%、辛硫磷 15%/2013.04.07 至 2018.04.07/中等毒
水稻 三化螟 315-405克/公顷 喷雾

PD20081874 硫磺·多菌灵/50%/可湿性粉剂/多菌灵 15%、硫磺 35%/2013.11.20 至 2018.11.20/低毒
花生 叶斑病 1200-1800克/公顷 喷雾

PD20082566 代森锰锌/50%/可湿性粉剂/代森锰锌 50%/2013.12.04 至 2018.12.04/低毒
苹果树 轮纹病 600-800倍液 喷雾

PD20082903 霜霉威盐酸盐/35%/水剂/霜霉威盐酸盐 35%/2013.12.09 至 2018.12.09/低毒
黄瓜 霜霉病 562.5-843.75克/公顷 喷雾

PD20083277 溴敌隆/0.5%/母液/溴敌隆 0.5%/2013.12.11 至 2018.12.11/中等毒(原药高毒)
室内 家鼠 堆施或穴施 配成0.005%的毒饵饱和投饵

PD20084122 灭多威/20%/乳油/灭多威 20%/2013.12.16 至 2018.12.16/高毒
棉花 棉铃虫 120-150克/公顷 喷雾

PD20084359 溴敌隆/0.005%/毒饵/溴敌隆 0.005%/2013.12.17 至 2018.12.17/低毒(原药高毒)
室内、外 家鼠 室内：30－45克毒饵/15平方米；室外：15克毒饵/10平方米 投饵

PD20084394 敌畏·毒死蜱/40%/乳油/敌敌畏 30%、毒死蜱 10%/2013.12.17 至 2018.12.17/中等毒
水稻 稻飞虱 480-600克/公顷 喷雾

PD20084921 溴敌隆/98%/原药/溴敌隆 98%/2013.12.22 至 2018.12.22/剧毒

PD20086131 福·甲·硫磺/50%/可湿性粉剂/福美双 18%、甲基硫菌灵 10%、硫磺 22%/2013.12.30 至 2018.12.30/低毒
辣椒 炭疽病 1125克/公顷 喷雾

PD20090644 溴鼠灵/0.5%/母液/溴鼠灵 0.5%/2014.01.15 至 2019.01.15/高毒
室外 田鼠 饱和投饵 配制成0.005%毒饵投饵

PD20091894 甲基异柳磷/2.5%/颗粒剂/甲基异柳磷 2.5%/2014.02.09 至 2019.02.09/高毒
小麦 吸浆虫 562.5-750克/公顷 土壤处理

PD20092029 异菌脲/10%/乳油/异菌脲 10%/2014.02.12 至 2019.02.12/低毒
苹果树 斑点落叶病 500-600倍液 喷雾

PD20092223 莠去津/48%/可湿性粉剂/莠去津 48%/2014.02.24 至 2019.02.24/低毒
夏玉米田 一年生杂草 1080-1440克/公顷 播后苗前土壤喷雾

PD20092878 唑酮·氧乐果/20%/乳油/三唑酮 5%、氧乐果 15%/2014.03.05 至 2019.03.05/高毒
小麦 白粉病、蚜虫 450-480克/公顷 喷雾

PD20093383 甲柳·三唑酮/10%/乳油/甲基异柳磷 8%、三唑酮 2%/2014.03.19 至 2019.03.19/高毒
小麦 地下害虫 40-80克/100千克种子 拌种

PD20093553 三唑酮/20%/乳油/三唑酮 20%/2014.03.23 至 2019.03.23/低毒
小麦 白粉病 120-135克/公顷 喷雾

PD20094071 烯唑醇/12.5%/可湿性粉剂/烯唑醇 12.5%/2014.03.27 至 2019.03.27/低毒
小麦 白粉病 60-120克/公顷 喷雾

PD20096577 精喹禾灵/5%/乳油/精喹禾灵 5%/2014.08.25 至 2019.08.25/低毒
夏大豆田 一年生禾本科杂草 52.5-75克/公顷 茎叶喷雾

PD20097547 啶虫脒/20%/可湿性粉剂/啶虫脒 20%/2014.11.03 至 2019.11.03/低毒
柑橘树 蚜虫 10-13.3毫克/千克 喷雾
PD20097663 苯磺隆/10%/可湿性粉剂/苯磺隆 10%/2014.11.04 至 2019.11.04/低毒
冬小麦田 一年生阔叶杂草 13.5-22.5克/公顷 茎叶喷雾
PD20097822 氧乐果/40%/乳油/氧乐果 40%/2014.11.20 至 2019.11.20/中等毒(原药高毒)
小麦 蚜虫 81-162克/公顷 喷雾
PD20101859 络氨铜/15%/水剂/络氨铜 15%/2015.08.04 至 2020.08.04/低毒
水稻 稻曲病 525-750克/公顷 喷雾
PD20101890 哒螨·矿物油/34%/乳油/哒螨灵 4%、矿物油 30%/2015.08.09 至 2020.08.09/中等毒
苹果树 红蜘蛛 170-340毫克/千克 喷雾
PD20101996 啶虫脒/5%/乳油/啶虫脒 5%/2015.09.25 至 2020.09.25/低毒
黄瓜 蚜虫 24-36毫升/亩 喷雾
PD20110408 阿维菌素/1.8%/可湿性粉剂/阿维菌素 1.8%/2016.04.12 至 2021.04.12/低毒(原药高毒)
甘蓝 小菜蛾 8.1-10.8克/公顷 喷雾
PD20110511 甲氨基阿维菌素苯甲酸盐/1%/乳油/甲氨基阿维菌素 1%/2011.05.03 至 2016.05.03/低毒
甘蓝 小菜蛾 1.5-3克/公顷 喷雾
注:甲氨基阿维菌素苯甲酸盐含量:1.14%。
PD20111029 高效氯氟氰菊酯/2.5%/水乳剂/高效氯氟氰菊酯 2.5%/2011.09.30 至 2016.09.30/中等毒
甘蓝 菜青虫 5.625-9.375克/公顷 喷雾
PD20152448 溴鼠灵/0.005%/饵剂/溴鼠灵 .005%/2015.12.16 至 2020.12.16/低毒(原药高毒)
室内 家鼠 饱和投饵 投饵
WP20090063 杀蟑饵剂/1%/饵剂/毒死蜱 1%/2014.01.22 至 2019.01.22/低毒
卫生 蜚蠊 / 投放
WP20090207 残杀威/20%/乳油/残杀威 20%/2014.03.27 至 2019.03.27/低毒
卫生 蜚蠊 50毫克/平方米 滞留喷洒
WP20090229 杀虫饵粒/2%/饵剂/吡虫啉 2%/2014.04.10 至 2019.04.10/低毒
卫生 蜚蠊、蝇 / 投防
WP20090262 氟氯氰菊酯/10%/可湿性粉剂/氟氯氰菊酯 10%/2014.05.11 至 2019.05.11/低毒
卫生 蚊、蝇、蜚蠊 50-62.5毫克/平方米 滞留喷洒

联保作物科技有限公司 (河南省郑州市新郑港区新港大道 450003 0371-66238576)

PD20121455 甲氨基阿维菌素苯甲酸盐/5%/水分散粒剂/甲氨基阿维菌素 5%/2012.10.08 至 2017.10.08/低毒
甘蓝 甜菜夜蛾 2.25-4.5克/公顷 喷雾
注:甲氨基阿维菌素苯甲酸盐含量: 5.7%。
PD20121589 戊唑醇/430克/升/悬浮剂/戊唑醇 430克/升/2012.10.25 至 2017.10.25/低毒
苹果树 轮纹病 107.5～143.3毫克/千克 喷雾
PD20121977 阿维菌素/1.8%/水乳剂/阿维菌素 1.8%/2012.12.18 至 2017.12.18/低毒(原药高毒)
甘蓝 小菜蛾 8.1-10.8克/公顷 喷雾
PD20130302 啶虫脒/40%/水分散粒剂/啶虫脒 40%/2013.02.26 至 2018.02.26/低毒
黄瓜 蚜虫 24-48克/公顷 喷雾
PD20131871 螺螨酯/24%/悬浮剂/螺螨酯 24%/2013.09.25 至 2018.09.25/低毒
柑橘树 红蜘蛛 40-60毫克/千克 喷雾
PD20132426 咪鲜胺/450克/升/水乳剂/咪鲜胺 450克/升/2013.11.20 至 2018.11.20/低毒
水稻 恶苗病 62.5-125毫克/千克 浸种
PD20132582 醚菌酯//水分散粒剂/醚菌酯 50%/2013.12.17 至 2018.12.17/低毒
黄瓜 白粉病 105-150克/公顷 喷雾
PD20151177 吡蚜酮/50%/水分散粒剂/吡蚜酮 50%/2015.06.26 至 2020.06.26/低毒
水稻 稻飞虱 105-135克/公顷 喷雾

洛阳派仕克农业科技有限公司 (河南省洛阳市高新开发区丰华路银昆科技园5号楼-5406 471003 0379-2569281)

PD20096561 溴鼠灵/0.005%/毒饵/溴鼠灵 0.005%/2014.08.24 至 2019.08.24/低毒(原药高毒)
室内、外 家鼠 15-30克毒饵/15平方米 堆施或穴施
PD20111011 溴敌隆/0.005%/毒饵/溴敌隆 0.005%/2011.09.28 至 2016.09.28/低毒(原药高毒)
室内 家鼠 饱和投饵 投饵
WP20110075 杀蟑饵粒/1%/饵粒/残杀威 1%/2011.03.24 至 2016.03.24/低毒
卫生 蜚蠊 / 投放
WP20130266 右胺·残·高氯/10%/水乳剂/残杀威 5%、高效氯氰菊酯 3%、右旋胺菊酯 2%/2013.12.25 至 2018.12.25/低毒
室内 蚊、蝇、蜚蠊 15毫升/立方米（蚊、蝇），150毫升/平方米（蜚蠊） 滞留喷洒
WP20140131 右胺·高氯氟/5%/水乳剂/高效氯氟氰菊酯 3%、右旋胺菊酯 2%/2014.06.09 至 2019.06.09/中等毒
室外 蚊、蝇 3毫克/平方米 超低容量喷雾
WP20150071 烯丙·氯菊/12%/水乳剂/富右旋反式烯丙菊酯 4%、氯菊酯 8%/2015.04.20 至 2020.04.20/低毒
室内 蚊、蝇、蜚蠊 130-150毫克/平方米 滞留喷洒
WP20150092 杀虫热雾剂/2.5%/热雾剂/高效氯氰菊酯 2%、右旋胺菊酯 0.5%/2015.05.18 至 2020.05.18/低毒
室内 蚊、蝇、蜚蠊 / 热雾机喷雾

WP20150113 杀虫饵剂/2.05%/饵剂/吡虫啉 2%、氟蚁腙 0.05%/2015.06.26 至 2020.06.26/低毒
室内 蜚蠊、蚂蚁 / 投放

洛阳市嘉创农业开发有限公司 （河南省洛阳市高新技术开发区孙旗屯 471003 0379-64281612）

PD20092044 福·克/20%/悬浮种衣剂/福美双 10%、克百威 10%/2014.02.12 至 2019.02.12/高毒
玉米 蚜虫 1:40(药种比) 种子包衣

PD20100208 克·酮·多菌灵/17%/悬浮种衣剂/多菌灵 11.2%、克百威 4.3%、三唑酮 1.5%/2015.01.05 至 2020.01.05/中等毒
小麦 白粉病、地下害虫 1:50-60(药种比) 种子包衣

PD20140243 苯醚甲环唑/3%/悬浮种衣剂/苯醚甲环唑 3%/2014.01.29 至 2019.01.29/低毒
小麦 全蚀病 15-18克/100千克种子 种子包衣

PD20142621 戊唑·吡虫啉/3%/悬浮种衣剂/吡虫啉 2.7%、戊唑醇 0.3%/2014.12.15 至 2019.12.15/低毒
玉米 丝黑穗病、蚜虫 120－180克/100千克种子 种子包衣

孟州沙隆达植物保护技术有限公司 （河南省孟州市产业集聚区 450000 0371-60909266）

PD20082791 苯磺隆/10%/可湿性粉剂/苯磺隆 10%/2013.12.09 至 2018.12.09/低毒
冬小麦田 一年生杂草 13.5－22.5克/公顷 茎叶喷雾

PD20082864 敌畏·辛硫磷/30%/乳油/敌敌畏 10%、辛硫磷 20%/2013.12.09 至 2018.12.09/中等毒
棉花 棉红蜘蛛、棉铃虫、蚜虫 315-450克/公顷 喷雾

PD20083572 氰戊·辛硫磷/16%/乳油/氰戊菊酯 1.5%、辛硫磷 14.5%/2013.12.12 至 2018.12.12/中等毒
甘蓝 菜青虫 168-240克/公顷 喷雾

PD20085096 唑酮·氧乐果/20%/乳油/三唑酮 7%、氧乐果 13%/2013.12.23 至 2018.12.23/高毒
小麦 白粉病、红蜘蛛、锈病、蚜虫 405-480克/公顷 喷雾

PD20091684 多·锰锌/25%/可湿性粉剂/多菌灵 8.3%、代森锰锌 16.7%/2014.02.03 至 2019.02.03/低毒
花生 褐斑病、网斑病 375-750克/公顷 喷雾

PD20091835 乙铝·锰锌/61%/可湿性粉剂/代森锰锌 25%、三乙膦酸铝 36%/2014.02.06 至 2019.02.06/低毒
梨树 黑星病 300-500倍液 喷雾
梨树、苹果树 轮纹病 400-600倍液 喷雾
苹果树 斑点落叶病 1016-2033毫克/千克 喷雾

PD20091844 井冈·三唑酮/15%/可湿性粉剂/井冈霉素 8%、三唑酮 7%/2014.02.06 至 2019.02.06/低毒
小麦 白粉病、纹枯病 225-300克/公顷 喷雾

PD20091987 氯氰·氧乐果/21.5%/乳油/氯氰菊酯 1.5%、氧乐果 20%/2014.02.12 至 2019.02.12/高毒
大豆 食心虫、蚜虫 193.5-290.25克/公顷 喷雾

PD20092850 甲柳·三唑酮/10%/乳油/甲基异柳磷 8%、三唑酮 2%/2014.03.05 至 2019.03.05/高毒
小麦 白粉病、地下害虫、条锈病 40-80克/100千克种子 拌种

PD20095885 氧乐果/40%/乳油/氧乐果 40%/2014.05.31 至 2019.05.31/中等毒(原药高毒)
小麦 蚜虫 108-162克/公顷 喷雾

PD20131770 唑磷·毒死蜱/30%/乳油/毒死蜱 15%、三唑磷 15%/2013.09.06 至 2018.09.06/中等毒
水稻 三化螟 540-675克/公顷 喷雾

PD20140669 毒死蜱/30%/微囊悬浮剂/毒死蜱 30%/2014.03.17 至 2019.03.17/低毒
花生 蛴螬 1575-2250克/公顷 灌根

PD20150421 吡虫啉/2%/颗粒剂/吡虫啉 2%/2015.03.19 至 2020.03.19/低毒
韭菜 韭蛆 450-600克/公顷 撒施

南阳神圣农化科技有限公司 （河南省南阳市新华城市广场兴达国际D1906 473000 0377-63177799）

PD20130296 复硝酚钠/1.8%/水剂/复硝酚钠 1.8%/2013.02.26 至 2018.02.26/低毒
番茄 调节生长 6.0-9.0毫克/千克 喷雾

PD20151916 香菇多糖/1%/水剂/香菇多糖 1%/2015.08.30 至 2020.08.30/低毒
番茄 病毒病 18-21克/公顷 喷雾

PD20152243 乙蒜素/80%/乳油/乙蒜素 80%/2015.09.23 至 2020.09.23/低毒
苹果树 叶斑病 667-1000毫克/千克 喷雾

平顶山市益农科技有限公司 （河南省郏县城关镇龙山大道东段 467100 0375-5186166）

PD20091074 乙草胺/50%/乳油/乙草胺 50%/2014.01.21 至 2019.01.21/低毒
夏大豆田 一年生禾本科杂草及小粒阔叶杂草 900-1125克/公顷 土壤喷雾

PD20093006 氟铃脲/5%/乳油/氟铃脲 5%/2014.03.09 至 2019.03.09/低毒
棉花 棉铃虫 90-120克/公顷 喷雾

PD20097931 啶虫脒/5%/乳油/啶虫脒 5%/2014.11.30 至 2019.11.30/低毒
苹果树 蚜虫 8.6-12毫克/千克 喷雾

PD20098154 丙环唑/250克/升/乳油/丙环唑 250克/升/2014.12.14 至 2019.12.14/低毒
小麦 白粉病 124－150克/公顷 喷雾

PD20121831 啶虫脒/20%/可湿性粉剂/啶虫脒 20%/2012.11.22 至 2017.11.22/低毒
柑橘树 蚜虫 10-13.3毫克/千克 喷雾

PD20121993 高效氯氟氰菊酯/25克/升/乳油/高效氯氟氰菊酯 25克/升/2012.12.18 至 2017.12.18/中等毒
棉花 棉铃虫 7.5-9.375克/公顷 喷雾

PD20150537 噻吩磺隆/15%/可湿性粉剂/噻吩磺隆 15%/2015.03.23 至 2020.03.23/低毒
冬小麦田 一年生阔叶杂草 22.5-33.75克/公顷 茎叶喷雾

沁阳市新兴化工有限公司 （河南省沁阳市崇义镇小金陵北 454550 0391-5055073）

PD20090916 啶虫脒/5%/乳油/啶虫脒 5%/2014.01.19 至 2019.01.19/低毒
小麦 蚜虫 18-27克/公顷 喷雾
PD20091729 苄·乙·扑草净/14.5%/粉剂/苄嘧磺隆 0.8%、扑草净 4.2%、乙草胺 9.5%/2014.02.04 至 2019.02.04/低毒
水稻移栽田 一年生及部分多年生杂草 84-126克/公顷(南方地区) 药土法
PD20092734 阿维·辛硫磷/15%/乳油/阿维菌素 0.1%、辛硫磷 14.9%/2014.03.04 至 2019.03.04/低毒(原药高毒)
十字花科蔬菜 小菜蛾 112.5-168.75克/公顷 喷雾
PD20093348 氟铃·辛硫磷/20%/乳油/氟铃脲 2%、辛硫磷 18%/2014.03.18 至 2019.03.18/低毒
棉花 棉铃虫 150-225克/公顷 喷雾
PD20096387 草甘膦/30%/可溶粉剂/草甘膦 30%/2014.08.04 至 2019.08.04/低毒
非耕地 杂草 1125—2250克/公顷 茎叶喷雾
PD20096426 氰戊·灭多威/20%/乳油/灭多威 15%、氰戊菊酯 5%/2014.08.04 至 2019.08.04/高毒
棉花 棉铃虫 150-187.5克/公顷 喷雾
PD20096627 辛硫·矿物油/40%/乳油/矿物油 20%、辛硫磷 20%/2014.09.02 至 2019.09.02/低毒
棉花 棉铃虫 600-900克/公顷 喷雾
PD20101850 辛菌胺醋酸盐(1.8%)///水剂/辛菌胺 1.26%/2015.07.28 至 2020.07.28/低毒
苹果树 腐烂病 500-1000毫克/千克 涂抹、喷雾

撒尔夫(河南)农化有限公司 (河南省禹州市朱阁工业园区 461670 0374-8121568)

PD20040213 高效氯氰菊酯/4.5%/乳油/高效氯氰菊酯 4.5%/2014.12.19 至 2019.12.19/中等毒
十字花科蔬菜 菜青虫、蚜虫 9-25.5克/公顷 喷雾
PD20040795 氯氰·辛硫磷/20%/乳油/氯氰菊酯 1.5%、辛硫磷 18.5%/2014.12.19 至 2019.12.19/中等毒
棉花 棉铃虫、蚜虫 75-150克/公顷 喷雾
PD20084286 阿维·高氯/1.1%/乳油/阿维菌素 0.1%、高效氯氰菊酯 1%/2013.12.17 至 2018.12.17/低毒(原药高毒)
十字花科蔬菜 菜青虫、小菜蛾 13.5-27克/公顷 喷雾
PD20084930 啶虫脒/5%/乳油/啶虫脒 5%/2013.12.22 至 2018.12.22/低毒
黄瓜 蚜虫 18-22.5克/公顷 喷雾
PD20085828 辛硫·灭多威/30%/乳油/灭多威 10%、辛硫磷 20%/2013.12.29 至 2018.12.29/高毒
棉花 棉铃虫 630-900克/公顷 喷雾
PD20086126 辛硫·灭多威/20%/乳油/灭多威 6%、辛硫磷 14%/2013.12.30 至 2018.12.30/高毒
棉花 棉铃虫 150-300克/公顷 喷雾
水稻 稻飞虱 180-240克/公顷 喷雾
PD20086278 灭多威/20%/乳油/灭多威 20%/2013.12.31 至 2018.12.31/高毒
棉花 蚜虫 75-150克/公顷 喷雾
棉花 棉铃虫 150-225克/公顷 喷雾
PD20094487 灭多威/98%/原药/灭多威 98%/2014.04.09 至 2019.04.09/高毒
PD20100714 三唑磷/20%/乳油/三唑磷 20%/2015.01.16 至 2020.01.16/中等毒
水稻 二化螟 300-450克/公顷 喷雾
PD20100851 甲氨基阿维菌素苯甲酸盐(1.14%)///乳油/甲氨基阿维菌素 1%/2015.01.19 至 2020.01.19/低毒
甘蓝 小菜蛾 150-225毫升制剂/公顷 喷雾
PD20100996 复硝酚钠/1.4%/水剂/5-硝基邻甲氧基苯酚钠 0.23%、对硝基苯酚钠 0.7%、邻硝基苯酚钠 0.47%/2015.01.20 至2020.01.20/低毒
番茄 调节生长 6.075-8.1克/公顷 茎叶喷雾
PD20101568 辛菌胺醋酸盐/1.8%/水剂/辛菌胺醋酸盐 1.8%/2015.05.19 至 2020.05.19/低毒
苹果树 腐烂病 500-1000毫克/千克 喷雾,涂抹
PD20140077 硫双威/95%/原药/硫双威 95%/2014.01.20 至 2019.01.20/中等毒
PD20140479 阿维菌素/0.5%/颗粒剂/阿维菌素 0.5%/2014.02.25 至 2019.02.25/低毒(原药高毒)
黄瓜 根结线虫 225-262.5克/公顷 沟施、穴施
PD20142501 枯草芽孢杆菌/10亿活芽孢/克/可湿性粉剂/枯草芽孢杆菌 10亿活芽孢/克/2014.11.21 至 2019.11.21/低毒
棉花 黄萎病 1125-1500克/公顷(制剂) 喷雾
PD20151709 硫双威/80%/水分散粒剂/硫双威 80%/2015.08.28 至 2020.08.28/中等毒
甘蓝 甜菜夜蛾 780-900克/公顷 喷雾
WP20120075 噁虫威/20%/可湿性粉剂/噁虫威 20%/2012.04.18 至 2017.04.18/低毒
室内 蚊、蝇、蜚蠊 120毫克/平方米(蚊和蝇);300毫克/平方米(蜚蠊) 滞留喷洒
WP20120076 噁虫威/98%/原药/噁虫威 98%/2012.04.18 至 2017.04.18/中等毒
注:仅限于室内使用。
WP20130162 噁虫威/80%/可湿性粉剂/噁虫威 80%/2013.07.29 至 2018.07.29/中等毒
室外 蚊、蝇 0.16-0.24克/平方米 喷雾

山都丽化工有限公司 (河南省周口市建设路东段10号 466001 0394-8690100)

PD20040221 高效氯氰菊酯/4.5%/乳油/高效氯氰菊酯 4.5%/2014.12.19 至 2019.12.19/中等毒
茶树 茶尺蠖 15-25.5克/公顷 喷雾
柑橘树 潜叶蛾 15-20毫克/千克 喷雾
柑橘树 红蜡蚧 50毫克/千克 喷雾
棉花 红铃虫、棉铃虫、蚜虫 15-30克/公顷 喷雾

	十字花科蔬菜	菜青虫、小菜蛾	9-25.5克/公顷	喷雾
	十字花科蔬菜	蚜虫	3-18克/公顷	喷雾
	烟草	烟青虫	15-25.5克/公顷	喷雾
PD20040273	高效氯氰菊酯/2.5%/乳油/高效氯氰菊酯 2.5%/2014.12.19 至 2019.12.19/中等毒			
	番茄	美洲斑潜蝇	18.75-22.5克/公顷	喷雾
	梨树	梨木虱	12.5-20.8毫克/千克	喷雾
PD20040406	吡虫啉/5%/乳油/吡虫啉 5%/2014.12.18 至 2019.12.18/低毒			
	小麦	蚜虫	7.5-11.2克/公顷	喷雾
PD20080254	噻吩磺隆/95%/原药/噻吩磺隆 95%/2013.02.19 至 2018.02.19/低毒			
PD20081933	噻吩磺隆/15%/可湿性粉剂/噻吩磺隆 15%/2013.11.24 至 2018.11.24/低毒			
	冬小麦田	一年生阔叶杂草	22.5-33.8克/公顷	喷雾
PD20084030	霜脲·锰锌/36%/可湿性粉剂/代森锰锌 32%、霜脲氰 4%/2013.12.16 至 2018.12.16/低毒			
	黄瓜	霜霉病	1458-1728克/公顷	喷雾
PD20090015	三唑锡/25%/可湿性粉剂/三唑锡 25%/2014.01.06 至 2019.01.06/低毒			
	柑橘树	红蜘蛛	125-166毫克/千克	喷雾
	苹果树	红蜘蛛	200-400毫克/千克	喷雾
PD20090904	杀扑磷/40%/乳油/杀扑磷 40%/2014.01.19 至 2015.09.30/高毒			
	柑橘树	介壳虫	400-500毫克/千克	喷雾
PD20091109	吡虫·三唑锡/20%/可湿性粉剂/吡虫啉 2%、三唑锡 18%/2014.01.21 至 2019.01.21/中等毒			
	苹果树	红蜘蛛、黄蚜	100-200毫克/千克	喷雾
PD20091233	高效氯氟氰菊酯/25克/升/乳油/高效氯氟氰菊酯 25克/升/2014.02.01 至 2019.02.01/中等毒			
	苹果树	桃小食心虫	5-6.25毫克/千克	喷雾
	小麦	蚜虫	7.5-11.25克/公顷	喷雾
PD20091259	炔螨特/40%/乳油/炔螨特 40%/2014.02.01 至 2019.02.01/低毒			
	柑橘	红蜘蛛	266.7-400毫克/千克	喷雾
PD20091793	三唑锡/20%/悬浮剂/三唑锡 20%/2014.02.04 至 2019.02.04/中等毒			
	柑橘树	红蜘蛛	133-267毫克/千克	喷雾
	苹果树	红蜘蛛	100-200毫克/千克	喷雾
PD20091853	多菌灵/25%/可湿性粉剂/多菌灵 25%/2014.02.06 至 2019.02.06/低毒			
	水稻	纹枯病	562.5-750克/公顷	喷雾
PD20091940	丙环唑/250克/升/乳油/丙环唑 250克/升/2014.02.12 至 2019.02.12/低毒			
	莲藕	叶斑病	75-112.5克/公顷	喷雾
	香蕉	叶斑病	250-500毫克/千克	喷雾
PD20092032	代森锰锌/70%/可湿性粉剂/代森锰锌 70%/2014.02.12 至 2019.02.12/低毒			
	番茄	早疫病	1837.5-2362.5克/公顷	喷雾
PD20092657	抑霉唑/22.2%/乳油/抑霉唑 22.2%/2014.03.03 至 2019.03.03/低毒			
	柑橘(果实)	青霉病	370-493毫克/千克	浸果
PD20092822	苯磺隆/75%/水分散粒剂/苯磺隆 75%/2014.03.04 至 2019.03.04/低毒			
	冬小麦田	一年生阔叶杂草	11.25-22.5克/公顷	茎叶喷雾
PD20093052	精喹·草除灵/17.5%/乳油/草除灵 15%、精喹禾灵 2.5%/2014.03.09 至 2019.03.09/低毒			
	冬油菜田	一年生杂草	262.5-393.8克/公顷	喷雾
PD20093144	硫磺/45%/悬浮剂/硫磺 45%/2014.03.11 至 2019.03.11/低毒			
	黄瓜	白粉病	1012.5-1647克/公顷	喷雾
PD20093493	复硝酚钠/1.8%/水剂/复硝酚钠 1.8%/2014.03.23 至 2019.03.23/低毒			
	荔枝	保果	7.2-9毫克/千克	喷雾2次
PD20093500	甲基硫菌灵/50%/可湿性粉剂/甲基硫菌灵 50%/2014.03.23 至 2019.03.23/低毒			
	苹果	轮纹病	625-833毫克/千克	喷雾
PD20095047	氟磺胺草醚/250克/升/水剂/氟磺胺草醚 250克/升/2014.04.21 至 2019.04.21/低毒			
	春大豆田	一年生阔叶杂草	375-450克/公顷	茎叶喷雾
PD20095096	苯磺隆/10%/可湿性粉剂/苯磺隆 10%/2014.04.24 至 2019.04.24/低毒			
	冬小麦田	一年生阔叶杂草	15-19.5克/公顷	茎叶喷雾
PD20095470	异噁草松/48%/乳油/异噁草松 48%/2014.05.11 至 2019.05.11/低毒			
	春大豆田	一年生杂草	864-1195克/公顷	土壤喷雾
PD20095492	乙烯利/40%/水剂/乙烯利 40%/2014.05.11 至 2019.05.11/低毒			
	番茄	催熟	400-500毫克/千克	浸果
PD20095571	敌草胺/50%/可湿性粉剂/敌草胺 50%/2014.05.12 至 2019.05.12/低毒			
	烟草	一年生禾本科杂草及部分阔叶杂草	1125-1875克/公顷	土壤喷雾
PD20095600	高效氟吡甲禾灵/108克/升/乳油/高效氟吡甲禾灵 108克/升/2014.05.12 至 2019.05.12/低毒			
	棉花田	一年生禾本科杂草	40.5-48.6克/公顷	茎叶喷雾
PD20095966	乙草胺/81.5%/乳油/乙草胺 81.5%/2014.06.04 至 2019.06.04/低毒			
	冬油菜田	一年生禾本科杂草及部分阔叶杂草	540-810克/公顷	土壤喷雾
PD20096133	噻吩磺隆/75%/水分散粒剂/噻吩磺隆 75%/2014.06.24 至 2019.06.24/低毒			
	大豆田	一年生阔叶杂草	20.25-24.75克/公顷(东北地区)16	播后苗期土壤喷雾

			.875-20.25克/公顷(其它地区)	
PD20096137	异丙草·莠/50%/悬浮剂/异丙草胺 20%、莠去津 30%/2014.06.24 至 2019.06.24/低毒			
	夏玉米田	一年生杂草	750-1125克/公顷	土壤喷雾
PD20096157	草甘膦异丙胺盐(41%)/30%/水剂/草甘膦 30%/2014.06.24 至 2019.06.24/低毒			
	苹果园	杂草	1125-2250克/公顷	定向喷雾
PD20096212	烟嘧磺隆/95%/原药/烟嘧磺隆 95%/2014.07.15 至 2019.07.15/低毒			
PD20096224	烟嘧磺隆/40克/升/可分散油悬浮剂/烟嘧磺隆 40克/升/2014.07.15 至 2019.07.15/低毒			
	玉米田	一年生杂草	80-100毫升制剂/亩	茎叶喷雾
PD20097396	吗胍·乙酸铜/20%/可湿性粉剂/盐酸吗啉胍 10%、乙酸铜 10%/2014.10.28 至 2019.10.28/低毒			
	番茄	病毒病	499.5-750克/公顷	喷雾
PD20098061	三唑锡/95%/原药/三唑锡 95%/2014.12.07 至 2019.12.07/中等毒			
PD20098410	灭线磷/10%/颗粒剂/灭线磷 10%/2014.12.18 至 2019.12.18/中等毒(原药高毒)			
	水稻	稻瘿蚊	1500-1800克/公顷	撒施
PD20100308	春雷霉素/2%/可湿性粉剂/春雷霉素 2%/2015.01.11 至 2020.01.11/低毒			
	大白菜	黑腐病	22.5-36克/公顷	喷雾
	水稻	稻瘟病	24-36克/公顷	喷雾
PD20100648	苏云金杆菌/8000IU/毫克/悬浮剂/苏云金杆菌 8000IU/毫克/2015.01.15 至 2020.01.15/低毒			
	茶树	茶毛虫	200-400倍液	喷雾
PD20100777	异菌脲/255克/升/悬浮剂/异菌脲 255克/升/2015.01.18 至 2020.01.18/低毒			
	香蕉	冠腐病	170-250倍液	浸果
PD20121732	噻苯隆/50%/可湿性粉剂/噻苯隆 50%/2012.11.08 至 2017.11.08/低毒			
	棉花	脱叶	225-300克/公顷	茎叶喷雾
PD20121951	氰氟·精噁唑/10%/乳油/精噁唑禾草灵 5%、氰氟草酯 5%/2012.12.12 至 2017.12.12/低毒			
	直播水稻(南方)	一年生禾本科杂草	60-90克/公顷	茎叶喷雾
PD20130236	三唑磷/20%/乳油/三唑磷 20%/2013.01.30 至 2018.01.30/中等毒			
	水稻	二化螟	300-450克/公顷	喷雾
PD20130951	己唑醇/5%/悬浮剂/己唑醇 5%/2013.05.02 至 2018.05.02/低毒			
	梨树	黑星病	33.3-60克/公顷	喷雾
PD20131649	精噁唑禾草灵/10%/乳油/精噁唑禾草灵 10%/2013.08.01 至 2018.08.01/低毒			
	小麦田	一年生禾本科杂草	45-60克/公顷	茎叶喷雾
PD20131681	吡嘧·丙草胺/20%/可湿性粉剂/吡嘧磺隆 1%、丙草胺 19%/2013.08.07 至 2018.08.07/低毒			
	直播水稻田	一年生杂草	360-540克/公顷	茎叶喷雾
PD20131717	唑草酮/10%/可湿性粉剂/唑草酮 10%/2013.08.16 至 2018.08.16/低毒			
	小麦田	一年生阔叶杂草	24-36克/公顷	茎叶喷雾
PD20131960	虫酰肼/20%/悬浮剂/虫酰肼 20%/2013.10.10 至 2018.10.10/低毒			
	甘蓝	甜菜夜蛾	210-240克/公顷	喷雾
PD20140733	甲氨基阿维菌素苯甲酸盐/1%/乳油/甲氨基阿维菌素 1%/2014.03.24 至 2019.03.24/低毒			
	棉花	棉铃虫	7.5-11.25克/公顷	喷雾
	注:甲氨基阿维菌素苯甲酸盐含量: 1.14%。			
PD20142525	噻吩·唑草酮/36%/可湿性粉剂/噻吩磺隆 14%、唑草酮 22%/2014.11.21 至 2019.11.21/低毒			
	小麦田	一年生阔叶杂草	15.12-20.52克/公顷	茎叶喷雾
LS20130305	唑草酮/10%/可湿性粉剂/唑草酮 10%/2015.06.04 至 2016.06.04/低毒			
	小麦田	一年生阔叶杂草	24-36克/公顷	茎叶喷雾

商丘市大卫化工厂 (河南省商丘市虞城县木兰大道 476300 0370-4114685)

PD85105-64	敌敌畏/80%/乳油/敌敌畏 77.5%(气谱法)/2015.03.04 至 2020.03.04/中等毒			
	茶树	食叶害虫	600克/公顷	喷雾
	粮仓	多种储藏害虫	1)400-500倍液,2)0.4-0.5克/立方米	1)喷雾,2)挂条熏蒸
	棉花	蚜虫、造桥虫	600-1200克/公顷	喷雾
	苹果树	小卷叶蛾、蚜虫	400-500毫克/千克	喷雾
	青菜	菜青虫	600克/公顷	喷雾
	桑树	尺蠖	600克/公顷	喷雾
	卫生	多种卫生害虫	1)300-400倍液,2)0.08克/立方米	1)泼洒.2)挂条熏蒸
	小麦	黏虫、蚜虫	600克/公顷	喷雾
PD20086063	溴敌隆/0.5%/母液/溴敌隆 0.5%/2013.12.30 至 2018.12.30/中等毒(原药高毒)			
	室内	家鼠	配成0.005%毒饵10-20克/10平方米	投饵
	室外	田鼠	配成0.005%毒饵300-450堆/公顷	饱和投饵
PD20086244	溴敌隆/0.01%/毒饵/溴敌隆 0.01%/2013.12.31 至 2018.12.31/低毒(原药高毒)			
	农田	田鼠	饱和投饵 初始投饵2250-3000克毒饵/公顷	堆施
PD20090852	溴敌隆/95%/原药/溴敌隆 95%/2014.01.19 至 2019.01.19/剧毒			
PD20093420	溴鼠灵/0.005%/毒饵/溴鼠灵 0.005%/2014.03.23 至 2019.03.23/低毒(原药高毒)			

农田 田鼠 饱和投饵 堆施

PD20094627 溴敌隆/0.5%/母药/溴敌隆 0.5%/2014.04.10 至 2019.04.10/低毒(原药高毒)

农田 田鼠 饱和投饵 初始饵量 2250-3000克毒饵/公顷 堆施

PD20097078 溴鼠灵/0.5%/母药/溴鼠灵 0.5%/2014.10.10 至 2019.10.10/中等毒(原药高毒)

农田 田鼠 2250-3000克毒饵/公顷 配制成0.005%毒饵饱和投饵

WP20090206 杀虫颗粒剂/5%/颗粒剂/倍硫磷 5%/2014.03.26 至 2019.03.26/低毒

卫生 蚊(幼虫)、蝇(幼虫) / 撒布

WP20140173 杀虫气雾剂/0.6%/气雾剂/胺菊酯 0.35%、氯菊酯 0.25%/2014.08.01 至 2019.08.01/微毒

室内 蚊、蝇、蜚蠊 / 喷雾

WL20120010 电热蚊香片/10毫克/片/电热蚊香片/炔丙菊酯 5毫克/片、氯氟醚菊酯 5毫克/片/2014.03.13 至 2015.03.13/微毒

卫生 蚊 / 电热加温

商丘市梁园区豪志农药化工厂 (河南省商丘市梁园区周集乡化工园区 470000 0370-3481826)

PD20141447 醚菌酯/50%/水分散粒剂/醚菌酯 50%/2014.06.09 至 2019.06.09/低毒

黄瓜 白粉病 90-150克/公顷 喷雾

PD20142041 精喹禾灵/10%/乳油/精喹禾灵 10%/2014.08.27 至 2019.08.27/低毒

夏大豆田 一年生禾本科杂草 37.5-52.5克/公顷 茎叶喷雾

上海沪联生物药业(夏邑)股份有限公司 (河南省夏邑县高新开发区文昌西路1299号 476400 0370-6272208)

PD20081848 咪鲜胺/25%/乳油/咪鲜胺 25%/2013.11.20 至 2018.11.20/低毒

水稻 恶苗病 62.5-125毫克/千克 浸种

小麦 赤霉病 187.5-225克/公顷 喷雾

PD20082656 敌敌畏/80%/乳油/敌敌畏 80%/2013.12.04 至 2018.12.04/中等毒

小麦 蚜虫 600-720克/公顷 喷雾

PD20082720 三环唑/20%/可湿性粉剂/三环唑 20%/2013.12.05 至 2018.12.05/低毒

水稻 稻瘟病 225－300克/公顷 喷雾

PD20082782 多・锰锌/35%/可湿性粉剂/多菌灵 17.5%、代森锰锌 17.5%/2013.12.22 至 2018.12.22/低毒

苹果 斑点落叶病 1000-1250毫克/千克 喷雾

PD20082879 乙酰甲胺磷/97%/原药/乙酰甲胺磷 97%/2013.12.09 至 2018.12.09/低毒

PD20083077 三环唑/75%/可湿性粉剂/三环唑 75%/2013.12.10 至 2018.12.10/低毒

水稻 稻瘟病 225-300克/公顷 喷雾

PD20083117 噻嗪酮/25%/可湿性粉剂/噻嗪酮 25%/2013.12.10 至 2018.12.10/低毒

水稻 稻飞虱 75-112.5克/公顷 喷雾

PD20083166 乙草胺/50%/乳油/乙草胺 50%/2013.12.11 至 2018.12.11/低毒

春玉米田 一年生禾本科杂草及部分阔叶杂草 2700-3750毫升/公顷(制剂) 土壤喷雾

夏玉米田 一年生禾本科杂草及部分阔叶杂草 1800-2700毫升/公顷(制剂) 土壤喷雾

PD20083254 霜脲・锰锌/72%/可湿性粉剂/代森锰锌 64%、霜脲氰 8%/2013.12.11 至 2018.12.11/低毒

黄瓜 霜霉病 1440-1836克/公顷 喷雾

PD20083318 甲霜・锰锌/58%/可湿性粉剂/甲霜灵 10%、代森锰锌 48%/2013.12.11 至 2018.12.11/低毒

黄瓜 霜霉病 1305-1632克/公顷 喷雾

PD20083321 硫磺・多菌灵/50%/可湿性粉剂/多菌灵 15%、硫磺 35%/2013.12.11 至 2018.12.11/低毒

花生 叶斑病 1200-1800克/公顷 喷雾

PD20083333 三唑酮/20%/乳油/三唑酮 20%/2013.12.11 至 2018.12.11/低毒

小麦 白粉病 120-135克/公顷 喷雾

PD20083347 多・福/30%/可湿性粉剂/多菌灵 4%、福美双 26%/2013.12.11 至 2018.12.11/低毒

梨树 黑星病 1000-1500毫克/千克 喷雾

PD20083371 多・锰锌/60%/可湿性粉剂/多菌灵 25%、代森锰锌 35%/2013.12.11 至 2018.12.11/低毒

梨树 黑星病 1000-1250毫克/千克 喷雾

PD20083411 多菌灵/50%/可湿性粉剂/多菌灵 50%/2013.12.11 至 2018.12.11/低毒

水稻 纹枯病 562.5-750克/公顷 喷雾

PD20083494 代森锰锌/50%/可湿性粉剂/代森锰锌 50%/2013.12.12 至 2018.12.12/低毒

番茄 早疫病 1845－2370克/公顷 喷雾

PD20083502 井冈霉素/5%/水剂/井冈霉素 5%/2013.12.12 至 2018.12.12/低毒

水稻 纹枯病 75-112.5克/公顷 喷雾

PD20083539 代森锰锌/70%/可湿性粉剂/代森锰锌 70%/2013.12.12 至 2018.12.12/低毒

番茄 早疫病 1845-2370克/公顷 喷雾

PD20083551 阿维菌素/1.8%/乳油/阿维菌素 1.8%/2013.12.12 至 2018.12.12/低毒(原药高毒)

十字花科蔬菜 小菜蛾 8.1-10.8克/公顷 喷雾

PD20083559 硫磺・多菌灵/25%/可湿性粉剂/多菌灵 13%、硫磺 12%/2013.12.12 至 2018.12.12/低毒

水稻 稻瘟病 1200-1800克/公顷 喷雾

PD20083634 高效氯氟氰菊酯/2.5%/水乳剂/高效氯氟氰菊酯 2.5%/2013.12.12 至 2018.12.12/低毒

十字花科蔬菜 菜青虫 7.5-9.375克/公顷 喷雾

PD20083761 代森锰锌/80%/可湿性粉剂/代森锰锌 80%/2013.12.15 至 2018.12.15/低毒

	番茄 早疫病	1845-2370克/公顷	喷雾
PD20083787	井冈霉素/3%/可溶粉剂/井冈霉素 3%/2013.12.15 至 2018.12.15/低毒		
	水稻 纹枯病	150-187.5克/公顷	喷雾
PD20083951	硫磺·三环唑/45%/可湿性粉剂/硫磺 40%、三环唑 5%/2013.12.15 至 2018.12.15/低毒		
	水稻 稻瘟病	844-1012克/公顷	喷雾
PD20083988	硫磺·甲硫灵/70%/可湿性粉剂/甲基硫菌灵 40%、硫磺 30%/2013.12.16 至 2018.12.16/低毒		
	黄瓜 白粉病	840－1050克/公顷	喷雾
PD20084027	高氯·马/20%/乳油/高效氯氰菊酯 1.5%、马拉硫磷 18.5%/2013.12.16 至 2018.12.16/中等毒		
	苹果树 桃小食心虫	1000-1500倍液	喷雾
PD20084043	三乙膦酸铝/95%/原药/三乙膦酸铝 95%/2013.12.16 至 2018.12.16/低毒		
PD20084083	三唑酮/15%/可湿性粉剂/三唑酮 15%/2013.12.16 至 2018.12.16/低毒		
	小麦 白粉病	135-180克/公顷	喷雾
PD20084095	代森锌/65%/可湿性粉剂/代森锌 65%/2013.12.16 至 2018.12.16/低毒		
	黄瓜 霜霉病	1950-3000克/公顷	喷雾
PD20084105	三唑磷/20%/乳油/三唑磷 20%/2013.12.16 至 2018.12.16/中等毒		
	水稻 二化螟	360-450克/公顷	喷雾
PD20084357	氯氰菊酯/5%/乳油/氯氰菊酯 5%/2013.12.17 至 2018.12.17/低毒		
	十字花科蔬菜 菜青虫	30-45克/公顷	喷雾
PD20084384	多·锰锌/70%/可湿性粉剂/多菌灵 20%、代森锰锌 50%/2013.12.17 至 2018.12.17/低毒		
	梨树 黑星病	1000-1250毫克/千克	喷雾
PD20084392	多·福/64%/可湿性粉剂/多菌灵 8%、福美双 56%/2013.12.17 至 2018.12.17/低毒		
	葡萄 霜霉病	1000-1250毫克/千克	喷雾
PD20084566	腈菌唑/12.5%/乳油/腈菌唑 12.5%/2013.12.18 至 2018.12.18/低毒		
	小麦 白粉病	30-60克/公顷	喷雾
PD20084589	井冈霉素/20%/可溶粉剂/井冈霉素 20%/2013.12.18 至 2018.12.18/低毒		
	水稻 纹枯病	150-187.5克/公顷	喷雾
PD20084601	三唑锡/25%/可湿性粉剂/三唑锡 25%/2013.12.18 至 2018.12.18/低毒		
	柑橘树 红蜘蛛	125-167毫克/千克	喷雾
PD20084648	烯酰·锰锌/69%/可湿性粉剂/代森锰锌 60%、烯酰吗啉 9%/2013.12.18 至 2018.12.18/低毒		
	黄瓜 霜霉病	1035-1376.5克/公顷	喷雾
PD20084884	井冈霉素/3%/水剂/井冈霉素 3%/2013.12.22 至 2018.12.22/低毒		
	水稻 纹枯病	150-187.5克/公顷	喷雾
PD20085223	氰戊·辛硫磷/20%/乳油/氰戊菊酯 5%、辛硫磷 15%/2013.12.23 至 2018.12.23/中等毒		
	棉花 棉铃虫	300-360克/公顷	喷雾
PD20085325	哒螨灵/15%/乳油/哒螨灵 15%/2013.12.24 至 2018.12.24/中等毒		
	柑橘树 红蜘蛛	50-60毫克/千克	喷雾
PD20085470	三乙膦酸铝/40%/可湿性粉剂/三乙膦酸铝 40%/2013.12.25 至 2018.12.25/低毒		
	黄瓜 霜霉病	1800-2700克/公顷	喷雾
PD20085547	锰锌·腈菌唑/60%/可湿性粉剂/腈菌唑 2%、代森锰锌 58%/2013.12.25 至 2018.12.25/低毒		
	梨树 黑星病	400-600毫克/千克	喷雾
PD20085609	三乙膦酸铝/90%/可溶粉剂/三乙膦酸铝 90%/2013.12.25 至 2018.12.25/低毒		
	黄瓜 霜霉病	2025-2700克/公顷	喷雾
PD20085720	嗪酮·乙草胺/28%/可湿性粉剂/嗪草酮 8%、乙草胺 20%/2013.12.26 至 2018.12.26/低毒		
	夏大豆田 一年生杂草	630-882克/公顷	土壤喷雾
PD20085924	毒死蜱/45%/乳油/毒死蜱 45%/2015.12.29 至 2020.12.29/中等毒		
	棉花 棉铃虫	675-900克/公顷	喷雾
PD20086014	阿维·哒螨灵/10%/乳油/阿维菌素 0.3%、哒螨灵 9.7%/2013.12.29 至 2018.12.29/中等毒(原药高毒)		
	苹果树 红蜘蛛	1500-2000倍液	喷雾
PD20086072	杀扑磷/40%/乳油/杀扑磷 40%/2013.12.30 至 2015.09.30/中等毒(原药高毒)		
	柑橘树 介壳虫	400-500毫克/千克	喷雾
PD20086265	苯磺隆/10%/可湿性粉剂/苯磺隆 10%/2013.12.31 至 2018.12.31/低毒		
	春小麦田 一年生阔叶杂草	22.5-27克/公顷(东北地区)	茎叶喷雾
	冬小麦田 一年生阔叶杂草	13.5-22.5克/公顷(其它地区)	茎叶喷雾
PD20090127	阿维·杀虫单/20%/微乳剂/阿维菌素 0.2%、杀虫单 19.8%/2014.01.08 至 2019.01.08/低毒(原药高毒)		
	菜豆 美洲斑潜蝇	90-180克/公顷	喷雾
PD20090268	硫磺·三环唑/40%/悬浮剂/硫磺 35%、三环唑 5%/2014.01.09 至 2019.01.09/低毒		
	水稻 稻瘟病	675-1200克/公顷	喷雾
PD20090308	丙环唑/250克/升/乳油/丙环唑 250克/升/2014.01.12 至 2019.01.12/低毒		
	香蕉 叶斑病	250-500毫克/千克	喷雾
	小麦 锈病	123.75-150克/公顷	喷雾
PD20090396	吡虫啉/10%/可湿性粉剂/吡虫啉 10%/2014.01.12 至 2019.01.12/低毒		
	水稻 稻飞虱	15-30克/公顷	喷雾
PD20090489	乙铝·锰锌/70%/可湿性粉剂/代森锰锌 45%、三乙膦酸铝 25%/2014.01.12 至 2019.01.12/低毒		

	黄瓜	霜霉病	1312.5-2100克/公顷	喷雾
PD20090621	杀螺胺乙醇胺盐/50%/可湿性粉剂/杀螺胺乙醇胺盐 50%/2014.01.14 至 2019.01.14/低毒			
	水稻	福寿螺	525-600克/公顷	喷雾
PD20090629	灭幼脲/25%/悬浮剂/灭幼脲 25%/2014.01.14 至 2019.01.14/低毒			
	苹果树	金纹细蛾	125-167毫克/千克	喷雾
PD20090649	阿维·辛硫磷/15%/乳油/阿维菌素 0.1%、辛硫磷 14.9%/2014.01.15 至 2019.01.15/低毒(原药高毒)			
	十字花科蔬菜	小菜蛾	112.5-168.75克/公顷	喷雾
PD20090661	吡虫·杀虫单/70%/可湿性粉剂/吡虫啉 2%、杀虫单 68%/2014.01.15 至 2019.01.15/中等毒			
	水稻	稻飞虱、稻纵卷叶螟、二化螟、三化螟	450-750克/公顷	喷雾
PD20090824	溴氰菊酯/25克/升/乳油/溴氰菊酯 25克/升/2014.01.19 至 2019.01.19/低毒			
	十字花科蔬菜	菜青虫	11.25-15克/公顷	喷雾
PD20090879	苄·丁/35%/可湿性粉剂/苄嘧磺隆 1.5%、丁草胺 33.5%/2014.01.19 至 2019.01.19/低毒			
	水稻移栽田	一年生及部分多年生杂草	525-630克/公顷(南方地区)	毒土法
PD20091069	井冈·多菌灵/28%/悬浮剂/多菌灵 24%、井冈霉素 4%/2014.01.21 至 2019.01.21/低毒			
	小麦	赤霉病	420-525克/公顷	喷雾
PD20091320	高氯 ·敌敌畏/20%/乳油/敌敌畏 18%、高效氯氰菊酯 2%/2014.02.01 至 2019.02.01/中等毒			
	棉花	棉铃虫	120-180克/公顷	喷雾
PD20091545	吡虫·辛硫磷/25%/乳油/吡虫啉 1%、辛硫磷 24%/2014.02.03 至 2019.02.03/低毒			
	白菜	蚜虫	112.5-187.5克/公顷	喷雾
PD20091630	草甘膦异丙胺盐/41%/水剂/草甘膦异丙胺盐 41%/2014.02.03 至 2019.02.03/低毒			
	苹果园	杂草	1230-2460克/公顷	定向喷雾
PD20091759	吡虫·毒死蜱/22%/乳油/吡虫啉 2%、毒死蜱 20%/2014.02.04 至 2019.02.04/中等毒			
	苹果树	绵蚜	88-146.7毫克/千克	喷雾
PD20091978	精喹禾灵/15.8%/乳油/精喹禾灵 15.8%/2014.02.12 至 2019.02.12/低毒			
	油菜田	一年生及部分多年生禾本科杂草	47.4-59.25克/公顷	茎叶喷雾
PD20092274	精喹禾灵/5%/乳油/精喹禾灵 5%/2014.02.24 至 2019.02.24/低毒			
	春大豆田	一年生禾本科杂草	52.5-75克/公顷(东北地区)	茎叶喷雾
	夏大豆田	一年生禾本科杂草	45-52.5克/公顷(其它地区)	茎叶喷雾
PD20092342	多·福·福锌/80%/可湿性粉剂/多菌灵 25%、福美双 25%、福美锌 30%/2014.02.24 至 2019.02.24/低毒			
	苹果树	轮纹病	1000-1143毫克/千克	喷雾
PD20092665	乙铝·多菌灵/60%/可湿性粉剂/多菌灵 40%、三乙膦酸铝 20%/2014.03.03 至 2019.03.03/低毒			
	苹果树	轮纹病	400-600倍液	喷雾
PD20092806	福美双/50%/可湿性粉剂/福美双 50%/2014.03.04 至 2019.03.04/中等毒			
	黄瓜	霜霉病	750-1125克/公顷	喷雾
PD20092827	多·锰锌/50%/可湿性粉剂/多菌灵 8%、代森锰锌 42%/2014.03.04 至 2019.03.04/低毒			
	苹果树	斑点落叶病	1000-1250毫克/千克	喷雾
PD20092866	吡虫·异丙威/25%/可湿性粉剂/吡虫啉 1%、异丙威 24%/2014.03.05 至 2019.03.05/低毒			
	水稻	稻飞虱	112.5-150克/公顷	喷雾
PD20093044	氯氰·毒死蜱/47.7%/乳油/毒死蜱 43.4%、氯氰菊酯 4.3%/2014.03.09 至 2019.03.09/中等毒			
	棉花	棉铃虫	470.25-627克/公顷	喷雾
PD20093224	异甲·莠去津/500克/升/悬浮剂/异丙甲草胺 300克/升、莠去津 200克/升/2014.03.11 至 2019.03.11/低毒			
	夏玉米田	一年生杂草	1125-1500克/公顷	土壤喷雾
PD20093231	福·福锌/40%/可湿性粉剂/福美双 15%、福美锌 25%/2014.03.11 至 2019.03.11/低毒			
	黄瓜	炭疽病	1500-1800克/公顷	喷雾
PD20093389	哒螨灵/20%/可湿性粉剂/哒螨灵 20%/2014.03.19 至 2019.03.19/中等毒			
	苹果树	红蜘蛛	3000-4000倍液	喷雾
PD20094515	氟铃·辛硫磷/20%/乳油/氟铃脲 2%、辛硫磷 18%/2014.04.09 至 2019.04.09/低毒			
	甘蓝	小菜蛾	120-150克/公顷	喷雾
PD20094650	甲基硫菌灵/70%/可湿性粉剂/甲基硫菌灵 70%/2014.04.10 至 2019.04.10/低毒			
	苹果树	轮纹病	1000-1200倍液	喷雾
PD20095424	噻嗪·杀虫单/25%/可湿性粉剂/噻嗪酮 5%、杀虫单 20%/2014.05.11 至 2019.05.11/低毒			
	水稻	稻飞虱	225-300克/公顷	喷雾
PD20095652	四螨·哒螨灵/10%/悬浮剂/哒螨灵 7%、四螨嗪 3%/2014.05.12 至 2019.05.12/低毒			
	苹果树	红蜘蛛	50-100毫克/千克	喷雾
PD20095848	噁霜·锰锌/64%/可湿性粉剂/噁霜灵 8%、代森锰锌 56%/2014.05.27 至 2019.05.27/低毒			
	黄瓜	霜霉病	1650-1950克/公顷	喷雾
PD20096346	甲霜·噁霉灵/3%/水剂/噁霉灵 2.5%、甲霜灵 0.5%/2014.07.28 至 2019.07.28/低毒			
	黄瓜	枯萎病	42.9-60毫克/千克，250毫升/株	灌根
PD20096388	甲氨基阿维菌素苯甲酸盐/79.1%/原药/甲氨基阿维菌素 79.1%/2014.08.04 至 2019.08.04/中等毒			
	注:甲氨基阿维菌素苯甲酸盐含量：90%。			
PD20096423	福·福锌/80%/可湿性粉剂/福美双 30%、福美锌 50%/2014.08.04 至 2019.08.04/低毒			
	黄瓜	炭疽病	1500-1800克/公顷	喷雾
PD20097108	仲丁威/25%/乳油/仲丁威 25%/2014.10.12 至 2019.10.12/低毒			

水稻 稻飞虱 468.75-562.5克/公顷 喷雾
PD20097278 马拉硫磷/45%/乳油/马拉硫磷 45%/2014.10.26 至 2019.10.26/低毒
水稻 飞虱 1455-1650毫升/公顷 喷雾
PD20097799 哒螨·矿物油/40%/乳油/哒螨灵 5%、矿物油 35%/2014.11.20 至 2019.11.20/中等毒
苹果树 红蜘蛛 1500-2000倍液 喷雾
PD20098009 异丙威/20%/乳油/异丙威 20%/2014.12.07 至 2019.12.07/低毒
水稻 飞虱 450-600克/公顷 喷雾
PD20098029 杀螟硫磷/45%/乳油/杀螟硫磷 45%/2014.12.07 至 2019.12.07/低毒
水稻 飞虱 375-562.5克/公顷 喷雾
PD20098140 速灭威/25%/可湿性粉剂/速灭威 25%/2014.12.08 至 2019.12.08/低毒
水稻 飞虱 375-750克/公顷 喷雾
PD20098148 吡虫啉/20%/可溶液剂/吡虫啉 20%/2014.12.14 至 2019.12.14/低毒
水稻 飞虱 25-30克/公顷 喷雾
PD20098201 杀虫双/18%/水剂/杀虫双 18%/2014.12.16 至 2019.12.16/低毒
水稻 二化螟 540-675克/公顷 喷雾
PD20100099 吗胍·乙酸铜/20%/可湿性粉剂/盐酸吗啉胍 16%、乙酸铜 4%/2015.01.04 至 2020.01.04/低毒
番茄 病毒病 500－750克/公顷 喷雾
PD20100360 吡虫·杀虫单/30%/可湿性粉剂/吡虫啉 1%、杀虫单 29%/2015.01.11 至 2020.01.11/低毒
水稻 稻纵卷叶螟、二化螟、飞虱、三化螟 450-750克/公顷 喷雾
PD20101061 氟铃脲/5%/乳油/氟铃脲 5%/2015.01.21 至 2020.01.21/低毒
甘蓝 小菜蛾 45-60克/公顷 喷雾
PD20101104 吡虫·异丙威/10%/可湿性粉剂/吡虫啉 2%、异丙威 8%/2015.01.25 至 2020.01.25/低毒
水稻 稻飞虱 112.5-150克/公顷 喷雾
PD20101605 高效氯氰菊酯/4.5%/乳油/高效氯氰菊酯 4.5%/2015.06.03 至 2020.06.03/中等毒
甘蓝 小菜蛾 20.25-27克/公顷 喷雾
小麦 蚜虫 18.9-22.3克/公顷 喷雾
PD20101619 敌磺钠/50%/可溶粉剂/敌磺钠 50%/2015.06.03 至 2020.06.03/中等毒
水稻秧田 立枯病 13125-15000克/公顷 喷雾
PD20101713 甲氨基阿维菌素苯甲酸盐/1%/乳油/甲氨基阿维菌素 1%/2015.06.28 至 2020.06.28/低毒
甘蓝 小菜蛾 1.5-1.8克/公顷 喷雾
注:甲氨基阿维菌素苯甲酸盐含量：1.1%。
PD20102082 络氨铜/15%/水剂/络氨铜 15%/2015.11.25 至 2020.11.25/低毒
柑橘树 溃疡病 200-300倍液 喷雾
PD20110677 螨醇·哒螨灵/20%/乳油/哒螨灵 5%、三氯杀螨醇 15%/2011.06.20 至 2016.06.20/中等毒
苹果树 红蜘蛛 1000-2000倍液 喷雾
PD20120578 高效氯氰菊酯/5%/微乳剂/高效氯氰菊酯 5%/2012.03.28 至 2017.03.28/低毒
小白菜 菜青虫 11.25-15克/公顷 喷雾
PD20120789 草甘膦铵盐/65%/可溶粉剂/草甘膦 65%/2012.05.11 至 2017.05.11/低毒
非耕地 杂草 1125-2062.5克/公顷 定向茎叶喷雾
注:草甘膦铵盐含量:71.5%。
PD20120831 甲维盐·氯氰/3.2%/微乳剂/甲氨基阿维菌素苯甲酸盐 0.2%、氯氰菊酯 3%/2012.05.22 至 2017.05.22/中等毒
甘蓝 甜菜夜蛾 24-28.8克/公顷 喷雾
PD20121132 苯醚甲环唑/37%/水分散粒剂/苯醚甲环唑 37%/2012.07.20 至 2017.07.20/低毒
香蕉树 叶斑病 92.5－123.3毫克/千克 喷雾
PD20121175 啶虫脒/70%/水分散粒剂/啶虫脒 70%/2012.07.30 至 2017.07.30/低毒
黄瓜 蚜虫 15.75－26.25克/公顷 喷雾
PD20121180 烯酰吗啉/80%/水分散粒剂/烯酰吗啉 80%/2012.07.30 至 2017.07.30/低毒
黄瓜 霜霉病 240-300克/公顷 喷雾
PD20121546 阿维菌素/5%/乳油/阿维菌素 5%/2012.10.25 至 2017.10.25/中等毒(原药高毒)
水稻 稻纵卷叶螟 10-16.7克/公顷 喷雾
PD20121596 阿维菌素/3%/水乳剂/阿维菌素 3%/2012.10.25 至 2017.10.25/低毒(原药高毒)
甘蓝 小菜蛾 8.1-10.8克/公顷 /喷雾
PD20121849 丙溴磷/40%/乳油/丙溴磷 40%/2012.11.28 至 2017.11.28/低毒
水稻 稻纵卷叶螟 540－600克/公顷 喷雾
PD20130033 松脂酸钠/20%/可溶粉剂/松脂酸钠 20%/2013.01.07 至 2018.01.07/低毒
柑橘树 介壳虫 1333-2000毫克/千克 冬季清园或早春新梢抽发前喷雾
PD20130320 烟嘧磺隆/8%/可分散油悬浮剂/烟嘧磺隆 8%/2013.02.26 至 2018.02.26/低毒
夏玉米田 一年生杂草 48-60克/公顷 茎叶喷雾
PD20130345 阿维·啶虫脒/4%/乳油/阿维菌素 1%、啶虫脒 3%/2013.03.11 至 2018.03.11/低毒(原药高毒)
黄瓜 蚜虫 6-12克/公顷 喷雾
PD20130932 吡蚜酮/25%/可湿性粉剂/吡蚜酮 25%/2013.04.28 至 2018.04.28/低毒
芹菜 蚜虫 75-120克/公顷 喷雾

水稻　稻飞虱　60-75克/公顷　喷雾
PD20131325　嘧霉胺/40%/悬浮剂/嘧霉胺 40%/2013.06.08 至 2018.06.08/低毒
黄瓜　灰霉病　375-563克/公顷　喷雾
PD20131694　甲氨基阿维菌素苯甲酸盐/5%/乳油/甲氨基阿维菌素 5%/2013.08.07 至 2018.08.07/低毒
水稻　稻纵卷叶螟　9-11.25克/公顷　喷雾
注:甲氨基阿维菌素苯甲酸盐含量: 5.7%。
PD20131855　丙森・多菌灵/70%/可湿性粉剂/丙森锌 30%、多菌灵 40%/2013.09.24 至 2018.09.24/低毒
苹果树　斑点落叶病　560-700毫克/千克　喷雾
PD20131867　己唑醇/5%/悬浮剂/己唑醇 5%/2013.09.25 至 2018.09.25/低毒
水稻　纹枯病　60-75克/公顷　喷雾
PD20131896　草铵膦/200克/升/水剂/草铵膦 200克/升/2013.09.25 至 2018.09.25/低毒
柑橘园　杂草　600-900克/公顷　定向茎叶喷雾
PD20131902　甲维・啶虫脒/3.2%/微乳剂/啶虫脒 3%、甲氨基阿维菌素苯甲酸盐 0.2%/2013.09.25 至 2018.09.25/低毒
甘蓝　蚜虫　16.8-21.6克/公顷　喷雾
PD20132050　阿维・高氯/6%/乳油/阿维菌素 0.4%、高效氯氰菊酯 5.6%/2013.10.22 至 2018.10.22/中等毒(原药高毒)
甘蓝　菜青虫　13.5-27克/公顷　喷雾
PD20132065　阿维・吡虫啉/5%/乳油/阿维菌素 0.5%、吡虫啉 4.5%/2013.10.22 至 2018.10.22/低毒(原药高毒)
梨树　梨木虱　6.25-10毫克/千克　喷雾
PD20132080　阿维・高氯/5%/乳油/阿维菌素 0.5%、高效氯氰菊酯 4.5%/2013.10.23 至 2018.10.23/中等毒(原药高毒)
梨树　梨木虱　12-24毫克/千克　喷雾
PD20132258　阿维・高氯/2.8%/乳油/阿维菌素 0.3%、高效氯氰菊酯 2.5%/2013.11.05 至 2018.11.05/低毒(原药高毒)
甘蓝　菜青虫、小菜蛾　16.8-25.2克/公顷　喷雾
PD20132267　毒死蜱/30%/微囊悬浮剂/毒死蜱 30%/2013.11.05 至 2018.11.05/中等毒
花生　蛴螬　1575-2250克/公顷　灌根
PD20132298　矿物油/97%/乳油/矿物油 97%/2013.11.08 至 2018.11.08/低毒
柑橘树　介壳虫　9700-19400毫克/千克　喷雾
PD20132432　吡虫啉/70%/水分散粒剂/吡虫啉 70%/2013.11.20 至 2018.11.20/低毒
甘蓝　蚜虫　12.6-20克/公顷　喷雾
PD20132465　苯甲・丙环唑/30%/悬浮剂/苯醚甲环唑 15%、丙环唑 15%/2013.12.02 至 2018.12.02/低毒
水稻　纹枯病　67.5-90克/公顷　喷雾
PD20132530　已唑醇/5%/微乳剂/已唑醇 5%/2013.12.16 至 2018.12.16/低毒
葡萄　白粉病　20-30毫克/千克　喷雾
PD20132553　甲氨基阿维菌素苯甲酸盐/2%/水分散粒剂/甲氨基阿维菌素 2%/2013.12.17 至 2018.12.17/低毒
甘蓝　甜菜夜蛾　1.5-2.25克/公顷　喷雾
注:甲氨基阿维菌素苯甲酸盐含量: 2.3%。
PD20132562　吡蚜酮/50%/水分散粒剂/吡蚜酮 50%/2013.12.17 至 2018.12.17/低毒
观赏菊花　蚜虫　150-225克/公顷　喷雾
PD20132573　阿维菌素/3.2%/乳油/阿维菌素 3.2%/2013.12.17 至 2018.12.17/中等毒(原药高毒)
甘蓝　小菜蛾　9.6-12克/公顷　喷雾
PD20132577　吡蚜酮/70%/水分散粒剂/吡蚜酮 70%/2013.12.17 至 2018.12.17/低毒
水稻　稻飞虱　63-94.5克/公顷　喷雾
PD20140194　烯啶虫胺/10%/水剂/烯啶虫胺 10%/2014.01.29 至 2019.01.29/低毒
水稻　稻飞虱　45-60克/公顷　喷雾
PD20140199　戊唑醇/80%/水分散粒剂/戊唑醇 80%/2014.01.29 至 2019.01.29/低毒
苹果树　斑点落叶病　100-133.3毫克/千克　喷雾
PD20140232　氨基寡糖素/5%/水剂/氨基寡糖素 5%/2014.01.29 至 2019.01.29/低毒
番茄　病毒病　48-80克/公顷　喷雾
PD20140245　香菇多糖/0.5%/水剂/香菇多糖 0.5%/2014.01.29 至 2019.01.29/低毒
番茄　病毒病　12.45-18.75克/公顷　喷雾
PD20140370　吡虫啉/600克/升/悬浮剂/吡虫啉 600克/升/2014.02.20 至 2019.02.20/低毒
水稻　稻飞虱　27-45克/公顷　喷雾
PD20140400　醚菌酯/50%/水分散粒剂/醚菌酯 50%/2014.02.20 至 2019.02.20/低毒
黄瓜　白粉病　112.5-150克/公顷　喷雾
PD20140437　噻嗪酮/50%/悬浮剂/噻嗪酮 50%/2014.02.25 至 2019.02.25/低毒
水稻　稻飞虱　112.5-150克/公顷　喷雾
PD20140463　阿维菌素/2%/微囊悬浮剂/阿维菌素 2%/2014.02.25 至 2019.02.25/低毒(原药高毒)
水稻　稻纵卷叶螟　4.5-9克/公顷　喷雾
PD20140825　吡虫啉/20%/可湿性粉剂/吡虫啉 20%/2014.04.02 至 2019.04.02/低毒
小麦　蚜虫　15-30克/公顷(南方地区)45-60克/公顷(北方地区)　喷雾
PD20140854　己唑醇/40%/悬浮剂/己唑醇 40%/2014.04.08 至 2019.04.08/低毒
水稻　纹枯病　60—72克/公顷　喷雾
PD20140855　吡虫啉/5%/片剂/吡虫啉 5%/2014.04.08 至 2019.04.08/低毒

	黄瓜	蚜虫	6.5-9.75毫克/株	穴施
PD20140917	烯啶·吡蚜酮/80%/水分散粒剂/吡蚜酮 60%、烯啶虫胺 20%/2014.04.10 至 2019.04.10/低毒			
	水稻	稻飞虱	60-120克/公顷	喷雾
PD20140919	噻呋酰胺/240克/升/悬浮剂/噻呋酰胺 240克/升/2014.04.10 至 2019.04.10/低毒			
	水稻	纹枯病	61.2—79.2克/公顷	喷雾
PD20140920	甲氨基阿维菌素苯甲酸盐/5%/水分散粒剂/甲氨基阿维菌素 5%/2014.04.10 至 2019.04.10/中等毒			
	水稻	稻纵卷叶螟	7.5-11.25克/公顷	喷雾
	注:甲氨基阿维菌素苯甲酸盐含量：5.7%。			
PD20140921	咪鲜·异菌脲/16%/悬浮剂/咪鲜胺 8%、异菌脲 8%/2014.04.10 至 2019.04.10/低毒			
	香蕉	冠腐病	320-533毫克/千克	浸果
PD20141023	吡虫啉/10%/可湿性粉剂/吡虫啉 10%/2014.04.21 至 2019.04.21/低毒			
	小麦	蚜虫	15-30克/公顷(南方地区)；45-60克/公顷(北方地区)	喷雾
PD20141153	多杀霉素/480克/升/悬浮剂/多杀霉素 480克/升/2014.04.28 至 2019.04.28/低毒			
	甘蓝	小菜蛾	14.4-21.6克/公顷	喷雾
	棉花	棉铃虫	36-43.2克/公顷	喷雾
PD20141154	阿维·炔螨特/40%/乳油/阿维菌素 0.3%、炔螨特 39.7%/2014.04.28 至 2019.04.28/低毒(原药高毒)			
	柑橘树	红蜘蛛	200-400毫克/千克	喷雾
PD20141194	吡蚜·异丙威/50%/可湿性粉剂/吡蚜酮 10%、异丙威 40%/2014.05.06 至 2019.05.06/低毒			
	水稻	稻飞虱	262.5-375克/公顷	喷雾
PD20141243	吡虫啉/5%/乳油/吡虫啉 5%/2014.05.07 至 2019.05.07/低毒			
	小麦	蚜虫	15-30克/公顷(南方地区)45-60克/公顷(北方地区)	喷雾
PD20141244	甲维·氟铃脲/10.5%/水分散粒剂/氟铃脲 10%、甲氨基阿维菌素苯甲酸盐 0.5%/2014.05.07 至 2019.05.07/低毒			
	甘蓝	小菜蛾	23.625-47.25克/公顷	喷雾
PD20141433	吡蚜酮/50%/可湿性粉剂/吡蚜酮 50%/2014.06.06 至 2019.06.06/低毒			
	水稻	稻飞虱	60-75克/公顷	喷雾
PD20141640	阿维·噻螨酮/3%/乳油/阿维菌素 0.5%、噻螨酮 2.5%/2014.06.24 至 2019.06.24/低毒(原药高毒)			
	柑橘树	红蜘蛛	30-37.5毫克/千克	喷雾
PD20141702	双草醚/20%/可湿性粉剂/双草醚 20%/2014.06.30 至 2019.06.30/低毒			
	水稻田(直播)	一年生杂草	30-60克/公顷	茎叶喷雾
PD20141785	吡蚜· 噻嗪酮/50%/水分散粒剂/吡蚜酮 17%、噻嗪酮 33%/2014.07.14 至 2019.07.14/低毒			
	水稻	稻飞虱	112.5-135克/公顷	喷雾
PD20141852	砜嘧磺隆/25%/水分散粒剂/砜嘧磺隆 25%/2014.07.24 至 2019.07.24/低毒			
	烟草田、玉米田	一年生杂草	18.75-26.25克/公顷	茎叶喷雾
PD20141862	己唑醇/30%/悬浮剂/己唑醇 30%/2014.07.24 至 2019.07.24/低毒			
	水稻	纹枯病	58.5-76.5克/公顷	喷雾
PD20141925	氟环唑/125克/升/悬浮剂/氟环唑 125克/升/2014.08.04 至 2019.08.04/低毒			
	小麦	锈病	75—112.5克/公顷	喷雾
PD20142119	茚虫威/30%/水分散粒剂/茚虫威 30%/2014.09.03 至 2019.09.03/低毒			
	甘蓝	菜青虫	15.75-20.25克/公顷	喷雾
PD20142127	草甘膦铵盐/68%/可溶粒剂/草甘膦 68%/2014.09.03 至 2019.09.03/微毒			
	非耕地	杂草	1020-2040克/公顷	茎叶喷雾
	注:草甘膦铵盐含量：75.7%。			
PD20142159	己唑醇/50%/水分散粒剂/己唑醇 50%/2014.09.18 至 2019.09.18/低毒			
	水稻	纹枯病	60-75克/公顷	喷雾
PD20142392	啶虫脒/5%/可湿性粉剂/啶虫脒 5%/2014.11.06 至 2019.11.06/低毒			
	甘蓝	蚜虫	15-22.5克/公顷	喷雾
PD20142511	醚菌酯/30%/悬浮剂/醚菌酯 30%/2014.11.21 至 2019.11.21/低毒			
	番茄	早疫病	180—270克/公顷	喷雾
PD20142513	嘧菌酯/250克/升/悬浮剂/嘧菌酯 250克/升/2014.11.21 至 2019.11.21/微毒			
	菊科和蔷薇科观赏花卉	白粉病	100—250毫克/千克	喷雾
PD20142514	多杀霉素/10%/悬浮剂/多杀霉素 10%/2014.11.21 至 2019.11.21/低毒			
	棉花	棉铃虫	30-40.3克/公顷	喷雾
PD20142531	苯甲·丙环唑/500克/升/乳油/苯醚甲环唑 250克/升、丙环唑 250克/升/2014.11.21 至 2019.11.21/低毒			
	水稻	纹枯病	67.5—90克/公顷	喷雾
PD20142591	吡虫啉/600克/升/悬浮种衣剂/吡虫啉 600克/升/2014.12.15 至 2019.12.15/低毒			
	棉花	蚜虫	350-500克/100千克种子	种子包衣
PD20142626	甲维·毒死蜱/40%/水乳剂/毒死蜱 39.6%、甲氨基阿维菌素苯甲酸盐 0.4%/2014.12.15 至 2019.12.15/中等毒			
	水稻	稻纵卷叶螟	120-180克/公顷	喷雾
PD20142656	毒死蜱/15%/颗粒剂/毒死蜱 15%/2014.12.18 至 2019.12.18/低毒			
	花生	蛴螬	2700-3600克/公顷	撒施

PD20150039 苯甲·嘧菌酯/32.5%/悬浮剂/苯醚甲环唑 12.5%、嘧菌酯 20%/2015.01.04 至 2020.01.04/低毒
水稻 纹枯病 146.25—243.75克/公顷 喷雾
PD20150058 嘧菌酯/50/水分散粒剂/嘧菌酯 50%/2015.01.05 至 2020.01.05/低毒
草坪 枯萎病 225—375克/公顷 喷雾
PD20150100 苯甲·己唑醇/30%/悬浮剂/苯醚甲环唑 25%、己唑醇 5%/2015.01.05 至 2020.01.05/低毒
水稻 纹枯病 72—108克/公顷 喷雾
PD20150101 噻虫嗪/25%/水分散粒剂/噻虫嗪 25%/2015.01.05 至 2020.01.05/低毒
水稻 稻飞虱 11.25-15克/公顷 喷雾
PD20150157 草甘膦铵盐/80%/可溶粒剂/草甘膦 80%/2015.01.14 至 2020.01.14/微毒
非耕地 杂草 1800-2700克/公顷 茎叶喷雾
注:草甘膦铵盐含量：88%。
PD20150269 阿维·螺螨酯/22%/悬浮剂/阿维菌素 2%、螺螨酯 20%/2015.02.03 至 2020.02.03/低毒(原药高毒)
柑橘树 红蜘蛛 30-40毫克/千克 喷雾
PD20150270 硅唑·咪鲜胺/25%/水乳剂/氟硅唑 5%、咪鲜胺 20%/2015.02.03 至 2020.02.03/低毒
葡萄 白腐病 200-250毫克/千克 喷雾
PD20150525 炔草酯/15%/微乳剂/炔草酯 15%/2015.03.23 至 2020.03.23/低毒
小麦田 一年生禾本科杂草 45-67.5克/公顷 茎叶喷雾
PD20150733 阿维菌素/1%/颗粒剂/阿维菌素 1%/2015.04.20 至 2020.04.20/低毒(原药高毒)
黄瓜 根结线虫 225-262.5克/公顷 沟施
PD20151364 戊唑醇/60克/升/悬浮种衣剂/戊唑醇 60克/升/2015.07.30 至 2020.07.30/低毒
花生 叶斑病 10-15克/100公斤种子 种子包衣
PD20151377 苯甲·醚菌酯/30%/悬浮剂/苯醚甲环唑 10%、醚菌酯 20%/2015.07.30 至 2020.07.30/低毒
黄瓜 白粉病 135-180克/公顷 喷雾
PD20151385 多抗霉素/10%/可湿性粉剂/多抗霉素 10%/2015.07.30 至 2020.07.30/低毒
苹果树 斑点落叶病 100-66.7毫克/千克 喷雾
PD20151430 氰氟草酯/10%/水乳剂/氰氟草酯 10%/2015.07.30 至 2020.07.30/低毒
水稻田(直播) 千金子 75-105克/公顷 茎叶喷雾
PD20151597 吡虫啉/70%/种子处理可分散粉剂/吡虫啉 70%/2015.08.28 至 2020.08.28/低毒
棉花 蚜虫 280-420克/100千克种子 拌种
玉米 蚜虫 350-490克/100千克种子 拌种
PD20152134 丁醚脲/50%/悬浮剂/丁醚脲 50%/2015.09.22 至 2020.09.22/低毒
甘蓝 小菜蛾 375-562.5克/公顷 喷雾
PD20152205 螺螨酯/34%/悬浮剂/螺螨酯 34%/2015.09.23 至 2020.09.23/低毒
柑橘树 红蜘蛛 40-60毫克/千克 喷雾
WP20090097 杀虫气雾剂/0.37%/气雾剂/胺菊酯 0.25%、氯菊酯 0.1%、氯氰菊酯 0.02%/2014.02.04 至 2019.02.04/低毒
卫生 蚊、蝇、蜚蠊 / 喷雾

上海帅克(河南)化学有限公司 (河南省沈丘县周营经济开发区 466332 0394-5581118)

PD20082169 氰戊·辛硫磷/50%/乳油/氰戊菊酯 4.5%、辛硫磷 45.5%/2013.11.26 至 2018.11.26/中等毒
棉花 棉铃虫 450-562.5克/公顷 喷雾
PD20086298 硫磺·三唑酮/20%/可湿性粉剂/硫磺 10%、三唑酮 10%/2013.12.31 至 2018.12.31/低毒
小麦 白粉病、锈病 150-225克/公顷 喷雾
PD20090172 氰戊·灭多威/9%/乳油/灭多威 6%、氰戊菊酯 3%/2014.01.08 至 2019.01.08/高毒
棉花 棉蚜 180-240克/公顷 喷雾
PD20094238 赤霉酸/4%/乳油/赤霉酸 4%/2014.03.31 至 2019.03.31/低毒
芹菜 调节生长、增产 50-100毫克/千克 茎叶喷雾
PD20095325 三唑磷/20%/乳油/三唑磷 20%/2014.04.27 至 2019.04.27/中等毒
水稻 二化螟 225-300克/公顷 喷雾
PD20095822 氰戊菊酯/20%/乳油/氰戊菊酯 20%/2014.05.27 至 2019.05.27/中等毒
十字花科叶菜 菜青虫 36-48克/公顷 喷雾
WP20110066 蚊香/0.2%/蚊香/富右旋反式烯丙菊酯 0.2%/2011.03.07 至 2016.03.07/微毒
卫生 蚊 / 点燃
注:本产品有三种香型:清新香型、冰橙香型、柠檬香型。

上海宜邦生物工程(信阳)有限公司 (河南省信阳市八一路152号金源大厦806# 464000 0376-6379888)

PD20083489 马拉硫磷/45%/乳油/马拉硫磷 45%/2013.12.12 至 2018.12.12/低毒
十字花科蔬菜 蚜虫 675-810克/公顷 喷雾
PD20083810 异丙威/20%/乳油/异丙威 20%/2013.12.15 至 2018.12.15/低毒
水稻 稻飞虱 540-630克/公顷 喷雾
PD20083891 辛硫磷/40%/乳油/辛硫磷 40%/2013.12.15 至 2018.12.15/低毒
玉米 玉米螟 450-600克/公顷 灌心叶
PD20084166 乐果/40%/乳油/乐果 40%/2013.12.16 至 2018.12.16/中等毒
十字花科蔬菜 蚜虫 450-600克/公顷 喷雾
PD20084295 炔螨特/57%/乳油/炔螨特 57%/2013.12.17 至 2018.12.17/低毒
柑橘树 红蜘蛛 228-380毫克/千克 喷雾

PD20084564 联苯菊酯/25克/升/乳油/联苯菊酯 25克/升/2013.12.18 至 2018.12.18/低毒
茶树 茶小绿叶蝉 30-37.5克/公顷 喷雾
PD20085013 棉铃虫核型多角体病毒/10亿PIB/克/可湿性粉剂/棉铃虫核型多角体病毒 10亿PIB/克/2013.12.22 至 2018.12.22/低毒
棉花 棉铃虫 1500—2500克制剂/公顷 喷雾
PD20085070 敌敌畏/77.5%/乳油/敌敌畏 77.5%/2014.12.23 至 2019.12.23/中等毒
十字花科蔬菜 菜青虫 600-750克/公顷 喷雾
PD20085213 杀虫双/18%/水剂/杀虫双 18%/2013.12.23 至 2018.12.23/低毒
水稻 稻纵卷叶螟 607.5-675克/公顷 喷雾
PD20093366 高效氯氰菊酯/4.5%/乳油/高效氯氰菊酯 4.5%/2014.03.18 至 2019.03.18/低毒
十字花科蔬菜 菜青虫 20.25-27克/公顷 喷雾
PD20097754 高效氯氟氰菊酯/25克/升/乳油/高效氯氟氰菊酯 25克/升/2014.11.12 至 2019.11.12/中等毒
苹果树 桃小食心虫 5-6.3毫克/千克 喷雾
PD20097757 仲丁威/20%/乳油/仲丁威 20%/2014.11.12 至 2019.11.12/低毒
水稻 稻飞虱 450-540克/公顷 喷雾
PD20097881 代森锌/65%/可湿性粉剂/代森锌 65%/2014.11.20 至 2019.11.20/低毒
番茄 早疫病 2535—3607克/公顷 喷雾
PD20098115 阿维·矿物油/24.5%/乳油/阿维菌素 0.2%、矿物油 24.3%/2014.12.08 至 2019.12.08/低毒(原药高毒)
柑橘树 红蜘蛛 163—245毫克/千克 喷雾
PD20098169 毒死蜱/45%/乳油/毒死蜱 45%%/2014.12.14 至 2019.12.14/中等毒
柑橘 矢尖蚧 250-500毫克/千克 喷雾
PD20098197 棉铃虫核型多角体病毒/20亿PIB/毫升/悬浮剂/棉铃虫核型多角体病毒 20亿PIB/毫升/2014.12.16 至 2019.12.16/低毒
棉花 棉铃虫 600-750毫升制剂/公顷 喷雾
PD20101251 马拉·杀螟松/12%/乳油/马拉硫磷 10%、杀螟硫磷 2%/2015.03.05 至 2020.03.05/低毒
水稻 二化螟 270-360克/公顷 喷雾
PD20101409 辛硫·三唑磷/20%/乳油/三唑磷 10%、辛硫磷 10%/2015.04.14 至 2020.04.14/低毒
水稻 稻纵卷叶螟 360-480克/公顷 喷雾
PD20120546 吡虫啉/10%/可湿性粉剂/吡虫啉 10%/2012.03.28 至 2017.03.28/低毒
棉花 蚜虫 22.5-37.5克/公顷 喷雾
PD20120595 啶虫脒/5%/乳油/啶虫脒 5%/2012.04.11 至 2017.04.11/低毒
棉花 蚜虫 13.5-18克/公顷 喷雾
PD20141757 高氯·毒死蜱/15%/乳油/毒死蜱 13.5%、高效氯氰菊酯 1.5%/2014.07.02 至 2019.07.02/中等毒
荔枝树 蒂蛀虫 215-300毫克/千克 喷雾

上海易施特农药(郑州)有限公司 (河南省郑州市二七区马寨工业苑区东方路1号 450064 0371-67860894)

PD20040144 吡虫啉/10%/可湿性粉剂/吡虫啉 10%/2014.12.19 至 2019.12.19/低毒
水稻 飞虱 15-30克/公顷 喷雾
小麦 蚜虫 7.5-15克/公顷 喷雾
PD20040259 三唑酮/20%/乳油/三唑酮 20%/2014.12.19 至 2019.12.19/低毒
小麦 白粉病 66-90克/公顷 喷雾
PD20040276 高效氯氰菊酯/4.5%/乳油/高效氯氰菊酯 4.5%/2014.12.19 至 2019.12.19/中等毒
棉花 棉铃虫 15-22.5克/公顷 喷雾
PD20083343 甲氰·辛硫磷/25%/乳油/甲氰菊酯 5%、辛硫磷 20%/2013.12.11 至 2018.12.11/中等毒
棉花 棉铃虫 225-345克/公顷 喷雾
苹果树 黄蚜 800-1200倍液 喷雾
PD20085171 异丙威/20%/烟剂/异丙威 20%/2013.12.23 至 2018.12.23/低毒
黄瓜(保护地) 蚜虫 450-600克/公顷 点燃放烟
PD20085417 辛硫·灭多威/20%/乳油/灭多威 10%、辛硫磷 10%/2013.12.24 至 2018.12.24/中等毒(原药高毒)
棉花 蚜虫 75-150克/公顷 喷雾
PD20090380 异稻·稻瘟灵/40%/乳油/稻瘟灵 10%、异稻瘟净 30%/2014.01.12 至 2019.01.12/低毒
水稻 稻瘟病 900-1200克/公顷 喷雾
PD20092051 乙草胺/20%/可湿性粉剂/乙草胺 20%/2014.02.12 至 2019.02.12/低毒
水稻移栽田 稗草、异型莎草 90-120克/公顷 药土法
PD20093040 硫磺·三环唑/45%/可湿性粉剂/硫磺 40%、三环唑 5%/2014.03.09 至 2019.03.09/低毒
水稻 稻瘟病 810-1012.5克/公顷 喷雾
PD20093386 辛硫磷/40%/乳油/辛硫磷 40%/2014.03.19 至 2019.03.19/低毒
棉花 棉铃虫 225-300克/公顷 喷雾
PD20093397 高氯·甲维盐/1.1%/乳油/高效氯氰菊酯 1%、甲氨基阿维菌素苯甲酸盐 0.1%/2014.03.20 至 2019.03.20/低毒
甘蓝 菜青虫 5.775-9.075克/公顷 喷雾
PD20096810 矿物油·敌敌畏/80%/乳油/敌敌畏 40%、矿物油 40%/2014.09.15 至 2019.09.15/中等毒
棉花 棉蚜 960-1200克/公顷 喷雾
十字花科蔬菜 菜青虫 720-960克/公顷 喷雾
PD20096878 矿物油·乙酰甲/50%/乳油/矿物油 35%、乙酰甲胺磷 15%/2014.09.23 至 2019.09.23/低毒
棉花 蚜虫 900-1125克/公顷 喷雾
PD20097074 氧乐果/40%/乳油/氧乐果 40%/2014.10.10 至 2019.10.10/中等毒(原药高毒)

棉花 蚜虫 162-202.5克/公顷 喷雾
小麦 蚜虫 81-162克/公顷 喷雾
PD20097206 异威·矿物油/20%/乳油/矿物油 12%、异丙威 8%/2014.10.19 至 2019.10.19/低毒
水稻 叶蝉 450-600克/公顷 喷雾
PD20097223 毒·矿物油/40%/乳油/毒死蜱 10%、矿物油 30%/2014.10.19 至 2019.10.19/中等毒
棉花 蚜虫 420-480克/公顷 喷雾
PD20097241 马拉·矿物油/40%/乳油/矿物油 30%、马拉硫磷 10%/2014.10.19 至 2019.10.19/低毒
棉花 蚜虫 480-600克/公顷 喷雾
PD20097242 辛硫·矿物油/40%/乳油/矿物油 25%、辛硫磷 15%/2014.10.19 至 2019.10.19/低毒
柑橘树 蚜虫 400-500毫克/千克 喷雾
十字花科蔬菜 菜青虫 360-480克/公顷 喷雾
PD20098236 高效氟吡甲禾灵/108克/升/乳油/高效氟吡甲禾灵 108克/升/2014.12.16 至 2019.12.16/低毒
大豆田 一年生禾本科杂草 48.6-51.8克/公顷 茎叶喷雾
PD20101234 苦参碱/0.3%/水剂/苦参碱 0.3%/2015.03.01 至 2020.03.01/低毒
十字花科蔬菜 菜青虫 2.7-4.05克/公顷 喷雾
PD20101424 乐果·矿物油/40%/乳油/矿物油 20%、乐果 20%/2015.04.26 至 2020.04.26/低毒
棉花 蚜虫 480-600克/公顷 喷雾
PD20101427 唑磷·矿物油/40%/乳油/矿物油 30%、三唑磷 10%/2015.04.26 至 2020.04.26/中等毒
水稻 二化螟 600-720克/公顷 喷雾
PD20110061 乙酰甲胺磷/95%/原药/乙酰甲胺磷 95%/2016.01.11 至 2021.01.11/低毒

舞阳永泰化学有限公司 (河南省舞阳县姜店乡工业园区 462400 0395-77811111)

PD20081615 溴氰·辛硫磷/50%/乳油/辛硫磷 49.5%、溴氰菊酯 0.5%/2013.11.12 至 2018.11.12/中等毒
甘蓝 菜青虫、蚜虫 150-187.5克/公顷 喷雾
棉花 棉铃虫、蚜虫 150-187.5克/公顷 喷雾
PD20082756 马拉·辛硫磷/20%/乳油/马拉硫磷 10%、辛硫磷 10%/2013.12.08 至 2018.12.08/低毒
棉花 棉铃虫 150-225克/公顷 喷雾
PD20086323 高氯·氧乐果/10%/乳油/高效氯氰菊酯 2%、氧乐果 8%/2013.12.31 至 2018.12.31/中等毒(原药高毒)
小麦 蚜虫 60-90克/公顷 喷雾
PD20096612 毒死蜱/95%/原药/毒死蜱 95%/2014.09.02 至 2019.09.02/中等毒

新乡市莱恩坪安园林有限公司 (河南省郑州市惠济区三全路与江山路交叉口东200米路南 450000 0371-65659988)

PD20090047 辛硫·灭多威/20%/乳油/灭多威 10%、辛硫磷 10%/2014.01.06 至 2019.01.06/中等毒(原药高毒)
棉花 棉铃虫 150-300克/公顷 喷雾
PD20151040 吡蚜酮/50%/水分散粒剂/吡蚜酮 50%/2015.06.14 至 2020.06.14/低毒
水稻 稻飞虱 90-150克/公顷 喷雾
PD20152231 阿维菌素/0.5%/颗粒剂/阿维菌素 0.5%/2015.09.23 至 2020.09.23/低毒(原药高毒)
黄瓜 根结线虫 225-262.5克/公顷 沟施、穴施

信阳信化化工有限公司 (河南省信阳市东方红大道60号 464000 0376-6207718)

PD20091620 苯磺隆/10%/可湿性粉剂/苯磺隆 10%/2014.02.03 至 2019.02.03/低毒
冬小麦田 阔叶杂草 13.5—22.5克/公顷 茎叶喷雾
PD20093008 乙酰甲胺磷/97%/原药/乙酰甲胺磷 97%/2014.03.09 至 2019.03.09/低毒
PD20093213 乙酰甲胺磷/20%/乳油/乙酰甲胺磷 20%/2014.03.11 至 2019.03.11/低毒
棉花 棉铃虫 675-900克/公顷 喷雾
PD20093527 三唑磷/20%/乳油/三唑磷 20%/2014.03.23 至 2019.03.23/中等毒
水稻 二化螟 360-450克/公顷 喷雾
PD20093750 氰草·莠去津/30%/悬浮剂/氰草津 15%、莠去津 15%/2014.03.25 至 2019.03.25/低毒
夏玉米田 一年生杂草 1125-1462.5克/公顷 茎叶喷雾
PD20101659 乙草胺/93%/原药/乙草胺 93%/2010.06.03 至 2015.06.03/低毒
PD20101699 丙草胺/95%/原药/丙草胺 95%/2010.06.28 至 2015.06.28/低毒

许昌魏都农药化工有限公司 (河南省许昌市魏都区北郊陈庄 461000 0374-4519408)

PD20092446 氯氰·辛硫磷/20%/乳油/氯氰菊酯 1.5%、辛硫磷 18.5%/2014.02.25 至 2019.02.25/低毒
棉花 棉铃虫 300-600克/公顷 喷雾
PD20092941 敌·马/60%/乳油/敌百虫 40%、马拉硫磷 20%/2014.03.09 至 2019.03.09/中等毒
棉花 蚜虫 450-675克/公顷 喷雾
PD20110269 嗪酮·乙草胺/56%/乳油/嗪草酮 14%、乙草胺 42%/2011.03.07 至 2016.03.07/低毒
夏玉米田 一年生杂草 840-1008克/公顷 喷雾

正阳县原野科技有限公司 (河南省正阳县南二环路工业区 463600 0396-8915196)

PD20085217 三唑锡/20%/悬浮剂/三唑锡 20%/2013.12.23 至 2018.12.23/低毒
柑橘树 红蜘蛛 100-200毫克/千克 喷雾
PD20092375 抗蚜威/25%/水分散粒剂/抗蚜威 25%/2014.02.25 至 2019.02.25/低毒
十字花科蔬菜 蚜虫 75-135克/公顷 喷雾
PD20094327 代森锰锌/70%/可湿性粉剂/代森锰锌 70%/2014.03.31 至 2019.03.31/低毒
番茄 早疫病 1837.5-2362.5克/公顷 喷雾

郑州大农药业有限公司 (河南省新郑市薛店镇草花路东侧 451162 0371-85908179)

PD20100381　高效氯氟氰菊酯/25克/升/乳油/高效氯氟氰菊酯 25克/升/2015.01.11 至 2020.01.11/中等毒
　棉花　棉铃虫　15-22.5克/公顷　喷雾
PD20110650　复硝酚钠/1.8%/水剂/5-硝基邻甲氧基苯酚钠 0.3%、对硝基苯酚钠 0.9%、邻硝基苯酚钠 0.6%/2011.06.20 至2016.06.20/低毒
　棉花　调节生长　4.5-6毫克/千克　茎叶喷雾
PD20130842　阿维·三唑磷/20%/乳油/阿维菌素 0.2%、三唑磷 19.8%/2013.04.22 至 2018.04.22/中等毒(原药高毒)
　水稻　二化螟　180－240克/公顷　喷雾
PD20131741　阿维·哒螨灵/10.5%/乳油/阿维菌素 0.3%、哒螨灵 10.2%/2013.08.16 至 2018.08.16/中等毒(原药高毒)
　柑橘树　红蜘蛛　70-105毫克/千克　喷雾
PD20140818　氟磺胺草醚/250克/升/水剂/氟磺胺草醚 250克/升/2014.03.31 至 2019.03.31/低毒
　春大豆田　一年生阔叶杂草　300-375克/公顷　茎叶喷雾
　夏大豆田　一年生阔叶杂草　168.75-225克/公顷　茎叶喷雾
PD20141106　烟嘧磺隆/40克/升/可分散油悬浮剂/烟嘧磺隆 40克/升/2014.04.27 至 2019.04.27/低毒
　玉米田　一年生杂草　40-60克/公顷　茎叶喷雾
PD20141234　精喹禾灵/10%/乳油/精喹禾灵 10%/2014.05.07 至 2019.05.07/低毒
　大豆田　一年生禾本科杂草　45-60克/公顷　茎叶喷雾
PD20142039　烯草酮/240克/升/乳油/烯草酮 240克/升/2014.08.27 至 2019.08.27/低毒
　油菜田　一年生禾本科杂草　54-72克/公顷　茎叶喷雾
PD20142181　滴丁·烟嘧/30%/可分散油悬浮剂/2,4-滴丁酯 27.5%、烟嘧磺隆 2.5%/2014.09.18 至 2019.09.18/低毒
　春玉米田　一年生杂草　405－675克/公顷　茎叶喷雾
PD20150033　氯氟吡氧乙酸异辛酯/200克/升/乳油/氯氟吡氧乙酸 200克/升/2015.01.04 至 2020.01.04/低毒
　冬小麦田　一年生阔叶杂草　150-210克/公顷　茎叶喷雾
　注:氯氟吡氧乙酸异辛酯含量: 288克/升。
PD20150855　氯吡·炔草酯/18%/悬浮剂/氯氟吡氧乙酸 12%、炔草酯 6%/2015.05.18 至 2020.05.18/低毒
　冬小麦田　一年生杂草　108-135克/公顷　茎叶喷雾
PD20151610　硝磺·莠去津/25%/可分散油悬浮剂/莠去津 20%、硝磺草酮 5%/2015.08.28 至 2020.08.28/低毒
　玉米田　一年生杂草　487.5-563克/公顷　茎叶喷雾
PD20151893　烟嘧磺隆/8%/可分散油悬浮剂/烟嘧磺隆 8%/2015.08.30 至 2020.08.30/低毒
　玉米田　一年生杂草　48-60克/公顷　茎叶喷雾
PD20152027　烟嘧·莠去津/24%/可分散油悬浮剂/烟嘧磺隆 4%、莠去津 20%/2015.08.31 至 2020.08.31/低毒
　玉米田　一年生杂草　288-360克/公顷　茎叶喷雾
PD20152138　精噁唑禾草灵/69克/升/水乳剂/精噁唑禾草灵 69克/升/2015.09.22 至 2020.09.22/低毒
　冬小麦田　一年生禾本科杂草　41.4-51.8克/公顷　茎叶喷雾
PD20152211　硝·烟·莠去津/24%/可分散油悬浮剂/烟嘧磺隆 2%、莠去津 18%、硝磺草酮 4%/2015.09.23 至 2020.09.23/低毒
　玉米田　一年生杂草　540-720克/公顷　茎叶喷雾

郑州福瑞得化工有限公司　(河南省郑州市金水区政七街27号院3号楼　450102　0371-65749156)

PD20094192　敌敌畏/77.5%/乳油/敌敌畏 77.5%/2014.03.30 至 2019.03.30/低毒
　小麦　蚜虫　750-1050克制剂/公顷　喷雾
PD20142245　枯草芽孢杆菌/1000亿芽孢/克/可湿性粉剂/枯草芽孢杆菌 1000亿芽孢/克/2014.09.28 至 2019.09.28/低毒
　黄瓜　白粉病　600－1050克制剂/公顷　喷雾
WP20090183　杀虫粉剂/0.1%/粉剂/高效氯氰菊酯 0.1%/2014.03.25 至 2019.03.25/低毒
　卫生　蚊、蝇、蜚蠊　3克制剂/平方米　撒布
WP20090230　蚊香/0.25%/蚊香/富右旋反式烯丙菊酯 0.25%/2014.04.13 至 2019.04.13/低毒
　卫生　蚊　/　点燃

郑州科银生物制品有限公司　(河南省郑州市航海东路河南企业总部基地　451464　0371-62366586)

PD20094822　苏云金杆菌/8000IU/毫克/可湿性粉剂/苏云金杆菌 8000IU/毫克/2014.04.13 至 2019.04.13/低毒
　棉花　棉铃虫　3000-4500克制剂/公顷　喷雾
　蔬菜　菜青虫、小菜蛾　750-1500克制剂/公顷　喷雾
PD20096293　辛硫·高氯氟/26%/乳油/高效氯氟氰菊酯 1%、辛硫磷 25%/2014.07.22 至 2019.07.22/低毒
　棉花　棉铃虫　312－390克/公顷　喷雾

郑州兰博尔科技有限公司　(河南省郑州市城东南路57号　450009　0371-66813582)

PD84111-5　氧乐果/40%/乳油/氧乐果 40%/2014.12.01 至 2019.12.01/中等毒(原药高毒)
　棉花　蚜虫、螨　375-600克/公顷　喷雾
　森林　松干蚧、松毛虫　500倍液　喷雾或直接涂树干
　水稻　稻纵卷叶螟、飞虱　375-600克/公顷　喷雾
　小麦　蚜虫　300-450克/公顷　喷雾
PD85105-72　敌敌畏/77.5%/乳油/敌敌畏 77.5%%/2015.03.08 至 2020.03.08/中等毒
　茶树　食叶害虫　600克/公顷　喷雾
　粮仓　多种储藏害虫　1)400-500倍液2)0.4-0.5克/立方米　1)喷雾,2)挂条熏蒸
　棉花　蚜虫、造桥虫　600-1200克/公顷　喷雾
　苹果树　小卷叶蛾、蚜虫　400-500毫克/千克　喷雾
　青菜　菜青虫　600克/公顷　喷雾

桑树 尺蠖 600克/公顷 喷雾
卫生 多种卫生害虫 1)300-400倍液2)0.08克/立方米 1)泼洒.2)挂条熏蒸
小麦 黏虫、蚜虫 600克/公顷 喷雾

PD85142-10 氧乐果/70%/原药/氧乐果 70%/2015.06.15 至 2020.06.15/高毒

PD20040759 吡虫・杀虫单/35%/可湿性粉剂/吡虫啉 1%、杀虫单 34%/2014.12.19 至 2019.12.19/低毒
水稻 二化螟 450-750克/公顷 喷雾

PD20070043 乙草胺/900克/升/乳油/乙草胺 900克/升/2012.03.06 至 2017.03.06/低毒
春大豆田、春玉米田 一年生禾本科杂草及部分小粒种子阔叶杂草 1620-1890克/公顷 播后苗前土壤喷雾
夏玉米田 部分阔叶杂草、一年生禾本科杂草 1080-1350克/公顷 播后苗前土壤喷雾

PD20070259 乙草胺/50%/乳油/乙草胺 50%/2012.09.04 至 2017.09.04/低毒
夏玉米田 一年生禾本科杂草及部分阔叶杂草 900-1125克/公顷 播后苗前土壤喷雾

PD20070260 乙草胺/93%/原药/乙草胺 93%/2012.09.04 至 2017.09.04/低毒

PD20070450 啶虫脒/99%/原药/啶虫脒 99%/2012.11.20 至 2017.11.20/低毒

PD20070673 啶虫脒/5%/乳油/啶虫脒 5%/2012.12.17 至 2017.12.17/低毒
苹果树 黄蚜 12-15毫克/千克 喷雾
小麦、烟草 蚜虫 13.5-18克/公顷 喷雾

PD20070675 啶虫脒/20%/可溶液剂/啶虫脒 20%/2012.12.17 至 2017.12.17/低毒
棉花 蚜虫 15-18克/公顷 喷雾

PD20080013 啶虫脒/5%/可湿性粉剂/啶虫脒 5%/2013.01.03 至 2018.01.03/低毒
柑橘树 蚜虫 7.5-15毫克/千克 喷雾

PD20081612 苯磺隆/10%/可湿性粉剂/苯磺隆 10%/2013.11.12 至 2018.11.12/低毒
冬小麦田 一年生阔叶杂草 13.5-22.5克/公顷 茎叶喷雾

PD20081754 锰锌・腈菌唑/50%/可湿性粉剂/腈菌唑 2%、代森锰锌 48%/2013.11.18 至 2018.11.18/低毒
梨树 黑星病 1500-1750倍液 喷雾

PD20083708 氯氰・毒死蜱/20%/乳油/毒死蜱 16.6%、氯氰菊酯 3.4%/2013.12.15 至 2018.12.15/中等毒
棉花 棉铃虫 180-210克/公顷 喷雾

PD20084104 吡虫啉/95%/原药/吡虫啉 95%/2013.12.16 至 2018.12.16/中等毒

PD20084899 高效氯氟氰菊酯/2.5%/乳油/高效氯氟氰菊酯 2.5%/2013.12.22 至 2018.12.22/中等毒
柑橘树 潜叶蛾 12.5-25毫克/千克 喷雾
梨树 梨小食心虫 6.25-16.7毫克/千克 喷雾
荔枝 蝽蟓 6.25-12.5毫克/千克 喷雾
荔枝 蒂蛀虫 12.5-25毫克/千克 喷雾
苹果树 桃小食心虫 6.25-16.7毫克/千克 喷雾
十字花科蔬菜 菜青虫 7.5-11.25克/公顷 喷雾
小麦 蚜虫 7.5-11.25克/公顷 喷雾

PD20085972 唑酮・氧乐果/20%/乳油/三唑酮 5%、氧乐果 15%/2013.12.29 至 2018.12.29/高毒
小麦 白粉病、蚜虫 405-480克/公顷 喷雾

PD20086286 氰戊・氧乐果/30%/乳油/氰戊菊酯 10%、氧乐果 20%/2013.12.31 至 2018.12.31/中等毒(原药高毒)
棉花 红铃虫、棉铃虫 90-180克/公顷 喷雾
棉花 蚜虫 67.5-135克/公顷 喷雾

PD20090675 敌畏・氧乐果/40%/乳油/敌敌畏 20%、氧乐果 20%/2014.01.19 至 2019.01.19/中等毒(原药高毒)
棉花、小麦 蚜虫 240-360克/公顷 喷雾

PD20090788 辛硫・灭多威/20%/乳油/灭多威 6%、辛硫磷 14%/2014.01.19 至 2019.01.19/中等毒(原药高毒)
棉花 棉铃虫 150-300克/公顷 喷雾

PD20090995 乙草胺/89%/乳油/乙草胺 89%/2014.01.21 至 2019.01.21/低毒
春大豆田 一年生禾本科杂草及部分小粒种子阔叶杂草 1485-1930.5克/公顷 播后苗前土壤喷雾
春玉米田 一年生禾本科杂草及部分阔叶杂草 1336.5-1633.5克/公顷 播后苗前土壤喷雾
夏玉米田 一年生禾本科杂草及部分小粒种子阔叶杂草 1039.5-1336.5克/公顷 播后苗前土壤喷雾

PD20091095 氯氰・敌敌畏/10%/乳油/敌敌畏 8%、氯氰菊酯 2%/2014.01.21 至 2019.01.21/低毒
十字花科蔬菜 蚜虫 45—75克/公顷 喷雾

PD20093360 甲柳・三唑酮/10%/乳油/甲基异柳磷 8%、三唑酮 2%/2014.03.18 至 2019.03.18/高毒
小麦 地下害虫 40-80克/100千克种子 拌种

PD20095391 苄・丁/35%/可湿性粉剂/苄嘧磺隆 1.4%、丁草胺 33.6%/2014.05.11 至 2019.05.11/低毒
水稻移栽田 一年生及部分多年生杂草 120-150克制剂/亩 药土法

PD20097722 苄嘧・苯噻酰/53%/可湿性粉剂/苯噻酰草胺 50%、苄嘧磺隆 3%/2014.11.04 至 2019.11.04/低毒
水稻移栽田 一年生杂草和多年生恶性杂草 318-397.5克/公顷(南方地区) 毒土法

PD20098355 阿维・矿物油/24.5%/乳油/阿维菌素 0.2%、矿物油 24.3%/2014.12.18 至 2019.12.18/低毒(原药高毒)
柑橘树 红蜘蛛 122.5-245毫克/千克 喷雾

PD20100094 吡虫啉/10%/可湿性粉剂/吡虫啉 10%/2015.01.04 至 2020.01.04/低毒

登记证号	登记作物/农药名称	防治对象	用药量	施用方法
	菠菜	蚜虫	30-45克/公顷	喷雾
	水稻	稻飞虱	22.5-30克/公顷	喷雾
PD20111239	啶虫脒/20%/可溶粉剂/啶虫脒 20%/2011.11.18 至 2016.11.18/低毒			
	棉花	蚜虫	12-18克/公顷	喷雾
	小麦	蚜虫	13.5-22.5克/公顷	喷雾
PD20120076	高效氯氟氰菊酯/2.5%/水乳剂/高效氯氟氰菊酯 2.5%/2012.01.19 至 2017.01.19/低毒			
	甘蓝	菜青虫	7.5-15克/公顷	喷雾
PD20131438	噻虫嗪/25%/水分散粒剂/噻虫嗪 25%/2013.07.03 至 2018.07.03/低毒			
	芹菜	蚜虫	15-30克/公顷	喷雾
	小麦	蚜虫	30-37.5克/公顷	喷雾
PD20132158	吡蚜酮/50%/水分散粒剂/吡蚜酮 50%/2013.10.29 至 2018.10.29/低毒			
	水稻	飞虱	90-150克/公顷	喷雾
PD20140975	甲氨基阿维菌素苯甲酸盐/2%/微囊悬浮剂/甲氨基阿维菌素 2%/2014.04.14 至 2019.04.14/低毒			
	水稻	稻纵卷叶螟	9-15克/公顷	喷雾
	注:甲氨基阿维菌素苯甲酸盐含量：2.3%。			
PD20151049	吡虫啉/600克/升/悬浮种衣剂/吡虫啉 600克/升/2015.06.14 至 2020.06.14/低毒			
	小麦	蚜虫	药种比1:167-1:143	种子包衣
PD20152273	嘧菌酯/25%/悬浮剂/嘧菌酯 25%/2015.10.20 至 2020.10.20/低毒			
	水稻	纹枯病	150-225克/公顷	喷雾

郑州领先化工有限公司　(河南省郑州市金水区农科路38号5号楼2单元2107室　450008　0371-65862880)

登记证号	登记作物/农药名称	防治对象	用药量	施用方法
PD20121456	烟嘧磺隆/40克/升/可分散油悬浮剂/烟嘧磺隆 40克/升/2012.10.08 至 2017.10.08/低毒			
	夏玉米田	一年生杂草	42-60克/公顷	茎叶喷雾
PD20131762	吡虫啉/600克/升/悬浮种衣剂/吡虫啉 600克/升/2013.09.06 至 2018.09.06/低毒			
	花生	蛴螬	240－300克 / 100千克种子	种子包衣
PD20132002	高效氯氟氰菊酯/2.5%/水乳剂/高效氯氟氰菊酯 2.5%/2013.10.10 至 2018.10.10/中等毒			
	甘蓝	菜青虫	9.375-15克/公顷	喷雾
PD20141180	草甘膦异丙胺盐/30%/水剂/草甘膦 30%/2014.04.28 至 2019.04.28/低毒			
	柑橘园	杂草	1230-2460克/公顷	定向茎叶喷雾
	注:草甘膦异丙胺盐含量：41%。			
PD20152103	苯醚甲环唑/3%/悬浮种衣剂/苯醚甲环唑 3%/2015.09.22 至 2020.09.22/低毒			
	小麦	全蚀病	12-18克/100千克种子	种子包衣
PD20152487	咯菌腈/2.5%/悬浮种衣剂/咯菌腈 25克/升/2015.12.05 至 2020.12.05/低毒			
	花生	根腐病	15-20克/100千克种子	种子包衣

郑州农丰化工有限公司　(河南省郑州市金水区祭城镇弓庄村　450046　0371-65643008)

登记证号	登记作物/农药名称	防治对象	用药量	施用方法
PD20040391	高效氯氰菊酯/2.5%/乳油/高效氯氰菊酯 2.5%/2014.12.19 至 2019.12.19/低毒			
	梨树	梨木虱	20.8-31.25毫克/千克	喷雾
PD20040633	吡虫啉/5%/乳油/吡虫啉 5%/2014.12.19 至 2019.12.19/中等毒			
	小麦	蚜虫	7.5-11.2克/公顷	喷雾
PD20040736	吡虫・杀虫单/35%/可湿性粉剂/吡虫啉 1%、杀虫单 34%/2014.12.19 至 2019.12.19/低毒			
	水稻	二化螟、飞虱	450-750克/公顷	喷雾
PD20082634	氯氰・辛硫磷/20%/乳油/氯氰菊酯 1.5%、辛硫磷 18.5%/2013.12.04 至 2018.12.04/中等毒			
	棉花	棉蚜	240-300克/公顷	喷雾
PD20083569	高氯・马/37%/乳油/高效氯氰菊酯 0.8%、马拉硫磷 36.2%/2013.12.12 至 2018.12.12/中等毒			
	十字花科蔬菜	菜青虫	277.5-388.5克/公顷	喷雾
PD20084006	硫磺・三唑酮/20%/可湿性粉剂/硫磺 10%、三唑酮 10%/2013.12.16 至 2018.12.16/低毒			
	小麦	白粉病	370-450克/公顷	喷雾
PD20084759	多・硫/25%/可湿性粉剂/多菌灵 10%、硫磺 15%/2013.12.22 至 2018.12.22/低毒			
	水稻	稻瘟病	1200-1800克/公顷	喷雾
PD20085830	多・锰锌/40%/可湿性粉剂/多菌灵 20%、代森锰锌 20%/2013.12.29 至 2018.12.29/低毒			
	梨树	黑星病	1000-1250毫克/千克	喷雾
PD20086170	敌百・毒死蜱/40%/乳油/敌百虫 20%、毒死蜱 20%/2013.12.30 至 2018.12.30/低毒			
	棉花	棉铃虫	360-480克/公顷	喷雾
PD20090289	毒死蜱/40%/乳油/毒死蜱 40%/2014.01.09 至 2019.01.09/低毒			
	水稻	稻纵卷叶螟	480-600克/公顷	喷雾
PD20090336	阿维・高氯/1.1%/乳油/阿维菌素 0.1%、高效氯氰菊酯 1%/2014.01.12 至 2019.01.12/低毒(原药高毒)			
	十字花科蔬菜	菜青虫、小菜蛾	14.85-26.4克/公顷	喷雾
PD20091137	啶虫脒/5%/乳油/啶虫脒 5%/2014.01.21 至 2019.01.21/低毒			
	苹果树	蚜虫	12-15毫克/千克	喷雾
PD20092250	吡虫啉/10%/可湿性粉剂/吡虫啉 10%/2014.02.24 至 2019.02.24/低毒			
	水稻	稻飞虱	22.5-30克/公顷	喷雾
PD20092801	唑酮・氧乐果/20%/乳油/三唑酮 4%、氧乐果 16%/2014.03.04 至 2019.03.04/高毒			
	小麦	红蜘蛛、蚜虫	520-600克/公顷	喷雾
PD20094477	甲柳・三唑酮/10%/乳油/甲基异柳磷 8%、三唑酮 2%/2014.04.09 至 2019.04.09/高毒			

小麦 地下害虫 40-80克/100千克种子 拌种

注:兼治白粉病。

PD20097515 苯磺隆/10%/可湿性粉剂/苯磺隆 10%/2014.11.03 至 2019.11.03/低毒

春小麦田 一年生阔叶杂草 22.5-30克/公顷 茎叶喷雾

PD20120184 乙蒜素/30%/乳油/乙蒜素 30%/2012.01.30 至 2017.01.30/低毒

棉花 枯萎病 247.5-353.6克/公顷 喷雾

郑州田丰生化工程有限公司 (河南省郑州市经三路85号院1号楼 450003 0371-65727259)

PD20083304 百菌清/75%/可湿性粉剂/百菌清 75%/2013.12.11 至 2018.12.11/低毒

黄瓜 霜霉病 1200-1650克/公顷 喷雾

PD20083855 甲基硫菌灵/70%/可湿性粉剂/甲基硫菌灵 70%/2013.12.15 至 2018.12.15/低毒

黄瓜 白粉病 336-504克/公顷 喷雾

PD20084328 溴敌隆/0.5%/母液/溴敌隆 0.5%/2013.12.17 至 2018.12.17/中等毒(原药剧毒)

PD20084336 三唑锡/25%/可湿性粉剂/三唑锡 25%/2013.12.17 至 2018.12.17/低毒

柑橘树 红蜘蛛 125-250毫克/千克 喷雾

PD20084695 多·锰锌/35%/可湿性粉剂/多菌灵 17.5%、代森锰锌 17.5%/2013.12.22 至 2018.12.22/低毒

苹果树 斑点落叶病 1000-1250毫克/千克 喷雾

PD20084754 氯氰菊酯/5%/乳油/氯氰菊酯 5%/2013.12.22 至 2018.12.22/低毒

十字花科蔬菜 菜青虫 37.5-45克/公顷 喷雾

PD20085220 代森锰锌/80%/可湿性粉剂/代森锰锌 80%/2013.12.23 至 2018.12.23/低毒

柑橘树 疮痂病 1333-2000毫克/千克 喷雾

PD20092358 辛硫·三唑酮/14%/乳油/三唑酮 2%、辛硫磷 12%/2014.02.24 至 2019.02.24/低毒

小麦 白粉病、地下害虫、蚜虫 42-56克/100千克种子 拌种

PD20094762 阿维菌素/1.8%/乳油/阿维菌素 1.8%/2014.04.13 至 2019.04.13/低毒(原药高毒)

甘蓝 小菜蛾 6.75-8.1克/公顷 喷雾

PD20095104 氯氰·辛硫磷/20%/乳油/氯氰菊酯 1.5%、辛硫磷 18.5%/2014.04.24 至 2019.04.24/中等毒

大豆 食心虫 90-120克/公顷 喷雾

棉花 棉铃虫 180-240克/公顷 喷雾

PD20096875 复硝酚钠/1.8%/水剂/复硝酚钠 1.8%/2014.09.23 至 2019.09.23/低毒

番茄 调节生长 2000-2500倍 茎叶喷雾

PD20130409 高效氯氟氰菊酯/25克/升/乳油/高效氯氟氰菊酯 25克/升/2013.03.12 至 2018.03.12/低毒

甘蓝 蚜虫 8-10克/公顷 喷雾

PD20140767 苯醚甲环唑/10%/水分散粒剂/苯醚甲环唑 10%/2014.03.24 至 2019.03.24/低毒

苹果树 斑点落叶病 50-66.7毫克/千克 喷雾

PD20141018 高效氯氟氰菊酯/5%/微乳剂/高效氯氟氰菊酯 5%/2014.04.21 至 2019.04.21/低毒

小白菜 菜青虫 9-13.5克/公顷 喷雾

PD20142239 氟磺胺草醚/250克/升/水剂/氟磺胺草醚 250克/升/2014.09.28 至 2019.09.28/低毒

夏大豆田 一年生阔叶杂草 187.5-225克/公顷 茎叶喷雾

PD20142406 苯磺隆/75%/可湿性粉剂/苯磺隆 75%/2014.11.13 至 2019.11.13/低毒

小麦田 一年生阔叶杂草 12.375-14.625克/公顷 茎叶喷雾

PD20150285 毒死蜱/30%/微囊悬浮剂/毒死蜱 30%/2015.02.04 至 2020.02.04/中等毒

花生 蛴螬 1575-2250克/公顷 灌根

PD20151613 吡蚜酮/50%/水分散粒剂/吡蚜酮 50%/2015.08.28 至 2020.08.28/低毒

水稻 稻飞虱 90-150克/公顷 喷雾

PD20152274 草甘膦铵盐/65%/可溶粉剂/草甘膦 65%/2015.10.20 至 2020.10.20/低毒

非耕地 杂草 1170-2340克/公顷 茎叶喷雾

注: 草甘膦铵盐含量: 71.5%。

郑州万荣农用物资有限公司 (河南省郑州市中原区石佛镇瑞丰路附4号 450005 0371-7980585)

PD20083500 硫磺·三唑酮/20%/可湿性粉剂/硫磺 10%、三唑酮 10%/2013.12.12 至 2018.12.12/低毒

小麦 白粉病 150-225克/公顷 喷雾

PD20083662 氰戊·马拉松/20%/乳油/马拉硫磷 15%、氰戊菊酯 5%/2013.12.12 至 2018.12.12/中等毒

苹果树 桃小食心虫 160-333毫克/千克 喷雾

PD20094204 甲柳·三唑酮/10%/乳油/甲基异柳磷 8%、三唑酮 2%/2014.03.30 至 2019.03.30/高毒

小麦 地下害虫 40-80克/100千克种子 拌种

PD20101410 哒螨·矿物油/28%/乳油/哒螨灵 5%、矿物油 23%/2015.04.14 至 2020.04.14/中等毒

苹果树 红蜘蛛 70-140毫克/千克 喷雾

郑州先利达化工有限公司 (河南省郑州市金水区农业路1号 450007 0371-65383128)

PD20085270 代森锰锌/85%/原药/代森锰锌 85%/2013.12.23 至 2018.12.23/低毒

PD20086043 炔螨特/40%/乳油/炔螨特 40%/2013.12.29 至 2018.12.29/低毒

柑橘树 红蜘蛛 200-400毫克/千克 喷雾

PD20090232 甲霜·锰锌/58%/可湿性粉剂/甲霜灵 10%、代森锰锌 48%/2014.01.09 至 2019.01.09/低毒

黄瓜 霜霉病 1305-1632克/公顷 喷雾

PD20091318 百菌清/75%/可湿性粉剂/百菌清 75%/2014.02.01 至 2019.02.01/低毒

水稻 稻瘟病 1125-1425克/公顷 喷雾

PD20092157 多效唑/15%/可湿性粉剂/多效唑 15%/2014.02.23 至 2019.02.23/低毒
水稻育秧田 控制生长 200-300毫克/千克 喷雾法
PD20093147 阿维菌素/1.8%/乳油/阿维菌素 1.8%/2014.03.11 至 2019.03.11/低毒(原药高毒)
十字花科蔬菜 小菜蛾 6-9克/公顷 喷雾
PD20094273 多·福/60%/可湿性粉剂/多菌灵 30%、福美双 30%/2014.03.31 至 2019.03.31/低毒
梨树 黑星病 1000-1500毫克/千克 喷雾
PD20094795 锰锌·腈菌唑/60%/可湿性粉剂/腈菌唑 2%、代森锰锌 58%/2014.04.13 至 2019.04.13/低毒
梨树 黑星病 400-600毫克/千克 喷雾
PD20097505 代森锌/65%/可湿性粉剂/代森锌 65%/2014.11.03 至 2019.11.03/低毒
番茄 早疫病 2925－3412.5克/公顷 喷雾
PD20098126 代森锰锌/80%/可湿性粉剂/代森锰锌 80%/2014.12.08 至 2019.12.08/低毒
番茄 早疫病 1920-2400克/公顷 喷雾
PD20098277 福美双/50%/可湿性粉剂/福美双 50%/2014.12.18 至 2019.12.18/低毒
黄瓜 白粉病 787.5-1050克/千克 喷雾
PD20100069 甲氨基阿维菌素苯甲酸盐/1%/乳油/甲氨基阿维菌素 1%/2015.01.04 至 2020.01.04/低毒
棉花 棉铃虫 7.5-11.25克/公顷 喷雾
注:甲氨基阿维菌素苯甲酸盐含量: 1.14%。
PD20100143 丙环唑/250克/升/乳油/丙环唑 250克/升/2015.01.05 至 2020.01.05/低毒
香蕉 叶斑病 250-500毫克/千克 喷雾
PD20100204 氟铃脲/5%/乳油/氟铃脲 5%/2015.01.05 至 2020.01.05/低毒
甘蓝 小菜蛾 30-56.25克/公顷 喷雾
PD20100252 乙铝·多菌灵/60%/可湿性粉剂/多菌灵 40%、三乙膦酸铝 20%/2015.01.11 至 2020.01.11/低毒
苹果树 斑点落叶病 1000-1500毫克/千克 喷雾
PD20100373 甲基硫菌灵/70%/可湿性粉剂/甲基硫菌灵 70%/2015.01.11 至 2020.01.11/低毒
黄瓜 白粉病 315-420克/公顷 喷雾
PD20100378 唑磷·毒死蜱/30%/乳油/毒死蜱 15%、三唑磷 15%/2015.01.11 至 2020.01.11/中等毒
水稻 三化螟 180-270克/公顷 喷雾
PD20100767 多菌灵/80%/可湿性粉剂/多菌灵 80%/2015.01.18 至 2020.01.18/低毒
苹果树 轮纹病 667-1000毫克/千克 喷雾
PD20101182 联苯菊酯/25克/升/乳油/联苯菊酯 25克/升/2015.01.28 至 2020.01.28/低毒
茶树 茶小绿叶蝉 1200-1500毫升制剂/公顷 喷雾
PD20110899 草甘膦异丙胺盐/30%/水剂/草甘膦 30%/2011.08.17 至 2016.08.17/低毒
柑橘园 杂草 1230-2460克/公顷 定向茎叶喷雾
注:草甘膦异丙胺盐含量:41%。
PD20121293 烯酰吗啉/50%/水分散粒剂/烯酰吗啉 50%/2012.09.06 至 2017.09.06/低毒
黄瓜 霜霉病 225－300克/公顷 喷雾
PD20130056 氯氟吡氧乙酸异辛酯/200克/升/乳油/氯氟吡氧乙酸 200克/升/2013.01.07 至 2018.01.07/低毒
冬小麦田 一年生阔叶杂草 150-210克/公顷 茎叶喷雾
注:氯氟吡氧乙酸异辛酯含量: 288克/升。
PD20141466 苯醚甲环唑/10%/水分散粒剂/苯醚甲环唑 10%/2014.06.09 至 2019.06.09/低毒
苹果树 斑点落叶病 50—67毫克/千克 喷雾
PD20142601 炔草酯/8%/水乳剂/炔草酯 8%/2014.12.15 至 2019.12.15/低毒
小麦田 一年生禾本科杂草 48-84克/公顷 茎叶喷雾
PD20151133 氰氟草酯/10%/可分散油悬浮剂/氰氟草酯 10%/2015.06.25 至 2020.06.25/低毒
水稻田(直播) 稗草、千金子等禾本科杂草 90-120克/公顷 茎叶喷雾
PD20151137 氟环唑/12.5%/悬浮剂/氟环唑 12.5%/2015.06.26 至 2020.06.26/低毒
香蕉 叶斑病 178.58-250毫克/千克 喷雾
PD20151142 苯醚甲环唑/40%/悬浮剂/苯醚甲环唑 40%/2015.06.26 至 2020.06.26/低毒
香蕉 叶斑病 112.5-125毫克/千克 喷雾
PD20151415 苯甲·嘧菌酯/30%/悬浮剂/苯醚甲环唑 18.5%、嘧菌酯 11.5%/2015.07.30 至 2020.07.30/低毒
水稻 纹枯病 180-225克/公顷 喷雾

郑州豫珠恒力生物科技有限责任公司 (郑州市金水区农科路38号金成国际广场4号楼103室 450008 0371-65862383)

PD20040314 三唑酮/20%/乳油/三唑酮 20%/2014.12.19 至 2019.12.19/低毒
小麦 白粉病 66-90克/公顷 喷雾
PD20040619 吡虫·杀虫单/35%/可湿性粉剂/吡虫啉 1%、杀虫单 34%/2014.12.19 至 2019.12.19/低毒
水稻 稻纵卷叶螟、二化螟、飞虱、三化螟 450-750克/公顷 喷雾
PD20082472 多效唑/5%/乳油/多效唑 5%/2013.12.03 至 2018.12.03/低毒
水稻 调节生长、增产 100-150毫克/千克 兑水喷雾
PD20082950 苯磺隆/10%/可湿性粉剂/苯磺隆 10%/2013.12.09 至 2018.12.09/低毒
冬小麦田 阔叶杂草 13.5－22.5克/公顷 茎叶喷雾
PD20083552 高氯·马/40%/乳油/高效氯氰菊酯 0.7%、马拉硫磷 39.3%/2013.12.12 至 2018.12.12/低毒
棉花 棉铃虫 120-240克/公顷 喷雾
十字花科蔬菜 菜青虫 180-240克/公顷 喷雾

PD20085194 马拉·三唑酮/35%/乳油/马拉硫磷 28%、三唑酮 7%/2013.12.23 至 2018.12.23/低毒
小麦 白粉病、蚜虫 525-682.5克/公顷 喷雾
PD20093068 阿维·高氯/1%/乳油/阿维菌素 0.2%、高效氯氰菊酯 0.8%/2014.03.09 至 2019.03.09/低毒(原药高毒)
十字花科蔬菜 小菜蛾 7.5-15克/公顷 喷雾
PD20093385 甲柳·三唑酮/10%/乳油/甲基异柳磷 8%、三唑酮 2%/2014.03.19 至 2019.03.19/高毒
小麦 白粉病、地下害虫 60-80克/100千克种子 拌种
PD20093661 氟磺胺草醚/250克/升/水剂/氟磺胺草醚 250克/升/2014.03.25 至 2019.03.25/低毒
春大豆田 一年生阔叶杂草 300-375克/公顷 茎叶喷雾
PD20094640 丁·莠/48%/悬乳剂/丁草胺 19%、莠去津 29%/2014.04.10 至 2019.04.10/低毒
夏玉米田 一年生杂草 1080-1440克/公顷 播后苗前土壤喷雾
PD20095445 精噁唑禾草灵/69克/升/水乳剂/精噁唑禾草灵 69克/升/2014.05.11 至 2019.05.11/低毒
冬小麦田 一年生禾本科杂草 41.1-51.75克/公顷 茎叶喷雾
PD20095520 烟嘧磺隆/40克/升/可分散油悬浮剂/烟嘧磺隆 40克/升/2014.05.11 至 2019.05.11/低毒
玉米田 一年生杂草 42-60克/公顷 茎叶喷雾
PD20095534 异丙甲草胺/960克/升/乳油/异丙甲草胺 960克/升/2014.05.12 至 2019.05.12/低毒
西瓜田 一年生杂草 1080-1656克/公顷 土壤喷雾
PD20095637 乙草胺/89%/乳油/乙草胺 89%/2014.05.12 至 2019.05.12/低毒
花生田 一年生禾本科杂草及部分阔叶杂草 1242-1380克/公顷 播后苗前土壤喷雾
PD20097394 丙溴磷/40%/乳油/丙溴磷 40%/2014.10.28 至 2019.10.28/低毒
棉花 棉铃虫 360-480克/公顷 喷雾
PD20098344 烷醇·硫酸铜/2.8%/悬浮剂/十二烷基硫酸钠 1.1%、硫酸铜 0.8%、三十烷醇 0.1%、硫酸锌 0.8%/2014.12.18 至2019.12.18/低毒
辣椒 病毒病 82.1-125毫升/亩 喷雾
烟草 花叶病 62.6-125毫升/亩 喷雾
PD20100071 矮壮·甲哌鎓/20%/水剂/矮壮素 17%、甲哌鎓 3%/2015.01.04 至 2020.01.04/低毒
棉花 调节生长、增产 45-75克/公顷 喷雾
PD20101539 辛硫·矿物油/40%/乳油/矿物油 25%、辛硫磷 15%/2015.05.19 至 2020.05.19/低毒
十字花科蔬菜 菜青虫 300-450克/公顷 喷雾
PD20101750 哒螨·矿物油/34%/乳油/哒螨灵 4%、矿物油 30%/2015.06.30 至 2020.06.30/中等毒
苹果树 红蜘蛛 170-340毫克/千克 喷雾
PD20110007 乙草胺/40%/水乳剂/乙草胺 40%/2016.01.04 至 2021.01.04/低毒
花生田 一年生禾本科杂草及阔叶杂草 1260-1440克/公顷 土壤喷雾
PD20110359 高效氯氟氰菊酯/2.5%/水乳剂/高效氯氟氰菊酯 2.5%/2011.03.31 至 2016.03.31/中等毒
甘蓝 菜青虫 7.5-11.25克/公顷 喷雾
PD20120856 烟嘧·莠去津/20%/可分散油悬浮剂/烟嘧磺隆 3%、莠去津 17%/2012.05.22 至 2017.05.22/低毒
玉米田 一年生杂草 240-300克/公顷 茎叶喷雾
PD20120962 苯醚·丙环唑/30%/微乳剂/苯醚甲环唑 15%、丙环唑 15%/2012.06.21 至 2017.06.21/低毒
水稻 纹枯病 67.5-90克/公顷 喷雾
PD20121151 苯醚甲环唑/10%/微乳剂/苯醚甲环唑 10%/2012.07.30 至 2017.07.30/低毒
梨树 黑星病 14.3-16.7毫克/千克 喷雾
PD20131183 乙羧氟草醚/10%/乳油/乙羧氟草醚 10%/2013.05.27 至 2018.05.27/低毒
花生田 一年生阔叶杂草 37.5-45克/公顷 茎叶喷雾
PD20140764 苯醚甲环唑/95%/原药/苯醚甲环唑 95%/2014.03.24 至 2019.03.24/低毒

郑州郑氏化工产品有限公司 (河南省郑州市金水区农业路72号国际企业中心A座25层东 450008 0371-63817136)

PD20081163 啶虫脒/5%/乳油/啶虫脒 5%/2013.09.11 至 2018.09.11/低毒
苹果树 蚜虫 12-15毫克/千克 喷雾
PD20081294 复硝酚钠/98%/原药/复硝酚钠 98%/2013.09.26 至 2018.09.26/低毒
PD20082840 噁霜·锰锌/64%/可湿性粉剂/噁霜灵 8%、代森锰锌 56%/2013.12.09 至 2018.12.09/低毒
黄瓜 霜霉病 1650-1950克/公顷 喷雾
PD20100454 咪鲜胺锰盐/50%/可湿性粉剂/咪鲜胺锰盐 50%/2015.01.14 至 2020.01.14/低毒
柑橘 青霉病 333.3-500毫克/千克 浸果
PD20100824 虫酰肼/20%/悬浮剂/虫酰肼 20%/2015.01.19 至 2020.01.19/低毒
甘蓝 甜菜夜蛾 250-300克/公顷 喷雾
PD20100916 复硝酚钠/1.4%/水剂/5-硝基邻甲氧基苯酚钠 0.2%、对硝基苯酚钠 0.7%、邻硝基苯酚钠 0.5%/2015.01.19 至2020.01.19/低毒
番茄、棉花 调节生长 6-9毫克/千克 茎叶喷雾
水稻 调节生长 5.1-6.0毫克/千克 茎叶喷雾
PD20101477 萘乙酸钠/87%/原药/萘乙酸 87%/2015.05.05 至 2020.05.05/低毒
注:萘乙酸钠含量：98%。
PD20110529 胺鲜酯/98%/原药/胺鲜酯 98%/2011.05.12 至 2016.05.12/低毒
PD20110682 胺鲜酯/8%/可溶粉剂/胺鲜酯 8%/2011.06.20 至 2016.06.20/低毒
大白菜 调节生长 50-66.7毫克/千克 喷雾3次
PD20131316 多效唑/15%/可湿性粉剂/多效唑 15%/2013.06.08 至 2018.06.08/低毒

花生 调节生长 90-112.5克/公顷 茎叶喷雾
水稻 调节生长 200-300毫克/千克 茎叶喷雾
PD20131343 多唑·甲哌鎓/10%/可湿性粉剂/多效唑 2.5%、甲哌鎓 7.5%/2013.06.09 至 2018.06.09/低毒
小麦 调节生长、增产 200-333毫克/千克 茎叶喷雾
PD20131460 噻苯隆/50%/可湿性粉剂/噻苯隆 50%/2013.07.05 至 2018.07.05/低毒
棉花 脱叶 225-300克/公顷 茎叶喷雾
PD20131537 氟硅唑/8%/微乳剂/氟硅唑 8%/2013.07.17 至 2018.07.17/低毒
黄瓜 白粉病 48-72克/公顷 喷雾
PD20131801 胺鲜·乙烯利/30%/水剂/胺鲜酯 3%、乙烯利 27%/2013.09.10 至 2018.09.10/低毒
玉米 调节生长、增产 200-300毫克/千克 茎叶喷雾
PD20150079 氯吡脲/0.1%/可溶液剂/氯吡脲 0.1%/2015.01.05 至 2020.01.05/低毒
黄瓜 调节生长 10-20毫克/千克 浸瓜胎
葡萄 调节生长 10-20毫克/千克 浸幼果穗
PD20150552 乙烯利/40%/水剂/乙烯利 40%/2015.03.23 至 2020.03.23/低毒
香蕉 催熟 800-1000毫克/公斤 浸渍
PD20150677 阿维·哒螨灵/10.5%/可湿性粉剂/阿维菌素 0.5%、哒螨灵 10%/2015.04.17 至 2020.04.17/低毒(原药高毒)
柑橘树 红蜘蛛 70-105毫克/千克 喷雾
PD20151008 胺鲜·甲哌鎓/27.5%/水剂/胺鲜酯 2.5%、甲哌鎓 25%/2015.06.12 至 2020.06.12/低毒
大豆 调节生长 61.9-103.1克/公顷 茎叶喷雾
PD20152117 甲哌鎓/10%/可溶粉剂/甲哌鎓 10%/2015.09.22 至 2020.09.22/低毒
甘薯 调节生长 200-300毫克/千克 茎叶喷雾

郑州中港万象作物科学有限公司 (河南省郑州市新郑市孟庄镇城后马工业区 451161 0371-62469748)

PD20083005 顺式氯氰菊酯/50克/升/乳油/顺式氯氰菊酯 50克/升/2013.12.10 至 2018.12.10/低毒
棉花 盲蝽蟓 25.5-34.5克/公顷 喷雾
PD20083492 炔螨特/57%/乳油/炔螨特 57%/2013.12.12 至 2018.12.12/低毒
柑橘树 红蜘蛛 285-380毫克/千克 喷雾
PD20083496 毒死蜱/480克/升/乳油/毒死蜱 480克/升/2013.12.12 至 2018.12.12/中等毒
水稻 稻纵卷叶螟 504-648克/公顷 喷雾
PD20083497 多菌灵/80%/可湿性粉剂/多菌灵 80%/2013.12.12 至 2018.12.12/低毒
苹果树 轮纹病 667-1000毫克/千克 喷雾
PD20083508 联苯菊酯/25克/升/乳油/联苯菊酯 25克/升/2013.12.12 至 2018.12.12/低毒
番茄 白粉虱 11.25-15克/公顷 喷雾
PD20084157 噻嗪·异丙威/25%/可湿性粉剂/噻嗪酮 5%、异丙威 20%/2013.12.16 至 2018.12.16/低毒
水稻 稻飞虱 450-562.5克/公顷 喷雾
PD20084445 多·福/50%/可湿性粉剂/多菌灵 8%、福美双 42%/2013.12.17 至 2018.12.17/低毒
葡萄 霜霉病 1000-1250毫克/千克 喷雾
PD20084651 联苯菊酯/100克/升/乳油/联苯菊酯 100克/升/2013.12.18 至 2018.12.18/中等毒
茶树 茶小绿叶蝉 30-37.5克/公顷 喷雾
PD20084689 硫磺·三唑酮/20%/可湿性粉剂/硫磺 15%、三唑酮 5%/2013.12.22 至 2018.12.22/低毒
小麦 白粉病 300-450克/公顷 喷雾
PD20084979 马拉硫磷/45%/乳油/马拉硫磷 45%/2013.12.22 至 2018.12.22/低毒
棉花 盲蝽蟓 472.5-573.75克/公顷 喷雾
PD20085312 乙酰甲胺磷/30%/乳油/乙酰甲胺磷 30%/2013.12.24 至 2018.12.24/中等毒
玉米 玉米螟 810-1080克/公顷 喷雾
PD20085678 噻螨酮/5%/乳油/噻螨酮 5%/2013.12.26 至 2018.12.26/低毒
苹果树 红蜘蛛 25-33.3毫克/千克 喷雾
PD20086348 噻螨酮/5%/可湿性粉剂/噻螨酮 5%/2013.12.31 至 2018.12.31/低毒
柑橘树 红蜘蛛 20-33.3毫克/千克 喷雾
PD20090386 三唑磷/20%/乳油/三唑磷 20%/2014.01.12 至 2019.01.12/中等毒
水稻 二化螟 225-300克/公顷 喷雾
PD20090431 井冈霉素/3%/水剂/井冈霉素 3%/2014.01.12 至 2019.01.12/低毒
水稻 纹枯病 150-187.5克/公顷 喷雾
PD20092704 阿维·高氯/6%/乳油/阿维菌素 0.4%、高效氯氰菊酯 5.6%/2014.03.03 至 2019.03.03/低毒(原药高毒)
梨树 梨木虱 12-24毫克/千克 喷雾
PD20093219 啶虫脒/5%/可湿性粉剂/啶虫脒 5%/2014.03.11 至 2019.03.11/低毒
甘蓝 蚜虫 15-22.5克/公顷 喷雾
小麦 蚜虫 22.5-30克/公顷 喷雾
PD20093407 炔螨特/73%/乳油/炔螨特 73%/2014.03.20 至 2019.03.20/低毒
柑橘树 红蜘蛛 324-486毫克/千克 喷雾
PD20093910 氰戊·辛硫磷/16%/乳油/氰戊菊酯 1.5%、辛硫磷 14.5%/2014.03.26 至 2019.03.26/低毒
小麦 蚜虫 96-120克/公顷 喷雾
PD20095316 吡虫·杀虫单/30%/可湿性粉剂/吡虫啉 1%、杀虫单 29%/2014.04.27 至 2019.04.27/低毒
水稻 稻纵卷叶螟、二化螟、飞虱、三化螟 450-750克/公顷 喷雾

PD20096083 苄·乙/18%/可湿性粉剂/苄嘧磺隆 4%、乙草胺 14%/2014.06.18 至 2019.06.18/低毒

移栽水稻田	一年生杂草	84-118克/公顷	药土法

PD20096103 吡虫啉/5%/乳油/吡虫啉 5%/2014.06.18 至 2019.06.18/低毒

小麦	蚜虫	15-30克/公顷(南方地区)45-60克/公顷(北方地区)	喷雾

PD20096104 阿维·高氯/1.65%/可湿性粉剂/阿维菌素 0.15%、高效氯氰菊酯 1.5%/2014.06.18 至 2019.06.18/低毒(原药高毒)

十字花科蔬菜	菜青虫、小菜蛾	13.5-27克/公顷	喷雾

PD20097039 联苯菊酯/95%/原药/联苯菊酯 95%/2014.10.10 至 2019.10.10/低毒

PD20098044 吡虫啉/10%/可湿性粉剂/吡虫啉 10%/2014.12.07 至 2019.12.07/低毒

韭菜	韭蛆	300-450克/公顷	药土法
莲藕	莲缢管蚜	15-30克/公顷	喷雾
水稻	稻飞虱	15-30克/公顷	喷雾
小麦	蚜虫	22.5-30克/公顷	喷雾

PD20121343 烯酰吗啉/50%/水分散粒剂/烯酰吗啉 50%/2012.09.12 至 2017.09.12/低毒

黄瓜	霜霉病	150～300克/公顷	喷雾

PD20131140 哒螨灵/20%/可湿性粉剂/哒螨灵 20%/2013.05.20 至 2018.05.20/低毒

柑橘树	红蜘蛛	80-100毫克/千克	喷雾

漯河科瑞达生物科技有限公司 (河南省漯舞路36公里处舞阳化工园区 462415 0395-7632396)

PD20040112 氯氰·辛硫磷/20%/乳油/氯氰菊酯 1.5%、辛硫磷 18.5%/2014.12.19 至 2019.12.19/中等毒

棉花	棉铃虫	225-300克/公顷	喷雾

PD20040274 高氯·马/30%/乳油/高效氯氰菊酯 0.7%、马拉硫磷 29.3%/2014.12.19 至 2019.12.19/低毒

棉花	棉铃虫	225-337.5克/公顷	喷雾

PD20040704 唑酮·氧乐果/23%/乳油/三唑酮 8%、氧乐果 15%/2014.12.19 至 2019.12.19/高毒

小麦	白粉病、蚜虫	310.5-414克/公顷	喷雾

PD20040768 甲柳·三唑酮/10%/乳油/甲基异柳磷 8%、三唑酮 2%/2014.12.19 至 2019.12.19/高毒

小麦	地下害虫	40-80克/100千克种子	拌种

PD20090835 辛硫·灭多威/30%/乳油/灭多威 7%、辛硫磷 23%/2014.01.19 至 2019.01.19/高毒

棉花	棉铃虫	225-270克/公顷	喷雾

PD20091884 敌敌畏/80%/乳油/敌敌畏 80%/2014.02.09 至 2019.02.09/中等毒

苹果树	蚜虫	400-500毫克/千克	喷雾

PD20098275 啶虫脒/5%/乳油/啶虫脒 5%/2014.12.18 至 2019.12.18/低毒

黄瓜	蚜虫	18-22.5克/公顷	喷雾

PD20101639 唑磷·毒死蜱/30%/乳油/毒死蜱 15%、三唑磷 15%/2015.06.03 至 2020.06.03/中等毒

水稻	三化螟	120-180毫升制剂/亩	喷雾

漯河市新旺化工有限公司 (河南省漯河市漯西工业集聚区裴城镇寨子村北 462300 0395-6951777)

PD84111-46 氧乐果/40%/乳油/氧乐果 40%/2014.11.19 至 2019.11.19/高毒

棉花	蚜虫、螨	375-600克/公顷	喷雾
森林	松干蚧、松毛虫	500倍液	喷雾或直接涂树干
水稻	稻纵卷叶螟、飞虱	375-600克/公顷	喷雾
小麦	蚜虫	300-450克/公顷	喷雾

PD85105-37 敌敌畏/80%/乳油/敌敌畏 77.5%(气谱法)/2015.03.19 至 2020.03.19/中等毒

茶树	食叶害虫	600克/公顷	喷雾
粮仓	多种储藏害虫	1)400-500倍液2)0.4-0.5克/立方米	1)喷雾2)挂条熏蒸
棉花	蚜虫、造桥虫	600-1200克/公顷	喷雾
苹果树	小卷叶蛾、蚜虫	400-500毫克/千克	喷雾
青菜	菜青虫	600克/公顷	喷雾
桑树	尺蠖	600克/公顷	喷雾
卫生	多种卫生害虫	1)300-400倍液2)0.08克/立方米	1)泼洒2)挂条熏蒸
小麦	黏虫、蚜虫	600克/公顷	喷雾

PD85151-6 2,4-滴丁酯/57%/乳油/2,4-滴丁酯 57%/2015.08.15 至 2020.08.15/低毒

谷子、小麦	双子叶杂草	525克/公顷	喷雾
水稻	双子叶杂草	300-525克/公顷	喷雾
玉米	双子叶杂草	1)1050克/公顷2)450-525克/公顷	1)苗前土壤处理2)喷雾

PD91104-8 敌敌畏/50%/乳油/敌敌畏 48%(气谱法)/2012.03.06 至 2017.03.06/中等毒

茶树	食叶害虫	600克/公顷	喷雾
粮仓	多种储粮害虫	1)300-400倍液2)0.4-0.5克/立方米	1)喷雾2)挂条熏蒸
棉花	蚜虫、造桥虫	600-1200克/公顷	喷雾
苹果树	小卷叶蛾、蚜虫	400-500毫克/千克	喷雾
青菜	菜青虫	600克/公顷	喷雾
桑树	尺蠖	600克/公顷	喷雾

卫生	多种卫生害虫	1)250-300倍液2)0.08克/立方米	1)泼洒2)挂条熏蒸
小麦	黏虫、蚜虫	600克/公顷	喷雾

PD20040599　哒螨灵/20%/可湿性粉剂/哒螨灵 20%/2014.12.19 至 2019.12.19/中等毒

柑橘树、苹果树	红蜘蛛	50-67毫克/千克	喷雾

PD20040668　哒螨灵/15%/乳油/哒螨灵 15%/2014.12.19 至 2019.12.19/中等毒

柑橘树、苹果树	红蜘蛛	50-67毫克/千克	喷雾

PD20040676　三唑磷/20%/乳油/三唑磷 20%/2014.12.19 至 2019.12.19/中等毒

棉花	棉铃虫	375-450克/公顷	喷雾
水稻	二化螟、三化螟	300-450克/公顷	喷雾

PD20070667　辛硫磷/40%/乳油/辛硫磷 40%/2012.12.17 至 2017.12.17/低毒

棉花	棉铃虫	540-720克/公顷	喷雾

PD20085066　敌百虫/30%/乳油/敌百虫 30%/2013.12.23 至 2018.12.23/低毒

十字花科蔬菜	菜青虫	450-675克/公顷	喷雾

PD20090618　草甘膦/30%/水剂/草甘膦 30%/2014.01.14 至 2019.01.14/低毒

甘蔗田	一年生和多年生杂草	1125-2250克/公顷	喷雾

PD20092769　2甲4氯钠/13%/水剂/2甲4氯钠 13%/2014.03.04 至 2019.03.04/低毒

水稻	部分阔叶杂草	450-900克/公顷	喷雾
小麦	部分阔叶杂草	600-900克/公顷	喷雾

PD20096185　单甲脒盐酸盐/25%/水剂/单甲脒盐酸盐 25%/2014.07.10 至 2019.07.10/中等毒

柑橘树	红蜘蛛	250毫克/千克	喷雾

黑龙江省

德强生物股份有限公司　(黑龙江省哈尔滨市开发区哈平路集中区大连路18号　150060　0451-86786299)

PD20060034　吡虫啉/5%/乳油/吡虫啉 5%/2016.02.06 至 2021.02.06/低毒

十字花科蔬菜	蚜虫	30-45克/公顷	喷雾
烟草	蚜虫	22.5-37.5克/公顷	喷雾

PD20080855　咪鲜胺/25%/乳油/咪鲜胺 25%/2013.06.23 至 2018.06.23/低毒

水稻	恶苗病	4000－2000倍液	浸种

PD20081425　霜霉威盐酸盐/66.5%/水剂/霜霉威盐酸盐 66.5%/2013.10.31 至 2018.10.31/低毒

黄瓜	霜霉病	810-1080克/公顷	喷雾
烟草	黑胫病	902.5-1203.3毫克/千克	喷雾

PD20097120　宁南霉素/40%/母药/宁南霉素 40%/2014.10.12 至 2019.10.12/低毒

PD20097121　宁南霉素/2%/水剂/宁南霉素 2%/2014.10.12 至 2019.10.12/低毒

大豆	根腐病	18-24克/公顷	播前拌种
水稻	条纹叶枯病	60-100克/公顷	喷雾

PD20097122　宁南霉素/8%/水剂/宁南霉素 8%/2014.10.12 至 2019.10.12/低毒

番茄	病毒病	90-120克/公顷	喷雾
辣椒	病毒病	90-125克/公顷	喷雾
苹果树	斑点落叶病	26.7-40毫克/千克	喷雾
水稻	黑条矮缩病	54-72克/公顷	喷雾
烟草	病毒病	50-75克/公顷	喷雾

PD20110754　宁南霉素/10%/可溶粉剂/宁南霉素 10%/2011.07.25 至 2016.07.25/低毒

黄瓜	白粉病	75-112.5克/公顷	喷雾

PD20110793　枯草芽孢杆菌/1万亿芽孢/克/母药/枯草芽孢杆菌 1万亿芽孢/克/2011.07.26 至 2016.07.26/微毒

PD20110951　淡紫拟青霉/5亿活孢子/克/颗粒剂/淡紫拟青霉 5亿活孢子/克/2011.09.08 至 2016.09.08/低毒

草坪、番茄	根结线虫	37.5-45千克制剂/公顷	沟施或穴施

PD20110973　枯草芽孢杆菌/1000亿芽孢/克/可湿性粉剂/枯草芽孢杆菌 1000亿芽孢/克/2011.09.14 至 2016.09.14/低毒

草莓	白粉病、绿霉病	300-600克制剂/公顷	喷雾
柑橘	青霉病	3000-5000倍液	浸果
马铃薯	晚疫病	150-210克制剂/公顷	喷雾
棉花	黄萎病	1）10-30克制剂/亩；2）1：500	1）喷雾；2）浸种
人参	黑斑病、灰霉病	60-80克制剂/亩	喷雾
水稻	稻瘟病	90-180克制剂/公顷	喷雾
烟草	黑胫病	225-306克制剂/公顷	喷淋茎基部

PD20110980　淡紫拟青霉/100亿孢子/克/母药/淡紫拟青霉 100亿孢子/克/2011.09.15 至 2016.09.15/低毒

PD20120780　高效氯氰菊酯/4.5%/乳油/高效氯氰菊酯 4.5%/2012.05.05 至 2017.05.05/低毒

甘蓝	菜青虫	20.25-27克/公顷	喷雾
韭菜	韭蛆	24-34克/公顷	喷雾
韭菜	迟眼蕈蚊	6.75-13.5克/公顷	喷雾
辣椒	烟青虫	24-34克/公顷	喷雾

PD20130002　阿维菌素/5%/水乳剂/阿维菌素 5%/2013.01.04 至 2018.01.04/中等毒(原药高毒)

小白菜	小菜蛾	7.5-11.25克/公顷	喷雾

PD20130534　甲氨基阿维菌素苯甲酸盐/5%/微乳剂/甲氨基阿维菌素 5%/2013.04.01 至 2018.04.01/低毒

水稻	稻纵卷叶螟	2.25-3.75克/公顷	喷雾

小白菜 甜菜夜蛾 2.25-3.75克/公顷 喷雾
注:甲氨基阿维菌素苯甲酸盐含量：5.7%。
PD20140340 枯草芽孢杆菌/100亿芽孢/克/可湿性粉剂/枯草芽孢杆菌 100亿芽孢/克/2014.02.18 至 2019.02.18/低毒
白菜 软腐病 750－900克/公顷 喷雾
柑橘树 溃疡病 750－900克/公顷 喷雾
水稻 白叶枯病 750－900克/公顷 喷雾
烟草 野火病 750－900克/公顷 喷淋
烟草 青枯病 750－900克/公顷 喷雾
PD20141090 阿维菌素/0.5%/颗粒剂/阿维菌素 .5%/2014.04.27 至 2019.04.27/低毒(原药高毒)
黄瓜 根结线虫 225-263克/公顷 沟施、穴施
PD20141160 井冈霉素/16%/可溶粉剂/井冈霉素A 16%/2014.04.28 至 2019.04.28/低毒
水稻 纹枯病 150-187.5克/公顷 喷雾
PD20141965 宁南·戊唑醇/30%/悬浮剂/宁南霉素 2%、戊唑醇 28%/2014.08.13 至 2019.08.13/微毒
香蕉 叶斑病 150－250毫克/千克 喷雾
PD20151503 苏云金杆菌/50000IU/毫克/母药/苏云金杆菌 50000IU/毫克/2015.07.31 至 2020.07.31/低毒
PD20152627 苏云金杆菌/8000IU/毫升/悬浮剂/苏云金杆菌 8000IU/微升/2015.12.18 至 2020.12.18/微毒
白菜 小菜蛾 1500-2250毫升制剂/公顷 喷雾
水稻 稻纵卷叶螟 3000-4500毫升制剂/公顷 喷雾
LS20130509 宁南·嘧菌酯/25%/悬浮剂/嘧菌酯 20%、宁南霉素 5%/2015.12.10 至 2016.12.10/微毒
黄瓜 霜霉病 112.5-150.5克/公顷 喷雾
LS20140300 宁南·氟菌唑/29%/可湿性粉剂/氟菌唑 25%、宁南霉素 4%/2015.09.18 至 2016.09.18/低毒
黄瓜 白粉病 63-87克/公顷 喷雾
LS20150309 烯啶·噻嗪酮/35%/悬浮剂/噻嗪酮 30%、烯啶虫胺 5%/2015.10.22 至 2016.10.22/微毒
水稻 飞虱 84-105克/公顷 喷雾
LS20150321 春雷·稻瘟灵/32%/可湿性粉剂/春雷霉素 2%、稻瘟灵 30%/2015.12.03 至 2016.12.03/低毒
水稻 稻瘟病 240-384克/公顷 喷雾

东部福阿母韩农（黑龙江）化工有限公司 （黑龙江省宁安市宁安农场工业开发区 157412 0453-7842871）

PD20090897 三环唑/75%/可湿性粉剂/三环唑 75%/2014.01.19 至 2019.01.19/中等毒
水稻 稻瘟病 225-337.5克/公顷 喷雾
PD20091997 百菌清/75%/可湿性粉剂/百菌清 75%/2014.02.12 至 2019.02.12/低毒
白菜 霜霉病 1462.5-1687.5克/公顷 喷雾
黄瓜 霜霉病 2362.5-3037.5克/公顷 喷雾
PD20092129 稻瘟灵/40%/乳油/稻瘟灵 40%/2014.02.23 至 2019.02.23/低毒
水稻 稻瘟病 400-600克/公顷 喷雾
PD20092386 多菌灵/50%/可湿性粉剂/多菌灵 50%/2014.02.25 至 2019.02.25/低毒
苹果树 炭疽病 500-833毫克/千克 喷雾
PD20093172 二甲戊灵/33%/乳油/二甲戊灵 33%/2014.03.11 至 2019.03.11/低毒
甘蓝田 一年生杂草 618.8-742.5克/公顷 土壤喷雾
PD20093737 丁草胺/60%/乳油/丁草胺 60%/2014.03.25 至 2019.03.25/低毒
移栽水稻田 一年生杂草 990-1260克/公顷 毒土法
PD20094355 乙草胺/81.5%/乳油/乙草胺 81.5%/2014.04.01 至 2019.04.01/低毒
春大豆田、春玉米田 一年生杂草 1350-1890克/公顷 土壤喷雾
PD20094890 腐霉利/50%/可湿性粉剂/腐霉利 50%/2014.04.13 至 2019.04.13/低毒
番茄、黄瓜 灰霉病 562.5-750克/公顷 喷雾
PD20094926 丁草胺/5%/颗粒剂/丁草胺 5%/2014.04.13 至 2019.04.13/低毒
移栽水稻田 一年生杂草 1012.5-1275克/公顷 撒施
PD20094954 咪唑乙烟酸/5%/水剂/咪唑乙烟酸 5%/2014.04.20 至 2019.04.20/低毒
春大豆田 一年生杂草 90-105克/公顷 播后苗前土壤喷雾
PD20095187 草甘膦异丙胺盐/30%/水剂/草甘膦 30%/2014.04.24 至 2019.04.24/低毒
非耕地 杂草 1230-2460克/公顷 喷雾
注:草甘膦异丙胺盐含量：41%。
PD20095301 灭草松/480克/升/水剂/灭草松 480克/升/2014.04.27 至 2019.04.27/低毒
大豆田 一年生阔叶杂草 1080-1440克/公顷 茎叶喷雾
移栽水稻田 一年生阔叶杂草及部分莎草科杂草 1188-1440克/公顷 茎叶喷雾
PD20095346 乙烯利/40%/水剂/乙烯利 40%/2014.04.27 至 2019.04.27/低毒
番茄 催熟 400-500毫克/千克 喷雾
PD20095737 苄嘧磺隆/10%/可湿性粉剂/苄嘧磺隆 10%/2014.05.18 至 2019.05.18/低毒
移栽水稻田 一年生阔叶杂草 30-45克/公顷 药土法
PD20095894 吡嘧磺隆/10%/可湿性粉剂/吡嘧磺隆 10%/2014.05.31 至 2019.05.31/低毒
移栽水稻田 一年生阔叶杂草 18.75-30克/公顷 药土法
PD20095937 异丙甲草胺/72%/乳油/异丙甲草胺 72%/2014.06.02 至 2019.06.02/低毒
大豆田、玉米田 一年生禾本科杂草及部分阔叶杂草 1296-1836克/公顷 土壤喷雾
PD20095940 莎稗磷/30%/乳油/莎稗磷 30%/2014.06.02 至 2019.06.02/低毒

水稻移栽田 莎草、一年生禾本科杂草 270-315克/公顷 毒土法

PD20096061 氯氰菊酯/5%/乳油/氯氰菊酯 5%/2014.06.18 至 2019.06.18/低毒
十字花科蔬菜 菜青虫 45-52.5克/公顷 喷雾

PD20096073 高效氟吡甲禾灵/10.8%/乳油/高效氟吡甲禾灵 10.8%/2014.06.18 至 2019.06.18/低毒
大豆田 一年生禾本科杂草 30-40毫升制剂/亩 茎叶喷雾

PD20096648 高效氯氟氰菊酯/25克/升/乳油/高效氯氟氰菊酯 25克/升/2014.09.02 至 2019.09.02/中等毒
大豆 食心虫 5.625—7.5克/公顷 喷雾
十字花科叶菜 菜青虫 7.5—9.375克/公顷 喷雾

PD20098498 噁霉灵/30%/水剂/噁霉灵 30%/2014.12.24 至 2019.12.24/低毒
水稻 立枯病 1.35-1.8克/平方米 苗床喷雾
西瓜 枯萎病 375-500毫克/千克 灌根

PD20111111 阿维·哒螨灵/10%/乳油/阿维菌素 0.2%、哒螨灵 9.8%/2011.10.26 至 2016.10.26/中等毒(原药高毒)
苹果树 红蜘蛛 33.3—50毫克/千克 喷雾

PD20120173 吡虫啉/10%/可湿性粉剂/吡虫啉 10%/2012.01.30 至 2017.01.30/低毒
甘蓝 蚜虫 15-30克/公顷 喷雾

PD20121566 丙森锌/70%/可湿性粉剂/丙森锌 70%/2012.10.25 至 2017.10.25/低毒
番茄 早疫病 1313-1995克/公顷 喷雾
黄瓜 霜霉病 1575-2205克/公顷 喷雾

PD20131124 苄嘧·苯噻酰/53%/可湿性粉剂/苯噻酰草胺 50%、苄嘧磺隆 3%/2013.05.20 至 2018.05.20/低毒
水稻移栽田 一年生杂草 556.5-636克/公顷 药土法

PD20131166 苄嘧·丙草胺//可湿性粉剂/苄嘧磺隆 4%、丙草胺 36%/2013.05.27 至 2018.05.27/低毒
水稻移栽田 一年生杂草 420-480克/公顷 茎叶喷雾

PD20132478 代森锰锌/80%/可湿性粉剂/代森锰锌 80%/2013.12.09 至 2018.12.09/低毒
马铃薯 晚疫病 1440-2160克/公顷 喷雾

PD20140104 二氯·灭松/60%/水分散粒剂/二氯喹啉酸 12%、灭草松 48%/2014.01.20 至 2019.01.20/低毒
移栽水稻田 一年生杂草 2025-2250克/公顷 茎叶喷雾

PD20140111 草铵膦/18%/水剂/草铵膦 18%/2014.01.20 至 2019.01.20/低毒
非耕地 杂草 1620-1890克/公顷 茎叶喷雾

PD20141251 三环唑/40%/悬浮剂/三环唑 40%/2014.05.07 至 2019.05.07/低毒
水稻 稻瘟病 225-340克/公顷 喷雾

PD20150222 丁草胺/60%/水乳剂/丁草胺 60%/2015.01.15 至 2020.01.15/低毒
移栽水稻田 一年生杂草 490-1260克/公顷 药土法

LS20150251 苄嘧·苯噻酰/19%/悬浮剂/苯噻酰草胺 18.1%、苄嘧磺隆 0.9%/2015.07.30 至 2016.07.30/微毒
移栽水稻田 一年生及部分多年生杂草 627-855 克/公顷 甩施

LS20150255 丙草·西草净/14%/悬乳剂/丙草胺 12%、西草净 2%/2015.07.30 至 2016.07.30/微毒
移栽水稻田 一年生杂草 546-714 克/公顷 甩施

LS20150282 吡嘧·苯噻酰/7%/颗粒剂/苯噻酰草胺 6.8%、吡嘧磺隆 0.2%/2015.08.30 至 2016.08.30/微毒
水稻移栽田 一年生及部分多年生杂草 609-756克/公顷 撒施

哈尔滨汇丰生物农化有限公司 (黑龙江省哈尔滨市阿城区杨树乡永康村 150314 0451-53874958)

PD20094059 高氯·辛硫磷/30%/乳油/高效氯氰菊酯 1.2%、辛硫磷 28.8%/2014.03.27 至 2019.03.27/中等毒
棉花 棉铃虫 75-100克/公顷 喷雾

PD20095467 嗪草酮/70%/可湿性粉剂/嗪草酮 70%/2014.05.11 至 2019.05.11/低毒
春大豆田 一年生阔叶杂草 525-735克/公顷 土壤喷雾

PD20097063 滴丁·乙草胺/50%/乳油/2,4-滴丁酯 18%、乙草胺 32%/2014.10.10 至 2019.10.10/低毒
春大豆田、春玉米田 一年生杂草 1875-2250克/公顷(东北地区) 土壤喷雾

PD20097568 嗪酮·乙草胺/45%/乳油/嗪草酮 9%、乙草胺 36%/2014.11.03 至 2019.11.03/低毒
春大豆田 一年生杂草 1350-2025克/公顷(东北地区) 播后苗前喷雾
春玉米田 一年生杂草 1350-1687.5克/公顷(东北地区) 播后苗前喷雾

哈尔滨火龙神农业生物化工有限公司 (黑龙江省哈尔滨市阿城区新华镇利平村 150315)

PD20084907 多·福·克/30%/悬浮种衣剂/多菌灵 10%、福美双 10%、克百威 10%/2013.12.22 至 2018.12.22/中等毒(原药高毒)
大豆 地下害虫、根腐病 1:50-60(药种比) 种子包衣

PD20085860 氯氰·吡虫啉/5%/乳油/吡虫啉 1%、氯氰菊酯 4%/2013.12.29 至 2018.12.29/中等毒
十字花科蔬菜 蚜虫 22.5-37.5克/公顷 喷雾

PD20086296 福·克/20%/悬浮种衣剂/福美双 10%、克百威 10%/2013.12.31 至 2018.12.31/高毒
玉米 地下害虫、茎基腐病 1:40-50(药种比) 种子包衣

PD20097853 吗胍·乙酸铜/20%/可湿性粉剂/盐酸吗啉胍 16%、乙酸铜 4%/2014.11.20 至 2019.11.20/低毒
番茄 病毒病 500-750克/公顷 喷雾

PD20120058 辛硫·福美双/18%/种子处理微囊悬浮剂/福美双 10%、辛硫磷 8%/2012.01.16 至 2017.01.16/低毒
花生 地下害虫、根腐病 300—450克/100千克种子 种子包衣
绿豆 地下害虫、根腐病 164—225克/100千克种子 种子包衣
向日葵 地下害虫、根腐病 450—720克/100千克种子 种子包衣
玉米 地下害虫、根腐病 360—600克/100千克种子 种子包衣

PD20131685 莎稗磷/30%/乳油/莎稗磷 30%/2013.08.07 至 2018.08.07/低毒

水稻移栽田 稗草 225-270克/公顷(南方地区)，270-315克/公顷(北方地区) 药土法

PD20141837 咪鲜·多菌灵/6%/悬浮种衣剂/多菌灵 5.7%、咪鲜胺 0.3%/2014.07.24 至 2019.07.24/低毒
水稻 恶苗病 120-150克/100千克种子 种子包衣

PD20142221 甲霜·噁霉灵/30%/水剂/噁霉灵 25%、甲霜灵 5%/2014.09.28 至 2019.09.28/低毒
水稻 立枯病 0.36～0.45克/平方米 喷雾

PD20142587 硝·烟·莠去津/30%/可分散油悬浮剂/烟嘧磺隆 2.2%、莠去津 24%、硝磺草酮 3.8%/2014.12.15 至 2019.12.15/低毒
玉米田 一年生杂草 540-720克/公顷 茎叶喷雾

PD20150231 噁霉灵/1%/水剂/噁霉灵 1%/2015.01.15 至 2020.01.15/低毒
水稻 立枯病 150-200克/公顷（有效成分） 苗床喷雾
注:本产品为药肥混剂。

PD20150544 氟磺·烯草酮/21%/可分散油悬浮剂/氟磺胺草醚 17%、烯草酮 4%/2015.03.23 至 2020.03.23/低毒
绿豆田 一年生杂草 315-378克/公倾 茎叶喷雾

PD20151433 高氯·辛硫磷/20%/乳油/高效氯氰菊酯 2%、辛硫磷 18%/2015.07.30 至 2020.07.30/中等毒
甘蓝 菜青虫 120-180克/公顷 喷雾

PD20151908 甲维·茚虫威/10%/可分散油悬浮剂/甲氨基阿维菌素苯甲酸盐 0.5%、茚虫威 9.5%/2015.08.30 至 2020.08.30/低毒
水稻 二化螟 15-18克/公顷 喷雾

PD20152625 苯甲·毒死蜱/8%/悬浮种衣剂/苯醚甲环唑 0.75%、毒死蜱 7.25%/2015.12.18 至 2020.12.18/低毒
玉米 蛴螬、丝黑穗病 123-160克/100千克种子 种子包衣

哈尔滨理工化工科技有限公司 (黑龙江省哈尔滨市南岗区学府路52号 150080 0451-86669387)

PD20080061 苄嘧·苯噻酰/53%/可湿性粉剂/苯噻酰草胺 50%、苄嘧磺隆 3%/2013.01.04 至 2018.01.04/低毒
水稻移栽田 一年生及部分多年生杂草 556.5-636克/公顷(北方地区)318-397.5克/公顷(南方地区) 药土法

PD20084774 霜脲·锰锌/36%/悬浮剂/代森锰锌 32%、霜脲氰 4%/2013.12.22 至 2018.12.22/低毒
黄瓜 霜霉病 1440-1800克/公顷 喷雾

PD20090812 阿维·马拉松/36%/乳油/阿维菌素 0.12%、马拉硫磷 35.88%/2014.01.19 至 2019.01.19/低毒(原药高毒)
甘蓝 小菜蛾 270-405克/公顷 喷雾

PD20097362 混合氨基酸铜/10%/水剂/混合氨基酸铜 10%/2014.10.27 至 2019.10.27/低毒
西瓜 枯萎病 300-450毫克/千克 灌根

哈尔滨瑞丰农业科技发展有限公司 (黑龙江省哈尔滨市松北区万宝镇巨宝村 150020 0451-88349900)

PD20086101 氰戊·马拉松/21%/乳油/马拉硫磷 15%、氰戊菊酯 6%/2013.12.30 至 2018.12.30/低毒
大豆 食心虫 94.5-126克/公顷 喷雾

PD20090183 高氯·马/20%/乳油/高效氯氰菊酯 2%、马拉硫磷 18%/2014.01.08 至 2019.01.08/低毒
十字花科蔬菜 菜青虫 90-120克/公顷 喷雾

PD20090274 精喹禾灵/10%/乳油/精喹禾灵 10%/2014.01.09 至 2019.01.09/低毒
春大豆田、春油菜 一年生禾本科杂草 64.8-81克/公顷 喷雾

PD20090451 甲氰·氧乐果/30%/乳油/甲氰菊酯 8%、氧乐果 22%/2014.01.12 至 2019.01.12/高毒
大豆 蚜虫 135-180克/公顷 喷雾
大豆 食心虫 270-360克/公顷 喷雾

PD20090593 吡嘧磺隆/10%/可湿性粉剂/吡嘧磺隆 10%/2014.01.14 至 2019.01.14/低毒
水稻移栽田 一年生禾本科杂草及阔叶杂草 15-30克/公顷 毒土法

PD20090959 咪唑乙烟酸/5%/水剂/咪唑乙烟酸 5%/2014.01.20 至 2019.01.20/低毒
春大豆田 一年生杂草 75-97.5克/公顷 苗后早期喷雾

PD20091128 甲霜·福美双/42%/可湿性粉剂/福美双 34.5%、甲霜灵 7.5%/2014.01.21 至 2019.01.21/低毒
水稻 立枯病 1.0-1.5克/平方米 苗床喷洒

PD20092122 灭草松/480克/升/水剂/灭草松 480克/升/2014.02.23 至 2019.02.23/低毒
春大豆田 一年生阔叶杂草 1140-1800克/公顷 茎叶喷雾

PD20093107 甲霜·噁霉灵/3%/水剂/噁霉灵 2.5%、甲霜灵 0.5%/2014.03.09 至 2019.03.09/低毒
水稻秧田 立枯病 0.36-0.54克/平方米 喷雾

PD20093116 草甘膦异丙胺盐/41%/水剂/草甘膦异丙胺盐 41%/2014.03.10 至 2019.03.10/微毒
非耕地 杂草 1230-2460克/公顷 茎叶喷雾

PD20093944 苄·二氯/35%/可湿性粉剂/苄嘧磺隆 6%、二氯喹啉酸 29%/2014.03.27 至 2019.03.27/低毒
水稻移栽田 一年生及部分多年生杂草 210-262.5克/公顷 喷雾

PD20095729 滴丁·乙草胺/78%/乳油/2,4-滴丁酯 28%、乙草胺 50%/2014.05.18 至 2019.05.18/低毒
春大豆田 一年生禾本科杂草及部分阔叶杂草 1989-2340克/公顷(东北地区) 播后苗前土壤喷雾
春玉米田 一年生禾本科杂草及部分阔叶杂草 1989-2340克/公顷 播后苗前土壤喷雾

PD20097915 氟磺胺草醚/250克/升/水剂/氟磺胺草醚 250克/升/2014.11.30 至 2019.11.30/低毒
大豆田 一年生阔叶杂草 375-487.5克/公顷（东北地区），187.5-281.25克/公顷（其他地区） 茎叶喷雾

PD20098114 异丙甲草胺/720克/升/乳油/异丙甲草胺 720克/升/2014.12.08 至 2019.12.08/低毒
大豆田 一年生禾本科杂草及部分小粒种子阔叶杂草 1620-2160克/公顷（东北地区），1080-1620克/公顷（其他地区） 播后苗前土壤喷雾

PD20121934 烟嘧磺隆/40克/升/可分散油悬浮剂/烟嘧磺隆 40克/升/2012.12.07 至 2017.12.07/低毒
春玉米田 一年生杂草 50-60克/公顷 茎叶喷雾

哈尔滨市益农生化制品开发集团有限公司 （黑龙江省哈尔滨市道里区新农乡前进村 150078 0451-84100068）

PD20080200 氰戊·马拉松/21%/乳油/马拉硫磷 15%、氰戊菊酯 6%/2013.01.11 至 2018.01.11/中等毒
棉花 蚜虫 75-120克/公顷 喷雾

PD20080820 苄嘧磺隆/10%/可湿性粉剂/苄嘧磺隆 10%/2013.06.20 至 2018.06.20/低毒
水稻移栽田 部分多年生阔叶杂草、莎草科杂草、一年生杂草 30-45克/公顷 药土法

PD20081148 二氯喹啉酸/50%/可湿性粉剂/二氯喹啉酸 50%/2013.09.01 至 2018.09.01/低毒
水稻移栽田 稗草 300-375克/公顷 茎叶喷雾

PD20081242 苄嘧磺隆/30%/可湿性粉剂/苄嘧磺隆 30%/2013.09.16 至 2018.09.16/低毒
水稻移栽田 阔叶杂草、莎草科杂草 45-90克/公顷 药土法

PD20081494 乙草胺/81.5%/乳油/乙草胺 81.5%/2013.11.05 至 2018.11.05/低毒
春大豆田、春玉米田 部分阔叶杂草、一年生禾本科杂草 1350-1890克/公顷(东北地区) 播后苗前土壤喷雾

PD20081681 苄嘧·苯噻酰/53%/可湿性粉剂/苯噻酰草胺 50%、苄嘧磺隆 3%/2013.11.17 至 2018.11.17/低毒
水稻移栽田 一年生及部分多年生杂草 556.5-636克/公顷(北方地区) 药土法

PD20082491 精喹禾灵/5%/乳油/精喹禾灵 5%/2013.12.03 至 2018.12.03/低毒
春大豆田 一年生禾本科杂草 52.5-75克/公顷 茎叶喷雾

PD20082977 丁草胺/85%/乳油/丁草胺 85%/2013.12.09 至 2018.12.09/中等毒
水稻移栽田 部分一年生阔叶杂草、一年生禾本科杂草 1080-1350克/公顷 药土法

PD20083826 草甘膦/41%/水剂/草甘膦 41%/2013.12.15 至 2018.12.15/低毒
非耕地 杂草 1230-2460克/公顷 茎叶喷雾

PD20084574 福·克/15%/悬浮种衣剂/福美双 8%、克百威 7%/2013.12.18 至 2018.12.18/高毒
玉米 地下害虫、苗期病害 1:40-50(药种比) 种子包衣

PD20085430 氟胺·灭草松/447克/升/水剂/氟磺胺草醚 87克/升、灭草松 360克/升/2013.12.24 至 2018.12.24/低毒
春大豆田 一年生阔叶杂草及莎草科杂草 1341-1676.25克/公顷 茎叶喷雾

PD20085510 噻吩磺隆/15%/可湿性粉剂/噻吩磺隆 15%/2013.12.25 至 2018.12.25/低毒
春大豆田 一年生阔叶杂草 22.5-33.8克/公顷 土壤喷雾

PD20085603 丁·扑/19%/可湿性粉剂/丁草胺 16%、扑草净 3%/2013.12.25 至 2018.12.25/低毒
水稻(旱育秧及半旱育秧田) 一年生杂草 1600-2000克/公顷 覆土后喷雾

PD20085774 氟磺胺草醚/280克/升/水剂/氟磺胺草醚 280克/升/2013.12.29 至 2018.12.29/低毒
春大豆田 一年生阔叶杂草 336-420克/公顷 茎叶喷雾

PD20085775 灭草松/480克/升/水剂/灭草松 480克/升/2013.12.29 至 2018.12.29/低毒
春大豆田 一年生阔叶杂草 1080-1440克/公顷 茎叶喷雾
移栽水稻田 一年生阔叶杂草及部分莎草科杂草 900-1440克/公顷 茎叶喷雾

PD20086107 甲霜·福美双/42%/可湿性粉剂/福美双 34.5%、甲霜灵 7.5%/2013.12.30 至 2018.12.30/中等毒
水稻 立枯病 1.0-1.5克/平方米 喷淋或浇灌

PD20086290 嗪草酮/70%/可湿性粉剂/嗪草酮 70%/2013.12.31 至 2018.12.31/低毒
春大豆田 一年生阔叶杂草 630-735克/公顷 土壤喷雾

PD20086322 甲霜·福美双/7%/粉剂/福美双 6.1%、甲霜灵 0.9%/2013.12.31 至 2018.12.31/低毒
水稻 立枯病 0.7-0.9克/平方米 拌毒土撒施于苗床

PD20090200 杀虫双/3.6%/颗粒剂/杀虫双 3.6%/2014.01.09 至 2019.01.09/低毒
水稻 二化螟 540-810克/公顷 撒施

PD20092695 丙草胺/50%/乳油/丙草胺 50%/2014.03.03 至 2019.03.03/低毒
移栽水稻田 一年生杂草 525-600克/公顷 毒土

PD20092756 多·福·克/30%/悬浮种衣剂/多菌灵 10%、福美双 10%、克百威 10%/2014.03.04 至 2019.03.04/中等毒(原药高毒)
大豆 地下害虫、根腐病 1:50-60(药种比) 种子包衣

PD20095606 乙·嗪·滴丁酯/60%/乳油/2,4-滴丁酯 18%、嗪草酮 5%、乙草胺 37%/2014.05.12 至 2019.05.12/低毒
春大豆田、春玉米田 一年生杂草 1800-2250克/公顷(东北地区) 土壤喷雾

PD20095650 异噁草松/48%/乳油/异噁草松 48%/2014.05.12 至 2019.05.12/低毒
春大豆田 一年生杂草 1000-1200克/公顷 喷雾

PD20096634 吡嘧磺隆/10%/可湿性粉剂/吡嘧磺隆 10%/2014.09.02 至 2019.09.02/低毒
移栽水稻田 一年生阔叶杂草及莎草科杂草 22.5-30克/公顷 药土法

PD20097786 克·戊·三唑酮/8.1%/悬浮种衣剂/克百威 7%、三唑酮 0.9%、戊唑醇 0.2%/2014.11.20 至 2019.11.20/低毒(原药高毒)
玉米 苗期害虫、丝黑穗病 1：35－45 种子包衣

PD20100571 苄·二氯/35%/可湿性粉剂/苄嘧磺隆 6%、二氯喹啉酸 29%/2015.01.14 至 2020.01.14/低毒
水稻移栽田 一年生杂草 262.5-315克/公顷 喷雾

鹤岗市旭祥禾友化工有限公司 （黑龙江省鹤岗市东山区红旗乡畜牧场 154102 0468-3348475）

PD85101-2 敌稗/16%/乳油/敌稗 16%/2015.03.10 至 2020.03.10/低毒
水稻 稗草 3000-4500克/公顷 喷雾

PD85166 绿麦隆/25%/可湿性粉剂/绿麦隆 25%/2015.03.10 至 2020.03.10/低毒
大麦、小麦、玉米 一年生杂草 1500-3000克/公顷(北方地区)，60 播后苗前或苗期喷

0-1500克/公顷(南方地区) 雾

PD87107 敌稗/92%,90%/原药/敌稗 92%,90%/2012.10.09 至 2017.10.09/低毒

PD20080394 禾草灵/95%/原药/禾草灵 95%/2013.02.28 至 2018.02.28/低毒

PD20093748 敌草隆/25%/可湿性粉剂/敌草隆 25%/2014.03.25 至 2019.03.25/低毒

甘蔗田 一年生杂草 1500-2400克/公顷 喷雾

PD20093808 敌草隆/97%/原药/敌草隆 97%/2014.03.25 至 2019.03.25/低毒

黑龙江八一农垦大学种衣剂厂 (黑龙江省密山市裴德镇 158308 0467-5070719)

PD20091556 福·克/20%/悬浮种衣剂/福美双 10%、克百威 10%/2014.02.03 至 2019.02.03/高毒

玉米 地下害虫、苗期病害 500-600克/100千克种子 种子包衣

PD20093114 多·福·克/35%/悬浮种衣剂/多菌灵 15%、福美双 10%、克百威 10%/2014.03.10 至 2019.03.10/高毒

大豆 根腐病、蓟马、蚜虫 1.5-2%种子重 种子包衣

黑龙江华诺生物科技有限责任公司 (黑龙江省哈尔滨市双城市新兴镇新兴村 150137 0451-86629367)

PD20096448 烯禾啶/12.5%/乳油/烯禾啶 12.5%/2014.08.05 至 2019.08.05/低毒

春大豆田 一年生禾本科杂草 187.5-225克/公顷(东北地区) 茎叶喷雾

夏大豆田 一年生禾本科杂草 150-187.5克/公顷(其它地区) 茎叶喷雾

PD20132611 乙氧氟草醚/10%/水乳剂/乙氧氟草醚 10%/2013.12.20 至 2018.12.20/低毒

水稻移栽田 一年生杂草 东北地区：120-180克/公顷 甩施

PD20141061 硝·烟·莠去津/28%/可分散油悬浮剂/烟嘧磺隆 3%、莠去津 20%、硝磺草酮 5%/2014.04.25 至 2019.04.25/低毒

春玉米田 一年生杂草 420-546克/公顷 茎叶喷雾

PD20141141 丙草胺/50%/水乳剂/丙草胺 50%/2014.04.28 至 2019.04.28/低毒

移栽水稻田 一年生杂草 450-525克/公顷 药土法

PD20141164 灭草松/480克/升/水剂/灭草松 480克/升/2014.04.28 至 2019.04.28/低毒

水稻移栽田 一年生阔叶杂草 1080-1440克/公顷 茎叶喷雾

PD20141438 三氯吡氧乙酸三乙胺盐/44%/水剂/三氯吡氧乙酸 44%/2014.06.09 至 2019.06.09/低毒

非耕地 阔叶杂草 1980-3300克/公顷 茎叶喷雾

注:三氯吡氧乙酸三乙胺盐含量：61%。

PD20141646 氰氟草酯/100克/升/水乳剂/氰氟草酯 100克/升/2014.06.24 至 2019.06.24/低毒

水稻移栽田 一年生禾本科杂草 75-105克/公顷 茎叶喷雾

黑龙江九洲农药有限公司 (黑龙江省哈尔滨市道外区南平街88号好旺达公寓1503室 150020 0451-82334592)

PD20082428 氟磺胺草醚/250克/升/水剂/氟磺胺草醚 250克/升/2013.12.02 至 2018.12.02/低毒

春大豆田 一年生阔叶杂草 375-450克/公顷 茎叶喷雾

PD20085736 烯草酮/240克/升/乳油/烯草酮 240克/升/2013.12.26 至 2018.12.26/低毒

大豆田 一年生禾本科杂草 72-108克/公顷 茎叶喷雾

PD20086277 精吡氟禾草灵/150克/升/乳油/精吡氟禾草灵 150克/升/2013.12.31 至 2018.12.31/微毒

春大豆田 一年生禾本科杂草 135-180克/公顷 茎叶喷雾

PD20110995 高氯·吡虫啉/5%/乳油/吡虫啉 1%、高效氯氰菊酯 4%/2011.09.21 至 2016.09.21/低毒

甘蓝 蚜虫 22.5-30克/公顷 喷雾

黑龙江科润生物科技有限公司 (黑龙江省五常市背荫河镇白旗村 150020 0451-56653000)

PD20084195 丁草胺/85%/乳油/丁草胺 85%/2013.12.16 至 2018.12.16/低毒

水稻移栽田 一年生杂草 900-1440克/公顷 药土法

PD20085552 乙草胺/900克/升/乳油/乙草胺 900克/升/2013.12.25 至 2018.12.25/低毒

春大豆田、春玉米田 一年生杂草 1620-2025克/公顷(东北地区) 播后苗前土壤喷雾

PD20095479 异噁草松/480克/升/乳油/异噁草松 480克/升/2014.05.11 至 2019.05.11/低毒

春大豆田 一年生杂草 1008-1152克/公顷(东北地区) 土壤喷雾

PD20095760 精喹·氟磺胺/21%/乳油/氟磺胺草醚 17.5%、精喹禾灵 3.5%/2014.05.18 至 2019.05.18/低毒

大豆田 一年生杂草 267.8-378克/公顷 茎叶喷雾

PD20095819 滴丁·乙草胺/78%/乳油/2,4-滴丁酯 28%、乙草胺 50%/2014.05.27 至 2019.05.27/低毒

春大豆田 阔叶杂草、一年生禾本科杂草 1989-2340克/公顷(东北地区) 播后苗前土壤喷雾

春玉米田 阔叶杂草、一年生禾本科杂草 1989-2340克/公顷 播后苗前土壤喷雾

PD20096328 乙·噻·滴丁酯/81%/乳油/2,4-滴丁酯 21.5%、噻吩磺隆 0.5%、乙草胺 59%/2014.07.22 至 2019.07.22/低毒

春大豆田、春玉米田 一年生杂草 1822.5-2430克/公顷 播后苗前土壤喷雾

PD20096479 甲氰·氧乐果/30%/乳油/甲氰菊酯 8%、氧乐果 22%/2014.08.14 至 2019.08.14/高毒

大豆 食心虫、蚜虫 60-90克/公顷 喷雾

PD20096532 丁·扑/40%/乳油/丁草胺 30%、扑草净 10%/2014.08.20 至 2019.08.20/低毒

水稻秧田 一年生杂草 16-20克/100平方米(东北地区) 土壤喷雾

PD20097958 丁·扑/1.2%/粉剂/丁草胺 1%、扑草净 0.2%/2014.12.01 至 2019.12.01/低毒

水稻秧田 一年生杂草 1200-1500克/公顷(东北地区) 药土法

黑龙江绿丰源生物科技有限公司 (黑龙江省佳木斯市东风区长安路107号 154005 0454-3987345)

PD86109-26 苏云金杆菌/16000IU/毫克/可湿性粉剂/苏云金杆菌 16000IU/毫克/2012.10.18 至 2017.10.18/低毒

白菜、萝卜、青菜 菜青虫、小菜蛾 1500-4500克制剂/公顷 喷雾

茶树 茶毛虫 1500-7500克制剂/公顷 喷雾

大豆、甘薯 天蛾 1500-2250克制剂/公顷 喷雾

柑橘树 柑橘凤蝶 2250-3750克制剂/公顷 喷雾

高粱、玉米 玉米螟 3750-4500克制剂/公顷 喷雾、毒土
梨树 天幕毛虫 1500-3750克制剂/公顷 喷雾
林木 尺蠖、柳毒蛾、松毛虫 2250-7500克制剂/公顷 喷雾
棉花 棉铃虫、造桥虫 1500-7500克制剂/公顷 喷雾
苹果树 巢蛾 2250-3750克制剂/公顷 喷雾
水稻 稻苞虫、稻纵卷叶螟 1500-6000克制剂/公顷 喷雾
烟草 烟青虫 3750-7500克制剂/公顷 喷雾
枣树 尺蠖 3750-4500克制剂/公顷 喷雾

PD20086316 乙草胺/900克/升/乳油/乙草胺 900克/升/2013.12.31 至 2018.12.31/低毒
春大豆田 一年生禾本科杂草及部分小粒种子阔叶杂草 1350-1620克/公顷 土壤喷雾

PD20090223 滴丁·乙草胺/78%/乳油/2,4-滴丁酯 28%、乙草胺 50%/2014.01.09 至 2019.01.09/低毒
春大豆田、春玉米田 一年生杂草 2106-2574克/公顷 播后苗前土壤喷雾

黑龙江梅亚种业有限公司 （黑龙江省佳木斯市富锦市中央大街3号 156100 0454-2335466）

PD20110397 精喹禾灵/10%/乳油/精喹禾灵 10%/2016.04.12 至 2021.04.12/低毒
大豆田 一年生禾本科杂草 48.6-64.8克/公顷 茎叶喷雾

PD20120843 噁霉灵/8%/水剂/噁霉灵 8%/2012.05.22 至 2017.05.22/低毒
水稻 立枯病 0.48-0.96克/平方米 苗床土壤喷雾

黑龙江企达农药开发有限公司 （黑龙江省绥化市绥兰路288号 152054 0455-6888288）

PD20040175 甲拌磷/5%/颗粒剂/甲拌磷 5%/2014.12.19 至 2019.12.19/中等毒(原药高毒)
高粱 蚜虫 150-300克/公顷 撒施

PD20040229 甲拌磷/3%/颗粒剂/甲拌磷 3%/2014.12.19 至 2019.12.19/中等毒(原药高毒)
高粱 蚜虫 150-300克/公顷 撒施

PD20080859 噁霉灵/99%/原药/噁霉灵 99%/2013.06.23 至 2018.06.23/低毒

PD20082228 多·福/60%/可湿性粉剂/多菌灵 30%、福美双 30%/2013.11.26 至 2018.11.26/低毒
梨树 黑星病 1000-1500毫克/千克 喷雾

PD20082761 甲霜·噁霉灵/3%/粉剂/噁霉灵 1.8%、甲霜灵 1.2%/2013.12.08 至 2018.12.08/低毒
水稻苗床 立枯病 0.65－0.75克/平方米 拌土撒施

PD20084150 甲霜·福美双/1%/粉剂/福美双 0.92%、甲霜灵 0.08%/2013.12.16 至 2018.12.16/低毒
水稻苗床 立枯病 0.8-1.2克/平方米 拌土撒施

PD20084380 辛硫磷/3%/颗粒剂/辛硫磷 3%/2013.12.17 至 2018.12.17/低毒
花生 地下害虫 2700-3600克/公顷 沟施

PD20085839 甲霜·噁霉灵/3.2%/水剂/噁霉灵 2.6%、甲霜灵 0.6%/2013.12.29 至 2018.12.29/低毒
水稻 立枯病 0.48-0.64克/平方米 喷雾

PD20090418 福·福锌/60%/可湿性粉剂/福美双 30%、福美锌 30%/2014.01.12 至 2019.01.12/低毒
黄瓜 炭疽病 900-1350克/公顷 喷雾

PD20097368 琥胶肥酸铜/30%/可湿性粉剂/琥胶肥酸铜 30%/2014.10.28 至 2019.10.28/低毒
黄瓜 角斑病 900-1050克/公顷 喷雾

PD20097369 琥铜·乙膦铝/48%/可湿性粉剂/琥胶肥酸铜 20%、三乙膦酸铝 28%/2014.10.28 至 2019.10.28/低毒
黄瓜 霜霉病、细菌性角斑病 1125-1680克/公顷 喷雾

PD20097580 琥铜·吗啉胍/25%/可湿性粉剂/琥胶肥酸铜 9%、盐酸吗啉胍 16%/2014.11.03 至 2019.11.03/低毒
番茄 病毒病 499.5-750克/公顷 喷雾

PD20140085 苦参碱/0.3%/水剂/苦参碱 0.3%/2014.01.20 至 2019.01.20/低毒
十字花科叶菜 菜青虫 4.5-6.75克/公顷 喷雾

黑龙江省大地丰农业科技开发有限公司 （黑龙江省绥化市工业开发区 152000 0455-8508678）

PD20090351 稻瘟灵/40%/乳油/稻瘟灵 40%/2014.01.12 至 2019.01.12/低毒
水稻 稻瘟病 420-540克/公顷 喷雾

PD20100564 香菇多糖/0.5%/水剂/香菇多糖 0.5%/2015.01.14 至 2020.01.14/低毒
番茄 病毒病 11.25-18.75克/公顷 喷雾
水稻 条纹叶枯病 3.75-5.63克/公顷 喷雾
烟草 病毒病 11.25-15克/公顷 喷雾

PD20111163 甲霜·福美双/3.3%/粉剂/福美双 2.4%、甲霜灵 0.9%/2011.11.07 至 2016.11.07/低毒
水稻秧田 立枯病 0.83-1.09克/平方米 苗床撒施

PD20130717 香菇多糖/2%/水剂/香菇多糖 2%/2013.04.11 至 2018.04.11/低毒
番茄 病毒病 30-36克/公顷 喷雾
水稻 黑条矮缩病 30-36克/公顷 喷雾
水稻 条纹叶枯病 12-15克/公顷 喷雾

PD20131964 戊唑醇/430克/升/悬浮剂/戊唑醇 430克/升/2013.10.10 至 2018.10.10/低毒
水稻 稻曲病、纹枯病 65-97克/公顷 喷雾

黑龙江省大庆卫健生物科技有限公司 （黑龙江省大庆市高新技术产业开发区科技创业园 163316 0459-6291025）

WP20110098 杀虫饵粒/1.8%/饵粒/乙酰甲胺磷 1.8%/2011.04.22 至 2016.04.22/低毒
卫生 蜚蠊、蚂蚁 / 投放

黑龙江省大庆志飞生物化工有限公司 （黑龙江省大庆市让胡路区高新区宏伟园区 163411 0459-5619317）

PD20070068　阿维菌素/93%/原药/阿维菌素 93%/2012.03.21 至 2017.03.21/高毒

PD20080929　甲氨基阿维菌素苯甲酸盐/95%/原药/甲氨基阿维菌素 83.5%/2013.07.17 至 2018.07.17/中等毒

PD20081872　甲氨基阿维菌素苯甲酸盐/1%/乳油/甲氨基阿维菌素 1%/2013.11.20 至 2018.11.20/低毒
甘蓝　甜菜夜蛾、小菜蛾　2.25-3克/公顷　喷雾
注:甲氨基阿维菌素苯甲酸盐含量: 1.14%。

PD20130187　阿维菌素/1.8%/微乳剂/阿维菌素 1.8%/2013.01.24 至 2018.01.24/低毒(原药高毒)
甘蓝　小菜蛾　8.1-10.8克/公顷　喷雾

PD20130493　甲氨基阿维菌素苯甲酸盐/5%/水分散粒剂/甲氨基阿维菌素 5%/2013.03.20 至 2018.03.20/低毒
甘蓝　甜菜夜蛾、小菜蛾　2.25-3克/公顷　喷雾
注:甲氨基阿维菌素苯甲酸盐含量:5.7%。

PD20130869　甲氨基阿维菌素苯甲酸盐/2%/微乳剂/甲氨基阿维菌素 2%/2013.04.24 至 2018.04.24/低毒
甘蓝　小菜蛾　1.65-2.64克/公顷　喷雾
甘蓝　甜菜夜蛾　2.5-3.3克/公顷　喷雾
注:甲氨基阿维菌素苯甲酸盐含量: 2.3%。

PD20140255　阿维菌素/1.8%/乳油/阿维菌素 1.8%/2014.01.29 至 2019.01.29/低毒(原药高毒)
梨树　梨木虱　2.25-4.5毫克/千克　喷雾

黑龙江省哈尔滨富利生化科技发展有限公司　(黑龙江省哈尔滨市南岗区王岗工业园区　150088　0451-86621166)

PD20081886　精喹禾灵/5%/乳油/精喹禾灵 5%/2013.11.20 至 2018.11.20/低毒
春大豆田　一年生禾本科杂草　52.5-60克/公顷　茎叶喷雾

PD20082495　氟磺胺草醚/25%/水剂/氟磺胺草醚 25%/2013.12.03 至 2018.12.03/低毒
春大豆田　一年生阔叶杂草　401.3－521.6克/公顷　茎叶喷雾

PD20082498　吡嘧磺隆/10%/可湿性粉剂/吡嘧磺隆 10%/2013.12.03 至 2018.12.03/低毒
移栽水稻田　稗草、莎草及阔叶杂草　15-30克/公顷　药土法

PD20082956　草甘膦异丙胺盐/41%/水剂/草甘膦异丙胺盐 41%/2013.12.09 至 2018.12.09/低毒
非耕地　杂草　1125-3000克/公顷　茎叶喷雾

PD20083115　噻吩磺隆/75%/水分散粒剂/噻吩磺隆 75%/2013.12.10 至 2018.12.10/低毒
春大豆田　一年生阔叶杂草　22.5－33.8克/公顷　播后苗前土壤喷雾

PD20093525　高氯・吡虫啉/4%/乳油/吡虫啉 1.8%、高效氯氰菊酯 2.2%/2014.03.23 至 2019.03.23/低毒
大豆　蚜虫　18-24克/公顷　喷雾

PD20093654　烟嘧・莠去津/21.5%/悬浮剂/烟嘧磺隆 1.5%、莠去津 20%/2014.03.25 至 2019.03.25/低毒
春玉米田　一年生杂草　322.15-387克/公顷　茎叶喷雾

PD20093729　松・喹・氟磺胺/22%/乳油/氟磺胺草醚 8%、精喹禾灵 3%、异噁草松 11%/2014.03.25 至 2019.03.25/低毒
春大豆田　一年生杂草　495-594克/公顷　茎叶喷雾

PD20094046　苯噻酰草胺/50%/可湿性粉剂/苯噻酰草胺 50%/2014.03.27 至 2019.03.27/低毒
移栽水稻田　一年生杂草　450-525克/公顷(南方地区)525-600克/公顷(北方地区)　药土法

PD20094123　氟磺胺草醚/12.8%/乳油/氟磺胺草醚 12.8%/2014.03.27 至 2019.03.27/低毒
春大豆田　一年生阔叶杂草　288－384克/公顷　茎叶喷雾

PD20094132　二氯喹啉酸/25%/泡腾粒剂/二氯喹啉酸 25%/2014.03.27 至 2019.03.27/低毒
移栽水稻田　稗草　300-375克/公顷　毒土法

PD20094638　丙・莠・滴丁酯/60%/悬乳剂/2,4-滴丁酯 10%、异丙草胺 25%、莠去津 25%/2014.04.10 至 2019.04.10/低毒
春玉米田　一年生杂草　3450-4200毫升制剂/公顷　喷雾

PD20094709　烟嘧磺隆/40克/升/悬浮剂/烟嘧磺隆 40克/升/2014.04.10 至 2019.04.10/低毒
春玉米田　一年生杂草　48-60克/公顷　茎叶喷雾

PD20095075　灭草松/480克/升/水剂/灭草松 480克/升/2014.04.22 至 2019.04.22/低毒
春大豆田　莎草、一年生阔叶杂草　1080-1440克/公顷　茎叶喷雾

PD20095120　丙草胺/52%/乳油/丙草胺 52%/2014.04.24 至 2019.04.24/低毒
水稻移栽田　一年生禾本科、莎草科及部分阔叶杂草　468-546克/公顷　毒土法

PD20095497　烯草酮/12%/乳油/烯草酮 12%/2014.05.11 至 2019.05.11/低毒
春大豆田　一年生禾本科杂草　72-90克/公顷　茎叶喷雾

PD20095564　滴丁・乙草胺/78%/乳油/2,4-滴丁酯 28%、乙草胺 50%/2014.05.12 至 2019.05.12/低毒
春大豆田　一年生杂草　1989-2340克/公顷　土壤喷雾

PD20095831　乙・噁・滴丁酯/55%/乳油/2,4-滴丁酯 8%、乙草胺 35%、异噁草松 12%/2014.05.27 至 2019.05.27/低毒
春大豆田　一年生杂草　990-1155克/公顷　播后苗前土壤喷雾

PD20095962　松・喹・氟磺胺/35%/乳油/氟磺胺草醚 11%、精喹禾灵 2%、异噁草松 22%/2014.06.04 至 2019.06.04/低毒
春大豆田　一年生杂草　525-787.5克/公顷　茎叶喷雾

PD20096108　咪唑乙烟酸/20%/水剂/咪唑乙烟酸 20%/2014.06.18 至 2019.06.18/低毒
春大豆田　一年生杂草　75－105克/公顷　茎叶喷雾

PD20096115　烯禾啶/25%/乳油/烯禾啶 25%/2014.06.18 至 2019.06.18/低毒
春大豆田　一年生禾本科杂草　187.5-225克/公顷　茎叶喷雾

PD20096257　乙・嗪・滴丁酯/69%/乳油/2,4-滴丁酯 20.5%、嗪草酮 4.5%、乙草胺 44%/2014.07.15 至 2019.07.15/低毒
春大豆田、春玉米田　一年生杂草　2070-2482.5克/公顷　播后苗前土壤喷雾

PD20096549　异噁草松/360克/升/乳油/异噁草松 360克/升/2014.08.24 至 2019.08.24/低毒

春大豆田　一年生杂草　864-972克/公顷　土壤喷雾
PD20097643　乙·噁·滴丁酯/48%/乳油/2,4-滴丁酯 6%、乙草胺 30%、异噁草松 12%/2014.11.04 至 2019.11.04/低毒
春大豆田　一年生杂草　1800-2250毫升制剂/公顷　播后苗前土壤处理
PD20120449　丙·氧·噁草酮/34%/微乳剂/丙草胺 15%、噁草酮 7%、乙氧氟草醚 12%/2012.03.14 至 2017.03.14/微毒
水稻移栽田　一年生杂草　255-306克/公顷　药土法
PD20120450　丙·氧·噁草酮/34%/乳油/丙草胺 15%、噁草酮 7%、乙氧氟草醚 12%/2012.03.14 至 2017.03.14/低毒
移栽水稻田　一年生杂草　255-306克/公顷　药土法
PD20121897　异噁·甲戊灵/18%/可湿性粉剂/二甲戊灵 16%、异噁草松 2%/2012.12.07 至 2017.12.07/低毒
水稻移栽田　一年生杂草　175.5-216克/公顷　毒土法
PD20130566　苯·苄·西草净/76%/可湿性粉剂/苯噻酰草胺 50%、苄嘧磺隆 6%、西草净 20%/2013.04.01 至 2018.04.01/低毒
水稻移栽田　一年生杂草　684-912克/公顷　药土法
PD20131683　吡嘧·苯噻酰/52.5%/可湿性粉剂/苯噻酰草胺 50%、吡嘧磺隆 2.5%/2013.08.07 至 2018.08.07/低毒
移栽水稻田　一年生杂草　472.5-630克/公顷　毒土法
PD20140656　噁·氧·莎稗磷/37%/乳油/噁草酮 9%、莎稗磷 16%、乙氧氟草醚 12%/2014.03.14 至 2019.03.14/低毒
水稻移栽田　一年生杂草　222-277.7克/公顷（南方）；277.5-333克/公顷（北方）　药土法或甩施
PD20140972　阿维·毒死蜱/10%/乳油/阿维菌素 1%、毒死蜱 9%/2014.04.14 至 2019.04.14/低毒(原药高毒)
棉花　棉铃虫　120-240克/公顷　喷雾
棉花　红蜘蛛　45-75克/公顷　喷雾
PD20150460　氰氟草酯/15%/乳油/氰氟草酯 15%/2015.03.20 至 2020.03.20/低毒
水稻秧田　稗草、千金子　90-108克/公顷　茎叶喷雾
PD20150565　稻瘟酰胺/20%/悬浮剂/稻瘟酰胺 20%/2015.03.24 至 2020.03.24/低毒
水稻　稻瘟病　180－300克/公顷　喷雾
PD20151628　硝磺草酮/15%/悬浮剂/硝磺草酮 15%/2015.08.28 至 2020.08.28/微毒
春玉米田　一年生杂草　94.5-189克/公顷　茎叶喷雾
PD20151635　吡嘧磺隆/15%/泡腾颗粒剂/吡嘧磺隆 15%/2015.08.28 至 2020.08.28/微毒
水稻田(直播)、水稻移栽田　一年生杂草　22.5-45克/公顷　撒施
PD20151879　双草醚/15%/悬浮剂/双草醚 15%/2015.08.30 至 2020.08.30/微毒
水稻田(直播)　稗草、莎草及阔叶杂草　22.5-45克/公顷　茎叶喷雾
PD20151966　苯噻酰草胺/30%/泡腾颗粒剂/苯噻酰草胺 30%/2015.08.30 至 2020.08.30/微毒
水稻田(直播)、水稻移栽田　一年生杂草　540-630克/公顷　撒施
PD20152068　噁·氧·莎稗磷/37%/微乳剂/噁草酮 9%、莎稗磷 16%、乙氧氟草醚 12%/2015.09.07 至 2020.09.07/低毒
水稻移栽田　一年生杂草　北方地区：277.5-333克/公顷，南方地区：222-277.5克/公顷　药土法
PD20152659　苯·吡·西草净/56%/可湿性粉剂/苯噻酰草胺 40%、吡嘧磺隆 2%、西草净 14%/2015.12.19 至 2020.12.19/低毒
水稻移栽田　一年生杂草　672-840克/公顷　药土法
LS20120286　氰氟草酯/15%/微乳剂/氰氟草酯 15%/2014.08.10 至 2015.08.10/微毒
水稻插秧田　一年生禾本科杂草　78.75-112.5克/公顷　茎叶喷雾

黑龙江省哈尔滨广洁环境卫生用品研究所　(黑龙江省哈尔滨市南岗区哈平路134号　150040　0451-87506608)

WP20090158　杀蟑胶饵/2.5%/饵剂/吡虫啉 2.5%/2014.03.05 至 2019.03.05/低毒
卫生　蜚蠊　/　投放

黑龙江省哈尔滨利民农化技术有限公司　(黑龙江省哈尔滨市呼兰县利民经济技术开发区　150025　0451-88083468)

PD20060104　丁草胺/85%/乳油/丁草胺 85%/2011.06.12 至 2016.06.12/低毒
水稻移栽田　稗草、部分阔叶杂草　945-1350克/公顷　药土法
PD20070186　草甘膦异丙胺盐/30%/水剂/草甘膦 30%/2012.07.10 至 2017.07.10/低毒
非耕地　一年生和多年生杂草　1230-2460克/公顷　茎叶喷雾
注:草甘膦异丙胺盐含量:41%。
PD20070258　苄嘧磺隆/32%/可湿性粉剂/苄嘧磺隆 32%/2012.09.04 至 2017.09.04/低毒
水稻移栽田　阔叶杂草、莎草科杂草　48-72克/公顷　药土法
PD20070416　咪唑乙烟酸/5%/水剂/咪唑乙烟酸 5%/2012.11.06 至 2017.11.06/低毒
春大豆田　一年生杂草　75-100.5克/公顷　播后苗前或苗后早期喷雾
PD20080300　乙草胺/81.5%/乳油/乙草胺 81.5%/2013.02.25 至 2018.02.25/低毒
春大豆田、春玉米田　一年生禾本科杂草及部分阔叶杂草　1350-1890克/公顷（东北地区）　土壤喷雾
花生田、油菜田　一年生禾本科杂草及部分阔叶杂草　810-1215克/公顷　土壤喷雾
PD20080529　苄·二氯/44%/可湿性粉剂/苄嘧磺隆 6%、二氯喹啉酸 38%/2013.04.29 至 2018.04.29/低毒
水稻移栽田　部分多年生杂草、一年生杂草　264-300克/公顷　喷雾
PD20080603　精喹禾灵/5%/乳油/精喹禾灵 5%/2013.05.12 至 2018.05.12/低毒
春大豆田　禾本科杂草　52.5-75克/公顷　喷雾
PD20080619　二氯喹啉酸/50%/可湿性粉剂/二氯喹啉酸 50%/2013.05.12 至 2018.05.12/低毒
水稻移栽田　稗草　300-450克/公顷(北方地区)　喷雾

PD20080623 异丙甲草胺/720克/升/乳油/异丙甲草胺 720克/升/2013.05.12 至 2018.05.12/低毒
春大豆田、春玉米田 一年生禾本科杂草及部分阔叶杂草 1620-2160克/公顷(东北地区) 土壤喷雾

PD20080749 灭草松/480克/升/水剂/灭草松 480克/升/2013.06.11 至 2018.06.11/低毒
春大豆田 莎草科杂草、一年生阔叶杂草 1440-1800克/公顷(东北地区) 茎叶喷雾
水稻移栽田 阔叶杂草、莎草 1080-1440克/公顷 喷雾
夏大豆田 莎草科杂草、一年生阔叶杂草 1080-1440克/公顷(其它地区) 茎叶喷雾

PD20080768 异噁草松/480克/升/乳油/异噁草松 480克/升/2013.06.11 至 2018.06.11/低毒
春大豆田 一年生杂草 936-1152克/公顷 土壤喷雾

PD20081241 烯草酮/240克/升/乳油/烯草酮 240克/升/2013.09.16 至 2018.09.16/低毒
春大豆田 一年生禾本科杂草 97.5-144克/公顷 茎叶喷雾

PD20081550 咪唑乙烟酸/15%/水剂/咪唑乙烟酸 15%/2013.11.11 至 2018.11.11/低毒
春大豆田 一年生杂草 72-96克/公顷(东北地区) 土壤喷雾

PD20081595 烯禾啶/25%/乳油/烯禾啶 25%/2013.11.12 至 2018.11.12/低毒
春大豆 一年生禾本科杂草 131.3-225克/公顷 喷雾

PD20081614 咪鲜胺/25%/乳油/咪鲜胺 25%/2013.11.12 至 2018.11.12/低毒
水稻 恶苗病 62.5-125毫克/千克 浸种

PD20082438 嗪草酮/70%/可湿性粉剂/嗪草酮 70%/2013.12.02 至 2018.12.02/低毒
春大豆田 一年生阔叶杂草 525-735克/公顷 播后苗前土壤喷雾

PD20082752 吡嘧磺隆/10%/可湿性粉剂/吡嘧磺隆 10%/2013.12.08 至 2018.12.08/低毒
水稻移栽田 部分多年生杂草、一年生杂草 18.25-30克/公顷 药土法

PD20091815 氟磺胺草醚/250克/升/水剂/氟磺胺草醚 250克/升/2014.02.05 至 2019.02.05/低毒
春大豆田 一年生阔叶杂草 270-337.5克/公顷 茎叶喷雾

PD20091896 精吡氟禾草灵/150克/升/乳油/精吡氟禾草灵 150克/升/2014.02.09 至 2019.02.09/低毒
春大豆田 部分多年生禾本科杂草、一年生禾本科杂草 135-180克/公顷 茎叶喷雾

PD20093794 氟胺·灭草松/447克/升/水剂/氟磺胺草醚 87克/升、灭草松 360克/升/2014.03.25 至 2019.03.25/低毒
春大豆田 一年生阔叶杂草 1173.4-1341克/公顷 茎叶喷雾

PD20094182 异丙草胺/720克/升/乳油/异丙草胺 720克/升/2014.03.30 至 2019.03.30/低毒
春大豆田 一年生禾本科杂草及部分小粒种子阔叶杂草 1620-2160克/公顷 播后苗前土壤喷雾

PD20094559 2,4-滴丁酯/57%/乳油/2,4-滴丁酯 57%/2014.04.09 至 2019.04.09/低毒
春玉米田 阔叶杂草 769.5-940.5克/公顷 土壤喷雾

PD20095184 咪乙·异噁松/36%/乳油/咪唑乙烟酸 4%、异噁草松 32%/2014.04.24 至 2019.04.24/低毒
春大豆田 一年生杂草 540—810克/公顷(东北地区) 土壤喷雾或茎叶喷雾

PD20095219 莠去津/38%/悬浮剂/莠去津 38%/2014.04.24 至 2019.04.24/低毒
春玉米田 一年生杂草 1710-2280克/公顷 播后苗前土壤喷雾

PD20095288 乙·嗪·滴丁酯/60%/乳油/2,4-滴丁酯 18%、嗪草酮 5%、乙草胺 37%/2014.04.27 至 2019.04.27/低毒
春大豆田、春玉米田 一年生杂草 1800-2250克/公顷(东北地区) 播后苗前喷雾

PD20095328 苄嘧磺隆/30%/可湿性粉剂/苄嘧磺隆 30%/2014.04.27 至 2019.04.27/低毒
移栽水稻田 阔叶杂草及莎草科杂草 45-67.5克/公顷 毒土法

PD20095370 丁草胺/60%/乳油/丁草胺 60%/2014.04.27 至 2019.04.27/低毒
水稻移栽田 一年生禾本科杂草及部分阔叶杂草 720-1296克/公顷 毒土法

PD20095382 扑草净/50%/可湿性粉剂/扑草净 50%/2014.04.27 至 2019.04.27/低毒
谷子 阔叶杂草 750-1125克/公顷 播后苗前土壤喷雾

PD20095580 滴丁·乙草胺/800克/升/乳油/2,4-滴丁酯 180克/升、乙草胺 620克/升/2014.05.12 至 2019.05.12/低毒
春大豆田、春玉米田 一年生杂草 1800-2400克/公顷(东北地区) 土壤喷雾

PD20095718 丁草胺/90%/原药/丁草胺 90%/2014.05.18 至 2019.05.18/低毒

PD20095731 丙草胺/94%/原药/丙草胺 94%/2014.05.18 至 2019.05.18/低毒

PD20095853 烟嘧磺隆/40克/升/可分散油悬浮剂/烟嘧磺隆 40克/升/2014.05.27 至 2019.05.27/低毒
春玉米田 一年生杂草 42-60克/公顷 茎叶喷雾

PD20096018 二甲戊灵/33%/乳油/二甲戊灵 33%/2014.06.15 至 2019.06.15/低毒
水稻秧田 一年生杂草 0.2-0.3毫升(制剂)/平方米 土壤喷雾

PD20096088 滴丁·莠去津/50%/悬乳剂/2,4-滴丁酯 15%、莠去津 35%/2014.06.18 至 2019.06.18/低毒
春玉米田 一年生杂草 1500—2250克/公顷 土壤喷雾

PD20096389 2,4-滴丁酯/80%/乳油/2,4-滴丁酯 80%/2014.08.04 至 2019.08.04/低毒
春玉米田 一年生阔叶杂草 1)480-720克/公顷2)720-900克/公顷 1)茎叶喷雾2)土壤喷雾

PD20096431 乙·嗪·滴丁酯/65%/乳油/2,4-滴丁酯 18%、嗪草酮 5%、乙草胺 42%/2014.08.05 至 2019.08.05/低毒
春大豆田、春玉米田 一年生杂草 1950-2437.5克/公顷(东北地区) 播后苗前土壤喷雾

PD20097646 滴丁·乙草胺/82%/乳油/2,4-滴丁酯 18%、乙草胺 64%/2014.11.04 至 2019.11.04/低毒
春玉米田 一年生杂草 130-180毫升制剂/亩 播后苗前土壤喷雾

PD20097845 丙草胺/50%/水乳剂/丙草胺 50%/2014.11.20 至 2019.11.20/低毒

移栽水稻田　一年生杂草　450-525克/公顷　毒土法

PD20098149　异噁草松/92%/原药/异噁草松 92%/2014.12.14 至 2019.12.14/低毒

PD20098206　草甘膦铵盐(69.3%)///可溶粒剂/草甘膦 63%/2014.12.16 至 2019.12.16/低毒

非耕地　杂草　1120.5-1680.8克/公顷　茎叶喷雾

PD20111411　苄嘧・苯噻酰/53%/可湿性粉剂/苯噻酰草胺 50%、苄嘧磺隆 3%/2011.12.22 至 2016.12.22/低毒

移栽水稻田　一年生杂草　北方：556.5-636克/公顷；南方：397.5-556.5克/公顷　毒土法

PD20121442　噁草酮/35&/悬浮剂/噁草酮 35%/2012.10.08 至 2017.10.08/低毒

水稻移栽田　一年生杂草　342-513克/公顷　毒土法

PD20121490　噁草・丁草胺/45%/乳油/丁草胺 35%、噁草酮 10%/2012.10.09 至 2017.10.09/低毒

水稻移栽田　一年生杂草　599.1-798.8克/公顷　毒土法

PD20121752　烟嘧・莠去津/40%/可分散油悬浮剂/烟嘧磺隆 3%、莠去津 37%/2012.11.15 至 2017.11.15/低毒

春玉米田　一年生杂草　480-720克/公顷　茎叶喷雾

PD20121975　吡嘧・苯噻酰/60%/可湿性粉剂/苯噻酰草胺 57%、吡嘧磺隆 3%/2012.12.18 至 2017.12.18/低毒

水稻移栽田　一年生杂草　630-810克/公顷　毒土法

PD20122071　氟磺胺草醚/20%/乳油/氟磺胺草醚 20%/2012.12.24 至 2017.12.24/低毒

春大豆田　一年生阔叶杂草　279.7-372.9克/公顷　茎叶喷雾

PD20130135　松・喹・氟磺胺/18%/乳油/氟磺胺草醚 5.5%、精喹禾灵 1.5%、异噁草松 11%/2013.01.17 至 2018.01.17/低毒

春大豆田　一年生杂草　486-540克/公顷　茎叶喷雾

PD20130237　莠去津/90%/水分散粒剂/莠去津 90%/2013.01.30 至 2018.01.30/低毒

春玉米田　一年生禾本科杂草及部分阔叶杂草　1485-1755克/公顷　播后苗前土壤喷雾

PD20131133　精喹禾灵/5%/水乳剂/精喹禾灵 5%/2013.05.20 至 2018.05.20/低毒

春大豆田　一年生禾本科杂草　52.5-75克/公顷　茎叶喷雾

PD20131135　苄嘧磺隆/60%/水分散粒剂/苄嘧磺隆 60%/2013.05.20 至 2018.05.20/低毒

移栽水稻田　阔叶杂草及莎草科杂草　45-63克/公顷　毒土法

PD20140512　烟嘧・莠去津/79%/水分散粒剂/烟嘧磺隆 4%、莠去津 75%/2014.03.06 至 2019.03.06/低毒

春玉米田　一年生杂草　948-1185克/公顷　茎叶喷雾

PD20150865　烟嘧・硝草酮/18%/可分散油悬浮剂/烟嘧磺隆 4.5%、硝磺草酮 13.5%/2015.05.18 至 2020.05.18/低毒

春玉米田　一年生杂草　162-216克/公顷　茎叶喷雾

黑龙江省哈尔滨龙志农资化工有限公司　(黑龙江省哈尔滨市香坊区向阳乡东长林子　150039　0451-82032504)

PD20084032　多・福・克/30%/悬浮种衣剂/多菌灵 7%、福美双 11%、克百威 12%/2013.12.16 至 2018.12.16/高毒

大豆　地老虎、根腐病、金针虫、蝼蛄、蛴螬　1.2-1.5%种子重　种子包衣

PD20084801　福・克/20%/悬浮种衣剂/福美双 10%、克百威 10%/2013.12.22 至 2018.12.22/高毒

玉米　地老虎、茎腐病、金针虫、蛴螬　1:40(药种比)　种子包衣

PD20130602　灭草松/480克/升/水剂/灭草松 480克/升/2013.04.02 至 2018.04.02/低毒

水稻移栽田　一年生阔叶杂草　1080-1440克/公顷　茎叶喷雾

PD20141299　氟磺胺草醚/250克/升/水剂/氟磺胺草醚 250克/升/2014.05.12 至 2019.05.12/低毒

春大豆田　一年生阔叶杂草　375-450克/公顷　茎叶喷雾

黑龙江省哈尔滨市动力区为民消杀制剂厂　(黑龙江省哈尔滨市动力区电材三道街　150040　0451-82688116)

WP20080492　杀蟑饵粒/3%/饵粒/乙酰甲胺磷 3%/2013.12.17 至 2018.12.17/低毒

卫生　蜚蠊　/　投放

黑龙江省哈尔滨市联丰农药化工有限公司　(黑龙江省哈尔滨市道外区松北区松北镇　150028　0451-88109023)

PD20081016　烯禾啶/12.5%/乳油/烯禾啶 12.5%/2013.08.06 至 2018.08.06/低毒

春大豆田　一年生禾本科杂草　187.5-243.8克/公顷(东北地区)　茎叶喷雾

PD20081034　咪唑乙烟酸/100克/升/水剂/咪唑乙烟酸 100克/升/2013.08.06 至 2018.08.06/低毒

春大豆田　一年生杂草　90-105克/公顷　茎叶喷雾

PD20081036　苄嘧磺隆/30%/可湿性粉剂/苄嘧磺隆 30%/2013.08.06 至 2018.08.06/低毒

水稻移栽田　阔叶杂草、莎草科杂草　45-90克/公顷　药土法

PD20082031　滴丁・乙草胺/70%/乳油/2,4-滴丁酯 24%、乙草胺 46%/2013.11.25 至 2018.11.25/低毒

春大豆田、春玉米田　一年生杂草　2100-2625克/公顷(东北地区)　播后苗前土壤喷雾

PD20083165　咪鲜胺/25%/乳油/咪鲜胺 25%/2013.12.11 至 2018.12.11/低毒

水稻　恶苗病　2000-4000倍液　浸种

PD20086167　2甲・灭草松/37.5%/水剂/2甲4氯 9.5%、灭草松 28%/2013.12.30 至 2018.12.30/低毒

水稻移栽田　阔叶杂草及莎草科杂草　900-1125克/公顷　茎叶喷雾

PD20090517　乳氟禾草灵/240克/升/乳油/乳氟禾草灵 240克/升/2014.01.12 至 2019.01.12/低毒

春大豆田　阔叶杂草　108-126克/公顷　喷雾

PD20095707　莎稗磷/30%/乳油/莎稗磷 30%/2014.05.15 至 2019.05.15/低毒

水稻移栽田　稗草等杂草　1)225-270克/公顷(南方地区) 2)270-315克/公顷(北方地区)　药土法

PD20097934　甲氰・氧乐果/30%/乳油/甲氰菊酯 8%、氧乐果 22%/2014.11.30 至 2019.11.30/高毒

大豆　食心虫　180-225克/公顷　喷雾

黑龙江省哈尔滨市农丰科技化工有限公司　(黑龙江省哈尔滨市呼兰区呼兰镇兰河村　150521　0451-55635617)

PD20090211　稻瘟灵/40%/乳油/稻瘟灵 40%/2014.01.09 至 2019.01.09/低毒

水稻 稻瘟病 400-600克/公顷 喷雾
PD20090222 草甘膦异丙胺盐/41%/水剂/草甘膦异丙胺盐 41%/2014.01.09 至 2019.01.09/低毒
非耕地 杂草 1230-2460克/公顷 喷雾
PD20100974 春雷·稻瘟灵/41%/可湿性粉剂/春雷霉素 1%、稻瘟灵 40%/2015.01.19 至 2020.01.19/低毒
水稻 稻瘟病 307.5－615克/公顷 喷雾
PD20131815 松·喹·氟磺胺/35%/乳油/氟磺胺草醚 9.5%、精喹禾灵 2.5%、异噁草松 23%/2013.09.17 至 2018.09.17/低毒
春大豆田 一年生杂草 525-735克/公顷 茎叶喷雾
PD20152269 硝磺·莠去津/55%/悬浮剂/莠去津 50%、硝磺草酮 5%/2015.10.20 至 2020.10.20/低毒
玉米田 一年生杂草 990-1485克/公顷 茎叶喷雾
PD20152426 吡嘧·苯噻酰//可湿性粉剂/苯噻酰草胺 48.2%、吡嘧磺隆 1.8%/2015.10.26 至 2020.10.26/低毒
移栽水稻田 一年生杂草 375－750克/公顷（南方地区）；5 药土法
62.5-750克/公顷（北方地区）

黑龙江省哈尔滨市农欢化工厂 （黑龙江省哈尔滨市道外区水泥路50号 150050 0451-57680921）

PD20090193 甲霜·噁霉灵/45%/可湿性粉剂/噁霉灵 27.5%、甲霜灵 17.5%/2014.01.08 至 2019.01.08/低毒
水稻 苗期立枯病、青枯病 1-1.5克/平方米 苗床喷雾
PD20090342 甲霜·噁霉灵/3.2%/水剂/噁霉灵 2.6%、甲霜灵 0.6%/2014.01.12 至 2019.01.12/低毒
水稻苗床 立枯病 3200-4800克/公顷 喷雾
PD20092217 氰戊·马拉松/21%/乳油/马拉硫磷 15%、氰戊菊酯 6%/2014.02.24 至 2019.02.24/中等毒
棉花 棉铃虫 75-120克/公顷 喷雾
棉花 蚜虫 120-180克/公顷 喷雾
PD20095643 唑酮·福美双/45%/可湿性粉剂/福美双 40%、三唑酮 5%/2014.05.12 至 2019.05.12/低毒
水稻 恶苗病 750-1500毫克/千克 浸种
PD20101217 扑·乙·滴丁酯/40%/乳油/2,4-滴丁酯 12%、扑草净 6%、乙草胺 22%/2015.02.21 至 2020.02.21/低毒
春大豆田 一年生杂草 1600-2000克/公顷 播后苗前土壤喷雾
春玉米田 一年生杂草 1500-1800克/公顷 土壤喷雾

黑龙江省哈尔滨正业农药有限公司 （黑龙江省哈尔滨市太平区化工路181号 150056 0451-82430333）

PD86159-6 三乙膦酸铝/40%/可湿性粉剂/三乙膦酸铝 40%/2011.05.11 至 2016.05.11/低毒
胡椒 瘟病 1克/株 灌根
棉花 疫病 1410-2820克/公顷 喷雾
蔬菜 霜霉病 1410-2820克/公顷 喷雾
水稻 稻瘟病、纹枯病 1410克/公顷 喷雾
橡胶树 割面条溃疡病 1)100倍液2)100倍液 1）切口涂药,2)喷雾
烟草 黑胫病 1）4500克/公顷,2）0.8克/株 1）喷雾2）灌根
PD20080393 S-氰戊菊酯/50克/升/乳油/S-氰戊菊酯 50克/升/2013.02.28 至 2018.02.28/中等毒
甘蓝 菜青虫 7.5-15克/公顷 喷雾
棉花 棉铃虫 18.75-26.25克/公顷 喷雾
苹果树 桃小食心虫 16-25毫克/千克 喷雾
小麦 蚜虫 9-11.25克/公顷 喷雾
PD20080647 氟乐灵/480克/升/乳油/氟乐灵 480克/升/2013.05.13 至 2018.05.13/低毒
大豆田 部分阔叶杂草、一年生禾本科杂草 900-1260克/公顷 播前土壤处理
PD20080734 精喹禾灵/5%/乳油/精喹禾灵 5%/2013.06.11 至 2018.06.11/低毒
春大豆田 一年生禾本科杂草 60-75克/公顷(东北地区) 喷雾
PD20081273 噁草酮/13%/乳油/噁草酮 13%/2013.09.25 至 2018.09.25/低毒
水稻田 杂草 360-480克/公顷 喷雾
PD20081279 溴氰菊酯/25克/升/乳油/溴氰菊酯 25克/升/2013.09.25 至 2018.09.25/中等毒
茶树 害虫 3.75-7.5克/公顷 喷雾
柑橘树 害虫 12.5-16.6毫克/千克 喷雾
棉花 红铃虫、棉铃虫、棉蚜 11.25-18.75克/公顷 喷雾
苹果树 桃小食心虫 12.5-16.6毫克/千克 喷雾
烟草 烟青虫 7.5-9克/公顷 喷雾
叶菜类蔬菜 菜青虫、蚜虫 11.25-18.75克/公顷 喷雾
PD20083128 烯禾啶/12.5%/乳油/烯禾啶 12.5%/2013.12.10 至 2018.12.10/低毒
大豆田、花生田、棉花田、亚麻 一年生禾本科杂草 124.5-187.5克/公顷 喷雾
PD20090742 氰戊·马拉松/21%/乳油/马拉硫磷 15%、氰戊菊酯 6%/2014.01.19 至 2019.01.19/中等毒
苹果树 蚜虫 50-70毫克/千克 喷雾
PD20096121 甲氰菊酯/20%/乳油/甲氰菊酯 20%/2014.06.18 至 2019.06.18/中等毒
甘蓝 菜青虫 75-90克/公顷 喷雾
柑橘树 红蜘蛛 67-100毫克/千克 喷雾
棉花 棉铃虫 90-120克/公顷 喷雾
苹果树 山楂红蜘蛛 100毫克/千克 喷雾

黑龙江省哈尔滨周元有害生物防制科技有限公司 （黑龙江省哈尔滨市南岗区河沟街1号 150001 0451-53003331）

WP20120039 杀蟑饵粒/1%/饵粒/乙酰甲胺磷 1%/2012.03.07 至 2017.03.07/低毒
卫生 蜚蠊 / 投放

黑龙江省鹤岗市清华紫光英力农化有限公司 (黑龙江省鹤岗市工农区禾友路58号 154108 0468-3405275)

PD20070407 敌稗/97%/原药/敌稗 97%/2012.11.05 至 2017.11.05/低毒
PD20080331 百草枯/42%/母液/百草枯 42%/2013.02.26 至 2018.02.26/中等毒
PD20121106 敌稗/34%/乳油/敌稗 34%/2012.07.19 至 2017.07.19/低毒
水稻移栽田 稗草等杂草 2970-4482克/公顷 茎叶喷雾
PD20121532 2,4-滴二甲胺盐/720克/升/水剂/2,4-滴二甲胺盐 720克/升/2012.10.17 至 2017.10.17/低毒
注:专供出口，不得在国内销售。
PD20140506 敌稗/34%/乳油/敌稗 34%%/2014.03.06 至 2019.03.06/低毒
水稻移栽田 稗草等杂草 2970-4482克/公顷 茎叶喷雾

黑龙江省化工研究院天泽农药有限公司 (黑龙江省哈尔滨市开发区迎宾路集中区南湖街3号 150078 0451-53227886)

PD20082152 乙氧氟草醚/24%/乳油/乙氧氟草醚 24%/2013.11.25 至 2018.11.25/低毒
林业苗圃 一年生杂草 270-360克/公顷 喷雾
水稻移栽田 一年生杂草 72-108克/公顷(东北地区)54-72克/公顷(其它地区) 毒土法
PD20085917 霜霉威盐酸盐/66.5%/水剂/霜霉威盐酸盐 66.5%/2013.12.29 至 2018.12.29/低毒
黄瓜 霜霉病 649.8-1083克/公顷 喷雾
PD20140357 吡嘧磺隆/10%/可湿性粉剂/吡嘧磺隆 10%/2014.02.19 至 2019.02.19/低毒
水稻移栽田 一年生阔叶杂草 22.5-30克/公顷 药土法
PD20140511 草甘膦铵盐/68%/可溶粒剂/草甘膦 68%/2014.03.06 至 2019.03.06/低毒
非耕地 杂草 1683-2244克/公顷 茎叶喷雾
注:草甘膦铵盐含量: 74.8%。
PD20141088 苄嘧磺隆/30%/可湿性粉剂/苄嘧磺隆 30%/2014.04.27 至 2019.04.27/低毒
水稻移栽田 一年生阔叶杂草 45-90克/公顷 药土法
PD20150105 草甘膦异丙胺盐/30%/水剂/草甘膦 30%/2015.01.05 至 2020.01.05/低毒
非耕地 杂草 1125-2250克/公顷 茎叶喷雾
注:草甘膦异丙胺盐含量: 41%。

黑龙江省佳木斯市恺乐农药有限公司 (黑龙江省佳木斯市长安路101号 154005 0454-6113806)

PD20080028 精喹禾灵/5%/乳油/精喹禾灵 5%/2013.01.04 至 2018.01.04/低毒
春大豆田 一年生禾本科杂草 52.5-75克/公顷 喷雾
花生田 一年生禾本科杂草 45-60克/公顷 喷雾
棉花田 一年生禾本科杂草 37.5-60克/公顷 喷雾
油菜田 一年生禾本科杂草 30-45克/公顷 喷雾
PD20080165 氟磺胺草醚/95%/原药/氟磺胺草醚 95%/2013.01.04 至 2018.01.04/低毒
PD20080624 氟乐灵/480克/升/乳油/氟乐灵 480克/升/2013.05.12 至 2018.05.12/低毒
大豆田 一年生禾本科杂草及部分阔叶杂草 900-1260克/公顷 喷雾土壤
棉花 一年生禾本科杂草及阔叶杂草 900-1080克/公顷 土壤喷雾
PD20080648 乳氟禾草灵/80%/原药/乳氟禾草灵 80%/2013.05.13 至 2018.05.13/低毒
PD20080782 乳氟禾草灵/240克/升/乳油/乳氟禾草灵 240克/升/2013.06.20 至 2018.06.20/低毒
春大豆田 一年生阔叶杂草 108-144克/公顷(东北地区) 茎叶喷雾
花生田 一年生阔叶杂草 54-108克/公顷 茎叶喷雾
夏大豆田 一年生阔叶杂草 90-108克/公顷(其它地区) 茎叶喷雾
PD20081389 氟磺胺草醚/250克/升/水剂/氟磺胺草醚 250克/升/2013.10.28 至 2018.10.28/低毒
大豆田 一年生阔叶杂草 250-500克/公顷 喷雾
PD20081577 精吡氟禾草灵/150克/升/乳油/精吡氟禾草灵 150克/升/2013.11.12 至 2018.11.12/低毒
大豆、甜菜 一年生禾本科杂草 112.5-150克/公顷 茎叶喷雾
PD20081596 烯禾啶/12.5%/乳油/烯禾啶 12.5%/2013.11.12 至 2018.11.12/低毒
大豆田 一年生禾本科杂草 124.5-187.5克/公顷 喷雾
PD20085424 乙草胺/900克/升/乳油/乙草胺 900克/升/2013.12.24 至 2018.12.24/低毒
春大豆田 一年生禾本科杂草及部分阔叶杂草 1350-1890克/公顷 播后苗前土壤喷雾
夏大豆田 一年生禾本科杂草及部分阔叶杂草 810-1350克/公顷 播后苗前土壤喷雾
PD20085425 灭草松/480克/升/水剂/灭草松 480克/升/2013.12.24 至 2018.12.24/低毒
春大豆田 一年生阔叶杂草及莎草科杂草 1440-1800克/公顷 茎叶喷雾
PD20085737 咪唑乙烟酸/50克/升/水剂/咪唑乙烟酸 50克/升/2013.12.26 至 2018.12.26/低毒
春大豆田 一年生杂草 75-101.25克/公顷 播后苗前土壤喷雾
PD20090259 氟磺胺草醚/20%/乳油/氟磺胺草醚 20%/2014.01.09 至 2019.01.09/低毒
春大豆田 一年生阔叶杂草 210-270克/公顷 茎叶喷雾
PD20121397 莎稗磷/95%/原药/莎稗磷 95%/2012.09.14 至 2017.09.14/低毒
PD20121634 莎稗磷/30%/乳油/莎稗磷 30%/2012.10.30 至 2017.10.30/低毒
移栽水稻田 莎草及稗草 225-270克/公顷 毒土法
PD20121857 吡嘧·苯噻酰/50%/可湿性粉剂/苯噻酰草胺 48.2%、吡嘧磺隆 1.8%/2012.11.28 至 2017.11.28/低毒
水稻移栽田 一年生杂草 375-525克/公顷(南方地区); 525- 毒土法

750克/公顷(北方地区)
PD20132458 丙草胺/50%/水乳剂/丙草胺 50%/2013.12.02 至 2018.12.02/低毒
水稻移栽田 一年生杂草 450-525克/公顷 药土法
PD20142243 硝磺·莠去津/55%/悬浮剂/莠去津 50%、硝磺草酮 5%/2014.09.28 至 2019.09.28/低毒
玉米田 一年生杂草 1031-1237克/公顷 茎叶喷雾
PD20150652 烟嘧·莠去津/24%/可分散油悬浮剂/烟嘧磺隆 4%、莠去津 20%/2015.04.16 至 2020.04.16/低毒
玉米田 一年生杂草 288-360克/公顷 茎叶喷雾
PD20152301 氰氟草酯/20%/水乳剂/氰氟草酯 20%/2015.10.21 至 2020.10.21/低毒
水稻移栽田 一年生禾本科杂草 90-120克/公顷 茎叶喷雾
WP20120100 氟蚁腙/98%/原药/氟蚁腙 98%/2012.05.24 至 2017.05.24/低毒
WP20120107 杀蟑胶饵/2%/胶饵/氟蚁腙 2%/2012.06.04 至 2017.06.04/低毒
卫生 蜚蠊 / 投放

黑龙江省佳木斯兴宇生物技术开发有限公司 (黑龙江省佳木斯市东风区高新区宏伟街8号 154002 0454-8330400)
PD20097671 甲氨基阿维菌素苯甲酸盐(90%)///原药/甲氨基阿维菌素 79.1%/2014.11.04 至 2019.11.04/中等毒
PD20101440 阿维菌素/1.8%/乳油/阿维菌素 1.8%/2015.05.04 至 2020.05.04/中等毒(原药高毒)
甘蓝 小菜蛾 8.1-10.8克/公顷 喷雾
茭白 二化螟 9.5-13.5克/公顷 喷雾
PD20110374 甲氨基阿维菌素苯甲酸盐/5%/可溶粒剂/甲氨基阿维菌素 5%/2011.04.11 至 2016.04.11/低毒
小白菜 小菜蛾 2.25-3克/公顷 喷雾
注:甲氨基阿维菌素苯甲酸盐含量: 5.7%。
PD20110376 甲氨基阿维菌素苯甲酸盐/1%/乳油/甲氨基阿维菌素 1%/2011.04.11 至 2016.04.11/低毒
甘蓝 小菜蛾 1.5-2.25克/公顷 喷雾
注:甲氨基阿维菌素苯甲酸盐含量:1.14%。
PD20120618 甲氨基阿维菌素苯甲酸盐/1%/泡腾片剂/甲氨基阿维菌素 1%/2012.04.11 至 2017.04.11/低毒
小白菜 小菜蛾 2.25-3克/公顷 喷雾
注:甲氨基阿维菌素苯甲酸盐含量: 1.14%。
PD20120705 高氯·甲维盐/5%/微乳剂/高效氯氰菊酯 4%、甲氨基阿维菌素苯甲酸盐 1%/2012.04.18 至 2017.04.18/低毒
甘蓝 小菜蛾 4.5-9克/公顷 喷雾
PD20121395 甲维·苏云菌///悬浮剂/甲氨基阿维菌素苯甲酸盐 0.5%、苏云金杆菌 4000IU/毫克/2012.09.14 至 2017.09.14/低毒
小白菜 小菜蛾 450-600克制剂/公顷 喷雾
PD20150678 多·福·甲维盐/20.5%/悬浮种衣剂/多菌灵 10%、福美双 10%、甲氨基阿维菌素苯甲酸盐 0.5%/2015.04.17 至 2020.04.17/低毒
大豆 孢囊线虫、根腐病 250-333克/千克种子 种子包衣
PD20151353 宁南霉素/8%/水剂/宁南霉素 8%/2015.07.30 至 2020.07.30/低毒
番茄 病毒病 90-120克/公顷 喷雾
PD20152491 苏云金杆菌/4000IU/毫克/悬浮种衣剂/苏云金杆菌 4000IU/毫克/2015.12.05 至 2020.12.05/低毒
大豆 孢囊线虫 1250-1667毫升制剂/100千克种子 种子包衣

黑龙江省绿洲农药厂 (黑龙江省嫩江县尖山农场场直5委422号 161444 0456-7891324)
PD20084851 精喹禾灵/5%/乳油/精喹禾灵 5%/2013.12.22 至 2018.12.22/低毒
春大豆田 一年生禾本科杂草 52.5-75克/公顷(东北地区) 茎叶喷雾
PD20085778 高效氟吡甲禾灵/108克/升/乳油/高效氟吡甲禾灵 108克/升/2013.12.29 至 2018.12.29/低毒
春大豆田 一年生禾本科杂草 48.6-51.8克/公顷 茎叶喷雾
PD20086231 乙草胺/81.5%/乳油/乙草胺 81.5%/2013.12.31 至 2018.12.31/低毒
春大豆田 一年生禾本科杂草及部分小粒种子阔叶杂草 1620-1890克/公顷 土壤喷雾
春玉米田 部分阔叶杂草、一年生禾本科杂草 1620-1890克/公顷 土壤喷雾
PD20091049 氟磺胺草醚/12.8%/乳油/氟磺胺草醚 12.8%/2014.01.21 至 2019.01.21/低毒
春大豆田 一年生阔叶杂草 192-288克/公顷 茎叶喷雾
PD20092303 福·克/20%/悬浮种衣剂/福美双 10%、克百威 10%/2014.02.24 至 2019.02.24/高毒
玉米 地老虎、茎腐病、金针虫、蝼蛄、蛴螬 1:30-40(药种比) 种子包衣
PD20093353 多·福/15%/悬浮种衣剂/多菌灵 7%、福美双 8%/2014.03.18 至 2019.03.18/低毒
小麦 根腐病、黑穗病 1:50-100(药种比) 种子包衣

黑龙江省苗必壮农业科技有限公司 (黑龙江省绥化市 152000 0455-8313218)
PD20094289 甲霜·福美双/3.3%/粉剂/福美双 2.4%、甲霜灵 0.9%/2014.03.31 至 2019.03.31/低毒
水稻 立枯病 8250-10890克/公顷 苗床撒施

黑龙江省牡丹江金达农化有限公司 (黑龙江省牡丹江市宁安市宁安工业园区 157400 0453-5817555)
PD20095796 甲霜·福美双/3.3%/粉剂/福美双 2.4%、甲霜灵 0.9%/2014.05.27 至 2019.05.27/低毒
水稻 立枯病 0.825-1.2375克/平方米 苗床撒施

黑龙江省牡丹江农垦朝阳化工有限公司 (黑龙江省鸡西市密山市八五七农场 158322 0467-5079171)
PD20084714 福·克/20%/悬浮种衣剂/福美双 10%、克百威 10%/2013.12.22 至 2018.12.22/高毒
玉米 地下害虫 1:50(药种比) 种子包衣
PD20084720 多·福·克/35%/悬浮种衣剂/多菌灵 15%、福美双 10%、克百威 10%/2013.12.22 至 2018.12.22/高毒
大豆 根腐病、蓟马、蚜虫 1.5-2%种子重 种子包衣

PD20084978　多·福/14%/悬浮种衣剂/多菌灵 5%、福美双 9%/2013.12.22 至 2018.12.22/低毒
　小麦　根腐病、黑穗病　140-210克/100千克种子　种子包衣
PD20090400　噁霉·稻瘟灵/21%/乳油/稻瘟灵 11%、噁霉灵 10%/2014.01.12 至 2019.01.12/低毒
　水稻　苗期立枯病　2-3毫升制剂/平方米　苗床喷洒

黑龙江省牡丹江市水稻壮秧剂厂　(黑龙江省牡丹江市西安区温春镇桥南　157041　0453-6402938)

PD20086186　2甲·灭草松/37.5%/水剂/2甲4氯钠 5.5%、灭草松 32%/2013.12.30 至 2018.12.30/低毒
　水稻移栽田　阔叶杂草及莎草科杂草　1125-1406.25克/公顷　喷雾
PD20092747　甲霜·福美双/0.8%/粉剂/福美双 0.3%、甲霜灵 0.5%/2014.03.04 至 2019.03.04/低毒
　水稻　立枯病　1.2-1.6克/平方米　撒施
PD20142054　精甲·戊唑醇/0.8%/种子处理乳剂/精甲霜灵 0.55%、戊唑醇 0.25%/2014.08.27 至 2019.08.27/低毒
　水稻　立枯病　10.67-32克/100千克种子　拌种

黑龙江省嫩江绿芳化工有限公司　(黑龙江省嫩江县前进工业小区　161400　0456-7508133)

PD20082339　咪唑乙烟酸/15%/水剂/咪唑乙烟酸 16%/2013.12.01 至 2018.12.01/低毒
　春大豆田　一年生杂草　96-120克/公顷　茎叶喷雾
PD20082559　氟磺胺草醚/25%/水剂/氟磺胺草醚 25%/2013.12.04 至 2018.12.04/低毒
　春大豆田　一年生阔叶杂草　337.5-412.5克/公顷　茎叶喷雾
PD20085505　精喹禾灵/5%/乳油/精喹禾灵 5%/2013.12.25 至 2018.12.25/低毒
　春大豆田　一年生禾本科杂草　52.5-60克/公顷　喷雾
PD20091043　异噁草松/480克/升/乳油/异噁草松 480克/升/2014.01.21 至 2019.01.21/低毒
　春大豆田　一年生杂草　936-1152克/公顷　茎叶喷雾
PD20091471　烯草酮/240克/升/乳油/烯草酮 240克/升/2014.02.02 至 2019.02.02/低毒
　春大豆田　一年生禾本科杂草　90-108克/公顷　茎叶喷雾
PD20091619　烯禾啶/12.5%/乳油/烯禾啶 12.5%/2014.02.03 至 2019.02.03/低毒
　春大豆田　禾本科杂草　187.5-225克/公顷　茎叶喷雾
PD20130077　2,4-滴异辛酯/77%/乳油/2,4-滴异辛酯 77%/2013.01.14 至 2018.01.14/低毒
　春大豆田、春玉米田　一年生阔叶杂草　573.5-675克/公顷　播后苗前土壤喷雾
　春小麦田　一年生阔叶杂草　405-472.5克/公顷　茎叶喷雾
　注:质量体积为900克/升。
PD20130301　2,4-滴异辛酯/62%/乳油/2,4-滴异辛酯 62%/2013.02.26 至 2018.02.26/低毒
　春小麦田　一年生阔叶杂草　790.5-930克/公顷(东北地区)　喷雾
PD20140341　莎稗磷/30%/乳油/莎稗磷 30%/2014.02.18 至 2019.02.18/低毒
　移栽水稻田　莎草及稗草　225-315克/公顷　药土法
PD20141252　2,4-滴异辛酯/96%/原药/2,4-滴异辛酯 96%/2014.05.07 至 2019.05.07/低毒

黑龙江省平山林业制药厂　(黑龙江省哈尔滨市阿城市平山镇　150324　0451-53834374)

PD88106　敌敌畏/2%/烟剂/敌敌畏 2%/2013.06.05 至 2018.06.05/低毒
　林木　松毛虫、天幕毛虫、杨柳毒蛾、竹蝗　150-300克/公顷　点燃放烟
PD20080696　敌敌畏/22.5%/油剂/敌敌畏 22.5%/2013.06.04 至 2018.06.04/中等毒
　林木　松毛虫　1)1200-2400克/公顷2)600-1200克/公顷　1)地面超低量喷雾 2)飞机超低量喷雾
PD20092899　乙草胺/25%/微囊悬浮剂/乙草胺 25%/2014.03.05 至 2019.03.05/低毒
　春大豆田　一年生禾本科杂草及部分小粒种子阔叶杂草　1125-1500克/公顷　播后苗前土壤喷雾
PD20093113　百菌清/10%/烟剂/百菌清 10%/2014.03.10 至 2019.03.10/低毒
　黄瓜(保护地)　霜霉病　750-1200克/公顷　点燃放烟
PD20095910　溴敌隆/0.005%/毒饵/溴敌隆 0.005%/2014.06.02 至 2019.06.02/低毒(原药高毒)
　农田　田鼠　饱和投饵　投饵
PD20096034　高效氯氰菊酯/3%/微囊悬浮剂/高效氯氰菊酯 3%/2014.06.15 至 2019.06.15/低毒
　杨树　天牛　30-60毫克/千克　喷雾
PD20110230　阿维菌素/1%/微囊悬浮剂/阿维菌素 1%/2016.02.28 至 2021.02.28/低毒(原药高毒)
　苹果　红蜘蛛　3-6毫克/千克　喷雾
　松树　松材线虫　0.012-0.014毫升/厘米胸径　树干打孔注射
PD20121616　高效氯氟氰菊酯/2.5%/微囊悬浮剂/高效氯氟氰菊酯 2.5%/2012.10.30 至 2017.10.30/中等毒
　小白菜　菜青虫　6.25-7.5克/公顷　喷雾
PD20130258　烟碱·苦参碱/3.6%/微囊悬浮剂/苦参碱 0.6%、烟碱 3%/2013.02.06 至 2018.02.06/低毒
　林木　美国白蛾　12—36毫克/千克　喷雾
PD20131568　烟碱·苦参碱/1.2%/烟剂/苦参碱 0.5%、烟碱 0.7%/2013.07.23 至 2018.07.23/低毒
　松树　松毛虫　180-360克/公顷　点燃放烟
PD20140645　丁草胺/25%/微囊悬浮剂/丁草胺 25%/2014.03.14 至 2019.03.14/低毒
　水稻移栽田　一年生杂草　562.50-937.50克/公顷　土壤喷雾
WP20090055　杀虫喷射剂/0.3%/微囊悬浮剂/炔丙菊酯 0.1%、右旋苯醚菊酯 0.2%/2014.01.21 至 2019.01.21/低毒
　卫生　蜚蠊　/　喷雾

黑龙江省齐齐哈尔市田丰农药化工有限公司　(黑龙江省齐齐哈尔市龙沙区明海公路48号　161005　0452-2347251)

PD20081604　氟磺胺草醚/250克/升/水剂/氟磺胺草醚 250克/升/2013.11.12 至 2018.11.12/低毒

春大豆田 一年生阔叶杂草 450-562.5克/公顷 茎叶喷雾

PD20082310 二氯喹啉酸/25%/可湿性粉剂/二氯喹啉酸 25%/2013.12.01 至 2018.12.01/低毒

水稻田(直播) 稗草 225-375克/公顷 茎叶喷雾

PD20082515 精喹禾灵/20%/乳油/精喹禾灵 20%/2013.12.03 至 2018.12.03/低毒

春大豆田 一年生禾本科杂草 52.5-65.6克/公顷 茎叶喷雾

PD20082696 吡嘧磺隆/10%/可湿性粉剂/吡嘧磺隆 10%/2013.12.05 至 2018.12.05/低毒

水稻移栽田 稗草、莎草及阔叶杂草 15-30克/公顷 药土法

PD20083654 咪唑乙烟酸/10%/水剂/咪唑乙烟酸 10%/2013.12.12 至 2018.12.12/低毒

春大豆田 一年生杂草 90-105克/公顷 茎叶喷雾

PD20095015 多・福/30%/可湿性粉剂/多菌灵 15%、福美双 15%/2014.04.21 至 2019.04.21/低毒

辣椒 立枯病 3-4.5克/平方米 每平米的用药量与15-20千克细土混匀,其中1/3的量撒于苗床底部，2/3的量覆盖在种子上面。

PD20097357 琥铜・乙膦铝/50%/可湿性粉剂/琥胶肥酸铜 30%、三乙膦酸铝 20%/2014.10.27 至 2019.10.27/低毒

黄瓜 霜霉病 1125-1410克/公顷 喷雾

PD20121590 吗胍・乙酸铜/20%/可湿性粉剂/盐酸吗啉胍 16%、乙酸铜 4%/2012.10.25 至 2017.10.25/低毒

番茄 病毒病 499.5-750克/公顷 喷雾

PD20121734 琥胶肥酸铜/30%/可湿性粉剂/琥胶肥酸铜 30%/2012.11.08 至 2017.11.08/低毒

黄瓜 细菌性角斑病 900-1050克/公顷 喷雾

PD20150121 丙草胺/50%/水乳剂/丙草胺 50%/2015.01.07 至 2020.01.07/低毒

移栽水稻田 一年生杂草 450-600克/公顷 药土法

黑龙江省齐齐哈尔四友化工有限公司 (黑龙江省齐齐哈尔市建华区曙光村四队 161000 0452-2653588)

PDN41-96 吗胍・乙酸铜/20%/可湿性粉剂/盐酸吗啉胍 10%、乙酸铜 10%/2011.05.24 至 2016.05.24/低毒

番茄 病毒病 499.5-750克/公顷 喷雾

注:在烟草上登记有效期至2008年12月31日止。在辣椒和水稻上登记有效期至2009年6月6日止。

PD20086070 多・福/30%/可湿性粉剂/多菌灵 15%、福美双 15%/2013.12.30 至 2018.12.30/低毒

辣椒 立枯病 3-4.5克/平方米 每平方米的用药量与15-20千克细土混匀，其中1/3的量撒于苗床底部,2/3的量覆盖在种子上面

茄子 立枯病 24-45克/平方米 毒土处理

PD20090213 霜脲・锰锌/72%/可湿性粉剂/代森锰锌 64%、霜脲氰 8%/2014.01.09 至 2019.01.09/低毒

黄瓜 霜霉病 1440-1800克/公顷 喷雾

PD20090220 苄嘧・苯噻酰/53%/可湿性粉剂/苯噻酰草胺 50%、苄嘧磺隆 3%/2014.01.09 至 2019.01.09/低毒

水稻移栽田 部分多年生杂草、一年生杂草 397.5-477克/公顷(东北地区除外) 药土法

PD20090627 异菌脲/50%/可湿性粉剂/异菌脲 50%/2014.01.14 至 2019.01.14/低毒

番茄 灰霉病 562.5-750克/公顷 喷雾

PD20090886 甲霜・福美双/35%/可湿性粉剂/福美双 25%、甲霜灵 10%/2014.01.19 至 2019.01.19/低毒

水稻苗床 苗期立枯病 3501.75-10500.6克/公顷 浇洒床土或秧苗喷雾

PD20090981 腐霉・福美双/25%/可湿性粉剂/腐霉利 5%、福美双 20%/2014.01.20 至 2019.01.20/低毒

番茄 灰霉病 225-300克/公顷 喷雾

PD20091085 烯腺・羟烯腺/0.0002%/水剂/羟烯腺嘌呤 0.0001%、烯腺嘌呤 0.0001%/2014.01.21 至 2019.01.21/低毒

大豆、甘蓝 调节生长、增产 800-1000倍液 喷雾

PD20097366 琥铜・乙膦铝/48%/可湿性粉剂/琥胶肥酸铜 20%、三乙膦酸铝 28%/2014.10.28 至 2019.10.28/低毒

黄瓜 霜霉病、细菌性角斑病 1875-2800克制剂/公顷 喷雾

PD20097367 琥胶肥酸铜/30%/可湿性粉剂/琥胶肥酸铜 30%/2014.10.28 至 2019.10.28/低毒

黄瓜 细菌性角斑病 900-1050克/公顷 喷雾

辣椒 炭疽病 292.5-418.5克/公顷 喷雾

水稻 稻曲病 375-450克/公顷 喷雾

PD20098023 吗胍・乙酸铜/60%/可溶片剂/盐酸吗啉胍 30%、乙酸铜 30%/2014.12.07 至 2019.12.07/低毒

番茄 病毒病 504-750克/公顷 喷雾

PD20100179 五硝・多菌灵/40%/可湿性粉剂/多菌灵 32%、五氯硝基苯 8%/2015.01.05 至 2020.01.05/低毒

西瓜 枯萎病 0.25-0.33克/株 灌根

PD20100188 羟烯・吗啉胍/10.0001%/水剂/盐酸吗啉胍 10%、羟烯腺嘌呤 0.0001%/2015.01.05 至 2020.01.05/低毒

番茄 病毒病 375-562.5克/公顷 喷雾

烟草 病毒病 280—375克/公顷 喷雾

PD20100606 乙酸铜/20%/可湿性粉剂/乙酸铜 20%/2015.01.14 至 2020.01.14/低毒

柑橘树　溃疡病　800-1200倍液　喷雾

PD20101584　福·甲·咪鲜胺/16%/种子处理悬浮剂/福美双 13%、甲霜灵 2%、咪鲜胺 1%/2015.06.03 至 2020.06.03/低毒

水稻　恶苗病、立枯病　267－400克/100千克种子　种子包衣

黑龙江省双城市盖敌农药有限责任公司　（黑龙江省双城市承旭公园路北　150100　0451-53117004）

PD20086109　甲霜·噁霉灵/3%/水剂/噁霉灵 2.5%、甲霜灵 0.5%/2013.12.30 至 2018.12.30/低毒

水稻育秧田　立枯病　0.36-0.54克/平方米　喷雾

PD20090167　甲霜·福美双/40%/可湿性粉剂/福美双 30%、甲霜灵 10%/2014.01.08 至 2019.01.08/低毒

水稻　立枯病　1.0-1.5克制剂/平方米　苗床浇洒

黑龙江省绥化农垦晨环生物制剂有限责任公司　（黑龙江省绥化市绥庆路4公里处　152001　0455-8595666）

PD20083575　啶虫脒/5%/乳油/啶虫脒 5%/2013.12.12 至 2018.12.12/低毒

苹果树　蚜虫　12-20毫克/千克　喷雾

PD20084179　阿维菌素/1.8%/乳油/阿维菌素 1.8%/2013.12.16 至 2018.12.16/低毒(原药高毒)

棉花　棉铃虫　21.6-32.4克/公顷　喷雾

PD20085703　多·福·克/38%/种衣剂/多菌灵 13%、福美双 13%、克百威 12%/2013.12.26 至 2018.12.26/高毒

大豆　根腐病、金针虫、蝼蛄、蛴螬　1:60-80(药种比)　种子包衣

PD20085765　甲氨基阿维菌素苯甲酸盐/1%/乳油/甲氨基阿维菌素苯甲酸盐 1%/2013.12.29 至 2018.12.29/低毒

十字花科蔬菜　小菜蛾　1.5-3克/公顷　喷雾

PD20110280　阿维·矿物油/24.5%/乳油/阿维菌素 0.2%、矿物油 24.3%/2011.03.11 至 2016.03.11/低毒(原药高毒)

柑橘树　红蜘蛛　122.5-245毫克/千克　喷雾

PD20110993　苄嘧·二甲戊/16%/可湿性粉剂/苄嘧磺隆 4%、二甲戊灵 12%/2011.09.21 至 2016.09.21/低毒

移栽水稻田　一年生杂草　96-144克/公顷　药土法

PD20121364　阿维·三唑磷/20%/乳油/阿维菌素 0.2%、三唑磷 19.8%/2012.09.13 至 2017.09.13/中等毒(原药高毒)

水稻　二化螟　180-270克/公顷　喷雾

PD20130924　霜脲·锰锌/72%/可湿性粉剂/代森锰锌 64%、霜脲氰 8%/2013.04.28 至 2018.04.28/低毒

黄瓜　霜霉病　1440-1800克/公顷　喷雾

PD20131359　甲氨基阿维菌素苯甲酸盐/2%/微乳剂/甲氨基阿维菌素 2%/2013.06.20 至 2018.06.20/低毒

甘蓝　甜菜夜蛾　2.35-4.7克/公顷　喷雾

注:甲氨基阿维菌素苯甲酸盐含量:2.3%

黑龙江省绥化市沣源复合肥料有限公司　（黑龙江省绥化市北林区绥庆路133号　152000　0455-8352402）

PD20084332　甲霜·福美双/3.3%/粉剂/福美双 2.4%、甲霜灵 0.9%/2013.12.17 至 2018.12.17/低毒

水稻苗床　立枯病　0.825-1克/平方米　药土撒施

黑龙江省卫星生物科技有限公司　（黑龙江省虎林市八五零农场　158422　0467-5982157）

PD90106-26　苏云金杆菌/8000IU/微升/悬浮剂/苏云金杆菌 8000IU/微升/2015.06.27 至 2020.06.27/低毒

茶树　茶毛虫　100-200倍液　喷雾

林木　松毛虫　100-200倍液　喷雾

棉花　二代棉铃虫　6000-7500毫升制剂/公顷　喷雾

十字花科蔬菜　菜青虫、小菜蛾　3000-4500毫升制剂/公顷　喷雾

水稻　稻纵卷叶螟　6000-7500毫升制剂/公顷　喷雾

烟草　烟青虫　6000-7500毫升制剂/公顷　喷雾

玉米　玉米螟　4500-6000毫升制剂/公顷　加细沙灌心叶

枣树　尺蠖　100-200倍液　喷雾

PD20130472　阿维菌素/1.8%/乳油/阿维菌素 1.8%/2013.03.20 至 2018.03.20/低毒(原药高毒)

白菜　小菜蛾　8.1-10.8克/公顷　喷雾

黑龙江省沃达农业科技开发有限公司　（黑龙江省绥化市北林区西直北路1号　152000　0455-8321766）

PD20085378　甲霜·福美双/3.3%/粉剂/福美双 2.4%、甲霜灵 0.9%/2013.12.24 至 2018.12.24/低毒

辣椒、西瓜　苗期立枯病　0.8-1.2克/平方米　苗床拌毒土

水稻　苗期立枯病　25-33克制剂/平方米　药土撒施

PD20085763　三环唑/20%/可湿性粉剂/三环唑 20%/2013.12.29 至 2018.12.29/低毒

水稻　稻瘟病　225-375克/公顷　喷雾

PD20085777　唑酮·福美双/45%/可湿性粉剂/福美双 40%、三唑酮 5%/2013.12.29 至 2018.12.29/低毒

水稻　恶苗病　750-1000毫克/千克　浸种

PD20090452　丁·扑/1.2%/粉剂/丁草胺 1%、扑草净 0.2%/2014.01.12 至 2019.01.12/低毒

水稻苗床　一年生杂草　1200-1500克/公顷　毒土法

黑龙江省新兴农药有限责任公司　（黑龙江省哈尔滨市南岗区学府路368号　150086　0451-86671254）

PD20082835　丁·扑/1.2%/粉剂/丁草胺 1.0%、扑草净 0.2%/2013.12.09 至 2018.12.09/低毒

水稻旱育秧田　多种一年生杂草　1200-1500克/公顷　毒土法

PD20084576　多·福·克/35%/粉剂/多菌灵 15%、福美双 10%、克百威 10%/2013.12.18 至 2018.12.18/低毒(原药高毒)

大豆　地下害虫、根腐病　1:60-80(药种比)　种子包衣

PD20085853　甲霜·福美双/0.6%/粉剂/福美双 0.53%、甲霜灵 0.07%/2013.12.29 至 2018.12.29/低毒

水稻　立枯病　1.02-1.5克/平方米　混药土撒施于苗床

PD20090051　福·克/17%/悬浮种衣剂/福美双 7%、克百威 10%/2014.01.06 至 2019.01.06/中等毒(原药高毒)

玉米　地下害虫、茎基腐病　1：40－1：30（药：种比）　种子包衣

PD20090058　唑酮·福美双/50%/种衣剂/福美双 40%、三唑酮 10%/2014.01.08 至 2019.01.08/中等毒

小麦 根腐病、黑穗病 100-125克/100千克种子 种子包衣
PD20090745 多·福·克/30%/悬浮种衣剂/多菌灵 10%、福美双 10%、克百威 10%/2014.01.19 至 2019.01.19/高毒
大豆 地下害虫、根腐病 1:50-60(药种比) 种子包衣
PD20110333 草甘膦异丙胺盐/30%/水剂/草甘膦 30%/2011.03.24 至 2016.03.24/低毒
水稻田埂 杂草 1230-2460克/公顷 定向喷雾
注:草甘膦异丙胺盐含量:41%。
PD20121622 灭草松/480克/升/水剂/灭草松 480克/升/2012.10.30 至 2017.10.30/低毒
移栽水稻田 阔叶杂草及莎草科杂草 720-1440克/公顷 茎叶喷雾

黑龙江绥农农药有限公司 (黑龙江省绥化市三河镇 152035 0455-8313381)

PD20082061 萘乙酸/0.1%/水剂/萘乙酸 0.1%/2013.11.25 至 2018.11.25/低毒
水稻秧田 调节生长 500—750倍液 茎叶喷雾
PD20082613 阿维·辛硫磷/15%/乳油/阿维菌素 0.1%、辛硫磷 14.9%/2013.12.04 至 2018.12.04/低毒(原药高毒)
十字花科蔬菜 小菜蛾 112.5-168.75克/公顷 喷雾
PD20083503 甲霜·福美双/3.3%/粉剂/福美双 2.4%、甲霜灵 .9%/2013.12.12 至 2018.12.12/低毒
水稻 立枯病 0.66—1.09克/平方米 药土法
PD20083740 萘乙酸/1%/水剂/萘乙酸 1%/2013.12.15 至 2018.12.15/低毒
水稻秧田 调节生长 500-750倍液 喷雾
PD20085487 萘乙酸/1%/可溶粉剂/萘乙酸 1%/2013.12.25 至 2018.12.25/低毒
水稻秧田 调节生长 1000—1500倍 茎叶喷雾
PD20120448 香菇多糖/0.5%/水剂/香菇多糖 0.5%/2012.03.14 至 2017.03.14/低毒
番茄 病毒病 11.25—18.75克/公顷 喷雾
水稻 条纹叶枯病 3.75—5.63克/公顷 喷雾

黑龙江五常农化技术有限公司 (黑龙江省哈尔滨市五常市文化路南端 150200 0451-53549035)

PD20082512 萘乙酸/1%/水剂/萘乙酸 1%/2013.12.03 至 2018.12.03/低毒
水稻秧田 调节生长 500—750倍液 兑水茎叶喷雾
PD20085532 丁·扑/40%/乳油/丁草胺 30%、扑草净 10%/2013.12.25 至 2018.12.25/低毒
水稻秧田 一年生杂草 16-20克/平方米 土壤喷雾
PD20086120 吡嘧磺隆/10%/可湿性粉剂/吡嘧磺隆 10%/2013.12.30 至 2018.12.30/低毒
移栽水稻田 一年生阔叶杂草及莎草科杂草 22.5-30克/公顷 药土法
PD20086183 2甲·灭草松/25%/水剂/2甲4氯钠 5%、灭草松 20%/2013.12.30 至 2018.12.30/低毒
水稻移栽田 阔叶杂草、莎草 937.5-1125克/公顷 茎叶喷雾
PD20090123 噁霉·福美双/36%/可湿性粉剂/噁霉灵 18%、福美双 18%/2014.01.08 至 2019.01.08/低毒
水稻苗床 立枯病 0.36-0.54克/平方米 苗床喷淋
PD20091866 丁·扑/1.15%/颗粒剂/丁草胺 1%、扑草净 0.15%/2014.02.09 至 2019.02.09/低毒
水稻(旱育秧及半旱育秧田) 一年生杂草 1150-1437.5克/公顷(东北地区) 药土法
PD20092511 甲霜·福美双/3.3%/粉剂/福美双 2.4%、甲霜灵 0.9%/2014.02.26 至 2019.02.26/低毒
水稻 立枯病 0.825-1.089克/平方米 苗床撒施
PD20094430 烯禾啶/12.5%/乳油/烯禾啶 12.5%/2014.04.01 至 2019.04.01/低毒
春大豆田 一年生禾本科杂草 187.5-225克/公顷 茎叶喷雾
PD20096266 敌磺钠/1%/可湿性粉剂/敌磺钠 1%/2014.07.20 至 2019.07.20/中等毒
水稻 苗期立枯病 1.5-1.8克/平方米 药土撒施
PD20132285 噁霉灵/30%/水剂/噁霉灵 30%/2013.11.08 至 2018.11.08/低毒
水稻苗床 立枯病 1.35-1.8克平方米 苗床喷洒

黑龙江岱安生物科技有限公司 (黑龙江省双城市朝阳乡胜德村 150100 0451-53209304)

PD20095473 敌磺钠/1%/湿粉/敌磺钠 1%/2014.05.11 至 2019.05.11/低毒
水稻苗床 立枯病 1.5-1.8克/平方米 药土撒施

佳木斯黑龙农药化工股份有限公司 (黑龙江省佳木斯市东风区长安路118号 154005 0454-8330810)

PD85102-11 2甲4氯钠盐/13%/水剂/2甲4氯钠 13%/2015.01.21 至 2020.01.21/低毒
水稻 多种杂草 450-900克/公顷 喷雾
小麦 多种杂草 600-900克/公顷 喷雾
PD85103-3 2甲4氯钠/56%/可溶粉剂/2甲4氯钠 56%/2015.01.24 至 2020.01.24/低毒
水稻 三棱草、眼子菜 450-900克/公顷 喷雾
小麦、玉米 阔叶杂草 900-1200克/公顷 喷雾
PD85151 2,4-滴丁酯/57%/乳油/2,4-滴丁酯 57%/2015.08.15 至 2020.08.15/低毒
小麦 双子叶杂草 419克/公顷 喷雾
玉米 双子叶杂草 1)829克/公顷2)359-419克/公顷 1)苗前土壤处理2)喷雾
PD20070535 高效氟吡甲禾灵/98%/原药/高效氟吡甲禾灵 98%/2012.12.03 至 2017.12.03/低毒
PD20080544 氟磺胺草醚/25%/水剂/氟磺胺草醚 25%/2013.05.08 至 2018.05.08/低毒
大豆田 一年生阔叶杂草 225-375克/公顷 喷雾
PD20080549 精喹禾灵/5%/乳油/精喹禾灵 5%/2013.05.08 至 2018.05.08/低毒
春大豆田 一年生禾本科杂草 60-75克/公顷 茎叶喷雾

棉花田　一年生禾本科杂草　37.5-60克/公顷　喷雾
PD20080629　精吡氟禾草灵/92%/原药/精吡氟禾草灵 92%/2013.05.13 至 2018.05.13/低毒
PD20081398　噁草酮/120克/升/乳油/噁草酮 120克/升/2013.10.28 至 2018.10.28/低毒
移栽水稻田　一年生禾本科杂草及阔叶杂草　270-450克/公顷　瓶洒
PD20081469　噁草酮/96%/原药/噁草酮 96%/2013.11.04 至 2018.11.04/低毒
PD20081549　咪唑乙烟酸/5%/水剂/咪唑乙烟酸 5%/2013.11.11 至 2018.11.11/低毒
春大豆田　一年生阔叶杂草　75-90克/公顷　喷雾
PD20081778　高效氟吡甲禾灵/108克/升/乳油/高效氟吡甲禾灵 108克/升/2013.11.19 至 2018.11.19/低毒
春大豆田　一年生禾本科杂草　45-52.5克/公顷　茎叶喷雾
棉花田　一年生禾本科杂草　40.5-48.6克/公顷　茎叶喷雾
油菜田　一年生禾本科杂草　32.4-48.6克/公顷　茎叶喷雾
PD20082292　精吡氟禾草灵/15%/乳油/精吡氟禾草灵 15%/2013.12.01 至 2018.12.01/低毒
春大豆田　一年生禾本科杂草　112.5-135克/公顷　茎叶喷雾
花生田　一年生禾本科杂草　112.5-150克/公顷　茎叶喷雾
棉花田　一年生禾本科杂草　90-150克/公顷　茎叶喷雾
PD20083982　2甲4氯/95%/原药/2甲4氯 95%/2013.12.16 至 2018.12.16/低毒
PD20085344　2甲4氯钠/88%/原药/2甲4氯钠 88%/2013.12.24 至 2018.12.24/低毒
PD20086013　2甲4氯钠/40%/可湿性粉剂/2甲4氯钠 40%/2013.12.29 至 2018.12.29/低毒
水稻移栽田　阔叶杂草、莎草科杂草　600-900克/公顷　茎叶喷雾
PD20093300　2甲・灭草松/25%/水剂/2甲4氯钠 12%、灭草松 13%/2014.03.13 至 2019.03.13/低毒
水稻移栽田　阔叶杂草、莎草科杂草　825-1125克/公顷　喷雾
PD20094154　咪鲜胺/25%/乳油/咪鲜胺 25%/2014.03.27 至 2019.03.27/低毒
柑橘　蒂腐病、绿霉病、青霉病　250-500毫克/千克　浸果
水稻　稻瘟病　225-337.5克/公顷　喷雾
水稻　恶苗病　62.5-125毫克/千克　浸种
PD20094777　2,4-滴钠盐/85%/可溶粉剂/2,4-滴钠盐 85%/2014.04.13 至 2019.04.13/低毒
春小麦田　一年生阔叶杂草　1083.8-1593.8克/公顷　茎叶喷雾
PD20095714　2,4-滴丁酯/92%/原药/2,4-滴丁酯 92%/2014.05.18 至 2019.05.18/中等毒
PD20095892　扑・乙・滴丁酯/50%/乳油/2,4-滴丁酯 15%、扑草净 3%、乙草胺 32%/2014.05.31 至 2019.05.31/低毒
春大豆田　一年生杂草　1500-1875克/公顷　喷雾
春玉米田　一年生杂草　1575-2100克/公顷(东北地区)　喷雾
PD20096553　嗪酮・乙草胺/50%/乳油/嗪草酮 10%、乙草胺 40%/2014.08.24 至 2019.08.24/低毒
春大豆田　一年生杂草　1125-1500克/公顷　土壤喷雾
春玉米田　一年生杂草　1125-1500克/公顷(东北地区)　土壤喷雾
马铃薯田　一年生杂草　1275-1875克/公顷　土壤喷雾
PD20096701　噻吩磺隆/75%/水分散粒剂/噻吩磺隆 75%/2014.09.07 至 2019.09.07/低毒
春大豆田　多年生阔叶杂草、一年生阔叶杂草　16.8-22.5克/公顷　播后苗前土壤喷雾
PD20098432　2,4-滴/96%/原药/2,4-滴 96%/2014.12.24 至 2019.12.24/低毒
PD20098473　噻吩磺隆/25%/可湿性粉剂/噻吩磺隆 25%/2014.12.24 至 2019.12.24/低毒
春大豆田、春玉米田　一年生阔叶杂草　30-37.5克/公顷　喷雾
PD20101326　2,4-滴二甲胺盐/55%/水剂/2,4-滴二甲胺盐 55%/2015.03.17 至 2020.03.17/低毒
春小麦田　一年生阔叶杂草　990-1237.5克/公顷　茎叶喷雾
PD20150513　氰氟草酯/100克/升/乳油/氰氟草酯 100克/升/2015.03.23 至 2020.03.23/低毒
移栽水稻田　稗草、千金子等禾本科杂草　75-105克/公顷　茎叶喷雾
PD20151079　乙草胺/900克/升/乳油/乙草胺 900克/升/2015.06.14 至 2020.06.14/低毒
春大豆田、春玉米田　一年生禾本科杂草及阔叶杂草　1620－2025克/公顷　苗前土壤喷雾

牡丹江佰佳信生物科技有限公司　(黑龙江省牡丹江市阳明区机车路55号　157013　010-57283082)

PD20121408　多杀霉素/91%/原药/多杀霉素 91%/2012.09.19 至 2017.09.19/低毒
PD20140766　烯啶・吡蚜酮/80%/水分散粒剂/吡蚜酮 60%、烯啶虫胺 20%/2014.03.24 至 2019.03.24/低毒
水稻　稻飞虱　60-120克/公顷　喷雾
PD20141395　己唑醇/50%/水分散粒剂/己唑醇 50%/2014.06.05 至 2019.06.05/低毒
水稻　纹枯病　45－75克/公顷)　喷雾

齐齐哈尔华丰化工有限公司　(黑龙江省齐齐哈尔市建华区建华乡　161000　0452-2560635)

PD20094012　腐霉・福美双/25%/可湿性粉剂/腐霉利 5%、福美双 20%/2014.03.27 至 2019.03.27/低毒
番茄　灰霉病　225-300克/公顷　喷雾
PD20097320　琥铜・乙膦铝/48%/可湿性粉剂/琥胶肥酸铜 20%、三乙膦酸铝 28%/2014.10.27 至 2019.10.27/低毒
黄瓜　霜霉病、细菌性角斑病　1125-1680克/公顷　喷雾
PD20097406　琥胶肥酸酮/30%/可湿性粉剂/琥胶肥酸铜 30%/2014.10.28 至 2019.10.28/低毒
黄瓜　细菌性角斑病　900-1050克/公顷　喷雾
PD20097500　烟嘧磺隆/40克/升/可分散油悬浮剂/烟嘧磺隆 40克/升/2014.11.03 至 2019.11.03/低毒
玉米田　一年生禾本科杂草及阔叶杂草　42-60克/公顷　茎叶喷雾
PD20097955　吗胍・乙酸铜/20%/可湿性粉剂/盐酸吗啉胍 16%、乙酸铜 4%/2014.12.01 至 2019.12.01/低毒
番茄　病毒病　499.5-750克/公顷　喷雾

PD20101124 氟磺胺草醚/250克/升/水剂/氟磺胺草醚 250克/升/2015.01.25 至 2020.01.25/低毒
大豆田 一年生阔叶杂草 春大豆：337.5-412.5克/公顷；夏大豆：262.5-337.5克/公顷 茎叶喷雾
PD20101253 苄嘧磺隆/30%/可湿性粉剂/苄嘧磺隆 30%/2015.03.05 至 2020.03.05/低毒
水稻移栽田 阔叶杂草及莎草科杂草 45-67.5克/公顷 毒土法
PD20101290 春雷霉素/4%/可湿性粉剂/春雷霉素 4%/2015.03.10 至 2020.03.10/低毒
黄瓜 枯萎病 0.01－0.0133克/株 灌根
PD20101954 五硝·多菌灵/40%/可湿性粉剂/多菌灵 32%、五氯硝基苯 8%/2015.09.20 至 2020.09.20/低毒
西瓜 枯萎病 0.25-0.33克/株 灌根

齐齐哈尔盛泽农药有限公司 （黑龙江省齐齐哈尔市富裕县塔哈乡冯屯村 161231 0451-3083999）

PD20084174 多·福/15%/悬浮种衣剂/多菌灵 7%、福美双 8%/2013.12.16 至 2018.12.16/低毒
水稻 恶苗病 300-500克/100千克种子 种子包衣
小麦 根腐病、黑穗病 214-300克/100千克种子 种子包衣
PD20084449 多·福·克/35%/悬浮种衣剂/多菌灵 15%、福美双 10%、克百威 10%/2013.12.17 至 2018.12.17/高毒
大豆 孢囊线虫、地下害虫、根腐病 1.6-2%种子重 种子包衣
PD20084569 多·福·克/30%/悬浮种衣剂/多菌灵 10%、福美双 10%、克百威 10%/2013.12.18 至 2018.12.18/高毒
大豆 地下害虫、根腐病 1:60-80(药种比) 种子包衣
玉米 地下害虫 1:50-60(药种比) 种子包衣
PD20091357 戊唑·福美双/6%/可湿性粉剂/福美双 4%、戊唑醇 2%/2014.02.02 至 2019.02.02/低毒
小麦 散黑穗病 6-8克/100千克种子 拌种
玉米 丝黑穗病 18-30克/100千克种子 拌种
PD20091480 克百威/9%/悬浮种衣剂/克百威 9%/2014.02.04 至 2019.02.04/高毒
大豆 地下害虫 1:50-60(药种比) 种子包衣
玉米 地下害虫 180-225/100千克种子 种子包衣
PD20092008 克·戊·三唑酮/8.1%/悬浮种衣剂/克百威 7%、三唑酮 0.9%、戊唑醇 0.2%/2014.02.12 至 2019.02.12/中等毒(原药高毒)
玉米 地下害虫、丝黑穗病 1:35-45(药种比) 种子包衣
PD20093676 氟磺胺草醚/250克/升/水剂/氟磺胺草醚 250克/升/2014.03.25 至 2019.03.25/低毒
春大豆田 一年生阔叶杂草 225-375克/公顷 茎叶喷雾
PD20093754 精喹禾灵/10%/乳油/精喹禾灵 10%/2014.03.25 至 2019.03.25/低毒
大豆 一年生禾本科杂草 39.6-52.8克/公顷 喷雾
PD20094224 氟磺胺草醚/20%/乳油/氟磺胺草醚 20%/2014.03.31 至 2019.03.31/低毒
春大豆田 一年生阔叶杂草 270－330克/公顷 茎叶喷雾
PD20094243 灭草松/480克/升/水剂/灭草松 480克/升/2014.03.31 至 2019.03.31/低毒
移栽水稻田 阔叶杂草及莎草科杂草 1080-1440克/公顷 茎叶喷雾
PD20094244 喹·唑·氟磺胺/20%/乳油/氟磺胺草醚 14%、精喹禾灵 3%、咪唑乙烟酸 3%/2014.03.31 至 2019.03.31/低毒
春大豆田 一年生杂草 300-450克/公顷(东北地区) 茎叶喷雾
PD20096517 咪唑乙烟酸/10%/水剂/咪唑乙烟酸 10%/2014.08.19 至 2019.08.19/低毒
春大豆田 一年生杂草 100-150克/公顷 喷雾
PD20100348 噁霉灵/30%/水剂/噁霉灵 30%/2015.01.11 至 2020.01.11/低毒
水稻苗床 立枯病 0.9－1.8克/平方米 浇灌
PD20101383 烟嘧磺隆/40克/升/可分散油悬浮剂/烟嘧磺隆 40克/升/2015.04.14 至 2020.04.14/低毒
玉米田 一年生杂草 42-60克/公顷 茎叶喷雾
PD20110027 高效氯氰菊酯/4.5%/微乳剂/高效氯氰菊酯 4.5%/2016.01.04 至 2021.01.04/低毒
甘蓝 菜青虫 450-600毫升制剂/公顷 喷雾
PD20121443 乙·莠·滴丁酯/50%/悬乳剂/2,4-滴丁酯 5%、乙草胺 30%、莠去津 15%/2012.10.08 至 2017.10.08/低毒
春玉米田 一年生杂草 1875-2250克/公顷 播后苗前土壤喷雾
PD20121639 丙草胺/50%/水乳剂/丙草胺 50%/2012.10.30 至 2017.10.30/低毒
移栽水稻田 一年生杂草 450－600克/公顷 毒土法
PD20141829 丙草胺/50%/乳油/丙草胺 50%/2014.07.24 至 2019.07.24/低毒
水稻移栽田 一年生杂草 450-600克/公顷 药土法
PD20142091 烟嘧·莠去津/27%/可分散油悬浮剂/烟嘧磺隆 4.5%、莠去津 22.5%/2014.09.02 至 2019.09.02/低毒
玉米田 一年生杂草 283.5-364.5克/公顷 茎叶喷雾
PD20152271 硝磺草酮/15%/悬浮剂/硝磺草酮 15%/2015.10.20 至 2020.10.20/低毒
玉米田 一年生杂草 135-180克/公顷 茎叶喷雾

湖北省

安陆市华鑫化工有限公司 （湖北省安陆市涢水路西巷15号 432600 0712-5278585）

PD90102-2 扑草净/25%/可湿性粉剂/扑草净 25%/2011.05.15 至 2016.05.15/低毒
麦田 杂草 375-562.5克/公顷 喷雾
水稻 阔叶杂草 187.5-562.5克/公顷 毒土
PD20091413 甲哌鎓/250克/升/水剂/甲哌鎓 250克/升/2014.02.04 至 2019.02.04/低毒
棉花 调节生长 45-60克/公顷 喷雾
PD20094479 甲哌鎓/96%/原药/甲哌鎓 96%/2014.04.09 至 2019.04.09/低毒

成都彩虹电器（集团）中南有限公司 （湖北省武穴市龙坪办事处 435402 0713-6573531）

WP20090302 杀蚊气雾剂/0.36%/气雾剂/胺菊酯 0.3%、氯氰菊酯 0.06%/2014.07.22 至 2019.07.22/微毒

卫生	蚊	/	喷雾

WP20090303 蚊香/0.25%/蚊香/富右旋反式烯丙菊酯 0.25%/2014.07.22 至 2019.07.22/微毒

卫生	蚊	/	点燃

湖北犇星农化有限责任公司 （湖北省随州市经济开发区特9号 441300 0722-3587289）

PD84105-5 马拉硫磷/45%/乳油/马拉硫磷 45%/2011.02.20 至 2016.02.20/低毒

茶树	长白蚧、象甲	625-1000毫克/千克	喷雾
豆类	食心虫、造桥虫	561.5-750克/公顷	喷雾
果树	蝽蟓、蚜虫	250-333毫克/千克	喷雾
林木、牧草、农田	蝗虫	450-600克/公顷	喷雾
棉花	盲蝽蟓、蚜虫、叶跳虫	375-562.5克/公顷	喷雾
蔬菜	黄条跳甲、蚜虫	562.5-750克/公顷	喷雾
水稻	飞虱、蓟马、叶蝉	562.5-750克/公顷	喷雾
小麦	黏虫、蚜虫	562.5-750克/公顷	喷雾

PD91104-11 敌敌畏/50%/乳油/敌敌畏 48%/2016.02.21 至 2021.02.21/中等毒

茶树	食叶害虫	600克/公顷	喷雾
粮仓	多种储粮害虫	1)300-400倍液2)0.4-0.5克/立方米	1)喷雾2)挂条熏蒸
棉花	蚜虫、造桥虫	600-1200克/公顷	喷雾
苹果树	小卷叶蛾、蚜虫	400-500毫克/千克	喷雾
青菜	菜青虫	600克/公顷	喷雾
桑树	尺蠖	600克/公顷	喷雾
卫生	多种卫生害虫	1)250-300倍液2)0.08克/立方米	1)泼洒2)挂条熏蒸
小麦	黏虫、蚜虫	600克/公顷	喷雾

PD20040583 多·酮/40%/可湿性粉剂/多菌灵 35%、三唑酮 5%/2014.12.19 至 2019.12.19/低毒

小麦	白粉病、赤霉病	450-600克/公顷	喷雾

PD20090039 多·锰锌/40%/可湿性粉剂/多菌灵 16%、代森锰锌 24%/2014.01.06 至 2019.01.06/低毒

苹果	斑点落叶病	1000-1250毫克/千克	喷雾

PD20090104 甲氰·辛硫磷/25%/乳油/甲氰菊酯 5%、辛硫磷 20%/2014.01.08 至 2019.01.08/中等毒

棉花	棉铃虫	225-345克/公顷	喷雾

PD20090953 氰戊·马拉松/20%/乳油/马拉硫磷 15%、氰戊菊酯 5%/2014.01.20 至 2019.01.20/中等毒

棉花	棉铃虫	90-150克/公顷	喷雾
苹果树	桃小食心虫	160-333毫克/千克	喷雾
十字花科蔬菜	菜青虫、蚜虫	90-150克/公顷	喷雾
小麦	蚜虫	60-90克/公顷	喷雾

PD20091223 噻嗪·杀虫单/42%/可湿性粉剂/噻嗪酮 6%、杀虫单 36%/2014.02.01 至 2019.02.01/中等毒

水稻	稻飞虱	504-630克/公顷	喷雾

PD20093199 多·福/45%/可湿性粉剂/多菌灵 9%、福美双 36%/2014.03.11 至 2019.03.11/低毒

葡萄	霜霉病	1000-1250毫克/千克	喷雾

PD20093285 敌磺·福美双/48%/可湿性粉剂/敌磺钠 29%、福美双 19%/2014.03.11 至 2019.03.11/低毒

水稻	苗期立枯病	6120-7200克/公顷	泼浇

PD20093891 马·氰·辛硫磷/26%/乳油/马拉硫磷 12%、氰戊菊酯 4%、辛硫磷 10%/2014.03.25 至 2019.03.25/中等毒

甘蓝	菜青虫、蚜虫	120-195克/公顷	喷雾

PD20101380 草甘膦/30%/水剂/草甘膦 30%/2015.04.02 至 2020.04.02/低毒

柑橘园	杂草	1125-2250克/公顷	定向喷雾

PD20111186 毒死蜱/97%/原药/毒死蜱 97%/2011.11.16 至 2016.11.16/中等毒

PD20140144 阿维菌素/1.8%/乳油/阿维菌素 1.8%/2014.01.20 至 2019.01.20/中等毒(原药高毒)

甘蓝	小菜蛾	8.1-10.8克/公顷	喷雾

PD20140625 联苯菊酯/25克/升/乳油/联苯菊酯 25克/升/2014.03.07 至 2019.03.07/低毒

茶树	茶小绿叶蝉	30-37.5克/公顷	喷雾

PD20140626 甲氨基阿维菌素苯甲酸盐/1%/微乳剂/甲氨基阿维菌素 1%/2014.03.07 至 2019.03.07/低毒

甘蓝	小菜蛾	2.25-3克/公顷	喷雾

注:甲氨基阿维菌素苯甲酸盐含量：1.14%。

湖北贝斯特农化有限责任公司 （湖北省随州市曾都区新街随新路1号 441334 0722-4772017）

PD84118-22 多菌灵/25%/可湿性粉剂/多菌灵 25%/2012.11.18 至 2017.11.18/低毒

果树	病害	0.05-0.1%药液	喷雾
花生	倒秧病	750克/公顷	喷雾
麦类	赤霉病	750克/公顷	喷雾,泼浇
棉花	苗期病害	500克/100千克种子	拌种
水稻	稻瘟病、纹枯病	750克/公顷	喷雾,泼浇
油菜	菌核病	1125-1500克/公顷	喷雾

PD85105-17 敌敌畏/77.5%/乳油/敌敌畏 77.5%/2013.11.27 至 2018.11.27/中等毒

茶树 食叶害虫 600克/公顷 喷雾
粮仓 多种储藏害虫 1)400-500倍液,2)0.4-0.5克/立方米 1)喷雾,2)挂条熏蒸
棉花 蚜虫、造桥虫 600-1200克/公顷 喷雾
苹果树 小卷叶蛾、蚜虫 400-500毫克/千克 喷雾
青菜 菜青虫 600克/公顷 喷雾
桑树 尺蠖 600克/公顷 喷雾
卫生 多种卫生害虫 1)300-400倍液,2)0.08克/立方米 1)泼洒.2)挂条熏蒸
小麦 黏虫、蚜虫 600克/公顷 喷雾

PD85121-26 乐果/40%/乳油/乐果 40%/2013.11.27 至 2018.11.27/中等毒
茶树 蚜虫、叶蝉、螨 1000-2000倍液 喷雾
甘薯 小象甲 2000倍液 浸鲜薯片诱杀
柑橘树、苹果树 鳞翅目幼虫、蚜虫、螨 800-1600倍液 喷雾
棉花 蚜虫、螨 450-600克/公顷 喷雾
蔬菜 蚜虫、螨 300-600克/公顷 喷雾
水稻 飞虱、螟虫、叶蝉 450-600克/公顷 喷雾
烟草 蚜虫、烟青虫 300-600克/公顷 喷雾

PD85154-29 氰戊菊酯/20%/乳油/氰戊菊酯 20%/2013.11.27 至 2018.11.27/中等毒
柑橘树 潜叶蛾 10-20毫克/千克 喷雾
果树 梨小食心虫 10-20毫克/千克 喷雾
棉花 红铃虫、蚜虫 75-150克/公顷 喷雾
蔬菜 菜青虫、蚜虫 60-120克/公顷 喷雾

PD90101-9 异丙威/2%/粉剂/异丙威 2%/2012.11.18 至 2017.11.18/中等毒
水稻 飞虱、叶蝉 450-900克/公顷 喷粉

PD20040479 三唑磷/20%/乳油/三唑磷 20%/2014.12.19 至 2019.12.19/中等毒
水稻 二化螟、三化螟 300-450克/公顷 喷雾

PD20101337 咪鲜胺/25%/乳油/咪鲜胺 25%/2015.03.23 至 2020.03.23/低毒
柑橘 蒂腐病 250-500毫克/千克 浸果

PD20101780 高效氯氰菊酯/4.5%/乳油/高效氯氰菊酯 4.5%/2015.07.07 至 2020.07.07/中等毒
十字花科蔬菜 菜青虫 15-22.5克/公顷 喷雾

PD20101925 啶虫脒/5%/乳油/啶虫脒 5%/2015.08.27 至 2020.08.27/低毒
小麦 蚜虫 18-22.5克/公顷 喷雾

PD20130535 氟磺胺草醚/250克/升/水剂/氟磺胺草醚 250克/升/2013.04.01 至 2018.04.01/低毒
春大豆田 一年生阔叶杂草 300-375克/公顷 茎叶喷雾
夏大豆田 一年生阔叶杂草 225-300克/公顷 茎叶喷雾

PD20131082 2甲4氯钠盐/56%/可溶粉剂/2甲4氯钠 56%/2013.05.20 至 2018.05.20/低毒
玉米田 一年生阔叶杂草 1050-1200克/公顷 茎叶喷雾

PD20131493 精喹禾灵/10%/乳油/精喹禾灵 10%/2013.07.05 至 2018.07.05/低毒
夏大豆田 一年生禾本科杂草 57.5-152.5克/公顷 茎叶喷雾

PD20131612 氯氟吡氧乙酸异辛酯/200克/升/乳油/氯氟吡氧乙酸 200克/升/2013.07.29 至 2018.07.29/低毒
冬小麦田 一年生阔叶杂草 150-210克/公顷 茎叶喷雾
注:氯氟吡氧乙酸异辛酯含量: 288克/升。

PD20131894 苯磺隆/10%/可湿性粉剂/苯磺隆 10%/2013.09.25 至 2018.09.25/低毒
冬小麦田 杂草 15-22.5克/公顷 茎叶喷雾

PD20132201 烯草酮/120克/升/乳油/烯草酮 120克/升/2013.10.29 至 2018.10.29/低毒
冬油菜田 一年生禾本科杂草 54-72克/公顷 茎叶喷雾

PD20141836 硝磺草酮/10%/可分散油悬浮剂/硝磺草酮 10%/2014.07.24 至 2019.07.24/低毒
玉米田 一年生阔叶杂草及禾本科杂草 135-150克/公顷 茎叶喷雾

PD20150230 草甘膦铵盐/80%/可溶性粉剂/草甘膦 80%/2015.01.15 至 2020.01.15/微毒
非耕地 杂草 1200-2400克/公顷 茎叶喷雾
注:草甘膦铵盐含量: 88%。

PD20150295 2甲·草甘膦/36%/水剂/草甘膦 30.4%、2甲4氯 5.6%/2015.02.04 至 2020.02.04/低毒
非耕地 杂草 1080-2160克/公顷 茎叶喷雾
注:草甘膦异丙胺盐含量: 41%。

PD20150353 苄嘧·苯噻酰/ /可湿性粉剂/苯噻酰草胺 50%、苄嘧磺隆 3%/2015.03.03 至 2020.03.03/低毒
水稻移栽田 一年生及部分多年生杂草 318-397.5克/公顷(南方地区) 药土法

湖北谷瑞特生物技术有限公司 (湖北省武汉市东湖高新区光谷软件园E3栋903室 430074 027-87056252)

PD20142005 阿维菌素/0.1%/浓饵剂/阿维菌素 0.1%/2014.08.14 至 2019.08.14/低毒(原药高毒)
柑橘树 橘大实蝇、橘小实蝇 2.7-4.05克/公顷 诱杀
苦瓜 瓜实蝇 2.7-4.05克/公顷 诱杀
杨梅树 果蝇 2.7-4.5克/公顷 诱杀

湖北广富林生物制剂有限公司 (湖北省枣阳市环城鲍庄村九组 441200 0710-6216949)

登记证号	登记作物	防治对象	用药量	施用方法
PD20081218	S-氰戊菊酯/5%/乳油/S-氰戊菊酯 5%/2013.09.11 至 2018.09.11/中等毒			
	甘蓝	菜青虫	7.5-15克/公顷	喷雾
	棉花	棉铃虫	18.75-26.5克/公顷	喷雾
	苹果树	桃小食心虫	16-25毫克/千克	喷雾
	小麦	麦蚜、黏虫	9-11.25克/公顷	喷雾
PD20084437	井冈霉素/5%/水剂/井冈霉素A 5%/2013.12.17 至 2018.12.17/低毒			
	水稻	纹枯病	112.5-150克/公顷	喷雾
PD20084893	吡虫啉/200克/升/可溶液剂/吡虫啉 200克/升/2013.12.22 至 2018.12.22/低毒			
	十字花科蔬菜	蚜虫	22.5-30克/公顷	喷雾
PD20084966	丁硫克百威/200克/升/乳油/丁硫克百威 200克/升/2013.12.22 至 2018.12.22/中等毒			
	水稻	三化螟	600-750克/公顷	喷雾
PD20085237	甲氰菊酯/20%/乳油/甲氰菊酯 20%/2013.12.23 至 2018.12.23/中等毒			
	柑橘树	潜叶蛾	133.3-200毫克/千克	喷雾
	柑橘树	红蜘蛛	67-100毫克/千克	喷雾
	棉花	红铃虫、棉铃虫	90-120克/公顷	喷雾
	苹果树	桃小食心虫	67-100毫克/千克	喷雾
	苹果树	山楂红蜘蛛	100毫克/千克	喷雾
PD20085529	仲丁威/20%/乳油/仲丁威 20%/2013.12.25 至 2018.12.25/低毒			
	水稻	稻飞虱	450-600克/公顷	喷雾
湖北禾泰农化有限公司 （湖北省鄂州市鄂城区樊口薛家沟 436001 0711-3611901）				
PD20094278	苏云金杆菌/8000IU/毫克/悬浮剂/苏云金杆菌 8000IU/微升/2014.03.31 至 2019.03.31/低毒			
	十字花科蔬菜	菜青虫	1500-2250毫升/公顷（制剂）	喷雾
PD20094542	敌敌畏/77.5%/乳油/敌敌畏 77.5%/2014.04.09 至 2019.04.09/中等毒			
	十字花科蔬菜	菜青虫	600-720克/公顷	喷雾
PD20095151	异丙威/2%/粉剂/异丙威 2%/2014.04.24 至 2019.04.24/低毒			
	水稻	稻飞虱	750-1050克/公顷	喷粉
PD20097963	阿维菌素/1.8%/乳油/阿维菌素 1.8%/2014.12.01 至 2019.12.01/中等毒(原药高毒)			
	甘蓝	小菜蛾	9-13.5克/公顷	喷雾
PD20100570	丙环唑/250克/升/乳油/丙环唑 250克/升/2015.01.14 至 2020.01.14/低毒			
	香蕉	叶斑病	250-500毫克/千克	喷雾
湖北华意峰生物科技有限公司 （湖北省襄樊市高新区团山镇 441047 0710-3824274）				
PD85126-13	三氯杀螨醇/20%/乳油/三氯杀螨醇 20%/2010.01.18 至 2015.01.18/低毒			
	苹果树	红蜘蛛、锈蜘蛛	800-1000倍液	喷雾
PD91104-13	敌敌畏/50%/乳油/敌敌畏 50%/2011.04.19 至 2016.04.19/中等毒			
	茶树	食叶害虫	600克/公顷	喷雾
	粮仓	多种储粮害虫	1)300-400倍液2)0.4-0.5克/立方米	1)喷雾2)挂条熏蒸
	棉花	蚜虫、造桥虫	600-1200克/公顷	喷雾
	苹果树	小卷叶蛾、蚜虫	400-500毫克/千克	喷雾
	青菜	菜青虫	600克/公顷	喷雾
	桑树	尺蠖	600克/公顷	喷雾
	卫生	多种卫生害虫	1)250-300倍液2)0.08克/立方米	1)泼洒2)挂条熏蒸
	小麦	黏虫、蚜虫	600克/公顷	喷雾
PD20100780	三氯杀螨醇/20%/乳油/三氯杀螨醇 20%/2010.01.18 至 2015.01.18/低毒			
	苹果树	红蜘蛛、锈蜘蛛	800-1000倍液	喷雾
PD20120771	甲氨基阿维菌素苯甲酸盐/3%/微乳剂/甲氨基阿维菌素 3%/2012.05.05 至 2017.05.05/低毒			
	甘蓝	甜菜夜蛾	1.8-2.7克/公顷	喷雾
	注:甲氨基阿维菌素苯甲酸盐含量:3.4%。			
PD20120772	烯酰吗啉/50%/可湿性粉剂/烯酰吗啉 50%/2012.05.05 至 2017.05.05/低毒			
	黄瓜	霜霉病	225－300克/公顷	喷雾
湖北汇达科技发展有限公司 （湖北省江陵县滩桥镇观音寺工业园 434111 0716-4764192）				
PD20110795	双草醚/95%/原药/双草醚 95%/2011.07.26 至 2016.07.26/低毒			
PD20121769	草甘膦/95%/原药/草甘膦 95%/2012.11.15 至 2017.11.15/低毒			
PD20132674	双草醚/100克/升/悬浮剂/双草醚 100克/升/2013.12.25 至 2018.12.25/低毒			
	水稻田(直播)	稗草、莎草及阔叶杂草	30-45克/公顷	茎叶喷雾
PD20151552	硝磺草酮/97%/原药/硝磺草酮 97%/2015.08.03 至 2020.08.03/低毒			
湖北佳禾化工科技有限公司 （湖北省荆州市荆州开发区滩桥镇黄场工业园 434100 0716-4787572）				
PD85105-60	敌敌畏/80%/乳油/敌敌畏 77.5%(气谱法)/2010.05.09 至 2015.05.09/中等毒			
	茶树	食叶害虫	600克/公顷	喷雾
	粮仓	多种储藏害虫	1)400-500倍液2)0.4-0.5克/立方米	1)喷雾2)挂条熏蒸
	棉花	蚜虫、造桥虫	600-1200克/公顷	喷雾
	苹果树	小卷叶蛾、蚜虫	400-500毫克/千克	喷雾

	青菜	菜青虫	600克/公顷	喷雾
	桑树	尺蠖	600克/公顷	喷雾
	卫生	多种卫生害虫	1)300-400倍液2)0.08克/立方米	1)泼洒2)挂条熏蒸
	小麦	黏虫、蚜虫	600克/公顷	喷雾
PD86148-70	异丙威/20%/乳油/异丙威 20%/2012.06.12 至 2017.06.12/中等毒			
	水稻	飞虱、叶蝉	450-600克/公顷	喷雾
PD91104-16	敌敌畏/50%/乳油/敌敌畏 48%(气谱法)/2011.03.15 至 2016.03.15/中等毒			
	茶树	食叶害虫	600克/公顷	喷雾
	粮仓	多种储粮害虫	1)300-400倍液2)0.4-0.5克/立方米	1)喷雾2)挂条熏蒸
	棉花	蚜虫、造桥虫	600-1200克/公顷	喷雾
	苹果树	小卷叶蛾、蚜虫	400-500毫克/千克	喷雾
	青菜	菜青虫	600克/公顷	喷雾
	桑树	尺蠖	600克/公顷	喷雾
	卫生	多种卫生害虫	1)250-300倍液2)0.08克/立方米	1)泼洒2)挂条熏蒸
	小麦	黏虫、蚜虫	600克/公顷	喷雾
PD20040374	哒螨灵/20%/可湿性粉剂/哒螨灵 20%/2014.12.19 至 2019.12.19/中等毒			
	柑橘树	红蜘蛛	50-67毫克/千克	喷雾
PD20040388	哒螨灵/15%/乳油/哒螨灵 15%/2014.12.19 至 2019.12.19/中等毒			
	柑橘树	红蜘蛛	50-67毫克/千克	喷雾
PD20040474	吡虫啉/10%/可湿性粉剂/吡虫啉 10%/2014.12.19 至 2019.12.19/低毒			
	水稻	飞虱	15-30克/公顷	喷雾
	小麦	蚜虫	15-30克/公顷(南方地区)45-60克/公顷(北方地区)	喷雾
PD20040612	三唑磷/20%/乳油/三唑磷 20%/2014.12.19 至 2019.12.19/中等毒			
	水稻	二化螟、三化螟	300-450克/公顷	喷雾
PD20082854	噻嗪酮/25%/可湿性粉剂/噻嗪酮 25%/2013.12.09 至 2018.12.09/低毒			
	茶树	茶小绿叶蝉	166-250毫克/千克	喷雾
	柑橘树	介壳虫	150-250毫克/千克	喷雾
	水稻	飞虱	75-112.5克/公顷	喷雾
PD20086069	氰戊·丙溴磷/25%/乳油/丙溴磷 12.5%、氰戊菊酯 12.5%/2013.12.30 至 2018.12.30/中等毒			
	棉花	棉铃虫	262.5-375克/公顷	喷雾
PD20096356	草甘膦异丙胺盐/30%/水剂/草甘膦 30%/2014.07.28 至 2019.07.28/低毒			
	茶园	杂草	1125-2250克/公顷	定向茎叶喷雾
	注:草甘膦异丙胺盐含量:41%。			

湖北金海潮科技有限公司 (湖北省武汉市武昌珞瑜路618号滨湖花园2－401 430074 027-87495550)

PD20131345	螺威/4%/粉剂/螺威 4%/2013.06.09 至 2018.06.09/低毒			
	滩涂	钉螺	0.2-0.3克/平方米	撒施
PD20131346	螺威/50%/母药/螺威 50%/2013.06.09 至 2018.06.09/低毒			

湖北荆洪生物科技股份有限公司 (湖北省襄阳市襄城区余家湖工业园区 441048 0710-3723794)

PD84104-37	杀虫双/18%/水剂/杀虫双 18%/2011.04.04 至 2016.04.04/中等毒			
	甘蔗、蔬菜、水稻、小麦、玉米	多种害虫	540-675克/公顷	喷雾
	果树	多种害虫	225-360毫克/千克	喷雾
PD20083222	阿维菌素/1.8%/乳油/阿维菌素 1.8%/2013.12.11 至 2018.12.11/低毒(原药高毒)			
	柑橘树	红蜘蛛	4.5-9毫克/千克	喷雾
PD20090682	氰戊·马拉松/21%/乳油/马拉硫磷 15%、氰戊菊酯 6%/2014.01.19 至 2019.01.19/中等毒			
	白菜	蚜虫	75-120克/公顷	喷雾
	棉花	棉铃虫	150-300克/公顷	喷雾
	苹果树	红蜘蛛	200-300毫克/千克	喷雾
	苹果树	蚜虫	100-200毫克/千克	喷雾
PD20101641	甲氨基阿维菌素苯甲酸盐/83.5%/原药/甲氨基阿维菌素 83.5%/2015.06.03 至 2020.06.03/中等毒			
	注:甲氨基阿维菌素苯甲酸盐含量:95%。			

湖北康欣农用药业有限公司 (湖北省武汉市洪山区南湖大道8号 430064 027-59101989)

PD86109-33	苏云金杆菌/16000IU/毫克/可湿性粉剂/苏云金杆菌 16000IU/毫克/2015.06.30 至 2020.06.30/低毒			
	茶树	茶毛虫	800-1600倍液	喷雾
	棉花	二代棉铃虫	1500-2250克制剂/公顷	喷雾
	森林	松毛虫	1200-1600倍液	喷雾
	十字花科蔬菜	小菜蛾	750-1125克制剂/公顷	喷雾
	十字花科蔬菜	菜青虫	375-750克制剂/公顷	喷雾
	水稻	稻纵卷叶螟	1500-2250克制剂/公顷	喷雾
	烟草	烟青虫	750-1500克制剂/公顷	喷雾
	玉米	玉米螟	750-1500克制剂/公顷	加细沙灌心

枣树 枣尺蠖 1200-1600倍液 喷雾

PD90106 苏云金杆菌/6000IU/微升/悬浮剂/苏云金杆菌 6000IU/微升/2010.06.30 至 2015.06.30/低毒

茶树 茶毛虫 100-200倍液 喷雾

林木 松毛虫 100-200倍液 喷雾

棉花 二代棉铃虫 6000-7500毫升制剂/公顷 喷雾

十字花科蔬菜 菜青虫、小菜蛾 3000-4500毫升制剂/公顷 喷雾

水稻 稻纵卷叶螟 6000-7500毫升制剂/公顷 喷雾

烟草 烟青虫 6000-7500毫升制剂/公顷 喷雾

玉米 玉米螟 4500-6000毫升制剂/公顷 加细沙灌心叶

枣树 尺蠖 100-200倍液 喷雾

PD20085104 阿维·毒死蜱/24%/乳油/阿维菌素 0.15%、毒死蜱 23.85%/2013.12.23 至 2018.12.23/中等毒(原药高毒)

梨树 梨木虱 80-100毫克/千克 喷雾

PD20090089 哒螨·辛硫磷/25%/乳油/哒螨灵 4%、辛硫磷 21%/2014.01.08 至 2019.01.08/低毒

柑橘树 红蜘蛛 1000-1500倍液 喷雾

PD20090486 唑磷·毒死蜱/30%/乳油/毒死蜱 15%、三唑磷 15%/2014.01.12 至 2019.01.12/中等毒

水稻 三化螟 180-270克/公顷 喷雾

PD20091697 杀单·苏云菌/46%/可湿性粉剂/杀虫单 45%、苏云金杆菌 1%/2014.02.03 至 2019.02.03/低毒

甘蓝 菜青虫、小菜蛾 207-414克/公顷 喷雾

水稻 二化螟 345-517.5克/公顷 喷雾

水稻 稻纵卷叶螟 241.5-345克/公顷 喷雾

PD20092317 阿维·苏云菌/2%/可湿性粉剂/阿维菌素 0.1%、苏云金杆菌 1.9%/2014.02.24 至 2019.02.24/低毒(原药高毒)

十字花科蔬菜 菜青虫、小菜蛾 450-750克制剂/公顷 喷雾

PD20093486 苏云金杆菌/16000IU/毫克/水分散粒剂/苏云金杆菌 16000IU/毫克/2014.03.23 至 2019.03.23/低毒

十字花科蔬菜 小菜蛾 750-1125克制剂/公顷 喷雾

PD20094271 苏云金杆菌/8000IU/微升/油悬浮剂/苏云金杆菌 8000IU/微升/2014.03.31 至 2019.03.31/低毒

松树 松毛虫 4500-6000毫升制剂/公顷 超低容量喷雾

PD20096391 霜脲·锰锌/72%/可湿性粉剂/代森锰锌 64%、霜脲氰 8%/2014.08.04 至 2019.08.04/低毒

黄瓜 霜霉病 1440-1800克/公顷 喷雾

PD20096594 苏云金杆菌/50000IU/毫克/原药/苏云金杆菌 50000IU/毫克/2014.08.25 至 2019.08.25/低毒

PD20097697 高氯·苏云菌/2.5%/可湿性粉剂/高效氯氰菊酯 2%、苏云金杆菌 0.5%/2014.11.04 至 2019.11.04/低毒

十字花科蔬菜 小菜蛾 15-18.75克/公顷 喷雾

PD20097736 苏云金杆菌/0.2%/颗粒剂/苏云金杆菌 0.2%/2014.11.12 至 2019.11.12/低毒

玉米 玉米螟 9-15克/公顷 心叶撒施

PD20100165 苏云金杆菌/32000IU/毫克/可湿性粉剂/苏云金杆菌 32000IU/毫克/2015.01.05 至 2020.01.05/低毒

辣椒 烟青虫 750-1125克制剂/公顷 喷雾

十字花科蔬菜 甜菜夜蛾 600-900克制剂/公顷 喷雾

十字花科蔬菜 小菜蛾 450-750克制剂/公顷 喷雾

PD20102021 苏云金杆菌/8000IU/毫克/悬浮剂/苏云金杆菌 8000IU/毫克/2015.09.25 至 2020.09.25/低毒

茶树 茶毛虫 200-400倍液 喷雾

棉花 二代棉铃虫 3000-3750毫升制剂/公顷 喷雾

森林 松毛虫 200-400倍液 喷雾

十字花科蔬菜 菜青虫、小菜蛾 1500-2250毫升制剂/公顷 喷雾

水稻 稻纵卷叶螟 3000-3750毫升制剂/公顷 喷雾

烟草 烟青虫 3000-3750毫克制剂/公顷 喷雾

玉米 玉米螟 2250-3000毫升制剂/公顷 加细沙灌心叶

枣树 枣尺蠖 200-400倍液 喷雾

PD20151507 苏云金杆菌/16000IU/微升/悬浮剂/苏云金杆菌 16000IU/微升/2015.07.31 至 2020.07.31/低毒

甘蓝、花椰菜 小菜蛾 825-1230克制剂/公顷 喷雾

LS20140148 苏云金杆菌/64000IU/毫克/水分散粒剂/苏云金杆菌 64000IU/毫克/2015.04.10 至 2016.04.10/低毒

十字花科蔬菜 小菜蛾 15-20克制剂/亩 喷雾

LS20140188 苏云金杆菌/32000IU/毫克/水分散粒剂/苏云金杆菌 32000IU/毫克/2015.05.06 至 2016.05.06/低毒

十字花科蔬菜 小菜蛾 450-750克制剂/公顷 喷雾

WP20110272 苏云金杆菌(以色列亚种)/7000ITU/毫克/原药/苏云金杆菌(以色列亚种) 7000ITU/毫克/2011.12.29 至 2016.12.29/微毒

WP20130253 苏云金杆菌/200ITU/微升/悬浮剂/苏云金杆菌(以色列亚种) 200ITU/微升/2013.12.10 至 2018.12.10/低毒

卫生 孑孓 2.5-5毫升制剂/平方米 喷洒

湖北龙圣化工有限公司 (湖北省钟祥市胡集镇桥垱十组 431911 0724-8485424)

PD84111-15 氧乐果/40%/乳油/氧乐果 40%/2015.01.14 至 2020.01.14/高毒

棉花 蚜虫、螨 375-600克/公顷 喷雾

森林 松干蚧、松毛虫 500倍液 喷雾或直接涂树干

水稻 稻纵卷叶螟、飞虱 375-600克/公顷 喷雾

小麦 蚜虫 300-450克/公顷 喷雾

PD85105-20 敌敌畏/77.5%/乳油/敌敌畏 77.5%/2015.01.14 至 2020.01.14/中等毒

甘蓝 菜青虫 600克/公顷 喷雾

	棉花	蚜虫、造桥虫	600-1200克/公顷	喷雾
	苹果树	小卷叶蛾、蚜虫	400-500毫克/千克	喷雾
	卫生	多种卫生害虫	1)300-400倍液,2)0.08克/立方米	1)泼洒.2)挂条熏蒸
	小麦	黏虫、蚜虫	600克/公顷	喷雾
PD86148-23	异丙威/20%/乳油/异丙威 20%/2011.09.29 至 2016.09.29/中等毒			
	水稻	飞虱、叶蝉	450-600克/公顷	喷雾
PD20092215	氯氰菊酯/50克/升/乳油/氯氰菊酯 50克/升/2014.02.24 至 2019.02.24/中等毒			
	棉花	棉铃虫	75-90克/公顷	喷雾
PD20092385	苏云金杆菌/16000IU/毫克/可湿性粉剂/苏云金杆菌 16000IU/毫克/2014.02.25 至 2019.02.25/低毒			
	十字花科蔬菜	小菜蛾	750-1500克制剂/公顷	喷雾
PD20093007	甲霜·锰锌/58%/可湿性粉剂/甲霜灵 10%、代森锰锌 48%/2014.03.09 至 2019.03.09/低毒			
	黄瓜	霜霉病	1305-1740克/公顷	喷雾
PD20093962	高效氯氟氰菊酯/25克/升/乳油/高效氯氟氰菊酯 25克/升/2014.03.27 至 2019.03.27/中等毒			
	十字花科蔬菜	菜青虫	15-22.5克/公顷	喷雾
PD20094115	精喹禾灵/5%/乳油/精喹禾灵 5%/2014.03.27 至 2019.03.27/低毒			
	冬油菜田	一年生禾本科杂草	45-67.5克/公顷	茎叶喷雾
PD20094146	高效氯氰菊酯/4.5%/乳油/高效氯氰菊酯 4.5%/2014.03.27 至 2019.03.27/中等毒			
	十字花科蔬菜	菜青虫	27-40.5克/公顷	喷雾
PD20094365	丁硫克百威/200克/升/乳油/丁硫克百威 200克/升/2014.04.01 至 2019.04.01/中等毒			
	水稻	三化螟	600-750克/公顷	喷雾
PD20094532	代森锌/80%/可湿性粉剂/代森锌 80%/2014.04.09 至 2019.04.09/低毒			
	番茄	早疫病	3000-3600克/公顷	喷雾
PD20094793	甲氰菊酯/20%/乳油/甲氰菊酯 20%/2014.04.13 至 2019.04.13/低毒			
	柑橘树	红蜘蛛	100-150毫克/千克	喷雾
PD20098515	阿维菌素/1.8%/乳油/阿维菌素 1.8%/2014.12.24 至 2019.12.24/中等毒(原药高毒)			
	十字花科蔬菜	小菜蛾	8.1-10.8克/公顷	喷雾
PD20100148	三唑磷/20%/乳油/三唑磷 20%/2015.01.05 至 2020.01.05/中等毒			
	水稻	二化螟	225-270克/公顷	喷雾
PD20101205	敌敌畏/80%/乳油/敌敌畏 80%/2010.02.09 至 2015.02.09/低毒			
	甘蓝	菜青虫	600克/公顷	喷雾
	棉花	蚜虫、造桥虫	600-1200克/公顷	喷雾
	苹果树	小卷叶蛾、蚜虫	400-500克/公顷	喷雾
	卫生	多种卫生害虫	1)300-400倍液 2)0.08克/立方米	1)泼洒 2)挂条熏蒸
	小麦	黏虫、蚜虫	600克/公顷	喷雾
PD20142589	甲氨基阿维菌素苯甲酸盐/0.5%/乳油/甲氨基阿维菌素 0.5%/2014.12.15 至 2019.12.15/低毒			
	甘蓝	小菜蛾	1.125-1.5克/公顷	喷雾
	注:甲氨基阿维菌素苯甲酸盐含量：0.57%。			

湖北农本化工有限公司　(湖北省黄冈市武穴市万丈湖新港　435403　0713-6280512)

PD20084662	杀单·克百威/3%/颗粒剂/克百威 0.5%、杀虫单 2.5%/2013.12.22 至 2018.12.22/低毒(原药高毒)			
	水稻	二化螟	900-1350克/公顷	拌毒土撒施
PD20085020	辛硫磷/3%/颗粒剂/辛硫磷 3%/2013.12.22 至 2018.12.22/低毒			
	花生	地老虎、金针虫、蝼蛄、蛴螬	2700-3600克/公顷	撒施
PD20100160	敌敌畏/48%/乳油/敌敌畏 48%/2010.01.05 至 2015.01.05/中等毒			
	水稻	飞虱	480-720克/公顷	喷雾

湖北农昴化工有限公司　(湖北省黄石市阳新县兴国镇太垴　435200　0714-7310501)

PD20081525	毒死蜱/98%/原药/毒死蜱 98%/2013.11.06 至 2018.11.06/中等毒			
PD20082150	氯氰·毒死蜱/522.5克/升/乳油/毒死蜱 475克/升、氯氰菊酯 47.5克/升/2013.11.25 至 2018.11.25/中等毒			
	棉花	棉铃虫	548.625-705.375克/公顷	喷雾
PD20082677	毒死蜱/480克/升/乳油/毒死蜱 480克/升/2013.12.05 至 2018.12.05/中等毒			
	柑橘树	介壳虫	1000-1500倍液	喷雾
	苹果树	绵蚜	1800-3000倍液	喷雾
	水稻	稻飞虱	468-612克/公顷	喷雾
	水稻	稻纵卷叶螟	450-600克/公顷	喷雾
PD20083410	氯氰·辛硫磷/20%/乳油/氯氰菊酯 1.5%、辛硫磷 18.5%/2013.12.11 至 2018.12.11/中等毒			
	棉花	棉铃虫、蚜虫	75-150克/公顷	喷雾
PD20096243	三唑磷/20%/乳油/三唑磷 20%/2014.07.15 至 2019.07.15/中等毒			
	水稻	二化螟	300-450克/公顷	喷雾
PD20111175	三唑磷/60%/乳油/三唑磷 60%/2011.11.15 至 2016.11.15/中等毒			
	水稻	二化螟	360-450克/公顷	喷雾
PD20120531	三唑磷/85%/原药/三唑磷 85%/2012.03.28 至 2017.03.28/中等毒			
PD20121608	唑磷·毒死蜱/30%/乳油/毒死蜱 15%、三唑磷 15%/2012.10.25 至 2017.10.25/中等毒			

水稻 三化螟 270-360克/公顷 喷雾

湖北沙隆达股份有限公司 （湖北省荆州市沙市区北京东路93号 434001 0716-8314802）

PD84108-9 敌百虫/90%/原药/敌百虫 90%/2014.12.07 至 2019.12.07/低毒

作物	防治对象	用药量	施用方法
白菜、青菜	地下害虫	750-1500克/公顷	喷雾
白菜、青菜	菜青虫	960-1200克/公顷	喷雾
茶树	尺蠖、刺蛾	450-900毫克/千克	喷雾
大豆	造桥虫	1800克/公顷	喷雾
柑橘树	卷叶蛾	600-750毫克/千克	喷雾
林木	松毛虫	600-900毫克/千克	喷雾
水稻	螟虫	1500-1800克/公顷	喷雾、泼浇或毒土
小麦	黏虫	1800克/公顷	喷雾
烟草	烟青虫	900毫克/千克	喷雾

PD85104-3 敌敌畏/95%92%/原药/敌敌畏 95%92%/2014.12.07 至 2019.12.07/中等毒

PD85105-18 敌敌畏/80%/乳油/敌敌畏 77.5%(气谱法)/2014.12.07 至 2019.12.07/中等毒

作物	防治对象	用药量	施用方法
茶树	食叶害虫	600克/公顷	喷雾
粮仓	多种储藏害虫	1)400-500倍液2)0.4-0.5克/立方米	1)喷雾2)挂条熏蒸
棉花	蚜虫、造桥虫	600-1200克/公顷	喷雾
苹果树	小卷叶蛾、蚜虫	400-500毫克/千克	喷雾
青菜	菜青虫	600克/公顷	喷雾
桑树	尺蠖	600克/公顷	喷雾
卫生	多种卫生害虫	1)300-400倍液2)0.08克/立方米	1)泼洒2)挂条熏蒸
小麦	黏虫、蚜虫	600克/公顷	喷雾

PD85159-22 草甘膦/30%/水剂/草甘膦 30%/2015.08.15 至 2020.08.15/低毒

作物	防治对象	用药量	施用方法
茶树、甘蔗、果园、剑麻、林木、桑树、橡胶树	一年生杂草和多年生恶性杂草	1125-2250克/公顷	喷雾

PD85162-2 敌百虫/80%/可溶粉剂/敌百虫 80%/2015.08.23 至 2020.08.23/低毒

作物	防治对象	用药量	施用方法
茶树	尺蠖	700-1400倍液	喷雾
荔枝树	蝽蟓	700倍液	喷雾
林木	松毛虫	1500-2000倍液	喷雾
蔬菜	斜纹夜蛾	1000倍液	喷雾
水稻	螟虫	700倍液	喷雾
小麦	黏虫	350-700倍液	喷雾
枣树	黏虫	700倍液	喷雾

PD86132-6 仲丁威/98.5%,97%,95%/原药/仲丁威 98.5%,97%,95%/2011.10.26 至 2016.10.26/低毒

PD86133-7 仲丁威/25%/乳油/仲丁威 25%/2013.03.19 至 2018.03.19/低毒

作物	防治对象	用药量	施用方法
水稻	飞虱、叶蝉	375-562.5克/公顷	喷雾

PD86147-8 异丙威/98%, 95%, 90%/原药/异丙威 98%, 95%, 90%/2011.10.26 至 2016.10.26/中等毒

PD86148-53 异丙威/20%/乳油/异丙威 20%/2011.12.31 至 2016.12.31/中等毒

作物	防治对象	用药量	施用方法
水稻	飞虱、叶蝉	450-600克/公顷	喷雾

PD86175-6 乙酰甲胺磷/97%/原药/乙酰甲胺磷 97%/2012.02.07 至 2017.02.07/低毒

PD86176-4 乙酰甲胺磷/30%/乳油/乙酰甲胺磷 30%/2012.06.10 至 2017.06.10/低毒

作物	防治对象	用药量	施用方法
柑橘树	介壳虫、螨	500-1000倍液	喷雾
果树	食心虫	500-1000倍液	喷雾
棉花	棉铃虫、蚜虫	450-900克/公顷	喷雾
蔬菜	菜青虫、蚜虫	337.5-540克/公顷	喷雾
水稻	螟虫、叶蝉	562.5-1012.5克/公顷	喷雾
小麦、玉米	黏虫、玉米螟	540-1080克/公顷	喷雾
烟草	烟青虫	450-900克/公顷	喷雾

PD88101-5 水胺硫磷/35%/乳油/水胺硫磷 35%/2013.01.27 至 2018.01.27/高毒

作物	防治对象	用药量	施用方法
棉花	红蜘蛛、棉铃虫	300-600克/公顷	喷雾
水稻	蓟马、螟虫	450-900克/公顷	喷雾

PD90101-11 异丙威/2%/粉剂/异丙威 2%/2015.03.29 至 2020.03.29/中等毒

作物	防治对象	用药量	施用方法
水稻	飞虱、叶蝉	450-900克/公顷	喷粉

PD92103-2 草甘膦/95%/原药/草甘膦 95%/2012.06.07 至 2017.06.07/低毒

PD93102 异丙威/10%/粉剂/异丙威 10%/2013.03.19 至 2018.03.19/中等毒

作物	防治对象	用药量	施用方法
水稻	飞虱、叶蝉	450-900克/公顷	喷粉

PD20040280 吡虫啉/95%/原药/吡虫啉 95%/2014.12.19 至 2019.12.19/低毒

PD20040296 哒螨灵/95%/原药/哒螨灵 95%/2014.12.19 至 2019.12.19/中等毒

PD20040321 吡虫啉/5%/乳油/吡虫啉 5%/2014.12.19 至 2019.12.19/低毒

作物	防治对象	用药量	施用方法
梨树	梨木虱	25-33.3毫克/千克	喷雾
棉花、小麦	蚜虫	7.5-15克/公顷	喷雾

	水稻	稻飞虱	15-22.5克/公顷	喷雾
	注:水稻、梨树的有效期至2009年10月29日。			
PD20040533	哒螨灵/20%/可湿性粉剂/哒螨灵 20%/2014.12.19 至 2019.12.19/中等毒			
	柑橘树、苹果树	红蜘蛛	50-67毫克/千克	喷雾
	棉花	红蜘蛛	90-135克/公顷	喷雾
PD20040598	吡虫·杀虫单/60%/可湿性粉剂/吡虫啉 2%、杀虫单 58%/2014.12.19 至 2019.12.19/中等毒			
	水稻	稻飞虱	360-540克/公顷	喷雾
PD20040624	哒螨灵/15%/乳油/哒螨灵 15%/2014.12.19 至 2019.12.19/中等毒			
	柑橘树	红蜘蛛	50-67毫克/千克	喷雾
	棉花	红蜘蛛	90-135克/公顷	喷雾
	注:哒螨灵质量浓度：135克/升。			
PD20040690	氯氰·三唑磷/20%/乳油/氯氰菊酯 1.8%、三唑磷 18.2%/2014.12.19 至 2019.12.19/中等毒			
	棉花	红铃虫	180-300克/公顷	喷雾
	棉花	蚜虫	180-240克/公顷	喷雾
	棉花	棉铃虫	300-360克/公顷	喷雾
PD20040748	吡虫啉/10%/可湿性粉剂/吡虫啉 10%/2014.12.19 至 2019.12.19/低毒			
	梨树	梨木虱	33.3-50毫克/千克	喷雾
	棉花	蚜虫	15-30克/公顷	喷雾
	蔬菜	蚜虫	7.5克/公顷	喷雾
	水稻	飞虱	15-30克/公顷	喷雾
	小麦	蚜虫	15-30克/公顷(南方地区)45-60克/公顷(北方地区)	喷雾
PD20040807	三唑磷/20%/乳油/三唑磷 20%/2014.12.20 至 2019.12.20/中等毒			
	棉花	棉铃虫	375-450克/公顷	喷雾
	水稻	二化螟、三化螟	300-450克/公顷	喷雾
	注:棉花登记有效期至2009年12月9日。			
PD20050024	氯氰菊酯/10%/乳油/氯氰菊酯 10%/2015.04.15 至 2020.04.15/中等毒			
	甘蓝	菜青虫	30-45克/公顷	喷雾
	棉花	棉铃虫	67.5-90克/公顷	喷雾
PD20050026	高效氯氰菊酯/4.5%/乳油/高效氯氰菊酯 4.5%/2015.04.15 至 2020.04.15/中等毒			
	棉花	棉铃虫	33.75-40.5克/公顷	喷雾
	棉花	棉蚜	13.5-27克/公顷	喷雾
	棉花	红铃虫	20.25-33.75克/公顷	喷雾
	苹果树	桃小食心虫	22.5-30毫克/千克	喷雾
	十字花科蔬菜	菜青虫	13.5-20.25克/公顷	喷雾
	十字花科蔬菜	小菜蛾	20.25-33.75克/公顷	喷雾
	注:苹果树登记有效期至2009年12月9日。			
PD20050027	高效氯氰菊酯/4.5%/微乳剂/高效氯氰菊酯 4.5%/2015.04.15 至 2020.04.15/低毒			
	甘蓝	菜青虫	13.5-27克/公顷	喷雾
PD20050119	三唑磷/85%/原药/三唑磷 85%/2015.08.15 至 2020.08.15/中等毒			
PD20070508	丁硫克百威/90%/原药/丁硫克百威 90%/2012.11.28 至 2017.11.28/低毒			
PD20080243	毒死蜱/98%/原药/毒死蜱 98%/2013.02.14 至 2018.02.14/中等毒			
PD20080403	灭多威/98%/原药/灭多威 98%/2013.02.28 至 2018.02.28/高毒			
PD20082048	高效氟吡甲禾灵/98%/原药/高效氟吡甲禾灵 98%/2013.11.25 至 2018.11.25/低毒			
PD20082140	高效氯氟氰菊酯/95%/原药/高效氯氟氰菊酯 95%/2013.11.25 至 2018.11.25/中等毒			
PD20082142	二氯喹啉酸/50%/可湿性粉剂/二氯喹啉酸 50%/2013.11.25 至 2018.11.25/低毒			
	水稻移栽田	稗草	200-390克/公顷(北方地区)	茎叶喷雾
PD20082230	虫酰肼/20%/悬浮剂/虫酰肼 20%/2013.11.26 至 2018.11.26/低毒			
	十字花科蔬菜	甜菜夜蛾	210-300克/公顷	喷雾
PD20082269	阿维·氯氰/2.1%/乳油/阿维菌素 0.1%、氯氰菊酯 2%/2013.11.27 至 2018.11.27/低毒(原药高毒)			
	十字花科蔬菜	小菜蛾	15.75-22.05克/公顷	喷雾
PD20082461	高效氯氟氰菊酯/2.5%/乳油/高效氯氟氰菊酯 2.5%/2013.12.02 至 2018.12.02/中等毒			
	棉花	棉铃虫	22.5-30克/公顷	喷雾
	十字花科蔬菜	菜青虫	11.25-15克/公顷	喷雾
PD20082669	阿维菌素/1.8%/乳油/阿维菌素 1.8%/2013.12.05 至 2018.12.05/低毒(原药高毒)			
	棉花	棉铃虫	13.5-21.6克/公顷	喷雾
	十字花科蔬菜	小菜蛾	8.1-13.5克/公顷	喷雾
PD20082765	敌百虫/30%/乳油/敌百虫 30%/2013.12.08 至 2018.12.08/低毒			
	十字花科蔬菜	菜青虫	450-675克/公顷	喷雾
PD20082884	灭多威/20%/乳油/灭多威 20%/2013.12.09 至 2018.12.09/高毒			
	棉花	棉铃虫	150-225克/公顷	喷雾
	棉花	蚜虫	75-150克/公顷	喷雾
PD20083141	辛硫·高氯氟/26%/乳油/高效氯氟氰菊酯 1%、辛硫磷 25%/2013.12.10 至 2018.12.10/中等毒			

登记证号	登记作物	防治对象	用药量	施用方法
	棉花	棉铃虫	300克/公顷	喷雾
	叶菜类蔬菜	菜青虫	162.63-243.75克/公顷	喷雾
PD20083659	毒死蜱/40%/乳油/毒死蜱 40%/2013.12.12 至 2018.12.12/中等毒			
	柑橘树	矢尖蚧、锈壁虱	267-500毫克/千克	喷雾
	棉花	棉铃虫、蚜虫	450-900克/公顷	喷雾
	苹果树	绵蚜	1500-2000倍液	喷雾
	苹果树	桃小食心虫	160-240毫克/千克	喷雾
	水稻	稻飞虱	300-600克/公顷	喷雾
	水稻	稻纵卷叶螟	480-600克/公顷	喷雾
	小麦	蚜虫	120-180克/公顷	喷雾
PD20083738	克百威/97%/原药/克百威 97%/2013.12.15 至 2018.12.15/高毒			
PD20084110	高效氟吡甲禾灵/10.8%/乳油/高效氟吡甲禾灵 10.8%/2013.12.16 至 2018.12.16/低毒			
	冬油菜田	一年生禾本科杂草	32.4—48.6克/公顷	茎叶喷雾
	花生田、棉花田、夏大豆田	一年生禾本科杂草	40.5—56.7克/公顷	茎叶喷雾
PD20084204	甲萘威/85%/可湿性粉剂/甲萘威 85%/2013.12.16 至 2018.12.16/中等毒			
	棉花	棉铃虫	1275-1912.5克/公顷	喷雾
PD20085146	毒死蜱/30%/微乳剂/毒死蜱 30%/2013.12.23 至 2018.12.23/中等毒			
	苹果树	绵蚜	200-250毫克/千克	喷雾
PD20085262	精喹·草除灵/17.5%/乳油/草除灵 15%、精喹禾灵 2.5%/2013.12.23 至 2018.12.23/低毒			
	冬油菜田	一年生杂草	262.5-393.8克/公顷	茎叶喷雾
PD20085274	克百·敌百虫/3%/颗粒剂/敌百虫 1.5%、克百威 1.5%/2013.12.23 至 2018.12.23/低毒(原药高毒)			
	棉花	蚜虫	1125-1350克/公顷	沟施或穴施
	水稻	二化螟、三化螟	1350-1800克/公顷	撒施
PD20085339	克百威/3%/颗粒剂/克百威 3%/2013.12.24 至 2018.12.24/中等毒(原药高毒)			
	甘蔗	蚜虫、蔗龟	1350-2250克/公顷	沟施
	花生	线虫	1800-2250克/公顷	条施,沟施
	棉花	蚜虫	675-900克/公顷	条施,沟施
	水稻	螟虫、瘿蚊	900-1350克/公顷	撒施
PD20085987	草甘膦异丙胺盐/41%/水剂/草甘膦异丙胺盐 41%/2013.12.29 至 2018.12.29/低毒			
	冬油菜田(免耕)	一年生杂草	750-1200克/公顷	茎叶喷雾
	果园	杂草	1125-2250克/公顷	定向茎叶喷雾
	免耕春油菜田	杂草	1500-2250克/公顷	茎叶喷雾
	免耕抛秧晚稻田	杂草	2100-2550克/公顷	茎叶喷雾
PD20090681	代森锰锌/80%/可湿性粉剂/代森锰锌 80%/2014.01.19 至 2019.01.19/低毒			
	柑橘树	疮痂病、炭疽病	1333-2000毫克/千克	喷雾
	黄瓜	霜霉病	1800-2400克/公顷	喷雾
	梨树	黑星病	800-1600毫克/千克	喷雾
	荔枝树	霜疫霉病	1333-2000毫克/千克	喷雾
	苹果树	斑点落叶病、轮纹病、炭疽病	1000-1600毫克/千克	喷雾
	葡萄	白腐病、黑痘病、霜霉病	1000-1600毫克/千克	喷雾
	西瓜	炭疽病	1560-2520毫克/千克	喷雾
PD20090710	乐果/40%/乳油/乐果 40%/2014.01.19 至 2019.01.19/中等毒			
	十字花科蔬菜	蚜虫	540-600克/公顷	喷雾
PD20090731	精喹禾灵/5%/乳油/精喹禾灵 5%/2014.01.19 至 2019.01.19/低毒			
	花生田、棉花田	一年生禾本科杂草	45-60克/公顷	茎叶喷雾
	西瓜田	一年生禾本科杂草	30-45克/公顷	茎叶喷雾
	夏大豆田	一年生禾本科杂草	52.5-67.5克/公顷	喷雾
	油菜田	一年生禾本科杂草	45-67.5克/公顷	喷雾
	芝麻	一年生禾本科杂草	37.5-60克/公顷	茎叶喷雾
PD20090757	吡虫·氧乐果/20%/乳油/吡虫啉 1%、氧乐果 19%/2014.01.19 至 2019.01.19/中等毒(原药高毒)			
	小麦	蚜虫	45-60克/公顷	喷雾
PD20091118	烯唑醇/12.5%/可湿性粉剂/烯唑醇 12.5%/2014.01.21 至 2019.01.21/低毒			
	小麦	白粉病	60-120克/公顷	喷雾
PD20092057	百草枯/200克/升/水剂/百草枯 200克/升/2014.06.30 至 2019.06.30/中等毒			
	注:专供出口,不得在国内销售。			
PD20093393	高效氯氰菊酯/95%/原药/高效氯氰菊酯 95%/2014.03.19 至 2019.03.19/低毒			
PD20095676	阿维·哒螨灵/5%/乳油/阿维菌素 0.2%、哒螨灵 4.8%/2014.05.14 至 2019.05.14/低毒(原药高毒)			
	苹果树	红蜘蛛	25-50毫克/千克	喷雾
PD20097523	百草枯/42%/母药/百草枯 42%/2014.11.03 至 2019.11.03/中等毒			
PD20101309	虫酰肼/95%/原药/虫酰肼 95%/2015.03.17 至 2020.03.17/低毒			
PD20101516	乙酰甲胺磷/75%/可溶粉剂/乙酰甲胺磷 75%/2015.05.12 至 2020.05.12/低毒			
	观赏菊花	蚜虫	750-937.5毫克/千克	喷雾

棉花 蚜虫 450-900克/公顷 喷雾
水稻 稻纵卷叶螟 787.5-1125克/公顷 喷雾
PD20101556 草甘膦异丙胺盐(62%)///母药/草甘膦 46%/2015.05.19 至 2020.05.19/低毒
PD20110386 草甘膦铵盐/68%/可溶粒剂/草甘膦 68%/2011.04.12 至 2016.04.12/低毒
非耕地 杂草 1125-2250克/公顷 茎叶喷雾
注:草甘膦铵盐含量: 74.7%。
PD20110865 乙酰甲胺磷/92%/可溶粒剂/乙酰甲胺磷 92%/2011.08.10 至 2016.08.10/低毒
棉花 蚜虫 552-690克/公顷 喷雾
水稻 二化螟 690-828克/公顷 喷雾
PD20110991 草甘膦铵盐/50%/可溶粉剂/草甘膦 50%/2011.09.21 至 2016.09.21/低毒
柑橘园 杂草 1856-2475克/公顷 定向茎叶喷雾
注:草甘膦铵盐含量: 55%。
PD20120309 2,4-滴二甲胺盐/720克/升/水剂/2,4-滴二甲胺盐 720克/升/2012.02.17 至 2017.02.17/低毒
注:专供出口，不得在国内销售。
PD20131506 2,4-滴/98%/原药/2,4-滴 98%/2013.07.15 至 2018.07.15/中等毒
注:专供出口，不得在国内销售。
PD20132692 敌敌畏/90%/可溶液剂/敌敌畏 90%/2013.12.25 至 2018.12.25/中等毒
观赏菊花 蚜虫 900-1125毫克/千克 喷雾
PD20140516 吡虫啉/70%/水分散粒剂/吡虫啉 70%/2014.03.06 至 2019.03.06/低毒
水稻 飞虱 31.5-42克/公顷 喷雾
PD20142588 甲萘威/98%/原药/甲萘威 98%/2014.12.15 至 2019.12.15/中等毒
PD20150032 丙环唑/95%/原药/丙环唑 95%/2015.01.04 至 2020.01.04/低毒
PD20151554 硫双威/95%/原药/硫双威 95%/2015.08.03 至 2020.08.03/中等毒

湖北省赤壁志诚生物工程有限公司 (湖北省赤壁市凤凰山苦竹桥 437322 0715-5260250)

PD20092500 杀单·苏云菌/63.6%/可湿性粉剂/杀虫单 63%、苏云金杆菌 0.6%/2014.02.26 至 2019.02.26/中等毒
水稻 二化螟 477-667.8克/公顷 喷雾
PD20094641 唑磷·毒死蜱/32%/乳油/毒死蜱 16%、三唑磷 16%/2014.04.10 至 2019.04.10/中等毒
水稻 三化螟 192-288克/公顷 喷雾
PD20097285 阿维·苏云菌/2%/可湿性粉剂/阿维菌素 0.1%、苏云金杆菌 1.9%/2014.10.26 至 2019.10.26/低毒(原药高毒)
甘蓝 菜青虫 6-9克/公顷 喷雾
PD20097862 苏云金杆菌/16000IU/毫克/可湿性粉剂/苏云金杆菌 16000IU/毫克/2014.11.20 至 2019.11.20/低毒
茶树 茶毛虫 800-1600倍液 喷雾
棉花 二代棉铃虫 1500-2250克制剂/公顷 喷雾
森林 松毛虫 1200-1600倍液 喷雾
十字花科蔬菜 菜青虫 375-750克制剂/公顷 喷雾
十字花科蔬菜 小菜蛾 750-1125克制剂/公顷 喷雾
水稻 稻纵卷叶螟 1500-2250克制剂/公顷 喷雾
烟草 烟青虫 750-1500克制剂/公顷 喷雾
玉米 玉米螟 750-1500克制剂/公顷 喷雾
枣树 枣尺蠖 1200-1600倍液 喷雾
PD20098123 棉铃虫核型多角体病毒/10亿PIB/克/可湿性粉剂/棉铃虫核型多角体病毒 10亿PIB/克/2014.12.08 至 2019.12.08/低毒
棉花 棉铃虫 1500-2250克制剂/公顷 喷雾

湖北省汉川瑞天利化工有限公司 (湖北省孝感市汉川市田二河镇振兴路 431605 0712-8752532)

PD20083427 高效氯氰菊酯/4.5%/水乳剂/高效氯氰菊酯 4.5%/2013.12.11 至 2018.12.11/低毒
甘蓝 菜青虫 20.25-27克/公顷 喷雾
PD20095443 三唑磷/20%/乳油/三唑磷 20%/2014.05.11 至 2019.05.11/低毒
水稻 三化螟 375-450克/公顷 喷雾
PD20100659 复硝酚钾/2%/水剂/2,4-二硝基苯酚钾 0.15%、对硝基苯酚钾 1.0%、邻硝基苯酚钾 0.9%/2015.01.15 至 2020.01.15/低毒
茶树 调节生长 4000-6000倍液 喷雾、浸种
豆菜、瓜菜类蔬菜、叶菜类蔬菜 调节生长 2000-3000倍液 喷雾、浸种
甘蔗 调节生长 1)4000-6000倍液2)3000-4000倍液 喷雾、浸种
黄麻 调节生长 5000-6000倍液 喷雾
亚麻 调节生长 2000-3000倍液 喷雾
PD20120952 甲氨基阿维菌素苯甲酸盐/0.5%/乳油/甲氨基阿维菌素 0.5%/2012.06.14 至 2017.06.14/低毒
甘蓝 甜菜夜蛾 2.25-3.75克/公顷 喷雾
注:甲氨基阿维菌素苯甲酸盐含量: 0.57%。
PD20120954 阿维菌素/1.8%/乳油/阿维菌素 1.8%/2012.06.14 至 2017.06.14/低毒(原药高毒)
苹果树 红蜘蛛 3-6毫克/千克 喷雾
PD20132256 啶虫脒/5%/乳油/啶虫脒 5%/2013.11.05 至 2018.11.05/低毒
柑橘树 蚜虫 10-12.5毫克/千克 喷雾

湖北省荆州市扬长日化有限公司 (湖北省公安县杨家厂镇斗杨路18号 434303 0716-5394358)

WP20080228 杀蚊烟片/1.8%/片剂/胺菊酯 1.8%/2013.11.25 至 2018.11.25/低毒
卫生 蚊 / 点燃

湖北省荆州市鑫隆达农药化工有限公司 (湖北省荆州市荆州区弥市镇刘家桥村 434035 0716-8817235)

PD84104-51 杀虫双/18%/水剂/杀虫双 18%/2014.10.15 至 2019.10.15/中等毒
甘蔗、蔬菜、水稻、小麦、玉米 多种害虫 540-675克/公顷 喷雾
果树 多种害虫 225-360毫克/千克 喷雾

湖北省天门市生物农药厂 (湖北省天门市蒋湖农工路3号 431725 0728-4691209)

PD20040373 高效氯氰菊酯/4.5%/乳油/高效氯氰菊酯 4.5%/2014.12.19 至 2019.12.19/中等毒
棉花 棉铃虫 15-30克/公顷 喷雾
PD20082395 高氯·辛硫磷/27.5%/乳油/高效氯氰菊酯 2.5%、辛硫磷 25%/2013.12.01 至 2018.12.01/中等毒
棉花 棉铃虫 247.5-330克/公顷 喷雾
PD20082542 氰戊·辛硫磷/34%/乳油/氰戊菊酯 4%、辛硫磷 30%/2013.12.03 至 2018.12.03/中等毒
棉花 棉铃虫 255-306克/公顷 喷雾
PD20097117 棉铃虫核型多角体病毒/5000亿PIB/克/母药/棉铃虫核型多角体病毒 5000亿PIB/克/2014.10.12 至 2019.10.12/低毒
PD20097118 棉铃虫核型多角体病毒/10亿PIB/克/可湿性粉剂/棉铃虫核型多角体病毒 10亿PIB/克/2014.10.12 至 2019.10.12/低毒
棉花 棉铃虫 1200-1500克制剂/公顷 喷雾
PD20097119 棉铃虫核型多角体病毒/20亿PIB/克/悬浮剂/棉铃虫核型多角体病毒 20亿PIB/克/2014.10.12 至 2019.10.12/低毒
棉花 棉铃虫 750-900毫升制剂/公顷 喷雾

湖北省天门斯普林植物保护有限公司 (湖北省天门市岳口镇沿河大道3-1号 431702 0728-4725817)

PD20092019 甲哌鎓/25%/水剂/甲哌鎓 25%/2014.02.12 至 2019.02.12/低毒
棉花 调节生长 45-60克/公顷 喷雾
PD20100873 硫磺·多菌灵/40%/悬浮剂/多菌灵 20%、硫磺 20%/2015.01.19 至 2020.01.19/低毒
水稻 稻瘟病 1200-1800克/公顷 喷雾
甜菜 褐斑病 900-1200克/公顷 喷雾
PD20110149 啶虫脒/3%/微乳剂/啶虫脒 3%/2016.02.10 至 2021.02.10/低毒
烟草 蚜虫 18-27克/公顷 喷雾
PD20110159 吡虫啉/2%/颗粒剂/吡虫啉 2%/2016.02.10 至 2021.02.10/低毒
烟草 蚜虫 135-195克/公顷 穴施
PD20110501 络氨铜/25%/水剂/络氨铜 25%/2011.05.03 至 2016.05.03/低毒
棉花 立枯病、炭疽病 99-132克/100千克种子 拌种
PD20120166 阿维菌素/1.8%/微乳剂/阿维菌素 1.8%/2012.01.30 至 2017.01.30/低毒(原药高毒)
棉花 棉铃虫 21.6-32.4克/公顷 喷雾
棉花 红蜘蛛 10.8-16.2克/公顷 喷雾
PD20152164 啶虫脒/10%/微乳剂/啶虫脒 10%/2015.09.22 至 2020.09.22/低毒
烟草 蚜虫 18-27克/公顷 喷雾
PD20152208 阿维菌素/5%/微乳剂/阿维菌素 5%/2015.09.23 至 2020.09.23/中等毒(原药高毒)
棉花 棉铃虫 22.5-33.75克/公顷 喷雾

湖北省天门易普乐农化有限公司 (湖北省天门市岳口镇沿河大道3号 431702 0728-4725817)

PDN8-91 三环唑/20%/可湿性粉剂/三环唑 20%/2011.04.12 至 2016.04.12/中等毒
水稻 稻瘟病 225-300克/公顷 喷雾
PD84118-9 多菌灵/25%/可湿性粉剂/多菌灵 25%/2015.01.21 至 2020.01.21/低毒
果树 病害 0.05-0.1%药液 喷雾
花生 倒秧病 750克/公顷 喷雾
麦类 赤霉病 750克/公顷 喷雾.泼浇
棉花 苗期病害 500克/100千克种子 拌种
水稻 稻瘟病、纹枯病 750克/公顷 喷雾.泼浇
油菜 菌核病 1125-1500克/公顷 喷雾
PD84125-11 乙烯利/40%/水剂/乙烯利 40%/2015.01.21 至 2020.01.21/低毒
番茄 催熟 800-1000倍液 喷雾或浸渍
棉花 催熟、增产 330-500倍液 喷雾
柿子、香蕉 催熟 400倍液 喷雾或浸渍
水稻 催熟、增产 800倍液 喷雾
橡胶树 增产 5-10倍液 涂布
烟草 催熟 1000-2000倍液 喷雾
PD85150-11 多菌灵/50%/可湿性粉剂/多菌灵 50%/2011.04.11 至 2016.04.11/低毒
果树 病害 0.05-0.1%药液 喷雾
花生 倒秧病 750克/公顷 喷雾
麦类 赤霉病 750克/公顷 喷雾、泼浇
棉花 苗期病害 250克/50千克种子 拌种
水稻 稻瘟病、纹枯病 750克/公顷 喷雾、泼浇
油菜 菌核病 1125-1500克/公顷 喷雾
PD86133-5 仲丁威/25%/乳油/仲丁威 25%/2011.11.13 至 2016.11.13/低毒

	水稻	飞虱、叶蝉	375-562.5克/公顷	喷雾
PD86134-4	多菌灵/40%/悬浮剂/多菌灵 40%/2011.11.13 至 2016.11.13/低毒			
	果树	病害	0.05-0.1%药液	喷雾
	花生	倒秧病	750克/公顷	喷雾
	绿萍	霉腐病	0.05%药液	喷雾
	麦类	赤霉病	0.025%药液	喷雾
	棉花	苗期病害	0.3%药液	浸种
	水稻	纹枯病	0.025%药液	喷雾
	甜菜	褐斑病	250-500倍液	喷雾
	油菜	菌核病	1125-1500克/公顷	喷雾
PD86148-22	异丙威/20%/乳油/异丙威 20%/2011.11.13 至 2016.11.13/中等毒			
	水稻	飞虱、叶蝉	450-600克/公顷	喷雾
PD86153-5	叶枯唑/20%/可湿性粉剂/叶枯唑 20%/2011.11.13 至 2016.11.13/低毒			
	水稻	白叶枯病	300-375克/公顷	喷雾、弥雾
PD86156-4	异丙威/4%/粉剂/异丙威 4%/2011.11.13 至 2016.11.13/中等毒			
	水稻	飞虱、叶蝉	600克/公顷	喷粉
PD90101-2	异丙威/2%/粉剂/异丙威 2%/2015.01.06 至 2020.01.06/中等毒			
	水稻	飞虱、叶蝉	450-900克/公顷	喷粉
PD20040610	三唑酮/15%/可湿性粉剂/三唑酮 15%/2014.12.19 至 2019.12.19/低毒			
	小麦	白粉病、锈病	135-180克/公顷	喷雾
	玉米	丝黑穗病	60-90克/100千克种子	拌种
PD20040649	三唑酮/20%/乳油/三唑酮 20%/2014.12.19 至 2019.12.19/低毒			
	小麦	白粉病	120-127.5克/公顷	喷雾
PD20085441	高效氯氟氰菊酯/25克/升/乳油/高效氯氟氰菊酯 25克/升/2013.12.24 至 2018.12.24/中等毒			
	茶树	茶尺蠖	3.75-7.5克/公顷	喷雾
PD20091753	异稻·三环唑/20%/可湿性粉剂/三环唑 12%、异稻瘟净 8%/2014.02.04 至 2019.02.04/中等毒			
	水稻	稻瘟病	300-450克/公顷	喷雾
PD20091994	甲基异柳磷/2.5%/颗粒剂/甲基异柳磷 2.5%/2014.02.12 至 2019.02.12/高毒			
	小麦	吸浆虫	495-750克/公顷	土壤处理
PD20092068	溴氰菊酯/2.5%/乳油/溴氰菊酯 2.5%/2014.02.16 至 2019.02.16/中等毒			
	茶树	害虫	3.75-7.5克/公顷	喷雾
	大白菜、棉花	害虫	7.5-15克/公顷	喷雾
	柑橘树、苹果树	害虫	5-10毫克/千克	喷雾
	烟草	烟青虫	7.5-9克/公顷	喷雾
PD20093316	噻嗪酮/25%/可湿性粉剂/噻嗪酮 25%/2014.03.13 至 2019.03.13/低毒			
	水稻	飞虱	150-187.5克/公顷	喷雾
PD20093465	草甘膦/30%/水剂/草甘膦 30%/2014.03.23 至 2019.03.23/低毒			
	柑橘园	杂草	1125-2250克/公顷	定向喷雾
PD20094864	甲霜·锰锌/72%/可湿性粉剂/甲霜灵 8%、代森锰锌 64%/2014.04.13 至 2019.04.13/低毒			
	黄瓜	霜霉病	1944-2268克/公顷	喷雾
PD20102174	甲氨基阿维菌素苯甲酸盐/2%/乳油/甲氨基阿维菌素 2%/2015.12.14 至 2020.12.14/低毒			
	棉花	棉铃虫	9.675-12.9克/公顷	喷雾
	注:甲氨基阿维菌素苯甲酸盐含量：2.3%			
PD20110384	苯甲·丙环唑/30%/乳油/苯醚甲环唑 15%、丙环唑 15%/2011.04.12 至 2016.04.12/低毒			
	香蕉	叶斑病	150－300毫克/千克	喷雾
PD20110758	甲氨基阿维菌素苯甲酸盐/5%/水分散粒剂/甲氨基阿维菌素 5%/2011.07.25 至 2016.07.25/低毒			
	甘蓝	甜菜夜蛾	2.5-3.75克/公顷	喷雾
	注:甲氨基阿维菌素苯甲酸盐含量为:5.7%。			
PD20111110	阿维菌素/1.8%/乳油/阿维菌素 1.8%/2011.10.18 至 2016.10.18/低毒(原药高毒)			
	柑橘树	红蜘蛛	6-7.2毫克/千克	喷雾
PD20120132	啶虫脒/20%/可溶粉剂/啶虫脒 20%/2012.01.29 至 2017.01.29/低毒			
	黄瓜	蚜虫	30-45克/公顷	喷雾
PD20130130	吡虫啉/70%/水分散粒剂/吡虫啉 70%/2013.01.17 至 2018.01.17/低毒			
	甘蓝	蚜虫	14-20克/公顷	喷雾
PD20130678	烯酰·锰锌/69%/可湿性粉剂/代森锰锌 61%、烯酰吗啉 8%/2013.04.09 至 2018.04.09/低毒			
	黄瓜	霜霉病	1035-1400克/公顷	喷雾
PD20130708	草甘膦铵盐/80%/可溶粒剂/草甘膦 80%/2013.04.11 至 2018.04.11/低毒			
	非耕地	杂草	1200-2400克/公顷	定向茎叶喷雾
	橡胶园	杂草	1800-2400克/公顷	行间定向茎叶喷雾
	注:草甘膦铵盐含量:88.8%。			
PD20140148	草铵膦/200克/升/水剂/草铵膦 200克/升/2014.01.20 至 2019.01.20/低毒			
	柑橘园	杂草	1050-1350克/公顷	定向茎叶喷雾
PD20140517	苯甲·嘧菌酯/325克/升/悬浮剂/苯醚甲环唑 125克/升、嘧菌酯 200克/升/2014.03.06 至 2019.03.06/低毒			

番茄 早疫病 146.25-243.75克/公顷 喷雾
PD20140693 杀螟丹/4%/颗粒剂/杀螟丹 4%/2014.03.24 至 2019.03.24/低毒
水稻 稻纵卷叶螟 1350-1800克/公顷 撒施
PD20140895 己唑醇/30%/悬浮剂/己唑醇 30%/2014.04.08 至 2019.04.08/低毒
水稻 纹枯病 58.5-76.5克/公顷 喷雾
PD20141239 精噁唑禾草灵/69克/升/水乳剂/精噁唑禾草灵 69克/升/2014.05.07 至 2019.05.07/低毒
冬油菜田 一年生禾本科杂草 41.4-62.1克/公顷 茎叶喷雾
PD20141265 代森锰锌/80%/可湿性粉剂/代森锰锌 80%/2014.05.07 至 2019.05.07/低毒
苹果树 轮纹病 1000-1333毫克/千克 喷雾
PD20141536 乙草胺/81.5%/乳油/乙草胺 81.5%/2014.06.17 至 2019.06.17/低毒
油菜田 一年生禾本科杂草 550-795克/公顷 土壤喷雾
PD20150152 吲哚丁酸/1.2%/水剂/吲哚丁酸 1.2%/2015.01.14 至 2020.01.14/低毒
水稻 调节生长、增产 12-24毫克/千克 喷雾

湖北省蚊香厂 (湖北省黄梅县环城路1号 435500 0713-3636236)

WP20100014 蚊香/0.3%/蚊香/富右旋反式烯丙菊酯 0.3%/2015.01.14 至 2020.01.14/微毒
卫生 蚊 / 点燃

湖北省武汉环保盾高新科技发展有限公司 (湖北省武汉市汉阳区杨泗港路1号 430052 027-84523259)

WP20100029 杀虫水乳剂/0.3%/水乳剂/氯菊酯 0.3%/2010.01.20 至 2015.01.20/低毒
卫生 蚊、蝇 / 喷洒
WP20120114 氯菊酯/24%/乳油/氯菊酯 24%/2012.06.14 至 2017.06.14/低毒
卫生 蚊、蝇 10毫克/平方米(玻璃)，20毫克/平方米(木)，30毫克/平方米(水泥) 滞留喷洒
卫生 蜚蠊 20毫克/平方米(玻璃)，40毫克/平方米(木)，60毫克/平方米(水泥) 滞留喷洒

湖北省武汉洁利日化有限责任公司 (湖北省武汉市蔡甸区汉口青年路56号 430022 027-85769452)

WP20100056 蚊香/0.3%/蚊香/富右旋反式烯丙菊酯 0.3%/2010.03.26 至 2015.03.26/微毒
卫生 蚊 / 点燃

湖北省武汉天惠生物工程有限公司 (湖北省武汉市洪山区华中农业大学狮子山大道天惠楼 430070 027-87287660)

PD20082288 阿维菌素/1.8%/乳油/阿维菌素 1.8%/2013.12.01 至 2018.12.01/低毒(原药高毒)
柑橘树 红蜘蛛 4.5-9毫克/千克 喷雾
十字花科蔬菜 小菜蛾 8.1-10.8克/公顷 喷雾
PD20082628 阿维菌素/92%/原药/阿维菌素 92%/2013.12.04 至 2018.12.04/高毒
PD20090205 三唑磷/20%/乳油/三唑磷 20%/2014.01.09 至 2019.01.09/中等毒
水稻 二化螟、三化螟 300-450克/公顷 喷雾
PD20091472 苏云金杆菌/16000IU/毫克/可湿性粉剂/苏云金杆菌 16000IU/毫克/2014.02.02 至 2019.02.02/低毒
茶树 茶毛虫 800-1600倍液 喷雾
棉花 二代棉铃虫、棉铃虫 1500-2250克制剂/公顷 喷雾
森林 松毛虫 1200-1600倍液 喷雾
十字花科蔬菜 小菜蛾 750-1125克制剂/公顷 喷雾
十字花科蔬菜 菜青虫 375-750克制剂/公顷 喷雾
水稻 二化螟 2250-2700克制剂/公顷 喷雾
水稻 稻纵卷叶螟 1500-2250克制剂/公顷 喷雾
烟草 烟青虫 750-1500克制剂/公顷 喷雾
玉米 玉米螟 750-1500克制剂/公顷 喷雾
枣树 枣尺蠖 1200-1600倍液 喷雾
PD20096215 多抗霉素/32%/原药/多抗霉素 32%/2014.07.15 至 2019.07.15/低毒
PD20096234 唑磷·毒死蜱/25%/乳油/毒死蜱 5%、三唑磷 20%/2014.07.15 至 2019.07.15/中等毒
水稻 稻纵卷叶螟 300-375克/公顷 喷雾
PD20096823 枯草芽孢杆菌/2000亿孢子/克/母药/枯草芽孢杆菌 2000亿孢子/克/2014.09.21 至 2019.09.21/低毒
PD20096824 枯草芽孢杆菌/1000亿孢子/克/可湿性粉剂/枯草芽孢杆菌 1000亿孢子/克/2014.09.21 至 2019.09.21/低毒
草莓 灰霉病 600-900克制剂/公顷 喷雾
黄瓜 白粉病 840-1260克制剂/公顷 喷雾
水稻 稻瘟病 375-450克/公顷 喷雾
PD20097517 井冈霉素A/5%/可溶粉剂/井冈霉素A 5%/2014.11.03 至 2019.11.03/低毒
水稻 纹枯病 52.5-75克/公顷 喷雾
PD20098521 多抗霉素/3%/可湿性粉剂/多抗霉素 3%/2014.12.24 至 2019.12.24/低毒
烟草 赤星病 105－135克/公顷 喷雾
PD20100393 井冈霉素/20%/可溶粉剂/井冈霉素 20%/2015.01.14 至 2020.01.14/低毒
水稻 纹枯病 105－150克/公顷 喷雾
PD20121347 蛇床子素/10%/母药/蛇床子素 10%/2012.09.13 至 2017.09.13/低毒
PD20121348 蛇床子素/0.4%/乳油/蛇床子素 0.4%/2012.09.13 至 2017.09.13/低毒
茶树 茶尺蠖 6-7.2克/公顷 喷雾
十字花科蔬菜 菜青虫 4.8-7.2克/公顷 喷雾

PD20121828 胺·吡·草除灵/14.5%/可湿性粉剂/胺苯磺隆 1%、草除灵 10%、高效氟吡甲禾灵 3.5%/2012.11.22 至 2015.06.30/低毒
油菜田 一年生杂草 108.75-130.5克/公顷 茎叶喷雾
PD20131035 阿维菌素/5%/微乳剂/阿维菌素 5%/2013.05.13 至 2018.05.13/低毒(原药高毒)
菜豆 美洲斑潜蝇 8.1-12.15克/公顷 喷雾
PD20131519 啶虫脒/3%/微乳剂/啶虫脒 3%/2013.07.17 至 2018.07.17/低毒
甘蓝 蚜虫 18-22.5克/公顷 喷雾
PD20132186 甲氨基阿维菌素苯甲酸盐/3%/水分散粒剂/甲氨基阿维菌素 3%/2013.10.29 至 2018.10.29/低毒
甘蓝 甜菜夜蛾 2.25-3.75克/公顷 喷雾
注:甲氨基阿维菌素苯甲酸盐含量: 3.4%。
PD20151777 几丁聚糖/0.5%/悬浮种衣剂/几丁聚糖 0.5%/2015.08.28 至 2020.08.28/低毒
春大豆、冬小麦、棉花、玉米 调节生长 12.5-16.5克/100千克种子 种子包衣
WP20150201 苏云金杆菌/7000ITU/毫克/母药/苏云金杆菌(以色列亚种) 7000ITU/毫克/2015.09.23 至 2020.09.23/低毒

湖北省武汉武隆农药有限公司 (湖北省武汉市新洲区仓埠街方杨林岗 430314 027-83413411)

PD85105-36 敌敌畏/80%/乳油/敌敌畏 77.5%(气谱法)/2015.01.14 至 2020.01.14/中等毒
茶树 食叶害虫 600克/公顷 喷雾
粮仓 多种储藏害虫 1)400-500倍液2)0.4-0.5克/立方米 1)喷雾2)挂条熏蒸
棉花 蚜虫、造桥虫 600-1200克/公顷 喷雾
苹果树 小卷叶蛾、蚜虫 400-500毫克/千克 喷雾
青菜 菜青虫 600克/公顷 喷雾
桑树 尺蠖 600克/公顷 喷雾
卫生 多种卫生害虫 1)300-400倍液2)0.08克/立方米 1)泼洒2)挂条熏蒸
小麦 黏虫、蚜虫 600克/公顷 喷雾
PD86142-4 三氯杀虫酯/98%,95%/原药/三氯杀虫酯 98%,95%/2011.10.23 至 2016.10.23/低毒
PD86148-20 异丙威/20%/乳油/异丙威 20%/2011.10.23 至 2016.10.23/中等毒
水稻 飞虱、叶蝉 450-600克/公顷 喷雾
PD91104-30 敌敌畏/50%/乳油/敌敌畏 48%(气谱法)/2016.01.17 至 2021.01.17/中等毒
茶树 食叶害虫 600克/公顷 喷雾
粮仓 多种储粮害虫 1)300-400倍液2)0.4-0.5克/立方米 1)喷雾2)挂条熏蒸
棉花 蚜虫、造桥虫 600-1200克/公顷 喷雾
苹果树 小卷叶蛾、蚜虫 400-500毫克/千克 喷雾
青菜 菜青虫 600克/公顷 喷雾
桑树 尺蠖 600克/公顷 喷雾
卫生 多种卫生害虫 1)250-300倍液2)0.08克/立方米 1)泼洒2)挂条熏蒸
小麦 黏虫、蚜虫 600克/公顷 喷雾
PD20050172 高效氯氰菊酯/4.5%/乳油/高效氯氰菊酯 4.5%/2015.11.14 至 2020.11.14/中等毒
茶树 尺蠖 15-25.5克/公顷 喷雾
柑橘树 潜叶蛾 15-20毫克/千克 喷雾
柑橘树 红蜡蚧 50毫克/千克 喷雾
棉花 红铃虫、棉铃虫、蚜虫 15-30克/公顷 喷雾
十字花科蔬菜 菜蚜 3-18克/公顷 喷雾
十字花科蔬菜 菜青虫、小菜蛾 9-25.5克/公顷 喷雾
烟草 烟青虫 15-25.5克/公顷 喷雾
PD20082277 甲氰菊酯/20%/乳油/甲氰菊酯 20%/2013.11.27 至 2018.11.27/中等毒
十字花科叶菜 小菜蛾 120-240克/公顷 喷雾
PD20082967 精吡氟禾草灵/15%/乳油/精吡氟禾草灵 15%/2013.12.09 至 2018.12.09/低毒
棉花田 一年生禾本科杂草 75-150克/公顷 茎叶喷雾
PD20083139 溴氰菊酯/2.5%/乳油/溴氰菊酯 2.5%/2013.12.10 至 2018.12.10/中等毒
十字花科蔬菜 菜青虫 7.5-15克/公顷 喷雾
PD20090683 杀单·苏云/63.1%/可湿性粉剂/杀虫单 62.6%、苏云金杆菌 0.5%/2014.01.19 至 2019.01.19/中等毒
水稻 二化螟 437.25-662.55克/公顷 喷雾
PD20090780 氰戊·氧乐果/30%/乳油/氰戊菊酯 10%、氧乐果 20%/2014.01.19 至 2019.01.19/高毒
棉花 红铃虫、棉铃虫 90-180克/公顷 喷雾
棉花 蚜虫 67.5-135克/公顷 喷雾
PD20095677 氰戊·马拉松/20%/乳油/马拉硫磷 15%、氰戊菊酯 5%/2014.05.14 至 2019.05.14/中等毒
棉花 棉铃虫、蚜虫 90-150克/公顷 喷雾
苹果树 桃小食心虫 160-333毫克/千克 喷雾
十字花科蔬菜 菜青虫、蚜虫 90—150克/公顷 喷雾
小麦 蚜虫 60-90克/公顷 喷雾
PD20097310 毒死蜱/45%/乳油/毒死蜱 45%/2014.10.27 至 2019.10.27/中等毒
水稻 稻纵卷叶螟 468-612克/公顷 喷雾

PD20150744 嘧菌酯/250克/升/悬浮剂/嘧菌酯 250克/升/2015.04.20 至 2020.04.20/低毒
黄瓜 霜霉病 112.5—180克/公顷 喷雾

湖北省武汉兴泰生物技术有限公司 (湖北省武汉市武昌区小洪山中区44号 430071 027-87198641)

PD20100176 松毛虫质型多角体病毒/50亿PIB/毫升/母药/松毛虫质型多角体病毒 50亿PIB/毫升/2015.01.05 至 2020.01.05/低毒
PD20110518 松质·赤眼蜂///杀虫卡/松毛虫质型多角体病毒 1亿个PIB/每卡、松毛虫赤眼蜂 1500头/每卡/2011.05.03 至 2016.05.03/微毒
松树 松毛虫 75-120卡/公顷 悬挂
PD20150161 苏云金杆菌/8000IU/毫克/悬浮剂/苏云金杆菌 8000IU/毫克/2015.01.14 至 2020.01.14/微毒
松树 松毛虫 稀释200-400倍 喷雾
PD20150176 苏云金杆菌/32000IU/毫克/可湿性粉剂/苏云金杆菌 32000IU/毫克/2015.01.15 至 2020.01.15/微毒
松树 松毛虫 稀释倍数：2000-2500 喷雾
WP20100134 球形芽孢杆菌/80ITU/毫克/悬浮剂/球形芽孢杆菌 80ITU/毫克/2015.11.03 至 2020.11.03/低毒
卫生 孑孓 3毫升/平方米 喷洒
WP20140011 苏云金杆菌/400ITU/微升/悬浮剂/苏云金杆菌(以色列亚种) 400ITU/微升/2014.01.20 至 2019.01.20/低毒
室外 蚊(幼虫) 4毫升/平方米 喷洒
WP20140058 苏云金杆菌（以色列亚种）/1200ITU/毫克/可湿性粉剂/苏云金杆菌(以色列亚种) 1200ITU/毫克/2014.03.10 至 2019.03.10/低毒
室外 蚊(幼虫) / 喷洒

湖北省孝感市日用化工厂 (湖北省孝感市黄花路中段 432000 0712-2466220)

WP20090315 蚊香/0.28%/蚊香/富右旋反式烯丙菊酯 0.28%/2014.09.07 至 2019.09.07/低毒
卫生 蚊 / 点燃

湖北省阳新县泰鑫化工有限公司 (湖北省阳新县星国镇 435200 0714-7300776)

PD20111096 甲氨基阿维菌素苯甲酸盐/3%/微乳剂/甲氨基阿维菌素 3%/2011.10.13 至 2016.10.13/低毒
甘蓝 小菜蛾 1.8—2.25克/公顷 喷雾
注:甲氨基阿维菌素苯甲酸盐含量:3.4%。

湖北省宜昌地区三峡农药厂 (湖北省枝江市白洋镇 443208 0717-4401918)

PD90105-3 石硫合剂/45%/结晶粉/石硫合剂 45%(以CaS4 计)/2015.05.17 至 2020.05.17/低毒
茶树 叶螨 150倍液 喷雾
柑橘树 锈壁虱 300-500倍液 晚秋喷雾
柑橘树 介壳虫、螨 1)180-300倍液2)300-500倍液 1)早春喷雾2)晚秋喷雾
麦类 白粉病 150倍液 喷雾
苹果树 叶螨 20-30倍液 萌芽前喷雾
PD20082927 石硫合剂/29%/水剂/石硫合剂 29%/2013.12.09 至 2018.12.09/低毒
柑橘树 红蜘蛛 0.5-1Be(波美) 喷雾
苹果树 白粉病 0.5Be(波美) 喷雾
PD20083258 氰戊·马拉松/21%/乳油/马拉硫磷 15%、氰戊菊酯 6%/2013.12.11 至 2018.12.11/中等毒
棉花 红蜘蛛 120-180克/公顷 喷雾
棉花 蚜虫 75-120克/公顷 喷雾
苹果树 桃小食心虫 60-100毫克/千克 喷雾
苹果树 红蜘蛛 60-150毫克/千克 喷雾
苹果树 蚜虫 50-70毫克/千克 喷雾

湖北省宜昌三峡农药厂 (湖北省枝江市白洋镇 443208 0716-4401918，8714066)

PD20082058 草甘膦/30%/水剂/草甘膦 30%/2013.11.25 至 2018.11.25/低毒
柑橘园 杂草 3750-7500毫升制剂/公顷 定向茎叶喷雾
PD20083970 草甘膦/95%/原药/草甘膦 95%/2013.12.16 至 2018.12.16/低毒
PD20100141 硫磺/99.5%/原药/硫磺 99.5%/2015.01.05 至 2020.01.05/低毒

湖北省枣阳市先飞高科农药有限公司 (湖北省枣阳市襄阳路79号 441200 0710-6223368)

PD20040755 多·硫/25%/可湿性粉剂/多菌灵 12.5%、硫磺 12.5%/2014.12.19 至 2019.12.19/低毒
水稻 稻瘟病 1200-1800克/公顷 喷雾
PD20040758 硫磺·三唑酮/20%/可湿性粉剂/硫磺 10%、三唑酮 10%/2014.12.19 至 2019.12.19/低毒
小麦 白粉病、锈病 150-225克/公顷 喷雾
PD20050069 三唑磷/20%/乳油/三唑磷 20%/2015.06.24 至 2020.06.24/中等毒
水稻 二化螟、三化螟 300-450克/公顷 喷雾
PD20082605 甲氰菊酯/20%/乳油/甲氰菊酯 20%/2013.12.04 至 2018.12.04/中等毒
苹果树 红蜘蛛 100-133.3毫克/千克 喷雾
苹果树 桃小食心虫 67-100毫克/千克 喷雾
PD20085781 苯磺隆/10%/可湿性粉剂/苯磺隆 10%/2013.12.29 至 2018.12.29/低毒
冬小麦田 一年生阔叶杂草 15—22.5克/公顷 茎叶喷雾
PD20092203 甲氰·乐果/20%/乳油/甲氰菊酯 4%、乐果 16%/2014.02.23 至 2019.02.23/低毒
棉花 棉铃虫 210-270克/公顷 喷雾

湖北省钟祥市第二化工农药厂 (湖北省荆门市钟祥市中山镇 431903 0724-4338065)

PD84104-59 杀虫双/18%/水剂/杀虫双 18%/2014.12.22 至 2019.12.22/中等毒

	甘蔗、蔬菜、水稻、小麦、玉米	多种害虫	540-675克/公顷	喷雾
	果树	多种害虫	225-360毫克/千克	喷雾
PD85105-21	敌敌畏/80%/乳油/敌敌畏 77.5%(气谱法)/2015.03.23 至 2020.03.23/中等毒			
	茶树	食叶害虫	600克/公顷	喷雾
	粮仓	多种储藏害虫	1)400-500倍液2)0.4-0.5克/立方米	1)喷雾2)挂条熏蒸
	棉花	蚜虫、造桥虫	600-1200克/公顷	喷雾
	苹果树	小卷叶蛾、蚜虫	400-500毫克/千克	喷雾
	青菜	菜青虫	600克/公顷	喷雾
	桑树	尺蠖	600克/公顷	喷雾
	卫生	多种卫生害虫	1)300-400倍液2)0.08克/立方米	1)泼洒2)挂条熏蒸
	小麦	黏虫、蚜虫	600克/公顷	喷雾
PD88101-7	水胺硫磷/40%/乳油/水胺硫磷 40%/2013.04.09 至 2018.04.09/高毒			
	棉花	红蜘蛛、棉铃虫	300-600克/公顷	喷雾
	水稻	蓟马、螟虫	450-900克/公顷	喷雾
PD20040212	高效氯氰菊酯/4.5%/乳油/高效氯氰菊酯 4.5%/2014.12.19 至 2019.12.19/中等毒			
	茶树	茶尺蠖	15-25.5克/公顷	喷雾
	柑橘树	潜叶蛾	15-20毫克/千克	喷雾
	柑橘树	红蜡蚧	50毫克/千克	喷雾
	棉花	红铃虫、棉铃虫、棉蚜	15-30克/公顷	喷雾
	十字花科蔬菜	菜青虫、小菜蛾	9-25.5克/公顷	喷雾
	十字花科蔬菜	菜蚜	3-18克/公顷	喷雾
	烟草	烟青虫	15-25.5克/公顷	喷雾
PD20040600	杀虫单/90%/可溶粉剂/杀虫单 90%/2014.12.19 至 2019.12.19/中等毒			
	水稻	螟虫	525-750克/公顷	喷雾
PD20091167	噻嗪·杀虫单/60%/可湿性粉剂/噻嗪酮 10%、杀虫单 50%/2014.01.22 至 2019.01.22/中等毒			
	水稻	稻飞虱、稻纵卷叶螟	450-540克/公顷	喷雾
PD20092508	敌畏·氧乐/30%/乳油/敌敌畏 15%、氧乐果 15%/2014.02.26 至 2019.02.26/高毒			
	小麦	蚜虫	157.5-247.5克/公顷	喷雾
PD20096214	丙溴磷/40%/乳油/丙溴磷 40%/2014.07.15 至 2019.07.15/低毒			
	棉花	棉铃虫	360-450克/公顷	喷雾
PD20096283	辛硫磷/40%/乳油/辛硫磷 40%/2014.07.22 至 2019.07.22/低毒			
	十字花科蔬菜	菜青虫	180-240克/公顷	喷雾
PD20096764	甲氰菊酯/20%/乳油/甲氰菊酯 20%/2014.09.15 至 2019.09.15/中等毒			
	茶树	茶尺蠖	60-90克/公顷	喷雾
PD20120322	甲氨基阿维菌素苯甲酸盐/2%/乳油/甲氨基阿维菌素 2%/2012.02.17 至 2017.02.17/低毒			
	甘蓝	小菜蛾	1.5-3克/公顷	喷雾
	注:甲氨基阿维菌素苯甲酸盐含量：2.3%。			
PD20141409	啶虫脒/5%/乳油/啶虫脒 5%/2014.06.06 至 2019.06.06/低毒			
	柑橘树	蚜虫	10-15毫克/千克	喷雾
WP20120053	高效氯氰菊酯/5%/悬浮剂/高效氯氰菊酯 5%/2012.03.28 至 2017.03.28/低毒			
	卫生	蜚蠊	80毫克/平方米	滞留喷洒
	卫生	蝇	40毫克/平方米	滞留喷洒
WP20150204	杀虫热雾剂/2.5%/热雾剂/胺菊酯 0.5%、高效氯氰菊酯 2%/2015.10.20 至 2020.10.20/低毒			
	室内	蜚蠊、蚊	50毫克/立方米	喷雾

湖北泰盛化工有限公司　(湖北省宜昌市猇亭区长江路29号　443007　0717-6917409)

PD20086040	草甘膦/95%/原药/草甘膦 95%/2013.12.29 至 2018.12.29/低毒			
PD20100652	草甘膦异丙胺盐(41%)///水剂/草甘膦 30%/2015.01.15 至 2020.01.15/低毒			
	柑橘园	杂草	1230-2460克/公顷	定向茎叶喷雾
PD20110035	草甘膦异丙胺盐/46%/水剂/草甘膦 46%/2016.01.07 至 2021.01.07/低毒			
	柑橘园	杂草	1860-2604克/公顷	定向喷雾
	注:草甘膦异丙胺盐含量：62%。			
PD20111012	草甘膦铵盐/30%/水剂/草甘膦 30%/2011.09.28 至 2016.09.28/低毒			
	柑橘园	杂草	1125-2250克/公顷	定向茎叶喷雾
	注:草甘膦铵盐含量：33%。			
PD20131714	草甘膦铵盐/68%/可溶粒剂/草甘膦 68%/2013.08.16 至 2018.08.16/低毒			
	非耕地	杂草	1122-2244克/公顷	茎叶喷雾
	注:草甘膦铵盐含量：75.7%。			
PD20132155	草甘膦铵盐/65%/可溶粉剂/草甘膦 65%/2013.10.29 至 2018.10.29/低毒			
	柑橘园	一年生和多年生杂草	1170-2145克/公顷	定向茎叶喷雾
	注:草甘膦铵盐含量：71.5%。			

湖北太极生化有限公司　(湖北省恩施土家族苗族自治州恩施市后山湾高井河65号　445000　0718-8281369)

PD90104-4	矿物油/95%/乳油/矿物油 95%/2015.04.06 至 2020.04.06/低毒			
	柑橘树	锈壁虱、蚜虫	100-200倍液	喷雾
	柑橘树、杨梅树、枇杷树	介壳虫	50-60倍液	喷雾
PD90106-33	苏云金杆菌/8000IU/微升/悬浮剂/苏云金杆菌 8000IU/微升/2015.06.29 至 2020.06.29/低毒			
	白菜、萝卜、青菜	菜青虫、小菜蛾	1500-2250克制剂/公顷	喷雾
	茶树	茶毛虫	3000克制剂/公顷	喷雾
	高粱、玉米	玉米螟	2250-3000克制剂/公顷	加细沙灌心叶
	梨树、苹果树、桃树、枣树	尺蠖、食心虫	200倍液	喷雾
	林木	尺蠖、柳毒蛾、松毛虫	150-200倍液	喷雾
	棉花	棉铃虫、造桥虫	3750-6000克制剂/公顷	喷雾
	水稻	稻苞虫、螟虫	3000-6000克制剂/公顷	喷雾
	烟草	烟青虫	3000克制剂/公顷	喷雾
PD20085408	石硫合剂/29%/水剂/石硫合剂 29%/2013.12.24 至 2018.12.24/低毒			
	苹果	白粉病	0.5-0.8Be（波美）	喷雾
PD20094476	氰戊·马拉松/20%/乳油/马拉硫磷 15%、氰戊菊酯 5%/2014.04.09 至 2019.04.09/低毒			
	十字花科蔬菜	菜青虫	120-150克/公顷	喷雾
PD20094943	二嗪磷/50%/乳油/二嗪磷 50%/2014.04.17 至 2019.04.17/中等毒			
	水稻	二化螟	750-900克/公顷	喷雾
PD20096080	高效氯氟氰菊酯/25克/升/乳油/高效氯氟氰菊酯 25克/升/2014.06.18 至 2019.06.18/低毒			
	十字花科蔬菜	蚜虫	7.5-11.25克/公顷	喷雾
PD20096299	石硫合剂/45%/结晶/石硫合剂 45%/2014.07.22 至 2019.07.22/中等毒			
	柑橘树	红蜘蛛	1800-2250毫克/千克	喷雾
PD20097252	福美双/50%/可湿性粉剂/福美双 50%/2014.10.19 至 2019.10.19/低毒			
	烟草	根腐病	500克/500千克温床土	土壤处理
PD20101344	硫磺/50%/悬浮剂/硫磺 50%/2015.03.26 至 2020.03.26/低毒			
	苹果树	白粉病	1250－2500毫克/千克	喷雾
PD20101345	草甘膦异丙胺盐(41%)///水剂/草甘膦 30%/2015.03.26 至 2020.03.26/低毒			
	茶园	杂草	1230-1845克/公顷	定向茎叶喷雾

湖北天泽农生物工程有限公司　(湖北省武汉市洪山区珞狮路449号　430070　027-87386569)

PD20081539	高效氯氟氰菊酯/25克/升/乳油/高效氯氟氰菊酯 25克/升/2013.11.11 至 2018.11.11/中等毒			
	十字花科蔬菜	菜青虫	7.5-15克/公顷	喷雾
PD20081972	苏云金杆菌/16000IU/毫克/可湿性粉剂/苏云金杆菌 16000IU/毫克/2013.11.25 至 2018.11.25/低毒			
	茶树	茶毛虫	稀释800-1600倍	喷雾
	棉花	二代棉铃虫	1500-2250克制剂/公顷	喷雾
	森林	松毛虫	稀释1200-1600倍	喷雾
	十字花科蔬菜	小菜蛾	750-1125克制剂/公顷	喷雾
	十字花科蔬菜	菜青虫	375-750克制剂/公顷	喷雾
	水稻	稻纵卷叶螟	1500-2250克制剂/公顷	喷雾
	烟草	烟青虫	750-1500克制剂/公顷	喷雾
	玉米	玉米螟	750-1500克制剂/公顷	加细沙灌心
	枣树	枣尺蠖	稀释1200-1600倍	喷雾
PD20082346	苏云金杆菌/32000IU/毫克/可湿性粉剂/苏云金杆菌 32000IU/毫克/2013.12.01 至 2018.12.01/低毒			
	茶树	茶毛虫	稀释400-800倍	喷雾
	棉花	二代棉铃虫	3000-4500克制剂/公顷	喷雾
	森林	松毛虫	稀释600-800倍	喷雾
	十字花科蔬菜	菜青虫	750-1500克制剂/公顷	喷雾
	十字花科蔬菜	小菜蛾	1500-2250克制剂/公顷	喷雾
	水稻	稻纵卷叶螟	3000-4500克制剂/公顷	喷雾
	烟草	烟青虫	1500-3000克制剂/公顷	喷雾
	玉米	玉米螟	1500-3000克制剂/公顷	加细沙灌心
	枣树	枣尺蠖	稀释600-800倍	喷雾
PD20082766	联苯菊酯/100克/升/乳油/联苯菊酯 100克/升/2013.12.08 至 2018.12.08/中等毒			
	茶树	茶小绿叶蝉	30-37.5克/公顷	喷雾
PD20083756	阿维菌素/1.8%/乳油/阿维菌素 1.8%/2013.12.15 至 2018.12.15/低毒(原药高毒)			
	甘蓝	小菜蛾	8.1-10.8克/公顷	喷雾
PD20083760	噻嗪·异丙威/25%/可湿性粉剂/噻嗪酮 5%、异丙威 20%/2013.12.15 至 2018.12.15/低毒			
	水稻	稻飞虱	450-562.5克/公顷	喷雾
PD20084302	甲霜·锰锌/58%/可湿性粉剂/甲霜灵 10%、代森锰锌 48%/2013.12.17 至 2018.12.17/低毒			
	黄瓜	霜霉病	870-1305克/公顷	喷雾
PD20092327	阿维·高氯/1.8%/乳油/阿维菌素 0.3%、高效氯氟氰菊酯 1.5%/2014.02.24 至 2019.02.24/低毒(原药高毒)			
	甘蓝	菜青虫、小菜蛾	7.5-15克/公顷	喷雾

PD20092519 阿维·苏云菌/2%/可湿性粉剂/阿维菌素 0.1%、苏云金杆菌 1.9%/2014.02.26 至 2019.02.26/低毒(原药高毒)

小油菜	小菜蛾	9-15克/公顷	喷雾

PD20093796 唑磷·毒死蜱/30%/乳油/毒死蜱 15%、三唑磷 15%/2014.03.25 至 2019.03.25/中等毒

水稻	三化螟	225-270克/公顷	喷雾

PD20096968 毒死蜱/45%/乳油/毒死蜱 45%/2014.09.29 至 2019.09.29/中等毒

棉花	棉铃虫	675-900克/公顷	喷雾

PD20097634 丙环唑/250克/升/乳油/丙环唑 250克/升/2014.11.03 至 2019.11.03/低毒

小麦	白粉病	125－156克/公顷	喷雾

PD20097774 甲氰菊酯/20%/乳油/甲氰菊酯 20%/2014.11.12 至 2019.11.12/中等毒

柑橘树	红蜘蛛	67-133毫克/千克	喷雾

PD20098271 杀单·苏云菌/46%/可湿性粉剂/杀虫单 45%、苏云金杆菌 1%/2014.12.18 至 2019.12.18/中等毒

水稻	稻纵卷叶螟	345-448.5克/公顷	喷雾

PD20131515 申嗪霉素/1%/悬浮剂/申嗪霉素 1%/2013.07.17 至 2018.07.17/低毒

辣椒	疫病	7.5-18克/公顷	喷雾
水稻	纹枯病	7.5-10.5/公顷	喷雾
西瓜	枯萎病	500-1000倍液	灌根

湖北旺世化工有限公司 (湖北省武汉市武昌区南湖通惠桥58号 430064 027-88034139)

PD85105-45 敌敌畏/80%/乳油/敌敌畏 77.5%/2012.10.28 至 2017.10.28/中等毒

茶树	食叶害虫	600克/公顷	喷雾
粮仓	多种储藏害虫	1)400-500倍液2)0.4-0.5克/立方米	1)喷雾2)挂条熏蒸
棉花	蚜虫、造桥虫	600-1200克/公顷	喷雾
苹果树	小卷叶蛾、蚜虫	400-500毫克/千克	喷雾
青菜	菜青虫	600克/公顷	喷雾
桑树	尺蠖	600克/公顷	喷雾
卫生	多种卫生害虫	1)300-400倍液2)0.08克/立方米	1)泼洒2)挂条熏蒸
小麦	黏虫、蚜虫	600克/公顷	喷雾

PD86148-59 异丙威/20%/乳油/异丙威 20%/2012.10.28 至 2017.10.28/中等毒

水稻	飞虱、叶蝉	450-600克/公顷	喷雾

PD20085144 氰戊·敌敌畏/25%/乳油/敌敌畏 20%、氰戊菊酯 5%/2013.12.29 至 2018.12.29/中等毒

甘蓝	蚜虫	112.5-187.5克/公顷	喷雾

PD20091659 精喹禾灵/5%/乳油/精喹禾灵 5%/2014.02.03 至 2019.02.03/低毒

油菜田	一年生禾本科杂草	45-67.5克/公顷	茎叶喷雾

PD20093345 敌百虫/30%/乳油/敌百虫 30%/2014.03.18 至 2019.03.18/低毒

甘蓝、萝卜、小油菜	菜青虫	450-900克/公顷	喷雾

湖北武汉宝世卫生药械有限责任公司 (湖北省武汉市东西湖区环湖路中部慧谷2栋2号 430048 027-59351697)

WP20100001 杀虫气雾剂/0.37%/气雾剂/胺菊酯 0.3%、高效氯氰菊酯 0.07%/2015.01.04 至 2020.01.04/微毒

卫生	蜚蠊、蚊、蝇	/	喷雾

注:本产品有三种香型:甜橙香型、薰衣草香型、柠檬香型。

WP20100003 蚊香/0.2%/蚊香/富右旋反式烯丙菊酯 0.2%/2015.01.04 至 2020.01.04/微毒

卫生	蚊	/	点燃

WP20110220 烯丙·氯菊/10%/乳油/Es-生物烯丙菊酯 2.5%、氯菊酯 7.5%/2011.09.28 至 2016.09.28/低毒

卫生	蚊、蝇	1)300-500毫克/平方米 2)7.5毫克/立方米	1)滞留喷洒2)喷雾
卫生	蜚蠊	300-500毫克/平方米	滞留喷洒
卫生	蚊、蝇、蜚蠊	/	热烟雾机喷雾

WP20120035 苯氰·残杀威/10%/乳油/残杀威 5%、右旋苯醚氰菊酯 5%/2012.02.24 至 2017.02.24/低毒

室内	蜚蠊	250毫克/平方米	滞留喷洒

WP20120036 蚊香/0.05%/蚊香/氯氟醚菊酯 0.05%/2012.02.24 至 2017.02.24/低毒

卫生	蚊	/	点燃

WP20120126 烯丙·氯菊/5%/水乳剂/富右旋反式烯丙菊酯 1%、氯菊酯 4%/2012.07.02 至 2017.07.02/低毒

卫生	蚊、蝇	7.5毫克/立方米	喷洒

WP20130084 电热蚊香液/0.6%/电热蚊香液/氯氟醚菊酯 0.6%/2013.05.02 至 2018.05.02/低毒

卫生	蚊	/	电热加温

WP20130094 杀虫气雾剂/0.7%/气雾剂/胺菊酯 0.31%、富右旋反式烯丙菊酯 0.08%、氯菊酯 0.31%/2013.05.20 至 2018.05.20/微毒

卫生	蚊、蝇、蜚蠊	/	喷雾

WP20130130 杀蟑气雾剂/0.5%/气雾剂/胺菊酯 0.32%、高效氯氰菊酯 0.06%、右旋苯醚氰菊酯 0.12%/2013.06.08 至 2018.06.08/微毒

卫生	蜚蠊	/	喷雾

WP20130197 杀虫喷射剂/0.68%/喷射剂/胺菊酯 0.34%、富右旋反式烯丙菊酯 0.07%、氯菊酯 0.27%/2013.09.24 至2018.09.24/微毒

室内	蚊、蝇、蜚蠊	/	喷射

WP20140209 杀蟑饵剂/1.5%/饵剂/残杀威 1.5%/2014.09.18 至 2019.09.18/低毒

室内	蜚蠊	/	投放

湖北仙隆化工股份有限公司 (湖北省仙桃市沿江大道东36号 433000 0728-3221415 3221061)

PD84112-2 亚胺硫磷/20%/乳油/亚胺硫磷 20%/2015.01.11 至 2020.01.11/中等毒

白菜	菜青虫、蚜虫	700-1000倍液	喷雾
大豆	食心虫	975-1275克/公顷	喷雾
柑橘树	介壳虫	250-400倍液	喷雾
棉花	棉铃虫、蚜虫、螨	300-2000倍液	喷雾
水稻	螟虫	750-900克/公顷	喷雾
玉米	黏虫、玉米螟	200-400倍液	喷雾

PD86163-2 甲基异柳磷/95%,90%,85%/原药/甲基异柳磷 95%,90%,85%/2011.12.07 至 2016.12.07/高毒

PD86164-2 甲基异柳磷/35%/乳油/甲基异柳磷 35%/2011.12.07 至 2016.12.07/中等毒

甘薯	茎线虫病	1500-3000克/公顷	拌土条施或铺施
甘薯	蛴螬	600克/公顷	毒饵
甘蔗	黑色蔗龟	1500克/公顷	淋于蔗苗基部并覆薄土
高粱	地下害虫	0.05%药液	拌种
花生	蛴螬	1500克/公顷	沟施花生墩旁
小麦	地下害虫	40克/100千克种子	拌种
玉米	地下害虫	0.1%药液	拌种

PD86165-3 甲基异柳磷/40%/乳油/甲基异柳磷 40%/2011.12.07 至 2016.12.07/高毒

甘薯	茎线虫病	1500-3000克/公顷	拌土条施或铺施
甘薯	蛴螬	600克/公顷	毒饵
甘蔗	黑色蔗龟	1500克/公顷	淋于蔗苗基部并覆薄土
高粱	地下害虫	0.05%药液	拌种
花生	蛴螬	1500克/公顷	沟施花生墩旁
小麦	地下害虫	40克/100千克种子	拌种
玉米	地下害虫	0.1%药液	拌种

PD88101 水胺硫磷/40%/乳油/水胺硫磷 40%/2013.02.25 至 2018.02.25/高毒

棉花	红蜘蛛、棉铃虫	300-600克/公顷	喷雾
水稻	蓟马、螟虫	450-900克/公顷	喷雾

PD93108 水胺硫磷/35%/乳油/水胺硫磷 35%/2015.03.23 至 2020.03.23/中等毒(原药高毒)

棉花	红蜘蛛、棉铃虫	300-600克/公顷	喷雾
水稻	蓟马、螟虫	450-900克/公顷	喷雾

PD20040310 杀虫单/95%/原药/杀虫单 95%/2014.12.19 至 2019.12.19/中等毒

PD20040401 高效氯氰菊酯/4.5%/乳油/高效氯氰菊酯 4.5%/2014.12.19 至 2019.12.19/中等毒

韭菜	迟眼蕈蚊	6.75-13.5克/公顷	喷雾
十字花科蔬菜	菜青虫	10.125-20.25克/公顷	喷雾

PD20040489 三唑磷/30%/乳油/三唑磷 30%/2014.12.19 至 2019.12.19/中等毒

水稻	二化螟	225-300克/公顷	喷雾

PD20040604 吡虫·杀虫单/80%/可湿性粉剂/吡虫啉 2%、杀虫单 78%/2014.12.19 至 2019.12.19/低毒

水稻	飞虱、三化螟	450-750克/公顷	喷雾

PD20040615 杀虫单/90%/可溶粉剂/杀虫单 90%/2014.12.19 至 2019.12.19/中等毒

水稻	三化螟	675-810克/公顷	喷雾

PD20040811 三唑磷//原药/三唑磷 85%/2014.12.23 至 2019.12.23/中等毒

PD20040812 三唑磷/20%/乳油/三唑磷 20%/2014.12.23 至 2019.12.23/中等毒

水稻	二化螟	300-450克/公顷	喷雾

PD20070098 百草枯/20%/水剂/百草枯 20%/2014.06.30 至 2019.06.30/中等毒

注:专供出口,不得在国内销售。

PD20070101 百草枯/42%/母液/百草枯 42%/2012.04.20 至 2017.04.20/中等毒

PD20070460 炔螨特/90%/原药/炔螨特 90%/2012.11.20 至 2017.11.20/中等毒

PD20070513 敌敌畏/95%/原药/敌敌畏 95%/2012.11.28 至 2017.11.28/低毒

PD20080183 辛硫磷/90%/原药/辛硫磷 90%/2013.01.04 至 2018.01.04/低毒

PD20080806 乙酰甲胺磷/95%/原药/乙酰甲胺磷 95%/2013.06.20 至 2018.06.20/低毒

PD20080918 草甘膦/95%/原药/草甘膦 95%/2013.07.17 至 2018.07.17/低毒

PD20082026 甲霜·福美双/40%/可湿性粉剂/福美双 30%、甲霜灵 10%/2013.11.25 至 2018.11.25/低毒

水稻	立枯病、青枯病	140-200克/100千克种子	拌种

PD20082033 草甘膦/30%/水剂/草甘膦 30%/2013.11.25 至 2018.11.25/低毒

柑橘园	一年生及部分多年生杂草	1125-2250克/公顷	定向茎叶喷雾

PD20082049 井冈霉素/5%/水剂/井冈霉素 5%/2013.12.01 至 2018.12.01/微毒

水稻	纹枯病	150-187.5克/公顷	喷雾

PD20082261 炔螨特/70%/乳油/炔螨特 70%/2013.11.27 至 2018.11.27/中等毒

柑橘树、苹果树	红蜘蛛	233.3-350毫克/千克	喷雾

PD20082564 辛硫磷/40%/乳油/辛硫磷 40%/2013.12.04 至 2018.12.04/低毒

十字花科蔬菜 菜青虫 300-450克/公顷 喷雾

PD20082637 高效氯氟氰菊酯/2.5%/乳油/高效氯氟氰菊酯 2.5%/2013.12.04 至 2018.12.04/中等毒

十字花科蔬菜 菜青虫 7.5-11.25克/公顷 喷雾

PD20082735 炔螨特/40%/乳油/炔螨特 40%/2013.12.08 至 2018.12.08/低毒

柑橘树 红蜘蛛 266.7-400毫克/千克 喷雾

苹果树 红蜘蛛 1000-1500倍液 喷雾

PD20082960 敌敌畏/50%/乳油/敌敌畏 50%/2013.12.09 至 2018.12.09/中等毒

十字花科蔬菜 菜青虫 600-750克/公顷 喷雾

PD20083323 高效氯氰菊酯/95%/原药/高效氯氰菊酯 95%/2013.12.11 至 2018.12.11/中等毒

PD20083373 敌敌畏/77.5%/乳油/敌敌畏 77.5%/2013.12.11 至 2018.12.11/中等毒

棉花 蚜虫 600-1200克/公顷 喷雾

苹果树 小卷叶蛾、蚜虫 400-500毫克/千克 喷雾

十字花科蔬菜 菜青虫 600-840克/公顷 喷雾

小麦 蚜虫 600克/公顷 喷雾

PD20083384 腈菌唑/95%/原药/腈菌唑 95%/2013.12.11 至 2018.12.11/低毒

PD20083540 阿维·高氯/1%/乳油/阿维菌素 0.1%、高效氯氰菊酯 0.9%/2013.12.12 至 2018.12.12/低毒(原药高毒)

十字花科蔬菜 小菜蛾 13.5-27克/公顷 喷雾

PD20083715 腈菌唑/12.5%/乳油/腈菌唑 12.5%/2013.12.15 至 2018.12.15/低毒

小麦 白粉病 30-60克/公顷 喷雾

PD20083733 二甲戊灵/33%/乳油/二甲戊灵 33%/2013.12.15 至 2018.12.15/低毒

移栽甘蓝田 一年生杂草 495-742.5克/公顷 土壤喷雾

PD20083847 甲氰菊酯/10%/乳油/甲氰菊酯 10%/2013.12.15 至 2018.12.15/中等毒

苹果树 红蜘蛛 80-120毫克/千克 喷雾

PD20084134 杀螟丹/98%/原药/杀螟丹 98%/2013.12.16 至 2018.12.16/中等毒

PD20084837 马拉硫磷/90%/原药/马拉硫磷 90%/2013.12.22 至 2018.12.22/低毒

PD20085047 毒死蜱/98%/原药/毒死蜱 98%/2013.12.23 至 2018.12.23/中等毒

PD20085647 甲基异柳磷/3%/颗粒剂/甲基异柳磷 3%/2013.12.26 至 2018.12.26/中等毒(原药高毒)

甘蔗 蔗龟 1875克/公顷 穴施

PD20090299 杀虫双/25%/母药/杀虫双 25%/2014.01.09 至 2019.01.09/中等毒

PD20090357 阿维·苏云菌/1.5%/可湿性粉剂/阿维菌素 0.1%、苏云金杆菌 1.4%/2014.01.12 至 2019.01.12/低毒(原药高毒)

十字花科蔬菜 小菜蛾 750-900克制剂/公顷 喷雾

PD20090462 毒死蜱/40%/乳油/毒死蜱 40%/2014.01.12 至 2019.01.12/中等毒

棉花 棉铃虫 600-900克/公顷 喷雾

苹果树 桃小食心虫 1500-2500倍液 喷雾

水稻 稻飞虱 300-600克/公顷 喷雾

PD20090563 甲硫·腈菌唑/25%/可湿性粉剂/甲基硫菌灵 22.5%、腈菌唑 2.5%/2014.01.13 至 2019.01.13/低毒

番茄 叶霉病 375-525克/公顷 喷雾

PD20091865 腈菌·咪鲜胺/15%/乳油/腈菌唑 12.5%、咪鲜胺 2.5%/2014.02.09 至 2019.02.09/低毒

香蕉 叶斑病 600-900倍液 喷雾

PD20092061 毒死蜱/45%/乳油/毒死蜱 45%/2014.02.13 至 2019.02.13/中等毒

棉花 棉铃虫 300-420克/公顷 喷雾

PD20092512 阿维菌素/1.8%/乳油/阿维菌素 1.8%/2014.02.26 至 2019.02.26/低毒(原药高毒)

棉花 棉铃虫 21.6-22.5克/公顷 喷雾

茭白 二化螟 9.5-13.5克/公顷 喷雾

PD20092611 锰锌·腈菌唑/25%/可湿性粉剂/腈菌唑 5%、代森锰锌 20%/2014.03.02 至 2019.03.02/低毒

梨树 黑星病 1250-1500倍液 喷雾

PD20092764 杀虫双/29%/水剂/杀虫双 29%/2014.03.04 至 2019.03.04/中等毒

水稻 二化螟 600-900克/公顷 喷雾

PD20094368 亚胺硫磷/95%/原药/亚胺硫磷 95%/2014.04.01 至 2019.04.01/中等毒

PD20095235 杀虫双/18%/水剂/杀虫双 18%/2014.04.27 至 2019.04.27/低毒

水稻 三化螟 540-675克/公顷 喷雾

PD20095539 阿维·吡虫啉/1.5%/乳油/阿维菌素 0.1%、吡虫啉 1.4%/2014.05.12 至 2019.05.12/低毒(原药高毒)

十字花科蔬菜 小菜蛾、蚜虫 11.25-22.5克/公顷 喷雾

PD20095762 杀螟丹/95%/可溶粉剂/杀螟丹 95%/2014.05.18 至 2019.05.18/中等毒

水稻 二化螟 600-900克/公顷 喷雾

PD20095921 吡虫啉/10%/可湿性粉剂/吡虫啉 10%/2014.06.02 至 2019.06.02/低毒

菠菜 蚜虫 30-45克/公顷 喷雾

韭菜 韭蛆 300-450克/公顷 药土法

莲藕 莲缢管蚜 15-30克/公顷 喷雾

芹菜 蚜虫 15-30克/公顷 喷雾

水稻 稻飞虱 15-30克/公顷 喷雾

PD20096429 辛硫·三唑磷/20%/乳油/三唑磷 10%、辛硫磷 10%/2014.08.05 至 2019.08.05/中等毒

水稻 稻纵卷叶螟 275-480克/公顷 喷雾

PD20097484 棉铃虫核型多角体病毒/20亿PIB/毫升/悬浮剂/棉铃虫核型多角体病毒 20亿PIB/毫升/2014.11.03 至 2019.11.03/低毒
棉花 棉铃虫 750-900毫升制剂/公顷 喷雾
PD20100751 棉铃虫核型多角体病毒/10亿PIB/克/可湿性粉剂/棉铃虫核型多角体病毒 10亿PIB/克/2015.01.16 至 2020.01.16/低毒
棉花 棉铃虫 12000-15000亿PIB/公顷 喷雾
PD20101346 水胺硫磷/95%/原药/水胺硫磷 95%/2015.03.26 至 2020.03.26/高毒
PD20101479 氯氰·水胺/20%/乳油/氯氰菊酯 1.5%、水胺硫磷 18.5%/2015.05.05 至 2020.05.05/中等毒(原药高毒)
棉花 红蜘蛛、蚜虫 90-120克/公顷 喷雾
棉花 红铃虫 120-150克/公顷 喷雾
PD20102070 水胺·吡虫啉/29%/乳油/吡虫啉 1%、水胺硫磷 28%/2015.11.03 至 2020.11.03/中等毒(原药高毒)
棉花 蚜虫 174-217.5克/公顷 喷雾
PD20110481 烟嘧磺隆/95%/原药/烟嘧磺隆 95%/2011.04.29 至 2016.04.29/低毒
PD20121093 高效氯氰菊酯/4.5%/水乳剂/高效氯氰菊酯 4.5%/2012.07.19 至 2017.07.19/低毒
甘蓝 菜青虫 27-40.5克/公顷 喷雾
PD20121246 阿维·矿物油/24.5%/乳油/阿维菌素 0.2%、柴油 24.3%/2012.08.28 至 2017.08.28/低毒(原药高毒)
柑橘树 红蜘蛛 123-245毫克/千克 喷雾
PD20121489 甲氨基阿维菌素苯甲酸盐/5%/水分散粒剂/甲氨基阿维菌素 5%/2012.10.09 至 2017.10.09/低毒
甘蓝 小菜蛾 2.25-3.75克/公顷 /喷雾
注:甲氨基阿维菌素苯甲酸盐含量：5.7%。
PD20121873 异丙甲草胺/72%/乳油/异丙甲草胺 720克/升/2012.11.28 至 2017.11.28/低毒
夏大豆田 部分阔叶杂草、一年生禾本科杂草 1296-1620克/公顷 土壤喷雾
PD20121876 草甘膦/50%/可溶粉剂/草甘膦 50%/2012.11.28 至 2017.11.28/低毒
柑橘园 杂草 1125-2250克/公顷 定向茎叶喷雾
PD20130262 阿维·吡虫啉//乳油/ /2013.02.06 至 2018.02.06/低毒
柑橘树 红蜘蛛 123-245毫克/千克 喷雾
PD20130814 嘧菌酯/98%/原药/嘧菌酯 98%/2013.04.22 至 2018.04.22/低毒
PD20130815 茚虫威/70.5%/原药/茚虫威 70.5%/2013.04.22 至 2018.04.22/低毒
PD20132565 毒死蜱/40%/水乳剂/毒死蜱 40%/2013.12.17 至 2018.12.17/中等毒
水稻 稻纵卷叶螟 600-720克/公顷 喷雾
PD20141163 亚胺·高氯/20%/乳油/高效氯氰菊酯 2%、亚胺硫磷 18%/2014.04.28 至 2019.04.28/中等毒
甘蓝 菜青虫 120-150克/公顷 喷雾
PD20151615 噻虫嗪/98%/原药/噻虫嗪 98%/2015.08.28 至 2020.08.28/低毒

湖北相和精密化学有限公司 (湖北省潜江经济开发区盐化一路 433100)

PD20095859 异丙威/20%/乳油/异丙威 20%/2014.05.27 至 2019.05.27/低毒
水稻 稻飞虱 525-600克/公顷 喷雾
PD20120779 草甘膦铵盐/30%/水剂/草甘膦 30%/2012.05.05 至 2017.05.05/低毒
茶园 杂草 1125-2250克/公顷 定向茎叶喷雾
注:草甘膦铵盐含量：33%。

湖北信风作物保护有限公司 (湖北省武汉市珞狮南路517号国家农业科技园明泽大厦1538室 430070 027-87677780)

PD20080946 联苯菊酯/25克/升/乳油/联苯菊酯 25克/升/2013.07.23 至 2018.07.23/低毒
茶树 小绿叶蝉 30-37.5克/公顷 喷雾
PD20080952 氟啶脲/5%/乳油/氟啶脲 5%/2013.07.23 至 2018.07.23/低毒
甘蓝 甜菜夜蛾 33.75-45克/公顷 喷雾
PD20080963 高效氟吡甲禾灵/108克/升/乳油/高效氟吡甲禾灵 108克/升/2013.07.23 至 2018.07.23/低毒
冬油菜田 一年生禾本科杂草 32-45克/公顷 茎叶喷雾
PD20080970 高效氯氟氰菊酯/25克/升/乳油/高效氯氟氰菊酯 25克/升/2013.07.24 至 2018.07.24/中等毒
甘蓝 菜青虫 7.5-15克/公顷 喷雾
PD20085936 苄嘧·苯噻酰/53%/可湿性粉剂/苯噻酰草胺 50%、苄嘧磺隆 3%/2013.12.29 至 2018.12.29/低毒
水稻移栽田 一年生及部分多年生杂草 397.5-450克/公顷（南方） 药土法
PD20091540 吡虫啉/70%/可湿性粉剂/吡虫啉 70%/2014.02.03 至 2019.02.03/低毒
菠菜 蚜虫 30-45克/公顷 喷雾
水稻 飞虱 15-30克/公顷 喷雾
PD20094842 阿维·高氯/6%/乳油/阿维菌素 1%、高效氯氰菊酯 5%/2014.04.13 至 2019.04.13/低毒(原药高毒)
十字花科蔬菜 菜青虫、小菜蛾 7.5-15克/公顷 喷雾
PD20096687 唑磷·毒死蜱/30%/乳油/毒死蜱 15%、三唑磷 15%/2014.09.07 至 2019.09.07/中等毒
水稻 三化螟 180-270克/公顷 喷雾
PD20110635 苯甲·丙环唑/300克/升/乳油/苯醚甲环唑 100克/升、丙环唑 200克/升/2011.06.13 至 2016.06.13/中等毒
水稻 稻曲病 67.5-112.5克/公顷 喷雾
LS20140308 茶皂素/30%/水剂/茶皂素 30%/2015.10.21 至 2016.10.21/低毒
茶树 茶小绿叶蝉 337.5-525克/公顷 喷雾
LS20150312 盾壳霉ZS-1SB/40亿孢子/克/可湿性粉剂/盾壳霉 40亿孢子/克/2015.10.22 至 2016.10.22/低毒
油菜 菌核病 675-1350克制剂/公顷 喷雾

湖北移栽灵农业科技股份有限公司 (湖北省公安县斗湖堤镇荆江河路90号 434300 0716-5236488)

PD20086357 噁霉·稻瘟灵/20%/乳油/稻瘟灵 10%、噁霉灵 10%/2013.12.31 至 2018.12.31/低毒

水稻 立枯病 2-3毫升制剂/平方米 苗床喷洒
烟草 立枯病 1000-1500倍液 播种前喷洒苗床，移栽后再喷雾一次。

PD20096408 毒死蜱/40%/乳油/毒死蜱 40%/2014.08.04 至 2019.08.04/中等毒
水稻 飞虱 540-648克/公顷 喷雾
水稻 稻纵卷叶螟 446-600克/公顷 喷雾

PD20120168 噁霉·稻瘟灵/20%/微乳剂/稻瘟灵 10%、噁霉灵 10%/2012.01.30 至 2017.01.30/低毒
西瓜 枯萎病 120-180克/公顷 灌根
烟草 黑胫病 120-180克/公顷 苗床浇洒、本田灌根

PD20131295 草甘膦异丙胺盐/50%/可溶粒剂/草甘膦 50%/2013.06.08 至 2018.06.08/低毒
柑橘园 杂草 1687.5-2250克/公顷 定向茎叶喷雾
注:草甘膦异丙胺盐含量：67.5%。

PD20141135 啶虫脒/3%/微乳剂/啶虫脒 3%/2014.04.28 至 2019.04.28/低毒
烟草 蚜虫 18-27克/公顷 喷雾

湖北蕲农化工有限公司 （湖北省蕲春县蕲州镇南门街23号 435315 0713-7501059)

PD84111-17 氧乐果/40%/乳油/氧乐果 40%/2015.01.31 至 2020.01.31/中等毒
棉花 蚜虫、螨 375-600克/公顷 喷雾
森林 松干蚧、松毛虫 500倍液 喷雾或直接涂树干
水稻 稻纵卷叶螟、飞虱 375-600克/公顷 喷雾
小麦 蚜虫 300-450克/公顷 喷雾

PD84117-7 多菌灵/92%/原药/多菌灵 92%/2015.01.31 至 2020.01.31/低毒

PD84118-10 多菌灵/25%/可湿性粉剂/多菌灵 25%/2015.01.31 至 2020.01.31/低毒
果树 病害 0.05-0.1%药液 喷雾
花生 倒秧病 750克/公顷 喷雾
麦类 赤霉病 750克/公顷 喷雾,泼浇
棉花 苗期病害 500克/100千克种子 拌种
水稻 稻瘟病、纹枯病 750克/公顷 喷雾,泼浇
油菜 菌核病 1125-1500克/公顷 喷雾

PD85150-12 多菌灵/50%/可湿性粉剂/多菌灵 50%/2015.08.15 至 2020.08.15/低毒
果树 病害 0.05-0.1%药液 喷雾
花生 倒秧病 750克/公顷 喷雾
莲藕 叶斑病 375-450克/公顷 喷雾
麦类 赤霉病 750克/公顷 喷雾、泼浇
棉花 苗期病害 250克/50千克种子 拌种
水稻 稻瘟病、纹枯病 750克/公顷 喷雾、泼浇
油菜 菌核病 1125-1500克/公顷 喷雾

PD86134-5 多菌灵/40%/悬浮剂/多菌灵 40%/2012.05.08 至 2017.05.08/低毒
果树 病害 0.05-0.1%药液 喷雾
花生 倒秧病 750克/公顷 喷雾
绿萍 霉腐病 0.05%药液 喷雾
麦类 赤霉病 0.025%药液 喷雾
棉花 苗期病害 0.3%药液 浸种
水稻 纹枯病 0.025%药液 喷雾
甜菜 褐斑病 250-500倍液 喷雾
油菜 菌核病 1125-1500克/公顷 喷雾

PD86148-25 异丙威/20%/乳油/异丙威 20%/2012.05.08 至 2017.05.08/中等毒
水稻 飞虱、叶蝉 450-600克/公顷 喷雾

PD86153-6 叶枯唑/20%/可湿性粉剂/叶枯唑 20%/2012.07.24 至 2017.07.24/低毒
水稻 白叶枯病 300-375克/公顷 喷雾、弥雾

PD20040262 吡虫·杀虫单/35%/可湿性粉剂/吡虫啉 1%、杀虫单 34%/2014.12.19 至 2019.12.19/中等毒
水稻 飞虱 450-750克/公顷 喷雾

PD20081784 三唑酮/20%/乳油/三唑酮 20%/2013.11.19 至 2018.11.19/低毒
小麦 白粉病 120-127.5克/公顷 喷雾

PD20083112 敌敌畏/77.5%/乳油/敌敌畏 77.5%/2013.12.10 至 2018.12.10/中等毒
十字花科蔬菜 菜青虫 制剂量：60-80克/亩 喷雾

PD20083701 辛硫磷/40%/乳油/辛硫磷 40%/2013.12.15 至 2018.12.15/低毒
十字花科蔬菜 菜青虫 360-450克/公顷 喷雾

PD20083735 克百威/3%/颗粒剂/克百威 3%/2013.12.15 至 2018.12.15/低毒(原药高毒)
甘蔗 蚜虫、蔗龟 1350-2250克/公顷 沟施
花生 线虫 1800-2250克/公顷 条施、沟施
棉花 蚜虫 675-900克/公顷 条施、沟施

	水稻	二化螟、瘿蚊	900-1350克/公顷	撒施
PD20083773	噻嗪酮/25%/可湿性粉剂/噻嗪酮 25%/2013.12.15 至 2018.12.15/低毒			
	茶树	茶小绿叶蝉	166-250毫克/千克	喷雾
	柑橘树	介壳虫	150-250毫克/千克	喷雾
	水稻	稻飞虱	75-112.5克/公顷	喷雾
PD20085113	杀虫双/3.6%/大粒剂/杀虫双 3.6%/2013.12.23 至 2018.12.23/中等毒			
	水稻	二化螟、三化螟	540-675克/公顷	撒施
PD20085800	硫磺·多菌灵/40%/悬浮剂/多菌灵 20%、硫磺 20%/2013.12.29 至 2018.12.29/低毒			
	水稻	稻瘟病	1200-1800克/公顷	喷雾
	甜菜	褐斑病	900-1200克/公顷	喷雾
PD20085881	马拉·克百威/3%/颗粒剂/克百威 1%、马拉硫磷 2%/2013.12.29 至 2018.12.29/低毒(原药高毒)			
	水稻	飞虱	900-1125克/公顷	撒施
PD20085913	硫磺·多菌灵/25%/可湿性粉剂/多菌灵 12.5%、硫磺 12.5%/2013.12.29 至 2018.12.29/低毒			
	水稻	稻瘟病	1200-1800克/公顷	喷雾
PD20085923	异稻·三环唑/20%/可湿性粉剂/三环唑 12%、异稻瘟净 8%/2013.12.29 至 2018.12.29/中等毒			
	水稻	稻瘟病	285-435克/公顷	喷雾
PD20090659	毒死蜱/45%/乳油/毒死蜱 45%/2014.01.15 至 2019.01.15/中等毒			
	苹果树	桃小食心虫	200-240毫克/千克	喷雾
PD20090773	氯氰·毒死蜱/25%/乳油/毒死蜱 22.5%、氯氰菊酯 2.5%/2014.01.19 至 2019.01.19/中等毒			
	棉花	棉铃虫	225-300克/公顷	喷雾
PD20091159	丁硫·辛硫磷/21%/乳油/丁硫克百威 1%、辛硫磷 20%/2014.01.22 至 2019.01.22/低毒			
	棉花	蚜虫	189-252克/公顷	喷雾
PD20091658	杀单·克百威/3%/颗粒剂/克百威 1.5%、杀虫单 1.5%/2014.02.03 至 2019.02.03/高毒			
	水稻	蓟马	90-135克/公顷	撒施
PD20091834	苄·乙/20%/可湿性粉剂/苄嘧磺隆 4.5%、乙草胺 15.5%/2014.02.06 至 2019.02.06/低毒			
	水稻移栽田	一年生及部分多年生杂草	84-118克/公顷	毒土或毒砂法
PD20092596	氰戊·氧乐果/30%/乳油/氰戊菊酯 10%、氧乐果 20%/2014.02.27 至 2019.02.27/中等毒(原药高毒)			
	棉花	红铃虫、棉铃虫	90-180克/公顷	喷雾
	棉花	蚜虫	67.5-135克/公顷	喷雾
PD20095303	甲哌鎓/250克/升/水剂/甲哌鎓 250克/升/2014.04.27 至 2019.04.27/低毒			
	棉花	调节生长	45-60克/公顷	喷雾
PD20096694	阿维菌素/1.8%/乳油/阿维菌素 1.8%/2014.09.07 至 2019.09.07/低毒(原药高毒)			
	甘蓝	小菜蛾	8.1-10.8克/公顷	喷雾
PD20096955	毒死蜱/97%/原药/毒死蜱 97%/2014.09.29 至 2019.09.29/中等毒			
PD20097237	丙溴磷/89%/原药/丙溴磷 89%/2014.10.19 至 2019.10.19/中等毒			
PD20101379	乙酰甲胺磷/30%/乳油/乙酰甲胺磷 30%/2015.04.02 至 2020.04.02/低毒			
	棉花	棉铃虫	675-900克/公顷	喷雾
PD20130677	丙溴磷/40%/乳油/丙溴磷 40%/2013.04.09 至 2018.04.09/低毒			
	水稻	稻纵卷叶螟	480-600克/公顷	喷雾
PD20131636	印楝素/0.3%/乳油/印楝素 0.3%/2013.07.30 至 2018.07.30/低毒			
	甘蓝	小菜蛾	3.6-5.4克/公顷	喷雾
PD20142583	吡蚜酮/25%/可湿性粉剂/吡蚜酮 25%/2014.12.15 至 2019.12.15/低毒			
	莲藕	莲缢管蚜	45-67.5克/公顷	喷雾
	水稻	飞虱	112.5-150克/公顷	喷雾
PD20150066	噻唑膦/10%/颗粒剂/噻唑膦 10%/2015.01.05 至 2020.01.05/低毒			
	黄瓜	根结线虫	2625—3000克/公顷	撒施
PD20150069	毒死蜱/15%/颗粒剂/毒死蜱 15%/2015.01.05 至 2020.01.05/中等毒			
	花生	蛴螬	2700-3600克/公顷	撒施
PD20150363	辛硫磷/5%/颗粒剂/辛硫磷 5%/2015.03.03 至 2020.03.03/低毒			
	花生	地老虎、金针虫、蝼蛄、蛴螬	3150-3600克/公顷	撒施
PD20150451	硝磺草酮/10%/悬浮剂/硝磺草酮 10%/2015.03.20 至 2020.03.20/低毒			
	玉米田	一年生杂草	150-165克/公顷	茎叶喷雾

武汉楚强生物科技有限公司 (湖北省武汉市蔡甸经济开发区常福工业园17号地块 430070 027-87387836)

PD20060149	菜青虫颗粒体病毒/1亿个/毫克/原药/菜青虫颗粒体病毒 1亿个/毫克/2011.08.24 至 2016.08.24/低毒			
PD20070419	菜颗·苏云菌//可湿性粉剂/菜青虫颗粒体病毒 1万PIB/毫克、苏云金杆菌 16000IU/毫克/2012.11.06 至 2017.11.06/低毒			
	甘蓝	菜青虫	750-1125克制剂/公顷	喷雾
PD20086027	甜核·苏云菌/16000IU/毫克,1万PIB/毫克/可湿性粉剂/苏云金杆菌 16000IU/毫克、甜菜夜蛾核型多角体病毒 1万PIB/毫克/2013.12.29 至 2018.12.29/低毒			
	十字花科蔬菜	甜菜夜蛾	1125-1500克制剂/公顷	喷雾
PD20086028	甜菜夜蛾核型多角体病毒/200亿PIB/克/母药/甜菜夜蛾核型多角体病毒 200亿PIB/克/2013.12.29 至 2018.12.29/低毒			
PD20086029	松毛虫质型多角体病毒/100亿PIB/克/母药/松毛虫质型多角体病毒 100亿PIB/克/2013.12.29 至 2018.12.29/低毒			
PD20086030	苏·松质病毒//可湿性粉剂/松毛虫质型多角体病毒 1万PIB/毫克、苏云金杆菌 1.6万IU/毫克/2013.12.29 至 2018.12.2			

9/低毒
森林 松毛虫 1000-1200倍液 喷雾
PD20086035 茶核·苏云菌//悬浮剂/茶尺蠖核型多角体病毒 1千万PIB/毫升、苏云金杆菌 2000IU/微升/2013.12.29 至 2018.12.29/低毒
茶树 尺蠖 1500-2250毫升制剂/公顷 喷雾
PD20086036 茶尺蠖核型多角体病毒/200亿PIB/克/母药/茶尺蠖核型多角体病毒 200亿PIB/克/2013.12.29 至 2018.12.29/低毒
PD20097412 苜核·苏云菌///悬浮剂/苜蓿银纹夜蛾核型多角体病毒 1千万PIB/毫升、苏云金杆菌 2000IU/微升/2014.10.28 至 2019.10.28/低毒
十字花科蔬菜 甜菜夜蛾 1125-1500毫升制剂/公顷 喷雾
PD20097660 高氯·斜夜核///悬浮剂/高效氯氰菊酯 3%、斜纹夜蛾核型多角体病毒 1千万PIB/毫升/2014.11.04 至 2019.11.04/低毒
十字花科蔬菜 斜纹夜蛾 1125-1500毫升制剂/公顷 喷雾
PD20098198 棉核·苏云菌///悬浮剂/棉铃虫核型多角体病毒 1千万PIB/毫升、苏云金杆菌 2000IU/微升/2014.12.16 至 2019.12.16/低毒
棉花 棉铃虫 3000-6000毫升制剂/公顷 喷雾
PD20120875 菜颗·苏云菌//悬浮剂/菜青虫颗粒体病毒 1000万PIB/毫升、苏云金杆菌 0.2%/2012.05.24 至 2017.05.24/低毒
十字花科蔬菜 菜青虫 3000-3600毫升制剂/公顷 喷雾
PD20142607 嘧菌酯/25%/悬浮剂/嘧菌酯 25%/2014.12.15 至 2019.12.15/低毒
黄瓜 白粉病 225-337.5克/公顷 喷雾
PD20150041 烟碱/10%/水剂/烟碱 10%/2015.01.04 至 2020.01.04/低毒(原药高毒)
棉花 蚜虫 120-150克/公顷 喷雾
PD20150309 甲维·苏云金/2.4%/悬浮剂/甲氨基阿维菌素苯甲酸盐 2%、苏云金杆菌 0.4%（以毒素蛋白计）/2015.02.05 至 2020.02.05/低毒
水稻 稻纵卷叶螟 300-600克制剂/公顷 喷雾
LS20130003 甜菜夜蛾核型多角体病毒/5亿PIB/克/悬浮剂/甜菜夜蛾核型多角体病毒 5亿PIB/克/2015.01.04 至 2016.01.04/微毒
十字花科蔬菜 甜菜夜蛾 1800-2400毫升制剂/公顷 喷雾
WP20080055 诱虫烯/90%/原药/诱虫烯 90%/2013.03.11 至 2018.03.11/微毒
WP20080081 蟑螂病毒/1亿PIB/毫升/原药/蟑螂病毒 1亿PIB/毫升/2013.06.16 至 2018.06.16/低毒
WP20080082 杀蟑饵剂/6000PIB/克/饵剂/蟑螂病毒 6000PIB/克/2013.06.16 至 2018.06.16/微毒
卫生 蜚蠊 / 投放
WP20140144 甲基吡噁磷/1%/饵剂/甲基吡噁磷 1%/2014.06.17 至 2019.06.17/低毒
室内 蝇 / 投放
WP20140213 杀虫气雾剂/0.36%/气雾剂/胺菊酯 0.2%、氯菊酯 0.16%/2014.09.28 至 2019.09.28/低毒
室内 蚊 / 喷雾
WP20140238 杀蚁饵剂/1%/饵剂/氟蚁腙 1%/2014.11.15 至 2019.11.15/微毒
室内、室外 蚂蚁 / 投放
卫生 红火蚁 15-20克制剂/巢 投放

武汉富强科技发展有限责任公司 (湖北省武汉市武昌南湖瑶苑省农科院内 430205 027-51768518)

PD20101821 毒死蜱/40%/乳油/毒死蜱 40%/2015.07.19 至 2020.07.19/中等毒
棉花 棉铃虫 675-900克/公顷 喷雾

武汉科诺生物科技股份有限公司 (湖北省武汉市洪山区关南工业园 430074 027-87514031)

PD85131-32 井冈霉素(3%,5%)/2.4%,4%/水剂/井冈霉素A 2.4%,4%/2015.07.04 至 2020.07.04/低毒
水稻 纹枯病 75-112.5克/公顷 喷雾,泼浇
PD86110-4 嘧啶核苷类抗菌素/2%,4%/水剂/嘧啶核苷类抗菌素 2%,4%/2011.11.28 至 2016.11.28/低毒
大白菜 黑斑病 100毫克/千克 喷雾
番茄 疫病 100毫克/千克 喷雾
瓜类、花卉、苹果、葡萄、烟草 白粉病 100毫克/千克 喷雾
水稻 炭疽病、纹枯病 150-180克/公顷 喷雾
西瓜 枯萎病 100毫克/千克 灌根
小麦 锈病 100毫克/千克 喷雾
PD88109-19 井冈霉素(20%)///可溶粉剂/井冈霉素A 16%/2015.03.18 至 2020.03.18/低毒
草坪 褐斑病 200-400毫克/千克 喷雾
水稻 纹枯病 75-112.5克/公顷 喷雾、泼浇
小麦 纹枯病 105-135克/公顷 喷雾
注:草坪褐斑病为临时登记,有效期至2010年年10月19日。
PD90106-20 苏云金杆菌/6000IU/微升/悬浮剂/苏云金杆菌 6000IU/微升/2015.07.04 至 2020.07.04/低毒
茶树 茶毛虫 100-200倍液 喷雾
棉花 二代棉铃虫 6000-7500毫升制剂/公顷 喷雾
森林 松毛虫 100-200倍液 喷雾
十字花科蔬菜 菜青虫、小菜蛾 3000-4500毫升制剂/公顷 喷雾
水稻 稻纵卷叶螟 6000-7500毫升制剂/公顷 喷雾
烟草 烟青虫 6000-7500毫升制剂/公顷 喷雾
玉米 玉米螟 4500-6000毫升制剂/公顷 加细沙灌心叶

枣树 尺蠖 100-200倍液 喷雾

PD20040651 吡虫啉/10%/可湿性粉剂/吡虫啉 10%/2014.12.19 至 2019.12.19/低毒

梨树 梨木虱 13.3-20毫克/千克 喷雾

十字花科蔬菜 蚜虫 15-30克/公顷 喷雾

水稻 飞虱 15-30克/公顷 喷雾

小麦 蚜虫 15-30克/公顷(南方地区)45-60克/公顷(北方地区) 喷雾

注:十字花科蔬菜为临时登记状态，有效期至2008年6月2日止。

PD20081367 井冈霉素A/64%/原药/井冈霉素A 64%/2013.10.22 至 2018.10.22/低毒

PD20081860 井冈霉素A/5%/可溶粉剂/井冈霉素A 5%/2013.11.20 至 2018.11.20/低毒

水稻 纹枯病 52.5-75克/公顷 喷雾

PD20084969 苏云金杆菌/32000IU/毫克/可湿性粉剂/苏云金杆菌 32000IU/毫克/2013.12.22 至 2018.12.22/低毒

甘蓝 小菜蛾 1125-1500克制剂/公顷 喷雾

辣椒 烟青虫 750-1125克制剂/公顷 喷雾

十字花科蔬菜 菜青虫 450-750克制剂/公顷 喷雾

水稻 稻纵卷叶螟 1125-1500克制剂/公顷 喷雾

PD20085215 苏云金杆菌/50000IU/毫克/原药/苏云金杆菌 50000IU/毫克/2013.12.23 至 2018.12.23/低毒

PD20085347 苏云金杆菌/8000IU/微升/悬浮剂/苏云金杆菌 8000IU/微升/2013.12.24 至 2018.12.24/低毒

茶树 茶毛虫 1500-2250毫升制剂/公顷 喷雾

棉花 棉铃虫 6000-7500毫升制剂/公顷 喷雾

森林 松毛虫 稀释200-300倍液 喷雾

十字花科蔬菜 菜青虫 375-562毫升制剂/公顷 喷雾

水稻 稻纵卷叶螟 3000-6000毫升制剂/公顷 喷雾

玉米 玉米螟 2500-3000毫升制剂/公顷 拌细沙灌心

PD20085683 苏云金杆菌/16000IU/毫克/可湿性粉剂/苏云金杆菌 16000IU/毫克/2013.12.26 至 2018.12.26/低毒

茶树 茶毛虫 800-1600倍液 喷雾

棉花 二代棉铃虫 1500-2250克制剂/公顷 喷雾

森林 松毛虫 1200-1600倍液 喷雾

十字花科蔬菜 小菜蛾 750-1125克制剂/公顷 喷雾

十字花科蔬菜 菜青虫 375-750克制剂/公顷 喷雾

水稻 稻纵卷叶螟 1500-2250克制剂/公顷 喷雾

烟草 烟青虫 750-1500克制剂/公顷 喷雾

玉米 玉米螟 750-1500克制剂/公顷 拌细沙灌心

枣树 枣尺蠖 1200-1600倍液 喷雾

PD20090594 苏云·虫酰肼/3.6%/可湿性粉剂/虫酰肼 1.6%、苏云金杆菌 2.0%/2014.01.14 至 2019.01.14/低毒

甘蓝 甜菜夜蛾 43.2-54克/公顷 喷雾

PD20091358 阿维·苏云菌/1.5%/可湿性粉剂/阿维菌素 0.1%、苏云金杆菌 1.4%/2014.02.02 至 2019.02.02/低毒(原药高毒)

十字花科蔬菜 小菜蛾 600-750克制剂/公顷 喷雾

十字花科蔬菜 菜青虫 450-750克制剂/公顷 喷雾

PD20092637 苄·丁/15%/可湿性粉剂/苄嘧磺隆 0.7%、丁草胺 14.3%/2014.03.02 至 2019.03.02/低毒

水稻移栽田 部分多年生杂草、一年生杂草 675-787.5克/公顷 药土法

PD20096351 杀单·苏云菌/55%/可湿性粉剂/杀虫单 54%、苏云金杆菌 1%/2014.07.28 至 2019.07.28/中等毒

甘蓝 小菜蛾 412.5-495克/公顷 喷雾

甘蓝 菜青虫 330-412.5克/公顷 喷雾

水稻 三化螟 660-825克/公顷 喷雾

水稻 稻纵卷叶螟 412.5-495克/公顷 喷雾

水稻 二化螟 288.8-412.5克/公顷 喷雾

PD20096733 阿维菌素/1.8%/乳油/阿维菌素 1.8%/2014.09.07 至 2019.09.07/低毒(原药高毒)

甘蓝 小菜蛾 8.1-10.8克/公顷 喷雾

PD20097752 噻嗪酮/25%/可湿性粉剂/噻嗪酮 25%/2014.11.12 至 2019.11.12/低毒

水稻 飞虱 75-112.5克/公顷 喷雾

PD20111155 井冈霉素/8%/可溶粉剂/井冈霉素A 8%/2011.11.04 至 2016.11.04/低毒

水稻 纹枯病 52.5-75克/公顷 喷雾

注:井冈霉素含量:10%。

PD20121477 井冈霉素/8%/水剂/井冈霉素A 8%/2012.10.08 至 2017.10.08/低毒

水稻 纹枯病 60～120克/公顷 喷雾

PD20140209 枯草芽孢杆菌/1000亿芽孢/克/可湿性粉剂/枯草芽孢杆菌 1000亿芽孢/克/2014.01.29 至 2019.01.29/微毒

黄瓜 灰霉病 525-825克制剂/公顷 喷雾

水稻 稻瘟病 750-1500克制剂/公顷 喷雾

PD20140609 井冈·枯芽菌/20%/可湿性粉剂/井冈霉素A 20%、枯草芽孢杆菌 100亿孢子/克/2014.03.07 至 2019.03.07/低毒

水稻 稻曲病 135-180克/公顷 喷雾

PD20140612 枯草芽孢杆菌/10000亿活芽孢/克/母药/枯草芽孢杆菌 10000亿活芽孢/克/2014.03.07 至 2019.03.07/低毒

PD20150331 井冈霉素/24%/水剂/井冈霉素A 24%/2015.03.02 至 2020.03.02/低毒

辣椒　立枯病　0.1-0.15克/平方米　泼浇
水稻　纹枯病　52.5-75克/公顷　喷雾
水稻　稻曲病　72-144克/公顷　喷雾
PD20150914　井冈霉素/28%/可溶粉剂/井冈霉素A 28%/2015.06.09 至 2020.06.09/低毒
水稻　纹枯病　52.5-75克/公顷　喷雾
PD20151200　嘧啶核苷类抗菌素/8%/可湿性粉剂/嘧啶核苷类抗菌素 8%/2015.07.29 至 2020.07.29/低毒
西瓜　枯萎病　100-133.3毫克/千克　喷雾
PD20151298　多粘类芽孢杆菌/10亿cfu/克/可湿性粉剂/多粘类芽孢杆菌 10亿CFU/克/2015.07.30 至 2020.07.30/低毒
姜　青枯病　500-1000克制剂/亩　灌根
西瓜　枯萎病　500-1000克制剂/亩　灌根
PD20151323　春雷霉素/6%/可湿性粉剂/春雷霉素 6%/2015.07.30 至 2020.07.30/低毒
水稻　稻瘟病　45-58.5g克/公顷　喷雾
PD20151617　阿维·苏云菌/1.6%/悬乳剂/阿维菌素 0.2%、苏云金杆菌 1.4%/2015.08.28 至 2020.08.28/低毒(原药高毒)
甘蓝　小菜蛾　75-125克制剂/亩　喷雾
森林　松毛虫　50-75克制剂/亩　喷雾
WP20140062　苏云金杆菌(以色列亚种)/7000ITU/毫克/母药/苏云金杆菌(以色列亚种) 7000ITU/毫克/2014.03.14 至2019.03.14/低毒
WP20140143　苏云金杆菌(以色列亚种)/400ITU/微升/悬浮剂/苏云金杆菌(以色列亚种) 400ITU/微升/2014.06.17 至2019.06.17/低毒
室外　蚊(幼虫)　1.5-3毫升制剂/平方米　喷洒
WP20140185　苏云金杆菌(以色列亚种)/1200ITU/毫克/可湿性粉剂/苏云金杆菌(以色列亚种) 1200ITU/毫克/2014.08.27 至2019.08.27/低毒
室外　蚊(幼虫)　1-1.5克制剂/平方米　喷洒

武汉老马入和化妆品有限公司　(湖北省武汉市巨龙大道198号盘龙工业园10栋2号　430311　027-61889812)
WP20090026　驱蚊花露水/4.5%/驱蚊花露水/驱蚊酯 4.5%/2014.01.09 至 2019.01.09/低毒
卫生　蚊　/　涂抹

湖南省

常德双鹤日化有限公司　(湖南省常德市武陵镇常沅路100号　415101　0736-2599666)
WP20080413　杀虫气雾剂/0.3%/气雾剂/胺菊酯 0.2%、高效氯氰菊酯 0.1%/2013.12.12 至 2018.12.12/微毒
卫生　蚊、蝇、蜚蠊　/　喷雾
WP20110033　蚊香/0.03%/蚊香/四氟醚菊酯 0.03%/2016.02.10 至 2021.02.10/微毒
卫生　蚊　/　点燃
注:本产品有三种香型：桂花香型、野菊花香型、艾草香型。

湖南比德生化科技有限公司　(湖南省临湘市儒溪化工工业园　414013　0731-53584732)
PD84104-25　杀虫双/18%/水剂/杀虫双 18%/2011.02.19 至 2016.02.19/中等毒
水稻　二化螟　540-675克/公顷　喷雾
PD20050063　杀虫单/95%/原药/杀虫单 95%/2015.06.24 至 2020.06.24/中等毒
PD20101548　三氯吡氧乙酸/99%/原药/三氯吡氧乙酸 99%/2015.05.19 至 2020.05.19/低毒
PD20130036　三氯吡氧乙酸丁氧基乙酯/98%/原药/三氯吡氧乙酸丁氧基乙酯 98%/2013.01.07 至 2018.01.07/低毒
注:专供出口，不得在国内销售。
PD20130837　硫双威/95%/原药/硫双威 95%/2013.04.22 至 2018.04.22/中等毒
PD20130918　氯氟吡氧乙酸异辛酯/96%/原药/氯氟吡氧乙酸异辛酯 96%/2013.04.28 至 2018.04.28/低毒
PD20130956　氨氯吡啶酸/95%/原药/氨氯吡啶酸 95%/2013.05.02 至 2018.05.02/低毒
PD20132547　麦草畏/98%/原药/麦草畏 98%/2013.12.16 至 2018.12.16/低毒
PD20132629　戊唑醇/98%/原药/戊唑醇 98%/2013.12.20 至 2018.12.20/低毒
PD20132638　二氯吡啶酸/75%/水分散粒剂/二氯吡啶酸 75%/2013.12.20 至 2018.12.20/低毒
夏玉米田　一年生阔叶杂草　150-300克/公顷　茎叶喷雾
PD20141277　炔苯酰草胺/98%/原药/炔苯酰草胺 98%/2014.05.12 至 2019.05.12/低毒
注:专供出口，不得在国内销售。
PD20141629　噻虫嗪/98%/原药/噻虫嗪 98%/2014.06.24 至 2019.06.24/低毒
PD20142486　苯醚甲环唑/97%/原药/苯醚甲环唑 97%/2014.11.19 至 2019.11.19/低毒
PD20150968　二氯吡啶酸/95%/原药/二氯吡啶酸 95%/2015.06.11 至 2020.06.11/低毒
PD20151702　烯草酮/94%/原药/烯草酮 94%/2015.08.28 至 2020.08.28/低毒

湖南长青润慷宝农化有限公司　(湖南省益阳市资阳区长春工业园长春东路8号　413001　0737-4300076)
PD84104-26　杀虫双/18%/水剂/杀虫双 18%/2014.10.28 至 2019.10.28/中等毒
水稻　二化螟　540-675克/公顷　喷雾
PD86148-15　异丙威/20%/乳油/异丙威 20%/2014.07.15 至 2019.07.15/中等毒
水稻　飞虱、叶蝉　450-600克/公顷　喷雾
PD20085051　辛硫·高氯氟/20%/乳油/高效氯氟氰菊酯 1.5%、辛硫磷 18.5%/2013.12.23 至 2018.12.23/中等毒
棉花　棉铃虫　300-360克/公顷　喷雾
PD20090148　氯氟·毒死蜱/10%/乳油/毒死蜱 8.5%、高效氯氟氰菊酯 1.5%/2014.01.08 至 2019.01.08/中等毒
十字花科蔬菜　菜青虫　120-150克/公顷　喷雾
PD20091893　噻嗪·杀虫单/70%/可湿性粉剂/噻嗪酮 8%、杀虫单 62%/2014.02.09 至 2019.02.09/中等毒
水稻　稻飞虱、稻纵卷叶螟　570-630克/公顷　喷雾
PD20101715　草甘膦/30%/水剂/草甘膦 30%/2015.06.28 至 2020.06.28/低毒

柑橘园　杂草　1125-2250克/公顷　定向喷雾

PD20110453　毒死蜱/45%/乳油/毒死蜱 45%/2016.04.21 至 2021.04.21/中等毒
水稻　稻飞虱、稻纵卷叶螟　65-85毫升/亩　喷雾

PD20120848　阿维菌素/5%/乳油/阿维菌素 5%/2012.05.22 至 2017.05.22/中等毒(原药高毒)
甘蓝　小菜蛾　8.25-11.25克/公顷　喷雾

PD20122054　甲维・毒死蜱/14.1%/乳油/毒死蜱 14%、甲氨基阿维菌素苯甲酸盐 0.1%/2012.12.24 至 2017.12.24/中等毒
水稻　稻纵卷叶螟　126.9-148.05克/公顷　喷雾

PD20130034　阿维・丙溴磷/25.5%/乳油/阿维菌素 0.5%、丙溴磷 25%/2013.01.07 至 2018.01.07/低毒(原药高毒)
水稻　稻纵卷叶螟　306-382.5克/公顷　喷雾

PD20130735　氟啶・丙溴磷/30%/乳油/丙溴磷 29%、氟啶脲 1%/2013.04.12 至 2018.04.12/低毒
棉花　棉铃虫　225-315克/公顷　喷雾

PD20131329　甲维・杀虫双/20.1%/微乳剂/甲氨基阿维菌素苯甲酸盐 0.1%、杀虫双 20%/2013.06.08 至 2018.06.08/低毒
水稻　二化螟　301.5-542.7克/公顷　喷雾

PD20152025　杀虫双/29%/水剂/杀虫双 29%/2015.08.31 至 2020.08.31/低毒
水稻　三化螟　609-652.5克/公顷　喷雾

PD20152406　氰氟・双草醚/40%/可湿性粉剂/氰氟草酯 30%、双草醚 10%/2015.10.25 至 2020.10.25/低毒
直播水稻田　一年生阔叶杂草及禾本科杂草　90-108克/公顷　茎叶喷雾

湖南大乘医药化工有限公司　(湖南省冷水江市禾青镇里福村　417506　0738-5276510)

PD20040643　吡虫・杀虫单/60%/可湿性粉剂/吡虫啉 2%、杀虫单 58%/2014.12.19 至 2019.12.19/中等毒
水稻　稻飞虱、稻纵卷叶螟、二化螟、三化螟　450-750克/公顷　喷雾

PD20083008　多效唑/15%/可湿性粉剂/多效唑 15%/2013.12.10 至 2018.12.10/低毒
水稻育秧田　控制生长　200-300毫克/千克　喷雾
油菜(苗床)　控制生长　100-200毫克/千克　喷雾

PD20083060　稻瘟灵/40%/乳油/稻瘟灵 40%/2013.12.10 至 2018.12.10/低毒
水稻　稻瘟病　480-600克/公顷　喷雾

PD20090221　草甘膦铵盐/30%/水剂/草甘膦 30%/2014.01.09 至 2019.01.09/微毒
茶园　杂草　1125-2250克/公顷　定向茎叶喷雾
注:草甘膦铵盐含量: (33%)

PD20092356　辛硫・高氯氟/26%/乳油/高效氯氟氰菊酯 1%、辛硫磷 25%/2014.02.24 至 2019.02.24/中等毒
甘蓝　小菜蛾　162.63-243.75克/公顷　喷雾

PD20093621　敌畏・毒死蜱/35%/乳油/敌敌畏 25%、毒死蜱 10%/2014.03.25 至 2019.03.25/中等毒
水稻　稻纵卷叶螟　420-525克/公顷　喷雾

PD20094810　苄・丁・乙草胺/27.4%/可湿性粉剂/苄嘧磺隆 1.4%、丁草胺 24.8%、乙草胺 1.2%/2014.04.13 至 2019.04.13/低毒
水稻抛秧田　一年生及部分多年生杂草　328.8-411克/公顷　毒土法

PD20094905　苄・乙/20%/可湿性粉剂/苄嘧磺隆 4.5%、乙草胺 15.5%/2014.04.13 至 2019.04.13/低毒
水稻移栽田　一年生及部分多年生杂草　84-118克/公顷　毒土法

PD20096360　阿维菌素/1.8%/乳油/阿维菌素 1.8%/2014.07.28 至 2019.07.28/低毒(原药高毒)
十字花科蔬菜　小菜蛾　8.1-10.8克/公顷　喷雾

PD20097264　氰戊菊酯/20%/乳油/氰戊菊酯 20%/2014.10.26 至 2019.10.26/低毒
十字花科叶菜　菜青虫　90-120克/公顷　喷雾

PD20097410　咪鲜胺/25%/乳油/咪鲜胺 25%/2014.10.28 至 2019.10.28/低毒
柑橘树　炭疽病　75-100毫克/千克　喷雾

PD20098249　烯效唑/5%/可湿性粉剂/烯效唑 5%/2014.12.16 至 2019.12.16/微毒
水稻　控制生长　100-150mg/Kg　浸种

PD20100343　毒・辛/40%/乳油/毒死蜱 15%、辛硫磷 25%/2015.01.11 至 2020.01.11/中等毒
水稻　稻纵卷叶螟　450-750克/公顷　喷雾

PD20110563　甲氨基阿维菌素苯甲酸盐/0.5%/乳油/甲氨基阿维菌素 0.5%/2011.05.26 至 2016.05.26/低毒
甘蓝　甜菜夜蛾　1.8-2.4克/公顷　喷雾
注:甲氨基阿维菌素苯甲酸盐含量: 0.57%。

WP20080342　氰戊菊酯/20%/乳油/氰戊菊酯 20%/2013.12.09 至 2018.12.09/低毒
卫生　白蚁　2500-5000毫克/千克　木材喷洒; 土壤处理

湖南大方农化有限公司　(湖南省长沙市芙蓉区东湖　410127　0731-4690178)

PD20040653　杀虫单/90%/可溶粉剂/杀虫单 90%/2014.12.19 至 2019.12.19/中等毒
水稻　二化螟　552-759克/公顷　喷雾

PD20040695　三唑磷/30%/乳油/三唑磷 30%/2014.12.19 至 2019.12.19/中等毒
水稻　二化螟　300-450克/公顷　喷雾

PD20070169　三环唑/75%/可湿性粉剂/三环唑 75%/2012.06.25 至 2017.06.25/低毒
水稻　稻瘟病　225－300克/公顷　喷雾

PD20080037　噻嗪酮/25%/可湿性粉剂/噻嗪酮 25%/2013.01.03 至 2018.01.03/低毒
柑橘树　介壳虫　200-250毫克/千克　喷雾
水稻　稻飞虱　90-120克/公顷　喷雾

PD20080086　炔螨特/73%/乳油/炔螨特 73%/2013.01.03 至 2018.01.03/低毒

柑橘树 红蜘蛛 243.3-365毫克/千克 喷雾

PD20080546 啶虫脒/5%/乳油/啶虫脒 5%/2013.05.08 至 2018.05.08/低毒

小麦 蚜虫 18-27克/公顷 喷雾

PD20080562 甲氰菊酯/20%/乳油/甲氰菊酯 20%/2013.05.09 至 2018.05.09/中等毒

十字花科蔬菜 菜青虫 90－120克/公顷 喷雾

PD20080873 高效氯氟氰菊酯/2.5%/乳油/高效氯氟氰菊酯 2.5%/2013.06.27 至 2018.06.27/中等毒

十字花科蔬菜 菜青虫 7.5-11.25克/公顷 喷雾

PD20081005 精喹禾灵/5%/乳油/精喹禾灵 5%/2013.08.06 至 2018.08.06/低毒

棉花田 一年生禾本科杂草 45-52.5克/公顷 茎叶喷雾

PD20081317 高效氟吡甲禾灵/108克/升/乳油/高效氟吡甲禾灵 108克/升/2013.10.17 至 2018.10.17/低毒

棉花田 一年生禾本科杂草 40.5-48.6克/公顷 茎叶喷雾

PD20081343 草甘膦异丙胺盐(41%)///水剂/草甘膦 30%/2013.10.21 至 2018.10.21/低毒

柑橘园 杂草 1230-2460克/公顷 定向茎叶喷雾

PD20082157 三唑锡/25%/可湿性粉剂/三唑锡 25%/2013.11.26 至 2018.11.26/低毒

柑橘树 红蜘蛛 125-166.7毫克/千克 喷雾

PD20082375 代森锰锌/80%/可湿性粉剂/代森锰锌 80%/2013.12.01 至 2018.12.01/低毒

番茄 早疫病 1920-2400克/公顷 喷雾

柑橘树 疮痂病、炭疽病 1333-2000毫克/千克 喷雾

花生 叶斑病 720-900克/公顷 喷雾

梨树 黑星病 800-1600毫克/千克 喷雾

荔枝树 霜疫霉病 1333-2000毫克/千克 喷雾

马铃薯 晚疫病 1440-2160克/公顷 喷雾

苹果树 斑点落叶病、轮纹病、炭疽病 1000-1500毫克/千克 喷雾

葡萄 白腐病、黑痘病、霜霉病 1000-1600毫克/千克 喷雾

西瓜 炭疽病 1560-2520克/公顷 喷雾

烟草 赤星病 1440-1920克/公顷 喷雾

PD20082450 溴氰・马拉松/25%/乳油/马拉硫磷 24.4%、溴氰菊酯 0.6%/2013.12.02 至 2018.12.02/中等毒

甘蓝、小白菜 菜青虫 112.5-187.5克/公顷 喷雾

棉花 棉铃虫 225-300克/公顷 喷雾

PD20082674 苯・苄・异丙甲/34%/可湿性粉剂/苯噻酰草胺 22%、苄嘧磺隆 3%、异丙甲草胺 9%/2013.12.05 至 2018.12.05/低毒

水稻抛秧田 一年生及部分多年生杂草 204-255克/公顷(南方地区) 药土法

PD20082736 联苯菊酯/25克/升/乳油/联苯菊酯 25克/升/2013.12.08 至 2018.12.08/低毒

茶树 茶尺蠖 7.5-15克/公顷 喷雾

PD20082755 乙草胺/900克/升/乳油/乙草胺 900克/升/2013.12.08 至 2018.12.08/低毒

夏玉米田 一年生禾本科杂草及部分小粒种子阔叶杂草 1080-1350克/公顷 播后苗前土壤喷雾

PD20084127 甲氨基阿维菌素苯甲酸盐(1.1%)///乳油/甲氨基阿维菌素 1.0%/2013.12.16 至 2018.12.16/低毒

甘蓝 小菜蛾 1.2-2.4克/公顷 喷雾

PD20085256 春雷霉素/4%/可湿性粉剂/春雷霉素 4%/2013.12.23 至 2018.12.23/微毒

水稻 稻瘟病 30-37.5克/公顷 喷雾

PD20085585 溴氰菊酯/2.8%/乳油/溴氰菊酯 2.8%/2013.12.25 至 2018.12.25/低毒

十字花科蔬菜 菜青虫 16.8-21克/公顷 喷雾

PD20085858 烯酰吗啉/25%/可湿性粉剂/烯酰吗啉 25%/2013.12.29 至 2018.12.29/低毒

黄瓜 霜霉病 225-300克/公顷 喷雾

PD20085910 甲硫・福美双/50%/可湿性粉剂/福美双 30%、甲基硫菌灵 20%/2013.12.29 至 2018.12.29/低毒

黄瓜 炭疽病 525-750克/公顷 喷雾

PD20086270 异丙威/20%/乳油/异丙威 20%/2013.12.31 至 2018.12.31/低毒

水稻 飞虱 450-600克/公顷 喷雾

PD20086288 氟啶脲/5%/乳油/氟啶脲 5%/2013.12.31 至 2018.12.31/低毒

十字花科蔬菜 甜菜夜蛾 37.5-52.5克/公顷 喷雾

PD20090189 稻瘟灵/40%/乳油/稻瘟灵 40%/2014.01.08 至 2019.01.08/低毒

水稻 稻瘟病 420-600克/公顷 喷雾

PD20091510 毒死蜱/45%/乳油/毒死蜱 45%/2014.02.02 至 2019.02.02/中等毒

水稻 稻纵卷叶螟 504-648克/公顷 喷雾

PD20091589 丙溴・辛硫磷/35%/乳油/丙溴磷 8.5%、辛硫磷 26.5%/2014.02.03 至 2019.02.03/低毒

棉花 棉铃虫 262.5-393.75克/公顷 喷雾

PD20092030 三唑磷/20%/乳油/三唑磷 20%/2014.02.12 至 2019.02.12/中等毒

水稻 二化螟 360-450克/公顷 喷雾

PD20092207 噻螨酮/5%/乳油/噻螨酮 5%/2014.02.24 至 2019.02.24/低毒

柑橘树 红蜘蛛 25-33.3毫克/千克 喷雾

PD20092320 氯氰・毒死蜱/522.5克/升/乳油/毒死蜱 475克/升、氯氰菊酯 47.5克/升/2014.02.24 至 2019.02.24/中等毒

棉花 棉铃虫 548.6-783.75克/公顷 喷雾

PD20093236 辛硫磷/40%/乳油/辛硫磷 40%/2014.03.11 至 2019.03.11/低毒

水稻　稻纵卷叶螟　600-900克/公顷　喷雾

PD20093241　福美双/50%/可湿性粉剂/福美双 50%/2014.03.11 至 2019.03.11/低毒

小麦　白粉病　900-997.5克/公顷　喷雾

PD20093487　丙环唑/250克/升/乳油/丙环唑 250克/升/2014.03.23 至 2019.03.23/低毒

小麦　锈病　112.5-150克/公顷　喷雾

PD20093732　除脲·辛硫磷/20%/乳油/除虫脲 1%、辛硫磷 19%/2014.03.25 至 2019.03.25/低毒

十字花科蔬菜　菜青虫　90-120克/公顷　喷雾

PD20094417　百菌清/75%/可湿性粉剂/百菌清 75%/2014.04.01 至 2019.04.01/微毒

黄瓜　霜霉病　1125-1687.5克/公顷　喷雾

PD20094688　阿维菌素/1.8%/乳油/阿维菌素 1.8%/2014.04.10 至 2019.04.10/中等毒(原药高毒)

甘蓝　菜青虫　8.1-10.8克/公顷　喷雾

PD20094835　苄·乙/12%/可湿性粉剂/苄嘧磺隆 5.8%、乙草胺 6.2%/2014.04.13 至 2019.04.13/低毒

水稻抛秧田　一年生及部分多年生杂草　72-81克/公顷　药土法

PD20095105　苄·乙·甲/20%/可湿性粉剂/苄嘧磺隆 1.85%、甲磺隆 0.25%、乙草胺 17.9%/2009.04.24 至 2015.06.30/低毒

水稻移栽田　一年生杂草　69-75克/公顷　药土法撒施

PD20095570　苄·乙/20%/可湿性粉剂/苄嘧磺隆 4.5%、乙草胺 15.5%/2014.05.12 至 2019.05.12/低毒

水稻移栽田　一年生杂草　84-118克/公顷(南方地区)　药土法

PD20095590　苄·二氯/22%/可湿性粉剂/苄嘧磺隆 2%、二氯喹啉酸 20%/2014.05.12 至 2019.05.12/低毒

水稻秧田　一年生杂草　165-198克/公顷　喷雾

PD20096347　辛硫磷/40%/乳油/辛硫磷 40%/2014.07.28 至 2019.07.28/低毒

棉花　棉铃虫　300-450克/公顷　喷雾

水稻　稻纵卷叶螟　450-600克/公顷　喷雾

PD20100702　复硝酚钠/1.8%/水剂/5-硝基邻甲氧基苯酚钠 0.3%、对硝基苯酚铵 0.9%、邻硝基苯酚铵 0.6%/2015.01.16 至2020.01.16/微毒

水稻　调节生长　4.5-6毫克/千克　茎叶喷雾

PD20101668　苯甲·丙环唑/300克/升/乳油/苯醚甲环唑 150克/升、丙环唑 150克/升/2015.06.08 至 2020.06.08/低毒

水稻　纹枯病　67.5-90克/公顷　喷雾

PD20110210　毒死蜱/40%/乳油/毒死蜱 40%/2016.02.24 至 2021.02.24/中等毒

水稻　稻纵卷叶螟　300-600克/公顷　喷雾

PD20110235　苄嘧·丙草胺/30%/可湿性粉剂/苄嘧磺隆 4%、丙草胺 26%/2016.03.02 至 2021.03.02/低毒

水稻田(直播)　一年生杂草　225-270克/公顷(南方)　播后苗前土壤喷雾

PD20110816　噻嗪酮/50%/可湿性粉剂/噻嗪酮 50%/2011.08.04 至 2016.08.04/低毒

水稻　飞虱　75-135克/公顷　喷雾

PD20120004　苄·乙/20%/大粒剂/苄嘧磺隆 4.5%、乙草胺 15.5%/2012.01.05 至 2017.01.05/低毒

水稻移栽田　一年生杂草　84-118克/公顷　撒施

PD20120005　醚菊酯/10%/悬浮剂/醚菊酯 10%/2012.01.05 至 2017.01.05/低毒

甘蓝　菜青虫　45-60克/公顷　喷雾

PD20120006　阿维·哒螨灵/10.2%/乳油/阿维菌素 0.2%、哒螨灵 10%/2012.01.05 至 2017.01.05/中等毒(原药高毒)

柑橘树　红蜘蛛　34-51毫克/千克　喷雾

PD20120100　甲氨基阿维菌素苯甲酸盐/5%/水分散粒剂/甲氨基阿维菌素 5%/2012.01.29 至 2017.01.29/低毒

甘蓝　小菜蛾　1.5-3克/公顷　喷雾

注:甲氨基阿维菌素苯甲酸盐含量: 5.7%。

PD20120262　阿维·炔螨特/40%/乳油/阿维菌素 0.3%、炔螨特 39.7%/2012.02.14 至 2017.02.14/中等毒(原药高毒)

柑橘树　红蜘蛛　200-400毫克/千克　喷雾

PD20120817　吡虫啉/70%/水分散粒剂/吡虫啉 70%/2012.05.22 至 2017.05.22/低毒

水稻　飞虱　22.5-30克/公顷　喷雾

PD20120925　阿维菌素/5%/乳油/阿维菌素 5%/2012.06.04 至 2017.06.04/中等毒(原药高毒)

甘蓝　小菜蛾　9-11.25克/公顷　喷雾

PD20121029　阿维·杀螟松/20%/乳油/阿维菌素 0.2%、杀螟硫磷 19.8%/2012.07.02 至 2017.07.02/低毒(原药高毒)

水稻　二化螟　210-270克/公顷　喷雾

PD20121204　阿维·高氯/7%/微乳剂/阿维菌素 1%、高效氯氰菊酯 6%/2012.08.08 至 2017.08.08/中等毒(原药高毒)

甘蓝　菜青虫、小菜蛾　7.5-15克/公顷　喷雾

PD20121236　吡虫啉/30%/微乳剂/吡虫啉 30%/2012.08.27 至 2017.08.27/低毒

水稻　稻飞虱　22.5-30克/公顷　喷雾

PD20121299　阿维菌素/1.8%/乳油/阿维菌素 1.8%/2012.09.06 至 2017.09.06/低毒(原药高毒)

水稻　稻纵卷叶螟　3.75-4.5克/公顷　喷雾

PD20121562　氟铃·毒死蜱/46.8%/乳油/毒死蜱 44%、氟铃脲 2.8%/2012.10.25 至 2017.10.25/中等毒

棉花　棉铃虫　765-1020克/公顷　喷雾

PD20121918　甲氨基阿维菌素苯甲酸盐/0.5%/微乳剂/甲氨基阿维菌素 0.5%/2012.12.07 至 2017.12.07/微毒

甘蓝　甜菜夜蛾　1.2-1.5克/公顷　喷雾

注:甲氨基阿维菌素苯甲酸盐: 0.57%。

PD20121937　哒螨灵/15%/乳油/哒螨灵 15%/2012.12.12 至 2017.12.12/中等毒

柑橘树　红蜘蛛　50-67毫克/千克　喷雾

登记证号	登记作物	防治对象	用药量	施用方法
PD20122028	戊唑醇/80%/可湿性粉剂/戊唑醇 80%/2012.12.19 至 2017.12.19/低毒			
	小麦	锈病	60～96克/公顷	喷雾
PD20130355	氟硅唑/400克/升/乳油/氟硅唑 400克/升/2013.03.11 至 2018.03.11/低毒			
	黄瓜	黑星病	48-72克/公顷	喷雾
PD20130398	烟嘧磺隆/75%/水分散粒剂/烟嘧磺隆 75%/2013.03.12 至 2018.03.12/低毒			
	玉米田	一年生杂草	39.38-56.25克/公顷	茎叶喷雾
PD20130487	高效氯氟氰菊酯/2.5%/微乳剂/高效氯氟氰菊酯 2.5%/2013.03.20 至 2018.03.20/中等毒			
	小白菜	菜青虫	7.5-15克/公顷	喷雾
PD20130782	氟铃脲/5%/乳油/氟铃脲 5%/2013.04.22 至 2018.04.22/低毒			
	甘蓝	小菜蛾	45-60克/公顷	喷雾
PD20130954	吡虫啉/10%/微乳剂/吡虫啉 10%/2013.05.02 至 2018.05.02/低毒			
	水稻	稻飞虱	30-45克/公顷	喷雾
PD20130961	苯甲·丙环唑/18%/水分散粒剂/苯醚甲环唑 9%、丙环唑 9%/2013.05.02 至 2018.05.02/低毒			
	水稻	纹枯病	81-135克/公顷	喷雾
PD20130962	草甘膦铵盐/68%/可溶粒剂/草甘膦 68%/2013.05.02 至 2018.05.02/低毒			
	柑橘园	杂草	1020-2040克/公顷	定向茎叶喷雾
	注:草甘膦铵盐含量:74.8%。			
PD20131283	苄·乙/12%/大粒剂/苄嘧磺隆 6%、乙草胺 6%/2013.06.08 至 2018.06.08/低毒			
	水稻抛秧田	一年生杂草	57.6-79.2克/公顷	撒施
PD20131379	毒死蜱/30%/水乳剂/毒死蜱 30%/2013.06.24 至 2018.06.24/中等毒			
	水稻	稻纵卷叶螟	360-540克/公顷	喷雾
PD20131718	嘧菌酯/250克/升/悬浮剂/嘧菌酯 250克/升/2013.08.16 至 2018.08.16/低毒			
	黄瓜	霜霉病	120-180克/公顷	喷雾
PD20132196	精甲霜·锰锌/68%/水分散粒剂/精甲霜灵 4%、代森锰锌 64%/2013.10.29 至 2018.10.29/低毒			
	黄瓜	霜霉病	1020-1224克/公顷	喷雾
PD20140361	丙草胺/30%/乳油/丙草胺 30%/2014.02.19 至 2019.02.19/低毒			
	直播水稻田	一年生杂草	540-675克/公顷	土壤喷雾
PD20140425	高效氯氰菊酯/4.5%/微乳剂/高效氯氰菊酯 4.5%/2014.02.24 至 2019.02.24/低毒			
	甘蓝	菜青虫	13.5-27克/公顷	喷雾
PD20140518	噻嗪·毒死蜱/50%/乳油/毒死蜱 30%、噻嗪酮 20%/2014.03.06 至 2019.03.06/中等毒			
	水稻	稻飞虱	225-375克/公顷	喷雾
PD20140707	阿维·噻螨酮/5%/乳油/阿维菌素 1%、噻螨酮 4%/2014.03.24 至 2019.03.24/低毒(原药高毒)			
	柑橘树	红蜘蛛	25-50毫克/千克	喷雾
PD20141609	氟环唑/125克/升/悬浮剂/氟环唑 125克/升/2014.06.24 至 2019.06.24/低毒			
	小麦	锈病	90－112.5克/公顷	喷雾
PD20141922	噻虫嗪/30%/悬浮剂/噻虫嗪 30%/2014.08.01 至 2019.08.01/低毒			
	水稻	稻飞虱	9-18克/亩	喷雾
PD20142225	噻呋酰胺/240克/升/悬浮剂/噻呋酰胺 240克/升/2014.09.28 至 2019.09.28/低毒			
	水稻	纹枯病	32.4－72克/公顷	喷雾
PD20142466	双草醚/10%/悬浮剂/双草醚 10%/2014.11.17 至 2019.11.17/微毒			
	水稻田(直播)	一年生杂草	2.5-3克/亩	茎叶喷雾
PD20142548	吡蚜酮/50%/水分散粒剂/吡蚜酮 50%/2014.12.15 至 2019.12.15/低毒			
	水稻	稻飞虱	60-90克/公顷	喷雾
PD20150343	哒螨灵/20%/可湿性粉剂/哒螨灵 20%/2015.03.03 至 2020.03.03/低毒			
	柑橘树	红蜘蛛	66.7-100毫克/千克	喷雾

湖南东永化工有限责任公司　(湖南省常德市汉寿经济开发区天星居委会金马路　415900　0731-88838806)

登记证号	登记作物	防治对象	用药量	施用方法
PD84104-46	杀虫双/18%/水剂/杀虫双 18%/2014.10.26 至 2019.10.26/中等毒			
	水稻	二化螟	540-675克/公顷	喷雾
PD84118-48	多菌灵/25%/可湿性粉剂/多菌灵 25%/2014.11.02 至 2019.11.02/低毒			
	果树	病害	0.05-0.1%药液	喷雾
	花生	倒秧病	750克/公顷	喷雾
	麦类	赤霉病	750克/公顷	喷雾,泼浇
	棉花	苗期病害	500克/100千克种子	拌种
	水稻	稻瘟病、纹枯病	750克/公顷	喷雾,泼浇
	油菜	菌核病	1125-1500克/公顷	喷雾
PD85122-19	福美双/50%/可湿性粉剂/福美双 50%/2014.11.02 至 2019.11.02/中等毒			
	黄瓜	白粉病、霜霉病	500-1000倍液	喷雾
	葡萄	白腐病	500-1000倍液	喷雾
	水稻	稻瘟病、胡麻叶斑病	250克/100千克种子	拌种
	甜菜、烟草	根腐病	500克/500千克温床土	土壤处理
	小麦	白粉病、赤霉病	500倍液	喷雾
PD86148-72	异丙威/20%/乳油/异丙威 20%/2013.03.25 至 2018.03.25/中等毒			
	水稻	飞虱、叶蝉	450-600克/公顷	喷雾

登记证号	登记作物	防治对象	用药量	施用方法
PD91106-19	甲基硫菌灵/70%,50%/可湿性粉剂/甲基硫菌灵 70%,50%/2011.08.01 至 2016.08.01/低毒			
	番茄	叶霉病	375-562.5克/公顷	喷雾
	甘薯	黑斑病	360-450毫克/千克	浸薯块
	瓜类	白粉病	337.5-506.25克/公顷	喷雾
	梨树	黑星病	360-450毫克/千克	喷雾
	苹果树	轮纹病	700毫克/千克	喷雾
	水稻	稻瘟病、纹枯病	1050-1500克/公顷	喷雾
	小麦	赤霉病	750-1050克/公顷	喷雾
PD20050089	三唑酮/15%/可湿性粉剂/三唑酮 15%/2015.07.01 至 2020.07.01/低毒			
	小麦	白粉病、锈病	135-180克/公顷	喷雾
PD20085391	噻嗪酮/25%/可湿性粉剂/噻嗪酮 25%/2013.12.24 至 2018.12.24/低毒			
	水稻	飞虱	75-112.5克/公顷	喷雾
PD20086061	硫磺·多菌灵/50%/可湿性粉剂/多菌灵 15%、硫磺 35%/2013.12.30 至 2018.12.30/低毒			
	花生	叶斑病	1200-1800克/公顷	喷雾
	黄瓜	白粉病	937.5-1125克/公顷	喷雾
PD20090273	异稻·三环唑/20%/可湿性粉剂/三环唑 10%、异稻瘟净 10%/2014.01.09 至 2019.01.09/中等毒			
	水稻	稻瘟病	300-450克/公顷	喷雾
PD20090538	噻嗪·异丙威/25%/可湿性粉剂/噻嗪酮 7%、异丙威 18%/2014.01.13 至 2019.01.13/中等毒			
	水稻	稻飞虱	93.75-131.28克/公顷	喷雾
PD20091691	硫磺·多菌灵/25%/可湿性粉剂/多菌灵 7.5%、硫磺 17.5%/2014.02.03 至 2019.02.03/低毒			
	花生	叶斑病	1200-1800克/公顷	喷雾
PD20091709	苄·乙/14%/可湿性粉剂/苄嘧磺隆 3.2%、乙草胺 10.8%/2014.02.03 至 2019.02.03/低毒			
	水稻移栽田	多年生杂草、一年生莎草、一年生禾本科杂草	84-118克/公顷	毒土法
PD20091764	硫磺·三环唑/20%/可湿性粉剂/硫磺 0%、三环唑 0%/2014.02.04 至 2019.02.04/中等毒			
	水稻	稻瘟病	300-450克/公顷	喷雾
PD20092025	氰戊·辛硫磷/25%/乳油/氰戊菊酯 2.2%、辛硫磷 22.8%/2014.02.12 至 2019.02.12/中等毒			
	棉花	棉铃虫	187.5-225克/公顷	喷雾
	蔬菜	菜青虫	75-150克/公顷	喷雾
PD20092085	福·甲·硫磺/70%/可湿性粉剂/福美双 25%、甲基硫菌灵 14%、硫磺 31%/2014.02.16 至 2019.02.16/低毒			
	辣椒	炭疽病	525-945克/公顷	喷雾
	西瓜	枯萎病	800-1000倍液	灌根
	小麦	白粉病	840-1050 克/公顷	喷雾
PD20092686	吡·硫·多菌灵/60%/可湿性粉剂/吡虫啉 2%、多菌灵 25%、硫磺 33%/2014.03.03 至 2019.03.03/低毒			
	小麦	白粉病、蚜虫	540-900克/公顷	喷雾
PD20093060	吡虫·异丙威/25%/可湿性粉剂/吡虫啉 1%、异丙威 24%/2014.03.09 至 2019.03.09/中等毒			
	水稻	稻飞虱	112.5-150克/公顷	喷雾
PD20093257	唑酮·福美双/15%/可湿性粉剂/福美双 8%、三唑酮 7%/2014.03.11 至 2019.03.11/低毒			
	小麦	白粉病	202.5-225克/公顷	喷雾
	小麦	锈病	135－180克/公顷	喷雾
PD20093812	苄·丁/31.5%/可湿性粉剂/苄嘧磺隆 1.5%、丁草胺 30%/2014.03.25 至 2019.03.25/低毒			
	水稻抛秧田	部分多年生杂草、一年生杂草	540-720克/公顷	毒土法
PD20093938	苄·二氯/22%/可湿性粉剂/苄嘧磺隆 2%、二氯喹啉酸 20%/2014.03.27 至 2019.03.27/低毒			
	水稻秧田、水稻移栽田	一年生杂草	165-198克/公顷	秧苗>2叶期喷雾处理
PD20094233	福·甲·硫磺/50%/可湿性粉剂/福美双 18%、甲基硫菌灵 10%、硫磺 22%/2014.03.31 至 2019.03.31/低毒			
	辣椒	炭疽病	1125克/公顷	喷雾
PD20094347	草甘膦/30%/可溶粉剂/草甘膦 30%/2014.04.01 至 2019.04.01/低毒			
	柑橘园	杂草	900-1800克/公顷	定向茎叶喷雾
PD20094548	草甘膦异丙胺盐(41%)///水剂/草甘膦 30%/2014.04.09 至 2019.04.09/低毒			
	柑橘园	杂草	1230-1845克/公顷	喷雾
PD20094899	苯·苄·乙草胺/30%/可湿性粉剂/苯噻酰草胺 25%、苄嘧磺隆 2.5%、乙草胺 2.5%/2014.04.13 至 2019.04.13/低毒			
	水稻抛秧田	部分多年生杂草、一年生杂草	225-315克/公顷(南方地区)	毒土法
PD20100223	毒死蜱/45%/乳油/毒死蜱 45%/2015.01.11 至 2020.01.11/中等毒			
	水稻	稻纵卷叶螟	504-648克/公顷	喷雾
PD20100778	阿维菌素/1.8%/乳油/阿维菌素 1.8%/2015.01.18 至 2020.01.18/低毒(原药高毒)			
	甘蓝	小菜蛾	8.9-13.5克/公顷	喷雾
PD20120422	甲氨基阿维菌素苯甲酸盐/3%/微乳剂/甲氨基阿维菌素 3%/2012.03.14 至 2017.03.14/低毒			
	甘蓝	甜菜夜蛾	1.8-2.25克/公顷	喷雾
	注:甲氨基阿维菌素苯甲酸盐含量:3.4%。			
PD20120887	苯甲·丙环唑/300克/升/乳油/苯醚甲环唑 150克/升、丙环唑 150克/升/2012.05.24 至 2017.05.24/低毒			
	水稻	纹枯病	67.5-112.5克/公顷	喷雾
PD20121240	阿维菌素/5%/乳油/阿维菌素 5%/2012.08.28 至 2017.08.28/中等毒(原药高毒)			

	甘蓝	小菜蛾	9.375-11.25克/公顷	喷雾
PD20140424	噻嗪酮/50%/可湿性粉剂/噻嗪酮 50%/2014.02.24 至 2019.02.24/低毒			
	水稻	稻飞虱	112.5-150克/公顷	喷雾
PD20140688	烯啶·吡蚜酮/80%/水分散粒剂/吡蚜酮 60%、烯啶虫胺 20%/2014.03.24 至 2019.03.24/低毒			
	水稻	稻飞虱	60-120克/公顷	喷雾
PD20140714	嘧菌酯/250克/升/悬浮剂/嘧菌酯 250克/升/2014.03.24 至 2019.03.24/低毒			
	柑橘树	炭疽病	250—333.3毫克/千克	喷雾
PD20141572	咪鲜胺/450克/升/水乳剂/咪鲜胺 450克/升/2014.06.17 至 2019.06.17/低毒			
	柑橘	炭疽病	300—450毫克/千克	浸果
PD20142066	噻呋酰胺/240克/升/悬浮剂/噻呋酰胺 240克/升/2014.08.28 至 2019.08.28/低毒			
	水稻	纹枯病	36-72克/公顷	喷雾
PD20142625	吡蚜酮/40%/可湿性粉剂/吡蚜酮 40%/2014.12.15 至 2019.12.15/微毒			
	水稻	稻飞虱	60-90克/公顷	喷雾
PD20151162	多杀霉素/5%/悬浮剂/多杀霉素 5%/2015.06.26 至 2020.06.26/低毒			
	甘蓝	小菜蛾	18.75-26.25克/公顷	喷雾
PD20152308	稻瘟酰胺/40%/悬浮剂/稻瘟酰胺 40%/2015.10.21 至 2020.10.21/微毒			
	水稻	稻瘟病	240-300克/公顷	喷雾
WP20140231	高效氟氯氰菊酯/2.5%/悬浮剂/高效氟氯氰菊酯 2.5%/2014.11.06 至 2019.11.06/低毒			
	室内	蚊	25毫克/平方米	滞留喷洒

湖南丰阳化工有限责任公司　(湖南省邵阳市洞口县高沙镇高武路2号　422312　0739-7965237)

PD85136-2	速灭威/25%/可湿性粉剂/速灭威 25%/2013.09.08 至 2018.09.08/中等毒			
	水稻	飞虱、叶蝉	375-750克/公顷	喷雾
PD85168-7	混灭威/50%/乳油/混灭威 50%/2011.09.13 至 2016.09.13/中等毒			
	水稻	飞虱、叶蝉	375-750克/公顷	喷雾、泼浇
PD86148-18	异丙威/20%/乳油/异丙威 20%/2011.09.13 至 2016.09.13/中等毒			
	水稻	飞虱、叶蝉	450-600克/公顷	喷雾
PD91109-3	速灭威/20%/乳油/速灭威 20%/2011.09.13 至 2016.09.13/中等毒			
	水稻	飞虱、叶蝉	450-600克/公顷	喷雾
PD20081312	噻嗪酮/25%/可湿性粉剂/噻嗪酮 25%/2013.10.17 至 2018.12.24/低毒			
	水稻	飞虱	75-112.5克/公顷	喷雾
PD20084408	噻嗪·异丙威/25%/可湿性粉剂/噻嗪酮 5%、异丙威 20%/2013.12.17 至 2018.12.17/中等毒			
	水稻	稻飞虱	112.5-184.5克/公顷	喷雾
PD20090702	阿维·三唑磷/20%/乳油/阿维菌素 0.1%、三唑磷 19.9%/2014.01.19 至 2019.01.19/中等毒(原药高毒)			
	水稻	二化螟	360-450克/公顷	喷雾
PD20091826	克百·敌百虫/3%/颗粒剂/敌百虫 1.8%、克百威 1.2%/2014.02.05 至 2019.02.05/低毒(原药高毒)			
	水稻	二化螟、三化螟	1125-1350克/公顷	撒施
PD20091895	克百威/3%/颗粒剂/克百威 3%/2014.02.09 至 2019.02.09/中等毒(原药高毒)			
	甘蔗	蚜虫	1350-2250克/公顷	条施,沟施
PD20098051	毒死蜱/15%/微乳剂/毒死蜱 15%/2014.12.07 至 2019.12.07/中等毒			
	水稻	稻纵卷叶螟	300-360克/公顷	喷雾
PD20101586	三唑磷/8%/微乳剂/三唑磷 8%/2015.06.03 至 2020.06.03/中等毒			
	水稻	二化螟	180-216克/公顷	喷雾

湖南国发精细化工科技有限公司　(湖南省临湘市儒溪镇　414013　0730-8411560)

PDN46-97	克百威/95%,97%/原药/克百威 95%,97%/2012.03.28 至 2017.03.28/高毒			
PD85134-6	速灭威/95%/原药/速灭威 95%/2015.08.15 至 2020.08.15/中等毒			
PD86132-7	仲丁威/97%,95%/原药/仲丁威 97%,95%/2011.12.28 至 2016.12.28/低毒			
PD86147-7	异丙威/98%, 95%, 90%/原药/异丙威 98%, 95%, 90%/2011.12.28 至 2016.12.28/中等毒			
PD20093489	高效氯氟氰菊酯/95%/原药/高效氯氟氰菊酯 95%/2014.03.23 至 2019.03.23/中等毒			
PD20097503	甲基硫菌灵/95%/原药/甲基硫菌灵 95%/2014.11.03 至 2019.11.03/微毒			
PD20097533	丁硫克百威/90%/原药/丁硫克百威 90%/2014.11.03 至 2019.11.03/中等毒			
PD20098505	多菌灵/98%/原药/多菌灵 98%/2014.12.24 至 2019.12.24/低毒			
PD20121842	甲氨基阿维菌素苯甲酸盐/83.5%/原药/甲氨基阿维菌素 83.5%/2012.11.28 至 2017.11.28/中等毒			
	注:甲氨基阿维菌素苯甲酸盐含量: 95%。			
PD20131527	甲氨基阿维菌素苯甲酸盐/2%/微乳剂/甲氨基阿维菌素 2%/2013.07.17 至 2018.07.17/低毒			
	甘蓝	小菜蛾	1.65-3.3克/公顷	喷雾
	注:甲氨基阿维菌素苯甲酸盐含量: 2.2%。			
PD20131577	苯菌灵/95%/原药/苯菌灵 95%/2013.07.23 至 2018.07.23/低毒			
	注:专供出口，不得在国内销售。			
PD20131906	异丙威/4%/粉剂/异丙威 4%/2013.09.25 至 2018.09.25/中等毒			
	水稻	稻飞虱	450-600克/公顷	喷粉
PD20140359	嘧菌酯/97%/原药/嘧菌酯 97%/2014.02.19 至 2019.02.19/低毒			
PD20141608	噻唑膦/96%/原药/噻唑膦 96%/2014.06.24 至 2019.06.24/中等毒			
PD20141652	硫双威/95%/原药/硫双威 95%/2014.06.24 至 2019.06.24/中等毒			

PD20141738 异菌脲/96%/原药/异菌脲 96%/2014.06.30 至 2019.06.30/低毒
PD20141938 氰氟草酯/98%/原药/氰氟草酯 98%/2014.08.04 至 2019.08.04/低毒
PD20150046 杀螟丹/98%/原药/杀螟丹 98%/2015.01.05 至 2020.01.05/中等毒
PD20151068 噻虫嗪/98%/原药/噻虫嗪 98%/2015.06.14 至 2020.06.14/低毒

湖南海利常德农药化工有限公司 (湖南省常德市武陵区德山开发区 415001 0736-7340168)

PD84104-7 杀虫双/18%/水剂/杀虫双 18%/2014.09.20 至 2019.09.20/中等毒

水稻	二化螟	540-675克/公顷	喷雾

PD85121-6 乐果/40%/乳油/乐果 40%/2015.06.03 至 2020.06.03/中等毒

茶树	蚜虫、叶蝉、螨	1000-2000倍液	喷雾
甘薯	小象甲	2000倍液	浸鲜薯片诱杀
柑橘树、苹果树	鳞翅目幼虫、蚜虫、螨	800-1600倍液	喷雾
棉花	蚜虫、螨	450-600克/公顷	喷雾
蔬菜	蚜虫、螨	300-600克/公顷	喷雾
水稻	飞虱、螟虫、叶蝉	450-600克/公顷	喷雾
烟草	蚜虫、烟青虫	300-600克/公顷	喷雾

PD20040576 杀虫单/90%/可溶粉剂/杀虫单 90%/2014.12.19 至 2019.12.19/中等毒

水稻	二化螟	675-810克/公顷	喷雾

PD20082248 乐果/98%/原药/乐果 98%/2013.11.27 至 2018.11.27/中等毒
PD20093005 杀虫单/95%/原药/杀虫单 95%/2014.03.09 至 2019.03.09/中等毒
PD20100401 乐果/50%/乳油/乐果 50%/2015.01.14 至 2020.01.14/中等毒

十字花科蔬菜	蚜虫	450-600克/公顷	喷雾
水稻	二化螟	450-600克/公顷	喷雾
烟草	烟青虫	450-600克/公顷	喷雾

湖南海利化工股份有限公司 (湖南省长沙市望城县芙蓉中路二段251号 410007 0731-85357911)

PDN44-97 克百威/97%90%/原药/克百威 97%90%/2011.12.26 至 2016.12.26/高毒
PDN45-97 克百威/3%/颗粒剂/克百威 3%/2011.12.26 至 2016.12.26/中等毒(原药高毒)

甘蔗	蚜虫、蔗龟	1350-2250克/公顷	沟施
花生	线虫	1800-2250克/公顷	条施.沟施
棉花	蚜虫	675-900克/公顷	条施.沟施
水稻	螟虫、瘿蚊	900-1350克/公顷	撒施

PD85134-2 速灭威/98%,95%,90%/原药/速灭威 98%,95%,90%/2015.06.03 至 2020.06.03/中等毒
PD86132-3 仲丁威/98%,95%,90%/原药/仲丁威 98%,95%,90%/2011.10.26 至 2016.10.26/低毒
PD86147-2 异丙威/98%,95%,90%/原药/异丙威 98%,95%,90%/2011.10.26 至 2016.10.26/中等毒
PD86148-2 异丙威/20%/乳油/异丙威 20%/2011.12.26 至 2016.12.26/中等毒

水稻	飞虱、叶蝉	450-600克/公顷	喷雾

PD91109 速灭威/20%/乳油/速灭威 20%/2011.12.26 至 2016.12.26/中等毒

水稻	飞虱、叶蝉	450-600克/公顷	喷雾

PD92106 仲丁威/20%/乳油/仲丁威 20%/2012.11.01 至 2017.11.01/低毒

水稻	飞虱、叶蝉	375-562.5克/公顷	喷雾

PD20040292 三唑磷/90%/原药/三唑磷 90%/2014.12.19 至 2019.12.19/中等毒
PD20040530 三唑磷/20%/乳油/三唑磷 20%/2014.12.19 至 2019.12.19/中等毒

水稻	二化螟	300-450克/公顷	喷雾

PD20070468 苯噻酰草胺/95%/原药/苯噻酰草胺 95%/2012.11.28 至 2017.11.28/低毒
PD20081556 甲基嘧啶磷/90%/原药/甲基嘧啶磷 90%/2013.11.11 至 2018.11.11/低毒
PD20082298 丁硫克百威/20%/乳油/丁硫克百威 20%/2013.12.01 至 2018.12.01/中等毒

棉花	蚜虫	60-90克/公顷	喷雾

PD20082869 丁硫克百威/90%/原药/丁硫克百威 90%/2013.12.09 至 2018.12.09/中等毒
PD20083067 二嗪磷/96%/原药/二嗪磷 96%/2013.12.10 至 2018.12.10/中等毒
PD20086236 异噁草松/90%/原药/异噁草松 90%/2013.12.31 至 2018.12.31/低毒
PD20092748 丁硫克百威/35%/种子处理干粉剂/丁硫克百威 35%/2014.03.04 至 2019.03.04/中等毒

水稻秧田	蓟马	350-420克/100千克种子	拌种

PD20093708 丁硫·辛硫磷/20%/乳油/丁硫克百威 5%、辛硫磷 15%/2014.03.25 至 2019.03.25/中等毒

棉花	棉铃虫	300-375克/公顷	喷雾

PD20093768 乐果·高氯氟/20.5%/乳油/高效氯氟氰菊酯 0.5%、乐果 20%/2014.03.25 至 2019.03.25/中等毒

甘蓝	菜青虫	215.3-307.5克/公顷	喷雾

PD20094530 乐果·仲丁威/40%/乳油/乐果 32%、仲丁威 8%/2014.04.09 至 2019.04.09/中等毒

水稻	稻飞虱	600-900克/公顷	喷雾

PD20095034 苄嘧·苯噻酰/53%/可湿性粉剂/苯噻酰草胺 50%、苄嘧磺隆 3%/2014.04.21 至 2019.04.21/低毒

水稻抛秧田	部分多年生杂草、一年生杂草	318-397.5克/公顷	毒土法
水稻移栽田	部分多年生杂草、一年生杂草	556.5-636克/公顷(北方地区)318-397.5克/公顷(南方地区)	毒土法

PD20096344 异噁草松/480克/升/乳油/异噁草松 480克/升/2014.07.28 至 2019.07.28/低毒

春大豆田	一年生杂草	720-864克/公顷	土壤喷雾

PD20097488 胺苯磺隆/95%/原药/胺苯磺隆 95%/2009.11.03 至 2015.06.30/低毒

PD20110475 苯·苄·异丙草/33%/可湿性粉剂/苯噻酰草胺 25%、苄嘧磺隆 3%、异丙甲草胺 5%/2011.04.22 至 2016.04.22/低毒

水稻抛秧田 杂草 247.5－297克/公顷 药土法

PD20111225 丙硫克百威/94%/原药/丙硫克百威 94%/2011.11.17 至 2016.11.17/中等毒

PD20121032 甲基嘧啶磷/55%/乳油/甲基嘧啶磷 55%/2012.07.03 至 2017.07.03/低毒

稻谷原粮 赤拟谷盗、谷蠹、玉米象 5-10毫克/千克 喷雾

PD20121046 硫双威/95%/原药/硫双威 95%/2012.07.11 至 2017.07.11/中等毒

PD20121659 抗蚜威/96%/原药/抗蚜威 96%/2012.10.30 至 2017.10.30/中等毒

PD20131116 甲萘威/99%/原药/甲萘威 99%/2013.05.20 至 2018.05.20/中等毒

PD20132606 噻虫嗪/98.5%/原药/噻虫嗪 98.5%/2013.12.19 至 2018.12.19/低毒

PD20141983 吡蚜酮/97%/原药/吡蚜酮 97%/2014.08.14 至 2019.08.14/低毒

PD20150697 丁硫克百威/5%/颗粒剂/丁硫克百威 5%/2015.04.20 至 2020.04.20/中等毒

甘蔗 蔗螟 2250-3000克/公顷 撒施

PD20151130 仲丁威/50%/乳油/仲丁威 50%/2015.06.25 至 2020.06.25/中等毒

水稻 稻飞虱 562.5-750克/公顷 喷雾

LS20120211 溴氰·甲嘧磷/2%/粉剂/甲基嘧啶磷 1.8%、溴氰菊酯 0.2%/2014.06.07 至 2015.06.07/低毒

稻谷原粮 赤拟谷盗、谷蠹、玉米象 4-5毫克/千克 拌粮

LS20140310 硫氟肟醚/95%/原药/硫氟肟醚 95%/2015.10.22 至 2016.10.22/低毒

LS20140311 硫氟肟醚/10%/悬浮剂/硫氟肟醚 10%/2015.10.22 至 2016.10.22/低毒

茶树 茶毛虫 90-135克/公顷 喷雾

LS20140331 氯溴虫腈/10%/悬浮剂/氯溴虫腈 10%/2015.11.13 至 2016.11.13/低毒

甘蔗 斜纹夜蛾 12-18克/公顷 喷雾

LS20140332 氯溴虫腈/95%/原药/氯溴虫腈 95%/2015.11.13 至 2016.11.13/低毒

WPN1-94 残杀威/97%/原药/残杀威 97%/2014.03.31 至 2019.03.31/中等毒

WP20080371 残杀威/20%/乳油/残杀威 20%/2013.12.10 至 2018.12.10/低毒

卫生 蜚蠊 0.25-0.5克/平方米（玻璃） 0.5-0.75克/平方米(木) 1-1.5克/平方米(水泥) 滞留喷洒

WL20120020 甲基嘧啶磷/5%/粉剂/甲基嘧啶磷 5%/2014.04.12 至 2015.04.12/低毒

稻谷原粮 仓储害虫 5-0毫克/千克 拌粮

湖南衡阳莱德生物药业有限公司 （湖南省衡阳市湘江南路83号 421001 0734-2895028）

PD84121-4 磷化铝/56%/片剂/磷化铝 56%/2011.03.19 至 2016.03.19/高毒

洞穴 室外啮齿动物 根据洞穴大小而定 密闭熏蒸

货物 仓储害虫 5-10片/1000千克 密闭熏蒸

空间 多种害虫 1-4片/立方米 密闭熏蒸

粮食、种子 储粮害虫 3-10片/1000千克 密闭熏蒸

PD85105-32 敌敌畏/80%/乳油/敌敌畏 77.5%(气谱法)/2011.03.16 至 2016.03.16/中等毒

茶树 食叶害虫 600克/公顷 喷雾

粮仓 多种储藏害虫 1)400-500倍液2)0.4-0.5克/立方米 1)喷雾2)挂条熏蒸

棉花 蚜虫、造桥虫 600-1200克/公顷 喷雾

苹果树 小卷叶蛾、蚜虫 400-500毫克/千克 喷雾

青菜 菜青虫 600克/公顷 喷雾

桑树 尺蠖 600克/公顷 喷雾

卫生 多种卫生害虫 1)300-400倍液2)0.08克/立方米 1)泼洒2)挂条熏蒸

小麦 黏虫、蚜虫 600克/公顷 喷雾

PD85131-39 井冈霉素(3%,5%)///水剂/井冈霉素A 2.4%,4%/2010.03.10 至 2015.03.10/低毒

水稻 纹枯病 75-112.5克/公顷 喷雾.泼浇

PD86182-3 稻瘟灵/30%/乳油/稻瘟灵 30%/2012.04.22 至 2017.04.22/低毒

水稻 稻瘟病 450-675克/公顷 喷雾

PD88109-3 井冈霉素/10%,20%/水溶粉剂/井冈霉素 10%,20%/2014.03.12 至 2019.03.12/低毒

水稻 纹枯病 150-187.5克/公顷 喷雾、泼浇

PD90106-35 苏云金杆菌/8000IU/毫克/悬浮剂/苏云金杆菌 8000IU/毫克/2010.03.10 至 2015.03.10/低毒

茶树 茶毛虫 100-200倍液 喷雾

林木 松毛虫 100-200倍液 喷雾

棉花 二代棉铃虫 6000-7500毫升制剂/公顷 喷雾

十字花科蔬菜 菜青虫、小菜蛾 3000-4500毫升制剂/公顷 喷雾

水稻 稻纵卷叶螟 6000-7500毫升制剂/公顷 喷雾

烟草 烟青虫 6000-7500毫升制剂/公顷 喷雾

玉米 玉米螟 4500-6000毫升制剂/公顷 加细沙灌心叶

枣树 尺蠖 100-200倍液 喷雾

PD91104-18 敌敌畏/48%/乳油/敌敌畏 48%/2014.07.20 至 2019.07.20/中等毒

茶树 食叶害虫 600克/公顷 喷雾

粮仓 多种储粮害虫 1)300-400倍液2)0.4-0.5克/立方米 1)喷雾2)挂条熏蒸
棉花 蚜虫、造桥虫 600-1200克/公顷 喷雾
苹果树 小卷叶蛾、蚜虫 400-500毫克/千克 喷雾
青菜 菜青虫 600克/公顷 喷雾
桑树 尺蠖 600克/公顷 喷雾
卫生 多种卫生害虫 1)250-300倍液2)0.08克/立方米 1)泼洒2)挂条熏蒸
小麦 黏虫、蚜虫 600克/公顷 喷雾

PD20040286 三唑磷/85%/原药/三唑磷 85%/2014.12.19 至 2019.12.19/中等毒

PD20040820 三唑磷/20%/乳油/三唑磷 20%/2014.12.27 至 2019.12.27/中等毒
水稻 二化螟、三化螟 300-450克/公顷 喷雾

PD20080022 40%稻瘟灵乳油//乳油/稻瘟灵 40%/2013.01.04 至 2018.01.04/低毒
水稻 稻瘟病 450-675克/公顷 喷雾

PD20081271 稻瘟灵/95%/原药/稻瘟灵 95%/2013.09.22 至 2018.09.22/低毒

PD20081301 异稻·稻瘟灵/30%/乳油/稻瘟灵 20%、异稻瘟净 10%/2013.10.09 至 2018.10.09/低毒
水稻 稻瘟病 562.5-675克/公顷 喷雾

PD20081522 乙酰甲胺磷/95%/原药/乙酰甲胺磷 95%/2013.11.06 至 2018.11.06/低毒

PD20082398 乙酰甲胺磷/30%/乳油/乙酰甲胺磷 30%/2013.12.01 至 2018.12.01/低毒
水稻 稻纵卷叶螟 765-990克/公顷 喷雾
水稻 二化螟 810-990克/公顷 喷雾

PD20082497 草甘膦/95%/原药/草甘膦 95%/2013.12.03 至 2018.12.03/低毒

PD20090844 苏云金杆菌/8000IU/毫克/可湿性粉剂/苏云金杆菌 8000IU/毫克/2014.01.19 至 2019.01.19/低毒
茶树 茶毛虫 400-800倍液 喷雾
棉花 二代棉铃虫 3000-4500克制剂/公顷 喷雾
森林 松毛虫 600-800倍液 喷雾
十字花科蔬菜 菜青虫 750-1500克制剂/公顷 喷雾
十字花科蔬菜 小菜蛾 1500-2250克制剂/公顷 喷雾
水稻 稻纵卷叶螟 3000-4500克制剂/公顷 喷雾
烟草 烟青虫 1500-3000克制剂/公顷 喷雾
玉米 玉米螟 1500-3000克制剂/公顷 加细沙灌心
枣树 尺蠖 600-800倍液 喷雾

PD20092548 井冈霉素A/5%/可溶粉剂/井冈霉素A 5%/2014.02.26 至 2019.02.26/低毒
水稻 纹枯病 52.5-75克/公顷 喷雾

湖南惠民生物科技有限公司 （湖南省中方县工业园 418000 0745-2888288）

PD20082478 草甘膦铵盐(33%)///水剂/草甘膦 30%/2013.12.03 至 2018.12.03/微毒
茶园 一年生和多年生杂草 1125-2250克/公顷 定向茎叶喷雾

PD20082975 异丙威/20%/乳油/异丙威 20%/2013.12.09 至 2018.12.09/低毒
水稻 稻飞虱 450-600克/公顷 喷雾

湖南惠农生物工程有限公司 （湖南省浏阳市农业科技产业园 410007 0731-85587866）

PD20140021 苦参碱/1%/可溶液剂/苦参碱 1%/2014.01.02 至 2019.01.02/低毒
白菜 蚜虫 7.5-18克/公顷 喷雾

PD20140025 苦参碱/0.3%/可溶液剂/苦参碱 0.3%/2014.01.02 至 2019.01.02/低毒
甘蓝 菜青虫 4.05-6.75克/公顷 喷雾

湖南京西祥隆化工有限公司 （湖南省株洲市石峰区湘珠路 412005 0731-22546966）

PD20150387 杀螺胺乙醇胺盐/70%/可湿性粉剂/杀螺胺乙醇胺盐 70%/2015.03.18 至 2020.03.18/低毒
水稻 福寿螺 409.5-504克/公顷 喷雾

湖南绿叶化工有限公司 （湖南省长沙市天心区芙蓉中路三段270号 410007 0731-5228337）

PD20040502 三唑磷/20%/乳油/三唑磷 20%/2014.12.19 至 2019.12.19/中等毒
水稻 二化螟 300-450克/公顷 喷雾

PD20040711 唑磷·杀虫单/35%/可湿性粉剂/三唑磷 15%、杀虫单 20%/2014.12.19 至 2019.12.19/中等毒
水稻 二化螟 472.5-525克/公顷 喷雾
水稻 稻纵卷叶螟 420-525克/公顷 喷雾
注：稻纵卷叶螟为临时登记，有效期最多至2010年4月28日。

PD20090112 阿维·高氯/3%/乳油/阿维菌素 0.5%、高效氯氰菊酯 2.5%/2014.01.08 至 2019.01.08/低毒(原药高毒)
十字花科蔬菜 菜青虫、小菜蛾 7.5-15克/公顷 喷雾

PD20090147 丙溴·辛硫磷/25%/乳油/丙溴磷 5%、辛硫磷 20%/2014.01.08 至 2019.01.08/低毒
棉花 棉铃虫 281.25-337.5克/公顷 喷雾

PD20091242 顺式氯氰菊酯/5%/乳油/顺式氯氰菊酯 5%/2014.02.01 至 2019.02.01/中等毒
十字花科蔬菜 菜青虫 15-22.5克/公顷 喷雾

PD20091437 吡虫啉/10%/可湿性粉剂/吡虫啉 10%/2014.02.02 至 2019.02.02/低毒
水稻 稻飞虱 15-30克/公顷 喷雾

PD20091579 马拉·辛硫磷/25%/乳油/马拉硫磷 12.5%、辛硫磷 12.5%/2014.02.03 至 2019.02.03/低毒
棉花 棉铃虫 300-375克/公顷 喷雾

PD20091969 噻嗪酮/25%/可湿性粉剂/噻嗪酮 25%/2014.02.12 至 2019.02.12/低毒
水稻 稻飞虱 75-150克/公顷 喷雾
PD20092626 乐果·高氯氟/20.5%/乳油/高效氯氟氰菊酯 0.5%、乐果 20%/2014.03.02 至 2019.03.02/中等毒
十字花科蔬菜 菜青虫 215.3-301.5克/公顷 喷雾
PD20093571 硫磺·稻瘟灵/50%/可湿性粉剂/稻瘟灵 20%、硫磺 30%/2014.03.23 至 2019.03.23/低毒
水稻 稻瘟病 675-900克/公顷 喷雾
PD20094960 咪鲜胺/25%/乳油/咪鲜胺 25%/2014.04.21 至 2019.04.21/低毒
水稻 恶苗病 62.5-125毫克/千克 浸种
PD20096633 哒螨灵/15%/乳油/哒螨灵 15%/2014.09.02 至 2019.09.02/中等毒
柑橘树 红蜘蛛 30-60毫克/千克 喷雾
PD20098518 唑磷·毒死蜱/30%/乳油/毒死蜱 15%、三唑磷 15%/2014.12.24 至 2019.12.24/中等毒
水稻 三化螟 270-360克/公顷 喷雾
PD20130087 阿维·氟铃脲/2.5%/乳油/阿维菌素 0.4%、氟铃脲 2.1%/2013.01.15 至 2018.01.15/低毒(原药高毒)
甘蓝 小菜蛾 11.25-22.5克/公顷 喷雾
PD20130248 吡虫·毒死蜱/22%/乳油/吡虫啉 2%、毒死蜱 20%/2013.02.05 至 2018.02.05/中等毒
水稻 稻飞虱 132-198克/公顷 喷雾
PD20130250 吡虫·噻嗪酮/20%/可湿性粉剂/吡虫啉 2%、噻嗪酮 18%/2013.02.05 至 2018.02.05/低毒
水稻 稻飞虱 120-150克/公顷 喷雾
PD20150391 甲氨基阿维菌素苯甲酸盐/2%/微乳剂/甲氨基阿维菌素 2%/2015.03.18 至 2020.03.18/低毒
甘蓝 小菜蛾 1.8-2.4克/公顷 喷雾
注:甲氨基阿维菌素苯甲酸盐含量：2.2%。

湖南猫头家化有限公司 (湖南省益阳市五一东路149号 413001 0737-3104318)

WP20080288 杀蚊烟片/0.8%/片剂/富右旋反式烯丙菊酯 0.8%/2013.12.03 至 2018.12.03/低毒
卫生 蚊 / 点燃
WP20080295 杀虫气雾剂/1.27%/气雾剂/胺菊酯 0.54%、氯菊酯 0.72%、溴氰菊酯 0.01%/2013.12.03 至 2018.12.03/低毒
卫生 蜚蠊、蚊、蝇 / 喷雾
WP20080337 蚊香/0.3%/蚊香/富右旋反式烯丙菊酯 0.3%/2013.12.09 至 2018.12.09/微毒
卫生 蚊 / 点燃熏烟
WP20100122 电热蚊香液/1.2%/电热蚊香液/炔丙菊酯 1.2%/2015.09.25 至 2020.09.25/微毒
卫生 蚊 / 电热加温
注:本品有一种香型：花香型。
WP20140038 蚊香/0.05%/蚊香/四氟苯菊酯 0.05%/2014.02.20 至 2019.02.20/微毒
室内 蚊 / 点燃
WP20140179 蚊香/0.05%/蚊香/氯氟醚菊酯 0.05%/2014.08.14 至 2019.08.14/微毒
室内 蚊 / 点燃

湖南南天实业股份有限公司 (湖南省湘潭市岳塘区易家湾 411103 0732-3281364)

PD84104-35 杀虫双/18%/水剂/杀虫双 18%/2014.06.16 至 2019.06.16/中等毒
甘蔗、蔬菜、水稻、小麦、玉米 多种害虫 540-675克/公顷 喷雾
果树 多种害虫 225-360毫克/千克 喷雾
PD85105-14 敌敌畏/80%/乳油/敌敌畏 77.5%(气谱法)/2014.12.22 至 2019.12.22/中等毒
茶树 食叶害虫 600克/公顷 喷雾
粮仓 多种储藏害虫 1)400-500倍液2)0.4-0.5克/立方米 1)喷雾2)挂条熏蒸
棉花 蚜虫、造桥虫 600-1200克/公顷 喷雾
苹果树 小卷叶蛾、蚜虫 400-500毫克/千克 喷雾
青菜 菜青虫 600克/公顷 喷雾
桑树 尺蠖 600克/公顷 喷雾
卫生 多种卫生害虫 1)300-400倍液2)0.08克/立方米 1)泼洒2)挂条熏蒸
小麦 黏虫、蚜虫 600克/公顷 喷雾
PD85136-6 速灭威/25%/可湿性粉剂/速灭威 25%/2010.12.21 至 2015.12.21/中等毒
水稻 飞虱、叶蝉 375-750克/公顷 喷雾
PD86175-13 乙酰甲胺磷/90%/原药/乙酰甲胺磷 90%/2011.11.22 至 2016.11.22/低毒
PD86176-7 乙酰甲胺磷/30%/乳油/乙酰甲胺磷 30%/2011.11.22 至 2016.11.22/低毒
柑橘树 介壳虫、螨 500-1000倍液 喷雾
果树 食心虫 500-1000倍液 喷雾
棉花 棉铃虫、蚜虫 450-900克/公顷 喷雾
蔬菜 菜青虫、蚜虫 337.5-540克/公顷 喷雾
水稻 螟虫、叶蝉 562.5-1012.5克/公顷 喷雾
小麦、玉米 黏虫、玉米螟 540-1080克/公顷 喷雾
烟草 烟青虫 450-900克/公顷 喷雾
PD86179-3 百菌清/98%,96%,90%/原药/百菌清 98%,96%,90%/2011.11.22 至 2016.11.22/低毒
PD86180-4 百菌清/75%/可湿性粉剂/百菌清 75%/2011.11.22 至 2016.11.22/低毒

	茶树	炭疽病	600-800倍液	喷雾
	豆类	炭疽病、锈病	1275-2325克/公顷	喷雾
	柑橘树	疮痂病	750-900毫克/千克	喷雾
	瓜类	白粉病、霜霉病	1200-1650克/公顷	喷雾
	果菜类蔬菜	多种病害	1125-2400克/公顷	喷雾
	花生	锈病、叶斑病	1125-1350克/公顷	喷雾
	梨树	斑点落叶病	500倍液	喷雾
	苹果树	多种病害	600倍液	喷雾
	葡萄	白粉病、黑痘病	600-700倍液	喷雾
	水稻	稻瘟病、纹枯病	1125-1425克/公顷	喷雾
	橡胶树	炭疽病	500-800倍液	喷雾
	小麦	叶斑病、叶锈病	1125-1425克/公顷	喷雾
	叶菜类蔬菜	白粉病、霜霉病	1275-1725克/公顷	喷雾
PD20040677	三唑磷/20%/乳油/三唑磷 20%/2014.12.19 至 2019.12.19/中等毒			
	水稻	二化螟、三化螟	300-450克/公顷	喷雾
PD20093976	毒死蜱/480克/升/乳油/毒死蜱 480克/升/2014.03.27 至 2019.03.27/中等毒			
	水稻	稻纵卷叶螟	504-576克/公顷	喷雾
PD20094145	仲丁威/20%/乳油/仲丁威 20%/2014.03.27 至 2019.03.27/低毒			
	水稻	稻飞虱	375.0-562.5克/公顷	喷雾
PD20094168	异丙威/20%/乳油/异丙威 20%/2014.03.27 至 2019.03.27/中等毒			
	水稻	稻飞虱	450-600克/公顷	喷雾
PD20094437	速灭威/20%/乳油/速灭威 20%/2014.04.01 至 2019.04.01/中等毒			
	水稻	稻飞虱	525-600克/公顷	喷雾

湖南农大海特农化有限公司　(湖南省岳阳市云溪工业园　414009　0730-8418222)

PD20083205	氰戊菊酯/20%/乳油/氰戊菊酯 20%/2013.12.11 至 2018.12.11/低毒			
	苹果树	黄蚜	50-62.5毫克/千克	喷雾
PD20083358	苏云金杆菌/16000IU/毫克/可湿性粉剂/苏云金杆菌 16000IU/毫克/2013.12.11 至 2018.12.11/低毒			
	茶树	茶毛虫	800－1600倍液	喷雾
	棉花	二代棉铃虫	1500－2250克制剂/公顷	喷雾
	森林	松毛虫	1200－1600倍液	喷雾
	十字花科蔬菜	小菜蛾	750－1125克制剂/公顷	喷雾
	十字花科蔬菜	菜青虫	375-750克制剂/公顷	喷雾
	水稻	稻纵卷叶螟	1500－2250克制剂/公顷	喷雾
	烟草	烟青虫	750－1500克制剂/公顷	喷雾
	玉米	玉米螟	750－1500克制剂/公顷	加细沙灌心
	枣树	枣尺蠖	1200－1600倍液	喷雾
PD20084271	啶虫脒/3%/可湿性粉剂/啶虫脒 3%/2013.12.17 至 2018.12.17/低毒			
	柑橘树	蚜虫	7.5-10毫克/千克	喷雾
PD20084617	阿维菌素/1.8%/乳油/阿维菌素 1.8%/2013.12.18 至 2018.12.18/低毒(原药高毒)			
	甘蓝、萝卜、小油菜	小菜蛾	8.1-10.8克/公顷	喷雾
PD20084692	氰戊·马拉松/20%/乳油/马拉硫磷 15%、氰戊菊酯 5%/2013.12.22 至 2018.12.22/低毒			
	十字花科蔬菜	菜青虫	90-150克/公顷	喷雾
PD20084873	代森锰锌/80%/可湿性粉剂/代森锰锌 80%/2013.12.22 至 2018.12.22/低毒			
	番茄	早疫病	1845-2370克/公顷	喷雾
PD20084902	多·锰锌/50%/可湿性粉剂/多菌灵 8%、代森锰锌 42%/2013.12.22 至 2018.12.22/低毒			
	苹果	斑点落叶病	1000-1250毫克/千克	喷雾
PD20085343	灭威·毒死蜱/30%/乳油/毒死蜱 20%、灭多威 10%/2013.12.24 至 2018.12.24/中等毒(原药高毒)			
	棉花	甜菜夜蛾	315-405克/公顷	喷雾
PD20085550	乙铝·锰锌/50%/可湿性粉剂/代森锰锌 22%、三乙膦酸铝 28%/2013.12.25 至 2018.12.25/低毒			
	黄瓜	霜霉病	1400-4200克/公顷	喷雾
PD20085789	苄·二氯/40%/可湿性粉剂/苄嘧磺隆 2.5%、二氯喹啉酸 37.5%/2013.12.29 至 2018.12.29/低毒			
	水稻田(直播)	一年生杂草	240-300克/公顷	喷雾
PD20086160	阿维菌素/1.8%/可湿性粉剂/阿维菌素 1.8%/2013.12.30 至 2018.12.30/低毒(原药高毒)			
	十字花科蔬菜	小菜蛾	8.1-10.8克/公顷	喷雾
PD20090963	多·福·硫磺/25%/可湿性粉剂/多菌灵 5%、福美双 10%、硫磺 10%/2014.01.20 至 2019.01.20/低毒			
	水稻	稻瘟病	600-750克/公顷	喷雾
PD20091992	阿维·辛硫磷/15%/乳油/阿维菌素 0.1%、辛硫磷 14.9%/2014.02.12 至 2019.02.12/低毒(原药高毒)			
	十字花科蔬菜	小菜蛾	112.5-168.75克/公顷	喷雾
PD20092417	氯氰·毒死蜱/25%/乳油/毒死蜱 22.5%、氯氰菊酯 2.5%/2014.02.25 至 2019.02.25/低毒			
	棉花	棉铃虫	225-375克/公顷	喷雾
PD20092664	高效氯氰菊酯/4.5%/乳油/高效氯氰菊酯 4.5%/2014.03.03 至 2019.03.03/低毒			
	梨树	梨木虱	16.67-31.25毫克/千克	喷雾
PD20093163	福·甲·硫磺/70%/可湿性粉剂/福美双 20%、甲基硫菌灵 14%、硫磺 36%/2014.03.11 至 2019.03.11/低毒			

黄瓜 炭疽病 840-1260克/公顷 喷雾
PD20093235 咪鲜·吡虫啉/1.3%/悬浮种衣剂/吡虫啉 1.0%、咪鲜胺 0.3%/2014.03.11 至 2019.03.11/低毒
水稻 稻蓟马、恶苗病 1:40-50(药种比) 种子包衣
PD20093752 福·福锌/80%/可湿性粉剂/福美双 30%、福美锌 50%/2014.03.25 至 2019.03.25/低毒
黄瓜 炭疽病 1500-1800克/公顷 喷雾
PD20094017 苄嘧·丙草胺/35%/可湿性粉剂/苄嘧磺隆 2%、丙草胺 33%/2014.03.27 至 2019.03.27/低毒
水稻抛秧田 一年生及部分多年生杂草 315-367.5克/公顷(南方地区) 药土法
水稻田(直播) 一年生杂草 315-367.5克/公顷 喷雾
PD20096327 苄·乙/15%/可湿性粉剂/苄嘧磺隆 3.4%、乙草胺 11.6%/2014.07.22 至 2019.07.22/低毒
水稻移栽田 部分多年生杂草 84-118克/公顷 药土法
PD20096578 敌敌畏/77.5%/乳油/敌敌畏 77.5%/2014.08.25 至 2019.08.25/中等毒
茶树 茶尺蠖 600－840克/公顷 喷雾
PD20097080 灭多威/20%/乳油/灭多威 20%/2014.10.10 至 2019.10.10/中等毒(原药高毒)
棉花 棉铃虫 112.5-157.5克/公顷 喷雾
PD20097780 异丙甲·苄/23%/可湿性粉剂/苄嘧磺隆 3%、异丙甲草胺 20%/2014.11.17 至 2019.11.17/低毒
水稻移栽田 一年生及部分多年生杂草 120.8-172.5克/公顷 药土法
PD20100919 乙草胺/900克/升/乳油/乙草胺 900克/升/2015.01.19 至 2020.01.19/低毒
夏玉米田 一年生禾本科杂草及部分阔叶杂草 1080-1350克/公顷 播后苗前土壤喷雾
PD20111278 甲氨基阿维菌素苯甲酸盐/3%/微乳剂/甲氨基阿维菌素 3%/2011.11.23 至 2016.11.23/低毒
甘蓝 甜菜夜蛾 2.25-3.15克/亩 喷雾
注:甲氨基阿维菌素苯甲酸盐含量：3.4%。
PD20120046 毒死蜱/30%/水乳剂/毒死蜱 30%/2012.01.10 至 2017.01.10/中等毒
水稻 稻飞虱 450－585克/公顷 喷雾
PD20120047 噁草·丁草胺/40%/乳油/丁草胺 34%、噁草酮 6%/2012.01.10 至 2017.01.10/低毒
水稻秧田 一年生杂草 600-750克/公顷 土壤喷雾
PD20120089 苄嘧·丁草胺/30%/可湿性粉剂/苄嘧磺隆 1.5%、丁草胺 28.5%/2012.01.19 至 2017.01.19/低毒
水稻抛秧田 一年生杂草 650-900克/公顷 毒土法
PD20120761 氰氟草酯/15%/乳油/氰氟草酯 15%/2012.05.05 至 2017.05.05/低毒
直播水稻(南方) 千金子 67.5-112.5克/公顷 茎叶喷雾
PD20121327 草甘膦铵盐/65%/可溶粉剂/草甘膦 65%/2012.09.11 至 2017.09.11/低毒
柑橘园 杂草 1462.5-1950克/公顷 喷雾
注:草甘膦铵盐含量:71.5%。
PD20121417 二氯喹啉酸/75%/可湿性粉剂/二氯喹啉酸 75%/2012.09.19 至 2017.09.19/低毒
水稻抛秧田 稗草 225-337.5克/公顷 茎叶喷雾
PD20122107 稻瘟灵/40%/乳油/稻瘟灵 40%/2012.12.26 至 2017.12.26/低毒
水稻 稻瘟病 450～672克/公顷 喷雾
PD20130742 阿维·噻嗪酮/15%/可湿性粉剂/阿维菌素 0.15%、噻嗪酮 14.85%/2013.04.12 至 2018.04.12/低毒(原药高毒)
水稻 稻飞虱 67.5-90克/公顷 喷雾
PD20130901 吡虫·异丙威/45%/可湿性粉剂/吡虫啉 5%、异丙威 40%/2013.04.27 至 2018.04.27/低毒
水稻 稻飞虱 101.25-135克/公顷 喷雾
PD20131353 吡嘧·二氯喹/50%/可湿性粉剂/吡嘧磺隆 3%、二氯喹啉酸 47%/2013.06.20 至 2018.06.20/低毒
直播水稻田 一年生杂草 225-300克/公顷 茎叶喷雾
PD20131422 丁草胺/60%/乳油/丁草胺 60%/2013.07.02 至 2018.07.02/低毒
水稻移栽田 一年生杂草 900-1350克/公顷 毒土法
PD20131706 吡嘧磺隆/10%/可湿性粉剂/吡嘧磺隆 10%/2013.08.07 至 2018.08.07/低毒
水稻移栽田 阔叶杂草及莎草科杂草 22.5-30克/公顷 毒土法
PD20131857 丙草胺/300克/升/乳油/丙草胺 300克/升/2013.09.24 至 2018.09.24/低毒
水稻移栽田 一年生杂草 450-675克/公顷 药土法
PD20131954 噻嗪酮/75%/可湿性粉剂/噻嗪酮 75%/2013.10.10 至 2018.10.10/低毒
水稻 稻飞虱 112.5-168.75克/公顷 喷雾
PD20132000 噻嗪·异丙威/50%/可湿性粉剂/噻嗪酮 12%、异丙威 38%/2013.10.10 至 2018.10.10/低毒
水稻 稻飞虱 337.5-562.5克/公顷 喷雾
PD20132235 烯草酮/240克/升/乳油/烯草酮 240克/升/2013.11.05 至 2018.11.05/低毒
大豆田 一年生禾本科杂草 72-108克/公顷 茎叶喷雾
PD20132266 阿维菌素/1.8%/水乳剂/阿维菌素 1.8%/2013.11.05 至 2018.11.05/中等毒(原药高毒)
水稻 稻纵卷叶螟 6-9克/公顷 喷雾
PD20132272 二甲戊灵/330克/升/乳油/二甲戊灵 330克/升/2013.11.05 至 2018.11.05/低毒
玉米田 一年生杂草 742.5-990克/公顷 播后苗前土壤喷雾
PD20140101 烟嘧·莠去津/23%/可分散油悬浮剂/烟嘧磺隆 3%、莠去津 20%/2014.01.20 至 2019.01.20/低毒
玉米田 一年生杂草 345-448.5克/公顷 茎叶喷雾
PD20140508 唑磷·毒死蜱/30%/乳油/毒死蜱 15%、三唑磷 15%/2014.03.06 至 2019.03.06/中等毒
水稻 三化螟 180-270克/公顷 喷雾
PD20140515 苯醚甲环唑/30%/可湿性粉剂/苯醚甲环唑 30%/2014.03.06 至 2019.03.06/低毒

苹果树 斑点落叶病 40-66.7毫克/千克 喷雾
PD20141385 噻吩磺隆/75%/可湿性粉剂/噻吩磺隆 75%/2014.06.04 至 2019.06.04/低毒
大豆田 一年生阔叶杂草 22.5-33.75克/公顷 土壤喷雾
PD20142645 精喹禾灵/20%/乳油/精喹禾灵 20%/2014.12.15 至 2019.12.15/低毒
大豆田 一年生禾本科杂草 51-75克/公顷 茎叶喷雾
PD20150138 吡嘧磺隆/20%/可湿性粉剂/吡嘧磺隆 20%/2015.01.13 至 2020.01.13/低毒
水稻田(直播) 一年生阔叶杂草及莎草科杂草 22.5-30克/公顷 茎叶喷雾
PD20150187 灭草松/480克/升/水剂/灭草松 480克/升/2015.01.15 至 2020.01.15/低毒
水稻移栽田 阔叶杂草及莎草科杂草 1080-1440克/公顷 茎叶喷雾
PD20150194 高效氯氟氰菊酯/5%/水乳剂/高效氯氟氰菊酯 5%/2015.01.15 至 2020.01.15/中等毒
甘蓝 菜青虫 11.25-15克/公顷 喷雾
PD20151194 烯啶虫胺/10%/水剂/烯啶虫胺 10%/2015.06.27 至 2020.06.27/低毒
水稻 稻飞虱 30-45克/公顷 喷雾
PD20151384 甲维·三唑磷/20%/微乳剂/甲氨基阿维菌素 0.2%、三唑磷 19.8%/2015.07.30 至 2020.07.30/中等毒
水稻 二化螟 240-270克/公顷 喷雾
PD20151409 阿维·三唑磷/20%/水乳剂/阿维菌素 0.5%、三唑磷 19.5%/2015.07.30 至 2020.07.30/中等毒(原药高毒)
水稻 二化螟 240-300克/公顷 喷雾
PD20151431 阿维·毒死蜱/15%/水乳剂/阿维菌素 0.2%、毒死蜱 14.8%/2015.07.30 至 2020.07.30/低毒(原药高毒)
水稻 稻纵卷叶螟 135-157.5克/公顷 喷雾
PD20151434 高效氯氟氰菊酯/5%/水乳剂/高效氯氟氰菊酯 5%/2015.07.30 至 2020.07.30/中等毒
小麦 蚜虫 6-7.5克/公顷 喷雾
PD20152225 百菌清/720克/升/悬浮剂/百菌清 720克/升/2015.09.23 至 2020.09.23/低毒
番茄 早疫病 900-1050克/公顷 喷雾
PD20152602 氟磺胺草醚/250克/升/水剂/氟磺胺草醚 250克/升/2015.12.17 至 2020.12.17/低毒
夏大豆田 一年生阔叶杂草 187.5-225克/公顷 茎叶喷雾
LS20120316 多杀霉素/2.5%/水乳剂/多杀霉素 2.5%/2014.09.10 至 2015.09.10/低毒
甘蓝 蓟马 26.25-37.5克/公顷 喷雾
LS20140296 吡嘧·丙草胺/38%/可湿性粉剂/吡嘧磺隆 3%、丙草胺 35%/2015.09.18 至 2016.09.18/低毒
水稻田(直播) 一年生杂草 285-342克/公顷 土壤喷雾
LS20140357 阿维·氟铃脲/3%/悬浮剂/阿维菌素 1%、氟铃脲 2%/2015.12.11 至 2016.12.11/低毒(原药高毒)
棉花 棉铃虫 27-40.5克/公顷 喷雾
LS20140364 烯酰·嘧菌酯/50%/可湿性粉剂/嘧菌酯 20%、烯酰吗啉 30%/2015.12.11 至 2016.12.11/低毒
黄瓜 霜霉病 225-300克/公顷 喷雾
LS20150326 苯甲·吡虫啉/25%/悬浮种衣剂/苯醚甲环唑 1%、吡虫啉 24%/2015.12.04 至 2016.12.04/低毒
小麦 纹枯病、蚜虫 150-240克/100千克种子 种子包衣
LS20150351 吡嘧·双草醚/25%/可湿性粉剂/吡嘧磺隆 5%、双草醚 20%/2015.12.19 至 2016.12.19/低毒
水稻田(直播) 一年生杂草 30-45克/公顷 茎叶喷雾

湖南农杰生物科技有限公司 (湖南省浏阳市现代农业园 410301 0731-4673878)

PD20091966 噻嗪酮/25%/可湿性粉剂/噻嗪酮 25%/2014.02.12 至 2019.02.12/低毒
水稻 稻飞虱 112.5-150克/公顷 喷雾

湖南瑞泽农化有限公司 (湖南省长沙市芙蓉区荷花园中扬华苑701室 410016 0731-4770396)

PD20091921 联苯菊酯/25克/升/乳油/联苯菊酯 25克/升/2014.02.12 至 2019.02.12/低毒
柑橘树 红蜘蛛 20-25毫克/千克 喷雾
PD20092197 毒死蜱/40%/乳油/毒死蜱 40%/2014.02.23 至 2019.02.23/中等毒
棉花 棉铃虫 600-750克/公顷 喷雾
PD20092353 噻嗪·异丙威/25%/可湿性粉剂/噻嗪酮 5%、异丙威 20%/2014.02.24 至 2019.02.24/低毒
水稻 稻飞虱 468.75-562.5克/公顷 喷雾
PD20092482 甲氰菊酯/20%/乳油/甲氰菊酯 20%/2014.02.26 至 2019.02.26/中等毒
十字花科蔬菜 小菜蛾 75-90克/公顷 喷雾
PD20094420 高效氯氟氰菊酯/25克/升/乳油/高效氯氟氰菊酯 25克/升/2014.04.01 至 2019.04.01/低毒
棉花 棉铃虫 15-22.5克/公顷 喷雾
PD20097084 异丙威/20%/乳油/异丙威 20%/2014.10.10 至 2019.10.10/低毒
水稻 稻飞虱 450-600克/公顷 喷雾
PD20097105 阿维菌素/1.8%/乳油/阿维菌素 1.8%/2014.10.10 至 2019.10.10/低毒(原药高毒)
甘蓝 小菜蛾 8.1-10.8克/公顷 喷雾
PD20110573 草甘膦异丙胺盐/30%/水剂/草甘膦 30%/2011.05.27 至 2016.05.27/低毒
柑橘园 一年生和多年生杂草 1125-2250克/公顷 定向茎叶喷雾
注:草甘膦异丙胺盐含量:41%。

湖南三村农业发展有限公司 (湖南省湘潭市岳塘区易家湾 411103 0731-53281165)

PD85136-10 速灭威/25%/可湿性粉剂/速灭威 25%/2015.08.15 至 2020.08.15/中等毒
水稻 飞虱、叶蝉 375-750克/公顷 喷雾
PD86148-50 异丙威/20%/乳油/异丙威 20%/2011.09.19 至 2016.09.19/中等毒
水稻 飞虱、叶蝉 450-600克/公顷 喷雾

PD90101 异丙威/2%/粉剂/异丙威 2%/2015.03.07 至 2020.03.07/中等毒
水稻 飞虱、叶蝉 450-900克/公顷 喷粉
PD91109-2 速灭威/20%/乳油/速灭威 20%/2011.06.05 至 2016.06.05/中等毒
水稻 飞虱、叶蝉 450-600克/公顷 喷雾
PD20040447 吡虫啉/10%/可湿性粉剂/吡虫啉 10%/2014.12.19 至 2019.12.19/低毒
菠菜 蚜虫 30-45克/公顷 喷雾
韭菜 韭蛆 300-450克/公顷 药土法
莲藕 莲缢管蚜 15-30克/公顷 喷雾
芹菜 蚜虫 15-30克/公顷 喷雾
十字花科蔬菜 蚜虫 22.5-30克/公顷 喷雾
水稻 飞虱 15-30克/公顷 喷雾
PD20090843 高效氯氟氰菊酯/25g/L/乳油/高效氯氟氰菊酯 25克/升/2014.01.19 至 2019.01.19/中等毒
棉花 棉铃虫 18.75-22.5克/公顷 喷雾
十字花科蔬菜 菜青虫 7.5-15克/公顷 喷雾
烟草 烟青虫 7.5-9.375克/公顷 喷雾
PD20093713 噻嗪酮/25%/可湿性粉剂/噻嗪酮 25%/2014.03.25 至 2019.03.25/低毒
水稻 飞虱 75-112.5克/公顷 喷雾
PD20094413 噻嗪·异丙威/25%/可湿性粉剂/噻嗪酮 7%、异丙威 18%/2014.04.01 至 2019.04.01/中等毒
水稻 稻飞虱 150-225克/公顷 喷雾
PD20094855 噻嗪·异丙威/30%/乳油/噻嗪酮 7%、异丙威 23%/2014.04.13 至 2019.04.13/中等毒
水稻 稻飞虱 270-360克/公顷 喷雾
PD20098345 苄·乙·二氯喹/19.2%/可湿性粉剂/苄嘧磺隆 2.8%、二氯喹啉酸 1%、乙草胺 15.4%/2014.12.18 至 2019.12.18/低毒
水稻移栽田 部分多年生杂草、一年生杂草 86.4-115.2克/公顷(南方地区) 药土法
PD20100002 毒死蜱/40%/乳油/毒死蜱 40%/2015.01.04 至 2020.01.04/中等毒
水稻 稻纵卷叶螟 480-600克/公顷 喷雾
PD20100928 阿维菌素/18克/升/乳油/阿维菌素 18克/升/2015.01.19 至 2020.01.19/低毒(原药高毒)
甘蓝 小菜蛾 8.1-10.8克/公顷 喷雾
茭白 二化螟 9.5-13.5克/公顷 喷雾
PD20101260 三唑磷/20%/乳油/三唑磷 20%/2015.03.05 至 2020.03.05/中等毒
水稻 二化螟 300-450克/公顷 喷雾

湖南神隆超级稻丰产生化有限公司 (湖南省长沙市芙蓉区马坡岭高科技园 410125 0731-4690269)

PD20083541 苄嘧·苯噻酰/52.5%/可湿性粉剂/苯噻酰草胺 50%、苄嘧磺隆 2.5%/2013.12.12 至 2018.12.12/低毒
水稻抛秧田 一年生及部分多年生杂草 393.8-472.5克/公顷 药土法
PD20091698 苄·乙/18%/可湿性粉剂/苄嘧磺隆 4%、乙草胺 14%/2014.02.03 至 2019.02.03/低毒
水稻 杂草 84-118克/公顷 毒土或毒砂法
PD20091938 甲硫·锰锌/20%/可湿性粉剂/甲基硫菌灵 10%、代森锰锌 10%/2014.02.12 至 2019.02.12/低毒
辣椒 炭疽病、疫病 240-480克/公顷 喷雾
西瓜 炭疽病 375-480克/公顷 喷雾
PD20092251 锰锌·拌种灵/20%/可湿性粉剂/拌种灵 10%、代森锰锌 10%/2014.02.24 至 2019.02.24/低毒
辣椒 疮痂病、炭疽病 300-450克/公顷 喷雾
PD20092884 四螨·哒螨灵/5%/可湿性粉剂/哒螨灵 2.5%、四螨嗪 2.5%/2014.03.05 至 2019.03.05/中等毒
柑橘树 红蜘蛛 62.5-100毫克/千克 喷雾
PD20093244 苯·苄·乙草胺/33%/可湿性粉剂/苯噻酰草胺 26%、苄嘧磺隆 2.5%、乙草胺 4.5%/2014.03.11 至 2019.03.11/低毒
水稻抛秧田 部分多年生杂草、一年生杂草 198-247.5克/公顷(南方地区) 药土法
PD20094690 赤霉酸/3%/乳油/赤霉酸 3%/2014.04.10 至 2019.04.10/低毒
水稻制种 调节生长 180-240克/公顷 喷雾2-3次
PD20097094 苄·乙/10%/可湿性粉剂/苄嘧磺隆 5%、乙草胺 5%/2014.10.10 至 2019.10.10/低毒
水稻抛秧田 部分多年生杂草、一年生杂草 67.5-90克/公顷(南方地区) 药土法
PD20097601 苄·乙·甲/15.6%/可湿性粉剂/苄嘧磺隆 0.96%、甲磺隆 0.24%、乙草胺 14.4%/2009.11.03 至 2015.06.30/低毒
水稻移栽田 部分多年生杂草、一年生杂草 70.2-93.6克/公顷 药土法
PD20110217 赤霉酸A3/85%/结晶粉/赤霉酸A3 85%/2016.02.24 至 2021.02.24/低毒
水稻制种 调节生长 180-240克/公顷 喷雾
PD20132008 苄·丁/0.64%/颗粒剂/苄嘧磺隆 0.032%、丁草胺 0.608%/2013.10.21 至 2018.10.21/低毒
水稻抛秧田 一年生杂草 576-720克/公顷 撒施
注:本产品为药肥混剂。
LS20120310 苄嘧·丙草胺/0.2%/颗粒剂/苄嘧磺隆 0.025%、丙草胺 0.175%/2014.09.04 至 2015.09.04/低毒
直播水稻(南方) 一年生杂草 300-360克/公顷 撒施
注:本产品为药肥混剂。

湖南神隆海洋生物工程有限公司 (湖南省湘潭市九华经济技术开发区银盖南路1号 411201 0731-52318008)

PD20091677 高效氯氟氰菊酯/25克/升/乳油/高效氯氟氰菊酯 25克/升/2014.02.03 至 2019.02.03/中等毒
棉花 棉铃虫 15-22.5克/公顷 喷雾
十字花科蔬菜 菜青虫 18.75-22.5克/公顷 喷雾
PD20093387 噻嗪·异丙威/25%/乳油/噻嗪酮 5%、异丙威 20%/2014.03.19 至 2019.03.19/中等毒

水稻 稻飞虱 450-562.5克/公顷 喷雾
PD20094340 三氯异氰尿酸/40%/可湿性粉剂/三氯异氰尿酸 40%/2014.04.01 至 2019.04.01/低毒
水稻 细菌性条斑病 300-600倍液 浸种
PD20094378 三氯异氰尿酸/36%/可湿性粉剂/三氯异氰尿酸 36%/2014.04.01 至 2019.04.01/低毒
棉花 黄萎病、枯萎病 432-540克/公顷 喷雾
棉花 立枯病、炭疽病 540-900克/公顷 喷雾
水稻 稻瘟病 270-324克/公顷 喷雾
水稻 白叶枯病、纹枯病、细菌性条斑病 324-486克/公顷 喷雾
PD20095210 三氯异氰尿酸/42%/可湿性粉剂/三氯异氰尿酸 42%/2014.04.24 至 2019.04.24/低毒
辣椒 炭疽病 525-787.5克/公顷 喷雾
烟草 赤星病、青枯病 189-315克/公顷 喷雾
PD20095947 氯溴异氰尿酸/50%/可溶粉剂/氯溴异氰尿酸 50%/2014.06.02 至 2019.06.02/低毒
水稻 白叶枯病 165-375克/公顷 喷雾
PD20101266 2-(乙酰氧基)苯甲酸/30%/可溶粉剂/2-(乙酰氧基)苯甲酸 30%/2015.03.05 至 2020.03.05/低毒
水稻 调节生长、增产 225-270克/公顷 喷雾
PD20101267 2-(乙酰氧基)苯甲酸/99%/原药/2-(乙酰氧基)苯甲酸 99%/2015.03.05 至 2020.03.05/低毒

湖南神网生物化工有限公司 (湖南省长沙市芙蓉中路二段12号机电大楼504 410025 0731-6784168)
WP20080410 杀虫喷射剂/0.45%/喷射剂/Es-生物烯丙菊酯 0.15%、氯菊酯 0.30%/2013.12.12 至 2018.12.12/低毒
卫生 蜚蠊、蚊、蝇 / 喷洒
WP20140064 杀虫水乳剂/5%/水乳剂/高效氯氰菊酯 2.5%、右旋苯氰菊酯 2.5%/2014.03.24 至 2019.03.24/低毒
室内 蚊、蝇、蜚蠊 玻璃板面：30毫克/平方米；清漆板面：40毫克/平方米；水泥板面：50毫克/平方米； 滞留喷洒

湖南生华农化有限公司 (湖南省益阳市安化县烟溪镇 413512 0737-7553883)
PD20091616 速灭威/20%/乳油/速灭威 20%/2014.02.03 至 2019.02.03/中等毒
水稻 飞虱 450-600克/公顷 喷雾
PD20091710 辛硫磷/40%/乳油/辛硫磷 40%/2014.02.03 至 2019.02.03/低毒
烟草 烟青虫 450-600克/公顷 喷雾
PD20095261 毒死蜱/40%/乳油/毒死蜱 40%/2014.04.27 至 2019.04.27/中等毒
水稻 稻纵卷叶螟 450-600克/公顷 喷雾
PD20101277 丙溴磷/40%/乳油/丙溴磷 40%/2015.03.10 至 2020.03.10/低毒
棉花 棉铃虫 360-450克/公顷 喷雾
PD20142381 甲氨基阿维菌素苯甲酸盐/1%/微乳剂/甲氨基阿维菌素 1%/2014.11.04 至 2019.11.04/低毒
甘蓝 小菜蛾 1.8-2.25克/公顷 喷雾
注:甲氨基阿维菌素苯甲酸盐含量：1.14%。

湖南省安乡县天马蚊香厂 (湖南省常德市安乡县北河口 415606 0736-4773048)
WP20090147 杀蚊烟片/1%/电热蚊香片/富右旋反式烯丙菊酯 1%/2014.03.02 至 2019.03.02/低毒
卫生 蚊 / 点燃

湖南省常德鹤王蚊香有限公司 (湖南省常德市鼎城区武陵镇金霞大道 415101 0736-2599666)
WP20080141 杀蚊烟片/1%/烟片/富右旋反式烯丙菊酯 1%/2013.11.04 至 2018.11.04/低毒
卫生 蚊 / 点燃
WP20090348 蚊香/0.3%/蚊香/富右旋反式烯丙菊酯 0.3%/2014.10.26 至 2019.10.26/微毒
卫生 蚊 / 点燃
WP20090355 蚊香/0.3%/蚊香/富右旋反式烯丙菊酯 0.2%、富右旋反式炔丙菊酯 0.1%/2014.11.03 至 2019.11.03/微毒
卫生 蚊 / 点燃
WP20110003 电热蚊香液/1%/电热蚊香液/炔丙菊酯 1%/2016.01.04 至 2021.01.04/微毒
卫生 蚊 / 电热加温
WP20130132 蚊香/0.05%/蚊香/四氟苯菊酯 0.05%/2013.06.08 至 2018.06.08/微毒
卫生 蚊子(成虫) / 点燃
WP20130178 杀虫气雾剂/0.48%/气雾剂/氯菊酯 0.21%、右旋胺菊酯 0.18%、右旋苯醚氰菊酯 0.09%/2013.09.06 至 2018.09.06/微毒
卫生 蚊、蝇、蜚蠊 / 喷雾
注:本产品有三种香型：柠檬香型、茉莉香型、哈蜜瓜香型。
WP20130191 杀虫气雾剂/0.36%/气雾剂/炔丙菊酯 0.07%、右旋胺菊酯 0.17%、右旋苯醚氰菊酯 0.12%/2013.09.23 至 2018.09.23/微毒
室内 蚊、蝇、蜚蠊 / 喷雾
注:本产品有三种香型：茉莉香型、柠檬香型、兰花香型。
WP20140190 蚊香/0.05%/蚊香/氯氟醚菊酯 0.05%/2014.08.27 至 2019.08.27/微毒
室内 蚊 / 点燃
注:本产品有三种香型：桂花檀香型、艾叶香型、野菊花香型。

湖南省常德市鼎城万球日用品有限公司 (湖南省常德市鼎城区武陵镇常沅路71号 415101 0736-7392211)
WP20080489 杀蚊烟片/1%/烟片/富右旋反式烯丙菊酯 1%/2013.12.17 至 2018.12.17/微毒
卫生 蚊 / 点燃
WP20100080 蚊香/0.2%/蚊香/富右旋反式烯丙菊酯 0.2%/2015.06.03 至 2020.06.03/低毒

卫生 蚊 / 点燃

湖南省长沙美佳家庭用品有限公司　(湖南省长沙市星沙镇灰埠二片四栋　410100　0731-4016193)

WP20080590 防蛀片剂/96%/片剂/对二氯苯 96%/2013.12.29 至 2018.12.29/低毒
卫生 黑皮蠹 40克/立方米 投放

湖南省长沙向阳日用化工厂　(湖南省长沙市开福区捞刀河镇太阳山村　410152　0731-5537757)

WP20100169 防蛀片剂/96%/片剂/对二氯苯 96%/2010.12.15 至 2015.12.15/低毒
卫生 黑皮蠹 40克制剂/立方米 投放

湖南省郴州市金穗农药化工有限责任公司　(湖南省郴州市北湖区华塘镇　423000　0735-2835057)

PD92106-2 仲丁威/20%/乳油/仲丁威 20%/2012.11.29 至 2017.11.29/低毒
水稻 飞虱、叶蝉 375-562.5克/公顷 喷雾

PD20081995 异丙威/20%/乳油/异丙威 20%/2013.11.25 至 2018.11.25/低毒
水稻 稻飞虱 450-600克/公顷 喷雾

PD20091246 辛硫磷/40%/乳油/辛硫磷 40%/2014.02.01 至 2019.02.01/低毒
十字花科蔬菜 菜青虫 360-450克/公顷 喷雾

PD20096668 草甘膦/30%/水剂/草甘膦 30%/2014.09.07 至 2019.09.07/低毒
柑橘园 杂草 1125—2250克/公顷 定向茎叶喷雾

湖南省郴州天龙农药化工有限公司　(湖南省郴州市国庆北路47号　423000　0735-2646276)

PD84104-6 杀虫双/18%/水剂/杀虫双 18%/2014.10.19 至 2019.10.19/中等毒
水稻 二化螟 540-675克/公顷 喷雾

PD84105-2 马拉硫磷/45%/乳油/马拉硫磷 45%/2014.10.19 至 2019.10.19/低毒
水稻 飞虱 562.5-750克/公顷 喷雾

PD20090737 杀虫双/25%/母药/杀虫双 25%/2014.01.19 至 2019.01.19/低毒

PD20097201 杀虫单/95%/原药/杀虫单 95%/2014.10.19 至 2019.10.19/中等毒

湖南省华容县远大农资有限公司　(湖南省华容县麻里泗工业区　414200　0730-4224758)

PD20097041 草甘膦异丙胺盐(41%)///水剂/草甘膦 30%/2014.10.10 至 2019.10.10/低毒
茶园 杂草 200-350毫升制剂/亩 定向茎叶喷雾

湖南省金穗农药有限公司　(湖南省汨罗市建设路14号　414400　0730-5111945)

PD20091694 井冈·蜡芽菌/12.5%/水剂/井冈霉素 2.5%、蜡质芽孢杆菌 10%/2014.02.03 至 2019.02.03/低毒
水稻 纹枯病 187.5-243.75克/公顷 喷雾

PD20092245 辛硫·灭多威/18%/乳油/灭多威 5%、辛硫磷 13%/2014.02.24 至 2019.02.24/高毒
棉花 棉铃虫 135-270克/公顷 喷雾
水稻 稻纵卷叶螟 270-337.5克/公顷 喷雾

PD20093609 异稻·稻瘟灵/40%/乳油/稻瘟灵 20%、异稻瘟净 20%/2014.03.24 至 2019.03.24/低毒
水稻 稻瘟病 600-900克/公顷 喷雾

PD20094856 噻嗪·异丙威/25%/乳油/噻嗪酮 5%、异丙威 20%/2014.04.13 至 2019.04.13/中等毒
水稻 飞虱 375-562.5克/公顷 喷雾

PD20097612 杀螟硫磷/45%/乳油/杀螟硫磷 45%/2014.11.03 至 2019.11.03/中等毒
水稻 二化螟 300-375克/公顷 喷雾

湖南省九喜日化有限公司　(湖南省岳阳市汨罗市汨罗江工业园区　414413　0730-5630899)

WP20080012 蚊香/0.2/蚊香/富右旋反式烯丙菊酯 0.2%/2013.01.04 至 2018.01.04/微毒
卫生 蚊 / 点燃

WP20080582 杀虫气雾剂/0.55%/气雾剂/富右旋反式烯丙菊酯 0.25%、高效氯氰菊酯 0.15%、右旋苯醚氰菊酯 0.15%/2013.12.29 至 2018.12.29/微毒
卫生 蚊、蝇、蜚蠊 / 喷雾

WP20100156 杀虫气雾剂/0.35%/气雾剂/胺菊酯 0.25%、氯氰菊酯 0.1%/2015.12.09 至 2020.12.09/低毒
卫生 蜚蠊、蚊、蝇 / 喷雾

WP20110026 蚊香/0.02%/蚊香/四氟甲醚菊酯 0.02%/2016.01.26 至 2021.01.26/微毒
卫生 蚊 / 点燃
注:本产品有三种香型:薰衣草香型、花香型、檀香型。

WP20130264 蚊香/0.04%/蚊香/氯氟醚菊酯 0.04%/2013.12.20 至 2018.12.20/微毒
室内 蚊 / 点燃
注:本产品有三种香型：花香型、檀香型、薰衣草香型。

WP20140086 蚊香/0.05%/蚊香/四氟苯菊酯 0.05%/2014.04.14 至 2019.04.14/微毒
室内 蚊 / 点燃
注:本产品有三种香型：花香型、檀香型、薰衣草香型。

WP20140256 杀虫气雾剂/0.55%/气雾剂/Es-生物烯丙菊酯 0.35%、右旋苯醚菊酯 0.2%/2014.12.18 至 2019.12.18/微毒
室内 蚊、蝇、蜚蠊 / 喷雾
注:本产品有三种香型：清香型、橙香型、柠檬香型。

WP20150107 电热蚊香液/0.6%/电热蚊香液/氯氟醚菊酯 0.6%/2015.06.14 至 2020.06.14/微毒
室内 蚊 / 电热加温
注:本产品有三种香型：冰橙香型、柠檬香型、薰衣草香型。

湖南省临湘市化学农药厂　(湖南省岳阳市云溪区陆城镇　414013　0730-8462898)

PD84104-23 杀虫双/18%/水剂/杀虫双 18%/2010.04.12 至 2015.04.12/中等毒

	甘蔗、蔬菜、水稻、小麦、玉米	多种害虫	540-675克/公顷	喷雾
	果树	多种害虫	225-360毫克/千克	喷雾
PD84108-32	敌百虫/97%,90%/原药/敌百虫 97%,90%/2010.12.29 至 2015.12.29/低毒			
	白菜、青菜	菜青虫	960-1200克/公顷	喷雾
	白菜、青菜	地下害虫	750-1500克/公顷	毒饵
	茶树	尺蠖、刺蛾	450-900毫克/千克	喷雾
	大豆	造桥虫	1800克/公顷	喷雾
	柑橘树	卷叶蛾	600-750毫克/千克	喷雾
	林木	松毛虫	600-900毫克/千克	喷雾
	水稻	螟虫	1500-1800克/公顷	喷雾、泼浇或毒土
	小麦	黏虫	1800克/公顷	喷雾
	烟草	烟青虫	900毫克/千克	喷雾
PD85105-71	敌敌畏/80%/乳油/敌敌畏 77.5%(气谱法)/2011.02.22 至 2016.02.22/中等毒			
	茶树	食叶害虫	600克/公顷	喷雾
	粮仓	多种储藏害虫	1)400-500倍液2)0.4-0.5克/立方米	1)喷雾2)挂条熏蒸
	棉花	蚜虫、造桥虫	600-1200克/公顷	喷雾
	苹果树	小卷叶蛾、蚜虫	400-500毫克/千克	喷雾
	青菜	菜青虫	600克/公顷	喷雾
	桑树	尺蠖	600克/公顷	喷雾
	卫生	多种卫生害虫	1)300-400倍液2)0.08克/立方米	1)泼洒2)挂条熏蒸
	小麦	黏虫、蚜虫	600克/公顷	喷雾
PD86148-67	异丙威/20%/乳油/异丙威 20%/2011.11.21 至 2016.11.21/中等毒			
	水稻	飞虱、叶蝉	450-600克/公顷	喷雾
PD20060187	杀虫单/95%/原药/杀虫单 95%/2011.12.06 至 2016.12.06/中等毒			
	水稻	螟虫	525-750克/公顷	喷雾
PD20070573	克百威/3%/颗粒剂/克百威 3%/2012.12.03 至 2017.12.03/低毒			
	棉花	蚜虫	675-900克/公顷	条施,沟施
	水稻	稻瘿蚊、二化螟、三化螟	900-1350克/公顷	撒施
PD20096531	嗪草酮/95%/原药/嗪草酮 95%/2014.08.20 至 2019.08.20/低毒			
PD20100032	丙草胺/95%/原药/丙草胺 95%/2010.01.04 至 2015.01.04/低毒			
PD20100583	百菌清/98%/原药/百菌清 98%/2010.01.14 至 2015.01.14/低毒			
PD20121829	敌鼠钠盐/0.1%/饵粒/敌鼠钠盐 0.1%/2012.11.22 至 2017.11.22/低毒(原药高毒)			
	室内	家鼠	饱和投饵	投放

湖南省隆回县农药厂　(湖南省邵阳市隆回县城南郊紫河　422200　0739-8320088)

PD20150921	滴酸·草甘膦/32%/水剂/草甘膦 30%、2,4-滴 2%/2015.06.09 至 2020.06.09/低毒			
	非耕地	一年生杂草	1215-2430克/公顷	茎叶喷雾

湖南省娄底化工总厂　(湖南省娄底市西郊　417008　0738-8710278)

PD20096508	苯·苄·乙草胺/32%/可湿性粉剂/苯噻酰草胺 27%、苄嘧磺隆 2%、乙草胺 3%/2014.08.19 至 2019.08.19/低毒			
	水稻抛秧田	部分多年生杂草、一年生杂草	216-288克/公顷(南方地区)	药土法

湖南省娄底农科所农药实验厂　(湖南省娄底市娄星区关家脑　417000　0738-8326272)

PD20081895	苄嘧·苯噻酰/60%/可湿性粉剂/苯噻酰草胺 55%、苄嘧磺隆 5%/2013.11.21 至 2018.11.21/低毒			
	水稻移栽田	一年生及部分多年生杂草	450-540克/公顷	药土法
PD20082774	苄·二氯/38.5%/可湿性粉剂/苄嘧磺隆 2.8%、二氯喹啉酸 35.7%/2013.12.08 至 2018.12.08/低毒			
	水稻秧田	一年生杂草	202-231克/公顷	茎叶喷雾
PD20091250	草甘膦铵盐/30%/可溶粉剂/草甘膦 30%/2014.02.01 至 2019.02.01/低毒			
	柑橘园	杂草	1125-2250克/公顷	定向茎叶喷雾
	注:草甘膦铵盐的含量:33%。			
PD20091649	苯·苄·乙草胺/36%/可湿性粉剂/苯噻酰草胺 30%、苄嘧磺隆 1.5%、乙草胺 4.5%/2014.02.03 至 2019.02.03/低毒			
	水稻抛秧田	一年生及部分多年生杂草	216-270克/公顷	药土法
PD20094488	苄·丁·乙草胺/22.5%/可湿性粉剂/苄嘧磺隆 1%、丁草胺 19%、乙草胺 2.5%/2014.04.09 至 2019.04.09/低毒			
	水稻抛秧田	一年生杂草	270-337.5克/公顷	药土法
PD20094514	苄·丁·乙草胺/20%/可湿性粉剂/苄嘧磺隆 1.9%、丁草胺 7.7%、乙草胺 10.4%/2014.04.09 至 2019.04.09/低毒			
	水稻移栽田	多年生杂草、一年生杂草	90-120克/公顷	药土法
PD20095464	苄·乙·甲/10%/可湿性粉剂/苄嘧磺隆 3.6%、甲磺隆 0.4%、乙草胺 6%/2014.05.11 至 2019.05.11/低毒			
	注:专供出口，不得在国内销售。			
PD20095466	甲磺·乙草胺/19.2%/可湿性粉剂/甲磺隆 0.8%、乙草胺 18.4%/2014.05.11 至 2019.05.11/低毒			
	注:专供出口，不得在国内销售。			
PD20097255	苄·乙·甲/18.2%/可湿性粉剂/苄嘧磺隆 1.25%、甲磺隆 0.55%、乙草胺 16.4%/2014.05.11 至 2019.05.11/低毒			
	注:专供出口，不得在国内销售。			
PD20100547	三环唑/20%/可湿性粉剂/三环唑 20%/2015.01.14 至 2020.01.14/低毒			
	水稻	稻瘟病	300-375克/公顷	喷雾

PD20101050 三乙膦酸铝/40%/可湿性粉剂/三乙膦酸铝 40%/2015.01.21 至 2020.01.21/低毒
黄瓜 霜霉病 2400－3000克/公顷 喷雾
PD20110207 草甘膦异丙胺盐/30%/水剂/草甘膦 30%/2016.02.18 至 2021.02.18/低毒
柑橘园 杂草 270-360毫升/亩 定向喷雾
注:草甘膦异丙胺盐含量: 41%。
PD20110762 苄·乙·甲磺隆/10%/大粒剂/苄嘧磺隆 0.68%、甲磺隆 0.27%、乙草胺 8.05%/2016.07.25 至 2021.07.25/低毒
注:专供出口，不得在国内销售。
PD20120573 草甘膦铵盐/80%/可溶粉剂/草甘膦 80%/2012.03.28 至 2017.03.28/低毒
柑橘园 一年生和多年生杂草 1120.5-2241克/公顷 定向茎叶喷雾
注:草甘膦铵盐含量: 88%
PD20120902 苄嘧·丙草胺/25%/可湿性粉剂/苄嘧磺隆 2%、丙草胺 23%/2012.05.24 至 2017.05.24/低毒
直播水稻田 一年生杂草和多年生恶性杂草 375-450克/公顷(南方地区) 播后苗前土壤喷雾
PD20150940 苯·苄·乙草胺/40%/可湿性粉剂/苯噻酰草胺 33.4%、苄嘧磺隆 3.6%、乙草胺 3%/2015.06.10 至 2020.06.10/低毒
水稻移栽田 一年生及部分多年生杂草 300-540克/公顷(东北地区)240-360克/公顷(南方地区) 药土法
LS20140371 吡嘧·丙草胺/45%/可湿性粉剂/吡嘧磺隆 2.5%、丙草胺 42.5%/2015.12.11 至 2016.12.11/低毒
水稻抛秧田 一年生杂草 270-420克/公顷 药土法

湖南省麻阳苗族自治县农药化工公司 (湖南省麻阳苗族自治县县城建设北路258号 419400 0745-5824461)

PD20083913 氰戊·辛硫磷/25%/乳油/氰戊菊酯 5%、辛硫磷 20%/2013.12.15 至 2018.12.15/中等毒
棉花 棉铃虫 300-375克/公顷 喷雾
十字花科蔬菜 菜青虫 150-225克/公顷 喷雾
PD20084553 溴氰 ·敌敌畏/25%/乳油/敌敌畏 24.5%、溴氰菊酯 0.5%/2013.12.18 至 2018.12.18/中等毒
十字花科蔬菜 菜青虫 75-112.5克/公顷 喷雾
PD20093574 噻嗪·氧乐果/30%/乳油/噻嗪酮 10%、氧乐果 20%/2014.03.23 至 2019.03.23/中等毒(原药高毒)
水稻 飞虱 225-315克/公顷 喷雾
PD20141657 稻瘟灵/40%/乳油/稻瘟灵 40%/2014.06.24 至 2019.06.24/低毒
水稻 稻瘟病 630-750克/公顷 喷雾

湖南省南县云昌蚊香厂 (湖南省南县乌嘴乡 413223 0737-5739366)

WP20080494 蚊香/0.2%/烟雾剂/烯丙菊酯 0.2%/2013.12.18 至 2018.12.18/低毒
卫生 蚊 / 点燃
WP20120177 杀蚊烟片/1%/烟片/富右旋反式烯丙菊酯 1%/2012.09.12 至 2017.09.12/低毒
卫生 蚊 / 点燃

湖南省平江县化学农药厂 (湖南省岳阳市平江县天岳经济开发区 415400 0730-6282989)

PD86148-44 异丙威/20%/乳油/异丙威 20%/2011.12.29 至 2016.12.29/中等毒
水稻 飞虱、叶蝉 450-600克/公顷 喷雾
PD91109-4 速灭威/20%/乳油/速灭威 20%/2011.07.31 至 2016.07.31/中等毒
水稻 飞虱、叶蝉 450-600克/公顷 喷雾

湖南省益阳海润化工科技有限公司 (湖南省益阳市化工路七号 413000 0737-2669100)

WP20090085 高氯·残杀威/10%/微乳剂/残杀威 6%、高效氯氰菊酯 4%/2014.02.02 至 2019.02.02/低毒
卫生 蜚蠊、蝇 30毫克/平方米（玻璃板面）；50毫克/平方米（木板面、水泥面、白灰面） 滞留喷洒
WP20090132 氯氰·残杀威/15%/乳油/残杀威 10%、氯氰菊酯 5%/2014.02.23 至 2019.02.23/低毒
卫生 蜚蠊 玻璃面50毫克/平方米；油漆、石灰面200毫克/平方米 滞留喷洒
WP20090181 甲基嘧啶磷/20%/水乳剂/甲基嘧啶磷 20%/2014.03.18 至 2019.03.18/低毒
卫生 蚊、蝇 玻璃面：1克/平方米；油漆面、石灰面3克/平方米 滞留喷洒
WP20090236 蚊香/0.2%/蚊香/富右旋反式烯丙菊酯 0.2%/2014.04.21 至 2019.04.21/微毒
卫生 蚊 / 点燃
WP20090290 灭蚊烟片/1.0%/烟片/富右旋反式烯丙菊酯 1%/2014.06.29 至 2019.06.29/低毒
卫生 蚊 / 点燃

湖南省益阳市生物农药厂 (湖南省益阳市赫山区泉交河镇 413002 0737-6502632)

PD85131-24 井冈霉素/2.4%、4%/水剂/井冈霉素A 2.4%,4%/2010.07.21 至 2015.07.21/低毒
水稻 纹枯病 75-112.5克/公顷 喷雾,泼浇

湖南省益阳市资江蚊香厂 (湖南省益阳市资阳区新桥河镇 413056 0737-3263117)

WP20080310 蚊香/0.2%/蚊香/富右旋反式烯丙菊酯 0.2%/2013.12.04 至 2018.12.04/低毒
卫生 蚊 /. 点燃
WP20080420 杀蚊烟片/1.0%/片剂/富右旋反式烯丙菊酯 1.0%/2013.12.12 至 2018.12.12/低毒
卫生 蚊 / 点燃
WP20120042 杀虫气雾剂/0.4%/气雾剂/胺菊酯 0.2%、氯菊酯 0.2%/2012.03.14 至 2017.03.14/微毒
卫生 蚊、蝇、蜚蠊 / 喷雾

湖南省益阳市资阳区金宇灭蚊药片厂 (湖南省益阳市资阳区马良开发区 413001 0737-4315401)

WP20090095 蚊香/0.2%/蚊香/富右旋反式烯丙菊酯 0.2%/2014.02.04 至 2019.02.04/低毒
卫生 蚊 / 点燃

湖南省永州广丰农化有限公司 （湖南省永州市零陵区桃江路53号 425006 0746-6389941）

PD86148-51 异丙威/20%/乳油/异丙威 20%/2011.12.21 至 2016.12.21/中等毒
水稻 飞虱、叶蝉 450-600克/公顷 喷雾

PD20083686 杀虫双/20%/水剂/杀虫双 20%/2013.12.15 至 2018.12.15/低毒
水稻 二化螟 600-750克/公顷 喷雾

PD20091452 杀双·灭多威/20%/水剂/灭多威 4%、杀虫双 16%/2014.02.02 至 2019.02.02/低毒(原药高毒)
水稻 二化螟 240-300克/公顷 喷雾

PD20093772 草甘膦异丙胺盐/41%/水剂/草甘膦 41%/2014.03.25 至 2019.03.25/低毒
茶园 杂草 1230-1845克/公顷 喷雾

PD20093779 草甘膦/95%/原药/草甘膦 95%/2014.03.25 至 2019.03.25/低毒

PD20094990 氯氰·敌敌畏/10%/乳油/敌敌畏 9%、氯氰菊酯 1%/2014.04.21 至 2019.04.21/中等毒
甘蓝 蚜虫 37.5-75克/公顷 喷雾

PD20131710 草甘膦铵盐/70%/可溶粒剂/草甘膦 70%/2013.08.08 至 2018.08.08/低毒
柑橘园 杂草 1575-2100克/公顷 定向茎叶喷雾
注:草甘膦铵盐含量：77.7%。

PD20141347 草甘膦铵盐/58%/可溶粒剂/草甘膦 58%/2014.06.04 至 2019.06.04/低毒
柑橘园 杂草 1131-2262克/公顷 定向茎叶喷雾
注:草甘膦铵盐含量：64.4%。

湖南省株洲邦化化工有限公司 （湖南省株洲市石峰区湘珠路 412005 0733-2546966）

PD84104-24 杀虫双/18%/水剂/杀虫双 18%/2015.03.08 至 2020.03.08/中等毒
水稻 二化螟 540-675克/公顷 喷雾

PD92103-12 草甘膦/90%/原药/草甘膦 90%/2012.08.08 至 2017.08.08/低毒

PD20082199 草甘膦异丙胺盐/30%/水剂/草甘膦 30%/2013.11.26 至 2018.11.26/低毒
柑橘园 杂草 1125-2250克/公顷 喷雾
注:草甘膦异丙胺盐含量：41%。

PD20091673 草甘膦/30%/可溶粉剂/草甘膦 30%/2014.02.03 至 2019.02.03/低毒
柑橘园 杂草 1485-2250克/公顷 定向茎叶喷雾

PD20121241 草甘膦铵盐/68%/可溶粒剂/草甘膦 68%/2012.08.28 至 2017.08.28/低毒
柑橘树 杂草 1050-2100克/公顷 定向茎叶喷雾
注:草甘膦铵盐含量：74.7%。

湖南省沅江市永丰化工有限公司 （湖南省沅江市南嘴镇 413104 0737-2286028）

PD20097594 三唑磷/20%/乳油/三唑磷 20%/2014.11.03 至 2019.11.03/中等毒
水稻 二化螟 202.5-303.75克/公顷 喷雾

PD20100162 阿维菌素/1.8%/乳油/阿维菌素 1.8%/2015.01.05 至 2020.01.05/中等毒(原药高毒)
甘蓝 小菜蛾 8.1-10.8克/公顷 喷雾

湖南省醴陵市金牛蚊香厂 （湖南省醴陵市三刀石19号 412000 0733-3228679）

WP20100140 蚊香/0.2%/蚊香/富右旋反式烯丙菊酯 0.2%/2010.11.04 至 2015.11.04/微毒
卫生 蚊 / 点燃

湖南圣雨药业有限公司 （湖南省长沙市芙蓉区雄天路98号孵化楼2号501房 410127 0731-84692778）

PD20040652 杀虫单/90%/可溶粉剂/杀虫单 90%/2014.12.19 至 2019.12.19/中等毒
水稻 二化螟 540-810克/公顷 喷雾

PD20142614 多杀霉素/10%/悬浮剂/多杀霉素 10%/2014.12.15 至 2019.12.15/微毒
甘蓝 小菜蛾 12－24克/公顷 喷雾

湖南穗丰化工有限公司 （湖南省长沙市远大二路马坡岭隆平高科技园 410007 0731-4693010）

PD86176-10 乙酰甲胺磷/30%/乳油/乙酰甲胺磷 30%/2012.01.14 至 2017.01.14/低毒
柑橘树 介壳虫、螨 500-1000倍液 喷雾
果树 食心虫 500-1000倍液 喷雾
棉花 棉铃虫、蚜虫 450-900克/公顷 喷雾
蔬菜 菜青虫、蚜虫 337.5-540克/公顷 喷雾
水稻 螟虫、叶蝉 562.5-1012.5克/公顷 喷雾
小麦、玉米 黏虫、玉米螟 540-1080克/公顷 喷雾
烟草 烟青虫 450-900克/公顷 喷雾

PD20094225 毒死蜱/40%/乳油/毒死蜱 40%/2014.03.31 至 2019.03.31/中等毒
水稻 二化螟 432-576克/公顷 喷雾

PD20097403 草甘膦/30%/水剂/草甘膦 30%/2014.10.28 至 2019.10.28/低毒
柑橘园 杂草 1125-2250克/公顷 茎叶喷雾

湖南天鸟生化科技有限公司 （湖南省长沙市岳麓区高新区火炬城M7-1栋 410013 0731-8917208）

PD20096988 氢氧化铜/77%/可湿性粉剂/氢氧化铜 77%/2014.09.29 至 2019.09.29/低毒
柑橘树 溃疡病 400-600倍液 喷雾

PD20097861 仲丁威/20%/乳油/仲丁威 20%/2014.11.20 至 2019.11.20/低毒
水稻 稻飞虱 450－570克/公顷 喷雾

PD20098047 王铜/30%/悬浮剂/王铜 30%/2014.12.07 至 2019.12.07/低毒
柑橘树 溃疡病 600-800倍液 喷雾
PD20100554 王铜/70%/可湿性粉剂/王铜 70%/2015.01.14 至 2020.01.14/低毒
柑橘树 溃疡病 1000-1200倍液 喷雾

湖南天人农药有限公司 (湖南省长沙市宁乡县玉潭镇戴亭路10号 410600 0731-7823888)

PD20040570 三唑酮/8%/可湿性粉剂/三唑酮 8%/2014.12.19 至 2019.12.19/低毒
水稻 叶尖枯病 120-144克/公顷 喷雾
PD20040786 三唑磷/20%/乳油/三唑磷 20%/2014.12.19 至 2019.12.19/中等毒
水稻 二化螟 225-300克/公顷 喷雾
PD20081158 吡虫·仲丁威/25%/乳油/吡虫啉 1%、仲丁威 24%/2013.09.11 至 2018.09.11/低毒
水稻 飞虱 187.5-281.25克/公顷 喷雾
PD20082413 阿维菌素/1.8%/乳油/阿维菌素 1.8%/2013.12.02 至 2018.12.02/低毒(原药高毒)
十字花科蔬菜 小菜蛾 3.6-5.4克/公顷 喷雾
PD20082506 异稻·稻瘟灵/40%/乳油/稻瘟灵 20%、异稻瘟净 20%/2013.12.03 至 2018.12.03/低毒
水稻 稻瘟病 600-750克/公顷 喷雾
PD20084289 溴氰菊酯/2.8%/乳油/溴氰菊酯 2.8%/2013.12.17 至 2018.12.17/低毒
十字花科蔬菜 菜青虫 2.7-4.5克/公顷 喷雾
PD20085872 苄·丁/30%/可湿性粉剂/苄嘧磺隆 1.5%、丁草胺 28.5%/2013.12.29 至 2018.12.29/低毒
水稻抛秧田 部分多年生杂草、一年生杂草 675-900克/公顷 药土法
PD20091161 辛硫磷/40%/乳油/辛硫磷 40%/2014.01.22 至 2019.01.22/低毒
棉花 棉铃虫 300-375克/公顷 喷雾
PD20091713 高效氯氟氰菊酯/2.5%/乳油/高效氯氟氰菊酯 2.5%/2014.02.03 至 2019.02.03/中等毒
十字花科蔬菜 菜青虫 7.5-11.25克/公顷 喷雾
PD20091988 敌畏·高氯/20%/乳油/敌敌畏 19%、高效氯氰菊酯 1%/2014.02.12 至 2019.02.12/中等毒
棉花 棉铃虫 180-240克/公顷 喷雾
PD20092137 噻嗪酮/25%/可湿性粉剂/噻嗪酮 25%/2014.02.23 至 2019.02.23/低毒
柑橘树 介壳虫 200-250毫克/千克 喷雾
PD20092351 联苯菊酯/25克/升/乳油/联苯菊酯 25克/升/2014.02.24 至 2019.02.24/低毒
棉花 红蜘蛛 52.5-60克/公顷 喷雾
PD20093049 仲丁威/20%/乳油/仲丁威 20%/2014.03.09 至 2019.03.09/低毒
水稻 飞虱 450-562.5克/公顷 喷雾
PD20096709 阿维菌素/3.2%/乳油/阿维菌素 3.2%/2014.09.07 至 2019.09.07/低毒(原药高毒)
甘蓝 小菜蛾 9.45-10.8克/公顷 喷雾
PD20097838 辛硫·三唑磷/20%/乳油/三唑磷 10%、辛硫磷 10%/2014.11.20 至 2019.11.20/中等毒
水稻 稻纵卷叶螟 240-360克/公顷 喷雾
PD20100109 氯氰·丙溴磷/440克/升/乳油/丙溴磷 400克/升、氯氰菊酯 40克/升/2015.01.05 至 2020.01.05/中等毒
棉花 棉铃虫 528-660克/公顷 喷雾
PD20100508 毒死蜱/40%/乳油/毒死蜱 40%/2015.01.14 至 2020.01.14/中等毒
棉花 棉铃虫 720-900克/公顷 喷雾
PD20110513 甲氨基阿维菌素苯甲酸盐/3%/微乳剂/甲氨基阿维菌素 3%/2011.05.03 至 2016.05.03/低毒
甘蓝 甜菜夜蛾 1.8-2.7克/公顷 喷雾
注:甲氨基阿维菌素苯甲酸盐含量: 3.4%。

湖南万家丰科技有限公司 (湖南省益阳市沅江市竹莲工业园 413100 0737-2630228)

PD20092873 辛硫·高氯氟/26%/乳油/高效氯氟氰菊酯 1%、辛硫磷 25%/2014.03.05 至 2019.03.05/中等毒
棉花 棉铃虫 273-312克/公顷 喷雾
PD20093230 咪鲜胺/25%/乳油/咪鲜胺 25%/2014.03.11 至 2019.03.11/低毒
柑橘 炭疽病 333.3-500毫克/千克 浸果
PD20093245 丙溴·辛硫磷/25%/乳油/丙溴磷 5%、辛硫磷 20%/2014.03.11 至 2019.03.11/低毒
棉花 棉铃虫 300-375克/公顷 喷雾
PD20093622 高氯·辛硫磷/20%/乳油/高效氯氰菊酯 2.5%、辛硫磷 17.5%/2014.03.25 至 2019.03.25/低毒
十字花科蔬菜 菜青虫 120-150克/公顷 喷雾
PD20094636 噻嗪·异丙威/25%/可湿性粉剂/噻嗪酮 5%、异丙威 20%/2014.04.10 至 2019.04.10/低毒
水稻 稻飞虱 450-562.5克/公顷 喷雾
PD20095488 复硝酚钠/1.8%/水剂/5-硝基邻甲氧基苯酚钠 0.3%、对硝基苯酚钠 0.9%、邻硝基苯酚钠 0.6%/2014.05.11 至2019.05.11/低毒
黄瓜 调节生长、增产 2-2.5毫克/千克 茎叶喷雾
PD20097344 阿维菌素/1.8%/乳油/阿维菌素 1.8%/2014.10.27 至 2019.10.27/低毒(原药高毒)
甘蓝 菜青虫 8.1-10.8克/公顷 喷雾
PD20097695 乙酸铜/20%/可湿性粉剂/乙酸铜 20%/2014.11.04 至 2019.11.04/低毒
黄瓜 苗期猝倒病 3000-4500克/公顷 灌根
PD20100385 啶虫脒/5%/乳油/啶虫脒 5%/2015.01.14 至 2020.01.14/低毒
柑橘树 蚜虫 10-12毫克/千克 喷雾
PD20120052 松脂酸铜/18%/乳油/松脂酸铜 18%/2012.01.11 至 2017.01.11/低毒

柑橘树 炭疽病 228.6-400毫克/千克 喷雾
PD20120185 咪鲜胺/450克/升/水乳剂/咪鲜胺 450克/升/2012.01.30 至 2017.01.30/低毒
柑橘 炭疽病 300－450毫克/千克 浸果
PD20120366 苯甲·丙环唑/300克/升/乳油/苯醚甲环唑 150克/升、丙环唑 150克/升/2012.02.24 至 2017.02.24/低毒
水稻 纹枯病 90－112.5克/公顷 喷雾
PD20142196 噻虫嗪/30%/悬浮剂/噻虫嗪 30%/2014.09.28 至 2019.09.28/低毒
水稻 稻飞虱 9-18克/公顷 喷雾
PD20142218 吡蚜酮/25%/可湿性粉剂/吡蚜酮 25%/2014.09.28 至 2019.09.28/低毒
水稻 稻飞虱 60-75克/公顷 喷雾
PD20150583 双草醚/10%/悬浮剂/双草醚 10%/2015.04.15 至 2020.04.15/微毒
水稻田(直播) 稗草、莎草及阔叶杂草 37.5-45克/公顷 茎叶喷雾
PD20150917 氰氟草酯/10%/水乳剂/氰氟草酯 10%/2015.06.09 至 2020.06.09/低毒
水稻田(直播) 千金子 90-120克/公顷 茎叶喷雾
PD20151532 己唑醇/30%/悬浮剂/己唑醇 30%/2015.08.03 至 2020.08.03/低毒
水稻 纹枯病 72-81克/公顷 喷雾
PD20152261 茚虫威/15%/悬浮剂/茚虫威 15%/2015.10.20 至 2020.10.20/低毒
水稻 稻纵卷叶螟 33.75—45克/公顷 喷雾
PD20152396 苯甲·嘧菌酯/32.5%/悬浮剂/苯醚甲环唑 12.5%、嘧菌酯 20%/2015.10.23 至 2020.10.23/低毒
水稻 稻瘟病 146.25-195克/公顷 喷雾
PD20152445 苯醚甲环唑/40%/悬浮剂/苯醚甲环唑 40%/2015.12.04 至 2020.12.04/微毒
水稻 纹枯病 84-108克/公顷 喷雾

湖南湘沙化工有限公司 (湖南省岳阳市湘阴县袁家铺镇 414602 0730-2603999)

PD20092490 硫磺·三环唑/45%/可湿性粉剂/硫磺 40%、三环唑 5%/2014.02.26 至 2019.02.26/低毒
水稻 稻瘟病 742.5-945克/公顷 喷雾
PD20093046 杀虫双/18%/水剂/杀虫双 18%/2014.03.09 至 2019.03.09/低毒
水稻 二化螟 540-675克/公顷 喷雾
PD20093085 甲氰·马拉松/22.5%/乳油/甲氰菊酯 4.5%、马拉硫磷 18%/2014.03.09 至 2019.03.09/中等毒
甘蓝 菜青虫 135-202.5克/公顷 喷雾
PD20093914 高效氯氟氰菊酯/25克/升/乳油/高效氯氟氰菊酯 25克/升/2014.03.26 至 2019.03.26/中等毒
甘蓝 菜青虫 7.5-15克/公顷 喷雾
PD20094921 阿维菌素/1.8%/乳油/阿维菌素 1.8%/2014.04.13 至 2019.04.13/低毒(原药高毒)
十字花科蔬菜 小菜蛾 8.1-10.8克/公顷 喷雾
PD20095052 马拉·辛硫磷/20%/乳油/马拉硫磷 10%、辛硫磷 10%/2014.04.21 至 2019.04.21/低毒
棉花 棉铃虫 225-300克/公顷 喷雾
PD20120995 阿维·毒死蜱/15%/乳油/阿维菌素 0.1%、毒死蜱 14.9%/2012.06.21 至 2017.06.21/中等毒(原药高毒)
水稻 稻纵卷叶螟 112.5-135克/公顷 喷雾

湖南兴同化学科技有限公司 (湖南省临湘市儒溪农药化工产业园 414306 0730-3891666)

PD20102216 噁草酮/95%/原药/噁草酮 95%/2015.12.23 至 2020.12.23/低毒
PD20121923 噁草·丁草胺/60%/乳油/丁草胺 50%、噁草酮 10%/2012.12.07 至 2017.12.07/低毒
水稻田(直播) 一年生杂草 720-900克/公顷 播后苗前土壤喷雾
PD20151629 噁草酮/13%/乳油/噁草酮 13%/2015.08.28 至 2020.08.28/低毒
水稻移栽田 一年生杂草 360-480克/公顷 瓶甩法
PD20151701 二氯喹啉酸/50%/可湿性粉剂/二氯喹啉酸 50%/2015.08.28 至 2020.08.28/低毒
水稻田(直播) 稗草等杂草 225-375克/公顷 茎叶喷雾
PD20151960 噁草酮/26%/乳油/噁草酮 26%/2015.08.30 至 2020.08.30/低毒
水稻田(直播) 一年生杂草 375-495克/公顷 茎叶喷雾

湖南雪天精细化工股份有限公司 (湖南省浏阳市浏阳经济开发区健康大道253号 410329 0731-85138163)

WP20080181 避蚊胺/98.5%/原药/避蚊胺 98.5%/2013.11.19 至 2018.11.19/低毒
WP20080521 驱蚊酯/98%/原药/驱蚊酯 98%/2013.12.23 至 2018.12.23/低毒

湖南迅超农化有限公司 (湖南省岳阳市云溪工业园 414009 0730-8419855)

PD85170-2 敌鼠钠/80%/原药/敌鼠钠盐 80%/2011.03.07 至 2016.03.07/高毒
PD20040621 吡虫·杀虫单/30%/可湿性粉剂/吡虫啉 1%、杀虫单 29%/2014.12.19 至 2019.12.19/中等毒
水稻 稻纵卷叶螟、二化螟、飞虱、三化螟 450-750克/公顷 喷雾
PD20050120 杀虫单/90%/可溶粉剂/杀虫单 90%/2015.08.15 至 2020.08.15/中等毒
水稻 二化螟 675-1012.5克/公顷 喷雾
PD20093295 杀虫双/29%/水剂/杀虫双 29%/2014.03.13 至 2019.03.13/中等毒
水稻 二化螟 600-750克/公顷 喷雾
PD20100375 辛硫·高氯氟/26%/乳油/高效氯氟氰菊酯 1%、辛硫磷 25%/2015.01.11 至 2020.01.11/低毒
棉花 棉铃虫 273-390克/公顷 喷雾
PD20120713 甲氨基阿维菌素苯甲酸盐/1%/微乳剂/甲氨基阿维菌素 1%/2012.04.18 至 2017.04.18/低毒
甘蓝 小菜蛾 1.5－3克/公顷 喷雾
注:甲氨基阿维菌素苯甲酸盐含量:1.14%。
PD20121248 草甘膦铵盐/65%/可溶粉剂/草甘膦 65%/2012.09.04 至 2017.09.04/低毒

柑橘园 杂草 1462.5-1950克/公顷 定向茎叶喷雾
注:草甘膦铵盐含量: 71.5%。

PD20140988 烯酰吗啉/80%/可湿性粉剂/烯酰吗啉 80%/2014.04.14 至 2019.04.14/低毒
黄瓜 霜霉病 250—300克/公顷 喷雾

PD20141151 己唑醇/30%/悬浮剂/己唑醇 30%/2014.04.28 至 2019.04.28/低毒
水稻 纹枯病 67.5-90克/公顷 喷雾

PD20141492 噻嗪酮/75%/可湿性粉剂/噻嗪酮 75%/2014.06.09 至 2019.06.09/低毒
水稻 稻飞虱 112.5-168.75克/公顷 喷雾

PD20141494 苄·丁/30%/可湿性粉剂/苄嘧磺隆 1.5%、丁草胺 28.5%/2014.06.09 至 2019.06.09/低毒
水稻抛秧田 一年生杂草 675-900克/公顷 药土法

PD20141815 2甲4·草甘膦/46%/可溶粉剂/草甘膦 38%、2甲4氯钠 8%/2014.07.14 至 2019.07.14/低毒
非耕地 杂草 1380-1725克/公顷 茎叶喷雾

PD20141861 丙草胺/50%/乳油/丙草胺 50%/2014.07.24 至 2019.07.24/低毒
水稻移栽田 一年生禾本科、莎草科及部分阔叶杂草 525-600克/公顷 药土法

PD20141947 二氯喹啉酸/75%/可湿性粉剂/二氯喹啉酸 75%/2014.08.13 至 2019.08.13/低毒
水稻抛秧田 稗草 225-337.5克/公顷 茎叶喷雾

PD20141955 吡嘧·二氯喹/50%/可湿性粉剂/吡嘧磺隆 3%、二氯喹啉酸 47%/2014.08.13 至 2019.08.13/低毒
水稻田(直播) 一年生杂草 225-300克/公顷 茎叶喷雾

PD20141956 吡嘧磺隆/10%/可湿性粉剂/吡嘧磺隆 10%/2014.08.13 至 2019.08.13/低毒
水稻移栽田 阔叶杂草及莎草科杂草 22.5-30克/公顷 药土法

PD20142132 噻嗪酮/37%/悬浮剂/噻嗪酮 37%/2014.09.03 至 2019.09.03/低毒
水稻 稻飞虱 112.5-150克/公顷 喷雾

PD20150026 吡嘧·丙草胺/35%/可湿性粉剂/吡嘧磺隆 2%、丙草胺 33%/2015.01.04 至 2020.01.04/低毒
水稻田(直播) 一年生杂草 367.5-420克/公顷 喷雾

PD20150485 氟磺胺草醚/250克/升/水剂/氟磺胺草醚 250克/升/2015.03.20 至 2020.03.20/低毒
夏大豆田 一年生阔叶杂草 187.5-225克/公顷 茎叶喷雾

PD20150509 醚菌酯/50%/可湿性粉剂/醚菌酯 50%/2015.03.23 至 2020.03.23/低毒
黄瓜 白粉病 123.75-157.5克/公顷 喷雾

PD20150933 双草醚/20%/可湿性粉剂/双草醚 20%/2015.06.10 至 2020.06.10/低毒
水稻田(直播) 一年生杂草 30-45克/公顷 茎叶喷雾

PD20150944 咪鲜·三环唑/40%/可湿性粉剂/咪鲜胺 10%、三环唑 30%/2015.06.10 至 2020.06.10/低毒
水稻 稻瘟病 180-270克/公顷 喷雾

PD20150946 阿维·高氯/3%/乳油/阿维菌素 0.2%、高效氯氰菊酯 2.8%/2015.06.10 至 2020.06.10/低毒(原药高毒)
甘蓝 菜青虫、小菜蛾 13.5-27克/公顷 喷雾

PD20151005 苯醚甲环唑/20%/微乳剂/苯醚甲环唑 20%/2015.06.12 至 2020.06.12/低毒
西瓜 炭疽病 90-120克/公顷 喷雾

PD20151023 甲氨基阿维菌素/3%/微乳剂/甲氨基阿维菌素 3%/2015.06.12 至 2020.06.12/低毒
甘蓝 甜菜夜蛾 2.25-3.15克/公顷 喷雾
注:甲氨基阿维菌素苯甲酸盐含量: 3.4%。

PD20151633 阿维菌素/3%/水乳剂/阿维菌素 3%/2015.08.28 至 2020.08.28/中等毒(原药高毒)
水稻 稻纵卷叶螟 5.4-8.1克/公顷 喷雾

PD20151876 吡嘧·苯噻酰/50%/可湿性粉剂/苯噻酰草胺 48%、吡嘧磺隆 2%/2015.08.30 至 2020.08.30/低毒
水稻抛秧田 一年生杂草 375-450克/公顷 药土法

PD20152592 阿维菌素/3%/微乳剂/阿维菌素 3%/2015.12.17 至 2020.12.17/中等毒
甘蓝 小菜蛾 8.1-10.8克/公顷 喷雾

LS20150313 稻瘟酰胺/25%/悬浮剂/稻瘟酰胺 25%/2015.10.23 至 2016.10.23/低毒
水稻 稻瘟病 225-300克/公顷 喷雾

LS20150337 噁霉灵/1%/颗粒剂/噁霉灵 1%/2015.12.17 至 2016.12.17/低毒
西瓜 枯萎病 450-600克/公顷 撒施

湖南亚泰生物发展有限公司 (湖南省长沙市经济技术开发区漓湘路98号弘祥科技园 410100 0731-84021026)

PD85131-20 井冈霉素/2.4%/水剂/井冈霉素A 2.4%/2011.03.02 至 2016.03.02/低毒
水稻 纹枯病 75-112.5克/公顷 喷雾.泼浇
注:井冈霉素含量: 3%。

PD85131-40 井冈霉素/4%/水剂/井冈霉素A 4%/2011.03.02 至 2016.03.02/低毒
水稻 纹枯病 75-112.5克/公顷 喷雾.泼浇
注:井冈霉素含量: 5%。

PD86101-2 赤霉酸/3%/乳油/赤霉酸 3%/2011.09.10 至 2016.09.10/低毒
菠菜 增加鲜重 7.5-18.75毫克/千克 叶面处理1-3次
菠萝 果实增大、增重 30-60毫克/千克 喷花
柑橘树 果实增大、增重 15-30毫克/千克 喷花
花卉 提前开花 525毫克/千克 叶面处理涂抹花芽
绿肥 增产 7.5-15毫克/千克 喷雾
马铃薯 苗齐、增产 0.375-0.75毫克/千克 浸薯块10-30分钟

棉花　提高结铃率、增产　7.5-15毫克/千克　点喷、点涂或喷雾
葡萄　无核、增产　37.5-150毫克/千克　花后1周处理果穗
芹菜　增产　15-75毫克/千克　叶面处理1次
人参　增加发芽率　15毫克/千克　播前浸种15分钟
水稻　增加千粒重、制种　15-22.5毫克/千克　喷雾

PD86183-2　赤霉酸/85%/结晶粉/赤霉酸 85%/2011.12.20 至 2016.12.20/低毒
菠菜　增加鲜重　10-25毫克/千克　叶面处理1-3次
菠萝　果实增大、增重　40-80毫克/千克　喷花
柑橘树　果实增大、增重　20-40毫克/千克　喷花
花卉　提前开花　700毫克/千克　叶面处理涂抹花芽
绿肥　增产　10-20毫克/千克　喷雾
马铃薯　苗齐、增产　0.5-1毫克/千克　浸薯块10-30分钟
棉花　提高结铃率、增产　10-20毫克/千克　点喷、点涂或喷雾
葡萄　无核、增产　50-200毫克/千克　花后一周处理果穗
芹菜　增产　20-100毫克/千克　叶面处理1次
人参　增加发芽率　20毫克/千克　播种前浸种15分钟
水稻　增加千粒重、制种　20-30毫克/千克　喷雾

湖南岳阳安达化工有限公司　(湖南省临湘市儒溪镇石子岭农场　414306　0730-3890388)

PDN47-97　克百威/3%/颗粒剂/克百威 3%/2012.04.22 至 2017.04.22/中等毒(原药高毒)
花生　线虫　1800-2250克/公顷　条施.沟施
水稻　螟虫、瘿蚊　900-1350克/公顷　撒施

PD85171-4　甲萘威/25%/可湿性粉剂/甲萘威 25%/2011.12.29 至 2016.12.29/中等毒
豆类　造桥虫　750-975克/公顷　喷雾
棉花　红铃虫、蚜虫　375-975克/公顷　喷雾
水稻　飞虱、叶蝉　750-975克/公顷　喷雾
烟草　烟青虫　375-975克/公顷　喷雾

PD86148-75　异丙威/20%/乳油/异丙威 20%/2011.12.28 至 2016.12.28/中等毒
水稻　飞虱、叶蝉　450-600克/公顷　喷雾

PD91109-11　速灭威/20%/乳油/速灭威 20%/2011.12.29 至 2016.12.29/中等毒
水稻　飞虱、叶蝉　450-600克/公顷　喷雾

PD92106-6　仲丁威/20%/乳油/仲丁威 20%/2012.09.17 至 2017.09.17/低毒
水稻　飞虱、叶蝉　375-562.5克/公顷　喷雾

PD97102　仲丁威/80%/乳油/仲丁威 80%/2012.03.28 至 2017.03.28/低毒
水稻　飞虱、叶蝉　375-562.5克/公顷　喷雾

PD97103　仲丁威/50%/乳油/仲丁威 50%/2012.03.28 至 2017.03.28/低毒
水稻　飞虱、叶蝉　375-562.5克/公顷　喷雾

PD20040026　杀螟丹/98%/原药/杀螟丹 98%/2014.12.07 至 2019.12.07/中等毒

PD20093031　杀螟丹/50%/可溶粉剂/杀螟丹 50%/2014.03.09 至 2019.03.09/中等毒
水稻　三化螟　600-750克/公顷　喷雾

PD20093256　灭多威/20%/乳油/灭多威 20%/2014.03.11 至 2019.03.11/高毒
棉花　棉铃虫　150-225克/公顷　喷雾

PD20093649　杀螟丹/98%/可溶粉剂/杀螟丹 98%/2014.03.25 至 2019.03.25/中等毒
茶树　茶小绿叶蝉　441-588克/公顷　喷雾
柑橘树　潜叶蛾　490-653毫克/千克　喷雾

湖南泽丰农化有限公司　(湖南省长沙市芙蓉区马坡岭省农科院　410125　0731-4693082)

PD20085423　毒死蜱/45%/乳油/毒死蜱 45%/2013.12.24 至 2018.12.24/中等毒
水稻　稻纵卷叶螟　432-576克/公顷　喷雾

PD20086203　高效氯氟氰菊酯/25克/升/乳油/高效氯氟氰菊酯 25克/升/2013.12.30 至 2018.12.30/中等毒
十字花科蔬菜　菜青虫　7.5-11.25克/公顷　喷雾

PD20090914　丙环唑/250克/升/乳油/丙环唑 250克/升/2014.01.19 至 2019.01.19/低毒
香蕉　叶斑病　250-500毫克/千克　喷雾

PD20092243　噻嗪·异丙威/25%/可湿性粉剂/噻嗪酮 5%、异丙威 20%/2014.02.24 至 2019.02.24/低毒
水稻　稻飞虱　450-562.5克/公顷　喷雾

湖南沅江赤蜂农化有限公司　(湖南省沅江市南嘴镇　413104　0737-2288898)

PD84108-15　敌百虫/97%/原药/敌百虫 97%/2014.11.29 至 2019.11.29/低毒
白菜、青菜　地下害虫　750-1500克/公顷　喷雾
白菜、青菜　菜青虫　960-1200克/公顷　喷雾
茶树　尺蠖、刺蛾　450-900毫克/千克　喷雾
大豆　造桥虫　1800克/公顷　喷雾
柑橘树　卷叶蛾　600-750毫克/千克　喷雾
林木　松毛虫　600-900毫克/千克　喷雾
水稻　螟虫　1500-1800克/公顷　喷雾、泼浇或毒土
小麦　黏虫　1800克/公顷　喷雾

烟草　烟青虫　900毫克/千克　喷雾
PD86175-5　乙酰甲胺磷/90%/原药/乙酰甲胺磷 90%/2011.12.13 至 2016.12.13/低毒
PD86177-6　乐果/98%/原药/乐果 98%/2011.12.13 至 2016.12.13/中等毒
PD88101-4　水胺硫磷/40%/乳油/水胺硫磷 40%/2013.04.07 至 2018.04.07/高毒
棉花　红蜘蛛、棉铃虫　300-600克/公顷　喷雾
水稻　蓟马、螟虫　450-900克/公顷　喷雾
PD20080351　氯氰菊酯/92%/原药/氯氰菊酯 92%/2013.02.28 至 2018.02.28/低毒
PD20080736　苯噻酰草胺/95%/原药/苯噻酰草胺 95%/2013.06.11 至 2018.06.11/低毒
PD20085241　百菌清/96%/原药/百菌清 96%/2013.12.23 至 2018.12.23/微毒
PD20094614　氯氟吡氧乙酸异辛酯/96%/原药/氯氟吡氧乙酸异辛酯 96%/2014.04.10 至 2019.04.10/低毒
PD20095560　氨氯吡啶酸/95%/原药/氨氯吡啶酸 95%/2014.05.12 至 2019.05.12/微毒
PD20101167　甲基立枯磷/20%/乳油/甲基立枯磷 20%/2015.01.28 至 2020.01.28/低毒
棉花　苗期立枯病　200-300克/100千克种子　拌种
PD20111379　二氯吡啶酸/95%/原药/二氯吡啶酸 95%/2011.12.14 至 2016.12.14/低毒
注:专供出口，不得在国内销售。
WP20080131　Es-生物烯丙菊酯/93%/原药/Es-生物烯丙菊酯 93%/2013.10.31 至 2018.10.31/中等毒
WP20080291　氯菊酯/93%/原药/氯菊酯 93%/2013.12.03 至 2018.12.03/低毒
WP20080354　右旋苯醚氰菊酯/93%/原药/右旋苯醚菊酯 93%/2013.12.09 至 2018.12.09/中等毒
WP20090036　胺菊酯/92%/原药/胺菊酯 92%/2014.01.14 至 2019.01.14/低毒

湖南昊华化工有限责任公司　(湖南省株洲市石峰区丁山路18号　412005　0733-2969000)

PD84104-27　杀虫双/18%/水剂/杀虫双 18%/2014.10.19 至 2019.10.19/中等毒
水稻　多种害虫　540-675克/公顷　喷雾
PD84111-26　氧乐果/40%/乳油/氧乐果 40%/2014.10.19 至 2019.10.19/高毒
棉花　蚜虫、螨　375-600克/公顷　喷雾
森林　松干蚧、松毛虫　500倍液　喷雾或直接涂树干
水稻　稻纵卷叶螟、飞虱　375-600克/公顷　喷雾
小麦　蚜虫　300-450克/公顷　喷雾
PD20040696　杀虫单/90%/可溶粉剂/杀虫单 90%/2014.12.19 至 2019.12.19/中等毒
水稻　螟虫　675-810克/公顷　喷雾
PD20050086　杀虫单/95%/原药/杀虫单 95%/2015.06.24 至 2020.06.24/中等毒
PD20050177　杀螟丹/98%/原药/杀螟丹 98%/2015.11.15 至 2020.11.15/低毒
PD20084631　杀螟丹/50%/可溶粉剂/杀螟丹 50%/2013.12.18 至 2018.12.18/中等毒
水稻　二化螟　600-900克/公顷　喷雾
PD20140695　杀虫双/29%/水剂/杀虫双 29%/2014.03.24 至 2019.03.24/低毒
水稻　三化螟　674.25-804.75克/公顷　喷雾
PD20142540　茚虫威/71%/母药/茚虫威 71%/2014.12.11 至 2019.12.11/低毒
PD20150171　茚虫威/30%/水分散粒剂/茚虫威 30%/2015.01.14 至 2020.01.14/低毒
水稻　稻纵卷叶螟　27-40.5克/公顷　喷雾
PD20151088　吡蚜酮/25%/可湿性粉剂/吡蚜酮 25%/2015.06.14 至 2020.06.14/低毒
水稻　稻飞虱　60-75克/公顷　喷雾
PD20151393　茚虫威/150克/升/悬浮剂/茚虫威 150克/升/2015.07.30 至 2020.07.30/低毒
甘蓝　菜青虫　16.875-22.5克/公顷　喷雾

新晃新龙辰化工有限公司　(湖南省新晃县波州镇红岩村　419202　0745-6421332)

PD86148-17　异丙威/20%/乳油/异丙威 20%/2013.01.17 至 2018.01.17/中等毒
水稻　飞虱、叶蝉　450-600克/公顷　喷雾
PD20084633　马拉·异丙威/30%/乳油/马拉硫磷 15%、异丙威 15%/2013.12.18 至 2018.12.18/中等毒
水稻　飞虱、叶蝉　450-600克/公顷　喷雾
PD20084816　噻嗪·异丙威/25%/可湿性粉剂/噻嗪酮 6%、异丙威 19%/2013.12.22 至 2018.12.22/中等毒
水稻　稻飞虱　131.25-187.5克/公顷　喷雾
PD20150682　草甘膦异丙胺盐/30%/水剂/草甘膦 30%/2015.04.17 至 2020.04.17/低毒
茶园　杂草　922.5-1691.25克/公顷　定向茎叶喷雾
注:草甘膦异丙胺盐含量：41%。

岳阳迪普化工技术有限公司　(湖南省岳阳市巴陵中路创业中心617室　414000　0730-8287679)

PD20096369　乙氧氟草醚/97%/原药/乙氧氟草醚 97%/2014.08.04 至 2019.08.04/微毒
PD20120193　双草醚/95%/原药/双草醚 95%/2012.01.30 至 2017.01.30/低毒
PD20131475　噻虫嗪/98%/原药/噻虫嗪 98%/2013.07.05 至 2018.07.05/低毒
PD20132019　双草醚/40%/悬浮剂/双草醚 40%/2013.10.21 至 2018.10.21/低毒
水稻田(直播)　稗草、莎草及阔叶杂草　30-45克/公顷　茎叶喷雾

澧县城头山蚊香厂　(湖南省澧县澧澹乡白羊村　415500　0736-3264278)

WP20080317　蚊香/0.2%/蚊香/富右旋反式烯丙菊酯 0.2%/2013.12.04 至 2018.12.04/低毒
卫生　蚊　/　点燃

吉林省

吉林邦农生物农药有限公司　(吉林省长春市绿园区青年路9549号　130114　0431-2631666)

PD85151-9　2,4-滴丁酯/57%/乳油/2,4-滴丁酯 57%/2015.02.02 至 2020.02.02/低毒
谷子、小麦　双子叶杂草　415.53克/公顷　喷雾
水稻　双子叶杂草　237.69-415.53克/公顷　喷雾
玉米　双子叶杂草　1)829.35克/公顷2)359.1-415.53克/公顷　1)苗前土壤处理2)喷雾

PD20085450　苄嘧磺隆/32%/可湿性粉剂/苄嘧磺隆 32%/2013.12.24 至 2018.12.24/低毒
移栽水稻田　一年生阔叶杂草及莎草科杂草　48-72克/公顷(东北地区)36-72克/公顷(其它地区)　药土法

PD20085455　精喹禾灵/10%/乳油/精喹禾灵 10%/2013.12.24 至 2018.12.24/低毒
春大豆田　一年生禾本科杂草　52.5-60克/公顷　茎叶喷雾
夏大豆田　一年生禾本科杂草　37.5-52.5克/公顷　茎叶喷雾

PD20090120　甲霜・噁霉灵/3%/水剂/噁霉灵 2.5%、甲霜灵 0.5%/2014.01.08 至 2019.01.08/低毒
水稻　立枯病　0.36-0.54克/平方米　喷雾

PD20090970　甲霜・福美双/38%/可湿性粉剂/福美双 33%、甲霜灵 5%/2014.01.20 至 2019.01.20/低毒
水稻　立枯病　1)1.2-1.5克商品量/平方米2)114-136.8克/100千克种子　1)苗床浇洒2)苗床拌种

PD20091409　乙草胺/900克/升/乳油/乙草胺 900克/升/2014.02.02 至 2019.02.02/低毒
春玉米田　部分阔叶杂草、一年生禾本科杂草　1350-2092.5克/公顷　播后苗前土壤喷雾

PD20091774　稻瘟灵/40%/乳油/稻瘟灵 40%/2014.02.04 至 2019.02.04/低毒
水稻　稻瘟病　450-600克/公顷　喷雾

PD20093074　丁草胺/85%/乳油/丁草胺 85%/2014.03.09 至 2019.03.09/低毒
水稻移栽田　稗草、千金子等禾本科杂草　904.5-1350克/公顷　毒土法

PD20093142　吡虫啉/20%/可溶液剂/吡虫啉 20%/2014.03.11 至 2019.03.11/低毒
十字花科蔬菜　蚜虫　15-30克/公顷　喷雾

PD20094461　甲霜・噁霉灵/39%/可湿性粉剂/噁霉灵 19%、甲霜灵 20%/2014.04.01 至 2019.04.01/低毒
水稻　苗期立枯病　0.35-0.51克/平方米　苗床泼浇

PD20095951　2甲・灭草松/37.5%/水剂/2甲4氯钠 7.5%、灭草松 30%/2014.06.02 至 2019.06.02/低毒
水稻移栽田　阔叶杂草、莎草　900-1012.5克/公顷　茎叶喷雾

PD20096119　滴丁・莠去津/45%/悬乳剂/2,4-滴丁酯 12%、莠去津 33%/2014.06.18 至 2019.06.18/低毒
春玉米田　一年生杂草　1485-2025克/公顷　茎叶或土壤喷雾

PD20096914　咪鲜胺/25%/乳油/咪鲜胺 25%/2014.09.23 至 2019.09.23/低毒
水稻　恶苗病　62.5-125毫克/千克　浸种

PD20097083　滴丁・乙草胺/73%/乳油/2,4-滴丁酯 16.5%、乙草胺 56.5%/2014.10.10 至 2019.10.10/低毒
春大豆田、春玉米田　一年生阔叶杂草及禾本科杂草　2400-3300毫升/公顷(制剂)　播后苗前土壤喷雾

PD20100582　烟嘧磺隆/40克/升/可分散油悬浮剂/烟嘧磺隆 40克/升/2015.01.14 至 2020.01.14/低毒
玉米田　一年生杂草　42-60克/公顷　茎叶喷雾

PD20101038　乙草胺/81.5%/乳油/乙草胺 81.5%/2015.01.21 至 2020.01.21/低毒
春大豆田　稗草、千金子等禾本科杂草　1350-2700克/公顷　播后苗期土壤喷雾

PD20110534　二氯喹啉酸/50%/可湿性粉剂/二氯喹啉酸 50%/2011.05.12 至 2016.05.12/低毒
水稻移栽田　稗草　225-375克/公顷　茎叶喷雾

PD20120662　苄嘧・苯噻酰/70%/可湿性粉剂/苯噻酰草胺 65%、苄嘧磺隆 5%/2012.04.18 至 2017.04.18/低毒
移栽水稻田　一年生杂草　630-750克/公顷　毒土法

PD20120776　苯噻酰草胺/50%/可湿性粉剂/苯噻酰草胺 50%/2012.05.05 至 2017.05.05/低毒
水稻移栽田　一年生杂草　600-750克/公顷　毒土法

PD20130311　烟嘧・莠去津/48%/可湿性粉剂/烟嘧磺隆 3%、莠去津 45%/2013.02.26 至 2018.02.26/低毒
春玉米田　一年生杂草　720-864克/公顷　茎叶喷雾

PD20130730　滴丁・烟嘧/23%/可分散油悬浮剂/2,4-滴丁酯 20%、烟嘧磺隆 3%/2013.04.12 至 2018.04.12/低毒
春玉米田　一年生禾本科杂草及阔叶杂草　345-414克/公顷　茎叶喷雾

PD20130926　丁・莠・烟嘧/32%/可分散油悬浮剂/丁草胺 10%、烟嘧磺隆 2%、莠去津 20%/2013.04.28 至 2018.04.28/低毒
春玉米田　一年生禾本科杂草及阔叶杂草　480-720克/公顷　茎叶喷雾

吉林金秋农药有限公司　(吉林省磐石市磐石大街325号　132300　0432-5223363)

PD85112-3　莠去津/38%/悬浮剂/莠去津 38%/2015.04.29 至 2020.04.29/低毒
茶园　一年生杂草　1125-1875克/公顷　喷于地表
甘蔗　一年生杂草　1050-1500克/公顷　喷于地表
高粱、糜子、玉米　一年生杂草　1800-2250克/公顷(东北地区)　喷于地表
公路、森林、铁路　一年生杂草　0.8-2克/平方米　喷于地表
红松苗圃　一年生杂草　0.2-0.3克/平方米　喷于地表
梨树(12年以上树龄)、苹果树(12年以上树龄)　一年生杂草　1625-1875克/公顷　喷于地表
橡胶园　一年生杂草　2250-3750克/公顷　喷于地表

PD20080359　乙草胺/93%/原药/乙草胺 93%/2013.02.28 至 2018.02.28/低毒

PD20081482　莠去津/92%/原药/莠去津 92%/2013.11.04 至 2018.11.04/低毒

PD20081514 甲基硫菌灵/70%/可湿性粉剂/甲基硫菌灵 70%/2013.11.06 至 2018.11.06/低毒
苹果树 轮纹病 700-875毫克/千克 喷雾

PD20081719 西草净/25%/可湿性粉剂/西草净 25%/2013.11.18 至 2018.11.18/低毒
水稻移栽田 阔叶杂草 562.5-750克/公顷 药土法

PD20081735 乙草胺/900克/升/乳油/乙草胺 900克/升/2013.11.18 至 2018.11.18/低毒
春大豆田、春玉米田 一年生禾本科杂草及部分小粒种子阔叶杂草 1350-1755克/公顷 播后苗前土壤喷雾
春油菜田、花生田 一年生禾本科杂草及部分小粒种子阔叶杂草 810-1215克/公顷 播后苗前土壤喷雾
冬油菜田 一年生禾本科杂草及部分小粒种子阔叶杂草 810-1215克/公顷 移栽前土壤喷雾
棉花田 一年生禾本科杂草及部分小粒种子阔叶杂草 742.5-1147.5克/公顷 播后苗前土壤喷雾
夏大豆田、夏玉米田 一年生禾本科杂草及部分小粒种子阔叶杂草 810-1350克/公顷 播后苗前土壤喷雾

PD20081819 丁草胺/60%/乳油/丁草胺 60%/2013.11.19 至 2018.11.19/低毒
移栽水稻田 部分阔叶杂草、一年生禾本科杂草 900-1350克/公顷 药土法

PD20081881 苄嘧磺隆/30%/可湿性粉剂/苄嘧磺隆 30%/2013.11.20 至 2018.11.20/低毒
水稻移栽田 莎草及阔叶杂草 60-90克/公顷 毒土法

PD20081907 二氯喹啉酸/25%/可湿性粉剂/二氯喹啉酸 25%/2013.11.21 至 2018.11.21/低毒
水稻移栽田 稗草 225-375克/公顷 喷雾

PD20081923 稻瘟灵/40%/乳油/稻瘟灵 40%/2013.11.21 至 2018.11.21/低毒
水稻 稻瘟病 450-750克/公顷 喷雾

PD20081924 乙草胺/50%/乳油/乙草胺 50%/2013.11.21 至 2018.11.21/低毒
春大豆田、春玉米田 一年生禾本科杂草及部分小粒种子阔叶杂草 1350-1800克/公顷 播后苗前土壤喷雾
春油菜田、冬油菜田 一年生禾本科杂草及部分小粒种子阔叶杂草 787.5-1200克/公顷 播后苗前土壤喷雾
花生田 一年生禾本科杂草及部分小粒种子阔叶杂草 750-1125克/公顷 播后苗前土壤喷雾
夏大豆田、夏玉米田 一年生禾本科杂草及部分小粒种子阔叶杂草 825-1350克/公顷 播后苗前土壤喷雾

PD20081926 丁草胺/900克/升/乳油/丁草胺 900克/升/2013.11.21 至 2018.11.21/低毒
移栽水稻田 一年生杂草 945-1350克/公顷 药土法

PD20082856 异丙草胺/720克/升/乳油/异丙草胺 720克/升/2013.12.09 至 2018.12.09/低毒
春玉米田 阔叶杂草、一年生禾本科杂草 1620-2160克/公顷(东北地区) 播后苗前土壤喷雾
夏玉米田 阔叶杂草、一年生禾本科杂草 1404-1620克/公顷(其它地区) 播后苗前土壤喷雾

PD20085263 丁·扑/19%/可湿性粉剂/丁草胺 16%、扑草净 3%/2013.12.23 至 2018.12.23/低毒
水稻(旱育秧及半旱育秧田) 一年生杂草 1430-2380克/公顷 土壤喷雾

PD20085297 异丙草·莠/40%/悬乳剂/异丙草胺 24%、莠去津 16%/2013.12.23 至 2018.12.23/低毒
春玉米田 一年生杂草 1800-2400克/公顷(东北地区) 土壤喷雾
夏玉米田 一年生杂草 1200-1500克/公顷(其它地区) 土壤喷雾

PD20085685 苄嘧·西草净/22%/可湿性粉剂/苄嘧磺隆 3%、西草净 19%/2013.12.26 至 2018.12.26/低毒
水稻移栽田 一年生阔叶杂草及莎草科杂草 330-396克/公顷 药土法

PD20085747 嗪酮·乙草胺/50%/乳油/嗪草酮 10%、乙草胺 40%/2013.12.26 至 2018.12.26/低毒
春大豆田、春玉米田 一年生杂草 1500-1875克/公顷 播后苗前土壤喷雾

PD20086280 西净·乙草胺/40%/乳油/西草净 10%、乙草胺 30%/2013.12.31 至 2018.12.31/低毒
春大豆田 一年生杂草 1200-1500克/公顷 播后苗前喷雾
春玉米田 一年生杂草 1200-1500克/公顷 播后苗前喷雾
花生田、夏大豆田 一年生杂草 900-1200克/公顷 播后苗前喷雾

PD20092309 乙草胺/90.5%/乳油/乙草胺 90.5%/2014.02.24 至 2019.02.24/低毒
春大豆田、春玉米田 一年生禾本科杂草及部分小粒种子阔叶杂草 1350-1755克/公顷 播后苗前土壤喷雾
春油菜田、冬油菜田、花生田 一年生禾本科杂草及部分小粒种子阔叶杂草 810-1215克/公顷 土壤喷雾
夏大豆田、夏玉米田 一年生禾本科杂草及部分小粒种子阔叶杂草 810-1350克/公顷 播后苗前土壤喷雾

PD20094221 咪唑乙烟酸/50克/升/水剂/咪唑乙烟酸 50克/升/2014.03.31 至 2019.03.31/低毒
春大豆田 一年生杂草 75-112.5克/公顷 播后苗前土壤喷雾

PD20095080 莠去津/55%/悬浮剂/莠去津 55%/2014.04.22 至 2019.04.22/低毒
春玉米田 一年生杂草 2062.5-2475克/公顷 土壤喷雾
夏玉米田 一年生杂草 1237.5-1650克/公顷 土壤喷雾

PD20095134 丙·莠·滴丁酯/45%/悬乳剂/2,4-滴丁酯 10.5%、异丙草胺 16.5%、莠去津 18%/2014.04.24 至 2019.04.24/低毒
春玉米田 一年生杂草 2025-2700克/公顷 土壤喷雾
甘蔗田 一年生杂草 1350-2025克/公顷 定向茎叶喷雾
PD20095359 丙·莠·滴丁酯/55%/悬乳剂/2,4-滴丁酯 10%、异丙草胺 20%、莠去津 25%/2014.04.27 至 2019.04.27/低毒
春玉米田 一年生杂草 2062.5-2887.5克/公顷 土壤喷雾
甘蔗田 一年生杂草 1237.5-2062.5克/公顷 茎叶喷雾
PD20096530 2,4-滴丁酯/57%/乳油/2,4-滴丁酯 57%/2014.08.20 至 2019.08.20/低毒
春小麦田 阔叶杂草 810-1080克/公顷 茎叶喷雾
春玉米田 阔叶杂草 810-1080克/公顷 播后苗前土壤喷雾
PD20096647 扑·乙·滴丁酯/40%/乳油/2,4-滴丁酯 12%、扑草净 6%、乙草胺 22%/2014.09.02 至 2019.09.02/低毒
春大豆田、春玉米田 一年生杂草 1600-2000克/公顷 土壤喷雾
PD20097244 滴丁·乙草胺/78%/乳油/2,4-滴丁酯 28%、乙草胺 50%/2014.10.19 至 2019.10.19/低毒
春大豆田、春玉米田 一年生杂草 1989-2340克/公顷 土壤喷雾
PD20100781 莠去津/60%/悬浮剂/莠去津 60%/2015.01.18 至 2020.01.18/低毒
春玉米田 一年生阔叶杂草 200-250克制剂/亩 播后苗期土壤喷雾
夏玉米田 一年生阔叶杂草 100-150克制剂/亩 播后苗期土壤喷雾
PD20101079 精噁唑禾草灵/69克/升/水乳剂/精噁唑禾草灵 69克/升/2015.01.25 至 2020.01.25/低毒
春小麦田 一年生禾本科杂草 40-60毫升制剂/亩 茎叶喷雾
冬小麦田 一年生禾本科杂草 40-50毫升制剂/亩 茎叶喷雾
PD20101083 精噁唑禾草灵/69克/升/水乳剂/精噁唑禾草灵 69克/升/2015.01.25 至 2020.01.25/低毒
大豆田 一年生禾本科杂草 51.8-72.5克/公顷 茎叶喷雾
棉花田 一年生禾本科杂草 51.8-62.1克/公顷 茎叶喷雾
PD20110510 精喹禾灵/20%/乳油/精喹禾灵 20%/2011.05.03 至 2016.05.03/低毒
大豆田 一年生禾本科杂草 39.4-52.5克/公顷(南方),52.5-65.6(北方) 茎叶喷雾
PD20130245 2甲·灭·敌隆/55%/可湿性粉剂/敌草隆 15%、2甲4氯钠 10%、莠灭净 30%/2013.02.05 至 2018.02.05/低毒
甘蔗田 一年生杂草 1237.5-2062.5克/公顷 定向茎叶喷雾
PD20130377 2甲·灭·敌隆/88%/可湿性粉剂/敌草隆 24%、2甲4氯钠 16%、莠灭净 48%/2013.03.12 至 2018.03.12/低毒
甘蔗田 一年生杂草 1188-1980克/公顷 定向茎叶喷雾
PD20131798 苄·二氯/31%/泡腾粒剂/苄嘧磺隆 2%、二氯喹啉酸 29%/2013.09.09 至 2018.09.09/低毒
水稻移栽田 一年生及部分多年生杂草 325.5-372克/公顷 撒施
PD20131810 松·喹·氟磺胺/18%/乳油/氟磺胺草醚 5.5%、精喹禾灵 1.5%、异噁草松 11%/2013.09.17 至 2018.09.17/低毒
春大豆田 一年生杂草 540-675克/公顷 茎叶喷雾
PD20131811 异丙草·莠/52%/悬乳剂/异丙草胺 26%、莠去津 26%/2013.09.17 至 2018.09.17/低毒
春玉米田 一年生杂草 1560-1950克/公顷 土壤喷雾
夏玉米田 一年生杂草 1170-1560克/公顷 土壤喷雾
PD20132412 异丙草·莠/60%/悬乳剂/异丙草胺 30%、莠去津 30%/2013.11.20 至 2018.11.20/低毒
春玉米田 一年生杂草 1710-2070克/公顷 播后苗前土壤喷雾
夏玉米田 一年生杂草 900-1350克/公顷 播后苗前土壤喷雾
PD20132439 乙·莠/62%/悬乳剂/乙草胺 31%、莠去津 31%/2013.11.28 至 2018.11.28/低毒
玉米田 一年生杂草 1581-1953克/公顷(东北地区),837-1395克/公顷(其他地区) 播后苗前土壤喷雾
PD20132570 2甲·莠灭净/48%/可湿性粉剂/2甲4氯钠 8%、莠灭净 40%/2013.12.17 至 2018.12.17/低毒
甘蔗田 一年生杂草 1440－1800克/公顷 定向茎叶喷雾
PD20140265 烟嘧·莠去津/40%/可分散油悬浮剂/烟嘧磺隆 4%、莠去津 36%/2014.02.11 至 2019.02.11/低毒
玉米田 一年生杂草 480-600克/公顷 茎叶喷雾
PD20140826 氟胺·烯禾啶/31.5%/乳油/氟磺胺草醚 14%、烯禾啶 17.5%/2014.04.02 至 2019.04.02/低毒
大豆田 一年生杂草 330.75-378克/公顷 茎叶喷雾
PD20140918 噁草·丁草胺/65%/微乳剂/丁草胺 55%、噁草酮 10%/2014.04.10 至 2019.04.10/低毒
水稻移栽田 一年生杂草 877.5-1072.5克/公顷 直接瓶甩
PD20141003 戊·氧·乙草胺/45%/乳油/二甲戊灵 22%、乙草胺 18%、乙氧氟草醚 5%/2014.04.21 至 2019.04.21/低毒
大蒜田 一年生杂草 675-1080克/公顷 土壤喷雾
PD20141042 磺草·莠去津/40%/悬浮剂/磺草酮 10%、莠去津 30%/2014.04.23 至 2019.04.23/低毒
玉米田 一年生杂草 1200-1800克/公顷 茎叶喷雾
PD20141348 烟嘧·莠去津/92%/水分散粒剂/烟嘧磺隆 8%、莠去津 84%/2014.06.04 至 2019.06.04/低毒
玉米田 一年生杂草 552-690克/公顷 茎叶喷雾
PD20141793 烟嘧·乙·莠/62%/可分散油悬浮剂/烟嘧磺隆 3%、乙草胺 20%、莠去津 39%/2014.07.14 至 2019.07.14/低毒
玉米田 一年生杂草 651-744克/公顷 茎叶喷雾
PD20141853 硝磺草酮/10%/悬浮剂/硝磺草酮 10%/2014.07.24 至 2019.07.24/低毒
玉米田 一年生杂草 150-195克/公顷 茎叶喷雾
PD20141866 乙·莠·滴辛酯/69%/悬乳剂/2,4-滴异辛酯 8%、乙草胺 39%、莠去津 22%/2014.07.24 至 2019.07.24/低毒
夏玉米田 一年生杂草 931.5-1138.5克/公顷 土壤喷雾
PD20142020 辛·烟·莠去津/38%/可分散油悬浮剂/辛酰溴苯腈 13%、烟嘧磺隆 3%、莠去津 22%/2014.08.27 至 2019.08.27/低毒

玉米田　一年生杂草　513-627克/公顷　茎叶喷雾
PD20142021　扑·噻·乙草胺/78%/悬乳剂/扑草净 17%、噻吩磺隆 0.8%、乙草胺 60.2%/2014.08.27 至 2019.08.27/低毒
花生田　一年生杂草　1170-1521克/公顷　土壤喷雾
PD20142107　烟·莠·灭草松/33%/可分散油悬浮剂/灭草松 10%、烟嘧磺隆 3%、莠去津 20%/2014.09.02 至 2019.09.02/低毒
夏玉米田　一年生杂草　445.5-544.5克/公顷　茎叶喷雾
PD20142143　乙·莠·滴丁酯/73%/悬乳剂/2,4-滴丁酯 7%、乙草胺 40%、莠去津 26%/2014.09.18 至 2019.09.18/低毒
春玉米田　一年生杂草　1423.5-1752克/公顷　播后苗前土壤喷雾
PD20142189　苄嘧·苯噻酰/82%/水分散粒剂/苯噻酰草胺 77.5%、苄嘧磺隆 4.5%/2014.09.26 至 2019.09.26/低毒
水稻移栽田　一年生杂草　676.5-861克/公顷（东北地区），492-676.5克/公顷（其他地区）　药土法
PD20142355　烟嘧·莠·氯吡/35%/可分散油悬浮剂/氯氟吡氧乙酸 2%、烟嘧磺隆 3%、莠去津 30%/2014.11.04 至 2019.11.04/低毒
夏玉米田　一年生杂草　472.5-577.5克/公顷　茎叶喷雾
PD20142454　硝磺草酮/15%/悬浮剂/硝磺草酮 15%/2014.11.15 至 2019.11.15/微毒
玉米田　一年生杂草　112.5-202.5克/公顷　茎叶喷雾
PD20150409　灭·喹·氟磺胺/42%/微乳剂/氟磺胺草醚 9%、精喹禾灵 3%、灭草松 30%/2015.03.19 至 2020.03.19/低毒
春大豆田　一年生杂草　693-819克/公顷　茎叶喷雾
PD20151266　莎稗磷/30%/乳油/莎稗磷 30%/2015.07.30 至 2020.07.30/低毒
移栽水稻田　稗草、莎草　225-270克/公顷(南方地区)270-315克/公顷(北方地区)　药土法
PD20151369　氯氟吡氧乙酸异辛酯/200克/升/乳油/氯氟吡氧乙酸异辛酯 200克/升/2015.07.30 至 2020.07.30/低毒
小麦田　一年生阔叶杂草　150-210克/公顷　茎叶喷雾
PD20151620　敌草隆/25%/可湿性粉剂/敌草隆 25%/2015.08.28 至 2020.08.28/低毒
甘蔗田　一年生杂草　1875-2250克/公顷　土壤喷雾
PD20152194　草铵膦/50%/水剂/草铵膦 50%/2015.09.23 至 2020.09.23/低毒
非耕地　杂草　2100-3000克/公顷　茎叶喷雾
LS20130234　苄嘧·苯噻酰/82%/水分散粒剂/苯噻酰草胺 77.5%、苄嘧磺隆 4.5%/2014.04.28 至 2015.04.28/低毒
水稻移栽田　一年生杂草　676.5-861克/公顷（东北地区），492-676.5克/公顷（其他地区）　药土法
LS20130239　乙·莠·滴辛酯/69%/悬乳剂/2,4-滴异辛酯 8%、乙草胺 39%、莠去津 22%/2014.04.28 至 2015.04.28/低毒
夏玉米田　一年生杂草　931.5-1138.5克/公顷　播后苗前土壤喷雾
LS20130249　烟·灭·莠去津/33%/可分散油悬浮剂/灭草松 10%、烟嘧磺隆 3%、莠去津 20%/2014.04.28 至 2015.04.28/低毒
夏玉米田　一年生杂草　445.5-544.5克/公顷　茎叶喷雾
LS20130376　烟嘧·莠·氯吡/35%/可分散油悬浮剂/氯氟吡氧乙酸 2%、烟嘧磺隆 3%、莠去津 30%/2014.07.29 至 2015.07.29/低毒
夏玉米田　一年生杂草　472.5-577.5克/公顷　茎叶喷雾

吉林美联化学品有限公司　（吉林省吉林市吉林哈达湾工业开发区　132002　0432-62748700）
PD85112-13　莠去津/38%/悬浮剂/莠去津 38%/2015.04.28 至 2020.04.28/低毒
茶园　一年生杂草　1125-1875克/公顷　喷于地表
甘蔗　一年生杂草　1050-1500克/公顷　喷于地表
高粱、糜子、玉米　一年生杂草　1800-2250克/公顷(东北地区)　喷于地表
公路、森林、铁路　一年生杂草　0.8-2克/平方米　喷于地表
红松苗圃　一年生杂草　0.2-0.3克/平方米　喷于地表
梨树(12年以上树龄)、苹果树(12年以上树龄)　一年生杂草　1625-1875克/公顷(东北地区)　喷于地表
橡胶园　一年生杂草　2250-3750克/公顷　喷于地表
PD20082170　乙草胺/50%/乳油/乙草胺 50%/2013.11.26 至 2018.11.26/低毒
大豆田　一年生杂草　1）春大豆1500-1875克公顷；2）夏大豆：900-1125克/公顷　土壤喷雾
玉米田　一年生杂草　1）春玉米1500-1875克公顷；2）夏玉米：900-1125克/公顷　土壤喷雾
PD20082881　乙·莠/40%/悬乳剂/乙草胺 15%、莠去津 25%/2013.12.09 至 2018.12.09/低毒
春玉米田　一年生杂草　1800-2400克/公顷(东北地区)　播后苗前土壤喷雾
夏玉米田　一年生杂草　1200-1500克/公顷(其它地区)　播后苗前土壤喷雾
PD20085874　西净·乙草胺/40%/乳油/西草净 10%、乙草胺 30%/2013.12.29 至 2018.12.29/低毒
春大豆田　一年生杂草　1200-1500克/公顷　播后苗前喷雾
花生田、夏大豆田、夏玉米田　一年生杂草　900-1200克/公顷　播后苗前喷雾
PD20091899　丁·扑/40%/乳油/丁草胺 30%、扑草净 10%/2014.02.09 至 2019.02.09/低毒
水稻秧田　一年生杂草　16-20克/100平方米　土壤喷雾
PD20101194　烟嘧磺隆/40克/升/可分散油悬浮剂/烟嘧磺隆 40克/升/2015.02.08 至 2020.02.08/低毒
玉米田　一年生杂草　42-60克/公顷　茎叶喷雾
PD20140795　乙·莠· 滴丁酯/53%/悬乳剂/2,4-滴丁酯 8%、乙草胺 30%、莠去津 15%/2014.03.25 至 2019.03.25/低毒
春玉米田　一年生杂草　2385-3180克/公顷　土壤喷雾

PD20151618 烟嘧·莠·氯吡/28%/可分散油悬浮剂/氯氟吡氧乙酸 5%、烟嘧磺隆 3%、莠去津 20%/2015.08.28 至 2020.08.28/低毒
玉米田 一年生杂草 336-546克/公顷 茎叶喷雾
PD20152006 硝磺·莠去津/25%/可分散油悬浮剂/莠去津 20%、硝磺草酮 5%/2015.08.31 至 2020.08.31/低毒
玉米田 一年生杂草 487.5-563克/公顷 茎叶喷雾

吉林省八达农药有限公司 （吉林省四平市公主岭市西兴华街9号 136100 0434-6351819）

PD20040449 哒螨灵/20%/可湿性粉剂/哒螨灵 20%/2014.12.19 至 2019.12.19/低毒
棉花 红蜘蛛 60-90克/公顷 喷雾
苹果树 红蜘蛛 50-67毫克/千克 喷雾
注:在棉花的登记有效期至2006年1月12日。
PD20040494 吡虫啉/10%/可湿性粉剂/吡虫啉 10%/2014.12.19 至 2019.12.19/低毒
水稻 稻飞虱 15-30克/公顷 喷雾
PD20040574 哒螨灵/15%/乳油/哒螨灵 15%/2014.12.19 至 2019.12.19/中等毒
柑橘树、苹果树 红蜘蛛 50-67毫克/千克 喷雾
PD20080430 高效氯氰菊酯/25克/升/乳油/高效氯氰菊酯 25克/升/2013.03.10 至 2018.03.10/中等毒
棉花 棉铃虫 18.75-26.25克/公顷 喷雾
PD20080829 苄嘧·苯噻酰/60%/可湿性粉剂/苯噻酰草胺 56.5%、苄嘧磺隆 3.5%/2013.06.20 至 2018.06.20/低毒
水稻移栽田 部分多年生杂草、一年生杂草 630－810克/公顷 药土法
PD20080869 苯噻酰草胺/50%/可湿性粉剂/苯噻酰草胺 50%/2013.06.27 至 2018.06.27/低毒
水稻移栽田 稗草等杂草 525－600克/公顷 药土法
PD20081375 噻吩磺隆/15%/可湿性粉剂/噻吩磺隆 15%/2013.10.27 至 2018.10.27/低毒
春大豆 一年生阔叶杂草 22.5-27克/公顷 土壤喷雾
冬小麦 一年生阔叶杂草 22.5-33.8克/公顷 茎叶喷雾
夏大豆 一年生阔叶杂草 18-22.5克/公顷 土壤喷雾
PD20081378 啶虫脒/5%/乳油/啶虫脒 5%/2013.10.27 至 2018.10.27/低毒
柑橘树 蚜虫 6-10毫克/千克 喷雾
PD20081387 苄·二氯/36%/可湿性粉剂/苄嘧磺隆 5%、二氯喹啉酸 31%/2013.10.28 至 2018.10.28/低毒
水稻移栽田 部分多年生杂草、一年生杂草 270-324克/公顷 喷雾或药土法
PD20081512 戊唑醇/2%/湿拌种剂/戊唑醇 2%/2013.11.06 至 2018.11.06/低毒
小麦 散黑穗病 2-3克/100千克种子 拌种
玉米 丝黑穗病 8-12克/100千克种子 拌种
PD20081536 咪鲜胺/250克/升/乳油/咪鲜胺 250克/升/2013.11.11 至 2018.11.11/低毒
柑橘 蒂腐病、绿霉病、青霉病、炭疽病 250-500毫克/千克 浸果
水稻 恶苗病 2000-4000倍液 浸种
PD20081544 二氯喹啉酸/50%/可湿性粉剂/二氯喹啉酸 50%/2013.11.11 至 2018.11.11/低毒
水稻移栽田 稗草等杂草 225－375克/公顷 喷雾或药土法
PD20081687 稻瘟灵/40%/乳油/稻瘟灵 40%/2013.11.17 至 2018.11.17/低毒
水稻 稻瘟病 564－675克/公顷 喷雾
PD20081769 苄嘧磺隆/30%/可湿性粉剂/苄嘧磺隆 30%/2013.11.18 至 2018.11.18/低毒
水稻移栽田 多年生莎草、阔叶杂草 45-67.5克/公顷 药土法
PD20081858 莠去津/38%/悬浮剂/莠去津 38%/2013.11.20 至 2018.11.20/低毒
春玉米 一年生杂草 1710-2318克/公顷 土壤喷雾
夏玉米 一年生杂草 1140-1710克/公顷 土壤喷雾
PD20081940 苄嘧磺隆/10%/可湿性粉剂/苄嘧磺隆 10%/2013.11.24 至 2018.11.24/低毒
水稻移栽田 阔叶杂草及莎草科杂草 30－45克/公顷 药土法
PD20081941 多效唑/15%/可湿性粉剂/多效唑 15%/2013.11.24 至 2018.11.24/低毒
水稻秧田 控制生长 200－300毫克/千克 茎叶喷雾
PD20081951 霜脲·锰锌/72%/可湿性粉剂/代森锰锌 64%、霜脲氰 8%/2013.11.24 至 2018.11.24/低毒
黄瓜 霜霉病 1440－1800克/公顷 喷雾
PD20082143 乙草胺/900克/升/乳油/乙草胺 900克/升/2013.11.25 至 2018.11.25/低毒
春大豆田 一年生禾本科杂草及部分阔叶杂草 1350-1890克/公顷(东北地区) 土壤喷雾
春玉米田 部分阔叶杂草、一年生禾本科杂草 1350-1890克/公顷(东北地区) 土壤喷雾
夏大豆田 一年生禾本科杂草及部分阔叶杂草 1080-1350克/公顷(其它地区) 土壤喷雾
夏玉米田 部分阔叶杂草、一年生禾本科杂草 1080-1350克/公顷(其它地区) 土壤喷雾
PD20082574 异噁草松/48%/乳油/异噁草松 48%/2013.12.04 至 2018.12.04/低毒
春大豆田 一年生杂草 1008-1224克/公顷 播后苗前土壤喷雾
PD20082617 阿维菌素/1.8%/乳油/阿维菌素 1.8%/2013.12.04 至 2018.12.04/中等毒(原药高毒)
十字花科蔬菜 小菜蛾 8.1-10.8克/公顷 喷雾
PD20083050 苄嘧磺隆/32%/可湿性粉剂/苄嘧磺隆 32%/2013.12.10 至 2018.12.10/低毒
移栽水稻田 一年生阔叶杂草及莎草科杂草 36-48克/公顷(南方地区)48-72克/公顷(东北地区) 药土法
PD20083094 氟磺胺草醚/250克/升/水剂/氟磺胺草醚 250克/升/2013.12.10 至 2018.12.10/低毒
春大豆田 一年生阔叶杂草 1800-2250毫升/公顷(制剂) 茎叶喷雾
夏大豆田 一年生阔叶杂草 1500-1800毫升/公顷(制剂) 茎叶喷雾

PD20083133　丁草胺/900克/升/乳油/丁草胺 900克/升/2013.12.10 至 2018.12.10/低毒
　移栽水稻田　一年生杂草　945-1350克/公顷　药土法
PD20083403　精喹禾灵/5%/乳油/精喹禾灵 5%/2013.12.11 至 2018.12.11/低毒
　春大豆田　一年生禾本科杂草　52.5-75克/公顷　茎叶喷雾
　冬油菜田　一年生禾本科杂草　37.5-52.5克/公顷　茎叶喷雾
　棉花田　一年生禾本科杂草　45-60克/公顷　茎叶喷雾
PD20083536　高效氟吡甲禾灵/108克/升/乳油/高效氟吡甲禾灵 108克/升/2013.12.12 至 2018.12.12/低毒
　油菜田　一年生禾本科杂草　30-45克/公顷　茎叶喷雾
PD20083574　草除灵/30%/悬浮剂/草除灵 30%/2013.12.12 至 2018.12.12/低毒
　冬油菜田　一年生阔叶杂草　750-975毫升/公顷(制剂)　茎叶喷雾
PD20083590　草甘膦异丙胺盐/410克/升/水剂/草甘膦异丙胺盐 410克/升/2013.12.12 至 2018.12.12/低毒
　柑橘园　杂草　3000-6000毫升/公顷(制剂)　定向茎叶喷雾
PD20083601　乙草胺/50%/乳油/乙草胺 50%/2013.12.12 至 2018.12.12/低毒
　春大豆田、春玉米田　一年生禾本科杂草及部分阔叶杂草　1498.5-2081.25克/公顷　土壤喷雾
　夏大豆田、夏玉米田　一年生禾本科杂草及部分阔叶杂草　999-1498.5克/公顷　土壤喷雾
PD20083842　精喹禾灵/8.8%/乳油/精喹禾灵 8.8%/2013.12.15 至 2018.12.15/低毒
　春大豆田　一年生禾本科杂草　52.8-72.6克/公顷　茎叶喷雾
　春油菜　一年生禾本科杂草　52.8-79.2克/公顷　茎叶喷雾
　冬油菜田、夏大豆田　一年生禾本科杂草　39.6-52.8克/公顷　茎叶喷雾
PD20084590　甲霜·福美双/50%/干拌种剂/福美双 41%、甲霜灵 9%/2013.12.18 至 2018.12.18/低毒
　水稻　苗期立枯病　1:400-500(药种比)　浸种后拌药
PD20084664　福·克/15%/悬浮种衣剂/福美双 7%、克百威 8%/2013.12.22 至 2018.12.22/中等毒(原药高毒)
　玉米　地下害虫、苗期病害　1:40-50(药种比)　种子包衣
PD20084705　甲霜·福美双/15%/悬浮种衣剂/福美双 13%、甲霜灵 2%/2013.12.22 至 2018.12.22/低毒
　水稻　恶苗病、立枯病　1:40-50(药种比)　种子包衣
PD20084883　甲柳·福美双/15%/悬浮种衣剂/福美双 10%、甲基异柳磷 5%/2013.12.22 至 2018.12.22/低毒(原药高毒)
　玉米　地下害虫、茎基腐病　1:40-50(药种比)　种子包衣
PD20085065　甲霜·福美双/38%/可湿性粉剂/福美双 29%、甲霜灵 9%/2013.12.23 至 2018.12.23/低毒
　黄瓜　猝倒病　0.76-1.14克/平方米　苗床浇洒
　水稻苗床　立枯病　5700-9505.5克/公顷　苗床浇洒
PD20085642　咪唑乙烟酸/5%/水剂/咪唑乙烟酸 5%/2013.12.26 至 2018.12.26/低毒
　春大豆田　一年生杂草　75－105克/公顷(东北地区)　茎叶喷雾
PD20085643　吡嘧磺隆/10%/可湿性粉剂/吡嘧磺隆 10%/2013.12.26 至 2018.12.26/低毒
　水稻移栽田　阔叶杂草、莎草科杂草　22.5－30克/公顷　药土法
PD20085801　苯磺隆/10%/可湿性粉剂/苯磺隆 10%/2013.12.29 至 2018.12.29/低毒
　冬小麦田　一年生阔叶杂草　13.5－22.5克/公顷　茎叶喷雾
PD20086237　毒死蜱/40%/乳油/毒死蜱 40%/2013.12.31 至 2018.12.31/中等毒
　水稻　稻纵卷叶螟　600-750克/公顷　喷雾
PD20090831　扑·乙/40%/乳油/扑草净 10%、乙草胺 30%/2014.01.19 至 2019.01.19/低毒
　春玉米田　一年生杂草　1500-1800克/公顷　播后苗前，土壤喷雾
　花生田、夏玉米田　一年生杂草　1200-1500克/公顷　播后苗前，土壤喷雾
PD20090870　戊唑·克百威/7.5%/悬浮种衣剂/克百威 7%、戊唑醇 0.5%/2014.01.19 至 2019.01.19/中等毒(原药高毒)
　玉米　地下害虫、丝黑穗病　1:40-50(药种比)　种子包衣
PD20090986　甲柳·三唑醇/7.5%/悬浮种衣剂/甲基异柳磷 4.7%、三唑醇 2.8%/2014.01.20 至 2019.01.20/高毒
　小麦　地下害虫、散黑穗病　1:80-100(药种比)　种子包衣
　玉米　地下害虫、丝黑穗病　1:35-40(药种比)　种子包衣
PD20091424　苄·乙/20%/可湿性粉剂/苄嘧磺隆 4.5%、乙草胺 15.5%/2014.02.02 至 2019.02.02/低毒
　水稻移栽田　一年生杂草　84-118克/公顷(南方地区)　药土法
PD20091547　丁·扑/19%/可湿性粉剂/丁草胺 16%、扑草净 3%/2014.02.03 至 2019.02.03/低毒
　水稻秧田　一年生杂草　1500-2000克/公顷(东北地区)　毒土法
PD20091739　烯唑·福美双/15%/悬浮剂/福美双 13%、烯唑醇 2%/2014.02.04 至 2019.02.04/低毒
　梨树　黑星病　800-1200倍液　喷雾
PD20091792　多·福·克/26%/悬浮种衣剂/多菌灵 8%、福美双 11%、克百威 7%/2014.02.04 至 2019.02.04/高毒
　大豆　地下害虫、根腐病　1:40-50(药种比)　种子包衣
PD20091936　氰戊·马拉松/20%/乳油/马拉硫磷 15%、氰戊菊酯 5%/2014.02.12 至 2019.02.12/低毒
　苹果树　桃小食心虫　200-250毫克/千克　喷雾
PD20092093　多·福·克/30%/悬浮种衣剂/多菌灵 10%、福美双 10%、克百威 10%/2014.02.16 至 2019.02.16/高毒
　大豆　地下害虫、根腐病　1:50-60(药种比)　种子包衣
PD20092583　精噁唑禾草灵/10%/乳油/精噁唑禾草灵 10%/2014.02.27 至 2019.02.27/低毒
　冬小麦田　看麦娘、野燕麦等一年生禾本科杂草　75－90克/公顷　茎叶喷雾
PD20093157　高氯·马/30%/乳油/高效氯氰菊酯 1.5%、马拉硫磷 28.5%/2014.03.11 至 2019.03.11/中等毒

登记证号	登记作物	防治对象	用药量	施用方法
	苹果树	黄蚜	1000-2000倍液	喷雾
PD20093442	嗪酮·乙草胺/50%/乳油/嗪草酮 10%、乙草胺 40%/2014.03.23 至 2019.03.23/低毒			
	春大豆田、春玉米田	一年生杂草	1500-1875克/公顷(东北地区)	土壤喷雾
	夏大豆田、夏玉米田	一年生杂草	900-1125克/公顷(其他地区)	土壤喷雾
PD20093980	烯草酮/24%/乳油/烯草酮 24%/2014.03.27 至 2019.03.27/低毒			
	冬油菜田	一年生禾本科杂草	54-72克/公顷	茎叶喷雾
PD20094983	甲霜·福美双/1%/微粒剂/福美双 0.75%、甲霜灵 0.25%/2014.04.21 至 2019.04.21/低毒			
	水稻	苗期立枯病	0.5-0.9克/平方米	药土法
PD20095411	滴丁·乙草胺/51%/乳油/2,4-滴丁酯 15%、乙草胺 36%/2014.05.11 至 2019.05.11/低毒			
	春大豆田、春玉米田	一年生杂草	1683-1912.5克/公顷(东北地区)	喷雾
PD20095522	烟嘧磺隆/40克/升/可分散油悬浮剂/烟嘧磺隆 40克/升/2014.05.11 至 2019.05.11/低毒			
	玉米田	一年生杂草	42-60克/公顷	茎叶喷雾
PD20095804	烯唑·福美双/15%/悬浮种衣剂/福美双 13%、烯唑醇 2%/2014.05.27 至 2019.05.27/低毒			
	玉米	丝黑穗病	1:30-40(药种比)	种子包衣
PD20096350	苄·丁/35%/可湿性粉剂/苄嘧磺隆 1.5%、丁草胺 33.5%/2014.07.28 至 2019.07.28/低毒			
	水稻抛栽田	部分多年生杂草、一年生杂草	630－787.5克/公顷(南方地区)	药土法
PD20101536	氯氟吡氧乙酸异辛酯(288克/升)///乳油/氯氟吡氧乙酸 200克/升/2015.05.19 至 2020.05.19/低毒			
	冬小麦田	一年生阔叶杂草	150-198克/公顷	茎叶喷雾
PD20101686	水胺·马拉松/36.8%/乳油/马拉硫磷 19.5%、水胺硫磷 17.3%/2015.06.08 至 2020.06.08/中等毒(原药高毒)			
	水稻	稻水象甲	331.2-441.6克/公顷	喷雾
PD20110595	吡虫啉/600克/升/悬浮种衣剂/吡虫啉 600克/升/2011.05.30 至 2016.05.30/低毒			
	棉花	蚜虫	350-500克/100千克种子	种子包衣
PD20110808	甲氨基阿维菌素苯甲酸盐/5%/水分散粒剂/甲氨基阿维菌素 5%/2011.08.04 至 2016.08.04/微毒			
	甘蓝	甜菜夜蛾	2.25～3.75克/公顷	/喷雾
	注:甲氨基阿维菌素苯甲酸盐含量：5.7%。			
PD20111347	草甘膦铵盐/80%/可溶粒剂/草甘膦 80%/2011.12.09 至 2016.12.09/微毒			
	非耕地	杂草	1332-1998克/公顷	定向茎叶喷雾
	注:草甘膦铵盐含量:88%。			
PD20120094	精喹禾灵/15%/乳油/精喹禾灵 15%/2012.01.29 至 2017.01.29/低毒			
	花生田	禾本科杂草	35.6-52.1克/公顷	茎叶喷雾
PD20121552	萎锈·福美双/400克/升/悬浮种衣剂/福美双 200克/升、萎锈灵 200克/升/2012.10.25 至 2017.10.25/低毒			
	玉米	丝黑穗病	160－200克/100千克种子	拌种
PD20121630	吡·戊·福美双/20%/悬浮种衣剂/吡虫啉 5%、福美双 14.4%、戊唑醇 0.6%/2012.10.30 至 2017.10.30/低毒			
	玉米	地下害虫、丝黑穗病	333.3～400克/100千克种子（药种比1：60～1：50)	种子包衣
PD20121841	苯甲·丙环唑/300克/升/乳油/苯醚甲环唑 150克/升、丙环唑 150克/升/2012.11.28 至 2017.11.28/低毒			
	水稻	稻曲病、纹枯病	67.5-90克/公顷	喷雾
PD20122072	莎稗磷/50%/可湿性粉剂/莎稗磷 50%/2012.12.24 至 2017.12.24/低毒			
	水稻移栽田	一年生杂草	225-270克/公顷（南方地区），270-315克/公顷（北方地区）	毒土法
PD20130340	草甘膦铵盐/58%/可溶粉剂/草甘膦 58%/2013.03.11 至 2018.03.11/低毒			
	非耕地	一年生和多年生杂草	1130-2175克/公顷	茎叶喷雾
	注:草甘膦铵盐含量：63.8%。			
PD20130341	多·咪鲜·甲霜/20%/悬浮种衣剂/多菌灵 17%、甲霜灵 2.3%、咪鲜胺 .7%/2013.03.11 至 2018.03.11/微毒			
	水稻	立枯病	250～333克/100千克种子	种子包衣
PD20130346	阿维·毒死蜱/30%/可湿性粉剂/阿维菌素 0.3%、毒死蜱 29.7%/2013.03.11 至 2018.03.11/中等毒(原药高毒)			
	水稻	稻纵卷叶螟	135-225克/公顷	喷雾
PD20130412	莎稗磷/40%/乳油/莎稗磷 40%/2013.03.14 至 2018.03.14/低毒			
	水稻移栽田	稗草、千金子等禾本科杂草	1)225-270克/公顷(南方地区)2)270-315克/公顷(北方地区)	药土法
PD20130413	滴·莠·丁草胺/48%/悬乳剂/2,4-滴丁酯 5%、丁草胺 24%、莠去津 19%/2013.03.14 至 2018.03.14/低毒			
	春玉米田	一年生杂草	1800-2160克/公顷	播后苗前土壤喷雾
PD20130489	2,4-滴异辛酯/30%/悬乳剂/2,4-滴异辛酯 30%/2013.03.20 至 2018.03.20/低毒			
	玉米田	一年生阔叶杂草	540-675克/公顷	播后苗前土壤喷雾
PD20130530	噁草酮/30%/可湿性粉剂/噁草酮 30%/2013.03.28 至 2018.03.28/微毒			
	水稻移栽田	一年生杂草	360-562.5克/公顷	毒土法
PD20130628	炔草酯/15%/可湿性粉剂/炔草酯 15%/2013.04.03 至 2018.04.03/低毒			
	小麦田	一年生禾本科杂草	29.25-45克/公顷	喷雾
PD20130629	苄嘧·丙草胺/40%/可湿性粉剂/苄嘧磺隆 4%、丙草胺 36%/2013.04.03 至 2018.04.03/低毒			
	直播水稻(南方)	一年生杂草	450-600克/公顷	土壤喷雾
PD20130668	阿维·哒螨灵/6%/乳油/阿维菌素 0.2%、哒螨灵 5.8%/2013.04.08 至 2018.04.08/低毒(原药高毒)			
	柑橘树	红蜘蛛	30-40毫克/千克	喷雾
PD20130669	双草醚/100克/升/悬浮剂/双草醚 100克/升/2013.04.08 至 2018.04.08/微毒			

水稻田(直播) 稗草、莎草及阔叶杂草 22.5-30克/公顷 茎叶喷雾
PD20131473 异丙草·莠/52%/悬乳剂/异丙草胺 32%、莠去津 20%/2013.07.05 至 2018.07.05/低毒
春玉米田 一年生杂草 1482-2340克/公顷 土壤喷雾
夏玉米田 一年生杂草 1053-1482克/公顷 土壤喷雾
PD20131627 丁硫·吡虫啉/30%/悬浮剂/吡虫啉 7.5%、丁硫克百威 22.5%/2013.07.30 至 2018.07.30/中等毒
水稻 稻飞虱 103.5-121.5克/公顷 喷雾
PD20131778 戊唑醇/6%/悬浮种衣剂/戊唑醇 6%/2013.09.06 至 2018.09.06/低毒
玉米 丝黑穗病 6-12克/100千克种子 种子包衣
PD20132010 扑·乙·滴丁酯/72%/乳油/2,4-滴丁酯 17%、扑草净 10%、乙草胺 45%/2013.10.21 至 2018.10.21/低毒
春玉米田、夏玉米田 一年生杂草 1944-2268克/公顷（东北地区），1296-1620克/公顷（其他地区） 土壤喷雾
PD20132138 乙·嗯·滴丁酯/81.8%/乳油/2,4-滴丁酯 24%、乙草胺 49%、异嗯草松 8.8%/2013.10.24 至 2018.10.24/低毒
春大豆田 一年生杂草 1595-1840.5克/公顷 播后苗前土壤喷雾
PD20132139 滴异·莠去津/51%/悬乳剂/2,4-滴异辛酯 15%、莠去津 36%/2013.10.24 至 2018.10.24/低毒
春玉米田 一年生阔叶杂草 765-1224克/公顷 土壤喷雾
夏玉米田 一年生阔叶杂草 535.5-765克/公顷 土壤喷雾
PD20132140 烟嘧·莠去津/20%/可分散油悬浮剂/烟嘧磺隆 3%、莠去津 17%/2013.10.24 至 2018.10.24/低毒
玉米田 一年生杂草 240-300克/公顷 茎叶喷雾
PD20132255 草甘膦异丙胺盐/35%/水剂/草甘膦 35%/2013.11.05 至 2018.11.05/低毒
非耕地 杂草 1164-2982.75克/公顷 茎叶喷雾
注:草甘膦异丙胺盐含量: 47%。
PD20132269 甲霜·戊唑醇/6%/悬浮种衣剂/甲霜灵 1%、戊唑醇 5%/2013.11.05 至 2018.11.05/低毒
玉米 茎基腐病、丝黑穗病 6-12克/100千克种子 种子包衣
PD20132330 精嗯唑禾草灵/10%/水乳剂/精嗯唑禾草灵 10%/2013.11.13 至 2018.11.13/低毒
冬小麦田 一年生禾本科杂草 60-75克/公顷 茎叶喷雾
PD20132407 戊唑醇/430克/升/悬浮剂/戊唑醇 430克/升/2013.11.20 至 2018.11.20/低毒
苹果树 斑点落叶病 61.4-86毫克/千克 喷雾
PD20132647 滴丁·烟嘧/40%/可分散油悬浮剂/2,4-滴丁酯 32%、烟嘧磺隆 8%/2013.12.20 至 2018.12.20/低毒
春玉米田 一年生杂草 240-300克/公顷 茎叶喷雾
PD20140045 2,4-滴丁酯/50%/悬浮剂/2,4-滴丁酯 50%/2014.01.16 至 2019.01.16/低毒
春玉米田 一年生阔叶杂草 525-825克/公顷 播后苗前喷雾
PD20140046 松·喹·氟磺胺/21%/乳油/氟磺胺草醚 7%、精喹禾灵 2%、异嗯草松 12%/2014.01.16 至 2019.01.16/低毒
春大豆田 一年生杂草 468-624克/公顷 茎叶喷雾
PD20140054 喹·唑·氟磺胺/20%/乳油/氟磺胺草醚 15%、精喹禾灵 3%、咪唑乙烟酸 2%/2014.01.20 至 2019.01.20/低毒
春大豆田 一年生杂草 300-360克/公顷 茎叶喷雾
PD20140056 烟嘧·乙·莠/47%/可分散油悬浮剂/烟嘧磺隆 1.5%、乙草胺 25.5%、莠去津 20%/2014.01.20 至 2019.01.20/低毒
春玉米田 一年生杂草 1410-1762.5克/公顷 茎叶喷雾
夏玉米田 一年生杂草 1057.5-1410克/公顷 茎叶喷雾
PD20140057 硝磺草酮/15%/悬浮剂/硝磺草酮 15%/2014.01.20 至 2019.01.20/微毒
玉米田 一年生杂草 101.25-146.25克/公顷 茎叶喷雾
PD20140154 乙·莠· 滴丁酯/62%/悬乳剂/2,4-滴丁酯 12%、乙草胺 35%、莠去津 15%/2014.01.28 至 2019.01.28/低毒
春玉米田 一年生杂草 1860-2325克/公顷 土壤喷雾
PD20140162 乙草胺/50%/水乳剂/乙草胺 50%/2014.01.28 至 2019.01.28/低毒
玉米田 一年生禾本科杂草及部分小粒种子阔叶杂草 1350-1875克/公顷（东北地区），825-1350克/公顷（其他地区） 播后苗前土壤喷雾
PD20140485 乙·嗪·滴丁酯/78%/乳油/2,4-滴丁酯 20%、嗪草酮 5%、乙草胺 53%/2014.03.06 至 2019.03.06/低毒
春大豆田 一年生杂草 1521-1755克/公顷 土壤喷雾
夏大豆田 一年生杂草 819-1170克/公顷 土壤喷雾
PD20140486 嗯草酮/30%/水乳剂/嗯草酮 30%/2014.03.06 至 2019.03.06/低毒
水稻移栽田 一年生杂草 360-495克/公顷 药土法
PD20141030 吡蚜酮/25%/悬浮剂/吡蚜酮 25%/2014.04.21 至 2019.04.21/微毒
水稻 稻飞虱 60-90克/公顷 喷雾
PD20141072 烟嘧·莠去津/85%/可湿性粉剂/烟嘧磺隆 9%、莠去津 76%/2014.04.25 至 2019.04.25/低毒
玉米田 一年生杂草 382.5-573.75克/公顷 茎叶喷雾
PD20141128 莠去津/55%/悬浮剂/莠去津 55%/2014.04.28 至 2019.04.28/低毒
春玉米田 一年生杂草 1567.5-2227.5克/公顷 土壤喷雾
PD20141185 灭·喹·氟磺胺/30%/乳油/氟磺胺草醚 20%、精喹禾灵 6.5%、灭草松 3.5%/2014.05.06 至 2019.05.06/低毒
大豆田 一年生杂草 225-360克/公顷 茎叶喷雾
PD20141598 噻唑膦/10%/颗粒剂/噻唑膦 10%/2014.06.23 至 2019.06.23/中等毒
黄瓜 根结线虫 2250-3000克/公顷 土壤撒施
PD20141967 氰氟草酯/15%/乳油/氰氟草酯 15%/2014.08.13 至 2019.08.13/低毒
水稻田(直播) 一年生禾本科杂草 90-135克/公顷 茎叶喷雾
PD20142106 咪鲜胺/25%/微乳剂/咪鲜胺 25%/2014.09.02 至 2019.09.02/低毒

水稻 稻瘟病 225-375克/公顷 喷雾

PD20150383 烟嘧磺隆/20%/可分散油悬浮剂/烟嘧磺隆 20%/2015.03.18 至 2020.03.18/低毒

玉米田 一年生杂草 42-60克/公顷 茎叶喷雾

PD20150618 吡嘧·苯噻酰/40%/泡腾粒剂/苯噻酰草胺 37.7%、吡嘧磺隆 2.3%/2015.04.16 至 2020.04.16/微毒

水稻移栽田 一年生杂草 北方：483.6-604.5克/公顷；南方：241.8-483.6克/公顷 药土法

PD20150619 多杀霉素/5%/悬浮剂/多杀霉素 5%/2015.04.16 至 2020.04.16/低毒

甘蓝 小菜蛾 18.75-26.25克/公顷 喷雾

PD20150824 乙羧氟草醚/10%/微乳剂/乙羧氟草醚 10%/2015.05.14 至 2020.05.14/低毒

春大豆田 阔叶杂草 60-90克/公顷 茎叶喷雾

夏大豆田 阔叶杂草 45-60克/公顷 茎叶喷雾

PD20150839 苯醚甲环唑/30克/升/悬浮种衣剂/苯醚甲环唑 30克/升/2015.05.18 至 2020.05.18/低毒

小麦 全蚀病 15-30克/100千克种子 种子包衣

PD20151032 阿维菌素/5%/水乳剂/阿维菌素 5%/2015.06.14 至 2020.06.14/低毒(原药高毒)

水稻 稻纵卷叶螟 7.5-10.5克/公顷 喷雾

PD20151213 苄嘧·莎稗磷/38%/可湿性粉剂/苄嘧磺隆 5%、莎稗磷 33%/2015.07.30 至 2020.07.30/低毒

水稻移栽田 一年生杂草 285-342克/公顷 药土法

PD20151216 甲·灭·敌草隆/73%/可湿性粉剂/敌草隆 10%、2甲4氯钠 10%、莠灭净 53%/2015.07.30 至 2020.07.30/低毒

甘蔗田 一年生杂草 985.5-1259.25克/公顷 定向茎叶喷雾

PD20151259 乙·莠·滴辛酯/68%/悬乳剂/2,4-滴异辛酯 10%、乙草胺 36%、莠去津 22%/2015.07.30 至 2020.07.30/低毒

春玉米田 一年生杂草 1530-1836克/公顷 土壤喷雾

夏玉米田 一年生杂草 1020-1326克/公顷 土壤喷雾

PD20151264 噁草·莎稗磷/39%/可湿性粉剂/噁草酮 24%、莎稗磷 15%/2015.07.30 至 2020.07.30/低毒

水稻田 一年生杂草 292.5-409.5克/公顷 撒施

PD20151451 甲氨基阿维菌素苯甲酸盐/5%/水乳剂/甲氨基阿维菌素 5%/2015.07.31 至 2020.07.31/低毒

水稻 稻纵卷叶螟 7.5-11.25克/公顷 喷雾

注:甲氨基阿维菌素苯甲酸盐含量5.7%。

PD20151604 甲维·茚虫威/16%/悬浮剂/甲氨基阿维菌素苯甲酸盐 4%、茚虫威 12%/2015.08.28 至 2020.08.28/低毒

水稻 稻纵卷叶螟 15-30克/公顷 喷雾

PD20152556 烯酰吗啉/40%/悬浮剂/烯酰吗啉 40%/2015.12.05 至 2020.12.05/低毒

黄瓜 霜霉病 225-300克/公顷 喷雾

PD20152664 苯甲·丙环唑/300克/升/水乳剂/苯醚甲环唑 150克/升、丙环唑 150克/升/2015.12.19 至 2020.12.19/低毒

水稻 纹枯病 67.5-90克/公顷 喷雾

LS20120168 麦畏·草甘膦/35%/水剂/草甘膦 30.5%、麦草畏 4.5%/2014.05.03 至 2015.05.03/微毒

非耕地 杂草 630-1260克/公顷 定向茎叶喷雾

LS20120253 乙·莠/63%/悬乳剂/乙草胺 35%、莠去津 28%/2014.07.12 至 2015.07.12/微毒

玉米田 一年生杂草 春玉米：1474.2-2031.8克/公顷，夏玉米：945-1417.5克/公顷 土壤喷雾

LS20130500 丁香·戊唑醇/40%/悬浮剂/戊唑醇 30%、丁香菌酯 10%/2015.12.09 至 2016.12.09/低毒

水稻 纹枯病 48-60克/公顷 喷雾

LS20140005 2甲·灭草松/40%/水剂/2甲4氯 10%、灭草松 30%/2016.01.14 至 2017.01.14/低毒

水稻移栽田 莎草及阔叶杂草 480-600克/公顷 茎叶喷雾

LS20140140 氰氟草酯/15%/水乳剂/氰氟草酯 15%/2015.04.10 至 2016.04.10/低毒

水稻田(直播) 稗草、千金子等禾本科杂草 90-135克/公顷 茎叶喷雾

LS20140267 噻虫嗪/35%/悬浮种衣剂/噻虫嗪 35%/2015.08.25 至 2016.08.25/低毒

玉米 灰飞虱 70-116.67克/100千克种子 种子包衣

LS20140362 硝·乙·莠去津/46%/悬乳剂/乙草胺 22%、莠去津 20%、硝磺草酮 4%/2015.12.11 至 2016.12.11/低毒

玉米田 一年生杂草 897-1518克/公顷 茎叶喷雾

LS20150209 苄嘧·苯噻酰/0.36%/颗粒剂/苯噻酰草胺 0.339%、苄嘧磺隆 0.021%/2015.07.30 至 2016.07.30/低毒

移栽水稻田 一年生杂草 324-540克/公顷 撒施

注:本产品为药肥混剂。

吉林省长白山化工有限公司 (吉林省临江市迎宾路2669号滨江楼 134600 0439-6133555)

WP20130219 杀虫粉剂/85%/粉剂/硅藻土 85%/2013.10.29 至 2018.10.29/微毒

卫生 蜚蠊、蚂蚁 3克制剂/平方米 撒布

吉林省长春市长双农药有限公司 (吉林省长春市宽城区兰家镇兰西大路4055号 130114 0431-82620782)

PD20084616 咪锰·多菌灵/50%/可湿性粉剂/多菌灵 40%、咪鲜胺锰盐 10%/2013.12.18 至 2018.12.18/低毒

水稻 恶苗病 166.7-250毫克/千克 浸种

PD20085008 甲霜·福美双/38%/可湿性粉剂/福美双 33%、甲霜灵 5%/2013.12.22 至 2018.12.22/低毒

水稻 立枯病 117.8-136.8克/100千克种子 拌种

PD20097745 苄嘧磺隆/30%/可湿性粉剂/苄嘧磺隆 30%/2014.11.12 至 2019.11.12/低毒

水稻移栽田 一年生阔叶杂草及莎草科杂草 45-67.5克/公顷 毒土法

PD20110383 甲霜·噁霉灵/3%/水剂/噁霉灵 2.5%、甲霜灵 0.5%/2011.04.12 至 2016.04.12/低毒

水稻 立枯病 0.36-0.54克/平方米 苗床喷雾

PD20110512 甲霜·噁霉灵/30%/水剂/噁霉灵 25%、甲霜灵 5%/2011.05.03 至 2016.05.03/低毒
水稻 立枯病 0.36－0.54克/平方米 苗床喷雾
PD20110740 咪锰·甲霜灵/20%/可湿性粉剂/甲霜灵 10%、咪鲜胺锰盐 10%/2011.07.18 至 2016.07.18/低毒
水稻 立枯病 0.2－0.4克/千克种子 拌种
PD20121100 咪锰·多菌灵/50%/水分散粒剂/多菌灵 40%、咪鲜胺锰盐 10%/2012.07.19 至 2017.07.19/低毒
水稻 恶苗病 166.7-250毫克/千克 浸种
PD20121190 咪鲜·稻瘟灵/40%/乳油/稻瘟灵 30%、咪鲜胺 10%/2012.08.06 至 2017.08.06/低毒
水稻 稻瘟病 420-660克/公顷 喷雾
PD20131939 精甲·噁霉灵/3%/水剂/噁霉灵 2.5%、精甲霜灵 0.5%/2013.10.09 至 2018.10.09/低毒
水稻 立枯病 0.36-0.48克/平方米 苗床喷洒
PD20132145 精甲·噁霉灵/30%/水剂/噁霉灵 25%、精甲霜灵 5%/2013.10.29 至 2018.10.29/低毒
水稻 立枯病 0.36-0.48克/平方米 喷雾
PD20132493 莎稗磷/30%/乳油/莎稗磷 30%/2013.12.10 至 2018.12.10/中等毒
水稻移栽田 莎草及稗草 225-270克/公顷(南方地区)，270-315克/公顷(北方地区) 毒土法
PD20140225 咪鲜·稻瘟灵/40%/水乳剂/稻瘟灵 30%、咪鲜胺 10%/2014.01.29 至 2019.01.29/低毒
水稻 稻瘟病 420-660克/公顷 喷雾
PD20142144 咪鲜胺/25%/微乳剂/咪鲜胺 25%/2014.09.18 至 2019.09.18/低毒
水稻 恶苗病 62.5-125毫克/千克 浸种
PD20151999 稻瘟灵/40%/乳油/稻瘟灵 40%/2015.08.31 至 2020.08.31/低毒
水稻 稻瘟病 540-660克/公顷 喷雾
PD20152250 二氯喹啉酸/50%/可溶粒剂/二氯喹啉酸 50%/2015.09.23 至 2020.09.23/低毒
水稻移栽田 稗草 300-375克/公顷 茎叶喷雾

吉林省长春市恒大实业有限责任公司 (吉林省长春市卡伦经济技术开发区 130507 0431-82557329)

PD20090691 克·醇·福美双/15%/悬浮种衣剂/福美双 6%、克百威 7%、三唑醇 2%/2014.01.19 至 2019.01.19/低毒(原药高毒)
玉米 地下害虫、黑穗病 1:30-50(药种比) 种子包衣

吉林省吉林市吉丰农药有限公司 (吉林省吉林市龙潭区遵义东路11号 132021 0432-3035033)

PD85112-5 莠去津/38%/悬浮剂/莠去津 38%/2012.12.09 至 2017.12.09/低毒
茶园 一年生杂草 1125-1875克/公顷 喷于地表
防火隔离带、公路、森林、铁路 一年生杂草 0.8-2克/平方米 喷于地表
甘蔗田 一年生杂草 1050-1500克/公顷 喷于地表
高粱田、糜子田、玉米田 一年生杂草 1800-2250克/公顷(东北地区) 喷于地表
红松苗圃 一年生杂草 0.2-0.3克/平方米 喷于地表
梨园(12年以上树龄)、苹果园(12年以上树龄) 一年生杂草 1875-2625克/公顷(东北地区) 喷于地表
橡胶园 一年生杂草 2250-3750克/公顷 喷于地表
PD20085416 丁草胺/60%/乳油/丁草胺 60%/2013.12.24 至 2018.12.24/低毒
水稻移栽田 一年生杂草 900-1125克/公顷 毒土法
PD20085798 乙草胺/50%/乳油/乙草胺 50%/2013.12.29 至 2018.12.29/低毒
春大豆田、春玉米田 一年生杂草 1500-1875克/公顷 土壤喷雾
夏大豆田、夏玉米田 一年生杂草 900-1200克/公顷 土壤喷雾
PD20095623 乙草胺/81.5%/乳油/乙草胺 81.5%/2014.05.12 至 2019.05.12/低毒
春大豆田、春玉米田 一年生杂草 1620-2025克/公顷 土壤喷雾
夏大豆田、夏玉米田 一年生杂草 1080-1350克/公顷 土壤喷雾
PD20095726 2,4-滴丁酯/57%/乳油/2,4-滴丁酯 57%/2014.05.18 至 2019.05.18/低毒
春玉米田 一年生阔叶杂草 684-855克/公顷 土壤喷雾
PD20095891 西草净/25%/可湿性粉剂/西草净 25%/2014.05.31 至 2019.05.31/低毒
水稻移栽田 阔叶杂草 750-937.5克/公顷(东北地区) 毒土法
PD20096536 丁草胺/50%/乳油/丁草胺 50%/2014.08.20 至 2019.08.20/低毒
移栽水稻田 一年生杂草 900-1350克/公顷 药土法
PD20101171 烟嘧磺隆/40克/升/可分散油悬浮剂/烟嘧磺隆 40克/升/2015.01.28 至 2020.01.28/低毒
春玉米田 一年生杂草 42-60克/公顷 茎叶喷雾
PD20132077 莠去津/45%/悬浮剂/莠去津 45%/2013.10.23 至 2018.10.23/低毒
春玉米田 一年生杂草 2250-2550克/公顷 土壤喷雾
PD20142138 异丙草·莠/40%/悬乳剂/异丙草胺 24%、莠去津 16%/2014.09.16 至 2019.09.16/低毒
春玉米田 一年生杂草 1800-2400克/公顷 土壤喷雾

吉林省吉林市绿邦科技发展有限公司 (吉林省吉林市遵义东路27号 132021 0432-3973640)

PD20101273 硅丰环/50%/湿拌种剂/硅丰环 50%/2015.03.05 至 2020.03.05/低毒
冬小麦 调节生长、增产 1000-2000毫克/千克(拌种)；或200毫克/千克(浸种) 拌种或浸种

PD20101274 硅丰环/98%/原药/硅丰环 98%/2015.03.05 至 2020.03.05/低毒

吉林省吉林市农科院高新技术研究所 (吉林省吉林市九站街 132101 0432-3050453)

PD20093001 芸苔·乙烯利/30%/水剂/乙烯利 30%、芸苔素内酯 0.0004%/2014.03.09 至 2019.03.09/低毒
玉米 调节生长 150-180克/公顷 兑水喷雾

吉林省吉林市升泰农药有限责任公司 (吉林省吉林市昌邑区 桦皮厂镇松树村三社 132205 0432-62080828)

PD20081977 乙草胺/81.5%/乳油/乙草胺 81.5%/2013.11.25 至 2018.11.25/低毒
春大豆田、春玉米田 一年生禾本科杂草及部分小粒种子阔叶杂草 1620-1822克/公顷 播后苗前土壤喷雾

PD20083322 莠去津/38%/悬浮剂/莠去津 38%/2013.12.11 至 2018.12.11/低毒
春玉米田 一年生杂草 4500-5625毫升/公顷(制剂) 土壤喷雾

PD20084757 咪鲜胺/25%/乳油/咪鲜胺 25%/2013.12.22 至 2018.12.22/低毒
水稻 恶苗病 62.5-125毫克/千克 浸种

PD20084950 甲霜·福美双/0.75%/微粒剂/福美双 0.55%、甲霜灵 0.2%/2013.12.22 至 2018.12.22/低毒
水稻 立枯病 0.7-0.9克/平方米 拌土

PD20085329 异丙草·莠/40%/悬乳剂/异丙草胺 16%、莠去津 24%/2013.12.24 至 2018.12.24/低毒
春玉米田 一年生杂草 300-400毫升制剂/亩；4500-6000毫升制剂/公顷 土壤喷雾

PD20095433 滴丁·乙草胺/52%/乳油/2,4-滴丁酯 14%、乙草胺 38%/2014.05.11 至 2019.05.11/低毒
春大豆田、春玉米田 一年生杂草 1638-1950克/公顷 土壤喷雾

PD20095662 芸苔·乙烯利/30%/水剂/乙烯利 30%、芸苔素内酯 0.0004%/2014.05.13 至 2019.05.13/低毒
玉米 调节生长 150-180克/公顷 喷雾

PD20096322 2,4-滴丁酯/57%/乳油/2,4-滴丁酯 57%/2014.07.22 至 2019.07.22/低毒
春玉米田 一年生阔叶杂草 513-684克/公顷 土壤喷雾

PD20097058 烟嘧磺隆/40克/升/可分散油悬浮剂/烟嘧磺隆 40克/升/2014.10.10 至 2019.10.10/低毒
玉米田 一年生杂草 42-60克/公顷 茎叶喷雾

PD20100428 异噁草松/480克/升/乳油/异噁草松 480克/升/2015.01.14 至 2020.01.14/低毒
春大豆田 一年生杂草 1000.8-1195.2克/公顷(东北地区) 播后苗前土壤喷雾

PD20100604 滴丁·乙草胺/83.2%/乳油/2,4-滴丁酯 22.4%、乙草胺 60.8%/2015.01.14 至 2020.01.14/低毒
春大豆田、春玉米田 一年生杂草 1797.1-1946.9克/公顷 土壤喷雾

PD20131669 吡嘧·苯噻酰/68%/可湿性粉剂/苯噻酰草胺 64%、吡嘧磺隆 4%/2013.08.07 至 2018.08.07/微毒
水稻移栽田 一年生杂草 510-714克/公顷 毒土法

PD20131672 苄嘧·苯噻酰/60%/可湿性粉剂/苯噻酰草胺 56.5%、苄嘧磺隆 3.5%/2013.08.07 至 2018.08.07/低毒
水稻移栽田 一年生及部分多年生杂草 630-810克/公顷(东北地区)540-630克/公顷(其它地区) 毒土法

PD20131819 乙·莠·滴丁酯/64%/悬乳剂/2,4-滴丁酯 5%、乙草胺 31%、莠去津 28%/2013.09.17 至 2018.09.17/低毒
春玉米田 一年生杂草 2544-2784克/公顷 播后苗前土壤喷雾

吉林省吉林市世纪农药有限责任公司 (吉林省吉林市龙潭区黎明路38号 132021 0432-3026666)

PD20093975 莠去津/38%/悬浮剂/莠去津 38%/2014.03.27 至 2019.03.27/低毒
玉米田 一年生杂草 1140-1995克/公顷 播后苗前土壤喷雾

PD20094374 西草净/25%/可湿性粉剂/西草净 25%/2014.04.01 至 2019.04.01/低毒
水稻田 部分阔叶杂草 562.5-937.5克/公顷 毒土法

PD20094405 扑草净/25%/可湿性粉剂/扑草净 25%/2014.04.01 至 2019.04.01/低毒
水稻本田 阔叶杂草 450-675克/公顷 毒土法

PD20094526 乙草胺/50%/乳油/乙草胺 50%/2014.04.09 至 2019.04.09/低毒
春大豆田 一年生禾本科杂草及部分阔叶杂草 1125-1875克/公顷 土壤喷雾
夏大豆田 一年生禾本科杂草及部分阔叶杂草 750-1125克/公顷 土壤喷雾

PD20094746 乙草胺/81.5%/乳油/乙草胺 81.5%/2014.04.10 至 2019.04.10/低毒
春玉米田 小粒种子阔叶杂草、一年生禾本科杂草 1350-2025克/公顷 播后苗前土壤喷雾
大豆田 一年生禾本科杂草及阔叶杂草 1012.5-1687.5克/公顷 播后苗前土壤喷雾

PD20095738 丁·扑/40%/乳油/丁草胺 30%、扑草净 10%/2014.05.18 至 2019.05.18/低毒
水稻苗床 一年生禾本科杂草及阔叶杂草 0.16-0.24克/平方米 土壤处理

PD20097401 丁·莠/40%/悬浮剂/丁草胺 20%、莠去津 20%/2014.10.28 至 2019.10.28/低毒
春玉米田 一年生杂草 300-400毫升制剂/亩 播后苗前土壤喷雾
夏玉米田 一年生杂草 1200-1800克/公顷 播后苗前土壤喷雾

PD20100100 900克/升乙草胺乳油/900克/升/乳油/乙草胺 900克/升/2010.01.04 至 2015.01.04/低毒
春玉米 一年生杂草 / /

PD20100210 40%丁·莠悬浮剂/40%/悬浮剂/丁草胺 20%、莠去津 20%/2010.01.05 至 2015.01.05/低毒
春玉米 一年生杂草 / /

PD20140675 烟嘧·莠·氯吡/28%/可分散油悬浮剂/氯氟吡氧乙酸 5%、烟嘧磺隆 3%、莠去津 20%/2014.03.24 至 2019.03.24/低毒
玉米田 一年生杂草 420-546克/公顷 茎叶喷雾

PD20140676 乙·莠·滴丁酯/63%/悬乳剂/2,4-滴丁酯 9%、乙草胺 27%、莠去津 27%/2014.03.24 至 2019.03.24/低毒
春玉米田 一年生杂草 1890-2362.5克/公顷 土壤喷雾

吉林省吉林市松润农药厂 (吉林省吉林市龙潭区乌拉街镇前阿拉村 132227 0432-4938386)

PD20081412　扑草净/25%/可湿性粉剂/扑草净 25%/2013.10.29 至 2018.10.29/低毒
移栽水稻田　阔叶杂草　375-562.5克/公顷　药土法
PD20081621　西草净/25%/可湿性粉剂/西草净 25%/2013.11.12 至 2018.11.12/低毒
移栽水稻田　阔叶杂草　562.5-750克/公顷　药土法
PD20081736　丁草胺/85%/乳油/丁草胺 85%/2013.11.18 至 2018.11.18/低毒
水稻移栽田　部分阔叶杂草、一年生禾本科杂草　1080-1350克/公顷　药土法
PD20093585　敌磺钠/50%/湿粉/敌磺钠 50%/2014.03.23 至 2019.03.23/中等毒
水稻秧田　立枯病　1-1.5克/平方米　苗期喷雾
PD20094136　2甲4氯钠/13%/水剂/2甲4氯钠 13%/2014.03.27 至 2019.03.27/低毒
水稻移栽田　阔叶杂草及莎草科杂草　682.5-877.5克/公顷　茎叶喷雾
PD20095713　滴丁·乙草胺/50%/乳油/2,4-滴丁酯 17.1%、乙草胺 32.9%/2014.05.18 至 2019.05.18/低毒
春大豆田、春玉米田　一年生杂草　1200-1800克/公顷　播后苗前土壤喷雾
PD20097860　敌草隆/25%/可湿性粉剂/敌草隆 25%/2014.11.20 至 2019.11.20/低毒
甘蔗田　一年生杂草　1500-2400克/公顷　喷雾
PD20100377　莠去津/50%/悬浮剂/莠去津 50%/2015.01.11 至 2020.01.11/低毒
春玉米田　一年生杂草　1800-2700克/公顷　播后苗期土壤喷雾
夏玉米田　一年生杂草　1125-1500克/公顷　播后苗期土壤喷雾

吉林省吉林市田丰农药有限公司　(吉林省吉林市吉林大街103号　132013　0432-4689929)

PD20081475　复硝酚钠/1.8%/水剂/5-硝基邻甲氧基苯酚钠 0.3%、对硝基苯酚钠 0.9%、邻苯基苯酚钠 0.6%/2013.11.04 至2018.11.29/低毒
番茄　促进生长　2-2.5毫克/千克　喷雾

吉林省吉林市新民农药有限公司　(吉林省吉林市龙潭区黎明路26号　132021　0432-63038486)

PD20080707　西草净/25%/可湿性粉剂/西草净 25%/2013.06.04 至 2018.06.04/低毒
水稻移栽田　阔叶杂草　750-937.5克/公顷(东北地区)375-562.5克/公顷(其它地区)　撒毒土
PD20080865　扑草净/40%/可湿性粉剂/扑草净 40%/2013.06.27 至 2018.06.27/低毒
水稻移栽田　部分多年生杂草、一年生杂草　600-900克/公顷(东北地区)300-420克/公顷(其它地区)　毒土法
PD20080892　苄嘧磺隆/32%/可湿性粉剂/苄嘧磺隆 32%/2013.07.09 至 2018.07.09/低毒
水稻移栽田　阔叶杂草及莎草科杂草　48-60克/公顷　毒土法
PD20080962　扑·乙/40%/乳油/扑草净 15%、乙草胺 25%/2013.07.23 至 2018.07.23/低毒
春大豆田　一年生杂草　1500-1800克/公顷(东北地区)　土壤喷雾
春玉米田　一年生杂草　1500-1800克/公顷　播后苗前土壤喷雾
花生田、夏大豆田　一年生杂草　1200-1500克/公顷　土壤喷雾
PD20081192　丁·西/5.3%/颗粒剂/丁草胺 4%、西草净 1.3%/2013.09.11 至 2018.09.11/低毒
水稻移栽田　一年生杂草　1)795-1200克/公顷(南方地区)2)1200-1590克/公顷(北方地区)　撒施
PD20081259　丁·扑/40%/乳油/丁草胺 30%、扑草净 10%/2013.09.18 至 2018.09.18/低毒
水稻(旱育秧及半旱育秧田)　一年生杂草　1600-2000克/公顷(东北地区)　喷雾
PD20081777　嗯酮·乙草胺/36%/乳油/噁草酮 6%、乙草胺 30%/2013.11.19 至 2018.11.19/低毒
春大豆田　一年生杂草　1242-1404克/公顷(东北地区)　喷雾
花生田　一年生杂草　1080-1350克/公顷　喷雾
PD20084534　嗪酮·乙草胺/56%/乳油/嗪草酮 14%、乙草胺 42%/2013.12.18 至 2018.12.18/低毒
春大豆田　一年生杂草　1260-1680克/公顷　播后苗前土壤喷雾
玉米田　一年生杂草　840-1680克/公顷　播后苗前土壤喷雾
PD20090130　敌磺钠/1.5%/湿粉/敌磺钠 1.5%/2014.01.08 至 2019.01.08/低毒
水稻　苗期立枯病　1.35-1.95克/平方米　苗床处理(与细土拌匀撒于苗床)
PD20091973　莠去津/38%/悬浮剂/莠去津 38%/2014.02.12 至 2019.02.12/低毒
春玉米田　一年生杂草　1800-2200克/公顷　播后苗前土壤喷雾
PD20092851　甲霜·福美双/43%/可湿性粉剂/福美双 37%、甲霜灵 6%/2014.03.05 至 2019.03.05/低毒
水稻　苗期立枯病、青枯病　5590-9460克/公顷　苗床浇洒
PD20100064　滴丁·乙草胺/83%/乳油/2,4-滴丁酯 22.5%、乙草胺 60.5%/2015.01.04 至 2020.01.04/低毒
春大豆田、春玉米田　一年生杂草　1743-2117克/公顷　土壤喷雾
PD20122098　扑·乙·滴丁酯/64%/乳油/2,4-滴丁酯 18%、扑草净 6%、乙草胺 40%/2012.12.26 至 2017.12.26/低毒
春玉米田　一年生杂草　1920-2400克/公顷　土壤喷雾
PD20130100　苄嘧·苯噻酰/70%/可湿性粉剂/苯噻酰草胺 65%、苄嘧磺隆 5%/2013.01.17 至 2018.01.17/低毒
水稻移栽田　一年生杂草　630-735克/公顷　毒土法
PD20132702　乙·莠·滴丁酯/50%/悬乳剂/2,4-滴丁酯 5%、乙草胺 30%、莠去津 15%/2013.12.25 至 2018.12.25/低毒
春玉米田　一年生杂草　1875-2250克/公顷　播后苗前土壤喷雾
PD20140082　吡嘧·苯噻酰/68%/可湿性粉剂/苯噻酰草胺 64%、吡嘧磺隆 4%/2014.01.20 至 2019.01.20/微毒
水稻移栽田　一年生杂草　510-714克/公顷　药土法

PD20142280 吡嘧·西·扑草净/26%/可湿性粉剂/吡嘧磺隆 2%、扑草净 12%、西草净 12%/2014.10.21 至 2019.10.21/低毒
水稻移栽田 一年生杂草 234-390克/公顷 药土法

吉林省吉林市永青农药厂 （吉林省吉林市经济技术开发区九站街工农路47号 132101 0432-3059462)

PD20085400 苄嘧磺隆/30%/可湿性粉剂/苄嘧磺隆 30%/2013.12.24 至 2018.12.24/低毒
移栽水稻田 一年生阔叶杂草及部分莎草科杂草 36-67.5克/公顷 药土法

吉林省瑞野农药有限公司 （吉林省公主岭市国家农业科技园区瑞泽工业园 136100 0434-6268055)

PD20081669 苄嘧磺隆/30%/可湿性粉剂/苄嘧磺隆 30%/2013.11.17 至 2018.11.17/低毒
抛秧水稻 阔叶杂草、莎草科杂草 45-67.5克/公顷(南方地区) 药土法
移栽水稻田 阔叶杂草、莎草科杂草 45-67.5克/公顷 药土法

PD20082596 草甘膦异丙胺盐/41%/水剂/草甘膦异丙胺盐 41%/2013.12.04 至 2018.12.04/低毒
棉花田、玉米田 一年生和多年生杂草 150-250毫升/亩；2250-3750毫升/公顷 行间定向茎叶喷雾
苹果园 一年生和多年生杂草 250-400毫升/亩；3750-6000毫升/公顷 定向茎叶喷雾

PD20082823 乙草胺/900克/升/乳油/乙草胺 900克/升/2013.12.09 至 2018.12.09/低毒
春大豆田、春玉米田 一年生禾本科杂草及部分小粒种子阔叶杂草 1620-2025克/公顷 土壤喷雾

PD20083608 苄嘧·苯噻酰/55%/干悬浮剂/苯噻酰草胺 50%、苄嘧磺隆 5%/2013.12.12 至 2018.12.12/低毒
水稻抛秧田 一年生及部分多年生杂草 412-577.5克/公顷 药土法
水稻移栽田 一年生及部分多年生杂草 577.5-825克/公顷 药土法

PD20084135 福·克/15%/悬浮种衣剂/福美双 8%、克百威 7%/2013.12.16 至 2018.12.16/中等毒(原药高毒)
玉米 地下害虫、茎基腐病 1:40-50(药种比) 种子包衣

PD20084963 多·福·克/30%/悬浮种衣剂/多菌灵 10%、福美双 10%、克百威 10%/2013.12.22 至 2018.12.22/高毒
大豆 地下害虫、根腐病 1:50-70(药种比) 种子包衣

PD20085025 多·福·克/35%/悬浮种衣剂/多菌灵 15%、福美双 10%、克百威 10%/2013.12.22 至 2018.12.22/高毒
大豆 地下害虫、根腐病 1:70-90(药种比) 种子包衣

PD20090494 精喹禾灵/5%/乳油/精喹禾灵 5%/2014.01.12 至 2019.01.12/低毒
春大豆田 一年生禾本科杂草 52.5-67.5克/公顷 茎叶喷雾
林业苗圃 一年生禾本科杂草 60-75克/公顷 茎叶喷雾

PD20091359 噻吩磺隆/25%/可湿性粉剂/噻吩磺隆 25%/2014.02.02 至 2019.02.02/低毒
春大豆田、春玉米田 一年生阔叶杂草 30-37.5克/公顷 土壤喷雾
冬小麦田 一年生阔叶杂草 22.5-37.5克/公顷 土壤喷雾

PD20092365 甲戊·乙草胺/40%/乳油/二甲戊灵 10%、乙草胺 30%/2014.02.24 至 2019.02.24/低毒
姜田 一年生杂草 600-900克/公顷 播后苗前土壤喷雾

PD20092378 苄嘧磺隆/30%/水分散粒剂/苄嘧磺隆 30%/2014.02.25 至 2019.02.25/低毒
抛秧水稻 一年生阔叶杂草及部分莎草科杂草 36-49.5克/公顷 药土法
移栽水稻田 一年生阔叶杂草及部分莎草科杂草 36-72克/公顷 药土法

PD20092932 咪乙·氟磺胺/25%/水剂/氟磺胺草醚 21%、咪唑乙烟酸 4%/2014.03.05 至 2019.03.05/低毒
春大豆田 一年生杂草 375-450克/公顷(东北地区) 茎叶喷雾

PD20093468 二氯喹啉酸/50%/水分散粒剂/二氯喹啉酸 50%/2014.03.23 至 2019.03.23/微毒
移栽水稻田 稗草 225-300克/公顷 喷雾或药土法

PD20093554 克·戊·三唑酮/8.1%/悬浮种衣剂/克百威 7%、三唑酮 0.9%、戊唑醇 0.2%/2014.03.23 至 2019.03.23/中等毒(原药高毒)
玉米 地下害虫、黑穗病 1:35-45(药种比) 种子包衣

PD20094452 戊唑·福美双/11%/悬浮种衣剂/福美双 10.4%、戊唑醇 0.6%/2014.04.01 至 2019.04.01/低毒
玉米 丝黑穗病 183-275克/100千克种子 种子包衣

PD20094865 扑·乙/40%/乳油/扑草净 15%、乙草胺 25%/2014.04.13 至 2019.04.13/低毒
春大豆田、花生田 一年生杂草 1200-1500克/公顷 土壤喷雾
春玉米田、夏玉米田 一年生杂草 1200-1800克/公顷 播后苗前土壤喷雾

PD20095276 苄·二氯/36%/泡腾颗粒剂/苄嘧磺隆 3%、二氯喹啉酸 33%/2014.04.27 至 2019.04.27/低毒
移栽水稻田 一年生杂草 216-324克/公顷 直接撒施

PD20095409 滴丁·乙草胺/79%/乳油/2,4-滴丁酯 21%、乙草胺 58%/2014.04.27 至 2019.04.27/低毒
春大豆田、春玉米田 一年生杂草 2014.5-2370克/公顷 土壤喷雾

PD20100297 噁霉灵/15%/可湿性粉剂/噁霉灵 15%/2015.01.11 至 2020.01.11/低毒
水稻 恶苗病、立枯病 93.75-150毫克/千克 浸种

PD20141544 苄嘧·苯噻酰/69%/水分散粒剂/苯噻酰草胺 62%、苄嘧磺隆 7%/2014.06.17 至 2019.06.17/低毒
水稻抛秧田 一年生杂草 414-517.5克/公顷 药土法
水稻移栽田 一年生杂草 517.5-621克/公顷 药土法

PD20150030 乙·噁·滴丁酯/60%/乳油/2,4-滴丁酯 22%、乙草胺 20%、异噁草松 18%/2015.01.04 至 2020.01.04/低毒
春大豆田 一年生杂草 1620-1800克/公顷 播后苗前土壤喷雾

PD20150177 松·喹·氟磺胺/35%/微乳剂/氟磺胺草醚 15%、精喹禾灵 5%、异噁草松 15%/2015.01.15 至 2020.01.15/低毒
春大豆田 一年生杂草 577.5-682.5克/公顷 茎叶喷雾

吉林省四平市圣峰化学有限公司 （吉林省四平市铁东区北山东路 136001 0434-3580313)

PD85112-10 莠去津/38%/悬浮剂/莠去津 38%/2015.04.19 至 2020.04.19/低毒

茶园	一年生杂草	1125-1875克/公顷	喷于地表
甘蔗	一年生杂草	1050-1500克/公顷	喷于地表
高粱、糜子	一年生杂草	1800-2250克/公顷(东北地区)	喷于地表
公路、森林防火道、铁路	一年生杂草	0.8-2克/平方米	喷于地表
红松苗圃	一年生杂草	0.2-0.3克/平方米	喷于地表
梨树(12年以上树龄)	一年生杂草	1625-1875克/公顷(东北地区)	喷于地表
苹果树(12年以上树龄)	一年生杂草	1625-1875克/公顷	喷于地表
橡胶园	一年生杂草	2250-3750克/公顷	喷于地表
玉米	一年生杂草	1800-2250克/公顷	喷于地表

吉林省通化绿地农药化学有限公司 (吉林省柳河县柳河镇三道沟村 135300 0435-3213408)

PD85157-28 辛硫磷/40%/乳油/辛硫磷 40%/2010.07.20 至 2015.07.20/低毒

茶树、桑树	食叶害虫	200-400毫克/千克	喷雾
果树	食心虫、蚜虫、螨	200-400毫克/千克	喷雾
林木	食叶害虫	3000-6000克/公顷	喷雾
棉花	棉铃虫、蚜虫	300-600克/公顷	喷雾
蔬菜	菜青虫	300-450克/公顷	喷雾
烟草	食叶害虫	300-600克/公顷	喷雾
玉米	玉米螟	450-600克/公顷	灌心叶

PD20050111 甲拌磷/5%/颗粒剂/甲拌磷 5%/2010.08.15 至 2015.08.15/高毒

高粱	蚜虫	150-300克/公顷	撒施

PD20081631 灭幼脲/25%/悬浮剂/灭幼脲 25%/2013.11.12 至 2018.11.12/低毒

苹果树	金纹细蛾	100-167毫克/千克	喷雾

PD20096455 氟磺胺草醚/250克/升/水剂/氟磺胺草醚 250克/升/2014.08.05 至 2019.08.05/低毒

春大豆田	一年生阔叶杂草	375—487.5克/公顷	茎叶喷雾

PD20100490 滴丁・乙草胺/50%/乳油/2,4-滴丁酯 13%、乙草胺 37%/2010.01.14 至 2015.01.14/低毒

春大豆田、春玉米田	一年生杂草	1875-2250克/公顷	土壤喷雾

PD20101005 咪唑乙烟酸/5%/水剂/咪唑乙烟酸 5%/2010.01.20 至 2015.01.20/中等毒

春大豆田	一年生杂草	75-112.5克/公顷	茎叶喷雾

PD20140036 杀铃脲/98%/原药/杀铃脲 98%/2014.01.02 至 2019.01.02/低毒

注:专供出口,不得在国内销售。

吉林省通化农药化工股份有限公司 (吉林省通化市雪花路2299号 134001 0435-5083700)

PD20070347 杀铃脲/20%/悬浮剂/杀铃脲 20%/2012.10.24 至 2017.10.24/低毒

苹果树	金纹细蛾	33.3-40毫克/千克	喷雾

PD20070348 杀铃脲/99%/原药/杀铃脲 99%/2012.10.24 至 2017.10.24/低毒

PD20070356 灭幼脲/96%/原药/灭幼脲 96%/2012.10.24 至 2017.10.24/低毒

PD20070357 灭幼脲/20%/悬浮剂/灭幼脲 20%/2012.10.24 至 2017.10.24/低毒

苹果树	金纹细蛾	125-166.7毫克/千克	喷雾

PD20080643 灭脲・吡虫啉/25%/可湿性粉剂/吡虫啉 2.5%、灭幼脲 22.5%/2013.05.13 至 2018.05.13/低毒

苹果树	黄蚜、金纹细蛾	100-167毫克/千克	喷雾

PD20080827 杀铃脲/5%/乳油/杀铃脲 5%/2013.06.20 至 2018.06.20/低毒

甘蓝	菜青虫	22.5-37.5克/公顷	喷雾
甘蓝	小菜蛾	37.5-52.5克/公顷	喷雾
苹果树	金纹细蛾	33-50毫克/千克	喷雾

PD20081069 杀铃脲/5%/悬浮剂/杀铃脲 5%/2013.08.14 至 2018.08.14/低毒

苹果树	金纹细蛾	33-50毫克/千克	喷雾

PD20085574 丁硫克百威/35%/种子处理干粉剂/丁硫克百威 35%/2013.12.25 至 2018.12.25/中等毒

水稻秧田	蓟马	350-420克/100千克种子	拌种

PD20092269 灭幼脲/25%/悬浮剂/灭幼脲 25%/2014.02.27 至 2019.02.27/低毒

马尾松	松毛虫	112.5-150克/公顷	喷雾
苹果树	金纹细蛾	100-167毫克/千克	喷雾

PD20094446 杀铃脲/40%/悬浮剂/杀铃脲 40%/2014.04.01 至 2019.04.01/微毒

甘蓝	小菜蛾	48-60克/公顷	喷雾
柑橘树	潜叶蛾	57-80毫克/千克	喷雾

PD20095613 哒螨・灭幼脲/30%/可湿性粉剂/哒螨灵 10%、灭幼脲 20%/2014.05.12 至 2019.05.12/中等毒

苹果树	金纹细蛾、山楂红蜘蛛	150-200毫克/千克	喷雾

PD20095644 乙铝・百菌清/80%/可湿性粉剂/百菌清 30%、三乙膦酸铝 50%/2014.05.12 至 2019.05.12/低毒

黄瓜	霜霉病	1440-2100克/公顷	喷雾

PD20096169 莠去津/38%/悬浮剂/莠去津 38%/2014.06.29 至 2019.06.29/低毒

春玉米田	一年生杂草	1795.5-2251.5克/公顷	土壤喷雾

PD20096575 乙・莠・ 滴丁酯/28%/悬浮剂/2,4-滴丁酯 4%、乙草胺 12%、莠去津 12%/2014.08.24 至 2019.08.24/低毒

春玉米田　一年生杂草　1890-2100克/公顷(东北地区)　土壤喷雾
PD20110777　阿维·灭幼脲/30%/悬浮剂/阿维菌素 0.3%、灭幼脲 29.7%/2011.07.25 至 2016.07.25/低毒(原药高毒)
甘蓝　小菜蛾　135-225克/公顷　喷雾
PD20110948　阿维·杀铃脲/5%/悬浮剂/阿维菌素 0.3%、杀铃脲 4.7%/2011.09.07 至 2016.09.07/低毒
甘蓝　小菜蛾　37.5-45克/公顷　喷雾
PD20131312　除虫脲/98%/原药/除虫脲 98%/2013.06.08 至 2018.06.08/低毒
PD20140043　乙·莠·滴丁酯/63%/悬乳剂/2,4-滴丁酯 12%、乙草胺 38%、莠去津 13%/2014.01.15 至 2019.01.15/低毒
春玉米田　一年生杂草　2362.5-3307.5克/亩　播后苗前土壤喷雾
PD20141621　吡蚜酮/25%/可湿性粉剂/吡蚜酮 25%/2014.06.24 至 2019.06.24/低毒
水稻　稻飞虱　75-93.75克/公顷　喷雾
PD20150938　甲维·杀铃脲/6%/悬浮剂/甲氨基阿维菌素苯甲酸盐 1%、杀铃脲 5%/2015.06.10 至 2020.06.10/低毒
甘蓝　小菜蛾　45—54克/公顷　喷雾
PD20151457　虱螨脲/96%/原药/虱螨脲 96%/2015.07.31 至 2020.07.31/低毒
PD20151490　噻呋酰胺/96%/原药/噻呋酰胺 96%/2015.07.31 至 2020.07.31/低毒
WP20090287　高效氯氰菊酯/10%/悬浮剂/高效氯氰菊酯 10%/2014.06.18 至 2019.06.18/低毒
卫生　蜚蠊　40毫克/平方米　滞留喷洒
WP20100021　高效氯氰菊酯/8%/可湿性粉剂/高效氯氰菊酯 8%/2015.01.14 至 2020.01.14/低毒
卫生　蜚蠊　30-40毫克/平方米　滞留喷洒

吉林省延边春雷生物药业有限公司　(吉林省延边朝鲜族自治州延吉市延河路5839号　133000　0433-2450105)

PD85163　多抗霉素/1.5%,3%/可湿性粉剂/多抗霉素 1.5%,3%/2015.08.23 至 2020.08.23/低毒
茶树　茶饼病　100单位液　喷雾
番茄、烟草　赤星病、晚疫病　200单位液　喷雾
花卉　白粉病、霜霉病　150-200单位液　喷雾
黄瓜　白发病、霜霉病　150-200单位液　喷雾
梨树、苹果树　黑斑病、灰斑病　50-200单位液　喷雾
棉花、甜菜　褐斑病、立枯病　100-200单位液　喷雾
人参　黑斑病　100-200单位液　喷雾
水稻、小麦　白粉病、纹枯病　100-200单位液　喷雾
PD85164　春雷霉素/4%/可湿性粉剂/春雷霉素 4%/2015.08.23 至 2020.08.23/低毒
柑橘树　溃疡病　66.7毫克/千克　喷雾
黄瓜　枯萎病　200-400毫克/千克　喷雾、灌根、抹病斑
水稻　稻瘟病　40毫克/千克　喷雾
烟草　野火病　37.5—50克/公顷　喷雾
PD20070254　春雷霉素/55%/原药/春雷霉素 55%/2012.09.04 至 2017.09.04/低毒
PD20081904　春雷霉素/2%/水剂/春雷霉素 2%/2013.11.21 至 2018.11.21/低毒
水稻　稻瘟病　30-45克/公顷　喷雾
PD20083122　多抗霉素/32%/原药/多抗霉素 32%/2013.12.10 至 2018.12.10/低毒
PD20092745　春雷·三环唑/13%/可湿性粉剂/春雷霉素 3%、三环唑 10%/2014.03.04 至 2019.03.04/低毒
水稻　稻瘟病　117-195克/公顷　喷雾
PD20098015　多抗·福美双/25.75%/可湿性粉剂/多抗霉素 0.75%、福美双 25%/2014.12.07 至 2019.12.07/低毒
黄瓜　霜霉病　386-724克/公顷　喷雾
马铃薯　晚疫病　385-580克/公顷　喷雾
PD20120708　多抗霉素/1.5%/水剂/多抗霉素 1.5%/2012.04.18 至 2017.04.18/低毒
苹果树　斑点落叶病　25—50毫克/千克　喷雾
水稻　水稻纹枯病　22.5-28.13克/公顷　喷雾
PD20120773　春雷·多菌灵/50%/可湿性粉剂/春雷霉素 4%、多菌灵 46%/2012.05.05 至 2017.05.05/低毒
辣椒　炭疽病　562.5-703克/公顷　喷雾
PD20141307　春雷霉素/2%/可湿性粉剂/春雷霉素 2%/2014.05.22 至 2019.05.22/低毒
黄瓜　枯萎病　200-400毫克/千克　喷雾、灌根、抹病斑
水稻　稻瘟病　40毫克/千克　喷雾
烟草　野火病　37.5-50克/公顷　喷雾
PD20141308　春雷霉素/6%/可湿性粉剂/春雷霉素 6%/2014.05.22 至 2019.05.22/低毒
黄瓜　枯萎病　200-400毫克/千克　喷雾、灌根、抹病斑
水稻　稻瘟病　40毫克/千克　喷雾
烟草　野火病　37.5-50克/公顷　喷雾

吉林省延边天泰生物工程科贸有限公司　(吉林省延边朝鲜族自治州龙井市光新乡吉兴村　133400　0433-2838019)

PD86169-2　百菌清/2.5%/烟剂/百菌清 2.5%/2012.06.03 至 2017.06.03/低毒
林木　病害　750-1200克/公顷　点燃放烟
PD88106-2　敌敌畏/2%/烟剂/敌敌畏 2%/2012.06.10 至 2017.06.10/低毒
森林　松毛虫、天幕毛虫、杨柳毒蛾、竹蝗　150-300克/公顷　点燃放烟

PD20086375 杀鼠醚/0.0375%/毒饵/杀鼠醚 0.0375%/2013.12.31 至 2018.12.31/高毒
室内 家鼠 饱和投饵 投饵

吉林省延边西爱斯开化学农药厂 (吉林省延边朝鲜族自治州延吉市小营镇东新村 133001 0433-2526171)

PDN16-92 噁霉灵/15%/水剂/噁霉灵 15%/2013.01.14 至 2018.01.14/低毒
水稻 立枯病 9000-18000克/公顷 苗床,育秧箱土壤处理

PD20092191 噁霉灵/99%/原药/噁霉灵 99%/2014.02.23 至 2019.02.23/低毒

吉林市吉九农科农药有限公司 (吉林省吉林市经济技术开发区农研西路1号 132101 0432-3050448)

PD20084722 福·克/15%/悬浮种衣剂/福美双 7%、克百威 8%/2013.12.22 至 2018.12.22/高毒
玉米 地下害虫、苗期茎基腐病 1:30-40(药种比) 种子包衣

PD20085589 多菌灵/50%/可湿性粉剂/多菌灵 50%/2013.12.25 至 2018.12.25/低毒
水稻 纹枯病 750克/公顷 喷雾

PD20085596 甲霜·福美双/38%/可湿性粉剂/福美双 29%、甲霜灵 9%/2013.12.25 至 2018.12.25/中等毒
水稻苗床 立枯病 0.57-0.95克/平方米 苗床浇淋

PD20085761 甲霜·福美双/0.75%/微粒剂/福美双 0.55%、甲霜灵 0.20%/2013.12.29 至 2018.12.29/低毒
水稻 苗期立枯病 0.6-0.9克/平方米 苗床浇洒

PD20086282 甲柳·福美双/15%/悬浮种衣剂/福美双 10.2%、甲基异柳磷 4.8%/2013.12.31 至 2018.12.31/中等毒(原药高毒)
玉米 茎基腐病、金针虫、蝼蛄、蛴螬、小地老虎 1:40-50(药种比) 种子包衣

PD20090542 柳·戊·三唑酮/6.9%/悬浮种衣剂/甲基异柳磷 4.8%、三唑酮 1.8%、戊唑醇 0.3%/2014.01.13 至 2019.01.13/中等毒(原药高毒)
玉米 地下害虫、丝黑穗病 1:40-50(药种比) 种子包衣

PD20091063 丁草胺/60%/乳油/丁草胺 60%/2014.01.21 至 2019.01.21/低毒
水稻移栽田 一年生杂草 900－1350克/公顷 药土法

PD20091251 咪鲜胺/25%/乳油/咪鲜胺 25%/2014.02.01 至 2019.02.01/低毒
水稻 恶苗病 2000－4000倍液 浸种

PD20091663 多·福·克/20%/悬浮种衣剂/多菌灵 8%、福美双 7%、克百威 5%/2014.02.03 至 2019.02.03/中等毒(原药高毒)
大豆 地下害虫、根腐病 1:30-40(药种比) 种子包衣

PD20093216 克·戊·三唑酮/9.1%/悬浮种衣剂/克百威 7%、三唑酮 1.8%、戊唑醇 0.3%/2014.03.11 至 2019.03.11/中等毒(原药高毒)
玉米 地下害虫、丝黑穗病 1:40-50(药种比) 种子包衣

PD20094093 苄嘧磺隆/30%/可湿性粉剂/苄嘧磺隆 30%/2014.03.27 至 2019.03.27/低毒
水稻移栽田 阔叶杂草、莎草 45－90克/公顷 喷雾法或药土法

PD20095137 丁·扑/4.7%/颗粒剂/丁草胺 3.4%、扑草净 1.3%/2014.04.24 至 2019.04.24/低毒
水稻秧田 一年生杂草 1500-2000克/公顷(东北地区) 毒土法

PD20095453 苄·丁·扑草净/33%/可湿性粉剂/苄嘧磺隆 1%、丁草胺 28%、扑草净 4%/2014.05.11 至 2019.05.11/低毒
水稻半旱育秧田、水稻旱育秧田 一年生杂草 1320-1650克/公顷 土壤喷雾

PD20095519 福·克/60%/种子处理干粉剂/福美双 28%、克百威 32%/2014.05.11 至 2019.05.11/高毒
玉米 地下害虫、茎基腐病 1:120-150(药种比) 种子包衣

PD20095649 异丙草·莠/40%/悬乳剂/异丙草胺 24%、莠去津 16%/2014.05.12 至 2019.05.12/低毒
春玉米田 一年生杂草 1800－2100克/公顷 土壤喷雾

PD20096170 扑·乙·滴丁酯/40%/乳油/2,4-滴丁酯 12%、扑草净 6%、乙草胺 22%/2014.06.29 至 2019.06.29/低毒
大豆田 一年生杂草 1600-2000克/公顷 喷雾
玉米田 一年生杂草 1600-2000克/公顷 毒土法

PD20096249 滴丁·乙草胺/50%/乳油/2,4-滴丁酯 17.1%、乙草胺 32.9%/2014.07.15 至 2019.07.15/低毒
春大豆田、春玉米田 一年生杂草 1245-1500克/公顷 播后苗前土壤喷雾

PD20096324 乙草胺/81.5%/乳油/乙草胺 81.5%/2014.07.22 至 2019.07.22/低毒
春玉米田 部分阔叶杂草、一年生禾本科杂草 1350－1620克/公顷 土壤喷雾

PD20096664 滴丁·莠去津/45%/悬乳剂/2,4-滴丁酯 12%、莠去津 33%/2014.09.07 至 2019.09.07/低毒
春玉米田 一年生杂草 1485-2025克/公顷 土壤喷雾

PD20096872 扑·乙·滴丁酯/50%/乳油/2,4-滴丁酯 13%、扑草净 2%、乙草胺 35%/2014.09.23 至 2019.09.23/低毒
春玉米田 一年生杂草 1575-1875克/公顷 土壤喷雾

吉林市绿盛农药化工有限公司 (吉林省吉林市江北郑州路15-1号 132021 0432-63039810)

PDN7-90 丁草胺/60%/乳油/丁草胺 60%/2015.07.25 至 2020.07.25/低毒
水稻 稗草、牛毛草、鸭舌草 750-1275克/公顷 毒土、喷雾

PDN26-93 丁草胺/92%,85%,80%/原药/丁草胺 92%,85%,80%/2013.12.26 至 2018.12.26/低毒

PDN29-93 丁草胺/50%/乳油/丁草胺 50%/2016.04.03 至 2021.04.03/低毒
水稻 稗草、牛毛草、鸭舌草 750-1275克/公顷 喷雾、毒土

PD85111 西玛津/50%/可湿性粉剂/西玛津 50%/2015.04.22 至 2020.04.22/低毒
茶园、甘蔗 一年生杂草 1125-1875克/公顷 喷于地表
公路、森林防火道、铁路 一年生杂草 0.8-2克/平方米 喷于地表

红松苗圃 一年生杂草 0.2-0.4克/平方米 喷于地表
梨树(12年以上树龄)、苹果树(12年以上树龄) 一年生杂草 1800-3000克/公顷 喷于地表
玉米 一年生杂草 2250-3000克/公顷 喷于地表

PD85112 莠去津/38%/悬浮剂/莠去津 38%/2015.04.13 至 2020.04.13/低毒
茶园 一年生杂草 1068.75-1781.25克/公顷 土壤喷雾
防火隔离带、公路、森林、铁路 一年生杂草 0.76-1.9克/平方米 土壤喷雾
甘蔗 一年生杂草 997.5-1425克/公顷 土壤喷雾
高粱、糜子、玉米 一年生杂草 1710-2137.5克/公顷(东北地区) 土壤喷雾
红松苗圃 一年生杂草 0.19-0.285克/平方米 土壤喷雾
梨树(12年以上树龄) 一年生杂草 1781.25-2493.75克公顷 土壤喷雾
苹果树(12年以上树龄) 一年生杂草 1781.25-2493.75克/公顷 土壤喷雾
橡胶园 一年生杂草 2137.5-3562.5克/公顷 土壤喷雾

PD86103 莠去津/48%/可湿性粉剂/莠去津 48%/2012.01.09 至 2017.01.09/低毒
茶园 一年生杂草 1500-2250克/公顷 喷于地表
甘蔗田 一年生杂草 1125-1875克/公顷 喷于地表
高粱田、糜子 一年生杂草 1875-2625克/公顷(东北地区) 喷于地表
公路 一年生杂草 0.8-2克/平方米 喷雾
红松苗圃 一年生杂草 0.25-0.5克/平方米 喷洒苗床
梨树(12年以上树龄)、苹果树(12年以上树龄) 一年生杂草 3000-3750克/公顷(东北地区) 喷于地表
葡萄园 一年生杂草 2250-3000克/公顷 避开葡萄根部
森林、铁路 一年生杂草 1-2.5克/平方米 喷雾
橡胶园 一年生杂草 3750-4500克/公顷 喷于地表
玉米田 一年生杂草 2250-3000克/公顷(东北地区) 喷于地表

PD86105 西草净/25%/可湿性粉剂/西草净 25%/2012.01.09 至 2017.01.09/低毒
水稻田 阔叶杂草、眼子菜 750-937.5克/公顷(东北地区) 撒毒土

PD86125-2 扑草净/95%,90%,80%/原药/扑草净 95%,90%,80%/2012.01.09 至 2017.01.09/低毒

PD86126-3 扑草净/50%/可湿性粉剂/扑草净 50%/2012.01.09 至 2017.01.09/低毒
茶园、成年果园、苗圃 阔叶杂草 1875-3000克/公顷 喷于地表,切勿喷至树上
大豆田、花生田 阔叶杂草 1125克/公顷 喷雾
甘蔗田、棉花田、苎麻 阔叶杂草 1500-2250克/公顷 播后苗前土壤喷雾
谷子田 阔叶杂草 375克/公顷 喷雾
麦田 阔叶杂草 450-750克/公顷 喷雾
水稻秧田 阔叶杂草 150-900克/公顷 撒毒土

PD90102 扑草净/25%/可湿性粉剂/扑草净 25%/2015.02.04 至 2020.02.04/低毒
麦田 杂草 375-562.5克/公顷 喷雾
水稻 阔叶杂草 187.5-562.5克/公顷 毒土

PD92105-2 西草净/80%/原药/西草净 80%/2012.11.12 至 2017.11.12/低毒
PD93104 西玛津/85%/原药/西玛津 85%/2013.05.27 至 2018.05.27/低毒
PD93105 莠去津/92%,88%,85%/原药/莠去津 92%,88%,85%/2013.05.27 至 2018.05.27/低毒
PD20070507 戊唑醇/95%/原药/戊唑醇 95%/2012.11.28 至 2017.11.28/低毒
PD20080679 草除灵/95%/原药/草除灵 95%/2013.06.04 至 2018.06.04/低毒
PD20080687 二甲戊灵/90%/原药/二甲戊灵 90%/2013.06.04 至 2018.06.04/低毒
PD20080704 精喹禾灵/95%/原药/精喹禾灵 95%/2013.06.04 至 2018.06.04/低毒
PD20080745 乙草胺/93%/原药/乙草胺 93%/2013.06.11 至 2018.06.11/低毒

PD20081485 二甲戊灵/33%/乳油/二甲戊灵 33%/2013.11.05 至 2018.11.05/低毒
春大豆田、春玉米田 一年生杂草及部分阔叶杂草 1237.5-1485克/公顷(东北地区) 土壤喷雾
大蒜田、甘蓝田 一年生杂草 742.5-990克/公顷 土壤喷雾
夏玉米田 一年生杂草及部分阔叶杂草 742.5-990克/公顷(其它地区) 土壤喷雾
烟草 抑制腋芽生长 66-82.5毫克/株 杯淋法

PD20081620 精喹禾灵/5%/乳油/精喹禾灵 5%/2013.11.12 至 2018.11.12/低毒
春大豆田 一年生禾本科杂草 52.5-75克/公顷 茎叶喷雾
冬油菜田、花生田、棉花田、夏大豆田 一年生禾本科杂草 45-52.5克/公顷 茎叶喷雾
绿豆田 一年生禾本科杂草 52.5-67.5克/公顷(东北地区)37.5-52.5克/公顷(其它地区) 茎叶喷雾

登记证号	登记作物	防治对象	用药量	施用方法
PD20081625	乙草胺/900克/升/乳油/乙草胺 900克/升/2013.11.12 至 2018.11.12/低毒			
	春大豆田	一年生禾本科杂草及部分小粒种子阔叶杂草	1350-1755克/公顷	播后苗前土壤喷雾
	春油菜田、冬油菜田、花生田	一年生禾本科杂草及部分小粒种子阔叶杂草	810-1215克/公顷	土壤喷雾
	春玉米田	一年生禾本科杂草及部分小粒种子阔叶杂草	1350-1775克/公顷	播后苗前土壤喷雾
	夏大豆田、夏玉米田	一年生禾本科杂草及部分小粒种子阔叶杂草	810-1350克/公顷	播后苗前土壤喷雾
PD20081699	乙草胺/50%/微乳剂/乙草胺 50%/2013.11.17 至 2018.11.17/低毒			
	春大豆田	部分阔叶杂草、一年生禾本科杂草	1500-1875克/公顷(东北地区)	土壤喷雾
	春玉米田	一年生禾本科杂草及小粒阔叶杂草	1500-1875克/公顷	土壤喷雾
	棉花田、夏玉米田	一年生禾本科杂草及小粒阔叶杂草	900-1125克/公顷	土壤喷雾
	夏大豆田	部分阔叶杂草、一年生禾本科杂草	900-1200克/公顷(其它地区)	土壤喷雾
PD20081702	丁草胺/900克/升/乳油/丁草胺 900克/升/2013.11.17 至 2018.11.17/低毒			
	水稻移栽田	部分阔叶杂草、一年生禾本科杂草	1080-1350克/公顷	药土法
PD20081703	乙草胺/50%/乳油/乙草胺 50%/2013.11.17 至 2018.11.17/低毒			
	大豆田	小粒种子阔叶杂草、一年生禾本科杂草	1200-1875克/公顷(东北地区)750-1050克/公顷(其它地区)	播前、播后苗前土壤喷雾处理
	花生田	小粒种子阔叶杂草、一年生禾本科杂草	750-1200克/公顷(覆膜时药量酌减)	播后苗前土壤喷雾处理
	棉花田	小粒种子阔叶杂草、一年生禾本科杂草	900-1125克/公顷	播后苗前喷雾
	油菜田	小粒种子阔叶杂草、一年生禾本科杂草	525-750克/公顷	栽前或移栽后3天喷雾
	玉米田	小粒种子阔叶杂草、一年生禾本科杂草	900-1875克/公顷(东北地区)750-1050克/公顷(其它地区)	播后或苗期喷雾
PD20083268	丁草胺/50%/微乳剂/丁草胺 50%/2013.12.11 至 2018.12.11/低毒			
	水稻移栽田	一年生杂草	900—1275克/公顷	药土法
PD20083676	乙·莠/40%/悬乳剂/乙草胺 15%、莠去津 25%/2013.12.15 至 2018.12.15/低毒			
	春玉米田	一年生杂草	1800-2400克/公顷(东北地区)	播后苗前土壤喷雾
	夏玉米田	一年生杂草	1200-1500克/公顷(其他地区)	播后苗前土壤喷雾
PD20085161	丁·莠/40%/悬乳剂/丁草胺 20%、莠去津 20%/2013.12.23 至 2018.12.23/低毒			
	春玉米田	一年生杂草	1800-2400克/公顷(东北地区)	播后苗前土壤喷雾
	夏玉米田	一年生杂草	1200-1500克/公顷(华北地区)	播后苗前土壤喷雾
PD20085806	丁·扑/40%/乳油/丁草胺 30%、扑草净 10%/2013.12.29 至 2018.12.29/低毒			
	水稻旱育秧田	多种一年生杂草	1600-2000克/公顷	旱育秧播种盖土后喷雾
PD20092980	扑·乙/40%/乳油/扑草净 12%、乙草胺 28%/2014.03.09 至 2019.03.09/低毒			
	春大豆田	一年生杂草	1500-1800克/公顷	土壤喷雾
	花生田、夏大豆田	一年生杂草	900-1500克/公顷	土壤喷雾
	棉花田	一年生杂草	900-1200克/公顷	土壤喷雾
PD20093859	甲戊·乙草胺/40%/乳油/二甲戊灵 22%、乙草胺 18%/2014.03.25 至 2019.03.25/低毒			
	大蒜田、姜田	一年生杂草	900-1200克/公顷	土壤喷雾
PD20093893	甲戊·扑草净/35%/乳油/二甲戊灵 20%、扑草净 15%/2014.03.25 至 2019.03.25/低毒			
	大蒜	一年生杂草	787.5-1050克/公顷	土壤喷雾
	马铃薯	一年生杂草	1312.5-1575克/公顷(东北地区)787.5-1312.5克/公顷(其它地区)	土壤喷雾
PD20094851	乙草胺/990克/升/乳油/乙草胺 990克/升/2014.04.13 至 2019.04.13/低毒			
	春大豆田、春玉米田	一年生杂草	1485-1930.5克/公顷	播后苗前土壤喷雾
	夏大豆田、夏玉米田	一年生杂草	1039.5-1336.5克/公顷	播后苗前土壤喷雾
PD20094923	精喹禾灵/15%/乳油/精喹禾灵 15%/2014.04.13 至 2019.04.13/低毒			
	春大豆田	一年生禾本科杂草	67.5-78.75克/公顷	茎叶喷雾
	花生田	一年生禾本科杂草	45-56.25克/公顷	茎叶喷雾
	夏大豆田	一年生禾本科杂草	56.25-67.5克/公顷	茎叶喷雾
PD20097598	烟嘧磺隆/40克/升/可分散油悬浮剂/烟嘧磺隆 40克/升/2014.11.03 至 2019.11.03/低毒			
	玉米田	一年生杂草	42-60克/公顷	茎叶喷雾
PD20100219	莠去津/50%/悬浮剂/莠去津 50%/2015.01.11 至 2020.01.11/低毒			
	春玉米田	一年生杂草	1800-2250克/公顷	土壤喷雾
	夏玉米田	一年生杂草	1125-1500克/公顷	土壤喷雾
PD20131882	乙草胺/50%/水乳剂/乙草胺 50%/2013.09.25 至 2018.09.25/低毒			
	春玉米田	一年生杂草	1500-1875克/公顷	播后苗前土壤喷雾
	夏玉米田	一年生杂草	900-1200克/公顷	播后苗前土壤喷雾
PD20131886	乙·莠/62%/悬乳剂/乙草胺 36%、莠去津 26%/2013.09.25 至 2018.09.25/低毒			

玉米田 一年生杂草 2139-2604克/公顷（东北地区）， 土壤喷雾
1302-1674克/公顷（其他地区）

PD20131888 异丙草·莠/50%/悬乳剂/异丙草胺 30%、莠去津 20%/2013.09.25 至 2018.09.25/低毒
春玉米田 一年生杂草 2250-2625克/公顷 土壤喷雾
夏玉米田 一年生杂草 1500-1875克/公顷 土壤喷雾

PD20131895 烟嘧·莠去津/23%/可分散油悬浮剂/烟嘧磺隆 3%、莠去津 20%/2013.09.25 至 2018.09.25/低毒
玉米田 一年生杂草 345-517.5克/公顷 茎叶喷雾

PD20131898 乙·莠· 滴丁酯/62%/悬乳剂/2,4-滴丁酯 8%、乙草胺 32%、莠去津 22%/2013.09.25 至 2018.09.25/低毒
春玉米田 一年生杂草 2325-2790克/公顷 土壤喷雾

吉林延边天保生物制剂有限公司 （吉林省敦化市经济开发区工业园区 133700 0433-6343000）

PD20097538 烟嘧磺隆/40克/升/可分散油悬浮剂/烟嘧磺隆 40克/升/2014.11.03 至 2019.11.03/低毒
玉米田 一年生杂草 42-60克/公顷 茎叶喷雾

PD20101275 莪术醇/92%/原药/莪术醇 92%/2015.03.05 至 2020.03.05/低毒

PD20101276 莪术醇/0.2%/饵剂/莪术醇 0.2%/2015.03.05 至 2020.03.05/低毒
农田 田鼠 5000克毒饵/公顷 饱和投饵
森林 害鼠 5000克毒饵/公顷 饱和投饵

PD20151427 硝磺·莠去津/55%/悬浮剂/莠去津 50%、硝磺草酮 5%/2015.07.30 至 2020.07.30/低毒
玉米田 一年生杂草 1155-1485克/公顷 茎叶喷雾

PD20151949 烟嘧·莠去津/24%/可分散油悬浮剂/烟嘧磺隆 4%、莠去津 20%/2015.08.30 至 2020.08.30/低毒
玉米田 一年生杂草 324-360克/公顷 茎叶喷雾

延边绿洲化工有限公司 （吉林省龙井市河西街龙延路845号 133400 0433-3283669）

PDN17-92 噁霉灵/15%/水剂/噁霉灵 15%/2012.05.10 至 2017.05.10/低毒
水稻 立枯病 9000-18000克/公顷 苗床、育秧箱土壤处理

PD20094119 噁霉灵/99%/原药/噁霉灵 99%/2014.03.27 至 2019.03.27/低毒

江苏省

巴斯夫植物保护（江苏）有限公司 （江苏省如东沿海经济开发区通海二路1号 226400 0513-84151119）

PD20151909 2甲·灭草松/460克/升/可溶液剂/2甲4氯 60克/升、灭草松 400克/升/2015.08.30 至 2020.08.30/低毒
水稻田(直播)、水稻移栽田 阔叶杂草及莎草科杂草 920-1150克/公顷 茎叶喷雾

PD20151914 灭菌唑/28%/悬浮种衣剂/灭菌唑 28%/2015.08.30 至 2020.08.30/低毒
玉米 丝黑穗病 28-56克/100千克种子 种子包衣

PD20151919 氟环唑/125克/升/悬浮剂/氟环唑 125克/升/2015.08.30 至 2020.08.30/低毒
水稻 稻曲病、纹枯病 75-93.75克/公顷 喷雾
小麦 锈病 90-112.5克/公顷 喷雾

PD20152030 灭草松/480克/升/水剂/灭草松 480克/升/2015.08.31 至 2020.08.31/低毒
大豆田 阔叶杂草 1123.2-1498克/公顷 喷雾
花生田、马铃薯田 一年生阔叶杂草 1080-1440克/公顷 茎叶喷雾
移栽水稻田 莎草及阔叶杂草 1080-1440克/公顷 喷雾

PD20152385 吡唑醚菌酯/250克/升/乳油/吡唑醚菌酯 250克/升/2015.10.22 至 2020.10.22/中等毒
白菜 炭疽病 112.5-187.5克/公顷 喷雾
草坪 褐斑病 125-250毫克/千克 喷雾
茶树、芒果树 炭疽病 125-250毫克/千克 喷雾
黄瓜 白粉病 75-150克/公顷 喷雾
黄瓜 霜霉病 75-150克/公顷 喷雾
西瓜 炭疽病、植物健康作用 56.25-112.5克/公顷 喷雾
香蕉 黑星病 83.3-250毫克/千克 喷雾
香蕉 炭疽病 125-250毫克/千克 浸果
香蕉 轴腐病、植物健康作用 125-250毫克/千克 喷雾
玉米 植物健康作用 112.5-187.5克/公顷 喷雾
玉米 大斑病 112.5-150克/公顷 喷雾

常熟力菱精细化工有限公司 （江苏省常熟市沿江经济开发区兴港路698号 215537 0512-52275230）

PD20101800 噁嗪草酮/96.5%/原药/噁嗪草酮 96.5%/2015.07.13 至 2020.07.13/低毒
PD20121821 啶虫脒/99%/原药/啶虫脒 99%/2012.11.22 至 2017.11.22/中等毒
PD20140841 虫酰肼/97%/原药/虫酰肼 97%/2014.04.08 至 2019.04.08/低毒

常州康美化工有限公司 （江苏省金坛市儒林镇 213225 0519-2561700）

PD20050156 联苯菊酯/95%/原药/联苯菊酯 95%/2015.10.11 至 2020.10.11/中等毒
PD20050180 高效氯氟氰菊酯/95%/原药/高效氯氟氰菊酯 95%/2015.11.15 至 2020.11.15/中等毒
PD20050181 氯氰菊酯/95%/原药/氯氰菊酯 95%/2015.11.15 至 2020.11.15/中等毒
PD20060106 溴氰菊酯/98%/原药/溴氰菊酯 98%/2011.06.13 至 2016.06.13/中等毒
WP20040008 氯菊酯原药/93%/原药/氯菊酯 93%/2014.12.27 至 2019.12.27/低毒
WP20050002 右旋烯丙菊酯/总酯93%,右旋80/原药/右旋烯丙菊酯 总酯93%,右旋80%/2015.01.14 至 2020.01.14/中等毒
WP20050004 胺菊酯/92%/原药/胺菊酯 92%/2015.04.05 至 2020.04.05/低毒

WP20050006 炔丙菊酯/总酯93%，右旋体82/原药/炔丙菊酯 总酯93%，右旋体82%/2015.06.21 至 2020.06.21/中等毒
WP20060003 Es-生物烯丙菊酯/总酯93%，右旋体82%/原药/Es-生物烯丙菊酯 总酯93%，右旋体82%/2011.03.02 至 2016.03.02/中等毒
WP20070003 右旋苯醚菊酯/总酯93%，右旋体90%/原药/右旋苯醚菊酯 总酯93%，右旋体90%/2012.04.12 至 2017.04.12/低毒
WP20070007 四氟苯菊酯/92%/原药/四氟苯菊酯 92%/2012.05.08 至 2017.05.08/微毒
WP20070022 右旋苯醚氰菊酯/93%/原药/右旋苯醚氰菊酯 93%/2012.11.20 至 2017.11.20/低毒
WP20080033 右旋胺菊酯/总酯92%，右旋体90%/原药/右旋胺菊酯 92%/2013.02.28 至 2018.02.28/低毒
WP20080107 富右旋反式炔丙菊酯/总酯94%，右旋体85%/原药/富右旋反式烯丙菊酯 总酯94%，右旋体85%/2013.10.21 至 2023.10.21/低毒
WP20080116 S-生物烯丙菊酯/总酯95%，右旋反式体90%/原药/S-生物烯丙菊酯 总酯95%，右旋反式体90%/2013.10.22 至2018.10.22/中等毒
WP20090243 富右旋反式烯丙菊酯/总酯93%，右旋反式体82%/原药/富右旋反式烯丙菊酯 93%/2014.04.24 至 2019.04.24/低毒
WL20120053 七氟甲醚菊酯/92%/原药/七氟甲醚菊酯 92%/2014.10.12 至 2015.10.12/低毒

常州市闾江防蛀用品有限公司 (江苏省常州市武进区湖塘镇周家巷85号 213161 0519-86562693)

WP20100023 防蛀片剂/96%/防蛀片剂/樟脑 96%/2015.01.16 至 2020.01.16/低毒
卫生 黑皮蠹 200克制剂/立方米 投放
WP20110267 防蛀防霉片剂/99%/防蛀片剂/对二氯苯 99%/2011.12.13 至 2016.12.13/低毒
卫生 黑皮蠹、霉菌、青霉菌 40克/立方米 投放
WP20120046 防蛀片剂/125毫克/片/防蛀片剂/右旋烯炔菊酯 125毫克/片/2012.03.19 至 2017.03.19/微毒
卫生 黑皮蠹 / 投放
WP20120047 防蛀防霉球剂/99%/防蛀球剂/对二氯苯 99%/2012.03.19 至 2017.03.19/低毒
卫生 黑皮蠹、霉菌、青霉菌 / 投放

发事达(南通)化工有限公司 (江苏省如皋市如皋港经济开发区精细化工园区 226532 0513-87688188)

PD20090427 螨醇·哒螨灵/20%/乳油/哒螨灵 5%、三氯杀螨醇 15%/2014.01.12 至 2019.01.12/中等毒
柑橘树 红蜘蛛 100-133毫克/千克 喷雾
PD20097684 精噁唑禾草灵/69克/升/水乳剂/精噁唑禾草灵 69克/升/2014.11.04 至 2019.11.04/低毒
小麦田 看麦娘、野燕麦等一年生禾本科杂草 62.1-82.8克/公顷 茎叶喷雾
PD20110378 草甘膦铵盐/68%/可溶粒剂/草甘膦 68%/2011.04.11 至 2016.04.11/低毒
非耕地 杂草 1530-2040克/公顷 茎叶喷雾
柑橘园 杂草 1120.5-2241克/公顷 定向茎叶喷雾
注:草甘膦铵盐含量:74.7%。
PD20110717 啶虫脒/40%/水分散粒剂/啶虫脒 40%/2011.07.07 至 2016.07.07/中等毒
甘蓝 蚜虫 13.5-22.5克/公顷 喷雾
PD20121844 戊唑醇/430克/升/悬浮剂/戊唑醇 430克/升/2012.11.28 至 2017.11.28/低毒
苦瓜 白粉病 77.4-116.1克/公顷 喷雾
苹果树 斑点落叶病 71.67-107.5毫克/千克 喷雾
PD20121974 丙溴·氟铃脲/32%/乳油/丙溴磷 30%、氟铃脲 2%/2012.12.18 至 2017.12.18/低毒
甘蓝 小菜蛾 192-288克/公顷 喷雾
PD20130290 醚菌酯/50%/水分散粒剂/醚菌酯 50%/2013.02.26 至 2018.02.26/微毒
黄瓜 白粉病 112.5～150克/公顷 喷雾
PD20130696 甲氨基阿维菌素苯甲酸盐/5%/水分散粒剂/甲氨基阿维菌素 5%/2013.04.11 至 2018.04.11/低毒
甘蓝 甜菜夜蛾 2.625-3.375克/公顷 喷雾
注:甲氨基阿维菌素苯甲酸盐含量：5.7%。
PD20131450 吡蚜酮/60%/水分散粒剂/吡蚜酮 60%/2013.07.05 至 2018.07.05/微毒
水稻 飞虱 72-90克/公顷 喷雾
PD20141566 噻虫嗪/25%/水分散粒剂/噻虫嗪 25%/2014.06.17 至 2019.06.17/低毒
菠菜、烟草 蚜虫 22.5-30克/公顷 喷雾
芹菜 蚜虫 15-30克/公顷 喷雾
水稻 稻飞虱 11.25-15克/公顷 喷雾
PD20142242 抗蚜威/50%/可湿性粉剂/抗蚜威 50%/2014.09.28 至 2019.09.28/中等毒
小麦 蚜虫 112.5-150克/公顷 喷雾
PD20142463 毒死蜱/15%/颗粒剂/毒死蜱 15%/2014.11.17 至 2019.11.17/低毒
花生 蛴螬 2250-3375克/公顷 撒施
PD20150195 吡虫啉/70%/水分散粒剂/吡虫啉 70%/2015.01.15 至 2020.01.15/低毒
水稻 稻飞虱 21-31.5克/公顷 喷雾
PD20151948 苯磺隆/75%/水分散粒剂/苯磺隆 75%/2015.08.30 至 2020.08.30/微毒
冬小麦田 一年生阔叶杂草 112.5-116.9克/公顷 茎叶喷雾
PD20152151 苯醚甲环唑/10%/水分散粒剂/苯醚甲环唑 10%/2015.09.22 至 2020.09.22/微毒
葡萄 炭疽病 135-170毫克/千克 喷雾
PD20152382 嘧菌酯/60%/水分散粒剂/嘧菌酯 60%/2015.10.22 至 2020.10.22/微毒
葡萄 霜霉病 300-600毫克/千克 喷雾
PD20152646 茚虫威/30%/水分散粒剂/茚虫威 30%/2015.12.19 至 2020.12.19/低毒
十字花科蔬菜 小菜蛾 31.5-40.5克/公顷 喷雾
LS20130059 炔苯酰草胺/50%/可湿性粉剂/炔苯酰草胺 50%/2015.02.06 至 2016.02.06/微毒

莴苣田　一年生杂草　1125-1875克/公顷　移栽前土壤喷雾

阜宁宁翔化工有限公司　（江苏省金坛市水北镇水潢路99号　224400　0515-87954457）

PD20081486　联苯菊酯/96%/原药/联苯菊酯 96%/2013.11.05 至 2018.11.05/中等毒

PD20150673　噻虫嗪/98%/原药/噻虫嗪 98%/2015.04.17 至 2020.04.17/低毒

海门兆丰化工有限公司　（江苏省海门市青龙化工园区大庆路　215622　0513-82609168）

PD20094938　四聚乙醛/98%/原药/四聚乙醛 98%/2014.04.16 至 2019.04.16/中等毒

PD20120795　四聚乙醛/6%/颗粒剂/四聚乙醛 6%/2012.05.11 至 2017.05.11/低毒

水稻　福寿螺　360—490克/公顷　撒施

淮安国瑞化工有限公司　（江苏省南京市中山南路8号苏豪大厦29层　210005　025-84738112）

PD20142203　双氟磺草胺/97%/原药/双氟磺草胺 97%/2014.09.28 至 2019.09.28/低毒

PD20150279　氨氯吡啶酸/95%/原药/氨氯吡啶酸 95%/2015.02.04 至 2020.02.04/低毒

PD20150687　啶酰菌胺/98%/原药/啶酰菌胺 98%/2015.04.17 至 2020.04.17/微毒

PD20150699　氯氟吡氧乙酸异辛酯/95%/原药/氯氟吡氧乙酸异辛酯 95%/2015.04.20 至 2020.04.20/低毒

PD20150785　双草醚/96%/原药/双草醚 96%/2015.05.13 至 2020.05.13/微毒

PD20150898　虫螨腈/95%/原药/虫螨腈 95%/2015.05.26 至 2020.05.26/中等毒

PD20151123　虱螨脲/98%/原药/虱螨脲 98%/2015.06.25 至 2020.06.25/微毒

PD20151355　氟啶胺/97%/原药/氟啶胺 97%/2015.07.30 至 2020.07.30/微毒

PD20151368　甲氧虫酰肼/98%/原药/甲氧虫酰肼 98%/2015.07.30 至 2020.07.30/微毒

PD20151516　精噁唑禾草灵/98%/原药/精噁唑禾草灵 98%/2015.08.03 至 2020.08.03/低毒

PD20151630　吡唑醚菌酯/98%/原药/吡唑醚菌酯 98%/2015.08.28 至 2020.08.28/低毒

PD20152409　硝磺草酮/98%/原药/硝磺草酮 98%/2015.10.25 至 2020.10.25/微毒

PD20152641　麦草畏/98%/原药/麦草畏 98%/2015.12.19 至 2020.12.19/低毒

姜堰市兴农生物工程有限公司　（江苏省姜堰市桥头工业园区　22511　0523-88789888）

PD20120938　苦参碱/0.3%/水剂/苦参碱 0.3%/2012.06.04 至 2017.06.04/低毒

甘蓝　菜青虫　3.375-5.625克/公顷　喷雾

江苏艾津农化有限责任公司　（江苏省南京市六合区红山精细化工园双巷路58号　211511　025-68172666）

PD20100363　杀螺胺乙醇胺盐/50%/可湿性粉剂/杀螺胺乙醇胺盐 50%/2015.01.11 至 2020.01.11/低毒

滩涂　钉螺　1-2克/平方米　浸杀、喷洒

PD20101906　吡虫啉/70%/水分散粒剂/吡虫啉 70%/2015.08.27 至 2020.08.27/低毒

甘蓝、十字花科蔬菜　蚜虫　15.75—21克/公顷　喷雾

PD20111333　杀螺胺/70%/可湿性粉剂/杀螺胺 70%/2011.12.06 至 2016.12.06/低毒

水稻　福寿螺　315-420克/公顷　喷雾

PD20120234　吡虫啉/20%/可溶液剂/吡虫啉 20%/2012.02.13 至 2017.02.13/微毒

水稻　稻飞虱　21-30克/公顷　喷雾

PD20121564　吡虫啉/350克/升/悬浮剂/吡虫啉 350克/升/2012.10.25 至 2017.10.25/低毒

甘蓝　蚜虫　15.75-26.25克/公顷　喷雾

小麦　蚜虫　350-490克/100千克种子　拌种

PD20130146　双草醚/10%/悬浮剂/双草醚 10%/2013.01.17 至 2018.01.17/低毒

注:专供出口,不得在国内销售。

PD20130699　草甘膦铵盐/68%/可溶粒剂/草甘膦 68%/2013.04.11 至 2018.04.11/微毒

非耕地　杂草　1020-2040克/公顷　定向茎叶喷雾

注:草甘膦铵盐含量：74.4%。

PD20132169　阿维菌素/5%/乳油/阿维菌素 5%/2013.10.29 至 2018.10.29/低毒(原药高毒)

甘蓝　小菜蛾　8.1-10.8克/公顷　喷雾

PD20141334　草甘膦异丙胺盐/30%/水剂/草甘膦 30%/2014.06.04 至 2019.06.04/微毒

非耕地　杂草　1350-1800克/公顷　茎叶喷雾

注:草甘膦异丙胺盐含量：41%。

PD20142015　四聚乙醛/40%/悬浮剂/四聚乙醛 40%/2014.09.03 至 2019.09.03/低毒

滩涂　钉螺　1-2克/平方米　喷洒

PD20152016　吡蚜酮/30%/悬浮种衣剂/吡蚜酮 30%/2015.08.31 至 2020.08.31/低毒

水稻　稻飞虱　210-300克/100千克种子　种子包衣

LS20130141　杀螺胺乙醇胺盐/5%/颗粒剂/杀螺胺乙醇胺盐 5%/2015.05.08 至 2016.05.08/微毒

滩涂　钉螺　1-2克/平方米　撒施

LS20140018　氯氰·毒死蜱/55%/水乳剂/毒死蜱 50%、氯氰菊酯 5%/2014.01.14 至 2015.01.14/中等毒

注:专供出口，不得在国内销售。

LS20140059　吡·福/35%/种子处理悬浮剂/吡虫啉 25%、福美双 10%/2014.02.18 至 2015.02.18/低毒

注:专供出口，不得在国内销售。

WP20110222　四聚·杀螺胺/26%/悬浮剂/杀螺胺乙醇胺盐 25%、四聚乙醛 1%/2011.09.28 至 2016.09.28/微毒

沟渠　钉螺　0.52-1.04克/平方米　浸杀

滩涂　钉螺　0.52-1.04克/平方米　喷洒

WL20130013　杀螺胺/1%/展膜油剂/杀螺胺 1%/2016.02.06 至 2017.02.06/低毒

卫生　日本血吸虫尾蚴　0.02-0.04克/平方米　洒施

江苏爱特福84股份有限公司　（江苏省淮安市金湖县陈桥镇84号　211628　0517-86405584）

WP20080123　电热蚊香片/10毫克/片/电热蚊香片/炔丙菊酯 10毫克/片/2013.10.28 至 2018.10.28/低毒
卫生　蚊　/　电热加温
WP20110009　杀虫气雾剂/0.41%/气雾剂/富右旋反式烯丙菊酯 0.16%、高效氯氰菊酯 0.03%、氯菊酯 0.22%/2016.01.04 至2021.01.04/微毒
卫生　蚊、蝇、蜚蠊　/　喷雾
注:本产品有三种香型：柑橘香型、桂花香型、薰衣草香型。
WP20110011　杀虫气雾剂/0.7%/气雾剂/胺菊酯 0.25%、富右旋反式烯丙菊酯 0.1%、氯菊酯 0.35%/2016.01.04 至 2021.01.04/微毒
卫生　蚊、蝇、蜚蠊　/　喷雾
注:本产品有两种香型：茉莉香型、无香型。
WP20110050　杀虫气雾剂/0.55%/气雾剂/胺菊酯 0.3%、氯菊酯 0.25%/2016.02.23 至 2021.02.23/微毒
卫生　蚊、蝇、蜚蠊　/　喷雾
WP20110105　蚊香/0.15%/蚊香/Es-生物烯丙菊酯 0.15%/2011.04.22 至 2016.04.22/微毒
卫生　蚊　/　点燃
注:本产品有一种香型：薰衣草香型。
WP20110112　杀虫气雾剂/0.72%/气雾剂/胺菊酯 0.12%、氯菊酯 0.45%、四氟苯菊酯 0.15%/2011.04.29 至 2016.04.29/微毒
卫生　蚊、蝇、蜚蠊　/　喷雾
注:本产品有两种香型：檀香型、柠檬香型。
WP20110113　杀虫气雾剂/0.5%/气雾剂/胺菊酯 0.25%、富右旋反式烯丙菊酯 0.15%、氯氰菊酯 0.1%/2011.05.03 至2016.05.03/微毒
卫生　蚊、蝇、蜚蠊　/　喷雾
注:本产品有一种香型:檀香型。
WP20110196　杀虫气雾剂/0.45%/气雾剂/胺菊酯 0.4%、高效氯氰菊酯 0.05%/2011.09.06 至 2016.09.06/微毒
卫生　蚊、蝇、蜚蠊　/　喷雾
注:本产品有两种香型：薰衣草香型、茉莉香型。
WP20110238　杀虫气雾剂/0.45%/气雾剂/Es-生物烯丙菊酯 0.3%、高效氯氰菊酯 0.15%/2011.10.14 至 2016.10.14/微毒
卫生　蚊、蝇　/　喷雾
注:本产品有一种香型：檀香型。
WP20130056　蚊香/0.04%/蚊香/氯氟醚菊酯 0.04%/2013.04.02 至 2018.04.02/微毒
卫生　蚊　/　点燃
WP20150035　电热蚊香液/0.4%/电热蚊香液/氯氟醚菊酯 0.4%/2015.03.18 至 2020.03.18/微毒
室内　蚊　/　电热加温
WP20150036　电热蚊香片/10毫克/片/电热蚊香片/炔丙菊酯 5毫克/片、氯氟醚菊酯 5毫克/片/2015.03.18 至 2020.03.18/微毒
室内　蚊　/　电热加温
WP20150060　电热蚊香液/0.8%/电热蚊香液/氯氟醚菊酯 0.8%/2015.04.16 至 2020.04.16/微毒
室内　蚊　/　电热加温
WP20150161　杀虫气雾剂/0.60%/醇基气雾剂/富右旋反式烯丙菊酯 0.35%、氯菊酯 0.25%/2015.08.28 至 2020.08.28/微毒
室内　蚊、蝇、蜚蠊　/　喷雾
WP20150164　杀虫气雾剂/0.2%/气雾剂/高效氯氰菊酯 0.1%、炔咪菊酯 0.1%/2015.08.28 至 2020.08.28/微毒
卫生　蜚蠊　/　喷雾
WL20140005　杀虫气雾剂/0.55%/醇基气雾剂/富右旋反式烯丙菊酯 0.3%、右旋苯醚菊酯 0.25%/2015.03.03 至 2016.03.03/微毒
室内　蚊、蝇、蜚蠊　/　喷雾
WL20140015　杀虫气雾剂/0.55%/气雾剂/Es-生物烯丙菊酯 0.20%、氯菊酯 0.35%/2015.06.16 至 2016.06.16/微毒
室内　蚊、蝇、蜚蠊　/　喷雾
注:本产品为醇基气雾剂。

江苏安邦电化有限公司　(江苏省淮安市清浦区化工路30号　223002　0517-83556168)

PDN37-96　噻嗪酮/98%/原药/噻嗪酮 98%/2012.03.11 至 2017.03.11/低毒
PDN38-96　噻嗪酮/25%/可湿性粉剂/噻嗪酮 25%/2016.03.15 至 2021.03.15/低毒
茶树　小绿叶蝉　166-250毫克/千克　喷雾
柑橘树　矢尖蚧　150-250毫克/千克　喷雾
水稻　飞虱　75-112.5克/公顷　喷雾
PD84104-52　杀虫双/18%/水剂/杀虫双 18%/2014.10.26 至 2019.10.26/中等毒
甘蔗、蔬菜、水稻、小麦、玉米　多种害虫　540-675克/公顷　喷雾
果树　多种害虫　225-360毫克/千克　喷雾
PD84108-23　敌百虫/90%/原药/敌百虫 90%/2014.12.28 至 2019.12.28/低毒
白菜、青菜　地下害虫　750-1500克/公顷　毒饵
白菜、青菜　菜青虫　960-1200克/公顷　喷雾
茶树　尺蠖、刺蛾　450-900毫克/千克　喷雾
柑橘树　卷叶蛾　600-750毫克/千克　喷雾
水稻　螟虫　1500-1800克/公顷　喷雾、泼浇或毒土
烟草　烟青虫　900毫克/千克　喷雾
PD84125-3　乙烯利/40%/水剂/乙烯利 40%/2014.12.28 至 2019.12.28/低毒
大麦　防止倒伏、调节生长　300-360 克/公顷　兑水喷雾
番茄　催熟　800-1000倍液　喷雾或浸渍

登记证号	登记作物	防治对象	用药量	施用方法
	棉花	催熟、增产	330-500倍液	喷雾
	柿子树、香蕉	催熟	400倍液	喷雾或浸渍
	水稻	催熟、增产	800倍液	喷雾
	橡胶树	增产	5-10倍液	涂布
	烟草	催熟	1000-2000倍液	喷雾
	注:大麦为临时登记状态。			
PD85105-49	敌敌畏/77.5%/乳油/敌敌畏 77.5%/2014.12.28 至 2019.12.28/中等毒			
	茶树	食叶害虫	600克/公顷	喷雾
	粮仓	多种储藏害虫	1)400-500倍液2)0.4-0.5克/立方米	1)喷雾2)挂条熏蒸
	棉花	蚜虫、造桥虫	600-1200克/公顷	喷雾
	苹果树	小卷叶蛾、蚜虫	400-500毫克/千克	喷雾
	青菜	菜青虫	600克/公顷	喷雾
	桑树	尺蠖	600克/公顷	喷雾
	卫生	多种卫生害虫	1)300-400倍液2)0.08克/立方米	1)泼洒2)挂条熏蒸
	小麦	黏虫、蚜虫	600克/公顷	喷雾
PD94106	乙烯利/89%/原药/乙烯利 89%/2014.04.12 至 2019.04.12/低毒			
PD20040071	三唑酮/20%/乳油/三唑酮 20%/2014.12.19 至 2019.12.19/低毒			
	小麦	白粉病	120-127.5克/公顷	喷雾
PD20040105	多·酮/40%/可湿性粉剂/多菌灵 35%、三唑酮 5%/2014.12.19 至 2019.12.19/低毒			
	水稻	叶尖枯病	750-900克/公顷	喷雾
	小麦	白粉病、赤霉病	750-850克/公顷	喷雾
PD20040125	吡虫啉/10%/可湿性粉剂/吡虫啉 10%/2014.12.19 至 2019.12.19/低毒			
	水稻	飞虱	15-30克/公顷	喷雾
PD20040130	三唑酮/15%/可湿性粉剂/三唑酮 15%/2014.12.19 至 2019.12.19/低毒			
	小麦	白粉病	120-127.5克/公顷	喷雾
PD20040551	杀虫单/90%/可溶粉剂/杀虫单 90%/2014.12.19 至 2019.12.19/中等毒			
	水稻	螟虫	675-810克/公顷	喷雾
PD20050080	杀虫单/95%/原药/杀虫单 95%/2015.06.24 至 2020.06.24/中等毒			
PD20050116	吡虫·杀虫单/72%/可湿性粉剂/吡虫啉 2.4%、杀虫单 69.6%/2015.08.15 至 2020.08.15/低毒			
	水稻	稻飞虱、稻纵卷叶螟、二化螟、三化螟	450-750克/公顷	喷雾
PD20060178	草甘膦/95%/原药/草甘膦 95%/2011.11.09 至 2016.11.09/低毒			
PD20070372	吡蚜酮/96%/原药/吡蚜酮 96%/2012.10.24 至 2017.10.24/中等毒			
PD20070373	吡蚜酮/25%/可湿性粉剂/吡蚜酮 25%/2012.10.24 至 2017.10.24/低毒			
	莲藕	莲缢管蚜	45-67.5克/公顷	喷雾
	芹菜	蚜虫	75-120克/公顷	喷雾
	水稻	飞虱	60-75克/公顷	喷雾
	小麦	蚜虫	60-75克/公顷	喷雾
PD20070467	噻·酮·杀虫单/45%/可湿性粉剂/噻嗪酮 7%、杀虫单 33%、三唑酮 5%/2012.11.20 至 2017.11.20/中等毒			
	杂交水稻	稻飞虱、稻纵卷叶螟、二化螟、叶尖枯病	600-815克/公顷	喷雾
PD20080538	硫丹/96%/原药/硫丹 96%/2013.05.04 至 2018.05.04/高毒			
PD20080728	草甘膦异丙胺盐/41%/水剂/草甘膦异丙胺盐 41%/2013.06.11 至 2018.06.11/微毒			
	柑橘园	杂草	1230—2460克/公顷	喷雾
PD20081705	杀虫双/25%/母液/杀虫双 25%/2013.11.17 至 2018.11.17/中等毒			
PD20081818	杀螟丹/98%/原药/杀螟丹 98%/2013.11.19 至 2018.11.19/中等毒			
PD20082053	苄·二氯/27.5%/可湿性粉剂/苄嘧磺隆 2.75%、二氯喹啉酸 24.75%/2013.11.25 至 2018.11.25/低毒			
	水稻秧田	单、双子叶杂草	202-231克/公顷	喷雾
PD20082284	二氯喹啉酸/50%/可湿性粉剂/二氯喹啉酸 50%/2013.12.01 至 2018.12.01/低毒			
	水稻移栽田	稗草	200-375克/公顷	喷雾
PD20082816	硫丹/35%/乳油/硫丹 35%/2013.12.09 至 2018.12.09/中等毒(原药高毒)			
	棉花	棉铃虫	630-945克/公顷	喷雾
PD20082909	三环唑/20%/可湿性粉剂/三环唑 20%/2013.12.09 至 2018.12.09/中等毒			
	水稻	稻瘟病	225-300克/公顷	喷雾
PD20083063	氰戊·辛硫磷/50%/乳油/氰戊菊酯 4.5%、辛硫磷 45.5%/2013.12.10 至 2018.12.10/中等毒			
	棉花	蚜虫	150-225克/公顷	喷雾
PD20086354	醚磺隆/92%/原药/醚磺隆 92%/2013.12.31 至 2018.12.31/低毒			
PD20090085	草甘膦异丙胺盐/62%/水剂/草甘膦异丙胺盐 62%/2014.01.08 至 2019.01.08/微毒			
	柑橘园	杂草	1125-2250克/公顷	定向茎叶喷雾
PD20091726	醚磺隆/10%/可湿性粉剂/醚磺隆 10%/2014.02.04 至 2019.02.04/低毒			
	水稻移栽田	一年生阔叶杂草及莎草科杂草	18-30克/公顷	毒土法
PD20095197	乙烯利/5%/膏剂/乙烯利 5%/2014.04.24 至 2019.04.24/微毒			
	橡胶树	增产	0.06-0.08克/株	涂抹
PD20095334	井·噻·杀虫单/48%/可湿性粉剂/井冈霉素 7%、噻嗪酮 7%、杀虫单 34%/2014.04.27 至 2019.04.27/中等毒			

水稻 稻飞虱、二化螟、纹枯病 720-864克/公顷 喷雾
PD20095529 苄·乙/20%/可湿性粉剂/苄嘧磺隆 4.5%、乙草胺 15.5%/2014.05.11 至 2019.05.11/低毒
水稻移栽田 部分多年生杂草、一年生杂草 84-118克/公顷 毒土法
PD20095598 醚磺·乙草胺/25%/可湿性粉剂/醚磺隆 4%、乙草胺 21%/2014.05.12 至 2019.05.12/低毒
水稻移栽田 一年生及部分多年生杂草 75-112.5克/公顷 药土法
PD20096218 乙草胺/50%/乳油/乙草胺 50%/2014.07.15 至 2019.07.15/低毒
玉米田 一年生禾本科杂草及部分小粒种子阔叶杂草 180-220毫升制剂/亩(东北地区)100-180毫升制剂/亩(其它地区) 播后苗前土壤喷雾
PD20096457 羟烯·乙烯利/40%/水剂/羟烯腺嘌呤 0.3毫克/毫升、乙烯利 40%/2014.08.05 至 2019.08.05/低毒
玉米 防止倒伏 150-180克/公顷 喷雾
PD20097512 乙草胺/93%/原药/乙草胺 93%/2014.11.03 至 2019.11.03/低毒
PD20097616 苯菌灵/95%/原药/苯菌灵 95%/2014.11.03 至 2019.11.03/低毒
PD20100065 苯菌灵/50%/可湿性粉剂/苯菌灵 50%/2015.01.04 至 2020.01.04/低毒
柑橘 疮痂病 500-600倍液 喷雾
PD20102115 吡蚜酮/50%/水分散粒剂/吡蚜酮 50%/2015.11.30 至 2020.11.30/低毒
茶树 茶小绿叶蝉 200-100毫克/千克 喷雾
甘蓝 蚜虫 52.5-112.5克/公顷 喷雾
水稻 稻飞虱 75-90克/公顷 喷雾
烟草 烟蚜 75-150克/公顷 喷雾
PD20110072 杀虫双/29%/水剂/杀虫双 29%/2016.01.19 至 2021.01.19/低毒
水稻 二化螟 613.8-688.2克/公顷 喷雾
PD20121198 吡蚜·噻嗪酮/25%/悬浮剂/吡蚜酮 8%、噻嗪酮 17%/2012.08.06 至 2017.08.06/微毒
水稻 稻飞虱 112.5-150克/公顷 喷雾
PD20122008 吡蚜·噻嗪酮/50%/水分散粒剂/吡蚜酮 17%、噻嗪酮 33%/2012.12.19 至 2017.12.19/低毒
水稻 稻飞虱 97.5-150克/公顷 喷雾
PD20130982 2甲4氯钠/56%/可溶粉剂/2甲4氯钠 56%/2013.05.02 至 2018.05.02/低毒
小麦田 一年生阔叶杂草 840-1176克/公顷 茎叶喷雾
PD20131260 噻嗪酮/40%/悬浮剂/噻嗪酮 40%/2013.06.04 至 2018.06.04/微毒
茶树 小绿叶蝉 200-267毫克/千克 喷雾
水稻 稻飞虱 150-180克/公顷 喷雾
PD20131402 2甲4氯钠/13%/水剂/2甲4氯钠 13%/2013.07.02 至 2018.07.02/低毒
小麦田 一年生阔叶杂草 585-878克/公顷 茎叶喷雾
PD20131656 2，4-滴丁酯/57%/乳油/2,4-滴丁酯 57%/2013.08.01 至 2018.08.01/低毒
小麦田 一年生阔叶杂草 342-641.25克/公顷 茎叶喷雾
PD20140371 乙烯利/70%/水剂/乙烯利 70%/2014.02.20 至 2019.02.20/低毒
棉花 催熟、调节生长、增产 800-1212毫克/千克 喷雾
PD20141152 噻苯隆/98%/原药/噻苯隆 98%/2014.04.28 至 2019.04.28/低毒
PD20141641 乙烯利/75%/水剂/乙烯利 75%/2014.06.24 至 2019.06.24/微毒
棉花 催熟、调节生长 833.3-1250毫克/千克 喷雾
PD20142249 噻苯隆/70%/水分散粒剂/噻苯隆 70%/2014.09.28 至 2019.09.28/低毒
棉花 脱叶 210-315克/公顷 喷雾
PD20150192 乙烯利/54%/水剂/乙烯利 54%/2015.01.15 至 2020.01.15/低毒
棉花 催熟、调节生长 800-1200毫克/千克 喷雾
PD20150253 螺螨酯/98%/原药/螺螨酯 98%/2015.01.15 至 2020.01.15/低毒
PD20150491 螺螨酯/240克/升/悬浮剂/螺螨酯 240克/升/2015.03.20 至 2020.03.20/微毒
柑橘树、苹果树 红蜘蛛 4000-6000倍液 喷雾
PD20151159 硝磺草酮/25%/悬浮剂/硝磺草酮 25%/2015.06.26 至 2020.06.26/低毒
玉米田 一年生杂草 105-150克/公顷 茎叶喷雾
PD20151222 硝磺·莠去津/550克/升/悬浮剂/莠去津 500克/升、硝磺草酮 50克/升/2015.07.30 至 2020.07.30/低毒
玉米田 多种一年生杂草 春玉米：825-1237.5克/公顷；夏玉米：660-990克/公顷 茎叶喷雾
PD20152218 噻苯·敌草隆/540克/升/悬浮剂/敌草隆 180克/升、噻苯隆 360克/升/2015.09.23 至 2020.09.23/低毒
棉花 脱叶 72.9-97.2克/公顷 茎叶喷雾
PD20152286 敌草隆/80%/可湿性粉剂/敌草隆 80%/2015.10.20 至 2020.10.20/低毒
甘蔗田 一年生杂草 1200-1800克/公顷 土壤喷雾
PD20152390 嘧菌酯/98%/原药/嘧菌酯 98%/2015.10.23 至 2020.10.23/微毒
LS20130051 乙烯利/70%/水剂/乙烯利 70%/2014.02.06 至 2015.02.06/低毒
棉花 催熟 800-1200毫克/千克 喷雾
LS20140276 呋虫胺/98%/原药/呋虫胺 98%/2015.08.25 至 2016.08.25/微毒

江苏敖广日化集团股份有限公司 (江苏省南京市高淳县漆桥镇双高路205号 211302 025-57852678)

WP20080182 杀虫气雾剂/0.65%/气雾剂/胺菊酯 0.33%、富右旋反式烯丙菊酯 0.1%、氯菊酯 0.22%/2013.11.19 至 2018.11.19/微毒
卫生 蚊、蝇、蜚蠊 / 喷雾
WP20080403 杀虫气雾剂/0.6%/气雾剂/胺菊酯 0.30%、富右旋反式烯丙菊酯 0.10%、氯菊酯 0.20%/2013.12.12 至 2018.12.12/低毒

卫生 蚊、蝇、蜚蠊 / 喷雾
WP20090224 电热蚊香片/9.5毫克/片/电热蚊香片/炔丙菊酯 9.5毫克/片/2014.04.09 至 2019.04.09/微毒
卫生 蚊 / 电热加温
WP20090358 电热蚊香液/1.5%/电热蚊香液/炔丙菊酯 1.5%/2014.11.03 至 2019.11.03/微毒
卫生 蚊 / 电热加温
WP20120138 驱蚊液/5%/驱蚊液/避蚊胺 5%/2012.07.20 至 2017.07.20/微毒
卫生 蚊 / 喷雾
WP20120181 杀虫气雾剂/0.55%/气雾剂/Es-生物烯丙菊酯 0.25%、氯菊酯 0.3%/2012.09.13 至 2017.09.13/微毒
卫生 蚊、蝇、蜚蠊 / 喷雾
WP20120198 电热蚊香片/13毫克/片/电热蚊香片/炔丙菊酯 13毫克/片/2012.10.25 至 2017.10.25/微毒
卫生 蚊 / 电热加温
WP20130007 蚊香/0.05%/蚊香/氯氟醚菊酯 0.05%/2013.01.07 至 2018.01.07/微毒
卫生 蚊 / 点燃
WP20130009 蚊香/0.26%/蚊香/富右旋反式烯丙菊酯 0.25%、四氟醚菊酯 0.01%/2013.01.15 至 2018.01.15/微毒
卫生 蚊 / 点燃
注:本产品有一种香型：莲花香型。
WP20130155 蚊香/0.08%/蚊香/氯氟醚菊酯 0.08%/2013.07.18 至 2018.07.18/微毒
卫生 蚊 / 点燃
WP20140076 电热蚊香液/0.6%/电热蚊香液/氯氟醚菊酯 0.6%/2014.04.08 至 2019.04.08/微毒
室内 蚊 / 电热加温

江苏百灵农化有限公司 (江苏省姜堰市姜官路4号桥口 225529 0510-86822183)

PD85150-33 多菌灵/50%/可湿性粉剂/多菌灵 50%/2016.01.12 至 2021.01.12/低毒
果树 病害 0.05-0.1%药液 喷雾
花生 倒秧病 750克/公顷 喷雾
麦类 赤霉病 750克/公顷 喷雾、泼浇
棉花 苗期病害 500克/100千克种子 拌种
水稻 稻瘟病、纹枯病 750克/公顷 喷雾、泼浇
油菜 菌核病 1125-1500克/公顷 喷雾
PD85154-18 氰戊菊酯/20%/乳油/氰戊菊酯 20%/2015.08.15 至 2020.08.15/中等毒
柑橘树 潜叶蛾 10-20毫克/千克 喷雾
果树 梨小食心虫 10-20毫克/千克 喷雾
棉花 红铃虫、蚜虫 75-150克/公顷 喷雾
蔬菜 菜青虫、蚜虫 60-120克/公顷 喷雾
PD20040223 氯氰菊酯/10%/乳油/氯氰菊酯 10%/2014.12.19 至 2019.12.19/中等毒
棉花 棉铃虫、蚜虫 45-90克/公顷 喷雾
十字花科蔬菜 菜青虫 30-45克/公顷 喷雾
PD20040450 哒螨灵/20%/可湿性粉剂/哒螨灵 20%/2014.12.19 至 2019.12.19/中等毒
柑橘树、苹果树 红蜘蛛 50-67毫克/千克 喷雾
PD20040579 哒螨灵/15%/乳油/哒螨灵 15%/2014.12.19 至 2019.12.19/中等毒
柑橘树 红蜘蛛 50-67毫克/千克 喷雾
PD20070252 草甘膦/95%/原药/草甘膦 95%/2012.09.03 至 2017.09.03/低毒
PD20070262 噻菌灵/98.5%/原药/噻菌灵 98.5%/2012.09.04 至 2017.09.04/低毒
PD20070264 氯氰菊酯/94%/原药/氯氰菊酯 94%/2012.09.04 至 2017.09.04/低毒
PD20070273 高效氯氟氰菊酯/95%/原药/高效氯氟氰菊酯 95%/2012.09.05 至 2017.09.05/中等毒
PD20070287 百菌清/98%/原药/百菌清 98%/2012.09.05 至 2017.09.05/低毒
PD20070328 双甲脒/98%/原药/双甲脒 98%/2012.10.10 至 2017.10.10/中等毒
PD20070417 噁草酮/94%/原药/噁草酮 94%/2012.11.06 至 2017.11.06/低毒
PD20070489 吡虫啉/95%/原药/吡虫啉 95%/2012.11.28 至 2017.11.28/低毒
PD20070493 醚菊酯/96%/原药/醚菊酯 96%/2012.11.28 至 2017.11.28/低毒
PD20070510 戊唑醇/95%/原药/戊唑醇 95%/2012.11.28 至 2017.11.28/低毒
PD20070648 甲基硫菌灵/95%/原药/甲基硫菌灵 95%/2012.12.17 至 2017.12.17/低毒
PD20080038 氟磺胺草醚/95%/原药/氟磺胺草醚 95%/2013.01.03 至 2018.01.03/低毒
PD20080112 噻嗪酮/95%/原药/噻嗪酮 95%/2013.01.03 至 2018.01.03/低毒
PD20080116 乙草胺/93%/原药/乙草胺 93%/2013.01.03 至 2018.01.03/低毒
PD20080176 异丙甲草胺/96%/原药/异丙甲草胺 96%/2013.01.03 至 2018.01.03/低毒
PD20080178 乙烯利/85%/原药/乙烯利 85%/2013.01.03 至 2018.01.03/低毒
PD20080412 杀螺胺/98%/原药/杀螺胺 98%/2013.02.28 至 2018.02.28/低毒
PD20080575 毒死蜱/97%/原药/毒死蜱 97%/2013.05.12 至 2018.05.12/中等毒
PD20080737 代森锰锌/90%/原药/代森锰锌 90%/2013.06.11 至 2018.06.11/低毒
PD20081062 阿维菌素/95%/原药/阿维菌素 95%/2013.08.14 至 2018.08.14/高毒
PD20081137 丙环唑/95%/原药/丙环唑 95%/2013.09.01 至 2018.09.01/低毒
PD20081151 氟乐灵/96%/原药/氟乐灵 96%/2013.09.01 至 2018.09.01/低毒
PD20081329 三环·杀虫单/50%/可湿性粉剂/三环唑 17%、杀虫单 33%/2013.10.21 至 2018.10.21/中等毒

	水稻	稻瘟病、三化螟	750-937.5克/公顷	喷雾
PD20081538	多菌灵/98%/原药/多菌灵 98%/2013.11.11 至 2018.11.11/低毒			
PD20081745	双甲脒/20%/乳油/双甲脒 20%/2013.11.18 至 2018.11.18/中等毒			
	柑橘树	红蜘蛛	100-200毫克/千克	喷雾
PD20082213	溴氰菊酯/2.5%/乳油/溴氰菊酯 2.5%/2013.11.26 至 2018.11.26/中等毒			
	棉花	棉铃虫	7.5-15克/公顷	喷雾
PD20082587	赤霉酸/90%/原药/赤霉酸 90%/2013.12.04 至 2018.12.04/低毒			
PD20083227	高效氯氟氰菊酯/25克/升/乳油/高效氯氟氰菊酯 25克/升/2013.12.11 至 2018.12.11/中等毒			
	十字花科蔬菜	菜青虫	7.5-11.25克/公顷	喷雾
PD20083573	阿维·双甲脒/10.8%/乳油/阿维菌素 0.2%、双甲脒 10.6%/2013.12.12 至 2018.12.12/低毒(原药高毒)			
	梨树	梨木虱	27-36毫克/千克	喷雾
PD20096193	乙烯利/40%/水剂/乙烯利 40%/2014.07.13 至 2019.07.13/低毒			
	水稻	催熟、增产	500-666.7毫克/千克	兑水喷雾
PD20096574	噁草酮/250克/升/乳油/噁草酮 250克/升/2014.08.24 至 2019.08.24/低毒			
	移栽水稻田	一年生杂草	375-487.5克/公顷	土壤喷雾
PD20096588	氟乐灵/480克/升/乳油/氟乐灵 480克/升/2014.08.25 至 2019.08.25/低毒			
	棉花田	一年生禾本科杂草	133-150毫升制剂/亩	播后苗前土壤喷雾
PD20096703	异丙甲草胺/720克/升/乳油/异丙甲草胺 720克/升/2014.09.07 至 2019.09.07/低毒			
	大豆田	一年生杂草	100-180毫升制剂/亩	播前或播后苗前土壤处理
PD20096793	噻菌灵/42%/悬浮剂/噻菌灵 42%/2014.09.15 至 2019.09.15/微毒			
	柑橘	青霉病	1250－1500mg/kg	浸果
PD20096857	噻嗪酮/25%/可湿性粉剂/噻嗪酮 25%/2014.09.22 至 2019.09.22/低毒			
	水稻	稻飞虱	150－187.5克/公顷	喷雾
PD20097007	毒死蜱/40%/乳油/毒死蜱 40%/2014.04.29 至 2019.04.29/中等毒			
	水稻	三化螟	720－864克/公顷	喷雾
PD20097057	百菌清/75%/可湿性粉剂/百菌清 75%/2014.10.10 至 2019.10.10/低毒			
	黄瓜	霜霉病	1350－1642.5克/公顷	喷雾
PD20097106	代森锰锌/80%/可湿性粉剂/代森锰锌 80%/2014.10.10 至 2019.10.10/低毒			
	苹果树	斑点落叶病	500-800倍液	喷雾
PD20097204	丙环唑/250克/升/乳油/丙环唑 250克/升/2014.10.19 至 2019.10.19/低毒			
	小麦	白粉病	112.5-187.5克/公顷	喷雾
PD20097233	赤霉酸/20%/可溶粉剂/赤霉酸 20%/2014.10.19 至 2019.10.19/低毒			
	移栽水稻田	调节生长	60-90克/公顷	喷雾
PD20097539	氟磺胺草醚/250克/升/水剂/氟磺胺草醚 250克/升/2014.11.03 至 2019.11.03/低毒			
	春大豆田	一年生阔叶杂草	375-525克/公顷	茎叶喷雾
PD20098033	草甘膦异丙胺盐(41%)///水剂/草甘膦 30%/2014.12.07 至 2019.12.07/低毒			
	棉花田	一年生及部分多年生杂草	120-270毫升制剂/亩	行间定向茎叶喷雾
PD20098216	乙草胺/81.5%/乳油/乙草胺 81.5%/2014.12.16 至 2019.12.16/低毒			
	夏玉米田	一年生禾本科杂草	80-100毫升制剂/亩	播后苗前土壤喷雾
PD20098294	甲基硫菌灵/70%/可湿性粉剂/甲基硫菌灵 70%/2014.12.18 至 2019.12.18/低毒			
	苹果树	轮纹病	700－875毫克/千克	喷雾
PD20098420	吡虫啉/10%/可湿性粉剂/吡虫啉 10%/2014.12.24 至 2019.12.24/低毒			
	水稻	稻飞虱	30-45克/公顷	喷雾
PD20098438	醚菊酯/10%/悬浮剂/醚菊酯 10%/2014.12.24 至 2019.12.24/低毒			
	甘蓝	菜青虫	45－60克/公顷	喷雾
PD20101404	杀螺胺乙醇胺盐/70%/可湿性粉剂/杀螺胺 70%/2015.04.14 至 2020.04.14/低毒			
	水稻	福寿螺	420-525克/公顷	毒土法
	注:杀螺胺乙醇胺盐含量：83.1%。			
PD20102221	哒螨灵/95%/原药/哒螨灵 95%/2015.12.31 至 2020.12.31/中等毒			
PD20110146	阿维菌素/1.8%/乳油/阿维菌素 1.8%/2016.02.10 至 2021.02.10/低毒(原药高毒)			
	棉花	红蜘蛛	10.8-16.2克/公顷	喷雾
PD20131566	三环唑/75%/可湿性粉剂/三环唑 75%/2013.07.23 至 2018.07.23/中等毒			
	注:专供出口，不得在国内销售。			
PD20132209	多效唑/95%/原药/多效唑 95%/2013.10.29 至 2018.10.29/低毒			
PD20140888	二氯喹啉酸/250克/升/悬浮剂/二氯喹啉酸 250克/升/2014.04.08 至 2019.04.08/低毒			
	注:专供出口，不得在国内销售。			
PD20140890	多菌灵/500克/升/悬浮剂/多菌灵 500克/升/2014.04.08 至 2019.04.08/低毒			
	注:专供出口，不得在国内销售。			
PD20140927	多效唑/15%/可湿性粉剂/多效唑 15%/2014.04.11 至 2019.04.11/低毒			
	注:专供出口，不得在国内销售。			
PD20141499	噻虫嗪/98%/原药/噻虫嗪 98%/2014.06.09 至 2019.06.09/低毒			
PD20141813	虱螨脲/98%/原药/虱螨脲 98%/2014.07.14 至 2019.07.14/微毒			

PD20150063 嗪草酮/98%/原药/嗪草酮 98%/2015.01.05 至 2020.01.05/低毒
PD20150252 三唑酮/97%/原药/三唑酮 97%/2015.01.15 至 2020.01.15/低毒
PD20150613 茚虫威/71.2%/母药/茚虫威 71.2%/2015.04.16 至 2020.04.16/中等毒
PD20150848 丙炔噁草酮/98%/原药/丙炔噁草酮 98%/2015.05.18 至 2020.05.18/微毒
PD20151549 异噁草松/96%/原药/异噁草松 96%/2015.08.03 至 2020.08.03/低毒
PD20152014 环嗪酮/98%/原药/环嗪酮 98%/2015.08.31 至 2020.08.31/低毒
PD20152441 杀螺胺乙醇胺盐/50%/可湿性粉剂/杀螺胺乙醇胺盐 50%/2015.12.16 至 2020.12.16/微毒
沟渠 钉螺 1-2克/平方米 浸杀
滩涂 钉螺 1-2克/平方米 喷洒

江苏邦盛生物科技有限责任公司 (淮安市淮安经济技术开发区盐碱科技产业园实联大道1号 210003 025-86510167)

PD20085879 甲硫·福美双/40%/可湿性粉剂/福美双 25%、甲基硫菌灵 15%/2013.12.29 至 2018.12.29/低毒
辣椒 炭疽病 480-600克/公顷 喷雾
PD20085909 井冈·多菌灵/20%/可湿性粉剂/多菌灵 6%、井冈霉素 14%/2013.12.29 至 2018.12.29/微毒
水稻 纹枯病 60-90克/公顷 喷雾
PD20090037 多·锰锌/50%/可湿性粉剂/多菌灵 15%、代森锰锌 35%/2014.01.06 至 2019.01.06/低毒
番茄 早疫病 600-750克/公顷 喷雾
PD20090678 苄·乙/25%/可湿性粉剂/苄嘧磺隆 6%、乙草胺 19%/2014.01.19 至 2019.01.19/低毒
水稻移栽田 一年生及部分多年生杂草 84-118克/公顷 药土法
PD20091179 吡虫·异丙威/35%/可湿性粉剂/吡虫啉 3%、异丙威 32%/2014.01.22 至 2019.01.22/低毒
水稻 稻飞虱 105-131.25克/公顷 喷雾
PD20091707 甲氰·噻螨酮/7.5%/乳油/甲氰菊酯 5%、噻螨酮 2.5%/2014.02.03 至 2019.02.03/中等毒
柑橘树 红蜘蛛 75-100毫克/千克 喷雾
PD20091823 唑酮·福美双/25%/可湿性粉剂/福美双 17%、三唑酮 8%/2014.02.05 至 2019.02.05/低毒
小麦 白粉病 225-300克/公顷 喷雾
PD20093884 高效氯氰菊酯/4.5%/乳油/高效氯氰菊酯 4.5%/2014.03.25 至 2019.03.25/中等毒
棉花 棉铃虫 27-47.25克/公顷 喷雾
PD20094529 阿维·哒螨灵/10%/乳油/阿维菌素 0.2%、哒螨灵 9.8%/2014.04.09 至 2019.04.09/低毒(原药高毒)
柑橘树 红蜘蛛 33.3-50毫克/千克 喷雾
PD20095911 毒死蜱/45%/乳油/毒死蜱 45%/2014.06.02 至 2019.06.02/中等毒
水稻 稻纵卷叶螟 375-450克/公顷 喷雾
PD20096099 噻嗪·异丙威/25%/可湿性粉剂/噻嗪酮 5%、异丙威 20%/2014.06.18 至 2019.06.18/低毒
水稻 稻飞虱 450-562.5克/公顷 喷雾

江苏宝灵化工股份有限公司 (江苏省南通经济开发区通旺路9号 226017 0513-89052850)

PD85156-8 辛硫磷/91%/原药/辛硫磷 91%/2015.07.22 至 2020.07.22/低毒
PD85157-3 辛硫磷/40%/乳油/辛硫磷 40%/2015.07.22 至 2020.07.22/低毒
茶树、桑树 食叶害虫 200-400毫克/千克 喷雾
果树 食心虫、蚜虫、螨 200-400毫克/千克 喷雾
林木 食叶害虫 3000-6000克/公顷 喷雾
棉花 棉铃虫、蚜虫 300-600克/公顷 喷雾
蔬菜 菜青虫 300-450克/公顷 喷雾
烟草 食叶害虫 300-600克/公顷 喷雾
玉米 玉米螟 450-600克/公顷 灌心叶
PD20070139 氯氰·毒死蜱/50%/乳油/毒死蜱 45%、氯氰菊酯 5%/2012.05.30 至 2017.05.30/中等毒
棉花 棉铃虫 300-375克/公顷 喷雾
苹果树 绵蚜 200-333.3毫克/千克 喷雾
PD20070188 甲霜灵/35%/种子处理干粉剂/甲霜灵 35%/2012.07.10 至 2017.07.10/低毒
谷子 白发病 70-105克/100千克种子 拌种
PD20070228 氯氰·辛硫磷/20%/乳油/氯氰菊酯 1.5%、辛硫磷 18.5%/2012.08.08 至 2017.08.08/低毒
棉花 棉铃虫 210-300克/公顷 喷雾
PD20070253 毒死蜱/97%/原药/毒死蜱 97%/2012.09.04 至 2017.09.04/中等毒
PD20070301 虫酰肼/95%/原药/虫酰肼 95%/2012.09.21 至 2017.09.21/低毒
PD20070449 虫酰肼/20%/悬浮剂/虫酰肼 20%/2012.11.20 至 2017.11.20/低毒
甘蓝 甜菜夜蛾 180-210克/公顷 喷雾
PD20080166 丙溴磷/90%/原药/丙溴磷 90%/2013.01.04 至 2018.01.04/中等毒
PD20080404 霜霉威/98%/原药/霜霉威 98%/2013.02.28 至 2018.02.28/低毒
PD20081143 甲霜灵/95%/原药/甲霜灵 95%/2013.09.01 至 2018.09.01/低毒
PD20081927 四螨嗪/20%/悬浮剂/四螨嗪 20%/2013.11.21 至 2018.11.21/低毒
苹果树 红蜘蛛 80-100毫克/千克 喷雾
PD20082132 丙溴磷/40%/乳油/丙溴磷 40%/2013.11.25 至 2018.11.25/中等毒
棉花 棉铃虫 480-600克/公顷 喷雾
水稻 稻纵卷叶螟 480-600克/公顷 喷雾
PD20082404 丙溴磷/500克/升/乳油/丙溴磷 500克/升/2013.12.01 至 2018.12.01/低毒
棉花 棉铃虫 562.5-937.5克/公顷 喷雾

PD20082441 二嗪磷/50%/乳油/二嗪磷 50%/2013.12.02 至 2018.12.02/低毒
棉花 蚜虫 600-900克/公顷 喷雾
水稻 二化螟 450-900克/公顷 喷雾
PD20082753 霜霉威盐酸盐/722克/升/水剂/霜霉威盐酸盐 722克/升/2013.12.08 至 2018.12.08/低毒
菠菜 霜霉病 948-1300克/公顷 喷雾
花椰菜 霜霉病 866-1083克/公顷 喷雾
黄瓜 霜霉病 705-1174克/公顷 喷雾
烟草 黑胫病 775.5-1164克/公顷 喷雾
PD20083368 甲霜·锰锌/72%/可湿性粉剂/甲霜灵 8%、代森锰锌 64%/2013.12.11 至 2018.12.11/低毒
黄瓜 霜霉病 1620-2250克/公顷 喷雾
葡萄 霜霉病 1087.5-1740克/公顷 喷雾
烟草 黑胫病 696-1044克/公顷 灌根
PD20083681 毒死蜱/480克/升/乳油/毒死蜱 480克/升/2013.12.15 至 2018.12.15/低毒
柑橘树 矢尖蚧 360-480毫克/千克 喷雾
水稻 稻飞虱 435-576克/公顷 喷雾
水稻 稻纵卷叶螟 360-720克/公顷 喷雾
水稻 二化螟 576-720克/公顷 喷雾
PD20084693 甲霜·锰锌/58%/可湿性粉剂/甲霜灵 10%、代森锰锌 48%/2013.12.22 至 2018.12.22/低毒
马铃薯 晚疫病 870-1044克/公顷 喷雾
葡萄 霜霉病 1087.5-1740克/公顷 喷雾
烟草 黑胫病 696-1044克/公顷 喷淋茎基部
PD20084846 毒死蜱/40%/乳油/毒死蜱 40%/2013.12.22 至 2018.12.22/中等毒
棉花 棉铃虫、蚜虫 450-900克/公顷 喷雾
苹果树 桃小食心虫 160-240毫克/千克 喷雾
水稻 稻飞虱 300-600克/公顷 喷雾
PD20084910 辛硫磷/3%/颗粒剂/辛硫磷 3%/2013.12.22 至 2018.12.22/低毒
花生 地老虎、金针虫、蝼蛄、蛴螬 1800-2250克/公顷 沟施
PD20085464 辛硫磷/30%/微囊悬浮剂/辛硫磷 30%/2013.12.24 至 2018.12.24/微毒
花生 蛴螬 500-600克/100千克种子 拌种
十字花科蔬菜 菜青虫 270-360克/公顷 喷雾
PD20085868 代森锰锌/30%/悬浮剂/代森锰锌 30%/2013.12.29 至 2018.12.29/微毒
番茄 早疫病 1080-1440克/公顷 喷雾
PD20085984 甲霜·福美双/70%/可湿性粉剂/福美双 60%、甲霜灵 10%/2013.12.29 至 2018.12.29/低毒
黄瓜 霜霉病 1312.5-1575克/公顷 喷雾
PD20090188 丙溴·敌百虫/48%/乳油/丙溴磷 12%、敌百虫 36%/2014.01.08 至 2019.01.08/中等毒
棉花 棉铃虫 360-720克/公顷 喷雾
水稻 二化螟 576-720克/公顷 喷雾
PD20091765 甲霜·霜霉威/25%/可湿性粉剂/甲霜灵 15%、霜霉威盐酸盐 10%/2014.02.04 至 2019.02.04/低毒
番茄 晚疫病 312.5-468.75克/公顷 喷雾
黄瓜 霜霉病 469.5-703.5克/公顷 喷雾
辣椒 疫病 0.06-0.1克/株 灌根
葡萄 霜霉病 312.5-416.7毫克/千克 喷雾
水稻 苗期立枯病 0.38-0.5克/平方米 喷雾或浇施
烟草 黑胫病 300-375克/公顷 灌根
PD20092599 毒死蜱/30%/微囊悬浮剂/毒死蜱 30%/2014.02.27 至 2019.02.27/低毒
花生 蛴螬 1)1800-2250克/公顷；2)500-600克/100千克种子 1)灌根； 2)拌种
水稻 稻飞虱、稻纵卷叶螟、二化螟 450-630克/公顷 喷雾
PD20096190 氯氰·丙溴磷/44%/乳油/丙溴磷 40%、氯氰菊酯 4%/2014.07.10 至 2019.07.10/低毒
柑橘树 潜叶蛾 146.7-220毫克/千克 喷雾
棉花 棉铃虫 528-660克/公顷 喷雾
十字花科蔬菜 小菜蛾 396-528克/公顷 喷雾
PD20098313 精甲霜灵/90%/原药/精甲霜灵 90%/2014.12.18 至 2019.12.18/低毒
PD20100068 三唑磷/89%/原药/三唑磷 89%/2015.01.04 至 2020.01.04/中等毒
PD20100587 毒死蜱//乳油/毒死蜱 480克/升/2010.01.14 至 2015.01.14/低毒
水稻 稻飞虱 / 喷雾
PD20110286 甲霜·霜脲氰/25%/可湿性粉剂/甲霜灵 12.5%、霜脲氰 12.5%/2016.03.11 至 2021.03.11/低毒
辣椒 疫病 416.7-625毫克/千克 灌根
PD20110755 丙溴磷/720克/升/乳油/丙溴磷 720克/升/2011.07.25 至 2016.07.25/低毒
棉花 盲蝽蟓 432-540克/公顷 喷雾
水稻 稻纵卷叶螟、二化螟 432-540克/公顷 喷雾
PD20111016 甲氨基阿维菌素苯甲酸盐/5%/水分散粒剂/甲氨基阿维菌素 5%/2011.09.28 至 2016.09.28/低毒
水稻 稻纵卷叶螟、二化螟 7.5-11.25克/公顷 喷雾

注:甲氨基阿维菌素苯甲酸盐含量:5.7%。

PD20111275 甲霜·锰锌/58/可湿性粉剂/甲霜灵 10%、代森锰锌 48%/2011.11.23 至 2016.11.23/-

荔枝树	霜霉病	/	/
马铃薯	晚疫病	870-1044克/公顷	喷雾
葡萄	霜霉病	1087.5-1740克/公顷	喷雾
烟草	黑胫病	696-1044克/公顷	喷淋茎基部

PD20111284 氟铃脲/5%/乳油/氟铃脲 5%/2011.11.23 至 2016.11.23/低毒

甘蓝	小菜蛾	28.13-56.25克/公顷	喷雾

PD20120545 毒死蜱/30%/水乳剂/毒死蜱 30%/2012.03.28 至 2017.03.28/中等毒

水稻	稻纵卷叶螟	540-675克/公顷	喷雾

PD20120850 阿维·毒死蜱/41%/乳油/阿维菌素 1%、毒死蜱 40%/2012.05.22 至 2017.05.22/中等毒(原药高毒)

棉花	棉铃虫	461.25-615克/公顷	喷雾

PD20121001 甲维·丙溴磷/40.2%/乳油/丙溴磷 40%、甲氨基阿维菌素苯甲酸盐 0.2%/2012.06.21 至 2017.06.21/低毒

水稻	稻纵卷叶螟、二化螟	241.2-482.4克/公顷	喷雾

PD20121978 丙森·甲霜灵/68%/可湿性粉剂/丙森锌 64%、甲霜灵 4%/2012.12.18 至 2017.12.18/低毒

烟草	黑胫病	612-1020克/公顷	喷雾

PD20131307 丙溴·辛硫磷/25%/乳油/丙溴磷 6%、辛硫磷 19%/2013.06.08 至 2018.06.08/低毒

水稻	稻纵卷叶螟	262.5-337.5克/公顷	喷雾

PD20140014 吡蚜酮/60%/水分散粒剂/吡蚜酮 60%/2014.01.02 至 2019.01.02/微毒

水稻	稻飞虱	75-105克/公顷	喷雾

PD20140891 毒·辛/40%/乳油/毒死蜱 15%、辛硫磷 25%/2014.04.08 至 2019.04.08/低毒

水稻	稻纵卷叶螟	600-750克/公顷	喷雾

PD20142029 毒·辛/15%/颗粒剂/毒死蜱 10%、辛硫磷 5%/2014.08.27 至 2019.08.27/低毒

花生	蛴螬	1800-2250克/公顷	拌毒土撒施
小麦	吸浆虫	675-1125克/公顷	拌毒土撒施

PD20150473 硝磺·莠去津/50%/可湿性粉剂/莠去津 40%、硝磺草酮 10%/2015.03.20 至 2020.03.20/低毒

夏玉米田	一年生杂草	750-900克/公顷	茎叶喷雾

PD20151361 苄嘧·丙草胺/40%/可湿性粉剂/苄嘧磺隆 4%、丙草胺 36%/2015.07.30 至 2020.07.30/低毒

水稻田(直播)	一年生杂草	360-480克/公顷	土壤喷雾

PD20151716 噻虫嗪/98%/原药/噻虫嗪 98%/2015.08.28 至 2020.08.28/低毒

PD20151774 吡蚜酮/95%/原药/吡蚜酮 95%/2015.08.28 至 2020.08.28/低毒

PD20152310 甲霜·氧亚铜/72%/可湿性粉剂/甲霜灵 12%、氧化亚铜 60%/2015.10.21 至 2020.10.21/低毒

荔枝树	霜疫霉病	360-720毫克/千克	喷雾

PD20152314 噻虫嗪/25%/水分散粒剂/噻虫嗪 25%/2015.10.21 至 2020.10.21/微毒

茶树	茶小绿叶蝉	18.75-22.5克/公顷	喷雾
水稻	稻飞虱	11.25-15克/公顷	喷雾
烟草	蚜虫	22.5-30克/公顷	喷雾

LS20120039 氯啶菌酯/95%/原药/氯啶菌酯 95%/2014.02.06 至 2015.02.06/低毒

LS20120040 氯啶菌酯/15%/乳油/氯啶菌酯 15%/2014.02.06 至 2015.02.06/低毒

水稻	稻曲病、稻瘟病	90-148.5克/公顷	喷雾
小麦	白粉病	33.75-56.25克/公顷	喷雾
油菜	菌核病	90-148.5克/公顷	喷雾

LS20120364 氯啶·戊唑醇/15%/悬浮剂/戊唑醇 5%、氯啶菌酯 10%/2014.11.05 至 2015.11.05/低毒

水稻	稻瘟病、纹枯病	101.25-150.75克/公顷	喷雾

LS20130260 氯啶菌酯/15%/水乳剂/氯啶菌酯 15%/2015.05.02 至 2016.05.02/低毒

水稻	稻瘟病	90-135克/公顷	喷雾

LS20130326 甲霜·霜脲氰/25%/水分散粒剂/甲霜灵 12.5%、霜脲氰 12.5%/2015.06.09 至 2016.06.09/低毒

辣椒	疫病	416-625毫克/千克	灌根

LS20150299 精甲·丙森锌/40%/可湿性粉剂/丙森锌 35%、精甲霜灵 5%/2015.09.23 至 2016.09.23/低毒

番茄	晚疫病	480-600克/公顷	喷雾

WP20080246 毒死蜱/40%/乳油/毒死蜱 40%/2013.11.26 至 2018.11.26/中等毒

卫生	白蚁	1)5克/平方米2)27.6克/立方米	1)土壤处理2)木材浸泡

江苏宝众宝达药业有限公司 (江苏省如皋市港口经济开发区精细化工园区 226532 0513-87680088)

PD20101173 异噁草松/93%/原药/异噁草松 93%/2015.01.28 至 2020.01.28/低毒

PD20101901 唑草酮/90%/原药/唑草酮 90%/2015.08.27 至 2020.08.27/低毒

PD20130375 甲磺草胺/91%/原药/甲磺草胺 91%/2013.03.11 至 2018.03.11/低毒

江苏常隆化工有限公司 (江苏省常州市新北区长江北路1229号 213033 0519-68865770)

PD85136-11 速灭威/25%/可湿性粉剂/速灭威 25%/2015.07.14 至 2020.07.14/中等毒

水稻	飞虱、叶蝉	375-750克/公顷	喷雾

PD85154-21 氰戊菊酯/20%/乳油/氰戊菊酯 20%/2015.07.14 至 2020.07.14/中等毒

柑橘树	潜叶蛾	10-20毫克/千克	喷雾
果树	梨小食心虫	10-20毫克/千克	喷雾

棉花 红铃虫、蚜虫 75-150克/公顷 喷雾
蔬菜 菜青虫、蚜虫 60-120克/公顷 喷雾

PD85168-2 混灭威/50%/乳油/混灭威 50%/2015.10.25 至 2020.10.25/中等毒
水稻 飞虱、叶蝉 375-750克/公顷 喷雾、泼浇

PD86148-69 异丙威/20%/乳油/异丙威 20%/2012.01.30 至 2017.01.30/中等毒
水稻 飞虱、叶蝉 450-600克/公顷 喷雾

PD91109-10 速灭威/20%/乳油/速灭威 20%/2011.06.21 至 2016.06.21/中等毒
水稻 飞虱、叶蝉 450-600克/公顷 喷雾

PD20040518 吡虫啉/10%/可湿性粉剂/吡虫啉 10%/2014.12.19 至 2019.12.19/低毒
韭菜 韭蛆 300-450克/公顷 药土法
水稻 飞虱 15-30克/公顷 喷雾
小麦 蚜虫 15-30克/公顷(南方地区)45-60克/公顷(北方地区) 喷雾

PD20040701 吡虫啉/20%/可溶液剂/吡虫啉 20%/2014.12.19 至 2019.12.19/低毒
水稻 稻飞虱 15-30克/公顷 喷雾
烟草 蚜虫 30-60克/公顷 喷雾

PD20040761 吡虫啉/5%/可溶液剂/吡虫啉 5%/2014.12.19 至 2019.12.19/低毒
苹果树 蚜虫 25-50毫克/千克 喷雾
十字花科蔬菜 蚜虫 15-22.5克/公顷 喷雾
水稻 稻飞虱 15-30克/公顷 喷雾

PD20040814 异丙隆/70%/可湿性粉剂/异丙隆 70%/2014.12.23 至 2019.12.23/低毒
冬小麦田 一年生单子叶杂草、一年生双子叶杂草 1050-1200克/公顷 喷雾

PD20070602 啶虫脒/5%/乳油/啶虫脒 5%/2012.12.14 至 2017.12.14/中等毒
菠菜 蚜虫 22.5-37.5克/公顷 喷雾
柑橘树 蚜虫 6-10毫克/千克 喷雾
苹果树 蚜虫 10-15毫克/千克 喷雾
十字花科蔬菜 蚜虫 9-13.5克/公顷 喷雾
小麦 蚜虫 13.5-18克/公顷 喷雾

PD20080130 苯噻酰草胺/50%/可湿性粉剂/苯噻酰草胺 50%/2013.01.04 至 2018.01.04/低毒
水稻移栽田 稗草、异型莎草 450-600克/公顷(北方地区)375-450克/公顷(南方地区) 毒土法

PD20080646 噻嗪酮/25%/可湿性粉剂/噻嗪酮 25%/2013.05.13 至 2018.05.13/低毒
柑橘树 矢尖蚧 200-250毫克/千克 喷雾
水稻 飞虱 75-112.5克/公顷 喷雾

PD20081581 吡嘧磺隆/10%/可湿性粉剂/吡嘧磺隆 10%/2013.11.12 至 2018.11.12/微毒
移栽水稻田 阔叶杂草、莎草科杂草 22.5-30克/公顷 药土法

PD20081729 高效氯氟氰菊酯/25克/升/乳油/高效氯氟氰菊酯 25克/升/2013.11.18 至 2018.11.18/中等毒
茶树 小绿叶蝉 15-30克/公顷 喷雾
茶树 茶尺蠖 7.5-15克/公顷 喷雾
大豆 食心虫 5.625-7.5克/公顷 喷雾
梨树 梨小食心虫 5-8.3毫克/千克 喷雾
荔枝树 蝽蟓 6.25—12.5克/公顷 喷雾
棉花 棉铃虫 15-22.5克/公顷 喷雾
棉花 红铃虫、蚜虫 15—30克/公顷 喷雾
十字花科蔬菜 菜青虫 7.5-11.25克/公顷 喷雾
十字花科蔬菜 蚜虫 11.25—22.5克/公顷 喷雾
烟草 烟青虫 7.5-9.375克/公顷 喷雾

PD20081734 乙草胺/900克/升/乳油/乙草胺 900克/升/2013.11.18 至 2018.11.18/低毒
春大豆、春玉米 一年生禾本科杂草及部分阔叶杂草 1620—1890克/公顷 播后苗前土壤喷雾
冬油菜 一年生禾本科杂草及部分阔叶杂草 1080—1350克/公顷 播后苗前土壤喷雾
花生、夏大豆、夏玉米 一年生禾本科杂草及部分阔叶杂草 1080—1350克/公顷 土壤喷雾

PD20081850 丁硫克百威/20%/乳油/丁硫克百威 20%/2013.11.20 至 2018.11.20/中等毒
棉花 蚜虫 90-180克/公顷 喷雾

PD20081902 丁草胺/60%/乳油/丁草胺 60%/2013.11.21 至 2018.11.21/低毒
水稻移栽田 稗草、牛毛草 900-1350克/公顷 药土法

PD20081953 丙草胺/30%/乳油/丙草胺 30%/2013.11.24 至 2018.11.24/低毒
水稻抛秧田 一年生杂草 495-675克/公顷 药土法
水稻田(直播) 一年生杂草 450-675克/公顷(南方地区) 土壤喷雾
水稻秧田 一年生杂草 450-525克/公顷 喷雾

PD20081973 苯磺隆/75%/水分散粒剂/苯磺隆 75%/2013.11.25 至 2018.11.25/低毒
冬小麦田 阔叶杂草 10.05-19.5克/公顷 茎叶喷雾

PD20081984 克百威/3%/颗粒剂/克百威 3%/2013.11.25 至 2018.11.25/高毒

棉花 蚜虫 900-1575克/公顷 沟施

PD20082257 甲草胺/43%/乳油/甲草胺 43%/2013.11.27 至 2018.11.27/低毒

夏大豆田 一年生禾本科杂草及部分阔叶杂草 1419-1935克/公顷 播后苗前土壤喷雾

PD20082264 苄嘧磺隆/10%/可湿性粉剂/苄嘧磺隆 10%/2013.11.27 至 2018.11.27/低毒

水稻移栽田 阔叶杂草、莎草科杂草 18-30克/公顷 毒土法

PD20082304 丙草胺/50%/乳油/丙草胺 50%/2013.12.01 至 2018.12.01/低毒

水稻抛秧田 一年生杂草 300-450克/公顷 毒土

水稻移栽田 一年生杂草 450-525克/公顷 毒土

PD20082427 乙草胺/50%/乳油/乙草胺 50%/2013.12.02 至 2018.12.02/低毒

花生田、夏大豆田、夏玉米田 一年生禾本科杂草及部分小粒种子阔叶杂草 900-1125克/公顷 播后苗前土壤喷雾

油菜(移栽田) 一年生禾本科杂草及部分小粒种子阔叶杂草 600-750克/公顷 移栽前或移栽后3天土壤喷雾

PD20082449 苄·二氯/36%/可湿性粉剂/苄嘧磺隆 2%、二氯喹啉酸 34%/2013.12.02 至 2018.12.02/低毒

水稻秧田、水稻移栽田 单、双子叶杂草 216-270克/公顷 喷雾

PD20082655 噻菌灵/450克/升/悬浮剂/噻菌灵 450克/升/2013.12.04 至 2018.12.04/微毒

柑橘 绿霉病 1000-1500毫克/千克 浸果

PD20082664 异丙草胺/50%/乳油/异丙草胺 50%/2013.12.04 至 2018.12.04/低毒

水稻移栽田 一年生禾本科杂草及部分小粒种子阔叶杂草 112.5-150克/公顷(南方地区) 药土法

PD20082685 溴氰菊酯/25克/升/乳油/溴氰菊酯 25克/升/2013.12.05 至 2018.12.05/中等毒

棉花 棉铃虫 11.25-18.75克/公顷 喷雾

十字花科蔬菜 菜青虫 7.5-15克/公顷 喷雾

PD20082924 仲丁威/50%/乳油/仲丁威 50%/2013.12.09 至 2018.12.09/低毒

水稻 稻飞虱 600-937.5克/公顷 喷雾

PD20083036 炔螨特/57%/乳油/炔螨特 57%/2013.12.10 至 2018.12.10/低毒

柑橘树 红蜘蛛 285-570毫克/千克 喷雾

PD20083078 苄嘧·苯噻酰/68%/可湿性粉剂/苯噻酰草胺 64.8%、苄嘧磺隆 3.2%/2013.12.10 至 2018.12.10/低毒

水稻抛秧田、水稻田(直播) 一年生杂草 408-612克/公顷 药土法

水稻移栽田 一年生杂草 408-510克/公顷(南方地区)663-816克/公顷(北方地区) 药土法

PD20083101 敌草隆/80%/可湿性粉剂/敌草隆 80%/2013.12.10 至 2018.12.10/低毒

甘蔗 杂草 1560-1980克/公顷 土壤喷雾

PD20083611 戊唑醇/2%/湿拌种剂/戊唑醇 2%/2013.12.12 至 2018.12.12/低毒

玉米 丝黑穗病 8-12克/100千克种子 拌种

PD20083632 异丙·苄/10%/可湿性粉剂/苄嘧磺隆 1.25%、异丙草胺 8.75%/2013.12.12 至 2018.12.12/低毒

水稻移栽田 一年生杂草 90-112.5克/公顷 毒土法

PD20083743 苄嘧磺隆/30%/可湿性粉剂/苄嘧磺隆 30%/2013.12.15 至 2018.12.15/微毒

移栽水稻田 一年生阔叶杂草及莎草科杂草 45-75克/公顷 药土法

PD20083976 异丙甲草胺/70%/乳油/异丙甲草胺 70%/2013.12.16 至 2018.12.16/低毒

水稻移栽田 一年生杂草 105.5-210克/公顷 毒土法

夏玉米田 部分阔叶杂草、一年生禾本科杂草 1260—1575克/公顷 播后苗前土壤喷雾

PD20083978 联苯菊酯/25克/升/乳油/联苯菊酯 25克/升/2013.12.16 至 2018.12.16/低毒

茶树 茶小绿叶蝉 30-45克/公顷 喷雾

棉花 棉铃虫 41.25-52.5克/公顷 喷雾

PD20083979 丙环唑/25%/乳油/丙环唑 25%/2013.12.16 至 2018.12.16/中等毒

香蕉树 叶斑病 375-500毫克/千克 喷雾

小麦 白粉病、根腐病 124.5-249克/公顷 喷雾

PD20083981 烯酰吗啉/50%/可湿性粉剂/烯酰吗啉 50%/2013.12.16 至 2018.12.16/低毒

黄瓜 霜霉病 225-300克/公顷 喷雾

葡萄 霜霉病 250-400克/公顷 喷雾

PD20084650 灭多威/20%/乳油/灭多威 20%/2013.12.18 至 2018.12.18/高毒

棉花 蚜虫 75-150克/公顷 喷雾

棉花 棉铃虫 150-225克/公顷 喷雾

PD20085021 苯磺隆/10%/可湿性粉剂/苯磺隆 10%/2013.12.22 至 2018.12.22/微毒

冬小麦田 一年生阔叶杂草 13.5-22.5克/公顷 茎叶喷雾

PD20085571 甲萘威/85%/可湿性粉剂/甲萘威 85%/2013.12.25 至 2018.12.25/中等毒

棉花 地老虎 1530-2040克/公顷 喷雾

棉花 红铃虫 1275-1912.5克/公顷 喷雾

PD20090403 异丙草胺/30%/可湿性粉剂/异丙草胺 30%/2014.01.12 至 2019.01.12/低毒

夏玉米田 一年生禾本科杂草及部分小粒种子阔叶杂 1125-1350克/公顷 播后苗前土壤喷雾

草
PD20091877 异丙甲·苄/9%/细粒剂/苄嘧磺隆 2%、异丙甲草胺 7%/2014.02.09 至 2019.02.09/低毒
水稻移栽田 一年生及部分多年生杂草 108-135克/公顷(南方地区) 药土法
PD20092323 苄·丁/47%/可湿性粉剂/苄嘧磺隆 2%、丁草胺 45%/2014.02.24 至 2019.02.24/低毒
水稻移栽田 部分多年生杂草、部分一年生杂草 564-846克/公顷 药土法
PD20092998 硫双威/375克/升/悬浮剂/硫双威 375克/升/2014.03.09 至 2019.03.09/低毒
棉花 棉铃虫 421.9-506.3克/公顷 喷雾
PD20094799 甲磺隆/60%/水分散粒剂/甲磺隆 60%/2014.06.15 至 2019.03.14/微毒
注:专供出口，不得在国内销售。
PD20094840 甲磺·氯磺隆/10%/可湿性粉剂/甲磺隆 4%、氯磺隆 6%/2014.04.13 至 2015.06.30/低毒
小麦田 看麦娘、猪殃殃等一年生单、双子叶杂草 11.25-12.5克/公顷 喷雾
PD20094978 苄·甲·异丙甲/8%/细粒剂/苄嘧磺隆 0.8%、甲磺隆 0.16%、异丙甲草胺 7.04%/2014.04.21 至 2015.06.30/低毒
水稻移栽田 稗草、阔叶杂草、一年生莎草 90-127.5克/公顷 毒土法
PD20095874 甲磺隆/10%/可湿性粉剂/甲磺隆 10%/2014.05.27 至 2019.03.14/低毒
注:专供出口，不得在国内销售。
PD20096033 乙草胺/20%/可湿性粉剂/乙草胺 20%/2014.06.15 至 2019.06.15/低毒
水稻移栽田 部分阔叶杂草、一年生禾本科杂草 90-120克/公顷 药土法
PD20096114 烯唑醇/12.5%/可湿性粉剂/烯唑醇 12.5%/2014.06.18 至 2019.06.18/微毒
小麦 条锈病 56.25-93.75克/公顷 喷雾
PD20097865 苄嘧·禾草敌/45%/细粒剂/苄嘧磺隆 0.5%、禾草敌 44.5%/2014.11.20 至 2019.11.20/低毒
水稻田(直播)、水稻秧田 部分多年生杂草、一年生杂草 1012.5-1350克/公顷 毒土法
PD20101316 苄·丁/20%/可湿性粉剂/苄嘧磺隆 0.4%、丁草胺 19.6%/2015.03.17 至 2020.03.17/低毒
水稻移栽田 部分多年生杂草、一年生杂草 600-900克/公顷 毒土法
PD20110317 吡酰·异丙隆/60%/可湿性粉剂/吡氟酰草胺 10%、异丙隆 50%/2011.03.23 至 2016.03.23/低毒
冬小麦田 一年生杂草 1080-1350克/公顷 茎叶喷雾
PD20120154 嘧霉胺/20%/悬浮剂/嘧霉胺 20%/2012.01.30 至 2017.01.30/微毒
黄瓜 灰霉病 375-562.5克/公顷 喷雾
PD20120246 丁醚脲/500克/升/悬浮剂/丁醚脲 500克/升/2012.02.13 至 2017.02.13/低毒
茶树 小绿叶蝉 750-900克/公顷 喷雾
PD20120247 丁醚脲/50%/可湿性粉剂/丁醚脲 50%/2012.02.13 至 2017.02.13/低毒
甘蓝 小菜蛾 375-562.5克/公顷 喷雾
柑橘树 红蜘蛛 250-500毫克/千克 喷雾
PD20120297 甲嘧磺隆/10%/悬浮剂/甲嘧磺隆 10%/2012.02.17 至 2017.02.17/微毒
森林防火道 杂灌 1050-3000 克/公顷 喷雾
PD20120719 高效氯氟氰菊酯/10%/可湿性粉剂/高效氯氟氰菊酯 10%/2012.04.28 至 2017.04.28/中等毒
甘蓝 菜青虫 7.5-15克/公顷 喷雾
PD20120744 氯嘧磺隆/25%/水分散粒剂/氯嘧磺隆 25%/2012.05.05 至 2017.05.05/微毒
注:专供出口，不得在国内销售。
PD20120937 吡虫啉/70%/水分散粒剂/吡虫啉 70%/2012.06.04 至 2017.06.04/低毒
注:专供出口，不得在国内销售。
PD20120969 吡虫啉/70%/种子处理可分散粉剂/吡虫啉 70%/2012.06.15 至 2017.06.15/低毒
玉米 蚜虫 455-490克/100千克种子 拌种
PD20121119 噻嗪酮/37%/悬浮剂/噻嗪酮 37%/2012.07.20 至 2017.07.20/微毒
水稻 稻飞虱 111-150克/公顷 喷雾
PD20121500 烯酰吗啉/80%/水分散粒剂/烯酰吗啉 80%/2012.10.09 至 2017.10.09/低毒
花椰菜 霜霉病 240-360克/公顷 喷雾
黄瓜 霜霉病 240～300克/公顷 喷雾
苦瓜 霜霉病 300-450克/公顷 喷雾
葡萄 霜霉病 240-396克/公顷 喷雾
PD20132496 硫双威/80%/水分散粒剂/硫双威 80%/2013.12.10 至 2018.12.10/中等毒
甘蓝 甜菜夜蛾 780-900克/公顷 喷雾
PD20140325 毒草胺/50%/可湿性粉剂/毒草胺 50%/2014.02.13 至 2019.02.13/低毒
水稻移栽田 一年生杂草 1500-2250克/公顷 药土法
PD20140630 吡蚜酮/70%/水分散粒剂/吡蚜酮 70%/2014.03.07 至 2019.03.07/低毒
水稻 飞虱 73.5-94.5克/公顷 喷雾
小麦 蚜虫 60-75克/公顷 喷雾
PD20140974 吡虫啉/350克/升/悬浮剂/吡虫啉 350克/升/2014.04.14 至 2019.04.14/低毒
甘蓝 蚜虫 15.75-26.25克/公顷 喷雾
PD20141497 啶虫脒/20%/可溶粉剂/啶虫脒 20%/2014.06.09 至 2019.06.09/低毒
甘蓝 蚜虫 15-21克/公顷 喷雾
PD20141707 吡虫啉/70%/水分散粒剂/吡虫啉 70%/2014.06.30 至 2019.06.30/低毒
甘蓝 蚜虫 15-21克/公顷 喷雾

PD20142193　草铵膦/18%/水剂/草铵膦 18%/2014.09.28 至 2019.09.28/低毒

非耕地	杂草	900-1800克/公顷	茎叶喷雾
柑橘园	杂草	900-1800克/公顷	定向茎叶喷雾

PD20151788　茚虫威/150克/升/悬浮剂/茚虫威 150克/升/2015.08.28 至 2020.08.28/低毒

甘蓝	菜青虫	11.25-22.5克/公顷	喷雾
甘蓝	小菜蛾	22.5-40.5克/公顷	喷雾
甘蓝	甜菜夜蛾	16.875-22.5克/公顷	喷雾

PD20152026　噻虫嗪/25%/水分散粒剂/噻虫嗪 25%/2015.08.31 至 2020.08.31/微毒

菠菜	蚜虫	22.5-30克/公顷	喷雾
茶树	茶小绿叶蝉	15-22.5克/公顷	喷雾
芹菜	蚜虫	15-30克/公顷	喷雾
水稻	稻飞虱	7.5-15克/公顷	喷雾

江苏常隆农化有限公司　(江苏省泰州市泰兴经济开发区团结河路8号　225442　0519-68865770)

PD85134-3　速灭威/95%/原药/速灭威 95%/2015.07.14 至 2020.07.14/中等毒
PD85153-2　甲萘威/95%/原药/甲萘威 95%/2015.07.14 至 2020.07.14/中等毒
PD85167-2　混灭威/90%/原药/混灭威 90%/2015.10.25 至 2020.10.25/中等毒
PD86147-3　异丙威/98%/原药/异丙威 98%/2012.01.30 至 2017.01.30/中等毒
PD89104-5　氰戊菊酯/85%/原药/氰戊菊酯 85%/2014.10.15 至 2019.10.15/中等毒
PD20040047　吡虫啉/95%/原药/吡虫啉 95%/2014.12.19 至 2019.12.19/低毒
PD20040813　异丙隆/95%/原药/异丙隆 95%/2014.12.23 至 2019.12.23/低毒
PD20060119　灭多威/98%/原药/灭多威 98%/2011.06.15 至 2016.06.15/高毒
PD20070325　啶虫咪/96%/原药/啶虫脒 96%/2012.10.10 至 2017.10.10/中等毒
PD20070408　丙草胺/原药/原药/丙草胺 94%/2012.11.05 至 2017.11.05/低毒
PD20070413　噻嗪酮/98%/原药/噻嗪酮 98%/2012.11.05 至 2017.11.05/低毒
PD20080046　丙环唑/95%/原药/丙环唑 95%/2013.01.03 至 2018.01.03/低毒
PD20080072　仲丁威/95%/原药/仲丁威 95%/2013.01.03 至 2018.01.03/低毒
PD20080109　苯噻酰草胺/95%/原药/苯噻酰草胺 95%/2013.01.04 至 2018.01.04/低毒
PD20080125　苯磺隆/95%/原药/苯磺隆 95%/2013.01.03 至 2018.01.03/低毒
PD20080365　噁霜灵/96%/原药/噁霜灵 96%/2013.02.28 至 2018.02.28/低毒
PD20080561　克百威/96%/原药/克百威 96%/2013.05.09 至 2018.05.09/高毒
PD20080576　炔螨特/90%/原药/炔螨特 90%/2013.05.12 至 2018.05.12/低毒
PD20080594　吡嘧磺隆/97%/原药/吡嘧磺隆 97%/2013.05.12 至 2018.05.12/低毒
PD20080655　溴氰菊酯/98%/原药/溴氰菊酯 98%/2013.05.27 至 2018.05.27/中等毒
PD20080665　草除灵/96%/原药/草除灵 96%/2013.05.27 至 2018.05.27/微毒
PD20080763　嘧霉胺/98%/原药/嘧霉胺 98%/2013.06.11 至 2018.06.11/低毒
PD20081108　烯酰吗啉/97%/原药/烯酰吗啉 97%/2013.09.01 至 2018.09.01/低毒
PD20081128　噻菌灵/98.5%/原药/噻菌灵 98.5%/2013.08.21 至 2018.08.21/低毒
PD20081155　敌草隆/95%/原药/敌草隆 95%/2013.09.02 至 2018.09.02/低毒
PD20081193　乙草胺/93%/原药/乙草胺 93%/2013.09.11 至 2018.09.11/低毒
PD20081246　氯嘧磺隆/95%/原药/氯嘧磺隆 95%/2013.09.18 至 2018.09.18/低毒
注:专供出口，不得在国内销售。
PD20081463　异丙草胺/90%/原药/异丙草胺 90%/2013.11.04 至 2018.11.04/低毒
PD20081479　丁硫克百威/90%/原药/丁硫克百威 90%/2013.11.04 至 2018.11.04/中等毒
PD20081562　苄嘧磺隆/96%/原药/苄嘧磺隆 96%/2013.11.11 至 2018.11.11/低毒
PD20081642　联苯菊酯/95%/原药/联苯菊酯 95%/2013.11.14 至 2018.11.14/中等毒
PD20082051　甲草胺/95%/原药/甲草胺 95%/2013.11.25 至 2018.11.25/低毒
PD20082123　异丙甲草胺/93%/原药/异丙甲草胺 93%/2013.11.25 至 2018.11.25/低毒
PD20082730　戊唑醇/95%/原药/戊唑醇 95%/2013.12.08 至 2018.12.08/低毒
PD20083821　硫双威/95%/原药/硫双威 95%/2013.12.15 至 2018.12.15/中等毒
PD20085863　丁草胺/94%/原药/丁草胺 94%/2013.12.29 至 2018.12.29/低毒
PD20094223　烯唑醇/96%/原药/烯唑醇 96%/2014.03.31 至 2019.03.31/低毒
PD20095899　甲磺隆/96%/原药/甲磺隆 96%/2015.05.31 至 2020.05.31/低毒
注:专供出口，不得在国内销售。
PD20097353　高效氯氟氰菊酯/96%/原药/高效氯氟氰菊酯 96%/2014.11.09 至 2019.11.09/中等毒
PD20110316　吡氟酰草胺/98%/原药/吡氟酰草胺 98%/2011.03.23 至 2016.03.23/低毒
PD20111365　烟嘧磺隆/95%/原药/烟嘧磺隆 95%/2011.12.13 至 2016.12.13/微毒
PD20120188　杀螟丹/98%/原药/杀螟丹 98%/2012.01.30 至 2017.01.30/中等毒
PD20120249　丁醚脲/97%/原药/丁醚脲 97%/2012.02.13 至 2017.02.13/中等毒
PD20120321　甲嘧磺隆/95%/原药/甲嘧磺隆 95%/2012.02.17 至 2017.02.17/微毒
PD20121017　毒死蜱/97%/原药/毒死蜱 97%/2012.07.02 至 2017.07.02/中等毒
PD20121176　甲氰菊酯/95%/原药/甲氰菊酯 95%/2012.07.30 至 2017.07.30/中等毒
PD20121298　草甘膦/95%/原药/草甘膦 95%/2012.09.06 至 2017.09.06/低毒
PD20121870　咪鲜胺/97%/原药/咪鲜胺 97%/2012.11.28 至 2017.11.28/低毒

PD20122119 异菌脲/96%/原药/异菌脲 96%/2012.12.26 至 2017.12.26/微毒
PD20130715 高效氯氰菊酯/95%/原药/高效氯氰菊酯 95%/2013.04.11 至 2018.04.11/中等毒
PD20130729 噻虫嗪/98%/原药/噻虫嗪 98%/2013.04.12 至 2018.04.12/低毒
PD20131377 吡虫啉/350克/升/悬浮剂/吡虫啉 350克/升/2013.06.24 至 2018.06.24/低毒
注:专供出口,不得在国内销售。
PD20140326 毒草胺/96%/原药/毒草胺 96%/2014.02.13 至 2019.02.13/低毒
PD20140893 茚虫威/71.2%/母药/茚虫威 71.2%/2014.04.08 至 2019.04.08/低毒
PD20141558 草铵膦/95%/原药/草铵膦 95%/2014.06.17 至 2019.06.17/低毒
PD20142318 苯醚甲环唑/95%/原药/苯醚甲环唑 95%/2014.11.03 至 2019.11.03/低毒
PD20150416 高效氯氟氰菊酯/65/母药/高效氯氟氰菊酯 65%/2015.03.19 至 2020.03.19/中等毒
PD20150653 己唑醇/95%/原药/己唑醇 95%/2015.04.16 至 2020.04.16/低毒
PD20151645 烯啶虫胺/97%/原药/烯啶虫胺 97%/2015.08.28 至 2020.08.28/低毒
LS20130020 甲基苯噻隆/96%/原药/甲基苯噻隆 96%/2014.01.07 至 2015.01.07/低毒
注:专供出口，不得在国内销售。
LS20130263 丁噻隆/97%/原药/丁噻隆 97%/2015.05.02 至 2016.05.02/低毒
LS20140277 呋虫胺/95%/原药/呋虫胺 95%/2015.08.25 至 2016.08.25/低毒
WP20080035 残杀威/97%/原药/残杀威 97%/2013.02.28 至 2018.02.28/中等毒
WP20140124 噁虫威/95%/原药/噁虫威 95%/2014.06.05 至 2019.06.05/中等毒

江苏长青农化股份有限公司 (江苏省扬州市江都市浦头镇江灵路1号 225218 0514-6421237)

PD20060103 三唑磷/85%/原药/三唑磷 85%/2011.06.08 至 2016.06.08/中等毒
PD20070469 三氟羧草醚/88%/原药/三氟羧草醚 88%/2012.11.20 至 2017.11.20/低毒
PD20070520 草除灵/95%/原药/草除灵 95%/2012.11.28 至 2017.11.28/低毒
PD20070551 异噁草松/93%/原药/异噁草松 93%/2012.12.03 至 2017.12.03/低毒
PD20080012 吡虫啉/95%/原药/吡虫啉 95%/2013.01.03 至 2018.01.03/低毒
PD20080088 咪唑乙烟酸/96%/原药/咪唑乙烟酸 96%/2013.01.03 至 2018.01.03/低毒
PD20080120 辛酰溴苯腈/95%/原药/辛酰溴苯腈 95%/2013.01.04 至 2018.01.04/中等毒
PD20080528 氟磺胺草醚/95%/原药/氟磺胺草醚 95%/2013.04.29 至 2018.04.29/低毒
PD20080539 烯酰吗啉/95%/原药/烯酰吗啉 95%/2013.05.04 至 2018.05.04/低毒
PD20080559 三环唑/96%/原药/三环唑 96%/2013.05.09 至 2018.05.09/中等毒
PD20080618 乳氟禾草灵/80%/原药/乳氟禾草灵 80%/2013.05.12 至 2018.05.12/低毒
PD20082063 毒死蜱/97%/原药/毒死蜱 97%/2013.11.25 至 2018.11.25/中等毒
PD20083337 高效氯氟氰菊酯/95%/原药/高效氯氟氰菊酯 95%/2013.12.11 至 2018.12.11/中等毒
PD20086078 烯草酮/93%/原药/烯草酮 93%/2013.12.30 至 2018.12.30/低毒
PD20094338 乙羧氟草醚/95%/原药/乙羧氟草醚 95%/2014.04.01 至 2019.04.01/低毒
PD20095284 烟嘧磺隆/94%/原药/烟嘧磺隆 94%/2014.04.27 至 2019.04.27/低毒
PD20097089 草甘膦/95%/原药/草甘膦 95%/2014.10.10 至 2019.10.10/微毒
PD20100525 氟磺胺草醚/48%/母药/氟磺胺草醚 48%/2010.01.14 至 2015.01.14/低毒
注:专供出口，不得在国内销售。
PD20101430 氟虫腈/95%/原药/氟虫腈 95%/2015.05.04 至 2020.05.04/中等毒
PD20110044 丙草胺/96%/原药/丙草胺 96%/2016.01.11 至 2021.01.11/低毒
PD20110112 啶虫脒/99%/原药/啶虫脒 99%/2016.01.26 至 2021.01.26/中等毒
PD20110444 烯草酮/70%/母药/烯草酮 70%/2011.04.21 至 2016.04.21/低毒
PD20121223 丁醚脲/95%/原药/丁醚脲 95%/2012.08.10 至 2017.08.10/低毒
注:专供出口,不得在国内销售。
PD20130751 醚苯磺隆/95/原药/醚苯磺隆 95%/2013.04.16 至 2018.04.16/低毒
注:专供出口,不得在国内销售。
PD20132051 茚虫威/71.25%/母药/茚虫威 71.25%/2013.10.22 至 2018.10.22/中等毒
PD20132082 精异丙甲草胺/96%/原药/精异丙甲草胺 96%/2013.10.24 至 2018.10.24/低毒
PD20132656 噻虫嗪/98%/原药/噻虫嗪 98%/2013.12.20 至 2018.12.20/低毒
PD20140990 炔草酯/95%/原药/炔草酯 95%/2014.04.14 至 2019.04.14/低毒
PD20141236 嘧菌酯/98%/原药/嘧菌酯 98%/2014.05.07 至 2019.05.07/微毒
PD20141310 稻瘟酰胺/95%/原药/稻瘟酰胺 95%/2014.05.30 至 2019.05.30/低毒
PD20150243 硝磺草酮/97%/原药/硝磺草酮 97%/2015.01.15 至 2020.01.15/低毒
PD20152221 吡蚜酮/9797%/原药/吡蚜酮 97%/2015.09.23 至 2020.09.23/低毒
LS20120182 丁醚脲/50%/悬浮剂/丁醚脲 50%/2014.05.11 至 2015.05.11/低毒
甘蓝 小菜蛾 375-500克/公顷 喷雾

江苏长青农化南通有限公司 (江苏省如东县洋口镇化学工业园黄海三路 226407 0513-81903116)

PD20132217 麦草畏/98%/原药/麦草畏 98%/2013.11.05 至 2018.11.05/低毒
PD20132452 氰氟草酯/96%/原药/氰氟草酯 96%/2013.12.02 至 2018.12.02/低毒
PD20140098 氟环唑/97%/原药/氟环唑 97%/2014.01.20 至 2019.01.20/低毒
PD20140881 甲氧虫酰肼/98%/原药/甲氧虫酰肼 98%/2014.04.08 至 2019.04.08/微毒
PD20141335 苯醚甲环唑/95%/原药/苯醚甲环唑 95%/2014.06.04 至 2019.06.04/低毒

江苏长青生物科技有限公司 (江苏省扬州市江都区浦头镇江灵路1号 225218 0514-86421237)

PD20040167 吡虫啉/10%/可湿性粉剂/吡虫啉 10%/2014.12.19 至 2019.12.19/低毒
水稻 飞虱 15-30克/公顷 喷雾
小麦 蚜虫 15-30克/公顷(南方地区)45-60克/公顷(北方地区) 喷雾

PD20040607 吡虫·杀虫单/40%/可湿性粉剂/吡虫啉 1.2%、杀虫单 38.8%/2014.12.19 至 2019.12.19/中等毒
水稻 稻飞虱、三化螟 450-750克/公顷 喷雾

PD20040647 三唑磷/40%/乳油/三唑磷 40%/2014.12.19 至 2019.12.19/中等毒
水稻 二化螟、三化螟 300-450克/公顷 喷雾

PD20040654 三唑磷/20%/乳油/三唑磷 20%/2014.12.19 至 2019.12.19/中等毒
棉花 棉铃虫 420-480克/公顷 喷雾
水稻 二化螟、三化螟 300-360克/公顷 喷雾

PD20060035 噻嗪·异丙威/25%/可湿性粉剂/噻嗪酮 5%、异丙威 20%/2016.02.07 至 2021.02.07/低毒
水稻 稻飞虱 187.5-262.5克/公顷 喷雾

PD20070008 多·酮/33%/可湿性粉剂/多菌灵 28%、三唑酮 5%/2012.01.16 至 2017.01.16/低毒
小麦 白粉病、赤霉病 445.5-594克/公顷 喷雾
油菜 菌核病 495-643.5克/公顷 喷雾

PD20070595 噻嗪·杀虫单/25%/可湿性粉剂/噻嗪酮 5%、杀虫单 20%/2012.12.14 至 2017.12.14/低毒
水稻 稻飞虱 375-450克/公顷 喷雾

PD20070622 噻嗪·杀虫单/75%/可湿性粉剂/噻嗪酮 11.6%、杀虫单 63.4%/2012.12.14 至 2017.12.14/低毒
水稻 稻飞虱 337.5-562.5克/公顷 喷雾

PD20080005 噻嗪酮/25%/可湿性粉剂/噻嗪酮 25%/2013.01.04 至 2018.01.04/低毒
水稻 稻飞虱 75-112.5克/公顷 喷雾

PD20080397 咪鲜胺/25%/乳油/咪鲜胺 25%/2013.03.04 至 2018.03.04/低毒
柑橘 青霉病 333-500毫克/千克 浸果
水稻 恶苗病 2000-4000倍液 浸种

PD20080411 苄嘧·苯噻酰/53%/可湿性粉剂/苯噻酰草胺 50%、苄嘧磺隆 3%/2013.02.28 至 2018.02.28/低毒
水稻抛秧田 一年生及部分多年生杂草 318-397.5克/公顷(南方地区) 毒土法

PD20080556 三环唑/20%/可湿性粉剂/三环唑 20%/2013.05.09 至 2018.05.09/中等毒
水稻 稻瘟病 225-300克/公顷 喷雾

PD20080573 三环唑/75%/可湿性粉剂/三环唑 75%/2013.05.12 至 2018.05.12/中等毒
水稻 稻瘟病 225-300克/公顷 喷雾

PD20080816 咪唑乙烟酸/5%/水剂/咪唑乙烟酸 5%/2013.06.20 至 2018.06.20/低毒
春大豆田 一年生杂草 90-105克/公顷 喷雾

PD20080830 乳氟禾草灵/24%/乳油/乳氟禾草灵 24%/2013.06.20 至 2018.06.20/低毒
春大豆田 一年生阔叶杂草 108-144克/公顷(东北地区) 茎叶喷雾
夏大豆田 一年生阔叶杂草 90-108克/公顷(其它地区) 茎叶喷雾

PD20081104 氟磺胺草醚/25%/水剂/氟磺胺草醚 25%/2013.09.01 至 2018.09.01/低毒
春大豆田 一年生阔叶杂草 375-450克/公顷 茎叶喷雾
夏大豆田 一年生阔叶杂草 250-300克/公顷 喷雾

PD20081135 异噁草松/48%/乳油/异噁草松 48%/2013.09.01 至 2018.09.01/低毒
春大豆田 一年生杂草 1008-1080克/公顷(东北地区) 播后苗前土壤喷雾
注:仅限于非豆麦轮作的地区使用。

PD20081159 稻瘟灵/30%/乳油/稻瘟灵 30%/2013.09.11 至 2018.09.11/低毒
水稻 稻瘟病 450－675克/公顷 喷雾

PD20081344 苄·乙/14%/可湿性粉剂/苄嘧磺隆 3.2%、乙草胺 10.8%/2013.10.21 至 2018.10.21/低毒
水稻移栽田 一年生及部分多年生杂草 84-118克/公顷 药土法

PD20081347 异松·乙草胺/58%/乳油/乙草胺 34%、异噁草松 24%/2013.10.21 至 2018.10.21/低毒
春大豆田 一年生杂草 1044-1392克/公顷(东北地区) 土壤喷雾

PD20081363 草除灵/30%/悬浮剂/草除灵 30%/2013.10.22 至 2018.10.22/低毒
冬油菜田 一年生阔叶杂草 225-292.5克/公顷 茎叶喷雾

PD20081815 苯磺隆/10%/可湿性粉剂/苯磺隆 10%/2013.11.19 至 2018.11.19/低毒
冬小麦田 一年生阔叶杂草 13.5-22.5克/公顷 茎叶喷雾

PD20082017 异稻·三环唑/20%/可湿性粉剂/三环唑 6%、异稻瘟净 14%/2013.11.25 至 2018.11.25/低毒
水稻 稻瘟病 300-450克/公顷 喷雾

PD20082171 莠去津/38%/悬浮剂/莠去津 38%/2013.11.26 至 2018.11.26/低毒
春玉米田 一年生杂草 1425-1710克/公顷(东北地区) 茎叶喷雾

PD20082260 扑·乙·滴丁酯/65%/乳油/2,4-滴丁酯 20%、扑草净 8%、乙草胺 37%/2013.11.27 至 2018.11.27/低毒
春大豆田、春玉米田 一年生杂草 1462.5-1950克/公顷(东北地区) 播后苗前土壤喷雾

PD20082824 松·喹·氟磺胺/18%/乳油/氟磺胺草醚 6%、精喹禾灵 1.6%、异噁草松 10.4%/2013.12.09 至 2018.12.09/低毒
春大豆田 一年生杂草 486-540克/公顷 茎叶喷雾

PD20083035 烯酰·锰锌/50%/可湿性粉剂/代森锰锌 44%、烯酰吗啉 6%/2013.12.10 至 2018.12.10/低毒
黄瓜 霜霉病 1050-1350克/公顷 喷雾

PD20084666 毒死蜱/45%/乳油/毒死蜱 45%/2013.12.22 至 2018.12.22/中等毒

水稻 稻飞虱 360-432克/公顷 喷雾

PD20085069 溴氰菊酯/2.5%/乳油/溴氰菊酯 2.5%/2013.12.23 至 2018.12.23/低毒

十字花科蔬菜 菜青虫 7.5-11.25克/公顷 喷雾

PD20085298 氟草·喹禾灵/7.5%/乳油/三氟羧草醚 2.5%、喹禾灵 5%/2013.12.23 至 2018.12.23/低毒

夏大豆田 一年生杂草 90-135克/公顷 苗后喷雾

PD20085700 丙溴·辛硫磷/40%/乳油/丙溴磷 6%、辛硫磷 34%/2013.12.26 至 2018.12.26/中等毒

棉花 棉铃虫 450-600克/公顷 喷雾

水稻 稻纵卷叶螟 540-660克/公顷 喷雾

PD20085831 草甘膦异丙胺盐/41%/水剂/草甘膦 41%/2013.12.29 至 2018.12.29/低毒

茶园、柑橘园 杂草 1230-2460克/公顷 定向茎叶喷雾

注:草甘膦异丙胺盐含量：55%。

PD20085849 精喹禾灵/50克/升/乳油/精喹禾灵 50克/升/2013.12.29 至 2018.12.29/低毒

春大豆田 一年生禾本科杂草 52.5-75克/公顷 茎叶喷雾

PD20085904 吡嘧·丁草胺/28%/可湿性粉剂/吡嘧磺隆 1.4%、丁草胺 26.6%/2013.12.29 至 2018.12.29/低毒

水稻移栽田 部分多年生杂草、一年生杂草 504-630克/公顷 药土法

PD20085934 代森锌/65%/可湿性粉剂/代森锌 65%/2013.12.29 至 2018.12.29/低毒

马铃薯 晚疫病 731.25-1092克/公顷 喷雾

PD20085994 草甘膦/30%/水剂/草甘膦 30%/2013.12.29 至 2018.12.29/低毒

茶园、柑橘园 杂草 1125-2250克/公顷 定向茎叶喷雾

PD20086048 精喹·草除灵/17.5%/乳油/草除灵 15%、精喹禾灵 2.5%/2013.12.29 至 2018.12.29/低毒

冬油菜田 一年生杂草 262.5-393.8克/公顷 喷雾

PD20086113 三氟羧草醚/21.4%/水剂/三氟羧草醚 21.4%/2013.12.30 至 2018.12.30/低毒

春大豆田 一年生阔叶杂草 401.25-481.5克/公顷 茎叶喷雾

PD20090013 吡嘧·二氯喹/20%/可湿性粉剂/吡嘧磺隆 1.5%、二氯喹啉酸 18.5%/2014.01.04 至 2019.01.04/低毒

水稻抛秧田、水稻秧田、水稻移栽田 一年生及部分多年生杂草 210-270克/公顷 茎叶喷雾

水稻田(直播) 一年生及部分多年生杂草 210-300克/公顷 茎叶喷雾

PD20090760 啶虫脒/5%/乳油/啶虫脒 5%/2014.01.19 至 2019.01.19/中等毒

柑橘树 蚜虫 20-40毫克/千克 喷雾

PD20091062 高效氟吡甲禾灵/108克/升/乳油/高效氟吡甲禾灵 108克/升/2014.01.21 至 2019.01.21/低毒

春大豆田 一年生禾本科杂草 48.6-64.8克/公顷 茎叶喷雾

PD20091149 苄·二氯/36%/可湿性粉剂/苄嘧磺隆 3%、二氯喹啉酸 33%/2014.01.21 至 2019.01.21/低毒

水稻移栽田 一年生杂草 216-270克/公顷 移栽田浅水层喷雾处理

PD20092105 井冈·烯唑醇/12%/可湿性粉剂/井冈霉素 10%、烯唑醇 2%/2014.02.23 至 2019.02.23/低毒

水稻 稻曲病 81-135克/公顷 喷雾

PD20092257 辛酰溴苯腈/25%/乳油/辛酰溴苯腈 25%/2014.02.24 至 2019.02.24/低毒

玉米田 一年生阔叶杂草 375-562.5克/公顷 喷雾

PD20092281 氧氟·乙草胺/40%/乳油/乙草胺 34%、乙氧氟草醚 6%/2014.02.24 至 2019.02.24/低毒

花生田 一年生杂草 600-720克/公顷 播后苗前喷雾

PD20092369 氟醚·灭草松/440克/升/水剂/三氟羧草醚 80克/升、灭草松 360克/升/2014.02.24 至 2019.02.24/低毒

春大豆田 一年生阔叶杂草 924-1056克/公顷 茎叶喷雾

PD20092421 氟·咪·灭草松/32%/水剂/氟磺胺草醚 9%、灭草松 20%、咪唑乙烟酸 3%/2014.02.25 至 2019.02.25/低毒

春大豆田 一年生杂草 672-768克/公顷 茎叶喷雾

PD20092655 吡虫啉/20%/可溶液剂/吡虫啉 20%/2014.03.03 至 2019.03.03/低毒

十字花科蔬菜 蚜虫 22.5-30克/公顷 喷雾

PD20092902 阿维·三唑磷/20%/乳油/阿维菌素 0.2%、三唑磷 19.8%/2014.03.05 至 2019.03.05/中等毒(原药高毒)

水稻 二化螟 150-210克/公顷 喷雾

PD20093151 噁草·丁草胺/42%/乳油/丁草胺 32%、噁草酮 10%/2014.03.11 至 2019.03.11/低毒

水稻旱育秧田 一年生杂草 567-693克/公顷 复土后盖膜前喷雾

PD20093582 二嗪磷/50%/乳油/二嗪磷 50%/2014.03.23 至 2019.03.23/中等毒

水稻 二化螟、三化螟 450-600克/公顷 喷雾

PD20094169 异噁·氟磺胺/26%/乳油/氟磺胺草醚 10%、异噁草松 16%/2014.03.27 至 2019.03.27/低毒

春大豆田 一年生杂草 487.5-585克/公顷 茎叶喷雾

PD20094337 乙羧氟草醚/10%/乳油/乙羧氟草醚 10%/2014.04.01 至 2019.04.01/低毒

春大豆田 一年生阔叶杂草 75-90克/公顷 茎叶喷雾

PD20094830 异噁草松/360g/L/乳油/异噁草松 360克/升/2014.04.13 至 2019.04.13/低毒

春大豆田 一年生杂草 540-648克/公顷 土壤喷雾

PD20095068 唑磷·敌百虫/50%/乳油/敌百虫 40%、三唑磷 10%/2014.04.21 至 2019.04.21/中等毒

水稻 二化螟、三化螟 750-900克/公顷 喷雾

PD20095101 二甲戊灵/33%/乳油/二甲戊灵 33%/2014.04.24 至 2019.04.24/低毒

甘蓝田 一年生杂草 618.8-742.5克/公顷 喷雾

PD20095406 乙·嗪·滴丁酯/60%/乳油/2,4-滴丁酯 6%、嗪草酮 5%、乙草胺 49%/2014.04.27 至 2019.04.27/低毒

春大豆田、春玉米田 一年生杂草 2250-2700克/公顷 播后苗前土壤喷雾

PD20095511 烯草酮/120克/升/乳油/烯草酮 120克/升/2014.05.11 至 2019.05.11/低毒
春大豆田 一年生禾本科杂草 72-108克/公顷 茎叶喷雾

PD20095719 烯禾啶/12.5%/乳油/烯禾啶 12.5%/2014.05.18 至 2019.05.18/低毒
春大豆田 一年生禾本科杂草 187.5-281.25克/公顷 茎叶喷雾

PD20095767 氟磺胺草醚/48%/水剂/氟磺胺草醚 48%/2014.05.18 至 2019.05.18/低毒
春大豆田 一年生阔叶杂草 360-432克/公顷 茎叶喷雾

PD20096002 烯唑·多菌灵/30%/可湿性粉剂/多菌灵 26%、烯唑醇 4%/2014.06.11 至 2019.06.11/低毒
梨树 黑星病 900-1200倍液 喷雾

PD20096039 烯唑醇/12.5%/可湿性粉剂/烯唑醇 12.5%/2014.06.15 至 2019.06.15/低毒
梨树 黑星病 2500-3500倍液 喷雾

PD20096267 苄嘧·丙草胺/35%/可湿性粉剂/苄嘧磺隆 2%、丙草胺 33%/2014.07.20 至 2019.07.20/低毒
直播水稻(南方) 一年生杂草 367.5-420克/公顷 喷雾

PD20096352 精喹·乙羧氟/20%/乳油/精喹禾灵 6%、乙羧氟草醚 14%/2014.07.28 至 2019.07.28/低毒
夏大豆田 一年生杂草 90-120克/公顷 茎叶喷雾

PD20096439 乙羧·氟磺胺/30%/水剂/氟磺胺草醚 25%、乙羧氟草醚 5%/2014.08.05 至 2019.08.05/低毒
春大豆田 一年生阔叶杂草 180-225克/公顷(东北地区) 喷雾

PD20096657 异松·乙草胺/35%/可湿性粉剂/乙草胺 25%、异噁草松 10%/2014.09.07 至 2019.09.07/微毒
冬油菜田 一年生杂草 315-367.5克/公顷 土壤喷雾

PD20097981 异噁·乙·滴丁酯/48%/乳油/2,4-滴丁酯 6%、乙草胺 30%、异噁草松 12%/2014.12.01 至 2019.12.01/低毒
春大豆田 一年生杂草 864-1080克/公顷 土壤喷雾

PD20098219 毒死蜱/40%/乳油/毒死蜱 40%/2014.12.16 至 2019.12.16/中等毒
水稻 稻纵卷叶螟 480-600克/公顷 喷雾

PD20100096 腈菌唑/12.5%/乳油/腈菌唑 12.5%/2015.01.04 至 2020.01.04/低毒
小麦 白粉病 30-60克/公顷 喷雾

PD20101340 烟嘧磺隆/40克/升/可分散油悬浮剂/烟嘧磺隆 40克/升/2015.03.23 至 2020.03.23/低毒
春玉米田 一年生杂草 48-60克/公顷 茎叶喷雾
夏玉米田 一年生杂草 36-48克/公顷 茎叶喷雾

PD20110819 二氯喹啉酸/50%/可湿性粉剂/二氯喹啉酸 50%/2011.08.04 至 2016.08.04/低毒
水稻田(直播) 稗草 300-375克/公顷 茎叶喷雾

PD20120940 己唑醇/5%/悬浮剂/己唑醇 5%/2012.06.12 至 2017.06.12/微毒
水稻 纹枯病 60-75克/公顷 喷雾

PD20120959 丙溴·辛硫磷/40%/乳油/丙溴磷 4%、辛硫磷 36%/2012.06.14 至 2017.06.14/低毒
桑树 桑尺蠖 240-360克/公顷 喷雾

PD20120996 精喹禾灵/10%/乳油/精喹禾灵 10%/2012.06.21 至 2017.06.21/低毒
夏大豆田 一年生禾本科杂草 32.4-64.8克/公顷 茎叶喷雾

PD20121203 噻苯隆/50%/可湿性粉剂/噻苯隆 50%/2012.08.08 至 2017.08.08/低毒
棉花 脱叶 225-300克/公顷 茎叶喷雾

PD20122105 吡虫啉/350克/升/悬浮剂/吡虫啉 350克/升/2012.12.26 至 2017.12.26/低毒
水稻 稻飞虱 15.75-26.25克/公顷 喷雾

PD20130253 苯甲·丙环唑/30%/悬浮剂/苯醚甲环唑 15%、丙环唑 15%/2013.02.06 至 2018.02.06/低毒
水稻 纹枯病 70-90克/公顷 喷雾

PD20131490 甲维·毒死蜱/30%/乳油/毒死蜱 29.7%、甲氨基阿维菌素苯甲酸盐 0.3%/2013.07.05 至 2018.07.05/中等毒
水稻 稻飞虱、稻纵卷叶螟 270-405克/公顷 喷雾

PD20132067 氟虫腈/5%/悬浮种衣剂/氟虫腈 5%/2013.10.22 至 2018.10.22/低毒
玉米 蚜虫 125-150克/100千克种子 种子包衣

PD20132434 茚虫威/15%/悬浮剂/茚虫威 15%/2013.11.20 至 2018.11.20/低毒
甘蓝 小菜蛾 33.75-45克/公顷 喷雾
水稻 稻纵卷叶螟 33.75-45克/公顷 喷雾

PD20140949 氟虫腈/80%/水分散粒剂/氟虫腈 80%/2014.04.14 至 2019.04.14/中等毒
注:专供出口产品,不得在国内销售。

PD20140951 氟虫腈/200克/升/悬浮剂/氟虫腈 200克/升/2014.04.14 至 2019.04.14/中等毒
注:专供出口产品,不得在国内销售。

PD20141031 氟虫腈/500克/升/悬浮种衣剂/氟虫腈 500克/升/2014.04.21 至 2019.04.21/中等毒
注:专供出口,不得在国内销售。

PD20141311 稻瘟酰胺/20%/悬浮剂/稻瘟酰胺 20%/2014.05.30 至 2019.05.30/低毒
水稻 稻瘟病 180-300克/公顷 喷雾

PD20141984 丙草胺/50%/水乳剂/丙草胺 50%/2014.08.14 至 2019.08.14/低毒
水稻抛栽田 一年生禾本科杂草 525-600克/公顷 药土法

PD20142464 吡虫啉/600克/升/悬浮种衣剂/吡虫啉 600克/升/2014.11.17 至 2019.11.17/低毒
小麦、玉米 蚜虫 480-600克/100千克种子 种子包衣

PD20142500 噻虫嗪/25%/水分散粒剂/噻虫嗪 25%/2014.11.21 至 2019.11.21/微毒
水稻 稻飞虱 15-18.75克/公顷 喷雾

PD20150199 吡虫啉/70%/水分散粒剂/吡虫啉 70%/2015.01.15 至 2020.01.15/低毒
水稻 稻飞虱 26.25-31.5克/公顷 喷雾
PD20150463 硝磺草酮/10%/可分散油悬浮剂/硝磺草酮 10%/2015.03.20 至 2020.03.20/微毒
玉米田 一年生阔叶杂草及禾本科杂草 120-150克/公顷 茎叶喷雾
PD20150483 氰氟草酯/15%/水乳剂/氰氟草酯 15%/2015.03.20 至 2020.03.20/微毒
水稻田(直播) 稗草、千金子等禾本科杂草 90-112.5克/公顷 茎叶喷雾
PD20150625 烟嘧·硝草酮/25%/可分散油悬浮剂/烟嘧磺隆 5%、硝磺草酮 20%/2015.04.16 至 2020.04.16/微毒
玉米田 一年生杂草 150-187.5克/公顷 茎叶喷雾
PD20151585 辛·烟·莠去津/35%/可分散油悬浮剂/辛酰溴苯腈 15%、烟嘧磺隆 4%、莠去津 16%/2015.08.28 至 2020.08.28/低毒
春玉米田 一年生杂草 525-577克/公顷 茎叶喷雾
夏玉米田 一年生杂草 367.5-420克/公顷 茎叶喷雾
PD20151832 炔草酯/15%/可湿性粉剂/炔草酯 15%/2015.08.28 至 2020.08.28/低毒
小麦田 一年生禾本科杂草 36-54克/公顷 茎叶喷雾
LS20140072 甲维·茚虫威/14%/悬浮剂/甲氨基阿维菌素苯甲酸盐 3%、茚虫威 11%/2015.03.03 至 2016.03.03/低毒
水稻 稻纵卷叶螟 21-42克/公顷 喷雾

江苏春江润田农化有限公司 (江苏省洪泽县盐化工区淮洪路6号 223215 0517-87615880)

PD20070405 高效氯氟氰菊酯/95%/原药/高效氯氟氰菊酯 95%/2012.11.05 至 2017.11.05/中等毒
PD20080596 联苯菊酯/96%/原药/联苯菊酯 96%/2013.05.12 至 2018.05.12/中等毒
PD20092610 氟氯氰菊酯/92%/原药/氟氯氰菊酯 92%/2014.03.02 至 2019.03.02/低毒
PD20097755 联苯菊酯/100克/升/乳油/联苯菊酯 100克/升/2014.11.12 至 2019.11.12/中等毒
苹果树 桃小食心虫 20-33毫克/千克 喷雾
PD20111063 高效氯氟氰菊酯/10%/可湿性粉剂/高效氯氟氰菊酯 10%/2011.10.11 至 2016.10.11/中等毒
甘蓝 菜青虫 11.25-15克/公顷 喷雾
PD20121563 氰戊菊酯/96%/原药/氰戊菊酯 96%/2012.10.25 至 2017.10.25/中等毒
PD20141691 草铵膦/95%/原药/草铵膦 95%/2014.06.30 至 2019.06.30/低毒

江苏东宝农药化工有限公司 (江苏省扬州市江都市宜陵镇 225225 0514-86731500)

PD20040082 高效氯氰菊酯/4.5%/水乳剂/高效氯氰菊酯 4.5%/2014.12.19 至 2019.12.19/中等毒
十字花科蔬菜 菜青虫 30-37.5克/公顷 喷雾
PD20040101 高效氯氰菊酯/4.5%/乳油/高效氯氰菊酯 4.5%/2014.12.19 至 2019.12.19/低毒
韭菜 迟眼蕈蚊 6.75-13.5克/公顷 喷雾
辣椒 烟青虫 24-34克/公顷 喷雾
十字花科蔬菜 菜青虫、小菜蛾、蚜虫 13.5-27克/公顷 喷雾
PD20040108 多·酮/47%/可湿性粉剂/多菌灵 45%、三唑酮 2%/2014.12.19 至 2019.12.19/低毒
小麦 白粉病、赤霉病 450-600克/公顷 喷雾
PD20040256 多·酮/30%/可湿性粉剂/多菌灵 20%、三唑酮 10%/2014.12.19 至 2019.12.19/低毒
水稻 稻瘟病、叶尖枯病 450-600克/公顷 喷雾
小麦 赤霉病 360-450克/公顷 喷雾
小麦 白粉病 450-600克/公顷 喷雾
PD20040707 井冈·杀虫单/65%/可溶粉剂/井冈霉素 7%、杀虫单 58%/2014.12.19 至 2019.12.19/中等毒
水稻 二化螟、纹枯病 682.5-975克/公顷 喷雾
PD20040770 苏云·杀虫单//可湿性粉剂/杀虫单 46%、苏云金杆菌 100亿活芽孢/克/2014.12.19 至 2019.12.19/中等毒
水稻 二化螟 750-900克制剂/公顷 喷雾
PD20040803 吡·井·杀虫单/44%/可湿性粉剂/吡虫啉 1%、井冈霉素 7%、杀虫单 36%/2014.12.20 至 2019.12.20/中等毒
水稻 二化螟、飞虱、纹枯病 660-792克/公顷 喷雾
PD20080274 氰戊·辛硫磷/25%/乳油/氰戊菊酯 6.2%、辛硫磷 18.8%/2013.02.22 至 2018.02.22/中等毒
甘蓝 菜青虫、蚜虫 150-225克/公顷 喷雾
棉花 棉铃虫 281.25-375克/公顷 喷雾
PD20080276 噻嗪·杀虫单/70%/可湿性粉剂/噻嗪酮 10%、杀虫单 60%/2013.02.22 至 2018.02.22/中等毒
水稻 稻纵卷叶螟 525-630克/公顷 喷雾
水稻 稻飞虱、二化螟 630-735克/公顷 喷雾
PD20080613 苄嘧·苯噻酰/50%/可湿性粉剂/苯噻酰草胺 47%、苄嘧磺隆 3%/2013.05.12 至 2018.05.12/低毒
水稻田(直播) 部分多年生杂草、一年生杂草 375-525克/公顷 药土法
PD20080783 苯磺·异丙隆/70%/可湿性粉剂/苯磺隆 1%、异丙隆 69%/2013.06.20 至 2018.06.20/低毒
冬小麦田 一年生杂草 1050－1575克/公顷 茎叶喷雾
PD20080799 氰戊菊酯/20%/乳油/氰戊菊酯 20%/2013.06.20 至 2018.06.20/低毒
十字花科蔬菜 蚜虫 90-120克/公顷 喷雾
PD20080814 嘧霉胺/20%/可湿性粉剂/嘧霉胺 20%/2013.06.20 至 2018.06.20/低毒
黄瓜 灰霉病 360-480克/公顷 喷雾
PD20081058 氧氟·乙草胺/40%/乳油/乙草胺 34%、乙氧氟草醚 6%/2013.08.14 至 2018.08.14/低毒
夏大豆田 一年生杂草 600-720克/公顷 土壤喷雾
PD20081198 精喹禾灵/5%/乳油/精喹禾灵 5%/2013.09.11 至 2018.09.11/低毒
冬油菜田 一年生禾本科杂草 37.5－52.5克/公顷 茎叶喷雾
PD20081236 苯磺隆/10%/可湿性粉剂/苯磺隆 10%/2013.09.16 至 2018.09.16/低毒

冬小麦田 阔叶杂草 15－22.5克/公顷 茎叶喷雾

PD20081287 苄·二氯/36%/可湿性粉剂/苄嘧磺隆 3%、二氯喹啉酸 33%/2013.09.25 至 2018.09.25/低毒

水稻抛秧田 部分多年生杂草、一年生杂草 216-270克/公顷 喷雾或药土法

水稻田(直播) 部分多年生杂草、一年生杂草 216-324克/公顷(南方地区) 喷雾

PD20081300 硫磺·三环唑/45%/可湿性粉剂/硫磺 40%、三环唑 5%/2013.10.09 至 2018.10.09/低毒

水稻 稻瘟病 810-1215克/公顷 喷雾

PD20081812 三唑酮/25%/可湿性粉剂/三唑酮 25%/2013.11.19 至 2018.11.19/低毒

小麦 白粉病、锈病 150-168.7克/公顷 喷雾

PD20081821 氯氰菊酯/100克/升/乳油/氯氰菊酯 100克/升/2013.11.19 至 2018.11.19/中等毒

十字花科蔬菜 菜青虫 45-52.5克/公顷 喷雾

PD20081905 联苯菊酯/100克/升/乳油/联苯菊酯 100克/升/2013.11.21 至 2018.11.21/中等毒

茶树 茶毛虫、茶尺蠖 7.5-15克/公顷 喷雾

PD20081925 精喹·草除灵/17.5%/乳油/草除灵 15%、精喹禾灵 2.5%/2013.11.21 至 2018.11.21/低毒

冬油菜田 一年生杂草 262.5－393.8克/公顷 茎叶喷雾

PD20082303 高效氯氰菊酯/25克/升/乳油/高效氯氰菊酯 25克/升/2013.12.01 至 2018.12.01/中等毒

十字花科蔬菜 菜青虫 11.25-22.5克/公顷 喷雾

PD20082364 高效氟吡甲禾灵/95%/原药/高效氟吡甲禾灵 95%/2013.12.01 至 2018.12.01/低毒

PD20082408 二嗪磷/50%/乳油/二嗪磷 50%/2013.12.02 至 2018.12.02/中等毒

水稻 二化螟 675-900克/公顷 喷雾

PD20082979 甲氨基阿维菌素苯甲酸盐/1%/乳油/甲氨基阿维菌素苯甲酸盐 1%/2013.12.09 至 2018.12.09/低毒

甘蓝 小菜蛾 15-30毫升/亩 喷雾

PD20083065 稻瘟灵/40%/可湿性粉剂/稻瘟灵 40%/2013.12.10 至 2018.12.10/低毒

水稻 稻瘟病 480-600克/公顷 喷雾

PD20083140 毒死蜱/480克/升/乳油/毒死蜱 480克/升/2013.12.10 至 2018.12.10/中等毒

水稻 稻飞虱、稻纵卷叶螟 504-576克/公顷 喷雾

PD20083252 丙草胺/30%/乳油/丙草胺 30%/2013.12.11 至 2018.12.11/低毒

直播水稻田 一年生杂草 490-530克/公顷 土壤喷雾

PD20083359 丙溴·辛硫磷/40%/乳油/丙溴磷 6%、辛硫磷 34%/2013.12.11 至 2018.12.11/中等毒

棉花 棉铃虫 150-187.5克/公顷 喷雾

水稻 三化螟 600-720克/公顷 喷雾

PD20083460 三环唑/20%/可湿性粉剂/三环唑 20%/2013.12.12 至 2018.12.12/低毒

水稻 稻瘟病 262.5-300克/公顷 喷雾

PD20083464 氰戊·三唑酮/20%/乳油/氰戊菊酯 10%、三唑酮 10%/2013.12.12 至 2018.12.12/中等毒

小麦 白粉病、蚜虫 210-240克/公顷 喷雾

PD20083519 噻嗪酮/25%/可湿性粉剂/噻嗪酮 25%/2013.12.12 至 2018.12.12/低毒

水稻 稻飞虱 112.5－150克/公顷 喷雾

PD20083583 阿维·高氯/3%/乳油/阿维菌素 0.2%、高效氯氰菊酯 2.8%/2013.12.12 至 2018.12.12/低毒(原药高毒)

黄瓜 美洲斑潜蝇 15-30克/公顷 喷雾

梨树 梨木虱 20-30毫克/千克 喷雾

十字花科蔬菜 菜青虫 18-27克/公顷 喷雾

十字花科蔬菜 小菜蛾 13.5-27克/公顷 喷雾

PD20083732 苄嘧磺隆/10%/可湿性粉剂/苄嘧磺隆 10%/2013.12.15 至 2018.12.15/低毒

移栽水稻田、直播水稻田 一年生阔叶杂草及部分莎草科杂草 32.5-45克/公顷 药土法

PD20083859 高效氟吡甲禾灵/108克/升/乳油/高效氟吡甲禾灵 108克/升/2013.12.15 至 2018.12.15/低毒

夏大豆田 一年生禾本科杂草 45-52.5克/公顷 茎叶喷雾

PD20084069 三环·杀虫单/50%/可湿性粉剂/三环唑 14%、杀虫单 36%/2013.12.16 至 2018.12.16/中等毒

水稻 稻瘟病、螟虫 750-900克/公顷 喷雾

PD20084486 三唑磷/20%/乳油/三唑磷 20%/2013.12.17 至 2018.12.17/中等毒

水稻 二化螟、三化螟 300-450克/公顷 喷雾

PD20085079 溴氰·乐果/20%/乳油/乐果 19.2%、溴氰菊酯 0.8%/2013.12.23 至 2018.12.23/中等毒

十字花科蔬菜 菜青虫、菜蚜 45-75克/公顷 喷雾

PD20085155 噻嗪·异丙威/25%/可湿性粉剂/噻嗪酮 5%、异丙威 20%/2013.12.23 至 2018.12.23/低毒

水稻 稻飞虱 487.5-562.5克/公顷 喷雾

PD20085197 吡虫啉/10%/可湿性粉剂/吡虫啉 10%/2013.12.23 至 2018.12.23/低毒

菠菜 蚜虫 30-45克/公顷 喷雾

韭菜 韭蛆 300-450克/公顷 药土法

芹菜 蚜虫 15-30克/公顷 喷雾

水稻 稻飞虱 15-30克/公顷 喷雾

PD20085433 毒·辛/20%/乳油/毒死蜱 4%、辛硫磷 16%/2013.12.24 至 2018.12.24/低毒

水稻 稻纵卷叶螟 450-480克/公顷 喷雾

PD20085666 氯氰·乐果/20%/乳油/乐果 14.5%、氯氰菊酯 5.5%/2013.12.26 至 2018.12.26/中等毒

十字花科蔬菜 菜青虫 150-300克/公顷 喷雾

登记证号	登记作物	防治对象	用药量	施用方法
PD20085846	阿维·毒死蜱/15%/乳油/阿维菌素 0.1%、毒死蜱 14.9%/2013.12.29 至 2018.12.29/低毒(原药高毒)			
	水稻	稻飞虱、稻纵卷叶螟	112.5-135克/公顷	喷雾
	水稻	二化螟	112.5-157.5克/公顷	喷雾
PD20090278	阿维·苏云菌//可湿性粉剂/阿维菌素 0.1%、苏云金杆菌 100亿活芽孢/克/2014.01.09 至 2019.01.09/低毒(原药高毒)			
	十字花科蔬菜	菜青虫	750-1050克制剂/公顷	喷雾
	十字花科蔬菜	小菜蛾	900-1200克制剂/公顷	喷雾
	水稻	稻纵卷叶螟	1500-1800克制剂/公顷	喷雾
PD20090420	乐·酮·多菌灵/60%/可湿性粉剂/多菌灵 30%、乐果 20%、三唑酮 10%/2014.01.12 至 2019.01.12/中等毒			
	小麦	白粉病、赤霉病、蚜虫	630-720克/公顷	喷雾
PD20090534	阿维·三唑磷/20%/乳油/阿维菌素 0.1%、三唑磷 19.9%/2014.01.13 至 2019.01.13/中等毒(原药高毒)			
	水稻	二化螟	360-450克/公顷	喷雾
	水稻	三化螟	300-360克/公顷	喷雾
PD20091192	乙草胺/20%/可湿性粉剂/乙草胺 20%/2014.02.01 至 2019.02.01/低毒			
	水稻移栽田	部分阔叶杂草、一年生禾本科杂草	90-112.5克/公顷(南方地区)	药土法
PD20091199	精噁唑禾草灵/69克/升/水乳剂/精噁唑禾草灵 69克/升/2014.02.01 至 2019.02.01/低毒			
	冬小麦田	一年生禾本科杂草	41.4-82.8克/公顷	茎叶喷雾
PD20091410	苄·乙/14%/可湿性粉剂/苄嘧磺隆 3.2%、乙草胺 10.8%/2014.02.02 至 2019.02.02/低毒			
	水稻移栽田	部分多年生杂草、一年生杂草	84-118克/公顷	药土法
PD20091586	氯氟吡氧乙酸异辛酯/200克/升/乳油/氯氟吡氧乙酸异辛酯 200克/升/2014.02.03 至 2019.02.03/低毒			
	冬小麦田	一年生阔叶杂草	150-210克/公顷	茎叶喷雾
PD20091682	苏云·氟铃脲//可湿性粉剂/氟铃脲 1.5%、苏云金杆菌 50亿活孢子/克/2014.02.03 至 2019.02.03/低毒			
	甘蓝	甜菜夜蛾	1200-1800克制剂/公顷	喷雾
PD20091900	阿维·吡虫啉/2%/乳油/阿维菌素 0.2%、吡虫啉 1.8%/2014.02.09 至 2019.02.09/低毒(原药高毒)			
	十字花科蔬菜	菜青虫、小菜蛾、蚜虫	12-18克/公顷	喷雾
PD20092510	阿维·氟铃脲/2.5%/乳油/阿维菌素 0.2%、氟铃脲 2.3%/2014.02.26 至 2019.02.26/微毒(原药高毒)			
	甘蓝	小菜蛾	30-37.5克/公顷	喷雾
	甘蓝	菜青虫	22.5-30克/公顷	喷雾
PD20092760	阿维·哒螨灵/10%/乳油/阿维菌素 0.2%、哒螨灵 9.8%/2014.03.04 至 2019.03.04/中等毒(原药高毒)			
	棉花	红蜘蛛	90-120克/公顷	喷雾
PD20093818	扑·乙/40%/可湿性粉剂/扑草净 20%、乙草胺 20%/2014.03.25 至 2019.03.25/低毒			
	水稻移栽田	一年生杂草	120-180克/公顷	毒土法
PD20094198	草甘膦异丙胺盐(41%)///水剂/草甘膦 30%/2014.03.30 至 2019.03.30/微毒			
	春玉米田、柑橘园、棉花田、夏玉米田	杂草	1125-2250毫升/公顷	定向喷雾
	冬油菜田（免耕）、防火隔离带、非耕地、公路、免耕春油菜田、免耕抛秧晚稻田、铁路	杂草	1125-2250毫升/公顷	喷雾
PD20094383	混灭·噻嗪酮/30%/乳油/混灭威 25%、噻嗪酮 5%/2014.04.01 至 2019.04.01/低毒			
	水稻	稻飞虱	337.5-405克/公顷	喷雾
PD20095036	溴氰菊酯/25克/升/乳油/溴氰菊酯 25克/升/2014.04.21 至 2019.04.21/中等毒			
	十字花科蔬菜	菜青虫	11.25-15克/公顷	喷雾
	十字花科蔬菜	小菜蛾	7.5-15克/公顷	喷雾
PD20095451	乙羧氟草醚/10%/乳油/乙羧氟草醚 10%/2014.05.11 至 2019.05.11/低毒			
	夏大豆田	一年生阔叶杂草	60—90克/公顷	茎叶喷雾
PD20095686	草甘膦/95%/原药/草甘膦 95%/2014.05.15 至 2019.05.15/低毒			
PD20096284	井冈·三环唑/20%/可湿性粉剂/井冈霉素 5%、三环唑 15%/2014.07.22 至 2019.07.22/中等毒			
	水稻	稻曲病、稻瘟病、纹枯病	300-450克/公顷	喷雾
PD20096285	井冈·杀虫双/22%/水剂/井冈霉素 2%、杀虫双 20%/2014.07.22 至 2019.07.22/中等毒			
	水稻	螟虫	660-825克/公顷	喷雾
PD20096409	唑螨酯/96%/原药/唑螨酯 96%/2014.08.04 至 2019.08.04/中等毒			
PD20096567	苄嘧·禾草丹/35%/可湿性粉剂/苄嘧磺隆 0.8%、禾草丹 34.2%/2014.08.24 至 2019.08.24/低毒			
	水稻秧田	一年生杂草	1050-1312.5克/公顷	喷雾或药土法
PD20096592	烟嘧磺隆/40克/升/可分散油悬浮剂/烟嘧磺隆 40克/升/2014.08.25 至 2019.08.25/微毒			
	玉米田	一年生杂草	42-60克/公顷	茎叶喷雾
PD20096630	混灭威/50%/乳油/混灭威 50%/2014.09.02 至 2019.09.02/中等毒			
	水稻	稻飞虱	562.5-750克/公顷	喷雾
PD20096945	二甲戊灵/330克/升/乳油/二甲戊灵 330克/升/2014.09.29 至 2019.09.29/低毒			
	玉米田	一年生杂草	200-250毫升制剂/亩	播后苗前土壤喷雾
PD20096949	精吡氟禾草灵/90%/原药/精吡氟禾草灵 90%/2014.09.29 至 2019.09.29/低毒			
PD20097826	唑螨酯/5%/悬浮剂/唑螨酯 5%/2014.11.20 至 2019.11.20/低毒			
	柑橘树	红蜘蛛	33.3-50毫克/千克	喷雾

PD20098080 氯氰·丙溴磷/440克/升/乳油/丙溴磷 400克/升、氯氰菊酯 40克/升/2014.12.08 至 2019.12.08/低毒
棉花 棉铃虫 528-792克/公顷 喷雾
PD20098359 井·噻·杀虫单/50%/可湿性粉剂/井冈霉素 7%、噻嗪酮 7%、杀虫单 36%/2014.12.18 至 2019.12.18/中等毒
水稻 稻飞虱、二化螟、三化螟、纹枯病 600-900克/公顷 喷雾
PD20100212 氟乐灵/480克/升/乳油/氟乐灵 480克/升/2015.01.05 至 2020.01.05/低毒
棉花田 一年生杂草 720-1080克/公顷 土壤喷雾
PD20100887 氯溴异氰尿酸/50%/可溶粉剂/氯溴异氰尿酸 50%/2015.01.19 至 2020.01.19/低毒
大白菜 软腐病 375-450克/公顷 喷雾
水稻 白叶枯病、细菌性条斑病 300-450克/公顷 喷雾
水稻 条纹叶枯病 450-600克/公顷 喷雾
PD20101492 辛菌胺醋酸盐/1.2%/水剂/辛菌胺 1.2%/2015.05.10 至 2020.05.10/低毒
辣椒 病毒病 36-54克/公顷 喷雾
棉花 枯萎病 27-45克/公顷 喷雾
水稻 细菌性条斑病 23.4-28.8克/公顷 喷雾
注:辛菌胺醋酸盐含量: 1.8%。
PD20102027 苯甲·丙环唑/30%/悬浮剂/苯醚甲环唑 15%、丙环唑 15%/2015.10.18 至 2020.10.18/低毒
水稻 纹枯病 67.5-90克/公顷 喷雾
PD20102220 吡虫啉/350克/升/悬浮剂/吡虫啉 350克/升/2015.12.31 至 2020.12.31/低毒
水稻 稻飞虱 4-6毫升/亩 喷雾
PD20110560 噻苯隆/50%/可湿性粉剂/噻苯隆 50%/2011.05.20 至 2016.05.20/低毒
棉花 调节生长 150-300克/公顷 茎叶喷雾
PD20110751 氰氟草酯/10%/乳油/氰氟草酯 10%/2011.07.25 至 2016.07.25/微毒
直播水稻(南方) 一年生禾本科杂草 75-105克/公顷 茎叶喷雾
PD20111366 吡虫啉/70%/水分散粒剂/吡虫啉 70%/2011.12.13 至 2016.12.13/低毒
甘蓝 蚜虫 15.75-26.25克/公顷 喷雾
水稻 飞虱 26.25-31.5克/公顷 喷雾
PD20120898 苯甲·丙环唑/30%/乳油/苯醚甲环唑 15%、丙环唑 15%/2012.05.24 至 2017.05.24/低毒
水稻 纹枯病 68-90克/公顷 喷雾
小麦 纹枯病 67.5-90克/公顷 喷雾
PD20121196 丁醚脲/50%/悬浮剂/丁醚脲 50%/2012.08.06 至 2017.08.06/低毒
茶树 小绿叶蝉 450-600克/公顷 /喷雾
PD20130054 炔草酯/15%/可湿性粉剂/炔草酯 15%/2013.01.07 至 2018.01.07/低毒
小麦田 一年生禾本科杂草 45-67.5克/公顷 茎叶喷雾
PD20130515 甲氨基阿维菌素苯甲酸盐/5%/水分散粒剂/甲氨基阿维菌素 5%/2013.03.27 至 2018.03.27/低毒
水稻 稻纵卷叶螟 7.5-11.25克/公顷 喷雾
注:甲氨基阿维菌素苯甲酸盐含量: 5.7%。
PD20130610 甲维·茚虫威/20%/悬浮剂/甲氨基阿维菌素苯甲酸盐 4%、茚虫威 16%/2013.04.03 至 2018.04.03/低毒
水稻 稻纵卷叶螟 24-36克/公顷 喷雾
PD20130849 丙威·毒死蜱/20%/可湿性粉剂/毒死蜱 5%、异丙威 15%/2013.04.22 至 2018.04.22/中等毒
水稻 稻飞虱 300-360克/公顷 喷雾
PD20130990 草甘膦铵盐/80%/可溶粒剂/草甘膦 80%/2013.05.07 至 2018.05.07/低毒
非耕地 一年生和多年生杂草 1125-2250 定向茎叶喷雾
注:草甘膦铵盐含量: 88.8%。
PD20130993 啶虫脒/40%/水分散粒剂/啶虫脒 40%/2013.05.07 至 2018.05.07/低毒
甘蓝 蚜虫 13.5-22.5克/公顷 喷雾
PD20131071 醚菌酯/50%/水分散粒剂/醚菌酯 50%/2013.05.20 至 2018.05.20/微毒
黄瓜 白粉病 100-150克/公顷 喷雾
PD20131396 虫螨·虫酰肼/10%/可湿性粉剂/虫螨腈 3%、虫酰肼 7%/2013.07.02 至 2018.07.02/低毒
甘蓝 斜纹夜蛾 90-150克/公顷 喷雾
PD20131657 嘧菌酯/250克/升/悬浮剂/嘧菌酯 250克/升/2013.08.01 至 2018.08.01/微毒
黄瓜 白粉病 225-337.5克/公顷 喷雾
PD20131881 苯磺·炔草酯/30%/可湿性粉剂/苯磺隆 10%、炔草酯 20%/2013.09.25 至 2018.09.25/微毒
冬小麦田 一年生杂草 67.5-90克/公顷 茎叶喷雾
PD20132631 井冈·蜡芽菌/2.5%/水剂/井冈霉素 2.5%、蜡质芽孢杆菌 10亿个/毫升/2013.12.20 至 2018.12.20/微毒
水稻 纹枯病 130-160毫升/亩 喷雾
PD20140048 戊唑醇/430克/升/悬浮剂/戊唑醇 430克/升/2014.01.16 至 2019.01.16/微毒
苦瓜 白粉病 77.4-116.1克/公顷 喷雾
苹果树 斑点落叶病 86-107.5毫克/千克 喷雾
PD20140110 戊唑·多菌灵/40%/悬浮剂/多菌灵 35%、戊唑醇 5%/2014.01.20 至 2019.01.20/低毒
小麦 赤霉病 360-420克/顷 喷雾
PD20140798 甲基硫菌灵/50%/可湿性粉剂/甲基硫菌灵 50%/2014.03.25 至 2019.03.25/微毒
水稻 纹枯病 1050-1500 喷雾
PD20140950 戊唑醇/80%/水分散粒剂/戊唑醇 80%/2014.04.14 至 2019.04.14/低毒

水稻 稻曲病 72-96克/公顷 喷雾
PD20141726 噻呋·戊唑醇/30%/悬浮剂/噻呋酰胺 25%、戊唑醇 5%/2014.06.30 至 2019.06.30/低毒
水稻 纹枯病 54-67.5克/公顷 喷雾
PD20142000 乙羧·苯磺隆/20%/可湿性粉剂/苯磺隆 10%、乙羧氟草醚 10%/2014.08.14 至 2019.08.14/低毒
冬小麦田 一年生阔叶杂草 37.5-45克/公顷 茎叶喷雾
PD20142410 烯啶虫胺/50%/可溶粒剂/烯啶虫胺 50%/2014.11.13 至 2019.11.13/低毒
水稻 飞虱 22.5-30克/公顷 喷雾
PD20142438 阿维菌素/5%/乳油/阿维菌素 5%/2014.11.15 至 2019.11.15/中等毒(原药高毒)
甘蓝 小菜蛾 8.1-10.8克/公顷 喷雾
PD20150077 噻虫嗪/25%/水分散粒剂/噻虫嗪 25%/2015.01.05 至 2020.01.05/低毒
菠菜 蚜虫 22.5-30克/公顷 喷雾
水稻 稻飞虱 11.25-15克/公顷 喷雾
PD20150084 苏云金杆菌/16000IU/毫克/可湿性粉剂/苏云金杆菌 16000IU/毫克/2015.01.05 至 2020.01.05/微毒
甘蓝 菜青虫 1500-2250克制剂/公顷 喷雾
辣椒 烟青虫 1500-2250克制剂/公顷 喷雾
水稻 稻纵卷叶螟 3000-4500克制剂/公顷 喷雾
PD20151199 烯啶虫胺/20%/水剂/烯啶虫胺 20%/2015.06.27 至 2020.06.27/低毒
水稻 稻飞虱 60-90克/公顷 喷雾
PD20151271 甲硫·己唑醇/45%/悬浮剂/甲基硫菌灵 40%、己唑醇 5%/2015.07.30 至 2020.07.30/低毒
水稻 纹枯病 270-405克/公顷 喷雾
PD20151698 稻瘟酰胺/20%/悬浮剂/稻瘟酰胺 20%/2015.08.28 至 2020.08.28/低毒
水稻 稻瘟病 180-300克/公顷 喷雾
PD20151898 醚菌酯/97%/原药/醚菌酯 97%/2015.08.30 至 2020.08.30/微毒
PD20152323 氟环唑/97%/原药/氟环唑 97%/2015.10.21 至 2020.10.21/低毒
PD20152357 吡蚜·异丙威/50%/可湿性粉剂/吡蚜酮 10%、异丙威 40%/2015.10.22 至 2020.10.22/低毒
水稻 飞虱 75-150克/公顷 喷雾
LS20140265 己唑·嘧菌酯/24%/悬浮剂/己唑醇 16%、嘧菌酯 8%/2015.07.23 至 2016.07.23/低毒
水稻 纹枯病 54-72克/公顷 喷雾
LS20140266 甲硫·己唑醇/45%/悬浮剂/甲基硫菌灵 40%、己唑醇 5%/2015.07.23 至 2016.07.23/低毒
水稻 纹枯病 270-405克/公顷 喷雾
LS20150157 噻苯隆/80%/水分散粒剂/噻苯隆 80%/2015.06.10 至 2016.06.10/低毒
棉花 调节生长 180-300克/公顷 喷雾
WP20090216 蚊香/0.25%/蚊香/富右旋反式烯丙菊酯 0.25%/2014.04.01 至 2019.04.01/微毒
卫生 蚊 / 点燃
WP20150110 氟虫腈/3%/微乳剂/氟虫腈 3%/2015.06.25 至 2020.06.25/低毒
室内 蝇 50毫克/平方米 滞留喷洒

江苏东进农药化工厂 (江苏省泰兴市黄桥镇 225411 0523-7227386)

PD20092400 辛硫磷/40%/乳油/辛硫磷 40%/2014.02.25 至 2019.02.25/低毒
玉米 玉米螟 1125-1500克制剂/公顷 灌心叶
PD20093396 乐果/40%/乳油/乐果 40%/2014.03.19 至 2019.03.19/低毒
水稻 稻飞虱 85-100毫升制剂/亩 喷雾
PD20097768 三唑酮/20%/乳油/三唑酮 20%/2014.11.12 至 2019.11.12/低毒
小麦 白粉病 120-150克/公顷 喷雾

江苏飞翔化工股份有限公司 (江苏省张家港市凤凰镇 215613 0512-58110118)

PD20094966 十三吗啉/99%/原药/十三吗啉 99%/2014.04.21 至 2019.04.21/低毒
PD20131304 氟环唑/96%/原药/氟环唑 96%/2013.06.08 至 2018.06.08/微毒

江苏丰登作物保护股份有限公司 (江苏省金坛市直溪镇登冠集镇 213253 0519-82422753)

PDN23-92 三环唑/20%/可湿性粉剂/三环唑 20%/2012.09.26 至 2017.09.26/中等毒
水稻 稻瘟病 225-300克/公顷 喷雾
PD20060090 三环唑/75%/可湿性粉剂/三环唑 75%/2011.05.19 至 2016.05.19/低毒
水稻 稻瘟病 225-300克/公顷 喷雾
PD20060093 三环唑/95%/原药/三环唑 95%/2011.05.19 至 2016.05.19/中等毒
PD20060110 丙环唑/95%/原药/丙环唑 95%/2011.06.13 至 2016.06.13/低毒
PD20070412 丙环唑/25%/乳油/丙环唑 25%/2012.11.05 至 2017.11.05/低毒
莲藕 叶斑病 75-112.5克/公顷 喷雾
水稻 纹枯病 75-150克/公顷 喷雾
香蕉 叶斑病 500－1000倍液 喷雾
小麦 纹枯病 112.5-225克/公顷 喷雾
小麦 锈病 131-169克/公顷 喷雾
茭白 胡麻斑病 56-75克/公顷 喷雾
PD20070441 己唑醇/95%/原药/己唑醇 95%/2012.11.20 至 2017.11.20/低毒
PD20070477 嘧霉胺/97%/原药/嘧霉胺 97%/2012.11.28 至 2017.11.28/低毒
PD20070506 戊唑醇/96%/原药/戊唑醇 96%/2012.11.28 至 2017.11.28/低毒

PD20080017 嘧霉胺/40%/可湿性粉剂/嘧霉胺 40%/2013.01.03 至 2018.01.03/低毒
番茄、黄瓜 灰霉病 375－562.5克/公顷 喷雾
PD20080059 高效氯氟氰菊酯/2.5%/乳油/高效氯氟氰菊酯 2.5%/2013.01.03 至 2018.01.03/低毒
十字花科蔬菜 菜青虫 7.5-11.25克/公顷 喷雾
PD20080202 高效氯氟氰菊酯/95%/原药/高效氯氟氰菊酯 95%/2013.01.11 至 2018.01.11/中等毒
PD20081594 苯醚甲环唑/95%/原药/苯醚甲环唑 95%/2013.11.12 至 2018.11.12/低毒
PD20085870 苯醚甲环唑/10%/水分散粒剂/苯醚甲环唑 10%/2013.12.29 至 2018.12.29/低毒
大蒜 叶枯病 30-45克制剂/亩 喷雾
番茄 早疫病 100-150克/公顷 喷雾
苦瓜 白粉病 105-150克/公顷 喷雾
梨树 黑星病 16.7-20毫克/千克 喷雾
葡萄 黑痘病 1000倍液 喷雾
芹菜 斑枯病 30-45克制剂/亩 喷雾
三七 黑斑病 30-45克制剂/亩 喷雾
西瓜 炭疽病 75-112.5克/公顷 喷雾
PD20090107 苯甲·丙环唑/300克/升/乳油/苯醚甲环唑 150克/升、丙环唑 150克/升/2014.01.08 至 2019.01.08/低毒
水稻 纹枯病 67.5-90克/公顷 喷雾
PD20090821 异稻·三环唑/20%/可湿性粉剂/三环唑 10%、异稻瘟净 10%/2014.01.19 至 2019.01.19/中等毒
水稻 稻瘟病 300-450克/公顷 喷雾
PD20090955 苯醚甲环唑/25%/乳油/苯醚甲环唑 25%/2014.01.20 至 2019.01.20/低毒
香蕉 叶斑病 83.3-125毫克/千克 喷雾
PD20095103 硫磺·三环唑/45%/可湿性粉剂/硫磺 40%、三环唑 5%/2014.04.24 至 2019.04.24/中等毒
水稻 稻瘟病 675-1012克/公顷 喷雾
PD20097407 戊唑醇/25%/乳油/戊唑醇 25%/2014.10.28 至 2019.10.28/低毒
苹果树 斑点落叶病 100－125毫克/千克 喷雾
香蕉 叶斑病 167-250毫克/千克 喷雾
PD20098415 己唑醇/50克/升/悬浮剂/己唑醇 50克/升/2014.12.24 至 2019.12.24/微毒
番茄 灰霉病 56.25-112.5克/公顷 喷雾
水稻 稻曲病 56.25-75克/公顷 喷雾
PD20110295 戊唑醇/80%/可湿性粉剂/戊唑醇 80%/2016.03.11 至 2021.03.11/低毒
水稻 稻曲病 96-120克/公顷 喷雾
小麦 锈病 75-120克/公顷 喷雾
PD20120426 嘧菌酯/95%/原药/嘧菌酯 95%/2012.03.14 至 2017.03.14/低毒
注:专供出口，不得在国内销售。
PD20120490 三环唑/35%/悬浮剂/三环唑 35%/2012.03.19 至 2017.03.19/中等毒
水稻 稻瘟病 225－300克/公顷 喷雾
PD20130373 粉唑醇/12.5%/悬浮剂/粉唑醇 12.5%/2013.03.11 至 2018.03.11/低毒
小麦 白粉病 56.25-112.5克/公顷 喷雾
PD20130374 粉唑醇/95%/原药/粉唑醇 95%/2013.03.11 至 2018.03.11/低毒
PD20140318 稻瘟酰胺/20%/悬浮剂/稻瘟酰胺 20%/2014.02.13 至 2019.02.13/低毒
水稻 稻瘟病 150-200克/公顷 喷雾
PD20140328 环丙唑醇/95%/原药/环丙唑醇 95%/2014.02.13 至 2019.02.13/中等毒
注:专供出口，不得在国内销售。
PD20140329 稻瘟酰胺/95%/原药/稻瘟酰胺 95%/2014.02.13 至 2019.02.13/低毒
PD20141217 戊唑醇/430克/升/悬浮剂/戊唑醇 430克/升/2014.05.06 至 2019.05.06/低毒
苹果树 斑点落叶病 61.4-86克/公顷 喷雾
PD20142370 氟环唑/97%/原药/氟环唑 97%/2014.11.04 至 2019.11.04/低毒
PD20152432 嘧菌环胺/98%/原药/嘧菌环胺 98%/2015.12.04 至 2020.12.04/低毒
PD20152609 三环·氟环唑/30%/悬浮剂/氟环唑 7.5%、三环唑 22.5%/2015.12.17 至 2020.12.17/低毒
水稻 稻瘟病 225-270克/公顷 喷雾

江苏丰华化学工业有限公司 （江苏省滨海经济开发区沿海工业园中山五路2号 224555 0515-88551818)

PDN52-97 嗪草酮/50%/可湿性粉剂/嗪草酮 50%/2012.06.27 至 2017.06.27/低毒
大豆 阔叶杂草 375-795克/公顷 喷雾
PD20080322 嘧霉胺/40%/可湿性粉剂/嘧霉胺 40%/2013.02.26 至 2018.02.26/低毒
黄瓜 灰霉病 375-562.5克/公顷 喷雾
PD20080418 嘧霉胺/95%/原药/嘧霉胺 95%/2013.03.04 至 2018.03.04/低毒
PD20081589 嗪草酮/95%/原药/嗪草酮 95%/2013.11.12 至 2018.11.12/低毒
PD20092254 嗪草酮/70%/可湿性粉剂/嗪草酮 70%/2014.02.24 至 2019.02.24/低毒
春大豆田 一年生阔叶杂草 525-735克/公顷 土壤喷雾

江苏丰山集团股份有限公司 （江苏省大丰市王港闸南首 224145 4000515589)

PD85154-60 氰戊菊酯/20%/乳油/氰戊菊酯 20%/2015.05.31 至 2020.05.31/中等毒
柑橘树 潜叶蛾 10-20毫克/千克 喷雾
果树 梨小食心虫 10-20毫克/千克 喷雾

	棉花	红铃虫、蚜虫	75-150克/公顷	喷雾
	蔬菜	菜青虫、蚜虫	60-120克/公顷	喷雾
PD85157-21	辛硫磷/40%/乳油/辛硫磷 40%/2015.08.15 至 2020.08.15/低毒			
	茶树、桑树	食叶害虫	200-400毫克/千克	喷雾
	果树	食心虫、蚜虫、螨	200-400毫克/千克	喷雾
	林木	食叶害虫	3000-6000克/公顷	喷雾
	棉花	棉铃虫、蚜虫	300-600克/公顷	喷雾
	蔬菜	菜青虫	300-450克/公顷	喷雾
	烟草	食叶害虫	300-600克/公顷	喷雾
	玉米	玉米螟	450-600克/公顷	灌心叶
PD20040053	甲拌磷/3%/颗粒剂/甲拌磷 3%/2014.12.19 至 2019.12.19/高毒			
	棉花	蚜虫	1125-1875克/公顷	沟施,穴施
PD20040580	吡虫啉/10%/可湿性粉剂/吡虫啉 10%/2014.12.19 至 2019.12.19/低毒			
	棉花	蚜虫	22.5-37.5克/公顷	喷雾
	水稻	飞虱	15-30克/公顷	喷雾
	小麦	蚜虫	15-30克/公顷	喷雾
PD20050088	吡虫啉/5%/乳油/吡虫啉 5%/2015.07.01 至 2020.07.01/低毒			
	水稻	飞虱	15-30克/公顷	喷雾
	小麦	蚜虫	15-30克/公顷(南方地区)45-60克/公顷(北方地区)	喷雾
PD20050165	氟乐灵/96%/原药/氟乐灵 96%/2015.11.04 至 2020.11.04/低毒			
PD20060075	炔螨特/90%/原药/炔螨特 90%/2011.04.14 至 2016.04.14/低毒			
PD20060091	氟乐灵/480克/升/乳油/氟乐灵 480克/升/2011.05.19 至 2016.05.19/低毒			
	春大豆田	一年生禾本科杂草及部分阔叶杂草	1080-1440克/公顷	土壤喷雾
	棉花	一年生禾本科杂草及部分阔叶杂草	540-1080克/公顷	土壤喷雾
	夏大豆田	一年生禾本科杂草及部分阔叶杂草	792-1080克/公顷	土壤喷雾
PD20070095	炔螨特/57%/乳油/炔螨特 57%/2012.04.19 至 2017.04.19/低毒			
	柑橘树	红蜘蛛	190-380毫克/千克	喷雾
PD20070220	炔螨特/73%/乳油/炔螨特 73%/2012.08.08 至 2017.08.08/低毒			
	柑橘树	红蜘蛛	243-365毫克/千克	喷雾
PD20070303	喹禾灵/10%/乳油/喹禾灵 10%/2012.09.21 至 2017.09.21/低毒			
	棉花田、夏大豆田、油菜田	一年生禾本科杂草	100-150克/公顷	茎叶喷雾
PD20070633	三环唑/20%/可湿性粉剂/三环唑 20%/2012.12.14 至 2017.12.14/低毒			
	水稻	稻瘟病	255－300克/公顷	喷雾
PD20070687	精喹禾灵/95%/原药/精喹禾灵 95%/2012.12.19 至 2017.12.19/低毒			
PD20080454	吡虫啉/95%/原药/吡虫啉 95%/2013.03.27 至 2018.03.27/中等毒			
PD20080458	啶虫脒/96%/原药/啶虫脒 96%/2013.03.27 至 2018.03.27/中等毒			
PD20080654	噻嗪酮/25%/可湿性粉剂/噻嗪酮 25%/2013.05.27 至 2018.05.27/低毒			
	水稻	稻飞虱	75-112.5克/公顷	喷雾
PD20080660	高氯·毒死蜱/12%/乳油/毒死蜱 10%、高效氯氰菊酯 2%/2013.05.27 至 2018.05.27/中等毒			
	棉花	棉铃虫	216-270克/公顷	喷雾
PD20080738	氯氰·辛硫磷/25%/乳油/氯氰菊酯 4%、辛硫磷 21%/2013.06.11 至 2018.06.11/低毒			
	棉花	棉铃虫	300-375克/公顷	喷雾
	小麦	蚜虫	112.5-150克/公顷	喷雾
PD20080803	氰戊·辛硫磷/25%/乳油/氰戊菊酯 6.25%、辛硫磷 18.75%/2013.06.20 至 2018.06.20/中等毒			
	甘蓝	菜青虫	150-225克/公顷	喷雾
	棉花	棉铃虫	281.25-337.5克/公顷	喷雾
	苹果树	蚜虫	125-250毫克/千克	喷雾
	小麦	蚜虫	150-187.5克/公顷	喷雾
	玉米	玉米螟	300-375克/公顷	喷雾
PD20081007	高效氯氟氰菊酯/95%/原药/高效氯氟氰菊酯 95%/2013.08.06 至 2018.08.06/中等毒			
PD20081050	精喹禾灵/10%/乳油/精喹禾灵 10%/2013.08.14 至 2018.08.14/低毒			
	春大豆田	一年生禾本科杂草	52.8-66克/公顷	茎叶喷雾
	夏大豆田	一年生禾本科杂草	46.2-52.8克/公顷	茎叶喷雾
PD20081085	高效氯氟氰菊酯/25克/升/乳油/高效氯氟氰菊酯 25克/升/2013.08.18 至 2018.08.18/中等毒			
	十字花科蔬菜	菜青虫	9.375-11.25克/公顷	喷雾
PD20081136	氯氰菊酯/92%/原药/氯氰菊酯 92%/2013.09.01 至 2018.09.01/中等毒			
PD20081356	灭线磷/95%/原药/灭线磷 95%/2013.10.21 至 2018.10.21/高毒			
PD20081680	精喹禾灵/5%/乳油/精喹禾灵 5%/2013.11.17 至 2018.11.17/低毒			
	春大豆田	一年生禾本科杂草	52.5-67.5克/公顷	茎叶喷雾
	花生田、西瓜田	一年生禾本科杂草	45-52.5克/公顷	茎叶喷雾
	棉花田	一年生禾本科杂草	37.5-60克/公顷	茎叶喷雾

夏大豆田 一年生禾本科杂草 37.5-52.5克/公顷 茎叶喷雾
油菜田 一年生禾本科杂草 30-45克/公顷 茎叶喷雾
PD20081829 毒死蜱/97%/原药/毒死蜱 97%/2013.11.20 至 2018.11.20/中等毒
PD20081981 啶虫脒/5%/乳油/啶虫脒 5%/2013.11.25 至 2018.11.25/低毒
柑橘树 蚜虫 10-15毫克/千克 喷雾
棉花 蚜虫 9-13.5克/公顷 喷雾
PD20083006 草甘膦/95%/原药/草甘膦 95%/2013.12.10 至 2018.12.10/低毒
PD20083110 二嗪磷/25%/乳油/二嗪磷 25%/2013.12.10 至 2018.12.10/低毒
水稻 二化螟、三化螟 600-900克/公顷 喷雾
PD20083154 阿维·二嗪磷/20%/乳油/阿维菌素 0.1%、二嗪磷 19.9%/2013.12.11 至 2018.12.11/低毒(原药高毒)
水稻 二化螟 360-450克/公顷 喷雾
PD20083200 三唑磷/20%/乳油/三唑磷 20%/2013.12.11 至 2018.12.11/中等毒
水稻 二化螟、三化螟 360-450克/公顷 喷雾
PD20083211 灭线磷/10%/颗粒剂/灭线磷 10%/2013.12.11 至 2018.12.11/高毒
甘薯 茎线虫病 1500-2250克/公顷 穴施
花生 根结线虫 4500-5250克/公顷 沟施
水稻 稻瘿蚊 1500-1800克/公顷 撒施
PD20083940 杀单·毒死蜱/25%/可湿性粉剂/毒死蜱 5%、杀虫单 20%/2013.12.15 至 2018.12.15/低毒
水稻 稻纵卷叶螟 562.5-750克/公顷 喷雾
PD20084081 阿维·三唑磷/20%/乳油/阿维菌素 0.1%、三唑磷 19.9%/2013.12.16 至 2018.12.16/中等毒(原药高毒)
草地 东亚蝗虫 240-270克/公顷 喷雾
水稻 三化螟 270-360克/公顷 喷雾
PD20084565 灭线磷/5%/颗粒剂/灭线磷 5%/2013.12.18 至 2018.12.18/低毒(原药高毒)
甘薯 茎线虫病 1875-2250克/公顷 穴施
花生 根结线虫 4500－5250克/公顷 沟施
PD20086342 乐果·三唑磷/25%/乳油/乐果 15%、三唑磷 10%/2013.12.31 至 2018.12.31/中等毒
水稻 二化螟 450-562.5克/公顷 喷雾
PD20090358 精喹·草除灵/14%/乳油/草除灵 12%、精喹禾灵 2%/2014.01.12 至 2019.01.12/低毒
冬油菜田 一年生杂草 252-294克/公顷 喷雾
PD20090476 丙草胺/94%/原药/丙草胺 94%/2014.01.12 至 2019.01.12/低毒
PD20091311 噻嗪·高氯氟/9%/乳油/高效氯氟氰菊酯 1%、噻嗪酮 8%/2014.02.01 至 2019.02.01/中等毒
茶树 小绿叶蝉 90-120毫克/千克 喷雾
PD20091438 烟嘧磺隆/95%/原药/烟嘧磺隆 95%/2014.02.02 至 2019.02.02/低毒
PD20095938 烟嘧磺隆/40克/升/可分散油悬浮剂/烟嘧磺隆 40克/升/2014.06.02 至 2019.06.02/微毒
玉米田 一年生杂草 42-60克/公顷 茎叶喷雾
PD20096075 苯磺隆/10%/可湿性粉剂/苯磺隆 10%/2014.06.18 至 2019.06.18/微毒
冬小麦田 一年生阔叶杂草 15-22.5克/公顷 茎叶喷雾
PD20096397 唑磷·毒死蜱/25%/乳油/毒死蜱 5%、三唑磷 20%/2014.08.04 至 2019.08.04/中等毒
水稻 稻纵卷叶螟 225～300克/公顷 喷雾
PD20096720 二甲戊灵/330克/升/乳油/二甲戊灵 330克/升/2014.09.07 至 2019.09.07/低毒
玉米田 一年生杂草 742.5-990克/公顷 土壤喷雾
PD20096994 苯·苄·异丙甲/33%/可湿性粉剂/苯噻酰草胺 25%、苄嘧磺隆 3%、异丙甲草胺 5%/2014.09.29 至 2019.09.29/低毒
水稻抛秧田 一年生及部分多年生杂草 247.5-297克/公顷(南方地区) 药土法
PD20097006 氯氟吡氧乙酸异辛酯/288克/升/乳油/氯氟吡氧乙酸 200克/升/2014.09.29 至 2019.09.29/低毒
冬小麦田、玉米田 阔叶杂草 180-210克/公顷 茎叶喷雾
注:氯氟吡氧乙酸异辛酯含量：288克/升。
PD20097641 唑螨酯/5%/悬浮剂/唑螨酯 5%/2014.11.04 至 2019.11.04/低毒
苹果树 红蜘蛛 20-25毫克/千克 喷雾
PD20097849 联苯菊酯/100克/升/乳油/联苯菊酯 100克/升/2014.11.20 至 2019.11.20/中等毒
茶树 茶小绿叶蝉 30-37.5克/公顷 喷雾
棉花 红蜘蛛 52.5-60克/公顷 喷雾
PD20097973 草甘膦异丙胺盐/30%/水剂/草甘膦 30%/2014.12.01 至 2019.12.01/低毒
桑园、水稻田埂 杂草 200-400毫升制剂/亩 定向茎叶喷雾
注:草甘膦异丙胺盐含量：41%。
PD20100133 烯草酮/120克/升/乳油/烯草酮 120克/升/2015.01.05 至 2020.01.05/低毒
油菜田 一年生禾本科杂草 54-72克/公顷 茎叶喷雾
PD20100320 多·酮/40%/可湿性粉剂/多菌灵 35%、三唑酮 5%/2015.01.11 至 2020.01.11/低毒
小麦 白粉病、赤霉病 810－900克/公顷 喷雾
PD20101933 毒死蜱/45%/乳油/毒死蜱 45%/2015.08.27 至 2020.08.27/中等毒
水稻 稻纵卷叶螟 432-576克/公顷 喷雾
PD20101939 氰戊·硫丹/25%/乳油/硫丹 20%、氰戊菊酯 5%/2015.08.27 至 2020.08.27/高毒
棉花 棉铃虫 375-468.75克/公顷 喷雾
PD20120478 丙溴磷/40%/乳油/丙溴磷 40%/2012.03.19 至 2017.03.19/低毒

水稻　稻纵卷叶螟　540-600克/公顷　喷雾
PD20120567　精喹禾灵/15%/乳油/精喹禾灵 15%/2012.03.28 至 2017.03.28/低毒
大豆田　一年生禾本科杂草　45-67.5克/公顷　茎叶喷雾
棉花田　一年生禾本科杂草　45-56.25克/公顷　茎叶喷雾
PD20120703　苯磺·异丙隆/50%/可湿性粉剂/苯磺隆 0.5%、异丙隆 49.5%/2012.04.18 至 2017.04.18/低毒
冬小麦田　一年生杂草　937.5-1125克/公顷　茎叶喷雾
PD20120976　苄嘧·丙草胺/30%/乳油/苄嘧磺隆 2%、丙草胺 28%/2012.06.21 至 2017.06.21/低毒
水稻田(直播)　一年生杂草　360-540克/公顷　喷雾
PD20121116　高效氯氟氰菊酯/5%/微乳剂/高效氯氟氰菊酯 5%/2012.07.20 至 2017.07.20/中等毒
棉花　棉铃虫　15-22.5克/公顷　喷雾
PD20122058　甲氨基阿维菌素苯甲酸盐/1%/可湿性粉剂/甲氨基阿维菌素 1%/2012.12.24 至 2017.12.24/低毒
水稻　二化螟　10.5-13.5克/公顷　喷雾
注:甲氨基阿维菌素苯甲酸盐含量:1.14%。
PD20122121　吡虫啉/15%/泡腾片剂/吡虫啉 15%/2012.12.26 至 2017.12.26/中等毒
水稻　稻飞虱　33.75-45克/公顷　喷雾
PD20130391　毒死蜱/25%/微乳剂/毒死蜱 25%/2013.03.12 至 2018.03.12/中等毒
水稻　稻纵卷叶螟　487-562克/公顷　喷雾
PD20130641　吡虫啉/480克/升/悬浮剂/吡虫啉 480克/升/2013.04.05 至 2018.04.05/低毒
水稻　稻飞虱　26.25-31.5克/公顷　喷雾
PD20130674　烯啶虫胺/60%/可湿性粉剂/烯啶虫胺 60%/2013.04.09 至 2018.04.09/低毒
水稻　飞虱　30-45克/公顷　喷雾
PD20130851　阿维菌素/1%/颗粒剂/阿维菌素 1%/2013.04.22 至 2018.04.22/低毒(原药高毒)
黄瓜　根结线虫　220-260克/公顷　沟施、穴施
PD20131201　阿维菌素/5%/微乳剂/阿维菌素 5%/2013.05.27 至 2018.05.27/低毒(原药高毒)
甘蓝　菜青虫　5.4-10.8克/公顷　喷雾
PD20131281　吡蚜酮/25%/可湿性粉剂/吡蚜酮 25%/2013.06.08 至 2018.06.08/低毒
水稻　飞虱　60-90克/公顷　喷雾
PD20131361　苯甲·丙环唑/40%/微乳剂/苯醚甲环唑 20%、丙环唑 20%/2013.06.20 至 2018.06.20/低毒
水稻　纹枯病　90-120克/公顷　喷雾
PD20131366　丙草胺/30%/乳油/丙草胺 30%/2013.06.24 至 2018.06.24/低毒
水稻田(直播)　一年生杂草　450-540克/公顷　喷雾
PD20131465　氰氟草酯/20%/可分散油悬浮剂/氰氟草酯 20%/2013.07.05 至 2018.07.05/低毒
水稻田(直播)　稗草、千金子等禾本科杂草　90-105克/公顷　茎叶喷雾
PD20131479　吡嘧磺隆/10%/可湿性粉剂/吡嘧磺隆 10%/2013.07.05 至 2018.07.05/低毒
水稻移栽田　一年生阔叶杂草　19.5-30克/公顷　药土法
PD20131554　毒死蜱/30%/微囊悬浮剂/毒死蜱 30%/2013.07.23 至 2018.07.23/中等毒
花生　蛴螬　1575-2925克/公顷　喷雾于播种穴
PD20132030　氟磺胺草醚/250克/升/水剂/氟磺胺草醚 250克/升/2013.10.21 至 2018.10.21/低毒
大豆田　一年生阔叶杂草　281.25-375克/公顷（东北地区）,187.5-281.25克/公顷（其他地区）　茎叶喷雾
PD20140163　嘧菌酯/25%/悬浮剂/嘧菌酯 25%/2014.01.28 至 2019.01.28/微毒
黄瓜　白粉病　300-337.5克/公顷　喷雾
PD20140689　烟嘧·莠去津/24%/可分散油悬浮剂/烟嘧磺隆 4%、莠去津 20%/2014.03.24 至 2019.03.24/微毒
玉米田　一年生杂草　288-360克/公顷　茎叶喷雾
PD20141029　苄嘧·丙草胺/40%/可湿性粉剂/苄嘧磺隆 4%、丙草胺 36%/2014.04.21 至 2019.04.21/低毒
水稻田(直播)　一年生杂草　360-480克/公顷　土壤喷雾
PD20141301　戊唑醇/430克/升/悬浮剂/戊唑醇 430克/升/2014.05.12 至 2019.05.12/低毒
水稻　稻曲病　96.75-129克/公顷　喷雾
PD20141599　苦参碱/0.3%/水剂/苦参碱 0.3%/2014.06.24 至 2019.06.24/低毒
甘蓝　蚜虫　6.75-9.0克/公顷　喷雾
水稻　大螟　3.375-4.5克/公顷　喷雾
PD20142173　咪鲜胺/25%/水乳剂/咪鲜胺 25%/2014.09.18 至 2019.09.18/低毒
香蕉　冠腐病　500-750毫克/千克　浸果
PD20142232　己唑醇/5%/悬浮剂/己唑醇 5%/2014.09.28 至 2019.09.28/微毒
水稻　纹枯病　60-90克/公顷　喷雾
PD20142312　硝磺草酮/10%/可分散油悬浮剂/硝磺草酮 10%/2014.11.03 至 2019.11.03/微毒
玉米田　一年生杂草　150-180克/公顷　茎叶喷雾
PD20142408　氟硅唑/8%/微乳剂/氟硅唑 8%/2014.11.13 至 2019.11.13/低毒
黄瓜　黑星病　75-90克/公顷　喷雾
PD20142546　阿维菌素苯甲酸盐/5%/微乳剂/甲氨基阿维菌素 5%/2014.12.15 至 2019.12.15/低毒
甘蓝　小菜蛾　2.25-3克/公顷　喷雾
注:甲氨基阿维菌素苯甲酸盐含量：5.7%。

PD20150434 硝磺·莠去津/25%/悬浮剂/莠去津 20%、硝磺草酮 5%/2015.03.20 至 2020.03.20/低毒
玉米田 一年生杂草 375-450克/公顷 茎叶喷雾
PD20150816 阿维菌素/1.8%/微乳剂/阿维菌素 1.8%/2015.05.14 至 2020.05.14/低毒(原药高毒)
甘蓝 小菜蛾 8.1-10.8克/公顷 喷雾
PD20150846 阿维菌素/3%/微乳剂/阿维菌素 3%/2015.05.18 至 2020.05.18/中等毒(原药高毒)
甘蓝 小菜蛾 8.1-10.8克/公顷 喷雾
PD20150970 炔草酯/15%/可湿性粉剂/炔草酯 15%/2015.06.11 至 2020.06.11/低毒
小麦田 一年生禾本科杂草 56.3-78.8克/公顷 茎叶喷雾
PD20151239 草铵膦/200克/升/水剂/草铵膦 200克/升/2015.07.30 至 2020.07.30/低毒
非耕地 杂草 1500-2000克/公顷 茎叶喷雾
PD20151265 草甘膦钾盐/30%/水剂/草甘膦 30%/2015.07.30 至 2020.07.30/低毒
非耕地 杂草 3000克/公顷 茎叶喷雾
注:草甘膦钾盐含量为:37%。
PD20152490 噻虫嗪/25%/水分散粒剂/噻虫嗪 25%/2015.12.05 至 2020.12.05/微毒
水稻 稻飞虱 7.5-22.5克/公顷 喷雾
PD20152594 虫螨腈/10%/悬浮剂/虫螨腈 10%/2015.12.17 至 2020.12.17/低毒
甘蓝 斜纹夜蛾 60-90克/公顷 喷雾
WP20140183 氟虫腈/6%/微乳剂/氟虫腈 6%/2014.08.14 至 2019.08.14/低毒
室内 蝇 25-30毫克/平方米 滞留喷洒

江苏丰源生物工程有限公司 (江苏省射阳县合德镇红旗路6号(原9号) 224300 0515-2353191)

PD86101-39 赤霉酸/3%/乳油/赤霉酸 3%/2011.11.29 至 2016.11.29/低毒
菠菜 增加鲜重 10-25毫克/千克 叶面处理1-3次
菠萝 果实增大、增重 40-80毫克/千克 喷花
柑橘树 果实增大、增重 20-40毫克/千克 喷花
花卉 提前开花 700毫克/千克 叶面处理涂抹花芽
绿肥 增产 10-20毫克/千克 喷雾
马铃薯 苗齐、增产 0.5-1毫克/千克 浸薯块10-30分钟
棉花 提高结铃率、增产 10-20毫克/千克 点喷、点涂或喷雾
葡萄 无核、增产 50-200毫克/千克 花后1周处理果穗
芹菜 增产 20-100毫克/千克 叶面处理1次
人参 增加发芽率 20毫克/千克 播前浸种15分钟
水稻 增加千粒重、制种 20-30毫克/千克 喷雾
PD86183-42 赤霉酸/85%/结晶粉/赤霉酸 85%/2011.11.29 至 2016.11.29/低毒
菠菜 增加鲜重 10-25毫克/千克 叶面处理1-3次
菠萝 果实增大、增重 40-80毫克/千克 喷花
柑橘树 果实增大、增重 20-40毫克/千克 喷花
花卉 提前开花 700毫克/千克 叶面处理涂抹花芽
绿肥 增产 10-20毫克/千克 喷雾
马铃薯 苗齐、增产 0.5-1毫克/千克 浸薯块10-30分钟
棉花 提高结铃率、增产 10-20毫克/千克 点喷、点涂或喷雾
葡萄 无核、增产 50-200毫克/千克 花后一周处理果穗
芹菜 增加鲜重 20-100毫克/千克 叶面处理1次
人参 增加发芽率 20毫克/千克 播种前浸种15分钟
水稻 增加千粒重、制种 20-30毫克/千克 喷雾
PD20070096 赤霉酸/90%/原药/赤霉酸 90%/2012.04.20 至 2017.04.20/低毒
PD20070110 阿维菌素/92%/原药/阿维菌素 92%/2012.04.26 至 2017.04.26/高毒
PD20081394 苄氨基嘌呤/99%/原药/苄氨基嘌呤 99%/2013.10.28 至 2018.10.28/低毒
PD20081401 苄氨·赤霉酸/3.8%/乳油/苄氨基嘌呤 1.9%、赤霉酸A4+A7 1.9%/2013.10.28 至 2018.10.28/低毒
苹果树 调节果型 800-1000倍液 喷雾
PD20081598 赤霉酸/10%/可溶粉剂/赤霉酸 10%/2013.11.12 至 2018.11.12/低毒
芹菜 调节生长 90-100毫克/千克 喷雾2次
PD20083844 赤霉酸GA3/20%/可溶粉剂/赤霉酸A3 20%/2013.12.15 至 2018.12.15/低毒
菠菜 调节生长、增产 20-30 毫克/千克 喷雾2次
PD20084112 赤霉酸/90%/原药/赤霉酸A4+A7 90%/2013.12.16 至 2018.12.16/低毒
PD20084232 阿维菌素/1.8%/乳油/阿维菌素 1.8%/2013.12.17 至 2018.12.17/低毒(原药高毒)
菜豆 斑潜蝇 10.8-21.6克/公顷 喷雾
甘蓝 菜青虫 8.1-10.8克/公顷 喷雾
棉花 棉铃虫 21.6-32.4克/公顷 喷雾
苹果树 红蜘蛛 3-6毫克/千克 喷雾
PD20097807 赤霉酸A3/40%/可溶粉剂/赤霉酸A3 40%/2014.11.20 至 2019.11.20/低毒
菠菜 调节生长、增产 20-30 毫克/千克 喷雾2次
PD20101734 赤4+7·赤霉酸/2.7%/脂膏/赤霉酸A4+A7 1.35%、赤霉酸A3 1.35%/2015.06.28 至 2020.06.28/微毒
梨树 调节生长 0.405-0.675毫克/果 涂抹

PD20101957 赤霉酸/10%/可溶片剂/赤霉酸A3 10%/2015.09.20 至 2020.09.20/微毒
水稻制种 调节生长、增产 160-240毫克/升 兑水喷雾，两次（抽穗始期和盛期）

PD20101973 赤霉酸/20%/可溶片剂/赤霉酸A3 20%/2015.09.21 至 2020.09.21/微毒
芹菜 调节生长、增产 40-60毫克/千克 喷雾，2次

PD20110090 阿维菌素/5%/乳油/阿维菌素 5%/2011.01.25 至 2016.01.25/中等毒(原药高毒)
甘蓝 小菜蛾 8.1-10.8克/公顷 喷雾
水稻 稻纵卷叶螟 7.5-11.25克/公顷 喷雾

PD20110302 阿维菌素/3.2%/乳油/阿维菌素 3.2%/2016.03.21 至 2021.03.21/中等毒(原药高毒)
菜豆 美洲斑潜蝇 14.4-21.6克/公顷 喷雾

PD20111022 多抗霉素/34%/母药/多抗霉素B 34%/2011.09.30 至 2016.09.30/低毒

PD20121387 赤霉酸/4.1%/脂膏/赤霉酸A4+A7 2.05%、赤霉酸A3 2.05%/2012.09.13 至 2017.09.13/低毒
梨树 调节生长 0.53-0.62毫克/果 涂果柄

PD20140083 烯酰吗啉/40%/悬浮剂/烯酰吗啉 40%/2014.01.20 至 2019.01.20/低毒
葡萄 霜霉病 160-260毫克/千克 喷雾

PD20142670 嘧菌酯/250克/升/悬浮剂/嘧菌酯 250克/升/2014.12.18 至 2019.12.18/低毒
黄瓜 白粉病 281.25-337.5克/公顷 喷雾

PD20150336 氯吡脲/0.1%/可溶液剂/氯吡脲 0.1%/2015.03.03 至 2020.03.03/低毒
葡萄 调节生长、增产 13.3-20毫克/千克 浸幼果穗

PD20150698 甲氨基阿维菌素苯甲酸盐/90%/原药/甲氨基阿维菌素苯甲酸盐 90%/2015.04.20 至 2020.04.20/中等毒

LS20130458 赤霉酸A4+A7膏脂/2%/膏剂/赤霉酸A4+A7 2%/2015.10.10 至 2016.10.10/低毒
梨树 调节生长、增产 0.22-0.38毫克/果 涂抹

江苏富田农化有限公司 （江苏省南京市化学工业园红山精细化工园双巷路60号 210012 025-52893118）

PD20040497 毒·唑磷/30%/乳油/毒死蜱 15%、三唑磷 15%/2014.12.19 至 2019.12.19/中等毒
水稻 三化螟 180-270克/公顷 喷雾

PD20040499 井冈·杀虫单/65%/可溶粉剂/井冈霉素 7%、杀虫单 58%/2014.12.19 至 2019.12.19/中等毒
水稻 稻纵卷叶螟、纹枯病 682.5-877.5克/千克 喷雾

PD20040500 吡虫·三唑酮/15.8%/可湿性粉剂/吡虫啉 1.8%、三唑酮 14%/2014.12.19 至 2019.12.19/低毒
小麦 白粉病、蚜虫 130-160克/公顷 喷雾

PD20040509 三唑·辛硫磷/27%/乳油/三唑磷 22%、辛硫磷 5%/2014.12.19 至 2019.12.19/中等毒
水稻 二化螟 243-324克/公顷 喷雾

PD20040617 吡虫啉/10%/可湿性粉剂/吡虫啉 10%/2014.12.19 至 2019.12.19/低毒
水稻 稻飞虱 15-30克/公顷 喷雾
小麦 蚜虫 15-30克/公顷(南方地区)45-60克/公顷(北方地区) 喷雾

PD20040632 异丙隆/50%/可湿性粉剂/异丙隆 50%/2014.12.19 至 2019.12.19/低毒
冬小麦 一年生杂草 1050-1200克/公顷 喷雾

PD20040797 高效氯氰菊酯/10%/乳油/高效氯氰菊酯 10%/2014.12.19 至 2019.12.19/中等毒
十字花科蔬菜 菜青虫 15-22.5克/公顷 喷雾
小麦 蚜虫 13.5-27克/公顷 喷雾

PD20060207 高效氯氟氰菊酯/95%/原药/高效氯氟氰菊酯 95%/2011.12.07 至 2016.12.07/中等毒

PD20070094 氧氟·乙草胺/42%/乳油/乙草胺 34%、乙氧氟草醚 8%/2012.04.19 至 2017.04.19/低毒
大蒜田 一年生杂草 567-693克/公顷 土壤喷雾
棉花田 一年生杂草 630-945克/公顷 土壤喷雾

PD20070154 苄嘧磺隆/30%/可湿性粉剂/苄嘧磺隆 30%/2012.06.14 至 2017.06.14/低毒
水稻移栽田 一年生阔叶杂草及莎草科杂草 45-90克/公顷 毒土法

PD20070207 毒死蜱/480克/升/乳油/毒死蜱 480克/升/2012.08.07 至 2017.08.07/中等毒
水稻 稻纵卷叶螟 504-576克/公顷 喷雾

PD20070415 丙草胺/30%/乳油/丙草胺 30%/2012.11.06 至 2017.11.06/低毒
水稻秧田 一年生杂草 450-675克/公顷(南方地区) 土壤喷雾

PD20070462 苄·乙/18%/可湿性粉剂/苄嘧磺隆 2%、乙草胺 16%/2012.11.20 至 2017.11.20/低毒
水稻移栽田 一年生杂草 81-121.5克/公顷 药土法

PD20080045 乙·异噁/35%/可湿性粉剂/乙草胺 25%、异噁草松 10%/2013.01.07 至 2018.01.07/微毒
冬油菜(移栽田) 一年生杂草 315-367.5克/公顷 土壤喷雾

PD20080080 苄·丁/37.5%/可湿性粉剂/苄嘧磺隆 1.5%、丁草胺 36%/2013.01.03 至 2018.01.03/低毒
水稻抛秧田 部分多年生杂草、一年生杂草 675-843.8克/公顷 药土法

PD20080222 乙·异噁松/50%/乳油/乙草胺 40%、异噁草松 10%/2013.01.11 至 2018.01.11/微毒
冬油菜(移栽田) 一年生杂草 525-600克/公顷 移栽前土壤喷雾

PD20080228 毒·辛/35%/乳油/毒死蜱 10%、辛硫磷 25%/2013.01.11 至 2018.01.11/中等毒
水稻 稻纵卷叶螟 472.5-525克/公顷 喷雾

PD20080235 仲威·毒死蜱/25%/乳油/毒死蜱 5%、仲丁威 20%/2013.02.19 至 2018.02.19/低毒
水稻 稻飞虱 300-450克/公顷 喷雾

PD20080253 吡嘧磺隆/10%/可湿性粉剂/吡嘧磺隆 10%/2013.02.19 至 2018.02.19/微毒

移栽水稻田 稗草、莎草及阔叶杂草 22.5-30克/公顷 毒土法

PD20080257 苄·噻磺/15%/可湿性粉剂/苄嘧磺隆 5%、噻吩磺隆 10%/2013.02.19 至 2018.02.19/低毒
冬小麦田 一年生阔叶杂草 36-45克/公顷 喷雾

PD20080259 氯氟吡氧乙酸/20%/乳油/氯氟吡氧乙酸 20%/2013.02.20 至 2018.02.20/低毒
冬小麦田 一年生阔叶杂草 150—210克/公顷 茎叶喷雾

PD20080380 噻嗪·异丙威/25%/可湿性粉剂/噻嗪酮 7%、异丙威 18%/2013.02.28 至 2018.02.28/低毒
水稻 稻飞虱 150-225克/公顷 喷雾

PD20080423 噻吩磺隆/15%/可湿性粉剂/噻吩磺隆 15%/2013.03.07 至 2018.03.07/低毒
春大豆田 一年生阔叶杂草 22.5-33.8克/公顷 土壤喷雾
冬小麦田 一年生阔叶杂草 22.5-33.8克/公顷 喷雾
夏大豆田 一年生阔叶杂草 18-27克/公顷 土壤喷雾

PD20080451 烟嘧磺隆/95%/原药/烟嘧磺隆 95%/2013.03.27 至 2018.03.27/微毒

PD20080543 噻嗪酮/25%/可湿性粉剂/噻嗪酮 25%/2013.05.04 至 2018.05.04/低毒
水稻 稻飞虱 112.5-150克/公顷 喷雾

PD20080586 虫酰肼/20%/悬浮剂/虫酰肼 20%/2013.05.12 至 2018.05.12/微毒
甘蓝 甜菜夜蛾 210-300克/公顷 喷雾

PD20080587 精喹禾灵/8.8%/乳油/精喹禾灵 8.8%/2013.05.12 至 2018.05.12/低毒
冬油菜田 一年生禾本科杂草 46.2-59.4克/公顷 茎叶喷雾
夏大豆田 一年生禾本科杂草 52.8-66克/公顷 茎叶喷雾

PD20080667 噁草·丁草胺/30%/乳油/丁草胺 24%、噁草酮 6%/2013.05.27 至 2018.05.27/低毒
水稻半旱育秧田、水稻旱育秧田 一年生杂草 600-720克/公顷 喷雾

PD20080922 苄·二氯/36%/可湿性粉剂/苄嘧磺隆 2%、二氯喹啉酸 34%/2013.07.17 至 2018.07.17/低毒
水稻田(直播) 一年生杂草 216-270克/公顷 喷雾

PD20080950 二氯喹啉酸/50%/可湿性粉剂/二氯喹啉酸 50%/2013.07.23 至 2018.07.23/低毒
水稻田(直播) 稗草 225-375克/公顷 茎叶喷雾

PD20081156 苯磺隆/10%/可湿性粉剂/苯磺隆 10%/2013.09.02 至 2018.09.02/微毒
冬小麦田 一年生阔叶杂草 13.5-22.5克/公顷 茎叶喷雾

PD20081655 硫磺·三环唑/45%/可湿性粉剂/硫磺 40%、三环唑 5%/2013.11.14 至 2018.11.14/低毒
水稻 稻瘟病 810-1215克/公顷 喷雾

PD20081656 苯磺·异丙隆/50%/可湿性粉剂/苯磺隆 1%、异丙隆 49%/2013.11.14 至 2018.11.14/低毒
冬小麦田 一年生杂草 900-1125克/公顷 茎叶喷雾

PD20082016 氟磺胺草醚/250克/升/水剂/氟磺胺草醚 250克/升/2013.11.25 至 2018.11.25/微毒
夏大豆田 一年生阔叶杂草 187.5-225克/公顷 茎叶喷雾

PD20082620 异丙·苄/18.5%/可湿性粉剂/苄嘧磺隆 3.5%、异丙草胺 15%/2013.12.04 至 2018.12.04/低毒
水稻移栽田 部分多年生杂草、一年生杂草 111-138.8克/公顷 药土法

PD20083041 三环唑/20%/可湿性粉剂/三环唑 20%/2013.12.10 至 2018.12.10/低毒
水稻 稻瘟病 225-300克/公顷 喷雾

PD20083604 苯磺隆/75%/水分散粒剂/苯磺隆 75%/2013.12.12 至 2018.12.12/低毒
冬小麦田 一年生阔叶杂草 13.5-22.5克/公顷 茎叶喷雾

PD20083717 草除灵/30%/悬浮剂/草除灵 30%/2013.12.15 至 2018.12.15/低毒
冬油菜田 一年生阔叶杂草 225-300克/公顷 喷雾

PD20083963 甲戊·乙草胺/40%/乳油/二甲戊灵 20%、乙草胺 20%/2013.12.16 至 2018.12.16/低毒
大蒜田 一年生杂草 600-900克/公顷 土壤喷雾处理

PD20085462 精噁唑禾草灵/69克/升/水乳剂/精噁唑禾草灵 69克/升/2013.12.24 至 2018.12.24/低毒
冬小麦田 一年生禾本科杂草 51.75-62.1克/公顷 茎叶喷雾

PD20085989 异稻·三环唑/20%/可湿性粉剂/三环唑 10%、异稻瘟净 10%/2013.12.29 至 2018.12.29/低毒
水稻 稻瘟病 300-450克/公顷 喷雾

PD20090063 苄嘧·丙草胺/25%/可湿性粉剂/苄嘧磺隆 5%、丙草胺 20%/2014.01.08 至 2019.01.08/微毒
水稻田(直播) 一年生及部分多年生杂草 225-300克/公顷 喷雾法

PD20090182 苄·乙·扑/19%/可湿性粉剂/苄嘧磺隆 1.9%、扑草净 5.6%、乙草胺 11.5%/2014.01.08 至 2019.01.08/低毒
冬小麦田 一年生杂草 427.5-570克/公顷 喷雾
水稻移栽田 一年生杂草 85.5-142.5克/公顷(南方地区) 药土法

PD20090348 高效氯氟氰菊酯/2.5%/乳油/高效氯氟氰菊酯 2.5%/2014.01.12 至 2019.01.12/中等毒
小麦 蚜虫 7.5-11.25克/公顷 喷雾

PD20091374 烟嘧磺隆/40克/升/可分散油悬浮剂/烟嘧磺隆 40克/升/2014.02.02 至 2019.02.02/微毒
夏玉米田 一年生单、双子叶杂草 66-100毫升制剂/亩 茎叶喷雾

PD20092667 喹·胺·草除灵/20%/可湿性粉剂/胺苯磺隆 1%、草除灵 14%、喹禾灵 5%/2014.03.18 至 2015.06.30/低毒
冬油菜田 一年生杂草 150-210克/公顷 喷雾

PD20092784 草甘膦异丙胺盐/30%/水剂/草甘膦 30%/2014.03.04 至 2019.03.04/低毒
非耕地 杂草 1230-2460克/公顷 茎叶喷雾
注:草甘膦异丙胺盐含量: 41%

PD20092797 杀单·毒死蜱/25%/可湿性粉剂/毒死蜱 5%、杀虫单 20%/2014.03.04 至 2019.03.04/中等毒

	水稻	稻纵卷叶螟	450-562.5克/公顷	喷雾
PD20093259	氟吡甲禾灵/108克/升/乳油/高效氟吡甲禾灵 108克/升/2014.03.11 至 2019.03.11/低毒			
	夏大豆田	一年生禾本科杂草	48.6-56.7克/公顷	茎叶喷雾
PD20093373	丙威·毒死蜱/20%/可湿性粉剂/毒死蜱 5%、异丙威 15%/2014.03.18 至 2019.03.18/低毒			
	水稻	稻飞虱	240-360克/公顷	喷雾
PD20093376	苯·苄·乙草胺/30%/可湿性粉剂/苯噻酰草胺 22.5%、苄嘧磺隆 2.5%、乙草胺 5%/2014.03.18 至 2019.03.18/低毒			
	水稻抛秧田	部分多年生杂草、一年生杂草	202.5-270克/公顷(南方地区)	药土法
PD20094919	吡虫·异丙威/24%/可湿性粉剂/吡虫啉 1.5%、异丙威 22.5%/2014.04.13 至 2019.04.13/低毒			
	水稻	稻飞虱	144-180克/公顷	喷雾
PD20095655	噻磺·乙草胺/20%/可湿性粉剂/噻吩磺隆 1%、乙草胺 19%/2014.05.12 至 2019.05.12/低毒			
	冬小麦田	一年生杂草	240-300克/公顷	土壤喷雾
	夏玉米田	一年生杂草	600-750克/公顷	土壤喷雾
PD20096978	三环唑/75%/可湿性粉剂/三环唑 75%/2014.09.29 至 2019.09.29/中等毒			
	水稻	稻瘟病	225-300克/公顷	喷雾
PD20111389	己唑醇/5%/悬浮剂/己唑醇 5%/2011.12.21 至 2016.12.21/低毒			
	水稻	纹枯病	60-75克/公顷	喷雾
PD20120606	阿维·毒死蜱/15%/乳油/阿维菌素 0.1%、毒死蜱 14.9%/2012.04.11 至 2017.04.11/中等毒(原药高毒)			
	水稻	稻纵卷叶螟	112.5-135克/公顷	喷雾
PD20120977	丙溴磷/50%/乳油/丙溴磷 50%/2012.06.21 至 2017.06.21/低毒			
	水稻	稻纵卷叶螟	600-750克/公顷	喷雾
PD20130066	阿维·丙溴磷/20%/乳油/阿维菌素 0.1%、丙溴磷 19.9%/2013.01.07 至 2018.01.07/低毒(原药高毒)			
	水稻	稻纵卷叶螟	180-300克/公顷	喷雾
PD20130090	氰氟·精噁唑/10%/乳油/精噁唑禾草灵 5%、氰氟草酯 5%/2013.01.15 至 2018.01.15/低毒			
	水稻田(直播)	一年生禾本科杂草	60-90克/公顷	茎叶喷雾
PD20130139	氰氟草酯/97%/原药/氰氟草酯 97%/2013.01.17 至 2018.01.17/低毒			
PD20130198	氰氟草酯/15%/乳油/氰氟草酯 15%/2013.01.24 至 2018.01.24/低毒			
	水稻田(直播)	稗草、千金子等禾本科杂草	90-105克/公顷	茎叶喷雾
PD20130264	双草醚/10%/悬浮剂/双草醚 10%/2013.02.21 至 2018.02.21/低毒			
	水稻田(直播)	一年生杂草	30-45克/公顷	茎叶喷雾
PD20130384	噁草·丁草胺/60%/乳油/丁草胺 50%、噁草酮 10%/2013.03.12 至 2018.03.12/低毒			
	水稻旱直播田	一年生杂草	720-900克/公顷	土壤喷雾
PD20130401	吡蚜酮/25%/可湿性粉剂/吡蚜酮 25%/2013.03.12 至 2018.03.12/低毒			
	莲藕	莲缢管蚜	45-67.5克/公顷	喷雾
	水稻	稻飞虱	60-90克/公顷	喷雾
PD20130403	炔草酯/20%/可湿性粉剂/炔草酯 20%/2013.03.12 至 2018.03.12/低毒			
	小麦田	部分禾本科杂草	45-60克/公顷	茎叶喷雾
PD20131588	咪鲜胺/40%/水乳剂/咪鲜胺 40%/2013.07.29 至 2018.07.29/低毒			
	柑橘	青霉病	266.7-400毫克/千克	浸果
	水稻	恶苗病	66.7-100毫克/千克	浸种
PD20131598	二甲戊灵/30%/悬浮剂/二甲戊灵 30%/2013.07.29 至 2018.07.29/低毒			
	甘蓝田	一年生杂草	585-720克/公顷	土壤喷雾
PD20131610	噻唑膦/10%/颗粒剂/噻唑膦 10%/2013.07.29 至 2018.07.29/中等毒			
	番茄	根结线虫	2.25-3.0千克/公顷	土壤撒施
PD20132001	毒死蜱/30%/微囊悬浮剂/毒死蜱 30%/2013.10.10 至 2018.10.10/低毒			
	花生	蛴螬	1800-2250克/公顷	灌根
PD20132708	阿维菌素/1.8%/乳油/阿维菌素 1.8%/2013.12.30 至 2018.12.30/低毒(原药高毒)			
	水稻	稻纵卷叶螟	4.05-6.75克/公顷	喷雾
PD20132713	莠去津/38%/悬浮剂/莠去津 38%/2013.12.30 至 2018.12.30/低毒			
	春玉米田	一年生杂草	1710-2137.5克/公顷	土壤喷雾
PD20140068	戊唑醇/80%/可湿性粉剂/戊唑醇 80%/2014.01.20 至 2019.01.20/低毒			
	水稻	稻曲病	96-120克/公顷	喷雾
PD20140107	噻苯隆/50%/可湿性粉剂/噻苯隆 50%/2014.01.20 至 2019.01.20/微毒			
	棉花	脱叶	225-300克/公顷	茎叶喷雾
PD20140109	硝磺草酮/15%/悬浮剂/硝磺草酮 15%/2014.01.20 至 2019.01.20/低毒			
	玉米田	一年生阔叶杂草及禾本科杂草	146.25-191.25克/公顷	茎叶喷雾
PD20140280	茚虫威/30%/水分散粒剂/茚虫威 30%/2014.02.12 至 2019.02.12/低毒			
	水稻	稻纵卷叶螟	27-40.5克/公顷	喷雾
PD20140287	乙羧氟草醚/10%/乳油/乙羧氟草醚 10%/2014.02.12 至 2019.02.12/低毒			
	夏大豆田	一年生阔叶杂草	60-90克/公顷	茎叶喷雾
PD20140288	嘧菌酯/250克/升/悬浮剂/嘧菌酯 250克/升/2014.02.12 至 2019.02.12/低毒			
	黄瓜	白粉病	225-337.5克/公顷	喷雾
PD20142124	精噁唑禾草灵/10%/乳油/精噁唑禾草灵 10%/2014.09.03 至 2019.09.03/低毒			
	小麦田	一年生禾本科杂草	90-120克/公顷	茎叶喷雾

PD20142125 噻虫嗪/70%/种子处理可分散粉剂/噻虫嗪 70%/2014.09.03 至 2019.09.03/低毒
玉米 灰飞虱 140-210克/100千克种子 种子包衣
PD20142323 丁硫克百威/5%/颗粒剂/丁硫克百威 5%/2014.11.03 至 2019.11.03/低毒
甘蔗 蔗螟 2250-3000克/公顷 沟施
PD20142350 氟虫腈/8%/悬浮种衣剂/氟虫腈 8%/2014.11.03 至 2019.11.03/低毒
玉米 蛴螬 制剂工种比：1:200-250 种子包衣
PD20142389 烯啶虫胺/60%/可湿性粉剂/烯啶虫胺 60%/2014.11.04 至 2019.11.04/低毒
水稻 飞虱 36-45克/公顷 喷雾
PD20142418 噻虫嗪/25%/水分散粒剂/噻虫嗪 25%/2014.11.13 至 2019.11.13/低毒
菠菜 蚜虫 22.5-30克/公顷 喷雾
水稻 飞虱 11.5-15克/公顷 喷雾
PD20142456 阿维·螺螨酯/20%/悬浮剂/阿维菌素 1%、螺螨酯 19%/2014.11.15 至 2019.11.15/低毒(原药高毒)
柑橘树 红蜘蛛 44.4-50毫克/千克 喷雾
PD20142490 异隆·炔草酯/50%/可湿性粉剂/异丙隆 46%、炔草酯 4%/2014.11.19 至 2019.11.19/低毒
冬小麦田 一年生禾本科杂草 600-750克/公顷 茎叶喷雾
PD20142504 烯酰吗啉/50%/可湿性粉剂/烯酰吗啉 50%/2014.11.21 至 2019.11.21/低毒
黄瓜 霜霉病 225－300克/公顷 喷雾
PD20142622 虱螨脲/50克/升/乳油/虱螨脲 50克/升/2014.12.15 至 2019.12.15/低毒
甘蓝 甜菜夜蛾 22.5-30克/公顷 喷雾
PD20142629 阿维菌素/5%/乳油/阿维菌素 5%/2014.12.15 至 2019.12.15/中等毒(原药高毒)
甘蓝 小菜蛾 5.4-10.8毫升/公顷 喷雾
PD20142677 噻呋酰胺/240克/升/悬浮剂/噻呋酰胺 240克/升/2014.12.18 至 2019.12.18/低毒
水稻 纹枯病 72-90克/公顷 喷雾
PD20150145 氟腈·噻虫嗪/30%/悬浮种衣剂/氟虫腈 10%、噻虫嗪 20%/2015.01.14 至 2020.01.14/低毒
玉米 灰飞虱 72-108克/100千克种子 种子包衣
PD20150277 苯·苄·二氯/88%/可湿性粉剂/苯噻酰草胺 78%、苄嘧磺隆 4.5%、二氯喹啉酸 5.5%/2015.02.04 至 2020.02.04/低毒
水稻田(直播) 一年生杂草 396-528克/公顷 茎叶喷雾
PD20151448 稻瘟酰胺/40%/悬浮剂/稻瘟酰胺 40%/2015.07.31 至 2020.07.31/低毒
水稻 稻瘟病 180-300克/公顷 喷雾
PD20152108 砜嘧磺隆/25%/水分散粒剂/砜嘧磺隆 25%/2015.09.22 至 2020.09.22/低毒
烟草田 一年生杂草 18.75-22.5克/公顷 茎叶喷雾
PD20152484 唑草酮/10%/可湿性粉剂/唑草酮 10%/2015.12.04 至 2020.12.04/低毒
小麦田 一年生阔叶杂草 30-36克/公顷 茎叶喷雾
PD20152542 异丙甲草胺/720克/升/乳油/异丙甲草胺 720克/升/2015.12.05 至 2020.12.05/低毒
花生田 一年生杂草 1080-1620克/公顷 土壤喷雾
PD20152601 甲基二磺隆/30克/升/可分散油悬浮剂/甲基二磺隆 30克/升/2015.12.17 至 2020.12.17/低毒
小麦田 一年生禾本科杂草 9-18克/公顷 茎叶喷雾

江苏耕耘化学有限公司 (江苏省连云港市灌南县堆沟港镇(化学工业园) 222523 0518-80923880)

PD20092990 腈菌唑/12%/乳油/腈菌唑 12%/2014.03.09 至 2019.03.09/低毒
小麦 白粉病 30-60克/公顷 喷雾
PD20097746 三环唑/75%/可湿性粉剂/三环唑 75%/2014.11.12 至 2019.11.12/中等毒
水稻 稻瘟病 225－300克/公顷 喷雾
PD20141537 苯醚甲环唑/95%/原药/苯醚甲环唑 95%/2014.06.17 至 2019.06.17/低毒
PD20141863 嘧菌酯/97%/原药/嘧菌酯 97%/2014.07.24 至 2019.07.24/微毒
PD20142012 醚菌酯/97%/原药/醚菌酯 97%/2014.08.14 至 2019.08.14/微毒
PD20150060 噻虫嗪/98%/原药/噻虫嗪 98%/2015.01.05 至 2020.01.05/低毒
PD20150250 烯酰吗啉/96%/原药/烯酰吗啉 96%/2015.01.15 至 2020.01.15/低毒
PD20151838 吡唑醚菌酯/98%/原药/吡唑醚菌酯 98%/2015.08.28 至 2020.08.28/中等毒

江苏谷顺农化有限公司 (江苏省兴化市大垛镇民政工业园区 225731 0523-83661051)

PD20141422 阿维菌素/1.8%/乳油/阿维菌素 1.8%/2014.06.06 至 2019.06.06/中等毒(原药高毒)
甘蓝 小菜蛾 8.1-10.8克/公顷 喷雾
PD20152571 咪鲜胺/25%/乳油/咪鲜胺 25%/2015.12.06 至 2020.12.06/低毒
水稻 恶苗病 83.3-125毫克/千克 浸种

江苏好收成韦恩农化股份有限公司 (江苏省南通市启东市老启东港 226221 0513-83889007)

PD84105-3 马拉硫磷/45%/乳油/马拉硫磷 45%/2014.12.23 至 2019.12.23/低毒
茶树 长白蚧、象甲 625-1000毫克/千克 喷雾
林木、牧草 蝗虫 450-600克/公顷 喷雾
水稻 飞虱、蓟马、叶蝉 562.5-750克/公顷 喷雾
PD85157-17 辛硫磷/40%/乳油/辛硫磷 40%/2015.08.15 至 2020.08.15/低毒
茶树、林木 食叶害虫 200-400毫克/千克 喷雾
果树 食心虫、蚜虫、螨 200-400毫克/千克 喷雾
蔬菜 菜青虫 300-450克/公顷 喷雾
烟草 食叶害虫 300-600克/公顷 喷雾

PD20040123 三唑酮/20%/乳油/三唑酮 20%/2014.12.19 至 2019.12.19/低毒

小麦 白粉病 120-127.5克/公顷 喷雾

PD20040486 三唑磷/20%/乳油/三唑磷 20%/2014.12.19 至 2019.12.19/中等毒

水稻 二化螟、三化螟 300-450克/公顷 喷雾

PD20040537 吡虫啉/10%/可湿性粉剂/吡虫啉 10%/2014.12.19 至 2019.12.19/低毒

菠菜 蚜虫 30-45克/公顷 喷雾

莲藕 莲缢管蚜 15-30克/公顷 喷雾

芹菜 蚜虫 15-30克/公顷 喷雾

水稻 飞虱 15-30克/公顷 喷雾

PD20050049 三唑磷/40%/乳油/三唑磷 40%/2015.04.27 至 2020.04.27/中等毒

水稻 二化螟 300-420克/公顷 喷雾

PD20050078 三唑磷/85%/原药/三唑磷 85%/2015.06.24 至 2020.06.24/中等毒

PD20050173 马拉硫磷/90%/原药/马拉硫磷 90%/2015.11.14 至 2020.11.14/低毒

PD20050182 草甘膦/95%/原药/草甘膦 95%/2015.11.15 至 2020.11.15/低毒

PD20050183 辛硫磷/87%/原药/辛硫磷 87%/2015.11.15 至 2020.11.15/低毒

PD20070533 草甘膦异丙胺盐/30%/水剂/草甘膦 30%/2012.12.03 至 2017.12.03/低毒

茶园、柑橘园、剑麻园、桑园、橡胶园 杂草 1125-2250克/公顷 定向茎叶喷雾

春玉米田、夏玉米田 杂草 750-1650克/公顷 定向茎叶喷雾

非耕地 杂草 1230-2460克/公顷 定向茎叶喷雾

注:草甘膦异丙胺盐含量：41%。

PD20070617 草甘膦异丙胺盐/46%/水剂/草甘膦 46%/2012.12.14 至 2017.12.14/低毒

非耕地 杂草 150-200毫升/亩 茎叶喷雾

注:草甘膦异丙胺盐含量：62%。

PD20080656 抑食肼/90%/原药/抑食肼 90%/2013.05.30 至 2018.05.30/中等毒

PD20080668 抑食肼/20%/可湿性粉剂/抑食肼 20%/2013.05.27 至 2018.05.27/低毒

水稻 稻黏虫、稻纵卷叶螟 150-300克/公顷 喷雾

PD20081443 嘧霉胺/98%/原药/嘧霉胺 98%/2013.10.31 至 2018.10.31/低毒

PD20081499 麦草畏/97.5%/原药/麦草畏 97.5%/2013.11.05 至 2018.11.05/低毒

PD20081530 腈菌唑/96%/原药/腈菌唑 96%/2013.11.06 至 2018.11.06/低毒

PD20081822 麦草畏/480克/升/水剂/麦草畏 480克/升/2013.11.19 至 2018.11.19/低毒

春小麦田 一年生阔叶杂草 180-216克/公顷 茎叶喷雾

PD20081876 腈菌唑/12%/乳油/腈菌唑 12%/2013.11.20 至 2018.11.20/低毒

梨树 黑星病 3000-4000倍液 喷雾

香蕉 叶斑病 800-1000倍液 喷雾

小麦 白粉病 30-60克/公顷 喷雾

PD20081930 腈菌唑/25%/乳油/腈菌唑 25%/2013.11.24 至 2018.11.24/低毒

香蕉 黑星病 62.5-83.3毫克/千克 喷雾

小麦 白粉病 30-60克/公顷 喷雾

PD20082227 锰锌·腈菌唑/50%/可湿性粉剂/腈菌唑 2%、代森锰锌 48%/2013.11.26 至 2018.11.26/低毒

梨树 黑星病 1500-1750倍液 喷雾

PD20082415 多效唑/15%/可湿性粉剂/多效唑 15%/2013.12.02 至 2018.12.02/低毒

水稻育秧田 控制生长 200-300毫克/千克 兑水喷雾

油菜(苗床) 控制生长 100-200毫克/千克 兑水喷雾

PD20082658 草甘膦铵盐/98%/原药/草甘膦铵盐 98%/2013.12.04 至 2018.12.04/低毒

PD20082767 腈菌唑/5%/乳油/腈菌唑 5%/2013.12.08 至 2019.03.26/低毒

梨树 黑星病 1000-1500倍液 喷雾

PD20083766 甜菜安/96%/原药/甜菜安 96%/2013.12.15 至 2018.12.15/低毒

PD20085848 嘧霉胺/20%/悬浮剂/嘧霉胺 20%/2013.12.29 至 2018.12.29/低毒

黄瓜 灰霉病 375-562.5克/公顷 喷雾

PD20086303 草甘膦铵盐/70%/可溶粒剂/草甘膦 70%/2013.12.31 至 2018.12.31/低毒

茶园、柑橘园、剑麻园、梨园、苹果园、桑园、香蕉园、橡胶园 杂草 1125-2250克/公顷 定向茎叶喷雾

春玉米田、棉花田、夏玉米田 杂草 750-1650克/公顷 定向茎叶喷雾

冬油菜田（免耕） 杂草 750-1200克/公顷 定向茎叶喷雾

免耕春油菜田 杂草 1500-2250克/公顷 定向茎叶喷雾

免耕抛秧晚稻田 杂草 2100-2550克/公顷 定向茎叶喷雾

注:草甘膦铵盐含量：77.7%。

PD20090522 草甘膦30%/30%/可溶粉剂/草甘膦铵盐 33%/2014.01.12 至 2019.01.12/低毒

非耕地 杂草 1417.5-2362.5克/公顷 喷雾

柑橘园、剑麻园、橡胶园　杂草　1125-2250克/公顷　定向茎叶喷雾
注:草甘膦铵盐33%
PD20092189　甜菜宁/96%/原药/甜菜宁 96%/2014.02.23 至 2019.02.23/低毒
PD20094200　聚醛·甲萘威/6%/毒饵/甲萘威 1.5%、四聚乙醛 4.5%/2014.03.30 至 2019.03.30/低毒
旱地　蜗牛　585-630克/公顷　撒施
PD20097068　甜菜宁/16%/乳油/甜菜宁 16%/2014.10.10 至 2019.10.10/低毒
甜菜田　一年生阔叶杂草　888-960克/公顷　茎叶喷雾
PD20100515　2,4-滴/96%/原药/2,4-滴 96%/2015.01.14 至 2020.01.14/低毒
PD20102065　2,4-滴二甲胺盐/720克/升/水剂/2,4-滴二甲胺盐 720克/升/2010.11.03 至 2015.11.03/低毒
柑橘园　一年生阔叶杂草　2160-2700克/公顷　定向喷雾
注:专供出口，不得在国内销售。
PD20110431　草甘膦铵盐/30%/水剂/草甘膦 30%/2011.04.21 至 2016.04.21/低毒
非耕地　杂草　1950-2400克/公顷　茎叶喷雾
注:草甘膦铵盐含量：33%。
PD20110662　戊唑醇/96%/原药/戊唑醇 96%/2011.06.20 至 2016.06.20/低毒
PD20111190　四聚乙醛/6%/颗粒剂/四聚乙醛 6%/2011.11.16 至 2016.11.16/低毒
小白菜　蜗牛　450—585克/公顷　撒施
PD20111258　草甘膦铵盐/50%/可溶粒剂/草甘膦 50%/2011.11.23 至 2016.11.23/低毒
柑橘园　杂草　1969.5-2424克/公顷　定向茎叶喷雾
注:草甘膦铵盐含量：55%。
PD20120145　四聚乙醛/80%/可湿性粉剂/四聚乙醛 80%/2012.01.29 至 2017.01.29/中等毒
小白菜　蜗牛　540-600克/公顷　喷雾
PD20120575　甜菜安/16%/乳油/甜菜安 16%/2012.03.28 至 2017.03.28/低毒
甜菜田　一年生阔叶杂草　888-960克/公顷　茎叶喷雾
PD20120677　乙氧呋草黄/20%/乳油/乙氧呋草黄 20%/2012.04.18 至 2017.04.18/低毒
甜菜田　部分阔叶杂草　6-8升/公顷　茎叶喷雾
PD20120718　乙氧呋草黄/96%/原药/乙氧呋草黄 96%/2012.04.19 至 2017.04.19/低毒
PD20120932　吡虫啉/70%/水分散粒剂/吡虫啉 70%/2012.06.04 至 2017.06.04/低毒
水稻　飞虱　31.5-42克/公顷　喷雾
PD20130523　戊唑醇/80%/水分散粒剂/戊唑醇 80%/2013.03.27 至 2018.03.27/低毒
香蕉　叶斑病　167-250毫克/千克　叶面喷雾
PD20131165　安·宁·乙呋黄/21%/乳油/甜菜安 7%、甜菜宁 7%、乙氧呋草黄 7%/2013.05.27 至 2018.05.27/低毒
甜菜田　一年生阔叶杂草　1102.5-1260克/公顷　茎叶喷雾
PD20132142　戊唑醇/430克/升/悬浮剂/戊唑醇 430克/升/2013.10.29 至 2018.10.29/低毒
小麦　白粉病　100-130克/公顷　喷雾
PD20132688　草铵膦/95%/原药/草铵膦 95%/2013.12.25 至 2018.12.25/低毒
PD20140161　戊唑醇/25%/水乳剂/戊唑醇 25%/2014.01.28 至 2019.01.28/低毒
苦瓜　白粉病　75-112.5克/公顷　喷雾
苹果树　斑点落叶病　100-125毫克/千克　喷雾
PD20140883　草甘膦钾盐/35%/水剂/草甘膦 35%/2014.04.08 至 2019.04.08/低毒
非耕地　杂草　1125-2000克/公顷　定向茎叶喷雾
注:草甘膦钾盐含量：43%。
PD20141167　草铵膦/200克/升/水剂/草铵膦 200克/升/2014.04.28 至 2019.04.28/低毒
非耕地　杂草　1050-1401克/公顷　定向茎叶喷雾
PD20141390　草甘膦异丙胺盐/41%/水剂/草甘膦 41%/2014.06.05 至 2019.06.05/低毒
橡胶园　一年生和多年生杂草　1230-1660.50克/公顷　定向茎叶喷雾
注:草甘膦异丙胺盐含量：55%。
PD20141576　草甘膦铵盐/80%/可溶粒剂/草甘膦 80%/2014.06.17 至 2019.06.17/低毒
非耕地　杂草　1140-2280克/公顷　茎叶喷雾
注:草甘膦铵盐含量：88.8%。
PD20141718　草甘膦钾盐/30%/水剂/草甘膦 30%/2014.06.30 至 2019.06.30/低毒
非耕地　杂草　1620-2430克/公顷　茎叶喷雾
注:草甘膦钾盐含量：37%。
PD20150236　精异丙甲草胺/96%/原药/精异丙甲草胺 96%/2015.01.15 至 2020.01.15/低毒
PD20150247　草甘膦铵盐/30%/水剂/草甘膦 30%/2015.01.15 至 2020.01.15/低毒
非耕地　杂草　1125-2250克/公顷　茎叶喷雾
PD20150962　吡蚜酮/96%/原药/吡蚜酮 96%/2015.06.11 至 2020.06.11/低毒
PD20152235　氟乐灵/96%/原药/氟乐灵 96%/2015.09.23 至 2020.09.23/低毒
PD20152237　草甘膦钾盐/41%/水剂/草甘膦 41%/2015.09.23 至 2020.09.23/低毒
非耕地　杂草　922.5-1845克/公顷　茎叶喷雾
注:草甘膦钾盐含量：50%。
PD20152402　草甘膦二甲胺盐/41%/水剂/草甘膦 41%/2015.10.25 至 2020.10.25/低毒

非耕地 杂草 1125-2250克/公顷 定向茎叶喷雾
注:草甘膦二甲胺盐含量为: 52%。
PD20152474 草甘膦二甲胺盐/35%/水剂/草甘膦 35%/2015.12.04 至 2020.12.04/低毒
非耕地 杂草 1125-2250克/公顷 定向茎叶喷雾
注:草甘膦二甲胺盐含量: 44%。
PD20152485 2甲4氯/96%/原药/2甲4氯 96%/2015.12.05 至 2020.12.05/低毒
PD20152533 草甘膦二甲胺盐/30%/水剂/草甘膦 30%/2015.12.05 至 2020.12.05/低毒
非耕地 杂草 1125-1687.5克/公顷 茎叶喷雾
注:草甘膦二甲胺盐含量: 38%。
PD20152645 2,4-滴二甲胺盐/60%/水剂/2,4-滴 50%/2015.12.19 至 2020.12.19/低毒
春小麦田 一年生阔叶杂草 432-540克/公顷 茎叶喷雾

江苏禾本生化有限公司 (江苏省南通市如东县沿海经济开发区(小洋口)化工园区二期 226407 0513-81903444)
PD20070576 噻螨酮/97%/原药/噻螨酮 97%/2012.12.03 至 2017.12.03/低毒
PD20081531 辛酰溴苯腈/97%/原药/辛酰溴苯腈 97%/2013.11.06 至 2018.11.06/低毒
PD20084412 氟菌唑/95%/原药/氟菌唑 95%/2013.12.17 至 2018.12.17/低毒
PD20095909 苯醚甲环唑/97%/原药/苯醚甲环唑 97%/2014.06.02 至 2019.06.02/低毒
PD20110049 乙氧氟草醚/97%/原药/乙氧氟草醚 97%/2016.01.11 至 2021.01.11/低毒

江苏禾笑化工有限公司 (江苏省江都市小纪镇西贾村 225245 0514-6631149)
PD20081468 三环唑/75%/可湿性粉剂/三环唑 75%/2013.11.04 至 2018.11.04/低毒
水稻 稻瘟病 280－337.5克/公顷 喷雾
PD20081797 毒死蜱/40%/乳油/毒死蜱 40%/2013.11.19 至 2018.11.19/中等毒
水稻 稻纵卷叶螟 480-600克/公顷 喷雾
PD20092991 吡虫啉/10%/可湿性粉剂/吡虫啉 10%/2014.03.09 至 2019.03.09/微毒
水稻 稻飞虱 15-30克/公顷 喷雾
PD20093626 井冈・烯唑醇/12%/可湿性粉剂/井冈霉素 10%、烯唑醇 2%/2014.03.25 至 2019.03.25/低毒
水稻 纹枯病 90-108克/公顷 喷雾
水稻 稻曲病 108-130克/公顷 喷雾
PD20093946 氯氰・马拉松/16%/乳油/氯氰菊酯 2%、马拉硫磷 14%/2014.03.27 至 2019.03.27/低毒
十字花科蔬菜 菜青虫 120-168克/公顷 喷雾
PD20095127 除虫脲/25%/可湿性粉剂/除虫脲 25%/2014.04.24 至 2019.04.24/低毒
森林 松毛虫 206.25-225克/公顷 喷雾
PD20095140 丙环唑/250克/升/乳油/丙环唑 250克/升/2014.04.24 至 2019.04.24/低毒
香蕉 叶斑病 375-500毫克/千克 喷雾
PD20095280 硫磺・三环唑/45%/可湿性粉剂/硫磺 40%、三环唑 5%/2014.04.27 至 2019.04.27/低毒
水稻 稻瘟病 810-1215克/公顷 喷雾
PD20097867 阿维菌素/1.8%/乳油/阿维菌素 1.8%/2014.11.20 至 2019.11.20/低毒(原药高毒)
甘蓝 菜青虫、小菜蛾 8.1-10.8克/公顷 喷雾
PD20100191 吗胍・乙酸铜/20%/可湿性粉剂/盐酸吗啉胍 10%、乙酸铜 10%/2015.01.05 至 2020.01.05/微毒
番茄 病毒病 540-660克/公顷 喷雾

江苏禾业农化有限公司 (江苏省盐城市射阳县临海化工集中区 224354 0515-82540118)
PD20091249 精喹禾灵/5%/乳油/精喹禾灵 5%/2014.02.01 至 2019.02.01/低毒
大豆田 一年生禾本科杂草 45-60克/公顷 茎叶喷雾
PD20094630 四聚乙醛/6%/颗粒剂/四聚乙醛 6%/2014.04.10 至 2019.04.10/低毒
十字花科蔬菜 蜗牛 450-630克/公顷 毒土撒施
PD20098501 吡虫啉/10%/可湿性粉剂/吡虫啉 10%/2014.12.24 至 2019.12.24/低毒
水稻 稻飞虱 15-30克/公顷 喷雾
PD20100651 吡虫啉/95%/原药/吡虫啉 95%/2015.01.15 至 2020.01.15/低毒
PD20100667 噻嗪・异丙威/25%/可湿性粉剂/噻嗪酮 5%、异丙威 20%/2015.01.15 至 2020.01.15/低毒
水稻 稻飞虱 375-562.5克/公顷 喷雾
PD20100901 咪鲜胺/45%/水乳剂/咪鲜胺 45%/2015.01.19 至 2020.01.19/低毒
水稻 恶苗病 56.25－112.5毫克/千克 浸种
PD20101398 氯氰菊酯/10%/乳油/氯氰菊酯 10%/2015.04.14 至 2020.04.14/低毒
十字花科蔬菜 小菜蛾 37.5-52.5克/公顷 喷雾
PD20101463 阿维菌素/1.8%/乳油/阿维菌素 1.8%/2015.05.04 至 2020.05.04/中等毒(原药高毒)
十字花科蔬菜 小菜蛾 9.45-13.5克/公顷 喷雾
PD20111122 毒死蜱/45%/乳油/毒死蜱 45%/2011.10.27 至 2016.10.27/中等毒
水稻 稻飞虱、稻纵卷叶螟、三化螟 432-576克/公顷 喷雾
PD20120059 甲霜灵/98%/原药/甲霜灵 98%/2012.01.16 至 2017.01.16/低毒
PD20131093 苯磺・异丙隆/50%/可湿性粉剂/苯磺隆 1.5%、异丙隆 48.5%/2013.05.20 至 2018.05.20/低毒
冬小麦田 一年生杂草 600－900克/公顷 茎叶喷雾
PD20131197 苄・二氯/36%/可湿性粉剂/苄嘧磺隆 3%、二氯喹啉酸 33%/2013.05.27 至 2018.05.27/低毒
水稻秧田 一年生杂草 270-324克/公顷 茎叶喷雾
PD20131652 氰氟草酯/100克/升/乳油/氰氟草酯 100克/升/2013.08.01 至 2018.08.01/低毒

水稻秧田和南方直播田 稗草、千金子等禾本科杂草 75-105克/公顷 茎叶喷雾

PD20141166 除虫脲/96%/原药/除虫脲 96%/2014.04.28 至 2019.04.28/低毒
注:专供出口产品，不得在国内销售。

PD20141352 虱螨脲/98%/原药/虱螨脲 98%/2014.06.04 至 2019.06.04/低毒

PD20142489 除虫脲/25%/水分散粒剂/除虫脲 25%/2014.11.19 至 2019.11.19/低毒
注:专供出口，不得在国内销售。

江苏禾裕泰化学有限公司 (江苏省淮安经济技术开发区实联大道18号 223215 0517-89896188)

PD20083896 氰戊·乐果/25%/乳油/乐果 22.8%、氰戊菊酯 2.2%/2013.12.15 至 2018.12.15/中等毒
十字花科叶菜 菜青虫、蚜虫 180-300克/公顷 喷雾

PD20097295 氰戊菊酯/20%/乳油/氰戊菊酯 20%/2014.10.26 至 2019.10.26/低毒
十字花科蔬菜 蚜虫 90-120克/公顷 喷雾

PD20097296 溴氰菊酯/2.5%/乳油/溴氰菊酯 2.5%/2014.10.26 至 2019.10.26/低毒
十字花科蔬菜 小菜蛾 11.25-15克/公顷 喷雾

PD20097327 苏云金杆菌/16000IU/毫克/可湿性粉剂/苏云金杆菌 16000IU/毫克/2014.10.27 至 2019.10.27/微毒
十字花科蔬菜 小菜蛾 750-1050克制剂/公顷 喷雾

PD20101835 苏云金杆菌/6000IU/毫克/悬浮剂/苏云金杆菌 6000IU/毫克/2015.07.28 至 2020.07.28/微毒
十字花科蔬菜 菜青虫 67-100毫升制剂/亩 喷雾

江苏黑鹰化学工业有限公司 (江苏省海门市常乐工业园区 226142 0513-82075822)

WP20080104 电热蚊香液/1.2%/电热蚊香液/炔丙菊酯 1.2%/2013.10.06 至 2018.10.06/低毒
卫生 蚊 / 电热加温

WP20080110 电热蚊香片/21毫克/片/电热蚊香片/Es-生物烯丙菊酯 16毫克/片、炔丙菊酯 5毫克/片/2013.10.22 至 2018.10.22/低毒
卫生 蚊 / 电热加温

WP20080111 蚊香/0.3%/蚊香/富右旋反式烯丙菊酯 0.3%/2013.10.22 至 2018.10.22/低毒
卫生 蚊 / 点燃

WP20080112 蚊香/0.28%/蚊香/富右旋反式烯丙菊酯 0.28%/2013.10.22 至 2018.10.22/微毒
卫生 蚊 / 点燃

WP20080160 杀虫气雾剂/0.6%/气雾剂/胺菊酯 0.3%、富右旋反式烯丙菊酯 0.1%、氯菊酯 0.2%/2013.11.12 至 2018.11.12/低毒
卫生 蜚蠊、蚊、蝇 / 喷雾

WP20080384 驱蚊花露水/5%/驱蚊花露水/避蚊胺 5%/2013.12.11 至 2018.12.11/低毒
卫生 蚊 / 涂抹

WP20090292 蚊香/0.2%/蚊香/Es-生物烯丙菊酯 0.2%/2014.07.13 至 2019.07.13/微毒
卫生 蚊 / 点燃

WP20120227 电热蚊香片/12毫克/片/电热蚊香片/炔丙菊酯 10毫克/片、四氟苯菊酯 2毫克/片/2012.11.22 至 2017.11.22/微毒
卫生 蚊 / 电热加温
注:本产品有一种香型：茉莉香型。

WP20120243 杀蚊气雾剂/0.55%/气雾剂/胺菊酯 0.35%、富右旋反式烯丙菊酯 0.1%、氯菊酯 0.1%/2012.12.18 至 2017.12.18/微毒
卫生 蚊 / 喷雾
注:本产品有三种香型:薰衣草香型、柠檬香型、茉莉香型。

WP20130005 蚊香/0.05%/蚊香/氯氟醚菊酯 0.05%/2013.01.07 至 2018.01.07/微毒
卫生 蚊 / 点燃
注:本产口有三种香型：桂花香型、薰衣草香型、檀香型。

WP20130148 蚊香/0.08%/蚊香/氯氟醚菊酯 0.08%/2013.07.05 至 2018.07.05/微毒
卫生 蚊 / 点燃
注:本产品有三种香型：桂花香型、檀香型、薰衣草香型。

WP20130164 杀蟑气雾剂/0.3%/气雾剂/炔咪菊酯 0.13%、右旋苯醚氰菊酯 0.17%/2013.07.29 至 2018.07.29/微毒
室内 蜚蠊 / 喷雾
注:本产品有一种香型：冰橙香型。

WP20140189 杀虫气雾剂/0.53%/气雾剂/氯菊酯 0.39%、炔丙菊酯 0.14%/2014.08.27 至 2019.08.27/微毒
室内 蚊、蝇、蜚蠊 / 喷雾
注:本产品为水基型气雾剂； 有两种香型：柠檬香型、茉莉香型。

WP20150139 电热蚊香片/10毫克/片/电热蚊香片/炔丙菊酯 5毫克/片、氯氟醚菊酯 5毫克/片/2015.07.30 至 2020.07.30/低毒
室内 蚊 / /
注:本产品有两种香型：茉莉香型、茶香型。

WP20150198 电热蚊香液/0.8%/电热蚊香液/氯氟醚菊酯 0.8%/2015.09.23 至 2020.09.23/低毒
室内 蚊 / 电热加温

江苏恒隆作物保护有限公司 (江苏省连云港市堆沟港镇化学工业园区 222523 0518-83093796)

PD20070426 双甲脒/95%/原药/双甲脒 95%/2012.11.12 至 2017.11.12/低毒

PD20070682 嗪草酮/95%/原药/嗪草酮 95%/2012.12.17 至 2017.12.17/低毒

PD20094414 杀螟硫磷/93%/原药/杀螟硫磷 93%/2014.04.01 至 2019.04.01/中等毒

PD20120074 双甲脒/200克/升/乳油/双甲脒 200克/升/2012.01.18 至 2017.01.18/低毒
棉花 红蜘蛛 135-150克/公顷 喷雾

PD20120398 嗪草酮/70%/可湿性粉剂/嗪草酮 70%/2012.03.07 至 2017.03.07/低毒

春大豆田　一年生阔叶杂草　630-735克/公顷　土壤喷雾
PD20120984　马拉硫磷/95%/原药/马拉硫磷 95%/2012.06.21 至 2017.06.21/低毒
PD20121738　丙环唑/95%/原药/丙环唑 95%/2012.11.08 至 2017.11.08/低毒
PD20131909　灭草松/95%/原药/灭草松 95%/2013.09.25 至 2018.09.25/低毒
PD20132134　戊唑醇/96%/原药/戊唑醇 96%/2013.10.24 至 2018.10.24/低毒
PD20132679　吡虫啉/97%/原药/吡虫啉 97%/2013.12.25 至 2018.12.25/低毒
PD20140619　灭草松/480克/升/水剂/灭草松 480克/升/2014.03.07 至 2019.03.07/低毒
大豆田　一年生阔叶杂草　1080-1440克/公顷　茎叶喷雾
PD20141250　啶虫脒/99%/原药/啶虫脒 99%/2014.05.07 至 2019.05.07/中等毒
PD20142327　烯酰吗啉/96%/原药/烯酰吗啉 96%/2014.11.03 至 2019.11.03/低毒
PD20150701　高效氯氟氰菊酯/95%/原药/高效氯氟氰菊酯 95%/2015.04.20 至 2020.04.20/中等毒
PD20150950　苯醚甲环唑/95%/原药/苯醚甲环唑 95%/2015.06.10 至 2020.06.10/低毒
PD20151087　草甘膦/95%/原药/草甘膦 95%/2015.06.14 至 2020.06.14/低毒
PD20151208　三环唑/95%/原药/三环唑 95%/2015.07.30 至 2020.07.30/中等毒
PD20152122　乙酰甲胺磷/97%/原药/乙酰甲胺磷 97%/2015.09.22 至 2020.09.22/低毒

江苏华农生物化学有限公司　(江苏省东台市北关路28号　224200　0515-85272588)

PD85131-8　井冈霉素/2.4%,4%/水剂/井冈霉素A 2.4%,4%/2015.08.15 至 2020.08.15/低毒
水稻　纹枯病　75-112.5克/公顷　喷雾,泼浇
PD20080354　丙草胺/30%/乳油/丙草胺 30%/2013.02.28 至 2018.02.28/低毒
水稻田(直播)　一年生杂草　495-675克/公顷(南方地区)　喷雾
PD20093642　马拉硫磷/45%/乳油/马拉硫磷 45%/2014.03.25 至 2019.03.25/低毒
棉花　盲蝽蟓　540-607.5克/公顷　喷雾
PD20094800　毒死蜱/45%/乳油/毒死蜱 45%/2014.04.13 至 2019.04.13/中等毒
水稻　稻飞虱　450-600克/公顷　喷雾
PD20095354　乙烯利/40%/水剂/乙烯利 40%/2014.04.27 至 2019.04.27/低毒
棉花　催熟　750-1000克/公顷(300-400倍)　喷雾
PD20097174　甲氨基阿维菌素苯甲酸盐/1%/乳油/甲氨基阿维菌素 1%/2014.10.16 至 2019.10.16/微毒
甘蓝　小菜蛾　2.25-3.75克/公顷　喷雾
注:甲氨基阿维菌素苯甲酸盐含量: 1.14%。
PD20097175　氯氟吡氧乙酸异辛酯/200克/升/乳油/氯氟吡氧乙酸 200克/升/2014.10.16 至 2019.10.16/低毒
小麦田　一年生阔叶杂草　195-225克/公顷　茎叶喷雾
注:氯氟吡氧乙酸异辛酯含量: 288克/升。
PD20098467　精喹禾灵/10%/乳油/精喹禾灵 10%/2014.12.24 至 2019.12.24/低毒
夏大豆田　一年生禾本科杂草　48.6-64.8克/公顷　茎叶喷雾
PD20110043　阿维・氟铃脲/3%/乳油/阿维菌素 1%、氟铃脲 2%/2016.01.11 至 2021.01.11/低毒(原药高毒)
甘蓝　小菜蛾　18—22克/公顷　喷雾
PD20110143　丙草胺/50%/乳油/丙草胺 50%/2016.02.10 至 2021.02.10/低毒
水稻抛秧田　一年生杂草　375-450克/公顷　毒土法
PD20110300　甲维・丙溴磷/31%/乳油/丙溴磷 30%、甲氨基阿维菌素苯甲酸盐 1%/2016.03.21 至 2021.03.21/低毒
水稻　稻纵卷叶螟　279-325.5克/公顷　喷雾
PD20120647　烟嘧・莠去津/24%/可分散油悬浮剂/烟嘧磺隆 4%、莠去津 20%/2012.04.18 至 2017.04.18/低毒
玉米田　一年生杂草　288-360克/公顷　茎叶喷雾
PD20122000　炔草酸/8%/水乳剂/炔草酯 8%/2012.12.19 至 2017.12.19/低毒
小麦田　一年生禾本科杂草　45-67.5克/公顷　茎叶喷雾
PD20150390　氟环・稻瘟灵/40%/悬浮剂/稻瘟灵 36%、氟环唑 4%/2015.03.18 至 2020.03.18/低毒
水稻　稻曲病、稻瘟病、纹枯病　240-480克/公顷　喷雾
PD20150792　氰氟草酯/10%/水乳剂/氰氟草酯 10%/2015.05.14 至 2020.05.14/低毒
水稻田(直播)　稗草、千金子等禾本科杂草　90-120毫升/公顷　茎叶喷雾
PD20151717　多杀霉素/10%/悬浮剂/多杀霉素 10%/2015.08.28 至 2020.08.28/低毒
甘蓝　小菜蛾　18.75-22.5克/公顷　喷雾
LS20130005　井冈・戊唑醇/15%/悬浮剂/井冈霉素A 5%、戊唑醇 10%/2015.01.04 至 2016.01.04/低毒
水稻　纹枯病　135-180克/公顷　喷雾
LS20140003　氟环・稻瘟灵/40%/悬浮剂/稻瘟灵 36%、氟环唑 4%/2015.01.14 至 2016.01.14/低毒
水稻　稻曲病、稻瘟病、纹枯病　240—480克/公顷　喷雾
LS20150038　噻呋・已唑醇/20%/悬浮剂/已唑醇 5%、噻呋酰胺 15%/2015.03.17 至 2016.03.17/低毒
水稻　纹枯病　90-120克/公顷　喷雾

江苏华裕农化有限公司　(江苏省扬州市江都市小纪镇竹墩路　225246　0514-86599110)

PD20040192　三唑酮/20%/乳油/三唑酮 20%/2014.12.19 至 2019.12.19/低毒
小麦　白粉病　120-135克/公顷　喷雾
PD20060058　多・酮/40%/可湿性粉剂/多菌灵 35%、三唑酮 5%/2016.03.06 至 2021.03.06/低毒
水稻　叶尖枯病　450-600克/公顷　喷雾
小麦　白粉病、赤霉病　450-600克/公顷　喷雾
PD20080373　高氯・辛硫磷/25%/乳油/高效氯氟菊酯 1.5%、辛硫磷 23.5%/2013.02.28 至 2018.02.28/中等毒

棉花	棉铃虫	300-375克/公顷	喷雾

PD20083213 毒·辛/25%/乳油/毒死蜱 7%、辛硫磷 18%/2013.12.11 至 2018.12.11/中等毒

水稻	稻纵卷叶螟	375-450克/公顷	喷雾

PD20083664 吡·井·杀虫单/40%/可湿性粉剂/吡虫啉 1.5%、井冈霉素 5%、杀虫单 33.5%/2013.12.12 至 2018.12.12/低毒

水稻	二化螟、飞虱、纹枯病	600-720克/公顷	喷雾

PD20090518 噻嗪·三唑磷/30%/乳油/噻嗪酮 7%、三唑磷 23%/2014.01.12 至 2019.01.12/中等毒

水稻	稻纵卷叶螟、二化螟、飞虱	360-540克/公顷	喷雾

PD20091962 毒死蜱/45%/乳油/毒死蜱 45%/2014.02.12 至 2019.02.12/中等毒

水稻	二化螟	468-576克/公顷	喷雾

PD20092164 噻嗪酮/25%/可湿性粉剂/噻嗪酮 25%/2014.02.23 至 2019.02.23/低毒

水稻	稻飞虱	112.5-150克/公顷	喷雾

PD20094637 吡虫啉/10%/可湿性粉剂/吡虫啉 10%/2014.04.10 至 2019.04.10/低毒

水稻	稻飞虱	18.75-22.5克/公顷	喷雾

PD20095348 三环唑/75%/可湿性粉剂/三环唑 75%/2014.04.27 至 2019.04.27/低毒

水稻	稻瘟病	225-300克/公顷	喷雾

PD20096097 仲丁威/20%/乳油/仲丁威 20%/2014.06.18 至 2019.06.18/低毒

水稻	稻飞虱	495-570克/公顷	喷雾

PD20110660 苯甲·丙环唑/300克/升/乳油/苯醚甲环唑 150克/升、丙环唑 150克/升/2011.06.20 至 2016.06.20/低毒

水稻	纹枯病	90-112.5克/公顷	喷雾

PD20121516 高效氯氰菊酯/4.5%/乳油/高效氯氰菊酯 4.5%/2012.10.09 至 2017.10.09/中等毒

甘蓝	菜青虫	20.25-27克/公顷	喷雾

PD20131367 丙溴·辛硫磷/25%/乳油/丙溴磷 6%、辛硫磷 19%/2013.06.24 至 2018.06.24/低毒

水稻	二化螟	318.75-375克/公顷	喷雾

PD20141411 噻嗪·仲丁威/25%/乳油/噻嗪酮 5%、仲丁威 20%/2014.06.06 至 2019.06.06/中等毒

水稻	稻飞虱	243.75-281.25克/公顷	喷雾

PD20141625 吡蚜酮/25%/可湿性粉剂/吡蚜酮 25%/2014.06.24 至 2019.06.24/低毒

水稻	稻飞虱	56.25-93.75克/公顷	喷雾

PD20151138 甲维·茚虫威/10%/悬浮剂/甲氨基阿维菌素苯甲酸盐 2%、茚虫威 8%/2015.06.26 至 2020.06.26/低毒

水稻	稻纵卷叶螟	22.5-45克/公顷	喷雾

PD20152317 氟环唑/12.5%/悬浮剂/氟环唑 12.5%/2015.10.21 至 2020.10.21/低毒

水稻	纹枯病	75-93.75克/公顷	喷雾

PD20152318 噻呋·戊唑醇/30%/悬浮剂/噻呋酰胺 25%、戊唑醇 5%/2015.10.21 至 2020.10.21/低毒

水稻	纹枯病	54-72克/公顷	喷雾

PD20152324 噻虫嗪/25%/可湿性粉剂/噻虫嗪 25%/2015.10.21 至 2020.10.21/低毒

水稻	稻飞虱	7.5-15克/公顷	喷雾

江苏黄海农药化工有限公司 (江苏省临滨海经济开发区沿海工业园黄海路西侧 224300 0515-2324359)

PD20093887 辛硫磷/87%/原药/辛硫磷 87%/2014.03.25 至 2019.03.25/低毒
PD20100268 三唑磷/85%/原药/三唑磷 85%/2010.01.11 至 2015.01.11/中等毒
PD20110100 戊唑醇/95%/原药/戊唑醇 95%/2016.01.26 至 2021.01.26/低毒
PD20110109 丙环唑/95%/原药/丙环唑 95%/2016.01.26 至 2021.01.26/低毒
PD20150303 粉唑醇/95%/原药/粉唑醇 95%/2015.02.05 至 2020.02.05/低毒
PD20150780 戊唑醇/430克/升/悬浮剂/戊唑醇 430克/升/2015.05.13 至 2020.05.13/低毒

水稻	纹枯病	77.4-96.75克/公顷	喷雾

江苏皇马农化有限公司 (江苏省灌南县堆沟港镇(化学工业园) 212327 0518-83693001)

PDN59-99 甲氰菊酯/20%/乳油/甲氰菊酯 20%/2014.02.27 至 2019.02.27/中等毒

苹果树	桃小食心虫	67-100毫克/千克	喷雾
苹果树	红蜘蛛	100毫克/千克	喷雾

PD85154-26 氰戊菊酯/20%/乳油/氰戊菊酯 20%/2015.02.08 至 2020.02.08/中等毒

柑橘树	潜叶蛾	10-20毫克/千克	喷雾
果树	梨小食心虫	10-20毫克/千克	喷雾
棉花	红铃虫、蚜虫	75-150克/公顷	喷雾
蔬菜	菜青虫、蚜虫	60-120克/公顷	喷雾

PD89104-9 氰戊菊酯/93%/原药/氰戊菊酯 93%/2014.09.28 至 2019.09.28/中等毒
PD20040033 氯氰菊酯/92%/原药/氯氰菊酯 92%/2014.12.19 至 2019.12.19/中等毒
PD20040045 高效氯氰菊酯/95%/原药/高效氯氰菊酯 95%/2014.12.19 至 2019.12.19/中等毒
PD20040194 氯氰菊酯/10%/乳油/氯氰菊酯 10%/2014.12.19 至 2019.12.19/中等毒

十字花科蔬菜	菜青虫	30-45克/公顷	喷雾

PD20040241 顺式氯氰菊酯/50g/L/乳油/顺式氯氰菊酯 50克/升/2014.12.19 至 2019.12.19/中等毒

十字花科蔬菜	菜青虫	22.5-30克/公顷	喷雾

PD20040243 吡虫啉/10%/可湿性粉剂/吡虫啉 10%/2014.12.19 至 2019.12.19/低毒

水稻	飞虱	75-150克/公顷	喷雾

PD20040244 高效氯氰菊酯/4.5%/乳油/高效氯氰菊酯 4.5%/2014.12.19 至 2019.12.19/中等毒

十字花科蔬菜	菜青虫	13.5-20.25克/公顷	喷雾

PD20050037 吡虫啉/20%/可溶液剂/吡虫啉 20%/2015.04.15 至 2020.04.15/中等毒
水稻 飞虱 20-30克/公顷 喷雾
PD20050138 顺式氯氰菊酯/90%/原药/顺式氯氰菊酯 90%/2015.09.09 至 2020.09.09/中等毒
PD20070536 啶虫脒/96%/原药/啶虫脒 96%/2012.12.03 至 2017.12.03/低毒
PD20070678 吡虫啉/95%/原药/吡虫啉 95%/2013.03.06 至 2018.03.06/低毒
PD20080264 啶虫脒/20%/可溶粉剂/啶虫脒 20%/2013.02.20 至 2018.02.20/低毒
柑橘树 蚜虫 20-40毫克/千克 喷雾
PD20081505 联苯菊酯/96%/原药/联苯菊酯 96%/2013.11.06 至 2018.11.06/中等毒
PD20081661 啶虫脒/20%/可溶液剂/啶虫脒 20%/2013.11.25 至 2018.11.25/低毒
柑橘树 蚜虫 15-20毫克/千克 喷雾
PD20081898 甲氰菊酯/92%/原药/甲氰菊酯 92%/2013.11.21 至 2018.11.21/中等毒
PD20082029 啶虫脒/5%/乳油/啶虫脒 5%/2013.11.25 至 2018.11.25/中等毒
柑橘树 蚜虫 20-40毫克/千克 喷雾
PD20083902 S-氰戊菊酯/95%/原药/S-氰戊菊酯 95%/2013.12.15 至 2018.12.15/中等毒
PD20084235 联苯菊酯/100克/升/乳油/联苯菊酯 100克/升/2013.12.17 至 2018.12.17/中等毒(原药高毒)
苹果树 桃小食心虫 3000-4000倍液 喷雾
PD20084253 联苯菊酯/25克/升/乳油/联苯菊酯 25克/升/2013.12.17 至 2018.12.17/中等毒
苹果树 桃小食心虫 12.5-25毫克/千克 喷雾
PD20084361 毒死蜱/40%/乳油/毒死蜱 40%/2013.12.17 至 2018.12.17/中等毒
棉花 棉铃虫 450-900克/公顷 喷雾
PD20084584 氯氰菊酯/25%/乳油/氯氰菊酯 25%/2013.12.18 至 2018.12.18/中等毒
十字花科蔬菜 菜青虫 37.5-45克/公顷 喷雾
PD20084624 毒死蜱/95%/原药/毒死蜱 95%/2013.12.18 至 2018.12.18/中等毒
PD20085287 高效氯氟氰菊酯/96%/原药/高效氯氟氰菊酯 96%/2013.12.23 至 2018.12.23/中等毒
PD20085595 S-氰戊菊酯/50克/升/乳油/S-氰戊菊酯 50克/升/2013.12.25 至 2018.12.25/中等毒
棉花 棉铃虫 30-37.5克/公顷 喷雾
PD20093595 高效氯氟氰菊酯/25克/升/乳油/高效氯氟氰菊酯 25克/升/2014.03.23 至 2019.03.23/中等毒
棉花 棉铃虫 7.5-22.5克/公顷 喷雾
PD20111047 高效氯氟氰菊酯/50克/升/乳油/高效氯氟氰菊酯 50克/升/2011.10.10 至 2016.10.10/中等毒
棉花 棉铃虫 15-22.5克/公顷 喷雾
PD20130142 草铵膦/95%/原药/草铵膦 95%/2013.01.17 至 2018.01.17/低毒
PD20130274 草铵膦/18%/水剂/草铵膦 18%/2013.02.21 至 2018.02.21/低毒
柑橘园 杂草 891-1782克/公顷 定向茎叶喷雾
PD20131131 嘧菌酯/98%/原药/嘧菌酯 98%/2013.05.20 至 2018.05.20/低毒
PD20140886 草铵膦/50%/母药/草铵膦 50%/2014.04.08 至 2019.04.08/低毒

江苏辉丰农化股份有限公司 (江苏省大丰市王港闸南首 224100 0515-83551820)

PD84104-29 杀虫双/18%/水剂/杀虫双 18%/2012.06.21 至 2017.06.21/中等毒
甘蔗、蔬菜、水稻、小麦、玉米 多种害虫 540-675克/公顷 喷雾
果树 多种害虫 225-360毫克/千克 喷雾
PD84117-5 多菌灵/95%/原药/多菌灵 95%/2014.12.14 至 2019.12.14/低毒
PD85105-24 敌敌畏/80%/乳油/敌敌畏 77.5%/2014.12.14 至 2019.12.14/中等毒
茶树 食叶害虫 600克/公顷 喷雾
粮仓 多种储藏害虫 1)400-500倍液,2)0.4-0.5克/立方米 1)喷雾,2)挂条熏蒸
棉花 蚜虫、造桥虫 600-1200克/公顷 喷雾
苹果树 小卷叶蛾、蚜虫 400-500毫克/千克 喷雾
青菜 菜青虫 600克/公顷 喷雾
桑树 尺蠖 600克/公顷 喷雾
卫生 多种卫生害虫 1)300-400倍液,2)0.08克/立方米 1)泼洒.2)挂条熏蒸
小麦 黏虫、蚜虫 600克/公顷 喷雾
PD85154-55 氰戊菊酯/20%/乳油/氰戊菊酯 20%/2011.07.26 至 2016.07.26/中等毒
柑橘树 潜叶蛾 10-20毫克/千克 喷雾
果树 梨小食心虫 10-20毫克/千克 喷雾
棉花 红铃虫、蚜虫 75-150克/公顷 喷雾
蔬菜 菜青虫、蚜虫 60-120克/公顷 喷雾
PD85167 混灭威/85%/原药/混灭威 85%/2015.10.25 至 2020.10.25/中等毒
PD85168 混灭威/50%/乳油/混灭威 50%/2015.10.25 至 2020.10.25/中等毒
水稻 飞虱、叶蝉 375-750克/公顷 喷雾,泼浇
PD86132-2 仲丁威/98%、95%、90%/原药/仲丁威 98%、95%、90%/2011.10.23 至 2016.10.23/低毒
PD86147-4 异丙威/98%、95%、90%/原药/异丙威 98%、95%、90%/2011.10.23 至 2016.10.23/中等毒
PD86148-46 异丙威/20%/乳油/异丙威 20%/2011.10.23 至 2016.10.23/中等毒

	水稻	飞虱、叶蝉	450-600克/公顷	喷雾
PD86148-66	异丙威/20%/乳油/异丙威 20%/2011.12.05 至 2016.12.05/中等毒			
	水稻	飞虱、叶蝉	450-600克/公顷	喷雾
PD86156-11	异丙威/4%/粉剂/异丙威 4%/2011.12.05 至 2016.12.05/中等毒			
	水稻	飞虱、叶蝉	600克/公顷	喷粉
PD91104-20	敌敌畏/48%/乳油/敌敌畏 48%/2016.01.10 至 2021.01.10/中等毒			
	茶树	食叶害虫	600克/公顷	喷雾
	粮仓	多种储粮害虫	1)300-400倍液2)0.4-0.5克/立方米	1)喷雾2)挂条熏蒸
	棉花	蚜虫、造桥虫	600-1200克/公顷	喷雾
	苹果树	小卷叶蛾、蚜虫	400-500毫克/千克	喷雾
	青菜	菜青虫	600克/公顷	喷雾
	桑树	尺蠖	600克/公顷	喷雾
	卫生	多种卫生害虫	1)250-300倍液2)0.08克/立方米	1)泼洒2)挂条熏蒸
	小麦	黏虫、蚜虫	600克/公顷	喷雾
PD20040248	高效氯氰菊酯/4.5%/乳油/高效氯氰菊酯 4.5%/2014.12.19 至 2019.12.19/中等毒			
	茶树	茶尺蠖	15-25.5克/公顷	喷雾
	柑橘树	红蜡蚧	50毫克/千克	喷雾
	柑橘树	潜叶蛾	15-20毫克/千克	喷雾
	棉花	红铃虫、棉铃虫、棉蚜	15-30克/公顷	喷雾
	苹果树	桃小食心虫	20-33毫克/千克	喷雾
	蔬菜	菜青虫、小菜蛾	9-25.5克/公顷	喷雾
	蔬菜	菜蚜	3-18克/公顷	喷雾
	烟草	烟青虫	15-25.5克/公顷	喷雾
PD20040288	氯氰菊酯/10%/乳油/氯氰菊酯 10%/2014.05.13 至 2019.07.19/中等毒			
	十字花科蔬菜	菜青虫	30-45克/公顷	喷雾
PD20040309	杀虫单/95%/原药/杀虫单 95%/2014.12.19 至 2019.12.19/中等毒			
PD20040340	高效氯氰菊酯/2.5%/乳油/高效氯氰菊酯 2.5%/2014.05.13 至 2019.05.13/中等毒			
	梨树	梨木虱	20.8-31.25毫克/千克	喷雾
	苹果树	桃小食心虫	12.5-25毫克/千克	喷雾
	小麦	蚜虫	7.5-11.25克/公顷	喷雾
PD20040349	高效氯氰菊酯/4.5%/乳油/高效氯氰菊酯 4.5%/2014.05.13 至 2019.05.13/中等毒			
	十字花科蔬菜	菜青虫	9-25.5克/公顷	喷雾
	枸杞	蚜虫	18-22.5毫克/千克	喷雾
PD20040436	哒螨灵/15%/乳油/哒螨灵 15%/2014.05.13 至 2019.05.13/中等毒			
	柑橘树	红蜘蛛	50-67毫克/千克	喷雾
PD20050070	杀虫单/90%/可溶粉剂/杀虫单 90%/2015.06.24 至 2020.06.24/中等毒			
	水稻	螟虫	525-750克/公顷	喷雾
PD20060063	氟乐灵/480克/升/乳油/氟乐灵 480克/升/2011.03.24 至 2016.03.24/低毒			
	棉花	部分阔叶杂草、一年生禾本科杂草	720-1080克/公顷	土壤喷雾
PD20070446	咪鲜胺锰盐/98%/原药/咪鲜胺锰盐 98%/2012.11.20 至 2017.11.20/低毒			
PD20070522	咪鲜胺锰盐/50%/可湿性粉剂/咪鲜胺锰盐 50%/2012.11.28 至 2017.11.28/低毒			
	大蒜	叶枯病	375－450克/公顷	喷雾
	柑橘	绿霉病、青霉病	250-500毫克/千克	浸果
	辣椒	灰霉病	225-300克/公顷	喷雾
	芒果	炭疽病	500-1000毫克/千克	浸果
	蘑菇	湿泡病	0.4-0.6克/平方米	喷雾
	葡萄	黑痘病	250－333.3毫克/千克	喷雾
	水稻	稻瘟病	450-525克/公顷	喷雾
	西瓜	枯萎病	333－625毫克/千克	喷雾
	烟草	赤星病	263－350克/公顷	喷雾
PD20070548	咪鲜胺/98%/原药/咪鲜胺 98%/2012.12.03 至 2017.12.03/低毒			
PD20070655	咪鲜胺/450克/升/水乳剂/咪鲜胺 450克/升/2012.12.17 至 2017.12.17/低毒			
	水稻	稻瘟病	300－375克/公顷	喷雾
	香蕉	冠腐病	500-1000毫克/千克	浸果
PD20080001	咪鲜胺/25%/乳油/咪鲜胺 25%/2013.01.03 至 2018.01.03/低毒			
	大蒜	叶枯病	375-450克/公顷	喷雾
	柑橘	蒂腐病、绿霉病、青霉病、炭疽病	250-500毫克/千克	浸果
	黄瓜	炭疽病	250-500毫克/千克	喷雾
	辣椒	枯萎病	333-500毫克/千克	喷雾
	荔枝、龙眼	炭疽病	208.3-250毫克/千克	喷雾
	芒果	炭疽病	1)167-250毫克/千克2)371-500毫克/千克	1)喷雾2)浸果

苹果　炭疽病　250-333.3毫克/千克　喷雾
葡萄　黑痘病　225-300克/公顷　喷雾
芹菜　斑枯病　187.5-262.5克/公顷　喷雾
水稻　稻曲病　187.5-225克/公顷　喷雾
水稻　恶苗病　2000-4000倍液　浸种
水稻　稻瘟病　225-375克/公顷　喷雾
西瓜　枯萎病　250-333.3毫克/千克　喷雾
香蕉　炭疽病　250-500毫克/千克　浸果
小麦　白粉病、赤霉病　187.5-225克/公顷　喷雾
烟草　赤星病　188-375克/公顷　喷雾
油菜　菌核病　150-187.5克/公顷　喷雾

PD20080634　草甘膦/95%/原药/草甘膦 95%/2013.05.13 至 2018.05.13/低毒

PD20080697　异丙甲草胺/96%/原药/异丙甲草胺 96%/2013.06.04 至 2018.06.04/低毒

PD20080699　辛酰溴苯腈/95%/原药/辛酰溴苯腈 95%/2013.06.04 至 2018.06.04/低毒

PD20080700　异丙甲草胺/720克/升/乳油/异丙甲草胺 720克/升/2013.06.04 至 2018.06.04/低毒
春大豆田、春玉米田　一年生杂草　1620-2160克/公顷　土壤喷雾
夏大豆田、夏玉米田　一年生杂草　1080-1620克/公顷　土壤喷雾

PD20080701　草甘膦/30%/水剂/草甘膦 30%/2013.06.04 至 2018.06.04/低毒
苹果园　杂草　1125-2250克/公顷　定向喷雾

PD20081041　麦畏·草甘膦/400克/升/水剂/草甘膦 380克/升、麦草畏 20克/升/2013.08.06 至 2018.08.06/微毒
非耕地　杂草　1200-1500克/公顷　喷雾

PD20081504　毒死蜱/95%/原药/毒死蜱 95%/2013.11.06 至 2018.11.06/中等毒

PD20081660　醚菊酯/96%/原药/醚菊酯 96%/2013.11.14 至 2018.11.14/微毒

PD20082971　氰戊·辛硫磷/50%/乳油/氰戊菊酯 4.5%、辛硫磷 45.5%/2013.12.09 至 2018.12.09/中等毒
甘蓝　菜青虫、蚜虫　75-150克/公顷　喷雾
棉花　蚜虫　150-225克/公顷　喷雾
小麦　蚜虫　90克/公顷　喷雾

PD20083031　啶虫脒/20%/可溶粉剂/啶虫脒 20%/2013.12.10 至 2018.12.10/低毒
苹果树　蚜虫　25-33.3毫克/千克　喷雾
水稻　稻飞虱　22.5-30克/公顷　喷雾

PD20083119　氯氟吡氧乙酸/200克/升/乳油/氯氟吡氧乙酸 200克/升/2013.12.10 至 2018.12.10/低毒
冬小麦田　一年生阔叶杂草　150－210克/公顷　茎叶喷雾
水田畦畔　空心莲子草(水花生)　150－210克/公顷　茎叶喷雾
移栽水稻田　一年生阔叶杂草　195-225克/公顷　茎叶喷雾
玉米田　一年生阔叶杂草　180-210克/公顷　茎叶喷雾

PD20083147　阿维·毒死蜱/15%/乳油/阿维菌素 0.1%、毒死蜱 14.9%/2013.12.10 至 2018.12.10/中等毒(原药高毒)
水稻　二化螟　180－270克/公顷　喷雾

PD20083149　氰戊·辛硫磷/25%/乳油/氰戊菊酯 6.25%、辛硫磷 18.75%/2013.12.11 至 2018.12.11/中等毒
棉花　棉铃虫　270-300克/公顷　喷雾
十字花科蔬菜　蚜虫　112.5-150克/公顷　喷雾
小麦　蚜虫　75-112.5克/公顷　喷雾

PD20083626　醚菊酯/10%/悬浮剂/醚菊酯 10%/2013.12.12 至 2018.12.12/微毒
十字花科蔬菜　甜菜夜蛾、小菜蛾　120-150克/公顷　喷雾
水稻　稻飞虱、稻水象甲　120-150克/公顷　喷雾
烟草　烟青虫、烟蚜　120-150克/公顷　喷雾

PD20084929　唑螨酯/96%/原药/唑螨酯 96%/2013.12.22 至 2018.12.22/低毒

PD20085090　硫丹·辛硫磷/45%/乳油/硫丹 15%、辛硫磷 30%/2013.12.23 至 2018.12.23/高毒
棉花　棉铃虫　675-810克/公顷　喷雾

PD20085640　咪鲜·杀螟丹/18%/悬浮剂/咪鲜胺 8%、杀螟丹 10%/2013.12.26 至 2018.12.26/中等毒
水稻　恶苗病、干尖线虫病　800-1000倍液　浸种

PD20085804　乙烯利/91%/原药/乙烯利 91%/2013.12.29 至 2018.12.29/低毒

PD20085856　草甘膦异丙胺盐/41%/水剂/草甘膦异丙胺盐 41%/2013.12.29 至 2018.12.29/微毒
非耕地　杂草　1125-3000克/公顷　茎叶喷雾

PD20085999　高效氟吡甲禾灵/108克/升/乳油/高效氟吡甲禾灵 108克/升/2013.12.29 至 2018.12.29/微毒
花生田、油菜田　一年生禾本科杂草　32.4-40.5克/公顷　喷雾

PD20091108　氟节胺/95%/原药/氟节胺 95%/2014.01.21 至 2019.01.21/微毒

PD20091558　异菌脲/96%/原药/异菌脲 96%/2014.02.03 至 2019.02.03/低毒

PD20092506　毒死蜱/45%/乳油/毒死蜱 45%/2014.02.26 至 2019.02.26/中等毒
水稻　稻飞虱、稻纵卷叶螟　504-648克/公顷　喷雾

PD20092700　烟嘧磺隆/95%/原药/烟嘧磺隆 95%/2014.03.03 至 2019.03.03/微毒

PD20093514　联苯菊酯/100克/升/乳油/联苯菊酯 100克/升/2014.03.23 至 2019.03.23/低毒
苹果树　桃小食心虫　25-33毫克/千克　喷雾

PD20093629　萎锈灵/98%/原药/萎锈灵 98%/2014.03.25 至 2019.03.25/低毒

PD20093756 溴苯腈/97%/原药/溴苯腈 97%/2014.03.25 至 2019.03.25/中等毒
PD20093915 噻苯隆/97%/原药/噻苯隆 97%/2014.03.26 至 2019.03.26/微毒
PD20094557 噻嗪酮/25%/可湿性粉剂/噻嗪酮 25%/2014.04.09 至 2019.04.09/低毒
茶树 小绿叶蝉 166-250毫克/千克 喷雾
柑橘树 矢尖蚧 150-250毫克/千克 喷雾
水稻 飞虱 75-112.5克/公顷 喷雾
PD20094589 杀扑磷/40%/乳油/杀扑磷 40%/2014.04.10 至 2015.09.30/高毒
柑橘树 矢尖蚧 500-800倍液 喷雾
PD20094967 烯唑醇/12.5%/可湿性粉剂/烯唑醇 12.5%/2014.04.21 至 2019.04.21/低毒
柑橘树 疮痂病 63-83毫克/千克 喷雾
花生 叶斑病 47-62.5克/公顷 喷雾
梨树 黑星病 31-42毫克/千克 喷雾
芦笋 茎枯病 56.25-70克/公顷 喷雾
苹果树 斑点落叶病 50-125毫克/千克 喷雾
水稻 纹枯病 70.3－93.75克/公顷 喷雾
香蕉 叶斑病 62.5-125毫克/千克 喷雾
小麦 锈病 56.25-93.75克/公顷 喷雾
小麦 白粉病 60-120克/公顷 喷雾
PD20095190 噻苯隆/50%/可湿性粉剂/噻苯隆 50%/2014.04.24 至 2019.04.24/低毒
棉花 脱叶 225-300克/公顷 喷雾
PD20095589 苄·乙·甲/16%/可湿性粉剂/苄嘧磺隆 1%、甲磺隆 0.2%、乙草胺 14.8%/2014.05.12 至 2015.06.30/低毒
水稻移栽田 部分多年生杂草、一年生杂草 84-108克/公顷 毒土法
PD20096162 杀单·毒死蜱/2%/粉剂/毒死蜱 0.4%、杀虫单 1.6%/2014.06.24 至 2019.06.24/低毒
水稻 三化螟 450-600克/公顷 撒施
PD20096460 毒死蜱/40%/乳油/毒死蜱 40%/2014.08.14 至 2019.08.14/中等毒
棉花 棉铃虫、棉蚜 450-900克/公顷 喷雾
苹果树 桃小食心虫 160-240毫克/千克 喷雾
水稻 稻飞虱 300-600克/公顷 喷雾
PD20096587 联苯菊酯/100克/升/乳油/联苯菊酯 100克/升/2014.08.25 至 2019.08.25/中等毒
茶树 茶小绿叶蝉 30-45克/公顷 喷雾
PD20096590 氟啶脲/5%/乳油/氟啶脲 5%/2014.08.25 至 2019.08.25/低毒
甘蓝 甜菜夜蛾 45-60克/公顷 喷雾
PD20096704 丙环唑/250克/升/乳油/丙环唑 250克/升/2014.09.07 至 2019.09.07/低毒
香蕉 叶斑病 250-500毫克/千克 喷雾
PD20096707 高氯·敌敌畏/20%/乳油/敌敌畏 19.5%、高效氯氰菊酯 0.5%/2014.09.07 至 2019.09.07/中等毒
甘蓝 菜青虫 150-225克/公顷 喷雾
PD20096725 杀虫双/3.6%/颗粒剂/杀虫双 3.6%/2014.09.07 至 2019.09.07/中等毒
水稻 三化螟 540-750克/公顷 撒施
水稻 二化螟 540-645克/公顷 撒施
PD20096804 烯草酮/120克/升/乳油/烯草酮 120克/升/2014.09.15 至 2019.09.15/低毒
大豆田 一年生禾本科杂草 63-72克/公顷 茎叶喷雾
PD20097040 烟嘧磺隆/40克/升/可分散油悬浮剂/烟嘧磺隆 40克/升/2014.10.10 至 2019.10.10/微毒
玉米田 一年生杂草 42-60克/公顷 茎叶喷雾
PD20097090 唑螨酯/5%/悬浮剂/唑螨酯 5%/2014.10.10 至 2019.10.10/微毒
柑橘树 红蜘蛛 25-50毫克/千克 喷雾
PD20097141 乙烯利/40%/水剂/乙烯利 40%/2014.10.16 至 2019.10.16/微毒
棉花 催熟 330-415倍液 茎叶喷雾
PD20097472 杀单·苏云菌///可湿性粉剂/杀虫单 19.3%、苏云金杆菌 50亿活芽孢/克/2014.11.03 至 2019.11.03/中等毒
水稻 二化螟 1800-2250克制剂/公顷 喷雾
PD20097524 杀虫双/25%/母药/杀虫双 25%/2014.11.03 至 2019.11.03/中等毒
PD20097550 单甲脒/25%/水剂/单甲脒 25%/2014.11.03 至 2019.11.03/中等毒
柑橘树 红蜘蛛 250毫克/千克 喷雾
PD20097830 烯禾啶/12.5%/乳油/烯禾啶 12.5%/2014.11.20 至 2019.11.20/微毒
大豆田 一年生禾本科杂草 131.25-187.5克/公顷 茎叶喷雾
PD20098509 异菌脲/500克/升/悬浮剂/异菌脲 500克/升/2014.12.24 至 2019.12.24/低毒
番茄 灰霉病、早疫病 562.5－750克/公顷 喷雾
PD20098526 炔螨特/40%/乳油/炔螨特 40%/2014.12.24 至 2019.12.24/低毒
柑橘树 红蜘蛛 250-385毫克/千克 喷雾
PD20100123 氟节胺/125克/升/乳油/氟节胺 125克/升/2015.01.05 至 2020.01.05/低毒
烟草 抑制腋芽生长 10-12毫克/株 杯淋
PD20100438 2甲4氯钠/13%/水剂/2甲4氯钠 13%/2015.01.14 至 2020.01.14/低毒
小麦田 一年生阔叶杂草 600-900克/公顷 茎叶喷雾
PD20101021 异菌脲/255克/升/悬浮剂/异菌脲 255克/升/2015.01.20 至 2020.01.20/微毒

油菜 菌核病 600－750克/公顷 喷雾

PD20101186 2,4-滴/98%/原药/2,4-滴 98%/2015.01.28 至 2020.01.28/中等毒

PD20101555 哒螨·矿物油/34%/乳油/哒螨灵 4%、矿物油 30%/2015.05.19 至 2020.05.19/中等毒

柑橘树 红蜘蛛 227-340毫克/千克 喷雾

PD20102077 烯草酮/95%/原药/烯草酮 95%/2015.11.03 至 2020.11.03/低毒

PD20110025 甲氨基阿维菌素苯甲酸盐/1%/微乳剂/甲氨基阿维菌素 1%/2016.01.04 至 2021.01.04/低毒

辣椒 烟青虫 1.5-3克/公顷 喷雾

水稻 稻纵卷叶螟 11.25-15克/公顷 喷雾

小油菜 甜菜夜蛾 1.5-2.25克/公顷 喷雾

注:甲氨基阿维菌素苯甲酸盐含量:1.14%

PD20110051 咪锰·多菌灵/59.7%/可湿性粉剂/多菌灵 13.5%、咪鲜胺 46.2%/2016.01.11 至 2021.01.11/低毒

水稻 稻瘟病 720-810克/公顷 喷雾

小麦 赤霉病 206.25－225克/公顷 喷雾

注:咪鲜胺锰盐含量:50%。

PD20110082 烯酰吗啉/50%/可湿性粉剂/烯酰吗啉 50%/2016.01.21 至 2021.01.21/低毒

花椰菜 霜霉病 225-375克/公顷 喷雾

黄瓜 霜霉病 262.5－300克/公顷 喷雾

苦瓜 霜霉病 300-450克/公顷 喷雾

马铃薯 晚疫病 150-225克/公顷 喷雾

PD20110139 联苯菊酯/97%/原药/联苯菊酯 97%/2016.02.10 至 2021.02.10/中等毒

PD20110190 2甲·溴苯腈/400克/升/乳油/2甲4氯 200克/升、溴苯腈 200克/升/2016.02.18 至 2021.02.18/低毒

冬小麦田 一年生阔叶杂草 480－600克/公顷 茎叶喷雾

PD20110398 烯酰吗啉/98%/原药/烯酰吗啉 98%/2011.04.12 至 2016.04.12/微毒

PD20110756 氰氟草酯/97.4%/原药/氰氟草酯 97.4%/2011.07.25 至 2016.07.25/低毒

PD20110840 高效氯氟氰菊酯/2.5%/微乳剂/高效氯氟氰菊酯 2.5%/2011.08.10 至 2016.08.10/中等毒

小麦 蚜虫 11.25-18.75克/公顷 喷雾

小油菜 菜青虫 7.5-15克/公顷 喷雾

PD20110938 高效氯氟氰菊酯/10%/水乳剂/高效氯氟氰菊酯 10%/2011.09.07 至 2016.09.07/中等毒

甘蓝 菜青虫 7.5-15克/公顷 喷雾

玉米 玉米螟 15-30克/公顷 喷雾

PD20111057 草甘膦铵盐/65%/可溶粉剂/草甘膦 65%/2011.10.10 至 2016.10.10/微毒

非耕地 杂草 1462.5-2925克/公顷 定向茎叶喷雾

注:草甘膦铵盐含量: 71.5%。

PD20111132 甲氨基阿维菌素苯甲酸盐/5%/微乳剂/甲氨基阿维菌素 5%/2011.11.15 至 2016.11.15/低毒

甘蓝 甜菜夜蛾 2.25-4.5克/公顷 喷雾

水稻 稻纵卷叶螟 15-22.5克/公顷 喷雾

注:甲氨基阿维菌素苯甲酸盐含量: 5.7%。

PD20111401 辛酰溴苯腈/30%/乳油/辛酰溴苯腈 30%/2011.12.22 至 2016.12.22/中等毒

大蒜田 阔叶杂草 337.5-405克/公顷 茎叶喷雾

PD20120133 2,4-滴二甲胺盐/70%/水剂/2,4-滴二甲胺盐 70%/2012.01.29 至 2017.01.29/低毒

小麦田 一年生阔叶杂草 525-735克/公顷 茎叶喷雾

注:860克/升2, 4-滴二甲胺盐水剂。

PD20120140 2,4-滴丁酯/72%/乳油/2,4-滴丁酯 72%/2012.01.29 至 2017.01.29/低毒

注:专供出口,不得在国内销售。

PD20120155 烟嘧·溴苯腈/75%/水分散粒剂/溴苯腈 60%、烟嘧磺隆 15%/2012.01.30 至 2017.01.30/中等毒

玉米田 一年生杂草 281.25-337.5克/公顷 茎叶喷雾

PD20120167 溴苯腈/80%/可溶粉剂/溴苯腈 80%/2012.01.30 至 2017.01.30/中等毒

小麦田 多种一年生阔叶杂草 360-480克/公顷 茎叶喷雾

玉米田 多种一年生阔叶杂草 480－600克/公顷 茎叶喷雾

PD20120175 二氰蒽醌/95%/原药/二氰蒽醌 95%/2012.01.30 至 2017.01.30/中等毒

PD20120272 溴腈·莠灭净/78%/可湿性粉剂/溴苯腈 13%、莠灭净 65%/2012.02.15 至 2017.02.15/低毒

甘蔗田 杂草 1755-2925克/公顷 茎叶喷雾

玉米田 一年生杂草 1462.5-1755克/公顷 茎叶喷雾

PD20120328 烯草酮/37%/母药/烯草酮 37%/2012.02.17 至 2017.02.17/低毒

PD20120617 甲嘧磺隆/75%/水分散粒剂/甲嘧磺隆 75%/2012.04.11 至 2017.04.11/微毒

非耕地 杂草 506.3-675克/公顷 喷雾

PD20120832 阿维菌素/5%/微乳剂/阿维菌素 5%/2012.05.22 至 2017.05.22/中等毒(原药高毒)

甘蓝 小菜蛾 7.5-11.25克/公顷 喷雾

柑橘树 红蜘蛛 5-8毫克/千克 喷雾

PD20120891 草甘膦铵盐/80%/可溶粉剂/草甘膦 80%/2012.05.24 至 2017.05.24/微毒

非耕地 杂草 1140-2280克/公顷 茎叶喷雾

注:草甘膦铵盐含量:88%

PD20120950 烯草酮/70%/母液/烯草酮 70%/2012.06.14 至 2017.06.14/低毒

注:专供出口,不得在国内销售。
PD20121071 氟环唑/97%/原药/氟环唑 97%/2012.07.12 至 2017.07.12/低毒
PD20121079 高效氯氟氰菊酯/95%/原药/高效氯氟氰菊酯 95%/2012.07.19 至 2017.07.19/高毒
PD20121085 吡氟酰草胺/98%/原药/吡氟酰草胺 98%/2012.07.19 至 2017.07.19/微毒
PD20121115 氟环唑/12.5%/悬浮剂/氟环唑 12.5%/2012.07.20 至 2017.07.20/微毒
苹果树 褐斑病 190-250毫克/千克 喷雾
水稻 纹枯病 56.25-112.5克/公顷 喷雾
水稻 稻曲病 90-112.5克/公顷 喷雾
香蕉树 叶斑病 125-250毫克/千克 喷雾
小麦 锈病 90-112.5克/公顷 喷雾
PD20121778 2,4-滴异辛酯/96%/原药/2,4-滴异辛酯 96%/2012.11.16 至 2017.11.16/低毒
PD20121872 氰氟草酯/10%/乳油/氰氟草酯 10%/2012.11.28 至 2017.11.28/低毒
水稻秧田、直播水稻(南方) 稗草、千金子等禾本科杂草 75-105克/公顷 茎叶喷雾
PD20121886 烯草酮/240克/升/乳油/烯草酮 240克/升/2012.11.28 至 2017.11.28/低毒
大豆田 一年生禾本科杂草 72～144克/公顷 茎叶喷雾
PD20121896 戊唑醇/430克/升/悬浮剂/戊唑醇 430克/升/2012.12.07 至 2017.12.07/低毒
水稻 纹枯病 65-97克/公顷 喷雾
水稻 稻曲病 81-97克/公顷 喷雾
PD20130280 草铵膦/95%/原药/草铵膦 95%/2013.02.21 至 2018.02.21/低毒
PD20131003 烯酰·咪鲜胺/30%/悬浮剂/咪鲜胺 15%、烯酰吗啉 15%/2013.05.13 至 2018.05.13/低毒
荔枝树 霜疫霉病 375-500毫克/千克 喷雾
PD20131384 吡虫啉/350克/升/悬浮剂/吡虫啉 350克/升/2013.06.24 至 2018.06.24/低毒
水稻 稻飞虱 26.25-36.75克/公顷 喷雾
PD20131986 高效氯氰菊酯/4.5%/微乳剂/高效氯氰菊酯 4.5%/2013.10.10 至 2018.10.10/中等毒
甘蓝 菜青虫 13.5-20.25克/公顷 喷雾
PD20132261 2,4-滴钠盐/85%/可溶粉剂/2,4-滴钠盐 85%/2013.11.05 至 2018.11.05/低毒
小麦田 一年生阔叶杂草 1020-1326克/公顷 茎叶喷雾
PD20132293 2,4-滴二甲胺盐/720克/升/水剂/2,4-滴二甲胺盐 720克/升/2013.11.08 至 2018.11.08/低毒
注:专供出口，不得在国内销售。
PD20132449 噻苯隆/0.5%/可溶液剂/噻苯隆 0.5%/2013.12.02 至 2018.12.02/微毒
苹果树 调节生长 2-4毫克/千克 喷雾
PD20132549 草铵膦/18%/水剂/草铵膦 18%/2013.12.16 至 2018.12.16/低毒
柑橘园 杂草 1053-2106克/公顷 定向茎叶喷雾
PD20132601 2,4-滴丁酯/96%/原药/2,4-滴丁酯 96%/2013.12.17 至 2018.12.17/低毒
注:专供出口，不得在国内销售。
PD20132624 甲磺隆/60%/水分散粒剂/甲磺隆 60%/2013.12.20 至 2018.12.20/低毒
注:专供出口，不得在国内销售。
PD20140222 草铵膦/50%/母药/草铵膦 50%/2014.01.29 至 2019.01.29/低毒
PD20140231 乙羧氟草醚/10%/微乳剂/乙羧氟草醚 10%/2014.01.29 至 2019.01.29/微毒
大豆田 一年生阔叶杂草 67.5-90克/公顷 茎叶喷雾
PD20140449 除草定/96%/原药/除草定 96%/2014.02.25 至 2019.02.25/低毒
注:专供出口，不得在国内销售。
PD20140452 炔草酯/15%/可湿性粉剂/炔草酯 15%/2014.02.25 至 2019.02.25/低毒
小麦田 一年生禾本科杂草 45-67.5克/公顷 茎叶喷雾
PD20140453 抗倒酯/97%/原药/抗倒酯 97%/2014.02.25 至 2019.02.25/低毒
注:专供出口，不得在国内销售。
PD20141001 噻虫嗪/98%/原药/噻虫嗪 98%/2014.04.21 至 2019.04.21/低毒
PD20141014 噻苯·敌草隆/540克/升/悬浮剂/敌草隆 180克/升、噻苯隆 360克/升/2014.04.21 至 2019.04.21/低毒
棉花 脱叶 85.05-97.2克/公顷 茎叶喷雾
PD20141389 烯酰吗啉/96%/原药/烯酰吗啉 96%/2014.06.05 至 2019.06.05/微毒
PD20141440 嘧菌酯/95%/原药/嘧菌酯 95%/2014.06.09 至 2019.06.09/微毒
PD20141448 麦草畏/98%/原药/麦草畏 98%/2014.06.09 至 2019.06.09/低毒
PD20141477 氟环唑/50%/悬浮剂/氟环唑 50%/2014.06.09 至 2019.06.09/低毒
水稻 水稻纹枯病 84.375-112.5克/公顷 喷雾
水稻 稻曲病 90-112.5克/公顷 喷雾
香蕉 叶斑病 125-250克/公顷 喷雾
PD20141519 氰氟草酯/10%/水乳剂/氰氟草酯 10%/2014.06.16 至 2019.06.16/低毒
水稻田(直播) 稗草、千金子等禾本科杂草 90-112.5克/公顷 茎叶喷雾
PD20141597 氰氟草酯/15%/水乳剂/氰氟草酯 15%/2014.06.23 至 2019.06.23/微毒
水稻田(直播) 稗草、千金子等禾本科杂草 90-112.5克/公顷 茎叶喷雾
PD20141704 蜡质芽孢杆菌/20亿孢子/克/可湿性粉剂/蜡质芽孢杆菌 20亿孢子/克/2014.06.30 至 2019.06.30/低毒
茄子 青枯病 100-300倍 灌根

PD20141843 吡酰·异丙隆/55%/悬浮剂/吡氟酰草胺 5%、异丙隆 50%/2014.07.24 至 2019.07.24/低毒
冬小麦田 一年生杂草 1113.75-1402.5克/公顷 茎叶喷雾
PD20142115 2甲4氯钠/85%/可溶粉剂/2甲4氯钠 85%/2014.09.02 至 2019.09.02/中等毒
水稻田(直播) 一年生杂草 701.25～892.5克/公顷 茎叶喷雾
小麦田 一年生阔叶杂草 892.5～1147.5克/公顷 茎叶喷雾
PD20142231 嘧菌酯/80%/水分散粒剂/嘧菌酯 80%/2014.09.28 至 2019.09.28/低毒
黄瓜 霜霉病 120-180克/公顷 喷雾
PD20142274 甲羧除草醚/97%/原药/甲羧除草醚 97%/2014.10.20 至 2019.10.20/低毒
注:专供出口，不得在国内销售。
PD20142480 2甲·溴苯腈/38%/可溶粉剂/2甲4氯钠 20%、溴苯腈 20%/2014.11.19 至 2019.11.19/中等毒
冬小麦田 一年生阔叶杂草 510-600克/公顷 茎叶喷雾
PD20142498 烟嘧磺隆/20%/可分散油悬浮剂/烟嘧磺隆 20%/2014.11.21 至 2019.11.21/微毒
玉米田 一年生杂草 51-60克/公顷 茎叶喷雾
PD20142633 烯酰吗啉/80%/水分散粒剂/烯酰吗啉 80%/2014.12.15 至 2019.12.15/低毒
葡萄 霜霉病 166.7-250毫克/千克 喷雾
PD20142643 氟乐灵/96%/原药/氟乐灵 96%/2014.12.15 至 2019.12.15/低毒
PD20150385 噻虫嗪/21%/悬浮剂/噻虫嗪 21%/2015.03.18 至 2020.03.18/低毒
苹果树 蚜虫 30-48毫克/千克 喷雾
小麦 蚜虫 15.75-31.5克/公顷 喷雾
PD20150603 联苯菊酯/2.5%/微乳剂/联苯菊酯 2.5%/2015.04.15 至 2020.04.15/低毒
小麦 蚜虫 18.75-22.5克/公顷 喷雾
PD20150604 联苯菊酯/10%/水乳剂/联苯菊酯 10%/2015.04.15 至 2020.04.15/中等毒
小麦 蚜虫 18-22.5克/公顷 喷雾
PD20150605 高氯氟·噻虫/22%/微囊悬浮－悬浮剂/高效氯氟氰菊酯 9.4%、噻虫嗪 12.6%/2015.04.15 至 2020.04.15/中等毒
小麦 蚜虫 24.75-33克/公顷 喷雾
PD20150637 硫双威/95%/原药/硫双威 95%/2015.04.16 至 2020.04.16/中等毒
PD20151481 2甲4氯异辛酯/92%/原药/2甲4氯异辛酯 92%/2015.08.28 至 2020.08.28/低毒
PD20151492 2，4-滴丁酯/72%/乳油/2,4-滴丁酯 72%/2015.07.31 至 2020.07.31/低毒
小麦田 一年生阔叶杂草 540-648克/公顷 茎叶喷雾
PD20151562 甲氧虫酰肼/98%/原药/甲氧虫酰肼 98%/2015.08.03 至 2020.08.03/低毒
PD20151753 二氰蒽醌/70%/水分散粒剂/二氰蒽醌 70%/2015.08.28 至 2020.08.28/低毒
苹果 轮纹病 700-1000毫克/千克 喷雾
PD20151760 二氰蒽醌/50%/悬浮剂/二氰蒽醌 50%/2015.08.28 至 2020.08.28/低毒
苹果 轮纹病 625-1000毫克/千克 喷雾
PD20151833 2甲4氯/95%/原药/2甲4氯 95%/2015.08.28 至 2020.08.28/低毒
PD20152104 噻霉酮/95%/原药/噻霉酮 95%/2015.09.22 至 2020.09.22/低毒
PD20152300 咪鲜胺/25%/水乳剂/咪鲜胺 25%/2015.10.21 至 2020.10.21/低毒
水稻 稻瘟病 300-375克/公顷 喷雾
LS20120335 2甲4氯异辛酯/92%/原药/2甲4氯异辛酯 92%/2014.10.08 至 2015.10.08/低毒
LS20130057 辛酰碘苯腈/30%/水乳剂/辛酰碘苯腈 30%/2015.02.06 至 2016.02.06/低毒
玉米田 一年生阔叶杂草 540-765克/公顷 茎叶喷雾
LS20130058 辛酰碘苯腈/95%/原药/辛酰碘苯腈 95%/2015.02.06 至 2016.02.06/中等毒
LS20140178 联苯·噻虫嗪/32%/悬浮剂/联苯菊酯 17%、噻虫嗪 15%/2015.04.11 至 2016.04.11/低毒
茶树 黑刺粉虱 96-144克/公顷 喷雾
LS20140322 吡氟酰草胺/50%/可湿性粉剂/吡氟酰草胺 50%/2015.10.27 至 2016.10.27/低毒
小麦田 一年生禾本科杂草及阔叶杂草 187.5-262.5克/公顷 茎叶喷雾
LS20150213 噻虫胺/20%/悬浮剂/噻虫胺 20%/2015.07.30 至 2016.07.30/低毒
小麦 蚜虫 24-48克/公顷 茎叶喷雾
LS20150214 联苯·噻虫胺/37%/悬浮剂/联苯菊酯 24.7%、噻虫胺 12.3%/2015.07.30 至 2016.07.30/低毒
小麦 蚜虫 27.75-55.5克/公顷 茎叶喷雾

江苏辉胜农药有限公司 (江苏省睢宁县沙集镇三丁村 221232 0516-88001024)

PD20083210 毒死蜱/45%/乳油/毒死蜱 45%/2013.12.11 至 2018.12.11/中等毒
水稻 稻纵卷叶螟 576-648克/公顷 喷雾
PD20092737 噻嗪·异丙威/25%/可湿性粉剂/噻嗪酮 5%、异丙威 20%/2014.03.04 至 2019.03.04/低毒
水稻 稻飞虱 375-562.5克/公顷 喷雾
PD20092886 敌敌畏/48%/乳油/敌敌畏 48%/2014.03.05 至 2019.03.05/中等毒
十字花科蔬菜 菜青虫 600-750克/公顷 喷雾
PD20095986 阿维菌素/1.8%/乳油/阿维菌素 1.8%/2014.06.11 至 2019.06.11/低毒(原药高毒)
十字花科蔬菜 小菜蛾 8.1-10.8克/公顷 喷雾
PD20100458 氰戊菊酯/20%/乳油/氰戊菊酯 20%/2015.01.14 至 2020.01.14/低毒
十字花科叶菜 菜青虫 56.25-75克/公顷 喷雾
PD20100655 异丙威/20%/乳油/异丙威 20%/2015.01.15 至 2020.01.15/低毒
水稻 飞虱 450-600克/公顷 喷雾

PD20111078　甲氨基阿维菌素苯甲酸盐/3%/微乳剂/甲氨基阿维菌素 3%/2011.10.12 至 2016.10.12/低毒
甘蓝　甜菜夜蛾　1.8-2.7克/公顷　喷雾
注:甲氨基阿维菌素苯甲酸盐含量:3.4%。

PD20120614　高效氯氟氰菊酯/25克/升/乳油/高效氯氟氰菊酯 25克/升/2012.04.11 至 2017.04.11/中等毒
叶菜类蔬菜　蚜虫　7.5-9.375克/公顷　喷雾

PD20122097　高效氯氰菊酯/4.5%/水乳剂/高效氯氰菊酯 4.5%/2012.12.26 至 2017.12.26/低毒
甘蓝　菜青虫　20.25-33.75克/公顷　喷雾

PD20140637　联苯菊酯/2.5%/水乳剂/联苯菊酯 2.5%/2014.03.07 至 2019.03.07/低毒
番茄　白粉虱　11.25-15克/公顷　喷雾

PD20151594　炔草酯/15%/可湿性粉剂/炔草酯 15%/2015.08.28 至 2020.08.28/低毒
小麦田　一年生禾本科杂草　45-60克/公顷　茎叶喷雾

江苏汇丰科技有限公司　(江苏省泰兴市经济开发区新港南路9-1号　225453　0523-87986850)

PD20130313　嘧菌酯/95%/原药/嘧菌酯 95%/2013.02.26 至 2018.02.26/低毒
PD20130460　丁草胺/93%/原药/丁草胺 93%/2013.03.19 至 2018.03.19/低毒
PD20130623　乙草胺/95%/原药/乙草胺 95%/2013.04.03 至 2018.04.03/低毒
PD20140277　精异丙甲草胺/96%/原药/精异丙甲草胺 96%/2014.02.12 至 2019.02.12/低毒
PD20141332　噻虫嗪/98%/原药/噻虫嗪 98%/2014.06.04 至 2019.06.04/低毒
PD20141560　草甘膦/95%/原药/草甘膦 95%/2014.06.17 至 2019.06.17/微毒
PD20141695　双氟磺草胺/97%/原药/双氟磺草胺 97%/2014.06.30 至 2019.06.30/低毒
PD20151036　草甘膦异丙胺盐/62%/水剂/草甘膦 46%/2015.06.14 至 2020.06.14/低毒
非耕地　杂草　1116-2232克/公顷　茎叶喷雾

PD20151566　丙草胺/95%/原药/丙草胺 95%/2015.08.03 至 2020.08.03/低毒
PD20152148　草甘膦异丙胺盐/30%/水剂/草甘膦 30%/2015.09.22 至 2020.09.22/低毒
非耕地　杂草　1350-1800克/公顷　喷雾
注:草甘膦异丙胺盐含量:41%。

江苏嘉隆化工有限公司　(江苏省灌南县堆沟港镇化工园区　222523　)

PD84118-12　多菌灵/25%/可湿性粉剂/多菌灵 25%/2015.01.10 至 2020.01.10/低毒
果树　病害　0.05-0.1%药液　喷雾
花生　倒秧病　750克/公顷　喷雾
麦类　赤霉病　750克/公顷　喷雾,泼浇
棉花　苗期病害　500克/100千克种子　拌种
水稻　稻瘟病、纹枯病　750克/公顷　喷雾,泼浇
油菜　菌核病　1125-1500克/公顷　喷雾

PD85105-27　敌敌畏/80%/乳油/敌敌畏 77.5%(气谱法)/2015.03.18 至 2020.03.18/中等毒
茶树　食叶害虫　600克/公顷　喷雾
粮仓　多种储藏害虫　1)400-500倍液2)0.4-0.5克/立方米　1)喷雾,2)挂条熏蒸
棉花　蚜虫、造桥虫　600-1200克/公顷　喷雾
苹果树　小卷叶蛾、蚜虫　400-500毫克/千克　喷雾
青菜　菜青虫　600克/公顷　喷雾
桑树　尺蠖　600克/公顷　喷雾
卫生　多种卫生害虫　1)300-400倍液,2)0.08克/立方米　1)泼洒.2)挂条熏蒸
小麦　黏虫、蚜虫　600克/公顷　喷雾

PD85109-3　甲拌磷/55%/乳油/甲拌磷 55%/2015.03.18 至 2020.03.18/高毒
棉花　地下害虫、蚜虫、螨　600-800克/100千克种子　浸种、拌种
注:甲拌磷乳油只用于浸、拌种，严禁喷雾使用。

PD90101-7　异丙威/2%/粉剂/异丙威 2%/2015.03.18 至 2020.03.18/中等毒
水稻　飞虱、叶蝉　450-900克/公顷　喷粉

PD91106-3　甲基硫菌灵/50%/可湿性粉剂/甲基硫菌灵 50%/2012.02.25 至 2017.02.25/低毒
番茄　叶霉病　375-562.5克/公顷　喷雾
甘薯　黑斑病　360-450毫克/千克　浸薯块
瓜类　白粉病　337.5-506.25克/公顷　喷雾
梨树　黑星病　360-450毫克/千克　喷雾
苹果树　轮纹病　700毫克/千克　喷雾
水稻　稻瘟病、纹枯病　1050-1500克/公顷　喷雾
小麦　赤霉病　750-1050克/公顷　喷雾

PD20040055　甲拌磷/5%/颗粒剂/甲拌磷 5%/2014.12.19 至 2019.12.19/中等毒(原药高毒)
高粱　蚜虫　150-300克/公顷　撒施
棉花　蚜虫　1125-1875克/公顷　沟施,穴施

PD20040072　甲拌磷/3%/颗粒剂/甲拌磷 3%/2014.12.19 至 2019.12.19/中等毒(原药高毒)
甘蔗　蔗螟　2250-3000克/公顷　沟施
甘蔗　蔗龟　2250克/公顷　沟施

甘蔗 天牛 3750克/公顷 沟施
高粱 蚜虫 150-300克/公顷 撒施
棉花 蚜虫 1125-1875克/公顷 沟施,穴施

PD20040158 高效氯氰菊酯/3%/水乳剂/高效氯氰菊酯 3%/2014.12.19 至 2019.12.19/中等毒
十字花科蔬菜 蚜虫 11.25-15克/公顷 喷雾

PD20040159 高效氯氰菊酯/4.5%/乳油/高效氯氰菊酯 4.5%/2014.12.19 至 2019.12.19/中等毒
茶树 茶尺蠖 15-25.5克/公顷 喷雾
柑橘树 红蜡蚧 50毫克/千克 喷雾
柑橘树 潜叶蛾 15-20毫克/千克 喷雾
棉花 红铃虫、棉铃虫、蚜虫 15-30克/公顷 喷雾
十字花科蔬菜 蚜虫 3-18克/公顷 喷雾
十字花科蔬菜 菜青虫、小菜蛾 9-25.5克/公顷 喷雾
烟草 烟青虫 15-25.5克/公顷 喷雾

PD20040348 多·甲拌/15%/悬浮种衣剂/多菌灵 5%、甲拌磷 10%/2014.12.19 至 2019.12.19/高毒
小麦 地下害虫、纹枯病 333-400克/100千克种子 种子包衣
玉米 地下害虫 1:40-50(药种比) 种子包衣

PD20040729 吡虫·杀虫单/60%/可湿性粉剂/吡虫啉 2%、杀虫单 58%/2014.12.19 至 2019.12.19/中等毒
水稻 飞虱、螟虫 450-750克/公顷 喷雾

PD20080094 异噁草松/480克/升/乳油/异噁草松 480克/升/2013.01.03 至 2018.01.03/低毒
春大豆田 一年生杂草 900-1005克/公顷 喷雾
甘蔗田 一年生杂草 900-1008克/公顷 喷雾

PD20080289 溴氰菊酯/25克/升/乳油/溴氰菊酯 25克/升/2013.02.25 至 2018.02.25/中等毒
茶树 茶毛虫、茶尺蠖、茶小绿叶蝉、刺蛾、黑刺粉虱、介壳虫、卷叶蛾、蚜虫 3.75-7.5克/公顷 喷雾
柑橘树 潜叶蛾、蚜虫 5-10毫克/千克 喷雾
棉花 红铃虫、蓟马、盲蝽蟓、棉铃虫、棉造桥虫、蚜虫 7.5-15克/公顷 喷雾
苹果树 桃小食心虫、蚜虫 5-10毫克/千克 喷雾
十字花科蔬菜 菜青虫、黄条跳甲、小菜蛾、斜纹夜蛾、蚜虫 7.5-15克/公顷 喷雾
烟草 烟青虫 7.5-9克/公顷 喷雾

PD20080348 克百威/75%/母粉/克百威 75%/2013.02.26 至 2018.02.26/高毒

PD20080431 噻菌灵/98.5%/原药/噻菌灵 98.5%/2013.03.10 至 2018.03.10/低毒

PD20080432 克百威/97%/原药/克百威 97%/2013.03.11 至 2018.03.11/高毒

PD20081689 乙草胺/50%/乳油/乙草胺 50%/2013.11.17 至 2018.11.17/低毒
夏玉米田 一年生禾本科杂草及部分小粒种子阔叶杂草 900-1125克/公顷 播后苗前土壤喷雾

PD20081833 敌草隆/20%/悬浮剂/敌草隆 20%/2013.11.20 至 2018.11.20/低毒
甘蔗 一年生杂草 1500-2100克/公顷 土壤喷雾

PD20081937 敌草隆/95%/原药/敌草隆 95%/2013.11.24 至 2018.11.24/低毒

PD20082014 丁硫克百威/5%/乳油/丁硫克百威 5%/2013.11.25 至 2018.11.25/低毒
棉花 蚜虫 22.5-37.5克/公顷 喷雾
水稻 稻飞虱 150-225克/公顷 喷雾

PD20082200 炔螨特/25%/乳油/炔螨特 25%/2013.11.26 至 2018.11.26/低毒
柑橘树 红蜘蛛 250-312.5毫克/千克 喷雾

PD20083040 丁硫克百威/90%/原药/丁硫克百威 90%/2013.12.10 至 2018.12.10/中等毒

PD20083286 多·福/50%/可湿性粉剂/多菌灵 25%、福美双 25%/2013.12.11 至 2018.12.11/中等毒
梨树 黑星病 1000-1500毫克/千克 喷雾
葡萄 霜霉病 1000-1250毫克/千克 喷雾

PD20083866 噻菌灵/42%/悬浮剂/噻菌灵 42%/2013.12.15 至 2018.12.15/低毒
柑橘 保鲜、防腐、绿霉病、青霉病 1000-1500毫克/千克 浸果

PD20084002 辛硫磷/3%/颗粒剂/辛硫磷 3%/2013.12.16 至 2018.12.16/低毒
根菜类蔬菜 蛴螬等地下害虫 1800-3750克/公顷 沟施
花生 地下害虫 1800-3750克/公顷 播种时沟施
玉米 玉米螟 135-180克/公顷 加细沙后在喇叭口处均匀撒施

PD20084156 丁硫·福美双/25%/悬浮种衣剂/丁硫克百威 6%、福美双 19%/2013.12.16 至 2018.12.16/低毒
玉米 地下害虫、黑穗病、茎基腐病 417-625克/100千克种子 种子包衣

PD20084216 丁硫克百威/20%/乳油/丁硫克百威 20%/2013.12.17 至 2018.12.17/中等毒
棉花 棉蚜 90－180克/公顷 喷雾

PD20084836 福·克/30%/悬浮种衣剂/福美双 10%、克百威 20%/2013.12.22 至 2018.12.22/高毒
大豆 地下害虫、根腐病 1:50-75（药种比） 种子包衣

PD20084915 克百·多菌灵/15%/悬浮种衣剂/多菌灵 5%、克百威 10%/2013.12.22 至 2018.12.22/高毒

玉米 地下害虫 1:30-40(药种比) 种子包衣

PD20085031 丁硫克百威/5%/颗粒剂/丁硫克百威 5%/2013.12.22 至 2018.12.22/低毒
甘薯 线虫 2700-4050克/公顷 条施、穴施
甘蔗 蔗龟、蔗螟 2025-3375克/公顷 拌毒土撒施

PD20085398 甲·克/25%/悬浮种衣剂/甲拌磷 20%、克百威 5%/2013.12.24 至 2018.12.24/高毒
花生 地下害虫、蚜虫 0.7%-1%种子量 种子包衣

PD20085662 克百威/3%/颗粒剂/克百威 3%/2013.12.26 至 2018.12.26/中等毒(原药高毒)
棉花 蚜虫 675-900克/公顷 随种撒施

PD20090161 异稻·三环唑/20%/可湿性粉剂/三环唑 7%、异稻瘟净 13%/2014.01.08 至 2019.01.08/低毒
水稻 稻瘟病 300-450克/公顷 喷雾

PD20090708 甲·克/3%/颗粒剂/甲拌磷 1.8%、克百威 1.2%/2014.01.19 至 2019.01.19/中等毒(原药高毒)
甘蔗 蔗龟、蔗螟 2250-2700克/公顷 沟施
棉花 地老虎、蚜虫 1800-2250克/公顷 沟施

PD20090838 毒·辛/5%/颗粒剂/毒死蜱 2%、辛硫磷 3%/2014.01.19 至 2019.01.19/低毒
甘蔗 蔗龟、蔗螟 2250-3000克/公顷 拌毒土撒施

PD20091040 甲·克/25%/悬浮种衣剂/甲拌磷 17%、克百威 8%/2014.01.21 至 2019.01.21/高毒
花生 地下害虫、蚜虫 1:40-50 (药种比) 种子包衣

PD20091080 灭多威/20%/乳油/灭多威 20%/2014.01.21 至 2019.01.21/高毒
棉花 蚜虫 75-150克/公顷 喷雾
棉花 棉铃虫 150-225克/公顷 喷雾

PD20093572 井冈·杀虫单/32%/可湿性粉剂/井冈霉素 10%、杀虫单 22%/2014.03.23 至 2019.03.23/中等毒
水稻 稻纵卷叶螟、二化螟、纹枯病 720-960克/公顷 喷雾

PD20093611 杀单·克百威/3%/颗粒剂/克百威 1.5%、杀虫单 1.5%/2014.03.25 至 2019.03.25/中等毒(原药高毒)
水稻 蓟马 90-135克/公顷 撒施

PD20093730 聚醛·甲萘威/6%/颗粒剂/甲萘威 1.5%、四聚乙醛 4.5%/2014.03.25 至 2019.03.25/低毒
旱地 蜗牛 540-675克/公顷 撒施

PD20094252 氰戊·三唑酮/24%/可湿性粉剂/氰戊菊酯 9%、三唑酮 15%/2014.03.31 至 2019.03.31/中等毒
小麦 白粉病、蚜虫 180-216克/公顷 喷雾

PD20094343 丁硫·福·戊唑/20%/悬浮种衣剂/丁硫克百威 6%、福美双 13.6%、戊唑醇 0.4%/2014.04.01 至 2019.04.01/中等毒
玉米 地下害虫、丝黑穗病 334-500克/100千克种子 拌种

PD20094588 高效氯氟氰菊酯/2%/悬浮剂/高效氯氟氰菊酯 2%/2014.04.10 至 2019.04.10/中等毒
甘蓝 蚜虫 4.5-7.5克/公顷 喷雾

PD20095069 多·福·克/35%/悬浮种衣剂/多菌灵 15%、福美双 10%、克百威 10%/2014.04.21 至 2019.04.21/高毒
大豆 根腐病、蓟马、蚜虫 360-450克/100千克种子 种子包衣

PD20095595 异隆·乙草胺/40%/可湿性粉剂/乙草胺 20%、异丙隆 20%/2014.05.12 至 2019.05.12/低毒
冬小麦田 一年生杂草 720-960克/公顷 土壤喷雾

PD20095605 苄嘧·丙草胺/20%/可湿性粉剂/苄嘧磺隆 2%、丙草胺 18%/2014.05.12 至 2019.05.12/低毒
水稻移栽田 一年生及部分多年生杂草 360-420克/公顷(南方地区) 药土法

PD20095972 丁草胺/5%/颗粒剂/丁草胺 5%/2014.06.04 至 2019.06.04/低毒
水稻 稗草、牛毛草、鸭舌草 750-1275克/公顷 撒施

PD20096765 聚醛·甲萘威/30%/粉剂/甲萘威 20%、四聚乙醛 10%/2014.09.15 至 2019.09.15/中等毒
棉花 蜗牛 1125-2250克/公顷 毒饵撒施

PD20098139 唑醇·甲拌磷/10.9%/悬浮种衣剂/甲拌磷 8.9%、三唑醇 2%/2014.12.08 至 2019.12.08/高毒
小麦 地下害虫、纹枯病 1:80-100(药种比) 拌种

PD20101298 苦参碱/0.3%/水乳剂/苦参碱 0.3%/2015.03.10 至 2020.03.10/低毒
十字花科蔬菜 菜青虫 4.5-6.75克/公顷 喷雾

PD20101947 戊唑醇/0.2%/种子处理悬浮剂/戊唑醇 0.2%/2015.09.20 至 2020.09.20/低毒
小麦 纹枯病 3.3－5克/100千克种子 种子包衣

PD20102150 丁硫克百威/35%/种子处理干粉剂/丁硫克百威 35%/2015.12.07 至 2020.12.07/中等毒
水稻 稻蓟马 350-437.5克/100千克种子 拌种

PD20110403 甲萘威/98%/原药/甲萘威 98%/2011.04.14 至 2016.04.14/低毒

PD20111003 异丙威/98%/原药/异丙威 98%/2011.09.21 至 2016.09.21/低毒

PD20111090 甲氨基阿维菌素苯甲酸盐/3%/微乳剂/甲氨基阿维菌素 3%/2011.10.13 至 2016.10.13/低毒
甘蓝 甜菜夜蛾 2.7-3.375克/公顷 喷雾
注:甲氨基阿维菌素苯甲酸盐含量: 3.4%。

PD20111403 四聚乙醛/99%/原药/四聚乙醛 99%/2011.12.22 至 2016.12.22/低毒

PD20120724 阿维菌素/0.5%/颗粒剂/阿维菌素 0.5%/2012.05.02 至 2017.05.02/低毒(原药高毒)
黄瓜 根结线虫 225-262.5克/公顷 穴施、沟施

PD20120798 仲丁威/98%/原药/仲丁威 98%/2012.05.17 至 2017.05.17/中等毒

PD20131285 辛硫磷/30%/微囊悬浮剂/辛硫磷 30%/2013.06.08 至 2018.06.08/低毒
花生 蛴螬 333-500克/100千克种子 种子包衣

PD20131804 硫双威/95%/原药/硫双威 95%/2013.09.16 至 2018.09.16/中等毒

PD20132092 噻唑膦/95%/原药/噻唑膦 95%/2013.10.24 至 2018.10.24/中等毒

PD20132093 噻唑膦/10%/颗粒剂/噻唑膦 10%/2013.10.24 至 2018.10.24/低毒
番茄 根结线虫 2250-3000克/公顷 撒施
PD20132520 毒死蜱/30%/水乳剂/毒死蜱 30%/2013.12.16 至 2018.12.16/低毒
水稻 稻纵卷叶螟 450-540克/公顷 喷雾
PD20140799 噻虫嗪/98%/原药/噻虫嗪 98%/2014.03.25 至 2019.03.25/低毒
PD20150506 异菌脲/96%/原药/异菌脲 96%/2015.03.23 至 2020.03.23/微毒
PD20150878 辛硫磷/10%/颗粒剂/辛硫磷 10%/2015.05.18 至 2020.05.18/低毒
花生 蛴螬 2400-3000克/公顷 沟施
PD20151835 噻嗪酮/97%/原药/噻嗪酮 97%/2015.08.28 至 2020.08.28/低毒
PD20151844 麦草畏/98%/原药/麦草畏 98%/2015.08.28 至 2020.08.28/低毒
PD20151980 嘧菌酯/97%/原药/嘧菌酯 97%/2015.08.30 至 2020.08.30/低毒
PD20151987 甲基硫菌灵/97%/原药/甲基硫菌灵 97%/2015.08.30 至 2020.08.30/低毒
PD20152172 多菌灵/98%/原药/多菌灵 98%/2015.09.22 至 2020.09.22/低毒
PD20152345 烯酰吗啉/98%/原药/烯酰吗啉 98%/2015.10.22 至 2020.10.22/低毒
PD20152433 吡氟酰草胺/98%/原药/吡氟酰草胺 98%/2015.12.04 至 2020.12.04/微毒
PD20152557 甲氧虫酰肼/98%/原药/甲氧虫酰肼 98%/2015.12.05 至 2020.12.05/微毒
LS20120238 辛硫磷/5%/颗粒剂/辛硫磷 5%/2014.07.04 至 2015.07.04/低毒
萝卜 蛴螬 2400-3000克/公顷 撒施

江苏健谷化工有限公司 （江苏省宿迁生态化工科技产业园 223800 ）

PD84118-15 多菌灵/25%/可湿性粉剂/多菌灵 25%/2014.12.22 至 2019.12.22/低毒
果树 病害 0.05-0.1%药液 喷雾
花生 倒秧病 750克/公顷 喷雾
麦类 赤霉病 750克/公顷 喷雾、泼浇
棉花 苗期病害 500克/100千克种子 拌种
水稻 稻瘟病、纹枯病 750克/公顷 喷雾、泼浇
油菜 菌核病 1125-1500克/公顷 喷雾
PD85102-10 2甲4氯钠盐/13%/水剂/2甲4氯钠 13%/2015.01.24 至 2020.01.24/低毒
水稻 多种杂草 450-900克/公顷 喷雾
小麦 多种杂草 600-900克/公顷 喷雾
PD85150-15 多菌灵/50%/可湿性粉剂/多菌灵 50%/2015.07.08 至 2020.07.08/低毒
果树 病害 0.05-0.1%药液 喷雾
花生 倒秧病 750克/公顷 喷雾
麦类 赤霉病 750克/公顷 喷雾、泼浇
棉花 苗期病害 500克/100千克种子 拌种
水稻 稻瘟病、纹枯病 750克/公顷 喷雾、泼浇
油菜 菌核病 1125-1500克/公顷 喷雾
PD85166-3 绿麦隆/25%/可湿性粉剂/绿麦隆 25%/2010.09.26 至 2015.09.26/低毒
大麦、小麦、玉米 一年生杂草 1500-3000克/公顷(北方地区)600-1500克/公顷(南方地区) 播后苗前或苗期喷雾
PD20040721 吡虫啉/10%/可湿性粉剂/吡虫啉 10%/2014.12.19 至 2019.12.19/低毒
水稻 飞虱 15-30克/公顷 喷雾
PD20040724 吡虫·三唑酮/18%/可湿性粉剂/吡虫啉 3%、三唑酮 15%/2014.12.19 至 2019.12.19/低毒
小麦 白粉病、蚜虫 130-160克/公顷 喷雾
PD20070451 噻嗪酮/25%/可湿性粉剂/噻嗪酮 25%/2012.11.20 至 2017.11.20/低毒
水稻 飞虱 75-112.5克/公顷 喷雾
PD20082103 乙草胺/50%/乳油/乙草胺 50%/2013.11.25 至 2018.11.25/低毒
冬油菜(移栽田) 一年生禾本科杂草及部分小粒种子阔叶杂草 525-750克/公顷 土壤喷雾
PD20090118 2甲4氯钠/56%/可溶粉剂/2甲4氯钠 56%/2014.01.08 至 2019.01.08/低毒
冬小麦田 一年生阔叶杂草 840-1260克/公顷 茎叶喷雾
水稻移栽田 阔叶杂草及莎草科杂草 672-1008克/公顷 茎叶喷雾
玉米田 一年生阔叶杂草 900-1200克/公顷 茎叶喷雾
PD20090510 乙草胺/20%/可湿性粉剂/乙草胺 20%/2014.01.12 至 2019.01.12/低毒
水稻本田 稗草 90-112.5克/公顷 毒土法(限长江以南)
PD20092280 噻·酮·杀虫单/43%/可湿性粉剂/噻嗪酮 8%、杀虫单 28%、三唑酮 7%/2014.02.24 至 2019.02.24/中等毒
杂交水稻 稻飞虱、叶尖枯病 645-810克/公顷 喷雾
PD20095682 噻嗪·异丙威/25%/可湿性粉剂/噻嗪酮 5%、异丙威 20%/2014.05.15 至 2019.05.15/低毒
水稻 稻飞虱 168.75-187.5克/公顷 喷雾
PD20095920 毒死蜱/40%/乳油/毒死蜱 40%/2014.06.02 至 2019.06.02/中等毒
水稻 稻纵卷叶螟 540－600克/公顷 喷雾
PD20101963 噻嗪酮/97%/原药/噻嗪酮 97%/2015.09.21 至 2020.09.21/低毒
PD20130529 吡蚜酮/25%/可湿性粉剂/吡蚜酮 25%/2013.03.28 至 2018.03.28/低毒

水稻 飞虱 67.5-75克/公顷 喷雾

PD20130895 噻嗪酮/50%/悬浮剂/噻嗪酮 50%/2013.04.25 至 2018.04.25/低毒

水稻 飞虱 112.5-150克/公顷 喷雾

PD20131802 烯啶虫胺/10%/水剂/烯啶虫胺 10%/2013.09.16 至 2018.09.16/低毒

水稻 飞虱 37.5-45克/公顷 喷雾

PD20141430 甲·灭·敌草隆/73%/可湿性粉剂/敌草隆 18%、2甲4氯 15%、莠灭净 40%/2014.06.06 至 2019.06.06/低毒

甘蔗田 一年生杂草 1204.5-1861.5克/公顷 定向茎叶喷雾

PD20141864 吡蚜酮/96%/原药/吡蚜酮 96%/2014.07.24 至 2019.07.24/低毒

PD20150680 2甲4氯/95%/原药/2甲4氯 95%/2015.04.17 至 2020.04.17/低毒

江苏健神生物农化有限公司 (江苏省镇江市高资镇江苏丹徒经济开发区 212114 0511-5682828)

PD20092951 吡虫啉/20%/可溶液剂/吡虫啉 20%/2014.03.09 至 2019.03.09/低毒

棉花 蚜虫 27-36克/公顷 喷雾

PD20094016 吡虫啉/10%/可湿性粉剂/吡虫啉 10%/2014.03.27 至 2019.03.27/低毒

水稻 稻飞虱 15-30克/公顷 喷雾

PD20095084 三环唑/20%/可湿性粉剂/三环唑 20%/2014.04.22 至 2019.04.22/低毒

水稻 稻瘟病 210-270克/公顷 喷雾

PD20095355 高效氯氰菊酯/4.5%/乳油/高效氯氰菊酯 4.5%/2014.04.27 至 2019.04.27/低毒

甘蓝 菜青虫 20.25-27克/公顷 喷雾

PD20095514 苯磺隆/75%/水分散粒剂/苯磺隆 75%/2014.05.11 至 2019.05.11/低毒

冬小麦田 一年生阔叶杂草 16.9-22.5克/公顷 茎叶喷雾

PD20095552 吡嘧磺隆/10%/可湿性粉剂/吡嘧磺隆 10%/2014.05.12 至 2019.05.12/低毒

移栽水稻田 稗草、莎草及阔叶杂草 22.5-45克/公顷 毒土法

PD20098461 草甘膦异丙胺盐（41%）///水剂/草甘膦 30%/2014.12.24 至 2019.12.24/低毒

非耕地 杂草 1125-3000克/公顷 茎叶喷雾

PD20110427 异丙隆/50%/可湿性粉剂/异丙隆 50%/2011.04.21 至 2016.04.21/低毒

冬小麦田 一年生杂草 1125-1350克/公顷 茎叶喷雾

PD20111137 吡虫啉/70%/水分散粒剂/吡虫啉 70%/2011.11.03 至 2016.11.03/低毒

甘蓝 蚜虫 15.75-26.25克/公顷 喷雾

PD20120565 戊唑醇/96%/原药/戊唑醇 96%/2012.03.28 至 2017.03.28/低毒

PD20121123 烯酰吗啉/80%/水分散粒剂/烯酰吗啉 80%/2012.07.20 至 2017.07.20/低毒

黄瓜 霜霉病 240-360克/公顷 喷雾

PD20121214 双草醚/95%/原药/双草醚 95%/2012.08.10 至 2017.08.10/微毒

PD20130451 戊唑醇/80%/水分散粒剂/戊唑醇 80%/2013.03.18 至 2018.03.18/低毒

水稻 稻曲病 72-96克/公顷 喷雾

PD20140639 苯醚甲环唑/37%/水分散粒剂/苯醚甲环唑 37%/2014.03.07 至 2019.03.07/低毒

香蕉 叶斑病 74-123.3毫克/千克 喷雾

PD20141557 醚菌酯/50%/水分散粒剂/醚菌酯 50%/2014.06.17 至 2019.06.17/低毒

黄瓜 白粉病 112.5-150克/公顷 喷雾

PD20150272 吡蚜酮/50%/水分散粒剂/吡蚜酮 50%/2015.02.04 至 2020.02.04/低毒

水稻 飞虱 90-120克/公顷 喷雾

PD20151981 嘧菌酯/50%/水分散粒剂/嘧菌酯 50%/2015.08.30 至 2020.08.30/微毒

黄瓜 白粉病 187.5-337.5克/公顷 喷雾

江苏剑牌农化股份有限公司 (江苏省盐城市建湖县城冠华东路1008号 224700 0515-86253585)

PDN33-95 三唑酮/95%/原药/三唑酮 95%/2015.07.14 至 2020.07.14/低毒

PDN34-95 三唑酮/20%/乳油/三唑酮 20%/2015.08.15 至 2020.08.15/低毒

小麦 白粉病 120-127.5克/公顷 喷雾

PD86130 灭草松/25%/水剂/灭草松 25%/2011.11.15 至 2016.11.15/低毒

草原牧场 阔叶杂草 1500-1875克/公顷 喷雾

茶园、大豆田、甘薯田 阔叶杂草 750-1500克/公顷 喷雾

水稻田 阔叶杂草、莎草 750-1500克/公顷 喷雾

小麦田 阔叶杂草 750克/公顷 喷雾

PD20040103 三唑酮/15%/可湿性粉剂/三唑酮 15%/2014.12.19 至 2019.12.19/低毒

小麦 白粉病、锈病 135-180克/公顷 喷雾

玉米 丝黑穗病 60-90克/100千克种子 拌种

PD20040104 三唑酮/25%/可湿性粉剂/三唑酮 25%/2014.12.19 至 2019.12.19/低毒

小麦 锈病 135-180克/公顷 喷雾

小麦 白粉病 120-127.5克/公顷 喷雾

PD20040172 三唑酮/15%/烟雾剂/三唑酮 15%/2014.12.19 至 2019.12.19/低毒

橡胶树 白粉病 90-120克/公顷 烟雾机喷烟雾

PD20070149 嗪草酮/95%/原药/嗪草酮 95%/2012.06.07 至 2017.06.07/低毒

PD20070209 炔螨特/570克/升/乳油/炔螨特 570克/升/2012.08.07 至 2017.08.07/低毒

柑橘树 红蜘蛛 228-380毫克/千克 喷雾

登记证号	农药名称/登记作物	防治对象	用药量	施用方法
PD20070222	炔螨特/92%/原药/炔螨特 92%/2012.08.08 至 2017.08.08/低毒			
PD20070251	丙森锌/80%/母药/丙森锌 80%/2012.08.30 至 2017.08.30/低毒			
PD20070541	三唑醇/97%/原药/三唑醇 97%/2012.12.03 至 2017.12.03/低毒			
PD20080292	戊唑醇/97%/原药/戊唑醇 97%/2013.02.25 至 2018.02.25/低毒			
PD20080480	多效唑/95%/原药/多效唑 95%/2013.03.31 至 2018.03.31/低毒			
PD20080481	多效唑/15%/可湿性粉剂/多效唑 15%/2013.03.31 至 2018.03.31/低毒			
	花生	调节生长、增产	90-112.5克/公顷	茎叶喷雾
	水稻育秧田	控制生长	200-300毫克/千克	喷雾
	油菜(苗床)	控制生长	100-200毫克/千克	喷雾
PD20081122	联苯三唑醇/25%/可湿性粉剂/联苯三唑醇 25%/2013.08.19 至 2018.08.19/低毒			
	花生	叶斑病	187.5-312.5克/公顷	喷雾
PD20081373	灭草松/40%/水剂/灭草松 40%/2013.10.23 至 2018.10.23/低毒			
	水稻移栽田	阔叶杂草及莎草科杂草	1080-1440克/公顷	喷雾
PD20081648	烯唑醇/95/原药/烯唑醇 95%/2013.11.14 至 2018.11.14/低毒			
PD20081840	烯效唑/90%/原药/烯效唑 90%/2013.11.20 至 2018.11.20/中等毒			
PD20082611	烯效唑/5%/可湿性粉剂/烯效唑 5%/2013.12.04 至 2018.12.04/低毒			
	草坪	调节生长	300－450毫克/千克	茎叶喷雾
	水稻秧田	控制生长	50-150毫克/千克	浸种
PD20085796	联苯三唑醇/97%/原药/联苯三唑醇 97%/2013.12.29 至 2018.12.29/低毒			
PD20086153	三唑醇/15%/可湿性粉剂/三唑醇 15%/2013.12.30 至 2018.12.30/低毒			
	水稻	稻曲病、稻瘟病、纹枯病	135-157.5克/公顷	喷雾
	小麦	纹枯病	30-45克/100千克种子	拌种
PD20090134	四螨・哒螨灵/16%/可湿性粉剂/哒螨灵 9%、四螨嗪 7%/2014.01.08 至 2019.01.08/中等毒			
	苹果树	红蜘蛛	80-100毫克/千克	喷雾
PD20090301	戊唑醇/25%/可湿性粉剂/戊唑醇 25%/2014.01.12 至 2019.01.12/低毒			
	花生	叶斑病	93.75-125克/公顷	喷雾
	苹果树	斑点落叶病	83.3-125毫克/千克	喷雾
PD20091314	高氯・马/37%/乳油/高效氯氰菊酯 0.8%、马拉硫磷 36.2%/2014.02.01 至 2019.02.01/中等毒			
	甘蓝	菜青虫	175.5-354克/公顷	喷雾
	柑橘树	橘蚜	92.5-185毫克/千克	喷雾
PD20091655	嗪草酮/70%/可湿性粉剂/嗪草酮 70%/2014.02.03 至 2019.02.03/低毒			
	春大豆田	一年生阔叶杂草	570-795克/公顷(东北地区)	土壤喷雾
PD20092097	丙森锌/70%/可湿性粉剂/丙森锌 70%/2014.02.16 至 2019.02.16/低毒			
	大白菜	霜霉病	1365-1680克/公顷	喷雾
	番茄	晚疫病	1890-2835克/公顷	喷雾
	番茄	早疫病	1575-1968.75克/公顷	喷雾
	黄瓜	霜霉病	1890-2835克/公顷	喷雾
	苹果	斑点落叶病	1000-1167毫克/千克	喷雾
	葡萄	霜霉病	1400-1750毫克/千克	喷雾
PD20092812	毒死蜱/45%/乳油/毒死蜱 45%/2014.03.04 至 2019.03.04/中等毒			
	水稻	稻飞虱、稻纵卷叶螟	504-648克/公顷	喷雾
PD20094948	烯唑醇/12.5%/可湿性粉剂/烯唑醇 12.5%/2014.04.17 至 2019.04.17/低毒			
	梨树	黑星病	31-42毫克/千克	喷雾
	葡萄	黑痘病、炭疽病	2000-3000倍液	喷雾
	小麦	白粉病	60-120克/公顷	喷雾
PD20095922	灭草松/96%/原药/灭草松 96%/2014.06.02 至 2019.06.02/低毒			
PD20097890	R-烯唑醇/74.5%/原药/R-烯唑醇 74.5%/2014.11.30 至 2019.11.30/低毒			
PD20101052	R-烯唑醇/12.5%/可湿性粉剂/R-烯唑醇 12.5%/2015.01.21 至 2020.01.21/微毒			
	梨树	黑星病	25－32毫克/千克	喷雾
PD20110015	啶虫脒/5%/可湿性粉剂/啶虫脒 5%/2016.01.04 至 2021.01.04/微毒			
	柑橘树	蚜虫	10-12.5毫克/千克	喷雾
PD20110605	己唑醇/30%/悬浮剂/己唑醇 30%/2011.06.07 至 2016.06.07/低毒			
	水稻	纹枯病	54－72克/公顷	喷雾
PD20110923	多效唑/25%/悬浮剂/多效唑 25%/2011.09.06 至 2016.09.06/低毒			
	荔枝	控梢	300-400毫克/千克	茎叶喷雾
PD20110990	戊唑醇/25%/悬浮剂/戊唑醇 25%/2011.09.21 至 2016.09.21/低毒			
	苹果	轮纹病	62.5-125毫克/千克	喷雾
PD20111076	吡虫啉/350克/升/悬浮剂/吡虫啉 350克/升/2011.10.12 至 2016.10.12/低毒			
	水稻	稻飞虱	21-31.5克/公顷	喷雾
	小麦	蚜虫	31.5-47.25克/公顷	喷雾
PD20111092	毒死蜱/30%/水乳剂/毒死蜱 30%/2011.10.13 至 2016.10.13/中等毒			
	水稻	稻纵卷叶螟	360-540克/公顷	喷雾
PD20111267	阿维菌素/3%/水乳剂/阿维菌素 3%/2011.11.23 至 2016.11.23/中等毒(原药高毒)			

	柑橘树	红蜘蛛	4-10毫克/千克	喷雾
	水稻	稻纵卷叶螟	5.4-8.1克/公顷	喷雾
PD20120093	阿维菌素/5%/乳油/阿维菌素 5%/2012.01.29 至 2017.01.29/中等毒(原药高毒)			
	水稻	稻纵卷叶螟	6-9克/公顷	喷雾
PD20120274	阿维·毒死蜱/20%/水乳剂/阿维菌素 0.2%、毒死蜱 19.8%/2012.02.15 至 2017.02.15/低毒(原药高毒)			
	水稻	二化螟	180-240克/公顷	喷雾
PD20120287	戊唑醇/430克/升/悬浮剂/戊唑醇 430克/升/2012.02.16 至 2017.02.16/低毒			
	苹果树	斑点落叶病	86-107.5毫克/千克	喷雾
	水稻	稻曲病、纹枯病	64.5-96.75克/公顷	喷雾
	小麦	白粉病	64.5-96.75克/公顷	喷雾
PD20120288	炔螨特/73%/乳油/炔螨特 73%/2012.02.16 至 2017.02.16/低毒			
	柑橘树	红蜘蛛	243-365毫克/千克	喷雾
PD20121329	戊唑醇/25/可湿性粉剂/戊唑醇 25%/2012.09.11 至 2017.09.11/低毒			
	花生	叶斑病	93.75-125克/公顷	喷雾
	苹果树	斑点落叶病	83.3-125毫克/千克	喷雾
PD20121333	多菌灵/40%/悬浮剂/多菌灵 40%/2012.09.11 至 2017.09.11/微毒			
	小麦	赤霉病	600-750克/公顷	喷雾
PD20121497	啶虫脒/10%/微乳剂/啶虫脒 10%/2012.10.09 至 2017.10.09/低毒			
	甘蓝	蚜虫	15-22.5克/公顷	喷雾
PD20121543	咪鲜胺/450克/升/水乳剂/咪鲜胺 450克/升/2012.10.25 至 2017.10.25/低毒			
	柑橘(果实)	炭疽病	225-450毫克/千克	浸果
	水稻	稻瘟病	270-405克/公顷	喷雾
PD20121892	三唑酮/44%/悬浮剂/三唑酮 44%/2012.12.07 至 2017.12.07/低毒			
	小麦	锈病	135-180克/公顷	喷雾
	烟草	白粉病	150-225克/公顷	喷雾
PD20121939	戊唑·多菌灵/40%/悬浮剂/多菌灵 35%、戊唑醇 5%/2012.12.12 至 2017.12.12/微毒			
	小麦	赤霉病	330-450克/公顷	喷雾
PD20121943	甲维·高氯氟/5%/水乳剂/高效氯氟氰菊酯 4%、甲氨基阿维菌素 1%/2012.12.12 至 2017.12.12/中等毒			
	甘蓝	小菜蛾	7.5-11.25克/公顷	喷雾
PD20130038	三唑醇/25%/乳油/三唑醇 25%/2013.01.07 至 2018.01.07/低毒			
	香蕉	叶斑病	166.7-250毫克/千克	喷雾
PD20130060	高效氯氟氰菊酯/5%/水乳剂/高效氯氟氰菊酯 5%/2013.01.07 至 2018.01.07/中等毒			
	棉花	蚜虫	9-18克/公顷	喷雾
PD20130072	戊唑醇/80%/可湿性粉剂/戊唑醇 80%/2013.01.07 至 2018.01.07/低毒			
	苹果树	斑点落叶病	89-133毫克/千克	喷雾
PD20130089	噻嗪酮/37%/悬浮剂/噻嗪酮 37%/2013.01.15 至 2018.01.15/微毒			
	水稻	稻飞虱	90-150克/公顷	喷雾
PD20130109	戊唑·丙森锌/65%/可湿性粉剂/丙森锌 60%、戊唑醇 5%/2013.01.17 至 2018.01.17/微毒			
	苹果树	斑点落叶病	433-722毫克/千克	喷雾
PD20130127	炔螨特/50%/水乳剂/炔螨特 50%/2013.01.17 至 2018.01.17/低毒			
	柑橘树	红蜘蛛	250-333.3毫克/千克	喷雾
PD20130152	阿维·炔螨特/40%/水乳剂/阿维菌素 0.5%、炔螨特 39.5%/2013.01.17 至 2018.01.17/低毒(原药高毒)			
	柑橘树	红蜘蛛	200-266.7毫克/千克	喷雾
PD20130178	氯氟·毒死蜱/22%/水乳剂/毒死蜱 20%、高效氯氟氰菊酯 2%/2013.01.24 至 2018.01.24/中等毒			
	棉花	棉铃虫	148.5-198克/公顷	喷雾
PD20130252	苯醚甲环唑/40%/悬浮剂/苯醚甲环唑 40%/2013.02.05 至 2018.02.05/低毒			
	梨树	黑星病	16-20毫克/千克	喷雾
PD20130333	阿维菌素/3%/水乳剂/阿维菌素 0%/2013.03.05 至 2018.03.05/中等毒(原药高毒)			
PD20130753	甲氨基阿维菌素苯甲酸盐/5%/水分散粒剂/甲氨基阿维菌素 5%/2013.04.16 至 2018.04.16/中等毒			
	甘蓝	甜菜夜蛾	2.25-3.375	喷雾
	注:甲氨基阿维菌素苯甲酸盐含量:5.7%。			
PD20131309	甲基硫菌灵/50%/悬浮剂/甲基硫菌灵 50%/2013.06.08 至 2018.06.08/低毒			
	苹果树	轮纹病	625-714毫克/千克	喷雾
PD20131319	己唑醇/40%/悬浮剂/己唑醇 40%/2013.06.08 至 2018.06.08/微毒			
	苹果树	斑点落叶病	40-50毫克/千克	喷雾
PD20131679	四螨嗪/40%/悬浮剂/四螨嗪 40%/2013.08.07 至 2018.08.07/微毒			
	柑橘树	红蜘蛛	100-133毫克/千克	喷雾
PD20131716	甲维·毒死蜱/26%/水乳剂/毒死蜱 25%、甲氨基阿维菌素 1%/2013.08.16 至 2018.08.16/中等毒			
	水稻	二化螟	78-156克/公顷	喷雾
PD20132118	三唑锡/30%/悬浮剂/三唑锡 30%/2013.10.24 至 2018.10.24/低毒			
	柑橘树	红蜘蛛	100-150毫克/千克	喷雾
PD20132393	丙环唑/40%/水乳剂/丙环唑 40%/2013.11.20 至 2018.11.20/低毒			
	香蕉	叶斑病	267-400毫克/千克	喷雾

PD20132492 烯酰吗啉/40%/悬浮剂/烯酰吗啉 40%/2013.12.10 至 2018.12.10/低毒
葡萄 霜霉病 181.8-266.7毫克/千克 喷雾
PD20132501 哒螨灵/40%/悬浮剂/哒螨灵 40%/2013.12.10 至 2018.12.10/低毒
苹果树 红蜘蛛 57.2-80毫克/千克 喷雾
PD20140223 咪鲜·丙森锌/70%/可湿性粉剂/丙森锌 50%、咪鲜胺锰盐 20%%/2014.01.29 至 2019.01.29/低毒
黄瓜 炭疽病 945-1260克/公顷 喷雾
PD20140227 阿维·高氯氟/5%/水乳剂/阿维菌素 1%、高效氯氟氰菊酯 4%/2014.01.29 至 2019.01.29/中等毒(原药高毒)
棉花 棉铃虫 15-30克/公顷 喷雾
PD20140281 异丙威/30%/悬浮剂/异丙威 30%/2014.02.12 至 2019.02.12/低毒
水稻 稻飞虱 450-585克/公顷 喷雾
PD20140382 烯唑醇/30%/悬浮剂/烯唑醇 30%/2014.02.20 至 2019.02.20/微毒
花生 叶斑病 54-72克/公顷 喷雾
PD20140384 甲氨基阿维菌素苯甲酸盐/3%/悬浮剂/甲氨基阿维菌素 3%/2014.02.20 至 2019.02.20/低毒
水稻 稻纵卷叶螟 6.75-9克/公顷 喷雾
注:甲氨基阿维菌素苯甲酸盐含量: 3.4%。
PD20140616 仲丁威/20%/水乳剂/仲丁威 20%/2014.03.07 至 2019.03.07/低毒
水稻 稻飞虱、稻纵卷叶螟 450-540克/公顷 喷雾
PD20140623 烯酰·丙森锌/70%/可湿性粉剂/丙森锌 62.5%、烯酰吗啉 7.5%/2014.03.07 至 2019.03.07/低毒
黄瓜 霜霉病 945-1260克/公顷 喷雾
PD20141264 醚菌酯/30%/悬浮剂/醚菌酯 30%/2014.05.07 至 2019.05.07/微毒
苹果树 斑点落叶病 100-150毫克/千克 喷雾
PD20141393 戊唑醇/25%/乳油/戊唑醇 25%/2014.06.05 至 2019.06.05/低毒
香蕉 叶斑病 166.7-250毫克/千克 喷雾
PD20141720 四螨·哒螨灵/16%/悬浮剂/哒螨灵 9%、四螨嗪 7%/2014.06.30 至 2019.06.30/微毒
苹果树 红蜘蛛 64-106.7毫克/千克 喷雾
PD20141806 己唑·醚菌酯/35%/悬浮剂/己唑醇 10%、醚菌酯 25%/2014.07.14 至 2019.07.14/微毒
苹果树 斑点落叶病 70-116.7毫克/千克 喷雾
PD20142103 吡虫啉/600克/升/悬浮种衣剂/吡虫啉 600克/升/2014.09.02 至 2019.09.02/低毒
小麦 蚜虫 180-240克/100千克种子 种子包衣
PD20150398 联苯菊酯/10%/水乳剂/联苯菊酯 10%/2015.03.18 至 2020.03.18/中等毒
茶树 茶小绿叶蝉 30-37.5克/公顷 喷雾
PD20151052 嘧菌酯/30%/悬浮剂/嘧菌酯 30%/2015.06.14 至 2020.06.14/微毒
葡萄 霜霉病 150-300毫克/千克 喷雾
PD20151064 吡虫·异丙威/30%/悬浮剂/吡虫啉 5%、异丙威 25%/2015.06.14 至 2020.06.14/低毒
水稻 稻飞虱 90-180克/公顷 喷雾
PD20151563 嘧菌酯/98%/原药/嘧菌酯 98%/2015.08.03 至 2020.08.03/微毒
PD20151658 噻嗪·异丙威/35%/悬浮剂/噻嗪酮 7%、异丙威 28%/2015.08.28 至 2020.08.28/低毒
水稻 稻飞虱 315-420克/公顷 喷雾
PD20151857 噻虫嗪/25%/水分散粒剂/噻虫嗪 25%/2015.09.21 至 2020.09.21/低毒
水稻 飞虱 7.5-15克/公顷 喷雾
PD20151899 戊唑醇/6%/悬浮种衣剂/戊唑醇 6%/2015.08.30 至 2020.08.30/微毒
小麦 纹枯病 3-3.6克/100千克种子 种子包衣
PD20152499 甲硫·戊唑醇/48%/悬浮剂/甲基硫菌灵 36%、戊唑醇 12%/2015.12.05 至 2020.12.05/低毒
苹果树 轮纹病 240-480毫克/千克 喷雾
PD20152543 氟环唑/30%/悬浮剂/氟环唑 30%/2015.12.05 至 2020.12.05/低毒
水稻 稻曲病、纹枯病 67.5-90克/公顷 喷雾
PD20152668 嘧菌·丙森锌/70%/可湿性粉剂/丙森锌 60%、嘧菌酯 10%/2015.12.19 至 2020.12.19/微毒
番茄 晚疫病 630-1260克/公顷 喷雾
PD20152677 四螨·三唑锡/28%/悬浮剂/四螨嗪 8%、三唑锡 20%/2015.12.19 至 2020.12.19/低毒
柑橘树 红蜘蛛 70-140毫克/千克 喷雾
LS20130388 阿维·毒死蜱/25%/水乳剂/阿维菌素 1%、毒死蜱 24%/2015.07.29 至 2016.07.29/中等毒(原药高毒)
水稻 稻纵卷叶螟 75-150克/公顷 喷雾
LS20130406 丙森·多菌灵/75%/可湿性粉剂/丙森锌 50%、多菌灵 25%/2015.07.29 至 2016.07.29/微毒
苹果树 轮纹病 625-937.5毫克/千克 喷雾
LS20130467 井冈·三唑醇/21%/可湿性粉剂/井冈霉素 14%、三唑醇 7%/2015.10.10 至 2016.10.10/微毒
水稻 纹枯病 126-189克/公顷 喷雾
LS20130470 吡蚜酮/50%/可湿性粉剂/吡蚜酮 50%/2015.10.10 至 2016.10.10/微毒
莲藕 莲缢管蚜 45-67.5克/公顷 喷雾
芹菜 蚜虫 75-120克/公顷 喷雾
水稻 飞虱 60-90克/公顷 喷雾
LS20130483 吡蚜·异丙威/39%/可湿性粉剂/吡蚜酮 6%、异丙威 33%/2015.11.08 至 2016.11.08/低毒
水稻 飞虱 117-292.5克/公顷 喷雾
LS20140030 甲维·茚虫威/15%/悬浮剂/甲氨基阿维菌素苯甲酸盐 3%、茚虫威 12%/2016.01.14 至 2017.01.14/低毒

水稻 稻纵卷叶螟 18-33.75克/公顷 喷雾

LS20140058 抑霉唑/20%/水乳剂/抑霉唑 20%/2016.02.18 至 2017.02.18/低毒

柑橘 青霉病 250-500毫克/千克 浸果

LS20140177 茚虫威/30%/悬浮剂/茚虫威 30%/2015.04.11 至 2016.04.11/微毒

水稻 稻纵卷叶螟 27-36克/公顷 喷雾

LS20140198 烯啶虫胺/50%/可溶粉剂/烯啶虫胺 50%/2015.05.06 至 2016.05.06/低毒

水稻 飞虱 60-90克/公顷 喷雾

LS20140256 烯效唑/10%/悬浮剂/烯效唑 10%/2015.07.14 至 2016.07.14/低毒

水稻 控制生长 22.5-30克/公顷 喷雾

LS20140279 粉唑醇/40%/悬浮剂/粉唑醇 40%/2015.08.25 至 2016.08.25/低毒

小麦 白粉病 60-90克/公顷 喷雾

LS20140280 三环唑/30%/悬浮剂/三环唑 30%/2015.08.25 至 2016.08.25/低毒

水稻 稻瘟病 225-315克/公顷 喷雾

LS20140291 稻瘟灵/30%/水乳剂/稻瘟灵 30%/2015.09.02 至 2016.09.02/低毒

水稻 稻瘟病 450－585克/公顷 喷雾

LS20140350 氯氟·吡虫啉/6%/悬浮剂/吡虫啉 4%、高效氯氟氰菊酯 2%/2015.11.21 至 2016.11.21/低毒

小麦 蚜虫 27-40.5克/公顷 喷雾

LS20140363 三环·己唑醇/30%/悬浮剂/己唑醇 6%、三环唑 24%/2015.12.11 至 2016.12.11/低毒

水稻 稻瘟病 180-270克/公顷 喷雾

LS20140374 咪鲜·稻瘟灵/32%/水乳剂/稻瘟灵 20%、咪鲜胺 12%/2015.12.18 至 2016.12.18/低毒

水稻 稻瘟病 336-528克/公顷 喷雾

LS20150099 噻虫·异丙威/30%/悬浮剂/噻虫嗪 7.5%、异丙威 22.5%/2015.04.17 至 2016.04.17/低毒

水稻 稻飞虱 45-67.5克/公顷 喷雾

LS20150212 螺螨酯/29%/悬浮剂/螺螨酯 29%/2015.07.30 至 2016.07.30/低毒

柑橘树 红蜘蛛 40-60毫克/千克 喷雾

LS20150216 丁子香酚/20/水乳剂/丁子香酚 20%/2015.07.30 至 2016.07.30/低毒

番茄 病毒病 90-135克/公顷 喷雾

江苏建农植物保护有限公司 （江苏滨海经济开发区沿海工业园黄海路 224555 ）

PD20040745 吡虫·杀虫单/70%/可湿性粉剂/吡虫啉 2%、杀虫单 68%/2014.12.19 至 2019.12.19/中等毒

水稻 稻飞虱、稻纵卷叶螟 525-735克/公顷 喷雾

PD20050012 三唑酮/95%/原药/三唑酮 95%/2015.04.12 至 2020.04.12/低毒

PD20050093 三唑酮/15%/可湿性粉剂/三唑酮 15%/2015.07.01 至 2020.07.01/低毒

小麦 白粉病、锈病 135-180克/公顷 喷雾

玉米 丝黑穗病 60-90克/100千克种子 拌种

PD20050094 三唑酮/20%/乳油/三唑酮 20%/2015.07.01 至 2020.07.01/低毒

小麦 白粉病 120-127.5克/公顷 喷雾

PD20050102 氯氰·吡虫啉/5%/乳油/吡虫啉 1%、氯氰菊酯 4%/2015.07.29 至 2020.07.29/中等毒

苹果树 黄蚜 25-50毫克/千克 喷雾

PD20050178 异噁草松/94%/原药/异噁草松 94%/2015.11.15 至 2020.11.15/低毒

PD20060057 多·酮/40%/可湿性粉剂/多菌灵 35%、三唑酮 5%/2011.03.06 至 2016.03.06/低毒

水稻 稻曲病 480-600克/公顷 喷雾

小麦 白粉病、赤霉病 480-600克/公顷 喷雾

PD20060067 异噁草松/480克/升/乳油/异噁草松 480克/升/2011.04.04 至 2016.04.04/低毒

春大豆 一年生杂草 1008-1080克/公顷(东北地区) 播前或播后苗前土壤喷雾

PD20070116 灭草松/95%/原药/灭草松 95%/2012.05.08 至 2017.05.08/低毒

PD20070123 灭草松/40%/水剂/灭草松 40%/2012.05.18 至 2017.05.18/低毒

大豆田 阔叶杂草 1152－1440克/公顷 茎叶喷雾

水稻田 阔叶杂草及莎草科杂草 1152－1440克/公顷 茎叶喷雾

PD20080923 多效唑/95%/原药/多效唑 95%/2013.07.17 至 2018.07.17/低毒

PD20081162 噻·酮·杀虫单/43%/可湿性粉剂/噻嗪酮 8%、杀虫单 28%、三唑酮 7%/2013.09.11 至 2018.09.11/中等毒

杂交水稻 稻飞虱、叶尖枯病 645-810克/公顷 喷雾

PD20081195 多效唑/15%/可湿性粉剂/多效唑 15%/2013.09.11 至 2018.09.11/低毒

花生 调节生长、增产 90-135克/公顷 茎叶喷雾

水稻育秧田 控制生长 200-300毫克/千克 喷雾

油菜(苗床) 控制生长 100-200毫克/千克 喷雾

PD20081452 杀螺胺/98%/原药/杀螺胺 98%/2013.11.04 至 2018.11.04/低毒

PD20081523 氟硅唑/93%/原药/氟硅唑 93%/2013.11.06 至 2018.11.06/低毒

PD20082414 戊唑醇/96%/原药/戊唑醇 96%/2013.12.02 至 2018.12.02/低毒

PD20082445 吡虫啉/95%/原药/吡虫啉 95%/2013.12.02 至 2018.12.02/低毒

PD20082633 三唑酮/25%/可湿性粉剂/三唑酮 25%/2013.12.04 至 2018.12.04/低毒

小麦 白粉病 93.75-131.25克/公顷 喷雾

PD20082996 氟硅唑/40%/乳油/氟硅唑 40%/2013.12.10 至 2018.12.10/低毒

梨树 黑星病 8000-10000倍液 喷雾
葡萄 白腐病、炭疽病 40-50毫克/千克 喷雾
PD20083389 杀螺胺/70%/可湿性粉剂/杀螺胺 70%/2013.12.11 至 2018.12.11/低毒
水稻 福寿螺 315-420克/公顷 喷雾
PD20091393 丁·莠/48%/悬乳剂/丁草胺 19%、莠去津 29%/2014.02.02 至 2019.02.02/低毒
夏玉米田 一年生杂草 1080-1440克/公顷 播后苗前土壤喷雾
PD20091967 吡虫啉/10%/可湿性粉剂/吡虫啉 10%/2014.02.12 至 2019.02.12/低毒
水稻 稻飞虱 15-30克/公顷 喷雾
PD20094057 烯唑醇/12.5%/可湿性粉剂/烯唑醇 12.5%/2014.03.27 至 2019.03.27/低毒
梨树 黑星病 31－42毫克/千克 喷雾
水稻 纹枯病 46.88-75克/公顷 喷雾
小麦 白粉病 60-120克/公顷 喷雾
PD20094406 烯唑醇/5%/微乳剂/烯唑醇 5%/2014.04.01 至 2019.04.01/低毒
梨树 黑星病 35-45毫克/千克 喷雾
PD20094918 烯唑醇/95%/原药/烯唑醇 95%/2014.04.13 至 2019.04.13/低毒
PD20094975 烯唑·多菌灵/32%/可湿性粉剂/多菌灵 30%、烯唑醇 2%/2014.04.21 至 2019.04.21/低毒
小麦 白粉病、赤霉病 336-432克/公顷 喷雾
PD20097901 啶虫脒/20%/可湿性粉剂/啶虫脒 20%/2014.11.30 至 2019.11.30/低毒
柑橘树 蚜虫 10－13.33毫克/千克 喷雾
PD20110627 戊唑醇/430克/升/悬浮剂/戊唑醇 430克/升/2011.06.08 至 2016.06.08/低毒
水稻 纹枯病 96.75－129克/公顷 喷雾
PD20120028 氟硅唑/10%/水乳剂/氟硅唑 10%/2012.01.09 至 2017.01.09/低毒
梨树 黑星病 25－50毫克/千克 喷雾
PD20130293 多效唑/25%/悬浮剂/多效唑 25%/2013.02.26 至 2018.02.26/低毒
苹果树 调节生长 71.4-89.3毫克/千克 沟施
PD20141431 虱螨脲/97%/原药/虱螨脲 97%/2014.06.06 至 2019.06.06/低毒
PD20141529 粉唑醇/12.5%/悬浮剂/粉唑醇 12.5%/2014.06.16 至 2019.06.16/低毒
小麦 白粉病 93.75－121.875克/公顷 喷雾
PD20142166 粉唑醇/95%/原药/粉唑醇 95%/2014.09.18 至 2019.09.18/低毒
PD20150691 己唑醇/30%/悬浮剂/己唑醇 30%/2015.04.20 至 2020.04.20/低毒
水稻 纹枯病 54－72克/公顷 喷雾
PD20151126 吡蚜·噻嗪酮/25%/可湿性粉剂/吡蚜酮 10%、噻嗪酮 15%/2015.06.25 至 2020.06.25/低毒
水稻 稻飞虱 75-90克/公顷 喷雾
WP20130177 氟酰脲/98.5%/原药/氟酰脲 98.5%/2013.09.06 至 2018.09.06/低毒
注:专供出口，不得在国内销售。

江苏江南农化有限公司 (江苏省连云港市灌云县临港产业园区（燕尾港）经十路1号 222228 0518-88651800)

PD20080231 氰戊·敌敌畏/30%/乳油/敌敌畏 25%、氰戊菊酯 5%/2013.01.11 至 2018.01.11/中等毒
棉花 棉铃虫 540-675克/公顷 喷雾
PD20080332 精喹禾灵/5%/乳油/精喹禾灵 5%/2013.02.26 至 2018.02.26/低毒
油菜田 一年生禾本科杂草 45-75克/公顷 喷雾
PD20080719 噻吩磺隆/75%/水分散粒剂/噻吩磺隆 75%/2013.06.11 至 2018.06.11/低毒
春大豆田 一年生阔叶杂草 22.5-33.8克/公顷(东北地区) 土壤喷雾
PD20080750 啶虫脒/5%/可湿性粉剂/啶虫脒 5%/2013.06.11 至 2018.06.11/低毒
柑橘树 蚜虫 10－15毫克/千克 喷雾
PD20080761 噻吩磺隆/15%/可湿性粉剂/噻吩磺隆 15%/2013.06.11 至 2018.06.11/低毒
春大豆田 一年生阔叶杂草 22.5-33.8克/公顷 土壤喷雾
PD20080871 氰戊菊酯/40%/乳油/氰戊菊酯 40%/2013.06.27 至 2018.06.27/低毒
叶菜类十字花科蔬菜 菜青虫 120-180克/公顷 喷雾
PD20081103 苯磺隆/75%/水分散粒剂/苯磺隆 75%/2013.08.18 至 2018.08.18/微毒
冬小麦田 一年生阔叶杂草 13.5-22.5克/公顷 茎叶喷雾
PD20081183 丙环唑/250克/升/乳油/丙环唑 250克/升/2013.09.11 至 2018.09.11/低毒
香蕉 叶斑病 250-500毫克/千克 喷雾
PD20081233 草甘膦异丙胺盐/30%/水剂/草甘膦 30%/2013.09.16 至 2018.09.16/微毒
非耕地 杂草 1230-2460克/公顷 茎叶喷雾
注:草甘膦异丙胺盐含量: 41%。
PD20081316 氯氟吡氧乙酸异辛酯/200克/升/乳油/氯氟吡氧乙酸异辛酯 200克/升/2013.10.17 至 2018.10.17/低毒
春小麦田 一年生阔叶杂草 180-210克/公顷 茎叶喷雾
冬小麦田 一年生阔叶杂草 150-210克/公顷 茎叶喷雾
PD20081336 乙草胺/50%/乳油/乙草胺 50%/2013.10.21 至 2018.10.21/低毒
冬油菜田 一年生禾本科杂草 600-750克/公顷 土壤喷雾
PD20081851 莠去津/38%/悬浮剂/莠去津 38%/2013.11.20 至 2018.11.20/低毒
春玉米田 一年生杂草 1710-2280克/公顷(东北地区) 土壤喷雾
PD20081997 嘧霉胺/400克/升/悬浮剂/嘧霉胺 400克/升/2013.11.25 至 2018.11.25/低毒

	黄瓜	灰霉病	360-510克/公顷	喷雾
PD20083069	噻嗪酮/25%/可湿性粉剂/噻嗪酮 25%/2013.12.10 至 2018.12.10/低毒			
	水稻	稻飞虱	112.5—150克/公顷	喷雾
PD20083082	毒死蜱/40%/乳油/毒死蜱 40%/2013.12.10 至 2018.12.10/中等毒			
	水稻	稻纵卷叶螟	480—600克/公顷	喷雾
PD20083090	乙酰甲胺磷/40%/乳油/乙酰甲胺磷 40%/2013.12.16 至 2018.12.16/低毒			
	水稻	稻纵卷叶螟	540-900克/公顷	喷雾
PD20083281	甲氰菊酯/20%/乳油/甲氰菊酯 20%/2013.12.11 至 2018.12.11/中等毒			
	柑橘树	潜叶蛾	66.7-200毫克/千克	喷雾
PD20083651	联苯菊酯/25克/升/乳油/联苯菊酯 25克/升/2013.12.12 至 2018.12.12/低毒			
	茶树	茶毛虫	11.25-15克/公顷	喷雾
PD20083939	高效氯氟氰菊酯/25克/升/乳油/高效氯氟氰菊酯 25克/升/2013.12.15 至 2018.12.15/低毒			
	十字花科蔬菜	菜青虫	9.375-11.25克/公顷	喷雾
PD20084074	苯磺隆/10%/可湿性粉剂/苯磺隆 10%/2013.12.16 至 2018.12.16/微毒			
	冬小麦田	阔叶杂草	15—22.5克/公顷	茎叶喷雾
PD20084549	吡虫啉/10%/可湿性粉剂/吡虫啉 10%/2013.12.18 至 2018.12.18/低毒			
	水稻	飞虱	15-30克/公顷	喷雾
PD20084807	高效氯氰菊酯/4.5%/乳油/高效氯氰菊酯 4.5%/2013.12.22 至 2018.12.22/低毒			
	十字花科蔬菜	菜青虫	20.25-27克/公顷	喷雾
PD20085242	苄·乙/14%/可湿性粉剂/苄嘧磺隆 3.5%、乙草胺 10.5%/2013.12.23 至 2018.12.23/微毒			
	水稻移栽田	一年生及部分多年生杂草	84-118克/公顷	药土法
PD20085738	甲氰·辛硫磷/25%/乳油/甲氰菊酯 5%、辛硫磷 20%/2013.12.26 至 2018.12.26/中等毒			
	十字花科蔬菜	菜青虫	93.75-187.5克/公顷	喷雾
PD20085965	乙草胺/20%/可湿性粉剂/乙草胺 20%/2013.12.29 至 2018.12.29/低毒			
	水稻移栽田	部分阔叶杂草、一年生禾本科杂草	90—120克/公顷	药土法（限长江以南）
PD20086366	硫磺·三环唑/45%/可湿性粉剂/硫磺 40%、三环唑 5%/2013.12.31 至 2018.12.31/低毒			
	水稻	稻瘟病	675-1012克/公顷	喷雾
PD20090977	苄嘧磺隆/10%/可湿性粉剂/苄嘧磺隆 10%/2014.01.20 至 2019.01.20/微毒			
	移栽水稻田	莎草及阔叶杂草	30-45克/公顷	毒土法
PD20090998	精噁唑禾草灵/69克/升/水乳剂/精噁唑禾草灵 69克/升/2014.01.21 至 2019.01.21/低毒			
	春小麦田	一年生禾本科杂草	62.1-77.625克/公顷	茎叶喷雾
	冬小麦田	一年生禾本科杂草	51.75-62.1克/公顷	茎叶喷雾
PD20091213	吡嘧磺隆/10%/可湿性粉剂/吡嘧磺隆 10%/2014.02.01 至 2019.02.01/微毒			
	移栽水稻田	稗草、莎草及阔叶杂草	22.5-30克/公顷	毒土法
PD20095569	吡虫啉/10%/可湿性粉剂/吡虫啉 10%/2014.05.12 至 2019.05.12/低毒			
	水稻	稻飞虱	15-30克/公顷	喷雾
PD20095778	溴氰菊酯/25克/升/乳油/溴氰菊酯 25克/升/2014.05.21 至 2019.05.21/中等毒			
	十字花科蔬菜	蚜虫	3-4.5克/公顷	喷雾
PD20098383	2,4-滴丁酯/57%/乳油/2,4-滴丁酯 57%/2014.12.18 至 2019.12.18/低毒			
	春小麦田	一年生阔叶杂草	675-810克/公顷	茎叶喷雾
PD20100275	精噁唑禾草灵/69克/升/水乳剂/精噁唑禾草灵 69克/升/2015.01.11 至 2020.01.11/低毒			
	大豆田	一年生禾本科杂草	52.5-73.5克/公顷	茎叶喷雾
	棉花田、油菜田	一年生禾本科杂草	52.5-61.2克/公顷	茎叶喷雾
PD20100765	烟嘧磺隆/40克/升/可分散油悬浮剂/烟嘧磺隆 40克/升/2015.01.18 至 2020.01.18/微毒			
	玉米田	一年生单、双子叶杂草	50.4-63克/公顷	茎叶喷雾
PD20101671	苯甲·丙环唑/300克/升/乳油/苯醚甲环唑 150克/升、丙环唑 150克/升/2015.06.08 至 2020.06.08/低毒			
	水稻	纹枯病	80—90克/公顷	喷雾
PD20110122	精噁唑禾草灵/69克/升/水乳剂/精噁唑禾草灵 69克/升/2016.01.27 至 2021.01.27/微毒			
	大麦田	一年生禾本科杂草	41.4-51.75克/公顷(冬大麦);50-60克/公顷(春大麦)	茎叶喷雾
PD20110127	三唑磷/20%/乳油/三唑磷 20%/2016.01.28 至 2021.01.28/中等毒			
	水稻	二化螟	202.5-303.75克/公顷	喷雾
PD20110631	阿维·三唑磷/20%/乳油/阿维菌素 0.3%、三唑磷 19.7%/2011.06.08 至 2016.06.08/中等毒(原药高毒)			
	水稻	二化螟	120-180克/公顷	喷雾
PD20121755	双草醚/20%/可湿性粉剂/双草醚 20%/2012.11.15 至 2017.11.15/低毒			
	水稻田(直播)	一年生杂草	30-60克/公倾	茎叶喷雾
PD20121766	砜嘧磺隆/25%/水分散粒剂/砜嘧磺隆 25%/2012.11.15 至 2017.11.15/低毒			
	马铃薯田	一年生杂草	18.75-22.5克/公顷	定向茎叶喷雾
	烟草	一年生杂草	18.75-22.5克/公顷	定向喷雾
PD20122018	双草醚/40%/悬浮剂/双草醚 40%/2012.12.19 至 2017.12.19/微毒			
	水稻田(直播)	稗草	24-30克/公倾	喷雾
PD20130001	苄嘧·丙草胺/40%/可湿性粉剂/苄嘧磺隆 4%、丙草胺 36%/2013.01.04 至 2018.01.04/低毒			

水稻田(直播)　一年生及部分多年生杂草　360-480克/公顷　喷雾
PD20130097　二氯喹啉酸/250克/升/悬浮剂/二氯喹啉酸 250克/升/2013.01.17 至 2018.01.17/微毒
直播水稻田　稗草　187.5-375克/公顷　茎叶喷雾
PD20131212　二氯喹啉酸/50%/可湿性粉剂/二氯喹啉酸 50%/2013.05.28 至 2018.05.28/低毒
水稻抛秧田　稗草等杂草　262.5-300克/公顷　茎叶喷雾
PD20131514　乙氧磺隆/15%/水分散粒剂/乙氧磺隆 15%/2013.07.17 至 2018.07.17/低毒
水稻田(直播)　阔叶杂草　9-13.5克/公顷　茎叶喷雾
PD20140750　苄·二氯/36%/可湿性粉剂/苄嘧磺隆 4%、二氯喹啉酸 32%/2014.03.24 至 2019.03.24/低毒
水稻秧田　一年生杂草　243-270克/公顷　茎叶喷雾
PD20141607　2,4-滴二甲胺盐/70%/水剂/2,4-滴二甲胺盐 70%/2014.06.24 至 2019.06.24/低毒
非耕地　一年生阔叶杂草　129.5-196克/亩　茎叶喷雾
PD20141658　唑嘧磺草胺/97%/原药/唑嘧磺草胺 97%/2014.06.24 至 2019.06.24/低毒
PD20150134　唑嘧磺草胺/80%/水分散粒剂/唑嘧磺草胺 80%/2015.01.07 至 2020.01.07/低毒
大豆田　一年生阔叶杂草　45－60克/公顷　土壤喷雾
PD20151939　戊唑·咪鲜胺/45%/水乳剂/咪鲜胺 30%、戊唑醇 15%/2015.08.30 至 2020.08.30/低毒
水稻　稻瘟病　236.25-270克/公顷　喷雾
PD20152142　茚虫威/30%/水分散粒剂/茚虫威 30%/2015.09.22 至 2020.09.22/低毒
十字花科蔬菜　菜青虫　15.75-20.25克/公倾　喷雾
PD20152145　丙溴·辛硫磷/25%/乳油/丙溴磷 6%、辛硫磷 19%/2015.10.21 至 2020.10.21/低毒
水稻　二化螟　300-375克/公顷　喷雾
PD20152174　噻虫嗪/25%/水分散粒剂/噻虫嗪 25%/2015.09.22 至 2020.09.22/低毒
水稻　稻飞虱　11.25-15克/公倾　喷雾
PD20152220　双氟磺草胺/50克/升/悬浮剂/双氟磺草胺 50克/升/2015.09.23 至 2020.09.23/微毒
冬小麦田　一年生阔叶杂草　3.75-4.5克/公倾　茎叶喷雾
PD20152294　蛇床子素/0.5%/水乳剂/蛇床子素 0.5%/2015.10.21 至 2020.10.21/微毒
十字花科蔬菜叶菜　菜青虫　7.5-9.0克/公倾　喷雾
PD20152296　炔草酯/15%/微乳剂/炔草酯 15%/2015.10.21 至 2020.10.21/低毒
小麦田　一年生禾本科杂草　56.25-78.75克/公倾　茎叶喷雾
PD20152342　苏云金杆菌/8000IU/毫克/悬浮剂/苏云金杆菌 8000IU/毫克/2015.10.22 至 2020.10.22/微毒
水稻　稻纵卷叶螟　6000-9000毫升制剂/公顷　喷雾
PD20152442　苦参碱/0.5%/水剂/苦参碱 0.5%/2015.12.04 至 2020.12.04/微毒
十字花科蔬菜　菜青虫　6.75-9.0克/公倾　喷雾
PD20152461　二氯吡啶酸/75%/可溶粒剂/二氯吡啶酸 75%/2015.12.04 至 2020.12.04/微毒
油菜田　一年生阔叶杂草　112.5-157.5克/公倾　茎叶喷雾

江苏洁利三三有限责任公司　(江苏省南京市江宁开发区秦淮路33号　211100　025-52121833)

WP20080396　杀虫气雾剂/0.43%/气雾剂/胺菊酯 0.2%、氯菊酯 0.2%、氯氰菊酯 0.03%/2013.12.11 至 2018.12.11/微毒
卫生　蚊、蝇、蜚蠊　/　喷雾
WP20080513　电热蚊香片/10毫克/片/电热蚊香片/炔丙菊酯 10毫克/片/2013.12.22 至 2018.12.22/低毒
卫生　蚊　/　电热加温
WP20080514　窗纱涂剂/1.8%/涂抹剂/残杀威 0.75%、氯菊酯 0.30%、氯氰菊酯 0.75%/2013.12.22 至 2018.12.22/低毒
卫生　蚊、蝇　0.54克/平方米　涂刷
WP20080584　杀虫气雾剂/1.13%/气雾剂/Es-生物烯丙菊酯 0.08%、胺菊酯 0.25%、氯菊酯 0.80%/2013.12.29 至 2018.12.29/低毒
卫生　蜚蠊、蚊、蝇　/　喷雾
WP20090023　杀虫气雾剂/0.58%/气雾剂/Es-生物烯丙菊酯 0.08%、胺菊酯 0.30%、氯菊酯 0.20%/2014.01.08 至 2019.01.08/微毒
卫生　蜚蠊、蚊、蝇　/　喷雾
WP20090075　驱蚊花露水/7.5%/驱蚊花露水/避蚊胺 7.5%/2014.02.01 至 2019.02.01/微毒
卫生　蚊　/　涂抹
WP20090182　杀蟑气雾剂/1.6%/气雾剂/残杀威 0.75%、氯菊酯 0.50%、氯氰菊酯 0.35%/2014.03.18 至 2019.03.18/低毒
卫生　蜚蠊　/　喷雾
WP20130054　驱蚊花露水/4%/驱蚊花露水/驱蚊酯 4%/2013.04.02 至 2018.04.02/微毒
卫生　蚊　/　涂抹
WP20130099　驱蚊花露水/5%/驱蚊花露水/避蚊胺 5%/2013.05.20 至 2018.05.20/微毒
卫生　蚊　/　涂抹
WP20130121　驱蚊花露水/5%/驱蚊花露水/驱蚊酯 5%/2013.06.05 至 2018.06.05/微毒
卫生　蚊　/　涂抹
注:本产品有一种香型：草本香型。
WP20130126　驱蚊液/7.5%/驱蚊液/驱蚊酯 7.5%/2013.06.08 至 2018.06.08/微毒
卫生　蚊　/　涂抹
WP20130143　驱蚊乳/5%/驱蚊乳/避蚊胺 5%/2013.07.05 至 2018.07.05/微毒
卫生　蚊　/　涂抹
注:本产品有一种香型：鲜花香型。
WP20130145　驱蚊乳/5%/驱蚊乳/驱蚊酯 5%/2013.07.05 至 2018.07.05/微毒
卫生　蚊　/　涂抹

注:本产品有一种香型：草本香型。
WP20130234 驱蚊液/4.5%/驱蚊液/驱蚊酯 4.5%/2013.11.08 至 2018.11.08/微毒
室内 蚊 / 涂抹

江苏景宏生物科技有限公司 （江苏省连云港市灌南县堆沟港镇（化学工业园） 222500 0518-80926596)

PD84104-14 杀虫双/18%/水剂/杀虫双 18%/2014.10.25 至 2019.10.25/中等毒
甘蔗、蔬菜、水稻、小麦、玉米 多种害虫 540-675克/公顷 喷雾
果树 多种害虫 225-360毫克/千克 喷雾
PD20040307 杀虫单/95%/原药/杀虫单 95%/2014.12.19 至 2019.12.19/中等毒
PD20040774 吡虫·杀虫单/33%/可湿性粉剂/吡虫啉 1%、杀虫单 32%/2014.12.19 至 2019.12.19/低毒
水稻 稻飞虱、二化螟 594-742.5克/公顷 喷雾
PD20083144 啶虫脒/5%/可湿性粉剂/啶虫脒 5%/2013.12.10 至 2018.12.10/低毒
小麦 蚜虫 22.5-30克/公顷 喷雾
PD20083528 烯效唑/5%/可湿性粉剂/烯效唑 5%/2013.12.12 至 2018.12.12/微毒
水稻 调节生长 100-150毫克/千克 浸种
PD20083680 杀虫双/3.6%/大粒剂/杀虫双 3.6%/2013.12.15 至 2018.12.15/中等毒
水稻 螟虫 540-675克/公顷 撒施
PD20085200 毒死蜱/45%/乳油/毒死蜱 45%/2013.12.23 至 2018.12.23/中等毒
水稻 稻纵卷叶螟 468-612克/公顷 喷雾
PD20085787 速灭威/25%/可湿性粉剂/速灭威 25%/2013.12.29 至 2018.12.29/中等毒
水稻 稻飞虱 375-750克/公顷 喷雾
PD20086050 杀虫双/25%/母液/杀虫双 25%/2013.12.29 至 2018.12.29/中等毒
PD20086242 炔螨特/570g/L/乳油/炔螨特 570克/升/2013.12.31 至 2018.12.31/低毒
柑橘树 红蜘蛛 285-380毫克/千克 喷雾
PD20090045 高效氯氟氰菊酯/25克/升/乳油/高效氯氟氰菊酯 25克/升/2014.01.06 至 2019.01.06/中等毒
小麦 蚜虫 7.5-9.375克/公顷 喷雾
PD20092231 马拉·杀螟松/12%/乳油/马拉硫磷 10%、杀螟硫磷 2%/2014.02.24 至 2019.02.24/中等毒
白菜、甘蓝 菜青虫 63-72克/公顷 喷雾
PD20094871 杀螺胺乙醇胺盐/50%/可湿性粉剂/杀螺胺乙醇胺盐 50%/2014.04.13 至 2019.04.13/低毒
水稻 福寿螺 450-600克/公顷 毒土撒施
PD20096911 毒·辛/40%/乳油/毒死蜱 10%、辛硫磷 30%/2014.09.23 至 2019.09.23/低毒
棉花 棉铃虫 420-480克/公顷 喷雾
PD20100233 噻嗪·速灭威/25%/可湿性粉剂/噻嗪酮 5%、速灭威 20%/2015.01.11 至 2020.01.11/中等毒
水稻 稻飞虱 281.25-375克/公顷 喷雾
PD20100575 敌畏·毒死蜱/40%/乳油/敌敌畏 30%、毒死蜱 10%/2015.01.14 至 2020.01.14/中等毒
水稻 稻纵卷叶螟 480-600克/公顷 喷雾
PD20120340 杀虫单/90%/可溶粉剂/杀虫单 90%/2012.02.17 至 2017.02.17/中等毒
水稻 二化螟 540-1080克/公顷 喷雾
PD20130051 苯磺隆/10%/可湿性粉剂/苯磺隆 10%/2013.01.07 至 2018.01.07/低毒
冬小麦田 阔叶杂草 15-22.5克/公顷 茎叶喷雾
PD20131565 三唑酮/25%/可湿性粉剂/三唑酮 25%/2013.07.23 至 2018.07.23/低毒
小麦 白粉病 150-225克/公顷 喷雾
PD20150703 氧氟·扑草净/30%/可湿性粉剂/扑草净 24%、乙氧氟草醚 6%/2015.04.20 至 2020.04.20/低毒
大蒜田 阔叶杂草、一年生禾本科杂草 450-900克/公顷 土壤喷雾
PD20150714 多效唑/15%/可湿性粉剂/多效唑 15%/2015.04.20 至 2020.04.20/低毒
水稻育秧田 调节生长 200-300毫克/千克 喷雾
PD20150771 噻呋酰胺/240克/升/悬浮剂/噻呋酰胺 240克/升/2015.05.13 至 2020.05.13/低毒
水稻 纹枯病 72-90克/公顷 喷雾
PD20150953 甲氨基阿维菌素苯甲酸盐/5%/微乳剂/甲氨基阿维菌素 5%/2015.06.10 至 2020.06.10/低毒
水稻 稻纵卷叶螟 11.25～15克/公顷 喷雾
注:甲氨基阿维菌素苯甲酸盐含量：5.7%。
PD20151154 嘧菌酯/25%/悬浮剂/嘧菌酯 25%/2015.06.26 至 2020.06.26/低毒
水稻 纹枯病 281.25~337.5克/公顷 喷雾
PD20151793 草铵膦/200克/升/水剂/草铵膦 200克/升/2015.08.28 至 2020.08.28/低毒
柑橘园 杂草 1350-1800克/公顷 定向茎叶喷雾
PD20152048 戊唑醇/430克/升/悬浮剂/戊唑醇 430克/升/2015.09.07 至 2020.09.07/低毒
水稻 纹枯病 96.75-129克/公顷 喷雾
PD20152399 戊唑·咪鲜胺/45%/水乳剂/咪鲜胺 30%、戊唑醇 15%/2015.10.23 至 2020.10.23/低毒
小麦 赤霉病 135-168.75克/公顷 喷雾

江苏康鹏农化有限公司 （江苏省姜堰市桥头工业园 225511 0523-8781612)

PD20050084 吡虫啉/10%/可湿性粉剂/吡虫啉 10%/2015.06.24 至 2020.06.24/低毒
水稻 飞虱 15-30克/公顷 喷雾
PD20050085 吡虫啉/95%/原药/吡虫啉 95%/2015.06.24 至 2020.06.24/低毒

PD20050105 吡虫·杀虫单/40%/可湿性粉剂/吡虫啉 1%、杀虫单 39%/2015.08.04 至 2020.08.04/中等毒

水稻	稻飞虱、三化螟	450-750克/公顷	喷雾

PD20082921 啶虫脒/20%/可溶液剂/啶虫脒 20%/2013.12.09 至 2018.12.09/低毒

棉花	蚜虫	30-45克/公顷	喷雾

PD20083195 吡虫啉/20%/可溶液剂/吡虫啉 20%/2013.12.11 至 2018.12.11/低毒

水稻	稻飞虱	15-30克/公顷	喷雾

PD20086010 多效唑/15%/可湿性粉剂/多效唑 15%/2013.12.29 至 2018.12.29/低毒

水稻育秧田	控制生长	200-300毫克/千克	喷雾
油菜(苗床)	控制生长	100-200毫克/千克	喷雾

PD20093566 啶虫脒/20%/可溶粉剂/啶虫脒 20%/2014.03.23 至 2019.03.23/低毒

黄瓜	蚜虫	18-24克/公顷	喷雾

江苏克胜集团股份有限公司 (江苏省盐城市建湖县盐淮路888号 224700 0515-86273936)

PD20040069 三唑酮/15%/可湿性粉剂/三唑酮 15%/2014.12.19 至 2019.12.19/低毒

小麦	白粉病、锈病	135-180克/公顷	喷雾
玉米	丝黑穗病	60-90克/100千克种子	拌种

PD20040435 哒螨灵/20%/可湿性粉剂/哒螨灵 20%/2014.12.19 至 2019.12.19/中等毒

柑橘树、苹果树	红蜘蛛	50-67毫克/千克	喷雾
棉花	红蜘蛛	90-135克/公顷	喷雾

PD20040487 三唑酮/20%/乳油/三唑酮 20%/2014.12.19 至 2019.12.19/低毒

小麦	白粉病	120-127.5克/公顷	喷雾

PD20040506 三唑磷/20%/乳油/三唑磷 20%/2014.12.19 至 2019.12.19/中等毒

水稻	二化螟	300-450克/公顷	喷雾

PD20040517 吡虫啉/50%/可湿性粉剂/吡虫啉 50%/2014.12.19 至 2019.12.19/中等毒

水稻	飞虱	15-30克/公顷	喷雾

PD20040529 哒螨灵/15%/乳油/哒螨灵 15%/2014.12.19 至 2019.12.19/中等毒

柑橘树	红蜘蛛	50-67毫克/千克	喷雾
棉花	红蜘蛛	90-135克/公顷	喷雾
苹果树	叶螨	45-50毫克/千克	喷雾

PD20040561 吡虫·杀虫单/35%/可湿性粉剂/吡虫啉 1%、杀虫单 34%/2014.12.19 至 2019.12.19/低毒

水稻	二化螟、飞虱	450-750克/公顷	喷雾

PD20040754 吡虫啉/5%/乳油/吡虫啉 5%/2014.12.19 至 2019.12.19/低毒

柑橘树	蚜虫	20-33.3毫克/千克	喷雾
棉花	蚜虫	22.5-30克/公顷	喷雾
苹果树	蚜虫	50-100毫克/千克	喷雾
十字花科蔬菜	蚜虫	7.5-15克/公顷	喷雾

PD20040756 吡虫啉/10%/可湿性粉剂/吡虫啉 10%/2014.12.19 至 2019.12.19/低毒

柑橘树	蚜虫	20-33毫克/千克	喷雾
苹果树	蚜虫	25-50毫克/千克	喷雾
水稻	飞虱	75-150克/公顷	喷雾
小麦	蚜虫	60-105克/公顷	喷雾

PD20080030 苄嘧·苯噻酰/53%/可湿性粉剂/苯噻酰草胺 50%、苄嘧磺隆 3%/2013.01.04 至 2018.01.04/低毒

水稻抛秧田	一年生及部分多年生禾本科杂草	375-450克/公顷(南方地区)	毒土法

PD20080187 噻螨酮/5%/乳油/噻螨酮 5%/2013.01.07 至 2018.01.07/低毒

柑橘树	红蜘蛛	25-33.3毫克/千克	喷雾

PD20080310 四螨·哒螨灵/10%/悬浮剂/哒螨灵 7%、四螨嗪 3%/2013.02.25 至 2018.02.25/中等毒

柑橘树	红蜘蛛	40-67.6毫克/千克	喷雾
苹果树	山楂叶螨	50-67.6毫克/千克	喷雾

PD20081606 多效唑/15%/可湿性粉剂/多效唑 15%/2013.11.12 至 2018.11.12/低毒

水稻	控制生长	200-300毫克/千克	喷雾

PD20081664 苯磺隆/10%/可湿性粉剂/苯磺隆 10%/2013.11.14 至 2018.11.14/低毒

冬小麦田	一年生阔叶杂草	13.5-22.5克/公顷	茎叶喷雾

PD20081726 炔螨特/57%/乳油/炔螨特 57%/2013.11.18 至 2018.11.18/低毒

柑橘树	红蜘蛛	228-380毫克/千克	喷雾

PD20081738 炔螨特/73%/乳油/炔螨特 73%/2013.11.18 至 2018.11.18/低毒

苹果树	红蜘蛛	243-365毫克/千克	喷雾

PD20082005 啶虫脒/5%/可湿性粉剂/啶虫脒 5%/2013.11.25 至 2018.11.25/低毒

柑橘树	蚜虫	12-15毫克/千克	喷雾

PD20082122 炔螨特/40%/乳油/炔螨特 40%/2013.11.25 至 2018.11.25/低毒

柑橘树	红蜘蛛	266.7-400毫克/千克	喷雾

PD20082585 乙草胺/50%/乳油/乙草胺 50%/2013.12.04 至 2018.12.04/低毒

花生田	一年生禾本科杂草及部分小粒种子阔叶杂草	750-1200克/公顷	播后苗前土壤喷雾
玉米田	一年生禾本科杂草及部分小粒种子阔叶杂	1)900-1875克/公顷(东北地区)2)7	播后苗前土壤喷雾

草 50-1050克/公顷(其他地区)

PD20082930 啶虫脒/5%/乳油/啶虫脒 5%/2013.12.09 至 2018.12.09/低毒
柑橘树 蚜虫 6-10毫克/千克 喷雾
棉花 蚜虫 9-13.5克/公顷 喷雾

PD20083995 吡虫啉/70%/水分散粒剂/吡虫啉 70%/2013.12.16 至 2018.12.16/低毒
甘蓝 蚜虫 15-30克/公顷 喷雾
烟草 蚜虫 31.5-42克/公顷 喷雾

PD20084066 毒死蜱/30%/微乳剂/毒死蜱 30%/2013.12.16 至 2018.12.16/中等毒
棉花 蚜虫 450-675克/公顷 喷雾

PD20084168 氟啶脲/5%/乳油/氟啶脲 5%/2013.12.16 至 2018.12.16/低毒
青菜 菜青虫、小菜蛾 60-75克/公顷 喷雾

PD20084221 阿维·哒螨灵/10.2%/乳油/阿维菌素 0.2%、哒螨灵 10%/2013.12.17 至 2018.12.17/中等毒(原药高毒)
苹果树 二斑叶螨 51-67毫克/千克 喷雾

PD20084484 吡虫啉/350克/升/悬浮剂/吡虫啉 350克/升/2013.12.17 至 2018.12.17/低毒
甘蓝 蚜虫 15-30克/公顷 喷雾

PD20084634 阿维菌素/1.8%/乳油/阿维菌素 1.8%/2013.12.18 至 2018.12.18/中等毒(原药高毒)
柑橘树 红蜘蛛 4.5-9毫克/千克 喷雾

PD20090066 抗蚜·吡虫啉/24%/可湿性粉剂/吡虫啉 2%、抗蚜威 22%/2014.01.08 至 2019.01.08/中等毒
小麦 蚜虫 54-72克/公顷 喷雾

PD20090502 噻螨·哒螨灵/12.5%/乳油/哒螨灵 10%、噻螨酮 2.5%/2014.01.12 至 2019.01.12/中等毒
柑橘树 红蜘蛛 62.5-125毫克/千克 喷雾

PD20091166 毒死蜱/40%/乳油/毒死蜱 40%/2014.01.22 至 2019.01.22/中等毒
水稻 二化螟 375-562.5克/公顷 喷雾

PD20092183 戊唑醇/12.5%/水乳剂/戊唑醇 12.5%/2014.02.23 至 2019.02.23/低毒
香蕉 叶斑病 800-1000倍液 喷雾

PD20092294 甲氨基阿维菌素苯甲酸盐(1.14%)///乳油/甲氨基阿维菌素 1%/2014.02.24 至 2019.02.24/低毒
甘蓝 小菜蛾 1.5-2.25克/公顷 喷雾

PD20092823 哒灵·炔螨特/30%/乳油/哒螨灵 10%、炔螨特 20%/2014.03.04 至 2019.03.04/中等毒
柑橘树 红蜘蛛 150-200毫克/千克 喷雾

PD20093181 戊唑醇/30%/悬浮剂/戊唑醇 30%/2014.03.11 至 2019.03.11/低毒
苹果树 斑点落叶病 2000-3000倍液 喷雾

PD20093930 啶虫脒/20%/可溶粉剂/啶虫脒 20%/2014.03.27 至 2019.03.27/低毒
柑橘树 蚜虫 20-40毫克/千克 喷雾

PD20100364 甲氨基阿维菌素苯甲酸盐(0.57%)///乳油/甲氨基阿维菌素 0.5%/2015.01.11 至 2020.01.11/低毒
甘蓝 甜菜夜蛾、小菜蛾 1.5-1.8克/公顷 喷雾

PD20101258 吡虫啉/25%/可湿性粉剂/吡虫啉 25%/2015.03.05 至 2020.03.05/低毒
水稻 稻飞虱 18.75-37.5克/公顷 喷雾

PD20101366 高效氯氰菊酯/4.5%/乳油/高效氯氰菊酯 4.5%/2015.04.02 至 2020.04.02/低毒
甘蓝 菜青虫 13.5-27克/公顷 喷雾

PD20110442 草甘膦异丙胺盐/46%/水剂/草甘膦 46%/2011.04.21 至 2016.04.21/低毒
非耕地 杂草 1209-2325克/公顷 定向茎叶喷雾
注:草甘膦异丙胺盐含量：６２％。

PD20110852 阿维·毒死蜱/25%/乳油/阿维菌素 0.2%、毒死蜱 24.8%/2011.08.10 至 2016.08.10/中等毒(原药高毒)
水稻 二化螟 300-375克/公顷 喷雾

PD20111074 草甘膦异丙胺盐/30%/水剂/草甘膦 30%/2011.10.12 至 2016.10.12/低毒
非耕地 杂草 1845-2460克/公顷 茎叶喷雾
注:草甘膦异丙胺盐含量：41%。

PD20111256 苯甲·丙环唑/50%/水乳剂/苯醚甲环唑 25%、丙环唑 25%/2011.11.23 至 2016.11.23/低毒
水稻 纹枯病 67.5—90克/公顷 喷雾

PD20111257 甲维·高氯氟/5%/水乳剂/高效氯氟氰菊酯 4%、甲氨基阿维菌素苯甲酸盐 1%/2011.11.23 至 2016.11.23/中等毒
甘蓝 甜菜夜蛾 6-9克/公顷 喷雾

PD20120915 草甘膦/50%/水分散粒剂/草甘膦 50%/2012.06.04 至 2017.06.04/低毒
非耕地 杂草 1125-2250克/公顷 定向茎叶喷雾

PD20121317 甲维·毒死蜱/30.2%/乳油/毒死蜱 30%、甲氨基阿维菌素苯甲酸盐 0.2%/2012.09.11 至 2017.09.11/中等毒
水稻 稻纵卷叶螟、二化螟 226.5-317.1克/公顷 喷雾

PD20121321 阿维·三唑磷/20.5%/乳油/阿维菌素 0.3%、三唑磷 20.2%/2012.09.11 至 2017.09.11/中等毒(原药高毒)
水稻 二化螟 184.5-215.25克/公顷 喷雾

PD20130028 吡蚜酮/25%/悬浮剂/吡蚜酮 25%/2013.01.04 至 2018.01.04/低毒
水稻 稻飞虱 75-90克/公顷 喷雾

PD20130118 吡虫·毒死蜱/30%/乳油/吡虫啉 3%、毒死蜱 27%/2013.01.17 至 2018.01.17/中等毒
水稻 稻飞虱 360-450克/公顷 喷雾

PD20131263 嘧菌酯/50%/水分散粒剂/嘧菌酯 50%/2013.06.04 至 2018.06.04/低毒
黄瓜 白粉病 225-337.5克/公顷 喷雾

PD20131495 苯甲·嘧菌酯/32.5%/悬浮剂/苯醚甲环唑 12.5%、嘧菌酯 20%/2013.07.05 至 2018.07.05/低毒
水稻 稻瘟病 150-195克/公顷 喷雾
PD20140218 吡蚜·异丙威/50%/可湿性粉剂/吡蚜酮 10%、异丙威 40%/2014.01.29 至 2019.01.29/低毒
水稻 稻飞虱 150-180克/公顷 喷雾
PD20140241 吡蚜酮/50%/可湿性粉剂/吡蚜酮 50%/2014.01.29 至 2019.01.29/低毒
水稻 稻飞虱 75-90克/公顷 喷雾
PD20140882 戊唑·咪鲜胺/45%/水乳剂/咪鲜胺 30%、戊唑醇 15%/2014.04.08 至 2019.04.08/低毒
水稻 稻瘟病 168.75-236.25克/公顷 喷雾
PD20141200 丁醚·哒螨灵/40%/悬浮剂/哒螨灵 15%、丁醚脲 25%/2014.05.06 至 2019.05.06/中等毒
柑橘树 红蜘蛛 200-266.7毫克/千克 喷雾
PD20141218 氯氰·毒死蜱/44%/水乳剂/毒死蜱 40%、高效氯氰菊酯 4%/2014.05.06 至 2019.05.06/中等毒
棉花 棉铃虫 148.5-198克/公顷 喷雾
PD20141830 多杀霉素/20%/悬浮剂/多杀霉素 20%/2014.07.24 至 2019.07.24/低毒
水稻 稻纵卷叶螟 45-60克/公顷 喷雾
PD20141840 氯溴异氰尿酸/50%/可溶性粉剂/氯溴异氰尿酸 50%/2014.07.24 至 2019.07.24/低毒
水稻 白叶枯病 300-450克/公顷 喷雾
PD20142637 茚虫威/30%/悬浮剂/茚虫威 30%/2014.12.15 至 2019.12.15/低毒
水稻 稻纵卷叶螟 27-36克/公顷 喷雾
PD20150059 氨基寡糖素/5%/水剂/氨基寡糖素 5%/2015.01.05 至 2020.01.05/低毒
烟草 病毒病 41.25-52.5克/公顷 喷雾
PD20150296 戊唑·福美双/30%/可湿性粉剂/福美双 25%、戊唑醇 5%/2015.02.04 至 2020.02.04/低毒
小麦 赤霉病 270-405克/公顷 喷雾
PD20150803 多杀·茚虫威/15%/悬浮剂/多杀霉素 2.5%、茚虫威 12.5%/2015.05.14 至 2020.05.14/低毒
水稻 稻纵卷叶螟 27-36克/公顷 喷雾
PD20151819 氟环唑/40%/悬浮剂/氟环唑 40%/2015.08.28 至 2020.08.28/低毒
水稻 稻曲病 72-96克/公顷 喷雾
LS20130309 氯氰·毒死蜱/44%/水乳剂/毒死蜱 40%、高效氯氰菊酯 4%/2014.06.04 至 2015.06.04/中等毒
棉花 棉铃虫 132-198克/公顷 喷雾
LS20140196 多杀·茚虫威/15%/悬浮剂/多杀霉素 2.5%、茚虫威 12.5%/2015.05.06 至 2016.05.06/低毒
水稻 稻纵卷叶螟 27-36克/公顷 喷雾
LS20150170 苯甲·吡虫啉/600克/升/悬浮种衣剂/苯醚甲环唑 25克/升、吡虫啉 575克/升/2015.06.14 至 2016.06.14/低毒
小麦 全蚀病、蚜虫 180-240克/100千克种子 种子包衣
LS20150259 氟铃·茚虫威/30%/悬浮剂/氟铃脲 10%、茚虫威 20%/2015.08.28 至 2016.08.28/低毒
甘蓝 甜菜夜蛾 36-54克/公顷 喷雾
LS20150265 呋虫胺/25%/可分散油悬浮剂/呋虫胺 25%/2015.08.28 至 2016.08.28/低毒
水稻 稻飞虱 93.75-112.5克/公顷 喷雾

江苏克胜集团克山天华化工有限公司 (黑龙江省克山县南二街路东 161600 0452-4524279)

PD20100494 精喹禾灵/5%/乳油/精喹禾灵 5%/2010.01.14 至 2015.01.14/低毒
春大豆田 一年生禾本科杂草 52.5-75克/公顷 茎叶喷雾
PD20101351 噻磺·乙草胺/48%/乳油/噻吩磺隆 1%、乙草胺 47%/2010.03.26 至 2015.03.26/低毒
春大豆田 一年生杂草 1440～1800克/公顷 土壤喷雾
春玉米田 一年生杂草 1440-1800克/公顷 土壤喷雾

江苏克胜作物科技有限公司 (江苏省灌南县堆沟港镇化工产业园新港太道1号 222523 0518-8321226)

PD20040061 吡虫啉/98%/原药/吡虫啉 98%/2014.12.19 至 2019.12.19/低毒
PD20050017 哒螨灵/95%/原药/哒螨灵 95%/2015.04.15 至 2020.04.15/中等毒
PD20080035 噻螨酮/95%/原药/噻螨酮 95%/2013.01.03 至 2018.01.03/低毒
PD20080281 啶虫脒/95%/原药/啶虫脒 95%/2013.02.25 至 2018.02.25/低毒
PD20080362 炔螨特/90%/原药/炔螨特 90%/2013.02.28 至 2018.02.28/低毒
PD20083171 戊唑醇/91%/原药/戊唑醇 91%/2013.12.11 至 2018.12.11/低毒
PD20083726 毒死蜱/95%/原药/毒死蜱 95%/2013.12.15 至 2018.12.15/中等毒
PD20092607 草甘膦/95%/原药/草甘膦 95%/2014.03.02 至 2019.03.02/低毒
PD20130019 吡蚜酮/97%/原药/吡蚜酮 97%/2013.01.24 至 2018.01.24/低毒
PD20131173 嘧菌酯/95%/原药/嘧菌酯 95%/2013.05.27 至 2018.05.27/低毒
LS20150290 呋虫胺/96%/原药/呋虫胺 96%/2015.09.22 至 2016.09.22/低毒

江苏快达农化股份有限公司 (江苏省如东沿海经济开发区(洋口化学工业园) 226407 0513-8415666)

PD85126-2 三氯杀螨醇/20%/乳油/三氯杀螨醇 20%/2010.06.07 至 2015.06.07/低毒
棉花 红蜘蛛 225-300克/公顷 喷雾
苹果树 红蜘蛛、锈蜘蛛 800-1000倍液 喷雾
PD85137-3 绿麦隆/95%/原药/绿麦隆 95%/2015.06.07 至 2020.06.07/低毒
PD85153 甲萘威/95%,93%,90%/原药/甲萘威 95%,93%,90%/2015.06.07 至 2020.06.07/中等毒
PD20040266 异丙隆/97%/原药/异丙隆 97%/2014.12.19 至 2019.12.19/低毒
PD20040658 异丙隆/50%/可湿性粉剂/异丙隆 50%/2014.12.19 至 2019.12.19/低毒
冬小麦田 一年生杂草 1050-1200克/公顷 喷雾

PD20050159	敌草胺/96%/原药/敌草胺 96%/2015.11.02 至 2020.11.02/低毒			
PD20050167	异菌脲/96%/原药/异菌脲 96%/2015.11.14 至 2020.11.14/低毒			
PD20050212	硫丹/94%/原药/硫丹 94%/2015.12.23 至 2020.12.23/高毒			
PD20050214	苄嘧磺隆/96%/原药/苄嘧磺隆 96%/2015.12.23 至 2020.12.23/低毒			
PD20060109	草甘膦/95%/原药/草甘膦 95%/2011.06.13 至 2016.06.13/低毒			
PD20060129	苯磺隆/95%/原药/苯磺隆 95%/2011.06.26 至 2016.06.26/低毒			
PD20060211	S-氰戊菊酯/90%/原药/S-氰戊菊酯 90%/2011.12.11 至 2016.12.11/中等毒			
PD20070175	虫酰肼/95%/原药/虫酰肼 95%/2012.06.25 至 2017.06.25/低毒			
PD20070324	嘧霉胺/98%/原药/嘧霉胺 98%/2012.10.10 至 2017.10.10/低毒			
PD20070376	苯噻酰草胺/95%/原药/苯噻酰草胺 95%/2012.10.24 至 2017.10.24/低毒			
PD20070377	苯噻酰草胺/50%/可湿性粉剂/苯噻酰草胺 50%/2012.10.24 至 2017.10.24/低毒			
	水稻抛秧田	一年生杂草	375-450克/公顷(南方地区)	毒土法
	水稻移栽田	一年生杂草	450-600克/公顷(东北地区)375-450克/公顷(南方地区)	毒土法
PD20070554	苄嘧·苯噻酰/53%/可湿性粉剂/苯噻酰草胺 50%、苄嘧磺隆 3%/2012.12.03 至 2017.12.03/低毒			
	水稻抛秧田	部分多年生杂草、一年生杂草	318.5-397.5克/公顷	药土(砂)法
	水稻田(直播)	部分多年生杂草、一年生杂草	636-795克/公顷(南方地区)	喷雾、药土法
	水稻移栽田	部分多年生杂草、一年生杂草	556.5-636克/公顷(北方地区)318-397.6克/公顷(南方地区)	药土(砂)法
PD20070643	嘧霉胺/40%/悬浮剂/嘧霉胺 40%/2012.12.14 至 2017.12.14/低毒			
	番茄、黄瓜	灰霉病	375－562.5克/公顷	喷雾
PD20080093	毒死蜱/97%/原药/毒死蜱 97%/2013.01.03 至 2018.01.03/低毒			
PD20080210	异菌脲/50%/可湿性粉剂/异菌脲 50%/2013.01.11 至 2018.01.11/低毒			
	番茄	早疫病	750-1500克/公顷	喷雾
	辣椒	立枯病	1-2克/平方米	泼浇
	烟草	赤星病	750-937.5克/公顷	喷雾
PD20080321	烟嘧磺隆/95%/原药/烟嘧磺隆 95%/2013.02.26 至 2018.02.26/低毒			
PD20080759	吡嘧磺隆/97%/原药/吡嘧磺隆 97%/2013.06.11 至 2018.06.11/低毒			
PD20080800	绿麦隆/25%/可湿性粉剂/绿麦隆 25%/2013.06.20 至 2018.06.20/低毒			
	春小麦田	一年生杂草	2250-3000克/公顷	土壤或茎叶喷雾
	冬小麦田	一年生杂草	1125-2250克/公顷	土壤或茎叶喷雾
PD20080804	苯磺隆/75%/水分散粒剂/苯磺隆 75%/2013.06.20 至 2018.06.20/低毒			
	冬小麦田	多种一年生阔叶杂草	13.5－22.5克/公顷	茎叶喷雾
PD20080867	苄嘧磺隆/10%/可湿性粉剂/苄嘧磺隆 10%/2013.06.27 至 2018.06.27/低毒			
	水稻田(直播)	阔叶杂草、莎草科杂草	22.5-45克/公顷	药土法
	水稻秧田	莎草科杂草、一年生阔叶杂草	22.5-30克/公顷	喷雾或药土
	水稻移栽田	莎草科杂草、一年生阔叶杂草	19.5-30克/公顷	药土法
	水稻移栽田	扁杆藨草、阔叶杂草	62.5-75克/公顷(东北地区)	药土法
PD20080995	敌草胺/50%/可湿性粉剂/敌草胺 50%/2013.08.06 至 2018.08.06/低毒			
	大蒜	一年生禾本科杂草及部分阔叶杂草	900-1500克/公顷	喷雾
	棉花田	一年生杂草	1125-1875克/公顷	土壤喷雾
	甜菜	一年生禾本科杂草及部分阔叶杂草	750－1500克/公顷	土壤喷雾
	西瓜	一年生禾本科杂草及部分阔叶杂草	1125-1875克/公顷	喷雾
	烟草	一年生杂草	1125-1875克/公顷	喷雾
	油菜田	一年生禾本科杂草及部分阔叶杂草	750-900克/公顷	喷雾
PD20080996	敌草胺/20%/乳油/敌草胺 20%/2013.08.06 至 2018.08.06/低毒			
	油菜田	部分阔叶杂草、一年生禾本科杂草	750-900克/公顷	喷雾
PD20081115	敌草隆/98%/原药/敌草隆 98%/2013.08.19 至 2018.08.19/低毒			
PD20081116	敌草隆/80%/可湿性粉剂/敌草隆 80%/2013.08.19 至 2018.08.19/低毒			
	甘蔗田	杂草	1200-1500克/公顷	土壤喷雾
PD20081744	乙草胺/900克/升/乳油/乙草胺 900克/升/2013.11.18 至 2018.11.18/低毒			
	春大豆田、春玉米田	部分阔叶杂草、一年生禾本科杂草	1620-2025克/公顷(东北地区)	土壤喷雾
	夏大豆田、夏玉米田	部分阔叶杂草、一年生禾本科杂草	1080-1350克/公顷(其它地区)	土壤喷雾
PD20081760	苯磺·异丙隆/50%/可湿性粉剂/苯磺隆 0.8%、异丙隆 49.2%/2013.11.18 至 2018.11.18/低毒			
	冬小麦田	一年生杂草	937.5-1125克/公顷	茎叶喷雾
PD20081771	硫丹/35%/乳油/硫丹 35%/2013.11.18 至 2018.11.18/高毒			
	棉花	棉铃虫	525-840克/公顷	喷雾
PD20081813	苯磺隆/10%/可湿性粉剂/苯磺隆 10%/2013.11.19 至 2018.11.19/微毒			
	冬小麦田	一年生阔叶杂草	13.5-22.5克/公顷	茎叶喷雾
PD20081857	S-氰戊菊酯/5%/乳油/S-氰戊菊酯 5%/2013.11.20 至 2018.11.20/中等毒			
	棉花	棉铃虫	30-37.5克/公顷	喷雾
PD20081896	氰戊·硫丹/22%/乳油/硫丹 20%、S-氰戊菊酯 2%/2013.11.21 至 2018.11.21/高毒			
	棉花	棉铃虫	198-264克/公顷	喷雾

PD20081943 草甘膦异丙胺盐/30%/水剂/草甘膦 30%/2013.11.24 至 2018.11.24/低毒
柑橘园 杂草 1125-1500克/公顷 定向茎叶喷雾
注:草甘膦异丙胺盐含量: 41%。

PD20081989 二氯喹啉酸/50%/可湿性粉剂/二氯喹啉酸 50%/2013.11.25 至 2018.11.25/低毒
水稻田(直播) 稗草 225-300克/公顷 喷雾

PD20082136 草甘膦铵盐/30%/水剂/草甘膦 30%/2014.12.31 至 2019.12.31/低毒
桑园 杂草 1125-2250克/公顷 定向茎叶喷雾
注:草甘膦铵盐含量: 33%。

PD20082501 苄嘧·丙草胺/35%/可湿性粉剂/苄嘧磺隆 2%、丙草胺 33%/2013.12.03 至 2018.12.03/低毒
水稻田(直播)、水稻移栽田 一年生及部分多年生杂草 367.5-420克/公顷 喷雾

PD20083658 草甘膦铵盐/30%/可溶粉剂/草甘膦 30%/2013.12.12 至 2018.12.12/低毒
非耕地 杂草 1125-3000克/公顷 茎叶喷雾
注:草甘膦铵盐含量: 33%。

PD20083816 苄嘧磺隆/32%/可湿性粉剂/苄嘧磺隆 32%/2013.12.15 至 2018.12.15/低毒
冬小麦田 一年生阔叶杂草 48-57.6克/公顷 茎叶喷雾
水稻田(直播)、水稻移栽田 阔叶杂草及莎草科杂草 36-48克/公顷 毒土法
水稻秧田 阔叶杂草及莎草科杂草 28.8-48克/公顷 毒土法

PD20083954 吡虫啉/200克/升/可溶液剂/吡虫啉 200克/升/2013.12.15 至 2018.12.15/低毒
水稻 稻飞虱 15-30克/公顷 喷雾

PD20084091 虫酰肼/200克/升/悬浮剂/虫酰肼 200克/升/2013.12.16 至 2018.12.16/低毒
甘蓝 甜菜夜蛾 150-225克/公顷 喷雾

PD20084196 毒死蜱/45%/乳油/毒死蜱 45%/2013.12.16 至 2018.12.16/中等毒
水稻 稻纵卷叶螟、二化螟、飞虱、三化螟 432-576克/公顷 喷雾

PD20084402 噻嗪酮/25%/可湿性粉剂/噻嗪酮 25%/2013.12.17 至 2018.12.17/微毒
水稻 飞虱 75-150克/公顷 喷雾

PD20084425 高效氯氟氰菊酯/25克/升/乳油/高效氯氟氰菊酯 25克/升/2013.12.17 至 2018.12.17/中等毒
十字花科蔬菜 菜青虫 11.25-18.75克/公顷 喷雾

PD20084627 苄·丁/30%/可湿性粉剂/苄嘧磺隆 1.5%、丁草胺 28.5%/2013.12.18 至 2018.12.18/低毒
水稻抛秧田、水稻移栽田 一年生及部分多年生杂草 675-900克/公顷 毒土法

PD20085204 敌草胺/50%/水分散粒剂/敌草胺 50%/2013.12.23 至 2018.12.23/微毒
烟草 一年生禾本科杂草及部分阔叶杂草 1500-1875克/公顷 土壤喷雾

PD20085316 苄嘧·异丙隆/50%/可湿性粉剂/苄嘧磺隆 3%、异丙隆 47%/2013.12.24 至 2018.12.24/低毒
冬小麦田 一年生杂草 750-1125克/公顷 茎叶喷雾

PD20085364 氰戊·辛硫磷/28%/乳油/S-氰戊菊酯 1.5%、辛硫磷 26.5%/2013.12.24 至 2018.12.24/中等毒
棉花 棉铃虫 252-336克/公顷 喷雾
苹果树 桃小食心虫 1000-2000倍液 喷雾
十字花科蔬菜 菜青虫 126-168克/公顷 喷雾
小麦 蚜虫 126-168克/公顷 喷雾
烟草 烟青虫 252-336克/公顷 喷雾

PD20085493 草甘膦铵盐/65%/可溶粉剂/草甘膦 65%/2013.12.25 至 2018.12.25/低毒
非耕地 一年生及部分多年生杂草 1125-3000克/公顷 茎叶喷雾
注:草甘膦铵盐含量: 71.5%。

PD20085857 异菌·福美双/50%/可湿性粉剂/福美双 42%、异菌脲 8%/2013.12.29 至 2018.12.29/低毒
番茄 灰霉病 700-900克/公顷 喷雾
黄瓜 灰霉病 600-1200克/公顷 喷雾
苹果树 斑点落叶病 600-800倍液 喷雾

PD20085950 异菌·多菌灵/52.5%/可湿性粉剂/多菌灵 17.5%、异菌脲 35%/2013.12.29 至 2018.12.29/低毒
番茄 早疫病 787.5-1181.25克/公顷 喷雾

PD20086187 苄·二氯/30%/可湿性粉剂/苄嘧磺隆 5%、二氯喹啉酸 25%/2013.12.30 至 2018.12.30/低毒
水稻田(直播)、水稻秧田、水稻移栽田 部分多年生阔叶杂草、一年生禾本科杂草 180-225克/公顷 喷雾或毒土法

PD20086255 异菌脲/25%/悬浮剂/异菌脲 25%/2013.12.31 至 2018.12.31/低毒
番茄 灰霉病 375-750克/公顷 喷雾
香蕉 冠腐病、轴腐病 1500-2000毫克/千克 浸果

PD20090288 吡虫·异丙威/24%/可湿性粉剂/吡虫啉 1.5%、异丙威 22.5%/2014.01.09 至 2019.01.09/中等毒
水稻 飞虱 144-180克/公顷 喷雾

PD20090642 吡嘧磺隆/10%/可湿性粉剂/吡嘧磺隆 10%/2014.01.14 至 2019.01.14/微毒
移栽水稻田 一年生阔叶杂草及部分莎草科杂草 15-30克/公顷 药土法

PD20090996 苄·乙/14%/可湿性粉剂/苄嘧磺隆 3.2%、乙草胺 10.8%/2014.01.21 至 2019.01.21/低毒
水稻田 杂草 84-118克/公顷 毒土法

PD20092154 精噁唑禾草灵/69克/升/水乳剂/精噁唑禾草灵 69克/升/2014.02.23 至 2019.02.23/微毒
春小麦田、冬小麦田 一年生禾本科杂草 51.75-62.1克/公顷 茎叶喷雾

PD20092255 精喹禾灵/5%/乳油/精喹禾灵 5%/2014.02.24 至 2019.02.24/低毒
春大豆田 一年生禾本科杂草 45-60克/公顷 茎叶喷雾
夏大豆田 一年生禾本科杂草 37.5-45克/公顷 茎叶喷雾

PD20095129 吡虫啉/10%/可湿性粉剂/吡虫啉 10%/2014.04.24 至 2019.04.24/低毒
棉花 蚜虫 30-45克/公顷 喷雾
水稻 飞虱 15-30克/公顷 喷雾
小麦 蚜虫 15-30克/公顷(南方地区)45-60克/公顷(北方地区) 喷雾

PD20096005 毒·辛/480克/升/乳油/毒死蜱 120克/升、辛硫磷 360克/升/2014.06.11 至 2019.06.11/低毒
水稻 稻纵卷叶螟 300-420克/公顷 喷雾

PD20096381 烟嘧磺隆/40克/升/可分散油悬浮剂/烟嘧磺隆 40克/升/2014.08.04 至 2019.08.04/微毒
春玉米田、夏玉米田 一年生杂草 42-60克/公顷 茎叶喷雾

PD20101747 草甘膦异丙胺盐(62%)///母药/草甘膦 46%/2015.06.28 至 2020.06.28/微毒

PD20120253 吡嘧·二氯喹/50%/可湿性粉剂/吡嘧磺隆 3%、二氯喹啉酸 47%/2012.02.14 至 2017.02.14/低毒
水稻田(直播) 一年生杂草 337.5-450克/公顷 茎叶喷雾

PD20121303 吡嘧·苯噻酰/68%/可湿性粉剂/苯噻酰草胺 64%、吡嘧磺隆 4%/2012.09.11 至 2017.09.11/低毒
移栽水稻田 一年生杂草 306-714克/公顷 毒土法

PD20121400 二氯喹啉酸/96%/原药/二氯喹啉酸 96%/2012.09.19 至 2017.09.19/低毒

PD20121775 苄嘧·苯噻酰/69%/可湿性粉剂/苯噻酰草胺 64.5%、苄嘧磺隆 4.5%/2012.11.16 至 2017.11.16/微毒
移栽水稻田 一年生杂草 517.5-931.5克/公顷（东北地区） 毒土法（东北地区）

PD20131634 敌草隆/80%/水分散粒剂/敌草隆 80%/2013.07.30 至 2018.07.30/低毒
注:专供出口，不得在国内销售。

PD20131950 苄嘧磺隆/30%/水分散粒剂/苄嘧磺隆 30%/2013.10.10 至 2018.10.10/微毒
水稻移栽田 阔叶杂草、一年生及部分多年生莎草 36-54克/公顷 毒土法

PD20132441 氰氟草酯/20%/可湿性粉剂/氰氟草酯 20%/2013.12.02 至 2018.12.02/微毒
水稻田(直播) 一年生禾本科杂草 90-105克/公顷 茎叶喷雾

PD20132497 苄嘧·苯噻酰/53%/水分散粒剂/苯噻酰草胺 50%、苄嘧磺隆 3%/2013.12.10 至 2018.12.10/微毒
水稻抛秧田 一年生杂草 318-477克/公顷 毒土法

PD20132521 草铵膦/200克/升/水剂/草铵膦 200克/升/2013.12.16 至 2018.12.16/低毒
非耕地 杂草 900-1800克/公顷 茎叶喷雾

PD20132578 氰氟·二氯喹/25%/可湿性粉剂/二氯喹啉酸 21%、氰氟草酯 4%/2013.12.17 至 2018.12.17/微毒
水稻田(直播) 一年生禾本科杂草 225-375克/公顷 茎叶喷雾

PD20140317 丁噻隆/97%/原药/丁噻隆 97%/2014.02.13 至 2019.02.13/中等毒
注:专供出口，不得在国内销售。

PD20140330 氟草隆/97%/原药/氟草隆 97%/2014.02.13 至 2019.02.13/低毒
注:专供出口，不得在国内销售。

PD20140349 利谷隆/97%/原药/利谷隆 97%/2014.02.18 至 2019.02.18/低毒
注:专供出口，不得在国内销售。

PD20150325 吡嘧·苯噻酰/68%/水分散粒剂/苯噻酰草胺 64%、吡嘧磺隆 4%/2015.03.02 至 2020.03.02/微毒
水稻移栽田 一年生杂草 510-714克/公顷 药土法

PD20150338 苄嘧·苯噻酰/69%/水分散粒剂/苯噻酰草胺 64.5%、苄嘧磺隆 4.5%/2015.03.03 至 2020.03.03/微毒
水稻移栽田 一年生杂草 621-828克/公顷 药土法

PD20152236 草铵膦/95%/原药/草铵膦 95%/2015.09.23 至 2020.09.23/低毒

LS20140219 苄嘧·苯噻酰/69%/水分散粒剂/苯噻酰草胺 64.5%、苄嘧磺隆 4.5%/2015.06.17 至 2016.06.17/微毒
水稻移栽田 一年生杂草 621-828克/公顷 药土法

LS20140224 吡嘧·苯噻酰/68%/水分散粒剂/苯噻酰草胺 64%、吡嘧磺隆 4%/2015.06.17 至 2016.06.17/微毒
水稻移栽田 一年生杂草 510-714克/公顷 药土法

WP20070008 吡丙醚/98%/原药/吡丙醚 98%/2012.05.29 至 2017.05.29/低毒

江苏莱科化学有限公司 (江苏省如东县洋口化学工业园海滨二路 226407 0513-81903355)

PD85157-24 辛硫磷/40%/乳油/辛硫磷 40%/2011.03.11 至 2016.03.11/低毒
茶树、桑树 食叶害虫 200-400毫克/千克 喷雾
果树 食心虫、蚜虫、螨 200-400毫克/千克 喷雾
林木 食叶害虫 3000-6000克/公顷 喷雾
棉花 棉铃虫、蚜虫 300-600克/公顷 喷雾
蔬菜 菜青虫 300-450克/公顷 喷雾
烟草 食叶害虫 300-600克/公顷 喷雾
玉米 玉米螟 450-600克/公顷 灌心叶

PD20040203 高效氯氰菊酯/4.5%/乳油/高效氯氰菊酯 4.5%/2014.12.19 至 2019.12.19/中等毒
棉花 棉铃虫 20.25-33.75克/公顷 喷雾
十字花科蔬菜 菜青虫 20.25-27克/公顷 喷雾

PD20040328 吡虫啉/10%/可湿性粉剂/吡虫啉 10%/2014.12.19 至 2019.12.19/低毒
水稻 飞虱 15-30克/公顷 喷雾

PD20040540 杀虫单/80%/可溶粉剂/杀虫单 80%/2014.12.19 至 2019.12.19/中等毒
水稻 稻纵卷叶螟 480-600克/公顷 喷雾

PD20040640 吡虫·杀虫单/50%/可湿性粉剂/吡虫啉 1.3%、杀虫单 48.7%/2014.12.19 至 2019.12.19/中等毒
水稻 稻飞虱、稻纵卷叶螟 450-750克/公顷 喷雾

PD20040650 三唑磷/20%/乳油/三唑磷 20%/2014.12.19 至 2019.12.19/中等毒
水稻 三化螟 300-450克/公顷 喷雾

PD20080986 噻吩磺隆/15%/可湿性粉剂/噻吩磺隆 15%/2013.07.24 至 2018.07.24/微毒
夏玉米田 一年生阔叶杂草 22.5-29.3克/公顷 茎叶喷雾

PD20083678 苄嘧磺隆/10%/可湿性粉剂/苄嘧磺隆 10%/2013.12.15 至 2018.12.15/低毒
水稻移栽田 阔叶杂草及一年生莎草 22.5-45 克/公顷 毒土法

PD20083916 氯氰·辛硫磷/30%/乳油/氯氰菊酯 2%、辛硫磷 28%/2013.12.15 至 2018.12.15/中等毒
棉花 棉铃虫 225-315克/公顷 喷雾

PD20084145 甲氰菊酯/20%/乳油/甲氰菊酯 20%/2013.12.16 至 2018.12.16/中等毒
十字花科蔬菜 菜青虫 90-120克/公顷 喷雾

PD20084345 毒死蜱/45%/乳油/毒死蜱 45%/2013.12.17 至 2018.12.17/中等毒
水稻 稻纵卷叶螟 576-648克/公顷 喷雾

PD20085234 甲氰·辛硫磷/25%/乳油/甲氰菊酯 5%、辛硫磷 20%/2013.12.23 至 2018.12.23/中等毒
棉花 棉铃虫 281.25-375克/公顷 喷雾

PD20091572 精喹禾灵/5%/乳油/精喹禾灵 5%/2014.02.03 至 2019.02.03/微毒
春油菜 一年生禾本科杂草 52.5-75克/公顷 茎叶喷雾
冬油菜田 一年生禾本科杂草 45-52.5克/公顷 茎叶喷雾

PD20092193 苯磺隆/10%/可湿性粉剂/苯磺隆 10%/2014.02.23 至 2019.02.23/低毒
春小麦田 一年生阔叶杂草 22.5-30克/公顷(东北地区) 茎叶喷雾
冬小麦田 一年生阔叶杂草 13.5-22.5克/公顷(其它地区) 茎叶喷雾

PD20094937 高效氯氟氰菊酯/25克/升/乳油/高效氯氟氰菊酯 2.5%/2014.04.13 至 2019.04.13/中等毒
甘蓝 菜青虫 7.5-15克/公顷 喷雾

PD20095179 井·噻·杀虫单/48%/可湿性粉剂/井冈霉素 6%、噻嗪酮 7%、杀虫单 35%/2014.04.24 至 2019.04.24/中等毒
水稻 二化螟、飞虱、纹枯病 720-864克/公顷 喷雾

PD20097923 苄嘧·苯噻酰/53%/可湿性粉剂/苯噻酰草胺 50%、苄嘧磺隆 3%/2014.11.30 至 2019.11.30/低毒
水稻移栽田 一年生及部分多年生杂草 318-397.5克/公顷(南方地区) 药土法

PD20100814 噻嗪酮/25%/可湿性粉剂/噻嗪酮 25%/2015.01.19 至 2020.01.19/低毒
水稻 稻飞虱 187.5-262.5克/公顷 喷雾

PD20100904 莠去津/38%/悬浮剂/莠去津 38%/2015.01.19 至 2020.01.19/低毒
春玉米田 一年生杂草 1710-1995克/公顷 播后苗期土壤喷雾

PD20101735 丙草胺/30%/乳油/丙草胺 30%/2015.06.28 至 2020.06.28/低毒
直播水稻(南方) 一年生杂草 450-562.5克/公顷 喷雾

PD20130257 辛硫磷/92%/原药/辛硫磷 92%/2013.02.06 至 2018.02.06/低毒

PD20141414 苯醚甲环唑/95%/原药/苯醚甲环唑 95%/2014.06.06 至 2019.06.06/低毒

PD20142465 氟虫腈/95%/原药/氟虫腈 95%/2014.11.17 至 2019.11.17/中等毒

PD20142556 嘧菌酯/97%/原药/嘧菌酯 97%/2014.12.15 至 2019.12.15/微毒

PD20150038 四聚乙醛/6%/颗粒剂/四聚乙醛 6%/2015.01.04 至 2020.01.04/低毒
水稻 福寿螺 450-540克/公顷 撒施

PD20150061 草甘膦异丙胺盐/30%/水剂/草甘膦 30%/2015.01.05 至 2020.01.05/微毒
非耕地 杂草 1125-1575克/公顷 茎叶喷雾
注:草甘膦异丙胺盐含量为41%。

PD20150081 杀螺胺乙醇胺盐/98%/原药/杀螺胺乙醇胺盐 98%/2015.01.05 至 2020.01.05/微毒

PD20150743 2,4-滴异辛酯/96%/原药/2,4-滴异辛酯 96%/2015.04.20 至 2020.04.20/低毒

PD20151081 甲氨基阿维菌素苯甲酸盐/5%/水分散粒剂/甲氨基阿维菌素 5%/2015.06.14 至 2020.06.14/中等毒
甘蓝 小菜蛾 3-4.5克/公顷 喷雾
注:甲氨基阿维菌素苯甲酸盐含量:5.7%。

PD20152526 苄嘧磺隆/96%/原药/苄嘧磺隆 96%/2015.12.05 至 2020.12.05/低毒

PD20152568 吡嘧磺隆/98%/原药/吡嘧磺隆 98%/2015.12.05 至 2020.12.05/低毒

PD20152681 噻吩磺隆/97%/原药/噻吩磺隆 97%/2015.12.23 至 2020.12.23/低毒

江苏蓝丰生物化工股份有限公司 (江苏新沂经济开发区苏化路1号 221400 0516-88983486)

PD84117-6 多菌灵/98%/原药/多菌灵 98%/2014.11.26 至 2019.11.26/低毒

PD84118-6 多菌灵/25%/可湿性粉剂/多菌灵 25%/2014.11.26 至 2019.11.26/低毒
果树 病害 0.05-0.1%药液 喷雾
花生 倒秧病 750克/公顷 喷雾
麦类 赤霉病 750克/公顷 喷雾,泼浇
棉花 苗期病害 500克/100千克种子 拌种
水稻 稻瘟病、纹枯病 750克/公顷 喷雾,泼浇

	油菜	菌核病	1125-1500克/公顷	喷雾
PD85120-3	乐果/90%/原药/乐果 90%/2015.06.27 至 2020.06.27/中等毒			
PD85121-2	乐果/40%/乳油/乐果 40%/2015.06.27 至 2020.06.27/中等毒			
	茶树	蚜虫、叶蝉、螨	1000-2000倍液	喷雾
	甘薯	小象甲	2000倍液	浸鲜薯片诱杀
	柑橘树、苹果树	鳞翅目幼虫、蚜虫、螨	800-1600倍液	喷雾
	棉花	蚜虫、螨	450-600克/公顷	喷雾
	蔬菜	蚜虫、螨	300-600克/公顷	喷雾
	水稻	飞虱、螟虫、叶蝉	450-600克/公顷	喷雾
	烟草	蚜虫、烟青虫	300-600克/公顷	喷雾
PD85150-8	多菌灵/50%/可湿性粉剂/多菌灵 50%/2015.08.15 至 2020.08.15/低毒			
	果树	病害	0.05-0.1%药液	喷雾
	花生	倒秧病	750克/公顷	喷雾
	莲藕	叶斑病	375-450克/公顷	喷雾
	麦类	赤霉病	750克/公顷	喷雾、泼浇
	棉花	苗期病害	500克/100千克种子	拌种
	人参	锈腐病	2.5-5克/平方米	浇灌
	水稻	稻瘟病、纹枯病	750克/公顷	喷雾、泼浇
	油菜	菌核病	1125-1500克/公顷	喷雾
PD85159-15	草甘膦异丙铵盐/30%/水剂/草甘膦 30%/2015.08.15 至 2020.08.15/低毒			
	茶树、甘蔗、果园、剑麻、林木、桑树、橡胶园	一年生杂草和多年生恶性杂草	1125-2250克/公顷	定向喷雾
	非耕地	杂草	1125-3000克/公顷	喷雾
	注:草甘膦异丙铵盐含量:41%。			
PD86115	甲基硫菌灵/95%,92%,85%/原药/甲基硫菌灵 95%,92%,85%/2011.08.23 至 2016.08.23/低毒			
PD86116	36%甲基硫菌灵悬浮剂/36%/悬浮剂/甲基硫菌灵 36%/2011.04.17 至 2016.04.17/低毒			
	甘薯	黑斑病	800-1000倍液	浸种,喷雾
	柑橘树	绿霉病、青霉病	800倍液	浸果
	禾谷类	黑穗病	1000-2000倍液	浸种
	花生	叶斑病	1500-1800倍液	喷雾
	梨树、苹果树	白粉病、黑星病	800-1200倍液	喷雾
	马铃薯	环腐病	800倍液	浸种
	毛竹	枯梢病	1500倍液	喷雾
	棉花	枯萎病	170倍液	浸种
	葡萄、桑树、烟草	白粉病	800-1000倍液	喷雾
	蔬菜	多种病害	400-1200倍液	喷雾
	水稻	稻瘟病、纹枯病	800-1500倍液	喷雾
	甜菜	褐斑病	1300倍液	喷雾
	小麦	白粉病、赤霉病	1500倍液	喷雾
	油菜	菌核病	1500倍液	喷雾
PD86134-3	多菌灵/40%/悬浮剂/多菌灵 40%/2011.08.23 至 2016.08.23/低毒			
	果树	病害	0.05-0.1%药液	喷雾
	花生	倒秧病	750克/公顷	喷雾
	绿萍	霉腐病	0.05%药液	喷雾
	麦类	赤霉病	0.025%药液	喷雾
	棉花	苗期病害	0.3%药液	浸种
	水稻	纹枯病	0.025%药液	喷雾
	甜菜	褐斑病	250-500倍液	喷雾
	油菜	菌核病	1125-1500克/公顷	喷雾
PD91106-8	甲基硫菌灵/50%/可湿性粉剂/甲基硫菌灵 50%/2011.04.18 至 2016.04.18/低毒			
	番茄	叶霉病	375-562.5克/公顷	喷雾
	甘薯	黑斑病	360-450毫克/千克	浸薯块
	瓜类	白粉病	337.5-506.25克/公顷	喷雾
	梨树	黑星病	360-450毫克/千克	喷雾
	苹果树	轮纹病	700毫克/千克	喷雾
	水稻	稻瘟病、纹枯病	1050-1500克/公顷	喷雾
	小麦	赤霉病	750-1050克/公顷	喷雾
PD91106-29	甲基硫菌灵/70%/可湿性粉剂/甲基硫菌灵 70%/2011.05.09 至 2016.05.09/低毒			
	番茄	叶霉病	375-562.5克/公顷	喷雾
	甘薯	黑斑病	360-450毫克/千克	浸薯块
	瓜类	白粉病	337.5-506.25克/公顷	喷雾
	梨树	黑星病	360-450毫克/千克	喷雾

	苹果树	轮纹病	700毫克/千克	喷雾
	水稻	稻瘟病、纹枯病	1050-1500克/公顷	喷雾
	小麦	赤霉病	750-1050克/公顷	喷雾
	烟草	根黑腐病	375-562.5克/公顷	喷雾
PD92103-17	草甘膦/80%,85%,92%/原药/草甘膦 80%,85%,92%/2012.08.06 至 2017.08.06/低毒			
PD20040036	氯氰菊酯/95%/原药/氯氰菊酯 95%/2014.12.19 至 2019.12.19/中等毒			
PD20040042	吡虫啉/95%/原药/吡虫啉 95%/2014.12.19 至 2019.12.19/低毒			
PD20040117	吡虫啉/10%/可湿性粉剂/吡虫啉 10%/2014.12.19 至 2019.12.19/低毒			
	菠菜	蚜虫	30-45克/公顷	喷雾
	韭菜	韭蛆	300-450克/公顷	药土法
	莲藕	莲缢管蚜	15-30克/公顷	喷雾
	芹菜、十字花科蔬菜、小麦	蚜虫	15-30克/公顷	喷雾
	水稻	飞虱	15-30克/公顷	喷雾
PD20040149	高效氯氰菊酯/96%/原药/高效氯氰菊酯 96%/2014.12.19 至 2019.12.19/中等毒			
PD20040151	高效氯氰菊酯/4.5%/乳油/高效氯氰菊酯 4.5%/2014.12.19 至 2019.12.19/中等毒			
	韭菜	迟眼蕈蚊	6.75-13.5克/公顷	喷雾
	辣椒	烟青虫	24-34克/公顷	喷雾
	棉花	棉铃虫	15-30克/公顷	喷雾
	十字花科蔬菜	小菜蛾	20.75-27克/公顷	喷雾
PD20040171	吡虫啉/70%/湿拌种剂/吡虫啉 70%/2014.12.19 至 2019.12.19/低毒			
	玉米	蚜虫	420-490克/100千克种子	拌种
PD20040189	氯氰菊酯/10%/乳油/氯氰菊酯 10%/2014.12.19 至 2019.12.19/中等毒			
	蔬菜	菜青虫	30-45克/公顷	喷雾
PD20040295	哒螨灵/95%/原药/哒螨灵 95%/2014.12.19 至 2019.12.19/中等毒			
PD20040498	哒螨灵/15%/乳油/哒螨灵 15%/2014.12.19 至 2019.12.19/中等毒			
	苹果树	叶螨	50-67毫克/千克	喷雾
PD20040550	哒螨灵/20%/可湿性粉剂/哒螨灵 20%/2014.12.19 至 2019.12.19/中等毒			
	柑橘树、苹果树	红蜘蛛	50-67毫克/千克	喷雾
PD20040601	吡虫·杀虫单/35%/可湿性粉剂/吡虫啉 1%、杀虫单 34%/2014.12.19 至 2019.12.19/中等毒			
	水稻	稻纵卷叶螟、二化螟、飞虱、三化螟	450-750克/公顷	喷雾
PD20060076	乙酰甲胺磷/97%/原药/乙酰甲胺磷 97%/2011.04.14 至 2016.04.14/低毒			
PD20070140	异菌脲/96%/原药/异菌脲 96%/2012.05.30 至 2017.05.30/低毒			
PD20070141	环嗪酮/98%/原药/环嗪酮 98%/2012.05.30 至 2017.05.30/低毒			
PD20070384	环嗪酮/25%/可溶液剂/环嗪酮 25%/2012.10.24 至 2017.10.24/低毒			
	森林防火道	灌木、杂草	1252.5-1875克/公顷	茎叶喷雾
PD20070388	草除灵/95%/原药/草除灵 95%/2012.11.05 至 2017.11.05/低毒			
PD20070389	噁草酮/95%/原药/噁草酮 95%/2012.11.05 至 2017.11.05/低毒			
PD20070635	异丙甲草胺/96%/原药/异丙甲草胺 96%/2012.12.14 至 2017.12.14/低毒			
PD20080066	甲基硫菌灵/500克/升/悬浮剂/甲基硫菌灵 500克/升/2013.01.03 至 2018.01.03/低毒			
	小麦	赤霉病	900-1200克/公顷	喷雾
PD20080078	甲基毒死蜱/95%/原药/甲基毒死蜱 95%/2013.01.04 至 2018.01.04/低毒			
PD20080118	啶虫脒/96%/原药/啶虫脒 96%/2013.01.04 至 2018.01.04/低毒			
PD20080208	硫磺·多菌灵/50%/悬浮剂/多菌灵 15%、硫磺 35%/2013.01.25 至 2018.01.25/低毒			
	小麦	赤霉病	900-1200克/公顷	喷雾
PD20080250	硫磺·多菌灵/40%/悬浮剂/多菌灵 20%、硫磺 20%/2013.02.19 至 2018.02.19/低毒			
	水稻	稻瘟病	1200-1800克/公顷	喷雾
PD20080251	福·甲·硫磺/50%/可湿性粉剂/福美双 18%、甲基硫菌灵 10%、硫磺 22%/2013.02.19 至 2018.02.19/低毒			
	小麦	赤霉病	1575-2100克/公顷	喷雾
PD20080304	毒死蜱/40%/乳油/毒死蜱 40%/2013.02.25 至 2018.02.25/低毒			
	棉花	棉铃虫	600-900克/公顷	喷雾
	水稻	稻纵卷叶螟	600-720克/公顷	喷雾
PD20080333	多菌灵/500克/升/悬浮剂/多菌灵 500克/升/2013.02.26 至 2018.02.26/低毒			
	苹果树	轮纹病	625-833.3毫克/千克	喷雾
PD20080607	zeta-氯氰菊酯/90%/原药/zeta-氯氰菊酯 90%/2013.05.12 至 2018.05.12/中等毒			
PD20080659	噁草酮/250克/升/乳油/噁草酮 250克/升/2013.05.27 至 2018.05.27/低毒			
	水稻田	一年生禾本科杂草	450-487.5克/公顷	药土法
PD20081326	克百威/98%/原药/克百威 98%/2013.10.20 至 2018.10.20/高毒			
PD20081403	氯菊酯/94%/原药/氯菊酯 94%/2013.10.28 至 2018.10.28/低毒			
PD20081408	氟磺胺草醚/95%/原药/氟磺胺草醚 95%/2013.10.29 至 2018.10.29/低毒			
PD20081610	啶虫脒/5%/乳油/啶虫脒 5%/2013.11.12 至 2018.11.12/中等毒			
	柑橘树	蚜虫	10-15毫克/千克	喷雾
PD20081643	苯噻酰草胺/95%/原药/苯噻酰草胺 95%/2013.11.14 至 2018.11.14/低毒			

PD20081654 霜霉威/98%/原药/霜霉威 98%/2013.11.14 至 2018.11.14/低毒

PD20081673 异丙甲草胺/72%/乳油/异丙甲草胺 72%/2013.11.17 至 2018.11.17/低毒

夏玉米田 一年生禾本科杂草及部分阔叶杂草 1080-1620克/公顷 喷雾

PD20081773 硫磺·多菌灵/50%/可湿性粉剂/多菌灵 15%、硫磺 35%/2013.11.18 至 2019.04.26/低毒

花生 叶斑病 1200-1800克/公顷 喷雾

PD20081910 克百威/90%/母粉/克百威 90%/2013.11.21 至 2018.11.21/高毒

PD20081963 毒死蜱/95%/原药/毒死蜱 95%/2013.11.24 至 2018.11.24/中等毒

PD20081991 啶虫脒/20%/可溶液剂/啶虫脒 20%/2013.11.25 至 2018.11.25/低毒

棉花 蚜虫 30-45克/公顷 喷雾

PD20082172 高效氯氟氰菊酯/95%/原药/高效氯氟氰菊酯 95%/2013.11.26 至 2018.11.26/中等毒

PD20082178 啶虫脒/20%/可湿性粉剂/啶虫脒 20%/2013.11.26 至 2018.11.26/中等毒

柑橘树 蚜虫 12-20毫克/千克 喷雾

PD20082203 氟磺胺草醚/25%/水剂/氟磺胺草醚 25%/2013.11.26 至 2018.11.26/低毒

夏大豆田 一年生阔叶杂草 262.5-375克/公顷 茎叶喷雾

PD20082417 乙·莠/40%/可湿性粉剂/乙草胺 14%、莠去津 26%/2013.12.02 至 2018.12.02/低毒

夏玉米田 一年生杂草 1200-1500克/公顷 播后苗前土壤喷雾

PD20082563 异菌脲/50%/可湿性粉剂/异菌脲 50%/2013.12.04 至 2018.12.04/低毒

番茄 早疫病 900—1200克/公顷 喷雾

辣椒 立枯病 1-2克/平方米 泼浇

人参 黑斑病 975-1275克/公顷 喷雾

PD20082591 硫磺·多菌灵/25%/可湿性粉剂/多菌灵 12.5%、硫磺 12.5%/2013.12.04 至 2018.12.04/低毒

水稻 稻瘟病 1200-1800克/公顷 喷雾

PD20082608 硫磺/50%/悬浮剂/硫磺 50%/2013.12.04 至 2018.12.04/低毒

苹果树 白粉病 1250-2500毫克/千克 喷雾

PD20082660 硫磺·甲硫灵/50%/悬浮剂/甲基硫菌灵 20%、硫磺 30%/2013.12.04 至 2018.12.04/低毒

黄瓜 炭疽病 1125-2250克/公顷 喷雾

PD20082783 霜霉威盐酸盐/722克/升/水剂/霜霉威盐酸盐 722克/升/2013.12.09 至 2018.12.09/低毒

菠菜 霜霉病 948-1300克/公顷 喷雾

花椰菜 霜霉病 866-1083克/公顷 喷雾

黄瓜 霜霉病 975-1950克/公顷 喷雾

PD20082788 克百威/75%/母药/克百威 75%/2013.12.09 至 2018.12.09/高毒

PD20083265 高效氯氟氰菊酯/25克/升/乳油/高效氯氟氰菊酯 25克/升/2013.12.11 至 2018.12.11/中等毒

柑橘树 潜叶蛾 12.5-25毫克/千克 喷雾

十字花科蔬菜 菜青虫 7.5-11.25克/公顷 喷雾

PD20083485 霜霉威盐酸盐/35%/水剂/霜霉威盐酸盐 35%/2013.12.12 至 2018.12.12/低毒

黄瓜 霜霉病 649.8-1083克/公顷 喷雾

PD20083635 阿维·啶虫脒/1.5%/微乳剂/阿维菌素 0.2%、啶虫脒 1.3%/2013.12.12 至 2018.12.12/低毒(原药高毒)

十字花科蔬菜 小菜蛾 13.5-18克/公顷 喷雾

PD20083727 氯氰·毒死蜱/50%/乳油/毒死蜱 45%、氯氰菊酯 5%/2013.12.15 至 2018.12.15/中等毒

棉花 棉铃虫 225-375克/公顷 喷雾

十字花科蔬菜 甜菜夜蛾 225-375克/公顷 喷雾

PD20084140 环嗪酮/5%/颗粒剂/环嗪酮 5%/2013.12.16 至 2018.12.16/低毒

森林防火道 杂草 1125-1875克/公顷 直接撒施

森林防火道 杂灌 1875-2250克/公顷 直接撒施

PD20084194 草除灵/30%/悬浮剂/草除灵 30%/2013.12.16 至 2018.12.16/低毒

油菜田 一年生阔叶杂草 750-1000毫升/公顷(制剂) 茎叶喷雾

PD20084441 甲硫·福美双/50%/可湿性粉剂/福美双 20%、甲基硫菌灵 30%/2013.12.17 至 2018.12.17/低毒

小麦 赤霉病 900-1200克/公顷 喷雾

PD20085833 多·锰锌/80%/可湿性粉剂/多菌灵 30%、代森锰锌 50%/2013.12.29 至 2018.12.29/低毒

梨树 黑星病 1000-1250毫克/千克 喷雾

苹果树 斑点落叶病 1000-1250毫克/千克 喷雾

PD20085943 异甲·莠去津/40%/悬乳剂/异丙甲草胺 20%、莠去津 20%/2013.12.29 至 2018.12.29/低毒

夏玉米田 一年生杂草 1200-1500克/公顷 播后苗前土壤喷雾

PD20091656 精喹禾灵/5%/乳油/精喹禾灵 5%/2014.02.03 至 2019.02.03/低毒

夏大豆田 一年生禾本科杂草 37.5-52.5克/公顷 喷雾

PD20092582 阿维·哒螨灵/5%/乳油/阿维菌素 0.2%、哒螨灵 4.8%/2014.02.27 至 2019.02.27/低毒(原药高毒)

柑橘树 红蜘蛛 33.3-50毫克/千克 喷雾

PD20093363 代森锰锌/30%/悬浮剂/代森锰锌 30%/2014.03.18 至 2019.03.18/低毒

番茄 早疫病 1080-1440克/公顷 喷雾

PD20095102 精喹禾灵/95%/原药/精喹禾灵 95%/2014.04.24 至 2019.04.24/低毒

PD20095393 环嗪酮/75%/水分散粒剂/环嗪酮 75%/2014.04.27 至 2019.04.27/低毒

森林防火道 杂草 1800-2250克/公顷 茎叶喷雾

PD20096852 苯菌灵/95%/原药/苯菌灵 95%/2014.09.21 至 2019.09.21/低毒

PD20096853 苯菌灵/50%/可湿性粉剂/苯菌灵 50%/2014.09.21 至 2019.09.21/低毒
柑橘树 疮痂病 833-1000毫克/千克 喷雾
PD20100322 乙霉威/95%/原药/乙霉威 95%/2015.01.11 至 2020.01.11/微毒
PD20100323 甲硫·乙霉威/65%/可湿性粉剂/甲基硫菌灵 52.5%、乙霉威 12.5%/2015.01.11 至 2020.01.11/低毒
黄瓜 灰霉病 780-1218.75克/公顷 喷雾
PD20100477 甲基毒死蜱/40%/乳油/甲基毒死蜱 40%/2015.01.14 至 2020.01.14/低毒
棉花 棉铃虫 798-1041克/公顷 喷雾
PD20100530 乙霉·多菌灵/50%/可湿性粉剂/多菌灵 40%、乙霉威 10%/2015.01.14 至 2020.01.14/低毒
番茄 灰霉病 703-1125克/公顷 喷雾
PD20100566 乙霉·多菌灵/50%/可湿性粉剂/多菌灵 25%、乙霉威 25%/2015.01.14 至 2020.01.14/低毒
番茄 灰霉病 750-1125克/公顷 喷雾
人参 灰霉病 750-975克/公顷 喷雾
PD20101212 乙酰甲胺磷/30%/乳油/乙酰甲胺磷 30%/2015.02.21 至 2020.02.21/低毒
棉花 棉铃虫 675～765克/公顷 喷雾
水稻 稻飞虱 675-1012.5克/公顷 喷雾
PD20101259 乙霉·多菌灵/25%/可湿性粉剂/多菌灵 20%、乙霉威 5%/2015.03.05 至 2020.03.05/低毒
黄瓜 灰霉病 803.6-1125克/公顷 喷雾
PD20101625 氢氧化铜/77%/可湿性粉剂/氢氧化铜 77%/2015.06.03 至 2020.06.03/低毒
柑橘树 溃疡病 400-600倍液 喷雾
PD20110574 环嗪·敌草隆/60%/可湿性粉剂/敌草隆 46.8%、环嗪酮 13.2%/2011.05.27 至 2016.05.27/低毒
甘蔗田 一年生杂草 1305-1665克/公顷 定向喷雾
PD20120799 敌草隆/98%/原药/敌草隆 98%/2012.05.17 至 2017.05.17/低毒
注:专供出口，不得在国内销售。
PD20121073 丁硫克百威/90%/原药/丁硫克百威 90%/2012.07.19 至 2017.07.19/中等毒
PD20121990 乙酰甲胺磷/75%/可溶粉剂/乙酰甲胺磷 75%/2012.12.18 至 2017.12.18/低毒
棉花 棉铃虫 900-1350克/公顷 喷雾
水稻 二化螟 900-1350克/公顷 喷雾
PD20130526 敌草隆/80%/水分散粒剂/敌草隆 80%/2013.03.27 至 2018.03.27/低毒
注:专供出口,不得在国内销售。
PD20131005 乙烯利/89%/原药/乙烯利 89%/2013.05.13 至 2018.05.13/低毒
PD20131733 咪鲜胺/98%/原药/咪鲜胺 98%/2013.08.16 至 2018.08.16/低毒
PD20131757 吡唑草胺/97%/原药/吡唑草胺 97%/2013.09.06 至 2018.09.06/低毒
注:专供出口，不得在国内销售。
PD20132091 环嗪·敌草隆/60%/水分散粒剂/敌草隆 46.8%、环嗪酮 13.2%/2013.10.24 至 2018.10.24/低毒
甘蔗田 一年生杂草 1260-1620克/公顷 定向茎叶喷雾
PD20132551 异菌脲/500克/升/悬浮剂/异菌脲 500克/升/2013.12.16 至 2018.12.16/低毒
苹果树 斑点落叶病 333.3-500毫克/千克 喷雾
PD20140636 甲萘威/98%/原药/甲萘威 98%/2014.03.07 至 2019.03.07/中等毒
PD20140989 麦草畏/9898%/原药/麦草畏 98%/2014.04.14 至 2019.04.14/低毒
PD20150786 麦草畏/480克/升/水剂/麦草畏 480克/升/2015.05.13 至 2020.05.13/低毒
小麦田 一年生阔叶杂草 180-216克/公顷 喷雾
PD20151026 螺螨酯/97%/原药/螺螨酯 97%/2015.06.14 至 2020.06.14/低毒
PD20151571 吡唑草胺/97%/原药/吡唑草胺 97%/2015.08.28 至 2020.08.28/低毒
PD20151577 吡唑草胺/500克/升/悬浮剂/吡唑草胺 500克/升/2015.08.28 至 2020.08.28/低毒
冬油菜田 一年生杂草 600-750克/公顷 土壤喷雾
PD20151758 高效氯氰菊酯/27%/母液/高效氯氰菊酯 27%/2015.08.28 至 2020.08.28/低毒
PD20151993 丁硫克百威/200克/升/乳油/丁硫克百威 200克/升/2015.08.30 至 2020.08.30/中等毒
棉花 蚜虫 135-180克/公顷 喷雾
LS20130088 丁噻隆/95%/原药/丁噻隆 95%/2015.03.11 至 2016.03.11/低毒
LS20130090 丁噻隆/500克/升/悬浮剂/丁噻隆 500克/升/2015.03.11 至 2016.03.11/低毒
森林防火道 杂草 637.5-937.5克/公顷 茎叶喷雾

江苏利达农药有限公司 (江苏省宜兴市周铁镇分水 214262 0510-87551550)

PD20040183 氯氰菊酯/10%/乳油/氯氰菊酯 10%/2014.12.19 至 2019.12.19/低毒
十字花科蔬菜 菜青虫 30-45克/公顷 喷雾
PD20070558 氰戊菊酯/20%/乳油/氰戊菊酯 20%/2012.12.03 至 2017.12.03/低毒
甘蓝 菜青虫 60-120克/公顷 喷雾
PD20081147 甲氰菊酯/20%/乳油/甲氰菊酯 20%/2013.09.01 至 2018.09.01/中等毒
苹果树 红蜘蛛 67-100毫克/千克 喷雾
PD20083346 高效氯氟氰菊酯/25克/升/乳油/高效氯氟氰菊酯 25克/升/2013.12.11 至 2018.12.11/中等毒
十字花科蔬菜 菜青虫 7.5-15克/公顷 喷雾
PD20084200 溴氰菊酯/25克/升/乳油/溴氰菊酯 25克/升/2013.12.16 至 2018.12.16/中等毒
十字花科蔬菜 蚜虫 15-22.5克/公顷 喷雾
PD20084736 氰戊·辛硫磷/50%/乳油/氰戊菊酯 4.5%、辛硫磷 45.5%/2013.12.23 至 2018.12.23/低毒

十字花科蔬菜　菜青虫　112.5-225克/公顷　喷雾
PD20095785　溴氰·敌敌畏/25%/乳油/敌敌畏 24.5%、溴氰菊酯 0.5%/2014.05.27 至 2019.05.27/中等毒
十字花科蔬菜　蚜虫　300-375克/公顷　喷雾
PD20096470　毒死蜱/40%/乳油/毒死蜱 40%/2014.08.14 至 2019.08.14/中等毒
水稻　二化螟　576-720克/公顷　喷雾

江苏联合农用化学有限公司　(江苏省南京市栖霞区靖安镇太平村　210019　025-86520571)

PD20040119　吡虫啉/20%/可溶液剂/吡虫啉 20%/2014.12.19 至 2019.12.19/中等毒
水稻　稻飞虱　20-30克/公顷　喷雾
PD20040245　高效氯氰菊酯/4.5%/水乳剂/高效氯氰菊酯 4.5%/2014.12.19 至 2019.12.19/中等毒
十字花科蔬菜　菜青虫　40.5-54克/公顷　喷雾
PD20080550　啶虫脒/20%/可溶粉剂/啶虫脒 20%/2013.05.08 至 2018.05.08/低毒
棉花　蚜虫　9-13.5克/公顷　喷雾
PD20101446　溴苯腈/97%/原药/溴苯腈 97%/2015.05.04 至 2020.05.04/中等毒
PD20101826　十三吗啉/99%/原药/十三吗啉 99%/2015.07.28 至 2020.07.28/低毒
PD20101837　丙草胺/96%/原药/丙草胺 96%/2015.07.28 至 2020.07.28/低毒
PD20121929　十三吗啉/86%/油剂/十三吗啉 86%/2012.12.07 至 2017.12.07/低毒
橡胶树　红根病　20-30克/株　灌要
PD20121991　双草醚/100克/升/悬浮剂/双草醚 100克/升/2012.12.18 至 2017.12.18/低毒
水稻田(直播)　稗草　22.5-30克/公顷　茎叶喷雾
PD20150549　三环.丙环唑/525克/升/悬乳剂/丙环唑 125克/升、三环唑 400克/升/2015.03.23 至 2020.03.23/中等毒
水稻　水稻纹枯病　236.25-393.75克/公顷　喷雾

江苏联化科技有限公司　(江苏省盐城市响水县陈家港化工区纬一路　224631　0515-86734222)

PD20070133　异噁草松/90%/原药/异噁草松 90%/2012.05.21 至 2017.05.21/低毒
注:专供出口，不得在国内销售。
PD20070300　联苯菊酯/95.5%/原药/联苯菊酯 95.5%/2012.09.21 至 2017.09.21/中等毒
PD20081498　氟磺胺草醚/98%/原药/氟磺胺草醚 98%/2013.11.05 至 2018.11.05/低毒
PD20082183　唑草酮/90%/原药/唑草酮 90%/2013.11.26 至 2018.11.26/低毒
PD20110752　噁唑酰草胺/96%/原药/噁唑酰草胺 96%/2011.07.25 至 2016.07.25/低毒
PD20111036　嗪草酸甲酯/95%/原药/嗪草酸甲酯 95%/2011.10.10 至 2016.10.10/微毒
PD20120244　氯丙嘧啶酸/87%/原药/氯丙嘧啶酸 87%/2012.02.13 至 2017.02.13/微毒
注:仅供出口，不得在国内销售。
PD20130281　氰氟草酯/97.5%/原药/氰氟草酯 97.5%/2013.02.26 至 2018.02.26/低毒
PD20130376　甲磺草胺/91%/原药/甲磺草胺 91%/2013.03.11 至 2018.03.11/低毒

江苏连云港立本农药化工有限公司　(江苏省连云港市灌南县堆沟港镇化工产业园区　222002　0518-83377550)

PD85154-2　氰戊菊酯/20%/乳油/氰戊菊酯 20%/2011.08.15 至 2016.08.15/中等毒
柑橘树　潜叶蛾　10-20毫克/千克　喷雾
果树　梨小食心虫　10-20毫克/千克　喷雾
棉花　红铃虫、蚜虫　75-150克/公顷　喷雾
蔬菜　菜青虫、蚜虫　60-120克/公顷　喷雾
PD85156-3　辛硫磷/85%/原药/辛硫磷 85%/2015.08.15 至 2020.08.15/低毒
PD85157-2　辛硫磷/40%/乳油/辛硫磷 40%/2015.08.15 至 2020.08.15/低毒
茶树、桑树　食叶害虫　200-400毫克/千克　喷雾
果树　食心虫、蚜虫、螨　200-400毫克/千克　喷雾
林木　食叶害虫　3000-6000克/公顷　喷雾
棉花　棉铃虫、蚜虫　300-600克/公顷　喷雾
蔬菜　菜青虫　300-450克/公顷　喷雾
水稻　稻纵卷叶螟　600-900克/公顷　喷雾
小麦　地下害虫　72-96克/100千克种子　拌种
烟草　食叶害虫　300-600克/公顷　喷雾
玉米　玉米螟　450-600克/公顷　灌心叶
PD20040232　氯氰菊酯/5%/乳油/氯氰菊酯 5%/2014.12.19 至 2019.12.19/低毒
十字花科蔬菜　菜青虫　33.7-45克/公顷　喷雾
PD20040457　哒螨灵/15%/乳油/哒螨灵 15%/2014.12.19 至 2019.12.19/中等毒
柑橘树　红蜘蛛　50-67毫克/千克　喷雾
棉花　红蜘蛛　90-135克/公顷　喷雾
苹果树　红蜘蛛　45-67.5毫克/千克　喷雾
PD20040472　吡虫啉/5%/乳油/吡虫啉 5%/2014.12.19 至 2019.12.19/低毒
水稻　稻飞虱　13.5-18克/公顷　喷雾
PD20040525　三唑磷/20%/乳油/三唑磷 20%/2014.12.19 至 2019.12.19/中等毒
水稻　二化螟　300-450克/公顷　喷雾
PD20040817　哒螨灵/95%/原药/哒螨灵 95%/2014.12.23 至 2019.12.23/中等毒
PD20040818　哒螨灵/20%/可湿性粉剂/哒螨灵 20%/2014.12.23 至 2019.12.23/低毒
柑橘树、苹果树　红蜘蛛　50-67毫克/千克　喷雾

棉花	红蜘蛛	90-135克/公顷	喷雾
PD20070406	己唑醇/95%/原药/己唑醇 95%/2012.11.05 至 2017.11.05/低毒		
PD20070647	啶虫脒/95%/原药/啶虫脒 95%/2012.12.17 至 2017.12.17/低毒		
PD20080811	氟磺胺草醚/95%/原药/氟磺胺草醚 95%/2013.06.20 至 2018.06.20/低毒		
PD20081438	毒死蜱/95%/原药/毒死蜱 95%/2013.10.31 至 2018.10.31/中等毒		
PD20082081	精喹禾灵/5%/乳油/精喹禾灵 5%/2013.11.25 至 2018.11.25/低毒		
夏大豆田	一年生禾本科杂草	900-1050毫升/公顷(制剂)	茎叶喷雾
PD20082380	啶虫脒/5%/乳油/啶虫脒 5%/2013.12.01 至 2018.12.01/低毒		
柑橘树	蚜虫	10-12毫克/千克	喷雾
棉花	蚜虫	9-18克/公顷	喷雾
PD20082407	氰戊·辛硫磷/25%/乳油/氰戊菊酯 2.2%、辛硫磷 22.8%/2013.12.02 至 2018.12.02/中等毒		
棉花	棉铃虫	337.5-450克/公顷	喷雾
PD20082519	啶虫脒/5%/可湿性粉剂/啶虫脒 5%/2013.12.03 至 2018.12.03/低毒		
柑橘树	蚜虫	10-12毫克/千克	喷雾
PD20082562	吡嘧磺隆/90%/原药/吡嘧磺隆 90%/2013.12.04 至 2018.12.04/低毒		
PD20082594	苯磺隆/95%/原药/苯磺隆 95%/2013.12.04 至 2018.12.04/低毒		
PD20082716	氰戊·辛硫磷/40%/乳油/氰戊菊酯 3.6%、辛硫磷 36.4%/2013.12.05 至 2018.12.05/中等毒		
棉花	棉铃虫	300-360克/公顷	喷雾
苹果树	桃小食心虫	200-400毫克/千克	喷雾
PD20082805	氟磺胺草醚/250克/升/水剂/氟磺胺草醚 250克/升/2013.12.09 至 2018.12.09/低毒		
大豆田	一年生阔叶杂草	250-500克/公顷	茎叶喷雾
PD20083282	苯磺隆/10%/可湿性粉剂/苯磺隆 10%/2013.12.11 至 2018.12.11/低毒		
冬小麦田	一年生阔叶杂草	15～22.5克/公顷	茎叶喷雾
PD20083547	氰戊菊酯/20%/乳油/氰戊菊酯 20%/2013.12.12 至 2018.12.12/低毒		
十字花科蔬菜	菜青虫	37.5-75克/公顷	喷雾
PD20083703	阿维菌素/1.8%/乳油/阿维菌素 1.8%/2013.12.15 至 2018.12.15/低毒(原药高毒)		
棉花	棉铃虫	21.6-32.4克/公顷	喷雾
棉花	红蜘蛛	10.8-16.2克/公顷	喷雾
PD20084904	辛硫磷/3%/颗粒剂/辛硫磷 3%/2013.12.22 至 2018.12.22/中等毒		
花生	地老虎、金针虫、蝼蛄、蛴螬	3000-3750克/公顷	沟施
PD20085926	己唑醇/5%/微乳剂/己唑醇 5%/2013.12.29 至 2018.12.29/低毒		
梨树	黑星病	40-50毫克/千克	喷雾
苹果树	白粉病	40-50毫克/千克	喷雾
PD20086251	吡嘧磺隆/10%/可湿性粉剂/吡嘧磺隆 10%/2013.12.31 至 2018.12.31/低毒		
水稻	稗草、阔叶杂草、莎草	15-30克/公顷	毒土法(移栽水稻插秧后3-8天，稗草1.5叶期前施药)
PD20092140	乙烯利/90%/原药/乙烯利 90%/2014.02.23 至 2019.02.23/低毒		
PD20092346	高效氟吡甲禾灵/108克/升/乳油/高效氟吡甲禾灵 108克/升/2014.02.24 至 2019.02.24/低毒		
大豆田、冬油菜田	一年生禾本科杂草	32.4-48.6克/公顷	喷雾
PD20092800	炔螨特/20%/水乳剂/炔螨特 20%/2014.03.04 至 2019.03.04/低毒		
苹果	二斑叶螨	133.3-200毫克/千克	喷雾
PD20093496	异丙甲草胺/96%/原药/异丙甲草胺 96%/2014.03.23 至 2019.03.23/低毒		
PD20093839	异丙草胺/72%/乳油/异丙草胺 72%/2014.03.25 至 2019.03.25/低毒		
春大豆田	一年生禾本科杂草及部分小粒种子阔叶杂草	1620-2160克/公顷(东北地区)	土壤喷雾
PD20094133	乙烯利/40%/水剂/乙烯利 40%/2014.03.27 至 2019.03.27/低毒		
棉花	催熟	330-500 倍液	喷雾
PD20094255	精吡氟禾草灵/150克/升/乳油/精吡氟禾草灵 150克/升/2014.03.31 至 2019.03.31/低毒		
大豆田	一年生禾本科杂草	112.5-157.5克/公顷	茎叶喷雾
PD20094328	苄嘧磺隆/10%/可湿性粉剂/苄嘧磺隆 10%/2014.03.31 至 2019.03.31/低毒		
水稻移栽田	阔叶杂草及莎草科杂草	45-60克/公顷	毒土法
PD20094394	马拉硫磷/45%/乳油/马拉硫磷 45%/2014.04.01 至 2019.04.01/低毒		
棉花	盲蝽蟓	468-562.5克/公顷	喷雾
PD20094408	三环唑/75%/可湿性粉剂/三环唑 75%/2014.04.01 至 2019.04.01/中等毒		
水稻	稻瘟病	225-300克/公顷	喷雾
PD20094434	异噁草松/95%/原药/异噁草松 95%/2014.04.01 至 2019.04.01/低毒		
PD20094544	2甲4氯钠/56%/可溶粉剂/2甲4氯钠 56%/2014.04.09 至 2019.04.09/低毒		
冬小麦田	阔叶杂草	840-1008克/公顷	喷雾
PD20094715	苄嘧磺隆/30%/可湿性粉剂/苄嘧磺隆 30%/2014.04.10 至 2019.04.10/低毒		
冬小麦田	一年生阔叶杂草	45-54克/公顷	茎叶喷雾
水稻移栽田	一年生阔叶杂草及莎草科杂草	58.5-90克/公顷	毒土法

PD20094784 高效氟吡甲禾灵/92%/原药/高效氟吡甲禾灵 92%/2014.04.13 至 2019.04.13/低毒
PD20095144 吡嘧·苯噻酰/50%/可湿性粉剂/苯噻酰草胺 48%、吡嘧磺隆 2%/2014.04.24 至 2019.04.24/低毒
水稻抛秧田 一年生及部分多年生杂草 375-450克/公顷(南方地区) 药土法
PD20095257 乙羧氟草醚/10%/乳油/乙羧氟草醚 10%/2014.04.27 至 2019.04.27/低毒
春大豆田 阔叶杂草 75-105克/公顷 茎叶喷雾
春小麦田 阔叶杂草 60-90克/公顷 茎叶喷雾
花生田 阔叶杂草 45-75克/公顷 茎叶喷雾
PD20095281 氟乐灵/96%/原药/氟乐灵 96%/2014.04.27 至 2019.04.27/低毒
PD20095336 乙草胺/81.5%/乳油/乙草胺 81.5%/2014.04.27 至 2019.04.27/低毒
春大豆田 一年生禾本科杂草及部分阔叶杂草 1350-2025克/公顷 土壤喷雾
PD20095425 氟磺胺草醚/10%/乳油/氟磺胺草醚 10%/2014.05.11 至 2019.05.11/低毒
花生田 一年生阔叶杂草 105-150克/公顷 茎叶喷雾
夏大豆田 一年生阔叶杂草 150-225克/公顷 茎叶喷雾
PD20095484 莠去津/38%/悬浮剂/莠去津 38%/2014.05.11 至 2019.05.11/低毒
春玉米田 一年生杂草 1710-2280克/公顷 土壤喷雾
PD20095542 苄·乙/20%/可湿性粉剂/苄嘧磺隆 5%、乙草胺 15%/2014.05.12 至 2019.05.12/低毒
移栽水稻田 一年生及部分多年生杂草 84-118克/公顷 药土法
PD20095549 咪唑乙烟酸/5%/水剂/咪唑乙烟酸 5%/2014.05.12 至 2019.05.12/低毒
春大豆田 一年生杂草 75-112.5克/公顷 土壤喷雾
PD20095609 草甘膦/95%/原药/草甘膦 95%/2014.05.12 至 2019.05.12/低毒
PD20095877 氯氟吡氧乙酸异辛酯(290克/升)///乳油/氯氟吡氧乙酸 200克/升/2014.05.31 至 2019.05.31/低毒
冬小麦田 阔叶杂草 150-200克/公顷 茎叶喷雾
PD20095919 乙羧氟草醚/95%/原药/乙羧氟草醚 95%/2014.06.02 至 2019.06.02/低毒
PD20096023 苄嘧磺隆/96%/原药/苄嘧磺隆 96%/2014.06.15 至 2019.06.15/低毒
PD20096084 乙草胺/20%/可湿性粉剂/乙草胺 20%/2014.06.18 至 2019.06.18/低毒
水稻移栽田 一年生禾本科杂草及部分阔叶杂草 90-112.5克/公顷(南方地区) 毒土法
PD20096089 乙草胺/90%/原药/乙草胺 90%/2014.06.18 至 2019.06.18/低毒
PD20096091 氟乐灵/45.5%/乳油/氟乐灵 45.5%/2014.06.18 至 2019.06.18/低毒
大豆田 一年生禾本科杂草及部分阔叶杂草 900-1260克/公顷 土壤喷雾
PD20096205 阿维菌素/1.8%/可湿性粉剂/阿维菌素 1.8%/2014.07.13 至 2019.07.13/低毒(原药高毒)
十字花科蔬菜 小菜蛾 8.1-10.8克/公顷 喷雾
PD20096390 异丙甲草胺/720克/升/乳油/异丙甲草胺 720克/升/2014.08.04 至 2019.08.04/低毒
春大豆田 一年生禾本科杂草及部分小粒种子阔叶杂草 1890-2160克/公顷 播后苗前土壤喷雾
夏大豆田 一年生禾本科杂草及部分小粒种子阔叶杂草 1350-1890克/公顷 播后苗前土壤喷雾
PD20096410 己唑醇/10%/乳油/己唑醇 10%/2014.08.04 至 2019.08.04/微毒
水稻 纹枯病 45-75克/公顷 喷雾
水稻 稻曲病 52.5-75克/公顷 喷雾
PD20096486 异噁草松/480克/升/乳油/异噁草松 480克/升/2014.08.14 至 2019.08.14/低毒
春大豆田 一年生杂草 936-1152克/公顷 播后苗前土壤喷雾
PD20096569 2甲4氯钠/13%/水剂/2甲4氯钠 13%/2014.08.24 至 2019.08.24/微毒
冬小麦田 一年生阔叶杂草 750-1200克/公顷 喷雾
PD20096661 氟啶脲/5%/乳油/氟啶脲 5%/2014.09.07 至 2019.09.07/微毒
甘蓝 甜菜夜蛾 45-60克/公顷 喷雾
PD20097075 2,4-滴丁酯/57%/乳油/2,4-滴丁酯 57%/2014.10.10 至 2019.10.10/低毒
春大豆田 一年生阔叶杂草 864-1296克/公顷 播后苗前土壤喷雾
冬小麦田 一年生阔叶杂草 486-540克/公顷 茎叶喷雾
PD20110166 吡嘧磺隆/20%/可湿性粉剂/吡嘧磺隆 20%/2016.02.11 至 2021.02.11/低毒
水稻移栽田 阔叶杂草 75-150克/公顷 毒土法
PD20141526 烯啶虫胺/97%/原药/烯啶虫胺 97%/2014.06.16 至 2019.06.16/低毒
PD20141698 烯啶虫胺/50%/可溶粉剂/烯啶虫胺 50%/2014.06.30 至 2019.06.30/低毒
水稻 稻飞虱 60-90克/公顷 喷雾
PD20141713 烯啶虫胺/10%/水剂/烯啶虫胺 10%/2014.06.30 至 2019.06.30/低毒
棉花 蚜虫 15-30克/公顷 喷雾
PD20141882 烯啶虫胺/20%/水剂/烯啶虫胺 20%/2014.07.31 至 2019.07.31/低毒
水稻 稻飞虱 60-90克/公顷 喷雾
PD20142475 己唑醇/50%/水分散粒剂/己唑醇 50%/2014.11.18 至 2019.11.18/低毒
水稻 稻曲病、纹枯病 60-75克/公顷 喷雾
PD20150396 吡蚜酮/25%/可湿性粉剂/吡蚜酮 25%/2015.03.18 至 2020.03.18/低毒
水稻 稻飞虱 75-90克/公顷 喷雾

江苏粮满仓农化有限公司 (江苏省扬州市江都市周西振兴街2号 225247 0514-6640888)

PD84118-45 多菌灵/25%/可湿性粉剂/多菌灵 25%/2014.12.15 至 2019.12.15/低毒

果树 病害 0.05-0.1%药液 喷雾
花生 倒秧病 750克/公顷 喷雾
麦类 赤霉病 750克/公顷 喷雾,泼浇
棉花 苗期病害 500克/100千克种子 拌种
水稻 稻瘟病、纹枯病 750克/公顷 喷雾,泼浇
油菜 菌核病 1125-1500克/公顷 喷雾

PD85150-42 多菌灵/50%/可湿性粉剂/多菌灵 50%/2016.01.18 至 2021.01.18/低毒
果树 病害 0.05-0.1%药液 喷雾
花生 倒秧病 750克/公顷 喷雾
莲藕 叶斑病 375-450克/公顷 喷雾
麦类 赤霉病 750克/公顷 喷雾、泼浇
棉花 苗期病害 500克/100千克种子 拌种
水稻 稻瘟病、纹枯病 750克/公顷 喷雾、泼浇
油菜 菌核病 1125-1500克/公顷 喷雾

PD86130-2 灭草松/25%/水剂/灭草松 25%/2012.07.23 至 2017.07.23/低毒
草原牧场 阔叶杂草 1500-1875克/公顷 喷雾
茶园、大豆田、甘薯田 阔叶杂草 750-1500克/公顷 喷雾
水稻田 阔叶杂草、莎草 750-1500克/公顷 喷雾
小麦田 阔叶杂草 750克/公顷 喷雾

PD20040378 多·酮/40%/可湿性粉剂/多菌灵 35%、三唑酮 5%/2014.12.19 至 2019.12.19/低毒
水稻 稻瘟病、叶尖枯病 480-600克/公顷 喷雾
小麦 白粉病、赤霉病 450-600克/公顷 喷雾

PD20040448 三唑磷/20%/乳油/三唑磷 20%/2014.12.19 至 2019.12.19/中等毒
水稻 二化螟、三化螟 300-450克/公顷 喷雾

PD20040648 三唑磷/40%/乳油/三唑磷 40%/2014.12.19 至 2019.12.19/中等毒
水稻 二化螟、三化螟 300-450克/公顷 喷雾

PD20080004 噻嗪酮/25%/可湿性粉剂/噻嗪酮 25%/2013.01.05 至 2018.01.05/低毒
水稻 稻飞虱 112.5-150克/公顷 喷雾

PD20080171 三环唑/75%/可湿性粉剂/三环唑 75%/2013.01.04 至 2018.01.04/中等毒
水稻 稻瘟病 225-300克/公顷 喷雾

PD20080302 硫磺·三环唑/45%/可湿性粉剂/硫磺 40%、三环唑 5%/2013.02.25 至 2018.02.25/低毒
水稻 稻瘟病 810-1215克/公顷 喷雾

PD20080742 三环唑/95%/原药/三环唑 95%/2013.06.11 至 2018.06.11/中等毒

PD20082829 多·硫/50%/悬浮剂/多菌灵 15%、硫磺 35%/2013.12.09 至 2018.12.09/低毒
花生 叶斑病 1200-1800克/公顷 喷雾

PD20083027 多·福/50%/可湿性粉剂/多菌灵 12.5%、福美双 37.5%/2013.12.10 至 2018.12.10/中等毒
梨树 黑星病 1000-1500毫克/千克 喷雾
葡萄 霜霉病 1000-1250毫克/千克 喷雾

PD20084835 井·噻·杀虫单/50%/可湿性粉剂/井冈霉素 6%、噻嗪酮 6%、杀虫单 38%/2013.12.22 至 2018.12.22/中等毒
水稻 稻纵卷叶螟、二化螟、飞虱、纹枯病 900-1125克/公顷 喷雾

PD20085990 噻嗪·异丙威/25%/可湿性粉剂/噻嗪酮 7%、异丙威 18%/2013.12.29 至 2018.12.29/中等毒
水稻 稻飞虱 300-375克/公顷 喷雾

PD20086337 异稻·三环唑/20%/可湿性粉剂/三环唑 8%、异稻瘟净 12%/2013.12.31 至 2018.12.31/中等毒
水稻 稻瘟病 360-450克/公顷 喷雾

PD20093419 毒死蜱/40%/乳油/毒死蜱 40%/2014.03.23 至 2019.03.23/低毒
水稻 稻飞虱、稻纵卷叶螟 504-648克/公顷 喷雾

PD20093563 硫磺·三环唑/75%/可湿性粉剂/硫磺 30%、三环唑 45%/2014.03.23 至 2019.03.23/低毒
水稻 稻瘟病 281-337克/公顷 喷雾

PD20095648 乙草胺/50%/乳油/乙草胺 50%/2014.05.12 至 2019.05.12/低毒
春大豆田、春玉米田、夏大豆田、夏玉米田 一年生禾本科杂草及部分小粒种子阔叶杂草 1350-1800克/公顷 播后苗前土壤喷雾
花生田 一年生禾本科杂草及部分小粒种子阔叶杂草 750-1125克/公顷 播后苗前土壤喷雾
油菜田 一年生禾本科杂草及部分小粒种子阔叶杂草 787.5-1200克/公顷 播后苗前（冬油菜移栽前）土壤喷雾

PD20098382 三唑磷/85%/原药/三唑磷 85%/2014.12.18 至 2019.12.18/中等毒

PD20101307 扑·乙/25%/乳油/扑草净 5%、乙草胺 20%/2015.03.17 至 2020.03.17/低毒
夏大豆田、夏玉米田 一年生杂草 937.5—1125克/公顷 土壤喷雾

PD20101426 井冈·杀虫双/22%/水剂/井冈霉素 2%、杀虫双 20%/2015.04.26 至 2020.04.26/中等毒
水稻 螟虫、纹枯病 660-825克/公顷 喷雾

PD20101701 水胺·三唑磷/20%/乳油/三唑磷 10%、水胺硫磷 10%/2015.06.28 至 2020.06.28/中等毒(原药高毒)

	水稻	三化螟	360-420克/公顷	喷雾
	水稻	二化螟	360-390克/公顷	喷雾
PD20102000	吡虫啉/10%/可湿性粉剂/吡虫啉 10%/2015.09.25 至 2020.09.25/低毒			
	菠菜	蚜虫	30-45克/公顷	喷雾
	韭菜	韭蛆	300-450克/公顷	药土法
	莲藕	莲缢管蚜	15-30克/公顷	喷雾
	芹菜	蚜虫	15-30克/公顷	喷雾
	水稻	飞虱	22.5—30克/公顷	喷雾
PD20131257	阿维·三唑磷/15%/微乳剂/阿维菌素 0.3%、三唑磷 14.7%/2013.06.04 至 2018.06.04/中等毒(原药高毒)			
	水稻	二化螟、三化螟	135-202.5克/公顷	喷雾
PD20131642	甲氨基阿维菌素苯甲酸盐/1%/微乳剂/甲氨基阿维菌素 1%/2013.07.30 至 2018.07.30/低毒			
	辣椒	烟青虫	1.5-3克/公顷	喷雾
	棉花	棉铃虫	9-10.5克/公顷	喷雾
	注:甲氨基阿维菌素苯甲酸盐含量: 1.14%。			
PD20151233	烯啶虫胺/10%/水剂/烯啶虫胺 10%/2015.07.30 至 2020.07.30/低毒			
	水稻	稻飞虱	37.5-45克/公顷	喷雾
PD20152559	吡蚜酮/50%/可湿性粉剂/吡蚜酮 50%/2015.12.05 至 2020.12.05/低毒			
	水稻	稻飞虱	75-90克/公顷	喷雾

江苏龙灯化学有限公司 (江苏省昆山开发区龙灯路88号 215301 0512-57718696)

PD84102-5	杀螟硫磷/50%/乳油/杀螟硫磷 50%/2014.10.12 至 2019.10.12/中等毒			
	茶树	尺蠖、毛虫、小绿叶蝉	250-500毫克/千克	喷雾
	甘薯	小象甲	525-900克/公顷	喷雾
	果树	卷叶蛾、毛虫、食心虫	250-500毫克/千克	喷雾
	棉花	红铃虫、棉铃虫	375-750克/公顷	喷雾
	棉花	蚜虫、叶蝉、造桥虫	375-562.5克/公顷	喷雾
	水稻	飞虱、螟虫、叶蝉	375-562.5克/公顷	喷雾
PD84116-6	代森锌/80%/可湿性粉剂/代森锌 80%/2014.11.16 至 2019.11.16/低毒			
	观赏植物	炭疽病、锈病、叶斑病	1143-1600毫克/千克	喷雾
	花生	叶斑病	750-960克/公顷	喷雾
	马铃薯	晚疫病、早疫病	960-1200克/公顷	喷雾
	烟草	立枯病、炭疽病	960-1200克/公顷	喷雾
PD84125-21	乙烯利/40%/水剂/乙烯利 40%/2014.11.16 至 2019.11.16/低毒			
	番茄	催熟	800-1000倍液	喷雾或浸渍
	棉花	催熟、增产	330-500倍液	喷雾
	柿子、香蕉	催熟	400倍液	喷雾或浸渍
	水稻	催熟、增产	800倍液	喷雾
	橡胶树	增产	5-10倍液	涂布
	烟草	催熟	1000-2000倍液	喷雾
PD85121-32	乐果/40%/乳油/乐果 40%/2015.05.12 至 2020.05.12/中等毒			
	茶树	蚜虫、叶蝉、螨	1000-2000倍液	喷雾
	甘薯	小象甲	2000倍液	浸鲜薯片诱杀
	柑橘树、苹果树	鳞翅目幼虫、蚜虫、螨	800-1600倍液	喷雾
	棉花	蚜虫、螨	450-600克/公顷	喷雾
	蔬菜	蚜虫、螨	300-600克/公顷	喷雾
	水稻	飞虱、螟虫、叶蝉	450-600克/公顷	喷雾
	烟草	蚜虫、烟青虫	300-600克/公顷	喷雾
PD85150-40	多菌灵/50%/可湿性粉剂/多菌灵 50%/2015.07.18 至 2020.07.18/低毒			
	果树	病害	0.05-0.1%药液	喷雾
	花生	倒秧病	750克/公顷	喷雾
	麦类	赤霉病	750克/公顷	喷雾、泼浇
	棉花	苗期病害	500克/100千克种子	拌种
	水稻	稻瘟病、纹枯病	750克/公顷	喷雾、泼浇
	油菜	菌核病	1125-1500克/公顷	喷雾
PD86180-9	百菌清/75%/可湿性粉剂/百菌清 75%/2011.11.06 至 2016.11.06/低毒			
	茶树	炭疽病	600-800倍液	喷雾
	豆类	炭疽病、锈病	1275-2325克/公顷	喷雾
	柑橘树	疮痂病	750-900毫克/千克	喷雾
	瓜类	白粉病、霜霉病	1200-1650克/公顷	喷雾
	果菜类蔬菜	多种病害	1125-2400克/公顷	喷雾
	花生	锈病、叶斑病	1125-1350克/公顷	喷雾
	梨树	斑点落叶病	500倍液	喷雾
	苹果树	多种病害	600倍液	喷雾
	葡萄	白粉病、黑痘病	600-700倍液	喷雾

登记证号	登记作物	防治对象	用药量	施用方法
	水稻	稻瘟病、纹枯病	1125-1425克/公顷	喷雾
	橡胶树	炭疽病	500-800倍液	喷雾
	小麦	叶斑病、叶锈病	1125-1425克/公顷	喷雾
	叶菜类蔬菜	白粉病、霜霉病	1275-1725克/公顷	喷雾
PD20040163	吡虫啉/10%/可湿性粉剂/吡虫啉 10%/2014.12.19 至 2019.12.19/低毒			
	水稻	飞虱	15-30克/公顷	喷雾
PD20040666	氯氰·吡虫啉/7.5%/乳油/吡虫啉 2.5%、氯氰菊酯 5%/2014.12.19 至 2019.12.19/中等毒			
	茶树	小绿叶蝉	33.75-56.25克/公顷	喷雾
PD20060047	氯氰·辛硫磷/25%/乳油/氯氰菊酯 3%、辛硫磷 22%/2016.02.27 至 2021.02.27/中等毒			
	十字花科蔬菜	菜青虫	112.5-187.5克/公顷	喷雾
PD20070213	氯氰·毒死蜱/25%/乳油/毒死蜱 22%、氯氰菊酯 3%/2012.08.07 至 2017.08.07/中等毒			
	棉花	棉铃虫	150-225克/公顷	喷雾
PD20070560	代森锰锌/80%/可湿性粉剂/代森锰锌 80%/2012.12.03 至 2017.12.03/低毒			
	番茄	早疫病	1845-2370克/公顷	喷雾
	柑橘	疮痂病、炭疽病	1600-2000毫克/千克	喷雾
	黄瓜	霜霉病	2040-3000克/公顷	喷雾
	辣椒、甜椒	炭疽病、疫病	1800-2520克/公顷	喷雾
	梨树	黑星病	1000-1333毫克/千克	喷雾
	荔枝树	霜疫霉病	1333-2000毫克/千克	喷雾
	苹果树	斑点落叶病、轮纹病	1000-1500毫克/千克	喷雾
	苹果树	炭疽病	1143-1333毫克/千克	喷雾
	葡萄	白腐病、黑痘病、霜霉病	1000-1600毫克/千克	喷雾
	西瓜	炭疽病	1560-2520克/公顷	喷雾
PD20080053	稻瘟灵/40%/乳油/稻瘟灵 40%/2013.01.03 至 2018.01.03/低毒			
	水稻	稻瘟病	564-675克/公顷	喷雾
PD20080107	噻螨酮/5%/乳油/噻螨酮 5%/2013.01.03 至 2018.01.03/低毒			
	柑橘树	红蜘蛛	25-37.5毫克/千克	喷雾
	棉花	红蜘蛛	45-56.25克/公顷	喷雾
	苹果树	红蜘蛛	25-31.25毫克/千克	喷雾
PD20080138	甲基硫菌灵/70%/可湿性粉剂/甲基硫菌灵 70%/2013.01.04 至 2018.01.04/低毒			
	苹果树	轮纹病	700-875毫克/千克	喷雾
	水稻	纹枯病	1050-2100克/公顷	喷雾
	小麦	赤霉病	787.5-1050克/公顷	喷雾
PD20080213	啶虫脒/5%/乳油/啶虫脒 5%/2013.01.11 至 2018.01.11/低毒			
	柑橘树	蚜虫	10-12毫克/千克	喷雾
	莲藕	莲缢管蚜	15-22.5克/公顷	喷雾
	烟草	蚜虫	13.5-18克/公顷	喷雾
PD20080615	精喹禾灵/8.8%/乳油/精喹禾灵 8.8%/2013.05.12 至 2018.05.12/低毒			
	冬油菜田	一年生禾本科杂草	46.2-59.4克/公顷	茎叶喷雾
	夏大豆田	一年生禾本科杂草	52.8-66克/公顷	茎叶喷雾
PD20080793	高效氯氰菊酯/4.5%/水乳剂/高效氯氰菊酯 4.5%/2013.06.20 至 2018.06.20/低毒			
	甘蓝	蚜虫	27-33.75克/公顷	喷雾
	甘蓝	菜青虫、小菜蛾	20.25-27克/公顷	喷雾
PD20080798	噻嗪酮/25%/可湿性粉剂/噻嗪酮 25%/2013.06.20 至 2018.06.20/低毒			
	茶树	茶小绿叶蝉	112.5-187.5克/公顷	喷雾
	柑橘树	介壳虫	166.7-250毫克/千克	喷雾
	水稻	飞虱	75-112.5克/公顷	喷雾
PD20080853	苯磺隆/75%/水分散粒剂/苯磺隆 75%/2013.06.23 至 2018.06.23/低毒			
	小麦田	阔叶杂草	14-16.87克/公顷	喷雾
PD20081189	多菌灵/500克/升/悬浮剂/多菌灵 500克/升/2013.09.11 至 2018.09.11/低毒			
	花生	叶斑病	500-625毫克/千克	喷雾
PD20081202	溴氰菊酯/50克/升/乳油/溴氰菊酯 50克/升/2013.09.11 至 2018.09.11/中等毒			
	大白菜	菜青虫	15-22.5克/公顷	喷雾
PD20081216	异菌·多·锰锌/75%/可湿性粉剂/多菌灵 20%、代森锰锌 40%、异菌脲 15%/2013.09.11 至 2018.09.11/低毒			
	番茄	灰霉病	1125-1575克/公顷	喷雾
PD20081249	噁草酮/250克/升/乳油/噁草酮 250克/升/2013.09.18 至 2018.09.18/低毒			
	花生田	一年生杂草	450-750克/公顷	土壤喷雾
	水稻移栽田	一年生杂草	375-469克/公顷	甩施
PD20081267	溴氰菊酯/25克/升/乳油/溴氰菊酯 25克/升/2013.09.18 至 2018.09.18/低毒			
	大白菜	菜青虫	11.25-18.75克/公顷	喷雾
PD20081369	烯草酮/120克/升/乳油/烯草酮 120克/升/2013.10.22 至 2018.10.22/微毒			
	冬油菜田	一年生禾本科杂草	54-72克/公顷	茎叶喷雾
PD20081635	草甘膦异丙胺盐/30%/水剂/草甘膦 30%/2013.11.14 至 2018.11.14/低毒			

	茶园、柑橘园、剑麻、梨园、桑园、香蕉园、橡胶园	杂草	1125-2250克/公顷	定向喷雾
	春玉米、棉花、夏玉米	杂草	750-1650克/公顷	定向喷雾
	免耕小麦	杂草	1230-1537.5克/公顷	喷雾
	苹果园	杂草	1440-2160克/公顷	喷雾
	注:草甘膦异丙胺盐含量: 41%。			
PD20081647	烯草酮/240克/升/乳油/烯草酮 240克/升/2013.11.14 至 2018.11.14/低毒			
	大豆田	一年生禾本科杂草	108-144克/公顷	茎叶喷雾
	冬油菜田	一年生禾本科杂草	72-90克/公顷	茎叶喷雾
PD20081715	氧氟·甲戊灵/34%/乳油/二甲戊灵 25%、乙氧氟草醚 9%/2013.11.18 至 2018.11.18/低毒			
	大蒜田	一年生杂草	375-510克/公顷	土壤喷雾
	花生田	一年生杂草	408-612克/公顷	土壤喷雾
PD20081785	二甲戊灵/330克/升/乳油/二甲戊灵 330克/升/2013.11.19 至 2018.11.19/低毒			
	甘蓝田	一年生杂草	495-742.5克/公顷	移栽前土壤喷雾
	花生田	一年生杂草	742.5-891克/公顷	播后苗前土壤喷雾
	韭菜田	一年生杂草	495-742.5克/公顷	土壤喷雾
	棉花田、水稻旱育秧田	一年生杂草	743-990克/公顷	播后苗前土壤喷雾
	移栽白菜	一年生禾本科杂草及部分阔叶杂草	618.8-742.5克/公顷	土壤喷雾
	玉米田	一年生杂草	742.5-1114克/公顷（其他）；1114-1485克/公顷（东北）	播后苗前土壤喷雾
PD20082013	灭多威/90%/可溶粉剂/灭多威 90%/2013.11.25 至 2018.11.25/高毒			
	棉花	棉铃虫	202.5-243克/公顷	喷雾
PD20082106	甲基硫菌灵/500克/升/悬浮剂/甲基硫菌灵 500克/升/2013.11.25 至 2018.11.25/低毒			
	苹果树	轮纹病	800-1000倍液	喷雾
	水稻	稻瘟病、纹枯病	750-1125克/公顷	喷雾
	小麦	赤霉病	750-1125克/公顷	喷雾
PD20082130	抗蚜威/50%/可湿性粉剂/抗蚜威 50%/2013.11.25 至 2018.11.25/中等毒			
	小麦	蚜虫	75-112.5克/公顷	喷雾
PD20082341	吡虫啉/350克/升/悬浮剂/吡虫啉 350克/升/2013.12.01 至 2018.12.01/低毒			
	甘蓝	蚜虫	15.75-26.25克/公顷	喷雾
PD20082422	阿维菌素/1.8%/乳油/阿维菌素 1.8%/2013.12.05 至 2018.12.05/低毒(原药高毒)			
	菜豆、黄瓜	美洲斑潜蝇	10.8-21.6克/公顷	喷雾
	柑橘树	红蜘蛛	4.5-6毫克/千克	喷雾
	柑橘树	潜叶蛾	4.5-9毫克/千克	喷雾
	柑橘树	锈壁虱	2.25-4.5毫克/千克	喷雾
	梨树	梨木虱	6-12毫克/千克	喷雾
	苹果树	二斑叶螨	4.5-6毫克/千克	喷雾
	苹果树	红蜘蛛	3-6毫克/千克	喷雾
	苹果树	桃小食心虫	4.5-9毫克/千克	喷雾
	十字花科蔬菜	菜青虫、小菜蛾	8.1-10.8克/公顷	喷雾
PD20082913	双甲脒/20%/乳油/双甲脒 20%/2013.12.09 至 2018.12.09/中等毒			
	棉花	红蜘蛛	120-150克/公顷	喷雾
PD20083039	灭多威/40%/可溶粉剂/灭多威 40%/2013.12.10 至 2018.12.10/中等毒(原药高毒)			
	棉花	棉铃虫	240-300克/公顷	喷雾
PD20083438	吡虫啉/20%/可溶液剂/吡虫啉 20%/2013.12.11 至 2018.12.11/低毒			
	十字花科蔬菜	蚜虫	22.5-30克/公顷	喷雾
PD20083588	硫丹/350克/升/乳油/硫丹 350克/升/2013.12.12 至 2018.12.12/中等毒(原药高毒)			
	棉花	棉铃虫	682.5-840克/公顷	喷雾
PD20083798	阿维·高氯/2.8%/乳油/阿维菌素 0.2%、高效氯氰菊酯 2.6%/2013.12.15 至 2018.12.15/低毒(原药高毒)			
	黄瓜	美洲斑潜蝇	15-30克/公顷	喷雾
	十字花科蔬菜	小菜蛾	13.5-27克/公顷	喷雾
PD20083959	噻嗪·异丙威/25%/可湿性粉剂/噻嗪酮 5%、异丙威 20%/2013.12.16 至 2018.12.16/低毒			
	水稻	稻飞虱	450-562.5克/公顷	喷雾
PD20084064	二甲戊灵/30%/乳油/二甲戊灵 30%/2013.12.16 至 2018.12.16/低毒			
	甘蓝田	一年生杂草	618.75-742.5克/公顷	土壤喷雾
PD20084188	高效氯氰菊酯/4.5%/乳油/高效氯氰菊酯 4.5%/2013.12.16 至 2018.12.16/低毒			
	十字花科蔬菜	蚜虫	27-33.75克/公顷	喷雾
	枸杞	蚜虫	18-22.5毫克/千克	喷雾
PD20084306	高效氯氟氰菊酯/50克/升/乳油/高效氯氟氰菊酯 50克/升/2013.12.17 至 2018.12.17/中等毒			
	茶树	茶尺蠖	7.5-15克/公顷	喷雾

茶树 茶小绿叶蝉 22.5-30克/公顷 喷雾

甘蓝 菜青虫、甜菜夜蛾、小菜蛾 15-30克/公顷 喷雾

甘蓝 蚜虫 11.25-22.5克/公顷 喷雾

柑橘树 潜叶蛾 12.5-31.25毫克/千克 喷雾

梨树 梨小食心虫 6.25-16.7毫克/千克 喷雾

荔枝树 蝽蟓 6.25-12.5毫克/千克 喷雾

荔枝树 蒂蛀虫 12.5-25毫克/千克 喷雾

棉花 红铃虫、棉铃虫、蚜虫 15-30克/公顷 喷雾

苹果树 桃小食心虫 6.25-16.7毫克/千克 喷雾

小麦 蚜虫 7.5-11.25克/公顷 喷雾

烟草 蚜虫、烟青虫 11.25-22.5克/公顷 喷雾

PD20084513 甲霜·百菌清/81%/可湿性粉剂/百菌清 72%、甲霜灵 9%/2013.12.18 至 2018.12.18/低毒

黄瓜 霜霉病 1215-1458克/公顷 喷雾

PD20084579 吡虫啉/600克/升/悬浮种衣剂/吡虫啉 600克/升/2013.12.18 至 2018.12.18/低毒

小麦 蚜虫 360-420克/100千克种子 种子包衣

PD20084822 灭多威/20%/乳油/灭多威 20%/2013.12.22 至 2018.12.22/高毒

棉花 棉铃虫 150-225克/公顷 喷雾

PD20084826 吡虫啉/200克/升/悬浮剂/吡虫啉 200克/升/2013.12.22 至 2018.12.22/低毒

甘蓝 蚜虫 22.5-30克/公顷 喷雾

PD20085616 毒死蜱/45%/乳油/毒死蜱 45%/2013.12.25 至 2018.12.25/中等毒

水稻 稻纵卷叶螟 504-648克/公顷 喷雾

PD20085621 噻螨酮/5%/可湿性粉剂/噻螨酮 5%/2013.12.25 至 2018.12.25/低毒

柑橘树 红蜘蛛 25-31.25毫克/千克 喷雾

PD20085646 溴氰菊酯/2.5%/可湿性粉剂/溴氰菊酯 2.5%/2013.12.26 至 2018.12.26/低毒

十字花科蔬菜 菜青虫 15-22.5克/公顷 喷雾

PD20090043 丙溴磷/50%/乳油/丙溴磷 50%/2014.01.06 至 2019.01.06/中等毒

棉花 棉铃虫 480-600克/公顷 喷雾

PD20090114 吡虫·异丙威/30%/可湿性粉剂/吡虫啉 3%、异丙威 27%/2014.01.08 至 2019.01.08/低毒

水稻 飞虱 135-225克/公顷 喷雾

PD20090849 联苯菊酯/100克/升/乳油/联苯菊酯 100克/升/2014.01.19 至 2019.01.19/中等毒

茶树 茶小绿叶蝉 30-37.5克/公顷 喷雾

PD20091266 硫双威/350克/升/悬浮剂/硫双威 350克/升/2014.02.01 至 2019.02.01/中等毒

棉花 棉铃虫 420-525克/公顷 喷雾

PD20091300 虫螨腈/100克/升/悬浮剂/虫螨腈 100克/升/2014.02.01 至 2019.02.01/低毒

十字花科蔬菜 甜菜夜蛾、小菜蛾 75-105克/公顷 喷雾

PD20091341 二甲戊灵/330克/升/乳油/二甲戊灵 330克/升/2014.02.01 至 2019.02.01/低毒

烟草 抑制腋芽生长 60-80毫克/株 杯淋法

PD20092200 吡虫啉/480克/升/悬浮剂/吡虫啉 480克/升/2014.02.23 至 2019.02.23/低毒

十字花科蔬菜 蚜虫 14.4-28.8克/公顷 喷雾

PD20092438 甲霜·锰锌/70%/可湿性粉剂/甲霜灵 10%、代森锰锌 60%/2014.02.25 至 2019.02.25/低毒

葡萄 霜霉病 600-700倍液 喷雾

PD20092673 异稻·三环唑/20%/可湿性粉剂/三环唑 10%、异稻瘟净 10%/2014.03.03 至 2019.03.03/中等毒

水稻 稻瘟病 300-450克/公顷 喷雾

PD20092783 双甲脒/12.5%/乳油/双甲脒 12.5%/2014.03.04 至 2019.03.04/中等毒

柑橘树 红蜘蛛 83-125毫克/千克 喷雾

PD20093692 烯唑·多菌灵/27%/可湿性粉剂/多菌灵 25%、R-烯唑醇 2%/2014.03.25 至 2019.03.25/低毒

梨树 黑星病 1000-1500倍液 喷雾

PD20093706 草甘膦异丙胺盐/62%/母液/草甘膦异丙胺盐 62%/2014.03.25 至 2019.03.25/低毒

PD20094196 波尔·霜脲氰/85%/可湿性粉剂/波尔多液 77%、霜脲氰 8%/2014.03.30 至 2019.03.30/低毒

黄瓜 霜霉病 1366.1-1912.5克/公顷 喷雾

PD20094325 啶虫脒/20%/可溶粉剂/啶虫脒 20%/2014.03.31 至 2019.03.31/低毒

黄瓜 蚜虫 15-30克/公顷 喷雾

PD20095394 铜钙·多菌灵/60%/可湿性粉剂/多菌灵 20%、硫酸铜钙 40%/2014.04.27 至 2019.04.27/低毒

苹果树 轮纹病 1000-1500毫克/千克 喷雾

PD20095770 吡嘧磺隆/10%/可湿性粉剂/吡嘧磺隆 10%/2014.05.18 至 2019.05.18/低毒

移栽水稻田 一年生阔叶杂草及莎草科杂草 15-30克/公顷 药土法

PD20096015 甲哌鎓/250克/升/水剂/甲哌鎓 250克/升/2014.06.15 至 2019.06.15/低毒

棉花 调节生长、增产 45-90克/公顷 喷雾

PD20096043 甲磺隆/60%/可湿性粉剂/甲磺隆 60%/2014.06.15 至 2019.06.15/低毒

注：专供出口，不得在国内销售。

PD20096134 杀扑磷/40%/乳油/杀扑磷 40%/2014.06.24 至 2015.09.30/高毒

柑橘树 介壳虫 400-500毫克/千克 喷雾

PD20096516 硫酸铜钙/77%/可湿性粉剂/硫酸铜钙 77%/2014.08.19 至 2019.08.19/低毒

	柑橘树	溃疡病	1283-1925毫克/千克	喷雾
	黄瓜	霜霉病	1444-2022克/公顷	喷雾
PD20096635	仲丁灵/48%/乳油/仲丁灵 48%/2014.09.02 至 2019.09.02/低毒			
	春大豆田	一年生杂草	1800-2160克/公顷	土壤喷雾
	西瓜田	一年生杂草	1080-1440克/公顷	土壤喷雾
	夏大豆田	一年生杂草	1620-1800克/公顷	土壤喷雾
PD20096979	波尔·甲霜灵/85%/可湿性粉剂/波尔多液 77%、甲霜灵 8%/2014.09.29 至 2019.09.29/低毒			
	黄瓜	霜霉病	900-1275克/公顷	喷雾
PD20097064	烟嘧磺隆/40克/升/可分散油悬浮剂/烟嘧磺隆 40克/升/2014.10.10 至 2019.10.10/低毒			
	玉米田	一年生杂草	42-60克/公顷	茎叶喷雾
PD20097417	王铜·甲霜灵/50%/可湿性粉剂/甲霜灵 15%、王铜 35%/2014.10.28 至 2019.10.28/低毒			
	黄瓜	霜霉病	750-937.5克/公顷	喷雾
PD20097463	异菌脲/45%/悬浮剂/异菌脲 45%/2014.11.03 至 2019.11.03/低毒			
	番茄	灰霉病	562.5-750克/公顷	喷雾
	香蕉	轴腐病	1500-1800毫克/千克	浸果
PD20098145	吡虫啉/70%/种子处理可分散粉剂/吡虫啉 70%/2014.12.14 至 2019.12.14/低毒			
	棉花	蚜虫	420-500克/100公斤种子	拌种
PD20098184	甲霜·锰锌/72%/可湿性粉剂/甲霜灵 8%、代森锰锌 64%/2014.12.14 至 2019.12.14/低毒			
	黄瓜	霜霉病	1620-2250克/公顷	喷雾
PD20100046	三环唑/75%/可湿性粉剂/三环唑 75%/2015.01.04 至 2020.01.04/中等毒			
	水稻	稻瘟病	281.25-337.5克/公顷	喷雾
PD20100201	异噁草松/480克/升/乳油/异噁草松 480克/升/2015.01.05 至 2020.01.05/低毒			
	春大豆田	一年生杂草	936-1152克/公顷	土壤喷雾
PD20100449	螨醇·噻螨酮/22.5%/乳油/三氯杀螨醇 20%、噻螨酮 2.5%/2015.01.14 至 2020.01.14/中等毒			
	柑橘树、苹果树	红蜘蛛	150-225毫克/千克	喷雾
PD20101225	吡虫啉/70%/水分散粒剂/吡虫啉 70%/2015.03.01 至 2020.03.01/低毒			
	甘蓝	蚜虫	35-45克/公顷	喷雾
PD20102051	戊唑醇/60克/升/悬浮种衣剂/戊唑醇 60克/升/2015.11.01 至 2020.11.01/低毒			
	小麦	黑穗病	1.8-3.6克/100千克种子	种子包衣
PD20110004	丙酰芸苔素内酯/0.003%/水剂/丙酰芸苔素内酯 0.003%/2016.01.04 至 2021.01.04/低毒			
	黄瓜、葡萄	促进生长	3000-5000倍液	喷雾
	烟草	促进生长	2000-4000倍液	喷雾
PD20110189	环嗪酮/75%/水分散粒剂/环嗪酮 75%/2016.02.18 至 2021.02.18/微毒			
	森林防火道	杂灌	1237.5-1913克/公顷	茎叶喷雾
PD20110332	戊唑·多菌灵/30%/悬浮剂/多菌灵 22%、戊唑醇 8%/2016.03.24 至 2021.03.24/低毒			
	花生	叶斑病	225-270克/公顷	喷雾
	苹果树	轮纹病	375-500毫克/千克	喷雾
	葡萄	白腐病	250-375毫克/千克	喷雾
	水稻	稻曲病	270－315克/公顷	喷雾
	小麦	赤霉病	337-450克/公顷	喷雾
PD20110879	甲硫·三环唑/70%/可湿性粉剂/甲基硫菌灵 35%、三环唑 35%/2011.08.16 至 2016.08.16/低毒			
	水稻	稻瘟病	315-420克/公顷	喷雾
PD20111038	戊唑醇/250克/升/水乳剂/戊唑醇 250克/升/2011.10.10 至 2016.10.10/低毒			
	苹果树	斑点落叶病	100-125毫克/千克	喷雾
PD20111094	戊唑醇/25%/乳油/戊唑醇 25%/2011.10.13 至 2016.10.13/低毒			
	苹果树	斑点落叶病	100-167.7毫克/千克	喷雾
	注:戊唑醇质量浓度:250克/升。			
PD20111138	百菌清/720克/升/悬浮剂/百菌清 720克/升/2011.11.03 至 2016.11.03/低毒			
	注:专供出口，不得在国内销售。			
PD20111152	戊唑醇/430克/升/悬浮剂/戊唑醇 430克/升/2011.11.04 至 2016.11.04/低毒			
	苹果树	斑点落叶病	107.5-143.3毫克/千克	喷雾
PD20111241	嗪草酮/44%/悬浮剂/嗪草酮 44%/2011.11.18 至 2016.11.18/低毒			
	春大豆田	一年生阔叶杂草	540-648克/公顷	播后苗前土壤喷雾
	注:嗪草酮质量浓度：480克/升。			
PD20111409	烟嘧磺隆/75%/水分散粒剂/烟嘧磺隆 75%/2011.12.22 至 2016.12.22/低毒			
	玉米田	一年生杂草	40-60克/公顷	茎叶喷雾
PD20111424	氟苯虫酰胺/10%/悬浮剂/氟苯虫酰胺 10%/2011.12.23 至 2016.12.23/微毒			
	甘蓝	小菜蛾	30-37.5克/公顷	喷雾
	水稻	稻纵卷叶螟、二化螟	27-33克/公顷	喷雾
PD20111425	噁草酮/380克/升/悬浮剂/噁草酮 380克/升/2011.12.23 至 2016.12.23/微毒			
	移栽水稻田	一年生杂草	360-480克/公顷	毒土法
PD20120030	烯酰吗啉/50%/可湿性粉剂/烯酰吗啉 50%/2012.01.09 至 2017.01.09/低毒			
	黄瓜	霜霉病	262.5－300克/公顷	喷雾

PD20120049 噻吩磺隆/75%/水分散粒剂/噻吩磺隆 75%/2012.01.11 至 2017.01.11/低毒
注:专供出口，不得在国内销售。
PD20120280 吡虫啉/240克/升/悬浮剂/吡虫啉 240克/升/2012.02.15 至 2017.02.15/低毒
注:仅供出口，不得在国内销售。
PD20120281 甲哌鎓/50克/升/水剂/甲哌鎓 50克/升/2012.02.15 至 2017.02.15/低毒
注:专供出口，不得在国内销售。
PD20120282 吡虫啉/350克/升/悬浮种衣剂/吡虫啉 350克/升/2012.02.15 至 2017.02.15/低毒
注:专供出口，不得在国内销售。
PD20120323 氰氟草酯/180克/升/乳油/氰氟草酯 180克/升/2012.02.17 至 2017.02.17/低毒
注:专供出口,不得在国内销售。
PD20120371 烯酰·王铜/73%/可湿性粉剂/王铜 67%、烯酰吗啉 6%/2012.02.24 至 2017.02.24/低毒
黄瓜 霜霉病 766.5—876克/公顷 喷雾
PD20120572 高效氯氟氰菊酯/120克/升/乳油/高效氯氟氰菊酯 120克/升/2012.03.28 至 2017.03.28/中等毒
注:专供出口,不得在国内销售。
PD20120579 噻吩·苯磺隆/75%/水分散粒剂/苯磺隆 25%、噻吩磺隆 50%/2012.03.28 至 2017.03.28/微毒
注:专供出口，不得在国内销售。
PD20120600 氟苯虫酰胺/20%/水分散粒剂/氟苯虫酰胺 20%/2012.04.11 至 2017.04.11/低毒
白菜 小菜蛾 39-50克/公顷 喷雾
水稻 稻纵卷叶螟、二化螟 27-33克/公顷 喷雾
PD20121252 甲硫·戊唑醇/41%/悬浮剂/甲基硫菌灵 34.2%、戊唑醇 6.8%/2012.09.04 至 2017.09.04/低毒
水稻 纹枯病 216—288克/公顷 喷雾
PD20121404 阿维菌素/2%/乳油/阿维菌素 2%/2012.09.19 至 2017.09.19/中等毒(原药高毒)
注:专供出口,不得在国内销售。
PD20121533 甲霜·锰锌/63.5%/可湿性粉剂/甲霜灵 7.5%、代森锰锌 56%/2012.10.17 至 2017.10.17/中等毒
注:专供出口,不得在国内销售。
PD20121565 十三吗啉/860克/升/油剂/十三吗啉 860克/升/2012.10.25 至 2017.10.25/低毒
橡胶树 红根病 20-25克/株 灌根
PD20121601 杀铃脲/40%/悬浮剂/杀铃脲 40%/2012.10.25 至 2017.10.25/低毒
甘蓝 小菜蛾 86.4-108克/公顷 喷雾
PD20121660 咪鲜胺/450克/升/乳油/咪鲜胺 450克/升/2012.10.30 至 2017.10.30/低毒
柑橘 绿霉病、青霉病 250-500毫克/千克 浸果
PD20121689 戊唑·多菌灵/24%/悬浮剂/多菌灵 12%、戊唑醇 12%/2012.11.05 至 2017.11.05/低毒
小麦 赤霉病 93.75-112.5克/公顷 喷雾
PD20121776 麦草畏/70%/可溶粒剂/麦草畏 70%/2012.11.16 至 2017.11.16/低毒
非耕地 一年生阔叶杂草 420-525克/公顷 茎叶喷雾
PD20121782 戊唑·吡虫啉/21%/悬浮种衣剂/吡虫啉 19.9%、戊唑醇 1.1%/2012.11.16 至 2017.11.16/低毒
玉米 丝黑穗病、蚜虫 98.4-196.8克/100千克种子 种子包衣
PD20121843 硫双威/80%/水分散粒剂/硫双威 80%/2012.11.28 至 2017.11.28/中等毒
棉花 棉铃虫 420-540克/公顷 喷雾
PD20121882 嘧菌酯/250克/升/悬浮剂/嘧菌酯 250克/升/2012.11.28 至 2017.11.28/微毒
黄瓜 白粉病 263-338克/公顷 喷雾
PD20121942 丁醚脲/500克/升/悬浮剂/丁醚脲 500克/升/2012.12.12 至 2017.12.12/低毒
甘蓝 小菜蛾 375-450克/公顷 喷雾
PD20122068 噻吩·苯磺隆/55%/水分散粒剂/苯磺隆 15%、噻吩磺隆 40%/2012.12.24 至 2017.12.24/低毒
注:专供出口，不得在国内销售。
PD20122083 嘧菌·戊唑醇/22%/悬浮剂/嘧菌酯 7.2%、戊唑醇 14.8%/2012.12.24 至 2017.12.24/低毒
黄瓜 白粉病 90-108克/公顷 喷雾
PD20130357 烯酰·锰锌/69%/可湿性粉剂/代森锰锌 60%、烯酰吗啉 9%/2013.03.11 至 2018.03.11/低毒
黄瓜 霜霉病 828-1242克/公顷 喷雾
PD20130405 三唑酮/250克/升/乳油/三唑酮 250克/升/2013.03.12 至 2018.03.12/低毒
注:专供出口，不得在国内销售。
PD20130425 乙酰甲胺磷/75%/可溶性粉剂/乙酰甲胺磷 75%/2013.03.18 至 2018.03.18/中等毒
注:专供出口，不得在国内销售。
PD20130697 腐霉利/43%/悬浮剂/腐霉利 43%/2013.04.11 至 2018.04.11/低毒
番茄 灰霉病 375-600克/公顷 喷雾
PD20130781 百菌清/720克/升/悬浮剂/百菌清 720克/升/2013.04.22 至 2018.04.22/低毒
黄瓜 霜霉病 918-1026克/公顷 喷雾
PD20130817 氯氰菊酯/200克/升/乳油/氯氰菊酯 200克/升/2013.04.22 至 2018.04.22/低毒
注:专供出口，不得在国内销售。
PD20130854 戊唑·百菌清/500克/升/悬浮剂/百菌清 375克/升、戊唑醇 125克/升/2013.04.22 至 2018.04.22/低毒
注:专供出口,不得在国内销售。
PD20131433 吡氟酰草胺/50%/水分散粒剂/吡氟酰草胺 50%/2013.07.03 至 2018.07.03/低毒
小麦田 一年生阔叶杂草 101.25-120克/公顷 茎叶喷雾

PD20131440 多效唑/25%/悬浮剂/多效唑 25%/2013.07.03 至 2018.07.03/低毒
小麦 调节生长 稀释1667-2500倍 喷雾
PD20131648 氟磺胺草醚/250克/升/水剂/氟磺胺草醚 250克/升/2013.08.01 至 2018.08.01/微毒
非耕地 一年生阔叶杂草 375-450克/公顷 茎叶喷雾
PD20131663 溴氰菊酯/15克/升/水乳剂/溴氰菊酯 15克/升/2013.08.01 至 2018.08.01/低毒
注：专供出口，不得在国内销售。
PD20131780 炔草酯/24%/乳油/炔草酯 24%/2013.09.09 至 2018.09.09/低毒
小麦田 部分禾本科杂草 43.2～54.0克/公顷 茎叶喷雾
PD20131866 杀单・氟酰胺/80%/可湿性粉剂/杀虫单 76.4%、氟苯虫酰胺 3.6%/2013.09.25 至 2018.09.25/中等毒
水稻 稻纵卷叶螟、二化螟 480-720克/公顷 喷雾
PD20131879 稻瘟灵/40%/可湿性粉剂/稻瘟灵 40%/2013.09.25 至 2018.09.25/低毒
水稻 稻瘟病 450-600克/公顷 喷雾
PD20131889 阿维・吡虫啉/29%/悬浮剂/阿维菌素 2.5%、吡虫啉 26.5%/2013.09.25 至 2018.09.25/中等毒(原药高毒)
甘蓝 蚜虫 9.84-29.52克/公顷 喷雾
PD20131900 草铵膦/200克/升/水剂/草铵膦 200克/升/2013.09.25 至 2018.09.25/低毒
非耕地 杂草 1200-1500克/公顷 定向茎叶喷雾
PD20132378 甲磺隆/20%/水分散粒剂/甲磺隆 20%/2013.11.20 至 2018.11.20/微毒
注:专供出口，不得在国内销售。
PD20132386 甲磺隆/20%/可溶粒剂/甲磺隆 20%/2013.11.20 至 2018.11.20/微毒
注:专供出口，不得在国内销售。
PD20132413 噻磺・甲磺隆/75%/水分散粒剂/甲磺隆 6.8%、噻吩磺隆 68.2%/2013.11.20 至 2018.11.20/微毒
注:专供出口，不得在国内售。
PD20132470 甲磺隆/60%/水分散粒剂/甲磺隆 60%/2013.12.02 至 2018.12.02/低毒
注:专供出口，不得在国内销售。
PD20132471 苯磺・甲磺隆/50%/水分散粒剂/苯磺隆 25%、甲磺隆 25%/2013.12.02 至 2018.12.02/微毒
注:专供出口，不得在国内销售。
PD20140005 异噁草松/360克/升/微囊悬浮剂/异噁草松 360克/升/2014.01.02 至 2019.01.02/低毒
移栽油菜田 一年生杂草 140.4-178.2克/公顷 土壤喷雾
PD20140010 氯氟・吡虫啉/33%/悬浮剂/吡虫啉 26.4%、高效氯氟氰菊酯 6.6%/2014.01.02 至 2019.01.02/中等毒
甘蓝 蚜虫 19.8-29.7克/公顷 喷雾
PD20140300 毒死蜱/40%/可湿性粉剂/毒死蜱 40%/2014.02.12 至 2019.02.12/中等毒
苹果树 绵蚜 160-267毫克/千克 喷雾
PD20140448 己唑醇/10%/悬浮剂/己唑醇 10%/2014.02.25 至 2019.02.25/微毒
水稻 纹枯病 52.5-67.5克/公顷 喷雾
PD20140806 霜脲・百菌清/36%/悬浮剂/百菌清 31.8%、霜脲氰 4.2%/2014.03.25 至 2019.03.25/低毒
黄瓜 霜霉病 402-510克/公顷 喷雾
PD20140813 烯酰・百菌清/47%/悬浮剂/百菌清 39%、烯酰吗啉 8%/2014.03.25 至 2019.03.25/微毒
黄瓜 霜霉病 900-1080克/公顷 喷雾
PD20140892 戊唑・百菌清/42%/悬浮剂/百菌清 31.5%、戊唑醇 10.5%/2014.04.08 至 2019.04.08/低毒
黄瓜 白粉病 225-300克/公顷 喷雾
PD20141015 阿维・氟苯/10%/悬浮剂/阿维菌素 3.3%、氟苯虫酰胺 6.7%/2014.04.21 至 2019.04.21/中等毒(原药高毒)
水稻 稻纵卷叶螟 30-45克/公顷 喷雾
PD20141294 虱螨脲/50克/升/乳油/虱螨脲 50克/升/2014.05.12 至 2019.05.12/低毒
注:专供出口，不得在国内销售。
PD20141540 吡嘧・二氯喹/50%/可湿性粉剂/吡嘧磺隆 3.5%、二氯喹啉酸 46.5%/2014.06.17 至 2019.06.17/微毒
水稻田(直播) 一年生和多年生杂草 225-300克/公顷 茎叶喷雾
PD20141581 噻虫嗪/25%/水分散粒剂/噻虫嗪 25%/2014.06.17 至 2019.06.17/低毒
水稻 稻飞虱 11.25-15克/公顷 喷雾
PD20141835 炔草酯/8%/乳油/炔草酯 8%/2014.07.24 至 2019.07.24/低毒
小麦田 一年生禾本科杂草 48-60克/公顷 茎叶喷雾
PD20141968 百菌清/40%/悬浮剂/百菌清 40%/2014.08.13 至 2019.08.13/低毒
黄瓜 霜霉病 900-1050克/公顷 喷雾
PD20142085 噻虫嗪/98%/原药/噻虫嗪 98%/2014.09.02 至 2019.09.02/低毒
PD20142123 吡虫啉/98%/原药/吡虫啉 98%/2014.09.03 至 2019.09.03/中等毒
PD20142230 噻虫嗪/30%/种子处理悬浮剂/噻虫嗪 30%/2014.09.28 至 2019.09.28/低毒
棉花 蚜虫 280-420克/100千克种子 拌种
PD20142460 硝磺草酮/40%/悬浮剂/硝磺草酮 40%/2014.11.15 至 2019.11.15/低毒
草坪(早熟禾) 一年生杂草 144-240克/公顷 茎叶喷雾
PD20142473 嘧菌酯/98%/原药/嘧菌酯 98%/2014.11.17 至 2019.11.17/微毒
PD20142477 苯磺隆/95%/原药/苯磺隆 95%/2014.11.19 至 2019.11.19/低毒
PD20142493 噻吩磺隆/95%/原药/噻吩磺隆 95%/2014.11.21 至 2019.11.21/微毒
PD20150052 烟嘧・麦草畏/75%/可溶粒剂/麦草畏 60%、烟嘧磺隆 15%/2015.01.05 至 2020.01.05/低毒
夏玉米田 一年生杂草 168.75-225克/公顷 茎叶喷雾

PD20150089 高效氯氟氰菊酯/96%/原药/高效氯氟氰菊酯 96%/2015.01.05 至 2020.01.05/中等毒
PD20150104 烟嘧磺隆/95%/原药/烟嘧磺隆 95%/2015.01.05 至 2020.01.05/微毒
PD20150261 硫双威/95%/原药/硫双威 95%/2015.01.15 至 2020.01.15/中等毒
PD20150693 环嗪酮/98%/原药/环嗪酮 98%/2015.04.20 至 2020.04.20/低毒
PD20150957 双胍·咪鲜胺/42%/可湿性粉剂/咪鲜胺锰盐 22%、双胍三辛烷基苯磺酸盐 20%/2015.06.10 至 2020.06.10/微毒
柑橘 酸腐病、炭疽病 560-840毫克/千克 浸果
PD20151600 戊唑醇/98%/原药/戊唑醇 98%/2015.08.28 至 2020.08.28/低毒
PD20152262 双胍·己唑醇/45%/可湿性粉剂/己唑醇 10%、双胍三辛烷基苯磺酸盐 35%/2015.10.20 至 2020.10.20/低毒
西瓜 蔓枯病、炭疽病 225-300毫克/千克 喷雾
PD20152394 溴氰·噻虫嗪/14%/悬浮剂/噻虫嗪 9.4%、溴氰菊酯 4.6%/2015.10.23 至 2020.10.23/微毒
烟草 蚜虫 21-31.5克/公顷 喷雾
PD20152407 氟啶胺/500克/升/悬浮剂/氟啶胺 500克/升/2015.10.25 至 2020.10.25/微毒
辣椒 疫病 187.5-255克/公顷 喷雾
PD20152629 烯酰·铜钙/75%/可湿性粉剂/硫酸铜钙 65%、烯酰吗啉 10%/2015.12.18 至 2020.12.18/低毒
马铃薯 晚疫病 1125-1350克/公顷 喷雾
LS20140282 吡草醚/2%/微乳剂/吡草醚 2%/2015.08.25 至 2016.08.25/低毒
棉花 脱叶 4.5-6克/公顷 喷雾
LS20140358 氟虫腈/22%/悬浮种衣剂/氟虫腈 22%/2015.12.11 至 2016.12.11/低毒
玉米 蛴螬 100-200克/100千克种子 种子包衣
WP20120112 溴氰菊酯/50克/升/悬浮剂/溴氰菊酯 50克/升/2012.06.14 至 2017.06.14/低毒
卫生 蜚蠊、蝇 25-50毫克/平方米 滞留喷洒
WP20130102 吡丙醚/10%/乳油/吡丙醚 10%/2013.05.20 至 2018.05.20/低毒
卫生 蝇(幼虫) 100毫克/平方米 喷洒

江苏隆力奇生物科技股份有限公司 (江苏省苏州市常熟市隆力奇生物工业园 215555 0512-52485538)

WP20080377 驱蚊花露水/5%/驱蚊花露水/避蚊胺 5%/2013.12.10 至 2018.12.10/微毒
卫生 蚊 / 涂抹

江苏绿利来股份有限公司 (江苏省响水县生态化工园区内疏港公路2号 224631 0512-86166548)

PDN2-88 丁草胺/60%/乳油/丁草胺 60%/2013.09.17 至 2018.09.17/低毒
水稻 稗草、牛毛草、鸭舌草 750-1275克/公顷 喷雾,毒土
PDN18-92 丁草胺/50%/乳油/丁草胺 50%/2012.04.11 至 2017.04.11/低毒
水稻田 稗草、牛毛草、鸭舌草 750-1275克/公顷 毒土、喷雾
PDN19-92 丁草胺/95%/原药/丁草胺 95%/2012.04.10 至 2017.04.10/低毒
PD85112-8 莠去津/38%/悬浮剂/莠去津 38%/2015.04.07 至 2020.04.07/低毒
茶园 一年生杂草 1125-1875克/公顷 喷于地表
防火隔离带、公路、森林、铁路 一年生杂草 0.8-2克/平方米 喷于地表
甘蔗 一年生杂草 1050-1500克/公顷 喷于地表
高粱、糜子、玉米 一年生杂草 1800-2250克/公顷(东北地区) 喷于地表
红松苗圃 一年生杂草 0.2-0.3克/平方米 喷于地表
梨树、苹果树 一年生杂草 1625-1875克/公顷 喷于地表
橡胶园 一年生杂草 2250-3750克/公顷 喷于地表
PD86130-3 灭草松/25%/水剂/灭草松 25%/2011.11.21 至 2016.11.21/低毒
草原牧场 阔叶杂草 1500-1875克/公顷 喷雾
茶园、大豆田、甘薯田 阔叶杂草 750-1500克/公顷 喷雾
水稻田 阔叶杂草、莎草 750-1500克/公顷 喷雾
小麦田 阔叶杂草 750克/公顷 喷雾
PD20040720 异丙隆/75%/可湿性粉剂/异丙隆 75%/2014.12.19 至 2019.12.19/低毒
冬小麦 一年生单、双子叶杂草 1050-1200克/公顷 喷雾
PD20050208 灭草松/95%/原药/灭草松 95%/2015.12.23 至 2020.12.23/低毒
PD20060102 灭草松/480克/升/水剂/灭草松 480克/升/2011.05.22 至 2016.05.22/低毒
春大豆 莎草科杂草、一年生阔叶杂草 1440-1800克/公顷(东北地区) 喷雾
水稻田(直播)、水稻移栽田 阔叶杂草、莎草 1080-1440克/公顷 喷雾
PD20060217 二甲戊灵/95%/原药/二甲戊灵 95%/2011.12.26 至 2016.12.26/低毒
PD20070176 乙氧氟草醚/97%/原药/乙氧氟草醚 97%/2012.06.25 至 2017.06.25/微毒
PD20080598 丁草胺/900克/升/乳油/丁草胺 900克/升/2013.05.12 至 2018.05.12/低毒
水稻移栽田 一年生杂草 810-1215克/公顷 毒土法
PD20080888 乙草胺/94%/原药/乙草胺 94%/2013.07.09 至 2018.07.09/低毒
PD20080935 二氯喹啉酸/96%/原药/二氯喹啉酸 96%/2013.07.17 至 2018.07.17/低毒
PD20080978 乙草胺/900克/升/乳油/乙草胺 900克/升/2013.07.24 至 2018.07.24/低毒
春大豆田 一年生杂草 1620-2025克/公顷(东北地区) 土壤喷雾
春玉米田 一年生禾本科杂草及部分阔叶杂草 1350-1620克/公顷 播后苗前土壤喷雾

	冬油菜(移栽田)	部分阔叶杂草、一年生禾本科杂草	810-1080克/公顷	土壤喷雾
	花生田	部分阔叶杂草、一年生禾本科杂草	1080-1350克/公顷	土壤喷雾
	夏大豆田	部分阔叶杂草、一年生禾本科杂草	810-1080克/公顷	喷雾
	夏玉米田	一年生杂草	756-1053克/公顷	播后苗前喷雾
PD20081047	乙草胺/900克/升/乳油/乙草胺 900克/升/2013.08.14 至 2018.08.14/低毒			
	春玉米田	小粒种子阔叶杂草、一年生禾本科杂草	1350-1620克/公顷	土壤喷雾
	夏玉米田	小粒种子阔叶杂草、一年生禾本科杂草	1080-1350克/公顷	土壤喷雾
PD20081064	乙氧氟草醚/20%/乳油/乙氧氟草醚 20%/2013.08.14 至 2018.08.14/低毒			
	水稻田	一年生杂草	37.5-75克/公顷	毒土法
PD20081495	丁草胺/40%/水乳剂/丁草胺 40%/2013.11.05 至 2018.11.05/低毒			
	水稻移栽田	一年生禾本科杂草	制剂用量：120-150毫升/亩	药土法
PD20081515	苄・二氯/36%/可湿性粉剂/苄嘧磺隆 2%、二氯喹啉酸 34%/2013.11.06 至 2018.11.06/低毒			
	水稻田(直播)、水稻秧田	一年生及部分多年生杂草	216-270克/公顷	排水喷雾
PD20081602	异丙草胺/90%/原药/异丙草胺 90%/2013.11.12 至 2018.11.12/低毒			
PD20081628	噁草・丁草胺/40%/乳油/丁草胺 34%、噁草酮 6%/2013.11.12 至 2018.11.12/低毒			
	水稻(旱育秧及半旱育秧田)	一年生杂草	600-750克/公顷	喷雾
PD20081748	乙草胺/50%/乳油/乙草胺 50%/2013.11.18 至 2018.11.18/低毒			
	大豆田	一年生禾本科杂草及小粒阔叶杂草	1)1200-1875克/公顷(东北地区)2)750-1050克/公顷(其它地区)	播前、播后苗前土壤喷雾处理
	花生田	一年生禾本科杂草及小粒阔叶杂草	750-1200克/公顷(覆膜时药量酌减)	播后苗前土壤处理
	油菜田	一年生禾本科杂草及小粒阔叶杂草	525-750克/公顷	栽前或栽后3天喷雾
	玉米田	一年生禾本科杂草及小粒阔叶杂草	1)900-1875克/公顷(东北地区)2)750-1050克/公顷(其它地区)	播后或苗期喷雾
PD20082080	吡嘧・苯噻酰/50%/可湿性粉剂/苯噻酰草胺 48.2%、吡嘧磺隆 1.8%/2013.11.25 至 2018.11.25/低毒			
	水稻抛秧田	一年生及部分多年生杂草	450-525克/公顷(南方地区)	毒土法
	水稻移栽田	一年生及部分多年生杂草	1)375-525克/公顷(南方地区)2)525-750克/公顷(北方地区)	毒土法
PD20082189	二氯喹啉酸/50%/可湿性粉剂/二氯喹啉酸 50%/2013.11.26 至 2018.11.26/低毒			
	水稻田(直播)	稗草等杂草	300-375克/公顷	喷雾
	水稻秧田	稗草等杂草	150-225克/公顷	喷雾
	水稻移栽田	稗草等杂草	200-390克/公顷(北方地区)	喷雾
PD20082697	吡嘧・二氯喹/50%/可湿性粉剂/吡嘧磺隆 3%、二氯喹啉酸 47%/2013.12.05 至 2018.12.05/低毒			
	水稻移栽田	一年生及部分多年生杂草	225-300克/公顷	施药前排干田水喷雾
PD20082842	苄嘧・苯噻酰/50%/可湿性粉剂/苯噻酰草胺 47%、苄嘧磺隆 3%/2013.12.09 至 2018.12.09/低毒			
	水稻抛秧田	一年生及部分多年生杂草	450-525克/公顷(南方地区)	毒土法
	水稻移栽田	一年生及部分多年生杂草	1)375-450克/公顷(南方地区)2)600-800克/公顷(北方地区)	毒土法
PD20083683	二氯喹啉酸/25%/悬浮剂/二氯喹啉酸 25%/2013.12.15 至 2018.12.15/微毒			
	水稻抛秧田	稗草	225-300克/公顷	喷雾
PD20083729	吡嘧磺隆/10%/可湿性粉剂/吡嘧磺隆 10%/2013.12.15 至 2018.12.15/低毒			
	水稻田	稗草、阔叶杂草、莎草	15-30克/公顷	毒土法
PD20083823	草甘膦/95%/原药/草甘膦 95%/2013.12.15 至 2018.12.15/低毒			
PD20085579	莠去津/97%/原药/莠去津 97%/2013.12.25 至 2018.12.25/低毒			
PD20085625	吡嘧磺隆/98%/原药/吡嘧磺隆 98%/2013.12.25 至 2018.12.25/低毒			
PD20085766	乙・莠/40%/可湿性粉剂/乙草胺 14%、莠去津 26%/2013.12.29 至 2018.12.29/低毒			
	春玉米田	一年生禾本科杂草及阔叶杂草	1800-2400克/公顷	播后苗前土壤喷雾
	甘蔗田	一年生禾本科杂草及阔叶杂草	1200-1500克/公顷	土壤喷雾
	夏玉米田	一年生禾本科杂草及阔叶杂草	1200-1500克/公顷	播后苗前土壤喷雾
PD20086018	2甲・灭草松/22%/水剂/2甲4氯钠 12%、灭草松 10%/2013.12.29 至 2018.12.29/低毒			
	冬小麦田	多种一年生阔叶杂草	825-1155克/公顷	茎叶喷雾
	水稻移栽田	莎草及阔叶杂草	825-1155克/公顷	茎叶喷雾
PD20086185	吡嘧・丁草胺/24%/可湿性粉剂/吡嘧磺隆 0.4%、丁草胺 23.6%/2013.12.30 至 2018.12.30/低毒			
	水稻抛秧田	多年生杂草、一年生杂草	630-792克/公顷	药土法
	水稻田(直播)	一年生及部分多年生杂草	540-720克/公顷(南方地区)	药土法
	水稻移栽田	一年生杂草	720-900克/公顷	药土法
PD20086345	异丙草胺/72%/乳油/异丙草胺 72%/2013.12.31 至 2018.12.31/低毒			
	春大豆田、春玉米田	一年生禾本科杂草及部分小粒种子阔叶杂草	1620-2160克/公顷(东北地区)	播后苗前土壤喷雾

夏大豆田、夏玉米田 一年生禾本科杂草及部分小粒种子阔叶杂草 1080-1620克/公顷(其它地区) 播后苗前土壤喷雾
PD20090684 异丙草·莠/41%/悬乳剂/异丙草胺 21%、莠去津 20%/2014.01.19 至 2019.01.19/低毒
夏玉米田 一年生杂草 1230—1537.5克/公顷 播后苗前土壤喷雾
PD20091355 二甲戊灵/330克/升/乳油/二甲戊灵 330克/升/2014.02.02 至 2019.02.02/低毒
春玉米田 一年生杂草 1237.5-1732.5克/公顷(东北地区) 土壤喷雾
棉花田 一年生杂草 742.5-990克/公顷 土壤喷雾
夏玉米田 一年生杂草 750-1125克/公顷 土壤喷雾
PD20091370 草甘膦异丙胺盐/30%/水剂/草甘膦 30%/2014.02.02 至 2019.02.02/微毒
橡胶园 杂草 1125-2250克/公顷 定向喷雾
注:草甘膦异丙胺盐含量：41%。
PD20092007 苄嘧磺隆/96%/原药/苄嘧磺隆 96%/2014.02.12 至 2019.02.12/微毒
PD20092743 烟嘧磺隆/95%/原药/烟嘧磺隆 95%/2014.03.04 至 2019.03.04/低毒
PD20092820 苄·丁/30%/可湿性粉剂/苄嘧磺隆 1.5%、丁草胺 28.5%/2014.03.04 至 2019.03.04/低毒
水稻抛秧田 部分多年生杂草、一年生杂草 540-720克/公顷 毒土法
PD20093456 乙草胺/40%/水乳剂/乙草胺 40%/2014.03.23 至 2019.03.23/低毒
大豆田 一年生禾本科杂草及小粒阔叶杂草 900-1200克/公顷 土壤喷雾
花生田 一年生禾本科杂草及小粒阔叶杂草 600-900克/公顷 土壤喷雾
PD20093928 氟胺·灭草松/447克/升/水剂/氟磺胺草醚 87克/升、灭草松 360克/升/2014.03.27 至 2019.03.27/低毒
夏大豆田 莎草科杂草、一年生阔叶杂草 1005.75-1341克/公顷 茎叶喷雾
PD20093989 苄·乙/14%/可湿性粉剂/苄嘧磺隆 4%、乙草胺 10%/2014.03.27 至 2019.03.27/微毒
水稻移栽田 部分多年生杂草、一年生杂草 84-105克/公顷(南方地区) 药土法
PD20094457 苄·乙/10%/可湿性粉剂/苄嘧磺隆 5%、乙草胺 5%/2014.04.01 至 2019.04.01/低毒
抛秧水稻 一年生杂草 75-90克/公顷 药土法
PD20095502 乙草胺/20%/可湿性粉剂/乙草胺 20%/2014.05.11 至 2019.05.11/低毒
水稻移栽田 稗草、部分阔叶杂草、异型莎草 105-150克/公顷 毒土法
PD20095871 异丙草·莠/40%/悬乳剂/异丙草胺 20%、莠去津 20%/2014.05.27 至 2019.05.27/低毒
春玉米田 一年生杂草 1800—2400克/公顷 土壤喷雾
夏玉米田 一年生杂草 1200—1500克/公顷 土壤喷雾
PD20096897 莠灭净/75%/可湿性粉剂/莠灭净 75%/2014.09.23 至 2019.09.23/低毒
甘蔗田 一年生禾本科杂草及阔叶杂草 1710-2280克/公顷 喷雾
PD20102188 丙草胺/95%/原药/丙草胺 95%/2015.12.15 至 2020.12.15/低毒
PD20120315 苄·二氯/32%/可湿性粉剂/苄嘧磺隆 4%、二氯喹啉酸 28%/2012.02.17 至 2017.02.17/低毒
注:专供出口,不得在国内销售。
PD20120335 苄·乙/17%/可湿性粉剂/苄嘧磺隆 2.4%、乙草胺 14.6%/2012.02.17 至 2017.02.17/低毒
注:专供出口,不得在国内销售。
PD20120552 二氯喹啉酸/50%/水分散粒剂/二氯喹啉酸 50%/2012.03.28 至 2017.03.28/低毒
移栽水稻田 稗草 225-375克/公顷 茎叶喷雾
PD20120927 苄·二氯/40%/可湿性粉剂/苄嘧磺隆 4%、二氯喹啉酸 36%/2012.06.04 至 2017.06.04/低毒
注:专供出口，不得在国内销售。
PD20121571 草甘膦铵盐/68%/可溶粒剂/草甘膦 68%/2012.10.25 至 2017.10.25/低毒
非耕地 杂草 1120.5-2970克/公顷 定向茎叶喷雾
注:草甘膦铵盐含量：74.7%。
PD20121626 草甘膦异丙胺盐/46%/水剂/草甘膦 46%/2012.10.30 至 2017.10.30/低毒
非耕地 杂草 1120-3000克/公顷 茎叶喷雾处理
注:草甘膦异丙胺盐含量:62%。
PD20131009 苄·二氯/40%/水分散粒剂/苄嘧磺隆 6%、二氯喹啉酸 34%/2013.05.13 至 2018.05.13/低毒
直播水稻田 一年生杂草 210-300克/公顷 茎叶喷雾
PD20131137 丙草胺/50%/水乳剂/丙草胺 50%/2013.05.20 至 2018.05.20/低毒
移栽水稻田 一年生杂草 375-525克/公顷 药土法
PD20132110 吡嘧·二氯喹/50%/水分散粒剂/吡嘧磺隆 3%、二氯喹啉酸 47%/2013.10.24 至 2018.10.24/低毒
移栽水稻田 一年生杂草 225-300克/公顷 药土法
PD20150837 炔草酯/20%/可湿性粉剂/炔草酯 20%/2015.05.18 至 2020.05.18/微毒
小麦田 部分禾本科杂草 45-60克/公顷 茎叶喷雾
LS20140086 二氯·吡·精噁/70%/可湿性粉剂/吡嘧磺隆 7%、二氯喹啉酸 50%、精噁唑禾草灵 13%/2014.03.14 至 2015.03.14/低毒
注:专供出口，不得在国内销售。

江苏绿叶农化有限公司 (江苏省阜宁县生态化工园（郭墅镇西北村一组） 224000 0515-88601455)

PD85131-19 井冈霉素/3%/水剂/井冈霉素A 2.4%/2011.05.17 至 2016.05.17/低毒
水稻 纹枯病 75-112.5克/公顷 喷雾,泼浇
注:井冈霉素含量：3%。
PD85131-41 井冈霉素/4%/水剂/井冈霉素A 4%/2011.05.17 至 2016.05.17/低毒
水稻 纹枯病 75-112.5克/公顷 喷雾,泼浇
注:井冈霉素含量：5%

PD88109-11 井冈霉素/20%/水溶粉剂/井冈霉素 20%/2013.11.11 至 2018.11.11/低毒
水稻 纹枯病 75-112.5克/公顷 喷雾、泼浇
PD20097530 三唑酮/25%/可湿性粉剂/三唑酮 25%/2014.11.03 至 2019.11.03/低毒
小麦 白粉病 187.5-225克/公顷 喷雾
PD20100977 井冈霉素/8%/水剂/井冈霉素A 8%/2015.01.19 至 2020.01.19/微毒
水稻 纹枯病 75一150克/公顷 喷雾
注:井冈霉素含量度10%。
PD20101814 吡虫啉/95%/原药/吡虫啉 95%/2015.07.19 至 2020.07.19/低毒
PD20101854 戊唑醇/96%/原药/戊唑醇 96%/2015.07.28 至 2020.07.28/低毒
PD20101875 毒死蜱/97%/原药/毒死蜱 97%/2015.08.09 至 2020.08.09/中等毒
PD20101876 啶虫脒/99%/原药/啶虫脒 99%/2015.08.09 至 2020.08.09/低毒
PD20101877 咪鲜胺/95%/原药/咪鲜胺 95%/2015.08.09 至 2020.08.09/低毒
PD20101894 硫双威/95%/原药/硫双威 95%/2015.08.27 至 2020.08.27/中等毒
PD20102078 辛酰溴苯腈/92%/原药/辛酰溴苯腈 92%/2015.11.03 至 2020.11.03/中等毒
PD20110909 三唑酮/95%/原药/三唑酮 95%/2011.08.22 至 2016.08.22/低毒
PD20120654 除草定/95%/原药/除草定 95%/2012.04.18 至 2017.04.18/低毒
注:专供出口，不得在国内销售。
PD20120676 除草定/80%/可湿性粉剂/除草定 80%/2012.04.18 至 2017.04.18/低毒
注:专供出口，不得在国内销售。
PD20120689 丙草胺/96%/原药/丙草胺 96%/2012.04.18 至 2017.04.18/低毒
PD20121279 井冈·硫酸铜/4.5%/水剂/井冈霉素 4%、硫酸铜 0.5%/2012.09.06 至 2017.09.06/微毒
水稻 纹枯病 67.5-91克/公顷 喷雾
PD20121433 井冈·蜡芽菌/2.5%/水剂/井冈霉素A 2.5%、蜡质芽孢杆菌 10亿个/毫升/2012.10.08 至 2017.10.08/低毒
水稻 纹枯病 1500-3000克制剂/公顷 喷雾
PD20121619 灭草松/97%/原药/灭草松 97%/2012.10.30 至 2017.10.30/低毒
PD20121856 嘧菌酯/95%/原药/嘧菌酯 95%/2012.11.28 至 2017.11.28/低毒
PD20121910 噻虫嗪/98%/原药/噻虫嗪 98%/2012.12.07 至 2017.12.07/低毒
PD20122092 嗪草酮/70%/可湿性粉剂/嗪草酮 70%/2012.12.26 至 2017.12.26/低毒
春大豆田 一年生阔叶杂草 577.5-787.5克/公顷 土壤喷雾
夏大豆田 一年生阔叶杂草 367.5-577.5克/公顷 土壤喷雾
PD20130243 噻虫嗪/25%/水分散粒剂/噻虫嗪 25%/2013.02.05 至 2018.02.05/低毒
水稻 飞虱 11.25-15克/公顷 喷雾
小麦 蚜虫 15-30克/公顷 喷雾
PD20130310 嘧菌酯/250克/升/悬浮剂/嘧菌酯 250克/升/2013.02.26 至 2018.02.26/低毒
葡萄 霜霉病 166-250毫克/千克 喷雾
PD20140236 灭草松/480克/升/水剂/灭草松 480克/升/2014.01.29 至 2019.01.29/低毒
春大豆田 一年生阔叶杂草 1296-1512克/公顷 茎叶喷雾
水稻移栽田 一年生阔叶杂草及部分莎草科杂草 1008-1440克/公顷 茎叶喷雾
PD20140994 炔苯酰草胺/50%/可湿性粉剂/炔苯酰草胺 50%/2014.04.15 至 2019.04.15/低毒
莴苣田 杂草 1500-2000克/公顷 土壤喷雾
PD20141355 草铵膦/95%/原药/草铵膦 95%/2014.06.04 至 2019.06.04/低毒
PD20141659 炔苯酰草胺/97%/原药/炔苯酰草胺 97%/2014.06.24 至 2019.06.24/低毒
PD20141708 草铵膦/18%/水剂/草铵膦 18%/2014.06.30 至 2019.06.30/低毒
柑橘园 杂草 1350-1755克/公顷 定向茎叶喷雾
PD20142581 咪鲜胺/450克/升/水乳剂/咪鲜胺 450克/升/2014.12.15 至 2019.12.15/低毒
水稻 稻瘟病 270-405克公顷 喷雾
PD20142632 茚虫威/71%/母药/茚虫威 71%/2014.12.15 至 2019.12.15/中等毒
PD20150154 茚虫威/150克/升/悬浮剂/茚虫威 150克/升/2015.01.14 至 2020.01.14/低毒
甘蓝 菜青虫 11.25-22.5克/公顷 喷雾

江苏茂期化工有限公司 (江苏省连云港市灌南县堆沟港镇化学工业园区 222532 0518-83616088)

PD20130516 三乙膦酸铝/80%/水分散粒剂/三乙膦酸铝 80%/2013.03.27 至 2018.03.27/低毒
黄瓜 霜霉病 2160-2760克/公顷 喷雾
PD20130999 吡虫啉/70%/水分散粒剂/吡虫啉 70%/2013.05.07 至 2018.05.07/低毒
甘蓝 蚜虫 10.5-21克/公顷 喷雾
PD20140617 草甘膦异丙胺盐/30%/水剂/草甘膦 30%/2014.03.07 至 2019.03.07/低毒
非耕地 杂草 1107-2214克/公顷 茎叶喷雾
注:草甘膦异丙胺盐含量: 41%。
PD20140807 苯磺隆/95%/原药/苯磺隆 95%/2014.03.25 至 2019.03.25/低毒
PD20140978 噻螨酮/98%/原药/噻螨酮 98%/2014.04.14 至 2019.04.14/低毒
WP20140078 吡丙醚/97%/原药/吡丙醚 97%/2014.04.08 至 2019.04.08/低毒

江苏梦达日用品有限公司 (江苏省苏州市张家港市(保税区)后塍工业园 215631 0512-58777888)

WP20080101 电热蚊香片/12.5毫克/片/电热蚊香片/炔丙菊酯 12.5毫克/片/2013.09.25 至 2018.09.25/微毒
卫生 蚊 / 电热加温

注:本品有三种香型:无香型、草木香型、薄荷香型。

WP20080157 杀虫气雾剂/0.32%/气雾剂/富右旋反式烯丙菊酯 0.11%、氯菊酯 0.20%、溴氰菊酯 0.01%/2013.11.06 至2018.11.06/低毒
卫生 蚊、蝇、蜚蠊 / 喷雾
注:本品有三种香型:无香型、花香型、薄荷香型。

WP20080171 蚊香/0.3%/蚊香/Es-生物烯丙菊酯 0.3%/2013.11.18 至 2018.11.18/低毒
卫生 蚊 / 点燃
注:本品有三种香型:檀香型、草木香型、薄荷香型。

WP20110245 电热蚊香液/0.8%/电热蚊香液/炔丙菊酯 0.8%/2011.11.04 至 2016.11.04/低毒
卫生 蚊 / 电热加温
注:本产品有三种香型:无香型、草本香型、薄荷香型。

WP20120026 驱蚊液/7%/驱蚊液/避蚊胺 7%/2012.02.14 至 2017.02.14/微毒
卫生 蚊 / 涂抹
注:本产品有三种香型:无香型、清新香型、清凉薄荷香型。

WP20150047 杀虫气雾剂/0.6%/气雾剂/富右旋反式烯丙菊酯 0.35%、氯菊酯 0.25%/2015.03.20 至 2020.03.20/微毒
室内 蚊、蝇、蜚蠊 / 喷雾
注:本产品有三种香型:无香型、茉莉香型、薄荷香型。

WP20150048 杀虫气雾剂(油基)/0.6%/气雾剂/富右旋反式烯丙菊酯 0.35%、氯菊酯 0.25%/2015.03.20 至 2020.03.20/微毒
室内 蚊、蝇、蜚蠊 / 喷雾
注:本产品有三种香型:无香型、茉莉香型、薄荷香型。

WP20150064 电热蚊香液/0.6%/电热蚊香液/氯氟醚菊酯 0.6%/2015.04.17 至 2020.04.17/微毒
室内 蚊 / 电热加温
注:三种香型:无香型、草本香型、薄荷香型

WP20150135 蚊香/0.04%/蚊香/氯氟醚菊酯 0.04%/2015.07.30 至 2020.07.30/微毒
室内 蚊 / 点燃

WL20130041 杀虫气雾剂/0.49%/气雾剂/Es-生物烯丙菊酯 0.39%、右旋苯醚氰菊酯 0.1%/2015.10.10 至 2016.10.10/微毒
室内 蚂蚁、跳蚤、蚊、蝇、蜚蠊 / 喷雾
注:本产品有三种香型:无香型、百花香型、薄荷香型。

WL20140011 杀虫气雾剂/0.35%/醇基气雾剂/炔丙菊酯 0.25%、右旋苯醚菊酯 0.1%/2015.04.11 至 2016.04.11/微毒
室内 蚊、蝇、蜚蠊 / 喷雾

江苏明德立达作物科技有限公司 (江苏淮安盐化新材料产业园区孔莲路9号 223215 0517-89906688)

PD20060065 氯氰·敌敌畏/10%/乳油/敌敌畏 8%、氯氰菊酯 2%/2011.04.04 至 2016.04.04/中等毒
十字花科蔬菜 菜青虫 37.5-75克/公顷 喷雾

PD20083332 甲氰菊酯/20%/乳油/甲氰菊酯 20%/2013.12.11 至 2018.12.11/中等毒
棉花 红蜘蛛 90-150克/公顷 喷雾

PD20083417 毒死蜱/480克/升/乳油/毒死蜱 480克/升/2013.12.11 至 2018.12.11/中等毒
水稻 稻纵卷叶螟 432-576克/公顷 喷雾

PD20084968 噻嗪酮/25%/可湿性粉剂/噻嗪酮 25%/2013.12.22 至 2018.12.22/低毒
水稻 稻飞虱 112.5-150克/公顷 喷雾

PD20086086 阿维菌素/18克/升/乳油/阿维菌素 18克/升/2013.12.30 至 2018.12.30/中等毒(原药高毒)
甘蓝 小菜蛾 8.1-10.8毫克/千克 喷雾

PD20090915 氰戊·辛硫磷/25%/乳油/氰戊菊酯 6.5%、辛硫磷 18.5%/2014.01.19 至 2019.01.19/中等毒
棉花 棉铃虫 270-300克/公顷 喷雾
小麦 蚜虫 93.75-150克/公顷 喷雾

PD20091110 乙草胺/900克/升/乳油/乙草胺 900克/升/2014.01.21 至 2019.01.21/低毒
花生田 一年生杂草 1080-1350克/公顷 播后苗前土壤喷雾

PD20091267 三环唑/75%/可湿性粉剂/三环唑 75%/2014.02.01 至 2019.02.01/中等毒
水稻 稻瘟病 225-375克/公顷 喷雾

PD20097864 唑磷·毒死蜱/25%/乳油/毒死蜱 5%、三唑磷 20%/2014.11.20 至 2019.11.20/中等毒
水稻 稻纵卷叶螟 300-375克/公顷 喷雾

PD20100147 辛硫·三唑磷/40%/乳油/三唑磷 20%、辛硫磷 20%/2015.01.05 至 2020.01.05/中等毒
水稻 二化螟 360-480克/公顷 喷雾

PD20110470 氟铃·毒死蜱/22%/乳油/毒死蜱 20%、氟铃脲 2%/2011.04.22 至 2016.04.22/中等毒
棉花 棉铃虫 264-396克/公顷 喷雾

PD20120149 阿维菌素/5%/乳油/阿维菌素 5%/2012.01.30 至 2017.01.30/中等毒(原药高毒)
甘蓝 小菜蛾 8.1-10.8克/公顷 喷雾

PD20120556 甲氨基阿维菌素苯甲酸盐/1%/微乳剂/甲氨基阿维菌素 1%/2012.03.28 至 2017.03.28/低毒
甘蓝 小菜蛾 2.25-3克/公顷 喷雾
注:甲氨基阿维菌素苯甲酸盐含量:1.14%。

PD20120888 阿维·毒死蜱/10%/乳油/阿维菌素 0.1%、毒死蜱 9.9%/2012.05.24 至 2017.05.24/低毒(原药高毒)
水稻 稻纵卷叶螟 120-150克/公顷 喷雾

PD20141884 苄嘧·丙草胺/30%/可湿性粉剂/苄嘧磺隆 4%、丙草胺 26%/2014.07.31 至 2019.07.31/低毒
水稻田(直播) 一年生杂草 225-270克/公顷 土壤喷雾

PD20150011 苄·丁/30%/可湿性粉剂/苄嘧磺隆 1.5%、丁草胺 28.5%/2015.01.04 至 2020.01.04/低毒
水稻抛秧田 一年生杂草 540-720克/公顷 药土法
PD20150610 烯啶虫胺/10%/水剂/烯啶虫胺 10%/2015.04.16 至 2020.04.16/微毒
棉花 蚜虫 15-30克/公顷 喷雾
PD20151274 吡虫·仲丁威/10%/乳油/吡虫啉 1%、仲丁威 9%/2015.07.30 至 2020.07.30/低毒
水稻 稻飞虱 180-210克/公顷 喷雾
LS20120400 阿维·丁虫腈/5%/乳油/阿维菌素 3.5%、丁虫腈 1.5%/2014.12.12 至 2015.12.12/低毒(原药高毒)
甘蓝 小菜蛾 7.5-11.25克/公顷 喷雾
LS20130101 吡蚜酮/60%/水分散粒剂/吡蚜酮 60%/2015.03.11 至 2016.03.11/低毒
水稻 飞虱 90－117克/公顷 喷雾
LS20140033 嘧菌·乙嘧酚/40%/悬浮剂/嘧菌酯 15%、乙嘧酚 25%/2015.02.13 至 2016.02.13/低毒
黄瓜 白粉病 180-240克/公顷 喷雾
LS20140034 噻虫· 茚虫威/34%/悬浮剂/噻虫嗪 20%、茚虫威 14%/2015.02.13 至 2016.02.13/低毒
水稻 稻纵卷叶螟、二化螟、褐飞虱 60-120克/公顷 喷雾
LS20140035 烯酰·霜脲氰/70%/水分散粒剂/霜脲氰 20%、烯酰吗啉 50%/2015.02.13 至 2016.02.13/低毒
葡萄 霜霉病 210-315克/公顷 喷雾
LS20140081 氯吡·硝·烟嘧/22%/可分散油悬浮剂/烟嘧磺隆 4%、硝磺草酮 10%、氯氟吡氧乙酸异辛酯 8%/2015.03.14 至2016.03.14/低毒
玉米田 一年生杂草 264-330克/公顷 茎叶喷雾
LS20140156 异菌·氟啶胺/40%/悬浮剂/氟啶胺 20%、异菌脲 20%/2015.04.11 至 2016.04.11/低毒
油菜 菌核病 240-300克/公顷 喷雾
LS20140190 联苯·噻虫啉/40%/悬浮剂/联苯菊酯 15%、噻虫啉 25%/2015.05.06 至 2016.05.06/低毒
茶树 茶小绿叶蝉、粉虱 90-120克/公顷 喷雾
LS20150036 硝·烟·辛酰溴/20%/可分散油悬浮剂/辛酰溴苯腈 8%、烟嘧磺隆 4%、硝磺草酮 8%/2015.03.17 至 2016.03.17/低毒
玉米田 一年生杂草 240-300克/公顷 茎叶喷雾
LS20150037 嘧菌.丙环唑/28%/悬乳剂/丙环唑 17.5%、嘧菌酯 10.5%/2015.03.17 至 2016.03.17/低毒
玉米 大斑病 151.2-210克/公顷 叶面喷雾
LS20150112 乙氧氟草醚/35%/悬浮剂/乙氧氟草醚 35%/2015.05.12 至 2016.05.12/低毒
水稻移栽田 一年生杂草 52.5-73.5克/公顷 药土法
LS20150118 噻虫·福·萎锈/35%/悬浮种衣剂/福美双 10%、噻虫嗪 15%、萎锈灵 10%/2015.05.12 至 2016.05.12/低毒
花生 根腐病、蚜虫 175-199.5克/100千克种子 种子包衣
LS20150122 中生·寡糖素/10%/可湿性粉剂/氨基寡糖素 7.5%、中生菌素 2.5%/2015.05.13 至 2016.05.13/低毒
番茄 青枯病 50-60毫克/千克 灌根
LS20150181 嘧菌·代森联/60%/水分散粒剂/代森联 50%、嘧菌酯 10%/2015.06.14 至 2016.06.14/低毒
葡萄 白腐病、霜霉病 461.54-600毫克/千克 喷雾
LS20150184 烯酰·嘧菌酯/40%/悬浮剂/嘧菌酯 12.5%、烯酰吗啉 27.5%/2015.06.14 至 2016.06.14/低毒
马铃薯 晚疫病 240-300克/公顷 喷雾
LS20150275 嘧霉·异菌脲/40%/悬浮剂/嘧霉胺 15%、异菌脲 25%/2015.08.30 至 2016.08.30/低毒
葡萄 灰霉病 400-533毫克/千克 喷雾
LS20150277 溴氰·噻虫嗪/12%/悬浮剂/噻虫嗪 9.5%、溴氰菊酯 2.5%/2015.08.30 至 2016.08.30/低毒
苹果树 桃小食心虫、蚜虫 50-84毫克/千克 喷雾
LS20150300 唑醚·戊唑醇/30%/悬浮剂/吡唑醚菌酯 10%、戊唑醇 20%/2015.09.23 至 2016.09.23/低毒
玉米 大斑病 153-207克/公顷 喷雾
LS20150331 咪鲜胺/30%/微囊悬浮剂/咪鲜胺 30%/2015.12.05 至 2016.12.05/低毒
葡萄 炭疽病 150-240毫克/千克 喷雾
LS20150358 高效氯氟氰菊酯/23%/微囊悬浮剂/高效氯氟氰菊酯 23%/2015.12.19 至 2016.12.19/中等毒
甘蓝 菜青虫 10.35-17.25克/公顷 喷雾

江苏南京常丰农化有限公司 (江苏省南京市六合区瓜埠镇红山窑 211511 025-57634368)

PD84125-18 乙烯利/40%/水剂/乙烯利 40%/2014.12.14 至 2019.12.14/低毒
番茄 催熟 800-1000倍液 喷雾或浸渍
棉花 催熟、增产 330-500倍液 喷雾
柿子、香蕉 催熟 400倍液 喷雾或浸渍
水稻 催熟、增产 800倍液 喷雾
橡胶树 增产 5-10倍液 涂布
烟草 催熟 1000-2000倍液 喷雾
PD85105-4 敌敌畏/77.5%/乳油/敌敌畏 77.5%/2014.12.14 至 2019.12.14/中等毒
茶树 食叶害虫 600克/公顷 喷雾
粮仓 多种储藏害虫 1)400-500倍液,2)0.4-0.5克/立方米 1)喷雾,2)挂条熏蒸
棉花 蚜虫、造桥虫 600-1200克/公顷 喷雾
苹果树 小卷叶蛾、蚜虫 400-500毫克/千克 喷雾
青菜 菜青虫 600克/公顷 喷雾
桑树 尺蠖 600克/公顷 喷雾

	卫生	多种卫生害虫	1)300-400倍液,2)0.08克/立方米	1)泼洒.2)挂条熏蒸
	小麦	黏虫、蚜虫	600克/公顷	喷雾
PD20082328	戊唑醇/95%/原药/戊唑醇 95%/2013.12.01 至 2018.12.01/低毒			
PD20091027	乙烯利/90%/原药/乙烯利 90%/2014.01.21 至 2019.01.21/低毒			
PD20096424	氟乐灵/480克/升/乳油/氟乐灵 480克/升/2014.08.04 至 2019.08.04/低毒			
	大豆田	一年生禾本科杂草及阔叶杂草	720-1080克/公顷	播前或播后苗前土壤喷雾
	棉花田	一年生禾本科杂草及部分阔叶杂草	720-1080克/公顷	播前或播后苗前土壤喷雾
PD20110353	2,4-滴二甲胺盐/60%/水剂/2,4-滴二甲胺盐 60%/2011.03.24 至 2016.03.24/低毒			
	春小麦田	一年生阔叶杂草	432-540克/公顷	茎叶喷雾
	注:有效成份质量浓度为: 720克/升。			
PD20121610	2,4-滴异辛酯/96%/原药/2,4-滴异辛酯 96%/2012.10.29 至 2017.10.29/低毒			
PD20131117	2,4-滴异辛酯/50%/乳油/2,4-滴异辛酯 50%/2013.05.20 至 2018.05.20/低毒			
	小麦田	一年生阔叶杂草	750~900克/公顷	茎叶喷雾
	注:有效成份质量浓度为: 530克/升。			
PD20131800	2甲4氯/97%/原药/2甲4氯 97%/2013.09.09 至 2018.09.09/中等毒			
	注:专供出口，不得在国内销售。			
PD20132144	麦草畏/98%/原药/麦草畏 98%/2013.10.29 至 2018.10.29/低毒			
PD20141351	滴·氨氯/27%/水剂/氨氯吡啶酸 5.7%、2,4-滴 21.3%/2014.06.04 至 2019.06.04/低毒			
	小麦田	一年生阔叶杂草	319.2--501.6克/公倾	茎叶喷雾
	注:有效成份质量浓度为304克/升。			
PD20141867	乙烯利/5%/糊剂/乙烯利 5%/2014.07.24 至 2019.07.24/低毒			
	注:专供出口，不得在国内销售。			
PD20142105	滴胺·麦草畏/41%/水剂/2,4-滴二甲胺盐 30%、麦草畏 11%/2014.09.02 至 2019.09.02/低毒			
	冬小麦田	一年生阔叶杂草	461.25-553.5克/公顷	茎叶喷雾
PD20151156	2甲4氯钠/13%/水剂/2甲4氯钠 13%/2015.06.26 至 2020.06.26/低毒			
	小麦田	一年生阔叶杂草	877.5~1170克/公顷	茎叶喷雾

江苏磐希化工有限公司　(江苏省泰兴市经济开发区新港路6－2号　225404　0523-7676205)

WP20090061	避蚊胺/99%/原药/避蚊胺 99%/2014.01.21 至 2019.01.21/低毒			

江苏七洲绿色化工股份有限公司　(江苏省张家港市东沙化工集中区　215600　0512-58680566)

PD86130-4	灭草松/25%/水剂/灭草松 25%/2015.07.13 至 2020.07.13/低毒			
	草原牧场	阔叶杂草	1500-1875克/公顷	喷雾
	茶园、大豆、甘薯	阔叶杂草	750-1500克/公顷	喷雾
	水稻	阔叶杂草、莎草	750-1500克/公顷	喷雾
	小麦	阔叶杂草	750克/公顷	喷雾
PD20040048	多·酮/30%/可湿性粉剂/多菌灵 20%、三唑酮 10%/2014.12.19 至 2019.12.19/低毒			
	水稻	纹枯病、叶尖枯病	675-900克/公顷	喷雾
	小麦	白粉病、赤霉病	450-600克/公顷	喷雾
PD20040177	三唑酮/20%/乳油/三唑酮 20%/2014.12.19 至 2019.12.19/低毒			
	小麦	白粉病	120-127.5克/公顷	喷雾
PD20040424	吡虫·三唑酮/15.8%/可湿性粉剂/吡虫啉 1.8%、三唑酮 14%/2014.12.19 至 2019.12.19/低毒			
	小麦	白粉病、蚜虫	189.6-237克/公顷	喷雾
PD20040708	三唑酮/15%/可湿性粉剂/三唑酮 15%/2014.12.19 至 2019.12.19/低毒			
	小麦	白粉病、锈病	135-180克/公顷	喷雾
	玉米	丝黑穗病	60-90克/100千克种子	拌种
PD20050022	三唑酮/95%/原药/三唑酮 95%/2015.04.15 至 2020.04.15/低毒			
PD20050023	吡虫·杀虫单/46.5%/可湿性粉剂/吡虫啉 1.5%、杀虫单 45%/2015.04.15 至 2020.04.15/低毒			
	水稻	稻飞虱、稻纵卷叶螟、二化螟、三化螟	450-750克/公顷	喷雾
PD20070351	烯效唑/90%/原药/烯效唑 90%/2012.10.24 至 2017.10.24/低毒			
PD20070352	烯效唑/5%/可湿性粉剂/烯效唑 5%/2012.10.24 至 2017.10.24/低毒			
	水稻	控制生长	50-150毫克/千克	浸种
PD20070360	己唑醇/95%/原药/己唑醇 95%/2012.10.24 至 2017.10.24/微毒			
PD20070361	己唑醇/5%/悬浮剂/己唑醇 5%/2012.10.24 至 2017.10.24/微毒			
	葡萄	白粉病	10-20毫克/千克	喷雾
	水稻	纹枯病	56.25-67.5克/公顷	喷雾
	小麦	锈病	22.5-30克/公顷	喷雾
	小麦	白粉病	15-22.5克/公顷	喷雾
PD20070464	醚菊酯/96%/原药/醚菊酯 96%/2012.11.20 至 2017.11.20/低毒			
PD20080051	醚菊酯/10%/悬浮剂/醚菊酯 10%/2013.01.03 至 2018.01.03/低毒			
	十字花科蔬菜	菜青虫	45-60克/公顷	喷雾
	水稻	稻象甲	120-150克/公顷	喷雾

PD20080090 丙环唑/95%/原药/丙环唑 95%/2013.01.04 至 2018.01.04/低毒
PD20080144 噻嗪酮/98%/原药/噻嗪酮 98%/2013.01.03 至 2018.01.03/微毒
PD20080234 丙环唑/25%/乳油/丙环唑 25%/2013.02.14 至 2018.02.14/低毒
莲藕 叶斑病 75-112.5克/公顷 喷雾
香蕉 叶斑病 250-500毫克/千克 喷雾
茭白 胡麻斑病 56-75克/公顷 喷雾
PD20080521 噻嗪酮/25%/可湿性粉剂/噻嗪酮 25%/2013.04.29 至 2018.04.29/低毒
水稻 稻飞虱 112.5-150克/公顷 喷雾
PD20080796 三唑醇/97%/原药/三唑醇 97%/2013.06.20 至 2018.06.20/低毒
PD20081256 多效唑/15%/可湿性粉剂/多效唑 15%/2013.09.18 至 2018.09.18/低毒
冬小麦 调节生长 76.5-90克/公顷 喷雾
花生 调节生长、增产 90-120克/公顷 喷雾
水稻育秧田 控制生长 200-300毫克/千克 喷雾
油菜(苗床) 控制生长 100-200毫克/千克 喷雾
PD20081265 多效唑/95%/原药/多效唑 95%/2013.09.18 至 2018.09.18/低毒
PD20081516 嗪草酮/93%/原药/嗪草酮 93%/2013.11.06 至 2018.11.06/低毒
PD20082107 戊唑醇/96%/原药/戊唑醇 96%/2013.11.25 至 2018.11.25/低毒
PD20082579 烯草酮/95%/原药/烯草酮 95%/2013.12.04 至 2018.12.04/低毒
PD20082931 戊唑醇/2%/湿拌种剂/戊唑醇 2%/2013.12.09 至 2018.12.09/微毒
玉米 丝黑穗病 8-12克/100千克种子 拌种
PD20084551 三唑醇/15%/可湿性粉剂/三唑醇 15%/2013.12.18 至 2018.12.18/低毒
小麦 纹枯病 30-45克/100千克种子 拌种
PD20084933 嗪草酮/70%/可湿性粉剂/嗪草酮 70%/2013.12.22 至 2018.12.22/低毒
春大豆田 一年生阔叶杂草 525-735克/公顷(东北地区) 播后苗前土壤喷雾
PD20085381 嗪草酮/50%/可湿性粉剂/嗪草酮 50%/2013.12.24 至 2018.12.24/低毒
春大豆田 一年生阔叶杂草 450-600克/公顷(东北地区) 播后苗前土壤喷雾
PD20092188 戊唑醇/25%/乳油/戊唑醇 25%/2014.02.23 至 2019.02.23/低毒
香蕉 叶斑病 833-1250倍液 喷雾
PD20093502 戊唑醇/5%/悬浮拌种剂/戊唑醇 5%/2014.03.23 至 2019.03.23/微毒
小麦 纹枯病 3-4克/100千克种子 拌种
PD20095163 烯唑醇/12.5%/可湿性粉剂/烯唑醇 12.5%/2014.04.24 至 2019.04.24/低毒
梨树 黑星病 30-50毫克/千克 喷雾
PD20095203 烯唑醇/95%/原药/烯唑醇 95%/2014.04.24 至 2019.04.24/低毒
PD20101302 草甘膦/95%/原药/草甘膦 95%/2015.03.17 至 2020.03.17/低毒
PD20110168 三唑醇/25%/乳油/三唑醇 25%/2016.02.11 至 2021.02.11/低毒
小麦 白粉病 75-150克/公顷 喷雾
PD20110262 苯甲·丙环唑/300克/升/乳油/苯醚甲环唑 150克/升、丙环唑 150克/升/2016.03.04 至 2021.03.04/低毒
水稻 纹枯病 67.5-90克/公顷 喷雾
PD20110425 嗪草酮/70%/水分散粒剂/嗪草酮 70%/2011.04.15 至 2016.04.15/低毒
春大豆田 一年生阔叶杂草 525-630克/公顷 土壤喷雾
PD20110615 戊唑醇/430克/升/悬浮剂/戊唑醇 430克/升/2011.06.07 至 2016.06.07/低毒
苦瓜 白粉病 77.4-116.1克/公顷 喷雾
苹果树 斑点落叶病 86-143毫克/千克 喷雾
水稻 稻曲病 64.5-96.75克/公顷 喷雾
PD20110675 多效唑/25%/悬浮剂/多效唑 25%/2011.06.20 至 2016.06.20/低毒
小麦 调节生长、增产 100-150 毫克/升 兑水喷雾
PD20111182 己唑·腐霉利/16%/悬浮剂/腐霉利 14%、己唑醇 2%/2011.11.15 至 2016.11.15/微毒
番茄 灰霉病 160-200毫克/千克 喷雾
PD20111222 戊唑醇/25%/可湿性粉剂/戊唑醇 25%/2011.11.17 至 2016.11.17/微毒
小麦 白粉病、锈病 225-262.5克/公顷 喷雾
PD20111319 粉唑醇/12.5%/悬浮剂/粉唑醇 12.5%/2011.12.05 至 2016.12.05/微毒
注:专供出口，不得在国内销售。
PD20111343 粉唑醇/95%/原药/粉唑醇 95%/2011.12.06 至 2016.12.06/中等毒
注:专供出口，不得在国内销售。
PD20111345 苯醚甲环唑/95%/原药/苯醚甲环唑 95%/2011.12.09 至 2016.12.09/低毒
注:专供出口，不得在国内销售。
PD20120903 氟环唑/125克/升/悬浮剂/氟环唑 125克/升/2012.05.24 至 2017.05.24/微毒
小麦 锈病 84-112.5克/公顷 喷雾
注:专供出口,不得在国内销售。
PD20120926 氟环唑/95%/原药/氟环唑 95%/2012.06.04 至 2017.06.04/低毒
注:专供出口，不得在国内销售。
PD20121156 嗪草酮/480克/升/悬浮剂/嗪草酮 480克/升/2012.07.30 至 2017.07.30/低毒
春大豆田 一年生阔叶杂草 495-594克/公顷 土壤喷雾

PD20121394 苯醚甲环唑/10%/水分散粒剂/苯醚甲环唑 10%/2012.09.14 至 2017.09.14/微毒
大白菜 黑斑病 52.5-75克/公顷 喷雾
苦瓜 白粉病 105-150克/公顷 喷雾
梨树 黑星病 20-25毫克/千克 喷雾
芹菜 斑枯病 52.5-67.5克/公顷 喷雾
PD20122039 苯醚甲环唑/95%/原药/苯醚甲环唑 95%/2012.12.24 至 2017.12.24/低毒
PD20130176 草铵膦/95%/原药/草铵膦 95%/2013.01.24 至 2018.01.24/低毒
PD20131063 氟环唑/95%/原药/氟环唑 95%/2013.05.20 至 2018.05.20/低毒
PD20131629 己唑醇//悬浮剂/ /2013.07.30 至 2018.07.30/低毒
小麦 锈病 22.5—30克/公顷 喷雾
小麦 白粉病 15—22.5克/公顷 喷雾
PD20131779 氟环唑/125克/升/悬浮剂/氟环唑 125克/升/2013.09.09 至 2018.09.09/微毒
小麦 锈病 84-112.5克/公顷 喷雾
PD20131818 苯醚甲环唑/25%/乳油/苯醚甲环唑 25%/2013.09.17 至 2018.09.17/低毒
注:专供出口，不得在国内销售。
PD20132581 丙环唑/447克/升/乳油/丙环唑 447克/升/2013.12.17 至 2018.12.17/低毒
注: 专供出口，不得在国内销售。 丙环唑质量分数为: 41.8%。
PD20140138 嘧菌酯/97%/原药/嘧菌酯 97%/2014.01.20 至 2019.01.20/微毒
PD20141216 草铵膦/200克/升/水剂/草铵膦 200克/升/2014.05.06 至 2019.05.06/低毒
非耕地 杂草 1500-1800克/公顷 定向茎叶喷雾
PD20141356 烯草酮/240克/升/乳油/烯草酮 240克/升/2014.06.04 至 2019.06.04/低毒
大豆田 一年生禾本科杂草 108-144克/公顷 茎叶喷雾
PD20142102 螺螨酯/98%/原药/螺螨酯 98%/2014.09.02 至 2019.09.02/微毒
PD20142216 噁霜灵/96%/原药/噁霜灵 96%/2014.09.28 至 2019.09.28/低毒
PD20142524 粉唑·嘧菌酯/500克/升/悬浮剂/嘧菌酯 250克/升、粉唑醇 250克/升/2014.11.21 至 2019.11.21/低毒
注:专供出口，不得在国内销售。
PD20150524 螺螨酯/240克/升/悬浮剂/螺螨酯 240克/升/2015.03.23 至 2020.03.23/微毒
柑橘树 红蜘蛛 48-60毫克/千克 喷雾
PD20150821 粉唑醇/12.5%/悬浮剂/粉唑醇 12.5%/2015.05.14 至 2020.05.14/微毒
小麦 白粉病 67.5-112.5克/公顷 喷雾
PD20151098 粉唑醇/95%/原药/粉唑醇 95%/2015.06.17 至 2020.06.17/中等毒
PD20151773 草铵膦/50%/母药/草铵膦 50%/2015.08.28 至 2020.08.28/低毒
LS20150236 井冈·氟环唑/24%/悬浮剂/氟环唑 8%、井冈霉素A 16%/2015.07.30 至 2016.07.30/低毒
水稻 纹枯病 72-108克/公顷 喷雾

江苏洽益农化有限公司 (江苏省盐城市东台市许河镇工业园区 224232 0515-85635182)

PD20080453 敌畏·辛硫磷/40%/乳油/敌敌畏 25%、辛硫磷 15%/2013.03.27 至 2018.03.27/中等毒
桑树 毛虫 333-500毫克/千克 喷雾
PD20093633 氟啶脲/5%/乳油/氟啶脲 5%/2014.03.25 至 2019.03.25/低毒
棉花 棉铃虫 82.5-105克/公顷 喷雾
PD20094086 精吡氟禾草灵/150克/升/乳油/精吡氟禾草灵 150克/升/2014.03.27 至 2019.03.27/微毒
冬油菜田 一年生禾本科杂草 120-150克/公顷 茎叶喷雾
PD20094584 毒死蜱/45%/乳油/毒死蜱 45%/2014.04.10 至 2019.04.10/中等毒
水稻 稻飞虱 450-600克/公顷 喷雾
PD20096690 高效氯氟氰菊酯/25克/升/乳油/高效氯氟氰菊酯 25克/升/2014.09.07 至 2019.09.07/中等毒
十字花科叶菜 菜青虫 7.5-15克/公顷 喷雾
PD20100933 杀螟丹/50%/可溶粉剂/杀螟丹 50%/2015.01.19 至 2020.01.19/中等毒
水稻 二化螟 600-900克/公顷 喷雾
PD20130522 咪鲜胺锰盐/50%/可湿性粉剂/咪鲜胺锰盐 50%/2013.03.27 至 2018.03.27/低毒
柑橘 绿霉病、青霉病 250-500毫克/千克 浸果
黄瓜 炭疽病 380-500克/公顷 喷雾
PD20131112 苯醚甲环唑/250克/升/乳油/苯醚甲环唑 250克/升/2013.05.20 至 2018.05.20/低毒
香蕉 叶斑病 100-125毫克/千克 喷雾
PD20131428 甲氨基阿维菌素苯甲酸盐/2%/乳油/甲氨基阿维菌素 2%/2013.07.03 至 2018.07.03/低毒
甘蓝 小菜蛾 1.8-2.4克/公顷 喷雾
注:甲氨基阿维菌素苯甲酸盐: 含量2.28%。
PD20131646 阿维菌素/1.8%/乳油/阿维菌素 1.8%/2013.08.01 至 2018.08.01/低毒(原药高毒)
柑橘树 潜叶蛾 4.5-6.0毫克/千克 喷雾
PD20140368 己唑醇/10%/悬浮剂/己唑醇 10%/2014.02.20 至 2019.02.20/低毒
水稻 纹枯病 60-75克/公顷 喷雾
PD20140543 烯酰吗啉/50%/可湿性粉剂/烯酰吗啉 50%/2014.03.06 至 2019.03.06/低毒
番茄 晚疫病 250-300克/公顷 喷雾
PD20150446 烯酰·霜脲氰/35%/悬浮剂/霜脲氰 5%、烯酰吗啉 30%/2015.03.20 至 2020.03.20/低毒
黄瓜 霜霉病 210-315克/公顷 喷雾

江苏侨基生物化学有限公司　(江苏省南通市海安县仇湖镇仇湖南路168号　226692　0513-88433136)

PD20081922　杀螺胺/98%/原药/杀螺胺 98%/2013.11.21 至 2018.11.21/微毒

PD20090480　杀螟丹/50%/可溶粉剂/杀螟丹 50%/2014.01.12 至 2019.01.12/中等毒

水稻	二化螟	600-750克/公顷	喷雾

PD20096191　杀螺胺/70%/可湿性粉剂/杀螺胺 70%/2014.07.10 至 2019.07.10/低毒

水稻	福寿螺	315-420克/公顷	喷雾

PD20110074　戊唑醇/430克/升/悬浮剂/戊唑醇 430克/升/2016.01.19 至 2021.01.19/微毒

大白菜	黑斑病	120-150克/公顷	喷雾
苹果树	轮纹病	107.5-143毫克/千克	喷雾
苹果树	斑点落叶病	61.4-86毫克/千克	喷雾

PD20110848　丙环唑/250克/升/乳油/丙环唑 250克/升/2011.08.10 至 2016.08.10/低毒

香蕉	叶斑病	250-500毫克/千克	喷雾
小麦	白粉病	100-150克/公顷	喷雾

PD20111080　高效氯氟氰菊酯/25克/升/乳油/高效氯氟氰菊酯 25克/升/2011.10.12 至 2016.10.12/中等毒

甘蓝	菜青虫	7.5-15克/公顷	喷雾

PD20120424　苯醚甲环唑/250克/升/乳油/苯醚甲环唑 250克/升/2012.03.14 至 2017.03.14/低毒

香蕉	叶斑病	100－125毫克/千克	喷雾

PD20120433　咪鲜胺/450克/升/水乳剂/咪鲜胺 450克/升/2012.03.14 至 2017.03.14/低毒

水稻	恶苗病	62.5-125毫克/千克	浸种

PD20121492　阿维·啶虫脒/4%/乳油/阿维菌素 1%、啶虫脒 3%/2012.10.09 至 2017.10.09/低毒(原药高毒)

黄瓜	蚜虫	9-12克/公顷	喷雾

PD20132437　嘧菌酯/250克/升/悬浮剂/嘧菌酯 250克/升/2013.11.20 至 2018.11.20/低毒

葡萄	霜霉病	125-250克/公顷	喷雾

江苏仁信作物保护技术有限公司　(江苏省南京市化学工业园区赵桥河南路168号　210009　025-84712673)

PD20110613　戊唑醇/430克/升/悬浮剂/戊唑醇 430克/升/2011.06.07 至 2016.06.07/低毒

苹果树	斑点落叶病	86－107.5毫克/千克	喷雾

PD20122036　甲氨基阿维菌素苯甲酸盐/5%/水分散粒剂/甲氨基阿维菌素 5%/2012.12.19 至 2017.12.19/低毒

甘蓝	小菜蛾	1.92-2.57克/公顷	喷雾

注:甲氨基阿维菌素苯甲酸盐含量：5.7%。

PD20131189　丙环唑/95%/原药/丙环唑 95%/2013.05.27 至 2018.05.27/低毒

PD20132621　草甘膦异丙胺盐/30%/水剂/草甘膦 30%/2013.12.20 至 2018.12.20/低毒

非耕地	杂草	1125-1685克/公顷	喷雾

注:草甘膦异丙胺盐含量：41%。

PD20141873　草甘膦/95%/原药/草甘膦 95%/2014.07.24 至 2019.07.24/低毒

PD20142439　草甘膦铵盐/68%/可溶粒剂/草甘膦 68%/2014.11.15 至 2019.11.15/低毒

非耕地	杂草	1020-1530克/公顷	茎叶喷雾

注:草甘膦铵盐含量为：74.7%。

PD20150275　烟嘧磺隆/98%/原药/烟嘧磺隆 98%/2015.02.04 至 2020.02.04/低毒

PD20150994　高效氟吡甲禾灵/95%/原药/高效氟吡甲禾灵 95%/2015.06.11 至 2020.06.11/低毒

PD20151074　双氟磺草胺/97%/原药/双氟磺草胺 97%/2015.06.14 至 2020.06.14/低毒

江苏瑞邦农药厂有限公司　(江苏省南通市如东县洋口化工聚集区　226400　0513-84815022)

PD20070039　苯磺隆/95%/原药/苯磺隆 95%/2012.03.06 至 2017.03.06/低毒

PD20070269　苯磺隆/75%/水分散粒剂/苯磺隆 75%/2012.09.05 至 2017.09.05/低毒

冬小麦田	杂草	13.5－22.5克/公顷	茎叶喷雾

PD20070270　草甘膦/95%/原药/草甘膦 95%/2012.09.05 至 2017.09.05/低毒

PD20070447　毒死蜱/480克/升/乳油/毒死蜱 480克/升/2012.11.20 至 2017.11.20/低毒

水稻	二化螟	468-576克/公顷	喷雾

PD20070556　多菌灵/80%/可湿性粉剂/多菌灵 80%/2012.12.03 至 2017.12.03/低毒

水稻	稻瘟病	750-900克/公顷	喷雾

PD20080015　苄嘧磺隆/97%/原药/苄嘧磺隆 97%/2013.01.03 至 2018.01.03/低毒

PD20080148　炔螨特/57%/乳油/炔螨特 57%/2013.01.03 至 2018.01.03/低毒

柑橘树	红蜘蛛	285-380毫克/千克	喷雾

PD20080306　灭蝇胺/50%/可湿性粉剂/灭蝇胺 50%/2013.02.25 至 2018.02.25/低毒

黄瓜	美洲斑潜蝇	187.5-225克/公顷	喷雾

PD20080312　苯磺隆/10%/可湿性粉剂/苯磺隆 10%/2013.02.25 至 2018.02.25/低毒

冬小麦田	杂草	15－22.5克/公顷	茎叶喷雾

PD20080459　烟嘧磺隆/95%/原药/烟嘧磺隆 95%/2013.03.27 至 2018.03.27/低毒

PD20080503　草甘膦异丙胺盐/41%/水剂/草甘膦异丙胺盐 41%/2013.04.10 至 2018.04.10/低毒

柑橘园	杂草	1125-2250克/公顷	定向茎叶喷雾

PD20080540　噻吩磺隆/15%/可湿性粉剂/噻吩磺隆 15%/2013.05.04 至 2018.05.04/低毒

冬小麦田	一年生阔叶杂草	22.5-30克/公顷	喷雾

PD20080558　噻吩磺隆/75%/水分散粒剂/噻吩磺隆 75%/2013.05.09 至 2018.05.09/低毒

夏大豆田	一年生阔叶杂草	20-25克/公顷	土壤喷雾

夏玉米田	一年生阔叶杂草	15-25克/公顷	土壤或茎叶喷雾

PD20080852 吡嘧磺隆/10%/可湿性粉剂/吡嘧磺隆 10%/2013.06.23 至 2018.06.23/低毒

水稻移栽田	阔叶杂草、莎草科杂草	22.5-30克/公顷	药土法

PD20080854 精喹禾灵/5%/乳油/精喹禾灵 5%/2013.06.23 至 2018.06.23/低毒

冬油菜田、夏大豆田	一年生禾本科杂草	45-52.5克/公顷	茎叶喷雾

PD20080920 硫双威/95%/原药/硫双威 95%/2013.07.17 至 2018.07.17/中等毒

PD20081277 灭草松/97%/原药/灭草松 97%/2013.09.25 至 2018.09.25/低毒

PD20081788 精喹·草除灵/17.5%/乳油/草除灵 15%、精喹禾灵 2.5%/2013.11.19 至 2018.11.19/低毒

冬油菜田	一年生杂草	262.5-393.8克/公顷	喷雾

PD20082022 苄·二氯/36%/可湿性粉剂/苄嘧磺隆 3%、二氯喹啉酸 33%/2013.11.25 至 2018.11.25/低毒

水稻田(直播)	一年生及部分多年生杂草	216-270克/公顷	茎叶喷雾

PD20082258 硫双威/375克/升/悬浮剂/硫双威 375克/升/2013.11.27 至 2018.11.27/中等毒

棉花	棉铃虫	562.5-787.5克/公顷	喷雾

PD20082367 氯氰·辛硫磷/40%/乳油/氯氰菊酯 5%、辛硫磷 35%/2013.12.01 至 2018.12.01/中等毒

棉花	棉铃虫	360-480克/公顷	喷雾

PD20082725 二氯喹啉酸/50%/可湿性粉剂/二氯喹啉酸 50%/2013.12.08 至 2018.12.08/低毒

水稻秧田	稗草	225-375克/公顷	喷雾
水稻移栽田	稗草	225-375克/公顷	喷雾或药土法

PD20082750 除虫脲/25%/可湿性粉剂/除虫脲 25%/2013.12.08 至 2018.12.08/微毒

甘蓝	菜青虫	215.7-225克/公顷	喷雾

PD20082999 硫双威/75%/可湿性粉剂/硫双威 75%/2013.12.10 至 2018.12.10/中等毒

棉花	棉铃虫	675-900克/公顷	喷雾

PD20083099 莠去津/48%/可湿性粉剂/莠去津 48%/2013.12.10 至 2018.12.10/低毒

夏玉米田	一年生杂草	1080-1440克/公顷	土壤喷雾

PD20083151 高氯·毒死蜱/20%/乳油/毒死蜱 18%、高效氯氰菊酯 2%/2013.12.11 至 2018.12.11/中等毒

棉花	棉铃虫	240-270克/公顷	喷雾

PD20083178 腐霉利/80%/可湿性粉剂/腐霉利 80%/2013.12.11 至 2018.12.11/微毒

番茄	灰霉病	375-750克/公顷	喷雾

PD20083925 除虫脲/75%/可湿性粉剂/除虫脲 75%/2013.12.15 至 2018.12.15/低毒

十字花科蔬菜	菜青虫	188-244克/公顷	喷雾

PD20084173 锰锌·腈菌唑/25%/可湿性粉剂/腈菌唑 2%、代森锰锌 23%/2013.12.16 至 2018.12.16/低毒

梨树	黑星病	700-1000倍液	喷雾

PD20084806 除虫脲/98%/原药/除虫脲 98%/2013.12.22 至 2018.12.22/低毒

PD20085338 丙溴磷/500克/升/乳油/丙溴磷 500克/升/2013.12.24 至 2018.12.24/低毒

棉花	棉铃虫	450-600克/公顷	喷雾

PD20085569 异丙草胺/72%/乳油/异丙草胺 72%/2013.12.25 至 2018.12.25/低毒

夏玉米田	一年生禾本科杂草及部分阔叶杂草	1080-1620克/公顷	喷雾

PD20085993 辛酰溴苯腈/25%/乳油/辛酰溴苯腈 25%/2013.12.29 至 2018.12.29/低毒

玉米田	一年生阔叶杂草	375-562.5克/公顷	茎叶喷雾

PD20092088 异丙·苄/10%/可湿性粉剂/苄嘧磺隆 1.25%、异丙草胺 8.75%/2014.02.16 至 2019.02.16/微毒

水稻抛秧田	一年生杂草	112.5-150克/公顷	药土法

PD20092199 乳氟禾草灵/240克/升/乳油/乳氟禾草灵 240克/升/2014.02.23 至 2019.02.23/低毒

花生田	一年生阔叶杂草	54-108克/公顷	茎叶喷雾

PD20092347 噻苯隆/50%/可湿性粉剂/噻苯隆 50%/2014.02.24 至 2019.02.24/微毒

棉花	脱叶	225-300克/公顷	喷雾

PD20093034 精吡氟禾草灵/150克/升/乳油/精吡氟禾草灵 150克/升/2014.03.09 至 2019.03.09/低毒

大豆田	一年生禾本科杂草	60-70毫升制剂/亩	茎叶喷雾
棉花田	一年生禾本科杂草	50-60毫升制剂/亩	茎叶喷雾

PD20093131 咪唑乙烟酸/10%/水剂/咪唑乙烟酸 10%/2014.03.10 至 2019.03.10/微毒

春大豆田	一年生杂草	75-100.5克/公顷	茎叶喷雾

PD20093703 草甘膦/75.7%/可溶粒剂/草甘膦 75.7%/2014.03.25 至 2019.03.25/低毒

柑橘	杂草	1873.5-2498.1克/公顷	喷雾

PD20095847 噻磺·乙草胺/20%/可湿性粉剂/噻吩磺隆 1%、乙草胺 19%/2014.05.27 至 2019.05.27/低毒

夏大豆田、夏玉米田	一年生杂草	600-750克/公顷	播后苗前土壤喷雾

PD20096008 甲磺隆/60%/水分散粒剂/甲磺隆 60%/2014.06.11 至 2019.03.14/低毒

注:专供出口，不得在国内销售。

PD20096035 甲磺隆/60%/可湿性粉剂/甲磺隆 60%/2014.06.15 至 2019.06.15/微毒

冬小麦田	一年生杂草	7.5克/公顷	喷雾

注:专供出口，不得在国内销售。

PD20096050 吡虫啉/98%/原药/吡虫啉 98%/2014.06.18 至 2019.06.18/低毒

PD20096150 精噁唑禾草灵/10%/乳油/精噁唑禾草灵 10%/2014.06.24 至 2019.06.24/低毒

花生田	一年生禾本科杂草	51.4-62.4克/公顷	茎叶喷雾
棉花田	一年生禾本科杂草	48.3-60.4克/公顷	茎叶喷雾

PD20096187 灭草松/560克/升/水剂/灭草松 560克/升/2014.07.10 至 2019.07.10/低毒
春大豆田 一年生阔叶杂草 1176-1512克/公顷 茎叶喷雾

PD20097042 精噁唑禾草灵/69克/升/水乳剂/精噁唑禾草灵 69克/升/2014.10.10 至 2019.10.10/低毒
小麦田 看麦娘、野燕麦等一年生禾本科杂草 41.4-62.1克/公顷 茎叶喷雾

PD20097238 多菌灵/98%/原药/多菌灵 98%/2014.10.19 至 2019.10.19/低毒

PD20097657 烟嘧磺隆/40克/升/可分散油悬浮剂/烟嘧磺隆 40克/升/2014.11.04 至 2019.11.04/低毒
玉米田 一年生杂草 42-60克/公顷 茎叶喷雾

PD20098299 联苯菊酯/100克/升/乳油/联苯菊酯 100克/升/2014.12.18 至 2019.12.18/中等毒
茶树 茶尺蠖 7.5-15克/公顷 喷雾
茶树 茶小绿叶蝉 30-37.5克/公顷 喷雾

PD20101359 噁草·丁草胺/60%/乳油/丁草胺 50%、噁草酮 10%/2015.04.02 至 2020.04.02/低毒
棉花田 一年生杂草 810-1080克/公顷 土壤喷雾
水稻旱直播田 一年生杂草 720-900克/公顷 土壤喷雾

PD20101381 苄嘧·丙草胺/40%/可湿性粉剂/苄嘧磺隆 4%、丙草胺 36%/2015.04.07 至 2020.04.07/低毒
水稻田(直播) 一年生及部分多年生杂草 450-480克/公顷(南方地区) 喷雾

PD20101851 乙氧氟草醚/240克/升/乳油/乙氧氟草醚 240克/升/2015.07.28 至 2020.07.28/低毒
甘蔗田 一年生杂草 108-180克/公顷 土壤喷雾

PD20110083 吡虫啉/70%/可湿性粉剂/吡虫啉 70%/2016.01.21 至 2021.01.21/低毒
甘蓝 蚜虫 21—31.5克/公顷 喷雾

PD20110343 噻苯隆/80%/可湿性粉剂/噻苯隆 80%/2016.03.24 至 2021.03.24/低毒
棉花 脱叶 240-300克/公顷 茎叶喷雾

PD20110810 吡虫啉/70%/种子处理可分散粉剂/吡虫啉 70%/2011.08.04 至 2016.08.04/低毒
棉花 蚜虫 280-420 克/100千克种子 拌种

PD20110823 苄嘧磺隆/60%/水分散粒剂/苄嘧磺隆 60%/2011.08.04 至 2016.08.04/低毒
移栽水稻田 一年生阔叶杂草及莎草科杂草 27-54克/公顷 药土法

PD20111014 啶虫脒/70%/可湿性粉剂/啶虫脒 70%/2011.09.28 至 2016.09.28/低毒
注:专供出口，不得在国内销售。

PD20111141 多菌灵/500克/升/悬浮剂/多菌灵 500克/升/2011.11.03 至 2016.11.03/低毒
水稻 纹枯病 750—900克/公顷 喷雾

PD20120013 甲嘧磺隆/75%/可湿性粉剂/甲嘧磺隆 75%/2012.01.05 至 2017.01.05/低毒
非耕地 杂草 450-675克/公顷 喷雾

PD20120130 硫双威/375克/升/悬浮种衣剂/硫双威 375克/升/2012.01.29 至 2017.01.29/中等毒
棉花 小地老虎 350-1050克 /100千克种子 拌种法

PD20120208 氯嘧磺隆/25%/可湿性粉剂/氯嘧磺隆 25%/2012.02.07 至 2017.02.07/低毒
注:仅供出口，不得在国内销售。

PD20120209 氯嘧磺隆/50%/可湿性粉剂/氯嘧磺隆 50%/2012.02.07 至 2017.02.07/低毒
注:仅供出口，不得在国内销售。

PD20120254 氯嘧磺隆/75%/水分散粒剂/氯嘧磺隆 75%/2012.02.14 至 2017.02.14/低毒
注:专供出口，不得在国内销售。

PD20120255 氯嘧磺隆/25%/水分散粒剂/氯嘧磺隆 25%/2012.02.14 至 2017.02.14/低毒
注:专供出口，不得在国内销售。

PD20120685 吡虫啉/70%/水分散粒剂/吡虫啉 70%/2012.04.18 至 2017.04.18/低毒
甘蓝 蚜虫 21.0-31.5克/公顷 喷雾

PD20120694 精噁唑禾草灵/69克/升/水乳剂/精噁唑禾草灵 69克/升/2012.04.18 至 2017.04.18/低毒
大麦田 一年生禾本科杂草 51.75-62.1克/公顷 喷雾

PD20121682 2甲·唑草酮/70.5%/可湿性粉剂/2甲4氯钠 66.5%、唑草酮 4%/2012.11.05 至 2017.11.05/低毒
冬小麦田 一年生阔叶杂草 370-475.9克/公顷 茎叶喷雾
移栽水稻田 一年生阔叶杂草及莎草科杂草 423-528.75克/公顷 茎叶喷雾

PD20121836 烟嘧磺隆/75%/水分散粒剂/烟嘧磺隆 75%/2012.11.22 至 2017.11.22/低毒
玉米田 一年生杂草 40-60克/公顷 茎叶喷雾

PD20121883 嘧菌酯/98%/原药/嘧菌酯 98%/2012.11.28 至 2017.11.28/低毒

PD20121890 砜嘧磺隆/99%/原药/砜嘧磺隆 99%/2012.12.07 至 2017.12.07/低毒

PD20121891 酰嘧磺隆/97%/原药/酰嘧磺隆 97%/2012.12.07 至 2017.12.07/低毒

PD20130057 噻吩磺隆/97%/原药/噻吩磺隆 97%/2013.01.07 至 2018.01.07/低毒

PD20130126 噻苯隆/98%/原药/噻苯隆 98%/2013.01.17 至 2018.01.17/低毒

PD20130325 乙氧磺隆/97%/原药/乙氧磺隆 97%/2013.03.04 至 2018.03.04/低毒

PD20131068 双草醚/95%/原药/双草醚 95%/2013.05.20 至 2018.05.20/低毒

PD20132024 嗪草酮/97%/原药/嗪草酮 97%/2013.10.21 至 2018.10.21/低毒

PD20132430 吡嘧磺隆/98%/原药/吡嘧磺隆 98%/2013.11.20 至 2018.11.20/低毒

PD20132457 甲磺隆/20%/水分散粒剂/甲磺隆 20%/2013.12.02 至 2018.12.02/低毒
注:专供出口，不得在国内销售。

PD20132469 异噁·甲戊灵/18%/可湿性粉剂/二甲戊灵 16%、异噁草松 2%/2013.12.02 至 2018.12.02/低毒
移栽水稻田 一年生杂草 175.5-216.0克/公顷 毒土法

PD20132718　唑草酮/92%/原药/唑草酮 92%/2013.12.30 至 2018.12.30/低毒
PD20140092　粉唑醇/95%/原药/粉唑醇 95%/2014.01.20 至 2019.01.20/低毒
PD20140106　吡嘧·苯噻酰/26%/大粒剂/苯噻酰草胺 24%、吡嘧磺隆 2%/2014.01.20 至 2019.01.20/低毒
水稻移栽田　一年生杂草　292.5-390克/公顷　直接撒施
PD20140298　利谷隆/500克/升/悬浮剂/利谷隆 500克/升/2014.02.12 至 2019.02.12/低毒
注:专供出口，不得在国内销售。
PD20140338　利谷隆/97%/原药/利谷隆 97%/2014.02.18 至 2019.02.18/低毒
注:专供出口，不得在国内销售。
PD20140777　粉唑醇/50%/可湿性粉剂/粉唑醇 50%/2014.03.25 至 2019.03.25/低毒
小麦　条锈病　60-90克/公顷　喷雾
PD20140992　双氟磺草胺/98%/原药/双氟磺草胺 98%/2014.04.14 至 2019.04.14/低毒
PD20141054　双草醚/10%/悬浮剂/双草醚 10%/2014.04.25 至 2019.04.25/低毒
水稻田(直播)　一年生及部分多年生杂草　22.5-30克/公顷　茎叶喷雾
PD20141055　砜嘧磺隆/25%/水分散粒剂/砜嘧磺隆 25%/2014.04.25 至 2019.04.25/低毒
烟草田、玉米田　一年生杂草　18.75-22.5g/ha　定向茎叶喷雾
PD20141056　粉唑醇/250克/升/悬浮剂/粉唑醇 250克/升/2014.04.25 至 2019.04.25/低毒
小麦　条锈病　60-90克/公顷　喷雾
PD20141278　嘧菌酯/500克/升/悬浮剂/嘧菌酯 500克/升/2014.05.12 至 2019.05.12/低毒
黄瓜　霜霉病　120-180g/ha　喷雾
PD20141623　莠去津/90%/水分散粒剂/莠去津 90%/2014.06.24 至 2019.06.24/低毒
春玉米田　一年生杂草　1485-1755a.i.g/ha　土壤喷雾
PD20141841　粉唑醇/80%/可湿性粉剂/粉唑醇 80%/2014.07.24 至 2019.07.24/低毒
小麦　条锈病　75-112.5克/公顷　喷雾
PD20141911　硝磺草酮/15%/可分散油悬浮剂/硝磺草酮 15%/2014.08.01 至 2019.08.01/低毒
玉米田　一年生杂草　146.25-191.25克/公顷　茎叶喷雾
PD20141994　啶嘧磺隆/97%/原药/啶嘧磺隆 97%/2014.08.14 至 2019.08.14/低毒
PD20142048　唑嘧磺草胺/98%/原药/唑嘧磺草胺 98%/2014.08.27 至 2019.08.27/微毒
PD20142062　砜嘧磺隆/25%/水分散粒剂/砜嘧磺隆 25%/2014.08.28 至 2019.08.28/低毒
马铃薯田　一年生杂草　18.75-22.5克/公顷　定向茎叶喷雾
PD20142135　氯嘧磺隆/98%/原药/氯嘧磺隆 98%/2014.09.15 至 2019.09.15/微毒
注:专供出口，不得在国内销售。
PD20142293　硫双威/80%/水分散粒剂/硫双威 80%/2014.11.02 至 2019.11.02/中等毒
棉花　棉铃虫　540-660克/公顷　喷雾
PD20142532　噁草酮/95%/原药/噁草酮 95%/2014.11.24 至 2019.11.24/低毒
PD20150094　乙氧磺隆/15%/水分散粒剂/乙氧磺隆 15%/2015.01.05 至 2020.01.05/低毒
水稻移栽田　一年生阔叶杂草及莎草科杂草　15.75-20.25克/公顷　药土法
PD20150661　吲丁·萘乙酸/0.075%/水分散粒剂/萘乙酸 0.025%、吲哚丁酸 0.05%/2015.04.17 至 2020.04.17/低毒
杨树　促进生根　3.75-5.625 克/株　撒施
PD20151178　氟唑磺隆/70%/水分散粒剂/氟唑磺隆 70%/2015.06.26 至 2020.06.26/低毒
春小麦田　一年生杂草　21-31.5克/公顷　茎叶喷雾
冬小麦田　一年生杂草　31.5-52克/公顷　茎叶喷雾
PD20151186　噻苯·敌草隆/540克/升/悬浮剂/敌草隆 180克/升、噻苯隆 360克/升/2015.06.27 至 2020.06.27/低毒
棉花　脱叶　82.8-97.2克/公顷　茎叶喷雾
PD20151273　炔草酯/15%/可分散油悬浮剂/炔草酯 15%/2015.07.30 至 2020.07.30/低毒
小麦田　一年生禾本科杂草　45-56.25克/公顷　茎叶喷雾
PD20151638　啶虫脒/99%/原药/啶虫脒 99%/2015.08.28 至 2020.08.28/中等毒
PD20151727　氟啶胺/98%/原药/氟啶胺 98%/2015.08.28 至 2020.08.28/微毒
PD20151734　二氯喹啉酸/250克/升/悬浮剂/二氯喹啉酸 250克/升/2015.08.28 至 2020.08.28/低毒
水稻田(直播)　稗草　262.5-375克/公顷　茎叶喷雾
PD20151757　唑草酮/10%/可湿性粉剂/唑草酮 10%/2015.08.28 至 2020.08.28/低毒
春小麦田　一年生阔叶杂草　33-36克/公顷　茎叶喷雾
冬小麦田　一年生阔叶杂草　27-30克/公顷　茎叶喷雾
移栽水稻田　一年生阔叶杂草　15-22.5克/公顷　茎叶喷雾
PD20151787　二氯吡啶酸/75%/可溶粒剂/二氯吡啶酸 75%/2015.08.28 至 2020.08.28/低毒
油菜田　一年生阔叶杂草　90-112.5克/公顷　喷雾
PD20151920　高效氟吡甲禾灵/97%/原药/高效氟吡甲禾灵 97%/2015.08.30 至 2020.08.30/中等毒
PD20152049　砜嘧·噻吩/34%/水分散粒剂/砜嘧磺隆 17%、噻吩磺隆 17%/2015.09.07 至 2020.09.07/微毒
玉米田　一年生杂草　40.8-51克/公顷　土壤喷雾
PD20152064　酰嘧磺隆/50%/水分散粒剂/酰嘧磺隆 50%/2015.09.07 至 2020.09.07/微毒
小麦田　一年生阔叶杂草　22.5-30克/公顷　茎叶喷雾
PD20152234　吡虫啉/600克/升/悬浮种衣剂/吡虫啉 600克/升/2015.09.23 至 2020.09.23/低毒
花生　蛴螬　140-260克/100千克种子　种子包衣
PD20152395　烟嘧·莠·异丙/42%/可分散油悬浮剂/烟嘧磺隆 2%、异丙草胺 20%、莠去津 20%/2015.10.23 至 2020.10.23/低毒

玉米田 一年生杂草 945-1260克/公顷 茎叶喷雾
PD20152400 嗪草酮/75%/水分散粒剂/嗪草酮 75%/2015.10.23 至 2020.10.23/低毒
春大豆田 一年生阔叶杂草 630-735克/公顷 土壤喷雾
夏大豆田 一年生阔叶杂草 420-523克/公顷 土壤喷雾
PD20152428 噻苯隆/80%/水分散粒剂/噻苯隆 80%/2015.10.28 至 2020.10.28/微毒
棉花 脱叶 300-360克/公顷 喷雾

江苏瑞东农药有限公司 (江苏省金坛市良常东路12号 213200 0519-82356988)

PD85154-52 氰戊菊酯/20%/乳油/氰戊菊酯 20%/2016.03.05 至 2021.03.05/中等毒
柑橘树 潜叶蛾 10-20毫克/千克 喷雾
果树 梨小食心虫 10-20毫克/千克 喷雾
棉花 红铃虫、蚜虫 75-150克/公顷 喷雾
蔬菜 菜青虫、蚜虫 60-120克/公顷 喷雾
PD20080858 苄嘧磺隆/30%/可湿性粉剂/苄嘧磺隆 30%/2013.06.23 至 2018.06.23/低毒
水稻移栽田 莎草科杂草、一年生禾本科杂草及部分阔叶杂草 31.5-63克/公顷 药土法
PD20081456 苄·二氯/40%/可湿性粉剂/苄嘧磺隆 6%、二氯喹啉酸 34%/2013.11.04 至 2018.11.04/低毒
水稻田(直播) 一年生杂草 189-270克/公顷 喷雾
PD20081685 三环唑/75%/可湿性粉剂/三环唑 75%/2013.11.17 至 2018.11.17/低毒
水稻 稻瘟病 225-337.5克/公顷 喷雾
PD20082240 苯磺隆/10%/可湿性粉剂/苯磺隆 10%/2013.11.27 至 2018.11.27/低毒
冬小麦田 一年生阔叶杂草 13.5—22.5克/公顷 茎叶喷雾
PD20083405 高效氯氟氰菊酯/25克/升/乳油/高效氯氟氰菊酯 25克/升/2013.12.11 至 2018.12.11/中等毒
十字花科蔬菜 菜青虫 7.5-11.25克/公顷 喷雾
PD20084143 苄嘧·扑草净/36%/可湿性粉剂/苄嘧磺隆 4%、扑草净 32%/2013.12.16 至 2018.12.16/低毒
水稻抛秧田 一年生阔叶杂草及莎草科杂草 162-216克/公顷(南方地区) 药土法
PD20084635 精喹禾灵/10%/乳油/精喹禾灵 10%/2013.12.18 至 2018.12.18/低毒
夏大豆田 一年生禾本科杂草 39.6-52.8克/公顷 茎叶喷雾
PD20085198 吡嘧磺隆/10%/可湿性粉剂/吡嘧磺隆 10%/2013.12.23 至 2018.12.23/低毒
移栽水稻田 一年生阔叶杂草及莎草科杂草 15-30克/公顷 药土法
PD20086105 高效氟吡甲禾灵/108克/升/乳油/高效氟吡甲禾灵 108克/升/2013.12.30 至 2018.12.30/低毒
夏大豆田 一年生禾本科杂草 40.5-56.7克/公顷 茎叶喷雾
PD20092050 莠去津/38%/悬浮剂/莠去津 38%/2014.02.12 至 2019.02.12/低毒
苹果园 一年生杂草 1140-1710克/公顷 土壤喷雾
PD20095318 噻吩磺隆/75%/水分散粒剂/噻吩磺隆 75%/2014.04.27 至 2019.04.27/低毒
春大豆田 一年生阔叶杂草 22.5-33.75克/公顷 土壤喷雾
PD20095460 苄·乙/14%/可湿性粉剂/苄嘧磺隆 3.5%、乙草胺 10.5%/2014.05.11 至 2019.05.11/低毒
移栽水稻田 一年生及部分多年生杂草 84-118克/公顷 药土法
PD20097773 联苯菊酯/100克/升/乳油/联苯菊酯 100克/升/2014.11.12 至 2019.11.12/中等毒
苹果树 桃小食心虫 25-33毫克/千克 喷雾
PD20097990 吡嘧磺隆/98%/原药/吡嘧磺隆 98%/2014.12.07 至 2019.12.07/低毒
PD20098230 苯磺隆/75%/水分散粒剂/苯磺隆 75%/2014.12.16 至 2019.12.16/微毒
小麦田 一年生阔叶杂草 11.3-22.5克/公顷 茎叶喷雾
PD20098388 丙环唑/250克/升/乳油/丙环唑 250克/升/2014.12.18 至 2019.12.18/低毒
小麦 白粉病 112.5-150克/公顷 喷雾
PD20101218 二氯喹啉酸/50%/可湿性粉剂/二氯喹啉酸 50%/2015.02.21 至 2020.02.21/低毒
移栽水稻田 稗草 225-375克/公顷 茎叶喷雾
PD20111296 吡虫啉/70%/水分散粒剂/吡虫啉 70%/2011.11.24 至 2016.11.24/低毒
甘蓝 蚜虫 15.75-31.5克/公顷 喷雾
PD20120396 氯嘧磺隆/25%/可湿性粉剂/氯嘧磺隆 25%/2012.03.07 至 2017.03.07/微毒
注:专供出口,不得在国内销售。
PD20120397 氯嘧磺隆/75%/水分散粒剂/氯嘧磺隆 75%/2012.03.07 至 2017.03.07/低毒
注:专供出口,不得在国内销售。
PD20120428 噁草·丁草胺/60%/乳油/丁草胺 50%、噁草酮 10%/2012.03.14 至 2017.03.14/低毒
水稻旱直播田 一年生杂草 720-900克/公顷 播后苗前土壤喷雾
PD20122038 苯醚甲环唑/10%/水分散粒剂/苯醚甲环唑 10%/2012.12.24 至 2017.12.24/微毒
梨树 黑星病 14.3-16.7克/公顷 喷雾
PD20130269 氯嘧磺隆/25%/水分散粒剂/氯嘧磺隆 25%/2013.02.21 至 2018.02.21/微毒
注:专供出口,不得在国内销售。
PD20130289 氰氟草酯/10%/乳油/氰氟草酯 10%/2013.02.26 至 2018.02.26/低毒
水稻田(直播) 稗草、千金子等禾本科杂草 90-105克/公顷 茎叶喷雾
PD20131884 乙羧氟草醚/10%/乳油/乙羧氟草醚 10%/2013.09.25 至 2018.09.25/低毒
春大豆田 一年生阔叶杂草 75-105克/公顷 茎叶喷雾
PD20131977 氯嘧磺隆/98%/原药/氯嘧磺隆 98%/2013.10.10 至 2018.10.10/微毒

注:专供出口，不得在国内销售。
PD20132123 炔草酯/15%/可湿性粉剂/炔草酯 15%/2013.10.24 至 2018.10.24/低毒
小麦田 一年生禾本科杂草 45-56.3克/公顷 茎叶喷雾
PD20132125 烟嘧磺隆/75%/水分散粒剂/烟嘧磺隆 75%/2013.10.24 至 2018.10.24/微毒
春玉米田 一年生杂草 33.8－56.3克/公顷 茎叶喷雾
PD20132363 甲磺隆/60%/可湿性粉剂/甲磺隆 60%/2013.11.20 至 2018.11.20/微毒
注:专供出口，不得在国内销售。
PD20132366 甲磺隆/97%/原药/甲磺隆 97%/2013.11.20 至 2018.11.20/微毒
注:专供出口，不得在国内销售。
PD20132368 甲磺隆/60%/水分散粒剂/甲磺隆 60%/2013.11.20 至 2018.11.20/微毒
注:专供出口，不得在国内销售。
PD20132372 甲磺隆/20%/水分散粒剂/甲磺隆 20%/2013.11.20 至 2018.11.20/微毒
注:专供出口，不得在国内销售。
PD20140230 烟嘧磺隆/40克/升/可分散油悬浮剂/烟嘧磺隆 40克/升/2014.01.29 至 2019.01.29/低毒
夏玉米田 一年生杂草 42-60克/公顷 茎叶喷雾
PD20140240 砜嘧磺隆/99%/原药/砜嘧磺隆 99%/2014.01.29 至 2019.01.29/微毒
PD20140339 苯甲·丙环唑/30%/悬浮剂/苯醚甲环唑 15%、丙环唑 15%/2014.02.18 至 2019.02.18/低毒
水稻 纹枯病 67.5-90克/公顷 喷雾
PD20140800 吡嘧·苯噻酰/68%/可湿性粉剂/苯噻酰草胺 64%、吡嘧磺隆 4%/2014.03.25 至 2019.03.25/低毒
水稻移栽田 一年生杂草 306-510克/公顷 药土法
PD20140808 吡蚜酮/50%/水分散粒剂/吡蚜酮 50%/2014.03.25 至 2019.03.25/微毒
水稻 稻飞虱 90-112.5克/公顷 喷雾
PD20141237 双草醚/95%/原药/双草醚 95%/2014.05.07 至 2019.05.07/微毒
PD20141730 环嗪酮/98%/原药/环嗪酮 98%/2014.06.30 至 2019.06.30/低毒
PD20142497 硝磺草酮/15%/悬浮剂/硝磺草酮 15%/2014.11.21 至 2019.11.21/微毒
玉米田 一年生阔叶杂草 112.5-157.5克/公顷 茎叶喷雾
PD20150896 吡·西·扑草净/31%/可湿性粉剂/吡嘧磺隆 3%、扑草净 12%、西草净 16%/2015.05.19 至 2020.05.19/低毒
水稻移栽田 一年生杂草 232.5-279克/公顷 药土法
PD20151037 双草醚/40%/悬浮剂/双草醚 40%/2015.06.14 至 2020.06.14/微毒
水稻田(直播) 稗草、部分一年生阔叶草及莎草 30-36克/公顷（南方） 茎叶喷雾
PD20151238 噻苯隆/50%/可湿性粉剂/噻苯隆 50%/2015.07.30 至 2020.07.30/低毒
棉花 脱叶 262.5-300克/公顷 喷雾
LS20120187 吡嘧·二氯喹/68%/可湿性粉剂/吡嘧磺隆 5%、二氯喹啉酸 63%/2014.05.31 至 2015.05.31/微毒
水稻移栽田 一年生杂草 255-306克/公顷 茎叶喷雾
LS20130198 双草醚/40%/可湿性粉剂/双草醚 40%/2015.04.09 至 2016.04.09/微毒
水稻田(直播) 一年生杂草 30-42克/公顷 茎叶喷雾

江苏瑞禾生物科技有限公司 (江苏省南京市玄武区经济技术开发区尧新大道233号 210002 025-57712638)

PD20040097 高效氯氰菊酯/4.5%/乳油/高效氯氰菊酯 4.5%/2014.12.19 至 2019.12.19/低毒
十字花科蔬菜 菜青虫 20.25-27克/公顷 喷雾
PD20120665 啶虫脒/50%/水分散粒剂/啶虫脒 50%/2012.04.18 至 2017.04.18/中等毒
柑橘 蚜虫 12.5～20毫克/千克 喷雾

江苏瑞祥化工有限公司 (江苏省扬州市仪征经济开发区大连路 211900 0514-87568831)

PD20150676 吡虫啉/97%/原药/吡虫啉 97%/2015.04.17 至 2020.04.17/低毒

江苏瑞泽农化有限公司 (江苏省洪泽县永安东路70号 223100 0517-7223544)

PD20082139 噻嗪酮/25%/可湿性粉剂/噻嗪酮 25%/2013.11.25 至 2018.11.25/低毒
茶树 茶小绿叶蝉 166-250毫克/千克 喷雾
柑橘树 介壳虫 166-250毫克/千克 喷雾
水稻 稻飞虱 75-112.5克/公顷 喷雾
PD20083143 噁草·丁草胺/36%/乳油/丁草胺 30%、噁草酮 6%/2013.12.10 至 2018.12.10/低毒
水稻(旱育秧及半旱育秧田) 一年生杂草 540-720克/公顷 播后苗前土壤喷雾
PD20090623 2甲4氯钠/56%/可溶粉剂/2甲4氯钠 56%/2014.01.14 至 2019.01.14/低毒
冬小麦田 一年生阔叶杂草 840－1260克/公顷 茎叶喷雾
PD20091174 甲霜·福美双/40%/可湿性粉剂/福美双 31%、甲霜灵 9%/2014.01.22 至 2019.01.22/中等毒
水稻 立枯病 2400-3600克/公顷 苗床浇洒或秧苗喷雾
PD20093903 苯磺隆/10%/可湿性粉剂/苯磺隆 10%/2014.03.26 至 2019.03.26/低毒
冬小麦田 一年生阔叶杂草 10-15克制剂/亩 茎叶喷雾
PD20100485 马拉硫磷/45%/乳油/马拉硫磷 45%/2015.01.14 至 2020.01.14/低毒
水稻 稻飞虱 100-120毫升制剂/亩 喷雾
PD20101110 仲丁威/20%/乳油/仲丁威 20%/2015.01.25 至 2020.01.25/低毒
水稻 稻飞虱 465-555克/公顷 喷雾

江苏润鸿生物化学有限公司 (江苏省海安县角斜镇环镇西路12号 226633 0513-88247423)

登记证号				
PD84118-18	多菌灵/25%/可湿性粉剂/多菌灵 25%/2015.02.03 至 2020.02.03/低毒			
	果树	病害	0.05-0.1%药液	喷雾
	花生	倒秧病	750克/公顷	喷雾
	麦类	赤霉病	750克/公顷	喷雾,泼浇
	棉花	苗期病害	500克/100千克种子	拌种
	水稻	稻瘟病、纹枯病	750克/公顷	喷雾,泼浇
	油菜	菌核病	1125-1500克/公顷	喷雾
PD85150-17	多菌灵/50%/可湿性粉剂/多菌灵 50%/2012.02.06 至 2017.02.06/低毒			
	果树	病害	0.05-0.1%药液	喷雾
	花生	倒秧病	750克/公顷	喷雾
	麦类	赤霉病	750克/公顷	喷雾、泼浇
	棉花	苗期病害	500克/100千克种子	拌种
	水稻	稻瘟病、纹枯病	750克/公顷	喷雾、泼浇
	油菜	菌核病	1125-1500克/公顷	喷雾
PD85154-34	氰戊菊酯/20%/乳油/氰戊菊酯 20%/2012.02.06 至 2017.02.06/中等毒			
	柑橘树	潜叶蛾	10-20毫克/千克	喷雾
	果树	梨小食心虫	10-20毫克/千克	喷雾
	棉花	红铃虫、蚜虫	75-150克/公顷	喷雾
	蔬菜	菜青虫、蚜虫	60-120克/公顷	喷雾
PD85166-7	绿麦隆/25%/可湿性粉剂/绿麦隆 25%/2012.02.06 至 2017.02.06/低毒			
	大麦田、小麦田、玉米田	一年生杂草	1500-3000克/公顷(北方地区),600-1500克/公顷(南方地区)	播后苗前或苗期喷雾
PD20070524	三环唑/20%/可湿性粉剂/三环唑 20%/2012.11.28 至 2017.11.28/低毒			
	水稻	稻瘟病	225-300克/公顷	喷雾
PD20080534	噻嗪酮/95%/原药/噻嗪酮 95%/2013.05.04 至 2018.05.04/低毒			
PD20080985	噻嗪酮/25%/可湿性粉剂/噻嗪酮 25%/2013.07.24 至 2018.07.24/低毒			
	水稻	飞虱	75-112.5克/公顷	喷雾
PD20083853	异菌脲/50%/可湿性粉剂/异菌脲 50%/2013.12.15 至 2018.12.15/低毒			
	番茄	早疫病	562.5-750克/公顷	喷雾
PD20084010	啶虫脒/5%/可湿性粉剂/啶虫脒 5%/2013.12.16 至 2018.12.16/低毒			
	柑橘树	蚜虫	10-12毫克/千克	喷雾
PD20084272	三环唑/95%/原药/三环唑 95%/2013.12.17 至 2018.12.17/中等毒			
PD20084375	噻嗪·异丙威/25%/可湿性粉剂/噻嗪酮 5%、异丙威 20%/2013.12.17 至 2018.12.17/低毒			
	水稻	稻飞虱	450-562.5克/公顷	喷雾
PD20084790	甲霜灵/98%/原药/甲霜灵 98%/2013.12.22 至 2018.12.22/低毒			
PD20084898	马拉硫磷/95%/原药/马拉硫磷 95%/2013.12.22 至 2018.12.22/低毒			
PD20085026	双甲脒/20%/乳油/双甲脒 20%/2013.12.22 至 2018.12.22/中等毒			
	柑橘树	红蜘蛛	100-200毫克/千克	喷雾
	梨树	梨木虱	166-250毫克/千克	喷雾
	苹果树	红蜘蛛	130-200毫克/千克	喷雾
PD20085681	三环唑/75%/可湿性粉剂/三环唑 75%/2013.12.26 至 2018.12.26/低毒			
	水稻	稻瘟病	300-337.5克/公顷	喷雾
PD20086194	啶虫脒/5%/乳油/啶虫脒 5%/2013.12.30 至 2018.12.30/低毒			
	柑橘树	蚜虫	10-12毫克/千克	喷雾
PD20090729	氟啶脲/5%/乳油/氟啶脲 5%/2014.01.19 至 2019.01.19/低毒			
	十字花科蔬菜	菜青虫、小菜蛾	30-60克/公顷	喷雾
PD20092407	高效氯氟氰菊酯/25克/升/乳油/高效氯氟氰菊酯 25克/升/2014.02.25 至 2019.02.25/中等毒			
	甘蓝	菜青虫	15-30克/公顷	喷雾
PD20092919	苯磺隆/10%/可湿性粉剂/苯磺隆 10%/2014.03.05 至 2019.03.05/低毒			
	冬小麦田	一年生阔叶杂草	15-22.5克/公顷	茎叶喷雾
PD20093871	马拉硫磷/45%/乳油/马拉硫磷 45%/2014.03.25 至 2019.03.25/低毒			
	十字花科蔬菜	蚜虫	405-675克/公顷	喷雾
PD20093873	丙环唑/250克/升/乳油/丙环唑 250克/升/2014.03.25 至 2019.03.25/低毒			
	香蕉	叶斑病	250-500毫克/千克	喷雾
PD20093929	乙草胺/81.5%/乳油/乙草胺 81.5%/2014.03.27 至 2019.03.27/低毒			
	冬油菜田	一年生禾本科杂草及部分阔叶杂草	945-1080克/公顷	土壤喷雾
PD20095221	高效氟吡甲禾灵/108克/升/乳油/高效氟吡甲禾灵 108克/升/2014.04.24 至 2019.04.24/低毒			
	春大豆田	一年生禾本科杂草	48.6-64.8克/公顷	茎叶喷雾
	夏大豆田	一年生禾本科杂草	40.6-48.6克/公顷	茎叶喷雾
PD20095357	吡嘧磺隆/10%/可湿性粉剂/吡嘧磺隆 10%/2014.04.27 至 2019.04.27/低毒			
	移栽水稻田	一年生阔叶杂草及莎草科杂草	15-30克/公顷	茎叶喷雾
PD20095710	吡虫啉/10%/可湿性粉剂/吡虫啉 10%/2014.05.18 至 2019.05.18/低毒			
	水稻	稻飞虱	15-30克/公顷	喷雾

PD20096310 井冈·噻嗪酮/28%/可湿性粉剂/井冈霉素 12%、噻嗪酮 16%/2014.07.22 至 2019.07.22/低毒
水稻 稻飞虱、纹枯病 168-210克/公顷 喷雾
PD20096535 唑磷·毒死蜱/30%/乳油/毒死蜱 15%、三唑磷 15%/2014.08.20 至 2019.08.20/中等毒
水稻 三化螟 225-270克/公顷 喷雾
PD20097027 草甘膦异丙胺盐/30%/水剂/草甘膦 30%/2014.10.10 至 2019.10.10/低毒
非耕地 杂草 1125-2250克/公顷 喷雾
注:草甘膦异丙胺盐含量: 41%。
PD20097919 草甘膦/95%/原药/草甘膦 95%/2014.11.30 至 2019.11.30/低毒
PD20100235 丙环唑/95%/原药/丙环唑 95%/2015.01.11 至 2020.01.11/低毒
PD20100392 毒死蜱/97%/原药/毒死蜱 97%/2015.01.14 至 2020.01.14/中等毒
PD20100722 吡虫啉/95%/原药/吡虫啉 95%/2015.01.16 至 2020.01.16/低毒
PD20101951 苯磺隆/75%/水分散粒剂/苯磺隆 75%/2015.09.20 至 2020.09.20/低毒
冬小麦田 阔叶杂草 10-15克/公顷 茎叶喷雾

江苏润泽农化有限公司 (江苏省金坛市金城镇后阳化工园区16号 213215 0519-82618985)

PD85154-22 氰戊菊酯/20%/乳油/氰戊菊酯 20%/2011.03.16 至 2016.03.16/中等毒
柑橘树 潜叶蛾 10-20毫克/千克 喷雾
果树 梨小食心虫 10-20毫克/千克 喷雾
棉花 红铃虫、蚜虫 75-150克/公顷 喷雾
蔬菜 菜青虫、蚜虫 60-120克/公顷 喷雾
PD89104-7 氰戊菊酯/90%/原药/氰戊菊酯 90%/2014.11.23 至 2019.11.23/中等毒
PD20080341 联苯菊酯/95%/原药/联苯菊酯 95%/2013.02.26 至 2018.02.26/中等毒
PD20083363 高效氯氟氰菊酯/95%/原药/高效氯氟氰菊酯 95%/2013.12.11 至 2018.12.11/中等毒
PD20084777 氟氯氰菊酯/92%/原药/氟氯氰菊酯 92%/2013.12.22 至 2018.12.22/中等毒
PD20085139 甲哌鎓/98%/原药/甲哌鎓 98%/2013.12.23 至 2018.12.23/低毒
PD20093014 S-氰戊菊酯/90%/原药/S-氰戊菊酯 90%/2014.03.09 至 2019.03.09/中等毒
PD20093965 氰戊菊酯/40%/乳油/氰戊菊酯 40%/2014.03.27 至 2019.03.27/中等毒
十字花科蔬菜 菜青虫 120-180克/公顷 喷雾
PD20093979 毒死蜱/97%/原药/毒死蜱 97%/2014.03.27 至 2019.03.27/中等毒
PD20094372 氰戊·氧乐果/25%/乳油/氰戊菊酯 2.5%、氧乐果 22.5%/2014.04.01 至 2019.04.01/高毒
棉花 棉铃虫、蚜虫 187.5-225克/公顷 喷雾
PD20094892 溴氰菊酯/2.5%/乳油/溴氰菊酯 2.5%/2014.04.13 至 2019.04.13/中等毒
甘蓝 菜青虫 7.5-15克/公顷 喷雾
PD20097191 甲哌鎓/250克/升/水剂/甲哌鎓 250克/升/2014.10.16 至 2019.10.16/低毒
棉花 调节生长 45-60克/公顷 喷雾
PD20101497 噻螨酮/97%/原药/噻螨酮 97%/2015.05.10 至 2020.05.10/中等毒
PD20120073 双草醚/98%/原药/双草醚 98%/2012.01.18 至 2017.01.18/微毒
PD20121840 双草醚/80%/可湿性粉剂/双草醚 80%/2012.11.28 至 2017.11.28/微毒
水稻田(直播) 一年生及部分多年生杂草 30-44.4克/公顷 茎叶喷雾
PD20122086 双草醚/20%/可湿性粉剂/双草醚 20%/2012.12.24 至 2017.12.24/微毒
注:专供出口，不得在内销售。
PD20131205 噻吩磺隆/95%/原药/噻吩磺隆 95%/2013.05.27 至 2018.05.27/低毒
PD20131617 苯嗪草酮/98%/原药/苯嗪草酮 98%/2013.07.29 至 2018.07.29/低毒
注:专供出口，不得在国内销售。
PD20151641 炔草酯/95%/原药/炔草酯 95%/2015.08.28 至 2020.08.28/低毒
PD20152227 双草醚/100/悬浮剂/双草醚 100克/升/2015.09.23 至 2020.09.23/低毒
直播水稻(南方) 一年生杂草 26.25-30克/公顷 茎叶喷雾
PD20152238 双草醚/40%/悬浮剂/双草醚 40%/2015.09.23 至 2020.09.23/低毒
直播水稻(南方) 一年生杂草 26.25-30克/公顷 茎叶喷雾

江苏三迪化学有限公司 (江苏省泰州市孤山中路121号 214522 0523-4560377-8118)

PD90104-2 机油/94%/乳油/机油 94%/2015.03.31 至 2020.03.31/低毒
柑橘树 锈壁虱、蚜虫 100-200倍液 喷雾
柑橘树、杨梅树、枇杷树 介壳虫 50-60倍液 喷雾
PD20040076 多·酮/60%/可湿性粉剂/多菌灵 57%、三唑酮 3%/2014.12.19 至 2019.12.19/低毒
小麦 白粉病、赤霉病 450-600克/公顷 喷雾
PD20040683 吡虫·三唑酮/18%/可湿性粉剂/吡虫啉 2.4%、三唑酮 15.6%/2014.12.19 至 2019.12.19/低毒
小麦 白粉病、蚜虫 135-189克/公顷 喷雾
PD20040715 吡虫·杀虫单/70%/可湿性粉剂/吡虫啉 2.5%、杀虫单 67.5%/2014.12.19 至 2019.12.19/中等毒
水稻 飞虱、螟虫 630-735克/公顷 喷雾
PD20040783 吡虫·多菌灵/60%/可湿性粉剂/吡虫啉 3%、多菌灵 57%/2014.12.19 至 2019.12.19/低毒
小麦 赤霉病、蚜虫 540-720克/公顷 喷雾
PD20091515 井冈·杀虫单/55%/可溶粉剂/井冈霉素 10%、杀虫单 45%/2014.02.02 至 2019.02.02/中等毒
水稻 稻纵卷叶螟、螟虫、纹枯病 577.5-742.5克/公顷 喷雾

PD20091520 三环·多菌灵/50%/可湿性粉剂/多菌灵 42%、三环唑 8%/2014.02.02 至 2019.02.02/中等毒
水稻 稻瘟病 375-525克/公顷 喷雾
PD20092190 井冈·噻嗪酮/29%/可湿性粉剂/井冈霉素 14.5%、噻嗪酮 14.5%/2014.02.23 至 2019.02.23/低毒
水稻 飞虱、纹枯病 174-217.5克/公顷 喷雾
PD20092212 井·噻·杀虫单/45%/可湿性粉剂/井冈霉素 7.5%、噻嗪酮 7.5%、杀虫单 30%/2014.02.24 至 2019.02.24/中等毒
水稻 飞虱、螟虫 600-750克/公顷 喷雾
水稻 纹枯病 675-742.5克/公顷 喷雾
PD20092606 抗·酮·多菌灵/37.5%/可湿性粉剂/多菌灵 24%、抗蚜威 7.5%、三唑酮 6%/2014.03.02 至 2019.03.02/中等毒
小麦 白粉病、赤霉病、蚜虫 562.5-703.9克/公顷 喷雾
PD20093205 腐霉·多菌灵/50%/可湿性粉剂/多菌灵 31%、腐霉利 19%/2014.03.11 至 2019.03.11/低毒
油菜 菌核病 600-675克/公顷 喷雾
PD20097261 噻嗪·异丙威/25%/可湿性粉剂/噻嗪酮 5%、异丙威 20%/2014.10.26 至 2019.10.26/低毒
水稻 飞虱 225-300克/公顷 喷雾
PD20100771 丙草胺/30%/乳油/丙草胺 30%/2015.01.18 至 2020.01.18/低毒
直播水稻田 一年生杂草 450-540克/公顷 土壤喷雾
PD20111285 吡虫啉/20%/可溶液剂/吡虫啉 20%/2011.11.23 至 2016.11.23/低毒
水稻 稻飞虱 15-30克/公顷 喷雾
PD20121075 高效氯氟氰菊酯/2.5%/乳油/高效氯氟氰菊酯 2.5%/2012.07.19 至 2017.07.19/中等毒
甘蓝 菜青虫 7.5-11.25克/公顷 喷雾
PD20121424 噻嗪酮/25%/可湿性粉剂/噻嗪酮 25%/2012.09.29 至 2017.09.29/低毒
水稻 稻飞虱 112.5-131.25克/公顷 喷雾
PD20121426 多菌灵/40%/悬浮剂/多菌灵 40%/2012.09.29 至 2017.09.29/低毒
苹果树 轮纹病 666.7－1000毫克/千克 喷雾
WP20120254 杀虫粉剂/0.3%/粉剂/氰氯氰菊酯 0.3%/2012.12.24 至 2017.12.24/低毒
室内 蜚蠊 3克制剂/平方米 撒布
WL20130038 杀虫粉剂/0.15%/粉剂/高效氟氯氰菊酯 0.15%/2014.09.10 至 2015.09.10/低毒
室内 蚂蚁 3克制剂/平方米 撒施

江苏三山农药有限公司 (江苏省淮安市工业园区枚乘西路118号 223002 0517-83852011)

PD84118 多菌灵/25%/可湿性粉剂/多菌灵 25%/2015.01.18 至 2020.01.18/低毒
果树 病害 0.05-0.1%药液 喷雾
花生 倒秧病 750克/公顷 喷雾
麦类 赤霉病 750克/公顷 喷雾,泼浇
棉花 苗期病害 500克/100千克种子 拌种
水稻 稻瘟病、纹枯病 750克/公顷 喷雾,泼浇
油菜 菌核病 1125-1500克/公顷 喷雾
PD85150-2 多菌灵/50%/可湿性粉剂/多菌灵 50%/2015.07.12 至 2020.07.12/低毒
果树 病害 0.05-0.1%药液 喷雾
花生 倒秧病 750克/公顷 喷雾
麦类 赤霉病 750克/公顷 喷雾、泼浇
棉花 苗期病害 500克/100千克种子 拌种
水稻 稻瘟病、纹枯病 750克/公顷 喷雾、泼浇
油菜 菌核病 1125-1500克/公顷 喷雾
PD20040709 吡虫啉/10%/可湿性粉剂/吡虫啉 10%/2014.12.19 至 2019.12.19/低毒
水稻 飞虱 15-30克/公顷 喷雾
小麦 蚜虫 15-30克/公顷(南方地区)45-60克/公顷(北方地区) 喷雾
注:小麦的有效期为2005年6月29日至2006年6月29日。
PD20082092 三环唑/20%/可湿性粉剂/三环唑 20%/2013.11.25 至 2018.11.25/中等毒
水稻 稻瘟病 225-300克/公顷 喷雾
PD20082205 噻嗪酮/25%/可湿性粉剂/噻嗪酮 25%/2013.11.26 至 2018.11.26/低毒
水稻 稻飞虱 75-112.5克/公顷 喷雾
PD20082421 硫磺·三环唑/45%/可湿性粉剂/硫磺 40%、三环唑 5%/2013.12.02 至 2018.12.02/低毒
水稻 稻瘟病 675-1012.5克/公顷 喷雾
PD20083887 硫磺·多菌灵/50%/可湿性粉剂/多菌灵 15%、硫磺 35%/2013.12.15 至 2018.12.15/低毒
花生 叶斑病 1200-1800克/公顷 喷雾
PD20096951 三环唑/75%/可湿性粉剂/三环唑 75%/2014.09.29 至 2019.09.29/中等毒
水稻 稻瘟病 225-375克/公顷 喷雾
PD20098332 噻嗪·异丙威/25%/可湿性粉剂/噻嗪酮 5%、异丙威 20%/2014.12.18 至 2019.12.18/低毒
水稻 稻飞虱 468.75-562.5克/公顷 喷雾
PD20101372 草甘膦异丙胺盐(41%)///水剂/草甘膦 30%/2015.04.02 至 2020.04.02/低毒
柑橘园 杂草 1687.5-3375克/公顷 定向茎叶喷雾
PD20142641 炔草酯/15%/可湿性粉剂/炔草酯 15%/2014.12.15 至 2019.12.15/低毒
小麦田 一年生禾本科杂草 45-67.5克/公顷 茎叶喷雾

PD20152107 氰氟草酯/10%/水乳剂/氰氟草酯 10%/2015.09.22 至 2020.09.22/低毒
水稻田(直播) 稗草、千金子等禾本科杂草 90-120克/公顷 茎叶喷雾

江苏三笑集团有限公司 (江苏省扬州市邗江区杭集镇三笑大道1号 225111 0514-87278082)

WP20070026 蚊香/0.23%/蚊香/Es-生物烯丙菊酯 0.23%/2012.11.28 至 2017.11.28/低毒
卫生 蚊 / 点燃

WP20080173 驱蚊露/15%/驱蚊露/避蚊胺 15%/2013.11.18 至 2018.11.18/微毒
卫生 蚊 / 涂抹

WP20080189 电热蚊香液/0.8%/电热蚊香液/炔丙菊酯 0.8%/2013.11.19 至 2018.11.19/低毒
卫生 蚊 / 电热加温

WP20080214 杀虫气雾剂/0.5%/气雾剂/右旋胺菊酯 0.3%、右旋苯醚菊酯 0.2%/2013.11.21 至 2018.11.21/低毒
卫生 蚊、蝇、蜚蠊 / 喷雾

WP20080338 驱蚊花露水/5%/驱蚊花露水/避蚊胺 5%/2013.12.09 至 2018.12.09/微毒
卫生 蚊 / 涂抹

WP20100060 杀虫气雾剂/0.55%/气雾剂/胺菊酯 0.3%、高效氯氰菊酯 0.05%、氯菊酯 0.2%/2010.04.14 至 2015.04.14/微毒
卫生 蚊、蝇、蜚蠊 / 喷雾

WP20110174 杀蟑气雾剂/0.3%/气雾剂/炔咪菊酯 0.1%、右旋苯醚氰菊酯 0.2%/2011.07.13 至 2016.07.13/微毒
卫生 蜚蠊 / 喷雾
注:本产品有两种香型:香樟香型、无香型。

WP20110186 电热蚊香片/10毫克/片/电热蚊香片/炔丙菊酯 5毫克/片、四氟甲醚菊酯 5毫克/片/2011.09.06 至 2016.09.06/微毒
卫生 蚊 热雾机喷雾
注:本产品有三种香型:薰衣草香型、清香型、无香型。

WP20110228 杀虫气雾剂/0.33%/气雾剂/氯菊酯 0.28%、四氟醚菊酯 0.05%/2011.10.10 至 2016.10.10/微毒
卫生 蚊、蝇、蜚蠊 / 喷雾
注:本产品有三种香型:柠檬香型、清香型、无香型。

WP20120144 蚊香/0.05%/蚊香/氯氟醚菊酯 0.05%/2012.07.20 至 2017.07.20/微毒
卫生 蚊 / 点燃
注:本产品有三种香型:檀香型、茉莉香型、桂花香型。

WP20120220 电热蚊香液/1.5%/电热蚊香液/氯氟醚菊酯 1.5%/2012.11.22 至 2017.11.22/低毒
卫生 蚊 / 电热加温

WP20120236 杀虫气雾剂/0.15%/气雾剂/高效氯氰菊酯 0.1%、右旋反式氯丙炔菊酯 0.05%/2012.12.12 至 2017.12.12/微毒
卫生 蚊、蝇、蜚蠊 / 喷雾
注:本产品有三种香型:柠檬香型、薰衣草香型、薄荷丁香香型。

WP20130015 电热蚊香液/0.6%/电热蚊香液/氯氟醚菊酯 0.6%/2013.01.17 至 2018.01.17/微毒
室内 蚊 / 电热加温

WP20130141 蚊香/0.08%/蚊香/氯氟醚菊酯 0.08%/2013.07.03 至 2018.07.03/微毒
卫生 蚊 / 点燃
注:本产品有三种香型:檀香型、茉莉香型、桂花香型。

WP20130146 电热蚊香片/13毫克/片/电热蚊香片/炔丙菊酯 5.2毫克/片、氯氟醚菊酯 7.8毫克/片/2013.07.05 至 2018.07.05/微毒
卫生 蚊 / 电热加温
注:本产品有三种香型:薰衣草香型、清香型、无香型。

WP20150051 电热蚊香液/0.8%/电热蚊香液/氯氟醚菊酯 0.8%/2015.03.23 至 2020.03.23/微毒
室内 蚊 / 电热加温

WL20130009 杀虫气雾剂/0.2%/气雾剂/右旋苯醚菊酯 0.15%、四氟醚菊酯 0.05%/2014.01.18 至 2015.01.18/微毒
室内 蚊、蝇、蜚蠊 / 喷雾
注:本产品有两种香型:柠檬香型、清新香型。

WL20130010 杀虫气雾剂/0.5%/气雾剂/Es-生物烯丙菊酯 0.3%、右旋苯醚氰菊酯 0.2%/2014.01.18 至 2015.01.18/微毒
室内 蚊、蝇、蜚蠊 / 喷雾
注:本产品有两种香型: 柠檬香型、清新香型。

江苏生久农化有限公司 (江苏省东台市三仓镇新农街新秀路69号 224235 0515-85680164)

PD20085598 毒死蜱/40%/乳油/毒死蜱 40%/2013.12.25 至 2018.12.25/中等毒
桑树 桑尺蠖 200-267毫克/千克 喷雾
水稻 稻飞虱 450-600克/公顷 喷雾

PD20097787 炔螨特/73%/乳油/炔螨特 73%/2014.11.20 至 2019.11.20/低毒
桑树 朱砂叶螨 243.3-487毫克/千克 喷雾

PD20121393 残杀威/8%/可湿性粉剂/残杀威 8%/2012.09.14 至 2017.09.14/中等毒
蚕桑树 桑象虫 53.33-80毫克/千克 喷雾

PD20121480 敌畏·马/60%/乳油/敌敌畏 40%、马拉硫磷 20%/2012.10.08 至 2017.10.08/低毒
蚕桑树 桑尺蠖 400～600毫克/千克 喷雾

PD20131985 高效氯氟氰菊酯/2.5%/悬浮剂/高效氯氟氰菊酯 2.5%/2013.10.10 至 2018.10.10/低毒
甘蓝 菜青虫 11.25-15克/公顷 喷雾

PD20150311 甲氨基阿维菌素苯甲酸盐/3%/微乳剂/甲氨基阿维菌素 3%/2015.02.05 至 2020.02.05/低毒
甘蓝 小菜蛾 2.25-3克/公顷 喷雾
烟草 烟青虫 2.25-3克/公顷 喷雾

注:甲氨基阿维菌素苯甲酸盐含量: 3.4%。
PD20150956 多杀霉素/10%/悬浮剂/多杀霉素 10%/2015.06.10 至 2020.06.10/低毒
甘蓝 小菜蛾 18.75-26.25克/公顷 喷雾
PD20151050 甲维·茚虫威/16%/悬浮剂/甲氨基阿维菌素苯甲酸盐 4%、茚虫威 12%/2015.06.14 至 2020.06.14/低毒
水稻 稻纵卷叶螟 28.8-38.4克/公顷 喷雾
PD20151094 噻呋酰胺/240克/升/悬浮剂/噻呋酰胺 240克/升/2015.06.14 至 2020.06.14/低毒
水稻 纹枯病 72-80克/公顷 喷雾
LS20150338 戊唑·咪鲜胺/42%/可湿性粉剂/咪鲜胺锰盐 35%、戊唑醇 7%/2015.12.17 至 2016.12.17/微毒
小麦 赤霉病 252-315克/公顷 喷雾
WP20100103 高效氯氟氰菊酯/2.5%/微囊悬浮剂/高效氯氟氰菊酯 2.5%/2015.07.28 至 2020.07.28/低毒
室内 蜚蠊、蚊、蝇 / 滞留喷洒
WP20100130 顺式氯氰菊酯/100克/升/悬浮剂/顺式氯氰菊酯 100克/升/2015.11.01 至 2020.11.01/低毒
卫生 蜚蠊、蚊、蝇 20-30毫克/平方米 滞留喷洒
WP20110068 溴氰菊酯/2.5%/可湿性粉剂/溴氰菊酯 2.5%/2016.03.21 至 2021.03.21/低毒
卫生 蚊、蝇、蜚蠊 15—25毫克/平方米 滞留喷洒
WP20110165 顺氯·残杀威/10%/乳油/残杀威 6%、顺式氯氰菊酯 4%/2011.06.27 至 2016.06.27/中等毒
室外 蚊、蝇 100倍液 喷雾
WP20120016 杀虫水乳剂/0.6%/水乳剂/胺菊酯 0.3%、氯菊酯 0.3%/2012.01.29 至 2017.01.29/低毒
卫生 蚊、蝇、蜚蠊 / 喷雾
WP20120109 高效氯氰菊酯/8%/悬浮剂/高效氯氰菊酯 8%/2012.06.14 至 2017.06.14/低毒
卫生 蚊、蝇、蜚蠊 40毫克/平方米 滞留喷洒
WP20130202 杀蝇饵剂/2%/饵剂/吡虫啉 2%/2013.09.25 至 2018.09.25/微毒
室内 蝇 / 投放
WP20140146 氟虫腈/5%/悬浮剂/氟虫腈 5%/2014.06.24 至 2019.06.24/低毒
木材 白蚁 250-312毫克/千克 浸泡或涂刷

江苏省常熟市农药厂有限公司 (江苏省常熟市莫城镇南 215556 0512-52451166)

PD84125-4 乙烯利/40%/水剂/乙烯利 40%/2014.12.01 至 2019.12.01/低毒
番茄 催熟 800-1000倍液 喷雾或浸渍
棉花 催熟、增产 330-500倍液 喷雾
柿子、香蕉 催熟 400倍液 喷雾或浸渍
水稻 催熟、增产 800倍液 喷雾
橡胶树 增产 5-10倍液 涂布
烟草 催熟 1000-2000倍液 喷雾
PD92103-18 草甘膦/95%,93%,90%/原药/草甘膦 95%,93%,90%/2012.07.16 至 2017.07.16/低毒
PD94106-3 乙烯利/91%/原药/乙烯利 91%/2014.04.01 至 2019.04.01/低毒
PD20082810 草甘膦异丙胺盐/41%/水剂/草甘膦异丙胺盐 41%/2013.12.09 至 2018.12.09/低毒
非耕地、苹果园 杂草 1230-2460克/公顷 喷雾
PD20121062 乙烯利/5%/糊剂/乙烯利 5%/2012.07.12 至 2017.07.12/低毒
注:专供出口,不得在国内销售。
PD20132418 草甘膦异丙胺盐/46%/水剂/草甘膦 46%/2013.11.20 至 2018.11.20/低毒
非耕地 杂草 1209-2325克/公顷 茎叶喷雾
注:草甘膦异丙胺盐含量: 62%。
PD20141282 乙烯利/77.6%/原药/乙烯利 77.6%/2014.05.12 至 2019.05.12/低毒
注:专供出口,不得在国内销售。
PD20150422 草铵膦/95%/原药/草铵膦 95%/2015.03.19 至 2020.03.19/低毒

江苏省常熟市义农农化有限公司 (江苏省苏州市常熟市大义镇 215557 0512-52391347)

PD20040236 多·酮/36%/可湿性粉剂/多菌灵 27%、三唑酮 9%/2014.12.19 至 2019.12.19/低毒
小麦 白粉病、赤霉病 450-600克/公顷 喷雾
小麦 纹枯病 66-99克/100千克种子 拌种
PD20040742 吡虫·杀虫单/46%/可湿性粉剂/吡虫啉 1.5%、杀虫单 44.5%/2014.12.19 至 2019.12.19/中等毒
水稻 稻飞虱 450-750克/公顷 喷雾
PD20040775 杀虫单/90%/可溶粉剂/杀虫单 90%/2014.12.19 至 2019.12.19/中等毒
水稻 螟虫 675-810克/公顷 喷雾
PD20090326 咪鲜·三环唑/20%/可湿性粉剂/咪鲜胺 5%、三环唑 15%/2014.01.12 至 2019.01.12/低毒
水稻 稻瘟病 150-180克/公顷 喷雾
PD20090453 阿维·杀虫单/30%/微乳剂/阿维菌素 0.2%、杀虫单 29.8%/2014.01.12 至 2019.01.12/低毒(原药高毒)
水稻 二化螟 450-675克/公顷 喷雾
PD20091066 井·噻·杀虫单/55%/可湿性粉剂/井冈霉素 7%、噻嗪酮 8%、杀虫单 40%/2014.01.21 至 2019.01.21/中等毒
水稻 二化螟、飞虱、纹枯病 825-990克/公顷 喷雾
PD20091090 敌百·三唑磷/36%/乳油/敌百虫 30%、三唑磷 6%/2014.01.21 至 2019.01.21/中等毒
水稻 二化螟 810-972克/公顷 喷雾
PD20091391 阿维·三唑磷/20%/乳油/阿维菌素 0.2%、三唑磷 19.8%/2014.02.02 至 2019.02.02/中等毒(原药高毒)
水稻 二化螟 150-210克/公顷 喷雾

PD20092436　阿维·氟铃脲/2.5%/乳油/阿维菌素 0.4%、氟铃脲 2.1%/2014.02.25 至 2019.02.25/低毒(原药高毒)
甘蓝　甜菜夜蛾、小菜蛾　11.25-15克/公顷　喷雾
PD20093305　井冈·烯唑醇/18%/可湿性粉剂/井冈霉素 15%、烯唑醇 3%/2014.03.13 至 2019.03.13/低毒
水稻　稻曲病　81-135克/公顷　喷雾
PD20093508　井冈·杀虫单/42%/可溶粉剂/井冈霉素 6%、杀虫单 36%/2014.03.23 至 2019.03.23/中等毒
水稻　螟虫、纹枯病　630-787.5克/公顷　喷雾
PD20096242　氰戊·辛硫磷/30%/乳油/氰戊菊酯 3%、辛硫磷 27%/2014.07.15 至 2019.07.15/中等毒
棉花　棉铃虫　270-360克/公顷　喷雾
PD20101934　水胺·三唑磷/30%/乳油/三唑磷 10%、水胺硫磷 20%/2015.08.27 至 2020.08.27/中等毒(原药高毒)
水稻　二化螟　315-450克/公顷　喷雾
PD20130762　吡蚜酮/25%/可湿性粉剂/吡蚜酮 25%/2013.04.16 至 2018.04.16/微毒
水稻　飞虱　60-75克/公顷　喷雾
PD20131992　噻嗪·异丙威/25%/可湿性粉剂/噻嗪酮 5%、异丙威 20%/2013.10.10 至 2018.10.10/低毒
水稻　稻飞虱　450-562.5克/公顷　喷雾
PD20140019　噻嗪酮/25%/可湿性粉剂/噻嗪酮 25%/2014.01.02 至 2019.01.02/低毒
水稻　稻飞虱　131.25-150克/公顷　喷雾

江苏省常州华夏农药有限公司　(江苏省常州市武进区夏溪镇新东街65号　213148　0519-3582888)

PD20070046　双甲脒/200克/升/乳油/双甲脒 200克/升/2012.03.06 至 2017.03.06/低毒
柑橘树　红蜘蛛　100-200毫克/千克　喷雾
PD20070049　双甲脒/97%/原药/双甲脒 97%/2012.03.06 至 2017.03.06/低毒

江苏省常州兰陵制药有限公司　(江苏省常州市天宁区采菱东路58号　213018　0519-8771316)

PD20090001　荧光假单胞杆菌/6000亿个/克/母药/荧光假单胞杆菌 6000亿个/克/2014.01.04 至 2019.01.04/低毒
PD20090002　荧光假单胞杆菌/3000亿个/克/粉剂/荧光假单胞杆菌 3000亿个/克/2014.01.04 至 2019.01.04/微毒
番茄　青枯病　6562.5-8250克制剂/公顷　浸种＋泼浇＋灌根
烟草　青枯病　7687.5-9937.5克制剂/公顷　浸种＋泼浇＋灌根

江苏省常州市宝利德农药有限公司　(江苏省常州市新北区罗溪镇　213136　0519-3401033)

PD85154-9　氰戊菊酯/20%/乳油/氰戊菊酯 20%/2010.08.15 至 2015.08.15/中等毒
柑橘树　潜叶蛾　10-20毫克/千克　喷雾
果树　梨小食心虫　10-20毫克/千克　喷雾
棉花　红铃虫、蚜虫　75-150克/公顷　喷雾
蔬菜　菜青虫、蚜虫　60-120克/公顷　喷雾
PD85157-5　辛硫磷/40%/乳油/辛硫磷 40%/2010.08.15 至 2015.08.15/低毒
茶树、桑树　食叶害虫　200-400毫克/千克　喷雾
果树　食心虫、蚜虫、螨　200-400毫克/千克　喷雾
林木　食叶害虫　3000-6000克/公顷　喷雾
棉花　棉铃虫、蚜虫　300-600克/公顷　喷雾
蔬菜　菜青虫　300-450克/公顷　喷雾
烟草　食叶害虫　300-600克/公顷　喷雾
玉米　玉米螟　450-600克/公顷　灌心叶

江苏省常州市农林药业有限公司　(江苏省常州市金坛市西门常湟线汤庄镇　213200　0519-2892688)

PD20083310　高效氯氟氰菊酯/25克/升/乳油/高效氯氟氰菊酯 25克/升/2013.12.11 至 2018.12.11/中等毒
十字花科蔬菜　蚜虫　5.625-9.375克/公顷　喷雾
PD20083858　噻嗪酮/25%/可湿性粉剂/噻嗪酮 25%/2013.12.15 至 2018.12.15/低毒
水稻　稻飞虱　112.5－150克/公顷　喷雾
PD20084404　三环唑/20%/可湿性粉剂/三环唑 20%/2013.12.17 至 2018.12.17/低毒
水稻　稻瘟病　225-300克/公顷　喷雾
PD20084739　氰戊菊酯/20%/乳油/氰戊菊酯 20%/2013.12.22 至 2018.12.22/低毒
十字花科蔬菜　菜青虫　60-120克/公顷　喷雾
PD20084962　丙环唑/250克/升/乳油/丙环唑 250克/升/2013.12.22 至 2018.12.22/低毒
香蕉　叶斑病　333-500毫克/千克　喷雾
PD20085750　联苯菊酯/25克/升/乳油/联苯菊酯 25克/升/2013.12.29 至 2018.12.29/低毒
茶树　茶小绿叶蝉　30－37.5克/公顷　/喷雾
PD20090515　精喹禾灵/10%/乳油/精喹禾灵 10%/2014.01.12 至 2019.01.12/低毒
大豆田　一年生禾本科杂草　48.6-56.7克/公顷　茎叶喷雾
PD20096564　苯磺隆/10%/可湿性粉剂/苯磺隆 10%/2014.08.24 至 2019.08.24/低毒
冬小麦田　一年生阔叶杂草　18-22.5克/公顷　茎叶喷雾
PD20130299　噁草·丁草胺/40%/乳油/丁草胺 34%、噁草酮 6%/2013.02.26 至 2018.02.26/低毒
水稻(早育秧及半旱育秧田)　一年生杂草　660-750克/公顷　土壤喷雾

江苏省常州沃富斯农化有限公司　(江苏省金坛市北环西路146号　213200　0519-2822581)

PD20095312　甲哌鎓/98%/可溶粉剂/甲哌鎓 98%/2014.04.27 至 2019.04.27/低毒
棉花　调节生长　45-60克/公顷　喷雾
PD20097436　烟嘧磺隆/40克/升/可分散油悬浮剂/烟嘧磺隆 40克/升/2014.10.28 至 2019.10.28/低毒

玉米田 一年生杂草 42-60克/公顷 茎叶喷雾

PD20110678 戊唑醇/430克/升/悬浮剂/戊唑醇 430克/升/2011.06.20 至 2016.06.20/低毒
苦瓜 白粉病 77.4-116.1克/公顷 喷雾
苹果树 斑点落叶病 61.43-86毫克/千克 喷雾

PD20110730 高效氯氟氰菊酯/10%/水乳剂/高效氯氟氰菊酯 10%/2011.07.11 至 2016.07.11/中等毒
茶树 小绿叶蝉 30-45克/公顷 喷雾
茶树 茶尺蠖 15-45克/公顷 喷雾
柑橘树 潜叶蛾 12.5-25毫克/千克 喷雾
苹果树 桃小食心虫 6.25-12.5毫克/千克 喷雾
十字花科蔬菜 蚜虫 3.75-7.5克/公顷 喷雾
十字花科蔬菜 小菜蛾 15-22.5克/公顷 喷雾
十字花科蔬菜 菜青虫 7.5-15克/公顷 喷雾
烟草 烟青虫 4.875-11.25克/公顷 喷雾

PD20132464 草甘膦异丙胺盐/41%/水剂/草甘膦 41%/2013.12.02 至 2018.12.02/微毒
非耕地 杂草 1230-2460克/公顷 茎叶喷雾
注:草甘膦异丙胺盐含量：55%。

PD20141893 二氯喹啉酸/96%/原药/二氯喹啉酸 96%/2014.08.01 至 2019.08.01/低毒

江苏省常州永泰丰化工有限公司 （江苏省常州市新北区滨江化工开发西区 213033 0519-89859020)

PD20083591 草甘膦/95%/原药/草甘膦 95%/2013.12.16 至 2018.12.16/低毒

PD20095816 2,4-滴/96%/原药/2,4-滴 96%/2014.05.27 至 2019.05.27/低毒

PD20096452 2,4-滴丁酯/96%/原药/2,4-滴丁酯 96%/2014.08.05 至 2019.08.05/低毒

PD20100053 2,4-滴异辛酯/96%/原药/2,4-滴异辛酯 96%/2015.01.04 至 2020.01.04/低毒

PD20100446 2,4滴丁酯/57%/乳油/2,4-滴丁酯 57%/2015.01.14 至 2020.01.14/低毒
春小麦田 一年生阔叶杂草 75-100克制剂/亩 喷雾
冬小麦田 一年生阔叶杂草 50-75克制剂/亩 喷雾

PD20101034 2,4-滴二甲胺盐/58%/水剂/2,4-滴 58%/2015.01.21 至 2020.01.21/低毒
非耕地 阔叶杂草 1612.5-2418.5克/公顷 喷雾
水稻移栽田 阔叶杂草 258-774克/公顷 喷雾
注:2,4-滴二甲胺盐含量：70%（860克/升）。

PD20110039 2,4-滴异辛酯/50%/乳油/2,4-滴异辛酯 50%/2016.01.11 至 2021.01.11/低毒
小麦田 一年生阔叶杂草 750-900克/公顷 茎叶喷雾

PD20110525 2,4-滴钠盐/95%/原药/2,4-滴钠盐 95%/2011.05.12 至 2016.05.12/低毒

PD20110620 2甲4氯/95%/原药/2甲4氯 95%/2011.06.08 至 2016.06.08/低毒

PD20120639 2,4-滴异辛酯/77%/乳油/2,4-滴异辛酯 77%/2012.04.12 至 2017.04.12/低毒
小麦田 一年生阔叶杂草 510-635.7克/公顷 茎叶喷雾

PD20122117 2甲4氯钠/56%/可溶粉剂/2甲4氯钠 56%/2012.12.26 至 2017.12.26/低毒
小麦田 一年生阔叶杂草 840-1260克/公顷 喷雾

PD20130987 2,4-滴二甲胺盐/720克/升/水剂/2,4-滴二甲胺盐 720克/升/2013.05.02 至 2018.05.02/低毒
小麦田 一年生阔叶杂草 486-648克/公顷 茎叶喷雾

PD20140204 2甲4氯钠/13%/水剂/2甲4氯钠 13%/2014.01.29 至 2019.01.29/低毒
小麦田 一年生阔叶杂草 741-897克/公顷 茎叶喷雾

PD20141680 2甲4氯二甲胺盐/65%/水剂/2甲4氯 60%/2014.06.30 至 2019.06.30/低毒
甘蔗田 一年生阔叶杂草 777-999克/公顷 定向茎叶喷雾
注:2甲4氯二甲胺盐含量：74%。

PD20151921 2,4-滴二甲胺盐/50%/水剂/2,4-滴二甲胺盐 50%/2015.08.30 至 2020.08.30/低毒
小麦田 一年生阔叶杂草 450-600克/公顷 喷雾

WP20110137 氟蚁腙/95%/原药/氟蚁腙 95%/2011.06.07 至 2016.06.07/低毒

江苏省常州中天气雾制品有限公司 （江苏省常州市勤业西路1号 213023 0519-3906531)

WP20080044 杀虫气雾剂/0.55%/气雾剂/胺菊酯 0.3%、氯菊酯 0.25%/2013.03.04 至 2018.03.04/低毒
卫生 蚊、蝇、蜚蠊 / 喷雾

江苏省常州晔康化学制品有限公司 （江苏省常州市武进区邹区镇段庄村 213147 0519-88235050)

WP20040004 氟虫胺/95%/原药/氟虫胺 95%/2014.11.02 至 2019.11.02/低毒

WP20100136 联苯菊酯/5%/悬浮剂/联苯菊酯 5%/2015.11.03 至 2020.11.03/低毒
卫生 白蚁 1)50-100克制剂/平方米2)100倍液 1）土壤喷雾2）木材浸泡

WP20110044 高效氯氰菊酯/10%/悬浮剂/高效氯氰菊酯 10%/2016.02.17 至 2021.02.17/低毒
卫生 蜚蠊、蚊、蝇 0.5克/平方米 滞留喷洒

WP20120180 杀蚁饵片/0.08%/饵片/氟虫胺 0.08%/2012.09.13 至 2017.09.13/微毒
卫生 白蚁 / 投放

WP20120230 杀蟑胶饵/0.05%/胶饵/氟虫腈 0.05%/2012.11.22 至 2017.11.22/低毒
卫生 蜚蠊 / 投放

WP20130082 吡虫啉/10%/悬浮剂/吡虫啉 10%/2013.05.02 至 2018.05.02/微毒
卫生 白蚁 1）5克/平方米；2)500毫克/千克 1)土壤处理；2)

木材浸泡

WP20130116 氟虫腈/5%/悬浮剂/氟虫腈 5%/2013.06.04 至 2018.06.04/低毒(原药中等毒)

室内 蜚蠊、蚂蚁 20-50毫克/平方米 滞留喷洒

卫生 白蚁 250-312毫克/千克 木材浸泡

WP20130128 联苯菊酯/5%/微囊悬浮剂/联苯菊酯 5%/2013.06.08 至 2018.06.08/低毒

卫生 白蚁 1)2.5-5克/平方米； 2)250-500毫克/千克 1）土壤喷洒，2）木材浸泡

WP20150043 高效氟氯氰菊酯/2.5%/微囊悬浮剂/高效氟氯氰菊酯 2.5%/2015.03.20 至 2020.03.20/低毒

室内 蚊、蝇、蜚蠊 15毫克/平方米 滞留喷洒

江苏省丹阳市农药化工厂 (江苏省丹阳市里庄镇东 212363 0511-6672029)

PD20070631 三环唑/20%/可湿性粉剂/三环唑 20%/2012.12.14 至 2017.12.14/低毒

水稻 稻瘟病 225-300克/公顷 喷雾

PD20080894 噻嗪·杀虫单/75%/可湿性粉剂/噻嗪酮 12%、杀虫单 63%/2013.07.09 至 2018.07.09/低毒

水稻 飞虱 562.5-675克/公顷 喷雾

PD20101242 噻嗪酮/25%/可湿性粉剂/噻嗪酮 25%/2015.03.01 至 2020.03.01/低毒

水稻 稻飞虱 75-112.5克/公顷 喷雾

江苏省东台市东南农药化工有限公司 (江苏省东台市高新技术工业园区（头灶镇） 224247 0515-85488869)

PD20070459 多·酮/40%/可湿性粉剂/多菌灵 35%、三唑酮 5%/2012.11.20 至 2017.11.20/低毒

水稻 纹枯病 480-600克/公顷 喷雾

小麦 白粉病、赤霉病 450-600克/公顷 喷雾

PD20092893 氰戊·辛硫磷/50%/乳油/氰戊菊酯 4.5%、辛硫磷 45.5%/2014.03.05 至 2019.03.05/中等毒

甘蓝 菜青虫、蚜虫 75-150克/公顷 喷雾

棉花 蚜虫 150-225克/公顷 喷雾

小麦 蚜虫 90克/公顷 喷雾

PD20110322 吡蚜酮/25%/可湿性粉剂/吡蚜酮 25%/2011.03.24 至 2016.03.24/微毒

水稻 飞虱 75-112.5克/公顷 喷雾

PD20120152 噻嗪·异丙威/25%/可湿性粉剂/噻嗪酮 5%、异丙威 20%/2012.01.30 至 2017.01.30/低毒

水稻 飞虱 375～562.5克/公顷 喷雾

PD20120928 炔螨特/73%/乳油/炔螨特 73%/2012.06.04 至 2017.06.04/低毒

柑橘树 红蜘蛛 243.3-365毫克/千克 喷雾

PD20120968 毒死蜱/480克/升/乳油/毒死蜱 480克/升/2012.06.15 至 2017.06.15/中等毒

水稻 稻飞虱 432-648克/公顷 喷雾

PD20121520 唑磷·毒死蜱/18%/乳油/毒死蜱 6%、三唑磷 12%/2012.10.09 至 2017.10.09/中等毒

水稻 二化螟 189-216克/公顷 喷雾

PD20130899 吡蚜·异丙威/50%/可湿性粉剂/吡蚜酮 10%、异丙威 40%/2013.04.27 至 2018.04.27/低毒

水稻 稻飞虱 150-187.5克/公顷 喷雾

PD20131218 高效氯氟氰菊酯/25克/升/乳油/高效氯氟氰菊酯 25克/升/2013.05.28 至 2018.05.28/中等毒

茶树 茶小绿叶蝉 30-37.5克/公顷 喷雾

PD20150820 苯甲·嘧菌酯/325克/升/悬浮剂/苯醚甲环唑 200克/升、嘧菌酯 125克/升/2015.05.14 至 2020.05.14/低毒

水稻 纹枯病 195-243.75克/公顷 喷雾

PD20151436 噻呋酰胺/240克/升/悬浮剂/噻呋酰胺 240克/升/2015.07.30 至 2020.07.30/低毒

水稻 纹枯病 72-90克/公顷 喷雾

LS20140249 呋虫胺/25%/可湿性粉剂/呋虫胺 25%/2015.07.14 至 2016.07.14/低毒

水稻 飞虱 75-90克/公顷 喷雾

江苏省丰县百农思达农用化学品有限公司 (江苏省徐州市丰县常店镇 221700 0516-4591009)

PD20150351 甲氨基阿维菌素苯甲酸盐/5%/水分散粒剂/甲氨基阿维菌素 5%/2015.03.03 至 2020.03.03/低毒

甘蓝 甜菜夜蛾 4.5～6克/公顷（有效成分） 喷雾

注:甲氨基阿维菌素苯甲酸盐含量：5.7%。

江苏省高邮市丰田农药有限公司 (江苏省高邮市周山镇中奎路85号 225612 0514-84302157)

PD20040133 吡虫啉/10%/可湿性粉剂/吡虫啉 10%/2014.12.19 至 2019.12.19/低毒

水稻 飞虱 15-22.5克/公顷 喷雾

小麦 蚜虫 15-22.5克/公顷 喷雾

PD20040347 吡·多·三唑酮/50%/可湿性粉剂/吡虫啉 3%、多菌灵 40%、三唑酮 7%/2014.12.19 至 2019.12.19/低毒

小麦 白粉病、赤霉病、蚜虫 600-750克/公顷 喷雾

PD20040622 吡虫·杀虫单/75%/可湿性粉剂/吡虫啉 2%、杀虫单 73%/2014.12.19 至 2019.12.19/中等毒

水稻 稻纵卷叶螟、二化螟、飞虱、三化螟 450-750克/公顷 喷雾

PD20040636 吡虫·多菌灵/32%/可湿性粉剂/吡虫啉 2%、多菌灵 30%/2014.12.19 至 2019.12.19/低毒

小麦 赤霉病、蚜虫 720-816克/公顷 喷雾

PD20040713 吡虫·三唑磷/25%/乳油/吡虫啉 1.5%、三唑磷 23.5%/2014.12.19 至 2019.12.19/中等毒

水稻 飞虱、三化螟 375-450克/公顷 喷雾

PD20081683 噻嗪·杀虫单/75%/可湿性粉剂/噻嗪酮 12.5%、杀虫单 62.5%/2013.11.17 至 2018.11.17/中等毒

水稻 稻飞虱、二化螟 675-787.5克/公顷 喷雾

PD20081854 氯氰·辛硫磷/24%/乳油/氯氰菊酯 2%、辛硫磷 22%/2013.11.20 至 2018.11.20/中等毒

茶树 茶尺蠖 216-288克/公顷 喷雾
棉花 棉铃虫 216-288克/公顷 喷雾
小麦 蚜虫 144-252克/公顷 喷雾
玉米 玉米螟 216-288克/公顷 喇叭口灌心

PD20083629 甲霜·锰锌/72%/可湿性粉剂/甲霜灵 8%、代森锰锌 64%/2013.12.12 至 2018.12.12/低毒
黄瓜 霜霉病 1620-1944克/公顷 喷雾

PD20090753 吡·井·杀虫单/46%/可湿性粉剂/吡虫啉 1.2%、井冈霉素 7.8%、杀虫单 37%/2014.01.19 至 2019.01.19/低毒
水稻 稻飞虱、二化螟、纹枯病 690-828克/公顷 喷雾

PD20090762 井冈·三环唑/40%/可湿性粉剂/井冈霉素 10%、三环唑 30%/2014.01.19 至 2019.01.19/中等毒
水稻 稻瘟病、纹枯病 300-450克/公顷 喷雾

PD20093807 精喹·草除灵/17.5%/乳油/草除灵 15%、精喹禾灵 2.5%/2014.03.25 至 2019.03.25/低毒
油菜田 一年生禾本科杂草及部分阔叶杂草 262.5-393.8克/公顷 茎叶喷雾

PD20094869 高氯·啶虫脒/5%/乳油/啶虫脒 2%、高效氯氰菊酯 3%/2014.04.13 至 2019.04.13/低毒
十字花科蔬菜 菜青虫、蚜虫 30-37.5克/公顷 喷雾

PD20121657 敌百·毒死蜱/40%/乳油/敌百虫 22%、毒死蜱 18%/2012.10.30 至 2017.10.30/低毒
水稻 稻纵卷叶螟 600-720克/公顷 喷雾

PD20150734 丙环·咪鲜胺/30%/水乳剂/丙环唑 10%、咪鲜胺 20%/2015.04.20 至 2020.04.20/低毒
水稻 稻曲病、稻瘟病、纹枯病 270-360克/公顷 喷雾

江苏省海门市江乐农药化工有限责任公司 (江苏省南通市海门市青龙港大庆路2号 226121 0513-82606504)

PD84111-3 氧乐果/40%/乳油/氧乐果 40%/2014.11.30 至 2019.11.30/中等毒(原药高毒)
棉花 蚜虫、螨 375-600克/公顷 喷雾
森林 松干蚧、松毛虫 500倍液 喷雾或直接涂树干
水稻 稻纵卷叶螟、飞虱 375-600克/公顷 喷雾
小麦 蚜虫 300-450克/公顷 喷雾

PD20095223 辛硫·氧乐果/45%/乳油/辛硫磷 25%、氧乐果 20%/2014.04.24 至 2019.04.24/中等毒(原药高毒)
棉花 棉铃虫 450-600克/公顷 喷雾

PD20110853 虫酰·辛硫磷/20%/乳油/虫酰肼 5%、辛硫磷 15%/2011.08.10 至 2016.08.10/低毒
大白菜 甜菜夜蛾 240-300克/公顷 喷雾

江苏省激素研究所股份有限公司 (江苏省金坛市经济技术开发区环园北路95号 213200 0519-82824504)

PD20070478 噻吩磺隆/95%/原药/噻吩磺隆 95%/2012.11.28 至 2017.11.28/低毒

PD20080242 噻吩磺隆/15%/可湿性粉剂/噻吩磺隆 15%/2013.02.14 至 2018.02.14/低毒
冬小麦田 一年生阔叶杂草 22.5-33.8克/公顷 茎叶喷雾
夏玉米田 一年生阔叶杂草及禾本科杂草 22.5-27克/公顷 播后苗前土壤喷雾

PD20080530 灭蝇胺/98%/原药/灭蝇胺 98%/2013.04.29 至 2018.04.29/低毒

PD20081126 二氯喹啉酸/90%/原药/二氯喹啉酸 90%/2013.08.20 至 2018.08.20/低毒

PD20081127 二氯喹啉酸/50%/可湿性粉剂/二氯喹啉酸 50%/2013.08.20 至 2018.08.20/低毒
水稻田(直播) 稗草 225-375克/公顷 喷雾

PD20081204 氯嘧磺隆/95%/原药/氯嘧磺隆 95%/2013.09.11 至 2018.09.11/低毒

PD20081209 麦草畏/90%/原药/麦草畏 90%/2013.09.11 至 2018.09.11/低毒

PD20081222 苯磺隆/95%/原药/苯磺隆 95%/2013.09.11 至 2018.09.11/低毒

PD20081254 胺苯磺隆/95%/原药/胺苯磺隆 95%/2013.09.18 至 2015.06.30/低毒

PD20081327 苯磺隆/75%/水分散粒剂/苯磺隆 75%/2013.10.20 至 2018.10.20/微毒
小麦田 阔叶杂草 15.75-22.5克/公顷 喷雾

PD20081437 高效氯氰菊酯/95%/原药/高效氯氰菊酯 95%/2013.10.31 至 2018.10.31/中等毒

PD20081570 S-氰戊菊酯/97%/原药/S-氰戊菊酯 97%/2013.11.12 至 2018.11.12/中等毒

PD20082946 烟嘧磺隆/95%/原药/烟嘧磺隆 95%/2013.12.09 至 2018.12.09/微毒

PD20083106 灭蝇胺/50%/可湿性粉剂/灭蝇胺 50%/2013.12.10 至 2018.12.10/低毒
黄瓜 美洲斑潜蝇 112.5-150克/公顷 喷雾

PD20083423 苯磺隆/10%/可湿性粉剂/苯磺隆 10%/2013.12.11 至 2018.12.11/微毒
冬小麦田 一年生阔叶杂草 16-22.5克/公顷 茎叶喷雾

PD20083669 苄嘧磺隆/10%/可湿性粉剂/苄嘧磺隆 10%/2013.12.12 至 2018.12.12/低毒
移栽水稻田 一年生阔叶杂草及莎草科杂草 19.95-30克/公顷 毒土法

PD20084018 苄嘧磺隆/96%/原药/苄嘧磺隆 96%/2013.12.16 至 2018.12.16/低毒

PD20084190 苄嘧磺隆/30%/可湿性粉剂/苄嘧磺隆 30%/2013.12.16 至 2018.12.16/低毒
水稻移栽田 多年生阔叶杂草及莎草科杂草 45-60克/公顷 药土法
水稻移栽田 一年生阔叶杂草及莎草科杂草 30-45克/公顷 药土法

PD20085295 噁草·丁草胺/40%/乳油/丁草胺 34%、噁草酮 6%/2013.12.23 至 2018.12.23/低毒
水稻半旱育秧田、水稻旱育秧田 一年生杂草 600-750克/公顷 喷雾

PD20085930 苄·丁/30%/可湿性粉剂/苄嘧磺隆 1.5%、丁草胺 28.5%/2013.12.29 至 2018.12.29/低毒
水稻抛秧田 部分多年生杂草、一年生杂草 540-725克/公顷 毒土法

PD20085952 二氯喹啉酸/25%/可湿性粉剂/二氯喹啉酸 25%/2013.12.29 至 2018.12.29/低毒
水稻田(直播) 稗草 225-375克/公顷 喷雾

登记证号				
PD20086084	苄·二氯/40%/可湿性粉剂/苄嘧磺隆 6%、二氯喹啉酸 34%/2013.12.30 至 2018.12.30/低毒			
	水稻插秧田	一年生及部分多年生杂草	216-270克/公顷	毒土法或喷雾
	水稻田(直播)、水稻秧田	一年生及部分多年生杂草	210-300克/公顷	喷雾
PD20090284	高效氯氟氰菊酯/25克/升/乳油/高效氯氟氰菊酯 25克/升/2014.01.09 至 2019.01.09/低毒			
	柑橘树	潜叶蛾	8.3-16.67毫克/千克	喷雾
	棉花	棉铃虫	18.75-22.5克/公顷	喷雾
	苹果	桃小食心虫	6.25-8.33毫克/千克	喷雾
	十字花科蔬菜	小菜蛾	15-30克/公顷	喷雾
	十字花科蔬菜	菜青虫、蚜虫	11.25-22.5克/公顷	喷雾
PD20090410	烯草酮/240克/升/乳油/烯草酮 240克/升/2014.01.12 至 2019.01.12/低毒			
	大豆田	一年生禾本科杂草	72-108克/公顷	茎叶喷雾
PD20091075	喹禾灵/10%/乳油/喹禾灵 10%/2014.01.21 至 2019.01.21/低毒			
	棉花田、油菜田	一年生禾本科杂草	90-150克/公顷	喷雾
PD20091200	苄嘧·草甘膦/75%/可湿性粉剂/苄嘧磺隆 3%、草甘膦 72%/2014.02.01 至 2019.02.01/低毒			
	橡胶园	杂草	1125-2250克/公顷	喷雾
PD20091671	苄嘧·苯噻酰/50%/可湿性粉剂/苯噻酰草胺 47%、苄嘧磺隆 3%/2014.02.03 至 2019.02.03/低毒			
	水稻抛秧田	部分多年生杂草、一年生杂草	375-450克/公顷(南方地区)	毒土法
PD20092131	双草醚/95%/原药/双草醚 95%/2014.02.23 至 2019.02.23/低毒			
PD20092237	双草醚/20%/可湿性粉剂/双草醚 20%/2014.02.24 至 2019.02.24/低毒			
	水稻田(直播)	部分多年生杂草、一年生杂草	30-45克/公顷(南方稻区)	苗后喷雾
PD20092260	甲磺隆/96%/原药/甲磺隆 96%/2015.02.24 至 2020.02.24/低毒			
	注:专供出口，不得在国内销售。			
PD20092357	草甘膦/95%/原药/草甘膦 95%/2014.02.24 至 2019.02.24/微毒			
PD20092484	精喹·草除灵/17.5%/乳油/草除灵 15%、精喹禾灵 2.5%/2014.02.26 至 2019.02.26/低毒			
	冬油菜(移栽田)	一年生杂草	262.5-393.8克/公顷	茎叶喷雾
PD20092488	苄·乙·甲/20%/可湿性粉剂/苄嘧磺隆 1.1%、甲磺隆 0.23%、乙草胺 18.67%/2014.02.26 至 2015.06.30/低毒			
	水稻移栽田	部分多年生杂草、一年生杂草	72-112.5克/公顷	移栽返青(秤草1.5叶)时药土(沙)撒施
PD20092492	苄嘧磺隆/60%/水分散粒剂/苄嘧磺隆 60%/2014.02.26 至 2019.02.26/低毒			
	水稻田(直播)	莎草科杂草	27-45克/公顷	毒土法或喷雾
	小麦田	阔叶杂草	45-75克/公顷	茎叶喷雾
PD20092494	甲磺隆/60%/水分散粒剂/甲磺隆 60%/2014.02.26 至 2019.03.14/低毒			
	注:专供出口，不得在国内销售。			
PD20092498	苄·乙/20%/可湿性粉剂/苄嘧磺隆 4.5%、乙草胺 15.5%/2014.02.26 至 2019.02.26/低毒			
	水稻移栽田	部分多年生杂草、阔叶杂草、莎草科杂草、一年生禾本科杂草	84-118克/公顷	移后返青(5-7天)药土法撒施
PD20092499	甲磺·乙草胺/20%/可湿性粉剂/甲磺隆 0.34%、乙草胺 19.66%/2014.02.26 至 2015.06.30/低毒			
	水稻移栽田	一年生杂草	75-90克/公顷	毒土法
PD20092503	苄嘧·甲磺隆/10%/可湿性粉剂/苄嘧磺隆 8.25%、甲磺隆 1.75%/2014.02.26 至 2015.06.30/低毒			
	移栽水稻田	阔叶杂草及一年生莎草	6-10克/公顷	药土法
PD20094591	甲磺·异丙隆/45%/可湿性粉剂/甲磺隆 0.5%、异丙隆 44.5%/2014.04.10 至 2015.06.30/低毒			
	冬小麦田	一年生杂草	540-675克/公顷	播前至小麦1-2叶期喷雾
PD20094974	甲磺隆/10%/可湿性粉剂/甲磺隆 10%/2014.04.21 至 2019.03.14/低毒			
	注:专供出口，不得在国内销售。			
PD20095541	噻苯隆/50%/可湿性粉剂/噻苯隆 50%/2014.05.12 至 2019.05.12/低毒			
	棉花	脱叶	150-300克/公顷	茎叶喷雾
PD20095763	甲磺·氯磺隆/10%/可湿性粉剂/甲磺隆 4%、氯磺隆 6%/2009.05.18 至 2015.06.30/低毒			
	小麦田	看麦娘、一年生单、双子叶杂草、猪殃殃	11.25-12.5克/公顷	喷雾
PD20096247	苄嘧·双草醚/30%/可湿性粉剂/苄嘧磺隆 12%、双草醚 18%/2014.07.15 至 2019.07.15/低毒			
	水稻田(直播)	部分多年生杂草、一年生杂草	45-67.5克/公顷(南方地区)	喷雾
PD20096264	甲嘧磺隆/95%/原药/甲嘧磺隆 95%/2014.05.15 至 2019.05.15/低毒			
PD20097593	烟嘧磺隆/40克/升/可分散油悬浮剂/烟嘧磺隆 40克/升/2014.11.03 至 2019.11.03/低毒			
	玉米田	一年生杂草	40-60克/公顷	茎叶喷雾
PD20097688	噻苯隆/98%/原药/噻苯隆 98%/2014.11.04 至 2019.11.04/微毒			
PD20100481	吡虫啉/95%/原药/吡虫啉 95%/2015.01.14 至 2020.01.14/低毒			
PD20100558	毒死蜱/97%/原药/毒死蜱 97%/2015.01.14 至 2020.01.14/中等毒			
PD20102165	醚苯磺隆/95%/原药/醚苯磺隆 95%/2010.12.08 至 2015.12.08/低毒			
	注:专供出口，不得在国内销售。			
PD20102166	醚苯磺隆/10%/可湿性粉剂/醚苯磺隆 10%/2010.12.08 至 2015.12.08/低毒			
	注:专供出口，不得在国内销售。			

PD20110577 氰氟草酯/10%/乳油/氰氟草酯 10%/2011.05.27 至 2016.05.27/微毒
水稻田(直播) 稗草、千金子等禾本科杂草 75-105克/公顷 茎叶喷雾
PD20110871 甲嘧磺隆/75%/水分散粒剂/甲嘧磺隆 75%/2011.08.16 至 2016.08.16/微毒
防火隔离带 一年生杂草 506.3-675克/公顷 喷雾
PD20111429 啶虫脒/99%/原药/啶虫脒 99%/2011.12.28 至 2016.12.28/中等毒
PD20120405 高效氯氟氰菊酯/2.5%/水乳剂/高效氯氟氰菊酯 2.5%/2012.03.07 至 2017.03.07/中等毒
茶叶 茶尺蠖 15-30克/公顷 喷雾
茶叶 茶小绿叶蝉 22.5-37.5克/公顷 喷雾
柑橘树 潜叶蛾 12.5-25毫克/千克 喷雾
苹果树 桃小食心虫 8.33-12.5毫克/千克 喷雾
十字花科蔬菜 小菜蛾 12.5-25毫克/千克 喷雾
十字花科蔬菜 菜青虫、蚜虫 7.5-15克/公顷 喷雾
烟草 烟青虫 7.5-11.25克/公顷 喷雾
PD20120834 精喹禾灵/10%/乳油/精喹禾灵 10%/2012.05.31 至 2017.05.31/微毒
大豆田、花生田、棉花田、油菜田 一年生禾本科杂草 48.75-60克/公顷 茎叶喷雾
PD20120910 双草醚/10%/悬浮剂/双草醚 10%/2012.05.31 至 2017.05.31/微毒
水稻田(直播) 一年生及部分多年生杂草 37.5-45克/公顷 茎叶喷雾
PD20121069 砜嘧磺隆/25%/水分散粒剂/砜嘧磺隆 25%/2012.07.12 至 2017.07.12/微毒
马铃薯田 一年生杂草 18.75-22.5克/公顷 定向茎叶喷雾
烟草田 一年生杂草 18.75-22.5克/公顷 定向喷雾
玉米田 一年生杂草 18.75-25克/公顷 定向喷雾
PD20121158 丙草胺/30%/乳油/丙草胺 30%/2012.07.30 至 2017.07.30/低毒
水稻田(直播) 一年生禾本科杂草 450-675克/公顷 播后苗前封土壤喷雾施药
水稻育秧田 一年生禾本科杂草 450-525克/公顷 播后苗前封土壤喷雾施药
PD20121801 氟磺胺草醚/75%/水分散粒剂/氟磺胺草醚 75%/2012.11.22 至 2017.11.22/低毒
大豆田 一年生杂草 夏大豆田225-300公顷；春大豆田300-375克/公顷 茎叶喷雾
花生田 一年生杂草 225-300克/公顷 茎叶喷雾
PD20130155 氯嘧磺隆/25%/水分散粒剂/氯嘧磺隆 25%/2013.01.17 至 2018.01.17/微毒
注:专供出口,不得在国内销售。
PD20131231 噻苯·敌草隆/540克/升/悬浮剂/敌草隆 180克/升、噻苯隆 360克/升/2013.05.28 至 2018.05.28/低毒
棉花 脱叶 82.8-97.2克/公顷 茎叶喷雾
PD20131323 苄嘧·苯磺隆/35%/可湿性粉剂/苯磺隆 10%、苄嘧磺隆 25%/2013.06.08 至 2018.06.08/低毒
冬小麦田 一年生阔叶杂草 52.5-73.5克/公顷 茎叶喷雾
PD20131597 甲哌鎓/98%/原药/甲哌鎓 98%/2013.07.29 至 2018.07.29/中等毒
注:专供出口,不得在国内销售。
PD20132032 氰氟·双草醚/40%/可湿性粉剂/氰氟草酯 30%、双草醚 10%/2013.10.21 至 2018.10.21/微毒
水稻田(直播) 一年生阔叶杂草及禾本科杂草 90-108克/公顷 茎叶喷雾
PD20132491 甲磺隆/20%/可湿性粉剂/甲磺隆 20%/2013.12.10 至 2018.12.10/微毒
注:专供出口，不得在国内销售。
PD20132502 甲磺隆/20%/水分散粒剂/甲磺隆 20%/2013.12.10 至 2018.12.10/低毒
注:专供出口，不得在国内销售。
PD20132575 炔草酯/95%/原药/炔草酯 95%/2013.12.17 至 2018.12.17/中等毒
注:专供出口，不得在国内销售。
PD20140778 硝磺·莠去津/48%/悬浮剂/莠去津 40%、硝磺草酮 8%/2014.03.25 至 2019.03.25/低毒
玉米田 一年生杂草 720-864克/公顷 茎叶喷雾
PD20141032 甲哌鎓/98%/可溶粉剂/甲哌鎓 98%/2014.04.21 至 2019.04.21/中等毒
棉花 调节生长 44.1-58.8克/公顷 喷雾
PD20151391 噻苯隆/55%/悬浮剂/噻苯隆 55%/2015.07.30 至 2020.07.30/低毒
棉花 脱叶 247.5-330克/公顷 茎叶喷雾
PD20152115 砜嘧·噻吩/75%/水分散粒剂/砜嘧磺隆 50%、噻吩磺隆 25%/2015.09.22 至 2020.09.22/微毒
玉米田 一年生阔叶杂草及禾本科杂草 50.625-73.5克/公顷 土壤喷雾
PD20152187 乙羧·草甘膦/78%/可湿性粉剂/草甘膦 75%、乙羧氟草醚 3%/2015.09.23 至 2020.09.23/微毒
非耕地 杂草 1287-1404克/公顷 茎叶喷雾

江苏省江阴市福达农化有限公司 (江苏省无锡市江阴市祝塘镇化工工业园区内 214415 0510-86391848)

PD20050115 吡虫啉/10%/可湿性粉剂/吡虫啉 10%/2015.08.15 至 2020.08.15/低毒
水稻 稻飞虱 12-18克/公顷 喷雾
PD20070014 多菌灵/50%/可湿性粉剂/多菌灵 50%/2012.01.18 至 2017.01.18/低毒
水稻 纹枯病 750-900克/公顷 喷雾
PD20070021 草甘膦异丙胺盐/30%/水剂/草甘膦 30%/2012.01.18 至 2017.01.18/低毒

茶园 一年生和多年生杂草 1537.5-2460克/公顷 定向喷雾
注:草甘膦异丙胺盐含量: 41%。
PD20070040 草甘膦/30%/水剂/草甘膦 30%/2012.03.06 至 2017.03.06/微毒
茶园 一年生和多年生杂草 1500-2400克/公顷 定向茎叶喷雾
PD20070041 甲基硫菌灵/70%/可湿性粉剂/甲基硫菌灵 70%/2012.03.06 至 2017.03.06/微毒
苹果树 轮纹病 800-1000倍液 喷雾
PD20070217 氯氰菊酯/10%/乳油/氯氰菊酯 10%/2012.08.08 至 2017.08.08/低毒
十字花科蔬菜 菜青虫 30-45克/公顷 喷雾
PD20070525 福·甲·硫磺/50%/可湿性粉剂/福美双 18%、甲基硫菌灵 10%、硫磺 22%/2012.11.28 至 2017.11.28/低毒
黄瓜 灰霉病 550—600克/公顷 喷雾
PD20080003 多·福/50%/可湿性粉剂/多菌灵 15%、福美双 35%/2013.01.03 至 2018.01.03/低毒
梨树 黑星病 1000-1667毫克/千克 喷雾
PD20081944 精噁唑禾草灵/6.9%/水乳剂/精噁唑禾草灵 6.9%/2013.11.24 至 2018.11.24/低毒
冬小麦田 一年生禾本科杂草 62.1—72.5克/公顷 茎叶喷雾
PD20082184 精噁唑禾草灵/69克/升/水乳剂/精噁唑禾草灵 69克/升/2013.11.26 至 2018.11.26/低毒
春大豆田 一年生禾本科杂草 62.1-72.5克/公顷 茎叶喷雾
PD20082872 噁霜·锰锌/64%/可湿性粉剂/噁霜灵 8%、代森锰锌 56%/2013.12.09 至 2018.12.09/微毒
黄瓜 霜霉病 1560-1950克/公顷 喷雾
PD20085322 氯氰·丙溴磷/44%/乳油/丙溴磷 40%、氯氰菊酯 4%/2013.12.24 至 2018.12.24/低毒
棉花 棉铃虫 462-660克/公顷 喷雾
PD20093054 高效氯氰菊酯/4.5%/乳油/高效氯氰菊酯 4.5%/2014.03.09 至 2019.03.09/低毒
甘蓝 菜青虫 13.5-20.25克/公顷 喷雾
PD20096780 丙环唑/250克/升/乳油/丙环唑 250克/升/2014.09.15 至 2019.09.15/低毒
香蕉 叶斑病 333—500毫克/千克 喷雾
PD20101089 甲霜·锰锌/72%/可湿性粉剂/甲霜灵 8%、代森锰锌 64%/2015.01.25 至 2020.01.25/低毒
黄瓜 霜霉病 1080—1800克/公顷 喷雾
PD20101861 多·硫磺/50%/可湿性粉剂/多菌灵 15%、硫磺 35%/2015.08.04 至 2020.08.04/微毒
花生 叶斑病 1200-1800克/公顷 喷雾
PD20111355 多菌灵/40%/悬浮剂/多菌灵 40%/2011.12.12 至 2016.12.12/低毒
小麦 赤霉病 750-900克/公顷 喷雾
注:重量体积比含量: 500克/升。
PD20131213 丙森·多菌灵/53%/可湿性粉剂/丙森锌 45%、多菌灵 8%/2013.05.28 至 2018.05.28/微毒
苹果树 轮纹病 660-880毫克/千克 喷雾
PD20131763 多菌灵/80%/可湿性粉剂/多菌灵 80%/2013.09.06 至 2018.09.06/低毒
苹果树 轮纹病 875-1000毫克/千克 喷雾
PD20131956 噻嗪酮/25%/可湿性粉剂/噻嗪酮 25%/2013.10.10 至 2018.10.10/微毒
水稻 飞虱 112.5-150克/公顷 喷雾
PD20140620 甲基硫菌灵/500克/升/悬浮剂/甲基硫菌灵 500克/升/2014.03.07 至 2019.03.07/低毒
水稻 稻瘟病、纹枯病 750-1125克/公顷 喷雾
PD20150082 啶虫脒/5%/可湿性粉剂/啶虫脒 5%/2015.01.05 至 2020.01.05/低毒
柑橘 蚜虫 7.5-15毫克/千克 喷雾

江苏省江阴市农药二厂有限公司 (江苏省江阴市青阳镇青桐路1号 214401 0510-86016757)

PD84125-20 乙烯利/40%/水剂/乙烯利 40%/2014.11.11 至 2019.11.11/低毒
番茄 催熟 800-1000倍液 喷雾或浸渍
棉花 催熟、增产 330-500倍液 喷雾
柿子、香蕉 催熟 400倍液 喷雾或浸渍
水稻 催熟、增产 800倍液 喷雾
橡胶树 增产 5-10倍液 涂布
烟草 催熟 1000-2000倍液 喷雾
PD85150-3 多菌灵/50%/可湿性粉剂/多菌灵 50%/2011.09.19 至 2016.09.19/低毒
果树 病害 0.05-0.1%药液 喷雾
花生 倒秧病 750克/公顷 喷雾
麦类 赤霉病 750克/公顷 喷雾、泼浇
棉花 苗期病害 500克/100千克种子 拌种
水稻 稻瘟病、纹枯病 750克/公顷 喷雾、泼浇
油菜 菌核病 1125-1500克/公顷 喷雾
PD85159-39 草甘膦/30%/水剂/草甘膦 30%/2015.07.29 至 2020.07.29/低毒
茶树、甘蔗、果园、剑麻、林木、桑树、橡胶树 一年生杂草和多年生恶性杂草 1125-2250克/公顷 喷雾
PD20040043 多菌灵/95%/原药/多菌灵 95%/2014.12.19 至 2019.12.19/低毒
PD20040560 吡虫啉/10%/可湿性粉剂/吡虫啉 10%/2014.12.19 至 2019.12.19/低毒
梨树 梨木虱 2000-2500倍液 喷雾

	苹果树	黄蚜	2000-4000倍液	喷雾
	十字花科蔬菜	蚜虫	15-22.5克/公顷	喷雾
	水稻	飞虱	15-30克/公顷	喷雾
	小麦	蚜虫	15-30克/公顷(南方地区)45-60克/公顷(北方地区)	喷雾
PD20070174	草甘膦/95%/原药/草甘膦 95%/2012.06.25 至 2017.06.25/微毒			
PD20080077	噻嗪酮/90%/原药/噻嗪酮 90%/2013.01.04 至 2018.01.04/低毒			
PD20080126	噻嗪·异丙威/25%/可湿性粉剂/噻嗪酮 8%、异丙威 17%/2013.01.04 至 2018.01.04/中等毒			
	水稻	稻飞虱	187.5-225克/公顷	喷雾
PD20080186	噻嗪酮/25%/可湿性粉剂/噻嗪酮 25%/2013.01.07 至 2018.01.07/低毒			
	茶树	小绿叶蝉	250-312毫克/千克	喷雾
	柑橘树	矢尖蚧	200-250毫克/千克	喷雾
	水稻	飞虱	75-112.5克/公顷	喷雾
PD20080485	草甘膦异丙胺盐/41%/水剂/草甘膦异丙胺盐 41%/2013.04.07 至 2018.04.07/低毒			
	茶园、柑橘园、桑园	杂草	1125-2250克/公顷	定向茎叶喷雾
	非耕地	杂草	1125-3000克/公顷	茎叶喷雾
	油菜(移栽田)	一年生杂草	615-922.5克/公顷	定向茎叶喷雾
	油菜免耕田	一年生杂草	750-1200克/公顷(免耕冬油菜),1500-2250克/公顷(免耕春油菜)	茎叶喷雾
PD20081820	精噁唑禾草灵/69克/升/水乳剂/精噁唑禾草灵 69克/升/2013.11.19 至 2018.11.19/低毒			
	冬小麦田	一年生禾本科杂草	51.75-62.1克/公顷	茎叶喷雾
PD20082526	硫磺·多菌灵/50%/可湿性粉剂/多菌灵 15%、硫磺 35%/2013.12.03 至 2018.12.03/微毒			
	花生	叶斑病	1200-1800克/公顷	喷雾
PD20090355	多菌灵/80%/可湿性粉剂/多菌灵 80%/2014.01.12 至 2019.03.26/微毒			
	水稻	稻瘟病	900-1080克/公顷	喷雾
PD20097247	乙烯利/85%/原药/乙烯利 85%/2014.10.19 至 2019.10.19/微毒			
PD20101560	甲基硫菌灵/70%/可湿性粉剂/甲基硫菌灵 70%/2015.05.19 至 2020.05.19/低毒			
	苹果树	轮纹病	700-875毫克/千克	喷雾
PD20102171	草甘膦异丙胺盐/46%/母药/草甘膦 46%/2010.12.14 至 2015.12.14/微毒			
	注：草甘膦异丙胺盐含量：62%			

江苏省金坛市兴达化工厂　(江苏省金坛市薛埠镇　213245　0519-2660755)

PD20060127	三乙膦酸铝/95%/原药/三乙膦酸铝 95%/2011.06.26 至 2016.06.26/微毒			
PD20070034	三乙膦酸铝/80%/可湿性粉剂/三乙膦酸铝 80%/2012.01.29 至 2017.01.29/低毒			
	烟草	黑胫病	4200-4800克/公顷	喷雾
PD20070180	三乙膦酸铝/40%/可湿性粉剂/三乙膦酸铝 40%/2012.06.25 至 2017.06.25/微毒			
	橡胶树	割面条溃疡病	50-100倍液	切口涂抹
PD20082818	三乙膦酸铝/90%/可溶粉剂/三乙膦酸铝 90%/2013.12.09 至 2018.12.09/微毒			
	番茄	晚疫病	1080-1620克/公顷	喷雾
PD20095942	乙铝·锰锌/70%/可湿性粉剂/代森锰锌 45%、三乙膦酸铝 25%/2014.06.02 至 2019.06.02/低毒			
	黄瓜	霜霉病	1575-3937.5克/公顷	喷雾
PD20097287	烟嘧磺隆/40克/升/可分散油悬浮剂/烟嘧磺隆 40克/升/2014.10.26 至 2019.10.26/低毒			
	玉米田	一年生杂草	42-60克/公顷	茎叶喷雾
PD20120210	烯酰·乙膦铝/50%/可湿性粉剂/烯酰吗啉 9%、三乙膦酸铝 41%/2012.02.07 至 2017.02.07/低毒			
	葡萄	霜霉病	180－220毫克/千克	喷雾
PD20121557	三乙膦酸铝/80%/可分散粒剂/三乙膦酸铝 80%/2012.10.25 至 2017.10.25/微毒			
	烟草	黑胫病	4200-4800克/公顷	茎基部喷淋法

江苏省靖江市新茂塑化厂　(江苏省靖江市常安南路184号　214517　0523-4281900)

PD90104-3	矿物油/95%/乳油/矿物油 95%/2014.12.30 至 2019.12.30/低毒			
	柑橘树	锈壁虱、蚜虫	100-200倍液	喷雾
	柑橘树、杨梅树、枇杷树	介壳虫	50-60倍液	喷雾

江苏省句容市宏达生物农药科技有限公司　(江苏省句容市茅山镇茅山村168号　212466　0511-7833036)

PD20096192	阿维菌素/1.8%/乳油/阿维菌素 1.8%/2014.07.13 至 2019.07.13/低毒(原药高毒)			
	甘蓝	小菜蛾	8.1-10.8克/公顷	喷雾

江苏省昆山市鼎烽农药有限公司　(江苏省昆山市周市镇尉州路21号　215314　0512-57621705)

PD84118-35	多菌灵/25%/可湿性粉剂/多菌灵 25%/2014.12.15 至 2019.12.15/低毒			
	果树	病害	0.05-0.1%药液	喷雾
	花生	倒秧病	750克/公顷	喷雾
	麦类	赤霉病	750克/公顷	喷雾,泼浇
	棉花	苗期病害	500克/100千克种子	拌种
	水稻	稻瘟病、纹枯病	750克/公顷	喷雾,泼浇
	油菜	菌核病	1125-1500克/公顷	喷雾
PD85150-27	多菌灵/50%/可湿性粉剂/多菌灵 50%/2015.07.13 至 2020.07.13/低毒			

	果树	病害	0.05-0.1%药液	喷雾
	花生	倒秧病	750克/公顷	喷雾
	麦类	赤霉病	750克/公顷	喷雾、泼浇
	棉花	苗期病害	500克/100千克种子	拌种
	水稻	稻瘟病、纹枯病	750克/公顷	喷雾、泼浇
	油菜	菌核病	1125-1500克/公顷	喷雾
PD92101-3	多菌灵/40%/可湿性粉剂/多菌灵 40%/2012.01.22 至 2017.01.22/低毒			
	果树	病害	0.05-0.1%药液	喷雾
	花生	倒秧病	750克/公顷	喷雾
	麦类	赤霉病	750克/公顷	喷雾,泼浇
	棉花	苗期病害	500克/100千克种子	拌种
	水稻	稻瘟病、纹枯病	750克/公顷	喷雾,泼浇
	油菜	菌核病	1125-1500克/公顷	喷雾
PD20040322	吡虫啉/10%/可湿性粉剂/吡虫啉 10%/2014.12.19 至 2019.12.19/低毒			
	水稻	稻飞虱	15-30克/公顷	喷雾
PD20040520	异丙隆/50%/可湿性粉剂/异丙隆 50%/2014.12.19 至 2019.12.19/低毒			
	冬小麦田	一年生杂草	1050-1200克/公顷	土壤或茎叶喷雾
PD20040714	吡虫·杀虫单/40%/可湿性粉剂/吡虫啉 1.7%、杀虫单 38.3%/2014.12.19 至 2019.12.19/中等毒			
	水稻	稻飞虱、稻纵卷叶螟	600-750克/公顷	喷雾
PD20081863	苄嘧·苯噻酰/53%/可湿性粉剂/苯噻酰草胺 50%、苄嘧磺隆 3%/2013.11.20 至 2018.11.20/低毒			
	水稻抛秧田	一年生及部分多年生杂草	397.5-477克/公顷(南方地区)	药土法
PD20081901	乙草胺/900克/升/乳油/乙草胺 900克/升/2013.11.21 至 2018.11.21/低毒			
	春玉米田	一年生杂草	1485-2025克/公顷	播后苗前土壤喷雾
PD20082305	三环唑/20%/可湿性粉剂/三环唑 20%/2013.12.01 至 2018.12.01/中等毒			
	水稻	稻瘟病	225-300克/公顷	喷雾
PD20090142	丁草胺/10%/微粒剂/丁草胺 10%/2014.01.08 至 2019.01.08/低毒			
	水稻	稗草、牛毛草	750-1275克/公顷	毒土,毒肥
PD20090764	硫磺·多菌灵/40%/悬浮剂/多菌灵 20%、硫磺 20%/2014.01.19 至 2019.01.19/低毒			
	水稻	稻瘟病	1200-1800克/公顷	喷雾
PD20090828	井冈·三环唑/20%/悬浮剂/井冈霉素 5%、三环唑 15%/2014.01.19 至 2019.01.19/中等毒			
	水稻	稻瘟病、纹枯病	300-450克/公顷	喷雾
PD20091263	苄嘧·丙草胺/30%/可湿性粉剂/苄嘧磺隆 1.5%、丙草胺 28.5%/2014.02.01 至 2019.02.01/低毒			
	水稻田(直播)	一年生及部分多年生杂草	360-540克/公顷	喷雾或毒土法
PD20092746	苄·丁/10%/微粒剂/苄嘧磺隆 0.4%、丁草胺 9.6%/2014.03.04 至 2019.03.04/低毒			
	水稻移栽田	部分多年生杂草、一年生杂草	600-900克/公顷	毒土法撒施
PD20093464	苄·乙/6%/微粒剂/苄嘧磺隆 1.5%、乙草胺 4.5%/2014.03.23 至 2019.03.23/低毒			
	水稻移栽田	杂草	84-118克/公顷	药土法撒施
PD20093855	乙草胺/20%/可湿性粉剂/乙草胺 20%/2014.03.25 至 2019.03.25/低毒			
	水稻移栽田	稗草、一年生莎草	90-120克/公顷	毒土法
PD20095014	井冈·多菌灵/28%/悬浮剂/多菌灵 24%、井冈霉素 4%/2014.04.21 至 2019.04.21/低毒			
	水稻	稻瘟病	375-525克/公顷	喷雾
	小麦	赤霉病	375克/公顷	喷雾
PD20121035	苯磺·异丙隆/50%/可湿性粉剂/苯磺隆 1%、异丙隆 49%/2012.07.04 至 2017.07.04/低毒			
	冬小麦田	一年生杂草	900-1050克/公顷	茎叶喷雾

江苏省连云港市东金化工有限公司 (江苏省连云港市东海县驼峰新区 222300 0518-87319228)

PD20081816	甲基立枯磷/95%/原药/甲基立枯磷 95%/2013.11.19 至 2018.11.19/低毒			
PD20081817	甲基立枯磷/20%/乳油/甲基立枯磷 20%/2013.11.19 至 2018.11.19/低毒			
	棉花	苗期病害	200-300克/100千克种子	拌种
PD20085186	高效氯氰菊酯/4.5%/乳油/高效氯氰菊酯 4.5%/2013.12.23 至 2018.12.23/中等毒			
	棉花	棉铃虫	33.75-40.5克/公顷	喷雾
PD20086364	高氯·辛硫磷/35%/乳油/高效氯氰菊酯 1%、辛硫磷 34%/2013.12.31 至 2018.12.31/低毒			
	棉花	棉铃虫	315-420克/公顷	喷雾
PD20092379	吡虫啉/10%/可湿性粉剂/吡虫啉 10%/2014.02.25 至 2019.02.25/低毒			
	水稻	飞虱	22.5-30克/公顷	喷雾
PD20096602	苄·丁/20%/可湿性粉剂/苄嘧磺隆 0.8%、丁草胺 19.2%/2014.09.02 至 2019.09.02/低毒			
	水稻移栽田	部分多年生杂草、一年生杂草	600-900克/公顷	毒土法
PD20100424	乐果/96%/原药/乐果 96%/2015.01.14 至 2020.01.14/中等毒			
PD20120944	辛硫磷/40%/乳油/辛硫磷 40%/2012.06.14 至 2017.06.14/低毒			
	甘蓝	菜青虫	300-450克/公顷	喷雾
PD20121081	吡虫啉/5%/乳油/吡虫啉 5%/2012.07.19 至 2017.07.19/中等毒			
	棉花	蚜虫	22.5-30克/公顷	喷雾
PD20121572	乙酰甲胺磷/95%/原药/乙酰甲胺磷 95%/2012.10.25 至 2017.10.25/低毒			
PD20121789	辛硫磷/90%/原药/辛硫磷 90%/2012.11.22 至 2017.11.22/低毒			

PD20121832 乙酰甲胺磷/30%/乳油/乙酰甲胺磷 30%/2012.11.22 至 2017.11.22/低毒
水稻 二化螟 900-1012克/公顷 喷雾
PD20130582 乐果/40%/乳油/乐果 40%/2013.04.02 至 2018.04.02/低毒
水稻 三化螟 525-600克/公顷 喷雾

江苏省连云港死海溴化物有限公司 (江苏省连云港市连云区西墅 222042 0518-2320777)

PD84122 溴甲烷/99%/原药/溴甲烷 99%/2014.12.15 至 2018.12.31/高毒
土壤 根结线虫 500-750千克/公顷 土壤熏蒸
PD20070193 溴甲烷/98%/气体制剂/溴甲烷 98%/2012.07.11 至 2017.07.11/中等毒(原药高毒)
土壤 根结线虫 500-750千克/公顷 土壤熏蒸

江苏省涟水先锋化学有限公司 (江苏省扬州市江阳中路433号金天城大厦23楼 225009 0514-87990995)

PD20140538 多菌灵/500克/升/悬浮剂/多菌灵 500克/升/2014.03.06 至 2019.03.06/微毒
水稻 纹枯病 750-900克/公顷 喷雾

江苏省绿盾植保农药实验有限公司 (江苏省句容市后白镇工业园区31号 212444 0511-87274221)

PD20040095 吡虫啉/10%/可湿性粉剂/吡虫啉 10%/2014.12.19 至 2019.12.19/低毒
水稻 飞虱 22.5-30克/公顷 喷雾
PD20040187 吡·多·三唑酮/24%/可湿性粉剂/吡虫啉 1%、多菌灵 20%、三唑酮 3%/2014.12.19 至 2019.12.19/低毒
小麦 白粉病、赤霉病、蚜虫 432-612克/公顷 喷雾
PD20040206 多·酮/25%/可湿性粉剂/多菌灵 22%、三唑酮 3%/2014.12.19 至 2019.12.19/低毒
小麦 赤霉病 400-600克/公顷 喷雾
油菜 菌核病 900-1200克/公顷 喷雾
PD20040664 吡虫·杀虫单/42%/可湿性粉剂/吡虫啉 1.7%、杀虫单 40.3%/2014.12.19 至 2019.12.19/中等毒
水稻 稻纵卷叶螟、二化螟、飞虱、三化螟 450-750克/公顷 喷雾
PD20080505 噻嗪酮/25%/可湿性粉剂/噻嗪酮 25%/2013.04.10 至 2018.04.10/低毒
水稻 稻飞虱 150-168.75克/公顷 喷雾
PD20082127 咪鲜·杀螟丹/16%/可湿性粉剂/咪鲜胺 4%、杀螟丹 12%/2013.11.25 至 2018.11.25/中等毒
水稻 恶苗病、干尖线虫病 400-700倍液 浸种
PD20083158 毒死蜱/40%/乳油/毒死蜱 40%/2013.12.11 至 2018.12.11/中等毒
水稻 稻纵卷叶螟 480-600克/公顷 喷雾
PD20090187 杀螟丹/6%/水剂/杀螟丹 6%/2014.01.08 至 2019.01.08/低毒
水稻 干尖线虫病 30-60毫克/千克 浸种
PD20091925 辛硫·三唑磷/40%/乳油/三唑磷 20%、辛硫磷 20%/2014.02.12 至 2019.02.12/中等毒
水稻 二化螟 480-600克/公顷 喷雾
PD20098326 2甲·苄/38%/可湿性粉剂/苄嘧磺隆 4%、2甲4氯钠 34%/2014.12.18 至 2019.12.18/低毒
冬小麦田 一年生阔叶杂草 228-342克/公顷 茎叶喷雾
PD20101215 杀螟·乙蒜素/17%/可湿性粉剂/杀螟丹 5%、乙蒜素 12%/2015.02.21 至 2020.02.21/中等毒
水稻 恶苗病、干尖线虫病 200-400倍液 浸种
PD20121463 阿维菌素/5%/可湿性粉剂/阿维菌素 5%/2012.10.08 至 2017.10.08/低毒(原药高毒)
水稻 稻纵卷叶螟 12-24克/公顷 喷雾
PD20130590 咪鲜胺/50%/可湿性粉剂/咪鲜胺 50%/2013.04.02 至 2018.04.02/低毒
水稻 稻曲病 225-300克/公顷 喷雾
小麦 赤霉病 225-300克/公顷 喷雾
PD20131723 咪鲜·甲硫灵/42%/可湿性粉剂/甲基硫菌灵 35%、咪鲜胺 7%/2013.08.16 至 2018.08.16/低毒
水稻 稻瘟病 378-504克/公顷 喷雾
小麦 赤霉病 378-504克/公顷 喷雾
PD20140031 甲维·毒死蜱/25%/水乳剂/毒死蜱 24.8%、甲氨基阿维菌素苯甲酸盐 0.2%/2014.01.02 至 2019.01.02/低毒
水稻 稻纵卷叶螟 225-300克/公顷 喷雾
PD20141935 阿维·茚虫威/12%/可湿性粉剂/阿维菌素 2%、茚虫威 10%/2014.08.04 至 2019.08.04/低毒(原药高毒)
水稻 稻纵卷叶螟 27-36克/公顷 喷雾
PD20141942 井冈·咪鲜胺/16%/可湿性粉剂/井冈霉素A 8%、咪鲜胺 8%/2014.08.08 至 2019.08.08/微毒
水稻 纹枯病 96-132克/公顷 喷雾
PD20152489 氰烯·杀螟丹/20%/可湿性粉剂/杀螟丹 10%、氰烯菌酯 10%/2015.12.05 至 2020.12.05/低毒
水稻 恶苗病、干尖线虫病 125-250毫克/千克 浸种
LS20120360 吡蚜·异丙威/30%/可湿性粉剂/吡蚜酮 10%、异丙威 20%/2014.11.05 至 2015.11.05/低毒
水稻 飞虱 135-180克/公顷 喷雾
LS20140146 己唑·嘧菌酯/24%/悬浮剂/己唑醇 16%、嘧菌酯 8%/2015.04.10 至 2016.04.10/低毒
水稻 水稻纹枯病 54-72克/公顷 喷雾

江苏省南京博臣农化有限公司 (江苏省高淳县古柏镇 211316 025-57354064)

PD20040507 吡虫·三唑磷/21%/乳油/吡虫啉 1%、三唑磷 20%/2014.12.19 至 2019.12.19/中等毒
水稻 二化螟、三化螟 315-472.5克/公顷 喷雾
PD20040626 哒螨灵/15%/乳油/哒螨灵 15%/2014.12.19 至 2019.12.19/中等毒
柑橘树、苹果树 红蜘蛛 50-67毫克/千克 喷雾
PD20080925 二氯喹啉酸/50%/可湿性粉剂/二氯喹啉酸 50%/2013.07.17 至 2018.07.17/低毒
水稻移栽田 稗草 225-375克/公顷(北方地区) 喷雾

PD20081056 苄·二氯/27.5%/可湿性粉剂/苄嘧磺隆 2.5%、二氯喹啉酸 25%/2013.08.14 至 2018.08.14/低毒
水稻移栽田 部分多年生杂草、一年生杂草 206.3-268克/公顷 喷雾
PD20083610 啶虫脒/5%/乳油/啶虫脒 5%/2013.12.12 至 2018.12.12/低毒
莲藕 莲缢管蚜 15-22.5克/公顷 喷雾
苹果树 蚜虫 10-15毫克/千克 喷雾
PD20084942 炔螨特/57%/乳油/炔螨特 57%/2013.12.22 至 2018.12.22/低毒
柑橘树、苹果树 红蜘蛛 285-380毫克/千克 喷雾
PD20086258 甲硫·福美双/70%/可湿性粉剂/福美双 30%、甲基硫菌灵 40%/2013.12.31 至 2018.12.31/低毒
苹果树 炭疽病 600-800倍液 喷雾
PD20091219 高氯·马/37%/乳油/高效氯氰菊酯 0.8%、马拉硫磷 36.2%/2014.02.01 至 2019.02.01/中等毒
苹果树 黄蚜 123-185毫克/千克 喷雾
PD20091998 阿维·高氯/1%/乳油/阿维菌素 0.2%、高效氯氰菊酯 0.8%/2014.02.12 至 2019.02.12/低毒(原药高毒)
苹果树 二斑叶螨 1500-2000倍液 喷雾
十字花科蔬菜 小菜蛾 6-9克/公顷 喷雾
PD20096485 灭多威/10%/可湿性粉剂/灭多威 10%/2014.08.14 至 2019.08.14/中等毒(原药高毒)
棉花 棉铃虫 120-150克/公顷 喷雾
PD20121263 杀螺胺/70%/可湿性粉剂/杀螺胺 70%/2012.09.04 至 2017.09.04/低毒
水稻 福寿螺 367.5-472.5克/公顷 喷雾

江苏省南京高正农用化工有限公司 (江苏省南京市化学工业园方水东路1号 210047 025-58392868)

PD20093504 苄·二氯/36%/可湿性粉剂/苄嘧磺隆 3%、二氯喹啉酸 33%/2014.03.23 至 2019.03.23/低毒
水稻田(直播) 一年生杂草 216-324克/公顷(北方地区),162-216克/公顷(南方地区) 落干田水喷雾一天后保水3-5厘米一周以上
PD20094836 苄·乙·甲/16%/可湿性粉剂/苄嘧磺隆 1.1%、甲磺隆 0.2%、乙草胺 14.7%/2014.04.13 至 2015.06.30/低毒
水稻移栽田 多年生阔叶杂草、一年生莎草、一年生杂草 72-96克/公顷 返青后拌药土均匀撒施
PD20130107 萎锈·福美双/400克/升/悬浮种衣剂/福美双 200克/升、萎锈灵 200克/升/2013.01.17 至 2018.01.17/低毒
棉花 立枯病 160-200克/100千克种子 种子包衣
PD20130222 戊唑醇/60克/升/悬浮种衣剂/戊唑醇 60克/升/2013.01.30 至 2018.01.30/低毒
玉米 丝黑穗病 6-12克/100千克种子 种子包衣
PD20130443 烟嘧磺隆/40克/升/可分散油悬浮剂/烟嘧磺隆 40克/升/2013.03.18 至 2018.03.18/微毒
玉米田 一年生杂草 48-60克/公顷 茎叶喷雾
PD20132717 嘧菌酯/250克/升/悬浮剂/嘧菌酯 250克/升/2013.12.30 至 2018.12.30/低毒
黄瓜 白粉病 112.5-337.5克/公顷 喷雾
PD20140827 吡虫啉/600克/升/悬浮种衣剂/吡虫啉 600克/升/2014.04.02 至 2019.04.02/低毒
棉花 蚜虫 350-500克/100千克种子 种子包衣
PD20150752 二甲戊灵/450克/升/微囊悬浮剂/二甲戊灵 450克/升/2015.05.12 至 2020.05.12/低毒
棉花田 一年生禾本科杂草 743-945克/公顷 土壤喷雾
PD20151831 炔草酯/15%/微乳剂/炔草酯 15%/2015.08.28 至 2020.08.28/低毒
小麦田 禾本科杂草 45-67.5克/公顷 茎叶喷雾

江苏省南京红太阳生物化学有限责任公司 (江苏省南京高新开发区化学工业园内 210061 025-87151982)

PD20081501 百草枯/32.6%/母药/百草枯 32.6%/2013.11.06 至 2018.11.06/中等毒
注:百草枯二氯盐含量: 45%(质量浓度为500克/升)
PD20082072 百草枯/200克/升/水剂/百草枯 200克/升/2014.12.31 至 2019.12.31/中等毒
注:专供出口，不得在国内销售。
PD20096678 草甘膦/96%/原药/草甘膦 96%/2014.09.07 至 2019.09.07/低毒
PD20110734 氨氯吡啶酸/95%/原药/氨氯吡啶酸 95%/2011.07.11 至 2016.07.11/低毒
注:专供出口，不得在国内销售。
PD20111326 草甘膦铵盐/68%/可溶粒剂/草甘膦 68%/2011.12.06 至 2016.12.06/低毒
非耕地 杂草 2040-3060克/公顷 定向茎叶喷雾
注:草甘膦铵盐含量:74.7%。
PD20120278 二氯吡啶酸/95%/原药/二氯吡啶酸 95%/2012.02.15 至 2017.02.15/低毒
注:专供出口，不得在国内销售。
PD20120430 草甘膦铵盐/89%/原药/草甘膦 89%/2012.03.14 至 2017.03.14/低毒
注:草甘膦铵盐含量: 98%。
PD20120993 草甘膦/450克/升/水剂/草甘膦 450克/升/2012.06.21 至 2017.06.21/低毒
注:专供出口，不得在国内销售。
PD20122089 氰氟草酯/95%/原药/氰氟草酯 95%/2012.12.26 至 2017.12.26/低毒
PD20131604 草铵膦/95%/原药/草铵膦 95%/2013.07.29 至 2018.07.29/低毒
PD20131912 百草枯/20%/可溶胶剂/百草枯 20%/2013.09.25 至 2018.09.25/中等毒
非耕地 杂草 450-600克/公顷 定向茎叶喷雾
PD20132160 二氯吡啶酸/300克/升/水剂/二氯吡啶酸 300克/升/2013.10.29 至 2018.10.29/低毒
注:专供出口，不得在国内销售。

PD20140641 炔草酯/95%/原药/炔草酯 95%/2014.03.07 至 2019.03.07/低毒
PD20151840 氨氯吡啶酸/95%/原药/氨氯吡啶酸 95%/2015.08.28 至 2020.08.28/低毒

江苏省南京惠宇农化有限公司 (江苏省南京市化学工业园新材料产业园双巷路67号 211515 025-57606338)

PD20050050 吡虫·杀虫单/62%/可湿性粉剂/吡虫啉 2%、杀虫单 60%/2015.04.29 至 2020.04.29/中等毒
水稻 稻纵卷叶螟、二化螟、飞虱、三化螟 450-750克/公顷 喷雾
PD20070411 多·酮/33%/可湿性粉剂/多菌灵 24%、三唑酮 9%/2012.11.05 至 2017.11.05/低毒
小麦 白粉病、赤霉病 445-594克/公顷 喷雾
PD20080188 多菌灵/50%/可湿性粉剂/多菌灵 50%/2013.01.07 至 2018.01.07/微毒
油菜 菌核病 1125-1500克/公顷 喷雾
PD20080356 多·福/50%/可湿性粉剂/多菌灵 15%、福美双 35%/2013.02.28 至 2018.02.28/微毒
梨树 黑星病 1000-1500毫克/千克 喷雾
PD20080617 硫磺·多菌灵/50%/可湿性粉剂/多菌灵 15%、硫磺 35%/2013.05.12 至 2018.05.12/低毒
花生 叶斑病 1200-1800克/公顷 喷雾
PD20080791 硫磺·甲硫灵/70%/可湿性粉剂/甲基硫菌灵 40%、硫磺 30%/2013.06.20 至 2018.06.20/低毒
黄瓜 白粉病 840-1050克/公顷 喷雾
PD20080818 毒·辛/40%/乳油/毒死蜱 15%、辛硫磷 25%/2013.06.20 至 2018.06.20/低毒
水稻 稻纵卷叶螟、三化螟 450-750克/公顷 喷雾
水稻 稻飞虱 540-750克/公顷 喷雾
PD20082532 甲基硫菌灵/70%/可湿性粉剂/甲基硫菌灵 70%/2013.12.03 至 2018.12.03/低毒
番茄 叶霉病 525—630克/公顷 喷雾
PD20084217 辛硫·三唑磷/40%/乳油/三唑磷 15%、辛硫磷 25%/2013.12.17 至 2018.12.17/中等毒
水稻 稻纵卷叶螟、三化螟 450-750克/公顷 喷雾
PD20084652 吡虫啉/10%/可湿性粉剂/吡虫啉 10%/2013.12.18 至 2018.12.18/低毒
水稻 稻飞虱 15-30克/公顷 喷雾
PD20084908 井冈·杀虫单/50%/可湿性粉剂/井冈霉素 7.5%、杀虫单 42.5%/2013.12.22 至 2018.12.22/中等毒
水稻 稻纵卷叶螟、纹枯病 750-900克/公顷 喷雾
PD20085291 阿维·三唑磷/20%/乳油/阿维菌素 0.1%、三唑磷 19.9%/2013.12.23 至 2018.12.23/中等毒(原药高毒)
水稻 二化螟 150-180克/公顷 喷雾
PD20085371 唑磷·仲丁威/35%/乳油/三唑磷 14%、仲丁威 21%/2013.12.24 至 2018.12.24/中等毒
水稻 稻纵卷叶螟、二化螟 393.75-656.25克/公顷 喷雾
PD20086355 井冈·己唑醇/11%/可湿性粉剂/井冈霉素 8.5%、己唑醇 2.5%/2013.12.31 至 2018.12.31/低毒
水稻 纹枯病 49.5-57.75克/公顷 喷雾
PD20096287 吡·井·杀虫单/54%/可湿性粉剂/吡虫啉 1.5%、井冈霉素 7.5%、杀虫单 45%/2014.07.22 至 2019.07.22/中等毒
水稻 稻纵卷叶螟、飞虱、纹枯病 810-972克/公顷 喷雾
PD20101438 水胺·三唑磷/30%/乳油/三唑磷 10%、水胺硫磷 20%/2015.05.04 至 2020.05.04/中等毒(原药高毒)
水稻 二化螟 405-540克/公顷 喷雾
PD20120911 井冈·己唑醇/3.5%/微乳剂/井冈霉素A 2.3%、己唑醇 1.2%/2012.05.31 至 2017.05.31/微毒
水稻 纹枯病 31.5-36.75克/公顷 喷雾
PD20130986 噁草·丁草胺/42%/乳油/丁草胺 32%、噁草酮 10%/2013.05.02 至 2018.05.02/低毒
直播水稻(南方) 一年生杂草 567-787.5克/公顷 播后苗前土壤喷雾
PD20140343 苄·戊·异丙隆/50%/可湿性粉剂/苄嘧磺隆 5.6%、二甲戊灵 12.4%、异丙隆 32%/2014.02.18 至 2019.02.18/微毒
直播水稻田 一年生杂草 450-525克/公顷 土壤喷雾
PD20140631 阿维菌素/3%/可湿性粉剂/阿维菌素 3%/2014.03.07 至 2019.03.07/低毒(原药高毒)
水稻 稻纵卷叶螟 9-18克/公顷 喷雾
PD20151109 阿维·抑食肼/33%/可湿性粉剂/阿维菌素 3%、抑食肼 30%/2015.06.24 至 2020.06.24/低毒
水稻 稻纵卷叶螟 123.75-148.5克/公顷 喷雾
LS20130161 炔草酯/8%/水乳剂/炔草酯 8%/2015.04.03 至 2016.04.03/低毒
冬小麦田 一年生禾本科杂草 36-48克/公顷 茎叶喷雾
LS20130342 甲氨基阿维菌素苯甲酸盐/5%/可湿性粉剂/甲氨基阿维菌素 5%/2015.07.02 至 2016.07.02/低毒
水稻 稻纵卷叶螟 15-22.5克/公顷 喷雾
注:甲氨基阿维菌素苯甲酸盐含量:5.7%。
LS20150149 嘧菌酯/40%/可湿性粉剂/嘧菌酯 40%/2015.06.08 至 2016.06.08/微毒
水稻 稻曲病 90-120克/公顷 喷雾
WP20080518 高效氯氰菊酯/4.5%/水乳剂/高效氯氰菊酯 4.5%/2013.12.23 至 2018.12.23/低毒
卫生 蚊、蝇 22.5毫克/平方米 喷洒

江苏省南京金陵蚊香实业有限公司 (江苏省南京市白下区光华门火车站33号 210007 025-84619002)

WP20080153 蚊香/0.12%/蚊香/Es-生物烯丙菊酯 0.12%/2013.11.05 至 2018.11.05/微毒
卫生 蚊 / 点燃
WP20080163 电热蚊香片/10毫克/片/电热蚊香片/Es-生物烯丙菊酯 10毫克/片/2013.11.12 至 2018.11.12/低毒
卫生 蚊 / 电热加温
WP20080208 杀虫气雾剂/0.5%/气雾剂/胺菊酯 0.25%、氯菊酯 0.25%/2013.11.21 至 2018.11.21/低毒
卫生 蚊、蝇、蜚蠊 / 喷雾
WP20080213 电热蚊香液/2.6%/电热蚊香液/Es-生物烯丙菊酯 2.6%/2013.11.21 至 2018.11.21/低毒

卫生 蚊 / 电热加温

江苏省南京荣诚化工有限公司 (江苏省南京市高淳县固城镇工业园 211304 025-52431141)

WP20080407 高效氯氰菊酯/6%/可湿性粉剂/高效氯氰菊酯 6%/2013.12.12 至 2018.12.12/低毒
卫生 蚊、蝇、蜚蠊 玻璃面,木板面50毫克/平方米;石灰面100毫克/平方米 滞留喷洒

WP20090184 杀虫气雾剂/0.44%/气雾剂/胺菊酯 0.25%、氯菊酯 0.15%、氯氰菊酯 0.04%/2014.03.18 至 2019.03.18/微毒
卫生 蚊、蝇 / 喷雾

WP20090250 高氯·残杀威/10%/悬浮剂/残杀威 6%、高效氯氰菊酯 4%/2014.04.27 至 2019.04.27/低毒
卫生 蚊、蝇、蜚蠊 50-100毫克/平方米 滞留喷洒

WP20100043 高效氯氟氰菊酯/10%/可湿性粉剂/高效氯氟氰菊酯 10%/2015.03.01 至 2020.03.01/低毒
卫生 蚊、蝇、蜚蠊 20毫克/平方米 滞留喷洒

WP20100086 顺式氯氰菊酯/5%/可湿性粉剂/顺式氯氰菊酯 5%/2015.06.08 至 2020.06.08/低毒
卫生 蚊、蝇、蜚蠊 30毫克/平方米 滞留喷洒

WP20100120 杀虫超低容量液剂/2%/超低容量液剂/胺菊酯 1%、富右旋反式苯醚菊酯 1%/2015.09.25 至 2020.09.25/低毒
卫生 蚊、蝇 0.15毫升制剂/平方米 喷洒

WP20100121 高氯·辛硫磷/21%/可溶液剂/高效氯氟氰菊酯 1%、辛硫磷 20%/2015.09.25 至 2020.09.25/低毒
卫生 蚊、蝇 0.3毫升制剂/平方米 喷洒

WP20110030 联苯菊酯/5%/悬浮剂/联苯菊酯 5%/2016.01.26 至 2021.01.26/低毒
卫生 白蚁 2.5-3.8克/平方米; 100-200倍液 土壤处理; 木材浸泡

WP20110035 吡虫啉/350克/升/悬浮剂/吡虫啉 350克/升/2011.02.10 至 2016.02.10/低毒
卫生 白蚁 5-6克/平方米; 500-1000毫克/千克 土壤处理; 木材浸泡

WP20120159 氯菊酯/25%/可湿性粉剂/氯菊酯 25%/2012.09.06 至 2017.09.06/低毒
卫生 蚊、蝇、蜚蠊 200-250毫克/平方米 滞留喷洒

WP20120187 氯氰·氯菊/0.3%/水乳剂/氯菊酯 0.15%、氯氰菊酯 0.15%/2012.10.08 至 2017.10.08/低毒
卫生 蚊、蝇 200毫克/平方米(滞留喷洒) 喷雾或滞留喷洒

WP20140102 氯菊·烯丙菊酯/104克/升/水乳剂/氯菊酯 102.6克/升、S-生物烯丙菊酯 1.4克/升/2014.04.28 至 2019.04.28/低毒
室内 蚊 200毫克/平方米 滞留喷洒

WP20140251 溴氰菊酯/2.5%/悬浮剂/溴氰菊酯 2.5%/2014.12.15 至 2019.12.15/微毒
室内 蚊、蝇、蜚蠊 10-15毫克/平方米 滞留喷洒

WP20140253 顺式氯氰菊酯/100克/升/悬浮剂/顺式氯氰菊酯 100克/升/2014.12.15 至 2019.12.15/低毒
室内 蚊 10-20毫克/平方米 滞留喷洒

WP20150012 氟虫腈/0.05%/胶饵/氟虫腈 0.05%/2015.01.05 至 2020.01.05/微毒
室内 蜚蠊 / 投放

WP20150134 残杀威/1.5%/饵剂/残杀威 1.5%/2015.07.30 至 2020.07.30/低毒
室内 蜚蠊、蝇 / 投放

江苏省南京祥宇农药有限公司 (江苏省南京市江宁区滨江开发区 211162 025-86121898)

PD20080821 噻吩磺隆/75%/水分散粒剂/噻吩磺隆 75%/2013.06.20 至 2018.06.20/低毒
春大豆田 一年生阔叶杂草 22.5-28.125克/公顷 土壤喷雾

PD20081022 噻吩磺隆/15%/可湿性粉剂/噻吩磺隆 15%/2013.08.06 至 2018.08.06/低毒
春大豆田 一年生阔叶杂草 22.5-27克/公顷 播后苗前土壤喷雾
夏大豆田 一年生阔叶杂草 18－27克/公顷 播后苗前土壤喷雾

PD20081046 精喹禾灵/5%/乳油/精喹禾灵 5%/2013.08.14 至 2018.08.14/低毒
春大豆田 一年生禾本科杂草 52.5-67.5克/公顷 茎叶喷雾
冬油菜田 一年生禾本科杂草 37.5-52.5克/公顷 茎叶喷雾

PD20081096 啶虫脒/5%/乳油/啶虫脒 5%/2013.08.18 至 2018.08.18/低毒
柑橘树 蚜虫 10-15毫克/千克 喷雾

PD20082635 甲氰菊酯/20%/乳油/甲氰菊酯 20%/2013.12.04 至 2018.12.04/中等毒
苹果树 桃小食心虫 66.7-100毫克/千克 喷雾

PD20085150 井冈·杀虫双/22%/水剂/井冈霉素 2%、杀虫双 20%/2013.12.23 至 2018.12.23/中等毒
水稻 稻螟铃、稻纵卷叶螟、二化螟、纹枯病 900-1050克/公顷 喷雾

PD20085226 苯磺隆/10%/可湿性粉剂/苯磺隆 10%/2013.12.23 至 2018.12.23/低毒
冬小麦田 一年生阔叶杂草 13.5-22.5克/公顷 茎叶喷雾

PD20086184 苄·二氯/36%/可湿性粉剂/苄嘧磺隆 4%、二氯喹啉酸 32%/2013.12.30 至 2018.12.30/微毒
水稻田(直播) 一年生及部分多年生杂草 216-270克/公顷 茎叶喷雾

PD20090275 苯磺隆/75%/水分散粒剂/苯磺隆 75%/2014.01.09 至 2019.01.09/低毒
冬小麦田 一年生阔叶杂草 13.5－22.5克/公顷 茎叶喷雾

PD20090459 精喹禾灵/10%/乳油/精喹禾灵 10%/2014.01.12 至 2019.01.12/低毒
春大豆田 一年生禾本科杂草 64.8-81.0克/公顷 茎叶喷雾

PD20090880 精噁唑禾草灵/69克/升/水乳剂/精噁唑禾草灵 69克/升/2014.01.19 至 2019.01.19/微毒
冬小麦田 一年生禾本科杂草 51.8-62.1克/公顷 茎叶喷雾

PD20091401 松·喹·氟磺胺/35%/乳油/氟磺胺草醚 9.5%、精喹禾灵 2.5%、异噁草松 23%/2014.02.02 至 2019.02.02/低毒

春大豆田　一年生杂草　525-787.5克/公顷(东北地区)　喷雾
PD20091690　吡虫啉/10%/可湿性粉剂/吡虫啉 10%/2014.02.03 至 2019.02.03/低毒
水稻　稻飞虱　15-30克/公顷　喷雾
PD20091816　高效氟吡甲禾灵/108克/升/乳油/高效氟吡甲禾灵 108克/升/2014.02.05 至 2019.02.05/低毒
春大豆田　一年生禾本科杂草　45-52.5克/公顷　喷雾
PD20092625　氟磺胺草醚/250克/升/水剂/氟磺胺草醚 250克/升/2014.03.02 至 2019.03.02/微毒
春大豆田　一年生阔叶杂草　300-375克/公顷　茎叶喷雾
PD20094094　异噁草松/480克/升/乳油/异噁草松 480克/升/2014.03.27 至 2019.03.27/低毒
春大豆田　一年生杂草　936-1152克/公顷　播后苗前土壤喷雾
PD20094644　精吡氟禾草灵/150克/升/乳油/精吡氟禾草灵 150克/升/2014.04.10 至 2019.04.10/微毒
大豆田　一年生禾本科杂草　112.5-135克/公顷　茎叶喷雾
PD20094933　咪唑乙烟酸/15%/水剂/咪唑乙烟酸 15%/2014.04.13 至 2019.04.13/低毒
春大豆田　一年生杂草　96-120克/公顷　茎叶喷雾
PD20095314　苄·乙/14%/可湿性粉剂/苄嘧磺隆 3.5%、乙草胺 10.5%/2014.04.27 至 2019.04.27/低毒
水稻移栽田　部分多年生杂草、一年生杂草　84-118克/公顷　药土法
PD20095495　吡嘧·苯噻酰/50%/可湿性粉剂/苯噻酰草胺 48.2%、吡嘧磺隆 1.8%/2014.05.11 至 2019.05.11/低毒
水稻抛秧田　一年生及部分多年生杂草　375-450克/公顷　毒土法
PD20095607　松·喹·氟磺胺/18%/乳油/氟磺胺草醚 5.5%、精喹禾灵 1.5%、异噁草松 11%/2014.05.12 至 2019.05.12/低毒
春大豆田　一年生杂草　486-540克/公顷　茎叶喷雾
PD20095833　高效氯氰菊酯/4.5%/乳油/高效氯氰菊酯 4.5%/2014.05.27 至 2019.05.27/低毒
甘蓝　菜青虫　15-30克/公顷　喷雾
PD20095868　苄·乙/20%/可湿性粉剂/苄嘧磺隆 4.4%、乙草胺 15.6%/2014.05.27 至 2019.05.27/低毒
水稻移栽田　一年生杂草　84-118克/公顷　毒土法
PD20096943　烟嘧磺隆/40克/升/可分散油悬浮剂/烟嘧磺隆 40克/升/2014.09.29 至 2019.09.29/微毒
春玉米田　一年生杂草　42-60克/公顷　茎叶喷雾
PD20097013　氯氟吡氧乙酸异辛酯(280克/升)///乳油/氯氟吡氧乙酸 200克/升/2014.09.29 至 2019.09.29/低毒
冬小麦田　一年生阔叶杂草　150-180克/公顷　茎叶喷雾
PD20098426　辛硫·三唑磷/40%/乳油/三唑磷 20%、辛硫磷 20%/2014.12.24 至 2019.12.24/低毒
水稻　二化螟　360-480克/公顷　喷雾
PD20101099　烯草酮/120克/升/乳油/烯草酮 120克/升/2015.01.25 至 2020.01.25/低毒
大豆田　一年生禾本科杂草　72-90克/公顷　茎叶喷雾

江苏省南通宝叶化工有限公司　(江苏省如东沿海经济开发区洋口化工园区海滨四路 226407　0513-68125689)

PD85122-10　福美双/50%/可湿性粉剂/福美双 50%/2015.06.24 至 2020.06.24/中等毒
黄瓜　白粉病、霜霉病　500-1000倍液　喷雾
葡萄　白腐病　500-1000倍液　喷雾
水稻　稻瘟病、胡麻叶斑病　250克/100千克种子　拌种
甜菜、烟草　根腐病　500克/500千克温床土　土壤处理
小麦　白粉病、赤霉病　500倍液　喷雾
PD85133-4　福美双/95%/原药/福美双 95%/2015.07.29 至 2020.07.29/中等毒
PD20070156　代森锰锌/85%/原药/代森锰锌 85%/2012.06.14 至 2017.06.14/低毒
PD20070398　四螨嗪/96%/原药/四螨嗪 96%/2012.11.05 至 2017.11.05/低毒
PD20070414　代森锰锌/80%/可湿性粉剂/代森锰锌 80%/2012.11.06 至 2017.11.06/低毒
番茄　早疫病　2000-2370克/公顷　喷雾
柑橘树　疮痂病、炭疽病　1333-2000毫克/千克　喷雾
梨树　黑星病　800-1600毫克/千克　喷雾
荔枝树　霜疫霉病　1333-2000毫克/千克　喷雾
苹果树　斑点落叶病、轮纹病、炭疽病　1000-1600毫克/千克　喷雾
葡萄　白腐病、黑痘病、霜霉病　1000-1600毫克/千克　喷雾
西瓜　炭疽病　1560-2320克/公顷　喷雾
PD20070429　代森锰锌/70%/可湿性粉剂/代森锰锌 70%/2012.11.12 至 2017.11.12/低毒
番茄　早疫病　1837.5-2362.5克/公顷　喷雾
PD20070504　代森锰锌/50%/可湿性粉剂/代森锰锌 50%/2012.11.28 至 2017.11.28/低毒
番茄　早疫病　1845-2370克/公顷　喷雾
PD20080103　丙森锌/85%/原药/丙森锌 85%/2013.01.03 至 2018.01.03/低毒
PD20080511　霜脲·锰锌/72%/可湿性粉剂/代森锰锌 64%、霜脲氰 8%/2013.04.29 至 2018.04.29/低毒
黄瓜　霜霉病　1440—1800克/公顷　喷雾
PD20093440　四螨嗪/10%/可湿性粉剂/四螨嗪 10%/2014.03.23 至 2019.03.23/低毒
柑橘树　红蜘蛛　100-125毫克/千克　喷雾
PD20095344　吡虫啉/10%/可湿性粉剂/吡虫啉 10%/2014.04.27 至 2019.04.27/低毒
菠菜　蚜虫　30-45克/公顷　喷雾
水稻　稻飞虱　15-30克/公顷　喷雾
PD20100971　代森锌/80%/可湿性粉剂/代森锌 80%/2015.01.19 至 2020.01.19/低毒
花生　叶斑病　750-960克/公顷　喷雾

PD20110356 丙森锌/70%/可湿性粉剂/丙森锌 70%/2011.03.31 至 2016.03.31/低毒
黄瓜 霜霉病 1575-2247克/公顷 喷雾
PD20120675 丙森·多菌灵/70%/可湿性粉剂/丙森锌 30%、多菌灵 40%/2012.04.18 至 2017.04.18/微毒
苹果树 斑点落叶病 467-700毫克/千克 喷雾
PD20130541 烯酰·锰锌/69%/可湿性粉剂/代森锰锌 60%、烯酰吗啉 9%/2013.04.01 至 2018.04.01/低毒
黄瓜 霜霉病 1035-1380克/公顷 喷雾
PD20131979 咪鲜·丙森锌/30%/可湿性粉剂/丙森锌 20%、咪鲜胺锰盐 10%/2013.10.10 至 2018.10.10/微毒
黄瓜 炭疽病 787.5-1125克/公顷 喷雾
PD20132636 代森锰锌/85%/可湿性粉剂/代森锰锌 85%/2013.12.20 至 2018.12.20/低毒
黄瓜 霜霉病 2295-2677.5克/公顷 喷雾
PD20142297 代森联/87%/原药/代森联 87%/2014.11.02 至 2019.11.02/低毒
PD20151267 代森锰锌/30%/悬浮剂/代森锰锌 30%/2015.07.30 至 2020.07.30/微毒
香蕉 叶斑病 1200-1560毫克/千克 喷雾
PD20151367 四螨嗪/50%/悬浮剂/四螨嗪 50%/2015.07.30 至 2020.07.30/低毒
苹果树 红蜘蛛 83-100毫克/千克 喷雾
PD20152333 丙森锌/70%/水分散粒剂/丙森锌 70%/2015.10.22 至 2020.10.22/低毒
黄瓜 霜霉病 1575-2250克/公顷 喷雾
LS20140298 丙森锌/30%/悬浮剂/丙森锌 30%/2015.09.18 至 2016.09.18/低毒
葡萄 霜霉病 1400-1750毫克/公顷 喷雾

江苏省南通飞天化学实业有限公司 (江苏省南通市崇川区人民西路12号飞天大厦 226001 0513-85507107)

PD20082466 草甘膦/30%/可溶粉剂/草甘膦 30%/2013.12.03 至 2018.12.03/低毒
防火隔离带 多年生杂草 1800-2250克/公顷 茎叶喷雾
非耕地 一年生杂草 675-1125克/公顷 茎叶喷雾
非耕地 多年生杂草 1125-2250克/公顷 茎叶喷雾
PD20082976 草甘膦/30%/水剂/草甘膦 30%/2013.12.09 至 2018.12.09/低毒
非耕地 杂草 1125-3000克/公顷 茎叶喷雾
PD20083279 草甘膦/95%/原药/草甘膦 95%/2013.12.11 至 2018.12.11/低毒
PD20086004 草甘膦铵盐/98%/原药/草甘膦铵盐 98%/2013.12.29 至 2018.12.29/低毒
PD20091669 草甘膦铵盐/88.8%/可溶粒剂/草甘膦铵盐 88.8%/2014.02.03 至 2019.02.03/低毒
非耕地、柑橘园 杂草 1198.8-2264.4克/公顷 定向喷雾
橡胶园 杂草 1864.8-3063.6克/公顷 定向喷雾
PD20091670 草甘膦/50%/可溶粉剂/草甘膦 50%/2014.02.03 至 2019.02.03/低毒
非耕地 多年生杂草 1125-2250克/公顷 杂草生长旺盛期茎叶喷雾处理
非耕地 一年生杂草 675-1125克/公顷 杂草生长旺盛期茎叶喷雾处理
PD20092341 草甘膦/65%/可溶粉剂/草甘膦 65%/2014.02.24 至 2019.02.24/低毒
防火隔离带 杂草、杂灌 1950-2437.5克/公顷 茎叶喷雾
非耕地、柑橘园 杂草 1170-1462.5克/公顷 茎叶喷雾

江苏省南通功成精细化工有限公司 (江苏省南通市如东县洋口化工园黄海五路 226406 0513-84823982)

PD20070505 噻嗪酮/95%/原药/噻嗪酮 95%/2012.11.28 至 2017.11.28/低毒
PD20080500 联苯菊酯/95%/原药/联苯菊酯 95%/2013.04.10 至 2018.04.10/低毒
PD20095020 唑螨酯/96%/原药/唑螨酯 96%/2014.04.21 至 2019.04.21/中等毒
PD20095990 噻嗪酮/25%/可湿性粉剂/噻嗪酮 25%/2014.06.11 至 2019.06.11/微毒
水稻 飞虱 93.75-112.5克/公顷 喷雾
PD20096860 唑螨酯/5%/悬浮剂/唑螨酯 5%/2014.09.22 至 2019.09.22/微毒
柑橘树 红蜘蛛 25-50毫克/千克 喷雾
苹果树 红蜘蛛 20-33.3毫克/千克 喷雾
PD20111294 高效氯氟氰菊酯/10%/可湿性粉剂/高效氯氟氰菊酯 10%/2011.11.24 至 2016.11.24/中等毒
苹果树 桃小食心虫 6.25-12.5毫克/千克 喷雾
PD20130647 氯氟·吡虫啉/7.5%/悬浮剂/吡虫啉 5%、高效氯氟氰菊酯 2.5%/2013.04.05 至 2018.04.05/低毒
小麦 蚜虫 33.75-39.375克/公顷 喷雾
PD20131251 甲维·吡虫啉/10%/可溶液剂/吡虫啉 9%、甲氨基阿维菌素苯甲酸盐 1%/2013.06.04 至 2018.06.04/低毒
松树、杨树 天牛 0.1-0.15克/厘米胸径 树干注射
PD20131467 苦参碱/1%/水剂/苦参碱 1%/2013.07.05 至 2018.07.05/低毒
松树 松毛虫 6.67-10毫克/千克 喷雾
PD20150874 甲氧虫酰肼/98.5%/原药/甲氧虫酰肼 98.5%/2015.05.18 至 2020.05.18/微毒
LS20120158 噻虫啉/3%/微囊悬浮剂/噻虫啉 3%/2014.04.18 至 2015.04.18/低毒
松树、杨树 天牛 10-15毫克/千克 喷雾
LS20120165 噻虫啉/1.5%/微囊粉剂/噻虫啉 1.5%/2014.04.28 至 2015.04.28/低毒
松树、杨树 天牛 45-67.5克/公顷 喷粉
WP20070032 高效氯氰菊酯/10%/悬浮剂/高效氯氰菊酯 10%/2012.11.28 至 2017.11.28/低毒
卫生 蚊、蝇 50毫克/平方米 滞留喷洒

卫生 蜚蠊 83.3毫克/平方米 滞留喷洒
卫生 跳蚤 10毫克/平方米(吸收地面) 滞留喷洒

WP20080043 高效氯氰菊酯/5%/悬浮剂/高效氯氰菊酯 5%/2013.03.04 至 2018.03.04/低毒
卫生 蚊、蝇、蜚蠊 50毫克/平方米 滞留喷洒

WP20080048 高效氯氰菊酯/8%/可湿性粉剂/高效氯氰菊酯 8%/2013.03.04 至 2018.03.04/低毒
卫生 跳蚤 10毫克/平方米(吸收板面) 滞留喷洒
卫生 蜚蠊、蚊、蝇 40毫克/平方米 滞留喷洒

WP20080066 吡丙醚/97%/原药/吡丙醚 97%/2013.05.04 至 2018.05.04/低毒

WP20080067 氯菊酯/95%/原药/氯菊酯 95%/2013.05.04 至 2018.05.04/低毒

WP20080102 残杀威/97%/原药/残杀威 97%/2013.09.26 至 2018.09.26/中等毒

WP20080128 高效氟氯氰菊酯/2.5%/悬浮剂/高效氟氯氰菊酯 2.5%/2013.10.29 至 2018.10.29/低毒
卫生 蚊、蝇、蜚蠊 25毫克/平方米 滞留喷洒

WP20080166 高氯·残杀威/10%/悬浮剂/残杀威 6%、高效氯氰菊酯 4%/2013.11.14 至 2018.11.14/低毒
卫生 蜚蠊 120毫克/平方米 滞留喷洒
卫生 蚊 50毫克/平方米 滞留喷洒
卫生 蝇 80毫克/平方米 滞留喷洒

WP20080355 吡虫啉/10%/悬浮剂/吡虫啉 10%/2013.12.09 至 2018.12.09/低毒
卫生 白蚁 37.5克/立方米；1000毫克/千克 土壤喷洒；木材浸泡

WP20080358 高效氯氰菊酯/4.5%/乳油/高效氯氰菊酯 4.5%/2013.12.10 至 2018.12.10/低毒
卫生 蚊、蝇 50毫克/平方米 滞留喷洒

WP20080364 联苯菊酯/5%/悬浮剂/联苯菊酯 5%/2013.12.10 至 2018.12.10/低毒
木材、土壤 白蚁 2.5-5克/平方米；500毫克/千克 喷洒
卫生 蜚蠊、蚊、蝇 40-60毫克/平方米 滞留喷洒
卫生 跳蚤 15-20毫克/平方米 滞留喷洒

WP20080365 杀虫水乳剂/0.3%/水乳剂/氯菊酯 0.15%、氯氰菊酯 0.15%/2013.12.10 至 2018.12.10/微毒
卫生 蚊、蝇 / 喷洒

WP20080527 顺式氯氰菊酯/100g/L/悬浮剂/顺式氯氰菊酯 100克/升/2013.12.23 至 2018.12.23/低毒
卫生 蚊、蝇、蜚蠊 20-30毫克/平方米（玻璃与漆木板面）；20-40毫克/平方米（白灰板面与水泥板面） 滞留喷洒
卫生 跳蚤 15-25毫克/平方米 滞留喷洒

WP20080540 高效氯氟氰菊酯/10%/可湿性粉剂/高效氯氟氰菊酯 10%/2013.12.23 至 2018.12.23/中等毒
室外 蚊 1毫克/立方米 喷雾

WP20080599 杀虫颗粒剂/0.5%/颗粒剂/吡丙醚 0.5%/2013.12.30 至 2018.12.30/微毒
卫生 孑孓、蝇(幼虫) 100毫克/平方米 撒施

WP20090004 杀蟑胶饵/1%/胶饵/毒死蜱 1%/2014.01.04 至 2019.01.04/微毒
卫生 蜚蠊 / 投放

WP20090020 杀虫粉剂/0.6%/粉剂/高效氯氰菊酯 0.6%/2014.01.08 至 2019.01.08/低毒
卫生 蜚蠊 3克制剂/平方米 撒布
卫生 跳蚤 / 撒布

WP20090103 高氯·毒死蜱/12%/乳油/毒死蜱 9%、高效氯氰菊酯 3%/2014.02.05 至 2019.02.05/中等毒
卫生 蚊、蝇 1.8-3.6毫克/平方米 喷雾
注:本品仅限专业人员在公共场所使用（不包括儿童聚集地）。

WP20090164 辛硫·高氯氟/21%/乳油/高效氯氟氰菊酯 1%、辛硫磷 20%/2014.03.09 至 2019.03.09/低毒
室外 蚊、蝇 21-42毫克/立方米 喷雾

WP20090306 顺式氯氰菊酯/8%/可湿性粉剂/顺式氯氰菊酯 8%/2014.08.06 至 2019.08.06/低毒
卫生 跳蚤、蚊、蝇、蜚蠊 30毫克/平方米 滞留喷洒

WP20090309 残杀威/20%/乳油/残杀威 20%/2014.09.02 至 2019.09.02/低毒
卫生 蜚蠊、蚊、蝇 玻璃面和漆木面：1克/平方米；水泥面：1-1.5克/平方米 滞留喷洒

WP20090318 溴氰菊酯/2.5%/悬浮剂/溴氰菊酯 2.5%/2014.09.07 至 2019.09.07/低毒
卫生 蜚蠊、蚊、蝇 25毫克/平方米 滞留喷洒

WP20090333 高效氯氟氰菊酯/10%/微囊悬浮剂/高效氯氟氰菊酯 10%/2014.10.10 至 2019.10.10/微毒
卫生 蜚蠊、蚊、蝇 10-20毫克/平方米 滞留喷洒

WP20090334 高效氯氟氰菊酯/2.5%/悬浮剂/高效氯氟氰菊酯 2.5%/2014.10.10 至 2019.10.10/低毒
卫生 蜚蠊、蚊、蝇 40-50毫克/平方米 滞留喷洒

WP20090336 高效氯氟氰菊酯/5%/悬浮剂/高效氯氟氰菊酯 5%/2014.10.10 至 2019.10.10/低毒
卫生 蜚蠊、蚊、蝇 40-50毫克/平方米 滞留喷洒

WP20090344 氟氯氰菊酯/10%/可湿性粉剂/氟氯氰菊酯 10%/2014.10.16 至 2019.10.16/低毒
卫生 蜚蠊、蚊、蝇 22.5-45毫克/平方米 滞留喷洒

WP20090345 氟氯氰菊酯/5%/水乳剂/氟氯氰菊酯 5%/2014.10.16 至 2019.10.16/低毒
卫生 蜚蠊、蚊、蝇 30-60毫克/平方米 滞留喷洒

WP20100113	杀蟑胶饵/2.15%/胶饵/吡虫啉 2.15%/2015.08.27 至 2020.08.27/微毒			
	卫生	蜚蠊	/	投放
WP20100114	杀蟑热雾剂/1%/热雾剂/高效氯氰菊酯 1%/2015.08.27 至 2020.08.27/微毒			
	室内	蜚蠊	33毫克/平方米	热雾机喷雾
WP20100119	杀虫饵剂/1.5%/饵剂/乙酰甲胺磷 1.5%/2015.09.25 至 2020.09.25/微毒			
	卫生	蜚蠊、蚂蚁	/	投放
WP20100172	杀蟑胶饵/0.05%/胶饵/氟虫腈 0.05%/2015.12.15 至 2020.12.15/微毒			
	卫生	蜚蠊	/	投放
WP20100173	溴氰菊酯/2.5%/可湿性粉剂/溴氰菊酯 2.5%/2015.12.15 至 2020.12.15/微毒			
	卫生	臭虫	25～30毫克/平方米	滞留喷洒
	卫生	跳蚤、蚊、蝇、蜚蠊	20～25毫克/平方米	滞留喷洒
WP20110173	胺·氯菊/10%/微乳剂/胺菊酯 4.5%、氯菊酯 5.5%/2011.07.11 至 2016.07.11/低毒			
	室外	蚊、蝇	1.5毫克/平方米	超低容量喷雾
WP20110194	杀蟑饵剂/0.1%/饵剂/甲氨基阿维菌素 0.1%/2011.08.22 至 2016.08.22/微毒			
	卫生	蜚蠊	/	投放
	注:甲氨基阿维菌素苯甲酸盐含量为:0.11%。			
WP20110195	联苯菊酯/2.5%/水乳剂/联苯菊酯 2.5%/2011.08.22 至 2016.08.22/低毒			
	木材	白蚁	500-625毫克/千克	浸泡
	土壤	白蚁	2.5-3.125克/平方米	喷洒
WP20110204	杀蟑胶饵/2%/胶饵/氟蚁腙 2%/2011.09.08 至 2016.09.08/微毒			
	卫生	蜚蠊	/	投放
WP20110249	吡虫啉/20%/悬浮剂/吡虫啉 20%/2011.11.07 至 2016.11.07/微毒			
	木材	白蚁	1000-1200毫克/千克	浸泡
	土壤	白蚁	5-6克/平方米	喷洒
WP20110261	氯菊酯/25%/可湿性粉剂/氯菊酯 25%/2011.11.23 至 2016.11.23/低毒			
	卫生	蚊、蝇、蜚蠊	50毫克/平方米（蚊、蝇）；75毫克/平方米（蜚蠊）	滞留喷洒
WP20110262	顺氯·残杀威/10%/可湿性粉剂/残杀威 2.5%、顺式氯氰菊酯 7.5%/2011.11.24 至 2016.11.24/低毒			
	室内	蚊、蝇、蜚蠊	50毫克/平方米	滞留喷洒
WP20110273	杀虫粉剂/0.5%/粉剂/氟虫腈 0.5%/2011.12.29 至 2016.12.29/微毒			
	卫生	白蚁	/	施撒
WP20120104	驱蚊液/15%/驱蚊液/避蚊胺 15%/2012.06.04 至 2017.06.04/低毒			
	卫生	蚊、蜱		涂抹
WP20120128	氯菊·烯丙菊/10.4%/水乳剂/氯菊酯 10.26%、S-生物烯丙菊酯 .14%/2012.07.12 至 2017.07.12/低毒			
	卫生	蚊	1.5毫米/立方米	超低容量喷雾
WP20120167	高效氟氯氰菊酯/7.5%/悬浮剂/高效氟氯氰菊酯 7.5%/2012.09.06 至 2017.09.06/低毒			
	卫生	蚊、蝇、蜚蠊	40毫克/平方米	滞留喷洒
WP20130170	氟虫腈/2.5%/悬浮剂/氟虫腈 2.5%/2013.07.30 至 2018.07.30/低毒			
	木材	白蚁	250-625毫克/千克	木材涂刷
	卫生	蜚蠊	62.5毫克/平方米	滞留喷洒
WP20140055	吡丙醚/5%/水乳剂/吡丙醚 5%/2014.03.07 至 2019.03.07/微毒			
	卫生	蚊(幼虫)、蝇(幼虫)	0.1克/平方米	喷洒（室外）
WP20140077	联苯菊酯/15%/悬浮剂/联苯菊酯 15%/2014.04.08 至 2019.04.08/低毒			
	木材	白蚁	625毫克/千克	木材浸泡
	土壤	白蚁	3.125克/平方米	土壤处理
WP20140154	联苯菊酯/7.5%/水乳剂/联苯菊酯 7.5%/2014.07.02 至 2019.07.02/中等毒			
	卫生	白蚁	1）3.125－6.25克/平方米；2）62.5－125毫克/千克	1）土壤喷洒；2）木材浸泡
WP20140193	氟虫腈/5%/悬浮剂/氟虫腈 5%/2014.08.27 至 2019.08.27/低毒			
	室内	蜚蠊	62.5毫克/平方米	滞留喷洒
WP20140220	高效氯氰菊酯/20%/悬浮剂/高效氯氰菊酯 20%/2014.11.03 至 2019.11.03/低毒			
	室内	跳蚤	10-20毫克/平方米	滞留喷洒
	室内	蚊、蝇、蜚蠊	蚊、蝇：30-50毫克/平方米；蜚蠊：30-80毫克/平方米	滞留喷洒
WP20140243	氯菊·烯丙菊/16.86%/水乳剂/氯菊酯 16.15%、S-生物烯丙菊酯 0.71%/2014.11.21 至 2019.11.21/低毒			
	室内	蚊、蝇、蜚蠊	/	喷雾
WP20150050	顺式氯氰菊酯/15%/悬浮剂/顺式氯氰菊酯 15%/2015.03.23 至 2020.03.23/低毒			
	室内	跳蚤	20毫克/平方米	滞留喷洒
	室内	蚊、蝇、蜚蠊	40毫克/平方米	滞留喷洒
WP20150052	高氯·残杀威/15%/悬浮剂/残杀威 6.5%、高效氯氰菊酯 8.5%/2015.03.23 至 2020.03.23/低毒			
	室内	蜚蠊、跳蚤、蚊、蝇	/	滞留喷洒
WP20150055	氯菊酯/50%/乳油/氯菊酯 50%/2015.03.23 至 2020.03.23/低毒			
	室内	蚊	100毫克/平方米	滞留喷洒

WP20150098 杀蟑饵粒/0.05%/饵剂/氟虫腈 0.05%/2015.06.11 至 2020.06.11/低毒
室内 蜚蠊 / 投放
WP20150194 吡虫啉/480克/升/悬浮剂/吡虫啉 480克/升/2015.09.22 至 2020.09.22/低毒
卫生 白蚁 1000毫克/千克；500毫克/千克 土壤喷洒；木材涂刷或浸泡
WP20150213 驱蚊霜/20%/驱蚊霜/避蚊胺 20%/2015.12.04 至 2020.12.04/微毒
卫生 蠓、蚊、蚋 / 皮肤涂抹
WL20140024 杀虫热雾剂/1.7%/热雾剂/残杀威 0.7%、高效氯氰菊酯 1%/2015.11.17 至 2016.11.17/低毒
室内 蚊、蝇、蜚蠊 1毫升（制剂）/立方米 热雾机喷雾
WL20150002 高效氯氟氰菊酯/10%/水乳剂/高效氯氟氰菊酯 10%/2015.03.03 至 2016.03.03/中等毒
室外 蚊 / 喷雾
WL20150004 驱蚊膏/20%/驱虫膏/羟哌酯 20%/2015.06.10 至 2016.06.10/微毒
卫生 蚊 / 涂抹
WL20150005 驱蚊乳/20%/驱蚊乳/羟哌酯 20%/2015.06.12 至 2016.06.12/微毒
卫生 蚊 / 涂抹
WL20150006 驱蚊霜/20%/驱蚊霜/羟哌酯 20%/2015.06.12 至 2016.06.12/微毒
卫生 蚊 / 涂抹
WL20150010 胺·氟虫腈/7%/可湿性粉剂/胺菊酯 4.5%、氟虫腈 2.5%/2015.07.30 至 2016.07.30/低毒
室内 蜚蠊 187.5毫克/平方米 滞留喷洒

江苏省南通宏洋化工有限公司 （江苏省南通市海安县角斜镇环镇东路65号 226633 0513-88247133）

PD20084467 噻嗪·异丙威/25%/可湿性粉剂/噻嗪酮 5%、异丙威 20%/2013.12.17 至 2018.12.17/低毒
水稻 稻飞虱 450-562.5克/公顷 喷雾
PD20100756 虫酰肼/20%/悬浮剂/虫酰肼 20%/2015.01.18 至 2020.01.18/低毒
甘蓝 甜菜夜蛾 210-300克/公顷 喷雾
PD20100766 杀螺胺/70%/可湿性粉剂/杀螺胺 70%/2015.01.18 至 2020.01.18/低毒
水稻 福寿螺 315-420克/公顷 毒土法或喷雾
PD20121981 吡虫啉/70%/水分散粒剂/吡虫啉 70%/2012.12.18 至 2017.12.18/低毒
水稻 蚜虫 21-42克/公顷 喷雾
PD20132420 啶虫脒/20%/可溶粉剂/啶虫脒 20%/2013.11.20 至 2018.11.20/低毒
甘蓝 蚜虫 36-48克/公顷 喷雾
PD20151748 毒死蜱/10%/颗粒剂/毒死蜱 10%/2015.08.28 至 2020.08.28/低毒
甘蔗 蔗螟 1800-2250克/公顷 撒施

江苏省南通嘉禾化工有限公司 （江苏省海门市临江新区 226121 0513-82658678）

PD20070494 咪唑乙烟酸/96%/原药/咪唑乙烟酸 96%/2012.11.28 至 2017.11.28/低毒
PD20080802 乙氧氟草醚/97%/原药/乙氧氟草醚 97%/2013.06.20 至 2018.06.20/低毒
PD20096179 精喹禾灵/95%/原药/精喹禾灵 95%/2014.07.03 至 2019.07.03/低毒
PD20096189 草甘膦异丙胺盐(41%)///水剂/草甘膦 30%/2014.07.10 至 2019.07.10/低毒
柑橘园 一年生及部分多年生杂草 200-400毫升制剂/亩 定向茎叶喷雾
PD20101953 乙氧氟草醚/240克/升/乳油/乙氧氟草醚 240克/升/2015.09.20 至 2020.09.20/低毒
大蒜田 一年生杂草 144-180克/公顷 播后苗前土壤喷雾
林业苗圃 一年生杂草 270-360克/公顷 土壤喷雾
PD20120534 吡氟酰草胺/98%/原药/吡氟酰草胺 98%/2012.03.28 至 2017.03.28/低毒
注:专供出口,不得在国内销售。
PD20130103 甲咪唑烟酸/97%/原药/甲咪唑烟酸 97%/2013.01.17 至 2018.01.17/低毒
注:专供出口，不得在国内销售。
PD20130111 咪唑烟酸/98%/原药/咪唑烟酸 98%/2013.01.17 至 2018.01.17/低毒
注:专供出口,不得在国内销售。
PD20140995 炔苯酰草胺/97%/原药/炔苯酰草胺 97%/2014.04.16 至 2019.04.16/低毒
PD20151556 啶酰菌胺/98%/原药/啶酰菌胺 98%/2015.08.03 至 2020.08.03/微毒
LS20140108 氟吡酰草胺/97%/原药/氟吡酰草胺 97%/2014.03.17 至 2015.03.17/微毒
注:专供出口，不得在国内销售。

江苏省南通江山农药化工股份有限公司 （江苏省南通经济技术开发区江山路998号 226017 0513-83517630）

PDN3-88 丁草胺/60%/乳油/丁草胺 60%/2013.07.15 至 2018.07.15/低毒
水稻移栽田 一年生杂草 750-1275克/公顷 药土法
PDN27-93 丁草胺/95%/原药/丁草胺 95%/2013.12.02 至 2018.12.02/低毒
PDN28-93 丁草胺/50%/乳油/丁草胺 50%/2013.12.11 至 2018.12.11/低毒
水稻 稗草、部分阔叶杂草、牛毛草、鸭舌草、一年生禾本科杂草 750-1200克/公顷 喷雾,毒土
PDN63-2000 喹禾灵/95%/原药/喹禾灵 95%/2010.01.07 至 2015.01.07/低毒
PD84108-5 敌百虫/97%、90%/原药/敌百虫 97%、90%/2011.11.06 至 2016.11.06/低毒
白菜、青菜 菜青虫 960-1200克/公顷 喷雾
白菜、青菜 地下害虫 750-1500克/公顷 毒饵
茶树 尺蠖、刺蛾 450-900毫克/千克 喷雾

	大豆	造桥虫	1800克/公顷	喷雾
	柑橘树	卷叶蛾	600-750毫克/千克	喷雾
	林木	松毛虫	600-900毫克/千克	喷雾
	水稻	螟虫	1500-1800克/公顷	喷雾、泼浇或毒土
	小麦	黏虫	1800克/公顷	喷雾
	烟草	烟青虫	900毫克/千克	喷雾
PD85104-5	敌敌畏/95%/原药/敌敌畏 95%/2015.01.07 至 2020.01.07/中等毒			
PD85105-2	敌敌畏/80%/乳油/敌敌畏 77.5%(气谱法)/2015.01.07 至 2020.01.07/中等毒			
	茶树	食叶害虫	600克/公顷	喷雾
	粮仓	多种储藏害虫	1)400-500倍液2)0.4-0.5克/立方米	1)喷雾2)挂条熏蒸
	棉花	蚜虫、造桥虫	600-1200克/公顷	喷雾
	苹果树	小卷叶蛾、蚜虫	400-500毫克/千克	喷雾
	青菜	菜青虫	600克/公顷	喷雾
	桑树	尺蠖	600克/公顷	喷雾
	卫生	多种卫生害虫	1)300-400倍液2)0.08克/立方米	1)泼洒2)挂条熏蒸
	小麦	黏虫、蚜虫	600克/公顷	喷雾
PD85140	拌种・双/40%/可湿性粉剂/拌种灵 20%、福美双 20%/2010.08.15 至 2015.08.15/中等毒			
	高粱	黑穗病	120-200克/100千克种子	拌种
	红麻	炭疽病	160倍液	浸种
	花生	锈病	500倍液	喷雾
	棉花	苗期病害	200克/100千克种子	拌种
	小麦	黑穗病	40-80克/100千克种子	拌种
	玉米	黑穗病	200克/100千克种子	拌种
PD86141	拌种灵/90%/原药/拌种灵 90%/2011.11.06 至 2016.11.06/低毒			
PD91104-29	敌敌畏/50%/乳油/敌敌畏 50%/2016.01.21 至 2021.01.21/中等毒			
	茶树	食叶害虫	600克/公顷	喷雾
	粮仓	多种储粮害虫	1)300-400倍液2)0.4-0.5克/立方米	1)喷雾2)挂条熏蒸
	棉花	蚜虫、造桥虫	600-1200克/公顷	喷雾
	苹果树	小卷叶蛾、蚜虫	400-500毫克/千克	喷雾
	青菜	菜青虫	600克/公顷	喷雾
	桑树	尺蠖	600克/公顷	喷雾
	卫生	多种卫生害虫	1)250-300倍液2)0.08克/立方米	1)泼洒2)挂条熏蒸
	小麦	黏虫、蚜虫	600克/公顷	喷雾
PD92103-20	草甘膦/95%，93%，90%/原药/草甘膦 95%，93%，90%/2012.08.05 至 2017.08.05/低毒			
PD20070308	二嗪磷/96%/原药/二嗪磷 96%/2012.09.21 至 2017.09.21/中等毒			
PD20070443	丁草胺/900克/升/乳油/丁草胺 900克/升/2012.11.20 至 2017.11.20/低毒			
	移栽水稻田	阔叶杂草、一年生禾本科杂草	810−1215克/公顷	药土法
PD20070445	甲草胺/97%/原药/甲草胺 97%/2012.11.20 至 2017.11.20/低毒			
PD20070452	丁草胺/600克/升/水乳剂/丁草胺 600克/升/2012.11.20 至 2017.11.20/低毒			
	水稻移栽田	一年生杂草	900-1350克/公顷	药土法
PD20070472	咪鲜胺/45%/水乳剂/咪鲜胺 45%/2012.11.20 至 2017.11.20/低毒			
	香蕉	冠腐病、炭疽病	500-1000毫克/千克	浸果
PD20070502	高效氯氰菊酯/25克/升/乳油/高效氯氰菊酯 25克/升/2012.11.28 至 2017.11.28/中等毒			
	棉花	棉铃虫	15-22.5克/公顷	喷雾
	苹果树	桃小食心虫	5-6.25毫克/千克	喷雾
	十字花科蔬菜	菜青虫	7.5-11.25克/公顷	喷雾
PD20070537	甲草胺/43%/乳油/甲草胺 43%/2012.12.03 至 2017.12.03/低毒			
	花生田、棉花田、夏大豆田	一年生禾本科杂草及部分阔叶杂草	1290-1935克/公顷	播后苗前土壤喷雾
	注:43%甲草胺质量浓度为480克/升。			
PD20070591	咪鲜胺锰盐/98%/原药/咪鲜胺锰盐 98%/2012.12.14 至 2017.12.14/低毒			
PD20070614	咪鲜胺锰盐/50%/可湿性粉剂/咪鲜胺锰盐 50%/2012.12.14 至 2017.12.14/低毒			
	黄瓜	炭疽病	300-525克/公顷	喷雾
	辣椒	炭疽病	280-555克/公顷	喷雾
	芒果	炭疽病	250-500毫克/千克(采前),500-1000毫克/千克(采后)	采前喷雾,采后浸果
	蘑菇	褐腐病	0.8-1.2克/平方米	喷雾或拌土
PD20070649	咪鲜胺/25%/乳油/咪鲜胺 25%/2012.12.17 至 2017.12.17/低毒			
	柑橘	蒂腐病、绿霉病、青霉病、炭疽病	100-125毫克/千克	浸果
	芒果	炭疽病	1)250-500毫克/千克2)500-1000毫克/千克	1)喷雾2)浸果

	芹菜	斑枯病	187.5-262.5克/公顷	喷雾
	水稻	恶苗病	100-125毫克/千克	浸种
PD20070685	咪鲜胺/97%/原药/咪鲜胺 97%/2012.12.17 至 2017.12.17/低毒			
PD20080174	乙草胺/93%/原药/乙草胺 93%/2013.01.04 至 2018.01.04/低毒			
PD20080175	精喹禾灵/95%/原药/精喹禾灵 95%/2013.01.04 至 2018.01.04/低毒			
PD20080305	二嗪磷/50%/乳油/二嗪磷 50%/2013.02.25 至 2018.02.25/低毒			
	棉花	蚜虫	750-900克/公顷	喷雾
	水稻	二化螟、三化螟	450-750克/公顷	喷雾
	小麦	地下害虫	100-200克/100千克种子	拌种
PD20080462	草甘膦异丙胺盐/30%/水剂/草甘膦 30%/2013.03.27 至 2018.03.27/低毒			
	非耕地	杂草	1125-3000克/公顷	茎叶喷雾
	柑橘园、桑园	杂草	1125-2250克/公顷	定向茎叶喷雾
	注:草甘膦异丙胺盐含量: 41%。质量浓度比为: 480克/升			
PD20080491	乙草胺/50%/乳油/乙草胺 50%/2013.04.07 至 2018.04.07/低毒			
	大豆田	小粒种子阔叶杂草、一年生禾本科杂草	1200-1875克/公顷(东北地区)750-1050克公顷(其它地区)	播前、播后苗前土壤喷雾处理
	花生田	小粒种子阔叶杂草、一年生禾本科杂草	750-1200克/公顷(覆膜时药量酌减)	播后苗前土壤喷雾处理
	油菜田	小粒种子阔叶杂草、一年生禾本科杂草	525-750克/公顷	移栽前土壤喷雾
	玉米田	小粒种子阔叶杂草、一年生禾本科杂草	900-1875克/公顷(东北地区)750-1050克/公顷(其它地区)	播后苗前土壤喷雾
PD20080716	毒死蜱/97%/原药/毒死蜱 97%/2013.06.11 至 2018.06.11/中等毒			
PD20080905	毒死蜱/40%/乳油/毒死蜱 40%/2013.07.09 至 2018.07.09/中等毒			
	棉花	蚜虫	480-600克/公顷	喷雾
	苹果树	绵蚜	200-266.7毫克/千克	喷雾
	苹果树	桃小食心虫	160-200毫克/千克	喷雾
	水稻	稻飞虱、稻纵卷叶螟	480-600克/公顷	喷雾
PD20081386	异丙甲草胺原药/96%/原药/异丙甲草胺 96%/2013.10.28 至 2018.10.28/低毒			
PD20081519	异丙甲草胺/72%/乳油/异丙甲草胺 72%/2013.11.06 至 2018.11.06/低毒			
	甘蔗田	一年生禾本科杂草及部分阔叶杂草	1620-2160克/公顷	播后苗前土壤喷雾
	花生田、夏大豆、夏玉米	一年生禾本科杂草及部分阔叶杂草	1350-1620克/公顷	播后苗前土壤喷雾
PD20081990	乙草胺/900克/升/乳油/乙草胺 900克/升/2013.11.25 至 2018.11.25/低毒			
	春大豆田、春玉米田	部分阔叶杂草、一年生禾本科杂草	1350-1890克/公顷(东北地区)	土壤喷雾
	马铃薯田	一年生禾本科杂草	1350-1890克/公顷	土壤喷雾
	夏大豆田、夏玉米田	部分阔叶杂草、一年生禾本科杂草	1080-1350克/公顷(其它地区)	土壤喷雾
PD20082037	精喹禾灵/5%/乳油/精喹禾灵 5%/2013.11.25 至 2018.11.25/低毒			
	大白菜、西瓜田	一年生禾本科杂草	30-45克/公顷	茎叶喷雾
	冬油菜田、夏大豆田	一年生禾本科杂草	37.5-52.5克/公顷	茎叶喷雾
	花生田	一年生禾本科杂草	45-60克/公顷	茎叶喷雾
	棉花田	一年生禾本科杂草	37.5-60克/公顷	茎叶喷雾
PD20082111	毒死蜱/10%/颗粒剂/毒死蜱 10%/2013.11.25 至 2018.11.25/中等毒			
	花生	地下害虫	1350-2250克/公顷	撒施
PD20082297	二嗪磷/10%/颗粒剂/二嗪磷 10%/2013.12.01 至 2018.12.01/低毒			
	花生	地下害虫	600-750克/公顷	撒施
PD20082527	氯噻啉/10%/可湿性粉剂/氯噻啉 10%/2013.12.03 至 2018.12.03/低毒			
	茶树	小绿叶蝉	30-45克/公顷	喷雾
	番茄(大棚)	白粉虱	22.5-45克/公顷	喷雾
	甘蓝	蚜虫	15-22.5克/公顷	喷雾
	柑橘树	蚜虫	20-25毫克/千克	喷雾
	水稻	飞虱	15-30克/公顷	喷雾
	小麦	蚜虫	22.5-30克/公顷	喷雾
PD20082528	氯噻啉/95%/原药/氯噻啉 95%/2013.12.03 至 2018.12.03/低毒			
PD20084023	毒死蜱/25%/微乳剂/毒死蜱 25%/2013.12.16 至 2018.12.16/中等毒			
	柑橘树	红蜘蛛、矢尖蚧、锈壁虱	250-500毫克/千克	喷雾
	苹果树	绵蚜、桃小食心虫	125-250毫克/千克	喷雾
	十字花科蔬菜	菜青虫、蚜虫	300-450克/公顷	喷雾
	十字花科蔬菜	斜纹夜蛾	337.5-525克/公顷	喷雾
	水稻	稻飞虱、稻纵卷叶螟	375-562.5克/公顷	喷雾
PD20085100	草甘膦异丙胺盐/62%/母药/草甘膦异丙胺盐 62%/2013.12.23 至 2018.12.23/低毒			
PD20086000	乙草胺/40%/水乳剂/乙草胺 40%/2013.12.29 至 2018.12.29/低毒			
	春大豆田、春玉米田	部分阔叶杂草、一年生禾本科杂草	1500-1800克/公顷(东北地区)	土壤喷雾
	夏大豆田、夏玉米田	部分阔叶杂草、一年生禾本科杂草	900-1200克/公顷(其它地区)	土壤喷雾

PD20094681 敌稗·丁草胺/550克/升/乳油/敌稗 275克/升、丁草胺 275克/升/2014.04.10 至 2019.04.10/低毒
水稻抛秧田 一年生杂草 825-1072.5克/公顷(南方地区) 喷雾
PD20096024 氯噻啉/40%/水分散粒剂/氯噻啉 40%/2014.06.15 至 2019.06.15/低毒
水稻 稻飞虱 24-30克/公顷 喷雾
烟草 蚜虫 24-30克/公顷 喷雾
PD20096818 烯啶虫胺/95%/原药/烯啶虫胺 95%/2014.09.21 至 2019.09.21/低毒
PD20096819 烯啶虫胺/10%/可溶液剂/烯啶虫胺 10%/2014.09.21 至 2019.09.21/低毒
柑橘树 蚜虫 20-25毫克/千克 喷雾
水稻 稻飞虱 22.5-30克/公顷 喷雾
PD20101587 草甘膦铵盐/30%/水剂/草甘膦 30%/2015.09.07 至 2020.09.07/低毒
茶树、甘蔗、果园、剑麻、林木、桑树、橡胶园 一年生杂草和多年生恶性杂草 1125-2250克/公顷 喷雾
注:草甘膦铵盐含量: 33%。
PD20110229 烯啶虫胺/50%/可溶粒剂/烯啶虫胺 50%/2016.02.28 至 2021.02.28/低毒
柑橘树 蚜虫 20-25毫克/千克 喷雾
水稻 稻飞虱 15-30克/公顷 喷雾
PD20110750 草甘膦异丙胺盐/46%/水剂/草甘膦 46%/2011.07.25 至 2016.07.25/低毒
非耕地 一年生和多年生杂草 1116-2232克/公顷 定向茎叶喷雾
注:草甘膦异丙胺盐含量:62%
PD20120207 草甘膦铵盐/65%/可溶粉剂/草甘膦 65%/2012.02.07 至 2017.02.07/低毒
非耕地 杂草 1125-2250克/公顷 定向茎叶喷雾
注:草甘膦铵盐含量:71.5%。
PD20120899 草甘膦铵盐/68%/可溶粒剂/草甘膦 68%/2012.05.24 至 2017.05.24/低毒
非耕地 杂草 1125-2250克/公顷 茎叶喷雾处理
注:草甘膦铵盐含量: 74.7%。
PD20121440 莠去津/90%/水分散粒剂/莠去津 90%/2012.10.08 至 2017.10.08/低毒
玉米田 一年生杂草 春玉米田: 1620-1755克/公顷; 夏玉米田: 1350-1485克/公顷 播后苗前土壤喷雾
PD20131940 草甘膦/450克/升/水剂/草甘膦 450克/升/2013.10.09 至 2018.10.09/低毒
注:专供出口,不得在国内销售。
PD20131976 敌稗·丁草胺/700克/升/乳油/敌稗 350克/升、丁草胺 350克/升/2013.10.10 至 2018.10.10/低毒
水稻抛秧田 一年生杂草 1743-1890克/公顷 茎叶喷雾
PD20141975 草甘膦钾盐/35%/水剂/草甘膦 35%/2014.08.14 至 2019.08.14/低毒
非耕地 杂草 1050-2100克/公顷 茎叶喷雾
注:草甘膦钾盐含量为: 43%。
PD20150433 丁草胺/60/乳油/丁草胺 60%/2015.03.20 至 2020.03.20/低毒
水稻抛秧田 一年生杂草 990—1260克/公顷 药土法
注:本产品含安全剂解草啶6%。
PD20150856 敌敌畏/90%/乳油/敌敌畏 90%/2015.05.18 至 2020.05.18/中等毒
水稻 稻飞虱 450—540克/公顷 喷雾
PD20152114 草甘膦钾盐/30%/水剂/草甘膦 30%/2015.09.22 至 2020.09.22/低毒
非耕地 杂草 1125-1687.5克/公顷 茎叶喷雾
注:草甘膦钾盐含量: 36.8%。

江苏省南通金陵农化有限公司 (江苏省如东县沿海经济开发区化学工业园黄海二路 226407 0513-84543278)

PD20070402 甲霜灵/98%/原药/甲霜灵 98%/2012.11.05 至 2017.11.05/低毒
PD20080557 苄嘧磺隆/32%/可湿性粉剂/苄嘧磺隆 32%/2013.05.09 至 2018.05.09/微毒
移栽水稻田 阔叶杂草、莎草科杂草 48-72克/公顷 喷雾或药土法
PD20080711 丁草胺/900克/升/乳油/丁草胺 900克/升/2013.06.10 至 2018.06.10/低毒
移栽水稻田 部分阔叶杂草、一年生禾本科杂草 1080—1350克/公顷 药土法
PD20080769 丙草胺/300克/升/乳油/丙草胺 300克/升/2013.06.11 至 2018.06.11/低毒
水稻秧田 一年生杂草 450-675克/公顷 土壤喷雾
PD20080779 高效氯氟氰菊酯/25克/升/乳油/高效氯氟氰菊酯 25克/升/2013.06.20 至 2018.06.20/中等毒
棉花 棉铃虫 15-22.5克/公顷 喷雾
PD20080850 苄嘧·苯噻酰/53%/可湿性粉剂/苯噻酰草胺 50%、苄嘧磺隆 3%/2013.06.23 至 2018.06.23/微毒
抛秧水稻 一年生及部分多年生杂草 397.5-477克/公顷 药土法
PD20081130 乙草胺/900克/升/乳油/乙草胺 900克/升/2013.09.01 至 2018.09.01/低毒
春玉米田 一年生杂草 1350-2025克/公顷 土壤喷雾
PD20081178 精噁唑禾草灵/69克/升/水乳剂/精噁唑禾草灵 69克/升/2013.09.11 至 2018.09.11/低毒
春小麦田 一年生禾本科杂草 51.75-62.1克/公顷 茎叶喷雾
冬小麦田 一年生禾本科杂草 41.4-51.75克/公顷 茎叶喷雾
PD20081237 烯禾啶/12.5%/乳油/烯禾啶 12.5%/2013.09.16 至 2018.09.16/低毒
春大豆田 一年生禾本科杂草 187.5—225克/公顷 茎叶喷雾

PD20081492 苄嘧磺隆/10%/可湿性粉剂/苄嘧磺隆 10%/2013.11.05 至 2018.11.05/低毒
水稻移栽田 莎草科杂草、一年生阔叶杂草 30-45克/公顷 喷雾或药土法

PD20081920 精噁唑禾草灵/69克/升/水乳剂/精噁唑禾草灵 69克/升/2013.11.21 至 2018.11.21/低毒
大豆田 一年生禾本科杂草 50-70克/公顷 茎叶喷雾

PD20082336 苄·二氯/35%/可湿性粉剂/苄嘧磺隆 5%、二氯喹啉酸 30%/2013.12.01 至 2018.12.01/低毒
水稻田(直播)、水稻移栽田 一年生杂草 262.5-315克/公顷 喷雾

PD20082420 咪唑乙烟酸/5%/水剂/咪唑乙烟酸 5%/2013.12.02 至 2018.12.02/低毒
春大豆田 一年生杂草 75-105克/公顷 播后苗前土壤喷雾

PD20082540 氟磺胺草醚/250克/升/水剂/氟磺胺草醚 250克/升/2013.12.03 至 2018.12.03/低毒
春大豆田 一年生阔叶杂草 450-562.5克/公顷(东北地区) 茎叶喷雾
夏大豆田 一年生阔叶杂草 375-450克/公顷(其它地区) 茎叶喷雾

PD20082600 甲哌鎓/98%/原药/甲哌鎓 98%/2013.12.04 至 2018.12.04/低毒
棉花 调节生长 45-60克/公顷 喷雾

PD20082642 灭草松/480克/升/水剂/灭草松 480克/升/2013.12.04 至 2018.12.04/低毒
移栽水稻田 阔叶杂草及莎草科杂草 1080-1440克/公顷 茎叶喷雾

PD20082653 氧氟·乙草胺/40%/乳油/乙草胺 34%、乙氧氟草醚 6%/2013.12.04 至 2018.12.04/低毒
花生田 一年生杂草 600-720克/公顷 土壤喷雾

PD20082825 毒死蜱/45%/乳油/毒死蜱 45%/2013.12.09 至 2018.12.09/中等毒
水稻 稻飞虱 468-612克/公顷 喷雾

PD20082899 丙草胺/50%/乳油/丙草胺 50%/2013.12.09 至 2018.12.09/低毒
水稻移栽田 一年生禾本科、莎草科及部分阔叶杂草 450-525克/公顷 毒土法

PD20083749 噻嗪·异丙威/25%/可湿性粉剂/噻嗪酮 5%、异丙威 20%/2013.12.15 至 2018.12.15/低毒
水稻 稻飞虱 487.5-562.5克/公顷 喷雾

PD20083750 精喹禾灵/5%/乳油/精喹禾灵 5%/2013.12.15 至 2018.12.15/低毒
春大豆田 一年生禾本科杂草 52.5-75克/公顷 茎叶喷雾

PD20084369 甲霜·锰锌/58%/可湿性粉剂/甲霜灵 10%、代森锰锌 48%/2013.12.17 至 2018.12.17/低毒
黄瓜 霜霉病 1050-1425克/公顷 喷雾

PD20085085 二氯喹啉酸/50%/可湿性粉剂/二氯喹啉酸 50%/2013.12.23 至 2018.12.23/微毒
移栽水稻田 稗草 225-300克/公顷 茎叶喷雾

PD20085323 虫酰肼/20%/悬浮剂/虫酰肼 20%/2013.12.24 至 2018.12.24/低毒
苹果树 卷叶蛾 100-133.3毫克/千克 喷雾

PD20085612 丁·扑/19%/可湿性粉剂/丁草胺 16%、扑草净 3%/2013.12.25 至 2018.12.25/低毒
水稻(旱育秧及半旱育秧田) 一年生杂草 14.3-20克/100平方米 土壤喷雾

PD20090450 草甘膦异丙胺盐/30%/水剂/草甘膦 30%%/2014.01.12 至 2019.01.12/低毒
茶园 一年生和多年生杂草 1125-2250克/公顷 定向茎叶喷雾
注:草甘膦异丙胺盐含量:41%。

PD20091411 苄·丁/30%/可湿性粉剂/苄嘧磺隆 1.5%、丁草胺 28.5%/2014.02.02 至 2019.02.02/低毒
抛秧水稻 一年生及部分多年生杂草 600-900克/公顷(南方地区) 药土法

PD20091742 吡虫啉/10%/可湿性粉剂/吡虫啉 10%/2014.02.04 至 2019.02.04/低毒
水稻 稻飞虱 15-30克/公顷 喷雾

PD20091857 毒死蜱/40%/乳油/毒死蜱 40%/2014.02.09 至 2019.02.09/中等毒
十字花科蔬菜 蚜虫 360-540克/公顷 喷雾
水稻 稻纵卷叶螟 600-750克/公顷 喷雾

PD20092839 苄嘧·丙草胺/35%/可湿性粉剂/苄嘧磺隆 2%、丙草胺 33%/2014.03.05 至 2019.03.05/低毒
移栽水稻田 一年生杂草 367.5-420克/公顷 喷雾法或药土法
直播水稻(南方) 一年生杂草 367.5-420克/公顷 土壤喷雾

PD20093445 苯磺隆/10%/可湿性粉剂/苯磺隆 10%/2014.03.23 至 2019.03.23/低毒
冬小麦田 一年生阔叶杂草 13.5-22.5克/公顷 茎叶喷雾

PD20093716 苯磺·异丙隆/50%/可湿性粉剂/苯磺隆 0.8%、异丙隆 49.2%/2014.03.25 至 2019.03.25/低毒
冬小麦田 一年生杂草 937.5-1125克/公顷 茎叶喷雾

PD20093800 异丙隆/50%/可湿性粉剂/异丙隆 50%/2014.03.25 至 2019.03.25/低毒
小麦田 一年生禾本科杂草及部分阔叶杂草 900-1350克/公顷 喷雾

PD20094008 吡嘧磺隆/10%/可湿性粉剂/吡嘧磺隆 10%/2014.03.27 至 2019.03.27/低毒
移栽水稻田 阔叶杂草及莎草科杂草 15-45克/公顷 毒土法

PD20095258 苄·乙/14%/可湿性粉剂/苄嘧磺隆 3.2%、乙草胺 10.8%/2014.04.27 至 2019.04.27/微毒
移栽水稻田 部分多年生杂草、一年生杂草 84-118克/公顷 药土法

PD20096379 噻嗪酮/25%/可湿性粉剂/噻嗪酮 25%/2014.08.04 至 2019.08.04/微毒
水稻 稻飞虱 112.5-150克/公顷 喷雾

PD20096466 甲哌鎓/98%/可溶粉剂/甲哌鎓 98%/2014.08.14 至 2019.08.14/中等毒
棉花 调节生长 45-60克/公顷 茎叶喷雾

PD20097070 异丙甲草胺/720克/升/乳油/异丙甲草胺 720克/升/2014.10.10 至 2019.10.10/低毒

花生田 一年生阔叶杂草及禾本科杂草 1080-1620克/公顷 土壤喷雾
PD20097225 吡嘧磺隆/20%/可湿性粉剂/吡嘧磺隆 20%/2014.10.19 至 2019.10.19/微毒
移栽水稻田 阔叶杂草及莎草科杂草 30-45克/公顷 毒土法
PD20098286 稻瘟灵/40%/乳油/稻瘟灵 40%/2014.12.18 至 2019.12.18/低毒
水稻田 稻瘟病 600－750克/公顷 喷雾
PD20101357 唑磷·毒死蜱/30%/乳油/毒死蜱 15%、三唑磷 15%/2015.04.02 至 2020.04.02/中等毒
水稻 三化螟 180-360克/公顷 喷雾
PD20101786 吡虫啉/25%/可湿性粉剂/吡虫啉 25%/2015.07.13 至 2020.07.13/低毒
水稻 稻飞虱 30-45克/公顷 喷雾
PD20101809 吡虫·异丙威/24%/可湿性粉剂/吡虫啉 1.5%、异丙威 22.5%/2015.07.19 至 2020.07.19/低毒
水稻 稻飞虱 144-288克/公顷 喷雾
PD20131266 高效氯氰菊酯/4.5%/乳油/高效氯氰菊酯 4.5%/2013.06.04 至 2018.06.04/低毒
甘蓝 菜青虫 20.25-27克/公顷 喷雾
PD20131825 噻吩磺隆/15%/可湿性粉剂/噻吩磺隆 15%/2013.09.17 至 2018.09.17/低毒
夏大豆田 一年生阔叶杂草 22.5-33.75克/公顷 土壤喷雾
PD20131981 苄嘧·异丙隆/50%/可湿性粉剂/苄嘧磺隆 3%、异丙隆 47%/2013.10.10 至 2018.10.10/微毒
冬小麦田 一年生杂草 1125-1500克/公顷 茎叶喷雾
PD20131990 甲氨基阿维菌素苯甲酸盐/2%/微乳剂/甲氨基阿维菌素 2%/2013.10.10 至 2018.10.10/中等毒
甘蓝 小菜蛾 1.65-2.64克/公顷 喷雾
注:甲氨基阿维菌素苯甲酸盐含量：2.2%。
PD20151971 啶虫脒/3%/乳油/啶虫脒 3%/2015.08.30 至 2020.08.30/低毒
柑橘树 蚜虫 10-15毫克/千克 喷雾
PD20152649 吡嘧·二氯喹/50%/可湿性粉剂/吡嘧磺隆 3%、二氯喹啉酸 47%/2015.12.19 至 2020.12.19/低毒
水稻田(直播)、水稻移栽田 一年生杂草 225-300克/公顷 喷雾

江苏省南通利华农化有限公司 (江苏省如东沿海经济开发区黄海一路(小洋口) 226407 0513-84515998)

PD85166-12 绿麦隆/25%/可湿性粉剂/绿麦隆 25%/2011.07.10 至 2016.07.10/低毒
大麦田、小麦田、玉米田 一年生杂草 1500-3000克/公顷（北方地区）600-1500克/公顷（南方地区） 播后苗前或苗期喷雾
PD85171-3 甲萘威/25%/可湿性粉剂/甲萘威 25%/2011.06.28 至 2016.06.28/中等毒
豆类 造桥虫 750-975克/公顷 喷雾
棉花 红铃虫、蚜虫 375-975克/公顷 喷雾
水稻 飞虱、叶蝉 750-975克/公顷 喷雾
烟草 烟青虫 375-975克/公顷 喷雾
PD20070214 草甘膦/95%/原药/草甘膦 95%/2012.08.07 至 2017.08.07/低毒
PD20090111 草甘膦异丙胺盐/41%/水剂/草甘膦异丙胺盐 41%/2014.01.08 至 2019.01.08/微毒
非耕地 杂草 1230-2460克/公顷 茎叶喷雾
PD20091728 草甘膦/50%/可溶粉剂/草甘膦 50%/2014.02.04 至 2019.02.04/低毒
苹果园 杂草 1125-1500克/公顷 喷雾
PD20093813 二氯喹啉酸/50%/可湿性粉剂/二氯喹啉酸 50%/2014.03.25 至 2019.03.25/微毒
水稻秧田 稗草 300-375克/公顷(北方地区)225-300克/公顷(南方地区) 喷雾
PD20101220 草甘膦异丙胺盐(62%)///母液/草甘膦 46%/2010.02.21 至 2015.02.21/低毒

江苏省南通联农农药制剂研究开发有限公司 (江苏省南通市外环西路21号 226006 0513-83516727)

PD20110956 甲氨基阿维菌素苯甲酸盐/5%/水分散粒剂/甲氨基阿维菌素 5%/2011.09.08 至 2016.09.08/低毒
甘蓝 小菜蛾 3-3.75克/公顷 喷雾
注:甲氨基阿维菌素苯甲酸盐含量:5.7%。
PD20111150 吡虫啉/70%/水分散粒剂/吡虫啉 70%/2011.11.04 至 2016.11.04/低毒
水稻 稻飞虱 21-42克/公顷 喷雾
PD20120923 草甘膦铵盐/68%/可溶粒剂/草甘膦 68%/2012.06.04 至 2017.06.04/低毒
非耕地 杂草 96.5-257.4克/亩 定向茎叶喷雾
注:草甘膦铵盐含量: 74.7%。
PD20121420 毒死蜱/36%/微囊悬浮剂/毒死蜱 36%/2012.09.19 至 2017.09.19/低毒
花生 蛴螬 600-1200克/100千克种子 拌种
PD20131240 四螨嗪/75%/水分散粒剂/四螨嗪 75%/2013.05.29 至 2018.05.29/低毒
柑橘树 红蜘蛛 150-187.5毫克/千克 喷雾
PD20140114 吡蚜酮/70%/水分散粒剂/吡蚜酮 70%/2014.01.20 至 2019.01.20/低毒
水稻 稻飞虱 63-105克/公顷 喷雾
PD20141391 阿维菌素/5%/微囊悬浮剂/阿维菌素 5%/2014.06.05 至 2019.06.05/中等毒(原药高毒)
黄瓜 根结线虫 262.5-337.5克/公顷 沟施或穴施
PD20152581 毒死蜱/30%/微囊悬浮剂/毒死蜱 30%/2015.12.06 至 2020.12.06/低毒
花生 蛴螬 500-1000克/100千克种子 拌种
LS20150285 氟唑·嘧菌酯/35%/微囊悬浮－悬浮剂/氟环唑 5%、嘧菌酯 30%/2015.09.22 至 2016.09.22/低毒

水稻 稻曲病、稻瘟病、纹枯病 157.5-262.5克/公顷 喷雾
WP20120122 高效氯氟氰菊酯/10%/微囊悬浮剂/高效氯氟氰菊酯 10%/2012.06.21 至 2017.06.21/中等毒
室外 蚊、蝇、蜚蠊 30毫克/平方米 喷雾
注:仅限专业人员使用。
WP20150215 联苯·吡虫啉/60%/水分散粒剂/吡虫啉 54%、联苯菊酯 6%/2015.12.04 至 2020.12.04/低毒
木材 白蚁 500毫克/千克 浸泡
土壤 白蚁 4-5克/平方米 喷雾
WL20150017 甲基嘧啶磷/30%/微囊悬浮剂/甲基嘧啶磷 30%/2015.12.16 至 2016.12.16/低毒
室内 蚊 3克/平方米 滞留喷洒

江苏省南通南沈植保科技开发有限公司 (江苏省南通市港闸经济开发区永兴路65号 226003 0513-85602100)

PD20050016 高效氯氰菊酯/4.5%/水乳剂/高效氯氰菊酯 4.5%/2015.04.15 至 2020.04.15/中等毒
十字花科蔬菜 菜青虫 40.5-54克/公顷 喷雾
PD20085099 福美·拌种灵/40%/悬浮种衣剂/拌种灵 20%、福美双 20%/2013.12.23 至 2018.12.23/低毒
棉花 立枯病、苗炭疽病 1:160-200(药种比) 种子包衣
PD20090845 咪鲜胺/1.5%/水乳种衣剂/咪鲜胺 1.5%/2014.01.19 至 2019.01.19/低毒
水稻 恶苗病 1:100-120(药种比) 种子包衣
PD20092515 多·福/20%/悬浮种衣剂/多菌灵 10%、福美双 10%/2014.02.26 至 2019.02.26/中等毒
棉花 苗期病害 333.3-400克/100千克种子 种子包衣
PD20092662 福美·拌种灵/10%/悬浮种衣剂/拌种灵 5%、福美双 5%/2014.03.03 至 2019.03.03/低毒
棉花 苗期病害 200-250克/100千克种子 种子包衣
PD20093844 氰戊菊酯/30%/水乳剂/氰戊菊酯 30%/2014.03.25 至 2019.03.25/中等毒
甘蓝 菜青虫 90-112.5克/公顷 喷雾
PD20094894 福·克/20%/悬浮种衣剂/福美双 15%、克百威 5%/2014.04.13 至 2019.04.13/高毒
玉米 地下害虫、黑粉病 1:40-50(药种比) 种子包衣
PD20094896 戊唑醇/2%/悬浮种衣剂/戊唑醇 2%/2014.04.13 至 2019.04.13/低毒
小麦 散黑穗病 1:700-1000(药种比) 种子包衣
PD20094912 高效氯氟氰菊酯/2.5%/水乳剂/高效氯氟氰菊酯 2.5%/2014.04.13 至 2019.04.13/中等毒
甘蓝 菜青虫 5.625-9.375克/公顷 喷雾
PD20095308 氰戊菊酯/20%/水乳剂/氰戊菊酯 20%/2014.04.27 至 2019.04.27/中等毒
甘蓝 菜青虫 90-120克/公顷 喷雾
PD20101726 草甘膦异丙胺盐/30%/水剂/草甘膦 30%/2015.06.28 至 2020.06.28/低毒
非耕地 杂草 1230-2460克/公顷 茎叶喷雾
注:本产品草甘膦异丙胺盐含量:41%。
PD20121515 烯啶虫胺/50%/可溶粒剂/烯啶虫胺 50%/2012.10.09 至 2017.10.09/低毒
水稻 稻飞虱 15—30克/公顷 喷雾
PD20131081 烯啶虫胺/10%/可溶液剂/烯啶虫胺 10%/2013.05.20 至 2018.05.20/低毒
水稻 稻飞虱 15-20克/公顷 喷雾
PD20131362 丙环唑/45%/水乳剂/丙环唑 45%/2013.06.20 至 2018.06.20/低毒
水稻 稻瘟病 120—150克/公顷 喷雾
水稻 稻曲病、纹枯病 90—120克/公顷 喷雾
PD20131692 炔螨特/50%/水乳剂/炔螨特 50%/2013.08.07 至 2018.08.07/低毒
柑橘树 红蜘蛛 200-333.3毫克/千克 喷雾
PD20152331 丁草胺/60%/乳油/丁草胺 60%/2015.10.22 至 2020.10.22/低毒
水稻移栽田 一年生杂草 750-1275克/公顷 药土法
LS20130096 丙环唑/45%/水乳剂/丙环唑 45%/2014.03.11 至 2015.03.11/低毒
水稻 稻曲病、稻瘟病、纹枯病 67.5-135克/公顷 喷雾

江苏省南通派斯第农药化工有限公司 (江苏省如皋市长江镇(如皋港区)粤江路19号 226532 0513-87584586)

PD20080285 氯氰菊酯/10%/乳油/氯氰菊酯 10%/2013.02.25 至 2018.02.25/低毒
十字花科叶菜 菜青虫 30-45克/公顷 喷雾
PD20080486 苄嘧·苯噻酰/53%/可湿性粉剂/苯噻酰草胺 50%、苄嘧磺隆 3%/2013.04.07 至 2018.04.07/低毒
水稻抛秧田 一年生及部分多年生杂草 397.5-477克/公顷(南方地区) 药土法
PD20080599 草甘膦异丙胺盐/41%/水剂/草甘膦异丙胺盐 41%/2013.05.12 至 2018.05.12/低毒
非耕地 杂草 1125-3000克/公顷 茎叶喷雾
PD20081431 吡虫啉/95%/原药/吡虫啉 95%/2013.10.31 至 2018.10.31/中等毒
PD20081838 氰戊·辛硫磷/25%/乳油/氰戊菊酯 6.25%、辛硫磷 18.75%/2013.11.20 至 2018.11.20/中等毒
棉花 棉铃虫 300-450克/公顷 喷雾
PD20082599 嗪草酮/95%/原药/嗪草酮 95%/2013.12.04 至 2018.12.04/中等毒
PD20082941 草甘膦/95%/原药/草甘膦 95%/2013.12.09 至 2018.12.09/微毒
PD20083062 戊唑醇/96%/原药/戊唑醇 96%/2013.12.10 至 2018.12.10/低毒
PD20083075 二嗪磷/95%/原药/二嗪磷 95%/2013.12.10 至 2018.12.10/中等毒
PD20084967 丙环唑/250克/升/乳油/丙环唑 250克/升/2013.12.22 至 2018.12.22/低毒
小麦 白粉病 112.5-187.5克/公顷 喷雾
PD20084990 多·咪·福美双/20%/悬浮种衣剂/多菌灵 6%、福美双 13%、咪鲜胺 1%/2013.12.22 至 2018.12.22/低毒

	水稻	恶苗病	1:50-80(药种比)	种子包衣
PD20090154	福美・拌种灵/10%/悬浮种衣剂/拌种灵 5%、福美双 5%/2014.01.08 至 2019.01.08/低毒			
	棉花	苗期立枯病、炭疽病	200-250克/100千克种子	种子包衣
PD20090243	烯草酮/240克/升/乳油/烯草酮 240克/升/2014.01.09 至 2019.01.09/低毒			
	大豆田	一年生禾本科杂草	72-108克/公顷	茎叶喷雾
PD20090890	吡嘧磺隆/10%/可湿性粉剂/吡嘧磺隆 10%/2014.01.19 至 2019.01.19/低毒			
	移栽水稻田	稗草、莎草及阔叶杂草	15-30克/公顷	毒土法
PD20091785	福・克/20%/悬浮种衣剂/福美双 13%、克百威 7%/2014.02.04 至 2019.02.04/中等毒(原药高毒)			
	玉米	地下害虫、茎基腐病	1:40-50 (药种比)	种子包衣
PD20092042	氟磺胺草醚/25%/水剂/氟磺胺草醚 25%/2014.02.12 至 2019.02.12/低毒			
	大豆田	一年生阔叶杂草	225-375克/公顷	喷雾
PD20092880	乙草胺/81.5%/乳油/乙草胺 81.5%/2014.03.05 至 2019.03.05/低毒			
	大豆田	一年生禾本科杂草及部分小粒种子阔叶杂草	东北高有机质地区：1553-2025克/公顷；其他地区：1080-1553克/公顷	土壤喷雾
PD20093260	草甘膦铵盐/41%/水剂/草甘膦 41%/2014.03.11 至 2019.03.11/低毒			
	非耕地	杂草	1215-1822.5克/公顷	喷雾
PD20097059	乙草胺/93%/原药/乙草胺 93%/2014.10.10 至 2019.10.10/低毒			
PD20097438	莠去津/95%/原药/莠去津 95%/2014.10.28 至 2019.10.28/低毒			
PD20098018	氯氟吡氧乙酸异辛酯(288克/升)////乳油/氯氟吡氧乙酸 200克/升/2014.12.07 至 2019.12.07/微毒			
	冬小麦田	一年生阔叶杂草	172.8−216克/公顷	茎叶喷雾
PD20098199	氯氰菊酯/25%/乳油/氯氰菊酯 25%/2014.12.16 至 2019.12.16/中等毒			
	十字花科蔬菜	菜青虫	37.5-56.25克/公顷	喷雾
PD20100207	氟磺胺草醚/95%/原药/氟磺胺草醚 95%/2015.01.05 至 2020.01.05/低毒			
PD20102123	高效氟吡甲禾灵/108克/升/乳油/高效氟吡甲禾灵 108克/升/2015.12.02 至 2020.12.02/低毒			
	大豆田	一年生禾本科杂草	56.7-81克/公顷	茎叶喷雾
PD20132431	吡虫啉/70%/水分散粒剂/吡虫啉 70%/2013.11.20 至 2018.11.20/中等毒			
	甘蓝	蚜虫	35-45克/公顷	喷雾
WP20090077	杀蟑饵剂/5亿孢子/克/饵剂/金龟子绿僵菌 5亿孢子/克/2014.02.02 至 2019.02.02/低毒			
	卫生	蜚蠊	/	投放
WP20090213	溴氰菊酯/2.5%/可湿性粉剂/溴氰菊酯 2.5%/2014.03.31 至 2019.03.31/低毒			
	卫生	蚊、蝇、蜚蠊	25毫克/平方米	滞留喷洒
WP20090311	氟氯氰菊酯/5%/水乳剂/氟氯氰菊酯 5%/2014.09.02 至 2019.09.02/低毒			
	卫生	蝇	半吸收表面25毫克/平方米	滞留喷洒
	卫生	蜚蠊	吸收表面50毫克/平方米	滞留喷洒
	卫生	蚊	不吸收表面15毫克/平方米	滞留喷洒
WP20090335	高效氯氰菊酯/4.5%/悬浮剂/高效氯氰菊酯 4.5%/2014.10.10 至 2019.10.10/低毒			
	卫生	蝇	15-20毫克/平方米	滞留喷洒
江苏省南通神雨绿色药业有限公司　(江苏省如东县洋口化学工业园　226407　0513-81953785)				
PD20101207	苦参碱/5%/母药/苦参碱 5%/2015.02.21 至 2020.02.21/微毒			
PD20101283	苦参碱/0.5%/水剂/苦参碱 0.5%/2015.03.12 至 2020.03.12/低毒			
	茶树	茶毛虫	3.75-5.25克/公顷	喷雾
	十字花科蔬菜	菜青虫、小菜蛾、蚜虫	4.5-6.75克/公顷	喷雾
	烟草	烟青虫、烟蚜	4.5-6克/公顷	喷雾
PD20120949	丁子香酚/0.3%/可溶液剂/丁子香酚 0.3%/2012.06.14 至 2017.06.14/低毒			
	番茄	灰霉病	3.86-5.4克/公顷	喷雾
PD20131887	香菇多糖/1%/水剂/香菇多糖 1%/2013.09.25 至 2018.09.25/微毒			
	番茄	病毒病	12.45-18.75克/公顷	喷雾
PD20132499	甲氨基阿维菌素苯甲酸盐/2%/微乳剂/甲氨基阿维菌素 2%/2013.12.10 至 2018.12.10/中等毒			
	甘蓝	小菜蛾	1.65-2.64克/公顷	喷雾
	注:甲氨基阿维菌素苯甲酸盐含量：2.2%。			
PD20151703	鱼藤酮/2.5%/乳油/鱼藤酮 2.5%/2015.08.28 至 2020.08.28/低毒			
	甘蓝	蚜虫	37.5-56.25克/公顷	喷雾
江苏省南通施壮化工有限公司　(江苏省南通市人民西路88号　226005　0513-83517577)				
PD20070012	棉隆/98%/原药/棉隆 98%/2012.01.18 至 2017.01.18/低毒			
PD20070013	棉隆/98%/微粒剂/棉隆 98%/2012.01.18 至 2017.01.18/低毒			
	草莓、花卉	线虫	30-40克/平方米	土壤处理
	番茄(保护地)	线虫	29.4-44.1克/平方米	土壤处理
PD20083899	霜脲氰/98%/原药/霜脲氰 98%/2013.12.15 至 2018.12.15/低毒			
PD20084059	硫双威/95%/原药/硫双威 95%/2013.12.16 至 2018.12.16/中等毒			
PD20085375	甲哌鎓/250克/升/水剂/甲哌鎓 250克/升/2013.12.24 至 2018.12.24/低毒			
	棉花	调节生长	45-60克/公顷	喷雾
PD20092895	苯磺隆/95%/原药/苯磺隆 95%/2014.03.05 至 2019.03.05/低毒			

PD20095035 甲哌鎓/98%/原药/甲哌鎓 98%/2014.04.21 至 2019.04.21/低毒
PD20097519 吡虫啉/95%/原药/吡虫啉 95%/2015.11.03 至 2020.11.03/低毒
PD20100035 噻嗪酮/98.5%/原药/噻嗪酮 98.5%/2015.01.04 至 2020.01.04/低毒
PD20100425 毒死蜱/98.5%/原药/毒死蜱 98.5%/2015.01.14 至 2020.01.14/中等毒
PD20121074 茚虫威/71%/母药/茚虫威 71%/2012.07.19 至 2017.07.19/中等毒
PD20121224 吡蚜酮/96%/原药/吡蚜酮 96%/2012.08.20 至 2017.08.20/低毒
PD20130017 茚虫威/150克/升/悬浮剂/茚虫威 150克/升/2013.01.04 至 2018.01.04/低毒
甘蓝 菜青虫 11.25-22.5克/公顷 喷雾
甘蓝 小菜蛾 22.5-40.5克/公顷 喷雾
PD20130027 吡蚜酮/50%/水分散粒剂/吡蚜酮 50%/2013.01.04 至 2018.01.04/微毒
水稻 飞虱 90-120克/公顷 喷雾
PD20130071 茚虫威/30%/水分散粒剂/茚虫威 30%/2013.01.07 至 2018.01.07/低毒
水稻 稻纵卷叶螟 27-40.5克/公顷 喷雾
PD20131191 吡蚜酮/25%/可湿性粉剂/吡蚜酮 25%/2013.05.27 至 2018.05.27/微毒
甘蓝 蚜虫 75-112.5克/公顷 喷雾
莲藕 莲缢管蚜 45-67.5克/公顷 喷雾
芹菜 蚜虫 75-120克/公顷 喷雾
PD20141498 吡丙醚/10.8%/乳油/吡丙醚 10.8%/2014.06.09 至 2019.06.09/微毒
注:专供出口，不得在国内销售。
WP20060007 吡丙醚/95%/原药/吡丙醚 95%/2011.04.13 至 2016.04.13/低毒

江苏省南通泰禾化工有限公司 (江苏省南通市如东县洋口化工聚集区 226407 0513-68925288)

PD20081210 野麦畏/94%/原药/野麦畏 94%/2013.09.11 至 2018.09.11/低毒
PD20082354 草甘膦/95%/原药/草甘膦 95%/2013.12.01 至 2018.12.01/低毒
PD20094384 禾草敌/99%/原药/禾草敌 99%/2014.04.01 至 2019.04.01/低毒
PD20102147 草甘膦铵盐/50%/可溶粉剂/草甘膦 50%/2015.12.07 至 2020.12.07/低毒
非耕地 杂草 1125-2250克/公顷 茎叶喷雾
注:草甘膦铵盐含量:55%
PD20102183 草甘膦铵盐/68%/可溶粒剂/草甘膦 68%/2015.12.15 至 2020.12.15/低毒
非耕地 杂草 1120~2241 茎叶喷雾
注:草甘膦铵盐含量: 74.7%
PD20110490 草甘膦胺盐/30%/水剂/草甘膦 30%/2011.05.03 至 2016.05.03/低毒
非耕地 杂草 1845-2460克/公顷 定向茎叶喷雾
注:草甘膦胺盐含量:33%。
PD20110567 氟虫腈/95%/原药/氟虫腈 95%/2011.06.03 至 2016.06.03/中等毒
PD20111124 氯苯胺灵/98.5%/原药/氯苯胺灵 98.5%/2011.10.27 至 2016.10.27/低毒
注:专供出口，不得在国内销售。
PD20111192 2,4-滴/96%/原药/2,4-滴 96%/2011.11.16 至 2016.11.16/中等毒
注:专供出口，不得在国内销售。
PD20120329 禾草丹/97%/原药/禾草丹 97%/2012.02.17 至 2017.02.17/低毒
PD20120467 双草醚/95%/原药/双草醚 95%/2012.03.19 至 2017.03.19/低毒
PD20120758 氰氟草酯/98%/原药/氰氟草酯 98%/2012.05.05 至 2017.05.05/低毒
PD20121021 2,4-滴二甲胺盐/720克/升/水剂/2,4-滴二甲胺盐 720克/升/2012.07.02 至 2017.07.02/低毒
注:专供出口，不得在国内销售。
PD20121512 嘧菌酯/97%/原药/嘧菌酯 97%/2012.10.09 至 2017.10.09/低毒
PD20131922 嘧菌酯/25%/悬浮剂/嘧菌酯 25%/2013.09.25 至 2018.09.25/低毒
葡萄 霜霉病 170-250毫克/千克 喷雾
PD20132537 草甘膦异丙胺盐/46%/水剂/草甘膦 46%/2013.12.16 至 2018.12.16/低毒
非耕地 杂草 1674-2232克/公顷 定向茎叶喷雾
注:草甘膦异丙胺盐含量: 62%。
PD20141247 噻虫嗪/98%/原药/噻虫嗪 98%/2014.05.07 至 2019.05.07/低毒
PD20141628 噻虫嗪/25%/水分散粒剂/噻虫嗪 25%/2014.06.24 至 2019.06.24/低毒
菠菜 蚜虫 22.5-30克/公顷 喷雾
芹菜 蚜虫 15-30克/公顷 喷雾
水稻 稻飞虱 11.25-15克/公顷 喷雾
PD20141788 噻虫嗪/70%/种子处理可分散粉剂/噻虫嗪 70%/2014.07.14 至 2019.07.14/低毒
油菜 黄条跳甲 280-840克/100千克种子 种子包衣
PD20150551 肟菌酯/97%/原药/肟菌酯 97%/2015.03.23 至 2020.03.23/中等毒
PD20151683 乙螨唑/20%/悬浮剂/乙螨唑 20%/2015.08.28 至 2020.08.28/低毒
柑橘树 红蜘蛛 25-33.3毫克/千克 喷雾
PD20151956 乙螨唑/96%/原药/乙螨唑 96%/2015.08.30 至 2020.08.30/低毒
LS20150091 氟唑活化酯/98%/原药/氟唑活化酯 98%/2015.04.16 至 2016.04.16/低毒
LS20150102 氟唑活化酯/5%/乳油/氟唑活化酯 5%/2015.04.20 至 2016.04.20/低毒
黄瓜 白粉病 10-20毫克/千克 喷雾

江苏省南通同济化工有限公司 (江苏省南通市港闸区港闸经济开发区通港路 226003 0513-85400770)

PD20070187 噁草酮/250克/升/乳油/噁草酮 250克/升/2012.07.10 至 2017.07.10/低毒
花生田 一年生杂草 450—750克/公顷 土壤喷雾
水稻田(直播) 一年生杂草 300-450克/公顷 直接甩施或土壤喷雾

PD20070620 噁草·丁草胺/36%/乳油/丁草胺 30%、噁草酮 6%/2012.12.14 至 2017.12.14/低毒
棉花苗床、水稻(旱育秧及半旱育秧田) 一年生杂草 810-1080克/公顷 土壤喷雾
水稻移栽田 一年生杂草 810-1080克/公顷(南方地区) 土壤喷雾、药土法

PD20080885 噁草酮/120克/升/乳油/噁草酮 120克/升/2013.07.09 至 2018.07.09/低毒
水稻移栽田 一年生杂草 360-450克/公顷 直接甩施或药土法

PD20081133 噁酮·乙草胺/42%/乳油/噁草酮 7%、乙草胺 35%/2013.09.01 至 2018.09.01/低毒
花生田 一年生杂草 756-945克/公顷 喷雾
注:仅限芽前使用。

PD20082985 噁草·丁草胺/20%/乳油/丁草胺 12%、噁草酮 8%/2013.12.10 至 2018.12.10/低毒
水稻 稗草、莎草 600-675克/公顷 毒土或毒肥

PD20092639 噁酮·乙草胺/37.5%/乳油/噁草酮 12.5%、乙草胺 25%/2014.03.02 至 2019.03.02/低毒
大蒜田 一年生杂草 675-843.8克/公顷 播后苗前喷雾
油菜田 一年生杂草 675-843.8克/公顷 喷雾

LS20140095 丙噁.丁草胺/35%/水乳剂/丙炔噁草酮 5%、丁草胺 30%/2015.03.14 至 2016.03.14/低毒
移栽水稻田 一年生杂草 525-630克/公顷 喷雾

江苏省南通正达农化有限公司 (江苏省南通市如皋市农业科学研究所内 226576 0513-87381251)

PD84121-16 磷化铝/56%/片剂/磷化铝 56%/2014.12.17 至 2019.12.17/高毒
洞穴 室外啮齿动物 根据洞穴大小而定 密闭熏蒸
货物 仓储害虫 5-10片/1000千克 密闭熏蒸
空间 多种害虫 1-4片/立方米 密闭熏蒸
粮食、种子 储粮害虫 3-10片/1000千克 密闭熏蒸

PD85154-40 氰戊菊酯/20%/乳油/氰戊菊酯 20%/2010.08.15 至 2015.08.15/中等毒
柑橘树 潜叶蛾 10-20毫克/千克 喷雾
果树 梨小食心虫 10-20毫克/千克 喷雾
棉花 红铃虫、蚜虫 75-150克/公顷 喷雾
蔬菜 菜青虫、蚜虫 60-120克/公顷 喷雾

PD20060069 磷化铝/85%/原药/磷化铝 85%/2011.04.13 至 2016.04.13/高毒

PD20083537 联苯菊酯/25克/升/乳油/联苯菊酯 25克/升/2013.12.12 至 2018.12.12/低毒
茶树 茶尺蠖 11.25-15克/公顷 喷雾

PD20083690 高效氯氟氰菊酯/2.5%/乳油/高效氯氟氰菊酯 2.5%/2013.12.15 至 2018.12.15/中等毒
十字花科蔬菜 菜青虫 11.25-15克/公顷 喷雾

PD20084056 三环·多菌灵/52%/可湿性粉剂/多菌灵 40%、三环唑 12%/2013.12.16 至 2018.12.16/低毒
水稻 稻瘟病 468-624克/公顷 喷雾

PD20084411 联苯菊酯/95%/原药/联苯菊酯 95%/2013.12.17 至 2018.12.17/中等毒

PD20084667 三环·杀虫单/58%/可湿性粉剂/三环唑 18%、杀虫单 40%/2013.12.22 至 2018.12.22/中等毒
水稻 稻瘟病、二化螟 870-1044克/公顷 喷雾

PD20085154 氰戊·辛硫磷/30%/乳油/氰戊菊酯 5.5%、辛硫磷 24.5%/2013.12.23 至 2018.12.23/中等毒
十字花科蔬菜 菜青虫 180-225克/公顷 喷雾

PD20085353 噁草·丁草胺/36%/乳油/丁草胺 30%、噁草酮 6%/2013.12.24 至 2018.12.24/低毒
棉花苗床 一年生杂草 810-1080克/公顷 播后苗前土壤喷雾
水稻半旱秧田、水稻旱秧田 一年生杂草 648-756克/公顷 播后苗前土壤喷雾

PD20085426 阿维·三唑磷/20%/乳油/阿维菌素 0.2%、三唑磷 19.8%/2013.12.24 至 2018.12.24/中等毒(原药高毒)
水稻 二化螟 180-240克/公顷 喷雾

PD20086208 高效氯氟氰菊酯/95%/原药/高效氯氟氰菊酯 95%/2013.12.30 至 2018.12.30/中等毒

PD20090276 咪鲜·杀螟丹/12%/可湿性粉剂/咪鲜胺 3%、杀螟丹 9%/2014.01.09 至 2019.01.09/低毒
水稻 恶苗病、干尖线虫病 300—500倍液 浸种

PD20090566 辛硫·高氯氟/30%/乳油/高效氯氟氰菊酯 1%、辛硫磷 29%/2014.01.13 至 2019.01.13/中等毒
棉花 棉铃虫 360-450克/公顷 喷雾

PD20090873 井冈·杀虫单/65%/可溶粉剂/井冈霉素 9%、杀虫单 56%/2014.01.19 至 2019.01.19/中等毒
水稻 螟虫、纹枯病 585-780克/公顷 喷雾

PD20092461 丙溴·辛硫磷/36%/乳油/丙溴磷 18%、辛硫磷 18%/2014.02.25 至 2019.02.25/低毒
棉花 棉铃虫 378-486克/公顷 喷雾

PD20095657 阿维·毒死蜱/17%/乳油/阿维菌素 0.1%、毒死蜱 16.9%/2014.05.13 至 2019.05.13/中等毒(原药高毒)
水稻 二化螟 225-306克/公顷 喷雾
水稻 稻纵卷叶螟 225-382.5克/公顷 喷雾

江苏省农垦生物化学有限公司 (江苏省南京市南京化学工业园赵丰路19号 210047 025-58392246)

PD86101-41 赤霉酸/4%/乳油/赤霉酸 4%/2012.01.22 至 2017.01.22/低毒

菠菜	增加鲜重	10-25毫克/千克	叶面处理1-3次
菠萝	果实增大、增重	40-80毫克/千克	喷花
柑橘树	果实增大、增重	20-40毫克/千克	喷花
花卉	提前开花	700毫克/千克	叶面处理涂抹花芽
绿肥	增产	10-20毫克/千克	喷雾
马铃薯	苗齐、增产	0.5-1毫克/千克	浸薯块10-30分钟
棉花	提高结铃率、增产	10-20毫克/千克	点喷、点涂或喷雾
葡萄	无核、增产	50-200毫克/千克	花后1周处理果穗
芹菜	增产	20-100毫克/千克	叶面处理1次
人参	增加发芽率	20毫克/千克	播前浸种15分钟
水稻	增加千粒重、制种	20-30毫克/千克	喷雾

PD20092046 氯氰·毒死蜱/522.5克/升/乳油/毒死蜱 475克/升、氯氰菊酯 47.5克/升/2014.02.12 至 2019.02.12/中等毒

苹果树	桃小食心虫	307.4-348.3毫克/千克	喷雾

PD20095049 毒死蜱/45%/乳油/毒死蜱 45%/2014.04.21 至 2019.04.21/中等毒

水稻	稻瘿蚊	1800-2160克/公顷	毒土法
水稻	稻飞虱	504-648克/公顷	喷雾

PD20095926 氯氟吡氧乙酸异辛酯(28.8%)///乳油/氯氟吡氧乙酸 20%/2014.06.02 至 2019.06.02/低毒

冬小麦田	一年生阔叶杂草	150-210克/公顷	茎叶喷雾

PD20100419 草除灵/500克/升/悬浮剂/草除灵 500克/升/2015.01.14 至 2020.01.14/低毒

冬油菜田	一年生阔叶杂草	300-375克/公顷	茎叶喷雾

PD20111453 赤霉酸/3%/脂膏/赤霉酸A4+A7 1%、赤霉酸A3 2%/2011.12.30 至 2016.12.30/微毒

梨树	调节生长	0.6-0.9毫克/果	涂抹果柄

PD20120345 2甲4氯二甲胺盐/53%/水剂/2甲4氯 53%/2012.02.23 至 2017.02.23/低毒

水稻移栽田	莎草及阔叶杂草	337.5-450克/公顷	茎叶喷雾

注:2甲4氯二甲胺盐含量：65%。

PD20140991 氰氟草酯/10%/水乳剂/氰氟草酯 10%/2014.04.14 至 2019.04.14/微毒

水稻田(直播)	一年生禾本科杂草	75-105克/公顷	茎叶喷雾

PD20141460 吡虫啉/600克/升/悬浮种衣剂/吡虫啉 600克/升/2014.06.09 至 2019.06.09/低毒

棉花	蚜虫	300-480克/100千克种子	种子包衣

PD20141747 丙森锌/70%/可湿性粉剂/丙森锌 70%/2014.07.02 至 2019.07.02/微毒

番茄	晚疫病	1890-2310克/公顷	喷雾

PD20141992 草甘膦异丙胺盐/30%/水剂/草甘膦 30%/2014.08.14 至 2019.08.14/低毒

柑橘园	杂草	900-1350克/公顷	定向茎叶喷雾

注:草甘膦异丙胺盐含量：41%。

PD20151095 戊唑·咪鲜胺/37%/水乳剂/咪鲜胺 24.5%、戊唑醇 12.5%/2015.06.14 至 2020.06.14/低毒

小麦	赤霉病	166.5－222克/公顷	喷雾

PD20151189 2甲4氯二甲胺盐/62%/水剂/2甲4氯 62%/2015.06.27 至 2020.06.27/微毒

水稻移栽田	莎草及阔叶杂草	450-562.5克/公顷	茎叶喷雾

注:2甲4氯二甲胺盐含量75%。

WP20120028 吡虫啉/10%/悬浮剂/吡虫啉 10%/2012.02.17 至 2017.02.17/低毒

卫生	白蚁	1)5克/平方米；2)500-1000毫克/千克	1)土壤处理；2)木材浸泡

江苏省农药研究所股份有限公司　(江苏省南京市化学工业园区长丰河路269号　210047　025-86581188)

PD20040032 氯氰菊酯/92%/原药/氯氰菊酯 92%/2014.12.19 至 2019.12.19/中等毒

PD20040064 哒螨灵/15%/乳油/哒螨灵 15%/2014.12.27 至 2019.12.27/中等毒

柑橘树	红蜘蛛	50-67毫克/千克	喷雾

PD20040196 氯氰菊酯/10%/乳油/氯氰菊酯 10%/2014.12.19 至 2019.12.19/中等毒

十字花科蔬菜	菜青虫	30-45克/公顷	喷雾

PD20040210 高效氯氰菊酯/4.5%/乳油/高效氯氰菊酯 4.5%/2014.12.19 至 2019.12.19/中等毒

棉花	红铃虫、棉铃虫、棉蚜	15-30克/公顷	喷雾
十字花科蔬菜	菜蚜	3-18克/公顷	喷雾
十字花科蔬菜	菜青虫、小菜蛾	9-25.5克/公顷	喷雾

PD20040267 吡虫啉/95%/原药/吡虫啉 95%/2014.12.19 至 2019.12.19/低毒

PD20040417 吡虫啉/25%/可湿性粉剂/吡虫啉 25%/2014.12.19 至 2019.12.19/低毒

韭菜	韭蛆	300-450克/公顷	药土法
水稻	飞虱	15-30克/公顷	喷雾

PD20040433 吡虫啉/5%/乳油/吡虫啉 5%/2014.12.19 至 2019.12.19/低毒

水稻	飞虱	15-30克/公顷	喷雾
水稻	稻瘿蚊	1:100(药种比)	拌种

PD20040482 吡虫啉/10%/可溶液剂/吡虫啉 10%/2014.12.19 至 2019.12.19/低毒

棉花	蚜虫	7.5-15克/公顷	喷雾

PD20040568 氯氰·吡虫啉/5%/乳油/吡虫啉 1%、氯氰菊酯 4%/2014.12.19 至 2019.12.19/中等毒

	梨树	梨木虱	1000-1500倍液	喷雾
	十字花科蔬菜	菜青虫、蚜虫	22.5-37.5克/公顷	喷雾
PD20040752	吡虫啉/10%/可湿性粉剂/吡虫啉 10%/2014.12.19 至 2019.12.19/低毒			
	梨树	梨木虱	33-50毫克/千克	喷雾
	苹果树	黄蚜	20-33毫克/千克	喷雾
	水稻	飞虱	15-30克/公顷	喷雾
PD20040804	吡虫・杀虫单/35%/可湿性粉剂/吡虫啉 1%、杀虫单 34%/2014.12.20 至 2019.12.20/中等毒			
	水稻	二化螟、飞虱	450-750克/公顷	喷雾
PD20040819	高效氯氰菊酯/4.5%/乳油/高效氯氰菊酯 4.5%/2014.12.27 至 2019.12.27/中等毒			
	茶树	茶尺蠖	15-25.5克/公顷	喷雾
	柑橘树	红蜡蚧	50毫克/千克	喷雾
	柑橘树	潜叶蛾	15-20毫克/千克	喷雾
	棉花	红铃虫、棉铃虫、棉蚜	15-30克/公顷	喷雾
	十字花科蔬菜	菜青虫、小菜蛾	9-25.5克/公顷	喷雾
	十字花科蔬菜	菜蚜	3-18克/公顷	喷雾
PD20040821	哒螨灵/20%/可湿性粉剂/哒螨灵 20%/2014.12.27 至 2019.12.27/低毒			
	苹果树	红蜘蛛	50-67毫克/千克	喷雾
PD20050001	氯氰菊酯/5%/乳油/氯氰菊酯 5%/2015.01.04 至 2020.01.04/中等毒			
	棉花	棉铃虫、棉蚜	45-90克/公顷	喷雾
	十字花科蔬菜	菜青虫	30-45克/公顷	喷雾
PD20050046	吡虫啉/70%/湿拌种剂/吡虫啉 70%/2015.04.20 至 2020.04.20/低毒			
	棉花	蚜虫	280-350克/100千克种子	拌种
PD20050057	高效氯氰菊酯/95%/原药/高效氯氰菊酯 95%/2015.06.06 至 2020.06.06/中等毒			
PD20070547	啶虫脒/96%/原药/啶虫脒 96%/2012.12.03 至 2017.12.03/低毒			
PD20080398	灭蝇胺/98%/原药/灭蝇胺 98%/2013.02.28 至 2018.02.28/低毒			
PD20081837	草除灵/95%/原药/草除灵 95%/2013.11.20 至 2018.11.20/低毒			
PD20082539	噻嗪酮/25%/可湿性粉剂/噻嗪酮 25%/2013.12.03 至 2018.12.03/低毒			
	水稻	飞虱	75-112.5克/公顷	喷雾
PD20082754	草除灵/30%/悬浮剂/草除灵 30%/2013.12.08 至 2018.12.08/低毒			
	油菜田	多种一年生阔叶杂草	225-300克/公顷	茎叶喷雾
PD20083172	高效氯氰菊酯/95%/原药/高效氯氰菊酯 95%/2013.12.11 至 2018.12.11/中等毒			
PD20083672	灭蝇胺/50%/可溶粉剂/灭蝇胺 50%/2013.12.15 至 2018.12.15/低毒			
	菜豆	斑潜蝇	112.5-150克/公顷	喷雾
PD20085358	噁草・丁草胺/40%/乳油/丁草胺 34%、噁草酮 6%/2013.12.24 至 2018.12.24/低毒			
	棉花苗床	一年生杂草	900-1200克/公顷	喷雾
	水稻旱育秧田	阔叶杂草、一年生杂草	660-750克/公顷	播后复土芽前喷雾
PD20090441	高氯・辛硫磷/30%/乳油/高效氯氰菊酯 1.5%、辛硫磷 28.5%/2014.01.12 至 2019.01.12/中等毒			
	棉花	棉铃虫	180-270克/公顷	喷雾
	小麦	蚜虫	180-225克/公顷	喷雾
PD20090968	苄嘧・苯噻酰/53%/可湿性粉剂/苯噻酰草胺 50%、苄嘧磺隆 3%/2014.01.20 至 2019.01.20/低毒			
	水稻抛秧田	部分多年生杂草、一年生杂草	397.5-477克/公顷	药土法
PD20093705	精喹・草除灵/17.5%/乳油/草除灵 15%、精喹禾灵 2.5%/2014.03.25 至 2019.03.25/低毒			
	油菜田	一年生杂草	262.5-393.8克/公顷	茎叶喷雾
PD20094131	锰锌・烯唑醇/32.5%/可湿性粉剂/代森锰锌 30%、烯唑醇 2.5%/2014.03.27 至 2019.03.27/低毒			
	梨树	黑星病	400-600倍液	喷雾
PD20094874	高效氯氰菊酯/25克/升/乳油/高效氯氰菊酯 25克/升/2014.04.13 至 2019.04.13/中等毒			
	甘蓝	菜青虫	22.5-30克/公顷	喷雾
	小麦	黏虫、蚜虫	4.5-9克/公顷	喷雾
PD20101049	烯唑醇/12.5%/可湿性粉剂/烯唑醇 12.5%/2015.01.21 至 2020.01.21/低毒			
	梨树	黑星病	31-42毫克/千克	喷雾
	小麦	条锈病	56.25-93.75克/公顷	喷雾
	小麦	白粉病	60-120克/公顷	喷雾
	小麦	纹枯病	84.38-112.5克/公顷	喷雾
PD20110600	戊唑醇/97%/原药/戊唑醇 97%/2011.05.30 至 2016.05.30/低毒			
PD20110664	噻嗪酮/98%/原药/噻嗪酮 98%/2011.06.20 至 2016.06.20/微毒			
PD20110985	乙羧氟草醚/95%/原药/乙羧氟草醚 95%/2011.09.16 至 2016.09.16/低毒			
PD20111000	高效氯氰菊酯/4.5%/水乳剂/高效氯氰菊酯 4.5%/2011.09.21 至 2016.09.21/低毒			
	甘蓝	菜青虫	20.25-27ai.g/ha	喷雾
PD20111008	乙羧氟草醚/10%/乳油/乙羧氟草醚 10%/2011.09.22 至 2016.09.22/低毒			
	夏大豆田	一年生阔叶杂草	75-90克/公顷	茎叶喷雾
PD20121663	氰烯菌酯/95%/原药/氰烯菌酯 95%/2012.11.05 至 2017.11.05/低毒			
PD20121670	氰烯菌酯/25%/悬浮剂/氰烯菌酯 25%/2012.11.05 至 2017.11.05/低毒			
	水稻	恶苗病	83.3-125毫克/千克	浸种

小麦 赤霉病 375-750克/公顷 喷雾
PD20121672 呋喃虫酰肼/98%/原药/呋喃虫酰肼 98%/2012.11.05 至 2017.11.05/微毒
PD20121676 呋喃虫酰肼/10%/悬浮剂/呋喃虫酰肼 10%/2012.11.05 至 2017.11.05/微毒
甘蓝 甜菜夜蛾 90-150克/公顷 喷雾
PD20130461 吡蚜酮/96%/原药/吡蚜酮 96%/2013.03.19 至 2018.03.19/低毒
PD20131233 嘧菌酯/98%/原药/嘧菌酯 98%/2013.05.28 至 2018.05.28/微毒
PD20132615 杀螺胺/25%/悬浮剂/杀螺胺 25%/2013.12.20 至 2018.12.20/微毒
沟渠 钉螺 0.5克/立方米（浸杀）;0.5克/平方米（喷洒） 浸杀或喷洒
PD20140887 吡蚜酮/25%/可湿性粉剂/吡蚜酮 25%/2014.04.08 至 2019.04.08/低毒
水稻 稻飞虱 75-112.5克/公顷 喷雾
PD20141746 氰烯.戊唑醇/48%/悬浮剂/戊唑醇 12%、氰烯菌酯 36%/2014.07.02 至 2019.07.02/低毒
小麦 赤霉病 288-432克/公顷 喷雾
PD20141760 吡蚜·毒死蜱/30%/可湿性粉剂/吡蚜酮 10%、毒死蜱 20%/2014.07.02 至 2019.07.02/低毒
水稻 稻飞虱 135-202.5克/公顷 喷雾
PD20142096 高效氯氟氰菊酯/10%/水乳剂/高效氯氟氰菊酯 10%/2014.09.02 至 2019.09.02/中等毒
甘蓝 菜青虫 7.5-15克/公顷 喷雾
PD20142109 苯醚甲环唑/30%/悬浮剂/苯醚甲环唑 30%/2014.09.02 至 2019.09.02/微毒
香蕉 叶斑病 83.3-125毫克/千克 喷雾
PD20142434 草铵膦/95%/原药/草铵膦 95%/2014.11.15 至 2019.11.15/低毒
PD20142578 高效氯氟氰菊酯/2.5%/水乳剂/高效氯氟氰菊酯 2.5%/2014.12.15 至 2019.12.15/中等毒
甘蓝 菜青虫 11.25-22.5克/公顷 喷雾
PD20150151 甲氨基阿维菌素苯甲酸盐/5%/微乳剂/甲氨基阿维菌素 5%/2015.01.14 至 2020.01.14/中等毒
甘蓝 甜菜夜蛾 2.25-3克/公顷 喷雾
注:甲氨基阿维菌素苯甲酸盐含量5.7%。
PD20150662 噻嗪酮/50%/悬浮剂/噻嗪酮 50%/2015.04.17 至 2020.04.17/微毒
水稻 稻飞虱 112.5-150克/公顷 喷雾
PD20150663 戊唑·醚菌酯/45%/可湿性粉剂/醚菌酯 30%、戊唑醇 15%/2015.04.17 至 2020.04.17/低毒
苹果树 褐斑病 112.5~225毫克/千克 喷雾
WP20080045 氯菊酯/94%/原药/氯菊酯 94%/2013.03.04 至 2018.03.04/低毒
WP20140066 高氯·残杀威/10%/悬浮剂/残杀威 2.5%、高效氯氰菊酯 7.5%/2014.03.25 至 2019.03.25/低毒
室内 蚊、蝇、蜚蠊 40毫克/平方米 滞留喷洒

江苏省农用激素工程技术研究中心有限公司 （江苏省常州市新北区岷江路98号 213022 0519-88225307）

PD85154-13 氰戊菊酯/20%/乳油/氰戊菊酯 20%/2011.07.23 至 2016.07.23/中等毒
柑橘树 潜叶蛾 10-20毫克/千克 喷雾
果树 梨小食心虫 10-20毫克/千克 喷雾
棉花 红铃虫、蚜虫 75-150克/公顷 喷雾
蔬菜 菜青虫、蚜虫 60-120克/公顷 喷雾
PD89104-6 氰戊菊酯/93%/原药/氰戊菊酯 93%/2014.11.23 至 2019.11.23/中等毒
PD20080241 噻吩磺隆/75%/水分散粒剂/噻吩磺隆 75%/2013.02.14 至 2018.02.14/低毒
冬小麦田 一年生阔叶杂草 22.5-33.8克/公顷 茎叶喷雾
PD20081010 S-氰戊菊酯/93%/原药/S-氰戊菊酯 93%/2013.08.06 至 2018.08.06/中等毒
PD20081031 灭草松/95%/原药/灭草松 95%/2013.08.06 至 2018.08.06/低毒
PD20082197 联苯菊酯/100克/升/乳油/联苯菊酯 100克/升/2013.11.26 至 2018.11.26/低毒
棉花 棉铃虫 45-75克/公顷 喷雾
PD20084021 戊唑醇/95%/原药/戊唑醇 95%/2013.12.16 至 2018.12.16/低毒
PD20085335 S-氰戊菊酯/5%/乳油/S-氰戊菊酯 5%/2013.12.24 至 2018.12.24/中等毒
棉花 红铃虫、棉铃虫 22.5-30克/公顷 喷雾
PD20086174 联苯菊酯/95%/原药/联苯菊酯 95%/2013.12.30 至 2018.12.30/中等毒
PD20091275 高效氟吡甲禾灵/108克/升/乳油/高效氟吡甲禾灵 108克/升/2014.02.01 至 2019.02.01/低毒
春大豆田 一年生禾本科杂草 48.6-56.7克/公顷 茎叶喷雾
冬油菜田 一年生禾本科杂草 32.4-48.6克/公顷 茎叶喷雾
棉花田、夏大豆田 一年生禾本科杂草 40.5-48.6克/公顷 茎叶喷雾
PD20092487 烯草酮/90%/原药/烯草酮 90%/2014.02.26 至 2019.02.26/低毒
PD20096078 氯氟吡氧乙酸异辛酯/95%/原药/氯氟吡氧乙酸异辛酯 95%/2014.06.18 至 2019.06.18/微毒
PD20096883 双草醚/95%/原药/双草醚 95%/2014.09.23 至 2019.09.23/低毒
PD20102164 醚苯磺隆/75%/水分散粒剂/醚苯磺隆 75%/2010.12.08 至 2015.12.08/低毒
注:专供出口，不得在国内销售。
PD20111028 砜嘧磺隆/99%/原药/砜嘧磺隆 99%/2011.09.30 至 2016.09.30/微毒
PD20120392 高效氯氟氰菊酯/10%/水乳剂/高效氯氟氰菊酯 10%/2012.03.07 至 2017.03.07/中等毒
茶叶 茶尺蠖 15-30克/公顷 喷雾
茶叶 茶小绿叶蝉 22.5-37.5克/公顷 喷雾
甘蓝 小菜蛾 15-22.5克/公顷 喷雾

	甘蓝	菜青虫、蚜虫	7.5-15克/公顷	喷雾
	柑橘树	潜叶蛾	12.5-25毫克/千克	喷雾
	苹果树	桃小食心虫	8.33-12.5毫克/千克	喷雾
	烟草	烟青虫	7.5-12克/公顷	喷雾
PD20120731	氯氟吡氧乙酸异辛酯/200克/升/乳油/氯氟吡氧乙酸 200克/升/2012.05.02 至 2017.05.02/低毒			
	小麦田	一年生阔叶杂草	180-210克/公顷	茎叶喷雾
	注:氯氟吡氧乙酸异辛酯含量：288克/升。			
PD20121238	双氟磺草胺/98%/原药/双氟磺草胺 98%/2012.08.28 至 2017.08.28/低毒			
PD20122044	嗪草酮/75%/水分散粒剂/嗪草酮 75%/2012.12.24 至 2017.12.24/低毒			
	大豆田	一年生阔叶杂草	506.25-675克/公顷	播后苗前土壤喷雾
PD20130136	灭草松/480克/升/水剂/灭草松 480克/升/2013.01.17 至 2018.01.17/低毒			
	大豆田	一年生阔叶杂草	春大豆田：1080-1440克/公顷，夏大豆田：720-1080克/公顷	茎叶喷雾
	移栽水稻田	莎草及阔叶杂草	1152-1440克/公顷	茎叶喷雾
PD20130225	双草醚/40%/悬浮剂/双草醚 40%/2013.01.30 至 2018.01.30/微毒			
	水稻田(直播)	一年生杂草	37.5-45克/公顷	茎叶喷雾
PD20130942	双草醚/20%/悬浮剂/双草醚 20%/2013.05.02 至 2018.05.02/微毒			
	水稻田(直播)	一年生杂草	30-45克/公顷	茎叶喷雾
PD20131354	除虫脲/98%/原药/除虫脲 98%/2013.06.20 至 2018.06.20/低毒			
PD20131455	2,4-滴异辛酯/96%/原药/2,4-滴异辛酯 96%/2013.07.05 至 2018.07.05/低毒			
PD20131478	双氟磺草胺/50克/升/悬浮剂/双氟磺草胺 50克/升/2013.07.05 至 2018.07.05/微毒			
	冬小麦田	一年生阔叶杂草	4.125-4.5克/公顷	茎叶喷雾
PD20131702	草铵膦/95%/原药/草铵膦 95%/2013.08.07 至 2018.08.07/低毒			
PD20131927	氯吡嘧磺隆/75%/水分散粒剂/氯吡嘧磺隆 75%/2013.09.25 至 2018.09.25/低毒			
	番茄田	阔叶杂草及莎草科杂草	67.5-90克/公顷	苗前土壤喷雾
	甘蔗田、小麦田	阔叶杂草及莎草科杂草	56.25-67.5克/公顷	茎叶喷雾
	水稻田(直播)	阔叶杂草及莎草科杂草	30-45克/公顷	茎叶喷雾
PD20131933	三甲苯草酮/40%/水分散粒剂/三甲苯草酮 40%/2013.09.29 至 2018.09.29/低毒			
	小麦	一年生禾本科杂草	390-480克/公顷	茎叶喷雾
PD20131934	三甲苯草酮/95%/原药/三甲苯草酮 95%/2013.09.29 至 2018.09.29/低毒			
PD20131991	嗪草酮/95%/原药/嗪草酮 95%/2013.10.10 至 2018.10.10/低毒			
PD20132005	氯吡嘧磺隆/98%/原药/氯吡嘧磺隆 98%/2013.10.11 至 2018.10.11/低毒			
PD20132253	草甘膦异丙胺盐/30%/水剂/草甘膦 30%/2013.11.05 至 2018.11.05/低毒			
	非耕地	杂草	1125-2070克/公顷	茎叶喷雾
	注:草甘膦异丙胺盐含量：41%。			
PD20132364	丙环唑/95%/原药/丙环唑 95%/2013.11.20 至 2018.11.20/低毒			
PD20132365	甲基碘磺隆钠盐/91%/原药/甲基碘磺隆钠盐 91%/2013.11.20 至 2018.11.20/低毒			
PD20132369	精噁唑禾草灵/95%/原药/精噁唑禾草灵 95%/2013.11.20 至 2018.11.20/低毒			
PD20132370	精喹禾灵/95%/原药/精喹禾灵 95%/2013.11.20 至 2018.11.20/低毒			
PD20141123	噁嗪草酮/97%/原药/噁嗪草酮 97%/2014.04.27 至 2019.04.27/低毒			
PD20141283	咪唑乙烟酸/98%/原药/咪唑乙烟酸 98%/2014.05.12 至 2019.05.12/低毒			
PD20141434	嘧菌酯/98%/原药/嘧菌酯 98%/2014.06.06 至 2019.06.06/低毒			
PD20141531	唑嘧磺草胺/97%/原药/唑嘧磺草胺 97%/2014.06.16 至 2019.06.16/低毒			
PD20141999	草铵膦/18%/水剂/草铵膦 18%/2014.08.14 至 2019.08.14/低毒			
	非耕地	杂草	1080-1755克/公顷	茎叶喷雾
PD20142068	噻菌灵/99%/原药/噻菌灵 99%/2014.08.28 至 2019.08.28/低毒			
PD20142069	苯醚甲环唑/95%/原药/苯醚甲环唑 95%/2014.08.28 至 2019.08.28/低毒			
PD20142077	甲基二磺隆/95%/原药/甲基二磺隆 95%/2014.09.02 至 2019.09.02/微毒			
PD20142079	高效氟吡甲禾灵/95%/原药/高效氟吡甲禾灵 95%/2014.09.02 至 2019.09.02/低毒			
PD20142090	甲氧咪草烟/98%/原药/甲氧咪草烟 98%/2014.09.02 至 2019.09.02/微毒			
PD20142223	咪唑烟酸/98%/原药/咪唑烟酸 98%/2014.09.28 至 2019.09.28/低毒			
PD20142267	苯嗪草酮/98%/原药/苯嗪草酮 98%/2014.10.20 至 2019.10.20/低毒			
PD20142268	苯嗪草酮/70%/水分散粒剂/苯嗪草酮 70%/2014.10.20 至 2019.10.20/低毒			
	甜菜田	一年生阔叶杂草	4725-5250克/公顷	土壤喷雾
PD20150045	灭菌唑/96%/原药/灭菌唑 96%/2015.01.04 至 2020.01.04/低毒			
PD20150502	氟唑磺隆/95%/原药/氟唑磺隆 95%/2015.03.23 至 2020.03.23/低毒			
PD20150523	噁嗪草酮/1%/悬浮剂/噁嗪草酮 1%/2015.03.23 至 2020.03.23/低毒			
	直播水稻田	稗草、千金子等禾本科杂草	40-50克/公顷	喷雾
PD20150775	马拉硫磷/97%/原药/马拉硫磷 97%/2015.05.13 至 2020.05.13/低毒			
PD20151551	氟环唑/97%/原药/氟环唑 97%/2015.08.03 至 2020.08.03/低毒			
PD20151735	氟唑磺隆/70%/水分散粒剂/氟唑磺隆 70%/2015.08.28 至 2020.08.28/微毒			
	春小麦田	一年生禾本科杂草及阔叶杂草	20-30克/公顷	茎叶喷雾
	冬小麦田	一年生禾本科杂草及阔叶杂草	31.5-42克/公顷	茎叶喷雾

PD20152057 氯酯磺草胺/98%/原药/氯酯磺草胺 98%/2015.09.07 至 2020.09.07/低毒

PD20152070 氯酯磺草胺/84%/水分散粒剂/氯酯磺草胺 84%/2015.09.07 至 2020.09.07/低毒
春大豆田 阔叶杂草 25.2-31.5克/公顷 茎叶喷雾

PD20152380 双氟·滴辛酯/42%/悬浮剂/2,4-滴异辛酯 41.3%、双氟磺草胺 0.7%/2015.10.22 至 2020.10.22/低毒
冬小麦田 阔叶杂草 378-504ga.i./ha 喷雾

LS20150210 双氟·氯吡嘧/75%/水分散粒剂/双氟磺草胺 18.7%、氯吡嘧磺隆 56.3%/2015.07.30 至 2016.07.30/低毒
小麦田 一年生阔叶杂草 45-56.25克/公顷 茎叶喷雾

LS20150217 双氟·苯磺隆/75%/水分散粒剂/苯磺隆 56.3%、双氟磺草胺 18.7%/2015.07.30 至 2016.07.30/低毒
冬小麦田 一年生阔叶杂草 33.75-45克/公顷 茎叶喷雾

LS20150218 双氟·氟唑磺/50%/水分散粒剂/双氟磺草胺 15%、氟唑磺隆 35%/2015.07.30 至 2016.07.30/微毒
小麦田 一年生杂草 30-45克/公顷 茎叶喷雾

LS20150249 氯吡·氟唑磺/60%/水分散粒剂/氯吡嘧磺隆 40%、氟唑磺隆 20%/2015.07.30 至 2016.07.30/低毒
小麦田 一年生杂草 72-90克/公顷 茎叶喷雾

江苏省双菱化工集团有限公司 (江苏省连云港市海州区新海路 222023 0518-5253833)

PD84121-3 磷化铝/56%/片剂/磷化铝 56%/2014.12.10 至 2019.12.10/高毒
洞穴 室外啮齿动物 根据洞穴大小而定 密闭熏蒸
货物 仓储害虫 5-10片/1000千克 密闭熏蒸
空间 多种害虫 1-4片/立方米 密闭熏蒸
粮食、种子 储粮害虫 3-10片/1000千克 密闭熏蒸

PD86145 磷化铝/90%,85%/原药/磷化铝 90%,85%/2011.11.02 至 2016.11.02/高毒
洞穴 室外啮齿动物 根据洞穴大小而定 密闭熏蒸
货物 仓储害虫 10-20克/吨 密闭熏蒸
空间 多种害虫 2-8克/立方米 密闭熏蒸
粮食、种子 储粮害虫 6-20克/吨 密闭熏蒸

江苏省苏科农化有限责任公司 (江苏省南京市六合区瓜埠镇双巷路7号 211511 025-84390387)

PD20040398 多·酮/33%/可湿性粉剂/多菌灵 24%、三唑酮 9%/2014.12.19 至 2019.12.19/低毒
小麦 白粉病、赤霉病、纹枯病 1)450-600克/公顷2)66-99克/100千克种子 1)喷雾 2)拌种
油菜 菌核病 495-693克/公顷 喷雾

PD20040468 杀单·三唑磷/15%/乳油/三唑磷 5%、杀虫单 10%/2014.12.19 至 2019.12.19/中等毒
水稻 稻纵卷叶螟、二化螟、三化螟 450-562.5克/公顷 喷雾

PD20040670 吡虫·杀虫单/62%/可湿性粉剂/吡虫啉 2%、杀虫单 60%/2014.12.19 至 2019.12.19/中等毒
水稻 稻纵卷叶螟、二化螟、飞虱 450-750克/公顷 喷雾

PD20040678 吡虫·三唑磷/20%/乳油/吡虫啉 1%、三唑磷 19%/2014.12.19 至 2019.12.19/中等毒
水稻 二化螟、飞虱 300-375克/公顷 喷雾

PD20070553 苄嘧·苯噻酰/50%/可湿性粉剂/苯噻酰草胺 48.5%、苄嘧磺隆 1.5%/2012.12.03 至 2017.12.03/低毒
水稻抛秧田 一年生及部分多年生杂草 375-450克/公顷(南方地区) 药土法

PD20070587 氰戊·辛硫磷/30%/乳油/氰戊菊酯 15%、辛硫磷 15%/2012.12.14 至 2017.12.14/低毒
棉花 棉铃虫 270-360克/公顷 喷雾

PD20080375 多·福/45%/可湿性粉剂/多菌灵 9%、福美双 36%/2013.02.28 至 2018.02.28/低毒
苹果树 轮纹病 642.9-900毫克/千克 喷雾

PD20080526 氧氟·乙草胺/42%/乳油/乙草胺 34%、乙氧氟草醚 8%/2013.04.29 至 2018.04.29/低毒
大蒜田 一年生杂草 567-693克/公顷 播后苗前喷雾

PD20080891 乙氧氟草醚/24%/乳油/乙氧氟草醚 24%/2013.07.09 至 2018.07.09/低毒
大蒜田 一年生杂草 188-216克/公顷 喷雾

PD20082065 苯磺隆/10%/可湿性粉剂/苯磺隆 10%/2013.11.25 至 2018.11.25/低毒
冬小麦田 阔叶杂草 13.5-22.5克/公顷 茎叶喷雾

PD20082688 阿维·吡虫啉/1.8%/乳油/阿维菌素 0.1%、吡虫啉 1.7%/2013.12.05 至 2018.12.05/低毒(原药高毒)
十字花科蔬菜 蚜虫 10.8-16.2克/公顷 喷雾

PD20082712 阿维·高氯/2.4%/乳油/阿维菌素 0.4%、高效氯氰菊酯 2%/2013.12.05 至 2018.12.05/低毒(原药高毒)
十字花科蔬菜 菜青虫 7.5-15克/公顷 喷雾

PD20082852 阿维·吡虫啉/1.8%/可湿性粉剂/阿维菌素 0.1%、吡虫啉 1.7%/2013.12.09 至 2018.12.09/低毒(原药高毒)
十字花科蔬菜 蚜虫 6.75-10.8克/公顷 喷雾

PD20085660 井冈·杀虫双/22%/水剂/井冈霉素 2%、杀虫双 20%/2013.12.26 至 2018.12.26/中等毒
水稻 螟虫、纹枯病 742.5-825克/公顷 喷雾

PD20086134 阿维·三唑磷/20.2%/乳油/阿维菌素 0.2%、三唑磷 20%/2013.12.30 至 2018.12.30/低毒(原药高毒)
水稻 稻纵卷叶螟、二化螟、三化螟 303-363.6克/公顷 喷雾

PD20092366 苄·乙/20%/可湿性粉剂/苄嘧磺隆 2.5%、乙草胺 17.5%/2014.02.24 至 2019.02.24/低毒
水稻移栽田 一年生及部分多年生杂草 90-120克/公顷 药土法

PD20092502 稻丰·三唑磷/40%/乳油/稻丰散 15%、三唑磷 25%/2014.02.26 至 2019.02.26/中等毒
水稻 稻纵卷叶螟、二化螟、三化螟 600-750克/公顷 喷雾

PD20093651 苄·丁·异丙隆/50%/可湿性粉剂/苄嘧磺隆 2%、丁草胺 24%、异丙隆 24%/2014.03.25 至 2019.03.25/微毒
水稻田(直播) 部分多年生杂草、一年生杂草 375-450克/公顷(南方地区) 药土法或喷雾

PD20093660 噁草·丁草胺/42%/乳油/丁草胺 32%、噁草酮 10%/2014.03.25 至 2019.03.25/低毒
水稻田 多种一年生杂草 567-693克/公顷 复土后盖膜前喷雾
PD20093795 扑·乙/37.5%/可湿性粉剂/扑草净 20%、乙草胺 17.5%/2014.03.25 至 2019.03.25/低毒
冬油菜田 一年生杂草 843.8−1125克/公顷 土壤喷雾
PD20094076 氰氟·精噁唑/10%/乳油/精噁唑禾草灵 5%、氰氟草酯 5%/2014.03.27 至 2019.03.27/低毒
水稻田(直播) 一年生禾本科杂草 60−90克/公顷 茎叶喷雾
PD20094946 烯唑·多菌灵/18.7%/可湿性粉剂/多菌灵 8.3%、烯唑醇 10.4%/2014.04.17 至 2019.04.17/低毒
水稻 稻粒黑粉病 90-120克/公顷 喷雾
PD20094988 甲磺·氯磺隆/20%/可湿性粉剂/甲磺隆 5%、氯磺隆 15%/2013.04.21 至 2015.06.30/低毒
冬小麦田 一年生杂草 11.25-15克/公顷 冬前喷雾
PD20096100 苄·乙·甲/20%/可湿性粉剂/苄嘧磺隆 1.2%、甲磺隆 0.2%、乙草胺 18.6%/2009.06.18 至 2015.06.30/低毒
水稻移栽田 一年生杂草 90-120克/公顷 毒土法
PD20096244 绿麦·异丙隆/50%/可湿性粉剂/绿麦隆 25%、异丙隆 25%/2014.07.15 至 2019.07.15/低毒
冬小麦田 一年生杂草 925-1125克/公顷 喷雾
PD20097178 井冈·枯芽菌///水剂/井冈霉素 2.5%、枯草芽孢杆菌 100亿活芽孢/毫升/2014.10.16 至 2019.10.16/低毒
水稻 稻曲病、纹枯病 3000-4500毫升制剂/公顷 喷雾
PD20101299 苄·二氯/32%/可湿性粉剂/苄嘧磺隆 4%、二氯喹啉酸 28%/2015.03.10 至 2020.03.10/低毒
水稻秧田 一年生杂草 192-240克/公顷 茎叶喷雾
PD20111069 阿维·氟铃脲/3%/可湿性粉剂/阿维菌素 0.5%、氟铃脲 2.5%/2011.10.11 至 2016.10.11/低毒(原药高毒)
甘蓝 小菜蛾 18-36克/公顷 喷雾
PD20120886 氯氟·甲维盐/4.3%/乳油/高效氯氟氰菊酯 4%、甲氨基阿维菌素苯甲酸盐 0.3%/2012.05.24 至 2017.05.24/低毒
食用菌 菌蛆、螨 0.13-0.22克/100平方米 喷雾
PD20121586 蛇床子素/1%/水乳剂/蛇床子素 1%/2012.10.25 至 2017.10.25/微毒
黄瓜(保护地) 白粉病 22.5−30克/公顷 喷雾
PD20130927 井冈·枯芽菌///可湿性粉剂/井冈霉素 6%、枯草芽孢杆菌 240亿个/克/2013.04.28 至 2018.04.28/微毒
水稻 稻曲病 90−108克/公顷 喷雾
水稻 纹枯病 90−108克/公00顷 喷雾
PD20131995 吡蚜·异丙威/72%/水分散粒剂/吡蚜酮 18%、异丙威 54%/2013.10.10 至 2018.10.10/中等毒
水稻 稻飞虱 162-216克/公顷 喷雾
PD20140228 氰氟草酯/10%/微乳剂/氰氟草酯 10%/2014.01.29 至 2019.01.29/微毒
直播水稻田 千金子 90-120克/公顷 茎叶喷雾
PD20140242 烟嘧·莠去津/51%/可湿性粉剂/烟嘧磺隆 3%、莠去津 48%/2014.01.29 至 2019.01.29/低毒
夏玉米 一年生杂草 765-918克/公顷 茎叶喷雾
PD20141986 烯啶·噻嗪酮/70%/水分散粒剂/噻嗪酮 60%、烯啶虫胺 10%/2014.08.14 至 2019.08.14/微毒
水稻 稻飞虱 210-252克/公顷 喷雾
PD20142137 茚虫威/15%/悬浮剂/茚虫威 15%/2014.09.16 至 2019.09.16/低毒
水稻 稻纵卷叶螟 27-36克/公顷 喷雾
PD20142161 己唑醇/40%/水分散粒剂/己唑醇 40%/2014.09.18 至 2019.09.18/低毒
水稻 纹枯病 60-72克/公顷 喷雾
PD20150014 甲维·毒死蜱/25%/水乳剂/毒死蜱 24%、甲氨基阿维菌素苯甲酸盐 1%/2015.01.04 至 2020.01.04/中等毒
水稻 稻纵卷叶螟 262.5−300克/公顷 喷雾
PD20152379 甲维·茚虫威/16%/悬浮剂/甲氨基阿维菌素苯甲酸盐 4%、茚虫威 12%/2015.10.22 至 2020.10.22/低毒
水稻 稻纵卷叶螟 28.8-48克/公顷 喷雾
LS20130343 己唑·嘧菌酯/24%/悬浮剂/己唑醇 16%、嘧菌酯 8%/2015.07.02 至 2016.07.02/低毒
水稻 纹枯病 54-72克/公顷 喷雾
LS20130384 丙环·咪鲜胺/28%/水乳剂/丙环唑 8%、咪鲜胺 20%/2015.07.29 至 2016.07.29/低毒
水稻 稻瘟病 170-210克/公顷 喷雾
LS20150180 甲维·茚虫威/16%/悬浮剂/甲氨基阿维菌素苯甲酸盐 4%、茚虫威 12%/2015.06.14 至 2016.06.14/低毒
水稻 稻纵卷叶螟 22.72-48克/公顷 喷雾

江苏省苏州富美实植物保护剂有限公司 (江苏省苏州工业园区界浦路99号 215126 0512-62863988)

PD20040208 顺式氯氰菊酯/50克/升/乳油/顺式氯氰菊酯 50克/升/2014.12.19 至 2019.12.19/中等毒
荔枝树 蝽蟓 20-25毫克/千克 喷雾
荔枝树 蒂蛀虫 33.3-50毫克/千克 喷雾
PD20040225 高效氯氰菊酯/4.5%/乳油/高效氯氰菊酯 4.5%/2014.12.19 至 2019.12.19/低毒
棉花 棉铃虫 33.75-47.25克/公顷 喷雾
十字花科蔬菜 蚜虫 33.75-67.5克/公顷 喷雾
PD20050006 联苯菊酯/25克/升/乳油/联苯菊酯 25克/升/2015.01.08 至 2020.01.08/低毒
茶树 茶尺蠖 10-16.7毫克/千克 喷雾
茶树 象甲 37.5-52.5克/公顷 喷雾
苹果树 桃小食心虫 12.5-25毫克/千克 喷雾
PD20050059 氯氰菊酯/10%/乳油/氯氰菊酯 10%/2015.06.10 至 2020.06.10/中等毒
茶树 茶尺蠖 33-50毫克/千克 喷雾
棉花 棉铃虫 90-105克/公顷 喷雾

苹果树 桃小食心虫 40-67毫克/千克 喷雾
十字花科蔬菜 菜青虫 30-45克/公顷 喷雾
PD20050117 丁硫·吡虫啉/150克/升/乳油/吡虫啉 50克/升、丁硫克百威 100克/升/2015.08.15 至 2020.08.15/中等毒
甘蓝 蚜虫 22.5-33.75克/公顷 喷雾
水稻 稻飞虱 67.5-135克/公顷 喷雾
PD20050152 丁硫克百威/200克/升/乳油/丁硫克百威 200克/升/2015.09.29 至 2020.09.29/中等毒
甘蓝 蚜虫 90-120克/公顷 喷雾
柑橘树 锈壁虱、蚜虫 100-133毫克/千克 喷雾
节瓜 蓟马 225-375克/公顷 喷雾
苹果树 黄蚜 50-67毫克/千克 喷雾
PD20060062 zeta-氯氰菊酯/181克/升/乳油/zeta-氯氰菊酯 181克/升/2011.03.24 至 2016.03.24/中等毒
棉花 棉铃虫 54.3-67.9克/公顷 喷雾
注:十字花科蔬菜有效期为2006年3月24日至2007年3月24日。
PD20081568 异噁草松/480克/升/乳油/异噁草松 480克/升/2013.11.12 至 2018.11.12/低毒
春大豆 一年生杂草 1)1008-1224克/公顷(东北地区)2) 504-612克/公顷+乙草胺750-1125 克/公顷 土壤喷雾
PD20082225 异松·乙草胺/500克/升/乳油/乙草胺 400克/升、异噁草松 100克/升/2013.11.26 至 2018.11.26/低毒
冬油菜(移栽田) 杂草 525-600克/公顷 土壤喷雾
花生田 一年生杂草 450-600克/公顷 播后苗前土壤喷雾
PD20082629 阿维·联苯菊/33克/升/乳油/阿维菌素 3克/升、联苯菊酯 30克/升/2013.12.04 至 2018.12.04/低毒(原药高毒)
甘蓝 小菜蛾 24.75-39.6克/公顷 喷雾
PD20085337 毒死蜱/40%/乳油/毒死蜱 40%/2013.12.24 至 2018.12.24/中等毒
水稻 稻纵卷叶螟 540-660克/公顷 喷雾
PD20091327 咪乙·异噁松/405克/升/乳油/咪唑乙烟酸 45克/升、异噁草松 360克/升/2014.02.01 至 2019.02.01/低毒
春大豆田 一年生杂草 425.3-607.5克/公顷(东北地区) 播后苗前土壤喷雾
PD20093335 唑草·苯磺隆/36%/可湿性粉剂/苯磺隆 14%、唑草酮 22%/2014.03.18 至 2019.03.18/低毒
冬小麦田 阔叶杂草 21.6-27克/公顷 喷雾
PD20097259 2甲·唑草酮/70.5%/水分散粒剂/2甲4氯钠 66.5%、唑草酮 4%/2014.10.19 至 2019.10.19/低毒
冬小麦田 一年生阔叶杂草 370.1-475.9克/公顷 茎叶喷雾
水稻移栽田 阔叶杂草、莎草 528.75-634.5克/公顷 茎叶喷雾
PD20101399 联苯菊酯/100克/升/乳油/联苯菊酯 100克/升/2015.04.14 至 2020.04.14/中等毒
茶树 茶小绿叶蝉 25-30毫升制剂/亩 喷雾
PD20101577 噁唑酰草胺/10%/乳油/噁唑酰草胺 10%/2015.06.01 至 2020.06.01/低毒
直播水稻田 一年生禾本科杂草 90-120克/公顷 喷雾
PD20110246 苯·唑·2甲钠/55%/可湿性粉剂/苯磺隆 2.6%、2甲4氯钠 50%、唑草酮 2.4%/2016.03.03 至 2021.03.03/低毒
小麦田 阔叶杂草 330-412.5克/公顷 茎叶喷雾
PD20110406 联苯·吡虫啉/150克/升/悬浮剂/吡虫啉 110克/升、联苯菊酯 40克/升/2016.04.12 至 2021.04.12/低毒
茶树 茶小绿叶蝉 67.5-101.25克/公顷 喷雾
PD20111088 莠·唑·2甲钠/73%/可湿性粉剂/2甲4氯钠 12.4%、莠灭净 60%、唑草酮 0.6%/2011.10.13 至 2016.10.13/低毒
甘蔗田 一年生杂草 1752-2190克/公顷 行间定向茎叶喷雾
PD20120233 甲磺草胺/40%/悬浮剂/甲磺草胺 40%/2012.02.10 至 2017.02.10/低毒
注:仅供出口，不得在国内销售。
PD20121435 丁硫克百威/35%/种子处理干粉剂/丁硫克百威 35%/2012.10.08 至 2017.10.08/中等毒
水稻 稻蓟马 210-420克/千克种子 拌种
PD20130368 甲磺草胺/40%/悬浮剂/甲磺草胺 40%/2013.03.11 至 2018.03.11/低毒
甘蔗田 一年生杂草 360-540克/公顷 土壤喷雾
PD20130410 丁氟螨酯/20%/悬浮剂/丁氟螨酯 20%/2013.03.12 至 2018.03.12/低毒
柑橘树 红蜘蛛 80－133毫克/千克 喷雾
PD20130889 氯吡·唑草酮/34%/可湿性粉剂/唑草酮 5%、氯氟吡氧乙酸异辛酯 29%/2013.04.25 至 2018.04.25/低毒
冬小麦田 一年生阔叶杂草 76.5-153克/公顷 茎叶喷雾
PD20131001 草铵膦/200克/升/水剂/草铵膦 200克/升/2013.05.07 至 2018.05.07/低毒
柑橘园 杂草 600-900克/公顷 定向茎叶喷雾
PD20131734 炔·苄·唑草酮/37%/可湿性粉剂/苄嘧磺隆 12%、唑草酮 5%、炔草酯 20%/2013.08.16 至 2018.08.16/低毒
冬小麦田 一年生禾本科杂草及阔叶杂草 111-166.5克/公顷 茎叶喷雾
PD20131777 联苯菊酯/1%/乳油/联苯菊酯 1%/2013.09.06 至 2018.09.06/中等毒
注:专供出口，不得在国内销售。
PD20132031 联苯菊酯/10%/水乳剂/联苯菊酯 10%/2013.10.21 至 2018.10.21/中等毒
注:专供出口，不得在国内销售。
PD20132086 噁唑酰草胺/10%/可湿性粉剂/噁唑酰草胺 10%/2013.10.24 至 2018.10.24/低毒
水稻田(直播) 一年生禾本科杂草 120-180克/公顷 茎叶喷雾
PD20132170 丁硫克百威/20%/悬浮剂/丁硫克百威 20%/2013.10.29 至 2018.10.29/中等毒
注:专供出口，不得在国内销售。

PD20132211 Zeta-氯氰菊酯/3%/水乳剂/zeta-氯氰菊酯 3%/2013.10.29 至 2018.10.29/中等毒
注:专供出口，不得在国内销售。
PD20132701 异菌脲/255克/升/悬浮剂/异菌脲 255克/升/2013.12.25 至 2018.12.25/低毒
香蕉(果实) 冠腐病、轴腐病 1000-1500毫克/千克 浸果
PD20140410 异菌脲/500克/升/悬浮剂/异菌脲 500克/升/2014.02.24 至 2019.02.24/低毒
葡萄 灰霉病 500-667毫克/千克 喷雾
PD20141098 嘧肟·氰氟草/9%/微乳剂/嘧啶肟草醚 2%、氰氟草酯 7%/2014.04.27 至 2019.04.27/低毒
水稻田(直播) 一年生杂草 108-162克/公顷 茎叶喷雾
PD20141801 唑草·灭草松/40%/水分散粒剂/灭草松 39.4%、唑草酮 0.6%/2014.07.14 至 2019.07.14/低毒
水稻田(直播) 阔叶杂草及莎草科杂草 480-720克/公顷 茎叶喷雾
PD20150992 咪鲜胺/450克/升/水乳剂/咪鲜胺 450克/升/2015.06.11 至 2020.06.11/低毒
柑橘 蒂腐病、绿霉病、青霉病、炭疽病 225-450毫克/千克 浸果
PD20151136 双氟·唑草酮/3%/悬乳剂/双氟磺草胺 1%、唑草酮 2%/2015.06.26 至 2020.06.26/低毒
冬小麦田 一年生阔叶杂草 13.5-22.5克/公顷 茎叶喷雾
PD20151170 噁唑·灭草松/20%/微乳剂/灭草松 16.7%、噁唑酰草胺 3.3%/2015.06.26 至 2020.06.26/低毒
水稻田(直播) 一年生杂草 630-720克/公顷 茎叶喷雾
PD20151437 咪鲜胺锰盐/50%/可湿性粉剂/咪鲜胺锰盐 50%/2015.07.30 至 2020.07.30/低毒
柑橘(果实) 蒂腐病、绿霉病、青霉病、炭疽病 250-500毫克/千克 浸果
黄瓜 炭疽病 282-562.5克/公顷 喷雾
PD20151441 异菌脲/50%/可湿性粉剂/异菌脲 50%/2015.07.30 至 2020.07.30/低毒
番茄 灰霉病、早疫病 375-750克/公顷 喷雾
PD20151637 2甲·双氟/40%/悬乳剂/双氟磺草胺 0.4%、2甲4氯异辛酯 39.6%/2015.08.28 至 2020.08.28/低毒
冬小麦田 一年生阔叶杂草 480-600克/公顷 茎叶喷雾
PD20151664 唑草酮/10%/可湿性粉剂/唑草酮 10%/2015.08.28 至 2020.08.28/低毒
小麦田 一年生阔叶杂草 15-30克/公顷 茎叶喷雾
PD20151704 双氟磺草胺/50克/升/悬浮剂/双氟磺草胺 50克/升/2015.08.28 至 2020.08.28/低毒
冬小麦田 一年生阔叶杂草 4.5-6克/公顷 茎叶喷雾
PD20152527 噻呋酰胺/240克/升/悬浮剂/噻呋酰胺 240克/升/2015.12.05 至 2020.12.05/低毒
水稻 纹枯病 72-108克/公顷 喷雾
WP20080557 联苯菊酯/100克/升/乳油/联苯菊酯 100克/升/2013.12.24 至 2018.12.24/中等毒
卫生 白蚁 1)2.5克/平方米2)250毫克/千克 1)土壤喷洒2)木材喷洒
WP20100108 顺式氯氰菊酯/50克/升/悬浮剂/顺式氯氰菊酯 50克/升/2015.08.09 至 2020.08.09/低毒
卫生 跳蚤、蚊、蝇、蜚蠊 20-25毫克/平方米 滞留喷洒
WP20100138 氯菊酯/38%/乳油/氯菊酯 38%/2015.11.03 至 2020.11.03/低毒
卫生 蚊、蝇 吸收表面（织物面料）1250毫克/平方米；半吸收表面100毫克/平方米；吸收表面75毫克/平方米。 滞留喷洒
WP20110018 氯菊酯/38.4%/母药/氯菊酯 38.4%/2016.01.21 至 2021.01.21/低毒
WP20110034 联苯菊酯/2.5%/水乳剂/联苯菊酯 2.5%/2016.02.10 至 2021.02.10/中等毒
木材 白蚁 250毫克/千克 喷洒
土壤 白蚁 3-3.75克/平方米 喷洒
WP20130176 氟酰脲/10%/乳油/氟酰脲 10%/2013.09.06 至 2018.09.06/低毒
注:专供出口，不得在国内销售。

江苏省苏州诗妍生物日化有限公司 (江苏省苏州市相城区湘城湘陆路2号 215138 0512-65421804)

WP20110072 防蛀片剂/94%/防蛀片剂/樟脑 94%/2011.03.24 至 2016.03.24/低毒
卫生 黑皮蠹 200克制剂/立方米 投放

江苏省苏州市宝带农药有限责任公司 (江苏省苏州市相城区望亭锦湖路3号 215155 0512-65254323)

PD20040207 多·酮/30%/可湿性粉剂/多菌灵 24%、三唑酮 6%/2014.12.19 至 2019.12.19/低毒
小麦 白粉病、赤霉病 450-600克/公顷 喷雾
PD20040656 异丙隆/50%/可湿性粉剂/异丙隆 50%/2014.12.19 至 2019.12.19/低毒
小麦 一年生单、双子叶杂草 937.5-1875克/公顷 喷雾
PD20050019 吡·多·三唑酮/32%/可湿性粉剂/吡虫啉 2%、多菌灵 24%、三唑酮 6%/2015.04.15 至 2020.04.15/低毒
小麦 白粉病、赤霉病、蚜虫 484-576克/公顷 喷雾
PD20082459 苄嘧磺隆/10%/可湿性粉剂/苄嘧磺隆 10%/2013.12.02 至 2018.12.02/低毒
冬小麦田 一年生阔叶杂草 45-60克/公顷 茎叶喷雾
PD20082662 苄嘧·异丙隆/60%/可湿性粉剂/苄嘧磺隆 4%、异丙隆 56%/2013.12.04 至 2018.12.04/低毒
水稻田(直播) 一年生及部分多年生杂草 360-450克/公顷(南方地区) 喷雾
水稻移栽田 一年生及部分多年生杂草 540-720克/公顷(南方地区) 药土法
PD20085196 苄嘧·异丙隆/70%/可湿性粉剂/苄嘧磺隆 2%、异丙隆 68%/2013.12.23 至 2018.12.23/低毒
大蒜田 一年生杂草 1050-1575克/公顷 播后苗前土壤喷雾
冬小麦田 一年生杂草 1050-1260克/公顷 喷雾
PD20092672 苄·乙/14%/可湿性粉剂/苄嘧磺隆 3.5%、乙草胺 10.5%/2014.03.03 至 2019.03.03/低毒

	水稻	杂草	84-118克/公顷	毒土法
PD20094727	噻嗪酮/25%/可湿性粉剂/噻嗪酮 25%/2014.04.10 至 2019.04.10/微毒			
	水稻	稻飞虱	112.5-150克/公顷	喷雾
PD20094982	噻嗪·异丙威/25%/可湿性粉剂/噻嗪酮 5%、异丙威 20%/2014.04.21 至 2019.04.21/低毒			
	水稻	飞虱	450—525克/公顷	喷雾
PD20098112	2甲·异丙隆/40%/可湿性粉剂/2甲4氯钠 20%、异丙隆 20%/2014.12.08 至 2019.12.08/低毒			
	水稻移栽田	阔叶杂草、莎草	360-420克/公顷	喷雾

江苏省苏州市江枫白蚁防治有限公司　(江苏省苏州市新区枫桥镇旺未村工业区　215129　0512-65365323)

WP20080508	毒死蜱/40%/乳油/毒死蜱 40%/2013.12.22 至 2018.12.22/中等毒			
	木材	白蚁	5000-10000毫克/千克	木材涂抹
	卫生	白蚁	5000-10000毫克/千克	土壤喷洒
WP20090384	杀白蚁饵剂/0.5%/饵剂/氟铃脲 0.5%/2014.12.24 至 2019.12.24/微毒			
	木材、土壤	白蚁	/	投放
WP20120034	联苯菊酯/5%/水乳剂/联苯菊酯 5%/2012.02.24 至 2017.02.24/低毒			
	木材	白蚁	250-625毫克/千克	浸泡
	土壤	白蚁	2.5-3.75克/平方米	喷洒
WP20120072	吡虫啉/80%/水分散粒剂/吡虫啉 80%/2012.04.18 至 2017.04.18/低毒			
	木材	白蚁	500-600毫克/千克	浸泡
	土壤	白蚁	5-6克/平方米	喷洒

江苏省苏州市林克制片有限公司　(江苏省苏州市虎阜路24号　215008　0512-65343609)

WP20090241	防蛀防霉片剂/98%/防蛀片/对二氯苯 98%/2014.04.23 至 2019.04.23/低毒			
	卫生	黑皮蠹、青霉菌	40克/立方米	投放

江苏省苏州市新兴保健品厂　(江苏省苏州市相城区黄埭镇裴圩村　215143　0512-65712218)

WP20100109	驱蚊花露水/4.5%/驱蚊花露水/避蚊胺 4.5%/2015.08.09 至 2020.08.09/微毒			
	卫生	蚊	/	涂抹
	注:本品有两种香型：桂花香型、清香型。			

江苏省苏州兴达喷雾制品有限公司　(江苏省苏州市太仓市陆渡镇浏太路888号　215412　0512-53450190)

WP20080017	杀虫气雾剂/0.33%/气雾剂/右旋胺菊酯 0.21%、右旋苯醚菊酯 0.12%/2013.01.07 至 2018.01.07/低毒			
	卫生	蚊、蝇	/	喷雾
WP20080561	杀虫气雾剂/0.33%/气雾剂/右旋胺菊酯 0.21%、右旋苯醚菊酯 0.12%/2013.12.24 至 2018.12.24/低毒			
	卫生	蜚蠊、蚊、蝇	/	喷雾
WP20080566	杀蟑气雾剂/0.65%/气雾剂/右旋胺菊酯 0.25%、右旋苯醚氰菊酯 0.40%/2013.12.24 至 2018.12.24/低毒			
	卫生	蜚蠊	/	喷雾

江苏省泰兴市东风农药化工厂　(江苏省泰兴市东进纪念塔北1000米　225411　0523-87211454)

PD84118-29	多菌灵/25%/可湿性粉剂/多菌灵 25%/2014.12.28 至 2019.12.28/低毒			
	果树	病害	0.05-0.1%药液	喷雾
	花生	倒秧病	750克/公顷	喷雾
	麦类	赤霉病	750克/公顷	喷雾,泼浇
	棉花	苗期病害	500克/100千克种子	拌种
	水稻	稻瘟病、纹枯病	750克/公顷	喷雾,泼浇
	油菜	菌核病	1125-1500克/公顷	喷雾
PD85166-17	绿麦隆/25%/可湿性粉剂/绿麦隆 25%/2015.09.01 至 2020.09.01/低毒			
	大麦、小麦、玉米	一年生杂草	1)1500-3000克/公顷(北方地区)2)600-1500克/公顷(南方地区)	播后苗前或苗期喷雾
PD20060051	噻嗪酮/25%/可湿性粉剂/噻嗪酮 25%/2011.03.02 至 2016.03.02/低毒			
	水稻	稻飞虱	75-112.5克/公顷	喷雾

江苏省太仓市长江化工厂　(江苏省太仓市城厢镇昆太路吴塘桥西堍　215400　0512-53103536)

PD20085141	苄嘧·苯噻酰/53%/可湿性粉剂/苯噻酰草胺 50%、苄嘧磺隆 3%/2013.12.23 至 2018.12.23/低毒			
	水稻抛秧田	部分多年生杂草、一年生杂草	397.5-556.5克/公顷(南方地区)	药土法
PD20086076	井冈·多菌灵/28%/悬浮剂/多菌灵 24%、井冈霉素 4%/2013.12.30 至 2018.12.30/低毒			
	水稻	稻瘟病、纹枯病	630-840克/公顷	喷雾
PD20090353	井冈·三环唑/20%/可湿性粉剂/井冈霉素 5%、三环唑 15%/2014.01.12 至 2019.01.12/中等毒			
	水稻	稻瘟病、纹枯病	300-450克/公顷	喷雾
PD20090744	苄嘧·丙草胺/30%/可湿性粉剂/苄嘧磺隆 1.5%、丙草胺 28.5%/2014.01.19 至 2019.01.19/低毒			
	水稻田(直播)	一年生及部分多年生杂草	360-540克/公顷(南方地区)	喷雾或药土法
PD20093529	烯唑·多菌灵/17.5%/可湿性粉剂/多菌灵 10%、烯唑醇 7.5%/2014.03.23 至 2019.03.23/低毒			
	水稻	稻粒黑粉病	157.5-183.75克/公顷	喷雾
PD20095335	苄·丁/20%/微粒剂/苄嘧磺隆 1%、丁草胺 19%/2014.04.27 至 2019.04.27/低毒			
	水稻移栽田	部分多年生杂草、一年生杂草	750-900克/公顷	毒土法

江苏省通州正大农药化工有限公司　(江苏省南通市通州市港区通洋工业园　226017　0513-85993588)

PD88109	井冈霉素/20%/水溶粉剂/井冈霉素 20%/2013.11.25 至 2018.11.25/低毒			
	水稻	纹枯病	75-112.5克/公顷	喷雾、泼浇
PD20040793	多·酮/46%/可湿性粉剂/多菌灵 44%、三唑酮 2%/2014.12.19 至 2019.12.19/低毒			

	小麦	白粉病、赤霉病	400-600克/公顷	喷雾
PD20050042	多菌灵/25%/可湿性粉剂/多菌灵 25%/2015.04.15 至 2020.04.15/低毒			
	油菜	菌核病	900-1200克/公顷	喷雾
PD20050079	吡虫·杀虫单/40%/可湿性粉剂/吡虫啉 1.7%、杀虫单 38.3%/2015.06.24 至 2020.06.24/中等毒			
	水稻	稻飞虱、稻纵卷叶螟	600-750克/公顷	喷雾
PD20080877	噻嗪·杀虫单/45%/可湿性粉剂/噻嗪酮 7%、杀虫单 38%/2013.07.09 至 2018.07.09/中等毒			
	水稻	稻纵卷叶螟、飞虱	675-810克/公顷	喷雾
PD20080889	三环·多菌灵/20%/可湿性粉剂/多菌灵 6%、三环唑 14%/2013.07.09 至 2018.07.09/低毒			
	水稻	稻瘟病	300-420克/公顷	喷雾
PD20084523	二嗪磷/10%/颗粒剂/二嗪磷 10%/2013.12.18 至 2018.12.18/低毒			
	花生	蛴螬	600－750克/公顷	撒施
PD20084602	多·酮·福美双/38%/可湿性粉剂/多菌灵 16.6%、福美双 16.7%、三唑酮 4.7%/2013.12.18 至 2018.12.18/低毒			
	苹果树	轮纹病	400-600倍液	喷雾
	小麦	白粉病、赤霉病	444-666克/公顷	喷雾
PD20085255	井冈·杀虫单/50%/可湿性粉剂/井冈霉素 6.5%、杀虫单 43.5%/2013.12.23 至 2018.12.23/中等毒			
	水稻	螟虫、纹枯病	600-750克/公顷	喷雾
PD20085822	苄嘧·丙草胺/20%/可湿性粉剂/苄嘧磺隆 2.7%、丙草胺 17.3%/2013.12.29 至 2018.12.29/低毒			
	水稻抛秧田	一年生及部分多年生杂草	300-450克/公顷	药土法
	水稻田(直播)	一年生及部分多年生杂草	300-390克/公顷	土壤喷雾
PD20090475	毒死蜱/480克/升/乳油/毒死蜱 480克/升/2014.01.12 至 2019.01.12/中等毒			
	柑橘树	介壳虫	320-480毫克/千克	喷雾
	棉花	棉铃虫、蚜虫	648-864克/公顷	喷雾
	苹果树	桃小食心虫	320-480毫克/千克	喷雾
	苹果树	绵蚜	240-320毫克/千克	喷雾
	水稻	稻瘿蚊	2160-2520克/公顷	喷雾
	水稻	稻飞虱、稻纵卷叶螟	504-648克/公顷	喷雾
	小麦	蚜虫	72-144克/公顷	喷雾
PD20090553	二嗪·辛硫磷/40%/乳油/二嗪磷 15%、辛硫磷 25%/2014.01.13 至 2019.01.13/中等毒			
	水稻	二化螟	480-600克/公顷	喷雾
PD20091552	井冈·噻嗪酮/30%/可湿性粉剂/井冈霉素 12%、噻嗪酮 18%/2014.02.03 至 2019.02.03/低毒			
	水稻	稻飞虱、纹枯病	157.5-189克/公顷	喷雾
PD20091990	井·唑·多菌灵/20%/可湿性粉剂/多菌灵 9.2%、井冈霉素 5%、三环唑 5.8%/2014.02.12 至 2019.02.12/中等毒			
	水稻	稻瘟病、纹枯病	300-375克/公顷	喷雾
PD20092546	噻嗪·异丙威/25%/可湿性粉剂/噻嗪酮 5%、异丙威 20%/2014.02.26 至 2019.02.26/低毒			
	水稻	飞虱	375-450克/公顷	喷雾
PD20093922	高效氟吡甲禾灵/108克/升/乳油/高效氟吡甲禾灵 108克/升/2014.03.26 至 2019.03.26/微毒			
	大豆田	一年生禾本科杂草	35.6-51.8克/公顷	茎叶喷雾
	花生田、油菜田	一年生禾本科杂草	32.4-48.6克/公顷	茎叶喷雾
PD20094502	氧氟·草甘膦/40%/可湿性粉剂/草甘膦 37.8%、乙氧氟草醚 2.2%/2014.04.09 至 2019.04.09/低毒			
	非耕地	杂草	1200-1500克/公顷	茎叶喷雾
PD20094980	井·烯·三环唑/20%/可湿性粉剂/井冈霉素 5%、三环唑 14%、烯唑醇 1%/2014.04.21 至 2019.04.21/低毒			
	水稻	稻曲病、稻瘟病、纹枯病	225-270克/公顷	喷雾
PD20095119	精喹禾灵/5%/乳油/精喹禾灵 50%/2014.04.24 至 2019.04.24/低毒			
	花生田、夏大豆田、油菜田	禾本科杂草	37.5-45克/公顷	喷雾
PD20095209	波尔多液/80%/可湿性粉剂/波尔多液 80%/2014.04.24 至 2019.04.24/低毒			
	柑橘树	溃疡病	1142.86-1600毫克/千克	喷雾
	黄瓜	霜霉病	75-100克/公顷	喷雾
	苹果树	轮纹病	666.7-800毫克/千克	喷雾
	烟草	野火病	800-960克/公顷	喷雾
PD20095823	苄·丁·草甘膦/50%/可湿性粉剂/苄嘧磺隆 0.5%、草甘膦 31.2%、丁草胺 18.3%/2014.05.27 至 2019.05.27/低毒			
	免耕直播水稻田	一年生和多年生杂草	3000-3750克/公顷	杂草茎叶喷雾
PD20096125	精噁唑禾草灵/69克/升/水乳剂/精噁唑禾草灵 69克/升/2014.06.18 至 2019.06.18/微毒			
	小麦田	一年生禾本科杂草	41.4-62.1克/公顷	茎叶喷雾
PD20097708	草甘膦异丙胺盐/30%/水剂/草甘膦 30%/2014.11.04 至 2019.11.04/微毒			
	苹果园	一年生和多年生杂草	1440-2160克/公顷	定向茎叶喷雾
	注:草甘膦异丙胺盐含量: 41%。			
PD20111172	高效氯氟氰菊酯/2.5%/水乳剂/高效氯氟氰菊酯 2.5%/2011.11.15 至 2016.11.15/中等毒			
	甘蓝	菜青虫	5.625-7.5克/公顷	喷雾
PD20111276	三环唑/75%/水分散粒剂/三环唑 75%/2011.11.23 至 2016.11.23/低毒			
	水稻	稻瘟病	225－292.5克/公顷	喷雾
PD20111426	阿维·氯氰/7%/水乳剂/阿维菌素 1%、氯氰菊酯 6%/2011.12.23 至 2016.12.23/低毒(原药高毒)			
	叶菜类蔬菜	小菜蛾	21-31.5克/公顷	喷雾

PD20111432 毒死蜱/15%/颗粒剂/毒死蜱 15%/2011.12.28 至 2016.12.28/低毒
花生 蛴螬 2250-3450克/公顷 拌毒土撒施
PD20120610 四螨·哒螨灵/10%/悬浮剂/哒螨灵 7%、四螨嗪 3%/2012.04.11 至 2017.04.11/低毒
柑橘树 红蜘蛛 40—67毫克/千克 喷雾
PD20130667 苯甲·丙环唑/30%/悬乳剂/苯醚甲环唑 15%、丙环唑 15%/2013.04.08 至 2018.04.08/低毒
水稻 纹枯病 68-90克/公顷 喷雾
PD20131076 敌畏·仲丁威/50%/乳油/敌敌畏 30%、仲丁威 20%/2013.05.20 至 2018.05.20/中等毒
水稻 稻飞虱 375—450克/公顷 喷雾
PD20131771 丙草胺/50%/水乳剂/丙草胺 50%/2013.09.06 至 2018.09.06/低毒
移栽水稻田 一年生杂草 450-525克/公顷 毒土法
PD20141392 甲维·仲丁威/21%/微乳剂/甲氨基阿维菌素苯甲酸盐 1%、仲丁威 20%/2014.06.05 至 2019.06.05/低毒
水稻 稻纵卷叶螟 252-315克/公顷 喷雾
PD20141930 甲维·毒死蜱/30%/水乳剂/毒死蜱 29%、甲氨基阿维菌素苯甲酸盐 1%/2014.08.04 至 2019.08.04/中等毒
水稻 稻纵卷叶螟 270—315克/公顷 喷雾
PD20151789 甲维·茚虫威/25%/水分散粒剂/甲氨基阿维菌素苯甲酸盐 8%、茚虫威 17%/2015.08.28 至 2020.08.28/中等毒
水稻 稻纵卷叶螟 26.25-30克/公顷 喷雾
LS20120185 井冈·戊唑醇/12%/悬浮剂/井冈霉素 4%、戊唑醇 8%/2014.05.17 至 2015.05.17/低毒
水稻 稻曲病、稻瘟病、纹枯病 180-207克/公顷 喷雾
LS20140220 嘧菌酯/10%/微囊悬浮剂/嘧菌酯 10%/2015.06.17 至 2016.06.17/低毒
水稻 稻曲病、稻瘟病、纹枯病 97.5-120克/公顷 喷雾

江苏省无锡联华日用科技有限公司 (江苏省无锡市国家高新技术产业开发区 214026 0510-2112965)

WP20110193 防蛀片剂/94%/片剂/樟脑 94%/2011.08.22 至 2016.08.22/低毒
卫生 黑皮蠹 / 投放
WP20120057 驱蚊花露水/5%/驱蚊花露水/避蚊胺 5%/2012.03.28 至 2017.03.28/微毒
卫生 蚊 / 涂抹

江苏省无锡龙邦化工有限公司 (江苏省无锡市宜兴市杨巷镇新芳新城路9号 214254 0510-87261318)

PD20082446 草甘膦/95%/原药/草甘膦 95%/2013.12.02 至 2018.12.02/低毒
PD20082558 丙溴·辛硫磷/25%/乳油/丙溴磷 6%、辛硫磷 19%/2013.12.05 至 2018.12.05/低毒
棉花 棉铃虫 337.5-375克/公顷 喷雾
苹果树 蚜虫 125-250毫克/千克 喷雾
水稻 稻飞虱、稻纵卷叶螟 187.5-262.5克/公顷 喷雾
PD20082626 草甘膦异丙胺盐/41%/水剂/草甘膦异丙胺盐 41%/2013.12.04 至 2018.12.04/低毒
非耕地 杂草 1230-1845克/公顷 茎叶喷雾
PD20097131 二氯喹啉酸/50%/可湿性粉剂/二氯喹啉酸 50%/2014.10.16 至 2019.10.16/低毒
水稻田(直播)、水稻 稗草 225-300克/公顷 喷雾
秧田
水稻移栽田 稗草 225-390克/公顷(北方地区) 喷雾
PD20097262 苄·二氯/36%/可湿性粉剂/苄嘧磺隆 3%、二氯喹啉酸 33%/2014.10.26 至 2019.10.26/低毒
水稻田(直播) 一年生杂草 210-270克/公顷 喷雾或药土法
水稻秧田 一年生杂草 216-270克/公顷 喷雾或药土法
水稻移栽田 一年生杂草 216-270克/公顷 毒土法
PD20110707 溴氰菊酯/25克/升/乳油/溴氰菊酯 25克/升/2011.07.05 至 2016.07.05/中等毒
甘蓝 菜青虫 3.15-4.05克/公顷 喷雾
棉花 棉铃虫 8.1-9.8克/公顷 喷雾
苹果树 黄蚜 3500-7000倍液 喷雾
小麦 蚜虫 5.4-6.3克/公顷 喷雾
PD20140638 草甘膦铵盐/68%/可溶粒剂/草甘膦 68%/2014.03.07 至 2019.03.07/低毒
非耕地 杂草 1625-2250 喷雾
注:草甘膦铵盐含量: 74.7%。

江苏省无锡洛社卫生材料厂 (江苏省无锡市惠山区洛社镇杨村 214187 0510-83322026)

PD20081843 溴鼠灵/0.005%/饵剂/溴鼠灵 0.005%/2013.11.20 至 2018.11.20/低毒(原药高毒)
室内 家鼠 饱和投饵 投饵
WP20080374 杀蟑饵剂/1%/饵剂/残杀威 1%/2013.12.10 至 2018.12.10/微毒
卫生 蜚蠊 / 投放
WP20080424 杀虫颗粒剂/5%/颗粒剂/倍硫磷 5%/2013.12.12 至 2018.12.12/低毒
卫生 孑孓、蛆 30克制剂/平方米 撒布
WP20080551 高氯·残杀威/5%/乳油/残杀威 2%、高效氯氰菊酯 3%/2013.12.24 至 2018.12.24/低毒
卫生 蜚蠊、蝇 20-30毫克/平方米 滞留喷洒
WP20080583 高效氯氰菊酯/4.5%/微乳剂/高效氯氰菊酯 4.5%/2013.12.29 至 2018.12.29/低毒
卫生 蝇 100克制剂/平方米 滞留喷洒
WP20090310 辛硫磷/15%/乳油/辛硫磷 15%/2014.09.02 至 2019.09.02/低毒
卫生 蝇 1.5克/平方米 喷洒
WP20130215 高效氟氯氰菊酯/4%/悬浮剂/高效氟氯氰菊酯 4%/2013.10.22 至 2018.10.22/低毒

	室内	蚊、蝇、蜚蠊	25-30毫克/平方米	滞留喷洒

江苏省无锡市稼宝药业有限公司　(江苏省无锡市锡山区厚桥镇嵩山工业园　214106　0510-88721127)

PD84125-29	乙烯利/40%/水剂/乙烯利 40%/2015.07.20 至 2020.07.20/低毒			
	番茄	催熟	800-1000倍液	喷雾或浸渍
	棉花	催熟、增产	330-500倍液	喷雾
	柿子、香蕉	催熟	400倍液	喷雾或浸渍
	水稻	催熟、增产	800倍液	喷雾
	橡胶树	增产	5-10倍液	涂布
	烟草	催熟	1000-2000倍液	喷雾
PD20082651	三唑锡/25%/可湿性粉剂/三唑锡 25%/2013.12.04 至 2018.12.04/中等毒			
	柑橘树	红蜘蛛	167-250毫克/千克	喷雾
PD20082721	丁硫克百威/200克/升/乳油/丁硫克百威 200克/升/2013.12.05 至 2018.12.05/中等毒			
	棉花	蚜虫	90-180克/公顷	喷雾
PD20082949	苯丁锡/25%/可湿性粉剂/苯丁锡 25%/2013.12.09 至 2018.12.09/低毒			
	柑橘树	红蜘蛛、锈壁虱	150-250毫克/千克	喷雾
	苹果树	红蜘蛛	250毫克/千克	喷雾
PD20084236	苯丁锡/50%/可湿性粉剂/苯丁锡 50%/2013.12.17 至 2018.12.17/低毒			
	柑橘树	红蜘蛛、锈壁虱	150-250毫克/千克	喷雾
	苹果树	红蜘蛛	250毫克/千克	喷雾
PD20090031	苯丁锡/96%/原药/苯丁锡 96%/2014.01.06 至 2019.01.06/低毒			
PD20092102	毒死蜱/40%/乳油/毒死蜱 40%/2014.02.23 至 2019.02.23/中等毒			
	柑橘树	矢尖蚧	360-480毫克/千克	喷雾
PD20093012	炔螨特/57%/乳油/炔螨特 57%/2014.03.09 至 2019.03.09/低毒			
	柑橘树	红蜘蛛	228-300毫克/千克	喷雾
PD20095901	精喹禾灵/5.3%/乳油/精喹禾灵 5.3%/2014.05.31 至 2019.05.31/低毒			
	棉花田	一年生禾本科杂草	45-60克/公顷	茎叶喷雾
PD20097012	三唑锡/95%/原药/三唑锡 95%/2014.09.29 至 2019.09.29/中等毒			
PD20100934	阿维菌素/1.8%/乳油/阿维菌素 18%/2015.01.19 至 2020.01.19/低毒(原药高毒)			
	甘蓝	小菜蛾	9.45-13.5克/公顷	喷雾
PD20101635	吡虫・噻嗪酮/20%/可湿性粉剂/吡虫啉 2%、噻嗪酮 18%/2010.06.03 至 2015.06.03/低毒			
	水稻	稻飞虱	90-150克/公顷	喷雾
PD20141318	噻苯隆/50%/可湿性粉剂/噻苯隆 50%/2014.05.30 至 2019.05.30/低毒			
	棉花	脱叶	225-360克/公顷	喷雾
PD20142544	茚虫威/30%/悬浮剂/茚虫威 30%/2014.12.15 至 2019.12.15/低毒			
	水稻	稻纵卷叶螟	27-36克/公顷	喷雾
PD20150067	噻虫嗪/25%/水分散粒剂/噻虫嗪 25%/2015.01.05 至 2020.01.05/低毒			
	水稻	稻飞虱	11.25-15克/公顷	喷雾
PD20151201	啶酰菌胺/98%/原药/啶酰菌胺 98%/2015.07.29 至 2020.07.29/低毒			

江苏省无锡市锡南农药有限公司　(江苏省无锡市滨湖区新区旺庄工业配套区73号地块　214028　0510-85345188)

PD20040641	异丙隆/50%/可湿性粉剂/异丙隆 50%/2014.12.19 至 2019.12.19/低毒			
	冬小麦	一年生禾本科杂草及部分阔叶杂草	975-1125克/公顷	喷雾
PD20040703	吡虫啉/10%/可湿性粉剂/吡虫啉 10%/2014.12.19 至 2019.12.19/低毒			
	水稻	飞虱	15-30克/公顷	喷雾
PD20082009	苄・丁/30%/可湿性粉剂/苄嘧磺隆 1.5%、丁草胺 28.5%/2013.11.25 至 2018.11.25/低毒			
	水稻移栽田	一年生及部分多年生杂草	540-675克/公顷(南方地区)	药土法
PD20082955	嗪草酮/70%/可湿性粉剂/嗪草酮 70%/2013.12.09 至 2018.12.09/低毒			
	夏大豆田	一年生阔叶杂草	420－525克/公顷	播后苗前土壤喷雾
PD20084618	多・福/50%/可湿性粉剂/多菌灵 15%、福美双 35%/2013.12.18 至 2018.12.18/低毒			
	梨树	黑星病	1000-1500毫克/千克	喷雾
PD20086083	甲硫・福美双/70%/可湿性粉剂/福美双 40%、甲基硫菌灵 30%/2013.12.30 至 2018.12.30/低毒			
	苹果树	轮纹病	600－800倍液	喷雾
PD20090800	硫磺・多菌灵/50%/可湿性粉剂/多菌灵 15%、硫磺 35%/2014.01.19 至 2019.01.19/低毒			
	花生	叶斑病	1200-1800克/公顷	喷雾
PD20096730	多菌灵/50%/可湿性粉剂/多菌灵 50%/2014.09.15 至 2019.09.15/微毒			
	小麦	赤霉病	750－1125克/公顷	喷雾
PD20096784	噻嗪酮/25%/可湿性粉剂/噻嗪酮 25%/2014.09.15 至 2019.09.15/微毒			
	水稻	稻飞虱	112.5-150克/公顷	喷雾
PD20101210	甲基硫菌灵/70%/可湿性粉剂/甲基硫菌灵 70%/2015.02.21 至 2020.02.21/低毒			
	苹果树	轮纹病	800-1000倍液	喷雾
PD20120794	甲氨基阿维菌素苯甲酸盐/5%/水分散粒剂/甲氨基阿维菌素 5%/2012.05.11 至 2017.05.11/低毒			
	甘蓝	甜菜夜蛾	2.25-3克/公顷	喷雾
	注:甲氨基阿维菌素苯甲酸盐含量：5.7%。			
PD20121208	吡虫啉/70%/水分散粒剂/吡虫啉 70%/2012.08.10 至 2017.08.10/低毒			

甘蓝 蚜虫 10.5-21克/公顷 喷雾

江苏省无锡市锡西日用品有限公司 (江苏省无锡市滨湖区胡埭镇闾江村虎弄 214161 0510-85590231)

WP20120121 防蛀球剂/96%/球剂/樟脑 96%/2012.06.21 至 2017.06.21/微毒

卫生 黑皮蠹 40克制剂/立方米 投放

江苏省无锡市玉祁生物有限公司 (江苏省无锡市玉祁镇绛脚下143号 214183 0510-83880263)

PD85131-7 井冈霉素(3%、5%)///水剂/井冈霉素A 2.4%,4%/2015.07.13 至 2020.07.13/低毒

水稻 纹枯病 75-112.5克/公顷 喷雾,泼浇

PD88109-15 井冈霉素/10%,20%/水溶粉剂/井冈霉素 10%,20%/2014.03.04 至 2019.03.04/低毒

水稻 纹枯病 75-112.5克/公顷 喷雾、泼浇

PD20082463 井冈霉素/5%/可溶粉剂/井冈霉素 5%/2013.12.02 至 2018.12.02/微毒

水稻 纹枯病 52.5-75克/公顷 喷雾

PD20096489 井冈·蜡芽菌///水剂/井冈霉素 2.5%、蜡质芽孢杆菌 10亿个/毫升/2014.08.14 至 2019.08.14/低毒

水稻 纹枯病 375-468.75克/公顷 喷雾

江苏省无锡伊斯顿罐头制品有限公司 (江苏省无锡市江阴北门外璜塘镇上庄工业区 214407 0510-6531128)

WP20110172 杀虫气雾剂/0.55%/气雾剂/胺菊酯 0.3%、氯菊酯 0.2%、氯氰菊酯 0.05%/2011.07.11 至 2016.07.11/微毒

卫生 蚊、蝇、蜚蠊 / 喷雾

江苏省吴江森亮化工有限公司 (江苏省苏州市吴江市铜罗镇镇北 215237 0512-67254621)

PD20083851 杀螺胺乙醇胺盐/98%/原药/杀螺胺乙醇胺盐 98%/2013.12.15 至 2018.12.15/微毒

PD20084489 杀螺胺乙醇胺盐/4%/粉剂/杀螺胺乙醇胺盐 4%/2013.12.17 至 2018.12.17/微毒

滩涂 钉螺 2克/平方米 喷粉

PD20090102 杀螺胺乙醇胺盐/50%/可湿性粉剂/杀螺胺乙醇胺盐 50%/2014.01.08 至 2019.01.08/低毒

水稻 福寿螺 375-525克/公顷 喷雾

滩涂 钉螺 1-2克/平方米 喷洒

PD20095481 杀螺胺乙醇胺盐/80%/可湿性粉剂/杀螺胺乙醇胺盐 80%/2014.05.11 至 2019.05.11/微毒

滩涂 钉螺 1-3克/平方米 喷洒

PD20151845 敌草隆/98%/原药/敌草隆 98%/2015.08.28 至 2020.08.28/低毒

PD20152332 多菌灵/98%/原药/多菌灵 98%/2015.10.22 至 2020.10.22/低毒

WP20140092 杀螺胺乙醇胺盐/25%/悬浮剂/杀螺胺乙醇胺盐 25%/2014.04.25 至 2019.04.25/低毒

沟渠 钉螺 0.5-1克/立方米 喷洒

滩涂 钉螺 0.5-1克/立方米 喷洒

江苏省新沂市科大农药厂 (江苏省徐州市新沂市经济技术开发区 221400 0516-88069278)

PD20070530 代森锰锌/80%/可湿性粉剂/代森锰锌 80%/2012.12.03 至 2017.12.03/低毒

番茄 早疫病 1848-2160克/公顷 喷雾

PD20070559 甲基硫菌灵/70%/可湿性粉剂/甲基硫菌灵 70%/2012.12.03 至 2017.12.03/低毒

苹果树 轮纹病 700-875毫克/千克 喷雾

PD20070670 多菌灵/40%/悬浮剂/多菌灵 40%/2012.12.17 至 2017.12.17/低毒

梨树 黑星病 667-1000毫克/千克 喷雾

PD20080252 百菌清/75%/可湿性粉剂/百菌清 75%/2013.02.19 至 2018.02.19/微毒

黄瓜 霜霉病 1350-1642.5克/公顷 喷雾

PD20081055 多菌灵/50%/可湿性粉剂/多菌灵 50%/2013.08.14 至 2018.08.14/微毒

梨树 黑星病 625-833.3毫克/千克 喷雾

PD20090169 多菌灵/25%/可湿性粉剂/多菌灵 25%/2014.01.08 至 2019.01.08/微毒

花生 倒秧病 750-900克/公顷 喷雾

PD20110423 辛硫磷/30%/微囊悬浮剂/辛硫磷 30%/2011.04.15 至 2016.04.15/低毒

花生 蛴螬 4500-5400克/公顷 穴施

PD20120011 毒死蜱/30%/微囊悬浮剂/毒死蜱 30%/2012.01.05 至 2017.01.05/低毒

花生 蛴螬 1575-2250克/公顷 喷雾于播种穴

PD20152657 噻虫嗪/10%/微囊悬浮剂/噻虫嗪 10%/2015.12.19 至 2020.12.19/低毒

玉米 灰飞虱 140-210克/100千克种子 拌种

江苏省新沂中凯农用化工有限公司 (江苏省新沂市经济开放区建业路东段 221400 0516-88969629)

PD20080467 异丙草胺/90%/原药/异丙草胺 90%/2013.03.31 至 2018.03.31/低毒

PD20080468 异丙草胺/50%/乳油/异丙草胺 50%/2013.03.31 至 2018.03.31/低毒

夏大豆田 一年生禾本科杂草及部分阔叶杂草 1125-1500克/公顷 土壤喷雾

PD20081206 乙草胺/93%/原药/乙草胺 93%/2013.09.11 至 2018.09.11/低毒

PD20081774 乙草胺/50%/乳油/乙草胺 50%/2013.11.18 至 2018.11.18/低毒

春大豆田 一年生禾本科杂草及部分阔叶杂草 1875-2250克/公顷 土壤喷雾

春玉米田 一年生禾本科杂草及部分阔叶杂草 1500-2250克/公顷 土壤喷雾

夏大豆田 一年生禾本科杂草及部分阔叶杂草 900-1125克/公顷 土壤喷雾

夏玉米田 一年生禾本科杂草及部分阔叶杂草 900-1200克/公顷 土壤喷雾

PD20081823 乙草胺/900克/升/乳油/乙草胺 900克/升/2013.11.19 至 2018.11.19/低毒

春大豆田 一年生禾本科杂草及小粒阔叶杂草 1552.5-2025克/公顷 土壤喷雾

夏大豆田 一年生禾本科杂草及小粒阔叶杂草 877.5-1147.5克/公顷 土壤喷雾

PD20081968 二氯喹啉酸/30%/悬浮剂/二氯喹啉酸 30%/2013.11.25 至 2018.11.25/低毒

水稻田 稗草 202.5-382.5克/公顷 茎叶喷雾

PD20082379 苄嘧磺隆/10%/可湿性粉剂/苄嘧磺隆 10%/2013.12.01 至 2018.12.01/低毒

水稻移栽田 一年生阔叶杂草及莎草科杂草 30-45克/公顷 药土法

PD20082760 苯磺隆/10%/可湿性粉剂/苯磺隆 10%/2013.12.08 至 2018.12.08/低毒

春小麦田 一年生阔叶杂草 22.5-27克/公顷(东北地区) 茎叶喷雾

冬小麦田 一年生阔叶杂草 13.5-22.5克/公顷(其它地区) 茎叶喷雾

PD20082803 二氯喹啉酸/50%/可湿性粉剂/二氯喹啉酸 50%/2013.12.09 至 2018.12.09/低毒

水稻田(直播) 稗草 225-375克/公顷 喷雾

水稻移栽田 稗草 225-390克/公顷 喷雾

PD20082978 烟嘧磺隆/95%/原药/烟嘧磺隆 95%/2013.12.09 至 2018.12.09/低毒

PD20083687 三环唑/20%/可湿性粉剂/三环唑 20%/2013.12.15 至 2018.12.15/低毒

水稻 稻瘟病 270-360克/公顷 喷雾

PD20084160 吡虫啉/95%/原药/吡虫啉 95%/2013.12.16 至 2018.12.16/低毒

水稻 稻飞虱 15-30克/公顷 喷雾

小麦 蚜虫 15-30克/公顷 喷雾

PD20085374 高效氯氟氰菊酯/25克/升/乳油/高效氯氟氰菊酯 25克/升/2013.12.24 至 2018.12.24/中等毒

苹果树 桃小食心虫 6.25-8.3毫克/千克 喷雾

PD20085584 丁硫克百威/20%/乳油/丁硫克百威 20%/2013.12.25 至 2018.12.25/中等毒

棉花 蚜虫 60-120克/公顷 喷雾

PD20090177 丁草胺/60%/乳油/丁草胺 60%/2014.01.08 至 2019.01.08/低毒

水稻移栽田 一年生杂草 1080-1440克/公顷 毒土法

PD20091268 苄·二氯/32%/可湿性粉剂/苄嘧磺隆 4%、二氯喹啉酸 28%/2014.02.01 至 2019.02.01/低毒

水稻秧田 一年生杂草 192-288克/公顷 茎叶喷雾

PD20092295 二氯喹啉酸/96%/原药/二氯喹啉酸 96%/2014.02.24 至 2019.02.24/低毒

PD20095038 异丙草·苄/18.5%/可湿性粉剂/苄嘧磺隆 3.5%、异丙草胺 15%/2014.04.21 至 2019.04.21/低毒

水稻抛秧田、水稻移栽田 部分多年生杂草、一年生杂草 111-138.8克/公顷 毒土法

PD20095039 异丙草·莠/40%/悬乳剂/异丙草胺 24%、莠去津 16%/2014.04.21 至 2019.04.21/低毒

春玉米田 一年生杂草 1800-2400克/公顷(东北地区) 播后苗前土壤喷雾

夏玉米田 一年生杂草 1050-1500克/公顷(其它地区) 播后苗前土壤喷雾

PD20095620 苄·二氯/25%/悬浮剂/苄嘧磺隆 3%、二氯喹啉酸 22%/2014.05.12 至 2019.05.12/低毒

水稻抛秧田 一年生杂草 206-270克/公顷 喷雾

水稻秧田 一年生杂草 131.25-168.75克/公顷 喷雾

PD20095782 吡虫啉/10%/可湿性粉剂/吡虫啉 10%/2014.06.02 至 2019.06.02/低毒

水稻 稻飞虱 15-30克/公顷 喷雾

小麦 蚜虫 15-30克/公顷 喷雾

PD20097818 烟嘧磺隆/40克/升/可分散油悬浮剂/烟嘧磺隆 40克/升/2014.11.20 至 2019.11.20/低毒

玉米田 一年生杂草 42-60克/公顷 茎叶喷雾

PD20101775 霜脲·锰锌/72%/可湿性粉剂/代森锰锌 64%、霜脲氰 8%/2015.07.07 至 2020.07.07/低毒

黄瓜 霜霉病 1620-1944克/公顷 喷雾

PD20110919 二氯喹啉酸/75%/水分散粒剂/二氯喹啉酸 75%/2011.09.05 至 2016.09.05/低毒

移栽水稻田 稗草 337.5-450克/公顷 茎叶喷雾

PD20120182 阿维菌素/1.8%/乳油/阿维菌素 1.8%/2012.01.30 至 2017.01.30/中等毒(原药高毒)

甘蓝 小菜蛾 8.1-10.8克/公顷 喷雾

PD20130335 啶虫脒/5%/乳油/啶虫脒 5%/2013.03.07 至 2018.03.07/低毒

柑橘树 蚜虫 10-15毫克/千克 喷雾

PD20130706 甲氨基阿维菌素苯甲酸盐/81.5%/原药/甲氨基阿维菌素 81.5%/2013.04.11 至 2018.04.11/低毒

注:甲氨基阿维菌素苯甲酸盐含量:93%。

PD20130861 双草醚/95%/原药/双草醚 95%/2013.04.22 至 2018.04.22/低毒

PD20131620 烯酰·锰锌/69%/可湿性粉剂/代森锰锌 60%、烯酰吗啉 9%/2013.07.29 至 2018.07.29/低毒

黄瓜 霜霉病 1035-1380克/公顷 喷雾

PD20141092 甲氨基阿维菌素苯甲酸盐/1%/乳油/甲氨基阿维菌素 1%/2014.04.27 至 2019.04.27/低毒

甘蓝 小菜蛾 1.5-3克/公顷 喷雾

注:甲氨基阿维菌素苯甲酸盐含量: 1.14%。

PD20142395 蜡质芽孢杆菌/10亿CFU/毫升/悬浮剂/蜡质芽孢杆菌 10亿CFU/毫升/2014.11.06 至 2019.11.06/低毒

番茄 根结线虫 67.5-90升制剂/公顷 灌根

PD20142472 双草醚/20%/可湿性粉剂/双草醚 20%/2014.11.17 至 2019.11.17/低毒

水稻田(直播) 一年生杂草 30-45克/公顷 茎叶喷雾

PD20150190 枯草芽孢杆菌/80亿CFU/毫升/悬浮剂/枯草芽孢杆菌 80亿CFU/毫升/2015.01.15 至 2020.01.15/低毒

黄瓜(保护地) 白粉病 400-600毫升制剂/亩 喷雾

PD20150235 吡嘧·二氯喹/50%/可湿性粉剂/吡嘧磺隆 3%、二氯喹啉酸 47%/2015.01.15 至 2020.01.15/低毒

水稻移栽田 一年生杂草 225-300克/公顷 茎叶喷雾

PD20151557 氰氟草酯/95%/原药/氰氟草酯 95%/2015.08.03 至 2020.08.03/低毒

江苏省兴化市宝中宝化妆品有限公司　(江苏省兴化市大垛镇民政工业园区　225731　0523-83856275)

WP20080274　蚊香/0.3%/蚊香/烯丙菊酯 0.3%/2013.12.01 至 2018.12.01/微毒
　卫生　蚊　/　点燃
WP20080440　杀虫气雾剂/0.33%/气雾剂/胺菊酯 0.25%、氯氰菊酯 0.08%/2013.12.15 至 2018.12.15/微毒
　卫生　蚊、蝇、蜚蠊　/　喷雾
WP20080580　驱蚊花露水/5%/驱蚊花露水/避蚊胺 5%/2013.12.29 至 2018.12.29/低毒
　卫生　蚊　/　涂抹
WP20150054　电热蚊香液/0.6%/电热蚊香液/氯氟醚菊酯 0.6%/2015.03.23 至 2020.03.23/微毒
　室内　蚊　/　电热加温
WL20140006　驱蚊花露水/3.1 %/驱蚊花露水/驱蚊酯 3.1%/2015.03.14 至 2016.03.14/微毒
　室内　蚊　/　涂抹

江苏省兴化市青松农药化工有限公司　(江苏省兴化市陶庄镇　225733　0523-3851181)

PD85157-26　辛硫磷/40%/乳油/辛硫磷 40%/2010.08.15 至 2015.08.15/低毒
　茶树、桑树　食叶害虫　200-400毫克/千克　喷雾
　果树　食心虫、蚜虫、螨　200-400毫克/千克　喷雾
　林木　食叶害虫　3000-6000克/公顷　喷雾
　棉花　棉铃虫、蚜虫　300-600克/公顷　喷雾
　蔬菜　菜青虫　300-450克/公顷　喷雾
　烟草　食叶害虫　300-600克/公顷　喷雾
　玉米　玉米螟　450-600克/公顷　灌心叶
PD20070179　噻嗪·杀虫单/52%/可湿性粉剂/噻嗪酮 12%、杀虫单 40%/2012.06.25 至 2017.06.25/中等毒
　水稻　飞虱、螟虫　624-780克/公顷　喷雾
PD20081283　噻嗪酮/25%/可湿性粉剂/噻嗪酮 25%/2013.09.25 至 2018.09.25/低毒
　茶树　茶小绿叶蝉　166-250毫克/千克　喷雾
　柑橘树　介壳虫　150-250毫克/千克　喷雾
　水稻　稻飞虱　75-112.5克/公顷　喷雾
PD20081576　三环唑/20%/可湿性粉剂/三环唑 20%/2013.11.12 至 2018.11.12/低毒
　水稻　稻瘟病　225—300克/公顷　喷雾
PD20084101　硫磺·三环唑/20%/可湿性粉剂/硫磺 8%、三环唑 12%/2013.12.16 至 2018.12.16/中等毒
　水稻　稻瘟病　300-450克/公顷　喷雾
PD20084126　硫磺·三环唑/50%/可湿性粉剂/硫磺 44%、三环唑 6%/2013.12.16 至 2018.12.16/低毒
　水稻　稻瘟病　810-1080克/公顷　喷雾
PD20084594　三环唑/75%/可湿性粉剂/三环唑 75%/2013.12.18 至 2018.12.18/低毒
　水稻　稻瘟病　225-360克/公顷　喷雾
PD20084860　噻嗪·异丙威/25%/可湿性粉剂/噻嗪酮 5%、异丙威 20%/2013.12.22 至 2018.12.22/低毒
　水稻　稻飞虱　450-562.5克/公顷　喷雾
PD20090035　硫·酮·多菌灵/60%/可湿性粉剂/多菌灵 20%、硫磺 37%、三唑酮 3%/2014.01.06 至 2019.01.06/低毒
　小麦　白粉病　900-1080克/公顷　喷雾
PD20091293　苯磺·异丙隆/50%/可湿性粉剂/苯磺隆 1.5%、异丙隆 48.5%/2014.02.01 至 2019.02.01/低毒
　冬小麦田　一年生杂草　600—750克/公顷　茎叶喷雾
PD20095097　毒死蜱/480克/升/乳油/毒死蜱 480克/升/2014.04.24 至 2019.04.24/中等毒
　水稻　稻飞虱、稻纵卷叶螟　468-612克/公顷　喷雾
PD20095123　噻嗪酮/97%/原药/噻嗪酮 97%/2014.04.24 至 2019.04.24/低毒
PD20095287　苄·乙/20%/可湿性粉剂/苄嘧磺隆 4.5%、乙草胺 15.5%/2014.04.27 至 2019.04.27/低毒
　水稻移栽田　一年生禾本科杂草及部分多年生杂草　84-118克/公顷　毒土法

江苏省徐州丰威化工厂　(江苏省铜山县黄集镇高楼村　221145　0516-85262999)

PD20096948　毒死蜱/480克/升/乳油/毒死蜱 480克/升/2014.09.29 至 2019.09.29/中等毒
　水稻　稻纵卷叶螟　432-576克/公顷　喷雾
PD20097202　高效氯氟氰菊酯/25克/升/乳油/高效氯氟氰菊酯 25克/升/2014.10.19 至 2019.10.19/中等毒
　十字花科叶菜　菜青虫　7.5-15克/公顷　喷雾
PD20121096　四聚乙醛/80%/可湿性粉剂/四聚乙醛 80%/2012.07.19 至 2017.07.19/中等毒
　甘蓝　蜗牛　360-480克/公顷　喷雾
PD20121625　四聚乙醛/6%/颗粒剂/四聚乙醛 6%/2012.10.30 至 2017.10.30/低毒
　甘蓝　蜗牛　360-590克/公顷　喷雾
PD20141559　毒死蜱/5%/颗粒剂/毒死蜱 5%/2014.06.17 至 2019.06.17/低毒
　花生　蛴螬　1350-2400克/公顷　撒施

江苏省徐州龙威药物化工有限公司　(江苏省徐州市沛县敬安镇　221636　0516-4775042)

PD20098513　氰戊菊酯/20%/乳油/氰戊菊酯 20%/2014.12.24 至 2019.12.24/低毒
　十字花科蔬菜　菜青虫　90-120克/公顷　喷雾
PD20100774　溴氰菊酯/25克/升/乳油/溴氰菊酯 25克/升/2015.01.18 至 2020.01.18/中等毒
　十字花科蔬菜　菜青虫　2.25-3.75克/公顷　喷雾
PD20101493　毒死蜱/480克/升/乳油/毒死蜱 480克/升/2010.05.10 至 2015.05.10/中等毒
　水稻　二化螟　750-1200毫升制剂/公顷　喷雾

江苏省徐州诺恩农化有限公司　(江苏省徐州市南郊铜山新区　221116　0516-3408351)

PD20082074　噻菌灵/99%/原药/噻菌灵 99%/2013.11.25 至 2018.11.25/低毒

PD20094319　噻菌灵/450克/升/悬浮剂/噻菌灵 450克/升/2014.03.31 至 2019.03.31/微毒

柑橘	绿霉病、青霉病	1000-1500毫克/千克	浸果
香蕉	冠腐病	562.5-1125毫克/千克	浸果

PD20101147　百草枯/42%/母药/百草枯 42%/2015.01.25 至 2020.01.25/中等毒

江苏省徐州诺特化工有限公司　(江苏省徐州市贾汪区青山泉白集　221137　0516-83905136)

PD20081616　四聚乙醛/98%/原药/四聚乙醛 98%/2013.11.12 至 2018.11.12/中等毒

PD20095656　聚醛·甲萘威/6%/颗粒剂/甲萘威 1.5%、四聚乙醛 4.5%/2014.05.12 至 2019.05.12/中等毒

农田	蜗牛	510-675克/公顷	地面撒施

PD20096371　噻菌灵/98.5%/原药/噻菌灵 98.5%/2014.08.04 至 2019.08.04/低毒

PD20102124　四聚乙醛/6%/颗粒剂/四聚乙醛 6%/2015.12.02 至 2020.12.02/低毒

小白菜	蜗牛	450-540克/公顷	撒施

PD20111399　四聚乙醛/10%/颗粒剂/四聚乙醛 10%/2011.12.22 至 2016.12.22/低毒

甘蓝	蜗牛	600-750克/公顷	撒施

PD20120470　四聚乙醛/80%/可湿性粉剂/四聚乙醛 80%/2012.03.19 至 2017.03.19/中等毒

甘蓝	蜗牛	375-750克/公顷	喷雾

江苏省徐州市临黄农药厂　(江苏省徐州市九里区桃园办事处　221140　0516-85770235)

PD20070072　喹禾灵/10%/乳油/喹禾灵 10%/2012.04.12 至 2017.04.12/低毒

夏大豆田	一年生禾本科杂草	100.5-150克/公顷	喷雾

PD20070201　辛硫磷/40%/乳油/辛硫磷 40%/2012.08.07 至 2017.08.07/低毒

十字花科蔬菜	菜青虫	450-600克/公顷	喷雾

PD20083677　丁草胺/5%/颗粒剂/丁草胺 5%/2013.12.15 至 2018.12.15/低毒

水稻移栽田	稗草、部分一年生阔叶草及莎草	1125-1500克/公顷	毒土法

PD20092944　辛硫磷/1.5%/颗粒剂/辛硫磷 1.5%/2014.03.09 至 2019.03.09/中等毒

玉米	玉米螟	112.5-225克/公顷	喇叭口撒施

PD20120337　丁硫克百威/5%/颗粒剂/丁硫克百威 5%/2012.02.17 至 2017.02.17/低毒

甘蔗	蔗螟	1875-2400克/公顷	撒施

PD20120343　毒死蜱/5%/颗粒剂/毒死蜱 5%/2012.02.17 至 2017.02.17/低毒

花生	蛴螬	1350-2400克/公顷	拌毒土撒施

江苏省盐城利民农化有限公司　(江苏省盐城市阜宁澳洋工业园区纬一路西首　224403　0515-88719678)

PD85157-18　辛硫磷/40%/乳油/辛硫磷 40%/2015.08.15 至 2020.08.15/低毒

茶树、桑树	食叶害虫	200-400毫克/千克	喷雾
果树	食心虫、蚜虫、螨	200-400毫克/千克	喷雾
林木	食叶害虫	3000-6000克/公顷	喷雾
棉花	棉铃虫、蚜虫	300-600克/公顷	喷雾
蔬菜	菜青虫	300-450克/公顷	喷雾
烟草	食叶害虫	300-600克/公顷	喷雾
玉米	玉米螟	450-600克/公顷	灌心叶

PD20040044　三唑酮/95%/原药/三唑酮 95%/2014.12.19 至 2019.12.19/低毒

PD20040059　吡虫啉/95%/原药/吡虫啉 95%/2014.12.19 至 2019.12.19/低毒

PD20040233　三唑酮/20%/乳油/三唑酮 20%/2014.12.19 至 2019.12.19/低毒

小麦	白粉病	120-127.5克/公顷	喷雾

PD20040339　吡虫啉/5%/乳油/吡虫啉 5%/2014.12.19 至 2019.12.19/低毒

柑橘树	蚜虫	12.5-16.7毫克/千克	喷雾

PD20040343　多·酮/50%/可湿性粉剂/多菌灵 40%、三唑酮 10%/2014.12.19 至 2019.12.19/中等毒

小麦	白粉病、赤霉病	450-600克/公顷	喷雾
油菜	菌核病	750-1050克/公顷	喷雾

PD20040403　吡虫·三唑酮/15%/可湿性粉剂/吡虫啉 2.5%、三唑酮 12.5%/2014.12.19 至 2019.12.19/低毒

小麦	白粉病、蚜虫	135-180克/公顷	喷雾

PD20040425　吡虫啉/10%/可湿性粉剂/吡虫啉 10%/2014.12.19 至 2019.12.19/低毒

水稻	飞虱	15-30克/公顷	喷雾
小麦	蚜虫	15-30克/公顷(南方地区)45-60克/公顷(北方地区)	喷雾

PD20040503　三唑酮/15%/可湿性粉剂/三唑酮 15%/2014.12.19 至 2019.12.19/低毒

小麦	白粉病、锈病	135-180克/公顷	喷雾
玉米	丝黑穗病	60-90克/100千克种子	拌种

PD20040539　吡虫·杀虫单/75%/可湿性粉剂/吡虫啉 3%、杀虫单 72%/2014.12.19 至 2019.12.19/中等毒

水稻	飞虱、螟虫	562.5-675克/公顷	喷雾

PD20070605　灭多威/98%/原药/灭多威 98%/2012.12.14 至 2017.12.14/高毒

PD20080147　己唑醇/10%/乳油/己唑醇 10%/2013.01.03 至 2018.01.03/低毒

苹果	白粉病	3000-4000倍液	喷雾
水稻	纹枯病	45-75克/公顷	喷雾

PD20080191 己唑醇/95%/原药/己唑醇 95%/2013.01.07 至 2018.01.07/低毒
PD20080247 啶虫脒/96%/原药/啶虫脒 96%/2013.02.18 至 2018.02.18/低毒
PD20080307 啶虫脒/5%/可湿性粉剂/啶虫脒 5%/2013.02.25 至 2018.02.25/低毒
小麦 蚜虫 22.5-30克/公顷 喷雾
PD20080357 三唑醇/97%/原药/三唑醇 97%/2013.02.28 至 2018.02.28/低毒
PD20082233 戊唑醇/96%/原药/戊唑醇 96%/2013.11.26 至 2018.11.26/低毒
PD20082477 啶虫脒/5%/乳油/啶虫脒 5%/2013.12.03 至 2018.12.03/中等毒
柑橘树 蚜虫 6-10毫克/千克 喷雾
小麦 蚜虫 27-36克/公顷 喷雾
PD20083207 马拉·杀螟松/12%/乳油/马拉硫磷 10%、杀螟硫磷 2%/2013.12.11 至 2018.12.11/中等毒
甘蓝 菜青虫 63-72克/公顷 喷雾
PD20083297 丙环唑/250克/升/乳油/丙环唑 250克/升/2013.12.11 至 2018.12.11/低毒
香蕉 叶斑病 250-500毫克/千克 喷雾
小麦 白粉病 112.5-131.25克/公顷 喷雾
PD20083308 毒死蜱/45%/乳油/毒死蜱 45%/2013.12.11 至 2018.12.11/中等毒
水稻 稻纵卷叶螟 504-648克/公顷 喷雾
PD20083445 丙环唑/95%/原药/丙环唑 95%/2013.12.12 至 2018.12.12/低毒
PD20083454 烟嘧磺隆/40克/升/可分散油悬浮剂/烟嘧磺隆 40克/升/2013.12.12 至 2018.12.12/低毒
玉米田 多种一年生杂草 48-60克/公顷 茎叶喷雾
PD20083515 多效唑/15%/可湿性粉剂/多效唑 15%/2013.12.12 至 2018.12.12/低毒
花生 调节生长、增产 90-112.5克/公顷 喷雾
水稻育秧田 控制生长 200-300毫克/千克 喷雾
油菜(苗床) 控制生长 100-200毫克/千克 喷雾
PD20083752 三唑酮/25%/可湿性粉剂/三唑酮 25%/2013.12.15 至 2018.12.15/低毒
小麦 白粉病 150-168.75克/公顷 喷雾
PD20083878 戊唑醇/2%/湿拌种剂/戊唑醇 2%/2013.12.15 至 2018.12.15/低毒
小麦 散黑穗病 2—3克/100千克种子 拌种
玉米 丝黑穗病 8-12克/100千克种子 拌种
PD20085091 灭多威/20%/乳油/灭多威 20%/2013.12.23 至 2018.12.23/高毒
棉花 蚜虫 75-150克/公顷 喷雾
棉花 棉铃虫 150-225克/公顷 喷雾
PD20085490 高氯·毒死蜱/12%/乳油/毒死蜱 9.5%、高效氯氰菊酯 2.5%/2013.12.25 至 2018.12.25/中等毒
棉花 棉铃虫 180-270克/公顷 喷雾
PD20085748 阿维菌素/1.8%/乳油/阿维菌素 1.8%/2013.12.26 至 2018.12.26/低毒(原药高毒)
棉花 红蜘蛛 10.8-16.2克/公顷 喷雾
棉花 棉铃虫 21.6-32.4克/公顷 喷雾
PD20090032 多效唑/94%/原药/多效唑 94%/2014.01.06 至 2019.01.06/低毒
PD20091229 戊唑醇/6%/微乳剂/戊唑醇 6%/2014.02.01 至 2019.02.01/低毒
花生 叶斑病 144-180克/公顷 喷雾
PD20091380 三唑醇/10%/可湿性粉剂/三唑醇 10%/2014.02.02 至 2019.02.02/低毒
小麦 白粉病 112.5-135克/公顷 喷雾
PD20091856 己唑醇/5%/微乳剂/已唑醇 5%/2014.02.09 至 2019.02.09/低毒
葡萄 白粉病 1500-2000倍液 喷雾
水稻 纹枯病 60-75克/公顷 喷雾
PD20091862 烯效唑/5%/可湿性粉剂/烯效唑 5%/2014.02.09 至 2019.02.09/微毒
水稻 调节生长 100-150毫克/千克 浸种
PD20093274 戊唑醇/25%/乳油/戊唑醇 25%/2014.03.11 至 2019.03.11/低毒
苹果树 轮纹病 3000-4000倍液 喷雾
香蕉 叶斑病 250-312.5毫克/千克 喷雾
PD20093759 唑磷·毒死蜱/25%/乳油/毒死蜱 5%、三唑磷 20%/2014.03.25 至 2019.03.25/中等毒
水稻 二化螟 262.5-375克/公顷 喷雾
PD20093761 烯唑醇/12.5%/可湿性粉剂/烯唑醇 12.5%/2014.03.25 至 2019.03.25/低毒
梨树 黑星病 31—42毫克/千克 喷雾
水稻 纹枯病 75-93.75克/公顷 喷雾
小麦 白粉病 60-120克/公顷 喷雾
PD20093763 烯唑醇/95%/原药/烯唑醇 95%/2014.03.25 至 2019.03.25/低毒
PD20094575 三唑醇/15%/可湿性粉剂/三唑醇 15%/2014.04.09 至 2019.04.09/低毒
小麦 纹枯病 37.5-45克/100千克种子 拌种
小麦 白粉病 112.5-135克/公顷 喷雾
PD20095202 高效氯氰菊酯/4.5%/乳油/高效氯氰菊酯 4.5%/2014.04.24 至 2019.04.24/低毒
甘蓝 菜青虫 13.5-27克/公顷 喷雾
PD20098121 三唑锡/25%/可湿性粉剂/三唑锡 25%/2014.12.08 至 2019.12.08/低毒
柑橘树 红蜘蛛 125-250毫克/千克 喷雾

PD20098177 吡虫啉/25%/可湿性粉剂/吡虫啉 25%/2014.12.14 至 2019.12.14/低毒
水稻 稻飞虱 15-30克/公顷 喷雾
小麦 蚜虫 15-30克/公顷(南方地区)45-60克/公顷(北方地区) 喷雾
PD20100125 草甘膦异丙胺盐/30%/水剂/草甘膦 30%/2015.01.05 至 2020.01.05/低毒
柑橘园 杂草 1845-2460克/公顷 定向茎叶喷雾
注:草甘膦异丙胺盐含量: 41%。
PD20121655 吡虫啉/70%/水分散粒剂/吡虫啉 70%/2012.10.30 至 2017.10.30/低毒
水稻 飞虱 21-42克/公顷 喷雾
PD20121922 戊唑醇/430克/升/悬浮剂/戊唑醇 430克/升/2012.12.07 至 2017.12.07/低毒
水稻 稻曲病 96.75-129克/公顷 喷雾
小麦 白粉病、锈病 96.75-129克/公顷 喷雾
PD20130016 己唑醇/40%/悬浮剂/己唑醇 40%/2013.01.04 至 2018.01.04/低毒
水稻 纹枯病 60-75克/公顷 喷雾
PD20130324 嘧菌酯/96%/原药/嘧菌酯 96%/2013.02.26 至 2018.02.26/低毒
PD20131409 噻呋酰胺/240克/升/悬浮剂/噻呋酰胺 240克/升/2013.07.02 至 2018.07.02/低毒
水稻 纹枯病 72-90克/公顷 喷雾
PD20131410 吡蚜酮/25%/可湿性粉剂/吡蚜酮 25%/2013.07.02 至 2018.07.02/微毒
莲藕 莲缢管蚜 45-67.5克/公顷 喷雾
水稻 飞虱 75—93.75克/公顷 喷雾
小麦 蚜虫 60-75克/公顷 喷雾
PD20131414 噻呋酰胺/98%/原药/噻呋酰胺 98%/2013.07.02 至 2018.07.02/低毒
PD20131436 茚虫威/71%/母药/茚虫威 71%/2013.07.03 至 2018.07.03/低毒
PD20131773 嘧菌酯/25%/悬浮剂/嘧菌酯 25%/2013.09.06 至 2018.09.06/低毒
柑橘树 炭疽病 156.25-312.5毫克/千克 喷雾
黄瓜 霜霉病 150-225克/公顷 喷雾
PD20132317 吡蚜酮/50%/水分散粒剂/吡蚜酮 50%/2013.11.13 至 2018.11.13/低毒
水稻 飞虱 60-120克/公顷 喷雾
PD20140635 茚虫威/15%/悬浮剂/茚虫威 15%/2014.03.07 至 2019.03.07/低毒
甘蓝 菜青虫 11.25-33.75克/公顷 喷雾
水稻 稻纵卷叶螟 27-45克/公顷 喷雾
PD20141556 粉唑醇/96%/原药/粉唑醇 96%/2014.06.17 至 2019.06.17/低毒
PD20141941 吡蚜酮/98%/原药/吡蚜酮 98%/2014.08.04 至 2019.08.04/低毒
PD20142229 粉唑醇/25%/悬浮剂/粉唑醇 25%/2014.09.28 至 2019.09.28/低毒
小麦 锈病 112.5-150克/公顷 喷雾
PD20150220 多效唑/25%/悬浮剂/多效唑 25%/2015.01.15 至 2020.01.15/低毒
苹果树 调节生长 50-90毫克/千克 沟施
PD20150256 甲维・茚虫威/10%/悬浮剂/甲氨基阿维菌素苯甲酸盐 2%、茚虫威 8%/2015.01.15 至 2020.01.15/低毒
水稻 稻纵卷叶螟 30-37.5克/公顷 喷雾
PD20152291 啶虫脒/70%/水分散粒剂/啶虫脒 70%/2015.10.20 至 2020.10.20/低毒
黄瓜 蚜虫 21-31.5克/公顷 喷雾
LS20150208 噻呋酰胺/50%/水分散粒剂/噻呋酰胺 50%/2015.07.30 至 2016.07.30/微毒
水稻 纹枯病 75-90克/公顷 喷雾
LS20150224 春雷・戊唑醇/20%/可湿性粉剂/春雷霉素 5%、戊唑醇 15%/2015.07.30 至 2016.07.30/微毒
水稻 稻瘟病 90-120克/公顷 喷雾
LS20150228 己唑・嘧菌酯/25%/悬浮剂/己唑醇 10%、嘧菌酯 15%/2015.07.30 至 2016.07.30/低毒
水稻 纹枯病 93.75-131.25克/公顷 喷雾
LS20150252 噻虫嗪/30%/可湿性粉剂/噻虫嗪 30%/2015.07.30 至 2016.07.30/低毒
水稻 飞虱 18-27克/公顷 喷雾

江苏省盐城南方化工有限公司 (江苏省盐城市响水县陈家港化工集中区 224631 0515-6735766)

PD20082360 高效氯氟氰菊酯/95%/原药/高效氯氟氰菊酯 95%/2013.12.01 至 2018.12.01/中等毒
PD20083653 联苯菊酯/95%/原药/联苯菊酯 95%/2013.12.12 至 2018.12.12/中等毒
PD20096148 嗪草酮/90%/原药/嗪草酮 90%/2014.06.24 至 2019.06.24/低毒
PD20100701 噻嗪酮/97%/原药/噻嗪酮 97%/2015.01.16 至 2020.01.16/低毒
PD20110618 咪唑烟酸/98%/原药/咪唑烟酸 98%/2011.06.08 至 2016.06.08/低毒
PD20130672 甲咪唑烟酸/98%/原药/甲咪唑烟酸 98%/2013.04.09 至 2018.04.09/微毒
注:专供出口，不得在国内销售。
PD20140226 咪唑乙烟酸/98%/原药/咪唑乙烟酸 98%/2014.01.29 至 2019.01.29/微毒
注:专供出口，不得在国内销售。
PD20140323 丁噻隆/97%/原药/丁噻隆 97%/2014.02.13 至 2019.02.13/低毒
注:专供出口，不得在国内销售。
PD20140655 丁醚脲/98%/原药/丁醚脲 98%/2014.03.14 至 2019.03.14/中等毒
注:专供出口，不得在国内销售。

PD20140796 灭草松/98%/原药/灭草松 98%/2014.03.25 至 2019.03.25/低毒
PD20141070 硫双威/98%/原药/硫双威 98%/2014.04.25 至 2019.04.25/中等毒
PD20141071 烯草酮/95%/原药/烯草酮 95%/2014.04.25 至 2019.04.25/低毒
PD20151030 嘧苯胺磺隆/98%/原药/嘧苯胺磺隆 98%/2015.06.14 至 2020.06.14/微毒
PD20151057 烯草酮/70%/母药/烯草酮 70%/2015.06.14 至 2020.06.14/低毒
PD20151069 异丙隆/97%/原药/异丙隆 97%/2015.06.14 至 2020.06.14/微毒
PD20151122 灭草松/480克/升/水剂/灭草松 480克/升/2015.06.25 至 2020.06.25/低毒
水稻田(直播)、水稻移栽田 一年生阔叶杂草及莎草科杂草 960-1440克/公顷 茎叶喷雾
PD20151148 烯草酮/37%/母药/烯草酮 37%/2015.06.26 至 2020.06.26/低毒
PD20151887 咪唑乙烟酸/98%/原药/咪唑乙烟酸 98%/2015.08.30 至 2020.08.30/微毒
PD20151961 甲咪唑烟酸/98%/原药/甲咪唑烟酸 98%/2015.08.30 至 2020.08.30/微毒

江苏省盐城双宁农化有限公司 (江苏省阜宁县古河镇洋桥村淮阜桥口 224427 0515-7606197)

PD20070006 多·酮·福美双/40%/可湿性粉剂/多菌灵 17%、福美双 17%、三唑酮 6%/2012.01.16 至 2017.01.16/低毒
小麦 白粉病、赤霉病 420-600克/公顷 喷雾
PD20070538 吡虫啉/95%/原药/吡虫啉 95%/2012.12.03 至 2017.12.03/中等毒
PD20080551 吡虫啉/10%/可湿性粉剂/吡虫啉 10%/2013.05.08 至 2018.05.08/低毒
水稻 稻飞虱 15-30克/公顷 喷雾
PD20080784 三唑锡/25%/可湿性粉剂/三唑锡 25%/2013.06.20 至 2018.06.20/低毒
柑橘树 红蜘蛛 125-250毫克/千克 喷雾
PD20080987 炔螨特/40%/乳油/炔螨特 40%/2013.07.24 至 2018.07.24/低毒
柑橘树 红蜘蛛 266.7-400毫克/千克 喷雾
PD20081458 噁草·丁草胺/18%/乳油/丁草胺 15%、噁草酮 3%/2013.11.04 至 2018.11.04/低毒
水稻半旱育秧田、水稻旱育秧田 一年生杂草 648-756克/公顷 土壤喷雾
PD20083393 噻嗪酮/25%/可湿性粉剂/噻嗪酮 25%/2013.12.11 至 2018.12.11/低毒
水稻 稻飞虱 112.5-150克/公顷 喷雾
PD20084353 吡虫啉/25%/可湿性粉剂/吡虫啉 25%/2013.12.17 至 2018.12.17/低毒
水稻 稻飞虱 18.75-37.5克/公顷 喷雾
PD20084881 吡虫啉/20%/可溶液剂/吡虫啉 20%/2013.12.22 至 2018.12.22/低毒
十字花科蔬菜 蚜虫 15-30克/公顷 喷雾
PD20090503 三唑磷/20%/乳油/三唑磷 20%/2014.01.12 至 2019.01.12/中等毒
水稻 二化螟 300-450克/公顷 喷雾
PD20090637 戊唑醇/25%/可湿性粉剂/戊唑醇 25%/2014.01.14 至 2019.01.14/低毒
水稻 纹枯病 60-90克/公顷 喷雾
香蕉 叶斑病 167-250毫克/千克 喷雾
小麦 白粉病、赤霉病 105-120克/公顷 喷雾
PD20091609 吡虫·噻嗪酮/18%/可湿性粉剂/吡虫啉 4%、噻嗪酮 14%/2014.02.03 至 2019.02.03/低毒
水稻 稻飞虱 54-81克/公顷 喷雾
PD20098244 甲氨基阿维菌素苯甲酸盐(1.13%)///乳油/甲氨基阿维菌素 1%/2014.12.16 至 2019.12.16/低毒
甘蓝 小菜蛾 1.5-3克/公顷 喷雾
PD20110216 哒螨灵/15%/乳油/哒螨灵 15%/2016.02.24 至 2021.02.24/中等毒
柑橘树 红蜘蛛 2000-3000毫克/千克 喷雾
PD20122061 吡蚜酮/25%/可湿性粉剂/吡蚜酮 25%/2012.12.24 至 2017.12.24/低毒
水稻 稻飞虱 60-75克/公顷 喷雾
小麦 蚜虫 60-75克/公顷 喷雾
PD20141778 噻呋酰胺/240克/升/悬浮剂/噻呋酰胺 240克/升/2014.07.14 至 2019.07.14/低毒
水稻 纹枯病 72-90克/公顷 喷雾
PD20150932 吡蚜·噻嗪酮/25%/可湿性粉剂/吡蚜酮 10%、噻嗪酮 15%/2015.06.10 至 2020.06.10/低毒
水稻 稻飞虱 75-90克/公顷 喷雾
PD20150975 吡蚜酮/50%/可湿性粉剂/吡蚜酮 50%/2015.06.11 至 2020.06.11/低毒
水稻 稻飞虱 75-90克/公顷 喷雾
PD20150976 吡蚜·速灭威/30%/可湿性粉剂/吡蚜酮 10%、速灭威 20%/2015.06.11 至 2020.06.11/低毒
水稻 稻飞虱 90-135克/公顷 喷雾
PD20151394 噻嗪·毒死蜱/30%/乳油/毒死蜱 15%、噻嗪酮 15%/2015.07.30 至 2020.07.30/中等毒
水稻 稻飞虱 270-360克/公顷 喷雾
PD20151583 甲维·毒死蜱/20%/乳油/毒死蜱 19.5%、甲氨基阿维菌素苯甲酸盐 0.5%/2015.08.28 至 2020.08.28/中等毒
水稻 稻飞虱 300-360克/公顷 喷雾
PD20151786 吡蚜酮/95%/原药/吡蚜酮 95%/2015.08.28 至 2020.08.28/低毒
PD20151843 吡虫啉/350克/升/悬浮剂/吡虫啉 350克/升/2015.08.28 至 2020.08.28/低毒
甘蓝 蚜虫 15.75-26.25克/公顷 喷雾
PD20152303 甲氧虫酰肼/240克/升/悬浮剂/甲氧虫酰肼 240克/升/2015.10.21 至 2020.10.21/低毒
水稻 二化螟 85—100克/公顷 喷雾

PD20152422　阿维·甲虫肼/10%/悬浮剂/阿维菌素 2%、甲氧虫酰肼 8%/2015.12.03 至 2020.12.03/低毒
水稻　二化螟　60—75克/公顷　喷雾
LS20150004　呋虫胺/96%/原药/呋虫胺 96%/2016.01.15 至 2017.01.15/微毒

江苏省扬州佳美斯气雾剂制品厂　(江苏省扬州市邗江区沙头镇　225105　0514-7531179)

WP20090140　杀虫气雾剂/0.4%/气雾剂/胺菊酯 0.2%、氯菊酯 0.2%/2014.02.25 至 2019.02.25/微毒
卫生　蚊、蝇、蜚蠊　/　喷雾

江苏省扬州绿源生物化工有限公司　(江苏省扬州市江阳工业园小官桥路　225008　0514-7302019)

PD86109-16　苏云金杆菌/16000IU/毫克/可湿性粉剂/苏云金杆菌 16000IU/毫克/2011.10.30 至 2016.10.30/低毒
白菜、萝卜、青菜　菜青虫、小菜蛾　1500-4500克制剂/公顷　喷雾
茶树　茶毛虫　1500-7500克制剂/公顷　喷雾
大豆、甘薯　天蛾　1500-2250克制剂/公顷　喷雾
柑橘树　柑橘凤蝶　2250-3750克制剂/公顷　喷雾
高粱、玉米　玉米螟　3750-4500克制剂/公顷　喷雾、毒土
梨树　天幕毛虫　1500-3750克制剂/公顷　喷雾
林木　尺蠖、柳毒蛾、松毛虫　2250-7500克制剂/公顷　喷雾
棉花　棉铃虫、造桥虫　1500-7500克制剂/公顷　喷雾
苹果树　巢蛾　2250-3750克制剂/公顷　喷雾
水稻　稻苞虫、稻纵卷叶螟　1500-6000克制剂/公顷　喷雾
烟草　烟青虫　3750-7500克制剂/公顷　喷雾
枣树　尺蠖　3750-4500克制剂/公顷　喷雾
PD90106-14　苏云金杆菌/8000IU/毫克/悬浮剂/苏云金杆菌 8000IU/毫克/2015.06.06 至 2020.06.06/低毒
白菜、萝卜、青菜　菜青虫、小菜蛾　1500-2250克制剂/公顷　喷雾
茶树　茶毛虫　3000克制剂/公顷　喷雾
高粱、玉米　玉米螟　2500-3000克制剂/公顷　加细沙灌心叶
梨树、苹果树、桃树　尺蠖、食心虫　200倍液　喷雾
林木　食心虫　200倍液　喷雾
林木　尺蠖、柳毒蛾、松毛虫　150-200倍液　喷雾
棉花　棉铃虫、造桥虫　3750-6000克制剂/公顷　喷雾
水稻　稻苞虫、螟虫　3000-6000克制剂/公顷　喷雾
烟草　烟青虫　3000克制剂/公顷　喷雾
PD20040209　多·酮/40%/可湿性粉剂/多菌灵 37%、三唑酮 3%/2014.12.19 至 2019.12.19/低毒
水稻　叶尖枯病　750-900克/公顷　喷雾
小麦　白粉病、赤霉病　750-900克/公顷　喷雾
PD20040543　吡虫·杀虫单/62%/可湿性粉剂/吡虫啉 2%、杀虫单 60%/2014.12.19 至 2019.12.19/中等毒
水稻　稻纵卷叶螟、二化螟、飞虱、三化螟　450-750克/公顷　喷雾
PD20080367　苄嘧·苯噻酰/50%/可湿性粉剂/苯噻酰草胺 48%、苄嘧磺隆 2%/2013.02.28 至 2018.02.28/低毒
水稻抛秧田　部分多年生杂草、一年生杂草　450－525克/公顷(南方地区)　药土法
PD20081331　多·多唑/0.78%/拌种剂/多菌灵 0.75%、多效唑 0.03%/2013.10.21 至 2018.10.21/低毒
水稻　恶苗病、控制生长　233-312克/100千克种子　拌种
PD20085265　三环唑/20%/可湿性粉剂/三环唑 20%/2013.12.23 至 2018.12.23/低毒
水稻　稻瘟病　300-375克/公顷　喷雾
PD20085305　噻嗪·异丙威/25%/可湿性粉剂/噻嗪酮 5%、异丙威 20%/2013.12.23 至 2018.12.23/低毒
水稻　稻飞虱　450-562.5克/公顷　喷雾
PD20097569　茶核·苏云菌///悬浮剂/茶尺蠖核型多角体病毒 1万PIB/微升、苏云金杆菌 2000IU/微升/2014.11.03 至 2019.11.03/微毒
茶树　茶尺蠖　1500-2250克制剂/公顷　喷雾
PD20150322　粘颗·苏云菌/00亿芽孢/克·300B/克/可湿性粉剂/苏云金杆菌 100亿芽孢/克、粘虫颗粒体病毒 300B/克/2015.03.02 至 2020.03.02/低毒
十字花科蔬菜　小菜蛾　600-1200克制剂/公顷　喷雾
PD20151986　苏云金杆菌/32000IU/毫克/可湿性粉剂/苏云金杆菌 32000IU/毫克/2015.08.30 至 2020.08.30/微毒
甘蓝　小菜蛾　450-750克制剂/公顷　喷雾
LS20150339　枯草芽孢杆菌/300亿芽孢/毫升/悬浮种衣剂/枯草芽孢杆菌 300亿芽孢/毫升/2015.12.17 至 2016.12.17/低毒
黄瓜　枯萎病　5000-10000克制剂/100克种子　种子包衣
WP20080091　球形芽孢杆菌/100ITU/毫克/悬浮剂/球形芽孢杆菌 100ITU/毫克/2013.08.19 至 2018.08.19/低毒
卫生　孑孓　3毫升制剂/平方米　喷洒
WP20080092　球形芽孢杆菌/200ITU/毫克/母药/球形芽孢杆菌 200ITU/毫克/2013.08.19 至 2018.08.19/微毒
WP20140106　杀蟑饵粒/1.5%/饵粒/吡虫啉 0.5%、乙酰甲胺磷 1%/2014.05.06 至 2019.05.06/低毒
室内　蜚蠊　/　投放
WP20150178　苏云金杆菌(以色列亚种)/1600ITU/毫克/可湿性粉剂/苏云金杆菌(以色列亚种) 1600ITU/毫克/2015.08.30 至2020.08.30/低毒
室外　蚊(幼虫)　1-2克制剂/平方米　喷洒

江苏省扬州市苏灵农药化工有限公司　(江苏省扬州市江都市宜陵镇　225225　0514-6730888)

PD85154-59　氰戊菊酯/20%/乳油/氰戊菊酯 20%/2015.08.15 至 2020.08.15/中等毒

柑橘树 潜叶蛾 10-20毫克/千克 喷雾
果树 梨小食心虫 10-20毫克/千克 喷雾
棉花 红铃虫、蚜虫 75-150克/公顷 喷雾
蔬菜 菜青虫、蚜虫 60-120克/公顷 喷雾

PD20040147 吡虫·三唑酮/8%/可湿性粉剂/吡虫啉 1%、三唑酮 7%/2014.12.19 至 2019.12.19/低毒
小麦 白粉病、蚜虫 144-180克/公顷 喷雾

PD20040226 氯氰菊酯/10%/乳油/氯氰菊酯 10%/2014.12.19 至 2019.12.19/中等毒
十字花科蔬菜 小菜蛾 45-60克/公顷 喷雾

PD20040765 多·酮/50%/可湿性粉剂/多菌灵 40%、三唑酮 10%/2014.12.19 至 2019.12.19/低毒
水稻 稻瘟病、叶尖枯病 450-600克/公顷 喷雾
小麦 赤霉病 375-525克/公顷 喷雾
小麦 白粉病 50-70克/公顷 喷雾

PD20040773 吡虫·杀虫单/44%/可湿性粉剂/吡虫啉 1.5%、杀虫单 42.5%/2014.12.19 至 2019.12.19/低毒
水稻 稻飞虱、稻纵卷叶螟、二化螟、三化螟 450-750克/公顷 喷雾

PD20081190 精噁禾灵/5%/乳油/精噁禾灵 5%/2013.09.11 至 2018.09.11/低毒
夏大豆田 一年生禾本科杂草 45-52.5克/公顷 茎叶喷雾

PD20081251 毒·辛/25%/乳油/毒死蜱 7%、辛硫磷 18%/2013.09.18 至 2018.09.18/低毒
水稻 稻纵卷叶螟 375-562.5克/公顷 喷雾

PD20081258 甲氰·辛硫磷/25%/乳油/甲氰菊酯 5%、辛硫磷 20%/2013.09.18 至 2018.09.18/中等毒
茶树 茶尺蠖 75-112.5克/公顷 喷雾
棉花 棉铃虫 281.25-375克/公顷 喷雾

PD20082055 氧氟·乙草胺/40%/乳油/乙草胺 34%、乙氧氟草醚 6%/2013.11.25 至 2018.11.25/低毒
夏大豆田 一年生杂草 480-600克/公顷 播后苗前土壤喷雾

PD20082249 苯磺隆/10%/可湿性粉剂/苯磺隆 10%/2013.11.27 至 2018.11.27/低毒
冬小麦田 一年生阔叶杂草 15-22.5克/公顷 茎叶喷雾

PD20082510 苄·二氯/36%/可湿性粉剂/苄嘧磺隆 2%、二氯喹啉酸 34%/2013.12.03 至 2018.12.03/低毒
水稻秧田 一年生杂草 216-270克/公顷 茎叶喷雾

PD20082565 草甘膦/30%/水剂/草甘膦 30%/2013.12.04 至 2018.12.04/低毒
茶园、柑橘园、剑麻园、梨园、苹果园、桑园、香蕉园、橡胶园 一年生及部分多年生杂草 1125-2250克/公顷 定向茎叶喷雾
春玉米田、棉花田、夏玉米田 一年生杂草 750-1650克/公顷 行间定向茎叶喷雾
冬油菜田（免耕） 一年生杂草 750-1200克/公顷 茎叶喷雾
非耕地 一年生及部分多年生杂草 1125—3000克/公顷 茎叶喷雾
免耕春油菜田 一年生杂草 1500-2250克/公顷 茎叶喷雾
免耕抛秧晚稻田 一年生杂草 2100—2550克/公顷 茎叶喷雾

PD20082576 乙酰甲胺磷/30%/乳油/乙酰甲胺磷 30%/2013.12.04 至 2018.12.04/中等毒
棉花 棉铃虫、棉蚜 675-900克/公顷 喷雾
水稻 三化螟 675-900克/公顷 喷雾
水稻 二化螟 720-900克/公顷 喷雾

PD20082711 阿维菌素/1.8%/乳油/阿维菌素 1.8%/2013.12.05 至 2018.12.05/低毒(原药高毒)
菜豆、黄瓜 美洲斑潜蝇 10.8—21.6克/公顷 喷雾
柑橘树 潜叶蛾 4.5-9毫克/千克 喷雾
柑橘树 锈壁虱 2.25-4.5毫克/千克 喷雾
梨树 梨木虱 6-12毫克/千克 喷雾
棉花 棉铃虫 21.6-32.4克/公顷 喷雾
棉花 红蜘蛛 10.8—16.2克/公顷 喷雾
苹果树 桃小食心虫 4.5-9毫克/千克 喷雾
苹果树 二斑叶螨 4.5-6毫克/千克 喷雾
苹果树 红蜘蛛 3-6毫克/千克 喷雾
十字花科蔬菜 菜青虫、小菜蛾 8.1-10.8克/公顷 喷雾
茭白 二化螟 9.5-13.5克/公顷 喷雾

PD20082858 硫磺·三环唑/45%/可湿性粉剂/硫磺 40%、三环唑 5%/2013.12.09 至 2018.12.09/低毒
水稻 稻瘟病 675—1012.5克/公顷 喷雾

PD20083340 井·唑·多菌灵/20%/可湿性粉剂/多菌灵 9.2%、井冈霉素 5%、三环唑 5.8%/2013.12.11 至 2018.12.11/中等毒
水稻 稻瘟病、纹枯病 300-375克/公顷 喷雾

PD20083815 甲哌鎓/250克/升/水剂/甲哌鎓 250克/升/2013.12.15 至 2018.12.15/低毒
棉花 调节生长、增产 45-60克/公顷 喷雾

PD20084133 哒螨灵/15%/乳油/哒螨灵 15%/2013.12.16 至 2018.12.16/中等毒
柑橘树 红蜘蛛 50-100毫克/千克 喷雾
萝卜 黄条跳甲 90-135克/公顷 喷雾

PD20084889 噻嗪酮/25%/可湿性粉剂/噻嗪酮 25%/2013.12.22 至 2018.12.22/低毒
水稻 稻飞虱 112.5－150克/公顷 喷雾
PD20085009 多·福/40%/可湿性粉剂/多菌灵 25%、福美双 15%/2013.12.22 至 2018.12.22/低毒
油菜 菌核病 480-600克/公顷 喷雾
PD20085102 乙草胺/20%/可湿性粉剂/乙草胺 20%/2013.12.23 至 2018.12.23/微毒
移栽水稻田 一年生杂草 90-120克/公顷 药土法
PD20085103 丙溴·辛硫磷/40%/乳油/丙溴磷 6%、辛硫磷 34%/2013.12.23 至 2018.12.23/低毒
水稻 三化螟 600-720克/公顷 喷雾
PD20085385 阿维·哒螨灵/10%/乳油/阿维菌素 0.2%、哒螨灵 9.8%/2013.12.24 至 2018.12.24/中等毒(原药高毒)
柑橘树 红蜘蛛 33.3-66.7毫克/千克 喷雾
PD20085389 异丙威/20%/乳油/异丙威 20%/2013.12.24 至 2018.12.24/中等毒
水稻 稻飞虱 450-600克/公顷 喷雾
PD20085447 阿维·三唑磷/20%/乳油/阿维菌素 0.3%、三唑磷 19.7%/2013.12.24 至 2018.12.24/中等毒(原药高毒)
水稻 二化螟 150-180克/公顷 喷雾
PD20085631 毒死蜱/45%/乳油/毒死蜱 45%/2013.12.26 至 2018.12.26/中等毒
水稻 稻飞虱、稻纵卷叶螟、二化螟、三化螟 504-648克/公顷 喷雾
PD20085953 异稻·三环唑/30%/可湿性粉剂/三环唑 8%、异稻瘟净 22%/2013.12.29 至 2018.12.29/低毒
水稻 稻瘟病 450－540克/公顷 喷雾
PD20086267 噻嗪·异丙威/25%/可湿性粉剂/噻嗪酮 5%、异丙威 20%/2013.12.31 至 2018.12.31/低毒
水稻 稻飞虱 450-562.5克/公顷 喷雾
PD20086334 马拉·杀螟松/12%/乳油/马拉硫磷 10%、杀螟硫磷 2%/2013.12.31 至 2018.12.31/低毒
水稻 稻纵卷叶螟、二化螟 216-270克/公顷 喷雾
PD20090072 噻嗪·杀虫单/70%/可湿性粉剂/噻嗪酮 10%、杀虫单 60%/2014.01.08 至 2019.01.08/中等毒
水稻 二化螟、飞虱 630-840克/公顷 喷雾
PD20090084 吡·井·杀虫单/42%/可湿性粉剂/吡虫啉 1%、井冈霉素 5%、杀虫单 36%/2014.01.08 至 2019.01.08/中等毒
水稻 稻纵卷叶螟、二化螟、飞虱、纹枯病 630-756克/公顷 喷雾
PD20090266 井冈·杀虫单/40%/可湿性粉剂/井冈霉素 5%、杀虫单 35%/2014.01.09 至 2019.01.09/中等毒
水稻 二化螟、纹枯病 720-840克/公顷 喷雾
PD20091469 二甲戊灵/330克/升/乳油/二甲戊灵 330克/升/2014.02.02 至 2019.02.02/低毒
甘蓝田 一年生杂草 618.75-742.5克/公顷 移栽前土壤喷雾
PD20091701 氰戊·马拉松/20%/乳油/马拉硫磷 15%、氰戊菊酯 5%/2014.02.03 至 2019.02.03/低毒
十字花科蔬菜 菜青虫、蚜虫 120-150克/公顷 喷雾
PD20092689 苏云·吡虫啉/2%/可湿性粉剂/吡虫啉 1.25%、苏云金杆菌 0.75%/2014.03.03 至 2019.03.03/低毒
水稻 二化螟、飞虱 15-30克/公顷 喷雾
PD20093303 咪鲜胺/25%/乳油/咪鲜胺 25%/2014.03.13 至 2019.03.13/低毒
柑橘(果实) 蒂腐病、绿霉病、青霉病、炭疽病 250-500毫克/千克 浸果
芹菜 斑枯病 187.5-262.5克/公顷 喷雾
水稻 恶苗病 2000-4000倍液 浸种
PD20093342 高效氯氟氰菊酯/25克/升/乳油/高效氯氟氰菊酯 25克/升/2014.03.18 至 2019.03.18/中等毒
十字花科蔬菜 菜青虫、蚜虫 11.25-15克/公顷 喷雾
PD20093790 乙烯利/40%/水剂/乙烯利 40%/2014.03.25 至 2019.03.25/低毒
番茄 催熟 333.3-500毫克/千克（800-1200倍) 涂果法或喷雾法
PD20094191 氯氟吡氧乙酸异辛酯/200克/升/乳油/氯氟吡氧乙酸 200克/升/2014.03.30 至 2019.03.30/低毒
冬小麦田 一年生阔叶杂草 150-210克/公顷 茎叶喷雾
注:氯氟吡氧乙酸异辛酯含量: 288克/升。
PD20094407 吡虫·异丙威/25%/可湿性粉剂/吡虫啉 5%、异丙威 20%/2014.04.01 至 2019.04.01/低毒
水稻 稻飞虱 112.5-150克/公顷 喷雾
PD20094661 精噁唑禾草灵/69克/升/水乳剂/精噁唑禾草灵 69克/升/2014.04.10 至 2019.04.10/低毒
冬小麦田 一年生禾本科杂草 41.4-62.1克/公顷 茎叶喷雾
PD20094853 三唑磷/20%/乳油/三唑磷 20%/2014.04.13 至 2019.04.13/中等毒
水稻 二化螟 202.5-303.75克/公顷 喷雾
PD20096102 唑磷·毒死蜱/25%/乳油/毒死蜱 5%、三唑磷 20%/2014.06.18 至 2019.06.18/中等毒
水稻 稻纵卷叶螟、二化螟、三化螟 300-375克/公顷 喷雾
PD20096196 氟乐·扑草净/48%/乳油/氟乐灵 36%、扑草净 12%/2014.07.13 至 2019.07.13/低毒
花生田、棉花田 一年生杂草 1080-1440克/公顷 土壤喷雾
夏大豆田 一年生杂草 864-1296克/公顷 土壤喷雾
PD20096451 吡虫啉/10%/可湿性粉剂/吡虫啉 10%/2014.08.05 至 2019.08.05/低毒
菠菜 蚜虫 30-45克/公顷 喷雾
韭菜 韭蛆 300-450克/公顷 药土法
莲藕 莲缢管蚜 15-30克/公顷 喷雾
芹菜 蚜虫 15-30克/公顷 喷雾
水稻 稻飞虱 15-30克/公顷 喷雾

PD20097250 烟嘧磺隆/40克/升/可分散油悬浮剂/烟嘧磺隆 40克/升/2014.10.19 至 2019.10.19/低毒
玉米田 一年生杂草 42-60克/公顷 茎叶喷雾
PD20097904 辛硫磷/3%/颗粒剂/辛硫磷 3%/2014.11.30 至 2019.11.30/低毒
花生 地老虎、金针虫、蝼蛄、蛴螬 2700-3600克/公顷 撒施
PD20100056 辛硫磷/40%/乳油/辛硫磷 40%/2015.01.04 至 2020.01.04/低毒
棉花 棉铃虫 300-375克/公顷 喷雾
PD20101006 吗胍·乙酸铜/20%/可湿性粉剂/盐酸吗啉胍 10%、乙酸铜 10%/2015.01.20 至 2020.01.20/低毒
番茄 病毒病 600-750克/公顷 喷雾
PD20121449 杀螺胺乙醇胺盐/25%/可湿性粉剂/杀螺胺乙醇胺盐 25%/2012.10.08 至 2017.10.08/低毒
水稻 福寿螺 375-450克/公顷 喷雾
PD20121812 苄嘧·丙草胺/35%/可湿性粉剂/苄嘧磺隆 2%、丙草胺 33%/2012.11.22 至 2017.11.22/低毒
直播水稻(南方) 一年生杂草 367.5-420克/公顷 喷雾
PD20130972 吡嘧磺隆/10%/可湿性粉剂/吡嘧磺隆 10%/2013.05.02 至 2018.05.02/低毒
移栽水稻田 稗草、莎草及阔叶杂草 22.5-30克/公顷 药土法
PD20131427 噻苯隆/50%/可湿性粉剂/噻苯隆 50%/2013.07.03 至 2018.07.03/低毒
棉花 脱叶 225-300克/公顷 喷雾
PD20131774 吡虫啉/70%/水分散粒剂/吡虫啉 70%/2013.09.06 至 2018.09.06/低毒
甘蓝 蚜虫 21-31.5克/公顷 喷雾
水稻 飞虱 31.5-42克/公顷 喷雾
小麦 蚜虫 31.5-42克/公顷 喷雾
PD20132210 丙环·咪鲜胺/36%/悬浮剂/丙环唑 10%、咪鲜胺 26%/2013.10.29 至 2018.10.29/低毒
水稻 稻曲病、稻瘟病、纹枯病 216-270克/公顷 喷雾
PD20140239 草甘膦铵盐/68%/可溶粒剂/草甘膦 68%/2014.01.29 至 2019.01.29/低毒
非耕地 杂草 1122-2244克/公顷 茎叶喷雾
注:草甘膦铵盐含量：74.7%。
PD20141100 吡虫啉/600克/升/悬浮种衣剂/吡虫啉 600克/升/2014.04.27 至 2019.04.27/低毒
小麦 蚜虫 180-300克/100千克种子 种子包衣
PD20141461 己唑醇/10%/悬浮剂/己唑醇 10%/2014.06.09 至 2019.06.09/微毒
水稻 纹枯病 60-75克/公顷 喷雾
小麦 白粉病 15-22.5克/公顷 喷雾
小麦 锈病 22.5-30克/公顷 喷雾
PD20141520 噻呋·咪鲜胺/24%/悬浮剂/咪鲜胺 4%、噻呋酰胺 20%/2014.06.16 至 2019.06.16/低毒
水稻 纹枯病 72-108克/公顷 喷雾
PD20141802 吡蚜酮/50%/可湿性粉剂/吡蚜酮 50%/2014.07.14 至 2019.07.14/低毒
水稻 稻飞虱 75-90克/公顷 喷雾
PD20142113 阿维菌素/5%/乳油/阿维菌素 5%/2014.09.02 至 2019.09.02/中等毒(原药高毒)
甘蓝 小菜蛾 9-12克/公顷 喷雾
PD20150225 苯磺·炔草酯/15%/可湿性粉剂/苯磺隆 5%、炔草酯 10%/2015.01.15 至 2020.01.15/低毒
小麦田 一年生杂草 67.5-90克/公顷 茎叶喷雾
PD20150668 甲维·茚虫威/10%/悬浮剂/甲氨基阿维菌素苯甲酸盐 3.5%、茚虫威 6.5%/2015.04.17 至 2020.04.17/低毒
水稻 稻纵卷叶螟 30-45克/公顷 喷雾
PD20150779 杀单·毒死蜱/25%/可湿性粉剂/毒死蜱 5%、杀虫单 20%/2015.05.13 至 2020.05.13/低毒
水稻 稻纵卷叶螟 487.5-562.5克/公顷 喷雾
PD20150782 甲基硫菌灵/70%/可湿性粉剂/甲基硫菌灵 70%/2015.05.13 至 2020.05.13/低毒
水稻 纹枯病 1050-1500克/公顷 喷雾
PD20152189 噻虫嗪/25%/可湿性粉剂/噻虫嗪 25%/2015.09.23 至 2020.09.23/低毒
水稻 稻飞虱 7.5-15克/公顷 喷雾
LS20150332 戊唑·多菌灵/80%/可湿性粉剂/多菌灵 64%、戊唑醇 16%/2015.12.05 至 2016.12.05/微毒
小麦 赤霉病 420-480克/公顷 喷雾
WP20090228 蚊香/0.25%/蚊香/富右旋反式烯丙菊酯 0.25%/2014.04.09 至 2019.04.09/微毒
卫生 蚊 / 点燃

江苏省扬州亿佳人日化有限公司 (江苏省扬州市邗江区杭集工业园三笑大道东侧 225111 0514-7271300)

WP20100098 电热蚊香液/0.86%/电热蚊香液/炔丙菊酯 0.86%/2010.07.07 至 2015.07.07/微毒
卫生 蚊 / 电热加温
WP20100099 电热蚊香片/10毫克/片/电热蚊香片/炔丙菊酯 10毫克/片/2010.07.13 至 2015.07.13/微毒
卫生 蚊 / 电热加温

江苏省宜兴市亚晶芯棒电器有限公司 (江苏省宜兴市丁蜀镇解放东路72号 214221 0510-87411786)

WP20120208 电热蚊香液/2.6%/电热蚊香液/Es-生物烯丙菊酯 2.6%/2012.10.30 至 2017.10.30/微毒
卫生 蚊 / 电热加温

江苏省宜兴市宜州化学制品有限公司 (江苏省无锡市宜兴市和桥镇工业区东区 214211 0510-87801463)

PD20082388 草甘膦异丙胺盐/41%/水剂/草甘膦异丙胺盐 41%/2013.12.01 至 2018.12.01/微毒
柑橘园 杂草 1230-2460克/公顷 定向茎叶喷雾
PD20083614 甲氰菊酯/20%/乳油/甲氰菊酯 20%/2013.12.12 至 2018.12.12/中等毒

甘蓝 菜青虫 60-90克/公顷 喷雾
PD20084743 甲氰·螨醇/20%/乳油/甲氰菊酯 2%、三氯杀螨醇 18%/2013.12.22 至 2018.12.22/低毒
柑橘树 红蜘蛛 166.7-250毫克/千克 喷雾
PD20085142 炔螨特/40%/乳油/炔螨特 40%/2013.12.23 至 2018.12.23/低毒
柑橘树 红蜘蛛 266-400毫克/千克 喷雾
PD20085525 氰戊菊酯/20%/乳油/氰戊菊酯 20%/2013.12.25 至 2018.12.25/低毒
十字花科蔬菜 菜青虫 90-120克/公顷 喷雾
PD20090511 氰戊·辛硫磷/25%/乳油/氰戊菊酯 6.25%、辛硫磷 18.75%/2014.01.12 至 2019.01.12/中等毒
十字花科蔬菜 菜青虫 112.5-187.5克/公顷 喷雾
PD20091047 噻嗪·杀扑磷/20%/乳油/噻嗪酮 15%、杀扑磷 5%/2014.01.21 至 2015.09.30/中等毒(原药高毒)
柑橘树 矢尖蚧 200-250毫克/千克 喷雾
PD20094019 阿维·高氯氟/2%/乳油/阿维菌素 0.3%、高效氯氟氰菊酯 1.7%/2014.03.27 至 2019.03.27/低毒(原药高毒)
甘蓝 菜青虫、小菜蛾 7.5-10.5克/公顷 喷雾
苹果树 红蜘蛛 10-13.3毫克/千克 喷雾
PD20096768 溴氰菊酯/25克/升/乳油/溴氰菊酯 25克/升/2014.09.15 至 2019.09.15/低毒
甘蓝 菜青虫 4.5-5.4克/公顷 喷雾
PD20097885 毒死蜱/40%/乳油/毒死蜱 40%/2014.11.20 至 2019.11.20/中等毒
水稻 稻纵卷叶螟 540-600克/公顷 喷雾
PD20130816 噻嗪·异丙威/25%/可湿性粉剂/噻嗪酮 5%、异丙威 20%/2013.04.22 至 2018.04.22/低毒
水稻 稻飞虱 450-562.5克/公顷 喷雾
PD20141459 炔草酯/15%/水乳剂/炔草酯 15%/2014.06.09 至 2019.06.09/低毒
小麦田 一年生禾本科杂草 45-67.5克/公顷 茎叶喷雾
PD20150217 噻嗪酮/40%/水分散粒剂/噻嗪酮 40%/2015.01.15 至 2020.01.15/低毒
水稻 稻飞虱 90-120克/公顷 喷雾
PD20152226 甲氨基阿维菌素苯甲酸盐/5%/水分散粒剂/甲氨基阿维菌素 5%/2015.09.23 至 2020.09.23/低毒
水稻 稻纵卷叶螟 9-11.25克/公顷 喷雾
注:甲氨基阿维菌素苯甲酸盐含量: 5.7%。

江苏省宜兴兴农化工制品有限公司 (江苏省无锡市宜兴市万石镇漕南 214217 0510-87851001)

PD85154-58 氰戊菊酯/20%/乳油/氰戊菊酯 20%/2015.03.14 至 2020.03.14/中等毒
柑橘树 潜叶蛾 10-20毫克/千克 喷雾
果树 梨小食心虫 10-20毫克/千克 喷雾
棉花 红铃虫、蚜虫 75-150克/公顷 喷雾
蔬菜 菜青虫、蚜虫 60-120克/公顷 喷雾
PD20040152 氯氰菊酯/5%/乳油/氯氰菊酯 5%/2014.12.19 至 2019.12.19/中等毒
十字花科蔬菜 菜青虫 30-45克/公顷 喷雾
PD20040165 高效氯氰菊酯/4.5%/乳油/高效氯氰菊酯 4.5%/2014.12.19 至 2019.12.19/低毒
甘蓝 菜青虫 13.5-27克/公顷 喷雾
PD20040722 高氯·吡虫啉/3%/乳油/吡虫啉 1.5%、高效氯氰菊酯 1.5%/2014.12.19 至 2019.12.19/中等毒
十字花科蔬菜 菜青虫 11.25-22.5克/公顷 喷雾
PD20040792 哒螨灵/15%/乳油/哒螨灵 15%/2014.12.19 至 2019.12.19/中等毒
柑橘树 红蜘蛛 100-125毫克/千克 喷雾
PD20050045 氯氰菊酯/10%/乳油/氯氰菊酯 10%/2015.04.15 至 2020.04.15/中等毒
十字花科蔬菜 菜青虫 30-45克/公顷 喷雾
PD20080934 毒死蜱/40%/乳油/毒死蜱 40%/2013.07.17 至 2018.07.17/中等毒
棉花 棉铃虫、蚜虫 600-900克/公顷 喷雾
水稻 稻飞虱 600-780克/公顷 喷雾
PD20082042 高效氯氟氰菊酯/25克/升/乳油/高效氯氟氰菊酯 25克/升/2013.11.25 至 2018.11.25/中等毒
十字花科蔬菜 菜青虫 7.5-11.25克/公顷 喷雾
烟草 烟青虫 7.5-11.25克/公顷 喷雾
PD20082219 咪鲜胺/25%/乳油/咪鲜胺 25%/2013.11.26 至 2018.11.26/低毒
柑橘 绿霉病、青霉病 500毫克/千克 浸果
水稻 恶苗病 62.5-125毫克/千克 浸种
PD20082255 甲氰菊酯/20%/乳油/甲氰菊酯 20%/2013.11.27 至 2018.11.27/中等毒
苹果树 红蜘蛛 100-133.3毫克/千克 喷雾
PD20082689 百菌清/75%/可湿性粉剂/百菌清 75%/2013.12.05 至 2018.12.05/低毒
黄瓜 霜霉病 1462.5-1687.5克/公顷 喷雾
PD20082911 甲霜·锰锌/58%/可湿性粉剂/甲霜灵 10%、代森锰锌 48%/2013.12.09 至 2018.12.09/低毒
黄瓜 霜霉病 1305-1632克/公顷 喷雾
PD20082942 噁霜·锰锌/64%/可湿性粉剂/噁霜灵 8%、代森锰锌 56%/2013.12.09 至 2018.12.09/低毒
烟草 黑胫病 2160-2400克/公顷 喷雾
PD20083284 氯氰菊酯/92%/原药/氯氰菊酯 92%/2013.12.11 至 2018.12.11/中等毒
PD20083466 阿维·辛硫磷/15%/乳油/阿维菌素 0.1%、辛硫磷 14.9%/2013.12.12 至 2018.12.12/中等毒(原药高毒)
十字花科蔬菜 小菜蛾 157.5-225克/公顷 喷雾

PD20083555 甲基硫菌灵/70%/可湿性粉剂/甲基硫菌灵 70%/2013.12.12 至 2018.12.12/低毒
黄瓜 白粉病 420－504克/公顷 喷雾
PD20083603 氰戊·辛硫磷/30%/乳油/氰戊菊酯 5%、辛硫磷 25%/2013.12.12 至 2018.12.12/中等毒
棉花 棉铃虫 180-270克/公顷 喷雾
PD20083716 敌畏·毒死蜱/35%/乳油/敌敌畏 25%、毒死蜱 10%/2013.12.15 至 2018.12.15/中等毒
水稻 稻纵卷叶螟 525-630克/公顷 喷雾
PD20084141 精噁唑禾草灵/69克/升/水乳剂/精噁唑禾草灵 69克/升/2013.12.16 至 2018.12.16/低毒
冬小麦田 一年生禾本科杂草 41.4-62.1克/公顷 茎叶喷雾
PD20084244 高效氯氟氰菊酯/95%/原药/高效氯氟氰菊酯 95%/2013.12.17 至 2018.12.17/中等毒
PD20084622 溴氰菊酯/25克/升/乳油/溴氰菊酯 25克/升/2013.12.18 至 2018.12.18/中等毒
十字花科蔬菜 菜青虫 7.5-15克/公顷 喷雾
PD20085016 联苯菊酯/90%/原药/联苯菊酯 90%/2013.12.22 至 2018.12.22/中等毒
PD20085655 联苯菊酯/25克/升/乳油/联苯菊酯 25克/升/2013.12.26 至 2018.12.26/低毒
茶树 茶尺蠖 11.25-15克/公顷 喷雾
PD20085826 草甘膦异丙胺盐/41%/水剂/草甘膦异丙胺盐 41%/2013.12.29 至 2018.12.29/低毒
非耕地 一年生及部分多年生杂草 1125－3000克/公顷 茎叶喷雾
PD20085844 噻嗪·杀扑磷/20%/乳油/噻嗪酮 10%、杀扑磷 10%/2013.12.29 至 2015.09.30/中等毒(原药高毒)
柑橘树 矢尖蚧 200-250毫克/千克 喷雾
PD20085957 阿维·高氯/2%/乳油/阿维菌素 0.3%、高效氯氰菊酯 1.7%/2013.12.29 至 2018.12.29/低毒(原药高毒)
黄瓜 美洲斑潜蝇 15-30克/公顷 喷雾
PD20090131 吡虫·灭多威/10%/可湿性粉剂/吡虫啉 2%、灭多威 8%/2014.01.08 至 2019.01.08/中等毒(原药高毒)
棉花 蚜虫 30-60克/公顷 喷雾
PD20090198 苏云金杆菌/8000IU/毫克/可湿性粉剂/苏云金杆菌 8000IU/毫克/2014.01.08 至 2019.01.08/微毒
十字花科蔬菜 菜青虫 1500-2250克制剂/公顷 喷雾
水稻 稻纵卷叶螟 3000-4500克制剂/公顷 喷雾
PD20090677 溴氰菊酯/50克/升/乳油/溴氰菊酯 50克/升/2014.01.19 至 2019.01.19/中等毒
甘蓝 菜青虫 3.15-4.05克/公顷 喷雾
PD20090707 噻嗪·氧乐果/35%/乳油/噻嗪酮 15%、氧乐果 20%/2014.01.19 至 2019.01.19/中等毒(原药高毒)
水稻 飞虱 262.5-393.75克/公顷 喷雾
PD20091297 草甘膦异丙胺盐（41%）///水剂/草甘膦 30%/2014.02.01 至 2019.02.01/微毒
柑橘园 杂草 1200-2400克/公顷 喷雾
PD20091313 吡·井·杀虫单/42.5%/可湿性粉剂/吡虫啉 2%、井冈霉素 5%、杀虫单 35.5%/2014.02.01 至 2019.02.01/中等毒
水稻 稻纵卷叶螟、飞虱、纹枯病 637.5-765克/公顷 喷雾
PD20098217 吗胍·乙酸铜/20%/可湿性粉剂/盐酸吗啉胍 10%、乙酸铜 10%/2014.12.16 至 2019.12.16/低毒
番茄 病毒病 450-750克/公顷 喷雾
PD20100226 哒·矿物油/34%/乳油/哒螨灵 4%、矿物油 30%/2015.01.11 至 2020.01.11/低毒
柑橘树 红蜘蛛 170-340毫克/千克 喷雾
PD20101187 辛硫·三唑磷/20%/乳油/三唑磷 10%、辛硫磷 10%/2015.01.28 至 2020.01.28/中等毒
水稻 二化螟 360-510克/公顷 喷雾
PD20120922 阿维菌素/1.8%/乳油/阿维菌素 1.8%/2012.06.04 至 2017.06.04/低毒(原药高毒)
菜豆 美洲斑潜蝇 6-7.5克/公顷 喷雾
PD20121274 草甘膦铵盐/68%/可溶粒剂/草甘膦 68%/2012.09.06 至 2017.09.06/低毒
非耕地 杂草 1020-2040g/ha 定向茎叶喷雾
注:草甘膦铵盐含量:74.7%。
PD20130538 己唑醇/5%/悬浮剂/己唑醇 5%/2013.04.01 至 2018.04.01/低毒
水稻 纹枯病 68-75克/公顷 喷雾
PD20131584 高效氯氟氰菊酯/2.5%/水乳剂/高效氯氟氰菊酯 2.5%/2013.07.23 至 2018.07.23/中等毒
甘蓝 蚜虫 5.625-9.375克/公顷 喷雾
PD20132020 草甘膦铵盐/50%/可溶粉剂/草甘膦 50%/2013.10.21 至 2018.10.21/低毒
非耕地 杂草 1125-2250克/公顷 喷雾
注:草甘膦铵盐含量：55%。

江苏省张家港市美佳乐气雾剂制造有限公司 （江苏省苏州市张家港市妙桥镇工业西区 215615 0512-58460158)

WP20110254 杀虫气雾剂/0.48%/气雾剂/富右旋反式烯丙菊酯 0.16%、氯菊酯 0.32%/2011.11.18 至 2016.11.18/微毒
卫生 蚊、蝇、蜚蠊 / 喷雾
WP20110256 杀虫气雾剂/0.45%/气雾剂/富右旋反式烯丙菊酯 0.15%、高效氯氰菊酯 0.05%、氯菊酯 0.25%/2011.11.18 至2016.11.18/微毒
卫生 蚊、蝇、蜚蠊 / 喷雾
WP20120002 蚊香/0.3%/蚊香/富右旋反式烯丙菊酯 0.3%/2012.01.10 至 2017.01.10/微毒
卫生 蚊 / 点燃
注:本产品有三种香型：桂花香型、檀香型、薰衣草香型。

江苏省镇江豪威杀虫消毒用品有限责任公司 (江苏省镇江市经济开发区社湖新村23幢205号 212000 0511-5015398)

WP20080185 杀蟑饵剂/2%/饵剂/乙酰甲胺磷 2%/2013.11.19 至 2018.11.19/低毒
卫生 蜚蠊 / 投放

WP20080193 胺·氯菊/7%/可溶液剂/胺菊酯 3%、氯菊酯 4%/2013.11.20 至 2018.11.20/低毒
卫生 蚊、蝇 玻璃面：21毫克/平方米；木板面：42毫克/平方米；白灰面：70毫克/平方米 滞留喷洒

WP20080255 杀虫颗粒剂/5%/颗粒剂/倍硫磷 5%/2013.11.26 至 2018.11.26/低毒
卫生 蚊(幼虫) 17-20克制剂/平方米 撒布
卫生 蝇(幼虫) 40克制剂/平方米 撒布

江苏省镇江市长江卫生用品有限公司 (江苏省镇江市丁卯桥41号 212003 0511-8883170)

WP20120105 杀蟑饵剂/0.3%/饵剂/胺菊酯 0.15%、氯菊酯 0.15%/2012.06.04 至 2017.06.04/低毒
卫生 蜚蠊 / 投放

江苏省镇江市丹徒区利民卫生用品厂 (江苏省镇江市丹徒区宝埝镇 212125 0511-4426931)

WP20090007 杀蟑饵剂/1.5%/饵剂/乙酰甲胺磷 1.5%/2014.01.04 至 2019.01.04/低毒
卫生 蜚蠊 / 投放

江苏省镇江振邦化工有限公司 (江苏省镇江市北门坡51号 212001 0511-5233677)

PD85133-3 福美双/95%/原药/福美双 95%/2015.07.13 至 2020.07.13/中等毒

江苏省泗阳县鼠药厂 (江苏省泗阳县工业园东区 223700 0527-5377667)

PD20070322 溴敌隆/98%/原药/溴敌隆 98%/2012.09.27 至 2017.09.27/剧毒
PD20070323 溴鼠灵/98%/原药/溴鼠灵 98%/2012.09.27 至 2017.09.27/剧毒
PD20081024 溴敌隆/0.5%/母液/溴敌隆 0.5%/2013.08.06 至 2018.08.06/中等毒(原药剧毒)
农田 害鼠 配成0.005%毒饵1500-2250克/公顷 投放毒饵
PD20081101 溴鼠灵/0.5%/母液/溴鼠灵 0.5%/2013.08.18 至 2018.08.18/中等毒(原药剧毒)
农田 田鼠 配成0.005%毒饵1500-2250克/公顷 投放毒饵
PD20081102 溴鼠灵/0.005%/毒饵/溴鼠灵 0.005%/2013.08.18 至 2018.08.18/低毒(原药剧毒)
室内 家鼠 饱和投饵 投饵
PD20081154 杀鼠灵/97%/原药/杀鼠灵 97%/2013.09.02 至 2018.09.02/高毒
PD20083600 杀鼠醚/98%/原药/杀鼠醚 98%/2013.12.12 至 2018.12.12/剧毒

江苏省溧阳中南化工有限公司 (江苏省常州市溧阳市上黄镇 213314 0519-7390137)

PD20050113 吡虫·杀虫单/50%/可湿性粉剂/吡虫啉 1.3%、杀虫单 48.7%/2015.08.15 至 2020.08.15/中等毒
水稻 稻飞虱、稻纵卷叶螟、二化螟、三化螟 450-750克/公顷 喷雾
PD20050114 吡虫·杀虫单/40%/可湿性粉剂/吡虫啉 1%、杀虫单 39%/2015.08.15 至 2020.08.15/中等毒
水稻 稻飞虱、稻纵卷叶螟、二化螟、三化螟 450-750克/公顷 喷雾
PD20082707 毒死蜱/45%/乳油/毒死蜱 45%/2013.12.05 至 2018.12.05/中等毒
水稻 稻飞虱、稻纵卷叶螟 468-612克/公顷 喷雾
PD20083264 噻嗪酮/25%/可湿性粉剂/噻嗪酮 25%/2013.12.11 至 2018.12.11/低毒
茶树 小绿叶蝉 150-187.5克/公顷 喷雾
水稻 稻飞虱 150-187.5克/公顷 喷雾
PD20086165 溴氰 ·敌敌畏/25%/乳油/敌敌畏 24.5%、溴氰菊酯 0.5%/2013.12.30 至 2018.12.30/中等毒
十字花科蔬菜 菜青虫 187.5-281.25克/公顷 喷雾
PD20090312 井·噻·杀虫单/52%/可湿性粉剂/井冈霉素 6%、噻嗪酮 7%、杀虫单 39%/2014.01.12 至 2019.01.12/中等毒
水稻 飞虱、螟虫、纹枯病 780-936克/公顷 喷雾
PD20094850 井冈·蜡芽菌/40%/可湿性粉剂/井冈霉素 8%、蜡质芽孢杆菌 32%/2014.04.13 至 2019.04.13/低毒
水稻 纹枯病 300-360克/公顷 喷雾
PD20096445 吡虫啉/10%/可湿性粉剂/吡虫啉 10%/2014.08.05 至 2019.08.05/低毒
水稻 稻飞虱 15-30克/公顷 喷雾
PD20131357 井冈·蜡芽菌///水剂/井冈霉素A 5%、蜡质芽孢杆菌 10亿个/毫升/2013.06.20 至 2018.06.20/微毒
水稻 纹枯病 52.5—67.5克/公顷 喷雾
PD20131645 井冈·苯醚甲/12%/可湿性粉剂/苯醚甲环唑 4%、井冈霉素A 8%/2013.07.31 至 2018.07.31/微毒
水稻 稻曲病、纹枯病 54—72克/公顷 喷雾
PD20131659 甲维·毒死蜱/30%/可湿性粉剂/毒死蜱 28%、甲氨基阿维菌素苯甲酸盐 2%/2013.08.01 至 2018.08.01/低毒
水稻 稻纵卷叶螟 180-270克/公顷 喷雾
PD20131868 井冈·蛇床素/6%/可湿性粉剂/井冈霉素A 5.9%、蛇床子素 0.1%/2013.09.25 至 2018.09.25/微毒
水稻 纹枯病 45—54克/公顷 喷雾
PD20141203 噻呋酰胺/240克/升/悬浮剂/噻呋酰胺 240克/升/2014.05.06 至 2019.05.06/低毒
水稻 纹枯病 72—108克/公顷 喷雾
PD20142287 甲氨基阿维菌素苯甲酸盐/5%/悬浮剂/甲氨基阿维菌素 5%/2014.11.02 至 2019.11.02/低毒
水稻 稻纵卷叶螟 11.25-15克/公顷 喷雾
注:甲氨基阿维菌素苯甲酸盐含量：5.7%。
PD20150119 茚虫威/15%/悬浮剂/茚虫威 15%/2015.01.07 至 2020.01.07/低毒
水稻 稻纵卷叶螟 33.75-45克/公顷 喷雾
LS20120401 甲维·杀虫单/60%/可湿性粉剂/甲氨基阿维菌素苯甲酸盐 1%、杀虫单 59%/2014.12.12 至 2015.12.12/中等毒
水稻 稻纵卷叶螟 540-630克/公顷 喷雾
LS20130405 噻呋·戊唑醇/27%/悬浮剂/噻呋酰胺 9%、戊唑醇 18%/2015.07.29 至 2016.07.29/低毒
水稻 纹枯病 90-135克/公顷 喷雾

LS20140106 井冈·蛇床素/12%/水剂/井冈霉素A 11.8%、蛇床子素 0.2%/2015.03.17 至 2016.03.17/微毒
水稻 纹枯病 90-108克/公顷 喷雾
LS20150268 吡蚜·噻嗪酮/60%/可湿性粉剂/吡蚜酮 5%、噻嗪酮 55%/2015.08.28 至 2016.08.28/低毒
水稻 稻飞虱 270-360克/公顷 喷雾

江苏苏滨生物农化有限公司 (江苏省盐城市滨海县经济开发区沿海工业园 224500 0515-82081982)

PD20080343 多菌灵/25%/可湿性粉剂/多菌灵 25%/2013.02.26 至 2018.02.26/低毒
小麦 赤霉病 750-937.5克/公顷 喷雾
PD20084697 吡虫啉/10%/可湿性粉剂/吡虫啉 10%/2013.12.22 至 2018.12.22/低毒
水稻 稻飞虱 15-30克/公顷 喷雾
PD20091631 井冈·蜡芽菌/15%/可溶粉剂/井冈霉素 10%、蜡质芽孢杆菌 5%/2014.02.03 至 2019.02.03/低毒
水稻 稻曲病 112.5-157.5克/公顷 喷雾
水稻 纹枯病 90-135克/公顷 喷雾
PD20093446 毒·辛/25%/乳油/毒死蜱 7%、辛硫磷 18%/2014.03.23 至 2019.03.23/中等毒
水稻 稻纵卷叶螟 450-562.5克/公顷 喷雾
PD20096038 井冈·枯芽菌///水剂/井冈霉素 2.5%、枯草芽孢杆菌 100亿活芽孢/毫升/2014.06.15 至 2019.06.15/低毒
水稻 稻曲病、纹枯病 3000-3600毫升制剂/公顷 喷雾
PD20110505 吡虫啉/70%/水分散粒剂/吡虫啉 70%/2011.05.03 至 2016.05.03/低毒
水稻 飞虱 31.5-45克/公顷 喷雾
PD20110715 己唑醇/25%/悬浮剂/己唑醇 25%/2011.07.07 至 2016.07.07/低毒
黄瓜 白粉病 21.6－50.4克/公顷 喷雾
PD20120710 吡虫·异丙威/25%/可湿性粉剂/吡虫啉 5%、异丙威 20%/2012.04.18 至 2017.04.18/低毒
水稻 稻飞虱 112.5-150克/公顷 喷雾
PD20120862 高效氯氟氰菊酯/96%/原药/高效氯氟氰菊酯 96%/2012.05.23 至 2017.05.23/中等毒
PD20120896 甲维·仲丁威/25%/乳油/甲氨基阿维菌素苯甲酸盐 0.4%、仲丁威 24.6%/2012.05.24 至 2017.05.24/低毒
水稻 稻纵卷叶螟 225-262.5克/公顷 喷雾
PD20120912 嘧菌酯/96%/原药/嘧菌酯 96%/2012.05.31 至 2017.05.31/低毒
PD20121058 吡虫啉/98%/原药/吡虫啉 98%/2012.07.12 至 2017.07.12/中等毒
PD20121124 戊唑醇/430克/升/悬浮剂/戊唑醇 430克/升/2012.07.30 至 2017.07.30/低毒
苦瓜 白粉病 77.4-116.1克/公顷 喷雾
水稻 稻曲病、纹枯病 97-129克/公顷 喷雾
PD20121431 戊唑醇/96%/原药/戊唑醇 96%/2012.10.08 至 2017.10.08/低毒
PD20121574 啶虫脒/99%/原药/啶虫脒 99%/2012.10.25 至 2017.10.25/中等毒
PD20121919 吡虫啉/600克/升/悬浮剂/吡虫啉 600克/升/2012.12.07 至 2017.12.07/低毒
水稻 飞虱 36-45克/公顷 喷雾
PD20121953 甲氨基阿维菌素苯甲酸盐/5%/水分散粒剂/甲氨基阿维菌素 5%/2012.12.12 至 2017.12.12/低毒
甘蓝 甜菜夜蛾 3-3.75克/公顷 喷雾
注:甲氨基阿维菌素苯甲酸盐含量:5.7%。
PD20130589 嘧菌酯/250克/升/悬浮剂/嘧菌酯 250克/升/2013.04.02 至 2018.04.02/低毒
葡萄 白腐病 200-300毫克/千克 喷雾
PD20130968 噻嗪·仲丁威/25%/乳油/噻嗪酮 5%、仲丁威 20%/2013.05.02 至 2018.05.02/低毒
水稻 稻飞虱 225-281.25克/公顷 喷雾
PD20130976 多效唑/25%/悬浮剂/多效唑 25%/2013.05.02 至 2018.05.02/低毒
苹果树 调节生长 50-90毫克/千克 沟施，覆土
PD20131364 噻虫嗪/25%/水分散粒剂/噻虫嗪 25%/2013.06.20 至 2018.06.20/低毒
菠菜 蚜虫 22.5-30克/公顷 喷雾
芹菜 蚜虫 15-30克/公顷 喷雾
水稻 稻飞虱 7.5-15克/公顷 喷雾
PD20131607 茚虫威/71.2%/母药/茚虫威 71.2%/2013.07.29 至 2018.07.29/中等毒
PD20131609 噻虫嗪/98%/原药/噻虫嗪 98%/2013.07.29 至 2018.07.29/低毒
PD20132187 咪鲜·己唑醇/20%/可湿性粉剂/己唑醇 1.5%、咪鲜胺锰盐 18.5%/2013.10.29 至 2018.10.29/低毒
水稻 稻瘟病 120-150克/公顷 喷雾
水稻 纹枯病 60－120克/公顷 喷雾
PD20132228 枯草芽孢杆菌/1000亿个/克/可湿性粉剂/枯草芽孢杆菌 1000亿个/克/2013.11.05 至 2018.11.05/低毒
水稻 纹枯病 9-12克制剂/亩 喷雾
PD20141709 咯菌腈/97%/原药/咯菌腈 97%/2014.06.30 至 2019.06.30/微毒
PD20150575 阿维·茚虫威/9%/悬浮剂/阿维菌素 3%、茚虫威 6%/2015.04.15 至 2020.04.15/低毒(原药高毒)
水稻 稻纵卷叶螟 20.25-33.75克/公顷 喷雾
PD20150576 噻呋·甲硫/50%/悬浮剂/甲基硫菌灵 35%、噻呋酰胺 15%/2015.04.15 至 2020.04.15/低毒
水稻 纹枯病 150-187.5克/公顷 喷雾
PD20151111 枯草芽孢杆菌/1000亿CFU/克/母药/枯草芽孢杆菌 1000亿CFU/克/2015.06.25 至 2020.06.25/微毒
PD20151854 茚虫威/30%/悬浮剂/茚虫威 30%/2015.08.30 至 2020.08.30/低毒
甘蓝 菜青虫 18-22.5克/公顷 喷雾
水稻 稻纵卷叶螟 33.75-45克/公顷 喷雾

江苏苏中农药化工厂　(江苏省泰州市泰兴市黄桥镇印三路2号　225411　0523-7227293)

登记证号	农药信息/登记作物	防治对象	用药量	施用方法
PD84111-49	氧乐果/40%/乳油/氧乐果 40%/2014.12.20 至 2019.12.20/高毒			
	棉花	蚜虫、螨	375-600克/公顷	喷雾
	森林	松干蚧、松毛虫	500倍液	喷雾或直接涂树干
	水稻	稻纵卷叶螟、飞虱	375-600克/公顷	喷雾
	小麦	蚜虫	300-450克/公顷	喷雾
PD84118-13	多菌灵/25%/可湿性粉剂/多菌灵 25%/2014.12.20 至 2019.12.20/低毒			
	果树	病害	0.05-0.1%药液	喷雾
	花生	倒秧病	750克/公顷	喷雾
	麦类	赤霉病	750克/公顷	喷雾,泼浇
	棉花	苗期病害	500克/100千克种子	拌种
	水稻	稻瘟病、纹枯病	750克/公顷	喷雾,泼浇
	油菜	菌核病	1125-1500克/公顷	喷雾
PD85105-77	敌敌畏/77.5%/乳油/敌敌畏 77.5%/2015.01.27 至 2020.01.27/中等毒			
	茶树	食叶害虫	600克/公顷	喷雾
	粮仓	多种储藏害虫	1)400-500倍液2)0.4-0.5克/立方米	1)喷雾,2)挂条熏蒸
	棉花	蚜虫、造桥虫	600-1200克/公顷	喷雾
	苹果树	小卷叶蛾、蚜虫	400-500毫克/千克	喷雾
	青菜	菜青虫	600克/公顷	喷雾
	桑树	尺蠖	600克/公顷	喷雾
	卫生	多种卫生害虫	1)300-400倍液,2)0.08克/立方米	1)泼洒.2)挂条熏蒸
	小麦	黏虫、蚜虫	600克/公顷	喷雾
PD85166-5	绿麦隆/25%/可湿性粉剂/绿麦隆 25%/2010.09.26 至 2015.09.26/低毒			
	大麦、小麦、玉米	一年生杂草	1500-3000克/公顷(北方地区),600-1500克/公顷(南方地区)	播后苗前或苗期喷雾
PD20040107	三唑酮/20%/乳油/三唑酮 20%/2014.12.19 至 2019.12.19/低毒			
	小麦	白粉病	120-127.5克/公顷	喷雾
PD20040168	吡虫啉/10%/可湿性粉剂/吡虫啉 10%/2014.12.19 至 2019.12.19/低毒			
	水稻	飞虱	15-30克/公顷	喷雾
PD20070517	噻嗪酮/25%/可湿性粉剂/噻嗪酮 25%/2012.11.28 至 2017.11.28/低毒			
	水稻	稻飞虱	75-112.5克/公顷	喷雾
PD20080781	硫磺·三环唑/45%/可湿性粉剂/硫磺 40%、三环唑 5%/2013.06.20 至 2018.06.20/低毒			
	水稻	稻瘟病	810-1215克/公顷	喷雾
PD20081152	三环唑/20%/可湿性粉剂/三环唑 20%/2013.09.02 至 2018.09.02/中等毒			
	水稻	稻瘟病	225-300克/公顷	喷雾
PD20082923	啶虫脒/5%/可湿性粉剂/啶虫脒 5%/2013.12.09 至 2018.12.09/低毒			
	柑橘	蚜虫	8.6-12毫克/千克	喷雾
PD20095293	三唑磷/20%/乳油/三唑磷 20%/2014.04.27 至 2019.04.27/中等毒			
	水稻	三化螟	360-450克/公顷	喷雾
PD20100959	多菌灵/80%/可湿性粉剂/多菌灵 80%/2015.01.19 至 2020.01.19/低毒			
	水稻	稻瘟病	750－900克公顷	喷雾
PD20100962	速灭·硫酸铜/74%/可湿性粉剂/速灭威 0.1%、硫酸铜 73.9%/2015.01.19 至 2020.01.19/低毒			
	旱地(棉花田)	蜗牛	3108-3663克/公顷	喷雾
	注:2014.12.25更正有效期			

江苏苏州佳辉化工有限公司　(江苏省苏州市相城区东桥镇　215152　0512-65371841)

登记证号	农药信息/登记作物	防治对象	用药量	施用方法
PD85150-32	多菌灵/50%/可湿性粉剂/多菌灵 50%/2015.07.15 至 2020.07.15/低毒			
	果树	病害	0.05-0.1%药液	喷雾
	花生	倒秧病	750克/公顷	喷雾
	麦类	赤霉病	750克/公顷	喷雾、泼浇
	棉花	苗期病害	500克/100千克种子	拌种
	水稻	稻瘟病、纹枯病	750克/公顷	喷雾、泼浇
	油菜	菌核病	1125-1500克/公顷	喷雾
PD92103-16	草甘膦/95%,93%,90%/原药/草甘膦 95%,93%,90%/2012.08.27 至 2017.08.27/低毒			
PD20040127	高效氯氰菊酯/4.5%/乳油/高效氯氰菊酯 4.5%/2014.12.19 至 2019.12.19/低毒			
	十字花科蔬菜	菜青虫	20.25-33.75克/公顷	喷雾
PD20040760	吡虫啉/10%/可湿性粉剂/吡虫啉 10%/2014.12.19 至 2019.12.19/低毒			
	水稻	飞虱	15-30克/公顷	喷雾
PD20060064	百草枯/200克/升/水剂/百草枯 200克/升/2014.12.31 至 2019.12.31/中等毒			
	注:专供出口,不得在国内销售。			
PD20080492	百草枯/42%/母药/百草枯 42%/2014.04.07 至 2019.04.07/中等毒			
PD20081001	草甘膦异丙胺盐/41%/水剂/草甘膦异丙胺盐 41%/2013.08.06 至 2018.08.06/低毒			

柑橘园　杂草　1230-2460克/公顷　定向茎叶喷雾
PD20081365　草甘膦异丙胺盐(41%)///水剂/草甘膦 30%/2013.10.22 至 2018.10.22/低毒
茶园、甘蔗田、果园、剑麻、林木、苹果园、桑树、橡胶园　杂草　1125-2250克/公顷　定向茎叶喷雾
棉花田　杂草　922.5-1230克/公顷　定向茎叶喷雾
PD20081419　百菌清/75%/可湿性粉剂/百菌清 75%/2013.10.31 至 2018.10.31/低毒
番茄　灰霉病　1350-2250克/公顷　喷雾
黄瓜　霜霉病　1350-2250克/公顷　喷雾
PD20084644　毒死蜱/45%/乳油/毒死蜱 45%/2013.12.18 至 2018.12.18/中等毒
柑橘　矢尖蚧　300—600毫克/千克　喷雾
棉花　蚜虫　720-900克/公顷　喷雾
苹果　桃小食心虫　180—225毫克/千克　喷雾
苹果　绵蚜　225—300毫克/千克　喷雾
水稻　稻飞虱、稻纵卷叶螟　432—576克/公顷　喷雾
小麦　蚜虫　216—288克/公顷　喷雾
PD20091382　2甲·草甘膦/47%/水剂/草甘膦异丙胺盐 40.5%、2甲4氯异丙胺盐 6.5%/2014.02.02 至 2019.02.02/低毒
柑橘园　杂草　1822.5-3037.5克/公顷　定向喷雾
PD20094612　烯草酮/240克/升/乳油/烯草酮 240克/升/2014.04.10 至 2019.04.10/低毒
大豆田　一年生禾本科杂草　108-144克/公顷　茎叶喷雾
油菜田　一年生禾本科杂草　54-90克/公顷　茎叶喷雾
PD20097713　野麦畏/37%/乳油/野麦畏 37%/2014.11.04 至 2019.11.04/低毒
小麦田　野燕麦　900-1500克/公顷　土壤处理
PD20101904　草甘膦异丙胺盐(62%)///母药/草甘膦 46%/2015.08.27 至 2020.08.27/低毒
PD20121222　草甘膦铵盐/68%/可溶粒剂/草甘膦 68%/2012.08.10 至 2017.08.10/低毒
非耕地　杂草　1120.5-2241克/公顷　喷雾
注:草甘膦铵盐含量: 74.7%。
PD20121380　草甘膦铵盐/50%/可溶粉剂/草甘膦 50%/2012.09.13 至 2017.09.13/低毒
非耕地　杂草　1125-2250克/公顷　茎叶喷雾
注:草甘膦铵盐含量:55%
PD20131406　2甲·草甘膦/40.5%/水剂/草甘膦 34%、2甲4氯 6.5%/2013.07.02 至 2018.07.02/低毒
注:专供出口，不得在国销售。草甘膦异丙胺盐含量: 45.9%。2甲4氯异丙胺盐含量: 8.4%。
PD20132367　毒死蜱/15%/颗粒剂/毒死蜱 15%/2013.11.20 至 2018.11.20/低毒
花生　蛴螬　2250-2812.5克/公顷　撒施
PD20140662　烟嘧·莠去津/30%/可分散油悬浮剂/烟嘧磺隆 3.5%、莠去津 26.5%/2014.03.14 至 2019.03.14/低毒
玉米田　一年生杂草　450-517.5克/公顷　茎叶喷雾
PD20141682　氰氟草酯/10%/水乳剂/氰氟草酯 10%/2014.06.30 至 2019.06.30/低毒
水稻田(直播)　稗草、千金子等禾本科杂草　60-180g/公顷　茎叶喷雾
PD20142619　野麦畏/40%/微囊悬浮剂/野麦畏 40%/2014.12.15 至 2019.12.15/微毒
小麦田　野燕麦　900-1200克/公顷　土壤喷雾
PD20152299　氰氟草酯/20%/水乳剂/氰氟草酯 20%/2015.10.21 至 2020.10.21/低毒
水稻田(直播)　稗草、千金子等禾本科杂草　90-120克/公顷　茎叶喷雾
PD20152636　草甘膦钾盐/50%/水剂/草甘膦 41%/2015.12.18 至 2020.12.18/低毒
非耕地　杂草　2062.5-3000克/公顷　喷雾
注:草甘膦钾盐含量: 50%。

江苏泰仓农化有限公司　(江苏省南通如皋市石庄镇绥江路8号　226531　0513-81760009)

PD84117-9　多菌灵/98%,95%,92%/原药/多菌灵 98%,95%,92%/2014.07.30 至 2019.07.30/低毒
PD84118-37　多菌灵/25%/可湿性粉剂/多菌灵 25%/2014.11.24 至 2019.11.24/低毒
果树　病害　0.05-0.1%药液　喷雾
花生　倒秧病　750克/公顷　喷雾
麦类　赤霉病　750克/公顷　喷雾,泼浇
棉花　苗期病害　500克/100千克种子　拌种
水稻　稻瘟病、纹枯病　750克/公顷　喷雾,泼浇
油菜　菌核病　1125-1500克/公顷　喷雾
PD85150-29　多菌灵/50%/可湿性粉剂/多菌灵 50%/2015.08.15 至 2020.08.15/低毒
果树　病害　0.05-0.1%药液　喷雾
花生　倒秧病　750克/公顷　喷雾
麦类　赤霉病　750克/公顷　喷雾、泼浇
棉花　苗期病害　500克/100千克种子　拌种
水稻　稻瘟病、纹枯病　750克/公顷　喷雾、泼浇
油菜　菌核病　1125-1500克/公顷　喷雾
PD85159-32　草甘膦/30%/水剂/草甘膦 30%/2015.08.15 至 2020.08.15/低毒
茶园、甘蔗田、果园　多年生恶性杂草、一年生杂草　1125-2250克/公顷　喷雾

登记证号	登记作物	防治对象	用药量	施用方法
	、剑麻、林木、桑园			
	、橡胶园			
PD91106-22	甲基硫菌灵/70%/可湿性粉剂/甲基硫菌灵 70%/2011.04.05 至 2016.04.05/低毒			
	番茄	叶霉病	375-562.5克/公顷	喷雾
	甘薯	黑斑病	360-450毫克/千克	浸薯块
	瓜类	白粉病	337.5-506.25克/公顷	喷雾
	梨树	黑星病	360-450毫克/千克	喷雾
	苹果树	轮纹病	700毫克/千克	喷雾
	水稻	稻瘟病、纹枯病	1050-1500克/公顷	喷雾
	小麦	赤霉病	750-1050克/公顷	喷雾
PD92101-2	多菌灵/40%/可湿性粉剂/多菌灵 40%/2012.01.15 至 2017.01.15/低毒			
	果树	病害	0.05-0.1%药液	喷雾
	花生	倒秧病	750克/公顷	喷雾
	麦类	赤霉病	750克/公顷	喷雾, 泼浇
	棉花	苗期病害	500克/100千克种子	拌种
	水稻	稻瘟病、纹枯病	750克/公顷	喷雾, 泼浇
	油菜	菌核病	1125-1500克/公顷	喷雾
PD92102-2	多菌灵/80%/可湿性粉剂/多菌灵 80%/2012.01.15 至 2017.01.15/低毒			
	果树	病害	0.05-0.1%药液	喷雾
	花生	倒秧病	750克/公顷	喷雾
	麦类	赤霉病	750克/公顷	喷雾, 泼浇
	棉花	苗期病害	500克/100千克种子	拌种
	水稻	稻瘟病、纹枯病	750克/公顷	喷雾, 泼浇
	油菜	菌核病	1125-1500克/公顷	喷雾
PD92103-15	草甘膦/95%, 93%, 90%/原药/草甘膦 95%, 93%, 90%/2012.08.09 至 2017.08.09/低毒			
PD20070151	甲基硫菌灵/95%/原药/甲基硫菌灵 95%/2012.06.07 至 2017.06.07/低毒			
PD20070334	丙环唑/95%/原药/丙环唑 95%/2012.10.12 至 2017.10.12/低毒			
PD20081799	丙环唑/25%/乳油/丙环唑 25%/2013.11.19 至 2018.11.19/低毒			
	香蕉	叶斑病	500-1000倍液	喷雾
PD20082841	草甘膦异丙胺盐/30%/水剂/草甘膦 30%/2013.12.09 至 2018.12.09/低毒			
	非耕地	杂草	1125-3000克/公顷	茎叶喷雾
	柑橘园	杂草	1125-2250克/公顷	茎叶喷雾
	注:草甘膦异丙胺盐含量: 41%。			
PD20092591	井冈·多菌灵/28%/悬浮剂/多菌灵 24%、井冈霉素 4%/2014.02.27 至 2019.02.27/低毒			
	水稻	稻瘟病	375-525克/公顷	喷雾
	小麦	赤霉病	375克/公顷	喷雾
PD20093175	井冈·三环唑//悬浮剂/井冈霉素 40000微克/毫升、三环唑 16%/2014.03.11 至 2019.03.11/低毒			
	水稻	稻瘟病	300-450克/公顷	喷雾
PD20095341	多菌灵/500克/升/悬浮剂/多菌灵 500克/升/2014.04.27 至 2019.04.27/低毒			
	苹果树	轮纹病	625-1000毫克/千克	喷雾
PD20097395	苯菌灵/95%/原药/苯菌灵 95%/2014.10.28 至 2019.10.28/低毒			
PD20098164	苯菌灵/50%/可湿性粉剂/苯菌灵 50%/2014.12.14 至 2019.12.14/低毒			
	柑橘树	疮痂病	500-600倍液	喷雾
PD20101045	甲基硫菌灵/500克/升/悬浮剂/甲基硫菌灵 500克/升/2015.01.21 至 2020.01.21/低毒			
	水稻	稻瘟病	975－1200克/公顷	喷雾
PD20102045	草甘膦异丙胺盐/46%/水剂/草甘膦 46%/2015.10.27 至 2020.10.27/微毒			
	柑橘园	杂草	1395-2325克/公顷	定向茎叶喷雾
	注:草甘膦异丙胺盐含量:62%			
PD20110499	麦草畏/98%/原药/麦草畏 98%/2011.05.03 至 2016.05.03/低毒			
PD20110978	草甘膦铵盐/68%/可溶粒剂/草甘膦 68%/2011.09.14 至 2016.09.14/微毒			
	柑橘园	杂草	1125-2250克/公顷	定向茎叶喷雾
	注:草甘膦铵盐含量:74.7%。			
PD20132189	麦草畏/480克/升/水剂/麦草畏 480克/升/2013.10.29 至 2018.10.29/低毒			
	小麦田	一年生阔叶杂草	180-216克/公顷	茎叶喷雾

江苏腾龙生物药业有限公司　(江苏省盐城市大丰市西团镇城乡北路1号　224124　0515-83695266)

登记证号	登记作物	防治对象	用药量	施用方法
PD85120-4	乐果/96%/原药/乐果 96%/2015.07.14 至 2020.07.14/中等毒			
PD85121-30	乐果/40%/乳油/乐果 40%/2015.07.14 至 2020.07.14/中等毒			
	茶树	蚜虫、叶蝉、螨	1000-2000倍液	喷雾
	甘薯	小象甲	2000倍液	浸鲜薯片诱杀
	柑橘树、苹果树	鳞翅目幼虫、蚜虫、螨	800-1600倍液	喷雾
	棉花	蚜虫、螨	450-600克/公顷	喷雾
	蔬菜	蚜虫、螨	300-600克/公顷	喷雾
	水稻	飞虱、螟虫、叶蝉	450-600克/公顷	喷雾

登记证号	登记作物/农药信息	防治对象	用药量	施用方法
	烟草	蚜虫、烟青虫	300-600克/公顷	喷雾
PD85154-51	氰戊菊酯/20%/乳油/氰戊菊酯 20%/2015.07.14 至 2020.07.14/中等毒			
	柑橘树	潜叶蛾	10-20毫克/千克	喷雾
	果树	梨小食心虫	10-20毫克/千克	喷雾
	棉花	红铃虫、蚜虫	75-150克/公顷	喷雾
	蔬菜	菜青虫、蚜虫	60-120克/公顷	喷雾
PD20070629	噻吩磺隆/95%/原药/噻吩磺隆 95%/2012.12.14 至 2017.12.14/低毒			
PD20080255	稻丰散/93%/原药/稻丰散 93%/2013.02.19 至 2018.02.19/中等毒			
PD20081994	丁草胺/60%/乳油/丁草胺 60%/2013.11.25 至 2018.11.25/低毒			
	水稻移栽田	稗草、异型莎草	1500-2250克/公顷	药土法
PD20082134	乙草胺/50%/乳油/乙草胺 50%/2013.11.25 至 2018.11.25/低毒			
	夏玉米田	一年生杂草	750-1050克/公顷	土壤喷雾
PD20082275	苯磺隆/10%/可湿性粉剂/苯磺隆 10%/2013.11.27 至 2018.11.27/低毒			
	冬小麦田	一年生阔叶杂草	15－22.5克/公顷	茎叶喷雾
PD20082366	丁草胺/50%/乳油/丁草胺 50%/2013.12.01 至 2018.12.01/低毒			
	水稻移栽田	一年生杂草	963-1444.5克/公顷	药土法
PD20083339	乐果/50%/乳油/乐果 50%/2013.12.11 至 2018.12.11/中等毒			
	水稻	二化螟	600-750克/公顷	喷雾
PD20084067	稻丰散/50%/乳油/稻丰散 50%/2013.12.16 至 2018.12.16/中等毒			
	柑橘	介壳虫	625-1000毫克/千克	喷雾
	水稻	稻纵卷叶螟、二化螟、三化螟	750-900克/公顷	喷雾
PD20084879	氰戊·乐果/25%/乳油/乐果 22.8%、氰戊菊酯 2.2%/2013.12.22 至 2018.12.22/中等毒			
	十字花科蔬菜	菜青虫、蚜虫	180-300克/公顷	喷雾
	小麦	蚜虫	187.5-225克/公顷	喷雾
PD20090471	苯磺隆/95%/原药/苯磺隆 95%/2014.01.12 至 2019.01.12/低毒			
PD20090791	氟乐灵/480克/升/乳油/氟乐灵 480克/升/2014.01.19 至 2019.01.19/低毒			
	棉花田	部分阔叶杂草、一年生禾本科杂草	540-1080克/公顷	喷雾
PD20090792	乙草胺/900克/升/乳油/乙草胺 900克/升/2014.01.19 至 2019.01.19/低毒			
	夏玉米田	一年生禾本科杂草及部分小粒种子阔叶杂草	1056-1380克/公顷	播后苗前土壤喷雾
PD20091505	马拉·灭多威/30%/乳油/马拉硫磷 20%、灭多威 10%/2014.02.02 至 2019.02.02/高毒			
	棉花	棉铃虫	300-450克/公顷	喷雾
PD20091614	辛硫·灭多威/30%/乳油/灭多威 10%、辛硫磷 20%/2014.02.03 至 2019.02.03/中等毒			
	棉花	棉铃虫	315-450克/公顷	喷雾
PD20093286	阿维·杀螟松/20%/乳油/阿维菌素 0.2%、杀螟硫磷 19.8%/2014.03.11 至 2019.03.11/中等毒(原药高毒)			
	棉花	红蜘蛛	60-90克/公顷	喷雾
	水稻	二化螟	150-210克/公顷	喷雾
PD20094501	噻磺·乙草胺/20%/可湿性粉剂/噻吩磺隆 0.2%、乙草胺 19.8%/2014.04.09 至 2019.04.09/低毒			
	夏大豆田	一年生杂草	450-600克/公顷	播后苗前土壤喷雾
	夏玉米田	一年生杂草	600-750克/公顷	喷雾
PD20095367	草甘膦/95%/原药/草甘膦 95%/2014.04.27 至 2019.04.27/低毒			
PD20095984	氟乐灵/96%/原药/氟乐灵 96%/2014.06.11 至 2019.06.11/低毒			
PD20096686	杀扑磷/40%/乳油/杀扑磷 40%/2014.09.07 至 2015.09.30/高毒			
	柑橘树	矢尖蚧	500-667毫克/千克	喷雾
PD20098532	噻吩磺隆/15%/可湿性粉剂/噻吩磺隆 15%/2014.12.24 至 2019.12.24/低毒			
	冬小麦田	一年生阔叶杂草	22.5-30克/公顷	喷雾
PD20110020	草甘膦异丙胺盐/30%/水剂/草甘膦 30%/2016.01.04 至 2021.01.04/低毒			
	水稻田埂	杂草	1230-1845克/公顷	定向茎叶喷雾
	注:草甘膦异丙胺盐含量:41%。			
PD20150722	稻散·毒死蜱/45%/乳油/稻丰散 20%、毒死蜱 25%/2015.04.20 至 2020.04.20/中等毒			
	水稻	稻纵卷叶螟	540-810克/公顷	喷雾
PD20151144	稻散·高氯氟/40%/乳油/稻丰散 38.5%、高效氯氟氰菊酯 1.5%/2015.06.26 至 2020.06.26/低毒			
	柑橘树	矢尖蚧	800-1000毫克/千克	喷雾
PD20151979	稻丰散/60%/乳油/稻丰散 60%/2015.08.30 至 2020.08.30/中等毒			
	水稻	稻纵卷叶螟、二化螟	540-900克/公顷	喷雾
PD20152366	稻丰散/40%/水乳剂/稻丰散 40%/2015.10.22 至 2020.10.22/中等毒			
	水稻	稻纵卷叶螟、褐飞虱	900-1050克/公顷	喷雾
LS20140346	阿维·稻丰散/45%/水乳剂/阿维菌素 0.5%、稻丰散 44.5%/2015.11.21 至 2016.11.21/低毒(原药高毒)			
	水稻	稻纵卷叶螟	675-810克/公顷	喷雾
LS20150187	酚菌酮/40%/水乳剂/酚菌酮 40%/2015.06.14 至 2016.06.14/低毒			
	水稻	纹枯病	480－600克/公顷	喷雾
LS20150190	酚菌酮/90%/原药/酚菌酮 90%/2015.06.14 至 2016.06.14/低毒			
LS20150225	稻散·甲维盐/31%/水乳剂/稻丰散 30%、甲氨基阿维菌素苯甲酸盐 1%/2015.07.30 至 2016.07.30/中等毒			

水稻　稻纵卷叶螟　139.5-186克/公顷　茎叶喷雾
LS20150241　多杀·甲盐维/10%/水分散粒剂/多杀霉素 5%、甲氨基阿维菌素苯甲酸盐 5%/2015.07.30 至 2016.07.30/低毒
甘蓝　甜菜夜蛾　9-12克/公顷　喷雾

江苏天禾宝农化有限责任公司　(江苏省徐州市东郊徐庄镇　221122　0516-83385555)

PD20040766　甲拌·多菌灵/15%/悬浮种衣剂/多菌灵 5%、甲拌磷 10%/2013.12.19 至 2018.12.19/高毒
小麦　地下害虫、纹枯病　333-400克/100千克种子　种子包衣
玉米　地下害虫　1:40-50(药种比)　种子包衣
PD20084524　多菌灵/80%/可湿性粉剂/多菌灵 80%/2013.12.18 至 2018.12.18/微毒
苹果　轮纹病　667-1000毫克/千克　喷雾
PD20084829　福美·拌种灵/10%/悬浮种衣剂/拌种灵 5%、福美双 5%/2013.12.22 至 2018.12.22/中等毒
棉花　苗期病害　1:40-50(药种比)　种子包衣
PD20091290　多·福/15%/悬浮种衣剂/多菌灵 5%、福美双 10%/2014.02.01 至 2019.02.01/低毒
水稻　恶苗病　1:40-60(药种比)　种子包衣
PD20093139　福·克/15%/悬浮种衣剂/福美双 8%、克百威 7%/2014.03.11 至 2019.03.11/中等毒(原药高毒)
玉米　地老虎、茎腐病、金针虫、蝼蛄、蛴螬　1:40-50(药种比)　种子包衣
PD20094083　戊唑醇/0.2%/悬浮种衣剂/戊唑醇 0.2%/2014.03.27 至 2019.03.27/低毒
小麦　纹枯病　1:50-70(药种比)　种子包衣
PD20094645　克百·多菌灵/17%/悬浮种衣剂/多菌灵 5%、克百威 12%/2014.04.10 至 2019.04.10/高毒
玉米　金针虫、蝼蛄、蛴螬　2%种子量　种子包衣
PD20094832　辛硫磷/3%/颗粒剂/辛硫磷 3%/2014.04.13 至 2019.04.13/低毒
花生　地下害虫　2700-3600克/公顷　撒施
玉米　玉米螟　135-180克/公顷　喇叭口撒施
PD20094885　丁·戊·福美双/20.6%/悬浮种衣剂/丁硫克百威 7%、福美双 13%、戊唑醇 0.6%/2014.04.13 至 2019.04.13/中等毒
玉米　地下害虫、丝黑穗病　412-515克/100千克种子(药种比1:40-50)　种子包衣
PD20101390　戊唑醇/2%/湿拌种剂/戊唑醇 2%/2015.04.14 至 2020.04.14/低毒
小麦　纹枯病　3.6-4克/100千克种子　拌种

江苏天容集团股份有限公司　(江苏省响水县生态化工园区内疏港公路1号　210046　025-85566559)

PD84104-32　杀虫双/18%/水剂/杀虫双 18%/2014.10.27 至 2019.10.27/低毒
甘蔗、蔬菜、水稻、小麦、玉米　多种害虫　540-675克/公顷　喷雾
果树　多种害虫　225-360毫克/千克　喷雾
PD20040063　高效氯氰菊酯/95%/原药/高效氯氰菊酯 95%/2014.12.19 至 2019.12.19/中等毒
PD20040073　三唑酮/20%/乳油/三唑酮 20%/2014.12.19 至 2019.12.19/低毒
小麦　白粉病　120-127.5克/公顷　喷雾
PD20040312　杀虫单/95%/原药/杀虫单 95%/2014.12.19 至 2019.12.19/中等毒
PD20040655　吡虫·杀虫单/50%/可湿性粉剂/吡虫啉 1%、杀虫单 49%/2014.12.19 至 2019.12.19/中等毒
水稻　稻飞虱、稻纵卷叶螟　600-750克/公顷　喷雾
PD20040809　杀虫单/90%/可溶粉剂/杀虫单 90%/2014.12.20 至 2019.12.20/中等毒
水稻　二化螟　675-810克/公顷　喷雾
PD20050160　杀虫单/50%/可溶粉剂/杀虫单 50%/2015.11.03 至 2020.11.03/中等毒
水稻　二化螟　600-750克/公顷　喷雾
PD20060216　苄嘧磺隆/10%/可湿性粉剂/苄嘧磺隆 10%/2011.12.26 至 2016.12.26/低毒
水稻移栽田　一年生阔叶杂草及莎草科杂草　20-30克/公顷　毒土法
PD20070003　联苯菊酯/97%/原药/联苯菊酯 97%/2012.01.04 至 2017.01.04/中等毒
PD20070042　杀螟丹/98%/原药/杀螟丹 98%/2012.03.06 至 2017.03.06/中等毒
PD20070099　精噁唑禾草灵/95%/原药/精噁唑禾草灵 95%/2012.04.20 至 2017.04.20/低毒
PD20070105　杀虫环/90%/原药/杀虫环 90%/2012.04.26 至 2017.04.26/中等毒
PD20070237　精喹禾灵/95%/原药/精喹禾灵 95%/2012.08.08 至 2017.08.08/低毒
PD20070293　苯磺隆/95%/原药/苯磺隆 95%/2012.09.21 至 2017.09.21/低毒
PD20070314　杀螟丹/50%/可溶粉剂/杀螟丹 50%/2012.09.25 至 2017.09.25/中等毒
水稻　二化螟　600-750克/公顷　喷雾
PD20070391　苯磺隆/75%/水分散粒剂/苯磺隆 75%/2012.11.05 至 2017.11.05/低毒
冬小麦田　一年生阔叶杂草　13.5-22.5克/公顷　茎叶喷雾
PD20080018　精喹禾灵/5%/乳油/精喹禾灵 5%/2013.01.04 至 2018.01.04/低毒
春大豆田　一年生禾本科杂草　45-75克/公顷　茎叶喷雾
棉花田　一年生禾本科杂草　37.5-60克/公顷　茎叶喷雾
夏大豆田　一年生禾本科杂草　37-60克/公顷　茎叶喷雾
油菜田　一年生禾本科杂草　30-45克/公顷　茎叶喷雾
PD20080110　苄嘧磺隆/96%/原药/苄嘧磺隆 96%/2013.01.03 至 2018.01.03/低毒
PD20080610　双甲脒/95%/原药/双甲脒 95%/2013.05.12 至 2018.05.12/中等毒
PD20080989　杀虫环/50%/可溶粉剂/杀虫环 50%/2013.07.24 至 2018.07.24/中等毒
水稻　二化螟　600-750克/公顷　喷雾

烟草 烟青虫 225-300克/公顷 喷雾

PD20080997 精噁唑禾草灵/69克/升/水乳剂/精噁唑禾草灵 69克/升/2013.08.06 至 2018.08.06/微毒
春小麦田 一年生禾本科杂草 60-75克/公顷 茎叶喷雾
冬小麦田 看麦娘、野燕麦等一年生禾本科杂草 51.75-62.1克/公顷 茎叶喷雾

PD20081020 杀螟丹/98%/可溶粉剂/杀螟丹 98%/2013.08.06 至 2018.08.06/中等毒
茶叶 茶小绿叶蝉 514.5-661.5克/公顷 喷雾
水稻 二化螟 735-882克/公顷 喷雾

PD20081285 甲氰菊酯/20%/乳油/甲氰菊酯 20%/2013.09.25 至 2018.09.25/中等毒
甘蓝 菜青虫 60-90克/公顷 喷雾

PD20081341 二氯喹啉酸/50%/可湿性粉剂/二氯喹啉酸 50%/2013.10.21 至 2018.10.21/低毒
水稻移栽田 稗草 225-375克/公顷 喷雾

PD20081488 双甲脒/20%/乳油/双甲脒 20%/2013.11.05 至 2018.11.05/中等毒
柑橘树 红蜘蛛 100-200毫克/千克 喷雾

PD20081765 氯嘧磺隆/95%/原药/氯嘧磺隆 95%/2013.11.18 至 2018.11.18/低毒

PD20082969 吡嘧磺隆/10%/可湿性粉剂/吡嘧磺隆 10%/2013.12.09 至 2018.12.09/低毒
水稻移栽田 稗草、阔叶杂草、莎草 15-30克/公顷 药土法

PD20082989 二氯喹啉酸/96%/原药/二氯喹啉酸 96%/2013.12.10 至 2018.12.10/低毒

PD20083287 胺苯磺隆/95%/原药/胺苯磺隆 95%/2013.12.11 至 2015.06.30/低毒

PD20083986 多效唑/15%/可湿性粉剂/多效唑 15%/2013.12.16 至 2018.12.16/低毒
水稻育秧田 控制生长 200-300毫克/千克 兑水喷雾
油菜(苗床) 控制生长 100-200毫克/千克 兑水喷雾

PD20085285 苯磺隆/20%/可湿性粉剂/苯磺隆 20%/2013.12.23 至 2018.12.23/低毒
冬小麦田 一年生阔叶杂草 13.5-22.5克/公顷 茎叶喷雾

PD20085821 井·噻·杀虫单/55%/可湿性粉剂/井冈霉素 8%、噻嗪酮 7%、杀虫单 40%/2013.12.29 至 2018.12.29/中等毒
水稻 二化螟、飞虱、纹枯病 825-990克/公顷 喷雾

PD20085982 阿维·吡虫啉/1.45%/可湿性粉剂/阿维菌素 0.45%、吡虫啉 1%/2013.12.29 至 2018.12.29/低毒(原药高毒)
甘蓝 小菜蛾 8.7-17.4克/公顷 喷雾
水稻 飞虱 13.05-17.4克/公顷 喷雾

PD20086374 杀螟丹/95%/可溶粉剂/杀螟丹 95%/2013.12.31 至 2018.12.31/中等毒
茶树 茶小绿叶蝉 475-950毫克/千克 喷雾
水稻 二化螟 783.75-855克/公顷 喷雾

PD20093469 联苯菊酯/100克/升/乳油/联苯菊酯 100克/升/2014.03.23 至 2019.03.23/中等毒
苹果树 桃小食心虫 33.3-50毫克/千克 喷雾

PD20094646 杀虫单/45%/可溶粉剂/杀虫单 45%/2014.04.15 至 2019.04.15/中等毒
水稻 二化螟 675-810克/公顷 喷雾

PD20094679 杀螟丹/4%/颗粒剂/杀螟丹 4%/2014.04.10 至 2019.04.10/低毒
水稻 稻纵卷叶螟 1080-1350克/公顷 撒施

PD20095216 甲磺隆/10%/可湿性粉剂/甲磺隆 10%/2015.04.24 至 2020.04.24/低毒
注:专供出口，不得在国内销售。

PD20095416 甲磺·氯磺隆/20%/可湿性粉剂/甲磺隆 4.5%、氯磺隆 15.5%/2009.05.11 至 2015.06.30/低毒
小麦田 杂草 15克/公顷 喷雾

PD20096082 吡虫啉/10%/可湿性粉剂/吡虫啉 10%/2014.06.18 至 2019.06.18/低毒
莲藕 莲缢管蚜 15-30克/公顷 喷雾
水稻 稻飞虱 15-30克/公顷 喷雾

PD20096865 甲磺隆/96%/原药/甲磺隆 96%/2015.12.31 至 2020.12.31/低毒
注:专供出口，不得在国内销售。

PD20097400 吡嘧磺隆/98%/原药/吡嘧磺隆 98%/2014.10.28 至 2019.10.28/低毒

PD20097442 烟嘧磺隆/40克/升/可分散油悬浮剂/烟嘧磺隆 40克/升/2014.10.28 至 2019.10.28/微毒
玉米田 一年生杂草 42-60克/公顷 茎叶喷雾

PD20101416 杀虫双/36%/母药/杀虫双 36%/2015.04.26 至 2020.04.26/低毒

PD20101941 烟嘧磺隆/95%/原药/烟嘧磺隆 95%/2015.08.27 至 2020.08.27/微毒

PD20102015 噻吩磺隆/97%/原药/噻吩磺隆 97%/2015.09.25 至 2020.09.25/微毒

PD20111099 烟嘧磺隆/75%/水分散粒剂/烟嘧磺隆 75%/2011.10.17 至 2016.10.17/微毒
玉米田 一年生杂草 40-60克/公顷 茎叶喷雾

PD20111107 精噁唑禾草灵/10%/乳油/精噁唑禾草灵 10%/2011.10.17 至 2016.10.17/低毒
春小麦田 一年生禾本科杂草 90-120克/公顷 茎叶喷雾
冬小麦田 一年生禾本科杂草 60-90克/公顷 茎叶喷雾

PD20111117 精噁唑禾草灵/69克/升/水乳剂/精噁唑禾草灵 69克/升/2011.10.27 至 2016.10.27/微毒
大麦田 野燕麦 41.4-62.1克/公顷(北方地区) 茎叶喷雾
注:本产含安全剂鲜草酯6.5%。

PD20111130 苄嘧磺隆/60%/水分散粒剂/苄嘧磺隆 60%/2011.10.28 至 2016.10.28/微毒
水稻移栽田 一年生阔叶杂草 33.75-45克/公顷 毒土法

PD20120379 噻吩磺隆/75%/水分散粒剂/噻吩磺隆 75%/2012.02.24 至 2017.02.24/微毒

	春大豆田	一年生阔叶杂草	20.3-22.5克/公顷	土壤喷雾
	夏大豆田	一年生阔叶杂草	22.5-28.1克/公顷	土壤喷雾
PD20120668	杀虫双/29%/水剂/杀虫双 29%/2012.04.18 至 2017.04.18/低毒			
	水稻	二化螟	600-840克/公顷	喷雾
PD20121041	氯嘧磺隆/25%/可湿性粉剂/氯嘧磺隆 25%/2012.07.04 至 2017.07.04/微毒			
	注:专供出口,不得在国内销售。			
PD20121133	甲磺隆/60%/可湿性粉剂/甲磺隆 60%/2012.07.20 至 2017.07.20/微毒			
	注:专供出口，不得在国内销售。			
PD20121137	氯嘧磺隆/75%/水分散粒剂/氯嘧磺隆 75%/2012.07.20 至 2017.07.20/微毒			
	注:专供出口，不得在国内销售。			
PD20121160	氯嘧磺隆/25%/水分散粒剂/氯嘧磺隆 25%/2012.07.30 至 2017.07.30/微毒			
	注:专供出口，不得在国内销售。			
PD20121165	甲磺隆/20%/水分散粒剂/甲磺隆 20%/2012.07.30 至 2017.07.30/低毒			
	注:专供出口，不得在国内销售。			
PD20121167	甲磺隆/60%/水分散粒剂/甲磺隆 60%/2012.07.30 至 2017.07.30/微毒			
	注:专供出口，不得在国内销售。			
PD20130938	吡嘧磺隆/75%/水分散粒剂/吡嘧磺隆 75%/2013.05.02 至 2018.05.02/低毒			
	移栽水稻田	稗草、莎草及阔叶杂草	16.875-28.125克/公顷	药土法
PD20132554	吡蚜酮/25%/悬浮剂/吡蚜酮 25%/2013.12.17 至 2018.12.17/低毒			
	水稻	稻飞虱	75-90克 /公顷	喷雾
PD20140642	吡蚜酮/50%/水分散粒剂/吡蚜酮 50%/2014.03.07 至 2019.03.07/低毒			
	水稻	稻飞虱	75-90克/公顷	喷雾
PD20150233	吡蚜酮/98%/原药/吡蚜酮 98%/2015.01.15 至 2020.01.15/低毒			
江苏托球农化股份有限公司	**(江苏省滨海经济开发区沿海工业园开泰路 224000 0515-88559411)**			
PD84108-4	敌百虫/97%/原药/敌百虫 97%/2014.12.13 至 2019.12.13/低毒			
	白菜、青菜	地下害虫	750-1500克/公顷	毒饵
	白菜、青菜	菜青虫	960-1200克/公顷	喷雾
	茶树	尺蠖、刺蛾	450-900毫克/千克	喷雾
	大豆	造桥虫	1800克/公顷	喷雾
	柑橘树	卷叶蛾	600-750毫克/千克	喷雾
	林木	松毛虫	600-900毫克/千克	喷雾
	水稻	螟虫	1500-1800克/公顷	喷雾、泼浇或毒土
	小麦	黏虫	1800克/公顷	喷雾
	烟草	烟青虫	900毫克/千克	喷雾
PD20080672	溴菌腈/95%/原药/溴菌腈 95%/2013.05.27 至 2018.05.27/低毒			
PD20080673	溴菌腈/25%/可湿性粉剂/溴菌腈 25%/2013.05.27 至 2018.05.27/低毒			
	苹果树	炭疽病	125-208.3毫克/千克	喷雾
PD20081245	多效唑/15%/可湿性粉剂/多效唑 15%/2013.09.18 至 2018.09.18/低毒			
	油菜	控制生长	100-200毫克/千克	喷雾
PD20092891	烯唑醇/95%/原药/烯唑醇 95%/2014.03.05 至 2019.03.05/低毒			
PD20094395	噻嗪·杀扑磷/20%/乳油/噻嗪酮 15%、杀扑磷 5%/2014.04.01 至 2015.09.30/中等毒(原药高毒)			
	柑橘树	矢尖蚧	200-250毫克/千克	喷雾
PD20094687	溴菌腈/25%/乳油/溴菌腈 25%/2014.04.10 至 2019.04.10/低毒			
	苹果树	炭疽病	500-833ppm	喷雾
PD20095854	氟虫腈/96%/原药/氟虫腈 96%/2014.05.27 至 2019.05.27/中等毒			
PD20100139	烯唑醇/12.5%/可湿性粉剂/烯唑醇 12.5%/2015.01.05 至 2020.01.05/低毒			
	梨树	黑星病	31-42毫克/千克	喷雾
	小麦	白粉病	60-120克/公顷	喷雾
PD20100500	戊唑醇/95%/原药/戊唑醇 95%/2015.01.14 至 2020.01.14/低毒			
PD20100621	溴菌·五硝苯/45%/粉剂/五氯硝基苯 30%、溴菌腈 15%/2015.01.14 至 2020.01.14/低毒			
	棉花	苗期立枯病、炭疽病	225-360克/100千克种子	拌种
PD20101065	毒死蜱/97%/原药/毒死蜱 97%/2015.01.21 至 2020.01.21/中等毒			
PD20110242	氟虫腈/50克/升/悬浮剂/氟虫腈 50克/升/2016.03.03 至 2021.03.03/低毒			
	注:专供出口，不得在国内销售。			
PD20110289	氟虫腈/80%/水分散粒剂/氟虫腈 80%/2016.03.11 至 2021.03.11/中等毒			
	注:专供出口，不得在国内销售。			
PD20140797	嘧菌酯/95%/原药/嘧菌酯 95%/2014.03.25 至 2019.03.25/低毒			
PD20150462	溴菌腈/25%/微乳剂/溴菌腈 25%/2015.03.20 至 2020.03.20/低毒			
	柑橘	疮痂病	100－166.7毫克/千克	喷雾
PD20151051	多效唑/96%/原药/多效唑 96%/2015.06.14 至 2020.06.14/低毒			
PD20151475	吡唑醚菌酯/nullnull/原药/吡唑醚菌酯 98%/2015.07.31 至 2020.07.31/低毒			
PD20152242	毒死蜱/48%/乳油/毒死蜱 48%/2015.09.23 至 2020.09.23/中等毒			
	水稻	稻瘿蚊	911.25-1215克/公顷	喷雾

WP20150069 杀蟑饵剂/0.05%/饵剂/氟虫腈 0.05%/2015.04.20 至 2020.04.20/微毒
室内 蜚蠊 / 投放

江苏万农化工有限公司 (江苏省沭阳县万匹西首 223645 0527-3240099)

PD20080681 噁草·丁草胺/36%/乳油/丁草胺 30%、噁草酮 6%/2013.06.04 至 2018.06.04/低毒
水稻(旱育秧及半旱育秧田) 一年生杂草 645-756克/公顷 喷雾

PD20083472 甲霜·福美双/45%/可湿性粉剂/福美双 35%、甲霜灵 10%/2013.12.12 至 2018.12.12/低毒
水稻 立枯病 2025-3375克/公顷 苗床喷雾

PD20084724 噻嗪酮/25%/可湿性粉剂/噻嗪酮 25%/2013.12.22 至 2018.12.22/低毒
水稻 稻飞虱 112.5-150克/公顷 喷雾

PD20084954 多·酮/30%/可湿性粉剂/多菌灵 24%、三唑酮 6%/2013.12.22 至 2018.12.22/低毒
小麦 白粉病、赤霉病 450-585克/公顷 喷雾

PD20085007 仲丁威/50%/乳油/仲丁威 50%/2013.12.22 至 2018.12.22/低毒
水稻 叶蝉 900-1200克/公顷 喷雾

PD20090492 咪鲜·甲霜灵/3.5%/粉剂/甲霜灵 2.5%、咪鲜胺 1%/2014.01.12 至 2019.01.12/低毒
水稻 恶苗病、立枯病 1:80-100(药种比) 拌种

PD20095750 乙草胺/50%/乳油/乙草胺 50%/2014.05.18 至 2019.05.18/低毒
夏玉米田 多年生杂草、一年生杂草 900-1200克/公顷 喷雾

PD20098101 毒·辛/25%/乳油/毒死蜱 7%、辛硫磷 18%/2014.12.08 至 2019.12.08/低毒
水稻 稻纵卷叶螟 375-562.5克/公顷 喷雾

PD20098250 噻嗪·异丙威/25%/可湿性粉剂/噻嗪酮 5%、异丙威 20%/2014.12.16 至 2019.12.16/低毒
水稻 稻飞虱 450-562.5克/公顷 喷雾

PD20101530 苦参碱/0.3%/水剂/苦参碱 0.3%/2015.05.19 至 2020.05.19/低毒
十字花科蔬菜 菜青虫 4.32-6.48克/公顷 喷雾

PD20130920 2甲4氯钠/13%/水剂/2甲4氯钠 13%/2013.04.28 至 2018.04.28/低毒
冬小麦田 一年生阔叶杂草 750-900克/公顷 喷雾

PD20131066 2甲4氯钠盐/56%/可溶粉剂/2甲4氯钠 56%/2013.05.20 至 2018.05.20/低毒
冬小麦田 一年生阔叶杂草 924-1176克/公顷 喷雾

PD20150140 苯甲·嘧菌酯/325克/升/悬浮剂/苯醚甲环唑 125克/升、嘧菌酯 200克/升/2015.01.14 至 2020.01.14/低毒
西瓜 炭疽病 195-292.5克/顷 喷雾

江苏威耳化工有限公司 (江苏省盐城市响水县陈家港化工园 224631 0515-68870606)

PD20070482 啶虫脒/97%/原药/啶虫脒 97%/2012.11.28 至 2017.11.28/低毒

PD20131765 高效氟吡甲禾灵/98%/原药/高效氟吡甲禾灵 98%/2013.09.06 至 2018.09.06/低毒

PD20142261 氟啶胺/97%/原药/氟啶胺 97%/2014.10.16 至 2019.10.16/低毒

PD20150103 吡虫啉/98%/原药/吡虫啉 98%/2015.01.05 至 2020.01.05/中等毒

江苏维尤纳特精细化工有限公司 (江苏省新沂市化工工业园区(经二路西) 221400 0516-88700911)

PD20102217 百菌清/98.5%/原药/百菌清 98.5%/2015.12.30 至 2020.12.30/低毒

PD20111441 百菌清/40%/悬浮剂/百菌清 40%/2011.12.29 至 2016.12.29/低毒
注:专供出口，不得在国内销售。

PD20121148 哒螨灵/96%/原药/哒螨灵 96%/2012.07.20 至 2017.07.20/低毒

PD20121192 灭草松/98%/原药/灭草松 98%/2012.08.06 至 2017.08.06/低毒

PD20121466 嘧菌酯/98%/原药/嘧菌酯 98%/2012.10.08 至 2017.10.08/低毒

PD20131230 烯啶虫胺/95%/原药/烯啶虫胺 95%/2013.05.28 至 2018.05.28/低毒
注:专供出口,不得在国内销售。

PD20140914 百菌清/75%/可湿性粉剂/百菌清 75%/2014.04.10 至 2019.04.10/低毒
注:专供出口产品，不得在国内销售。

PD20141353 吡虫啉/98%/原药/吡虫啉 98%/2014.06.04 至 2019.06.04/低毒

PD20141428 嘧霉胺/98%/原药/嘧霉胺 98%/2014.06.06 至 2019.06.06/低毒

PD20141439 苄嘧磺隆/98%/原药/苄嘧磺隆 98%/2014.06.09 至 2019.06.09/低毒

PD20141539 吡嘧磺隆/98%/原药/吡嘧磺隆 98%/2014.06.17 至 2019.06.17/低毒

PD20141542 噁草酮/98%/原药/噁草酮 98%/2014.06.17 至 2019.06.17/低毒

PD20141753 烟嘧磺隆/98%/原药/烟嘧磺隆 98%/2014.07.02 至 2019.07.02/低毒

PD20141946 啶虫脒/99%/原药/啶虫脒 99%/2014.08.13 至 2019.08.13/中等毒

PD20141949 精喹禾灵/96%/原药/精喹禾灵 96%/2014.08.13 至 2019.08.13/低毒

PD20142034 唑螨酯/97%/原药/唑螨酯 97%/2014.08.27 至 2019.08.27/中等毒

PD20151042 氰氟草酯/98%/原药/氰氟草酯 98%/2015.06.14 至 2020.06.14/低毒

PD20152284 氟啶脲/97%/原药/氟啶脲 97%/2015.10.20 至 2020.10.20/微毒

PD20152307 二氯喹啉酸/96%/原药/二氯喹啉酸 96%/2015.10.21 至 2020.10.21/低毒

PD20152358 虫螨腈/96%/原药/虫螨腈 96%/2015.10.22 至 2020.10.22/中等毒

PD20152371 乙氧氟草醚/98%/原药/乙氧氟草醚 98%/2015.10.22 至 2020.10.22/微毒

PD20152372 四聚乙醛/99%/原药/四聚乙醛 99%/2015.10.22 至 2020.10.22/中等毒

PD20152387 吡蚜酮/98%/原药/吡蚜酮 98%/2015.10.22 至 2020.10.22/低毒

PD20152420 麦草畏/98%/原药/麦草畏 98%/2015.10.25 至 2020.10.25/低毒

PD20152482 氟铃脲/98%/原药/氟铃脲 98%/2015.12.04 至 2020.12.04/微毒
WP20120102 四氟苯菊酯/98.5%/原药/四氟苯菊酯 98.5%/2012.05.31 至 2017.05.31/低毒

江苏无锡开立达实业有限公司 (江苏省无锡市洛社镇华圻村 214187 0510-3321632)

PD20090003 雷公藤甲素/0.01%/母药/雷公藤甲素 0.01%/2014.01.04 至 2019.01.04/中等毒
PD20090004 雷公藤甲素/0.25毫克/千克/颗粒剂/雷公藤甲素 0.25毫克/千克/2014.01.04 至 2019.01.04/微毒

草原、森林	害鼠	饱和投饵	投放
农田	田鼠	饱和投饵	投放
室内	家鼠	饱和投饵	投放

江苏新港农化有限公司 (江苏省江都市大桥镇屏江村 225218 0514-6922414)

PD20081520 氟磺胺草醚/97%/原药/氟磺胺草醚 97%/2013.11.06 至 2018.11.06/低毒
PD20092391 异噁草松/93%/原药/异噁草松 93%/2014.02.25 至 2019.02.25/低毒
PD20096792 丙环唑/95%/原药/丙环唑 95%/2014.09.15 至 2019.09.15/低毒
PD20100886 氟磺胺草醚/250克/升/水剂/氟磺胺草醚 250克/升/2015.01.19 至 2020.01.19/微毒

春大豆田 一年生阔叶杂草 375-450克/公顷 喷雾

江苏新河农用化工有限公司 (江苏省新沂市新安西路 221400 0516-80323299)

PD86179-6 百菌清/98.5%、96%、90%/原药/百菌清 98.5%、96%、90%/2011.11.07 至 2016.11.07/低毒
PD20090153 百菌清/75%/可湿性粉剂/百菌清 75%/2014.01.08 至 2019.01.08/低毒

黄瓜 霜霉病 1125-2400克/公顷 喷雾

PD20093223 百菌清/40%/悬浮剂/百菌清 40%/2014.03.11 至 2019.03.11/低毒

黄瓜 霜霉病 900-1050克/公顷 喷雾

注:百菌清质量浓度500克/升。

PD20110215 百菌清/720克/升/悬浮剂/百菌清 720克/升/2016.02.24 至 2021.02.24/低毒

黄瓜 霜霉病 1909-2727毫升/公顷 喷雾

江苏星源生物科技有限公司 (江苏省句容市茅山镇春城工业集中区 212404 0511-87874866)

PD20070221 吡虫啉/10%/可湿性粉剂/吡虫啉 10%/2012.08.08 至 2017.08.08/低毒

水稻 稻飞虱 15-30克/公顷 喷雾

PD20080680 苄嘧·苯噻酰/68%/可湿性粉剂/苯噻酰草胺 64.8%、苄嘧磺隆 3.2%/2013.06.04 至 2018.06.04/低毒

水稻抛栽田 一年生杂草 405-510克/公顷(南方地区) 药土法

PD20081461 仲丁威/20%/乳油/仲丁威 20%/2013.11.04 至 2018.11.04/低毒

水稻 稻飞虱 510-570克/公顷 喷雾

PD20083967 三环唑/20%/可湿性粉剂/三环唑 20%/2013.12.16 至 2018.12.16/低毒

水稻 稻瘟病 240-300克/公顷 喷雾

PD20085864 阿维·三唑磷/20%/乳油/阿维菌素 0.2%、三唑磷 19.8%/2013.12.29 至 2018.12.29/中等毒(原药高毒)

水稻 二化螟 120-240克/公顷 喷雾

PD20097227 高氯·毒死蜱/12%/乳油/毒死蜱 9.5%、高效氯氰菊酯 2.5%/2014.10.19 至 2019.10.19/中等毒

苹果树 桃小食心虫 30-48毫克/千克 喷雾

PD20097624 毒死蜱/480克/升/乳油/毒死蜱 480克/升/2014.11.03 至 2019.11.03/中等毒

水稻 稻纵卷叶螟 432-576克/公顷 喷雾

PD20097714 联苯菊酯/25克/升/乳油/联苯菊酯 25克/升/2014.11.04 至 2019.11.04/低毒

番茄(保护地) 白粉虱 7.5-15克/公顷 喷雾

PD20130907 噻嗪酮/25%/可湿性粉剂/噻嗪酮 25%/2013.04.27 至 2018.04.27/微毒

水稻 飞虱 112.5-150克/公顷 喷雾

江苏雪豹日化有限公司 (江苏省江阴市东门立交桥8号 214432 0510-6281448)

WP20090285 电热蚊香片/10毫克/片/电热蚊香片/炔丙菊酯 10毫克/片/2014.06.15 至 2019.06.15/微毒

卫生 蚊 / 电热加温

WP20090331 驱蚊花露水/4.5%/驱蚊花露水/避蚊胺 4.5%/2014.09.23 至 2019.09.23/低毒

卫生 蚊 / 涂抹

WP20100048 防蛀球剂/94%/球剂/樟脑 94%/2015.03.10 至 2020.03.10/低毒

卫生 黑皮蠹 200克/立方米 投放

WP20100142 防蛀防霉球剂/98%/球剂/对二氯苯 98%/2015.11.25 至 2020.11.25/低毒

卫生 黑皮蠹 / 投放

江苏亚美日用化工有限公司 (江苏省苏州市吴中区东山镇洞庭路8号 215107 0512-66281363)

WP20100128 驱蚊液/10%/驱蚊液/避蚊胺 10%/2015.11.01 至 2020.11.01/微毒

卫生 蚊 / 涂抹

WP20100144 驱蚊霜/10%/驱蚊霜/避蚊胺 10%/2015.11.25 至 2020.11.25/微毒

卫生 蚊 / 涂抹

江苏扬农化工股份有限公司 (江苏省扬州市文峰路39号 225009 0514-5123456)

PD20040067 高效氯氰菊酯/97%/原药/高效氯氰菊酯 97%/2014.12.19 至 2019.12.19/中等毒
PD20050009 氯氰菊酯/94%/原药/氯氰菊酯 94%/2015.02.07 至 2020.02.07/低毒
PD20070035 麦草畏/98%/原药/麦草畏 98%/2012.01.29 至 2017.01.29/低毒
PD20070036 氟氯氰菊酯/93%/原药/氟氯氰菊酯 93%/2012.01.29 至 2017.01.29/中等毒
PD20070160 溴氰菊酯/98.5%/原药/溴氰菊酯 98.5%/2012.06.14 至 2017.06.14/中等毒
PD20070165 高效氯氟氰菊酯/95%/原药/高效氯氟氰菊酯 95%/2012.06.18 至 2017.06.18/中等毒

PD20070245 联苯菊酯/97%/原药/联苯菊酯 97%/2012.08.30 至 2017.08.30/中等毒
PD20070658 氟氯氰菊酯/5.7%/乳油/氟氯氰菊酯 5.7%/2012.12.17 至 2017.12.17/低毒
甘蓝 菜青虫 25.65-34.2克/公顷 喷雾
PD20070672 氯氰菊酯/25%/乳油/氯氰菊酯 25%/2012.12.17 至 2017.12.17/低毒
十字花科蔬菜 菜青虫 37.5-56.25克/公顷 喷雾
PD20070679 高效氟氯氰菊酯/95%/原药/高效氟氯氰菊酯 95%/2012.12.17 至 2017.12.17/低毒
PD20080954 氯氰菊酯/10%/乳油/氯氰菊酯 10%/2013.07.23 至 2018.07.23/中等毒
棉花 棉铃虫 60-90克/公顷 喷雾
叶菜类十字花科蔬菜 菜青虫 30-45克/公顷 喷雾
PD20081444 高效氟氯氰菊酯/25克/升/乳油/高效氟氯氰菊酯 25克/升/2013.10.31 至 2018.10.31/中等毒
柑橘树 潜叶蛾 20.8-31.25毫克/千克 喷雾
棉花 棉铃虫 18.25-26.25克/公顷 喷雾
十字花科蔬菜 菜青虫 11.25-15克/公顷 喷雾
烟草 烟青虫 7.5-9.375克/公顷 喷雾
PD20083402 高效氯氰菊酯/4.5%/乳油/高效氯氰菊酯 4.5%/2013.12.11 至 2018.12.11/中等毒
甘蓝 菜青虫 13.5-25.7克/公顷 喷雾
PD20083987 溴氰菊酯/25克/升/乳油/溴氰菊酯 25克/升/2013.12.16 至 2018.12.16/低毒
十字花科蔬菜 菜青虫、蚜虫 7.5-15克/公顷 喷雾
PD20084845 高效氟氯氰菊酯/2.8%/乳油/高效氟氯氰菊酯 2.8%/2013.12.22 至 2018.12.22/低毒
棉花 棉铃虫 21-29.4克/公顷 喷雾
十字花科蔬菜 菜青虫 8.4-12.6克/公顷 喷雾
PD20091096 联苯菊酯/100克/升/乳油/联苯菊酯 100克/升/2014.01.21 至 2019.01.21/中等毒
茶树 茶小绿叶蝉 30-45克/公顷 喷雾
PD20096201 联苯菊酯/25克/升/乳油/联苯菊酯 25克/升/2014.07.13 至 2019.07.13/低毒
茶树 茶毛虫 7.5-15克/公顷 喷雾
PD20100451 吡虫啉/600克/升/悬浮种衣剂/吡虫啉 600克/升/2015.01.14 至 2020.01.14/低毒
棉花 蚜虫 350-500克/100千克种子 种子包衣
PD20110173 高效氯氰菊酯/4.5%/水乳剂/高效氯氰菊酯 4.5%/2016.02.16 至 2021.02.16/中等毒
甘蓝 菜青虫 20.25-33.75克/公顷 喷雾
PD20110798 高效氟氯氰菊酯/25%/可湿性粉剂/高效氟氯氰菊酯 25%/2011.07.26 至 2016.07.26/中等毒
甘蓝 菜青虫 15-18.75克/公顷 喷雾
PD20120423 高效氟氯氰菊酯/2.5%/水乳剂/高效氟氯氰菊酯 2.5%/2012.03.14 至 2017.03.14/中等毒
甘蓝 菜青虫 7.5-9.375克/公顷 喷雾
PD20120425 高效氟氯氰菊酯/50克/升/乳油/高效氟氯氰菊酯 50克/升/2012.03.14 至 2017.03.14/中等毒
叶菜 菜青虫 7.5-15克/公顷 喷雾
PD20142226 吡虫啉/98%/原药/吡虫啉 98%/2014.09.28 至 2019.09.28/中等毒
PD20150833 联苯菊酯/10%/水乳剂/联苯菊酯 10%/2015.05.18 至 2020.05.18/中等毒
茶树 茶小绿叶蝉 30～45克有效成分/公顷 喷雾
PD20151288 高效氯氟氰菊酯/5%/水乳剂/高效氯氟氰菊酯 5%/2015.07.30 至 2020.07.30/中等毒
甘蓝 菜青虫 7.5-11.25克/公顷 喷雾
PD20152161 氯氰菊酯/10%/水乳剂/氯氰菊酯 10%/2015.09.22 至 2020.09.22/低毒
甘蓝 菜青虫 40-60克/公顷 喷雾
WP33-2002 右旋烯丙菊酯/95%、右旋体93%/原药/右旋烯丙菊酯 95%、右旋体93%/2012.03.15 至 2017.03.15/低毒
WP86137-2 氯菊酯/96%/原药/氯菊酯 96%/2011.09.12 至 2016.09.12/低毒
WP86149 胺菊酯/92%/原药/胺菊酯 92%/2011.09.12 至 2016.09.12/低毒
WP20020101 Es-生物烯丙菊酯/总酯93%(S:R=80:20)/原药/Es-生物烯丙菊酯 总酯93%(S:R=80:20)/2012.11.26 至 2017.11.26/低毒
WP20030001 富右旋反式烯丙菊酯/总酯95%，右旋反式体78%/原药/富右旋反式烯丙菊酯 总酯95%，右旋反式体78%/2013.01.10 至 2018.01.10/低毒
WP20030002 右旋苯醚菊酯/总酯95%，右旋体92%/原药/右旋苯醚菊酯 总酯95%，右旋体92%/2013.01.22 至 2018.01.22/低毒
WP20030003 右旋反式烯丙菊酯/总酯93%，S/R=75/25/原药/右旋反式烯丙菊酯 总酯93%，S/R=75/25/2013.01.22 至2018.01.22/低毒
WP20030004 炔丙菊酯/总酯92%，S/R=90/10/原药/炔丙菊酯 总酯92%，S/R=90/10/2013.01.29 至 2018.01.29/低毒
WP20030011 右旋苯醚氰菊酯/总酯94%，右旋体90%/原药/右旋苯醚氰菊酯 总酯94%，右旋体90%/2013.06.24 至 2018.06.24/中等毒
WP20040003 四氟苯菊酯/总酯93%,右旋95%/原药/四氟苯菊酯 总酯93%,右旋95%/2014.06.07 至 2019.06.07/低毒
WP20050007 蚊香/0.2%/蚊香/Es-生物烯丙菊酯 0.2%/2015.06.21 至 2020.06.21/微毒
卫生 蚊 / 点燃
WP20050009 右旋烯炔菊酯/总酯93%，右旋体88%/原药/右旋烯炔菊酯 总酯93%，右旋体88%/2015.08.15 至 2020.08.15/低毒
WP20050010 电热蚊香液//电热蚊香液/炔丙菊酯 0.8%/2015.08.22 至 2020.08.22/低毒
卫生 蚊 / 电热加温
WP20050011 右旋胺菊酯/总酯94%,右旋体90%/原药/右旋胺菊酯 总酯94%,右旋体90%/2015.09.09 至 2020.09.09/低毒
WP20050012 炔丙菊酯/10%/滴加液/炔丙菊酯 10%/2015.09.09 至 2020.09.09/低毒
WP20070028 氟硅菊酯/93%/原药/氟硅菊酯 93%/2012.11.28 至 2017.11.28/低毒
WP20080020 高效氯氟氰菊酯/10%/可湿性粉剂/高效氯氟氰菊酯 10%/2013.01.11 至 2018.01.11/中等毒
卫生 蜚蠊、蚊、蝇 20毫克/平方米 滞留喷洒

WP20080022 杀蝇饵剂/1%/饵剂/吡虫啉 1%/2013.01.11 至 2018.01.11/微毒
卫生 蝇 / 投放

WP20080023 杀蟑胶饵/2%/胶饵/吡虫啉 2%/2013.01.11 至 2018.01.11/低毒
卫生 蜚蠊 / 投放

WP20080056 右旋反式氯丙炔菊酯/96%/原药/右旋反式氯丙炔菊酯 96%/2013.03.31 至 2018.03.31/低毒

WP20080057 杀虫气雾剂/0.35%/气雾剂/氯菊酯 0.3%、右旋反式氯丙炔菊酯 0.05%/2013.03.31 至 2018.03.31/微毒
卫生 蚊、蝇、蜚蠊 / 喷雾

WP20080058 蚊香/0.05%/蚊香/四氟醚菊酯 0.05%/2013.03.31 至 2018.03.31/微毒
卫生 蚊 / 点燃

WP20080059 四氟醚菊酯/90%/原药/四氟醚菊酯 90%/2013.03.31 至 2018.03.31/中等毒

WP20080060 氟氯苯菊酯/90%/原药/氟氯苯菊酯 90%/2013.03.31 至 2018.03.31/低毒

WP20080061 喷射剂/1%/喷射剂/氟氯苯菊酯 1%/2013.03.31 至 2018.03.31/低毒
卫生 蚂蚁 / 喷射

WP20080086 富右旋反式炔丙菊酯/90%/原药/富右旋反式炔丙菊酯 90%/2013.08.06 至 2018.08.06/低毒

WP20080099 S-生物烯丙菊酯/右旋体89%,总酯95%/原药/S-生物烯丙菊酯 右旋体89%,总酯95%/2013.09.18 至 2018.09.18/低毒

WP20080122 生物烯丙菊酯/总酯含量93%,有效体含量90%/原药/生物烯丙菊酯 总酯含量93%,有效体含量90%/2013.10.28 至 2018.10.28/低毒

WP20080139 避蚊胺/95%/原药/避蚊胺 95%/2013.11.04 至 2018.11.04/低毒

WP20080144 高效氯氟氰菊酯/2.5%/悬浮剂/高效氯氟氰菊酯 2.5%/2013.11.04 至 2018.11.04/低毒
卫生 蚊、蝇、蜚蠊 玻璃面:1.2克/平方米；木板面:1.6克/平方米；水泥面:2克/平方米 滞留喷洒

WP20080154 溴氰菊酯/2.5%/悬浮剂/溴氰菊酯 2.5%/2013.11.06 至 2018.11.06/低毒
卫生 蚊、蝇、蜚蠊 玻璃：10毫克/平方米；木板：15毫克/平方米；水泥：20毫克/平方米 滞留喷洒

WP20080231 炔咪菊酯/50%/母药/炔咪菊酯 50%/2013.11.25 至 2018.11.25/微毒

WP20080257 炔咪菊酯/总酯90%，右旋体87%/原药/炔咪菊酯 总酯90%，右旋体87%/2013.11.26 至 2018.11.26/低毒

WP20090072 四氟醚菊酯/5%/母药/四氟醚菊酯 5%/2014.02.01 至 2019.02.01/低毒

WP20090178 杀蟑饵剂/2.15%/饵剂/氟蚁腙 2.15%/2014.03.13 至 2019.03.13/微毒
卫生 蜚蠊 / 投放

WP20100175 杀蟑饵剂/0.05%/饵剂/氟虫腈 0.05%/2015.12.15 至 2020.12.15/微毒
卫生 蜚蠊 / 投饵

WP20110071 苯氰·残杀威/15%/乳油/残杀威 12%、右旋苯醚氰菊酯 3%/2016.03.24 至 2021.03.24/低毒
卫生 蚊、蝇 50毫克/平方米 滞留喷洒
卫生 蜚蠊 90毫克/平方米 滞留喷洒

WP20110077 氯菊·烯丙菊/168.6克/升/乳油/氯菊酯 161.5克/升、S-生物烯丙菊酯 7.1克/升/2016.03.24 至 2021.03.24/低毒
卫生 蚊、蝇 50毫克/平方米 滞留喷洒
卫生 蜚蠊 90毫克/平方米 滞留喷洒

WP20120250 炔丙·氯氟醚/10%/滴加液/炔丙菊酯 4%、氯氟醚菊酯 6%/2012.12.19 至 2017.12.19/低毒

WP20130053 高效氯氟氰菊酯/75克/升/微囊悬浮剂/高效氯氟氰菊酯 75克/升/2013.03.27 至 2018.03.27/低毒
室外 蚊、蝇 25毫克/平方米 喷雾

WP20150062 氯氰·氯丙炔/6.8%/水乳剂/氯氰菊酯 6.5%、右旋反式氯丙炔菊酯 0.3%/2015.04.16 至 2020.04.16/低毒
室外 蚊、蝇 300-500倍液(常量) 30-50倍液（超低量） 喷雾

WL20130042 杀虫饵粒/0.05%/饵粒/氟虫腈 0.05%/2015.11.08 至 2016.11.08/微毒
室内 蜚蠊、蚂蚁 / 投饵

WL20140007 氯菊·四氟醚/5%/水乳剂/氯菊酯 4%、四氟醚菊酯 1%/2015.04.10 至 2016.04.10/低毒
卫生 蚊、蝇 / 超低量喷雾；喷雾

WL20140008 高效氯氟氰菊酯/12.5%/悬浮剂/高效氯氟氰菊酯 12.5%/2015.04.10 至 2016.04.10/低毒
室内 蜚蠊、蚊、蝇 32毫克/平方米 滞留喷洒

WL20140030 炔丙·氯氟醚/8%/滴加液/炔丙菊酯 4%、氯氟醚菊酯 4%/2015.11.21 至 2016.11.21/微毒

江苏扬农化工集团有限公司 (江苏省扬州市文峰路39号 225009 0514-87820587)

PD85126-4 三氯杀螨醇/20%/乳油/三氯杀螨醇 20%/2010.06.24 至 2015.06.24/低毒
棉花 红蜘蛛 225-300克/公顷 喷雾
苹果树 红蜘蛛、锈蜘蛛 800-1000倍液 喷雾

PD87106-2 三氯杀螨醇/80%/原药/三氯杀螨醇 80%/2010.06.06 至 2015.06.06/低毒

PD20040040 吡虫啉/97%/原药/吡虫啉 97%/2014.12.19 至 2019.12.19/低毒

PD20040237 氯氰菊酯/10%/乳油/氯氰菊酯 10%/2014.12.19 至 2019.12.19/中等毒
棉花 棉铃虫、棉蚜 45-90克/公顷 喷雾
蔬菜 菜青虫 30-45克/公顷 喷雾

PD20040270 高效氯氰菊酯/4.5%/乳油/高效氯氰菊酯 4.5%/2014.12.19 至 2019.12.19/中等毒
茶树 尺蠖 15-25.5克/公顷 喷雾
柑橘树 潜叶蛾 15-20毫克/千克 喷雾

柑橘树 红蜡蚧 50毫克/千克 喷雾
棉花 红铃虫、棉铃虫、蚜虫 15-30克/公顷 喷雾
苹果树 桃小食心虫 20-33毫克/千克 喷雾
十字花科蔬菜 蚜虫 3-18克/公顷 喷雾
十字花科蔬菜 菜青虫、小菜蛾 9-25.5克/公顷 喷雾
烟草 烟青虫 15-25.5克/公顷 喷雾

PD20040330 吡虫啉/10%/可湿性粉剂/吡虫啉 10%/2014.12.19 至 2019.12.19/低毒
棉花 蚜虫 22.5-30克/公顷 喷雾
苹果树 蚜虫 20-25毫克/千克 喷雾
十字花科蔬菜 蚜虫 15-22.5克/公顷 喷雾
水稻 飞虱 15-30克/公顷 喷雾
小麦 蚜虫 15-30克/公顷(南方地区)45-60克/公顷(北方地区) 喷雾

PD20040475 螨醇·哒螨灵/20%/乳油/哒螨灵 5%、三氯杀螨醇 15%/2014.12.19 至 2019.12.19/中等毒
棉花 红蜘蛛 90-150克/公顷 喷雾

PD20040546 哒螨灵/15%/乳油/哒螨灵 15%/2014.12.19 至 2019.12.19/中等毒
柑橘树 红蜘蛛 50-67毫克/千克 喷雾

PD20050140 哒螨灵/95%/原药/哒螨灵 95%/2015.09.09 至 2020.09.09/中等毒

PD20080113 啶虫脒/99%/原药/啶虫脒 99%/2013.01.03 至 2018.01.03/低毒

PD20080400 啶虫脒/5%/乳油/啶虫脒 5%/2013.03.04 至 2018.03.04/低毒
柑橘树 蚜虫 12-15毫克/千克 喷雾

PD20081048 苯磺隆/95%/原药/苯磺隆 95%/2013.08.14 至 2018.08.14/低毒

PD20081049 苯磺隆/75%/水分散粒剂/苯磺隆 75%/2013.08.14 至 2018.08.14/微毒
冬小麦田 一年生阔叶杂草 13.5-22.5克/公顷 茎叶喷雾

PD20081467 高效氯氟氰菊酯/25克/升/乳油/高效氯氟氰菊酯 25克/升/2013.11.04 至 2018.11.04/中等毒
柑橘树 潜叶蛾 1500-3000倍液 喷雾
棉花 棉铃虫 18.75-26.25克/公顷 喷雾
十字花科蔬菜 菜青虫 7.5-11.25克/公顷 喷雾

PD20081582 氟啶脲/90%/原药/氟啶脲 90%/2013.11.12 至 2018.11.12/低毒

PD20082050 苯磺隆/10%/可湿性粉剂/苯磺隆 10%/2013.11.25 至 2018.11.25/低毒
小麦田 阔叶杂草 10.05-19.5克/公顷 喷雾

PD20082963 氟啶脲/5%/乳油/氟啶脲 5%/2013.12.09 至 2018.12.09/低毒
甘蓝 菜青虫、小菜蛾 30-45克/公顷 喷雾

PD20084086 溴氰菊酯/25克/升/乳油/溴氰菊酯 25克/升/2013.12.16 至 2018.12.16/低毒
十字花科蔬菜 菜青虫、蚜虫 7.5-15克/公顷 喷雾

PD20090730 氟铃脲/95%/原药/氟铃脲 95%/2014.01.19 至 2019.01.19/微毒

PD20090902 高氯·氟啶脲/4.65%/乳油/氟啶脲 1.5%、高效氯氰菊酯 3.15%/2014.01.19 至 2019.01.19/低毒
十字花科蔬菜 菜青虫、小菜蛾 20.925-41.85克/公顷 喷雾

PD20091875 氟铃脲/5%/乳油/氟铃脲 5%/2014.02.09 至 2019.02.09/低毒
棉花 棉铃虫 90-120克/公顷 喷雾

PD20093250 高效氟吡甲禾灵/97%/原药/高效氟吡甲禾灵 97%/2014.03.11 至 2019.03.11/低毒

PD20095174 高效氟吡甲禾灵/10.8%/乳油/高效氟吡甲禾灵 10.8%/2014.04.24 至 2019.04.24/低毒
夏大豆田 一年生禾本科杂草 40.5-48.6克/公顷 茎叶喷雾

PD20101754 丙环唑/95%/原药/丙环唑 95%/2015.07.07 至 2020.07.07/低毒

PD20120559 吡虫啉/25%/可湿性粉剂/吡虫啉 25%/2012.03.28 至 2017.03.28/低毒
水稻 飞虱 15-30克/公顷 喷雾

PD20120609 多菌灵/50%/可湿性粉剂/多菌灵 50%/2012.04.11 至 2017.04.11/低毒
莲藕 叶斑病 375-450克/公顷 喷雾
水稻 纹枯病 750~937.5克/公顷 /喷雾

PD20121048 甲基硫菌灵/50%/可湿性粉剂/甲基硫菌灵 50%/2012.07.12 至 2017.07.12/低毒
水稻 纹枯病 1275-1500克/公顷 喷雾

PD20121082 啶虫脒/70%/可湿性粉剂/啶虫脒 70%/2012.07.19 至 2017.07.19/中等毒
柑橘树 蚜虫 7.78-8.75毫克/千克 喷雾

PD20121415 丙环唑/250克/升/乳油/丙环唑 250克/升/2012.09.19 至 2017.09.19/低毒
小麦 白粉病 112.5－150克/公顷 喷雾

PD20130692 三氯杀螨醇/20%/水乳剂/三氯杀螨醇 20%/2013.04.11 至 2018.04.11/低毒
柑橘树 红蜘蛛 200-250毫克/千克 喷雾

PD20131333 吡虫啉/350克/升/悬浮剂/吡虫啉 350克/升/2013.06.09 至 2018.06.09/低毒
甘蓝 蚜虫 45-75克/公顷 喷雾

PD20140011 吡虫啉/70%/可湿性粉剂/吡虫啉 70%/2014.01.02 至 2019.01.02/低毒
甘蓝 蚜虫 21-31.5克/公顷 喷雾

PD20140684 丙环唑/50%/母药/丙环唑 50%/2014.03.24 至 2019.03.24/低毒
注:专供出口，不得在国内销售。

WP20090013　对二氯苯/99.5%/原药/对二氯苯 99.5%/2014.01.06 至 2019.01.06/低毒
WP20110180　防霉防蛀片剂/99%/片剂/对二氯苯 99%/2011.07.26 至 2016.07.26/低毒
　卫生　黑皮蠹、霉菌　/　投放

江苏永安化工有限公司　(江苏省涟水县城北朱码（江苏涟水化工总厂院内）　223402　0517-82332333)

PD20080360　二甲戊灵/95%/原药/二甲戊灵 95%/2013.02.28 至 2018.02.28/低毒
PD20081696　二甲戊灵/330克/升/乳油/二甲戊灵 330克/升/2013.11.17 至 2018.11.17/微毒
　甘蓝田　杂草　618.8-742.5克/公顷　土壤喷雾
　棉花田　一年生杂草　742.5-990克/公顷　播后苗前毒土法

江苏优嘉植物保护有限公司　(江苏省如东沿海经济开发区通海五路　226400　0514-85888888)

PD20150201　联苯菊酯/97%/原药/联苯菊酯 97%/2015.01.15 至 2020.01.15/中等毒
PD20150294　麦草畏/98%/原药/麦草畏 98%/2015.02.04 至 2020.02.04/低毒
PD20150465　氟啶胺/97/原药/氟啶胺 97%/2015.03.20 至 2020.03.20/微毒

江苏优士化学有限公司　(江苏省扬州市仪征市大连路3号　225009　0514-5123456)

PD20080757　草甘膦/95%/原药/草甘膦 95%/2013.06.11 至 2018.06.11/低毒
PD20081436　氯氰菊酯/94%/原药/氯氰菊酯 94%/2013.10.31 至 2018.10.31/低毒
PD20081448　高效氯氟氰菊酯/95%/原药/高效氯氟氰菊酯 95%/2013.11.04 至 2018.11.04/中等毒
PD20083291　溴氰菊酯/98.5%/原药/溴氰菊酯 98.5%/2013.12.11 至 2018.12.11/中等毒
PD20091416　麦草畏/98%/原药/麦草畏 98%/2014.02.02 至 2019.02.02/低毒
PD20095109　吡虫啉/95%/原药/吡虫啉 95%/2014.04.24 至 2019.04.24/中等毒
PD20095698　高效氯氰菊酯/27%/母药/高效氯氰菊酯 27%/2014.05.15 至 2019.05.15/低毒
PD20095931　草甘膦异丙胺盐(41%)///水剂/草甘膦 30%/2014.06.02 至 2019.06.02/低毒
　柑橘园　杂草　1224-2448克/公顷　定向茎叶喷雾
PD20097647　氟虫腈/95%/原药/氟虫腈 95%/2014.11.04 至 2019.11.04/中等毒
PD20101328　联苯菊酯/98%/原药/联苯菊酯 98%/2015.03.17 至 2020.03.17/中等毒
PD20101673　丙环唑/95%/原药/丙环唑 95%/2015.06.08 至 2020.06.08/低毒
PD20101718　氟氯氰菊酯/93%/原药/氟氯氰菊酯 93%/2015.06.28 至 2020.06.28/中等毒
PD20110073　草甘膦/46%/水剂/草甘膦 46%/2016.01.19 至 2021.01.19/微毒
　柑橘　杂草　1125-2250克/公顷　茎叶喷雾
PD20110710　麦草畏/480克/升/水剂/麦草畏 480克/升/2011.07.06 至 2016.07.06/低毒
　春小麦田　一年生阔叶杂草　180-216克/公顷　茎叶喷雾
PD20110763　氟啶胺/97%/原药/氟啶胺 97%/2011.08.23 至 2016.08.23/低毒
PD20111180　噻苯隆/98%/原药/噻苯隆 98%/2011.11.15 至 2016.11.15/低毒
PD20121517　苯磺隆/95%/原药/苯磺隆 95%/2012.10.09 至 2017.10.09/低毒
PD20130786　抗倒酯/96%/原药/抗倒酯 96%/2013.04.22 至 2018.04.22/低毒
PD20131294　茚虫威/70.5%/原药/茚虫威 70.5%/2013.06.08 至 2018.06.08/中等毒
PD20131446　草铵膦/95%/原药/草铵膦 95%/2013.07.05 至 2018.07.05/低毒
PD20132094　高效氯氟氰菊酯/2.5%/微囊悬浮剂/高效氯氟氰菊酯 2.5%/2013.10.24 至 2018.10.24/低毒
　甘蓝　菜青虫　11.25-15克/公顷　喷雾
PD20132113　二甲戊灵/96%/原药/二甲戊灵 96%/2013.10.24 至 2018.10.24/低毒
PD20140071　精异丙甲草胺/96%/原药/精异丙甲草胺 96%/2014.01.20 至 2019.01.20/低毒
PD20140885　麦畏·草甘膦/35%/水剂/草甘膦 33%、麦草畏 2%/2014.04.08 至 2019.04.08/微毒
　非耕地　杂草　1207.50～1522.5克/公顷　茎叶喷雾
PD20140911　苯醚甲环唑/96.5%/原药/苯醚甲环唑 96.5%/2014.04.10 至 2019.04.10/低毒
PD20142009　吡蚜酮/97%/原药/吡蚜酮 97%/2014.08.14 至 2019.08.14/微毒
PD20142108　啶虫脒/99%/原药/啶虫脒 99%/2014.09.02 至 2019.09.02/中等毒
PD20142404　噻虫嗪/98%/原药/噻虫嗪 98%/2014.11.13 至 2019.11.13/低毒
PD20150751　氟啶胺/40%/悬浮剂/氟啶胺 40%/2015.05.12 至 2020.05.12/微毒
　大白菜　根肿病　2250-2500克/公顷　灌穴
PD20152105　草甘膦铵盐/30%/水剂/草甘膦 30%/2015.09.22 至 2020.09.22/微毒
　非耕地　杂草　1687.5-2250克/公顷　茎叶喷雾
WP20080018　氟蚁腙/95%/原药/氟蚁腙 95%/2013.01.07 至 2018.01.07/低毒
WP20080132　氯菊酯/92%/原药/氯菊酯 92%/2013.10.31 至 2018.10.31/低毒
WP20090339　氟硅菊酯/93%/原药/氟硅菊酯 93%/2014.10.10 至 2019.10.10/微毒
WP20090340　四氟醚菊酯/90%/原药/四氟醚菊酯 90%/2014.10.10 至 2019.10.10/中等毒
WP20090346　四氟苯菊酯///原药/四氟苯菊酯 93%,右旋反式体88%/2014.10.19 至 2019.10.19/低毒
WP20110065　氯氟醚菊酯/90%/原药/氯氟醚菊酯 90%/2016.03.04 至 2021.03.04/低毒
WP20130035　氯氟醚菊酯/6%/母药/氯氟醚菊酯 6%/2013.02.26 至 2018.02.26/低毒
WP20140009　氯氟醚菊酯/5%/母药/氯氟醚菊酯 5%/2014.01.20 至 2019.01.20/低毒
WP20140090　四溴菊酯/90%/原药/四溴菊酯 90%/2014.04.15 至 2019.04.15/中等毒
　注:专供出口，不得在国内销售。
WP20140091　四溴菊酯/25%/母药/四溴菊酯 25%/2014.04.15 至 2019.04.15/低毒
　注:专供出口，不得在国内销售。
WP20150028　七氟甲醚菊酯/93%/原药/七氟甲醚菊酯 93%/2015.03.02 至 2020.03.02/低毒

WP20150029 蚊香/0.02%/蚊香/七氟甲醚菊酯 0.02%/2015.03.02 至 2020.03.02/低毒
室内 蚊 / 点燃
WL20130016 杀虫气雾剂/0.4%/气雾剂/胺菊酯 0.2%、氟丙菊酯 0.2%/2015.03.18 至 2016.03.18/微毒
卫生 蚊、蝇 / 喷雾
WL20130017 氟丙菊酯/95%/原药/氟丙菊酯 95%/2015.03.25 至 2016.03.25/微毒

江苏裕廊化工有限公司 (江苏省盐城市响水县陈家港化工园区 224631 0515-86735717)

PD20070189 草甘膦/97%/原药/草甘膦 97%/2012.07.11 至 2017.07.11/低毒
PD20070280 草甘膦异丙胺盐/30%/水剂/草甘膦 30%/2012.09.05 至 2017.09.05/低毒
柑橘园 一年生和多年生杂草 1230-2460克/公顷 定向茎叶喷雾
注:草甘膦异丙胺盐含量为: 41%。
PD20070404 草甘膦异丙胺盐/62%/水剂/草甘膦异丙胺盐 62%/2012.11.05 至 2017.11.05/低毒
柑橘园 一年生和多年生杂草 1209-2325克/公顷 定向茎叶喷雾

江苏耘农化工有限公司 (江苏省镇江新区龙溪路10号 212132 0511-88051168)

PD20080073 三环唑/95%/原药/三环唑 95%/2013.01.03 至 2018.01.03/低毒
PD20080410 嘧霉胺/95%/原药/嘧霉胺 95%/2013.02.28 至 2018.02.28/低毒
PD20080516 烯酰吗啉/95%/原药/烯酰吗啉 95%/2013.04.29 至 2018.04.29/低毒
PD20080548 嘧霉胺/40%/悬浮剂/嘧霉胺 40%/2013.05.08 至 2018.05.08/低毒
番茄 灰霉病 480-525克/公顷 喷雾
PD20080708 抑食肼/95%/原药/抑食肼 95%/2013.06.04 至 2018.06.04/低毒
PD20081205 腈菌唑/95%/原药/腈菌唑 95%/2013.09.11 至 2018.09.11/低毒
PD20081727 苯醚甲环唑/95%/原药/苯醚甲环唑 95%/2013.11.18 至 2018.11.18/低毒
PD20082120 S-氰戊菊酯/90%/原药/S-氰戊菊酯 90%/2013.11.25 至 2018.11.25/中等毒
PD20082659 烯酰吗啉/50%/水分散粒剂/烯酰吗啉 50%/2013.12.04 至 2018.12.04/低毒
黄瓜 霜霉病 225-300克/公顷 喷雾
PD20083713 S-氰戊菊酯/5%/乳油/S-氰戊菊酯 5%/2013.12.15 至 2018.12.15/中等毒
十字花科蔬菜 菜青虫 7.5-22.5克/公顷 喷雾
PD20085503 氰戊菊酯/90%/原药/氰戊菊酯 90%/2013.12.25 至 2018.12.25/低毒
PD20092433 腈菌唑/40%/悬浮剂/腈菌唑 40%/2014.02.25 至 2019.02.25/低毒
梨树 黑星病 40-50毫克/千克 喷雾
PD20094716 苯醚甲环唑/10%/水分散粒剂/苯醚甲环唑 10%/2014.04.10 至 2019.04.10/低毒
梨树 黑星病 16.7-20毫克/千克 喷雾
PD20095664 醚菌酯/95%/原药/醚菌酯 95%/2014.05.13 至 2019.05.13/低毒
PD20111327 苯醚·丙环唑/500克/升/乳油/苯醚甲环唑 250克/升、丙环唑 250克/升/2011.12.06 至 2016.12.06/低毒
水稻 纹枯病 67.5-90克/公顷 喷雾
PD20111357 苯醚甲环唑/25%/乳油/苯醚甲环唑 25%/2011.12.12 至 2016.12.12/低毒
香蕉 叶斑病 83.3-125毫克/千克 喷雾
PD20120540 嘧菌酯/97%/原药/嘧菌酯 97%/2012.03.28 至 2017.03.28/微毒
PD20141678 苯甲·嘧菌酯/325克/升/悬浮剂/苯醚甲环唑 125克/升、嘧菌酯 200克/升/2014.06.30 至 2019.06.30/低毒
西瓜 炭疽病 195-243.75克/公顷 喷雾
PD20141833 氟环唑/96%/原药/氟环唑 96%/2014.07.24 至 2019.07.24/低毒
PD20141900 嘧菌酯/250克/升/悬浮剂/嘧菌酯 250克/升/2014.08.01 至 2019.08.01/低毒
番茄 叶霉病 225-337.5克/公顷 喷雾
PD20142211 醚菌酯/50%/水分散粒剂/醚菌酯 50%/2014.09.28 至 2019.09.28/微毒
黄瓜 白粉病 130-150克/公顷 喷雾
PD20150740 嘧菌酯/50%/水分散粒剂/嘧菌酯 50%/2015.04.20 至 2020.04.20/低毒
葡萄 霜霉病 125-250毫克/千克 喷雾

江苏云帆化工有限公司 (江苏省启东市滨江精细化工园江苏路168号 226221 0513-83201555)

PD20090364 苏云金杆菌/16000IU/毫克/可湿性粉剂/苏云金杆菌 16000IU/毫克/2014.01.12 至 2019.01.12/低毒
茶树 茶毛虫 400-800倍液 喷雾
棉花 二代棉铃虫 3000-4500毫升制剂/公顷 喷雾
森林 松毛虫 600-800倍液 喷雾
十字花科蔬菜 菜青虫 750-1500毫升制剂/公顷 喷雾
十字花科蔬菜 小菜蛾 1500-2250毫升制剂/公顷 喷雾
水稻 稻纵卷叶螟 3000-4500毫升制剂/公顷 喷雾
烟草 烟青虫 1500-3000毫升制剂/公顷 喷雾
玉米 玉米螟 1500-3000毫升制剂/公顷 拌细纱灌心
枣树 枣尺蠖 600-800倍液 喷雾
PD20095444 阿维·苏云菌//可湿性粉剂/阿维菌素 0.1%、苏云金杆菌 100亿活芽孢/克/2014.05.11 至 2019.05.11/低毒(原药高毒)
十字花科蔬菜 小菜蛾 750-1125克制剂/公顷 喷雾
PD20100197 唑螨酯/5%/悬浮剂/唑螨酯 5%/2015.01.05 至 2020.01.05/低毒
柑橘树 红蜘蛛 25-50毫克/千克 喷雾
PD20120589 烯酰吗啉/50%/水分散粒剂/烯酰吗啉 50%/2012.04.10 至 2017.04.10/低毒
黄瓜 霜霉病 225-375克/公顷 喷雾

PD20120746 草甘膦铵盐/80%/可溶粒剂/草甘膦 80%/2012.05.05 至 2017.05.05/低毒
非耕地 杂草 1020-2700克/公顷 茎叶喷雾
注:草甘膦铵盐含量:88.8%。
PD20121169 甲氨基阿维菌素苯甲酸盐/5%/水分散粒剂/甲氨基阿维菌素 5%/2012.07.30 至 2017.07.30/低毒
甘蓝 小菜蛾 1.5-2.25克/公顷 喷雾
注:甲氨基阿维菌素苯甲酸盐含量:5.7%。
PD20121833 三甲苯草酮/97%/原药/三甲苯草酮 97%/2012.11.22 至 2017.11.22/低毒
注:专供出口,不得在国内销售。
PD20130551 乙氧氟草醚/97%/原药/乙氧氟草醚 97%/2013.04.01 至 2018.04.01/低毒
PD20141357 草铵膦/200克/升/水剂/草铵膦 200克/升/2014.06.04 至 2019.06.04/低毒
柑橘园 杂草 600-1200克/公顷 定向茎叶喷雾
PD20141496 烯草酮/120克/升/乳油/烯草酮 120克/升/2014.06.09 至 2019.06.09/低毒
注:专供出口,不得在国内销售。
PD20142210 烯草酮/94%/原药/烯草酮 94%/2014.09.28 至 2019.09.28/低毒
PD20150044 草铵膦/95%/原药/草铵膦 95%/2015.01.04 至 2020.01.04/低毒
PD20150315 氰虫腈/95%/原药/氰虫腈 95%/2015.02.05 至 2020.02.05/中等毒
PD20150969 吡蚜·仲丁威/36%/悬浮剂/吡蚜酮 4%、仲丁威 32%/2015.06.11 至 2020.06.11/低毒
水稻 稻飞虱 270-337.5克/公顷 喷雾
LS20130525 丁噻隆/95%/原药/丁噻隆 95%/2015.12.10 至 2016.12.10/低毒

江苏灶星农化有限公司 (江苏省东台市头灶镇头富街8号 224247 0515-85481198)

PD20060117 多·酮/40%/可湿性粉剂/多菌灵 35%、三唑酮 5%/2011.06.15 至 2016.06.15/低毒
小麦 白粉病、赤霉病 450-600克/公顷 喷雾
油菜 菌核病 600-800克/公顷 喷雾
杂交水稻 叶尖枯病、云形病 450-600克/公顷 喷雾
PD20060133 吡虫·三唑酮/18%/可湿性粉剂/吡虫啉 2.5%、三唑酮 15.5%/2011.07.14 至 2016.07.14/低毒
小麦 白粉病、蚜虫 135-162克/公顷 喷雾
PD20070152 噻嗪·杀虫单/50%/可湿性粉剂/噻嗪酮 10%、杀虫单 40%/2012.06.07 至 2017.06.07/低毒
水稻 稻飞虱、二化螟 450-525克/公顷 喷雾
水稻 稻纵卷叶螟 375-450克/公顷 喷雾
PD20080020 噻嗪酮/25%/可湿性粉剂/噻嗪酮 25%/2013.01.04 至 2018.01.04/低毒
水稻 稻飞虱 112.5-150克/公顷 喷雾
PD20080499 三唑酮/15%/可湿性粉剂/三唑酮 15%/2013.04.10 至 2018.04.10/低毒
小麦 白粉病、锈病 135-180克/公顷 喷雾
玉米 丝黑穗病 60-90克/100千克种子 拌种
PD20080748 马拉·辛硫磷/25%/乳油/马拉硫磷 12.5%、辛硫磷 12.5%/2013.06.11 至 2018.06.11/低毒
棉花 棉铃虫 262.5-300克/公顷 喷雾
水稻 二化螟 337.5-375克/公顷 喷雾
PD20081292 三环唑/20%/可湿性粉剂/三环唑 20%/2013.09.26 至 2018.09.26/中等毒
水稻 稻瘟病 225-300克/公顷 喷雾
PD20082715 高效氯氟氰菊酯/25克/升/乳油/高效氯氟氰菊酯 25克/升/2013.12.05 至 2018.12.05/中等毒
棉花 棉铃虫 15-22.5克/公顷 喷雾
PD20084287 联苯菊酯/25克/升/乳油/联苯菊酯 25克/升/2013.12.17 至 2018.12.17/低毒
棉花 红蜘蛛 45-60克/公顷 喷雾
PD20093292 噻嗪·异丙威/25%/可湿性粉剂/噻嗪酮 5%、异丙威 20%/2014.03.11 至 2019.03.11/低毒
水稻 稻飞虱 468.75-562.5克/公顷 喷雾
PD20100269 敌畏·辛硫磷/65%/乳油/敌敌畏 40%、辛硫磷 25%/2015.01.11 至 2020.01.11/中等毒
桑树 桑毛虫 433.3-650毫克/千克 喷雾
WP20080292 杀虫气雾剂/1%/气雾剂/胺菊酯 0.6%、氯菊酯 0.4%/2013.12.03 至 2018.12.03/微毒
卫生 蚊、蝇、蜚蠊 / 喷雾

江苏正本农药化工有限公司 (江苏省宿迁市沭阳县贤官乡 223653 0527-3350088)

PD20050076 吡·多·三唑酮/30%/可湿性粉剂/吡虫啉 1.8%、多菌灵 20%、三唑酮 8.2%/2010.06.24 至 2015.06.24/低毒
小麦 白粉病、赤霉病、蚜虫 270-315克/公顷 喷雾
PD20050077 多·酮/40%/可湿性粉剂/多菌灵 35%、三唑酮 5%/2010.06.24 至 2015.06.24/低毒
水稻 纹枯病、叶尖枯病 600-720克/公顷 喷雾
小麦 白粉病、赤霉病 450-600克/公顷 喷雾
PD20101400 甲枯·多菌灵/40%/可湿性粉剂/多菌灵 25%、甲基立枯磷 15%/2010.04.14 至 2015.04.14/低毒
水稻 立枯病、苗期叶稻瘟病 720-900克/公顷 喷雾

江苏中丹化工技术有限公司 (江苏省泰兴市沿江经济开发区通江路8号 225400 0523-80737977)

PD20130612 双草醚/95%/原药/双草醚 95%/2013.04.03 至 2018.04.03/低毒

江苏中旗作物保护股份有限公司 (江苏省南京化学工业园长丰河路309号 210047 025-58375795)

PD20070511 噁霜灵/96%/原药/噁霜灵 96%/2012.11.28 至 2017.11.28/低毒
PD20080518 精吡氟禾草灵/90%/原药/精吡氟禾草灵 90%/2013.04.29 至 2018.04.29/低毒
PD20080764 氟虫脲/95%/原药/氟虫脲 95%/2013.06.11 至 2018.06.11/低毒

PD20081435 戊唑醇/97%/原药/戊唑醇 97%/2013.10.31 至 2018.10.31/低毒
PD20081442 乙氧氟草醚/97%/原药/乙氧氟草醚 97%/2013.10.31 至 2018.10.31/微毒
PD20081561 氟硅唑/95%/原药/氟硅唑 95%/2013.11.11 至 2018.11.11/低毒
PD20081641 精噁唑禾草灵/95%/原药/精噁唑禾草灵 95%/2013.11.14 至 2018.11.14/低毒
PD20081798 草甘膦/95%/原药/草甘膦 95%/2013.11.19 至 2018.11.19/微毒
PD20081980 高效氟吡甲禾灵/108克/升/乳油/高效氟吡甲禾灵 108克/升/2013.11.25 至 2018.11.25/低毒

春大豆田、棉花田	芦苇	97.2-145.8克/公顷	茎叶喷雾
大豆田	一年生禾本科杂草	48.6-72.9克/公顷	茎叶喷雾
甘蓝田	一年生禾本科杂草	48.6-64.8克/公顷	茎叶喷雾
花生田	一年生禾本科杂草	32.4-48.6克/公顷	茎叶喷雾
马铃薯田、西瓜田	一年生禾本科杂草	56.7-81克/公顷	茎叶喷雾
棉花田	一年生禾本科杂草	40.5-48.6克/公顷	茎叶喷雾
向日葵田	一年生禾本科杂草	97.2-162克/公顷	茎叶喷雾
油菜田	一年生禾本科杂草	45-60克/公顷	茎叶喷雾

PD20082231 精噁唑禾草灵/69克/升/水乳剂/精噁唑禾草灵 69克/升/2013.11.26 至 2018.11.26/微毒

冬小麦田	一年生禾本科杂草	51.75-62.1克/公顷	茎叶喷雾

PD20082500 环嗪酮/98%/原药/环嗪酮 98%/2013.12.03 至 2018.12.03/低毒
PD20083285 麦草畏/98%/原药/麦草畏 98%/2013.12.11 至 2018.12.11/低毒
PD20086313 氯氟吡氧乙酸异辛酯/95%/原药/氯氟吡氧乙酸异辛酯 95%/2013.12.31 至 2018.12.31/低毒
PD20092634 氯氟吡氧乙酸/20%/乳油/氯氟吡氧乙酸 20%/2014.03.02 至 2019.03.02/低毒

冬小麦田、玉米田	一年生阔叶杂草	150-210克/公顷	茎叶喷雾
水田畦畔	空心莲子草(水花生)	120-180克/公顷	茎叶喷雾

PD20093804 高效氟吡甲禾灵/90%/原药/高效氟吡甲禾灵 90%/2014.03.25 至 2019.03.25/中等毒
PD20096695 草甘膦异丙胺盐(41%)///水剂/草甘膦 30%/2014.09.07 至 2019.09.07/微毒

柑橘园	杂草	200-400毫升制剂/亩	定向茎叶喷雾

PD20096721 咪唑乙烟酸/98%/原药/咪唑乙烟酸 98%/2014.09.07 至 2019.09.07/微毒
PD20096795 烯草酮/90%/原药/烯草酮 90%/2014.09.15 至 2019.09.15/低毒
PD20097009 烟嘧磺隆/95%/原药/烟嘧磺隆 95%/2014.09.29 至 2019.09.29/微毒
PD20097196 乳氟禾草灵/85%/原药/乳氟禾草灵 85%/2014.10.16 至 2019.10.16/低毒
PD20097209 稻瘟灵/95%/原药/稻瘟灵 95%/2014.10.19 至 2019.10.19/低毒
PD20097228 氟磺胺草醚/95%/原药/氟磺胺草醚 95%/2014.10.19 至 2019.10.19/低毒
PD20097833 噻嗪酮/99%/原药/噻嗪酮 99%/2014.11.20 至 2019.11.20/低毒
PD20098288 异菌脲/96%/原药/异菌脲 96%/2014.12.18 至 2019.12.18/微毒
PD20102145 氟虫腈/95%/原药/氟虫腈 95%/2015.12.07 至 2020.12.07/中等毒
注:专供出口，不得在国内销售。
PD20102146 氟虫腈/50克/升/悬浮剂/氟虫腈 50克/升/2015.12.07 至 2020.12.07/低毒
注:专供出口，不得在国内销售。
PD20102213 苯醚·丙环唑/300克/升/乳油/苯醚甲环唑 150克/升、丙环唑 150克/升/2015.12.23 至 2020.12.23/低毒

水稻	稻曲病、纹枯病	67.5-112.5克/公顷	喷雾

PD20110506 双草醚/96%/原药/双草醚 96%/2011.05.03 至 2016.05.03/微毒
PD20111176 咪唑烟酸/95%/原药/咪唑烟酸 95%/2015.12.17 至 2020.12.17/低毒
PD20111329 吡氟酰草胺/98%/原药/吡氟酰草胺 98%/2011.12.06 至 2016.12.06/微毒
注:专供出口，不得在国内销售。
PD20120783 嘧菌酯/96.5%/原药/嘧菌酯 96.5%/2012.05.11 至 2017.05.11/微毒
PD20120793 磺草酮/98%/原药/磺草酮 98%/2012.05.11 至 2017.05.11/低毒
注:专供出口,不得在国内销售。
PD20120956 嘧菌酯/250克/升/悬浮剂/嘧菌酯 250克/升/2012.06.14 至 2017.06.14/微毒

番茄	早疫病	90-120克/公顷	喷雾

PD20121200 炔草酯/95%/原药/炔草酯 95%/2012.08.06 至 2017.08.06/低毒
注:专供出口，不得在国内销售。
PD20121591 虱螨脲/98%/原药/虱螨脲 98%/2012.10.25 至 2017.10.25/低毒
PD20121728 环嗪酮/75%/水分散粒剂/环嗪酮 75%/2012.11.08 至 2017.11.08/低毒

森林防火道	杂草	1800-2250克/公顷	茎叶喷雾

PD20121764 双草醚/100克/升/悬浮剂/双草醚 100克/升/2012.11.15 至 2017.11.15/微毒

水稻田(直播)	稗草、莎草及阔叶杂草	30-37.5克/公顷	茎叶喷雾

PD20121823 虱螨脲/5%/乳油/虱螨脲 5%/2012.11.22 至 2017.11.22/低毒

甘蓝	甜菜夜蛾	22.5-30克/公顷	喷雾

PD20130865 氟环唑/95%/原药/氟环唑 95%/2013.04.22 至 2018.04.22/低毒
PD20131726 除草定/95%/原药/除草定 95%/2013.08.16 至 2018.08.16/低毒
注:专供出口,不得在国内销售。
PD20131850 除草定/80%/可湿性粉剂/除草定 80%/2013.09.23 至 2018.09.23/低毒
注:专供出口，不得在国内销售。
PD20131899 草铵膦/95%/原药/草铵膦 95%/2013.09.25 至 2018.09.25/低毒

PD20131916 茚虫威/95%/原药/茚虫威 95%/2013.09.25 至 2018.09.25/低毒
PD20132454 醚菌酯/95%/原药/醚菌酯 95%/2013.12.02 至 2018.12.02/微毒
注:专供出口，不得在国内销售。
PD20132600 炔草酯/8%/水乳剂/炔草酯 8%/2013.12.17 至 2018.12.17/低毒
春小麦田 一年生禾本科杂草 36-48克/公顷 茎叶喷雾
冬小麦田 一年生禾本科杂草 48-66克/公顷 茎叶喷雾
PD20132604 氰氟草酯/97%/原药/氰氟草酯 97%/2013.12.18 至 2018.12.18/低毒
PD20140810 噻虫嗪/98%/原药/噻虫嗪 98%/2014.03.25 至 2019.03.25/低毒
PD20140812 茚虫威/15%/悬浮剂/茚虫威 15%/2014.03.25 至 2019.03.25/低毒
水稻 稻纵卷叶螟 29.25-40.5克/公顷 喷雾
PD20140815 甲咪唑烟酸/97%/原药/甲咪唑烟酸 97%/2014.03.31 至 2019.03.31/微毒
PD20141262 噻虫嗪/25%/水分散粒剂/噻虫嗪 25%/2014.05.07 至 2019.05.07/微毒
菠菜 蚜虫 22.5-30克/公顷 喷雾
芹菜 蚜虫 15-30克/公顷 喷雾
水稻 稻飞虱 11.5-15克/公顷 喷雾
PD20141429 烯酰吗啉/97%/原药/烯酰吗啉 97%/2014.06.06 至 2019.06.06/低毒
PD20141653 杀铃脲/97%/原药/杀铃脲 97%/2014.06.24 至 2019.06.24/微毒
PD20141842 炔草酯/15%/水乳剂/炔草酯 15%/2014.07.24 至 2019.07.24/低毒
春小麦田 一年生禾本科杂草 37.5-45克/公顷 茎叶喷雾
冬小麦田 一年生禾本科杂草 56.25-67.5克/公顷 茎叶喷雾
PD20142269 噻虫啉/40%/悬浮剂/噻虫啉 40%/2014.10.20 至 2019.10.20/中等毒
水稻 稻飞虱 72-100.8克/公顷 喷雾
PD20142271 噻虫啉/95%/原药/噻虫啉 95%/2014.10.20 至 2019.10.20/中等毒
PD20142292 草铵膦/200克/升/水剂/草铵膦 200克/升/2014.11.02 至 2019.11.02/低毒
非耕地 杂草 有效成分1050-1750克/公顷 茎叶喷雾
PD20142526 螺螨酯/96%/原药/螺螨酯 96%/2014.11.21 至 2019.11.21/低毒
PD20150205 嗪草酮/96%/原药/嗪草酮 96%/2015.01.15 至 2020.01.15/低毒
PD20150428 氰氟草酯/10%/水乳剂/氰氟草酯 10%/2015.03.20 至 2020.03.20/低毒
水稻田(直播) 稗草、千金子等禾本科杂草 75-105克/公顷 茎叶喷雾
PD20150667 多效唑/95%/原药/多效唑 95%/2015.04.17 至 2020.04.17/低毒
PD20150849 甲氧咪草烟/97%/原药/甲氧咪草烟 97%/2015.05.18 至 2020.05.18/微毒
PD20151207 嘧菌酯/250克/升/悬浮剂/嘧菌酯 250克/升/2015.07.30 至 2020.07.30/微毒
大豆 锈病 / /
番茄 早疫病 90-120克/公顷 喷雾
PD20151372 螺螨酯/240克/升/悬浮剂/螺螨酯 240克/升/2015.07.30 至 2020.07.30/微毒
柑橘树 红蜘蛛 40-60毫克/千克 喷雾
PD20151509 虫螨腈/240克/升/悬浮剂/虫螨腈 240克/升/2015.07.31 至 2020.07.31/低毒
甘蓝 小菜蛾 90-105克/公顷 喷雾
PD20151744 醚菌酯/95%/原药/醚菌酯 95%/2015.08.28 至 2020.08.28/微毒
PD20152381 吡氟酰草胺/98%/原药/吡氟酰草胺 98%/2015.10.22 至 2020.10.22/微毒
LS20130385 噻虫胺/48%/悬浮剂/噻虫胺 48%/2015.07.29 至 2016.07.29/低毒
水稻 稻飞虱 45-60克/公顷 喷雾
LS20150132 异噁唑草酮/96/原药/异噁唑草酮 96%/2015.05.19 至 2016.05.19/微毒
WP20070030 吡丙醚/95%/原药/吡丙醚 95%/2012.11.28 至 2017.11.28/低毒

江苏中意化学有限公司 (江苏省盐城市响水县双港镇化工工业园区 224632 025-84652102)

PD20070001 毒死蜱/97%/原药/毒死蜱 97%/2012.01.04 至 2017.01.04/中等毒
PD20082531 杀虫双/18%/水剂/杀虫双 18%/2013.12.03 至 2018.12.03/低毒
水稻 二化螟 675-810克/公顷 喷雾
PD20083188 毒死蜱/45%/乳油/毒死蜱 45%/2013.12.11 至 2018.12.11/中等毒
水稻 二化螟 576-648克/公顷 喷雾
PD20096746 氟虫腈/95%/原药/氟虫腈 95%/2014.09.07 至 2019.09.07/中等毒

江苏庄臣同大有限公司 (江苏省常州市新北区河海西路18号 213022 0519-85102117)

WP20030019 电热蚊香片/9毫克/片/电热蚊香片/炔丙菊酯 9毫克/片/2013.12.04 至 2018.12.04/微毒
卫生 蚊 / 电热加温
WP20080184 驱蚊液/10%/驱蚊液/避蚊胺 10%/2013.11.19 至 2018.11.19/微毒
卫生 蚊 / 涂抹
WP20080245 电热蚊香片/12毫克/片/电热蚊香片/炔丙菊酯 12毫克/片/2013.11.26 至 2018.11.26/微毒
卫生 蚊 / 电热加温
注:本产品有三种香型：清香型、甘菊香型、无香型。
WP20080428 电热蚊香液/1.2%/电热蚊香液/炔丙菊酯 1.2%/2013.12.15 至 2018.12.15/微毒
卫生 蚊 / 电热加温
注:本品有三种香型：清香型、甘菊香型、无香型。
WP20110004 电热蚊香片/40毫克/片/电热蚊香片/右旋烯丙菊酯 40毫克/片/2016.01.04 至 2021.01.04/微毒

卫生　蚊　/　电热加温

WP20110063　蚊香/0.015%/蚊香/四氟甲醚菊酯 0.015%/2016.03.03 至 2021.03.03/微毒

卫生　蚊　/　点燃

注:本产品有三种香型：檀香型、花香型、无香型。

WP20110148　电热蚊香片/15毫克/片/电热蚊香片/炔丙菊酯 15毫克/片/2011.06.20 至 2016.06.20/微毒

卫生　蚊　/　电热加温

WP20120119　杀虫气雾剂/0.54%/气雾剂/胺菊酯 0.45%、右旋苯醚氰菊酯 0.09%/2012.06.21 至 2017.06.21/微毒

卫生　蚂蚁、蚊、蝇、蜚蠊　/　喷雾

注:本品有两种香型:清香型、无香型。

WP20120158　电热蚊香片/50毫克/片/电热蚊香片/右旋烯丙菊酯 50毫克/片/2012.09.04 至 2017.09.04/微毒

卫生　蚊　/　电热加温

WP20120173　电热蚊香液/0.62%/电热蚊香液/四氟甲醚菊酯 0.62%/2012.09.11 至 2017.09.11/微毒

卫生　蚊　/　电热加温

注:本产品有两种香型：清香型、无香型。

WP20120194　杀蚊气雾剂/0.58%/气雾剂/胺菊酯 0.35%、右旋苯醚菊酯 0.13%、右旋烯丙菊酯 0.1%/2012.10.17 至 2017.10.17/微毒

卫生　蚊　/　喷雾

WP20120225　杀虫气雾剂/0.16%/气雾剂/氯氰菊酯 0.1%、炔丙菊酯 0.03%、炔咪菊酯 0.03%/2012.11.22 至 2017.11.22/微毒

卫生　蚂蚁、蚊、蝇、蜚蠊　/　喷雾

注:本产品有两种香型：无香型、清香型。

WP20120233　杀蟑气雾剂/0.2%/气雾剂/氯氰菊酯 0.1%、炔咪菊酯 0.1%/2012.12.07 至 2017.12.07/微毒

卫生　蜚蠊　/　喷雾

注:本产品有三种香型：甘菊香型、清香型、无香型。

WP20120256　杀虫气雾剂/0.48%/气雾剂/胺菊酯 0.26%、氯氰菊酯 0.13%、右旋烯丙菊酯 0.09%/2012.12.24 至 2017.12.24/微毒

卫生　蚂蚁、蚊、蝇、蜚蠊　/　喷雾

WP20130014　杀虫气雾剂/0.5%/气雾剂/胺菊酯 0.3%、氯氰菊酯 0.1%、右旋烯丙菊酯 0.1%/2013.01.17 至 2018.01.17/微毒

卫生　蚊、蝇、蜚蠊　/　喷雾

注:本产品有一种香型：柠檬香型。

WP20130041　杀蚊气雾剂/0.23%/气雾剂/炔丙菊酯 0.1%、右旋苯醚菊酯 0.13%/2013.03.18 至 2018.03.18/微毒

室内　蚊、蝇　/　喷雾

WP20130046　杀虫气雾剂/0.065%/油基气雾剂/氟氯氰菊酯 0.015%、炔咪菊酯 0.05%/2013.03.20 至 2018.03.20/微毒

室内　蚂蚁、蚊、蝇、蜚蠊　/　喷雾

WP20130072　电热蚊香液/0.31%/电热蚊香液/四氟甲醚菊酯 0.31%/2013.04.22 至 2018.04.22/微毒

室内　蚊　/　电热加温

WP20130173　蚊香/0.035%/蚊香/氯氟醚菊酯 0.035%/2013.08.01 至 2018.08.01/微毒

卫生　蚊　/　点燃

注:本产品有三种香型：花香型、檀香型、无香型。　本产品有两种坯体：炭坯、纸炭坯。

WP20140056　电热蚊香液/1.2%/电热蚊香液/氯氟醚菊酯 1.2%/2014.03.07 至 2019.03.07/低毒

室内　蚊　/　电热加温

WP20140098　电热蚊香液/0.8%/电热蚊香液/氯氟醚菊酯 0.8%/2014.04.28 至 2019.04.28/微毒

室内　蚊　/　电热加温

WP20140112　电热蚊香片/4毫克/片/电热蚊香片/氯氟醚菊酯 4毫克/片/2014.05.12 至 2019.05.12/微毒

室内　蚊　/　电热加温

注:本产品有三种香型：清香型、草本香型、无香型。

WP20140125　蚊香/0.015%/蚊香/氯氟醚菊酯 0.015%/2014.06.05 至 2019.06.05/微毒

卫生　蚊　/　点燃

WP20140152　杀虫气雾剂/0.23%/气雾剂/炔丙菊酯 0.1%、右旋苯醚菊酯 0.13%/2014.06.30 至 2019.06.30/微毒

室内　尘螨、蜚蠊、麦蛾、蚂蚁、跳蚤、蚊、蝇　/　喷雾

注:本品为水基杀虫气雾剂；含有一种香型：柠檬香型。

WL20120028　杀蚊气雾剂/0.5%/气雾剂/胺菊酯 0.35%、右旋烯丙菊酯 0.15%/2014.05.17 至 2015.05.17/微毒

室内　蚊、蝇　/　喷雾

注:本产品有两种香型：清香型、无香型。

WL20140012　驱蚊花露水/7%/驱蚊花露水/避蚊胺 7%/2014.05.06 至 2015.05.06/微毒

卫生　蚊　/　涂抹

注:该产品有一种香型：艾草清香型。

江阴苏利化学股份有限公司　(江苏省江阴市利港镇润华路7号　214444　0510-86636248)

PD86179-5　百菌清/98.5%、96%、90%/原药/百菌清 98.5%、96%、90%/2011.10.23 至 2016.10.23/低毒

PD86180-8　百菌清/75%/可湿性粉剂/百菌清 75%/2011.10.23 至 2016.10.23/低毒

登记作物	防治对象	用药量	施用方法
茶树	炭疽病	600-800倍液	喷雾
豆类	炭疽病、锈病	1275-2325克/公顷	喷雾
柑橘树	疮痂病	750-900毫克/千克	喷雾
瓜类	白粉病、霜霉病	1200-1650克/公顷	喷雾
果菜类蔬菜	多种病害	1125-2400克/公顷	喷雾
花生	锈病、叶斑病	1125-1350克/公顷	喷雾

	梨树	斑点落叶病	500倍液	喷雾
	苹果树	多种病害	600倍液	喷雾
	葡萄	白粉病、黑痘病	600-700倍液	喷雾
	水稻	稻瘟病、纹枯病	1125-1425克/公顷	喷雾
	橡胶树	炭疽病	500-800倍液	喷雾
	小麦	叶斑病、叶锈病	1125-1425克/公顷	喷雾
	叶菜类蔬菜	白粉病、霜霉病	1275-1725克/公顷	喷雾
PD20060195	除虫脲/95%/原药/除虫脲 95%/2011.12.06 至 2016.12.06/微毒			
PD20082673	百菌清/720克/升/悬浮剂/百菌清 720克/升/2013.12.05 至 2018.12.05/低毒			
	番茄	早疫病	896.4-1188克/公顷	喷雾
PD20083249	百菌清/40%/悬浮剂/百菌清 40%/2013.12.11 至 2018.12.11/低毒			
	番茄	早疫病	900-1050克/公顷	喷雾
PD20083275	除虫脲/25%/可湿性粉剂/除虫脲 25%/2013.12.11 至 2018.12.11/微毒			
	十字花科蔬菜	小菜蛾	120-150克/公顷	喷雾
PD20084972	百菌清/50%/可湿性粉剂/百菌清 50%/2013.12.22 至 2018.12.22/低毒			
	黄瓜	霜霉病	1275-1725克/公顷	喷雾
PD20085420	百菌清/75%/水分散粒剂/百菌清 75%/2013.12.24 至 2018.12.24/低毒			
	番茄	晚疫病	1055-1406克/公顷	喷雾
PD20092009	霜脲·百菌清/36%/可湿性粉剂/百菌清 30%、霜脲氰 6%/2014.02.12 至 2019.02.12/低毒			
	番茄	晚疫病	540—630克/公顷	喷雾
PD20097067	百·福/55%/可湿性粉剂/百菌清 20%、福美双 35%/2014.10.10 至 2019.10.10/低毒			
	黄瓜	白粉病	942.9—1100克/公顷	喷雾
PD20097370	琥铜·霜脲氰/42%/可湿性粉剂/琥胶肥酸铜 36%、霜脲氰 6%/2014.10.28 至 2019.10.28/低毒			
	黄瓜	霜霉病	630—735克/公顷	喷雾
PD20097371	琥胶肥酸铜/30%/可湿性粉剂/琥胶肥酸铜 30%/2014.10.28 至 2019.10.28/低毒			
	黄瓜	细菌性角斑病	506.25—675克/公顷	喷雾
PD20100083	琥铜·百菌清/75%/可湿性粉剂/百菌清 30%、琥胶肥酸铜 45%/2015.01.04 至 2020.01.04/低毒			
	黄瓜	霜霉病	1406.25-1687.5克/公顷	喷雾
PD20120939	百菌清/83%/水分散粒剂/百菌清 83%/2012.06.12 至 2017.06.12/低毒			
	番茄	晚疫病	990—1237.5克/公顷	喷雾
PD20121340	除虫脲/40%/悬浮剂/除虫脲 40%/2012.09.11 至 2017.09.11/低毒			
	森林	美国白蛾	100-133毫克/千克	喷雾
PD20131529	氟啶胺/500克/升/悬浮剂/氟啶胺 500克/升/2013.07.17 至 2018.07.17/低毒			
	注:专供出口，不得在国内销售。			
PD20131530	嘧菌酯/10%/悬浮种衣剂/嘧菌酯 10%/2013.07.17 至 2018.07.17/低毒			
	玉米	丝黑穗病	10-30克/100千克种子	种子包衣
PD20131531	戊唑醇/430克/升/悬浮剂/戊唑醇 430克/升/2013.07.17 至 2018.07.17/低毒			
	苹果树	轮纹病	86-143.3 毫克/千克	喷雾
PD20131544	嘧菌酯/98%/原药/嘧菌酯 98%/2013.07.18 至 2018.07.18/低毒			
PD20131626	嘧菌酯/250克/升/悬浮剂/嘧菌酯 250克/升/2013.07.30 至 2018.07.30/低毒			
	荔枝	霜疫霉病	125-200 毫克/千克	喷雾
PD20131682	嘧菌酯/50%/水分散粒剂/嘧菌酯 50%/2013.08.07 至 2018.08.07/低毒			
	草坪	褐斑病	200-400克/公顷	喷雾
	柑橘树	炭疽病	166.7-333.3毫克/千克	喷雾
PD20131752	氟酰胺/20%/可湿性粉剂/氟酰胺 20%/2013.08.27 至 2018.08.27/低毒			
	草坪	褐斑病	270-335克/公顷	喷雾
	花生	白绢病	225-375克/ha	喷雾
	水稻	纹枯病	300-375克/公顷	喷雾
PD20140064	嘧菌·百菌清/480克/升/悬浮剂/百菌清 400克/升、嘧菌酯 80克/升/2014.01.20 至 2019.01.20/低毒			
	草坪	褐斑病	1080-1728克/公顷	喷雾
	香蕉	叶斑病	480-960毫克/千克	喷雾
PD20140278	三乙膦酸铝/80%/水分散粒剂/三乙膦酸铝 80%/2014.02.12 至 2019.02.12/低毒			
	葡萄	霜霉病	1000-1600毫克/千克	喷雾
PD20140678	苯甲·嘧菌酯/325克/升/悬浮剂/苯醚甲环唑 125克/升、嘧菌酯 200克/升/2014.03.24 至 2019.03.24/低毒			
	香蕉	叶斑病	130-216.7毫克/千克	喷雾
PD20140820	戊唑·百菌清/42%/悬浮剂/百菌清 10.5%、戊唑醇 31.5%/2014.04.02 至 2019.04.02/低毒			
	苹果树	斑点落叶病	120-160毫克/千克	喷雾
PD20141977	氟啶胺/500克/升/悬浮剂/氟啶胺 500克/升/2014.08.14 至 2019.08.14/低毒			
	马铃薯	晚疫病	150-250克/公顷	喷雾
PD20142188	嘧菌·百菌清/560克/升/悬浮剂/百菌清 500克/升、嘧菌酯 60克/升/2014.09.26 至 2019.09.26/低毒			
	草坪	褐斑病	840-1680克/公顷	喷雾
PD20142468	氟啶胺/50%/水分散粒剂/氟啶胺 50%/2014.11.17 至 2019.11.17/低毒			
	番茄	晚疫病	187.5-262.5克/公顷	喷雾

PD20142561 氟啶·霜脲氰/50%/水分散粒剂/氟啶胺 30%、霜脲氰 20%/2014.12.15 至 2019.12.15/低毒
番茄 晚疫病 300-375克/公顷 喷雾
PD20150960 嘧菌酯/20%/可湿性粉剂/嘧菌酯 20%/2015.06.11 至 2020.06.11/低毒
葡萄 霜霉病 167-200毫克/千克 喷雾
水稻 纹枯病 180-240克/公顷 喷雾
PD20150978 啶酰菌胺/50%/水分散粒剂/啶酰菌胺 50%/2015.06.11 至 2020.06.11/低毒
草莓 灰霉病 225-337.5克/公顷 喷雾
PD20151244 嘧菌酯/20%/水分散粒剂/嘧菌酯 20%/2015.07.30 至 2020.07.30/低毒
黄瓜 霜霉病 120-240克/公顷 喷雾
PD20151688 戊唑·嘧菌酯/75%/水分散粒剂/嘧菌酯 25%、戊唑醇 50%/2015.08.28 至 2020.08.28/低毒
水稻 纹枯病 112.5-225克/公顷 喷雾
PD20151699 霜脲·嘧菌酯/60%/水分散粒剂/嘧菌酯 10%、霜脲氰 50%/2015.08.28 至 2020.08.28/低毒
葡萄 霜霉病 300-500毫克/千克 喷雾
PD20151947 噻虫嗪/30%/悬浮种衣剂/噻虫嗪 30%/2015.08.30 至 2020.08.30/低毒
水稻 蓟马 70-105克/100千克 种子 种子包衣
PD20151978 氟胺·嘧菌酯/20%/水分散粒剂/氟酰胺 10%、嘧菌酯 10%/2015.08.30 至 2020.08.30/低毒
水稻 纹枯病 210-300克/公顷 喷雾
PD20152072 噻虫嗪/25%/水分散粒剂/噻虫嗪 25%/2015.09.21 至 2020.09.21/低毒
柑橘树 介壳虫 11.25-15克/公顷 喷雾
水稻 稻飞虱 50-62.5毫克/千克 喷雾

九康生物科技发展有限责任公司 (江苏省南京市建邺区创意路88号10楼 210019 025-85285050-8005)

PD20130175 印楝素/0.6%/乳油/印楝素 0.6%/2013.01.24 至 2018.01.24/低毒
甘蓝 小菜蛾、斜纹夜蛾 9-18克/公顷 喷雾

昆山隆腾生物制品有限公司 (江苏省昆山市巴城镇新澄路南侧 215311 0512-57656976)

PD85131-5 井冈霉素/2.4%, 4%/水剂/井冈霉素A 2.4%，4%/2011.03.28 至 2016.03.28/低毒
水稻 纹枯病 75-112.5克/公顷 喷雾,泼浇
注:井冈霉素含量: 3%，5%。

利民化工股份有限公司 (江苏省新沂市经济开发区 221400 0516-88984587)

PD84119-12 代森铵/45%/水剂/代森铵 45%/2015.04.21 至 2020.04.21/低毒
白菜、黄瓜 霜霉病 525克/公顷 喷雾
甘薯 黑斑病 200-400倍液 浸种
谷子 白发病 180-360倍液 浸种
水稻 白叶枯病、纹枯病 337.5克/公顷 喷雾
水稻 稻瘟病 535-675克/公顷 喷雾
橡胶树 条溃疡病 150倍液 涂抹
玉米 大斑病、小斑病 525-675克/公顷 喷雾
PD86134-8 多菌灵/40%/悬浮剂/多菌灵 40%/2011.10.17 至 2016.10.17/低毒
果树 病害 0.05-0.1%药液 喷雾
花生 倒秧病 750克/公顷 喷雾
绿萍 霉腐病 0.05%药液 喷雾
麦类 赤霉病 0.025%药液 喷雾
棉花 苗期病害 0.3%药液 浸种
水稻 纹枯病 0.025%药液 喷雾
甜菜 褐斑病 250-500倍液 喷雾
油菜 菌核病 1125-1500克/公顷 喷雾
PD86179-4 百菌清/98%,96%/原药/百菌清 98%,96%/2011.11.22 至 2016.11.22/低毒
PD86180-5 百菌清/75%/可湿性粉剂/百菌清 75%/2011.11.22 至 2016.11.22/低毒
茶树 炭疽病 600-800倍液 喷雾
豆类 炭疽病、锈病 1275-2325克/公顷 喷雾
柑橘树 疮痂病 750-900毫克/千克 喷雾
瓜类 白粉病、霜霉病 1200-1650克/公顷 喷雾
果菜类蔬菜 多种病害 1125-2400克/公顷 喷雾
花生 锈病、叶斑病 1125-1350克/公顷 喷雾
梨树 斑点落叶病 500倍液 喷雾
苹果树 多种病害 600倍液 喷雾
葡萄 白粉病、黑痘病 600-700倍液 喷雾
水稻 稻瘟病、纹枯病 1125-1425克/公顷 喷雾
橡胶树 炭疽病 500-800倍液 喷雾
小麦 叶斑病、叶锈病 1125-1425克/公顷 喷雾
叶菜类蔬菜 白粉病、霜霉病 1275-1725克/公顷 喷雾
PD20040009 代森锌/80%/可湿性粉剂/代森锌 80%/2014.08.06 至 2019.08.06/低毒
番茄 早疫病 2550-3600克/公顷 喷雾
烟草 炭疽病 1080-1200克/公顷 喷雾

PD20040011 代森锰锌/70%/可湿性粉剂/代森锰锌 70%/2014.08.16 至 2019.08.16/低毒
番茄 早疫病 制剂量: 2640-3390克/公顷 喷雾
柑橘树 疮痂病、炭疽病 制剂量: 1333-2000毫克/千克 喷雾
花生 叶斑病 制剂量: 720-900克/公顷 喷雾
黄瓜 霜霉病 制剂量: 2040-3000克/公顷 喷雾
辣椒 炭疽病、疫病 制剂量: 1800-2520克/公顷 喷雾
梨树 黑星病 制剂量: 800-1600毫克/千克 喷雾
荔枝树 霜疫霉病 制剂量: 1333-2000毫克/千克 喷雾
马铃薯 晚疫病 制剂量: 1440-2160克/公顷 喷雾
苹果树 斑点落叶病、轮纹病、炭疽病 制剂量: 1000-1500毫克/千克 喷雾
葡萄 白腐病、黑痘病、霜霉病 制剂量: 1000-1600毫克/千克 喷雾
西瓜 炭疽病 制剂量: 1560-2520克/公顷 喷雾
烟草 赤星病、黑胫病 制剂量: 2625-3390克/公顷 喷雾

PD20040028 代森锰锌/96%/原药/代森锰锌 96%/2014.12.10 至 2019.12.10/微毒

PD20040029 代森锰锌/80%/可湿性粉剂/代森锰锌 80%/2014.12.10 至 2019.12.10/微毒
番茄 早疫病 1840-2370克/公顷 喷雾
柑橘树 疮痂病、炭疽病 1333-2000毫克/千克 喷雾
花生 叶斑病 720-900克/公顷 喷雾
黄瓜 霜霉病 2040-3000克/公顷 喷雾
辣椒、甜椒 炭疽病、疫病 1800-2520克/公顷 喷雾
梨树 黑星病 800-1600毫克/千克 喷雾
荔枝树 霜疫霉病 1333-2000毫克/千克 喷雾
马铃薯 晚疫病 1140-2160克/公顷 喷雾
苹果树 斑点落叶病、轮纹病、炭疽病 1000-1500毫克/千克 喷雾
葡萄 白腐病、黑痘病、霜霉病 1000-1600毫克/千克 喷雾
人参 黑斑病 1800-3000克/公顷 喷雾
西瓜 炭疽病 1560-2520克/公顷 喷雾
烟草 炭疽病 1920-2160克/公顷 喷雾
烟草 赤星病 1680-2100克/公顷 喷雾

PD20070073 三乙膦酸铝/96%/原药/三乙膦酸铝 96%/2012.04.12 至 2017.04.12/低毒

PD20070074 三乙膦酸铝/80%/可湿性粉剂/三乙膦酸铝 80%/2012.04.12 至 2017.04.12/低毒
黄瓜 霜霉病 2160-2760克/公顷 喷雾

PD20070223 代森锌/90%/原药/代森锌 90%/2012.08.08 至 2017.08.08/微毒

PD20070519 甲霜·锰锌/72%/可湿性粉剂/甲霜灵 8%、代森锰锌 64%/2012.11.28 至 2017.11.28/低毒
黄瓜 霜霉病 1620-2268克/公顷 喷雾
烟草 黑胫病 1620～2268克/公顷 喷雾

PD20070584 嘧霉胺/95%/原药/嘧霉胺 95%/2012.12.03 至 2017.12.03/低毒

PD20070686 百菌清/40%/悬浮剂/百菌清 40%/2012.12.19 至 2017.12.19/低毒
黄瓜 霜霉病 900-1050克/公顷 喷雾

PD20080070 丙森锌/89%/原药/丙森锌 89%/2013.01.04 至 2018.01.04/低毒

PD20080091 三乙膦酸铝/90%/可溶粉剂/三乙膦酸铝 90%/2013.01.03 至 2018.01.03/低毒
番茄 晚疫病 2376-2700克/公顷 喷雾

PD20080132 嘧霉胺/20%/悬浮剂/嘧霉胺 20%/2013.01.03 至 2018.01.03/低毒
番茄 灰霉病 450-562.5克/公顷 喷雾
黄瓜 灰霉病 450-540克/公顷 喷雾

PD20080221 乙铝·锰锌/50%/可湿性粉剂/代森锰锌 30%、三乙膦酸铝 20%/2013.01.11 至 2018.01.11/低毒
黄瓜 霜霉病 1400-2800克/公顷 喷雾

PD20080387 代森锌/65%/可湿性粉剂/代森锌 65%/2013.02.28 至 2018.02.28/低毒
番茄 早疫病 2550-3600克/公顷 喷雾

PD20080399 嘧霉胺/40%/悬浮剂/嘧霉胺 40%/2013.02.28 至 2018.02.28/低毒
黄瓜 灰霉病 375-562.5克/公顷 喷雾

PD20080443 乙铝·锰锌/70%/可湿性粉剂/代森锰锌 45%、三乙膦酸铝 25%/2013.03.13 至 2018.03.13/低毒
白菜 白斑病、霜霉病 1399.95-4200克/公顷 喷雾
黄瓜 霜霉病 1399.95-4200克/公顷 喷雾

PD20080484 霜脲氰/98%/原药/霜脲氰 98%/2013.04.07 至 2018.04.07/低毒

PD20080642 乙铝·锰锌/81%/可湿性粉剂/代森锰锌 48.6%、三乙膦酸铝 32.4%/2013.05.13 至 2018.05.13/低毒
黄瓜 霜霉病 1944-2673克/公顷 喷雾

PD20080766 锰锌·百菌清/70%/可湿性粉剂/百菌清 30%、代森锰锌 40%/2013.06.11 至 2018.06.11/低毒
番茄 早疫病 1050-1575克/公顷 喷雾

PD20080808 甲硫·锰锌/50%/可湿性粉剂/甲基硫菌灵 20%、代森锰锌 30%/2013.06.20 至 2018.06.20/低毒
梨树 黑星病 556-833毫克/千克 喷雾

PD20080836 丙森锌/70%/可湿性粉剂/丙森锌 70%/2013.06.20 至 2018.06.20/低毒
番茄 早疫病 1312.5-1968.75克/公顷 喷雾

PD20081123 威百亩/35%/水剂/威百亩 35%/2013.08.19 至 2018.08.19/微毒
番茄、黄瓜 根结线虫 21000—31500克/公顷 沟施
PD20081179 丙环唑/250克/升/乳油/丙环唑 250克/升/2013.09.11 至 2018.09.11/低毒
香蕉 叶斑病 250-510毫克/千克 喷雾
PD20081421 三乙膦酸铝/40%/可湿性粉剂/三乙膦酸铝 40%/2013.10.31 至 2018.10.31/低毒
黄瓜 霜霉病 2310-2880克/公顷 喷雾
PD20081526 锰锌·异菌脲/50%/可湿性粉剂/代森锰锌 37.5%、异菌脲 12.5%/2013.11.06 至 2018.11.06/低毒
苹果树 斑点落叶病 625-833毫克/千克 喷雾
PD20081574 霜脲·锰锌/72%/可湿性粉剂/代森锰锌 64%、霜脲氰 8%/2013.11.12 至 2018.11.12/低毒
黄瓜 霜霉病 1440-1800克/公顷 喷雾
人参 疫病 1080-1836克/公顷 喷雾
PD20081999 代森锰锌/50%/可湿性粉剂/代森锰锌 50%/2013.11.25 至 2018.11.25/低毒
番茄 早疫病 1845-2370克/公顷 喷雾
PD20085602 硫磺·锰锌/70%/可湿性粉剂/硫磺 42%、代森锰锌 28%/2013.12.25 至 2018.12.25/低毒
豇豆 锈病 1575-2100克/公顷 喷雾
PD20086318 代森锰锌/30%/悬浮剂/代森锰锌 30%/2013.12.31 至 2018.12.31/低毒
番茄 早疫病 1080-1440克/公顷 喷雾
PD20086367 2甲4氯钠/13%/水剂/2甲4氯钠 13%/2013.12.31 至 2018.12.31/微毒
水稻移栽田 阔叶杂草及莎草科杂草 468-877.5克/公顷 茎叶喷雾
PD20091114 硫磺·锰锌/50%/可湿性粉剂/硫磺 30%、代森锰锌 20%/2014.01.21 至 2019.01.21/低毒
豇豆 锈病 1875-2100克/公顷 喷雾
PD20091257 2甲4氯钠/56%/可溶粉剂/2甲4氯钠 56%/2014.02.01 至 2019.02.01/低毒
移栽水稻田 阔叶杂草、莎草科杂草 672-840克/公顷 茎叶喷雾
PD20101869 苯醚甲环唑/10%/水分散粒剂/苯醚甲环唑 10%/2015.08.04 至 2020.08.04/低毒
黄瓜 白粉病 75—135克/公顷 喷雾
人参 黑斑病 105-150克/公顷 喷雾
PD20110022 代森锰锌/85%/可湿性粉剂/代森锰锌 85%/2016.01.04 至 2021.01.04/低毒
番茄 早疫病 2205-2520克/公顷 喷雾
PD20110200 丙环唑/95%/原药/丙环唑 95%/2016.02.18 至 2021.02.18/低毒
PD20110213 苯甲·丙环唑/300克/升/乳油/苯醚甲环唑 150克/升、丙环唑 150克/升/2016.02.24 至 2021.02.24/低毒
水稻 纹枯病 67.5-90克/公顷 喷雾
PD20110719 代森锰锌/75%/水分散粒剂/代森锰锌 75%/2011.07.07 至 2016.07.07/低毒
番茄 早疫病 1800-2475克/公顷 喷雾
PD20111332 苯醚甲环唑/250克/升/乳油/苯醚甲环唑 250克/升/2011.12.06 至 2016.12.06/低毒
香蕉 叶斑病 106-125毫克/千克 喷雾
PD20111459 三乙膦酸铝/80%/水分散粒剂/三乙膦酸铝 80%/2011.12.31 至 2016.12.31/低毒
黄瓜 霜霉病 2160-2760克/公顷 喷雾
PD20120429 苯醚甲环唑/95%/原药/苯醚甲环唑 95%/2012.03.14 至 2017.03.14/低毒
PD20120661 百菌清/75%/水分散粒剂/百菌清 75%/2012.04.18 至 2017.04.18/微毒
黄瓜 霜霉病 1271.25-1721.25克/公顷 喷雾
PD20121150 嘧菌酯/95%/原药/嘧菌酯 95%/2012.07.20 至 2017.07.20/微毒
PD20121282 丙森·霜脲氰/76%/可湿性粉剂/丙森锌 70%、霜脲氰 6%/2012.09.06 至 2017.09.06/低毒
黄瓜 霜霉病 1812.6-2154.6克/公顷 喷雾
PD20130434 嘧菌酯/25%/悬浮剂/嘧菌酯 25%/2013.03.18 至 2018.03.18/低毒
黄瓜 霜霉病 225-340克/公顷 喷雾
PD20130546 苯醚甲环唑/40%/悬浮剂/苯醚甲环唑 40%/2013.04.01 至 2018.04.01/低毒
香蕉 叶斑病 100-125毫克/千克 喷雾
PD20131897 硝磺草酮/95%/原药/硝磺草酮 95%/2013.09.25 至 2018.09.25/微毒
PD20140297 硝磺草酮/15%/悬浮剂/硝磺草酮 15%/2014.02.12 至 2019.02.12/低毒
玉米田 一年生杂草 135-157.5克/公顷 茎叶喷雾
PD20141202 烯酰·丙森锌/78%/可湿性粉剂/丙森锌 65%、烯酰吗啉 13%/2014.05.06 至 2019.05.06/低毒
黄瓜 霜霉病 936—1989克/公顷 喷雾
PD20141874 苯甲·嘧菌酯/325克/升/悬浮剂/苯醚甲环唑 125克/升、嘧菌酯 200克/升/2014.07.24 至 2019.07.24/低毒
西瓜 炭疽病 146.25-243.75克/公顷 喷雾
PD20142001 烯酰·锰锌/69%/可湿性粉剂/代森锰锌 60%、烯酰吗啉 9%/2014.08.14 至 2019.08.14/低毒
黄瓜 霜霉病 1311-1387克/公顷 喷雾
PD20142010 嘧菌酯/80%/水分散粒剂/嘧菌酯 80%/2014.08.14 至 2019.08.14/低毒
黄瓜 霜霉病 120-180克/公顷 喷雾
PD20150352 噁唑菌酮/98%/原药/噁唑菌酮 98%/2015.03.03 至 2020.03.03/低毒
PD20150672 丙森锌/80%/可湿性粉剂/丙森锌 80%/2015.04.17 至 2020.04.17/低毒
番茄 早疫病 1560-1920克/公顷 喷雾
PD20152146 吡唑醚菌酯/20%/悬浮剂/吡唑醚菌酯 20%/2015.09.22 至 2020.09.22/低毒
黄瓜 白粉病 120-180克/公顷 喷雾

PD20152158 吡唑醚菌酯/98%/原药/吡唑醚菌酯 98%/2015.09.22 至 2020.09.22/低毒
LS20120049 噻虫啉/40%/悬浮剂/噻虫啉 40%/2014.02.08 至 2015.02.08/低毒
黄瓜 蚜虫 50.4-100.8克/公顷 喷雾

立志美丽(南京)有限公司 (江苏省南京市栖霞区马群科技园青马路8号 210049 025-86983396)

WP20130055 驱蚊花露水/4%/驱蚊花露水/驱蚊酯 4%/2013.04.02 至 2018.04.02/微毒
卫生 蚊 / 涂抹
注:本产品有一种香型: 草本香型。

连云港埃森化学有限公司 (江苏省连云港市灌南县堆沟港镇(化学工业园区) 222523 0518-83373727)

PD20120103 杀螟硫磷/95%/原药/杀螟硫磷 95%/2012.01.29 至 2017.01.29/低毒
PD20120227 硫双威/95%/原药/硫双威 95%/2012.02.10 至 2017.02.10/中等毒
PD20120228 吡虫啉/98%/原药/吡虫啉 98%/2012.02.10 至 2017.02.10/低毒
PD20120427 丙环唑/96%/原药/丙环唑 ≥96%/2012.03.14 至 2017.03.14/低毒
PD20132633 氟虫腈/95%/原药/氟虫腈 95%/2013.12.20 至 2018.12.20/中等毒
注:专供出口，不得在国内销售。
PD20142082 虱螨脲/96%/原药/虱螨脲 96%/2014.09.02 至 2019.09.02/微毒
PD20150512 苯醚甲环唑/95%/原药/苯醚甲环唑 95%/2015.03.23 至 2020.03.23/低毒
PD20150945 氟虫腈/95%/原药/氟虫腈 95%/2015.06.10 至 2020.06.10/中等毒

连云港禾田化工有限公司 (江苏省连云港市灌南县堆沟港镇(化学工业园区) 222523 0518-83618585)

PD20121799 唑嘧磺草胺/98%/原药/唑嘧磺草胺 98%/2012.11.22 至 2017.11.22/低毒
PD20131805 氟虫脲/95%/原药/氟虫脲 95%/2013.09.16 至 2018.09.16/低毒
PD20132390 氟酰胺/97.5%/原药/氟酰胺 97.5%/2013.11.20 至 2018.11.20/低毒
PD20150777 虱螨脲/98%/原药/虱螨脲 98%/2015.05.13 至 2020.05.13/微毒
PD20150794 氟节胺/97%/原药/氟节胺 97%/2015.05.14 至 2020.05.14/微毒
PD20151256 氟啶胺/500克/升/悬浮剂/氟啶胺 500克/升/2015.07.30 至 2020.07.30/微毒
辣椒 疫病 262.5-300克/公顷 喷雾
PD20152615 噻苯·敌草隆/540克/升/悬浮剂/敌草隆 180克/升、噻苯隆 360克/升/2015.12.17 至 2020.12.17/低毒
棉花 脱叶 85.05-97.2克/公顷 茎叶喷雾

连云港纽泰科化工有限公司 (江苏省连云港市灌南县堆沟港镇化学工业园区 222525 0518-83611221)

PD20081500 禾草丹/93%/原药/禾草丹 93%/2013.11.05 至 2018.11.05/低毒
PD20091088 禾草敌/99%/原药/禾草敌 99%/2014.01.21 至 2019.01.21/低毒
PD20100370 野麦畏/97%/原药/野麦畏 97%/2015.01.11 至 2020.01.11/低毒
PD20130913 禾草丹/50%/乳油/禾草丹 50%/2013.04.28 至 2018.04.28/低毒
直播水稻田 一年生杂草 2030-2500克/公顷 播后苗前土壤喷雾
PD20131885 禾草丹/90%/乳油/禾草丹 90%/2013.09.25 至 2018.09.25/低毒
直播水稻田 一年生杂草 1252.5-1879.5克/公顷 土壤喷雾
PD20142608 螺螨酯/96%/原药/螺螨酯 96%/2014.12.15 至 2019.12.15/低毒
PD20150873 麦草畏/98%/原药/麦草畏 98%/2015.05.18 至 2020.05.18/低毒

连云港市金囤农化有限公司 (江苏省连云港市化学工业园区(灌南县堆沟港镇) 222523 0518-87122756)

PD84117-3 多菌灵/95%/原药/多菌灵 95%/2014.12.03 至 2019.12.03/低毒
PD84118-26 多菌灵/25%/可湿性粉剂/多菌灵 25%/2015.03.23 至 2020.03.23/低毒
果树 病害 0.05-0.1%药液 喷雾
花生 倒秧病 750克/公顷 喷雾
麦类 赤霉病 750克/公顷 喷雾、泼浇
棉花 苗期病害 500克/100千克种子 拌种
水稻 稻瘟病、纹枯病 750克/公顷 喷雾、泼浇
油菜 菌核病 1125-1500克/公顷 喷雾
PD85150-20 多菌灵/50%/可湿性粉剂/多菌灵 50%/2015.08.15 至 2020.08.15/低毒
果树 病害 0.05-0.1%药液 喷雾
花生 倒秧病 750克/公顷 喷雾
麦类 赤霉病 750克/公顷 喷雾、泼浇
棉花 苗期病害 500克/100千克种子 拌种
水稻 稻瘟病、纹枯病 750克/公顷 喷雾、泼浇
油菜 菌核病 1125-1500克/公顷 喷雾
PD20070147 噁草酮/95%/原药/噁草酮 95%/2012.05.30 至 2017.05.30/低毒
PD20101842 除虫脲/98%/原药/除虫脲 98%/2015.07.28 至 2020.07.28/微毒
PD20101855 噻嗪酮/98%/原药/噻嗪酮 98%/2015.07.28 至 2020.07.28/微毒
PD20110882 噻嗪酮/25%/可湿性粉剂/噻嗪酮 25%/2011.08.16 至 2016.08.16/低毒
水稻 飞虱 93.75-131.25克/公顷 喷雾
PD20110970 噁草酮/25%/乳油/噁草酮 25%/2011.09.14 至 2016.09.14/低毒
水稻移栽田 一年生杂草 375-562.5克/公顷 药土法
PD20121042 噁草酮/13%/乳油/噁草酮 13%/2012.07.04 至 2017.07.04/低毒
水稻移栽田 一年生杂草 375-468.8克/公顷 毒土法
PD20132192 嘧菌酯/98%/原药/嘧菌酯 98%/2013.10.29 至 2018.10.29/微毒

PD20140006 噻虫嗪/98%/原药/噻虫嗪 98%/2014.01.02 至 2019.01.02/低毒
PD20140779 异丙隆/98%/原药/异丙隆 98%/2014.03.25 至 2019.03.25/微毒
PD20141220 噁草·丁草胺/20%/乳油/丁草胺 14%、噁草酮 6%/2014.05.06 至 2019.05.06/低毒
水稻移栽田 一年生杂草 600－750克/公顷 药土法
PD20141359 抑芽丹/99.6%/原药/抑芽丹 99.6%/2014.06.04 至 2019.06.04/微毒
PD20141839 抑芽丹/30.2%/水剂/抑芽丹 30.2%/2014.07.24 至 2019.07.24/微毒
烟草 抑制腋芽生长 1950-2400克/公顷 喷雾
PD20150741 丙炔噁草酮/98%/原药/丙炔噁草酮 98%/2015.04.20 至 2020.04.20/微毒
PD20151017 噻嗪酮/40%/悬浮剂/噻嗪酮 40%/2015.06.12 至 2020.06.12/微毒
水稻 稻飞虱 90-120克/公顷 喷雾

连云港市特别特生化有限公司 （江苏省灌云县临港产业区纬八路以北（燕尾港镇） 222228 0518-88112561)

PD20090830 吡虫啉/10%/可湿性粉剂/吡虫啉 10%/2014.01.19 至 2019.01.19/低毒
水稻 稻飞虱 15-30克/公顷 喷雾
小麦 蚜虫 15-30克/公顷(南方地区)45-60克/公顷(北方地区) 喷雾
PD20095720 锰锌·烯唑醇/32.5%/可湿性粉剂/代森锰锌 30%、烯唑醇 2.5%/2014.05.18 至 2019.05.18/低毒
梨树 黑星病 400-600倍液 喷雾
PD20096580 溴氰菊酯/25克/升/乳油/溴氰菊酯 25克/升/2014.08.25 至 2019.08.25/低毒
十字花科蔬菜 菜青虫、小菜蛾 7.5-11.25克/公顷 喷雾
WP20090044 杀虫气雾剂/0.50%/气雾剂/胺菊酯 0.25%、氯菊酯 0.25%/2014.01.19 至 2019.01.19/低毒
卫生 蚊、蝇、蜚蠊 / 喷雾

迈克斯（如东）化工有限公司 （江苏省如东县洋口化工园区 226407 0513-84814078)

PD20111059 异噁草松/98%/原药/异噁草松 98%/2011.10.11 至 2016.10.11/低毒
PD20111071 氟硫草定/95%/原药/氟硫草定 95%/2011.10.12 至 2016.10.12/低毒
注:专供出口，不得在国内销售。
PD20111072 三氯吡氧乙酸丁氧基乙酯/70%/原药/三氯吡氧乙酸 70%/2011.10.12 至 2016.10.12/低毒
注:专供出口，不得在国内销售。三氯吡氧乙酸丁氧基乙酯含量：98%。
PD20111136 百菌清/83%/水分散粒剂/百菌清 83%/2011.11.03 至 2016.11.03/低毒
黄瓜 霜霉病 1237.5－1732.5克/公顷 喷雾
PD20111350 三氯吡氧乙酸丁氧基乙酯/45%/乳油/三氯吡氧乙酸 45%/2011.12.12 至 2016.12.12/低毒
注:专供出口，不得在国内销售； 三氯吡氧乙酸丁氧基乙酯含量：62%。
PD20111351 抗倒酯/98%/原药/抗倒酯 98%/2011.12.12 至 2016.12.12/低毒
注:专供出口，不得在国内销售。
PD20111393 噻苯隆/98%/原药/噻苯隆 98%/2011.12.21 至 2016.12.21/低毒
PD20120486 氯苯胺灵/99%/原药/氯苯胺灵 99%/2012.03.19 至 2017.03.19/低毒
注:专供出口，不得在国内销售。
PD20130074 三氯吡氧乙酸/99%/原药/三氯吡氧乙酸 99%/2013.01.08 至 2018.01.08/低毒
注:专供出口，不得在国内销售。
PD20130207 三氯吡氧乙酸三乙胺盐/32%/水剂/三氯吡氧乙酸 32%/2013.01.30 至 2018.01.30/低毒
注:专供出口，不得在国内销售。三氯吡氧乙酸三乙胺盐含量：45%。
PD20130471 甲嘧磺隆/75%/水分散粒剂/甲嘧磺隆 75%/2013.03.20 至 2018.03.20/低毒
非耕地 杂草 506.25-675克/公顷 茎叶喷雾
PD20131091 甲萘威/85%/可湿性粉剂/甲萘威 85%/2013.05.20 至 2018.05.20/中等毒
注:专供出口,不得在国内销售。
PD20132641 甲萘威/80%/可湿性粉剂/甲萘威 80%/2013.12.20 至 2018.12.20/中等毒
注:专供出口，不得在国内销售。
PD20140492 氟乐灵/97%/原药/氟乐灵 97%/2014.03.06 至 2019.03.06/微毒
PD20140493 二甲戊灵/97%/原药/二甲戊灵 97%/2014.03.06 至 2019.03.06/低毒
PD20140694 甲萘威/85%/可湿性粉剂/甲萘威 85%/2014.03.24 至 2019.03.24/中等毒
水稻 稻飞虱 1020-1275克/公顷 喷雾
PD20142611 氯氟吡氧乙酸异辛酯/98%/原药/氯氟吡氧乙酸异辛酯 98%/2014.12.15 至 2019.12.15/低毒
PD20150621 赤霉酸/20%/可溶粉剂/赤霉酸 20%/2015.04.16 至 2020.04.16/低毒
水稻 调节生长 28.8-36克/公顷 喷雾
PD20151022 氯苯胺灵/99%/原药/氯苯胺灵 99%/2015.06.12 至 2020.06.12/低毒
PD20151132 噻苯隆/80%/可湿性粉剂/噻苯隆 80%/2015.06.25 至 2020.06.25/低毒
棉花 脱叶 240-300克/公顷 茎叶喷雾
PD20151424 抗倒酯/98%/原药/抗倒酯 98%/2015.07.30 至 2020.07.30/低毒
PD20151550 啶酰菌胺/97%/原药/啶酰菌胺 97%/2015.08.03 至 2020.08.03/微毒
PD20151621 三氯吡氧乙酸/99%/原药/三氯吡氧乙酸 99%/2015.08.28 至 2020.08.28/低毒
PD20151762 氟啶胺/97%/原药/氟啶胺 97%/2015.08.28 至 2020.08.28/低毒
PD20152024 噻苯隆/50%/悬浮剂/噻苯隆 50%/2015.08.31 至 2020.08.31/低毒
棉花 脱叶 225-300克/公顷 喷雾

南京保丰农药有限公司 （江苏省南京市江宁区淳化街道云居寺 211123 025-52290282)

PD84104-65	杀虫双/18%/水剂/杀虫双 18%/2015.03.11 至 2020.03.11/中等毒			
	甘蔗、蔬菜、水稻、小麦、玉米	多种害虫	540-675克/公顷	喷雾
	果树	多种害虫	225-360毫克/千克	喷雾
PD85154-32	氰戊菊酯/20%/乳油/氰戊菊酯 20%/2015.08.15 至 2020.08.15/中等毒			
	柑橘树	潜叶蛾	10-20毫克/千克	喷雾
	果树	梨小食心虫	10-20毫克/千克	喷雾
	棉花	红铃虫、蚜虫	75-150克/公顷	喷雾
	蔬菜	菜青虫、蚜虫	60-120克/公顷	喷雾
PD89104-12	氰戊菊酯/85%/原药/氰戊菊酯 85%/2015.01.18 至 2020.01.18/中等毒			
PD20040211	高效氯氰菊酯/4.5%/乳油/高效氯氰菊酯 4.5%/2014.12.19 至 2019.12.19/中等毒			
	十字花科蔬菜	菜青虫	13.5-20.25克/公顷	喷雾
PD20040602	吡虫·杀虫单/50%/可湿性粉剂/吡虫啉 1.5%、杀虫单 48.5%/2014.12.19 至 2019.12.19/中等毒			
	水稻	稻飞虱、稻纵卷叶螟	450-750克/公顷	喷雾
PD20050051	杀虫单/80%/可溶粉剂/杀虫单 80%/2015.04.29 至 2020.04.29/中等毒			
	水稻	稻纵卷叶螟	480-600克/公顷	喷雾
PD20082790	苄·二氯/36%/可湿性粉剂/苄嘧磺隆 4%、二氯喹啉酸 32%/2013.12.09 至 2018.12.09/低毒			
	水稻抛秧田	一年生及部分多年生杂草	216-270克/公顷	茎叶喷雾
	水稻秧田	一年生及部分多年生杂草	189-270克/公顷	茎叶喷雾
PD20084054	阿维菌素/1.8%/可湿性粉剂/阿维菌素 1.8%/2013.12.16 至 2018.12.16/低毒(原药高毒)			
	柑橘树	红蜘蛛、锈壁虱	4.5-9毫克/千克	喷雾
	棉花	红蜘蛛	10.8-21.6克/公顷	喷雾
	苹果树	红蜘蛛	3-6毫克/千克	喷雾
	十字花科蔬菜	菜青虫、小菜蛾	8.1-10.8克/公顷	喷雾
PD20084185	苯磺隆/75%/水分散粒剂/苯磺隆 75%/2013.12.16 至 2018.12.16/低毒			
	春小麦田	一年生阔叶杂草	22.5-28.1克/公顷(东北地区)	茎叶喷雾
	冬小麦田	一年生阔叶杂草	13.5-22.5克/公顷(其它地区)	茎叶喷雾
PD20085266	苯磺隆/10%/可湿性粉剂/苯磺隆 10%/2013.12.23 至 2018.12.23/低毒			
	春小麦田	一年生阔叶杂草	22.5-30克/公顷(东北地区)	茎叶喷雾
	冬小麦田	一年生阔叶杂草	13.5-22.5克/公顷(其它地区)	茎叶喷雾
PD20085341	氯氰·丙溴磷/44%/乳油/丙溴磷 40%、氯氰菊酯 4%/2013.12.24 至 2018.12.24/中等毒			
	棉花	棉铃虫	462-528克/公顷	喷雾
PD20085357	噻吩磺隆/15%/可湿性粉剂/噻吩磺隆 15%/2013.12.24 至 2018.12.24/低毒			
	冬小麦田	一年生阔叶杂草	22.5-33.8克/公顷	茎叶喷雾
PD20085901	精喹禾灵/5%/乳油/精喹禾灵 5%/2013.12.29 至 2018.12.29/低毒			
	春大豆田	一年生禾本科杂草	52.5-75克/公顷(东北地区)	茎叶喷雾
	春油菜	一年生禾本科杂草	52.5-75克/公顷	茎叶喷雾
	冬油菜田	一年生禾本科杂草	37.5-52.5克/公顷	茎叶喷雾
	夏大豆田	一年生禾本科杂草	45-52.5克/公顷(其它地区)	茎叶喷雾
PD20085954	精喹·草除灵/17.5%/乳油/草除灵 15%、精喹禾灵 2.5%/2013.12.29 至 2018.12.29/低毒			
	油菜田	一年生杂草	262.5-393.8克/公顷	喷雾
PD20090099	苄嘧·苯噻酰/50%/可湿性粉剂/苯噻酰草胺 47.4%、苄嘧磺隆 2.6%/2014.01.08 至 2019.01.08/低毒			
	水稻抛秧田	一年生及部分多年生杂草	375-450克/公顷(南方地区)	药土法
PD20090174	阿维·辛硫磷/20%/乳油/阿维菌素 0.05%、辛硫磷 19.95%/2014.01.08 至 2019.01.08/低毒(原药高毒)			
	大白菜	小菜蛾	150-225克/公顷	喷雾
	苹果树	山楂红蜘蛛	200-400毫克/千克	喷雾
PD20090982	高氯·丙溴磷/40%/乳油/丙溴磷 38%、高效氯氰菊酯 2%/2014.01.20 至 2019.01.20/中等毒			
	棉花	棉铃虫	240-360克/公顷	喷雾
PD20091488	井·噻·杀虫单/21%/可湿性粉剂/井冈霉素 1%、噻嗪酮 2.6%、杀虫单 17.4%/2014.02.02 至 2019.02.02/中等毒			
	水稻	稻纵卷叶螟	787.5-1181.25克/公顷	喷雾
	水稻	稻飞虱	393.75-787.5克/ 公顷	喷雾
PD20094735	噻吩磺隆/75%/水分散粒剂/噻吩磺隆 75%/2014.04.10 至 2019.04.10/低毒			
	春玉米田、大豆田	一年生阔叶杂草	20-25克/公顷	播后苗前土壤喷雾
	夏玉米田	一年生阔叶杂草	15-24克/公顷	播后苗前土壤喷雾
PD20095413	苄·乙/14%/可湿性粉剂/苄嘧磺隆 3.2%、乙草胺 10.8%/2014.05.11 至 2019.05.11/低毒			
	水稻移栽田	部分多年生杂草、莎草科杂草、一年生禾本科杂草	84-118克/公顷	播后返青拌药土均匀撒施
PD20096101	吡虫啉/10%/可湿性粉剂/吡虫啉 10%/2014.06.18 至 2019.06.18/低毒			
	水稻	稻飞虱	15-30克/公顷	喷雾
PD20098484	甲氨基阿维菌素苯甲酸盐(1.1%)///乳油/甲氨基阿维菌素 1%/2014.12.24 至 2019.12.24/低毒			
	甘蓝	小菜蛾	1.5-2.25克/公顷	喷雾
PD20121266	已唑醇/5%/悬浮剂/已唑醇 5%/2012.09.05 至 2017.09.05/低毒			
	水稻	纹枯病	60-75克/公顷	喷雾

PD20121367 苏云金杆菌/16000IU/毫克/可湿性粉剂/苏云金杆菌 16000IU/毫克/2012.09.13 至 2017.09.13/微毒
白菜 小菜蛾 1500-4500克制剂/公顷 喷雾
PD20150267 硝磺草酮/15%/悬浮剂/硝磺草酮 15%/2015.02.03 至 2020.02.03/低毒
玉米田 一年生阔叶杂草及禾本科杂草 146.25-191.25克/公顷 茎叶喷雾
PD20150268 吡蚜酮/25%/可湿性粉剂/吡蚜酮 25%/2015.02.03 至 2020.02.03/微毒
水稻 飞虱 60-90克/公顷 喷雾
PD20150459 噻呋酰胺/240克/升/悬浮剂/噻呋酰胺 240克/升/2015.03.20 至 2020.03.20/低毒
水稻 纹枯病 46.8-82.8克/公顷 喷雾
PD20151214 吡蚜·异丙威/50%/可湿性粉剂/吡蚜酮 10%、异丙威 40%/2015.07.30 至 2020.07.30/低毒
水稻 飞虱 150-210克/公顷 喷雾
PD20151215 茚虫威/150克/升/悬浮剂/茚虫威 150克/升/2015.07.30 至 2020.07.30/低毒
甘蓝 菜青虫 11.25-22.5克/亩 喷雾

南京红太阳股份有限公司 （江苏省南京市高淳县桠溪镇东风路8号 211300 025-87151982）

PD85154-31 氰戊菊酯/20%/乳油/氰戊菊酯 20%/2015.08.15 至 2020.08.15/中等毒
柑橘树 潜叶蛾 10-20毫克/千克 喷雾
果树 梨小食心虫 10-20毫克/千克 喷雾
棉花 红铃虫、蚜虫 75-150克/公顷 喷雾
蔬菜 菜青虫、蚜虫 60-120克/公顷 喷雾
PD85157-23 辛硫磷/40%/乳油/辛硫磷 40%/2015.08.15 至 2020.08.15/低毒
茶树、桑树 食叶害虫 200-400毫克/千克 喷雾
果树 食心虫、蚜虫、螨 200-400毫克/千克 喷雾
林木 食叶害虫 3000-6000克/公顷 喷雾
棉花 棉铃虫、蚜虫 300-600克/公顷 喷雾
蔬菜 菜青虫 300-450克/公顷 喷雾
烟草 食叶害虫 300-600克/公顷 喷雾
玉米 玉米螟 450-600克/公顷 灌心叶
PD89104-13 氰戊菊酯/92%/原药/氰戊菊酯 92%/2014.04.07 至 2019.04.07/中等毒
PD20040035 氯氰菊酯/92%/原药/氯氰菊酯 92%/2014.12.19 至 2019.12.19/中等毒
PD20040041 吡虫啉/95%/原药/吡虫啉 95%/2014.12.19 至 2019.12.19/低毒
PD20040058 高效氯氰菊酯/95%/原药/高效氯氰菊酯 95%/2014.12.19 至 2019.12.19/中等毒
PD20040060 高效反式氯氰菊酯/95%/原药/高效反式氯氰菊酯 95%/2014.12.19 至 2019.12.19/低毒
PD20040068 顺式氯氰菊酯/92%/原药/顺式氯氰菊酯 92%/2014.12.19 至 2019.12.19/中等毒
PD20040111 高效氯氰菊酯/27%/母液/高效氯氰菊酯 27%/2014.12.19 至 2019.12.19/低毒
PD20040137 吡虫啉/20%/可溶液剂/吡虫啉 20%/2014.12.19 至 2019.12.19/低毒
水稻 稻飞虱 22.5-37.5克/公顷 喷雾
PD20040143 吡虫啉/25%/可湿性粉剂/吡虫啉 25%/2014.12.19 至 2019.12.19/低毒
茶树 小绿叶蝉 31.25-50毫克/千克 喷雾
水稻 飞虱 15-30克/公顷 喷雾
PD20040154 顺式氯氰菊酯/100克/升/乳油/顺式氯氰菊酯 100克/升/2014.12.19 至 2019.12.19/中等毒
棉花 棉铃虫 45-60克/公顷 喷雾
PD20040176 高效氯氰菊酯/5%/可湿性粉剂/高效氯氰菊酯 5%/2014.12.19 至 2019.12.19/中等毒
十字花科蔬菜 菜青虫 13.5-27克/公顷 喷雾
PD20040180 氯氰菊酯/8%/微囊剂/氯氰菊酯 8%/2014.12.19 至 2019.12.19/微毒
杨树 天牛 267-400毫克/千克 喷雾
PD20040182 高效反式氯氰菊酯/5%/乳油/高效反式氯氰菊酯 5%/2014.12.19 至 2019.12.19/低毒
棉花 棉铃虫 45-60克/公顷 喷雾
十字花科蔬菜 蚜虫 30-45克/公顷 喷雾
PD20040193 吡虫啉/10%/可湿性粉剂/吡虫啉 10%/2014.12.19 至 2019.12.19/低毒
茶树 小绿叶蝉 30-50毫克/千克 喷雾
梨树 梨木虱 40-50毫克/千克 喷雾
莲藕 莲缢管蚜 15-30克/公顷 喷雾
棉花、十字花科蔬菜、烟草 蚜虫 15-30克/公顷 喷雾
水稻 稻瘿蚊 60-70克/公顷 喷雾
水稻 稻飞虱 15-30克/公顷 喷雾
水稻 蓟马 6-9克/公顷 喷雾
小麦 蚜虫 15-30克/公顷(南方地区)45-60克/公顷(北方地区) 喷雾
注:按1158号文与PD20040142合并。
PD20040201 高效氯氰菊酯/4.5%/微乳剂/高效氯氰菊酯 4.5%/2014.12.19 至 2019.12.19/中等毒
茶树 茶尺蠖 22.5-30毫克/千克 喷雾
十字花科蔬菜 菜青虫、蚜虫 13.5-20.25克/公顷 喷雾
PD20040240 高效氯氰菊酯/4.5%/乳油/高效氯氰菊酯 4.5%/2014.12.19 至 2019.12.19/中等毒

	茶树	茶尺蠖	15-25.5克/公顷	喷雾
	柑橘树	红蜡蚧	50毫克/千克	喷雾
	柑橘树	潜叶蛾	15-20毫克/千克	喷雾
	棉花	红铃虫、棉铃虫、棉蚜	15-30克/公顷	喷雾
	苹果树	桃小食心虫	20-33毫克/千克	喷雾
	十字花科蔬菜	菜青虫、小菜蛾	9-25.5克/公顷	喷雾
	十字花科蔬菜	蚜虫	3-18克/公顷	喷雾
	烟草	烟青虫	15-25.5克/公顷	喷雾
	枸杞	蚜虫	18-22.5毫克/千克	喷雾
PD20040268	氯氰菊酯/10%/乳油/氯氰菊酯 10%/2014.12.19 至 2019.12.19/中等毒			
	茶树	茶毛虫、茶尺蠖、小绿叶蝉	27-50毫克/千克	喷雾
	柑橘树	潜叶蛾	50-100毫克/千克	喷雾
	棉花	棉铃虫、蚜虫	75-120克/公顷	喷雾
	苹果树	桃小食心虫	67-100毫克/千克	喷雾
	十字花科蔬菜	菜青虫、蚜虫	15-30克/公顷	喷雾
PD20040293	哒螨灵/95%/原药/哒螨灵 95%/2014.12.19 至 2019.12.19/中等毒			
PD20040294	高效反式氯氰菊酯/20%/乳油/高效反式氯氰菊酯 20%/2014.12.19 至 2019.12.19/低毒			
	棉花	棉铃虫	45-90克/公顷	喷雾
	十字花科蔬菜	菜蚜	75-120克/公顷	喷雾
PD20040297	三唑酮/20%/乳油/三唑酮 20%/2014.12.19 至 2019.12.19/低毒			
	小麦	白粉病	120-127.5克/公顷	喷雾
PD20040305	顺式氯氰菊酯/50克/升/乳油/顺式氯氰菊酯 50克/升/2014.12.19 至 2019.12.19/中等毒			
	柑橘树	潜叶蛾	33.3-50毫克/千克	喷雾
	棉花	棉铃虫	25.5-34.5克/公顷	喷雾
	棉花	盲蝽蟓	30-37.5克/公顷	喷雾
	十字花科蔬菜	蚜虫	15-22.5克/公顷	喷雾
	小麦	蚜虫	13.5-20.25克/公顷	喷雾
PD20040438	哒螨灵/20%/可湿性粉剂/哒螨灵 20%/2014.12.19 至 2019.12.19/中等毒			
	柑橘树	红蜘蛛	50-67毫克/千克	喷雾
PD20040544	哒螨灵/15%/乳油/哒螨灵 15%/2014.12.19 至 2019.12.19/中等毒			
	柑橘树	红蜘蛛	50-67毫克/千克	喷雾
PD20070307	毒死蜱/40%/乳油/毒死蜱 40%/2012.09.21 至 2017.09.21/中等毒			
	棉花	蚜虫	366.3-488.4克/公顷	喷雾
	水稻	二化螟、飞虱	488.4-732.6克/公顷	喷雾
PD20070436	甲氰菊酯/92%/原药/甲氰菊酯 92%/2012.11.20 至 2017.11.20/中等毒			
PD20070640	溴氰菊酯/25克/升/乳油/溴氰菊酯 25克/升/2012.12.14 至 2017.12.14/低毒			
	茶树	害虫	3.75-7.5克/公顷	喷雾
	大白菜、棉花	害虫	7.5-15克/公顷	喷雾
	柑橘树、苹果树	害虫	5-10毫克/千克	喷雾
	荒地	飞蝗	11.25-18.75克/公顷	喷雾
	松树	松毛虫	5-10毫克/千克	喷雾
	烟草	烟青虫	7.5-9克/公顷	喷雾
PD20080100	咪鲜胺/95%/原药/咪鲜胺 95%/2013.01.04 至 2018.01.04/低毒			
PD20080123	啶虫脒/5%/可湿性粉剂/啶虫脒 5%/2013.01.04 至 2018.01.04/低毒			
	小麦	蚜虫	15-22.5克/公顷	喷雾
PD20080124	毒死蜱/94%/原药/毒死蜱 94%/2013.01.03 至 2018.01.03/低毒			
PD20080162	咪鲜胺/25%/乳油/咪鲜胺 25%/2013.01.04 至 2018.01.04/低毒			
	柑橘	绿霉病、青霉病	250-500毫克/千克	浸果
	水稻	恶苗病	62.5-125毫克/千克	浸种
	油菜	菌核病	150-225克/公顷	喷雾
PD20080683	炔螨特/570克/升/乳油/炔螨特 570克/升/2013.06.04 至 2018.06.04/低毒			
	柑橘树	红蜘蛛	228-380毫克/千克	喷雾
	棉花	红蜘蛛	342-513克/公顷	喷雾
PD20080732	啶虫脒/96%/原药/啶虫脒 96%/2013.06.11 至 2018.06.11/中等毒			
PD20080752	炔螨特/730克/升/乳油/炔螨特 730克/升/2013.06.11 至 2018.06.11/低毒			
	棉花	红蜘蛛	328.5-492.75克/公顷	喷雾
PD20080843	啶虫脒/20%/可溶液剂/啶虫脒 20%/2013.06.23 至 2018.06.23/低毒			
	黄瓜	蚜虫	15-30克/公顷	喷雾
PD20080943	溴氰菊酯/98%/原药/溴氰菊酯 98%/2013.07.18 至 2018.07.18/中等毒			
PD20081328	S-氰戊菊酯/5%/乳油/S-氰戊菊酯 5%/2013.10.21 至 2018.10.21/中等毒			
	十字花科蔬菜叶菜	菜青虫	11.25-18.75克/公顷	喷雾
PD20081529	高效氯氟氰菊酯/95%/原药/高效氯氟氰菊酯 95%/2013.11.06 至 2018.11.06/中等毒			
PD20081586	高效氯氟氰菊酯/25克/升/乳油/高效氯氟氰菊酯 25克/升/2013.11.12 至 2018.11.12/中等毒			

登记证号	登记作物	防治对象	用药量	施用方法
	茶树	茶小绿叶蝉	15-30克/公顷	喷雾
	茶树	茶尺蠖	3.75-7.5克/公顷	喷雾
	柑橘树	潜叶蛾	4.2-6.2毫克/千克	喷雾
	梨树	梨小食心虫	5-8.3毫克/千克	喷雾
	梨树、叶菜	红蜘蛛	常量有抑制作用	喷雾
	棉花	红铃虫、棉铃虫	7.5-22.5克/公顷	喷雾
	棉花	棉蚜	3.75-7.5克/公顷	喷雾
	棉花	棉红蜘蛛	常量有抑制作用	喷雾
	苹果树	桃小食心虫	5-6.3毫克/千克	喷雾
	叶菜	菜青虫	6.25-12.5毫克/千克	喷雾
	叶菜	蚜虫	6-10毫克/千克	喷雾
PD20081684	甲氰菊酯/20%/乳油/甲氰菊酯 20%/2013.11.17 至 2018.11.17/中等毒			
	棉花	棉铃虫	180-240克/公顷	喷雾
	苹果树	红蜘蛛	100毫克/千克	喷雾
	苹果树	桃小食心虫	67-100毫克/千克	喷雾
	十字花科蔬菜	小菜蛾	120-150克/公顷	喷雾
	十字花科蔬菜	菜青虫	60-90克/公顷	喷雾
PD20082043	啶虫脒/5%/可湿性粉剂/啶虫脒 5%/2013.11.25 至 2018.11.25/微毒			
	柑橘树	蚜虫	10-15毫克/千克	喷雾
	十字花科蔬菜	蚜虫	13.5-22.5克/公顷	喷雾
PD20082046	啶虫脒/5%/乳油/啶虫脒 5%/2013.11.25 至 2018.11.25/中等毒			
	小麦	蚜虫	18-27克/公顷	喷雾
PD20082093	高氯·毒死蜱/12%/乳油/毒死蜱 9.5%、高效氯氰菊酯 2.5%/2013.11.25 至 2018.11.25/中等毒			
	棉花	棉铃虫	180-270克/公顷	喷雾
	苹果树	桃小食心虫	30-48毫克/千克	喷雾
PD20082094	哒螨·辛硫磷/29%/乳油/哒螨灵 4%、辛硫磷 25%/2013.11.25 至 2018.11.25/中等毒			
	柑橘树、苹果树	红蜘蛛	145-193毫克/千克	喷雾
PD20082229	辛硫磷/91%/原药/辛硫磷 91%/2013.11.26 至 2018.11.26/低毒			
PD20082430	氯氰菊酯/25%/乳油/氯氰菊酯 25%/2013.12.02 至 2018.12.02/低毒			
	苹果树	桃小食心虫	62.5-125毫克/千克	喷雾
PD20082440	丙环唑/250克/升/乳油/丙环唑 250克/升/2013.12.02 至 2018.12.02/低毒			
	小麦	白粉病	112.5-187.5克/公顷	喷雾
PD20082567	联苯菊酯/25克/升/乳油/联苯菊酯 25克/升/2013.12.04 至 2018.12.04/低毒			
	苹果树	桃小食心虫	25-31.25毫克/千克	喷雾
PD20083098	啶虫脒/20%/可溶粉剂/啶虫脒 20%/2013.12.10 至 2018.12.10/低毒			
	黄瓜	蚜虫	12-18克/公顷	喷雾
PD20083135	溴氰菊酯/2.5%/可湿性粉剂/溴氰菊酯 2.5%/2013.12.10 至 2018.12.10/中等毒			
	十字花科蔬菜	菜青虫	7.5-15克/公顷	喷雾
PD20083146	氯氰·辛硫磷/40%/乳油/氯氰菊酯 3%、辛硫磷 37%/2013.12.10 至 2018.12.10/中等毒			
	棉花	棉铃虫	180-270克/公顷	喷雾
	苹果树	桃小食心虫	66-80毫克/千克	喷雾
	十字花科蔬菜	小菜蛾	300-420克/公顷	喷雾
	十字花科蔬菜	菜青虫	150-300克/公顷	喷雾
PD20083204	氟啶脲/5%/乳油/氟啶脲 5%/2013.12.11 至 2018.12.11/微毒			
	十字花科蔬菜	小菜蛾	45-60克/公顷	喷雾
PD20083488	丙溴磷/40%/乳油/丙溴磷 40%/2013.12.12 至 2018.12.12/中等毒			
	棉花	棉铃虫	480-720克/公顷	喷雾
PD20083621	咪鲜胺锰盐/50%/可湿性粉剂/咪鲜胺锰盐 50%/2013.12.12 至 2018.12.12/低毒			
	黄瓜	炭疽病	450—600克/公顷	喷雾
	水稻	稻瘟病	300-375克/公顷	喷雾
	水稻	恶苗病	83-125毫克/千克	浸种
PD20084034	二嗪磷/50%/乳油/二嗪磷 50%/2013.12.16 至 2018.12.16/低毒			
	棉花	蚜虫	600-1200克/公顷	喷雾
	水稻	二化螟、三化螟	600-900克/公顷	喷雾
	小麦	地下害虫	0.1-0.2%种子量	拌种
PD20084076	乙酰甲胺磷/30%/乳油/乙酰甲胺磷 30%/2013.12.16 至 2018.12.16/低毒			
	水稻	二化螟	810-990克/公顷	喷雾
PD20085245	咪鲜胺锰盐/98%/原药/咪鲜胺锰盐 98%/2013.12.23 至 2018.12.23/低毒			
PD20086268	阿维·高氯/1%/乳油/阿维菌素 0.2%、高效氯氰菊酯 0.8%/2013.12.31 至 2018.12.31/低毒(原药高毒)			
	菜豆	斑潜蝇	9-12克/公顷	喷雾
	十字花科蔬菜	小菜蛾	7.5-10.5克/公顷	喷雾
PD20086359	甲氨基阿维菌素苯甲酸盐/90%/原药/甲氨基阿维菌素苯甲酸盐 90%/2013.12.31 至 2018.12.31/中等毒			
PD20090171	高效氯氰菊酯/4.5%/悬浮剂/高效氯氰菊酯 4.5%/2014.01.08 至 2019.01.08/低毒			

甘蓝 菜青虫 20.25-27克/公顷 喷雾
PD20090570 溴氰菊酯/5%/可湿性粉剂/溴氰菊酯 5%/2014.01.14 至 2019.01.14/中等毒
十字花科蔬菜 菜青虫 15-18.75克/公顷 喷雾
PD20090756 敌百·毒死蜱/50%/乳油/敌百虫 25%、毒死蜱 25%/2014.01.19 至 2019.01.19/中等毒
水稻 二化螟 450-750克/公顷 喷雾
PD20091258 氰戊·辛硫磷/50%/乳油/氰戊菊酯 4.5%、辛硫磷 45.5%/2014.02.01 至 2019.02.01/中等毒
甘蓝 菜青虫、蚜虫 75-150克/公顷 喷雾
棉花 蚜虫 150-225克/公顷 喷雾
小麦 蚜虫 90克/公顷 喷雾
PD20091296 甲氨基阿维菌素苯甲酸盐/1%/乳油/甲氨基阿维菌素 1%/2014.02.01 至 2019.02.01/低毒
甘蓝 小菜蛾 2.25-4.5克/公顷 喷雾
甘蓝 甜菜夜蛾 2.25-3克/公顷 喷雾
水稻 二化螟、三化螟 7.5-15克/公顷 喷雾
注:甲氨基阿维菌素苯甲酸盐含量：1.14%。
PD20091582 辛硫·高氯氟/26%/乳油/高效氯氟氰菊酯 1%、辛硫磷 25%/2014.02.03 至 2019.02.03/中等毒
茶树 茶尺蠖 173-260毫克/千克 喷雾
甘蓝 小菜蛾 162.5-243.75克/公顷 喷雾
棉花 棉铃虫 300克/公顷 喷雾
苹果树 桃小食心虫 130-260毫克/千克 喷雾
烟草 烟青虫 195-273克/公顷 喷雾
PD20092261 高效氟氯氰菊酯/25克/升/乳油/高效氟氯氰菊酯 25克/升/2014.02.24 至 2019.02.24/中等毒
棉花 棉铃虫 15-22.5克/公顷 喷雾
PD20092789 氟氯氰菊酯/5.7%/乳油/氟氯氰菊酯 5.7%/2014.03.04 至 2019.03.04/低毒
甘蓝 菜青虫 17.1-25.67克/公顷 喷雾
PD20093218 阿维·高氯氟/2%/乳油/阿维菌素 0.4%、高效氯氟氰菊酯 1.6%/2014.03.11 至 2019.03.11/中等毒(原药高毒)
十字花科蔬菜 小菜蛾 9-12克/公顷 喷雾
PD20093824 高效氯氟氰菊酯/10%/可湿性粉剂/高效氯氟氰菊酯 10%/2014.03.25 至 2019.03.25/中等毒
甘蓝 菜青虫 11.25-15克/公顷 喷雾
PD20094250 高效氯氟氰菊酯/2.5%/水乳剂/高效氯氟氰菊酯 2.5%/2014.03.31 至 2019.03.31/中等毒
甘蓝 菜青虫 7.5-11.25克/公顷 喷雾
PD20098103 高效氯氰菊酯/4.5%/水乳剂/高效氯氰菊酯 4.5%/2014.12.08 至 2019.12.08/低毒
甘蓝 菜青虫 27-33.75克/公顷 喷雾
PD20101557 毒死蜱/30%/水乳剂/毒死蜱 30%/2015.05.19 至 2020.05.19/中等毒
水稻 稻纵卷叶螟 360-540克/公顷 喷雾
水稻 飞虱 450－585克/公顷 喷雾
PD20101993 高效氯氟氰菊酯/2.5%/悬浮剂/高效氯氟氰菊酯 2.5%/2015.09.25 至 2020.09.25/低毒
甘蓝 菜青虫 7.5-11.25克/公顷 喷雾
PD20102059 联苯菊酯/2.5%/水乳剂/联苯菊酯 2.5%/2015.11.03 至 2020.11.03/低毒
番茄 白粉虱 7.5-15克/公顷 喷雾
PD20102094 阿维·毒死蜱/15%/乳油/阿维菌素 0.1%、毒死蜱 14.9%/2015.11.25 至 2020.11.25/低毒(原药高毒)
水稻 二化螟 135-180克/公顷 喷雾
PD20110160 咪鲜胺/25%/水乳剂/咪鲜胺 25%/2016.02.11 至 2021.02.11/微毒
水稻 稻瘟病 300-375克/公顷 喷雾
水稻 稻曲病 225-262.5克/公顷 喷雾
香蕉 冠腐病 500-1000毫克/千克 浸果
小麦 赤霉病 187.5-262.5克/公顷 喷雾
PD20110161 毒死蜱/10%/颗粒剂/毒死蜱 10%/2016.02.11 至 2021.02.11/低毒
花生 蛴螬 2250~3000克/公顷 撒施
PD20110407 溴氰菊酯/2.5%/水乳剂/溴氰菊酯 2.5%/2011.04.12 至 2016.04.12/中等毒
甘蓝 菜青虫 11.25-15克/公顷 喷雾
PD20110614 氯氰菊酯/10%/水乳剂/氯氰菊酯 10%/2011.06.07 至 2016.06.07/中等毒
柑橘树 潜叶蛾 76.9-100毫克/千克 喷雾
PD20110687 醚菊酯/10%/水乳剂/醚菊酯 10%/2011.06.20 至 2016.06.20/低毒
甘蓝 菜青虫 30-60克/公顷 喷雾
PD20110800 吡虫啉/350克/升/悬浮剂/吡虫啉 350克/升/2011.07.26 至 2016.07.26/低毒
棉花 蚜虫 21-42克/公顷 喷雾
水稻 飞虱 22.5～30克/公顷 喷雾
PD20120143 S-氰戊菊酯/5%/水乳剂/S-氰戊菊酯 5%/2012.01.29 至 2017.01.29/中等毒
苹果树 桃小食心虫 16-25毫克/千克 喷雾
PD20120181 溴氰菊酯/25克/升/悬浮剂/溴氰菊酯 25克/升/2012.01.30 至 2017.01.30/低毒
苹果树 桃小食心虫 12.5-16.7毫克/千克 喷雾
PD20120431 阿维菌素/92%/原药/阿维菌素 92%/2012.03.14 至 2017.03.14/高毒
PD20120499 顺式氯氰菊酯/5%/水乳剂/顺式氯氰菊酯 5%/2012.03.19 至 2017.03.19/中等毒

甘蓝 菜青虫 22.5-30克/公顷 喷雾
PD20120630 阿维·高氯氟/2%/水乳剂/阿维菌素 0.4%、高效氯氟氰菊酯 1.6%/2012.04.12 至 2017.04.12/中等毒(原药高毒)
甘蓝 小菜蛾 9-15克/公顷 喷雾
PD20120740 咪鲜胺锰盐/50%/可湿性粉剂/咪鲜胺锰盐 50%/2012.05.03 至 2017.05.03/低毒
黄瓜 炭疽病 450—600克/公顷 喷雾
水稻 恶苗病 83-125毫克/千克 浸种
PD20120858 咪鲜胺/450克/升/乳油/咪鲜胺 450克/升/2012.05.22 至 2017.05.22/低毒
柑橘(果实) 绿霉病、青霉病 375—500毫克/千克 浸果
PD20120964 毒死蜱/40%/水乳剂/毒死蜱 40%/2012.06.15 至 2017.06.15/中等毒
水稻 稻飞虱 480-720克/公顷 喷雾
PD20121324 吡虫啉/70%/水分散粒剂/吡虫啉 70%/2012.09.11 至 2017.09.11/低毒
水稻 蚜虫 21-42克/公顷 喷雾
PD20121519 嘧菌酯/95%/原药/嘧菌酯 95%/2012.10.09 至 2017.10.09/低毒
PD20121548 吡蚜酮/25%/可湿性粉剂/吡蚜酮 25%/2012.10.25 至 2017.10.25/低毒
水稻 稻飞虱 75-90克/公顷 喷雾
PD20121602 吡虫啉/70%/湿拌种剂/吡虫啉 70%/2012.10.25 至 2017.10.25/低毒
棉花 蚜虫 280—350克/100千克种子 拌种
PD20130096 吡蚜酮/50%/水分散粒剂/吡蚜酮 50%/2013.01.17 至 2018.01.17/低毒
水稻 稻飞虱 75-105克/公顷 喷雾
PD20130145 吡蚜酮/97%/原药/吡蚜酮 97%/2013.01.17 至 2018.01.17/低毒
PD20130318 甲氨基阿维菌素苯甲酸盐/1/乳油/甲氨基阿维菌素苯甲酸盐 1%/2013.02.26 至 2018.02.26/低毒
甘蓝 甜菜夜蛾 2.25-3克/公顷 喷雾
甘蓝 小菜蛾 2.25-4.5克/公顷 喷雾
PD20130388 啶虫脒/3%/微乳剂/啶虫脒 3%/2013.03.12 至 2018.03.12/低毒
小麦 蚜虫 18-36克/公顷 喷雾
PD20130624 咪鲜胺/450克/升/水乳剂/咪鲜胺 450克/升/2013.04.03 至 2018.04.03/低毒
香蕉 稻瘟病 305-370克/公顷 喷雾
PD20131795 毒死蜱/30%/微囊悬浮剂/毒死蜱 30%/2013.09.09 至 2018.09.09/中等毒
花生 蛴螬 1575-2250克/公顷 灌根
PD20140097 阿维菌素/3%/水乳剂/阿维菌素 3%/2014.01.20 至 2019.01.20/低毒(原药高毒)
甘蓝 小菜蛾 9.45-10.8克/公顷 喷雾
PD20140397 嘧菌酯/25%/悬浮剂/嘧菌酯 25%/2014.02.20 至 2019.02.20/低毒
黄瓜 霜霉病 150-187.5克/公顷 喷雾
PD20140551 嘧菌酯/50%/水分散粒剂/嘧菌酯 50%/2014.03.06 至 2019.03.06/低毒
草坪 褐斑病、枯萎病 225-375克/公顷 喷雾
PD20141046 吡蚜酮/50%/可湿性粉剂/吡蚜酮 50%/2014.04.24 至 2019.04.24/低毒
水稻 稻飞虱 75-90克/公顷 喷雾
PD20141048 吡蚜酮/70%/水分散粒剂/吡蚜酮 70%/2014.04.24 至 2019.04.24/低毒
水稻 稻飞虱 84-105克/公顷 喷雾
PD20141714 烯啶虫胺/50%/可溶粒剂/烯啶虫胺 50%/2014.06.30 至 2019.06.30/低毒
水稻 飞虱 45-60克/公顷 喷雾
PD20142609 氯氰·毒死蜱/55%/乳油/毒死蜱 50%、氯氰菊酯 5%/2014.12.15 至 2019.12.15/中等毒
棉花 棉铃虫 330-495克/公顷 喷雾
PD20150670 溴氰菊酯/10%/悬浮剂/溴氰菊酯 10%/2015.04.17 至 2020.04.17/低毒
苹果树 桃小食心虫 14.3-16.7毫克/千克 喷雾
注:溴氰菊酯含量: 10%。
PD20151134 高效氟氯氰菊酯/12.5%/悬浮剂/高效氟氯氰菊酯 12.5%/2015.06.25 至 2020.06.25/低毒
棉花 棉铃虫 15-22.5克/公顷 喷雾
PD20151553 烯啶虫胺/97%/原药/烯啶虫胺 97%/2015.08.03 至 2020.08.03/低毒
PD20151851 吡虫·高氟氯/20%/悬浮剂/吡虫啉 15%、高效氟氯氰菊酯 5%/2015.08.30 至 2020.08.30/低毒
甘蓝 蚜虫 22.5-30克/公顷 喷雾
PD20152162 苯醚甲环唑/10%/水分散粒剂/苯醚甲环唑 10%/2015.09.22 至 2020.09.22/低毒
黄瓜 白粉病 75-125克/公顷 喷雾
PD20152444 茚虫威/150克/升/悬浮剂/茚虫威 150克/升/2015.12.04 至 2020.12.04/低毒
甘蓝 小菜蛾 31.5-40.5克/公顷 喷雾
PD20152596 咪鲜胺/45%/水乳剂/咪鲜胺 45%/2015.12.17 至 2020.12.17/低毒
水稻 稻曲病 202.5-270克/公顷 喷雾
WP20080378 溴氰菊酯/5%/可湿性粉剂/溴氰菊酯 5%/2013.12.11 至 2018.12.11/低毒
卫生 蚊、蝇 0.3克制剂/平方米 滞留喷洒
卫生 蜚蠊 0.4克制剂/平方米 滞留喷洒
WP20080530 高效氯氰菊酯/4.5%/微乳剂/高效氯氰菊酯 4.5%/2013.12.23 至 2018.12.23/低毒
卫生 蜚蠊 0.55克制剂/平方米 滞留喷洒
卫生 蚊、蝇 0.44克制剂/平方米 滞留喷洒

WP20090201　高效氯氰菊酯/4.5%/可湿性粉剂/高效氯氰菊酯 4.5%/2014.03.25 至 2019.03.25/低毒
　卫生　蜚蠊　0.55克制剂/平方米　滞留喷洒
　卫生　蚊、蝇　0.44克制剂/平方米　滞留喷洒

南京华洲药业有限公司　(江苏省南京市高淳区桠溪镇东风路9号　211300　025-87151982)

PD20070390　百草枯/200克/升/水剂/百草枯 200克/升/2014.12.31 至 2019.12.31/中等毒
　注:专供出口，不得在国内销售。
PD20070483　噻吩磺隆/95%/原药/噻吩磺隆 95%/2012.11.28 至 2017.11.28/低毒
PD20070563　草甘膦异丙胺盐/41%/水剂/草甘膦 41%/2012.12.03 至 2017.12.03/低毒
　苹果园　一年生和多年生杂草　1230—2460克/公顷　定向喷雾
PD20080280　噻吩磺隆/15%/可湿性粉剂/噻吩磺隆 15%/2013.02.25 至 2018.02.25/低毒
　冬小麦田　一年生阔叶杂草　22.5-33.8克/公顷　茎叶喷雾
PD20080342　噻吩磺隆/75%/可湿性粉剂/噻吩磺隆 75%/2013.02.26 至 2018.02.26/微毒
　冬小麦田、夏玉米田　一年生阔叶杂草　20-25克/公顷　茎叶喷雾
PD20080401　氟乐灵/96%/原药/氟乐灵 96%/2013.02.28 至 2018.02.28/低毒
PD20080517　莠去津/96%/原药/莠去津 96%/2013.04.29 至 2018.04.29/低毒
PD20080786　莠去津/48%/可湿性粉剂/莠去津 48%/2013.06.20 至 2018.06.20/低毒
　春玉米田　一年生杂草　2160—2520克/公顷　土壤喷雾
PD20080787　二甲戊灵/95%/原药/二甲戊灵 95%/2013.06.20 至 2018.06.20/低毒
PD20080921　莠去津/38%/悬浮剂/莠去津 38%/2013.07.17 至 2018.07.17/低毒
　春玉米田　一年生杂草　1995—2280克/公顷　土壤喷雾
PD20080967　精吡氟禾草灵/15%/乳油/精吡氟禾草灵 15%/2013.07.24 至 2018.07.24/低毒
　春大豆田　一年生禾本科杂草　146.25-180克/公顷　茎叶喷雾
　棉花田　一年生禾本科杂草　123.75-180克/公顷　茎叶喷雾
　夏大豆田　一年生禾本科杂草　112.5-146.25克/公顷　茎叶喷雾
PD20080968　高效氟吡甲禾灵/108克/升/乳油/高效氟吡甲禾灵 108克/升/2013.07.24 至 2018.07.24/低毒
　春大豆田　一年生禾本科杂草　56.7-64.8克/公顷　茎叶喷雾
　夏大豆田　一年生禾本科杂草　48.6-56.7克/公顷　茎叶喷雾
PD20081235　氯氟吡氧乙酸(酯)/200克/升/乳油/氯氟吡氧乙酸 200克/升/2013.09.16 至 2018.09.16/低毒
　小麦田　阔叶杂草　150-210克/公顷　茎叶喷雾
　玉米田　阔叶杂草　150-300克/公顷　茎叶喷雾
PD20081239　氯氟吡氧乙酸异辛酯/95%/原药/氯氟吡氧乙酸异辛酯 95%/2013.09.16 至 2018.09.16/低毒
PD20081240　苄嘧·苯噻酰/50%/可湿性粉剂/苯噻酰草胺 47%、苄嘧磺隆 3%/2013.09.16 至 2018.09.16/低毒
　水稻移栽田　一年生及部分多年生杂草　375-525克/公顷(南方地区)　药土法
PD20081349　百草枯/30.5%/母药/百草枯 30.5%/2013.10.21 至 2018.10.21/中等毒
PD20081358　草甘膦/95%/原药/草甘膦 95%/2013.10.21 至 2018.10.21/低毒
PD20081533　烟嘧磺隆/95%/原药/烟嘧磺隆 95%/2013.11.06 至 2018.11.06/微毒
PD20082207　精吡氟禾草灵/92%/原药/精吡氟禾草灵 92%/2013.11.26 至 2018.11.26/低毒
PD20082293　敌草快/20%/水剂/敌草快 20%/2013.12.01 至 2018.12.01/低毒
　苹果园　杂草　450-600克/公顷　定向喷雾
　小麦免耕田　一年生阔叶杂草　450-600克/公顷　喷雾
PD20082581　氟乐灵/480克/升/乳油/氟乐灵 480克/升/2013.12.04 至 2018.12.04/低毒
　大豆田　一年生禾本科杂草及部分阔叶杂草　900-1260克/公顷　播后苗前土壤喷雾
　棉花田　一年生禾本科杂草及部分阔叶杂草　1080-1440克/公顷　播后苗前或移栽前土壤喷雾
PD20082643　二甲戊灵/33%/乳油/二甲戊灵 33%/2013.12.04 至 2018.12.04/微毒
　甘蓝田　一年生杂草　495-742.5克/公顷　土壤喷雾
PD20082727　氧氟·乙草胺/43%/乳油/乙草胺 37.5%、乙氧氟草醚 5.5%/2013.12.08 至 2018.12.08/低毒
　大蒜田　一年生杂草　580.5-774克/公顷　播后苗前土壤喷雾
　花生田　一年生杂草　645-838.5克/公顷　播后苗前土壤喷雾
　棉花田　一年生杂草　483.8-645克/公顷　播后苗前土壤喷雾
PD20085308　苄·二氯/18%/泡腾片剂/苄嘧磺隆 1.5%、二氯喹啉酸 16.5%/2013.12.23 至 2018.12.23/低毒
　水稻抛秧田、水稻移栽田　部分多年生杂草、一年生杂草　216-270克/公顷　撒施
PD20085405　草甘膦/50%/可溶粉剂/草甘膦 50%/2013.12.24 至 2018.12.24/微毒
　苹果园　杂草　1230-2460克/公顷　定向喷雾
PD20095994　烟嘧磺隆/40克/升/可分散油悬浮剂/烟嘧磺隆 40克/升/2014.06.11 至 2019.06.11/微毒
　玉米田　一年生杂草　42-60克/公顷　茎叶喷雾
PD20096693　2,4-滴丁酯/总酯72%/乳油/2,4-滴丁酯 57%/2014.09.07 至 2019.09.07/低毒
　春玉米田　阔叶杂草　1080-1296克/公顷　播后苗前土壤喷雾
　夏玉米田　阔叶杂草　864-1080克/公顷　播后苗前土壤喷雾
PD20098142　高效氟吡甲禾灵/98%/原药/高效氟吡甲禾灵 98%/2014.12.14 至 2019.12.14/低毒
PD20101782　氟啶脲/96%/原药/氟啶脲 96%/2015.07.13 至 2020.07.13/微毒
PD20110010　草甘膦异丙胺盐/46%/母药/草甘膦 46%/2016.01.04 至 2021.01.04/低毒

注:草甘膦异丙胺盐含量:62%。

PD20110572 敌草快/40%/母药/敌草快 40%/2011.05.27 至 2016.05.27/中等毒

PD20111065 百草枯/250克/升/水剂/百草枯 250克/升/2014.12.31 至 2019.12.31/中等毒

注:专供出口，不得在国内销售。

PD20121824 阿维·三唑磷/20%/乳油/阿维菌素 0.2%、三唑磷 19.8%/2012.11.22 至 2017.11.22/中等毒(原药高毒)

水稻 二化螟 180-270克/公顷 喷雾

PD20130711 烟嘧磺隆/75%/水分散粒剂/烟嘧磺隆 75%/2013.04.11 至 2018.04.11/低毒

玉米田 一年生杂草 39.375-60克/公顷 茎叶喷雾

PD20131198 高效氟吡甲禾灵/108克/升/水乳剂/高效氟吡甲禾灵 108克/升/2013.05.27 至 2018.05.27/低毒

大豆田 一年生禾本科杂草 56.7-64.8克/公顷 茎叶喷雾

PD20132168 二氯吡啶酸/95%/原药/二氯吡啶酸 95%/2013.10.29 至 2018.10.29/低毒

PD20132519 草铵膦/18%/水剂/草铵膦 18%/2013.12.16 至 2018.12.16/低毒

非耕地 杂草 1350-1620克/公顷 茎叶喷雾

PD20140375 炔草酯/24%/乳油/炔草酯 24%/2014.02.20 至 2019.02.20/低毒

小麦田 一年生禾本科杂草 43.2-64.8克/公顷 茎叶喷雾

PD20140790 氨氯吡啶酸/24%/水剂/氨氯吡啶酸 24%/2014.03.25 至 2019.03.25/低毒

非耕地 紫茎泽兰 1080-2160克/公顷 茎叶喷雾

PD20140833 氰氟草酯/10%/水乳剂/氰氟草酯 10%/2014.04.08 至 2019.04.08/低毒

水稻田(直播) 一年生禾本科杂草 90-105克/公顷 茎叶喷雾

PD20140985 炔草酯/15%/可湿性粉剂/炔草酯 15%/2014.04.14 至 2019.04.14/低毒

小麦田 一年生禾本科杂草 45-67.5克/公顷 茎叶喷雾

PD20141219 氰氟草酯/10%/乳油/氰氟草酯 10%/2014.05.06 至 2019.05.06/低毒

水稻田(直播)、水稻秧田 一年生禾本科杂草 90-105克/公顷 茎叶喷雾

PD20150993 烯啶虫胺/10%/水剂/烯啶虫胺 10%/2015.06.11 至 2020.06.11/低毒

棉花 蚜虫 22.5-30克/公顷 喷雾

PD20152424 三氯吡氧乙酸丁氧基乙酯/45%/乳油/三氯吡氧乙酸丁氧基乙酯 45%/2015.10.25 至 2020.10.25/低毒

森林 阔叶杂草、灌木 2520-3024克/公顷 喷雾

PD20152583 甲基磺草酮/10%/可分散油悬浮剂/硝磺草酮 10%/2015.12.17 至 2020.12.17/低毒

玉米田 一年生杂草 112.5-150克/公顷 喷雾

南京南农农药科技发展有限公司 (江苏省南京化学工业园区方水路90号-109 210047 025-84395285)

PD20040744 杀虫单/20%/水乳剂/杀虫单 20%/2014.12.19 至 2019.12.19/低毒

甘蓝 蚜虫 225-300克/公顷 喷雾

甘蓝 小菜蛾 300-375克/公顷 喷雾

PD20081992 S-氰戊菊酯 /5%/乳油/S-氰戊菊酯 5%/2013.11.25 至 2018.11.25/中等毒

棉花 棉铃虫 30-37.5克/公顷 喷雾

PD20086132 氰戊·辛硫磷/20%/乳油/氰戊菊酯 5%、辛硫磷 15%/2013.12.30 至 2018.12.30/中等毒

棉花 棉铃虫 135-180克/公顷 喷雾

PD20095663 氯溴异氰尿酸/50%/可溶粉剂/氯溴异氰尿酸 50%/2014.05.13 至 2019.05.13/低毒

大白菜 软腐病 375-450克/公顷 喷雾

黄瓜 霜霉病 450-525克/公顷 喷雾

辣椒 病毒病 450-525克/公顷 喷雾

水稻 条纹叶枯病 412.5-515.6克/公顷 喷雾

水稻 稻瘟病、纹枯病、细菌性条斑病 375-450克/公顷 喷雾

水稻 白叶枯病 168-420克/公顷 喷雾

烟草 赤星病 375-600克/公顷 喷雾

烟草 野火病 450-600克/公顷 喷雾

PD20095777 氰戊·辛硫磷/30%/乳油/S-氰戊菊酯 1.2%、辛硫磷 28.8%/2014.05.21 至 2019.05.21/中等毒

棉花 棉铃虫 270-360克/公顷 喷雾

小麦 蚜虫 112.5-157.5克/公顷 喷雾

PD20096030 精喹禾灵/5%/乳油/精喹禾灵 5%/2014.06.15 至 2019.06.15/低毒

油菜田 一年生禾本科杂草 45-60克/公顷 茎叶喷雾

PD20098511 高效氯氟氰菊酯/25克/升/乳油/高效氯氟氰菊酯 25克/升/2014.12.24 至 2019.12.24/中等毒

十字花科蔬菜 菜青虫 7.5-15克/公顷 喷雾

PD20101960 甲氨基阿维菌素苯甲酸盐(0.57%)///微乳剂/甲氨基阿维菌素 0.5%/2015.09.20 至 2020.09.20/微毒

甘蓝 甜菜夜蛾 1.125-1.5克/公顷 喷雾

PD20121036 井冈·丙环唑/15%/可湿性粉剂/丙环唑 3%、井冈霉素 12%/2012.07.04 至 2017.07.04/微毒

水稻 稻曲病、纹枯病 30-60克/公顷 喷雾

PD20121710 戊唑·福美双/30%/可湿性粉剂/福美双 25%、戊唑醇 5%/2012.11.05 至 2017.11.05/低毒

小麦 赤霉病 270-405克/公顷 喷雾

PD20130703 井冈·丙环唑/10%/微乳剂/丙环唑 2%、井冈霉素A 8%/2013.04.11 至 2018.04.11/微毒

直播水稻(南方) 纹枯病 45-60克/公顷 喷雾

直播水稻(南方) 稻曲病 30-60克/公顷 喷雾

PD20130737 己唑醇/5%/悬浮剂/己唑醇 5%/2013.04.12 至 2018.04.12/低毒
水稻 纹枯病 67.5-75克/公顷 喷雾
PD20140193 吡蚜酮/50%/可湿性粉剂/吡蚜酮 50%/2014.01.29 至 2019.01.29/低毒
水稻 稻飞虱 75-90克/公顷 喷雾
PD20140233 甲氧虫酰肼/98.5%/原药/甲氧虫酰肼 98.5%/2014.01.29 至 2019.01.29/低毒
PD20141108 甲氧虫酰肼/24%/悬浮剂/甲氧虫酰肼 24%/2014.04.27 至 2019.04.27/低毒
甘蓝 甜菜夜蛾 54-72克/公顷 喷雾
水稻 二化螟 70-100克/公顷 喷雾
PD20141171 吡蚜酮/98%/原药/吡蚜酮 98%/2014.04.28 至 2019.04.28/低毒
PD20141191 烯啶虫胺/50%/可溶粒剂/烯啶虫胺 50%/2014.05.06 至 2019.05.06/低毒
水稻 稻飞虱 20-30克/公顷 喷雾
PD20141674 茚虫威/15%/悬浮剂/茚虫威 15%/2014.06.30 至 2019.06.30/低毒
水稻 稻纵卷叶螟 33.75-45克/公顷 喷雾
PD20141910 噻呋酰胺/97%/原药/噻呋酰胺 97%/2014.08.01 至 2019.08.01/低毒
PD20142199 吡蚜·毒死蜱/25%/可湿性粉剂/吡蚜酮 10%、毒死蜱 15%/2014.09.28 至 2019.09.28/低毒
水稻 稻飞虱 112.5-150克/公顷 喷雾
PD20150300 戊唑醇/430克/升/悬浮剂/戊唑醇 430克/升/2015.02.04 至 2020.02.04/低毒
苹果树 斑点落叶病 61.4-86毫克/千克 喷雾
PD20150569 阿维·甲虫肼/10%/悬浮剂/阿维菌素 2%、甲氧虫酰肼 8%/2015.03.24 至 2020.03.24/低毒(原药高毒)
水稻 二化螟 37.5-45克/公顷 喷雾
PD20150727 吡虫啉/98%/原药/吡虫啉 98%/2015.04.20 至 2020.04.20/低毒
PD20150867 稻瘟·戊唑醇/30%/悬浮剂/稻瘟酰胺 20%、戊唑醇 10%/2015.05.18 至 2020.05.18/低毒
水稻 稻瘟病 135-202克/公顷 喷雾
PD20152163 戊唑·福美双/35%/悬浮剂/福美双 26.5%、戊唑醇 8.5%/2015.09.22 至 2020.09.22/低毒
小麦 赤霉病 480-600克/公顷 喷雾
LS20150013 氯尿·硫酸铜/52%/可溶粉剂/氯溴异氰尿酸 50%、硫酸铜 2%/2016.01.15 至 2017.01.15/低毒
烟草 青枯病 520-693.3毫克/千克 灌根
LS20150055 甲氧·茚虫威/40%/悬浮剂/甲氧虫酰肼 30%、茚虫威 10%/2015.03.20 至 2016.03.20/低毒
水稻 稻纵卷叶螟 60-90克/公顷 喷雾

南龙(连云港)化学有限公司 (江苏省连云港市灌南县堆沟港镇(化学工业园内) 222523 0518-3619369)

PD20070075 灭多威/98%/原药/灭多威 98%/2012.04.12 至 2017.04.12/高毒
PD20084082 灭多威/90%/可溶粉剂/灭多威 90%/2013.12.16 至 2018.12.16/高毒
棉花 棉铃虫 135-225克/公顷 喷雾
PD20085615 灭多威/20%/乳油/灭多威 20%/2013.12.25 至 2018.12.25/高毒
棉花 蚜虫 75-150克/公顷 喷雾
PD20110263 硫双威/95%/原药/硫双威 95%/2011.03.04 至 2016.03.04/中等毒
PD20151003 硫双威/75%/可湿性粉剂/硫双威 75%/2015.06.12 至 2020.06.12/中等毒
棉花 棉铃虫 562.5-731.25克/公顷 喷雾
PD20151021 硫双威/375克/升/悬浮剂/硫双威 375克/升/2015.06.12 至 2020.06.12/中等毒
棉花 棉铃虫 450-562.5克/公顷 喷雾

南通商禧达化工科技有限公司 (江苏省如东沿海经济开发区洋口化学工业园 226407 021-63738978)

PD20150359 甲氨基阿维菌素苯甲酸盐/5%/水分散粒剂/甲氨基阿维菌素 5%/2015.03.03 至 2020.03.03/低毒
甘蓝 甜菜夜蛾 4.5～6克/公顷 喷雾
注:甲氨基阿维菌素苯甲酸盐含量: 5.7%。
PD20150366 草甘膦异丙胺盐/30%/水剂/草甘膦 30%/2015.03.03 至 2020.03.03/低毒
非耕地 杂草 1125-2250克/公顷 茎叶喷雾
注:草甘膦异丙胺盐含量: 41%。

南通维立科化工有限公司 (江苏省如东县洋口化学工业园 226407 0513-84816518)

PD20095617 丙草胺/96%/原药/丙草胺 96%/2014.05.12 至 2019.05.12/低毒
PD20097527 丁草胺/92%/原药/丁草胺 92%/2014.11.03 至 2019.11.03/低毒
PD20097899 草甘膦/95%/原药/草甘膦 95%/2014.11.30 至 2019.11.30/低毒
PD20098270 乙酰甲胺磷/97%/原药/乙酰甲胺磷 97%/2014.12.18 至 2019.12.18/低毒
PD20101705 乙草胺/95%/原药/乙草胺 95%/2015.06.28 至 2020.06.28/低毒
PD20101849 咪鲜胺/95%/原药/咪鲜胺 95%/2015.07.28 至 2020.07.28/低毒
PD20101900 甲草胺/95%/原药/甲草胺 95%/2015.08.27 至 2020.08.27/低毒
PD20102192 甲霜灵/98%/原药/甲霜灵 98%/2015.12.15 至 2020.12.15/低毒
PD20110771 十三吗啉/99%/原药/十三吗啉 99%/2011.07.25 至 2016.07.25/中等毒
PD20130796 丁草胺/85%/乳油/丁草胺 85%/2013.04.22 至 2018.04.22/低毒
水稻移栽田 一年生杂草 1020-1275克/公顷 药土法
PD20141545 乙酰甲胺磷/75%/可溶粉剂/乙酰甲胺磷 75%/2014.06.17 至 2019.06.17/低毒
棉花 棉铃虫 675-900克/公顷 喷雾
PD20151785 乙酰甲胺磷/92%/可溶粒剂/乙酰甲胺磷 92%/2015.08.28 至 2020.08.28/低毒
棉花 棉铃虫 759-897克/公顷 喷雾

南通新华农药有限公司 （江苏省通州市骑岸镇骑北村 226343 0513-82567165）

PD20091504 苄嘧·丙草胺/0.1%/颗粒剂/苄嘧磺隆 0.016%、丙草胺 0.084%/2014.02.02 至 2019.02.02/低毒
水稻移栽田 部分多年生杂草、一年生杂草 300-450克/公顷(南方地区) 直接撒施

PD20093599 马拉·高氯氟/20%/乳油/高效氯氟氰菊酯 1%、马拉硫磷 19%/2014.03.23 至 2019.03.23/中等毒
棉花 红蜘蛛 135-180克/公顷 喷雾

PD20094065 草甘膦异丙胺盐/41%/水剂/草甘膦 41%/2014.03.27 至 2019.03.27/低毒
非耕地 杂草 1107-1845克/公顷 茎叶喷雾

PD20094126 麦畏·草甘膦/35%/水剂/草甘膦 30%、麦草畏 5%/2015.03.27 至 2020.03.27/低毒
非耕地 杂草 600-900克/公顷 茎叶喷雾

PD20097699 丙溴·辛硫磷/40%/乳油/丙溴磷 10%、辛硫磷 30%/2014.11.04 至 2019.11.04/中等毒
棉花 棉铃虫 360-480克/公顷 喷雾

PD20150206 咪锰·多菌灵/21%/可湿性粉剂/多菌灵 14%、咪鲜胺锰盐 7%/2015.01.15 至 2020.01.15/微毒
水稻 稻瘟病 157.5-220.5克/公顷 喷雾

如东县华盛化工有限公司 （江苏省如东县洋口化工园区 226407 0513-84811518）

PD20101852 腐霉利/98.5%/原药/腐霉利 98.5%/2015.07.28 至 2020.07.28/低毒

PD20101899 啶虫脒/99%/原药/啶虫脒 99%/2015.08.27 至 2020.08.27/中等毒

PD20102037 吡虫啉/98%/原药/吡虫啉 98%/2015.10.19 至 2020.10.19/低毒

PD20120590 吡虫啉/20%/可溶液剂/吡虫啉 20%/2012.04.10 至 2017.04.10/低毒
甘蓝 蚜虫 18-36克/公顷 喷雾

PD20121109 啶虫脒/20%/可溶粉剂/啶虫脒 20%/2012.07.19 至 2017.07.19/低毒
黄瓜 蚜虫 24-48克/公顷 喷雾

PD20141290 腐霉利/50%/可湿性粉剂/腐霉利 50%/2014.05.12 至 2019.05.12/低毒
黄瓜 灰霉病 675-900克/公顷 喷雾

如东众意化工有限公司 （江苏省南通市如东洋口工业开发区 226407 0513-84810999）

PD20060153 溴氰菊酯/98%/原药/溴氰菊酯 98%/2011.08.29 至 2016.08.29/中等毒

PD20070480 啶虫脒/98%/原药/啶虫脒 98%/2012.11.28 至 2017.11.28/低毒

PD20120463 戊唑醇/97%/原药/戊唑醇 97%/2012.03.16 至 2017.03.16/低毒

PD20130705 噁唑菌酮/98%/原药/噁唑菌酮 98%/2013.04.11 至 2018.04.11/低毒

PD20131764 粉唑醇/250克/升/悬浮剂/粉唑醇 250克/升/2013.09.06 至 2018.09.06/低毒
注:专供出口，不得在国内销售。

PD20131826 噻虫嗪/98%/原药/噻虫嗪 98%/2013.09.17 至 2018.09.17/低毒

PD20131873 己唑醇/5%/悬浮剂/己唑醇 5%/2013.09.25 至 2018.09.25/低毒
水稻 纹枯病 60-75克/公顷 喷雾

PD20132081 粉唑醇/96%/原药/粉唑醇 96%/2013.10.24 至 2018.10.24/低毒
注:专供出口，不得在国内销售。

PD20132218 氰霜唑/94%/原药/氰霜唑 94%/2013.11.05 至 2018.11.05/低毒

PD20140303 咯菌腈/96%/原药/咯菌腈 96%/2014.02.12 至 2019.02.12/低毒

PD20140430 抑霉唑/98%/原药/抑霉唑 98%/2014.02.24 至 2019.02.24/中等毒

PD20152097 吡唑醚菌酯/98%/原药/吡唑醚菌酯 98%/2015.09.22 至 2020.09.22/中等毒

WP20120091 吡丙醚/98%/原药/吡丙醚 98%/2012.05.11 至 2017.05.11/低毒

瑞邦农化(江苏)有限公司 （江苏省常州市春江镇魏村江边工业园 213200 0519-2330773）

PD20097146 吡嘧磺隆/98%/原药/吡嘧磺隆 98%/2014.10.16 至 2019.10.16/低毒

PD20101881 噻苯隆/50%/可湿性粉剂/噻苯隆 50%/2015.08.09 至 2020.08.09/低毒
棉花 脱叶 225-300克/公顷 茎叶喷雾

沈阳化工研究院（南通）化工科技发展有限公司 （南通市开发区广州路42号商贸中心420号 226009 0513-81012887）

PD20050163 吡虫啉/1%/悬浮种衣剂/吡虫啉 1%/2015.11.10 至 2020.11.10/低毒
水稻秧田 蓟马 1：30-40(药种比) 种子包衣

PD20080427 咪鲜胺/0.5%/悬浮种衣剂/咪鲜胺 0.5%/2013.03.10 至 2018.03.10/低毒
水稻 恶苗病 1:30-40(药种比) 种子包衣

PD20084542 多·福·克/25%/种衣剂/多菌灵 5%、福美双 10%、克百威 10%/2013.12.18 至 2018.12.18/高毒
大豆 根腐病、线虫 500-625克/100千克种子 种子包衣

PD20084563 克百·三唑酮/9%/悬浮种衣剂/克百威 7%、三唑酮 2%/2013.12.18 至 2018.12.18/高毒
玉米 地老虎、金针虫、蛴螬 1:40-50(药种比) 种子包衣

PD20084629 福美·拌种灵/10%/悬浮种衣剂/拌种灵 5%、福美双 5%/2013.12.18 至 2018.12.18/低毒
棉花 苗期病害 200-250克/100千克种子 种子包衣

PD20090109 福美·拌种灵/70%/可湿粉种衣剂/拌种灵 35%、福美双 35%/2014.01.08 至 2019.01.08/中等毒
棉花 立枯病、炭疽病 210-280克/100千克种子 种子包衣

PD20090338 福·克/20%/悬浮种衣剂/福美双 10%、克百威 10%/2014.01.12 至 2019.01.12/高毒
玉米 地下害虫、茎基腐病、蚜虫 444.4-800克/100千克种子 种子包衣

PD20094782 戊唑醇/2%/种衣剂/戊唑醇 2%/2014.04.13 至 2019.04.13/低毒
小麦 散黑穗病 2-3克/100千克种子 种子包衣
玉米 丝黑穗病 8-12克/100千克种子 种子包衣

PD20097811 戊唑醇/60克/升/悬浮种衣剂/戊唑醇 60克/升/2014.11.20 至 2019.11.20/低毒

	小麦	散黑穗病	1：2000-3000(药种比)	种子包衣
	玉米	丝黑穗病	1：400-600(药种比)	种子包衣
PD20130704	噁霉灵/70%/种子处理干粉剂/噁霉灵 70%/2013.04.11 至 2018.04.11/低毒			
	大豆、油菜	立枯病	70-140克/100千克种子	种子包衣
	棉花	立枯病	70-93克/100千克种子	种子包衣
	水稻	恶苗病、立枯病	70-140克/100千克种子	种子包衣
PD20130834	丁硫克百威/47%/种子处理乳剂/丁硫克百威 47%/2013.04.22 至 2018.04.22/中等毒			
	棉花	地老虎、金针虫、蝼蛄、蛴螬、蚜虫	1：100—225（药种比)	拌种
	水稻	稻蓟马	1：300-400(药种比)	拌种
	小麦	地下害虫	1：500-700（药种比)	拌种
	玉米	地老虎、金针虫、蝼蛄、蛴螬	1：350—450（药种比)	拌种
PD20140102	草甘膦异丙胺盐/450克/升/水剂/草甘膦 450克/升/2014.01.20 至 2019.01.20/微毒			
	注:草甘膦异丙胺盐含量：608克/升。　　专供出口，不得在国内销售。			
PD20141533	烯肟·戊唑醇/20%/悬浮剂/戊唑醇 10%、烯肟菌胺 10%/2014.06.17 至 2019.06.17/微毒			
	水稻	纹枯病	90-150克/公顷	喷雾
PD20151078	吡虫啉/600克/升/悬浮种衣剂/吡虫啉 600克/升/2015.06.14 至 2020.06.14/低毒			
	棉花	蚜虫	300-600克/100千克种子	种子包衣
LS20140304	噻虫嗪/30%/悬浮种衣剂/噻虫嗪 30%/2015.09.18 至 2016.09.18/低毒			
	玉米	灰飞虱	86-150克/100千克种子	种子包衣
苏州遍净植保科技有限公司	(江苏省苏州市吴中区木渎镇　215101　0512-66262451)			
PD84118-8	多菌灵/25%/可湿性粉剂/多菌灵 25%/2014.12.16 至 2019.12.16/低毒			
	果树	病害	0.05-0.1%药液	喷雾
	花生	倒秧病	750克/公顷	喷雾
	麦类	赤霉病	750克/公顷	喷雾,泼浇
	棉花	苗期病害	500克/100千克种子	拌种
	水稻	稻瘟病、纹枯病	750克/公顷	喷雾,泼浇
	油菜	菌核病	1125-1500克/公顷	喷雾
PD84125-9	乙烯利/40%/水剂/乙烯利 40%/2014.12.16 至 2019.12.16/低毒			
	番茄	催熟	800-1000倍液	喷雾或浸渍
	棉花	催熟、增产	330-500倍液	喷雾
	柿子、香蕉	催熟	400倍液	喷雾或浸渍
	水稻	催熟、增产	800倍液	喷雾
	橡胶树	增产	5-10倍液	涂布
	烟草	催熟	1000-2000倍液	喷雾
PD85150-10	多菌灵/50%/可湿性粉剂/多菌灵 50%/2015.07.12 至 2020.07.12/低毒			
	果树	病害	0.05-0.1%药液	喷雾
	花生	倒秧病	750克/公顷	喷雾
	莲藕	叶斑病	375-450克/公顷	喷雾
	麦类	赤霉病	750克/公顷	喷雾、泼浇
	棉花	苗期病害	500克/100千克种子	拌种
	水稻	稻瘟病、纹枯病	750克/公顷	喷雾、泼浇
	油菜	菌核病	1125-1500克/公顷	喷雾
PD85158-5	喹硫磷/25%/乳油/喹硫磷 25%/2015.07.12 至 2020.07.12/中等毒			
	棉花	棉铃虫、蚜虫	180-600克/公顷	喷雾
	水稻	螟虫	375-495克/公顷	喷雾
PD86134	多菌灵/40%/悬浮剂/多菌灵 40%/2012.03.12 至 2017.03.12/低毒			
	果树	病害	0.05-0.1%药液	喷雾
	花生	倒秧病	750克/公顷	喷雾
	绿萍	霉腐病	0.05%药液	喷雾
	麦类	赤霉病	0.025%药液	喷雾
	棉花	苗期病害	0.3%药液	浸种
	水稻	纹枯病	0.025%药液	喷雾
	甜菜	褐斑病	250-500倍液	喷雾
	油菜	菌核病	1125-1500克/公顷	喷雾
PD91106-21	甲基硫菌灵/70%/可湿性粉剂/甲基硫菌灵 70%/2016.02.28 至 2021.02.28/低毒			
	番茄	叶霉病	375-562.5克/公顷	喷雾
	甘薯	黑斑病	360-450毫克/千克	浸薯块
	瓜类	白粉病	337.5-506.25克/公顷	喷雾
	梨树	黑星病	360-450毫克/千克	喷雾
	苹果树	轮纹病	700毫克/千克	喷雾
	水稻	稻瘟病、纹枯病	1050-1500克/公顷	喷雾
	小麦	赤霉病	750-1050克/公顷	喷雾
PD91106-26	甲基硫菌灵/50%/可湿性粉剂/甲基硫菌灵 50%/2016.02.28 至 2021.02.28/低毒			

	番茄	叶霉病	375-562.5克/公顷	喷雾
	甘薯	黑斑病	360-450毫克/千克	浸薯块
	瓜类	白粉病	337.5-506.25克/公顷	喷雾
	梨树	黑星病	360-450毫克/千克	喷雾
	苹果树	轮纹病	700毫克/千克	喷雾
	水稻	稻瘟病、纹枯病	1050-1500克/公顷	喷雾
	小麦	赤霉病	750-1050克/公顷	喷雾
PD20040184	吡虫啉/5%/乳油/吡虫啉 5%/2014.12.19 至 2019.12.19/低毒			
	水稻	飞虱	15-30克/公顷	喷雾
	枸杞	蚜虫	33.3-50毫克/千克	喷雾
PD20040186	吡虫啉/10%/可湿性粉剂/吡虫啉 10%/2014.12.19 至 2019.12.19/低毒			
	菠菜	蚜虫	30-45克/公顷	喷雾
	韭菜	韭蛆	300-450克/公顷	药土法
	莲藕	莲缢管蚜	15-30克/公顷	喷雾
	芹菜	蚜虫	15-30克/公顷	喷雾
	水稻	飞虱	15-30克/公顷	喷雾
	小麦	蚜虫	15-30克/公顷(南方)，45-60克/公顷(北方)	喷雾
PD20040459	异丙隆/50%/悬浮剂/异丙隆 50%/2014.12.19 至 2019.12.19/低毒			
	冬小麦田	一年生单、双子叶杂草	750-1125克/公顷	喷雾
PD20040611	异丙隆/75%/可湿性粉剂/异丙隆 75%/2014.12.19 至 2019.12.19/低毒			
	小麦田	一年生单、双子叶杂草	1050-1200克/公顷	茎叶喷雾或药土撒施
PD20040777	多·酮/30%/可湿性粉剂/多菌灵 24%、三唑酮 6%/2014.12.19 至 2019.12.19/低毒			
	小麦	赤霉病	450-600克/公顷	喷雾
PD20050139	异丙隆/50%/可湿性粉剂/异丙隆 50%/2015.09.09 至 2020.09.09/低毒			
	小麦田	一年生单、双子叶杂草	900-1050克/公顷	喷雾
PD20050141	异丙隆/25%/可湿性粉剂/异丙隆 25%/2015.09.09 至 2020.09.09/低毒			
	小麦田	一年生单、双子叶杂草	900-1050克/公顷	茎叶喷雾或药土撒施
PD20050155	吡虫啉/25%/可湿性粉剂/吡虫啉 25%/2015.09.29 至 2020.09.29/低毒			
	菠菜	蚜虫	30-45克/公顷	喷雾
	韭菜	韭蛆	300-450克/公顷	药土法
	莲藕	莲缢管蚜	15-30克/公顷	喷雾
	芹菜	蚜虫	15-30克/公顷	喷雾
	水稻	飞虱	75-150克/公顷	喷雾
	小麦	蚜虫	60-105克/公顷	喷雾
PD20080329	硫磺·多菌灵/40%/悬浮剂/多菌灵 20%、硫磺 20%/2013.02.26 至 2018.02.26/低毒			
	水稻	稻瘟病	1200-1800克/公顷	喷雾
	甜菜	褐斑病	900-1200克/公顷	喷雾
PD20094495	噻嗪酮/25%/可湿性粉剂/噻嗪酮 25%/2014.04.09 至 2019.04.09/低毒			
	水稻	稻飞虱	90—150克/公顷	喷雾
PD20094725	多菌灵/50%/可湿性粉剂/多菌灵 50%/2014.04.10 至 2019.04.10/低毒			
	水稻	纹枯病	750-900克/公顷	喷雾
PD20094736	多菌灵/80%/可湿性粉剂/多菌灵 80%/2014.04.10 至 2019.04.10/低毒			
	莲藕	叶斑病	375-450克/公顷	喷雾
	苹果树	轮纹病	750-1000毫克/千克	喷雾
PD20097004	啶虫脒/5%/可湿性粉剂/啶虫脒 5%/2014.09.29 至 2019.09.29/低毒			
	十字花科蔬菜	蚜虫	15-22.5克/公顷	喷雾
PD20098488	硫磺·多菌灵/50%/可湿性粉剂/多菌灵 15%、硫磺 35%/2014.12.24 至 2019.12.24/低毒			
	花生	叶斑病	1200-1800克/公顷	喷雾
PD20101771	敌草隆/50%/可湿性粉剂/敌草隆 50%/2015.07.07 至 2020.07.07/低毒			
	甘蔗田	一年生杂草	1200-1800克/公顷	土壤喷雾
	棉花田	一年生杂草	750-1125克/公顷	播后苗前土壤喷雾
PD20101910	硫磺·多菌灵/50%/悬浮剂/多菌灵 15%、硫磺 35%/2015.08.27 至 2020.08.27/低毒			
	花生	叶斑病	1200-1800克/公顷	喷雾
PD20120351	敌草隆/80%/悬浮剂/敌草隆 80%/2012.02.23 至 2017.02.23/低毒			
	甘蔗地	一年生杂草	1500-2100克/公顷	土壤或定向茎叶喷雾
PD20120736	敌草隆/80%/可湿性粉剂/敌草隆 80%/2012.05.03 至 2017.05.03/低毒			
	甘蔗地	一年生杂草	1200-2400克/公顷	土壤喷雾
PD20122046	吡虫啉/98%/原药/吡虫啉 98%/2012.12.24 至 2017.12.24/低毒			
PD20122079	多菌灵/98%/原药/多菌灵 98%/2012.12.24 至 2017.12.24/低毒			

PD20130768 多菌灵/50%/悬浮剂/多菌灵 50%/2013.04.16 至 2018.04.16/低毒
小麦 赤霉病 900-1125克/公顷 喷雾
PD20140850 敌草隆/80%/水分散粒剂/敌草隆 80%/2014.04.08 至 2019.04.08/低毒
棉花田 一年生杂草 973.5-1125克/公顷 土壤喷雾
PD20141761 甲基硫菌灵/50%/悬浮剂/甲基硫菌灵 50%/2014.07.02 至 2019.07.02/低毒
水稻 稻瘟病 750-1125克/公顷 喷雾
PD20142515 甲基硫菌灵/98%/原药/甲基硫菌灵 98%/2014.11.21 至 2019.11.21/低毒
PD20150087 吡虫啉/70%/可湿性粉剂/吡虫啉 70%/2015.01.05 至 2020.01.05/低毒
韭菜 韭蛆 300-450克/公顷 药土法
莲藕 莲缢管蚜 15-30克/公顷 喷雾
芹菜 蚜虫 15-30克/公顷 喷雾
水稻 稻飞虱 21-31.5克/公顷 喷雾
PD20150835 己唑醇/5%/悬浮剂/己唑醇 5%/2015.05.18 至 2020.05.18/低毒
水稻 纹枯病 50-75/克/公顷 喷雾
PD20152334 噻虫嗪/98%/原药/噻虫嗪 98%/2015.10.22 至 2020.10.22/低毒
PD20152415 戊唑醇/430克/升/悬浮剂/戊唑醇 430克/升/2015.10.25 至 2020.10.25/低毒
水稻 纹枯病 96.75-129克/公顷 喷雾
PD20152510 吡虫啉/70%/水分散粒剂/吡虫啉 70%/2015.12.05 至 2020.12.05/低毒
萝卜 蚜虫 10.5-21克/公顷 喷雾
水稻 稻飞虱 21-31.5克/公顷 喷雾

苏州东沙合成化工有限公司 (江苏省张家港市东沙工业园 215619 0512-58633787)

WP20100033 防蛀球剂/94%/防蛀球剂/樟脑 94%/2010.01.25 至 2015.01.25/微毒
卫生 黑皮蠹 200克制剂/立方米 投放
WP20100034 樟脑/96%/原药/樟脑 96%/2010.01.28 至 2015.01.28/低毒

苏州海光石油制品有限公司 (江苏省苏州市东环路 215126 0512-65265133)

PD90104 矿物油/95%/乳油/矿物油 95%/2014.12.29 至 2019.12.29/低毒
柑橘树 锈壁虱、蚜虫 100-200倍液 喷雾
柑橘树、杨梅树、枇杷树 介壳虫 50-60倍液 喷雾

苏州桐柏生物科技有限公司 (江苏省张家港市金港镇南沙港西北路1号 215632 0512-58373995)

PD20050002 三唑酮/95%/原药/三唑酮 95%/2010.01.04 至 2015.01.04/低毒
PD20080664 戊唑醇/96%/原药/戊唑醇 96%/2013.05.27 至 2018.05.27/低毒
PD20080739 丙溴磷/85%/原药/丙溴磷 85%/2013.06.11 至 2018.06.11/中等毒

泰州百力化学股份有限公司 (江苏省泰兴市经济技术开发区中港路 225404 0523-87679208)

PD20080812 百菌清/98.5%/原药/百菌清 98.5%/2013.06.20 至 2018.06.20/微毒
PD20081145 氟酰胺/98%/原药/氟酰胺 98%/2013.09.01 至 2018.09.01/微毒
PD20110032 霜脲氰/97%/原药/霜脲氰 97%/2016.01.07 至 2021.01.07/低毒
PD20111235 戊唑醇/98%/原药/戊唑醇 98%/2011.11.18 至 2016.11.18/低毒
PD20120024 氟啶胺/98%/原药/氟啶胺 98%/2012.01.09 至 2017.01.09/低毒
PD20131020 嘧菌酯/98%/原药/嘧菌酯 98%/2013.05.13 至 2018.05.13/低毒
PD20140997 噻虫嗪/98%/原药/噻虫嗪 98%/2014.04.21 至 2019.04.21/低毒
PD20142681 啶酰菌胺/98%/原药/啶酰菌胺 98%/2014.12.31 至 2019.12.31/低毒
PD20152259 除虫脲/98%/原药/除虫脲 98%/2015.10.19 至 2020.10.19/低毒

陶氏益农农业科技（中国）有限公司 (江苏省南通市港闸经济开发区永兴路60号 226003 0513-85305353)

PD20070024 代森锰锌/88%/原药/代森锰锌 88%/2012.01.18 至 2017.01.18/低毒
PD20070192 代森锰锌/80%/可湿性粉剂/代森锰锌 80%/2012.07.11 至 2017.07.11/低毒
番茄 早疫病 1500-2250克/公顷 喷雾
柑橘 炭疽病 1333-2000毫克/千克 喷雾
柑橘树 疮痂病、树脂病 1333-2000毫克/千克 喷雾
柑橘树 锈蜘蛛 1333.3-1600毫克/千克 喷雾
花生 叶斑病 720-900克/公顷 喷雾
黄瓜 霜霉病 2040-3000克/公顷 喷雾
辣椒 疫病 1800-2520克/公顷 喷雾
梨树 黑星病 600-800倍液 喷雾
荔枝树 霜疫霉病 1333-2000毫克/千克 喷雾
马铃薯 晚疫病 1440-2160克/公顷 喷雾
芒果 炭疽病 1333.3-2000毫克/千克 喷雾
苹果树 斑点落叶病、轮纹病、炭疽病 600-800倍液 喷雾
葡萄 白腐病、黑痘病、霜霉病 600-800倍液 喷雾
西瓜 炭疽病 1500-2250克/公顷 喷雾
烟草 赤星病 1440-1920克/公顷 喷雾
枣树 锈病 1000－1333.3毫克/千克 喷雾
PD20140501 五氟磺草胺/25克/升/可分散油悬浮剂/五氟磺草胺 25克/升/2014.03.06 至 2019.03.06/低毒

	水稻抛秧田、水稻移栽田、直播水稻田	一年生杂草	15-30克/公顷	茎叶喷雾
	水稻秧田	一年生杂草	12.4-17.6克/公顷	茎叶喷雾

无锡禾美农化科技有限公司　(江苏省无锡市江阴市云亭镇　214422　0510-86010565)

PD20040432	吡虫啉/10%/可湿性粉剂/吡虫啉 10%/2014.12.19 至 2019.12.19/低毒			
	水稻	稻飞虱	15-30克/公顷	喷雾
	小麦	蚜虫	15-30克/公顷(南方地区)45-60克/公顷(北方地区)	喷雾
PD20070652	莠去津/98%/原药/莠去津 98%/2012.12.17 至 2017.12.17/低毒			
PD20080268	乙草胺/93%/原药/乙草胺 93%/2013.02.20 至 2018.02.20/低毒			
PD20080589	抗蚜威/95%/原药/抗蚜威 95%/2013.05.12 至 2018.05.12/中等毒			
PD20081073	啶虫脒/5%/乳油/啶虫脒 5%/2013.08.14 至 2018.08.14/低毒			
	柑橘树	蚜虫	6-10毫克/千克	喷雾
PD20081212	丁草胺/90%/原药/丁草胺 90%/2013.09.11 至 2018.09.11/低毒			
PD20081637	异丙草胺/90%/原药/异丙草胺 90%/2013.11.14 至 2018.11.14/低毒			
PD20082179	乙草胺/50%/乳油/乙草胺 50%/2013.11.26 至 2018.11.26/低毒			
	春大豆田、春玉米田	一年生杂草	2081.25-2497.5克/公顷	播后苗前土壤喷雾
	花生田、夏大豆田	一年生杂草	999-1148.75克/公顷	播后苗前土壤喷雾
	棉花田	一年生杂草	999-1148.75克/公顷	土壤喷雾
	夏玉米田	一年生杂草	999-1332克/公顷	播后苗前土壤喷雾
PD20082855	乙草胺/900克/升/乳油/乙草胺 900克/升/2013.12.09 至 2018.12.09/低毒			
	春大豆田、春玉米田	一年生禾本科杂草及部分小粒种子阔叶杂草	1687.5-2025克/公顷(东北地区)	播后苗前土壤喷雾
	冬油菜(移栽田)	一年生禾本科杂草及部分小粒种子阔叶杂草	810-1080克/公顷	土壤喷雾
	花生田	一年生禾本科杂草及部分小粒种子阔叶杂草	1080-1350克/公顷	播后苗前土壤喷雾
	棉花田	一年生禾本科杂草及部分小粒种子阔叶杂草	1080-1350克/公顷	土壤喷雾
	夏大豆田	一年生禾本科杂草及部分小粒种子阔叶杂草	810-1080克/公顷	播后苗前土壤喷雾
	夏玉米田	一年生禾本科杂草及部分小粒种子阔叶杂草	1080-1620克/公顷	播后苗前土壤喷雾
PD20082984	抗蚜威/50%/可湿性粉剂/抗蚜威 50%/2013.12.10 至 2018.12.10/中等毒			
	小麦	蚜虫	150-225克/公顷	喷雾
PD20083906	噻嗪酮/97%/原药/噻嗪酮 97%/2013.12.15 至 2018.12.15/低毒			
PD20085504	苄嘧・苯噻酰/50%/可湿性粉剂/苯噻酰草胺 47.5%、苄嘧磺隆 2.5%/2013.12.25 至 2018.12.25/低毒			
	水稻抛秧田、水稻移栽田	一年生及部分多年生禾本科杂草	375-450克/公顷(南方地区)	药土法
PD20085734	异丙草胺/720克/升/乳油/异丙草胺 720克/升/2013.12.26 至 2018.12.26/低毒			
	春大豆田	一年生杂草	1620-2160克/公顷	土壤喷雾
	夏大豆田	一年生杂草	1080-1620克/公顷	土壤喷雾
	夏玉米田	一年生杂草及部分阔叶杂草	1080-1620克/公顷	喷雾
PD20086261	莠去津/38%/悬浮剂/莠去津 38%/2013.12.31 至 2018.12.31/低毒			
	春玉米田	一年生杂草	1710-1995克/公顷	土壤喷雾
	夏玉米田	一年生杂草	1140-1425克/公顷	土壤喷雾
PD20090965	异丙草・莠/50%/悬乳剂/异丙草胺 30%、莠去津 20%/2014.01.20 至 2019.01.20/低毒			
	春玉米田	一年生杂草	1500-2250克/公顷	喷雾
	夏玉米田	一年生杂草	1125-1875克/公顷	土壤喷雾
PD20090993	苯磺隆/75%/水分散粒剂/苯磺隆 75%/2014.01.21 至 2019.01.21/低毒			
	小麦田	一年生阔叶杂草	18-22.5克/公顷	喷雾
PD20091038	丙草胺/300克/升/乳油/丙草胺 300克/升/2014.01.21 至 2019.01.21/低毒			
	水稻田(直播)	一年生杂草	450-525克/公顷	播后苗前土壤喷雾
PD20091134	丁草胺/900克/升/乳油/丁草胺 900克/升/2014.01.21 至 2019.01.21/低毒			
	水稻移栽田	一年生禾本科杂草及部分阔叶杂草	1080-1350克/公顷	药土法
PD20091948	灭多威/20%/乳油/灭多威 20%/2014.02.12 至 2019.02.12/高毒			
	棉花	棉铃虫	150-225克/公顷	喷雾
PD20092835	辛酰溴苯腈/95%/原药/辛酰溴苯腈 95%/2014.03.05 至 2019.03.05/中等毒			
PD20092939	异丙・苄/30%/可湿性粉剂/苄嘧磺隆 6%、异丙草胺 24%/2014.03.05 至 2019.03.05/低毒			
	水稻抛秧田、水稻移栽田	部分多年生杂草、一年生杂草	135-180克/公顷	药土法
PD20093030	苯・苄・乙草胺/45%/可湿性粉剂/苯噻酰草胺 36%、苄嘧磺隆 4.5%、乙草胺 4.5%/2014.03.09 至 2019.03.09/低毒			
	水稻抛秧田	部分多年生杂草、一年生杂草	202.5-270克/公顷(南方地区)	药土法

PD20093084 苄·乙/20%/可湿性粉剂/苄嘧磺隆 4.5%、乙草胺 15.5%/2014.03.09 至 2019.03.09/低毒
水稻移栽田 一年生及部分多年生禾本科杂草 90-120克/公顷(南方地区) 药土法

PD20093576 苄·乙/30%/可湿性粉剂/苄嘧磺隆 6.7%、乙草胺 23.3%/2014.03.23 至 2019.03.23/低毒
水稻移栽田 部分多年生杂草、一年生杂草 84-118克/公顷(南方地区) 药土法

PD20093720 乙草胺/20%/可湿性粉剂/乙草胺 20%/2014.03.25 至 2019.03.25/低毒
水稻移栽田 部分阔叶杂草、一年生禾本科杂草 90-112.5克/公顷 毒土法

PD20095136 苄·丁/30%/可湿性粉剂/苄嘧磺隆 1.5%、丁草胺 28.5%/2014.04.24 至 2019.04.24/低毒
水稻抛秧田 一年生及部分多年生杂草 540-675克/公顷 药土法

PD20095505 苄嘧·丙草胺/30%/可湿性粉剂/苄嘧磺隆 4%、丙草胺 26%/2014.05.11 至 2019.05.11/低毒
水稻田(直播) 一年生杂草 225-270克/公顷 播后苗前土壤喷雾

PD20095533 苯噻酰草胺/50%/可湿性粉剂/苯噻酰草胺 50%/2014.05.11 至 2019.05.11/低毒
水稻移栽田 异型莎草 375-450克/公顷(南方地区) 药土法
水稻移栽田 稗草 375-450克/公顷(南方地区)525-750克/公顷(东北地区) 药土法

PD20097399 丁草胺/600克/升/水乳剂/丁草胺 600克/升/2014.10.28 至 2019.10.28/低毒
水稻移栽田 一年生禾本科杂草及部分阔叶杂草 750-1275克/公顷 毒土法

PD20111378 乙草胺/89%/乳油/乙草胺 89%/2011.12.14 至 2016.12.14/低毒
春大豆田、春玉米田 一年生禾本科杂草 1648-1948克/公顷 土壤喷雾

PD20140316 乙草胺/40%/水乳剂/乙草胺 40%/2014.02.12 至 2019.02.12/低毒
春大豆田、春玉米田 一年生杂草 1500-1800克/公顷 土壤喷雾
夏大豆田、夏玉米田 一年生杂草 900-1200克/公顷 土壤喷雾

PD20142200 抗蚜威/50%/水分散粒剂/抗蚜威 50%/2014.09.28 至 2019.09.28/中等毒
小麦 蚜虫 75-225克/公顷 喷雾

PD20151246 苯噻酰草胺/98%/原药/苯噻酰草胺 98%/2015.07.30 至 2020.07.30/微毒

无锡樓农生物科技有限公司 (江苏省无锡市金城东路380号 214028 0510-85918219)

LS20130420 噬菌核霉/2亿活孢子/克/可湿性粉剂/噬菌核霉 2亿活孢子/克/2015.08.07 至 2016.08.07/低毒
油菜 菌核病 100-150克制剂/亩 喷施于地表后覆土

先正达(苏州)作物保护有限公司 (江苏省昆山市经济技术开发区黄浦江中路255号 215301 0512-57716998)

PD20040030 噁霜·锰锌/64%/可湿性粉剂/噁霜灵 8%、代森锰锌 56%/2014.12.14 至 2019.12.14/低毒
黄瓜 霜霉病 1650-1950克/公顷 喷雾
烟草 黑胫病 1950-2400克/公顷 喷雾

PD20050008 丙草胺/300克/升/乳油/丙草胺 300克/升/2015.01.14 至 2020.01.14/低毒
水稻秧田 一年生杂草 450-525克/公顷 喷雾
直播水稻田 一年生杂草 325-525克/公顷 土壤喷雾

PD20060028 丙环唑/250克/升/乳油/丙环唑 250克/升/2016.01.25 至 2021.01.25/低毒
莲藕 叶斑病 75-112.5克/公顷 喷雾
香蕉 叶斑病 250-500毫克/千克 喷雾
小麦 白粉病、锈病 93.75-125克/公顷 喷雾
小麦 纹枯病 112.5-150克/公顷 喷雾
茭白 胡麻斑病 56-75克/公顷 喷雾

PD20081721 氟磺胺草醚/250克/升/水剂/氟磺胺草醚 250克/升/2013.11.18 至 2018.11.18/低毒
春大豆田 一年生阔叶杂草 225-375克/公顷 喷雾
夏大豆田 一年生阔叶杂草 187.5-225克/公顷 喷雾

PD20081871 禾草敌/90.9%/乳油/禾草敌 90.9%/2013.11.20 至 2018.11.20/低毒
水稻田(直播)、水稻秧田、水稻移栽田 稗草、牛毛草 2045-3000克/公顷 毒土或喷雾

PD20082322 精异丙甲草胺/960克/升/乳油/精异丙甲草胺 960克/升/2013.12.01 至 2018.12.01/低毒
菜豆田 一年生禾本科杂草及部分阔叶杂草 936-1224克/公顷(东北地区), 720-936克/公顷(其它地区) 播后苗前土壤喷雾
春大豆田 一年生禾本科杂草及部分阔叶杂草 1152—1728克/公顷 土壤喷雾
春玉米田 一年生禾本科杂草及部分阔叶杂草 2160-2592克/公顷 土壤喷雾
大蒜田、芝麻田 一年生禾本科杂草及部分阔叶杂草 720-936克/公顷 土壤喷雾
冬油菜田、花生田 一年生禾本科杂草及部分阔叶杂草 648-864克/公顷 土壤喷雾
番茄地 一年生禾本科杂草及部分阔叶杂草 936-1224克/公顷(东北地区), 720-936克/公顷(其它地区) 移栽前土壤喷雾
甘蓝田 一年生禾本科杂草及部分阔叶杂草 648-792克/公顷 土壤喷雾
马铃薯田 一年生禾本科杂草及部分阔叶杂草 1440-1872克/公顷(土壤有机质含量大于3%); 720-936克/公顷(土壤有机质含量小于3%) 土壤喷雾
棉花田 一年生禾本科杂草及阔叶杂草 864—1440克/公顷 土壤喷雾
甜菜田 一年生禾本科杂草及部分阔叶杂草 1080-1296克/公顷 播后苗前土壤喷雾
西瓜田 一年生禾本科杂草及部分阔叶杂草 576-936克/公顷 移栽前土壤喷雾
夏大豆田、夏玉米田 一年生禾本科杂草及部分阔叶杂草 864—1224克/公顷 土壤喷雾

向日葵田　一年生禾本科杂草及部分阔叶杂草　1440-1872克/公顷　播后苗前土壤喷雾
烟草田　一年生禾本科杂草及部分阔叶杂草　576-1080克/公顷　土壤喷雾

PD20084803　精甲霜·锰锌/68%/水分散粒剂/精甲霜灵 4%、代森锰锌 64%/2013.12.22 至 2018.12.22/微毒
黄瓜　霜霉病　1020-1224克/公顷　喷雾
辣椒　疫病　1020-1224克/公顷　喷雾

PD20085971　丙草胺/500克/升/乳油/丙草胺 500克/升/2013.12.29 至 2018.12.29/低毒
水稻移栽田　一年生禾本科、莎草科及部分阔叶杂草　450-525克/公顷　毒土法

PD20090149　苯醚甲环唑/10%/水分散粒剂/苯醚甲环唑 10%/2014.01.08 至 2019.01.08/低毒
大白菜　黑斑病　52.5-75克/公顷　喷雾
番茄　早疫病　105-150克/公顷　喷雾
黄瓜　白粉病　75-120克/公顷　喷雾
梨树　黑星病　14.3-16.7毫克/千克　喷雾
人参　黑斑病　105-150克/公顷　喷雾
西瓜　炭疽病　75-112.5克/公顷　喷雾

PD20102054　阿维菌素/18克/升/乳油/阿维菌素 18克/升/2015.11.03 至 2020.11.03/低毒(原药高毒)
柑橘树　潜叶蛾　4.5-9毫克/千克　喷雾
棉花　红蜘蛛　8.1-10.8克/公顷　喷雾
十字花科蔬菜　小菜蛾　8.1-10.8克/公顷　喷雾
茭白　二化螟　9.5-13.5克/公顷　喷雾

PD20102068　氯氰·丙溴磷/440克/升/乳油/丙溴磷 400克/升、氯氰菊酯 40克/升/2015.11.03 至 2020.11.03/中等毒
棉花　棉铃虫　561-660克/公顷　喷雾
棉花　蚜虫　297-396克/公顷　喷雾

PD20110688　甲氨基阿维菌素苯甲酸盐/2%/乳油/甲氨基阿维菌素 2%/2011.06.20 至 2016.06.20/低毒
番茄　棉铃虫　8.55-11.4克/公顷　喷雾
甘蓝　小菜蛾　2.85-5.7克/公顷　喷雾
注:甲氨基阿维菌素苯甲酸盐含量: 2.3%。

PD20111048　代森锰锌/80%/可湿性粉剂/代森锰锌 80%/2011.10.10 至 2016.10.10/微毒
番茄　早疫病　1560-2520克/公顷　喷雾
柑橘树　疮痂病、炭疽病　1333-2000毫克/千克　喷雾
黄瓜　霜霉病　2040-3000克/公顷　喷雾
梨树　黑星病　800-1600毫克/千克　喷雾
荔枝树　霜疫霉病　1333-2000毫克/千克　喷雾
苹果树　斑点落叶病、轮纹病、炭疽病　1000-1500毫克/千克　喷雾
葡萄　白腐病、黑痘病、霜霉病　1000-1600毫克/千克　喷雾
甜椒　炭疽病、疫病　1800-2520克/公顷　喷雾
西瓜　炭疽病　1560-2520克/公顷　喷雾

PD20111211　甲氨基阿维菌素苯甲酸盐/0.88%/乳油/甲氨基阿维菌素 0.88%/2011.11.17 至 2016.11.17/微毒
注:专供出口，不得在国内销售。

PD20111457　百菌清/75%/可湿性粉剂/百菌清 75%/2011.12.30 至 2016.12.30/微毒
番茄　早疫病　1650-3000克/公顷　喷雾
花生　叶斑病　1249-1496克/公顷　喷雾
黄瓜　霜霉病　1650-3000克/公顷　喷雾
苦瓜　霜霉病　1125-2250克/公顷　喷雾

PD20120027　吡蚜酮/50%/水分散粒剂/吡蚜酮 50%/2012.01.09 至 2017.01.09/微毒
水稻　稻飞虱　90—120克/公顷　喷雾

PD20120770　丙溴磷/500克/升/乳油/丙溴磷 500克/升/2012.05.05 至 2017.05.05/低毒
棉花　棉铃虫　750-900克/公顷　喷雾
水稻　稻纵卷叶螟　750-900克/公顷　喷雾

先正达南通作物保护有限公司　(江苏省南通市经济开发区中央路1号　226009　0513-81150600)

PD20040010　高效氯氟氰菊酯/25克/升/乳油/高效氯氟氰菊酯 25克/升/2014.08.12 至 2019.08.12/中等毒
茶树　茶小绿叶蝉　15-30克/公顷　喷雾
大豆　食心虫　5.63-7.5克/公顷　喷雾
柑橘树　潜叶蛾　4.2-6.2毫克/千克　喷雾
果菜、叶菜　菜青虫　6.25-12.5毫克/千克　喷雾
果菜、叶菜　蚜虫　6-10毫克/千克　喷雾
梨树　梨小食心虫　5-8.3毫克/千克　喷雾
荔枝树　蝽蟓　6.25-12.5毫克/千克　喷雾
棉花　红铃虫、棉铃虫　7.5-22.5克/公顷　喷雾
棉花　棉蚜　3.75-7.5克/公顷　喷雾
苹果树　桃小食心虫　5-6.3毫克/千克　喷雾
小麦　麦蚜、粘虫　4.5-7.5克/公顷　喷雾
烟草　烟青虫　5.63-7.5克/公顷　喷雾

PD20040016　百草枯/360克/升/母药/百草枯 360克/升/2014.10.13 至 2019.10.13/中等毒

PD20050007 百草枯/200克/升/水剂/百草枯 200克/升/2014.12.31 至 2019.12.31/中等毒
注:专供出口，不得在国内销售。

PD20093036 甲氨基阿维菌素苯甲酸盐/95%/原药/甲氨基阿维菌素苯甲酸盐 95%/2014.03.09 至 2019.03.09/中等毒

PD20095231 高效氯氟氰菊酯/2.5%/水乳剂/高效氯氟氰菊酯 2.5%/2014.04.27 至 2019.04.27/中等毒

大豆	食心虫	6-7.5克/公顷	喷雾
甘蓝	小菜蛾	15-18.75克/公顷	喷雾
甘蓝、小白菜	菜青虫、菜蚜	5.625-7.5克/公顷	喷雾
柑橘树	潜叶蛾、蚜虫	6.25-8.33毫克/千克	喷雾
马铃薯	蚜虫	4.5-6.25克/公顷	喷雾
马铃薯	马铃薯块茎蛾	11.25-15克/公顷	喷雾
棉花	棉铃虫	15-22.5克/公顷	喷雾
棉花	蚜虫	5.625-9.375克/公顷	喷雾
苹果树	桃小食心虫	5-6.25毫克/千克	喷雾
烟草	蚜虫、烟青虫	7.5-11.5克/公顷	喷雾
玉米	粘虫	6-7.5克/公顷	喷雾

PD20095838 百草枯/250克/升/水剂/百草枯 250克/升/2014.12.31 至 2019.12.31/中等毒
注:专供出口，不得在国内销售。

PD20100856 草甘膦异丙胺盐(41%)///水剂/草甘膦 30%/2015.01.19 至 2020.01.19/微毒

柑橘园	杂草	1320-1845克/公顷（有效成分以盐计）	定向茎叶喷雾
棉花免耕田、玉米	杂草	922.5-1230克/公顷（有效成分以盐计）	定向茎叶喷雾
桑园	杂草	1230-1845克/公顷（有效成分以盐计）	定向茎叶喷雾

PD20121166 高效氯氟氰菊酯//水乳剂/ /2012.07.30 至 2017.07.30/低毒

柑橘	蚜虫	6.25～8.33 克/公顷	喷雾
柑橘	潜叶蛾	6.25～8.33克/公顷	喷雾
马铃薯	马铃薯块茎蛾	11.25～15 克/公顷	喷雾
马铃薯	蚜虫	4.5～6.25 克/公顷	喷雾
苹果	桃小食心虫	5～6.25 克/公顷	喷雾
玉米	粘虫	6～7.5 克/公顷	喷雾

PD20121931 敌草快/200克/升/水剂/敌草快 200克/升/2012.12.07 至 2017.12.07/低毒

马铃薯	枯叶	600-750克/公顷	茎叶喷雾

PD20122095 草甘膦钾盐/35%/水剂/草甘膦 35%/2012.12.26 至 2017.12.26/微毒

冬油菜田（免耕）	杂草	525-682.5克/公顷	茎叶喷雾
非耕地	杂草	1181-1706克/公顷	茎叶喷雾
晚稻抛秧田(免耕)	杂草	1207.5-1470克/公顷	茎叶喷雾
香蕉园	杂草	945-1312.5克/公顷	定向茎叶喷雾

注:草甘膦钾盐含量：43%。

PD20141375 氯虫·噻虫嗪/300克/升/悬浮剂/噻虫嗪 200克/升、氯虫苯甲酰胺 100克/升/2014.06.04 至 2019.06.04/微毒

小白菜	黄条跳甲、小菜蛾	125 -150克/公顷	喷淋或灌根

PD20141622 噻虫·高氯氟/22%/微囊悬浮－悬浮剂/高效氯氟氰菊酯 9.4%、噻虫嗪 12.6%/2014.06.24 至 2019.06.24/中等毒

茶树	茶尺蠖、茶小绿叶蝉	18.53-33.34克/公顷	喷雾
大豆	蚜虫、造桥虫	18.53-33.34克/公顷	喷雾
甘蓝	菜青虫、蚜虫	18.53-55.58克/公顷	喷雾
辣椒	白粉虱	18.53-37.05克/公顷	喷雾
棉花	棉铃虫、棉蚜	37.05-55.58克/公顷	喷雾
苹果树	蚜虫	24.7-49.4毫克/千克	喷雾
小麦	蚜虫	18.53-33.34克/公顷	喷雾
烟草	蚜虫、烟青虫	18.53-37.05克/公顷	喷雾

PD20141686 苯醚甲环唑/30克/升/悬浮种衣剂/苯醚甲环唑 30克/升/2014.06.30 至 2019.06.30/微毒

小麦	全蚀病	15 -18 克/100 千克种子	种子包衣
小麦	纹枯病	6-12克/100千克种子	种子包衣
小麦	散黑穗病	6-12 克/100 千克种子	种子包衣

PD20141697 精甲·百菌清/440克/升/悬浮剂/百菌清 400克/升克/升、精甲霜灵 40克/升克/升/2014.06.30 至 2019.06.30/低毒

黄瓜	霜霉病	594-990克/公顷	喷雾

PD20141878 苯醚·咯菌腈/4.8%/悬浮种衣剂/苯醚甲环唑 2.4%、咯菌腈 2.4%/2014.07.24 至 2019.07.24/微毒

小麦	散黑穗病	10-15克/100千克种子	种子包衣

PD20141973 氯虫·噻虫嗪/40%/水分散粒剂/噻虫嗪 20%、氯虫苯甲酰胺 20%/2014.08.13 至 2019.08.13/低毒

水稻	二化螟、褐飞虱、稻水象甲	48-60克/公顷	喷雾
水稻	稻纵卷叶螟	36-48克/公顷	喷雾

PD20142114 嘧菌酯/250克/升/悬浮剂/嘧菌酯 250克/升/2014.09.02 至 2019.09.02/微毒

冬瓜	霜霉病、炭疽病	180-337.5克/公顷	喷雾

番茄 晚疫病、叶霉病 225-337.5克/公顷 喷雾
番茄 早疫病 90-120克/公顷 喷雾
花椰菜 霜霉病 150-262.5克/公顷 喷雾
黄瓜 白粉病、黑星病 225-337.5克/公顷 喷雾
黄瓜 霜霉病 120-180克/公顷 喷雾
荔枝树 霜疫霉病 155-210毫克/千克 喷雾
马铃薯 黑痣病 135-225克/公顷 喷雾
马铃薯 早疫病 150-187.5克/公顷 喷雾
马铃薯 晚疫病 56-75克/公顷 喷雾
葡萄 白腐病、黑痘病 200-300毫克/千克 喷雾
西瓜 炭疽病 200-300毫克/千克 喷雾
香蕉 叶斑病 167-150毫克/千克 喷雾

PD20142151 双炔酰菌胺/23.4%/悬浮剂/双炔酰菌胺 23.4%/2014.09.18 至 2019.09.18/微毒
番茄 晚疫病 105.3-140.克/公顷 喷雾
辣椒、西瓜 疫病 70.2-140克/公顷 喷雾
荔枝树 霜疫霉病 125-250毫克/千克 喷雾
马铃薯 晚疫病 70.2-140克/公顷 喷雾
葡萄 霜霉病 125-166.7毫克/千克 喷雾

PD20142549 嘧菌·百菌清/560克/升/悬浮剂/百菌清 500克/升、嘧菌酯 60克/升/2014.12.15 至 2019.12.15/微毒
辣椒 炭疽病 672-1008克/公顷 喷雾

PD20150099 咯菌腈/25克/升/悬浮种衣剂/咯菌腈 25克/升/2015.01.05 至 2020.01.05/微毒
大豆、花生 根腐病 15-20克/100千克种子 种子包衣
棉花 立枯病 15-20克/100千克种子 种子包衣
水稻 恶苗病 1）10-15克/100千克种子2）5-7.5克/100千克种子 1）种子包衣2）浸种
西瓜 枯萎病 10-15克/100千克种子 种子包衣
向日葵 菌核病 22.5-30克/100千克种子 种子包衣
小麦 根腐病 3.75-5克/100千克种子 种子包衣

PD20150184 阿维·氯苯酰/6%/悬浮剂/阿维菌素 1.7%、氯虫苯甲酰胺 4.3%/2015.01.15 至 2020.01.15/低毒(原药高毒)
甘蓝 甜菜夜蛾、小菜蛾 37.8-47.25克/公顷 喷雾
水稻 稻纵卷叶螟 42.53-47.25克/公顷 喷雾

PD20150301 氯虫·高氯氟/14%/微囊悬浮-悬浮剂/高效氯氟氰菊酯 4.7%、氯虫苯甲酰胺 9.3%/2015.02.05 至 2020.02.05/低毒
番茄 棉铃虫、蚜虫 31.5-42克/公顷 喷雾
辣椒 蚜虫、烟青虫 31.5-42克/公顷 喷雾

PD20150317 精甲·咯·嘧菌/11%/悬浮种衣剂/咯菌腈 1.1%、精甲霜灵 3.3%、嘧菌酯 6.6%/2015.02.05 至 2020.02.05/低毒
棉花 立枯病、猝倒病 25-50 克/100千克种子 种子包衣

PD20150641 精甲·咯菌腈/62.5克/升/悬浮种衣剂/咯菌腈 25克/升、精甲霜灵 37.5克/升/2015.04.16 至 2020.04.16/微毒
大豆 根腐病 18.75-25 克/100千克种子 种子包衣
水稻 恶苗病 18.75-25 克/100千克种子 种子包衣

PD20150707 苯甲·嘧菌酯/325克/升/悬浮剂/苯醚甲环唑 125克/升、嘧菌酯 200克/升/2015.04.20 至 2020.04.20/低毒
西瓜 蔓枯病、炭疽病 146.25-243.75克/公顷 喷雾
香蕉 叶斑病 130-217毫克/千克 喷雾

PD20150736 咯菌·精甲霜/35克/升/悬浮种衣剂/咯菌腈 25克/升、精甲霜灵 10克/升/2015.04.20 至 2020.04.20/微毒
玉米 茎基腐病 3.5-7克/100千克种子 种子包衣

PD20150876 硝磺·莠去津/550克/升/悬浮剂/莠去津 500克/升、硝磺草酮 50克/升/2015.05.18 至 2020.05.18/低毒
春玉米田 一年生杂草 825-1237.5克/公顷 茎叶喷雾
夏玉米田 一年生杂草 660-990克/公顷 茎叶喷雾

PD20151496 异丙·莠去津/670克/升/悬乳剂/精异丙甲草胺 350克/升、莠去津 320克/升/2015.07.31 至 2020.07.31/低毒
玉米田 一年生禾本科杂草及阔叶杂草 1620-2160克/公顷 土壤喷雾

PD20151567 吡唑萘菌胺/92%/原药/吡唑萘菌胺 92%/2015.08.03 至 2020.08.03/低毒

PD20152176 苯醚甲环唑/10%/水分散粒剂/苯醚甲环唑 10%/2015.09.22 至 2020.09.22/微毒
大白菜 黑斑病 52.5-75克/公顷 喷雾

WP20100024 高效氯氟氰菊酯/25克/升/水乳剂/高效氯氟氰菊酯 25克/升/2015.01.16 至 2020.01.16/中等毒
室外 蚊、蝇 2-4毫克/平方米 喷洒

新沂市泰松化工有限公司 （江苏省新沂市经济开发区建业路1号 221400 0516-88610333）

PD20110055 倍硫磷/95%/原药/倍硫磷 95%/2016.01.11 至 2021.01.11/中等毒
PD20110056 马拉硫磷/95%/原药/马拉硫磷 95%/2016.01.11 至 2021.01.11/低毒
PD20110062 杀螟硫磷/95%/原药/杀螟硫磷 95%/2016.01.11 至 2021.01.11/中等毒
PD20111324 二嗪磷/97%/原药/二嗪磷 97%/2011.12.05 至 2016.12.05/中等毒
PD20121493 嘧菌酯/98%/原药/嘧菌酯 98%/2012.10.09 至 2017.10.09/低毒
PD20130332 哒螨灵/97%/原药/哒螨灵 97%/2013.03.05 至 2018.03.05/低毒
PD20132089 马拉硫磷/45%/乳油/马拉硫磷 45%/2013.10.24 至 2018.10.24/低毒
注:专供出口，不得在国内销售。

PD20140128 杀螟硫磷/45%/乳油/杀螟硫磷 45%/2014.01.20 至 2019.01.20/低毒
注:专供出口，不得在国内销售。
PD20141050 倍硫磷/50%/乳油/倍硫磷 50%/2014.04.24 至 2019.04.24/低毒
注:专供出口产品，不得在国内销售。

新沂市永诚化工有限公司 (江苏省新沂市经济技术开发区建业北路化工区 221400 0516-88896115)

PD20101932 萎锈灵/98%/原药/萎锈灵 98%/2015.08.27 至 2020.08.27/微毒
PD20110227 唑螨酯/97%/原药/唑螨酯 97%/2016.02.28 至 2021.02.28/低毒
PD20130984 萎锈·福美双/400克/升/悬浮种衣剂/福美双 200克/升、萎锈灵 200克/升/2013.05.02 至 2018.05.02/低毒
棉花 立枯病 160-268克/100千克种子 种子包衣
PD20140149 唑螨酯/5%/悬浮剂/唑螨酯 5%/2014.01.22 至 2019.01.22/低毒
柑橘树 红蜘蛛 25-50毫克/千克 喷雾
PD20141376 炔草酯/15%/微乳剂/炔草酯 15%/2014.06.04 至 2019.06.04/低毒
小麦田 一年生禾本科杂草 56.25-75.75克/公顷 茎叶喷雾
PD20151535 氰氟草酯/20%/可分散油悬浮剂/氰氟草酯 20%/2015.08.03 至 2020.08.03/低毒
水稻田(直播) 一年生禾本科杂草 75-105克/公顷 茎叶喷雾

徐州农丰生物化工有限公司 (江苏省徐州市贾汪区耿集 221126 0516-87500818)

PD86109-22 苏云金杆菌/8000IU/毫克/可湿性粉剂/苏云金杆菌 8000IU/毫克/2011.12.13 至 2016.12.13/低毒
白菜、萝卜、青菜 菜青虫、小菜蛾 1500-4500克制剂/公顷 喷雾
茶树 茶毛虫 1500-7500克制剂/公顷 喷雾
大豆、甘薯 天蛾 1500-2250克制剂/公顷 喷雾
柑橘树 柑橘凤蝶 2250-3750克制剂/公顷 喷雾
高粱、玉米 玉米螟 3750-4500克制剂/公顷 喷雾、毒土
梨树 天幕毛虫 1500-3750克制剂/公顷 喷雾
林木 尺蠖、柳毒蛾、松毛虫 2250-7500克制剂/公顷 喷雾
棉花 棉铃虫、造桥虫 1500-7500克制剂/公顷 喷雾
苹果树 巢蛾 2250-3750克制剂/公顷 喷雾
水稻 稻苞虫、稻纵卷叶螟 1500-6000克制剂/公顷 喷雾
烟草 烟青虫 3750-7500克制剂/公顷 喷雾
枣树 尺蠖 3750-4500克制剂/公顷 喷雾
PD20040156 甲拌磷/3%/颗粒剂/甲拌磷 3%/2014.12.19 至 2019.12.19/中等毒(原药高毒)
高粱 蚜虫 225-300克/公顷 撒施
PD20082226 多·锰锌/40%/可湿性粉剂/多菌灵 20%、代森锰锌 20%/2013.11.26 至 2018.11.26/低毒
梨树 黑星病 1000-1250毫克/千克 喷雾
苹果树 斑点落叶病 1000-1250毫克/千克 喷雾
PD20084717 乙铝·锰锌/70%/可湿性粉剂/代森锰锌 45%、三乙膦酸铝 25%/2013.12.22 至 2018.12.22/低毒
黄瓜 霜霉病 1575-3937.5克/公顷 喷雾
PD20085052 毒死蜱/45%/乳油/毒死蜱 45%/2013.12.23 至 2018.12.23/中等毒
水稻 稻纵卷叶螟 504-648克/公顷 喷雾
PD20091048 辛硫磷/3%/颗粒剂/辛硫磷 3%/2014.01.21 至 2019.01.21/微毒
花生 地下害虫 2700-3600克/公顷 沟施
PD20120389 毒死蜱/3%/颗粒剂/毒死蜱 3%/2012.03.07 至 2017.03.07/低毒
花生 地下害虫 1800~2250克/公顷 沟施
PD20120432 四聚乙醛/6%/颗粒剂/四聚乙醛 6%/2012.03.14 至 2017.03.14/低毒
白菜 蜗牛 405-585克/公顷 撒施

徐州市金地农化有限公司 (江苏省徐州市邳州市碾庄镇 221362 0516-86091154)

PD20040135 甲拌磷/3%/颗粒剂/甲拌磷 3%/2014.12.19 至 2019.12.19/中等毒
棉花 蚜虫 1125-1875克/公顷 沟施、穴施
PD20082181 氰戊·辛硫磷/25%/乳油/氰戊菊酯 6.25%、辛硫磷 18.75%/2013.12.01 至 2018.12.01/中等毒
棉花 棉铃虫 300-375克/公顷 喷雾
PD20084859 辛硫磷/3%/颗粒剂/辛硫磷 3%/2013.12.22 至 2018.12.22/低毒
花生 金针虫、蝼蛄、蛴螬 2250-3600克/公顷 撒施
PD20140296 丁硫克百威/5%/颗粒剂/丁硫克百威 5%/2014.02.12 至 2019.02.12/低毒
甘蔗 蔗龟 2625-3000克/公顷 撒施
PD20141724 毒死蜱/5%/颗粒剂/毒死蜱 5%/2014.06.30 至 2019.06.30/低毒
花生 蛴螬 1875-2400克/公顷 撒施

徐州新鼎业化工材料厂 (江苏省徐州市北郊孟家沟 221007 0516-82395999)

PD20040589 吡虫啉/5%/乳油/吡虫啉 5%/2014.12.19 至 2019.12.19/低毒
水稻 飞虱 11.25-22.5克/公顷 喷雾
PD20094522 阿维·吡虫啉/1.8%/乳油/阿维菌素 0.2%、吡虫啉 1.6%/2014.04.09 至 2019.04.09/低毒(原药高毒)
甘蓝 菜青虫、蚜虫 5.4-10.8克/公顷 喷雾
PD20096579 阿维菌素/1.8%/乳油/阿维菌素 1.8%/2014.08.25 至 2019.08.25/低毒(原药高毒)
甘蓝 菜青虫 0.9-1.8克/公顷 喷雾
PD20101103 三氯异氰尿酸/42%/可湿性粉剂/三氯异氰尿酸 42%/2015.01.25 至 2020.01.25/低毒

辣椒　炭疽病　378-504克/公顷　喷雾

PD20102167　噁霉灵/99%/原药/噁霉灵 99%/2015.12.09 至 2020.12.09/低毒

盐城辉煌化工有限公司　(江苏省滨海经济开发区沿海工业园中山路(北区)　224555　0515-89112888)

PD20141503　戊唑醇/97%/原药/戊唑醇 97%/2014.06.09 至 2019.06.09/低毒

PD20150146　噻虫嗪/98%/原药/噻虫嗪 98%/2015.01.14 至 2020.01.14/微毒

PD20152032　嗪草酮/97%/原药/嗪草酮 97%/2015.09.06 至 2020.09.06/低毒

盐城联合伟业化工有限公司　(江苏省滨海经济开发区沿海工业园　224500　0515-84383386)

PD20070247　二甲戊灵/95%/原药/二甲戊灵 95%/2012.08.30 至 2017.08.30/低毒

PD20080049　杀虫环/87.5%/原药/杀虫环 87.5%/2013.01.03 至 2018.01.03/低毒

PD20080092　灭草松/480克/升/水剂/灭草松 480克/升/2013.01.03 至 2018.01.03/低毒

春大豆田	莎草科杂草、一年生杂草	1440-1800克/公顷(东北地区)	茎叶喷雾
花生田	阔叶杂草	957.6-1440克/公顷	喷雾
水稻田	阔叶杂草、莎草科杂草	1080-1440克/公顷	喷雾
夏大豆田	莎草科杂草、一年生杂草	1080-1440克/公顷(其它地区)	茎叶喷雾

PD20080167　灭草松/25%/水剂/灭草松 25%/2013.01.04 至 2018.01.04/低毒

春大豆田	莎草科杂草、一年生阔叶杂草	1312.5-1687.5克/公顷(东北地区)	喷雾
花生田	阔叶杂草	750-1500克/公顷	喷雾
水稻移栽田	阔叶杂草、莎草科杂草	1125-1500克/公顷	喷雾
夏大豆田	莎草科杂草、一年生阔叶杂草	1125-1500克/公顷(其它地区)	喷雾

PD20080173　灭草松/95%/原药/灭草松 95%/2013.01.04 至 2018.01.04/低毒

PD20080826　二甲戊灵/330克/升/乳油/二甲戊灵 330克/升/2013.06.20 至 2018.06.20/低毒

甘蓝田	一年生禾本科杂草及部分阔叶杂草	594-742.5克/公顷	土壤喷雾
夏玉米田	一年生禾本科杂草及部分阔叶杂草	990-1237.5克/公顷	播后苗前土壤喷雾
烟草	抑制腋芽生长	60-80毫克/株	杯淋法

PD20110737　烯丙苯噻唑/95%/原药/烯丙苯噻唑 95%/2011.11.15 至 2016.11.15/低毒

扬州市正鸿卫生用品厂　(江苏省扬州市高桥二村十八幢304室　225002　0514-2151408)

WP20130152　杀虫喷射剂/0.4%/喷射剂/氯菊酯 0.2%、氯氰菊酯 0.2%/2013.07.17 至 2018.07.17/低毒

卫生	蚊	/	喷雾

镇江建苏农药化工有限公司　(江苏省镇江市大港孩溪路12号　212132　0511-83355157)

PD84118-2　多菌灵/25%/可湿性粉剂/多菌灵 25%/2014.11.16 至 2019.11.16/低毒

果树	病害	0.05-0.1%药液	喷雾
花生	倒秧病	750克/公顷	喷雾
麦类	赤霉病	750克/公顷	喷雾,泼浇
棉花	苗期病害	500克/100千克种子	拌种
水稻	稻瘟病、纹枯病	750克/公顷	喷雾,泼浇
油菜	菌核病	1125-1500克/公顷	喷雾

PD85150-16　多菌灵/50%/可湿性粉剂/多菌灵 50%/2015.07.13 至 2020.07.13/低毒

果树	病害	0.05-0.1%药液	喷雾
花生	倒秧病	750克/公顷	喷雾
麦类	赤霉病	750克/公顷	喷雾、泼浇
棉花	苗期病害	500克/100千克种子	拌种
水稻	稻瘟病、纹枯病	750克/公顷	喷雾、泼浇
油菜	菌核病	1125-1500克/公顷	喷雾

PD85154-33　氰戊菊酯/20%/乳油/氰戊菊酯 20%/2015.08.15 至 2020.08.15/中等毒

柑橘树	潜叶蛾	10-20毫克/千克	喷雾
果树	梨小食心虫	10-20毫克/千克	喷雾
棉花	红铃虫、蚜虫	75-150克/公顷	喷雾
蔬菜	菜青虫、蚜虫	60-120克/公顷	喷雾

PD86148-45　异丙威/20%/乳油/异丙威 20%/2011.11.19 至 2016.11.19/中等毒

水稻	飞虱、叶蝉	450-600克/公顷	喷雾

PD91106-10　甲基硫菌灵/70%/可湿性粉剂/甲基硫菌灵 70%/2011.05.09 至 2016.05.09/低毒

番茄	叶霉病	375-562.5克/公顷	喷雾
甘薯	黑斑病	360-450毫克/千克	浸薯块
瓜类	白粉病	337.5-506.25克/公顷	喷雾
梨树	黑星病	360-450毫克/千克	喷雾
苹果树	轮斑病	700毫克/千克	喷雾
水稻	稻瘟病、纹枯病	1050-1500克/公顷	喷雾
小麦	赤霉病	750-1050克/公顷	喷雾

PD20040222　吡虫啉/10%/可湿性粉剂/吡虫啉 10%/2014.12.19 至 2019.12.19/低毒

十字花科蔬菜	蚜虫	15-22.5克/公顷	喷雾
水稻	飞虱	15-30克/公顷	喷雾
小麦	蚜虫	15-30克/公顷(南方地区)45-60克/公顷(北方地区)	喷雾

PD20040335 三唑酮/15%/可湿性粉剂/三唑酮 15%/2014.12.19 至 2019.12.19/低毒
小麦 白粉病、锈病 135-180克/公顷 喷雾
玉米 丝黑穗病 60-90克/100千克种子 拌种

PD20040444 三唑酮/20%/乳油/三唑酮 20%/2014.12.19 至 2019.12.19/低毒
小麦 白粉病 120-127.5克/公顷 喷雾

PD20040788 多·酮/25%/可湿性粉剂/多菌灵 22%、三唑酮 3%/2014.12.19 至 2019.12.19/低毒
小麦 赤霉病 262.5-375克/公顷 喷雾
油菜 菌核病 600-800克/公顷 喷雾

PD20050032 吡虫·杀虫单/72%/可湿性粉剂/吡虫啉 2%、杀虫单 70%/2015.04.15 至 2020.04.15/中等毒
水稻 稻纵卷叶螟、飞虱 540-756克/公顷 喷雾

PD20060200 噻嗪酮/25%/可湿性粉剂/噻嗪酮 25%/2011.12.07 至 2016.12.07/低毒
水稻 稻飞虱 75-112.5克/公顷 喷雾

PD20070097 禾草丹/90%/乳油/禾草丹 90%/2012.04.20 至 2017.04.20/低毒
水稻移栽田 一年生杂草 1890-2970克/公顷 喷药或毒土法

PD20070271 禾草丹/50%/乳油/禾草丹 50%/2012.09.05 至 2017.09.05/低毒
水稻田 一年生杂草 1995-3000克/公顷 毒土或喷雾

PD20070470 三环唑/20%/可湿性粉剂/三环唑 20%/2012.11.20 至 2017.11.20/低毒
水稻 稻瘟病 225-300克/公顷 喷雾

PD20080286 唑酮·福美双/40%/可湿性粉剂/福美双 34%、三唑酮 6%/2013.02.25 至 2018.02.25/低毒
黄瓜 白粉病 450-562.5克/公顷 喷雾
苹果树 炭疽病 500-667毫克/千克 喷雾

PD20082165 精喹禾灵/5%/乳油/精喹禾灵 5%/2013.11.26 至 2018.11.26/低毒
夏大豆田 一年生禾本科杂草 45-52.5克/公顷 茎叶喷雾
油菜田 一年生禾本科杂草 30-45克/公顷 茎叶喷雾

PD20085752 甲氰菊酯/20%/乳油/甲氰菊酯 20%/2013.12.29 至 2018.12.29/中等毒
甘蓝 菜青虫、小菜蛾 70-90克/公顷 喷雾

PD20086225 溴氰菊酯/25克/升/乳油/溴氰菊酯 25克/升/2013.12.31 至 2018.12.31/中等毒
茶树 害虫 3.75-7.5克/公顷 喷雾
大白菜、棉花 害虫 7.5-15克/公顷 喷雾
大豆 食心虫 6-9克/公顷 喷雾
柑橘树、苹果树 害虫 5-10毫克/千克 喷雾
森林 松毛虫 1)4-7毫克/千克2)10-20毫克/千克 1)喷雾2)弥雾
森林 害虫 10-25毫克/千克 涂药环
小麦 害虫 3.75-5.625克/公顷 喷雾
烟草 烟青虫 7.5-9克/公顷 喷雾

PD20091331 氟乐灵/480克/升/乳油/氟乐灵 480克/升/2014.02.01 至 2019.02.01/低毒
大豆田 一年生禾本科杂草及部分阔叶杂草 900-1260克/公顷 喷雾
棉花田 一年生禾本科杂草及部分阔叶杂草 864-1296克/公顷 土壤喷雾

PD20091351 咪鲜·杀螟丹/16%/可湿性粉剂/咪鲜胺 4%、杀螟丹 12%/2014.02.02 至 2019.02.02/中等毒
水稻 恶苗病、干尖线虫病 400-600倍液 浸种

PD20091786 吡虫·灭多威/10%/可湿性粉剂/吡虫啉 2.5%、灭多威 7.5%/2014.02.04 至 2019.02.04/中等毒(原药高毒)
棉花 蚜虫 45-60克/公顷 喷雾

PD20092483 克百威/3%/颗粒剂/克百威 3%/2014.02.26 至 2019.02.26/高毒
甘蔗 蚜虫、蔗龟 1350-2250克/公顷 沟施
花生 线虫 1800-2250克/公顷 沟施、条施
花生 地下害虫 900-1800克/公顷 沟施或穴施
棉花 蚜虫 675-900克/公顷 沟施、条施
水稻 螟虫、瘿蚊 900-1350克/公顷 撒施

PD20092547 腈菌唑/90%/原药/腈菌唑 90%/2014.02.26 至 2019.02.26/低毒

PD20093899 腈菌唑/12%/乳油/腈菌唑 12%/2014.03.26 至 2019.03.26/低毒
梨树 黑星病 2000-3000倍液 喷雾

PD20094460 锰锌·腈菌唑/62.5%/可湿性粉剂/腈菌唑 2.5%、代森锰锌 60%/2014.04.01 至 2019.04.01/低毒
梨树 黑星病 400-600倍液 喷雾

PD20095509 精喹·草除灵/17.5%/乳油/草除灵 15%、精喹禾灵 2.5%/2014.05.11 至 2019.05.11/低毒
冬油菜田 一年生禾本科杂草及部分阔叶杂草 262.5-393.8克/公顷 茎叶喷雾

PD20098251 二嗪磷/5%/颗粒剂/二嗪磷 5%/2014.12.16 至 2019.12.16/低毒
花生 蛴螬 450-600克/公顷 撒施

PD20098429 氟乐灵/96%/原药/氟乐灵 96%/2014.12.24 至 2019.12.24/低毒

PD20100789 三环唑/75%/可湿性粉剂/三环唑 75%/2015.01.19 至 2020.01.19/中等毒
水稻 稻瘟病 225-300克/公顷 喷雾

PD20121419 草甘膦异丙胺盐/30%/水剂/草甘膦 30%/2012.09.19 至 2017.09.19/低毒
非耕地 杂草 1107-2214克/公顷 茎叶喷雾
注:草甘膦异丙胺盐含量: 41%。

PD20131169 草甘膦/95%/原药/草甘膦 95%/2013.05.27 至 2018.05.27/微毒

PD20140968 草铵膦/200克/升/水剂/草铵膦 200克/升/2014.04.14 至 2019.04.14/低毒

非耕地 杂草 900-1200克/公顷 茎叶喷雾

PD20152112 草甘膦/68%/可溶粒剂/草甘膦 68%/2015.09.22 至 2020.09.22/微毒

非耕地 杂草 1800-2700克/公顷 茎叶喷雾

注:草甘膦铵盐含量：75.7%。

镇江江南化工有限公司 （江苏省镇江新区国际化学工业园内 212152 0511-83366262）

PD86158-2 三乙膦酸铝/95%、87%/原药/三乙膦酸铝 95%、87%/2011.08.09 至 2016.08.09/低毒

PD92103-6 草甘膦/95%,93%,90%/原药/草甘膦 95%,93%,90%/2012.07.31 至 2017.07.31/低毒

PD20081948 草甘膦异丙胺盐/30%/水剂/草甘膦 30%/2013.11.24 至 2018.11.24/低毒

非耕地、柑橘园 杂草 1125-2250克/公顷 杂草茎叶喷雾

注:草甘膦异丙胺盐含量为：41%，产品浓度为：480克/升。

PD20085882 三乙膦酸铝/80%/可湿性粉剂/三乙膦酸铝 80%/2013.12.29 至 2018.12.29/低毒

黄瓜 霜霉病 2200-2800克/公顷 喷雾

PD20086175 草甘膦铵盐/68%/可溶粒剂/草甘膦 68%/2013.12.30 至 2018.12.30/低毒

非耕地 杂草 1135.5-1816.8克/公顷 茎叶喷雾

柑橘园 杂草 1135.5-2271克/公顷 定向茎叶喷雾

注:草甘膦铵盐含量：75.7%。

PD20101770 草甘膦异丙胺盐/46%/水剂/草甘膦 46%/2015.07.07 至 2020.07.07/微毒

非耕地 杂草 1125-3000克/公顷 茎叶喷雾

注:草甘膦异丙胺盐含量为：62%。

PD20111447 草甘膦铵盐/30%/水剂/草甘膦 30%/2011.12.30 至 2016.12.30/低毒

茶树、甘蔗地、果园、剑麻园、林木、桑树、橡胶树 一年生杂草和多年生恶性杂草 250-500毫升/亩 喷雾

注:草甘膦铵盐含量：33%。

镇江市润宇生物科技开发有限公司 （江苏省镇江市智慧大道潘宗路40号 212009 0511-85396628）

PD20130365 短稳杆菌/100亿孢子/毫升/悬浮剂/短稳杆菌 100亿孢子/毫升/2013.03.11 至 2018.03.11/低毒

棉花 棉铃虫 800-1000倍液 喷雾

十字花科蔬菜 小菜蛾、斜纹夜蛾 800-1000倍液 喷雾

水稻 稻纵卷叶螟 600-700倍液 喷雾

PD20130367 短稳杆菌/300亿孢子/克/母药/短稳杆菌 300亿孢子/克/2013.03.11 至 2018.03.11/低毒

镇江先锋植保科技有限公司 （江苏省镇江市丹徒区高资街道精细化工园区创业支路1号 212114 0511-85573580）

PD20083066 苯磺隆/95%/原药/苯磺隆 95%/2013.12.10 至 2018.12.10/低毒

PD20097126 苯磺隆/75%/水分散粒剂/苯磺隆 75%/2014.10.16 至 2019.10.16/低毒

冬小麦田 一年生阔叶杂草 11.25-16.875克/公顷 茎叶喷雾

PD20097908 烟嘧磺隆/40克/升/可分散油悬浮剂/烟嘧磺隆 40克/升/2014.11.30 至 2019.11.30/微毒

玉米田 一年生杂草 48-60克/公顷 茎叶喷雾

PD20121441 吡虫啉/70%/水分散粒剂/吡虫啉 70%/2012.10.08 至 2017.10.08/低毒

甘蓝 蚜虫 10.5-21克/公顷 喷雾

PD20130933 环嗪酮/75%/水分散粒剂/环嗪酮 75%/2013.04.28 至 2018.04.28/低毒

森林防火道 杂草 1800-2250克/公顷 茎叶喷雾

PD20131668 氯嘧磺隆/25%/水分散粒剂/氯嘧磺隆 25%/2013.08.06 至 2018.08.06/微毒

注:专供出口，不得在国内销。

PD20142349 敌稗/80%/水分散粒剂/敌稗 80%/2014.11.03 至 2019.11.03/低毒

注:专供出口，不得在国内销售。

江西省

安福超威日化有限公司 （江西省吉安市安福县工业园 343200 0796-7388898）

WP20140174 电热蚊香片/13毫克/片/电热蚊香片/炔丙菊酯 5.2毫克/片、氯氟醚菊酯 7.8毫克/片/2014.08.01 至 2019.08.01/微毒

室内 蚊 / 电热加温

WP20150103 蚊香/0.03%/蚊香/四氟甲醚菊酯 0.03克/片/2015.06.14 至 2020.06.14/微毒

室内 蚊 / 点燃

WP20150188 电热蚊香液/1%/电热蚊香液/氯氟醚菊酯 1%/2015.09.22 至 2020.09.22/低毒

室内 蚊 / 电热加温

福建省金鹿日化股份有限公司江西省瑞昌分公司 （江西省瑞昌市黄金工业园 332200 0792-4216698）

WP20100091 蚊香/0.03%/蚊香/四氟甲醚菊酯 0.03%/2010.06.17 至 2015.06.17/微毒

卫生 蚊 / 点燃

赣州卫农农药有限公司 （江西省赣州市水东镇虎岗 341005 0797-8454881）

PD84102-3 杀螟硫磷/45%/乳油/杀螟硫磷 45%/2014.10.21 至 2019.10.21/中等毒

茶树 尺蠖、毛虫、小绿叶蝉 250-500毫克/千克 喷雾

甘薯 小象甲 525-900克/公顷 喷雾

果树 卷叶蛾、毛虫、食心虫 250-500毫克/千克 喷雾

棉花 红铃虫、棉铃虫 375-750克/公顷 喷雾

	棉花	蚜虫、叶蝉、造桥虫	375-562.5克/公顷	喷雾
	水稻	飞虱、螟虫、叶蝉	375-562.5克/公顷	喷雾
PD84104-49	杀虫双/18%/水剂/杀虫双 18%/2014.10.21 至 2019.10.21/中等毒			
	甘蔗、蔬菜、水稻、小麦、玉米	多种害虫	540-675克/公顷	喷雾
	果树	多种害虫	225-360毫克/千克	喷雾
PD86133-3	仲丁威/25%/乳油/仲丁威 25%/2011.10.23 至 2016.10.23/低毒			
	水稻	飞虱、叶蝉	375-562.5克/公顷	喷雾
PD86148-7	异丙威/20%/乳油/异丙威 20%/2011.10.23 至 2016.10.23/中等毒			
	水稻	飞虱、叶蝉	450-600克/公顷	喷雾
PD86154	杀螟硫磷/80%,75%/原药/杀螟硫磷 80%,75%/2011.10.23 至 2016.10.23/中等毒			
PD20070601	马拉·杀螟松/12%/乳油/马拉硫磷 10%、杀螟硫磷 2%/2012.12.14 至 2017.12.14/低毒			
	水稻	二化螟	225-270克/公顷	喷雾
PD20080316	敌敌畏/50%/乳油/敌敌畏 50%/2013.02.25 至 2018.02.25/低毒			
	十字花科蔬菜	菜青虫	600-675克/公顷	喷雾
PD20080876	异丙威/20%/乳油/异丙威 20%/2013.07.04 至 2018.07.04/低毒			
	水稻	稻飞虱	450-600克/公顷	喷雾
PD20081847	丁硫·辛硫磷/20%/乳油/丁硫克百威 5%、辛硫磷 15%/2013.11.20 至 2018.11.20/中等毒			
	棉花	棉铃虫	315-375克/公顷	喷雾
PD20083945	高效氯氰氰菊酯/25克/升/乳油/高效氯氰氰菊酯 25克/升/2013.12.15 至 2018.12.15/中等毒			
	十字花科蔬菜	菜青虫	7.5-11.25克/公顷	喷雾
PD20084558	多菌灵/50%/可湿性粉剂/多菌灵 50%/2013.12.18 至 2018.12.18/低毒			
	水稻	稻瘟病	750-900克/公顷	喷雾
PD20084612	噻嗪酮/25%/可湿性粉剂/噻嗪酮 25%/2013.12.18 至 2018.12.18/低毒			
	水稻	稻飞虱	112.5-150克/公顷	喷雾
PD20085040	毒死蜱/45%/乳油/毒死蜱 45%/2013.12.23 至 2018.12.23/中等毒			
	水稻	二化螟	576-648克/公顷	喷雾
PD20085641	稻瘟灵/30%/乳油/稻瘟灵 30%/2013.12.26 至 2018.12.26/低毒			
	水稻	稻瘟病	450-675克/公顷	喷雾
PD20086164	敌百·毒死蜱/40%/乳油/敌百虫 20%、毒死蜱 20%/2013.12.30 至 2018.12.30/低毒			
	水稻	稻纵卷叶螟	480-600克/公顷	喷雾
PD20093426	井冈·硫酸铜/4.5%/水剂/井冈霉素 4%、硫酸铜 0.5%/2014.03.23 至 2019.03.23/低毒			
	水稻	纹枯病	59-79克/公顷	喷雾
PD20096623	喹硫磷/25%/乳油/喹硫磷 25%/2014.09.02 至 2019.09.02/中等毒			
	水稻	稻纵卷叶螟	375-495克/公顷	喷雾
PD20097570	三唑磷/20%/乳油/三唑磷 20%/2014.11.03 至 2019.11.03/中等毒			
	水稻	二化螟	202.5-303.75克/公顷	喷雾
PD20097952	阿维·高氯/1.8%/乳油/阿维菌素 0.3%、高效氯氰菊酯 1.5%/2014.11.30 至 2019.11.30/中等毒(原药高毒)			
	甘蓝	菜青虫、小菜蛾	7.5-15克/公顷	喷雾
PD20101433	辛硫·三唑磷/30%/乳油/三唑磷 7.5%、辛硫磷 22.5%/2010.05.04 至 2015.05.04/中等毒			
	水稻	二化螟	405-540克/公顷	喷雾
PD20121539	阿维·杀螟松/16%/乳油/阿维菌素 0.2%、杀螟硫磷 15.8%/2012.11.08 至 2017.11.08/低毒(原药高毒)			
	水稻	稻纵卷叶螟	120-144克/公顷	喷雾

赣州鑫谷生物化工有限公司　(江西省赣州市兴国县工业园氟化工业区　342400　0791-88100609)

PD85131-30	井冈霉素/2.4%,4%/水剂/井冈霉素A 2.4%,4%/2015.07.01 至 2020.07.01/低毒			
	水稻	纹枯病	75-112.5克/公顷	喷雾,泼浇
PD86139-5	井冈霉素/5%/可溶粉剂/井冈霉素 5%/2012.08.20 至 2017.08.20/低毒			
	水稻	纹枯病	75-112.5克/公顷	喷雾、泼浇
PD88109-12	井冈霉素/10%,20%/水溶粉剂/井冈霉素 10%,20%/2013.11.13 至 2018.11.13/低毒			
	水稻	纹枯病	75-112.5克/公顷	喷雾、泼浇
PD20083452	马拉硫磷/1.2%/粉剂/马拉硫磷 1.2%/2013.12.12 至 2018.12.12/低毒			
	仓储原粮	储粮害虫	12-24克/1000千克	撒施(拌粮)
PD20084707	异稻·稻瘟灵/40%/乳油/稻瘟灵 10%、异稻瘟净 30%/2013.12.22 至 2018.12.22/低毒			
	水稻	稻瘟病	900-1200克/公顷	喷雾
PD20085178	氰戊·辛硫磷/25%/乳油/氰戊菊酯 6.5%、辛硫磷 18.5%/2013.12.23 至 2018.12.23/中等毒			
	十字花科蔬菜	蚜虫	112.5-187.5克/公顷	喷雾
PD20092114	仲丁威/20%/乳油/仲丁威 20%/2014.02.23 至 2019.02.23/低毒			
	水稻	稻飞虱	450-570克/公顷	喷雾
PD20092133	高效氯氰氰菊酯/25克/升/乳油/高效氯氰氰菊酯 25克/升/2014.02.23 至 2019.02.23/中等毒			
	甘蓝	菜青虫	7.5-15克/公顷	喷雾
PD20092387	井冈·噻嗪酮/20%/可湿性粉剂/井冈霉素 4.3%、噻嗪酮 15.7%/2014.02.25 至 2019.02.25/低毒			
	水稻	稻飞虱、纹枯病	157.5-189克/公顷	喷雾
PD20092723	噻嗪·异丙威/25%/可湿性粉剂/噻嗪酮 5%、异丙威 20%/2014.03.04 至 2019.03.04/低毒			

水稻 稻飞虱 450-562.5克/公顷 喷雾

PD20094218 多菌灵/25%/可湿性粉剂/多菌灵 25%/2014.03.31 至 2019.03.31/低毒
柑橘树 炭疽病 750-1000毫克/千克 喷雾

PD20110908 咪鲜胺/250克/升/乳油/咪鲜胺 250克/升/2011.08.22 至 2016.08.22/低毒
柑橘(果实) 炭疽病 250-500毫克/千克 浸果

PD20120955 啶虫脒/5%/乳油/啶虫脒 5%/2012.06.14 至 2017.06.14/低毒
柑橘树 蚜虫 10-15毫克/千克 喷雾

PD20131570 阿维菌素/1.8%/乳油/阿维菌素 1.8%/2013.07.23 至 2018.07.23/中等毒(原药高毒)
小白菜 小菜蛾 9.45-12.15克/公顷 喷雾

PD20131874 阿维·毒死蜱/15%/乳油/阿维菌素 0.1%、毒死蜱 14.9%/2013.09.25 至 2018.09.25/中等毒(原药高毒)
水稻 稻纵卷叶螟 225-270克/公顷 喷雾

PD20141583 唑磷·毒死蜱/25%/乳油/毒死蜱 5%、三唑磷 20%/2014.06.17 至 2019.06.17/中等毒
水稻 二化螟 300-450克/公顷 喷雾

PD20151992 苏云金杆菌/8000IU/毫克/悬浮剂/苏云金杆菌 8000IU/毫克/2015.08.30 至 2020.08.30/低毒
水稻 稻纵卷叶螟 4500-6000克制剂/公顷 喷雾

PD20152386 200克/升草铵膦水剂/200克/升/水剂/草铵膦 200克/升/2015.10.22 至 2020.10.22/低毒
柑橘园 杂草 900-1500克/公顷 茎叶喷雾

吉安同瑞生物科技有限公司 (国家井冈山经济技术开发区吉太路2号 343100 0796-8405568)

PD20150814 赤霉酸/90%/原药/赤霉酸 90%/2015.05.14 至 2020.05.14/低毒

江西安利达化工有限公司 (江西省九江市湖口县金砂湾工业园 332500 0792-6327688)

PD20095733 氯氟吡氧乙酸异辛酯/95%/原药/氯氟吡氧乙酸异辛酯 95%/2014.05.18 至 2019.05.18/低毒

PD20102074 丙环唑/95%/原药/丙环唑 95%/2015.11.03 至 2020.11.03/低毒

LS20130067 氟咯草酮/95%/原药/氟咯草酮 95%/2014.02.21 至 2015.02.21/低毒
注:专供出口,不得在国内销售。

WP20080395 吡丙醚/95%/原药/吡丙醚 95%/2013.12.11 至 2018.12.11/低毒

WP20100018 氟蚁腙/95%/原药/氟蚁腙 95%/2015.01.14 至 2020.01.14/低毒

WP20150171 吡丙醚/10%/乳油/吡丙醚 10%/2015.08.28 至 2020.08.28/低毒
室外 蝇(幼虫) 1克/平方米 喷洒

江西巴菲特化工有限公司 (江西省安义县工业园区凤凰东路 330500 0791-3499889)

PD84104-57 杀虫双/18%/水剂/杀虫双 18%/2014.11.16 至 2019.11.16/中等毒
甘蔗、蔬菜、水稻、小麦、玉米 多种害虫 540-675克/公顷 喷雾
果树 多种害虫 225-360毫克/千克 喷雾

PD20083194 氯氟氰菊酯/25克/升/乳油/高效氯氟氰菊酯 25克/升/2013.12.11 至 2018.12.11/中等毒
甘蓝 菜青虫 7.5-15克/公顷 喷雾

PD20083240 仲丁威/20%/乳油/仲丁威 20%/2013.12.11 至 2018.12.11/低毒
水稻 稻飞虱 450-562.5克/公顷 喷雾

PD20083303 噻嗪·异丙威/25%/可湿性粉剂/噻嗪酮 5%、异丙威 20%/2013.12.11 至 2018.12.11/低毒
水稻 稻飞虱 487.5-562.5克/公顷 喷雾

PD20084338 多菌灵/25%/可湿性粉剂/多菌灵 25%/2013.12.17 至 2018.12.17/低毒
水稻 纹枯病 750-1500克/公顷 喷雾

PD20084665 甲基硫菌灵/50%/可湿性粉剂/甲基硫菌灵 50%/2013.12.22 至 2018.12.22/低毒
番茄 叶霉病 375-562.5克/公顷 喷雾

PD20084675 三环唑/75%/可湿性粉剂/三环唑 75%/2013.12.22 至 2018.12.22/低毒
水稻 稻瘟病 225-300克/公顷 喷雾

PD20084800 氯氰·丙溴磷/440克/升/乳油/丙溴磷 400克/l、氯氰菊酯 40克/升/2013.12.22 至 2018.12.22/中等毒
棉花 棉铃虫 462-660克/公顷 喷雾

PD20090143 三唑磷/20%/乳油/三唑磷 20%/2014.01.08 至 2019.01.08/中等毒
水稻 二化螟 202.5-303.75克/公顷 喷雾

PD20096675 啶虫脒/5%/乳油/啶虫脒 5%/2014.09.07 至 2019.09.07/低毒
苹果树 蚜虫 10-12毫克/千克 喷雾

PD20097060 毒死蜱/40%/乳油/毒死蜱 40%/2014.10.10 至 2019.10.10/中等毒
水稻 稻瘿蚊 1800-2160克/公顷 毒土法

PD20097222 联苯菊酯/25克/升/乳油/联苯菊酯 25克/升/2014.10.19 至 2019.10.19/低毒
苹果树 桃小食心虫 25-31.5毫克/千克 喷雾

PD20097318 敌百·辛硫磷/30%/乳油/敌百虫 20%、辛硫磷 10%/2014.10.27 至 2019.10.27/低毒
水稻 二化螟 450-540克/公顷 喷雾

PD20098273 唑磷·毒死蜱/25%/乳油/毒死蜱 5%、三唑磷 20%/2014.12.18 至 2019.12.18/中等毒
水稻 稻纵卷叶螟 262.5-300克/公顷 喷雾

PD20110874 仲丁灵/48%/乳油/仲丁灵 48%/2011.08.16 至 2016.08.16/低毒
棉花田 一年生禾本科杂草及部分阔叶杂草 1440-1800克/公顷 播后苗前土壤喷雾

PD20120855 甲氨基阿维菌素苯甲酸盐/1%/微乳剂/甲氨基阿维菌素 1%/2012.05.22 至 2017.05.22/低毒
甘蓝 小菜蛾 1.5-1.8克/公顷 喷雾

注:甲氨基阿维菌素苯甲酸盐含量1.14%。
PD20120975 高氯·氟铃脲/5.7%/乳油/氟铃脲 1.9%、高效氯氰菊酯 3.8%/2012.06.21 至 2017.06.21/低毒
甘蓝 小菜蛾 42.75-51.3克/公顷 喷雾
PD20120987 喹硫磷/10%/乳油/喹硫磷 10%/2012.06.21 至 2017.06.21/低毒
水稻 稻纵卷叶螟 150-225克/公顷 喷雾
PD20121296 噁霉灵/99%/原药/噁霉灵 99%/2012.09.06 至 2017.09.06/低毒
PD20121736 阿维·哒螨灵/10%/乳油/阿维菌素 0.2%、哒螨灵 9.8%/2012.11.08 至 2017.11.08/中等毒(原药高毒)
苹果树 红蜘蛛 33.3-50毫克/千克 喷雾
PD20121795 阿维·吡虫啉/1.8%/可湿性粉剂/阿维菌素 0.1%、吡虫啉 1.7%/2012.11.22 至 2017.11.22/低毒(原药高毒)
甘蓝 蚜虫 10.8-16.2克/公顷 喷雾
PD20130123 阿维·三唑磷/20%/乳油/阿维菌素 0.2%、三唑磷 19.8%/2013.01.17 至 2018.01.17/低毒
水稻 二化螟 180-270克/公顷 喷雾
PD20130549 甲氨基阿维菌素苯甲酸盐/5.7%/水分散粒剂/甲氨基阿维菌素 5%/2013.04.01 至 2018.04.01/低毒
水稻 二化螟 7.5-11.25克/公顷 喷雾
注:甲氨基阿维菌素苯甲酸盐含量：5.7%。
PD20131050 苯甲·丙环唑/50%/水乳剂/苯醚甲环唑 25%、丙环唑 25%/2013.05.13 至 2018.05.13/低毒
水稻 纹枯病 67.5-90克/公顷 喷雾
PD20131086 啶虫脒/70%/水分散粒剂/啶虫脒 70%/2013.05.20 至 2018.05.20/低毒
黄瓜 蚜虫 18-28克/公顷 喷雾
PD20131161 腈菌·咪鲜胺/12.5%/乳油/腈菌唑 2.5%、咪鲜胺 10%/2013.05.27 至 2018.05.27/低毒
香蕉 叶斑病 156-208毫克/千克 喷雾
PD20131236 代森锰锌/80%/可湿性粉剂/代森锰锌 80%/2013.06.08 至 2018.06.08/低毒
苹果树 炭疽病 1000-1333毫克/千克 喷雾
PD20131399 氟氯氰菊酯/5.7%/水乳剂/氟氯氰菊酯 5.7%/2013.07.02 至 2018.07.02/低毒
甘蓝 菜青虫 17-25克/公顷 喷雾
PD20131416 阿维菌素/5%/乳油/阿维菌素 5%/2013.07.02 至 2018.07.02/中等毒(原药高毒)
水稻 稻纵卷叶螟 6-9克/公顷 喷雾
PD20131430 苄·丁/47%/可湿性粉剂/苄嘧磺隆 2%、丁草胺 45%/2013.07.03 至 2018.07.03/低毒
水稻移栽田 一年生杂草 564-846克/公顷 药土法
PD20131431 吡蚜酮/25%/可湿性粉剂/吡蚜酮 25%/2013.07.03 至 2018.07.03/低毒
水稻 稻飞虱 60-75克/公顷 喷雾
PD20131435 苏云金杆菌/8000IU/微升/悬浮剂/苏云金杆菌 8000IU/微升/2013.07.03 至 2018.07.03/低毒
水稻 稻纵卷叶螟 200-400克/亩 喷雾
PD20132254 已唑醇/5%/悬浮剂/已唑醇 5%/2013.11.05 至 2018.11.05/低毒
水稻 纹枯病 67.5-75克/公顷 喷雾
PD20132661 苯醚甲环唑/40%/悬浮剂/苯醚甲环唑 40%/2013.12.20 至 2018.12.20/低毒
香蕉 叶斑病 100-133.3毫克/千克 喷雾
PD20140498 咪鲜胺/450克/升/水乳剂/咪鲜胺 450克/升/2014.03.06 至 2019.03.06/低毒
柑橘(果实) 炭疽病 225−450mg/kg 浸果
PD20140677 草甘膦异丙胺盐/46%/水剂/草甘膦 46%/2014.03.24 至 2019.03.24/低毒
非耕地 杂草 1242-1656克/公顷 茎叶喷雾
注:草甘膦异丙胺盐含量：62%
PD20141912 四聚乙醛/6%/颗粒剂/四聚乙醛 6%/2014.08.01 至 2019.08.01/低毒
水稻 福寿螺 360-490克/公顷 撒施
PD20141936 低聚糖素/6%/水剂/低聚糖素 6%/2014.08.04 至 2019.08.04/低毒
水稻 纹枯病 9−13.5克/公顷 喷雾
PD20142089 炔草酯/15%/水乳剂/炔草酯 15%/2014.09.02 至 2019.09.02/低毒
小麦田 一年生禾本科杂草 67.5-85.5克/公顷 茎叶喷雾
PD20142338 丁硫克百威/35%/种子处理干粉剂/丁硫克百威 35%/2014.11.03 至 2019.11.03/中等毒
水稻 稻蓟马 210-400克/100千克 拌种
PD20150312 吡虫啉/600克/升/悬浮种衣剂/吡虫啉 600克/升/2015.02.05 至 2020.02.05/低毒
小麦 蚜虫 360-420克/100千克种子 种子包衣
PD20150384 乙羧·草甘膦/80%/可湿性粉剂/草甘膦铵盐 78%、乙羧氟草醚 2%/2015.03.18 至 2020.03.18/低毒
非耕地 杂草 1200-1800克/公顷 茎叶喷雾
PD20150579 草甘膦异丙胺盐/30%/水剂/草甘膦 30%/2015.04.15 至 2020.04.15/低毒
非耕地 杂草 1125-3000克/公顷 茎叶喷雾
注:草甘膦异丙胺盐含量：41%。
PD20150912 苯醚甲环唑/3%/悬浮种衣剂/苯醚甲环唑 3%/2015.06.09 至 2020.06.09/低毒
小麦 全蚀病、散黑穗病 6-9克/100千克种子 种子包衣
PD20150913 草铵膦/200克/升/水剂/草铵膦 200克/升/2015.06.09 至 2020.06.09/低毒
非耕地 一年生杂草 1350-1890克/公顷 茎叶喷雾
PD20151995 螺螨酯/40%/悬浮剂/螺螨酯 40%/2015.08.31 至 2020.08.31/低毒
柑橘树 红蜘蛛 40-60毫克/千克 喷雾

PD20151996 吡嘧磺隆/10%/可湿性粉剂/吡嘧磺隆 10%/2015.08.31 至 2020.08.31/低毒
移栽水稻田 稗草、莎草及阔叶杂草 15-30克/公顷 药土法

LS20150143 氟虫腈/12%/悬浮种衣剂/氟虫腈 12%/2015.06.08 至 2016.06.08/低毒
玉米 蛴螬 100-200克/100千克种子 种子包衣

江西巴姆博生物科技有限公司 (江西省吉安市新干县城北工业园 331300 0796-2620718)

PD20080314 乙酰甲胺磷/20%/乳油/乙酰甲胺磷 20%/2013.02.25 至 2018.02.25/低毒
水稻 二化螟 750-900克/公顷 喷雾

PD20080407 毒·辛/40%/乳油/毒死蜱 10%、辛硫磷 30%/2013.02.28 至 2018.02.28/低毒
棉花 棉铃虫 420-480克/公顷 喷雾

PD20084169 高效氯氟氰菊酯/2.5%/乳油/高效氯氟氰菊酯 2.5%/2013.12.16 至 2018.12.16/中等毒
十字花科蔬菜 蚜虫 7.5-9.375克/公顷 喷雾

PD20084674 杀螺胺乙醇胺盐/70%/可湿性粉剂/杀螺胺乙醇胺盐 70%/2013.12.22 至 2018.12.22/低毒
水稻田 福寿螺 315-472.5克/公顷 撒施

PD20084769 稻瘟灵/40%/可湿性粉剂/稻瘟灵 40%/2013.12.22 至 2018.12.22/低毒
水稻 稻瘟病 400-600克/公顷 喷雾

PD20086176 井冈霉素/3%/可溶粉剂/井冈霉素 3%/2013.12.30 至 2018.12.30/低毒
水稻 纹枯病 150-187.5克/公顷 喷雾

PD20090978 丙溴·辛硫磷/25%/乳油/丙溴磷 5%、辛硫磷 20%/2014.01.20 至 2019.01.20/中等毒
棉花 棉铃虫 225-281.25克/公顷 喷雾

PD20091847 井冈霉素/10%/水剂/井冈霉素 10%/2014.02.06 至 2019.02.06/低毒
水稻 纹枯病 150-187.5克/公顷 喷雾

PD20093126 联苯菊酯/25克/升/乳油/联苯菊酯 25克/升/2014.03.10 至 2019.03.10/低毒
茶树 茶小绿叶蝉 33.75-37.5克/公顷 喷雾

PD20093548 吡虫啉/10%/可湿性粉剂/吡虫啉 10%/2014.03.23 至 2019.03.23/低毒
水稻 稻飞虱 15-30克/公顷 喷雾

PD20093627 敌畏·毒死蜱/35%/乳油/敌敌畏 25%、毒死蜱 10%/2014.03.25 至 2019.03.25/中等毒
水稻 稻纵卷叶螟 420-525克/公顷 喷雾

PD20093735 三唑磷/20%/乳油/三唑磷 20%/2014.03.25 至 2019.03.25/中等毒
水稻 二化螟 222.75-303.75克/公顷 喷雾

PD20094106 硫磺·三环唑/45%/可湿性粉剂/硫磺 40%、三环唑 5%/2014.03.27 至 2019.03.27/低毒
水稻 稻瘟病 810-1080克/公顷 喷雾

PD20094107 苄·丁/25%/可湿性粉剂/苄嘧磺隆 1%、丁草胺 24%/2014.03.27 至 2019.03.27/低毒
水稻移栽田 一年生及部分多年生杂草 750-937.5克/公顷 毒土法

PD20094466 苄·乙/18%/可湿性粉剂/苄嘧磺隆 4%、乙草胺 14%/2014.04.01 至 2019.04.01/低毒
水稻移栽田 一年生及部分多年生杂草 84-118克/公顷 毒土法

PD20096499 三环·烯唑醇/18%/悬浮剂/三环唑 15%、烯唑醇 3%/2014.08.14 至 2019.08.14/低毒
水稻 稻瘟病 108-135克/公顷 喷雾

PD20096583 阿维菌素/1.8%/乳油/阿维菌素 1.8%/2014.08.25 至 2019.08.25/低毒(原药高毒)
甘蓝 小菜蛾 8.1-10.8克/公顷 喷雾

PD20097444 阿维·高氯/1.2%/乳油/阿维菌素 0.1%、高效氯氰菊酯 1.1%/2014.10.28 至 2019.10.28/低毒(原药高毒)
十字花科蔬菜 菜青虫、小菜蛾 13.5-27克/公顷 喷雾

PD20097879 草甘膦异丙胺盐(41%)///水剂/草甘膦 30%/2014.11.20 至 2019.11.20/低毒
茶园 杂草 1125-2250克/公顷 茎叶喷雾

PD20098348 杀螟硫磷/45%/乳油/杀螟硫磷 45%/2014.12.18 至 2019.12.18/中等毒
水稻 稻飞虱 56-83.3毫升制剂/亩 喷雾

PD20100472 氟啶脲/50克/升/乳油/氟啶脲 50克/升/2015.01.14 至 2020.01.14/低毒
棉花 棉铃虫 75-105克/公顷 喷雾

PD20100511 甲氰菊酯/20%/乳油/甲氰菊酯 20%/2015.01.14 至 2020.01.14/中等毒
棉花 棉铃虫 90-120克/公顷 喷雾

PD20100700 吡虫·杀虫单/40%/可湿性粉剂/吡虫啉 1%、杀虫单 39%/2015.01.16 至 2020.01.16/中等毒
水稻 稻纵卷叶螟、二化螟、飞虱、三化螟 450-750克/公顷 喷雾

PD20100799 异丙威/20%/乳油/异丙威 20%/2015.01.19 至 2020.01.19/中等毒
水稻 稻飞虱 175-200毫升制剂/亩 喷雾

PD20101096 喹硫磷/25%/乳油/喹硫磷 25%/2015.01.25 至 2020.01.25/中等毒
水稻 二化螟 487.5-600克/公顷 喷雾

PD20101722 吡虫·异丙威/25%/可湿性粉剂/吡虫啉 5%、异丙威 20%/2015.06.28 至 2020.06.28/低毒
水稻 稻飞虱 75-93.75克/公顷 喷雾

PD20101818 唑磷·毒死蜱/25%/乳油/毒死蜱 5%、三唑磷 20%/2015.07.19 至 2020.07.19/中等毒
水稻 二化螟 262.5-300克/公顷 喷雾

PD20110354 苯甲·丙环唑/300克/升/乳油/苯醚甲环唑 150克/升、丙环唑 150克/升/2016.03.24 至 2021.03.24/低毒
水稻 纹枯病 78.75—90克/公顷 喷雾

PD20130514 吡蚜酮/25%/可湿性粉剂/吡蚜酮 25%/2013.03.27 至 2018.03.27/低毒
水稻 稻飞虱 60-75克/公顷 喷雾

PD20131328 高氯·氟啶脲/8%/乳油/氟啶脲 3%、高效氯氰菊酯 5%/2013.06.08 至 2018.06.08/低毒
甘蓝 甜菜夜蛾 36-60克/公顷 喷雾
PD20131943 敌草隆/80%/可湿性粉剂/敌草隆 80%/2013.10.10 至 2018.10.10/低毒
甘蔗田 一年生杂草 1560-1980克/公顷 土壤喷雾
PD20132278 氟铃脲/5%/乳油/氟铃脲 5%/2013.11.08 至 2018.11.08/低毒
甘蓝 小菜蛾 30-45克/公顷 喷雾
PD20132279 联苯·炔螨特/27%/乳油/联苯菊酯 2%、炔螨特 25%/2013.11.08 至 2018.11.08/低毒
柑橘树 红蜘蛛 270-337.5毫克/千克 喷雾
PD20132387 苏云金杆菌/16000IU/毫克/可湿性粉剂/苏云金杆菌 16000IU/毫克/2013.11.20 至 2018.11.20/低毒
水稻 稻纵卷叶螟 250-400克/亩 喷雾
PD20132403 噻嗪酮/50%/可湿性粉剂/噻嗪酮 50%/2013.11.20 至 2018.11.20/低毒
水稻 稻飞虱 90-120克/公顷 喷雾
PD20140049 阿维·氟铃脲/3%/乳油/阿维菌素 1%、氟铃脲 2%/2014.01.16 至 2019.01.16/低毒(原药高毒)
甘蓝 小菜蛾 15.75-20.25克/公顷 喷雾
PD20140095 甲氨基阿维菌素苯甲酸盐/2%/微乳剂/甲氨基阿维菌素 2%/2014.01.20 至 2019.01.20/低毒
甘蓝 甜菜夜蛾 2.31—3.3克/公顷 喷雾
注:甲氨基阿维菌素苯甲酸盐含量:2.2%。
PD20140266 甲·莠·敌草隆/65%/可湿性粉剂/敌草隆 15%、2甲4氯钠 10%、莠灭净 40%/2014.02.11 至 2019.02.11/低毒
甘蔗田 一年生杂草 1462.5-1706.25 克/公顷 定向茎叶喷雾
PD20140409 虫酰肼/10%/乳油/虫酰肼 10%/2014.02.24 至 2019.02.24/低毒
甘蓝 甜菜夜蛾 225-300克/公顷 喷雾
PD20140794 稻瘟灵/40%/乳油/稻瘟灵 40%/2014.03.25 至 2019.03.25/低毒
水稻 稻瘟病 480-600克/公顷 喷雾
PD20141415 毒死蜱/40%/乳油/毒死蜱 40%/2014.06.06 至 2019.06.06/中等毒
水稻 稻飞虱 675—750 克/公顷 喷雾
PD20150399 阿维菌素//微乳剂/阿维菌素 1.8%/2015.03.18 至 2020.03.18/中等毒(原药高毒)
棉花 红蜘蛛 10.8-16.2克/公顷 喷雾
PD20150400 草甘膦铵盐/58%/可溶粉剂/草甘膦 58%/2015.03.18 至 2020.03.18/低毒
柑橘园 杂草 1239-1504.5克/公顷 定向茎叶喷雾
注:草甘膦铵盐含量:63.8%。
PD20150589 草甘膦钠盐/50%/可溶粉剂/草甘膦 50%/2015.04.15 至 2020.04.15/低毒
非耕地 杂草 1687.5-2250克/公顷 茎叶喷雾/
注:草甘膦钠盐含量:56.5%。
PD20151459 己唑醇/5%/悬浮剂/己唑醇 5%/2015.07.31 至 2020.07.31/低毒
水稻 纹枯病 60-75克/公顷 喷雾
PD20151839 嘧菌酯/250克/升/悬浮剂/嘧菌酯 250克/升/2015.08.28 至 2020.08.28/低毒
西瓜 炭疽病 150-300毫克/千克 喷雾

江西博邦生物药业有限公司 (江西省抚州市大公东路235号 344000 0794-8338225)

PD20083180 杀螟丹/50%/可溶粉剂/杀螟丹 50%/2013.12.11 至 2018.12.11/低毒
水稻 二化螟 600-750克/公顷 喷雾
PD20084324 氟啶脲/50克/升/乳油/氟啶脲 50克/升/2013.12.17 至 2018.12.17/低毒
十字花科蔬菜 甜菜夜蛾 45-60克/公顷 喷雾
PD20084619 丁硫克百威/200克/升/乳油/丁硫克百威 200克/升/2013.12.18 至 2018.12.18/中等毒
水稻 三化螟 750-900克/公顷 喷雾
PD20085672 联苯菊酯/100克/升/乳油/联苯菊酯 100克/升/2013.12.26 至 2018.12.26/中等毒
茶树 茶尺蠖 11.25-15克/公顷 喷雾
PD20090026 毒死蜱/45%/乳油/毒死蜱 45%/2014.01.06 至 2019.01.06/中等毒
水稻 稻纵卷叶螟 525-600克/公顷 喷雾
PD20091023 春雷霉素/2%/水剂/春雷霉素 2%/2014.01.21 至 2019.01.21/低毒
水稻 稻瘟病 24-30克/公顷 喷雾
PD20091689 仲丁威/20%/乳油/仲丁威 20%/2014.02.03 至 2019.02.03/低毒
水稻 稻飞虱 450-600克/公顷 喷雾
PD20093010 氯氰·丙溴磷/440克/升/乳油/丙溴磷 400克/升、氯氰菊酯 40克/升/2014.03.09 至 2019.03.09/中等毒
棉花 棉铃虫 660-792克/公顷 喷雾
PD20093357 草甘膦/30%/水剂/草甘膦 30%/2014.03.18 至 2019.03.18/低毒
柑橘园 杂草 1125-2250克/公顷 茎叶喷雾
PD20095374 喹硫磷/25%/乳油/喹硫磷 25%/2014.04.27 至 2019.04.27/中等毒
水稻 二化螟 450-525克/公顷 喷雾
PD20100267 虫酰肼/20%/悬浮剂/虫酰肼 20%/2015.01.11 至 2020.01.11/低毒
甘蓝 甜菜夜蛾 240-300克/公顷 喷雾
PD20101136 敌敌畏/77.5%/乳油/敌敌畏 77.5%/2015.01.25 至 2020.01.25/中等毒
十字花科蔬菜 菜青虫 450-600克/公顷 喷雾
PD20111079 硫磺/50%/悬浮剂/硫磺 50%/2011.10.12 至 2016.10.12/低毒

黄瓜　白粉病　1312.5—1500克/公顷　喷雾
PD20130321　阿维·氟铃脲/2.5%/乳油/阿维菌素 0.2%、氟铃脲 2.3%/2013.02.26 至 2018.02.26/低毒(原药高毒)
甘蓝　小菜蛾　22.5-37.5克/公顷　喷雾
PD20142442　阿维菌素/1.8%/乳油/阿维菌素 1.8%/2014.11.15 至 2019.11.15/低毒(原药高毒)
柑橘树　潜叶蛾　6-9毫克/千克　喷雾

江西长荣天然香料有限公司　(江西省德兴市银山西路151号　334200　0793-7512888)

WP20100031　防蛀片剂/96%/片剂/右旋樟脑 96%/2015.01.25 至 2020.01.25/低毒
卫生　黑皮蠹　200克制剂/立方米　投放
WP20100036　右旋樟脑/96%/原药/右旋樟脑 96%/2015.01.28 至 2020.01.28/低毒
WP20110125　防蛀细粒剂/38%/细粒剂/右旋樟脑 38%/2011.05.27 至 2016.05.27/低毒
卫生　黑皮蠹　500克/立方米　投放

江西诚志日化有限公司　(江西省南昌市解放西路226号　330002　0791-3815631)

WP20100093　蚊香/0.3%/蚊香/富右旋反式烯丙菊酯 0.3%/2015.06.28 至 2020.06.28/微毒
卫生　蚊　/　点燃
WP20110060　蚊香/0.2%/蚊香/富右旋反式烯丙菊酯 0.2%/2011.02.28 至 2016.02.29/微毒
卫生　蚊　/　点燃
WP20110200　杀虫气雾剂/0.35%/气雾剂/胺菊酯 0.2%、高效氯氰菊酯 0.1%、炔丙菊酯 0.05%/2011.09.07 至 2016.09.07/微毒
卫生　蚊、蝇、蜚蠊　/　喷雾
WP20120014　电热蚊香液/0.85%/电热蚊香液/炔丙菊酯 0.85%/2012.01.29 至 2017.01.29/微毒
卫生　蚊　/　电热加温
WP20120015　杀虫气雾剂/0.43%/气雾剂/炔咪菊酯 0.03%、右旋胺菊酯 0.2%、右旋苯氰菊酯 0.2%/2012.01.29 至 2017.01.29/微毒
卫生　蜚蠊、蚊、蝇　/　喷雾
WP20120118　蚊香//蚊香/四氟甲醚菊酯 .03%/2012.06.18 至 2017.06.18/微毒
卫生　蚊　/　点燃
WP20120175　蚊香/0.02%/蚊香/四氟甲醚菊酯 0.02%/2012.09.12 至 2017.09.12/微毒
卫生　蚊　/　点燃
WP20130004　杀虫气雾剂/0.6%/气雾剂/胺菊酯 0.3%、富右旋反式炔丙菊酯 0.1%、氯菊酯 0.2%/2013.01.07 至 2018.01.07/微毒
室内　蚊、蝇、蜚蠊　/　喷雾
WP20130036　杀虫气雾剂/0.53%/气雾剂/氯菊酯 0.39%、炔丙菊酯 0.14%/2013.03.05 至 2018.03.05/微毒
卫生　蚊、蝇、蜚蠊　/　喷雾
WP20130250　蚊香/0.05%/蚊香/氯氟醚菊酯 0.05%/2013.12.09 至 2018.12.09/微毒
室内　蚊　/　点燃
WP20150208　电热蚊香液/0.8%/电热蚊香液/氯氟醚菊酯 0.8%/2015.10.25 至 2020.10.25/微毒
室内　蚊　/　电热加温

江西大农化工有限公司　(江西省丰城市东郊路2号　331100　0791-8530160)

PD20081167　草甘膦异丙胺盐/41%/水剂/草甘膦异丙胺盐 41%/2013.09.11 至 2018.09.11/低毒
柑橘园　杂草　1230-2460克/公顷　定向茎叶喷雾
PD20084280　喹硫磷/10%/乳油/喹硫磷 10%/2013.12.17 至 2018.12.17/中等毒(原药高毒)
水稻　稻纵卷叶螟　150-180克/公顷　喷雾
PD20091767　高效氯氟氰菊酯/25克/升/乳油/高效氯氟氰菊酯 25克/升/2014.02.04 至 2019.02.04/中等毒
十字花科蔬菜　菜青虫　7.5-13.125克/公顷　喷雾
PD20092115　苏云金杆菌/8000IU/毫克/悬浮剂/苏云金杆菌 8000 IU/微升/2014.02.23 至 2019.02.23/低毒
茶树　茶毛虫　100-200倍　喷雾
棉花　二代棉铃虫　6000-7500毫升制剂/公顷　喷雾
森林　松毛虫　100-200倍　喷雾
十字花科蔬菜　菜青虫、小菜蛾　3000-4500毫升制剂/公顷　喷雾
水稻　稻纵卷叶螟　6000-7500毫升制剂/公顷　喷雾
烟草　烟青虫　6000-7500毫升制剂/公顷　喷雾
玉米　玉米螟　4500-6000毫升制剂/公顷　加细沙灌心
枣树　枣尺蠖　100-200倍　喷雾
PD20092218　异丙威/4%/粉剂/异丙威 4%/2014.02.24 至 2019.02.24/中等毒
水稻　稻飞虱　600-720克/公顷　喷粉
PD20092809　辛硫磷/40%/乳油/辛硫磷 40%/2014.03.04 至 2019.03.04/低毒
十字花科蔬菜　菜青虫　360-450克/公顷　喷雾
PD20092883　甲氰菊酯/20%/乳油/甲氰菊酯 20%/2014.03.05 至 2019.03.05/中等毒
柑橘树　红蜘蛛　80-100毫克/千克　喷雾
PD20092965　三唑锡/25%/可湿性粉剂/三唑锡 25%/2014.03.09 至 2019.03.09/中等毒
柑橘树　红蜘蛛　145-166.7毫克/千克　喷雾
PD20093083　苏云金杆菌/16000IU/毫克/可湿性粉剂/苏云金杆菌 16000 /2014.03.09 至 2019.03.09/低毒
茶树　茶毛虫　400-800倍　喷雾
棉花　棉铃虫　3000-4500克制剂/公顷　喷雾
森林　松毛虫　600-800倍　喷雾
十字花科蔬菜　菜青虫　750-1500克制剂/公顷　喷雾

十字花科蔬菜 小菜蛾 1500-2250克制剂/公顷 喷雾
水稻 稻纵卷叶螟 3000-4500克制剂/公顷 喷雾
烟草 烟青虫 1500-3000克制剂/公顷 喷雾
玉米 玉米螟 1500-3000克制剂/公顷 加细沙灌心
枣树 枣尺蠖 600-800倍 喷雾

PD20093206 异稻瘟净/40%/乳油/异稻瘟净 40%/2014.03.11 至 2019.03.11/低毒
水稻 稻瘟病 1050-1200克/公顷 喷雾

PD20093912 百菌清/75%/可湿性粉剂/百菌清 75%/2014.03.26 至 2019.03.26/低毒
大白菜 霜霉病 1507.5-1732.5克/公顷 喷雾

PD20094027 氰戊菊酯/20%/乳油/氰戊菊酯 20%/2014.03.27 至 2019.03.27/低毒
十字花科蔬菜 菜青虫 90-120克/公顷 喷雾

PD20094075 马拉·杀螟松/12%/乳油/马拉硫磷 10%、杀螟硫磷 2%/2014.03.27 至 2019.03.27/中等毒
水稻 二化螟 180-270克/公顷 喷雾

PD20094108 敌敌畏/48%/乳油/敌敌畏 48%/2014.03.27 至 2019.03.27/中等毒
十字花科蔬菜 菜青虫 600-750克/公顷 喷雾

PD20094748 毒死蜱/45%/乳油/毒死蜱 45%/2014.04.10 至 2019.04.10/中等毒
水稻 稻纵卷叶螟 504-576克/公顷 喷雾

PD20094804 多菌灵/25%/可湿性粉剂/多菌灵 25%/2014.04.13 至 2019.04.13/低毒
水稻 稻瘟病 750-937.5克/公顷 喷雾

PD20095055 联苯菊酯/25克/升/乳油/联苯菊酯 25克/升/2014.04.21 至 2019.04.21/中等毒
茶树 茶小绿叶蝉 37.5-45克/公顷 喷雾

PD20095373 杀虫双/18%/水剂/杀虫双 18%/2014.04.27 至 2019.04.27/中等毒
水稻 二化螟 607.5-675克/公顷 喷雾

PD20095477 异丙甲·苄/20%/可湿性粉剂/苄嘧磺隆 3%、异丙甲草胺 17%/2014.05.11 至 2019.05.11/低毒
水稻移栽田 一年生及部分多年生杂草 105-150克/公顷 药土法

PD20095642 苄·乙/14%/可湿性粉剂/苄嘧磺隆 3.2%、乙草胺 10.8%/2014.05.12 至 2019.05.12/低毒
水稻移栽田 一年生及部分多年生杂草 84-118克/公顷 毒土法

PD20095835 仲丁威/20%/乳油/仲丁威 20%/2014.05.27 至 2019.05.27/低毒
水稻 稻飞虱 450-540克/公顷 喷雾

PD20095993 苄·丁/25%/粉剂/苄嘧磺隆 1%、丁草胺 24%/2014.06.11 至 2019.06.11/低毒
水稻抛秧田 一年生及部分多年生杂草 562.5-750克/公顷 药土法

PD20096478 吡虫啉/10%/可湿性粉剂/吡虫啉 10%/2014.08.14 至 2019.08.14/低毒
水稻 稻飞虱 15-30克/公顷 喷雾

PD20098470 阿维·高氯/1.8%/乳油/阿维菌素 0.3%、高效氯氰菊酯 1.5%/2014.12.24 至 2019.12.24/低毒(原药高毒)
十字花科蔬菜 菜青虫、小菜蛾 7.5-15克/公顷 喷雾

PD20100361 哒螨灵/15%/乳油/哒螨灵 15%/2015.01.11 至 2020.01.11/中等毒
柑橘树 红蜘蛛 30-40毫克/千克 喷雾

PD20100706 乙草胺/81.5%/乳油/乙草胺 81.5%/2015.01.16 至 2020.01.16/低毒
大豆田 一年生杂草 夏大豆：891-1296克/公顷；春大豆：1528-1712克/公顷 播后苗前土壤喷雾

PD20110621 嘧啶核苷类抗菌素/2%/水剂/嘧啶核苷类抗菌素 2%/2011.06.08 至 2016.06.08/低毒
大白菜 黑斑病 90-180克/公顷 喷雾

PD20121735 草甘膦铵盐/50%/可溶粉剂/草甘膦 50%/2012.11.08 至 2017.11.08/低毒
柑橘园 杂草 1125-2250克/公顷 定向茎叶喷雾
注:草甘膦铵盐含量:55%

江西盾牌化工有限责任公司 (江西省抚州市临川区红桥镇红桥路2号 344116 0794-8490503)

PD20040006 仲丁灵/95%/原药/仲丁灵 95%/2014.07.26 至 2019.07.26/低毒

PD20040618 辛硫·三唑磷/20%/乳油/三唑磷 10%、辛硫磷 10%/2014.12.19 至 2019.12.19/中等毒
水稻 螟虫 360-480克/公顷 喷雾
水稻 稻纵卷叶螟 240-360克/公顷 喷雾

PD20050153 仲丁灵/37.3%/乳油/仲丁灵 37.3%/2015.09.29 至 2020.09.29/低毒
烟草 抑制腋芽生长 80-100倍液 杯淋法

PD20081564 氟乐灵/480克/升/乳油/氟乐灵 480克/升/2013.11.11 至 2018.11.11/低毒
棉花田 一年生禾本科杂草及部分阔叶杂草 900—1080克/公顷 土壤喷雾

PD20081584 扑草·仲丁灵/33%/乳油/扑草净 11%、仲丁灵 22%/2013.11.12 至 2018.11.12/低毒
大蒜田 一年生禾本科杂草及部分阔叶杂草 742.5-990克/公顷 播后苗前土壤喷雾
棉花田 一年生杂草 742.5-990克/公顷 播后苗前土壤喷雾

PD20081674 精喹·草除灵/14%/乳油/草除灵 12%、精喹禾灵 2%/2013.11.17 至 2018.11.17/低毒
冬油菜(移栽田) 一年生杂草 210-252克/公顷 茎叶喷雾

PD20081725 仲灵·异噁松/40%/乳油/异噁草松 10%、仲丁灵 30%/2013.11.18 至 2018.11.18/低毒
烟草 一年生杂草 900-1200克/公顷 移栽前土壤喷雾

PD20081959 二甲戊灵/330克/升/乳油/二甲戊灵 330克/升/2013.11.24 至 2018.11.24/低毒
甘蓝 一年生杂草 495-742.5克/公顷 土壤喷雾

PD20082443 马拉·杀螟松/12%/乳油/马拉硫磷 10%、杀螟硫磷 2%/2013.12.02 至 2018.12.02/低毒
水稻 二化螟 216-324克/公顷 喷雾
PD20082577 霜霉威/722克/升/水剂/霜霉威 722克/升/2013.12.04 至 2018.12.04/低毒
黄瓜 霜霉病 866−1083克/公顷 喷雾
烟草 黑胫病 758-1516克/公顷 喷雾
PD20082780 二甲戊灵/330克/升/乳油/二甲戊灵 330克/升/2013.12.09 至 2018.12.09/低毒
烟草 抑制腋芽生长 66-82.5毫克/株 杯淋法
PD20083657 仲丁灵/48%/乳油/仲丁灵 48%/2013.12.12 至 2018.12.12/低毒
大豆田 菟丝子 1425-1800克/公顷 茎叶喷雾
花生田 一年生禾本科杂草及部分阔叶杂草 1080-2175克/公顷 土壤喷雾
棉花田 一年生禾本科杂草及部分阔叶杂草 1440-1800克/公顷 播后苗前土壤喷雾
西瓜田 一年生禾本科杂草及部分阔叶杂草 1080-1440克/公顷 土壤喷雾
PD20121034 仲丁灵//乳油/ /2012.07.04 至 2017.07.04/低毒
棉花 一年生禾本科杂草及部分阔叶杂草 1440-1800克/公顷 播后苗前土壤喷雾

江西丰源生物高科有限公司 (江西省丰城市孙渡阁里杨 331100 0791-6800299)

PD20083997 仲丁威/20%/乳油/仲丁威 20%/2013.12.16 至 2018.12.16/低毒
水稻 稻飞虱 450-600克/公顷 喷雾
PD20086332 异丙威/20%/乳油/异丙威 20%/2013.12.31 至 2018.12.31/中等毒
水稻 稻飞虱 525-600克/公顷 喷雾
PD20098171 敌百·辛硫磷/30%/乳油/敌百虫 20%、辛硫磷 10%/2014.12.14 至 2019.12.14/低毒
水稻 二化螟 110-120毫升制剂/亩 喷雾
PD20131980 甲氨基阿维菌素苯甲酸盐/3%/水乳剂/甲氨基阿维菌素 3%/2013.10.10 至 2018.10.10/低毒
水稻 稻纵卷叶螟 9-18克/公顷 喷雾
注:甲氨基阿维菌素苯甲酸盐含量：3.4%。
PD20132525 阿维菌素/3%/水乳剂/阿维菌素 3%/2013.12.16 至 2018.12.16/中等毒(原药高毒)
水稻 稻纵卷叶螟 13.5-18克/公顷 喷雾
PD20151882 苏云金杆菌/8000IU/毫克/悬浮剂/苏云金杆菌 8000IU/毫克/2015.08.30 至 2020.08.30/低毒
甘蓝 小菜蛾 150-250克制剂/亩 喷雾
PD20152121 吡蚜酮/40%/可湿性粉剂/吡蚜酮 40%/2015.09.22 至 2020.09.22/低毒
水稻 稻飞虱 60-90克/公顷 喷雾

江西抚州新兴化工有限公司 (江西省抚州市临川区抚北工业园 344000 0794-8458696)

PD20040385 氯氰·三唑磷/11%/乳油/氯氰菊酯 1%、三唑磷 10%/2014.12.19 至 2019.12.19/中等毒
棉花 棉铃虫 165-247.5克/公顷 喷雾
PD20082064 苯磺隆/10%/可湿性粉剂/苯磺隆 10%/2013.11.25 至 2018.11.25/低毒
冬小麦田 一年生阔叶杂草 15-22.5克/公顷 茎叶喷雾
PD20082744 氯氰·敌敌畏/10%/乳油/敌敌畏 8%、氯氰菊酯 2%/2013.12.08 至 2018.12.08/中等毒
十字花科蔬菜 蚜虫 37.5-75克/公顷 喷雾
十字花科蔬菜 菜青虫 52.5-75克/公顷 喷雾
PD20083219 甲基硫菌灵/70%/可湿性粉剂/甲基硫菌灵 70%/2013.12.11 至 2018.12.11/低毒
水稻 纹枯病 1312.5-1575克/公顷 喷雾
PD20084350 仲丁威/25%/乳油/仲丁威 25%/2013.12.17 至 2018.12.17/低毒
水稻 稻飞虱 468.75-562.5克/公顷 喷雾
PD20085776 苄·丁/25%/粉剂/苄嘧磺隆 0.7%、丁草胺 24.3%/2013.12.29 至 2018.12.29/低毒
水稻抛秧田 一年生及部分多年生杂草 562.5-750克/公顷 毒土法
PD20091833 毒·辛/20%/乳油/毒死蜱 4%、辛硫磷 16%/2014.02.06 至 2019.02.06/低毒
水稻 稻纵卷叶螟 360-480克/公顷 喷雾
PD20092058 草甘膦异丙胺盐(41%)///水剂/草甘膦 30%/2014.02.13 至 2019.02.13/低毒
柑橘园 一年生及部分多年生杂草 1125-2250克/公顷 定向茎叶喷雾
PD20092283 乙草胺/20%/可湿性粉剂/乙草胺 20%/2014.02.24 至 2019.02.24/低毒
水稻移栽田 稗草 90-120克/公顷 毒土法
PD20093252 联苯菊酯/25克/升/乳油/联苯菊酯 25克/升/2014.03.11 至 2019.03.11/低毒
茶树 茶小绿叶蝉 30-37.5克/公顷 喷雾
PD20094440 阿维菌素/1.8%/乳油/阿维菌素 1.8%/2014.04.01 至 2019.04.01/中等毒(原药高毒)
柑橘树 红蜘蛛 6-9毫克/千克 喷雾
PD20095949 阿维·氯氰/2.1%/乳油/阿维菌素 0.1%、氯氰菊酯 2%/2014.06.02 至 2019.06.02/低毒(原药高毒)
十字花科蔬菜 小菜蛾 15.75-22.05克/公顷 喷雾
PD20096353 毒死蜱/40%/乳油/毒死蜱 40%/2014.07.28 至 2019.07.28/中等毒
水稻 稻纵卷叶螟 450-600克/公顷 喷雾
PD20097451 辛硫·三唑磷/20%/乳油/三唑磷 10%、辛硫磷 10%/2014.10.28 至 2019.10.28/中等毒
水稻 二化螟 360-450克/公顷 喷雾
PD20100715 异稻·稻瘟灵/40%/乳油/稻瘟灵 10%、异稻瘟净 30%/2015.01.16 至 2020.01.16/中等毒
水稻 稻瘟病 600-1000克/公顷 喷雾
PD20101518 马拉·辛硫磷/25%/乳油/马拉硫磷 12.5%、辛硫磷 12.5%/2015.05.13 至 2020.05.13/低毒

水稻 稻纵卷叶螟 300-375克/公顷 喷雾

PD20110439 苄·二氯/28%/可湿性粉剂/苄嘧磺隆 3%、二氯喹啉酸 25%/2016.04.21 至 2021.04.21/低毒

水稻秧田 一年生杂草 210-252克/公顷 茎叶喷雾

PD20110461 阿维·三唑磷/10.2%/乳油/阿维菌素 0.2%、三唑磷 10%/2016.04.21 至 2021.04.21/中等毒(原药高毒)

水稻 三化螟 153-183.6克/公顷 喷雾

PD20120530 唑磷·毒死蜱/25%/乳油/毒死蜱 5%、三唑磷 20%/2012.03.28 至 2017.03.28/中等毒

水稻 二化螟 300-375克/公顷 喷雾

PD20131142 吡虫·杀虫单/35%/可湿性粉剂/吡虫啉 1%、杀虫单 34%/2013.05.20 至 2018.05.20/中等毒

水稻 稻飞虱、二化螟 525-787.5克/公顷 喷雾

PD20150191 己唑醇/30%/悬浮剂/己唑醇 30%/2015.01.15 至 2020.01.15/低毒

水稻 纹枯病 76.5-90克/公顷 喷雾

PD20150737 阿维菌素/5%/水乳剂/阿维菌素 5%/2015.04.20 至 2020.04.20/中等毒(原药高毒)

水稻 稻纵卷叶螟 12-15克/公顷 喷雾

PD20151525 吡蚜酮/50%/可湿性粉剂/吡蚜酮 50%/2015.08.03 至 2020.08.03/低毒

水稻 稻飞虱 82.5-90克/公顷 喷雾

PD20152141 螺螨酯/24%/悬浮剂/螺螨酯 24%/2015.09.22 至 2020.09.22/低毒

柑橘树 红蜘蛛 48-60毫克/千克 喷雾

江西海阔利斯生物科技有限公司 (江西省鹰潭市月湖区工业园区 335000 0701-6219171)

PD20085253 辛硫磷/40%/乳油/辛硫磷 40%/2013.12.23 至 2018.12.23/低毒

棉花 棉铃虫 450-600克/公顷 喷雾

PD20085551 三环唑/20%/可湿性粉剂/三环唑 20%/2013.12.25 至 2018.12.25/低毒

水稻 稻瘟病 225-300克/公顷 喷雾

PD20085794 杀螟丹/50%/可溶粉剂/杀螟丹 50%/2013.12.29 至 2018.12.29/中等毒

水稻 二化螟 750-825克/公顷 喷雾

PD20086201 高效氯氟氰菊酯/25克/升/乳油/高效氯氟氰菊酯 25克/升/2013.12.30 至 2018.12.30/中等毒

十字花科蔬菜 菜青虫 11.25-15克/公顷 喷雾

PD20086230 联苯菊酯/100克/升/乳油/联苯菊酯 100克/升/2013.12.31 至 2018.12.31/中等毒

茶树 茶尺蠖 11.25-15克/公顷 喷雾

PD20091278 异丙威/20%/乳油/异丙威 20%/2014.02.01 至 2019.02.01/低毒

水稻 稻飞虱 450-600克/公顷 喷雾

PD20091473 仲丁威/20%/乳油/仲丁威 20%/2014.02.02 至 2019.02.02/低毒

水稻 稻飞虱 450-600克/公顷 喷雾

PD20091496 噻嗪·异丙威/25%/可湿性粉剂/噻嗪酮 5%、异丙威 20%/2014.02.02 至 2019.02.02/低毒

水稻 稻飞虱 450-562.5克/公顷 喷雾

PD20091704 毒死蜱/45%/乳油/毒死蜱 45%/2014.02.03 至 2019.02.03/中等毒

水稻 稻纵卷叶螟 468-612克/公顷 喷雾

PD20091763 甲氰菊酯/20%/乳油/甲氰菊酯 20%/2014.02.04 至 2019.02.04/中等毒

十字花科蔬菜 菜青虫 60-120克/公顷 喷雾

PD20091952 多菌灵/50%/可湿性粉剂/多菌灵 50%/2014.02.12 至 2019.02.12/微毒

水稻 稻瘟病 1125-1500克/公顷 喷雾

PD20091986 氯氰·丙溴磷/440克/升/乳油/丙溴磷 400克/升、氯氰菊酯 40克/升/2014.02.12 至 2019.02.12/中等毒

棉花 棉铃虫 528-660克/公顷 喷雾

PD20092613 炔螨特/73%/乳油/炔螨特 73%/2014.03.02 至 2019.03.02/低毒

柑橘树 红蜘蛛 243-365毫克/千克 喷雾

PD20092836 井冈霉素/3%/水剂/井冈霉素A 2.4%/2014.03.05 至 2019.03.05/微毒

水稻 纹枯病 150-187.5克/公顷 喷雾

PD20092949 吡虫啉/20%/可溶液剂/吡虫啉 20%/2014.03.09 至 2019.03.09/低毒

水稻 稻飞虱 24-30克/公顷 喷雾

PD20093002 多菌灵/50%/可湿性粉剂/多菌灵 50%/2014.03.09 至 2019.03.09/低毒

苹果树 轮纹病 800-1000毫克/千克 喷雾

PD20093453 甲基硫菌灵/70%/可湿性粉剂/甲基硫菌灵 70%/2014.03.23 至 2019.03.23/低毒

苹果树 轮纹病 700-875毫克/千克 喷雾

PD20093501 丙环唑/250克/升/乳油/丙环唑 250克/升/2014.03.23 至 2019.03.23/低毒

香蕉 叶斑病 250-500毫克/千克 喷雾

PD20093798 毒·辛/40%/乳油/毒死蜱 15%、辛硫磷 25%/2014.03.25 至 2019.03.25/低毒

水稻 三化螟 450-750克/公顷 喷雾

PD20094285 速灭威/25%/可湿性粉剂/速灭威 25%/2014.03.31 至 2019.03.31/低毒

水稻 飞虱 562.5-750克/公顷 喷雾

PD20100052 三唑磷/20%/乳油/三唑磷 20%/2015.01.04 至 2020.01.04/中等毒

水稻 二化螟 202.5-303.75克/公顷 喷雾

PD20100646 井冈霉素/16%/可溶粉剂/井冈霉素A 16%/2015.01.15 至 2020.01.15/低毒

水稻 纹枯病 150-187.5克/公顷 喷雾

注:井冈霉素含含量: 20%。

PD20140490 氟环唑/12.5%/悬浮剂/氟环唑 12.5%/2014.03.06 至 2019.03.06/低毒
柑橘树 炭疽病 42-63毫克/千克 喷雾
PD20140491 氟虫腈/5%/悬浮种衣剂/氟虫腈 5%/2014.03.06 至 2019.03.06/低毒
玉米 蛴螬 151.5-200克/100千克种子 种子包衣
PD20141099 阿维·吡蚜酮/18%/悬浮剂/阿维菌素 2%、吡蚜酮 16%/2014.04.27 至 2019.04.27/低毒(原药高毒)
水稻 稻飞虱 52.8-67.5克/公顷 喷雾
PD20141285 苯甲·嘧菌酯/32.5%/悬浮剂/苯醚甲环唑 12.5%、嘧菌酯 20%/2014.05.12 至 2019.05.12/低毒
水稻 纹枯病 97.5-195克/公顷 喷雾
PD20141286 阿维菌素/5%/悬浮剂/阿维菌素 5%/2014.05.12 至 2019.05.12/中等毒(原药高毒)
水稻 稻纵卷叶螟 9-11.25克/公顷 喷雾
PD20141288 戊唑·嘧菌酯/50%/悬浮剂/嘧菌酯 20%、戊唑醇 30%/2014.05.12 至 2019.05.12/低毒
水稻 纹枯病 75－112克/公顷 喷雾
PD20141432 吡蚜酮/25%/悬浮剂/吡蚜酮 25%/2014.06.06 至 2019.06.06/低毒
水稻 稻飞虱 120-150克/公顷 喷雾
PD20141614 噻虫嗪/25%/水分散粒剂/噻虫嗪 25%/2014.06.24 至 2019.06.24/低毒
水稻 稻飞虱 11.25-16.88克/公顷 喷雾
PD20141616 苯甲·己唑醇/30%/悬浮剂/苯醚甲环唑 25%、己唑醇 5%/2014.06.24 至 2019.06.24/低毒
水稻 纹枯病 90－108克/公顷 喷雾
PD20141692 苯甲· 氟环唑/30%/悬浮剂/苯醚甲环唑 15%、氟环唑 15%/2014.06.30 至 2019.06.30/低毒
柑橘树 炭疽病 75－100毫克/千克 喷雾
PD20141725 苯醚甲环唑/40%/悬浮剂/苯醚甲环唑 40%/2014.06.30 至 2019.06.30/低毒
水稻 纹枯病 84－108克/公顷 喷雾
PD20141743 噻虫·吡蚜酮/35%/水分散粒剂/吡蚜酮 20%、噻虫嗪 15%/2014.06.30 至 2019.06.30/低毒
水稻 稻飞虱 21-31.5克/公顷 喷雾
PD20141844 己唑醇/10%/悬浮剂/己唑醇 10%/2014.07.24 至 2019.07.24/低毒
水稻 纹枯病 45-75克/公顷 喷雾
PD20142116 多杀·虫螨腈/13%/悬浮剂/虫螨腈 10.5%、多杀霉素 2.5%/2014.09.02 至 2019.09.02/低毒
甘蓝 小菜蛾 46.5-56克/公顷 喷雾
PD20142194 四螨嗪/200克/升/悬浮剂/四螨嗪 200克/升/2014.09.28 至 2019.09.28/微毒
柑橘树 红蜘蛛 100-200毫克/千克 喷雾
PD20142426 烯酰·嘧菌酯/30%/水分散粒剂/嘧菌酯 20%、烯酰吗啉 10%/2014.11.14 至 2019.11.14/低毒
黄瓜 霜霉病 270－315克/公顷 喷雾
PD20150037 甲氨基阿维菌素苯甲酸盐/5%/悬浮剂/甲氨基阿维菌素 5%/2015.01.04 至 2020.01.04/低毒
水稻 稻纵卷叶螟 11.3-15克/公顷 喷雾
注：甲氨基阿维菌素苯甲酸盐含量：5.7%。
PD20151016 阿维·噻虫嗪/12%/悬浮剂/阿维菌素 2%、噻虫嗪 10%/2015.06.12 至 2020.06.12/低毒(原药高毒)
水稻 稻飞虱 21.6-27克/公顷 喷雾
PD20151408 吡唑醚菌酯/20%/可湿性粉剂/吡唑醚菌酯 20%/2015.07.30 至 2020.07.30/低毒
苹果树 斑点落叶病 100-200毫克/千克 喷雾
PD20151775 苯醚·戊唑醇/40%/悬浮剂/苯醚甲环唑 20%、戊唑醇 20%/2015.08.28 至 2020.08.28/低毒
水稻 纹枯病 90-150克/公顷 喷雾
PD20151836 多杀·吡虫啉/10%/悬浮剂/吡虫啉 8%、多杀霉素 2%/2015.08.28 至 2020.08.28/低毒
茄子 蓟马 30-45克/公顷 喷雾
PD20151932 吡虫·虫螨腈/20%/悬浮剂/吡虫啉 10%、虫螨腈 10%/2015.08.30 至 2020.08.30/低毒
节瓜 蓟马 4~6克/亩 喷雾
LS20140060 丙环·嘧菌酯/32%/悬浮剂/丙环唑 12%、嘧菌酯 20%/2015.02.18 至 2016.02.18/低毒
水稻 纹枯病 120－216克/公顷 喷雾
LS20150211 噻虫胺/20%/悬浮剂/噻虫胺 20%/2015.07.30 至 2016.07.30/低毒
梨树 梨木虱 80-100毫克/千克 喷雾

江西核工业金品生物科技有限公司 (江西省峡江工业园区城南园区月华路 331409 0796-3692606)

PD20102090 氯氰菊酯/10%/乳油/氯氰菊酯 10%/2015.11.25 至 2020.11.25/中等毒
甘蓝 菜青虫 20-30克制剂/亩 喷雾
PD20110665 马拉硫磷/45%/乳油/马拉硫磷 45%/2011.06.20 至 2016.06.20/低毒
水稻 蓟马 607.5-742.5克/公顷 喷雾
PD20110977 噻嗪酮/25%/可湿性粉剂/噻嗪酮 25%/2011.09.14 至 2016.09.14/低毒
水稻 稻飞虱 131.25-150克/公顷 喷雾
PD20150361 吡蚜酮/97%/原药/吡蚜酮 97%/2015.03.03 至 2020.03.03/低毒
PD20150927 赤霉酸/3%/乳油/赤霉酸 3%/2015.06.10 至 2020.06.10/低毒
水稻 调节生长 22.5-30毫克/千克 喷雾

江西禾益化工股份有限公司 (江西省彭泽县龙城镇矶山村 332700 0792-5683999)

PD20060215 异菌脲/95%/原药/异菌脲 95%/2011.12.26 至 2016.12.26/低毒
PD20070134 腐霉利/98.5%/原药/腐霉利 98.5%/2012.05.29 至 2017.05.29/低毒
PD20070241 灭蝇胺/75%/可湿性粉剂/灭蝇胺 75%/2012.08.30 至 2017.08.30/低毒

	黄瓜	美洲斑潜蝇	112.5-168.75克/公顷	喷雾
PD20070242	灭蝇胺/98%/原药/灭蝇胺 98%/2012.08.30 至 2017.08.30/低毒			
PD20070486	三环唑/75%/可湿性粉剂/三环唑 75%/2012.11.28 至 2017.11.28/低毒			
	水稻	稻瘟病	225-450克/公顷	喷雾
PD20070688	灭蝇胺/50%/可湿性粉剂/灭蝇胺 50%/2012.12.19 至 2017.12.19/低毒			
	黄瓜	美洲斑潜蝇	112.5-168.75克/公顷	喷雾
PD20080131	腐霉利/50%/可湿性粉剂/腐霉利 50%/2013.01.03 至 2018.01.03/低毒			
	葡萄	灰霉病	250-500毫克/千克	喷雾
PD20080984	腐霉利/20%/悬浮剂/腐霉利 20%/2013.07.24 至 2018.07.24/低毒			
	葡萄	灰霉病	400-500毫克/千克	喷雾
PD20081750	异稻·三环唑/20%/可湿性粉剂/三环唑 6.7%、异稻瘟净 13.3%/2013.11.18 至 2018.11.18/低毒			
	水稻	稻瘟病	300-450克/公顷	喷雾
PD20081855	腐霉·百菌清/50%/可湿性粉剂/百菌清 33.3%、腐霉利 16.7%/2013.11.20 至 2018.11.20/低毒			
	番茄	灰霉病	600-900克/公顷	喷雾
PD20085167	异菌·多菌灵/20%/悬浮剂/多菌灵 15%、异菌脲 5%/2013.12.23 至 2018.12.23/低毒			
	苹果树	斑点落叶病	333-500毫克/千克	喷雾
PD20085445	异菌脲/50%/可湿性粉剂/异菌脲 50%/2013.12.24 至 2018.12.24/低毒			
	番茄	早疫病	375-562.5克/公顷	喷雾
	辣椒	立枯病	1-2克/平方米	泼浇
	苹果树	斑点落叶病	333.3-500毫克/千克	喷雾
	葡萄	灰霉病	750-1000倍液	喷雾
	人参	黑斑病	975-1275克/公顷	喷雾
PD20085855	噻嗪·速灭威/25%/可湿性粉剂/噻嗪酮 5%、速灭威 20%/2013.12.29 至 2018.12.29/中等毒			
	水稻	稻飞虱	187.5-281.25克/公顷	喷雾
PD20096829	二氰·锰锌/65%/可湿性粉剂/二氰蒽醌 5%、代森锰锌 60%/2014.09.21 至 2019.09.21/低毒			
	梨树	黑星病	500-750倍液	喷雾
PD20096834	二氰蒽醌/95%/原药/二氰蒽醌 95%/2014.09.21 至 2019.09.21/低毒			
PD20096835	二氰蒽醌/22.7%/悬浮剂/二氰蒽醌 22.7%/2014.09.21 至 2019.09.21/低毒			
	辣椒	炭疽病	213-284克/公顷	喷雾
PD20096892	氟硅唑/95%/原药/氟硅唑 95%/2014.09.23 至 2019.09.23/低毒			
PD20096942	吡虫啉/95%/原药/吡虫啉 95%/2014.09.29 至 2019.09.29/低毒			
PD20096966	丙环唑/95%/原药/丙环唑 95%/2014.09.29 至 2019.09.29/低毒			
PD20096998	甲霜灵/96%/原药/甲霜灵 96%/2014.09.29 至 2019.09.29/低毒			
PD20097150	盐酸吗啉胍/20%/可湿性粉剂/盐酸吗啉胍 20%/2014.10.16 至 2019.10.16/低毒			
	番茄	病毒病	375-750克/公顷	喷雾
	烟草	病毒病	500-667毫克/千克	喷雾
PD20097207	王铜·霜脲氰/40%/可湿性粉剂/霜脲氰 10%、王铜 30%/2014.10.19 至 2019.10.19/低毒			
	黄瓜	霜霉病	720-960克/公顷	喷雾
PD20101009	春雷·王铜/47%/可湿性粉剂/春雷霉素 2%、王铜 45%/2015.01.20 至 2020.01.20/低毒			
	柑橘	溃疡病	627-940毫克/千克	喷雾
PD20110181	王铜/30%/悬浮剂/王铜 30%/2011.02.18 至 2016.02.18/低毒			
	番茄	早疫病	225-321.4克/公顷	喷雾
	柑橘树	溃疡病	600-800倍液	喷雾
	人参	黑斑病	900-1800倍液	喷雾
PD20110182	王铜/50%/可湿性粉剂/王铜 50%/2011.02.18 至 2016.02.18/低毒			
	黄瓜	细菌性角斑病	1607-2250克/公顷	喷雾
PD20110183	王铜/90%/原药/王铜 90%/2011.02.18 至 2016.02.18/低毒			
PD20110226	噁霉灵/30%/水剂/噁霉灵 30%/2011.02.25 至 2016.02.25/低毒			
	辣椒	立枯病	0.75-1.05克/平方米	泼浇
	西瓜	枯萎病	375-500毫克/千克	灌根
PD20121412	菌核净/96%/原药/菌核净 96%/2012.09.19 至 2017.09.19/低毒			
PD20131928	乙嘧酚/95%/原药/乙嘧酚 95%/2013.09.25 至 2018.09.25/低毒			
PD20131929	乙嘧酚/25%/悬浮剂/乙嘧酚 25%/2013.09.25 至 2018.09.25/低毒			
	黄瓜	白粉病	234.38~351.56克/公顷	喷雾
PD20132440	甲磺草胺/94%/原药/甲磺草胺 94%/2013.12.02 至 2018.12.02/低毒			
	注:专供出口，不得在国内销售。			
PD20132657	甲基硫菌灵/75%/水分散粒剂/甲基硫菌灵 75%/2013.12.20 至 2018.12.20/低毒			
	西瓜	炭疽病	600-900克/公顷	喷雾
PD20141995	醚菌酯/50%/水分散粒剂/醚菌酯 50%/2014.09.09 至 2019.09.09/低毒			
	黄瓜	白粉病	112.5-150克/公顷	喷雾
PD20142084	烯酰吗啉/80%/水分散粒剂/烯酰吗啉 80%/2014.09.02 至 2019.09.02/低毒			
	黄瓜	霜霉病	240-300克/公顷	喷雾
PD20142278	灭蝇胺/10%/可溶液剂/灭蝇胺 10%/2014.10.21 至 2019.10.21/低毒			

黄瓜 美洲斑潜蝇 125-187.5克/公顷 喷雾

PD20142282 啶虫脒/70%/水分散粒剂/啶虫脒 70%/2014.10.22 至 2019.10.22/低毒

黄瓜 蚜虫 21-26.25克/公顷 喷雾

PD20142517 氟硅唑/10%/水乳剂/氟硅唑 10%/2014.11.21 至 2019.11.21/微毒

黄瓜 白粉病 60-75克/公顷 喷雾

PD20150135 异菌脲/500克/升/悬浮剂/异菌脲 500克/升/2015.01.12 至 2020.01.12/低毒

西瓜 叶斑病 450-675克/公顷 喷雾

PD20150139 王铜·菌核净/45%/可湿性粉剂/菌核净 20%、王铜 25%/2015.01.14 至 2020.01.14/低毒

烟草 赤星病 562.5-843.75克/公顷 喷雾

PD20150266 菌核净/40%/可湿性粉剂/菌核净 40%/2015.01.20 至 2020.01.20/低毒

烟草 赤星病 1140-2010克/公顷 喷雾

PD20150394 三环·多菌灵/75%/可湿性粉剂/多菌灵 45%、三环唑 30%/2015.03.18 至 2020.03.18/低毒

水稻 稻瘟病 337.5-450克/公顷 喷雾

PD20150432 二氰蒽醌/66%/水分散粒剂/二氰蒽醌 66%/2015.03.24 至 2020.03.24/低毒

辣椒 炭疽病 198—297克/公顷 喷雾

PD20152000 吡唑醚菌酯/97.5%/原药/吡唑醚菌酯 97.5%/2015.08.31 至 2020.08.31/中等毒

PD20152002 腈菌唑/40%/悬浮剂/腈菌唑 40%/2015.08.31 至 2020.08.31/低毒

梨树 黑星病 30-50毫克/千克 喷雾

PD20152111 灭胺·杀虫单/75%/可湿性粉剂/灭蝇胺 10%、杀虫单 65%/2015.09.22 至 2020.09.22/中等毒

菜豆 美洲斑潜蝇 450-675克/公顷 喷雾

江西红土地化工有限公司 (江西省南昌县莲塘镇迎宾北大道1088号 330200 0791-5260607)

PD20081321 异丙威/20%/乳油/异丙威 20%/2013.10.20 至 2018.10.20/中等毒

水稻 稻飞虱 450-600克/公顷 喷雾

PD20085029 毒死蜱/45%/乳油/毒死蜱 45%/2013.12.22 至 2018.12.22/中等毒

水稻 二化螟 468-576克/公顷 喷雾

PD20085626 高效氯氟氰菊酯/25克/升/乳油/高效氯氟氰菊酯 25克/升/2013.12.25 至 2018.12.25/中等毒

棉花 棉铃虫 15-22.5克/公顷 喷雾

PD20085669 丙溴·辛硫磷/25%/乳油/丙溴磷 6%、辛硫磷 19%/2013.12.26 至 2018.12.26/中等毒

棉花 棉铃虫 337.5-375克/公顷 喷雾

PD20086077 马拉·辛硫磷/25%/乳油/马拉硫磷 12.5%、辛硫磷 12.5%/2013.12.30 至 2018.12.30/中等毒

水稻 稻纵卷叶螟 300-375克/公顷 喷雾

PD20090368 敌百·辛硫磷/30%/乳油/敌百虫 20%、辛硫磷 10%/2014.01.12 至 2019.01.12/低毒

水稻 二化螟 450-540克/公顷 喷雾

PD20096565 三唑磷/20%/乳油/三唑磷 20%/2014.08.24 至 2019.08.24/中等毒

水稻 二化螟 1215-1515毫升制剂/公顷 喷雾

PD20097700 阿维·高氯/1.8%/乳油/阿维菌素 0.3%、高效氯氰菊酯 1.5%/2014.11.04 至 2019.11.04/中等毒(原药高毒)

甘蓝 小菜蛾 7.5-15克/公顷 喷雾

PD20097766 唑磷·毒死蜱/25%/乳油/毒死蜱 5%、三唑磷 20%/2014.11.12 至 2019.11.12/中等毒

水稻 二化螟 225-375克/公顷 喷雾

PD20101401 辛硫·三唑磷/20%/乳油/三唑磷 10%、辛硫磷 10%/2015.04.14 至 2020.04.14/中等毒

水稻 二化螟 360-450克/公顷 喷雾

PD20120644 苯甲·丙环唑/300克/升/乳油/苯醚甲环唑 150克/升、丙环唑 150克/升/2012.04.12 至 2017.04.12/低毒

水稻 纹枯病 67.5-90克/公顷 喷务

PD20122131 噻嗪·异丙威/25%/可湿性粉剂/噻嗪酮 5%、异丙威 20%/2012.12.31 至 2017.12.31/低毒

水稻 稻飞虱 562.5-750克/公顷 喷雾

PD20132538 吡蚜酮/25%/悬浮剂/吡蚜酮 25%/2013.12.16 至 2018.12.16/低毒

水稻 稻飞虱 75—90克/公顷 喷雾

PD20142031 甲氨基阿维菌素苯甲酸盐/5%/水分散粒剂/甲氨基阿维菌素 5%/2014.08.27 至 2019.08.27/低毒

甘蓝 小菜蛾 3-3.42克/公顷 喷雾

注:甲氨基阿维菌素苯甲酸盐含量: 5.7%。

PD20142382 烯啶虫胺/10%/水剂/烯啶虫胺 10%/2014.11.04 至 2019.11.04/低毒

棉花 蚜虫 15—30克/公顷 喷雾

PD20150196 三环唑/75%/可湿性粉剂/三环唑 75%/2015.01.15 至 2020.01.15/中等毒

水稻 稻瘟病 270-303.75克/公顷 喷雾

江西华兴化工有限公司 (江西省乐平市工业园塔山工业区 333311 0798-6225555-605)

PD20085578 毒死蜱/45%/乳油/毒死蜱 45%/2013.12.25 至 2018.12.25/中等毒

水稻 稻纵卷叶螟 576-720克/公顷 喷雾

PD20090277 异丙威/20%/乳油/异丙威 20%/2014.01.14 至 2019.01.14/中等毒

水稻 稻飞虱 450-600克/公顷 喷雾

PD20090604 杀虫双/18%/水剂/杀虫双 18%/2014.01.14 至 2019.01.14/中等毒

水稻 二化螟 540-675克/公顷 喷雾

PD20096790 高效氯氟氰菊酯/25克/升/乳油/高效氯氟氰菊酯 25克/升/2014.09.15 至 2019.09.15/中等毒

棉花 棉铃虫 15-22.5克/公顷 喷雾

PD20110855 苯丁锡/95%/原药/苯丁锡 95%/2011.08.10 至 2016.08.10/低毒
PD20121798 三唑锡/20%/悬浮剂/三唑锡 20%/2012.11.22 至 2017.11.22/低毒
柑橘树 红蜘蛛 133.3-200毫克/千克 喷雾
苹果树 红蜘蛛 100-200毫克/千克 喷雾
PD20130843 三唑锡/25%/可湿性粉剂/三唑锡 25%/2013.05.13 至 2018.05.13/低毒
柑橘树 红蜘蛛 1500-2500倍液 喷雾
苹果树 红蜘蛛 1500-2000倍液 喷雾
PD20132022 三唑锡/95%/原药/三唑锡 95%/2013.10.21 至 2018.10.21/中等毒

江西汇和化工有限公司 (江西省南昌市高新大道578号 330096 0791-8115275)

PD20083179 联苯菊酯/25克/升/乳油/联苯菊酯 25克/升/2013.12.11 至 2018.12.11/中等毒
茶树 茶尺蠖 7.5-15克/公顷 喷雾
PD20083921 异丙威/20%/乳油/异丙威 20%/2013.12.15 至 2018.12.15/中等毒
水稻 稻飞虱 450-600克/公顷 喷雾
PD20083955 三环唑/75%/可湿性粉剂/三环唑 75%/2013.12.15 至 2018.12.15/低毒
水稻 稻瘟病 225-300克/公顷 喷雾
PD20084062 杀螟丹/50%/可溶粉剂/杀螟丹 50%/2013.12.16 至 2018.12.16/中等毒
水稻 二化螟 600-750克/公顷 喷雾
PD20084080 噻嗪・异丙威/25%/可湿性粉剂/噻嗪酮 5%、异丙威 20%/2013.12.16 至 2018.12.16/中等毒
水稻 稻飞虱 450-562.5克/公顷 喷雾
PD20084144 毒死蜱/40%/乳油/毒死蜱 40%/2013.12.16 至 2018.12.16/中等毒
水稻 稻纵卷叶螟 576-720克/公顷 喷雾
PD20084421 高效氯氟氰菊酯/25克/升/乳油/高效氯氟氰菊酯 25克/升/2013.12.17 至 2018.12.17/中等毒
十字花科蔬菜 菜青虫 11.25-15克/公顷 喷雾
PD20085484 炔螨特/73%/乳油/炔螨特 73%/2013.12.25 至 2018.12.25/低毒
柑橘树 红蜘蛛 292-365毫克/千克 喷雾
PD20091272 氯氰・丙溴磷/440克/升/乳油/丙溴磷 400克/升、氯氰菊酯 40克/升/2014.02.01 至 2019.02.01/中等毒
棉花 棉铃虫 462-660克/公顷 喷雾
PD20091598 甲氰菊酯/20%/乳油/甲氰菊酯 20%/2014.02.03 至 2019.02.03/中等毒
十字花科蔬菜 菜青虫 75-90克/公顷 喷雾
PD20093075 丁硫克百威/200克/升/乳油/丁硫克百威 200克/升/2014.03.09 至 2019.03.09/中等毒
棉花 蚜虫 120-180克/公顷 喷雾
PD20096200 阿维菌素/18克/升/乳油/阿维菌素 18克/升/2014.07.15 至 2019.07.15/低毒(原药高毒)
甘蓝 小菜蛾 9.45-10.8克/公顷 喷雾
PD20096420 井冈霉素/20%/可溶粉剂/井冈霉素 20%/2014.08.04 至 2019.08.04/低毒
水稻 纹枯病 150-187.5克/公顷 喷雾
PD20097419 杀螺胺乙醇胺盐/50%/可湿性粉剂/杀螺胺乙醇胺盐 50%/2014.10.28 至 2019.10.28/低毒
水稻 福寿螺 450—600克/公顷 毒土法
PD20098019 丙草胺/30%/乳油/丙草胺 30%/2014.12.07 至 2019.12.07/低毒
水稻秧田 一年生杂草 360-540克/公顷 播后苗前土壤处理
PD20101942 吡虫啉/20%/可溶液剂/吡虫啉 20%/2015.09.17 至 2020.09.17/低毒
水稻 稻飞虱 22.5-30克/公顷 喷雾
PD20110696 氟铃・毒死蜱/22%/乳油/毒死蜱 20%、氟铃脲 2%/2011.06.22 至 2016.06.22/中等毒
棉花 棉铃虫 330-396克/公顷 喷雾
PD20120476 三唑磷/40%/乳油/三唑磷 40%/2012.03.19 至 2017.03.19/中等毒
水稻 三化螟 300-480克/公顷 喷雾
PD20120526 唑磷・毒死蜱/25%/乳油/毒死蜱 10%、三唑磷 15%/2012.03.28 至 2017.03.28/中等毒
水稻 二化螟 300—375克/公顷 喷雾
PD20121122 草甘膦铵盐/58%/可溶粉剂/草甘膦 58%/2012.07.20 至 2017.07.20/低毒
柑橘园 杂草 1706-2242.5克/公顷 行间定向茎叶喷雾
注:草甘膦铵盐含量:63.8%。
PD20121803 阿维菌素/3%/水乳剂/阿维菌素 3%/2012.11.22 至 2017.11.22/中等毒(原药高毒)
水稻 稻纵卷叶螟 15-22.5克/公顷 喷雾
PD20132084 苄嘧・丙草胺/40%/可湿性粉剂/苄嘧磺隆 4%、丙草胺 36%/2013.10.29 至 2018.10.29/低毒
直播水稻(南方) 一年生杂草 360-480克/公顷 茎叶喷雾
PD20132226 噻嗪酮/37%/悬浮剂/噻嗪酮 37%/2013.11.05 至 2018.11.05/低毒
水稻 稻飞虱 111-166.5克/公顷 喷雾
PD20140229 甲维・毒死蜱/20%/微乳剂/毒死蜱 19.8%、甲氨基阿维菌素苯甲酸盐 0.2%/2014.01.29 至 2019.01.29/中等毒
水稻 稻纵卷叶螟 240-360克/公顷 喷雾
PD20141354 莠灭净/40%/可湿性粉剂/莠灭净 40%/2014.06.04 至 2019.06.04/低毒
甘蔗田 一年生杂草 1500-2100克/公顷 定向茎叶喷雾
PD20150165 苯醚甲环唑/20%/微乳剂/苯醚甲环唑 20%/2015.01.14 至 2020.01.14/低毒
西瓜 炭疽病 90-120克/公顷 喷雾
PD20151418 吡蚜・异丙威/50%/可湿性粉剂/吡蚜酮 10%、异丙威 40%/2015.07.30 至 2020.07.30/低毒

水稻 飞虱 225-375克/公顷 喷雾

PD20151582 咪鲜胺/97%/原药/咪鲜胺 97%/2015.08.28 至 2020.08.28/低毒

江西金龙化工有限公司 (江西省乐平市塔山 333320 0798-6702708)

PD20080105 乙烯利/80%/原药/乙烯利 80%/2013.01.03 至 2018.01.03/低毒

PD20081144 草甘膦/95%/原药/草甘膦 95%/2013.09.01 至 2018.09.01/低毒

PD20086386 乙烯利/40%/水剂/乙烯利 40%/2013.12.31 至 2018.12.31/低毒

番茄 催熟 800-1000倍液 兑水喷雾

棉花 增产 300-500倍液 兑水喷雾

香蕉 催熟 300-400倍液 兑水喷雾

橡胶树 增产 5-10倍液 涂抹

PD20110806 草甘膦异丙胺盐/46%/水剂/草甘膦 46%/2011.08.04 至 2016.08.04/低毒

柑橘园 杂草 897-1380克/公顷 定向茎叶喷雾

注:草甘膦异丙胺盐含量:62%。

PD20140973 草甘膦钾盐/95%/原药/草甘膦钾盐 95%/2014.04.14 至 2019.04.14/低毒

注:草甘膦含量: 77.6%

PD20142163 草甘膦异丙胺盐/30%/水剂/草甘膦 30%/2014.09.18 至 2019.09.18/低毒

柑橘园 杂草 810-1215克/公顷 定向喷雾

注:草甘膦异丙胺盐含量: 41%。

PD20150559 草甘膦铵盐/95.5%/原药/草甘膦铵盐 95.5%/2015.03.24 至 2020.03.24/低毒

注:草甘膦含量: 86.8%。

PD20151010 草甘膦铵盐/80%/可溶粒剂/草甘膦 80%/2015.06.12 至 2020.06.12/低毒

柑橘园 杂草 1500-2040克/公顷 定向茎叶喷雾

注:草甘膦铵盐含量: 88%。

PD20152679 草甘膦铵盐/68%/可溶粒剂/草甘膦 68%/2015.12.19 至 2020.12.19/低毒

苹果园 杂草 1122-2244克/公顷 定向茎叶喷雾

江西劲农化工有限公司 (江西省湖口县金砂湾工业园 330096 0791-8115275)

PD20083801 灭蝇胺/10%/悬浮剂/灭蝇胺 10%/2013.12.15 至 2018.12.15/低毒

黄瓜 美洲斑潜蝇 150-225克/公顷 喷雾

PD20083820 杀螟丹/50%/可溶粉剂/杀螟丹 50%/2013.12.15 至 2018.12.15/中等毒

水稻 二化螟 600-750克/公顷 喷雾

PD20084001 稻瘟灵/30%/乳油/稻瘟灵 30%/2013.12.16 至 2018.12.16/低毒

水稻 稻瘟病 450-675克/公顷 喷雾

PD20084015 高效氯氰菊酯/25克/升/乳油/高效氯氰菊酯 25克/升/2013.12.16 至 2018.12.16/中等毒

十字花科蔬菜 菜青虫 300-600毫升/公顷 喷雾

烟草 烟青虫 300-375毫升/公顷 喷雾

PD20084037 井冈霉素/10%/可溶粉剂/井冈霉素 10%/2013.12.16 至 2018.12.16/低毒

水稻 纹枯病 150-187.5克/公顷 喷雾

PD20084261 炔螨特/57%/乳油/炔螨特 57%/2013.12.17 至 2018.12.17/低毒

柑橘树 红蜘蛛 228-380毫克/千克 喷雾

PD20084462 甲氰菊酯/20%/乳油/甲氰菊酯 20%/2013.12.17 至 2018.12.17/中等毒

甘蓝 菜青虫 60-90克/公顷 喷雾

PD20084477 灭幼脲/20%/悬浮剂/灭幼脲 20%/2013.12.17 至 2018.12.17/低毒

甘蓝 菜青虫 45-75克/公顷 喷雾

PD20084556 甲基硫菌灵/70%/可湿性粉剂/甲基硫菌灵 70%/2013.12.18 至 2018.12.18/低毒

番茄 叶霉病 378-567克/公顷 喷雾

PD20084562 代森锰锌/80%/可湿性粉剂/代森锰锌 80%/2013.12.18 至 2018.12.18/低毒

柑橘树 炭疽病 1333-2000毫克/千克 喷雾

PD20084780 多·福/40%/可湿性粉剂/多菌灵 15%、福美双 25%/2013.12.22 至 2018.12.22/低毒

葡萄 霜霉病 1000-1250毫克/千克 喷雾

PD20084812 溴氰菊酯/25克/升/乳油/溴氰菊酯 25克/升/2013.12.22 至 2018.12.22/中等毒

烟草 烟青虫 7.5-9.375克/公顷 喷雾

PD20084936 多菌灵/80%/可湿性粉剂/多菌灵 80%/2013.12.22 至 2018.12.22/低毒

苹果树 轮纹病 800-1000毫克/千克 喷雾

PD20085591 马拉硫磷/45%/乳油/马拉硫磷 45%/2013.12.25 至 2018.12.25/低毒

棉花 盲蝽蟓 506.25-607.5克/公顷 喷雾

PD20085694 异丙威/20%/乳油/异丙威 20%/2013.12.26 至 2018.12.26/低毒

水稻 稻飞虱 450-600克/公顷 喷雾

PD20090974 草甘膦异丙胺盐/41%/水剂/草甘膦异丙胺盐 41%/2014.01.20 至 2019.01.20/低毒

柑橘园 杂草 1125-2250克/公顷 定向茎叶喷雾

PD20093039 噻嗪·异丙威/25%/可湿性粉剂/噻嗪酮 5%、异丙威 20%/2014.03.09 至 2019.03.09/低毒

水稻 稻飞虱 487.5-562.5克/公顷 喷雾

PD20094150 仲丁灵/360克/升/乳油/仲丁灵 360克/升/2014.03.27 至 2019.03.27/低毒

烟草 抑制腋芽生长 54-72毫克/株 杯淋法

PD20094605　高效氟吡甲禾灵/108克/升/乳油/高效氟吡甲禾灵 108克/升/2014.04.10 至 2019.04.10/低毒
春大豆田　一年生禾本科杂草　56.7-64.8克/公顷　茎叶喷雾
夏大豆田　一年生禾本科杂草　40.5-56.7克/公顷　茎叶喷雾
PD20095747　丁硫克百威/200克/升/乳油/丁硫克百威 200克/升/2014.05.18 至 2019.05.18/中等毒
棉花　蚜虫　90-135克/公顷　喷雾
PD20095840　多·锰锌/35%/可湿性粉剂/多菌灵 17.5%、代森锰锌 17.5%/2014.05.27 至 2019.05.27/低毒
苹果　斑点落叶病　1000-1250毫克/千克　喷雾
PD20097875　敌畏·毒死蜱/35%/乳油/敌敌畏 25%、毒死蜱 10%/2014.11.20 至 2019.11.20/中等毒
水稻　稻纵卷叶螟　420-525克/公顷　喷雾
PD20098136　丙草胺/30%/乳油/丙草胺 30%/2014.12.08 至 2019.12.08/低毒
水稻秧田　一年生杂草　360-540克/公顷　播后苗前土壤喷雾
PD20101004　杀螺胺乙醇胺盐/50%/可湿性粉剂/杀螺胺乙醇胺盐 50%/2015.01.20 至 2020.01.20/低毒
水稻　福寿螺　450-600克/公顷　毒土撒施
PD20101483　多抗霉素B/10%/可湿性粉剂/多抗霉素B 10%/2015.05.05 至 2020.05.05/低毒
烟草　赤星病　127.5-150克/公顷　喷雾
PD20101853　吡虫啉/10%/可湿性粉剂/吡虫啉 10%/2015.07.28 至 2020.07.28/低毒
小麦　蚜虫　150-300克制剂/公顷(南方地区)450-600克制剂/公顷(北方地区)　喷雾
PD20102032　阿维菌素/1.8%/乳油/阿维菌素 1.8%/2015.10.19 至 2020.10.19/低毒(原药高毒)
棉花　红蜘蛛　10.8-16.2克/公顷　喷雾
PD20110989　甲氨基阿维菌素苯甲酸盐/3%/水乳剂/甲氨基阿维菌素 3%/2011.09.21 至 2016.09.21/低毒
水稻　稻纵卷叶螟　9-13.5克/公顷　喷雾
注:甲氨基阿维菌素苯甲酸盐含量:3.41%。
PD20111251　阿维·高氯/2%/微乳剂/阿维菌素 0.2%、高效氯氰菊酯 1.8%/2011.11.23 至 2016.11.23/中等毒(原药高毒)
甘蓝　菜青虫、小菜蛾　13.5-27克/公顷　喷雾
PD20111421　吡虫啉/70%/水分散粒剂/吡虫啉 70%/2011.12.23 至 2016.12.23/低毒
水稻　飞虱　21-31.5克/公顷　喷雾
PD20120162　吡虫·杀虫单/35%/可湿性粉剂/吡虫啉 1%、杀虫单 34%/2012.01.30 至 2017.01.30/中等毒
水稻　稻纵卷叶螟、二化螟、飞虱、三化螟　450-750克/公顷　喷雾
PD20120311　草甘膦铵盐/50%/可溶粉剂/草甘膦 50%/2012.02.17 至 2017.02.17/低毒
非耕地　杂草　1050-2610克/公顷　茎叶喷雾
注:草甘膦铵盐含量: 55%。
PD20130043　咪鲜·三环唑/20%/可湿性粉剂/咪鲜胺 5%、三环唑 15%/2013.01.07 至 2018.01.07/低毒
水稻　稻瘟病　150-210克/公顷　喷雾
PD20130356　苄嘧·丙草胺/30%/可湿性粉剂/苄嘧磺隆 4%、丙草胺 26%/2013.03.11 至 2018.03.11/低毒
直播水稻田　一年生杂草　225-270克/公顷　播后苗前土壤喷雾
PD20130820　莠灭净/40%/可湿性粉剂/莠灭净 40%/2013.04.22 至 2018.04.22/低毒
甘蔗田　一年生杂草　1560-2400克/公顷　行间定向茎叶喷雾
PD20130823　三唑磷/20%/乳油/三唑磷 20%/2013.04.22 至 2018.04.22/中等毒
水稻　二化螟　243-303.75克/公顷　喷雾
PD20131556　高效氯氟氰菊酯/5%/微乳剂/高效氯氟氰菊酯 5%/2013.07.23 至 2018.07.23/中等毒
甘蓝　菜青虫　11.25-15克/公顷　喷雾
PD20132021　毒死蜱/25%/微乳剂/毒死蜱 25%/2013.10.21 至 2018.10.21/中等毒
水稻　稻纵卷叶螟　487.5-562.5克/公顷　喷雾
PD20132055　氟铃·毒死蜱/20%/乳油/毒死蜱 18%、氟铃脲 2%/2013.10.22 至 2018.10.22/中等毒
棉花　棉铃虫　360-450克/公顷　喷雾
PD20140235　三环·多菌灵/20%/可湿性粉剂/多菌灵 6%、三环唑 14%/2014.01.29 至 2019.01.29/低毒
水稻　稻瘟病　300-450克/公顷　喷雾
PD20140671　毒死蜱/30%/微囊悬浮剂/毒死蜱 30%/2014.03.17 至 2019.03.17/中等毒
花生　蛴螬　1800-2250克/公顷　喷雾
PD20141715　盐酸吗啉胍/20%/可湿性粉剂/盐酸吗啉胍 20%/2014.06.30 至 2019.06.30/低毒
烟草　病毒病　600-750克/公顷　喷雾
PD20142667　己唑醇/40%/悬浮剂/己唑醇 40%/2014.12.18 至 2019.12.18/低毒
水稻　纹枯病　75-90克/公顷　喷雾
PD20150246　氨基寡糖素/5%/水剂/氨基寡糖素 5%/2015.01.15 至 2020.01.15/低毒
烟草　病毒病　30-37.5克/公顷　喷雾
PD20150795　阿维·毒死蜱/28%/水乳剂/阿维菌素 3%、毒死蜱 25%/2015.05.14 至 2020.05.14/中等毒(原药高毒)
水稻　稻纵卷叶螟　147-168克/公顷　喷雾
PD20150988　吡蚜酮/40%/可湿性粉剂/吡蚜酮 40%/2015.06.11 至 2020.06.11/低毒
水稻　稻飞虱　75-90克/公顷　喷雾
PD20151461　氰氟草酯/10%/可分散油悬浮剂/氰氟草酯 10%/2015.07.31 至 2020.07.31/低毒
水稻田(直播)　稗草、千金子等禾本科杂草　90-120克/公顷　茎叶喷雾
PD20152143　烯酰吗啉/80%/水分散粒剂/烯酰吗啉 80%/2015.09.22 至 2020.09.22/低毒

烟草　黑胫病　252-300克/公顷　喷雾

PD20152202　草甘・三氯吡/70%/可溶粉剂/草甘膦 50.4%、三氯吡氧乙酸 19.6%/2015.09.23 至 2020.09.23/低毒
非耕地　杂草　630-1260克/公顷　茎叶喷雾

江西龙源农药有限公司　(江西省新建县樵舍镇经济开发区　330116　0791-3210789)

PD20082104　异丙威/20%/乳油/异丙威 20%/2013.11.25 至 2018.11.25/中等毒
水稻　稻飞虱　450-600克/公顷　喷雾

PD20084116　乙酰甲胺磷/30%/乳油/乙酰甲胺磷 30%/2013.12.16 至 2018.12.16/低毒
水稻　二化螟　787.5-1012.5克/公顷　喷雾

PD20090926　井冈霉素/5%/水剂/井冈霉素 5%/2014.01.19 至 2019.01.19/微毒
水稻　纹枯病　150-187.5克/公顷　喷雾

PD20091479　甲氰菊酯/20%/乳油/甲氰菊酯 20%/2014.02.02 至 2019.02.02/中等毒
十字花科蔬菜　菜青虫　75-90克/公顷　喷雾

PD20091918　高效氯氟氰菊酯/25克/升/乳油/高效氯氟氰菊酯 25克/升/2014.02.12 至 2019.02.12/中等毒
棉花　棉铃虫　15-22.5克/公顷　喷雾

PD20091945　仲丁威/20%/乳油/仲丁威 20%/2014.02.12 至 2019.02.12/低毒
水稻　稻飞虱　450-600克/公顷　喷雾

PD20092033　毒死蜱/40%/乳油/毒死蜱 40%/2014.02.12 至 2019.02.12/中等毒
水稻　稻纵卷叶螟　504-648克/公顷　喷雾

PD20092070　多菌灵/50%/可湿性粉剂/多菌灵 50%/2014.02.16 至 2019.02.16/低毒
水稻　稻瘟病、纹枯病　600-750克/公顷　喷雾

PD20093099　氰戊・辛硫磷/30%/乳油/氰戊菊酯 5%、辛硫磷 25%/2014.03.09 至 2019.03.09/低毒
棉花　棉铃虫　180-270克/公顷　喷雾

PD20095110　异丙威/4%/粉剂/异丙威 4%/2014.04.24 至 2019.04.24/低毒
水稻　稻飞虱　540-600克/公顷　喷粉

PD20096758　噻嗪・异丙威/25%/可湿性粉剂/噻嗪酮 5%、异丙威 20%/2014.09.15 至 2019.09.15/低毒
水稻　稻飞虱　375-562.5克/公顷　喷雾

PD20097575　唑磷・毒死蜱/25%/乳油/毒死蜱 8.3%、三唑磷 16.7%/2014.11.03 至 2019.11.03/中等毒
水稻　稻纵卷叶螟、三化螟　262.5-337.5克/公顷　喷雾

PD20098134　三唑磷/20%/乳油/三唑磷 20%/2014.12.08 至 2019.12.08/中等毒
水稻　二化螟　202.5-303.75克/公顷　喷雾

PD20131967　甲氨基阿维菌素苯甲酸盐/2%/乳油/甲氨基阿维菌素 2%/2013.10.10 至 2018.10.10/中等毒
甘蓝　小菜蛾　1.8-2.4克/公顷　喷雾
注:甲氨基阿维菌素苯甲酸盐含量: 2.3%。

PD20140805　咪鲜胺/25%/乳油/咪鲜胺 25%/2014.03.25 至 2019.03.25/低毒
柑橘　炭疽病　250-500毫克/千克　浸果

PD20152073　吡蚜.噻嗪酮/25%/悬浮剂/吡蚜酮 10%、噻嗪酮 15%/2015.12.03 至 2020.12.03/低毒
水稻　稻飞虱　281.25-375克/公顷　喷雾

江西绿川生物科技实业有限公司　(江西省抚州市抚北工业园区　344000　0794-7023333)

PD20083490　高效氯氟氰菊酯/25克/升/乳油/高效氯氟氰菊酯 25克/升/2013.12.12 至 2018.12.12/中等毒
十字花科蔬菜　菜青虫　7.5-11.25克/公顷　喷雾

PD20084916　噻嗪酮/25%/可湿性粉剂/噻嗪酮 25%/2013.12.22 至 2018.12.22/低毒
水稻　稻飞虱　112.5-150克/公顷　喷雾

PD20085403　井冈霉素/5%/水剂/井冈霉素 5%/2013.12.24 至 2018.12.24/低毒
水稻　纹枯病　150-187.5克/公顷　喷雾

PD20085620　仲丁威/50%/乳油/仲丁威 50%/2013.12.25 至 2018.12.25/低毒
水稻　稻飞虱　562.5-750克/公顷　喷雾

PD20085664　杀螺胺/70%/可湿性粉剂/杀螺胺 70%/2013.12.26 至 2018.12.26/低毒
水稻　福寿螺　450-495克/公顷　撒施

PD20092031　多菌灵/50%/可湿性粉剂/多菌灵 50%/2014.02.12 至 2019.02.12/低毒
水稻　纹枯病　750-900克/公顷　喷雾

PD20094356　联苯菊酯/25克/升/乳油/联苯菊酯 25克/升/2014.04.01 至 2019.04.01/低毒
茶树　茶尺蠖　7.5-15克/公顷　喷雾

PD20096365　毒死蜱/45%/乳油/毒死蜱 45%/2014.08.04 至 2019.08.04/中等毒
水稻　稻纵卷叶螟　450-600克/公顷　喷雾

PD20097195　三环唑/75%/可湿性粉剂/三环唑 75%/2014.10.16 至 2019.10.16/低毒
水稻　稻瘟病　225-300克/公顷　喷雾

PD20098263　杀螟丹/50%/可溶粉剂/杀螟丹 50%/2014.12.16 至 2019.12.16/中等毒
水稻　二化螟　600-900克/公顷　喷雾

PD20100030　丁硫克百威/200克/升/乳油/丁硫克百威 200克/升/2015.01.04 至 2020.01.04/中等毒
棉花　蚜虫　90-210克/公顷　喷雾

PD20100456　丙环唑/250克/升/乳油/丙环唑 250克/升/2015.01.14 至 2020.01.14/低毒
香蕉树　叶斑病　375-500毫克/千克　喷雾

PD20100623　苏云金杆菌/16000IU/毫克/可湿性粉剂/苏云金杆菌 16000IU/毫克/2015.01.14 至 2020.01.14/低毒

十字花科蔬菜 小菜蛾 750-1125克制剂/公顷 喷雾

PD20100894 辛硫·三唑磷/20%/乳油/三唑磷 10%、辛硫磷 10%/2015.01.19 至 2020.01.19/中等毒
水稻 二化螟 300-480克/公顷 喷雾

PD20121291 咪鲜胺/25%/乳油/咪鲜胺 25%/2012.09.06 至 2017.09.06/低毒
柑橘 炭疽病 250～500毫克/千克 浸果

PD20130011 阿维·炔螨特/40%/乳油/阿维菌素 0.3%、炔螨特 39.7%/2013.01.04 至 2018.01.04/低毒(原药高毒)
柑橘树 红蜘蛛 200-400毫克/千克 喷雾

PD20131847 甲氨基阿维菌素苯甲酸盐/2%/乳油/甲氨基阿维菌素 2%/2013.09.23 至 2018.09.23/低毒
甘蓝 小菜蛾 2.1-3.3克/公顷 喷雾
注:甲氨基阿维菌素苯甲酸盐含量：2.3%。

PD20142121 甲氨基阿维菌素苯甲酸盐/5%/水分散粒剂/甲氨基阿维菌素 5%/2014.09.03 至 2019.09.03/低毒
水稻 稻纵卷叶螟 9-11.25克/公顷 喷雾
注:甲氨基阿维菌素苯甲酸盐含量：5.7%。

江西绿田生化有限公司 (江西省上饶市余干县黄金埠镇 335101 0793-3271584)

PD86101-37 赤霉酸/4%/乳油/赤霉酸 4%/2011.09.10 至 2016.09.10/低毒
菠菜 增加鲜重 10-25毫克/千克 叶面处理1-3次
菠萝 果实增大、增重 40-80毫克/千克 喷花
柑橘树 果实增大、增重 20-40毫克/千克 喷花
花卉 提前开花 700毫克/千克 叶面处理涂抹花芽
绿肥 增产 10-20毫克/千克 喷雾
马铃薯 苗齐、增产 0.5-1毫克/千克 浸薯块10-30分钟
棉花 提高结铃率、增产 10-20毫克/千克 点喷、点涂或喷雾
葡萄 无核、增产 50-200毫克/千克 花后1周处理果穗
芹菜 增产 20-100毫克/千克 叶面处理1次
人参 增加发芽率 20毫克/千克 播前浸种15分钟
水稻 增加千粒重、制种 20-30毫克/千克 喷雾

PD86183-40 赤霉酸/75%/结晶粉/赤霉酸 75%/2012.04.02 至 2017.04.02/低毒
菠菜 增加鲜重 10-25毫克/千克 叶面处理1-3次
菠萝 果实增大、增重 40-80毫克/千克 喷花
柑橘树 果实增大、增重 20-40毫克/千克 喷花
花卉 提前开花 700毫克/千克 叶面处理涂抹花芽
绿肥 增产 10-20毫克/千克 喷雾
马铃薯 苗齐、增产 0.5-1毫克/千克 浸薯块10-30分钟
棉花 提高结铃率、增产 10-20毫克/千克 点喷、点涂或喷雾
葡萄 无核、增产 50-200毫克/千克 花后一周处理果穗
芹菜 增加鲜重 20-100毫克/千克 叶面处理1次
人参 增加发芽率 20毫克/千克 播种前浸种15分钟
水稻 增加千粒重、制种 20-30毫克/千克 喷雾

江西明兴农药实业有限公司 (江西省南昌市新建县七里岗 330116 0791-3209238)

PD20081175 毒·辛/25%/乳油/毒死蜱 7%、辛硫磷 18%/2013.09.11 至 2018.09.11/低毒
水稻 稻纵卷叶螟 300-450克/公顷 喷雾

PD20081177 毒死蜱/40%/乳油/毒死蜱 40%/2013.09.11 至 2018.09.11/中等毒
水稻 二化螟 468-576克/公顷 喷雾

PD20082368 氰戊·辛硫磷/25%/乳油/氰戊菊酯 6.5%、辛硫磷 18.5%/2013.12.01 至 2018.12.01/中等毒
棉花 棉铃虫 270-300克/公顷 喷雾

PD20083639 氯氰·敌敌畏/10%/乳油/敌敌畏 8%、氯氰菊酯 2%/2013.12.12 至 2018.12.12/中等毒
叶菜类蔬菜 蚜虫 60-75克/公顷 喷雾

PD20101193 异稻·稻瘟灵/40%/乳油/稻瘟灵 10%、异稻瘟净 30%/2015.02.08 至 2020.02.08/中等毒
水稻 稻瘟病 600-1000克/公顷 喷雾

PD20130190 甲氨基阿维菌素苯甲酸盐/0.5%/乳油/甲氨基阿维菌素 0.5%/2013.01.24 至 2018.01.24/低毒
甘蓝 甜菜夜蛾 2.25-3.75克/公顷 喷雾
注:甲氨基阿维菌素苯甲酸盐含量：0.57%。

江西农大锐特化工科技有限公司 (江西省南昌市江西农业大学化工厂内 330045 0791-3813621)

PD20080440 烯效唑/90%/原药/烯效唑 90%/2013.03.13 至 2018.03.13/低毒

PD20085939 多效唑/15%/可湿性粉剂/多效唑 15%/2013.12.29 至 2018.12.29/低毒
水稻育秧田 控制生长 200-300毫克/千克 兑水喷雾
油菜(苗床) 控制生长 100-200毫克/千克 兑水喷雾

PD20132183 烯效唑/5%/可湿性粉剂/烯效唑 5%/2013.10.29 至 2018.10.29/低毒
水稻 调节生长 100-150毫克/千克 浸种

江西农大植保化工有限公司 (江西省宜春市奉新县冯田经济开发区 330700 0795-46044096)

PD20083320 毒·辛/25%/乳油/毒死蜱 7%、辛硫磷 18%/2013.12.11 至 2018.12.11/低毒
水稻 稻纵卷叶螟 300-375克/公顷 喷雾

PD20083633 三环·多菌灵/20%/可湿性粉剂/多菌灵 6%、三环唑 14%/2013.12.12 至 2018.12.12/低毒

水稻　稻瘟病　375-450克/公顷　喷雾
PD20084364　氰戊·辛硫磷/25%/乳油/氰戊菊酯 6.5%、辛硫磷 18.5%/2013.12.17 至 2018.12.17/中等毒
棉花　棉铃虫　262.5-337.5克/公顷　喷雾
PD20085058　噻嗪酮/25%/可湿性粉剂/噻嗪酮 25%/2013.12.23 至 2018.12.23/低毒
水稻　稻飞虱　112.5-150克/公顷　喷雾
PD20094666　多效唑/15%/可湿性粉剂/多效唑 15%/2014.04.10 至 2019.04.10/微毒
水稻育秧田　控制生长　200－300毫克/千克　茎叶喷雾
PD20096652　阿维菌素/1.8%/乳油/阿维菌素 1.8%/2014.09.02 至 2019.09.02/低毒(原药高毒)
甘蓝　小菜蛾　9.45-10.8克/公顷　喷雾
PD20096923　辛硫磷/40%/乳油/辛硫磷 40%/2014.09.23 至 2019.09.23/低毒
水稻　稻纵卷叶螟　750－900克/公顷　喷雾
PD20098543　三唑磷/20%/乳油/三唑磷 20%/2014.12.31 至 2019.12.31/中等毒
水稻　二化螟　300-450克/公顷　喷雾
PD20100084　毒死蜱/45%/乳油/毒死蜱 45%/2015.01.04 至 2020.01.04/中等毒
水稻　二化螟　468－576克/公顷　喷雾
PD20110046　阿维菌素/1.8%/乳油/阿维菌素 1.8%/2011.01.11 至 2016.01.11/低毒(原药高毒)
十字花科蔬菜　小菜蛾　8.1-10.8克/公顷　喷雾
PD20111102　阿维菌素/5%/乳油/阿维菌素 5%/2011.10.17 至 2016.10.17/低毒(原药高毒)
甘蓝　小菜蛾　8.1－10.8克/公顷　喷雾
PD20141997　吡虫·仲丁威/20%/乳油/吡虫啉 1%、仲丁威 19%/2014.08.14 至 2019.08.14/低毒
水稻　稻飞虱　180-240克/公顷　喷雾
PD20142661　己唑醇/10%/悬浮剂/己唑醇 10%/2014.12.18 至 2019.12.18/低毒
水稻　纹枯病　67.5-75克/公顷　喷雾

江西农喜作物科学有限公司　(江西省东乡县孝岗镇河山村狮子岩　331800　0794-4387528)

PD20040505　三唑磷/20%/乳油/三唑磷 20%/2014.12.19 至 2019.12.19/中等毒
棉花　棉红铃虫　375-450克/公顷　喷雾
水稻　二化螟、三化螟　300-450克/公顷　喷雾
PD20040638　氯氰·三唑磷/11%/乳油/氯氰菊酯 1%、三唑磷 10%/2014.12.19 至 2019.12.19/中等毒
棉花　棉铃虫　165-247.5克/公顷　喷雾
PD20050038　三唑磷/85%/原药/三唑磷 85%/2015.04.15 至 2020.04.15/中等毒
PD20091212　唑磷·毒死蜱/25%/乳油/毒死蜱 5%、三唑磷 20%/2014.02.01 至 2019.02.01/中等毒
水稻　稻纵卷叶螟、二化螟　262.5-375克/公顷　喷雾
PD20093374　单甲脒盐酸盐/25%/水剂/单甲脒盐酸盐 25%/2014.03.18 至 2019.03.18/中等毒
柑橘树　红蜘蛛　250毫克/千克　喷雾
PD20095515　高效氯氟氰菊酯/25克/升/乳油/高效氯氟氰菊酯 25克/升/2014.05.11 至 2019.05.11/中等毒
棉花　棉铃虫　18.75-26.25克/公顷　喷雾
十字花科蔬菜　菜青虫　9.375-13.125克/公顷　喷雾
PD20110191　噻嗪酮/65%/可湿性粉剂/噻嗪酮 65%/2016.02.18 至 2021.02.18/低毒
水稻　稻飞虱　10-15克/亩（制剂）　喷雾
PD20110194　四聚乙醛/6%/颗粒剂/四聚乙醛 6%/2016.02.18 至 2021.02.18/低毒
叶菜类蔬菜　蜗牛　405-495克/公顷　撒施
PD20121556　草甘膦铵盐/65%/可溶粉剂/草甘膦 65%/2012.10.25 至 2017.10.25/低毒
非耕地　杂草　1316.25-3607.5克/公顷　茎叶喷雾
注:草甘膦铵盐含量:71.5%。
PD20131880　毒死蜱/50%/乳油/毒死蜱 50%/2013.09.25 至 2018.09.25/中等毒
水稻　稻纵卷叶螟　576-720克/公顷　喷雾
PD20140070　灭蝇胺/70%/可湿性粉剂/灭蝇胺 70%/2014.01.20 至 2019.01.20/低毒
菜豆　美洲斑潜蝇　225-262.5克/公顷　喷雾
PD20140392　甲氨基阿维菌素苯甲酸盐/2%/乳油/甲氨基阿维菌素 2%/2014.02.20 至 2019.02.20/低毒
水稻　稻纵卷叶螟　9-11.25克/公顷　喷雾
注:甲氨基阿维菌素苯甲酸盐含量: 2.3%。
PD20141410　噻嗪·毒死蜱/30%/乳油/毒死蜱 15%、噻嗪酮 15%/2014.06.06 至 2019.06.06/低毒
水稻　稻飞虱　198-238.5克/公顷　喷雾
PD20141953　甲·灭·敌草隆/70%/可湿性粉剂/敌草隆 13%、2甲4氯钠 12%、莠灭净 45%/2014.08.13 至 2019.08.13/低毒
甘蔗田　一年生杂草　1470-1890克/公顷　定向茎叶喷雾

江西欧美生物科技有限公司　(江西省南昌市安义工业园区北一路　330500　0791-3499121)

PD20098084　异丙威/4%/粉剂/异丙威 4%/2014.12.08 至 2019.12.08/中等毒
水稻　稻飞虱　450-600克/公顷　喷粉
PD20121011　稻瘟灵/40%/可湿性粉剂/稻瘟灵 40%/2012.06.21 至 2017.06.21/低毒
水稻本田　稻瘟病　499.5-600克/公顷　喷雾
PD20130023　烯酰吗啉/80%/水分散粒剂/烯酰吗啉 80%/2013.01.04 至 2018.01.04/低毒
黄瓜　霜霉病　240-300克/公顷　喷雾
PD20131776　苯醚甲环唑/30%/悬浮剂/苯醚甲环唑 30%/2013.09.06 至 2018.09.06/低毒

香蕉 叶斑病 100-120毫克/千克 喷雾
PD20140217 嘧菌酯/25%/悬浮剂/嘧菌酯 25%/2014.01.29 至 2019.01.29/低毒
番茄 早疫病 90-120克/公顷 喷雾
PD20140618 井冈·戊唑醇/30%/悬浮剂/井冈霉素 4%、戊唑醇 26%/2014.03.07 至 2019.03.07/低毒
水稻 稻曲病 67.5－76.5克/公顷 喷雾
水稻 纹枯病 67.5－90克/公顷 喷雾
PD20140803 醚菌酯/50%/水分散粒剂/醚菌酯 50%/2014.03.25 至 2019.03.25/低毒
黄瓜 白粉病 112.5—150克/公顷 喷雾
PD20140804 噻唑膦/10%/颗粒剂/噻唑膦 10%/2014.03.25 至 2019.03.25/中等毒
黄瓜 根结线虫 2250-3000克/公顷 土壤撒施
PD20141002 噻嗪酮/37%/悬浮剂/噻嗪酮 37%/2014.04.21 至 2019.04.21/低毒
水稻 稻飞虱 120-150克/公顷 喷雾
PD20141886 甲维·三唑磷/10%/微乳剂/甲氨基阿维菌素苯甲酸盐 0.2%、三唑磷 9.8%/2014.07.31 至 2019.07.31/中等毒
水稻 二化螟 150-210克/公顷 喷雾
PD20142289 已唑醇/40%/悬浮剂/已唑醇 40%/2014.11.02 至 2019.11.02/低毒
水稻 稻曲病、纹枯病 60-75克/公顷 喷雾
PD20150726 噻虫嗪/30%/种子处理悬浮剂/噻虫嗪 30%/2015.04.20 至 2020.04.20/低毒
水稻 蓟马 30-90克/100千克种子 拌种
PD20150761 丙环唑/55%/微乳剂/丙环唑 55%/2015.05.12 至 2020.05.12/低毒
香蕉 叶斑病 275-400毫克/千克 喷雾
PD20151842 螺螨酯/240克/升/悬浮剂/螺螨酯 240克/升/2015.08.28 至 2020.08.28/低毒
柑橘树 红蜘蛛 40-60毫克/千克 喷雾
PD20152330 吡蚜·噻虫啉/25%/悬浮剂/吡蚜酮 20%、噻虫啉 5%/2015.10.22 至 2020.10.22/低毒
水稻 飞虱 75-90克/公顷 喷雾
LS20130030 戊唑.丙森锌/70%/可湿性粉剂/丙森锌 60%、戊唑醇 10%/2015.01.15 至 2016.01.15/低毒
苹果树 斑点落叶病 467-778毫克/千克 喷雾
LS20140339 烯酰·霜脲氰/40%/悬浮剂/霜脲氰 10%、烯酰吗啉 30%/2015.11.17 至 2016.11.17/低毒
黄瓜 霜霉病 300-420克/公顷 喷雾
LS20150349 烯酰·吡唑醚/27%/水分散粒剂/吡唑醚菌酯 9.5%、烯酰吗啉 17.5%/2015.12.18 至 2016.12.18/低毒
黄瓜 霜霉病 202.5-344.25克/公顷 喷雾

江西欧氏化工有限公司 (江西省吉安市新干县大洋洲盐化工业城 331300 0791-85277296)

PD20090519 氰戊·辛硫磷/25%/乳油/氰戊菊酯 6.5%、辛硫磷 18.5%/2014.01.12 至 2019.01.12/中等毒
棉花 棉铃虫 281.25-375克/公顷 喷雾
PD20093821 噻嗪·异丙威/25%/可湿性粉剂/噻嗪酮 5%、异丙威 20%/2014.03.25 至 2019.03.25/低毒
水稻 稻飞虱 450-562.5克/公顷 喷雾
PD20094868 炔螨特/57%/乳油/炔螨特 57%/2014.04.13 至 2019.04.13/低毒
柑橘树 红蜘蛛 228-380毫克/千克 喷雾
PD20094936 硫丹/350克/升/乳油/硫丹 350克/升/2014.04.13 至 2019.04.13/高毒
棉花 棉铃虫 525-840克/公顷 喷雾
PD20095538 联苯菊酯/25克/升/乳油/联苯菊酯 25克/升/2014.05.12 至 2019.05.12/低毒
棉花 棉铃虫 41.25-52.5克/公顷 喷雾
PD20095561 异丙威/20%/乳油/异丙威 20%/2014.05.12 至 2019.05.12/中等毒
水稻 稻飞虱 450-600克/公顷 喷雾
PD20095635 杀螟丹/50%/可溶粉剂/杀螟丹 50%/2014.05.12 至 2019.05.12/中等毒
水稻 稻纵卷叶螟 600-750克/公顷 喷雾
PD20095900 敌百·辛硫磷/30%/乳油/敌百虫 20%、辛硫磷 10%/2014.05.31 至 2019.05.31/低毒
水稻 二化螟 450-540克/公顷 喷雾
PD20100155 三唑磷/20%/乳油/三唑磷 20%/2015.01.05 至 2020.01.05/中等毒
水稻 二化螟 210-240克/公顷 喷雾
PD20100260 阿维菌素/1.8%/乳油/阿维菌素 1.8%/2015.01.11 至 2020.01.11/中等毒(原药高毒)
甘蓝 菜青虫 8.1-13.5克/公顷 喷雾
PD20141350 甲氨基阿维菌素苯甲酸盐/2%/微乳剂/甲氨基阿维菌素 2%/2014.06.04 至 2019.06.04/低毒
甘蓝 小菜蛾 3-4.2克/公顷 喷雾
注:甲氨基阿维菌素苯甲酸盐含量为：2.28%。
PD20151338 烯啶虫胺/10%/水剂/烯啶虫胺 10%/2015.07.30 至 2020.07.30/低毒
棉花 蚜虫 22.5-30克/公顷 喷雾

江西日上化工有限公司 (江西省南昌市黎川县高新区火炬大街201楼A711 344600 0794-7469863)

PD20080299 氰戊·辛硫磷/25%/乳油/氰戊菊酯 6.5%、辛硫磷 18.5%/2013.02.25 至 2018.02.25/中等毒
棉花 棉铃虫 281.25-375克/公顷 喷雾
十字花科蔬菜 菜青虫 150-187.5克/公顷 喷雾
PD20080515 苄嘧磺隆/10%/可湿性粉剂/苄嘧磺隆 10%/2013.04.29 至 2018.04.29/低毒
水稻移栽田 一年生阔叶杂草及莎草科杂草 22.5-30克/公顷 药土法
PD20080553 辛硫·三唑磷/20%/乳油/三唑磷 10%、辛硫磷 10%/2013.05.09 至 2018.05.09/中等毒

水稻 二化螟 360-480克/公顷 喷雾
PD20080626 苄嘧磺隆/30%/可湿性粉剂/苄嘧磺隆 30%/2013.05.12 至 2018.05.12/低毒
水稻移栽田 一年生阔叶杂草及莎草科杂草 22.5-30克/公顷 药土法
PD20081982 苯磺隆/10%/可湿性粉剂/苯磺隆 10%/2013.11.25 至 2018.11.25/低毒
冬小麦田 一年生阔叶杂草 13.5-22.5克/公顷 喷雾
PD20090822 乙草胺/20%/可湿性粉剂/乙草胺 20%/2014.01.19 至 2019.01.19/低毒
水稻移栽田 部分阔叶杂草、一年生禾本科杂草 90-120克/公顷 毒土法
PD20091864 腐霉·多菌灵/50%/可湿性粉剂/多菌灵 25%、腐霉利 25%/2014.02.09 至 2019.02.09/低毒
油菜 菌核病 525-675克/公顷 喷雾
PD20093249 苄·丁/35%/可湿性粉剂/苄嘧磺隆 1.4%、丁草胺 33.6%/2014.03.11 至 2019.03.11/低毒
水稻抛秧田 一年生及部分多年生杂草 525-735克/公顷 毒土法
PD20093403 异丙甲草胺/720克/升/乳油/异丙甲草胺 720克/升/2014.03.20 至 2019.03.20/低毒
甘蔗田 一年生禾本科杂草及部分小粒种子阔叶杂草 1080-1620克/公顷 土壤喷雾
玉米田 一年生禾本科杂草及部分小粒种子阔叶杂草 1458-2160克/公顷(东北地区)972-1458克/公顷(其它地区) 播后苗前土壤喷雾
PD20094077 精喹·草除灵/14%/乳油/草除灵 12%、精喹禾灵 2%/2014.03.27 至 2019.03.27/低毒
冬油菜田 一年生杂草 252-294克/公顷 茎叶喷雾
PD20094100 苄嘧磺隆/10%/可湿性粉剂/苄嘧磺隆 10%/2014.03.27 至 2019.03.27/低毒
水稻田(直播)、水稻秧田 一年生阔叶杂草及莎草科杂草 22.5-30克/公顷 药土法
PD20094103 异稻·稻瘟灵/30%/乳油/稻瘟灵 20%、异稻瘟净 10%/2014.03.27 至 2019.03.27/低毒
水稻 稻瘟病 562.5-675克/公顷 喷雾
PD20094110 异丙甲·苄/20%/可湿性粉剂/苄嘧磺隆 3%、异丙甲草胺 17%/2014.03.27 至 2019.03.27/低毒
水稻移栽田 部分多年生杂草、一年生杂草 112.5-187.5克/公顷 毒土法
PD20094111 阿维·三唑磷/20%/乳油/阿维菌素 0.2%、三唑磷 19.8%/2014.03.27 至 2019.03.27/中等毒(原药高毒)
水稻 二化螟 150-210克/公顷 喷雾
PD20094852 精喹禾灵/10%/乳油/精喹禾灵 10%/2014.04.13 至 2019.04.13/低毒
冬油菜田 一年生禾本科杂草 39.6-52.8克/公顷 茎叶喷雾
PD20095691 噻磺·乙草胺/20%/可湿性粉剂/噻吩磺隆 0.5%、乙草胺 19.5%/2014.05.15 至 2019.05.15/低毒
夏大豆田 一年生杂草 600-750克/公顷 土壤喷雾
PD20095711 苄·乙·甲/15%/可湿性粉剂/苄嘧磺隆 0.8%、甲磺隆 0.2%、乙草胺 14%/2014.05.18 至 2015.06.30/低毒
水稻移栽田 一年生杂草 78.75-90克/公顷(南方地区) 毒土法
PD20096670 苄·乙/20%/可湿性粉剂/苄嘧磺隆 4.5%、乙草胺 15.5%/2014.09.07 至 2019.09.07/低毒
水稻移栽田 一年生杂草 84-118克/公顷 (南方地区) 药土法
PD20097065 苯·苄·乙草胺/33%/可湿性粉剂/苯噻酰草胺 25%、苄嘧磺隆 3%、乙草胺 5%/2014.10.10 至 2019.10.10/低毒
水稻抛秧田 一年生及部分多年生杂草 247.5-297克/公顷(南方地区) 药土法
PD20097177 烟嘧磺隆/95%/原药/烟嘧磺隆 95%/2014.10.16 至 2019.10.16/低毒
PD20097469 草甘膦异丙胺盐(41%)///水剂/草甘膦 30%/2014.11.03 至 2019.11.03/低毒
茶园 杂草 1125-2250克/公顷 定向茎叶喷雾
PD20097540 苯磺隆/95%/原药/苯磺隆 95%/2014.11.03 至 2019.11.03/低毒
PD20100183 高效氯氰菊酯/4.5%/乳油/高效氯氰菊酯 4.5%/2015.01.05 至 2020.01.05/低毒
甘蓝 小菜蛾 10-25克/公顷 喷雾
PD20100236 噻嗪·异丙威/25%/可湿性粉剂/噻嗪酮 5%、异丙威 20%/2015.01.11 至 2020.01.11/低毒
水稻 飞虱 375-450克/公顷 喷雾
PD20100262 高效氯氟氰菊酯/25克/升/乳油/高效氯氟氰菊酯 25克/升/2015.01.11 至 2020.01.11/中等毒
茶树 茶尺蠖 3.65-7.5克/公顷 喷雾
PD20121388 阿维菌素/5%/乳油/阿维菌素 5%/2012.09.13 至 2017.09.13/中等毒(原药高毒)
柑橘树 潜叶蛾 4.17-8.33毫克/千克 喷雾
PD20130495 烟嘧磺隆/40克/升/可分散油悬浮剂/烟嘧磺隆 40克/升/2013.03.20 至 2018.03.20/低毒
玉米 一年生杂草 48-60克/公顷 茎叶喷雾
PD20150193 炔草酯/15%/水乳剂/炔草酯 15%/2015.01.15 至 2020.01.15/低毒
冬小麦田 一年生禾本科杂草 45-67.5克/公顷 茎叶喷雾

江西三林香业有限公司 (江西省遂川县工业园区林森路2号 343900 0796-6234091)

WP20100015 蚊香/0.3%/蚊香/富右旋反式烯丙菊酯 0.3%/2010.01.14 至 2015.01.14/微毒
卫生 蚊 / 点燃

江西山峰日化有限公司 (江西省宜春市樟树市福城工业园 331200 0795-7343958)

WP20070027 蚊香/0.3%/蚊香/富右旋反式烯丙菊酯 0.3%/2012.11.28 至 2017.11.28/低毒
卫生 蚊 / 点燃
WP20080034 杀虫气雾剂/0.6%/气雾剂/胺菊酯 0.5%、高效氯氰菊酯 0.1%/2013.02.28 至 2018.02.28/低毒
卫生 蜚蠊、蚊、蝇 / 喷雾
WP20080121 电热蚊香片/35毫克/片/电热蚊香片/富右旋反式烯丙菊酯 28毫克/片、富右旋反式炔丙菊酯 7毫克/片/2013.10.28 至 2018.10.28/低毒

卫生 蚊 / 电热加温
WP20080138 电热蚊香液/0.8%/电热蚊香液/富右旋反式炔丙菊酯 0.8%/2013.11.04 至 2018.11.04/低毒
卫生 蚊 / 电热加温
WP20080360 电热蚊香片/11毫克/片/电热蚊香片/炔丙菊酯 11毫克/片/2013.12.10 至 2018.12.10/微毒
卫生 蚊 / 电热加温
WP20080373 杀虫气雾剂/0.57%/气雾剂/Es-生物烯丙菊酯 0.24%、胺菊酯 0.3%、溴氰菊酯 0.03%/2013.12.10 至 2018.12.10/微毒
卫生 蚊、蝇、蜚蠊 / 喷雾
WP20080469 杀蟑气雾剂/0.3%/气雾剂/炔咪菊酯 0.1%、右旋苯氰菊酯 0.2%/2013.12.16 至 2018.12.16/微毒
卫生 蜚蠊 / 喷雾
WP20090134 蚊香/0.2%/蚊香/Es-生物烯丙菊酯 0.2%/2014.02.24 至 2019.02.24/微毒
卫生 蚊 / 点燃
WP20090352 电热蚊香片/24毫克/片/电热蚊香片/Es-生物烯丙菊酯 24毫克/片/2014.11.03 至 2019.11.03/低毒
卫生 蚊 / 电热加温
WP20100132 杀虫气雾剂/0.5%/气雾剂/高效氯氰菊酯 0.2%、炔丙菊酯 0.1%、右旋胺菊酯 0.2%/2015.11.03 至 2020.11.03/微毒
卫生 蚊、蝇、蜚蠊 / 喷雾
WP20110027 蚊香/0.25%/蚊香/Es-生物烯丙菊酯 0.25%/2016.01.26 至 2021.01.26/微毒
卫生 蚊 / 点燃
WP20110049 杀虫气雾剂/0.43%/气雾剂/富右旋反式烯丙菊酯 0.2%、炔咪菊酯 0.05%、右旋苯醚菊酯 0.18%/2016.02.22 至2021.02.22/微毒
卫生 蚊、蝇、蜚蠊 / 喷雾
WP20110051 电热蚊香片/13毫克/片 /电热蚊香片/富右旋反式炔丙菊酯 13毫克/片/2016.02.24 至 2021.02.24/微毒
卫生 蚊 / 电热加温
WP20110092 蚊香/0.21%/蚊香/富右旋反式烯丙菊酯 0.2%、四氟醚菊酯 0.01%/2011.04.21 至 2016.04.21/微毒
卫生 蚊 / 点燃
WP20110106 蚊香/0.02%/蚊香/四氟甲醚菊酯 0.02%/2011.04.22 至 2016.04.22/微毒
卫生 蚊 / 点燃
WP20110237 电热蚊香液/1.1%/电热蚊香液/富右旋反式炔丙菊酯 1.1%/2011.10.13 至 2016.10.13/微毒
卫生 蚊 / 电热加温
WP20110257 杀虫气雾剂（水基）/0.5%/气雾剂/富右旋反式炔丙菊酯 0.15%、氯菊酯 0.2%、右旋苯醚菊酯 0.15%/2011.11.18 至 2016.11.18/微毒
卫生 蚊、蝇、蜚蠊 / 喷雾
WP20120013 蚊香/0.03%/蚊香/四氟甲醚菊酯 0.03%/2012.01.29 至 2017.01.29/微毒
卫生 蚊 / 点燃
注:本产品有两种香型：樟木香型、檀香型。
WP20120161 电热蚊香片/10毫克/片/电热蚊香片/炔丙菊酯 5毫克/片、四氟甲醚菊酯 5毫克/片/2012.09.06 至 2017.09.06/微毒
卫生 蚊 / 电热加温
注:本产品有一种香型:薰衣草香型.
WP20120182 蚊香/0.3%/蚊香/右旋烯丙菊酯 0.3%/2012.09.13 至 2017.09.13/微毒
卫生 蚊 / 点燃
WP20120190 杀虫气雾剂/0.45%/气雾剂/炔咪菊酯 0.05%、右旋胺菊酯 0.2%、右旋苯醚菊酯 0.2%/2012.10.09 至 2017.10.09/微毒
卫生 蚊、蝇、蜚蠊 / 喷雾
WP20130038 杀虫气雾剂/0.5%/气雾剂/Es-生物烯丙菊酯 0.17%、氯菊酯 0.2%、右旋苯醚氰菊酯 0.13%/2013.03.12 至 2018.03.12/微毒
卫生 蚊、蝇、蜚蠊 / 喷雾
WP20130050 杀虫气雾剂/0.4%/气雾剂/右旋胺菊酯 0.12%、右旋苯醚氰菊酯 0.18%、右旋烯丙菊酯 0.1%/2013.03.20 至2018.03.20/微毒
卫生 蚊、蝇、蜚蠊 / 喷雾
WP20130085 蚊香/0.05%/蚊香/氯氟醚菊酯 0.05%/2013.05.02 至 2018.05.02/微毒
卫生 蚊 / 点燃
WP20140021 蚊香/0.08%/蚊香/氯氟醚菊酯 0.08%/2014.01.29 至 2019.01.29/微毒
卫生 蚊 / 点燃
WP20140025 电热蚊香液/0.6%/电热蚊香液/氯氟醚菊酯 0.6%/2014.02.07 至 2019.02.07/微毒
卫生 蚊 / 电热加温

江西山野化工有限责任公司 （江西省高安市大城经济开发区 330814 0791-6496299）

PD20080489 辛硫·三唑磷/40%/乳油/三唑磷 20%、辛硫磷 20%/2013.04.07 至 2018.04.07/中等毒
水稻 二化螟 360-480克/公顷 喷雾
PD20082381 异稻·稻瘟灵/40%/乳油/稻瘟灵 10%、异稻瘟净 30%/2013.12.01 至 2018.12.01/低毒
水稻 稻瘟病 900-1200克/公顷 喷雾
PD20082794 氰戊·辛硫磷/50%/乳油/氰戊菊酯 4.5%、辛硫磷 45.5%/2013.12.09 至 2018.12.09/中等毒
棉花 棉铃虫 450-562.5克/公顷 喷雾
PD20083113 苄嘧·苯噻酰/50%/可湿性粉剂/苯噻酰草胺 47%、苄嘧磺隆 3%/2013.12.10 至 2018.12.10/低毒
水稻抛秧田 一年生及部分多年生杂草 375-450克/公顷(南方地区) 药土法
PD20084220 苄·二氯/28%/可湿性粉剂/苄嘧磺隆 3%、二氯喹啉酸 25%/2013.12.17 至 2018.12.17/低毒

水稻秧田 一年生杂草 210-252克/公顷 茎叶喷雾
PD20090676 苄·乙/14%/可湿性粉剂/苄嘧磺隆 3.2%、乙草胺 10.8%/2014.01.19 至 2019.01.19/低毒
水稻移栽田 一年生杂草 84-118克/公顷 毒土法
PD20091819 苯·苄·乙草胺/32%/可湿性粉剂/苯噻酰草胺 27%、苄嘧磺隆 3%、乙草胺 2%/2014.02.05 至 2019.02.05/低毒
水稻移栽田 一年生及部分多年生杂草 240-288克/公顷(南方地区) 药土法
PD20092738 苄·丁/35%/可湿性粉剂/苄嘧磺隆 1.4%、丁草胺 33.6%/2014.03.04 至 2019.03.04/低毒
水稻抛秧田 部分多年生杂草、一年生杂草 630-787.5克/公顷 毒土法
PD20092775 阿维·哒螨灵/5%/乳油/阿维菌素 0.1%、哒螨灵 4.9%/2014.03.04 至 2019.03.04/低毒(原药高毒)
柑橘树 红蜘蛛 25-33毫克/千克 喷雾
PD20094127 唑磷·毒死蜱/30%/乳油/毒死蜱 10%、三唑磷 20%/2014.03.27 至 2019.03.27/中等毒
水稻 稻纵卷叶螟 225-315克/公顷 喷雾
PD20096358 三唑磷/20%/乳油/三唑磷 20%/2014.07.28 至 2019.07.28/中等毒
水稻 二化螟 202.5-305.75克/公顷 喷雾
PD20096491 吡虫·噻嗪酮/22%/可湿性粉剂/吡虫啉 2.5%、噻嗪酮 19.5%/2014.08.14 至 2019.08.14/低毒
水稻 稻飞虱 49.5-82.5克/公顷 喷雾
PD20098423 阿维菌素/1.8%/乳油/阿维菌素 1.8%/2014.12.24 至 2019.12.24/低毒(原药高毒)
十字花科蔬菜 小菜蛾 8.1—10.8克/公顷 喷雾
PD20098447 毒死蜱/45%/乳油/毒死蜱 45%/2014.12.24 至 2019.12.24/中等毒
水稻 稻纵卷叶螟 432—576克/公顷 喷雾
PD20100689 异丙威/20%/乳油/异丙威 20%/2015.01.16 至 2020.01.16/中等毒
水稻 稻飞虱 450-600克/公顷 喷雾

江西生成卫生用品有限公司 (江西省九江市武宁县万福经济技术开发区 332300 0792-2839356)

WP20110240 杀蟑饵剂/0.52%/饵剂/毒死蜱 0.52%/2011.10.18 至 2016.10.18/低毒
卫生 蜚蠊 / 投放
WP20140147 驱蚊液/7%/驱蚊液/避蚊胺 7%/2014.06.24 至 2019.06.24/低毒
卫生 蚊 / 涂抹
WP20140222 避蚊胺/9%/驱蚊液/避蚊胺 9%/2014.11.03 至 2019.11.03/低毒
卫生 蚊 / 涂抹
WP20140254 杀蟑饵剂/0.05%/饵剂/茚虫威 0.05%/2014.12.15 至 2019.12.15/低毒
室内 蚂蚁 / 投放
WP20150116 杀蟑饵剂/0.1%/饵剂/茚虫威 0.1%/2015.06.27 至 2020.06.27/微毒
室内 蜚蠊 / 投放
WL20140027 驱蚊液/15%/驱蚊液/羟哌酯 15%/2015.11.17 至 2016.11.17/微毒
卫生 蚊 / 涂抹
WL20150013 杀蟑胶饵/0.05%/胶饵/呋虫胺 0.05%/2015.07.30 至 2016.07.30/微毒
室内 蜚蠊 / 投放

江西省安农生化有限公司 (江西省进贤县张公镇工业开发区 330077 0791-5537611)

PD20100116 噻嗪酮/25%/可湿性粉剂/噻嗪酮 25%/2010.01.05 至 2015.01.05/低毒
水稻 稻飞虱 75-150克/公顷 喷雾

江西省丰城市金丰化工有限责任公司 (江西省丰城市湖塘乡六坊村状元山 331100 0795-6123899)

PD20091507 异丙威/20%/乳油/异丙威 20%/2014.02.02 至 2019.02.02/中等毒
水稻 稻飞虱 540-600克/公顷 喷雾
PD20092170 噻嗪·异丙威/25%/可湿性粉剂/噻嗪酮 5%、异丙威 20%/2014.02.23 至 2019.02.23/中等毒
水稻 稻飞虱 450-562.5克/公顷 喷雾
PD20092443 仲丁威/20%/乳油/仲丁威 20%/2014.02.25 至 2019.02.25/低毒
水稻 稻飞虱 540-600克/公顷 喷雾
PD20100077 噻嗪酮/25%/可湿性粉剂/噻嗪酮 25%/2015.01.04 至 2020.01.04/低毒
水稻 稻飞虱 75-112.5克/公顷 喷雾
PD20101107 异丙威/4%/粉剂/异丙威 4%/2015.01.25 至 2020.01.25/中等毒
水稻 稻飞虱 600-720克/公顷 撒施
PD20120159 阿维·杀虫单/20%/微乳剂/阿维菌素 0.2%、杀虫单 19.8%/2012.01.30 至 2017.01.30/低毒(原药高毒)
水稻 二化螟 562.5-675克/公顷 喷雾

江西省抚州泰菊实业有限公司 (江西省抚州市抚北工业园区顺泉路 344000 0794-84599880)

WP20150112 蚊香/0.3%/蚊香/富右旋反式烯丙菊酯 0.3%/2015.06.25 至 2020.06.25/低毒
室内 蚊 / 点燃

江西省赣州宇田化工有限公司 (江西省赣州市章贡区水东镇七里村 341001 0797-8465916)

PD20070218 异丙威/20%/乳油/异丙威 20%/2012.08.08 至 2017.08.08/低毒
水稻 稻飞虱 450-600克/公顷 喷雾
PD20070596 仲丁威/20%/乳油/仲丁威 20%/2012.12.14 至 2017.12.14/低毒
水稻 稻飞虱 450-540克/公顷 喷雾
PD20070612 仲丁威·三唑磷/25%/乳油/三唑磷 15%、仲丁威 10%/2012.12.14 至 2017.12.14/低毒
水稻 稻飞虱、稻纵卷叶螟 675-750克/公顷 喷雾
PD20080064 稻灵·异稻/35%/乳油/稻瘟灵 17%、异稻瘟净 18%/2013.01.04 至 2018.01.04/低毒

水稻 稻瘟病 525-630克/公顷 喷雾

PD20082038 甲基硫菌灵/70%/可湿性粉剂/甲基硫菌灵 70%/2013.12.03 至 2018.12.03/低毒

番茄 叶霉病 375-562克/公顷 喷雾

PD20082595 春雷霉素/2%/可湿性粉剂/春雷霉素 2%/2013.12.04 至 2018.12.04/低毒

黄瓜 枯萎病 56.25-75克/公顷 喷雾

水稻 稻瘟病 30-36克/公顷 喷雾

PD20082648 联苯菊酯/25克/升/乳油/联苯菊酯 25克/升/2013.12.04 至 2018.12.04/低毒

柑橘树 红蜘蛛 20.8-31.25毫克/千克 喷雾

PD20082680 双甲脒/10%/乳油/双甲脒 10%/2013.12.05 至 2018.12.05/中等毒

梨树 梨木虱 67-100毫克/千克 喷雾

PD20083084 杀螺胺乙醇胺盐/50%/可湿性粉剂/杀螺胺乙醇胺盐 50%/2013.12.10 至 2018.12.10/低毒

水稻 福寿螺 525-600克/公顷 喷雾或撒毒土

PD20083114 喹硫·敌百虫/35%/乳油/敌百虫 28%、喹硫磷 7%/2013.12.10 至 2018.12.10/中等毒

水稻 二化螟 525-630克/公顷 喷雾

PD20083355 井冈霉素/20%/可溶粉剂/井冈霉素 20%/2013.12.11 至 2018.12.11/低毒

水稻 纹枯病 75-111克/公顷 喷雾

PD20083642 高效氯氟氰菊酯/25克/升/乳油/高效氯氟氰菊酯 25克/升/2013.12.12 至 2018.12.12/中等毒

十字花科蔬菜 菜青虫 7.5-11.25克/公顷 喷雾

PD20091181 代森锰锌/80%/可湿性粉剂/代森锰锌 80%/2014.01.22 至 2019.01.22/低毒

柑橘 炭疽病 1000-1600毫克/千克 喷雾

PD20091525 噻嗪酮/25%/可湿性粉剂/噻嗪酮 25%/2014.02.02 至 2019.02.02/低毒

水稻 稻飞虱 93.75-131.25克/公顷 喷雾

PD20092053 噻嗪·异丙威/25%/可湿性粉剂/噻嗪酮 5%、异丙威 20%/2014.02.13 至 2019.02.13/低毒

水稻 稻飞虱 187.5-262.5克/公顷 喷雾

PD20092594 阿维菌素/1.8%/乳油/阿维菌素 1.8%/2014.02.27 至 2019.02.27/低毒(原药高毒)

柑橘树 红蜘蛛 4.5-9毫克/千克 喷雾

PD20093298 阿维·毒死蜱/15%/乳油/阿维菌素 0.2%、毒死蜱 14.8%/2014.03.13 至 2019.03.13/低毒(原药高毒)

柑橘树 红蜘蛛 60-75毫克/千克 喷雾

水稻 稻纵卷叶螟 135-157.5克/公顷 喷雾

PD20096361 三唑磷/20%/乳油/三唑磷 20%/2014.07.28 至 2019.07.28/中等毒

水稻 三化螟 300-450克/公顷 喷雾

PD20100006 甲氰·矿物油/65%/乳油/甲氰菊酯 0.5%、矿物油 64.5%/2015.01.04 至 2020.01.04/中等毒

棉花 蚜虫 198-274.22克/公顷 喷雾

苹果树 黄蚜 650-812.5毫克/千克 喷雾

PD20101836 辛硫·三唑磷/20%/乳油/三唑磷 10%、辛硫磷 10%/2015.07.28 至 2020.07.28/中等毒

水稻 稻纵卷叶螟、二化螟 360-450克/公顷 喷雾

PD20120080 甲氨基阿维菌素苯甲酸盐/3%/微乳剂/甲氨基阿维菌素 3%/2012.01.19 至 2017.01.19/低毒

甘蓝 甜菜夜蛾 1.8-2.25克/公顷 喷雾

注:甲氨基阿维菌素苯甲酸盐含量:3.4%。

PD20122075 高氯·甲维盐/1.1%/乳油/高效氯氰菊酯 1%、甲氨基阿维菌素苯甲酸盐 0.1%/2012.12.24 至 2017.12.24/低毒

甘蓝 菜青虫 5.775-9.075克/公顷 喷雾

PD20130167 丙溴·辛硫磷/25%/乳油/丙溴磷 6%、辛硫磷 19%/2013.01.24 至 2018.01.24/低毒

水稻 二化螟 262.5-375克/公顷 喷雾

PD20130470 阿维·三唑磷/20%/乳油/阿维菌素 0.2%、三唑磷 19.8%/2013.03.20 至 2018.03.20/中等毒(原药高毒)

水稻 二化螟 180-240克/公顷 喷雾

PD20141642 己唑醇/40%/悬浮剂/己唑醇 40%/2014.06.24 至 2019.06.24/低毒

水稻 稻曲病 56.25～75.00克/公顷 喷雾

PD20152076 嘧菌酯/25%/悬浮剂/嘧菌酯 25%/2015.09.22 至 2020.09.22/低毒

黄瓜 霜霉病 120-180克/公顷 喷雾

WP20140014 氟虫腈/2.5%/悬浮剂/氟虫腈 2.5%/2014.01.20 至 2019.01.20/低毒

室内 蜚蠊 62.5毫克/平方米 滞留喷洒

WP20140225 吡丙醚/5%/水乳剂/吡丙醚 5%/2014.11.04 至 2019.11.04/微毒

室外 蝇(幼虫) 100毫克/平方米 喷洒

江西省高安金龙生物科技有限公司 (江西省高安市新世纪工业城 330800 0795-5293888)

PD20092159 高氯·马/20%/乳油/高效氯氰菊酯 2%、马拉硫磷 18%/2014.02.23 至 2019.02.23/中等毒

茶树 茶毛虫 60～180克/公顷 喷雾

PD20092182 毒·辛/20%/乳油/毒死蜱 4%、辛硫磷 16%/2014.02.23 至 2019.02.23/低毒

水稻 三化螟 375～450克/公顷 喷雾

PD20092437 毒死蜱/45%/乳油/毒死蜱 45 %/2014.02.25 至 2019.02.25/中等毒

水稻 稻纵卷叶螟 504-576克/公顷 喷雾

PD20092982 仲丁威/25%/乳油/仲丁威 25%/2014.03.09 至 2019.03.09/低毒

水稻 稻飞虱 375-562.5克/公顷 喷雾

PD20093526 二甲戊灵/330克/升/乳油/二甲戊灵 330克/升/2014.03.23 至 2019.03.23/低毒

夏玉米田 一年生杂草 742.5-990克/公顷 播后苗前土壤喷雾
PD20093615 高效氯氟氰菊酯/25克/升/乳油/高效氯氟氰菊酯 25克/升/2014.03.25 至 2019.03.25/中等毒
烟草 烟青虫 5.625-9.375克/公顷 喷雾
PD20093835 虫酰肼/20%/悬浮剂/虫酰肼 20%/2014.03.25 至 2019.03.25/低毒
十字花科蔬菜 甜菜夜蛾 200-300克/公顷 喷雾
PD20093868 噻嗪·异丙威/25%/可湿性粉剂/噻嗪酮 20%、异丙威 5%/2014.03.25 至 2019.03.25/低毒
水稻 飞虱 375～562.5克/公顷 喷雾
PD20094140 毒死蜱/40%/乳油/毒死蜱 40%/2014.03.27 至 2019.03.27/中等毒
水稻 稻瘿蚊 900-1200克/公顷 喷雾
PD20097388 喹硫·敌百虫/35%/乳油/敌百虫 28%、喹硫磷 7%/2014.10.28 至 2019.10.28/中等毒
水稻 二化螟 420～630克/公顷 喷雾
PD20097843 唑磷·毒死蜱/25%/乳油/毒死蜱 8.3%、三唑磷 16.7%/2014.11.20 至 2019.11.20/中等毒
水稻 稻纵卷叶螟 262.5-375克/公顷 喷雾
PD20101042 春雷·王铜/47%/可湿性粉剂/春雷霉素 2%、王铜 45%/2015.01.21 至 2020.01.21/低毒
柑橘树 溃疡病 625－1000毫克/千克 喷雾
PD20101100 顺式氯氰菊酯/50克/升/乳油/顺式氯氰菊酯 50克/升/2015.01.25 至 2020.01.25/中等毒
甘蓝 菜青虫 11.25-15.75克/公顷 喷雾
PD20110310 苦参碱/0.3%/水剂/苦参碱 0.3%/2011.03.22 至 2016.03.22/低毒
甘蓝 菜青虫 4.5-5.4克/公顷 喷雾
PD20110457 草甘膦异丙胺盐/30%/水剂/草甘膦 30%/2011.04.21 至 2016.04.21/低毒
柑橘园 杂草 1125-2250克/公顷 茎叶喷雾
注:草甘膦异丙胺盐含量:41%。
PD20111260 春雷霉素/2%/可湿性粉剂/春雷霉素 2%/2011.11.23 至 2016.11.23/低毒
水稻 稻瘟病 30-37.5克/公顷 喷雾

江西省冠菊精细化工有限公司 （江西省进贤县张公镇（省红壤研究所内） 330000 0791-5537909)

WP20100166 蚊香/0.3%/蚊香/富右旋反式烯丙菊酯 0.3%/2015.12.15 至 2020.12.15/微毒
卫生 蚊 / 点燃
WP20110236 电热蚊香片/13毫克/片/电热蚊香片/炔丙菊酯 13毫克/片/2011.10.13 至 2016.10.13/微毒
卫生 蚊 / 电热加温

江西省海利贵溪化工农药有限公司 （江西省贵溪市柏里工业区 335425 0701-3322955)

PD85150-38 多菌灵/50%/可湿性粉剂/多菌灵 50%/2015.08.15 至 2020.08.15/低毒
果树 病害 0.05-0.1%药液 喷雾
花生 倒秧病 750克/公顷 喷雾
麦类 赤霉病 750克/公顷 喷雾、泼浇
棉花 苗期病害 250克/50千克种子 拌种
水稻 稻瘟病、纹枯病 750克/公顷 喷雾、泼浇
油菜 菌核病 1125-1500克/公顷 喷雾
PD86133-10 仲丁威/25%/乳油/仲丁威 25%/2011.10.26 至 2016.10.26/低毒
水稻 飞虱、叶蝉 375-562.5克/公顷 喷雾
PD86147 异丙威/98%,95%,90%/原药/异丙威 98%,95%,90%/2011.10.26 至 2016.10.26/中等毒
PD86148 异丙威/20%/乳油/异丙威 20%/2011.10.26 至 2016.10.26/中等毒
水稻 飞虱、叶蝉 450-600克/公顷 喷雾
PD91106-14 甲基硫菌灵/70%/可湿性粉剂/甲基硫菌灵 70%/2011.04.27 至 2016.04.27/低毒
番茄 叶霉病 375-562.5克/公顷 喷雾
甘薯 黑斑病 360-450毫克/千克 浸薯块
瓜类 白粉病 337.5-506.25克/公顷 喷雾
梨树 黑星病 360-450毫克/千克 喷雾
苹果树 轮纹病 700毫克/千克 喷雾
水稻 稻瘟病、纹枯病 1050-1500克/公顷 喷雾
小麦 赤霉病 750-1050克/公顷 喷雾
PD92106-4 仲丁威/20%/乳油/仲丁威 20%/2012.10.09 至 2017.10.09/低毒
水稻 飞虱、叶蝉 375-562.5克/公顷 喷雾
PD20060198 甲萘威/99%/原药/甲萘威 99%/2011.12.07 至 2016.12.07/中等毒
PD20070501 甲基硫菌灵/95%/原药/甲基硫菌灵 95%/2012.11.28 至 2017.11.28/低毒
PD20070606 灭多威/98/原药/灭多威 98%/2012.12.14 至 2017.12.14/高毒
PD20080034 甲萘威/85%/可湿性粉剂/甲萘威 85%/2013.01.04 至 2018.01.04/中等毒
水稻 稻飞虱 765-1275克/公顷 喷雾

江西省吉安市东庆精细化工有限公司 （江西省吉安市吉州区工业园樟山镇长亭口 343000 0796-8261420)

WP20120238 防蛀片剂/96%/片剂/樟脑 96%/2012.12.12 至 2017.12.12/低毒
卫生 黑毛皮蠹 200克/立方米 投放

江西省科泰化学工业有限公司 （江西省赣州市大余县工业园新华工业小区 341500 0797-8731234)

PD20100090 速灭威/20%/乳油/速灭威 20%/2015.01.04 至 2020.01.04/中等毒
水稻 稻飞虱 450-600克/公顷 喷雾

江西省南昌蚊香厂 （江西省南昌市十字街82号 330002 0791-6472305）

WP20140118 蚊香/0.05%/蚊香/氯氟醚菊酯 0.05%/2014.06.04 至 2019.06.04/微毒
室内 蚊 / 点燃

江西省农福来农化有限公司 （江西省南昌市抚生路518号 330009 0791-7082291）

PD20084998 甲氰菊酯/20%/乳油/甲氰菊酯 20%/2013.12.22 至 2018.12.22/中等毒
十字花科蔬菜 菜青虫 60-90克/公顷 喷雾

PD20092570 稻瘟灵/30%/乳油/稻瘟灵 30%/2014.02.26 至 2019.02.26/低毒
水稻 稻瘟病 562.5-675克/公顷 喷雾

PD20093540 毒·辛/40%/乳油/毒死蜱 15%、辛硫磷 25%/2014.03.23 至 2019.03.23/中等毒
水稻 三化螟 450-600克/公顷 喷雾

PD20096718 毒·辛/25%/乳油/毒死蜱 7%、辛硫磷 18%/2014.09.07 至 2019.09.07/中等毒
水稻 稻纵卷叶螟 450－562.5克/公顷 喷雾

PD20097777 速灭威/20%/乳油/速灭威 20%/2014.11.12 至 2019.11.12/中等毒
水稻 稻飞虱 510-600克/公顷 喷雾

PD20101128 硫磺·多菌灵/50%/可湿性粉剂/多菌灵 15%、硫磺 35%/2015.01.25 至 2020.01.25/低毒
花生 叶斑病 1200－1800克/公顷 喷雾

PD20101161 甲硫·福美双/70%/可湿性粉剂/福美双 40%、甲基硫菌灵 30%/2015.01.25 至 2020.01.25/低毒
黄瓜 炭疽病 787.5-1050克/公顷 喷雾

江西省新龙生物科技有限公司 （江西省宜春市袁州区医药工业园 336000 0795-324558）

PD20140497 枯草芽孢杆菌/10亿芽孢/克/可湿性粉剂/枯草芽孢杆菌 10亿芽孢/克/2014.03.06 至 2019.03.06/低毒
水稻 纹枯病 1500-1875克制剂/公顷 喷雾

PD20140922 香菇多糖/1%/水剂/香菇多糖 1%/2014.04.10 至 2019.04.10/低毒
番茄 病毒病 15-18克/公顷 喷雾

PD20142019 斜纹夜蛾核型多角体病毒/10亿PIB/克/可湿性粉剂/斜纹夜蛾核型多角体病毒 10亿PIB/克/2014.08.27 至 2019.08.27/低毒
十字花科蔬菜 斜纹夜蛾 750-900克/公顷 喷雾

PD20142081 棉铃虫核型多角体病毒/10亿PIB/克/可湿性粉剂/棉铃虫核型多角体病毒 10亿PIB/克/2014.09.02 至 2019.09.02/低毒
棉花 棉铃虫 1200-1800克制剂/公顷 喷雾

PD20142136 棉铃虫核型多角体病毒/20亿PIB/毫升/悬浮剂/棉铃虫核型多角体病毒 20亿PIB/毫升/2014.09.16 至 2019.09.16/低毒
棉花 棉铃虫 750-900毫升制剂/公顷 喷雾

PD20150817 甘蓝夜蛾核型多角体病毒/20亿PIB/毫升/悬浮剂/甘蓝夜蛾核型多角体病毒 20亿PIB/毫升/2015.05.14 至 2020.05.14/低毒
甘蓝 小菜蛾 1350-1800毫升制剂/公顷 喷雾
棉花 棉铃虫 750-900毫升制剂/公顷 喷雾

PD20151474 甘蓝夜蛾核型多角体病毒/200亿PIB/克/母药/甘蓝夜蛾核型多角体病毒 200亿PIB/克/2015.07.31 至 2020.07.31/低毒

PD20152015 淡紫拟青霉/2亿孢子/克/粉剂/淡紫拟青霉 2亿孢子/克/2015.09.21 至 2020.09.21/低毒
番茄 线虫 22.5－30千克制剂/公顷 穴施

LS20150079 甘蓝夜蛾核型多角体病毒/10亿PIB/克/可湿性粉剂/甘蓝夜蛾核型多角体病毒 1 0亿PIB/克/2015.04.15 至 2016.04.15/低毒
烟草 烟青虫 80-100克制剂/亩 喷雾

LS20150174 甘蓝夜蛾核型多角体病毒/10亿PIB/毫升/悬浮剂/甘蓝夜蛾核型多角体病毒 1 0亿PIB/毫升/2015.06.14 至 2016.06.14/低毒
玉米 玉米螟 1200-1500克制剂/公顷 喷雾

LS20150179 甘蓝夜蛾核型多角体病毒/30亿PIB/毫升/悬浮剂/甘蓝夜蛾核型多角体病毒 3 0亿PIB/毫升/2015.06.14 至 2016.06.14/低毒
水稻 稻纵卷叶螟 450-750克制剂/公顷 喷雾

江西省余干县农业化工厂 （江西省余干县瑞洪工业开发区 335118 0793-3465131）

PD20060049 氯氰·三唑磷/11%/乳油/氯氰菊酯 1%、三唑磷 10%/2016.02.27 至 2021.02.27/中等毒
棉花 棉铃虫 165-247.5克/公顷 喷雾

PD20083456 精喹·草除灵/17.5%/乳油/草除灵 15%、精喹禾灵 2.5%/2013.12.12 至 2018.12.12/低毒
油菜田 一年生杂草 262.5-393.5克/公顷 茎叶喷雾

PD20083571 高效氯氰菊酯/4.5%/乳油/高效氯氰菊酯 4.5%/2013.12.12 至 2018.12.12/低毒
十字花科蔬菜 菜青虫 15-22.5克/公顷 喷雾

PD20083709 高氯·马/20%/乳油/高效氯氰菊酯 2%、马拉硫磷 18%/2013.12.15 至 2018.12.15/低毒
茶树 茶毛虫 120-150克/公顷 喷雾

PD20083822 多菌灵/25%/可湿性粉剂/多菌灵 25%/2013.12.15 至 2018.12.15/低毒
水稻 稻瘟病 375-750克/公顷 喷雾

PD20085318 敌敌畏/30%/乳油/敌敌畏 30%/2013.12.24 至 2018.12.24/中等毒
水稻 稻飞虱 450-540克/公顷 喷雾

PD20094509 毒死蜱/20%/乳油/毒死蜱 20%/2014.04.09 至 2019.04.09/低毒
水稻 稻瘿蚊 900-1200克/公顷 喷雾

江西省樟树市樟菊日用化工厂 （江西省樟树市大桥街道办事处 331200 0795-7325788）

WP20080482 蚊香/0.3%/蚊香/富右旋反式烯丙菊酯 0.3%/2013.12.17 至 2018.12.17/微毒

卫生 蚊 / 点燃

WP20100074 蚊香/0.2%/蚊香/Es-生物烯丙菊酯 0.2%/2010.05.19 至 2015.05.19/微毒

卫生 蚊 / 点燃

注:本品有三种香型:檀香型、香樟油型、野菊花型。

WP20120255 蚊香/0.05%/蚊香/氯氟醚菊酯 0.05%/2012.12.24 至 2017.12.24/微毒

卫生 蚊 / 点燃

注:本产品有三种香型:檀香型、香樟香型、野菊花香型。

WP20140022 杀虫气雾剂/0.5%/气雾剂/Es-生物烯丙菊酯 0.17%、氯菊酯 0.2%、右旋苯醚氰菊酯 0.13%/2014.01.29 至 2019.01.29/微毒

室内 蚊、蝇、蜚蠊 / 喷雾

注:本产品有三种香型:清新花香香型、夜来香香型、柠檬香型。

WP20140101 电热蚊香液/0.6%/电热蚊香液/氯氟醚菊酯 0.6%/2014.04.28 至 2019.04.28/低毒

室内 蚊 / 电热加温

注:本产品有三种香型:清香型、野菊花香型、无香型

江西盛华生物农药有限责任公司 (江西省抚州市南湖路 344809 0794-8238688)

PD20082345 阿维菌素/3.2%/乳油/阿维菌素 3.2%/2013.12.01 至 2018.12.01/低毒(原药高毒)

梨树 梨木虱 6-12毫克/千克 喷雾

PD20082676 阿维菌素/5%/乳油/阿维菌素 5%/2013.12.05 至 2018.12.05/低毒(原药高毒)

棉花 棉铃虫 21.6-32.4克/公顷 喷雾

PD20083495 阿维菌素/1.8%/乳油/阿维菌素 1.8%/2013.12.12 至 2018.12.12/低毒(原药高毒)

甘蓝 小菜蛾 8.1-10.8克/公顷 喷雾

柑橘树 红蜘蛛 4.5-9毫克/千克 喷雾

PD20090212 稻瘟灵/30%/乳油/稻瘟灵 30%/2014.01.09 至 2019.01.09/低毒

水稻 稻瘟病 450-675克/公顷 喷雾

PD20090506 草甘膦异丙胺盐/41%/水剂/草甘膦异丙胺盐 41%/2014.01.12 至 2019.01.12/低毒

柑橘园 杂草 1125-2250克/公顷 定向茎叶喷雾

PD20093391 氯氰・丙溴磷/440克/升/乳油/丙溴磷 400克/升、氯氰菊酯 40克/升/2014.03.19 至 2019.03.19/中等毒

棉花 棉铃虫 528-660克/公顷 喷雾

PD20098239 三唑磷/20%/乳油/三唑磷 20%/2014.12.16 至 2019.12.16/中等毒

水稻 二化螟 180-225克/公顷 喷雾

PD20130741 高氯・氟铃脲/5%/乳油/氟铃脲 2%、高效氯氰菊酯 3%/2013.04.12 至 2018.04.12/低毒

甘蓝 甜菜夜蛾 45-52.5克/公顷 喷雾

PD20141412 啶虫脒/5%/乳油/啶虫脒 5%/2014.06.06 至 2019.06.06/低毒

柑橘树 蚜虫 12-18毫克/千克 喷雾

江西睡怡日化有限公司 (江西省永丰县工业园南区 331500 0796-2222596)

WP20130108 杀虫气雾剂/0.36%/气雾剂/炔丙菊酯 0.07%%、右旋胺菊酯 0.17%%、右旋苯醚氰菊酯 0.12%%/2013.05.27 至2018.05.27/微毒

卫生 蜚蠊、蚊、蝇 / 喷雾

WP20130172 蚊香/0.05%/蚊香/氯氟醚菊酯 0.05%/2013.08.01 至 2018.08.01/微毒

室内 蚊 / 点燃

注:本产品有两种香型:野菊花香型、桂花檀香香型。

江西顺泉生物科技有限公司 (江西省抚州市抚北工业园区广银大道中段166号 344100 0794-7053553)

PD20093607 三环唑/75%/可湿性粉剂/三环唑 75%/2014.03.23 至 2019.03.23/低毒

水稻 稻瘟病 225-375克/公顷 喷雾

PD20094087 噻嗪・异丙威/25%/可湿性粉剂/噻嗪酮 5%、异丙威 20%/2014.03.27 至 2019.03.27/低毒

水稻 稻飞虱 450-562.5克/公顷 喷雾

PD20094112 杀螟丹/50%/可溶粉剂/杀螟丹 50%/2014.03.27 至 2019.03.27/中等毒

水稻 二化螟 600-900克/公顷 喷雾

PD20095383 苏云金杆菌/8000IU/微升/悬浮剂/苏云金杆菌 8000IU/微升/2014.04.27 至 2019.04.27/低毒

十字花科蔬菜 菜青虫 1500-2250克制剂/公顷 喷雾

PD20097701 草甘膦/30%/水剂/草甘膦 30%/2014.11.04 至 2019.11.04/低毒

柑橘园 杂草 1125-2250克/公顷 定向茎叶喷雾

PD20100788 苏云金杆菌/16000IU/毫克/可湿性粉剂/苏云金杆菌 16000IU/毫克/2015.01.19 至 2020.01.19/低毒

十字花科蔬菜 小菜蛾 750-1125克制剂/公顷 喷雾

烟草 烟青虫 750-2250克制剂/公顷 喷雾

PD20130788 吡蚜酮/25%/可湿性粉剂/吡蚜酮 25%/2013.04.22 至 2018.04.22/低毒

烟草 烟蚜 45-75克/公顷 喷雾

PD20140633 枯草芽孢杆菌/3000亿活芽孢/克/母药/枯草芽孢杆菌 3000亿活芽孢/克/2014.03.07 至 2019.03.07/低毒

PD20141488 砜嘧磺隆/25%/水分散粒剂/砜嘧磺隆 25%/2014.06.09 至 2019.06.09/低毒

烟草田 一年生杂草 18.75-22.5g/公顷 定向喷雾

PD20141516 枯草芽孢杆菌/1000亿芽孢/克/可湿性粉剂/枯草芽孢杆菌 1000亿芽孢/克/2014.06.16 至 2019.06.16/低毒

水稻 稻瘟病 300-450克制剂/公顷 喷雾

PD20150204 多抗霉素/3%/可湿性粉剂/多抗霉素 3%/2015.01.15 至 2020.01.15/低毒

烟草　赤星病　56.25-75克/公顷　喷雾

PD20150813　氟节胺/12%/水乳剂/氟节胺 12%/2015.05.14 至 2020.05.14/低毒

烟草　抑制腋芽生长　8-12毫克/株　杯淋

PD20151085　噻呋酰胺/240克/升/悬浮剂/噻呋酰胺 240克/升/2015.06.14 至 2020.06.14/低毒

水稻　纹枯病　72-108克/公顷　喷雾

PD20151579　苄·丁/30%/可湿性粉剂/苄嘧磺隆 1.5%、丁草胺 28.5%/2015.08.28 至 2020.08.28/低毒

水稻抛秧田　一年生及部分多年生杂草　540-720克/公顷　药土法

江西天人生态股份有限公司　(江西省吉安市井冈山经济技术开发区君山大道181号　343100　0796-8403926)

PD20094629　金龟子绿僵菌/170亿活孢子/克/原药/金龟子绿僵菌 170亿活孢子/克/2014.04.10 至 2019.04.10/低毒

PD20102133　球孢白僵菌/150亿个孢子/克/可湿性粉剂/球孢白僵菌 150亿个孢子/克/2015.12.02 至 2020.12.02/低毒

花生　蛴螬　3750-4500克制剂/公顷　拌毒土撒施

马尾松　松毛虫　3000-3900克制剂/公顷　喷雾

PD20102134　球孢白僵菌/400亿个孢子/克/可湿性粉剂/球孢白僵菌 400亿个孢子/克/2015.12.02 至 2020.12.02/低毒

茶树　茶小绿叶蝉　375-450克/公顷（制剂）　喷雾

番茄　烟粉虱　600-900克/公顷　喷雾

林木　光肩星天牛　1500-2500倍液　喷雾（防治成虫）；产卵（排泄孔）注射（防治幼虫）

林木　美国白蛾　1500-2500倍液　喷雾

马尾松　松毛虫　1200-1500克/公顷（制剂）　喷雾

棉花　斜纹夜蛾　375-450克/公顷（制剂）　喷雾

松树　柳毒蛾、松突圆蚧、萧氏松茎象　1500-2500倍液　喷雾

杨树　杨小舟蛾　1500-2500倍液　喷雾

竹子　竹蝗　1500-2500倍液　喷雾

PD20102135　球孢白僵菌/500亿个孢子/克/母药/球孢白僵菌 500亿个孢子/克/2015.12.02 至 2020.12.02/低毒

PD20102169　甲氨基阿维菌素苯甲酸盐/5%/水分散粒剂/甲氨基阿维菌素 5%/2015.12.09 至 2020.12.09/低毒

柏树、侧柏、林木、桐油树、杨树　毒蛾　11.25-15克/公顷　喷雾

甘蓝　甜菜夜蛾　2.5～3.75克/公顷　喷雾

水稻　二化螟　7.5～15克/公顷　喷雾

注:甲氨基阿维菌素苯甲酸盐含量：5.7%。

PD20102193　苯甲·丙环唑/30%/乳油/苯醚甲环唑 15%、丙环唑 15%/2015.12.15 至 2020.12.15/低毒

水稻　纹枯病　67.5-112.5克/公顷　喷雾

香蕉　叶斑病　150-300毫克/千克　喷雾

PD20110965　球孢白僵菌/400亿个孢子/克/水分散粒剂/球孢白僵菌 400亿个孢子/克/2011.09.08 至 2016.09.08/低毒

水稻　稻纵卷叶螟　390-525克制剂/公顷　喷雾

小白菜　小菜蛾　390-525克制剂/公顷　喷雾

PD20111087　啶虫脒/5%/乳油/啶虫脒 5%/2011.10.13 至 2016.10.13/低毒

柑橘树　蚜虫　10-20毫克/千克　喷雾

PD20111249　球孢白僵菌/400个亿孢子/克/可湿性粉剂/球孢白僵菌 400个亿孢子/克/2011.11.23 至 2016.11.23/低毒

林木　美国白蛾　1500-2500倍液　喷雾

林木　光肩星天牛　1500-2500倍液　喷雾（防治成虫）；产卵孔（排泄孔）注射（防治幼虫）

杨树　杨小舟蛾　1500-2500倍液　喷雾

竹子　竹蝗　1500-2500倍液　喷雾

PD20111268　高效氯氟氰菊酯/25克/升/乳油/高效氯氟氰菊酯 25克/升/2011.11.23 至 2016.11.23/低毒

叶菜　菜青虫　9.37-12.5克/公顷　喷雾

PD20111417　精喹禾灵/10%/乳油/精喹禾灵 10%/2011.12.23 至 2016.12.23/低毒

夏大豆田　一年生禾本科杂草　48.6-56.7克/公顷　茎叶喷雾

PD20120147　球孢白僵菌/300亿孢子/克/可分散油悬浮剂/球孢白僵菌 300亿孢子/克/2012.01.30 至 2017.01.30/低毒

棉花　斜纹夜蛾　500-700克制剂/公顷　喷雾

水稻　稻纵卷叶螟　500-700克制剂/公顷　喷雾

PD20120629　金龟子绿僵菌/100亿孢子/克/油悬浮剂/金龟子绿僵菌 100亿孢子/克/2012.04.12 至 2017.04.12/低毒

大白菜　甜菜夜蛾　20-33克/亩　喷雾

PD20120805　甲维·氟铃脲/10.5%/水分散粒剂/氟铃脲 10%、甲氨基阿维菌素苯甲酸盐 0.5%/2012.05.17 至 2017.05.17/低毒

棉花　斜纹夜蛾　31.5-52克/公顷　喷雾

PD20120920　甲氨基阿维菌素苯甲酸盐/0.5%/微乳剂/甲氨基阿维菌素 0.5%/2012.06.04 至 2017.06.04/低毒

甘蓝　甜菜夜蛾　3-4.5克/公顷　喷雾

注:甲氨基阿维菌素苯甲酸盐含量：0.57%。

PD20121305　金龟子绿僵菌/100亿孢子/克/可湿性粉剂/金龟子绿僵菌 100亿孢子/克/2012.09.11 至 2017.09.11/低毒

草地　蝗虫　20-30克制剂/亩　喷雾

苹果树 桃小食心虫 3000-4000倍液 喷雾
PD20130554 球孢白僵菌/2亿孢子/平方厘米/挂条/球孢白僵菌 2亿孢子/平方厘米/2013.04.01 至 2018.04.01/低毒
马尾松 松褐天牛 2-3条/15株 缠绕挂条
杨树 光肩星天牛 2-3条/15株 缠绕挂条
PD20130846 嘧菌酯/25%/悬浮剂/嘧菌酯 25%/2013.04.22 至 2018.04.22/低毒
水稻 稻瘟病 300-400 克/公顷 喷雾
PD20131085 滴酸·二氯吡/24%/水剂/2,4-滴 16%、二氯吡啶酸 8%/2013.05.20 至 2018.05.20/低毒
非耕地 薇甘菊 120-240毫克/千克 兑水喷雾
PD20132326 苯醚甲环唑/10%/水分散粒剂/苯醚甲环唑 10%/2013.11.13 至 2018.11.13/低毒
西瓜 炭疽病 60-90克/公顷 喷雾
PD20132342 烯啶虫胺/50%/可溶粒剂/烯啶虫胺 50%/2013.11.20 至 2018.11.20/低毒
茶树 茶小绿叶蝉 20-30毫克/千克 喷雾
PD20140185 烯酰吗啉/80%/水分散粒剂/烯酰吗啉 80%/2014.01.29 至 2019.01.29/低毒
黄瓜 霜霉病 240-300克/公顷 喷雾
PD20140262 戊唑醇/430克/升/悬浮剂/戊唑醇 430克/升/2014.01.29 至 2019.01.29/低毒
苹果树 斑点落叶病 61.4-86毫克/千克 喷雾
PD20140308 嘧菌酯/50%/水分散粒剂/嘧菌酯 50%/2014.02.12 至 2019.02.12/低毒
草坪 枯萎病 202.5—397.5克/公顷 喷雾
黄瓜 霜霉病 120—180克/公顷 喷雾
黄瓜 白粉病 225—337.5克/公顷 喷雾
PD20140344 莠去津/90%/水分散粒剂/莠去津 90%/2014.02.18 至 2019.02.18/低毒
春玉米田 一年生杂草 1620-1755克/公顷 土壤喷雾
PD20140391 吡蚜酮/50%/水分散粒剂/吡蚜酮 50%/2014.02.20 至 2019.02.20/低毒
水稻 稻飞虱 75-90克/公顷 喷雾
PD20140640 吡虫啉/70%/水分散粒剂/吡虫啉 70%/2014.03.07 至 2019.03.07/低毒
甘蓝 蚜虫 14-21克/公顷 喷雾
PD20140934 枯草芽孢杆菌/1000亿个/克/可湿性粉剂/枯草芽孢杆菌 1000亿个/克/2014.04.14 至 2019.04.14/低毒
黄瓜 灰霉病 45-55克制剂/亩 喷雾
黄瓜 白粉病 56-84克制剂/亩 喷雾
PD20141121 烟嘧磺隆/75%/水分散粒剂/烟嘧磺隆 75%/2014.04.27 至 2019.04.27/低毒
玉米田 一年生杂草 50.625-59.625克/公顷 茎叶喷雾
PD20141169 代森锰锌/75%/水分散粒剂/代森锰锌 75%/2014.04.28 至 2019.04.28/低毒
番茄 早疫病 1687.5-2250克/公顷 喷雾
PD20141358 枯草芽孢杆菌/1万亿芽孢/克/母药/枯草芽孢杆菌 1万亿芽孢/克/2014.06.04 至 2019.06.04/低毒
PD20141538 噻苯·敌草隆/540克/升/悬浮剂/敌草隆 180克/升、噻苯隆 360克/升/2014.06.17 至 2019.06.17/低毒
棉花 脱叶 48.6-97.2克/公顷 茎叶喷雾
PD20141541 噻虫嗪/50%/水分散粒剂/噻虫嗪 50%/2014.06.17 至 2019.06.17/低毒
水稻 褐飞虱 11.25-15克/公顷 喷雾
PD20141716 噻嗪酮/70%/水分散粒剂/噻嗪酮 70%/2014.06.30 至 2019.06.30/低毒
水稻 飞虱 126—147克/公顷 喷雾
PD20142451 苯磺隆/75%/水分散粒剂/苯磺隆 75%/2014.11.15 至 2019.11.15/低毒
小麦田 一年生阔叶杂草 13.5-22.5克/公顷 茎叶喷雾
PD20150305 噻虫啉/2%/微囊悬浮剂/噻虫啉 2%/2015.02.05 至 2020.02.05/低毒
松树 天牛 8-22.2毫克/千克 喷雾
PD20150496 淡紫拟青霉/200亿孢子/克/母药/淡紫拟青霉 200亿孢子/克/2015.03.23 至 2020.03.23/低毒
PD20150497 淡紫拟青霉/2亿孢子/克/粉剂/淡紫拟青霉 2亿孢子/克/2015.03.23 至 2020.03.23/低毒
番茄 根结线虫 22.5-30千克制剂/公顷 穴施
PD20150553 噻虫啉/1%/微囊粉剂/噻虫啉 1%/2015.03.23 至 2020.03.23/低毒
林木 天牛 22.5-67.5克/公顷 喷粉
PD20151440 球孢白僵菌/150亿孢子/克/颗粒剂/球孢白僵菌 150亿孢子/克/2015.07.30 至 2020.07.30/低毒
韭菜 韭蛆 1125－1350克/公顷 撒施
LS20130106 噻虫啉/70%/水分散粒剂/噻虫啉 70%/2015.03.11 至 2016.03.11/低毒
林木、柳树、松树 天牛 60-80毫克/千克 喷雾
LS20140160 噻虫啉/1.5%/微胶囊粉剂/噻虫啉 1.5%/2015.04.11 至 2016.04.11/低毒
林木 天牛 45-60.75克/公顷 喷粉
LS20140187 噻虫啉/3%/微囊悬浮剂/噻虫啉 3%/2015.05.06 至 2016.05.06/低毒
杨树 天牛 7.5-15 毫克/千克 喷雾
WP20110233 杀蟑饵剂/5亿孢子/克/饵剂/金龟子绿僵菌 5亿孢子/克/2011.10.13 至 2016.10.13/低毒
卫生 蜚蠊 / 投放

江西田友生化有限公司 (江西省桑海经济技术开发区(南昌市新祺周) 330115 0791-83060000)

PD20070588 异丙威/20%/乳油/异丙威 20%/2012.12.14 至 2017.12.14/低毒
水稻 稻飞虱 450-600克/公顷 喷雾
PD20080216 稻瘟灵/40%/乳油/稻瘟灵 40%/2013.01.11 至 2018.01.11/低毒

水稻　稻瘟病　600-750克/公顷　喷雾
PD20081976　仲丁威/20%/乳油/仲丁威 20%/2013.11.25 至 2018.11.25/低毒
水稻　稻飞虱　450-525克/公顷　喷雾
PD20082167　三环唑/75%/可湿性粉剂/三环唑 75%/2013.11.26 至 2018.11.26/中等毒
水稻　稻瘟病　225-300克/公顷　喷雾
PD20082431　联苯菊酯/25克/升/乳油/联苯菊酯 25克/升/2013.12.02 至 2018.12.02/中等毒
茶树　茶小绿叶蝉　1200-1500毫升/公顷　喷雾
PD20082777　草甘膦异丙胺盐/30%/水剂/草甘膦 30%/2013.12.08 至 2018.12.08/低毒
柑橘园　杂草　1125-2250克/公顷　定向茎叶喷雾
注:草甘膦异丙胺盐含量: 41%。
PD20082878　高效氯氟氰菊酯/25克/升/乳油/高效氯氟氰菊酯 25克/升/2013.12.09 至 2018.12.09/中等毒
棉花　棉铃虫　22.5-26.5克/公顷　喷雾
PD20083018　异丙威/4%/粉剂/异丙威 4%/2013.12.10 至 2018.12.10/中等毒
水稻　稻飞虱　600-720克/公顷　喷粉
PD20083045　乙酰甲胺磷/30%/乳油/乙酰甲胺磷 30%/2013.12.10 至 2018.12.10/低毒
水稻　二化螟　787.5-1012.5克/公顷　喷雾
PD20083580　毒死蜱/40%/乳油/毒死蜱 40%/2013.12.12 至 2018.12.12/中等毒
水稻　稻飞虱、稻纵卷叶螟、二化螟　300-432克/公顷　喷雾
PD20083725　甲氰菊酯/20%/乳油/甲氰菊酯 20%/2013.12.15 至 2018.12.15/中等毒
十字花科蔬菜　菜青虫　60-120克/公顷　喷雾
PD20086152　敌百·辛硫磷/30%/乳油/敌百虫 20%、辛硫磷 10%/2013.12.30 至 2018.12.30/低毒
水稻　二化螟　450-540克/公顷　喷雾
PD20090647　噻嗪酮/25%/可湿性粉剂/噻嗪酮 25%/2014.01.15 至 2019.01.15/低毒
水稻　稻飞虱　112.5-150克/公顷　喷雾
PD20091867　毒·辛/25%/乳油/毒死蜱 7%、辛硫磷 18%/2014.02.09 至 2019.02.09/中等毒
水稻　稻纵卷叶螟　375-562.5克/公顷　喷雾
PD20093328　辛硫·三唑磷/30%/乳油/三唑磷 7.5%、辛硫磷 22.5%/2014.03.18 至 2019.03.18/中等毒
水稻　二化螟　405-540克/公顷　喷雾
PD20095722　井冈·蜡芽菌//水剂/井冈霉素A 2%、蜡质芽孢杆菌 1亿CFU/克/2014.05.18 至 2019.05.18/低毒
水稻　纹枯病　30-50毫升/亩　喷雾
PD20101569　三唑磷/20%/乳油/三唑磷 20%/2015.05.19 至 2020.05.19/低毒
水稻　二化螟　180-225克/公顷　喷雾
PD20101936　蜡质芽孢杆菌/90亿个活芽孢/克/母药/蜡质芽孢杆菌 90亿个活芽孢/克/2015.08.27 至 2020.08.27/低毒
PD20111020　阿维菌素/18克/升/乳油/阿维菌素 18克/升/2011.09.30 至 2016.09.30/低毒(原药高毒)
棉花　红蜘蛛　10.8-16.2克/公顷　喷雾
PD20120399　苏云金杆菌/16000IU/毫克/可湿性粉剂/苏云金杆菌 16000IU/毫克/2012.03.07 至 2017.03.07/低毒
水稻　稻纵卷叶螟　1500-2250克制剂/公顷　喷雾
PD20130606　苏云金杆菌/8000IU/微升/悬浮剂/苏云金杆菌 8000IU/微升/2013.04.02 至 2018.04.02/低毒
水稻　稻纵卷叶螟、二化螟　3000-6000毫升制剂/公顷　喷雾
PD20131245　低聚糖素/6%/水剂/低聚糖素 6%/2013.05.31 至 2018.05.31/低毒
水稻　纹枯病　7.2-14.4克/公顷　喷雾
PD20131246　氨基寡糖素/2%/水剂/氨基寡糖素 2%/2013.05.31 至 2018.05.31/低毒
烟草　病毒病　30—50.1克/公顷　喷雾/
PD20131606　吡虫啉/5%/乳油/吡虫啉 5%/2013.07.29 至 2018.07.29/低毒
水稻　稻飞虱　15-30克/公顷　喷雾
PD20140066　枯草芽孢杆菌/1000亿芽孢/克/可湿性粉剂/枯草芽孢杆菌 1000亿芽孢/克/2014.01.20 至 2019.01.20/低毒
水稻　稻瘟病　90-180克制剂/公顷　喷雾
PD20140634　阿维菌素/5%/乳油/阿维菌素 5%/2014.03.07 至 2019.03.07/低毒(原药高毒)
水稻　稻纵卷叶螟　4.5-6克/公顷　喷雾
PD20140647　苜蓿银纹夜蛾核型多角体病毒/10亿PIB/毫升/悬浮剂/苜蓿银纹夜蛾核型多角体病毒 10亿PIB/毫升/2014.03.14 至 2019.03.14/低毒
十字花科蔬菜　甜菜夜蛾　100-150克制剂/亩　喷雾
PD20142425　阿维·毒死蜱/15%/乳油/阿维菌素 0.1%、毒死蜱 14.9%/2014.11.14 至 2019.11.14/中等毒(原药高毒)
水稻　稻纵卷叶螟　112.5-157.5克/公顷　喷雾
PD20150585　甲维·氟铃脲/2.2%/乳油/氟铃脲 2%、甲氨基阿维菌素苯甲酸盐 0.2%/2015.04.15 至 2020.04.15/低毒
甘蓝　甜菜夜蛾　16.5-19.8克/公顷　喷雾
PD20150931　苯甲·丙环唑/300克/升/乳油/苯醚甲环唑 150克/升、丙环唑 150克/升/2015.06.10 至 2020.06.10/低毒
水稻　纹枯病　67.5-90克/公顷　喷雾
LS20150171　杀虫单/20%/水剂/杀虫单 20%/2015.06.14 至 2016.06.14/中等毒
杨树　杨小舟蛾　0.08-0.12克/厘米　注射
WP20130115　氟虫腈/2.5%/悬浮剂/氟虫腈 2.5%/2013.05.31 至 2018.05.31/低毒
室内　蜚蠊　62.5毫克/平方米　滞留喷洒

江西同昌实业有限公司　(江西省抚州市南城县进山口第三工业园区　344700　0794-7261399)

WP20140069 蚊香/0.05%/蚊香/氯氟醚菊酯 0.05%/2014.03.25 至 2019.03.25/微毒
室内 蚊 / 点燃

江西万德化工科技有限公司 (江西省泰和县上田镇 343701 0796-5380903)

PD84104-5 杀虫双/18%/水剂/杀虫双 18%/2014.11.09 至 2019.11.09/中等毒
甘蔗、蔬菜、水稻、小麦、玉米 多种害虫 540-675克/公顷 喷雾
果树 多种害虫 225-360毫克/千克 喷雾

PD20040504 三唑磷/30%/乳油/三唑磷 30%/2014.12.19 至 2019.12.19/中等毒
水稻 三化螟 202.5-253.125克/公顷 喷雾

PD20040534 哒螨灵/15%/乳油/哒螨灵 15%/2014.12.19 至 2019.12.19/中等毒
柑橘树 红蜘蛛 50-67毫克/千克 喷雾

PD20040582 三唑磷/20%/乳油/三唑磷 20%/2014.12.19 至 2019.12.19/中等毒
棉花 棉红铃虫 375-450克/公顷 喷雾
水稻 二化螟、三化螟 300-450克/公顷 喷雾

PD20093876 毒死蜱/40%/乳油/毒死蜱 40%/2014.03.25 至 2019.03.25/中等毒
水稻 稻飞虱 450-600克/公顷 喷雾

PD20094048 三唑磷/40%/乳油/三唑磷 40%/2014.03.27 至 2019.03.27/中等毒
水稻 二化螟、三化螟 360-450克/公顷 喷雾

PD20096700 唑磷·毒死蜱/30%/乳油/毒死蜱 7%、三唑磷 23%/2014.09.07 至 2019.09.07/中等毒
水稻 稻纵卷叶螟 360-450克/公顷 喷雾

PD20100620 毒·辛/25%/乳油/毒死蜱 7%、辛硫磷 18%/2015.01.14 至 2020.01.14/中等毒
水稻 稻纵卷叶螟 450-562.5克/公顷 喷雾

PD20100683 甲氰菊酯/20%/乳油/甲氰菊酯 20%/2015.01.16 至 2020.01.16/中等毒
柑橘树 红蜘蛛 80-133毫克/千克 喷雾

PD20111363 阿维·氟铃脲/2.5%/乳油/阿维菌素 0.4%、氟铃脲 2.1%/2011.12.13 至 2016.12.13/低毒(原药高毒)
甘蓝 小菜蛾 11.25-16.875克/公顷 喷雾

PD20120196 唑磷·高氯氟/21%/乳油/高效氯氟氰菊酯 1%、三唑磷 20%/2012.02.03 至 2017.02.03/中等毒
棉花 棉铃虫 220.5-252克/公顷 喷雾

PD20120599 甲氨基阿维菌素苯甲酸盐/0.5%/微乳剂/甲氨基阿维菌素 0.5%/2012.04.11 至 2017.04.11/低毒
甘蓝 甜菜夜蛾 1.5-3克/公顷 喷雾
注:甲氨基阿维菌素苯甲酸盐含量:0.57%。

PD20121826 阿维·三唑磷/20%/乳油/阿维菌素 0.2%、三唑磷 19.8%/2012.11.22 至 2017.11.22/中等毒(原药高毒)
水稻 二化螟 180-270克/公顷 喷雾

PD20130947 咪鲜·三环唑/20%/可湿性粉剂/咪鲜胺 5%、三环唑 15%/2013.05.02 至 2018.05.02/低毒
水稻 稻瘟病 135-195克/公顷 喷雾

江西万丰农药化工有限公司 (江西省万安县城北工业区 343800 0796-5713178)

PD85150-7 多菌灵/50%/可湿性粉剂/多菌灵 50%/2011.03.28 至 2016.03.28/低毒
果树 病害 0.05-0.1%药液 喷雾
花生 倒秧病 750克/公顷 喷雾
麦类 赤霉病 750克/公顷 喷雾、泼浇
棉花 苗期病害 250克/50千克种子 拌种
水稻 稻瘟病、纹枯病 750克/公顷 喷雾、泼浇
油菜 菌核病 1125-1500克/公顷 喷雾

PD86148-10 异丙威/20%/乳油/异丙威 20%/2012.01.08 至 2017.01.08/中等毒
水稻 飞虱、叶蝉 450-600克/公顷 喷雾

PD86156-2 异丙威/4%/粉剂/异丙威 4%/2012.01.08 至 2017.01.08/中等毒
水稻 飞虱、叶蝉 600克/公顷 喷粉

PD20096745 仲丁威/20%/乳油/仲丁威 20%/2014.09.07 至 2019.09.07/低毒
水稻 稻飞虱 465-555克/公顷 喷雾

PD20096873 毒·辛/25%/乳油/毒死蜱 7%、辛硫磷 18%/2014.09.23 至 2019.09.23/中等毒
水稻 稻纵卷叶螟 506.25-562.5克/公顷 喷雾

PD20097667 毒死蜱/45%/乳油/毒死蜱 45%/2014.11.04 至 2019.11.04/中等毒
水稻 稻纵卷叶螟 540-612克/公顷 喷雾

PD20120632 阿维·三唑磷/15%/乳油/阿维菌素 0.1%、三唑磷 14.9%/2012.04.12 至 2017.04.12/中等毒(原药高毒)
棉花 棉铃虫 135-180克/公顷 喷雾

江西威力特生物科技有限公司 (江西省安义县工业园区凤凰东路18号 330500 0791-3499297)

PD20070168 氯氰·三唑磷/11%/乳油/氯氰菊酯 1%、三唑磷 10%/2012.06.25 至 2017.06.25/中等毒
棉花 棉铃虫 247.5-330克/公顷 喷雾

PD20081563 精喹禾灵/10%/乳油/精喹禾灵 10%/2013.11.11 至 2018.11.11/低毒
花生田 一年生禾本科杂草 40.5-48.6克/公顷 茎叶喷雾

PD20081952 氯氰·敌敌畏/10%/乳油/敌敌畏 8%、氯氰菊酯 2%/2013.11.24 至 2018.11.24/中等毒
十字花科蔬菜 蚜虫 45-75克/公顷 喷雾

PD20082028 异稻·稻瘟灵/40%/乳油/稻瘟灵 30%、异稻瘟净 10%/2013.11.25 至 2018.11.25/中等毒

水稻 稻瘟病 600-900克/公顷 喷雾
PD20085469 高效氯氟氰菊酯/2.5%/乳油/高效氯氟氰菊酯 2.5%/2013.12.25 至 2018.12.25/中等毒
十字花科蔬菜 蚜虫 7.5-15克/公顷 喷雾
PD20092617 螨醇·哒螨灵/20%/乳油/哒螨灵 8%、三氯杀螨醇 12%/2014.03.02 至 2019.03.02/低毒
柑橘树 红蜘蛛 133.3-200毫克/千克 喷雾
PD20094491 阿维·氯氰/2.1%/乳油/阿维菌素 0.1%、氯氰菊酯 2%/2014.04.09 至 2019.04.09/中等毒(原药高毒)
十字花科蔬菜 小菜蛾 18.9-22.05克/公顷 喷雾
PD20111188 草甘膦铵盐/65%/可溶粉剂/草甘膦 65%/2011.11.16 至 2016.11.16/低毒
非耕地 杂草 115-300克制剂/亩 喷雾
注:草甘膦铵盐含量:71.5%。
PD20121209 草甘膦/95%/原药/草甘膦 95%/2012.08.10 至 2017.08.10/低毒
PD20121686 苏云金杆菌/16000IU/毫克/可湿性粉剂/苏云金杆菌 16000IU/毫克/2012.11.05 至 2017.11.05/低毒
水稻 稻纵卷叶螟 100-150克制剂/亩 喷雾
PD20131288 戊唑醇/430克/升/悬浮剂/戊唑醇 430克/升/2013.06.08 至 2018.06.08/低毒
苹果树 斑点落叶病 61-86毫克/千克 喷雾
PD20131432 枯草芽孢杆菌/1000亿活芽孢/克/可湿性粉剂/枯草芽孢杆菌 1000亿活芽孢/克/2013.07.03 至 2018.07.03/低毒
草莓 灰霉病 40-60克制剂/亩 喷雾
PD20132252 几丁聚糖/2%/水剂/几丁聚糖 2%/2013.11.05 至 2018.11.05/低毒
黄瓜 霜霉病 10-12.5克/公顷 喷雾
PD20132316 毒死蜱/15%/颗粒剂/毒死蜱 15%/2013.11.13 至 2018.11.13/低毒
花生 蛴螬 2250-3600克/公顷 撒施
PD20132344 香菇多糖/1%/水剂/香菇多糖 1%/2013.11.20 至 2018.11.20/低毒
番茄 病毒病 15.6-18.75克/公顷 喷雾
PD20132461 苄嘧·丙草胺/40%/可湿性粉剂/苄嘧磺隆 4%、丙草胺 36%/2013.12.02 至 2018.12.02/低毒
水稻田(直播) 一年生杂草 360-480克/公顷 土壤喷雾
PD20141776 醚菌酯/30%/悬浮剂/醚菌酯 30%/2014.07.14 至 2019.07.14/低毒
番茄 早疫病 180-270克/公顷 喷雾
PD20141914 烯酰吗啉/40%/悬浮剂/烯酰吗啉 40%/2014.08.01 至 2019.08.01/低毒
葡萄 霜霉病 167-250毫克/千克 喷雾
PD20141915 吡蚜酮/50%/水分散粒剂/吡蚜酮 50%/2014.08.01 至 2019.08.01/低毒
水稻 飞虱 90-120克/公顷 喷雾
PD20141937 吡虫啉/70%/水分散粒剂/吡虫啉 70%/2014.08.04 至 2019.08.04/低毒
棉花 蚜虫 15.75-31.50克/公顷 喷雾
PD20142142 嘧菌酯/250克/升/悬浮剂/嘧菌酯 250克/升/2014.09.18 至 2019.09.18/低毒
葡萄 黑痘病 125-250毫克/千克 喷雾
PD20142191 氰氟草酯/10%/水乳剂/氰氟草酯 10%/2014.09.28 至 2019.09.28/低毒
直播水稻田 稗草、千金子等禾本科杂草 75-105克/公顷 茎叶喷雾
PD20142192 矿物油/99%/乳油/矿物油 99%/2014.09.28 至 2019.09.28/低毒
柑橘树 介壳虫 4950-9900毫克/千克 喷雾
PD20142298 毒死蜱/30%/微囊悬浮剂/毒死蜱 30%/2014.11.02 至 2019.11.02/低毒
花生 蛴螬 1575-2250克/公顷 灌根
PD20151772 烯啶虫胺/50%/可溶粒剂/烯啶虫胺 50%/2015.08.28 至 2020.08.28/低毒
水稻 稻飞虱 15-30克/公顷 喷雾
PD20152436 杀螺胺乙醇胺盐/70%/可湿性粉剂/杀螺胺乙醇胺盐 70%/2015.12.04 至 2020.12.04/低毒
水稻 福寿螺 367.5-472.5克/公顷 喷雾
LS20150155 噻呋·戊唑醇/45%/悬浮剂/噻呋酰胺 15%、戊唑醇 30%/2015.06.10 至 2016.06.10/低毒
水稻 稻曲病、纹枯病 135-162克/公顷 喷雾
LS20150233 阿维·噻唑膦/5.5%/颗粒剂/阿维菌素 0.5%、噻唑膦 5%/2015.07.30 至 2016.07.30/低毒(原药高毒)
黄瓜 根结线虫 825-1650克/公顷 撒施

江西威牛作物科学有限公司 (江西省南昌市新建县石埠岗群线工业园 330100 0791-83712766)

PD20040477 三唑磷/20%/乳油/三唑磷 20%/2014.12.19 至 2019.12.19/低毒
水稻 二化螟 180-225克/公顷 喷雾
PD20040495 哒螨灵/15%/乳油/哒螨灵 15%/2014.12.19 至 2019.12.19/低毒
柑橘树 红蜘蛛 30-40毫克/千克 喷雾
PD20040710 杀虫单/50%/可溶粉剂/杀虫单 50%/2014.12.19 至 2019.12.19/中等毒
水稻 二化螟 678-810克/公顷 喷雾
水稻 稻纵卷叶螟 540-648克/公顷 喷雾
PD20040778 吡虫啉/10%/可湿性粉剂/吡虫啉 10%/2014.12.19 至 2019.12.19/低毒
水稻 稻飞虱 12-18克/公顷 喷雾
PD20040796 高效氯氰菊酯/4.5%/乳油/高效氯氰菊酯 4.5%/2014.12.19 至 2019.12.19/低毒
十字花科蔬菜 菜青虫 13.5-27克/公顷 喷雾
PD20050218 三唑·辛硫磷/20%/乳油/三唑磷 10%、辛硫磷 10%/2015.12.23 至 2020.12.23/中等毒
水稻 二化螟 360-450克/公顷 喷雾

PD20060120 苏云金杆菌/16000IU/毫克/可湿性粉剂/苏云金杆菌 16000IU/毫克/2011.06.15 至 2016.06.15/低毒
茶树 茶毛虫 400-800倍 喷雾
棉花 棉铃虫 3000-4500克制剂/公顷 喷雾
森林 松毛虫 600-800倍 喷雾
十字花科蔬菜 小菜蛾 1500-2250克制剂/公顷 喷雾
十字花科蔬菜 菜青虫 750-1500克制剂/公顷 喷雾
水稻 稻纵卷叶螟 3000-4500克制剂/公顷 喷雾
烟草 烟青虫 1500-3000克制剂/公顷 喷雾
玉米 玉米螟 1500-3000克制剂/公顷 加细纱灌心
枣树 枣尺蠖 600-800倍 喷雾

PD20060137 马拉·杀螟松/12%/乳油/马拉硫磷 10%、杀螟硫磷 2%/2011.07.21 至 2016.07.21/低毒
棉花 棉铃虫 135-180克/公顷 喷雾
水稻 二化螟 180-270克/公顷 喷雾

PD20060185 马拉·辛硫磷/25%/乳油/马拉硫磷 12.5%、辛硫磷 12.5%/2011.11.22 至 2016.11.22/低毒
水稻 稻纵卷叶螟 300-375克/公顷 喷雾

PD20070268 敌百·三唑磷/36%/乳油/敌百虫 30%、三唑磷 6%/2012.09.05 至 2017.09.05/中等毒
水稻 二化螟 810-972克/公顷 喷雾

PD20070540 乙酰甲胺磷/30%/乳油/乙酰甲胺磷 30%/2012.12.03 至 2017.12.03/低毒
烟草 烟青虫 675-900克/公顷 喷雾

PD20070580 异稻·三环唑/20%/可湿性粉剂/三环唑 5%、异稻瘟净 15%/2012.12.03 至 2017.12.03/低毒
水稻 稻瘟病 285-435克/公顷 喷雾

PD20070581 敌百·毒死蜱/40%/乳油/敌百虫 20%、毒死蜱 20%/2012.12.03 至 2017.12.03/低毒
水稻 稻纵卷叶螟 450-660克/公顷 喷雾

PD20080002 马拉硫磷/45%/乳油/马拉硫磷 45%/2013.01.03 至 2018.01.03/低毒
水稻 稻飞虱 540-810克/公顷 喷雾

PD20080048 异丙威/20%/乳油/异丙威 20%/2013.01.03 至 2018.01.03/低毒
水稻 稻飞虱 450-600克/公顷 喷雾

PD20080133 甲氰菊酯/10%/乳油/甲氰菊酯 10%/2013.01.03 至 2018.01.03/低毒
苹果树 红蜘蛛 100-125毫克/千克 喷雾

PD20080435 阿维菌素/18克/升/乳油/阿维菌素 18克/升/2013.03.12 至 2018.03.12/中等毒(原药高毒)
十字花科蔬菜 菜青虫 8.1-10.8克/公顷 喷雾

PD20081348 噻嗪酮/25%/可湿性粉剂/噻嗪酮 25%/2013.10.21 至 2018.10.21/低毒
水稻 稻飞虱 7.5-112.5克/公顷 喷雾

PD20082032 草甘膦铵盐/30%/水剂/草甘膦 30%/2013.11.25 至 2018.11.25/低毒
柑橘园 杂草 1125-2250克/公顷 定向茎叶喷雾
注:草甘膦铵盐含量: 33%。

PD20082175 敌百·乙酰甲/25%/乳油/敌百虫 10%、乙酰甲胺磷 15%/2013.11.26 至 2018.11.26/低毒
十字花科蔬菜 菜青虫 562.5-750克/公顷 喷雾
水稻 稻纵卷叶螟 225-375克/公顷 喷雾

PD20082442 草甘膦异丙胺盐/30%/水剂/草甘膦 30%/2013.12.02 至 2018.12.02/低毒
柑橘园 杂草 1125-2250克/公顷 定向茎叶喷雾
注:草甘膦异丙胺盐含量: 41%。

PD20083056 敌百虫/30%/乳油/敌百虫 30%/2013.12.10 至 2018.12.10/低毒
十字花科蔬菜 菜青虫 450-675克/公顷 喷雾

PD20083707 仲丁威/20%/乳油/仲丁威 20%/2013.12.15 至 2018.12.15/低毒
水稻 稻飞虱 375-562.5克/公顷 喷雾

PD20083757 多·福/50%/可湿性粉剂/多菌灵 8%、福美双 42%/2013.12.15 至 2018.12.15/低毒
梨树 黑星病 1000-1500毫克/千克 喷雾

PD20084247 敌百·辛硫磷/30%/乳油/敌百虫 20%、辛硫磷 10%/2013.12.17 至 2018.12.17/低毒
水稻 二化螟 360-450克/公顷 喷雾

PD20084762 毒·辛/25%/乳油/毒死蜱 7%、辛硫磷 18%/2013.12.22 至 2018.12.22/低毒
水稻 稻纵卷叶螟 120-150克制剂/亩 喷雾

PD20085942 丙威·毒死蜱/13%/乳油/毒死蜱 3%、异丙威 10%/2013.12.29 至 2018.12.29/低毒
水稻 稻飞虱 150-200克制剂/亩; 2250-3000克制剂/公顷 喷雾

PD20086057 高效氯氟氰菊酯/2.5%/乳油/高效氯氟氰菊酯 2.5%/2013.12.29 至 2018.12.29/中等毒
十字花科蔬菜 菜青虫 11.25-15克/公顷 喷雾

PD20090046 氰戊·马拉松/20%/乳油/马拉硫磷 15%、氰戊菊酯 5%/2014.01.06 至 2019.01.06/低毒
小麦 蚜虫 75-120克/公顷 喷雾

PD20090163 敌畏·毒死蜱/35%/乳油/敌敌畏 25%、毒死蜱 10%/2014.01.08 至 2019.01.08/低毒
水稻 稻纵卷叶螟 420-525克/公顷 喷雾

PD20090398 甲氰·辛硫磷/20%/乳油/甲氰菊酯 2%、辛硫磷 18%/2014.01.12 至 2019.01.12/中等毒
甘蓝 菜青虫 150-240克/公顷 喷雾

PD20090738 辛硫·三唑磷/27%/乳油/三唑磷 5%、辛硫磷 22%/2014.01.19 至 2019.01.19/中等毒
水稻 二化螟 202.5-283.5克/公顷 喷雾
PD20091274 氰戊·辛硫磷/20%/乳油/氰戊菊酯 2%、辛硫磷 18%/2014.02.01 至 2019.02.01/低毒
甘蓝 菜青虫 180-240克/公顷 喷雾
PD20091885 苏云金杆菌/8000IU/毫克/悬浮剂/苏云金杆菌 8000IU/毫克/2014.02.09 至 2019.02.09/低毒
茶树 茶毛虫 100-200倍液 喷雾
棉花 棉铃虫 6000-7500毫升制剂/公顷 喷雾
森林 松毛虫 100-200倍液 喷雾
十字花科蔬菜 菜青虫、小菜蛾 3000-4500毫升制剂/公顷 喷雾
水稻 稻纵卷叶螟 6000-7500毫升制剂/公顷 喷雾
烟草 烟青虫 6000-7500毫升制剂/公顷 喷雾
玉米 玉米螟 4500-6000毫升制剂/公顷 喷雾
枣树 枣尺蠖 100-200倍液 喷雾
PD20091908 杀虫双/29%/水剂/杀虫双 29%/2014.02.09 至 2019.02.09/低毒
水稻 二化螟 600-750克/公顷 喷雾
PD20092272 阿维·毒死蜱/15%/乳油/阿维菌素 0.1%、毒死蜱 14.9%/2014.02.24 至 2019.02.24/低毒(原药高毒)
水稻 二化螟 135-180克/公顷 喷雾
PD20092742 速灭威/20%/乳油/速灭威 20%/2014.03.04 至 2019.03.04/低毒
水稻 稻飞虱 2250-2700克制剂/公顷 喷雾
PD20092786 唑磷·毒死蜱/25%/乳油/毒死蜱 5%、三唑磷 20%/2014.03.04 至 2019.03.04/中等毒
水稻 二化螟 300-375克/公顷 喷雾
PD20092787 唑磷·毒死蜱/25%/乳油/毒死蜱 8.3%、三唑磷 16.7%/2014.03.04 至 2019.03.04/中等毒
水稻 稻纵卷叶螟 225-262.5克/公顷 喷雾
PD20092788 吡虫·噻嗪酮/10%/可湿性粉剂/吡虫啉 3.3%、噻嗪酮 6.7%/2014.03.04 至 2019.03.04/低毒
水稻 稻飞虱 45-75克/公顷 喷雾
PD20092790 马拉·三唑磷/25%/乳油/马拉硫磷 12.5%、三唑磷 12.5%/2014.03.04 至 2019.03.04/中等毒
水稻 二化螟 318.75-375克/公顷 喷雾
PD20092803 敌畏·仲丁威/20%/乳油/敌敌畏 12%、仲丁威 8%/2014.03.04 至 2019.03.04/中等毒
水稻 稻飞虱 1500-1800克制剂/公顷 喷雾
PD20092804 喹硫磷/25%/乳油/喹硫磷 25%/2014.03.04 至 2019.03.04/低毒
水稻 稻纵卷叶螟 375-450克/公顷 喷雾
PD20093204 辛硫磷/40%/乳油/辛硫磷 40%/2014.03.11 至 2019.03.11/低毒
棉花 棉铃虫 240-300克/公顷 喷雾
PD20093315 敌敌畏/48%/乳油/敌敌畏 48%/2014.03.13 至 2019.03.13/中等毒
柑橘树 介壳虫 500-1000毫克/千克 喷雾
PD20093324 辛硫·三唑磷/30%/乳油/三唑磷 15%、辛硫磷 15%/2014.03.16 至 2019.03.16/中等毒
水稻 三化螟 315-405克/公顷 喷雾
PD20093325 辛硫·三唑磷/40%/乳油/三唑磷 20%、辛硫磷 20%/2014.03.16 至 2019.03.16/中等毒
水稻 二化螟 360-480克/公顷 喷雾
PD20093372 吡虫·杀虫单/35%/可湿性粉剂/吡虫啉 1%、杀虫单 34%/2014.03.18 至 2019.03.18/中等毒
水稻 稻飞虱、稻纵卷叶螟、二化螟、三化螟 450-750克/公顷 喷雾
PD20094380 吡虫·杀虫单/70%/可湿性粉剂/吡虫啉 2%、杀虫单 68%/2014.04.01 至 2019.04.01/中等毒
水稻 稻纵卷叶螟、二化螟、飞虱、三化螟 450-750克/公顷 喷雾
PD20094512 溴氰·仲丁威/2.5%/乳油/溴氰菊酯 0.6%、仲丁威 1.9%/2014.04.09 至 2019.04.09/中等毒
十字花科蔬菜 蚜虫 11.25-15克/公顷 喷雾
PD20094513 阿维菌素/3.2%/乳油/阿维菌素 3.2%/2014.04.09 至 2019.04.09/低毒(原药高毒)
十字花科蔬菜 小菜蛾 3.6-5.4克/公顷 喷雾
PD20094620 阿维·吡虫啉/1.8%/乳油/阿维菌素 0.1%、吡虫啉 1.7%/2014.04.10 至 2019.04.10/低毒(原药高毒)
十字花科蔬菜 蚜虫 10.8-16.2克/公顷 喷雾
PD20094669 三唑磷/40%/乳油/三唑磷 40%/2014.04.10 至 2019.04.10/中等毒
水稻 二化螟 360～420克/公顷 喷雾
PD20094701 多·锰锌/50%/可湿性粉剂/多菌灵 8%、代森锰锌 42%/2014.04.10 至 2019.04.10/低毒
苹果树 斑点落叶病 1000-1250毫克/千克 喷雾
PD20096473 阿维·高氯/1.8%/乳油/阿维菌素 0.3%、高效氯氰菊酯 1.5%/2014.08.14 至 2019.08.14/低毒(原药高毒)
十字花科蔬菜 菜青虫、小菜蛾 7.5-15克/公顷 喷雾
PD20098174 井冈霉素(5%)///水剂/井冈霉素A 4%/2014.12.14 至 2019.12.14/低毒
水稻 纹枯病 150-187.5克/公顷 喷雾
PD20098414 毒死蜱/40%/乳油/毒死蜱 40%/2014.12.24 至 2019.12.24/中等毒
水稻 稻瘿蚊 1050-1200克/公顷 喷雾
PD20101592 噻嗪·异丙威/25%/可湿性粉剂/噻嗪酮 5%、异丙威 20%/2015.06.03 至 2020.06.03/低毒
水稻 稻飞虱 375-450克/公顷 喷雾
PD20110223 异丙威/4%/粉剂/异丙威 4%/2011.02.25 至 2016.02.25/中等毒
水稻 稻飞虱 480～720克/公顷 喷粉

PD20110233 阿维菌素/5%/乳油/阿维菌素 5%/2011.03.02 至 2016.03.02/低毒(原药高毒)
水稻 稻纵卷叶螟 4.8－6克/公顷 喷雾
PD20110305 毒死蜱/50%/乳油/毒死蜱 50%/2011.03.22 至 2016.03.22/中等毒
水稻 稻飞虱 495－825克/公顷 喷雾
PD20110449 阿维·炔螨特/40%/乳油/阿维菌素 0.3%、炔螨特 39.7%/2011.04.21 至 2016.04.21/低毒(原药高毒)
柑橘树 红蜘蛛 200-400毫克/千克 喷雾
PD20111145 杀螺胺乙醇胺盐/60%/可湿性粉剂/杀螺胺乙醇胺盐 60%/2011.11.03 至 2016.11.03/低毒
水稻 福寿螺 450-630克/公顷 喷雾
PD20120037 稻瘟灵/30%/乳油/稻瘟灵 30%/2012.01.10 至 2017.01.10/低毒
水稻 稻瘟病 540－675克/公顷 喷雾
PD20120533 苯甲·丙环唑/30%/乳油/苯醚甲环唑 15%、丙环唑 15%/2012.03.28 至 2017.03.28/低毒
水稻 纹枯病 90－112.5克/公顷 喷雾
PD20120615 异稻瘟净/40%/乳油/异稻瘟净 40%/2012.04.11 至 2017.04.11/低毒
水稻 稻瘟病 900－1200克/公顷 喷雾
PD20120672 井冈霉素/2.4%/水剂/井冈霉素A 2.4%/2012.04.18 至 2017.04.18/低毒
水稻 纹枯病 90－112.5克/公顷 喷雾
注:井冈霉素含量: 3%。
PD20121382 甲氨基阿维菌素苯甲酸盐/5%/乳油/甲氨基阿维菌素 5%/2012.09.13 至 2017.09.13/低毒
水稻 稻纵卷叶螟 12-15克/公顷 喷雾
注:甲氨基阿维菌素苯甲酸盐含量: 5.7%。
PD20121473 丙溴磷/50%/乳油/丙溴磷 50%/2012.10.08 至 2017.10.08/低毒
水稻 稻纵卷叶螟 600-750克/公顷 喷雾
PD20121647 2甲·莠·敌/68%/可湿性粉剂/敌草隆 12%、2甲4氯 10%、莠灭净 46%/2012.10.30 至 2017.10.30/低毒
甘蔗田 一年生杂草 1479-1938克/公顷 定向茎叶喷雾
PD20130770 苄嘧·丙草胺/40%/可湿性粉剂/苄嘧磺隆 4%、丙草胺 36%/2013.04.17 至 2018.04.17/低毒
水稻田(直播) 一年生及部分多年生杂草 360-480克/公顷 喷雾
PD20130774 噻嗪酮/65%/可湿性粉剂/噻嗪酮 65%/2013.04.18 至 2018.04.18/低毒
水稻 稻飞虱 97.5-146.25克/公顷 喷雾
PD20130789 甲氨基阿维菌素苯甲酸盐/2%/水乳剂/甲氨基阿维菌素 2%/2013.04.22 至 2018.04.22/低毒
水稻 稻纵卷叶螟 7.5-13.5克/公顷 兑水喷雾
注:甲氨基阿维菌素苯甲酸盐含量: 2.3%。
PD20131572 吡虫啉/5%/乳油/吡虫啉 5%/2013.07.23 至 2018.07.23/低毒
水稻 稻飞虱 15-30克/公顷 喷雾
PD20132659 吡蚜酮/50%/可湿性粉剂/吡蚜酮 50%/2013.12.20 至 2018.12.20/低毒
水稻 稻飞虱 60-75克/公顷 喷雾
PD20142060 阿维·三唑磷/20%/乳油/阿维菌素 0.1%、三唑磷 19.9%/2014.08.27 至 2019.08.27/中等毒(原药高毒)
水稻 二化螟 360-450克/公顷 喷雾
PD20150068 啶虫脒/40%/水分散粒剂/啶虫脒 40%/2015.01.05 至 2020.01.05/低毒
黄瓜 蚜虫 24-48克/公顷 喷雾
PD20150229 2甲 ·草甘膦/50%/可溶粉剂/草甘膦铵盐 42%、2甲4氯钠 8%/2015.01.15 至 2020.01.15/低毒
非耕地 杂草 1725-1932克/公顷 茎叶喷雾
PD20150412 己唑醇/70%/水分散粒剂/己唑醇 70%/2015.03.19 至 2020.03.19/低毒
水稻 纹枯病 63－73.5克/公顷 喷雾
PD20151846 嘧菌酯/70%/水分散粒剂/嘧菌酯 70%/2015.08.30 至 2020.08.30/低毒
水稻 纹枯病 52.5--94.5克/公顷 喷雾

江西文达实业有限公司 (江西省南昌县八一乡莲塔线旁(莲武路269号) 330200 0791-5721686)

PD20098122 炔螨特/57%/乳油/炔螨特 57%/2014.12.08 至 2019.12.08/低毒
柑橘树 红蜘蛛 228-380毫克/千克 喷雾
PD20098210 高效氯氰菊酯/25克/升/乳油/高效氯氰菊酯 25克/升/2014.12.16 至 2019.12.16/中等毒
棉花 棉铃虫 18.75-26.25克/公顷 喷雾
PD20098245 异丙威/20%/乳油/异丙威 20%/2014.12.16 至 2019.12.16/中等毒
水稻 稻飞虱 525-600克/公顷 喷雾
PD20098541 阿维菌素/1.8%/乳油/阿维菌素 1.8%/2014.12.31 至 2019.12.31/低毒(原药高毒)
十字花科蔬菜 菜青虫 8.1-10.8克/公顷 喷雾
PD20098542 毒死蜱/45%/乳油/毒死蜱 45%/2014.12.31 至 2019.12.31/中等毒
水稻 稻纵卷叶螟 504-648克/公顷 喷雾
PD20142383 毒死蜱//微乳剂/毒死蜱 25%/2014.11.04 至 2019.11.04/低毒
水稻 稻纵卷叶螟 468.75-562.5克/公顷 喷雾

江西新瑞丰生化有限公司 (江西省吉安市新干县县城南工业区(何家山) 331307 0796-2676038)

PD85131-38 井冈霉素/2.4%,4%/水剂/井冈霉素A 2.4%,4%/2015.07.29 至 2020.07.29/低毒
水稻 纹枯病 75-112.5克/公顷 喷雾,泼浇
PD86101-11 赤霉酸/3%/乳油/赤霉酸 3%/2011.09.13 至 2016.09.13/低毒
菠菜 增加鲜重 7.5-18.75毫克/千克 叶面处理1-3次

菠萝　果实增大、增重　30-60毫克/千克　喷花
柑橘树　果实增大、增重　15-30毫克/千克　喷花
花卉　提前开花　525毫克/千克　叶面处理涂抹花芽
绿肥　增产　7.5-15毫克/千克　喷雾
马铃薯　苗齐、增产　0.375-0.75毫克/千克　浸薯块10-30分钟
棉花　提高结铃率、增产　7.5-15毫克/千克　点喷、点涂或喷雾
葡萄　无核、增产　37.5-150毫克/千克　花后1周处理果穗
芹菜　增产　15-75毫克/千克　叶面处理1次
人参　增加发芽率　15毫克/千克　播前浸种15分钟
水稻　增加千粒重、制种　15-22.5毫克/千克　喷雾

PD86183-15　赤霉酸/75%/结晶粉/赤霉酸 75%/2011.09.13 至 2016.09.13/低毒
菠菜　增加鲜重　10-25毫克/千克　叶面处理1-3次
菠萝　果实增大、增重　40-80毫克/千克　喷花
柑橘树　果实增大、增重　20-40毫克/千克　喷花
花卉　提前开花　700毫克/千克　叶面处理涂抹花芽
绿肥　增产　10-20毫克/千克　喷雾
马铃薯　苗齐、增产　0.5-1毫克/千克　浸薯块10-30分钟
棉花　提高结铃率、增产　10-20毫克/千克　点喷、点涂或喷雾
葡萄　无核、增产　50-200毫克/千克　花后一周处理果穗
芹菜　增加鲜重　20-100毫克/千克　叶面处理1次
人参　增加发芽率　20毫克/千克　播种前浸种15分钟
水稻　增加千粒重、制种　20-30毫克/千克　喷雾

PD20080523　赤霉酸/90%/原药/赤霉酸 90%/2013.04.29 至 2018.04.29/低毒

PD20082338　赤霉酸/10%/可溶片剂/赤霉酸A3 10%/2013.12.01 至 2018.12.01/低毒
水稻　调节生长　15—22.5克/公顷　茎叶喷雾

PD20082666　阿维菌素/1.8%/乳油/阿维菌素 1.8%/2013.12.05 至 2018.12.05/低毒(原药高毒)
棉花　棉铃虫　21.6-32.4克/公顷　喷雾
十字花科蔬菜　小菜蛾　8.1-10.8克/公顷　喷雾

PD20083342　赤霉酸/20%/可溶粉剂/赤霉酸 20%/2013.12.11 至 2018.12.11/低毒
水稻　调节生长、增产　28-36毫克/千克　兑水喷雾

PD20083689　井冈霉素A/20%/可溶粉剂/井冈霉素A 20%/2013.12.15 至 2018.12.15/低毒
水稻　纹枯病　52.5—75克/公顷　喷雾

PD20084354　井冈霉素A/5%/可溶粉剂/井冈霉素 5%/2013.12.17 至 2018.12.17/低毒
水稻　纹枯病　52.5-75克/公顷　喷雾

PD20095955　赤霉酸A4+A7/90%/原药/赤霉酸A4+A7 90%/2014.06.03 至 2019.06.03/低毒

PD20130691　赤4+7・赤霉酸/2.7%/涂抹剂/赤霉酸A4+A7 1.35%、赤霉酸A3 1.35%/2013.04.10 至 2018.04.10/低毒
梨树　早熟、增产　0.405-0.675毫克/果　涂抹果柄

PD20131277　赤霉酸/40%/可溶粒剂/赤霉酸 40%/2013.06.05 至 2018.06.05/低毒
柑橘树　调节生长　40-50毫克/千克　喷雾

PD20131640　苄氨・赤霉酸/3.6%/乳油/苄氨基嘌呤 1.8%、赤霉酸A4+A7 1.8%/2013.07.30 至 2018.07.30/低毒
苹果树　调节生长　72-90毫克/千克　喷雾

PD20152617　S-诱抗素/0.03%/水剂/S-诱抗素 0.03%/2015.12.17 至 2020.12.17/低毒
水稻　调节生长　0.3-0.4毫克/千克　浸种

PD20152643　S-诱抗素/90%/原药/S-诱抗素 90%/2015.12.19 至 2020.12.19/低毒

江西新兴农药有限公司　(江西省抚州市临川区抚北镇工业区　344000　0794-8621067)

PD20040562　氯氰・三唑磷/11%/乳油/氯氰菊酯 1%、三唑磷 10%/2014.12.19 至 2019.12.19/中等毒
棉花　棉铃虫　165-247.5克/公顷　喷雾

PD20040717　辛硫・三唑磷/20%/乳油/三唑磷 10%、辛硫磷 10%/2014.12.19 至 2019.12.19/中等毒
水稻　二化螟　300-480克/公顷　喷雾

PD20081947　精喹禾灵/5%/乳油/精喹禾灵 5%/2013.11.24 至 2018.11.24/低毒
冬油菜田　一年生禾本科杂草　37.5-45克/公顷　茎叶喷雾

PD20082724　苯磺隆/10%/可湿性粉剂/苯磺隆 10%/2013.12.08 至 2018.12.08/微毒
冬小麦田　一年生阔叶杂草　15-22.5克/公顷　茎叶喷雾

PD20084424　多菌灵/25%/可湿性粉剂/多菌灵 25%/2013.12.17 至 2018.12.17/低毒
水稻　稻瘟病　750-900克/公顷　喷雾

PD20084702　高效氯氟氰菊酯/25克/升/乳油/高效氯氟氰菊酯 25克/升/2013.12.22 至 2018.12.22/中等毒
十字花科蔬菜　菜青虫　7.5-15克/公顷　喷雾

PD20085012　毒死蜱/40%/乳油/毒死蜱 40%/2013.12.22 至 2018.12.22/中等毒
水稻　稻纵卷叶螟　504-648克/公顷　喷雾

PD20090292　苄・乙/18%/可湿性粉剂/苄嘧磺隆 4%、乙草胺 14%/2014.01.09 至 2019.01.09/微毒
水稻移栽田　部分多年生杂草、一年生杂草　84-118克/公顷　药土法

PD20090468　异稻・稻瘟灵/40%/乳油/稻瘟灵 10%、异稻瘟净 30%/2014.01.12 至 2019.01.12/低毒
水稻　稻瘟病　750-1000克/公顷　喷雾

PD20090923 苄·丁/25%/可湿性粉剂/苄嘧磺隆 1%、丁草胺 24%/2014.01.19 至 2019.01.19/低毒
水稻抛秧田 部分多年生杂草、一年生杂草 562.5—750克/公顷 药土法
PD20092561 噻嗪·异丙威/25%/可湿性粉剂/噻嗪酮 5%、异丙威 20%/2014.02.26 至 2019.02.26/低毒
水稻 稻飞虱 450-562.5克/公顷 喷雾
PD20092730 阿维·氯氰/2.1%/乳油/阿维菌素 0.1%、氯氰菊酯 2%/2014.03.04 至 2019.03.04/低毒(原药高毒)
十字花科蔬菜 小菜蛾 15.75-22.05克/公顷 喷雾
PD20093591 联苯菊酯/100克/升/乳油/联苯菊酯 100克/升/2014.03.23 至 2019.03.23/中等毒
茶树 茶小绿叶蝉 30-37.5克/公顷 喷雾
PD20093785 高效氯氰菊酯/4.5%/乳油/高效氯氰菊酯 4.5%/2014.03.25 至 2019.03.25/中等毒
甘蓝 小菜蛾 15.75-22.5克/公顷 喷雾
PD20094754 吡虫·杀虫单/50%/可湿性粉剂/吡虫啉 2%、杀虫单 48%/2014.04.13 至 2019.04.13/中等毒
水稻 稻纵卷叶螟、二化螟、飞虱、三化螟 450-750克/公顷 喷雾
PD20096003 阿维菌素/1.8%/乳油/阿维菌素 1.8%/2014.06.11 至 2019.06.11/中等毒(原药高毒)
甘蓝 小菜蛾 8.1-10.8克/公顷 喷雾
PD20096111 高效氟吡甲禾灵/108克/升/乳油/高效氟吡甲禾灵 108克/升/2014.06.18 至 2019.06.18/低毒
大豆田、花生田 一年生禾本科杂草 48.6-64.8 克/公顷 茎叶喷雾
PD20097544 异丙甲草胺/720克/升/乳油/异丙甲草胺 720克/升/2014.11.03 至 2019.11.03/低毒
移栽水稻田 一年生杂草 10-20毫升制剂/亩 移栽后茎叶喷雾
PD20101020 三唑磷/20%/乳油/三唑磷 20%/2015.01.20 至 2020.01.20/中等毒
水稻 二化螟 225-300克/公顷 喷雾
PD20101600 草甘膦异丙胺盐(41%)///水剂/草甘膦 30%/2010.06.03 至 2015.06.03/微毒
非耕地 杂草 1125-3000克/公顷 茎叶喷雾
PD20101690 唑磷·毒死蜱/25%/乳油/毒死蜱 5%、三唑磷 20%/2015.06.08 至 2020.06.08/中等毒
水稻 稻纵卷叶螟 300-375克/公顷 喷雾
PD20130201 啶虫脒/5%/乳油/啶虫脒 5%/2013.01.24 至 2018.01.24/低毒
柑橘树 蚜虫 10-12.5毫克/千克 喷雾

江西易顺作物科学有限公司 (江西省宜春市经济技术开发区南区 336000 0795-3243333)

PD85121-27 乐果/40%/乳油/乐果 40%/2014.12.22 至 2019.12.22/中等毒
茶树 蚜虫、叶蝉、螨 1000-2000倍液 喷雾
甘薯 小象甲 2000倍液 浸鲜薯片诱杀
柑橘树、苹果树 鳞翅目幼虫、蚜虫、螨 800-1600倍液 喷雾
棉花 蚜虫、螨 450-600克/公顷 喷雾
蔬菜 蚜虫、螨 300-600克/公顷 喷雾
水稻 飞虱、螟虫、叶蝉 450-600克/公顷 喷雾
烟草 蚜虫、烟青虫 300-600克/公顷 喷雾
PD86133-9 仲丁威/25%/乳油/仲丁威 25%/2011.10.30 至 2016.10.30/低毒
水稻 飞虱、叶蝉 375-562.5克/公顷 喷雾
PD86148-6 异丙威/20%/乳油/异丙威 20%/2011.10.30 至 2016.10.30/中等毒
水稻 飞虱、叶蝉 450-600克/公顷 喷雾
PD86156-9 异丙威/4%/粉剂/异丙威 4%/2011.10.30 至 2016.10.30/中等毒
水稻 飞虱、叶蝉 600克/公顷 喷粉
PD20070488 噻嗪·杀虫单/25%/可湿性粉剂/噻嗪酮 5%、杀虫单 20%/2012.11.28 至 2017.11.28/中等毒
水稻 稻飞虱 281.25-450克/公顷 喷雾
PD20070569 噻嗪酮/25%/可湿性粉剂/噻嗪酮 25%/2012.12.03 至 2017.12.03/低毒
水稻 稻飞虱 75-112.5克/公顷 喷雾
PD20070592 噻嗪·异丙威/30%/乳油/噻嗪酮 7.5%、异丙威 22.5%/2012.12.14 至 2017.12.14/低毒
水稻 稻飞虱 270-360克/公顷 喷雾
PD20080021 噻·异/25%/可湿性粉剂/噻嗪酮 5%、异丙威 20%/2013.01.04 至 2018.01.04/中等毒
水稻 稻飞虱 375-562.5克/公顷 喷雾
PD20083586 异稻·稻瘟灵/40%/乳油/稻瘟灵 10%、异稻瘟净 30%/2013.12.12 至 2018.12.12/中等毒
水稻 稻瘟病 900-1200克/公顷 喷雾
PD20090322 异稻·三环唑/20%/可湿性粉剂/三环唑 6.7%、异稻瘟净 13.3%/2014.01.12 至 2019.01.12/中等毒
水稻 稻瘟病 300-450克/公顷 喷雾
PD20090736 井冈·噻嗪酮/30%/可湿性粉剂/井冈霉素 14.3%、噻嗪酮 15.7%/2014.01.19 至 2019.01.19/低毒
水稻 稻飞虱、纹枯病 157.5-180克/公顷 喷雾
PD20095936 毒死蜱/45%/乳油/毒死蜱 45%/2014.06.02 至 2019.06.02/中等毒
水稻 二化螟 504-648克/公顷 喷雾
PD20097749 联苯菊酯/25克/升/乳油/联苯菊酯 25克/升/2014.11.12 至 2019.11.12/低毒
茶树 茶小绿叶蝉 30-37.5克/公顷 喷雾
PD20100696 井冈霉素/5%/水剂/井冈霉素A 5%/2015.01.16 至 2020.01.16/低毒
水稻 纹枯病 150—195克/公顷 喷雾
PD20101158 高效氯氟氰菊酯/25克/升/乳油/高效氯氟氰菊酯 25克/升/2015.01.25 至 2020.01.25/中等毒
十字花科叶菜 菜青虫 7.5-11.25克/公顷 喷雾

江西益隆化工有限公司　(江西省抚州市临川区河西火焰山　331800　0794-4410778)

PD20040342　吡虫啉/5%/乳油/吡虫啉 5%/2014.12.18 至 2019.12.18/低毒
水稻　稻飞虱　9-18克/公顷　喷雾
PD20081856　氯氰·敌敌畏/10%/乳油/敌敌畏 8%、氯氰菊酯 2%/2013.11.20 至 2018.11.20/中等毒
十字花科蔬菜　蚜虫　37.5-75克/公顷　喷雾
PD20084495　高效氯氟氰菊酯/2.5%/乳油/高效氯氟氰菊酯 2.5%/2013.12.18 至 2018.12.18/中等毒
十字花科蔬菜　菜青虫　7.5-15克/公顷　喷雾
PD20084525　丁硫克百威/200克/升/乳油/丁硫克百威 200克/升/2013.12.18 至 2018.12.18/中等毒
水稻　三化螟　200-250克制剂/亩；600-750克/公顷　喷雾
PD20084849　虫酰肼/20%/悬浮剂/虫酰肼 20%/2013.12.22 至 2018.12.22/低毒
苹果树　卷叶蛾　100-133毫克/千克　喷雾
PD20086049　多·福/30%/可湿性粉剂/多菌灵 15%、福美双 15%/2013.12.29 至 2018.12.29/微毒
辣椒　立枯病　3－4.5克/平方米　每平米的药量与细土混合1/3撒于苗床底部2/3覆盖在种子上面
PD20092549　氟磺胺草醚/25%/水剂/氟磺胺草醚 25%/2014.02.26 至 2019.02.26/低毒
春大豆田　一年生阔叶杂草　300-375克/公顷　茎叶喷雾
夏大豆田　一年生阔叶杂草　225-250克/公顷　茎叶喷雾
PD20092563　仲丁灵/36%/乳油/仲丁灵 36%/2014.02.26 至 2019.02.26/低毒
烟草　抑制腋芽生长　54-72毫克/株　杯淋法
PD20092994　溴氰菊酯/25克/升/乳油/溴氰菊酯 25克/升/2014.03.09 至 2019.03.09/中等毒
烟草　烟青虫　7.5-10.5克/公顷　喷雾
PD20094600　三唑锡/20%/悬浮剂/三唑锡 20%/2014.04.10 至 2019.04.10/低毒
柑橘树　红蜘蛛　133-200毫克/千克　喷雾
PD20094872　阿维菌素/1.8%/乳油/阿维菌素 1.8%/2014.04.13 至 2019.04.13/低毒(原药高毒)
苹果树　红蜘蛛　1－2毫克/千克　喷雾
PD20096155　二甲戊灵/330克/升/乳油/二甲戊灵 330克/升/2014.06.24 至 2019.06.24/低毒
大蒜田　一年生杂草　643.5-742.5克/公顷　播后苗前土壤喷雾
PD20100926　丙环唑/250克/升/乳油/丙环唑 250克/升/2015.01.19 至 2020.01.19/低毒
香蕉　叶斑病　250-500毫克/千克　喷雾
PD20101607　辛硫·三唑磷/20%/乳油/三唑磷 10%、辛硫磷 10%/2015.06.03 至 2020.06.03/中等毒
水稻　二化螟　300-450克/公顷　喷雾

江西正邦生物化工有限责任公司　(江西省高安市新世纪工业城　330096　0791-8115275)

PD20040387　三唑磷/20%/乳油/三唑磷 20%/2014.12.19 至 2019.12.19/中等毒
水稻　二化螟　202.5-243克/公顷　喷雾
PD20040462　哒螨灵/15%/乳油/哒螨灵 15%/2014.12.19 至 2019.12.19/中等毒
柑橘树　红蜘蛛　50-67毫克/千克　喷雾
萝卜　黄条跳甲　90-135克/公顷　喷雾
PD20040581　吡虫·杀虫单/58%/可湿性粉剂/吡虫啉 2.5%、杀虫单 55.5%/2014.12.19 至 2019.12.19/中等毒
水稻　稻纵卷叶螟、飞虱　261-435克/公顷　喷雾
PD20080262　咪鲜胺/45%/水乳剂/咪鲜胺 45%/2013.02.20 至 2018.02.20/低毒
香蕉　冠腐病　500-900毫克/千克　浸果
PD20081415　腈菌·三唑酮/12%/乳油/腈菌唑 2%、三唑酮 10%/2013.10.29 至 2018.10.29/低毒
小麦　白粉病　45-54克/公顷　喷雾
PD20081450　腐霉·多菌灵/50%/可湿性粉剂/多菌灵 31%、腐霉利 19%/2013.11.04 至 2018.11.04/低毒
油菜　菌核病　600-750克/公顷　喷雾
PD20081455　苯磺隆/10%/可湿性粉剂/苯磺隆 10%/2013.11.04 至 2018.11.04/低毒
冬小麦　一年生阔叶杂草　13.5-22.5克/公顷　茎叶喷雾
PD20081477　吡虫·仲丁威/20%/乳油/吡虫啉 1%、仲丁威 19%/2013.11.04 至 2018.11.04/低毒
水稻　稻飞虱　90-150克/公顷　喷雾
PD20083176　杀螟丹/50%/可溶粉剂/杀螟丹 50%/2013.12.11 至 2018.12.11/中等毒
水稻　二化螟　600-750克/公顷　喷雾
PD20083418　多·锰锌/40%/可湿性粉剂/多菌灵 20%、代森锰锌 20%/2013.12.11 至 2018.12.11/低毒
梨树　黑星病　1000-1250毫克/千克　喷雾
PD20083592　氯氰·敌敌畏/10%/乳油/敌敌畏 8%、氯氰菊酯 2%/2013.12.12 至 2018.12.12/中等毒
十字花科蔬菜　菜青虫、蚜虫　37.5-75克/公顷　喷雾
PD20083956　异丙威/20%/乳油/异丙威 20%/2013.12.15 至 2018.12.15/低毒
水稻　稻飞虱　450-600克/公顷　喷雾
PD20084300　仲丁威/50%/乳油/仲丁威 50%/2013.12.17 至 2018.12.17/低毒
水稻　稻飞虱　900-1200克/公顷　喷雾
PD20084334　高效氯氟氰菊酯/2.5%/乳油/高效氯氟氰菊酯 2.5%/2013.12.17 至 2018.12.17/中等毒

茶树 小绿叶蝉 15-30克/公顷 喷雾
十字花科蔬菜 菜青虫 7.5-15克/公顷 喷雾
PD20084358 代森锰锌/80%/可湿性粉剂/代森锰锌 80%/2013.12.17 至 2018.12.17/低毒
番茄 早疫病 1800-2400克/公顷 喷雾
PD20084427 联苯菊酯/25克/升/乳油/联苯菊酯 25克/升/2013.12.17 至 2018.12.17/中等毒
茶树 茶毛虫 7.5-15克/公顷 喷雾
PD20084428 毒死蜱/40%/乳油/毒死蜱 40%/2013.12.17 至 2018.12.17/中等毒
水稻 稻纵卷叶螟 432-648克/公顷 喷雾
PD20084649 阿维菌素/1.8%/乳油/阿维菌素 1.8%/2013.12.18 至 2018.12.18/低毒(原药高毒)
梨树 梨木虱 6-12毫克/千克 喷雾
PD20084696 炔螨特/73%/乳油/炔螨特 73%/2013.12.22 至 2018.12.22/低毒
柑橘树 红蜘蛛 292-365毫克/千克 喷雾
PD20084947 辛硫磷/40%/乳油/辛硫磷 40%/2013.12.22 至 2018.12.22/低毒
十字花科蔬菜 菜青虫 210-270克/公顷 喷雾
PD20084958 联苯菊酯/100克/升/乳油/联苯菊酯 100克/升/2013.12.22 至 2018.12.22/中等毒
茶树 茶尺蠖 15-22.5克/公顷 喷雾
PD20086044 苄·乙/18%/可湿性粉剂/苄嘧磺隆 4%、乙草胺 14%/2013.12.29 至 2018.12.29/低毒
水稻移栽田 一年生杂草 81-118克/公顷 毒土法
PD20086197 噻嗪·杀扑磷/20%/乳油/噻嗪酮 15%、杀扑磷 5%/2013.12.30 至 2015.09.30/中等毒(原药高毒)
柑橘树 介壳虫 200-250毫克/千克 喷雾
PD20086349 三环唑/75%/可湿性粉剂/三环唑 75%/2013.12.31 至 2018.12.31/低毒
水稻 稻瘟病 225-337.5克/公顷 喷雾
PD20090209 辛硫·灭多威/18%/乳油/灭多威 5%、辛硫磷 13%/2014.01.09 至 2019.01.09/中等毒(原药高毒)
棉花 棉铃虫 189-270克/公顷 喷雾
PD20090320 阿维·三唑磷/20%/乳油/阿维菌素 0.2%、三唑磷 19.8%/2014.01.12 至 2019.01.12/高毒
水稻 二化螟 150-210克/公顷 喷雾
PD20090805 霜脲·百菌清/18%/悬浮剂/百菌清 16%、霜脲氰 2%/2014.01.19 至 2019.01.19/低毒
黄瓜 霜霉病 405-513克/公顷 喷雾
PD20091041 苄·二氯/28%/可湿性粉剂/苄嘧磺隆 3%、二氯喹啉酸 25%/2014.01.21 至 2019.01.21/低毒
水稻秧田 一年生及部分多年生杂草 210—252克/公顷 茎叶喷雾
PD20091059 苄嘧·苯噻酰/50%/可湿性粉剂/苯噻酰草胺 47.5%、苄嘧磺隆 2.5%/2014.01.21 至 2019.01.21/低毒
水稻抛秧田 一年生及部分多年生杂草 375-450克/公顷(南方地区) 药土法
PD20091302 四螨嗪/10%/可湿性粉剂/四螨嗪 10%/2014.02.01 至 2019.02.01/低毒
柑橘树 红蜘蛛 100-125毫克/千克 喷雾
PD20091532 精喹禾灵/5%/乳油/精喹禾灵 5%/2014.02.03 至 2019.02.03/低毒
冬油菜田 一年生禾本科杂草 45-52.5克/公顷 茎叶喷雾
PD20091679 井·唑·多菌灵/20%/可湿性粉剂/多菌灵 9.2%、井冈霉素 5%、三环唑 5.8%/2014.02.03 至 2019.02.03/中等毒
水稻 稻瘟病 300-375克/公顷 喷雾
PD20091968 草甘膦异丙胺盐/30%/水剂/草甘膦 30%/2014.02.12 至 2019.02.12/低毒
柑橘园 杂草 1230-2460克/公顷 喷雾
注:草甘膦异丙胺盐含量：41%。
PD20092016 草甘膦/58%/可溶粉剂/草甘膦 58%/2014.02.12 至 2019.02.12/低毒
柑橘园 杂草 1131-2175克/公顷 茎叶喷雾
PD20092184 苏云金杆菌/8000IU/毫克/可湿性粉剂/苏云金杆菌 8000IU/毫克/2014.02.23 至 2019.02.23/低毒
茶树 茶毛虫 400-800倍液 喷雾
棉花 二代棉铃虫 3000-4500克制剂/公顷 喷雾
森林 松毛虫 600-800倍液 喷雾
十字花科蔬菜 小菜蛾 1500-2250克制剂/公顷 喷雾
十字花科蔬菜 菜青虫 750-1500克制剂/公顷 喷雾
水稻 稻纵卷叶螟 3000-4500克制剂/公顷 喷雾
烟草 烟青虫 1500-3000克制剂/公顷 喷雾
玉米 玉米螟 1500-3000克制剂/公顷 加细沙灌心
枣树 枣尺蠖 600-800倍液 喷雾
PD20093209 马拉硫磷/45%/乳油/马拉硫磷 45%/2014.03.11 至 2019.03.11/低毒
棉花 盲蝽蟓 506.25-607.5克/公顷 喷雾
PD20093214 阿维·苏云菌//可湿性粉剂/阿维菌素 0.2%、苏云金杆菌 100亿活芽孢/克/2014.03.11 至 2019.03.11/低毒(原药高毒)
十字花科蔬菜 小菜蛾 1050-1500克制剂/公顷 喷雾
PD20093499 高效氟吡甲禾灵/108克/升/乳油/高效氟吡甲禾灵 108克/升/2014.03.23 至 2019.03.23/低毒
花生田 一年生禾本科杂草 32.4-48.6克/公顷 茎叶喷雾
PD20093776 丁硫克百威/200克/升/乳油/丁硫克百威 200克/升/2014.03.25 至 2019.03.25/中等毒
棉花 棉蚜 135-180克/公顷 喷雾
PD20093789 毒死蜱/40%/乳油/毒死蜱 40%/2014.05.21 至 2019.05.21/中等毒
棉花 棉铃虫 600-900克/公顷 喷雾

PD20094675 硫磺·甲硫灵/70%/可湿性粉剂/甲基硫菌灵 30%、硫磺 40%/2014.04.10 至 2019.04.10/低毒
黄瓜 白粉病 840-1050克/公顷 喷雾

PD20095121 苄·丁/25%/粉剂/苄嘧磺隆 0.7%、丁草胺 24.3%/2014.04.24 至 2019.04.24/低毒
水稻抛秧田 一年生杂草 525-750克/公顷 毒土法

PD20095364 丙草胺/30%/乳油/丙草胺 30%/2014.04.27 至 2019.04.27/低毒
水稻秧田 一年生杂草 450-540克/公顷 土壤喷雾

PD20095601 丙草胺/50%/乳油/丙草胺 50%/2014.05.12 至 2019.05.12/低毒
水稻抛秧田 一年生杂草 300-450克/公顷 毒土法

PD20095798 甲霜·锰锌/58%/可湿性粉剂/甲霜灵 10%、代森锰锌 48%/2014.05.27 至 2019.05.27/低毒
黄瓜 霜霉病 1044-1566克/公顷 喷雾

PD20096317 丙溴磷/40%/乳油/丙溴磷 40%/2014.07.22 至 2019.07.22/中等毒
苹果树 红蜘蛛 100-200毫克/千克 喷雾

PD20096464 井冈霉素/20%/可溶粉剂/井冈霉素 20%/2014.08.14 至 2019.08.14/低毒
水稻 纹枯病 150-187.5克/公顷 喷雾

PD20096882 杀螺胺乙醇胺盐/50%/可湿性粉剂/杀螺胺乙醇胺盐 50%/2014.09.23 至 2019.09.23/低毒
水稻 福寿螺 450-600克/公顷 喷雾活撒毒土

PD20098491 噻嗪酮/25%/可湿性粉剂/噻嗪酮 25%/2014.12.24 至 2019.12.24/低毒
水稻 稻飞虱 112.5-185.7克/公顷 喷雾

PD20100731 氟硅唑/400克/升/乳油/氟硅唑 400克/升/2015.01.16 至 2020.01.16/低毒
葡萄 黑痘病 40—50毫克/千克 喷雾

PD20100895 甲氰·噻螨酮/12.5%/乳油/甲氰菊酯 10%、噻螨酮 2.5%/2015.01.19 至 2020.01.19/中等毒
柑橘树 红蜘蛛 50-100毫克/千克 喷雾

PD20101789 高效氯氰菊酯/4.5%/微乳剂/高效氯氰菊酯 4.5%/2015.07.13 至 2020.07.13/中等毒
甘蓝 菜青虫 13.5-27克/公顷 喷雾

PD20101810 苯甲·丙环唑/300克/升/乳油/苯醚甲环唑 150克/升、丙环唑 150克/升/2015.07.19 至 2020.07.19/低毒
水稻 纹枯病 67.5-90克/公顷 喷雾

PD20101909 啶虫脒/20%/可溶粉剂/啶虫脒 20%/2015.08.27 至 2020.08.27/低毒
黄瓜 蚜虫 36-72克/公顷 喷雾

PD20101965 阿维·炔螨特/40%/乳油/阿维菌素 0.3%、炔螨特 39.7%/2015.09.21 至 2020.09.21/低毒(原药高毒)
柑橘树 红蜘蛛 200-400毫克/千克 喷雾

PD20102011 啶虫脒/5%/可湿性粉剂/啶虫脒 5%/2015.09.25 至 2020.09.25/低毒
柑橘树 蚜虫 8.6-12毫克/千克 喷雾

PD20102085 啶虫脒/5%/乳油/啶虫脒 5%/2015.11.25 至 2020.11.25/低毒
黄瓜 蚜虫 18-22.5克/公顷 喷雾

PD20110549 甲氨基阿维菌素苯甲酸盐/0.5%/微乳剂/甲氨基阿维菌素 0.5%/2011.05.12 至 2016.05.12/低毒
小白菜 甜菜夜蛾 2.25-3克/公顷 喷雾
注:甲氨基阿维菌素苯甲酸盐含量:0.57%。

PD20111095 丙溴磷/50%/水乳剂/丙溴磷 50%/2011.10.13 至 2016.10.13/低毒
水稻 稻纵卷叶螟 450~750克/公顷 喷雾

PD20111246 毒死蜱/20%/颗粒剂/毒死蜱 20%/2011.11.18 至 2016.11.18/中等毒
花生 金针虫、蝼蛄、蛴螬 2100-3000克/公顷 撒施

PD20111274 阿维菌素/3%/水乳剂/阿维菌素 3%/2011.11.23 至 2016.11.23/中等毒(原药高毒)
水稻 稻纵卷叶螟 9-13.5克/公顷 喷雾

PD20111385 苄嘧·丙草胺/40%/可湿性粉剂/苄嘧磺隆 4%、丙草胺 36%/2011.12.14 至 2016.12.14/低毒
直播水稻(南方) 一年生杂草 360-480克/公顷 茎叶喷雾

PD20120001 毒死蜱/30%/微乳剂/毒死蜱 30%/2012.01.05 至 2017.01.05/中等毒
水稻 稻纵卷叶螟 450-540克/公顷 喷雾

PD20120198 噻螨·哒螨灵/12.5%/乳油/哒螨灵 10%、噻螨酮 2.5%/2012.01.30 至 2017.01.30/中等毒
柑橘树 红蜘蛛 62.5-125毫克/千克 喷雾

PD20120749 吡虫啉/70%/水分散粒剂/吡虫啉 70%/2012.05.05 至 2017.05.05/中等毒
甘蓝 蚜虫 14-28克/公顷 喷雾

PD20121053 敌畏·毒死蜱/40%/乳油/敌敌畏 30%、毒死蜱 10%/2012.07.12 至 2017.07.12/中等毒
水稻 稻纵卷叶螟 480-540克/公顷 喷雾

PD20121496 烯草酮/240克/升/乳油/烯草酮 240克/升/2012.10.09 至 2017.10.09/低毒
油菜田 一年生禾本科杂草 54-72克/公顷 茎叶喷雾

PD20121875 阿维·丙溴磷/40%/水乳剂/阿维菌素 0.5%、丙溴磷 39.5%/2012.11.28 至 2017.11.28/低毒(原药高毒)
水稻 稻纵卷叶螟 270-360克/公顷 喷雾

PD20121884 甲氨基阿维菌素苯甲酸盐/5%/水分散粒剂/甲氨基阿维菌素 5%/2012.11.28 至 2017.11.28/低毒
甘蓝 甜菜夜蛾 2.25-3.75克/公顷 喷雾
注:甲氨基阿维菌素苯甲酸盐含量：5.7%。

PD20121928 溴菌·多菌灵/25%/可湿性粉剂/多菌灵 5%、溴菌腈 20%/2012.12.07 至 2017.12.07/低毒
柑橘树 炭疽病 500-835毫克/千克 喷雾

PD20130047 吡虫·异丙威/25%/可湿性粉剂/吡虫啉 1%、异丙威 24%/2013.01.07 至 2018.01.07/低毒

水稻 稻飞虱 112.5-187.5克/公顷 喷雾
PD20130052 四聚乙醛/10%/颗粒剂/四聚乙醛 10%/2013.01.07 至 2018.01.07/低毒
甘蓝 蜗牛 450-540克/公顷 撒施
PD20130836 甲维·毒死蜱/31%/水乳剂/毒死蜱 30%、甲氨基阿维菌素苯甲酸盐 1%/2013.04.22 至 2018.04.22/中等毒
水稻 稻纵卷叶螟 139.5-232.5克/公顷 喷雾
PD20131339 丙溴·毒死蜱/40%/乳油/丙溴磷 15%、毒死蜱 25%/2013.06.09 至 2018.06.09/中等毒
水稻 稻纵卷叶螟 600-720克/公顷 喷雾
PD20132028 草铵膦/18%/水剂/草铵膦 18%/2013.10.21 至 2018.10.21/低毒
非耕地 杂草 1350-1890克/公顷 茎叶喷雾
PD20132033 甲氨基阿维菌素苯甲酸盐/3%/水乳剂/甲氨基阿维菌素 3%/2013.10.21 至 2018.10.21/低毒
水稻 稻纵卷叶螟 9-18克/公顷 喷雾
注:甲氨基阿维菌素苯甲酸盐含量：3.4%。
PD20132199 吡蚜酮/40%/可湿性粉剂/吡蚜酮 40%/2013.10.29 至 2018.10.29/低毒
水稻 稻飞虱 60-90克/公顷 喷雾
PD20132263 草甘膦铵盐/80%/可溶粒剂/草甘膦 80%/2013.11.05 至 2018.11.05/低毒
非耕地 杂草 1200-2040克/公顷 茎叶喷雾
注:草甘膦铵盐含量：88%。
PD20132343 吡蚜·异丙威/50%/可湿性粉剂/吡蚜酮 10%、异丙威 40%/2013.11.20 至 2018.11.20/低毒
水稻 稻飞虱 225-375克/公顷 喷雾
PD20132429 阿维·毒死蜱/15%/乳油/阿维菌素 0.1%、毒死蜱 14.9%/2013.11.20 至 2018.11.20/低毒(原药高毒)
水稻 稻纵卷叶螟 450-562.5克/公顷 喷雾
PD20140279 阿维·杀虫单/30%/微乳剂/阿维菌素 0.2%、杀虫单 29.8%/2014.02.12 至 2019.02.12/低毒(原药高毒)
水稻 二化螟 540-675克/公顷 喷雾
PD20140943 吡蚜·毒死蜱/35%/悬乳剂/吡蚜酮 5%、毒死蜱 30%/2014.04.14 至 2019.04.14/中等毒
水稻 稻飞虱 367.5-472.5克/公顷 喷雾
PD20141186 醚菌酯/50%/水分散粒剂/醚菌酯 50%/2014.05.06 至 2019.05.06/低毒
黄瓜 白粉病 105—150克/公顷 喷雾
PD20141458 氟环唑/125克/升/悬浮剂/氟环唑 125克/升/2014.06.09 至 2019.06.09/低毒
小麦 锈病 67.5-112.5克/公顷 喷雾
PD20141580 氰氟草酯/15%/乳油/氰氟草酯 15%/2014.06.17 至 2019.06.17/低毒
水稻田(直播) 一年生禾本科杂草 67.5-112.5克/公顷 茎叶喷雾
PD20141832 甲维·氟啶脲/15%/水分散粒剂/氟啶脲 10%、甲氨基阿维菌素苯甲酸盐 5%/2014.07.24 至 2019.07.24/中等毒
甘蓝 甜菜夜蛾 33.75-56.25克/公顷 喷雾
PD20142597 烯酰·嘧菌酯/70%/水分散粒剂/嘧菌酯 20%、烯酰吗啉 50%/2014.12.15 至 2019.12.15/低毒
蔷薇科观赏花卉 霜霉病 233.33-350毫克/千克 喷雾
PD20142598 苯甲·嘧菌酯/32.5%/悬浮剂/苯醚甲环唑 12.5%、嘧菌酯 20%/2014.12.15 至 2019.12.15/低毒
水稻 稻瘟病 146.25-195克/公顷 喷雾
PD20150003 甲维·虫螨腈/12%/悬浮剂/虫螨腈 10%、甲氨基阿维菌素苯甲酸盐 2%/2015.01.04 至 2020.01.04/低毒
甘蓝 小菜蛾 72-81克/公顷 喷雾
PD20150004 戊唑醇/430克/升/悬浮剂/戊唑醇 430克/升/2015.01.04 至 2020.01.04/低毒
苹果树 斑点落叶病 86-143.毫克/千克 喷雾
PD20150048 苯醚甲环唑/10%/水分散粒剂/苯醚甲环唑 10%/2015.01.05 至 2020.01.05/低毒
西瓜 炭疽病 75-112.5克/公顷 喷雾
PD20150169 灭蝇胺/80%/水分散粒剂/灭蝇胺 80%/2015.01.14 至 2020.01.14/低毒
黄瓜 美洲斑潜蝇 120-240克/公顷 喷雾
PD20150401 硝磺草酮/10%/可分散油悬浮剂/硝磺草酮 10%/2015.03.18 至 2020.03.18/低毒
玉米田 一年生杂草 150-195克/公顷 茎叶喷雾
PD20150492 嘧菌酯/25%/悬浮剂/嘧菌酯 25%/2015.03.20 至 2020.03.20/低毒
西瓜 炭疽病 200—400毫克/千克 喷雾
PD20151121 甲基硫菌灵/500克/升/悬浮剂/甲基硫菌灵 500克/升/2015.06.25 至 2020.06.25/低毒
小麦 赤霉病 900-1350克/公顷 喷雾
PD20151294 氟虫腈/5%/悬浮种衣剂/氟虫腈 5%/2015.07.30 至 2020.07.30/低毒
玉米 蛴螬 20-33克/100千克种子 拌种
PD20151587 枯草芽孢杆菌/1000亿个/克/可湿性粉剂/枯草芽孢杆菌 1000亿个/克/2015.08.28 至 2020.08.28/低毒
番茄 灰霉病 900-1200克制剂/公顷 喷雾
水稻 稻瘟病 300-600克制剂/公顷 喷雾
PD20151820 甲·灭·敌草隆/75%/可湿性粉剂/敌草隆 15%、2甲4氯 20%、莠灭净 40%/2015.08.28 至 2020.08.28/低毒
甘蔗田 一年生杂草 1406.25-1687.5克/公顷 定向茎叶喷雾
PD20151933 中生菌素/3%/可湿性粉剂/中生菌素 3%/2015.08.30 至 2020.08.30/低毒
黄瓜 细菌性角斑病 13.5~18克/公顷 喷雾
PD20152247 炔草酯/8%/水乳剂/炔草酯 8%/2015.09.23 至 2020.09.23/低毒
小麦田 一年生禾本科杂草 48-60克/公顷 茎叶喷雾
PD20152434 吡嘧·双草醚/30%/可湿性粉剂/吡嘧磺隆 10%、双草醚 20%/2015.12.04 至 2020.12.04/低毒

水稻田(直播) 一年生杂草 67.5-90克/公顷 茎叶喷雾

PD20152674 醚菌酯/40%/悬浮剂/醚菌酯 40%/2015.12.19 至 2020.12.19/低毒

苹果树 斑点落叶病 125-200毫克/千克 喷雾

LS20130222 吡蚜·毒死蜱/35%/悬乳剂/吡蚜酮 5%、毒死蜱 30%/2014.04.28 至 2015.04.28/中等毒

水稻 稻飞虱 367.5-420克/公顷 喷雾

LS20130374 甲维·氟啶脲/15%/水分散粒剂/氟啶脲 10%、甲氨基阿维菌素苯甲酸盐 5%/2014.07.29 至 2015.07.29/中等毒

甘蓝 甜菜夜蛾 33.75-56.25克/公顷 喷雾

LS20150231 噻虫啉/48%/悬浮剂/噻虫啉 48%/2015.07.30 至 2016.07.30/低毒

花生 蛴螬 396-504克/公顷 灌根

江西中科合臣实业有限公司 (江西省九江市永修县恒丰黄金山 330332 0792-3082668)

PD84104-34 杀虫双/18%/水剂/杀虫双 18%/2014.09.20 至 2019.09.20/中等毒

水稻 多种害虫 540-675克/公顷 喷雾

PD20040644 吡虫·杀虫单/70%/可湿性粉剂/吡虫啉 2.5%、杀虫单 67.5%/2014.12.19 至 2019.12.19/中等毒

水稻 稻纵卷叶螟、二化螟、飞虱、三化螟 450-750克/公顷 喷雾

PD20050018 杀虫单/90%/可溶粉剂/杀虫单 90%/2015.04.15 至 2020.04.15/中等毒

水稻 螟虫 525-750克/公顷 喷雾

PD20082148 毒·辛/20%/乳油/毒死蜱 4%、辛硫磷 16%/2013.11.25 至 2018.11.25/低毒

棉花 棉铃虫 360-450克/公顷 喷雾

PD20082250 高效氯氟氰菊酯/25克/升/乳油/高效氯氟氰菊酯 25克/升/2013.11.27 至 2018.11.27/中等毒

叶菜类蔬菜 菜青虫 7.5-11.25克/公顷 喷雾

PD20082259 联苯菊酯/100克/升/乳油/联苯菊酯 100克/升/2013.11.27 至 2018.11.27/中等毒

茶树 茶小绿叶蝉 37.5-45克/公顷 喷雾

PD20082274 杀虫双/29%/水剂/杀虫双 29%/2013.11.27 至 2018.11.27/中等毒

水稻 二化螟 675-810克/公顷 喷雾

PD20082826 毒死蜱/45%/乳油/毒死蜱 45%/2013.12.09 至 2018.12.09/中等毒

水稻 稻飞虱 468-612克/公顷 喷雾

PD20082896 杀单·克百威/3%/颗粒剂/克百威 1%、杀虫单 2%/2013.12.09 至 2018.12.09/高毒

水稻 三化螟 1125-1350克/公顷 拌细土撒施

PD20090793 草甘膦异丙胺盐/30%/水剂/草甘膦异丙胺盐 30%/2014.01.19 至 2019.01.19/低毒

柑橘园 一年生及部分多年生杂草 1125—2250克/公顷 定向茎叶喷雾

注:草甘膦异丙胺盐含量:41%。

PD20090938 杀虫单/95%/原药/杀虫单 95%/2014.01.19 至 2019.01.19/中等毒

PD20093137 联苯菊酯/25克/升/乳油/联苯菊酯 25克/升/2014.03.10 至 2019.03.10/中等毒

棉花 棉铃虫 37.5-52.5克/公顷 喷雾

PD20093954 噻嗪·异丙威/25%/可湿性粉剂/噻嗪酮 5%、异丙威 20%/2014.03.27 至 2019.03.27/低毒

水稻 稻飞虱 375-562.5克/公顷 喷雾

PD20094330 唑磷·毒死蜱/20%/乳油/毒死蜱 5%、三唑磷 15%/2014.03.31 至 2019.03.31/低毒

水稻 三化螟 300-375克/公顷 喷雾

PD20094496 吡虫·噻嗪酮/20%/可湿性粉剂/吡虫啉 2%、噻嗪酮 18%/2014.04.09 至 2019.04.09/低毒

水稻 稻飞虱 120-150克/公顷 喷雾

PD20095268 毒死蜱/40%/乳油/毒死蜱 40%/2014.04.27 至 2019.04.27/中等毒

棉花 棉铃虫 540-900克/公顷 喷雾

PD20142332 噻虫嗪/98%/原药/噻虫嗪 98%/2014.11.03 至 2019.11.03/微毒

PD20142618 嘧菌酯/98%/原药/嘧菌酯 98%/2014.12.15 至 2019.12.15/微毒

PD20150083 虱螨脲/98%/原药/虱螨脲 98%/2015.01.05 至 2020.01.05/微毒

江西中迅农化有限公司 (江西省南昌市安义县工业园区金属材料产业基地(东阳大道) 330500 0791-83366622)

PD20130266 阿维菌素/3%/水乳剂/阿维菌素 3%/2013.02.21 至 2018.02.21/中等毒

水稻 稻纵卷叶螟 5.4-8.1克/公顷 喷雾

PD20130267 吡嘧磺隆/10%/可湿性粉剂/吡嘧磺隆 10%/2013.02.21 至 2018.02.21/低毒

移栽水稻田 稗草、莎草及阔叶杂草 22.5-30克/公顷 毒土法

PD20130666 烯酰吗啉/50%/可湿性粉剂/烯酰吗啉 50%/2013.04.08 至 2018.04.08/低毒

黄瓜 霜霉病 225-300克/公顷 喷雾

PD20130960 毒死蜱/30%/水乳剂/毒死蜱 30%/2013.05.02 至 2018.05.02/低毒

水稻 稻飞虱 450—585克/公顷 喷雾

PD20131122 高效氯氟氰菊酯/5%/水乳剂/高效氯氟氰菊酯 5%/2013.05.20 至 2018.05.20/中等毒

甘蓝 菜青虫 11.25—15克/公顷 喷雾

PD20131785 戊唑醇/80%/可湿性粉剂/戊唑醇 80%/2013.09.09 至 2018.09.09/低毒

苹果树 斑点落叶病 133.3-160毫克/千克 喷雾

PD20140190 己唑醇/5%/悬浮剂/己唑醇 5%/2014.01.29 至 2019.01.29/低毒

水稻 纹枯病 60-75克/公顷 喷雾

PD20140741 苄·丁/30%/可湿性粉剂/苄嘧磺隆 1.5%、丁草胺 28.5%/2014.03.24 至 2019.03.24/低毒

水稻抛秧田 一年生杂草 675-900克/公顷 药土法

PD20140742 氟环唑/12.5%/悬浮剂/氟环唑 12.5%/2014.03.24 至 2019.03.24/低毒

香蕉 叶斑病 125-166.7毫克/千克 喷雾
PD20141213 吡嘧·二氯喹/50%/可湿性粉剂/吡嘧磺隆 3%、二氯喹啉酸 47%/2014.05.06 至 2019.05.06/低毒
水稻田(直播) 一年生杂草 225-300克/公顷 茎叶喷雾
PD20141501 氟硅唑/25%/水乳剂/氟硅唑 25%/2014.06.09 至 2019.06.09/低毒
梨树 黑星病 41.7-62.5毫克/千克 喷雾
PD20141551 噻呋酰胺/240克/升/悬浮剂/噻呋酰胺 240克/升/2014.06.17 至 2019.06.17/低毒
水稻 纹枯病 54-72克/公顷 喷雾
PD20141553 甲氨基阿维菌素苯甲酸盐/3%/微乳剂/甲氨基阿维菌素 3%/2014.06.17 至 2019.06.17/低毒
水稻 稻纵卷叶螟 9-13.5克/公顷 喷雾
注:甲氨基阿维菌素苯甲酸盐含量: 3.4%。
LS20130154 阿维·炔螨特/30%/水乳剂/阿维菌素 0.3%、炔螨特 29.7%/2015.04.03 至 2016.04.03/低毒(原药高毒)
柑橘树 红蜘蛛 200-300毫克/千克 喷雾
LS20130399 阿维·三唑磷/20%/水乳剂/阿维菌素 0.5%、三唑磷 19.5%/2015.07.29 至 2016.07.29/中等毒(原药高毒)
水稻 二化螟 240-300克/公顷 喷雾
LS20130469 噻嗪·异丙威/50%/可湿性粉剂/噻嗪酮 12%、异丙威 38%/2015.10.10 至 2016.10.10/低毒
水稻 稻飞虱 337.5-562.5克/公顷 喷雾
LS20140315 噻呋·己唑醇/15%/悬浮剂/己唑醇 5%、噻呋酰胺 10%/2015.10.27 至 2016.10.27/低毒
水稻 纹枯病 54-72克/公顷 喷雾
LS20140359 氰氟·二氯喹/25%/悬浮剂/二氯喹啉酸 20%、氰氟草酯 5%/2015.12.11 至 2016.12.11/低毒
水稻田(直播) 一年生杂草 375-450克/公顷 喷雾

江西中源化工有限公司 (江西省高安市新世纪工业城 330800 0795-5266578)

PD20082604 噻嗪·异丙威/25%/可湿性粉剂/噻嗪酮 5%、异丙威 20%/2013.12.04 至 2018.12.04/低毒
水稻 稻飞虱 450-562.5克/公顷 喷雾
PD20084490 毒死蜱/480克/升/乳油/毒死蜱 480克/升/2013.12.17 至 2018.12.17/中等毒
水稻 二化螟 432-720克/公顷 喷雾
PD20084866 甲基硫菌灵/70%/可湿性粉剂/甲基硫菌灵 70%/2013.12.22 至 2018.12.22/低毒
水稻 稻瘟病 1050-1575克/公顷 喷雾
PD20084901 炔螨特/570克/升/乳油/炔螨特 570克/升/2013.12.22 至 2018.12.22/低毒
柑橘树 红蜘蛛 285-380毫克/千克 喷雾
PD20085630 高效氯氟氰菊酯/25克/升/乳油/高效氯氟氰菊酯 25克/升/2013.12.26 至 2018.12.26/中等毒
十字花科蔬菜 蚜虫 20-25毫升制剂/亩 喷雾
PD20090052 三环唑/75%/可湿性粉剂/三环唑 75%/2014.01.06 至 2019.01.06/中等毒
水稻 稻瘟病 225-337.5克/公顷 喷雾
PD20091028 甲氰菊酯/20%/乳油/甲氰菊酯 20%/2014.01.21 至 2019.01.21/中等毒
柑橘树 红蜘蛛 100-200毫克/千克 喷雾
PD20097552 唑磷·毒死蜱/25%/乳油/毒死蜱 5%、三唑磷 20%/2014.11.03 至 2019.11.03/中等毒
水稻 二化螟 300-375克/公顷 喷雾
PD20100304 三唑锡/25%/可湿性粉剂/三唑锡 25%/2015.01.11 至 2020.01.11/中等毒
柑橘树 红蜘蛛 125-250毫克/千克 喷雾
PD20100599 代森锰锌/80%/可湿性粉剂/代森锰锌 80%/2015.01.14 至 2020.01.14/低毒
黄瓜 霜霉病 2400-3000克/公顷 喷雾
PD20101031 稻瘟灵/30%/乳油/稻瘟灵 30%/2015.01.20 至 2020.01.20/低毒
水稻 稻瘟病 450-675克/公顷 喷雾
PD20121482 阿维菌素/1.8%/微乳剂/阿维菌素 1.8%/2012.10.08 至 2017.10.08/低毒(原药高毒)
甘蓝 小菜蛾 8.1-10.8克/公顷 喷雾

江西众和化工有限公司 (江西省南昌市安义工业园区北一路 330500 0791-3499979)

PD85105-67 敌敌畏/80%/乳油/敌敌畏 77.5%(气谱法)/2015.04.05 至 2020.04.05/中等毒
茶树 食叶害虫 600克/公顷 喷雾
粮仓 多种储藏害虫 1)400-500倍液2)0.4-0.5克/立方米 1)喷雾2)挂条熏蒸
棉花 蚜虫、造桥虫 600-1200克/公顷 喷雾
苹果树 小卷叶蛾、蚜虫 400-500毫克/千克 喷雾
青菜 菜青虫 600克/公顷 喷雾
桑树 尺蠖 600克/公顷 喷雾
卫生 多种卫生害虫 1)300-400倍液2)0.08克/立方米 1)泼洒2)挂条熏蒸
小麦 黏虫、蚜虫 600克/公顷 喷雾
PD20050071 辛硫·三唑磷/20%/乳油/三唑磷 10%、辛硫磷 10%/2015.06.24 至 2020.06.24/中等毒
水稻 稻纵卷叶螟 200-360克/公顷 喷雾
水稻 二化螟 300-450克/公顷 喷雾
PD20080405 敌畏·辛硫磷/25%/乳油/敌敌畏 17%、辛硫磷 8%/2013.02.28 至 2018.02.28/中等毒
水稻 稻纵卷叶螟 300-450克/公顷 喷雾
PD20080406 敌百·辛硫磷/30%/乳油/敌百虫 20%、辛硫磷 10%/2013.02.28 至 2018.02.28/低毒
水稻 二化螟 450-540克/公顷 喷雾

登记证号	农药名称/总含量/剂型/有效成分及含量/有效期/毒性			
PD20080927	高效氯氟氰菊酯/25克/升/乳油/高效氯氟氰菊酯 25克/升/2013.07.17 至 2018.07.17/中等毒			
	十字花科蔬菜	菜青虫	7.5-11.25克/公顷	喷雾
PD20082868	马拉·辛硫磷/25%/乳油/马拉硫磷 12.5%、辛硫磷 12.5%/2013.12.09 至 2018.12.09/低毒			
	水稻	稻纵卷叶螟	300-375克/公顷	喷雾
PD20083052	敌百·乙酰甲/25%/乳油/敌百虫 10%、乙酰甲胺磷 15%/2013.12.10 至 2018.12.10/低毒			
	水稻	稻纵卷叶螟	300-450克/公顷	喷雾
PD20083126	马拉·杀螟松/12%/乳油/马拉硫磷 10%、杀螟硫磷 2%/2013.12.10 至 2018.12.10/低毒			
	棉花	棉铃虫	180-216克/公顷	喷雾
	水稻	二化螟	360-432克/公顷	喷雾
PD20083181	毒死蜱/45%/乳油/毒死蜱 45%/2013.12.11 至 2018.12.11/中等毒			
	水稻	二化螟	576-648克/公顷	喷雾
PD20083439	噻嗪酮/25%/可湿性粉剂/噻嗪酮 25%/2013.12.11 至 2018.12.11/低毒			
	水稻	稻飞虱	112.5—150克/公顷	喷雾
PD20083665	异稻·稻瘟灵/40%/乳油/稻瘟灵 10%、异稻瘟净 30%/2013.12.12 至 2018.12.12/低毒			
	水稻	稻瘟病	900-1200克/公顷	喷雾
PD20084051	异丙威/20%/乳油/异丙威 20%/2013.12.16 至 2018.12.16/低毒			
	水稻	稻飞虱	450-600克/公顷	喷雾
PD20084298	二嗪磷/25%/乳油/二嗪磷 25%/2013.12.17 至 2018.12.17/低毒			
	水稻	二化螟	487.5-600克/公顷	喷雾
PD20084331	联苯菊酯/25克/升/乳油/联苯菊酯 25克/升/2013.12.17 至 2018.12.17/低毒			
	茶树	茶尺蠖	7.5-15克/公顷	喷雾
PD20084805	异丙威/4%/粉剂/异丙威 4%/2013.12.22 至 2018.12.22/低毒			
	水稻	稻飞虱	450-700克/公顷	喷粉
PD20085043	喹硫磷/10%/乳油/喹硫磷 10%/2013.12.23 至 2018.12.23/低毒			
	水稻	稻纵卷叶螟	180-225克/公顷	喷雾
PD20090190	春雷霉素/2%/可湿性粉剂/春雷霉素 2%/2014.01.08 至 2019.01.08/低毒			
	水稻	稻瘟病	36-45克/公顷	喷雾
PD20091447	三唑磷/20%/乳油/三唑磷 20%/2014.02.02 至 2019.02.02/中等毒			
	水稻	二化螟	243-303.75克/公顷	喷雾
PD20091741	井冈霉素/3%/水剂/井冈霉素 3%/2014.02.04 至 2019.02.04/低毒			
	水稻	纹枯病	150-187.5克/公顷	喷雾
PD20094655	灭草松/48%/水剂/灭草松 48%/2014.04.10 至 2019.04.10/低毒			
	春大豆田	一年生阔叶杂草	1080-1440克/公顷	茎叶喷雾
PD20095659	毒死蜱/40%/乳油/毒死蜱 40%/2014.05.13 至 2019.05.13/低毒			
	水稻	稻纵卷叶螟	360-480克/公顷	喷雾
PD20096269	混灭威/50%/乳油/混灭威 50%/2014.07.22 至 2019.07.22/低毒			
	水稻	稻飞虱	562.5-750克/公顷	喷雾
PD20098020	草甘膦异丙胺盐(41%)///水剂/草甘膦 30%/2014.12.07 至 2019.12.07/低毒			
	非耕地	杂草	1125.45-2995.05克/公顷	茎叶喷雾
PD20098133	甲氰菊酯/20%/乳油/甲氰菊酯 20%/2014.12.08 至 2019.12.08/中等毒			
	柑橘树	红蜘蛛	80-100毫克/千克	喷雾
PD20098278	仲丁威/20%/乳油/仲丁威 20%/2014.12.18 至 2019.12.18/低毒			
	水稻	稻飞虱	465-555克/公顷	喷雾
PD20098307	速灭威/20%/乳油/速灭威 20%/2014.12.18 至 2019.12.18/中等毒			
	水稻	稻飞虱	175-200毫升制剂/亩	喷雾
PD20100014	氯氰·丙溴磷/440克/升/乳油/丙溴磷 400克/升、氯氰菊酯 40克/升/2015.01.04 至 2020.01.04/中等毒			
	棉花	棉铃虫	528-600克/公顷	喷雾
PD20100021	辛硫磷/40%/乳油/辛硫磷 40%/2015.01.04 至 2020.01.04/低毒			
	水稻	稻纵卷叶螟	600-900克/公顷	喷雾
PD20100023	炔螨特/73%/乳油/炔螨特 73%/2015.01.04 至 2020.01.04/低毒			
	柑橘树	红蜘蛛	243-365毫克/千克	喷雾
PD20100024	丁硫克百威/200克/升/乳油/丁硫克百威 200克/升/2015.01.04 至 2020.01.04/中等毒			
	水稻	飞虱	600-750克/公顷	喷雾
PD20100025	三环唑/75%/可湿性粉剂/三环唑 75%/2015.01.04 至 2020.01.04/低毒			
	水稻	稻瘟病	262.5-300克/公顷	喷雾
PD20100038	马拉硫磷/45%/乳油/马拉硫磷 45%/2015.01.04 至 2020.01.04/低毒			
	水稻	稻蓟马	562.5-750克/公顷	喷雾
PD20100040	联苯菊酯/100克/升/乳油/联苯菊酯 100克/升/2015.01.04 至 2020.01.04/中等毒			
	茶树	茶小绿叶蝉	30-37.5克/公顷	喷雾
PD20101498	高效氟吡甲禾灵/108克/升/乳油/高效氟吡甲禾灵 108克/升/2015.05.10 至 2020.05.10/低毒			
	大豆田	一年生禾本科杂草	48.6-72.9克/公顷	茎叶喷雾
PD20111134	甲氨基阿维菌素苯甲酸盐/0.5%/微乳剂/甲氨基阿维菌素 0.5%/2011.11.03 至 2016.11.03/低毒			
	小白菜	甜菜夜蛾	1.5-2.25克/公顷	喷雾

注:甲氨基阿维菌素苯甲酸盐含量: 0.57%。

PD20111148 苯甲·丙环唑/30%/乳油/苯醚甲环唑 15%、丙环唑 15%/2011.11.04 至 2016.11.04/低毒

水稻 纹枯病 67.5-90毫克/千克 喷雾

PD20120319 啶虫脒/40%/水分散粒剂/啶虫脒 40%/2012.02.17 至 2017.02.17/中等毒

黄瓜 蚜虫 24-36克/公顷 喷雾

PD20120331 吡虫·仲丁威/20%/乳油/吡虫啉 1%、仲丁威 19%/2012.02.17 至 2017.02.17/低毒

水稻 稻飞虱 180-225克/公顷 喷雾

PD20120365 已唑醇/5%/悬浮剂/已唑醇 5%/2012.02.24 至 2017.02.24/低毒

水稻 水稻纹枯病 67.5-75克/公顷 喷雾

PD20120514 吡虫啉/25%/可湿性粉剂/吡虫啉 25%/2012.03.30 至 2017.03.30/低毒

水稻 稻飞虱 22.5-30克/公顷 喷雾

PD20120558 吡虫啉/10%/可湿性粉剂/吡虫啉 10%/2012.03.28 至 2017.03.28/低毒

水稻 稻飞虱 15-20克/公顷 喷雾

PD20120753 甲氨基阿维菌素苯甲酸盐/5.0%/水分散粒剂/甲氨基阿维菌素 5%/2012.05.05 至 2017.05.05/低毒

甘蓝 小菜蛾 2.25-3克/公顷 喷雾

注:甲氨基阿维菌素苯甲酸盐含量:5.7%。

PD20120893 吡虫·噻嗪酮/22%/可湿性粉剂/吡虫啉 2.5%、噻嗪酮 19.5%/2012.05.24 至 2017.05.24/低毒

水稻 稻飞虱 66-82.5克/公顷 喷雾

PD20121537 阿维菌素/1.8%/微乳剂/阿维菌素 1.8%/2012.10.17 至 2017.10.17/中等毒(原药高毒)

甘蓝 小菜蛾 9-10.8克/公顷 喷雾

PD20130067 苏云金杆菌/8000IU/毫克/悬浮剂/苏云金杆菌 8000IU/毫克/2013.01.07 至 2018.01.07/低毒

水稻 稻纵卷叶螟 300-600（制剂）毫升/公顷 喷雾

PD20130076 苄嘧·丙草胺/40%/可湿性粉剂/苄嘧磺隆 4%、丙草胺 36%/2013.01.14 至 2018.01.14/低毒

水稻田(直播) 一年生杂草 360-420克/公顷 茎叶喷雾

PD20130498 戊唑醇/80%/水分散粒剂/戊唑醇 80%/2013.03.20 至 2018.03.20/低毒

苹果树 斑点落叶病 100-133毫克/千克 喷雾

PD20130499 苯甲·嘧菌酯/32.5%/悬浮剂/苯醚甲环唑 12.5%、嘧菌酯 20%/2013.03.20 至 2018.03.20/低毒

香蕉 叶斑病 130-163毫克/千克 喷雾

PD20131072 阿维菌素/5%/微乳剂/阿维菌素 5%/2013.05.20 至 2018.05.20/中等毒(原药高毒)

甘蓝 小菜蛾 7.5-11.25克/公顷 喷雾

PD20131074 甲氨基阿维菌素苯甲酸盐/2.3%/微乳剂/甲氨基阿维菌素 2%/2013.05.20 至 2018.05.20/低毒

小白菜 甜菜夜蛾 1.5-2.25克/公顷 喷雾

注:甲氨基阿维菌素苯甲酸盐含量:2.3%。

PD20140792 烯啶虫胺/10%/水剂/烯啶虫胺 10%/2014.03.25 至 2019.03.25/低毒

棉花 蚜虫 15-30克/公顷 喷雾

PD20140793 三环唑/40%/悬浮剂/三环唑 40%/2014.03.25 至 2019.03.25/中等毒

水稻 稻瘟病 210-300克/公顷 喷雾

PD20140802 噻呋酰胺/240克/升/悬浮剂/噻呋酰胺 240克/升/2014.03.25 至 2019.03.25/低毒

水稻 稻曲病、纹枯病 45-81克/公顷 喷雾

PD20140880 氟铃·毒死蜱/20%/乳油/毒死蜱 18%、氟铃脲 2%/2014.04.08 至 2019.04.08/中等毒

棉花 棉铃虫 300-360克/公顷 喷雾

PD20140977 吡嘧·苯噻酰/68%/可湿性粉剂/苯噻酰草胺 64%、吡嘧磺隆 4%/2014.04.14 至 2019.04.14/低毒

移栽水稻田 一年生杂草 306-510克/公顷 药土法

PD20141188 吡蚜酮/50%/水分散粒剂/吡蚜酮 50%/2014.05.06 至 2019.05.06/低毒

水稻 稻飞虱 75-90克/公顷 喷雾

PD20141735 咪鲜胺/45%/水乳剂/咪鲜胺 45%/2014.06.30 至 2019.06.30/低毒

柑橘 炭疽病 200-500mg/kg 浸果

PD20142126 氟环唑/12.5%/悬浮剂/氟环唑 12.5%/2014.09.03 至 2019.09.03/低毒

小麦 白粉病 90-112.5克/公顷 喷雾

PD20142467 阿维·啶虫脒/4%/微乳剂/阿维菌素 0.5%、啶虫脒 3.5%/2014.11.17 至 2019.11.17/低毒(原药高毒)

甘蓝 蚜虫 6-12克/公顷 喷雾

PD20150180 井冈·枯芽菌/5%/水剂/井冈霉素 5%、枯草芽孢杆菌 200亿活芽孢/毫升/2015.01.15 至 2020.01.15/低毒

水稻 稻曲病 1500-1800毫升制剂/公顷 喷雾

PD20150330 已唑.稻瘟灵/33%/微乳剂/稻瘟灵 30%、已唑醇 3%/2015.03.02 至 2020.03.02/低毒

水稻 稻曲病、稻瘟病、纹枯病 297-396克/公顷 喷雾

PD20150650 噻虫嗪/30%/水分散粒剂/噻虫嗪 30%/2015.04.16 至 2020.04.16/低毒

水稻 稻飞虱 7.5-15克/公顷 喷雾

PD20150760 稻瘟酰胺/30%/悬浮剂/稻瘟酰胺 30%/2015.05.12 至 2020.05.12/低毒

水稻 稻瘟病 157.5-225克/公顷 喷雾

PD20152246 草铵膦/30%/水剂/草铵膦 30%/2015.09.23 至 2020.09.23/低毒

非耕地 杂草 585-900克/公顷 茎叶喷雾

PD20152401 双草醚/10%/悬浮剂/双草醚 10%/2015.10.25 至 2020.10.25/低毒

直播水稻田 稗草、莎草及阔叶杂草 22.5-37.5克/公顷 喷雾

LS20130185 氰氟草酯/20%/水乳剂/氰氟草酯 20%/2015.04.05 至 2016.04.05/低毒
直播水稻田 稗草、千金子等禾本科杂草 90-120克/公顷 茎叶喷雾
LS20140008 阿维·噻唑膦/10.2%/颗粒剂/阿维菌素 0.2%、噻唑膦 10%/2016.01.14 至 2017.01.14/中等毒(原药高毒)
黄瓜 根结线虫 2295-3060克/公顷 土壤撒施
LS20140057 炔草酯/20%/水乳剂/炔草酯 20%/2016.02.18 至 2017.02.18/低毒
小麦田 一年生禾本科杂草 30-60克/公顷 茎叶喷雾
LS20140180 氟虫腈/12%/悬浮种衣剂/氟虫腈 12%/2015.04.21 至 2016.04.21/低毒
玉米 蛴螬 29-32克/100千克种子 种子包衣
LS20140337 草铵膦/30%/水剂/草铵膦 30%/2015.11.17 至 2016.11.17/低毒
非耕地 杂草 585-900克/公顷 茎叶喷雾
LS20140338 乙羧·草甘膦/82%/可湿性粉剂/草甘膦 80%、乙羧氟草醚 2%/2015.11.17 至 2016.11.17/低毒
非耕地 杂草 1107-2337克/公顷 茎叶喷雾
LS20140341 阿维·螺螨酯/22%/悬浮剂/阿维菌素 2%、螺螨酯 20%/2015.11.21 至 2016.11.21/中等毒(原药高毒)
柑橘树 红蜘蛛 36.67-55毫克/千克 喷雾
LS20150052 噻虫·异丙威/50%/可湿性粉剂/噻虫嗪 10%、异丙威 40%/2015.03.20 至 2016.03.20/低毒
水稻 稻飞虱 150-300克/公顷 喷雾
LS20150070 甲维·茚虫威/15%/悬浮剂/甲氨基阿维菌素苯甲酸盐 0.5%、茚虫威 14.5%/2015.03.24 至 2016.03.24/低毒
甘蓝 小菜蛾 27-45克/公顷 喷雾
LS20150071 低聚·吡蚜酮/22%/悬浮剂/吡蚜酮 20%、低聚糖素 2%/2015.03.24 至 2016.03.24/低毒
水稻 稻飞虱、黑条矮缩病 66-99克/公顷 喷雾
LS20150096 呋虫胺/20%/悬浮剂/呋虫胺 20%/2015.04.17 至 2016.04.17/低毒
水稻 稻飞虱 90-120克/公顷 喷雾
LS20150353 吡唑醚菌酯/30%/悬浮剂/吡唑醚菌酯 30%/2015.12.19 至 2016.12.19/低毒
香蕉 叶斑病 125-250毫克/千克 喷雾
WP20140068 氟虫腈/5%/悬浮剂/氟虫腈 5%/2014.03.25 至 2019.03.25/低毒
室内 蚂蚁 20-30毫克/平方米 滞留喷洒

江西珀尔农作物工程有限公司 (江西省南昌市抚生路344号 330009 0791-6573232)

PD20091827 草甘膦异丙胺盐/30%/水剂/草甘膦 30%/2014.02.05 至 2019.02.05/低毒
柑橘园 杂草 1125-2250毫升制剂/亩 定向茎叶喷雾
注:草甘膦异丙胺盐含量: 41%
PD20096785 毒死蜱/45%/乳油/毒死蜱 45%/2014.09.15 至 2019.09.15/中等毒
水稻 稻纵卷叶螟 504-648克/公顷 喷雾
PD20097160 联苯菊酯/25克/升/乳油/联苯菊酯 25克/升/2014.10.16 至 2019.10.16/低毒
茶树 茶小绿叶蝉 30-37.5克/公顷 喷雾
PD20097163 高效氯氟氰菊酯/25克/升/乳油/高效氯氟氰菊酯 25克/升/2014.10.16 至 2019.10.16/中等毒
十字花科蔬菜 菜青虫 7.5-11.25克/公顷 喷雾
PD20121152 申嗪霉素/1%/悬浮剂/申嗪霉素 1%/2012.07.30 至 2017.07.30/低毒
辣椒 疫病 7.5-18克/公顷 喷雾
水稻 纹枯病 4.5-10.5克/公顷 喷雾
PD20141825 多杀霉素/10%/悬浮剂/多杀霉素 10%/2014.07.23 至 2019.07.23/低毒
甘蓝 小菜蛾 18.75-26.25克/公顷 喷雾
WP20130249 氟虫腈/3%/微乳剂/氟虫腈 3%/2013.12.09 至 2018.12.09/低毒
室内 蝇 稀释20倍 滞留喷洒

江西榄菊日化实业有限公司 (江西省大余县新世纪工业城 341500 0797-8733026)

WP20110170 蚊香/0.03%/蚊香/四氟甲醚菊酯 0.03%/2011.07.06 至 2016.07.06/微毒
卫生 蚊 / 点燃
WP20130179 蚊香/0.05%/蚊香/氯氟醚菊酯 0.05%/2013.09.06 至 2018.09.06/微毒
室内 蚊 / 点燃

上海威敌生化(南昌)有限公司 (江西省南昌市进贤县工业开发区威化路 331700 0791-5690498)

PD86110-8 嘧啶核苷类抗菌素/2%/水剂/嘧啶核苷类抗菌素 2%/2015.06.20 至 2020.06.20/低毒
大白菜 黑斑病 100毫克/千克 喷雾
番茄 疫病 100毫克/千克 喷雾
瓜类、花卉、苹果、葡萄、烟草 白粉病 100毫克/千克 喷雾
水稻 炭疽病、纹枯病 150-180克/公顷 喷雾
西瓜 枯萎病 100毫克/千克 灌根
小麦 锈病 100毫克/千克 喷雾
PD86110-9 嘧啶核苷类抗菌素/4%/水剂/嘧啶核苷类抗菌素 4%/2015.06.20 至 2020.06.20/低毒
大白菜 黑斑病 100毫克/千克 喷雾
番茄 疫病 100毫克/千克 喷雾
瓜类、花卉、苹果、葡萄、烟草 白粉病 100毫克/千克 喷雾
水稻 炭疽病、纹枯病 150-180克/公顷 喷雾

西瓜 枯萎病 100毫克/千克 灌根
小麦 锈病 100毫克/千克 喷雾
PD20060144 丙环唑/95%/原药/丙环唑 95%/2011.08.07 至 2016.08.07/低毒
PD20060170 高效氯氟氰菊酯/95%/原药/高效氯氟氰菊酯 95%/2011.11.01 至 2016.11.01/中等毒
PD20060176 溴敌隆/95.8%/原药/溴敌隆 95.8%/2011.11.01 至 2016.11.01/剧毒
PD20060202 氟啶脲/95%/原药/氟啶脲 95%/2011.12.07 至 2016.12.07/低毒
PD20060204 虫酰肼/95%/原药/虫酰肼 95%/2011.12.07 至 2016.12.07/低毒
PD20070104 苏云金杆菌/50000IU/毫克/原药/苏云金杆菌 50000IU/毫克/2012.04.26 至 2017.04.26/低毒
PD20070183 联苯菊酯/95%/原药/联苯菊酯 95%/2012.06.25 至 2017.06.25/中等毒
PD20070609 百草枯/30.5%/母药/百草枯 30.5%/2012.12.14 至 2017.12.14/低毒
PD20080385 丙环唑/25%/乳油/丙环唑 25%/2013.02.28 至 2018.02.28/低毒
香蕉 叶斑病 250-500毫克/千克 喷雾
PD20080444 芸苔素内酯/95%/原药/芸苔素内酯 95%/2013.03.17 至 2018.03.17/低毒
PD20081618 虫酰肼/200克/升/悬浮剂/虫酰肼 200克/升/2013.11.12 至 2018.11.12/低毒
十字花科蔬菜 甜菜夜蛾 210-300克/公顷 喷雾
PD20081713 草甘膦异丙胺盐/41%/水剂/草甘膦异丙胺盐 41%/2013.11.18 至 2018.11.18/低毒
非耕地 杂草 1125-3000克/公顷 茎叶喷雾
PD20081740 高效氯氟氰菊酯/4.5%/乳油/高效氯氟氰菊酯 4.5%/2013.11.18 至 2018.11.18/低毒
甘蓝 小菜蛾 27-40.5克/公顷 喷雾
PD20082860 苏云金杆菌/16000IU/毫克/可湿性粉剂/苏云金杆菌 16000IU/毫克/2013.12.09 至 2018.12.09/低毒
茶树 茶毛虫 800-1600倍液 喷雾
棉花 二代棉铃虫 100-150毫升/亩 喷雾
森林 松毛虫 1200-1600倍液 喷雾
十字花科蔬菜 菜青虫 375-750克制剂/公顷 喷雾
十字花科蔬菜 甜菜夜蛾 50-100克/亩 喷雾
十字花科蔬菜 小菜蛾 750-1125克制剂/公顷 喷雾
水稻 稻纵卷叶螟 1500-2250克制剂/公顷 喷雾
烟草 烟青虫 750-1500克制剂/公顷 喷雾
玉米 玉米螟 750-1500克制剂/公顷 喷雾
枣树 枣尺蠖 1200-1600倍液 喷雾
PD20083290 苏云金杆菌/32000IU/毫克/可湿性粉剂/苏云金杆菌 32000IU/毫克/2013.12.11 至 2018.12.11/低毒
十字花科蔬菜 小菜蛾 450-750克制剂/公顷 喷雾
PD20085075 阿维菌素/1.8%/乳油/阿维菌素 1.8%/2013.12.23 至 2018.12.23/低毒(原药高毒)
十字花科蔬菜 小菜蛾 8.1-10.8克/公顷 喷雾
PD20090030 克百威/3%/颗粒剂/克百威 3%/2014.01.06 至 2019.01.06/高毒
棉花 蚜虫 675-900克/公顷 条施,沟施
PD20090249 氯氰·敌敌畏/10%/乳油/敌敌畏 8%、氯氰菊酯 2%/2014.01.09 至 2019.01.09/低毒
茶树 茶尺蠖 100-125毫克/千克 喷雾
PD20090482 炔螨特/40%/乳油/炔螨特 40%/2014.01.12 至 2019.01.12/低毒
柑橘树 红蜘蛛 266.7-400毫克/千克 喷雾
PD20090655 氟铃·辛硫磷/42%/乳油/氟铃脲 2%、辛硫磷 40%/2014.01.15 至 2019.01.15/低毒
棉花 棉铃虫 693-882克/公顷 喷雾
PD20090783 阿维·苏云菌//可湿性粉剂/阿维菌素 0.1%、苏云金杆菌 100亿活芽孢/克/2014.01.19 至 2019.01.19/低毒(原药高毒)
十字花科蔬菜 甜菜夜蛾 3000-4500克制剂/公顷 喷雾
十字花科蔬菜 小菜蛾 750-1125克制剂/公顷 喷雾
PD20091818 噻磺·乙草胺/20%/可湿性粉剂/噻吩磺隆 0.2%、乙草胺 19.8%/2014.02.05 至 2019.02.05/低毒
夏大豆田 一年生杂草 600-900克/公顷 土壤喷雾
PD20091848 阿维·氟铃脲/1.8%/乳油/阿维菌素 0.5%、氟铃脲 1.3%/2014.02.06 至 2019.02.06/低毒(原药高毒)
森林 松毛虫 3000-4000倍液 喷雾
PD20092015 阿维·苏云菌//可湿性粉剂/阿维菌素 0.05%、苏云金杆菌 100亿活芽孢/克/2014.02.12 至 2019.02.12/低毒(原药高毒)
甘蓝 小菜蛾 50—100克/亩 喷雾
PD20092265 氰戊·氧乐果/25%/乳油/氰戊菊酯 2.5%、氧乐果 22.5%/2014.02.24 至 2019.02.24/中等毒(原药高毒)
棉花 蚜虫 187.5-225克/公顷 喷雾
PD20092268 精喹禾灵/5%/乳油/精喹禾灵 5%/2014.02.24 至 2019.02.24/低毒
春大豆田 一年生禾本科杂草 67.5-90克/公顷 茎叶喷雾
冬油菜田 一年生禾本科杂草 37.5-52.5克/公顷 茎叶喷雾
夏大豆田 一年生禾本科杂草 45-52.5克/公顷 茎叶喷雾
PD20092614 精喹·草除灵/17.5%/乳油/草除灵 15%、精喹禾灵 2.5%/2014.03.02 至 2019.03.02/低毒
冬油菜田 一年生杂草 262.5-393.8克/公顷 茎叶喷雾
PD20092750 嘧霉胺/20%/可湿性粉剂/嘧霉胺 20%/2014.03.04 至 2019.03.04/低毒
黄瓜 灰霉病 375-562.5克/公顷 喷雾
PD20092751 苄·乙/14%/可湿性粉剂/苄嘧磺隆 2%、乙草胺 12%/2014.03.04 至 2019.03.04/低毒
水稻移栽田 部分多年生杂草、一年生杂草 84-118克/公顷 药土法

PD20092938 敌百虫/30%/乳油/敌百虫 30%/2014.03.18 至 2019.03.18/低毒
十字花科蔬菜 菜青虫 450-675克/公顷 喷雾

PD20093160 高氯·氟啶脲/5%/乳油/氟啶脲 1%、高效氯氰菊酯 4%/2014.03.11 至 2019.03.11/低毒
十字花科蔬菜 小菜蛾 45-60克/公顷 喷雾
十字花科蔬菜 甜菜夜蛾 37.5-52.5克/公顷 喷雾

PD20093327 杀扑磷/40%/乳油/杀扑磷 40%/2014.03.18 至 2015.09.30/高毒
柑橘树 介壳虫 400—500毫克/千克 喷雾

PD20093330 唑磷·毒死蜱/30%/乳油/毒死蜱 15%、三唑磷 15%/2014.03.18 至 2019.03.18/中等毒
水稻 三化螟 270-360克/公顷 喷雾

PD20093377 杀双·灭多威/23%/可溶液剂/灭多威 5%、杀虫双 18%/2014.03.18 至 2019.03.18/中等毒(原药高毒)
大豆 美洲斑潜蝇 138-172.5克/公顷 喷雾

PD20093380 氯氰·硫丹/18%/乳油/硫丹 16%、氯氰菊酯 2%/2014.03.18 至 2019.03.18/中等毒(原药高毒)
棉花 棉铃虫 162-202.5克/公顷 喷雾

PD20093783 苄·二氯/36%/可湿性粉剂/苄嘧磺隆 2%、二氯喹啉酸 34%/2014.03.25 至 2019.03.25/低毒
水稻秧田 一年生杂草 216-270克/公顷 喷雾

PD20094379 吡虫·异丙威/24%/可湿性粉剂/吡虫啉 1.5%、异丙威 22.5%/2014.04.01 至 2019.04.01/低毒
水稻 稻飞虱 180-360克/公顷 喷雾

PD20094385 灭线磷/10%/颗粒剂/灭线磷 10%/2014.04.01 至 2019.04.01/高毒
水稻 稻瘿蚊 1500-1800克/公顷 撒施

PD20094386 吡虫·噻嗪酮/10%/可湿性粉剂/吡虫啉 1%、噻嗪酮 9%/2014.04.01 至 2019.04.01/微毒
水稻 稻飞虱 225-300克/公顷 喷雾

PD20094499 高效氯氟氰菊酯/25克/升/乳油/高效氯氟氰菊酯 25克/升/2014.04.09 至 2019.04.09/中等毒
十字花科蔬菜 菜青虫 7.5-11.25克/公顷 喷雾

PD20094500 甲戊·乙草胺/40%/乳油/二甲戊灵 10%、乙草胺 30%/2014.04.09 至 2019.04.09/低毒
大蒜田 一年生杂草 750—1050克/公顷 土壤喷雾

PD20094511 氟啶脲/5%/乳油/氟啶脲 5%/2014.04.09 至 2019.04.09/低毒
十字花科蔬菜 小菜蛾 60-75克/公顷 喷雾

PD20094516 氰戊·敌敌畏/30%/乳油/敌敌畏 25%、氰戊菊酯 5%/2014.04.09 至 2019.04.09/中等毒
棉花 棉铃虫、棉蚜 450-675克/公顷 喷雾

PD20094685 溴敌隆/0.005%/毒饵/溴敌隆 0.005%/2014.04.10 至 2019.04.10/低毒(原药高毒)
室内 家鼠 饱和投饵 投饵

PD20094700 甲氰·噻螨酮/12.5%/乳油/甲氰菊酯 10%、噻螨酮 2.5%/2014.04.10 至 2019.04.10/中等毒
柑橘树 红蜘蛛 50-62.5毫克/千克 喷雾

PD20094704 敌百·辛硫磷/30%/乳油/敌百虫 10%、辛硫磷 20%/2014.04.10 至 2019.04.10/低毒
水稻 二化螟 450-540克/公顷 喷雾

PD20094756 三唑磷/20%/乳油/三唑磷 20%/2014.04.13 至 2019.04.13/中等毒
水稻 二化螟 375-450克/公顷 喷雾

PD20095122 苯·苄·乙草胺/32%/可湿性粉剂/苯噻酰草胺 27%、苄嘧磺隆 3%、乙草胺 2%/2014.04.24 至 2019.04.24/低毒
水稻抛秧田 一年生杂草 216-288克/公顷(南方地区) 药土法

PD20095887 草甘膦/30%/水剂/草甘膦 30%/2014.05.31 至 2019.05.31/低毒
茶园 杂草 1125—2250克/公顷 定向茎叶喷雾

PD20096058 芸苔素内酯/0.004%/水剂/芸苔素内酯 0.004%/2014.06.18 至 2019.06.18/低毒
白菜 调节生长、增产 0.01-0.02毫克/千克 喷雾

PD20096885 精噁唑禾草灵/10%/乳油/精噁唑禾草灵 10%/2014.09.23 至 2019.09.23/低毒
春小麦田 野燕麦等一年生禾本科杂草 105-120克/公顷 茎叶喷雾
冬小麦田 看麦娘、野燕麦等一年生禾本科杂草 60-90克/公顷 茎叶喷雾

PD20100166 芸苔素内酯/0.01%/乳油/芸苔素内酯 0.01%/2015.01.05 至 2020.01.05/低毒
小白菜 调节生长、增产 0.02-0.04毫克/千克 喷雾法
小麦 调节生长、增产 0.02-0.06毫克/千克 喷雾法

PD20101016 联苯·炔螨特/27%/乳油/联苯菊酯 2%、炔螨特 25%/2015.01.20 至 2020.01.20/低毒
柑橘树 红蜘蛛 270-337.5毫克/千克 喷雾

PD20101537 阿维·矿物油/24.5%/乳油/阿维菌素 0.2%、矿物油 24.3%/2015.05.19 至 2020.05.19/低毒(原药高毒)
柑橘树 红蜘蛛 123-245毫克/千克 喷雾
十字花科蔬菜 小菜蛾 147-220.5克/公顷 喷雾

PD20102186 阿维菌素/5%/乳油/阿维菌素 5%/2015.12.15 至 2020.12.15/中等毒(原药高毒)
甘蓝 小菜蛾 12.15毫升/亩 喷雾
水稻 稻纵卷叶螟、二化螟 10~15毫升/亩 喷雾

PD20102211 高效氟吡甲禾灵/108克/升/乳油/高效氟吡甲禾灵 108克/升/2015.12.23 至 2020.12.23/微毒
大豆田 一年生禾本科杂草 30-35毫升/亩 茎叶喷雾

PD20110070 丙溴磷/50%/乳油/丙溴磷 50%/2016.01.18 至 2021.01.18/低毒
水稻 稻纵卷叶螟、二化螟 600-900克/公顷 喷雾

PD20110723 阿维·毒死蜱/32%/乳油/阿维菌素 2%、毒死蜱 30%/2011.07.11 至 2016.07.11/中等毒(原药高毒)
水稻 稻纵卷叶螟 240-360克/公顷 喷雾

水稻 二化螟 144-216克/公顷 喷雾

PD20111006 阿维·丙溴磷/37%/乳油/阿维菌素 2%、丙溴磷 35%/2011.09.22 至 2016.09.22/低毒(原药高毒)

水稻 二化螟 166.5-277.5克/公顷 喷雾

水稻 稻纵卷叶螟 277.5-416.25克/公顷 喷雾

PD20130015 矿物油/99%/乳油/矿物油 99%/2013.01.04 至 2018.01.04/低毒

柑橘树 红蜘蛛 3300－6600毫克/千克 喷雾

PD20130251 甲·灭·敌草隆/65%/可湿性粉剂/敌草隆 15%、2甲4氯 10%、莠灭净 40%/2013.02.05 至 2018.02.05/低毒

甘蔗田 一年生杂草 1462.5－1706克/公顷 定向茎叶喷雾

PD20130491 甲氨基阿维菌素苯甲酸盐/2%/乳油/甲氨基阿维菌素 2%/2013.03.20 至 2018.03.20/低毒

甘蓝 小菜蛾 2.4-3克/公顷 喷雾

注:甲氨基阿维菌素苯甲酸盐含量：2.3%。

PD20130802 联菊·丁醚脲/13%/乳油/丁醚脲 10%、联苯菊酯 3%/2013.04.22 至 2018.04.22/中等毒

棉花 红蜘蛛 78-117克/公顷 喷雾

PD20130898 磺草·莠去津/40%/悬浮剂/磺草酮 10%、莠去津 30%/2013.04.27 至 2018.04.27/低毒

玉米田 一年生杂草 1320-1680克/公顷 茎叶喷雾

PD20131665 联菊·啶虫脒/5%/乳油/啶虫脒 3%、联苯菊酯 2%/2013.08.05 至 2018.08.05/低毒

茶树 小绿叶蝉 45-60克/公顷 喷雾

PD20140169 吡嘧·苯噻酰/40%/可湿性粉剂/苯噻酰草胺 39%、吡嘧磺隆 1%/2014.01.28 至 2019.01.28/低毒

水稻移栽田 一年生及部分多年生杂草 480－600克/公顷 药土法

PD20140264 炔草酯/20%/可湿性粉剂/炔草酯 20%/2014.02.07 至 2019.02.07/低毒

小麦田 部分禾本科杂草 45-60克/公顷 茎叶喷雾

宜春新龙化工有限公司 (江西省宜春市袁州区医药工业园 336000 0795-3240188)

PD20096511 草甘膦铵盐（33%）///水剂/草甘膦 30%/2014.08.19 至 2019.08.19/低毒

柑橘园 杂草 250-500毫升制剂/亩 定向茎叶喷雾

PD20097437 炔螨特/73%/乳油/炔螨特 73%/2014.10.28 至 2019.10.28/低毒

柑橘树 红蜘蛛 304-365毫克/千克 喷雾

PD20100182 异丙威/20%/乳油/异丙威 20%/2015.01.05 至 2020.01.05/低毒

水稻 稻飞虱 525-600克/公顷 喷雾

PD20121349 吡虫啉/70%/可湿性粉剂/吡虫啉 70%/2012.09.13 至 2017.09.13/低毒

水稻 稻飞虱 15-30克/公顷 喷雾

PD20130088 阿维·高氯/2.5%/乳油/阿维菌素 0.2%、高效氯氰菊酯 2.3%/2013.01.15 至 2018.01.15/低毒(原药高毒)

叶菜 菜青虫、小菜蛾 13.5-27克/公顷 喷雾

PD20141672 杀虫单/90%/可溶粉剂/杀虫单 90%/2014.07.14 至 2019.07.14/中等毒

水稻 二化螟 675-810克/公顷 喷雾

PD20141883 吡蚜酮/25%/可湿性粉剂/吡蚜酮 25%/2014.07.31 至 2019.07.31/低毒

水稻 稻飞虱 60-75克/公顷 喷雾

PD20152256 毒死蜱/480克/升/乳油/毒死蜱 480克/升/2015.10.19 至 2020.10.19/中等毒

水稻 稻纵卷叶螟 432-648克/公顷 喷雾

PD20152669 井冈霉素/4%/可溶粉剂/井冈霉素A 4%/2015.12.19 至 2020.12.19/低毒

水稻 纹枯病 52.5-75克/公顷 喷雾

PD20152675 氟环唑/125克/升/悬浮剂/氟环唑 125克/升/2015.12.19 至 2020.12.19/低毒

水稻 纹枯病 75-112.5克/公顷 喷雾

WP20140085 氟虫腈/3%/微乳剂/氟虫腈 3%/2014.04.10 至 2019.04.10/低毒

室内 蝇 稀释20倍 滞留喷洒

易克斯特农药(南昌)有限公司 (江西省南昌市进贤县工业开发区 331700 0791-5690535)

PD20092023 阿维·氯氰/2.1%/乳油/阿维菌素 0.1%、氯氰菊酯 2%/2014.02.12 至 2019.02.12/低毒(原药高毒)

十字花科蔬菜 小菜蛾 18.9-23.63克/公顷 喷雾

PD20092390 阿维菌素/1.8%/乳油/阿维菌素 1.8%/2014.02.25 至 2019.02.25/低毒(原药高毒)

柑橘树 红蜘蛛 4.5-9毫克/千克 喷雾

棉花 棉铃虫 21.6-32.4克/公顷 喷雾

十字花科蔬菜 小菜蛾 8.1-10.8克/公顷 喷雾

PD20095441 三唑磷/20%/乳油/三唑磷 20%/2014.05.11 至 2019.05.11/中等毒

水稻 二化螟 202.5-253.2克/公顷 喷雾

PD20100205 阿维·矿物油/24.5%/乳油/阿维菌素 0.2%、矿物油 24.3%/2015.01.05 至 2020.01.05/低毒(原药高毒)

柑橘树 红蜘蛛 122.5-245毫克/千克 喷雾

PD20100758 高效氟吡甲禾灵/108克/升/乳油/高效氟吡甲禾灵 108克/升/2015.01.18 至 2020.01.18/低毒

冬油菜田 一年生禾本科杂草 20-30毫升制剂/亩 茎叶喷雾

PD20101749 矿物油/95%/乳油/矿物油 95%/2015.06.28 至 2020.06.28/低毒

柑橘树 锈壁虱、蚜虫 稀释100-200倍 喷雾

柑橘树 介壳虫 稀释40-50倍 喷雾

PD20140033 联苯菊酯/100克/升/乳油/联苯菊酯 100克/升/2014.01.02 至 2019.01.02/中等毒

茶树 茶尺蠖 11.25-15克/公顷 喷雾

PD20140331 高氯·甲维盐/4%/微乳剂/高效氯氰菊酯 3.7%、甲氨基阿维菌素苯甲酸盐 0.3%/2014.02.17 至 2019.02.17/低毒

	甘蓝	小菜蛾	9-12克/公顷	喷雾

辽宁省

北镇市永丰农药有限责任公司　(辽宁省北镇市沟帮子镇胜国街1号　121308　0416-6652704)

PD20040588	甲拌磷/5%/颗粒剂/甲拌磷 5%/2014.12.19 至 2019.12.19/高毒			
	高粱	蚜虫	150-300克/公顷	撒施
PD20132663	二嗪磷/5%/颗粒剂/二嗪磷 5%/2013.12.20 至 2018.12.20/低毒			
	花生	地下害虫	600-900克/公顷	撒施

大连贯发药业有限公司　(辽宁省大连市经济技术开发区哈尔滨路34号　116600　0411-82449505)

PD20102038	苦参碱/0.3%/水剂/苦参碱 0.3%/2015.10.19 至 2020.10.19/低毒			
	十字花科蔬菜	蚜虫	4.32-6.48克/公顷	喷雾
PD20150237	氨基寡糖素/3%/水剂/氨基寡糖素 3%/2015.01.15 至 2020.01.15/低毒			
	番茄	病毒病	63-81克/公顷	喷雾

大连木春农药厂有限公司　(辽宁省庄河市兰店乡磨石房村　116400　0411-89813515)

PD20091427	氰戊·马拉松/30%/乳油/马拉硫磷 22.5%、氰戊菊酯 7.5%/2014.02.02 至 2019.02.02/中等毒			
	苹果树	桃小食心虫	200-300毫克/千克	喷雾
PD20093601	甲基硫菌灵/70%/可湿性粉剂/甲基硫菌灵 70%/2014.03.23 至 2019.03.23/低毒			
	番茄	叶霉病	933.3-1400毫克/千克	喷雾
PD20120163	乙蒜素/41%/乳油/乙蒜素 41%/2012.01.30 至 2017.01.30/中等毒			
	黄瓜	细菌性角斑病	369-461.25克/公顷	喷雾
PD20121863	稻瘟灵/40%/乳油/稻瘟灵 40%/2012.11.28 至 2017.11.28/低毒			
	水稻	稻瘟病	500-600克/公顷	喷雾

大连瑞泽生物科技有限公司　(辽宁省大连市普湾新区松木岛化工园区　116100　0411-87681573)

PD85112-16	莠去津/38%/悬浮剂/莠去津 38%/2015.12.26 至 2020.12.26/低毒			
	茶园	一年生杂草	1125-1875克/公顷	喷于地表
	防火隔离带、公路、森林、铁路	一年生杂草	0.8-2克/平方米	喷于地表
	甘蔗	一年生杂草	1050-1500克/公顷	喷于地表
	高粱、糜子、玉米	一年生杂草	1800-2250克/公顷(东北地区)	喷于地表
	红松苗圃	一年生杂草	0.2-0.3克/平方米	喷于地表
	梨树、苹果树	一年生杂草	1625-1875克/公顷	喷于地表
	橡胶园	一年生杂草	2250-3750克/公顷	喷于地表
PD20070136	嗪草酮/90%/原药/嗪草酮 90%/2012.05.29 至 2017.05.29/低毒			
PD20070206	烯草酮/95%/原药/烯草酮 95%/2012.08.07 至 2017.08.07/中等毒			
PD20070332	甲氰菊酯/95%/原药/甲氰菊酯 95%/2012.10.12 至 2017.10.12/中等毒			
PD20070386	乙草胺/96%/原药/乙草胺 96%/2012.11.05 至 2017.11.05/低毒			
PD20070542	苯磺隆/95%/原药/苯磺隆 95%/2012.12.03 至 2017.12.03/低毒			
PD20070651	苯噻酰草胺/95%/原药/苯噻酰草胺 95%/2012.12.17 至 2017.12.17/低毒			
PD20080294	甲氰·炔螨特/30%/乳油/甲氰菊酯 10%、炔螨特 20%/2013.02.25 至 2018.02.25/低毒			
	柑橘树	红蜘蛛	150-300毫克/千克	喷雾
	棉花	红蜘蛛	180-270克/公顷	喷雾
PD20080345	苯噻酰草胺/50%/可湿性粉剂/苯噻酰草胺 50%/2013.02.26 至 2018.02.26/微毒			
	水稻移栽田	稗草、异型莎草	1)450-525克/公顷(南方地区)2)450-525克/公顷(北方地区)	药土法
PD20080446	氟磺胺草醚/25%/水剂/氟磺胺草醚 25%/2013.03.18 至 2018.03.18/低毒			
	大豆田	一年生阔叶杂草	250-500克/公顷	喷雾
PD20080507	胺苯磺隆/95%/原药/胺苯磺隆 95%/2013.04.10 至 2015.06.30/低毒			
PD20080512	甲氰菊酯/20%/乳油/甲氰菊酯 20%/2013.04.29 至 2018.04.29/中等毒			
	棉花	红蜘蛛、棉铃虫	90-150克/公顷	喷雾
	苹果树	红蜘蛛	100-133.3毫克/千克	喷雾
	苹果树	桃小食心虫	67-100毫克/千克	喷雾
PD20080571	丁草胺/60%/乳油/丁草胺 60%/2013.05.12 至 2018.05.12/低毒			
	水稻移栽田	稗草、牛毛草、鸭舌草	750-1275克/公顷	毒土法
PD20080580	丁草胺/92%/原药/丁草胺 92%/2013.05.12 至 2018.05.12/低毒			
PD20080581	二甲戊灵/96%/原药/二甲戊灵 96%/2013.05.12 至 2018.05.12/低毒			
PD20080582	氟磺胺草醚/95%/原药/氟磺胺草醚 95%/2013.05.12 至 2018.05.12/低毒			
PD20080583	三氟羧草醚/95%/原药/三氟羧草醚 95%/2013.05.12 至 2018.05.12/低毒			
PD20080584	异丙甲草胺/96%/原药/异丙甲草胺 96%/2013.05.12 至 2018.05.12/低毒			
PD20080621	乙草胺/900克/升/乳油/乙草胺 900克/升/2013.05.12 至 2018.05.12/低毒			
	春大豆田、春玉米田	部分阔叶杂草、一年生禾本科杂草	1620-2025克/公顷(东北地区)	土壤喷雾
	花生田、夏大豆田、夏玉米田	一年生禾本科杂草及小粒阔叶杂草	1080-1350克/公顷	土壤喷雾
PD20080718	灭蝇胺/98%/原药/灭蝇胺 98%/2013.06.11 至 2018.06.11/低毒			
PD20081131	烯草酮/120克/升/乳油/烯草酮 120克/升/2013.09.01 至 2018.09.01/低毒			

春大豆田　一年生禾本科杂草　72-108克/公顷　茎叶喷雾
冬油菜田　一年生禾本科杂草　54-72克/公顷　茎叶喷雾

PD20081160　咪唑乙烟酸/5%/水剂/咪唑乙烟酸 5%/2013.09.11 至 2018.09.11/低毒
春大豆田　一年生杂草　90-105克/公顷(东北地区)　土壤或茎叶喷雾

PD20081161　乙草胺/50%/乳油/乙草胺 50%/2013.09.11 至 2018.09.11/低毒
大豆田　一年生禾本科杂草及小粒阔叶杂草　1)1200-1875克/公顷(东北地区)2)750-1050克/公顷(其它地区)　土壤喷雾
花生田　一年生禾本科杂草及小粒阔叶杂草　750-1200克/公顷　土壤喷雾
油菜田　一年生禾本科杂草及小粒阔叶杂草　525-750克/公顷　土壤喷雾
玉米田　一年生禾本科杂草及小粒阔叶杂草　1)900-1875克/公顷(东北地区)2)750-1050克/公顷(其它地区)　土壤喷雾

PD20081168　三氟羧草醚/21.4%/水剂/三氟羧草醚 21.4%/2013.09.11 至 2018.09.11/低毒
春大豆田　一年生阔叶杂草　360-480克/公顷　喷雾

PD20081171　乙草胺/990克/升/乳油/乙草胺 990克/升/2013.09.11 至 2018.09.11/低毒
春大豆田、春玉米田　一年生禾本科杂草及部分阔叶杂草　1485-1930.5克/公顷　土壤喷雾

PD20081172　嗪草酮/70%/可湿性粉剂/嗪草酮 70%/2013.09.11 至 2018.09.11/低毒
春大豆田　一年生阔叶杂草　525-750克/公顷　播后苗前喷雾

PD20081173　二甲戊灵/330克/升/乳油/二甲戊灵 330克/升/2013.09.11 至 2018.09.11/低毒
白菜　一年生杂草　495-742.5克/公顷　土壤喷雾
春玉米田　一年生杂草　891-1089克/公顷(东北地区)　土壤喷雾

PD20081174　乙草胺/50%/微乳剂/乙草胺 50%/2013.09.11 至 2018.09.11/低毒
春大豆田、春玉米田　阔叶杂草、一年生禾本科杂草　1500-1875克/公顷　播后苗前土壤喷雾
花生田　一年生禾本科杂草　750-1200克/公顷　播后苗前土壤喷雾
夏大豆田、夏玉米田　一年生禾本科杂草　975-1500克/公顷　播后苗前土壤喷雾

PD20081180　甲氰菊酯/10%/乳油/甲氰菊酯 10%/2013.09.11 至 2018.09.11/中等毒
苹果树　红蜘蛛　100毫克/千克　喷雾
苹果树　桃小食心虫　67-100毫克/千克　喷雾
十字花科蔬菜　菜青虫　60-75克/公顷　喷雾

PD20081182　烯草酮/240克/升/乳油/烯草酮 240克/升/2013.09.11 至 2018.09.11/低毒
大豆田　一年生禾本科杂草　108-144克/公顷　茎叶喷雾

PD20081220　氟磺胺草醚/250克/升/水剂/氟磺胺草醚 250克/升/2013.09.11 至 2018.09.11/低毒
春大豆田　一年生阔叶杂草　300-412.5克/公顷　茎叶喷雾
夏大豆田　一年生阔叶杂草　187.5-225克/公顷　茎叶喷雾

PD20081253　苯磺隆/20%/可溶粉剂/苯磺隆 20%/2013.09.18 至 2018.09.18/低毒
小麦田　阔叶杂草　10.05-19.5克/公顷　茎叶喷雾

PD20081542　噻磺·乙草胺/43.6%/乳油/噻吩磺隆 0.6%、乙草胺 43%/2013.11.11 至 2018.11.11/低毒
春大豆田、春玉米田　一年生杂草　1308-1635克/公顷(东北地区)　土壤喷雾处理
花生田　一年生杂草　654-981克/公顷　土壤喷雾处理

PD20081697　氯嘧磺隆/96%/原药/氯嘧磺隆 96%/2013.11.17 至 2018.11.17/低毒

PD20082096　氟磺胺草醚/20%/乳油/氟磺胺草醚 20%/2013.11.25 至 2018.11.25/低毒
春大豆田　一年生阔叶杂草　210-270克/公顷　茎叶喷雾

PD20082786　氟磺胺草醚/12.8%/微乳剂/氟磺胺草醚 12.8%/2013.12.09 至 2018.12.09/低毒
春大豆田　一年生阔叶杂草　153.6-230.4克/公顷(东北地区)　茎叶喷雾
花生田　一年生阔叶杂草　153.6-230.4克/公顷　茎叶喷雾

PD20083273　霜霉威盐酸盐/722克/升/水剂/霜霉威盐酸盐 722克/升/2013.12.11 至 2018.12.11/低毒
黄瓜　霜霉病　705-1174克/公顷　喷雾

PD20083581　炔螨特/760克/升/乳油/炔螨特 760克/升/2013.12.12 至 2018.12.12/低毒
柑橘树　红蜘蛛　233-350毫克/千克　喷雾

PD20083748　灭蝇胺/20%/可溶粉剂/灭蝇胺 20%/2013.12.15 至 2018.12.15/低毒
菜豆　斑潜蝇　150-210克/公顷　喷雾

PD20084892　苄嘧·苯噻酰/55%/可湿性粉剂/苯噻酰草胺 50%、苄嘧磺隆 5%/2013.12.22 至 2018.12.22/低毒
水稻移栽田　一年生及部分多年生杂草　577.5-660克/公顷(北方地区)　药土法

PD20090048　嗪酮·乙草胺/50%/乳油/嗪草酮 10%、乙草胺 40%/2014.01.06 至 2019.01.06/低毒
大豆田　一年生杂草　1)1125-1500克/公顷(东北地区)2)750-1125克/公顷(华北地区)　播后苗前土壤喷雾
甘蔗田　一年生杂草　900-1125克/公顷　土壤喷雾
马铃薯田　一年生杂草　1125-1500克/公顷　播后苗前土壤喷雾
玉米田　一年生阔叶杂草、一年生禾本科杂草　1)1125-1500克/公顷(东北地区)2)750-1125克/公顷(华北地区)　播后苗前土壤喷雾

PD20090706　异丙甲草胺/72%/乳油/异丙甲草胺 72%/2014.01.19 至 2019.01.19/低毒
春大豆田、春玉米田　一年生禾本科杂草及部分阔叶杂草　1620-2160克/公顷(东北地区)　土壤喷雾
花生田　一年生禾本科杂草及部分阔叶杂草　1080－1620克/公顷　土壤喷雾

PD20090785　氟铃脲/95%/原药/氟铃脲 95%/2014.01.19 至 2019.01.19/低毒

PD20091778 氟铃脲/5%/乳油/氟铃脲 5%/2014.02.10 至 2019.02.10/低毒
甘蓝 小菜蛾 28.13-56.25克/公顷 喷雾
棉花 棉铃虫 60-120克/公顷 喷雾
PD20091801 苄·乙/20%/可湿性粉剂/苄嘧磺隆 2.5%、乙草胺 17.5%/2014.02.04 至 2019.02.04/低毒
水稻移栽田 部分多年生杂草、一年生杂草 84-118克/公顷 药土法
PD20093134 氟铃·辛硫磷/42%/乳油/氟铃脲 2%、辛硫磷 40%/2014.03.10 至 2019.03.10/低毒
棉花 棉铃虫 693-882克/公顷 喷雾
十字花科蔬菜 小菜蛾 504-693克/公顷 喷雾
PD20093339 乙草胺/20%/可湿性粉剂/乙草胺 20%/2014.03.18 至 2019.03.18/低毒
水稻移栽田 部分阔叶杂草、一年生禾本科杂草 90-112.5克/公顷 毒土法
PD20094342 甲氰·氧乐果/15%/乳油/甲氰菊酯 4%、氧乐果 11%/2014.04.01 至 2019.04.01/高毒
大豆 食心虫、蚜虫 60-90克/公顷 喷雾
PD20094555 氟·松·烯草酮/22%/乳油/氟磺胺草醚 7%、烯草酮 2%、异噁草松 13%/2014.04.09 至 2019.04.09/低毒
春大豆田 一年生杂草 495-561克/公顷 茎叶喷雾
PD20095401 克·扑·滴丁酯/56%/乳油/2,4-滴丁酯 20%、克草胺 28%、扑草净 8%/2014.04.27 至 2019.04.27/低毒
春大豆田、春玉米田 一年生杂草 2100-2520克/公顷 播后苗前土壤喷雾
PD20095536 异松·乙草胺/67%/乳油/乙草胺 53%、异噁草松 14%/2014.05.12 至 2019.05.12/低毒
春大豆田 一年生杂草 1708.5-2211克/公顷 播后苗前土壤喷雾
马铃薯田 一年生杂草 1206-1708.5克/公顷 播后苗前土壤喷雾
PD20095879 咪乙·异噁松/30%/乳油/咪唑乙烟酸 4%、异噁草松 26%/2014.05.31 至 2019.05.31/低毒
春大豆田 一年生杂草 1)405-810克/公顷2)405-495克/公顷 1)土壤喷雾2)茎叶喷雾
PD20095913 嗪草酸甲酯/90%/原药/嗪草酸甲酯 90%/2014.06.02 至 2019.06.02/低毒
PD20095914 嗪草酸甲酯/5%/乳油/嗪草酸甲酯 5%/2014.06.02 至 2019.06.02/低毒
春大豆田、春玉米田 一年生阔叶杂草 150-225克制剂/公顷(东北地区) 茎叶喷雾
夏大豆田、夏玉米田 一年生阔叶杂草 120-180克制剂/公顷 茎叶喷雾
PD20096026 异松·乙草胺/36%/乳油/乙草胺 27%、异噁草松 9%/2014.06.15 至 2019.06.15/低毒
冬油菜田 一年生杂草 324-432克/公顷 移栽前土壤喷雾
花生田 一年生杂草 810-1080克/公顷 播后苗前土壤喷雾
PD20096178 甲氰·氧乐果/30%/乳油/甲氰菊酯 8%、氧乐果 22%/2014.07.03 至 2019.07.03/高毒
大豆 食心虫、蚜虫 60-90克/公顷 喷雾
PD20096258 噻吩磺隆/75%/水分散粒剂/噻吩磺隆 75%/2014.07.15 至 2019.07.15/微毒
春大豆田 一年生阔叶杂草 22.5-33.75克/公顷 播后苗前土壤喷雾
PD20096430 2,4-滴丁酯/57%/乳油/2,4-滴丁酯 57%/2014.08.05 至 2019.08.05/低毒
春玉米田 阔叶杂草 756-972克/公顷 播后苗前土壤喷雾
PD20096848 克草胺/95%/原药/克草胺 95%/2014.09.21 至 2019.09.21/低毒
PD20096849 克草胺/47%/乳油/克草胺 47%/2014.09.21 至 2019.09.21/低毒
移栽水稻田 部分阔叶杂草、一年生禾本科杂草 528.8-705克/公顷(东北地区)352.5-528.8克/公顷(其它地区) 药土法
PD20096899 滴丁·乙草胺/50%/乳油/2,4-滴丁酯 13%、乙草胺 37%/2014.09.23 至 2019.09.23/低毒
春大豆田、春玉米田 一年生杂草 1875-2250克/公顷(东北地区) 喷雾
PD20097128 氟虫腈/95%/原药/氟虫腈 95%/2014.10.16 至 2019.10.16/中等毒
PD20097466 克胺·莠去津/40%/悬浮剂/克草胺 20%、莠去津 20%/2014.11.03 至 2019.11.03/低毒
春玉米田 一年生杂草 1800-2400克/公顷(东北地区) 土壤喷雾
夏玉米田 一年生杂草 1200-1500克/公顷(其它地区) 土壤喷雾
PD20101184 乙草胺/40%/水乳剂/乙草胺 40%/2015.01.28 至 2020.01.28/低毒
春大豆田 一年生禾本科杂草及部分小粒种子阔叶杂草 1500-1800克/公顷 播后苗前土壤喷雾
玉米田 一年生禾本科杂草及部分小粒种子阔叶杂草 900-1200克/公顷（夏玉米），1500-1800克/公顷（春玉米） 播后苗前土壤喷雾
PD20101566 氟铃·辛硫磷/21%/乳油/氟铃脲 1%、辛硫磷 20%/2015.05.19 至 2020.05.19/低毒
甘蓝 甜菜夜蛾 409.5-504克/公顷 喷雾
PD20101779 甲氨基阿维菌素苯甲酸盐(0.57%)///微乳剂/甲氨基阿维菌素 0.5%/2015.07.07 至 2020.07.07/微毒
甘蓝 甜菜夜蛾 0.45-0.9克/公顷 喷雾
PD20120413 丁虫腈/5%/乳油/丁虫腈 5%/2012.03.12 至 2017.03.12/低毒
甘蓝 小菜蛾 15-30克/公顷 喷雾
水稻 二化螟 22.5-37.5克/公顷 喷雾
PD20120414 丁虫腈/96%/原药/丁虫腈 96%/2012.03.12 至 2017.03.12/低毒
PD20121139 枯草芽孢杆菌/1000亿活芽孢/克/可湿性粉剂/枯草芽孢杆菌 1000亿活芽孢/克/2012.07.20 至 2017.07.20/微毒
水稻 稻瘟病 6-12克/亩 喷雾
PD20121627 乙草胺/50%/水乳剂/乙草胺 50%/2012.10.30 至 2017.10.30/低毒
玉米田 一年生杂草 900-1200克/公顷（夏玉米田），1500-1875克/公顷（春玉米田） 播后苗前土壤喷雾

PD20122001 乙·嗪·滴丁酯/66%/微乳剂/2,4-滴丁酯 20%、嗪草酮 4%、乙草胺 42%/2012.12.19 至 2017.12.19/低毒
春玉米田 一年生杂草 1980-2475克/公顷 播后苗前土壤喷雾
PD20122010 乙·噻·滴丁酯/83%/微乳剂/2,4-滴丁酯 16.5%、噻吩磺隆 .5%、乙草胺 66%/2012.12.19 至 2017.12.19/低毒
春玉米田 一年生杂草 1867.5-2490克/公顷 播后苗前土壤喷雾
PD20130113 灭·喹·氟磺胺/38%/微乳剂/氟磺胺草醚 10%、精喹禾灵 3%、灭草松 25%/2013.01.17 至 2018.01.17/低毒
春大豆田 一年生杂草 627-741克/公顷 茎叶喷雾
夏大豆田 一年生杂草 399-627克/公顷 茎叶喷雾
PD20130565 乙·莠· 滴丁酯/63%/悬乳剂/2,4-滴丁酯 10%、乙草胺 37%、莠去津 16%/2013.04.01 至 2018.04.01/低毒
春玉米田 一年生杂草 1890-2362.5克/公顷 土壤喷雾
PD20132280 丁虫腈/80%/水分散粒剂/丁虫腈 80%/2013.11.08 至 2018.11.08/微毒
甘蓝 小菜蛾 26.4-31.2克/公顷 喷雾
PD20132700 嗪·烟·莠去津/20%/可分散油悬浮剂/嗪草酸甲酯 0.25%、烟嘧磺隆 1%、莠去津 18.75%/2013.12.25 至 2018.12.25/低毒
玉米田 一年生杂草 360-399克/公顷 茎叶喷雾
LS20120144 乙·嗪·滴丁酯/66%/微乳剂/2,4-滴丁酯 20%、嗪草酮 4%、乙草胺 42%/2014.04.12 至 2015.04.12/低毒
春玉米田 一年生杂草 1980-2475克/公顷 播后苗前土壤喷雾
LS20120145 乙·噻·滴丁酯/83%/微乳剂/2,4-滴丁酯 16.5%、噻吩磺隆 .5%、乙草胺 66%/2014.04.12 至 2015.04.12/低毒
春玉米田 一年生杂草 1867.5-2490克/公顷 播后苗前土壤喷雾
WP20130225 杀蟑饵剂/0.2%/饵剂/丁虫腈 0.2%/2013.11.05 至 2018.11.05/微毒
室内 蜚蠊 / 投放

丹东天祥农药有限公司 (辽宁省丹东市振安区同兴镇 118011 0415-6132058)

PD20082444 溴氰·氧乐果/23%/乳油/溴氰菊酯 0.2%、氧乐果 22.8%/2013.12.02 至 2018.12.02/中等毒(原药高毒)
小麦 蚜虫 241.5-345克/公顷 喷雾
PD20093217 福·霜·敌磺钠/40%/可湿性粉剂/敌磺钠 10%、福美双 20%、甲霜灵 10%/2014.03.11 至 2019.03.11/低毒
水稻苗床 立枯病 0.16-0.2克/平方米 喷雾
PD20101405 敌畏·毒死蜱/35%/乳油/敌敌畏 26.2%、毒死蜱 8.8%/2015.04.14 至 2020.04.14/中等毒
水稻 稻飞虱 525-630克/公顷 喷雾
PD20101629 辛硫·三唑磷/20%/乳油/三唑磷 10%、辛硫磷 10%/2015.06.03 至 2020.06.03/中等毒
水稻 稻水象甲 150-210克/公顷 喷雾
PD20101955 高氯·马/30%/乳油/高效氯氰菊酯 2%、马拉硫磷 28%/2015.09.20 至 2020.09.20/中等毒
滩涂 蝗虫 225-405克/公顷 喷雾
PD20110789 氧氟·甲戊灵/20%/乳油/二甲戊灵 18%、乙氧氟草醚 2%/2011.07.25 至 2016.07.25/低毒
水稻移栽田 一年生杂草 北方：180-240克/公顷；南方：120-150克/公顷 药土法
PD20110824 二氯喹啉酸/50%/可湿性粉剂/二氯喹啉酸 50%/2011.08.10 至 2016.08.10/低毒
水稻移栽田 稗草 300-375克/公顷 茎叶喷雾
PD20120420 2甲·灭草松/26%/水剂/2甲4氯钠 6%、灭草松 20%/2012.03.12 至 2017.03.12/低毒
水稻移栽田 一年生杂草 585-780克/公顷 茎叶喷雾
PD20130221 灭草松/480克/升/水剂/灭草松 480克/升/2013.01.30 至 2018.01.30/低毒
水稻移栽田 一年生阔叶杂草 1080-1440克/公顷 茎叶喷雾
PD20130268 苄嘧·二甲戊/18%/可湿性粉剂/苄嘧磺隆 3%、二甲戊灵 15%/2013.02.21 至 2018.02.21/低毒
移栽水稻田 一年生杂草 135-216克/公顷(北方地区)，108-135克/公顷(南方地区) 药土法
PD20131152 氟磺·灭草松/447克/升/水剂/氟磺胺草醚 87克/升、灭草松 360克/升/2013.05.20 至 2018.05.20/低毒
春大豆田 一年生阔叶杂草及莎草科杂草 1005.75-1341.00克/公顷 茎叶喷雾
PD20131155 稻瘟灵/40%/乳油/稻瘟灵 40%/2013.05.21 至 2018.05.21/低毒
水稻 稻瘟病 450-660克/公顷 喷雾
PD20142300 丙草胺/50%/水乳剂/丙草胺 50%/2014.11.02 至 2019.11.02/低毒
水稻移栽田 一年生杂草 450-525克/公顷 药土法
PD20151687 吡嘧·苯噻酰/74%/可湿性粉剂/苯噻酰草胺 70%、吡嘧磺隆 4%/2015.08.28 至 2020.08.28/低毒
移栽水稻田 一年生杂草 444-555克/公顷 药土法
PD20151942 苄嘧·苯噻酰/73%/可湿性粉剂/苯噻酰草胺 66%、苄嘧磺隆 7%/2015.08.30 至 2020.08.30/低毒
水稻移栽田 一年生杂草 438-547.5克/公顷 药土法
PD20152618 吡·西·扑草净/27%/可湿性粉剂/吡嘧磺隆 3%、扑草净 12%、西草净 12%/2015.12.17 至 2020.12.17/低毒
水稻移栽田 一年生杂草 162.0-202.5克/公顷 药土法
WP20100117 杀蟑饵粒/2.5%/饵剂/吡虫啉 2.5%/2015.09.21 至 2020.09.21/低毒
卫生 蜚蠊 / 投放

海城市博圣化工有限公司 (辽宁省鞍山市海城市农药总厂 114200 0412-3336476)

PD84121-22 磷化铝/56%/片剂/磷化铝 56%/2015.01.11 至 2020.01.11/高毒
洞穴 室外啮齿动物 根据洞穴大小而定 密闭熏蒸
货物 仓储害虫 5-10片/1000千克 密闭熏蒸
空间 多种害虫 1-4片/立方米 密闭熏蒸
粮食、种子 储粮害虫 3-10片/1000千克 密闭熏蒸

葫芦岛市鹏翔农药化工科技有限公司　(辽宁省葫芦岛市连山区塔山乡信屯村　125014　0429-4064488)

PD90109-5　乐果/1.5%/粉剂/乐果 1.5%/2015.12.14 至 2020.12.14/中等毒
柑橘树、苹果树　鳞翅目幼虫、蚜虫、螨　337.5-450克/公顷　喷粉
棉花、蔬菜　蚜虫、螨　337.5-450克/公顷　喷粉
烟草　蚜虫　337.5-450克/公顷　喷粉

PD20040463　甲拌磷/5%/颗粒剂/甲拌磷 5%/2014.12.19 至 2019.12.19/高毒
高粱　蚜虫　150-300克/公顷　撒施

PD20040616　甲拌磷/3%/颗粒剂/甲拌磷 3%/2014.12.19 至 2019.12.19/高毒
高粱　蚜虫　150-300克/公顷　撒施

PD20093334　灭多威/20%/乳油/灭多威 20%/2014.03.18 至 2019.04.26/高毒
棉花　棉铃虫　150-225克/公顷　喷雾

PD20097937　阿维菌素/18克/升/乳油/阿维菌素 18克/升/2014.11.30 至 2019.11.30/低毒(原药高毒)
甘蓝　小菜蛾　8.1-13.5克/公顷　喷雾

PD20098389　高效氯氰菊酯/4.5%/乳油/高效氯氰菊酯 4.5%/2014.12.18 至 2019.12.18/低毒
十字花科蔬菜　小菜蛾　20.25-27克/公顷　喷雾

PD20152472　苦参碱/1%/可溶液剂/苦参碱 1%/2015.12.04 至 2020.12.04/低毒
甘蓝　菜青虫　18-33克/公顷　喷雾

科伯特（大连）生物制品有限公司　(辽宁省大连市甘井子区棋盘新村　116035　0411-86430118)

PD20101476　烷醇·硫酸铜/0.5%/水乳剂/硫酸铜 0.4%、三十烷醇 0.1%/2015.05.05 至 2020.05.05/低毒
番茄　花叶病、蕨叶病　18-27克/公顷　喷雾

PD20110170　丁子·香芹酚/2.1%/水剂/丁子香酚 2%、香芹酚 0.1%/2016.02.14 至 2021.02.14/低毒
番茄　灰霉病　33.7-47.25克/公顷　喷雾

辽宁春华药业科技股份有限公司　(辽宁省本溪市高新区山城路8号　117004　024-45627166)

PD20151991　砜嘧磺隆/99￥/原药/砜嘧磺隆 99%/2015.08.30 至 2020.08.30/微毒

辽宁凤凰蚕药厂　(辽宁省丹东市凤城市　118100　0415-8196810)

PD20082350　噻吩磺隆/75%/干悬浮剂/噻吩磺隆 75%/2013.12.01 至 2018.12.01/低毒
春大豆田　一年生阔叶杂草　22.5-33.8克/公顷　土壤喷雾

PD20082586　莠去津/38%/悬浮剂/莠去津 38%/2013.12.04 至 2018.12.04/低毒
春玉米田　一年生杂草　1710-2280克/公顷　播后苗前土壤喷雾

PD20092892　辛硫·福美双/16%/悬浮种衣剂/福美双 10%、辛硫磷 6%/2014.03.05 至 2019.03.05/低毒
玉米　地下害虫、茎基腐病　1:40-50(药种比)　种子包衣

PD20096890　烯草酮/120克/升/乳油/烯草酮 120克/升/2014.09.23 至 2019.09.23/低毒
大豆田　一年生禾本科杂草　63-72克/公顷　茎叶喷雾
油菜田　一年生禾本科杂草　30-40毫升制剂/亩　茎叶喷雾

辽宁抚顺丰谷农药有限公司　(辽宁省抚顺市顺城区寒江路1号　113006　0413-7601269)

PD85101　敌稗/16%/乳油/敌稗 16%/2015.01.24 至 2020.01.24/低毒
水稻　稗草　3000-4500克/公顷　喷雾

PD85102-9　2甲4氯钠盐/13%/水剂/2甲4氯钠 13%/2015.01.24 至 2020.01.24/低毒
水稻　多种杂草　450-900克/公顷　喷雾
小麦　多种杂草　600-900克/公顷　喷雾

PD85103　2甲4氯钠/56%/粉剂/2甲4氯钠 56%/2015.01.24 至 2020.01.24/低毒
高粱、小麦、玉米　阔叶杂草　900-1200克/公顷　喷粉
水稻　三棱草、眼子菜　450-900克/公顷　毒土、喷雾

PD20092959　2甲·灭草松/26%/水剂/2甲4氯钠 6%、灭草松 20%/2014.03.09 至 2019.03.09/低毒
水稻移栽田　阔叶杂草、莎草科杂草　702-975克/公顷　喷雾

辽宁海佳农化有限公司　(辽宁省清原满族自治县大孤家镇湾龙泡村　113305　0413-3581150088)

PD20040252　高效氯氰菊酯/4.5%/乳油/高效氯氰菊酯 4.5%/2014.12.19 至 2019.12.19/中等毒
茶树　茶尺蠖　15-25.5克/公顷　喷雾
柑橘树　潜叶蛾　15-20毫克/千克　喷雾
柑橘树　红蜡蚧　50毫克/千克　喷雾
棉花　红铃虫、棉铃虫、蚜虫　15-30克/公顷　喷雾
蔬菜　菜青虫、小菜蛾　9-25.5克/公顷　喷雾
烟草　烟青虫　15-25.5克/公顷　喷雾

PD20070644　啶虫脒/3%/微乳剂/啶虫脒 3%/2012.12.17 至 2017.12.17/低毒
小麦　蚜虫　11.25-18克/公顷　喷雾

PD20082439　阿维菌素/1.8%/乳油/阿维菌素 1.8%/2013.12.02 至 2018.12.02/低毒(原药高毒)
棉花　棉铃虫　21.6-32.4克/公顷　喷雾

PD20082703　阿维菌素/1%/乳油/阿维菌素 1%/2013.12.05 至 2018.12.05/低毒(原药高毒)
苹果树　红蜘蛛　4000-5000倍液　喷雾

PD20090749　高氯 ·敌敌畏/29%/乳油/敌敌畏 26%、高效氯氰菊酯 3%/2014.01.19 至 2019.01.19/中等毒
苹果树　潜叶蛾　580-725毫克/千克　喷雾

PD20122005　烟嘧磺隆/40克/升/可分散油悬浮剂/烟嘧磺隆 40克/升/2012.12.19 至 2017.12.19/低毒
玉米田　一年生杂草　42-60克/公顷　茎叶喷雾

PD20140244 草甘膦异丙胺盐/35%/水剂/草甘膦 35%/2014.01.29 至 2019.01.29/低毒
非耕地 杂草 1128-1551克/公顷 定向茎叶喷雾
注:草甘膦异丙胺盐含量: 47%
PD20141582 2甲·烟嘧/26%/可分散油悬浮剂/2甲4氯钠 20%、烟嘧磺隆 6%/2014.06.17 至 2019.06.17/低毒
玉米田 一年生杂草 195-253.5克/公顷 茎叶喷雾
PD20150346 烟嘧·莠·氯吡/33%/可分散油悬浮剂/氯氟吡氧乙酸 9%、烟嘧磺隆 4%、莠去津 20%/2015.03.03 至 2020.03.03/低毒
玉米田 一年生杂草 396-495克/公顷 茎叶喷雾
LS20140082 烟嘧·莠去津/26%/可分散油悬浮剂/烟嘧磺隆 4%、莠去津 22%/2015.03.14 至 2016.03.14/低毒
玉米田 一年生杂草 312-390克/公顷 茎叶喷雾

辽宁津田科技有限公司 (辽宁省沈阳经济技术开发区彰驿街道办事处前庙村 112500 0417-3284066)

PD20151648 硝磺·莠去津/25%/可分散油悬浮剂/莠去津 20%、硝磺草酮 5%/2015.08.28 至 2020.08.28/微毒
玉米田 一年生杂草 469-562.5克/公顷 茎叶喷雾
PD20151985 噁草酮/380克/升/悬浮剂/噁草酮 380克/升/2015.08.30 至 2020.08.30/微毒
水稻移栽田 一年生杂草 360-480克/公顷 药土法
PD20152031 硝磺草酮/15%/悬浮剂/硝磺草酮 15%/2015.08.31 至 2020.08.31/微毒
玉米田 一年生杂草 135-157.5克/公顷 茎叶喷雾
PD20152086 乙·莠·滴丁酯/63%/悬乳剂/2,4-滴丁酯 9%、乙草胺 27%、莠去津 27%/2015.09.22 至 2020.09.22/微毒
春玉米田 一年生杂草 1890-2362.5克/公顷 播后苗前土壤喷雾
WP20080447 杀蟑饵剂/1.5%/饵剂/残杀威 1.5%/2013.12.15 至 2018.12.15/低毒
卫生 蜚蠊 / 投放
WP20080539 高效氯氰菊酯/5%/可湿性粉剂/高效氯氰菊酯 5%/2013.12.23 至 2018.12.23/低毒
卫生 蚊、蝇 玻璃面20毫克/平方米;木板面30毫克/平方米;水泥面60毫克/平方米 滞留喷洒

辽宁科生生物化学制品有限公司 (辽宁省盘锦市兴隆台区渤海乡陈屯 124011 0427-2885497)

PD20090586 多抗霉素/35%/原药/多抗霉素 35%/2014.01.14 至 2019.01.14/微毒
PD20092758 多抗霉素/0.3%/水剂/多抗霉素 0.3%/2014.03.04 至 2019.03.04/低毒
番茄 早疫病 27-45克/公顷 喷雾
苹果树 斑点落叶病 200-300倍液 喷雾
水稻 苗期立枯病 150-300克/公顷 喷雾
西瓜 枯萎病 80-100倍液 灌根
烟草 赤星病 27-45克/公顷 喷雾
PD20120816 多抗霉素/5%/水剂/多抗霉素 5%/2012.05.22 至 2017.05.22/低毒
水稻 稻瘟病 56-70克/千克 喷雾

辽宁三征化学有限公司 (辽宁省大石桥市水源镇盖家村 115001 0417-3635160)

PD85112-2 莠去津/38%/悬浮剂/莠去津 38%/2015.05.26 至 2020.05.26/低毒
茶园 一年生杂草 1125-1875克/公顷 喷于地表
防火隔离带、公路、森林、铁路 一年生杂草 0.8-2克/平方米 喷于地表
甘蔗 一年生杂草 1050-1500克/公顷 喷于地表
高粱、糜子、玉米 一年生杂草 1800-2250克/公顷(东北地区) 喷于地表
红松苗圃 一年生杂草 0.2-0.3克/平方米 喷于地表
梨树、苹果树 一年生杂草 1625-1875克/公顷 喷于地表
橡胶园 一年生杂草 2250-3750克/公顷 喷于地表
PD86105-2 西草净/25%/可湿性粉剂/西草净 25%/2014.07.08 至 2019.07.08/低毒
水稻 阔叶杂草、眼子菜 750-937.5克/公顷(东北地区) 撒毒土
PD90102-3 扑草净/25%/可湿性粉剂/扑草净 25%/2015.01.26 至 2020.01.26/低毒
麦田 杂草 375-562.5克/公顷 喷雾
水稻 阔叶杂草 187.5-562.5克/公顷 毒土
PD92105 西草净/94%/原药/西草净 94%/2014.07.08 至 2019.07.08/低毒
PD20082937 乙草胺/81.5%/乳油/乙草胺 81.5%/2013.12.09 至 2018.12.09/低毒
春玉米田 一年生禾本科杂草及部分小粒种子阔叶杂草 1350-1620克/公顷 播后苗前土壤喷雾
夏玉米田 一年生禾本科杂草及部分小粒种子阔叶杂草 810-1080克/公顷 播后苗前土壤喷雾
PD20083014 乙草胺/50%/乳油/乙草胺 50%/2013.12.10 至 2018.12.10/低毒
春玉米田 一年生禾本科杂草及部分小粒种子阔叶杂草 1500-1875克/公顷 播后苗前土壤喷雾
夏玉米田 一年生禾本科杂草及部分小粒种子阔叶杂草 750-1050克/公顷 播后苗前土壤喷雾
PD20083104 莠去津/50%/悬浮剂/莠去津 50%/2013.12.10 至 2018.12.10/低毒
春玉米田 一年生杂草 1575-2250克/公顷 播后苗前土壤喷雾
夏玉米田 一年生杂草 1125-1875克/公顷 播后苗前土壤喷雾

PD20086128　丁·莠/48%/悬乳剂/丁草胺 19%、莠去津 29%/2013.12.30 至 2018.12.30/低毒
夏玉米田　一年生杂草　1080-1440克/公顷　喷雾
PD20090414　莠去津/80%/可湿性粉剂/莠去津 80%/2014.01.12 至 2019.01.12/低毒
春玉米田　一年生杂草　1800-2280克/公顷　播后苗前土壤喷雾
夏玉米田　一年生杂草　1020-1500克/公顷　播后苗前土壤喷雾
PD20091361　甲·乙·莠/42%/悬乳剂/甲草胺 8%、乙草胺 9%、莠去津 25%/2014.02.02 至 2019.02.02/低毒
春玉米田　一年生杂草　1260-2520克/公顷　播后苗期土壤喷雾
夏玉米田　一年生杂草　945-1260克/公顷　土壤喷雾
PD20092195　2甲4氯钠/56%/可溶粉剂/2甲4氯钠 56%/2014.02.23 至 2019.02.23/低毒
玉米田　阔叶杂草　924-1176克/公顷　茎叶喷雾
PD20092507　福·克/15.5%/悬浮种衣剂/福美双 8.5%、克百威 7.0%/2014.02.26 至 2019.02.26/中等毒(原药高毒)
玉米　地下害虫、茎基腐病　1:40-50(药种比)　种子包衣
PD20093605　异丙草·莠/40%/悬乳剂/异丙草胺 16%、莠去津 24%/2014.03.23 至 2019.03.23/低毒
夏玉米田　一年生杂草　1020-1500克/公顷　播后苗前土壤喷雾
PD20094984　莠去津/96%/原药/莠去津 96%/2014.04.21 至 2019.04.21/低毒
PD20095218　扑·乙/40%/悬乳剂/扑草净 10%、乙草胺 30%/2014.04.24 至 2019.04.24/低毒
花生田　一年生杂草　1110-1320克/公顷　播后苗前土壤喷雾
PD20095331　莠灭净/40%/可湿性粉剂/莠灭净 40%/2014.04.27 至 2019.04.27/低毒
甘蔗田　一年生杂草　1980-2640克/公顷　喷雾
PD20100256　丁草胺/85%/乳油/丁草胺 85%/2015.01.11 至 2020.01.11/低毒
水稻移栽田　稗草、部分阔叶杂草　945-1350克/公顷　药土法
PD20100517　异丙甲草胺/720克/升/乳油/异丙甲草胺 720克/升/2015.01.14 至 2020.01.14/低毒
花生田　一年生禾本科杂草及部分阔叶杂草　1080-1620克/公顷　播后苗前土壤喷雾
PD20100549　丙草胺/50%/乳油/丙草胺 50%/2010.01.14 至 2015.01.14/低毒
水稻移栽田　一年生禾本科、莎草科及部分阔叶杂草　450-562.5克/公顷　毒土
PD20100850　烟嘧磺隆/40克/升/可分散油悬浮剂/烟嘧磺隆 40克/升/2015.01.19 至 2020.01.19/低毒
玉米田　一年生阔叶杂草　48-60克/公顷　茎叶喷雾
PD20101631　莠去津/90%/水分散粒剂/莠去津 90%/2015.06.03 至 2020.06.03/低毒
春玉米田　一年生杂草　2025-2295克/公顷　播后苗前土壤喷雾
夏玉米田　一年生杂草　1282-1485克/公顷　播后苗前土壤喷雾
PD20110064　滴丁·乙草胺/78%/乳油/2,4-滴丁酯 28%、乙草胺 50%/2016.01.11 至 2021.01.11/低毒
春大豆田、春玉米田　一年生杂草　2372.6-2565克/公顷　播后苗前土壤喷雾
PD20120863　烟嘧·莠去津/20%/可分散油悬浮剂/烟嘧磺隆 3.5%、莠去津 16.5%/2012.05.23 至 2017.05.23/低毒
玉米田　一年生杂草　240-360克/公顷　茎叶喷雾
PD20121850　乙·莠·滴丁酯/70%/悬乳剂/2,4-滴丁酯 8%、乙草胺 34%、莠去津 28%/2012.11.28 至 2017.11.28/低毒
春玉米田　一年生杂草　1575-2625克/公顷　播后苗前土壤喷雾
PD20130249　噁草·丁草胺/60%/乳油/丁草胺 50%、噁草酮 10%/2013.02.05 至 2018.02.05/低毒
水稻移栽田　一年生杂草　720-900克/公顷　移栽前土壤喷雾
PD20131599　乙氧氟草醚/240克/升/乳油/乙氧氟草醚 240克/升/2013.07.29 至 2018.07.29/微毒
水稻移栽田　一年生杂草　54-72克/公顷　药土法
PD20132714　精喹禾灵/20%/乳油/精喹禾灵 20%/2013.12.30 至 2018.12.30/低毒
春大豆田　一年生禾本科杂草　51-66克/公顷　茎叶喷雾
夏大豆田　一年生禾本科杂草　36-51克/公顷　茎叶喷雾
PD20140166　莎稗磷/45%/乳油/莎稗磷 45%/2014.01.28 至 2019.01.28/低毒
水稻移栽田　一年生禾本科杂草、莎草　236.25-371.25克/公顷　药土法
PD20140549　吡嘧·莎稗磷/22.5%/可湿性粉剂/吡嘧磺隆 2.5%、莎稗磷 20%/2014.03.06 至 2019.03.06/低毒
水稻移栽田　一年生杂草　270-337.5克/公顷　药土法
PD20140834　草甘膦异丙胺盐/62%/水剂/草甘膦 46%/2014.04.08 至 2019.04.08/低毒
柑橘园　杂草　1209-2325克/公顷　定向茎叶喷雾
PD20141168　烟嘧·莠去津/44%/可分散油悬浮剂/烟嘧磺隆 7.7%、莠去津 36.3%/2014.04.28 至 2019.04.28/低毒
玉米田　一年生杂草　231-330克/公顷　茎叶喷雾
PD20151643　乙·莠/61%/悬乳剂/乙草胺 36%、莠去津 25%/2015.08.28 至 2020.08.28/低毒
春玉米田　一年生杂草　1860-2790克/公顷　土壤喷雾
夏玉米田　一年生杂草　1116-1674克/公顷　土壤喷雾
PD20152509　乙·莠/67%/悬乳剂/乙草胺 38%、莠去津 29%/2015.12.05 至 2020.12.05/低毒
春玉米田　一年生杂草　2412-2915克/公顷　土嚷喷雾
夏玉米田　一年生杂草　1508-1809克/公顷　土嚷喷雾
LS20130069　硝磺·莠去津/41%/可分散油悬浮剂/莠去津 35%、硝磺草酮 6%/2015.02.21 至 2016.02.21/低毒
春玉米田　一年生杂草　861-984克/公顷　茎叶喷雾
LS20130128　噁草·莎稗磷/37%/乳油/噁草酮 14%、莎稗磷 23%/2015.04.02 至 2016.04.02/低毒
移栽水稻田　一年生杂草　222-444克/公顷　喷雾
LS20130133　乙·莠·滴辛酯/66%/悬浮剂/2,4-滴异辛酯 10%、乙草胺 28%、莠去津 28%/2015.04.02 至 2016.04.02/低毒
春玉米田　一年生杂草　1881-2376克/公顷　播后苗前土壤喷雾

LS20130149 氟胺·烯禾啶/32%/乳油/氟磺胺草醚 15%、烯禾啶 17%/2015.04.03 至 2016.04.03/低毒
春大豆田 一年生杂草 288-384克/公顷 茎叶喷雾
LS20130162 烟嘧·莠去津/44%/可分散油悬浮剂/烟嘧磺隆 7.7%、莠去津 36.3%/2014.04.03 至 2015.04.03/低毒
玉米田 一年生杂草 231-330克/公顷 茎叶喷雾
LS20130172 扑·乙/68%/乳油/扑草净 17%、乙草胺 51%/2015.04.03 至 2016.04.03/低毒
花生田 一年生杂草 1122-1530克/公顷 播后苗前土壤喷雾
LS20130174 精喹·氟磺胺/18%/微乳剂/氟磺胺草醚 12%、精喹禾灵 6%/2015.04.03 至 2016.04.03/低毒
春大豆田 一年生杂草 216-324克/公顷 茎叶喷雾
LS20130175 烟嘧·乙·莠/51%/悬浮剂/烟嘧磺隆 3%、乙草胺 28%、莠去津 20%/2015.04.03 至 2016.04.03/低毒
玉米田 一年生杂草 612-918克/公顷 茎叶喷雾
LS20130213 松·喹·氟磺胺/45%/乳油/氟磺胺草醚 14%、精喹禾灵 4%、异噁草松 27%/2015.04.16 至 2016.04.16/低毒
春大豆田 一年生杂草 607-742.5克/公顷 茎叶喷雾
LS20130216 甲·灭·敌草隆/75%/可湿性粉剂/敌草隆 15%、2甲4氯钠 12%、莠灭净 48%/2015.04.18 至 2016.04.18/低毒
甘蔗田 一年生杂草 1125-1687.5克/公顷 定向茎叶喷雾
LS20130285 吡·西·扑草净/39%/可湿性粉剂/吡嘧磺隆 3%、扑草净 16%、西草净 20%/2015.05.07 至 2016.05.07/低毒
水稻移栽田 一年生杂草 234-351克/公顷 药土法
LS20130298 2甲·灭草松/50%/水剂/2甲4氯钠 10%、灭草松 40%/2015.06.04 至 2016.06.04/低毒
水稻移栽田 阔叶杂草及莎草科杂草 900-1050克/公顷 茎叶喷雾
LS20130373 氟磺·烯草酮/25%/乳油/氟磺胺草醚 18%、烯草酮 7%/2015.07.29 至 2016.07.29/低毒
春大豆田 一年生杂草 262.5-375克/公顷 茎叶喷雾
LS20130377 乙·莠·滴丁酯/52.5%/悬乳剂/2,4-滴丁酯 6%、乙草胺 25.5%、莠去津 21%/2015.07.29 至 2016.07.29/低毒
春玉米田 一年生杂草 2138.5-2565克/公顷 播后苗前土壤喷雾
LS20130380 吡嘧·莎稗磷/22.5%/可湿性粉剂/吡嘧磺隆 2.5%、莎稗磷 20%/2014.07.29 至 2015.07.29/低毒
水稻移栽田 一年生杂草 276.75-337.5克/公顷 毒土法

辽宁省鞍山东大嘉隆生物控制技术开发有限公司 （辽宁省鞍山市铁西区新开街47栋 114014 0412-8220705）

PD20097631 溴鼠灵/0.005%/饵剂/溴鼠灵 0.005%/2014.11.03 至 2019.11.03/低毒(原药高毒)
农田 田鼠 150-200克制剂/亩 投饵

辽宁省鞍山市千山区汤岗子镇温泉卫生杀虫剂厂 （辽宁省鞍山市千山区汤岗子镇汤岗子村 114048 0412-2410219）

WP20080315 杀虫粉剂/0.3%/粉剂/氯氰菊酯 0.3%/2013.12.04 至 2018.12.04/低毒
卫生 蜚蠊、蚂蚁、跳蚤 3克制剂/平方米 撒布
WP20090076 氯氰菊酯/10%/可湿性粉剂/氯氰菊酯 10%/2014.02.01 至 2019.02.01/低毒
卫生 蚊、蝇、蜚蠊 玻璃面：20毫克/平方米；木板面，水泥面：30毫克/平方米 滞留喷洒

辽宁省鞍山市泽鑫农药有限公司 （辽宁省鞍山市岫岩县满族自治县杨家堡镇松树秧村 114317 0412-7852548）

PD20091237 甲氰菊酯/20%/乳油/甲氰菊酯 20%/2014.02.01 至 2019.02.01/中等毒
苹果树 红蜘蛛 2000-2500倍液 喷雾
PD20091762 溴氰·氧乐果/16%/乳油/溴氰菊酯 1%、氧乐果 15%/2014.02.04 至 2019.02.04/中等毒(原药高毒)
棉花 蚜虫 72-120克/公顷 喷雾
PD20092542 甲氰·辛硫磷/33%/乳油/甲氰菊酯 6.5%、辛硫磷 26.5%/2014.02.26 至 2019.02.26/中等毒
棉花 红蜘蛛 124-165克/公顷 喷雾
PD20093120 高氯·辛硫磷/22.5%/乳油/高效氯氰菊酯 3%、辛硫磷 19.5%/2014.06.09 至 2019.06.09/中等毒
十字花科蔬菜 菜青虫 101.25-135克/公顷 喷雾
PD20093536 氰戊菊酯/20%/乳油/氰戊菊酯 20%/2014.03.23 至 2019.03.23/低毒
棉花 棉铃虫 120-180克/公顷 喷雾
PD20094162 甲霜·福美双/35%/可湿性粉剂/福美双 28%、甲霜灵 7%/2014.03.27 至 2019.03.27/低毒
黄瓜 霜霉病 1312.5-1575克/公顷 喷雾
PD20096181 辛硫·高氯氟/26%/乳油/高效氯氟氰菊酯 1%、辛硫磷 25%/2014.07.03 至 2019.07.03/中等毒
苹果树 桃小食心虫 800-1200倍液 喷雾

辽宁省北宁市家宝消杀药剂厂 （辽宁省北宁市广宁西环路炮团对过 121300 0416-6629120）

WP20100185 杀虫粉剂/0.2%/粉剂/氯氰菊酯 0.2%/2015.12.23 至 2020.12.23/低毒
卫生 蜚蠊 3克/平方米 撒布

辽宁省北镇市文喜消杀药品厂 （辽宁省北镇市广宁乡小常屯小学院内 121300 0416-6628345）

WP20140159 杀虫粉剂/0.2%/粉剂/氯氰菊酯 0.2%/2014.07.14 至 2019.07.14/低毒
卫生 蜚蠊 3克制剂/平方米 撒布

辽宁省大连广达农药有限责任公司 （辽宁省大连市普兰店市太平办事处姚家村 116200 0411-83161188）

PD20081603 吡嘧·苯噻酰/42%/可湿性粉剂/苯噻酰草胺 40%、吡嘧磺隆 2%/2013.11.12 至 2018.11.12/低毒
水稻移栽田 一年生及部分多年生杂草 375-504克/公顷(东北地区) 药土法
PD20081912 三唑锡/25%/可湿性粉剂/三唑锡 25%/2013.11.21 至 2018.11.21/中等毒
柑橘树 红蜘蛛 125-166毫克/千克 喷雾
PD20085444 福·甲·锰锌/40%/可湿性粉剂/福美双 25%、甲霜灵 10%、代森锰锌 5%/2013.12.24 至 2018.12.24/低毒
辣椒 疫病 500-750克/公顷 喷雾
PD20110371 吡嘧磺隆/10%/可湿性粉剂/吡嘧磺隆 10%/2011.03.31 至 2016.03.31/低毒
水稻移栽田 阔叶杂草及莎草科杂草 22.5-30克/公顷 药土法

PD20110961 氟胺·灭草松/447克/升/水剂/氟磺胺草醚 87克/升、灭草松 360克/升/2011.09.08 至 2016.09.08/低毒
夏大豆田 一年生阔叶杂草及莎草科杂草 1005.75-1341克/公顷 茎叶喷雾
PD20132402 二氯喹啉酸/50%/可湿性粉剂/二氯喹啉酸 50%/2013.11.20 至 2018.11.20/低毒
水稻移栽田 稗草 390-502.5克/公顷 茎叶喷雾
PD20151335 噁草酮/120克/升/乳油/噁草酮 120克/升/2015.07.30 至 2020.07.30/低毒
移栽水稻田 一年生杂草 360-468克/公顷 甩施
PD20152281 吡嘧·苯噻酰/74%/可湿性粉剂/苯噻酰草胺 70.5%、吡嘧磺隆 3.5%/2015.10.20 至 2020.10.20/低毒
水稻移栽田 一年生杂草 444-555克/公顷 药土法

辽宁省大连广垠生物农药有限公司 (辽宁省大连市甘井子区营城子镇沙岗子村 116036 0411-86715401)

PD20100281 香菇多糖/0.5%/水剂/香菇多糖 0.5%/2015.03.03 至 2020.03.03/低毒
番茄 病毒病 12.45-18.75克/公顷 喷雾
水稻 条纹叶枯病 7.5-9克/公顷 喷雾
PD20121997 井冈·香菇糖/2.75%/水剂/菇类蛋白多糖 0.25%、井冈霉素 2.5%/2012.12.18 至 2017.12.18/微毒
水稻 纹枯病 10-21克/公顷 喷雾

辽宁省大连金猫鼠药有限公司 (辽宁省大连市旅顺口区长城街道长岭子村 116049 0411-84790125)

PD20070077 敌鼠钠盐/0.05%/毒饵/敌鼠钠盐 0.05%/2012.04.12 至 2017.04.12/低毒(原药高毒)
室内 家鼠 饱和投饵 投饵
PD20080336 溴敌隆/0.005%/毒饵/溴敌隆 0.005%/2013.02.26 至 2018.02.26/低毒(原药剧毒)
室内 家鼠 10-20克毒饵/10平方米 饱和投饵
PD20084426 溴鼠灵/0.005%/毒饵/溴鼠灵 0.005%/2013.12.17 至 2018.12.17/低毒(原药高毒)
室内、外 家鼠 饱和投饵 投饵
PD20094759 溴敌隆/0.5%/母药/溴敌隆 0.5%/2014.04.13 至 2019.04.13/中等毒(原药高毒)
PD20096044 溴鼠灵/0.5%/母药/溴鼠灵 0.5%/2014.06.16 至 2019.06.16/中等毒
室内 家鼠 15-30克毒饵/15平方米 配制成0.005%毒饵饱和投饵
室外 家鼠 10-15克毒饵/5平方米 配制成0.005%毒饵饱和投饵
PD20101521 杀蟑笔剂/2%/笔剂/残杀威 2%/2010.05.19 至 2015.05.19/中等毒(原药高毒)
室内 蜚蠊 / 涂抹
WP20080307 杀蟑饵剂/2%/毒饵/残杀威 2%/2013.12.04 至 2018.12.04/低毒
卫生 蜚蠊 / 投放
WP20090141 杀蟑胶饵/2.5%/胶饵/吡虫啉 2.5%/2014.02.26 至 2019.02.26/低毒
室内 蜚蠊 / 投放
WP20100076 杀蟑笔剂/2%/笔剂/残杀威 2%/2015.05.19 至 2020.05.19/低毒
室内 蜚蠊 / 涂抹
WP20120124 高效氯氰菊酯/5%/悬浮剂/高效氯氰菊酯 5%/2012.07.04 至 2017.07.04/低毒
卫生 蚊、蝇、蜚蠊 40毫克/平方米 滞留喘洒

辽宁省大连凯飞化工有限公司 (辽宁省大连开发区东北大街488号 116610 0411-87512961)

PD20040281 吡虫啉/95%/原药/吡虫啉 95%/2014.12.19 至 2019.12.19/低毒
PD20050107 吡虫啉/5%/乳油/吡虫啉 5%/2015.08.04 至 2020.08.04/低毒
苹果树 蚜虫 25-50毫克/千克 喷雾
水稻 飞虱 15-30克/公顷 喷雾
PD20060132 吡虫啉/10%/可湿性粉剂/吡虫啉 10%/2011.07.14 至 2016.07.14/低毒
水稻 飞虱 15-30克/公顷 喷雾
小麦 蚜虫 15-30克/公顷 喷雾
PD20070564 啶虫脒/98%/原药/啶虫脒 98%/2012.12.03 至 2017.12.03/低毒
PD20080755 溴氰菊酯/98%/原药/溴氰菊酯 98%/2013.06.11 至 2018.06.11/中等毒
PD20081716 溴氰菊酯/25克/升/乳油/溴氰菊酯 25克/升/2013.11.18 至 2018.11.18/中等毒
棉花 蚜虫 15-18.75克/公顷 喷雾
苹果树 桃小食心虫 8.3-12.5毫克/千克 喷雾
PD20083797 啶虫脒/5%/乳油/啶虫脒 5%/2013.12.15 至 2018.12.15/低毒
黄瓜 蚜虫 18-27克/公顷 喷雾
PD20090620 毒死蜱/40%/乳油/毒死蜱 40%/2014.01.14 至 2019.01.14/低毒
苹果树 绵蚜 266.7-400毫克/千克 喷雾
水稻 稻飞虱 480-600克/公顷 喷雾
PD20101538 毒死蜱/95%/原药/毒死蜱 95%/2015.05.19 至 2020.05.19/中等毒
PD20101978 zeta-氯氰菊酯/总酯：92%，S异构体：88%/原药/zeta-氯氰菊酯 88%/2015.09.21 至 2020.09.21/中等毒
PD20110761 丁硫克百威/90%/原药/丁硫克百威 90%/2011.07.25 至 2016.07.25/中等毒
PD20132389 氟虫腈/95%/原药/氟虫腈 95%/2013.11.20 至 2018.11.20/中等毒
PD20140009 嘧菌酯/95%/原药/嘧菌酯 95%/2014.01.02 至 2019.01.02/低毒
PD20151191 氟虫腈/80%/水分散粒剂/氟虫腈 80%/2015.06.27 至 2020.06.27/中等毒
注:专供出口，不得在国内销售。
WP20100027 氯菊酯/95%/原药/氯菊酯 95%/2015.01.19 至 2020.01.19/低毒

辽宁省大连凯飞化学股份有限公司　（辽宁省大连市开发区东北大街488号　116610　0411-87511189）

PD20097891　氨基寡糖素/2%/水剂/氨基寡糖素 2%/2014.11.30 至 2019.11.30/微毒
　白菜　软腐病　56.25-75克/公顷　喷雾
　番茄　病毒病　48-80克/公顷　喷雾
　番茄　晚疫病　15-18克/公顷　喷雾
　烟草　病毒病　33.75-50克/公顷　喷雾

PD20097892　氨基寡糖素/7.5%/母药/氨基寡糖素 7.5%/2014.11.30 至 2019.11.30/微毒

LS20150229　苯酰菌胺/97%/原药/苯酰菌胺 97%/2015.07.30 至 2016.07.30/低毒

辽宁省大连绿峰化学股份有限公司　（辽宁省大连普湾新区松木岛化工园区沐染路　116308　0411-39010525）

PD84129　氯化苦/99.5%/液剂/氯化苦 99.5%/2014.12.03 至 2019.12.03/高毒
　土壤　枯萎病菌　240-360千克/公顷　土壤熏蒸
　土壤　黄萎病菌　275-450千克/公顷　土壤熏蒸
　土壤　疫霉菌　375-525千克/公顷　土壤熏蒸
　土壤　根结线虫、青枯病菌　500-750千克/公顷　土壤熏蒸

辽宁省大连诺斯曼化工有限公司　（辽宁省大连市永宁经济开发区　116326　0411-85173299）

PD90109-4　乐果/1.5%/粉剂/乐果 1.5%/2011.01.31 至 2016.01.31/中等毒
　柑橘树、苹果树　鳞翅目幼虫、蚜虫、螨　337.5-450克/公顷　喷粉
　棉花、蔬菜　蚜虫、螨　337.5-450克/公顷　喷粉
　烟草　蚜虫　337.5-450克/公顷　喷粉

PD20100949　阿维·高氯/1.8%/乳油/阿维菌素 0.1%、高效氯氰菊酯 1.7%/2015.01.19 至 2020.01.19/低毒(原药高毒)
　黄瓜　美洲斑潜蝇　15-30克/公顷　喷雾

PD20101071　多·锰锌/40%/可湿性粉剂/多菌灵 6%、代森锰锌 34%/2015.01.21 至 2020.01.21/低毒
　梨树　黑星病　1000-1250毫克/千克　喷雾

辽宁省大连润邦化工科技有限公司　（辽宁省大连市瓦房店市李店镇杨沟村　116307　0411-85390518）

PD20101119　氰戊·马拉松/20%/乳油/马拉硫磷 15%、氰戊菊酯 5%/2015.01.25 至 2020.01.25/中等毒
　苹果树　桃小食心虫　222-333毫克/千克　喷雾

辽宁省大连实验化工有限公司　（辽宁省大连市甘井子区振兴路199号　116113　0411-87110827）

PD85170　敌鼠钠盐/80%/原药/敌鼠钠盐 80%/2015.11.22 至 2020.11.22/高毒

PD20090049　敌鼠钠盐/40%/母药/敌鼠钠盐 40%/2014.01.06 至 2019.01.06/高毒
　农田　害鼠　配制成0.05%毒饵，饱和投饵　投饵

PD20101540　敌鼠钠盐/0.05%/饵剂/敌鼠钠盐 0.05%/2015.05.19 至 2020.05.19/低毒(原药高毒)
　农田　田鼠　10-20克毒饵/堆　饱和投饵

PD20131851　敌鼠钠盐//母药/敌鼠钠盐 4%/2013.09.24 至 2018.09.24/高毒
　农田　田鼠　配制成0.05%毒饵　饱和投饵

辽宁省大连松辽化工有限公司　（辽宁省大连市甘井子区工兴路22号　116031　0411-86671213）

PD85151-8　2,4-滴丁酯/57%/乳油/2,4-滴丁酯 57%/2015.07.13 至 2020.07.13/低毒
　谷子、小麦　双子叶杂草　525克/公顷　喷雾
　水稻　双子叶杂草　300-525克/公顷　喷雾
　玉米　双子叶杂草　1)1050克/公顷2)450-525克/公顷　1)苗前土壤处理2)喷雾

PD88111　2,4滴三乙醇胺盐/0.5%/水剂/2,4滴三乙醇胺盐 0.5%/2013.11.27 至 2018.11.27/低毒
　大白菜　调节生长　45毫克/千克　喷雾
　番茄　调节生长　10-20毫克/千克　喷雾
　茄子　调节生长　30-40毫克/千克　喷雾
　茭瓜　调节生长　50-100毫克/千克　喷雾

PD20080155　异恶草松/93%/原药/异噁草松 93%/2013.01.04 至 2018.01.04/低毒

PD20080156　氟磺胺草醚/95%/原药/氟磺胺草醚 95%/2013.01.04 至 2018.01.04/低毒

PD20080522　三氟羧草醚/80%/原药/三氟羧草醚 80%/2013.04.29 至 2018.04.29/低毒

PD20081215　精喹禾灵/96%/原药/精喹禾灵 96%/2013.09.11 至 2018.09.11/低毒

PD20082083　乙草胺/93%/原药/乙草胺 93%/2013.11.25 至 2018.11.25/低毒

PD20082105　异噁草松/360克/升/乳油/异噁草松 360克/升/2013.11.25 至 2018.11.25/低毒
　春大豆田　一年生杂草　813-976克/公顷　茎叶喷雾

PD20082489　异丙草胺/90%/原药/异丙草胺 90%/2013.12.03 至 2018.12.03/低毒

PD20082759　氟磺胺草醚/250克/升/水剂/氟磺胺草醚 250克/升/2013.12.08 至 2018.12.08/低毒
　大豆田　一年生阔叶杂草　250-500克/公顷　茎叶喷雾

PD20082897　异丙草胺/50%/乳油/异丙草胺 50%/2013.12.09 至 2018.12.09/低毒
　春大豆田、春玉米田　一年生禾本科杂草及部分阔叶杂草　1493-2073克/公顷(东北地区)　播后苗前土壤喷雾
　夏大豆田、夏玉米田　一年生禾本科杂草及部分阔叶杂草　1161.3-1493克/公顷(其它地区)　播后苗前土壤喷雾

PD20082934　乙草胺/50%/乳油/乙草胺 50%/2013.12.09 至 2018.12.09/低毒
　春大豆田、春玉米田　一年生杂草　1505-1881克/公顷　土壤喷雾
　花生田　一年生杂草　752-1204克/公顷　土壤喷雾
　棉花田、夏大豆田、夏玉米田　一年生杂草　752-1128克/公顷　土壤喷雾

PD20083032 三氟羧草醚/21.4%/水剂/三氟羧草醚 21.4%/2013.12.10 至 2018.12.10/低毒
大豆田 阔叶杂草 360-480克/公顷 茎叶喷雾
PD20083059 三氟羧草醚/14.8%/水剂/三氟羧草醚 14.8%/2013.12.10 至 2018.12.10/低毒
大豆田 一年生阔叶杂草 246.2-295.4克/公顷 茎叶喷雾
PD20084012 氟胺·烯禾啶/20.8%/乳油/氟磺胺草醚 12.5%、烯禾啶 8.3%/2013.12.16 至 2018.12.16/低毒
春大豆田 一年生杂草 374.4-468克/公顷 喷雾
PD20084077 乙草胺/900克/升/乳油/乙草胺 900克/升/2013.12.16 至 2018.12.16/低毒
春大豆田、春玉米田 一年生杂草 1620-2025克/公顷 土壤喷雾
花生田、棉花田、夏大豆田、夏玉米田 一年生杂草 810-1215克/公顷 土壤喷雾
PD20085332 丙·噁·滴丁酯/70%/乳油/2,4-滴丁酯 14%、异丙草胺 40%、异噁草松 16%/2013.12.24 至 2018.12.24/低毒
春大豆田 一年生杂草 1890-2625克/公顷 播前或播后苗前土壤喷雾
PD20085658 松·喹·氟磺胺/18%/乳油/氟磺胺草醚 5.5%、精喹禾灵 1.5%、异噁草松 11%/2013.12.26 至 2018.12.26/低毒
春大豆田 一年生杂草 486-540克/公顷(东北地区) 喷雾
PD20090033 异噁草松/480克/升/乳油/异噁草松 480克/升/2014.01.06 至 2019.01.06/低毒
春大豆 一年生杂草 1008-1080克/公顷(东北地区) 喷雾
PD20090752 氟磺胺草醚/16.8%/水剂/氟磺胺草醚 16.8%/2014.01.19 至 2019.01.19/低毒
春大豆田 一年生阔叶杂草 252-302.4克/公顷(华北地区) 茎叶喷雾
PD20090786 氟·喹·异噁松/15.8%/乳油/三氟羧草醚 4.7%、精喹禾灵 1.5%、异噁草松 9.6%/2014.01.19 至 2019.01.19/低毒
春大豆田 一年生杂草 474-521.4克/公顷(东北地区) 喷雾
PD20091190 松·喹·氟磺胺/13.6%/微乳剂/氟磺胺草醚 4%、精喹禾灵 1.2%、异噁草松 8.4%/2014.01.22 至 2019.01.22/低毒
春大豆田 一年生杂草 489.6-571.2克/公顷(东北地区) 茎叶喷雾
PD20092336 精喹禾灵/8%/微乳剂/精喹禾灵 8%/2014.02.24 至 2019.02.24/低毒
大豆田 一年生禾本科杂草 48-60克/公顷 茎叶喷雾
PD20092967 精喹·氟磺胺/15%/乳油/氟磺胺草醚 12%、精喹禾灵 3%/2014.03.09 至 2019.03.09/低毒
春大豆田 一年生杂草 337.5-405克/公顷 茎叶喷雾
花生田、夏大豆田 一年生杂草 225-315克/公顷 茎叶喷雾
PD20093313 异噁·氟磺胺/18%/微乳剂/氟磺胺草醚 6%、异噁草松 12%/2014.03.13 至 2019.03.13/低毒
春大豆田 一年生杂草 486-540克/公顷 茎叶喷雾
PD20093656 异噁·氟磺胺/36%/乳油/氟磺胺草醚 12%、异噁草松 24%/2014.03.25 至 2019.03.25/低毒
春大豆 一年生杂草 486-540克/公顷 茎叶喷雾
PD20093741 氟磺胺草醚/20%/微乳剂/氟磺胺草醚 20%/2014.03.25 至 2019.03.25/微毒
春大豆田 一年生阔叶杂草 180-240克/公顷 茎叶喷雾
夏大豆田 一年生阔叶杂草 150-180克/公顷 茎叶喷雾
PD20094364 松·喹·氟磺胺/36%/乳油/氟磺胺草醚 10%、精喹禾灵 3%、异噁草松 23%/2014.04.01 至 2019.04.01/低毒
春大豆田 一年生杂草 594-702克/公顷 茎叶喷雾
PD20094623 喹·唑·氟磺胺/16.8%/微乳剂/氟磺胺草醚 12%、精喹禾灵 3%、咪唑乙烟酸 1.8%/2014.04.10 至 2019.04.10/低毒
春大豆田 一年生杂草 378-453.6克/公顷 茎叶喷雾
PD20094875 松·烟·氟磺胺/18%/微乳剂/氟磺胺草醚 6%、咪唑乙烟酸 1%、异噁草松 11%/2014.04.13 至 2019.04.13/低毒
春大豆田 一年生杂草 675-756克/公顷 茎叶喷雾
PD20094907 丙·噁·嗪草酮/52%/乳油/嗪草酮 6%、异丙草胺 32%、异噁草松 14%/2014.04.13 至 2019.04.13/低毒
春大豆田 一年生杂草 1950-2340克/公顷 土壤喷雾
PD20095053 灭·喹·氟磺胺/21%/微乳剂/氟磺胺草醚 5%、精喹禾灵 1.5%、灭草松 14.5%/2014.04.21 至 2019.04.21/低毒
春大豆田 一年生杂草 630-693克/公顷 茎叶喷雾
夏大豆田 一年生杂草 580-630克/公顷 茎叶喷雾
PD20095408 异丙·滴丁酯/50%/乳油/2,4-滴丁酯 15%、异丙草胺 35%/2014.04.27 至 2019.04.27/低毒
春大豆田、春玉米田 一年生杂草 1875-2250克/公顷(东北地区) 喷雾
PD20095417 扑·乙·滴丁酯/68%/乳油/2,4-滴丁酯 18%、扑草净 10%、乙草胺 40%/2014.05.11 至 2019.05.11/低毒
春大豆田、春玉米田 一年生杂草 2040-2346克/公顷 土壤喷雾
PD20095421 异丙·滴丁酯/58%/乳油/2,4-滴丁酯 18%、异丙草胺 40%/2014.05.11 至 2019.05.11/低毒
春大豆田、春玉米田 一年生杂草 2175-2610克/公顷(东北地区) 土壤喷雾
PD20095423 扑·丙·滴丁酯/64%/乳油/2,4-滴丁酯 18%、扑草净 6%、异丙草胺 40%/2014.05.11 至 2019.05.11/低毒
春大豆田、春玉米田 一年生杂草 1920-2400克/公顷(东北地区) 土壤喷雾
PD20095432 乙·噁·滴丁酯/70%/乳油/2,4-滴丁酯 14%、乙草胺 40%、异噁草松 16%/2014.05.11 至 2019.05.11/低毒
春大豆田 一年生杂草 1785-2415克/公顷 土壤喷雾
PD20095446 丙草胺/95%/原药/丙草胺 95%/2014.05.11 至 2019.05.11/低毒
PD20095450 2,4-滴/96%/原药/2,4-滴 96%/2014.05.11 至 2019.05.11/中等毒
PD20095743 咪乙·异噁松/20%/微乳剂/咪唑乙烟酸 2%、异噁草松 18%/2014.05.18 至 2019.05.18/低毒
春大豆田 一年生杂草 525-900克/公顷 土壤或茎叶喷雾
PD20095745 精喹禾灵/5%/乳油/精喹禾灵 5%/2014.05.18 至 2019.05.18/低毒
大豆田、红小豆田、花生田、棉花田 一年生禾本科杂草 37.5-52.5克/公顷 茎叶喷雾

PD20096062 2,4-滴丁酯/96%/原药/2,4-滴丁酯 96%/2014.06.18 至 2019.06.18/中等毒

PD20096110 咪乙·异噁松/40%/乳油/咪唑乙烟酸 4%、异噁草松 36%/2014.06.18 至 2019.06.18/低毒
春大豆田 一年生杂草 540-840克/公顷(东北地区) 土壤或茎叶喷雾

PD20096393 2，4-滴丁酯/76%/乳油/2,4-滴丁酯 76%/2014.08.04 至 2019.08.04/低毒
春大豆田、春玉米田 一年生阔叶杂草 540-1080克/公顷 土壤喷雾
春小麦田 一年生阔叶杂草 405-675克/公顷 茎叶喷雾

PD20096421 2,4-滴二胺/50%/水剂/2,4-滴二甲胺盐 50%/2014.08.04 至 2019.08.04/低毒
春小麦田 一年生阔叶杂草 600-900克/公顷 喷雾

PD20096437 丙·莠·滴丁酯/42%/悬乳剂/2,4-滴丁酯 10%、异丙草胺 20%、莠去津 12%/2014.08.05 至 2019.08.05/低毒
春玉米田 一年生杂草 1890-2520克/公顷 土壤喷雾

PD20096476 丙·噁·滴丁酯/76%/乳油/2,4-滴丁酯 16%、异丙草胺 42%、异噁草松 18%/2014.08.14 至 2019.08.14/低毒
春大豆田 一年生杂草 2250-2622克/公顷 播后苗前土壤喷雾

PD20097348 吡嘧磺隆/10%/可湿性粉剂/吡嘧磺隆 10%/2014.10.27 至 2019.10.27/微毒
水稻移栽田 一年生阔叶杂草及莎草科杂草 15-30克/公顷 毒土法

PD20097779 松·烟·氟磺胺/36%/乳油/氟磺胺草醚 12%、咪唑乙烟酸 2%、异噁草松 22%/2014.11.19 至 2019.11.19/低毒
春大豆田 一年生杂草 675-756克/公顷 茎叶喷雾

PD20101085 精喹·草除灵/17.5%/乳油/草除灵 15%、精喹禾灵 2.5%/2015.01.25 至 2020.01.25/低毒
冬油菜田 一年生禾本科杂草及阔叶杂草 110-140毫升制剂/亩 茎叶喷雾

PD20120224 丙草胺/50%/乳油/丙草胺 50%/2012.02.10 至 2017.02.10/低毒
移栽水稻田 一年生禾本科、莎草科及部分阔叶杂草 450-525克/公顷 毒土法

PD20120225 乙草胺/89%/乳油/乙草胺 89%/2012.02.10 至 2017.02.10/低毒
春大豆田、春玉米田 一年生禾本科杂草及部分小粒种子阔叶杂草 1468.5-1735.5克/公顷 播后苗前土壤喷雾

PD20120354 噁草酮/250克/升/乳油/噁草酮 250克/升/2012.02.23 至 2017.02.23/低毒
水稻移栽田 一年生禾本科杂草及阔叶杂草 100-130毫升/亩 毒土法

PD20130102 硝磺草酮/10%/悬浮剂/硝磺草酮 10%/2013.01.17 至 2018.01.17/低毒
玉米田 一年生杂草 150-190克/公顷 苗后茎叶喷雾

PD20130105 2,4-滴丁酯/82.5%/乳油/2,4-滴丁酯 82.5%/2013.01.17 至 2018.01.17/低毒
春玉米田 一年生阔叶杂草 420.75-581.625克/公顷 土壤喷雾
冬小麦田 一年生阔叶杂草 334.125-420.75克/公顷 茎叶喷雾

PD20130108 吡嘧·莎稗磷/20.5%/可湿性粉剂/吡嘧磺隆 2.5%、莎稗磷 18%/2013.01.17 至 2018.01.17/低毒
移栽水稻田 一年生禾本科、莎草科及部分阔叶杂草 276.75-338.25克/公顷 毒土法

PD20130114 烟嘧·莠去津/23%/可分散油悬浮剂/烟嘧磺隆 3%、莠去津 20%/2013.01.17 至 2018.01.17/低毒
春玉米田 一年生禾本科杂草及阔叶杂草 345-379.5克/公顷 茎叶喷雾

PD20130119 硝磺草酮/96%/原药/硝磺草酮 96%/2013.01.17 至 2018.01.17/低毒

PD20130184 乙·嗪·滴丁酯/81.3%/乳油/2,4-滴丁酯 20.5%、嗪草酮 6.8%、乙草胺 54%/2013.01.24 至 2018.01.24/低毒
春大豆田、春玉米田 一年生禾本科杂草及阔叶杂草 1951.2-2195.1克/公顷 播后苗前土壤喷雾

PD20130185 莎稗磷/30%/乳油/莎稗磷 30%/2013.01.24 至 2018.01.24/低毒
水稻移栽田 莎草及稗草 270-360克/公顷 毒土法

PD20130265 嗪酮·乙草胺/68.6%/乳油/嗪草酮 13.6%、乙草胺 55%/2013.02.21 至 2018.02.21/低毒
春大豆田、春玉米田 一年生禾本科杂草及阔叶杂草 1440.6-1646.4克/公顷 播后苗前土壤喷雾
马铃薯田 一年生杂草 1131.9-1337.7克/公顷 播后苗前土壤喷雾

PD20130560 精喹·氟羧草/28%/乳油/三氟羧草醚 18%、精喹禾灵 10%/2013.04.01 至 2018.04.01/低毒
花生田 一年生杂草 168-210克/公顷 茎叶喷雾

PD20130561 精喹·嗪草酮/31%/乳油/精喹禾灵 5%、嗪草酮 26%/2013.04.01 至 2018.04.01/低毒
马铃薯田 一年生杂草 232.5-325.5克/公顷 茎叶喷雾

PD20130562 三氟羧草醚/28%/微乳剂/三氟羧草醚 28%/2013.04.01 至 2018.04.01/低毒
大豆田 一年生阔叶杂草 357-483克/公顷 茎叶喷雾

PD20130563 精喹·氟磺胺/33.6%/乳油/氟磺胺草醚 22.6%、精喹禾灵 11%/2013.04.01 至 2018.04.01/低毒
春大豆田 一年生禾本科杂草及部分阔叶杂草 151.2-201.6克/公顷 茎叶喷雾

PD20130564 松·喹·氟磺胺/45%/乳油/氟磺胺草醚 14%、精喹禾灵 4%、异噁草松 27%/2013.04.01 至 2018.04.01/低毒
春大豆田 一年生杂草 540-607.5克/公顷 茎叶喷雾

PD20130630 2,4-滴异辛酯/900克/升/乳油/2,4-滴异辛酯 900克/升/2013.04.03 至 2018.04.03/低毒
春大豆田、春玉米田 一年生阔叶杂草 540-675克/公顷 土壤喷雾
小麦田 一年生阔叶杂草 540-675克/公顷 茎叶喷雾

PD20130712 硝·烟·莠去津/22%/可分散油悬浮剂/烟嘧磺隆 1%、莠去津 18%、硝磺草酮 3%/2013.04.11 至 2018.04.11/低毒
玉米田 一年生杂草 春玉米田：874.5-924克/公顷；夏玉米田：742.5-825克/公顷 茎叶喷雾

PD20130750 异松·乙草胺/81%/乳油/乙草胺 56%、异噁草松 25%/2013.04.15 至 2018.04.15/低毒
春大豆田 一年生禾本科杂草及阔叶杂草 1215-1701克/公顷 播后苗前土壤喷雾
春油菜田 一年生禾本科杂草及阔叶杂草 130-150毫升/亩 播后苗前土壤喷雾
冬油菜田 一年生禾本科杂草及阔叶杂草 35-45毫升/亩 播后苗前土壤喷雾
马铃薯田 一年生禾本科杂草及阔叶杂草 972-1701克/公顷 播后苗前土壤喷雾

PD20130909 氟磺胺草醚/30%/微乳剂/氟磺胺草醚 30%/2013.04.28 至 2018.04.28/低毒
大豆田 一年生阔叶杂草 247.5-360克/公顷 茎叶喷雾

PD20131069 氟・松・烯草酮/32%/乳油/氟磺胺草醚 10%、烯草酮 4%、异噁草松 18%/2013.05.20 至 2018.05.20/低毒
春大豆田 一年生禾本科杂草及阔叶杂草 528-624克/公顷 茎叶喷雾

PD20131252 乙・莠・滴丁酯/61%/悬乳剂/2,4-滴丁酯 8%、乙草胺 30%、莠去津 23%/2013.06.04 至 2018.06.04/低毒
春玉米田 一年生杂草 2287.5-2470.5克/公顷 播后苗前土壤喷雾

PD20131258 莎稗磷/36%/微乳剂/莎稗磷 36%/2013.06.04 至 2018.06.04/低毒
水稻移栽田 一年生禾本科杂草、莎草 216-270克/公顷 药土法

PD20131300 乙・噁・滴丁酯/82%/乳油/2,4-滴丁酯 17%、乙草胺 46%、异噁草松 19%/2013.06.08 至 2018.06.08/低毒
春大豆田 一年生禾本科杂草及阔叶杂草 2337-2583克/公顷 土壤喷雾

PD20131302 烟・莠・滴丁酯/31%/可分散油悬浮剂/2,4-滴丁酯 17%、烟嘧磺隆 4%、莠去津 10%/2013.06.08 至 2018.06.08/低毒
春玉米田 一年生杂草 372-418.5克/公顷 茎叶喷雾

PD20131397 2，4-滴异辛酯/87.5%/乳油/2,4-滴异辛酯 87.5%/2013.07.02 至 2018.07.02/低毒
春大豆田、春玉米田 一年生阔叶杂草 525-577.5克/公顷 播后苗土壤喷雾
冬小麦田 一年生阔叶杂草 525-577.5克/公顷 茎叶喷雾

PD20131451 砜・喹・嗪草酮/23.2%/可分散油悬浮剂/砜嘧磺隆 1.2%、精喹禾灵 4%、嗪草酮 18%/2013.07.05 至 2018.07.05/低毒
马铃薯田 一年生杂草 243.6-295.8克/公顷 茎叶喷雾

PD20131469 硝磺・莠去津/18%/可分散油悬浮剂/莠去津 15%、硝磺草酮 3%/2013.07.05 至 2018.07.05/低毒
玉米田 一年生杂草 756-864克/公顷 茎叶喷雾

PD20131837 烯草酮/30%/乳油/烯草酮 30%/2013.09.18 至 2018.09.18/低毒
大豆田 一年生禾本科杂草 72-108克/公顷 茎叶喷雾
油菜田 一年生禾本科杂草 54-72克/公顷 茎叶喷雾

PD20131838 滴丁・乙草胺/85%/乳油/2,4-滴丁酯 23%、乙草胺 62%/2013.09.18 至 2018.09.18/低毒
春玉米田 一年生杂草 2040-2295克/公顷(东北地区) 播后苗前土壤喷雾

PD20131839 硝・乙・莠去津/50%/悬乳剂/乙草胺 25%、莠去津 20%、硝磺草酮 5%/2013.09.18 至 2018.09.18/低毒
玉米田 一年生杂草 春玉米田：1575-1800克/公顷，夏玉米田：1350-1575克/公顷 茎叶喷雾

PD20131840 扑・乙/67%/乳油/扑草净 17%、乙草胺 50%/2013.09.18 至 2018.09.18/低毒
花生田 一年生杂草 1206-1507.5克/公顷 土壤喷雾

PD20131841 莎稗磷/90%/原药/莎稗磷 90%/2013.09.18 至 2018.09.18/低毒

PD20140175 滴丁・烟嘧/27%/可分散油悬浮剂/2,4-滴丁酯 23%、烟嘧磺隆 4%/2014.01.28 至 2019.01.28/低毒
春玉米田 一年生杂草 324-364.5克/公顷 茎叶喷雾

PD20140268 氟磺胺草醚/42%/水剂/氟磺胺草醚 42%/2014.02.11 至 2019.02.11/低毒
大豆田 一年生阔叶杂草 240-360克/公顷 茎叶喷雾

PD20140679 硝・烟・莠去津/32%/可分散油悬浮剂/烟嘧磺隆 2%、莠去津 24%、硝磺草酮 6%/2014.03.24 至 2019.03.24/低毒
春玉米田 一年生杂草 528克-624/公顷 茎叶喷雾
夏玉米田 一年生杂草 432-528克/公顷 茎叶喷雾

PD20140680 硝・乙・莠去津/60%/悬乳剂/乙草胺 30%、莠去津 24%、硝磺草酮 6%/2014.03.24 至 2019.03.24/低毒
春玉米田 一年生杂草 1665-1800克/公顷 茎叶喷雾
夏玉米田 一年生杂草 15301665克/公顷 茎叶喷雾

PD20140910 精喹・嗪草酮/31%/微乳剂/精喹禾灵 5%、嗪草酮 26%/2014.04.09 至 2019.04.09/低毒
马铃薯田 一年生杂草 232.5-325.5克/公顷 茎叶喷雾

PD20141790 2,4-滴异辛酯/96%/原药/2,4-滴异辛酯 96%/2014.07.14 至 2019.07.14/低毒

PD20152405 硝磺・莠去津/30%/可分散油悬浮剂/莠去津 25%、硝磺草酮 5%/2015.10.25 至 2020.10.25/低毒
玉米田 一年生杂草 765-855克/公顷 茎叶喷雾

PD20152430 氟磺・烯草酮/21%/可分散油悬浮剂/氟磺胺草醚 15%、烯草酮 6%/2015.12.04 至 2020.12.04/低毒
大豆田 一年生杂草 220.5-346.5克/公顷 茎叶喷雾
红小豆田、绿豆田 一年生杂草 157.5-283.5克/公顷 茎叶喷雾

PD20152446 灭・羧・氟磺胺/31%/微乳剂/氟磺胺草醚 5%、三氟羧草醚 5%、灭草松 21%/2015.12.04 至 2020.12.04/低毒
大豆田 一年生阔叶杂草及部分莎草科杂草 春大豆田：581.25-697.5克/公顷；夏大豆田：465-581.25克/公顷（其他地区） 茎叶喷雾

PD20152501 氧氟・丙草胺/40%/微乳剂/丙草胺 31%、乙氧氟草醚 9%/2015.12.05 至 2020.12.05/低毒
水稻移栽田 一年生禾本科杂草及阔叶杂草 480-540克/公顷 药土法

PD20152504 氟胺・灭草松/54%/水剂/氟磺胺草醚 10%、灭草松 44%/2015.12.05 至 2020.12.05/低毒
春大豆田 一年生阔叶杂草及莎草科杂草 729-891克/公顷 茎叶喷雾
夏大豆田 一年生阔叶杂草及莎草科杂草 405-567克/公顷 茎叶喷雾

PD20152507 丙草胺/85%/微乳剂/丙草胺 85%/2015.12.05 至 2020.12.05/低毒
水稻移栽田 一年生杂草 382.5-510克/公顷 药土法

PD20152541 吡嘧・二甲戊/20%/可湿性粉剂/吡嘧磺隆 3%、二甲戊灵 17%/2015.12.05 至 2020.12.05/低毒
移栽水稻田 一年生杂草 165-225克/公顷 药土法

PD20152548 氟・松・烯草酮/37%/可分散油悬浮剂/氟磺胺草醚 11%、烯草酮 5%、异噁草松 21%/2015.12.05 至 2020.12.05/低毒
大豆田 一年生杂草 春大豆田：610.5-721.5克/公顷， 茎叶喷雾

夏大豆田： 499.5-610.5克/公顷

PD20152570 噁草酮/30%/微乳剂/噁草酮 30%/2015.12.06 至 2020.12.06/低毒
水稻移栽田 一年生杂草 360-495克/公顷 药土法

LS20130063 硝·乙·莠去津/50%/悬乳剂/乙草胺 25%、莠去津 20%、硝磺草酮 5%/2014.02.21 至 2015.02.21/低毒
玉米田 一年生杂草 1575-1800克/公顷 茎叶喷雾

LS20130123 异·异丙·扑净/56%/悬乳剂/扑草净 17%、异丙甲草胺 31%、异噁草松 8%/2015.04.01 至 2016.04.01/低毒
南瓜田 一年生禾本科杂草及阔叶杂草 1260-1680克/公顷 播后苗前土壤喷雾

LS20130124 噁草·丁草胺/62%/微乳剂/丁草胺 51%、噁草酮 11%/2015.04.01 至 2016.04.01/低毒
水稻移栽田 一年生禾本科杂草及阔叶杂草 930-1116克/公顷 药土法

LS20130180 吡·噁·氟磺胺/35%/可分散油悬浮剂/氟磺胺草醚 11%、高效氟吡甲禾灵 4%、异噁草松 20%/2015.04.03 至 2016.04.03/低毒
大豆田 一年生杂草 577.5-682.5克/公顷（东北地区），472.5-577.5克/公顷（其他地区） 茎叶喷雾

LS20130181 高效氟吡甲禾灵/28%/微乳剂/高效氟吡甲禾灵 28%/2015.04.03 至 2016.04.03/低毒
大豆田 一年生禾本科杂草 42-63克/公顷 茎叶喷雾

LS20130182 噁草·莎稗磷/35%/微乳剂/噁草酮 14%、莎稗磷 21%/2015.04.03 至 2016.04.03/低毒
水稻移栽田 一年生禾本科、莎草科及部分阔叶杂草 367.5-525克/公顷 药土法

LS20130193 噁草·丙草胺/38%/微乳剂/丙草胺 27%、噁草酮 11%/2015.04.08 至 2016.04.08/低毒
水稻移栽田 一年生禾本科杂草及阔叶杂草 513-627克/公顷 药土法

LS20130194 氟吡·氟磺胺/25%/微乳剂/氟磺胺草醚 18%、高效氟吡甲禾灵 7%/2015.04.08 至 2016.04.08/低毒
大豆田 一年生禾本科杂草及阔叶杂草 225-262.5克/公顷(东北地区)，187.5-225克/公顷（其他地区） 茎叶喷雾

LS20130210 异丙甲·扑净/60%/悬乳剂/扑草净 18%、异丙甲草胺 42%/2015.04.12 至 2016.04.12/低毒
南瓜田 一年生禾本科杂草及阔叶杂草 2070-2520克/公顷（东北地区），1620-2070克/公顷（其他地区） 播后苗前土壤喷雾

LS20130217 氟吡·异·氟磺/36%/微乳剂/氟磺胺草醚 11%、高效氟吡甲禾灵 4%、异噁草松 21%/2015.04.22 至 2016.04.22/低毒
大豆田 一年生杂草 594-702克/公顷（东北地区），486-594克/公顷（其他地区） 茎叶喷雾

LS20140038 噁草·丙草胺/57%/微乳剂/丙草胺 40.5%、噁草酮 16.5%/2015.02.17 至 2016.02.17/低毒
水稻移栽田 一年生禾本科、莎草科及部分阔叶杂草 470.25-641.25克/公顷 药土法

LS20140039 灭草松/25%/悬浮剂/灭草松 25%/2015.02.17 至 2016.02.17/低毒
水稻移栽田 一年生阔叶杂草及莎草科杂草 937.5-1125克/公顷 茎叶喷雾

LS20150160 乙氧氟草醚/30%/微乳剂/乙氧氟草醚 30%/2015.06.10 至 2016.06.10/低毒
水稻移栽田 一年生杂草 72-108克/公顷 药土法

LS20150182 吡嘧磺隆/30%/可分散油悬浮剂/吡嘧磺隆 30%/2015.06.14 至 2016.06.14/微毒
水稻移栽田 一年生阔叶杂草及莎草科杂草 18-27克/公顷 药土法

辽宁省大连瓦房店市无机化工厂 （辽宁省瓦房店市新建路13号 116300 0411-85503606）

PD92104 石硫合剂/45%/固体/石硫合剂 45%/2015.04.29 至 2020.04.29/低毒
茶树 茶叶螨 150倍液 喷雾
柑橘树 介壳虫、螨 1)180-300倍液2)300-500倍液 1)早春喷雾2)晚秋喷雾
柑橘树 锈壁虱 300-500倍液 晚秋喷雾
麦类 白粉病 150倍液 喷雾
苹果树 叶螨 20-30倍液 萌芽前喷雾

辽宁省大连越达农药化工有限公司 （辽宁省大连市旅顺口区水师营街道火石岭 116041 0411-86233103）

PD20040688 高效氯氰菊酯/4.5%/乳油/高效氯氰菊酯 4.5%/2014.12.19 至 2019.12.19/中等毒
茶树 茶尺蠖 15-25.5克/公顷 喷雾
柑橘树 潜叶蛾 15-20毫克/千克 喷雾
柑橘树 红蜡蚧 50毫克/千克 喷雾
棉花 红铃虫、棉铃虫、棉蚜 15-30克/公顷 喷雾
苹果树 桃小食心虫 20-33毫克/千克 喷雾
十字花科蔬菜 菜蚜 3-18克/公顷 喷雾
十字花科蔬菜 菜青虫、小菜蛾 9-25.5克/公顷 喷雾
烟草 烟青虫 15-25.5克/公顷 喷雾

PD20081825 噁草酮/13%/乳油/噁草酮 13%/2013.11.20 至 2018.11.20/低毒
水稻 一年生杂草 360-480克/公顷 瓶洒

PD20081846 噁草·丁草胺/30%/乳油/丁草胺 23%、噁草酮 7%/2013.11.20 至 2018.11.20/低毒
水稻移栽田 一年生杂草 900-1125克/公顷 毒土法

PD20081853 噁酮·乙草胺/36%/乳油/噁草酮 6%、乙草胺 30%/2013.11.20 至 2018.11.20/低毒
春花生 一年生单、双子叶杂草 1080-1620克/公顷 播后苗前土壤处理
大豆田 杂草 1080-1350克/公顷 播后苗前土壤处理
夏花生 一年生单、双子叶杂草 810-1080克/公顷 播后苗前土壤处理

PD20081916 氟乐灵/480克/升/乳油/氟乐灵 480克/升/2013.11.21 至 2018.11.21/低毒
大豆田 一年生禾本科杂草及部分阔叶杂草 720－1440克/公顷 土壤喷雾
花生田、棉花田 一年生禾本科杂草及部分阔叶杂草 720－1080克/公顷 土壤喷雾
PD20081917 扑·乙/40%/乳油/扑草净 15%、乙草胺 25%/2013.11.21 至 2018.11.21/低毒
春大豆田 一年生杂草 1050-1575克/公顷 喷雾
春玉米田 一年生杂草 1200-1800克/公顷(东北地区) 喷雾
花生田 一年生杂草 900-1500克/公顷 喷雾
马铃薯田 一年生杂草 1200-1500克/公顷 喷雾
PD20082204 烯禾啶/12.5%/乳油/烯禾啶 12.5%/2013.11.26 至 2018.11.26/低毒
大豆田 一年生禾本科杂草 124.5-187.5克/公顷 喷雾
PD20094711 氯氰·毒死蜱/522.5克/升/乳油/毒死蜱 475克/升、氯氰菊酯 47.5克/升/2014.04.10 至 2019.04.10/中等毒
苹果树 桃小食心虫 261.25-522.5毫克/千克 喷雾
PD20094989 扑·乙·滴丁酯/55%/乳油/2,4-滴丁酯 5%、扑草净 15%、乙草胺 35%/2014.04.21 至 2019.04.21/低毒
春大豆田、春玉米田 一年生杂草 1650-2062.5克/公顷 土壤喷雾
春花生 一年生杂草 1650-2062.5克/公顷(东北地区) 土壤喷雾
PD20095583 2甲·灭草松/30%/水剂/2甲4氯 6%、灭草松 24%/2014.05.12 至 2019.05.12/低毒
水稻插秧田 阔叶杂草、莎草 675-900克/公顷 喷雾
PD20095599 滴丁·乙草胺/50%/乳油/2,4-滴丁酯 10%、乙草胺 40%/2014.05.12 至 2019.05.12/低毒
春玉米田 一年生杂草 1500-1875克/公顷 播后苗前土壤喷雾

辽宁省大石桥星光农药有限公司 (辽宁省营口市大石桥市金桥管理区农科里 115100 0417-5205323)

PD20091626 甲霜·噁霉灵/3%/水剂/噁霉灵 2.5%、甲霜灵 0.5%/2014.02.03 至 2019.02.03/低毒
水稻育秧田 立枯病 0.36-0.60克/平方米 苗床喷雾
PD20141263 辛硫·三唑磷/20%/乳油/三唑磷 10%、辛硫磷 10%/2014.05.07 至 2019.05.07/中等毒
水稻 稻水象甲 150～240克/公顷 喷雾

辽宁省丹东市红泽农化有限公司 (辽宁省丹东市元宝区山东街138号 118001 0415-2821528)

PD20050110 杀虫单/50%/泡腾粒剂/杀虫单 50%/2015.08.15 至 2020.08.15/低毒
水稻 二化螟 525-750克/公顷 撒施
PD20086343 甲草·莠去津/55%/可湿性粉剂/甲草胺 25%、莠去津 30%/2013.12.31 至 2018.12.31/低毒
春玉米田 一年生杂草 1650-2062.5克/公顷(东北地区) 土壤喷雾
PD20090411 苯·苄·甲草胺/30%/泡腾粒剂/苯噻酰草胺 18%、苄嘧磺隆 4%、甲草胺 8%/2014.01.12 至 2019.01.12/低毒
水稻移栽田 一年生及部分多年生杂草 180-270克/公顷(南方地区)270-360克/公顷(北方地区) 撒施
PD20090504 氟胺·灭草松/30%/水剂/氟磺胺草醚 10%、灭草松 20%/2014.01.12 至 2019.01.12/低毒
春大豆田 一年生阔叶杂草 720-900克/公顷 茎叶喷雾
PD20090834 苄嘧·苯噻酰/42.5%/泡腾粒剂/苯噻酰草胺 40%、苄嘧磺隆 2.5%/2014.01.19 至 2019.01.19/低毒
水稻田 一年生及部分多年生杂草 510-637.5克/公顷 直接撒施
PD20091099 福美双/50%/可湿性粉剂/福美双 50%/2014.01.21 至 2019.01.21/低毒
黄瓜 霜霉病 803.6-1125克/公顷 喷雾
PD20091330 氟磺胺草醚/250克/升/水剂/氟磺胺草醚 250克/升/2014.02.01 至 2019.02.01/低毒
春大豆田 一年生阔叶杂草 300-450克/公顷 喷雾
PD20091460 百菌清/5%/粉剂/百菌清 5%/2014.02.02 至 2019.02.02/低毒
黄瓜(保护地) 霜霉病 750-1125克/公顷 喷粉
PD20093408 苄·二氯/36%/可湿性粉剂/苄嘧磺隆 6%、二氯喹啉酸 30%/2014.03.20 至 2019.03.20/低毒
水稻移栽田 一年生杂草 270-324克/公顷 茎叶喷雾
PD20094860 丁·扑/19%/可湿性粉剂/丁草胺 16%、扑草净 3%/2014.04.13 至 2019.04.13/低毒
水稻秧田 一年生杂草 1425-1995克/公顷(东北地区) 毒土法
PD20095299 苄·乙/25%/泡腾粒剂/苄嘧磺隆 4%、乙草胺 21%/2014.04.27 至 2019.04.27/低毒
水稻移栽田 一年生及部分多年生杂草 112.5-150克/公顷(南方地区) 撒施
PD20096109 精喹禾灵/5%/乳油/精喹禾灵 5%/2014.06.18 至 2019.06.18/低毒
春大豆田 一年生禾本科杂草 52.5-60克/公顷 茎叶喷雾
PD20096401 莠去津/48%/可湿性粉剂/莠去津 48%/2014.08.04 至 2019.08.04/低毒
玉米田 一年生杂草 2160-2520克/公顷 (东北地区)，936-1080克/公顷 (其他地区) 播后苗前土壤喷雾
PD20096902 霜脲·锰锌/72%/可湿性粉剂/代森锰锌 64%、霜脲氰 8%/2014.09.23 至 2019.09.23/低毒
黄瓜 霜霉病 1440-1800克/公顷 喷雾
PD20096903 腈菌唑/25%/乳油/腈菌唑 25%/2014.09.23 至 2019.09.23/低毒
小麦 白粉病 56.25-75克/公顷 喷雾
PD20097099 琥铜·吗啉胍/20%/可湿性粉剂/琥胶肥酸铜 10%、盐酸吗啉胍 10%/2014.10.10 至 2019.10.10/低毒
番茄 病毒病 450-750克/公顷 喷雾
PD20097110 二氯喹啉酸/25%/泡腾粒剂/二氯喹啉酸 25%/2014.10.12 至 2019.10.12/低毒
水稻移栽田 稗草 187.5－375克/公顷 撒施
PD20097165 硫磺·多菌灵/50%/可湿性粉剂/多菌灵 15%、硫磺 35%/2014.10.16 至 2019.10.16/低毒
花生 叶斑病 1200-1800克/公顷 喷雾

PD20097781 混合氨基酸铜/10%/水剂/混合氨基酸铜 10%/2014.11.20 至 2019.11.20/低毒
西瓜 枯萎病 300-450毫克/千克 灌根
PD20120974 阿维·三唑磷/20%/乳油/阿维菌素 0.2%、三唑磷 19.8%/2012.06.21 至 2017.06.21/中等毒
水稻 二化螟 150-210克/公顷 喷雾
PD20121070 烟嘧磺隆/40克/升/可分散油悬浮剂/烟嘧磺隆 40克/升/2012.07.12 至 2017.07.12/低毒
玉米田 一年生杂草 50-60克/公顷 茎叶喷雾
PD20132630 硝磺草酮/15%/悬浮剂/硝磺草酮 15%/2013.12.20 至 2018.12.20/低毒
玉米田 一年生禾本科杂草及阔叶杂草 112.5-135克/公顷 茎叶喷雾
PD20141201 灭草松/25%/水剂/灭草松 25%/2014.05.06 至 2019.05.06/低毒
水稻移栽田 一年生阔叶杂草及莎草科杂草 1125-1500克/公顷 茎叶喷雾

辽宁省丹东市农药总厂 (辽宁省丹东市振兴区浪东路5号 118009 0415-6155350)

PDN20-92 多·森铵/20%/悬浮剂/代森铵 15%、多菌灵 5%/2012.06.13 至 2017.06.13/中等毒
水稻 恶苗病 600-1000毫克/千克 浸种
PD84119-8 代森铵/45%/水剂/代森铵 45%/2013.12.02 至 2018.12.02/低毒
白菜、黄瓜 霜霉病 525克/公顷 喷雾
甘薯 黑斑病 200-400倍液 浸种
谷子 白发病 180-360倍液 浸种
水稻 白叶枯病、纹枯病 337.5克/公顷 喷雾
水稻 稻瘟病 535-675克/公顷 喷雾
橡胶树 条溃疡病 150倍液 涂抹
玉米 大斑病、小斑病 525-675克/公顷 喷雾
PD85110-2 敌磺钠/45%/湿粉/敌磺钠 45%/2015.04.22 至 2020.04.22/中等毒
白菜、黄瓜 霜霉病 250-500倍液 喷雾、灌根
马铃薯 环腐病 100-200克/100千克种薯 拌种
棉花 苗期病害 500克/100千克种子 拌种
小麦 黑穗病 300克/100千克种子 拌种
烟草 黑胫病 1)3000克/公顷2)500倍液 1)拌土穴施2)浇灌
PD20080330 苯噻酰草胺/95%/原药/苯噻酰草胺 95%/2013.02.26 至 2018.02.26/低毒
PD20080914 敌磺钠/90%/原药/敌磺钠 90%/2013.07.14 至 2018.07.14/中等毒
PD20081072 苯噻酰草胺/50%/可湿性粉剂/苯噻酰草胺 50%/2013.08.14 至 2018.08.14/低毒
水稻移栽田 稗草、异型莎草 1)450-600克/公顷(北方地区)2)375-450克/公顷(南方地区) 毒土法
PD20082210 噁草酮/120克/升/乳油/噁草酮 120克/升/2013.11.26 至 2018.11.26/低毒
移栽水稻田 一年生杂草 360-450克/公顷 甩施或药土法
PD20085739 苄嘧·苯噻酰/53%/可湿性粉剂/苯噻酰草胺 50%、苄嘧磺隆 3%/2013.12.26 至 2018.12.26/低毒
水稻抛秧田 一年生及部分多年生杂草 318-397.5克/公顷 毒土法
水稻移栽田 一年生及部分多年生杂草 556.5-636克/公顷(北方地区),318-397.5克/公顷(南方地区) 毒土法
PD20086031 溴硝醇/20%/可湿性粉剂/溴硝醇 20%/2013.12.29 至 2018.12.29/中等毒
水稻 恶苗病 800-1000毫克/千克 浸种
PD20086032 溴硝醇/95%/原药/溴硝醇 95%/2013.12.29 至 2018.12.29/中等毒
PD20090759 腈菌唑/12.5%/乳油/腈菌唑 12.5%/2014.01.19 至 2019.01.19/低毒
黄瓜 白粉病 37.5-60克/公顷 喷雾
PD20093132 咪唑乙烟酸/5%/水剂/咪唑乙烟酸 5%/2014.03.10 至 2019.03.10/低毒
春大豆田 一年生杂草 90-105克/公顷(东北地区) 土壤或茎叶喷雾
PD20095180 苯·吡·甲草胺/31%/泡腾粒剂/苯噻酰草胺 20%、吡嘧磺隆 4%、甲草胺 7%/2014.04.24 至 2019.04.24/低毒
水稻移栽田 杂草 139.5-186克/公顷(南方地区)232.5-325.5克/公顷(北方地区) 撒施
PD20095709 硫磺·敌磺钠/60%/可湿性粉剂/敌磺钠 16%、硫磺 44%/2014.05.18 至 2019.05.18/中等毒
番茄 立枯病、猝倒病 3.6-6克/平方米 毒土撒施于土壤
PD20095886 锰锌·腈菌唑/60%/可湿性粉剂/腈菌唑 2%、代森锰锌 58%/2014.05.31 至 2019.05.31/低毒
梨 黑星病 400-600毫克/千克 喷雾
PD20096022 苄·乙/14%/泡腾粒剂/苄嘧磺隆 2%、乙草胺 12%/2014.06.15 至 2019.06.15/低毒
水稻移栽田 杂草 105-126克/公顷 撒施
PD20100943 甲霜·福美双/35%/可湿性粉剂/福美双 24%、甲霜灵 11%/2015.01.19 至 2020.01.19/低毒
水稻 青枯病 875-1750克/公顷 喷雾
PD20131242 硝磺草酮/95%/原药/硝磺草酮 95%/2013.05.29 至 2018.05.29/低毒
PD20131429 硝磺草酮/15%/悬浮剂/硝磺草酮 15%/2013.07.03 至 2018.07.03/低毒
玉米田 一年生阔叶杂草 750-975毫升制剂/公顷 茎叶喷雾
PD20132143 硝磺·异丙·莠/33.5%/悬浮剂/异丙草胺 15%、莠去津 15%、硝磺草酮 3.5%/2013.10.29 至 2018.10.29/低毒
玉米田 一年生杂草 753.75-1256.25克/公顷 茎叶喷雾

辽宁省丹东市益民卫生药厂 (辽宁省丹东市花园路75-4号 118000 0415-2254982)

WP20090086 杀蟑饵剂/1.5%/饵剂/残杀威 1.5%/2014.02.02 至 2019.02.02/微毒

卫生　蜚蠊　/　投放
WP20100106　杀虫饵剂/1%/饵剂/乙酰甲胺磷 1%/2015.07.28 至 2020.07.28/微毒
卫生　蜚蠊、蚂蚁　/　投放

辽宁省海城市八里镇鑫源卫生杀虫剂厂　(辽宁省海城市八里镇八里村　114206　0412-3248097)

WP20120184　杀虫粉剂/0.3%/粉剂/氯氰菊酯 0.3%/2012.09.19 至 2017.09.19/低毒
卫生　蜚蠊　3克制剂/平方米　撒布

辽宁省海城园艺化工有限公司　(辽宁省海城市海岫路小河沿路段　114200　0412-3216620)

PD20084125　腈菌·福美双/20%/可湿性粉剂/福美双 18%、腈菌唑 2%/2013.12.16 至 2018.12.16/低毒
黄瓜　黑星病　300-400克/公顷　喷雾
PD20084711　百菌清/10%/烟剂/百菌清 10%/2013.12.22 至 2018.12.22/低毒
黄瓜　霜霉病　750-1200克/公顷　点燃放烟
PD20130200　松·喹·氟磺胺/18%/乳油/氟磺胺草醚 5.5%、精喹禾灵 1.5%、异噁草松 11%/2013.01.24 至 2018.01.24/低毒
春大豆田　一年生杂草　486-540克/公顷　茎叶喷雾
PD20131797　吡虫啉/5%/乳油/吡虫啉 5%/2013.09.09 至 2018.09.09/低毒
小麦　蚜虫　15-30克/公顷(南方地区)45-60克/公顷(北方地区)　喷雾
PD20150335　高效氯氰菊酯/3%/烟剂/高效氯氰菊酯 3%/2015.03.03 至 2020.03.03/低毒
黄瓜(保护地)　蚜虫　180-270克/公顷　点燃放烟

辽宁省葫芦岛金信化工有限公司　(辽宁省葫芦岛市北港区衡山街九江路2号　125000　0429-2078877)

PD85112-6　莠去津水/38%/悬浮剂/莠去津 38%/2011.03.27 至 2016.03.27/低毒
茶园　一年生杂草　1125-1875克/公顷　喷于地表
防火隔离带、公路、森林、铁路　一年生杂草　0.8-2克/平方米　喷于地表
甘蔗　一年生杂草　1050-1500克/公顷　喷于地表
高粱、糜子、玉米　一年生杂草　1800-2250克/公顷(东北地区)　喷于地表
红松苗圃　一年生杂草　0.2-0.3克/平方米　喷于地表
梨树、苹果树　一年生杂草　1625-1875克/公顷　喷于地表
橡胶园　一年生杂草　2250-3750克/公顷　喷于地表
PD20084488　代锌·甲霜灵/47%/可湿性粉剂/代森锌 32%、甲霜灵 15%/2013.12.17 至 2018.12.17/低毒
黄瓜　霜霉病　400-500倍液　喷雾
PD20085415　福·克/20%/悬浮种衣剂/福美双 10%、克百威 10%/2013.12.24 至 2018.12.24/高毒
玉米　地老虎、黑穗病、金针虫、蝼蛄、蛴螬　333-400克/100千克种子　种子包衣
PD20085471　敌敌畏/15%/烟剂/敌敌畏 15%/2013.12.25 至 2018.12.25/中等毒
黄瓜(保护地)　蚜虫　1125-1350克/公顷　点燃放烟
PD20085682　腐霉·多菌灵/50%/可湿性粉剂/多菌灵 37.5%、腐霉利 12.5%/2013.12.26 至 2018.12.26/低毒
黄瓜　灰霉病　630-750克/公顷　喷雾
PD20142567　腐霉利/15%/烟剂/腐霉利 15%/2014.12.15 至 2019.12.15/低毒
番茄(保护地)　灰霉病　562.5—1012.5克/公顷　点燃放烟
PD20142679　戊唑醇/6%/悬浮种衣剂/戊唑醇 6%/2014.12.18 至 2019.12.18/低毒
玉米　丝黑穗病　10—15克/100千克种子　种子包衣
PD20152136　烟嘧磺隆/40克/升/可分散油悬浮剂/烟嘧磺隆 40克/升/2015.09.22 至 2020.09.22/低毒
玉米田　一年生杂草　42-78克/公顷　茎叶喷雾

辽宁省葫芦岛凌云集团农药化工有限公司　(辽宁省葫芦岛市龙岗区海星路13号　125019　0429-2162111)

PD84101-4　马拉硫磷/95%/原药/马拉硫磷 95%/2011.12.30 至 2016.12.30/低毒
PD84105-4　马拉硫磷/45%/乳油/马拉硫磷 45%/2015.03.03 至 2020.03.03/低毒
茶树　长白蚧、象甲　625-1000毫克/千克　喷雾
豆类　食心虫、造桥虫　561.5-750克/公顷　喷雾
果树　蝽蟓、蚜虫　250-333毫克/千克　喷雾
林木、牧草、农田　蝗虫　450-600克/公顷　喷雾
棉花　盲蝽蟓、蚜虫、叶跳虫　375-562.2克/公顷　喷雾
蔬菜　黄条跳甲、蚜虫　562.5-750克/公顷　喷雾
水稻　飞虱、蓟马、叶蝉　562.5-750克/公顷　喷雾
小麦　黏虫、蚜虫　562.5-750克/公顷　喷雾
PD20090314　毒死蜱/95%/原药/毒死蜱 95%/2014.01.12 至 2019.01.12/中等毒
PD20091465　氰戊·马拉松/20%/乳油/马拉硫磷 15%、氰戊菊酯 5%/2014.02.02 至 2019.02.02/中等毒
十字花科蔬菜　菜青虫　120～150克/公顷　喷雾
PD20121060　噻虫嗪/98%/原药/噻虫嗪 98%/2012.07.12 至 2017.07.12/低毒
PD20141248　噻虫嗪/70%/种子处理可分散粉剂/噻虫嗪 70%/2014.05.07 至 2019.05.07/低毒
棉花　苗期蚜虫　210—420克/100千克种子　拌种
玉米　灰飞虱　140—210克/100千克种子　拌种
PD20141249　噻虫嗪/25%/水分散粒剂/噻虫嗪 25%/2014.05.07 至 2019.05.07/低毒
菠菜、棉花　蚜虫　22.5-30克/公顷　喷雾
棉花　蓟马　41.25-56.25克　喷雾

芹菜 蚜虫 15-30克/公顷 喷雾
水稻 稻飞虱 11.25-15克/公顷 喷雾

辽宁省锦州市德泉消杀药品有限责任公司 (辽宁省锦州市高新技术开发区马群沟163号 121013 0416-8600966)

WP20080098 杀虫气雾剂/0.28%/气雾剂/胺菊酯 0.23%、高效氯氰菊酯 0.05%/2013.09.18 至 2018.09.18/低毒
卫生 蚊、蝇 / 喷雾
WP20080174 蚊香/0.2%/蚊香/富右旋反式烯丙菊酯 0.2%/2013.11.18 至 2018.11.18/低毒
卫生 蚊 / 点燃
WP20080393 杀虫气雾剂/0.4%/气雾剂/富右旋反式炔丙菊酯 0.1%、氯菊酯 0.3%/2013.12.11 至 2018.12.11/低毒
卫生 蜚蠊、蚊、蝇 / 喷雾
WP20080423 杀蟑饵剂/1.5%/饵剂/乙酰甲胺磷 1.5%/2013.12.12 至 2018.12.12/低毒
卫生 蜚蠊 / 投放
WP20090297 防蛀片剂/99%/片剂/对二氯苯 99%/2014.07.15 至 2019.07.15/微毒
卫生 黑皮蠹 40克制剂/立方米 投放

辽宁省锦州硕丰农药集团有限公司 (辽宁省北宁市沟帮子镇护国街79号 121308 0416-6653346)

PD85109-8 甲拌磷/55%/乳油/甲拌磷 55%/2015.02.28 至 2020.02.28/高毒
棉花 地下害虫、蚜虫、螨 600-800克/100千克种子 浸种、拌种
注:甲拌磷乳油只准用于拌种，严禁喷雾使用。
PD20050062 甲拌磷/5%/颗粒剂/甲拌磷 5%/2015.06.24 至 2020.06.24/高毒
高粱 蚜虫 150-225克/公顷 条施;垄施
PD20050092 甲拌磷/30%/细粒剂/甲拌磷 30%/2015.07.01 至 2020.07.01/高毒
小麦 地下害虫 300克/100千克麦种 拌种
PD20050097 甲拌磷/3%/颗粒剂/甲拌磷 3%/2015.07.13 至 2020.07.13/中等毒(原药高毒)
棉花 蚜虫 1350-1800克/公顷 沟施
PD20094775 克百·敌百虫/3%/颗粒剂/敌百虫 1.5%、克百威 1.5%/2014.04.13 至 2019.04.13/低毒(原药高毒)
水稻 二化螟 1125-1350克/公顷 撒施
PD20095989 2甲4氯钠/13%/水剂/2甲4氯钠 13%/2014.06.11 至 2019.06.11/低毒
春小麦田 一年生阔叶杂草 600-900克/公顷 茎叶喷雾
PD20096500 辛硫磷/1.5%/颗粒剂/辛硫磷 1.5%/2014.08.14 至 2019.08.14/低毒
玉米 玉米螟 112.5-168.75克/公顷 撒施
PD20096928 辛硫磷/40%/乳油/辛硫磷 40%/2014.09.23 至 2019.09.23/低毒
十字花科蔬菜 菜青虫 450-600克/公顷 喷雾
PD20097493 辛硫磷/3%/颗粒剂/辛硫磷 3%/2014.11.03 至 2019.11.03/低毒
花生 地下害虫 1800-2700克/公顷 撒施
PD20101830 2甲4氯钠/56%/可溶粉剂/2甲4氯钠 56%/2015.07.28 至 2020.07.28/低毒
夏玉米田 一年生阔叶杂草 900-1050克/公顷 茎叶喷雾
PD20111314 毒死蜱/0.5%/颗粒剂/毒死蜱 0.5%/2011.12.02 至 2016.12.02/低毒
大豆、花生 蛴螬 2250－2700克/公顷 沟施
玉米 蛴螬 1500－1875克/公顷 沟施
注:药肥混剂。
PD20120942 苄·丁/0.32%/颗粒剂/苄嘧磺隆 0.016%、丁草胺 0.304%/2012.06.14 至 2017.06.14/低毒
水稻抛秧田 一年生杂草 681.75-757.5克/公顷 撒施
注:本产品为药肥混剂。
PD20140164 毒死蜱/5%/颗粒剂/毒死蜱 5%/2014.01.28 至 2019.01.28/低毒
花生 蛴螬 1125-2250克/公顷 撒施
PD20141142 二甲戊灵/330克/升/乳油/二甲戊灵 330克/升/2014.04.28 至 2019.04.28/低毒
玉米田 一年生杂草 1089-1485克/公顷 喷雾

辽宁省锦州天缘农药厂 (辽宁省锦州市凌海市双羊镇铁南街3号 121213 0416-8300035)

PD20040258 甲拌磷/30%/粉粒剂/甲拌磷 30%/2014.12.19 至 2019.12.19/高毒
小麦 地下害虫 300-375克/100千克种子 拌种
PD20040261 甲拌磷/3%/颗粒剂/甲拌磷 3%/2014.12.19 至 2019.12.19/中等毒(原药高毒)
高粱 蚜虫 135-225克/公顷 撒施
PD20081859 咪唑乙烟酸/5%/水剂/咪唑乙烟酸 5%/2013.11.20 至 2018.11.20/低毒
春大豆 一年生杂草 90-112.5克/公顷(东北地区) 茎叶喷雾
PD20092062 克百威/3%/颗粒剂/克百威 3%/2014.02.13 至 2019.02.13/高毒
棉花 蚜虫 675-900克/公顷 条施,沟施
PD20094031 辛硫磷/3%/颗粒剂/辛硫磷 3%/2014.03.27 至 2019.03.27/低毒
玉米 玉米螟 135-180克/公顷 喇叭口撒施

辽宁省开原市光明杀虫药剂厂 (辽宁省开原市站前街2委7组 112300 0410-3823848)

WP20080471 杀蟑饵剂/1.5%/饵剂/残杀威 1.5%/2013.12.16 至 2018.12.16/低毒
卫生 蜚蠊 / 投放
WP20090019 高效氯氰菊酯/5%/可湿性粉剂/高效氯氰菊酯 5%/2014.01.08 至 2019.01.08/低毒
卫生 蚊、蝇 玻璃面20毫克/平方米；木板面30毫克/平方米；水泥面60毫克/平方 滞留喷洒

米

辽宁省开原市卫生杀虫药剂厂　(辽宁省开原市站前街12委3组　112300　0410-3830360)

WP20080466　杀蟑饵剂/1.5%/饵剂/残杀威 1.5%/2013.12.16 至 2018.12.16/低毒
卫生　蜚蠊　/　投放

WP20080480　高效氯氰菊酯/5%/可湿性粉剂/高效氯氰菊酯 5%/2013.12.16 至 2018.12.16/低毒
卫生　蚊、蝇　玻璃面：20毫克/平方米；木板面：30毫克/平方米；水泥面：60毫克/平方米　滞留喷洒

辽宁省辽阳绿丰农药厂　(辽宁省辽阳市宏伟区西线公路26号　111003　0419-5351853)

PD20101601　络氨铜/15%/水剂/络氨铜 15%/2010.06.03 至 2015.06.03/低毒
水稻　稻曲病　525-750克/公顷　喷雾

辽宁省沈阳爱威科技发展股份有限公司　(辽宁省沈阳市市辖区浑南高新区21世纪大厦A1611 110179 024-23745180)

PD20084740　溴鼠灵/0.005%/毒饵/溴鼠灵 0.005%/2013.12.22 至 2018.12.22/低毒(原药高毒)
室内、外　家鼠　饱和投饵　堆施

PD20094272　溴鼠灵/0.5%/母液/溴鼠灵 0.5%/2014.03.31 至 2019.03.31/中等毒(原药高毒)
室内、外　家鼠　配成0.05%的毒饵,饱和投饵　堆施或穴施

PD20095172　溴敌隆/0.5%/母液/溴敌隆 0.5%/2014.04.24 至 2019.04.24/中等毒(原药剧毒)
室内　家鼠　配成0.005%的毒饵,室内投放　饱和投放

PD20096394　溴敌隆/0.005%/毒饵/溴敌隆 0.005%/2014.08.04 至 2019.08.04/低毒(原药高毒)
室内、外　家鼠　饱和投饵　投饵

PD20097790　溴鼠灵/95%/原药/溴鼠灵 95%/2014.11.20 至 2019.11.20/剧毒

PD20102155　溴敌隆/97%/原药/溴敌隆 97%/2015.12.22 至 2020.12.22/剧毒

WP20090089　杀蟑饵粒/1%/饵剂/残杀威 1%/2014.02.03 至 2019.02.03/低毒
卫生　蜚蠊　/　投放

WP20150175　杀蟑胶饵 /0.05%/胶饵/氟虫腈 0.05%/2015.08.30 至 2020.08.30/低毒
室内　蜚蠊　/　投饵

辽宁省沈阳北方卫生防疫消杀站　(辽宁省沈阳市铁西区保工南街51号16门　110023　024-25491388)

WP20080397　杀蟑饵剂/0.1%/饵剂/高效氯氰菊酯 0.1%/2013.12.11 至 2018.12.11/低毒
卫生　蜚蠊　/　投放

WP20080429　杀蟑笔剂/0.45%/笔剂/高效氯氰菊酯 0.45%/2013.12.15 至 2018.12.15/低毒
卫生　蜚蠊　/　涂抹

WP20150066　杀虫烟剂/3%/烟剂/高效氯氰菊酯 3%/2015.04.20 至 2020.04.20/低毒
室内　蚊、蝇　/　点燃

辽宁省沈阳东大迪克化工药业有限公司　(辽宁省沈阳市高新技术产业开发区78号　110179　024-23786225)

PD20082828　溴敌隆/0.005%/毒饵/溴敌隆 0.005%/2013.12.09 至 2018.12.09/高毒
室内　家鼠　饱和投饵　投饵

PD20091681　阿维菌素/1.8%/乳油/阿维菌素 1.8%/2014.02.03 至 2019.02.03/中等毒(原药高毒)
十字花科蔬菜　小菜蛾　8.1-10.8克/公顷　喷雾

PD20101945　丙环唑/95%/原药/丙环唑 95%/2015.09.20 至 2020.09.20/低毒

PD20110547　溴敌隆/0.5%/母药/溴敌隆 0.5%/2011.05.12 至 2016.05.12/中等毒(原药高毒)
卫生　家鼠　饱和投饵　配制成0.005%毒饵

PD20111133　苦参碱/1%/可溶液剂/苦参碱 1%/2011.11.03 至 2016.11.03/低毒
甘蓝　菜青虫　7.5-10.5克/公顷　喷雾

PD20120804　印楝素/0.3%/乳油/印楝素 0.3%/2012.05.17 至 2017.05.17/低毒
十字花科蔬菜　小菜蛾　2.4-3.84克/公顷　喷雾

PD20121885　溴鼠灵/0.005%/饵剂/溴鼠灵 0.005%/2012.11.28 至 2017.11.28/低毒(原药剧毒)
室内　家鼠　饱和投饵　投饵

WP20080456　杀蟑饵剂/1%/毒饵/残杀威 1%/2013.12.16 至 2018.12.16/低毒
卫生　蜚蠊　/　投放

辽宁省沈阳丰收农药有限公司　(辽宁省沈阳市苏家屯区林盛镇冀东路100号　110108　024-89487843)

PD84115　代森锌/90%/原药/代森锌 90%/2014.11.26 至 2019.11.26/低毒

PD84121　磷化铝/56%/片剂/磷化铝 56%/2014.11.26 至 2019.11.26/高毒
洞穴　室外啮齿动物　根据洞穴大小而定　密闭熏蒸
货物　仓储害虫　5-10片/1000千克　密闭熏蒸
空间　多种害虫　1-4片/立方米　密闭熏蒸
粮食、种子　储粮害虫　3-10片/1000千克　密闭熏蒸

PD87103　磷化铝/56%/粉剂/磷化铝 56%/2012.04.10 至 2017.04.10/高毒
谷物　储粮害虫　6-18克/1000千克　密闭熏蒸
货物　仓储害虫　4.5-9克/立方米　密闭熏蒸
空间　多种害虫　2-6克/立方米　密闭熏蒸

PD88107　磷化铝/56%/丸剂/磷化铝 56%/2013.06.16 至 2018.06.16/高毒
谷物　储粮害虫　6-18克/1000千克　密闭熏蒸
货物　仓储害虫　4.5-9克/立方米　密闭熏蒸

空间　多种害虫　2-6克/立方米　密闭熏蒸
PD20082718　吡嘧磺隆/10%/可湿性粉剂/吡嘧磺隆 10%/2013.12.05 至 2018.12.05/低毒
水稻移栽田　稗草、莎草及阔叶杂草　15-30克/公顷　药土法
PD20083253　吡嘧磺隆/97%/原药/吡嘧磺隆 97%/2013.12.11 至 2018.12.11/低毒
PD20091215　烯酰·锰锌/69%/可湿性粉剂/代森锰锌 60%、烯酰吗啉 9%/2014.02.01 至 2019.02.01/低毒
黄瓜　霜霉病　1035-1552.5克/公顷　喷雾
PD20091603　代森锰锌/88%/原药/代森锰锌 88%/2014.02.03 至 2019.02.03/低毒
PD20093381　代森锰锌/80%/可湿性粉剂/代森锰锌 80%/2014.03.18 至 2019.03.18/低毒
番茄　早疫病　1845-2370克/公顷　喷雾
PD20094450　敌稗/98%/原药/敌稗 98%/2014.04.01 至 2019.04.01/低毒
PD20094846　烯唑醇/85%,80%/原药/烯唑醇 85%,80%/2014.04.13 至 2019.04.13/低毒
PD20095139　敌草隆/80%/可湿性粉剂/敌草隆 80%/2014.04.24 至 2019.04.24/低毒
甘蔗田　一年生杂草　1200－1560克/公顷　土壤或定向喷雾
PD20095294　烯酰吗啉/98%/原药/烯酰吗啉 98%/2014.04.27 至 2019.04.27/低毒
PD20095834　敌草隆/98.5%/原药/敌草隆 98.5%/2014.05.27 至 2019.05.27/低毒
PD20095971　氯嘧磺隆/90%/原药/氯嘧磺隆 90%/2014.06.04 至 2019.06.04/低毒
PD20096314　甲磺隆/96％/原药/甲磺隆 96%/2009.07.22 至 2015.06.30/低毒
注:专供出口，不得在国内销售。
PD20096597　敌稗/34%/乳油/敌稗 34%/2014.09.02 至 2019.09.02/低毒
移栽水稻田　稗草　3002-4498克/公顷(东北地区)　喷雾
PD20097266　烯唑醇/12.5%/可湿性粉剂/烯唑醇 12.5%/2014.10.26 至 2019.10.26/低毒
梨树　黑星病　31-42毫克/千克　喷雾
小麦　白粉病　60-120克/公顷　喷雾
PD20097270　磷化铝/90%/原药/磷化铝 90%/2014.10.26 至 2019.10.26/剧毒
PD20097271　磷化铝/85%/大粒剂/磷化铝 85%/2014.10.26 至 2019.10.26/高毒
粮仓　储粮害虫　3-4.5克/立方米　熏蒸
PD20101411　威百亩/42%/水剂/威百亩 42%/2015.04.14 至 2020.04.14/低毒
烟草(苗床)　一年生杂草　40-60毫升制剂/平方米　土壤处理
PD20101546　威百亩/35%/水剂/威百亩 35%/2015.05.19 至 2020.05.19/低毒
黄瓜　根结线虫　21000-31500克/公顷　种植前土壤处理(待土壤中药挥发完后才能种植)沟施
烟草(苗床)　一年生杂草　17.5-26.3克/平方米　土壤处理

辽宁省沈阳红旗林药有限公司　(辽宁省沈阳市沈河区市府大路290号摩根·凯利大厦1506室　110013　024-62237139)
LS20130363　嘧肽·多抗/1.8%/水剂/多抗霉素 0.3%、嘧肽霉素 1.5%/2015.07.05 至 2016.07.05/低毒
烟草　黑胫病　27～40.5克/公顷/　喷淋
LS20130414　嘧肽·吗啉胍/5.6%/可湿性粉剂/盐酸吗啉胍 5%、嘧肽霉素 0.6%/2015.07.30 至 2016.07.30/低毒
烟草　病毒病　55-65克/公顷　喷雾
LS20130472　嘧肽霉素/2%/水剂/嘧肽霉素 2%/2015.10.17 至 2016.10.17/低毒
烟草　病毒病　24-28.2克/公顷　喷雾

辽宁省沈阳市东陵区兴达卫生用品厂　(辽宁省沈阳市东陵区白塔镇下深村　110167　024-23783081)
WP20080562　杀蟑饵剂/1.5%/饵剂/乙酰甲胺磷 1.5%/2013.12.24 至 2018.12.24/低毒
卫生　蜚蠊　/　投放
WP20110260　杀蟑胶饵/2.5%/胶饵/吡虫啉 2.5%/2011.11.23 至 2016.11.23/低毒
卫生　蜚蠊　/　投放
WP20130235　高效氯氰菊酯/10%/悬浮剂/高效氯氰菊酯 10%/2013.11.08 至 2018.11.08/低毒
室内　蚊、蝇　50毫克/平方米　滞留喷洒

辽宁省沈阳市和田化工有限公司　(辽宁省沈阳市新城子区杭州西路4号　110121　024-89608442)
PD20040389　高氯·吡虫啉/7.5%/乳油/吡虫啉 2.5%、高效氯氰菊酯 5%/2014.12.19 至 2019.12.19/中等毒
梨树　梨木虱　15-25毫克/千克　喷雾
PD20040511　杀虫单/50%/可溶粉剂/杀虫单 50%/2014.12.19 至 2019.12.19/中等毒
水稻　二化螟　675-810克/公顷　喷雾
PD20040669　多·酮/36%/可湿性粉剂/多菌灵 24%、三唑酮 12%/2014.12.19 至 2019.12.19/低毒
小麦　白粉病　378－432克/公顷　喷雾
PD20080762　噻吩磺隆/20%/可湿性粉剂/噻吩磺隆 20%/2013.06.11 至 2018.06.11/低毒
冬小麦田　一年生阔叶杂草　22.5－36克/公顷　茎叶喷雾
夏大豆田、夏玉米田　一年生阔叶杂草　22.5－30克/公顷　喷雾
PD20082059　百·福/70%/可湿性粉剂/百菌清 30%、福美双 40%/2013.11.25 至 2018.11.25/低毒
葡萄　霜霉病　600-800倍液　喷雾
PD20082513　苄嘧磺隆/30%/可湿性粉剂/苄嘧磺隆 30%/2013.12.03 至 2018.12.03/低毒
水稻移栽田　阔叶杂草及莎草科杂草　45-90克/公顷　药土法
PD20084473　啶虫脒/5%/乳油/啶虫脒 5%/2013.12.17 至 2018.12.17/低毒
苹果树　蚜虫　12-20毫克/千克　喷雾

PD20085481 苯磺隆/10%/可湿性粉剂/苯磺隆 10%/2013.12.25 至 2018.12.25/低毒
冬小麦田 一年生阔叶杂草 13.5—22.5克/公顷 茎叶喷雾

PD20090370 阿维·杀虫单/20%/微乳剂/阿维菌素 0.2%、杀虫单 19.8%/2014.01.12 至 2019.01.12/低毒(原药高毒)
菜豆 美洲斑潜蝇 90-180克/公顷 喷雾

PD20090552 高氯·辛硫磷/22%/乳油/高效氯氰菊酯 2%、辛硫磷 20%/2014.01.13 至 2019.01.13/中等毒
棉花 棉铃虫 99-132克/公顷 喷雾

PD20090556 阿维菌素/1.8%/乳油/阿维菌素 1.8%/2014.01.13 至 2019.01.13/低毒(原药高毒)
菜豆 美洲斑潜蝇 6-15克/公顷 喷雾

PD20090614 毒死蜱/45%/乳油/毒死蜱 45%/2014.01.14 至 2019.01.14/中等毒
水稻 稻纵卷叶螟 446.4-597.6克/公顷 喷雾

PD20090696 烯草酮/240克/升/乳油/烯草酮 240克/升/2014.01.19 至 2019.01.19/低毒
大豆田 一年生禾本科杂草 108-144克/公顷 茎叶喷雾

PD20091379 二甲戊灵/330克/升/乳油/二甲戊灵 330克/升/2014.02.02 至 2019.02.02/低毒
甘蓝田 一年生杂草 495-618.75克/公顷 移栽前土壤喷雾

PD20092602 氯氟吡氧乙酸/200克/升/乳油/氯氟吡氧乙酸 200克/升/2014.02.27 至 2019.02.27/低毒
冬小麦田 一年生阔叶杂草 174.75-199.5克/公顷 茎叶喷雾

PD20093000 异丙·苄/30%/可湿性粉剂/苄嘧磺隆 5%、异丙草胺 25%/2014.03.09 至 2019.03.09/低毒
水稻抛秧田 部分多年生杂草、一年生杂草 112.5—135克/公顷(南方地区) 药土法

PD20093016 精吡氟禾草灵/150克/升/乳油/精吡氟禾草灵 150克/升/2014.03.09 至 2019.03.09/低毒
大豆田 一年生禾本科杂草 112.5-146.25克/公顷 茎叶喷雾

PD20093051 精喹禾灵/5%/乳油/精喹禾灵 5%/2014.03.09 至 2019.03.09/低毒
冬油菜田 一年生禾本科杂草 37.5-45克/公顷 茎叶喷雾

PD20093158 噻吩磺隆/75%/水分散粒剂/噻吩磺隆 75%/2014.03.11 至 2019.03.11/低毒
春大豆田 一年生阔叶杂草 20.25-24.75克/公顷 土壤喷雾

PD20093413 草甘膦异丙胺盐/41%/水剂/草甘膦异丙胺盐 41%/2014.03.20 至 2019.03.20/低毒
苹果园 杂草 1230-2460克/公顷 定向喷雾

PD20093774 乙氧氟草醚/240克/升/乳油/乙氧氟草醚 240克/升/2014.03.25 至 2019.03.25/低毒
大蒜田 一年生杂草 144-180克/公顷 土壤喷雾

PD20094935 苄·二氯/38.5%/可湿性粉剂/苄嘧磺隆 5%、二氯喹啉酸 33.5%/2014.04.13 至 2019.04.13/低毒
水稻移栽田 一年生杂草 231-288.8克/公顷 茎叶喷雾

PD20095273 禾草丹/900克/升/乳油/禾草丹 900克/升/2014.04.27 至 2019.04.27/低毒
水稻移栽田 一年生杂草 2025-2970克/公顷 毒土法

PD20095353 烯草酮/120克/升/乳油/烯草酮 120克/升/2014.04.27 至 2019.04.27/低毒
春大豆田 一年生禾本科杂草 108-144克/公顷 茎叶喷雾

PD20096967 烟嘧磺隆/40克/升/可分散油悬浮剂/烟嘧磺隆 40克/升/2014.09.29 至 2019.09.29/微毒
玉米田 一年生杂草 42-60克/公顷 茎叶喷雾

PD20097172 烟嘧磺隆/40克/升/可分散油悬浮剂/烟嘧磺隆 40克/升/2014.10.16 至 2019.10.16/低毒
玉米田 一年生杂草 42-60克/公顷 茎叶喷雾

PD20100875 灭草松/480克/升/水剂/灭草松 480克/升/2015.01.19 至 2020.01.19/低毒
大豆田 一年生阔叶杂草 720-1440克/公顷 喷雾

PD20101149 丙草胺/50%/乳油/丙草胺 50%/2015.01.25 至 2020.01.25/低毒
水稻移栽田 一年生禾本科杂草及部分阔叶杂草 450-525克/公顷 药土法

PD20101912 甲霜·锰锌/58%/可湿性粉剂/甲霜灵 10%、代森锰锌 48%/2015.08.27 至 2020.08.27/低毒
黄瓜 霜霉病 1305—1632克/公顷 喷雾

PD20120386 高效氟吡甲禾灵/158克/升/乳油/高效氟吡甲禾灵 158克/升/2012.03.07 至 2017.03.07/低毒
春大豆田 一年生禾本科杂草 50-55克/公顷 茎叶喷雾
夏大豆田 一年生禾本科杂草 45-50克/公顷 茎叶喷雾

PD20121038 乙羧氟草醚/15%/乳油/乙羧氟草醚 15%/2012.07.04 至 2017.07.04/低毒
春大豆田 一年生阔叶杂草 81-90克/公顷 茎叶喷雾
夏大豆田 一年生阔叶杂草 74.3-81克/公顷 茎叶喷雾

PD20121879 甲霜· 噁霉灵/30%/水剂/噁霉灵 20%、甲霜灵 10%/2012.11.28 至 2017.11.28/中等毒
水稻 立枯病 0.24—0.36克/平方米 苗床喷雾

PD20130140 甲霜·福美双/38%/可湿性粉剂/福美双 33%、甲霜灵 5%/2013.01.17 至 2018.01.17/低毒
水稻 立枯病 95-114克/100千克种子 拌种

PD20131415 吡嘧·苯噻酰/25%/泡腾粒剂/苯噻酰草胺 24%、吡嘧磺隆 1%/2013.07.02 至 2018.07.02/低毒
水稻移栽田 一年生杂草 375-450克/公顷(北方地区)262.5-375克/公顷(南方地区) 毒土法

PD20140246 二氯喹啉酸/50%/可溶粉剂/二氯喹啉酸 50%/2014.01.29 至 2019.01.29/低毒
移栽水稻田 稗草 225-375克/公顷 茎叶喷雾

PD20142322 苄·二氯/40%/泡腾颗粒剂/苄嘧磺隆 5%、二氯喹啉酸 35%/2014.11.03 至 2019.11.03/低毒
移栽水稻田 一年生杂草 300-480克/公顷 撒施

PD20142448 苄嘧·二甲戊/16%/可湿性粉剂/苄嘧磺隆 4%、二甲戊灵 12%/2014.11.15 至 2019.11.15/低毒
水稻移栽田 一年生杂草 144-192克/公顷 药土法

LS20140154 硝磺草酮/20%/可分散油悬浮剂/硝磺草酮 20%/2015.04.11 至 2016.04.11/低毒
玉米田 一年生杂草 150-210克/公顷 茎叶喷雾

LS20150085 辛·烟·氯氟吡/24%/可分散油悬浮剂/氯氟吡氧乙酸 5%、辛酰溴苯腈 15%、烟嘧磺隆 4%/2015.04.16 至 2016.04.16/低毒
玉米田 一年生杂草 288-432克/公顷 茎叶喷雾

LS20150086 烟·硝·莠去津/26%/可分散油悬浮剂/烟嘧磺隆 3%、莠去津 18%、硝磺草酮 5%/2015.04.16 至 2016.04.16/低毒
玉米田 一年生杂草 312-468克/公顷 茎叶喷雾

LS20150105 烟嘧·莠·氯吡/22%/可分散油悬浮剂/氯氟吡氧乙酸 4%、烟嘧磺隆 3%、莠去津 15%/2015.04.20 至 2016.04.20/低毒
玉米田 一年生杂草 297-495克/公顷 茎叶喷雾

辽宁省沈阳市双兴卫生消杀药剂厂 (辽宁省沈阳市东陵区深井子乡双村子村 110015 024-24820905)

WP20090152 杀蟑饵粒/1.5%/饵剂/残杀威 1.5%/2014.03.03 至 2019.03.03/低毒
卫生 蜚蠊 / 投放

WP20090193 高效氯氰菊酯/5%/可湿性粉剂/高效氯氰菊酯 5%/2014.03.23 至 2019.03.23/低毒
卫生 蚊、蝇 75毫克/平方米 滞留喷洒

辽宁省沈阳市阳威日用品厂 (辽宁省沈阳市于洪区彰驿镇前庙村 110024 024-85730796)

WP20140018 杀虫气雾剂/0.35%/气雾剂/胺菊酯 0.3%、氯氰菊酯 0.05%/2014.01.29 至 2019.01.29/低毒
室内 蚊、蝇 / 喷雾

辽宁省沈阳市于洪区五凌消杀药厂 (辽宁省沈阳市红艳路大潘镇小祝村 110023 024-89896226)

WP20070038 杀虫粉剂/0.45%/粉剂/氯氰菊酯 0.45%/2012.12.17 至 2017.12.17/低毒
卫生 蜚蠊 3克制剂/平方米 撒布

WP20080004 杀蟑笔剂/0.45%/笔剂/氯氰菊酯 0.45%/2013.01.03 至 2018.01.03/低毒
卫生 蜚蠊 / 涂抹

WP20110062 杀蟑饵粒/3.1%/饵剂/乙酰甲胺磷 3.1%/2011.03.03 至 2016.03.03/低毒
卫生 蜚蠊 / 投放

辽宁省沈阳市于洪区紫燕卫生药剂厂 (辽宁省沈阳市于洪区机场路一号 110141 024-25730389)

WP20090045 杀蟑笔剂/0.45%/笔剂/氯氰菊酯 0.45%/2014.01.19 至 2019.01.19/低毒
卫生 蜚蠊 3克制剂/平方米 涂抹

WP20090051 杀蟑饵粒/3.5%/饵剂/乙酰甲胺磷 3.5%/2014.01.21 至 2019.01.21/低毒
卫生 蜚蠊 / 投放

辽宁省沈阳同祥农化有限公司 (辽宁省沈阳市经济开发区沈西八东路9号 110143 024-25798161)

PD20093675 咪唑乙烟酸/10%/水剂/咪唑乙烟酸 10%/2014.03.25 至 2019.03.25/低毒
春大豆田 一年生杂草 75-105克/公顷 喷雾

PD20095480 氟磺胺草醚/25%/水剂/氟磺胺草醚 25%/2014.05.11 至 2019.05.11/低毒
春大豆田 一年生阔叶杂草 300-450克/公顷(东北地区) 茎叶喷雾

PD20121940 烟嘧磺隆/40克/升/可分散油悬浮剂/烟嘧磺隆 40克/升/2012.12.12 至 2017.12.12/低毒
玉米田 一年生禾本科杂草 48-60克/公顷 茎叶喷雾

PD20150989 氰氟草酯/10.0%/水乳剂/氰氟草酯 10%/2015.06.11 至 2020.06.11/低毒
水稻田(直播) 稗草、千金子等禾本科杂草 90-105克/公顷 茎叶喷雾

辽宁省沈阳喜伦日用化工厂 (辽宁省沈阳市东陵区榆树屯街12号 110161 024-88421681)

WP20100005 防蛀片剂/99%/防蛀片/对二氯苯 99%/2010.01.05 至 2015.01.05/低毒
卫生 黑皮蠹 40克制剂/立方米 投放

WP20100013 防蛀球剂/99%/球剂/对二氯苯 99%/2010.01.14 至 2015.01.14/低毒
卫生 黑皮蠹 40克制剂/立方米 投放

辽宁省沈阳兴农化工农药有限公司 (辽宁省沈阳市铁西区翟家镇郎家堡 110042 024-25910797)

PD20094957 甲霜·噁霉灵/3%/水剂/噁霉灵 2.5%、甲霜灵 0.5%/2014.04.20 至 2019.04.20/低毒
水稻育秧田 立枯病 0.36-0.54克/平方米 苗床喷雾

PD20095013 甲霜·福美双/35%/可湿性粉剂/福美双 24%、甲霜灵 11%/2014.04.21 至 2019.04.21/低毒
水稻 立枯病 1-1.5克/平方米 苗床浇洒

辽宁省沈阳中科生物工程有限公司 (辽宁省沈阳市浑南国家高新技术产业开发区新智街2号 110179 024-23784112)

PD20091226 多抗霉素/0.3%/水剂/多抗霉素 0.3%/2014.02.01 至 2019.02.01/低毒
番茄 早疫病 27-45克/公顷 喷雾

PD20131547 多抗霉素/3%/水剂/多抗霉素 3%/2013.07.18 至 2018.07.18/低毒
苹果树 斑点落叶病 25-38毫克/千克 喷雾

辽宁省瓦房店市蚊香厂 (辽宁省瓦房店市闫店乡 116325 0411-85160222)

WP20080248 蚊香/0.25%/蚊香/富右旋反式烯丙菊酯 0.25%/2013.11.26 至 2018.11.26/低毒
卫生 蚊 / 点燃

辽宁省西丰县新兴卫生消杀药剂厂 (辽宁省西丰县西丰镇向阳街向阳委4组 112400 0410-7818780)

WP20090209 高效氯氰菊酯/5%/可湿性粉剂/高效氯氰菊酯 5%/2014.03.27 至 2019.03.27/低毒
卫生 蚊、蝇、蜚蠊 75毫克/平方米 滞留喷洒

辽宁省营口雷克农药有限公司 (辽宁省营口市盼盼工业园西区 115116 0417-3841457)

PD85122-4 福美双/50%/可湿性粉剂/福美双 50%/2012.04.04 至 2017.04.04/中等毒
黄瓜 白粉病、霜霉病 500-1000倍液 喷雾
葡萄 白腐病 500-1000倍液 喷雾

	水稻	稻瘟病、胡麻叶斑病	250克/100千克种子	拌种
	甜菜、烟草	根腐病	500克/500千克温床土	土壤处理
	小麦	白粉病、赤霉病	500倍液	喷雾
PD85133-2	福美双/95%/原粉/福美双 95%/2012.04.03 至 2017.04.03/中等毒			
PD85150-26	多菌灵/50%/可湿性粉剂/多菌灵 50%/2012.04.04 至 2017.04.04/低毒			
	果树	病害	0.05-0.1%药液	喷雾
	花生	倒秧病	750克/公顷	喷雾
	麦类	赤霉病	750克/公顷	喷雾、泼浇
	棉花	苗期病害	250克/50千克种子	拌种
	水稻	稻瘟病、纹枯病	750克/公顷	喷雾、泼浇
	油菜	菌核病	1125-1500克/公顷	喷雾
PD20152255	烯啶·吡蚜酮/80%/水分散粒剂/吡蚜酮 60%、烯啶虫胺 20%/2015.10.19 至 2020.10.19/低毒			
	水稻	稻飞虱	96-120克/公顷	喷雾

辽宁双博农化科技有限公司　（辽宁省沈阳市经济技术开发区开发二十六号路3号　110178　024-89254001）

PD20092975	噻吩磺隆/15%/可湿性粉剂/噻吩磺隆 15%/2014.03.09 至 2019.03.09/低毒			
	春大豆田	一年生阔叶杂草	22.5-33.8克/公顷(东北地区)	播后苗前土壤喷雾
PD20093333	苄嘧磺隆/30%/可湿性粉剂/苄嘧磺隆 30%/2014.03.18 至 2019.03.18/低毒			
	移栽水稻田	阔叶杂草及莎草科杂草	45-90克/公顷	毒土法
PD20094193	咪唑乙烟酸/10%/水剂/咪唑乙烟酸 10%/2014.03.30 至 2019.03.30/低毒			
	春大豆田	一年生杂草	90-105克/公顷(东北地区)	茎叶喷雾
PD20095320	二氯喹啉酸/50%/可溶粉剂/二氯喹啉酸 50%/2014.04.27 至 2019.04.27/低毒			
	移栽水稻田	稗草	225-375克/公顷	茎叶喷雾
PD20095486	吡嘧磺隆/10%/可湿性粉剂/吡嘧磺隆 10%/2014.05.11 至 2019.05.11/低毒			
	移栽水稻田	稗草、莎草及阔叶杂草	15-30克/公顷	毒土法
PD20095639	苄·二氯/40%/可湿性粉剂/苄嘧磺隆 5%、二氯喹啉酸 35%/2014.05.12 至 2019.05.12/低毒			
	移栽水稻田	一年生及部分多年生杂草	210-300克/公顷	茎叶喷雾
PD20095878	苄嘧磺隆/10%/可湿性粉剂/苄嘧磺隆 10%/2014.05.31 至 2019.05.31/低毒			
	移栽水稻田	阔叶杂草及莎草科杂草	30-45克/公顷	毒土法
PD20096167	噻吩磺隆/75%/水分散粒剂/噻吩磺隆 75%/2014.06.24 至 2019.06.24/低毒			
	春大豆田	一年生阔叶杂草	22.5-33.8克/公顷(东北地区)	苗前土壤喷雾
PD20098374	莠去津/38%/悬浮剂/莠去津 38%/2014.12.18 至 2019.12.18/低毒			
	甘蔗田	一年生杂草	997.5-1425克/公顷	土壤喷雾
PD20100168	草甘膦异丙胺盐(41%)///水剂/草甘膦 30%/2015.01.05 至 2020.01.05/微毒			
	柑橘园	杂草	1230-2460克/公顷	定向茎叶喷雾
PD20110523	苄嘧·苯噻酰/55%/可湿性粉剂/苯噻酰草胺 50%、苄嘧磺隆 5%/2011.05.11 至 2016.05.11/低毒			
	移栽水稻田	一年生及部分多年生杂草	577.5-600克/公顷	药土法
PD20121111	苄嘧磺隆/60%/水分散粒剂/苄嘧磺隆 60%/2012.07.19 至 2017.07.19/低毒			
	移栽水稻田	一年生阔叶杂草及莎草科杂草	30-45克/公顷	药土法
PD20140481	灭草松/480克/升/水剂/灭草松 480克/升/2014.02.25 至 2019.02.25/低毒			
	春大豆田	一年生阔叶杂草及莎草科杂草	1080-1800克/公顷	茎叶喷雾
PD20141077	噁草·丁草胺/60%/乳油/丁草胺 50%、噁草酮 10%/2014.04.25 至 2019.04.25/低毒			
	水稻田(直播)	一年生杂草	720-900克/公顷	土壤喷雾
PD20150113	吡嘧·苯噻酰/68%/可湿性粉剂/苯噻酰草胺 64%、吡嘧磺隆 4%/2015.01.05 至 2020.01.05/低毒			
	水稻移栽田	一年生杂草	414—714克/公顷	药土法
PD20152018	磺草·莠去津/36%/悬浮剂/磺草酮 12%、莠去津 24%/2015.08.31 至 2020.08.31/低毒			
	春玉米田	一年生杂草	1350-1620克/公顷	喷雾

辽宁天一农药化工有限责任公司　（辽宁省盘锦辽东湾新区化工园区　124221　0427-6951333）

PD20070146	莠去津/38%/悬浮剂/莠去津 38%/2012.05.30 至 2017.05.30/低毒			
	春玉米田	一年生杂草	1995-2280克/公顷	土壤喷雾
	甘蔗田	一年生杂草	200-300毫升制剂/亩	土壤喷雾
	夏玉米田	一年生杂草	1425-1710克/公顷	土壤喷雾
PD20070654	莠去津/97%/原药/莠去津 97%/2012.12.17 至 2017.12.17/低毒			
PD20094170	精喹禾灵/92%/原药/精喹禾灵 92%/2014.03.27 至 2019.03.27/低毒			
PD20095395	乙草胺/81.5%/乳油/乙草胺 81.5%/2014.04.27 至 2019.04.27/低毒			
	玉米田	一年生禾本科杂草及部分阔叶杂草	1620-1890克/公顷(东北地区),1080-1620克/公顷(其它地区)	土壤喷雾
PD20096502	烟嘧磺隆/40克/升/可分散油悬浮剂/烟嘧磺隆 40克/升/2014.08.17 至 2019.08.17/低毒			
	玉米田	一年生杂草	42-60克/公顷	茎叶喷雾
PD20101976	莠去津/90%/水分散粒剂/莠去津 90%/2015.09.21 至 2020.09.21/低毒			
	春玉米田	一年生杂草	1795.5-2241克/公顷	播后苗前土壤喷雾
	夏玉米田	一年生杂草	1215-1350克/公顷	播后苗前土壤喷雾
PD20150218	烟嘧·莠去津/20%/可分散油悬浮剂/烟嘧磺隆 1.5%、莠去津 18.5%/2015.01.15 至 2020.01.15/低毒			
	玉米田	一年生杂草	180－220毫升制剂/亩	茎叶喷雾

辽宁微科生物工程有限公司 （辽宁省朝阳市经济开发区龙泉大街二段8号 122000 0421-3882227）

PD20102144 地芬·硫酸钡/20.02%/饵剂/硫酸钡 20%、地芬诺酯 0.02%/2010.12.07 至 2016.01.16/低毒

PD20142390 香菇多糖/1%/水剂/香菇多糖 1%/2014.11.06 至 2019.11.06/低毒

番茄	病毒病	12-18.75克/公顷	喷雾
水稻	条纹叶枯病	15-18克/公顷	喷雾
烟草	病毒病	11.25-15克/公顷	喷雾

LS20120408 四霉素/15%/母药/四霉素 15%/2014.12.19 至 2015.12.19/低毒

LS20120409 四霉素/0.3%/水剂/四霉素 0.3%/2014.12.19 至 2015.12.19/低毒

杨树	溃疡病	60-100毫克/千克	喷雾

辽宁正诺生物技术有限公司 （辽宁省沈阳市新城子区杭州西路4号 110121 024-89866085）

PD20084645 西草净/13%/乳油/西草净 13%/2013.12.18 至 2018.12.18/低毒

水稻移栽田	水绵	234-253.5克/公顷	药土法

PD20097361 琥铜·乙膦铝/48%/可湿性粉剂/琥胶肥酸铜 20%、三乙膦酸铝 28%/2014.10.27 至 2019.10.27/低毒

黄瓜	霜霉病、细菌性角斑病	900-1344克/公顷	喷雾

PD20097365 琥胶肥酸铜/30%/可湿性粉剂/琥胶肥酸铜 30%/2014.10.27 至 2019.10.27/低毒

黄瓜	细菌性角斑病	900-1050克/公顷	喷雾

PD20097956 琥铜·吗啉胍/20%/可湿性粉剂/琥胶肥酸铜 10%、盐酸吗啉胍 10%/2014.12.01 至 2019.12.01/低毒

番茄	病毒病	450-750克/公顷	喷雾

PD20120128 氟磺胺草醚/250克/升/水剂/氟磺胺草醚 250克/升/2012.01.29 至 2017.01.29/低毒

春大豆田	一年生阔叶杂草	375-487.5克/公顷	茎叶喷雾

PD20121959 阿维菌素/1.8%/微乳剂/阿维菌素 1.8%/2012.12.12 至 2017.12.12/低毒(原药高毒)

柑橘树	红蜘蛛	3.33-5毫克/千克	喷雾

PD20130747 苄嘧·苯噻酰/53%/可湿性粉剂/苯噻酰草胺 50%、苄嘧磺隆 3%/2013.04.12 至 2018.04.12/低毒

移栽水稻田	一年生杂草	477-556.5克/公顷(东北地区)397.5-477克/公顷(其它地区)	毒土法

PD20131405 苄嘧·苯噻酰/80%/可湿性粉剂/苯噻酰草胺 75.5%、苄嘧磺隆 4.5%/2013.07.02 至 2018.07.02/低毒

水稻移栽田	一年生杂草	600-720克/公顷（北方地区），480-600克/公顷（南方地区）	药土法

PD20141927 吡嘧·苯噻酰/68%/可湿性粉剂/苯噻酰草胺 64%、吡嘧磺隆 4%/2014.08.04 至 2019.08.04/低毒

水稻移栽田	一年生杂草	306-408克/公顷（南方地区）；408-510克/公顷（北方地区）	药土法

LS20150108 噁草·丁草胺/70%/乳油/丁草胺 62%、噁草酮 8%/2015.04.20 至 2016.04.20/低毒

水稻田(直播)	一年生杂草	525-735克/公顷	土壤喷雾

LS20150202 噁草酮/31%/乳油/噁草酮 31%/2015.07.30 至 2016.07.30/低毒

移栽水稻田	一年生杂草	395.25-511.5克/公顷	土壤喷雾

辽宁壮苗生化科技股份有限公司 （辽宁省本溪市溪湖区石桥子镇园区西路28栋 117004 024-45858926）

PD20080990 烯禾啶/12.5%/乳油/烯禾啶 12.5%/2013.07.24 至 2018.07.24/低毒

春大豆田	一年生禾本科杂草	187.5-281.3克/公顷	茎叶喷雾

PD20083521 苄嘧磺隆/30%/可湿性粉剂/苄嘧磺隆 30%/2013.12.12 至 2018.12.12/低毒

移栽水稻田	阔叶杂草、莎草科杂草	45-67.5克/公顷	喷雾或药土法

PD20084514 乙草胺/900克/升/乳油/乙草胺 900克/升/2013.12.18 至 2018.12.18/低毒

春大豆田、春玉米田	部分阔叶杂草、一年生禾本科杂草	1350-2025克/公顷	土壤喷雾

PD20084547 多·福·克/25%/悬浮种衣剂/多菌灵 8%、福美双 9%、克百威 8%/2013.12.18 至 2018.12.18/高毒

大豆	根腐病、金针虫、蛴螬、小地老虎	1:50-40(药种比)	种子包衣

PD20084937 克百威/10%/悬浮种衣剂/克百威 10%/2013.12.22 至 2018.12.22/高毒

玉米	地老虎、金针虫、蝼蛄、蛴螬	200-250克/100千克种子	种子包衣

PD20085098 多·福·克/35%/悬浮种衣剂/多菌灵 15%、福美双 10%、克百威 10%/2013.12.23 至 2018.12.23/中等毒(原药高毒)

大豆	地老虎、根腐病、金针虫、蛴螬	1:50-60(药种比)	种子包衣

PD20090656 福·克/15.5%/悬浮种衣剂/福美双 8.5%、克百威 7.0%/2014.01.15 至 2019.01.15/高毒

玉米	地下害虫、茎腐病	1:35-45(药种比)	种子包衣

PD20090713 异噁草松/48%/乳油/异噁草松 48%/2014.01.19 至 2019.01.19/低毒

春大豆田	一年生杂草	1008-1152克/公顷(东北地区)	播后苗前土壤喷雾

PD20091018 精喹禾灵/5%/乳油/精喹禾灵 5%/2014.01.21 至 2019.01.21/低毒

春大豆田	一年生禾本科杂草	52.5-75克/公顷	茎叶喷雾

PD20091664 烯草酮/120克/升/乳油/烯草酮 120克/升/2014.02.03 至 2019.02.03/微毒

春大豆田	一年生禾本科杂草	63-90克/公顷	茎叶喷雾

PD20092089 戊唑·克百威/7.3%/悬浮种衣剂/克百威 7.0%、戊唑醇 0.3%/2014.02.16 至 2019.02.16/高毒

玉米	地下害虫、丝黑穗病	1:35-45(药种比)	种子包衣

PD20093013 莠去津/38%/悬浮剂/莠去津 38%/2014.03.09 至 2019.03.09/低毒

春玉米田	一年生杂草	1710-2109克/公顷	土壤喷雾

PD20093112 甲霜·百菌清/2.2%/悬浮种衣剂/百菌清 1.65%、甲霜灵 0.55%/2014.03.10 至 2019.03.10/低毒

西瓜	枯萎病	1:10-15(药种比)	种子包衣

PD20093183 氟磺胺草醚/250克/升/水剂/氟磺胺草醚 250克/升/2014.03.11 至 2019.03.11/低毒

春大豆田　一年生阔叶杂草　300-375克/公顷　茎叶喷雾

PD20095690　乙·噁·滴丁酯/72%/乳油/2,4-滴丁酯 14%、乙草胺 42%、异噁草松 16%/2014.05.15 至 2019.05.15/低毒

春大豆田　一年生杂草　1620-1944克/公顷　土壤喷雾

PD20096142　噁草酮/13%/乳油/噁草酮 13%/2014.06.24 至 2019.06.24/低毒

水稻移栽田　一年生杂草　360-468克/公顷　甩施

PD20100600　戊唑醇/60克/升/悬浮种衣剂/戊唑醇 60克/升/2015.01.14 至 2020.01.14/低毒

小麦　散黑穗病　2.2-2.9克/100千克种子　种子包衣

玉米　丝黑穗病　7.5－12克/100千克种子　种子包衣

PD20101064　噻吩磺隆/20%/可湿性粉剂/噻吩磺隆 20%/2015.01.21 至 2020.01.21/低毒

春大豆田、春玉米田　一年生阔叶杂草　21-28.5克/公顷　土壤喷雾

PD20121877　苄嘧·苯噻酰/72%/可湿性粉剂/苯噻酰草胺 65.5%、苄嘧磺隆 6.5%/2012.11.28 至 2017.11.28/低毒

移栽水稻田　一年生杂草　486-648克/公顷　毒土法

PD20140119　二氯喹啉酸/50%/可湿性粉剂/二氯喹啉酸 50%/2014.01.20 至 2019.01.20/低毒

水稻移栽田　稗草　225-300克/公顷　茎叶喷雾

PD20140126　绿·莠·乙草胺/48%/悬乳剂/绿麦隆 1%、乙草胺 25%、莠去津 22%/2014.01.20 至 2019.01.20/低毒

春玉米田　一年生杂草　1080-1800克/公顷　播后苗前土壤喷雾

PD20141770　辛酰·烟·滴异/30%/可分散油悬浮剂/2,4-滴异辛酯 10%、辛酰溴苯腈 16%、烟嘧磺隆 4%/2014.07.08 至 2019.07.08/低毒

玉米田　一年生杂草　360-450克/公顷　茎叶喷雾

PD20150884　乙·莠·滴辛酯/66%/悬乳剂/2,4-滴异辛酯 6%、乙草胺 36%、莠去津 24%/2015.05.19 至 2020.05.19/低毒

春玉米田　一年生杂草　2475-2970克/公顷　土壤喷雾

LS20120047　烟嘧·莠去津/28.5%/可分散油悬浮剂/烟嘧磺隆 2.5%、莠去津 26%/2014.02.07 至 2015.02.07/低毒

玉米田　一年生杂草　470.25-555.75克/公顷　茎叶喷雾

LS20130129　咪·霜·噁霉灵/3%/悬浮种衣剂/噁霉灵 1%、甲霜灵 1%、咪鲜胺 1%/2015.04.02 至 2016.04.02/微毒

水稻　恶苗病、立枯病　50-75克/100千克种子　种子包衣

LS20130345　多·咪·福美双/11%/悬浮种衣剂/多菌灵 4%、福美双 6%、咪鲜胺 1%/2015.07.02 至 2016.07.02/微毒

水稻　恶苗病　183-200克/100千克种子　种子包衣

LS20130520　硝·烟·莠去津/25%/可分散油悬浮剂/烟嘧磺隆 1.5%、莠去津 19.5%、硝磺草酮 4%/2015.12.10 至 2016.12.10/低毒

春玉米田　一年生杂草　562.5-750克/公顷　茎叶喷雾

沈阳科创化学品有限公司　(沈阳经济技术开发区细河九北街17号　110144　024-25326727)

PD20040039　吡虫啉/95%/原药/吡虫啉 95%/2014.12.19 至 2019.12.19/低毒

PD20040164　吡虫啉/10%/可湿性粉剂/吡虫啉 10%/2014.12.19 至 2019.12.19/低毒

菠菜　蚜虫　30-45克/公顷　喷雾

韭菜　韭蛆　300-450克/公顷　药土法

莲藕　莲缢管蚜　15-30克/公顷　喷雾

芹菜　蚜虫　15-30克/公顷　喷雾

水稻　飞虱　15-30克/公顷　喷雾

小麦　蚜虫　15-30克/公顷(南方地区)45-60克/公顷(北方地区)　喷雾

PD20060038　锰锌·氟吗啉/60%/可湿性粉剂/氟吗啉 10%、代森锰锌 50%/2011.02.07 至 2016.02.07/低毒

黄瓜　霜霉病　720-1080克/公顷　喷雾

PD20060039　氟吗啉/95%/原药/氟吗啉 95%/2016.02.07 至 2021.02.07/低毒

PD20060079　苯磺隆/95%/原药/苯磺隆 95%/2011.04.14 至 2016.04.14/低毒

PD20070059　灭蝇胺/98%/原药/灭蝇胺 98%/2012.03.09 至 2017.03.09/低毒

PD20070060　灭蝇胺/50%/可湿性粉剂/灭蝇胺 50%/2012.03.09 至 2017.03.09/低毒

菜豆　美洲斑潜蝇　150-187.5克/公顷　喷雾

PD20070065　烯草酮/94%/原药/烯草酮 94%/2012.03.21 至 2017.03.21/低毒

PD20070067　烯草酮/24%/乳油/烯草酮 24%/2012.03.21 至 2017.03.21/低毒

春大豆田　一年生禾本科杂草　72-108克/公顷　茎叶喷雾

油菜田　禾本科杂草　54-72克/公顷　茎叶喷雾

PD20070090　二氯喹啉酸/96%/原药/二氯喹啉酸 96%/2012.04.18 至 2017.04.18/低毒

PD20070103　烯禾啶/12.5%/乳油/烯禾啶 12.5%/2012.04.26 至 2017.04.26/低毒

春大豆田　一年生禾本科杂草　187.5-281.3克/公顷　茎叶喷雾

PD20070109　异噁草松/96%/原药/异噁草松 96%/2012.04.26 至 2017.04.26/低毒

PD20070197　烯禾啶/96%/原药/烯禾啶 96%/2012.07.17 至 2017.07.17/低毒

PD20070205　二氯喹啉酸/50%/可湿性粉剂/二氯喹啉酸 50%/2012.08.07 至 2017.08.07/低毒

水稻抛秧田、水稻田(直播)、水稻移栽田　稗草等杂草　225-375克/公顷　喷雾或毒土法

PD20070212　咪唑乙烟酸/97%/原药/咪唑乙烟酸 97%/2012.08.07 至 2017.08.07/低毒

PD20070240　戊唑醇/97%/原药/戊唑醇 97%/2012.08.08 至 2017.08.08/低毒

PD20070249　吡嘧磺隆/10%/可湿性粉剂/吡嘧磺隆 10%/2012.08.30 至 2017.08.30/低毒

水稻移栽田　稗草、阔叶杂草、莎草　15-30克/公顷　毒土法

PD20070250　吡嘧磺隆/98%/原药/吡嘧磺隆 98%/2012.08.30 至 2017.08.30/低毒

PD20070263　咪鲜胺/25%/乳油/咪鲜胺 25%/2012.09.04 至 2017.09.04/低毒

辣椒	炭疽病	270-400克/公顷	喷雾
芹菜	斑枯病	187.5-262.5克/公顷	喷雾

PD20070267　咪鲜胺/98%/原药/咪鲜胺 98%/2012.09.04 至 2017.09.04/低毒

PD20070297　精噁唑禾草灵/95%/原药/精噁唑禾草灵 95%/2012.09.21 至 2017.09.21/低毒

PD20070339　烯肟菌酯/90%/原药/烯肟菌酯 90%/2012.10.24 至 2017.10.24/低毒

PD20070340　烯肟菌酯/25%/乳油/烯肟菌酯 25%/2012.10.24 至 2017.10.24/低毒

黄瓜	霜霉病	100-200克/公顷	喷雾

PD20070403　锰锌·氟吗啉/50%/可湿性粉剂/氟吗啉 6.5%、代森锰锌 43.5%/2015.11.30 至 2020.11.30/低毒

番茄	晚疫病	500-750克/公顷	喷雾
黄瓜	霜霉病	500-900克/公顷	喷雾
辣椒	疫病	450-750克/公顷	喷雾
马铃薯	晚疫病	600-800克/公顷	喷雾

PD20070423　二氯喹啉酸/25%/可湿性粉剂/二氯喹啉酸 25%/2012.11.06 至 2017.11.06/低毒

水稻移栽田	稗草	225-375克/公顷(北方地区)	喷雾

PD20080099　咪唑乙烟酸/15%/水剂/咪唑乙烟酸 15%/2013.01.03 至 2018.01.03/低毒

春大豆田	一年生杂草	90-112.5克/公顷(东北地区)	茎叶喷雾

PD20080146　咪唑乙烟酸/5%/水剂/咪唑乙烟酸 5%/2013.01.04 至 2018.01.04/低毒

大豆田	杂草	75-100.5克/公顷	土壤喷雾或茎叶喷雾

PD20080270　草甘膦异丙胺盐/30%/水剂/草甘膦 30%/2013.02.20 至 2018.02.20/低毒

苹果园	一年生和多年生杂草	1125-2250克/公顷	定向茎叶喷雾

注:草甘膦异丙胺盐含量:41%。

PD20080273　胺苯磺隆/95%/原药/胺苯磺隆 95%/2013.02.22 至 2015.06.30/低毒

PD20080421　氯氰·毒死蜱/50%/乳油/毒死蜱 45%、氯氰菊酯 5%/2013.03.05 至 2018.03.05/中等毒

大豆	食心虫	450-600克/公顷	喷雾
棉花	棉铃虫	150-300克/公顷	喷雾
苹果	桃小食心虫	450-600克/公顷	喷雾

PD20080565　高效氟吡甲禾灵/10.8%/乳油/高效氟吡甲禾灵 10.8%/2013.05.12 至 2018.05.12/低毒

春大豆田	一年生禾本科杂草	48.6-56.7克/公顷	茎叶喷雾
冬油菜田	一年生禾本科杂草	32.4-48.6克/公顷	茎叶喷雾
夏大豆田	一年生禾本科杂草	40.5-48.6克/公顷	茎叶喷雾

PD20080600　草除灵/96%/原药/草除灵 96%/2013.05.12 至 2018.05.12/低毒

PD20080605　灭草松/480克/升/水剂/灭草松 480克/升/2013.05.12 至 2018.05.12/低毒

春大豆田	一年生阔叶杂草	1440-1800克/公顷	茎叶喷雾
水稻移栽田	阔叶杂草及莎草科杂草	1080-1440克/公顷	茎叶喷雾
夏大豆田	一年生阔叶杂草	1080-1400克/公顷	茎叶喷雾

PD20080628　高效氟吡甲禾灵/95%/原药/高效氟吡甲禾灵 95%/2013.05.13 至 2018.05.13/低毒

PD20080729　二甲戊灵/95%/原药/二甲戊灵 95%/2013.06.11 至 2018.06.11/低毒

PD20080773　啶菌噁唑/90%/原药/啶菌噁唑 90%/2013.06.16 至 2018.06.16/低毒

PD20080774　啶菌噁唑/25%/乳油/啶菌噁唑 25%/2013.06.16 至 2018.06.16/低毒

番茄	灰霉病	200-400克/公顷	喷雾

PD20080832　氟磺胺草醚/250克/升/水剂/氟磺胺草醚 250克/升/2013.06.20 至 2018.06.20/低毒

春大豆田	一年生阔叶杂草	375-562.5克/公顷	茎叶喷雾
夏大豆田	一年生阔叶杂草	281.25-375克/公顷	茎叶喷雾

PD20080969　精噁唑禾草灵/6.9%/水乳剂/精噁唑禾草灵 6.9%/2013.07.24 至 2018.07.24/低毒

春小麦田	一年生禾本科杂草	72.5-82.8克/公顷	茎叶喷雾

PD20080979　异噁草松/48%/乳油/异噁草松 48%/2013.07.24 至 2018.07.24/低毒

春大豆田	一年生杂草	1008-1152克/公顷(东北地区)	土壤喷雾

PD20080992　氯嘧磺隆/96%/原药/氯嘧磺隆 96%/2013.08.06 至 2018.08.06/低毒

注:专供出口，不得在国内销售。

PD20081065　苄·二氯/36%/可湿性粉剂/苄嘧磺隆 3%、二氯喹啉酸 33%/2013.08.14 至 2018.08.14/低毒

水稻抛秧田、水稻田(直播)	一年生杂草	216-270克/公顷	喷雾
水稻移栽田	稗草、阔叶杂草	216-324克/公顷	喷雾

PD20081066　吡嘧·二氯喹/34.5%/可湿性粉剂/吡嘧磺隆 2%、二氯喹啉酸 32.5%/2013.08.14 至 2018.08.14/低毒

水稻移栽田	部分多年生杂草、一年生杂草	227.7-310克/公顷	排水喷雾

PD20081095　苄嘧磺隆/10%/可湿性粉剂/苄嘧磺隆 10%/2013.08.18 至 2018.08.18/低毒

水稻田	阔叶杂草、莎草科杂草	15-30克/公顷	毒土法

PD20081340　多·福/40%/可湿性粉剂/多菌灵 10%、福美双 30%/2013.10.21 至 2018.10.21/中等毒

梨树	黑星病	1000-1500毫克/千克	喷雾
葡萄	霜霉病	1000-1250毫克/千克	喷雾

PD20081392　腈菌唑/95%/原药/腈菌唑 95%/2013.10.28 至 2018.10.28/低毒

PD20081399 腈菌唑/12.5%/乳油/腈菌唑 12.5%/2013.10.28 至 2018.10.28/低毒
梨 黑星病 40-80毫克/千克 喷雾
小麦 白粉病 30-60克/公顷 喷雾

PD20081792 烯草酮/120克/升/乳油/烯草酮 120克/升/2013.11.19 至 2018.11.19/低毒
春大豆田、夏大豆田 一年生禾本科杂草 72-90克/公顷 茎叶喷雾
冬油菜田 一年生禾本科杂草 54-72克/公顷 茎叶喷雾

PD20082116 咪唑乙烟酸/10%/水剂/咪唑乙烟酸 10%/2013.11.25 至 2018.11.25/低毒
春大豆田 一年生杂草 90-105克/公顷(东北地区) 茎叶喷雾

PD20082331 锰锌·腈菌唑/40%/可湿性粉剂/腈菌唑 5%、代森锰锌 35%/2013.12.01 至 2018.12.01/低毒
梨树 黑星病 333-500毫克/千克 喷雾

PD20083250 苯磺隆/10%/可湿性粉剂/苯磺隆 10%/2013.12.11 至 2018.12.11/低毒
小麦田 多种一年生阔叶杂草 10.05-19.5克/公顷 茎叶喷雾

PD20083606 二氯喹啉酸/45%/可溶粉剂/二氯喹啉酸 45%/2013.12.12 至 2018.12.12/低毒
水稻插秧田、水稻抛秧田、水稻田(直播) 稗草 202.5-337.5克/公顷 茎叶喷雾

PD20084814 福·克/20%/悬浮种衣剂/福美双 13%、克百威 7%/2013.12.22 至 2018.12.22/高毒
玉米 地老虎、茎基腐病、金针虫、蝼蛄、蛴螬 1:35-45(药种比) 种子包衣

PD20085249 多效唑/95%/原药/多效唑 95%/2013.12.23 至 2018.12.23/低毒

PD20085908 草除灵/50%/悬浮剂/草除灵 50%/2013.12.29 至 2018.12.29/低毒
油菜田 一年生阔叶杂草 225-300克/公顷 喷雾

PD20086256 氟吡·氟磺胺/24%/乳油/氟磺胺草醚 21%、高效氟吡甲禾灵 3%/2013.12.31 至 2018.12.31/低毒
春大豆田 一年生杂草 460.8-576克/公顷 茎叶喷雾
夏大豆田 一年生杂草 345.6-460.8克/公顷 茎叶喷雾

PD20086368 腈菌·福美双/20%/可湿性粉剂/福美双 18%、腈菌唑 2%/2013.12.31 至 2018.12.31/低毒
黄瓜 黑星病 300-400克/公顷 喷雾

PD20090442 苄·丁/20%/可湿性粉剂/苄嘧磺隆 0.5%、丁草胺 19.5%/2014.01.12 至 2019.01.12/低毒
水稻田 部分多年生杂草、一年生杂草 600-900克/公顷 毒土法

PD20090493 氟吗·乙铝/50%/可湿性粉剂/氟吗啉 5%、三乙膦酸铝 45%/2014.01.12 至 2019.01.12/低毒
葡萄 霜霉病 500-900克/公顷 喷雾
烟草 黑胫病 600-800克/公顷 灌根

PD20090541 氰戊·氧乐果/30%/乳油/氰戊菊酯 10%、氧乐果 20%/2014.01.13 至 2019.01.13/中等毒(原药高毒)
大豆 食心虫 135-180克/公顷 喷雾
棉花 红铃虫、棉铃虫 90-180克/公顷 喷雾
棉花 蚜虫 67.5-135克/公顷 喷雾

PD20090605 咪唑乙烟酸/70%/可湿性粉剂/咪唑乙烟酸 70%/2014.01.14 至 2019.01.14/低毒
春大豆田 一年生杂草 84－105克/公顷(东北地区) 茎叶喷雾

PD20090667 戊唑醇/25%/可湿性粉剂/戊唑醇 25%/2014.01.19 至 2019.01.19/低毒
苹果树 斑点落叶病 100-200毫克/千克 喷雾

PD20092291 吡蚜酮/98%/原药/吡蚜酮 98%/2014.02.24 至 2019.02.24/低毒

PD20093355 啶菌·福美双/40%/悬乳剂/啶菌噁唑 8%、福美双 32%/2014.03.18 至 2019.03.18/低毒
番茄 灰霉病 400-600克/公顷 喷雾

PD20094188 二甲戊灵/33%/乳油/二甲戊灵 33%/2014.03.30 至 2019.03.30/低毒
马铃薯田 一年生禾本科杂草及部分阔叶杂草 990-1485克/公顷 土壤喷雾

PD20094684 氟环唑/95%/原药/氟环唑 95%/2014.04.10 至 2019.04.10/低毒

PD20094992 苄·乙·甲/22.5%/可湿性粉剂/苄嘧磺隆 2%、甲磺隆 0.5%、乙草胺 20%/2015.07.01 至 2020.07.01/低毒
水稻移栽田 部分多年生杂草、一年生杂草 67.5-84克/公顷 返青后药土(法)均匀撒施(秧苗4叶期以上)

PD20095004 甲磺隆/96%/原药/甲磺隆 96%/2015.07.01 至 2020.07.01/低毒
注:专供出口，不得在国内销售。

PD20095143 甲磺隆/10%/可湿性粉剂/甲磺隆 10%/2015.04.24 至 2020.04.24/低毒
注:专供出口，不得在国内销售。

PD20095213 烯肟菌胺/5%/乳油/烯肟菌胺 5%/2014.04.24 至 2019.04.24/低毒
黄瓜(温棚)、小麦 白粉病 40-80克/公顷 喷雾

PD20095214 烯肟菌胺/98%/原药/烯肟菌胺 98%/2014.04.24 至 2019.04.24/低毒

PD20095298 烯肟·多菌灵/28%/可湿性粉剂/多菌灵 21%、烯肟菌酯 7%/2014.04.27 至 2019.04.27/低毒
小麦 赤霉病 200-400克/公顷 喷雾

PD20095462 氟吗·乙铝/50%/水分散粒剂/氟吗啉 5%、三乙膦酸铝 45%/2014.05.11 至 2019.05.11/低毒
荔枝 霜疫霉病 600-800毫克/千克 喷雾

PD20095602 烯酮·草除灵/12%/乳油/草除灵 9.5%、烯草酮 2.5%/2014.05.12 至 2019.05.12/低毒
冬油菜田 一年生杂草 360-450克/公顷 茎叶喷雾

PD20095603 苄·乙/25%/可湿性粉剂/苄嘧磺隆 5.5%、乙草胺 19.5%/2014.05.12 至 2019.05.12/低毒
水稻移栽田 一年生及部分多年生杂草 84-118克/公顷 药土法

PD20095756 烟嘧磺隆/40克/升/可分散油悬浮剂/烟嘧磺隆 40克/升/2014.05.18 至 2019.05.18/微毒
玉米田 一年生杂草 42-60克/公顷 茎叶喷雾
PD20095846 烟嘧磺隆/95%/原药/烟嘧磺隆 95%/2014.05.27 至 2019.05.27/微毒
PD20095930 灭草松/95%/原药/灭草松 95%/2014.06.02 至 2019.06.02/低毒
PD20095953 氟吗啉/20%/可湿性粉剂/氟吗啉 20%/2014.06.02 至 2019.06.02/低毒
黄瓜 霜霉病 75-150克/公顷 喷雾
PD20095983 咪唑喹啉酸/95%/原药/咪唑喹啉酸 95%/2014.06.05 至 2019.06.05/低毒
PD20096182 咪唑喹啉酸/5%/水剂/咪唑喹啉酸 5%/2014.07.06 至 2019.07.06/低毒
春大豆田 一年生阔叶杂草 112.5-150克/公顷(东北地区) 喷雾
PD20096229 唑喹·咪乙烟/7.5%/水剂/咪唑喹啉酸 5%、咪唑乙烟酸 2.5%/2014.07.15 至 2019.07.15/低毒
春大豆田 一年生杂草 112.5-135克/公顷 茎叶喷雾
PD20096554 氟虫腈/95%/原药/氟虫腈 95%/2014.08.24 至 2019.08.24/中等毒
PD20096615 烯肟·氟环唑/18%/悬浮剂/氟环唑 6%、烯肟菌酯 12%/2014.09.02 至 2019.09.02/低毒
苹果 斑点落叶病 100-200毫克/千克 喷雾
PD20096616 烯肟·戊唑醇/20%/悬浮剂/戊唑醇 10%、烯肟菌胺 10%/2014.09.02 至 2019.09.02/低毒
黄瓜 白粉病 100—150克/公顷 喷雾
水稻 稻曲病 120—160克/公顷 喷雾
水稻 纹枯病 100—150克/公顷 喷雾
水稻 稻瘟病 150—200克/公顷 喷雾
小麦 锈病 40-60克/公顷 喷雾
PD20096843 磺草酮/98%/原药/磺草酮 98%/2014.09.21 至 2019.09.21/低毒
PD20096851 磺草酮/15%/水剂/磺草酮 15%/2014.09.21 至 2019.09.21/低毒
春玉米田 一年生杂草 981-1226.3克/公顷 茎叶喷雾
夏玉米田 一年生杂草 735.8-981克/公顷 茎叶喷雾
PD20096896 烯肟·霜脲氰/25%/可湿性粉剂/霜脲氰 12.5%、烯肟菌酯 12.5%/2014.09.23 至 2019.09.23/低毒
葡萄 霜霉病 100-200克/公顷 喷雾
PD20097354 磺草·乙草胺/30%/悬乳剂/磺草酮 15%、乙草胺 15%/2014.10.27 至 2019.10.27/低毒
春玉米田 一年生杂草 1350-1800克/公顷 土壤喷雾
PD20097389 氟虫腈/50克/升/悬浮剂/氟虫腈 50克/升/2014.10.28 至 2019.10.28/低毒
注:专供出口，不得在国内销售。
PD20097949 氟环唑/12.5%/悬浮剂/氟环唑 12.5%/2014.11.30 至 2019.11.30/低毒
水稻 稻曲病 75-93.75克/公顷 喷雾
水稻 纹枯病 45-112.5克/公顷 喷雾
香蕉 叶斑病 93.75-187.5克/公顷 喷雾
小麦 锈病 67.5-112.5克/公顷 喷雾
PD20110326 烯草酮/37%/母药/烯草酮 37%/2016.03.24 至 2021.03.24/低毒
PD20110519 硝磺草酮/95%/原药/硝磺草酮 95%/2011.05.04 至 2016.05.04/低毒
PD20110727 吡氟酰草胺/97%/原药/吡氟酰草胺 97%/2011.07.11 至 2016.07.11/低毒
PD20110805 磺草·莠去津/38%/悬浮剂/磺草酮 14%、莠去津 24%/2011.08.04 至 2016.08.04/低毒
玉米田 一年生杂草 945-1575克/公顷 茎叶喷雾
PD20110890 三甲苯草酮/97%/原药/三甲苯草酮 97%/2011.08.16 至 2016.08.16/低毒
注:专供出口，不得在国内销售。
PD20120053 氟吡·烯草酮/22.5%/乳油/高效氟吡甲禾灵 7.5%、烯草酮 15%/2012.01.13 至 2017.01.13/低毒
冬油菜田 一年生禾本科杂草 101.25-135克/公顷 茎叶喷雾
PD20120064 辛酰·烟·滴丁/30%/可分散油悬浮剂/2,4-滴丁酯 10%、辛酰溴苯腈 16%、烟嘧磺隆 4%/2012.01.16 至 2017.01.16/低毒
春玉米田 一年生杂草 210-420克/公顷 茎叶喷雾
PD20120777 磺草酮/26%/悬浮剂/磺草酮 26%/2012.05.05 至 2017.05.05/微毒
玉米田 一年生杂草 507-780克/公顷 茎叶喷雾
PD20121174 莎稗磷/90%/原药/莎稗磷 90%/2012.07.30 至 2017.07.30/低毒
PD20121451 莎稗磷/30%/乳油/莎稗磷 30%/2012.10.08 至 2017.10.08/低毒
水稻移栽田 稗草、莎草 270-315克/公顷 毒土法
PD20121998 嗪草酸甲酯/95%/原药/嗪草酸甲酯 95%/2012.12.19 至 2017.12.19/低毒
PD20130473 阿维·多·福/35.6%/悬浮种衣剂/阿维菌素 0.6%、多菌灵 10%、福美双 25%/2013.03.20 至 2018.03.20/低毒(原药高毒)
大豆 孢囊线虫、根腐病 355-445克/100千克种子 种子包衣
PD20130688 戊唑·福美双/16%/悬浮种衣剂/福美双 15.7%、戊唑醇 0.3%/2013.04.09 至 2018.04.09/低毒
小麦 黑穗病、纹枯病 320-533克/100千克种子 种子包衣
PD20132220 氰氟草酯/98%/原药/氰氟草酯 98%/2013.11.05 至 2018.11.05/低毒
PD20132221 氰氟草酯/100克/升/乳油/氰氟草酯 100克/升/2013.11.05 至 2018.11.05/低毒
水稻田(直播) 稗草、千金子等禾本科杂草 75-105克/公顷 茎叶喷雾
PD20140933 苄嘧·苯噻酰/0.5%/颗粒剂/苯噻酰草胺 0.47%、苄嘧磺隆 0.03%/2014.04.14 至 2019.04.14/低毒
水稻移栽田 一年生杂草 562.5-750克/公顷 撒施

PD20141013 吡蚜酮/50%/水分散粒剂/吡蚜酮 50%/2014.04.21 至 2019.04.21/低毒
水稻 稻飞虱 90-150克/公顷 喷雾
PD20150807 炔草酯/15%/可湿性粉剂/炔草酯 15%/2015.05.14 至 2020.05.14/低毒
冬小麦田 一年生禾本科杂草 40-60克/公顷 茎叶喷雾
PD20150991 甲氧咪草烟/98%/原药/甲氧咪草烟 98%/2015.06.11 至 2020.06.11/低毒
PD20151548 双氟磺草胺/98%/原药/双氟磺草胺 98%/2015.08.03 至 2020.08.03/低毒
LS20120247 氟吗·唑菌酯/25%/悬浮剂/氟吗啉 20%、唑菌酯 5%/2014.07.10 至 2015.07.10/低毒
黄瓜 霜霉病 100～200克/公顷 喷雾
LS20130224 四氯虫酰胺/95%/原药/四氯虫酰胺 95%/2015.04.28 至 2016.04.28/低毒
LS20130225 四氯虫酰胺/10%/悬浮剂/四氯虫酰胺 10%/2015.04.28 至 2016.04.28/低毒
水稻 稻纵卷叶螟 15-30克/公顷 喷雾
LS20140165 吡氟酰草胺/500克/升/悬浮剂/吡氟酰草胺 500克/升/2015.04.11 至 2016.04.11/低毒
注:专供出口，不得在国内销售。
LS20150347 乙唑螨腈/30%/悬浮剂/乙唑螨腈 30%/2015.12.18 至 2016.12.18/低毒
棉花 叶螨 22.5-45克/公顷 喷雾
苹果 叶螨 50-100毫克/千克 喷雾
LS20150354 乙唑螨腈/98%/原药/乙唑螨腈 98%/2015.12.19 至 2016.12.19/低毒

沈阳世一科技有限公司 (辽宁省沈阳市经济技术开发区冶金十一路3号 110209 024-25966676)

PD20082126 氟磺胺草醚/250克/升/水剂/氟磺胺草醚 250克/升/2013.11.25 至 2018.11.25/低毒
春大豆田 一年生阔叶杂草 375－487.5克/公顷(东北地区) 茎叶喷雾
PD20091310 精喹禾灵/5%/乳油/精喹禾灵 5%/2014.02.01 至 2019.02.01/低毒
大豆田 一年生禾本科杂草 56.25-75克/公顷 喷雾
PD20093156 苯磺隆/10%/可湿性粉剂/苯磺隆 10%/2014.03.11 至 2019.03.11/低毒
春小麦田 一年生阔叶杂草 22.5-30克/公顷 茎叶喷雾
PD20093931 二氯喹啉酸/50%/可溶粉剂/二氯喹啉酸 50%/2014.03.27 至 2019.03.27/低毒
水稻移栽田 稗草 225-375克/公顷 喷雾
PD20094433 咪唑乙烟酸/5%/水剂/咪唑乙烟酸 5%/2014.04.01 至 2019.04.01/低毒
春大豆田 一年生杂草 75-112.5克/公顷(东北地区) 土壤或茎叶喷雾
PD20096740 烯草酮/24%/乳油/烯草酮 24%/2014.09.07 至 2019.09.07/低毒
春大豆田 一年生禾本科杂草 30-40毫升制剂/亩 茎叶喷雾
PD20102191 异噁草松/48%/乳油/异噁草松 48%/2015.12.15 至 2020.12.15/低毒
春大豆 一年生杂草 720-1018克/公顷 土壤喷雾
PD20110071 烯禾啶/12.5%/乳油/烯禾啶 12.5%/2016.01.18 至 2021.01.18/低毒
春大豆田 一年生禾本科杂草 187.5-281.3克/公顷 茎叶喷雾
夏大豆田 一年生禾本科杂草 150-187.5克/公顷 茎叶喷雾

内蒙古自治区

赤峰市嘉宝仕生物化学有限公司 (内蒙古自治区赤峰市红山区东郊经济开发区 024000 0476-8210531)

PD20150645 甲氨基阿维菌素苯甲酸盐/95%/原药/甲氨基阿维菌素苯甲酸盐 95%/2015.04.16 至 2020.04.16/中等毒

赤峰中农大生化科技有限责任公司 (内蒙古自治区赤峰市红山经济开发区内 024000 0476-8875117)

PD20096372 毒死蜱/45%/乳油/毒死蜱 45%/2014.08.04 至 2019.08.04/中等毒
苹果树 绵蚜 2000-2500倍液 喷雾
PD20101860 百菌清/75%/可湿性粉剂/百菌清 75%/2015.08.04 至 2020.08.04/低毒
黄瓜 霜霉病 2000－3000克/公顷 喷雾
梨树 斑点落叶病 1000－1500毫克/千克 喷雾
PD20102050 莠去津/38%/悬浮剂/莠去津 38%/2015.11.01 至 2020.11.01/低毒
春玉米田 一年生杂草 1800-2300克/公顷 播后苗前土壤喷雾
PD20102100 苦参碱/1%/可溶液剂/苦参碱 1%/2015.11.30 至 2020.11.30/低毒
草原 蝗虫 4.5-7.5克/公顷 喷雾
甘蓝 菜青虫、菜蚜 7.5-18克/公顷 喷雾
林木 美国白蛾 5-10毫克/千克 喷雾
松树 松毛虫 6.67-10毫克/千克 喷雾
PD20110637 苦参碱/10%/母药/苦参碱 10%/2011.06.13 至 2016.06.13/低毒
PD20141633 甲氨基阿维菌素苯甲酸盐/3%/微乳剂/甲氨基阿维菌素 3%/2014.06.24 至 2019.06.24/中等毒
水稻 稻纵卷叶螟 9-12.15克/公顷 喷雾
注:甲氨基阿维菌素苯甲酸盐含量：3.4%。

内蒙古百草原防虫制品有限责任公司 (内蒙古自治区赤峰市巴林左旗报头大街中段74号 025450 0476-7885890)

WP20090242 防蛀片剂/98%/防蛀剂/对二氯苯 98%/2014.04.23 至 2019.04.23/低毒
卫生 黑皮蠹 / 投放

内蒙古拜克生物有限公司 (内蒙古自治区托克托县托电工业园区 010206 0471-8661111)

PD20082349 阿维菌素/92%/原药/阿维菌素 92%/2013.12.01 至 2018.12.01/高毒

内蒙古宏裕科技股份有限公司 (内蒙古呼伦贝尔岭东工业开发区扎兰屯市中央南路68号 162650 0470-3353737)

PD20070285 乙草胺/93%/原药/乙草胺 93%/2012.09.05 至 2017.09.05/低毒
PD20080135 乙草胺/900克/升/乳油/乙草胺 900克/升/2013.01.04 至 2018.01.04/低毒

春大豆田、春玉米田 一年生禾本科杂草及部分阔叶杂草 1350-1890克/公顷(东北地区) 播后苗前土壤喷雾
花生田、夏玉米田 一年生禾本科杂草及部分阔叶杂草 1080－1620克/公顷 播后苗前土壤喷雾
马铃薯田 一年生禾本科杂草及部分阔叶杂草 1350-1890克/公顷 播后苗前土壤喷雾
棉花田 一年生禾本科杂草及部分阔叶杂草 945-1350克/公顷 播后苗前土壤喷雾

PD20080593 灭草松/480克/升/水剂/灭草松 480克/升/2013.05.12 至 2018.05.12/低毒
春大豆田 阔叶杂草、莎草科杂草 1440-1800克/公顷(东北地区) 茎叶喷雾
夏大豆田 阔叶杂草、莎草科杂草 1152-1440克/公顷(其它地区) 茎叶喷雾
移栽水稻田 阔叶杂草、莎草科杂草 1152-1440克/公顷 茎叶喷雾

PD20080616 丁草胺/90%/原药/丁草胺 90%/2013.05.12 至 2018.05.12/低毒

PD20081665 异噁草松/480克/升/乳油/异噁草松 480克/升/2013.11.14 至 2018.11.14/低毒
春大豆田 一年生杂草 1080-1296克/公顷 播后苗前土壤喷雾处理

PD20082214 异丙草胺/90%/原药/异丙草胺 90%/2013.11.26 至 2018.11.26/低毒

PD20082469 丁草胺/60%/乳油/丁草胺 60%/2013.12.03 至 2018.12.03/低毒
水稻移栽田 一年生杂草 765-1350克/公顷 毒土法

PD20083522 烯禾啶/12.5%/乳油/烯禾啶 12.5%/2013.12.12 至 2018.12.12/低毒
春大豆田 一年生禾本科杂草 187.5-225克/公顷(东北地区) 茎叶喷雾
夏大豆田 一年生禾本科杂草 150-187.5克/公顷(其它地区) 茎叶喷雾

PD20084504 异丙草·莠/40%/悬乳剂/异丙草胺 24%、莠去津 16%/2013.12.18 至 2018.12.18/低毒
春玉米田 一年生杂草 4500-5250毫升/公顷(制剂) 土壤喷雾
夏玉米田 一年生杂草 3000-3750毫升/公顷(制剂) 土壤喷雾

PD20084823 乙草胺/50%/乳油/乙草胺 50%/2013.12.22 至 2018.12.22/低毒
春大豆田 一年生禾本科杂草及部分阔叶杂草 1350-1875克/公顷(东北地区) 播后苗前土壤喷雾
春玉米田 一年生禾本科杂草及部分阔叶杂草 1125-1875克/公顷 播后苗前土壤喷雾
花生田、夏玉米田 部分阔叶杂草、一年生禾本科杂草 1050-1350克/公顷 播后苗前土壤喷雾
马铃薯田 一年生禾本科杂草及部分阔叶杂草 1350-1875克/公顷 播后苗前土壤喷雾
棉花田 一年生禾本科杂草及部分小粒种子阔叶杂草 937.5-1200克/公顷 播后苗前土壤喷雾

PD20085348 滴丁·乙草胺/75%/乳油/2,4-滴丁酯 20%、乙草胺 55%/2013.12.24 至 2018.12.24/低毒
春玉米田 一年生杂草 1921.5-2250克/公顷(东北地区) 播后苗前土壤喷雾

PD20085907 氟胺·烯禾啶/22.5%/乳油/氟磺胺草醚 10%、烯禾啶 12.5%/2013.12.29 至 2018.12.29/低毒
春大豆田 一年生杂草 287.0-354.4克/公顷 茎叶喷雾处理

PD20086096 丙草胺/95%/原药/丙草胺 95%/2013.12.30 至 2018.12.30/低毒

PD20095251 异丙草胺/720克/升/乳油/异丙草胺 720克/升/2014.04.27 至 2019.04.27/低毒
春大豆田、春玉米田 一年生禾本科杂草及部分阔叶杂草 1620-2160克/公顷(东北地区) 土壤喷雾
春油菜 一年生禾本科杂草及部分阔叶杂草 1350-1890克/公顷 土壤喷雾
花生田、夏玉米田 一年生禾本科杂草及部分阔叶杂草 1296－1620克/公顷 土壤喷雾

PD20095803 乙羧氟草醚/10%/乳油/乙羧氟草醚 10%/2014.05.27 至 2019.05.27/低毒
春大豆田 一年生阔叶杂草 90-105克/公顷(东北地区) 茎叶喷雾

PD20095806 乙羧氟草醚/95%/原药/乙羧氟草醚 95%/2014.05.27 至 2019.05.27/低毒

PD20096132 异丙甲草胺/96%/原药/异丙甲草胺 96%/2014.06.24 至 2019.06.24/低毒

PD20096382 氟磺胺草醚/250克/升/水剂/氟磺胺草醚 250克/升/2014.08.04 至 2019.08.04/低毒
春大豆田 一年生阔叶杂草 300-375克/公顷 茎叶喷雾
夏大豆田 一年生阔叶杂草 225-300克/公顷 茎叶喷雾

PD20097319 烟嘧磺隆/40克/升/可分散油悬浮剂/烟嘧磺隆 40克/升/2014.10.27 至 2019.10.27/微毒
玉米田 一年生杂草 42-60克/公顷 茎叶喷雾

PD20100339 莠去津/50%/悬浮剂/莠去津 50%/2010.01.11 至 2015.01.11/低毒
玉米田 一年生杂草 1500-1875克/公顷（春玉米田），1125-1500克/公顷（夏玉米田） 播后苗前土壤喷雾

PD20101967 乙草胺/89%/乳油/乙草胺 89%/2010.09.21 至 2015.09.21/低毒
春大豆田 部分阔叶杂草、一年生禾本科杂草 1485-1930.5克/公顷(东北地区) 土壤喷雾
春玉米田 一年生禾本科杂草及部分小粒种子阔叶杂草 1336.5-1782克/公顷 土壤喷雾
花生田、棉花田 一年生禾本科杂草及部分小粒种子阔叶杂草 891-1188克/公顷 土壤喷雾
夏玉米田 部分阔叶杂草、一年生禾本科杂草 1039.5-1336.5克/公顷 土壤喷雾

PD20110414 异丙甲草胺/720克/升/乳油/异丙甲草胺 720克/升/2011.04.15 至 2016.04.15/低毒
大豆田、玉米田 一年生杂草 1404-1944克/公顷 土壤喷雾

PD20110498 丁草胺/85%/乳油/丁草胺 85%/2011.05.03 至 2016.05.03/低毒
水稻移栽田 一年生杂草 877.5-1350克.公顷 药土法

内蒙古华星生物科技有限公司 （内蒙古自治区赤峰市元宝山区赤元公路21公里 024070 0476-3584310)

PD20097608 戊唑·福美双/8.6%/悬浮种衣剂/福美双 8.2%、戊唑醇 0.4%/2014.11.03 至 2019.11.03/低毒
玉米 丝黑穗病 172-215克/100千克种子 种子包衣

内蒙古佳瑞米精细化工有限公司　（内蒙古自治区乌海市乌达经济开发区中成路东　016000　0411-39216206）

PD20097355　琥铜·乙膦铝/23%/可湿性粉剂/琥胶肥酸铜 7.5%、三乙膦酸铝 15.5%/2014.10.27 至 2019.10.27/低毒

水稻	苗期立枯病	0.6-1.2克/平方米(商品量)	苗床喷洒
甜菜	立枯病	92-115克/100千克种子	拌种

PD20100186　吲丁·萘乙酸/50%/可溶粉剂/萘乙酸 10%、吲哚丁酸 40%/2015.01.05 至 2020.01.05/低毒

水稻	调节生长	15-20毫克/千克	茎叶喷雾

内蒙古宁城县天力神卫生制品有限责任公司（赤峰市宁城县天义镇兴隆街西段　024200　0476-4228199）

WP20090096　杀虫粉剂/0.11%/粉剂/高效氯氰菊酯 0.06%、溴氰菊酯 0.05%/2014.02.04 至 2019.02.04/低毒

卫生	蜚蠊	3克制剂/平方米	撒布

内蒙古清源保生物科技有限公司　（内蒙古自治区巴彦淖尔盟磴口县化肥厂东侧　015200　0478-4213742）

PD20101866　苦参碱/0.3%/水剂/苦参碱 0.3%/2015.08.04 至 2020.08.04/低毒

十字花科蔬菜	菜青虫、蚜虫	7.5-9克/公顷	喷雾

PD20121089　苦参碱/5%/母药/苦参碱 5%/2012.07.19 至 2017.07.19/微毒

注:禁止用于水田。

PD20121727　苦参碱/0.6%/水剂/苦参碱 0.6%/2012.11.08 至 2017.11.08/低毒

茶树	茶尺蠖	5.4-6.75克/公顷	喷雾

PD20121952　除虫菊素/1.5%/水乳剂/除虫菊素 1.5%/2012.12.12 至 2017.12.12/低毒

叶菜	蚜虫	18-36克/公顷	喷雾

PD20130156　甲氨基阿维菌素苯甲酸盐/5%/水分散粒剂/甲氨基阿维菌素 5%/2013.01.17 至 2018.01.17/低毒

甘蓝	小菜蛾	3-4.5克/公顷	喷雾

注:甲氨基阿维菌素苯甲酸盐含量：5.7%。

PD20130369　大黄素甲醚/0.5%/水剂/大黄素甲醚 0.5%/2013.03.11 至 2018.03.11/低毒

黄瓜	白粉病	6.75-9克/公顷	喷雾

PD20130370　大黄素甲醚/8.5%/母药/大黄素甲醚 8.5%/2013.03.11 至 2018.03.11/低毒

PD20150150　蛇床子素/1%/水乳剂/蛇床子素 1%/2015.01.14 至 2020.01.14/微毒

黄瓜	霜霉病	7.5-9克/公顷	喷雾

PD20150155　蛇床子素/10%/母药/蛇床子素 10%/2015.01.14 至 2020.01.14/低毒

PD20150533　阿维·丁硫/15%/微乳剂/阿维菌素 1%、丁硫克百威 14%/2015.03.23 至 2020.03.23/中等毒(原药高毒)

烟草	根结线虫	1125-1687.5克/公顷	穴施

LS20130365　大黄素甲醚/0.1%/水剂/大黄素甲醚 0.1%/2015.07.05 至 2016.07.05/微毒

番茄	病毒病	60-100毫升制剂/亩	喷雾

内蒙古帅旗生物科技股份有限公司　（内蒙古自治区赤峰市松山区平双公路999-34号　024005　）

PD20100678　烟碱·苦参碱/1.2%/乳油/苦参碱 0.5%、烟碱 0.7%/2015.01.15 至 2020.01.15/低毒

甘蓝	菜青虫	7.2-9克/公顷	喷雾

PD20100679　苦参碱/5%/母药/苦参碱 5%/2015.01.15 至 2020.01.15/低毒

PD20100680　烟碱/90%/原药/烟碱 90%/2015.01.15 至 2020.01.15/高毒

PD20120317　啶虫脒/5%/乳油/啶虫脒 5%/2012.02.17 至 2017.02.17/低毒

甘蓝	蚜虫	18－27克/公顷	喷雾

PD20120327　阿维菌素/1.8%/乳油/阿维菌素 1.8%/2012.02.17 至 2017.02.17/低毒(原药高毒)

苹果树	红蜘蛛	3.33-6.25毫克/千克	喷雾

PD20120576　甲氨基阿维菌素苯甲酸盐/0.5%/乳油/甲氨基阿维菌素 0.5%/2012.03.28 至 2017.03.28/低毒

甘蓝	小菜蛾	3-3.75克/公顷	喷雾

注:甲氨基阿维菌素苯甲酸盐乳油：0.57%。

PD20130430　苦参碱/1.5%/可溶液剂/苦参碱 1.5%/2013.03.18 至 2018.03.18/低毒

草原	蝗虫	6.75-9克/公顷	喷雾
甘蓝	菜青虫	3.75－4.5克/公顷	喷雾
小麦	蚜虫	6.75-9克/公顷	喷雾

PD20140160　阿维·灭幼脲/25%/悬浮剂/阿维菌素 0.5%、灭幼脲 24.5%/2014.01.28 至 2019.01.28/低毒(原药高毒)

松树	松毛虫	100-167毫克/千克	喷雾

PD20152567　苦参碱/0.5%/可溶液剂/苦参碱 0.5%/2015.12.05 至 2020.12.05/低毒

甘蓝	菜青虫	3.75－4.5克/公顷	喷雾

内蒙古新威远生物化工有限公司　（内蒙古自治区鄂尔多斯市达拉特旗王爱召镇　014300　0477-5229505）

PD20084919　阿维菌素/95%/原药/阿维菌素 95%/2013.12.22 至 2018.12.22/高毒

PD20094508　甲氨基阿维菌素苯甲酸盐/83.5%/原药/甲氨基阿维菌素 83.5%/2014.04.09 至 2019.04.09/低毒

注:甲氨基阿维菌素苯甲酸盐含量：95%。

齐鲁制药（内蒙古）有限公司　（呼和浩特市经济技术开发区金川南区纬四路2号　010080　0471-3260023）

PD20110674　阿维菌素/95%/原药/阿维菌素 95%/2011.06.20 至 2016.06.20/高毒

山东神威生物农药科技有限公司　（内蒙古自治区枣庄市山亭区西集镇东集村北　277200　0632-8510189）

PD20083361　高效氯氟氰菊酯/25克/升/乳油/高效氯氟氰菊酯 25克/升/2013.12.11 至 2018.12.11/中等毒

十字花科蔬菜	菜青虫	7.5-11.25克/公顷	喷雾

PD20084953　氯氰·丙溴磷/440克/升/乳油/丙溴磷 400克/升、氯氰菊酯 40克/升/2013.12.22 至 2018.12.22/中等毒

棉花	棉铃虫	462-660克/公顷	喷雾

PD20097139　高效氟吡甲禾灵/108克/升/乳油/高效氟吡甲禾灵 108克/升/2014.10.16 至 2019.10.16/低毒

春大豆田　一年生禾本科杂草　56.7-64.8克/公顷　茎叶喷雾
夏大豆田　一年生禾本科杂草　32.4-56.7克/公顷　茎叶喷雾

PD20121509　精喹禾灵/10%/乳油/精喹禾灵 10%/2012.10.09 至 2017.10.09/低毒
大豆田　一年生禾本科杂草　48.6-64.8克/公顷　茎叶喷雾

PD20132607　烯草酮/24%/乳油/烯草酮 24%/2013.12.20 至 2018.12.20/低毒
大豆田　一年生禾本科杂草　108-144克/公顷　茎叶喷雾

PD20140018　灭草松/48%/水剂/灭草松 48%/2014.01.02 至 2019.01.02/低毒
大豆田　一年生阔叶杂草　1080-1440克/公顷　茎叶喷雾

PD20140089　氟磺胺草醚/25%/水剂/氟磺胺草醚 25%/2014.01.20 至 2019.01.20/低毒
大豆田　一年生阔叶杂草　225-370克/公顷　茎叶喷雾

PD20140948　氯氟吡氧乙酸异辛酯/200克/升/乳油/氯氟吡氧乙酸 200克/升/2014.04.14 至 2019.04.14/低毒
小麦田　一年生阔叶杂草　151.20-216克/公顷　茎叶喷雾
注:氯氟吡氧乙酸异辛酯含量288克/升。

PD20141508　氰氟草酯/100克/升/乳油/氰氟草酯 100克/升/2014.06.16 至 2019.06.16/低毒
水稻移栽田　稗草、千金子　75-105克/公顷　茎叶喷雾

PD20150536　乙氧氟草醚/24%/乳油/乙氧氟草醚 24%/2015.03.23 至 2020.03.23/低毒
水稻移栽田　一年生杂草　46.8-72克/公顷　药土法

宁夏回族自治区

宁夏大地丰之源生物药业有限公司　(宁夏回族自治区银川市德胜工业园区永胜西路11号　750200　0951-8987209)

PD20101828　阿维菌素/92%/原药/阿维菌素 92%/2015.07.28 至 2020.07.28/高毒

宁夏大荣化工冶金有限公司　(宁夏回族自治区石嘴山市大武口区金工路　753001　0952-2170303)

PD20110256　氰氨化钙/50%/颗粒剂/氰氨化钙 50%/2016.03.04 至 2021.03.04/低毒
番茄、黄瓜　根结线虫　360-480千克/公顷　沟施
水稻　福寿螺　250-400千克/公顷　撒施

PD20110304　单氰胺/50%/水剂/单氰胺 50%/2016.03.21 至 2021.03.21/中等毒
葡萄　调节生长　20-50倍液　喷雾

宁夏格瑞精细化工有限公司　(宁夏回族自治区平罗县太沙工业区　753400　0952-3950069)

PD85159-46　草甘膦/30%/水剂/草甘膦 30%/2015.08.15 至 2020.08.15/低毒
茶树、甘蔗、果园、剑麻、林木、桑树、橡胶树　一年生杂草和多年生恶性杂草　1125-2250克/公顷　定向茎叶喷雾

PD92103-24　草甘膦/95%/原药/草甘膦 95%/2014.12.08 至 2019.12.08/低毒

PD20080572　草甘膦异丙胺盐/41%/水剂/草甘膦异丙胺盐 41%/2013.05.12 至 2018.05.12/微毒
柑橘园　杂草　1125-2250克/公顷　定向茎叶喷雾

PD20082190　草甘膦异丙胺盐/62%/水剂/草甘膦异丙胺盐 62%/2013.11.26 至 2018.11.26/低毒
柑橘园　杂草　1209－2325克/公顷　定向茎叶喷雾

宁夏垦原生物化工科技有限公司　(宁夏回族自治区银川市金凤区垦原路　750011　0951-3066993)

PD20093840　草甘膦/95%/原药/草甘膦 95%/2014.03.25 至 2019.03.25/低毒

PD20094021　吡虫・仲丁威/40%/乳油/吡虫啉 1.5%、仲丁威 38.5%/2014.03.27 至 2019.03.27/中等毒
水稻　飞虱　300-390克/公顷　喷雾

PD20094215　异稻・稻瘟灵/40%/乳油/稻瘟灵 10%、异稻瘟净 30%/2014.03.31 至 2019.03.31/中等毒
水稻　稻瘟病　600-1000克/公顷　喷雾

PD20094249　辛硫・灭多威/30%/乳油/灭多威 10%、辛硫磷 20%/2014.03.31 至 2019.03.31/高毒
棉花　棉铃虫　180-360克/公顷　喷雾

PD20094469　霜脲・锰锌/72%/可湿性粉剂/代森锰锌 64%、霜脲氰 8%/2014.04.01 至 2019.04.01/低毒
黄瓜　霜霉病　1440-1800克/公顷　喷雾

PD20096601　乙烯利/40%/水剂/乙烯利 40%/2014.09.02 至 2019.09.02/低毒
棉花　催熟　800-1333毫克/千克　喷雾

PD20097549　复硝酚钠/2%/水剂/2,4-二硝基苯酚钠 0.2%、5-硝基邻甲氧基苯酚钠 0.4%、对硝基苯酚钠 0.8%、邻硝基苯酚钠 0.6%/2014.11.03 至 2019.11.03/低毒
小麦　调节生长　3000-4000倍液　喷雾

PD20101868　矮壮・甲哌鎓/25%/水剂/矮壮素 22%、甲哌鎓 3%/2015.08.04 至 2020.08.04/低毒
棉花　调节生长、增产　56.3-75克/公顷　茎叶喷雾

宁夏启元药业有限公司　(宁夏回族自治区银川市工业园启元大道1号　750101　0951-4066000，8355556)

PD20083568　阿维菌素/92%/原药/阿维菌素 92%/2013.12.12 至 2018.12.12/高毒

PD20100862　甲氨基阿维菌素苯甲酸盐(90%)///原药/甲氨基阿维菌素 79.1%/2015.01.19 至 2020.01.19/中等毒

宁夏瑞泰科技股份有限公司　(宁夏回族自治区中卫市工业园区　755000　0955-7627826)

PD20110141　多菌灵/98%/原药/多菌灵 98%/2016.02.10 至 2021.02.10/低毒

PD20110474　甲基硫菌灵/95%/原药/甲基硫菌灵 95%/2011.04.22 至 2016.04.22/低毒

PD20151565　啶虫脒/99%/原药/啶虫脒 99%/2015.08.03 至 2020.08.03/中等毒

宁夏新安科技有限公司　(宁夏回族自治区平罗县太沙工业园区精细化工园　753401　0952-3910670)

PD20050035　异丙隆/95%/原药/异丙隆 95%/2015.04.15 至 2020.04.15/低毒

PD20050058　吡虫啉/95%/原药/吡虫啉 95%/2015.06.06 至 2020.06.06/低毒

PD20060107 噁草酮/94%/原药/噁草酮 94%/2011.06.13 至 2016.06.13/低毒
PD20080636 多菌灵/98%/原药/多菌灵 98%/2013.05.13 至 2018.05.13/低毒
PD20081129 草甘膦/95%/原药/草甘膦 95%/2013.08.21 至 2018.08.21/低毒
PD20081213 噻嗪酮/95%/原药/噻嗪酮 95%/2013.09.11 至 2018.09.11/低毒
PD20091248 敌草隆/97%/原药/敌草隆 97%/2014.02.01 至 2019.02.01/低毒
PD20094489 毒死蜱/95%/原药/毒死蜱 95%/2014.04.09 至 2019.04.09/中等毒
PD20094492 甲基硫菌灵/95%/原药/甲基硫菌灵 95%/2014.04.09 至 2019.04.09/低毒
PD20094674 百草枯/30.5%/母药/百草枯 30.5%/2014.04.10 至 2019.04.10/中等毒
PD20130006 多菌灵/50%/悬浮剂/多菌灵 50%/2013.01.04 至 2018.01.04/低毒
小麦 赤霉病 900-1125克/公顷 喷雾
PD20130134 敌草隆/80%/悬浮剂/敌草隆 80%/2013.01.17 至 2018.01.17/低毒
甘蔗田 一年生杂草 1500-2100克/公顷 土壤喷雾
PD20130143 敌草隆/80%/可湿性粉剂/敌草隆 80%/2013.01.17 至 2018.01.17/低毒
甘蔗田 一年生杂草 1200-2400克/公顷 土壤处理
PD20131408 敌草隆/80%/水分散粒剂/敌草隆 80%/2013.07.02 至 2018.07.02/低毒
注:专供出口，不得在国内销售。
PD20152539 环嗪酮/98%/原药/环嗪酮 98%/2015.12.05 至 2020.12.05/低毒
PD20152562 草铵膦/95%/原药/草铵膦 95%/2015.12.05 至 2020.12.05/低毒

宁夏亚乐农业科技有限责任公司 (宁夏回族自治区银川市良田工业区文昌路41号 750002 0951-5047115)

PD20132477 苦参碱/0.3%/水剂/苦参碱 0.3%/2013.12.09 至 2018.12.09/低毒
甘蓝 蚜虫 4.5-6.75克/公顷 喷雾

宁夏裕农化工有限责任公司 (宁夏回族自治区惠农县红果子经济开发区 753600 0952-7681891)

PD20081583 霜脲氰/98%/原药/霜脲氰 98%/2013.11.12 至 2018.11.12/低毒
PD20082211 霜脲·锰锌/72%/可湿性粉剂/代森锰锌 64%、霜脲氰 8%/2013.11.26 至 2018.11.26/低毒
黄瓜 霜霉病 1440-1800克/公顷 喷雾
PD20086067 辛硫·高氯氟/21%/乳油/高效氯氟氰菊酯 0.9%、辛硫磷 20.1%/2013.12.30 至 2018.12.30/中等毒
棉花 棉铃虫 189-252克/公顷 喷雾
十字花科蔬菜 菜青虫 94.5-126克/公顷 喷雾
PD20096407 复硝酚钠/1.8%/水剂/5-硝基邻甲氧基苯酚钠 0.3%、对硝基苯酚钠 0.9%、邻硝基苯酚钠 0.6%/2014.08.04 至2019.08.04/低毒
小麦 调节生长、增产 3000-4000倍液 喷雾
PD20096641 氯吡脲/0.1%/可溶液剂/氯吡脲 0.1%/2014.09.02 至 2019.09.02/低毒
葡萄 调节生长、增产 10-20毫克/千克 浸幼果穗
PD20101647 草甘膦/50%/可溶粉剂/草甘膦 50%/2015.06.03 至 2020.06.03/低毒
非耕地 杂草 1230-2460克/公顷 定向茎叶喷雾

宁夏中天技术创新工程有限公司 (宁夏回族自治区银川市银川镇北堡华西工业区 750021 0951-2136001)

PD20084804 多·福·克/16.8%/悬浮种衣剂/多菌灵 3.8%、福美双 6%、克百威 7%/2013.12.22 至 2018.12.22/高毒
玉米 地下害虫、茎基腐病 1:30-40(药种比) 种子包衣
PD20130013 戊唑·福美双/0.6%/悬浮种衣剂/福美双 9%、戊唑醇 0.6%/2013.01.04 至 2018.01.04/低毒
玉米 丝黑穗病 160-240克/100千克种子 种子包衣
PD20130925 甲枯·福美双/15%/悬浮种衣剂/福美双 10%、甲基立枯磷 5%/2013.04.28 至 2018.04.28/低毒
棉花 立枯病、炭疽病 250-375克/100千克种子 种子包衣

青海省

青海黎化实业有限责任公司 (青海省大通县宁张公路28公里处 810103 0971-2765458)

PD20060052 矮壮素/50%/水剂/矮壮素 50%/2011.03.06 至 2016.03.06/低毒
小麦 防止倒伏、增产 150-250倍液 喷雾

青海绿原生物工程有限公司 (青海省西宁市青海生物科技产业园纬二路1号 810016 0971-5318744)

PD20096472 D型肉毒梭菌毒素/1000万毒价/毫升/水剂/D型肉毒梭菌毒素 1000万毒价/毫升/2014.08.14 至 2019.08.14/中等毒
草场牧草 鼢鼠、高原鼠兔 按1:500-1:1000配制毒饵，饱和投饵 鼠洞投饵

青海生物药品厂 (青海省西宁市城北区经济技术开发区生物产业园区 810003 0971-5318190)

PD20070418 C型肉毒杀鼠素/100万毒价/毫升/水剂/C型肉毒梭菌毒素 100万毒价/毫升/2012.11.06 至 2017.11.06/高毒
牧草 鼢鼠、高原鼠兔 配成0.1-0.2%含量的毒饵1125克/公顷 洞施
PD20110011 高效氯氟氰菊酯/4.5%/乳油/高效氯氟氰菊酯 4.5%/2011.01.04 至 2016.01.04/中等毒
草原 蝗虫 20.25-27克/公顷 喷雾
PD20131758 C型肉毒梭菌毒素/100万毒价/毫升/浓饵剂/C型肉毒梭菌毒素 100万毒价/毫升/2013.09.06 至 2018.09.06/低毒
草原 害鼠 10-12克/鼠洞 配成0.1-0.15%的毒饵，洞口投饵
PD20151269 D型肉毒梭菌毒素/1500万毒价/毫升/浓饵剂/D型肉毒梭菌毒素 1500万毒价/毫升/2015.07.30 至 2020.07.30/低毒
草原 长爪沙鼠、高原鼠兔、黑线姬鼠 与基饵按1:1000的比例配制成饵粒 投放
LS20130227 C型肉毒梭菌毒素/3000毒价/克/饵粒/C型肉毒梭菌毒素 3000毒价/克/2015.04.28 至 2016.04.28/低毒
草原牧场 害鼠 100克毒饵/公顷 投放

山东省

德州绿霸精细化工有限公司 （山东省德州市天衢工业园恒东路288号 253035 0534-2730588）

PD84101-3 马拉硫磷/95%，90%，85%/原药/马拉硫磷 95%，90%，85%/2011.11.28 至 2016.11.28/低毒

PD84105-11 马拉硫磷/45%/乳油/马拉硫磷 45%/2014.11.18 至 2019.11.18/低毒

茶树 长白蚧、象甲 625-1000毫克/千克 喷雾

豆类 食心虫、造桥虫 561.5-750克/公顷 喷雾

果树 蝽蟓、蚜虫 250-333毫克/千克 喷雾

林木、牧草 蝗虫 450-600克/公顷 喷雾

棉花 盲蝽蟓、蚜虫、叶跳虫 375-562.2克/公顷 喷雾

蔬菜 黄条跳甲、蚜虫 562.5-750克/公顷 喷雾

水稻 飞虱、蓟马、叶蝉 562.5-750克/公顷 喷雾

小麦 黏虫、蚜虫 562.5-750克/公顷 喷雾

PD85129-2 马拉硫磷/70%/乳油/马拉硫磷 70%/2011.07.05 至 2016.07.05/低毒

大麦原粮、稻谷原粮、高粱原粮、小麦原粮、玉米原粮 仓储害虫 10-30毫克/千克 喷雾或砻糠载体法

PD20070113 高效氯氟氰菊酯/95%/原药/高效氯氟氰菊酯 95%/2012.05.08 至 2017.05.08/中等毒

PD20070224 异噁草松/92%/原药/异噁草松 92%/2012.08.08 至 2017.08.08/低毒

PD20070226 除虫脲/97.9%/原药/除虫脲 97.9%/2012.08.08 至 2017.08.08/低毒

PD20070589 高氯·马/30%/乳油/高效氯氰菊酯 2.5%、马拉硫磷 27.5%/2012.12.14 至 2017.12.14/低毒

棉花 棉铃虫 315-450克/公顷 喷雾

小麦 蚜虫 135-225克/公顷 喷雾

PD20081003 高效氯氟氰菊酯/25克/升/乳油/高效氯氟氰菊酯 25克/升/2013.08.06 至 2018.08.06/低毒

叶菜类十字花科蔬菜 蚜虫 5.625-7.5克/公顷 喷雾

叶菜类十字花科蔬菜 菜青虫 11.25-15克/公顷 喷雾

PD20081887 硫丹/350克/升/乳油/硫丹 350克/升/2013.11.20 至 2018.11.20/高毒

棉花 棉铃虫 525-840克/公顷 喷雾

烟草 蚜虫、烟青虫 420-525克/公顷 喷雾

PD20085818 马拉·灭多威/35%/乳油/马拉硫磷 25%、灭多威 10%/2013.12.29 至 2018.12.29/高毒

棉花 棉铃虫 262.5-315克/公顷 喷雾

PD20090034 异噁草松/480克/升/乳油/异噁草松 480克/升/2014.01.06 至 2019.01.06/低毒

春大豆田 一年生杂草 864-1080克/公顷 播后苗前土壤喷雾

PD20090577 氟铃脲/95%/原药/氟铃脲 95%/2014.01.14 至 2019.01.14/低毒

PD20090603 氟铃脲/5%/乳油/氟铃脲 5%/2014.01.14 至 2019.01.14/低毒

甘蓝 甜菜夜蛾 20-30克/公顷 喷雾

甘蓝 小菜蛾 30-45克/公顷 喷雾

棉花 棉铃虫 75-120克/公顷 喷雾

PD20090660 氟铃·辛硫磷/20%/乳油/氟铃脲 2%、辛硫磷 18%/2014.01.15 至 2019.01.15/低毒

甘蓝 小菜蛾 90-150克/公顷 喷雾

棉花 棉铃虫 150-225克/公顷 喷雾

PD20111179 氟啶脲/94%/原药/氟啶脲 94%/2011.11.15 至 2016.11.15/低毒

PD20120924 高氯·甲维盐/3.2%/微乳剂/高效氯氰菊酯 3%、甲氨基阿维菌素苯甲酸盐 0.2%/2012.06.04 至 2017.06.04/低毒

甘蓝 甜菜夜蛾 12-16克/公顷 喷雾

PD20131146 高效氟吡甲禾灵/97%/原药/高效氟吡甲禾灵 97%/2013.05.20 至 2018.05.20/低毒

PD20131208 毒死蜱/97%/原药/毒死蜱 97%/2013.05.28 至 2018.05.28/中等毒

PD20131517 敌草快/40%/母药/敌草快 40%/2013.07.17 至 2018.07.17/低毒

PD20132057 敌草快/20%/水剂/敌草快 20%/2013.10.22 至 2018.10.22/低毒

非耕地 一年生杂草 900-1050克/公顷 茎叶喷雾

PD20132063 氰氟草酯/97.4%/原药/氰氟草酯 97.4%/2013.10.22 至 2018.10.22/低毒

PD20132695 二氯吡啶酸/30%/水剂/二氯吡啶酸 30%/2013.12.25 至 2018.12.25/低毒

非耕地 一年生阔叶杂草 360-495克/公顷 茎叶喷雾

PD20140016 氨氯吡啶酸/24%/水剂/氨氯吡啶酸 24%/2014.01.02 至 2019.01.02/低毒

非耕地 阔叶杂草 1080-2160克/公顷 茎叶喷雾

PD20140312 阿维·高氯氟/2%/乳油/阿维菌素 0.4%、高效氯氟氰菊酯 1.6%/2014.02.12 至 2019.02.12/低毒(原药高毒)

甘蓝 小菜蛾 10-15克/公顷 喷雾

PD20140781 咯菌腈/96.5%/原药/咯菌腈 96.5%/2014.03.25 至 2019.03.25/低毒

PD20140782 虱螨脲/96%/原药/虱螨脲 96%/2014.03.25 至 2019.03.25/低毒

PD20140954 噻呋酰胺/97%/原药/噻呋酰胺 97%/2014.04.14 至 2019.04.14/低毒

PD20141268 双氟磺草胺/97%/原药/双氟磺草胺 97%/2014.05.07 至 2019.05.07/低毒

PD20150027 除虫脲/25%/可湿性粉剂/除虫脲 25%/2015.01.04 至 2020.01.04/微毒

苹果树 金纹细蛾 125-250毫克/千克 喷雾

PD20150493 虱螨脲/50克/升/乳油/虱螨脲 50克/升/2015.03.20 至 2020.03.20/低毒

甘蓝 甜菜夜蛾 30.0-37.5克/公顷 喷雾

PD20150686 滴·氨氯/26%/水剂/氨氯吡啶酸 5.4%、2,4-滴 20.6%/2015.04.17 至 2020.04.17/低毒
非耕地 一年生阔叶杂草 312-390克/公顷 茎叶喷雾
PD20150770 氟唑磺隆/95%/原药/氟唑磺隆 95%/2015.05.13 至 2020.05.13/微毒
PD20150877 虱螨脲/5%/悬浮剂/虱螨脲 5%/2015.05.18 至 2020.05.18/低毒
甘蓝 甜菜夜蛾 22.5-37.5a.i.g/ha 喷雾
PD20151118 吡虫啉/97%/原药/吡虫啉 97%/2015.06.25 至 2020.06.25/低毒
PD20151631 吡唑醚菌酯/97.5%/原药/吡唑醚菌酯 97.5%/2015.08.28 至 2020.08.28/低毒
PD20151780 氟吡菌胺/97%/原药/氟吡菌胺 97%/2015.08.28 至 2020.08.28/微毒

德州雪豹化学有限公司 (山东省德州市德城区恒东路10号 253035 0534-2233299)

WP20080442 杀虫气雾剂/0.32%/气雾剂/胺菊酯 0.27%、氯氰菊酯 0.05%/2013.12.15 至 2018.12.15/低毒
卫生 蚊、蝇、蜚蠊 / 喷雾
WP20080529 蚊香/0.2%/蚊香/富右旋反式烯丙菊酯 0.2%/2013.12.23 至 2018.12.23/低毒
卫生 蚊 / 点燃
WP20090066 杀虫气雾剂/0.36%/气雾剂/胺菊酯 0.26%、氯菊酯 0.1%/2014.02.01 至 2019.02.01/低毒
卫生 蚊、蝇、蜚蠊 / 喷雾
WP20110083 电热蚊香片/12毫克/片/电热蚊香片/炔丙菊酯 12毫克/片/2011.04.06 至 2016.04.06/微毒
卫生 蚊 / 电热加温
WP20110116 杀虫气雾剂/0.44%/气雾剂/胺菊酯 0.25%、氯菊酯 0.15%、氯氰菊酯 0.04%/2011.05.05 至 2016.05.05/低毒
室内 蜚蠊、蚊、蝇 / 喷雾
WP20110181 电热蚊香液/1.1%/电热蚊香液/炔丙菊酯 1.1%/2011.08.04 至 2016.08.04/微毒
卫生 蚊 / 电热加温

东营康瑞药业有限公司 (山东省垦利县胜坨镇政府驻地 257500 0546-2883085)

PD20092136 联苯菊酯/25克/升/乳油/联苯菊酯 25克/升/2014.02.23 至 2019.02.23/低毒
番茄(保护地) 白粉虱 7.5-15克/公顷 喷雾

高密建滔化工有限公司 (山东省潍坊市高密市旗台路北首 261500 0536-2323133)

PD85105-50 敌敌畏/77.5%/乳油/敌敌畏 77.5%/2015.03.17 至 2020.03.17/中等毒
茶树 食叶害虫 600克/公顷 喷雾
粮仓 多种储藏害虫 1)400-500倍液2)0.4-0.5克/立方米 1)喷雾2)挂条熏蒸
棉花 蚜虫、造桥虫 600-1200克/公顷 喷雾
苹果树 小卷叶蛾、蚜虫 400-500毫克/千克 喷雾
青菜 菜青虫 600克/公顷 喷雾
桑树 尺蠖 600克/公顷 喷雾
卫生 多种卫生害虫 1)300-400倍液2)0.08克/立方米 1)泼洒2)挂条熏蒸
小麦 黏虫、蚜虫 600克/公顷 喷雾
PD20070512 敌敌畏/95%/原药/敌敌畏 95%/2012.11.28 至 2017.11.28/低毒
PD20080758 精喹禾灵/10%/乳油/精喹禾灵 10%/2013.06.11 至 2018.06.11/低毒
冬油菜田 一年生禾本科杂草 45-52.5克/公顷 喷雾
夏大豆田 一年生禾本科杂草 37.5-52.5克/公顷 喷雾
PD20082342 甲基立枯磷/20%/乳油/甲基立枯磷 20%/2013.12.01 至 2018.12.01/低毒
棉花 立枯病 200-300克/100千克种子 拌种
PD20095215 三氯杀螨砜/10%/乳油/三氯杀螨砜 10%/2014.04.24 至 2019.04.24/低毒
苹果树 红蜘蛛 125-200毫克/千克 喷雾
PD20095217 三氯杀螨砜/95%/原药/三氯杀螨砜 95%/2014.04.24 至 2019.04.24/低毒

海利尔药业集团股份有限公司 (山东省青岛市城阳区城东工业园 266071 0532-85767979)

PD20060092 高氯·三唑磷/13%/乳油/高效氯氰菊酯 1.7%、三唑磷 11.3%/2011.05.31 至 2016.05.31/中等毒
荔枝树 蒂蛀虫 86.67-130毫克/千克 喷雾
PD20060094 高效氯氰菊酯/4.5%/乳油/高效氯氰菊酯 4.5%/2011.05.19 至 2016.05.19/低毒
梨树 梨木虱 12.5-20.8毫克/千克 喷雾
十字花科蔬菜 菜青虫 15-22.5克/公顷 喷雾
PD20060124 吡虫啉/10%/可湿性粉剂/吡虫啉 10%/2011.06.26 至 2016.06.26/低毒
韭菜 韭蛆 300-450克/公顷 药土法
莲藕 莲缢管蚜 15-30克/公顷 喷雾
芹菜、十字花科蔬菜 蚜虫 15-30克/公顷 喷雾
水稻 飞虱 30-45克/公顷 喷雾
PD20070219 高氯·吡虫啉/3%/乳油/吡虫啉 1.5%、高效氯氰菊酯 1.5%/2012.08.08 至 2017.08.08/低毒
十字花科蔬菜 蚜虫 18-27克/公顷 喷雾
PD20070229 三唑磷/20%/乳油/三唑磷 20%/2012.08.08 至 2017.08.08/中等毒
水稻 二化螟 216-252克/公顷 喷雾
PD20070396 虫酰肼/95%/原药/虫酰肼 95%/2012.11.05 至 2017.11.05/低毒
PD20070531 代森锌/65%/可湿性粉剂/代森锌 65%/2012.12.03 至 2017.12.03/低毒
番茄 早疫病 975-1200克/公顷 喷雾
PD20080266 灭蝇胺/20%/可溶粉剂/灭蝇胺 20%/2013.02.20 至 2018.02.20/低毒

	菜豆	美洲斑潜蝇	120-180克/公顷	喷雾
PD20080320	嘧霉胺/20%/可湿性粉剂/嘧霉胺 20%/2013.02.26 至 2018.02.26/低毒			
	黄瓜	灰霉病	360－540克/公顷	喷雾
PD20080417	吡虫啉/95%/原药/吡虫啉 95%/2013.03.04 至 2018.03.04/低毒			
PD20080844	复硝酚钠/1.8%/水剂/5-硝基邻甲氧基苯酚钠 0.3%、对硝基苯酚钠 0.9%、邻硝基苯酚钠 0.6%/2013.06.23 至2018.06.23/低毒			
	番茄	调节生长	6-9 毫克/升	兑水喷雾，自初花期开始，1次/10天，共需3-4次
PD20081318	甲氰·辛硫磷/25%/乳油/甲氰菊酯 5%、辛硫磷 20%/2013.10.17 至 2018.10.17/中等毒			
	苹果树	红蜘蛛	125-250毫克/千克	喷雾
PD20081395	虫酰肼/10%/悬浮剂/虫酰肼 10%/2013.10.28 至 2018.10.28/低毒			
	十字花科蔬菜	甜菜夜蛾	150-180克/公顷	喷雾
PD20081733	二甲戊灵/33%/乳油/二甲戊灵 33%/2013.11.18 至 2018.12.24/低毒			
	甘蓝田	一年生杂草	618.8－742.5克/公顷	土壤喷雾
PD20081772	氟磺胺草醚/25%/水剂/氟磺胺草醚 25%/2013.11.18 至 2018.12.24/低毒			
	春大豆田	一年生阔叶杂草	450-562.5克/公顷	茎叶喷雾
PD20081836	啶虫脒/96%/原药/啶虫脒 96%/2013.11.20 至 2018.11.20/低毒			
PD20081845	高效氟吡甲禾灵/108克/升/乳油/高效氟吡甲禾灵 108克/升/2013.11.20 至 2018.11.20/低毒			
	春大豆田	一年生禾本科杂草	48.6-56.7克/公顷	喷雾
PD20081869	辛硫·高氯氟/26%/乳油/高效氯氟氰菊酯 1%、辛硫磷 25%/2013.11.20 至 2018.11.20/低毒			
	棉花	棉铃虫	373-390克/公顷	喷雾
PD20081964	啶虫脒/20%/可溶粉剂/啶虫脒 20%/2013.11.25 至 2018.11.25/低毒			
	黄瓜	蚜虫	18-27克/公顷	喷雾
PD20081983	代森锰锌/50%/可湿性粉剂/代森锰锌 50%/2013.11.25 至 2018.11.25/低毒			
	番茄	早疫病	1845－2370克/公顷	喷雾
PD20082076	烯禾啶/12.5%/乳油/烯禾啶 12.5%/2013.11.25 至 2018.11.25/低毒			
	春大豆田	一年生禾本科杂草	187.5-281.3克/公顷	茎叶喷雾
PD20082100	三环唑/75%/可湿性粉剂/三环唑 75%/2013.11.25 至 2018.11.25/低毒			
	水稻	稻瘟病	225-300克/公顷	喷雾
PD20082221	多·锰锌/50%/可湿性粉剂/多菌灵 8%、代森锰锌 42%/2013.11.26 至 2018.11.26/低毒			
	苹果树	斑点落叶病	400-500倍液	喷雾
PD20082313	甲基硫菌灵/50%/悬浮剂/甲基硫菌灵 50%/2013.12.01 至 2018.12.01/低毒			
	水稻	纹枯病	937.5-1125克/公顷	喷雾
PD20082326	哒螨·三唑锡/16%/可湿性粉剂/哒螨灵 10%、三唑锡 6%/2013.12.01 至 2018.12.01/低毒			
	柑橘树	红蜘蛛	1000-1500倍液	喷雾
PD20082333	醚菊酯/10%/悬浮剂/醚菊酯 10%/2013.12.01 至 2018.12.01/低毒			
	甘蓝	菜青虫	30-60克/公顷	喷雾
PD20082343	氟硅唑/40%/乳油/氟硅唑 40%/2013.12.01 至 2018.12.01/低毒			
	梨树	黑星病	40-66.7毫克/千克	喷雾
PD20083028	苏云金杆菌/8000IU/毫克/可湿性粉剂/苏云金杆菌 8000IU/毫克/2013.12.10 至 2018.12.10/低毒			
	茶树	茶毛虫	400-800倍液	喷雾
	棉花	二代棉铃虫	3000-4500克制剂/公顷	喷雾
	森林	松毛虫	600-800倍液	喷雾
	十字花科蔬菜	菜青虫	750-1500克制剂/公顷	喷雾
	十字花科蔬菜	小菜蛾	1500-2250克制剂/公顷	喷雾
	水稻	稻纵卷叶螟	3000-4500克制剂/公顷	喷雾
	烟草	烟青虫	1500-3000克制剂/公顷	喷雾
	玉米	玉米螟	1500-3000克制剂/公顷	加细沙灌心
	枣树	枣尺蠖	600-800倍液	喷雾
PD20083457	杀螟硫磷/50%/乳油/杀螟硫磷 50%/2013.12.12 至 2018.12.12/低毒			
	水稻	三化螟	562.5-750克/公顷	喷雾
PD20084114	烟嘧磺隆/40克/升/悬浮剂/烟嘧磺隆 40克/升/2013.12.16 至 2018.12.16/低毒			
	玉米田	一年生杂草	40-60克/公顷	茎叶喷雾
PD20084290	丙环唑/250克/升/乳油/丙环唑 250克/升/2013.12.17 至 2018.12.17/低毒			
	莲藕	叶斑病	75-112.5克/公顷	喷雾
	香蕉树	叶斑病	250-500毫克/千克	喷雾
	小麦	白粉病	112.5-150.0克/公顷	喷雾
PD20084291	溴氰菊酯/2.5%/乳油/溴氰菊酯 2.5%/2013.12.17 至 2018.12.17/低毒			
	棉花	棉铃虫	15-18.75克/公顷	喷雾
PD20084296	甲基硫菌灵/70%/可湿性粉剂/甲基硫菌灵 70%/2013.12.17 至 2018.12.17/低毒			
	番茄	叶霉病	375-562.5克/公顷	喷雾
PD20084393	联苯菊酯/100克/升/乳油/联苯菊酯 100克/升/2013.12.17 至 2018.12.17/中等毒			

茶树　茶小绿叶蝉　30-37.5克/公顷　喷雾
PD20084403　噻螨酮/5%/乳油/噻螨酮 5%/2013.12.17 至 2018.12.17/低毒
柑橘树　红蜘蛛　25-33.3毫克/千克　喷雾
PD20084878　吡虫啉/20/可溶液剂/吡虫啉 20%/2013.12.22 至 2018.12.22/低毒
十字花科蔬菜　蚜虫　15-30克/公顷　喷雾
PD20085281　丁草胺/60%/乳油/丁草胺 60%/2013.12.23 至 2018.12.23/低毒
水稻移栽田　一年生杂草　900-1350克/公顷　药土法
PD20085284　乙草胺/81.5%/乳油/乙草胺 81.5%/2013.12.23 至 2018.12.23/低毒
夏玉米田　部分阔叶杂草、一年生禾本科杂草　1080－1350克/公顷　土壤喷雾
注:乙草胺质量浓度:900克/升。
PD20085373　精喹禾灵/15.8%/乳油/精喹禾灵 15.8%/2013.12.24 至 2018.12.24/低毒
春大豆田　一年生禾本科杂草　60-80克/公顷　茎叶喷雾
PD20086065　多·福/50%/可湿性粉剂/多菌灵 15%、福美双 35%/2013.12.30 至 2018.12.30/低毒
葡萄　霜霉病　1000-1250毫克/千克　喷雾
PD20086234　灭多威/10%/可湿性粉剂/灭多威 10%/2013.12.31 至 2018.12.31/中等毒(原药高毒)
棉花　棉铃虫　270-360克/公顷　喷雾
PD20086380　氟胺·烯禾啶/20.8%/乳油/氟磺胺草醚 12.5%、烯禾啶 8.3%/2013.12.31 至 2018.12.31/低毒
春大豆田　一年生杂草　405.6-468克/公顷　茎叶喷雾
PD20090145　噻嗪酮/25%/可湿性粉剂/噻嗪酮 25%/2014.01.08 至 2019.01.08/低毒
水稻　稻飞虱　112.5－150克/公顷　喷雾
PD20090230　甲硫·福美双/70%/可湿性粉剂/福美双 40%、甲基硫菌灵 30%/2014.01.09 至 2019.01.09/低毒
苹果树　轮纹病　600-800倍液　喷雾
PD20090246　烯酰·福美双/55%/可湿性粉剂/福美双 47%、烯酰吗啉 8%/2014.01.09 至 2019.01.09/低毒
黄瓜　霜霉病　825-1320克/公顷　喷雾
PD20090324　敌畏·毒死蜱/35%/乳油/敌敌畏 25%、毒死蜱 10%/2014.01.12 至 2019.01.12/中等毒
水稻　稻纵卷叶螟　420-525克/公顷　喷雾
PD20090390　硫磺·多菌灵/40%/悬浮剂/多菌灵 20%、硫磺 20%/2014.01.12 至 2019.01.12/低毒
水稻　稻瘟病　1200-1800克/公顷　喷雾
甜菜　褐斑病　900-1200克/公顷　喷雾
PD20090496　阿维·炔螨特/56%/微乳剂/阿维菌素 0.3%、炔螨特 55.7%/2014.01.12 至 2019.01.12/中等毒(原药高毒)
柑橘树　红蜘蛛　140-280毫克/千克　喷雾
PD20090616　阿维·敌敌畏/40%/乳油/阿维菌素 0.3%、敌敌畏 39.7%/2014.01.14 至 2019.01.14/中等毒(原药高毒)
黄瓜　美洲斑潜蝇　360-450克/公顷　喷雾
PD20090754　阿维菌素/1.8/乳油/阿维菌素 1.8%/2014.01.19 至 2019.01.19/低毒
十字花科蔬菜　小菜蛾　8.1-10.8克/公顷　喷雾
PD20090863　丙溴·灭多威/25%/乳油/丙溴磷 15%、灭多威 10%/2014.01.19 至 2019.01.19/中等毒(原药高毒)
棉花　棉铃虫　225-375克/公顷　喷雾
PD20090945　春雷霉素/2%/可湿性粉剂/春雷霉素 2%/2014.01.19 至 2019.01.19/低毒
大白菜　黑腐病　22.5-36克/公顷　喷雾
水稻　稻瘟病　30-36克/公顷　喷雾
PD20091276　氯氰·丙溴磷/440克/升/乳油/丙溴磷 400克/升、氯氰菊酯 40克/升/2014.02.01 至 2019.02.01/中等毒
棉花　棉铃虫　528-660克/公顷　喷雾
PD20091383　百·福·福锌/75%/可湿性粉剂/百菌清 19%、福美双 21%、福美锌 35%/2014.02.02 至 2019.02.02/低毒
黄瓜　霜霉病　1237.5-1687.5克/公顷　喷雾
PD20091477　哒螨·辛硫磷/24%/乳油/哒螨灵 4%、辛硫磷 20%/2014.02.02 至 2019.02.02/低毒
柑橘树　红蜘蛛　160-240毫克/千克　喷雾
PD20091633　阿维·高氯/2.4%/可湿性粉剂/阿维菌素 0.2%、高效氯氰菊酯 2.2%/2014.02.03 至 2019.02.03/低毒(原药高毒)
黄瓜　美洲斑潜蝇　15-30克/公顷　喷雾
PD20091639　多·福·锌/80%/可湿性粉剂/多菌灵 25%、福美双 25%、福美锌 30%/2014.02.03 至 2019.02.03/中等毒
苹果树　轮纹病　700-800倍液　喷雾
PD20091683　阿维·高氯/1.8%/乳油/阿维菌素 0.3%、高效氯氰菊酯 1.5%/2014.02.03 至 2019.02.03/低毒(原药高毒)
甘蓝　小菜蛾　8.1-10.8克/公顷　喷雾
PD20091740　甲霜·霜霉威/25%/可湿性粉剂/甲霜灵 15%、霜霉威 10%/2014.02.04 至 2019.02.04/低毒
黄瓜　霜霉病　470－703克/公顷　喷雾
PD20091880　啶虫脒/5%/乳油/啶虫脒 5%/2014.02.09 至 2019.02.09/低毒
黄瓜　蚜虫　18-22.5克/公顷　喷雾
莲藕　莲缢管蚜　15-22.5克/公顷　喷雾
萝卜　黄条跳甲　45-90克/公顷　喷雾
芹菜　蚜虫　18-27克/公顷　喷雾
PD20092313　阿维菌素/3.2%/乳油/阿维菌素 3.2%/2014.02.24 至 2019.02.24/低毒(原药高毒)
十字花科蔬菜　小菜蛾　8.1-10.8克/公顷　喷雾
PD20092371　氰戊·马拉松/20%/乳油/马拉硫磷 15%、氰戊菊酯 5%/2014.02.25 至 2019.02.25/中等毒
苹果树　桃小食心虫　133-200毫克/千克　喷雾

PD20093437	阿维·哒螨灵/10.2%/乳油/阿维菌素 0.2%、哒螨灵 10%/2014.03.23 至 2019.03.23/低毒(原药高毒)			
	苹果树	二斑叶螨	51-68毫克/千克	喷雾
PD20093580	硫磺·三唑酮/20%/可湿性粉剂/硫磺 10%、三唑酮 10%/2014.03.23 至 2019.03.23/低毒			
	小麦	白粉病	150-240克/公顷	喷雾
PD20093901	阿维菌素/0.5%/可湿性粉剂/阿维菌素 0.5%/2014.03.26 至 2019.03.26/低毒(原药高毒)			
	十字花科蔬菜	小菜蛾	4.5-9克/公顷	喷雾
PD20094163	甲维·氟铃脲/4%/微乳剂/氟铃脲 3.4%、甲氨基阿维菌素苯甲酸盐 0.6%/2014.03.27 至 2019.03.27/低毒			
	甘蓝	甜菜夜蛾	5.5-10.25克/公顷	喷雾
PD20094373	锰锌·腈菌唑/60%/可湿性粉剂/腈菌唑 2%、代森锰锌 58%/2014.04.01 至 2019.04.01/低毒			
	梨树	黑星病	1000-1500倍液	喷雾
PD20094454	异丙草胺/50%/乳油/异丙草胺 50%/2014.04.01 至 2019.04.01/低毒			
	夏玉米田	部分阔叶杂草、一年生禾本科杂草	1125－1500克/公顷	土壤喷雾
PD20095407	盐酸吗啉胍/5%/可溶粉剂/盐酸吗啉胍 5%/2014.04.27 至 2019.04.27/低毒			
	番茄	病毒病	300－375克/公顷	喷雾
PD20095521	三唑锡/25%/可湿性粉剂/三唑锡 25%/2014.05.11 至 2019.05.11/低毒			
	柑橘树	红蜘蛛	125-166毫克/千克	喷雾
PD20095612	代森锰锌/80%/可湿性粉剂/代森锰锌 80%/2014.05.12 至 2019.05.12/低毒			
	番茄	早疫病	1845-2370克/公顷	喷雾
	柑橘树	疮痂病、炭疽病	1333-2000克/公顷	喷雾
	梨树	黑星病	800-1600克/公顷	喷雾
	荔枝树	霜疫霉病	1333-2000克/公顷	喷雾
	苹果树	斑点落叶病、轮纹病、炭疽病	1000-1600克/公顷	喷雾
	西瓜	炭疽病	1560-2520克/公顷	喷雾
PD20095708	异丙·莠去津/40%/悬乳剂/异丙草胺 26%、莠去津 14%/2014.05.18 至 2019.05.18/低毒			
	夏玉米田	一年生杂草	1050-1500克/公顷	喷雾
PD20095985	阿维·辛硫磷/35%/乳油/阿维菌素 0.3%、辛硫磷 34.7%/2014.06.11 至 2019.06.11/低毒(原药高毒)			
	十字花科蔬菜	小菜蛾	131.25-262.5克/公顷	喷雾
PD20096051	甲维·氯氰/3.2%/微乳剂/甲氨基阿维菌素苯甲酸盐 0.2%、氯氰菊酯 3%/2014.06.18 至 2019.06.18/低毒			
	甘蓝	甜菜夜蛾	19.2-28.8克/公顷	喷雾
PD20096052	丁·莠/48%/悬乳剂/丁草胺 19%、莠去津 29%/2014.06.18 至 2019.06.18/低毒			
	夏玉米田	一年生杂草	1080-1440克/公顷	土壤喷雾
PD20096094	甲氨基阿维菌素苯甲酸盐(0.57%)///微乳剂/甲氨基阿维菌素 0.5%/2014.06.18 至 2019.06.18/低毒			
	甘蓝	甜菜夜蛾	1.5-2.25克/公顷	喷雾
PD20096095	松·喹·氟磺胺/18%/乳油/氟磺胺草醚 5.5%、精喹禾灵 1.5%、异噁草松 11%/2014.06.18 至 2019.06.18/低毒			
	春大豆田	一年生杂草	648-810克/公顷	茎叶喷雾
PD20097842	福·福锌/72%/可湿性粉剂/福美双 27%、福美锌 45%/2014.11.20 至 2019.11.20/低毒			
	黄瓜	炭疽病	1447.2-1944克/公顷	喷雾
PD20097927	杀扑·矿物油/40%/乳油/矿物油 16%、杀扑磷 24%/2014.11.30 至 2015.09.30/中等毒(原药高毒)			
	柑橘树	矢尖蚧	800-1000倍液	喷雾
PD20098092	高氯·辛硫磷/20%/乳油/高效氯氰菊酯 1.5%、辛硫磷 18.5%/2014.12.08 至 2019.12.08/低毒			
	大豆	甜菜夜蛾	240-300克/公顷	喷雾
PD20098242	氟铃·辛硫磷/20%/乳油/氟铃脲 2%、辛硫磷 18%/2014.12.16 至 2019.12.16/低毒			
	甘蓝	小菜蛾	90-150克/公顷	喷雾
	棉花	棉铃虫	150-300克/公顷	喷雾
PD20098424	辛硫磷/40%/乳油/辛硫磷 40%/2014.12.24 至 2019.12.24/低毒			
	十字花科蔬菜	菜青虫	112.5-180克/公顷	喷雾
PD20098441	吗胍·乙酸铜/20%/可湿性粉剂/盐酸吗啉胍 16%、乙酸铜 4%/2014.04.24 至 2019.04.24/低毒			
	番茄	病毒病	500-750克/公顷	喷雾
PD20100157	吡虫·噻嗪酮/20%/可湿性粉剂/吡虫啉 2%、噻嗪酮 18%/2015.01.05 至 2020.01.05/低毒			
	水稻	稻飞虱	90-150克/公顷	喷雾
PD20100178	马拉硫磷/45%/乳油/马拉硫磷 45%/2015.01.05 至 2020.01.05/低毒			
	十字花科蔬菜	黄条跳甲	540-742.5克/公顷	喷雾
PD20100552	代森锰锌/0%/可湿性粉剂/代森锰锌 0%/2010.01.14 至 2015.01.14/低毒			
	柑橘树	疮痂病、炭疽病	/	/
	梨树	黑星病	/	/
	荔枝	霜疫霉病	/	/
	苹果树	斑点落叶病、轮纹病、炭疽病	/	/
	葡萄	白腐病、黑痘病、霜霉病	/	/
	西瓜	炭疽病	/	/
PD20100628	杀螟丹/50%/可溶粉剂/杀螟丹 50%/2015.01.14 至 2020.01.14/低毒			
	水稻	二化螟	525－750克/公顷	喷雾
PD20100688	腈菌·咪鲜胺/12.5%/乳油/腈菌唑 10%、咪鲜胺 2.5%/2015.01.16 至 2020.01.16/低毒			
	香蕉	叶斑病	156.25-208.33毫克/千克	喷雾

PD20100874 五硝·多菌灵/40%/可湿性粉剂/多菌灵 20%、五氯硝基苯 20%/2015.01.19 至 2020.01.19/低毒
西瓜 枯萎病 0.25-0.33克/株 灌根
PD20100878 氧乐果/40%/乳油/氧乐果 40%/2015.01.19 至 2020.01.19/中等毒(原药高毒)
棉花 蚜虫 180-300克/公顷 喷雾
PD20100903 甲基硫菌灵/50%/可湿性粉剂/甲基硫菌灵 50%/2015.01.19 至 2020.01.19/低毒
番茄 叶霉病 450-562.5克/公顷 喷雾
PD20100907 多·福·溴菌腈/40%/可湿性粉剂/多菌灵 20%、福美双 10%、溴菌腈 10%/2015.01.19 至 2020.01.19/低毒
黄瓜 炭疽病 600—900克/公顷 喷雾
PD20101063 福美双/50%/可湿性粉剂/福美双 50%/2015.01.21 至 2020.01.21/低毒
黄瓜 霜霉病 500-900克/公顷 喷雾
PD20101116 哒螨·矿物油/40%/乳油/哒螨灵 4%、矿物油 36%/2015.01.25 至 2020.01.25/中等毒
苹果树 红蜘蛛 1500-2000倍液 喷雾
PD20101162 吡虫·灭多威/10%/可湿性粉剂/吡虫啉 2%、灭多威 8%/2015.01.25 至 2020.01.25/中等毒(原药高毒)
棉花 蚜虫 60-90克/公顷 喷雾
PD20101178 多·福·乙霉威/50%/可湿性粉剂/多菌灵 7.5%、福美双 35%、乙霉威 7.5%/2015.01.28 至 2020.01.28/中等毒
番茄 灰霉病 1000-1200克/公顷 喷雾
PD20101245 多抗·锰锌/46%/可湿性粉剂/多抗霉素 2%、代森锰锌 44%/2015.03.01 至 2020.03.01/低毒
苹果树 斑点落叶病 460-575毫克/千克 喷雾
PD20101599 炔螨·矿物油/73%/乳油/矿物油 33%、炔螨特 40%/2015.06.03 至 2020.06.03/中等毒
柑橘树 红蜘蛛 2000-3000倍液 喷雾
PD20110372 甲氨基阿维菌素苯甲酸盐/3%/水分散粒剂/甲氨基阿维菌素 3%/2011.03.31 至 2016.03.31/低毒
甘蓝 甜菜夜蛾 1.5-3.6克/公顷 喷雾
注:甲氨基阿维菌素苯甲酸盐含3.4%
PD20110623 阿维·苏云菌/100亿孢子/克/可湿性粉剂/阿维菌素 0.1%、苏云金杆菌 100亿孢子/克/2011.06.08 至 2016.06.08/低毒(原药高毒)
十字花科蔬菜 小菜蛾 750-1125克制剂/公顷 喷雾
PD20111119 烯酰吗啉/50%/水分散粒剂/烯酰吗啉 50%/2011.10.27 至 2016.10.27/低毒
花椰菜 霜霉病 240-360克/公顷 喷雾
黄瓜 霜霉病 225-300克/公顷 喷雾
PD20111126 高效氯氟氰菊酯/2.5%/微乳剂/高效氯氟氰菊酯 2.5%/2011.10.27 至 2016.10.27/中等毒
小白菜 菜青虫 11.25-13.125克/公顷 喷雾
小麦 蚜虫 7.5-11.25克/公顷 喷雾
PD20111269 戊唑醇/12.5%/水乳剂/戊唑醇 12.5%/2011.11.23 至 2016.11.23/低毒
苦瓜 白粉病 75-112.5克/公顷 喷雾
香蕉 叶斑病 175-250毫克/千克 喷雾
PD20120118 乙羧氟草醚/10%/乳油/乙羧氟草醚 10%/2012.01.29 至 2017.01.29/低毒
春大豆田 一年生阔叶杂草 90-105克/公顷 茎叶喷雾
PD20120492 吡虫啉/70%/水分散粒剂/吡虫啉 70%/2012.03.19 至 2017.03.19/低毒
甘蓝 蚜虫 15-30克/公顷 喷雾
PD20120782 草甘膦异丙铵盐/30%/水剂/草甘膦 30%/2012.05.10 至 2017.05.10/低毒
非耕地 杂草 1575-2250克/公顷 定向茎叶喷雾
注:草甘膦异丙铵盐含量：41%。
PD20121121 吡虫啉/70%/种子处理可分散粉剂/吡虫啉 70%/2012.07.20 至 2017.07.20/低毒
玉米 蚜虫 420-490克/100千克种子 拌种
PD20121141 吡虫啉/30%/微乳剂/吡虫啉 30%/2012.07.20 至 2017.07.20/低毒
水稻 稻飞虱 22.5-30克/公顷 喷雾
PD20121278 矿物油/99%/乳油/矿物油 99%/2012.09.06 至 2017.09.06/低毒
柑橘树 红蜘蛛 3300—6600毫克/千克 喷雾
PD20121444 甲维·毒死蜱/30%/乳油/毒死蜱 29.7%、甲氨基阿维菌素苯甲酸盐 0.3%/2012.10.08 至 2017.10.08/中等毒
水稻 二化螟 270-382.5克/公顷 喷雾
PD20121779 嘧菌酯/50%/水分散粒剂/嘧菌酯 50%/2012.11.16 至 2017.11.16/低毒
黄瓜 白粉病 225-338克/公顷 喷雾
PD20121809 草甘膦铵盐/80%/可溶粒剂/草甘膦 80%/2012.11.22 至 2017.11.22/低毒
非耕地 杂草 1584-2244克/公顷 茎叶喷雾
注:草甘膦铵盐含量:88%。
PD20121830 甲氨基阿维菌素苯甲酸盐/5%/微乳剂/甲氨基阿维菌素 5%/2012.11.22 至 2017.11.22/低毒
水稻 稻纵卷叶螟 7.5-15克/公顷 喷雾
茭白 二化螟 12-17克/公顷 喷雾
注:甲氨基阿维菌素苯甲酸盐含量：5.7%。
PD20122059 吡虫啉/5%/乳油/吡虫啉 5%/2012.12.24 至 2017.12.24/低毒
甘蓝 蚜虫 11.25-15克/公顷 喷雾
小麦 蚜虫 45-60克/公顷 喷雾
PD20122060 吡蚜酮/50%/水分散粒剂/吡蚜酮 50%/2012.12.24 至 2017.12.24/低毒

水稻 稻飞虱 90-150克/公顷 喷雾
PD20122066 噻虫嗪/25%/水分散粒剂/噻虫嗪 25%/2012.12.24 至 2017.12.24/低毒
菠菜 蚜虫 22.5-30克/公顷 喷雾
芹菜 蚜虫 15-30克/公顷 喷雾
水稻 稻飞虱 7.5-15克/公顷 喷雾
PD20130153 噻唑膦/10%/颗粒剂/噻唑膦 10%/2013.01.17 至 2018.01.17/低毒
黄瓜 根结线虫 2250—3000克/公顷 土壤撒施
PD20130154 咪鲜胺/45%/水乳剂/咪鲜胺 45%/2013.01.17 至 2018.01.17/低毒
香蕉(果实) 炭疽病 250-500毫克/千克 浸果
PD20130159 噻虫嗪/30%/悬浮剂/噻虫嗪 30%/2013.01.24 至 2018.01.24/低毒
水稻 稻飞虱 9—18克/公顷 喷雾
PD20130213 茚虫威/15%/悬浮剂/茚虫威 15%/2013.01.30 至 2018.01.30/低毒
水稻 稻纵卷叶螟 33.75—45克/公顷 喷雾
PD20130215 氟虫腈/5%/悬浮种衣剂/氟虫腈 5%/2013.01.30 至 2018.01.30/低毒
玉米 蛴螬 100—200克/100千克种子 拌种
PD20130338 吡蚜酮/25%/悬浮剂/吡蚜酮 25%/2013.03.08 至 2018.03.08/低毒
水稻 稻飞虱 90-150克/公顷 喷雾
PD20130457 嘧菌酯/25%/悬浮剂/嘧菌酯 25%/2013.03.19 至 2018.03.19/低毒
水稻 纹枯病 281-338克/公顷 喷雾
PD20130723 乙铝·锰锌/64%/可湿性粉剂/代森锰锌 40%、三乙膦酸铝 24%/2013.04.12 至 2018.04.12/低毒
苹果树 斑点落叶病 1280-1600毫克/千克 喷雾
PD20130860 辛菌胺醋酸盐/1.9%/水剂/辛菌胺 1.9%/2013.04.22 至 2018.04.22/低毒
苹果树 腐烂病 50-100倍液 涂抹病疤
注:辛菌胺醋酸盐含量:2.7%
PD20130904 氟虫腈/97%/原药/氟虫腈 97%/2013.04.27 至 2018.04.27/中等毒
PD20131089 阿维·噻螨酮/3%/微乳剂/阿维菌素 0.5%、噻螨酮 2.5%/2013.05.20 至 2018.05.20/低毒(原药高毒)
柑橘树 红蜘蛛 15-20毫克/千克 喷雾
PD20131107 阿维菌素/5%/悬浮剂/阿维菌素 5%/2013.05.20 至 2018.05.20/中等毒(原药高毒)
水稻 稻纵卷叶螟 9-15克/公顷 喷雾
PD20131187 氟硅唑/20%/可湿性粉剂/氟硅唑 20%/2013.05.27 至 2018.05.27/低毒
苹果树 轮纹病 67-100毫克/千克 喷雾
PD20131444 甲硫·异菌脲/60%/可湿性粉剂/甲基硫菌灵 40%、异菌脲 20%/2013.07.05 至 2018.07.05/低毒
黄瓜 炭疽病 360-540克/公顷 喷雾
PD20131494 苯醚甲环唑/40%/悬浮剂/苯醚甲环唑 40%/2013.07.05 至 2018.07.05/低毒
水稻 纹枯病 60-108克/公顷 喷雾
PD20132104 丁醚脲/25%/乳油/丁醚脲 25%/2013.10.24 至 2018.10.24/中等毒
小白菜 菜青虫 225-300克/公顷 喷雾
PD20132180 阿维·噻虫嗪/12%/悬浮剂/阿维菌素 2%、噻虫嗪 10%/2013.10.29 至 2018.10.29/低毒(原药高毒)
水稻 稻飞虱 21.5—27克/公顷 喷雾
PD20132411 己唑醇/10%/微乳剂/己唑醇 10%/2013.11.20 至 2018.11.20/低毒
葡萄 白粉病 20-33.3毫克/千克 喷雾
PD20132415 氟环唑/12.5%/悬浮剂/氟环唑 12.5%/2013.11.20 至 2018.11.20/低毒
柑橘树 炭疽病 52-62.5毫克/千克 喷雾
PD20132416 毒死蜱/15%/颗粒剂/毒死蜱 15%/2013.11.20 至 2018.11.20/低毒
花生 蛴螬 2250-3375克/公顷 撒施
PD20132639 四聚乙醛/15%/颗粒剂/四聚乙醛 15%/2013.12.20 至 2018.12.20/低毒
水稻 福寿螺 360-540克/公顷 撒施
PD20140040 杀螺胺/70%/可湿性粉剂/杀螺胺 70%/2014.01.02 至 2019.01.02/低毒
水稻 福寿螺 315-420克/公顷 喷雾
PD20140042 甲维·茚虫威/9%/悬浮剂/甲氨基阿维菌素苯甲酸盐 1.5%、茚虫威 7.5%/2014.01.15 至 2019.01.15/低毒
水稻 稻纵卷叶螟 10-30克/公顷 喷雾
PD20140055 阿维·吡蚜酮/18%/悬浮剂/阿维菌素 2%、吡蚜酮 16%/2014.01.20 至 2019.01.20/低毒(原药高毒)
水稻 稻飞虱 40.5-68.5克/公顷 喷雾
PD20140182 噻虫· 吡蚜酮/35%/水分散粒剂/吡蚜酮 20%、噻虫嗪 15%/2014.01.29 至 2019.01.29/低毒
水稻 稻飞虱 21-31.5克/公顷 喷雾
PD20140819 阿维·螺螨酯/20%/悬浮剂/阿维菌素 2%、螺螨酯 18%/2014.03.31 至 2019.03.31/低毒(原药高毒)
柑橘树 红蜘蛛 33.3-50毫克/千克 喷雾
PD20141274 阿维·灭幼脲/26%/悬浮剂/阿维菌素 1%、灭幼脲 25%/2014.05.12 至 2019.05.12/低毒(原药高毒)
杨树 美国白蛾 125-250毫克/千克 喷雾
PD20141276 三唑酮/15%/可湿性粉剂/三唑酮 15%/2014.05.12 至 2019.05.12/低毒
小麦 锈病 135-180克/公顷 喷雾
PD20141287 吡蚜酮/25%/可湿性粉剂/吡蚜酮 25%/2014.05.12 至 2019.05.12/低毒
莲藕 莲缢管蚜 45-67.5克/公顷 喷雾

芹菜 蚜虫 75-120克/公顷 喷雾
水稻 稻飞虱 60-90克/公顷 喷雾

PD20141319 甲硫·氟硅唑/55%/可湿性粉剂/氟硅唑 5%、甲基硫菌灵 50%/2014.05.30 至 2019.05.30/低毒
苹果树 轮纹病 366-550毫克/千克 喷雾

PD20141320 烯啶·联苯/25%/可溶液剂/联苯菊酯 10%、烯啶虫胺 15%/2014.05.30 至 2019.05.30/中等毒
棉花 蚜虫 33.75-45克/公顷 喷雾

PD20141573 甲维·杀铃脲/6%/悬浮剂/甲氨基阿维菌素苯甲酸盐 0.5%、杀铃脲 5.5%/2014.06.17 至 2019.06.17/低毒
杨树 美国白蛾 30-60毫克/千克 喷雾

PD20142017 氟菌唑/40%/可湿性粉剂/氟菌唑 40%/2014.08.27 至 2019.08.27/低毒
黄瓜 白粉病 60-120克/公顷 喷雾

PD20142183 螺螨酯/240克/升/悬浮剂/螺螨酯 240克/升/2014.09.26 至 2019.09.26/低毒
柑橘树 红蜘蛛 50-60毫克/千克 喷雾

PD20142337 烯啶虫胺/10%/水剂/烯啶虫胺 10%/2014.11.03 至 2019.11.03/低毒
棉花 蚜虫 15-30克/公顷 喷雾

PD20150240 烯唑醇/12.5%/可湿性粉剂/烯唑醇 12.5%/2015.01.15 至 2020.01.15/低毒
小麦 白粉病 60-120克/公顷 喷雾

PD20150284 联苯·虫螨腈/10%/悬浮剂/虫螨腈 7%、联苯菊酯 3%/2015.02.04 至 2020.02.04/低毒
茄子 蓟马 90-120克/公顷 喷雾

PD20150403 低聚糖素/0.4%/水剂/低聚糖素 0.4%/2015.03.18 至 2020.03.18/微毒
水稻 纹枯病 7.2-15克/公顷 喷雾

PD20150404 噻虫啉/2%/微囊悬浮剂/噻虫啉 2%/2015.03.18 至 2020.03.18/微毒
林木 天牛 15.38-22.22毫克/千克 喷雾

PD20150478 多杀霉素/25克/升/悬浮剂/多杀霉素 25克/升/2015.03.20 至 2020.03.20/低毒
甘蓝 小菜蛾 12.5-25克/公顷 喷雾

PD20150505 草铵膦/18%/水剂/草铵膦 18%/2015.03.23 至 2020.03.23/低毒
非耕地 杂草 1200-1500克/公顷 茎叶喷雾

PD20150586 硝磺·莠去津/40%/悬浮剂/莠去津 34%、硝磺草酮 6%/2015.04.15 至 2020.04.15/低毒
玉米田 一年生杂草 600-780克/公顷 茎叶喷雾

PD20150587 噻呋酰胺/240克/升/悬浮剂/噻呋酰胺 240克/升/2015.04.15 至 2020.04.15/微毒
水稻 纹枯病 54～90克/公顷 喷雾

PD20150631 敌草快/20%/水剂/敌草快 20%/2015.04.16 至 2020.04.16/低毒
非耕地 杂草 900-1200克/公顷 茎叶喷雾

PD20150908 氨基寡糖素/0.5%/水剂/氨基寡糖素 0.5%/2015.06.08 至 2020.06.08/微毒
番茄 晚疫病 14-18克/公顷 喷雾

PD20151147 硝磺草酮/15%/悬浮剂/甲基磺草酮 15%/2015.06.26 至 2020.06.26/低毒
玉米田 一年生杂草 112.5-146.25克/公顷 茎叶喷雾

PD20151489 虱螨脲/5%/悬浮剂/虱螨脲 5%/2015.07.31 至 2020.07.31/低毒
甘蓝 甜菜夜蛾 22.5-30克/公顷 喷雾

PD20151634 碱式硫酸铜/70%/水分散粒剂/碱式硫酸铜 70%/2015.08.28 至 2020.08.28/低毒
黄瓜 霜霉病 578-683克/公顷 喷雾

PD20151656 吡唑醚菌酯/50%/水分散粒剂/吡唑醚菌酯 50%/2015.08.28 至 2020.08.28/低毒
黄瓜 霜霉病 150-225克/公顷 喷雾

PD20151690 葡聚烯糖/0.5%/可溶粉剂/葡聚烯糖 0.5%/2015.08.28 至 2020.08.28/低毒
番茄 病毒病 0.9-1.125克/公顷 喷雾

PD20151917 噻虫嗪/30%/种子处理悬浮剂/噻虫嗪 30%/2015.08.30 至 2020.08.30/低毒
水稻 蓟马 70-105克/100千克种子 拌种

PD20152576 二氰蒽醌/50%/可湿性粉剂/二氰蒽醌 50%/2015.12.06 至 2020.12.06/中等毒
苹果树 轮纹病 500-1000毫克/千克 喷雾

PD20152619 阿维.吡虫啉/15%/微囊悬浮剂/阿维菌素 3%、吡虫啉 12%/2015.12.17 至 2020.12.17/低毒(原药高毒)
番茄 根结线虫 675-900克/公顷 沟施

PD20152656 唑嘧磺草胺/80%/水分散粒剂/唑嘧磺草胺 80%/2015.12.19 至 2020.12.19/微毒
大豆田 一年生阔叶杂草 52.5-60克/公顷 土壤喷雾

LS20120085 戊菌唑/20%/水乳剂/戊菌唑 20%/2014.03.19 至 2015.03.19/低毒
观赏菊花 白粉病 40-50毫克/千克 喷雾

LS20120287 甲硫·己唑醇/50%/悬浮剂/甲基硫菌灵 45%、己唑醇 5%/2014.08.10 至 2015.08.10/低毒
水稻 纹枯病 225～300g/公顷 喷雾

LS20130143 苯甲·己唑醇/30%/悬浮剂/苯醚甲环唑 25%、己唑醇 5%/2015.04.03 至 2016.04.03/低毒
水稻 纹枯病 90-108克/公顷 喷雾

LS20130221 苯甲·嘧菌酯/32.5%/悬浮剂/苯醚甲环唑 12.5%、嘧菌酯 20%/2015.04.27 至 2016.04.27/低毒
水稻 纹枯病 100-195克/公顷 喷雾

LS20130286 丙环·嘧菌酯/32%/悬浮剂/丙环唑 12%、嘧菌酯 20%/2015.05.07 至 2016.05.07/低毒
水稻 纹枯病 168-216克/公顷 喷雾

LS20140143 苯醚甲环唑/60%/水分散粒剂/苯醚甲环唑 60%/2015.04.10 至 2016.04.10/低毒

	黄瓜	炭疽病	70-135克/公顷	喷雾
LS20150027	呋虫胺/20%/水分散粒剂/呋虫胺 20%/2016.01.15 至 2017.01.15/低毒			
	水稻	稻飞虱	60-120克/公顷	喷雾
LS20150139	噻呋·氟环唑/20%/悬浮剂/氟环唑 5%、噻呋酰胺 15%/2015.06.08 至 2016.06.08/低毒			
	水稻	纹枯病	90-150克/公顷	喷雾
LS20150324	烯酰·吡唑酯/48%/水分散粒剂/吡唑醚菌酯 10%、烯酰吗啉 38%/2015.12.04 至 2016.12.04/低毒			
	黄瓜	霜霉病	216-288克/公顷	喷雾
LS20150341	二氰·吡唑酯/16%/可湿性粉剂/吡唑醚菌酯 4%、二氰蒽醌 12%/2015.12.17 至 2016.12.17/低毒			
	苹果树	轮纹病	160-320毫克/千克	喷雾
WP20130025	氟虫腈/3%/微乳剂/氟虫腈 3%/2013.01.30 至 2018.01.30/低毒			
	室内	蝇	稀释20倍液	喷雾
	注:本产品有一种型香:无香型。			
济南绿霸农药有限公司 (山东省济南市工业南路100号三庆枫润大厦1805 251604 0531-81795669)				
PD85105-62	敌敌畏/80%/乳油/敌敌畏 77.5%/2010.01.25 至 2015.01.25/中等毒			
	茶树	食叶害虫	600克/公顷	喷雾
	粮仓	多种储藏害虫	1)400-500倍液2)0.4-0.5克/立方米	1)喷雾2)挂条熏蒸
	棉花	蚜虫、造桥虫	600-1200克/公顷	喷雾
	苹果树	小卷叶蛾、蚜虫	400-500毫克/千克	喷雾
	青菜	菜青虫	600克/公顷	喷雾
	桑树	尺蠖	600克/公顷	喷雾
	卫生	多种卫生害虫	1)300-400倍液2)0.08克/立方米	1)泼洒2)挂条熏蒸
	小麦	黏虫、蚜虫	600克/公顷	喷雾
PD91104-17	敌敌畏/50%/乳油/敌敌畏 48%(气谱法)/2011.03.08 至 2016.03.08/中等毒			
	茶树	食叶害虫	600克/公顷	喷雾
	粮仓	多种储粮害虫	1)300-400倍液2)0.4-0.5克/立方米	1)喷雾2)挂条熏蒸
	棉花	蚜虫、造桥虫	600-1200克/公顷	喷雾
	苹果树	小卷叶蛾、蚜虫	400-500毫克/千克	喷雾
	青菜	菜青虫	600克/公顷	喷雾
	桑树	尺蠖	600克/公顷	喷雾
	卫生	多种卫生害虫	1)250-300倍液2)0.08克/立方米	1)泼洒2)挂条熏蒸
	小麦	黏虫、蚜虫	600克/公顷	喷雾
PD20040341	吡虫啉/5%/乳油/吡虫啉 5%/2014.12.19 至 2019.12.19/低毒			
	苹果树	黄蚜	8.3-12.5克/公顷	喷雾
PD20040362	氯氰菊酯/5%/乳油/氯氰菊酯 5%/2014.12.19 至 2019.12.19/中等毒			
	十字花科蔬菜	菜青虫	30-45克/公顷	喷雾
PD20040376	哒螨灵/15%/乳油/哒螨灵 15%/2014.12.19 至 2019.12.19/中等毒			
	苹果树	红蜘蛛	50-67毫克/千克	喷雾
PD20070594	灭幼脲/25%/悬浮剂/灭幼脲 25%/2012.12.14 至 2017.12.14/低毒			
	林木	美国白蛾	100-167毫克/千克	喷雾
	苹果树	金纹细蛾	125-167毫克/千克	喷雾
PD20070613	锰锌·多菌灵/60%/可湿性粉剂/多菌灵 20%、代森锰锌 40%/2012.12.14 至 2017.12.14/低毒			
	苹果树	斑点落叶病	1000-1250毫克/千克	喷雾
PD20080177	灭幼脲/20%/悬浮剂/灭幼脲 20%/2013.01.04 至 2018.01.04/低毒			
	苹果树	金纹细蛾	100-167.7毫克/千克	喷雾
PD20081545	马拉硫磷/45%/乳油/马拉硫磷 45%/2013.11.11 至 2018.11.11/低毒			
	棉花	盲蝽蟓	405-540克/公顷	喷雾
PD20081638	虫酰肼/20%/悬浮剂/虫酰肼 20%/2013.11.14 至 2018.11.14/低毒			
	甘蓝	甜菜夜蛾	210−300克/公顷	喷雾
	苹果树	卷叶蛾	100−133毫克/千克	喷雾
PD20081749	毒死蜱/40%/乳油/毒死蜱 40%/2013.11.18 至 2018.11.18/中等毒			
	苹果树	绵蚜	333-500毫克/千克	喷雾
PD20081939	四螨·哒螨灵/10%/悬浮剂/哒螨灵 6.5%、四螨嗪 3.5%/2013.11.24 至 2018.11.24/中等毒			
	柑橘树	红蜘蛛	66.7-100毫克/千克	喷雾
PD20082066	杀扑磷/40%/乳油/杀扑磷 40%/2013.11.25 至 2015.09.30/中等毒(原药高毒)			
	柑橘树	介壳虫	400-500毫克/千克	喷雾
PD20082507	氰戊·马拉松/20%/乳油/马拉硫磷 15%、氰戊菊酯 5%/2013.12.03 至 2018.12.03/低毒			
	苹果树	桃小食心虫	200-333毫克/千克	喷雾
PD20083044	啶虫脒/5%/乳油/啶虫脒 5%/2013.12.10 至 2018.12.10/低毒			
	小麦	蚜虫	13.5-18克/公顷	喷雾
PD20083055	阿维菌素/1.8%/乳油/阿维菌素 1.8%/2013.12.10 至 2018.12.10/低毒(原药高毒)			
	柑橘树	红蜘蛛	4.5−6毫克/千克	喷雾

水稻 稻纵卷叶螟 4.725-5.4克/公顷 喷雾
PD20083396 阿维菌素/5%/乳油/阿维菌素 5%/2013.12.11 至 2018.12.11/低毒(原药高毒)
棉花 红蜘蛛 10.8-16.2克/公顷 喷雾
PD20084293 炔螨特/57%/乳油/炔螨特 57%/2013.12.17 至 2018.12.17/低毒
柑橘树 红蜘蛛 285—380毫克/千克 喷雾
PD20084326 氟啶脲/50克/升/乳油/氟啶脲 50克/升/2013.12.17 至 2018.12.17/低毒
韭菜 韭蛆 150-225克/公顷 药土法
十字花科蔬菜 甜菜夜蛾 30-60克/公顷 喷雾
PD20084830 阿维・高氯/1.8%/乳油/阿维菌素 0.3%、高效氯氰菊酯 1.5%/2013.12.22 至 2018.12.22/低毒(原药高毒)
十字花科蔬菜 小菜蛾 13.5-18.9克/公顷 喷雾
十字花科蔬菜 菜青虫 7.5-15克/公顷 喷雾
PD20085850 高效氯氰菊酯/5%/水乳剂/高效氯氰菊酯 5%/2013.12.29 至 2018.12.29/低毒
十字花科蔬菜 菜青虫 30-37.5克/公顷 喷雾
PD20085894 高效氯氟氰菊酯/2.5%/水乳剂/高效氯氟氰菊酯 2.5%/2013.12.29 至 2018.12.29/中等毒
林木 美国白蛾 5-8.33毫克/千克 喷雾
十字花科蔬菜 菜青虫 7.5-15克/公顷 喷雾
PD20085911 吡虫啉/20%/可溶液剂/吡虫啉 20%/2013.12.29 至 2018.12.29/低毒
水稻 稻飞虱 15-30克/公顷 喷雾
PD20090165 腐霉利/10%/烟剂/腐霉利 10%/2014.01.08 至 2019.01.08/低毒
番茄(保护地) 灰霉病 300-450克/公顷 点燃放烟
PD20090224 甲氨基阿维菌素苯甲酸盐/1%/乳油/甲氨基阿维菌素苯甲酸盐 1%/2014.01.09 至 2019.01.09/低毒
甘蓝 菜青虫 1.5-2.55克/公顷 喷雾
PD20090884 乙草胺/40%/水乳剂/乙草胺 40%/2014.01.19 至 2019.01.19/低毒
花生田 一年生禾本科杂草及部分阔叶杂草 750-1200克/公顷 土壤喷雾
PD20090936 敌敌畏/22%/烟剂/敌敌畏 22%/2014.01.19 至 2019.01.19/中等毒
黄瓜(保护地) 瓜蚜 900-1320克/公顷 点燃放烟
PD20091054 甲硫・福美双/70%/可湿性粉剂/福美双 40%、甲基硫菌灵 30%/2014.01.21 至 2019.01.21/中等毒
黄瓜 炭疽病 525-735克/公顷 喷雾
PD20091269 甲氰・辛硫磷/25%/乳油/甲氰菊酯 5%、辛硫磷 20%/2014.02.01 至 2019.02.01/中等毒
棉花 棉铃虫 281.25-375克/公顷 喷雾
PD20091796 辛硫・高氯氟/26%/乳油/高效氯氟氰菊酯 1%、辛硫磷 25%/2014.02.04 至 2019.02.04/低毒
棉花 棉铃虫 300克/公顷 喷雾
十字花科蔬菜 小菜蛾 156-234克/公顷 喷雾
PD20092445 甲氰菊酯/20%/乳油/甲氰菊酯 20%/2014.02.25 至 2019.02.25/中等毒
甘蓝 菜青虫、小菜蛾 75-90克/公顷 喷雾
柑橘树 红蜘蛛 67-100毫克/千克 喷雾
柑橘树 潜叶蛾 20-25毫克/千克 喷雾
棉花 红铃虫、棉铃虫 90-120克/公顷 喷雾
苹果树 桃小食心虫 67-100毫克/千克 喷雾
苹果树 山楂红蜘蛛 100毫克/千克 喷雾
PD20092869 高氯・灭多威/12%/乳油/高效氯氰菊酯 1.5%、灭多威 10.5%/2014.03.05 至 2019.03.05/高毒
棉花 棉铃虫 72-90克/公顷 喷雾
PD20093845 啶虫脒/20%/可溶液剂/啶虫脒 20%/2014.03.25 至 2019.03.25/低毒
黄瓜 白粉虱 13.5-20.25克/公顷 喷雾
PD20101486 炔螨・矿物油/73%/乳油/矿物油 33%、炔螨特 40%/2015.05.05 至 2020.05.05/低毒
柑橘树 红蜘蛛 292-365毫克/千克 喷雾
PD20102083 哒螨・矿物油/28%/乳油/哒螨灵 5%、矿物油 23%/2010.11.25 至 2015.11.25/中等毒
苹果树 红蜘蛛 70-140毫克/千克 喷雾
PD20110607 毒死蜱/30%/可湿性粉剂/毒死蜱 30%/2011.06.07 至 2016.06.07/中等毒
水稻 稻纵卷叶螟 450-630克/公顷 喷雾
PD20110743 辛硫磷/70%/乳油/辛硫磷 70%/2011.07.18 至 2016.07.18/低毒
韭菜 韭蛆 3600-6000克/公顷 灌根
PD20110788 毒死蜱/480克/升/乳油/毒死蜱 480克/升/2011.07.25 至 2016.07.25/中等毒
柑橘树 矢尖蚧 250-500毫克/千克 喷雾
苹果树 桃小食心虫 200-240毫克/千克 喷雾
水稻 稻纵卷叶螟 600-720克/公顷 喷雾
PD20110887 丙环唑/50%/微乳剂/丙环唑 50%/2011.08.16 至 2016.08.16/低毒
香蕉 叶斑病 375—500毫克/千克 喷雾
PD20110922 甲氨基阿维菌素苯甲酸盐/3%/微乳剂/甲氨基阿维菌素 3%/2011.09.06 至 2016.09.06/低毒
甘蓝 甜菜夜蛾 1.8-2.7克/公顷 喷雾
注:甲氨基阿维菌素苯甲酸盐含量: 3.4%。
PD20110945 烟嘧磺隆/8%/可分散油悬浮剂/烟嘧磺隆 8%/2011.09.07 至 2016.09.07/低毒
玉米田 一年生杂草 40-60克/公顷 茎叶喷雾

PD20111139 草甘膦铵盐/65%/可溶粉剂/草甘膦 65%/2011.11.03 至 2016.11.03/微毒
非耕地 杂草 1462.5-1950ai g./hm2 定向茎叶喷雾
注:草甘膦铵盐含量：71.5%。
PD20111149 联苯菊酯/100克/升/水乳剂/联苯菊酯 100克/升/2011.11.04 至 2016.11.04/中等毒
茶树 茶小绿叶蝉 30-37.5克/公顷 喷雾
PD20111402 草甘膦异丙胺盐/30%/水剂/草甘膦 30%/2011.12.22 至 2016.12.22/低毒
非耕地 杂草 1230-2460克/公顷 定向茎叶喷雾
注:草甘膦异丙胺盐含量：41%。
PD20111414 草甘膦铵盐/58%/可溶粉剂/草甘膦 58%/2011.12.22 至 2016.12.22/低毒
非耕地 杂草 1000.5-1957.5克/公顷 定向茎叶喷雾
注:草甘膦铵盐含量：64%。
PD20120055 吡虫啉/70%/水分散粒剂/吡虫啉 70%/2012.01.16 至 2017.01.16/低毒
棉花 蚜虫 22.5-33.75克/公顷 喷雾
PD20120171 啶虫脒/10%/可溶液剂/啶虫脒 10%/2012.01.30 至 2017.01.30/低毒
黄瓜 白粉虱 15-20.25克/公顷 喷雾
PD20120296 高效氯氟氰菊酯/5%/水乳剂/高效氯氟氰菊酯 5%/2012.02.17 至 2017.02.17/中等毒
甘蓝 菜青虫 7.5-11.25克/公顷 喷雾
PD20120324 阿维菌素/3%/微乳剂/阿维菌素 3%/2012.02.17 至 2017.02.17/低毒(原药高毒)
甘蓝 小菜蛾 6.75-9克/公顷 喷雾
PD20120542 戊唑醇/25%/水乳剂/戊唑醇 25%/2012.03.28 至 2017.03.28/低毒
苦瓜 白粉病 75-112.5克/公顷 喷雾
苹果树 斑点落叶病 62.5-83.3mg/kg 喷雾
PD20120693 毒死蜱/40%/水乳剂/毒死蜱 40%/2012.04.18 至 2017.04.18/中等毒
水稻 稻纵卷叶螟 450-540a.i. g/hm2 喷雾
PD20121311 阿维·哒螨灵/16%/乳油/阿维菌素 1%、哒螨灵 15%/2012.09.11 至 2017.09.11/中等毒(原药高毒)
棉花 红蜘蛛 60-84克/公顷 喷雾
PD20121465 毒死蜱/30%/微囊悬浮剂/毒死蜱 30%/2012.10.08 至 2017.10.08/低毒
花生 蛴螬 1575－2250克/公顷 灌根
PD20121549 甲氨基阿维菌素苯甲酸盐/5%/水分散粒剂/甲氨基阿维菌素 5%/2012.10.25 至 2017.10.25/低毒
甘蓝 甜菜夜蛾 3-3.75克/公顷 喷雾
注:甲氨基阿维菌素苯甲酸盐含量：5.7%。
PD20121604 虫酰肼/10%/乳油/虫酰肼 10%/2012.10.25 至 2017.10.25/低毒
甘蓝 甜菜夜蛾 210-300克/公顷 喷雾
PD20121605 辛硫磷/35%/微囊悬浮剂/辛硫磷 35%/2012.10.25 至 2017.10.25/微毒
花生 蛴螬 2100-3150克/公顷 灌根
PD20121652 烟嘧磺隆/40克/升/可分散油悬浮剂/烟嘧磺隆 40克/升/2012.10.30 至 2017.10.30/低毒
玉米田 一年生杂草 40-60克/公顷 茎叶喷雾
PD20121757 乙草胺/81.5%/乳油/乙草胺 81.5%/2012.11.15 至 2017.11.15/低毒
玉米田 一年生禾本科杂草 1350-1890克/公顷（春玉米田），1080-1350克/公顷（夏玉米田） 土壤喷雾
PD20121995 烯草酮/240克/升/乳油/烯草酮 240克/升/2012.12.18 至 2017.12.18/低毒
大豆田 一年生禾本科杂草 108-144克/公顷 茎叶喷雾
PD20130165 2甲4氯钠/56%/可溶粉剂/2甲4氯钠 56%/2013.01.24 至 2018.01.24/低毒
小麦田 一年生阔叶杂草 840-1260a.i.g/hm2 茎叶喷雾
PD20130396 三唑酮/15%/水乳剂/三唑酮 15%/2013.03.12 至 2018.03.12/低毒
小麦 白粉病 135-180克/公顷 喷雾
PD20132646 莠去津/90%/水分散粒剂/莠去津 90%/2013.12.20 至 2018.12.20/低毒
春玉米田 一年生杂草 1485-1755克/公顷 土壤喷雾
夏玉米田 一年生杂草 1215-1485 克/公顷 土壤喷雾
PD20140007 吡蚜酮/25%/悬浮剂/吡蚜酮 25%/2014.01.02 至 2019.01.02/低毒
水稻 稻飞虱 75-90克/公顷 喷雾
PD20140029 阿维菌素/10%/水分散粒剂/阿维菌素 10%/2014.01.02 至 2019.01.02/中等毒(原药高毒)
柑橘树 红蜘蛛 5-10毫克/千克 喷雾
PD20141814 硝磺草酮/15%/悬浮剂/硝磺草酮 15%/2014.07.14 至 2019.07.14/低毒
玉米田 一年生杂草 105-150克/公顷 茎叶喷雾
PD20142065 阿维菌素/3%/微囊悬浮剂/阿维菌素 3%/2014.08.28 至 2019.08.28/低毒(原药高毒)
西瓜 根结线虫 225-315克/公顷 灌根
PD20150426 噻呋酰胺/240克/升/悬浮剂/噻呋酰胺 240克/升/2015.03.20 至 2020.03.20/低毒
水稻 纹枯病 54-90克/公顷 喷雾
PD20150555 草铵膦/200克/升/水剂/草铵膦 200克/升/2015.03.23 至 2020.03.23/低毒
非耕地 杂草 1050-1950克/公顷 茎叶喷雾
PD20152327 咯菌腈/25克/升/悬浮种衣剂/咯菌腈 25克/升/2015.10.22 至 2020.10.22/低毒
水稻 恶苗病 1)10-15克/100千克种子；2)5-7.5 1)种子包衣；

			克/100千克种子	2)浸种
PD20152613	噻虫嗪/30%/种子处理悬浮剂/噻虫嗪 30%/2015.12.17 至 2020.12.17/低毒			
	水稻	蓟马	36-105克/100千克种子	拌种

济南泰禾化工有限公司 （山东省商河经济开发区天河路中段 251600 0531-82331008）

PD20130239	丙森锌/70%/可湿性粉剂/丙森锌 70%/2013.02.05 至 2018.02.05/低毒			
	黄瓜	霜霉病	1575-2250克/公顷	喷雾
PD20131491	阿维菌素/5%/乳油/阿维菌素 5%/2013.07.05 至 2018.07.05/中等毒(原药高毒)			
	甘蓝	小菜蛾	6-9克/公顷	喷雾
PD20132376	戊唑醇/80%/可湿性粉剂/戊唑醇 80%/2013.11.20 至 2018.11.20/低毒			
	苹果树	轮纹病	120-145毫克/千克	喷雾
PD20140120	苯醚甲环唑/40%/悬浮剂/苯醚甲环唑 40%/2014.01.20 至 2019.01.20/低毒			
	香蕉	叶斑病	100-125毫克/千克	喷雾
PD20140127	烯酰吗啉/40%/悬浮剂/烯酰吗啉 40%/2014.01.20 至 2019.01.20/低毒			
	葡萄	霜霉病	167-250毫克/千克	喷雾
PD20141945	啶虫脒/10/乳油/啶虫脒 10%/2014.08.13 至 2019.08.13/低毒			
	黄瓜	蚜虫	18-22.5克/公顷	喷雾
PD20142104	阿维·四螨嗪/20%/悬浮剂/阿维菌素 0.5%、四螨嗪 19.5%/2014.09.02 至 2019.09.02/低毒(原药高毒)			
	柑橘树	红蜘蛛	80-133毫克/千克	喷雾
PD20150098	戊唑·多菌灵/42%/悬浮剂/多菌灵 30%、戊唑醇 12%/2015.01.05 至 2020.01.05/低毒			
	苹果树	轮纹病	280-420毫克/千克	喷雾

济南天邦化工有限公司 （山东省济南市天桥区大桥镇桥北工业园 250032 0531-86510690）

PD20082492	啶虫脒/5%/乳油/啶虫脒 5%/2013.12.03 至 2018.12.03/低毒			
	黄瓜	蚜虫	18-22.5克/公顷	喷雾
PD20082521	氰戊·马拉松/20%/乳油/马拉硫磷 15%、氰戊菊酯 5%/2013.12.03 至 2018.12.03/低毒			
	棉花	棉铃虫	300-360克/公顷	喷雾
PD20082624	啶虫脒/20%/可溶粉剂/啶虫脒 20%/2013.12.04 至 2018.12.04/低毒			
	黄瓜	蚜虫	30-45克/公顷	喷雾
PD20082802	丁·莠/42%/悬乳剂/丁草胺 22%、莠去津 20%/2013.12.09 至 2018.12.09/低毒			
	夏玉米田	一年生杂草	1260－1575克/公顷	播后苗前土壤喷雾
PD20082813	阿维菌素/1.8%/乳油/阿维菌素 1.8%/2013.12.09 至 2018.12.09/低毒(原药高毒)			
	十字花科蔬菜	小菜蛾	8.1-10.8克/公顷	喷雾
PD20082959	仲丁灵/48%/乳油/仲丁灵 48%/2013.12.09 至 2018.12.09/低毒			
	花生田	一年生禾本科杂草及部分阔叶杂草	1080-2175克/公顷	播后苗前土壤喷雾
PD20083026	高效氯氟氰菊酯/2.5%/乳油/高效氯氟氰菊酯 2.5%/2013.12.10 至 2018.12.10/中等毒			
	棉花	棉铃虫	15-22.5克/公顷	喷雾
PD20083450	甲草·莠去津/38%/悬乳剂/甲草胺 18%、莠去津 20%/2013.12.12 至 2018.12.12/低毒			
	夏玉米田	一年生杂草	1425－1710克/公顷	播后苗前土壤喷雾
PD20083623	高效氟吡甲禾灵/108克/升/乳油/高效氟吡甲禾灵 108克/升/2013.12.12 至 2018.12.12/低毒			
	夏大豆田	一年生禾本科杂草	45-52.5克/公顷	茎叶喷雾
PD20083730	异丙草·莠/40%/悬乳剂/异丙草胺 24%、莠去津 16%/2013.12.15 至 2018.12.15/低毒			
	夏玉米田	一年生杂草	1200-1500克/公顷	播后苗前土壤喷雾
PD20083818	氯氰菊酯/5%/乳油/氯氰菊酯 5%/2013.12.15 至 2018.12.15/低毒			
	十字花科蔬菜	蚜虫	30-45克/公顷	喷雾
PD20083989	丁草胺/50%/乳油/丁草胺 50%/2013.12.16 至 2018.12.16/低毒			
	移栽水稻田	一年生杂草	1125-1500克/公顷	毒土法
PD20084109	磷化铝/56%/片剂/磷化铝 56%/2013.12.16 至 2018.12.16/高毒			
	原粮	储粮害虫	6-8克制剂/立方米	密闭熏蒸
PD20084304	炔螨特/40%/乳油/炔螨特 40%/2013.12.17 至 2018.12.17/低毒			
	柑橘树	红蜘蛛	200-400毫克/千克	喷雾
PD20084446	甲基硫菌灵/70%/可湿性粉剂/甲基硫菌灵 70%/2013.12.17 至 2018.12.17/微毒			
	番茄	叶霉病	375-562.5克/公顷	喷雾
PD20084952	毒死蜱/40%/乳油/毒死蜱 40%/2013.12.22 至 2018.12.22/中等毒			
	水稻	稻纵卷叶螟	450-600克/公顷	喷雾
PD20085435	精喹禾灵/10%/乳油/精喹禾灵 10%/2013.12.24 至 2018.12.24/低毒			
	夏大豆田	一年生禾本科杂草	37.5-52.5克/公顷	茎叶喷雾
PD20085692	硫磺·三唑酮/20%/可湿性粉剂/硫磺 10%、三唑酮 10%/2013.12.26 至 2018.12.26/低毒			
	小麦	白粉病	150-225克/公顷	喷雾
PD20085883	福美双/50%/可湿性粉剂/福美双 50%/2013.12.29 至 2018.12.29/低毒			
	黄瓜	霜霉病	750-1200克/公顷	喷雾
PD20090055	氰戊·吡虫啉/7.5%/乳油/吡虫啉 1.5%、氰戊菊酯 6%/2014.01.08 至 2019.01.08/中等毒			
	甘蓝	蚜虫	45-56.25克/公顷	喷雾
PD20090310	异丙威/20%/乳油/异丙威 20%/2014.01.12 至 2019.01.12/中等毒			
	水稻	稻飞虱	450-600克/公顷	喷雾

PD20090734 乙草胺/900克/升/乳油/乙草胺 900克/升/2014.01.19 至 2019.01.19/低毒
夏玉米田 一年生禾本科杂草及部分小粒种子阔叶杂草 1080-1350克/公顷 播后苗前土壤喷雾
PD20090790 高氯·仲丁威/20%/乳油/高效氯氰菊酯 2%、仲丁威 18%/2014.01.19 至 2019.01.19/中等毒
甘蓝 菜青虫 120-150克/公顷 喷雾
PD20090950 乙草胺/50%/乳油/乙草胺 50%/2014.01.20 至 2019.01.20/低毒
冬油菜田 一年生杂草 600-750克/公顷 土壤喷雾
PD20091298 莠去津/38%/悬浮剂/莠去津 38%/2014.02.01 至 2019.02.01/低毒
夏玉米田 一年生杂草 1140-1425克/公顷 土壤喷雾
PD20091344 氟乐灵/480克/升/乳油/氟乐灵 480克/升/2014.02.02 至 2019.02.02/低毒
夏大豆田 一年生杂草 900-1260克/公顷 播后苗前土壤喷雾
PD20091587 福·福锌/80%/可湿性粉剂/福美双 30%、福美锌 50%/2014.02.03 至 2019.02.03/低毒
黄瓜 炭疽病 1500-1800克/公顷 喷雾
PD20091920 联苯菊酯/25克/升/乳油/联苯菊酯 25克/升/2014.02.12 至 2019.02.12/中等毒
茶树 茶小绿叶蝉 30-37.5克/公顷 喷雾
PD20091942 噻嗪·杀扑磷/20%/乳油/噻嗪酮 15%、杀扑磷 5%/2014.02.12 至 2015.09.30/中等毒(原药高毒)
柑橘树 介壳虫 200-250毫克/千克 喷雾
PD20092108 高氯·辛硫磷/20%/乳油/高效氯氰菊酯 1.5%、辛硫磷 18.5%/2014.02.23 至 2019.02.23/低毒
甘蓝 菜青虫 90-150克/公顷 喷雾
PD20092271 丙溴·辛硫磷/24%/乳油/丙溴磷 10%、辛硫磷 14%/2014.02.24 至 2019.02.24/低毒
甘蓝 菜青虫 144-216克/公顷 喷雾
PD20093405 多·福/40%/可湿性粉剂/多菌灵 5%、福美双 35%/2014.03.20 至 2019.03.20/低毒
葡萄 霜霉病 1000-1250毫克/千克 喷雾
PD20093849 乙铝·锰锌/50%/可湿性粉剂/代森锰锌 22%、三乙膦酸铝 28%/2014.03.25 至 2019.03.25/低毒
黄瓜 霜霉病 1200-1500克/公顷 喷雾
PD20093850 苯磺隆/10%/可湿性粉剂/苯磺隆 10%/2014.03.25 至 2019.03.25/低毒
冬小麦田 一年生阔叶杂草 15-22.5克/公顷 茎叶喷雾
PD20094069 高效氯氰菊酯/4.5%/乳油/高效氯氰菊酯 4.5%/2014.03.27 至 2019.03.27/低毒
十字花科蔬菜 蚜虫 13.5-20.25克/公顷 喷雾
PD20094258 氟磺胺草醚/250克/升/水剂/氟磺胺草醚 250克/升/2014.03.31 至 2019.03.31/低毒
春大豆田 一年生阔叶杂草 300-375克/公顷 茎叶喷雾
PD20094807 苏云金杆菌/16000IU/毫克/可湿性粉剂/苏云金杆菌 16000 IU/毫克/2014.04.13 至 2019.04.13/低毒
茶树 茶毛虫 400-800倍 喷雾
棉花 二代棉铃虫 3000-4500克制剂/公顷 喷雾
森林 松毛虫 600-800倍 喷雾
十字花科蔬菜 小菜蛾 1500-2250克制剂/公顷 喷雾
十字花科蔬菜 菜青虫 750-1500克制剂/公顷 喷雾
水稻 稻纵卷叶螟 3000-4500克制剂/公顷 喷雾
烟草 烟青虫 1500-3000克制剂/公顷 喷雾
玉米 玉米螟 1500-3000克制剂/公顷 加细沙灌心
枣树 枣尺蠖 600-800倍 喷雾
PD20095222 高氯·毒死蜱/12%/乳油/毒死蜱 9.5%、高效氯氰菊酯 2.5%/2014.04.24 至 2019.04.24/中等毒
棉花 棉铃虫 180-270克/公顷 喷雾
PD20095791 多·锰锌/70%/可湿性粉剂/多菌灵 10%、代森锰锌 60%/2014.05.27 至 2019.05.27/低毒
苹果 斑点落叶病 1000-1250毫克/千克 喷雾
PD20095800 复硝酚钠/1.4%/水剂/5-硝基邻甲氧基苯酚钠 0.23%、对硝基苯酚钠 0.71%、邻硝基苯酚钾 0.46%/2014.05.27 至2019.05.27/低毒
番茄 调节生长 1.75-2.3毫克/千克 喷雾
PD20095802 甲戊·乙草胺/40%/乳油/二甲戊灵 10%、乙草胺 30%/2014.05.27 至 2019.05.27/低毒
姜田 一年生杂草 900-1200克/公顷 土壤喷雾
PD20095915 阿维·柴油/24.5%/乳油/阿维菌素 0.2%、柴油 24.3%/2014.06.02 至 2019.06.02/低毒(原药高毒)
柑橘树 红蜘蛛 123-245毫克/千克 喷雾
PD20096049 高氯·马/20%/乳油/高效氯氰菊酯 1.5%、马拉硫磷 18.5%/2014.06.18 至 2019.06.18/低毒
苹果树 桃小食心虫 133-200毫克/千克 喷雾
PD20096309 异丙甲草胺/720克/升/乳油/异丙甲草胺 720克/升/2014.07.22 至 2019.07.22/低毒
夏大豆田 一年生禾本科杂草及部分小粒种子阔叶杂草 1080-1950克/公顷 播后苗前土壤喷雾
PD20096520 柴油·辛硫磷/40%/乳油/柴油 20%、辛硫磷 20%/2014.08.20 至 2019.08.20/低毒
棉花 棉铃虫 480-720克/公顷 喷雾
PD20096667 辛硫·三唑磷/20%/乳油/三唑磷 10%、辛硫磷 10%/2014.09.07 至 2019.09.07/中等毒
水稻 稻水象甲 120-150克/公顷 喷雾
PD20097044 吡虫·杀虫单/58%/可湿性粉剂/吡虫啉 2.5%、杀虫单 55.5%/2014.10.10 至 2019.10.10/低毒
水稻 稻纵卷叶螟、二化螟、飞虱、三化螟 450-750克/公顷 喷雾

PD20097448 矮壮素/50%/水剂/矮壮素 50%/2014.10.28 至 2019.10.28/低毒
棉花 调节生长 50-62.5毫克/千克（8000-10000倍液） 喷雾

PD20097514 烟嘧磺隆/40克/升/可分散油悬浮剂/烟嘧磺隆 40克/升/2014.11.03 至 2019.11.03/低毒
夏玉米田 一年生杂草 42-60克/公顷 茎叶喷雾

PD20097617 2,4-滴丁酯/57%/乳油/2,4-滴丁酯 57%/2014.11.03 至 2019.11.03/低毒
冬小麦田 一年生阔叶杂草 486-540克/公顷 茎叶喷雾

PD20097922 甲氰菊酯/20%/乳油/甲氰菊酯 20%/2014.11.30 至 2019.11.30/中等毒
甘蓝 小菜蛾 75-90克/公顷 喷雾

PD20098048 氟啶脲/50克/升/乳油/氟啶脲 50克/升/2014.12.07 至 2019.12.07/低毒
甘蓝 甜菜夜蛾 45-60克/公顷 喷雾

PD20098050 虫酰肼/20%/悬浮剂/虫酰肼 20%/2014.12.07 至 2019.12.07/低毒
甘蓝 甜菜夜蛾 240-300克/公顷 喷雾

PD20098053 丁草胺/85%/乳油/丁草胺 85%/2014.12.07 至 2019.12.07/低毒
移栽水稻田 一年生杂草 810-1350克/公顷 毒土法

PD20098054 多菌灵/80%/可湿性粉剂/多菌灵 80%/2014.12.07 至 2019.12.07/低毒
水稻 稻瘟病 750—800克/公顷 喷雾

PD20098076 代森锌/80%/可湿性粉剂/代森锌 80%/2014.12.08 至 2019.12.08/低毒
番茄 早疫病 2550—3600克/公顷 喷雾

PD20098167 氟硅唑/400克/升/乳油/氟硅唑 400克/升/2014.12.14 至 2019.12.14/低毒
菜豆 白粉病 45-56.25克/公顷 喷雾

PD20098283 稻瘟灵/40%/乳油/稻瘟灵 40%/2014.12.18 至 2019.12.18/低毒
水稻 稻瘟病 399—600克/公顷 喷雾

PD20098287 三环唑/75%/可湿性粉剂/三环唑 75%/2014.12.18 至 2019.12.18/中等毒
水稻 稻瘟病 225-300克/公顷 喷雾

PD20098302 丙环唑/250克/升/乳油/丙环唑 250克/升/2014.12.18 至 2019.12.18/低毒
香蕉 叶斑病 375—500毫克/千克 喷雾

PD20098398 阿维菌素/3.2%/乳油/阿维菌素 3.2%/2014.12.18 至 2019.12.18/低毒(原药高毒)
十字花科蔬菜 小菜蛾 6-9克/公顷 喷雾

PD20100330 吡虫啉/50%/可湿性粉剂/吡虫啉 50%/2015.01.11 至 2020.01.11/低毒
小麦 蚜虫 15-30克/公顷(南方地区)45-60克/公顷(北方地区) 喷雾

PD20101288 炔螨·矿物油/73%/乳油/矿物油 33%、炔螨特 40%/2015.03.10 至 2020.03.10/低毒
柑橘树 红蜘蛛 243-365毫克/千克 喷雾

PD20101700 杀螺胺/70%/可湿性粉剂/杀螺胺 70%/2015.06.28 至 2020.06.28/低毒
水稻 福寿螺 315-420克/公顷 喷雾

PD20101972 哒螨灵/20%/可湿性粉剂/哒螨灵 20%/2015.09.21 至 2020.09.21/低毒
苹果树 红蜘蛛 50-60毫克/千克 喷雾

PD20101982 丙溴磷/40%/乳油/丙溴磷 40%/2015.09.21 至 2020.09.21/中等毒
十字花科蔬菜 小菜蛾 360-450克/公顷 喷雾

PD20102149 吡虫啉/10%/可湿性粉剂/吡虫啉 10%/2015.12.07 至 2020.12.07/低毒
小麦 蚜虫 15-30克/公顷(南方地区)45-60克/公顷(北方地区) 喷雾

PD20110150 乙草胺/89%/乳油/乙草胺 89%/2016.02.10 至 2021.02.10/低毒
春大豆田 小粒种子阔叶杂草、一年生禾本科杂草 1500-1950克/公顷 播后苗前土壤喷雾

PD20110163 草甘膦异丙胺盐/30%/水剂/草甘膦 30%/2016.02.11 至 2021.02.11/微毒
苹果园 杂草 1125-2250克/公顷 茎叶喷雾
注:草甘膦异丙胺盐含量为：41%。

PD20110351 甲氨基阿维菌素苯甲酸盐/2%/乳油/甲氨基阿维菌素 2%/2016.03.24 至 2021.03.24/低毒
甘蓝 甜菜夜蛾 2.4-3.6克/公顷 喷雾
注:甲氨基阿维菌素苯甲酸盐含量:2.3%。

PD20110666 阿维·炔螨特/56%/乳油/阿维菌素 0.3%、炔螨特 55.7%/2016.06.20 至 2021.06.20/中等毒(原药高毒)
柑橘树 红蜘蛛 140-280毫克/千克 喷雾

PD20110867 丁草胺/60%/乳油/丁草胺 60%/2016.08.10 至 2021.08.10/低毒
移栽水稻田 稗草 1012.5-1275克/公顷 毒土法

PD20110893 吡虫啉/70%/可湿性粉剂/吡虫啉 70%/2016.08.17 至 2021.08.17/低毒
水稻 稻飞虱 15-30克/公顷 喷雾

PD20111440 阿维·吡虫啉/1.8%/乳油/阿维菌素 0.1%、吡虫啉 1.7%/2011.12.29 至 2016.12.29/低毒(原药高毒)
甘蓝 蚜虫 13.5-16.2克/公顷 喷雾

PD20121837 烟嘧·莠去津/23%/可分散油悬浮剂/烟嘧磺隆 3%、莠去津 20%/2012.11.22 至 2017.11.22/低毒
玉米田 一年生杂草 345-448.5克/公顷 茎叶喷雾

PD20122124 烟嘧·莠去津/52%/可湿性粉剂/烟嘧磺隆 4%、莠去津 48%/2012.12.26 至 2017.12.26/低毒
玉米田 一年生杂草 429-741克/公顷 茎叶喷雾

PD20130009 戊唑醇/430克/升/悬浮剂/戊唑醇 430克/升/2013.01.04 至 2018.01.04/低毒
苹果树 轮纹病 107.5-143毫克/千克 喷雾
PD20130307 草甘膦铵盐/68%/可溶粒剂/草甘膦 68%/2013.02.26 至 2018.02.26/低毒
柑橘园 杂草 1681-2241克/公顷 定向茎叶喷雾
注:草甘膦铵盐含量:74.7%。
PD20130740 丁草・嗯草酮/60%/乳油/丁草胺 50%、嗯草酮 10%/2013.04.12 至 2018.04.12/低毒
水稻旱直播田 一年生杂草 720-900克/公顷 播后苗前土壤喷雾
PD20131129 乙・莠・滴丁酯/62%/悬乳剂/2,4-滴丁酯 8%、乙草胺 32%、莠去津 22%/2013.05.20 至 2018.05.20/低毒
春玉米田 一年生杂草 2325-2790克/公顷 播后苗前土壤喷雾
PD20131130 氟磺・烯禾啶/20.8%/乳油/氟磺胺草醚 12.5%、烯禾啶 8.3%/2013.05.20 至 2018.05.20/低毒
春大豆田 一年生杂草 405.6-468克/公顷 茎叶喷雾
PD20131581 莠去津/90%/水分散粒剂/莠去津 90%/2013.07.23 至 2018.07.23/低毒
春玉米田 一年生杂草 1485-1755克/公顷 播后苗前土壤喷雾
夏玉米田 一年生杂草 1215-1485克/公顷 播后苗前土壤喷雾
PD20132096 莠去津/45%/悬浮剂/莠去津 45%/2013.10.24 至 2018.10.24/低毒
夏玉米田 一年生杂草 1125-1500克/公顷 土壤喷雾
PD20132634 甲・灭 ・敌草隆/65%/可湿性粉剂/敌草隆 15%、2甲4氯 10%、莠灭净 40%/2013.12.20 至 2018.12.20/低毒
甘蔗田 一年生杂草 1462.5-1706.25克/公顷 定向茎叶喷雾
PD20140450 松・喹・氟磺胺/35%/乳油/氟磺胺草醚 9.5%、精喹禾灵 2.5%、异噁草松 23%/2014.02.25 至 2019.02.25/低毒
春大豆田 一年生杂草 525-787.5克/公顷 茎叶喷雾
PD20140615 氰氟草酯/100克/升/乳油/氰氟草酯 100克/升/2014.03.07 至 2019.03.07/低毒
移栽水稻田 一年生禾本科杂草 75-105克/公顷 茎叶喷雾
PD20140811 丙草胺/50%/水乳剂/丙草胺 50%/2014.03.25 至 2019.03.25/低毒
水稻移栽田 一年生杂草 450-600克/公顷 药土法
PD20141413 氯氟吡氧乙酸异辛酯/200克/升/乳油/氯氟吡氧乙酸 200克/升/2014.06.06 至 2019.06.06/低毒
小麦田 一年生阔叶杂草 150-200克/公顷 茎叶喷雾
注:氯氟吡氧乙酸异辛酯含量:288克/升。
PD20142214 己唑醇/10%/悬浮剂/己唑醇 10%/2014.09.28 至 2019.09.28/低毒
水稻 纹枯病 60-75克/公顷 喷雾
PD20150203 毒死蜱/30%/微囊悬浮剂/毒死蜱 30%/2015.01.15 至 2020.01.15/低毒
花生 蛴螬 1575-2250克/公顷 灌根
PD20150211 硝磺・异丙・莠/33.5%/悬乳剂/异丙草胺 15%、莠去津 15%、硝磺草酮 3.5%/2015.01.15 至 2020.01.15/低毒
玉米田 一年生杂草 1005-1130.63克/公顷 茎叶喷雾
PD20150212 唑磷・毒死蜱/20%/乳油/毒死蜱 10%、三唑磷 10%/2015.01.15 至 2020.01.15/中等毒
水稻 二化螟 225-300克/公顷 喷雾
PD20150320 乙羧氟草醚/10%/乳油/乙羧氟草醚 10%/2015.02.05 至 2020.02.05/低毒
春大豆田 一年生阔叶杂草 90-100克/公顷 茎叶喷雾
PD20150342 乙・莠/55%/悬乳剂/乙草胺 29%、莠去津 26%/2015.03.03 至 2020.03.03/低毒
春玉米田 一年生杂草 1650-2475克/公顷 土壤喷雾
PD20150365 扑・乙・滴丁酯/68%/乳油/2,4-滴丁酯 18%、扑草净 10%、乙草胺 40%/2015.03.03 至 2020.03.03/低毒
春大豆田 一年生杂草 2040-2346克/公顷 土壤喷雾
PD20150392 嗯草酮.丙草胺/60%/水乳剂/丙草胺 45%、嗯草酮 15%/2015.03.18 至 2020.03.18/低毒
水稻移栽田 一年生杂草 720-900克/公顷 药土法
PD20150469 二甲戊灵/330克/升/乳油/二甲戊灵 330克/升/2015.03.20 至 2020.03.20/低毒
棉花田 一年生杂草 742.5-990克/公顷 土壤喷雾
PD20150476 草甘膦铵盐/80%/可溶粒剂/草甘膦 80%/2015.03.20 至 2020.03.20/低毒
柑橘园 杂草 1560-2040克/公顷 定向茎叶喷雾
注:草甘膦铵盐含量:88.8%。
PD20150573 烟嘧・莠・异丙/37%/可分散油悬浮剂/烟嘧磺隆 2%、异丙草胺 15%、莠去津 20%/2015.03.24 至 2020.03.24/低毒
玉米田 一年生杂草 832.5-1110克/公顷 茎叶喷雾
PD20150648 多效唑/15%/可湿性粉剂/多效唑 15%/2015.04.16 至 2020.04.16/低毒
花生 调节生长 100-150毫克/千克 喷雾
PD20150883 吡嘧・苯噻酰/85%/可湿性粉剂/苯噻酰草胺 81%、吡嘧磺隆 4%/2015.05.19 至 2020.05.19/低毒
水稻移栽田 一年生杂草 600-720克/公顷 药土法
PD20150984 甲・灭・敌草隆/81%/可湿性粉剂/敌草隆 18.7%、2甲4氯 12.5%、莠灭净 49.8%/2015.06.11 至 2020.06.11/低毒
甘蔗田 一年生杂草 1215-1700克/公顷 茎叶喷雾
PD20151056 噻苯隆/80%/可湿性粉剂/噻苯隆 80%/2015.06.14 至 2020.06.14/低毒
棉花 脱叶 240-300克/公顷 喷雾
PD20152033 草甘膦铵盐/30%/水剂/草甘膦 30%、草甘膦铵盐 33%/2015.09.06 至 2020.09.06/低毒
非耕地 杂草 1125-2250克/公顷 喷雾
PD20152295 滴酸・草甘膦/32.4%/水剂/草甘膦 30%、2,4-滴 2.4%/2015.10.21 至 2020.10.21/低毒
非耕地 杂草 1215-2430克/公顷 茎叶喷雾
WP20150142 氟虫腈/6%/微乳剂/氟虫腈 6%/2015.07.31 至 2020.07.31/低毒

室内　蝇　35-40毫克/平方米　滞留喷洒

济南约克农化有限公司　（山东省济南市桑园路11号　250100　0531-88669927）

PD20083080　多·福/50%/可湿性粉剂/多菌灵 25%、福美双 25%/2013.12.10 至 2018.12.10/中等毒

梨树　黑星病　1000-1500毫克/千克　喷雾

PD20093041　高氯·辛硫磷/22%/乳油/高效氯氰菊酯 2%、辛硫磷 20%/2014.03.09 至 2019.03.09/中等毒

棉花　棉铃虫　132-165克/公顷　喷雾

PD20100351　阿维菌素/1.8%/乳油/阿维菌素 1.8%/2015.01.11 至 2020.01.11/中等毒(原药高毒)

甘蓝　菜青虫　8.1-10.8克/公顷　喷雾

PD20110267　阿维·哒螨灵/8%/乳油/阿维菌素 0.2%、哒螨灵 7.8%/2011.03.31 至 2016.03.31/中等毒(原药高毒)

柑橘　红蜘蛛　40-53.3毫克/千克　喷雾

PD20140884　毒死蜱/30%/微囊悬浮剂/毒死蜱 30%/2014.04.08 至 2019.04.08/低毒

花生　蛴螬　675-810克/公顷　喷雾于播种穴

PD20141530　毒死蜱/5%/颗粒剂/毒死蜱 5%/2014.06.16 至 2019.06.16/低毒

花生　蛴螬　843.75-1687.5克/公顷　撒施

PD20150651　氟虫腈/8%/悬浮种衣剂/氟虫腈 8%/2015.04.16 至 2020.04.16/低毒

玉米　蛴螬　药种比1：250-300　种子包衣

PD20152173　高效氯氟氰菊酯/25克/升/乳油/高效氯氟氰菊酯 25克/升/2015.09.22 至 2020.09.22/中等毒

棉花　蚜虫　7.5-15克/公顷　喷雾

PD20152449　矮壮素/50%/水剂/矮壮素 50%/2015.12.04 至 2020.12.04/低毒

玉米　调节生长　2500毫升/千克　浸种

济南中科绿色生物工程有限公司　（山东省济南市历下区千佛山东二路19号　250014　0531-82629796）

PD20082110　马拉·辛硫磷/20%/乳油/马拉硫磷 10%、辛硫磷 10%/2013.11.25 至 2018.11.25/中等毒

棉花　棉铃虫　225-300克/公顷　喷雾

PD20082263　辛硫·高氯氟/16%/乳油/高效氯氟氰菊酯 0.7%、辛硫磷 15.3%/2013.11.27 至 2018.11.27/低毒

棉花　棉铃虫　144-204克/公顷　喷雾

PD20085251　多菌灵/80%/可湿性粉剂/多菌灵 80%/2013.12.23 至 2018.12.23/低毒

花生　倒秧病　750-900克/公顷　喷雾

PD20085477　阿维菌素/1.8%/乳油/阿维菌素 1.8%/2013.12.25 至 2018.12.25/低毒(原药高毒)

菜豆、黄瓜　美洲斑潜蝇　10.8-21.6克/公顷　喷雾

柑橘树　锈壁虱　2.25-4.5毫克/千克　喷雾

柑橘树　红蜘蛛、潜叶蛾　4.5-9毫克/千克　喷雾

梨树　梨木虱　6-12毫克/千克　喷雾

苹果树　红蜘蛛　3-6毫克/千克　喷雾

苹果树　二斑叶螨　4.5-6毫克/千克　喷雾

苹果树　桃小食心虫　4.5-9毫克/千克　喷雾

苹果树　蚜虫　兼治　喷雾

十字花科蔬菜　小菜蛾　8.1-10.8克/公顷　喷雾

水稻　稻纵卷叶螟　8.1-10.8克/公顷　喷雾

PD20091388　甲基硫菌灵/70%/可湿性粉剂/甲基硫菌灵 70%/2014.02.02 至 2019.02.02/低毒

水稻　纹枯病　1050-1500克/公顷　喷雾

PD20093122　代森锰锌/80%/可湿性粉剂/代森锰锌 80%/2014.03.10 至 2019.03.10/低毒

黄瓜　霜霉病　2250-2700克/公顷　喷雾

PD20096488　异丙甲草胺/720克/升/乳油/异丙甲草胺 720克/升/2014.08.14 至 2019.08.14/低毒

大豆田　一年生禾本科杂草及部分小粒种子阔叶杂草　1620-2160克/公顷（东北地区），1080-1620克/公顷（其他地区）　播后苗前土壤喷雾

PD20097328　氯氰·丙溴磷/440克/升/乳油/丙溴磷 400克/升、氯氰菊酯 40克/升/2014.10.27 至 2019.10.27/中等毒

棉花　棉铃虫　83-100毫升制剂/亩　喷雾

PD20097659　联苯菊酯/100克/升/乳油/联苯菊酯 100克/升/2014.11.04 至 2019.11.04/中等毒

茶树　茶小绿叶蝉　30-37.5克/公顷　喷雾

PD20097876　毒死蜱/40%/乳油/毒死蜱 40%/2014.11.20 至 2019.11.20/中等毒

水稻　稻纵卷叶螟　432-576克/公顷　喷雾

PD20097916　唑螨酯/5%/悬浮剂/唑螨酯 5%/2014.11.30 至 2019.11.30/中等毒

柑橘树　红蜘蛛　22.5-33.33毫克/千克　喷雾

PD20097939　辛硫磷/40%/乳油/辛硫磷 40%/2014.11.30 至 2019.11.30/低毒

棉花　棉铃虫　450-600克/公顷　喷雾

PD20098323　三环唑/75%/可湿性粉剂/三环唑 75%/2014.12.18 至 2019.12.18/低毒

水稻　稻瘟病　225-300克/公顷　喷雾

PD20100435　高效氯氟氰菊酯/25克/升/乳油/高效氯氟氰菊酯 25克/升/2015.01.14 至 2020.01.14/中等毒

甘蓝　蚜虫　5.625-7.5克/公顷　喷雾

PD20100542　高效氯氟氰菊酯/4.5%/水乳剂/高效氯氟氰菊酯 4.5%/2015.01.14 至 2020.01.14/中等毒

甘蓝　菜青虫　22.5-37.5克/公顷　喷雾

PD20100563　阿维菌素/5%/乳油/阿维菌素 5%/2015.01.14 至 2020.01.14/低毒(原药高毒)

甘蓝　小菜蛾　8.1-10.8克/公顷　喷雾

PD20100569 毒・辛/30%/乳油/毒死蜱 10%、辛硫磷 20%/2015.01.14 至 2020.01.14/中等毒
水稻 二化螟 540-675克/公顷 喷雾
PD20110037 炔螨特/57%/乳油/炔螨特 57%/2016.01.11 至 2021.01.11/低毒
柑橘树 红蜘蛛 228-380毫克/千克 喷雾
PD20110672 精喹禾灵/10%/乳油/精喹禾灵 10%/2011.06.20 至 2016.06.20/低毒
夏大豆田 一年生禾本科杂草 48.6-64.8克/公顷 茎叶喷雾
PD20120551 阿维菌素/3.2%/乳油/阿维菌素 3.2%/2012.03.28 至 2017.03.28/中等毒(原药高毒)
甘蓝 小菜蛾 10.8-13.5克/公顷 喷雾
PD20120909 甲氨基阿维菌素苯甲酸盐/1%/乳油/甲氨基阿维菌素 1%/2012.05.31 至 2017.05.31/低毒
甘蓝 甜菜夜蛾 2.25-4.5克/公顷 喷雾
注:甲氨基阿维菌素苯甲酸盐含量1.14%。
PD20131134 联苯菊酯/25克/升/乳油/联苯菊酯 25克/升/2013.05.20 至 2018.05.20/低毒
茶树 茶尺蠖 7.5-15克/公顷 喷雾
PD20131781 阿维・三唑磷/10.2%/乳油/阿维菌素 0.2%、三唑磷 10%/2013.09.09 至 2018.09.09/中等毒(原药高毒)
水稻 三化螟 153-183.6克/公顷 喷雾
PD20140069 稻瘟灵/40%/乳油/稻瘟灵 40%/2014.01.20 至 2019.01.20/低毒
水稻 稻瘟病 400-600克/公顷 喷雾
PD20140103 三唑酮/25%/可湿性粉剂/三唑酮 25%/2014.01.20 至 2019.01.20/低毒
小麦 锈病 123.75-168.75克/公顷 喷雾
PD20140653 甲氨基阿维菌素苯甲酸盐/3%/微乳剂/甲氨基阿维菌素 3%/2014.03.14 至 2019.03.14/低毒
甘蓝 甜菜夜蛾 1.8～3.6克/公顷 喷雾
注:甲氨基阿维菌素苯甲酸盐含量：3.4%。
PD20140809 丙森锌/70%/可湿性粉剂/丙森锌 70%/2014.03.25 至 2019.03.25/低毒
番茄 早疫病 1312.5～1968.75克/公顷 喷雾
PD20140816 吡蚜酮/50%/水分散粒剂/吡蚜酮 50%/2014.03.31 至 2019.03.31/低毒
水稻 稻飞虱 90-150克/公顷 喷雾
PD20150057 咪鲜胺/25%/乳油/咪鲜胺 25%/2015.01.05 至 2020.01.05/低毒
水稻 稻瘟病 262.5－375克/公顷 喷雾
PD20151650 阿维菌素/1.8%/微乳剂/阿维菌素 1.8%/2015.08.28 至 2020.08.28/低毒(原药高毒)
水稻 稻纵卷叶螟 5.4-10.8克/公顷 喷雾
PD20151692 阿维菌素/3.2%/微乳剂/阿维菌素 3.2%/2015.08.28 至 2020.08.28/中等毒(原药高毒)
甘蓝 小菜蛾 10.8-13.5克/公顷 喷雾
PD20151874 阿维・螺螨酯/20%/悬浮剂/阿维菌素 2%、螺螨酯 18%/2015.08.30 至 2020.08.30/低毒(原药高毒)
柑橘树 红蜘蛛 26.7~33.3毫克/千克 喷雾
PD20151963 溴氰・甲维盐/3%/微乳剂/甲氨基阿维菌素 0.5%、溴氰菊酯 2.5%/2015.08.30 至 2020.08.30/中等毒
甘蓝 甜菜夜蛾 11.25-13.5克/公顷 喷雾
PD20152020 甲氨基阿维菌素苯甲酸盐/1%/微乳剂/甲氨基阿维菌素 1%/2015.08.31 至 2020.08.31/低毒
甘蓝 甜菜夜蛾 2.25-4.5克/公顷 喷雾
注:甲氨基阿维菌素苯甲酸盐含量为：1.14%。
PD20152249 高效氯氟氰菊酯/25克/升/微乳剂/高效氯氟氰菊酯 25克/升/2015.09.23 至 2020.09.23/中等毒
甘蓝 蚜虫 5.625-7.5克/公顷 喷雾
PD20152454 联苯菊酯/25克/升/微乳剂/联苯菊酯 25克/升/2015.12.04 至 2020.12.04/低毒
茶树 茶尺蠖 7.5-15克/公顷 喷雾

京博农化科技股份有限公司 (山东省博兴县经济开发区 256505 0531-58819191)

PD20040606 氯氰・吡虫啉/5%/乳油/吡虫啉 1%、氯氰菊酯 4%/2014.12.19 至 2019.12.19/低毒
茶树 茶小绿叶蝉 37.5-45克/公顷 喷雾
甘蓝 蚜虫 22.5-37.5克/公顷 喷雾
苹果树 蚜虫 25-50毫克/千克 喷雾
PD20040699 吡虫啉/5%/乳油/吡虫啉 5%/2014.12.19 至 2019.12.19/低毒
小麦 蚜虫 12-15克/公顷 喷雾
枸杞 蚜虫 25-50毫克/千克 喷雾
PD20080335 灭幼脲/20%/悬浮剂/灭幼脲 20%/2013.02.26 至 2018.02.26/低毒
苹果树 金纹细蛾 125-167毫克/千克 喷雾
十字花科蔬菜 菜青虫 75-112.5克/公顷 喷雾
PD20081225 精喹禾灵/95%/原药/精喹禾灵 95%/2013.09.11 至 2018.09.11/低毒
PD20081503 精喹禾灵/5%/乳油/精喹禾灵 5%/2013.11.06 至 2018.11.06/低毒
春大豆 一年生禾本科杂草 52.5-67.5克/公顷 茎叶喷雾
夏大豆、油菜 一年生禾本科杂草 37.5-52.5克/公顷 茎叶喷雾
PD20081567 虫酰肼/95%/原药/虫酰肼 95%/2013.11.11 至 2018.11.11/低毒
PD20081759 精喹禾灵/10%/乳油/精喹禾灵 10%/2013.11.18 至 2018.11.18/低毒
春大豆田 一年生禾本科杂草 64.8-81.0克/公顷 茎叶喷雾
花生田 一年生禾本科杂草 32.4-51.84克/公顷 茎叶喷雾
夏大豆田 一年生禾本科杂草 35.6-51.8克/公顷 茎叶喷雾

油菜田　多年生禾本科杂草、一年生禾本科杂草　40.5-56.7克/公顷　茎叶喷雾
PD20081802　霜脲·锰锌/72%/可湿性粉剂/代森锰锌 64%、霜脲氰 8%/2013.11.19 至 2018.11.19/低毒
番茄　晚疫病　1440-1944克/公顷　喷雾
黄瓜　霜霉病　1440-1800克/公顷　喷雾
PD20081807　莠去津/38%/悬浮剂/莠去津 38%/2014.11.19 至 2019.11.19/低毒
春玉米田　一年生杂草　1710-1995克/公顷(东北地区)　土壤喷雾
夏玉米田　一年生杂草　1140-1425克/公顷(其它地区)　土壤喷雾
PD20081921　精喹禾灵/8.8%/乳油/精喹禾灵 8.8%/2013.11.21 至 2018.11.21/低毒
春大豆　一年生禾本科杂草　66-79.2克/公顷　茎叶喷雾
冬油菜　一年生禾本科杂草　46.2-59.4克/公顷　茎叶喷雾
夏大豆　一年生禾本科杂草　52.8-66克/公顷　茎叶喷雾
PD20082141　硫丹/35%/乳油/硫丹 35%/2013.11.25 至 2018.11.25/高毒
棉花　棉铃虫　525-840克/公顷　喷雾
PD20082622　嘧霉胺/95%/原药/嘧霉胺 95%/2013.12.04 至 2018.12.04/低毒
PD20082796　虫酰肼/20%/悬浮剂/虫酰肼 20%/2013.12.09 至 2018.12.09/低毒
甘蓝　甜菜夜蛾　240-300克/公顷　喷雾
苹果树　卷叶蛾　100-133毫克/千克　喷雾
PD20083100　阿维菌素/1.8%/微乳剂/阿维菌素 1.8%/2013.12.10 至 2018.12.10/低毒(原药高毒)
菜豆　美洲斑潜蝇　2.25-3.75克/公顷　喷雾
PD20083964　苯磺隆/10%/可湿性粉剂/苯磺隆 10%/2013.12.16 至 2018.12.16/低毒
冬小麦田　一年生阔叶杂草　13.5－22.5克/公顷　茎叶喷雾
PD20084429　高效氯氟氰菊酯/2.5%/乳油/高效氯氟氰菊酯 2.5%/2013.12.17 至 2018.12.17/中等毒
十字花科蔬菜　蚜虫　5.625-7.5克/公顷　喷雾
烟草　烟青虫　6.09-8.125克/公顷　喷雾
PD20084857　虫酰肼/20%/可湿性粉剂/虫酰肼 20%/2013.12.22 至 2018.12.22/低毒
十字花科蔬菜　甜菜夜蛾　180-300克/公顷　喷雾
PD20085181　甲氨基阿维菌素苯甲酸盐/2%/乳油/甲氨基阿维菌素 2%/2013.12.23 至 2018.12.23/低毒
十字花科蔬菜　甜菜夜蛾、小菜蛾　1.14-1.6克/公顷　喷雾
注:甲氨基阿维菌素苯甲酸盐2.3%
PD20085355　异丙草·莠/40%/悬浮剂/异丙草胺 16%、莠去津 24%/2013.12.24 至 2018.12.24/低毒
春玉米田　一年生杂草　1800-2400克/公顷(东北地区)　播后苗前土壤喷雾
夏玉米田　一年生杂草　1050-1500克/公顷(其它地区)　播后苗前土壤喷雾
PD20086037　烟嘧磺隆/95%/原药/烟嘧磺隆 95%/2013.12.29 至 2018.12.29/低毒
PD20086149　乙铝·多菌灵/60%/可湿性粉剂/多菌灵 20%、三乙膦酸铝 40%/2013.12.30 至 2018.12.30/低毒
苹果树　斑点落叶病、轮纹病　400-600倍液　喷雾
PD20086379　草甘膦/95%/原药/草甘膦 95%/2013.12.31 至 2018.12.31/微毒
PD20090086　甲氨基阿维菌素苯甲酸盐/0.2%/乳油/甲氨基阿维菌素苯甲酸盐 0.2%/2014.01.08 至 2019.01.08/低毒
甘蓝　甜菜夜蛾、小菜蛾　1.5-1.8克/公顷　喷雾
PD20090282　阿维·三唑磷/15%/乳油/阿维菌素 0.1%、三唑磷 14.9%/2014.01.09 至 2019.01.09/中等毒(原药高毒)
棉花　棉铃虫　135-180克/公顷　喷雾
PD20090799　醚菌酯/95%/原药/醚菌酯 95%/2014.01.19 至 2019.01.19/低毒
PD20090817　精噁唑禾草灵/69克/升/水乳剂/精噁唑禾草灵 69克/升/2014.01.19 至 2019.01.19/低毒
春小麦田　一年生禾本科杂草　51.8-62.1克/公顷　茎叶喷雾
冬小麦田　一年生禾本科杂草　41.4-51.8克/公顷　茎叶喷雾
PD20090992　辛硫·高氯氟/26%/乳油/高效氯氟氰菊酯 1%、辛硫磷 25%/2014.01.21 至 2019.01.21/中等毒
甘蓝　小菜蛾　162.63-243.75克/公顷　喷雾
PD20091220　甲氨基阿维菌素苯甲酸盐/0.5%/乳油/甲氨基阿维菌素 0.5%/2014.02.01 至 2019.02.01/低毒
甘蓝　甜菜夜蛾、小菜蛾　1.14-1.6克/公顷　喷雾
水稻　稻纵卷叶螟　7.5−15克/公顷　喷雾
注:甲氨基阿维菌素苯甲酸盐含量：0.57%。
PD20091277　啶虫脒/20%/可溶粉剂/啶虫脒 20%/2014.02.01 至 2019.02.01/低毒
棉花　蚜虫　18-30克/公顷　喷雾
PD20091406　氟磺胺草醚/25%/水剂/氟磺胺草醚 25%/2014.02.02 至 2019.02.02/低毒
春大豆田　一年生阔叶杂草　375-450克/公顷　茎叶喷雾
夏大豆田　一年生阔叶杂草　262.5-375克/公顷　茎叶喷雾
PD20091635　噁霉灵/70%/可溶粉剂/噁霉灵 70%/2014.02.03 至 2019.02.03/低毒
人参　根腐病　2.8-5.6克/平方米　土壤浇灌
水稻　立枯病　0.9-1.8克/公顷　苗床喷雾
西瓜　枯萎病　380-500毫克/千克　本田灌根
PD20091643　甲氨基阿维菌素苯甲酸盐/1%/乳油/甲氨基阿维菌素 1%/2014.02.03 至 2019.02.03/低毒
甘蓝　小菜蛾　1.5-2.25克/公顷　喷雾
注:甲氨基阿维菌素苯甲酸盐含量：1.14%。
PD20091674　氯氰·毒死蜱/52.25%/乳油/毒死蜱 47.5%、氯氰菊酯 4.75%/2014.02.03 至 2019.02.03/中等毒

柑橘树 潜叶蛾 348.3-550毫克/千克 喷雾
荔枝树 蒂蛀虫 261.3-522.5毫克/千克 喷雾

PD20091892 2甲·灭草松/25%/水剂/2甲4氯 4%、灭草松 21%/2014.02.09 至 2019.02.09/低毒
水稻移栽田 阔叶杂草及莎草科杂草 750-1125克/公顷 茎叶喷雾

PD20092755 嘧霉胺/30%/悬浮剂/嘧霉胺 30%/2014.03.04 至 2019.03.04/低毒
番茄 灰霉病 450-585克/公顷 喷雾
黄瓜 灰霉病 375—562.5克/公顷 喷雾

PD20093438 烯酰吗啉/30%/可湿性粉剂/烯酰吗啉 30%/2014.03.23 至 2019.03.23/低毒
花椰菜 霜霉病 225-375克/公顷 喷雾
黄瓜 霜霉病 225-315克/公顷 喷雾

PD20093778 甲氨基阿维菌素苯甲酸盐/5%/水分散粒剂/甲氨基阿维菌素 5%/2014.03.25 至 2019.03.25/低毒
甘蓝 甜菜夜蛾、小菜蛾 1.125-2.25克/公顷 喷雾
水稻 稻纵卷叶螟 7.5-11.25克/公顷 喷雾
注:甲氨基阿维菌素苯甲酸盐含量：5.7%。

PD20094175 阿维菌素/3.2%/乳油/阿维菌素 3.2%/2014.03.27 至 2019.03.27/低毒(原药高毒)
菜豆 美洲斑潜蝇 10.8-21.6克/公顷 喷雾
甘蓝 小菜蛾 8.1-10.8克/公顷 喷雾
水稻 二化螟 24-38.4克/公顷 喷雾

PD20094335 烟嘧磺隆/40克/升/可分散油悬浮剂/烟嘧磺隆 40克/升/2014.03.31 至 2019.03.31/低毒
玉米田 一年生杂草 45-54克/公顷 茎叶喷雾

PD20094400 嘧霉胺/70%/水分散粒剂/嘧霉胺 70%/2014.04.01 至 2019.04.01/低毒
番茄、黄瓜 灰霉病 472.5-577.5克/公顷 喷雾

PD20094639 精噁唑禾草灵/95%/原药/精噁唑禾草灵 95%/2014.04.10 至 2019.04.10/低毒

PD20095025 精喹禾灵/15%/乳油/精喹禾灵 15%/2014.04.21 至 2019.04.21/低毒
冬油菜田、夏大豆田 一年生禾本科杂草 45-67.5克/公顷 茎叶喷雾
花生田 一年生禾本科杂草 45-58.5克/公顷 茎叶喷雾

PD20095124 甲氨基阿维菌素苯甲酸盐/83.5%/原药/甲氨基阿维菌素 83.5%/2014.04.24 至 2019.04.24/中等毒
注:甲氨基阿维菌素苯甲酸盐含量：95%。

PD20095289 醚菌酯/30%/可湿性粉剂/醚菌酯 30%/2014.04.27 至 2019.04.27/低毒
草莓 白粉病 67.5-180克/公顷 喷雾
黄瓜 白粉病 123.75-157.5克/公顷 喷雾
人参 黑斑病 180-270克/公顷 喷雾

PD20096927 烟嘧磺隆/6%/可分散油悬浮剂/烟嘧磺隆 6%/2014.09.23 至 2019.09.23/低毒
夏玉米田 一年生杂草 63—72克/公顷 茎叶喷雾

PD20098151 甲氨基阿维菌素苯甲酸盐/2%/微乳剂/甲氨基阿维菌素 2%/2014.12.14 至 2019.12.14/低毒
甘蓝 小菜蛾 1.25-1.61克/公顷 喷雾
甘蓝 甜菜夜蛾 1.65-3.3克/公顷 喷雾
注:甲氨基阿维菌素苯甲酸盐含量：2.2%。

PD20101223 草甘膦异丙胺盐/30%/水剂/草甘膦 30%/2015.03.01 至 2020.03.01/低毒
玉米田 杂草 1230-1537.5克/公顷 定向茎叶喷雾
注:草甘膦异丙胺盐含量：41%。

PD20110176 吡虫啉/70%/可湿性粉剂/吡虫啉 70%/2016.02.17 至 2021.02.17/低毒
甘蓝 蚜虫 21～31.6 克/公顷 喷雾
芹菜 蚜虫 15-30克/公顷 喷雾
小麦 蚜虫 31.5～52.5克/公顷 喷雾

PD20110195 苯甲·丙环唑/300克/升/乳油/苯醚甲环唑 150克/升、丙环唑 150克/升/2016.02.18 至 2021.02.18/低毒
水稻 纹枯病 67.5-90克/公顷 喷雾

PD20110282 氟磺胺草醚/98%/原药/氟磺胺草醚 98%/2016.03.11 至 2021.03.11/低毒

PD20110544 烟嘧磺隆/80%/可湿性粉剂/烟嘧磺隆 80%/2011.05.12 至 2016.05.12/低毒
玉米田 一年生杂草 40-60克/公顷 茎叶喷雾

PD20110877 阿维菌素/96%/原药/阿维菌素 96%/2011.08.16 至 2016.08.16/高毒

PD20120747 甲氨基阿维菌素苯甲酸盐/5%/微乳剂/甲氨基阿维菌素 5%/2012.05.05 至 2017.05.05/低毒
甘蓝 小菜蛾 1.5-2.25克/公顷 喷雾
注:甲氨基阿维菌素苯甲酸盐含量：5.7%。

PD20120845 苯醚甲环唑/10%/可湿性粉剂/苯醚甲环唑 10%/2012.05.22 至 2017.05.22/低毒
苹果树 斑点落叶病 50—66.67毫克/千克 喷雾

PD20122128 烟嘧·莠去津/22%/可分散油悬浮剂/烟嘧磺隆 2%、莠去津 20%/2012.12.26 至 2017.12.26/低毒
玉米田 一年生杂草 330-495克/公顷 茎叶喷雾

PD20130337 噁霉灵/70/可溶粉剂/噁霉灵 70%/2013.03.08 至 2018.03.08/低毒

PD20130929 除虫脲/25%/可湿性粉剂/除虫脲 25%/2013.04.28 至 2018.04.28/微毒
注:专供出口，不得在国内销售。

PD20131103 灭草松/480克/升/水剂/灭草松 480克/升/2013.05.20 至 2018.05.20/低毒
大豆田 一年生阔叶杂草 1080-1440克/公顷 茎叶喷雾

PD20131660　草甘膦铵盐/80%/可溶粒剂/草甘膦 80%/2013.08.01 至 2018.08.01/低毒
　非耕地　杂草　1560－2280克/公顷　茎叶喷雾
　注:草甘膦铵盐含量：88.8%。
PD20131754　茚虫威/90%/原药/茚虫威 90%/2013.09.06 至 2018.09.06/中等毒
PD20132114　烟嘧·莠去津/54%/可湿性粉剂/烟嘧磺隆 4%、莠去津 50%/2013.10.24 至 2018.10.24/低毒
　玉米田　一年生杂草　486-729克/公顷　茎叶喷雾
PD20132247　噻虫嗪/98%/原药/噻虫嗪 98%/2013.11.05 至 2018.11.05/低毒
PD20132264　醚菌酯/50%/水分散粒剂/醚菌酯 50%/2013.11.05 至 2018.11.05/微毒
　注:专供出口，不得在国内销售。
PD20132265　嘧菌酯/50%/水分散粒剂/嘧菌酯 50%/2013.11.05 至 2018.11.05/低毒
　注:专供出口，不得在国内销售。
PD20132310　草铵膦/200克/升/水剂/草铵膦 200克/升/2013.11.08 至 2018.11.08/微毒
　非耕地　杂草　1200－1800克/公顷　茎叶喷雾
PD20140132　甲维·虫酰肼/34%/可湿性粉剂/虫酰肼 30%、甲氨基阿维菌素苯甲酸盐 4%/2014.01.20 至 2019.01.20/低毒
　甘蓝田　甜菜夜蛾　26-51克/公顷　喷雾
PD20140135　苯甲·醚菌酯/40%/可湿性粉剂/苯醚甲环唑 10%、醚菌酯 30%/2014.01.20 至 2019.01.20/低毒
　水稻　纹枯病　562.5-843.75克/公顷　喷雾
　西瓜　炭疽病　108-180毫克/千克　喷雾
PD20140304　茚虫威/150克/升/悬浮剂/茚虫威 150克/升/2014.02.12 至 2019.02.12/微毒
　甘蓝　小菜蛾　22.5-40.5克/公顷　喷雾
　棉花　棉铃虫　22.5-40.5克/公顷　喷雾
PD20140451　嘧菌酯/250克/升/悬浮剂/嘧菌酯 250克/升/2014.02.25 至 2019.02.25/低毒
　黄瓜　白粉病　281.3-337.5克/公顷　喷雾
PD20140801　嘧菌酯/98%/原药/嘧菌酯 98%/2014.03.25 至 2019.03.25/微毒
PD20141908　除虫脲/98%/原药/除虫脲 98%/2014.08.01 至 2019.08.01/低毒
PD20142204　烯草酮/95%/原药/烯草酮 95%/2014.09.28 至 2019.09.28/低毒
PD20142652　稻瘟酰胺/96%/原药/稻瘟酰胺 96%/2014.12.18 至 2019.12.18/低毒
PD20150314　稻瘟酰胺/20%/悬浮剂/稻瘟酰胺 20%/2015.02.05 至 2020.02.05/低毒
　水稻　稻瘟病　157.5-210克/公顷　喷雾
PD20150679　吡虫啉/20%/可溶液剂/吡虫啉 20%/2015.04.17 至 2020.04.17/低毒
　茄子　白粉虱　45-90克/公顷　喷雾
PD20150831　氨基寡糖素/0.5%/水剂/氨基寡糖素 0.5%/2015.05.18 至 2020.05.18/微毒
　烟草　病毒病　7.5-11.25g/公顷　喷雾
PD20151324　吡唑醚菌酯/98%/原药/吡唑醚菌酯 98%/2015.07.30 至 2020.07.30/低毒
PD20151345　虱螨脲/10%/悬浮剂/虱螨脲 10%/2015.07.30 至 2020.07.30/微毒
　甘蓝　甜菜夜蛾　22.5-30克/公顷　喷雾
PD20151446　硝磺草酮/15%/悬浮剂/硝磺草酮 15%/2015.07.31 至 2020.07.31/低毒
　玉米田　一年生杂草　112.5-168.75克/公顷　茎叶喷雾
PD20151602　啶酰菌胺/98%/原药/啶酰菌胺 98%/2015.08.28 至 2020.08.28/低毒
PD20152604　杀螟丹/9%/颗粒剂/杀螟丹 9%/2015.12.17 至 2020.12.17/低毒
　水稻　二化螟　810-1350克/公顷　撒施
LS20130170　氯氟吡氧乙酸异辛酯/140克/升/水乳剂/氯氟吡氧乙酸 140克/升/2015.04.03 至 2016.04.03/低毒
　小麦田　一年生阔叶杂草　150-225克/公顷　茎叶喷雾
　注:氯氟吡氧乙酸异辛酯含量：200克/升。
LS20130271　烯酰·霜·锰锌/68%/可湿性粉剂/代森锰锌 50%、霜脲氰 8%、烯酰吗啉 10%/2015.05.02 至 2016.05.02/低毒
　黄瓜　霜霉病　612-918克/公顷　喷雾
LS20130433　噻虫·异丙威/25%/可湿性粉剂/噻虫嗪 3%、异丙威 22%/2015.09.09 至 2016.09.09/低毒
　水稻　稻飞虱　150-225克/公顷　喷雾
LS20150069　稻酰·醚菌酯/26%/悬浮剂/稻瘟酰胺 20%、醚菌酯 6%/2015.03.24 至 2016.03.24/低毒
　水稻　稻瘟病、纹枯病　234-351克/公顷　喷雾

梁山县金鹰化工厂　(山东省梁山县韩垓镇大李庄　272616　0537-7658327)

WP20150101　杀虫气雾剂/0.52%/气雾剂/胺菊酯 0.35%、氯菊酯 0.17%/2015.06.12 至 2020.06.12/微毒
　室内　蜚蠊、蚊、蝇　/　喷雾

聊城市华能精细化工厂　(山东省聊城市开发区拥军路路北　252000　0635-8531266)

WP20090130　杀虫气雾剂/0.3%/气雾剂/胺菊酯 0.25%、氯氰菊酯 0.05%/2014.02.23 至 2019.02.23/低毒
　卫生　蚊、蝇、蜚蠊　/　喷雾

临沂市恒拓日用品有限公司　(山东省临沂市罗庄区盛庄街道花卜圈村　276000　0539-7101998)

WP20140134　杀虫气雾剂/0.48%/气雾剂/胺菊酯 0.26%、氯菊酯 0.22%/2014.06.16 至 2019.06.16/微毒
　室内　蚊、蝇　/　喷雾

临沂市君健商贸有限公司 (山东省临沂市兰山区大岭村 276000 0539-7020363)

WP20140128　蚊香/0.05%/蚊香/四氟苯菊酯 0.05%/2014.06.09 至 2019.06.09/微毒
　室内　蚊　/　点燃
WP20140175　杀虫气雾剂/0.5%/气雾剂/胺菊酯 0.3%、富右旋反式烯丙菊酯 0.1%、氯菊酯 0.1%/2014.08.13 至 2019.08.13/微毒

室内 蚊、蝇、蜚蠊 / 喷雾

临沂市蓝天环科日化有限公司 （山东省临沂市河东区九曲张庄 276023 0539-6019669）

WP20090123 杀虫气雾剂/0.4%/气雾剂/胺菊酯 0.2%、富右旋反式烯丙菊酯 0.1%、氯菊酯 0.1%/2014.02.12 至 2019.02.12/微毒
卫生 蚊、蝇、蜚蠊 喷雾

WP20090126 蚊香/0.25%/蚊香/富右旋反式烯丙菊酯 0.25%/2014.02.16 至 2019.02.16/低毒
卫生 蚊 / 点燃

WP20090225 杀虫气雾剂/0.52%/气雾剂/胺菊酯 0.33%、氯菊酯 0.19%/2014.04.09 至 2019.04.09/低毒
卫生 蚊、蝇 喷雾

WP20090267 杀虫气雾剂/0.38%/气雾剂/胺菊酯 0.33%、氯氰菊酯 0.05%/2014.05.12 至 2019.05.12/低毒
卫生 蚊、蝇 / 喷雾

WP20100046 杀虫气雾剂/0.28%/气雾剂/胺菊酯 0.25%、高效氯氰菊酯 0.03%/2015.03.10 至 2020.03.10/低毒
卫生 蚊、蝇、蜚蠊 喷雾

WP20120030 杀虫气雾剂/0.25%/气雾剂/胺菊酯 0.2%、氯氰菊酯 0.05%/2012.02.17 至 2017.02.17/微毒
卫生 蚊、蝇、蜚蠊 喷雾

临沂市兴冠精细化工有限公司 （山东省临沂市兰山区南坊镇小杏花工业园 276037 0539-8603366）

WP20140197 杀虫气雾剂/0.33%/气雾剂/胺菊酯 0.18%、氯菊酯 0.15%/2014.08.28 至 2019.08.28/微毒
室内 蚊、蝇、蜚蠊 / 喷雾

WP20150109 电热蚊香液/0.8%/电热蚊香液/氯氟醚菊酯 .8%/2015.06.25 至 2020.06.25/微毒
室内 蚊 电热加温

WP20150141 蚊香/0.05%/蚊香/氯氟醚菊酯 0.05%/2015.07.31 至 2020.07.31/微毒
室内 蚊 / 点燃

齐鲁晟华制药有限公司 （山东省德州市临邑县经济技术开发区犁城大道西首南侧 251500 0534-5057238）

PD20130463 甲氨基阿维菌素苯甲酸盐/79.1%/原药/甲氨基阿维菌素 79.1%/2013.03.20 至 2018.03.20/中等毒
注:甲氨基阿维菌素苯甲酸盐含量：90%

青岛海纳生物科技有限公司 （山东省莱西市日庄镇驻地 266601 0532-85490699）

PD86109-28 苏云金杆菌/16000IU/毫克/可湿性粉剂/苏云金杆菌 16000IU/毫克/2011.10.19 至 2016.10.19/低毒

白菜、萝卜、青菜	菜青虫、小菜蛾	1500-4500克制剂/公顷	喷雾
茶树	茶毛虫	1500-7500克制剂/公顷	喷雾
大豆、甘薯	天蛾	1500-2250克制剂/公顷	喷雾
柑橘树	柑橘凤蝶	2250-3750克制剂/公顷	喷雾
高粱、玉米	玉米螟	3750-4500克制剂/公顷	喷雾、毒土
梨树	天幕毛虫	1500-3750克制剂/公顷	喷雾
林木	尺蠖、柳毒蛾、松毛虫	2250-7500克制剂/公顷	喷雾
棉花	棉铃虫、造桥虫	1500-7500克制剂/公顷	喷雾
苹果树	巢蛾	2250-3750克制剂/公顷	喷雾
水稻	稻苞虫、稻纵卷叶螟	1500-6000克制剂/公顷	喷雾
烟草	烟青虫	3750-7500克制剂/公顷	喷雾
枣树	尺蠖	3750-4500克制剂/公顷	喷雾

PD20096290 速灭威/20%/乳油/速灭威 20%/2014.07.22 至 2019.07.22/中等毒
水稻 稻飞虱 450-600克/公顷 喷雾

PD20096956 甲基硫菌灵/70%/可湿性粉剂/甲基硫菌灵 70%/2014.09.29 至 2019.09.29/低毒
番茄 叶霉病 375－562.5克/公顷 喷雾

PD20097168 多抗霉素/1.5%/可湿性粉剂/多抗霉素 1.5%/2014.10.16 至 2019.10.16/低毒
苹果树 斑点落叶病 75－120毫克/千克 喷雾

PD20097936 联苯菊酯/25克/升/乳油/联苯菊酯 25克/升/2014.11.30 至 2019.11.30/中等毒
茶树 茶小绿叶蝉 80-100毫升制剂/亩 喷雾

PD20098000 甲霜·锰锌/58%/可湿性粉剂/甲霜灵 10%、代森锰锌 48%/2014.12.07 至 2019.12.07/低毒
黄瓜 霜霉病 1000-1827克/公顷 喷雾

PD20098045 吡虫啉/95%/原药/吡虫啉 95%/2014.12.07 至 2019.12.07/低毒

PD20098052 福美双/50%/可湿性粉剂/福美双 50%/2014.12.07 至 2019.12.07/低毒
黄瓜 霜霉病 750-1050克/公顷 喷雾

PD20098068 联苯菊酯/100克/升/乳油/联苯菊酯 100克/升/2014.12.07 至 2019.12.07/中等毒
茶树 茶小绿叶蝉 20-25毫升制剂/亩 喷雾

PD20098104 氟啶脲/50克/升/乳油/氟啶脲 50克/升/2014.12.08 至 2019.12.08/中等毒
甘蓝 菜青虫 46.8-62.4克/公顷 喷雾

PD20098285 溴氰菊酯/25克/升/乳油/溴氰菊酯 25克/升/2014.12.18 至 2019.12.18/低毒
烟草 烟青虫 20-35毫升制剂/亩 喷雾

PD20100018 噁霉灵/70%/可湿性粉剂/噁霉灵 70%/2015.01.04 至 2020.01.04/低毒
甜菜 立枯病 385-490克/100千克种子 拌种

PD20100164 福·福锌/80%/可湿性粉剂/福美双 30%、福美锌 50%/2015.01.05 至 2020.01.05/中等毒
黄瓜 炭疽病 1500－1800克/公顷 喷雾

PD20101248 春雷霉素/2%/可湿性粉剂/春雷霉素 2%/2015.03.01 至 2020.03.01/低毒
大白菜 黑腐病 22.5-36克/公顷 喷雾

水稻　稻瘟病　30－50毫克/千克　喷雾
PD20101308　丙溴·辛硫磷/25%/乳油/丙溴磷 6%、辛硫磷 19%/2015.03.17 至 2020.03.17/中等毒
棉花　棉铃虫　243.75-281.25克/公顷　喷雾
PD20101369　溴螨酯/500克/升/乳油/溴螨酯 500克/升/2015.04.02 至 2020.04.02/低毒
柑橘树　红蜘蛛　330-500毫克/千克　喷雾
PD20101386　异丙威/20%/乳油/异丙威 20%/2015.04.14 至 2020.04.14/中等毒
水稻　稻飞虱　525-600克/公顷　喷雾
PD20101485　吡虫啉/200克/升/可溶液剂/吡虫啉 200克/升/2010.05.05 至 2015.05.05/低毒
甘蓝　蚜虫　22.5-30克/公顷　喷雾
PD20101496　敌百虫/80%/可溶液剂/敌百虫 80%/2015.05.10 至 2020.05.10/中等毒
甘蓝　斜纹夜蛾　1080-1200克/公顷　喷雾
PD20101588　毒死蜱/40%/乳油/毒死蜱 40%/2015.06.03 至 2020.06.03/中等毒
棉花　棉铃虫　675-900克/公顷　喷雾
PD20101620　双甲脒/200克/升/乳油/双甲脒 200克/升/2015.06.03 至 2020.06.03/低毒
棉花　红蜘蛛　90-120克/公顷　喷雾
PD20111405　代森锌/80%/可湿性粉剂/代森锌 80%/2011.12.22 至 2016.12.22/低毒
番茄　早疫病　2520-3600克/公顷　喷雾
PD20121968　高效氯氟氰菊酯/10%/可湿性粉剂/高效氯氟氰菊酯 10%/2012.12.18 至 2017.12.18/中等毒
甘蓝　蚜虫　12－15克/公顷　喷雾
PD20122123　丙环唑/40%/微乳剂/丙环唑 40%/2012.12.26 至 2017.12.26/低毒
香蕉　叶斑病　267-400毫克/千克　喷雾
PD20130270　烯唑醇/12.5%/可湿性粉剂/烯唑醇 12.5%/2013.02.21 至 2018.02.21/低毒
梨树　黑星病　31-42毫克/千克　喷雾
PD20130466　吡虫·噻嗪酮/20%/可湿性粉剂/吡虫啉 2%、噻嗪酮 18%/2013.03.20 至 2018.03.20/低毒
水稻　稻飞虱　120-150克/公顷　喷雾
PD20130992　氟环唑/125克/升/悬浮剂/氟环唑 125克/升/2013.05.07 至 2018.05.07/微毒
香蕉　叶斑病　90-178克/公顷　喷雾
PD20131004　戊唑醇/430克/升/悬浮剂/戊唑醇 430克/升/2013.05.13 至 2018.05.13/低毒
苹果树　斑点落叶病　4000-5000倍液　喷雾
PD20131011　嘧菌酯/250克/升/悬浮剂/嘧菌酯 250克/升/2013.05.13 至 2018.05.13/低毒
葡萄　黑痘病　125-250毫克/千克　喷雾
PD20131052　苯醚甲环唑/40%/悬浮剂/苯醚甲环唑 40%/2013.05.14 至 2018.05.14/低毒
西瓜　炭疽病　60-120克/公顷　喷雾
PD20140402　甲氨基阿维菌素苯甲酸盐/5%/悬浮剂/甲氨基阿维菌素 5%/2014.02.24 至 2019.02.24/低毒
水稻　稻纵卷叶螟　9-11.25克/公顷　喷雾
注:甲氨基阿维菌素苯甲酸盐含量：5.7%。
PD20140405　烯酰吗啉/25%/悬浮剂/烯酰吗啉 25%/2014.02.24 至 2019.02.24/低毒
葡萄　霜霉病　167-250毫克/千克　喷雾
PD20140406　灭蝇胺/30%/悬浮剂/灭蝇胺 30%/2014.02.24 至 2019.02.24/低毒
黄瓜　美洲斑潜蝇　135-225克/公顷　喷雾
PD20140499　阿维菌素/3%/水乳剂/阿维菌素 3%/2014.03.06 至 2019.03.06/低毒(原药高毒)
水稻　稻纵卷叶螟　9-13.5克/公顷　喷雾
PD20140500　咪鲜胺/450克/升/水乳剂/咪鲜胺 450克/升/2014.03.06 至 2019.03.06/低毒
香蕉(果实)　冠腐病　250-500毫克/千克　浸果
PD20141047　阿维·炔螨特/40%/乳油/阿维菌素 0.3%、炔螨特 39.7%/2014.04.24 至 2019.04.24/低毒(原药高毒)
柑橘树　红蜘蛛　200－266.7毫克/千克　喷雾
PD20141515　吡蚜酮/25%/悬浮剂/吡蚜酮 25%/2014.06.16 至 2019.06.16/低毒
水稻　飞虱　60-75克/公顷　喷雾
PD20141630　己唑醇/30%/悬浮剂/己唑醇 30%/2014.06.24 至 2019.06.24/低毒
苹果树　斑点落叶病　50-60毫克/千克　喷雾
PD20141631　噻虫嗪/25%/水分散粒剂/噻虫嗪 25%/2014.06.24 至 2019.06.24/低毒
棉花　盲蝽蟓　15-30克/公顷　喷雾
PD20141643　异菌脲/25%/悬浮剂/异菌脲 25%/2014.06.24 至 2019.06.24/低毒
番茄　灰霉病　562.5-750克/公顷　喷雾
PD20141670　苦参碱/0.3%/水剂/苦参碱 0.3%/2014.06.27 至 2019.06.27/低毒
甘蓝　蚜虫　4.5-6.75克/公顷　喷雾
PD20141671　百菌清/40%/悬浮剂/百菌清 40%/2014.06.27 至 2019.06.27/低毒
番茄　早疫病　900-1050克/公顷　喷雾
PD20141797　氨基寡糖素/5%/水剂/氨基寡糖素 5%/2014.07.14 至 2019.07.14/低毒
番茄　病毒病　16.7-25毫克/千克　喷雾
PD20150172　苏云金杆菌/8000IU/微升/悬浮剂/苏云金杆菌 8000IU/微升/2015.01.15 至 2020.01.15/低毒
水稻　稻纵卷叶螟　200-300克/亩　喷雾
PD20150588　醚菌酯/30%/悬浮剂/醚菌酯 30%/2015.04.15 至 2020.04.15/低毒

黄瓜　白粉病　126-157.5克/公顷　喷雾
PD20150893　苗虫威/150克/升/悬浮剂/茚虫威 150克/升/2015.05.19 至 2020.05.19/低毒
棉花　棉铃虫　22.5-40.5克/公顷　喷雾
PD20151398　低聚糖素/6%/水剂/低聚糖素 6%/2015.07.30 至 2020.07.30/低毒
水稻　纹枯病　9-18克/公顷　喷雾
PD20152639　烯啶虫胺/10%/水剂/烯啶虫胺 10%/2015.12.18 至 2020.12.18/低毒
棉花　蚜虫　15-30克/公顷　喷雾

青岛户清害虫控制有限公司　(山东省青岛市市北区延吉路71号甲　266033　0532-83666309)

WP20090356　杀蟑胶饵/2.1%/胶饵/吡虫啉 2.1%/2014.11.03 至 2019.11.03/低毒
卫生　蜚蠊　/　投放
WP20150181　氟虫腈/2.5%/悬浮剂/氟虫腈 2.5%/2015.08.31 至 2020.08.31/低毒
室内　蜚蠊　50毫克/平方米　滞留喷洒
WP20150187　氟虫腈/0.05%/饵剂/氟虫腈 0.05%/2015.09.22 至 2020.09.22/微毒
室内　蜚蠊　/　投饵

青岛三力本诺化学工业有限公司　(山东省青岛市山东路27号港澳大厦1904　266071　0532-86685381)

WP20110253　避蚊胺/99%/原药/避蚊胺 99%/2011.11.16 至 2016.11.16/低毒

青岛双收农药化工有限公司　(山东省胶州市德州路8号　266300　0532-82292312)

PD84111-47　氧乐果/40%/乳油/氧乐果 40%/2010.03.08 至 2015.03.08/中等毒(原药高毒)
棉花　蚜虫、螨　375-600克/公顷　喷雾
森林　松干蚧、松毛虫　500倍液　喷雾或直接涂树干
水稻　稻纵卷叶螟、飞虱　375-600克/公顷　喷雾
小麦　蚜虫　300-450克/公顷　喷雾
PD85122-14　福美双/50%/可湿性粉剂/福美双 50%/2010.07.12 至 2015.07.12/中等毒
黄瓜　白粉病、霜霉病　500-1000倍液　喷雾
葡萄　白腐病　500-1000倍液　喷雾
水稻　稻瘟病、胡麻叶斑病　250克/100千克种子　拌种
甜菜、烟草　根腐病　500克/500千克温床土　土壤处理
小麦　白粉病、赤霉病　500倍液　喷雾
PD85124-9　福·福锌/80%/可湿性粉剂/福美双 30%、福美锌 50%/2010.07.01 至 2015.07.01/中等毒
黄瓜、西瓜　炭疽病　1500-1800克/公顷　喷雾
麻　炭疽病　240-400克/100千克种子　拌种
棉花　苗期病害　0.5%药液　浸种
苹果树、杉木、橡胶　炭疽病　500-600倍液　喷雾
PD86163　甲基异柳磷/95%, 90%, 85%/原药/甲基异柳磷 95%, 90%, 85%/2011.12.30 至 2016.12.30/高毒
PD86164　甲基异柳磷/35%/乳油/甲基异柳磷 35%/2011.12.30 至 2016.12.30/高毒
甘薯　茎线虫病　1500-3000克/公顷　拌土条施可铺施
甘薯　蛴螬　600克/公顷　毒饵
甘蔗　黑色蔗龟　1500克/公顷　淋于蔗苗基部并覆薄土
高粱　地下害虫　0.05%药液　拌种
花生　蛴螬　1500克/公顷　沟施花生墩旁
小麦　地下害虫　40克/100千克种子　拌种
玉米　地下害虫　0.1%药液　拌种
PD86165　甲基异柳磷/40%/乳油/甲基异柳磷 40%/2011.12.30 至 2016.12.30/高毒
甘薯　蛴螬　600克/公顷　毒饵
甘薯　茎线虫病　1500-3000克/公顷　拌土条施或铺施
甘蔗　黑色蔗龟　1500克/公顷　淋于蔗苗基部并覆薄土
高粱　地下害虫　0.05%药液　拌种
花生　蛴螬　1500克/公顷　沟施花生墩旁
小麦　地下害虫　40克/100千克种子　拌种
玉米　地下害虫　0.1%药液　拌种
PD86167　倍硫磷/50%/乳油/倍硫磷 50%/2011.10.25 至 2016.10.25/中等毒
大豆　食心虫　562.5-1125克/公顷　喷雾
果树　桃小食心虫　1000-2000倍液　喷雾
棉花　棉铃虫、蚜虫　375-750克/公顷　喷雾
蔬菜　蚜虫　375克/公顷　喷雾
水稻　螟虫　1)562.5-1125克/公顷 2)1125克/公顷　1)喷雾2)泼浇、毒土
甜菜　叶蝇　375-562.5克/公顷　喷雾
小麦　吸浆虫　562.5克/公顷　喷雾
PD88101-14　水胺硫磷/40%/乳油/水胺硫磷 40%/2013.02.26 至 2018.02.26/高毒
棉花　红蜘蛛、棉铃虫　300-600克/公顷　喷雾

水稻 蓟马、螟虫 450-1200克/公顷 喷雾

PD20081261 丙溴磷/89%/原药/丙溴磷 89%/2013.09.18 至 2018.09.18/中等毒

PD20082465 异丙草胺/90%/原药/异丙草胺 90%/2013.12.02 至 2018.12.02/低毒

PD20084115 甲基异柳磷/2.5%/颗粒剂/甲基异柳磷 2.5%/2013.12.16 至 2018.12.16/中等毒(原药高毒)

小麦 吸浆虫 495-750克/公顷 土壤处理

PD20085296 异丙草胺/50%/乳油/异丙草胺 50%/2013.12.23 至 2018.12.23/低毒

春大豆田、春玉米田 一年生禾本科杂草 3000-3750毫升/公顷(制剂) 土壤喷雾

夏大豆田、夏玉米田 一年生禾本科杂草 2250-3000毫升/公顷(制剂) 土壤喷雾

PD20090689 丙溴磷/40%/乳油/丙溴磷 40%/2014.01.19 至 2019.01.19/中等毒

棉花 棉铃虫 480-600克/公顷 喷雾

PD20091304 多・福/50%/可湿性粉剂/多菌灵 25%、福美双 25%/2014.02.01 至 2019.02.01/低毒

葡萄 霜霉病 1000-1250毫克/千克 喷雾

PD20091353 异丙草・莠/40%/悬乳剂/异丙草胺 20%、莠去津 20%/2014.02.02 至 2019.02.02/低毒

夏玉米田 一年生杂草 900－1500克/公顷 播后苗前土壤喷雾

PD20091577 锰锌・福美双/60%/可湿性粉剂/福美双 25%、代森锰锌 35%/2014.02.03 至 2019.02.03/低毒

番茄 早疫病 1350-2250克/公顷 喷雾

PD20092859 丁硫・吡虫啉/9%/乳油/吡虫啉 1.5%、丁硫克百威 7.5%/2014.03.05 至 2019.03.05/中等毒

棉花 蚜虫 40.5-81克/公顷 喷雾

PD20094007 烯酰吗啉/90%/原药/烯酰吗啉 90%/2014.03.27 至 2019.03.27/低毒

PD20094618 烯酰・锰锌/69%/可湿性粉剂/代森锰锌 60%、烯酰吗啉 9%/2014.04.10 至 2019.04.10/低毒

黄瓜 霜霉病 1242-1656克/公顷 喷雾

PD20094743 氟磺胺草醚/25%/水剂/氟磺胺草醚 25%/2014.04.10 至 2019.04.10/低毒

春大豆田 一年生阔叶杂草 375-506.3克/公顷 喷雾

夏大豆田 一年生阔叶杂草 262.5-375克/公顷 喷雾

PD20095422 三氟羧草醚/21%/水剂/三氟羧草醚 21%/2014.05.11 至 2019.05.11/低毒

大豆田 一年生阔叶杂草 360-480克/公顷 茎叶喷雾

PD20095437 氟醚・灭草松/40%/水剂/三氟羧草醚 8%、灭草松 32%/2014.05.11 至 2019.05.11/低毒

夏大豆田 莎草科杂草、一年生阔叶杂草 660-780克/公顷 茎叶喷雾

PD20120491 乙羧氟草醚/10%/乳油/乙羧氟草醚 10%/2012.03.19 至 2017.03.19/低毒

夏大豆田 一年生阔叶杂草 60-75克/公顷 茎叶喷雾

PD20132361 氯氰・丙溴磷/440克/升/乳油/丙溴磷 400克/升、氯氰菊酯 40克/升/2013.11.20 至 2018.11.20/低毒

棉花 棉铃虫 547.5-660克/公顷 喷雾

青岛四象日用化工有限公司 (山东省青岛市城阳区城阳街道西旺疃社区 266109 0532-87752728)

WP20080313 杀虫气雾剂/0.22%/气雾剂/胺菊酯 0.18%、高效氯氰菊酯 0.04%/2013.12.04 至 2018.12.04/微毒

卫生 蚊、蝇 / 喷雾

青岛星牌作物科学有限公司 (山东省青岛市莱西市姜山镇前垛埠村(釜山工业园) 266603 0532-85738177)

PD20083424 啶虫脒/5%/可湿性粉剂/啶虫脒 5%/2013.12.11 至 2018.12.11/低毒

柑橘树 蚜虫 12-15毫克/千克 喷雾

PD20084481 阿维菌素/1.8%/乳油/阿维菌素 1.8%/2013.12.17 至 2018.12.17/低毒(原药高毒)

菜豆 美洲斑潜蝇 6-7.5克/公顷 喷雾

PD20085183 多・福/80%/可湿性粉剂/多菌灵 10%、福美双 70%/2013.12.23 至 2018.12.23/低毒

葡萄 霜霉病 1000-1250毫克/千克 喷雾

PD20085733 炔螨特/73%/乳油/炔螨特 73%/2013.12.26 至 2018.12.26/低毒

柑橘树 红蜘蛛 292-487毫克/千克 喷雾

PD20086080 炔螨特/40%/乳油/炔螨特 40%/2013.12.30 至 2018.12.30/中等毒

柑橘树 红蜘蛛 250-333毫克/千克 喷雾

PD20090229 多・锰锌/40%/可湿性粉剂/多菌灵 20%、代森锰锌 20%/2014.01.09 至 2019.01.09/低毒

梨树 黑星病 1000-1250毫克/千克 喷雾

PD20090270 腐霉・福美双/25%/可湿性粉剂/腐霉利 5%、福美双 20%/2014.01.09 至 2019.01.09/低毒

番茄 灰霉病 225-300克/公顷 喷雾

PD20090829 哒螨灵/20%/可湿性粉剂/哒螨灵 20%/2014.01.19 至 2019.01.19/中等毒

柑橘树 红蜘蛛 67-100毫克/千克 喷雾

PD20091481 氯氰・丙溴磷/440克/升/乳油/丙溴磷 40克/升、氯氰菊酯 400克/升/2014.02.02 至 2019.02.02/中等毒

棉花 棉铃虫 435～660克/公顷 喷雾

PD20091573 多・锰锌/50%/可湿性粉剂/多菌灵 8%、代森锰锌 42%/2014.02.03 至 2019.02.03/低毒

苹果树 斑点落叶病 1000-1250毫克/千克 喷雾

PD20091624 氟氯氰菊酯/50克/升/乳油/氟氯氰菊酯 50克/升/2014.02.03 至 2019.02.03/中等毒

甘蓝 菜青虫 22.5-30克/公顷 喷雾

PD20091711 甲霜・锰锌/58%/可湿性粉剂/甲霜灵 10%、代森锰锌 48%/2014.02.03 至 2019.02.03/低毒

黄瓜 霜霉病 675-1050克/公顷 喷雾

PD20091840 氰戊・辛硫磷/25%/乳油/氰戊菊酯 5%、辛硫磷 20%/2014.02.06 至 2019.02.06/中等毒

棉花 棉铃虫 270-300克/公顷 喷雾

PD20091924 多菌灵/25%/可湿性粉剂/多菌灵 25%/2014.02.12 至 2019.02.12/低毒

油菜　菌核病　1125-1500克/公顷　喷雾
PD20092210　除虫脲/5%/可湿性粉剂/除虫脲 5%/2014.02.24 至 2019.02.24/低毒
苹果树　金纹细蛾　125-250毫克/千克　喷雾
PD20092489　噁霜·锰锌/64%/可湿性粉剂/噁霜灵 8%、代森锰锌 56%/2014.02.26 至 2019.02.26/低毒
黄瓜　霜霉病　1350-1950克/公顷　喷雾
PD20092675　代森锰锌/80%/可湿性粉剂/代森锰锌 80%/2014.03.03 至 2019.03.03/低毒
番茄　早疫病　2000-2500克/公顷　喷雾
PD20093027　噁霉灵/15%/水剂/噁霉灵 15%/2014.03.09 至 2019.03.09/低毒
水稻　立枯病　1.35-1.8克/平方米　苗床土壤处理
PD20093089　乙铝·锰锌/50%/可湿性粉剂/代森锰锌 27%、三乙膦酸铝 23%/2014.03.09 至 2019.03.09/低毒
黄瓜　霜霉病　937-1400克/公顷　喷雾
PD20093146　克百威/3%/颗粒剂/克百威 3%/2014.03.11 至 2019.03.11/中等毒(原药高毒)
花生　线虫　1800-2250克/公顷　条施、沟施
PD20093238　灭多威/20%/可湿性粉剂/灭多威 20%/2014.03.11 至 2019.03.11/中等毒(原药高毒)
棉花　棉铃虫　270-360克/公顷　喷雾
PD20093340　噻嗪·异丙威/25%/可湿性粉剂/噻嗪酮 5%、异丙威 20%/2014.03.18 至 2019.03.18/低毒
水稻　稻飞虱　450-562.5克/公顷　喷雾
PD20093447　高氯·马/20%/乳油/高效氯氰菊酯 2%、马拉硫磷 18%/2014.03.23 至 2019.03.23/中等毒
甘蓝　菜青虫　90-120克/公顷　喷雾
PD20093511　异菌脲/50%/可湿性粉剂/异菌脲 50%/2014.03.23 至 2019.03.23/低毒
番茄　灰霉病　375-750克/公顷　喷雾
PD20093955　三唑锡/10%/乳油/三唑锡 10%/2014.03.27 至 2019.03.27/低毒
柑橘树　红蜘蛛　67-100毫克/千克　喷雾
PD20094036　春雷霉素/2%/水剂/春雷霉素 2%/2014.03.27 至 2019.03.27/低毒
黄瓜　细菌性角斑病　42-52.5克/公顷　喷雾
PD20094269　毒死蜱/3%/颗粒剂/毒死蜱 3%/2014.03.31 至 2019.03.31/低毒
花生　地下害虫　1800-2250克/公顷　撒施
PD20094596　阿维菌素/1.8/乳油/阿维菌素 1.8%/2014.04.10 至 2019.04.10/低毒(原药高毒)
甘蓝　小菜蛾　9-13.5克/公顷　喷雾
PD20095059　阿维菌素/5%/乳油/阿维菌素 5%/2014.04.21 至 2019.04.21/中等毒(原药高毒)
十字花科蔬菜　小菜蛾　7.5-11.25克/公顷　喷雾
PD20095147　丙溴磷/20%/乳油/丙溴磷 20%/2014.04.24 至 2019.04.24/低毒
甘蓝　小菜蛾　360-450克/公顷　喷雾
PD20095290　异菌脲/255克/升/悬浮剂/异菌脲 255克/升/2014.04.27 至 2019.04.27/低毒
油菜　菌核病　600-750克/公顷　喷雾
PD20096626　高效氯氟氰菊酯/25克/升/乳油/高效氯氟氰菊酯 25克/升/2014.09.02 至 2019.09.02/中等毒
十字花科蔬菜　菜青虫　9.375-11.25克/公顷　喷雾
PD20097796　敌敌畏/48%/乳油/敌敌畏 48%/2014.11.20 至 2019.11.20/中等毒
甘蓝　菜青虫　600-750克/公顷　喷雾
PD20097852　吗胍·乙酸铜/20%/可湿性粉剂/盐酸吗啉胍 16%、乙酸铜 4%/2014.11.20 至 2019.11.20/低毒
番茄　病毒病　499.5-750克/公顷　喷雾
PD20098017　噁霉灵/99%/原药/噁霉灵 99%/2014.12.07 至 2019.12.07/低毒
PD20098021　氟啶脲/50克/升/乳油/氟啶脲 50克/升/2014.12.07 至 2019.12.07/低毒
甘蓝　甜菜夜蛾　45-60克/公顷　喷雾
PD20098043　马拉硫磷/45%/乳油/马拉硫磷 45%/2014.12.07 至 2019.12.07/低毒
十字花科蔬菜　黄条跳甲　562.5-750克/公顷　喷雾
PD20098105　联苯菊酯/100克/升/乳油/联苯菊酯 100克/升/2014.04.08 至 2019.04.08/中等毒
茶树　茶小绿叶蝉　20-25毫升制剂/亩　喷雾
PD20098107　春雷霉素/2%/可湿性粉剂/春雷霉素 2%/2014.12.08 至 2019.12.08/低毒
黄瓜　枯萎病　225-270克/公顷　灌根
PD20098155　丙环唑/250克/升/乳油/丙环唑 250克/升/2014.12.14 至 2019.12.14/低毒
香蕉　叶斑病　250—500毫克/千克　喷雾
PD20098156　四螨嗪/500克/升/悬浮剂/四螨嗪 500克/升/2014.12.14 至 2019.12.14/低毒
苹果树　红蜘蛛　83-125毫克/千克　喷雾
PD20098296　噻螨酮/5%/可湿性粉剂/噻螨酮 5%/2014.12.18 至 2019.12.18/低毒
柑橘树　红蜘蛛　25-30mg/kg　喷雾
PD20098336　百菌清/40%/悬浮剂/百菌清 40%/2014.12.18 至 2019.12.18/低毒
黄瓜　霜霉病　900—1050克/公顷　喷雾
PD20098346　速灭威/25%/可湿性粉剂/速灭威 25%/2014.12.18 至 2019.12.18/低毒
水稻　稻飞虱　562.5-750克/公顷　喷雾
PD20098350　高效氯氟氰菊酯/25克/升/乳油/高效氯氟氰菊酯 25克/升/2014.12.18 至 2019.12.18/中等毒
十字花科蔬菜　菜青虫　20-30毫升制剂/亩　喷雾
PD20098354　噻嗪酮/25%/可湿性粉剂/噻嗪酮 25%/2014.12.18 至 2019.12.18/低毒

	柑橘树	介壳虫	200-250毫克/千克	喷雾
PD20098482	井冈霉素(3%)///可溶粉剂/井冈霉素A 2.4%/2014.12.24 至 2019.12.24/低毒			
	水稻	纹枯病	75-112.5克/公顷	喷雾
PD20100020	丙环唑/250克/升/乳油/丙环唑 250克/升/2015.01.04 至 2020.01.04/低毒			
	香蕉	叶斑病	250-500毫克/千克	喷雾
PD20100027	霜霉威盐酸盐/66.5%/水剂/霜霉威盐酸盐 66.5%/2015.01.04 至 2020.01.04/低毒			
	黄瓜	霜霉病	866.4-1083克/公顷	喷雾
PD20100118	甲氰·噻螨酮/7.5%/乳油/甲氰菊酯 5%、噻螨酮 2.5%/2015.01.05 至 2020.01.05/低毒			
	柑橘树	红蜘蛛	75-100毫克/千克	喷雾
PD20100206	联苯菊酯/25克/升/乳油/联苯菊酯 25克/升/2015.01.05 至 2020.01.05/中等毒			
	苹果树	桃小食心虫	833-1250倍	喷雾
PD20100313	顺式氯氰菊酯/50克/升/乳油/顺式氯氰菊酯 50克/升/2015.01.11 至 2020.01.11/中等毒			
	棉花	棉铃虫	25.4-34.5克/公顷	喷雾
PD20100335	氰戊·灭多威/9%/乳油/灭多威 6%、氰戊菊酯 3%/2015.01.11 至 2020.01.11/中等毒(原药高毒)			
	棉花	棉铃虫	506-1012克/公顷	喷雾
	棉花	棉蚜	180-240克/公顷	喷雾
PD20100770	醚菊酯/10%/悬浮剂/醚菊酯 10%/2015.01.18 至 2020.01.18/低毒			
	甘蓝	菜青虫	45-60克/公顷	喷雾
PD20101145	硫丹/350克/升/乳油/硫丹 350克/升/2015.01.26 至 2020.01.26/高毒			
	棉花	棉铃虫	682.5-840克/公顷	喷雾
PD20101720	辛菌胺醋酸盐/1.2%/水剂/辛菌胺 1.2%/2015.06.28 至 2020.06.28/低毒			
	番茄	病毒病	42-63克/公顷	喷雾
	注:辛菌胺醋酸盐含量：1.8%。			
PD20110633	苯醚甲环唑/10%/水分散粒剂/苯醚甲环唑 10%/2011.06.13 至 2016.06.13/微毒			
	西瓜	炭疽病	90-105克/公顷	喷雾
PD20110745	戊唑醇/430克/升/悬浮剂/戊唑醇 430克/升/2011.07.25 至 2016.07.25/低毒			
	苹果树	斑点落叶病	61.4-86毫克/千克	喷雾
PD20110790	阿维菌素/1.8%/水乳剂/阿维菌素 1.8%/2011.07.25 至 2016.07.25/低毒(原药高毒)			
	甘蓝	小菜蛾	5.4-10.8克/公顷	喷雾
PD20110875	氟硅唑/10%/水乳剂/氟硅唑 10%/2011.08.16 至 2016.08.16/微毒			
	黄瓜	白粉病	60-75克/公顷	喷雾
PD20120469	啶虫脒/40%/可溶粉剂/啶虫脒 40%/2012.03.19 至 2017.03.19/低毒			
	黄瓜	蚜虫	36-48克/公顷	喷雾
PD20121747	戊唑醇/30%/悬浮剂/戊唑醇 30%/2012.11.15 至 2017.11.15/低毒			
	苹果树	斑点落叶病	100-150毫克/千克	喷雾
PD20121763	苯醚甲环唑/30%/乳油/苯醚甲环唑 30%/2012.11.15 至 2017.11.15/低毒			
	香蕉树	叶斑病	86-120毫克/千克	喷雾
PD20121817	咪鲜胺/450克/升/水乳剂/咪鲜胺 450克/升/2012.11.22 至 2017.11.22/低毒			
	香蕉	炭疽病	250-500毫克/千克	浸果
PD20121888	甲氨基阿维菌素苯甲酸盐/3%/微乳剂/甲氨基阿维菌素 3%/2012.11.28 至 2017.11.28/低毒			
	甘蓝	小菜蛾	1.5-2.25克/公顷	喷雾
	注:甲氨基阿维菌素苯甲酸盐含量:3.4%。			
PD20121889	高效氯氟氰菊酯/5%/微乳剂/高效氯氟氰菊酯 5%/2012.11.28 至 2017.11.28/中等毒			
	甘蓝	菜青虫	7.5-15克/公顷	喷雾
PD20130429	啶虫脒/40%/可溶粉剂/啶虫脒 40%/2013.03.18 至 2018.03.18/低毒			
	黄瓜	白粉虱	30-42克/公顷	喷雾
PD20130433	灭蝇胺/80%/可湿性粉剂/灭蝇胺 80%/2013.03.18 至 2018.03.18/低毒			
	黄瓜	美洲斑潜蝇	108-168克/公顷	喷雾
PD20130448	甲氨基阿维菌素苯甲酸盐/1%/乳油/甲氨基阿维菌素 1%/2013.03.18 至 2018.03.18/低毒			
	甘蓝	甜菜夜蛾	1.5-3克/公顷	喷雾
	注:甲氨基阿维菌素苯甲酸盐含量：1.14%。			
PD20130475	己唑醇/25%/悬浮剂/己唑醇 25%/2013.03.20 至 2018.03.20/低毒			
	黄瓜	白粉病	22.5-37.5克/公顷	喷雾
PD20130488	丙环唑/40%/微乳剂/丙环唑 40%/2013.03.20 至 2018.03.20/低毒			
	香蕉	叶斑病	267-400毫克/千克	喷雾
PD20130494	烯酰吗啉/25%/可湿性粉剂/烯酰吗啉 25%/2013.03.20 至 2018.03.20/低毒			
	黄瓜	霜霉病	225-300克/公顷	喷雾
PD20130496	高效氯氟氰菊酯/20%/水乳剂/高效氯氟氰菊酯 20%/2013.03.20 至 2018.03.20/中等毒			
	甘蓝	菜青虫	9-12克/公顷	喷雾
PD20130509	高效氯氰菊酯/4.5%/乳油/高效氯氰菊酯 4.5%/2013.03.27 至 2018.03.27/低毒			
	甘蓝	蚜虫	10.1-20.25克/公顷	喷雾
PD20130510	噻嗪酮/25%/悬浮剂/噻嗪酮 25%/2013.03.27 至 2018.03.27/低毒			
	柑橘树	介壳虫	125-167毫克/千克	喷雾

PD20130520 甲氨基阿维菌素苯甲酸盐/5%/水分散粒剂/甲氨基阿维菌素 5%/2013.03.27 至 2018.03.27/中等毒
甘蓝 甜菜夜蛾 2.25-3.75克/公顷 喷雾
注:甲氨基阿维菌素苯甲酸盐含量：5.7%。

PD20130525 毒死蜱/30%/水乳剂/毒死蜱 30%/2013.03.27 至 2018.03.27/中等毒
水稻 稻纵卷叶螟 450-540 克/公顷 喷雾

PD20130601 阿维菌素/0.5%/颗粒剂/阿维菌素 0.5%/2013.04.02 至 2018.04.02/低毒(原药高毒)
黄瓜 根结线虫 225-263克/公顷 沟施、穴施

PD20131454 唑螨酯/5%/悬浮剂/唑螨酯 5%/2013.07.05 至 2018.07.05/中等毒
柑橘树 红蜘蛛 25-50毫克/千克 喷雾

PD20131824 吡虫啉/70%/水分散粒剂/吡虫啉 70%/2013.09.17 至 2018.09.17/低毒
甘蓝 蚜虫 10.5-21克/公顷 喷雾

PD20131872 溴菌·多菌灵/25%/可湿性粉剂/多菌灵 5%、溴菌腈 20%/2013.09.25 至 2018.09.25/低毒
柑橘树 炭疽病 500-833毫克/千克 喷雾

PD20131919 吡虫啉/600克/升/悬浮剂/吡虫啉 600克/升/2013.09.25 至 2018.09.25/中等毒
水稻 稻飞虱 27-45克/公顷 喷雾

PD20132162 烯酰吗啉/80%/水分散粒剂/烯酰吗啉 80%/2013.10.29 至 2018.10.29/低毒
黄瓜 霜霉病 240-300克/公顷 喷雾

PD20132184 甲基硫菌灵/50%/悬浮剂/甲基硫菌灵 50%/2013.10.29 至 2018.10.29/低毒
水稻 纹枯病 750-1125克/公顷 喷雾

PD20132193 阿维菌素/1.8%/水乳剂/阿维菌素 1.8%/2013.10.29 至 2018.10.29/中等毒(原药高毒)
甘蓝 小菜蛾 8.1-10.8克/公顷 喷雾

PD20132356 丁醚脲/25%/乳油/丁醚脲 25%/2013.11.20 至 2018.11.20/低毒
甘蓝 小菜蛾 225-300克/公顷 喷雾

PD20132517 甲维·丙溴磷/15.2%/乳油/丙溴磷 15%、甲氨基阿维菌素苯甲酸盐 0.2%/2013.12.16 至 2018.12.16/低毒
甘蓝 小菜蛾 182.4-228克/公顷 喷雾

PD20132628 烯酰吗啉/10%/悬浮剂/烯酰吗啉 10%/2013.12.20 至 2018.12.20/低毒
葡萄 霜霉病 167-250毫克/千克 喷雾

PD20132640 苯醚甲环唑/10%/水乳剂/苯醚甲环唑 10%/2013.12.20 至 2018.12.20/低毒
苹果树 斑点落叶病 50-66.7毫克/千克 喷雾

PD20132676 戊唑醇/25%/水乳剂/戊唑醇 25%/2013.12.25 至 2018.12.25/低毒
梨树 黑星病 83.3-125毫克/千克 喷雾

PD20140129 哒螨灵/30%/悬浮剂/哒螨灵 30%/2014.01.20 至 2019.01.20/中等毒
柑橘树 红蜘蛛 75-150毫克/千克 喷雾

PD20140141 氟硅唑/8%/微乳剂/氟硅唑 8%/2014.01.20 至 2019.01.20/低毒
黄瓜 黑星病 60-75克/公顷 喷雾

PD20140434 醚菌酯/30%/悬浮剂/醚菌酯 30%/2014.02.24 至 2019.02.24/低毒
番茄 早疫病 180-270克/公顷 喷雾

PD20140439 四聚乙醛/6%/颗粒剂/四聚乙醛 6%/2014.02.25 至 2019.02.25/低毒
小白菜 蜗牛 360-450克/公顷 毒土撒施

PD20140600 毒死蜱/30%/水乳剂/毒死蜱 30%/2014.03.06 至 2019.03.06/中等毒
水稻 稻纵卷叶螟 450-540克/公顷 喷雾

PD20140603 苯醚甲环唑/10%/水乳剂/苯醚甲环唑 10%/2014.03.06 至 2019.03.06/低毒
苹果树 斑点落叶病 50—67毫克/千克 喷雾

PD20140752 锰锌·腈菌唑/60%/可湿性粉剂/腈菌唑 2%、代森锰锌 58%/2014.03.24 至 2019.03.24/低毒
梨树 黑星病 400—666.7毫克/千克 喷雾

PD20140965 戊唑醇/430克/升/悬浮剂/戊唑醇 430克/升/2014.04.14 至 2019.04.14/低毒
苹果树 斑点落叶病 61-86毫克/千克 喷雾

PD20141550 甲氨基阿维菌素苯甲酸盐/2%/水乳剂/甲氨基阿维菌素苯甲酸盐 2%/2014.06.17 至 2019.06.17/低毒
甘蓝 甜菜夜蛾 2.25-3克/公顷 喷雾
注:甲氨基阿维菌素苯甲酸盐含量：2.3%。

PD20141552 阿维·啶虫脒/4%/微乳剂/阿维菌素 0.5%、啶虫脒 3.5%/2014.06.17 至 2019.06.17/低毒(原药高毒)
甘蓝 蚜虫 9-15克/公顷 喷雾

PD20141688 吡蚜酮/25%/悬浮剂/吡蚜酮 25%/2014.06.30 至 2019.06.30/低毒
水稻 稻飞虱 75～90克/公顷 喷雾

PD20141732 吡蚜酮/50%/水分散粒剂/吡蚜酮 50%/2014.06.30 至 2019.06.30/低毒
水稻 稻飞虱 60-120克/公顷 喷雾

PD20141745 高效氯氟氰菊酯/2.5%/水乳剂/高效氯氟氰菊酯 2.5%/2014.07.01 至 2019.07.01/中等毒
甘蓝 菜青虫 11.25-15克/公顷 喷雾

PD20141928 氟氯氰菊酯/5.7%/水乳剂/氟氯氰菊酯 5.7%/2014.08.04 至 2019.08.04/中等毒
甘蓝 蚜虫 17.1-25.65克/公顷 喷雾

PD20142046 氟硅唑/400克/升/乳油/氟硅唑 400克/升/2014.08.27 至 2019.08.27/低毒
梨树 黑星病 40～50毫克/千克 喷雾

PD20142535 阿维·噻嗪酮/15%/悬浮剂/阿维菌素 0.5%、噻嗪酮 14.5%/2014.12.11 至 2019.12.11/低毒(原药高毒)

柑橘树　白粉虱　100－150毫克/千克　喷雾
PD20150149　草铵膦/200克/升/水剂/草铵膦 200克/升/2015.01.14 至 2020.01.14/低毒
柑橘园　杂草　1050-1575克/公顷　定向茎叶喷雾
PD20150158　苯甲·嘧菌酯/325克/升/悬浮剂/苯醚甲环唑 200克/升、嘧菌酯 125克/升/2015.01.14 至 2020.01.14/低毒
水稻　纹枯病　146.25-243.75克/公顷　喷雾
PD20150499　啶虫脒/70%/水分散粒剂/啶虫脒 70%/2015.03.23 至 2020.03.23/中等毒
黄瓜　蚜虫　21-26.25克/公顷　喷雾
PD20150572　嘧菌酯/25%/悬浮剂/嘧菌酯 25%/2015.03.24 至 2020.03.24/低毒
草坪　褐斑病　300～400克/公顷　喷雾
PD20150731　阿维·四螨嗪/20%/悬浮剂/阿维菌素 0.5%、四螨嗪 19.5%/2015.04.20 至 2020.04.20/低毒(原药高毒)
柑橘树　红蜘蛛　100-133毫克/千克　喷雾
PD20152377　甲维·高氯氟/2.6%/微乳剂/高效氯氟氰菊酯 2%、甲氨基阿维菌素苯甲酸盐 .6%/2015.10.22 至 2020.10.22/低毒
甘蓝　甜菜夜蛾　4.68-9.36克/公顷　喷雾
PD20152450　辛菌胺醋酸盐/3%/可湿性粉剂/辛菌胺醋酸盐 3%/2015.12.04 至 2020.12.04/低毒
水稻　细菌性条斑病　96-120克/公顷　喷雾
PD20152457　草甘膦异丙胺盐/30%/水剂/草甘膦 30%/2015.12.04 至 2020.12.04/低毒
非耕地　杂草　1125-2250克/公顷　茎叶喷雾
注:草甘膦异丙胺盐含量:41%。
LS20120147　戊唑·多菌灵/42%/悬浮剂/多菌灵 30%、戊唑醇 12%/2014.04.12 至 2015.04.12/低毒
苹果树　轮纹病　280-420毫克/千克　喷雾
LS20140169　螺螨酯/34%/悬浮剂/螺螨酯 34%/2015.04.11 至 2016.04.11/微毒
柑橘树　红蜘蛛　40～60毫克/千克　喷雾

青岛正道药业有限公司　(山东省莱西市姜山镇盛德路西　266603　0532-66031627)

PD20090306　高氯·辛硫磷/20%/乳油/高效氯氰菊酯 1.5%、辛硫磷 18.5%/2014.01.12 至 2019.01.12/低毒
甘蓝　菜青虫　90-150克/公顷　喷雾
PD20091232　苏云金杆菌/16000IU/毫克/可湿性粉剂/苏云金杆菌 16000IU/毫克/2014.02.01 至 2019.02.01/低毒
茶树　茶毛虫　800-1600倍液　喷雾
棉花　二代棉铃虫　1500-2250克制剂/公顷　喷雾
森林　松毛虫　1200-1600倍液　喷雾
十字花科蔬菜　菜青虫　375-750克制剂/公顷　喷雾
十字花科蔬菜　小菜蛾　750-1125克制剂/公顷　喷雾
水稻　稻纵卷叶螟　1500-2250克制剂/公顷　喷雾
烟草　烟青虫　750-1500克制剂/公顷　喷雾
玉米　玉米螟　750-1500克制剂/公顷　加细沙灌心
枣树　枣尺蠖　1200-1600倍液　喷雾
PD20092935　多·锰锌/50%/可湿性粉剂/多菌灵 8%、代森锰锌 42%/2014.03.05 至 2019.03.05/低毒
苹果树　斑点落叶病　400-600倍液　喷雾
PD20120367　甲氨基阿维菌素苯甲酸盐/3%/微乳剂/甲氨基阿维菌素 3%/2012.02.24 至 2017.02.24/低毒
甘蓝　甜菜夜蛾　1.8-2.25克/公顷　喷雾
注:甲氨基阿维菌素苯甲酸盐含量:3.4%。
PD20121540　吡虫啉/10%/乳油/吡虫啉 10%/2012.10.17 至 2017.10.17/低毒
水稻　飞虱　22.5-30克/公顷　喷雾
PD20130291　苯醚甲环唑/20%/水乳剂/苯醚甲环唑 20%/2013.02.26 至 2018.02.26/低毒
黄瓜　白粉病　90-120克/公顷　喷雾
PD20130304　咪鲜·多菌灵/25%/可湿性粉剂/多菌灵 12.5%、咪鲜胺 12.5%/2013.02.26 至 2018.02.26/低毒
西瓜　炭疽病　281.25-375克/公顷　喷雾
PD20130323　甲维·虫酰肼/10.5%/乳油/虫酰肼 10%、甲氨基阿维菌素苯甲酸盐 0.5%/2013.02.26 至 2018.02.26/低毒
甘蓝　甜菜夜蛾　63-78.75克/公顷　喷雾
PD20130350　吡虫啉/20%/可溶液剂/吡虫啉 20%/2013.03.11 至 2018.03.11/低毒
棉花　蚜虫　30-45克/公顷　喷雾
PD20130442　氟硅唑/10%/水乳剂/氟硅唑 10%/2013.03.18 至 2018.03.18/低毒
菜豆　白粉病　60-75毫升/公顷　喷雾
PD20130508　吡虫啉/600克/升/悬浮剂/吡虫啉 600克/升/2013.03.27 至 2018.03.27/低毒
水稻　稻飞虱　36-45克/公顷　喷雾
PD20140608　草甘膦铵盐/68%/可溶性粒剂/草甘膦 68%/2014.03.07 至 2019.03.07/低毒
柑橘园　杂草　1125-2250克/公顷　定向茎叶喷雾
注:草甘膦铵盐含量：77.7%。
PD20141172　吡蚜酮/50%/水分散粒剂/吡蚜酮 50%/2014.04.28 至 2019.04.28/低毒
水稻　稻飞虱　120-150克/公顷　喷雾
PD20150825　高效氯氟氰菊酯/5%/微乳剂/高效氯氟氰菊酯 5%/2015.05.14 至 2020.05.14/中等毒
甘蓝　菜青虫　9-13.5克/公顷　喷雾
PD20152648　几丁聚糖/0.5%/水剂/几丁聚糖 0.5%/2015.12.19 至 2020.12.19/低毒
黄瓜　霜霉病　10-16.7毫克千克　喷雾

青岛中达农业科技有限公司　（山东省青岛市胶州市李哥庄镇大沽河工业园　266316　0532-68007999)

PD20040465　吡虫啉/5%/乳油/吡虫啉 5%/2014.12.19 至 2019.12.19/低毒
　水稻　飞虱　15-22.5克/公顷　喷雾
PD20040470　高效氯氰菊酯/4.5%/乳油/高效氯氰菊酯 4.5%/2014.12.19 至 2019.12.19/低毒
　韭菜　迟眼蕈蚊　6.75-13.5克/公顷　喷雾
　梨树　梨木虱　1000-1500倍液　喷雾
PD20040513　三唑磷/20%/乳油/三唑磷 20%/2014.12.19 至 2019.12.19/中等毒
　水稻　二化螟　62.5-100克制剂/亩　喷雾
PD20050106　哒螨灵/15%/乳油/哒螨灵 15%/2015.08.04 至 2020.08.04/中等毒
　柑橘树　红蜘蛛　1500-2500倍液　喷雾
　萝卜　黄条跳甲　90-135克/公顷　喷雾
PD20080040　甲基硫菌灵/50%/可湿性粉剂/甲基硫菌灵 50%/2013.01.03 至 2018.01.03/低毒
　番茄　叶霉病　375-562.5克/公顷　喷雾
PD20080159　毒死蜱/40%/乳油/毒死蜱 40%/2013.01.03 至 2018.01.03/中等毒
　棉花　棉铃虫　720-900克/公顷　喷雾
PD20080369　多菌灵/25%/可湿性粉剂/多菌灵 25%/2013.02.28 至 2018.02.28/低毒
　莲藕　叶斑病　375-450克/公顷　喷雾
　水稻　稻瘟病　750-1000克/公顷　喷雾
PD20080371　甲霜・锰锌/58%/可湿性粉剂/甲霜灵 10%、代森锰锌 48%/2013.02.28 至 2018.02.28/低毒
　黄瓜　霜霉病　870-1044克/公顷　喷雾
PD20081722　苯磺隆/10%/可湿性粉剂/苯磺隆 10%/2013.11.18 至 2018.11.18/低毒
　冬小麦田　一年生杂草　13.5—22.5克/公顷　茎叶喷雾
PD20081835　联苯菊酯/25克/升/乳油/联苯菊酯 25克/升/2013.11.20 至 2018.11.20/中等毒
　茶树　茶尺蠖　7.5-15克/公顷　喷雾
PD20081866　高效氯氟氰菊酯/25克/升/乳油/高效氯氟氰菊酯 25克/升/2013.11.20 至 2018.11.20/中等毒
　十字花科蔬菜　蚜虫　7.5-11.25克/公顷　喷雾
PD20082222　代森锌/65%/可湿性粉剂/代森锌 65%/2013.11.26 至 2018.11.26/低毒
　番茄　早疫病　2550-3600克/公顷　喷雾
PD20083049　多・锰锌/40%/可湿性粉剂/多菌灵 20%、代森锰锌 20%/2013.12.10 至 2018.12.10/低毒
　梨树　黑星病　667-1000毫克/千克　喷雾
PD20083288　福・福锌/80%/可湿性粉剂/福美双 30%、福美锌 50%/2013.12.11 至 2018.12.11/低毒
　苹果树　炭疽病　1000-1600毫克/千克　喷雾
PD20083470　高氯・辛硫磷/25%/乳油/高效氯氰菊酯 2.5%、辛硫磷 22.5%/2013.12.12 至 2018.12.12/低毒
　棉花　棉铃虫　225-300克/公顷　喷雾
PD20083720　阿维菌素/1.8%/乳油/阿维菌素 1.8%/2013.12.15 至 2018.12.15/低毒(原药高毒)
　黄瓜　美洲斑潜蝇　10.8-21.6克/公顷　喷雾
　十字花科蔬菜　小菜蛾　8.1-10.8克/公顷　喷雾
PD20085377　噻嗪・异丙威/25%/可湿性粉剂/噻嗪酮 5%、异丙威 20%/2013.12.24 至 2018.12.24/低毒
　水稻　稻飞虱　450-562.5克/公顷　喷雾
PD20085542　福美双/50%/可湿性粉剂/福美双 50%/2013.12.25 至 2018.12.25/低毒
　黄瓜　霜霉病　750-1125克/公顷　喷雾
PD20085780　丙环唑/250克/升/乳油/丙环唑 250克/升/2013.12.29 至 2018.12.29/低毒
　莲藕　叶斑病　75-112.5克/公顷　喷雾
　香蕉　叶斑病　250-500毫克/千克　喷雾
PD20086279　腈菌・福美双/40%/可湿性粉剂/福美双 34%、腈菌唑 6%/2013.12.31 至 2018.12.31/中等毒
　黄瓜　白粉病　360-480克/公顷　喷雾
PD20086281　丙溴・辛硫磷/25%/乳油/丙溴磷 12%、辛硫磷 13%/2013.12.31 至 2018.12.31/中等毒
　棉花　棉铃虫　300-375克/公顷　喷雾
PD20086324　灭多威/10%/可溶粉剂/灭多威 10%/2013.12.31 至 2018.12.31/中等毒(原药高毒)
　棉花　棉铃虫　150-225克/公顷　喷雾
PD20091153　氟铃・辛硫磷/20%/乳油/氟铃脲 2%、辛硫磷 18%/2014.01.21 至 2019.01.21/低毒
　棉花　棉铃虫　225-300克/公顷　喷雾
PD20092585　甲硫・锰锌/60%/可湿性粉剂/甲基硫菌灵 15%、代森锰锌 45%/2014.02.27 至 2019.02.27/低毒
　梨树　黑星病　750-1000毫克/千克　喷雾
PD20092771　多・福/50%/可湿性粉剂/多菌灵 20%、福美双 30%/2014.03.04 至 2019.03.04/低毒
　苹果树　轮纹病　500-600倍液　喷雾
PD20093471　三唑锡/20%/可湿性粉剂/三唑锡 20%/2014.03.23 至 2019.03.23/低毒
　柑橘树　红蜘蛛　125-167毫克/千克　喷雾
PD20094391　扑・乙/40%/乳油/扑草净 20%、乙草胺 20%/2014.04.01 至 2019.04.01/低毒
　花生田　一年生杂草　1080—1320克/公顷　土壤喷雾
PD20095471　甲・乙・莠/40%/悬乳剂/甲草胺 11%、乙草胺 9%、莠去津 20%/2014.05.11 至 2019.05.11/低毒
　夏玉米田　一年生杂草　1020-1500克/公顷　土壤喷雾
PD20095653　乙铝・锰锌/50%/可湿性粉剂/代森锰锌 27%、三乙膦酸铝 23%/2014.05.12 至 2019.05.12/低毒

黄瓜 霜霉病 1400-2800克/公顷 喷雾
苹果 炭疽病 833-1250毫克/千克 喷雾
PD20098408 吗胍·乙酸铜/20%/可湿性粉剂/盐酸吗啉胍 16%、乙酸铜 4%/2014.12.18 至 2019.12.18/低毒
番茄 病毒病 562.5-625克/公顷 喷雾
PD20100443 甲维盐·氯氰/3.2%/微乳剂/甲氨基阿维菌素苯甲酸盐 0.2%、氯氰菊酯 3%/2015.01.14 至 2020.01.14/低毒
甘蓝 甜菜夜蛾 19.2-28.8克/公顷 喷雾
PD20100610 异菌脲/50%/可湿性粉剂/异菌脲 50%/2015.01.14 至 2020.01.14/低毒
番茄 灰霉病 562.5-750克/公顷 喷雾
PD20100732 多·福·溴菌腈/40%/可湿性粉剂/多菌灵 20%、福美双 10%、溴菌腈 10%/2015.01.16 至 2020.01.16/低毒
黄瓜 炭疽病 600-900克/公顷 喷雾
PD20100747 甲氰·噻螨酮/7.5%/乳油/甲氰菊酯 5%、噻螨酮 2.5%/2015.01.16 至 2020.01.16/低毒
柑橘树 红蜘蛛 75-100毫克/千克 喷雾
PD20102080 几丁聚糖/2%/水剂/几丁聚糖 2%/2015.11.10 至 2020.11.10/低毒
番茄 晚疫病 30-45克/公顷 喷雾
PD20110040 甲基硫菌灵/70%/可湿性粉剂/甲基硫菌灵 70%/2016.01.11 至 2021.01.11/低毒
苹果树 轮纹病 700-875毫克/千克 喷雾
PD20110041 多菌灵/80%/可湿性粉剂/多菌灵 80%/2016.01.11 至 2021.01.11/低毒
莲藕 叶斑病 375-450克/公顷 喷雾
苹果树 轮纹病 667-1000毫克/千克 喷雾
PD20110126 甲氨基阿维菌素苯酸盐/3%/微乳剂/甲氨基阿维菌素 3%/2016.01.27 至 2021.01.27/低毒
甘蓝 甜菜夜蛾 1.7-2.55克/公顷 喷雾
注:甲氨基阿维菌素苯酸盐含量: 3.4%。
PD20110392 戊唑醇/30%/悬浮剂/戊唑醇 30%/2011.04.12 至 2016.04.12/低毒
苦瓜 白粉病 77.4-116.1克/公顷 喷雾
苹果树 斑点落叶病 100-120毫克/千克 喷雾
PD20110448 阿维菌素/3.2%/乳油/阿维菌素 3.2%/2011.05.05 至 2016.05.05/中等毒(原药高毒)
水稻 稻纵卷叶螟 6-9克/公顷 喷雾
PD20110654 啶虫脒/20%/可溶液剂/啶虫脒 20%/2011.06.20 至 2016.06.20/低毒
黄瓜 蚜虫 15-22.5克/公顷 喷雾
PD20110764 丙溴磷/40%/乳油/丙溴磷 40%/2011.08.04 至 2016.08.04/低毒
水稻 稻纵卷叶螟 480-600克/公顷 喷雾
PD20120190 吡虫·毒死蜱/22%/乳油/吡虫啉 2%、毒死蜱 20%/2012.01.30 至 2017.01.30/中等毒
苹果树 绵蚜 88-146.7毫克/千克 喷雾
PD20120403 吡虫啉/20%/可湿性粉剂/吡虫啉 20%/2012.03.07 至 2017.03.07/低毒
韭菜 韭蛆 300-450克/公顷 药土法
水稻 稻飞虱 21-30克/公顷 喷雾
PD20120561 咪鲜胺/40%/水乳剂/咪鲜胺 40%/2012.03.28 至 2017.03.28/低毒
柑橘 炭疽病 225-450毫克/千克 浸果
注:咪鲜胺质量浓度: 450克/升。
PD20120854 阿维·甲氰/1.8%/乳油/阿维菌素 0.1%、甲氰菊酯 1.7%/2012.05.22 至 2017.05.22/低毒(原药高毒)
苹果树 红蜘蛛 15-18毫克/千克 喷雾
PD20121276 精喹禾灵/10%/乳油/精喹禾灵 10%/2012.09.06 至 2017.09.06/低毒
夏大豆田 一年生杂草 37.5-52.5克/公顷 茎叶喷雾
PD20121376 阿维·啶虫脒/4%/乳油/阿维菌素 1%、啶虫脒 3%/2012.09.13 至 2017.09.13/低毒(原药高毒)
苹果树 蚜虫 8-10毫克/千克 喷雾
PD20121528 己唑醇/10%/悬浮剂/己唑醇 10%/2012.10.09 至 2017.10.09/低毒
苹果树 斑点落叶病 33.3-50毫克/千克 喷雾
PD20131056 烟嘧·莠去津/22%/可分散油悬浮剂/烟嘧磺隆 2%、莠去津 20%/2013.05.20 至 2018.05.20/低毒
玉米田 一年生杂草 330-495克/公顷 茎叶喷雾
PD20131099 烯酰吗啉/20%/悬浮剂/烯酰吗啉 20%/2013.05.20 至 2018.05.20/微毒
葡萄 霜霉病 167-250毫克/千克 喷雾
PD20131120 咪鲜·丙森锌/30%/可湿性粉剂/丙森锌 20%、咪鲜胺锰盐 10%/2013.05.20 至 2018.05.20/低毒
黄瓜 炭疽病 360-450克/公顷 喷雾
PD20131127 几糖·戊唑醇/45%/悬浮剂/戊唑醇 43%、几丁聚糖 2%/2013.05.20 至 2018.05.20/低毒
苹果树 斑点落叶病 64-90毫克/千克 喷雾
PD20131151 甲硫·戊唑醇/35%/悬浮剂/甲基硫菌灵 25%、戊唑醇 10%/2013.05.20 至 2018.05.20/低毒
水稻 稻瘟病 71-79克/公顷 喷雾
PD20131342 咪鲜·几丁糖/46%/水乳剂/咪鲜胺 45%、几丁聚糖 1%/2013.06.09 至 2018.06.09/微毒
柑橘(果实) 炭疽病 184-230毫克/千克 浸果
PD20131404 吡蚜酮/75%/水分散粒剂/吡蚜酮 75%/2013.07.02 至 2018.07.02/低毒
水稻 稻飞虱 60-75克/公顷 喷雾
PD20131678 苯醚甲环唑/10%/水分散粒剂/苯醚甲环唑 10%/2013.08.07 至 2018.08.07/低毒
苹果树 斑点落叶病 50-66.7毫克/千克 喷雾

芹菜 斑枯病 52.5-67.5克/公顷 喷雾

PD20131891 虫螨腈/240克/升/悬浮剂/虫螨腈 240克/升/2013.09.25 至 2018.09.25/低毒

茶树 茶小绿叶蝉 75-90克/公顷 喷雾

PD20132306 苏云金杆菌/6000IU/微升/悬浮剂/苏云金杆菌 6000IU/微升/2013.11.08 至 2018.11.08/低毒

茶树 茶毛虫 1500-2500克制剂/公顷 喷雾

PD20140613 四螨·哒螨灵/20%/悬浮剂/哒螨灵 13%、四螨嗪 7%/2014.03.07 至 2019.03.07/低毒

柑橘树 红蜘蛛 66.7-100毫克/千克 喷雾

PD20140762 锰锌·腈菌唑/60%/可湿性粉剂/腈菌唑 2%、代森锰锌 58%/2014.03.24 至 2019.03.24/低毒

梨树 黑星病 400-600毫克/千克 喷雾

PD20140763 苯甲·戊唑醇/5%/种子处理悬浮剂/苯醚甲环唑 1.1%、戊唑醇 3.9%/2014.03.24 至 2019.03.24/低毒

小麦 纹枯病 3-4克/100公斤种子 拌种

PD20140822 螺螨酯/34%/悬浮剂/螺螨酯 34%/2014.04.02 至 2019.04.02/低毒

柑橘树 红蜘蛛 40-60毫克/千克 喷雾

PD20140823 氟环唑/25%/悬浮剂/氟环唑 25%/2014.04.02 至 2019.04.02/低毒

小麦 锈病 90-113克/公顷 喷雾

PD20140824 丙森锌/70%/可湿性粉剂/丙森锌 70%/2014.04.02 至 2019.04.02/低毒

黄瓜 霜霉病 1575-2247克/公顷 喷雾

PD20141316 螺螨酯/240克/升/悬浮剂/螺螨酯 240克/升/2014.05.30 至 2019.05.30/低毒

柑橘树 红蜘蛛 40-60毫克/千克 喷雾

PD20150273 阿维菌素/10%/悬浮剂/阿维菌素 10%/2015.02.04 至 2020.02.04/中等毒(原药高毒)

柑橘树 红蜘蛛 10-12.5毫克/千克 喷雾

PD20150763 草甘膦异丙胺盐/46%/水剂/草甘膦 46%/2015.05.12 至 2020.05.12/低毒

柑橘园 杂草 1125-2250克/公顷 定向茎叶喷雾

注:草甘膦异丙胺盐含量：62%。

PD20152667 松脂酸铜/20%/水乳剂/松脂酸铜 20%/2015.12.19 至 2020.12.19/低毒

葡萄 霜霉病 210-240克/公顷 喷雾

LS20130519 几糖·嘧菌酯/16%/悬浮剂/嘧菌酯 15%、几丁聚糖 1%/2015.12.10 至 2016.12.10/低毒

黄瓜(保护地) 霜霉病 120-144 克/公顷 喷雾

LS20140044 噻虫嗪/50%/种子处理可分散粉剂/噻虫嗪 50%/2015.02.18 至 2016.02.18/低毒

玉米 灰飞虱 60-200克/100千克种子 种子包衣

LS20140329 阿维·螺螨酯/18%/悬浮剂/阿维菌素 3%、螺螨酯 15%/2015.11.04 至 2016.11.04/中等毒(原药高毒)

柑橘树 红蜘蛛 51.42-72毫克/千克 喷雾

LS20140370 啶虫·毒死蜱/34%/乳油/啶虫脒 4%、毒死蜱 30%/2015.12.11 至 2016.12.11/低毒

柑橘树 介壳虫、木虱 136-226.7毫克/千克 喷雾

LS20150007 甲维·灭幼脲/31%/悬浮剂/甲氨基阿维菌素苯甲酸盐 0.5%、灭幼脲 30.5%/2016.01.15 至 2017.01.15/低毒

杨树 美国白蛾 124-248毫克/千克 喷雾

LS20150205 稻瘟·寡糖/42%/悬浮剂/氨基寡糖素 2%、稻瘟酰胺 40%/2015.07.30 至 2016.07.30/低毒

水稻 稻瘟病 220.5-252克/公顷 喷雾

LS20150238 噻呋·寡糖/42%/悬浮剂/氨基寡糖素 2%、噻呋酰胺 40%/2015.07.30 至 2016.07.30/低毒

水稻 纹枯病 94.5-113.4克/公顷 喷雾

LS20150240 几糖·噻唑膦/15%/颗粒剂/噻唑膦 12.5%、几丁聚糖 2.5%/2015.07.30 至 2016.07.30/低毒

黄瓜 根结线虫 2250-3375克/公顷 撒施

LS20150260 苯醚·咯·噻虫/38%/悬浮种衣剂/苯醚甲环唑 3%、咯菌腈 3%、噻虫嗪 32%/2015.08.28 至 2016.08.28/低毒

花生 茎腐病、蚜虫 108-162克/100千克种子 种子包衣

山东玥鸣生物科技有限公司 (山东省济南市济北开发区 250100 0531-88823788)

PD20111331 草铵膦/200克/升/水剂/草铵膦 200克/升/2011.12.06 至 2016.12.06/低毒

非耕地 杂草 600-900克/公顷 定向茎叶喷雾

PD20111386 草甘膦铵盐/68%/可溶粒剂/草甘膦 68%/2011.12.14 至 2016.12.14/低毒

非耕地 杂草 1125-2250克/公顷 定向茎叶喷雾

注:草甘膦铵盐含量：74.7%。

PD20121683 草甘膦铵盐/80%/可溶粒剂/草甘膦 80%/2012.11.05 至 2017.11.05/低毒

非耕地 杂草 1125-2250克/公顷 茎叶喷雾

注:草甘膦铵盐含量：88%。

PD20130939 阿维菌素/5%/乳油/阿维菌素 5%/2013.05.02 至 2018.05.02/中等毒(原药高毒)

甘蓝 小菜蛾 10.8-13.5克/公顷 喷雾

PD20131171 毒死蜱/65%/乳油/毒死蜱 65%/2013.05.27 至 2018.05.27/低毒

水稻 稻纵卷叶螟 450-600克/公顷 喷雾

PD20131318 甲氨基阿维菌素苯甲酸盐/5%/乳油/甲氨基阿维菌素 5%/2013.06.08 至 2018.06.08/中等毒

甘蓝 小菜蛾 2.25-3克/公顷 喷雾

注:甲氨基阿维菌素苯甲酸盐含量：5.7%。

PD20131470 烟嘧·莠·氯吡/40%/可分散油悬浮剂/氯氟吡氧乙酸 10%、烟嘧磺隆 4%、莠去津 26%/2013.07.05 至 2018.07.05/低毒

玉米田 一年生杂草 540-600克/公顷 茎叶喷雾

PD20131557 高效氯氟氰菊酯/5%/微乳剂/高效氯氟氰菊酯 5%/2013.07.23 至 2018.07.23/低毒

甘蓝 菜青虫 9-13.5克/公顷 喷雾

PD20131955 草铵膦/50%/水剂/草铵膦 50%/2013.10.10 至 2018.10.10/低毒

非耕地 杂草 600-900克/公顷 茎叶喷雾

PD20132354 异丙甲草胺/720克/升/乳油/异丙甲草胺 720克/升/2013.11.20 至 2018.11.20/低毒

春大豆田 一年生禾本科杂草及部分小粒种子阔叶杂草 1512-1944克/公顷 播后苗前土壤喷雾

PD20140970 硝磺草酮/20%/可分散油悬浮剂/硝磺草酮 20%/2014.04.14 至 2019.04.14/低毒

玉米田 一年生杂草 120-180克/公顷 茎叶喷雾

PD20141443 烯草酮/24%/乳油/烯草酮 24%/2014.06.09 至 2019.06.09/低毒

油菜田 一年生禾本科杂草 54-72克/公顷 茎叶喷雾

PD20141463 莠去津/50%/可分散油悬浮剂/莠去津 50%/2014.06.09 至 2019.06.09/低毒

玉米田 一年生杂草 1125-1875克/公顷 茎叶喷雾

PD20141578 氯吡·苯磺隆/20%/可湿性粉剂/苯磺隆 2.7%、氯氟吡氧乙酸 17.3%/2014.06.17 至 2019.06.17/低毒

冬小麦田 一年生阔叶杂草 90-120克/公顷 茎叶喷雾

PD20141606 戊唑醇/430克/升/悬浮剂/戊唑醇 430克/升/2014.06.24 至 2019.06.24/低毒

苦瓜 白粉病 77.4-116.1克/公顷 喷雾

苹果树 斑点落叶病 61.4-86毫克/千克 喷雾

PD20141665 阿维菌素/3.2%/乳油/阿维菌素 3.2%/2014.06.27 至 2019.06.27/中等毒(原药高毒)

甘蓝 小菜蛾 8.1~13.5克/公顷 喷雾

PD20141666 甲·灭·敌草隆/80%/可湿性粉剂/敌草隆 10%、2甲4氯 12%、莠灭净 58%/2014.06.27 至 2019.06.27/低毒

甘蔗田 一年生杂草 1440-2160克/公顷 茎叶喷雾

PD20141676 草甘膦铵盐/65%/可溶粉剂/草甘膦 65%/2014.06.30 至 2019.06.30/低毒

非耕地 杂草 1125~2250克/公顷 茎叶喷雾

注:草甘膦铵盐含量: 71.5%。

PD20141728 啶虫脒/10%/乳油/啶虫脒 10%/2014.06.30 至 2019.06.30/低毒

菠菜 蚜虫 22.5-37.5克/公顷 喷雾

黄瓜 蚜虫 13.5-22.5克/公顷 喷雾

芹菜 蚜虫 18-27克/公顷 喷雾

PD20141729 烟嘧磺隆/10%/可分散油悬浮剂/烟嘧磺隆 10%/2014.06.30 至 2019.06.30/低毒

玉米田 一年生杂草 40-60克/公顷 茎叶喷雾

PD20141764 异丙甲草胺/960克/升/乳油/异丙甲草胺 960克/升/2014.07.02 至 2019.07.02/低毒

春大豆田 一年生杂草 1512-1944克/公顷 土壤喷雾

PD20141784 氰氟草酯/20%/乳油/氰氟草酯 20%/2014.07.14 至 2019.07.14/低毒

水稻田(直播) 稗草、千金子等禾本科杂草 90-105克/公顷 茎叶喷雾

PD20142025 莠去津/90%/水分散粒剂/莠去津 90%/2014.08.27 至 2019.08.27/低毒

春玉米田 一年生杂草 1620-1755g/公顷 土壤喷雾

PD20142094 硝磺·莠去津/25%/可分散油悬浮剂/莠去津 20%、硝磺草酮 5%/2014.09.02 至 2019.09.02/低毒

玉米田 一年生杂草 675-825克/公顷 茎叶喷雾

PD20142156 枯草芽孢杆菌/1000亿个/克/可湿性粉剂/枯草芽孢杆菌 1000亿个/克/2014.09.18 至 2019.09.18/低毒

草莓 灰霉病 40-60克/亩 喷雾

PD20142164 乙草胺/50%/乳油/乙草胺 50%/2014.09.18 至 2019.09.18/低毒

春大豆田 一年生杂草 1620-1890克/公顷 土壤喷雾

PD20142168 乙氧氟草醚/240克/升/乳油/乙氧氟草醚 240克/升/2014.09.18 至 2019.09.18/低毒

水稻移栽田 一年生杂草 54-72克/公顷 药土法

PD20142169 木霉菌/2亿孢子/克/可湿性粉剂/木霉菌 2亿孢子/克/2014.09.18 至 2019.09.18/低毒

黄瓜 霜霉病 125-250克制剂/亩 喷雾

PD20142182 氟磺胺草醚/20%/乳油/氟磺胺草醚 20%/2014.09.18 至 2019.09.18/低毒

春大豆田 一年生阔叶杂草 240-270克/公顷 茎叶喷雾

PD20142222 丁草胺/50%/乳油/丁草胺 50%/2014.09.28 至 2019.09.28/低毒

水稻移栽田 一年生杂草 750~1800克/公顷 药土法

PD20142326 精噁唑禾草灵/10%/乳油/精噁唑禾草灵 10%/2014.11.03 至 2019.11.03/低毒

冬小麦田 看麦娘、野燕麦等一年生禾本科杂草 90-105克/公顷 茎叶喷雾

PD20142427 烟·莠·滴辛酯/40%/可分散油悬浮剂/2,4-滴异辛酯 10%、烟嘧磺隆 4%、莠去津 26%/2014.11.14 至 2019.11.14/低毒

玉米田 一年生杂草 540-660克/公顷 茎叶喷雾

PD20142495 咪鲜胺/450克/升/水乳剂/咪鲜胺 450克/升/2014.11.21 至 2019.11.21/低毒

柑橘(果实) 青霉病 225-450毫克/千克 浸果

PD20142536 丁草胺/60%/乳油/丁草胺 60%/2014.12.11 至 2019.12.11/低毒

水稻移栽田 一年生杂草 750-1275克/公顷 药土法

PD20142635 松·喹·氟磺胺/35%/乳油/氟磺胺草醚 9.5%、精喹禾灵 2.5%、异噁草松 23%/2014.12.15 至 2019.12.15/低毒

春大豆田 一年生杂草 630-735克/公顷 茎叶喷雾

PD20142636 乙草胺/81.5%/乳油/乙草胺 81.5%/2014.12.15 至 2019.12.15/低毒

春大豆田 一年生杂草 1620-1890克/公顷 土壤喷雾

PD20150049 精喹禾灵/15%/乳油/精喹禾灵 15%/2015.01.05 至 2020.01.05/低毒

大豆田　一年生禾本科杂草　37.7-60克/公顷　茎叶喷雾
PD20150050　氯氟吡氧乙酸异辛酯/200克/升/乳油/氯氟吡氧乙酸 200克/升/2015.01.05 至 2020.01.05/低毒
冬小麦田　一年生阔叶杂草　216-302.4克/公顷　茎叶喷雾
注:氯氟吡氧乙酸异辛酯含量:288克/升。
PD20150108　草甘膦异丙胺盐/30%/水剂/草甘膦 30%/2015.01.05 至 2020.01.05/低毒
非耕地　杂草　1125-1678.5克/公顷　茎叶喷雾
注:草甘膦异丙胺盐含量41%。
PD20150542　乙草胺/89%/乳油/乙草胺 89%/2015.03.23 至 2020.03.23/低毒
春大豆田　一年生杂草　1620~1890克/公顷　土壤喷雾
PD20150568　硝・烟・莠去津/28%/可分散油悬浮剂/烟嘧磺隆 2.5%、莠去津 20%、硝磺草酮 5.5%/2015.03.24 至 2020.03.24/低毒
玉米田　一年生杂草　672~756克/公顷　茎叶喷雾
PD20150685　硝磺・莠去津/50%/可湿性粉剂/莠去津 40%、硝磺草酮 10%/2015.04.17 至 2020.04.17/低毒
玉米田　一年生杂草　525~750克/公顷　茎叶喷雾
PD20151223　丁草胺/85%/乳油/丁草胺 85%/2015.07.30 至 2020.07.30/低毒
水稻移栽田　一年生杂草　765-1275克/公顷　药土法
PD20151224　二甲戊灵/330/乳油/二甲戊灵 330克/升/2015.07.30 至 2020.07.30/低毒
棉花田　一年生杂草　742.5-990克/公顷　药土法
PD20152622　松・喹・氟磺胺/45%/乳油/氟磺胺草醚 14%、精喹禾灵 4%、异噁草松 27%/2015.12.17 至 2020.12.17/低毒
春大豆田　一年生杂草　675-810毫升/公顷　茎叶喷雾
LS20130139　硝磺草酮/20%/可分散油悬浮剂/硝磺草酮 20%/2015.04.02 至 2016.04.02/低毒
玉米田　一年生杂草　120-180克/公顷　茎叶喷雾
LS20130166　烟嘧・莠・氯吡/40%/可分散油悬浮剂/氯氟吡氧乙酸 10%、烟嘧磺隆 4%、莠去津 26%/2015.04.03 至 2016.04.03/低毒
玉米田　一年生杂草　540-600克/公顷　茎叶喷雾

山东埃森化学有限公司　(山东省临沂经经济开发区正大路99号　276024　0539-6019918)

PD85156-2　辛硫磷/85%,75%/原药/辛硫磷 85%,75%/2016.01.08 至 2021.01.08/低毒
PD85157-4　辛硫磷/40%/乳油/辛硫磷 40%/2016.01.08 至 2021.01.08/低毒
茶树、林木、桑树　食叶害虫　200-400毫克/千克　喷雾
果树　食心虫、蚜虫、螨　200-400毫克/千克　喷雾
棉花　棉铃虫、蚜虫　300-600克/公顷　喷雾
蔬菜　菜青虫　300-450克/公顷　喷雾
烟草　食叶害虫　300-600克/公顷　喷雾
玉米　玉米螟　450-600克/公顷　灌心叶
PD20060077　毒死蜱/97%/原药/毒死蜱 97%/2016.04.14 至 2021.04.14/中等毒
PD20080864　三唑磷/20%/乳油/三唑磷 20%/2013.06.27 至 2018.06.27/中等毒
水稻　二化螟、三化螟　300-450克/公顷　喷雾
PD20081548　丁硫克百威/20%/乳油/丁硫克百威 20%/2013.11.11 至 2018.11.11/中等毒
棉花　蚜虫　60-120克/公顷　喷雾
PD20082471　克百威/3%/颗粒剂/克百威 3%/2013.12.03 至 2018.12.03/中等毒(原药高毒)
甘蔗　蚜虫、蔗龟　1350-2250克/公顷　沟施
花生　线虫　1800-2250克/公顷　沟施,条施
棉花　蚜虫　675-900克/公顷　沟施,条施
水稻　稻瘿蚊、二化螟、三化螟　900-1350克/公顷　撒施
PD20082847　噁酮・乙草胺/35%/乳油/噁草酮 5%、乙草胺 30%/2013.12.09 至 2018.12.09/低毒
花生田　一年生杂草　787.5-1312.5克/公顷　播后苗前土壤喷雾
PD20082893　辛硫磷/3%/颗粒剂/辛硫磷 3%/2013.12.09 至 2018.12.09/低毒
花生　蛴螬　1800-3750克/公顷　播种时沟施
PD20083401　甲・克/3%/颗粒剂/甲拌磷 1.8%、克百威 1.2%/2013.12.11 至 2018.12.11/高毒
甘蔗　蔗螟　2250-2700克/公顷　沟施
PD20083900　毒死蜱/480克/升/乳油/毒死蜱 480克/升/2013.12.15 至 2018.12.15/中等毒
水稻　稻纵卷叶螟　450-600克/公顷　喷雾
PD20085511　辛硫磷/1.5%/颗粒剂/辛硫磷 1.5%/2013.12.25 至 2018.12.25/低毒
玉米　玉米螟　112.5-168.75克/公顷　撒心(喇叭口)
PD20091169　毒・辛/30%/乳油/毒死蜱 10%、辛硫磷 20%/2014.01.22 至 2019.01.22/低毒
花生　地老虎、金针虫、蝼蛄、蛴螬　1800-2250克/公顷　灌根
水稻　二化螟　540-675克/公顷　喷雾
PD20091404　氯氰・辛硫磷/24%/乳油/氯氰菊酯 2%、辛硫磷 22%/2014.02.02 至 2019.02.02/中等毒
棉花　棉铃虫　216-288克/公顷　喷雾
PD20092754　辛硫磷/35%/微囊悬浮剂/辛硫磷 35%/2014.03.04 至 2019.03.04/低毒
大蒜　蒜蛆　2730-3675克/公顷　灌根
花生　地下害虫　2100-3150克/公顷　灌根
韭菜　韭蛆　2730－3675克/公顷　灌根
棉花　棉铃虫　525-630克/公顷　喷雾
PD20095863　毒死蜱/40%/乳油/毒死蜱 40%/2014.05.27 至 2019.05.27/中等毒

登记证号	登记作物	防治对象	用药量	施用方法
	苹果树	绵蚜、桃小食心虫	200-250毫克/千克	喷雾
PD20096739	三唑磷/85%/原药/三唑磷 85%/2014.09.07 至 2019.09.07/中等毒			
PD20100184	辛硫磷/40%/乳油/辛硫磷 40%/2015.01.05 至 2020.01.05/低毒			
	棉花	棉铃虫	225-300克/公顷	喷雾
	水稻	三化螟	600-750克/公顷	喷雾
PD20110362	毒死蜱/25%/微囊悬浮剂/毒死蜱 25%/2016.03.31 至 2021.03.31/低毒			
	棉花	斜纹夜蛾	281.25-450克/公顷	喷雾

山东奥丰生物科技有限责任公司　(山东省阳谷县景阳路北原石门宋工业区　252317　0635-6396999)

登记证号	登记作物	防治对象	用药量	施用方法
PD20097038	氟硅唑/400克/升/乳油/氟硅唑 400克/升/2014.10.10 至 2019.10.10/低毒			
	黄瓜	黑星病	60-75克/公顷	喷雾
PD20100034	乙草胺/50%/乳油/乙草胺 50%/2015.01.04 至 2020.01.04/低毒			
	玉米田	一年生禾本科杂草及部分阔叶杂草	春玉米 1500-1875克/公顷；夏玉米 900-1125克/公顷	播后苗前土壤喷雾
PD20101109	啶虫脒/20%/可溶粉剂/啶虫脒 20%/2015.01.25 至 2020.01.25/低毒			
	黄瓜	蚜虫	54-72克/公顷	喷雾
PD20110689	乙草胺/81.5%/乳油/乙草胺 81.5%/2011.06.21 至 2016.06.21/低毒			
	春大豆田	一年生禾本科杂草及部分小粒种子阔叶杂草	1620-1890克/公顷	土壤喷雾
	夏大豆田	一年生禾本科杂草及部分小粒种子阔叶杂草	1080-1350克/公顷	土壤喷雾
PD20132506	高氯·甲维盐/4.3%/乳油/高效氯氰菊酯 4.2%、甲氨基阿维菌素苯甲酸盐 0.1%/2013.12.13 至 2018.12.13/低毒			
	甘蓝	小菜蛾	19.35-22.575克/公顷	喷雾
PD20150282	硝磺草酮/20%/可分散油悬浮剂/硝磺草酮 20%/2015.02.04 至 2020.02.04/低毒			
	玉米田	一年生杂草	150-180克/公顷	茎叶喷雾
PD20152495	硝磺·莠去津/25%/可分散油悬浮剂/莠去津 20%、硝磺草酮 5%/2015.12.05 至 2020.12.05/低毒			
	玉米田	一年生杂草	450-675克/公顷	茎叶喷雾
WP20090351	杀虫气雾剂/0.35%/气雾剂/胺菊酯 0.3%、高效氯氰菊酯 0.05%/2014.10.28 至 2019.10.28/微毒			
	卫生	蚊、蝇、蜚蠊	/	喷雾

山东奥坤生物科技有限公司　(山东省济南市济北开发区　251400　0531-55516888)

登记证号	登记作物	防治对象	用药量	施用方法
PD20093691	精噁唑禾草灵/69克/升/水乳剂/精噁唑禾草灵 69克/升/2014.03.25 至 2019.03.25/低毒			
	冬小麦田	一年生禾本科杂草	46.6-51.8克/公顷	茎叶喷雾
PD20094186	苯磺隆/75%/水分散粒剂/苯磺隆 75%/2014.03.30 至 2019.03.30/低毒			
	冬小麦田	一年生阔叶杂草	13.5-22.5克/公顷	茎叶喷雾
PD20094749	烟嘧磺隆/40克/升/可分散油悬浮剂/烟嘧磺隆 40克/升/2014.04.10 至 2019.04.10/微毒			
	玉米田	一年生杂草	42-60克/公顷	茎叶喷雾
PD20094944	吡虫啉/20%/可溶液剂/吡虫啉 20%/2014.04.17 至 2019.04.17/低毒			
	番茄	白粉虱	450-60克/公顷	喷雾
PD20094947	炔螨特/73%/乳油/炔螨特 73%/2014.04.17 至 2019.04.17/低毒			
	苹果树	红蜘蛛	243-365毫克/千克	喷雾
PD20095088	异丙威/20%/乳油/异丙威 20%/2014.04.23 至 2019.04.23/中等毒			
	水稻	飞虱	150-600克/公顷	喷雾
PD20095089	氟氯氰菊酯/50克/升/乳油/氟氯氰菊酯 50克/升/2014.04.23 至 2019.04.23/低毒			
	甘蓝	蚜虫	22.5-30克/公顷	喷雾
PD20095252	氯氰菊酯/10%/乳油/氯氰菊酯 10%/2014.04.27 至 2019.04.27/低毒			
	甘蓝	菜青虫	22.5—30克/公顷	喷雾
PD20095645	毒死蜱/45%/乳油/毒死蜱 45%/2014.05.12 至 2019.05.12/中等毒			
	棉花	棉铃虫	676.8-900克/公顷	喷雾
	小麦	蚜虫	108-180克/公顷	喷雾
PD20095679	精喹禾灵/15%/乳油/精喹禾灵 15%/2014.05.15 至 2019.05.15/低毒			
	春大豆田	一年生禾本科杂草	20-35毫升制剂/亩	茎叶喷雾
PD20096081	高效氯氟氰菊酯/25克/升/乳油/高效氯氟氰菊酯 25克/升/2014.06.18 至 2019.06.18/中等毒			
	甘蓝	菜青虫	7.5-15克/公顷	喷雾
	小麦	麦蚜	6-7.5克/公顷	喷雾
PD20096298	联苯菊酯/25克/升/乳油/联苯菊酯 25克/升/2014.07.22 至 2019.07.22/低毒			
	茶树	茶小绿叶蝉	30-37.5克/公顷	喷雾
PD20096461	烯草酮/240克/升/乳油/烯草酮 240克/升/2014.08.14 至 2019.08.14/低毒			
	大豆田	一年生禾本科杂草	27-40毫升制剂/亩	茎叶喷雾
PD20096468	高效氟吡甲禾灵/108克/升/乳油/高效氟吡甲禾灵 108克/升/2014.08.14 至 2019.08.14/低毒			
	油菜田	一年生禾本科杂草	23-28毫升制剂/亩	茎叶喷雾
PD20096702	氯氟吡氧乙酸/200克/升/乳油/氯氟吡氧乙酸 200克/升/2014.09.07 至 2019.09.07/低毒			
	小麦田、玉米田	一年生阔叶杂草	150-210克/公顷	茎叶喷雾
PD20097011	氟磺胺草醚/250克/升/水剂/氟磺胺草醚 250克/升/2014.09.29 至 2019.09.29/低毒			
	春大豆田	一年生阔叶杂草	300-375克/公顷	茎叶喷雾

PD20097475　阿维菌素/3.2%/乳油/阿维菌素 3.2%/2014.11.03 至 2019.11.03/低毒(原药高毒)
甘蓝　小菜蛾　8.1-10.8克/公顷　喷雾
PD20097814　甲·乙·莠/42%/悬浮剂/甲草胺 8%、乙草胺 9%、莠去津 25%/2014.11.20 至 2019.11.20/低毒
春玉米田　一年生杂草　350-400毫升制剂/亩　播后苗前土壤喷雾
夏玉米田　一年生杂草　170-230毫升制剂/亩　播后苗前土壤喷雾
PD20100057　乙草胺/50%/乳油/乙草胺 50%/2015.01.04 至 2020.01.04/低毒
玉米田　一年生禾本科杂草及小粒阔叶杂草　东北地区：1387.5-1875克/公顷，其他地区：900-1050克/公顷　土壤喷雾
PD20100061　啶虫脒/10%/乳油/啶虫脒 10%/2015.01.04 至 2020.01.04/低毒
菠菜　蚜虫　22.5-37.5克/公顷　喷雾
黄瓜　蚜虫　13.5—22.5克/公顷　喷雾
芹菜　蚜虫　18-27克/公顷　喷雾
PD20100105　辛硫磷/40%/乳油/辛硫磷 40%/2015.01.04 至 2020.01.04/低毒
甘蓝　菜青虫　300-450克/公顷　喷雾
PD20100119　乙草胺/81.5%/乳油/乙草胺 81.5%/2015.01.05 至 2020.01.05/低毒
玉米田　一年生禾本科杂草及部分阔叶杂草　东北地区：1485-1620克/公顷，其他地区：810-1350克/公顷　土壤喷雾
PD20100217　乙氧氟草醚/240克/升/乳油/乙氧氟草醚 240克/升/2015.01.11 至 2020.01.11/低毒
大蒜田　一年生杂草　144-180克/公顷　播后苗前土壤喷雾
水稻移栽田　一年生杂草　54-72克/公顷　药土法
PD20100386　丁草胺/50%/乳油/丁草胺 50%/2015.01.14 至 2020.01.14/低毒
移栽水稻田　一年生禾本科杂草　750-1200克/公顷　毒土法
PD20100709　杀扑磷/40%/乳油/杀扑磷 40%/2015.01.16 至 2015.09.30/高毒
柑橘树　介壳虫　200-400毫克/千克　喷雾
PD20100863　氟啶脲/50克/升/乳油/氟啶脲 50克/升/2015.01.19 至 2020.01.19/低毒
甘蓝　甜菜夜蛾　45-60克/公顷　喷雾
韭菜　韭蛆　150-225克/公顷　药土法
PD20100912　莠灭净/80%/可湿性粉剂/莠灭净 80%/2015.01.19 至 2020.01.19/低毒
甘蔗田　一年生杂草　1560-2400克/公顷　喷雾
PD20101074　莠去津/38%/悬浮剂/莠去津 38%/2015.01.21 至 2020.01.21/低毒
春玉米田　一年生杂草　1800-2250克/公顷　土壤喷雾
PD20101414　草甘膦异丙胺盐/30%/水剂/草甘膦 30%/2015.04.26 至 2020.04.26/低毒
玉米田　杂草　150-250毫升制剂/　行间定向茎叶喷雾
注:草甘膦异丙胺盐含量：41%。
PD20102105　吗胍·乙酸铜/20%/可湿性粉剂/盐酸吗啉胍 10%、乙酸铜 10%/2015.11.30 至 2020.11.30/低毒
辣椒　病毒病　360—450克/公顷　喷雾
PD20110258　乙草胺/89%/乳油/乙草胺 89%/2016.03.04 至 2021.03.04/低毒
春玉米田　一年生杂草　1678-2023克/公顷　播后苗前土壤喷雾
PD20130676　烟嘧·莠去津/24%/可分散油悬浮剂/烟嘧磺隆 4%、莠去津 20%/2013.04.09 至 2018.04.09/低毒
玉米田　一年生杂草　288-360克/公顷　喷雾
PD20132241　二甲戊灵/330克/升/乳油/二甲戊灵 330克/升/2013.11.05 至 2018.11.05/低毒
甘蓝田　一年生杂草　618.25-742.5克/公顷　土壤喷雾
PD20132417　烟嘧磺隆/10%/可分散油悬浮剂/烟嘧磺隆 10%/2013.11.20 至 2018.11.20/低毒
玉米田　一年生杂草　40-60克/公顷　茎叶喷雾
PD20132455　异丙甲草胺/960克/升/乳油/异丙甲草胺 960克/升/2013.12.02 至 2018.12.02/低毒
春大豆田　一年生禾本科杂草　1512-1944克/公顷　土壤喷雾
PD20140732　硝磺·莠去津/50%/可湿性粉剂/莠去津 40%、硝磺草酮 10%/2014.03.24 至 2019.03.24/低毒
玉米田　一年生杂草　525~750克/公顷　茎叶喷雾
PD20141464　氰氟草酯/20%/乳油/氰氟草酯 20%/2014.06.09 至 2019.06.09/低毒
水稻田(直播)　稗草、千金子等禾本科杂草　90-120克/公顷　喷雾
PD20142033　戊唑醇/430克/升/悬浮剂/戊唑醇 430克/升/2014.08.27 至 2019.08.27/低毒
苦瓜　白粉病　77.4-116.1克/公顷　喷雾
苹果树　斑点落叶病　61.4-86毫克/千克　喷雾
PD20142172　烟嘧·莠·氯吡/40%/可分散油悬浮剂/氯氟吡氧乙酸 10%、烟嘧磺隆 4%、莠去津 26%/2014.09.18 至 2019.09.18/低毒
玉米田　一年生杂草　540—660克/公顷　茎叶喷雾
PD20142320　麦草畏/480克/升/水剂/麦草畏 480克/升/2014.11.03 至 2019.11.03/低毒
春玉米田　一年生阔叶杂草　190-280克/公顷　茎叶喷雾
PD20142328　灭草松/480克/升/水剂/灭草松 480克/升/2014.11.03 至 2019.11.03/低毒
春大豆田　一年生杂草　750-1500克/公顷　茎叶喷雾
PD20142329　灭·喹·氟磺胺/24%/乳油/氟磺胺草醚 7%、精喹禾灵 2%、灭草松 15%/2014.11.03 至 2019.11.03/低毒
春大豆田　一年生杂草　468-504克/公顷　茎叶喷雾
PD20142411　氯吡·苯磺隆/20%/可湿性粉剂/苯磺隆 2.7%、氯氟吡氧乙酸 17.3%/2014.11.13 至 2019.11.13/低毒
冬小麦田　一年生阔叶杂草　90-120克/公顷　茎叶喷雾

PD20142413 异噁草松/480克/升/乳油/异噁草松 480克/升/2014.11.13 至 2019.11.13/低毒
春大豆田 一年生杂草 1100-1200克/公顷 土壤喷雾
PD20142662 硝磺草酮/20%/可分散油悬浮剂/硝磺草酮 20%/2014.12.18 至 2019.12.18/低毒
玉米田 一年生杂草 127.5-150克/公顷 茎叶喷雾
PD20150078 硝·烟·莠去津/28%/可分散油悬浮剂/烟嘧磺隆 2.5%、莠去津 20%、硝磺草酮 5.5%/2015.01.05 至 2020.01.05/低毒
玉米田 一年生杂草 693-840克/公顷 茎叶喷雾
PD20150501 草甘膦铵盐/86%/可溶粒剂/草甘膦 86%/2015.03.23 至 2020.03.23/低毒
柑橘园 杂草 1781.25-2280克/公顷 定向茎叶喷雾
注:草甘膦铵盐含量：95%。
PD20150550 乙羧氟草醚/10%/乳油/乙羧氟草醚 10%/2015.03.23 至 2020.03.23/低毒
春大豆田 一年生阔叶杂草 75-90克/公顷 茎叶喷雾
PD20150571 氟磺胺草醚/20%/乳油/氟磺胺草醚 20%/2015.03.24 至 2020.03.24/低毒
春大豆田 一年生阔叶杂草 240-270克/公顷 茎叶喷雾
PD20150643 精喹·氟磺胺/30%/乳油/氟磺胺草醚 25%、精喹禾灵 5%/2015.04.16 至 2020.04.16/低毒
春大豆田 一年生杂草 371.25-405克/公顷 茎叶喷雾
PD20150802 烯啶虫胺/10%/水剂/烯啶虫胺 10%/2015.05.14 至 2020.05.14/低毒
柑橘树 蚜虫 20-25毫克/千克 喷雾
PD20151033 氟胺·烯禾啶/20.8%/乳油/氟磺胺草醚 12.5%、烯禾啶 8.3%/2015.06.14 至 2020.06.14/低毒
春大豆田 一年生杂草 436.8~478克/公顷 茎叶喷雾
PD20151453 烟·莠·滴辛酯/40%/可分散油悬浮剂/2,4-滴异辛酯 10%、烟嘧磺隆 4%、莠去津 26%/2015.07.31 至 2020.07.31/低毒
玉米田 一年生杂草 540-660克/公顷 茎叶喷雾
PD20151485 松·喹·氟磺胺/45%/乳油/氟磺胺草醚 13.5%、精喹禾灵 4.5%、异噁草松 27%/2015.07.31 至 2020.07.31/低毒
春大豆田 一年生杂草 675-810克/公顷 茎叶喷雾
PD20151806 硝磺·莠去津/25%/可分散油悬浮剂/莠去津 20%、硝磺草酮 5%/2015.08.28 至 2020.08.28/低毒
玉米田 一年生杂草 650-750克/公顷 茎叶喷雾
PD20152600 烟嘧磺隆/20%/可分散油悬浮剂/烟嘧磺隆 20%/2015.12.17 至 2020.12.17/低毒
玉米田 一年生杂草 48-60克/公顷 茎叶喷雾
LS20130360 硝磺·莠去津/50%/可湿性粉剂/莠去津 40%、硝磺草酮 10%/2015.07.05 至 2016.07.05/低毒
玉米田 一年生杂草 525-750克/公顷 茎叶喷雾

山东奥农生物科技有限公司 (山东省泰安市大汶口化工园区 271000 0531-83177007)

PD20131843 甲氨基阿维菌素苯甲酸盐/0.5%/微乳剂/甲氨基阿维菌素 0.5%/2013.09.23 至 2018.09.23/低毒
甘蓝 甜菜夜蛾 1.5-2.25克/公顷 喷雾
注:甲氨基阿维菌素苯甲酸盐含量：0.57%。
PD20142552 烯酰·锰锌/69%/可湿性粉剂/代森锰锌 60%、烯酰吗啉 9%/2014.12.15 至 2019.12.15/低毒
黄瓜 霜霉病 1035－1242克/公顷 喷雾
PD20152353 联苯菊酯/100克/升/乳油/联苯菊酯 100克/升/2015.10.22 至 2020.10.22/中等毒
茶树 茶小绿叶蝉 30-37.5克/公顷 喷雾

山东奥胜生物科技有限公司 (山东省曹县珠江路378号 27400 0530-2065118)

PD20130030 吡虫啉/20%/可溶液剂/吡虫啉 20%/2013.01.07 至 2018.01.07/低毒
甘蓝 蚜虫 22.5-30.0克/公顷 喷雾
PD20130872 烟嘧磺隆/6%/可分散油悬浮剂/烟嘧磺隆 6%/2013.04.25 至 2018.04.25/低毒
夏玉米田 一年生杂草 45-59.4克/公顷 茎叶喷雾
PD20132503 戊唑·多菌灵/80%/可湿性粉剂/多菌灵 50%、戊唑醇 30%/2013.12.10 至 2018.12.10/低毒
苹果树 轮纹病 400-500毫克/千克 喷雾
PD20132543 联苯菊酯/4.5%/水乳剂/联苯菊酯 4.5%/2013.12.16 至 2018.12.16/低毒
茶树 小绿叶蝉 37.125-43.875克/公顷 喷雾
PD20132602 苯醚甲环唑/30%/悬浮剂/苯醚甲环唑 30%/2013.12.17 至 2018.12.17/低毒
香蕉 叶斑病 85-120毫克/千克 喷雾
PD20140336 咪鲜·几丁糖/46%/水乳剂/咪鲜胺 45%、几丁聚糖 1%/2014.02.18 至 2019.02.18/低毒
柑橘 炭疽病 153.3-230毫克/千克 浸果
PD20140660 氯吡·苯磺隆/20%/可湿性粉剂/苯磺隆 2.7%、氯氟吡氧乙酸 17.3%/2014.03.14 至 2019.03.14/低毒
冬小麦田 一年生阔叶杂草 90-120克/公顷 茎叶喷雾
PD20142638 乙烯利/40%/水剂/乙烯利 40%/2014.12.15 至 2019.12.15/低毒
棉花 催熟 900-1200毫升/公顷 喷雾
PD20150025 吡蚜酮/25%/可湿性粉剂/吡蚜酮 25%/2015.01.04 至 2020.01.04/低毒
水稻 飞虱 60-75克/亩 喷雾
PD20150051 己唑醇/25%/悬浮剂/己唑醇 25%/2015.01.05 至 2020.01.05/低毒
葡萄 白粉病 50-60毫克/千克 喷雾
PD20150429 甲维·高氯氟/5%/水乳剂/高效氯氟氰菊酯 4%、甲氨基阿维菌素苯甲酸盐 1%/2015.03.20 至 2020.03.20/中等毒
甘蓝 甜菜夜蛾 6-9克/公顷 喷雾

山东奥维特生物科技有限公司 (山东省济南市济阳县济北开发区富阳街82号 251400 0531-83143686)

PD20094546 锰锌·腈菌唑/60%/可湿性粉剂/腈菌唑 2%、代森锰锌 58%/2014.04.09 至 2019.04.09/低毒
梨树 黑星病 400-600毫克/千克 喷雾

PD20110872 1-甲基环丙烯/1%/可溶液剂/1-甲基环丙烯 1%/2011.08.16 至 2016.08.16/低毒
苹果 保鲜 300-450微升/立方米 密闭熏蒸
猕猴桃 保鲜 75-150微升/立方米 密闭熏蒸
PD20130941 乙烯利/20%/颗粒剂/乙烯利 20%/2013.05.02 至 2018.05.02/低毒
香蕉 催熟 6-14毫克/千克果实 密闭熏蒸
PD20142003 咪鲜胺/25%/水乳剂/咪鲜胺 25%/2014.08.14 至 2019.08.14/低毒
香蕉(果实) 冠腐病 250－500毫克/千克 浸果
PD20151445 1-甲基环丙烯/0.03%/粉剂/1-甲基环丙烯 0.03%/2015.07.30 至 2020.07.30/微毒
苹果 保鲜 0.8-1毫克/千克 密闭熏蒸
猕猴桃 保鲜 0.5-0.75毫克/千克 密闭熏蒸

山东澳得利化工有限公司 (山东省潍坊市寿光市南环路中段 262700 0536-5206888)

PD20083412 百菌清/75%/可湿性粉剂/百菌清 75%/2013.12.11 至 2018.12.11/低毒
黄瓜 白粉病 1275-1725克/公顷 喷雾
苦瓜 霜霉病 1125-2250克/公顷 喷雾
PD20083416 苏云金杆菌/16000IU/毫克/可湿性粉剂/苏云金杆菌 16000IU/毫克/2013.12.11 至 2018.12.11/低毒
茶树 茶毛虫 800-1600倍 喷雾
棉花 二代棉铃虫 1500-2250克制剂/公顷 喷雾
森林 松毛虫 1200-1600倍 喷雾
十字花科蔬菜 小菜蛾 750-1125克制剂/公顷 喷雾
十字花科蔬菜 菜青虫 375-750克制剂/公顷 喷雾
水稻 稻纵卷叶螟 1500-2250克制剂/公顷 喷雾
烟草 烟青虫 750-1500克制剂/公顷 喷雾
玉米 玉米螟 750-1500克制剂/公顷 加细沙灌心
枣树 枣尺蠖 1200-1600倍 喷雾
PD20083860 丙环唑/250克/升/乳油/丙环唑 250克/升/2013.12.15 至 2018.12.15/低毒
香蕉 叶斑病 250-500毫克/千克 喷雾
PD20084154 甲氰·噻螨酮/7.5%/乳油/甲氰菊酯 5%、噻螨酮 2.5%/2013.12.16 至 2018.12.16/低毒
柑橘树 红蜘蛛 75-100毫克/千克 喷雾
PD20084255 异菌脲/50%/可湿性粉剂/异菌脲 50%/2013.12.22 至 2018.12.22/低毒
番茄 灰霉病 375-750克/公顷 喷雾
辣椒 立枯病 1-2克/平方米 泼浇
PD20084352 噁霉灵/15%/水剂/噁霉灵 15%/2013.12.17 至 2018.12.17/低毒
辣椒 立枯病 0.75-1.05克/平方米 泼浇
水稻 立枯病 9000-18000克/公顷 苗床喷雾
PD20084439 代森锰锌/80%/可湿性粉剂/代森锰锌 80%/2013.12.17 至 2018.12.17/低毒
番茄 早疫病 1845-2370克/公顷 喷雾
PD20084545 多菌灵/50%/可湿性粉剂/多菌灵 50%/2013.12.18 至 2018.12.18/低毒
小麦 赤霉病 750-1125克/公顷 喷雾
PD20084593 联苯菊酯/25克/升/乳油/联苯菊酯 25克/升/2013.12.18 至 2018.12.18/低毒
茶树 茶小绿叶蝉 30-37.5克/公顷 喷雾
PD20084819 阿维·高氯/1.8%/乳油/阿维菌素 0.3%、高效氯氰菊酯 1.5%/2013.12.22 至 2018.12.22/低毒(原药高毒)
黄瓜 美洲斑潜蝇 10.8-16.2克/公顷 喷雾
PD20084934 多·福/50%/可湿性粉剂/多菌灵 25%、福美双 25%/2013.12.22 至 2018.12.22/低毒
梨树 黑星病 1000-1500毫克/千克 喷雾
PD20084957 福美双/50%/可湿性粉剂/福美双 50%/2013.12.22 至 2018.12.22/中等毒
葡萄 白腐病 500-1000毫克/千克 喷雾
PD20085011 高氯·辛硫磷/20%/乳油/高效氯氰菊酯 2%、辛硫磷 18%/2013.12.22 至 2018.12.22/低毒
十字花科蔬菜 菜青虫 120-150克/公顷 喷雾
PD20085054 啶虫脒/5%/乳油/啶虫脒 5%/2013.12.23 至 2018.12.23/低毒
黄瓜 蚜虫 18-22.5克/公顷 喷雾
PD20086098 灭多威/10%/可湿性粉剂/灭多威 10%/2013.12.30 至 2018.12.30/低毒(原药高毒)
棉花 棉铃虫 315-360克/公顷 喷雾
PD20086116 硫磺·锰锌/70%/可湿性粉剂/硫磺 42%、代森锰锌 28%/2013.12.30 至 2018.12.30/低毒
豇豆 锈病 1575－2100克/公顷 喷雾
PD20086304 甲基硫菌灵/70%/可湿性粉剂/甲基硫菌灵 70%/2013.12.31 至 2018.12.31/低毒
番茄 叶霉病 525-630克/公顷 喷雾
PD20090206 烯酰·锰锌/69%/可湿性粉剂/代森锰锌 60%、烯酰吗啉 9%/2014.01.09 至 2019.01.09/低毒
黄瓜 霜霉病 1035-1380克/公顷 喷雾
PD20090449 乙铝·锰锌/50%/可湿性粉剂/代森锰锌 22%、三乙膦酸铝 28%/2014.01.12 至 2019.01.12/低毒
黄瓜 霜霉病 937-1406克/公顷 喷雾
PD20091474 高效氯氟氰菊酯/25克/升/乳油/高效氯氟氰菊酯 25克/升/2014.02.02 至 2019.02.02/中等毒
十字花科蔬菜 菜青虫 9.375-11.25克/公顷 喷雾
小麦 蚜虫 7.5-11.25克/公顷 喷雾

登记证号	登记作物	防治对象	用药量	施用方法
PD20091528	氟啶脲/50克/升/乳油/氟啶脲 50克/升/2014.02.03 至 2019.02.03/低毒			
	甘蓝	小菜蛾	30-60克/公顷	喷雾
PD20092590	代森锰锌/80%/可湿性粉剂/代森锰锌 80%/2014.02.27 至 2019.02.27/低毒			
	番茄	早疫病	1560-2520克/公顷	喷雾
	柑橘树	疮痂病、炭疽病	1333-2000毫克/千克	喷雾
	花生	叶斑病	720-900克/公顷	喷雾
	黄瓜	霜霉病	2040-3000克/公顷	喷雾
	辣椒	炭疽病、疫病	1800-2520克/公顷	喷雾
	梨树	黑星病	800-1600毫克/千克	喷雾
	荔枝树	霜疫霉病	1333-2000毫克/千克	喷雾
	马铃薯	晚疫病	1800-2700克/公顷	喷雾
	苹果树	斑点落叶病、轮纹病、炭疽病	1000-1500毫克/千克	喷雾
	葡萄	白腐病、黑痘病、霜霉病	1000-1600毫克/千克	喷雾
	西瓜	炭疽病	1560-2520克/公顷	喷雾
	烟草	赤星病	1440-1920克/公顷	喷雾
PD20093301	高效氯氟氰菊酯/25克/升/乳油/高效氯氟氰菊酯 25克/升/2014.03.13 至 2019.03.13/低毒			
	十字花科蔬菜	菜青虫	7.5-11.25克/公顷	喷雾
PD20096260	氰戊菊酯/20%/乳油/氰戊菊酯 20%/2014.07.15 至 2019.07.15/中等毒			
	苹果树	食心虫	67—100毫克/千克	喷雾
PD20097133	复硝酚钠/1.4%/水剂/复硝酚钠 1.4%/2014.10.16 至 2019.10.16/低毒			
	番茄	调节生长	4.05-8.1克/公顷	喷雾
PD20097138	乙酸铜/20%/可湿性粉剂/乙酸铜 20%/2014.10.16 至 2019.10.16/低毒			
	黄瓜	苗期猝倒病	3000-4500克/公顷	灌根
PD20097274	福美双/50%/可湿性粉剂/福美双 50%/2014.10.26 至 2019.10.26/低毒			
	黄瓜	白粉病	562.5—1050克/公顷	喷雾
PD20097528	氟硅唑/400克/升/乳油/氟硅唑 400克/升/2014.11.03 至 2019.11.03/低毒			
	菜豆	白粉病	45-54克/公顷	喷雾
PD20097821	甲霜·锰锌/58%/可湿性粉剂/甲霜灵 10%、代森锰锌 48%/2014.11.20 至 2019.11.20/低毒			
	黄瓜	霜霉病	978-1632克/公顷	喷雾
PD20097942	炔螨特/57%/乳油/炔螨特 57%/2014.11.30 至 2019.11.30/低毒			
	柑橘树	红蜘蛛	228-380毫克/千克	喷雾
PD20098003	氟硅唑/93%/原药/氟硅唑 93%/2014.12.07 至 2019.12.07/低毒			
PD20098022	氯氰·丙溴磷/440克/升/乳油/丙溴磷 400克/升、氯氰菊酯 40克/升/2014.12.07 至 2019.12.07/中等毒			
	棉花	棉铃虫	528-660克/公顷	喷雾
PD20098220	吗胍·乙酸铜/20%/可湿性粉剂/盐酸吗啉胍 10%、乙酸铜 10%/2014.12.16 至 2019.12.16/低毒			
	番茄	病毒病	600-750克/公顷	喷雾
PD20098381	阿维菌素/1.8%/乳油/阿维菌素 1.8%/2014.12.18 至 2019.12.18/低毒(原药高毒)			
	甘蓝	小菜蛾	8.1-10.8克/公顷	喷雾
	茭白	二化螟	9.5-13.5克/公顷	喷雾
PD20100990	噁霉灵/30%/水剂/噁霉灵 30%/2015.01.20 至 2020.01.20/低毒			
	西瓜	枯萎病	375-500毫克/千克	苗床喷淋
PD20101231	春雷霉素/2%/可溶液剂/春雷霉素 2%/2015.03.01 至 2020.03.01/低毒			
	水稻	稻瘟病	24—30克/公顷	喷雾
PD20101412	吡虫啉/10%/可湿性粉剂/吡虫啉 10%/2015.04.19 至 2020.04.19/低毒			
	水稻	稻飞虱	15-30克/公顷	喷雾
PD20101758	吗胍·乙酸铜/20%/可湿性粉剂/盐酸吗啉胍 16%、乙酸铜 4%/2015.07.07 至 2020.07.07/低毒			
	番茄	病毒病	500-750克/公顷	喷雾
PD20101785	硫双威/75%/可湿性粉剂/硫双威 75%/2015.07.13 至 2020.07.13/中等毒			
	棉花	棉铃虫	506.25-618.75克/公顷	喷雾
PD20111105	阿维·哒螨灵/10.5%/水乳剂/阿维菌素 0.3%、哒螨灵 10.2%/2011.10.17 至 2016.10.17/低毒(原药高毒)			
	苹果树	红蜘蛛	30~42毫克/千克	喷雾
PD20111114	炔螨·矿物油/73%/乳油/矿物油 33%、炔螨特 40%/2011.10.27 至 2016.10.27/低毒			
	柑橘树	红蜘蛛	243-365毫克/千克	喷雾
PD20121350	嘧霉胺/40%/水分散粒剂/嘧霉胺 40%/2012.09.13 至 2017.09.13/低毒			
	黄瓜	灰霉病	375-562.5克/公顷	喷雾
PD20121704	吡虫啉/70%/水分散粒剂/吡虫啉 70%/2012.11.05 至 2017.11.05/低毒			
	甘蓝	蚜虫	25-35克/公顷	喷雾
PD20130020	苯醚甲环唑/10%/水分散粒剂/苯醚甲环唑 10%/2013.01.04 至 2018.01.04/低毒			
	番茄	早疫病	100.5-150克/公顷	喷雾
	苦瓜	白粉病	105-150克/公顷	喷雾
	芹菜	斑枯病	52.5-67.5克/公顷	喷雾
PD20130122	咪鲜胺/450克/升/水乳剂/咪鲜胺 450克/升/2013.01.17 至 2018.01.17/低毒			
	香蕉(果实)	冠腐病	250-500毫克/千克	浸果

PD20130663 丙森·戊唑醇/48%/可湿性粉剂/丙森锌 38%、戊唑醇 10%/2013.04.08 至 2018.04.08/低毒
苹果树 斑点落叶病 240-480毫克/千克 喷雾
PD20132054 腈菌唑/40%/悬浮剂/腈菌唑 40%/2013.10.22 至 2018.10.22/低毒
梨树 黑星病 40-50毫克/千克 喷雾
PD20132156 丙环唑/40%/微乳剂/丙环唑 40%/2013.10.29 至 2018.10.29/低毒
香蕉 叶斑病 267-400毫克/千克 喷雾
PD20132238 噻嗪酮/25%/悬浮剂/噻嗪酮 25%/2013.11.05 至 2018.11.05/低毒
柑橘树 介壳虫 125-167毫克/千克 喷雾
PD20132331 醚菌酯/30%/悬浮剂/醚菌酯 30%/2013.11.13 至 2018.11.13/低毒
黄瓜 白粉病 90-157.5克/公顷 喷雾
PD20132490 阿维菌素/0.5%/颗粒剂/阿维菌素 0.5%/2013.12.10 至 2018.12.10/低毒(原药高毒)
黄瓜 根结线虫 180-225克/公顷 穴施
PD20141654 氟硅唑/10%/水乳剂/氟硅唑 10%/2014.06.24 至 2019.06.24/低毒
番茄 叶霉病 48-75克/公顷 喷雾
PD20142092 苯醚甲环唑/40%/悬浮剂/苯醚甲环唑 40%/2014.09.02 至 2019.09.02/低毒
西瓜 炭疽病 90-120克/公顷 喷雾
PD20142391 虫螨腈/98%/原药/虫螨腈 98%/2014.11.06 至 2019.11.06/中等毒
PD20142396 氨基寡糖素/0.5%/水剂/氨基寡糖素 0.5%/2014.11.06 至 2019.11.06/低毒
番茄 晚疫病 15.75－18.37克/公顷 喷雾
PD20142519 四聚乙醛/6%/颗粒剂/四聚乙醛 6%/2014.11.21 至 2019.11.21/低毒
甘蓝 蜗牛 450-540克/公顷 撒施
PD20151360 噻唑膦/10%/颗粒剂/噻唑膦 10%/2015.07.30 至 2020.07.30/低毒
黄瓜 根结线虫 2250-3000克/公顷 撒施
PD20151407 虫螨腈/10%/悬浮剂/虫螨腈 10%/2015.07.30 至 2020.07.30/低毒
甘蓝 甜菜夜蛾 75-105克/公顷 喷雾
PD20152326 嘧菌酯/25%/悬浮剂/嘧菌酯 25%/2015.10.22 至 2020.10.22/低毒
西瓜 炭疽病 150-300毫克/千克 喷雾
PD20152538 苦参碱/0.5%/水剂/苦参碱 0.5%/2015.12.05 至 2020.12.05/低毒
甘蓝 蚜虫 4.5-6.75克/公顷 喷雾
PD20152551 香菇多糖/0.5%/水剂/香菇多糖 0.5%/2015.12.05 至 2020.12.05/低毒
水稻 条纹叶枯病 3.75-5.63克/公顷 喷雾
PD20152573 灭蝇胺/70%/水分散粒剂/灭蝇胺 70%/2015.12.06 至 2020.12.06/低毒
菜豆 美洲斑潜蝇 157.5-210克/公顷 喷雾

山东百纳生物科技有限公司 (山东省济南市章丘化工工业园(刁镇) 250200 0531-88681605)

PD20081865 啶虫脒/5%/乳油/啶虫脒 5%/2013.11.25 至 2018.11.25/低毒
黄瓜 蚜虫 18-27克/公顷 喷雾
PD20083882 联苯菊酯/25克/升/乳油/联苯菊酯 25克/升/2013.12.15 至 2018.12.15/低毒
茶树 茶小绿叶蝉 30-37.5克/公顷 喷雾
PD20084379 三乙膦酸铝/40%/可湿性粉剂/三乙膦酸铝 40%/2013.12.17 至 2018.12.17/低毒
黄瓜 霜霉病 2115-2820克/公顷 喷雾
PD20090366 代森锰锌/80%/可湿性粉剂/代森锰锌 80%/2014.01.12 至 2019.01.12/低毒
番茄 早疫病 1800-2400克/公顷 喷雾
PD20090463 高效氯氟氰菊酯/25克/升/乳油/高效氯氟氰菊酯 25克/升/2014.01.12 至 2019.01.12/中等毒
十字花科蔬菜 蚜虫 7.5-9.375克/公顷 喷雾
PD20091178 嘧霉胺/40%/悬浮剂/嘧霉胺 40%/2014.01.22 至 2019.01.22/低毒
番茄 灰霉病 375-562.5克/公顷 喷雾
PD20101301 高效氟吡甲禾灵/108克/升/乳油/高效氟吡甲禾灵 108克/升/2010.03.17 至 2015.03.17/低毒
油菜田 一年生禾本科杂草 300-450毫升制剂/公顷 茎叶喷雾
PD20101898 草甘膦异丙胺盐(41%)///水剂/草甘膦 30%/2015.08.27 至 2020.08.27/低毒
玉米田 一年生杂草 120-270毫升制剂/亩 定向茎叶喷雾
PD20110413 吡虫啉/10%/可湿性粉剂/吡虫啉 10%/2016.04.15 至 2021.04.15/低毒
水稻 稻飞虱 15-22.5克/公顷 喷雾

山东百农思达生物科技有限公司 (山东省潍坊青州经济开发区亚东街3077号 262500 0536-3299161)

PD20085394 高效氯氟氰菊酯/25克/升/乳油/高效氯氟氰菊酯 25克/升/2013.12.24 至 2018.12.24/低毒
十字花科蔬菜 菜青虫 11.25-15克/公顷 喷雾
PD20086195 氟硅唑/400克/升/乳油/氟硅唑 400克/升/2013.12.30 至 2018.12.30/低毒
梨树 黑星病 40-50毫克/千克 喷雾
PD20090352 百菌清/75%/可湿性粉剂/百菌清 75%/2014.01.12 至 2019.01.12/低毒
黄瓜 霜霉病 1856.25-2250克/公顷 喷雾
PD20092117 高效氯氰菊酯/4.5%/乳油/高效氯氰菊酯 4.5%/2014.02.23 至 2019.02.23/低毒
十字花科蔬菜 小菜蛾 20.25-27克/公顷 喷雾
PD20093058 福美双/50%/可湿性粉剂/福美双 50%/2014.03.09 至 2019.03.09/低毒
黄瓜 白粉病 562.5-1125克/公顷 喷雾

PD20093418 丙环唑/250克/升/乳油/丙环唑 250克/升/2014.03.20 至 2019.03.20/低毒
香蕉 叶斑病 250-500毫克/千克 喷雾

PD20093483 乙酰甲胺磷/30%/乳油/乙酰甲胺磷 30%/2014.03.23 至 2019.03.23/低毒
棉花 蚜虫 675-900克/公顷 喷雾

PD20094722 甲基硫菌灵/70%/可湿性粉剂/甲基硫菌灵 70%/2014.04.10 至 2019.04.10/低毒
黄瓜 白粉病 420-504克/公顷 喷雾

PD20097913 吡虫啉/10%/可湿性粉剂/吡虫啉 10%/2014.11.30 至 2019.11.30/低毒
水稻 飞虱 15-30克/公顷 喷雾

PD20100439 氯氟吡氧乙酸异辛酯/200克/升/乳油/氯氟吡氧乙酸 200克/升/2010.01.14 至 2015.01.14/低毒
冬小麦田 一年生阔叶杂草 150-210克/公顷 茎叶处理
注:氯氟吡氧乙酸异辛酯含量: 288克/升。

PD20120342 甲氨基阿维菌素苯甲酸盐/3%/水分散粒剂/甲氨基阿维菌素 3%/2012.02.17 至 2017.02.17/低毒
甘蓝 小菜蛾 1.8-2.25克/公顷 喷雾
注:甲氨基阿维菌素苯甲酸盐含量: 3.4%。

PD20121425 苯醚甲环唑/250克/升/乳油/苯醚甲环唑 250克/升/2012.09.29 至 2017.09.29/低毒
香蕉 叶斑病 100-125毫克/千克 喷雾

PD20121603 苯醚甲环唑/10%/水分散粒剂/苯醚甲环唑 10%/2012.10.25 至 2017.10.25/低毒
西瓜 炭疽病 60～90克/公顷 喷雾

PD20130327 苯甲·丙环唑/300克/升/乳油/苯醚甲环唑 150克/升、丙环唑 150克/升/2013.03.05 至 2018.03.05/低毒
水稻 纹枯病 90-112.5克/公顷 喷雾

PD20130983 戊唑醇/430克/升/悬浮剂/戊唑醇 430克/升/2013.05.02 至 2018.05.02/低毒
苹果树 斑点落叶病 71.6-86毫克/千克 喷雾

PD20131105 吡虫啉/70%/水分散粒剂/吡虫啉 70%/2013.05.20 至 2018.05.20/低毒
甘蓝 蚜虫 15.75-21克/公顷 喷雾

PD20132340 烯酰吗啉/80%/水分散粒剂/烯酰吗啉 80%/2013.11.20 至 2018.11.20/低毒
黄瓜 霜霉病 240-300克/公顷 喷雾

PD20132353 丙环唑/40%/微乳剂/丙环唑 40%/2013.11.20 至 2018.11.20/低毒
香蕉 叶斑病 266.7-400毫克/千克 喷雾

山东百士威农药有限公司 (山东省潍坊市安丘市开发区汶水北路 262100 0536-2262658)

PD20092687 福美双/50%/可湿性粉剂/福美双 50%/2014.03.03 至 2019.03.03/中等毒
葡萄 白腐病 667-1000毫克/千克 喷雾

PD20092987 甲霜·锰锌/58%/可湿性粉剂/甲霜灵 10%、代森锰锌 48%/2014.03.09 至 2019.03.09/低毒
黄瓜 霜霉病 862.5-1050克/公顷 喷雾

PD20093064 高效氯氟氰菊酯/25克/升/乳油/高效氯氟氰菊酯 25克/升/2014.03.09 至 2019.03.09/中等毒
甘蓝 蚜虫 5.625－7.5克/公顷 喷雾

PD20093686 甲基硫菌灵/70%/可湿性粉剂/甲基硫菌灵 70%/2014.03.25 至 2019.03.25/低毒
黄瓜 白粉病 420-630克/公顷 喷雾

PD20093997 代森锌/80%/可湿性粉剂/代森锌 80%/2014.03.27 至 2019.03.27/微毒
马铃薯 早疫病 960-1200克/公顷 喷雾

PD20094341 多·锰锌/50%/可湿性粉剂/多菌灵 8%、代森锰锌 42%/2014.04.01 至 2019.04.01/低毒
苹果树 斑点落叶病 1000-1250毫克/千克 喷雾

PD20094789 马拉硫磷/45%/乳油/马拉硫磷 45%/2014.04.13 至 2019.04.13/低毒
棉花 盲蝽蟓 405-607.5克/公顷 喷雾

PD20100532 氰戊菊酯/20%/乳油/氰戊菊酯 20%/2015.01.14 至 2020.01.14/中等毒
十字花科蔬菜 菜青虫 90-120克/公顷 喷雾

PD20100540 福·福锌/80%/可湿性粉剂/福美双 30%、福美锌 50%/2015.01.14 至 2020.01.14/低毒
黄瓜 炭疽病 1500-1800克/公顷 喷雾

PD20120115 苦参碱/0.3%/水剂/苦参碱 0.3%/2012.01.29 至 2017.01.29/低毒
苹果树 红蜘蛛 2-6毫克/千克 喷雾

PD20120497 吡虫啉/10%/可湿性粉剂/吡虫啉 10%/2012.03.19 至 2017.03.19/低毒
菠菜 蚜虫 30-45克/公顷 喷雾
韭菜 韭蛆 300-450克/公顷 药土法
芹菜 蚜虫 15-30克/公顷 喷雾
小麦 蚜虫 15-30克/公顷(南方地区)45-60克/公顷(北方地区) 喷雾

PD20130686 阿维·啶虫脒/4%/乳油/阿维菌素 1%、啶虫脒 3%/2013.04.09 至 2018.04.09/低毒
苹果树 蚜虫 8-10毫克/千克 喷雾

山东碧奥生物科技有限公司 (山东省德州市陵县经济开发区北辰路 253500 0534-87293218)

PD20070433 莠去津/48%/可湿性粉剂/莠去津 48%/2012.11.20 至 2017.11.20/低毒
春玉米田 一年生杂草 2160-2880克/公顷(东北地区) 土壤喷雾
夏玉米田 一年生杂草 1440-1800克/公顷(其它地区) 土壤喷雾

PD20070503 炔螨特/57%/乳油/炔螨特 57%/2012.11.28 至 2017.11.28/低毒
柑橘树 红蜘蛛 285-380毫克/千克 喷雾

PD20070539　代森锰锌/70%/可湿性粉剂/代森锰锌 70%/2012.12.03 至 2017.12.03/低毒
番茄　早疫病　1837.5-2362.5克/公顷　喷雾
PD20070555　氯氰菊酯/10%/乳油/氯氰菊酯 10%/2012.12.03 至 2017.12.03/低毒
甘蓝　菜青虫　45-60克/公顷　喷雾
PD20070593　吡虫啉/200克/升/可溶液剂/吡虫啉 200克/升/2012.12.14 至 2017.12.14/低毒
十字花科蔬菜　蚜虫　15-30克/公顷　喷雾
PD20080029　甲霜·锰锌/58%/可湿性粉剂/甲霜灵 10%、代森锰锌 48%/2013.01.03 至 2018.01.03/低毒
黄瓜　霜霉病　675-1050克/公顷　喷雾
PD20080206　丙·辛/24%/乳油/丙溴磷 10%、辛硫磷 14%/2013.01.11 至 2018.01.11/中等毒
棉花　棉铃虫　144-275克/公顷　喷雾
PD20080301　啶虫脒/10%/可湿性粉剂/啶虫脒 10%/2013.02.25 至 2018.02.25/低毒
甘蓝　蚜虫　12-15克/公顷　喷雾
PD20080460　高效氯氟氰菊酯/25克/升/乳油/高效氯氟氰菊酯 25克/升/2013.03.27 至 2018.03.27/中等毒
十字花科蔬菜　蚜虫　5.625-7.5克/公顷　喷雾
PD20080490　三乙膦酸铝/40%/可湿性粉剂/三乙膦酸铝 40%/2013.04.07 至 2018.04.07/低毒
大白菜　霜霉病　1410-2820克/公顷　喷雾
PD20080519　辛硫·高氯氟/26%/乳油/高效氯氟氰菊酯 1%、辛硫磷 25%/2013.04.29 至 2018.04.29/中等毒
棉花　棉铃虫　312-390克/公顷　喷雾
PD20080524　啶虫脒/5%/可湿性粉剂/啶虫脒 5%/2013.04.29 至 2018.04.29/低毒
甘蓝　蚜虫　15-22.5克/公顷　喷雾
PD20080874　精喹禾灵/15%/乳油/精喹禾灵 15%/2013.06.30 至 2018.06.30/低毒
冬油菜田　一年生禾本科杂草　45-67.5克/公顷　喷雾
PD20081199　联苯菊酯/100克/升/乳油/联苯菊酯 100克/升/2013.09.11 至 2018.09.11/中等毒
茶树　茶小绿叶蝉　30-37.5克/公顷　喷雾
PD20081224　精喹禾灵/95%/原药/精喹禾灵 95%/2013.09.11 至 2018.09.11/低毒
PD20081609　高效氯氟氰菊酯/95%/原药/高效氯氟氰菊酯 95%/2013.11.12 至 2018.11.12/中等毒
PD20081746　吡虫啉/95%/原药/吡虫啉 95%/2013.11.18 至 2018.11.18/低毒
PD20082734　氯氰菊酯/50克/升/乳油/氯氰菊酯 50克/升/2013.12.08 至 2018.12.08/中等毒
十字花科蔬菜　菜青虫　37.5-52.5克/公顷　喷雾
PD20083010　氟啶脲/50克/升/乳油/氟啶脲 50克/升/2013.12.10 至 2018.12.10/低毒
甘蓝　小菜蛾　30-60克/公顷　喷雾
PD20083163　霜脲·锰锌/36%/可湿性粉剂/代森锰锌 32%、霜脲氰 4%/2013.12.11 至 2018.12.11/低毒
黄瓜　霜霉病　1440-1800克/公顷　喷雾
PD20083843　联苯菊酯/25克/升/乳油/联苯菊酯 25克/升/2013.12.15 至 2018.12.15/低毒
茶树　茶毛虫　7.5-15克/公顷　喷雾
PD20083849　代森锌/65%/可湿性粉剂/代森锌 65%/2013.12.15 至 2018.12.15/低毒
番茄　早疫病　2535-3600克/公顷　喷雾
PD20084175　甲氨基阿维菌素苯甲酸盐/0.5%/微乳剂/甲氨基阿维菌素 0.5%/2013.12.16 至 2018.12.16/低毒
十字花科蔬菜　甜菜夜蛾　1.5-2.25克/公顷　喷雾
注:甲氨基阿维菌素苯甲酸盐含量: 0.57%。
PD20084540　阿维菌素/1.8%/乳油/阿维菌素 1.8%/2013.12.18 至 2018.12.18/低毒(原药高毒)
十字花科蔬菜　小菜蛾　8.1-10.8克/公顷　喷雾
PD20085311　异丙草·莠/42%/悬乳剂/异丙草胺 16%、莠去津 26%/2013.12.24 至 2018.12.24/低毒
夏玉米田　一年生杂草　1134-1512克/公顷　播后苗前土壤喷雾
PD20085865　福·福锌/80%/可湿性粉剂/福美双 30%、福美锌 50%/2013.12.29 至 2018.12.29/低毒
黄瓜　炭疽病　1500-1800克/公顷　喷雾
PD20085896　嘧霉胺/20%/可湿性粉剂/嘧霉胺 20%/2013.12.29 至 2018.12.29/低毒
黄瓜　灰霉病　360-540克/公顷　喷雾
PD20085916　丁·莠/48%/悬乳剂/丁草胺 19%、莠去津 29%/2013.12.29 至 2018.12.29/低毒
夏玉米田　一年生杂草　1080-1440克/公顷　播后苗前土壤喷雾
PD20086373　阿维菌素/0.5%/可湿性粉剂/阿维菌素 0.5%/2013.12.31 至 2018.12.31/低毒(原药高毒)
十字花科蔬菜　小菜蛾　8.1-10.8克/公顷　喷雾
PD20092208　阿维·三唑磷/20%/乳油/阿维菌素 0.2%、三唑磷 19.8%/2014.02.24 至 2019.02.24/中等毒(原药高毒)
水稻　二化螟　210-300克/公顷　喷雾
PD20092574　三唑锡/20%/悬浮剂/三唑锡 20%/2014.02.27 至 2019.02.27/中等毒
柑橘树　红蜘蛛　100-200毫克/千克　喷雾
PD20094574　烟嘧磺隆/40克/升/可分散油悬浮剂/烟嘧磺隆 40克/升/2014.04.09 至 2019.04.09/低毒
玉米田　一年生杂草　40-60克/公顷　茎叶喷雾
PD20095815　阿维·高氯/1.8%/乳油/阿维菌素 0.1%、高效氯氰菊酯 1.7%/2014.05.27 至 2019.05.27/低毒(原药高毒)
黄瓜　美洲斑潜蝇　15-30克/公顷　喷雾
PD20095844　多·福/40%/可湿性粉剂/多菌灵 5%、福美双 35%/2014.05.27 至 2019.05.27/低毒
葡萄　霜霉病　1000-1250毫克/千克　喷雾
PD20096159　高氯·辛硫磷/20%/乳油/高效氯氰菊酯 1.5%、辛硫磷 18.5%/2014.06.24 至 2019.06.24/低毒

棉花 棉铃虫 210-240克/公顷 喷雾
PD20096226 噻嗪酮/25%/可湿性粉剂/噻嗪酮 25%/2014.07.15 至 2019.07.15/低毒
水稻 稻飞虱 75-112.5克/公顷 喷雾
PD20096425 氟硅唑/400克/升/乳油/氟硅唑 400克/升/2014.08.04 至 2019.08.04/低毒
梨树 黑星病 40-50毫克/千克 喷雾
PD20096748 毒死蜱/45%/乳油/毒死蜱 45%/2014.09.07 至 2019.09.07/中等毒
水稻 稻纵卷叶螟 60-80毫升制剂/亩 喷雾
PD20100121 哒螨·矿物油/40%/乳油/哒螨灵 4%、矿物油 36%/2015.01.05 至 2020.01.05/中等毒
苹果树 红蜘蛛 200-267毫克/千克 喷雾
PD20100622 吡虫啉/25%/可湿性粉剂/吡虫啉 25%/2015.01.14 至 2020.01.14/低毒
水稻 稻飞虱 15-30克/公顷 喷雾
PD20101802 噁霉灵/30%/水剂/噁霉灵 30%/2015.07.13 至 2020.07.13/低毒
西瓜 枯萎病 375-500毫克/千克 喷淋
PD20110612 吡虫啉/5%/乳油/吡虫啉 5%/2011.06.07 至 2016.06.07/中等毒
小麦 蚜虫 15-30克/公顷(南方地区)45-60克/公顷(北方地区) 喷雾
PD20111005 烯酰吗啉/50%/可湿性粉剂/烯酰吗啉 50%/2011.09.22 至 2016.09.22/低毒
黄瓜 霜霉病 225-300克/公顷 喷雾
PD20111210 苯醚甲环唑/10%/水分散粒剂/苯醚甲环唑 10%/2011.11.17 至 2016.11.17/低毒
梨树 黑星病 14.3-16.7毫克/千克 喷雾
PD20120549 高效氯氰菊酯/4.5%/微乳剂/高效氯氰菊酯 4.5%/2012.03.28 至 2017.03.28/中等毒
甘蓝 菜青虫 20.25-27克/公顷 喷雾
PD20120716 甲氨基阿维菌素苯甲酸盐/3%/微乳剂/甲氨基阿维菌素 3%/2012.04.18 至 2017.04.18/低毒
甘蓝 甜菜夜蛾 1.5-2.25克/公顷 喷雾
注:甲氨基阿维菌素苯甲酸盐含量:3.4%。
PD20131786 木霉菌/2亿个/克/可湿性粉剂/木霉菌 2亿个/克/2013.09.09 至 2018.09.09/低毒
番茄 灰霉病 制剂量：1875-3750克/公顷 喷雾
PD20141963 阿维菌素/5%/乳油/阿维菌素 5%/2014.08.13 至 2019.08.13/低毒(原药高毒)
水稻 稻纵卷叶螟 6-9.6克/公顷 喷雾
PD20150442 戊唑醇/430克/升/悬浮剂/戊唑醇 430克/升/2015.03.20 至 2020.03.20/低毒
苹果树 斑点落叶病 71.7-86毫克/千克 喷雾
PD20150774 戊唑醇/80%/水分散粒剂/戊唑醇 80%/2015.05.13 至 2020.05.13/低毒
苹果树 斑点落叶病 114.5-133毫克/千克 喷雾
PD20150983 甲基硫菌灵/500克/升/悬浮剂/甲基硫菌灵 500克/升/2015.06.11 至 2020.06.11/低毒
水稻 纹枯病 937.5-1125克/公顷 喷雾
PD20151158 毒死蜱/30%/微囊悬浮剂/毒死蜱 30%/2015.06.26 至 2020.06.26/低毒
花生 蛴螬 1575-2250克/公顷 灌根
PD20151172 二氯吡啶酸/30%/水剂/二氯吡啶酸 30%/2015.06.26 至 2020.06.26/低毒
免耕春油菜田 一年生阔叶杂草 202.5-270克/公顷 茎叶喷雾
PD20151268 己唑醇/40%/悬浮剂/己唑醇 40%/2015.07.30 至 2020.07.30/低毒
水稻 纹枯病 60-75克/公顷 喷雾
PD20151953 甲·灭·敌草隆/72%/可湿性粉剂/敌草隆 5%、2甲4氯 8%、莠灭净 59%/2015.08.30 至 2020.08.30/低毒
甘蔗田 一年生杂草 1620-2160克/公顷 定向茎叶喷雾
PD20152178 氰氟草酯/10%/乳油/氰氟草酯 10%/2015.09.22 至 2020.09.22/低毒
直播水稻田 稗草、千金子等禾本科杂草 75-105克/公顷 茎叶喷雾
PD20152455 烯草酮/240克/升/乳油/烯草酮 240克/升/2015.12.04 至 2020.12.04/低毒
冬油菜田 一年生禾本科杂草 72-90克/公顷 茎叶喷雾
PD20152593 2甲4氯钠/56%/可溶粉剂/2甲4氯钠 56%/2015.12.17 至 2020.12.17/低毒
冬小麦田 一年生阔叶杂草 840-1260克/公顷 茎叶喷雾

山东滨农科技有限公司 (山东省滨州市滨城区滨北办事处永莘路518号 256651 0543-3358550)

PD20080074 仲丁灵原药/95%/原药/仲丁灵 95%/2013.01.03 至 2018.01.03/低毒
PD20080081 精吡氟禾草灵/90%/原药/精吡氟禾草灵 90%/2013.01.03 至 2018.01.03/低毒
PD20080143 高效氟吡甲禾灵/95%/原药/高效氟吡甲禾灵 95%/2013.01.03 至 2018.01.03/低毒
PD20080702 丁草胺/95%/原药/丁草胺 95%/2013.06.04 至 2018.06.04/低毒
PD20080706 莠去津/98%/原药/莠去津 98%/2013.06.04 至 2018.06.04/低毒
PD20080709 异丙甲草胺/95%/原药/异丙甲草胺 95%/2013.06.04 至 2018.06.04/低毒
PD20080710 甲草胺/95%/原药/甲草胺 95%/2013.06.04 至 2018.06.04/低毒
PD20081243 草甘膦/30%/水剂/草甘膦 30%/2013.09.16 至 2018.09.16/低毒
苹果园 杂草 1200-2460克/公顷 定向喷雾
PD20081247 丁草胺/600克/升/水乳剂/丁草胺 600克/升/2013.09.18 至 2018.09.18/低毒
水稻移栽田 一年生禾本科杂草 990-1260克/公顷 毒土法
PD20081260 异丙甲草胺/720克/升/乳油/异丙甲草胺 720克/升/2013.09.18 至 2018.09.18/低毒
春大豆田 一年生禾本科杂草及部分阔叶杂草 1404-1950克/公顷 播后苗前土壤喷雾

	春玉米田	一年生禾本科杂草及部分阔叶杂草	1620-2160克/公顷	土壤喷雾
	花生田	一年生禾本科杂草及小粒阔叶杂草	1080-1620克/公顷	土壤喷雾
	夏大豆田	一年生禾本科杂草及部分阔叶杂草	1080-1404克/公顷	播后苗前土壤喷雾
	夏玉米田	一年生禾本科杂草及部分阔叶杂草	1296-1620克/公顷	土壤喷雾
PD20081276	氟乐灵/480克/升/乳油/氟乐灵 480克/升/2013.09.25 至 2018.09.25/低毒			
	大豆田	一年生杂草	900-1260克/公顷	土壤喷雾
	棉花田	一年生杂草	864-1080克/公顷	土壤喷雾
PD20081278	乙草胺/900克/升/乳油/乙草胺 900克/升/2013.09.25 至 2018.09.25/低毒			
	春大豆田	一年生禾本科杂草及小粒阔叶杂草	1080-1350克/公顷	土壤喷雾
	春玉米田	一年生禾本科杂草及小粒阔叶杂草	1080-1620克/公顷	土壤喷雾
	花生田	一年生禾本科杂草及部分阔叶杂草	1080-1350克/公顷	土壤喷雾
	棉花田、夏大豆田	一年生禾本科杂草及小粒阔叶杂草	945-1215克/公顷	土壤喷雾
PD20081280	莠去津/48%/可湿性粉剂/莠去津 48%/2013.09.25 至 2018.09.25/低毒			
	夏玉米田	一年生杂草	1296-1440克/公顷	土壤喷雾
PD20081281	精喹禾灵/8.8%/乳油/精喹禾灵 8.8%/2013.09.25 至 2018.09.25/低毒			
	春油菜、花生田、棉花田	一年生禾本科杂草	46.2-52.8克/公顷	茎叶喷雾
	大豆田	一年生禾本科杂草	52.8-66克/公顷	茎叶喷雾
	冬油菜田	一年生禾本科杂草	39.6-52.8克/公顷	茎叶喷雾
PD20081282	莠去津/38%/悬浮剂/莠去津 38%/2013.09.25 至 2018.09.25/低毒			
	春玉米田	一年生杂草	1425-1995克/公顷	土壤喷雾
	甘蔗田	一年生杂草	1050-1500克/公顷	土壤喷雾
	夏玉米田	一年生杂草	855-1140克/公顷	土壤喷雾
PD20081289	异噁草松/480克/升/乳油/异噁草松 480克/升/2013.09.26 至 2018.09.26/低毒			
	春大豆田	一年生杂草	864-1080克/公顷	喷雾
PD20081451	二甲戊灵/98%/原药/二甲戊灵 98%/2013.11.04 至 2018.11.04/低毒			
PD20081591	草甘膦/95%/原药/草甘膦 95%/2013.11.12 至 2018.11.12/低毒			
PD20081704	苯磺隆/75%/水分散粒剂/苯磺隆 75%/2013.11.17 至 2018.11.17/低毒			
	冬小麦田	一年生阔叶杂草	14-20.25克/公顷	喷雾
PD20082173	戊唑醇/96%/原药/戊唑醇 96%/2013.11.26 至 2018.11.26/低毒			
PD20082208	三唑醇/95%/原药/三唑醇 95%/2013.11.26 至 2018.11.26/低毒			
PD20082571	异丙草·莠/42%/悬浮剂/异丙草胺 16%、莠去津 26%/2013.12.04 至 2018.12.04/低毒			
	夏玉米田	一年生杂草	1134－1512克/公顷	播后苗前土壤喷雾
PD20082785	高效氟吡甲禾灵/108克/升/乳油/高效氟吡甲禾灵 108克/升/2013.12.09 至 2018.12.09/低毒			
	春大豆田	一年生禾本科杂草	52.5-64.8克/公顷	茎叶喷雾
	花生田	一年生禾本科杂草	32.4-48.6克/公顷	茎叶喷雾
	棉花田、油菜田	一年生禾本科杂草	40.5-48.6克/公顷	茎叶喷雾
	夏大豆田	一年生禾本科杂草	45-52.5克/公顷	茎叶喷雾
PD20082904	仲丁灵/48%/乳油/仲丁灵 48%/2013.12.09 至 2018.12.09/低毒			
	春大豆田	部分阔叶杂草、一年生禾本科杂草	1800-2160克/公顷	土壤喷雾
	夏大豆田	部分阔叶杂草、一年生禾本科杂草	1440-1800克/公顷	土壤喷雾
PD20083132	乙草胺/95%/原药/乙草胺 95%/2013.12.10 至 2018.12.10/低毒			
PD20083595	氟磺胺草醚/250克/升/水剂/氟磺胺草醚 250克/升/2013.12.12 至 2018.12.12/低毒			
	春大豆田	一年生阔叶杂草	375-502.5克/公顷	茎叶喷雾
	夏大豆田	一年生阔叶杂草	262.5-375克/公顷	茎叶喷雾
PD20084239	氟乐灵/95%/原药/氟乐灵 95%/2013.12.17 至 2018.12.17/低毒			
PD20084242	莠灭净/80%/可湿性粉剂/莠灭净 80%/2013.12.17 至 2018.12.17/低毒			
	甘蔗田	一年生杂草	1560-2400克/公顷	土壤或定向喷雾
PD20085028	丙环唑/250克/升/乳油/丙环唑 250克/升/2013.12.22 至 2018.12.22/低毒			
	小麦	白粉病	100-150克/公顷	喷雾
PD20085410	炔螨特/57%/乳油/炔螨特 57%/2013.12.24 至 2018.12.24/低毒			
	棉花	红蜘蛛	342-513克/公顷	喷雾
PD20086196	三唑醇/25%/干拌剂/三唑醇 25%/2013.12.30 至 2018.12.30/低毒			
	小麦	锈病	34-37.5克/100千克种子	拌种
PD20086328	丙草胺/98%/原药/丙草胺 98%/2013.12.31 至 2018.12.31/低毒			
PD20086331	扑草净/96%/原药/扑草净 96%/2013.12.31 至 2018.12.31/低毒			
PD20090481	二甲戊灵/330克/升/乳油/二甲戊灵 330克/升/2014.01.12 至 2019.01.12/低毒			
	韭菜田	一年生杂草	495-742.5克/公顷	土壤喷雾
	棉花田	一年生杂草	742.5-990克/公顷	土壤喷雾
PD20090823	草甘膦异丙胺盐/30%/水剂/草甘膦 30%/2014.01.19 至 2019.01.19/低毒			
	柑橘园	杂草	1230-1845克/公顷	喷雾
	注：草甘膦异丙胺盐含量：41%； 本产品出口时可用质量浓度表示：450克/升。			
PD20090940	乙草胺/89%/乳油/乙草胺 89%/2014.01.19 至 2019.01.19/低毒			

春大豆田 一年生禾本科杂草 1485-1930.5克/公顷 土壤喷雾
夏大豆田 一年生禾本科杂草 1188-1485克/公顷 土壤喷雾

PD20091584 仲灵·乙草胺/50%/乳油/乙草胺 30%、仲丁灵 20%/2014.02.03 至 2019.02.03/低毒
大豆田 一年生禾本科杂草及部分阔叶杂草 1125-1500克/公顷 土壤喷雾
棉花田 杂草 1125-1500克/公顷 土壤喷雾

PD20091810 松·喹·氟磺胺/35%/乳油/氟磺胺草醚 9.5%、精喹禾灵 2.5%、异噁草松 23%/2014.02.04 至 2019.02.04/低毒
春大豆田 一年生杂草 525-630克/公顷 喷雾

PD20092090 辛硫·氰氯氰/25%/乳油/氰氯氰菊酯 1%、辛硫磷 24%/2014.02.16 至 2019.02.16/低毒
十字花科蔬菜 菜青虫 93.75-131.25克/公顷 喷雾

PD20092204 乙·莠·异丙甲/40%/悬乳剂/乙草胺 9%、异丙甲草胺 11%、莠去津 20%/2014.02.23 至 2019.02.23/低毒
夏玉米田 一年生杂草 1200-1500克/公顷 土壤喷雾

PD20092677 扑草净/50%/可湿性粉剂/扑草净 50%/2014.03.03 至 2019.03.03/低毒
花生田 一年生阔叶杂草 750-1125克/公顷 土壤喷雾
水稻移栽田 一年生杂草 600-900克/公顷 药土法

PD20092865 高效氯氟氰菊酯/2.5%/乳油/高效氯氟氰菊酯 2.5%/2014.03.05 至 2019.03.05/中等毒
十字花科蔬菜 菜青虫 7.5-15克/公顷 喷雾

PD20092970 氰氯氰菊酯/50克/升/乳油/氰氯氰菊酯 50克/升/2014.03.09 至 2019.03.09/低毒
甘蓝 菜青虫 15-30克/公顷 喷雾

PD20093246 吡嘧磺隆/10%/可湿性粉剂/吡嘧磺隆 10%/2014.03.11 至 2019.03.11/低毒
移栽水稻田 一年生阔叶杂草 22.5-30克/公顷 毒土法

PD20093306 乙草胺/50%/微乳剂/乙草胺 50%/2014.03.13 至 2019.03.13/低毒
花生田 一年生杂草 1012.5-1500克/公顷 土壤喷雾

PD20094300 咪唑乙烟酸/10%/水剂/咪唑乙烟酸 10%/2014.03.31 至 2019.03.31/低毒
春大豆田 一年生杂草 105-135克/公顷 土壤喷雾

PD20094363 烯禾啶/12.5%/乳油/烯禾啶 12.5%/2014.04.01 至 2019.04.01/低毒
大豆田 一年生禾本科杂草 124.5-187.5克/公顷 茎叶喷雾

PD20094465 灭草松/480克/升/水剂/灭草松 480克/升/2014.04.01 至 2019.04.01/低毒
大豆田 一年生阔叶杂草 1125-1500克/公顷 茎叶喷雾
水稻移栽田 一年生阔叶杂草 960-1440克/公顷 茎叶喷雾

PD20094498 丁草胺/90%/乳油/丁草胺 90%/2014.04.09 至 2019.04.09/低毒
移栽水稻田 一年生杂草 810-1350克/公顷 药土法

PD20094660 精吡氟禾草灵/15%/乳油/精吡氟禾草灵 15%/2014.04.10 至 2019.04.10/低毒
大豆田 一年生禾本科杂草 112.5-150克/公顷 茎叶喷雾

PD20094792 西草净/25%/可湿性粉剂/西草净 25%/2014.04.13 至 2019.04.13/低毒
移栽水稻田 一年生杂草 562.5-750克/公顷(南方地区) 毒土法

PD20094801 烯草酮/240克/升/乳油/烯草酮 240克/升/2014.04.13 至 2019.04.13/低毒
大豆田 一年生禾本科杂草 97.5-144克/公顷 茎叶喷雾

PD20094845 甲草胺/480克/升/乳油/甲草胺 480克/升/2014.04.13 至 2019.04.13/低毒
棉花田 一年生杂草 华北地区：1800-2160克/公顷,1080-1440克/公顷(盖膜);长江流域：1440-1800克/公顷,900-1080克/公顷(盖膜) 苗前或播后苗前土壤喷雾

PD20095030 精吡氟禾草灵/150克/升/乳油/精吡氟禾草灵 150克/升/2014.04.21 至 2019.04.21/低毒
冬油菜田 一年生禾本科杂草 135-157.5克/公顷 茎叶喷雾
花生田、棉花田 一年生禾本科杂草 112.5-150克/公顷 茎叶喷雾

PD20095618 乙氧氟草醚/240克/升/乳油/乙氧氟草醚 240克/升/2014.05.12 至 2019.05.12/低毒
甘蔗田 一年生杂草 105-180克/公顷 土壤喷雾
移栽水稻田 一年生杂草 36-72克/公顷 药土法

PD20095773 甲·乙·莠/42%/悬乳剂/甲草胺 8%、乙草胺 9%、莠去津 25%/2014.05.18 至 2019.05.18/低毒
春玉米田 一年生杂草 1890-2520克/公顷 播后苗前土壤喷雾
夏玉米田 一年生杂草 1134-1386克/公顷 播后苗前土壤喷雾

PD20095783 氯氟吡氧乙酸异辛酯/20%/乳油/氯氟吡氧乙酸 20%/2014.05.25 至 2019.05.25/低毒
冬小麦田 一年生阔叶杂草 150-199.5克/公顷 茎叶喷雾
注:氯氟吡氧乙酸异辛酯含量：28.8%。

PD20096811 仲丁灵/360克/升/乳油/仲丁灵 360克/升/2014.09.16 至 2019.09.16/低毒
烟草 抑制腋芽生长 2430-3037.5克/公顷 杯淋法

PD20097113 丙草胺/30%/乳油/丙草胺 30%/2014.10.12 至 2019.10.12/低毒
水稻移栽田 一年生杂草 450-540克/公顷 毒土法

PD20097169 烟嘧磺隆/40克/升/可分散油悬浮剂/烟嘧磺隆 40克/升/2014.10.16 至 2019.10.16/低毒
玉米田 一年生杂草 42-60克/公顷 茎叶喷雾

PD20097393 氰草·莠去津/40%/悬浮剂/氰草津 20%、莠去津 20%/2014.10.28 至 2019.10.28/低毒
夏玉米田 一年生杂草 1500-1800克/公顷 土壤喷雾

PD20097430 滴丁·乙草胺/72%/乳油/2,4-滴丁酯 27%、乙草胺 45%/2014.10.28 至 2019.10.28/低毒

春玉米田 一年生杂草 1620-2160克/公顷 播后苗前土壤喷雾

PD20097471 2,4-滴丁酯/57%/乳油/2,4-滴丁酯 57%/2014.11.03 至 2019.11.03/低毒

春小麦田 一年生阔叶杂草 432-864克/公顷 茎叶喷雾

冬小麦田 一年生阔叶杂草 432-810克/公顷 茎叶喷雾

PD20097685 精噁唑禾草灵/69克/升/水乳剂/精噁唑禾草灵 69克/升/2014.11.04 至 2019.11.04/低毒

小麦田 一年生杂草 51.76-62.1克/公顷 茎叶喷雾

PD20097970 异丙甲草胺/960克/升/乳油/异丙甲草胺 960克/升/2014.12.01 至 2019.12.01/低毒

西瓜田 一年生杂草 1080-1872克/公顷 土壤喷雾

PD20097975 乳氟禾草灵/240克/升/乳油/乳氟禾草灵 240克/升/2014.12.01 至 2019.12.01/低毒

大豆田 一年生阔叶杂草 72-144克/公顷 茎叶喷雾

花生田 一年生阔叶杂草 54-108克/公顷 茎叶喷雾

PD20100245 阿维菌素/1.8%/乳油/阿维菌素 1.8%/2015.01.11 至 2020.01.11/中等毒(原药高毒)

甘蓝 小菜蛾 8.1-10.8克/公顷 喷雾

PD20100823 啶虫脒/40%/水分散粒剂/啶虫脒 40%/2015.01.19 至 2020.01.19/低毒

黄瓜 蚜虫 18—24克/公顷 喷雾

PD20100946 扑·乙/53%/乳油/扑草净 15%、乙草胺 38%/2015.01.19 至 2020.01.19/低毒

花生田 一年生杂草 150-200毫升制剂/亩 播后苗期土壤喷雾

PD20101053 莠去津/50%/悬浮剂/莠去津 50%/2015.01.21 至 2020.01.21/低毒

玉米田 杂草 1275-2250克/公顷 土壤喷雾

PD20101082 乙·莠·氰草津/70%/悬浮剂/氰草津 10%、乙草胺 35%、莠去津 25%/2015.01.25 至 2020.01.25/低毒

玉米田 一年生杂草 春玉米：2100-2625克/公顷；夏玉米：1260-1890克/公顷 播后苗前土壤喷雾

PD20101087 甲氨基阿维菌素苯甲酸盐(0.57%)////微乳剂/甲氨基阿维菌素 0.5%/2015.01.25 至 2020.01.25/低毒

甘蓝 甜菜夜蛾 300-450毫升制剂/公顷 喷雾

PD20101249 氟铃·辛硫磷/15%/乳油/氟铃脲 2%、辛硫磷 13%/2015.03.01 至 2020.03.01/低毒

棉花 棉铃虫 180-225克/公顷 喷雾

PD20101534 2甲4氯钠/56%/可溶粉剂/2甲4氯钠 56%/2015.05.19 至 2020.05.19/低毒

移栽水稻田 一年生阔叶杂草及部分莎草科杂草 450-900克/公顷 茎叶喷雾

PD20110807 甲·灭·敌草隆/55%/可湿性粉剂/敌草隆 15%、2甲4氯 10%、莠灭净 30%/2011.08.04 至 2016.08.04/低毒

甘蔗田 一年生杂草 1237.5-1732.5克/公顷 茎叶喷雾

PD20110831 乙·莠· 滴丁酯/50%/悬乳剂/2,4-滴丁酯 5%、乙草胺 30%、莠去津 15%/2011.08.10 至 2016.08.10/低毒

春玉米田 一年生杂草 制剂量：250-300毫升/亩 播后苗前土壤喷雾

PD20110942 烟嘧磺隆/80%/可湿性粉剂/烟嘧磺隆 80%/2011.09.07 至 2016.09.07/低毒

春玉米 一年生杂草 40-60克/公顷 茎叶喷雾

夏玉米 一年生杂草 40-50克/公顷 茎叶喷雾

PD20110971 哒螨灵/20%/可湿性粉剂/哒螨灵 20%/2011.09.14 至 2016.09.14/低毒

柑橘树 红蜘蛛 50-100毫克/千克 喷雾

PD20111128 吡虫啉/70%/水分散粒剂/吡虫啉 70%/2011.10.28 至 2016.10.28/低毒

甘蓝 蚜虫 14-20克/公顷 喷雾

小麦 蚜虫 21-42克/公顷 喷雾

PD20111217 啶虫脒/5%/乳油/啶虫脒 5%/2011.11.17 至 2016.11.17/低毒

柑橘树 蚜虫 10-20毫克/千克 喷雾

萝卜 黄条跳甲 45-90克/公顷 喷雾

芹菜 蚜虫 18-27克/公顷 喷雾

PD20120114 丙溴磷/40%/乳油/丙溴磷 40%/2012.01.29 至 2017.01.29/中等毒

棉花 棉铃虫 480-600克/公顷 喷雾

PD20120334 苯磺隆/10%/可湿性粉剂/苯磺隆 10%/2012.02.17 至 2017.02.17/低毒

小麦 一年生阔叶杂草 15-18克/公顷 茎叶喷雾

PD20120874 莠去津/90%/水分散粒剂/莠去津 90%/2012.05.24 至 2017.05.24/低毒

春玉米田 多种一年生杂草 1485-1755克/公顷 播后苗前土壤喷雾

夏玉米田 多种一年生杂草 1215-1485克/公顷 播后苗前土壤喷雾

PD20121018 吡虫啉/10%/可湿性粉剂/吡虫啉 10%/2012.07.02 至 2017.07.02/低毒

芹菜 蚜虫 15-30克/公顷 喷雾

小麦 蚜虫 45-60克/公顷 喷雾

PD20121579 戊唑醇/430克/升/悬浮剂/戊唑醇 430克/升/2012.10.25 至 2017.10.25/低毒

苦瓜 白粉病 77.4-116.1克/公顷 喷雾

梨树 黑星病 107.5-143.3毫克/千克 喷雾

PD20121583 灭·喹·氟磺胺/24%/乳油/氟磺胺草醚 7%、精喹禾灵 2%、灭草松 15%/2012.10.25 至 2017.10.25/低毒

春大豆 一年生杂草 432-504克/公顷 茎叶喷雾

夏大豆 一年生杂草 360-468克/公顷 喷雾

PD20121645 烯酰吗啉/50%/可湿性粉剂/烯酰吗啉 50%/2012.10.30 至 2017.10.30/低毒

黄瓜 霜霉病 225-300克/公顷 喷雾

PD20121706 硝磺草酮/95%/原药/硝磺草酮 95%/2012.11.05 至 2017.11.05/低毒

PD20121853 烟嘧·莠去津/22%/可分散油悬浮剂/烟嘧磺隆 2.5%、莠去津 19.5%/2012.11.28 至 2017.11.28/微毒
玉米田 杂草 330-495克/公顷 茎叶喷雾
PD20121907 草甘膦铵盐/80%/可溶粒剂/草甘膦 80%/2012.12.07 至 2017.12.07/低毒
柑橘园 杂草 1125-2250克/公顷 定向茎叶喷雾
注:草甘膦铵盐含量：88%。
PD20130199 精喹·氟磺胺/16%/乳油/氟磺胺草醚 12.5%、精喹禾灵 3.5%/2013.01.24 至 2018.01.24/低毒
大豆田 一年生杂草 240-360克/公顷 茎叶喷雾
PD20130322 乙羧氟草醚/20%/乳油/乙羧氟草醚 20%/2013.02.26 至 2018.02.26/低毒
春大豆田 一年生阔叶杂草 90-120克/公顷 茎叶喷雾
夏大豆田 一年生阔叶杂草 60-90克/公顷 茎叶喷雾
PD20130342 烟·莠·滴丁酯/40%/可分散油悬浮剂/2,4-滴丁酯 10.5%、烟嘧磺隆 4.5%、莠去津 25%/2013.03.11 至 2018.03.11/低毒
春玉米田 一年生杂草 480-600克/公顷 茎叶喷雾
PD20130707 氰氟·吡嘧/15%/可湿性粉剂/吡嘧磺隆 3%、氰氟草酯 12%/2013.04.11 至 2018.04.11/低毒
水稻移栽田 一年生杂草 135-180克/公顷 茎叶喷雾
PD20130754 乙·嗪·滴丁酯/73%/乳油/2,4-滴丁酯 17%、嗪草酮 6%、乙草胺 50%/2013.04.16 至 2018.04.16/低毒
大豆田 一年生杂草 1314-1533克/公顷（东北地区） 播后苗前土壤喷雾
PD20130806 氰氟草酯/100克/升/水乳剂/氰氟草酯 100克/升/2013.04.22 至 2018.04.22/低毒
水稻移栽田 一年生杂草 75-105克/公顷 茎叶喷雾
PD20130858 异噁·异丙甲/80%/乳油/异丙甲草胺 64%、异噁草松 16%/2013.04.22 至 2018.04.22/低毒
春大豆田 一年生杂草 1800-2400克/公顷 土壤喷雾
烟草田 一年生杂草 960-1200克/公顷 土壤喷雾
PD20130886 精喹·乙羧氟/15%/乳油/精喹禾灵 6%、乙羧氟草醚 9%/2013.04.25 至 2018.04.25/低毒
花生田 一年生杂草 112.5-135克/公顷 茎叶喷雾
PD20131007 异丙甲·苄/20%/泡腾粒剂/苄嘧磺隆 4%、异丙甲草胺 16%/2013.05.13 至 2018.05.13/低毒
移栽水稻田 一年生杂草 120-180克/公顷 毒土法
PD20131110 松·吡·氟磺胺/27%/乳油/氟磺胺草醚 7.5%、精吡氟禾草灵 3.5%、异噁草松 16%/2013.05.20 至 2018.05.20/低毒
春大豆田 一年生杂草 810-1012.5克/公顷 茎叶喷雾
PD20131265 烟嘧·莠去津/52%/可湿性粉剂/烟嘧磺隆 4%、莠去津 48%/2013.06.04 至 2018.06.04/低毒
玉米田 一年生杂草 585-780克/公顷 茎叶喷雾
PD20131351 莠灭净/98%/原药/莠灭净 98%/2013.06.20 至 2018.06.20/中等毒
注:专供出口，不得在国内销售。
PD20131703 唑草·苯磺隆/36%/水分散粒剂/苯磺隆 14%、唑草酮 22%/2013.08.07 至 2018.08.07/低毒
小麦田 一年生杂草 27-43.2克/公顷 茎叶喷雾
PD20131998 异甲·莠去津/50%/悬乳剂/异丙甲草胺 25%、莠去津 25%/2013.10.10 至 2018.10.10/低毒
高粱田 一年生杂草 1125-1500克/公顷 土壤喷雾
PD20132039 烟·莠·氯氟吡/28%/可分散油悬浮剂/氯氟吡氧乙酸 5%、烟嘧磺隆 3%、莠去津 20%/2013.10.22 至 2018.10.22/低毒
春玉米田 一年生杂草 588-630克/公顷 茎叶喷雾
夏玉米田 一年生杂草 420-504克/公顷 茎叶喷雾
PD20132042 阿维·三唑磷/15%/乳油/阿维菌素 0.1%、三唑磷 14.9%/2013.10.22 至 2018.10.22/中等毒(原药高毒)
棉花 棉铃虫 135-180克/公顷 喷雾
PD20132545 硝磺·莠去津/50%/可湿性粉剂/莠去津 40%、硝磺草酮 10%/2013.12.16 至 2018.12.16/低毒
夏玉米田 一年生杂草 675-900克/公顷 茎叶喷雾
PD20132684 麦草畏/98%/原药/麦草畏 98%/2013.12.25 至 2018.12.25/低毒
PD20140365 莠灭净/500克/升/悬浮剂/莠灭净 500克/升/2014.02.19 至 2019.02.19/低毒
注:专供出口，不得在国内销售。
PD20140389 莠灭净/80%/水分散粒剂/莠灭净 80%/2014.02.20 至 2019.02.20/低毒
注:专供出口，不得在国内销售。
PD20140398 精喹禾灵/20%/悬浮剂/精喹禾灵 20%/2014.02.20 至 2019.02.20/低毒
大豆田 一年生杂草 46.8-68.64克/公顷 茎叶喷雾
PD20140441 二甲戊灵/400克/升/乳油/二甲戊灵 400克/升/2014.02.25 至 2019.02.25/低毒
注:专供出口，不得在国内销售。
PD20140447 2,4-滴二甲胺盐/720克/升/水剂/2,4-滴二甲胺盐 720克/升/2014.02.25 至 2019.02.25/低毒
注:专供出口，不得在国内销售。
PD20140464 敌草隆/80%/可湿性粉剂/敌草隆 80%/2014.02.25 至 2019.02.25/低毒
注:专供出口，不得在国内销售。
PD20140469 扑草净/500克/升/悬浮剂/扑草净 500克/升/2014.02.25 至 2019.02.25/低毒
注:专供出口，不得在国内销售。
PD20140474 麦草畏/480克/升/水剂/麦草畏 480克/升/2014.02.25 至 2019.02.25/低毒
注:专供出口，不得在国内销售。
PD20140530 磺草·莠去津/45%/悬浮剂/磺草酮 10%、莠去津 35%/2014.03.06 至 2019.03.06/低毒
玉米田 一年生杂草 1012.5-2025克/公顷 茎叶喷雾
PD20140879 草铵膦/200克/升/水剂/草铵膦 200克/升/2014.04.08 至 2019.04.08/低毒

柑橘园　杂草　750-1050克/公顷　定向茎叶喷雾
PD20141114　精吡氟禾草灵/125克/升/乳油/精吡氟禾草灵 125克/升/2014.04.27 至 2019.04.27/低毒
注:专供出口，不得在国内销售。
PD20141661　2,4-滴/98%/原药/2,4-滴 98%/2014.06.24 至 2019.06.24/低毒
注:专供出口产品，不得在国内销售。
PD20141898　精异丙甲草胺/960克/升/乳油/精异丙甲草胺 960克/升/2014.08.01 至 2019.08.01/低毒
西瓜田　一年生杂草　576-936克/公顷　土壤喷雾
PD20142290　2,4-滴异辛酯/87.5%/乳油/2,4-滴异辛酯 87.5%/2014.11.02 至 2019.11.02/低毒
小麦田　一年生阔叶杂草　525-675克/公顷　茎叶喷雾
PD20142403　甲基二磺隆/95%/原药/甲基二磺隆 95%/2014.11.13 至 2019.11.13/低毒
PD20142604　苄嘧·莎稗磷/20%/可湿性粉剂/苄嘧磺隆 2.5%、莎稗磷 17.5%/2014.12.15 至 2019.12.15/低毒
水稻　一年生杂草　300-360克/公顷　药土法
PD20150871　氟唑磺隆/98%/原药/氟唑磺隆 98%/2015.05.18 至 2020.05.18/低毒
PD20151019　硝磺草酮/10%/可分散油悬浮剂/硝磺草酮 10%/2015.06.12 至 2020.06.12/低毒
夏玉米田　一年生杂草　120-150克/公顷　茎叶喷雾
PD20151226　乙氧·异·甲戊/50%/乳油/二甲戊灵 15%、异丙甲草胺 30%、乙氧氟草醚 5%/2015.07.30 至 2020.07.30/低毒
大蒜田、姜田　一年生杂草　1125-1500克/公顷　土壤喷雾
PD20151768　乙氧氟草醚/98%/原药/乙氧氟草醚 98%/2015.08.28 至 2020.08.28/低毒
PD20151906　砜嘧·莠去津/25%/可分散油悬浮剂/砜嘧磺隆 1%、莠去津 24%/2015.08.30 至 2020.08.30/低毒
春玉米田　一年生杂草　562.5-675克/公顷　茎叶喷雾
夏玉米田　一年生杂草　375-562.5克/公顷　茎叶喷雾
PD20151972　丙炔氟草胺/99.2%/原药/丙炔氟草胺 99.2%/2015.08.30 至 2020.08.30/低毒
PD20152081　甲·灭·氰草津/48%/可湿性粉剂/2甲4氯 10%、氰草津 14%、莠灭净 24%/2015.09.22 至 2020.09.22/低毒
甘蔗田　一年生杂草　1440-1800克/公顷　茎叶喷雾
PD20152233　西玛津/98%/原药/西玛津 98%/2015.09.23 至 2020.09.23/低毒
PD20152447　噻苯隆/50%/悬浮剂/噻苯隆 50%/2015.12.04 至 2020.12.04/低毒
棉花　脱叶　150-300克/公顷　茎叶喷雾
PD20152463　莎稗磷/95%/原药/莎稗磷 95%/2015.12.04 至 2020.12.04/低毒
PD20152577　硝磺·莠去津/25%/可分散油悬浮剂/莠去津 20%、硝磺草酮 5%/2015.12.06 至 2020.12.06/低毒
春玉米田　杂草　750-862.5克/公顷　茎叶喷雾
夏玉米田　杂草　562.5-750克/公顷　茎叶喷雾
LS20150025　甲·灭·氰草津/48%/可湿性粉剂/2甲4氯 10%、氰草津 14%、莠灭净 24%/2015.01.15 至 2016.01.15/低毒
甘蔗田　一年生杂草　1440-1800克/公顷　茎叶喷雾

山东曹达化工有限公司　(山东省菏泽市双河东路28号　274000　0530-5159118)

PD20040078　多·酮/25%/可湿性粉剂/多菌灵 22%、三唑酮 3%/2014.12.19 至 2019.12.19/低毒
小麦　赤霉病　262.5-375克/公顷　喷雾
PD20040081　氯氰菊酯/5%/乳油/氯氰菊酯 5%/2014.12.19 至 2019.12.19/低毒
十字花科蔬菜　菜青虫　15-18.75克/公顷　喷雾
PD20070529　阿维·辛硫磷/15%/乳油/阿维菌素 0.1%、辛硫磷 14.9%/2012.12.03 至 2017.12.03/低毒(原药高毒)
甘蓝　小菜蛾　112.5-225克/公顷　喷雾
PD20080275　啶虫脒/5%/可湿性粉剂/啶虫脒 5%/2013.02.22 至 2018.02.22/低毒
柑橘树　蚜虫　10-12毫克/千克　喷雾
PD20080785　硫磺·多菌灵/50%/可湿性粉剂/多菌灵 15%、硫磺 35%/2013.06.20 至 2018.06.20/低毒
花生　叶斑病　1200-1800克/公顷　喷雾
PD20080884　氯氰·丙溴磷/44%/乳油/丙溴磷 40%、氯氰菊酯 4%/2013.07.09 至 2018.07.09/中等毒
棉花　棉铃虫　660-792克/公顷　喷雾
PD20080897　氯氰菊酯/5%/乳油/氯氰菊酯 5%/2013.07.09 至 2018.07.09/低毒
甘蓝　菜青虫　37.5-45克/公顷　喷雾
PD20080898　福美双/50%/可湿性粉剂/福美双 50%/2013.07.09 至 2018.07.09/低毒
黄瓜　霜霉病　562.5-1125克/公顷　喷雾
PD20080901　代森锰锌/50%/可湿性粉剂/代森锰锌 50%/2013.07.09 至 2018.07.09/低毒
番茄　早疫病　1560-2520克/公顷　喷雾
PD20080941　高氯·辛硫磷/22%/乳油/高效氯氰菊酯 2%、辛硫磷 20%/2013.07.17 至 2018.07.17/中等毒
棉花　棉铃虫　132-165克/公顷　喷雾
PD20080942　代森锰锌/80%/可湿性粉剂/代森锰锌 80%/2013.07.17 至 2018.07.17/低毒
苹果树　斑点落叶病　1000-1600毫克/千克　喷雾
PD20080960　辛硫磷/40%/乳油/辛硫磷 40%/2013.07.23 至 2018.07.23/低毒
甘蓝、萝卜　菜青虫　450-600克/公顷　喷雾
PD20080965　甲基硫菌灵/70%/可湿性粉剂/甲基硫菌灵 70%/2013.07.24 至 2018.07.24/低毒
番茄　叶霉病　375-562.5克/公顷　喷雾
PD20080966　马拉硫磷/45%/乳油/马拉硫磷 45%/2013.07.24 至 2018.07.24/低毒
十字花科蔬菜　黄条跳甲　540-810克/公顷　喷雾
PD20081059　氯氰菊酯/10%/乳油/氯氰菊酯 10%/2013.08.14 至 2018.08.14/低毒

十字花科蔬菜 菜青虫 30-45克/公顷 喷雾

PD20081082 高效氯氟氰菊酯/25克/升/乳油/高效氯氟氰菊酯 25克/升/2013.08.18 至 2018.08.18/低毒
棉花 棉铃虫 22.5-30克/公顷 喷雾

PD20081219 氯氰·毒死蜱/25%/乳油/毒死蜱 22.5%、氯氰菊酯 2.5%/2013.09.11 至 2018.09.11/中等毒
棉花 棉铃虫 375-525克/公顷 喷雾

PD20081262 氯氰·敌敌畏/10%/乳油/敌敌畏 8%、氯氰菊酯 2%/2013.09.18 至 2018.09.18/低毒
甘蓝 蚜虫 60-75克/公顷 喷雾

PD20081284 辛硫·高氯氟/26%/乳油/高效氯氟氰菊酯 1%、辛硫磷 25%/2013.09.25 至 2018.09.25/中等毒
甘蓝 小菜蛾 162.5-325克/公顷 喷雾

PD20081979 代森锌/80%/可湿性粉剂/代森锌 80%/2013.11.25 至 2018.11.25/低毒
番茄 早疫病 2550-3600克/公顷 喷雾

PD20083994 敌百虫/80%/可溶粉剂/敌百虫 80%/2013.12.16 至 2018.12.16/低毒
十字花科蔬菜 斜纹夜蛾 1050-1200克/公顷 喷雾

PD20084131 腈菌唑/25%/乳油/腈菌唑 25%/2013.12.16 至 2018.12.16/低毒
香蕉 黑星病 83.3-100毫克/千克 喷雾

PD20084170 腐霉·福美双/25%/可湿性粉剂/腐霉利 5%、福美双 20%/2013.12.16 至 2018.12.16/低毒
番茄 灰霉病 225-300克/公顷 喷雾

PD20084249 阿维菌素/1.8%/可湿性粉剂/阿维菌素 1.8%/2013.12.17 至 2018.12.17/低毒(原药高毒)
十字花科蔬菜 小菜蛾 8.1-10.8克/公顷 喷雾

PD20084630 霜脲·锰锌/72%/可湿性粉剂/代森锰锌 64%、霜脲氰 8%/2013.12.18 至 2018.12.18/低毒
黄瓜 霜霉病 1440-1800克/公顷 喷雾

PD20085119 百·福/70%/可湿性粉剂/百菌清 20%、福美双 50%/2013.12.23 至 2018.12.23/低毒
葡萄 霜霉病 875-1167毫克/千克 喷雾

PD20085158 阿维·氯氰/2.5%/乳油/阿维菌素 0.3%、氯氰菊酯 2.2%/2013.12.23 至 2018.12.23/低毒(原药高毒)
十字花科蔬菜 菜青虫 11.25-18.75克/公顷 喷雾

PD20085222 炔螨特/40%/乳油/炔螨特 40%/2013.12.23 至 2018.12.23/低毒
柑橘树 红蜘蛛 266.7-400毫克/千克 喷雾

PD20085507 井冈霉素/20%/可溶粉剂/井冈霉素 20%/2013.12.25 至 2018.12.25/低毒
水稻 纹枯病 150-187.5克/公顷 喷雾

PD20085618 井冈霉素A/5%/可溶粉剂/井冈霉素A 5%/2013.12.25 至 2018.12.25/低毒
水稻 纹枯病 52.5-75克/公顷 喷雾

PD20085661 甲氰菊酯/10%/乳油/甲氰菊酯 10%/2013.12.26 至 2018.12.26/中等毒
苹果树 桃小食心虫 67-133毫克/千克 喷雾

PD20085693 井冈霉素/5%/水剂/井冈霉素 5%/2013.12.26 至 2018.12.26/低毒
水稻 纹枯病 150-187.5克/公顷 喷雾

PD20085922 敌百虫/30%/乳油/敌百虫 30%/2013.12.29 至 2018.12.29/低毒
十字花科蔬菜 菜青虫 675-900克/公顷 喷雾

PD20086193 高氯·辛硫磷/20%/乳油/高效氯氰菊酯 1.5%、辛硫磷 18.5%/2013.12.30 至 2018.12.30/中等毒
甘蓝 菜青虫 100-152克/公顷 喷雾

PD20090057 硫磺·锰锌/70%/可湿性粉剂/硫磺 42%、代森锰锌 28%/2014.01.08 至 2019.01.08/低毒
豇豆 锈病 1575-2100克/公顷 喷雾

PD20090179 多·福/40%/可湿性粉剂/多菌灵 5%、福美双 35%/2014.01.08 至 2019.01.08/低毒
梨树 黑星病 1000-1500毫克/千克 喷雾
葡萄 霜霉病 1000-1250毫克/千克 喷雾

PD20090194 甲硫·福美双/40%/可湿性粉剂/福美双 25%、甲基硫菌灵 15%/2014.01.08 至 2019.01.08/低毒
西瓜 枯萎病 500-667毫克/千克 喷雾

PD20090195 高氯·敌敌畏/20%/乳油/敌敌畏 19%、高效氯氰菊酯 1%/2014.01.08 至 2019.01.08/中等毒
棉花 棉铃虫 120-180克/公顷 喷雾

PD20090291 丙环唑/250克/升/乳油/丙环唑 250克/升/2014.01.09 至 2019.01.09/低毒
香蕉 叶斑病 250-500毫克/千克 喷雾

PD20090349 异菌脲/50%/可湿性粉剂/异菌脲 50%/2014.01.12 至 2019.01.12/低毒
番茄 早疫病 562.5-750克/公顷 喷雾

PD20090580 高效氯氰菊酯/4.5%/乳油/高效氯氰菊酯 4.5%/2014.01.14 至 2019.01.14/低毒
甘蓝 蚜虫 27-33.75克/公顷 喷雾

PD20090777 高效氯氰菊酯/10%/乳油/高效氯氰菊酯 10%/2014.02.04 至 2019.02.04/中等毒
棉花 棉铃虫 60-90克/公顷 喷雾

PD20090905 氰戊·马拉松/20%/乳油/马拉硫磷 15%、氰戊菊酯 5%/2014.01.19 至 2019.01.19/低毒
苹果树 桃小食心虫 200-333.3毫克/千克 喷雾

PD20091417 氯氰·毒死蜱/55%/乳油/毒死蜱 50%、氯氰菊酯 5%/2014.02.02 至 2019.02.02/中等毒
棉花 棉铃虫 412.5-618.75克/公顷 喷雾

PD20091422 虫酰肼/20%/悬浮剂/虫酰肼 20%/2014.02.02 至 2019.02.02/低毒
十字花科蔬菜 甜菜夜蛾 210-300克/公顷 喷雾

PD20091714 敌百·辛硫磷/40%/乳油/敌百虫 30%、辛硫磷 10%/2014.02.04 至 2019.02.04/低毒

十字花科蔬菜　菜青虫　360-480克/公顷　喷雾
PD20091958　噻嗪·异丙威/25%/可湿性粉剂/噻嗪酮 5%、异丙威 20%/2014.02.12 至 2019.02.12/中等毒
水稻　稻飞虱　375～562.5克/公顷　喷雾
PD20092013　联苯菊酯/25克/升/乳油/联苯菊酯 25克/升/2014.02.12 至 2019.02.12/中等毒
茶树　茶尺蠖　7.5-15克/公顷　喷雾
PD20092206　马拉·辛硫磷/20%/乳油/马拉硫磷 10%、辛硫磷 10%/2014.02.24 至 2019.02.24/低毒
棉花　棉铃虫　225-300克/公顷　喷雾
PD20092520　氟啶脲/50克/升/乳油/氟啶脲 50克/升/2014.02.26 至 2019.02.26/低毒
甘蓝　甜菜夜蛾　45-60克/公顷　喷雾
PD20092656　多菌灵/50%/可湿性粉剂/多菌灵 50%/2014.03.03 至 2019.03.03/低毒
水稻　稻瘟病　750-1000克/公顷　喷雾
PD20092674　井冈霉素A/4%/可溶粉剂/井冈霉素A 4%/2014.03.03 至 2019.03.03/低毒
水稻　纹枯病　150-187.5克/公顷　喷雾
PD20093636　乙烯利/40%/水剂/乙烯利 40%/2014.03.25 至 2019.03.25/低毒
棉花　催熟　330-500倍液　喷雾
PD20093674　丙溴·辛硫磷/35%/乳油/丙溴磷 8.5%、辛硫磷 26.5%/2014.03.25 至 2019.03.25/中等毒
棉花　棉铃虫　393.75-525.1克/公顷　喷雾
PD20093700　高氯·马/20%/乳油/高效氯氰菊酯 2%、马拉硫磷 18%/2014.03.25 至 2019.03.25/低毒
苹果树　蚜虫　100-200毫克/千克　喷雾
PD20093701　多·福/60%/可湿性粉剂/多菌灵 30%、福美双 30%/2014.03.25 至 2019.03.25/低毒
梨树　黑星病　1000-1500毫克/千克　喷雾
PD20093923　马拉·杀螟松/12%/乳油/马拉硫磷 10%、杀螟硫磷 2%/2014.03.26 至 2019.03.26/中等毒
水稻　二化螟　180-360克/公顷　喷雾
PD20094550　噁霜·锰锌/64%/可湿性粉剂/噁霜灵 8%、代森锰锌 56%/2014.04.09 至 2019.04.09/低毒
烟草　黑胫病　1950-2400克/公顷　喷雾
PD20095385　吡虫·杀虫单/70%/可湿性粉剂/吡虫啉 2%、杀虫单 68%/2014.04.27 至 2019.04.27/低毒
水稻　稻飞虱、稻纵卷叶螟、二化螟、三化螟　450-750克/公顷　喷雾
PD20095893　溴氰菊酯/25克/升/乳油/溴氰菊酯 25克/升/2014.05.31 至 2019.05.31/中等毒
棉花　棉铃虫　11.25-18.75克/公顷　喷雾
PD20096542　哒螨灵/20%/可湿性粉剂/哒螨灵 20%/2014.08.20 至 2019.08.20/中等毒
苹果树　红蜘蛛　50-66.7毫克/千克　喷雾
PD20100010　三唑磷/20%/乳油/三唑磷 20%/2015.01.04 至 2020.01.04/低毒
水稻　二化螟　300-600克/公顷　喷雾
PD20100126　氟铃脲/5%/乳油/氟铃脲 5%/2015.01.05 至 2020.01.05/低毒
甘蓝　小菜蛾　45-60克/公顷　喷雾
PD20100232　哒·矿物油/28%/乳油/哒螨灵 5%、矿物油 23%/2015.01.11 至 2020.01.11/中等毒
苹果树　山楂红蜘蛛　70-140毫克/千克　喷雾
PD20100285　辛·矿物油/40%/乳油/矿物油 20%、辛硫磷 20%/2015.01.11 至 2020.01.11/低毒
棉花　蚜虫　600-750克/公顷　喷雾
PD20100585　啶虫脒/20%/可溶粉剂/啶虫脒 20%/2015.01.14 至 2020.01.14/低毒
黄瓜　蚜虫　18-30克/公顷　喷雾
PD20100736　阿维·矿物油/24.5%/乳油/阿维菌素 0.2%、矿物油 24.3%/2015.01.16 至 2020.01.16/低毒(原药高毒)
十字花科蔬菜　小菜蛾　147-183.75克/公顷　喷雾
PD20101698　多·锰锌/60%/可湿性粉剂/多菌灵 20%、代森锰锌 40%/2015.06.28 至 2020.06.28/低毒
苹果树　斑点落叶病　1000-1250毫克/千克　喷雾
PD20101716　多·锰锌/80%/可湿性粉剂/多菌灵 15%、代森锰锌 65%/2015.06.28 至 2020.06.28/低毒
苹果树　斑点落叶病　1000-1250毫克/千克　喷雾
PD20101832　苯菌·福·锰锌/50%/可湿性粉剂/苯菌灵 15%、福美双 15%、代森锰锌 20%/2015.07.28 至 2020.07.28/低毒
苹果树　轮纹病　400-600倍液　喷雾
PD20101882　阿维·高氯/2.8%/乳油/阿维菌素 0.3%、高效氯氰菊酯 2.5%/2015.08.09 至 2020.08.09/低毒(原药高毒)
十字花科蔬菜　菜青虫、小菜蛾　13.5-27克/公顷　喷雾
PD20102007　吡虫啉/50%/可湿性粉剂/吡虫啉 50%/2015.09.25 至 2020.09.25/低毒
水稻　稻飞虱　15-30克/公顷　喷雾
PD20102204　甲氨基阿维菌素苯甲酸盐/1%/乳油/甲氨基阿维菌素 1%/2015.12.23 至 2020.12.23/低毒
甘蓝　小菜蛾　1.2-2.4克/公顷　喷雾
注:甲氨基阿维菌素苯甲酸盐含量:1.14%。
PD20110348　阿维菌素/1.8%/乳油/阿维菌素 1.8%/2016.03.24 至 2021.03.24/低毒(原药高毒)
菜豆、黄瓜　美洲斑潜蝇　10.8-21.6克/公顷　喷雾
柑橘树　红蜘蛛　4.5-6克/公顷　喷雾
棉花　棉铃虫　21.6-32.4克/公顷　喷雾
棉花　红蜘蛛　10.8-16.2克/公顷　喷雾
十字花科蔬菜　菜青虫、小菜蛾　8.1-10.8克/公顷　喷雾
PD20110369　哒螨·矿物油/34%/乳油/哒螨灵 4%、矿物油 30%/2016.03.31 至 2021.03.31/中等毒

苹果树 红蜘蛛 170-340毫克/千克 喷雾
PD20110522 啶虫脒/5%/乳油/啶虫脒 5%/2016.05.11 至 2021.05.11/低毒
黄瓜 蚜虫 18-22.5克/公顷 喷雾
PD20110913 盐酸吗啉胍/20%/可湿性粉剂/盐酸吗啉胍 20%/2011.08.22 至 2016.08.22/低毒
番茄 病毒病 500-750克/公顷 喷雾
PD20120180 氯氟·啶虫脒/7.5%/乳油/啶虫脒 6%、高效氯氟氰菊酯 1.5%/2012.01.30 至 2017.01.30/低毒
棉花 蚜虫 11.25-16.875克/公顷 喷雾
PD20120304 吡虫啉/5%/乳油/吡虫啉 5%/2012.02.17 至 2017.02.17/低毒
小麦 蚜虫 15-30克/公顷（南方地区）；45-60克/公顷（北方地区） 喷雾
PD20120393 烯酰吗啉/50%/可湿性粉剂/烯酰吗啉 50%/2012.03.07 至 2017.03.07/低毒
黄瓜 霜霉病 225-300克/公顷 喷雾
PD20121338 吡虫啉/70%/可湿性粉剂/吡虫啉 70%/2012.09.11 至 2017.09.11/低毒
小麦 蚜虫 15-30克/公顷(南方地区)45-60克/公顷(北方地区) 喷雾
PD20121378 精喹禾灵/8.8%/乳油/精喹禾灵 8.8%/2012.09.13 至 2017.09.13/低毒
夏大豆田 一年生禾本科杂草 46.2-59.4克/公顷 茎叶喷雾
PD20121865 咪鲜胺/45%/水乳剂/咪鲜胺 45%/2012.11.28 至 2017.11.28/低毒
香蕉 炭疽病 250-500毫克/千克 浸果
PD20121909 噁霉灵/8%/水剂/噁霉灵 8%/2012.12.07 至 2017.12.07/低毒
水稻 立枯病 11200—14400克/公顷 苗床喷雾
PD20122048 唑磷·毒死蜱/20%/乳油/毒死蜱 10%、三唑磷 10%/2012.12.24 至 2017.12.24/中等毒
水稻 稻纵卷叶螟 240-288克/公顷 喷雾
PD20122064 吡虫啉/10%/乳油/吡虫啉 10%/2012.12.24 至 2017.12.24/低毒
水稻 稻飞虱 15-30克/公顷 喷雾
PD20130061 高氯·吡虫啉/5%/乳油/吡虫啉 2.5%、高效氯氰菊酯 2.5%/2013.01.07 至 2018.01.07/低毒
甘蓝 蚜虫 22.5-30克/公顷 喷雾
PD20130064 高氯·甲维盐/4.5%/微乳剂/高效氯氰菊酯 4.3%、甲氨基阿维菌素苯甲酸盐 0.2%/2013.01.07 至 2018.01.07/中等毒
甘蓝 甜菜夜蛾 20.25-27克/公顷 喷雾
PD20130075 戊唑·多菌灵/30%/悬浮剂/多菌灵 22%、戊唑醇 8%/2013.01.11 至 2018.01.11/低毒
苹果树 轮纹病 375-500毫克/千克 喷雾
PD20130179 苯醚甲环唑/10%/水分散粒剂/苯醚甲环唑 10%/2013.01.24 至 2018.01.24/低毒
西瓜 炭疽病 75-112.5克/公顷 喷雾
PD20130492 丙森锌/70%/可湿性粉剂/丙森锌 70%/2013.03.20 至 2018.03.20/低毒
苹果树 斑点落叶病 1000-1167毫克/千克 喷雾
PD20130497 吡虫啉/10%/可湿性粉剂/吡虫啉 10%/2013.03.20 至 2018.03.20/低毒
甘蓝 蚜虫 22.5-30克/公顷 喷雾
PD20130575 苯甲·丙环唑/300克/升/乳油/苯醚甲环唑 150克/升、丙环唑 150克/升/2013.04.02 至 2018.04.02/低毒
水稻 纹枯病 67.5-90克/公顷 喷雾
PD20130581 吡虫啉/25%/可湿性粉剂/吡虫啉 25%/2013.04.02 至 2018.04.02/低毒
水稻 稻飞虱 15-30克/公顷 喷雾
PD20130586 甲氨基阿维菌素苯甲酸盐/2%/乳油/甲氨基阿维菌素 2%/2013.04.02 至 2018.04.02/低毒
甘蓝 甜菜夜蛾 1.8-2.4克/公顷 喷雾
注:甲氨基阿维菌素苯甲酸盐含量:2.3%
PD20131655 高效氯氰菊酯/4.5%/可湿性粉剂/高效氯氰菊酯 4.5%/2013.08.01 至 2018.08.01/低毒
甘蓝 菜青虫 13.5-27克/公顷 喷雾
PD20131721 嘧霉胺/20%/可湿性粉剂/嘧霉胺 20%/2013.08.16 至 2018.08.16/低毒
黄瓜 灰霉病 450-540克/公顷 喷雾
PD20131941 高效氯氟氰菊酯/2.5%/微乳剂/高效氯氟氰菊酯 2.5%/2013.10.10 至 2018.10.10/中等毒
甘蓝 菜青虫 11.25-15克/公顷 喷雾
PD20132191 吡虫啉/30%/微乳剂/吡虫啉 30%/2013.10.29 至 2018.10.29/低毒
水稻 稻飞虱 22.5-30克/公顷 喷雾
PD20132360 吡虫·异丙威/10%/可湿性粉剂/吡虫啉 2%、异丙威 8%/2013.11.20 至 2018.11.20/低毒
水稻 飞虱 75-150克/公顷 喷雾
PD20132462 戊唑醇/430克/升/悬浮剂/戊唑醇 430克/升/2013.12.02 至 2018.12.02/低毒
苹果树 斑点落叶病 61.4-86毫克/千克 喷雾
PD20132513 甲氰·噻螨酮//乳油/甲氰菊酯 5%、噻螨酮 2.5%/2013.12.16 至 2018.12.16/中等毒
柑橘树 红蜘蛛 75-100毫克/千克 喷雾

山东昌裕集团宝乐来日用化工有限公司 （山东省聊城市东昌府区嘉明开发区西区1号 252036 0635-8723236)

WP20090155 蚊香/0.25%/蚊香/富右旋反式烯丙菊酯 0.25%/2014.03.04 至 2019.03.04/微毒
卫生 蚊 / 点燃
WP20110053 杀虫气雾剂/0.49%/气雾剂/胺菊酯 0.25%、氯菊酯 0.2%、氯氰菊酯 0.04%/2016.02.24 至 2021.02.24/微毒
卫生 蚊、蝇、蜚蠊 / 喷雾

WP20120228 蚊香/0.05%/蚊香/氯氟醚菊酯 0.05%/2012.11.22 至 2017.11.22/微毒

卫生	蚊	/	点燃

WP20140201 杀虫气雾剂/0.55%/气雾剂/Es-生物烯丙菊酯 0.35%、右旋苯醚菊酯 0.2%/2014.09.02 至 2019.09.02/微毒

室内	蚊、蝇、蜚蠊	/	喷雾

WP20140204 电热蚊香片/10毫克/片/电热蚊香片/炔丙菊酯 5毫克/片、氯氟醚菊酯 5毫克/片/2014.09.02 至 2019.09.02/微毒

室内	蚊	/	电热加温

WP20150004 电热蚊香液/0.8%/电热蚊香液/氯氟醚菊酯 0.8%/2015.01.04 至 2020.01.04/微毒

室内	蚊	/	电热加温

山东大成农化有限公司 (山东省淄博市张店区洪沟路25号 255009 0533-2116668)

PD84108-8 敌百虫/90%/原药/敌百虫 90%/2014.12.09 至 2019.12.09/低毒

白菜、青菜	菜青虫	960-1200克/公顷	喷雾
白菜、青菜	地下害虫	750-1500克/公顷	喷雾
茶树	尺蠖、刺蛾	450-900毫克/千克	喷雾
大豆	造桥虫	1800克/公顷	喷雾
柑橘树	卷叶蛾	600-750毫克/千克	喷雾
林木	松毛虫	600-900毫克/千克	喷雾
水稻	螟虫	1500-1800克/公顷	喷雾、泼浇或毒土
小麦	黏虫	1800克/公顷	喷雾
烟草	烟青虫	900毫克/千克	喷雾

PD84111-10 氧乐果/40%/乳油/氧乐果 40%/2014.12.09 至 2019.12.09/中等毒(原药高毒)

棉花	蚜虫、螨	375-600克/公顷	喷雾
森林	松干蚧、松毛虫	500倍液	喷雾或直接涂树干
水稻	稻纵卷叶螟、飞虱	375-600克/公顷	喷雾
小麦	蚜虫	300-450克/公顷	喷雾

PD84125-7 乙烯利/40%/水剂/乙烯利 40%/2014.12.09 至 2019.12.09/低毒

番茄	催熟	800-1000倍液	喷雾或浸渍
棉花	催熟、增产	330-500倍液	喷雾
柿子、香蕉	催熟	400倍液	喷雾或浸渍
水稻	催熟、增产	800倍液	喷雾
橡胶树	增产	5-10倍液	涂布
烟草	催熟	1000-2000倍液	喷雾

PD85104-9 敌敌畏/95%/原药/敌敌畏 95%/2014.12.09 至 2019.12.09/中等毒

PD85105-12 敌敌畏/77.5%/乳油/敌敌畏 77.5%/2015.01.26 至 2020.01.26/中等毒

茶树	食叶害虫	600克/公顷	喷雾
粮仓	多种储藏害虫	1)400-500倍液2)0.4-0.5克/立方米	1)喷雾2)挂条熏蒸
棉花	蚜虫、造桥虫	600-1200克/公顷	喷雾
苹果树	小卷叶蛾、蚜虫	400-500毫克/千克	喷雾
青菜	菜青虫	600克/公顷	喷雾
桑树	尺蠖	600克/公顷	喷雾
卫生	多种卫生害虫	1)300-400倍液2)0.08克/立方米	1)泼洒2)挂条熏蒸
小麦	黏虫、蚜虫	600克/公顷	喷雾

PD85142 氧乐果/70%/原药/氧乐果 70%/2015.12.15 至 2020.12.15/高毒

PD86158-4 三乙膦酸铝/95%,87%/原药/三乙膦酸铝 95%,87%/2011.10.25 至 2016.10.25/低毒

PD86160-2 三乙膦酸铝/80%/可湿性粉剂/三乙膦酸铝 80%/2011.10.25 至 2016.10.25/低毒

胡椒	瘟病	1克/株	喷雾
棉花	疫病	1410-2820克/公顷	喷雾
蔬菜	霜霉病	1410-2820克/公顷	喷雾
水稻	稻瘟病、纹枯病	1410克/公顷	喷雾
橡胶树	瘟病	100倍液	喷雾
橡胶树	割面条溃疡病	100倍液	切口涂药
烟草	黑胫病	1)4875克/公顷2)0.8克/株	1)喷雾2)灌根

PD86180-14 百菌清/75%/可湿性粉剂/百菌清 75%/2015.07.06 至 2020.07.06/低毒

茶树	炭疽病	600-800倍液	喷雾
豆类	炭疽病、锈病	1275-2325克/公顷	喷雾
柑橘树	疮痂病	750-900毫克/千克	喷雾
瓜类	白粉病、霜霉病	1200-1650克/公顷	喷雾
果菜类蔬菜	多种病害	1125-2400克/公顷	喷雾
花生	锈病、叶斑病	1125-1350克/公顷	喷雾
梨树	斑点落叶病	500倍液	喷雾
苹果树	多种病害	600倍液	喷雾
葡萄	白粉病、黑痘病	600-700倍液	喷雾
水稻	稻瘟病、纹枯病	1125-1425克/公顷	喷雾

	橡胶树	炭疽病	500-800倍液	喷雾
	小麦	叶斑病、叶锈病	1125-1425克/公顷	喷雾
	叶菜类蔬菜	白粉病、霜霉病	1275-1725克/公顷	喷雾
PD91104-26	敌敌畏/50%/乳油/敌敌畏 50%/2015.12.15 至 2020.12.15/中等毒			
	茶树	食叶害虫	600克/公顷	喷雾
	粮仓	多种储粮害虫	1)300-400倍液2)0.4-0.5克/立方米	1)喷雾2)挂条熏蒸
	棉花	蚜虫、造桥虫	600-1200克/公顷	喷雾
	苹果树	小卷叶蛾、蚜虫	400-500毫克/千克	喷雾
	青菜	菜青虫	600克/公顷	喷雾
	桑树	尺蠖	600克/公顷	喷雾
	卫生	多种卫生害虫	1)250-300倍液2)0.08克/立方米	1)泼洒2)挂条熏蒸
	小麦	黏虫、蚜虫	600克/公顷	喷雾
PD20040037	氯氰菊酯/95%/原药/氯氰菊酯 95%/2014.12.19 至 2019.12.19/中等毒			
PD20040065	高效氯氰菊酯/99%/原药/高效氯氰菊酯 99%/2014.12.19 至 2019.12.19/中等毒			
PD20040279	三唑酮/20%/乳油/三唑酮 20%/2014.12.19 至 2019.12.19/低毒			
	小麦	白粉病	120-127.5克/公顷	喷雾
PD20040379	高效氯氰菊酯/4.5%/微乳剂/高效氯氰菊酯 4.5%/2014.12.19 至 2019.12.19/中等毒			
	苹果树	食心虫	30-37.5毫克/千克	喷雾
	十字花科蔬菜	菜青虫	20.25-27克/公顷	喷雾
PD20081453	甲氰菊酯/95%/原药/甲氰菊酯 95%/2013.11.04 至 2018.11.04/中等毒			
PD20081491	辛硫磷/87%/原药/辛硫磷 87%/2013.11.05 至 2018.11.05/低毒			
PD20081535	百菌清/96%/原药/百菌清 96%/2013.11.06 至 2018.11.06/低毒			
PD20082024	氰草津/95%/原药/氰草津 95%/2013.11.25 至 2018.11.25/中等毒			
PD20084414	氰戊菊酯/93%/原药/氰戊菊酯 93%/2013.12.17 至 2018.12.17/低毒			
PD20084561	甲氰菊酯/20%/乳油/甲氰菊酯 20%/2013.12.18 至 2018.12.18/中等毒			
	苹果树	山楂红蜘蛛	100毫克/千克	喷雾
	苹果树	桃小食心虫	67-100毫克/千克	喷雾
PD20086159	乙烯利/75%/原药/乙烯利 75%/2013.12.30 至 2018.12.30/低毒			
PD20090365	高效氯氰菊酯/27%/母液/高效氯氰菊酯 27%/2014.01.12 至 2019.01.12/低毒			
PD20090686	扑草净/95%/原药/扑草净 95%/2014.01.19 至 2019.01.19/低毒			
PD20091306	莠去津/95%/原药/莠去津 95%/2014.02.01 至 2019.02.01/低毒			
PD20091686	草甘膦/95%/原药/草甘膦 95%/2014.02.03 至 2019.02.03/低毒			
PD20091975	高氯·辛硫磷/20%/乳油/高效氯氰菊酯 3%、辛硫磷 17%/2014.02.12 至 2019.02.12/中等毒			
	苹果树	桃小食心虫	66.7-100毫克/千克	喷雾
PD20092065	甲氰·辛硫磷/25%/乳油/甲氰菊酯 5%、辛硫磷 20%/2014.02.16 至 2019.02.16/中等毒			
	棉花	棉铃虫	225-345克/公顷	喷雾
PD20092410	百草枯/30.5%/母药/百草枯 30.5%/2014.02.25 至 2019.02.25/中等毒			
PD20092942	三唑酮/8%/悬浮剂/三唑酮 8%/2014.03.09 至 2019.03.09/低毒			
	水稻	纹枯病	72-96克/公顷	喷雾
PD20093023	辛硫磷/40%/乳油/辛硫磷 40%/2014.03.09 至 2019.03.09/低毒			
	苹果树	桃小食心虫	200-400毫克/千克	喷雾
PD20094315	扑·乙/40%/悬浮剂/扑草净 20%、乙草胺 20%/2014.03.31 至 2019.03.31/低毒			
	花生田	一年生杂草	1080-1320克/公顷	土壤喷雾处理
PD20095699	异丙草胺/90%/原药/异丙草胺 90%/2014.05.15 至 2019.05.15/低毒			
PD20096400	乙草胺/93%/原药/乙草胺 93%/2014.08.04 至 2019.08.04/低毒			
PD20097101	氰草·莠去津/40%/悬浮剂/氰草津 20%、莠去津 20%/2014.10.10 至 2019.10.10/低毒			
	春玉米田	一年生杂草	2100-2700克/公顷	茎叶喷雾
	夏玉米田	一年生杂草	1500-1800克/公顷	喷雾
WP20090308	对二氯苯/99.8%/原药/对二氯苯 99.8%/2014.08.17 至 2019.08.17/中等毒			

山东大农药业有限公司　(山东省莒南县坊前工业园　276177　0539-7555555)

PD20084102	辛硫磷/3%/颗粒剂/辛硫磷 3%/2013.12.16 至 2018.12.16/低毒			
	玉米	玉米螟	135-180克/公顷	心叶撒施
PD20093787	高氯·马/20%/乳油/高效氯氰菊酯 1.5%、马拉硫磷 18.5%/2014.03.25 至 2019.03.25/低毒			
	苹果树	桃小食心虫	133-200毫克/千克	喷雾
PD20098404	多·硫/50%/悬浮剂/多菌灵 15%、硫磺 35%/2014.12.18 至 2019.12.18/低毒			
	花生	叶斑病	1500-1875克/公顷	喷雾
PD20100553	阿维·高氯/1.8%/乳油/阿维菌素 0.2%、高效氯氰菊酯 1.6%/2015.01.14 至 2020.01.14/低毒(原药高毒)			
	甘蓝	菜青虫	8.1-13.5克/公顷	喷雾
PD20100685	高效氯氟氰菊酯/25克/升/乳油/高效氯氟氰菊酯 25克/升/2015.01.16 至 2020.01.16/中等毒			
	茶树	茶小绿叶蝉	7.5-11.25克/公顷	喷雾
PD20101019	灭线磷/10%/颗粒剂/灭线磷 10%/2015.01.20 至 2020.01.20/低毒(原药高毒)			
	水稻	稻瘿蚊	1500-1800克/公顷	撒施

PD20110575 吡虫啉/70%/水分散粒剂/吡虫啉 70%/2011.05.27 至 2016.05.27/低毒
水稻 稻飞虱 21-31.5克/公顷 喷雾
PD20120833 毒·辛/6%/颗粒剂/毒死蜱 2%、辛硫磷 4%/2012.05.22 至 2017.05.22/低毒
甘蔗 蔗龟 2250-3000克/公顷 撒施
PD20131369 甲氨基阿维菌素苯甲酸盐/3%/水分散粒剂/甲氨基阿维菌素 3%/2013.06.24 至 2018.06.24/低毒
甘蓝 小菜蛾 1.5-2.25克/公顷 喷雾
注:甲氨基阿维菌素苯甲酸盐含量:3.4%。
PD20132202 啶虫脒/5%/乳油/啶虫脒 5%/2013.10.29 至 2018.10.29/低毒
柑橘树 蚜虫 7.5-10毫克/千克 喷雾
PD20141920 氯氰·吡虫啉/5%/乳油/吡虫啉 1%、氯氰菊酯 4%/2014.08.01 至 2019.08.01/低毒
甘蓝 蚜虫 30-37.5克/公顷 喷雾
LS20130503 吡虫·毒死蜱/4%/颗粒剂/吡虫啉 2%、毒死蜱 2%/2015.12.09 至 2016.12.09/微毒
甘蔗 蔗螟 1800-2700克/公顷 撒施
LS20150310 吡虫·杀虫双/4%/颗粒剂/吡虫啉 0.4%、杀虫双 3.6%/2015.10.22 至 2016.10.22/低毒
甘蔗 蔗螟 1500-1800克/公顷 撒施盖土

山东戴盟得生物科技有限公司 (山东省宁阳县东疏镇刘茂村 271400 0538-5483368)

PD86123-5 矮壮素/50%/水剂/矮壮素 50%/2011.03.22 至 2016.03.22/低毒
棉花 提高产量、植株紧凑 1)10000倍液2)0.3-0.5%药液 1)喷雾2)浸种
棉花 防止徒长,化学整枝 10000倍液 喷顶，后期喷全株
棉花 防止疯长 25000倍液 喷顶
小麦 防止倒伏,提高产量 1)3-5%药液 2)100-400倍液 1)拌种2)返青、拔节期喷雾
玉米 增产 0.5%药液 浸种
PD20085705 啶虫脒/5%/乳油/啶虫脒 5%/2013.12.26 至 2018.12.26/低毒
柑橘树 蚜虫 10-15毫克/千克 喷雾
萝卜 黄条跳甲 45-90克/公顷 喷雾
PD20091571 福美双/50%/可湿性粉剂/福美双 50%/2014.02.03 至 2019.02.03/低毒
黄瓜 霜霉病 750-1125克/公顷 喷雾
PD20091782 百菌清/30%/烟剂/百菌清 30%/2014.02.04 至 2019.02.04/低毒
黄瓜 霜霉病 1000-1200克/公顷 点燃放烟
PD20091928 氯氰菊酯/5%/乳油/氯氰菊酯 5%/2014.02.12 至 2019.02.12/中等毒
十字花科蔬菜 菜青虫 45-52.5克/公顷 喷雾
PD20092249 高效氯氟氰菊酯/25克/升/乳油/高效氯氟氰菊酯 25克/升/2014.02.24 至 2019.02.24/中等毒
茶树 茶小绿叶蝉 22.5-30克/公顷 喷雾
PD20092453 联苯菊酯/25克/升/乳油/联苯菊酯 25克/升/2014.02.25 至 2019.02.25/中等毒
茶树 茶尺蠖 7.5-15克/公顷 喷雾
苹果树 桃小食心虫 25-31.25毫克/千克 喷雾
PD20093028 霜霉威盐酸盐/66.5%/水剂/霜霉威盐酸盐 66.5%/2014.03.09 至 2019.03.09/低毒
甜椒 疫病 758-1191克/公顷 喷雾
PD20096135 联苯菊酯/100克/升/乳油/联苯菊酯 100克/升/2014.06.24 至 2019.06.24/中等毒
茶树 茶小绿叶蝉 30-37.5克/公顷 喷雾
PD20100332 毒死蜱/45%/乳油/毒死蜱 45%/2015.01.11 至 2020.01.11/中等毒
水稻 稻纵卷叶螟 563-750克/公顷 喷雾
PD20100412 福·福锌/80%/可湿性粉剂/福美双 30%、福美锌 50%/2015.01.14 至 2020.01.14/低毒
黄瓜 炭疽病 1500-1800克/公顷 喷雾
PD20110218 复硝酚钠/1.8%/水剂/5-硝基邻甲氧基苯酚钠 0.3%、对硝基苯酚钠 0.9%、邻硝基苯酚钠 0.6%/2011.02.24 至2016.02.24/低毒
棉花 调节生长 2000-3000倍液 喷雾
PD20110345 苦参碱/0.3%/可溶液剂/苦参碱 0.3%/2011.03.24 至 2016.03.24/低毒
梨树 黑星病 4.5-6毫克/千克 喷雾
PD20132546 草甘膦铵盐/65%/可溶粉剂/草甘膦 65%/2013.12.16 至 2018.12.16/低毒
非耕地 一年生及部分多年生杂草 877.5-1462.5克/公顷 茎叶喷雾
注:草甘膦铵盐含量: 71.5%。
PD20140099 戊唑醇/430克/升/悬浮剂/戊唑醇 430克/升/2014.01.20 至 2019.01.20/低毒
梨树 黑星病 107.5-215毫克/千克 喷雾
PD20142215 醚菌酯/30%/悬浮剂/醚菌酯 30%/2014.09.28 至 2019.09.28/低毒
番茄 早疫病 180-270克/亩 喷雾
PD20151311 咪鲜胺/450克/升/水乳剂/咪鲜胺 450克/升/2015.07.30 至 2020.07.30/微毒
柑橘 青霉病 225-450毫克/千克 浸果

山东德浩化学有限公司 (山东省潍坊市滨海经济开发区临港化工园 250100 0531-88118138)

PD20093639 莠去津/97%/原药/莠去津 97%/2014.03.25 至 2019.03.25/低毒
PD20093802 丁草胺/90%/原药/丁草胺 90%/2014.03.25 至 2019.03.25/低毒
PD20093870 多菌灵/80%/可湿性粉剂/多菌灵 80%/2014.03.25 至 2019.03.25/低毒

苹果树 轮纹病 667-800毫克/千克 喷雾
PD20093877 异菌脲/255克/升/悬浮剂/异菌脲 255克/升/2014.03.25 至 2019.03.25/低毒
香蕉 冠腐病 1500-2000毫克/千克 浸果
PD20094256 乙草胺/93%/原药/乙草胺 93%/2014.03.31 至 2019.03.31/低毒
PD20094556 甲基硫菌灵/70%/可湿性粉剂/甲基硫菌灵 70%/2014.04.09 至 2019.04.09/低毒
番茄 叶霉病 375-562.5克/公顷 喷雾
PD20094573 代森锰锌/80%/可湿性粉剂/代森锰锌 80%/2014.04.09 至 2019.04.09/低毒
番茄 早疫病 1560-2100克/公顷 喷雾
PD20094884 三唑锡/25%/可湿性粉剂/三唑锡 25%/2014.04.13 至 2019.04.13/低毒
柑橘树 红蜘蛛 125-250毫克/千克 喷雾
PD20095768 草甘膦/95%/原药/草甘膦 95%/2014.05.18 至 2019.05.18/低毒
PD20096427 异菌脲/50%/可湿性粉剂/异菌脲 50%/2014.08.04 至 2019.08.04/低毒
番茄 灰霉病 375-750克/公顷 喷雾
PD20101146 乙草胺/81.5%/乳油/乙草胺 81.5%/2015.01.25 至 2020.01.25/低毒
春玉米田 一年生杂草及部分阔叶杂草 1500-1800毫升制剂/公顷 播后苗前土壤喷雾
夏玉米田 一年生杂草及部分阔叶杂草 1200-1500毫升制剂/公顷 播后苗前土壤喷雾
PD20101525 四螨嗪/500克/升/悬浮剂/四螨嗪 500克/升/2015.05.19 至 2020.05.19/低毒
苹果树 红蜘蛛 83-100mg/kg 喷雾
PD20102044 草甘膦异丙胺盐/46%/水剂/草甘膦 46%/2015.10.27 至 2020.10.27/低毒
非耕地 杂草 1395-2325克/公顷 定向茎叶喷雾
注:草甘膦异丙胺盐含量: 62%。
PD20110151 代森锌/65%/可湿性粉剂/代森锌 65%/2016.02.10 至 2021.02.10/低毒
番茄 早疫病 2925—3412.5克/公顷 喷雾
PD20121359 乙草胺/89%/乳油/乙草胺 89%/2012.09.13 至 2017.09.13/低毒
春大豆田 一年生杂草 1498-1948克/公顷 播后苗前土壤喷雾
夏大豆田 一年生杂草 1049-1349克/公顷（其他地区） 播后苗前土壤喷雾
PD20121745 松·喹·氟磺胺/35%/乳油/氟磺胺草醚 9.5%、精喹禾灵 2.5%、异噁草松 23%/2012.11.15 至 2017.11.15/低毒
春大豆田 一年生杂草 656.25-787.5克/公顷 茎叶喷雾
PD20131025 草甘膦异丙胺盐/30%/水剂/草甘膦 30%/2013.05.13 至 2018.05.13/低毒
非耕地 杂草 810-2250克/公顷 定向茎叶喷雾
注:草甘膦异丙胺盐含量:41%
PD20131439 莠去津/45%/悬浮剂/莠去津 45%/2013.07.03 至 2018.07.03/低毒
玉米田 一年生杂草 270-330毫升制剂/亩（东北地区） 土壤喷雾
170-220毫升制剂/亩
PD20131482 草甘膦铵盐/80%/可溶粒剂/草甘膦 80%/2013.07.05 至 2018.07.05/低毒
非耕地 杂草 1080.0-2040克/公顷 茎叶喷雾
注:草甘膦铵盐含量: 88%。
PD20140282 噻唑膦/10%/颗粒剂/噻唑膦 10%/2014.02.12 至 2019.02.12/中等毒
番茄、黄瓜 根结线虫 2250-3000克/公顷 土壤撒施
PD20140333 醚菌酯/50%/水分散粒剂/醚菌酯 50%/2014.02.17 至 2019.02.17/低毒
黄瓜 白粉病 115-190克/公顷 喷雾
PD20141260 戊唑醇/60克/升/悬浮种衣剂/戊唑醇 60克/升/2014.05.07 至 2019.05.07/低毒
玉米 丝黑穗病 6-12克/100千克种子 种子包衣
PD20150123 毒死蜱/30%/种子处理微囊悬浮剂/毒死蜱 30%/2015.01.07 至 2020.01.07/低毒
花生 蛴螬 600-900克/100千克种子 拌种
PD20151400 吡虫啉/600克/升/悬浮种衣剂/吡虫啉 600克/升/2015.07.30 至 2020.07.30/低毒
棉花 蚜虫 350-500克/100千克种子 种子包衣
PD20152530 硝磺·莠去津/25%/可分散油悬浮剂/莠去津 20%、硝磺草酮 5%/2015.12.05 至 2020.12.05/低毒
玉米田 一年生杂草 450-675克/公顷 茎叶喷雾
LS20150016 吡虫啉/10%/种子处理微囊悬浮剂/吡虫啉 10%/2016.01.15 至 2017.01.15/低毒
花生 蛴螬 140-260克/100千克种子 拌种

山东德乐化工有限公司 （山东省乐陵市铁营乡经济创业园 253600 0534-6628888)

PD20095340 四螨嗪/20%/悬浮剂/四螨嗪 20%/2014.04.27 至 2019.04.27/低毒
柑橘树 红蜘蛛 125-150毫克/千克 喷雾
PD20096295 吡虫啉/10%/可湿性粉剂/吡虫啉 10%/2014.07.22 至 2019.07.22/低毒
水稻 稻飞虱 15-30克/公顷 喷雾

山东德州大成农药有限公司 （山东省德州市经济开发区 253000 0534-2757586)

PD20084311 噻嗪·异丙威/25%/可湿性粉剂/噻嗪酮 5%、异丙威 20%/2013.12.17 至 2018.12.17/低毒
水稻 稻飞虱 450-562.5克/公顷 喷雾
PD20084518 联苯菊酯/100克/升/乳油/联苯菊酯 100克/升/2013.12.18 至 2018.12.18/中等毒
茶树 茶小绿叶蝉 30—37.5克/公顷 喷雾
PD20085572 高效氯氟氰菊酯/25克/升/乳油/高效氯氟氰菊酯 25克/升/2013.12.25 至 2018.12.25/中等毒
十字花科蔬菜 菜青虫 7.5-11.25克/公顷 喷雾

PD20092092 高氯·马/20%/乳油/高效氯氰菊酯 2%、马拉硫磷 18%/2014.02.16 至 2019.02.16/低毒
棉花 棉铃虫 180-240克/公顷 喷雾
PD20096622 乙烯利/40%/水剂/乙烯利 40%/2014.09.02 至 2019.09.02/低毒
棉花 催熟 300-500倍液 喷雾
PD20096710 莠去津/38%/悬浮剂/莠去津 38%/2014.09.07 至 2019.09.07/低毒
春玉米田 一年生杂草 300-400毫升制剂/亩 播后苗前土壤喷雾
PD20097464 啶虫脒/40%/水分散粒剂/啶虫脒 40%/2014.11.03 至 2019.11.03/低毒
黄瓜 蚜虫 21.6-27克/公顷 喷雾
PD20098392 阿维菌素/1.8%/乳油/阿维菌素 1.8%/2014.12.18 至 2019.12.18/低毒(原药高毒)
甘蓝 小菜蛾 8.1－10.8克/公顷 喷雾
PD20101148 矮壮素/50%/水剂/矮壮素 50%/2015.01.25 至 2020.01.25/低毒
棉花 调节生长 55-65毫克/千克 茎叶喷雾
PD20101724 甲氨基阿维菌素苯甲酸盐(2.2%)////微乳剂/甲氨基阿维菌素 2%/2015.06.28 至 2020.06.28/低毒
甘蓝 甜菜夜蛾 2.475-3.3克/公顷 喷雾
PD20102110 阿维·高氯/3%/乳油/阿维菌素 0.2%、高效氯氰菊酯 2.8%/2016.11.30 至 2021.11.30/低毒(原药高毒)
甘蓝 小菜蛾 20.25-27克/公顷 喷雾
PD20140521 甲氨基阿维菌素苯甲酸盐/5%/水分散粒剂/甲氨基阿维菌素 5%/2014.03.06 至 2019.03.06/低毒
甘蓝 甜菜夜蛾 1.5-2.25克/公顷 喷雾
注:甲氨基阿维菌素苯甲酸盐含量：5.7%。
PD20140964 阿维·哒螨灵/10.5%/乳油/阿维菌素 0.3%、哒螨灵 10.2%/2014.04.14 至 2019.04.14/低毒(原药高毒)
柑橘树 红蜘蛛 70-105毫克/千克 喷雾
PD20141298 高效氯氟氰菊酯/2.5%/微乳剂/高效氯氟氰菊酯 2.5%/2014.05.12 至 2019.05.12/中等毒
棉花 棉铃虫 15-22.5克/公顷 喷雾
PD20141649 阿维·三唑磷/20%/乳油/阿维菌素 0.2%、三唑磷 19.8%/2014.06.24 至 2019.06.24/中等毒(原药高毒)
水稻 二化螟 150-210克/公顷 喷雾
PD20151653 戊唑醇/430克/升/悬浮剂/戊唑醇 430克/升/2015.08.28 至 2020.08.28/低毒
苹果树 轮纹病 107.5-143.3毫克/千克 喷雾

山东得峰生化科技有限公司 (山东省寿光市开发区科技工业园 262711 0536-5787088)

PD20121184 甲霜·锰锌/58%/可湿性粉剂/甲霜灵 10%、代森锰锌 48%/2012.08.06 至 2017.08.06/低毒
黄瓜 霜霉病 862.5-1050克/公顷 喷雾

山东东方农药科技实业公司 (山东省济南市北园大街234号 250100 0531-88631817)

PD20040329 氯氰菊酯/5%/乳油/氯氰菊酯 5%/2014.12.19 至 2019.12.19/中等毒
棉花 棉铃虫 45-90克/公顷 喷雾
PD20040410 吡虫啉/10%/可湿性粉剂/吡虫啉 10%/2014.12.19 至 2019.12.19/低毒
苹果树 黄蚜 16.7-25毫克/千克 喷雾
PD20040439 哒螨灵/20%/可湿性粉剂/哒螨灵 20%/2014.12.19 至 2019.12.19/中等毒
苹果树 红蜘蛛 50-67毫克/千克 喷雾
PD20040630 哒螨灵/15%/乳油/哒螨灵 15%/2014.12.19 至 2019.12.19/中等毒
苹果树 叶螨 50-67毫克/千克 喷雾
PD20084591 灭多威/20%/乳油/灭多威 20%/2013.12.18 至 2018.12.18/高毒
棉花 棉铃虫 120-150克/公顷 喷雾
PD20086089 福美双/50%/可湿性粉剂/福美双 50%/2013.12.30 至 2018.12.30/低毒
黄瓜 霜霉病 937.5－1125克/公顷 喷雾
PD20086238 氟啶脲/94%/原药/氟啶脲 94%/2013.12.31 至 2018.12.31/低毒
PD20091555 敌百·辛硫磷/30%/乳油/敌百虫 20%、辛硫磷 10%/2014.02.03 至 2019.02.03/低毒
水稻 二化螟 405-495克/公顷 喷雾
PD20093195 毒·辛/20%/乳油/毒死蜱 4%、辛硫磷 16%/2014.03.11 至 2019.03.11/中等毒
棉花 棉铃虫 240-360克/公顷 喷雾
PD20093733 甲硫·福美双/70%/可湿性粉剂/福美双 40%、甲基硫菌灵 30%/2014.03.25 至 2019.03.25/低毒
梨树 黑星病 700-1000倍液 喷雾
PD20093957 精喹禾灵/8.8%/乳油/喹禾灵 8.8%/2014.03.27 至 2019.03.27/低毒
夏大豆田 一年生禾本科杂草 52.5-66克/公顷 茎叶喷雾
PD20095056 乙铝·锰锌/50%/可湿性粉剂/代森锰锌 22%、三乙膦酸铝 28%/2014.04.21 至 2019.04.21/低毒
黄瓜 霜霉病 900-1400克/公顷 喷雾
PD20095811 辛硫·灭多威/20%/乳油/灭多威 10%、辛硫磷 10%/2014.05.27 至 2019.05.27/高毒
棉花 棉蚜 75-150克/公顷 喷雾
PD20097001 氟啶脲/5%/乳油/氟啶脲 5%/2014.09.29 至 2019.09.29/低毒
十字花科蔬菜 菜青虫、小菜蛾 30-60克/公顷 喷雾
PD20121277 高效氯氟氰菊酯/25克/升/乳油/高效氯氟氰菊酯 25克/升/2012.09.06 至 2017.09.06/中等毒
棉花 棉铃虫 15-22.5克/公顷 喷雾
PD20130702 乙草胺/81.5%/乳油/乙草胺 81.5%/2013.04.11 至 2018.04.11/低毒
玉米田 一年生禾本科杂草及部分小粒种子阔叶杂草 1350-1620克/公顷（东北地区）1080-1350克/公顷（其它地区） 播后苗前土壤喷雾

PD20142529 草甘膦异丙胺盐/30%/水剂/草甘膦 30%/2014.11.21 至 2019.11.21/低毒
非耕地 杂草 1230-2460克/公顷 定向茎叶喷雾
注:草甘膦异丙胺盐含量: 41%。

山东东合生物科技有限公司 (山东省商河经济开发区汇源街18号 251601 0531-82333398)

PD20091222 氰戊·辛硫磷/25%/乳油/氰戊菊酯 5%、辛硫磷 20%/2014.02.01 至 2019.02.01/中等毒
棉花 棉铃虫 225-300克/公顷 喷雾

PD20101111 辛硫磷/40%/乳油/辛硫磷 40%/2015.01.25 至 2020.01.25/低毒
十字花科蔬菜 菜青虫 300-450克/公顷 喷雾

PD20101133 氯氰菊酯/5%/乳油/氯氰菊酯 5%/2015.01.25 至 2020.01.25/低毒
甘蓝 菜青虫 30-45克/公顷 喷雾

PD20101710 马拉·辛硫磷/20%/乳油/马拉硫磷 10%、辛硫磷 10%/2015.06.28 至 2020.06.28/低毒
水稻 稻纵卷叶螟 300-375克/公顷 喷雾

PD20151826 苯醚甲环唑/40%/悬浮剂/苯醚甲环唑 40%/2015.08.28 至 2020.08.28/低毒
水稻 纹枯病 60-120克/公顷 喷雾

PD20151856 异菌·腐霉利/40%/悬浮剂/腐霉利 25%、异菌脲 15%/2015.08.30 至 2020.08.30/低毒
番茄 灰霉病 240-480克/公顷 喷雾

PD20152062 烯酰吗啉/40%/悬浮剂/烯酰吗啉 40%/2015.09.07 至 2020.09.07/低毒
葡萄 霜霉病 160-267毫克/千克 喷雾

PD20152378 甲维盐·氯氰/3.2%/微乳剂/甲氨基阿维菌素苯甲酸盐 0.2%、氯氰菊酯 3%/2015.10.22 至 2020.10.22/低毒
甘蓝 小菜蛾 7.2-12克/公顷 喷雾

PD20152578 戊唑醇/430克/升/悬浮剂/戊唑醇 430克/升/2015.12.06 至 2020.12.06/低毒
苹果树 斑点落叶病 71.6-86毫克/千克 喷雾

WP20140208 氟虫腈/3%/微乳剂/氟虫腈 3%/2014.09.18 至 2019.09.18/低毒
室内 蝇 20倍液 滞留喷洒

山东东泰农化有限公司 (山东省聊城市东昌府区道口铺工业区 252033 0635-8671517)

PD85154-38 氰戊菊酯/20%/乳油/氰戊菊酯 20%/2015.07.22 至 2020.07.22/中等毒
柑橘树 潜叶蛾 10-20毫克/千克 喷雾
果树 梨小食心虫 10-20毫克/千克 喷雾
棉花 红铃虫、蚜虫 75-150克/公顷 喷雾
蔬菜 菜青虫、蚜虫 60-120克/公顷 喷雾

PD85157-13 辛硫磷/40%/乳油/辛硫磷 40%/2015.08.15 至 2020.08.15/低毒
茶树、桑树 食叶害虫 200-400毫克/千克 喷雾
果树 食心虫、蚜虫、螨 200-400毫克/千克 喷雾
林木 食叶害虫 3000-6000克/公顷 喷雾
棉花 棉铃虫、蚜虫 300-600克/公顷 喷雾
蔬菜 菜青虫 300-450克/公顷 喷雾
烟草 食叶害虫 300-600克/公顷 喷雾
玉米 玉米螟 450-600克/公顷 灌心叶

PD20050217 吡虫啉/70%/可湿性粉剂/吡虫啉 70%/2015.12.23 至 2020.12.23/低毒
韭菜 韭蛆 315-441克/公顷 药土法
棉花、十字花科蔬菜 蚜虫 21-31.5克/公顷 喷雾

PD20070514 三唑锡/25%/可湿性粉剂/三唑锡 25%/2012.11.28 至 2017.11.28/低毒
柑橘树 红蜘蛛 125-250毫克/千克 喷雾

PD20070676 啶虫脒/5%/乳油/啶虫脒 5%/2012.12.17 至 2018.12.24/低毒
黄瓜 蚜虫 18-22.5克/公顷 喷雾

PD20080010 啶虫脒/5%/可湿性粉剂/啶虫脒 5%/2013.01.03 至 2018.01.03/低毒
柑橘树 蚜虫 10-12毫克/千克 喷雾

PD20080269 苯磺隆/75%/水分散粒剂/苯磺隆 75%/2013.02.20 至 2018.02.20/低毒
冬小麦田 一年生阔叶杂草 13.5-22.5克/公顷 茎叶喷雾

PD20080726 硫磺·三唑酮/20%/可湿性粉剂/硫磺 10%、三唑酮 10%/2013.06.11 至 2018.06.11/低毒
小麦 白粉病 150-210克/公顷 喷雾

PD20080797 精喹禾灵/8.8%/乳油/精喹禾灵 8.8%/2013.06.20 至 2018.06.20/低毒
夏大豆田 一年生禾本科杂草 52.5-66克/公顷 茎叶喷雾

PD20080906 烯酰·福美双/48%/可湿性粉剂/福美双 44%、烯酰吗啉 4%/2013.07.14 至 2018.07.14/低毒
黄瓜 霜霉病 936-1152克/公顷 喷雾

PD20081565 噁草酮/95%/原药/噁草酮 95%/2013.11.11 至 2018.11.11/低毒

PD20081650 氰戊·辛硫磷/30%/乳油/氰戊菊酯 10%、辛硫磷 20%/2013.11.14 至 2018.11.14/中等毒
棉花 棉铃虫 150-225克/公顷 喷雾

PD20081701 二甲戊灵/33%/乳油/二甲戊灵 33%/2013.11.17 至 2018.11.17/低毒
大蒜 一年生杂草 643.5-742.5克/公顷 播后苗前土壤喷雾
姜 一年生杂草 643.5-742.5克/公顷 土壤喷雾

PD20082301 苯磺隆/10%/可湿性粉剂/苯磺隆 10%/2013.12.01 至 2018.12.01/低毒
冬小麦田 一年生阔叶杂草 15-22.5克/公顷 茎叶喷雾

PD20082457 苄嘧·丙草胺/25%/可湿性粉剂/苄嘧磺隆 2%、丙草胺 23%/2013.12.02 至 2018.12.02/低毒
直播水稻(南方) 一年生及部分多年生杂草 375-450克/公顷 土壤喷雾

PD20082876 高效氟吡甲禾灵/108克/升/乳油/高效氟吡甲禾灵 108克/升/2013.12.09 至 2018.12.09/低毒
棉花田、夏大豆田 一年生禾本科杂草 32.4-56.7克/公顷 茎叶喷雾

PD20083152 草甘膦异丙胺盐/30%/水剂/草甘膦 30%/2013.12.11 至 2018.12.11/低毒
甘蔗田 杂草 1125-2250克/公顷 定向喷雾
注:草甘膦异丙胺盐含量: 41%。

PD20083187 高效氯氟氰菊酯/25克/升/乳油/高效氯氟氰菊酯 25克/升/2013.12.11 至 2018.12.11/中等毒
棉花 棉铃虫 18.75-26.25克/公顷 喷雾

PD20083218 联苯菊酯/25克/升/乳油/联苯菊酯 25克/升/2013.12.11 至 2018.12.11/中等毒
茶树 茶尺蠖 7.5-15克/公顷 喷雾

PD20083473 丙环唑/25%/乳油/丙环唑 25%/2013.12.12 至 2018.12.12/低毒
香蕉 叶斑病 250-500毫克/千克 喷雾

PD20083542 福美双/50%/可湿性粉剂/福美双 50%/2013.12.12 至 2018.12.12/低毒
葡萄 白腐病 500-1000毫克/千克 喷雾

PD20084266 吡虫啉/200克/升/可溶液剂/吡虫啉 200克/升/2013.12.17 至 2018.12.17/低毒
烟草 蚜虫 30-45克/公顷 喷雾

PD20084971 炔螨特/570克/升/乳油/炔螨特 570克/升/2013.12.22 至 2018.12.22/低毒
柑橘 红蜘蛛 285-380毫克/千克 喷雾

PD20085267 马拉硫磷/45%/乳油/马拉硫磷 45%/2013.12.23 至 2018.12.23/低毒
十字花科蔬菜 黄条跳甲 540-810克/公顷 喷雾

PD20085278 毒死蜱/480克/升/乳油/毒死蜱 480克/升/2013.12.23 至 2018.12.23/中等毒
水稻 稻纵卷叶螟 432-576克/公顷 喷雾

PD20085304 多·福/50%/可湿性粉剂/多菌灵 8%、福美双 42%/2013.12.23 至 2018.12.23/低毒
梨树 黑星病 1000-1500毫克/千克 喷雾
葡萄 霜霉病 1000-1250毫克/千克 喷雾

PD20085869 噁草酮/250克/升/乳油/噁草酮 250克/升/2013.12.29 至 2018.12.29/低毒
花生田 一年生杂草 375-562.5克/公顷 土壤喷雾
水稻田(直播) 一年生杂草 431.25-487.5克/公顷 土壤喷雾

PD20085880 阿维·高氯/1.8%/乳油/阿维菌素 0.1%、高效氯氰菊酯 1.7%/2013.12.29 至 2018.12.29/低毒(原药高毒)
黄瓜 美洲斑潜蝇 15-30克/公顷 喷雾

PD20085983 硫磺/80%/水分散粒剂/硫磺 80%/2013.12.29 至 2018.12.29/低毒
苹果 白粉病 800-1600毫克/千克 喷雾

PD20086009 异丙甲草胺/720克/升/乳油/异丙甲草胺 720克/升/2013.12.29 至 2018.12.29/低毒
春大豆田 一年生禾本科杂草及部分小粒种子阔叶杂草 1620-2160克/公顷 播后苗前土壤喷雾

PD20090801 乙草胺/50%/乳油/乙草胺 50%/2014.01.19 至 2019.01.19/低毒
夏玉米田 一年生禾本科杂草及部分小粒种子阔叶杂草 1050-1200克/公顷 播后苗前土壤喷雾

PD20091020 毒·辛/5%/颗粒剂/毒死蜱 2%、辛硫磷 3%/2014.01.21 至 2019.01.21/低毒
花生 蛴螬 1875-2250克/公顷 撒施

PD20092287 氰津·乙草胺/40%/悬浮剂/氰草津 12%、乙草胺 28%/2014.02.24 至 2019.02.24/低毒
夏玉米田 一年生杂草 1110－1200克/公顷 播后苗前土壤喷雾

PD20093424 乙草胺/900克/升/乳油/乙草胺 900克/升/2014.03.23 至 2019.03.23/低毒
春大豆田 一年生禾本科杂草及部分小粒种子阔叶杂草 1620-1890克/公顷 播后苗前土壤喷雾

PD20093505 苏云金杆菌/16000IU/毫克/可湿性粉剂/苏云金杆菌 16000IU/毫克/2014.03.23 至 2019.03.23/低毒
茶树 茶毛虫 400-800倍 喷雾
棉花 二代棉铃虫 3000-4500克制剂/公顷 喷雾
森林 松毛虫 600-800倍 喷雾
十字花科蔬菜 菜青虫 750-1500克制剂/公顷 喷雾
十字花科蔬菜 小菜蛾 1500-2250克制剂/公顷 喷雾
水稻 稻纵卷叶螟 3000-4500克制剂/公顷 喷雾
烟草 烟青虫 1500-3000克制剂/公顷 喷雾
玉米 玉米螟 1500-3000克制剂/公顷 加细纱灌心
枣树 枣尺蠖 600-800倍 喷雾

PD20094369 苯醚甲环唑/95%/原药/苯醚甲环唑 95%/2014.04.01 至 2019.04.01/低毒

PD20094909 复硝酚钠/1.8%/水剂/5-硝基邻甲氧基苯酚钠 0.3%、对硝基苯酚钠 0.9%、邻苯基苯酚钠 0.6%/2014.04.13 至2019.04.13/低毒
棉花 调节生长、增产 6-9毫克/千克（2000-3000倍液） 喷雾

PD20095009 聚醛·甲萘威/6%/颗粒剂/甲萘威 1.5%、四聚乙醛 4.5%/2014.04.21 至 2019.04.21/低毒
小白菜 蜗牛 540-675克/公顷 撒施

PD20095839 阿维菌素/5%/乳油/阿维菌素 5%/2014.05.27 至 2019.05.27/中等毒(原药高毒)

十字花科蔬菜 小菜蛾 8.1-10.8克/公顷 喷雾

PD20096357 氧乐果/40%/乳油/氧乐果 40%/2014.07.28 至 2019.07.28/中等毒

棉花 蚜虫 127.5-202.5克/公顷 喷雾

小麦 蚜虫 81-162克/公顷 喷雾

PD20096822 混合氨基酸铜/10%/水剂/混合氨基酸铜 10%/2014.09.21 至 2019.09.21/低毒

水稻 稻曲病 375-562.5克/公顷 喷雾

PD20097276 甲氰菊酯/10%/乳油/甲氰菊酯 10%/2014.10.26 至 2019.10.26/中等毒

苹果树 红蜘蛛 25.7-45毫克/千克 喷雾

PD20097404 吗胍·乙酸铜/20%/可湿性粉剂/盐酸吗啉胍 16%、乙酸铜 4%/2014.10.28 至 2019.10.28/低毒

番茄 病毒病 600-750克/公顷 喷雾

PD20097965 乙酸铜/20%/可湿性粉剂/乙酸铜 20%/2014.12.01 至 2019.12.01/低毒

黄瓜 猝倒病 3000-4500克/公顷 灌根

PD20100013 啶虫脒/20%/可溶粉剂/啶虫脒 20%/2015.01.04 至 2020.01.04/低毒

黄瓜 蚜虫 60-90克/公顷 喷雾

PD20100098 甲戊·乙草胺/33%/乳油/二甲戊灵 10%、乙草胺 23%/2015.01.04 至 2020.01.04/低毒

棉花田 一年生杂草 891-1089克/公顷 土壤喷雾

PD20100489 丙环唑/95%/原药/丙环唑 95%/2015.01.14 至 2020.01.14/低毒

PD20101407 毒·辛/20%/乳油/毒死蜱 4%、辛硫磷 16%/2015.04.14 至 2020.04.14/中等毒

水稻 三化螟 350-650克/公顷 喷雾

PD20101467 矿物油/95%/乳油/矿物油 95%/2015.05.04 至 2020.05.04/低毒

柑橘树 介壳虫 50-60倍 喷雾

PD20101742 甲氨基阿维菌素苯甲酸盐/5%/乳油/甲氨基阿维菌素 5%/2015.06.28 至 2020.06.28/低毒

甘蓝 小菜蛾 1.5-3克/公顷 喷雾

注:甲氨基阿维菌素苯甲酸盐含量：5.7%。

PD20110540 杀螺胺乙醇胺盐/70%/可湿性粉剂/杀螺胺 70%/2011.05.12 至 2016.05.12/低毒

水稻 福寿螺 315-420克/公顷 喷雾

注:杀螺胺乙醇胺盐含量:83.1%。

PD20120020 苯醚甲环唑/10%/水分散粒剂/苯醚甲环唑 10%/2012.01.06 至 2017.01.06/低毒

苦瓜 白粉病 105-150克/公顷 喷雾

梨树 黑星病 14.3-16.7毫克/千克 喷雾

芹菜 斑枯病 52.5-67.5克/公顷 喷雾

PD20120729 苯醚甲环唑/250克/升/乳油/苯醚甲环唑 250克/升/2012.05.02 至 2017.05.02/低毒

香蕉 叶斑病 100-125毫克/千克 喷雾

PD20120835 滴丁·苯磺隆/20%/可湿性粉剂/苯磺隆 2%、2,4-滴丁酯 18%/2012.05.22 至 2017.05.22/低毒

冬小麦田 一年生阔叶杂草 150-180克/公顷 茎叶喷雾

PD20120960 苯甲·福美双/60%/可湿性粉剂/苯醚甲环唑 4%、福美双 56%/2012.06.14 至 2017.06.14/低毒

烟草 炭疽病 900-1350克/公顷 喷雾

PD20121164 嘧霉胺/70%/水分散粒剂/嘧霉胺 70%/2012.07.30 至 2017.07.30/低毒

黄瓜 灰霉病 525－577.5克/公顷 喷雾

PD20130888 苯醚甲环唑/20%/微乳剂/苯醚甲环唑 20%/2013.04.25 至 2018.04.25/低毒

香蕉 叶斑病 100-133毫克/千克 喷雾

PD20140202 吡蚜酮/50%/水分散粒剂/吡蚜酮 50%/2014.01.29 至 2019.01.29/低毒

黄瓜 蚜虫 75-112.5克/公顷 喷雾

PD20140932 苯甲·丙环唑/30%/水乳剂/苯醚甲环唑 15%、丙环唑 15%/2014.04.14 至 2019.04.14/低毒

水稻 纹枯病 67.5-90克/公顷 喷雾

PD20141372 氟铃脲/5%/乳油/氟铃脲 5%/2014.06.04 至 2019.06.04/低毒

甘蓝 甜菜夜蛾 45-56.25克/公顷 喷雾

WP20110117 杀虫气雾剂/0.23%/气雾剂/胺菊酯 0.2%、高效氯氰菊酯 0.03%/2011.05.05 至 2016.05.05/微毒

卫生 蚊、蝇 / 喷雾

WP20110145 杀虫气雾剂/0.52%/气雾剂/胺菊酯 0.33%、氯菊酯 0.19%/2011.06.14 至 2016.06.14/低毒

卫生 蚊、蝇 / 喷雾

WP20110229 高效氯氰菊酯/5%/可湿性粉剂/高效氯氰菊酯 5%/2011.10.10 至 2016.10.10/低毒

卫生 蚊、蝇 35毫克/平方米 滞留喷洒

WP20150034 高效氯氰菊酯/4.5%/水乳剂/高效氯氰菊酯 4.5毫克/平方米%/2015.03.03 至 2020.03.03/低毒

室内 蜚蠊 50毫克/平方米 滞留喷洒

WP20150097 杀蟑饵剂/2.5%/饵剂/吡虫啉 2.5%/2015.06.10 至 2020.06.10/微毒

室内 蜚蠊 / 投放

山东东信生物农药有限公司 (山东省聊城市阳谷县阿城工业园 252321 0635-6750969)

PD20070523 代森锰锌/80%/可湿性粉剂/代森锰锌 80%/2012.11.28 至 2017.11.28/低毒

番茄 早疫病 1560-2520克/公顷 喷雾

黄瓜 霜霉病 2040-3000克/公顷 喷雾

辣椒、甜椒 炭疽病、疫病 1800-2520克/公顷 喷雾

PD20084920 三唑锡/25%/可湿性粉剂/三唑锡 25%/2013.12.22 至 2018.12.22/低毒

柑橘树　红蜘蛛　125-250毫克/千克　喷雾
PD20085015　石硫合剂/29%/水剂/石硫合剂 29%/2013.12.22 至 2018.12.22/低毒
苹果树　白粉病　0.4-0.5Be　喷雾
PD20090456　多·福/40%/可湿性粉剂/多菌灵 5%、福美双 35%/2014.01.12 至 2019.01.12/低毒
葡萄　霜霉病　1000-1250毫克/千克　喷雾
PD20091421　异丙草·莠/40%/悬乳剂/异丙草胺 24%、莠去津 16%/2014.02.02 至 2019.02.02/低毒
夏玉米田　一年生杂草　1200-1500克/公顷　土壤喷雾
PD20091651　啶虫脒/5%/可湿性粉剂/啶虫脒 5%/2014.02.03 至 2019.02.03/低毒
甘蓝　蚜虫　13.5-22.5克/公顷　喷雾
PD20094214　高效氯氟氰菊酯/25克/升/乳油/高效氯氟氰菊酯 25克/升/2014.03.31 至 2019.03.31/中等毒
十字花科蔬菜叶菜　蚜虫　7.5-11.25克/公顷　喷雾
PD20097157　辛硫磷/1.5%/颗粒剂/辛硫磷 1.5%/2014.10.16 至 2019.10.16/低毒
玉米　玉米螟　67.5-90克/公顷　撒心（喇叭口期）
PD20097300　联苯菊酯/100克/升/乳油/联苯菊酯 100克/升/2014.10.26 至 2019.10.26/中等毒
茶树　茶小绿叶蝉　20-26.7毫升制剂/亩　喷雾
PD20098237　溴氰菊酯/25克/升/乳油/溴氰菊酯 25克/升/2014.12.16 至 2019.12.16/中等毒
苹果树　桃小食心虫　5-10毫克/千克　喷雾
PD20098474　甲氰·噻螨酮/7.5%/乳油/甲氰菊酯 5%、噻螨酮 2.5%/2014.12.24 至 2019.12.24/低毒
苹果树　红蜘蛛　50-75mg/kg　喷雾
PD20100198　高效氯氰菊酯/4.5%/乳油/高效氯氰菊酯 4.5%/2015.01.05 至 2020.01.05/低毒
甘蓝　菜青虫　13.5-22.5克/公顷　喷雾
韭菜　迟眼蕈蚊　6.75-13.5克/公顷　喷雾
PD20100301　乙草胺/81.5%/乳油/乙草胺 81.5%/2015.01.11 至 2020.01.11/低毒
玉米田　一年生禾本科杂草及小粒阔叶杂草　100-120毫升制剂/亩(东北地区)80-100毫升制剂/亩(其它地区)　播后苗前土壤喷雾
PD20100331　吡虫啉/10%/可湿性粉剂/吡虫啉 10%/2015.01.11 至 2020.01.11/低毒
水稻　稻飞虱　15-30克/公顷　喷雾
PD20100516　炔螨·矿物油/73%/乳油/矿物油 33%、炔螨特 40%/2015.01.14 至 2020.01.14/低毒
柑橘树　红蜘蛛　182.5-243.3毫克/千克　喷雾
PD20100561　辛硫磷/40%/乳油/辛硫磷 40%/2015.01.14 至 2020.01.14/低毒
棉花　棉铃虫　300-600克/公顷　喷雾
PD20100813　灭线磷/10%/颗粒剂/灭线磷 10%/2015.01.19 至 2020.01.19/中等毒
水稻　稻瘿蚊　1500-1800克/公顷　拌毒土撒施
PD20101047　甲氨基阿维菌素苯甲酸盐(0.57%)///微乳剂/甲氨基阿维菌素 0.5%/2015.01.21 至 2020.01.21/低毒
甘蓝　甜菜夜蛾　26.4-35毫升制剂/亩　喷雾
PD20132308　阿维菌素/5%/乳油/阿维菌素 5%/2013.11.08 至 2018.11.08/中等毒(原药高毒)
甘蓝　小菜蛾　8.1-10.8克/公顷　喷雾
PD20141668　石硫合剂/45%/结晶/石硫合剂 45%/2014.06.27 至 2019.06.27/中等毒
柑橘树　介壳虫　1125-1300毫克/千克　喷雾

山东东营胜德制罐有限公司　(山东省东营市东营区东二路283号　257055　0546-8736871)

WP20080597　杀虫气雾剂/0.13%/气雾剂/胺菊酯 0.10%、高效氯氰菊酯 0.03%/2013.12.30 至 2018.12.30/低毒
卫生　蜚蠊、蚊、蝇　/　喷雾
WP20090189　杀虫气雾剂/0.3%/气雾剂/胺菊酯 0.25%、右旋苯醚菊酯 0.05%/2014.03.23 至 2019.03.23/微毒
卫生　蚊、蝇　/　喷雾
WP20090195　杀蟑饵剂/0.8%/饵剂/杀螟硫磷 0.8%/2014.03.23 至 2019.03.23/低毒
卫生　蜚蠊　/　投放
WP20090271　电热蚊香片/9毫克/片/电热蚊香片/炔丙菊酯 9毫克/片/2014.05.18 至 2019.05.18/低毒
卫生　蚊　/　电热加温
WP20090354　蚊香/0.2%/蚊香/富右旋反式烯丙菊酯 0.2%/2014.11.03 至 2019.11.03/微毒
卫生　蚊　/　点燃

山东东营胜利绿野农药化工有限公司　(山东省东营市河口区仙河镇(孤东油区)　257237　0546-8584229)

PD20081074　甲草胺/43%/乳油/甲草胺 43%/2013.08.14 至 2018.08.14/低毒
夏大豆田　部分阔叶杂草、一年生禾本科杂草　1290-1935克/公顷　播后苗前喷雾
PD20091641　甲草胺/95%/原药/甲草胺 95%/2014.02.03 至 2019.02.03/低毒

山东东远生物科技有限公司　(山东省泰安市宁阳县东疏镇刘茂工业园　271400　0538-5483666)

PD20081067　辛硫·甲拌磷/10%/微粒剂/甲拌磷 4%、辛硫磷 6%/2013.08.14 至 2018.08.14/高毒
小麦　地下害虫　200-300克/100千克种子　拌种
PD20083230　辛硫磷/3%/颗粒剂/辛硫磷 3%/2013.12.11 至 2018.12.11/低毒
花生　地下害虫　2700－3600克/公顷　撒施
PD20085946　氰戊·辛硫磷/25%/乳油/氰戊菊酯 6.25%、辛硫磷 18.75%/2013.12.29 至 2018.12.29/中等毒
棉花　棉铃虫　225-300克/公顷　喷雾
PD20091831　氰戊·马拉松/20%/乳油/马拉硫磷 15%、氰戊菊酯 5%/2014.02.06 至 2019.02.06/中等毒
苹果树　桃小食心虫　133-200毫克/千克　喷雾

PD20100507　氯氰菊酯/5%/乳油/氯氰菊酯 5%/2015.01.14 至 2020.01.14/低毒
甘蓝　菜青虫　15-18.75克/公顷　喷雾
PD20110452　草甘膦/30%/水剂/草甘膦 30%/2011.04.21 至 2016.04.21/低毒
柑橘园　一年生和多年生杂草　1125-2250克/公顷(以酸计)　定向茎叶喷雾
PD20110533　乙铝·锰锌/50%/可湿性粉剂/代森锰锌 22%、三乙膦酸铝 28%/2011.05.12 至 2016.05.12/低毒
黄瓜　霜霉病　900-1400克/公顷　喷雾
PD20121541　阿维·矿物油/24.5%/乳油/阿维菌素 0.2%、矿物油 24.3%/2012.10.17 至 2017.10.17/低毒(原药高毒)
甘蓝　小菜蛾　147-220.5克/公顷　喷雾

山东丰倍尔生物科技有限公司　(山东省诸城市经济开发区横五路东段　262200　0536-6320320)

PD20130648　甲氨基阿维菌素苯甲酸盐/0.5%/微乳剂/甲氨基阿维菌素 0.5%/2013.04.07 至 2018.04.07/低毒
甘蓝　甜菜夜蛾　1.5-3毫克/千克　喷雾
注:甲氨基阿维菌素苯甲酸盐含量: 0.57%。
PD20131578　烟嘧·莠去津/23%/可分散油悬浮剂/烟嘧磺隆 3%、莠去津 20%/2013.07.23 至 2018.07.23/低毒
玉米田　一年生杂草　310.5-414克/公顷（夏）362.25-465.75克/公顷（春）　茎叶喷雾
PD20131601　阿维菌素/5%/乳油/阿维菌素 5%/2013.07.29 至 2018.07.29/中等毒(原药高毒)
甘蓝　小菜蛾　6-9克/公顷　喷雾
PD20132719　高效氯氟氰菊酯/5%/微乳剂/高效氯氟氰菊酯 5%/2013.12.30 至 2018.12.30/中等毒
甘蓝　菜青虫　9-13.5克/公顷　喷雾
PD20151936　马拉硫磷/45%/乳油/马拉硫磷 45%/2015.08.30 至 2020.08.30/低毒
棉花　盲蝽蟓　540-675克/公顷　喷雾
PD20152180　草甘膦异丙胺盐/30%/水剂/草甘膦 30%/2015.09.22 至 2020.09.22/低毒
柑橘树　杂草　900-1800克/公顷　定向喷雾
注:草甘膦异丙胺盐含量: 41%。

山东丰禾立健生物科技有限公司　(山东省济南市济阳县济北开发区仁和街工业北路　250100　0531-88611000)

PD20083993　三唑磷/20%/乳油/三唑磷 20%/2013.12.16 至 2018.12.16/中等毒
水稻　三化螟　300-450克/公顷　喷雾
PD20084042　异丙威/2%/粉剂/异丙威 2%/2013.12.16 至 2018.12.16/中等毒
水稻　叶蝉　450-900克/公顷　喷粉
PD20084201　异丙威/20%/乳油/异丙威 20%/2013.12.16 至 2018.12.16/中等毒
水稻　叶蝉　450-600克/公顷　喷雾
PD20084371　联苯菊酯/25克/升/乳油/联苯菊酯 25克/升/2013.12.17 至 2018.12.17/低毒
茶树　茶小绿叶蝉　30-37.5克/公顷　喷雾
PD20084568　高效氯氟氰菊酯/25克/升/乳油/高效氯氟氰菊酯 25克/升/2013.12.18 至 2018.12.18/中等毒
十字花科蔬菜　菜青虫　7.5-11.25克/公顷　喷雾
小麦　蚜虫　6-7.5克/公顷　喷雾
PD20084638　多菌灵/80%/可湿性粉剂/多菌灵 80%/2013.12.18 至 2018.12.18/低毒
花生　倒秧病　750-900克/公顷　喷雾
PD20086059　福·福锌/80%/可湿性粉剂/福美双 30%、福美锌 50%/2013.12.30 至 2018.12.30/低毒
黄瓜　炭疽病　1500-1800克/公顷　喷雾
PD20090935　高效氟吡甲禾灵/108克/升/乳油/高效氟吡甲禾灵 108克/升/2014.01.19 至 2019.01.19/低毒
大豆田　一年生禾本科杂草　48.6-72.9克/公顷　茎叶喷雾
PD20091542　异菌脲/50%/可湿性粉剂/异菌脲 50%/2014.02.03 至 2019.02.03/低毒
番茄　早疫病　562.5-750克/公顷　喷雾
PD20093090　甲基硫菌灵/70%/可湿性粉剂/甲基硫菌灵 70%/2014.03.09 至 2019.03.09/微毒
番茄　叶霉病　375-562.5克/公顷　喷雾
PD20096550　毒死蜱/40%/乳油/毒死蜱 40%/2014.08.24 至 2019.08.24/中等毒
棉花　棉铃虫　450-900克/公顷　喷雾
PD20097854　高氯·辛硫磷/20%/乳油/高效氯氰菊酯 1.5%、辛硫磷 18.5%/2014.11.20 至 2019.11.20/低毒
棉花　棉铃虫　262.5-300克/公顷　喷雾
PD20110963　甲氨基阿维菌素苯甲酸盐/3%/微乳剂/甲氨基阿维菌素 3%/2011.09.08 至 2016.09.08/低毒
甘蓝　甜菜夜蛾　1.8-2.25克/公顷　喷雾
注:甲氨基阿维菌素苯甲酸盐含量:3.4%。
PD20120289　阿维菌素/5%/乳油/阿维菌素 5%/2012.02.17 至 2017.02.17/低毒(原药高毒)
甘蓝　小菜蛾　8.1-10.8克/公顷　喷雾
PD20121567　啶虫脒/5%/乳油/啶虫脒 5%/2012.10.25 至 2017.10.25/低毒
柑橘树　蚜虫　8.33-12.5毫克/千克　喷雾
萝卜　黄条跳甲　45-90克/公顷　喷雾
芹菜　蚜虫　18-27克/公顷　喷雾
PD20121749　阿维·高氯/2%/乳油/阿维菌素 0.45%、高效氯氰菊酯 1.55%/2012.11.15 至 2017.11.15/低毒(原药高毒)
梨树　梨木虱　6-12毫克/千克　喷雾
PD20130328　吡虫啉/30%/微乳剂/吡虫啉 30%/2013.03.05 至 2018.03.05/低毒
甘蓝　蚜虫　22.5-30克/公顷　喷雾

PD20130936 草甘膦铵盐/80%/可溶粒剂/草甘膦 80%/2013.05.02 至 2018.05.02/低毒
非耕地 杂草 1560-2040克/公顷 茎叶喷雾
注:草甘膦铵盐含量:88.8%。
PD20131249 烯酰·锰锌/69%/可湿性粉剂/代森锰锌 60%、烯酰吗啉 9%/2013.06.03 至 2018.06.03/低毒
黄瓜 霜霉病 1035-1397克/公顷 喷雾
PD20140041 戊唑·丙森锌/48%/可湿性粉剂/丙森锌 38%、戊唑醇 10%/2014.01.02 至 2019.01.02/低毒
苹果树 斑点落叶病 360-480毫克/千克 喷雾
PD20140659 苯醚甲环唑/10%/悬浮剂/苯醚甲环唑 10%/2014.03.14 至 2019.03.14/低毒
苹果树 斑点落叶病 50-66.7毫克/千克 喷雾
PD20140838 噻虫嗪/25%/水分散粒剂/噻虫嗪 25%/2014.04.08 至 2019.04.08/低毒
棉花 蚜虫 22.5-30克/公顷 喷雾
芹菜 蚜虫 15-30克/公顷 喷雾
PD20142281 苯甲·多菌灵/40%/悬浮剂/苯醚甲环唑 5%、多菌灵 35%/2014.10.21 至 2019.10.21/低毒
苹果树 轮纹病 200-266.4毫克/千克 喷雾
PD20150271 螺螨酯/34%/悬浮剂/螺螨酯 34%/2015.02.03 至 2020.02.03/微毒
柑橘树 红蜘蛛 40-60毫克/千克 喷雾
PD20150529 吡蚜酮/50%/可湿性粉剂/吡蚜酮 50%/2015.03.23 至 2020.03.23/低毒
水稻 稻飞虱 75-90克/公顷 喷雾
PD20151231 苯甲·吡虫啉/26%/悬浮种衣剂/苯醚甲环唑 1.5%、吡虫啉 24.5%/2015.07.30 至 2020.07.30/低毒
小麦 全蚀病、散黑穗病、纹枯病、蚜虫 234-312克/100千克种子 种子包衣
PD20151784 嘧菌酯/25%/悬浮剂/嘧菌酯 25%/2015.08.28 至 2020.08.28/低毒
柑橘树 疮痂病 250-312.5毫克/千克 喷雾

山东丰泽化工有限公司 (山东省阳谷县经济开发区 252300 0635-2951888)

PD20090865 精喹禾灵/5%/乳油/精喹禾灵 50克/升/2014.01.19 至 2019.01.19/低毒
大豆田 一年生禾本科杂草 37.5-60克/公顷 茎叶喷雾
PD20096158 高效氟吡甲禾灵/108克/升/乳油/高效氟吡甲禾灵 108克/升/2014.06.24 至 2019.06.24/低毒
大豆田 一年生禾本科杂草 48.6-72.9克/公顷 茎叶喷雾
PD20098106 毒死蜱/40%/乳油/毒死蜱 40%/2014.12.08 至 2019.12.08/中等毒
水稻 稻纵卷叶螟 62.5-83.5毫升制剂/亩 喷雾
PD20098204 二甲戊灵/330克/升/乳油/二甲戊灵 330克/升/2014.12.16 至 2019.12.16/低毒
棉花田 一年生杂草 945-1260克/公顷 土壤喷雾
PD20110464 精喹禾灵/10%/乳油/精喹禾灵 10%/2011.04.22 至 2016.04.22/低毒
春大豆田 一年生禾本科杂草 48.6-81.0克/公顷 茎叶喷雾
夏大豆田 一年生禾本科杂草 64.8-81.0克/公顷 茎叶喷雾
PD20110487 草甘膦异丙胺盐/30%/水剂/草甘膦 30%/2011.05.03 至 2016.05.03/低毒
柑橘园 杂草 1125-1575克/公顷 定向茎叶喷雾
注:草甘膦异丙胺盐含量：41%。
PD20110720 氟磺胺草醚/250克/升/水剂/氟磺胺草醚 250克/升/2011.07.07 至 2016.07.07/低毒
大豆田 一年生阔叶杂草 262.5-375克/公顷(东北地区);187.5-262.5克/公顷(其他地区) 茎叶喷雾

山东福川生物科技有限公司 (山东省德州市德武开发工业园区 253314 0534-6597555)

PD20060108 三唑酮/20%/乳油/三唑酮 20%/2011.06.13 至 2016.06.13/低毒
小麦 白粉病 120-127.5克/公顷 喷雾
PD20083566 硫磺·多菌灵/50%/悬浮剂/多菌灵 15%、硫磺 35%/2013.12.12 至 2018.12.12/低毒
花生 叶斑病 1200-1800克/公顷 喷雾

山东福牌生物科技有限公司 (山东省滨州市滨城区杨柳雪镇北外环路299号院内 256500 0543-3291819)

PD20093827 氯氰·敌敌畏/20%/乳油/敌敌畏 18%、氯氰菊酯 2%/2014.03.25 至 2019.03.25/中等毒
棉花 棉铃虫 170-255克/公顷 喷雾
PD20151034 阿维菌素/5%/乳油/阿维菌素 5%/2015.06.14 至 2020.06.14/中等毒(原药高毒)
甘蓝 小菜蛾 7.5~9克/公顷 喷雾

山东福瑞德化工有限公司 (山东省济南市历城区华信路15号 250100 0531-88906442)

PD20084511 福·福锌/40%/可湿性粉剂/福美双 15%、福美锌 25%/2013.12.18 至 2018.12.18/低毒
西瓜 炭疽病 1500-1800克/公顷 喷雾
PD20091640 联苯菊酯/25克/升/乳油/联苯菊酯 25克/升/2014.02.03 至 2019.02.03/低毒
茶树 茶小绿叶蝉 30-37.5克/公顷 喷雾
PD20094787 多·福/60%/可湿性粉剂/多菌灵 30%、福美双 30%/2014.04.13 至 2019.04.13/低毒
梨树 黑星病 1000-1500毫克/千克 喷雾
PD20095563 多·锰锌/50%/可湿性粉剂/多菌灵 20%、代森锰锌 30%/2014.05.12 至 2019.05.12/低毒
梨树 黑星病 1000-1250毫克/千克 喷雾
PD20096090 高效氯氟氰菊酯/25克/升/乳油/高效氯氟氰菊酯 25克/升/2014.06.18 至 2019.06.18/中等毒
十字花科蔬菜 菜青虫 6.75-9.375克/公顷 喷雾
PD20098259 福·福锌/80%/可湿性粉剂/福美双 30%、福美锌 50%/2014.12.16 至 2019.12.16/低毒
黄瓜 炭疽病 1650-1800克/公顷 喷雾

PD20098371 氯氰·敌敌畏/10%/乳油/敌敌畏 8%、氯氰菊酯 2%/2014.12.18 至 2019.12.18/中等毒
甘蓝 蚜虫 60-75克/公顷 喷雾
PD20100225 辛硫·矿物油/40%/乳油/矿物油 25%、辛硫磷 15%/2015.01.11 至 2020.01.11/低毒
甘蓝 菜青虫 360-780克/公顷 喷雾
PD20100270 高氯·矿物油/35%/乳油/高效氯氰菊酯 2.5%、矿物油 32.5%/2015.01.11 至 2020.01.11/低毒
黄瓜 蚜虫 210-315克/公顷 喷雾
PD20100514 福美双/50%/可湿性粉剂/福美双 50%/2015.01.14 至 2020.01.14/低毒
黄瓜 霜霉病 900－1200克/公顷 喷雾
PD20100838 辛硫·三唑磷/20%/乳油/三唑磷 10%、辛硫磷 10%/2015.01.19 至 2020.01.19/低毒
水稻 二化螟 390-480克/公顷 喷雾
PD20101984 辛硫磷/40%/乳油/辛硫磷 40%/2015.09.25 至 2020.09.25/低毒
甘蓝 菜青虫 135-270克/公顷 喷雾
PD20102001 氯氰菊酯/5%/乳油/氯氰菊酯 5%/2015.09.25 至 2020.09.25/低毒
甘蓝 菜青虫 15-18.75克/公顷 喷雾

山东富安集团农药有限公司 （山东省淄博市博山区五龙北路7号 255200 0533-4201564）

PD84119-11 代森铵/45%/水剂/代森铵 45%/2015.01.11 至 2020.01.11/中等毒
白菜、黄瓜 霜霉病 525克/公顷 喷雾
甘薯 黑斑病 200-400倍液 浸种
谷子 白发病 180-360倍液 浸种
水稻 白叶枯病、纹枯病 337.5克/公顷 喷雾
水稻 稻瘟病 535-675克/公顷 喷雾
橡胶树 条溃疡病 150倍液 涂抹
玉米 大斑病、小斑病 525-675克/公顷 喷雾
PD85151-3 2,4-滴丁酯/57%/乳油/2,4-滴丁酯 57%/2010.06.23 至 2015.06.23/低毒
谷子、小麦 双子叶杂草 525克/公顷 喷雾
水稻 双子叶杂草 300-525克/公顷 喷雾
玉米 双子叶杂草 1)1050克/公顷2)450-525克/公顷 1)苗前土壤处理2)喷雾
PD20040357 吡虫啉/5%/乳油/吡虫啉 5%/2014.12.19 至 2019.12.19/低毒
棉花 蚜虫 11.25-18.75克/公顷 喷雾
PD20091889 高氯·马/20%/乳油/高效氯氰菊酯 1.5%、马拉硫磷 18.5%/2014.02.09 至 2019.02.09/中等毒
苹果树 桃小食心虫 133-200毫克/千克 喷雾
PD20092404 硫磺·多菌灵/50%/可湿性粉剂/多菌灵 15%、硫磺 35%/2014.02.25 至 2019.02.25/低毒
花生 叶斑病 1200-1800克/公顷 喷雾
PD20093095 乙铝·锰锌/50%/可湿性粉剂/代森锰锌 27%、三乙膦酸铝 23%/2014.03.09 至 2019.03.09/低毒
黄瓜 霜霉病 937-1400克/公顷 喷雾
PD20093111 硫磺·多菌灵/42%/悬浮剂/多菌灵 7%、硫磺 35%/2014.03.10 至 2019.03.10/低毒
黄瓜 白粉病 1575-2363克/公顷 喷雾
PD20093414 硫磺·三唑酮/20%/可湿性粉剂/硫磺 10%、三唑酮 10%/2014.03.20 至 2019.03.20/低毒
小麦 白粉病 180-240克/公顷 喷雾
PD20094178 代森锰锌/80%/可湿性粉剂/代森锰锌 80%/2014.03.27 至 2019.03.27/低毒
番茄 早疫病 1845-2370克/公顷 喷雾
PD20094606 甲硫·福美双/70%/可湿性粉剂/福美双 40%、甲基硫菌灵 30%/2014.04.10 至 2019.04.10/低毒
苹果树 轮纹病 800-1500倍液 喷雾
PD20095029 多·锰锌/50%/可湿性粉剂/多菌灵 8%、代森锰锌 42%/2014.04.21 至 2019.04.21/低毒
苹果树 斑点落叶病 1000-1250毫克/千克 喷雾
PD20095496 异丙草·莠/40%/悬乳剂/异丙草胺 24%、莠去津 16%/2014.05.11 至 2019.05.11/低毒
玉米田 一年生杂草 夏玉米：1200－1500克/公顷；春玉米：1800-2400克/公顷 播后苗前土壤喷雾
PD20101798 阿维·矿物油/24.5%/乳油/阿维菌素 0.2%、柴油 24.3%/2010.07.13 至 2015.07.13/低毒(原药高毒)
柑橘树 红蜘蛛 123-245毫克/千克 喷雾
PD20121427 吡虫啉/350克/升/悬浮剂/吡虫啉 350克/升/2012.09.29 至 2017.09.29/低毒
甘蓝 蚜虫 15.75-26.25克/公顷 喷雾
LS20120341 苯磺隆/10%/可分散油悬浮剂/苯磺隆 10%/2014.10.08 至 2015.10.08/低毒
小麦田 一年生阔叶杂草 13.5-22.5克/公顷 茎叶喷雾

山东富邦农业科技开发有限公司 （山东省济阳县孙耿镇辛集村48号 250101 0531-88118088）

PD20132514 高氯·甲维盐/4.2%/乳油/高效氯氰菊酯 4%、甲氨基阿维菌素苯甲酸盐 0.2%/2013.12.16 至 2018.12.16/低毒
甘蓝 甜菜夜蛾 22.05-28.35克/公顷 喷雾
PD20132534 啶虫脒/70%/水分散粒剂/啶虫脒 70%/2013.12.16 至 2018.12.16/低毒
黄瓜 蚜虫 21-26.25克/公顷 喷雾
PD20132643 甲氨基阿维菌素苯甲酸盐/2%/乳油/甲氨基阿维菌素 2%/2013.12.20 至 2018.12.20/低毒
甘蓝 甜菜夜蛾 2.55-3.825克/公顷 喷雾
注:甲氨基阿维菌素苯甲酸盐含量:2.3%。

PD20140001 烯酰吗啉/80%/水分散粒剂/烯酰吗啉 80%/2014.01.02 至 2019.01.02/低毒
黄瓜 霜霉病 240-300克/公顷 喷雾
PD20140205 吡虫啉/600克/升/悬浮剂/吡虫啉 600克/升/2014.01.29 至 2019.01.29/低毒
水稻 稻飞虱 36-45克/公顷 喷雾
PD20142302 苯醚甲环唑/40%/悬浮剂/苯醚甲环唑 40%/2014.11.03 至 2019.11.03/微毒
西瓜 炭疽病 90-120克/公顷 喷雾
PD20142496 己唑醇/25%/悬浮剂/己唑醇 25%/2014.11.21 至 2019.11.21/微毒
黄瓜 白粉病 30-37.5克/公顷 喷雾

山东富先达农药有限公司 (山东省青州市朱良镇曲屯村西(济寿路14公里处) 262511 0533-7809688)

PD20121331 啶虫脒/5%/乳油/啶虫脒 5%/2012.09.11 至 2017.09.11/低毒
苹果 蚜虫 12-15毫克/千克 喷雾

山东光扬生物科技有限公司 (山东省济南市高新区世纪大道15612号理想嘉园2#16楼 250101 0531-88888460)

PD20090922 毒死蜱/40%/乳油/毒死蜱 40%/2014.01.19 至 2019.01.19/中等毒
水稻 二化螟 504-648克/公顷 喷雾
PD20091045 多菌灵/40%/可湿性粉剂/多菌灵 40%/2014.01.21 至 2019.01.21/低毒
苹果树 轮纹病 750-1000毫克/千克 喷雾
PD20096370 氯氟氰菊酯/25克/升/乳油/氯氟氰菊酯 25克/升/2014.08.04 至 2019.08.04/中等毒
烟草 烟青虫 6.25-8.3毫克/千克 喷雾
PD20096796 炔螨特/57%/乳油/炔螨特 57%/2014.09.15 至 2019.09.15/低毒
柑橘树 红蜘蛛 285-380毫克/千克 喷雾
PD20101974 甲氨基阿维菌素苯甲酸盐(1.14%)///乳油/甲氨基阿维菌素 1%/2015.09.21 至 2020.09.21/低毒
甘蓝 小菜蛾 1.5-3克/公顷 喷雾
PD20132121 吡虫啉/600克/升/悬浮剂/吡虫啉 600克/升/2013.10.24 至 2018.10.24/低毒
水稻 稻飞虱 27-45克/公顷 喷雾
PD20141084 甲氨基阿维菌素苯甲酸盐/5%/悬浮剂/甲氨基阿维菌素 5%/2014.04.27 至 2019.04.27/低毒
水稻 稻纵卷叶螟 7.5～11.25克/公顷 喷雾
注:甲氨基阿维菌素苯甲酸盐含量: 5.7%。
PD20142359 烟嘧·莠·氯吡/30%/可分散油悬浮剂/氯氟吡氧乙酸 5%、烟嘧磺隆 3%、莠去津 22%/2014.11.04 至 2019.11.04/低毒
玉米田 一年生杂草 360～540克/公顷 茎叶喷雾
PD20150705 硝磺·莠去津/25%/可分散油悬浮剂/莠去津 20%、硝磺草酮 5%/2015.04.20 至 2020.04.20/低毒
玉米田 一年生杂草 450-750克/公顷 茎叶喷雾
PD20150985 唑草酮/40%/水分散粒剂/唑草酮 40%/2015.06.11 至 2020.06.11/低毒
小麦田 一年生阔叶杂草 24-36克/公顷 茎叶喷雾
PD20152607 双氟磺草胺/50克/升/悬浮剂/双氟磺草胺 50克/升/2015.12.17 至 2020.12.17/低毒
冬小麦田 一年生阔叶杂草 3.75-4.5克/公顷 茎叶喷雾

山东贵合生物科技有限公司 (山东省阳谷县阿城镇大洼里村(阿城镇工业园) 252300 0635-2951999)

PD20085068 氯氰菊酯/50克/升/乳油/氯氰菊酯 50克/升/2013.12.23 至 2018.12.23/低毒
甘蓝 菜青虫 37.5-52.5克/公顷 喷雾
PD20085101 联苯菊酯/25克/升/乳油/联苯菊酯 25克/升/2013.12.23 至 2018.12.23/低毒
茶树 茶尺蠖 7.5-15克/公顷 喷雾
PD20094009 高效氯氟氰菊酯/25克/升/乳油/高效氯氟氰菊酯 25克/升/2014.03.27 至 2019.03.27/中等毒
十字花科蔬菜 蚜虫 7.5-15克/公顷 喷雾
PD20098233 吡虫啉/20%/可溶液剂/吡虫啉 20%/2014.12.16 至 2019.12.16/低毒
烟草 蚜虫 37.5-45克/公顷 喷雾
PD20100234 炔螨特/57%/乳油/炔螨特 57%/2015.01.11 至 2020.01.11/低毒
柑橘树 红蜘蛛 285-380毫克/千克 喷雾
PD20100618 苏云金杆菌/16000IU/毫克/可湿性粉剂/苏云金杆菌 16000IU/毫克/2015.01.14 至 2020.01.14/低毒
甘蓝 菜青虫 40-50克制剂/亩 喷雾
PD20101015 福美双/50%/可湿性粉剂/福美双 50%/2015.01.20 至 2020.01.20/低毒
黄瓜 白粉病 600－900克/公顷 喷雾
PD20101375 杀扑磷/40%/乳油/杀扑磷 40%/2015.04.02 至 2015.09.30/高毒
柑橘树 介壳虫 200-400毫克/千克 喷雾
PD20101820 甲氨基阿维菌素苯甲酸盐(1.14%)///乳油/甲氨基阿维菌素 1%/2015.07.19 至 2020.07.19/低毒
甘蓝 小菜蛾 1.5-2.25克/公顷 喷雾
PD20110729 阿维·氟铃脲/5%/乳油/阿维菌素 2%、氟铃脲 3%/2011.07.11 至 2016.07.11/低毒(原药高毒)
甘蓝 小菜蛾 23.625-31.5克/公顷 喷雾
PD20110976 毒死蜱/30%/微囊悬浮剂/毒死蜱 30%/2011.09.14 至 2016.09.14/低毒
棉花 斜纹夜蛾 292.5-427.5克/公顷 喷雾
PD20111140 烯酰吗啉/80%/水分散粒剂/烯酰吗啉 80%/2011.11.03 至 2016.11.03/低毒
黄瓜 霜霉病 225－300克/公顷 喷雾
PD20121481 乙草胺/25%/微囊悬浮剂/乙草胺 25%/2012.10.08 至 2017.10.08/低毒
玉米田 一年生禾本科杂草及部分阔叶杂草 1125-1500克/公顷 播后苗前土壤喷雾
PD20121620 氯氟吡氧乙酸/200克/升/乳油/氯氟吡氧乙酸 200克/升/2012.10.30 至 2017.10.30/低毒

冬小麦田　一年生阔叶杂草　150-200克/公顷　茎叶喷雾
注:氯氟吡氧乙酸异辛酯含量:288克/升。
PD20130657　苯醚甲环唑/40%/乳油/苯醚甲环唑 40%/2013.04.08 至 2018.04.08/低毒
梨树　黑星病　40-50毫克/千克　喷雾
PD20130684　甲霜·醚菌酯/65%/可湿性粉剂/甲霜灵 50%、醚菌酯 15%/2013.04.09 至 2018.04.09/低毒
黄瓜　霜霉病　585-975克/公顷　喷雾
PD20131057　苯醚·咪鲜胺/70%/可湿性粉剂/苯醚甲环唑 30%、咪鲜胺 40%/2013.05.20 至 2018.05.20/低毒
梨树　黑星病　140-175毫克/千克　喷雾
PD20131058　嘧霉·异菌脲/80%/可湿性粉剂/嘧霉胺 40%、异菌脲 40%/2013.05.20 至 2018.05.20/低毒
番茄　灰霉病　360－540克/公顷　喷雾
PD20131123　苯甲·醚菌酯/80%/可湿性粉剂/苯醚甲环唑 30%、醚菌酯 50%/2013.05.20 至 2018.05.20/低毒
西瓜　白粉病　120-180克/公顷　喷雾
PD20131141　草铵膦/200克/升/水剂/草铵膦 200克/升/2013.05.20 至 2018.05.20/低毒
非耕地　杂草　1350-1890克/公顷　茎叶喷雾
PD20131501　甲维·氟铃脲/3.5%/乳油/氟铃脲 2.5%、甲氨基阿维菌素苯甲酸盐 1%/2013.07.05 至 2018.07.05/低毒
甘蓝　小菜蛾　23.625-31.5克/公顷　喷雾
PD20141231　草铵膦/50%/水剂/草铵膦 50%/2014.05.07 至 2019.05.07/低毒
非耕地　一年生杂草　1350-1875克/公顷　茎叶喷雾
PD20150438　硝磺·莠去津/25%/可分散油悬浮剂/莠去津 20%、硝磺草酮 5%/2015.03.20 至 2020.03.20/低毒
玉米田　一年生杂草　600-750克/公顷　茎叶喷雾

山东国润生物农药有限责任公司　(山东省泰安市岱岳区范镇工业区　271033　0538-8681116)

PD20111108　阿维菌素/0.5%/颗粒剂/阿维菌素 0.5%/2011.10.18 至 2016.10.18/低毒(原药高毒)
黄瓜　根结线虫　225－262.5克/公顷　沟施、穴施
PD20120986　氨基寡糖素/2%/水剂/氨基寡糖素 2%/2012.06.21 至 2017.06.21/低毒
番茄　病毒病　64-80克/公顷　喷雾
PD20121044　高效氯氟氰菊酯/25克/升/乳油/高效氯氟氰菊酯 25克/升/2012.07.04 至 2017.07.04/中等毒
烟草　烟青虫　5.63-7.5毫克/千克　喷雾
PD20121330　阿维菌素/1.8%/乳油/阿维菌素 1.8%/2012.09.11 至 2017.09.11/低毒(原药高毒)
棉花　红蜘蛛　10.8-16.2克/公顷　喷雾
PD20132591　硫磺/50%/悬浮剂/硫磺 50%/2013.12.17 至 2018.12.17/低毒
黄瓜　白粉病　1500-1875克/公顷　喷雾
LS20130016　噻虫啉/2%/微囊悬浮剂/噻虫啉 2%/2015.01.07 至 2016.01.07/低毒
柳树、森林、松树　天牛　10-20毫克/千克　喷雾

山东哈维斯生化科技有限公司　(山东省青州市开发区　262500　0536-3522618)

PD20085199　腐霉利/50%/可湿性粉剂/腐霉利 50%/2013.12.23 至 2018.12.23/低毒
番茄　灰霉病　562.5-750克/公顷　喷雾
PD20085412　多菌灵/25%/可湿性粉剂/多菌灵 25%/2013.12.24 至 2018.12.24/低毒
水稻　纹枯病　675-825克/公顷　喷雾
PD20086041　三唑锡/25%/可湿性粉剂/三唑锡 25%/2013.12.29 至 2018.12.29/中等毒
苹果树　红蜘蛛　125-250毫克/千克　喷雾
PD20086222　代森锰锌/80%/可湿性粉剂/代森锰锌 80%/2013.12.31 至 2018.12.31/低毒
番茄　早疫病　1800-2400克/公顷　喷雾
PD20090044　异菌脲/50%/可湿性粉剂/异菌脲 50%/2014.01.06 至 2019.01.06/低毒
番茄　灰霉病　375-750克/公顷　喷雾
PD20091596　甲霜·锰锌/58%/可湿性粉剂/甲霜灵 10%、代森锰锌 48%/2014.02.03 至 2019.02.03/低毒
黄瓜　霜霉病　978-1632克/公顷　喷雾
PD20093124　三环唑/75%/可湿性粉剂/三环唑 75%/2014.03.10 至 2019.03.10/低毒
水稻　稻瘟病　225-300克/公顷　喷雾
PD20095350　乙烯利/40%/水剂/乙烯利 40%/2014.04.27 至 2019.04.27/低毒
棉花　催熟　800-1333毫克/千克　兑水喷雾
PD20097996　硫双威/75%/可湿性粉剂/硫双威 75%/2014.12.07 至 2019.12.07/中等毒
棉花　棉铃虫　337.5-506.25克/公顷　喷雾
PD20100468　唑螨酯/5%/悬浮剂/唑螨酯 5%/2015.01.14 至 2020.01.14/低毒
柑橘树　红蜘蛛　33.3-50毫克/千克　喷雾
PD20101743　虫酰肼/20%/悬浮剂/虫酰肼 20%/2010.06.28 至 2015.06.28/微毒
甘蓝　甜菜夜蛾　210-300克/公顷　喷雾
PD20110096　吡虫啉/20%/可溶液剂/吡虫啉 20%/2011.01.26 至 2016.01.26/低毒
甘蓝　蚜虫　7.5-10毫升/亩　喷雾
PD20131139　啶虫脒/5%/微乳剂/啶虫脒 5%/2013.05.20 至 2018.05.20/低毒
甘蓝　蚜虫　15－22.5克/公顷　喷雾

山东海而三利生物化工有限公司　(山东省诸城市开发区横五路西段北侧　262200　0536-6436333)

PD20085110　氰戊·马拉松/30%/乳油/马拉硫磷 22.5%、氰戊菊酯 7.5%/2013.12.23 至 2018.12.23/中等毒
苹果树　桃小食心虫　150-200毫克/千克　喷雾

PD20085891 甲·克/25%/悬浮种衣剂/甲拌磷 17%、克百威 8%/2013.12.29 至 2018.12.29/高毒
花生 地老虎、金针虫、蝼蛄、蛴螬 500-625克/100千克种子 种子包衣
PD20090160 克百·多菌灵/16%/悬浮种衣剂/多菌灵 10%、克百威 6%/2014.01.08 至 2019.01.08/高毒
小麦 金针虫、蝼蛄 1:30(药种比) 种子包衣
PD20091194 井冈·三唑酮/28%/可湿性粉剂/井冈霉素 8%、三唑酮 20%/2014.02.01 至 2019.02.01/低毒
小麦 纹枯病 280-420克/公顷 喷雾
PD20093025 异丙甲草胺/720克/升/乳油/异丙甲草胺 720克/升/2014.03.09 至 2019.03.09/低毒
春大豆田 一年生禾本科杂草及部分阔叶杂草 1620-2160克/公顷 土壤喷雾
PD20093569 甲基硫菌灵/70%/可湿性粉剂/甲基硫菌灵 70%/2014.03.23 至 2019.03.23/低毒
苹果树 轮纹病 700-875毫克/千克 喷雾
PD20094275 辛硫磷/40%/乳油/辛硫磷 40%/2014.03.31 至 2019.03.31/低毒
棉花 棉铃虫 450-600克/公顷 喷雾
PD20095597 仲丁灵/360克/升/乳油/仲丁灵 360克/升/2014.05.12 至 2019.05.12/低毒
烟草 抑制腋芽生长 54-72毫克/株 杯淋法
PD20098012 联苯菊酯/100克/升/乳油/联苯菊酯 100克/升/2014.12.07 至 2019.12.07/低毒
茶树 茶小绿叶蝉 20-25毫升制剂/亩 喷雾
PD20098363 吡虫啉/20%/可溶液剂/吡虫啉 20%/2014.12.18 至 2019.12.18/低毒
棉花 伏蚜 30-45克/公顷 喷雾
PD20100221 敌敌畏/80%/乳油/敌敌畏 80%/2015.01.11 至 2020.01.11/中等毒
苹果树 蚜虫 400-500mg/kg 喷雾
PD20100341 多菌灵/80%/可湿性粉剂/多菌灵 80%/2015.01.11 至 2020.01.11/低毒
苹果树 炭疽病 800－1000毫克/千克 喷雾
PD20101156 高效氯氟氰菊酯/25克/升/乳油/高效氯氰菊酯 25克/升/2015.01.25 至 2020.01.25/中等毒
甘蓝 菜青虫 30-40毫升制剂/亩 喷雾
PD20101702 马拉硫磷/45%/乳油/马拉硫磷 45%/2015.06.28 至 2020.06.28/低毒
水稻 飞虱 562.5-750克/公顷 喷雾
PD20110077 戊唑醇/2%/种子处理可分散粉剂/戊唑醇 2%/2011.01.21 至 2016.01.21/低毒
小麦 散黑穗病 2－3克/100公斤种子 拌种
玉米 丝黑穗病 8－12克/100公斤种子 拌种
PD20140657 甲氨基阿维菌素苯甲酸盐/1%/乳油/甲氨基阿维菌素 1%/2014.03.14 至 2019.03.14/低毒
甘蓝 小菜蛾 2.25-3.0克/公顷 喷雾
注:甲氨基阿维菌素苯甲酸盐含量: 1.14%。

山东海利尔化工有限公司 (山东省滨海市滨海经济开发区临港工业园 266109 0532-66961527)

PD20111266 吡虫啉/98%/原药/吡虫啉 98%/2011.11.23 至 2016.11.23/低毒
PD20111375 啶虫脒/99%/原药/啶虫脒 99%/2011.12.14 至 2016.12.14/中等毒
PD20122006 嘧菌酯/97%/原药/嘧菌酯 97%/2012.12.19 至 2017.12.19/低毒
PD20122077 噻虫嗪/98%/原药/噻虫嗪 98%/2012.12.24 至 2017.12.24/低毒
PD20130247 茚虫威/71.2%/原药/茚虫威 71.2%/2013.02.05 至 2018.02.05/低毒
PD20132375 噻虫嗪/30%/悬浮剂/噻虫嗪 30%/2013.11.20 至 2018.11.20/低毒
水稻 稻飞虱 9-18克/公顷 喷雾
PD20140156 螺螨酯/96%/原药/螺螨酯 96%/2014.01.28 至 2019.01.28/低毒
PD20141008 吡蚜酮/98%/原药/吡蚜酮 98%/2014.04.21 至 2019.04.21/低毒
PD20141435 吡蚜酮/50%/水分散粒剂/吡蚜酮 50%/2014.06.06 至 2019.06.06/低毒
水稻 稻飞虱 90-150克/公顷 喷雾
PD20150858 氰霜唑/95%/原药/氰霜唑 95%/2015.05.18 至 2020.05.18/低毒
PD20151210 氰霜唑/20%/悬浮剂/氰霜唑 20%/2015.07.30 至 2020.07.30/微毒
黄瓜 霜霉病 75-120克/公顷 喷雾
PD20151272 吡唑醚菌酯/98%/原药/吡唑醚菌酯 98%/2015.07.30 至 2020.07.30/低毒
PD20151442 苯醚甲环唑/40%/悬浮剂/苯醚甲环唑 40%/2015.07.30 至 2020.07.30/低毒
水稻 纹枯病 84-108克/公顷 喷雾
PD20151488 茚虫威/15%/悬浮剂/茚虫威 15%/2015.07.31 至 2020.07.31/低毒
水稻 稻纵卷叶螟 22.5-45克/公顷 喷雾
PD20151695 甲氨基阿维菌素/5%/悬浮剂/甲氨基阿维菌素 5%/2015.08.28 至 2020.08.28/低毒
水稻 稻纵卷叶螟 7.5-15克/公顷 喷雾
PD20151776 烯酰·嘧菌酯/30%/水分散粒剂/嘧菌酯 20%、烯酰吗啉 10%/2015.08.28 至 2020.08.28/低毒
黄瓜 霜霉病 225-315克/公顷 喷雾
PD20152572 苯甲·嘧菌酯/32.5%/悬浮剂/苯醚甲环唑 12.5%、嘧菌酯 20%/2015.12.06 至 2020.12.06/低毒
水稻 纹枯病 148-195克/公顷 喷雾
PD20152589 毒死蜱/15%/颗粒剂/毒死蜱 15%/2015.12.17 至 2020.12.17/低毒
花生 蛴螬 2250-3375克/公顷 撒施
LS20130487 呋虫胺/96%/原药/呋虫胺 96%/2015.11.08 至 2016.11.08/低毒

山东海利莱化工科技有限公司 (山东省沂南县铜井镇山旺庄村 276300 0539-3232777)

PD20084570 高氯·马/25%/乳油/高效氯氰菊酯 1%、马拉硫磷 24%/2013.12.18 至 2018.12.18/低毒

苹果树 桃小食心虫 167-250毫克/千克 喷雾
苹果树 黄蚜 125-167毫克/千克 喷雾
PD20085368 甲氰·辛硫磷/20%/乳油/甲氰菊酯 9%、辛硫磷 11%/2013.12.24 至 2018.12.24/中等毒
苹果树 山楂红蜘蛛、桃小食心虫 50-66.67毫克/千克 喷雾
苹果树 黄蚜 66.67-100毫克/千克 喷雾
PD20090455 硫丹·灭多威/20%/乳油/硫丹 10%、灭多威 10%/2014.01.12 至 2019.01.12/高毒
棉花 棉铃虫 100-150克/公顷 喷雾
PD20101334 络氨铜/25%/水剂/络氨铜 25%/2015.03.18 至 2020.03.18/低毒
番茄 蕨叶病 1000.5-1500克/公顷 喷雾
PD20151867 春雷·王铜/47%/可湿性粉剂/春雷霉素 2%、王铜 45%/2015.08.30 至 2020.08.30/低毒
柑橘树 溃疡病 625-940毫克/千克 喷雾
PD20151924 几丁聚糖/0.5%/可湿性粉剂/几丁聚糖 0.5%/2015.08.30 至 2020.08.30/低毒
黄瓜 白粉病、霜霉病 6-9克/公顷 喷雾
PD20152199 荧光假单胞杆菌/1000亿活孢子/克/可湿性粉剂/荧光假单胞杆菌 1000亿个/克/2015.09.23 至 2020.09.23/低毒
黄瓜 灰霉病、靶斑病 1000-1200克制剂/公顷 喷雾
水稻 稻瘟病 750-1000克制剂/公顷 喷雾

山东海立信农化有限公司 (山东省聊城市东昌府区李海务镇凤凰工业园 252000 0635-8570388)

PD20085817 甲硫·福美双/70%/可湿性粉剂/福美双 40%、甲基硫菌灵 30%/2013.12.29 至 2018.12.29/低毒
苹果树 轮纹病 700-1000倍液 喷雾
PD20090180 辛硫磷/1.5%/颗粒剂/辛硫磷 1.5%/2014.01.08 至 2019.01.08/低毒
玉米 玉米螟 112.5-168.75克/公顷 撒施(喇叭口)
PD20093273 硫磺·多菌灵/50%/可湿性粉剂/多菌灵 15%、硫磺 35%/2014.03.11 至 2019.03.11/低毒
花生 叶斑病 1200-1800克/公顷 喷雾
PD20093617 阿维·辛硫磷/10%/乳油/阿维菌素 0.1%、辛硫磷 9.9%/2014.03.25 至 2019.03.25/低毒(原药高毒)
十字花科蔬菜 小菜蛾 120-150克/公顷 喷雾
PD20093947 高效氯氟氰菊酯/25克/升/乳油/高效氯氟氰菊酯 25克/升/2014.03.27 至 2019.03.27/中等毒
棉花 棉铃虫 15-22.5克/公顷 喷雾
PD20096442 啶虫脒/5%/可湿性粉剂/啶虫脒 5%/2014.08.05 至 2019.08.05/低毒
甘蓝 蚜虫 13.5-22.5克/公顷 喷雾
PD20097214 烟嘧磺隆/40克/升/可分散油悬浮剂/烟嘧磺隆 40克/升/2014.10.19 至 2019.10.19/低毒
玉米田 一年生杂草 42-60克/公顷 茎叶喷雾
PD20100149 阿维·甲氰/1.8%/乳油/阿维菌素 0.2%、甲氰菊酯 1.6%/2015.01.05 至 2020.01.05/低毒(原药高毒)
甘蓝 菜青虫 5.4-8.1克/公顷 喷雾
PD20100462 哒螨灵/20%/可湿性粉剂/哒螨灵 20%/2015.01.14 至 2020.01.14/低毒
苹果树 红蜘蛛 50-80毫克/千克 喷雾
PD20101055 吡虫啉/10%/可湿性粉剂/吡虫啉 10%/2015.01.21 至 2020.01.21/低毒
水稻 稻飞虱 15-30克/公顷 喷雾
PD20101075 唑螨酯/5%/悬浮剂/唑螨酯 5%/2015.01.21 至 2020.01.21/中等毒
苹果树 红蜘蛛 20-25mg/kg 喷雾
PD20102194 甲氨基阿维菌素苯甲酸盐/0.5%/乳油/甲氨基阿维菌素 0.5%/2015.12.16 至 2020.12.16/低毒
甘蓝 甜菜夜蛾 2.25-3.0 喷雾
注:甲氨基阿维菌素苯甲酸盐含量: 0.57%。

山东海讯生物化学有限公司 (山东省济南市天桥区药山办事处大鲁庄居南 250032 0531-88904638)

PD20040552 哒螨灵/15%/乳油/哒螨灵 15%/2014.12.19 至 2019.12.19/中等毒
柑橘树 红蜘蛛 50-67毫克/千克 喷雾
PD20085218 马拉·高氯氟/37%/乳油/高效氯氰菊酯 0.8%、马拉硫磷 36.2%/2013.12.23 至 2018.12.23/中等毒
十字花科蔬菜 菜青虫 175.5-354克/公顷 喷雾
PD20085650 多·福/40%/可湿性粉剂/多菌灵 5%、福美双 35%/2013.12.26 至 2018.12.26/中等毒
葡萄 霜霉病 1000-1250毫克/千克 喷雾
PD20086248 苏云金杆菌/16000IU/毫克/可湿性粉剂/苏云金杆菌 16000IU/毫克/2013.12.31 至 2018.12.31/低毒
茶树 茶毛虫 400—800倍 喷雾
棉花 二代棉铃虫 3000—4500克制剂/公顷 喷雾
森林 松毛虫 600—800倍 喷雾
十字花科蔬菜 菜青虫 750—1500克制剂/公顷 喷雾
十字花科蔬菜 小菜蛾 1500—2250克制剂/公顷 喷雾
水稻 稻纵卷叶螟 3000—4500克制剂/公顷 喷雾
烟草 烟青虫 1500—3000克制剂/公顷 喷雾
玉米 玉米螟 1500—3000克制剂/公顷 加细沙灌心
枣树 枣尺蠖 600—800倍 喷雾
PD20090140 腈菌唑/12%/乳油/腈菌唑 12%/2014.01.08 至 2019.01.08/低毒
梨树 黑星病 30-40毫克/千克 喷雾
香蕉 叶斑病 120-150毫克/千克 喷雾
PD20090362 甲基硫菌灵/70%/可湿性粉剂/甲基硫菌灵 70%/2014.01.12 至 2019.01.12/低毒

苹果 轮纹病 700-875毫克/千克 喷雾

PD20091057 啶虫脒/5%/可湿性粉剂/啶虫脒 5%/2014.01.21 至 2019.01.21/低毒

柑橘树 蚜虫 8.6-12毫克/千克 喷雾

PD20092825 氯氰·辛硫磷/30%/乳油/氯氰菊酯 1.5%、辛硫磷 28.5%/2014.03.04 至 2019.03.04/中等毒

棉花 棉铃虫 270-337.5克/公顷 喷雾

PD20094351 多·福/50%/可湿性粉剂/多菌灵 6.5%、福美双 43.5%/2014.04.01 至 2019.04.01/低毒

梨树 黑星病 1000-1500毫克/千克 喷雾

葡萄 霜霉病 1000-1250毫克/千克 喷雾

PD20094404 甲硫·福美双/70%/可湿性粉剂/福美双 35%、甲基硫菌灵 35%/2014.04.01 至 2019.04.01/低毒

苹果树 轮纹病 700-875毫克/千克 喷雾

PD20096248 高氯·氟铃脲/5.7%/乳油/氟铃脲 1.9%、高效氯氰菊酯 3.8%/2014.07.15 至 2019.07.15/中等毒

甘蓝 小菜蛾 42.75-51.3克/公顷 喷雾

PD20096446 硫磺·锰锌/50%/可湿性粉剂/硫磺 35%、代森锰锌 15%/2014.08.05 至 2019.08.05/低毒

花生 叶斑病 1050-1312.5克/公顷 喷雾

PD20098124 吗胍·乙酸铜/20%/可湿性粉剂/盐酸吗啉胍 10%、乙酸铜 10%/2014.12.08 至 2019.12.08/低毒

番茄 病毒病 600-750克/公顷 喷雾

PD20098535 腐霉·福美双/50%/可湿性粉剂/腐霉利 10%、福美双 40%/2014.12.24 至 2019.12.24/低毒

番茄 灰霉病 750-900克/公顷 喷雾

PD20101204 烯酰·锰锌/69%/可湿性粉剂/代森锰锌 60%、烯酰吗啉 9%/2014.02.09 至 2019.02.09/低毒

黄瓜 霜霉病 1035-1380克/公顷 喷雾

PD20121313 吡虫啉/70%/可湿性粉剂/吡虫啉 70%/2012.09.11 至 2017.09.11/低毒

小麦 蚜虫 15-30克/公顷(南方地区)45-60克/公顷(北方地区) 喷雾

PD20142481 嘧菌酯/50%/水分散粒剂/嘧菌酯 50%/2014.11.19 至 2019.11.19/低毒

草坪 褐斑病 225-375克/公顷 喷雾

PD20150439 腐霉利/80%/可湿性粉剂/腐霉利 80%/2015.03.20 至 2020.03.20/低毒

番茄 灰霉病 600-720克/公顷 喷雾

PD20151848 甲基硫菌灵/80%/水分散粒剂/甲基硫菌灵 80%/2015.08.30 至 2020.08.30/低毒

苹果树 轮纹病 727-899毫克/千克 喷雾

PD20152079 代森锰锌/80%/水分散粒剂/代森锰锌 80%/2015.09.22 至 2020.09.22/低毒

苹果树 斑点落叶病 1000-1333毫克/千克 喷雾

PD20152582 氨基寡糖素/2%/水剂/氨基寡糖素 2%/2015.12.07 至 2020.12.07/低毒

番茄 晚疫病 15-18克/升 喷雾

山东韩农化学有限公司 (山东省青州市普通镇刘镇村 262507 0536-3802980)

PD20090606 甲氰菊酯/20%/乳油/甲氰菊酯 20%/2014.01.14 至 2019.01.14/低毒

苹果树 桃小食心虫 67-120毫克/千克 喷雾

PD20091227 三唑酮/25%/可湿性粉剂/三唑酮 25%/2014.02.01 至 2019.02.01/低毒

小麦 白粉病 100-127.5克/公顷 喷雾

PD20091279 联苯菊酯/25克/升/乳油/联苯菊酯 25克/升/2014.02.01 至 2019.02.01/中等毒

苹果树 叶螨 20-40毫克/千克 喷雾

PD20091432 代森锰锌/80%/可湿性粉剂/代森锰锌 80%/2014.02.02 至 2019.02.02/低毒

黄瓜 霜霉病 2700-3600克/公顷 喷雾

PD20091703 多菌灵/25%/可湿性粉剂/多菌灵 25%/2014.02.03 至 2019.02.03/微毒

小麦 赤霉病 750-900克/公顷 喷雾

PD20092339 代森锌/80%/可湿性粉剂/代森锌 80%/2014.02.24 至 2019.02.24/微毒

番茄 早疫病 2250-3600克/公顷 喷雾

PD20093178 高效氯氟氰菊酯/25克/升/乳油/高效氯氟氰菊酯 25克/升/2014.03.11 至 2019.03.11/中等毒

十字花科蔬菜 菜青虫 7.5-11.25克/公顷 喷雾

PD20093427 多·福/50%/可湿性粉剂/多菌灵 6.5%、福美双 43.5%/2014.03.23 至 2019.03.23/低毒

梨树 黑星病 1000-1500毫克/千克 喷雾

PD20093461 三唑锡/25%/可湿性粉剂/三唑锡 25%/2014.03.23 至 2019.03.23/低毒

柑橘树 红蜘蛛 125-250毫克/千克 喷雾

PD20093593 多·锰锌/50%/可湿性粉剂/多菌灵 8%、代森锰锌 42%/2014.03.23 至 2019.03.23/低毒

苹果树 斑点落叶病 1000-1250毫克/千克 喷雾

PD20095236 甲基硫菌灵/70%/可湿性粉剂/甲基硫菌灵 70%/2014.04.27 至 2019.04.27/低毒

小麦 赤霉病 900-1050克/公顷 喷雾

PD20100692 多抗霉素/3%/可湿性粉剂/多抗霉素 3%/2015.01.16 至 2020.01.16/微毒

番茄 晚疫病 160-270克/公顷 喷雾

PD20101761 福·福锌/80%/可湿性粉剂/福美双 30%、福美锌 50%/2015.07.07 至 2020.07.07/低毒

黄瓜 炭疽病 1500-1800克/公顷 喷雾

PD20110988 甲氨基阿维菌素苯甲酸盐/3%/微乳剂/甲氨基阿维菌素 3%/2011.09.21 至 2016.09.21/低毒

甘蓝 甜菜夜蛾 1.8-2.7克/公顷 喷雾

注:甲氨基阿维菌素苯甲酸盐含量：3.4%。

PD20130553 吡虫啉/10%/可湿性粉剂/吡虫啉 10%/2013.04.01 至 2018.04.01/低毒
小麦 蚜虫 15-30克/公顷(南方地区)45-60克/公顷(北方地区) 喷雾

山东汉兴化学工业有限公司 (山东省聊城市东阿县新聊滑路 252000 0635-3483369)

WP20110163 杀虫气雾剂/0.37%/气雾剂/胺菊酯 0.25%、氯菊酯 0.12%/2011.06.21 至 2016.06.21/微毒
卫生 蚊、蝇、蜚蠊 / 喷雾

WP20120197 蚊香/0.25%/蚊香/富右旋反式烯丙菊酯 0.25%/2012.10.25 至 2017.10.25/微毒
卫生 蚊 / 点燃

山东菏泽华宇日用化工有限公司 (山东省菏泽市中华东路南侧(何庄) 274000 0530-5338600)

WP20130150 蚊香/0.05%/蚊香/氯氟醚菊酯 0.05%/2013.07.05 至 2018.07.05/微毒
卫生 蚊 / 点燃

山东禾宜生物科技有限公司 (潍坊市滨海经济技术开发区华商路以东创新街以北 262700 0536-5339717)

PD20083449 三唑锡/25%/可湿性粉剂/三唑锡 25%/2013.12.12 至 2018.12.12/中等毒
苹果树 红蜘蛛 188-250毫克/千克 喷雾

PD20084301 噻嗪·异丙威/25%/可湿性粉剂/噻嗪酮 5%、异丙威 20%/2013.12.17 至 2018.12.17/低毒
水稻 稻飞虱 375-562.5克/公顷 喷雾

PD20084470 多菌灵/25%/可湿性粉剂/多菌灵 25%/2013.12.17 至 2018.12.17/低毒
苹果树 轮纹病 333-500毫克/千克 喷雾

PD20084476 甲基硫菌灵/50%/可湿性粉剂/甲基硫菌灵 50%/2013.12.17 至 2018.12.17/低毒
黄瓜 白粉病 337.5-506.25克/公顷 喷雾

PD20085497 代森锰锌/80%/可湿性粉剂/代森锰锌 80%/2013.12.25 至 2018.12.25/微毒
番茄 早疫病 1560-2520克/公顷 喷雾

PD20096788 异菌脲/50%/可湿性粉剂/异菌脲 50%/2014.09.15 至 2019.09.15/低毒
番茄 灰霉病 562.5-750克/公顷 喷雾

PD20097763 多·锰锌/60%/可湿性粉剂/多菌灵 20%、代森锰锌 40%/2014.11.12 至 2019.11.12/低毒
苹果树 斑点落叶病 1000—1250毫克/千克 喷雾

PD20098434 甲霜灵/95%/原药/甲霜灵 95%/2014.12.24 至 2019.12.24/低毒

PD20100135 吗胍·乙酸铜/20%/可湿性粉剂/盐酸吗啉胍 10%、乙酸铜 10%/2015.01.05 至 2020.01.05/低毒
番茄、辣椒 病毒病 360-540克/公顷 喷雾

PD20100280 乙铝·锰锌/70%/可湿性粉剂/代森锰锌 40%、三乙膦酸铝 30%/2015.01.11 至 2020.01.11/低毒
黄瓜 霜霉病 1400—2100克/公顷 喷雾

PD20100983 氟硅唑/95%/原药/氟硅唑 95%/2015.01.19 至 2020.01.19/低毒

PD20101059 戊唑醇/95%/原药/戊唑醇 95%/2015.01.21 至 2020.01.21/微毒

PD20110034 苯醚甲环唑/250克/升/乳油/苯醚甲环唑 250克/升/2016.01.07 至 2021.01.07/低毒
香蕉 叶斑病 83.3—125毫克/千克 喷雾

PD20110110 啶虫脒/40%/可溶粉剂/啶虫脒 40%/2016.01.26 至 2021.01.26/低毒
黄瓜 蚜虫 24-48克/公顷 喷雾

PD20120742 咪鲜胺/450克/升/水乳剂/咪鲜胺 450克/升/2012.05.03 至 2017.05.03/低毒
香蕉 冠腐病、炭疽病 250-500毫克/千克 浸果

PD20120853 戊唑醇/430克/升/悬浮剂/戊唑醇 430克/升/2012.05.22 至 2017.05.22/低毒
苹果树 轮纹病 72-108毫克/千克 喷雾

PD20120907 己唑醇/25%/悬浮剂/己唑醇 25%/2012.05.31 至 2017.05.31/低毒
黄瓜 白粉病 22-38克/公顷 喷雾

PD20121834 咪鲜胺/25%/水乳剂/咪鲜胺 25%/2012.11.22 至 2017.11.22/低毒
香蕉 冠腐病、炭疽病 333-500毫克/千克 浸果

PD20130181 氟硅唑/10%/水乳剂/氟硅唑 10%/2013.01.24 至 2018.01.24/低毒
番茄 叶霉病 60-75克/公顷 喷雾

PD20130182 戊唑·多菌灵/30%/悬浮剂/多菌灵 22%、戊唑醇 8%/2013.01.24 至 2018.01.24/低毒
苹果树 炭疽病 225-300毫克/千克 喷雾

PD20130649 甲硫·噁霉灵/56%/可湿性粉剂/噁霉灵 16%、甲基硫菌灵 40%/2013.04.07 至 2018.04.07/低毒
西瓜 枯萎病 700-933毫克/千克 灌根

PD20130721 松脂酸铜/23%/乳油/松脂酸铜 23%/2013.04.12 至 2018.04.12/低毒
柑橘树 溃疡病 250-400毫克/千克 喷雾

PD20130966 戊唑·异菌脲/30%/悬浮剂/戊唑醇 10%、异菌脲 20%/2013.05.02 至 2018.05.02/低毒
苹果树 斑点落叶病 50-60毫克/千克 喷雾

PD20130981 苯醚甲环唑/40%/水乳剂/苯醚甲环唑 40%/2013.05.02 至 2018.05.02/低毒
葡萄 黑痘病 80-100毫克/千克 喷雾

PD20131705 丙溴·氟铃脲/32%/乳油/丙溴磷 30%、氟铃脲 2%/2013.08.07 至 2018.08.07/低毒
甘蓝 小菜蛾 144-192克/公顷 喷雾

PD20131861 异菌·腐霉利/35%/悬浮剂/腐霉利 25%、异菌脲 10%/2013.09.24 至 2018.09.24/低毒
番茄 灰霉病 315-525克/公顷 喷雾

PD20132635 高效氯氟氰菊酯/10%/水乳剂/高效氯氟氰菊酯 10%/2013.12.20 至 2018.12.20/中等毒
甘蓝 菜青虫 11.25-15克/公顷 喷雾

PD20140747 苯甲·咪鲜胺/25%/悬浮剂/苯醚甲环唑 7.5%、咪鲜胺 17.5%/2014.03.24 至 2019.03.24/低毒
香蕉 叶斑病 167-250毫克/千克 喷雾

PD20140956 阿维·炔螨特/40.6%/微乳剂/阿维菌素 0.6%、炔螨特 40%/2014.04.14 至 2019.04.14/低毒(原药高毒)
柑橘树 红蜘蛛 270-406毫克/千克 喷雾

PD20141010 春雷霉素/2%/水剂/春雷霉素 2%/2014.04.21 至 2019.04.21/低毒
番茄 叶霉病 42-52.5克/公顷 喷雾

PD20141373 氨基寡糖素/2%/水剂/氨基寡糖素 2%/2014.06.04 至 2019.06.04/低毒
番茄 病毒病 48-68克/公顷 喷雾
番茄 晚疫病 15-18克/公顷 喷雾

PD20142545 嘧菌·百菌清/560克/升/悬浮剂/百菌清 500克/升、嘧菌酯 60克/升/2014.12.15 至 2019.12.15/低毒
番茄 早疫病 336-756克/公顷 喷雾

PD20151761 异菌·百菌清/20%/悬浮剂/百菌清 15%、异菌脲 5%/2015.08.28 至 2020.08.28/低毒
番茄 灰霉病 450-750克/公顷 喷雾

PD20151799 嘧菌酯/80%/水分散粒剂/嘧菌酯 80%/2015.08.28 至 2020.08.28/低毒
葡萄 霜霉病 400-533毫克/千克 喷雾

PD20151825 己唑醇/80%/水分散粒剂/己唑醇 80%/2015.08.28 至 2020.08.28/低毒
水稻 纹枯病 60-75克/公顷 喷雾

PD20151940 苯甲·锰锌/30%/可湿性粉剂/苯醚甲环唑 2%、代森锰锌 28%/2015.08.30 至 2020.08.30/低毒
苹果树 轮纹病 200-300毫克/千克 喷雾

PD20152052 锰锌·腈菌唑/32%/可湿性粉剂/腈菌唑 2%、代森锰锌 30%/2015.09.07 至 2020.09.07/低毒
苹果树 斑点落叶病 160-320毫克/千克 喷雾

PD20152080 烯酰·霜脲氰/25%/可湿性粉剂/霜脲氰 5%、烯酰吗啉 20%/2015.09.22 至 2020.09.22/低毒
黄瓜 霜霉病 225-281克/公顷 喷雾

PD20152083 吡虫啉/600克/升/悬浮种衣剂/吡虫啉 600克/升/2015.09.22 至 2020.09.22/低毒
小麦 蚜虫 300-420克/100千克种子 种子包衣

PD20152131 苯甲·嘧菌酯/325克/升/悬浮剂/苯醚甲环唑 125克/升、嘧菌酯 200克/升/2015.09.22 至 2020.09.22/低毒
黄瓜 炭疽病 146.25-243.75克/公顷 喷雾

PD20152306 腈菌·福美双/20%/可湿性粉剂/福美双 18%、腈菌唑 2%/2015.10.21 至 2020.10.21/低毒
黄瓜 白粉病 240-360克/公顷 喷雾

PD20152470 烯酰·锰锌/60%/可湿性粉剂/代森锰锌 48%、烯酰吗啉 12%/2015.12.04 至 2020.12.04/低毒
黄瓜 霜霉病 540-900克/公顷 喷雾

PD20152560 阿维菌素/10%/悬浮剂/阿维菌素 10%/2015.12.05 至 2020.12.05/中等毒(原药高毒)
柑橘树 红蜘蛛 10-15毫克/千克 喷雾

PD20152658 咪鲜·异菌脲/20%/悬浮剂/咪鲜胺 10%、异菌脲 10%/2015.12.19 至 2020.12.19/低毒
香蕉 冠腐病 286-400毫克/千克 浸果

LS20140234 精甲·嘧菌酯/39%/悬浮剂/精甲霜灵 10.8%、嘧菌酯 28.2%/2015.07.14 至 2016.07.14/低毒
草坪 腐霉枯萎病 300-500克/公顷 喷雾

LS20140289 苯甲·多抗/10%/可湿性粉剂/苯醚甲环唑 8%、多抗霉素 2%/2014.09.02 至 2015.09.02/低毒
苹果树 斑点落叶病 67-100毫克/千克 喷雾

山东恒丰化学有限公司 (山东省莱西市姜山镇岭前村(姜山工业园) 266603 0532-82499368)

PD20092227 多菌灵/25%/可湿性粉剂/多菌灵 25%/2014.02.24 至 2019.02.24/低毒
花生 倒秧病 750-900克/公顷 喷雾

PD20092240 联苯菊酯/25克/升/乳油/联苯菊酯 25克/升/2014.02.24 至 2019.02.24/低毒
番茄(保护地) 白粉虱 7.5-15克/公顷 喷雾

PD20092247 联苯菊酯/100克/升/乳油/联苯菊酯 100克/升/2014.02.24 至 2019.02.24/中等毒
茶树 茶小绿叶蝉 22.5-37.5克/公顷 喷雾

PD20092275 甲氰菊酯/20%/乳油/甲氰菊酯 20%/2014.02.24 至 2019.02.24/中等毒
甘蓝 小菜蛾 75-90克/公顷 喷雾

PD20092372 代森锰锌/80%/可湿性粉剂/代森锰锌 80%/2014.02.25 至 2019.02.25/低毒
番茄 早疫病 1560-2520克/公顷 喷雾

PD20092382 甲霜·锰锌/58%/可湿性粉剂/甲霜灵 10%、代森锰锌 48%/2014.02.25 至 2019.02.25/低毒
黄瓜 霜霉病 678.6-1044克/公顷 喷雾

PD20092539 丙环唑/250克/升/乳油/丙环唑 250克/升/2014.02.26 至 2019.02.26/低毒
莲藕 叶斑病 75-112.5克/公顷 喷雾
香蕉 叶斑病 250-500毫克/千克 喷雾

PD20092589 速灭威/25%/可湿性粉剂/速灭威 25%/2014.02.27 至 2019.02.27/中等毒
水稻 稻飞虱 562.5-750克/公顷 喷雾

PD20092684 福·福锌/80%/可湿性粉剂/福美双 30%、福美锌 50%/2014.03.03 至 2019.03.03/中等毒
黄瓜 炭疽病 1500-1800克/公顷 喷雾

PD20094441 高效氯氟氰菊酯/25克/升/乳油/高效氯氟氰菊酯 25克/升/2014.04.01 至 2019.04.01/中等毒
甘蓝 蚜虫 6-7.5克/公顷 喷雾

PD20097750 氟硅唑/400克/升/乳油/氟硅唑 400克/升/2014.11.12 至 2019.11.12/低毒
梨树 黑星病 40-50毫克/千克 喷雾

PD20098465 吗胍·乙酸铜/20%/可湿性粉剂/盐酸吗啉胍 10%、乙酸铜 10%/2014.12.24 至 2019.12.24/低毒
番茄 病毒病 500-750克/公顷 喷雾
PD20100189 毒死蜱/40%/乳油/毒死蜱 40%/2015.01.05 至 2020.01.05/中等毒
柑橘树 介壳虫 240-480毫克/千克 喷雾
PD20100960 噻嗪·异丙威/25%/可湿性粉剂/噻嗪酮 5%、异丙威 20%/2015.01.19 至 2020.01.19/低毒
水稻 稻飞虱 1800-2250克制剂/公顷 喷雾
PD20101209 多菌灵/80%/可湿性粉剂/多菌灵 80%/2015.02.21 至 2020.02.21/低毒
苹果树 轮纹病 500-1000毫克/千克 喷雾
PD20101361 阿维菌素/1.8%/乳油/阿维菌素 1.8%/2015.04.02 至 2020.04.02/低毒(原药高毒)
甘蓝 小菜蛾 8.1-10.8克/公顷 喷雾
PD20101452 代森锌/65%/可湿性粉剂/代森锌 65%/2015.05.04 至 2020.05.04/低毒
番茄 早疫病 2535-3607克/公顷 喷雾
PD20101595 吡虫啉/20%/可溶液剂/吡虫啉 20%/2015.06.03 至 2020.06.03/低毒
番茄 白粉虱 45-60克/公顷 喷雾
PD20101745 炔螨特/57%/乳油/炔螨特 57%/2015.06.28 至 2020.06.28/低毒
柑橘树 叶螨 243-365毫克/千克 喷雾
PD20110841 甲氨基阿维菌素苯甲酸盐/3%/微乳剂/甲氨基阿维菌素 3%/2011.08.10 至 2016.08.10/低毒
甘蓝 甜菜夜蛾 4-5克/亩 喷雾
辣椒 烟青虫 1.35-3.15克/公顷 喷雾
注:甲氨基阿维菌素苯甲酸盐含量:3.4%。
PD20120308 高效氯氟氰菊酯/5%/微乳剂/高效氯氟氰菊酯 5%/2012.02.17 至 2017.02.17/中等毒
甘蓝 菜青虫 11.25-15克/公顷 喷雾
PD20120374 苯醚甲环唑/250克/升/乳油/苯醚甲环唑 250克/升/2012.02.24 至 2017.02.24/低毒
香蕉树 叶斑病 83.3－125毫克/千克 喷雾
PD20120401 甲氨基阿维菌素苯甲酸盐/1%/微乳剂/甲氨基阿维菌素 1%/2012.03.07 至 2017.03.07/低毒
甘蓝 甜菜夜蛾 1.5-2.25克/公顷 喷雾
注:甲氨基阿维菌素苯甲酸盐含量:1.14%。
PD20120436 甲氨基阿维菌素苯甲酸盐/5%/水分散粒剂/甲氨基阿维菌素 5%/2012.03.14 至 2017.03.14/低毒
甘蓝 甜菜夜蛾 2.25-3.75克/公顷 喷雾
注:甲氨基阿维菌素苯甲酸盐含量: 5.7%。
PD20120698 烯酰吗啉/50%/水分散粒剂/烯酰吗啉 50%/2012.04.18 至 2017.04.18/低毒
花椰菜 霜霉病 240-360克/公顷 喷雾
黄瓜 霜霉病 225－300克/公顷 喷雾
PD20120844 阿维菌素/5%/乳油/阿维菌素 5%/2012.05.22 至 2017.05.22/中等毒(原药高毒)
甘蓝 小菜蛾 7.5-10.5克/公顷 喷雾
茭白 二化螟 9.5-13.5克/公顷 喷雾
PD20121067 精喹禾灵/15%/乳油/精喹禾灵 15%/2012.07.12 至 2017.07.12/低毒
冬油菜田 一年生禾本科杂草 45-67.5克/公顷 茎叶喷雾
PD20121344 丙溴磷/720克/升/乳油/丙溴磷 720克/升/2012.09.12 至 2017.09.12/低毒
水稻 二化螟 432-540克/公顷 喷雾
PD20121430 苯醚甲环唑/10%/水分散粒剂/苯醚甲环唑 10%/2012.10.08 至 2017.10.08/低毒
苦瓜 白粉病 105-150克/公顷 喷雾
梨树 黑星病 14.3-16.7毫克/千克 喷雾
PD20121741 咪鲜胺/40%/水乳剂/咪鲜胺 40%/2012.11.08 至 2017.11.08/低毒
香蕉 炭疽病 250-500毫克/千克 浸果
PD20121903 吡虫啉/600克/升/悬浮剂/吡虫啉 600克/升/2012.12.07 至 2017.12.07/低毒
水稻 稻飞虱 36-45克/公顷 喷雾
PD20122084 多抗霉素/3%/可湿性粉剂/多抗霉素 3%/2012.12.24 至 2017.12.24/低毒
苹果树 黑斑病 67-100毫克/千克 喷雾
PD20130083 戊唑醇/430克/升/悬浮剂/戊唑醇 430克/升/2013.01.15 至 2018.01.15/低毒
苦瓜 白粉病 77.4-116.1克/公顷 喷雾
苹果树 斑点落叶病 61.4-86毫克/千克 喷雾
PD20130093 阿维·哒螨灵/6%/乳油/阿维菌素 0.15%、哒螨灵 5.85%/2013.01.17 至 2018.01.17/低毒(原药高毒)
苹果树 红蜘蛛 30-40毫克/千克 喷雾
PD20130282 咪鲜·多菌灵/25%/可湿性粉剂/多菌灵 12.5%、咪鲜胺 12.5%/2013.02.26 至 2018.02.26/低毒
西瓜 炭疽病 281.25-375克/公顷 喷雾
PD20132576 吡蚜酮/50%/水分散粒剂/吡蚜酮 50%/2013.12.17 至 2018.12.17/低毒
水稻 稻飞虱 90-120克/公顷 喷雾
PD20140131 烯酰吗啉/80%/水分散粒剂/烯酰吗啉 80%/2014.01.20 至 2019.01.20/低毒
黄瓜 霜霉病 225-300克/公顷 喷雾
PD20140525 甲维·氟铃脲/10.5%/水分散粒剂/氟铃脲 10%、甲氨基阿维菌素苯甲酸盐 0.5%/2014.03.06 至 2019.03.06/低毒
甘蓝 小菜蛾 39.375-47.25克/公顷 喷雾
PD20152347 苯醚甲环唑/40%/悬浮剂/苯醚甲环唑 40%/2015.10.22 至 2020.10.22/低毒

西瓜 炭疽病 90-120克/公顷 喷雾

山东恒利达生物科技有限公司 （山东省济南市商河县玉皇庙镇玉皇路南首路西 250101 0531-86943874）

PD85122-15 福美双/50%/可湿性粉剂/福美双 50%/2015.06.17 至 2020.06.17/中等毒
黄瓜 白粉病、霜霉病 500-1000倍液 喷雾
葡萄 白腐病 500-1000倍液 喷雾
水稻 稻瘟病、胡麻叶斑病 250克/100千克种子 拌种
甜菜、烟草 根腐病 500克/500千克温床土 土壤处理
小麦 白粉病、赤霉病 500倍液 喷雾

PD86108-4 菌核净/40%/可湿性粉剂/菌核净 40%/2012.03.12 至 2017.03.12/低毒
水稻 纹枯病 1200-1500克/公顷 喷雾
烟草 赤星病 1125-2025克/公顷 喷雾
油菜 菌核病 600-900克/公顷 喷雾

PD20040301 吡虫啉/10%/可湿性粉剂/吡虫啉 10%/2014.12.19 至 2019.12.19/低毒
小麦 蚜虫 15-30克/公顷(南方地区)45-60克/公顷(北方地区) 喷雾

PD20040350 氯氰菊酯/10%/乳油/氯氰菊酯 10%/2014.12.19 至 2019.12.19/中等毒
棉花 棉铃虫、棉蚜 45-90克/公顷 喷雾
十字花科蔬菜 菜青虫 30-45克/公顷 喷雾

PD20040359 氯氰菊酯/5%/乳油/氯氰菊酯 5%/2014.12.19 至 2019.12.19/中等毒
十字花科蔬菜 棉铃虫、棉蚜 45-90克/公顷 喷雾
十字花科蔬菜 菜青虫 30-45克/公顷 喷雾

PD20040419 高效氯氰菊酯/4.5%/乳油/高效氯氰菊酯 4.5%/2014.12.19 至 2019.12.19/中等毒
茶树 茶尺蠖 15-25.5克/公顷 喷雾
柑橘树 红蜡蚧 50毫克/千克 喷雾
柑橘树 潜叶蛾 15-20毫克/千克 喷雾
棉花 红铃虫、棉铃虫、棉蚜 15-30克/公顷 喷雾
苹果树 桃小食心虫 20-33毫克/千克 喷雾
十字花科蔬菜 菜蚜 3-18克/公顷 喷雾
十字花科蔬菜 菜青虫、小菜蛾 9-25.5克/公顷 喷雾

PD20040824 哒螨灵/15%/乳油/哒螨灵 15%/2014.12.27 至 2019.12.27/低毒
苹果树 山楂叶螨 50-67毫克/千克 喷雾

PD20050034 高效氯氰菊酯/10%/乳油/高效氯氰菊酯 10%/2015.04.15 至 2020.04.15/中等毒
棉花 棉铃虫 60-75克/公顷 喷雾

PD20085708 腐霉·福美双/25%/可湿性粉剂/腐霉利 5%、福美双 20%/2013.12.26 至 2018.12.26/低毒
番茄 灰霉病 225-300克/公顷 喷雾

PD20085726 噁霉灵/30%/水剂/噁霉灵 30%/2013.12.26 至 2018.12.26/低毒
水稻苗床 立枯病 1.4-1.8克/平方米 土壤喷雾

PD20086091 灭多威/20%/乳油/灭多威 20%/2013.12.30 至 2018.12.30/高毒
棉花 棉铃虫 120-150克/公顷 喷雾

PD20086111 高效氯氟氰菊酯/25克/升/乳油/高效氯氟氰菊酯 25克/升/2013.12.30 至 2018.12.30/中等毒
十字花科蔬菜 菜青虫 7.5-11.25克/公顷 喷雾

PD20090928 啶虫脒/20%/可溶粉剂/啶虫脒 20%/2014.01.19 至 2019.01.19/低毒
黄瓜 蚜虫 36-72克/公顷 喷雾

PD20090949 多·锰锌/50%/可湿性粉剂/多菌灵 8%、代森锰锌 42%/2014.01.19 至 2019.01.19/低毒
苹果树 斑点落叶病 400-450倍液 喷雾

PD20091716 多·福/40%/可湿性粉剂/多菌灵 5%、福美双 35%/2014.02.04 至 2019.02.04/低毒
葡萄 霜霉病 1000-1250毫克/千克 喷雾

PD20091746 腈菌·福美双/62.25%/可湿性粉剂/福美双 60%、腈菌唑 2.25%/2014.02.04 至 2019.02.04/低毒
黄瓜 黑星病 933.4-1400克/公顷 喷雾

PD20091830 啶虫脒/5%/乳油/啶虫脒 5%/2014.02.06 至 2019.02.06/低毒
黄瓜 蚜虫 18-22.5克/公顷 喷雾

PD20091935 甲硫·福美双/50%/可湿性粉剂/福美双 40%、甲基硫菌灵 10%/2014.02.12 至 2019.02.12/中等毒
苹果树 轮纹病 600-800倍液 喷雾

PD20092524 灭多威/20%/乳油/灭多威 20%/2014.02.26 至 2019.02.26/高毒
棉花 棉铃虫 150-225克/公顷 喷雾
棉花 蚜虫 75-150克/公顷 喷雾

PD20093400 高氯·马/20%/乳油/高效氯氰菊酯 2%、马拉硫磷 18%/2014.03.20 至 2019.03.20/中等毒
甘蓝 菜青虫 45-120克/公顷 喷雾

PD20093473 福美锌/72%/可湿性粉剂/福美锌 72%/2014.03.23 至 2019.03.23/低毒
苹果树 炭疽病 400-600倍液 喷雾

PD20093556 阿维·甲氰/1.8%/乳油/阿维菌素 0.1%、甲氰菊酯 1.7%/2014.03.23 至 2019.03.23/低毒(原药高毒)
苹果树 红蜘蛛 12-18毫克/千克 喷雾

PD20094317 甲硫·福美双/70%/可湿性粉剂/福美双 40%、甲基硫菌灵 30%/2014.03.31 至 2019.03.31/低毒

登记证号	登记作物	防治对象	用药量	施用方法
	苹果树	轮纹病	875-1167毫克/千克	喷雾
PD20110825	联苯菊酯/25克/升/乳油/联苯菊酯 25克/升/2011.08.10 至 2016.08.10/中等毒			
	茶树	茶小绿叶蝉	30-37.5克/公顷	喷雾
PD20110836	联苯菊酯/100克/升/乳油/联苯菊酯 100克/升/2011.08.10 至 2016.08.10/中等毒			
	茶树	茶小绿叶蝉	30-37.5克/公顷	喷雾
PD20110892	双甲脒/200克/升/乳油/双甲脒 200克/升/2011.08.17 至 2016.08.17/低毒			
	柑橘树	红蜘蛛	130-200毫克/千克	喷雾
PD20110906	苏云金杆菌/16000IU/毫升/可湿性粉剂/苏云金杆菌 16000IU/毫克/2011.08.17 至 2016.08.17/低毒			
	茶树	茶毛虫	800-1600倍	喷雾
	棉花	棉铃虫	1500-2250克制剂/公顷	喷雾
	森林	松毛虫	1200-1600倍	喷雾
	十字花科蔬菜	菜青虫	375-750克制剂/公顷	喷雾
	十字花科蔬菜	小菜蛾	750-1125克制剂/公顷	喷雾
	水稻	稻纵卷叶螟	1500-2250克制剂/公顷	喷雾
	烟草	烟青虫	750-1500克制剂/公顷	喷雾
	玉米	玉米螟	750-1500克制剂/公顷	加细沙灌心
	枣树	尺蛾	1200-1600倍	喷雾
PD20110953	丙环唑/250克/升/乳油/丙环唑 250克/升/2011.09.08 至 2016.09.08/低毒			
	香蕉	叶斑病	250-400毫克/千克	喷雾
PD20120217	高效氟吡甲禾灵/108克/升/乳油/高效氟吡甲禾灵 108克/升/2012.02.09 至 2017.02.09/低毒			
	棉花田	一年生禾本科杂草	40.5-48.6克/公顷	茎叶喷雾
PD20131497	烯酰·锰锌/69%/可湿性粉剂/代森锰锌 60%、烯酰吗啉 9%/2013.07.05 至 2018.07.05/低毒			
	黄瓜	霜霉病	1215-1395克/公顷	喷雾
WP20110263	吡虫啉/350克/升/悬浮剂/吡虫啉 350克/升/2011.11.24 至 2016.11.24/低毒			
	木材	白蚁	500-1000毫克/千克	浸泡
	土壤	白蚁	5克/平方米	喷洒
WP20110264	高效氯氰菊酯/5%/可湿性粉剂/高效氯氰菊酯 5%/2011.11.24 至 2016.11.24/低毒			
	卫生	蝇	20毫克/平方米	滞留喷洒
WP20150088	联苯菊酯/5%/悬浮剂/联苯菊酯 5%/2015.05.18 至 2020.05.18/低毒			
	木材	白蚁	625毫克/千克	浸泡
	土壤	白蚁	2.5-3.1克/平方米	喷洒
山东红箭农药有限公司 (山东省济南市历下区清河北路魏家庄 250100 0531-88610052)				
PD20084422	仲丁威/20%/乳油/仲丁威 20%/2013.12.17 至 2018.12.17/中等毒			
	水稻	叶蝉	450-540克/公顷	喷雾
PD20090022	高效氯氟氰菊酯/25克/升/乳油/高效氯氟氰菊酯 25克/升/2014.01.06 至 2019.01.06/中等毒			
	棉花	棉铃虫	18.75-22.5克/公顷	喷雾
PD20090073	阿维·哒螨灵/6.78%/乳油/阿维菌素 0.11%、哒螨灵 6.67%/2014.01.08 至 2019.01.08/低毒(原药高毒)			
	苹果树	红蜘蛛	22.6-33.9毫克/千克	喷雾
PD20091122	高氯·辛硫磷/20%/乳油/高效氯氰菊酯 1.5%、辛硫磷 18.5%/2014.01.21 至 2019.01.21/低毒			
	棉花	棉铃虫	180-240克/公顷	喷雾
PD20091343	精喹禾灵/50克/升/乳油/精喹禾灵 50克/升/2014.02.01 至 2019.02.01/低毒			
	油菜田	一年生禾本科杂草	冬油菜：37.5-52.5克/公顷；春油菜：52.5-75克/公顷	茎叶喷雾
PD20091372	乙氧氟草醚/240克/升/乳油/乙氧氟草醚 240克/升/2014.02.02 至 2019.02.02/低毒			
	大蒜田	一年生杂草	144-180克/公顷	土壤喷雾
PD20093996	多·福/40%/可湿性粉剂/多菌灵 5%、福美双 35%/2014.03.27 至 2019.03.27/低毒			
	葡萄	霜霉病	1000-1250毫克/千克	喷雾
PD20095558	高氯·氟铃脲/5.7%/乳油/氟铃脲 1.9%、高效氯氰菊酯 3.8%/2014.05.12 至 2019.05.12/低毒			
	甘蓝	小菜蛾	42.75-51.3克/公顷	喷雾
PD20096376	阿维·氰戊/1.8%/乳油/阿维菌素 0.2%、S-氰戊菊酯 1.6%/2014.08.04 至 2019.08.04/低毒(原药高毒)			
	十字花科蔬菜	菜青虫	8.1-13.5克/公顷	喷雾
PD20096869	联苯菊酯/25克/升/乳油/联苯菊酯 25克/升/2014.09.23 至 2019.09.23/低毒			
	茶树	粉虱	88-101毫升制剂/亩	喷雾
PD20141924	啶虫脒/5%/微乳剂/啶虫脒 5%/2014.08.01 至 2019.08.01/低毒			
	棉花	蚜虫	15-22.5克/公顷	喷雾
山东华程化工科技有限公司 (山东省临邑县恒源开发区远征路北首 251500 0534-4261588)				
PD84121-13	磷化铝/56%/片剂/磷化铝 56%/2014.12.14 至 2019.12.14/高毒			
	洞穴	室外啮齿动物	根据洞穴大小而定	密闭熏蒸
	货物	仓储害虫	5-10片/1000千克	密闭熏蒸
	空间	多种害虫	1-4片/立方米	密闭熏蒸
	粮食、种子	储粮害虫	3-10片/1000千克	密闭熏蒸
山东华阳和乐农药有限公司 (山东省乐陵市铁营乡南侧路东 253600 0534-6621555-8018)				
PD85157-11	辛硫磷/40%/乳油/辛硫磷 40%/2015.08.15 至 2020.08.15/低毒			

茶树、桑树 食叶害虫 200-400毫克/千克 喷雾
果树 食心虫、蚜虫、螨 200-400毫克/千克 喷雾
林木 食叶害虫 3000-6000克/公顷 喷雾
棉花 棉铃虫、蚜虫 300-600克/公顷 喷雾
蔬菜 菜青虫 300-450克/公顷 喷雾
烟草 食叶害虫 300-600克/公顷 喷雾
玉米 玉米螟 450-600克/公顷 灌心叶

PD20040564 三唑磷/20%/乳油/三唑磷 20%/2014.12.19 至 2019.12.19/中等毒
水稻 二化螟 300-450克/公顷 喷雾

PD20083441 甲基嘧啶磷/90%/原药/甲基嘧啶磷 90%/2013.12.11 至 2018.12.11/低毒

PD20084317 辛硫磷/91%/原药/辛硫磷 91%/2013.12.17 至 2018.12.17/中等毒

PD20091077 阿维·四螨嗪/10%/悬浮剂/阿维菌素 0.1%、四螨嗪 9.9%/2014.01.21 至 2019.01.21/低毒(原药高毒)
苹果树 二斑叶螨 1500-2000倍液 喷雾
苹果树 红蜘蛛 50-67毫克/千克 喷雾

PD20091104 敌百·辛硫磷/50%/乳油/敌百虫 30%、辛硫磷 20%/2014.01.21 至 2019.01.21/低毒
棉花 棉铃虫 450-600克/公顷 喷雾
十字花科蔬菜 菜青虫 375-525克/公顷 喷雾

PD20093004 辛硫磷/3%/颗粒剂/辛硫磷 3%/2014.03.09 至 2019.03.09/低毒
花生 蛴螬等地下害虫 1800-3600克/公顷 撒施

PD20093208 阿维菌素/3.2%/乳油/阿维菌素 3.2%/2014.03.11 至 2019.03.11/低毒(原药高毒)
菜豆 美洲斑潜蝇 10.8-21.6克/公顷 喷雾

PD20093588 四螨嗪/20%/悬浮剂/四螨嗪 20%/2014.03.23 至 2019.03.23/低毒
柑橘树 红蜘蛛 100-125毫克/千克 喷雾
梨树 红蜘蛛 50-100毫克/千克 喷雾
苹果树 红蜘蛛 80-100毫克/千克 喷雾

PD20094032 仲丁灵/48%/乳油/仲丁灵 48%/2014.03.27 至 2019.03.27/低毒
大豆田 阔叶杂草、一年生禾本科杂草 1620-1800克/公顷 播后苗前土壤喷雾
花生田 阔叶杂草、一年生禾本科杂草 1620-2160克/公顷 播后苗前土壤喷雾
西瓜田 阔叶杂草、一年生禾本科杂草 1080-1440克/公顷 土壤喷雾

PD20095654 啶虫脒/5%/乳油/啶虫脒 5%/2014.05.12 至 2019.05.12/低毒
苹果树 蚜虫 2000-2500倍液 喷雾

PD20095742 仲丁灵/36%/乳油/仲丁灵 36%/2014.05.18 至 2019.05.18/低毒
烟草 抑制腋芽生长 80-100倍液 杯淋法

PD20098178 仲丁灵/95%/原药/仲丁灵 95%/2014.12.14 至 2019.12.14/低毒

PD20100519 仲灵·乙草胺/50%/乳油/乙草胺 30%、仲丁灵 20%/2015.01.14 至 2020.01.14/低毒
夏大豆田 一年生杂草 1125-1500克/公顷 播后苗前土壤喷雾

山东华阳农药化工集团有限公司 (山东省泰安市宁阳县磁窑镇 271411 0538-5826398)

PDN50-97 涕灭威/80%/原药/涕灭威 80%/2012.06.28 至 2017.06.28/剧毒

PDN51-97 涕灭威/5%/颗粒剂/涕灭威 5%/2013.06.23 至 2018.06.23/剧毒
甘薯 茎线虫病 1500-2250克/公顷 穴施
花生 线虫 2250-3000克/公顷 沟施、穴施
棉花 蚜虫 450-900克/公顷 沟施、穴施
烟草 烟蚜 562.5-750克/公顷 穴施
月季 红蜘蛛 2625-3000克/公顷 穴施

PD84117-8 多菌灵/98%、95%、92%/原药/多菌灵 98%、95%、92%/2014.12.09 至 2019.12.09/低毒

PD84118-38 多菌灵/25%/可湿性粉剂/多菌灵 25%/2014.12.09 至 2019.12.09/低毒
果树 病害 0.05-0.1%药液 喷雾
花生 倒秧病 750克/公顷 喷雾
麦类 赤霉病 750克/公顷 喷雾,泼浇
棉花 苗期病害 500克/100千克种子 拌种
水稻 稻瘟病、纹枯病 750克/公顷 喷雾,泼浇
油菜 菌核病 1125-1500克/公顷 喷雾

PD85134-5 速灭威/98%,95%,90%/原药/速灭威 98%,95%,90%/2015.08.15 至 2020.08.15/中等毒

PD85150-41 多菌灵/50%/可湿性粉剂/多菌灵 50%/2015.08.15 至 2020.08.15/低毒
果树 病害 0.05-0.1%药液 喷雾
花生 倒秧病 750克/公顷 喷雾
麦类 赤霉病 750克/公顷 喷雾、泼浇
棉花 苗期病害 250克/50千克种子 拌种
水稻 稻瘟病、纹枯病 750克/公顷 喷雾、泼浇
油菜 菌核病 1125-1500克/公顷 喷雾

PD85154-56 氰戊菊酯/20%/乳油/氰戊菊酯 20%/2015.05.19 至 2020.05.19/中等毒
柑橘树 潜叶蛾 10-20毫克/千克 喷雾
果树 梨小食心虫 10-20毫克/千克 喷雾

登记证号	登记作物	防治对象	用药量	施用方法
	棉花	红铃虫、蚜虫	75-150克/公顷	喷雾
	蔬菜	菜青虫、蚜虫	60-120克/公顷	喷雾
PD86115-5	甲基硫菌灵/95%、92%、85%/原药/甲基硫菌灵 95%、92%、85%/2011.10.16 至 2016.10.16/低毒			
PD86132-4	仲丁威/98%、95%、90%/原药/仲丁威 98%、95%、90%/2011.10.16 至 2016.10.16/低毒			
PD86133-8	仲丁威/25%/原药/仲丁威 25%/2012.04.19 至 2017.04.19/低毒			
	水稻	飞虱、叶蝉	375-562.5克/公顷	喷雾
PD86134-12	多菌灵/40%/悬浮剂/多菌灵 40%/2011.11.23 至 2016.11.23/低毒			
	果树	病害	0.05-0.1%药液	喷雾
	花生	倒秧病	750克/公顷	喷雾
	绿萍	霉腐病	0.05%药液	喷雾
	麦类	赤霉病	0.025%药液	喷雾
	棉花	苗期病害	0.3%药液	浸种
	水稻	纹枯病	0.025%药液	喷雾
	甜菜	褐斑病	250-500倍液	喷雾
	油菜	菌核病	1125-1500克/公顷	喷雾
PD86147-5	异丙威/98%，95%，90%/原药/异丙威 98%，95%，90%/2011.10.16 至 2016.10.16/中等毒			
PD86148-57	异丙威/20%/乳油/异丙威 20%/2012.04.18 至 2017.04.18/中等毒			
	水稻	飞虱、叶蝉	450-600克/公顷	喷雾
PD86180-6	百菌清/75%/可湿性粉剂/百菌清 75%/2011.10.16 至 2016.10.16/低毒			
	茶树	炭疽病	600-800倍液	喷雾
	豆类	炭疽病、锈病	1275-2325克/公顷	喷雾
	柑橘树	疮痂病	750-900毫克/千克	喷雾
	瓜类	白粉病、霜霉病	1200-1650克/公顷	喷雾
	果菜类蔬菜	多种病害	1125-2400克/公顷	喷雾
	花生	锈病、叶斑病	1125-1350克/公顷	喷雾
	梨树	斑点落叶病	500倍液	喷雾
	苹果树	多种病害	600倍液	喷雾
	葡萄	白粉病、黑痘病	600-700倍液	喷雾
	水稻	稻瘟病、纹枯病	1125-1425克/公顷	喷雾
	橡胶树	炭疽病	500-800倍液	喷雾
	小麦	叶斑病、叶锈病	1125-1425克/公顷	喷雾
	叶菜类蔬菜	白粉病、霜霉病	1275-1725克/公顷	喷雾
PD91106-15	甲基硫菌灵/70%/可湿性粉剂/甲基硫菌灵 70%/2011.04.05 至 2016.04.05/低毒			
	番茄	叶霉病	375-562.5克/公顷	喷雾
	甘薯	黑斑病	360-450毫克/千克	浸薯块
	瓜类	白粉病	337.5-506.25克/公顷	喷雾
	梨树	黑星病	360-450毫克/千克	喷雾
	苹果树	轮纹病	700毫克/千克	喷雾
	水稻	稻瘟病、纹枯病	1050-1500克/公顷	喷雾
	小麦	赤霉病	750-1050克/公顷	喷雾
PD91106-28	甲基硫菌灵/50%/可湿性粉剂/甲基硫菌灵 50%/2011.04.05 至 2016.04.05/低毒			
	番茄	叶霉病	375-562.5克/公顷	喷雾
	甘薯	黑斑病	360-450毫克/千克	浸薯块
	瓜类	白粉病	337.5-506.25克/公顷	喷雾
	梨树	黑星病	360-450毫克/千克	喷雾
	苹果树	轮纹病	700毫克/千克	喷雾
	水稻	稻瘟病、纹枯病	1050-1500克/公顷	喷雾
	小麦	赤霉病	750-1050克/公顷	喷雾
PD91109-5	速灭威/20%/乳油/速灭威 20%/2011.07.10 至 2016.07.10/中等毒			
	水稻	飞虱、叶蝉	450-600克/公顷	喷雾
PD20040049	甲拌·多菌灵/15%/悬浮种衣剂/多菌灵 5%、甲拌磷 10%/2014.12.19 至 2019.12.19/高毒			
	小麦	地下害虫、纹枯病	333-400克/100千克种子	种子包衣
PD20040083	氯氰菊酯/5%/乳油/氯氰菊酯 5%/2014.12.19 至 2019.12.19/中等毒			
	十字花科蔬菜	甜菜夜蛾	18.75-37.5克/公顷	喷雾
PD20050028	高效氯氰菊酯/4.5%/微乳剂/高效氯氰菊酯 4.5%/2015.04.15 至 2020.04.15/中等毒			
	十字花科蔬菜	菜青虫	13.5-27克/公顷	喷雾
PD20050029	氯氰菊酯/5%/乳油/氯氰菊酯 5%/2015.04.15 至 2020.04.15/中等毒			
	十字花科蔬菜	菜青虫	30-45克/公顷	喷雾
PD20050030	高效氯氰菊酯/10%/乳油/高效氯氰菊酯 10%/2015.04.15 至 2020.04.15/低毒			
	十字花科蔬菜	菜青虫	10-15克/公顷	喷雾
	烟草	菜青虫	15-25.5克/公顷	喷雾
PD20050031	高效氯氰菊酯/4.5%/乳油/高效氯氰菊酯 4.5%/2015.04.15 至 2020.04.15/中等毒			
	茶树	茶尺蠖	15-25.5克/公顷	喷雾

	柑橘树	红蜡蚧	50毫克/千克	喷雾
	柑橘树	潜叶蛾	15-20毫克/千克	喷雾
	棉花	红铃虫、棉铃虫、棉蚜	15-30克/公顷	喷雾
	苹果树	桃小食心虫	20-33毫克/千克	喷雾
	蔬菜	菜蚜	3-18克/公顷	喷雾
	蔬菜	菜青虫、小菜蛾	9-25.5克/公顷	喷雾
	小麦	蚜虫	13.5-20.25克/公顷	喷雾
	烟草	烟青虫	15-25.5克/公顷	喷雾
PD20070645	咪鲜胺/25%/乳油/咪鲜胺 25%/2012.12.17 至 2017.12.17/低毒			
	水稻	恶苗病	62.5-125毫克/千克	浸种
	小麦	白粉病	187.5-262.5克/公顷	喷雾
PD20080323	毒死蜱/98%/原药/毒死蜱 98%/2013.02.26 至 2018.02.26/中等毒			
PD20080531	灭多威/98%/原药/灭多威 98%/2013.04.29 至 2018.04.29/高毒			
PD20081188	乙酰甲胺磷/95%/原药/乙酰甲胺磷 95%/2013.09.11 至 2018.09.11/低毒			
PD20081194	硫双威/95%/原药/硫双威 95%/2013.09.11 至 2018.09.11/低毒			
PD20081228	二甲戊灵/95%/原药/二甲戊灵 95%/2013.09.11 至 2018.09.11/低毒			
PD20081232	S-氰戊菊酯/90%/原药/S-氰戊菊酯 90%/2013.09.16 至 2018.09.16/中等毒			
PD20081471	苯磺隆/95%/原药/苯磺隆 95%/2013.11.04 至 2018.11.04/低毒			
PD20081593	乙草胺/93%/原药/乙草胺 93%/2013.11.12 至 2018.11.12/低毒			
PD20082070	乙草胺/900克/升/乳油/乙草胺 900克/升/2013.11.25 至 2018.11.25/低毒			
	春大豆田、春玉米田	一年生禾本科杂草及小粒阔叶杂草	1620－1890克/公顷	播后苗前土壤喷雾
	水稻移栽田	一年生禾本科杂草及小粒阔叶杂草	94.5-121.5克/公顷	毒土法
	夏玉米田	一年生禾本科杂草及小粒阔叶杂草	1080－1350克/公顷	播后苗前土壤喷雾
PD20082158	乙草胺/50%/乳油/乙草胺 50%/2013.11.26 至 2018.11.26/低毒			
	春大豆田	一年生禾本科杂草及部分小粒种子阔叶杂草	1200-1875克/公顷	播后苗前土壤喷雾
	花生田	一年生禾本科杂草及部分小粒种子阔叶杂草	750-1200克/公顷	播后苗前土壤喷雾
	夏大豆田	一年生禾本科杂草及部分小粒种子阔叶杂草	900-1200克/公顷	播后苗前土壤喷雾
	玉米田	一年生禾本科杂草及部分小粒种子阔叶杂草	春玉米田：1500-2250克/公顷，夏玉米田：900－1200克/公顷	播后苗前土壤喷雾
PD20082217	二甲戊灵/33%/乳油/二甲戊灵 33%/2013.12.24 至 2018.12.24/低毒			
	甘蓝(保护地)	一年生杂草	459-742.5克/公顷	播后苗前土壤喷雾
	花生田、棉花田、水稻旱育秧田	一年生杂草	742.5-990克/公顷	播后苗前土壤喷雾
	姜田、蒜田	一年生杂草	643.5-742.5克/公顷	播后苗前土壤喷雾
	烟草	抑制腋芽生长	66-82.5毫升/株	杯淋法
PD20082356	甲戊·乙草胺/40%/乳油/二甲戊灵 10%、乙草胺 30%/2013.12.01 至 2018.12.01/低毒			
	大蒜田	一年生杂草	750-1050克/公顷	播后苗前土壤喷雾
	姜田	一年生杂草	900-1200克/公顷	播后苗前土壤喷雾
	棉花田	一年生杂草	900-1050克/公顷	播后苗前土壤喷雾
PD20082359	氯氰菊酯/95%/原药/氯氰菊酯 95%/2013.12.01 至 2018.12.01/低毒			
PD20082468	灭多威/90%/可溶粉剂/灭多威 90%/2013.12.03 至 2018.12.03/高毒			
	棉花	棉铃虫	135-225克/公顷	喷雾
PD20082598	克百威/98%/原药/克百威 98%/2013.12.04 至 2018.12.04/高毒			
PD20083422	苯磺隆/75%/水分散粒剂/苯磺隆 75%/2013.12.11 至 2018.12.11/低毒			
	冬小麦田	一年生阔叶杂草	13.5-22.5克/公顷	茎叶喷雾
PD20084193	灭多威/20%/乳油/灭多威 20%/2013.12.16 至 2018.12.16/中等毒(原药高毒)			
	棉花	棉铃虫	150-225克/公顷	喷雾
	棉花	蚜虫	75-150克/公顷	喷雾
PD20084507	S-氰戊菊酯/5%/乳油/S-氰戊菊酯 5%/2013.12.18 至 2018.12.18/中等毒			
	甘蓝	菜青虫	7.5-15克/公顷	喷雾
	棉花	蚜虫	18.75-26.25克/公顷	喷雾
PD20085033	多·锰锌/40%/可湿性粉剂/多菌灵 20%、代森锰锌 20%/2013.12.22 至 2018.12.22/低毒			
	梨树	黑星病	1000-1250毫克/千克	喷雾
	苹果树	斑点落叶病	1000-1250毫克/千克	喷雾
PD20085483	戊唑醇/96%/原药/戊唑醇 96%/2013.12.25 至 2018.12.25/低毒			
PD20085759	苯磺隆/10%/可湿性粉剂/苯磺隆 10%/2013.12.29 至 2018.12.29/低毒			
	冬小麦田	一年生阔叶杂草	13.5－22.5克/公顷	茎叶喷雾
PD20085977	高氯·毒死蜱/15%/乳油/毒死蜱 13.5%、高效氯氰菊酯 1.5%/2013.12.29 至 2018.12.29/中等毒			
	柑橘树	潜叶蛾	125-187.5毫克/千克	喷雾
	棉花	棉铃虫	157.5-202.5克/公顷	喷雾

PD20086363 吡虫·三唑锡/20%/可湿性粉剂/吡虫啉 2%、三唑锡 18%/2013.12.31 至 2018.12.31/中等毒

柑橘树	红蜘蛛、蚜虫	100-200毫克/千克	喷雾
苹果树	红蜘蛛、黄蚜	100-200毫克/千克	喷雾

PD20090499 毒死蜱/40%/乳油/毒死蜱 40%/2014.01.12 至 2019.01.12/中等毒

柑橘树	介壳虫	333-500毫克/千克	喷雾
棉花	棉铃虫、蚜虫	450-900克/公顷	喷雾
苹果树	桃小食心虫	160-240毫克/千克	喷雾
水稻	稻纵卷叶螟	540-630克/公顷	喷雾
水稻	稻飞虱	300-600克/公顷	喷雾
小麦	蚜虫	120-180克/公顷	喷雾

PD20090697 克百·多菌灵/16%/悬浮种衣剂/多菌灵 11.7%、克百威 4.3%/2014.01.19 至 2019.01.19/高毒

小麦	苗期病害	400-480克/100千克种子	种子包衣

PD20091116 克·酮·福美双/15%/悬浮种衣剂/福美双 7%、克百威 7%、三唑酮 1%/2014.01.21 至 2019.01.21/中等毒(原药高毒)

玉米	地老虎、茎基腐病、金针虫、蝼蛄、蛴螬	1:40-50(药种比))	种子包衣

PD20092264 甲硫·福美双/70%/可湿性粉剂/福美双 40%、甲基硫菌灵 30%/2014.02.24 至 2019.02.24/中等毒

苹果树	轮纹病	800-1000倍液	喷雾

PD20092277 克百威/3%/颗粒剂/克百威 3%/2014.02.24 至 2019.02.24/中等毒(原药高毒)

甘蔗	蚜虫、蔗龟	1350-2250克/公顷	沟施
花生	线虫	1800-2250克/公顷	条施，沟施
棉花	蚜虫	675-900克/公顷	条施，沟施
水稻	螟虫、瘿蚊	900-1350克/公顷	撒施

PD20092428 甲氰菊酯/20%/乳油/甲氰菊酯 20%/2014.02.25 至 2019.02.25/中等毒

甘蓝	菜青虫、小菜蛾	75-90克/公顷	喷雾
柑橘树	潜叶蛾	20-25毫克/千克	喷雾
柑橘树	红蜘蛛	67-100毫克/千克	喷雾
棉花	红铃虫、棉铃虫	90-120克/公顷	喷雾
苹果树	桃小食心虫	67-100毫克/千克	喷雾
苹果树	山楂红蜘蛛	100毫克/千克	喷雾

PD20092830 多·福·克/25%/悬浮种衣剂/多菌灵 10%、福美双 10%、克百威 5%/2014.03.05 至 2019.03.05/高毒

大豆	根腐病、线虫	500-625克/100千克种子	种子包衣

PD20092849 甲·克/25%/悬浮种衣剂/甲拌磷 5%、克百威 20%/2014.03.05 至 2019.03.05/高毒

花生	地老虎、金针虫、蝼蛄、蛴螬、蚜虫	0.7%-1%种子量	种子包衣

PD20093652 甲·戊·福美双/14%/悬浮种衣剂/福美双 10%、甲基异柳磷 3.88%、戊唑醇 0.12%/2014.03.25 至 2019.03.25/低毒(原药高毒)

小麦	地下害虫、纹枯病	1:50(药种比)	种子包衣

PD20095033 丁硫克百威/20%/乳油/丁硫克百威 20%/2014.04.21 至 2019.04.21/中等毒

棉花	蚜虫	60-90克/公顷	喷雾

PD20095566 戊唑醇/25%/可湿性粉剂/戊唑醇 25%/2014.05.12 至 2019.05.12/低毒

香蕉	叶斑病	167-250毫克/千克	喷雾

PD20096067 甲·克/3%/颗粒剂/甲拌磷 1.8%、克百威 1.2%/2014.06.18 至 2019.06.18/高毒

甘蔗	蔗龟、蔗螟	2250-2700克/公顷	沟施

PD20096375 阿维·高氯/2.4%/可湿性粉剂/阿维菌素 0.3%、高效氯氰菊酯 2.1%/2014.08.04 至 2019.08.04/低毒(原药高毒)

黄瓜	美洲斑潜蝇	15-30克/公顷	喷雾
梨树	梨木虱	12-24毫克/千克	喷雾
十字花科蔬菜	菜青虫、小菜蛾	13.5-27克/公顷	喷雾

PD20096794 阿维·高氯/1.8%/乳油/阿维菌素 0.3%、高效氯氰菊酯 1.5%/2014.09.15 至 2019.09.15/低毒(原药高毒)

黄瓜	美洲斑潜蝇	9-18克/公顷	喷雾

PD20101437 乙酰甲胺磷/30%/乳油/乙酰甲胺磷 30%/2015.05.04 至 2020.05.04/低毒

棉花	棉铃虫、蚜虫	675-900克/公顷	喷雾
水稻	叶蝉	787.5-1.12.5克/公顷	喷雾
玉米	粘虫、玉米螟	810-1080克/公顷	喷雾

PD20101948 乙酰甲胺磷/30%/乳油/乙酰甲胺磷 30%/2015.09.20 至 2020.09.20/中等毒

柑橘树	介壳虫	400-600毫克/千克	喷雾
棉花	棉铃虫、蚜虫	675-900克/公顷	喷雾
苹果树	桃小食心虫	400-600毫克/千克	喷雾
十字花科蔬菜	菜青虫、蚜虫	450-540克/公顷	喷雾
水稻	叶蝉	787.5-1012.5克/公顷	喷雾
小麦	粘虫	810-1080克/公顷	喷雾
烟草	烟青虫	675-900克/公顷	喷雾
玉米	粘虫、玉米螟	810-1080克/公顷	喷雾

PD20131585 戊·氧·乙草胺/44%/乳油/二甲戊灵 10%、乙草胺 30%、乙氧氟草醚 4%/2013.07.26 至 2018.07.26/低毒

大蒜田	一年生杂草	990-1155克/公顷	播后苗前土壤喷雾

PD20131586 氧氟·甲戊灵/34%/乳油/二甲戊灵 30%、乙氧氟草醚 4%/2013.07.26 至 2018.07.26/低毒

登记证号	登记作物/农药信息	防治对象	用药量	施用方法
	大蒜田	一年生杂草	765-892.5克/公顷	播后苗前土壤喷雾
PD20132068	戊唑·吡虫啉/5.4%/悬浮种衣剂/吡虫啉 5%、戊唑醇 0.4%/2013.10.23 至 2018.10.23/低毒			
	玉米	丝黑穗病、蚜虫	108-180克/100千克种子	种子包衣
PD20132069	戊唑·多菌灵/20%/可湿性粉剂/多菌灵 10%、戊唑醇 10%/2013.10.23 至 2018.10.23/低毒			
	苹果树	斑点落叶病、轮纹病	100-200毫克/千克	喷雾
PD20132548	福·唑·毒死蜱/20.3%/悬浮种衣剂/毒死蜱 5%、福美双 15%、戊唑醇 0.3%/2013.12.16 至 2018.12.16/低毒			
	玉米	金针虫、蝼蛄、蛴螬、丝黑穗病	338-570克/100千克种子	种子包衣
PD20132667	戊唑醇/2%/种子处理可分散粉剂/戊唑醇 2%/2013.12.20 至 2018.12.20/低毒			
	棉花	枯萎病	2.66-4克/100千克种子	拌种
	小麦	散黑穗病	2-3克/100千克种子	拌种
	玉米	丝黑穗病	8-12克/100千克种子	拌种
PD20141021	多·福·立枯磷/13%/悬浮种衣剂/多菌灵 5%、福美双 6%、甲基立枯磷 2%/2014.04.21 至 2019.04.21/低毒			
	水稻	立枯病	260克/100千克种子	种子包衣
PD20141589	多菌灵/80%/可湿性粉剂/多菌灵 80%/2014.06.17 至 2019.06.17/低毒			
	苹果树	轮纹病	800－1000毫克/千克	喷雾
PD20151004	咪鲜胺/97%/原药/咪鲜胺 97%/2015.06.12 至 2020.06.12/低毒			
PD20151559	敌草隆/98%/原药/敌草隆 98%/2015.08.03 至 2020.08.03/低毒			
PD20151694	噻唑膦/10%/颗粒剂/噻唑膦 10%/2015.09.21 至 2020.09.21/中等毒			
	黄瓜	根结线虫	2250-3000克/公顷	土壤撒施
PD20151805	吡虫啉/97%/原药/吡虫啉 97%/2015.09.21 至 2020.09.21/低毒			
山东慧邦生物科技有限公司 （山东省肥城市石横镇经济园区 271602 0538-3665986）				
PD20093480	福·福锌/40%/可湿性粉剂/福美双 15%、福美锌 25%/2014.03.23 至 2019.03.23/低毒			
	苹果树	炭疽病	1300-1600毫克/千克	喷雾
PD20093990	异丙威/4%/粉剂/异丙威 4%/2014.03.27 至 2019.03.27/中等毒			
	水稻	稻飞虱	540-600克/公顷	喷粉
PD20094122	辛硫·灭多威/20%/乳油/灭多威 10%、辛硫磷 10%/2014.03.27 至 2019.03.27/高毒			
	棉花	棉蚜	75-150克/公顷	喷雾
PD20094389	苏云金杆菌/8000IU/微升/悬浮剂/苏云金杆菌 8000IU/微升ITU/微升/2014.04.01 至 2019.04.01/低毒			
	茶树	茶毛虫	200-400倍液	喷雾
	棉花	二代棉铃虫	3000-3750毫升制剂/公顷	喷雾
	森林	松毛虫	200-400倍液	喷雾
	十字花科蔬菜	菜青虫、小菜蛾	1500-2250毫升制剂/公顷	喷雾
	水稻	稻纵卷叶螟	3000-3750毫升制剂/公顷	喷雾
	烟草	烟青虫	3000-3750毫升制剂/公顷	喷雾
	玉米	玉米螟	2250-3000毫升制剂/公顷	加细沙灌心叶
	枣树	枣尺蠖	200-400倍液	喷雾
PD20094419	辛硫·高氯氟/21%/乳油/高效氯氟氰菊酯 0.9%、辛硫磷 20.1%/2014.04.01 至 2019.04.01/中等毒			
	甘蓝	菜青虫	126-189克/公顷	喷雾
PD20094976	苏云金杆菌/16000IU/毫克/可湿性粉剂/苏云金杆菌 16000IU/毫克/2014.04.21 至 2019.04.21/低毒			
	茶树	茶毛虫	800-1600倍液	喷雾
	棉花	二代棉铃虫	1500-2250克制剂/公顷	喷雾
	森林	松毛虫	1200-1600倍液	喷雾
	十字花科蔬菜	菜青虫	375-750克制剂/公顷	喷雾
	十字花科蔬菜	小菜蛾	750-1125克制剂/公顷	喷雾
	水稻	稻纵卷叶螟	1500-2250克制剂/公顷	喷雾
	烟草	烟青虫	750-1500克制剂/公顷	喷雾
	玉米	玉米螟	750-1500克制剂/公顷	加细沙灌心
	枣树	枣尺蠖	1200-1600倍液	喷雾
PD20100008	啶虫脒/5%/乳油/啶虫脒 5%/2015.01.04 至 2020.01.04/低毒			
	黄瓜	蚜虫	18-22.5克/公顷	喷雾
PD20100559	氟硅唑/400克/升/乳油/氟硅唑 400克/升/2015.01.14 至 2020.01.14/低毒			
	黄瓜	黑星病	60-75克/公顷	喷雾
PD20100694	福·福锌/80%/可湿性粉剂/福美双 30%、福美锌 50%/2015.01.16 至 2020.01.16/低毒			
	黄瓜	炭疽病	1500-1800克/公顷	喷雾
PD20100804	溴氰菊酯/25克/升/乳油/溴氰菊酯 25克/升/2015.01.19 至 2020.01.19/低毒			
	棉花	棉铃虫	15-18.75克/公顷	喷雾
PD20100951	噻螨酮/5%/乳油/噻螨酮 5%/2015.01.19 至 2020.01.19/低毒			
	棉花	红蜘蛛	30-37.5克/公顷	喷雾
PD20101012	高效氯氟氰菊酯/25克/升/乳油/高效氯氟氰菊酯 25克/升/2015.01.20 至 2020.01.20/中等毒			
	十字花科叶菜	菜青虫	7.5-11.25克/公顷	喷雾
PD20132037	啶虫脒/40%/水分散粒剂/啶虫脒 40%/2013.10.22 至 2018.10.22/低毒			
	甘蓝	蚜虫	18-24克/公顷	喷雾
PD20142205	草甘膦/95%/原药/草甘膦 95%/2014.09.28 至 2019.09.28/低毒			

PD20152186　敌草快/20%/水剂/敌草快 20%/2015.09.23 至 2020.09.23/低毒
非耕地　杂草　750-1050克/公顷　茎叶喷雾

山东惠民中联生物科技有限公司　（山东省惠民县辛店镇工业园　251700　0543-22322666）

PD20083804　双甲脒/200克/升/乳油/双甲脒 200克/升/2013.12.15 至 2018.12.15/中等毒
柑橘树　红蜘蛛　100-200毫克/千克　喷雾
棉花　棉红蜘蛛　60-120克/公顷　喷雾

PD20083811　联苯菊酯/25克/升/乳油/联苯菊酯 25克/升/2013.12.15 至 2018.12.15/中等毒
茶树　茶小绿叶蝉　30-37.5克/公顷　喷雾

PD20084303　联苯菊酯/100克/升/乳油/联苯菊酯 100克/升/2013.12.17 至 2018.12.17/中等毒
苹果树　桃小食心虫　25-33.3毫克/千克　喷雾

PD20084572　啶虫脒/20%/可溶粉剂/啶虫脒 20%/2013.12.18 至 2018.12.18/低毒
黄瓜　蚜虫　36-72克/公顷　喷雾

PD20085189　春雷霉素/2%/水剂/春雷霉素 2%/2013.12.23 至 2018.12.23/低毒
水稻　稻瘟病　24-30克/公顷　喷雾

PD20085583　高效氯氟氰菊酯/25克/升/乳油/高效氯氟氰菊酯 25克/升/2013.12.25 至 2018.12.25/中等毒
棉花　棉铃虫　15-22.5克/公顷　喷雾

PD20090331　敌百虫/30%/乳油/敌百虫 30%/2014.01.12 至 2019.01.12/低毒
十字花科蔬菜　菜青虫　450-900克/公顷　喷雾

PD20090423　丁草胺/50%/乳油/丁草胺 50%/2014.01.12 至 2019.01.12/低毒
移栽水稻田　一年生杂草　南方：750-1012.5克/公顷；北方：1012.5-1275克/公顷　毒土法

PD20091657　啶虫脒/5%/乳油/啶虫脒 5%/2014.02.03 至 2019.02.03/低毒
柑橘树　蚜虫　10-12.5毫克/千克　喷雾

PD20097134　多抗霉素/1.5%/可湿性粉剂/多抗霉素 1.5%/2014.10.16 至 2019.10.16/低毒
番茄　晚疫病　112.5-168.75克/公顷　喷雾

PD20097260　吡虫啉/20%/可溶液剂/吡虫啉 20%/2014.10.20 至 2019.10.20/低毒
水稻　稻飞虱　112.5—150毫升/公顷　喷雾

PD20097562　氟铃脲/5%/乳油/氟铃脲 5%/2014.11.03 至 2019.11.03/低毒
甘蓝　小菜蛾　37.5-52.5克/公顷　喷雾

PD20100216　阿维菌素/1.8%/乳油/阿维菌素 1.8%/2015.01.05 至 2020.01.05/低毒(原药高毒)
甘蓝　小菜蛾　9-11.25克/公顷　喷雾

PD20100334　异菌脲/255克/升/悬浮剂/异菌脲 255克/升/2015.01.11 至 2020.01.11/低毒
香蕉　冠腐病　1000—1800毫克/千克　浸果

PD20100487　甲氨基阿维菌素苯甲酸盐/5%/水分散粒剂/甲氨基阿维菌素 5%/2015.01.14 至 2020.01.14/低毒
甘蓝　小菜蛾　1.5-3克/公顷　喷雾
注：甲氨基阿维菌素苯甲酸盐含量：5.7%。

PD20100969　乙草胺/50%/乳油/乙草胺 50%/2015.01.19 至 2020.01.19/低毒
花生田　一年生杂草　120-150毫升制剂/亩　播后苗期土壤喷雾

PD20101114　甲氨基阿维菌素苯甲酸盐/0.5%/乳油/甲氨基阿维菌素 0.5%/2015.01.25 至 2020.01.25/中等毒
甘蓝　小菜蛾　1.5-1.8克/公顷　喷雾
注：甲氨基阿维菌素苯甲酸盐含量：0.57%。

PD20101672　噁霉灵/30%/水剂/噁霉灵 30%/2015.06.08 至 2020.06.08/低毒
水稻　立枯病　0.9—1.8克/平方米　苗床喷雾

PD20110016　氯氰菊酯/5%/乳油/氯氰菊酯 5%/2016.01.04 至 2021.01.04/中等毒
棉花　棉铃虫　45-90克/公顷　喷雾

PD20111060　氯氰·吡虫啉/5%/乳油/吡虫啉 1.5%、氯氰菊酯 3.5%/2011.10.11 至 2016.10.11/中等毒
甘蓝　蚜虫　30-45克/公顷　喷雾

PD20120122　苯醚甲环唑/10%/水分散粒剂/苯醚甲环唑 10%/2012.01.29 至 2017.01.29/低毒
梨树　黑星病　14.3—16.7毫克/千克　喷雾

PD20120842　甲氰·矿物油/65%/乳油/柴油 64.6%、甲氰菊酯 0.4%/2012.05.22 至 2017.05.22/中等毒
苹果树　黄蚜　650-812.5毫克/千克　喷雾

PD20120881　烯啶虫胺/10%/水剂/烯啶虫胺 10%/2012.05.24 至 2017.05.24/微毒
柑橘树　蚜虫　20-25毫克/千克　喷雾

PD20121300　吡虫·矿物油/25%/乳油/吡虫啉 1%、矿物油 24%/2012.09.06 至 2017.09.06/低毒
苹果树　蚜虫　125-167毫克/千克　喷雾

PD20121588　二嗪磷/25%/乳油/二嗪磷 25%/2012.10.25 至 2017.10.25/中等毒
棉花　蚜虫　750-1050克/公顷　喷雾

PD20130868　印楝素/0.5%/乳油/印楝素 0.5%/2013.04.22 至 2018.04.22/低毒
甘蓝　小菜蛾　9.375-11.25克/公顷　喷雾

PD20130915　戊唑醇/25%/水乳剂/戊唑醇 25%/2013.04.28 至 2018.04.28/低毒
苹果树　斑点落叶病　100-125毫克/千克　喷雾

PD20131803　苯甲·嘧菌酯/30%/悬浮剂/苯醚甲环唑 18.5%、嘧菌酯 11.5%/2013.09.16 至 2018.09.16/低毒
水稻　纹枯病　146.25-243.75克/公顷　喷雾

PD20132555 草甘膦铵盐/80%/可溶粉剂/草甘膦 88.8%/2013.12.17 至 2018.12.17/低毒
非耕地 一年生和多年生杂草 1125-2250克/公顷 定向喷雾
注:草甘膦铵盐含量: 88.8%。
PD20132707 阿维·矿物油/24.5%/乳油/阿维菌素 0.2%、矿物油 24.3%/2013.12.30 至 2018.12.30/低毒(原药高毒)
柑橘树 红蜘蛛 123-245毫克/千克 喷雾
PD20140108 烟嘧·莠去津/52%/可湿性粉剂/烟嘧磺隆 4%、莠去津 48%/2014.01.20 至 2019.01.20/低毒
玉米田 一年生杂草 624-702克/公顷 茎叶喷雾
PD20141587 阿维菌素/5%/水乳剂/阿维菌素 5%/2014.06.17 至 2019.06.17/中等毒(原药高毒)
水稻 稻纵卷叶螟 6.6-8.25克/亩 喷雾
PD20141737 枯草芽孢杆菌/1000亿芽孢/克/可湿性粉剂/枯草芽孢杆菌 1000亿芽孢/克/2014.06.30 至 2019.06.30/低毒
黄瓜 白粉病 1050-1260克制剂/公顷 喷雾
PD20141769 阿维·四螨嗪/20.8%/悬浮剂/阿维菌素 0.8%、四螨嗪 20%/2014.07.02 至 2019.07.02/低毒(原药高毒)
苹果树 红蜘蛛 83.2-138.7毫克/千克 喷雾
PD20142407 异丙草·莠/50%/悬乳剂/异丙草胺 22%、莠去津 28%/2014.11.13 至 2019.11.13/低毒
春玉米田 一年生杂草 1620-2025毫升/公顷 土壤喷雾
夏玉米田 一年生杂草 1215.5-1620毫升/公顷 土壤喷雾
PD20142450 硝磺草酮/15%/悬浮剂/硝磺草酮 15%/2014.11.15 至 2019.11.15/低毒
玉米田 一年生杂草 105-150克/公顷 茎叶喷雾
PD20151045 多杀霉素/10%/水分散粒剂/多杀霉素 10%/2015.06.14 至 2020.06.14/低毒
甘蓝 小菜蛾 15-30克/公顷 喷雾
PD20152046 木霉菌/10亿孢子/克/可湿性粉剂/木霉菌 10亿孢子/克/2015.09.07 至 2020.09.07/低毒
番茄 灰霉病 375-750克制剂/公顷 喷雾
PD20152061 球孢白僵菌/200亿孢子/克/可分散油悬浮剂/球孢白僵菌 200亿孢子/克/2015.09.07 至 2020.09.07/低毒
小白菜 小菜蛾 15-20克/亩 喷雾
LS20150289 咯菌.嘧菌酯/10%/悬浮种衣剂/咯菌腈 2.5%、嘧菌酯 7.5%/2015.09.22 至 2016.09.22/低毒
棉花 立枯病 18.75-25克/100千克种子 种子包衣
LS20150293 噻虫嗪/35%/种子处理微囊悬浮－悬浮剂/噻虫嗪 35%/2015.09.22 至 2016.09.22/低毒
小麦 蚜虫 119-157.5克/100千克种子 拌种
WP20130254 吡虫啉/80%/水分散粒剂/吡虫啉 80%/2013.12.10 至 2018.12.10/低毒
卫生 白蚁 1) 4-5克/平方米; 2) 1000毫升/千克 1) 土壤处理; 2) 木材浸泡
WP20140191 高效氯氟氰菊酯/10%/微囊悬浮剂/高效氯氟氰菊酯 10%/2014.08.27 至 2019.08.27/中等毒
室外 蝇 稀释200倍液 喷洒
WP20150136 氟虫腈/6%/微乳剂/氟虫腈 6%/2015.07.30 至 2020.07.30/低毒
卫生 白蚁 312.5毫克/千克 涂刷或浸泡

山东济宁弘发化工有限公司 (山东省济宁市市北郊327国道北 272075 0537-2323055)

PD84121-21 磷化铝/56%/片剂/磷化铝 56%/2015.06.30 至 2020.06.30/高毒
洞穴 室外啮齿动物 根据洞穴大小而定 密闭熏蒸
货物 仓储害虫 5-10片/1000千克 密闭熏蒸
空间 多种害虫 1-4片/立方米 密闭熏蒸
粮食、种子 储粮害虫 3-10片/1000千克 密闭熏蒸
PD20070157 辛硫·甲拌磷/5%/粉粒剂/甲拌磷 2%、辛硫磷 3%/2012.06.14 至 2017.06.14/中等毒(原药高毒)
小麦 地下害虫 200-300克/100千克种子 拌种
PD20070196 辛硫·甲拌磷/10%/粉粒剂/甲拌磷 4%、辛硫磷 6%/2012.07.17 至 2017.07.17/中等毒(原药高毒)
小麦 地下害虫 250-333克/100千克种子 拌种
PD20084187 辛硫磷/3%/颗粒剂/辛硫磷 3%/2013.12.16 至 2018.12.16/低毒
玉米 玉米螟 90-157.5克/公顷 心叶撒施
PD20090313 敌百·辛硫磷/50%/乳油/敌百虫 25%、辛硫磷 25%/2014.01.12 至 2019.01.12/低毒
十字花科蔬菜 菜青虫 450-600克/公顷 喷雾

山东济宁新星化工有限公司 (山东省济宁市任城区李营镇大务屯村 272075 0537-2038166)

PD20092004 辛硫磷/1.5%/颗粒剂/辛硫磷 1.5%/2014.02.12 至 2019.02.12/中等毒
玉米 玉米螟 67.5-90克/公顷 撒心(喇叭口)
PD20092440 高效氯氟氰菊酯/25克/升/乳油/高效氯氟氰菊酯 25克/升/2014.02.25 至 2019.02.25/中等毒
甘蓝 蚜虫 7.5-15克/公顷 喷雾
PD20092963 三唑酮/25%/可湿性粉剂/三唑酮 25%/2014.03.09 至 2019.03.09/低毒
小麦 白粉病 105-130克/公顷 喷雾
PD20094085 氯氰菊酯/5%/乳油/氯氰菊酯 5%/2014.03.27 至 2019.03.27/中等毒
棉花 棉铃虫 45-60克/公顷 喷雾
PD20101532 吡虫啉/10%/可湿性粉剂/吡虫啉 10%/2015.05.19 至 2020.05.19/低毒
韭菜 韭蛆 300-450克/公顷 药土法
小麦 蚜虫 15-30克/公顷 (南方地区) 45-60克/公顷 (北方地区) 喷雾
PD20102009 啶虫脒/5%/乳油/啶虫脒 5%/2015.09.25 至 2020.09.25/低毒

黄瓜 蚜虫 18-22.5克/公顷 喷雾
萝卜 黄条跳甲 45-90克/公顷 喷雾
PD20132385 阿维·高氯/1.8%/乳油/阿维菌素 0.3%、高效氯氰菊酯 1.5%/2013.11.20 至 2018.11.20/低毒(原药高毒)
甘蓝 菜青虫 7.5-15克/公顷 喷雾

山东嘉诚农作物科学有限公司 (山东省淄博市张店区湖田街道办事处辛安店村东 255000 0533-3147888)

PD20083874 氰戊·辛硫磷/25%/乳油/氰戊菊酯 5%、辛硫磷 20%/2013.12.15 至 2018.12.15/低毒
棉花 棉铃虫 187.5-300克/公顷 喷雾
PD20084322 高效氯氟氰菊酯/25克/升/乳油/高效氯氟氰菊酯 25克/升/2013.12.17 至 2018.12.17/低毒
十字花科蔬菜 蚜虫 7.5-9.375克/公顷 喷雾
PD20084536 代森锰锌/80%/可湿性粉剂/代森锰锌 80%/2013.12.18 至 2018.12.18/低毒
黄瓜 霜霉病 2040-3000克/公顷 喷雾
PD20085169 敌敌畏/77.5%/乳油/敌敌畏 77.5%/2013.12.23 至 2018.12.23/中等毒
小麦 蚜虫 600-720克/公顷 喷雾
PD20090803 高氯·灭多威/12%/乳油/高效氯氰菊酯 2%、灭多威 10%/2014.01.19 至 2019.01.19/低毒(原药高毒)
棉花 棉铃虫 72-90克/公顷 喷雾
PD20090983 啶虫脒/5%/可湿性粉剂/啶虫脒 5%/2014.01.20 至 2019.01.20/低毒
柑橘树 蚜虫 8.6-10毫克/千克 喷雾
PD20091979 阿维菌素/1.8%/乳油/阿维菌素 1.8%/2014.02.12 至 2019.02.12/低毒(原药高毒)
十字花科蔬菜 菜青虫 8.1-10.8克/公顷 喷雾
PD20092228 三唑锡/25%/可湿性粉剂/三唑锡 25%/2014.02.24 至 2019.02.24/低毒
柑橘树 红蜘蛛 125—250毫克/千克 /喷雾
PD20092853 甲氰·辛硫磷/25%/乳油/甲氰菊酯 5%、辛硫磷 20%/2014.03.05 至 2019.03.05/低毒
棉花 棉铃虫 300-375克/公顷 喷雾
PD20096545 哒螨灵/20%/可湿性粉剂/哒螨灵 20%/2014.08.24 至 2019.08.24/低毒
苹果树 红蜘蛛 66.7-100毫克/千克 喷雾
PD20096628 联苯菊酯/25克/升/乳油/联苯菊酯 25克/升/2014.09.02 至 2019.09.02/低毒
茶树 茶毛虫 7.5-15克/公顷 喷雾
番茄 白粉虱 7.5-15克/公顷 喷雾
PD20096904 高效氯氰菊酯/4.5%/乳油/高效氯氰菊酯 4.5%/2014.09.23 至 2019.09.23/低毒
十字花科蔬菜 菜青虫 11.25-18.75克/公顷 喷雾
PD20097049 福·福锌/80%/可湿性粉剂/福美双 30%、福美锌 50%/2014.10.10 至 2019.10.10/低毒
黄瓜 炭疽病 1500-1800克/公顷 喷雾
PD20097254 吗胍·乙酸铜/20%/可湿性粉剂/盐酸吗啉胍 10%、乙酸铜 10%/2014.10.19 至 2019.10.19/低毒
番茄 病毒病 500-750克/公顷 喷雾
PD20097435 丙环唑/250克/升/乳油/丙环唑 250克/升/2014.10.28 至 2019.10.28/低毒
香蕉树 叶斑病 250-500毫克/千克 喷雾
PD20097704 高效氟吡甲禾灵/108克/升/乳油/高效氟吡甲禾灵 108克/升/2014.11.04 至 2019.11.04/低毒
油菜田 一年生禾本科杂草 32.4-48.6克/公顷 茎叶喷雾
PD20098315 烯草酮/240克/升/乳油/烯草酮 240克/升/2014.12.18 至 2019.12.18/低毒
夏大豆田 一年生禾本科杂草 72-108克/公顷 茎叶喷雾
PD20100390 阿维菌素/5%/乳油/阿维菌素 5%/2015.01.14 至 2020.01.14/中等毒(原药高毒)
甘蓝 小菜蛾 9-11.25克/公顷 喷雾
PD20100921 氯氰·丙溴磷/440克/升/乳油/丙溴磷 400克/升、氯氰菊酯 40克/升/2015.01.19 至 2020.01.19/中等毒
棉花 棉铃虫 70-100毫升制剂/亩 土壤喷雾
PD20101928 吡虫啉/10%/可湿性粉剂/吡虫啉 10%/2015.08.27 至 2020.08.27/低毒
水稻 稻飞虱 15-30克/公顷 喷雾
PD20132146 烟嘧磺隆/40克/升/可分散油悬浮剂/烟嘧磺隆 40克/升/2013.10.29 至 2018.10.29/低毒
夏玉米田 一年生杂草 39-60克/公顷 茎叶喷雾
PD20152644 烯啶虫胺/10%/可溶液剂/烯啶虫胺 10%/2015.12.19 至 2020.12.19/低毒
柑橘树 蚜虫 20-25毫克/千克 喷雾

山东洁保生物科技有限公司 (山东省垦利永安镇西纬二路以西 257000 0546-6088788)

WP20080548 高效氯氰菊酯/5%/可湿性粉剂/高效氯氰菊酯 5%/2013.12.24 至 2018.12.24/低毒
卫生 蚊、蝇 30-40毫克/平方米 滞留喷洒
WP20080560 杀虫气雾剂/0.65%/气雾剂/胺菊酯 0.35%、氯菊酯 0.30%/2013.12.24 至 2018.12.24/低毒
卫生 蚊、蝇 / 喷雾
WP20080586 高效氯氰菊酯/5%/悬浮剂/高效氯氰菊酯 5%/2013.12.29 至 2018.12.29/低毒
卫生 蚊、蝇 30-40毫克/平方米 滞留喷洒
WP20120082 高效氟氯氰菊酯/5/悬浮剂/高效氟氯氰菊酯 5%/2012.05.05 至 2017.05.05/低毒
卫生 蚊、蝇、蜚蠊 30-40毫克/平方米 滞留喷洒
WP20140168 电热蚊香液/0.8%/电热蚊香液/氯氟醚菊酯 0.8%/2014.08.01 至 2019.08.01/微毒
室内 蚊 / 电热加温
WP20140172 杀蟑胶饵/0.05%/胶饵/氟虫腈 0.05%/2014.08.01 至 2019.08.01/微毒
室内 蜚蠊 / 投放

WP20140241 电热蚊香片/10毫克/片/电热蚊香片/炔丙菊酯 5毫克/片、氯氟醚菊酯 5毫克/片/2014.11.17 至 2019.11.17/微毒
室内 蚊 / 电热加温
WP20150011 杀蟑饵剂/2.5%/饵剂/吡虫啉 2.5%/2015.01.05 至 2020.01.05/微毒
室内 蜚蠊 / 投放
WP20150023 氯菊·烯丙菊酯/16.86%/水乳剂/氯菊酯 16.15%、S-生物烯丙菊酯 .71%/2015.01.15 至 2020.01.15/低毒
室内 蚊、蝇、蜚蠊 / 喷洒
WP20150085 氟氯氰菊酯/10%/水乳剂/氟氯氰菊酯 10%/2015.05.18 至 2020.05.18/低毒
室内 蚊、蝇、蜚蠊 20-50毫克/平方米 滞留喷洒
WP20150089 溴氰菊酯/50克/升/悬浮剂/溴氰菊酯 50克/升/2015.05.18 至 2020.05.18/低毒
室内 蜚蠊 20-50毫克/平方米 滞留喷洒

山东金华海生物开发有限公司 (山东省济南市济北开发区 250100 0531-85887188)

PD20150500 丙溴磷/40%/乳油/丙溴磷 40%/2015.03.23 至 2020.03.23/中等毒
棉花 棉铃虫 300-450毫升/公顷 喷雾

山东金农华药业有限公司 (山东省莒南县洙边镇崖子村 276627 0539-7623976)

PD20081884 辛硫·甲拌磷/10%/粉粒剂/甲拌磷 4%、辛硫磷 6%/2013.11.20 至 2018.11.20/高毒
花生 地下害虫 750-900克/公顷 拌种
PD20082770 甲氰·辛硫磷/25%/乳油/甲氰菊酯 5%、辛硫磷 20%/2013.12.08 至 2018.12.08/低毒
棉花 棉铃虫 225-345克/公顷 喷雾
PD20083248 氰戊·马拉松/21%/乳油/马拉硫磷 15%、氰戊菊酯 6%/2013.12.11 至 2018.12.11/中等毒
苹果树 桃小食心虫 70-105毫克/千克 喷雾
PD20083789 多菌灵/50%/可湿性粉剂/多菌灵 50%/2013.12.15 至 2018.12.15/低毒
水稻 稻瘟病 750-900克/公顷 喷雾
PD20084642 阿维菌素/1.8%/乳油/阿维菌素 1.8%/2013.12.18 至 2018.12.18/低毒(原药高毒)
十字花科蔬菜 小菜蛾 8.1-10.8克/公顷 喷雾
PD20093780 硫磺·多菌灵/50%/悬浮剂/多菌灵 15%、硫磺 35%/2014.03.25 至 2019.03.25/低毒
花生 叶斑病 1200-1800克/公顷 喷雾
PD20094435 异丙草·莠/40%/悬乳剂/异丙草胺 24%、莠去津 16%/2014.04.01 至 2019.04.01/低毒
夏玉米田 一年生杂草 900-1500克/公顷 土壤喷雾
PD20094790 多·福·锰锌/50%/可湿性粉剂/多菌灵 15%、福美双 25%、代森锰锌 10%/2014.04.13 至 2019.04.13/中等毒
苹果树 轮纹病 500-700倍液 喷雾
PD20100708 福美双/50%/可湿性粉剂/福美双 50%/2015.01.16 至 2020.01.16/低毒
甜菜 根腐病 500—600克/500千克温床土 土壤处理
PD20101098 联苯菊酯/25克/升/乳油/联苯菊酯 25克/升/2015.01.25 至 2020.01.25/低毒
茶树 茶尺蠖 11.25-18.75克/公顷 喷雾
PD20130063 苄嘧磺隆/10%/可湿性粉剂/苄嘧磺隆 10%/2013.01.07 至 2018.01.07/低毒
水稻移栽田 一年生阔叶杂草及莎草科杂草 31.5-45克/公顷 茎叶喷雾
PD20130084 烟嘧磺隆/40克/升/悬浮剂/烟嘧磺隆 40克/升/2013.01.15 至 2018.01.15/低毒
玉米田 一年生杂草 40-60克/公顷 茎叶喷雾
PD20130158 氯氟吡氧乙酸异辛酯/200克/升/乳油/氯氟吡氧乙酸 200克/升/2013.01.24 至 2018.01.24/低毒
小麦田 一年生阔叶杂草 150-200克/公顷 茎叶喷雾
注:氯氟吡氧乙酸异辛酯含量:288克/升
PD20130204 草甘膦异丙胺盐/30%/水剂/草甘膦 30%/2013.01.30 至 2018.01.30/低毒
非耕地 杂草 1125-3000克/公顷 茎叶喷雾
注:草甘膦异丙胺盐含量:41%。
PD20131128 烟嘧·莠去津/52%/可湿性粉剂/烟嘧磺隆 4%、莠去津 48%/2013.05.20 至 2018.05.20/低毒
玉米田 一年生杂草 624-702克/公顷 茎叶喷雾
PD20140472 烟嘧·莠去津/24%/可分散油悬浮剂/烟嘧磺隆 4%、莠去津 20%/2014.02.25 至 2019.02.25/低毒
玉米田 一年生杂草 288~360毫升/公顷 茎叶喷雾
PD20141115 乙氧氟草醚/240克/升/乳油/乙氧氟草醚 240克/升/2014.04.27 至 2019.04.27/低毒
移栽水稻田 一年生杂草 54-72克/公顷 药土法
PD20141370 精喹禾灵/15%/乳油/精喹禾灵 15%/2014.06.04 至 2019.06.04/低毒
大豆田 一年生禾本科杂草 45-67.5克/公顷 茎叶喷雾
PD20150470 氰氟草酯/15%/水乳剂/氰氟草酯 15%/2015.03.20 至 2020.03.20/低毒
水稻田(直播) 稗草、千金子等禾本科杂草 90-105毫升/公顷 茎叶喷雾
LS20140065 硝磺·莠去津/55%/可分散油悬浮剂/莠去津 50%、硝磺草酮 5%/2015.02.18 至 2016.02.18/低毒
春玉米田 一年生杂草 1031.25-1237.5克/公顷 茎叶喷雾
夏玉米田 一年生杂草 660-990克/公顷 茎叶喷雾
LS20140074 烟·硝·莠去津/27%/可分散油悬浮剂/烟嘧磺隆 2%、莠去津 20%、硝磺草酮 5%/2015.03.03 至 2016.03.03/低毒
玉米田 一年生杂草 607.5-810克/公顷 茎叶喷雾

山东京蓬生物药业股份有限公司 (山东省蓬莱市北沟镇 265601 0535-5911317)

PD20040780 哒螨·吡虫啉/6%/乳油/吡虫啉 1.5%、哒螨灵 4.5%/2014.12.19 至 2019.12.19/低毒
苹果树 红蜘蛛、黄蚜 30-60毫克/千克 喷雾
PD20040801 吡虫啉/10%/可湿性粉剂/吡虫啉 10%/2014.12.19 至 2019.12.19/低毒

水稻　飞虱　15-30克/公顷　喷雾
小麦　蚜虫　15-30克/公顷(南方地区)45-60克/公顷(北方地区)　喷雾
PD20081864　氰戊·马拉松/25%/乳油/马拉硫磷 20%、氰戊菊酯 5%/2013.11.20 至 2018.11.20/中等毒
苹果树　黄蚜　125-167毫克/千克　喷雾
PD20081949　氰戊·马拉松/30%/乳油/马拉硫磷 22.5%、氰戊菊酯 7.5%/2013.11.24 至 2018.11.24/中等毒
棉花　棉铃虫　180-270克/公顷　喷雾
苹果树　蚜虫　60-75毫克/千克　喷雾
苹果树　桃小食心虫　120-150毫克/千克　喷雾
PD20082246　硫磺·多菌灵/40%/悬浮剂/多菌灵 20%、硫磺 20%/2013.11.27 至 2018.11.27/低毒
水稻　稻瘟病　1200-1800克/公顷　喷雾
甜菜　褐斑病　900-1200克/公顷　喷雾
PD20082787　硫磺·多菌灵/50%/悬浮剂/多菌灵 15%、硫磺 35%/2013.12.09 至 2018.12.09/低毒
花生　叶斑病　1200-1800克/公顷　喷雾
PD20084245　氰戊·辛硫磷/50%/乳油/氰戊菊酯 5%、辛硫磷 45%/2013.12.17 至 2018.12.17/中等毒
棉花　棉铃虫　450-562.5克/公顷　喷雾
棉花　蚜虫　150-225克/公顷　喷雾
PD20086125　精喹禾灵/10%/乳油/精喹禾灵 10%/2013.12.30 至 2018.12.30/低毒
夏大豆田　一年生禾本科杂草　48.6-64.8克/公顷　茎叶喷雾
PD20092244　甲基硫菌灵/70%/可湿性粉剂/甲基硫菌灵 70%/2014.02.24 至 2019.02.24/低毒
苹果树　轮纹病　700-875毫克/千克　喷雾
PD20092968　高效氯氟氰菊酯/25克/升/乳油/高效氯氟氰菊酯 25克/升/2014.03.09 至 2019.03.09/中等毒
甘蓝　菜青虫　7.5-11.25克/公顷　喷雾
PD20093567　多菌灵/80%/可湿性粉剂/多菌灵 80%/2014.03.23 至 2019.03.23/低毒
水稻　纹枯病　750-900克/公顷　喷雾
PD20093578　代森锰锌/80%/可湿性粉剂/代森锰锌 80%/2014.03.23 至 2019.03.23/低毒
苹果树　斑点落叶病　1000-1500毫克/千克　喷雾
PD20095449　矮壮·甲哌鎓/18%/水剂/矮壮素 15%、甲哌鎓 3%/2014.05.11 至 2019.05.11/低毒
棉花　调节生长、增产　40.5-54克/公顷　喷雾
PD20095678　霜脲·锰锌/36%/悬浮剂/代森锰锌 32%、霜脲氰 4%/2014.05.15 至 2019.05.15/低毒
黄瓜　霜霉病　1440-1800克/公顷　喷雾
PD20097299　吡虫啉/95%/原药/吡虫啉 95%/2014.10.26 至 2019.10.26/低毒
PD20097420　三唑锡/25%/可湿性粉剂/三唑锡 25%/2014.10.28 至 2019.10.28/低毒
柑橘树　红蜘蛛　100－166.7毫克/千克　喷雾
PD20098282　福美双/50%/可湿性粉剂/福美双 50%/2014.12.18 至 2019.12.18/低毒
葡萄　白腐病　625－1250毫克/千克　喷雾
PD20101893　毒死蜱/30%/可湿性粉剂/毒死蜱 30%/2015.08.27 至 2020.08.27/中等毒
棉花　棉铃虫　540-810克/公顷　喷雾
PD20111423　芸苔素内酯/0.01%/水剂/芸苔素内酯 0.01%/2011.12.23 至 2016.12.23/低毒
黄瓜　调节生长　0.03-0.05毫克/千克　茎叶喷雾
PD20120102　芸苔素内酯/90%/原药/芸苔素内酯 90%/2012.01.29 至 2017.01.29/低毒
PD20120105　甲氨基阿维菌素苯甲酸盐/0.5%/微乳剂/甲氨基阿维菌素 0.5%/2012.01.29 至 2017.01.29/低毒
甘蓝　甜菜夜蛾　1.875-2.25克/公顷　喷雾
注:甲氨基阿维菌素苯甲酸盐含量:0.57%。
PD20121820　烟嘧磺隆/40克/升/可分散油悬浮剂/烟嘧磺隆 40克/升/2012.11.22 至 2017.11.22/低毒
玉米　一年生杂草　48-60克/公顷　茎叶喷雾
PD20151439　烯啶虫胺/97%/原药/烯啶虫胺 97%/2015.07.30 至 2020.07.30/低毒
LS20120218　噻虫胺/95%/原药/噻虫胺 95%/2014.06.15 至 2015.06.15/低毒

山东九洲农药有限公司　(山东省鄄城县富春乡　274600　0530-2471765)

PD85124-14　福·福锌/80%/可湿性粉剂/福美双 30%、福美锌 50%/2015.07.12 至 2020.07.12/中等毒
黄瓜、西瓜　炭疽病　1500-1800克/公顷　喷雾
麻　炭疽病　240-400克/100千克种子　拌种
棉花　苗期病害　0.5%药液　浸种
苹果树、杉木、橡胶树　炭疽病　500-600倍液　喷雾
PD20060096　锰锌·多菌灵/50%/可湿性粉剂/多菌灵 8%、代森锰锌 42%/2011.05.22 至 2016.05.22/低毒
苹果树　斑点落叶病　1000-1250毫克/千克　喷雾
PD20060101　氯氰·辛硫磷/30%/乳油/氯氰菊酯 1.5%、辛硫磷 28.5%/2011.05.22 至 2016.05.22/中等毒
棉花　棉铃虫　270-337.5克/公顷　喷雾
PD20080980　螨醇·哒螨灵/20%/乳油/哒螨灵 5%、三氯杀螨醇 15%/2013.07.24 至 2018.07.24/中等毒
柑橘树　红蜘蛛　100-133.3毫克/千克　喷雾
PD20081229　啶虫脒/5%/乳油/啶虫脒 5%/2013.09.11 至 2018.09.11/低毒
柑橘树　蚜虫　1500-2000倍液　喷雾

PD20082348 灭多威/20%/可溶粉剂/灭多威 20%/2013.12.01 至 2018.12.01/中等毒(原药高毒)
棉花 棉铃虫 270-360克/公顷 喷雾
PD20084679 腈菌·三唑酮/12%/乳油/腈菌唑 2%、三唑酮 10%/2013.12.22 至 2018.12.22/低毒
小麦 白粉病 45-54克/公顷 喷雾
PD20085608 辛硫·灭多威/20%/乳油/灭多威 10%、辛硫磷 10%/2013.12.25 至 2018.12.25/中等毒(原药高毒)
棉花 棉铃虫 67.5-90克/公顷 喷雾
PD20090850 虫酰肼/20%/悬浮剂/虫酰肼 20%/2014.01.19 至 2019.01.19/低毒
十字花科蔬菜 甜菜夜蛾 250-300克/公顷 喷雾
PD20091369 阿维菌素/1.8%/乳油/阿维菌素 1.8%/2014.02.02 至 2019.02.02/低毒(原药高毒)
十字花科蔬菜 菜青虫、小菜蛾 8.1-10.8克/公顷 喷雾
PD20092130 高效氯氰菊酯/25克/升/乳油/高效氯氰菊酯 25克/升/2014.02.23 至 2019.02.23/中等毒
十字花科蔬菜 菜青虫 7.5-11.25克/公顷 喷雾
PD20092872 高氯·马/20%/乳油/高效氯氰菊酯 2%、马拉硫磷 18%/2014.03.05 至 2019.03.05/低毒
苹果树 桃小食心虫 133.3-200毫克/千克 喷雾
PD20093045 甲哌鎓/98%/可溶粉剂/甲哌鎓 98%/2014.03.09 至 2019.03.09/低毒
棉花 调节生长、增产 45-60克/公顷 喷雾
PD20093535 三唑锡/25%/可湿性粉剂/三唑锡 25%/2014.03.23 至 2019.03.23/低毒
柑橘树 红蜘蛛 125-250毫克/千克 喷雾
PD20094081 精喹禾灵/5%/乳油/精喹禾灵 5%/2014.03.27 至 2019.03.27/低毒
棉花田 一年生禾本科杂草 45-60克/公顷 茎叶喷雾
PD20097696 甲哌鎓/250克/升/水剂/甲哌鎓 250克/升/2014.11.04 至 2019.11.04/低毒
棉花 调节生长、增产 45-60克/公顷 茎叶喷雾
PD20110363 阿维·高氯/3%/乳油/阿维菌素 0.2%、高效氯氰菊酯 2.8%/2011.03.31 至 2016.03.31/低毒
甘蓝 菜青虫、小菜蛾 13.5-27克/公顷 喷雾
PD20110862 哒螨灵/20%/可湿性粉剂/哒螨灵 20%/2011.08.10 至 2016.08.10/低毒
苹果树 红蜘蛛 50-66.7毫克/千克 喷雾

山东凯利农生物科技有限公司 (山东省泗水县金庄经济园 273200 0537-4039789)

PD20096816 葡聚烯糖/95%/原药/葡聚烯糖 95%/2014.09.21 至 2019.09.21/微毒
PD20096817 葡聚烯糖/0.5%/可溶粉剂/葡聚烯糖 0.5%/2014.09.21 至 2019.09.21/微毒
番茄 病毒病 0.75-0.94克/公顷 喷雾
PD20131877 高氯·马/20%/乳油/高效氯氰菊酯 2%、马拉硫磷 18%/2013.09.25 至 2018.09.25/低毒
苹果树 桃小食心虫 133-200毫克/千克 喷雾
PD20141136 毒死蜱/15%/颗粒剂/毒死蜱 15%/2014.04.28 至 2019.04.28/低毒
花生 蛴螬 1800-3600克/公顷 撒施
PD20150681 阿维菌素/0.5%/颗粒剂/阿维菌素 0.5%/2015.04.17 至 2020.04.17/低毒(原药高毒)
黄瓜 根结线虫 225-262.5克/公顷 沟施、穴施

山东康乔生物科技有限公司 (山东省博兴县吕艺镇工业园 256500 0543-2289156)

PD20121345 草甘膦铵盐/65%/可溶粉剂/草甘膦 65%/2012.09.12 至 2017.09.12/低毒
非耕地 杂草 1413.75-1813.5克/公顷 定向茎叶喷雾
注:草甘膦铵盐含量: 71.5%。
PD20130228 草甘膦异丙胺盐/30%/水剂/草甘膦 30%/2013.01.30 至 2018.01.30/低毒
非耕地 杂草 1125-2025克/公顷 茎叶喷雾
注:草甘膦异丙胺盐含量: 41%。
PD20130287 氟磺胺草醚/250克/升/水剂/氟磺胺草醚 250克/升/2013.02.26 至 2018.02.26/低毒
春大豆田 一年生阔叶杂草 300-375克/公顷 茎叶喷雾
PD20130397 烟嘧磺隆/40克/升/可分散油悬浮剂/烟嘧磺隆 40克/升/2013.03.12 至 2018.03.12/低毒
玉米田 一年生杂草 40-60克/公顷 茎叶喷雾
PD20130421 烯草酮/24%/乳油/烯草酮 24%/2013.03.18 至 2018.03.18/低毒
大豆田 一年生禾本科杂草 72-108克/公顷 茎叶喷雾
冬油菜田 一年生禾本科杂草 54-72克/公顷 茎叶喷雾
PD20130426 烟嘧·莠去津/25%/可分散油悬浮剂/烟嘧磺隆 2.5%、莠去津 22.5%/2013.03.18 至 2018.03.18/低毒
玉米田 一年生杂草 375-562.5克/公顷 茎叶喷雾
PD20130432 精喹禾灵/10%/乳油/精喹禾灵 10%/2013.03.18 至 2018.03.18/低毒
夏大豆田 一年生禾本科杂草 37.5-60克/公顷 茎叶喷雾
PD20132450 阿维菌素/5%/乳油/阿维菌素 5%/2013.12.02 至 2018.12.02/低毒(原药高毒)
柑橘树 红蜘蛛 6.67-8.33毫克/千克 喷雾
PD20141315 螺螨酯/98%/原药/螺螨酯 98%/2014.05.30 至 2019.05.30/低毒
PD20141561 噻呋酰胺/96%/原药/噻呋酰胺 96%/2014.06.17 至 2019.06.17/低毒
PD20141803 氰氟草酯/100克/升/水乳剂/氰氟草酯 100克/升/2014.07.14 至 2019.07.14/低毒
水稻田(直播) 一年生杂草 75-105克/公顷 茎叶喷雾
PD20150122 硝磺·莠去津/25%/可分散油悬浮剂/莠去津 20%、硝磺草酮 5%/2015.01.07 至 2020.01.07/低毒
玉米田 一年生杂草 650-750克/公顷 茎叶喷雾
PD20150242 丙环唑/95%/原药/丙环唑 95%/2015.01.15 至 2020.01.15/低毒

PD20150276 螺螨酯/240克/升/悬浮剂/螺螨酯 240克/升/2015.02.04 至 2020.02.04/低毒
柑橘树 红蜘蛛 40-60毫克/千克 喷雾
PD20151686 吡唑醚菌酯/98%/原药/吡唑醚菌酯 98%/2015.08.28 至 2020.08.28/低毒
PD20151928 乙羧氟草醚/10%/乳油/乙羧氟草醚 10%/2015.08.30 至 2020.08.30/低毒
花生田 一年生阔叶杂草 30-45克/公顷 茎叶喷雾
LS20150271 吡唑醚菌酯/25%/悬浮剂/吡唑醚菌酯 25%/2015.08.28 至 2016.08.28/低毒
香蕉 黑星病、叶斑病 160-240毫克/千克 喷雾

山东科大创业生物有限公司 (山东省邹平县长山工业园 256206 0543-4815111)

PD86108-3 菌核净/40%/可湿性粉剂/菌核净 40%/2011.09.21 至 2016.09.21/低毒
水稻 纹枯病 1200-1500克/公顷 喷雾
烟草 赤星病 1125-2025克/公顷 喷雾
油菜 菌核病 600-900克/公顷 喷雾
PD86159-5 三乙膦酸铝/40%/可湿性粉剂/三乙膦酸铝 40%/2011.09.21 至 2016.09.21/低毒
胡椒 瘟病 1克/株 灌根
棉花 疫病 1410-2820克/公顷 喷雾
蔬菜 霜霉病 1410-2820克/公顷 喷雾
水稻 稻瘟病、纹枯病 1410克/公顷 喷雾
橡胶树 割面条溃疡病 100倍液 1)切口涂药2)喷雾
烟草 黑胫病 1)4500克/公顷2)0.8克/株 1)喷雾2)灌根
PD20040337 高氯·辛硫磷/20%/乳油/高效氯氰菊酯 1%、辛硫磷 19%/2014.12.19 至 2019.12.19/中等毒
十字花科蔬菜 菜青虫 90-150克/公顷 喷雾
PD20040338 高氯·马/20%/乳油/高效氯氰菊酯 1.5%、马拉硫磷 18.5%/2014.12.19 至 2019.12.19/中等毒
苹果树 桃小食心虫 133-200毫克/千克 喷雾
PD20040665 哒螨灵/15%/乳油/哒螨灵 15%/2014.12.19 至 2019.12.19/中等毒
苹果树 红蜘蛛 33-50毫克/千克 喷雾
PD20040810 多·锰锌/40%/可湿性粉剂/多菌灵 20%、代森锰锌 20%/2014.12.20 至 2019.12.20/低毒
梨树 黑星病 667-1000毫克/千克 喷雾
PD20040827 螨醇·哒螨灵/20%/乳油/哒螨灵 5%、三氯杀螨醇 15%/2014.12.31 至 2019.12.31/低毒
苹果树 山楂红蜘蛛 100-133毫克/千克 喷雾
PD20050213 哒螨灵/20%/可湿性粉剂/哒螨灵 20%/2015.12.23 至 2020.12.23/低毒
柑橘树 红蜘蛛 50-100毫克/千克 喷雾
PD20060166 硫磺/99.5%/原药/硫磺 99.5%/2011.10.16 至 2016.10.16/低毒
PD20060194 乙酰甲胺磷/30%/乳油/乙酰甲胺磷 30%/2011.12.06 至 2016.12.06/低毒
柑橘树 介壳虫 250-400毫克/千克 喷雾
PD20070048 阿维菌素/92%/原药/阿维菌素 92%/2012.03.06 至 2017.03.06/高毒
PD20070397 啶虫脒/20%/可湿性粉剂/啶虫脒 20%/2012.11.05 至 2017.11.05/低毒
柑橘树 蚜虫 10-12毫克/千克 喷雾
PD20070399 多抗霉素/34%/原药/多抗霉素 34%/2012.11.05 至 2017.11.05/低毒
PD20070432 阿维·高氯/4.2%/乳油/阿维菌素 0.3%、高效氯氰菊酯 3.9%/2012.11.12 至 2017.11.12/低毒(原药高毒)
十字花科蔬菜 菜青虫、小菜蛾 13.5-27克/公顷 喷雾
PD20080337 噻螨酮/97.5%/原药/噻螨酮 97.5%/2013.02.26 至 2018.02.26/低毒
PD20080383 甲硫·福美双/50%/可湿性粉剂/福美双 20%、甲基硫菌灵 30%/2013.02.28 至 2018.02.28/中等毒
苹果树 轮纹病 500-700倍液 喷雾
PD20080847 四螨·三唑锡/10%/悬浮剂/四螨嗪 3%、三唑锡 7%/2013.06.23 至 2018.06.23/低毒
柑橘树 红蜘蛛 67-100毫克/千克 喷雾
PD20081353 硫磺·锰锌/70%/可湿性粉剂/硫磺 42%、代森锰锌 28%/2013.10.21 至 2018.10.21/低毒
豇豆 锈病 2250—3000克/公顷 喷雾
PD20081706 阿维菌素/3%/可湿性粉剂/阿维菌素 3%/2013.11.17 至 2018.11.17/低毒(原药高毒)
菜豆 美洲斑潜蝇 3-4.5克/公顷 喷雾
PD20082151 福美双/70%/可湿性粉剂/福美双 70%/2013.11.25 至 2018.11.25/低毒
黄瓜 霜霉病 840-1260克/公顷 喷雾
PD20082922 灭幼脲/20%/悬浮剂/灭幼脲 20%/2013.12.09 至 2018.12.09/低毒
十字花科蔬菜 菜青虫 60-75克/公顷 喷雾
PD20084148 高氯·氟啶脲/5%/乳油/氟啶脲 1%、高效氯氰菊酯 4%/2013.12.16 至 2018.12.16/低毒
十字花科蔬菜 甜菜夜蛾 37.5-52.5克/公顷 喷雾
PD20084533 福·福锌/80%/可湿性粉剂/福美双 30%、福美锌 50%/2013.12.18 至 2018.12.18/低毒
苹果树 炭疽病 1333-1600毫克/千克 喷雾
西瓜 炭疽病 1500-1800克/公顷 喷雾
PD20086356 阿维·炔螨特/56%/乳油/阿维菌素 0.3%、炔螨特 55.7%/2013.12.31 至 2018.12.31/低毒(原药高毒)
柑橘树 红蜘蛛 140-280毫克/千克 喷雾
PD20086378 碱式硫酸铜/96%/原药/碱式硫酸铜 96%/2013.12.31 至 2018.12.31/低毒
PD20086381 井冈霉素/3%/可溶粉剂/井冈霉素 3%/2013.12.31 至 2018.12.31/低毒
水稻 纹枯病 150-187.5克/公顷 喷雾

PD20086382 井冈霉素/3%/水剂/井冈霉素 3%/2013.12.31 至 2018.12.31/低毒
水稻 纹枯病 150-187.5克/公顷 喷雾
PD20091189 高效氯氟氰菊酯/2.5%/水乳剂/高效氯氟氰菊酯 2.5%/2014.01.22 至 2019.01.22/中等毒
甘蓝 菜青虫、蚜虫 5.625-7.5克/公顷 喷雾
PD20091271 腐霉·百菌清/20%/烟剂/百菌清 10%、腐霉利 10%/2014.02.01 至 2019.02.01/低毒
黄瓜(保护地) 霜霉病 600-900克/公顷 点燃放烟
PD20091668 阿维·甲氰/1.8%/乳油/阿维菌素 0.1%、甲氰菊酯 1.7%/2014.02.03 至 2019.02.03/低毒(原药高毒)
苹果树 红蜘蛛 12-18毫克/千克 喷雾
PD20091821 灭多威/10%/可溶粉剂/灭多威 10%/2014.02.05 至 2019.02.05/中等毒(原药高毒)
棉花 棉铃虫 270-360克/公顷 喷雾
PD20092615 稻瘟灵/30%/乳油/稻瘟灵 30%/2014.03.02 至 2019.03.02/低毒
水稻 稻瘟病 562.5-675克/公顷 喷雾
PD20093745 硫磺·百菌清/10%/粉剂/百菌清 5%、硫磺 5%/2014.03.25 至 2019.03.25/低毒
黄瓜(温棚) 霜霉病 1500—1800克/公顷 喷粉
PD20094033 高效氯氰菊酯/4.5%/乳油/高效氯氰菊酯 4.5%/2014.03.27 至 2019.03.27/中等毒
茶树 茶尺蠖 22.5-30毫克/千克 喷雾
PD20094037 三唑磷/20%/乳油/三唑磷 20%/2014.03.27 至 2019.03.27/中等毒
水稻 二化螟 202.5-303.75克/公顷 喷雾
PD20094619 氯氰·敌敌畏/20%/乳油/敌敌畏 18%、氯氰菊酯 2%/2014.04.10 至 2019.04.10/中等毒
十字花科蔬菜 黄条跳甲 225-300克/公顷 喷雾
PD20094706 高氯·灭多威/5%/乳油/高效氯氰菊酯 2%、灭多威 3%/2014.04.10 至 2019.04.10/中等毒(原药高毒)
棉花 棉铃虫 75-90克/公顷 喷雾
PD20094908 甲基硫菌灵/500克/升/悬浮剂/甲基硫菌灵 500克/升/2014.04.16 至 2019.04.16/低毒
水稻 稻瘟病 750-1125克/公顷 喷雾
PD20095799 除虫脲/5%/乳油/除虫脲 5%/2014.05.27 至 2019.05.27/低毒
茶树 茶尺蠖 40-50毫克/千克 喷雾
PD20096555 硫磺/91%/粉剂/硫磺 91%/2014.08.24 至 2019.08.24/微毒
橡胶树 白粉病 10237.5—13650克/公顷 喷粉
PD20096719 苏云金杆菌/8000IU/微升/悬浮剂/苏云金杆菌 8000IU/微升/2014.09.07 至 2019.09.07/低毒
十字花科蔬菜 菜青虫 1500-2250毫升制剂/公顷 喷雾
PD20096972 吡虫啉/20%/可溶液剂/吡虫啉 20%/2014.09.29 至 2019.09.29/低毒
十字花科蔬菜 蚜虫 20-30克/公顷 喷雾
PD20097197 四螨嗪/500克/升/悬浮剂/四螨嗪 500克/升/2014.10.16 至 2019.10.16/低毒
苹果树 苹果红蜘蛛 83-100毫克/千克 喷雾
PD20097256 阿维·氟铃脲/2.5%/乳油/阿维菌素 0.4%、氟铃脲 2.1%/2014.10.19 至 2019.10.19/低毒(原药高毒)
甘蓝 小菜蛾 11.25-15克/公顷 喷雾
PD20097281 代森锰锌/80%/可湿性粉剂/代森锰锌 80%/2014.10.26 至 2019.10.26/低毒
黄瓜 霜霉病 1800—2700克/公顷 喷雾
PD20097334 噻螨酮/5%/可湿性粉剂/噻螨酮 5%/2014.10.27 至 2019.10.27/低毒
柑橘树 红蜘蛛 25-31.25毫克/千克 喷雾
PD20097735 甲基硫菌灵/70%/可湿性粉剂/甲基硫菌灵 70%/2014.11.12 至 2019.11.12/低毒
番茄 叶霉病 367.5—556.5克/公顷 喷雾
PD20097813 乙酸铜/20%/可湿性粉剂/乙酸铜 20%/2014.11.20 至 2019.11.20/低毒
黄瓜 苗期猝倒病 3000-4500克/公顷 灌根
PD20098055 福美双/50%/可湿性粉剂/福美双 50%/2014.12.07 至 2019.12.07/低毒
黄瓜 霜霉病 750—1125克/公顷 喷雾
PD20098056 多抗霉素/3%/可湿性粉剂/多抗霉素B 3%/2014.12.07 至 2019.12.07/低毒
番茄 晚疫病 168.75—337.5克/公顷 喷雾
PD20098418 苏云金杆菌/16000IU/毫克/可湿性粉剂/苏云金杆菌 16000IU/毫克/2014.12.24 至 2019.12.24/低毒
十字花科蔬菜 菜青虫 37.5-50毫克制剂/亩 喷雾
PD20098436 辛硫·矿物油/40%/乳油/矿物油 20%、辛硫磷 20%/2014.12.24 至 2019.12.24/低毒
棉花 棉铃虫 600-900克/公顷 喷雾
PD20098437 阿维·矿物油/24.5%/乳油/阿维菌素 0.2%、矿物油 24.3%/2014.12.24 至 2019.12.24/低毒(原药高毒)
柑橘树 红蜘蛛 122.5-245毫克/千克 喷雾
PD20098499 丁硫·矿物油/30%/乳油/丁硫克百威 5%、矿物油 25%/2014.12.24 至 2019.12.24/中等毒
棉花 蚜虫 135-270克/公顷 喷雾
PD20100028 多抗·福美双/25.8%/可湿性粉剂/多抗霉素 0.8%、福美双 25%/2015.01.04 至 2020.01.04/低毒
黄瓜 霜霉病 580—772.5克/公顷 喷雾
PD20100138 阿维·三唑磷/20%/乳油/阿维菌素 0.2%、三唑磷 19.8%/2015.01.05 至 2020.01.05/低毒
水稻 二化螟 150-210克/公顷 喷雾
PD20100486 甲氰·噻螨酮/7.5%/乳油/甲氰菊酯 5%、噻螨酮 2.5%/2015.01.14 至 2020.01.14/低毒
柑橘树 红蜘蛛 40-48毫升制剂/亩 茎叶喷雾
PD20100590 阿维菌素/1.8%/乳油/阿维菌素 1.8%/2015.01.14 至 2020.01.14/低毒(原药高毒)

甘蓝 小菜蛾 8.1-10.8克/公顷 喷雾
水稻 稻纵卷叶螟 4.05-5.4克/公顷 喷雾
PD20100608 阿维菌素/1.8%/乳油/阿维菌素 1.8%/2015.01.14 至 2020.01.14/低毒(原药高毒)
十字花科蔬菜 小菜蛾 33-50毫升制剂/亩 喷雾
PD20101515 甲基硫菌灵/36%/悬浮剂/甲基硫菌灵 36%/2015.05.10 至 2020.05.10/低毒
水稻 稻瘟病 500—938毫升（制剂）/公顷 喷雾
PD20101527 氟硅唑/400克/升/乳油/氟硅唑 400克/升/2015.05.19 至 2020.05.19/低毒
黄瓜 黑星病 60—75克/公顷 喷雾
PD20101873 氟氯氰菊酯/50克/升/乳油/氟氯氰菊酯 50克/升/2015.08.09 至 2020.08.09/低毒
甘蓝 蚜虫 20.25-24.75克/公顷 喷雾
PD20110105 氟铃脲/5%/乳油/氟铃脲 5%/2016.01.26 至 2021.01.26/低毒
甘蓝 小菜蛾 30-52.5克制剂/公顷 喷雾
PD20110132 矿物油/99%/乳油/矿物油 99%/2016.01.28 至 2021.01.28/微毒
柑橘树 介壳虫 4950-9900 毫克/千克 喷雾
PD20130695 甲维盐·氯氰/3.2%/微乳剂/甲氨基阿维菌素苯甲酸盐 0.2%、氯氰菊酯 3%/2013.04.11 至 2018.04.11/低毒
甘蓝 甜菜夜蛾 19.2-28.8克/公顷 喷雾
PD20131046 甲氨基阿维菌素苯甲酸盐/2%/微乳剂/甲氨基阿维菌素 2%/2013.05.13 至 2018.05.13/低毒
甘蓝 甜菜夜蛾 2.64-3.3克/公顷 喷雾
注:甲氨基阿维菌素苯甲酸盐含量：2.2%。
PD20140065 氨基寡糖素/0.5%/水剂/氨基寡糖素 0.5%/2014.01.20 至 2019.01.20/低毒
番茄 晚疫病 14-18.8克/公顷 喷雾
PD20140923 几丁聚糖/2%/水剂/几丁聚糖 2%/2014.04.10 至 2019.04.10/低毒
番茄 晚疫病 30克-45克/公顷 喷雾
PD20141058 烯酰吗啉/50%/可湿性粉剂/烯酰吗啉 50%/2014.04.25 至 2019.04.25/低毒
黄瓜 霜霉病 262.5-300克/公顷 喷雾
PD20141722 螺螨酯/34%/悬浮剂/螺螨酯 34%/2014.06.30 至 2019.06.30/微毒
柑橘树 红蜘蛛 40-60毫克/千克 喷雾
PD20141822 苯甲·醚菌酯/52%/水分散粒剂/苯醚甲环唑 20%、醚菌酯 32%/2014.07.23 至 2019.07.23/低毒
蔷薇科观赏花卉 白粉病 325-650毫克/千克 喷雾
PD20141824 烯酰吗啉/80%/水分散粒剂/烯酰吗啉 80%/2014.07.23 至 2019.07.23/低毒
黄瓜 霜霉病 240-300克/公顷 喷雾
PD20141885 嘧霉·异菌脲/60%/水分散粒剂/嘧霉胺 30%、异菌脲 30%/2014.07.31 至 2019.07.31/低毒
观赏菊花 灰霉病 360—540克/公顷 喷雾
PD20142140 戊唑醇/30%/悬浮剂/戊唑醇 30%/2014.09.18 至 2019.09.18/低毒
苹果树 斑点落叶病 100-120毫克/千克 喷雾
PD20142141 丙森锌/70%/可湿性粉剂/丙森锌 70%/2014.09.18 至 2019.09.18/低毒
黄瓜 霜霉病 1575-2247克/公顷 喷雾
PD20142185 咪鲜·己唑醇/28%/微乳剂/己唑醇 8%、咪鲜胺 20%/2014.09.26 至 2019.09.26/低毒
蔷薇科观赏花卉 白粉病 280-560毫克/千克 喷雾
PD20150074 克菌丹/92%/原药/克菌丹 92%/2015.01.05 至 2020.01.05/低毒
PD20150598 氟啶胺/50%/悬浮剂/氟啶胺 50%/2015.04.15 至 2020.04.15/低毒
马铃薯 晚疫病 187.5-262.5克/公顷 喷雾
PD20150599 高效氯氟氰菊酯/2.5%/微囊悬浮剂/高效氯氟氰菊酯 2.5%/2015.04.15 至 2020.04.15/低毒
甘蓝 菜青虫 11.25-15克/公顷 喷雾
WP20140001 氟虫腈/3%/微乳剂/氟虫腈 3%/2014.01.02 至 2019.01.02/低毒
室内 蝇 20倍液 滞留喷洒
WP20140005 氟虫腈/2.5%/悬浮剂/氟虫腈 2.5%/2014.01.02 至 2019.01.02/低毒
室内 蜚蠊 20倍液 滞留喷洒
WP20150030 杀虫颗粒剂/5%/颗粒剂/倍硫磷 5%/2015.03.02 至 2020.03.02/低毒
卫生 蝇(幼虫) / 撒布
WP20150138 杀虫粒剂/1%/饵剂/噻虫嗪 1%/2015.07.30 至 2020.07.30/低毒
室内 蝇 / 投放

山东科信生物化学有限公司 (山东省临邑县恒源经济开发区 250100 0531-88631827)

PD20093110 百草枯/42%/母药/百草枯 42%/2014.03.09 至 2019.03.09/中等毒
PD20094494 百草枯/200克/升/水剂/百草枯 200克/升/2014.07.01 至 2019.06.30/中等毒
注:专供出口，不得在国内销售。
PD20095162 虫酰肼/95%/原药/虫酰肼 95%/2014.04.24 至 2019.04.24/低毒
PD20110180 百草枯/250克/升/水剂/百草枯 250克/升/2014.07.01 至 2019.06.30/低毒
注:专供出口，不得在国内销售。
PD20131587 噻虫嗪/98%/原药/噻虫嗪 98%/2013.07.29 至 2018.07.29/低毒
PD20152124 噻虫嗪/25%/水分散粒剂/噻虫嗪 25%/2015.09.22 至 2020.09.22/低毒
水稻 稻飞虱 7.5-15克/公顷 喷雾

山东科源化工有限公司 (山东省莱州市银海工业园区 261413 0532-83834402)

PD85104-7　敌敌畏/95%/原药/敌敌畏 95%/2015.01.05 至 2020.01.05/中等毒

PD85105-61　敌敌畏/80%/乳油/敌敌畏 77.5%(气谱法)/2015.01.05 至 2020.01.05/中等毒

茶树	食叶害虫	600克/公顷	喷雾
粮仓	多种储藏害虫	1)400-500倍液2)0.4-0.5克/立方米	1)喷雾2)挂条熏蒸
棉花	蚜虫、造桥虫	600-1200克/公顷	喷雾
苹果树	小卷叶蛾、蚜虫	400-500毫克/千克	喷雾
青菜	菜青虫	600克/公顷	喷雾
桑树	尺蠖	600克/公顷	喷雾
卫生	多种卫生害虫	1)300-400倍液2)0.08克/立方米	1)泼洒2)挂条熏蒸
小麦	黏虫、蚜虫	600克/公顷	喷雾

PD20040784　哒螨灵/15%/乳油/哒螨灵 15%/2014.12.19 至 2019.12.19/中等毒

柑橘树	红蜘蛛	50-67毫克/千克	喷雾

PD20084931　霜霉威盐酸盐/66.5%/水剂/霜霉威盐酸盐 66.5%/2013.12.22 至 2018.12.22/低毒

黄瓜	霜霉病	649.8-1083克/公顷	喷雾

PD20085340　丙溴磷/40%/乳油/丙溴磷 40%/2013.12.24 至 2018.12.24/中等毒

棉花	棉铃虫	480-600克/公顷	喷雾

PD20085732　丙溴·辛硫磷/25%/乳油/丙溴磷 12%、辛硫磷 13%/2013.12.26 至 2018.12.26/低毒

棉花	棉铃虫	300-375克/公顷	喷雾

PD20090158　氯氰·丙溴磷/44%/乳油/丙溴磷 40%、氯氰菊酯 4%/2014.01.08 至 2019.01.08/低毒

甘蓝	小菜蛾	99-165克/公顷	喷雾
棉花	棉铃虫	198-264克/公顷	喷雾

PD20095500　甲哌鎓/250克/升/水剂/甲哌鎓 250克/升/2014.05.11 至 2019.05.11/低毒

棉花	调节生长	45-60克/公顷	喷雾

PD20101235　丙溴磷/94%/原药/丙溴磷 94%/2015.03.01 至 2020.03.01/中等毒

PD20101517　二甲戊灵/330克/升/乳油/二甲戊灵 330克/升/2015.05.12 至 2020.05.12/低毒

玉米田	一年生杂草	891-1039.5克/公顷	播后苗前土壤喷雾

PD20111226　2,4-滴/98%/原药/2,4-滴 98%/2011.11.18 至 2016.11.18/低毒
注:专供出口，不得在国内销售。

PD20111359　2,4-滴丁酯/72%/乳油/2,4-滴丁酯 72%/2011.12.12 至 2016.12.12/低毒
注:专供出口，不得在国内销售。

PD20120390　2,4-滴二甲胺盐/860克/升/水剂/2,4-滴二甲胺盐 860克/升/2012.03.07 至 2017.03.07/低毒
注:专供出口,不得在国内销售。

PD20120408　2,4-滴二甲胺盐/720克/升/水剂/2,4-滴二甲胺盐 720克/升/2012.03.07 至 2017.03.07/低毒
注:专供出口,不得在国内销售。

PD20140744　氟磺胺草醚/98%/原药/氟磺胺草醚 98%/2014.03.24 至 2019.03.24/低毒

PD20152544　2,4-滴/98%/原药/2,4-滴 98%/2015.12.05 至 2020.12.05/低毒

山东乐邦化学品有限公司　(山东省潍坊市昌乐县宝城街道常庄村南　262403　0531-67807266)

PD20083883　毒死蜱/40%/乳油/毒死蜱 40%/2013.12.15 至 2018.12.15/中等毒

水稻	稻纵卷叶螟	432-576克/公顷	喷雾

PD20084482　高效氯氟氰菊酯/25克/升/乳油/高效氯氟氰菊酯 25克/升/2013.12.17 至 2018.12.17/中等毒

棉花	棉铃虫	15-18.75克/公顷	喷雾

PD20084582　丙环唑/250克/升/乳油/丙环唑 250克/升/2013.12.18 至 2018.12.18/低毒

香蕉	叶斑病	250-500毫克/千克	喷雾

PD20084607　联苯菊酯/100克/升/乳油/联苯菊酯 100克/升/2013.12.18 至 2018.12.18/中等毒

茶树	茶小绿叶蝉	30-37.5克/公顷	喷雾

PD20085401　草甘膦异丙胺盐/41%/水剂/草甘膦异丙胺盐 41%/2013.12.24 至 2018.12.24/低毒

桑园	杂草	1125-2250克/公顷	定向茎叶喷雾

PD20086344　代森锰锌/80%/可湿性粉剂/代森锰锌 80%/2013.12.31 至 2018.12.31/低毒

黄瓜	霜霉病	2250-3000克/公顷	喷雾

PD20090385　氟乐灵/480克/升/乳油/氟乐灵 480克/升/2014.01.12 至 2019.01.12/低毒

棉花田	一年生禾本科杂草及部分阔叶杂草	900-1080克/公顷	播后苗前土壤喷雾

PD20090413　异丙甲草胺/720克/升/乳油/异丙甲草胺 720克/升/2014.01.12 至 2019.01.12/低毒

大豆田	一年生杂草	1080-1944克/公顷	土壤喷雾

PD20090961　二甲戊灵/330克/升/乳油/二甲戊灵 330克/升/2014.01.20 至 2019.01.20/低毒

棉花田	一年生杂草	742.5-990克/公顷	土壤喷雾

PD20091362　高效氟吡甲禾灵/108克/升/乳油/高效氟吡甲禾灵 108克/升/2014.02.02 至 2019.02.02/低毒

大豆田	杂草	48.6-72.9克/公顷	茎叶喷雾

PD20092698　精喹禾灵/5%/乳油/精喹禾灵 5%/2014.03.03 至 2019.03.03/低毒

春大豆田	一年生禾本科杂草	45-60克/公顷	茎叶喷雾
夏大豆田	一年生禾本科杂草	60-75克/公顷	茎叶喷雾

PD20093108　丁草胺/600克/升/水乳剂/丁草胺 600克/升/2014.03.09 至 2019.03.09/低毒

移栽水稻田	杂草	1650-2100毫升制剂/公顷	毒土法

PD20093516 乙草胺/900克/升/乳油/乙草胺 900克/升/2014.03.23 至 2019.03.23/低毒
春玉米田 一年生禾本科杂草及部分小粒种子阔叶杂草 1350-1620克/公顷 土壤喷雾
夏玉米田 一年生禾本科杂草及部分小粒种子阔叶杂草 810-1215克/公顷 土壤喷雾

PD20094194 莠去津/50%/悬浮剂/莠去津 50%/2014.03.30 至 2019.03.30/低毒
夏玉米田 一年生杂草 1050-1500克/公顷 播后苗前土壤喷雾

PD20097203 乙草胺/50%/乳油/乙草胺 50%/2014.10.19 至 2019.10.19/低毒
花生田 一年生杂草 900-1125克/公顷 播后苗前土壤喷雾

PD20097375 阿维菌素/1.8%/乳油/阿维菌素 1.8%/2014.10.28 至 2019.10.28/低毒(原药高毒)
甘蓝 小菜蛾 8.1-10.8克/公顷 喷雾

PD20097691 阿维·高氯/3%/乳油/阿维菌素 0.2%、高效氯氰菊酯 2.8%/2014.11.04 至 2019.11.04/低毒(原药高毒)
甘蓝 菜青虫、小菜蛾 13.5-27克/公顷 喷雾

PD20097795 甲基硫菌灵/70%/可湿性粉剂/甲基硫菌灵 70%/2014.11.20 至 2019.11.20/低毒
番茄 叶腐病 525-787.5克/公顷 喷雾

PD20097841 精噁唑禾草灵/69克/升/水乳剂/精噁唑禾草灵 69克/升/2014.11.20 至 2019.11.20/低毒
小麦田 一年生禾本科杂草 41.4-62.10克/公顷 茎叶喷雾

PD20097847 烟嘧磺隆/40克/升/可分散油悬浮剂/烟嘧磺隆 40克/升/2014.11.20 至 2019.11.20/低毒
玉米田 一年生杂草 45-60克/公顷 茎叶喷雾

PD20098085 三环唑/75%/可湿性粉剂/三环唑 75%/2014.12.08 至 2019.12.08/中等毒
水稻 稻瘟病 225—300克/公顷 喷雾

PD20098268 氟硅唑/400克/升/乳油/氟硅唑 400克/升/2014.12.18 至 2019.12.18/低毒
黄瓜 黑星病 60-75克/公顷 喷雾

PD20098373 吡嘧磺隆/10%/可湿性粉剂/吡嘧磺隆 10%/2014.12.18 至 2019.12.18/低毒
移栽水稻田 一年生阔叶杂草 22.5-30克/公顷 毒土法

PD20100748 扑·乙/51%/乳油/扑草净 13%、乙草胺 38%/2015.01.16 至 2020.01.16/低毒
花生田 一年生杂草 1147.5-1530克/公顷 土壤喷雾

PD20100848 烟嘧·莠去津/22%/可分散油悬浮剂/烟嘧磺隆 2%、莠去津 20%/2015.01.19 至 2020.01.19/低毒
玉米田 一年生杂草 1500-2250毫升/公顷 茎叶喷雾

PD20101151 2,4-滴丁酯/57%,总酯72%/乳油/2,4-滴丁酯 57%/2015.01.25 至 2020.01.25/低毒
春玉米田 阔叶杂草 432-540克/公顷 茎叶喷雾

PD20101475 苯磺隆/75%/水分散粒剂/苯磺隆 75%/2015.05.05 至 2020.05.05/低毒
冬小麦田 一年生阔叶杂草 14.625-19.125克/公顷 茎叶喷雾

PD20101790 炔螨特/57%/乳油/炔螨特 57%/2015.07.13 至 2020.07.13/低毒
柑橘树 红蜘蛛 285-380毫克/千克 喷雾

PD20110514 莠去津/38%/悬浮剂/莠去津 38%/2011.05.03 至 2016.05.03/低毒
春玉米田 一年生杂草 1710-2280克/公顷 播后苗前土壤喷雾
夏玉米田 一年生杂草 1140-1710克/公顷 播后苗前土壤喷雾

PD20121861 阿维·哒螨灵/10.5%/乳油/阿维菌素 0.3%、哒螨灵 10.2%/2012.11.28 至 2017.11.28/中等毒(原药高毒)
柑橘树 红蜘蛛 70-105毫克/千克 喷雾

PD20130079 乙·莠· 滴丁酯/51%/悬乳剂/2,4-滴丁酯 5%、乙草胺 30%、莠去津 16%/2013.01.14 至 2018.01.14/低毒
春玉米田 一年生杂草 1759.5-2065.5克/公顷 土壤喷雾

PD20130194 乙草胺/89%/乳油/乙草胺 89%/2013.01.24 至 2018.01.24/低毒
春大豆田 一年生杂草 1336.5-1633.5克/公顷 播后苗前土壤喷雾

PD20131468 甲·灭·敌草隆/55%/可湿性粉剂/敌草隆 15%、2甲4氯 10%、莠灭净 30%/2013.07.05 至 2018.07.05/低毒
甘蔗田 一年生杂草 1350-1732.5克/公顷 定向茎叶喷雾

PD20132359 丁·戊·福美双/20.6%/悬浮种衣剂/丁硫克百威 7%、福美双 13%、戊唑醇 0.6%/2013.11.20 至 2018.11.20/中等毒
玉米 地老虎、金针虫、蝼蛄、蛴螬、丝黑穗病 463.5-515克/100千克种子 种子包衣

PD20132442 甲氨基阿维菌素苯甲酸盐/1%/乳油/甲氨基阿维菌素 1%/2013.12.02 至 2018.12.02/低毒
甘蓝 甜菜夜蛾 2.25-3克/公顷 喷雾
注:甲氨基阿维菌素苯甲酸盐含量: 1.14%.

PD20140050 莎稗磷/300克/升/乳油/莎稗磷 300克/升/2014.01.16 至 2019.01.16/低毒
水稻移栽田 莎草及稗草 225-250克/公顷 药土法

PD20140572 异丙草·莠/41%/悬乳剂/异丙草胺 21%、莠去津 20%/2014.03.06 至 2019.03.06/低毒
夏玉米田 一年生杂草 1230-1537.5克/公顷 土壤喷雾

PD20150178 甲·乙·莠/42%/悬乳剂/甲草胺 8%、乙草胺 9%、莠去津 25%/2015.01.15 至 2020.01.15/低毒
玉米田 一年生杂草 夏玉米: 945-1260克/公顷; 春玉米: 1260-1890克/公顷 土壤喷雾

PD20150456 磺草·莠去津/40%/悬浮剂/磺草酮 10%、莠去津 30%/2015.03.20 至 2020.03.20/低毒
夏玉米田 一年生杂草 1200-1500克/公顷 茎叶喷雾

PD20150869 松·喹·氟磺胺/35%/乳油/氟磺胺草醚 9.5%、精喹禾灵 2.5%、异噁草松 23%/2015.05.18 至 2020.05.18/低毒
春大豆田 一年生杂草 630-787.5克/公顷 茎叶喷雾

PD20151018 丁·莠/42%/悬乳剂/丁草胺 22%、莠去津 20%/2015.06.12 至 2020.06.12/低毒

夏玉米田 一年生杂草 1260-1575克/公顷 土壤喷雾
PD20151190 硝磺草酮/10%/可分散油悬浮剂/硝磺草酮 10%/2015.06.27 至 2020.06.27/低毒
玉米田 一年生杂草 120-150克/公顷 茎叶喷雾
PD20151382 硝磺草酮/15%/悬浮剂/硝磺草酮 15%/2015.07.30 至 2020.07.30/低毒
玉米田 一年生杂草 135-168.8克/公顷 茎叶喷雾

山东利邦农化有限公司 (山东省青州市北环一路3889号 262515 0536-3521758)

PD20085105 代森锌/65%/可湿性粉剂/代森锌 65%/2013.12.23 至 2018.12.23/微毒
番茄 早疫病 2550-3600克/公顷 喷雾
PD20085773 三唑锡/25%/可湿性粉剂/三唑锡 25%/2013.12.29 至 2018.12.29/中等毒
柑橘树 红蜘蛛 125-166.7毫克/千克 喷雾
PD20090255 异菌脲/50%/可湿性粉剂/异菌脲 50%/2014.01.09 至 2019.01.09/低毒
番茄 灰霉病 375-750克/公顷 喷雾
PD20090315 代森锰锌/80%/可湿性粉剂/代森锰锌 80%/2014.01.12 至 2019.01.12/微毒
黄瓜 霜霉病 2040-3000克/公顷 喷雾
PD20091590 三环唑/75%/可湿性粉剂/三环唑 75%/2014.02.03 至 2019.02.03/低毒
水稻 稻瘟病 225-375克/公顷 喷雾
PD20092229 百菌清/75%/可湿性粉剂/百菌清 75%/2014.02.24 至 2019.02.24/低毒
苹果树 斑点落叶病 1250-1875毫克/千克 喷雾
PD20092818 虫酰肼/20%/悬浮剂/虫酰肼 20%/2014.03.04 至 2019.03.04/微毒
十字花科蔬菜 甜菜夜蛾 210-300克/公顷 喷雾
PD20093439 辛硫磷/40%/乳油/辛硫磷 40%/2014.03.23 至 2019.03.23/低毒
棉花 棉铃虫 360-600克/公顷 喷雾
PD20096363 异丙威/20%/乳油/异丙威 20%/2014.07.28 至 2019.07.28/中等毒
水稻 稻飞虱 450-600克/公顷 喷雾
PD20096395 福美双/50%/可湿性粉剂/福美双 50%/2014.08.04 至 2019.08.04/中等毒
黄瓜 白粉病 525-1050克/公顷 喷雾
PD20096438 阿维菌素/1.8%/乳油/阿维菌素 1.8%/2014.08.05 至 2019.08.05/低毒(原药高毒)
甘蓝 小菜蛾 8.1-10.8克/公顷 喷雾
PD20097672 甲霜·锰锌/58%/可湿性粉剂/甲霜灵 10%、代森锰锌 48%/2014.11.04 至 2019.11.04/低毒
黄瓜 霜霉病 670-1044克/公顷 喷雾
PD20098479 三唑磷/20%/乳油/三唑磷 20%/2014.12.24 至 2019.12.24/低毒
水稻 二化螟 300-450克/公顷 喷雾
PD20100213 春雷霉素/6%/可湿性粉剂/春雷霉素 6%/2015.01.05 至 2020.01.05/低毒
水稻 稻瘟病 23-33克/公顷 喷雾
PD20122040 甲维盐·氯氰/3.2%/微乳剂/甲氨基阿维菌素苯甲酸盐 0.2%、氯氰菊酯 3%/2012.12.24 至 2017.12.24/低毒
甘蓝 甜菜夜蛾 21-28.8克/公顷 喷雾
PD20130467 烯酰吗啉/40%/水分散粒剂/烯酰吗啉 40%/2013.03.20 至 2018.03.20/低毒
黄瓜 霜霉病 225-300克/公顷 喷雾

山东力邦化工有限公司 (山东省菏泽市定陶工业园 274100 0530-2152744)

PD20082807 硫双威/95%/原药/硫双威 95%/2013.12.09 至 2018.12.09/中等毒
PD20090688 硫双威/375克/升/悬浮剂/硫双威 375克/升/2014.01.19 至 2019.01.19/中等毒
棉花 棉铃虫 337.5-506.25克/公顷 喷雾
PD20090848 虫酰肼/20%/悬浮剂/虫酰肼 20%/2014.01.19 至 2019.01.19/低毒
十字花科蔬菜 甜菜夜蛾 200-300克/公顷 喷雾
PD20100284 吡虫啉/10%/可湿性粉剂/吡虫啉 10%/2015.01.11 至 2020.01.11/低毒
水稻 稻飞虱 15-30克/公顷 喷雾
小麦 蚜虫 15-30克/公顷(南方地区)45-60克/公顷(北方地区) 喷雾
PD20100769 哒螨灵/20%/可湿性粉剂/哒螨灵 20%/2015.01.18 至 2020.01.18/低毒
苹果树 红蜘蛛 66.7-100毫克/千克 喷雾
PD20121790 硫双威/80%/水分散粒剂/硫双威 80%/2012.11.22 至 2017.11.22/中等毒
甘蓝 菜青虫 240-300克/公顷 喷雾
PD20130050 高效氯氰菊酯/4.5%/水乳剂/高效氯氰菊酯 4.5%/2013.01.07 至 2018.01.07/中等毒
棉花 棉铃虫 20.25-33.75克/公顷 喷雾
PD20131540 甲氨基阿维菌素苯甲酸盐/5%/水分散粒剂/甲氨基阿维菌素 5%/2013.07.17 至 2018.07.17/低毒
甘蓝 小菜蛾 1-3克/公顷 喷雾
注:甲氨基阿维菌素苯甲酸盐含量: 5.7%。
PD20141755 吡蚜酮/50%/水分散粒剂/吡蚜酮 50%/2014.07.02 至 2019.07.02/低毒
水稻 稻飞虱 75-90克/公顷 喷雾

山东聊城赛德农药有限公司 (山东省莘县朝城镇工业开发区 252423 0635-7717777)

PD20084502 霜脲·锰锌/72%/可湿性粉剂/代森锰锌 64%、霜脲氰 8%/2013.12.22 至 2018.12.22/低毒
黄瓜 霜霉病 1440-1800克/公顷 喷雾
PD20090651 啶虫脒/40%/水分散粒剂/啶虫脒 40%/2014.01.15 至 2019.01.15/中等毒

	甘蓝	蚜虫	18-22.5克/公顷	喷雾
PD20092262	福·福锌/80%/可湿性粉剂/福美双 30%、福美锌 50%/2014.02.24 至 2019.02.24/低毒			
	西瓜	炭疽病	1500-1800克/公顷	喷雾
PD20100152	吡虫啉/10%/可湿性粉剂/吡虫啉 10%/2015.01.05 至 2020.01.05/低毒			
	水稻	稻飞虱	15-22.5克/公顷	喷雾
PD20100211	阿维菌素/1.8%/乳油/阿维菌素 1.8%/2015.01.05 至 2020.01.05/低毒(原药高毒)			
	甘蓝	小菜蛾	8.1-10.8克/公顷	喷雾
PD20100915	多抗霉素/10%/可湿性粉剂/多抗霉素B 10%/2015.01.19 至 2020.01.19/低毒			
	苹果树	斑点落叶病	67－100毫克/千克	喷雾
PD20102036	水胺·硫丹/25%/乳油/硫丹 10%、水胺硫磷 15%/2015.10.19 至 2020.10.19/中等毒(原药高毒)			
	棉花	棉铃虫	300-450克/公顷	喷雾
PD20110626	藜芦碱/0.5%/可溶液剂/藜芦碱 0.5%/2011.06.08 至 2016.06.08/低毒			
	棉花	棉铃虫、棉蚜	5.625-7.5克/公顷	喷雾
PD20131593	啶虫脒/5%/可湿性粉剂/啶虫脒 5%/2013.07.29 至 2018.07.29/低毒			
	甘蓝	蚜虫	15-27.5克/公顷	喷雾
PD20141323	四聚乙醛/6%/颗粒剂/四聚乙醛 6%/2014.06.03 至 2019.06.03/低毒			
	甘蓝	蜗牛	360克-540克/公顷	撒施
PD20142647	辛硫磷/3%/颗粒剂/辛硫磷 3%/2014.12.15 至 2019.12.15/低毒			
	花生	蝼蛄、蛴螬	1800-3600克/公顷	沟施、穴施
PD20152350	四聚乙醛/80%/可湿性粉剂/四聚乙醛 80%/2015.10.22 至 2020.10.22/低毒			
	甘蓝	蜗牛	375-750克/公顷	喷雾
山东临沂化联化工有限公司　(山东省临沂市兰山区朱保工业园　276000　0539-8558888)				
PD85105-55	敌敌畏/77.5%/乳油/敌敌畏 77.5%%/2015.03.22 至 2020.03.22/中等毒			
	茶树	食叶害虫	600克/公顷	喷雾
	粮仓	多种储藏害虫	1)400-500倍液2)0.4-0.5克/立方米	1)喷雾,2)挂条熏蒸
	棉花	蚜虫、造桥虫	600-1200克/公顷	喷雾
	苹果树	小卷叶蛾、蚜虫	400-500毫克/千克	喷雾
	青菜	菜青虫	600克/公顷	喷雾
	桑树	尺蠖	600克/公顷	喷雾
	卫生	多种卫生害虫	1)300-400倍液,2)0.08克/立方米	1)泼洒.2)挂条熏蒸
	小麦	黏虫、蚜虫	600克/公顷	喷雾
PD91104-27	敌敌畏/48%/乳油/敌敌畏 48%/2016.01.17 至 2021.01.17/中等毒			
	茶树	食叶害虫	600克/公顷	喷雾
	粮仓	多种储粮害虫	1)300-400倍液2)0.4-0.5克/立方米	1)喷雾2)挂条熏蒸
	棉花	蚜虫、造桥虫	600-1200克/公顷	喷雾
	苹果树	小卷叶蛾、蚜虫	400-500毫克/千克	喷雾
	青菜	菜青虫	600克/公顷	喷雾
	桑树	尺蠖	600克/公顷	喷雾
	卫生	多种卫生害虫	1)250-300倍液2)0.08克/立方米	1)泼洒2)挂条熏蒸
	小麦	黏虫、蚜虫	600克/公顷	喷雾
PD20040217	氯氰菊酯/5%/乳油/氯氰菊酯 5%/2014.12.19 至 2019.12.19/中等毒			
	棉花	棉铃虫	45-90克/公顷	喷雾
PD20040682	氯氰·吡虫啉/5%/乳油/吡虫啉 1.5%、氯氰菊酯 3.5%/2014.12.19 至 2019.12.19/中等毒			
	十字花科蔬菜	蚜虫	22.5-37.5克/公顷	喷雾
PD20082541	甲氰·辛硫磷/25%/乳油/甲氰菊酯 5%、辛硫磷 20%/2013.12.03 至 2018.12.03/中等毒			
	棉花	棉铃虫	225-345克/公顷	喷雾
PD20083255	辛硫·仲丁威/24%/悬浮剂/辛硫磷 16%、仲丁威 8%/2013.12.11 至 2018.12.11/中等毒			
	甘蓝	菜青虫	216-288克/公顷	喷雾
PD20090267	敌百·辛硫磷/30%/乳油/敌百虫 20%、辛硫磷 10%/2014.01.09 至 2019.01.09/低毒			
	水稻	二化螟	360-450克/公顷	喷雾
PD20090899	联苯菊酯/100克/升/乳油/联苯菊酯 100克/升/2014.01.19 至 2019.01.19/中等毒			
	茶树	茶小绿叶蝉	30-37.5克/公顷	喷雾
PD20094922	阿维菌素/1.8%/乳油/阿维菌素 1.8%/2014.04.13 至 2019.04.13/低毒(原药高毒)			
	十字花科蔬菜	小菜蛾	8.1-10.8克/公顷	喷雾
PD20095952	氧乐果/40%/乳油/氧乐果 40%/2014.06.02 至 2019.06.02/中等毒(原药高毒)			
	棉花	蚜虫	100-150克/公顷	喷雾
PD20096708	三唑磷/20%/乳油/三唑磷 20%/2014.09.07 至 2019.09.07/中等毒			
	水稻	二化螟	300-450克/公顷	喷雾
PD20098450	毒·矿物油/48%/乳油/毒死蜱 16%、矿物油 32%/2014.12.24 至 2019.12.24/中等毒			
	苹果树	绵蚜	200-400毫克/千克	喷雾

PD20100111　螨醇·哒螨灵/20%/乳油/哒螨灵 5%、三氯杀螨醇 15%/2015.01.05 至 2020.01.05/低毒
苹果树　山楂红蜘蛛　100-133毫克/千克　喷雾
PD20101666　三唑·辛硫磷/20%/乳油/三唑磷 10%、辛硫磷 10%/2015.06.03 至 2020.06.03/中等毒
水稻　二化螟　360～480克/公顷　喷雾
PD20120505　高氯·马/20%/乳油/高效氯氰菊酯 2%、马拉硫磷 18%/2012.03.20 至 2017.03.20/低毒
苹果树　桃小食心虫　133-200毫克/千克　喷雾
PD20121234　甲氨基阿维菌素苯甲酸盐/0.5%/微乳剂/甲氨基阿维菌素 0.5%/2012.08.27 至 2017.08.27/低毒
甘蓝　甜菜夜蛾　1.5-3克/公顷　喷雾
注:甲氨基阿维菌素苯甲酸盐含量：0.57%。
PD20142585　辛硫磷/3%/颗粒剂/辛硫磷 3%/2014.12.15 至 2019.12.15/低毒
花生　地下害虫　2700-3600克/公顷　沟施或穴施
PD20150278　苏云金杆菌/8000/悬浮剂/苏云金杆菌 8000IU/毫克/2015.02.04 至 2020.02.04/低毒
水稻　稻纵卷叶螟　267-500毫克/亩　喷雾
PD20150358　毒死蜱/30%/微囊悬浮剂/毒死蜱 30%/2015.03.03 至 2020.03.03/低毒
花生　蛴螬　1575-2250克/公顷　喷雾于播种穴
PD20151180　己唑醇/25%/悬浮剂/己唑醇 25%/2015.06.27 至 2020.06.27/低毒
葡萄　白粉病　22.7-29.94毫克/千克　喷雾
PD20152521　啶虫脒/5%/可湿性粉剂/啶虫脒 5%/2015.12.05 至 2020.12.05/低毒
甘蓝　蚜虫　13.5-22.5克/公顷　喷雾

山东临沂圣骐日化有限公司　(山东省临沂市水田路化妆品市场263号　276002　0539-8996519)

WP20140214　杀虫气雾剂/0.65%/气雾剂/富右旋反式烯丙菊酯 0.3%、氯菊酯 0.35%/2014.09.28 至 2019.09.28/微毒
室内　蚊、蝇、蜚蠊　　喷雾
WL20140020　电热蚊香液/1.2%/电热蚊香液/四氟苯菊酯 1.2%/2015.08.25 至 2016.08.25/微毒
室内　蚊　/　电热加温

山东临沂市维尔雅精细化工厂　(山东省临沂市罗庄区技术开发区盛庄镇　276016　0539-8591160)

WP20090151　杀虫气雾剂/0.3%/气雾剂/胺菊酯 0.25%、氯氰菊酯 0.05%/2014.03.03 至 2019.03.03/低毒
卫生　蚊、蝇　/　喷雾

山东隆昱科技有限公司　(山东省邹平县韩店镇工业园星宇路　256200　0543-22455858)

WP20130110　电热蚊香片/14毫克/片/电热蚊香片/炔丙菊酯 10毫克/片、四氟苯菊酯 4毫克/片/2013.05.27 至 2018.05.27/低毒
卫生　蚊　/　电热加温

山东鲁抗生物农药有限责任公司　(山东省齐河县城金能大道北首　251100　0534-5333679)

PD86183-7　赤霉酸/85%/结晶粉/赤霉酸 85%/2011.08.20 至 2016.08.20/低毒
菠菜　增加鲜重　10-25毫克/千克　叶面处理1-3次
菠萝　果实增大、增重　40-80毫克/千克　喷花
柑橘树　果实增大、增重　20-40毫克/千克　喷花
花卉　提前开花　700毫克/千克　叶面处理涂抹花芽
绿肥　增产　10-20毫克/千克　喷雾
马铃薯　苗齐、增产　0.5-1毫克/千克　浸薯块10-30分钟
棉花　提高结铃率、增产　10-20毫克/千克　点喷、点涂或喷雾
葡萄　无核、增产　50-200毫克/千克　花后一周处理果穗
芹菜　增加鲜重　20-100毫克/千克　叶面处理1次
人参　增加发芽率　20毫克/千克　播种前浸种15分钟
水稻　增加千粒重、制种　20-30毫克/千克　喷雾
PD20080386　多·福/30%/可湿性粉剂/多菌灵 5%、福美双 25%/2013.02.28 至 2018.02.28/低毒
辣椒　立枯病　3-4.5克/平方米　每平方米用药量与15-20千克细土混匀,1/3量撒于苗床底部,2/3量盖在种子上面。
PD20081834　精喹禾灵/5%/乳油/精喹禾灵 5%/2013.11.20 至 2018.11.20/低毒
春大豆　一年生禾本科杂草　52.5-75克/公顷(东北地区)　茎叶喷雾
夏大豆　一年生禾本科杂草　45-52.5克/公顷(东北以外地区)　茎叶喷雾
PD20081870　霜脲·锰锌/36%/可湿性粉剂/代森锰锌 32%、霜脲氰 4%/2013.11.20 至 2018.11.20/低毒
黄瓜　霜霉病　1440-1800克/公顷　喷雾
PD20084052　苏云金杆菌/32000IU/毫克/可湿性粉剂/苏云金杆菌 32000IU/毫克/2013.12.16 至 2018.12.16/低毒
十字花科蔬菜　小菜蛾　450-750克制剂/公顷　喷雾
PD20084506　腐霉·福美双/25%/可湿性粉剂/腐霉利 5%、福美双 20%/2013.12.18 至 2018.12.18/低毒
番茄　灰霉病　225-300克/公顷　喷雾
PD20085619　高效氯氟氰菊酯/25克/升/乳油/高效氯氟氰菊酯 25克/升/2013.12.25 至 2018.12.25/中等毒
十字花科蔬菜　菜青虫　7.5-11.25克/公顷　喷雾
PD20085695　苏云金杆菌/4000IU/微升/悬浮剂/苏云金杆菌 4000IU/微升/2013.12.26 至 2018.12.26/低毒
茶树　茶毛虫　200-400倍液　喷雾
棉花　二代棉铃虫　3000-3750毫升制剂/公顷　喷雾

森林 松毛虫 200-400倍液 喷雾
十字花科蔬菜 菜青虫、小菜蛾 1500-2250毫升制剂/公顷 喷雾
水稻 稻纵卷叶螟 3000-3750毫升制剂/公顷 喷雾
烟草 烟青虫 3000-3750毫升制剂/公顷 喷雾
玉米 玉米螟 2250-3000毫升制剂/公顷 加细沙灌心叶
枣树 枣尺蠖 200-400倍液 喷雾

PD20091336 高氯·辛硫磷/20%/乳油/高效氯氰菊酯 1.5%、辛硫磷 18.5%/2014.02.01 至 2019.02.01/低毒
十字花科蔬菜 菜青虫 120-150克/公顷 喷雾

PD20092828 丙溴·辛硫磷/24%/乳油/丙溴磷 10%、辛硫磷 14%/2014.03.04 至 2019.03.04/中等毒
棉花 棉铃虫 135-270克/公顷 喷雾
十字花科蔬菜 菜青虫 72-144克/公顷 喷雾

PD20094848 苏云金杆菌/16000IU/毫克/可湿性粉剂/苏云金杆菌 16000IU/毫克/2014.04.13 至 2019.04.13/低毒
茶树 茶毛虫 800-1600倍液 喷雾
棉花 二代棉铃虫 1500-2250克制剂/公顷 喷雾
森林 松毛虫 1200-1600倍液 喷雾
十字花科蔬菜 小菜蛾 750-1125克制剂/公顷 喷雾
十字花科蔬菜 菜青虫 375-750克制剂/公顷 喷雾
水稻 稻纵卷叶螟 1500-2250克制剂/公顷 喷雾
烟草 烟青虫 750-1500克制剂/公顷 喷雾
玉米 玉米螟 750-1500克制剂/公顷 加细沙灌心
枣树 枣尺蠖 1200-1600倍液 喷雾

PD20096981 啶虫脒/5%/乳油/啶虫脒 5%/2014.09.29 至 2019.09.29/低毒
柑橘树 蚜虫 8-10毫克/千克 喷雾

PD20097082 虫酰肼/20%/悬浮剂/虫酰肼 20%/2014.10.10 至 2019.10.10/低毒
甘蓝 甜菜夜蛾 255-300克/公顷 喷雾

PD20100187 多抗霉素/3%/可湿性粉剂/多抗霉素 3%/2015.01.05 至 2020.01.05/低毒
黄瓜 白粉病、霜霉病 74.97-112.5克/公顷 喷雾

PD20100250 吗胍·乙酸铜/20%/可湿性粉剂/盐酸吗啉胍 15%、乙酸铜 5%/2015.01.11 至 2020.01.11/低毒
番茄 病毒病 500－750克/公顷 喷雾

PD20100640 赤霉酸/3%/乳油/赤霉酸 3%/2015.01.15 至 2020.01.15/低毒
水稻 调节生长 150-225克/公顷 茎叶喷雾

PD20110589 苏云金杆菌/50000IU/毫克/原药/苏云金杆菌 50000IU/毫克/2011.05.30 至 2016.05.30/低毒

PD20131109 阿维菌素/1.8%/乳油/阿维菌素 1.8%/2013.05.20 至 2018.05.20/低毒(原药高毒)
柑橘树 潜叶蛾 4.5-9.0毫克/千克 喷雾
黄瓜 美洲斑潜蝇 2.7-5.4克/公顷 喷雾

PD20142432 苏云金杆菌/8000IU/微升/悬浮剂/苏云金杆菌 8000IU/微升/2014.11.15 至 2019.11.15/低毒
十字花科蔬菜 菜青虫 3000-4500克制剂/公顷 喷雾

PD20150745 阿维·苏云菌/2%/可湿性粉剂/阿维菌素 0.5%、苏云金杆菌 1.5%/2015.04.20 至 2020.04.20/低毒(原药高毒)
甘蓝 菜青虫、小菜蛾 12-15克/公顷 喷雾

PD20152535 吡虫啉/600克/升/悬浮种衣剂/吡虫啉 600克/升/2015.12.05 至 2020.12.05/低毒
棉花 蚜虫 350-500克/100千克种子 种子包衣

WP20150070 苏云金杆菌(以色列亚种)/1200ITU/毫克/可湿性粉剂/苏云金杆菌(以色列亚种) 1200ITU/毫克/2015.04.20 至2020.04.20/低毒
室内、外 蚊(幼虫) 0.5-1克制剂/平方米 喷洒

WP20150119 苏云金杆菌以色列亚种/600ITU/毫克/悬浮剂/苏云金杆菌(以色列亚种) 600ITU/毫克/2015.06.27 至 2020.06.27/低毒
卫生 蚊(幼虫) 2-5毫升制剂/平方米 喷洒

山东绿霸化工股份有限公司 (山东省济南市工业南路100号三庆枫润大厦18楼 250100 0531-81795669)

PD20070265 高效氟吡甲禾灵/97%/原药/高效氟吡甲禾灵 97%/2012.09.04 至 2017.09.04/低毒
PD20070313 氯氟吡氧乙酸异辛酯/97%/原药/氯氟吡氧乙酸异辛酯 97%/2012.09.21 至 2017.09.21/低毒
PD20070394 氟啶脲/96%/原药/氟啶脲 96%/2012.11.05 至 2017.11.05/微毒
PD20070607 百草枯/32.6%/母药/百草枯 32.6%/2012.12.14 至 2017.12.14/中等毒
注:百草枯二氯盐含量:45% (W/W)。

PD20081377 草甘膦异丙胺盐/41%/水剂/草甘膦异丙胺盐 41%/2013.10.27 至 2018.10.27/低毒
非耕地 杂草 1230－2460克/公顷 茎叶喷雾
柑橘园、苹果园 杂草 1230－2460克/公顷 定向茎叶喷雾

PD20081383 百草枯/200克/升/水剂/百草枯 200克/升/2014.07.01 至 2019.07.01/中等毒
注:专供出口，不得在国内销售。

PD20081502 毒死蜱/97%/原药/毒死蜱 97%/2013.11.06 至 2018.11.06/中等毒
PD20081552 高效氟吡甲禾灵/108克/升/乳油/高效氟吡甲禾灵 108克/升/2013.11.11 至 2018.11.11/低毒
春大豆田 一年生禾本科杂草 48.5-56.7克/公顷 茎叶喷雾
冬油菜田、夏大豆田 一年生禾本科杂草 40.5-48.6克/公顷 茎叶喷雾
花生田 一年生禾本科杂草 40.5-56.7克/公顷 茎叶喷雾
棉花田 芦苇 97.2-145.8克/公顷 茎叶喷雾

PD20081578 精吡氟禾草灵/90%/原药/精吡氟禾草灵 90%/2013.11.12 至 2018.11.12/低毒
PD20084307 精吡氟禾草灵/15%/乳油/精吡氟禾草灵 15%/2013.12.17 至 2018.12.17/低毒
花生田 一年生禾本科杂草 112.5-150克/公顷 茎叶喷雾
PD20085561 氟吡·草除灵/20%/乳油/草除灵 16%、高效氟吡甲禾灵 4%/2013.12.25 至 2018.12.25/低毒
春油菜 一年生杂草 270-330克/公顷 茎叶喷雾
冬油菜田 一年生杂草 240-300克/公顷 茎叶喷雾
PD20085673 氯氟吡氧乙酸/200克/升/乳油/氯氟吡氧乙酸 200克/升/2013.12.26 至 2018.12.26/低毒
春小麦田 阔叶杂草 150-199.5克/公顷 茎叶喷雾
冬小麦田、夏玉米田 一年生阔叶杂草 150-210克/公顷 茎叶喷雾
水田畦畔 空心莲子草(水花生) 135-165克/公顷 茎叶喷雾
注:氯氟吡氧乙酸酯含量:288克/升。
PD20090227 百草枯/250克/升/水剂/百草枯 250克/升/2014.07.01 至 2019.07.01/中等毒
注:专供出口,不得在国内销售。
PD20095090 敌草快/40%/母药/敌草快 40%/2014.04.24 至 2019.04.24/中等毒
PD20095238 烟嘧磺隆/40克/升/可分散油悬浮剂/烟嘧磺隆 40克/升/2014.04.27 至 2019.04.27/低毒
玉米田 一年生杂草 42-60克/公顷 茎叶喷雾
PD20110265 高效氟吡甲禾灵/22%/乳油/高效氟吡甲禾灵 22%/2016.03.07 至 2021.03.07/低毒
夏大豆田 一年生禾本科杂草 46.8-54克/公顷 茎叶喷雾
PD20110460 氯氟吡氧乙酸异辛酯/25%/乳油/氯氟吡氧乙酸 25%/2016.04.21 至 2021.04.21/低毒
水田畦畔 空心莲子草(水花生) 135-165克/公顷 茎叶喷雾
小麦田 一年生阔叶杂草 150-210克/公顷 茎叶喷雾
注:氯氟吡氧乙酸异辛酯含量:36%。
PD20110739 敌草快/20%/水剂/敌草快 20%/2011.07.18 至 2016.07.18/低毒
非耕地 杂草 900-1050克/公顷 茎叶喷雾
PD20110885 精喹禾灵/15%/乳油/精喹禾灵 15%/2011.08.16 至 2016.08.16/低毒
春大豆田 一年生禾本科杂草 56.25-67.5克/公顷 茎叶喷雾
夏大豆田 一年生禾本科杂草 45-56.25克/公顷 茎叶喷雾
PD20111033 氰氟草酯/97.4%/原药/氰氟草酯 97.4%/2011.09.30 至 2016.09.30/低毒
PD20111161 双草醚/97%/原药/双草醚 97%/2011.11.07 至 2016.11.07/低毒
PD20111416 双草醚/10%/悬浮剂/双草醚 10%/2011.12.22 至 2016.12.22/低毒
水稻田(直播) 稗草、莎草及阔叶杂草 22.5-30克/公顷(南方地区) 茎叶喷雾
30-37.5克/公顷(北方地区)
PD20120134 氰氟草酯/10%/乳油/氰氟草酯 10%/2012.01.29 至 2017.01.29/低毒
水稻田(直播) 部分禾本科杂草 75-105克/公顷 茎叶喷雾
移栽水稻田 一年生禾本科杂草 75-105克/公顷 茎叶喷雾
PD20120318 氰氟草酯/20%/乳油/氰氟草酯 20%/2012.02.17 至 2017.02.17/低毒
水稻移栽田 一年生禾本科杂草 90-105克/公顷 茎叶喷雾
PD20121578 氟磺胺草醚/250克/升/水剂/氟磺胺草醚 250克/升/2012.10.25 至 2017.10.25/低毒
大豆田 一年生阔叶杂草 300-375克/公顷(春大豆田) 18 茎叶喷雾
7.5-243.75克/公顷(夏大豆田)
PD20132696 噻苯隆/50%/可湿性粉剂/噻苯隆 50%/2013.12.25 至 2018.12.25/低毒
棉花 脱叶 225-300克/公顷 喷雾
PD20150427 异丙甲草胺/960克/升/乳油/异丙甲草胺 960克/升/2015.03.20 至 2020.03.20/低毒
花生田 一年生杂草 1080-1656克/公顷 土壤喷雾
PD20151321 噻苯隆/80%/可湿性粉剂/噻苯隆 80%/2015.07.30 至 2020.07.30/低毒
棉花 脱叶 240-300克/公顷 茎叶喷雾
PD20151569 精异丙甲草胺/960克/升/乳油/精异丙甲草胺 960克/升/2015.08.04 至 2020.08.04/低毒
花生田 一年生杂草及部分阔叶杂草 648-864克/公顷 土壤喷雾
西瓜田 一年生杂草及部分阔叶杂草 576-936克/公顷 土壤喷雾
LS20120374 百草枯/50%/可溶粒剂/百草枯 50%/2014.11.08 至 2015.11.08/中等毒
非耕地 杂草 604-798克/公顷 茎叶喷雾

山东绿贝尔农化有限公司 (山东省临朐东城街办吴家庙村南 250100 0531-88010521)

WP20110017 防霉防蛀片剂/99%/片剂/对二氯苯 99%/2011.01.11 至 2016.01.11/低毒
卫生 黑毛皮蠹、霉菌 40-50克制剂/立方米 投放
WP20120103 防蛀球剂/94/球剂/樟脑 94%/2012.06.04 至 2017.06.04/低毒
卫生 黑毛皮蠹 / 投放

山东绿德地生物科技有限公司 (山东省定陶县陈集镇工业园区 274108 0531-88873587)

PD20083316 乙酰甲胺磷/30%/乳油/乙酰甲胺磷 30%/2013.12.11 至 2018.12.11/低毒
水稻 二化螟 900-990克/公顷 喷雾
PD20083356 代森锰锌/80%/可湿性粉剂/代森锰锌 80%/2013.12.11 至 2018.12.11/低毒
番茄 早疫病 1800-2400克/公顷 喷雾
PD20083769 辛硫磷/40%/乳油/辛硫磷 40%/2013.12.15 至 2018.12.15/低毒
十字花科蔬菜 菜青虫 360-450克/公顷 喷雾

PD20085093 敌敌畏/80%/乳油/敌敌畏 80%/2013.12.23 至 2018.12.23/中等毒
十字花科蔬菜 菜青虫 780-960克/公顷 喷雾
PD20091235 精唑禾灵/50克/升/乳油/精唑禾灵 50克/升/2014.02.01 至 2019.02.01/低毒
春大豆田 一年生禾本科杂草 60-75克/公顷 茎叶喷雾
夏大豆田 一年生禾本科杂草 45-60克/公顷 茎叶喷雾
PD20091467 马拉·杀螟松/12%/乳油/马拉硫磷 10%、杀螟硫磷 2%/2014.02.02 至 2019.02.02/低毒
水稻 二化螟 252-324克/公顷 喷雾
PD20091588 三唑酮/20%/乳油/三唑酮 20%/2014.02.03 至 2019.02.03/低毒
小麦 白粉病 120-150克/公顷 喷雾
PD20093066 高氯·辛硫磷/20%/乳油/高效氯氰菊酯 2%、辛硫磷 18%/2014.03.09 至 2019.03.09/中等毒
棉花 棉铃虫 225-300克/公顷 喷雾
PD20096384 甲基硫菌灵/70%/可湿性粉剂/甲基硫菌灵 70%/2014.08.04 至 2019.08.04/低毒
苹果树 轮纹病 700-875毫克/千克 喷雾
PD20098194 氟铃脲/5%/乳油/氟铃脲 5%/2014.12.16 至 2019.12.16/低毒
棉花 棉铃虫 105-120克/公顷 喷雾
PD20101651 草甘膦异丙胺盐(41%)///水剂/草甘膦 30%/2015.06.03 至 2020.06.03/低毒
柑橘园 杂草 1125-2250克/公顷 定向喷雾
PD20142423 阿维·哒螨灵/5%/乳油/阿维菌素 0.2%、哒螨灵 4.8%/2014.11.14 至 2019.11.14/中等毒(原药高毒)
柑橘树 红蜘蛛 33.3-50毫克/千克 喷雾
PD20142570 甲氨基阿维菌素苯甲酸盐/1%/乳油/甲氨基阿维菌素 1%/2014.12.15 至 2019.12.15/低毒
甘蓝 小菜蛾 1.875-2.25克/公顷 喷雾
注:甲氨基阿维菌素苯甲酸盐含量：1.14%。
PD20142602 噻虫嗪/30%/悬浮剂/噻虫嗪 30%/2014.12.15 至 2019.12.15/低毒
水稻 稻飞虱 9-18克/公顷 喷雾
PD20152042 香菇多糖/1%/水剂/香菇多糖 1%/2015.09.07 至 2020.09.07/低毒
水稻 条纹叶枯病 15-18克/亩 喷雾
WP20140210 氟虫腈/3%/微乳剂/氟虫腈 3%/2014.09.28 至 2019.09.28/低毒
室内 蝇 30-40毫克/平方米 滞留喷洒

山东绿丰农药有限公司 （山东省青州市马氏路南段东侧 262515 0536-3529527）

PD85124-18 福·福锌/80%/可湿性粉剂/福美双 30%、福美锌 50%/2015.07.16 至 2020.07.16/中等毒
黄瓜、西瓜 炭疽病 1500-1800克/公顷 喷雾
麻 炭疽病 240-400克/100千克种子 拌种
棉花 苗期病害 0.5%药液 浸种
苹果树、杉木、橡胶 炭疽病 500-600倍液 喷雾
PD20040452 三唑磷/20%/乳油/三唑磷 20%/2014.12.19 至 2019.12.19/中等毒
水稻 二化螟 202.5-303.75克/公顷 喷雾
PD20040594 吡虫啉/10%/可湿性粉剂/吡虫啉 10%/2014.12.19 至 2019.12.19/低毒
菠菜 蚜虫 30-45克/公顷 喷雾
小麦 蚜虫 15-22.5克/公顷 喷雾
PD20040657 螨醇·哒螨灵/10%/乳油/哒螨灵 4%、三氯杀螨醇 6%/2014.12.19 至 2019.12.19/低毒
苹果树 红蜘蛛 50-66.7毫克/千克 喷雾
PD20040789 多·福/50%/可湿性粉剂/多菌灵 25%、福美双 25%/2014.12.19 至 2019.12.19/低毒
梨树 黑星病 1000-1500毫克/千克 喷雾
PD20040794 高氯·辛硫磷/25%/乳油/高效氯氰菊酯 2.5%、辛硫磷 22.5%/2014.12.19 至 2019.12.19/中等毒
棉花 棉铃虫 150-225克/公顷 喷雾
PD20080366 百草枯/42%/原药/百草枯 42%/2013.02.28 至 2018.02.28/中等毒
PD20080525 啶虫脒/5%/可湿性粉剂/啶虫脒 5%/2013.04.29 至 2018.04.29/低毒
柑橘树 蚜虫 10—12毫克/千克 喷雾
PD20081297 甲硫·福美双/70%/可湿性粉剂/福美双 40%、甲基硫菌灵 30%/2013.10.06 至 2018.10.06/低毒
苹果树 轮纹病 467-875毫克/千克 喷雾
PD20082822 百草枯/200克/升/水剂/百草枯 200克/升/2014.06.30 至 2019.06.30/中等毒
注:专供出口，不得在国内销售。
PD20082983 硫磺·三唑酮/20%/可湿性粉剂/硫磺 10%、三唑酮 10%/2013.12.10 至 2018.12.10/低毒
小麦 白粉病 150-225克/公顷 喷雾
PD20091813 丙溴·辛硫磷/25%/乳油/丙溴磷 5%、辛硫磷 20%/2014.02.04 至 2019.02.04/低毒
棉花 棉铃虫 225-300克/公顷 喷雾
PD20091951 高效氯氟氰菊酯/25克/升/乳油/高效氯氟氰菊酯 25克/升/2014.02.12 至 2019.02.12/中等毒
十字花科蔬菜 菜青虫 7.5-15克/公顷 喷雾
PD20092739 霜脲·锰锌/72%/可湿性粉剂/代森锰锌 64%、霜脲氰 8%/2014.03.04 至 2019.03.04/低毒
黄瓜 霜霉病 1440-1800克/公顷 喷雾
PD20092794 辛硫·灭多威/20%/乳油/灭多威 10%、辛硫磷 10%/2014.03.04 至 2019.03.04/高毒
棉花 蚜虫 75-150克/公顷 喷雾
PD20092840 高效氯氰菊酯/4.5%/乳油/高效氯氰菊酯 4.5%/2014.03.05 至 2019.03.05/低毒

梨树 梨木虱 12.5-25毫克/千克 喷雾
PD20093228 敌畏·毒死蜱/35%/乳油/敌敌畏 25%、毒死蜱 10%/2014.03.11 至 2019.03.11/中等毒
水稻 稻纵卷叶螟 420-525克/公顷 喷雾
PD20093600 噻嗪·异丙威/25%/可湿性粉剂/噻嗪酮 5%、异丙威 20%/2014.03.23 至 2019.03.23/低毒
水稻 稻飞虱 450-562.5克/公顷 喷雾
PD20094346 氯氰·敌敌畏/20%/乳油/敌敌畏 18%、氯氰菊酯 2%/2014.04.01 至 2019.04.01/中等毒
十字花科叶菜 黄条跳甲 150-225克/公顷 喷雾
PD20094594 硫磺·三环唑/45%/可湿性粉剂/硫磺 40%、三环唑 5%/2014.04.10 至 2019.04.10/低毒
水稻 稻瘟病 675-945克/公顷 喷雾
PD20095224 丙环唑/250克/升/乳油/丙环唑 250克/升/2014.04.24 至 2019.04.24/低毒
香蕉 叶斑病 250-500毫克/千克 喷雾
茭白 胡麻斑病 56-75克/公顷 喷雾
PD20095361 乙铝·锰锌/70%/可湿性粉剂/代森锰锌 40%、三乙膦酸铝 30%/2014.04.27 至 2019.04.27/低毒
黄瓜 霜霉病 1400-4200克/公顷 喷雾
PD20095377 五氯·福美双/45%/粉剂/福美双 25%、五氯硝基苯 20%/2014.04.27 至 2019.04.27/低毒
茄子 立枯病、猝倒病 3.15-4.05克/平方米 土壤处理
PD20097611 乙酸铜/20%/可湿性粉剂/乙酸铜 20%/2014.11.03 至 2019.11.03/低毒
黄瓜 苗期猝倒病 3000-4500克/公顷 灌根
PD20100113 马拉·辛硫磷/25%/乳油/马拉硫磷 12.5%、辛硫磷 12.5%/2015.01.05 至 2020.01.05/中等毒
水稻 稻纵卷叶螟 300-375克/公顷 喷雾
PD20100866 氟硅唑/400克/升/乳油/氟硅唑 400克/升/2015.01.19 至 2020.01.19/低毒
黄瓜 黑星病 45－75克/公顷 喷雾
PD20101604 杀螺胺乙醇胺盐/50%/可湿性粉剂/杀螺胺乙醇胺盐 50%/2015.06.03 至 2020.06.03/低毒
水稻 福寿螺 450-600克/公顷 喷雾或撒毒土
PD20101886 甲氨基阿维菌素苯甲酸盐(0.57%)///乳油/甲氨基阿维菌素 0.5%/2015.08.09 至 2020.08.09/低毒
甘蓝 甜菜夜蛾、小菜蛾 1.5-1.8克/公顷 喷雾
PD20110204 吗胍·乙酸铜/20%/可湿性粉剂/盐酸吗啉胍 16%、乙酸铜 4%/2011.02.18 至 2016.02.18/低毒
番茄 病毒病 499.5-750克/公顷 喷雾
PD20110914 炔螨·矿物油/73%/乳油/矿物油 33%、炔螨特 40%/2011.08.22 至 2016.08.22/低毒
苹果树 红蜘蛛 292-365毫克/千克 喷雾
PD20130260 聚醛·甲萘威/30%/粉剂/甲萘威 20%、四聚乙醛 10%/2013.02.06 至 2018.02.06/中等毒
棉花 蜗牛 1125-2250克/公顷 毒饵撒施
PD20130309 哒螨·吡虫啉/17.5%/可湿性粉剂/吡虫啉 2.5%、哒螨灵 15%/2013.02.26 至 2018.02.26/低毒
柑橘树 红蜘蛛、蚜虫 97-116毫克/千克 喷雾
PD20132401 三乙膦酸铝/96%/原药/三乙膦酸铝 96%/2013.11.20 至 2018.11.20/低毒
PD20142227 阿维菌素/1.8%/微乳剂/阿维菌素 1.8%/2014.09.28 至 2019.09.28/低毒(原药高毒)
柑橘树 红蜘蛛 5—10毫克/千克 喷雾
PD20142485 嘧霉胺/80%/水分散粒剂/嘧霉胺 80%/2014.11.19 至 2019.11.19/低毒
黄瓜 灰霉病 360-540克/公顷 喷雾
PD20150021 啶虫脒/10%/微乳剂/啶虫脒 10%/2015.01.04 至 2020.01.04/低毒
棉花 蚜虫 15-22.5克/公顷 喷雾
PD20150980 敌草快/20%/水剂/敌草快 20%/2015.06.11 至 2020.06.11/低毒
非耕地 杂草 900-1050克/公顷 茎叶喷雾
PD20151816 敌草快/40%/母药/敌草快 40%/2015.08.28 至 2020.08.28/低毒
PD20152094 高效氯氟氰菊酯/10%/水乳剂/高效氯氟氰菊酯 10%/2015.09.22 至 2020.09.22/中等毒
甘蓝 菜青虫 7.5~15克/公顷 喷雾
PD20152309 草甘膦异丙胺盐/46%/水剂/草甘膦 46%/2015.10.21 至 2020.10.21/低毒
非耕地 杂草 900-2250克/公顷 茎叶喷雾
注:草甘膦异丙胺盐含量：62%。
PD20152425 甲氨基阿维菌素苯甲酸盐/5%/微乳剂/甲氨基阿维菌素 5%/2015.10.25 至 2020.10.25/低毒
水稻 稻纵卷叶螟 7.5-15克/公顷 喷雾
注:甲氨基阿维菌素苯甲酸盐含量：5.7%。

山东罗邦生物农药有限公司 （山东省潍坊市坊子区龙泉街89号 261200 0536-7523555）

PD20040099 高效氯氰菊酯/2.5%/乳油/高效氯氰菊酯 2.5%/2014.12.19 至 2019.12.19/低毒
梨树 梨木虱 20.8-31.25毫克/千克 喷雾
PD20081867 高氯·辛硫磷/20%/乳油/高效氯氰菊酯 2%、辛硫磷 18%/2013.11.20 至 2018.11.20/低毒
棉花 棉铃虫 150-225克/公顷 喷雾
PD20083095 福美双/50%/可湿性粉剂/福美双 50%/2013.12.10 至 2018.12.10/低毒
黄瓜 白粉病 562.5—1050克/公顷 喷雾
PD20084224 高氯·马/37%/乳油/高效氯氰菊酯 2%、马拉硫磷 35%/2013.12.17 至 2018.12.17/低毒
苹果树 桃小食心虫 185-370毫克/千克 喷雾
PD20085206 多菌灵/50%/可湿性粉剂/多菌灵 50%/2013.12.23 至 2018.12.23/低毒
小麦 赤霉病 750-1125克/公顷 喷雾

PD20085632 高氯·灭多威/15%/乳油/高效氯氰菊酯 1.5%、灭多威 13.5%/2013.12.26 至 2018.12.26/中等毒(原药高毒)
棉花 棉铃虫 67.5-90克/公顷 喷雾

PD20086330 三唑酮/25%/可湿性粉剂/三唑酮 25%/2013.12.31 至 2018.12.31/低毒
小麦 白粉病 131.25-168.75克/公顷 喷雾

PD20090316 甲霜·锰锌/58%/可湿性粉剂/甲霜灵 10%、代森锰锌 48%/2014.01.12 至 2019.01.12/低毒
黄瓜 霜霉病 1305-1632克/公顷 喷雾

PD20090631 克·醇·福美双/20%/悬浮种衣剂/福美双 11.2%、克百威 8.0%、三唑醇 0.8%/2014.01.14 至 2019.01.14/高毒
玉米 地下害虫、丝黑穗病 1:30-40(药种比) 种子包衣

PD20092162 高效氯氟氰菊酯/25克/升/乳油/高效氯氟氰菊酯 25克/升/2014.02.23 至 2019.02.23/中等毒
小麦 蚜虫 5.625-7.5克/公顷 喷雾

PD20095021 福·克/21%/悬浮种衣剂/福美双 11%、克百威 10%/2014.04.21 至 2019.04.21/中等毒(原药高毒)
玉米 地下害虫、茎基腐病 1:40-50(药种比) 种子包衣

PD20096523 复硝酚钠/0.7%/水剂/5-硝基邻甲氧基苯酚钠 0.1%、对硝基苯酚钠 0.4%、邻硝基苯酚钠 0.2%/2014.08.20 至2019.08.20/低毒
番茄 调节生长 2.3-3.5毫克/千克(2000-3000倍) 喷雾

PD20098040 丙环唑/250克/升/乳油/丙环唑 250克/升/2014.12.07 至 2019.12.07/低毒
香蕉 叶斑病 250－500毫克/千克 喷雾

PD20098064 毒死蜱/45%/乳油/毒死蜱 45%/2014.12.07 至 2019.12.07/中等毒
水稻 稻纵卷叶螟 504-612克/公顷 喷雾

PD20098091 甲基硫菌灵/70%/可湿性粉剂/甲基硫菌灵 70%/2014.12.08 至 2019.12.08/低毒
水稻 纹枯病 1050－1500克/公顷 喷雾

PD20098454 吡虫啉/10%/可湿性粉剂/吡虫啉 10%/2014.12.24 至 2019.12.24/低毒
水稻 稻飞虱 15-30克/公顷 喷雾

PD20098503 噻螨酮/5%/乳油/噻螨酮 5%/2014.12.24 至 2019.12.24/低毒
柑橘树 红蜘蛛 25-33.3毫克/千克 喷雾

PD20100110 阿维菌素/1.8%/可湿性粉剂/阿维菌素 1.8%/2015.01.05 至 2020.01.05/低毒(原药高毒)
小油菜 小菜蛾 8.1-10.8克/公顷 喷雾

PD20100172 百菌清/75%/可湿性粉剂/百菌清 75%/2015.01.05 至 2020.01.05/低毒
葡萄 霜霉病 1200-1500毫克/千克 喷雾

PD20100484 硫磺·多菌灵/50%/可湿性粉剂/多菌灵 15%、硫磺 35%/2015.01.14 至 2020.01.14/低毒
花生 叶斑病 1200－1800克/公顷 喷雾

PD20100522 吗胍·乙酸铜/20%/可湿性粉剂/盐酸吗啉胍 10%、乙酸铜 10%/2015.01.14 至 2020.01.14/低毒
番茄 病毒病 600-750克/公顷 喷雾

PD20100872 联苯菊酯/100克/升/乳油/联苯菊酯 100克/升/2015.01.19 至 2020.01.19/中等毒
茶树 茶小绿叶蝉 30-37.5克/公顷 喷雾

PD20101076 吡虫·辛硫磷/25%/乳油/吡虫啉 1.5%、辛硫磷 23.5%/2015.01.21 至 2020.01.21/低毒
叶菜 蚜虫 187.5-225克/公顷 喷雾

PD20101458 乙铝·锰锌/50%/可湿性粉剂/代森锰锌 22%、三乙膦酸铝 28%/2015.05.04 至 2020.05.04/低毒
黄瓜 霜霉病 1125－1350克/公顷 喷雾

PD20101559 甲氨基阿维菌素苯甲酸盐(0.57%)///乳油/甲氨基阿维菌素 0.5%/2015.05.19 至 2020.05.19/低毒
甘蓝 小菜蛾 1.5-1.8克/公顷 喷雾

山东美罗福农化有限公司 (山东省淄博市邹平县韩店镇工业园 256209 0543-4619148)

PD20040609 三唑酮/20%/乳油/三唑酮 20%/2014.12.19 至 2019.12.19/低毒
小麦 白粉病 120-127.5克/公顷 喷雾

PD20081945 硫磺·多菌灵/50%/可湿性粉剂/多菌灵 15%、硫磺 35%/2013.11.24 至 2018.11.24/低毒
花生 叶斑病 1200-1800克/公顷 喷雾

PD20081946 硫磺·多菌灵/50%/悬浮剂/多菌灵 15%、硫磺 35%/2013.11.24 至 2018.11.24/低毒
花生 叶斑病 1200-1800克/公顷 喷雾

PD20082534 硫磺·三唑酮/20%/可湿性粉剂/硫磺 10%、三唑酮 10%/2013.12.03 至 2018.12.03/低毒
小麦 白粉病 150-225克/公顷 喷雾

PD20083116 阿维菌素/1.8%/乳油/阿维菌素 1.8%/2013.12.10 至 2018.12.10/低毒(原药高毒)
十字花科蔬菜 菜青虫 8.1-10.8克/公顷 喷雾

PD20083612 啶虫脒/5%/乳油/啶虫脒 5%/2013.12.12 至 2018.12.12/低毒
黄瓜 蚜虫 18-22.5克/公顷 喷雾

PD20091155 乙铝·锰锌/70%/可湿性粉剂/代森锰锌 45%、三乙膦酸铝 25%/2014.01.22 至 2019.01.22/低毒
黄瓜 霜霉病 1399.95-4200克/公顷 喷雾

PD20091176 乙铝·锰锌/50%/可湿性粉剂/代森锰锌 27%、三乙膦酸铝 23%/2014.01.22 至 2019.01.22/低毒
黄瓜 霜霉病 937-1400克/公顷 喷雾

PD20096894 盐酸吗啉胍/20%/悬浮剂/盐酸吗啉胍 20%/2014.09.23 至 2019.09.23/低毒
番茄 病毒病 500-750克/公顷 喷雾

PD20097910 硫磺·多菌灵/42%/悬浮剂/多菌灵 7%、硫磺 35%/2014.11.30 至 2019.11.30/低毒
黄瓜 白粉病 1575-2363克/公顷 喷雾

PD20098489 甲硫·福美双/70%/可湿性粉剂/福美双 40%、甲基硫菌灵 30%/2014.12.24 至 2019.12.24/低毒
苹果树 轮纹病 875-1167毫克/千克 喷雾
PD20100716 氟啶脲/50克/升/乳油/氟啶脲 50克/升/2015.01.16 至 2020.01.16/低毒
甘蓝 甜菜夜蛾 30-60克/公顷 喷雾
PD20101029 异菌脲/50%/可湿性粉剂/异菌脲 50%/2015.01.20 至 2020.01.20/低毒
番茄 灰霉病 375-750克/公顷 喷雾
PD20101214 烟嘧磺隆/40克/升/可分散油悬浮剂/烟嘧磺隆 40克/升/2015.02.21 至 2020.02.21/低毒
玉米田 一年生杂草 42-60克/公顷 茎叶喷雾
PD20101239 苦参碱/0.3%/水剂/苦参碱 0.3%/2015.03.01 至 2020.03.01/低毒
十字花科蔬菜 菜青虫 6.75-9克/公顷 喷雾
PD20101554 四螨嗪/20%/悬浮剂/四螨嗪 20%/2015.05.19 至 2020.05.19/低毒
柑橘树 全爪螨 100-125mg/kg 喷雾
PD20130948 高效氯氟氰菊酯/25克/升/乳油/高效氯氟氰菊酯 25克/升/2013.05.02 至 2018.05.02/中等毒
甘蓝 蚜虫 7.5-15克/公顷 喷雾

山东农丰化工有限公司 (山东省菏泽市牡丹区都司镇经济开发区 274000 0530-5670030)

PD20082573 氰戊·马拉松/30%/乳油/马拉硫磷 22.5%、氰戊菊酯 7.5%/2013.12.04 至 2018.12.04/中等毒
苹果树 桃小食心虫 120-150毫克/千克 喷雾
苹果树 蚜虫 60-75毫克/千克 喷雾
PD20084198 辛硫磷/1.5%/颗粒剂/辛硫磷 1.5%/2013.12.16 至 2018.12.16/低毒
玉米 玉米螟 112.5-168.75克/公顷 喇叭口撒施
PD20085185 马拉硫磷/45%/乳油/马拉硫磷 45%/2013.12.23 至 2018.12.23/低毒
十字花科蔬菜 黄条跳甲 562.5-750克/公顷 喷雾
PD20085768 高效氯氟氰菊酯/25克/升/乳油/高效氯氟氰菊酯 25克/升/2013.12.29 至 2018.12.29/中等毒
茶树 小绿叶蝉 60-100毫升制剂/亩 喷雾
PD20085811 高效氟吡甲禾灵/108克/升/乳油/高效氟吡甲禾灵 108克/升/2013.12.29 至 2018.12.29/低毒
夏大豆田 一年生禾本科杂草 40.5-48.6克/公顷 茎叶喷雾
PD20091117 啶虫脒/5%/乳油/啶虫脒 5%/2014.01.21 至 2019.01.21/低毒
黄瓜 蚜虫 18-22.5克/公顷 喷雾
PD20091377 甲哌鎓/25%/水剂/甲哌鎓 25%/2014.02.02 至 2019.02.02/低毒
棉花 调节生长 45-60克/公顷 喷雾
PD20092553 联苯菊酯/25克/升/乳油/联苯菊酯 25克/升/2014.02.26 至 2019.02.26/低毒
番茄(保护地) 白粉虱 7.5-15克/公顷 喷雾
PD20093412 氰戊·马拉松/20%/乳油/马拉硫磷 18.5%、氰戊菊酯 1.5%/2014.03.20 至 2019.03.20/低毒
十字花科蔬菜 蚜虫 150-210克/公顷 喷雾
PD20093956 哒螨灵/20%/可湿性粉剂/哒螨灵 20%/2014.03.27 至 2019.03.27/低毒
苹果树 红蜘蛛 50-66.7毫克/千克 喷雾
PD20094527 辛硫·氯氟氰/26%/乳油/氯氟氰菊酯 1%、辛硫磷 25%/2014.04.09 至 2019.04.09/中等毒
棉花 棉铃虫 292.5-351克/公顷 喷雾
PD20095801 阿维·甲氰/2.8%/乳油/阿维菌素 0.3%、甲氰菊酯 2.5%/2014.05.27 至 2019.05.27/低毒(原药高毒)
甘蓝 小菜蛾 25.2-42克/公顷 喷雾
PD20100982 异菌脲/50%/可湿性粉剂/异菌脲 50%/2015.01.19 至 2020.01.19/低毒
番茄 灰霉病 375-750克/公顷 喷雾
PD20111116 阿维·辛硫磷/35%/乳油/阿维菌素 0.3%、辛硫磷 34.7%/2011.10.27 至 2016.10.27/低毒
甘蓝 小菜蛾 262.5-315克/公顷 喷雾
PD20150959 高氯·甲维盐/4.3%/乳油/高效氯氰菊酯 4.2%、甲氨基阿维菌素苯甲酸盐 0.1%/2015.06.11 至 2020.06.11/低毒
甘蓝 小菜蛾 19.35-22.575克/公顷 喷雾
PD20150981 吡虫啉/70%/水分散粒剂/吡虫啉 70%/2015.06.11 至 2020.06.11/低毒
甘蓝 蚜虫 15-25克/公顷 喷雾
PD20150982 烯酰·锰锌/69%/可湿性粉剂/代森锰锌 60%、烯酰吗啉 9%/2015.06.11 至 2020.06.11/低毒
黄瓜 霜霉病 1035-1380克/公顷 喷雾
PD20151340 阿维菌素/1.8%/乳油/阿维菌素 1.8%/2015.07.30 至 2020.07.30/低毒(原药高毒)
苹果树 红蜘蛛 3-6毫克/千克 喷雾
PD20151696 吡虫啉/10%/可湿性粉剂/吡虫啉 10%/2015.08.28 至 2020.08.28/低毒
甘蓝 蚜虫 7.5-11.25克/公顷 喷雾

山东齐发药业有限公司 (山东省济南市平阴县城青龙路21号 250400 0531-83105815)

PD20081170 阿维菌素/92%/原药/阿维菌素 92%/2013.09.11 至 2018.09.11/高毒
PD20141069 阿维菌素/0.5%/颗粒剂/阿维菌素 0.5%/2014.04.25 至 2019.04.25/低毒(原药高毒)
黄瓜 根结线虫 225-270克/公顷 沟施
PD20152264 阿维菌素/1.8%/乳油/阿维菌素 1.8%/2015.10.20 至 2020.10.20/中等毒(原药高毒)
水稻 稻纵卷叶螟 4.05-5.4克/公顷 喷雾

山东侨昌化学有限公司 (山东省滨州市滨城区滨北办新永莘路南侧 256614 0543-2226191)

PD20080635 乙草胺/92%/原药/乙草胺 92%/2013.05.13 至 2018.05.13/低毒
PD20081023 莠去津/98%/原药/莠去津 98%/2013.08.06 至 2018.08.06/低毒

PD20081071 仲丁灵/96%/原药/仲丁灵 96%/2013.08.14 至 2018.08.14/低毒
PD20081075 异丙甲草胺/96%/原药/异丙甲草胺 96%/2013.08.18 至 2018.08.18/低毒
PD20081079 氟乐灵/96%/原药/氟乐灵 96%/2013.08.18 至 2018.08.18/低毒
PD20081081 精吡氟禾草灵/92%/原药/精吡氟禾草灵 92%/2013.08.18 至 2018.08.18/低毒
PD20081089 草甘膦/95%/原药/草甘膦 95%/2013.08.18 至 2018.08.18/低毒
PD20081090 乙氧氟草醚/95%/原药/乙氧氟草醚 95%/2013.08.18 至 2018.08.18/低毒
PD20081092 甲草胺/95%/原药/甲草胺 95%/2013.08.18 至 2018.08.18/低毒
PD20081093 丁草胺/90%/原药/丁草胺 90%/2013.08.18 至 2018.08.18/低毒
PD20081097 丙草胺/97%/原药/丙草胺 97%/2013.08.18 至 2018.08.18/低毒
PD20081134 扑草净/95%/原药/扑草净 95%/2013.09.01 至 2018.09.01/低毒
PD20081146 百草枯/30.5%/母药/百草枯 30.5%/2013.09.01 至 2018.09.01/中等毒
PD20093897 2,4-滴/96%/原药/2,4-滴 96%/2014.03.26 至 2019.03.26/低毒
PD20095108 高效氟吡甲禾灵/96%/原药/高效氟吡甲禾灵 96%/2014.04.24 至 2019.04.24/低毒
PD20098433 氟磺胺草醚/98%/原药/氟磺胺草醚 98%/2014.12.24 至 2019.12.24/低毒
PD20141888 异丙酯草醚原药/98%/原药/异丙酯草醚 98%/2014.08.01 至 2019.08.01/低毒
PD20141891 丙酯草醚/98%/原药/丙酯草醚 98%/2014.08.01 至 2019.08.01/低毒
PD20150389 硝磺·莠去津/25%/可分散油悬浮剂/莠去津 20%、硝磺草酮 5%/2015.03.18 至 2020.03.18/低毒
玉米田 一年生杂草 450-750克/公顷 茎叶喷雾
PD20150414 烟嘧·乙·莠/52%/可分散油悬浮剂/烟嘧磺隆 2%、乙草胺 30%、莠去津 20%/2015.03.19 至 2020.03.19/低毒
夏玉米田 一年生杂草 1014-1482克/公顷 茎叶喷雾
PD20150606 乙·莠·氯氟吡/60%/悬乳剂/乙草胺 28%、莠去津 28%、氯氟吡氧乙酸异辛酯 4%/2015.04.16 至 2020.04.16/低毒
春玉米田 一年生杂草 1710-2250克/公顷 茎叶喷雾
夏玉米田 一年生杂草 1170-1710克/公顷 茎叶喷雾
PD20151054 精异丙甲草胺/96%/原药/精异丙甲草胺 96%/2015.06.14 至 2020.06.14/低毒
PD20151290 烯草酮/95%/原药/烯草酮 95%/2015.07.30 至 2020.07.30/低毒
PD20151334 异丙酯草醚/10%/悬浮剂/异丙酯草醚 10%/2015.07.30 至 2020.07.30/低毒
油菜田 一年生禾本科杂草及部分阔叶杂草 45-67.5克/公顷 茎叶喷雾
PD20151586 丙酯草醚/10%/悬浮剂/丙酯草醚 10%/2015.08.28 至 2020.08.28/低毒
油菜田 一年生禾本科杂草及部分阔叶杂草 45-67.5克/公顷 茎叶喷雾
PD20152670 2甲4氯/98%/原药/2甲4氯 98%/2015.12.19 至 2020.12.19/低毒

山东侨昌现代农业有限公司 (山东省滨州市滨城区秦皇台东南、永莘路南侧 256614 0543-2226191)

PD20082062 丁草胺/60%/乳油/丁草胺 60%/2013.11.25 至 2018.11.25/低毒
水稻移栽田 一年生杂草 900-1350克/公顷 毒土、喷雾
PD20082295 乙草胺/900克/升/乳油/乙草胺 900克/升/2013.12.01 至 2018.12.01/低毒
春大豆田、春玉米田 一年生禾本科杂草及部分小粒种子阔叶杂草 1620-2025克/公顷 播后苗前土壤喷雾
夏玉米田 一年生禾本科杂草及部分小粒种子阔叶杂草 1080-1350克/公顷 播后苗前土壤喷雾
PD20082679 氟乐灵/480克/升/乳油/氟乐灵 480克/升/2013.12.05 至 2018.12.05/低毒
大豆田、棉花田 一年生禾本科杂草及部分阔叶杂草 720-1080克/公顷 土壤喷雾
辣椒田 一年生杂草 720-1080克/公顷 土壤喷雾
PD20082857 咪唑乙烟酸/16%/颗粒剂/咪唑乙烟酸 16%/2013.12.09 至 2018.12.09/低毒
春大豆田 一年生杂草 96-120克/公顷(东北地区) 土壤或茎叶喷雾
PD20082862 精喹禾灵/5%/乳油/精喹禾灵 5%/2013.12.09 至 2018.12.09/低毒
春大豆田 一年生禾本科杂草 52.5-67.5克/公顷 茎叶喷雾
夏大豆田 一年生禾本科杂草 37.5-52.5克/公顷 喷雾
PD20083398 丁草胺/400克/升/水乳剂/丁草胺 400克/升/2013.12.11 至 2018.12.11/低毒
水稻移栽田 一年生杂草 900-1200克/公顷 药土法
PD20083561 异丙甲草胺/72%/乳油/异丙甲草胺 72%/2013.12.12 至 2018.12.12/低毒
春大豆 一年生禾本科杂草及部分小粒种子阔叶杂草 1620-2160克/公顷 播后苗前土壤喷雾
西瓜 一年生禾本科杂草及部分小粒种子阔叶杂草 1080-1620克/公顷 移栽前土壤喷雾
夏大豆田 部分阔叶杂草、一年生禾本科杂草 1296-1620克/公顷 播后苗前土壤喷雾
PD20084243 乙草胺/50%/乳油/乙草胺 50%/2013.12.17 至 2018.12.17/低毒
春大豆田、春玉米田 一年生禾本科杂草及部分小粒种子阔叶杂草 1500-2250克/公顷 播后苗前土壤喷雾
冬油菜(移栽田) 一年生禾本科杂草及部分小粒种子阔叶杂草 750-1125克/公顷 土壤喷雾
花生田 一年生禾本科杂草及部分小粒种子阔叶杂草 750-1125克/公顷 播后苗前土壤喷雾
棉花田 一年生禾本科杂草及部分小粒种子阔叶杂草 1125-1500克/公顷 播后苗前土壤喷雾

夏大豆田、夏玉米田 一年生禾本科杂草及部分小粒种子阔叶杂草 900-1250克/公顷 播后苗前土壤喷雾

PD20084817 莠去津/50%/悬浮剂/莠去津 50%/2013.12.22 至 2018.12.22/低毒

春玉米田 一年生杂草 240-300毫升制剂/亩 喷雾

夏玉米田 一年生杂草 150-200毫升制剂/亩 喷雾

PD20085533 苯磺隆/10%/可湿性粉剂/苯磺隆 10%/2013.12.25 至 2018.12.25/低毒

冬小麦田 一年生阔叶杂草 13.5—22.5克/公顷 茎叶喷雾

PD20085827 扑·莠·乙草胺/42%/悬乳剂/扑草净 10%、乙草胺 23%、莠去津 9%/2013.12.29 至 2018.12.29/低毒

春玉米田 一年生杂草 1890-2520克/公顷 播后苗前土壤喷雾

夏玉米田 一年生杂草 945-1260克/公顷 喷雾

PD20085875 异丙草·莠/42%/悬乳剂/异丙草胺 16%、莠去津 26%/2013.12.29 至 2018.12.29/低毒

春玉米田 一年生杂草 1890-2520克/公顷 播后苗前土壤喷雾

夏玉米田 一年生杂草 1134-1512克/公顷 喷雾

PD20085927 莠去津/38%/悬浮剂/莠去津 38%/2013.12.29 至 2018.12.29/低毒

春玉米田 一年生杂草 1824-2280克/公顷 土壤喷雾

夏玉米田 一年生杂草 1142-1425克/公顷 喷雾

PD20085961 莠灭净/80%/可湿性粉剂/莠灭净 80%/2013.12.29 至 2018.12.29/低毒

甘蔗田 一年生杂草 1560-2400克/公顷 土壤喷雾

夏玉米田 一年生杂草 1440-2160克/公顷 土壤喷雾

PD20085967 苯·苄·甲草胺/30%/泡腾颗粒剂/苯噻酰草胺 16%、苄嘧磺隆 6%、甲草胺 8%/2013.12.29 至 2018.12.29/低毒

移栽水稻田 部分多年生杂草、一年生杂草 270－360克/公顷 直接撒施

PD20085970 扑·乙/50%/乳油/扑草净 10%、乙草胺 40%/2013.12.29 至 2018.12.29/低毒

春玉米田 一年生杂草 1500-2250克/公顷 土壤喷雾

大蒜田 一年生杂草 975-1125克/公顷 土壤喷雾

花生田、棉花田、夏玉米田 一年生杂草 1125-1500克/公顷 土壤喷雾

PD20085981 苄·丁/35%/可湿性粉剂/苄嘧磺隆 1.5%、丁草胺 33.5%/2013.12.29 至 2018.12.29/低毒

水稻抛秧田 部分多年生杂草、一年生杂草 525-787.5克/公顷(南方地区) 药土法

水稻移栽田 部分多年生杂草、一年生杂草 525-787.5克/公顷 药土法

PD20086168 仲丁灵/48%/乳油/仲丁灵 48%/2013.12.30 至 2018.12.30/低毒

棉花田 一年生禾本科杂草及部分阔叶杂草 1440-1800克/公顷 土壤喷雾

西瓜田 一年生杂草 1080-1440克/公顷 土壤喷雾

PD20086171 莠灭·乙草胺/42%/悬浮剂/乙草胺 24%、莠灭净 18%/2013.12.30 至 2018.12.30/低毒

夏玉米田 一年生杂草 1260-1575克/公顷 土壤喷雾

PD20086173 2甲4氯钠/13%/水剂/2甲4氯钠 13%/2013.12.30 至 2018.12.30/低毒

冬小麦田 一年生阔叶杂草 877.5－1170克/公顷 茎叶喷雾

PD20090415 甲草胺/43%/乳油/甲草胺 43%/2014.01.12 至 2019.01.12/低毒

夏大豆田 部分阔叶杂草、一年生禾本科杂草 1290-1612.5克/公顷 喷雾

PD20091193 氟磺胺草醚/250克/升/水剂/氟磺胺草醚 250克/升/2014.02.01 至 2019.02.01/低毒

春大豆田 一年生阔叶杂草 375-450克/公顷 茎叶喷雾

夏大豆田 一年生阔叶杂草 262.5-375克/公顷 茎叶喷雾

PD20091197 精吡氟禾草灵/15%/乳油/精吡氟禾草灵 15%/2014.02.01 至 2019.02.01/低毒

春大豆田 一年生禾本科杂草 135-157.35克/公顷 茎叶喷雾

夏大豆田 一年生禾本科杂草 112.5-135克/公顷 茎叶喷雾

PD20091326 草甘膦异丙胺盐/41%/水剂/草甘膦异丙胺盐 41%/2014.02.01 至 2019.02.01/低毒

柑橘园 杂草 1230-2460克/公顷 定向喷雾

PD20091665 甲·乙·莠/42%/悬乳剂/甲草胺 8%、乙草胺 9%、莠去津 25%/2014.02.03 至 2019.02.03/低毒

春玉米田 一年生杂草 1890-2520克/公顷 土壤喷雾

夏玉米田 一年生杂草 945-1260克/公顷 喷雾

PD20091809 高效氟吡甲禾灵/108克/升/乳油/高效氟吡甲禾灵 108克/升/2014.02.04 至 2019.02.04/低毒

春大豆田 一年生禾本科杂草 48.6-56.7克/公顷 茎叶喷雾

夏大豆田 一年生禾本科杂草 40.5-48.6克/公顷 茎叶喷雾

PD20092003 乙草胺/89%/乳油/乙草胺 89%/2014.02.12 至 2019.02.12/低毒

春玉米田 一年生禾本科杂草及部分阔叶杂草 1348.7-2023克/公顷 土壤喷雾

夏玉米田 一年生禾本科杂草及部分阔叶杂草 1049-1348.7克/公顷 土壤喷雾

PD20092256 草甘膦铵盐/30%/水剂/草甘膦 30%/2014.02.24 至 2019.02.24/低毒

苹果园 杂草 1200-2250克/公顷 茎叶喷雾

注:草甘膦铵盐含量：33%。

PD20092304 敌敌畏/77.5%/乳油/敌敌畏 77.5%/2014.02.24 至 2019.02.24/中等毒

棉花 蚜虫 900-1200克/公顷 喷雾

PD20092729 2甲4氯钠/56%/可溶粉剂/2甲4氯钠 56%/2014.03.04 至 2019.03.04/低毒

冬小麦田 一年生阔叶杂草 900－1260克/公顷 茎叶喷雾

PD20092778 甲·乙·莠/42%/悬乳剂/甲草胺 2%、乙草胺 25%、莠去津 15%/2014.03.04 至 2019.03.04/低毒

大蒜、姜 一年生杂草 945-1260克/公顷 土壤喷雾
玉米田 杂草 945-1260克/公顷 播后苗前土壤处理

PD20092929 甲・乙・莠/42%/悬乳剂/甲草胺 11%、乙草胺 9%、莠去津 22%/2014.03.05 至 2019.03.05/低毒
春玉米田 一年生杂草 1890-2520克/公顷 土壤喷雾
夏玉米田 一年生杂草 1071-1449克/公顷 土壤喷雾

PD20093081 辛酰溴苯腈/25%/乳油/辛酰溴苯腈 25%/2014.03.09 至 2019.03.09/低毒
冬小麦田 一年生阔叶杂草 375-562.5克/公顷 茎叶喷雾

PD20093159 异噁草松/480克/升/乳油/异噁草松 480克/升/2014.03.11 至 2019.03.11/低毒
春大豆田 一年生杂草 1080-1296克/公顷 土壤喷雾

PD20093533 霜脲・锰锌/72%/可湿性粉剂/代森锰锌 64%、霜脲氰 8%/2014.03.23 至 2019.03.23/低毒
黄瓜 霜霉病 1440-1800克/公顷 喷雾

PD20093671 硫磺・多菌灵/40%/悬浮剂/多菌灵 15%、硫磺 25%/2014.03.25 至 2019.03.25/低毒
花生 叶斑病 1080-1560克/公顷 喷雾

PD20094099 多・福/50%/可湿性粉剂/多菌灵 25%、福美双 25%/2014.03.27 至 2019.03.27/低毒
梨树 黑星病 1000-1250毫克/千克 喷雾

PD20094719 敌草胺/50%/可湿性粉剂/敌草胺 50%/2014.04.10 至 2019.04.10/低毒
烟草 一年生杂草 1125-1875克/公顷 土壤喷雾

PD20094838 辛溴・滴丁酯/60%/乳油/2,4-滴丁酯 36%、辛酰溴苯腈 24%/2014.04.13 至 2019.04.13/低毒
春玉米田 一年生阔叶杂草 720-900克/公顷 茎叶喷雾
冬小麦田 一年生阔叶杂草 540-720克/公顷 喷雾

PD20094880 二甲戊灵/330克/升/乳油/二甲戊灵 330克/升/2014.04.13 至 2019.04.13/低毒
韭菜田 一年生杂草 544.5-742.5克/公顷 土壤喷雾

PD20095204 乙烯利/40%/水剂/乙烯利 40%/2014.04.24 至 2019.04.24/低毒
棉花 催熟、增产 330-500倍液 喷雾

PD20095233 丁草胺/900克/升/乳油/丁草胺 900克/升/2014.04.27 至 2019.04.27/低毒
水稻移栽田 一年生杂草 810－1215克/公顷 药土法

PD20095259 2甲・莠去津/45%/悬浮剂/2甲4氯 20%、莠去津 25%/2014.04.27 至 2019.04.27/低毒
夏玉米田 一年生阔叶杂草 1350－1687.5克/公顷 茎叶喷雾

PD20095260 苄・二氯/31%/泡腾粒剂/苄嘧磺隆 2%、二氯喹啉酸 29%/2014.04.27 至 2019.04.27/低毒
水稻移栽田 一年生及部分多年生杂草 325.5－372克/公顷 撒施

PD20095271 苄・乙/16%/泡腾颗粒剂/苄嘧磺隆 4%、乙草胺 12%/2014.04.27 至 2019.04.27/低毒
水稻移栽田 一年生及部分多年生杂草 96-120克/公顷(南方地区) 撒施

PD20095327 乙氧氟草醚/240克/升/乳油/乙氧氟草醚 240克/升/2014.04.27 至 2019.04.27/低毒
大蒜田 一年生杂草 144-180克/公顷 土壤喷雾
花生田 一年生杂草 144-216克/公顷 土壤喷雾

PD20095360 乙・莠・滴丁酯/37%/悬乳剂/2,4-滴丁酯 8.5%、乙草胺 9.5%、莠去津 19%/2014.04.27 至 2019.04.27/低毒
春玉米田 一年生杂草 1665-2220克/公顷(东北地区) 土壤喷雾

PD20095794 乙草胺/40%/水乳剂/乙草胺 40%/2014.05.27 至 2019.05.27/低毒
花生田 一年生杂草 750-1050克/公顷 土壤喷雾

PD20095843 莠去津/80%/可湿性粉剂/莠去津 80%/2014.05.27 至 2019.05.27/低毒
夏玉米田 一年生杂草 1200－1440克/公顷 播后苗前土壤喷雾

PD20095902 甲草・莠去津/48%/悬乳剂/甲草胺 28%、莠去津 20%/2014.05.31 至 2019.05.31/低毒
春玉米田 一年生杂草 2160-2880克/公顷 土壤喷雾
大葱、大蒜田、姜田 一年生杂草 1080-1440克/公顷 土壤喷雾
夏玉米田 一年生杂草 1440-1800克/公顷 土壤喷雾

PD20095965 百草枯/200克/升/水剂/百草枯 200克/升/2014.06.30 至 2019.06.30/中等毒
注:专供出口，不得在国内销售。

PD20096054 精噁唑禾草灵/10%/乳油/精噁唑禾草灵 10%/2014.06.18 至 2019.06.18/低毒
冬小麦田 一年生禾本科杂草 60-75克/公顷 茎叶喷雾

PD20096800 乙草胺/900克/升/水乳剂/乙草胺 900克/升/2014.09.15 至 2019.09.15/低毒
春大豆田、春玉米田 一年生杂草 1350-1890克/公顷 土壤喷雾
花生田 一年生禾本科杂草及部分阔叶杂草 1080-1350克/公顷 土壤喷雾
夏大豆田 一年生杂草 1012.5-1350克/公顷 土壤喷雾

PD20096995 扑草净/50%/悬浮剂/扑草净 50%/2014.09.29 至 2019.09.29/低毒
棉花田 一年生阔叶杂草 750－1125克/公顷 土壤喷雾

PD20097096 扑・乙・滴丁酯/50%/乳油/2,4-滴丁酯 20%、扑草净 10%、乙草胺 20%/2014.10.10 至 2019.10.10/低毒
春大豆田 一年生杂草 1575-1875克/公顷(东北地区) 土壤喷雾
春玉米田 一年生杂草 1575－1875克/公顷(东北地区) 土壤喷雾

PD20098098 2,4-滴丁酯/57%/乳油/2,4-滴丁酯 57%/2014.12.08 至 2019.12.08/低毒
春玉米田 一年生阔叶杂草 648-864克/公顷 喷雾
小麦田 一年生阔叶杂草 540－810克/公顷 茎叶喷雾

PD20098099 滴丁・乙草胺/72%/乳油/2,4-滴丁酯 27%、乙草胺 45%/2014.12.08 至 2019.12.08/低毒
春玉米田 一年生杂草 1620-2160克/公顷(东北地区) 土壤喷雾

PD20098496 2,4-滴二甲胺盐/720克/升/水剂/2,4-滴二甲胺盐 720克/升/2014.12.24 至 2019.12.24/低毒
春小麦田 一年生阔叶杂草 756-972克/公顷 茎叶喷雾
冬小麦田 一年生阔叶杂草 540-756克/公顷 茎叶喷雾

PD20101126 丙草胺/500克/升/乳油/丙草胺 500克/升/2015.01.25 至 2020.01.25/低毒
水稻移栽田 稗草及部分阔叶杂草和莎草 450-525克/公顷 毒土法

PD20101320 丁·莠/42%/悬浮剂/丁草胺 22%、莠去津 20%/2015.03.17 至 2020.03.17/低毒
春玉米田 一年生杂草 2205-2520克/公顷 土壤喷雾
夏玉米田 一年生杂草 1260-1575克/公顷 土壤喷雾

PD20101913 苯磺隆/75%/干悬浮剂/苯磺隆 75%/2015.08.27 至 2020.08.27/低毒
冬小麦田 一年生阔叶杂草 13.5－22.5克/公顷 茎叶喷雾

PD20102225 草甘膦铵盐/68%/可溶粒剂/草甘膦 68%/2015.12.31 至 2020.12.31/低毒
柑橘园 杂草 1120.5-2241克/公顷 定向喷雾
注:草甘膦铵盐含量：74.7%。

PD20131378 二氯喹啉酸/90%/水分散粒剂/二氯喹啉酸 90%/2013.06.24 至 2018.06.24/低毒
水稻田(直播) 稗草 202.5-337.5克/公顷 茎叶喷雾

PD20131390 精喹禾灵/10.8%/水乳剂/精喹禾灵 10.8%/2013.06.24 至 2018.06.24/低毒
大豆田 一年生禾本科杂草 48.6-72.9克/公顷 茎叶喷雾

PD20131391 异丙甲草胺/88%/乳油/异丙甲草胺 88%/2013.06.24 至 2018.06.24/低毒
大豆田 一年生杂草 1188-1452克/公顷 土壤喷雾

PD20131401 苯噻酰草胺/88%/可湿性粉剂/苯噻酰草胺 88%/2013.07.02 至 2018.07.02/低毒
移栽水稻田 一年生杂草 462-594克/公顷 药土法

PD20131463 烟嘧·麦草畏/40%/可湿性粉剂/麦草畏 30%、烟嘧磺隆 10%/2013.07.05 至 2018.07.05/低毒
玉米田 一年生杂草 150-210克/公顷 茎叶喷雾

PD20131528 烟嘧·莠去津/20%/可分散油悬浮剂/烟嘧磺隆 2%、莠去津 18%/2013.07.17 至 2018.07.17/低毒
玉米田 一年生杂草 240-360克/公顷 茎叶喷雾

PD20131613 烟嘧·莠去津/80%/水分散粒剂/烟嘧磺隆 8%、莠去津 72%/2013.07.29 至 2018.07.29/低毒
玉米田 一年生杂草 360-720克/公顷 茎叶喷雾

PD20131875 莠去津/90%/水分散粒剂/莠去津 90%/2013.09.25 至 2018.09.25/低毒
玉米田 一年生杂草 1485-1755克/公顷（东北地区） 播后苗前土壤喷雾
1215-1485克/公顷（其他地区）

PD20131878 苄嘧·苯噻酰/80%/可湿性粉剂/苯噻酰草胺 75.5%、苄嘧磺隆 4.5%/2013.09.25 至 2018.09.25/低毒
水稻抛秧田 一年生杂草 480-600克/公顷 药土法

PD20131942 乙羧·苯磺隆/20%/可湿性粉剂/苯磺隆 5%、乙羧氟草醚 15%/2013.10.10 至 2018.10.10/低毒
冬小麦田 一年生阔叶杂草 45-60克/公顷 茎叶喷雾

PD20132035 乙羧氟草醚/20%/乳油/乙羧氟草醚 20%/2013.10.21 至 2018.10.21/低毒
大豆田 一年生阔叶杂草 60-81克/公顷 茎叶喷雾

PD20132222 异丙草胺/900克/升/乳油/异丙草胺 900克/升/2013.11.05 至 2018.11.05/低毒
春玉米田 一年生杂草及部分阔叶杂草 1620-2160克/公顷 土壤喷雾
夏玉米田 一年生杂草及部分阔叶杂草 1080-1620克/公顷 土壤喷雾

PD20140737 松·喹·氟磺胺/35%/乳油/氟磺胺草醚 9.5%、精喹禾灵 2.5%、异噁草松 23%/2014.03.24 至 2019.03.24/低毒
春大豆田 一年生杂草 630-787.5克/公顷 茎叶喷雾

PD20141703 2，4-滴异辛酯/87.5%/乳油/2,4-滴异辛酯 87.5%/2014.06.30 至 2019.06.30/低毒
春玉米田 一年生阔叶杂草 472.50-708.75克/公顷 播后苗前土壤喷雾

PD20141875 草铵膦/200克/升/水剂/草铵膦 200克/升/2014.07.24 至 2019.07.24/微毒
非耕地 杂草 675-1050克/公顷 定向茎叶喷雾

PD20141889 异丙酯草醚/10%/乳油/异丙酯草醚 10%/2014.08.01 至 2019.08.01/低毒
冬油菜(移栽田) 一年生杂草 52.5-75克/公顷 茎叶喷雾

PD20141890 丙酯草醚/10%/乳油/丙酯草醚 10%/2014.08.01 至 2019.08.01/低毒
冬油菜(移栽田) 一年生杂草 60-75克/公顷 茎叶喷雾

PD20152561 甲·灭·敌草隆/68%/可湿性粉剂/敌草隆 18%、2甲4氯 10%、莠灭净 40%/2015.12.05 至 2020.12.05/低毒
甘蔗田 一年生杂草 1326-1938克/公顷 定向茎叶喷雾

LS20140027 硝·乙·莠去津/54%/悬乳剂/乙草胺 30%、莠去津 20%、硝磺草酮 4%/2016.01.14 至 2017.01.14/微毒
春玉米田 一年生杂草 1539-2025克/公顷 茎叶喷雾
夏玉米田 一年生杂草 1053-1539克/公顷 茎叶喷雾

LS20140120 2甲·烟嘧·莠/64%/水分散粒剂/2甲4氯 30%、烟嘧磺隆 4%、莠去津 30%/2015.03.17 至 2016.03.17/低毒
玉米田 一年生杂草 672-960克/公顷 茎叶喷雾

山东荣邦化工有限公司 （山东省潍坊市寿光市晨鸣工业园 262700 0536-5285618）

PD20080951 啶虫脒/20%/可溶粉剂/啶虫脒 20%/2013.07.23 至 2018.07.23/低毒
苹果树 蚜虫 20-25毫克/千克 喷雾

PD20090854 甲硫·福美双/70%/可湿性粉剂/福美双 40%、甲基硫菌灵 30%/2014.01.19 至 2019.01.19/低毒
苹果树 轮纹病 700-875毫克/千克 喷雾

PD20091135 三唑锡/25%/可湿性粉剂/三唑锡 25%/2014.01.21 至 2019.01.21/低毒
柑橘树 红蜘蛛 125-250毫克/千克 喷雾

PD20091241　丙环唑/250克/升/乳油/丙环唑 250克/升/2014.02.01 至 2019.02.01/低毒
香蕉　叶斑病　250-500毫克/千克　喷雾
PD20091508　三环唑/75%/可湿性粉剂/三环唑 75%/2014.02.02 至 2019.02.02/中等毒
水稻　稻瘟病　225-300克/公顷　喷雾
PD20091550　代森锰锌/80%/可湿性粉剂/代森锰锌 80%/2014.02.03 至 2019.02.03/低毒
黄瓜　霜霉病　2040-3000克/公顷　喷雾
PD20091580　三唑酮/25%/可湿性粉剂/三唑酮 25%/2014.02.03 至 2019.02.03/低毒
小麦　白粉病　150-225克/公顷　喷雾
PD20091615　辛硫磷/3%/颗粒剂/辛硫磷 3%/2014.02.03 至 2019.02.03/低毒
花生　地下害虫　2250-3600克/公顷　撒施
PD20091777　阿维菌素/1.8%/乳油/阿维菌素 1.8%/2014.02.04 至 2019.02.04/低毒(原药高毒)
苹果树　红蜘蛛　5-6.67毫克/千克　喷雾
PD20091961　联苯菊酯/25克/升/乳油/联苯菊酯 25克/升/2014.02.12 至 2019.02.12/低毒
茶树　茶毛虫　15-22.5克/公顷　喷雾
PD20092143　敌敌畏/77.5%/乳油/敌敌畏 77.5%/2014.02.23 至 2019.02.23/低毒
苹果树　蚜虫　400-500毫克/千克　喷雾
PD20092415　乙草胺/900克/升/乳油/乙草胺 900克/升/2014.02.25 至 2019.02.25/低毒
大豆田　一年生禾本科杂草及小粒阔叶杂草　1350-2160克/公顷(东北地区)810-1350克/公顷(其他地区)　播后苗前土壤喷雾
PD20092418　硫磺·多菌灵/50%/可湿性粉剂/多菌灵 15%、硫磺 35%/2014.02.25 至 2019.02.25/低毒
花生　叶斑病　1200-1800克/公顷　喷雾
PD20092707　井冈霉素/4%/水剂/井冈霉素A 4%/2014.03.03 至 2019.03.03/低毒
辣椒　立枯病　0.1-0.15克/平方米　泼浇
水稻　纹枯病　150-187.5克/公顷　喷雾
PD20092928　霜霉威盐酸盐/66.5%/水剂/霜霉威盐酸盐 66.5%/2014.03.05 至 2019.03.05/低毒
黄瓜　霜霉病　866.4-1083克/公顷　喷雾
PD20093121　阿维菌素/1.8%/可湿性粉剂/阿维菌素 1.8%/2014.03.10 至 2019.03.10/低毒(原药高毒)
苹果树　红蜘蛛　3.3-4毫克/千克　喷雾
PD20093136　硫磺/45%/悬浮剂/硫磺 45%/2014.03.10 至 2019.03.10/低毒
枸杞　锈蜘蛛　1125-2250毫克/千克　喷雾
PD20093302　三唑酮/20%/乳油/三唑酮 20%/2014.03.13 至 2019.03.13/低毒
小麦　白粉病　120-127.5克/公顷　喷雾
PD20093312　代森锌/80%/可湿性粉剂/代森锌 80%/2014.03.13 至 2019.03.13/低毒
马铃薯　早疫病　1200-1440克/公顷　喷雾
PD20093503　虫酰肼/20%/悬浮剂/虫酰肼 20%/2014.03.23 至 2019.03.23/低毒
甘蓝　甜菜夜蛾　200-300克/公顷　喷雾
PD20093513　代森锰锌/70%/可湿性粉剂/代森锰锌 70%/2014.03.23 至 2019.03.23/低毒
番茄　早疫病　1837.5-2362.5克/公顷　喷雾
PD20093935　甲基硫菌灵/70%/可湿性粉剂/甲基硫菌灵 70%/2014.03.27 至 2019.03.27/微毒
苹果树　轮纹病　700-875毫克/千克　喷雾
PD20093966　辛硫·三唑磷/20%/乳油/三唑磷 10%、辛硫磷 10%/2014.03.27 至 2019.03.27/中等毒
水稻　稻水象甲　150-210克/公顷　喷雾
PD20095072　苏云金杆菌/16000IU/毫克/可湿性粉剂/苏云金杆菌 16000IU/毫克/2014.04.22 至 2019.04.22/低毒
茶树　茶毛虫　800-1600倍　喷雾
棉花　二代棉铃虫　1500-2250克(制剂)/公顷　喷雾
森林　松毛虫　1200-1600倍　喷雾
十字花科蔬菜　小菜蛾　750-1125克(制剂)/公顷　喷雾
十字花科蔬菜　菜青虫　375-750克(制剂)/公顷　喷雾
水稻　稻纵卷叶螟　1500-2250克(制剂)/公顷　喷雾
烟草　烟青虫　750-1500克(制剂)/公顷　喷雾
玉米　玉米螟　750-1500克(制剂)/公顷　加细沙灌心
枣树　枣尺蠖　1200-1600倍　喷雾
PD20096318　三唑磷/20%/乳油/三唑磷 20%/2014.07.22 至 2019.07.22/中等毒
水稻　二化螟　210-240克/公顷　喷雾
PD20097154　乙酸铜/20%/可湿性粉剂/乙酸铜 20%/2014.10.16 至 2019.10.16/低毒
黄瓜　苗期猝倒病　3000-4500克/公顷　灌根
PD20098120　矮壮素/50%/水剂/矮壮素 50%/2014.12.08 至 2019.12.08/低毒
棉花　调节生长　41.67-62.5毫克/千克（8000-12000倍液）　于棉花初花期、盛花期、蕾铃期全株喷雾三次。
PD20098361　草甘膦异丙胺盐(41%)///水剂/草甘膦 30%/2014.12.18 至 2019.12.18/低毒
柑橘园　一年生和多年生杂草　1230-2460克/公顷　定向茎叶喷雾
PD20100846　炔螨·矿物油/73%/乳油/矿物油 33%、炔螨特 40%/2015.01.19 至 2020.01.19/低毒

苹果树 红蜘蛛 292-365毫克/千克 喷雾

PD20101684 吡虫啉/50%/可湿性粉剂/吡虫啉 50%/2015.06.08 至 2020.06.08/低毒

韭菜 韭蛆 300-450克/公顷 药土法

水稻 稻飞虱 15-30克/公顷 喷雾

PD20102122 甲氨基阿维菌素苯甲酸盐/0.5%/微乳剂/甲氨基阿维菌素 0.5%/2015.12.02 至 2020.12.02/低毒

甘蓝 甜菜夜蛾 2.25-3.375克/公顷 喷雾

注:甲氨基阿维菌素苯甲酸盐含量: 0.57%

PD20121643 阿维・啶虫脒/4%/乳油/阿维菌素 1%、啶虫脒 3%/2012.10.30 至 2017.10.30/低毒(原药高毒)

苹果树 蚜虫 8-13.3毫克/千克 喷雾

PD20121680 苯醚甲环唑/25%/乳油/苯醚甲环唑 25%/2012.11.05 至 2017.11.05/低毒

香蕉树 叶斑病 125-250毫克/千克 喷雾

PD20122017 甲氨基阿维菌素苯甲酸盐/5%/水分散粒剂/甲氨基阿维菌素 5%/2012.12.19 至 2017.12.19/低毒

甘蓝 小菜蛾 2.25-3.75克/公顷 喷雾

注:甲氨基阿维菌素苯甲酸盐含量: 5.7%。

PD20122078 丙森・多菌灵/70%/可湿性粉剂/丙森锌 30%、多菌灵 40%/2012.12.24 至 2017.12.24/低毒

苹果树 斑点落叶病 875-1000毫克/千克 喷雾

PD20130031 高氯・甲维盐/4%/微乳剂/高效氯氰菊酯 3.7%、甲氨基阿维菌素苯甲酸盐 0.3%/2013.01.07 至 2018.01.07/低毒

甘蓝 小菜蛾 9-12克/公顷 喷雾

PD20130230 高氯・三唑磷/12%/乳油/高效氯氰菊酯 2%、三唑磷 10%/2013.01.30 至 2018.01.30/低毒

棉花 棉铃虫 108-144克/公顷 喷雾

PD20130681 二甲戊灵/33%/乳油/二甲戊灵 33%/2013.04.09 至 2018.04.09/低毒

甘蓝田 一年生杂草 495-742.5克/公顷 土壤喷雾

PD20130700 吡虫・杀虫单/58%/可湿性粉剂/吡虫啉 2.5%、杀虫单 55.5%/2013.04.11 至 2018.04.11/中等毒

水稻 稻纵卷叶螟、二化螟、飞虱、三化螟 450-750克/公顷 喷雾

PD20130870 高效氯氰菊酯/5%/微乳剂/高效氯氰菊酯 5%/2013.04.24 至 2018.04.24/中等毒

甘蓝 菜青虫 18.75-26.25克/公顷 喷雾

PD20131148 阿维・毒死蜱/24%/乳油/阿维菌素 1%、毒死蜱 23%/2013.05.20 至 2018.05.20/中等毒(原药高毒)

梨树 梨木虱 48-60毫克/千克 喷雾

PD20131291 吡虫啉/20%/乳油/吡虫啉 20%/2013.06.08 至 2018.06.08/低毒

小麦 蚜虫 15-30克/公顷(南方地区);45-60克/公顷(北方地区) 喷雾

PD20131466 烯酰・锰锌/69%/可湿性粉剂/代森锰锌 60%、烯酰吗啉 9%/2013.07.05 至 2018.07.05/低毒

黄瓜 霜霉病 1035-1725克/公顷 喷雾

PD20131525 阿维・高氯/3%/可湿性粉剂/阿维菌素 0.2%、高效氯氰菊酯 2.8%/2013.07.17 至 2018.07.17/低毒(原药高毒)

甘蓝 菜青虫、小菜蛾 13.5-27克/公顷 喷雾

PD20132087 春雷・王铜/47%/可湿性粉剂/春雷霉素 2%、王铜 45%/2013.10.24 至 2018.10.24/低毒

番茄 叶霉病 705-880克/公顷 喷雾

PD20140087 氟硅唑/10%/水乳剂/氟硅唑 10%/2014.01.20 至 2019.01.20/低毒

番茄 叶霉病 60-90克/公顷 喷雾

PD20140115 苯醚甲环唑/10%/水分散粒剂/苯醚甲环唑 10%/2014.01.20 至 2019.01.20/低毒

番茄 早疫病 124.5-150克/公顷 喷雾

PD20140877 阿维・哒螨灵/10.5%/水乳剂/阿维菌素 0.3%、哒螨灵 10.2%/2014.04.08 至 2019.04.08/中等毒(原药高毒)

苹果树 红蜘蛛 30~42毫克/千克 喷雾

PD20141505 阿维・杀虫单/20%/微乳剂/阿维菌素 0.2%、杀虫单 19.8%/2014.06.09 至 2019.06.09/低毒(原药高毒)

菜豆 美洲斑潜蝇 90~180克/公顷 喷雾

PD20141509 阿维・灭蝇胺/31%/悬浮剂/阿维菌素 0.7%、灭蝇胺 30.3%/2014.06.16 至 2019.06.16/低毒(原药高毒)

菜豆 美洲斑潜蝇 100-125克/公顷 喷雾

PD20142118 阿维・高氯/1.8%/乳油/阿维菌素 0.3%、高效氯氰菊酯 1.5%/2014.09.03 至 2019.09.03/低毒(原药高毒)

甘蓝 菜青虫 10.8-13.5克/公顷 喷雾

PD20142368 多・福/40%/可湿性粉剂/多菌灵 10%、福美双 30%/2014.11.04 至 2019.11.04/低毒

梨树 黑星病 800~1000毫克/千克 喷雾

PD20142373 啶虫脒/40%/水分散粒剂/啶虫脒 40%/2014.11.04 至 2019.11.04/中等毒

黄瓜 蚜虫 24~30克/公顷 喷雾

PD20142449 咪鲜胺/25%/水乳剂/咪鲜胺 25%/2014.11.15 至 2019.11.15/低毒

香蕉(果实) 炭疽病 333.3-500毫克/千克 浸果

PD20142600 咪鲜・多菌灵/50%/可湿性粉剂/多菌灵 42%、咪鲜胺 8%/2014.12.15 至 2019.12.15/低毒

西瓜 炭疽病 500-1000毫克/千克 喷雾

PD20142616 嘧霉胺/20%/可湿性粉剂/嘧霉胺 20%/2014.12.15 至 2019.12.15/低毒

黄瓜 灰霉病 360-540克/公顷 喷雾

PD20142650 啶虫脒/10%/微乳剂/啶虫脒 10%/2014.12.16 至 2019.12.16/低毒

甘蓝 蚜虫 22.5-30克/公顷 喷雾

PD20142669 噻嗪・异丙威/25%/可湿性粉剂/噻嗪酮 5%、异丙威 20%/2014.12.18 至 2019.12.18/低毒

水稻 稻飞虱 375-562.5克/公顷 喷雾

PD20150020 乙铝·锰锌/70%/可湿性粉剂/代森锰锌 40%、三乙膦酸铝 30%/2015.01.04 至 2020.01.04/低毒
黄瓜 霜霉病 2100-4200克/公顷 喷雾

PD20150024 吡虫啉/5%/乳油/吡虫啉 5%/2015.01.04 至 2020.01.04/低毒
水稻 稻飞虱 11.25-22.5克/公顷 喷雾

PD20150143 香菇多糖/0.5%/水剂/香菇多糖 0.5%/2015.01.14 至 2020.01.14/低毒
烟草 病毒病 11.25-15克/公顷 喷雾

PD20150160 吡虫啉/10%/可湿性粉剂/吡虫啉 10%/2015.01.14 至 2020.01.14/低毒
小麦 蚜虫 30-45克/公顷 喷雾

PD20150183 灭蝇胺/10%/悬浮剂/灭蝇胺 10%/2015.01.15 至 2020.01.15/低毒
黄瓜 美洲斑潜蝇 172.5-225克/公顷 喷雾

PD20150224 嘧霉胺/40%/悬浮剂/嘧霉胺 40%/2015.01.15 至 2020.01.15/低毒
黄瓜 灰霉病 468～562.5克/公顷 喷雾

PD20150254 腈菌唑/12%/乳油/腈菌唑 12%/2015.01.15 至 2020.01.15/低毒
梨树 黑星病 40-60毫克/千克 喷雾

PD20150717 苦参碱/0.5%/水剂/苦参碱 0.5%/2015.04.20 至 2020.04.20/低毒
林木 美国白蛾 2.5-5毫克/千克 喷雾

PD20151869 氯氰·啶虫脒/5%/微乳剂/啶虫脒 3.5%、高效氯氰菊酯 1.5%/2015.08.30 至 2020.08.30/中等毒
甘蓝 蚜虫 22.5-30克/公顷 喷雾

PD20152288 硝磺·莠去津/25%/可分散油悬浮剂/莠去津 20%、硝磺草酮 5%/2015.10.20 至 2020.10.20/低毒
玉米田 一年生杂草 562.5-675克/公顷 茎叶喷雾

PD20152418 噻唑膦/10%/颗粒剂/噻唑膦 10%/2015.10.25 至 2020.10.25/低毒
黄瓜 根结线虫 2250-3000克/公顷 土壤撒施

山东瑞星生物有限公司 （山东省潍坊市昌乐县北岩镇工业区 262407 0536-6743788）

PD85124-13 福·福锌/80%/可湿性粉剂/福美双 30%、福美锌 50%/2015.05.25 至 2020.05.25/中等毒
黄瓜、西瓜 炭疽病 1500-1800克/公顷 喷雾
麻 炭疽病 240-400克/100千克种子 拌种
棉花 苗期病害 0.5%药液 浸种
苹果树、杉木、橡胶树 炭疽病 500-600倍液 喷雾

PD20080604 啶虫脒/5%/乳油/啶虫脒 5%/2013.05.12 至 2018.05.12/低毒
柑橘树 蚜虫 10-15毫克/千克 喷雾

PD20080611 啶虫脒/20%/可溶粉剂/啶虫脒 20%/2013.05.12 至 2018.05.12/低毒
柑橘树 蚜虫 10-13.3毫克/千克 喷雾

PD20091445 高效氟吡甲禾灵/108克/升/乳油/氟吡甲禾灵 108克/升/2014.02.02 至 2019.02.02/低毒
夏大豆田 一年生禾本科杂草 45-52.5克/公顷 喷雾

PD20091956 虫酰肼/20%/悬浮剂/虫酰肼 20%/2014.02.12 至 2019.02.12/低毒
十字花科蔬菜 甜菜夜蛾 210-300克/公顷 喷雾

PD20093770 井冈霉素/5%/水剂/井冈霉素 5%/2014.03.25 至 2019.03.25/低毒
水稻 纹枯病 150-187.5克/公顷 喷雾

PD20094455 氟铃·辛硫磷/10%/乳油/氟铃脲 2%、辛硫磷 8%/2014.04.01 至 2019.04.01/低毒
棉花 棉铃虫 180-225克/公顷 喷雾

PD20094582 吡虫·杀虫单/35%/可湿性粉剂/吡虫啉 1%、杀虫单 34%/2014.04.10 至 2019.04.10/中等毒
水稻 稻飞虱、稻纵卷叶螟、二化螟、三化螟 450-750克/公顷 喷雾

PD20096543 哒螨灵/20%/可湿性粉剂/哒螨灵 20%/2014.08.20 至 2019.08.20/低毒
苹果树 红蜘蛛 50-66.7毫克/千克 喷雾

PD20097020 腈菌唑/5%/乳油/腈菌唑 5%/2014.10.10 至 2019.10.10/低毒
梨树 黑星病 33.3-50毫克/千克 喷雾

PD20111082 甲氨基阿维菌素苯甲酸盐/1%/乳油/甲氨基阿维菌素 1%/2011.10.12 至 2016.10.12/低毒
甘蓝 小菜蛾 1.5-3克/公顷 喷雾
注:甲氨基阿维菌素苯甲酸盐含量：1.14%。

山东润扬化学有限公司 （山东省龙口市龙泉路168号 265701 0535-8519698）

PD20093889 马拉硫磷/45%/乳油/马拉硫磷 45%/2014.03.25 至 2019.03.25/低毒
十字花科蔬菜 黄条跳甲 540-810克/公顷 喷雾

PD20093948 高效氯氰菊酯/25克/升/乳油/高效氯氰菊酯 25克/升/2014.03.27 至 2019.03.27/中等毒
甘蓝 菜青虫 7.5-11.25克/公顷 喷雾

PD20094149 氯氰菊酯/5%/乳油/氯氰菊酯 5%/2014.03.27 至 2019.03.27/低毒
甘蓝 菜青虫 37.5-52.5克/公顷 喷雾

PD20094371 代森锰锌/80%/可湿性粉剂/代森锰锌 80%/2014.04.01 至 2019.04.01/低毒
番茄 早疫病 1800-2400克/公顷 喷雾

PD20094927 联苯菊酯/25克/升/乳油/联苯菊酯 25克/升/2014.04.13 至 2019.04.13/低毒
茶树 茶小绿叶蝉 30-37.5克/公顷 喷雾

PD20095501 乙草胺/81.5%/乳油/乙草胺 81.5%/2014.05.11 至 2019.05.11/低毒
夏玉米田 一年生禾本科杂草及部分阔叶杂草 1080-1350克/公顷 播后苗期土壤喷雾

PD20100841 福·福锌/80%/可湿性粉剂/福美双 30%、福美锌 50%/2015.01.19 至 2020.01.19/低毒
黄瓜 炭疽病 1500-1800克/公顷 喷雾
PD20132542 戊唑醇/430克/升/悬浮剂/戊唑醇 430克/升/2013.12.16 至 2018.12.16/低毒
苹果树 斑点落叶病 61.4-86毫克/千克 喷雾
PD20132588 高效氯氟氰菊酯/5%/微乳剂/高效氯氟氰菊酯 5%/2013.12.17 至 2018.12.17/中等毒
甘蓝 菜青虫 9-13.5克/公顷 喷雾
PD20132642 甲氨基阿维菌素苯甲酸盐/3%/微乳剂/甲氨基阿维菌素 3%/2013.12.20 至 2018.12.20/低毒
甘蓝 甜菜夜蛾 1.8-2.25克/公顷 喷雾
注：甲氨基阿维菌素苯甲酸盐含量：3.4%。
PD20140527 草甘膦铵盐/68%/可溶粒剂/草甘膦 68%/2014.03.06 至 2019.03.06/低毒
非耕地 杂草 1125－2250克/公顷 茎叶喷雾
注：草甘膦铵盐含量：74.7%。
PD20140960 草甘膦异丙胺盐/30%/水剂/草甘膦 30%/2014.04.14 至 2019.04.14/低毒
非耕地 杂草 1125-2250克/公顷 定向茎叶喷雾
注：草甘膦异丙胺盐含量：41%。
PD20141723 阿维菌素/3%/微乳剂/阿维菌素 3%/2014.06.30 至 2019.06.30/中等毒(原药高毒)
水稻 二化螟 6.75-9克/公顷 喷雾
PD20150943 丙环唑/50%/微乳剂/丙环唑 50%/2015.06.10 至 2020.06.10/低毒
香蕉 叶斑病 250-500毫克/千克 喷雾
PD20151090 硝磺草酮/15%/悬浮剂/硝磺草酮 15%/2015.06.14 至 2020.06.14/微毒
玉米田 一年生杂草 112.5-146.25克/公顷 茎叶喷雾
PD20152095 烯酰吗啉/50%/悬浮剂/烯酰吗啉 50%/2015.09.22 至 2020.09.22/低毒
黄瓜 霜霉病 262.5-300克/公顷 喷雾
PD20152404 灭蝇胺/30%/悬浮剂/灭蝇胺 30%/2015.10.25 至 2020.10.25/低毒
黄瓜 美洲斑潜蝇 180-225克/公顷 喷雾
PD20152411 硝磺·莠去津/25%/可分散油悬浮剂/莠去津 20%、硝磺草酮 5%/2015.10.25 至 2020.10.25/低毒
玉米田 一年生杂草 468.75-562.5克/公顷 茎叶喷雾
PD20152427 烟嘧.莠去津/24%/可分散油悬浮剂/烟嘧磺隆 4%、莠去津 20%/2015.10.26 至 2020.10.26/低毒
春玉米田 一年生杂草 288-360克/公顷 茎叶喷雾

山东三农生物科技有限公司 (山东省临沂市莒南县筵宾镇海楼村 276619 0539-7788799)

PD20081675 异丙草·莠/40%/悬乳剂/异丙草胺 16%、莠去津 24%/2013.11.17 至 2018.11.17/低毒
夏玉米田 一年生杂草 1200-1500克/公顷 播后苗前土壤喷雾
PD20081900 乙草胺/900克/升/乳油/乙草胺 900克/升/2013.11.21 至 2018.11.21/低毒
春大豆田、春玉米田 一年生杂草 1350-1755克/公顷 土壤喷雾
花生田 一年生杂草 877.5-1215克/公顷 土壤喷雾
棉花田 一年生杂草 472.5-1147.5克/公顷 土壤喷雾
夏大豆田、夏玉米田 一年生杂草 810-1350克/公顷 土壤喷雾
油菜田 一年生杂草 810-1215克/公顷 土壤喷雾
PD20082073 多菌灵/40%/悬浮剂/多菌灵 40%/2013.11.25 至 2018.11.25/低毒
花生 倒秧病 750-900克/公顷 喷雾
苹果树 轮纹病 500-1000毫克/千克 喷雾
PD20082102 乙草胺/50%/乳油/乙草胺 50%/2013.11.25 至 2018.11.25/低毒
春大豆田、春玉米田 一年生杂草 1350-1800克/公顷 土壤喷雾
花生田 一年生杂草 900-1350克/公顷 土壤喷雾
棉花田 一年生杂草 750-1125克/公顷 土壤喷雾
夏大豆田、夏玉米田 一年生杂草 825-1350克/公顷 土壤喷雾
油菜田 一年生杂草 787.5-1200克/公顷 土壤喷雾
PD20083247 代森锰锌/80%/可湿性粉剂/代森锰锌 80%/2013.12.11 至 2018.12.11/低毒
番茄 早疫病 1845-2370克/公顷 喷雾
PD20083831 异丙草胺/50%/乳油/异丙草胺 50%/2013.12.15 至 2018.12.15/低毒
甘薯 一年生禾本科杂草及部分小粒种子阔叶杂草 1500-1875克/公顷 土壤喷雾
PD20085084 氰戊·辛硫磷/20%/乳油/氰戊菊酯 5%、辛硫磷 15%/2013.12.23 至 2018.12.23/中等毒
棉花 棉铃虫 180-225克/公顷 喷雾
PD20085359 扑·乙/40%/悬乳剂/扑草净 20%、乙草胺 20%/2013.12.24 至 2018.12.24/低毒
花生田 一年生杂草 1080-1320克/公顷 土壤喷雾
PD20095363 异丙甲草胺/720克/升/乳油/异丙甲草胺 720克/升/2014.04.27 至 2019.04.27/低毒
花生田 一年生禾本科杂草及部分阔叶杂草 1080-1620克/公顷 播后苗前土壤喷雾
PD20096518 烟嘧磺隆/40克/升/可分散油悬浮剂/烟嘧磺隆 40克/升/2014.08.19 至 2019.08.19/低毒
玉米田 一年生杂草 42-60克/公顷 茎叶喷雾
PD20110814 毒· 辛/25%/乳油/毒死蜱 5%、辛硫磷 20%/2011.08.04 至 2016.08.04/中等毒
花生 蛴螬 1500-1875克/公顷 灌根
PD20130969 氧氟·乙草胺/26%/乳油/乙草胺 23%、乙氧氟草醚 3%/2013.05.02 至 2018.05.02/低毒

花生田 一年生杂草 780-858克/公顷 播后苗前土壤喷雾
PD20150182 草甘膦异丙胺盐/30%/水剂/草甘膦 30%/2015.01.15 至 2020.01.15/低毒
非耕地 杂草 1125-2250克/公顷 定向茎叶喷雾
注:草甘膦异丙胺盐含量：41%。
PD20152304 丁草胺/50%/乳油/丁草胺 50%/2015.10.21 至 2020.10.21/低毒
水稻移栽田 一年生禾本科杂草及部分阔叶杂草 1050-1350克/公顷 药土法
PD20152344 二甲戊灵/33%/乳油/二甲戊灵 33%/2015.10.22 至 2020.10.22/低毒
甘蓝 一年生杂草 495-742.5克/公顷 土壤喷雾

山东三元工贸有限公司 (山东省潍坊市昌乐县昌乐开发区二街 262400 0531-82722190)

PD20097340 灭蝇胺/10%/悬浮剂/灭蝇胺 10%/2014.10.27 至 2019.10.27/低毒
黄瓜 美洲斑潜蝇 150-225克/公顷 喷雾
PD20098305 吗胍·乙酸铜/20%/可湿性粉剂/盐酸吗啉胍 16%、乙酸铜 4%/2014.12.18 至 2019.12.18/低毒
番茄 病毒病 510-750克/公顷 喷雾
PD20100078 灭蝇胺/70%/可湿性粉剂/灭蝇胺 70%/2015.01.04 至 2020.01.04/低毒
黄瓜 美洲斑潜蝇 147-220.5克/公顷 喷雾
PD20101185 灭蝇胺/97%/原药/灭蝇胺 97%/2015.01.28 至 2020.01.28/低毒

山东山鹰化工有限公司 (山东省梁山县韩垓开发区 272616 0537-7650327)

WP20090124 杀虫气雾剂/0.37%/气雾剂/胺菊酯 0.25%、氯菊酯 0.12%/2014.02.12 至 2019.02.12/低毒
卫生 蚊、蝇、蜚蠊 / 喷雾
WP20090125 杀虫水乳剂/0.45%/水乳剂/胺菊酯 0.25%、氯菊酯 0.20%/2014.02.12 至 2019.02.12/低毒
卫生 蚊、蝇 1.5毫升制剂/立方米 喷洒
WP20110031 高效氯氰菊酯/5%/可湿性粉剂/高效氯氰菊酯 5%/2016.01.26 至 2021.01.26/低毒
卫生 蜚蠊 50毫克/平方米 滞留喷洒
卫生 蚊、蝇 30毫克/平方米 滞留喷洒
WP20120080 高效氯氰菊酯/0.12%/水乳剂/高效氯氰菊酯 0.12%/2012.05.03 至 2017.05.03/微毒
室内 蚊、蝇 / 滞留喷雾
WP20150067 蚊香/0.05%/蚊香/氯氟醚菊酯 0.05%/2015.04.20 至 2020.04.20/微毒
室内 蚊 / 点燃
WL20140002 电热蚊香液/0.8%/电热蚊香液/氯氟醚菊酯 0.8%/2015.01.14 至 2016.01.14/微毒
室内 蚊 / 电热加温

山东申达作物科技有限公司 (山东省寿光市晨鸣工业园公园北街西首 262700 0536-5717717)

PD86101-38 赤霉酸/4%/乳油/赤霉酸 4%/2013.03.19 至 2018.03.19/低毒
菠菜 增加鲜重 10-25毫克/千克 叶面处理1-3次
菠萝 果实增大、增重 40-80毫克/千克 喷花
柑橘树 果实增大、增重 20-40毫克/千克 喷花
花卉 提前开花 700毫克/千克 叶面处理涂抹花芽
绿肥 增产 10-20毫克/千克 喷雾
马铃薯 苗齐、增产 0.5-1毫克/千克 浸薯块10-30分钟
棉花 提高结铃率、增产 10-20毫克/千克 点喷、点涂或喷雾
葡萄 无核、增产 50-200毫克/千克 花后1周处理果穗
芹菜 增产 20-100毫克/千克 叶面处理1次
人参 增加发芽率 20毫克/千克 播前浸种15分钟
水稻 增加千粒重、制种 20-30毫克/千克 喷雾
PD20093211 腐霉·福美双/25%/可湿性粉剂/腐霉利 5%、福美双 20%/2014.03.11 至 2019.03.11/低毒
番茄 灰霉病 225-375克/公顷 喷雾
PD20121306 嘧霉胺/20%/悬浮剂/嘧霉胺 20%/2012.09.11 至 2017.09.11/低毒
黄瓜 灰霉病 375-562.5克/公顷 喷雾
PD20130046 异丙威/10%/烟剂/异丙威 10%/2013.01.07 至 2018.01.07/低毒
黄瓜(保护地) 蚜虫 450-600克/公顷 点燃放烟
PD20131385 戊唑醇/430克/升/悬浮剂/戊唑醇 430克/升/2013.06.24 至 2018.06.24/低毒
苹果树 斑点落叶病 61.4-86毫克/千克 喷雾
PD20131445 甲氨基阿维菌素苯甲酸盐/5%/水分散粒剂/甲氨基阿维菌素 5%/2013.07.05 至 2018.07.05/低毒
甘蓝 小菜蛾 2.25-3克/公顷 喷雾
注:甲氨基阿维菌素苯甲酸盐含量：5.7%。
PD20131471 啶虫脒/40%/可溶粉剂/啶虫脒 40%/2013.07.05 至 2018.07.05/低毒
黄瓜 蚜虫 24-48克/公顷 喷雾
PD20131625 阿维菌素/1%/颗粒剂/阿维菌素 1%/2013.07.30 至 2018.07.30/低毒(原药高毒)
黄瓜 根结线虫 225-263克/公顷 沟施、穴施
PD20131628 己唑醇/30%/悬浮剂/己唑醇 30%/2013.07.30 至 2018.07.30/低毒
水稻 纹枯病 58.5-76.5克/公顷 喷雾
PD20132381 氟硅唑/25%/水乳剂/氟硅唑 25%/2013.11.20 至 2018.11.20/低毒
黄瓜 黑星病 45-75克/公顷 喷雾
PD20132398 高效氯氟氰菊酯/5%/微乳剂/高效氯氟氰菊酯 5%/2013.11.20 至 2018.11.20/中等毒

甘蓝 菜青虫 11.25-15克/公顷 喷雾
PD20140876 醚菌酯/50%/水分散粒剂/醚菌酯 50%/2014.04.08 至 2019.04.08/低毒
黄瓜 白粉病 100-150克/公顷 喷雾
PD20141314 烯酰·锰锌/69%/可湿性粉剂/代森锰锌 60%、烯酰吗啉 9%/2014.05.30 至 2019.05.30/低毒
黄瓜 霜霉病 1035-1380克/公顷 喷雾
PD20150156 吡虫啉/97%/原药/吡虫啉 97%/2015.01.14 至 2020.01.14/低毒
PD20150263 啶虫脒/96%/原药/啶虫脒 96%/2015.01.15 至 2020.01.15/中等毒
PD20150287 毒死蜱/30%/微囊悬浮剂/毒死蜱 30%/2015.02.04 至 2020.02.04/中等毒
棉花 棉铃虫 300-500克/公顷 喷雾
PD20151685 咯菌腈/25克/升/悬浮种衣剂/咯菌腈 25克/升/2015.08.28 至 2020.08.28/低毒
棉花 立枯病 15-20克/100千克种子 种子包衣
PD20151926 氨基寡糖素/2%/水剂/氨基寡糖素 2%/2015.08.30 至 2020.08.30/低毒
番茄 病毒病 60-90克/公顷 喷雾
PD20151938 茚虫威/150克/升/悬浮剂/茚虫威 150克/升/2015.08.30 至 2020.08.30/低毒
甘蓝 菜青虫 15.75-20.25克/公顷 喷雾
PD20152078 氰霜唑/100克/升/悬浮剂/氰霜唑 100克/升/2015.09.22 至 2020.09.22/低毒
黄瓜 霜霉病 80-100克/公顷 喷雾
PD20152133 噻虫嗪/25%/水分散粒剂/噻虫嗪 25%/2015.09.22 至 2020.09.22/低毒
水稻 稻飞虱 11.25-15克/公顷 喷雾
PD20152184 代森锰锌/40%/悬浮剂/代森锰锌 40%/2015.09.22 至 2020.09.22/低毒
香蕉树 叶斑病 1143-1600毫克/千克 喷雾
PD20152392 虫螨腈/360克/升/悬浮剂/虫螨腈 360克/升/2015.10.23 至 2020.10.23/中等毒
甘蓝 小菜蛾 50-75克/公顷 喷雾
PD20152452 噻唑膦/10%/颗粒剂/噻唑膦 10%/2015.12.04 至 2020.12.04/中等毒
黄瓜 根结线虫 2250-3000克/公顷 土壤撒施
PD20152462 烯啶虫胺/20%/水剂/烯啶虫胺 20%/2015.12.04 至 2020.12.04/低毒
棉花 蚜虫 15-30克/公顷 喷雾
PD20152505 氟啶胺/500克/升/悬浮剂/氟啶胺 500克/升/2015.12.05 至 2020.12.05/低毒
辣椒 疫病 187.5-247.5克/公顷 喷雾
WP20140205 吡丙醚/5%/水乳剂/吡丙醚 5%/2014.09.02 至 2019.09.02/低毒
室外 蝇(幼虫) 100毫克/平方米 喷洒

山东申王生物药业有限公司 (山东省日照市五莲县莲山路5号 262300 0633-5881776)

PD20083330 阿维菌素/1.8%/乳油/阿维菌素 1.8%/2013.12.11 至 2018.12.11/低毒(原药高毒)
苹果树 红蜘蛛 3-6毫克/千克 喷雾
PD20085527 辛硫·高氯氟/21%/乳油/高效氯氟氰菊酯 1%、辛硫磷 20%/2013.12.25 至 2018.12.25/低毒
甘蓝 菜青虫 94.5-157.5克/公顷 喷雾
PD20095790 螨醇·哒螨灵/20%/乳油/哒螨灵 5%、三氯杀螨醇 15%/2014.05.27 至 2019.05.27/低毒
苹果树 红蜘蛛 100-133毫克/千克 喷雾
PD20100107 氢氧化铜/53.8%/可湿性粉剂/氢氧化铜 53.8%/2015.01.04 至 2020.01.04/低毒
番茄 早疫病 1533-2260克/公顷 喷雾
PD20101549 络氨铜/15%/可溶粉剂/络氨铜 15%/2015.05.19 至 2020.05.19/低毒
西瓜 枯萎病 350-500倍液 浇灌
PD20110469 吡虫啉/10%/可湿性粉剂/吡虫啉 10%/2011.04.22 至 2016.04.22/低毒
苹果树 蚜虫 16.67-25毫克/千克 喷雾

山东神星药业有限公司 (山东省潍坊市青州市北环路中段 262500 0536-3291497)

PD20080644 硫磺·多菌灵/50%/可湿性粉剂/多菌灵 15%、硫磺 35%/2013.05.13 至 2018.05.13/低毒
花生 叶斑病 1200-1800克/公顷 喷雾
PD20082019 灭蝇胺/30%/可湿性粉剂/灭蝇胺 30%/2013.11.25 至 2018.11.25/低毒
黄瓜 美洲斑潜蝇 120-150克/公顷 喷雾
PD20082935 多·福/50%/可湿性粉剂/多菌灵 6.5%、福美双 43.5%/2013.12.09 至 2018.12.09/低毒
梨树 黑星病 1000-1500毫克/千克 喷雾
PD20084020 多·福/45%/可湿性粉剂/多菌灵 6%、福美双 39%/2013.12.16 至 2018.12.16/低毒
梨 黑星病 1000-1500毫克/千克 喷雾
水稻 稻瘟病 1080-1350克/公顷 喷雾
PD20084494 毒·辛/25%/乳油/毒死蜱 9%、辛硫磷 16%/2013.12.18 至 2018.12.18/低毒
棉花 棉铃虫 225-337.5克/公顷 喷雾
PD20084516 灭多威/10%/可湿性粉剂/灭多威 10%/2013.12.18 至 2018.12.18/低毒(原药高毒)
棉花 棉铃虫 225-300克/公顷 喷雾
PD20084550 腐霉·福美双/50%/可湿性粉剂/腐霉利 10%、福美双 40%/2013.12.18 至 2018.12.18/低毒
番茄 灰霉病 600-900克/公顷 喷雾
PD20084641 氰戊·马拉松/20%/乳油/马拉硫磷 15%、氰戊菊酯 5%/2013.12.18 至 2018.12.18/中等毒
苹果树 桃小食心虫 160-333毫克/千克 喷雾
PD20085120 阿维·高氯/1.8%/乳油/阿维菌素 0.1%、高效氯氰菊酯 1.7%/2013.12.23 至 2018.12.23/低毒(原药高毒)

黄瓜 美洲斑潜蝇 24.3-27克/公顷 喷雾
PD20090350 福·甲·硫磺/50%/可湿性粉剂/福美双 10%、甲基硫菌灵 5%、硫磺 35%/2014.01.12 至 2019.01.12/低毒
苹果树 轮纹病 500-700倍液 喷雾
PD20090438 硫磺·多菌灵/25%/可湿性粉剂/多菌灵 10%、硫磺 15%/2014.01.12 至 2019.01.12/低毒
水稻 稻瘟病 1200-1800克/公顷 喷雾
PD20091225 乙羧氟草醚/95%/原药/乙羧氟草醚 95%/2014.02.01 至 2019.02.01/低毒
PD20091497 氟磺胺草醚/95%/原药/氟磺胺草醚 95%/2014.02.02 至 2019.02.02/低毒
PD20092324 甲氨基阿维菌素苯甲酸盐/0.5%/乳油/甲氨基阿维菌素苯甲酸盐 0.5%/2014.02.24 至 2019.02.24/低毒
棉花 棉铃虫 7.5-11.25克/公顷 喷雾
PD20093182 福·甲·硫磺/70%/可湿性粉剂/福美双 20%、甲基硫菌灵 14%、硫磺 36%/2014.03.11 至 2019.03.11/低毒
黄瓜 炭疽病 840-1260克/公顷 喷雾
PD20095621 敌磺·福美双/10%/可湿性粉剂/敌磺钠 5%、福美双 5%/2014.05.12 至 2019.05.12/低毒
黄瓜 苗期猝倒病 2505-3000克/公顷 毒土法
PD20096268 硫磺·锰锌/70%/可湿性粉剂/硫磺 42%、代森锰锌 28%/2014.07.22 至 2019.07.22/低毒
豇豆 锈病 1575-2100克/公顷 喷雾
PD20096608 异菌·福美双/50%/可湿性粉剂/福美双 40%、异菌脲 10%/2014.09.02 至 2019.09.02/低毒
番茄 早疫病 703.1-937.5克/公顷 喷雾
PD20096619 百·锌·福美双/75%/可湿性粉剂/百菌清 19%、福美双 21%、福美锌 35%/2014.09.02 至 2019.09.02/低毒
黄瓜 霜霉病 1205.4-1687.5克/公顷 喷雾
PD20097455 吗胍·乙酸铜/20%/可溶粉剂/盐酸吗啉胍 15%、乙酸铜 5%/2014.10.28 至 2019.10.28/低毒
番茄 病毒病 450-600克/公顷 喷雾
烟草 病毒病 500-750克/公顷 喷雾
PD20098116 多抗霉素/10%/可湿性粉剂/多抗霉素 10%/2014.12.08 至 2019.12.08/低毒
黄瓜 灰霉病 150-210克/公顷 喷雾
PD20098417 乙羧氟草醚/10%/乳油/乙羧氟草醚 10%/2014.12.24 至 2019.12.24/低毒
春大豆田 一年生阔叶杂草 75-90克/公顷 喷雾
PD20101043 盐酸吗啉胍/5%/可溶粉剂/盐酸吗啉胍 5%/2015.01.21 至 2020.01.21/低毒
番茄 病毒病 703-1406克/公顷 喷雾
水稻 条纹叶枯病 300-375克/公顷 喷雾
PD20101172 苯磺隆/75%/水分散粒剂/苯磺隆 75%/2015.01.28 至 2020.01.28/低毒
冬小麦田 一年生阔叶杂草 11.25-16.88克/公顷 茎叶喷雾
PD20101312 锰锌·百菌清/64%/可湿性粉剂/百菌清 8%、代森锰锌 56%/2015.03.17 至 2020.03.17/低毒
番茄 早疫病 1028.6-1440克/公顷 喷雾
PD20101387 乙铝·锰锌/75%/可湿性粉剂/代森锰锌 35%、三乙膦酸铝 40%/2015.04.14 至 2020.04.14/低毒
黄瓜 霜霉病 1312.5-1575克/公顷 喷雾
PD20110381 高效氯氟氰菊酯/10%/可湿性粉剂/高效氯氟氰菊酯 10%/2016.04.12 至 2021.04.12/中等毒
甘蓝 菜青虫 12-15克/公顷 喷雾
PD20120117 氟磺胺草醚/25%/水剂/氟磺胺草醚 25%/2012.01.29 至 2017.01.29/低毒
大豆田 一年生阔叶杂草 300-375克/公顷 茎叶喷雾
PD20120120 氟醚·灭草松/40%/水剂/三氟羧草醚 8%、灭草松 32%/2012.01.29 至 2017.01.29/低毒
春大豆田 一年生阔叶杂草 780-900克/公顷 茎叶喷雾
夏大豆田 一年生阔叶杂草 660-780克/公顷 茎叶喷雾
PD20130651 高效氯氟氰菊酯/2.5%/乳油/高效氯氟氰菊酯 2.5%/2013.04.08 至 2018.04.08/中等毒
苹果树 桃小食心虫 5-6.3毫克/千克 喷雾
PD20130652 阿维·毒死蜱/10%/乳油/毒死蜱 9.9%、甲氨基阿维菌素苯甲酸盐 0.1%/2013.04.08 至 2018.04.08/中等毒
大豆 甜菜夜蛾 82.5-90克/公顷 喷雾
PD20130653 啶虫脒/5%/乳油/啶虫脒 5%/2013.04.08 至 2018.04.08/低毒
柑橘树 蚜虫 10-12毫克/千克 喷雾
PD20130654 吡虫啉/70%/水分散粒剂/吡虫啉 70%/2013.04.08 至 2018.04.08/低毒
水稻 稻飞虱 23.5-31.5克/公顷 喷雾
PD20130655 阿维菌素/10%/水分散粒剂/阿维菌素 10%/2013.04.08 至 2018.04.08/中等毒(原药高毒)
柑橘树 红蜘蛛 5-10毫克/千克 喷雾
PD20130726 辛菌·吗啉胍/4.3%/水剂/盐酸吗啉胍 2.5%、辛菌胺醋酸盐 1.8%/2013.04.12 至 2018.04.12/低毒
番茄 病毒病 150-210克/公顷 喷雾
PD20130728 精喹禾灵/8.8%/乳油/精喹禾灵 8.8%/2013.04.12 至 2018.04.12/低毒
油菜田 一年生禾本科杂草 39.6-52.8克/公顷 喷雾
PD20132157 吡虫啉/350克/升/悬浮剂/吡虫啉 350克/升/2013.10.29 至 2018.10.29/低毒
甘蓝 蚜虫 15.75-26.25克/公顷 喷雾
PD20142555 双氟磺草胺/98%/原药/双氟磺草胺 98%/2014.12.15 至 2019.12.15/微毒
PD20142624 烟嘧磺隆/96%/原药/烟嘧磺隆 96%/2014.12.15 至 2019.12.15/微毒
PD20150042 氰氟草酯/97%/原药/氰氟草酯 97%/2015.01.04 至 2020.01.04/低毒
PD20150798 噻虫嗪/98%/原药/噻虫嗪 98%/2015.05.14 至 2020.05.14/微毒
PD20152085 双草醚/97%/原药/双草醚 97%/2015.09.22 至 2020.09.22/低毒

山东省昌邑市化工厂 (山东省昌邑市柳疃镇西二甲村 261303 0536-7802210)

PD84122-3 溴甲烷/99%/原药/溴甲烷 99%/2015.12.10 至 2020.12.10/高毒

土壤	根结线虫	500-750千克/公顷	土壤熏蒸

山东省长清农药厂有限公司 (山东省济南经济开发区南园长兴路2001号 250301 0531-87367068)

PD20050091 高效氯氰菊酯/4.5%/乳油/高效氯氰菊酯 4.5%/2015.07.01 至 2020.07.01/中等毒

韭菜	迟眼蕈蚊	6.75-13.5克/公顷	喷雾
十字花科蔬菜	菜青虫	9-25.5克/公顷	喷雾

PD20081068 啶虫脒/5%/乳油/啶虫脒 5%/2013.08.14 至 2018.08.14/低毒

菠菜	蚜虫	22.5-37.5克/公顷	喷雾
黄瓜	蚜虫	18-22.5克/公顷	喷雾
芹菜	蚜虫	18-27克/公顷	喷雾

PD20082891 高氯·辛硫磷/20%/乳油/高效氯氰菊酯 1.5%、辛硫磷 18.5%/2013.12.09 至 2018.12.09/中等毒

十字花科蔬菜	菜青虫	90-150克/公顷	喷雾

PD20084863 辛硫磷/3%/颗粒剂/辛硫磷 3%/2013.12.22 至 2018.12.22/低毒

花生	地老虎、金针虫、蝼蛄、蛴螬	2250-3600克/公顷	沟施

PD20091253 氰铃·辛硫磷/20%/乳油/氰铃脲 2%、辛硫磷 18%/2014.02.01 至 2019.02.01/低毒

棉花	棉铃虫	150-250克/公顷	喷雾

PD20091932 烟嘧磺隆/40克/升/可分散油悬浮剂/烟嘧磺隆 40克/升/2014.02.12 至 2019.02.12/低毒

玉米田	一年生杂草	40-60克/公顷	茎叶喷雾

PD20092908 阿维·高氯/1.8%/乳油/阿维菌素 0.15%、高效氯氰菊酯 1.65%/2014.03.05 至 2019.03.05/低毒(原药高毒)

黄瓜	美洲斑潜蝇	15-30克/公顷	喷雾

PD20093662 精喹禾灵/5%/乳油/精喹禾灵 5%/2014.03.25 至 2019.03.25/低毒

棉花田	一年生禾本科杂草	37.5-60克/公顷	喷雾

PD20093673 精喹禾灵/10%/乳油/精喹禾灵 10%/2014.03.25 至 2019.03.25/低毒

夏大豆田	一年生禾本科杂草	37.5-52.5克/公顷	茎叶喷雾

PD20094586 二甲戊灵/330克/升/乳油/二甲戊灵 330克/升/2014.04.10 至 2019.04.10/低毒

韭菜田	一年生杂草	495-742.5克/公顷	土壤喷雾

PD20095604 吡虫·杀虫单/35%/可湿性粉剂/吡虫啉 1%、杀虫单 34%/2014.05.12 至 2019.05.12/中等毒

水稻	稻飞虱、稻纵卷叶螟、二化螟、三化螟	450-750克/公顷	喷雾

PD20096294 丁·莠/48%/悬乳剂/丁草胺 19%、莠去津 29%/2014.07.22 至 2019.07.22/低毒

夏玉米田	一年生杂草	1080-1440克/公顷	土壤喷雾

PD20096683 氰戊·马拉松/20%/乳油/马拉硫磷 15%、氰戊菊酯 5%/2014.09.07 至 2019.09.07/低毒

棉花	棉铃虫	150-240克/公顷	喷雾

PD20096828 耳霉菌/200万个/毫升/悬浮剂/耳霉菌 200万个/毫升/2014.09.21 至 2019.09.21/低毒

小麦	蚜虫	2250-3000毫升制剂/公顷	喷雾

PD20097926 吡虫啉/50%/可湿性粉剂/吡虫啉 50%/2014.11.30 至 2019.11.30/低毒

菠菜	蚜虫	30-45克/公顷	喷雾
韭菜	韭蛆	300-450克/公顷	药土法
芹菜	蚜虫	15-30克/公顷	喷雾
水稻	稻飞虱	15-30克/公顷	喷雾
小麦	蚜虫	15-30克/公顷(南方地区)45-60克/公顷(北方地区)	喷雾

PD20098495 甲氨基阿维菌素苯甲酸盐/2%/微乳剂/甲氨基阿维菌素 2%/2014.12.24 至 2019.12.24/低毒

甘蓝	甜菜夜蛾	2.64-3.3克/公顷	喷雾
辣椒	烟青虫	1.5-3克/公顷	喷雾

注:甲氨基阿维菌素苯甲酸盐含量: 2.2%。

PD20120235 松·喹·氟磺胺/35%/乳油/氟磺胺草醚 9.5%、精喹禾灵 2.5%、异噁草松 23%/2012.02.13 至 2017.02.13/低毒

春大豆田	一年生杂草	525-630克/公顷	茎叶喷雾

PD20130381 烟嘧·莠去津/22%/可分散油悬浮剂/烟嘧磺隆 2.5%、莠去津 19.5%/2013.03.12 至 2018.03.12/低毒

玉米田	一年生杂草	330-462克/公顷	茎叶喷雾

PD20130596 精喹·氟磺胺/15%/乳油/氟磺胺草醚 12%、精喹禾灵 3%/2013.04.02 至 2018.04.02/低毒

春大豆田	一年生杂草	337.5-405克/公顷	茎叶喷雾

PD20132179 甲·灭·敌草隆/55%/可湿性粉剂/敌草隆 15%、2甲4氯 10%、莠灭净 30%/2013.10.29 至 2018.10.29/低毒

甘蔗田	一年生杂草	1237.5-1732.5克/公顷	茎叶喷雾

PD20142063 乙·嗪·滴丁酯/73%/乳油/2,4-滴丁酯 17%、嗪草酮 6%、乙草胺 50%/2014.08.28 至 2019.08.28/低毒

春大豆田	一年生杂草	1095-1533克/公顷	土壤喷雾

PD20142220 烟嘧·氯氟吡/12%/可分散油悬浮剂/氯氟吡氧乙酸 8%、烟嘧磺隆 4%/2014.09.28 至 2019.09.28/低毒

玉米田	一年生杂草	144-180克/公顷	茎叶喷雾

PD20142291 丙草胺/50%/水乳剂/丙草胺 50%/2014.11.02 至 2019.11.02/低毒

水稻移栽田	一年生杂草	450-600 克/公顷	药土法

PD20142316 醚菌酯/30%/悬浮剂/醚菌酯 30%/2014.11.03 至 2019.11.03/低毒

小麦	锈病	225-315克/公顷	喷雾

PD20142447 噁草酮/380克/升/悬浮剂/噁草酮 380克/升/2014.11.15 至 2019.11.15/低毒

水稻移栽田 一年生杂草 342-513克/公顷 药土法
PD20150864 氰氟草酯/100克/升/水乳剂/氰氟草酯 100克/升/2015.05.18 至 2020.05.18/微毒
水稻移栽田 一年生杂草 75-105克/公顷 茎叶喷雾
PD20151866 茚虫威/15%/悬浮剂/茚虫威 15%/2015.08.30 至 2020.08.30/低毒
水稻 稻纵卷叶螟 39-45克/公顷 喷雾
PD20151937 双氟磺草胺/50克/升/悬浮剂/双氟磺草胺 50克/升/2015.08.30 至 2020.08.30/低毒
冬小麦田 一年生阔叶杂草 3.75-4.5克/公顷 茎叶喷雾
PD20151959 烯酰吗啉/40%/水分散粒剂/烯酰吗啉 40%/2015.08.30 至 2020.08.30/低毒
黄瓜 霜霉病 225-300克/公顷 喷雾
PD20152077 多杀霉素/25克/升/悬浮剂/多杀霉素 25克/升/2015.09.22 至 2020.09.22/低毒
甘蓝 小菜蛾 12-24克/公顷 喷雾
PD20152123 草铵膦/200克/升/水剂/草铵膦 200克/升/2015.09.22 至 2020.09.22/低毒
非耕地 杂草 750-1050克/公顷 茎叶喷雾
PD20152179 吡虫啉/600克/升/悬浮种衣剂/吡虫啉 600克/升/2015.09.22 至 2020.09.22/低毒
棉花 蚜虫 351-498克/100千克种子 种子包衣
PD20152200 硝磺草酮/15%/悬浮剂/硝磺草酮 15%/2015.09.23 至 2020.09.23/微毒
玉米田 一年生杂草 112.5-146.25克/公顷 茎叶喷雾
PD20152277 烯酰吗啉/40%/悬浮剂/烯酰吗啉 40%/2015.10.20 至 2020.10.20/低毒
葡萄 霜霉病 167-250毫克/千克 喷雾
PD20152389 霜脲・锰锌/72%/可湿性粉剂/代森锰锌 64%、霜脲氰 8%/2015.10.23 至 2020.10.23/低毒
黄瓜 霜霉病 1620-1836克/公顷 喷雾
PD20152471 扑・乙/52%/乳油/扑草净 13%、乙草胺 39%/2015.12.04 至 2020.12.04/低毒
花生田 一年生杂草 1365-1560克/公顷 土壤喷雾

山东省成武县有机化工厂 （山东省成武县南鲁镇工业小区 274207 0530-8822188）

PD84121-12 磷化铝/56%/片剂/磷化铝 56%/2015.01.31 至 2020.01.31/高毒
洞穴 室外啮齿动物 根据洞穴大小而定 密闭熏蒸
货物 仓储害虫 5-10片/1000千克 密闭熏蒸
空间 多种害虫 1-4片/立方米 密闭熏蒸
粮食、种子 储粮害虫 3-10片/1000千克 密闭熏蒸
PD20085201 井冈霉素/5%/水剂/井冈霉素 5%/2013.12.23 至 2018.12.23/低毒
水稻 纹枯病 150-187.5克/公顷 喷雾
PD20101370 苦参・硫磺/13.7%/水剂/苦参碱 0.15%、硫磺 13.55%/2015.04.02 至 2020.04.02/低毒
辣椒 病毒病 273-411克/公顷 喷雾
水稻 条纹叶枯病 205-308克/公顷 喷雾

山东省德州天邦农化有限公司 （山东省德州市德城区二屯镇 253035 0534-2623883）

PD20084532 啶虫脒/20%/可湿性粉剂/啶虫脒 20%/2013.12.18 至 2018.12.18/低毒
柑橘树 蚜虫 12-20毫克/千克 喷雾
PD20084738 灭多威/20%/乳油/灭多威 20%/2013.12.22 至 2018.12.22/高毒
棉花 棉铃虫 150-225克/公顷 喷雾
棉花 蚜虫 75-150克/公顷 喷雾
PD20092890 三唑锡/8%/乳油/三唑锡 8%/2014.03.05 至 2019.03.05/低毒
柑橘树 红蜘蛛 80-100毫克/千克 喷雾
PD20095146 五氯・福美双/40%/粉剂/福美双 20%、五氯硝基苯 20%/2014.04.24 至 2019.04.24/低毒
棉花 红腐病、苗期立枯病、炭疽病 200-400克/100千克种子 拌种
PD20095700 阿维・氟铃脲/3%/乳油/阿维菌素 1%、氟铃脲 2%/2014.06.11 至 2019.06.11/低毒(原药高毒)
十字花科蔬菜 小菜蛾 13.5-20.25克/公顷 喷雾
PD20110162 五氯・福美双/20%/粉剂/福美双 10%、五氯硝基苯 10%/2011.02.11 至 2016.02.11/低毒
西瓜 枯萎病 45-60克/100千克种子 拌种
PD20110606 氰戊菊酯/20%/乳油/氰戊菊酯 20%/2011.06.07 至 2016.06.07/低毒
苹果树 桃小食心虫 66.7-100毫克/千克 喷雾

山东省德州祥龙生化有限公司 （山东省德州市宁津县宁津镇 253400 0534-5421836）

PD20084955 丙环唑/250克/升/乳油/丙环唑 250克/升/2013.12.22 至 2018.12.22/低毒
香蕉树 叶斑病 250-500毫克/千克 喷雾
PD20084993 联苯菊酯/100克/升/乳油/联苯菊酯 100克/升/2013.12.22 至 2018.12.22/中等毒
茶树 茶小绿叶蝉 30-37.5克/公顷 喷雾
PD20085019 阿维菌素/2%/乳油/阿维菌素 2%/2013.12.22 至 2018.12.22/低毒(原药高毒)
十字花科蔬菜 小菜蛾 8.1-10.8克/公顷 喷雾
PD20085387 三唑锡/25%/可湿性粉剂/三唑锡 25%/2013.12.24 至 2018.12.24/低毒
苹果树 红蜘蛛 188-250毫克/千克 喷雾
PD20085557 敌敌畏/50%/乳油/敌敌畏 50%/2013.12.25 至 2018.12.25/中等毒
十字花科蔬菜 菜青虫 900-1200克/公顷 喷雾
PD20086110 多・锰锌/70%/可湿性粉剂/多菌灵 10%、代森锰锌 60%/2013.12.30 至 2018.12.30/低毒
苹果 斑点落叶病 1000-1250毫克/千克 喷雾

PD20090374 高氯·马/20%/乳油/高效氯氰菊酯 2%、马拉硫磷 18%/2014.01.12 至 2019.01.12/中等毒
棉花 棉铃虫 180-240克/公顷 喷雾

PD20090404 阿维·高氯/3%/乳油/阿维菌素 0.2%、高效氯氰菊酯 2.8%/2014.01.12 至 2019.01.12/低毒(原药高毒)
甘蓝 菜青虫、小菜蛾 13.5-27克/公顷 喷雾

PD20090461 啶虫脒/20%/可溶粉剂/啶虫脒 20%/2014.01.12 至 2019.01.12/低毒
黄瓜 蚜虫 15-24克/公顷 喷雾

PD20090711 精喹禾灵/10%/乳油/精喹禾灵 10%/2014.01.19 至 2019.01.19/低毒
夏大豆田 一年生禾本科杂草 37.5-52.5克/公顷 喷雾

PD20090836 甲哌鎓/10%/可溶粉剂/甲哌鎓 10%/2014.01.19 至 2019.01.19/低毒
棉花 调节生长、增产 45-60克/公顷 喷雾

PD20090939 草甘膦异丙胺盐/41%/水剂/草甘膦异丙胺盐 41%/2014.01.19 至 2019.01.19/低毒
桑园 杂草 1125-2250克/公顷 定向喷雾

PD20091107 阿维·高氯/2.4%/可湿性粉剂/阿维菌素 0.2%、高效氯氰菊酯 2.2%/2014.01.21 至 2019.01.21/低毒(原药高毒)
甘蓝 菜青虫、小菜蛾 13.5-27克/公顷 喷雾

PD20091373 乙草胺/900克/升/乳油/乙草胺 900克/升/2014.02.02 至 2019.02.02/低毒
玉米田 一年生禾本科杂草及部分小粒种子阔叶杂草 1215-1620克/公顷(东北地区)810-1215克/公顷(其它地区) 土壤喷雾

PD20091514 吡虫·杀虫单/58%/可湿性粉剂/吡虫啉 2.5%、杀虫单 55.5%/2014.02.02 至 2019.02.02/低毒
水稻 稻飞虱、稻纵卷叶螟、二化螟、三化螟 450-750克/公顷 喷雾

PD20091617 啶虫脒/40%/水分散粒剂/啶虫脒 40%/2014.02.03 至 2019.02.03/低毒
黄瓜 蚜虫 21.6-27克/公顷 喷雾

PD20092337 多·福/40%/可湿性粉剂/多菌灵 5%、福美双 35%/2014.02.24 至 2019.02.24/低毒
葡萄 霜霉病 1000-1250毫克/千克 喷雾

PD20092340 阿维·哒螨灵/6.78%/乳油/阿维菌素 0.11%、哒螨灵 6.67%/2014.02.24 至 2019.02.24/低毒(原药高毒)
柑橘树 红蜘蛛 40-45.2毫克/千克 喷雾

PD20092648 复硝酚钠/98%/原药/复硝酚钠 98%/2014.03.03 至 2019.03.03/低毒

PD20092669 高效氟吡甲禾灵/108克/升/乳油/高效氟吡甲禾灵 108克/升/2014.03.03 至 2019.03.03/低毒
棉花田 一年生禾本科杂草 40.5-48.6克/公顷 茎叶喷雾

PD20092962 氯氰·丙溴磷/440克/升/乳油/丙溴磷 400克/升、氯氰菊酯 40克/升/2014.03.09 至 2019.03.09/中等毒
棉花 棉铃虫 528-660克/公顷 喷雾

PD20093444 莠去津/48%/可湿性粉剂/莠去津 48%/2014.03.23 至 2019.03.23/低毒
玉米田 一年生杂草 春玉米:2160-2520克/公顷;其他:1800-2160克/公顷 土壤喷雾

PD20094113 莠去津/38%/悬浮剂/莠去津 38%/2014.03.27 至 2019.03.27/低毒
春玉米田 一年生杂草 1710-2280克/公顷 土壤喷雾
夏玉米田 一年生杂草 1140-1710克/公顷 土壤喷雾

PD20094173 井冈霉素/5%/水剂/井冈霉素 5%/2014.03.27 至 2019.03.27/低毒
水稻 纹枯病 150-187.5克/公顷 喷雾

PD20094280 氯氰·吡虫啉/5%/乳油/吡虫啉 1.5%、氯氰菊酯 3.5%/2014.03.31 至 2019.03.31/低毒
甘蓝 蚜虫 22.5-37.5克/公顷 喷雾

PD20095155 复硝酚钠/1.4%/水剂/5-硝基邻甲氧基苯酚钠 0.23%、对硝基苯酚钾 0.7%、邻硝基苯酚钠 0.47%/2014.04.24 至2019.04.24/低毒
棉花 调节生长、增产 6-9毫克/千克 分别在苗前、蕾期和盛花期，兑水喷雾

PD20096339 啶虫脒/5%/可湿性粉剂/啶虫脒 5%/2014.07.23 至 2019.07.23/低毒
甘蓝 蚜虫 15-22.5克/公顷 喷雾

PD20097129 烟嘧·莠去津/22%/可分散油悬浮剂/烟嘧磺隆 2%、莠去津 20%/2014.10.16 至 2019.10.16/低毒
玉米田 一年生杂草 100-200毫升制剂/亩 茎叶喷雾

PD20097322 丁·莠/42%/悬乳剂/丁草胺 22%、莠去津 20%/2014.10.27 至 2019.10.27/低毒
夏玉米田 一年生杂草 1260-1575克/公顷 土壤喷雾

PD20097504 烟嘧磺隆/40克/升/可分散油悬浮剂/烟嘧磺隆 40克/升/2014.11.03 至 2019.11.03/低毒
玉米田 一年生杂草 45-60克/公顷 茎叶喷雾

PD20097748 毒死蜱/480克/升/乳油/毒死蜱 480克/升/2014.11.12 至 2019.11.12/中等毒
水稻 稻纵卷叶螟 5.4-648克/公顷 喷雾

PD20097751 噻螨酮/5%/可湿性粉剂/噻螨酮 5%/2014.11.12 至 2019.11.12/低毒
柑橘树 红蜘蛛 25-33.3毫克/千克 喷雾

PD20097840 氯氰·敌敌畏/10%/乳油/敌敌畏 8%、氯氰菊酯 2%/2014.11.20 至 2019.11.20/中等毒
十字花科蔬菜 蚜虫 60-75克/公顷 喷雾

PD20098200 噻嗪·异丙威/25%/可湿性粉剂/噻嗪酮 5%、异丙威 20%/2014.12.16 至 2019.12.16/低毒
水稻 稻飞虱 450-562.5克/公顷 喷雾

PD20098228 氟氯氰菊酯/50克/升/乳油/氟氯氰菊酯 50克/升/2014.12.16 至 2019.12.16/低毒
甘蓝 菜青虫 18.75—22.5克/公顷 喷雾

PD20098386　氟硅唑/400克/升/乳油/氟硅唑 400克/升/2014.12.18 至 2019.12.18/低毒
　黄瓜　黑星病　45-75克/公顷　喷雾
PD20100243　福·福锌/80%/可湿性粉剂/福美双 30%、福美锌 50%/2015.01.11 至 2020.01.11/低毒
　黄瓜　炭疽病　1500-1800克/公顷　喷雾
PD20100719　辛硫·高氯氟/26%/乳油/高效氯氟氰菊酯 1%、辛硫磷 25%/2015.01.16 至 2020.01.16/中等毒
　甘蓝　小菜蛾　175.5-234克/公顷　喷雾
PD20100857　多抗霉素/10%/可湿性粉剂/多抗霉素B 10%/2015.01.19 至 2020.01.19/低毒
　黄瓜　灰霉病　150－210克/公顷　喷雾
PD20101150　矮壮素/50%/水剂/矮壮素 50%/2015.01.25 至 2020.01.25/低毒
　棉花　调节生长　55-65毫克/千克　茎叶喷雾
PD20101250　甲哌鎓/98%/可溶粉剂/甲哌鎓 98%/2015.03.01 至 2020.03.01/中等毒
　棉花　调节生长、增产　39.2-58.8克/公顷　喷雾
PD20101294　啶虫脒/5%/乳油/啶虫脒 5%/2015.03.10 至 2020.03.10/低毒
　黄瓜　蚜虫　18-30克/公顷　喷雾
PD20101508　井冈霉素(10%)///可溶粉剂/井冈霉素A 8%/2010.05.10 至 2015.05.10/低毒
　水稻　纹枯病　100－120克/公顷　喷雾
PD20101593　乙蒜素/80%/乳油/乙蒜素 80%/2015.06.03 至 2020.06.03/低毒
　水稻　烂秧病　100-133毫克/千克　浸种
PD20101709　马拉硫磷/45%/乳油/马拉硫磷 45%/2015.06.28 至 2020.06.28/低毒
　水稻　稻飞虱　607.5-742.5克/公顷　喷雾
PD20102012　甲氨基阿维菌素苯甲酸盐(2.2%)///微乳剂/甲氨基阿维菌素 2%/2015.09.25 至 2020.09.25/低毒(原药高毒)
　甘蓝　甜菜夜蛾　2.48-3.3克/公顷　喷雾
PD20110211　矮壮素/80%/可溶粉剂/矮壮素 80%/2016.02.24 至 2021.02.24/低毒
　棉花　调节生长　55-65毫克/千克　茎叶喷雾
PD20110721　吡虫啉/70%/可湿性粉剂/吡虫啉 70%/2011.07.07 至 2016.07.07/低毒
　水稻　飞虱　15-30克/公顷　喷雾
PD20110839　吗胍·乙酸铜/20%/可湿性粉剂/盐酸吗啉胍 10%、乙酸铜 10%/2011.08.10 至 2016.08.10/低毒
　水稻　条纹叶枯病　360-450克/公顷　喷雾
PD20131790　唑磷·毒死蜱/25%/乳油/毒死蜱 8.3%、三唑磷 16.7%/2013.09.09 至 2018.09.09/中等毒
　水稻　三化螟　250-300克/公顷　喷雾
PD20132271　哒螨灵/40%/可湿性粉剂/哒螨灵 40%/2013.11.05 至 2018.11.05/低毒
　柑橘树　红蜘蛛　100-133.3毫克/千克　喷雾
PD20140735　松·喹·氟磺胺/35%/乳油/氟磺胺草醚 9.5%、精喹禾灵 2.5%、异噁草松 23%/2014.03.24 至 2019.03.24/低毒
　春大豆田　一年生杂草　630-787.5克/公顷　茎叶喷雾
PD20140962　阿维·三唑磷/20%/乳油/阿维菌素 .2%、三唑磷 19.8%/2014.04.14 至 2019.04.14/中等毒(原药高毒)
　水稻　二化螟　180-210克/公顷　喷雾
PD20142234　丙溴·辛硫磷/25%/乳油/丙溴磷 6%、辛硫磷 19%/2014.09.28 至 2019.09.28/低毒
　水稻　稻纵卷叶螟　262.5-375克/公顷　喷雾
PD20142236　异丙草·莠/50%/悬乳剂/异丙草胺 20%、莠去津 30%/2014.09.28 至 2019.09.28/低毒
　夏玉米田　一年生杂草　1500-1875克/公顷　土壤喷雾
PD20142246　噻苯隆/80%/可湿性粉剂/噻苯隆 80%/2014.09.28 至 2019.09.28/低毒
　棉花　脱叶　240-300克/公顷　喷雾
PD20142251　烯酰吗啉/50%/可湿性粉剂/烯酰吗啉 50%/2014.09.28 至 2019.09.28/低毒
　葡萄　霜霉病　325-400克/公顷　喷雾
PD20151048　氨基寡糖素/5%/水剂/氨基寡糖素 5%/2015.06.14 至 2020.06.14/低毒
　番茄　晚疫病　15-18.75克/公顷　喷雾
PD20151175　甲氨基阿维菌素/3%/可分散油悬浮剂/甲氨基阿维菌素 3%/2015.06.26 至 2020.06.26/低毒
　草坪　斜纹夜蛾　1.8-2.5克/公顷　喷雾
PD20151779　磺草·莠去津/40%/悬浮剂/磺草酮 10%、莠去津 30%/2015.08.28 至 2020.08.28/低毒
　夏玉米田　一年生杂草　200－250毫升制剂/亩　茎叶喷雾
PD20152168　草甘膦钠盐/50%/可溶性粉剂/草甘膦 50%/2015.09.22 至 2020.09.22/低毒
　苹果园　杂草　1125-2250克/公顷　定向茎叶喷雾
　注:草甘膦钠盐含量为: 56.5%。
PD20152483　萘乙酸/5%/水剂/萘乙酸 5%/2015.12.04 至 2020.12.04/低毒
　番茄　调节生长　4000－5000倍液　喷花

山东省东都农药厂　(山东省泰安市新泰市东都镇　271222　0538-7375171)

PD85105-33　敌敌畏/80%/乳油/敌敌畏 77.5%(气谱法)/2010.01.11 至 2015.01.11/中等毒
　茶树　食叶害虫　600克/公顷　喷雾
　粮仓　多种储藏害虫　1)400-500倍液2)0.4-0.5克/立方米　1)喷雾2)挂条熏蒸
　棉花　蚜虫、造桥虫　600-1200克/公顷　喷雾
　苹果树　小卷叶蛾、蚜虫　400-500毫克/千克　喷雾
　青菜　菜青虫　600克/公顷　喷雾

桑树 尺蠖 600克/公顷 喷雾
卫生 多种卫生害虫 1)300-400倍液2)0.08克/立方米 1)泼洒2)挂条熏蒸
小麦 黏虫、蚜虫 600克/公顷 喷雾

山东省冠县洁宝日用化工厂 （山东省冠县东古城加油站北郊 252525 0635-5742098）

WP20120038 杀虫气雾剂/0.37%/气雾剂/胺菊酯 0.22%、氯菊酯 0.15%/2012.03.07 至 2017.03.07/微毒
卫生 蚊、蝇、蜚蠊 / 喷雾

山东省冠县鲁奥精细化工厂 （山东省冠县东古城陈井南侧 252525 0635-5742198）

WP20110082 杀虫气雾剂/0.43%/气雾剂/胺菊酯 0.28%、氯菊酯 0.15%/2011.04.06 至 2016.04.06/微毒
室内 蚊、蝇、蜚蠊 喷雾

山东省冠县亿康精细化工厂 （山东省冠县动古城镇前郑町村 252525 0635-5742178）

WP20130042 杀虫气雾剂/0.39%/气雾剂/胺菊酯 0.3%、氯氰菊酯 0.09%/2013.03.18 至 2018.03.18/微毒
室内 蜚蠊、蚊、蝇 喷雾

山东省菏泽北联农药制造有限公司 （山东省菏泽市郑州路中段 274000 0530-5321662）

PD20040716 高氯·吡虫啉/5%/乳油/吡虫啉 2.5%、高效氯氰菊酯 2.5%/2014.12.19 至 2019.12.19/低毒
十字花科蔬菜 蚜虫 15-22.5克/公顷 喷雾

PD20080117 啶虫脒/5%/乳油/啶虫脒 5%/2013.01.03 至 2018.01.03/低毒
黄瓜 蚜虫 18-22.5克/公顷 喷雾

PD20080170 代森锰锌/80%/可湿性粉剂/代森锰锌 80%/2013.01.03 至 2018.01.03/低毒
番茄 早疫病 1800-2400克/公顷 喷雾

PD20080220 三唑锡/25%/可湿性粉剂/三唑锡 25%/2013.01.11 至 2018.01.11/低毒
柑橘树 红蜘蛛 125-166.7毫克/千克 喷雾

PD20080900 高效氯氟氰菊酯/25克/升/乳油/高效氯氟氰菊酯 25克/升/2013.07.09 至 2018.07.09/中等毒
叶菜类十字花科蔬菜 菜青虫 7.5-11.25克/公顷 喷雾

PD20082025 高氯·辛硫磷/20%/乳油/高效氯氰菊酯 2%、辛硫磷 18%/2013.11.25 至 2018.11.25/低毒
棉花 棉铃虫 225-300克/公顷 喷雾

PD20082546 阿维菌素/3.2%/乳油/阿维菌素 3.2%/2013.12.03 至 2018.12.03/低毒(原药高毒)
菜豆 美洲斑潜蝇 10.8-21.6克/公顷 喷雾

PD20082839 硫磺·多菌灵/50%/可湿性粉剂/多菌灵 15%、硫磺 35%/2013.12.09 至 2018.12.09/低毒
花生 叶斑病 1200-1800克/公顷 喷雾

PD20083209 敌百虫/80%/可溶粉剂/敌百虫 80%/2013.12.11 至 2018.12.11/低毒
水稻 二化螟 1000-1200克/公顷 喷雾

PD20083262 啶虫脒/5%/可湿性粉剂/啶虫脒 5%/2013.12.11 至 2018.12.11/低毒
十字花科蔬菜 蚜虫 15-22.5克/公顷 喷雾

PD20083399 代森锰锌/80%/可湿性粉剂/代森锰锌 80%/2013.12.11 至 2018.12.11/低毒
苹果 斑点落叶病 1000-1500毫克/千克 喷雾

PD20083481 丙环唑/250克/升/乳油/丙环唑 250克/升/2013.12.12 至 2018.12.12/低毒
小麦 白粉病 112.5-150克/公顷 喷雾

PD20083958 三环唑/75%/可湿性粉剂/三环唑 75%/2013.12.15 至 2018.12.15/低毒
水稻 稻瘟病 225-300克/公顷 喷雾

PD20084383 甲氰·噻螨酮/7.5%/乳油/甲氰菊酯 5%、噻螨酮 2.5%/2013.12.17 至 2018.12.17/低毒
柑橘 红蜘蛛 75-100毫克/千克 喷雾

PD20085519 灭多威/20%/乳油/灭多威 20%/2013.12.25 至 2018.12.25/高毒
棉花 棉铃虫 120-150克/公顷 喷雾

PD20090641 甲基硫菌灵/70%/可湿性粉剂/甲基硫菌灵 70%/2014.01.14 至 2019.01.14/低毒
番茄 叶霉病 375-560克/公顷 喷雾

PD20091605 福美双/50%/可湿性粉剂/福美双 50%/2014.02.03 至 2019.02.03/中等毒
黄瓜 霜霉病 750-1125克/公顷 喷雾

PD20091944 联苯菊酯/25克/升/乳油/联苯菊酯 25克/升/2014.02.12 至 2019.02.12/低毒
茶树 茶尺蠖 7.5-15克/公顷 喷雾

PD20091989 三环·多菌灵/20%/可湿性粉剂/多菌灵 15%、三环唑 5%/2014.02.12 至 2019.02.12/低毒
水稻 稻瘟病 300-420克/公顷 喷雾

PD20092141 吡虫啉/25%/可湿性粉剂/吡虫啉 25%/2014.02.23 至 2019.02.23/低毒
韭菜 韭蛆 300-450克/公顷 药土法
水稻 稻飞虱 15-30克/公顷 喷雾

PD20092355 啶虫脒/36%/水分散粒剂/啶虫脒 36%/2014.02.24 至 2019.02.24/低毒
十字花科蔬菜 蚜虫 21.6-32.4克/公顷 喷雾

PD20093484 炔螨特/570克/升/乳油/炔螨特 570克/升/2014.03.23 至 2019.03.23/低毒
棉花 红蜘蛛 342-513克/公顷 喷雾

PD20094613 霜脲·锰锌/72%/可湿性粉剂/代森锰锌 64%、霜脲氰 8%/2014.04.10 至 2019.04.10/低毒
黄瓜 霜霉病 1458-1800克/公顷 喷雾

PD20094649 乙铝·锰锌/50%/可湿性粉剂/代森锰锌 22%、三乙膦酸铝 28%/2014.04.10 至 2019.04.10/低毒
黄瓜 霜霉病 1125-1350克/公顷 喷雾

PD20095041 甲氰·氧乐果/20%/乳油/甲氰菊酯 5%、氧乐果 15%/2014.04.21 至 2019.04.21/高毒

小麦 麦蚜 150-225克/公顷 喷雾
PD20097107 吡虫啉/20%/可溶液剂/吡虫啉 20%/2014.10.10 至 2019.10.10/低毒
甘蓝 蚜虫 5-10毫升制剂/亩 喷雾
PD20101391 混合氨基酸铜/10%/水剂/混合氨基酸铜 10%/2015.04.14 至 2020.04.14/低毒
西瓜 枯萎病 333-500毫克/千克 灌根
PD20101535 阿维·矿物油/24.5%/乳油/阿维菌素 0.2%、矿物油 24.3%/2015.05.19 至 2020.05.19/低毒(原药高毒)
柑橘树 红蜘蛛 122.5-245毫克/千克 喷雾
PD20101727 毒·辛/20%/乳油/毒死蜱 4%、辛硫磷 16%/2015.06.28 至 2020.06.28/中等毒
水稻 三化螟 375-450克/公顷 喷雾
PD20101732 辛菌·吗啉胍/4.3%/水剂/盐酸吗啉胍 2.5%、辛菌胺醋酸盐 1.8%/2015.06.28 至 2020.06.28/低毒
番茄 病毒病 69.4-99.9克/公顷 喷雾
PD20110680 甲氨基阿维菌素苯甲酸盐/1%/乳油/甲氨基阿维菌素 1%/2011.06.20 至 2016.06.20/低毒
甘蓝 小菜蛾 1.5-2.25克/公顷 喷雾
注:甲氨基阿维菌素苯甲酸盐含量：1.14%。
PD20131279 烯酰吗啉/50%/可湿性粉剂/烯酰吗啉 50%/2013.06.05 至 2018.06.05/低毒
黄瓜 霜霉病 225-300克/公顷 喷雾
PD20140536 烟嘧磺隆/40克/升/可分散油悬浮剂/烟嘧磺隆 40克/升/2014.03.06 至 2019.03.06/低毒
玉米田 一年生杂草 42-60克/公顷 茎叶喷雾
PD20140560 高效氟吡甲禾灵/108克/升/乳油/高效氟吡甲禾灵 108克/升/2014.03.06 至 2019.03.06/低毒
大豆田 一年生禾本科杂草 48.6-72.9克/公顷 喷雾
PD20140984 甲氨基阿维菌素苯甲酸盐/5%/微乳剂/甲氨基阿维菌素 5%/2014.04.14 至 2019.04.14/低毒
甘蓝 甜菜夜蛾 2.25-3克/公顷 喷雾
注:甲氨基阿维菌素苯甲酸盐含量：5.7%。
PD20150072 苏云金杆菌/8000IU/微升/悬浮剂/苏云金杆菌 8000IU/微升/2015.01.05 至 2020.01.05/低毒
甘蓝 菜青虫 1500-4500毫升制剂/公顷 喷雾
PD20152547 吡蚜酮/25%/可湿性粉剂/吡蚜酮 25%/2015.12.05 至 2020.12.05/低毒
水稻 稻飞虱 60-90克/公顷 喷雾

山东省济南海启明化工有限责任公司 (山东省济南市平阴县刁山坡镇刁山坡村 250404 0531-87785569)

PD20086087 嘧霉胺/20%/悬浮剂/嘧霉胺 20%/2013.12.30 至 2018.12.30/低毒
黄瓜 灰霉病 375-562.5克/公顷 喷雾
PD20092627 毒死蜱/40%/乳油/毒死蜱 40%/2014.03.02 至 2019.03.02/中等毒
水稻 稻纵卷叶螟 432-576克/公顷 喷雾
PD20093604 福·福锌/80%/可湿性粉剂/福美双 30%、福美锌 50%/2014.03.23 至 2019.03.23/低毒
西瓜 炭疽病 1500-1800克/公顷 喷雾
PD20094794 甲基硫菌灵/70%/可湿性粉剂/甲基硫菌灵 70%/2014.04.13 至 2019.04.13/低毒
黄瓜 白粉病 420-840克/公顷 喷雾
PD20095065 炔螨特/57%/乳油/炔螨特 57%/2014.04.21 至 2019.04.21/低毒
柑橘树 红蜘蛛 240-360毫克/千克 喷雾
PD20095964 高效氯氟氰菊酯/25克/升/乳油/高效氯氟氰菊酯 25克/升/2014.06.04 至 2019.06.04/中等毒
棉花 棉铃虫 15-22.5克/公顷 喷雾
PD20097620 多·锰锌/50%/可湿性粉剂/多菌灵 8%、代森锰锌 42%/2014.11.03 至 2019.11.03/低毒
苹果 斑点落叶病 1000-1250毫克/千克 喷雾
PD20097905 阿维菌素/1.8%/乳油/阿维菌素 1.8%/2014.11.30 至 2019.11.30/低毒(原药高毒)
菜豆 美洲斑潜蝇 10.8-21.6克/公顷 喷雾
甘蓝 菜青虫、小菜蛾 8.1-10.8克/公顷 喷雾
PD20100070 敌敌畏/48%/乳油/敌敌畏 48%/2015.01.04 至 2020.01.04/中等毒
苹果树 小卷叶蛾 400-500毫克/千克 喷雾
PD20100112 甲霜·锰锌/58%/可湿性粉剂/甲霜灵 10%、代森锰锌 48%/2015.01.05 至 2020.01.05/低毒
黄瓜 霜霉病 696-1044克/公顷 喷雾
PD20100849 阿维·高氯/1.8%/乳油/阿维菌素 0.3%、高效氯氰菊酯 1.5%/2015.01.19 至 2020.01.19/低毒(原药高毒)
甘蓝 菜青虫、小菜蛾 7.5-15克/公顷 喷雾
PD20101796 吡虫·杀虫单/58%/可湿性粉剂/吡虫啉 2.5%、杀虫单 55.5%/2015.07.13 至 2020.07.13/中等毒
水稻 稻飞虱、稻纵卷叶螟、二化螟、三化螟 450-750克/公顷 喷雾
PD20140872 烯酰吗啉/80%/水分散粒剂/烯酰吗啉 80%/2014.04.08 至 2019.04.08/低毒
黄瓜 霜霉病 225-300克/公顷 喷雾

山东省济南金地农药有限公司 (山东省济南市商河县商中路116号 251600 0531-84880299)

PD20092146 阿维菌素/2%/乳油/阿维菌素 2%/2014.02.23 至 2019.02.23/中等毒(原药高毒)
十字花科蔬菜 小菜蛾 6-9克/公顷 喷雾
PD20094403 噁霉灵/15%/水剂/噁霉灵 15%/2014.04.01 至 2019.04.01/低毒
水稻 立枯病 9000-18000克/公顷 苗床土壤处理
PD20095082 炔螨特/570克/升/乳油/炔螨特 570克/升/2014.04.22 至 2019.04.22/低毒
柑橘树 红蜘蛛 285-380毫克/千克 喷雾
PD20101885 啶虫脒/5%/乳油/啶虫脒 5%/2015.08.09 至 2020.08.09/低毒

黄瓜 蚜虫 18-22.5克/公顷 喷雾
PD20102076 甲氨基阿维菌素苯甲酸盐/1%/微乳剂/甲氨基阿维菌素 1%/2015.11.03 至 2020.11.03/低毒(原药高毒)
甘蓝 甜菜夜蛾 2.25-3克/公顷 喷雾
注:甲氨基阿维菌素苯甲酸盐含量: 1.14%。
PD20110104 吡虫啉/200克/升/可溶液剂/吡虫啉 200克/升/2016.01.26 至 2021.01.26/低毒
十字花科蔬菜 蚜虫 20-30克/公顷 喷雾
PD20151770 联苯菊酯/100克/升/乳油/联苯菊酯 100克/升/2015.08.28 至 2020.08.28/中等毒
茶树 茶小绿叶蝉 30-37.5克/公顷 喷雾
PD20151929 氯氰·丙溴磷/440克/升/乳油/丙溴磷 400克/升、氯氰菊酯 40克/升/2015.08.30 至 2020.08.30/中等毒
棉花 棉铃虫 528-660克/公顷 喷雾

山东省济南开发区捷康化学商贸中心 (山东省济南市历下区建新南路8号 250013 0531-86560056)

WP20080062 氯氰菊酯/10%/可湿性粉剂/氯氰菊酯 10%/2013.04.08 至 2018.04.08/低毒
卫生 臭虫、蚂蚁、蚊、蝇、蜚蠊 40-50毫克/平方米 滞留喷洒
WP20080510 杀虫气雾剂/0.3%/气雾剂/胺菊酯 0.25%、氯氰菊酯 0.05%/2013.12.22 至 2018.12.22/低毒
卫生 蚂蚁、蚊、蝇、蜚蠊 / 喷雾
WP20120146 高效氯氰菊酯/5%/微囊悬浮剂/高效氯氰菊酯 5%/2012.07.30 至 2017.07.30/低毒
卫生 蚊、蝇、蜚蠊 25-30毫克/平方米 滞留喷洒
WP20150019 高效氯氰菊酯/4.5%/水乳剂/高效氯氰菊酯 4.5%/2015.01.15 至 2020.01.15/低毒
室内 蚊、蝇、蜚蠊 稀释50倍 喷雾

山东省济南科海有限公司 (山东省济南市平阴县青龙路 250033 0531-88631859)

PD20040084 氯氰菊酯/5%/乳油/氯氰菊酯 5%/2014.12.19 至 2019.12.19/中等毒
棉花 棉铃虫、棉蚜 45-90克/公顷 喷雾
十字花科蔬菜 菜青虫 30-45克/公顷 喷雾
PD20040087 高效氯氰菊酯/4.5%/乳油/高效氯氰菊酯 4.5%/2014.12.19 至 2019.12.19/中等毒
茶树 茶尺蠖 15-25.5克/公顷 喷雾
柑橘树 潜叶蛾 15-20毫克/千克 喷雾
柑橘树 红蜡蚧 50毫克/千克 喷雾
棉花 红铃虫、棉铃虫、棉蚜 15-30克/公顷 喷雾
苹果树 桃小食心虫 20-33毫克/千克 喷雾
十字花科蔬菜 菜蚜 3-18克/公顷 喷雾
十字花科蔬菜 菜青虫、小菜蛾 9-25.5克/公顷 喷雾
烟草 烟青虫 15-25.5克/公顷 喷雾
PD20040218 高效氯氰菊酯/10%/乳油/高效氯氰菊酯 10%/2014.12.19 至 2019.12.19/低毒
十字花科蔬菜 菜青虫 22.5-37.5克/公顷 喷雾
PD20040591 哒螨灵/15%/乳油/哒螨灵 15%/2014.12.19 至 2019.12.19/中等毒
柑橘树、苹果树 红蜘蛛 50-67毫克/千克 喷雾
PD20040808 哒螨灵/15%/乳油/哒螨灵 15%/2014.12.20 至 2019.12.20/中等毒
苹果树 叶螨 50-67毫克/千克 喷雾
PD20084483 联苯菊酯/100克/升/乳油/联苯菊酯 100克/升/2013.12.17 至 2018.12.17/中等毒
茶树 茶小绿叶蝉 30-37.5克/公顷 喷雾
PD20084528 联苯菊酯/25克/升/乳油/联苯菊酯 25克/升/2013.12.18 至 2018.12.18/低毒
茶树 茶小绿叶蝉 30-37.5克/公顷 喷雾
PD20085057 乙铝·多菌灵/50%/可湿性粉剂/多菌灵 25%、三乙膦酸铝 25%/2013.12.23 至 2018.12.23/低毒
苹果树 轮纹病 1000-1250毫克/千克 喷雾
PD20085350 高氯·马/20%/乳油/高效氯氰菊酯 1.5%、马拉硫磷 18.5%/2013.12.24 至 2018.12.24/中等毒
苹果树 桃小食心虫 133-200毫克/千克 喷雾
PD20090244 氰戊·马拉松/20%/乳油/马拉硫磷 18%、氰戊菊酯 2%/2014.01.09 至 2019.01.09/中等毒
小麦 蚜虫 75-120克/公顷 喷雾
PD20090883 啶虫脒/5%/乳油/啶虫脒 5%/2014.01.19 至 2019.01.19/低毒
黄瓜 蚜虫 18-22.5克/公顷 喷雾
PD20092544 高效氯氟氰菊酯/25克/升/乳油/高效氯氟氰菊酯 25克/升/2014.02.26 至 2019.02.26/中等毒
茶树 小绿叶蝉 15-30克/公顷 喷雾
PD20095824 乙铝·锰锌/50%/可湿性粉剂/代森锰锌 25%、三乙膦酸铝 25%/2014.05.27 至 2019.05.27/低毒
黄瓜 霜霉病 1125-1875克/公顷 喷雾
PD20095842 多·锰锌/40%/可湿性粉剂/多菌灵 20%、代森锰锌 20%/2014.05.27 至 2019.05.27/低毒
梨树 黑星病 1000-1250毫克/千克 喷雾
苹果树 斑点落叶病 1000-1250毫克/千克 喷雾
PD20097275 丙环唑/250克/升/乳油/丙环唑 250克/升/2014.10.26 至 2019.10.26/低毒
香蕉 叶斑病 250—500毫克/千克 喷雾
PD20097293 噻嗪酮/25%/可湿性粉剂/噻嗪酮 25%/2014.10.26 至 2019.10.26/低毒
柑橘树 矢尖蚧 125-250毫克/千克 喷雾
PD20097731 三唑锡/25%/可湿性粉剂/三唑锡 25%/2014.11.12 至 2019.11.12/低毒
柑橘树 红蜘蛛 125-166.67毫克/千克 喷雾

PD20098042 福美双/50%/可湿性粉剂/福美双 50%/2014.12.07 至 2019.12.07/低毒
葡萄 白腐病 500－1000毫克/千克 喷雾
PD20100432 阿维·矿物油/30%/乳油/阿维菌素 0.3%、矿物油 29.7%/2015.01.14 至 2020.01.14/低毒(原药高毒)
甘蓝 小菜蛾 225-360克/公顷 喷雾
PD20100463 高氯·矿物油/20%/乳油/高效氯氰菊酯 2.5%、矿物油 17.5%/2015.01.14 至 2020.01.14/低毒
棉花 棉铃虫 240-360克/公顷 喷雾
PD20100593 哒螨·矿物油/40%/乳油/哒螨灵 6%、矿物油 34%/2015.01.14 至 2020.01.14/中等毒
苹果树 红蜘蛛 200-267毫克/千克 喷雾
PD20100989 马拉松·矿物油/44%/乳油/矿物油 24%、马拉硫磷 20%/2015.01.20 至 2020.01.20/低毒
柑橘树 矢尖蚧 1000-1250毫克/千克 喷雾
PD20101001 辛硫·矿物油/40%/乳油/矿物油 25%、辛硫磷 15%/2015.01.20 至 2020.01.20/低毒
甘蓝 菜青虫 300-450克/公顷 喷雾
PD20110337 阿维菌素/5%/乳油/阿维菌素 5%/2016.03.24 至 2021.03.24/中等毒(原药高毒)
甘蓝 小菜蛾 162-216克/公顷 喷雾
PD20110346 氨基寡糖素/0.5%/水剂/氨基寡糖素 0.5%/2016.03.24 至 2021.03.24/微毒
番茄 晚疫病 14-18.8克/公顷 喷雾
PD20120419 氟磺胺草醚/250克/升/水剂/氟磺胺草醚 250克/升/2012.03.12 至 2017.03.12/低毒
春大豆田 一年生阔叶杂草 225-300克/公顷 茎叶喷雾
夏大豆田 一年生阔叶杂草 300-375克/公顷 茎叶喷雾
PD20120563 精喹禾灵/10%/乳油/精喹禾灵 10%/2012.03.28 至 2017.03.28/低毒
大豆田 一年生禾本科杂草 37.5-52.5克/公顷 茎叶喷雾
PD20120571 甲维·丙溴磷/31%/乳油/丙溴磷 30%、甲氨基阿维菌素苯甲酸盐 1%/2012.03.28 至 2017.03.28/低毒
水稻 稻纵卷叶螟 162.75-186克/公顷 喷雾
PD20120839 灭蝇胺/50%/可溶粉剂/灭蝇胺 50%/2012.05.22 至 2017.05.22/低毒
菜豆 斑潜蝇 112.5-150克/公顷 喷雾
PD20120970 高效氟吡甲禾灵/108克/升/乳油/高效氟吡甲禾灵 108克/升/2012.06.15 至 2017.06.15/低毒
棉花田 一年生禾本科杂草 32.4-48.6克/公顷 茎叶喷雾/
PD20121019 甲氨基阿维菌素苯甲酸盐/2%/乳油/甲氨基阿维菌素 2%/2012.07.02 至 2017.07.02/低毒
甘蓝 甜菜夜蛾 3－4.5克/公顷 喷雾
注:甲氨基阿维菌素苯甲酸盐含量:2.3%。
PD20130985 氰氟草酯/10%/乳油/氰氟草酯 10%/2013.05.02 至 2018.05.02/低毒
水稻田(直播) 一年生禾本科杂草 75-105克/公顷 喷雾
PD20131160 氟胺·灭草松/44.7%/水剂/氟磺胺草醚 8.7%、灭草松 36%/2013.05.27 至 2018.05.27/低毒
春大豆田 一年生阔叶杂草及莎草科杂草 1005.75-1341.00克/公顷 茎叶喷雾
PD20131235 硅唑·咪鲜胺/30%/水乳剂/氟硅唑 6%、咪鲜胺 24%/2013.05.29 至 2018.05.29/低毒
葡萄 炭疽病 150-200毫克/千克 喷雾
PD20131437 烯草酮/24%/乳油/烯草酮 24%/2013.07.03 至 2018.07.03/低毒
油菜田 一年生禾本科杂草 54-72克/公顷 茎叶喷雾
PD20131917 烟嘧磺隆/40克/升/可分散油悬浮剂/烟嘧磺隆 40克/升/2013.09.25 至 2018.09.25/低毒
玉米田 一年生杂草 42-60克/公顷 茎叶喷雾

山东省济南科赛基农化工有限公司 (山东省济南市历城区开源路北首鸿腾工业园 250100 0531-88015188)

PD20081169 扑·乙/51%/乳油/扑草净 13%、乙草胺 38%/2013.09.11 至 2018.09.11/低毒
花生田 一年生杂草 1147.5－1530克/公顷 土壤喷雾
PD20081191 精喹禾灵/10%/乳油/精喹禾灵 10%/2013.09.11 至 2018.09.11/低毒
夏大豆田 一年生禾本科杂草 48.6-64.8克/公顷 茎叶喷雾
PD20092319 莠去津/50%/悬浮剂/莠去津 50%/2014.02.24 至 2019.02.24/低毒
春玉米田 一年生杂草 1800-2100克/公顷 播后苗前土壤喷雾
夏玉米田 一年生杂草 1125-1500克/公顷 土壤喷雾
PD20093332 乙草胺/990克/升/乳油/乙草胺 990克/升/2014.03.18 至 2019.03.18/低毒
春大豆田 一年生禾本科杂草及阔叶杂草 1485-1930.5克/公顷 土壤喷雾
PD20093630 异丙甲草胺/720克/升/乳油/异丙甲草胺 720克/升/2014.03.25 至 2019.03.25/低毒
夏玉米田 一年生禾本科杂草及部分小粒种子阔叶杂草 1296-1620克/公顷 土壤喷雾
PD20093637 乙草胺/50%/水乳剂/乙草胺 50%/2014.03.25 至 2019.03.25/低毒
花生田 一年生禾本科杂草及部分小粒种子阔叶杂草 975－1500克/公顷 土壤喷雾
PD20093641 二甲戊灵/330克/升/乳油/二甲戊灵 330克/升/2014.03.25 至 2019.03.25/低毒
甘蓝田 一年生杂草 544.5-693克/公顷 土壤喷雾
PD20093684 氟乐灵/480克/升/乳油/氟乐灵 480克/升/2014.03.25 至 2019.03.25/低毒
棉花田 一年生禾本科杂草及部分阔叶杂草 720-1080克/公顷 土壤喷雾
PD20093702 毒死蜱/40%/乳油/毒死蜱 40%/2014.03.25 至 2019.03.25/中等毒
水稻 稻纵卷叶螟 504-648克/公顷 喷雾
PD20093775 丁·莠/42%/悬乳剂/丁草胺 22%、莠去津 20%/2014.03.25 至 2019.03.25/低毒

夏玉米田 一年生杂草 1260−1575克/公顷 土壤喷雾

PD20093904 精喹禾灵/5%/乳油/精喹禾灵 5%/2014.03.26 至 2019.03.26/低毒

大豆田 一年生禾本科杂草 37.5-60克/公顷 茎叶喷雾

PD20093916 氟磺胺草醚/250克/升/水剂/氟磺胺草醚 250克/升/2014.03.26 至 2019.03.26/低毒

春大豆田 一年生阔叶杂草 300-375克/公顷 茎叶喷雾

夏大豆田 一年生阔叶杂草 187.5-300克/公顷 茎叶喷雾

PD20093925 丁·异·莠去津/42%/悬乳剂/丁草胺 4%、异丙草胺 20%、莠去津 18%/2014.03.26 至 2019.03.26/低毒

春玉米田 一年生杂草 1575-1890克/公顷 播后苗前土壤喷雾

夏玉米田 一年生杂草 1260−1575克/公顷 土壤喷雾

PD20093971 草甘膦异丙胺盐/41%/水剂/草甘膦 41%/2014.03.27 至 2019.03.27/低毒

柑橘园 杂草 1230-2460克/公顷 定向喷雾

PD20094236 莠去津/38%/悬浮剂/莠去津 38%/2014.03.31 至 2019.03.31/低毒

甘蔗田 一年生杂草 1140-1824克/公顷 土壤喷雾

PD20094673 氯氟吡氧乙酸/200克/升/乳油/氯氟吡氧乙酸 200克/升/2014.04.10 至 2019.04.10/低毒

冬小麦田 阔叶杂草 180-210克/公顷 茎叶喷雾

PD20094881 丁草胺/50%/乳油/丁草胺 50%/2014.04.13 至 2019.04.13/低毒

移栽水稻田 一年生杂草 900-1200克/公顷 药土法

PD20095274 灭草松/480克/升/可溶液剂/灭草松 480克/升/2014.04.27 至 2019.04.27/低毒

春大豆田 一年生阔叶杂草 1080-1440克/公顷 茎叶喷雾

移栽水稻田 一年生阔叶杂草、一年生莎草 1080-1440克/公顷 茎叶喷雾

PD20095275 高效氟吡甲禾灵/108克/升/乳油/高效氟吡甲禾灵 108克/升/2014.04.27 至 2019.04.27/低毒

花生田 一年生禾本科杂草 32.4-56.7克/公顷 茎叶喷雾

PD20095508 烯草酮/120克/升/乳油/烯草酮 120克/升/2014.05.11 至 2019.05.11/低毒

大豆田 一年生禾本科杂草 63-72克/公顷 茎叶喷雾

PD20095749 松·喹·氟磺胺/18%/乳油/氟磺胺草醚 5.5%、精喹禾灵 1.5%、异噁草松 11%/2014.05.18 至 2019.05.18/低毒

春大豆田 一年生杂草 486-540克/公顷 喷雾

PD20095792 莠去津/500克/升/悬浮剂/莠去津 500克/升/2014.05.27 至 2019.05.27/低毒

夏玉米田 一年生杂草 1125-1500克/公顷 土壤喷雾

PD20095795 乙草胺/50%/乳油/乙草胺 50%/2014.05.27 至 2019.05.27/低毒

花生田 一年生杂草 900-1350克/公顷 土壤喷雾

PD20095869 丁草胺/600克/升/水乳剂/丁草胺 600克/升/2014.05.27 至 2019.05.27/低毒

移栽水稻田 一年生杂草 900-1350克/公顷 毒土法

PD20095897 乙草胺/81.5%/乳油/乙草胺 81.5%/2014.05.31 至 2019.05.31/低毒

春大豆田、春玉米田 一年生杂草 1620-1890克/公顷 土壤喷雾

花生田 一年生杂草 1080-1350克/公顷 土壤喷雾

PD20095978 扑草净/50%/可湿性粉剂/扑草净 50%/2014.06.04 至 2019.06.04/低毒

移栽水稻田 一年生阔叶杂草 150-300克/公顷 毒土法

PD20098451 高效氯氟氰菊酯/25克/升/乳油/高效氯氟氰菊酯 25克/升/2014.12.24 至 2019.12.24/中等毒

十字花科蔬菜 菜青虫 7.5-11.25克/公顷 喷雾

PD20100898 丙草胺/50%/乳油/丙草胺 50%/2015.01.19 至 2020.01.19/低毒

移栽水稻田 一年生杂草 450-525克/公顷 毒土法

PD20101130 噁酮·乙草胺/54%/乳油/噁草酮 9%、乙草胺 45%/2015.01.25 至 2020.01.25/低毒

花生田 一年生杂草 567-729克/公顷 播后苗前土壤喷雾

PD20101134 乙氧氟草醚/240克/升/乳油/乙氧氟草醚 240克/升/2015.01.25 至 2020.01.25/低毒

大蒜田 一年生杂草 144-180克/公顷 土壤喷雾

PD20101135 氟胺·烯禾啶/20.8%/乳油/氟磺胺草醚 12.5%、烯禾啶 8.3%/2015.01.25 至 2020.01.25/低毒

春大豆田 一年生杂草 405.6-468克/公顷 茎叶喷雾

PD20111131 乙羧氟草醚/10%/乳油/乙羧氟草醚 10%/2011.11.03 至 2016.11.03/低毒

春大豆田 一年生阔叶杂草 75-90克/公顷 茎叶喷雾

PD20111189 草甘膦铵盐/80%/可溶粒剂/草甘膦铵盐 80%/2011.11.16 至 2016.11.16/低毒

非耕地 一年生杂草 1125-3000克/公顷 茎叶喷雾

注:草甘膦铵盐含量：88%。

PD20120735 高效氯氟氰菊酯/2.5%/水乳剂/高效氯氟氰菊酯 2.5%/2012.05.03 至 2017.05.03/中等毒

甘蓝 菜青虫 11.25-16.875克/公顷 喷雾

PD20121219 苯磺隆/10%/可湿性粉剂/苯磺隆 10%/2012.08.10 至 2017.08.10/低毒

冬小麦田 一年生阔叶杂草 15-20.25克/公顷 茎叶喷雾

PD20121636 乙·噁·滴丁酯/70%/乳油/2,4-滴丁酯 14%、乙草胺 40%、异噁草松 16%/2012.10.30 至 2017.10.30/低毒

春大豆田 一年生杂草 1785-2415克/公顷 播后苗前土壤喷雾

PD20121691 莠去津/80%/可湿性粉剂/莠去津 80%/2012.11.05 至 2017.11.05/低毒

夏玉米田 一年生杂草 1200-1440克/公顷 播后苗前土壤喷雾

PD20121905 莠去津/90%/水分散粒剂/莠去津 90%/2012.12.07 至 2017.12.07/低毒

玉米田 一年生杂草 1215-1485克/公顷（夏玉米田）；1485-1755克/公顷（春玉米田） 播后苗前土壤喷雾

PD20121924 乙·莠·滴丁酯/63%/悬乳剂/2,4-滴丁酯 9%、乙草胺 27%、莠去津 27%/2012.12.07 至 2017.12.07/低毒
春玉米田 一年生杂草 1890-2362.5克/公顷 土壤喷雾
PD20121966 烟嘧·莠去津/52%/可湿性粉剂/烟嘧磺隆 4%、莠去津 48%/2012.12.12 至 2017.12.12/低毒
玉米田 一年生杂草 585-780克/公顷 茎叶喷雾
PD20122034 甲·灭·敌草隆/55%/可湿性粉剂/敌草隆 15%、2甲4氯 10%、莠灭净 30%/2012.12.19 至 2017.12.19/低毒
甘蔗田 一年生杂草 1237.5-1732.5克/公顷 定向茎叶喷雾
PD20131138 氟吡·草除灵/20%/乳油/草除灵 17%、高效氟吡甲禾灵 3%/2013.05.20 至 2018.05.20/低毒
冬油菜田 一年生杂草 210-300克/公顷 茎叶喷雾
PD20131413 戊·氧·乙草胺/51.5%/乳油/二甲戊灵 17.5%、乙草胺 30%、乙氧氟草醚 4%/2013.07.02 至 2018.07.02/低毒
大蒜田 一年生杂草 695.25-1158.75克/公顷 土壤喷雾
PD20131502 吡虫啉/600克/升/悬浮种衣剂/吡虫啉 600克/升/2013.07.05 至 2018.07.05/低毒
棉花 蚜虫 350-500克/100千克种子 种子包衣
PD20131687 戊唑醇/60克/升/悬浮种衣剂/戊唑醇 60克/升/2013.08.07 至 2018.08.07/低毒
玉米 丝黑穗病 6-12克/100千克种子 种子包衣
PD20131966 甲·乙·莠/40%/悬乳剂/甲草胺 6%、乙草胺 9%、莠去津 25%/2013.10.10 至 2018.10.10/低毒
夏玉米田 一年生杂草 840-1320克/公顷 土壤喷雾
PD20132309 毒死蜱/30%/种子处理微囊悬浮剂/毒死蜱 30%/2013.11.08 至 2018.11.08/低毒
花生 蛴螬 600-900克/100千克种子 拌种
PD20140121 吡嘧·二氯喹/54%/水分散粒剂/吡嘧磺隆 4%、二氯喹啉酸 50%/2014.01.20 至 2019.01.20/低毒
水稻移栽田 一年生杂草 324-468克/公顷 茎叶喷雾
PD20140293 烟嘧·莠去津/20%/可分散油悬浮剂/烟嘧磺隆 3%、莠去津 17%/2014.02.12 至 2019.02.12/低毒
玉米田 一年生杂草 300-450克/公顷 茎叶喷雾
PD20140535 硝磺·莠去津/25%/可分散油悬浮剂/莠去津 20%、硝磺草酮 5%/2014.03.06 至 2019.03.06/低毒
玉米田 一年生杂草 469-563克/公顷 茎叶喷雾
PD20142313 双氟磺草胺/50克/升/悬浮剂/双氟磺草胺 50克/升/2014.11.03 至 2019.11.03/低毒
冬小麦田 一年生阔叶杂草 3.75-4.5克/公顷 茎叶喷雾
PD20142362 吡嘧·丙草胺/17%/泡腾片剂/吡嘧磺隆 2%、丙草胺 15%/2014.11.04 至 2019.11.04/低毒
水稻移栽田 一年生杂草 330-660 克/公顷 撒施
PD20151240 硝磺草酮/15%/悬浮剂/硝磺草酮 15%/2015.07.30 至 2020.07.30/低毒
玉米田 一年生杂草 112.5-146.25克/公顷 茎叶喷雾
PD20152192 草铵膦/200克/升/水剂/草铵膦 200克/升/2015.09.23 至 2020.09.23/低毒
非耕地 杂草 1050-1800克/公顷 茎叶喷雾
LS20130111 吡嘧·丙草胺/16.5%/泡腾片剂/吡嘧磺隆 1.5%、丙草胺 15%/2015.03.11 至 2016.03.11/低毒
水稻移栽田 一年生杂草 495-660克/公顷 撒施
LS20150159 硝磺·异丙·莠/45%/可分散油悬浮剂/异丙草胺 15%、莠去津 25%、硝磺草酮 5%/2015.06.10 至 2016.06.10/低毒
玉米田 一年生杂草 1012.5-1215克/公顷 茎叶喷雾

山东省济南历下快克消杀药剂厂 (山东省济南市历下区灯泡厂南路3号 250014 0531-88956084)

WP20080452 杀虫气雾剂/0.34%/气雾剂/胺菊酯 0.3%、高效氯氰菊酯 0.04%/2013.12.16 至 2018.12.16/低毒
卫生 蚊、蝇 / 喷雾
WP20080524 蚊香/0.3%/蚊香/富右旋反式烯丙菊酯 0.3%/2013.12.23 至 2018.12.23/低毒
卫生 蚊 / 点燃

山东省济南绿邦化工有限公司 (山东省济南市章丘市水寨镇水南村 250101 0531-58773908)

PD20084275 丙环唑/250克/升/乳油/丙环唑 250克/升/2013.12.17 至 2018.12.17/低毒
香蕉 叶斑病 250-500毫克/千克 喷雾
PD20090329 氟乐灵/96%/原药/氟乐灵 96%/2014.01.12 至 2019.01.12/低毒
PD20091007 异丙草·莠/41%/悬浮剂/异丙草胺 18%、莠去津 23%/2014.01.21 至 2019.01.21/低毒
夏玉米田 一年生杂草 1230－1537.5克/公顷 土壤喷雾
PD20091214 二甲戊灵/33%/乳油/二甲戊灵 33%/2014.02.01 至 2019.02.01/低毒
大蒜田 一年生杂草 693-891克/公顷 土壤喷雾
PD20091254 氟乐灵/480克//乳油/氟乐灵 480克/升/2014.02.01 至 2019.02.01/低毒
棉花田 一年生禾本科杂草及阔叶杂草 720－900克/公顷 播后苗前土壤喷雾
PD20091428 精喹禾灵/5%/乳油/精喹禾灵 5%/2014.02.02 至 2019.02.02/低毒
夏大豆田 一年生禾本科杂草 37.5-60克/公顷 喷雾
PD20091745 高效氟吡甲禾灵/108克/升/乳油/高效氟吡甲禾灵 108克/升/2014.02.04 至 2019.02.04/低毒
大豆田 一年生禾本科杂草 45-52.5克/公顷 茎叶喷雾
PD20091781 精喹禾灵/8.8%/乳油/精喹禾灵 8.8%/2014.02.04 至 2019.02.04/低毒
夏大豆田 一年生禾本科杂草 39.6-52.8克/公顷 茎叶喷雾
PD20091995 咪唑乙烟酸/5%/水剂/咪唑乙烟酸 5%/2014.02.12 至 2019.02.12/低毒
春大豆田 一年生杂草 75-100.5克/公顷 喷雾
PD20092429 双甲脒/200克/升/乳油/双甲脒 200克/升/2014.02.25 至 2019.02.25/低毒
柑橘树 红蜘蛛 100-200毫克/千克 喷雾
PD20092856 苯磺隆/10%/可湿性粉剂/苯磺隆 10%/2014.03.05 至 2019.03.05/低毒
冬小麦田 一年生阔叶杂草 11.25-15克/公顷 茎叶喷雾

PD20092986 甲·乙·莠/43%/悬乳剂/甲草胺 14%、乙草胺 9%、莠去津 20%/2014.03.09 至 2019.03.09/低毒
夏玉米田 一年生杂草 1032-1419克/公顷 土壤喷雾

PD20093290 草甘膦/30%/水剂/草甘膦 30%/2014.03.11 至 2019.03.11/低毒
柑橘园 一年生和多年生杂草 1125-2250克/公顷 定向茎叶喷雾

PD20093394 甲霜·福美锌/58%/可湿性粉剂/福美锌 50%、甲霜灵 8%/2014.03.19 至 2019.03.19/低毒
黄瓜 霜霉病 1087.5-1632克/公顷 喷雾

PD20094010 乙草胺/81.5%/乳油/乙草胺 81.5%/2014.03.27 至 2019.03.27/低毒
夏玉米田 一年生禾本科杂草及部分阔叶杂草 1080-1350克/公顷 播后苗前土壤喷雾

PD20094070 乙铝·锰锌/50%/可湿性粉剂/代森锰锌 22%、三乙膦酸铝 28%/2014.03.27 至 2019.03.27/低毒
黄瓜 霜霉病 1400-2800克/公顷 喷雾

PD20094906 乙·扑/52%/乳油/扑草净 13%、乙草胺 39%/2014.04.13 至 2019.04.13/低毒
花生田 一年生杂草 1170-1560克/公顷 土壤喷雾

PD20095434 异丙草·莠/40%/悬乳剂/异丙草胺 16%、莠去津 24%/2014.05.11 至 2019.05.11/低毒
春玉米田 一年生杂草 1800-2400克/公顷 土壤喷雾
夏玉米田 一年生杂草 1050-1500克/公顷 土壤喷雾

PD20095797 氟磺胺草醚/250克/升/水剂/氟磺胺草醚 250克/升/2014.05.27 至 2019.05.27/低毒
春大豆田 一年生阔叶杂草 243.75-356.25克/公顷 茎叶喷雾

PD20095828 啶虫脒/20%/可溶粉剂/啶虫脒 20%/2014.05.27 至 2019.05.27/低毒
黄瓜 蚜虫 24-36克/公顷 喷雾

PD20096503 烟嘧磺隆/40克/升/可分散油悬浮剂/烟嘧磺隆 40克/升/2014.08.17 至 2019.08.17/低毒
玉米田 一年生杂草 42-60克/公顷 茎叶喷雾

PD20096539 2,4-滴丁酯/总酯72%/乳油/2,4-滴丁酯 57%/2014.08.20 至 2019.08.20/低毒
小麦田 一年生阔叶杂草 40-50毫升制剂/亩 茎叶喷雾

PD20096610 乙草胺/50%/乳油/乙草胺 50%/2014.09.02 至 2019.09.02/低毒
大豆田 一年生禾本科杂草 200-250毫升制剂/亩(东北地区)120-150毫升制剂/亩(其它地区) 播后苗前土壤喷雾

PD20096870 高效氯氟氰菊酯/25克/升/乳油/高效氯氟氰菊酯 25克/升/2014.09.23 至 2019.09.23/中等毒
甘蓝 菜青虫 20-30毫升制剂/亩 喷雾

PD20097239 丙草胺/30%/乳油/丙草胺 30%/2014.10.19 至 2019.10.19/低毒
水稻抛秧田 一年生杂草 450-495克/公顷 土壤喷雾

PD20097308 异丙甲草胺/720克/升/乳油/异丙甲草胺 720克/升/2014.10.27 至 2019.10.27/低毒
玉米田 一年生杂草 东北：1296-1620克/公顷；华北：972-1296克/公顷 土壤喷雾

PD20097309 丁草胺/600克/升/水乳剂/丁草胺 600克/升/2014.10.27 至 2019.10.27/低毒
水稻抛秧田 一年生杂草 900-1350克/公顷 毒土法

PD20097314 噁草酮/250克/升/乳油/噁草酮 250克/升/2014.10.27 至 2019.10.27/低毒
花生田 一年生杂草 375-525克/公顷 播后苗前土壤喷雾

PD20097661 仲丁灵/48%/乳油/仲丁灵 48%/2014.11.04 至 2019.11.04/低毒
西瓜 一年生禾本科杂草及部分阔叶杂草 1080-1440克/公顷 土壤喷雾

PD20098024 三唑锡/25%/可湿性粉剂/三唑锡 25%/2014.12.07 至 2019.12.07/低毒
柑橘树 红蜘蛛 1500-2000倍 喷雾

PD20098349 噻嗪·异丙威/25%/可湿性粉剂/噻嗪酮 5%、异丙威 20%/2014.12.18 至 2019.12.18/低毒
水稻 稻飞虱 450-525克/公顷 喷雾

PD20098412 丁·莠/48%/悬浮剂/丁草胺 23%、莠去津 25%/2014.12.24 至 2019.12.24/低毒
玉米田 一年生杂草 1080-1440克/公顷(其它地区)1800-2160克/公顷(东北地区) 播后苗前土壤喷雾

PD20098476 杀螺胺/70%/可湿性粉剂/杀螺胺 70%/2014.12.24 至 2019.12.24/低毒
水稻 福寿螺 315-420克/公顷 毒土法

PD20100277 乙草胺/40%/水乳剂/乙草胺 40%/2015.01.11 至 2020.01.11/低毒
花生田 一年生杂草 600-840克/公顷 土壤喷雾

PD20100399 乙氧氟草醚/240克/升/乳油/乙氧氟草醚 240克/升/2015.01.14 至 2020.01.14/低毒
大蒜田 一年生杂草 144-180克/公顷 土壤喷雾

PD20100710 辛硫·氟氯氰/25%/乳油/氟氯氰菊酯 1%、辛硫磷 24%/2015.01.16 至 2020.01.16/中等毒
十字花科蔬菜 菜青虫 93.75-131.25克/公顷 喷雾

PD20100954 精喹·氟磺胺/15%/乳油/氟磺胺草醚 12%、精喹禾灵 3%/2015.01.19 至 2020.01.19/低毒
春大豆田 一年生杂草 2250-2700克制剂/公顷 茎叶喷雾
花生田、夏大豆田 一年生杂草 1650-2100克制剂/公顷 茎叶喷雾

PD20100975 莠去津/50%/悬浮剂/莠去津 50%/2015.01.19 至 2020.01.19/低毒
玉米田 一年生杂草 1125-2250克/公顷 播后苗前土壤喷雾

PD20101434 乙草胺/89%/乳油/乙草胺 89%/2015.05.04 至 2020.05.04/低毒
玉米田 一年生杂草 夏玉米：1039.5-1336.5克/公顷；春玉米：1485-1931克/公顷 土壤喷雾

PD20101650 苯磺隆/75%/水分散粒剂/苯磺隆 75%/2015.06.03 至 2020.06.03/低毒

冬小麦田 一年生阔叶杂草 13.5-22.5克/公顷 茎叶喷雾

PD20101685 精噁唑禾草灵/10%/乳油/精噁唑禾草灵 10%/2015.06.08 至 2020.06.08/低毒
大豆田 一年生禾本科杂草 48.3-60.4克/公顷 茎叶喷雾

PD20101787 草甘膦铵盐(72%)////可溶粉剂/草甘膦 65%/2015.07.13 至 2020.07.13/低毒
非耕地 一年生及部分多年生杂草 1418.4-2836.8克/公顷 茎叶喷雾

PD20110001 2甲4氯钠/56%/可溶粉剂/2甲4氯钠 56%/2016.01.04 至 2021.01.04/低毒
小麦田 一年生阔叶杂草 1008-1260克/公顷 茎叶喷雾

PD20111280 丙溴・矿物油/44%/乳油/丙溴磷 11%、矿物油 33%/2011.11.23 至 2016.11.23/中等毒
棉花 棉铃虫 528-660克/公顷 喷雾

PD20120346 莠去津/38%/悬浮剂/莠去津 38%/2012.02.23 至 2017.02.23/低毒
春玉米田 一年生杂草 1710-2280克/公顷 播后苗前土壤喷雾

PD20130010 滴丁・烟嘧/30%/可分散油悬浮剂/2,4-滴丁酯 27.5%、烟嘧磺隆 2.5%/2013.01.04 至 2018.01.04/低毒
春玉米田 一年生杂草 540-675克/公顷 茎叶喷雾

PD20130418 高氯・仲丁威/20%/乳油/高效氯氰菊酯 2.5%、仲丁威 17.5%/2013.03.18 至 2018.03.18/中等毒
甘蓝 菜青虫 120-150克/公顷 喷雾

PD20130656 毒死蜱/36%/微囊悬浮剂/毒死蜱 36%/2013.04.08 至 2018.04.08/低毒
花生 蛴螬 1890-2214克/公顷 喷雾于播种穴

PD20130952 烟嘧・乙・莠/42%/可分散油悬浮剂/烟嘧磺隆 2%、乙草胺 21%、莠去津 19%/2013.05.02 至 2018.05.02/低毒
玉米田 一年生杂草 1039.5-1260克/公顷 茎叶喷雾

PD20131211 阿维・甲氰/5.6%/乳油/阿维菌素 0.5%、甲氰菊酯 5.1%/2013.05.28 至 2018.05.28/低毒(原药高毒)
苹果树 红蜘蛛 16-25毫克/千克 喷雾

PD20131221 烟・莠・异丙甲/56%/可湿性粉剂/烟嘧磺隆 2%、异丙甲草胺 22%、莠去津 32%/2013.05.28 至 2018.05.28/低毒
玉米田 一年生杂草 1008-1344克/公顷 茎叶喷雾

PD20131222 乙・莠・滴丁酯/45%/悬乳剂/2,4-滴丁酯 7%、乙草胺 19%、莠去津 19%/2013.05.28 至 2018.05.28/低毒
春玉米田 一年生杂草 2700-3375/公顷(东北地区) 播后苗前土壤喷雾

PD20131769 戊・氧・乙草胺/45%/乳油/二甲戊灵 13%、乙草胺 27%、乙氧氟草醚 5%/2013.09.06 至 2018.09.06/低毒
大蒜 一年生杂草 540-675克/公顷 土壤喷雾

PD20140307 烟嘧・莠去津/64%/可湿性粉剂/烟嘧磺隆 4%、莠去津 60%/2014.02.12 至 2019.02.12/低毒
玉米田 一年生杂草 480-672克/公顷 茎叶喷雾

PD20140475 硝磺・烟・莠/24%/可分散油悬浮剂/烟嘧磺隆 2%、莠去津 18%、硝磺草酮 4%/2014.02.25 至 2019.02.25/低毒
玉米田 一年生杂草 594-720克/公顷 茎叶喷雾

PD20140871 甲维・丁醚脲/26.7%/乳油/丁醚脲 26%、甲氨基阿维菌素苯甲酸盐 0.7%/2014.04.08 至 2019.04.08/低毒
甘蓝 甜菜夜蛾 48-64克/公顷 喷雾

PD20141174 高氯・甲维盐/4.2%/水乳剂/高效氯氰菊酯 4%、甲氨基阿维菌素苯甲酸盐 0.2%/2014.04.28 至 2019.04.28/低毒
甘蓝 甜菜夜蛾 37.8-44.1克/公顷 喷雾

PD20141371 敌草快/20%/水剂/敌草快 20%/2014.06.04 至 2019.06.04/低毒
非耕地 杂草 900-1050克/公顷 茎叶喷雾

PD20141789 草甘膦异丙胺盐/35%/水剂/草甘膦 35%、草甘膦异丙胺盐 47%/2014.07.14 至 2019.07.14/低毒
非耕地 杂草 1128-2256克/公顷 茎叶喷雾
注:草甘膦异丙胺盐含量:47%。

PD20142250 扑・乙・滴丁酯/68%/乳油/2,4-滴丁酯 18%、扑草净 10%、乙草胺 40%/2014.09.28 至 2019.09.28/低毒
春玉米田 一年生杂草 2040-2346克/公顷 土壤喷雾

PD20150127 苄嘧・苯磺隆/38%/可湿性粉剂/苯磺隆 13%、苄嘧磺隆 25%/2015.01.07 至 2020.01.07/低毒
冬小麦田 一年生阔叶杂草 42.75-57克/公顷 茎叶喷雾

PD20150144 吡虫啉/600克/升/悬浮种衣剂/吡虫啉 600克/升/2015.01.14 至 2020.01.14/低毒
花生 蛴螬 240-360克/100千克种子 种子包衣
小麦 蚜虫 360-420克/100千克种子 种子包衣

PD20151387 硝磺草酮/20%/悬浮剂/硝磺草酮 20%/2015.07.30 至 2020.07.30/低毒
玉米田 一年生阔叶杂草 126-150克/公顷 茎叶喷雾

山东省济南赛普实业有限公司 (济南市高新区新宇路西侧三庆世纪财富中心A3座4层 250101 0531-86510701)

PD20097061 联苯菊酯/100克/升/乳油/联苯菊酯 100克/升/2014.10.10 至 2019.10.10/低毒
茶树 茶尺蠖 10-15毫升制剂/亩 喷雾

PD20097109 异丙威/20%/乳油/异丙威 20%/2014.10.12 至 2019.10.12/低毒
水稻 飞虱 450-600克/公顷 喷雾

PD20097265 虫酰肼/20%/悬浮剂/虫酰肼 20%/2014.10.26 至 2019.10.26/低毒
甘蓝 甜菜夜蛾 210-300克/公顷 喷雾

PD20097306 联苯菊酯/25克/升/乳油/联苯菊酯 25克/升/2014.10.26 至 2019.10.26/低毒
茶树 茶小绿叶蝉 80-100克制剂/亩 喷雾

PD20097639 仲丁威/20%/乳油/仲丁威 20%/2014.11.04 至 2019.11.04/低毒
水稻 飞虱 430-562.5克/公顷 喷雾

PD20097712 代森锌/80%/可湿性粉剂/代森锌 80%/2014.11.04 至 2019.11.04/低毒
马铃薯 早疫病 960-1200克/公顷 喷雾

PD20097715 多菌灵/50%/可湿性粉剂/多菌灵 50%/2014.11.04 至 2019.11.04/低毒

水稻 纹枯病 750—900克/公顷 喷雾

PD20097716 甲基硫菌灵/70%/可湿性粉剂/甲基硫菌灵 70%/2014.11.04 至 2019.11.04/低毒

苹果 轮纹病 600—800毫克/千克 喷雾

PD20097794 溴氰菊酯/25克/升/乳油/溴氰菊酯 25克/升/2014.11.20 至 2019.11.20/中等毒

大白菜 菜青虫 13.125-18.75克/公顷 喷雾

PD20097978 高氯·辛硫磷/25%/乳油/高效氯氰菊酯 2.5%、辛硫磷 22.5%/2014.12.01 至 2019.12.01/中等毒

棉花 棉铃虫 93.75-187.5克/公顷 喷雾

PD20098293 三唑锡/25%/可湿性粉剂/三唑锡 25%/2014.12.18 至 2019.12.18/低毒

柑橘树 红蜘蛛 125-166毫/千克 喷雾

PD20098478 高效氯氟氰菊酯/25克/升/乳油/高效氯氟氰菊酯 25克/升/2014.12.24 至 2019.12.24/中等毒

梨树 梨小食心虫 6.25-8.3毫克/千克 喷雾

PD20100433 二甲戊灵/330克/升/乳油/二甲戊灵 330克/升/2015.01.14 至 2020.01.14/低毒

玉米田 一年生杂草 750-1500克/公顷 土壤喷雾

PD20100539 氟硅唑/400克/升/乳油/氟硅唑 400克/升/2015.01.14 至 2020.01.14/低毒

梨树 黑星病 40—50毫克/千克 喷雾

PD20100625 阿维·甲氰/1.8%/乳油/阿维菌素 0.1%、甲氰菊酯 1.7%/2015.01.14 至 2020.01.14/低毒(原药高毒)

苹果树 红蜘蛛 12-18毫克/千克 喷雾

PD20100791 多·福/50%/可湿性粉剂/多菌灵 10%、福美双 40%/2015.01.19 至 2020.01.19/低毒

梨树 黑星病 1000-1500毫克/千克 喷雾

PD20101032 多·福锌/58%/可湿性粉剂/多菌灵 8%、福美锌 50%/2015.01.20 至 2020.01.20/低毒

苹果树 炭疽病 600-900倍液 喷雾

PD20101033 多·锰锌/60%/可湿性粉剂/多菌灵 20%、代森锰锌 40%/2015.01.20 至 2020.01.20/低毒

苹果 斑点落叶病 1000-1250毫克/千克 喷雾

PD20101039 高效氟吡甲禾灵/108克/升/乳油/高效氟吡甲禾灵 108克/升/2015.01.21 至 2020.01.21/低毒

大豆田 一年生禾本科杂草 450-675毫升制剂/公顷 茎叶喷雾

PD20101591 代森锰锌/80%/可湿性粉剂/代森锰锌 80%/2015.06.03 至 2020.06.03/低毒

马铃薯 晚疫病 1890—2100克公顷 喷雾

PD20101609 氟乐灵/480克/升/乳油/氟乐灵 480克/升/2015.06.03 至 2020.06.03/低毒

棉花田 一年生禾本科杂草及部分阔叶杂草 720-1080克/公顷 土壤喷雾

PD20101657 福美双/50%/可湿性粉剂/福美双 50%/2015.06.03 至 2020.06.03/低毒

水稻 稻瘟病 250-300克/100千克种子 拌种

PD20101663 草甘膦异丙胺盐(41%)///水剂/草甘膦 30%/2015.06.03 至 2020.06.03/低毒

苹果园 多年生杂草、一年生杂草 1125-2250克/公顷 茎叶喷雾

PD20101664 福美双/70%/可湿性粉剂/福美双 70%/2015.06.03 至 2020.06.03/低毒

黄瓜 霜霉病 656.25-1125克/公顷 喷雾

PD20101795 啶虫脒/5%/可湿性粉剂/啶虫脒 5%/2015.07.13 至 2020.07.13/低毒

柑橘树 蚜虫 7.5-10毫克/千克 喷雾

PD20101801 乙草胺/81.5%/乳油/乙草胺 81.5%/2015.07.13 至 2020.07.13/低毒

大豆田 一年生杂草 春大豆 1620-1890克/公顷；夏大豆 810-1350克/公顷 播后苗前土壤喷雾

PD20101944 高氯·矿物油/35%/乳油/高效氯氰菊酯 2.5%、矿物油 32.5%/2015.09.20 至 2020.09.20/中等毒

黄瓜 蚜虫 210-262.5克/公顷 喷雾

PD20101959 福·福锌/72%/可湿性粉剂/福美双 27%、福美锌 45%/2015.09.20 至 2020.09.20/低毒

黄瓜 炭疽病 1440-1820克/公顷 喷雾

PD20102014 阿维菌素/1.8%/可湿性粉剂/阿维菌素 1.8%/2015.09.25 至 2020.09.25/低毒(原药高毒)

十字花科蔬菜 小菜蛾 8.1-10.8克/公顷 喷雾

PD20102104 氯氰·矿物油/33%/乳油/矿物油 30%、氯氰菊酯 3%/2015.11.30 至 2020.11.30/中等毒

黄瓜 蚜虫 198-297克/公顷 喷雾

PD20131883 精喹禾灵/10%/乳油/精喹禾灵 10%/2013.09.25 至 2018.09.25/低毒

夏大豆田 一年生禾本科杂草 37.5-52.5克/公顷 茎叶喷雾

PD20131915 吡虫啉/5%/乳油/吡虫啉 5%/2013.09.25 至 2018.09.25/低毒

水稻 稻飞虱 15-30克/公顷 喷雾

山东省济南仕邦农化有限公司 (山东省济南市章丘绣惠桃花山工业园 250100 0531-88611000-605)

PD20080822 精喹禾灵/10%/乳油/精喹禾灵 10%/2013.06.20 至 2018.06.20/低毒

夏大豆田 一年生禾本科杂草 48.6-64.8克/公顷 茎叶喷雾

PD20082068 甲戊·乙草胺/33%/乳油/二甲戊灵 13%、乙草胺 20%/2013.11.25 至 2018.11.25/低毒

大蒜田 一年生杂草 742.5-1237.5克/公顷 播后苗前土壤喷雾

PD20082632 阿维菌素/2%/乳油/阿维菌素 2%/2013.12.04 至 2018.12.04/低毒(原药高毒)

十字花科蔬菜 小菜蛾 8.1-10.8克/公顷 喷雾

PD20084681 马拉硫磷/70%/乳油/马拉硫磷 70%/2013.12.22 至 2018.12.22/低毒

仓储原粮 仓储害虫 20-30毫克/千克 喷雾

PD20085022 噻嗪·异丙威/25%/可湿性粉剂/噻嗪酮 5%、异丙威 20%/2013.12.22 至 2018.12.22/中等毒

水稻 稻飞虱 375-562.5克/公顷 喷雾

PD20085179 联苯菊酯/25克/升/乳油/联苯菊酯 25克/升/2013.12.23 至 2018.12.23/中等毒
茶树 茶毛虫 7.5-15克/公顷 喷雾
PD20085191 氟啶脲/50克/升/乳油/氟啶脲 50克/升/2013.12.23 至 2018.12.23/低毒
韭菜 韭蛆 150-225克/公顷 药土法
十字花科蔬菜 甜菜夜蛾 45-60克/公顷 喷雾
PD20090106 代森锰锌/80%/可湿性粉剂/代森锰锌 80%/2014.01.08 至 2019.01.08/低毒
苹果树 斑点落叶病 1000-1500毫克/千克 喷雾
PD20091392 二甲戊灵/330克/升/乳油/二甲戊灵 330克/升/2014.02.02 至 2019.02.02/低毒
甘蓝田 一年生杂草 618.75-742.5克/公顷 土壤喷雾
PD20091720 乙氧氟草醚/240克/升/乳油/乙氧氟草醚 240克/升/2014.02.04 至 2019.02.04/低毒
大蒜田 一年生杂草 144-180克/公顷 播后苗前土壤喷雾
水稻移栽田 一年生杂草 54-72克/公顷 药土法
PD20091776 联苯菊酯/100克/升/乳油/联苯菊酯 100克/升/2014.02.04 至 2019.02.04/中等毒
茶树 茶小绿叶蝉 37.5-45克/公顷 喷雾
PD20092238 吡虫啉/200克/升/可溶液剂/吡虫啉 200克/升/2014.02.24 至 2019.02.24/低毒
棉花 蚜虫 30-45克/公顷 喷雾
PD20092452 丙环唑/250克/升/乳油/丙环唑 250克/升/2014.02.25 至 2019.02.25/低毒
香蕉 叶斑病 250-500毫克/千克 喷雾
小麦 白粉病、锈病 112.5-150克/公顷 喷雾
PD20093584 多菌灵/80%/可湿性粉剂/多菌灵 80%/2014.03.23 至 2019.03.23/低毒
苹果树 轮纹病 750-1000毫克/千克 喷雾
PD20093623 氯氰·丙溴磷/440克/升/乳油/丙溴磷 400克/升、氯氰菊酯 40克/升/2014.03.25 至 2019.03.25/中等毒
棉花 棉铃虫 528-660克/公顷 喷雾
PD20094251 氟磺胺草醚/250克/升/水剂/氟磺胺草醚 250克/升/2014.03.31 至 2019.03.31/低毒
夏大豆田 一年生阔叶杂草 187.5-225克/公顷 茎叶喷雾
PD20095619 苯磺隆/75%/水分散粒剂/苯磺隆 75%/2014.05.12 至 2019.05.12/低毒
小麦田 一年生阔叶杂草 10.05-19.5克/公顷 茎叶喷雾
PD20095826 氯氰·毒死蜱/522.5克/升/乳油/毒死蜱 475克/升、氯氰菊酯 47.5克/升/2014.05.27 至 2019.05.27/低毒
荔枝树 蒂蛀虫 313.5-470.25克/公顷 喷雾
PD20095836 精噁唑禾草灵/6.5%/水乳剂/精噁唑禾草灵 6.5%/2014.05.27 至 2019.05.27/低毒
冬小麦田 一年生禾本科杂草 41.4-51.75克/公顷 茎叶喷雾
PD20097350 氯氟吡氧乙酸异辛酯(288克/升)///乳油/氯氟吡氧乙酸 200克/升/2014.10.27 至 2019.10.27/低毒
水田畦畔 空心莲子草(水花生) 150-210克/公顷 茎叶喷雾
PD20097806 抑霉唑/22.2%/乳油/抑霉唑 22.2%/2014.11.20 至 2019.11.20/低毒
柑橘 绿霉病、青霉病 250-500毫克/千克 浸果
PD20097971 烟嘧磺隆/40克/升/可分散油悬浮剂/烟嘧磺隆 40克/升/2014.12.01 至 2019.12.01/低毒
玉米田 一年生杂草 42-60克/公顷 茎叶喷雾
PD20098422 顺式氯氰菊酯/100克/升/乳油/顺式氯氰菊酯 100克/升/2014.12.24 至 2019.12.24/中等毒
甘蓝 菜青虫 7.5-15克/公顷 喷雾
PD20100279 敌畏·毒死蜱/35%/乳油/敌敌畏 25%、毒死蜱 10%/2015.01.11 至 2020.01.11/低毒
水稻 稻飞虱、稻纵卷叶螟 420-525克/公顷 喷雾
PD20100764 霜霉威盐酸盐/66.5%/水剂/霜霉威盐酸盐 66.5%/2015.01.18 至 2020.01.18/低毒
花椰菜 霜霉病 866-1083克/公顷 喷雾
甜椒 疫病 758-1159克/公顷 喷雾
PD20100833 甲氨基阿维菌素苯甲酸盐/5%/乳油/甲氨基阿维菌素 5%/2015.01.19 至 2020.01.19/低毒
甘蓝 小菜蛾 1.5-3克/公顷 喷雾
水稻 稻纵卷叶螟 75-11.25克/公顷 喷雾
注:甲氨基阿维菌素苯甲酸盐含量：5.7%。
PD20102179 苯甲·丙环唑/300克/升/乳油/苯醚甲环唑 150克/升、丙环唑 150克/升/2015.12.15 至 2020.12.15/低毒
水稻 稻曲病、稻瘟病 90-112.5克/公顷 喷雾
水稻 纹枯病 67.5-90克/公顷 喷雾
PD20110382 毒死蜱/30%/微囊悬浮剂/毒死蜱 30%/2016.04.12 至 2021.04.12/微毒
花生 蛴螬 1) 1575-2250克/公顷；2) 750-900克/100千克种子 1) 灌根；2) 拌种
PD20110568 阿维菌素/0.5%/颗粒剂/阿维菌素 0.5%/2016.05.27 至 2021.05.27/低毒(原药高毒)
黄瓜 根结线虫 225-262.5克/公顷 沟施
PD20110817 乳氟禾草灵/240克/升/乳油/乳氟禾草灵 240克/升/2011.08.04 至 2016.08.04/低毒
花生田 一年生阔叶杂草 81-108克/公顷 茎叶喷雾
PD20110962 烯酰吗啉/50%/可湿性粉剂/烯酰吗啉 50%/2011.09.08 至 2016.09.08/低毒
黄瓜 霜霉病 225-300克/公顷 喷雾
苦瓜 霜霉病 300-450克/公顷 喷雾
PD20120213 甲氨基阿维菌素苯甲酸盐/2%/微乳剂/甲氨基阿维菌素 2%/2012.02.08 至 2017.02.08/低毒
甘蓝 甜菜夜蛾 1.5-2.5克/公顷 喷雾

注:甲氨基阿维菌素苯甲酸盐含量：2.2%。

PD20120359 阿维·哒螨灵/10%/乳油/阿维菌素 0.3%、哒螨灵 9.7%/2012.02.23 至 2017.02.23/中等毒(原药高毒)

苹果树 红蜘蛛 50-66.7毫克/千克 喷雾

PD20120434 阿维·啶虫脒/4%/乳油/阿维菌素 1%、啶虫脒 3%/2012.03.14 至 2017.03.14/低毒(原药高毒)

棉花 红蜘蛛、盲蝽蟓 8-12克/公顷 喷雾

苹果树 蚜虫 8-13.3毫克/千克 喷雾

PD20120555 毒死蜱/40%/微乳剂/毒死蜱 40%/2012.03.28 至 2017.03.28/中等毒

苹果树 绵蚜 200-266.7毫克/千克 喷雾

PD20120918 啶虫脒/5%/微乳剂/啶虫脒 5%/2012.06.04 至 2017.06.04/低毒

棉花 蚜虫 15-22.5克/公顷 喷雾

PD20120936 氯氰·啶虫脒/26%/水分散粒剂/啶虫脒 23.5%、高效氯氟氰菊酯 2.5%/2012.06.04 至 2017.06.04/低毒

棉花 蓟马、蚜虫、烟粉虱 19.5-27.3克/公顷 喷雾

棉花 盲蝽蟓 23.4-31.2克/公顷 喷雾

PD20120978 辛硫磷/70%/乳油/辛硫磷 70%/2012.06.21 至 2017.06.21/低毒

大蒜 根蛆 3681-5889.6克/公顷 灌根

PD20121039 草甘膦铵盐/80%/可溶粒剂/草甘膦 80%/2012.07.04 至 2017.07.04/微毒

非耕地 杂草 1020-2700克/公顷 定向茎叶喷雾

注:草甘膦铵盐含量:88%。

PD20130673 莠去津/38%/悬浮剂/莠去津 38%/2013.04.09 至 2018.04.09/低毒

夏玉米田 一年生杂草 1140-1425克/公顷 土壤喷雾

PD20130761 枯草芽孢杆菌/1000亿活芽孢/克/可湿性粉剂/枯草芽孢杆菌 1000亿活芽孢/克/2013.04.16 至 2018.04.16/低毒

棉花 黄萎病 300-450克制剂/公顷 喷雾

PD20130950 噻唑膦/10%/颗粒剂/噻唑膦 10%/2013.05.02 至 2018.05.02/中等毒

黄瓜 根结线虫 2250-3000克/公顷 土壤撒施

PD20140075 炔螨特/73%/乳油/炔螨特 73%/2014.01.20 至 2019.01.20/低毒

苹果树 红蜘蛛 243-365毫克/千克 喷雾

PD20140654 高效氯氟氰菊酯/5%/微乳剂/高效氯氟氰菊酯 5%/2014.03.14 至 2019.03.14/中等毒

棉花 棉铃虫 15-22.5克/公顷 喷雾

PD20140749 噻虫嗪/25%/水分散粒剂/噻虫嗪 25%/2014.03.24 至 2019.03.24/低毒

番茄 白粉虱 26.25-56.25克/公顷 喷雾

芹菜 蚜虫 15-30克/公顷 喷雾

PD20142067 芸苔素内酯/0.0075%/水剂/芸苔素内酯 .0075%/2014.08.28 至 2019.08.28/微毒

小白菜 调节生长 0.05-0.075毫克/千克 喷雾

PD20142412 苯甲·吡虫啉/26%/悬浮种衣剂/苯醚甲环唑 1.5%、吡虫啉 24.5%/2014.11.13 至 2019.11.13/低毒

水稻 稻飞虱、纹枯病 208克/100千克种子 种子包衣

小麦 纹枯病、蚜虫 236.36-313.25克/100千克种子 种子包衣

PD20142430 吡蚜酮/25%/可湿性粉剂/吡蚜酮 25%/2014.11.14 至 2019.11.14/低毒

水稻 稻飞虱 75-90克/公顷 喷雾

PD20150381 吡虫·氟虫腈/20%/悬浮种衣剂/吡虫啉 15%、氟虫腈 5%/2015.03.17 至 2020.03.17/低毒

玉米 蓟马、金针虫、蛴螬、灰飞虱 200-400克/100千克种子 种子包衣

PD20150919 烟嘧·莠去津/20%/可分散油悬浮剂/烟嘧磺隆 3%、莠去津 17%/2015.06.09 至 2020.06.09/低毒

夏玉米田 一年生杂草 300-450克/公顷 茎叶喷雾

PD20150920 萎锈·吡虫啉/30%/悬浮种衣剂/吡虫啉 25%、萎锈灵 5%/2015.06.09 至 2020.06.09/低毒

花生 白绢病、根腐病、蛴螬 225-300克/100千克种子 种子包衣

PD20151547 吡唑醚菌酯/25%/悬浮剂/吡唑醚菌酯 25%/2015.09.21 至 2020.09.21/低毒

黄瓜 白粉病、霜霉病、炭疽病 75-150克/公顷 喷雾

玉米 大斑病 150-187.5克/公顷 喷雾

PD20152044 甲维·虫螨腈/12%/悬浮剂/虫螨腈 10%、甲氨基阿维菌素苯甲酸盐 2%/2015.09.07 至 2020.09.07/低毒

甘蓝 甜菜夜蛾、斜纹夜蛾 18-27克/公顷 喷雾

PD20152459 硝磺·莠去津/25%/可分散油悬浮剂/莠去津 20%、硝磺草酮 5%/2015.12.04 至 2020.12.04/低毒

夏玉米田 一年生杂草 562.5-750克/公顷 茎叶喷雾

山东省济南一农化工有限公司 (山东商河经济开发区 250601 0531-67809856)

PD20082030 代森锰锌/80%/可湿性粉剂/代森锰锌 80%/2013.11.25 至 2018.11.25/低毒

苹果树 轮纹病 1000-1300毫克/千克 喷雾

PD20083212 霜脲·锰锌/72%/可湿性粉剂/代森锰锌 64%、霜脲氰 8%/2013.12.11 至 2018.12.11/低毒

黄瓜 霜霉病 1440-1800克/公顷 喷雾

PD20084007 毒死蜱/40%/乳油/毒死蜱 40%/2013.12.16 至 2018.12.16/中等毒

水稻 稻纵卷叶螟 468-612克/公顷 喷雾

PD20084791 炔螨特/57%/乳油/炔螨特 57%/2013.12.22 至 2018.12.22/低毒

柑橘树 红蜘蛛 228-300毫克/千克 喷雾

PD20084941 异菌脲/50%/可湿性粉剂/异菌脲 50%/2013.12.22 至 2018.12.22/低毒

番茄 灰霉病 563-750克/公顷 喷雾

PD20085473 噻嗪酮/25%/可湿性粉剂/噻嗪酮 25%/2013.12.25 至 2018.12.25/低毒

柑橘树 介壳虫 200-250毫克/千克 喷雾

PD20085590 马拉硫磷/45%/乳油/马拉硫磷 45%/2013.12.25 至 2018.12.25/低毒

十字花科蔬菜 黄条跳甲 656.25-750克/公顷 喷雾

PD20085674 氟啶脲/50克/升/乳油/氟啶脲 50克/升/2013.12.26 至 2018.12.26/低毒

甘蓝 甜菜夜蛾 45-60克/公顷 喷雾

PD20086229 甲基硫菌灵/70%/可湿性粉剂/甲基硫菌灵 70%/2013.12.31 至 2018.12.31/低毒

苹果树 轮纹病 700-800毫克/千克 喷雾

PD20090426 联苯菊酯/25克/升/乳油/联苯菊酯 25克/升/2014.01.12 至 2019.01.12/低毒

茶树 茶毛虫 7.5-15克/公顷 喷雾

PD20090513 丙环唑/250克/升/乳油/丙环唑 250克/升/2014.01.12 至 2019.01.12/低毒

香蕉 叶斑病 250-500毫克/千克 喷雾

PD20091079 福美双/50%/可湿性粉剂/福美双 50%/2014.01.21 至 2019.01.21/低毒

黄瓜 白粉病 450-900克/公顷 喷雾

PD20091433 氯氰·丙溴磷/440克/升/乳油/丙溴磷 400克/升、氯氰菊酯 40克/升/2014.02.02 至 2019.02.02/中等毒

棉花 棉铃虫 528-660克/公顷 喷雾

PD20091492 异丙甲草胺/720克/升/乳油/异丙甲草胺 720克/升/2014.02.02 至 2019.02.02/低毒

夏玉米田 一年生杂草 1458-1944克/公顷 土壤喷雾

PD20091533 高氯·辛硫磷/20%/乳油/高效氯氰菊酯 2%、辛硫磷 18%/2014.02.03 至 2019.02.03/低毒

棉花 棉铃虫 150-225克/公顷 喷雾

PD20091544 噁霜·锰锌/64%/可湿性粉剂/噁霜灵 8%、代森锰锌 56%/2014.02.03 至 2019.02.03/低毒

黄瓜 霜霉病 1650-1950克/公顷 喷雾

PD20091839 多·锰锌/50%/可湿性粉剂/多菌灵 8%、代森锰锌 42%/2014.02.06 至 2019.02.06/低毒

苹果树 斑点落叶病 1000-1250毫克/千克 喷雾

PD20092225 虫酰肼/200克/升/悬浮剂/虫酰肼 200克/升/2014.02.24 至 2019.02.24/低毒

十字花科蔬菜 甜菜夜蛾 250-300克/公顷 喷雾

PD20092298 阿维菌素/1.8/乳油/阿维菌素 1.8%/2014.02.24 至 2019.02.24/低毒(原药高毒)

十字花科蔬菜 小菜蛾 8.1-10.8克/公顷 喷雾

PD20093073 福美锌/72%/可湿性粉剂/福美锌 72%/2014.03.09 至 2019.03.09/低毒

苹果 炭疽病 1200-1800毫克/千克 喷雾

PD20093278 高效氯氟氰菊酯/25克/升/乳油/高效氯氟氰菊酯 25克/升/2014.03.11 至 2019.03.11/中等毒

十字花科蔬菜 菜青虫 8.33-12.5毫克/千克 喷雾

PD20093448 多·福/70%/可湿性粉剂/多菌灵 10%、福美双 60%/2014.03.23 至 2019.03.23/低毒

梨树 黑星病 1000-1500毫克/千克 喷雾

PD20094299 精喹禾灵/50克/升/乳油/精喹禾灵 50克/升/2014.03.31 至 2019.03.31/低毒

棉花田 一年生禾本科杂草 37.5-60克/公顷 茎叶喷雾

PD20094626 福·福锌/80%/可湿性粉剂/福美双 30%、福美锌 50%/2014.04.10 至 2019.04.10/低毒

苹果树 炭疽病 1140-1600毫克/千克 喷雾

PD20095465 高效氟吡甲禾灵/108克/升/乳油/高效氟吡甲禾灵 108克/升/2014.05.11 至 2019.05.11/低毒

棉花田 一年生禾本科杂草 40.5-48.6克/公顷 茎叶喷雾

PD20096037 吡虫啉/10%/可湿性粉剂/吡虫啉 10%/2014.06.15 至 2019.06.15/低毒

水稻 稻飞虱 15-30克/公顷 喷雾

PD20100129 哒螨灵/20%/可湿性粉剂/哒螨灵 20%/2015.01.05 至 2020.01.05/低毒

苹果树 红蜘蛛 50-75毫克/千克 喷雾

PD20100287 吗胍·乙酸铜/20%/可湿性粉剂/盐酸吗啉胍 10%、乙酸铜 10%/2015.01.11 至 2020.01.11/低毒

番茄 病毒病 500-750克/公顷 喷雾

PD20100355 吡虫啉/50%/可湿性粉剂/吡虫啉 50%/2015.01.11 至 2020.01.11/低毒

水稻 稻飞虱 15-30克/公顷 喷雾

PD20110582 戊唑醇/430克/升/悬浮剂/戊唑醇 430克/升/2011.05.27 至 2016.05.27/低毒

苹果树 斑点落叶病 61.4-86毫克/千克 喷雾

PD20110679 毒死蜱/30%/水乳剂/毒死蜱 30%/2011.06.20 至 2016.06.20/中等毒

水稻 稻纵卷叶螟 480-540克/公顷 喷雾

PD20132195 阿维菌素/3%/微囊悬浮剂/阿维菌素 3%/2013.10.29 至 2018.10.29/低毒(原药高毒)

松树 松毛虫 2-3毫克/千克 /喷雾

PD20132270 己唑醇/25%/悬浮剂/己唑醇 25%/2013.11.05 至 2018.11.05/低毒

水稻 纹枯病 60-75克/公顷 喷雾

PD20132567 四螨嗪/500克/升/悬浮剂/四螨嗪 500克/升/2013.12.17 至 2018.12.17/低毒

苹果树 红蜘蛛 83.3-100毫克/千克 喷雾

PD20142399 氟硅唑/10%/水乳剂/氟硅唑 10%/2014.11.06 至 2019.11.06/微毒

黄瓜 白粉病 45-75克/公顷 喷雾

PD20142419 丙环唑/40%/微乳剂/丙环唑 40%/2014.11.13 至 2019.11.13/微毒

香蕉 叶斑病 200-400mg/kg 喷雾

PD20142455 苯甲·嘧菌酯/325克/升/悬浮剂/苯醚甲环唑 200克/升、嘧菌酯 125克/升/2014.11.15 至 2019.11.15/低毒

水稻 纹枯病 146.25-243.75克/公顷 喷雾

PD20142642 30%醚菌酯悬浮剂/30%/悬浮剂/醚菌酯 30%/2014.12.15 至 2019.12.15/微毒
番茄 早疫病 200-270克/公顷 喷雾
PD20151002 啶虫脒/70%/水分散粒剂/啶虫脒 70%/2015.06.12 至 2020.06.12/微毒
黄瓜 蚜虫 21-26克/公顷 喷雾

山东省济宁高新技术开发区永丰化工厂 (山东省济宁市建设北路75号 272123 0537-2351666)

PD84121-20 磷化铝/56%/片剂/磷化铝 56%/2014.11.16 至 2019.11.16/高毒
洞穴 室外啮齿动物 根据洞穴大小而定 密闭熏蒸
货物 仓储害虫 5-10片/1000千克 密闭熏蒸
空间 多种害虫 1-4片/立方米 密闭熏蒸
粮食、种子 储粮害虫 3-10片/1000千克 密闭熏蒸
PD20090782 磷化铝/85%/原药/磷化铝 85%/2014.01.19 至 2019.01.19/高毒
PD20100792 高效氯氟氰菊酯/25克/升/乳油/高效氯氟氰菊酯 25克/升/2010.01.19 至 2015.01.19/低毒
甘蓝 菜青虫 20-30毫升制剂/亩 喷雾
PD20100809 联苯菊酯/100克/升/乳油/联苯菊酯 100克/升/2010.01.19 至 2015.01.19/中等毒
番茄 白粉虱 11.25-15克/公顷 喷雾
PD20100910 毒死蜱/480克/升/乳油/毒死蜱 480克/升/2010.01.19 至 2015.01.19/中等毒
水稻 稻纵卷叶螟 60-80毫升制剂/亩 喷雾

山东省济宁高新区益康精细化工厂 (山东省济宁市泰闸路88号 272000 0537-2197146)

WP20110156 蚊香/0.3%/蚊香/富右旋反式烯丙菊酯 0.3%/2011.06.20 至 2016.06.20/微毒
卫生 蚊 / 点燃
WP20140182 杀虫气雾剂/0.51%/气雾剂/胺菊酯 0.3%、氯菊酯 0.21%/2014.08.14 至 2019.08.14/微毒
室内 蚊、蝇 / 喷雾
WP20150016 杀虫喷射剂/0.38%/喷射剂/胺菊酯 0.2%、氯菊酯 0.18%/2015.01.14 至 2020.01.14/微毒
室内 蚊、蝇 / 喷洒

山东省济宁济兴农化有限责任公司 (山东省济宁市任城区唐口 272061 0537-2482666)

PD20084009 阿维菌素/0.9%/乳油/阿维菌素 0.9%/2013.12.16 至 2018.12.16/低毒(原药高毒)
棉花 棉铃虫 21.6-32.4克/公顷 喷雾
PD20084162 甲氰·辛硫磷/25%/乳油/甲氰菊酯 5%、辛硫磷 20%/2013.12.16 至 2018.12.16/中等毒
棉花 棉铃虫 225-345克/公顷 喷雾
PD20084455 腐霉·福美双/25%/可湿性粉剂/腐霉利 5%、福美双 20%/2013.12.17 至 2018.12.17/低毒
番茄 灰霉病 225-300克/公顷 喷雾
PD20084677 腈菌·福美双/20%/可湿性粉剂/福美双 15%、腈菌唑 5%/2013.12.22 至 2018.12.22/低毒
黄瓜 黑星病 200-400克/公顷 喷雾
PD20085107 阿维菌素/0.3%/乳油/阿维菌素 0.3%/2013.12.23 至 2018.12.23/低毒(原药高毒)
十字花科蔬菜 小菜蛾 1.35-1.8克/公顷 喷雾
PD20085261 噁霉灵/15%/水剂/噁霉灵 15%/2013.12.23 至 2018.12.23/低毒
水稻苗床 立枯病 9000-15000克/公顷 苗床喷洒
PD20086299 阿维菌素/1.8%/乳油/阿维菌素 1.8%/2013.12.31 至 2018.12.31/低毒(原药高毒)
棉花 棉铃虫 21.6-32.4克/公顷 喷雾
PD20095269 复硝酚钠/1.4%/水剂/5-硝基邻甲氧基苯酚钠 0.23%、对硝基苯酚钾 0.71%、邻硝基苯酚钠 0.46%/2014.04.27 至2019.04.27/低毒
番茄 调节生长 4000-5000倍液 茎叶喷雾

山东省济宁圣城化工实验有限责任公司 (山东省济宁市北郊南岱庄路 272131 0537-2230061)

PD84121-8 磷化铝/56%/片剂/磷化铝 56%/2014.11.04 至 2019.11.04/高毒
洞穴 室外啮齿动物 根据洞穴大小而定 密闭熏蒸
货物 仓储害虫 5-10片/1000千克 密闭熏蒸
空间 多种害虫 1-4片/立方米 密闭熏蒸
粮食、种子 储粮害虫 3-10片/1000千克 密闭熏蒸
PD86145-4 磷化铝/85%/原药/磷化铝 85%/2011.08.15 至 2016.08.15/高毒
洞穴 室外啮齿动物 根据洞穴大小而定 密闭熏蒸
货物 仓储害虫 10-20克/吨 密闭熏蒸
空间 多种害虫 2-8克/立方米 密闭熏蒸
粮食、种子 储粮害虫 6-20克/吨 密闭熏蒸
PD20080932 丙溴磷/90%/原药/丙溴磷 90%/2013.07.17 至 2018.07.17/中等毒
PD20083278 丙溴·辛硫磷/45%/乳油/丙溴磷 10%、辛硫磷 35%/2013.12.11 至 2018.12.11/中等毒
棉花 棉铃虫 225-337.5克/公顷 喷雾
PD20083985 丙溴磷/40%/乳油/丙溴磷 40%/2013.12.16 至 2018.12.16/中等毒
棉花 棉铃虫 480-600克/公顷 喷雾
PD20090170 辛硫·灭多威/20%/乳油/灭多威 8%、辛硫磷 12%/2014.01.08 至 2019.01.08/中等毒(原药高毒)
棉花 棉铃虫 100-150克/公顷 喷雾
PD20092600 灭多威/20%/乳油/灭多威 20%/2014.02.27 至 2019.02.27/中等毒(原药高毒)
棉花 蚜虫 75-150克/公顷 喷雾
棉花 棉铃虫 150-225克/公顷 喷雾

山东省济宁市通达化工厂 (山东省济宁市任城区长沟经济开发区 272057 0537-2583193)

PD85157-33 辛硫磷/40%/乳油/辛硫磷 40%/2012.02.07 至 2017.02.07/低毒
茶树、桑树 食叶害虫 200-400毫克/千克 喷雾
果树 食心虫、蚜虫、螨 200-400毫克/千克 喷雾
林木 食叶害虫 3000-6000克/公顷 喷雾
棉花 棉铃虫、蚜虫 300-600克/公顷 喷雾
蔬菜 菜青虫 300-450克/公顷 喷雾
烟草 食叶害虫 300-600克/公顷 喷雾
玉米 玉米螟 450-600克/公顷 灌心叶

PD20070178 甲拌·辛硫磷/10%/微粒剂/甲拌磷 4%、辛硫磷 6%/2012.06.25 至 2017.06.25/中等毒(原药高毒)
花生 地下害虫 600-900克/公顷 毒土盖种

PD20082957 辛硫磷/1.5%/颗粒剂/辛硫磷 1.5%/2013.12.09 至 2018.12.09/低毒
玉米 玉米螟 112.5-168.75克/公顷 喇叭口撒心

PD20083983 辛硫磷/3%/颗粒剂/辛硫磷 3%/2013.12.16 至 2018.12.16/低毒
油菜 蛴螬等地下害虫 2700-3600克/公顷 沟施
玉米 玉米螟 135-180克/公顷 心叶撒施

PD20085046 灭线磷/5%/颗粒剂/灭线磷 5%/2013.12.23 至 2018.12.23/中等毒(原药高毒)
花生 根结线虫 4500-5250克/公顷 沟施

PD20090751 氰戊·辛硫磷/25%/乳油/氰戊菊酯 5%、辛硫磷 20%/2014.01.19 至 2019.01.19/中等毒
棉花 棉铃虫 225-300克/公顷 喷雾

PD20091608 阿维·高氯/1.8%/乳油/阿维菌素 0.3%、高效氯氰菊酯 1.5%/2014.02.03 至 2019.02.03/低毒(原药高毒)
黄瓜(保护地) 美洲斑潜蝇 13.5-18.9克/公顷 喷雾

PD20096329 毒死蜱/40%/乳油/毒死蜱 40%/2014.07.22 至 2019.07.22/中等毒
棉花 棉铃虫 512.5-750毫升制剂/公顷 喷雾

PD20097487 吡虫啉/10%/可湿性粉剂/吡虫啉 10%/2014.11.03 至 2019.11.03/低毒
韭菜 韭蛆 300-450克/公顷 药土法
芹菜 蚜虫 15-30克/公顷 喷雾
水稻 稻飞虱 15-30克/公顷 喷雾
小麦 蚜虫 15-30克/公顷(南方地区)45-60克/公顷(北方地区) 喷雾

PD20101871 甲拌磷/3%/颗粒剂/甲拌磷 3%/2015.08.09 至 2020.08.09/高毒
棉花 蚜虫 1125-1875克/公顷 穴施

PD20121268 毒死蜱/30%/微囊悬浮剂/毒死蜱 30%/2012.09.06 至 2017.09.06/低毒
花生 蛴螬 2250—2700克/公顷 喷雾于播种穴

PD20130893 乙草胺/900克/升/乳油/乙草胺 900克/升/2013.04.25 至 2018.04.25/低毒
春玉米田 一年生禾本科杂草及部分小粒种子阔叶杂草 1350-1620克/公顷 播后苗前土壤喷雾
夏玉米田 一年生禾本科杂草及部分小粒种子阔叶杂草 810-1350克/公顷 播后苗前土壤喷雾

PD20131075 毒·辛/5%/颗粒剂/毒死蜱 2%、辛硫磷 3%/2013.05.20 至 2018.05.20/低毒
甘蔗 蔗螟 2250-3000克/公顷 撒施或沟施

PD20131729 高效氯氟氰菊酯/25克/升/乳油/高效氯氟氰菊酯 25克/升/2013.08.16 至 2018.08.16/中等毒
甘蓝 蚜虫 7.5-11.25克/公顷 喷雾

PD20140393 阿维菌素/5%/乳油/阿维菌素 5%/2014.02.20 至 2019.02.20/中等毒(原药高毒)
甘蓝 小菜蛾 8.25-10.5克/公顷 喷雾

PD20140537 辛硫磷/35%/微囊悬浮剂/辛硫磷 35%/2014.03.06 至 2019.03.06/低毒
花生 蛴螬 3150-4200克/公顷 灌根

PD20140870 阿维菌素/0.5%/颗粒剂/阿维菌素 0.5%/2014.04.08 至 2019.04.08/低毒(原药高毒)
黄瓜 根结线虫 180-225克/公顷 沟施、穴施

PD20142295 井冈霉素/4%/水剂/井冈霉素A 4%/2014.11.02 至 2019.11.02/低毒
水稻 纹枯病 120-150克/公顷 喷雾
注:井冈霉素含量5%。

PD20150484 敌敌畏/50%/乳油/敌敌畏 50%/2015.03.20 至 2020.03.20/中等毒
十字花科蔬菜 菜青虫 600-900克/公顷 喷雾

山东省济宁市益民化工厂 (山东省济宁市任城区许庄镇李集村 272067 0537-2291046)

PD84121-9 磷化铝/56%/片剂/磷化铝 56%/2014.12.07 至 2019.12.07/高毒
洞穴 室外啮齿动物 根据洞穴大小而定 密闭熏蒸
货物 仓储害虫 5-10片/1000千克 密闭熏蒸
空间 多种害虫 1-4片/立方米 密闭熏蒸
粮食、种子 储粮害虫 3-10片/1000千克 密闭熏蒸

山东省济宁市中武消杀药剂厂 (山东省济宁市中区金城镇冯庄 272100 0537-2271125)

WP20080570 杀虫气雾剂/0.3%/气雾剂/胺菊酯 0.25%、氯氰菊酯 0.05%/2013.12.25 至 2018.12.25/微毒
卫生 蚊、蝇 / 喷雾

WP20120090 杀虫喷射剂/0.38%/喷射剂/胺菊酯 0.2%、氯菊酯 0.18%/2012.05.11 至 2017.05.11/微毒
卫生 蚊、蝇 / 喷射

山东省金农生物化工有限责任公司 (山东省定陶县经济开发区(城南5公里) 274114 0530-2287868)

PD90106-25 苏云金杆菌/8000IU/微升/悬浮剂/苏云金杆菌 8000IU/微升/2011.08.31 至 2016.08.31/低毒
白菜、萝卜、青菜 菜青虫、小菜蛾 1500-2250克制剂/公顷 喷雾
茶树 茶毛虫 3000克制剂/公顷 喷雾
高粱、玉米 玉米螟 2250-3000克制剂/公顷 加细沙灌心叶
梨树、苹果树、桃树、枣树 尺蠖、食心虫 200倍液 喷雾
林木 尺蠖、柳毒蛾、松毛虫 150-200倍液 喷雾
棉花 棉铃虫、造桥虫 3750-6000克制剂/公顷 喷雾
水稻 稻苞虫、螟虫 3000-6000毫升制剂/公顷 喷雾
烟草 烟青虫 3000克制剂/公顷 喷雾

PD20083865 氯氰·辛硫磷/20%/乳油/氯氰菊酯 2%、辛硫磷 18%/2013.12.15 至 2018.12.15/中等毒
棉花 棉铃虫 225-345克/公顷 喷雾

PD20090937 杀螟硫磷/50%/乳油/杀螟硫磷 50%/2014.01.19 至 2019.01.19/中等毒
水稻 三化螟 365-750克/公顷 喷雾

PD20091576 丙溴·辛硫磷/35%/乳油/丙溴磷 8.5%、辛硫磷 26.5%/2014.02.03 至 2019.02.03/中等毒
棉花 棉铃虫 262.5-393.75克/公顷 喷雾

PD20092331 毒死蜱/480克/升/乳油/毒死蜱 480克/升/2014.02.24 至 2019.02.24/中等毒
苹果树 绵蚜 240-320毫克/千克 喷雾

PD20094155 阿维菌素/1.8%/乳油/阿维菌素 1.8%/2014.03.27 至 2019.03.27/低毒(原药高毒)
甘蓝 小菜蛾 10.8-13.5克/公顷 喷雾

PD20095054 甲霜·锰锌/58%/可湿性粉剂/甲霜灵 10%、代森锰锌 48%/2014.04.21 至 2019.04.21/低毒
黄瓜 霜霉病 1305-1635.5克/公顷 喷雾

PD20101696 高效氯氟氰菊酯/25克/升/乳油/高效氯氟氰菊酯 25克/升/2015.06.21 至 2020.06.21/中等毒
十字花科蔬菜 菜青虫 7.5-15克/公顷 喷雾

PD20140862 氯氰菊酯/5%/乳油/氯氰菊酯 5%/2014.04.08 至 2019.04.08/低毒
苹果树 桃小食心虫 50-60毫克/千克 喷雾

PD20141639 四聚乙醛/6%/颗粒剂/四聚乙醛 6%/2014.06.24 至 2019.06.24/低毒
甘蓝 蜗牛 360～540克/公顷 撒施

山东省联合农药工业有限公司 (山东省泰安市岱岳区范镇胜利路中段 271033 4000306365)

PD20040361 高效氯氰菊酯/4.5%/乳油/高效氯氰菊酯 4.5%/2014.12.19 至 2019.12.19/中等毒
韭菜 迟眼蕈蚊 6.75-13.5克/公顷 喷雾
辣椒 烟青虫 24-34克/公顷 喷雾
棉花 棉铃虫 15-30克/公顷 喷雾

PD20040363 氯氰菊酯/5%/乳油/氯氰菊酯 5%/2014.12.19 至 2019.12.19/中等毒
棉花 棉铃虫 45-90克/公顷 喷雾

PD20040453 哒螨灵/15%/乳油/哒螨灵 15%/2014.12.19 至 2019.12.19/中等毒
萝卜 黄条跳甲 90-135克/公顷 喷雾
苹果树 叶螨 50-67毫克/千克 喷雾

PD20040823 哒螨灵/98%/原药/哒螨灵 98%/2014.12.27 至 2019.12.27/中等毒

PD20070669 啶虫脒/99%/原药/啶虫脒 99%/2012.12.17 至 2017.12.17/低毒

PD20080313 啶虫脒/5%/乳油/啶虫脒 5%/2013.02.25 至 2018.02.25/低毒
黄瓜 蚜虫 20.25-22.5克/公顷 喷雾
莲藕 莲缢管蚜 15-22.5克/公顷 喷雾
芹菜 蚜虫 18-27克/公顷 喷雾

PD20080377 霜霉威盐酸盐/95%/原药/霜霉威盐酸盐 95%/2013.02.28 至 2018.02.28/低毒

PD20080944 联苯菊酯/96%/原药/联苯菊酯 96%/2013.07.18 至 2018.07.18/中等毒

PD20081630 霜霉威盐酸盐/35%/水剂/霜霉威盐酸盐 35%/2013.11.12 至 2018.11.12/低毒
菠菜 霜霉病 948-1300克/公顷 喷雾
花椰菜 霜霉病 866-1083克/公顷 喷雾
黄瓜 霜霉病 650-1083克/公顷 喷雾

PD20081751 霜霉威盐酸盐/66.5%/水剂/霜霉威盐酸盐 66.5%/2013.11.18 至 2018.11.18/低毒
菠菜 霜霉病 948-1300克/公顷 喷雾
花椰菜 霜霉病 866-1083克/公顷 喷雾
黄瓜 霜霉病 650-1083克/公顷 喷雾

PD20081805 吡虫啉/97%/原药/吡虫啉 97%/2013.11.19 至 2018.11.19/低毒

PD20081914 腈菌唑/12.5%/乳油/腈菌唑 12.5%/2013.11.21 至 2018.11.21/低毒
梨树 黑星病 2000-3000倍液 喷雾

PD20081915 腈菌唑/94%/原药/腈菌唑 94%/2013.11.21 至 2018.11.21/低毒

PD20081998 唑螨酯/95%/原药/唑螨酯 95%/2013.11.25 至 2018.11.25/中等毒

PD20082693 联苯菊酯/25克/升/乳油/联苯菊酯 25克/升/2013.12.05 至 2018.12.05/低毒

苹果树 桃小食心虫 16.7-25毫克/千克 喷雾

PD20084057 S-氰戊菊酯/5%/乳油/S-氰戊菊酯 5%/2013.12.16 至 2018.12.16/中等毒

棉花 棉铃虫 22.5-30克/公顷 喷雾

PD20084257 代森锰锌/80%/可湿性粉剂/代森锰锌 80%/2013.12.17 至 2018.12.17/低毒

苹果树 斑点落叶病 1000-1200毫克/千克 喷雾

PD20084278 虫酰肼/20%/悬浮剂/虫酰肼 20%/2013.12.17 至 2018.12.17/低毒

十字花科蔬菜 甜菜夜蛾 210-300克/公顷 喷雾

PD20084639 腈菌唑/25%/乳油/腈菌唑 25%/2013.12.18 至 2018.12.18/低毒

香蕉 叶斑病 250-312.5毫克/千克 喷雾

PD20084706 吡虫啉/20%/可溶液剂/吡虫啉 20%/2013.12.22 至 2018.12.22/低毒

棉花、烟草 蚜虫 15-30克/公顷 喷雾

水稻 稻飞虱 15-30克/公顷 喷雾

PD20084728 氯氰·丙溴磷/44%/乳油/丙溴磷 40%、氯氰菊酯 4%/2013.12.22 至 2018.12.22/低毒

棉花 棉铃虫 462-660克/公顷 喷雾

PD20084928 啶虫脒/20%/可湿性粉剂/啶虫脒 20%/2013.12.22 至 2018.12.22/低毒

柑橘树 蚜虫 13.3-16.7毫克/千克 喷雾

PD20085300 腈菌唑/40%/可湿性粉剂/腈菌唑 40%/2013.12.23 至 2018.12.23/低毒

黄瓜 白粉病 45-60克/公顷 喷雾

梨树 黑星病 40-50毫克/千克 喷雾

PD20085815 高氯·灭多威/12%/乳油/高效氯氰菊酯 1.5%、灭多威 10.5%/2013.12.29 至 2018.12.29/中等毒(原药高毒)

棉花 棉铃虫 72-90克/公顷 喷雾

PD20085956 高氯·马/20%/乳油/高效氯氰菊酯 1.5%、马拉硫磷 18.5%/2013.12.29 至 2018.12.29/中等毒

苹果树 桃小食心虫 133-200毫克/千克 喷雾

PD20086045 二嗪磷/50%/乳油/二嗪磷 50%/2013.12.29 至 2018.12.29/中等毒

水稻 三化螟 675-900克/公顷 喷雾

PD20090204 双甲脒/20%/乳油/双甲脒 20%/2014.01.09 至 2019.01.09/低毒

棉花 红蜘蛛 120-150克/公顷 喷雾

PD20090207 高效氯氰菊酯/2.5%/水乳剂/高效氯氰菊酯 2.5%/2014.01.09 至 2019.01.09/中等毒

十字花科蔬菜 菜青虫 7.5-15克/公顷 喷雾

PD20091789 高效氯氰菊酯/10%/可湿性粉剂/高效氯氰菊酯 10%/2014.02.04 至 2019.02.04/中等毒

十字花科蔬菜 菜青虫 12-15克/公顷 喷雾

PD20092463 高效氯氰菊酯/4.5%/水乳剂/高效氯氰菊酯 4.5%/2014.02.25 至 2019.02.25/低毒

十字花科蔬菜 菜青虫 27-40.5克/公顷 喷雾

PD20092852 噻螨酮/5%/乳油/噻螨酮 5%/2014.03.05 至 2019.03.05/低毒

柑橘树 红蜘蛛 33.3-50毫克/千克 喷雾

棉花 红蜘蛛 22.5-49.5克/公顷 喷雾

苹果树 山楂红蜘蛛 25－30毫克/千克 喷雾

PD20094564 丙溴磷/40%/乳油/丙溴磷 40%/2014.04.09 至 2019.04.09/中等毒

甘蓝 小菜蛾 420-450克/公顷 喷雾

PD20097272 杀螟硫磷/50%/乳油/杀螟硫磷 50%/2014.10.26 至 2019.10.26/中等毒

苹果树 卷叶蛾 250-500毫克/千克 喷雾

水稻 稻纵卷叶螟 375-562.5克/公顷 喷雾

PD20097301 毒死蜱/45%/乳油/毒死蜱 45%/2014.10.26 至 2019.10.26/中等毒

苹果树 绵蚜 1770-2360倍 喷雾

水稻 三化螟 50-80毫升制剂/亩 喷雾

PD20097372 哒螨灵/20%/可湿性粉剂/哒螨灵 20%/2014.10.28 至 2019.10.28/低毒

棉花 红蜘蛛 45-90克/公顷 喷雾

苹果树 红蜘蛛 50-67毫克/千克 喷雾

PD20097743 唑螨酯/5%/悬浮剂/唑螨酯 5%/2014.11.12 至 2019.11.12/中等毒

柑橘树 红蜘蛛 25-50毫克/千克 喷雾

苹果树 红蜘蛛 12.5-25毫克/千克 喷雾

PD20097848 吡虫啉/600克/升/悬浮种衣剂/吡虫啉 600克/升/2014.11.20 至 2019.11.20/低毒

棉花 蚜虫 350-500克/100千克种子 种子包衣

PD20097938 噻嗪酮/65%/可湿性粉剂/噻嗪酮 65%/2014.11.30 至 2019.11.30/低毒

柑橘树 矢尖蚧 216.7-325毫克/千克 喷雾

水稻 稻飞虱 97.5-146.25毫克/千克 喷雾

PD20098069 杀螟丹/50%/可溶粉剂/杀螟丹 50%/2014.12.07 至 2019.12.07/中等毒

水稻 二化螟 525-750克/公顷 喷雾

PD20098096 戊唑醇/96%/原药/戊唑醇 96%/2014.12.08 至 2019.12.08/低毒

PD20098192 甲氨基阿维菌素苯甲酸盐/0.5%/乳油/甲氨基阿维菌素 0.5%/2014.12.16 至 2019.12.16/低毒

甘蓝 甜菜夜蛾 2.25-3.75克/公顷 喷雾

注:甲氨基阿维菌素苯甲酸盐含量: 0.57%。

PD20098358 戊唑醇/60克/升/悬浮种衣剂/戊唑醇 60克/升/2014.12.18 至 2019.12.18/低毒

高粱 丝黑穗病 6－9克/100千克种子 种子包衣
小麦 散黑穗病 1.8－2.7克/100千克种子 种子包衣
小麦 纹枯病 3－4克/100千克种子 种子包衣
玉米 丝黑穗病 6－12克/100千克种子 种子包衣

PD20100051 精甲霜灵/350克/升/种子处理乳剂/精甲霜灵 350克/升/2015.01.04 至 2020.01.04/低毒
大豆、花生 根腐病 14－28克/100千克种子 拌种
棉花 猝倒病 14－28克/100千克种子 拌种
水稻 烂秧病 5.28－8.75克/100千克种子 拌种

PD20100054 吡虫啉/25%/可湿性粉剂/吡虫啉 25%/2015.01.04 至 2020.01.04/低毒
菠菜 蚜虫 30-45克/公顷 喷雾
韭菜 韭蛆 300-450克/公顷 药土法
莲藕 莲缢管蚜 15-30克/公顷 喷雾
芹菜 蚜虫 15-30克/公顷 喷雾
水稻 稻飞虱 15-30克/公顷 喷雾
小麦 蚜虫 15-30克/公顷（南方地区）；45-60克/公顷（北方地区） 喷雾

PD20101924 阿维菌素/5%/乳油/阿维菌素 5%/2015.08.27 至 2020.08.27/低毒(原药高毒)
甘蓝 小菜蛾 6-9克/公顷 喷雾
水稻 稻纵卷叶螟 4.8-6克/公顷 喷雾
茭白 二化螟 9.5-13.5克/公顷 喷雾

PD20101935 甲氨基阿维菌素苯甲酸盐/3%/微乳剂/甲氨基阿维菌素 3%/2015.08.27 至 2020.08.27/低毒
甘蓝 小菜蛾 1.5～2.25克/公顷 喷雾
花椰菜 小菜蛾 1.5-3克/公顷 喷雾
辣椒 烟青虫 1.35-3.15克/公顷 喷雾
注:甲氨基阿维菌素苯甲酸盐含量：3.4%。

PD20101970 阿维·高氯/2%/乳油/阿维菌素 0.5%、高效氯氰菊酯 1.5%/2015.09.21 至 2020.09.21/低毒(原药高毒)
甘蓝 菜青虫、小菜蛾 7.5-15克/公顷 喷雾

PD20110370 吡虫啉/70%/可湿性粉剂/吡虫啉 70%/2016.03.31 至 2021.03.31/低毒
菠菜 蚜虫 30-45克/公顷 喷雾
韭菜 韭蛆 300-450克/公顷 药土法
莲藕 莲缢管蚜 15-30克/公顷 喷雾
棉花 蚜虫 21-31.6克/公顷 喷雾
芹菜 蚜虫 15-30克/公顷 喷雾

PD20110835 苯醚甲环唑/10%/微乳剂/苯醚甲环唑 10%/2011.08.10 至 2016.08.10/低毒
苹果树 斑点落叶病 50－66.7毫克/千克 喷雾

PD20111199 噻嗪酮/25%/悬浮剂/噻嗪酮 25%/2011.11.16 至 2016.11.16/低毒
柑橘树 介壳虫 166.7-250毫克/千克 喷雾

PD20111204 毒死蜱/30%/水乳剂/毒死蜱 30%/2011.11.16 至 2016.11.16/中等毒
水稻 稻纵卷叶螟 405-540克/公顷 喷雾

PD20111209 哒螨灵/15%/水乳剂/哒螨灵 15%/2011.11.17 至 2016.11.17/低毒
苹果树 红蜘蛛 50-67毫克/千克 喷雾

PD20111214 啶虫脒/60%/可湿性粉剂/啶虫脒 60%/2011.11.17 至 2016.11.17/低毒
黄瓜 蚜虫 13.5-22.5克/公顷 喷雾

PD20120056 联苯菊酯/10%/水乳剂/联苯菊酯 10%/2012.01.16 至 2017.01.16/中等毒
茶树 茶小绿叶蝉 22.5-37.5克/公顷 喷雾

PD20120369 丙溴磷/89%/原药/丙溴磷 89%/2012.02.24 至 2017.02.24/中等毒

PD20120553 啶虫脒/10%/可湿性粉剂/啶虫脒 10%/2012.03.28 至 2017.03.28/低毒
水稻 飞虱 31.5-36克/公顷 喷雾

PD20121000 苯甲·丙环唑/300克/升/乳油/苯醚甲环唑 150克/升、丙环唑 150克/升/2012.06.21 至 2017.06.21/低毒
水稻 纹枯病 67.5-90克/公顷 喷雾

PD20121177 己唑醇/10%/悬浮剂/己唑醇 10%/2012.07.30 至 2017.07.30/低毒
水稻 稻曲病 52.5－75克/公顷 喷雾
水稻 纹枯病 45－75克/公顷 喷雾
小麦 纹枯病 22.5-30克/公顷 喷雾

PD20121280 阿维菌素/3%/水乳剂/阿维菌素 3%/2012.09.06 至 2017.09.06/低毒(原药高毒)
甘蓝 小菜蛾 8.1-10.8克/公顷 喷雾

PD20121360 毒死蜱/15%/颗粒剂/毒死蜱 15%/2012.09.13 至 2017.09.13/低毒
花生 地老虎、金针虫、蝼蛄、蛴螬 2250-3375克/公顷 撒施

PD20121501 丁硫克百威/200克/升/乳油/丁硫克百威 200克/升/2012.10.09 至 2017.10.09/中等毒
棉花 蚜虫 90-180克/公顷 喷雾

PD20121502 嘧菌酯/96%/原药/嘧菌酯 96%/2012.10.09 至 2017.10.09/低毒

PD20121503 双氟磺草胺/97%/原药/双氟磺草胺 97%/2012.10.09 至 2017.10.09/低毒

PD20121584 氯氰菊酯/25%/水乳剂/氯氰菊酯 25%/2012.10.25 至 2017.10.25/中等毒

	棉花	棉铃虫	90-120克/公顷	喷雾
PD20121633	噻虫嗪/98%/原药/噻虫嗪 98%/2012.10.30 至 2017.10.30/低毒			
PD20121662	咪鲜胺/25%/水乳剂/咪鲜胺 25%/2012.10.30 至 2017.10.30/低毒			
	水稻	恶苗病	62.5-125毫克/千克	浸种
	水稻	稻瘟病	300－375克/公顷	喷雾
PD20121730	灭蝇胺/50%/可溶粉剂/灭蝇胺 50%/2012.11.08 至 2017.11.08/低毒			
	菜豆	斑潜蝇	112.5-150克/公顷	喷雾
PD20121983	异菌脲/500克/升/悬浮剂/异菌脲 500克/升/2012.12.18 至 2017.12.18/低毒			
	番茄	早疫病	375-750克/公顷	喷雾
	苹果树	斑点落叶病	250-500克/公顷	喷雾
PD20122050	戊唑醇/25%/水乳剂/戊唑醇 25%/2012.12.24 至 2017.12.24/低毒			
	苦瓜	白粉病	75-112.5克/公顷	喷雾
	苹果树	斑点落叶病	100-125毫克/千克	喷雾
PD20122055	高效氯氟氰菊酯/15%/可溶液剂/高效氯氟氰菊酯 15%/2012.12.24 至 2017.12.24/中等毒			
	甘蓝	甜菜夜蛾	15-22.5克/公顷	喷雾
PD20130133	哒螨灵/40%/可湿性粉剂/哒螨灵 40%/2013.01.17 至 2018.01.17/低毒			
	柑橘树	红蜘蛛	100-133毫克/千克	喷雾
PD20131272	三唑磷/20%/水乳剂/三唑磷 20%/2013.06.05 至 2018.06.05/中等毒			
	水稻	二化螟	360-450克/公顷	喷雾
PD20131303	氰氟草酯/100克/升/乳油/氰氟草酯 100克/升/2013.06.08 至 2018.06.08/低毒			
	水稻田(直播)、水稻秧田	稗草、千金子等禾本科杂草	75-105克/公顷	茎叶喷雾
PD20131332	吡虫啉/2%/颗粒剂/吡虫啉 2%/2013.06.08 至 2018.06.08/低毒			
	韭菜	韭蛆	300-450克/公顷	撒施
PD20131368	吡虫啉/70%/水分散粒剂/吡虫啉 70%/2013.06.24 至 2018.06.24/低毒			
	茶树	小绿叶蝉	21-42克/公顷	喷雾
	甘蓝	蚜虫	14-20克/公顷	喷雾
	棉花	蚜虫	21-31.5克/公顷	喷雾
	水稻	稻飞虱	21-31.5克/公顷	喷雾
	小麦	蚜虫	21-42克/公顷	喷雾
PD20131423	啶虫脒/20%/可溶粉剂/啶虫脒 20%/2013.07.02 至 2018.07.02/中等毒			
	黄瓜	蚜虫	15-30克/公顷	喷雾
PD20131424	醚菊酯/10%/水乳剂/醚菊酯 10%/2013.07.03 至 2018.07.03/低毒			
	甘蓝	菜青虫	45-60克/公顷	喷雾
PD20132436	苯甲·嘧菌酯/325克/升/悬浮剂/苯醚甲环唑 125克/升、嘧菌酯 200克/升/2013.11.20 至 2018.11.20/低毒			
	西瓜	炭疽病	146.25-243.75克/公顷	喷雾
PD20132522	草铵膦/200克/升/水剂/草铵膦 200克/升/2013.12.16 至 2018.12.16/低毒			
	非耕地	杂草	900-1200克/公顷	茎叶喷雾
	柑橘园	杂草	600-900克/公顷	茎叶喷雾
PD20132687	嘧菌酯/50%/水分散粒剂/嘧菌酯 50%/2013.12.25 至 2018.12.25/低毒			
	西瓜	炭疽病	150-300毫克/千克	喷雾
PD20140038	嘧菌酯/250克/升/悬浮剂/嘧菌酯 250克/升/2014.01.02 至 2019.01.02/低毒			
	番茄	叶霉病	225-337.5克/公顷	喷雾
	葡萄	白腐病	200-300毫克/千克	喷雾
PD20140105	噻唑膦/95%/原药/噻唑膦 95%/2014.01.20 至 2019.01.20/中等毒			
PD20140116	甲氧虫酰肼/98.5%/原药/甲氧虫酰肼 98.5%/2014.01.20 至 2019.01.20/低毒			
PD20140150	戊唑醇/430克/升/悬浮剂/戊唑醇 430克/升/2014.01.22 至 2019.01.22/低毒			
	苹果树	轮纹病	86-108毫克/千克	喷雾
	水稻	稻曲病	64.5-96.75克/公顷	喷雾
PD20140157	噻虫嗪/70%/种子处理可分散粉剂/噻虫嗪 70%/2014.01.28 至 2019.01.28/低毒			
	棉花	苗期蚜虫	210-420克/100千克种子	拌种
	玉米	灰飞虱	70-210克/100千克种子	拌种
PD20140159	吡虫啉/10%/可湿性粉剂/吡虫啉 10%/2014.01.28 至 2019.01.28/低毒			
	棉花	蚜虫	21-31.5克/公顷	喷雾
PD20140165	噻虫嗪/25%/水分散粒剂/噻虫嗪 25%/2014.01.28 至 2019.01.28/低毒			
	菠菜	蚜虫	22.5-30克/公顷	喷雾
	茶树	茶小绿叶蝉	15-22.5克/公顷	喷雾
	节瓜	蓟马	30-56.25克/公顷	喷雾
	芹菜	蚜虫	15-30克/公顷	喷雾
	水稻	稻飞虱	7.5-15克/公顷	喷雾
PD20140306	草甘膦铵盐/68%/可溶性粒剂/草甘膦 68%/2014.02.12 至 2019.02.12/低毒			
	柑橘园	杂草	1122-1683克/公顷	定向茎叶喷雾
	注:草甘膦铵盐含量：74.8%。			

PD20140440 噻虫·高氯氟/22%/微囊悬浮-悬浮剂/高效氯氟氰菊酯 9.4%、噻虫嗪 12.6%/2014.02.25 至 2019.02.25/中等毒
茶树 茶小绿叶蝉 14.82-22.23克/公顷 喷雾
PD20140468 噻呋酰胺/98%/原药/噻呋酰胺 98%/2014.02.25 至 2019.02.25/低毒
PD20140528 敌草快/20%/水剂/敌草快 20%/2014.03.06 至 2019.03.06/低毒
非耕地 杂草 900-1050克/公顷 茎叶喷雾
PD20140565 丁硫克百威/5%/颗粒剂/丁硫克百威 5%/2014.03.06 至 2019.03.06/低毒
甘蔗 蔗螟 2250-3000克/公顷 沟施
PD20141894 氟环唑/25%/悬浮剂/氟环唑 25%/2014.08.01 至 2019.08.01/低毒
小麦 锈病 90-135克/公顷 喷雾
PD20141998 吡虫啉/350克/升/悬浮剂/吡虫啉 350克/升/2014.08.14 至 2019.08.14/低毒
甘蓝 蚜虫 15-30克/公顷 喷雾
水稻 稻飞虱 27-45克/公顷 喷雾
PD20142112 丁醚脲/50%/可湿性粉剂/丁醚脲 50%/2014.09.02 至 2019.09.02/低毒
甘蓝 小菜蛾 300-450克/公顷 喷雾
PD20142469 二甲戊灵/450克/升/微囊悬浮剂/二甲戊灵 450克/升/2014.11.17 至 2019.11.17/低毒
甘蓝田 一年生杂草 742.5-945克/公顷 土壤喷雾
PD20142502 茚虫威/15%/悬浮剂/茚虫威 15%/2014.11.21 至 2019.11.21/低毒
水稻 稻纵卷叶螟 27-36克/公顷 喷雾
PD20142527 双氟磺草胺/50克/升/悬浮剂/双氟磺草胺 50克/升/2014.11.21 至 2019.11.21/低毒
冬小麦田 一年生阔叶杂草 3.75-4.5克/公顷 茎叶喷雾
PD20150022 噻唑膦/10%/颗粒剂/噻唑膦 10%/2015.01.04 至 2020.01.04/中等毒
番茄 根结线虫 2250-3000克/公顷 土壤撒施
PD20150159 甲氨基阿维菌素苯甲酸盐/84.4%/原药/甲氨基阿维菌素 84.4%/2015.01.14 至 2020.01.14/中等毒
注:甲氨基阿维菌素苯甲酸盐含量：96%。
PD20150213 噻呋酰胺/20%/悬浮剂/噻呋酰胺 20%/2015.01.15 至 2020.01.15/低毒
水稻 纹枯病 45-75克/公顷 喷雾
PD20150228 噻唑膦/30%/微囊悬浮剂/噻唑膦 30%/2015.01.15 至 2020.01.15/中等毒
黄瓜 根结线虫 2625-3000克/公顷 穴施
PD20150234 麦草畏/48%/水剂/麦草畏 48%/2015.01.15 至 2020.01.15/低毒
冬小麦田 一年生阔叶杂草 216-288克/公顷 茎叶喷雾
PD20150372 烯啶虫胺/98%/原药/烯啶虫胺 98%/2015.03.03 至 2020.03.03/低毒
PD20150373 噻虫嗪/21%/悬浮剂/噻虫嗪 21%/2015.03.03 至 2020.03.03/低毒
棉花 蚜虫 15-30克/公顷 喷雾
PD20150530 氟虫腈/50克/升/悬浮种衣剂/氟虫腈 50克/升/2015.03.23 至 2020.03.23/低毒
玉米 灰飞虱 20-40克/100千克种子 种子包衣
PD20150541 噻虫啉/97.5%/原药/噻虫啉 97.5%/2015.03.23 至 2020.03.23/低毒
PD20150712 吡虫啉/5%/乳油/吡虫啉 5%/2015.04.20 至 2020.04.20/低毒
甘蓝 蚜虫 11.25-15克/公顷 喷雾
PD20150801 嘧菌·百菌清/560克/升/悬浮剂/百菌清 500克/升、嘧菌酯 60克/升/2015.05.14 至 2020.05.14/低毒
番茄 早疫病 672-840克/公顷 喷雾
PD20150853 乙氧氟草醚/25%/悬浮剂/乙氧氟草醚 25%/2015.05.18 至 2020.05.18/低毒
大蒜田 一年生杂草 180-216克/公顷 土壤喷雾
PD20150857 烯啶虫胺/25%/可溶粉剂/烯啶虫胺 25%/2015.05.18 至 2020.05.18/低毒
棉花 蚜虫 15-30克/公顷 喷雾
PD20150866 己唑·嘧菌酯/23%/悬浮剂/己唑醇 14%、嘧菌酯 9%/2015.05.18 至 2020.05.18/低毒
西瓜 炭疽病 146.25-243.75克/公顷 喷雾
PD20150895 苯醚甲环唑/30克/升/悬浮种衣剂/苯醚甲环唑 30克/升/2015.05.19 至 2020.05.19/低毒
小麦 全蚀病 15-18克/100千克种子 种子包衣
PD20151020 烯啶虫胺/10%/可溶液剂/烯啶虫胺 10%/2015.06.12 至 2020.06.12/微毒
柑橘树 蚜虫 15~20mg/kg 喷雾
PD20151252 联苯三唑醇/25%/可湿性粉剂/联苯三唑醇 25%/2015.07.30 至 2020.07.30/低毒
花生 叶斑病 247.5-311.25克/公顷 喷雾
PD20151316 精异丙甲草胺/960克/升/乳油/精异丙甲草胺 960克/升/2015.07.30 至 2020.07.30/低毒
大蒜田 一年生禾本科杂草及部分阔叶杂草 792-936克/公顷 土壤喷雾
夏玉米田 部分阔叶杂草 936-1224克/公顷 土壤喷雾
PD20151371 炔草酯/15%/可湿性粉剂/炔草酯 15%/2015.07.30 至 2020.07.30/低毒
春小麦田 一年生禾本科杂草 30-45克/公顷 茎叶喷雾
冬小麦田 一年生禾本科杂草 45-67克/公顷 茎叶喷雾
PD20151435 烯啶虫胺/20%/水分散粒剂/烯啶虫胺 20%/2015.07.30 至 2020.07.30/低毒
棉花 蚜虫 15-30克/公顷 喷雾
PD20151438 啶虫脒/20%/可溶液剂/啶虫脒 20%/2015.07.30 至 2020.07.30/低毒
棉花 蚜虫 15-18克/公顷 喷雾
PD20151450 噻虫啉/36%/水分散粒剂/噻虫啉 36%/2015.07.31 至 2020.07.31/低毒

黄瓜 蚜虫 48.6-100克/公顷 喷雾
PD20151680 精甲霜·锰锌/68%/水分散粒剂/精甲霜灵 4%、代森锰锌 64%/2015.08.28 至 2020.08.28/低毒
荔枝树 霜疫霉病 510-850毫克/千克 喷雾
马铃薯 晚疫病 816-1224克/公顷 喷雾
PD20151750 稻瘟酰胺/20%/悬浮剂/稻瘟酰胺 20%/2015.08.28 至 2020.08.28/低毒
水稻 稻瘟病 100—200克/公顷 喷雾
PD20151807 丁醚脲/25%/悬浮剂/丁醚脲 25%/2015.08.28 至 2020.08.28/低毒
甘蓝 菜青虫 225-300克/公顷 喷雾
PD20151818 粉唑醇/250克/升/悬浮剂/粉唑醇 250克/升/2015.08.28 至 2020.08.28/低毒
小麦 白粉病 60-90克/公顷 喷雾
PD20152165 己唑醇/25%/悬浮剂/己唑醇 25%/2015.09.22 至 2020.09.22/低毒
葡萄 白粉病 50-62.5毫克/千克 喷雾
水稻 纹枯病 60-75克/公顷 喷雾
PD20152167 噻虫嗪/35%/悬浮种衣剂/噻虫嗪 35%/2015.09.22 至 2020.09.22/低毒
水稻 蓟马 70-140克/100千克种子 种子包衣
玉米 灰飞虱 70-210克/100千克种子 种子包衣
PD20152311 烯酰吗啉/98%/原药/烯酰吗啉 98%/2015.10.21 至 2020.10.21/低毒
PD20152383 噻虫啉/40%/悬浮剂/噻虫啉 40%/2015.10.22 至 2020.10.22/低毒
水稻 稻飞虱 72-100.8克/公顷 喷雾
PD20152398 异丙·莠去津/53%/悬浮剂/精异丙甲草胺 28%、莠去津 25%/2015.10.23 至 2020.10.23/低毒
春玉米田 一年生杂草 1629.75-2146.5克/公顷 土壤喷雾
PD20152453 噻唑膦/5%/可溶液剂/噻唑膦 5%/2015.12.04 至 2020.12.04/中等毒
黄瓜 根结线虫 1125-1500克/公顷 灌根
PD20152511 氟啶胺/40%/悬浮剂/氟啶胺 40%/2015.12.05 至 2020.12.05/低毒
马铃薯 晚疫病 206.85-236.4克/公顷 喷雾
PD20152610 茚虫威/23%/水分散粒剂/茚虫威 23%/2015.12.17 至 2020.12.17/低毒
甘蓝 小菜蛾 22.5-40.5克/公顷 喷雾
PD20152682 氰霜唑/100克/升/悬浮剂/氰霜唑 100克/升/2015.12.23 至 2020.12.23/一
番茄 晚疫病 / /
LS20150062 氟氯·吡虫啉/9%/可分散油悬浮剂/吡虫啉 7%、高效氟氯氰菊酯 2%/2015.03.20 至 2016.03.20/低毒
节瓜 蓟马 30-45克/公顷 喷雾
LS20150089 溴氰·噻虫啉/15%/可分散油悬浮剂/溴氰菊酯 2%、噻虫啉 13%/2015.04.16 至 2016.04.16/低毒
茶树 茶小绿叶蝉 7.5-15克/公顷 喷雾
LS20150103 噻虫啉/21%/可分散油悬浮剂/噻虫啉 21%/2015.04.20 至 2016.04.20/低毒
水稻 灰飞虱 85.05-100.8克/公顷 喷雾
LS20150119 氟氯·噻虫啉/10%/悬乳剂/高效氟氯氰菊酯 1%、噻虫啉 9%/2015.05.12 至 2016.05.12/低毒
枣树 盲蝽蟓 50-66.7毫克/千克 喷雾
LS20150173 吡虫·高氟氯/18%/悬浮种衣剂/吡虫啉 9%、高效氟氯氰菊酯 9%/2015.06.14 至 2016.06.14/低毒
玉米 金针虫 98-180克/100千克种子 种子包衣
LS20150188 阿维菌素/0.5%/可溶液剂/阿维菌素 0.5%/2015.06.14 至 2016.06.14/中等毒(原药高毒)
番茄 根结线虫 112.5-150.0克/公顷 灌根
LS20150222 氟醚菌酰胺/98%/原药/氟醚菌酰胺 98%/2015.07.30 至 2016.07.30/低毒
LS20150226 氟醚菌酰胺/50%/水分散粒剂/氟醚菌酰胺 50%/2015.07.30 至 2016.07.30/低毒
黄瓜 霜霉病 45-67.5克/公顷 喷雾
LS20150237 氟醚·己唑醇/40%/悬浮剂/己唑醇 20%、氟醚菌酰胺 20%/2015.07.30 至 2016.07.30/低毒
水稻 纹枯病 75-90克/公顷 喷雾
LS20150239 吡虫·硫双威/48%/悬浮种衣剂/吡虫啉 28%、硫双威 20%/2015.07.30 至 2016.07.30/低毒
花生 蛴螬 21.6-28.8克/100千克种子 种子包衣
WP20130242 吡虫啉/20%/悬浮剂/吡虫啉 20%/2013.11.20 至 2018.11.20/低毒
木材 白蚁 1000毫克/千克 浸泡
土壤 白蚁 4克/平方米 土壤处理

山东省梁山川田化学有限公司 (山东省梁山县水泊北路31号 272600 0537-7328397)

PD20101221 阿维菌素/1.8%/乳油/阿维菌素 1.8%/2015.02.24 至 2020.02.24/低毒(原药高毒)
梨树 梨木虱 1-2毫克/千克 喷雾

山东省梁山及时雨化工有限公司 (山东省梁山县县城文化路22号 272600 0537-7401110)

PD20150692 阿维·高氯/2.4%/乳油/阿维菌素 0.2%、高效氯氰菊酯 2.2%/2015.04.20 至 2020.04.20/低毒(原药高毒)
甘蓝 菜青虫、小菜蛾 13.5-27克/公顷 喷雾

山东省梁山鲁鹏化工有限公司 (山东省梁山县韩垓镇双韩路开发区 272600 0537-7657978)

WP20080465 杀虫气雾剂/0.24%/气雾剂/胺菊酯 0.18%、高效氯氰菊酯 0.06%/2013.12.16 至 2018.12.16/低毒
卫生 蚊、蝇 / 喷雾
WP20090037 杀虫喷射剂/0.48%/喷射剂/胺菊酯 0.26%、氯菊酯 0.22%/2014.01.15 至 2019.01.15/低毒
卫生 蚊、蝇 / 喷射
WP20110067 高效氯氰菊酯/5%/可湿性粉剂/高效氯氰菊酯 5%/2011.03.17 至 2016.03.17/低毒

卫生 蚊、蝇、蜚蠊 30－40毫克/平方米 滞留喷洒

WP20120085 蚊香/0.3%/蚊香/富右旋反式烯丙菊酯 0.3%/2012.05.05 至 2017.05.05/微毒

卫生 蚊 / 点燃

山东省聊城凤凰精细化工有限公司 (山东省聊城市东昌西路127号 252000 0635-8422179)

WP20080363 杀虫气雾剂/0.44%/气雾剂/胺菊酯 0.24%、氯菊酯 0.2%/2013.12.10 至 2018.12.10/低毒

卫生 蚊、蝇 / 喷雾

山东省聊城金太阳日用化工有限公司 (山东省聊城市东昌府区闫寺工业区1号 252036 0635-8721118)

WP20090263 蚊香/0.23%/蚊香/富右旋反式烯丙菊酯 0.23%/2014.05.11 至 2019.05.11/低毒

卫生 蚊 / 点燃

WP20090376 杀虫气雾剂/0.44%/气雾剂/胺菊酯 0.40%、溴氰菊酯 0.04%/2014.12.07 至 2019.12.07/低毒

卫生 蚊、蝇 / 喷雾

山东省聊城经济开发区齐龙精细化工厂 (山东省聊城市经济开发区许营工业园 252000 0635-8591045)

WP20130227 杀虫气雾剂/0.4%/气雾剂/胺菊酯 0.25%、氯菊酯 0.15%/2013.11.05 至 2018.11.05/微毒

室内 蚊、蝇、蜚蠊 / 喷雾

WP20150094 蚊香/0.05%/蚊香/氯氟醚菊酯 .05%/2015.05.25 至 2020.05.25/微毒

室内 蚊 / 点燃

山东省聊城市长城精细化工厂 (山东省聊城市嘉明工业园嘉和路27号 252000 0635-8721696)

WP20090197 杀虫气雾剂/0.23%/气雾剂/胺菊酯 0.2%、高效氯氰菊酯 0.03%/2014.03.23 至 2019.03.23/低毒

卫生 蚊、蝇 / 喷雾

山东省聊城市东昌府区国泰精细化工厂 (山东省聊城市东昌府区凤凰工业园1号路东段 252000 0635-8570256)

WP20080468 杀虫气雾剂/0.3%/气雾剂/胺菊酯 0.25%、氯氰菊酯 0.05%/2013.12.16 至 2018.12.16/低毒

卫生 蚊、蝇 / 喷雾

WP20110037 杀虫气雾剂/0.4%/气雾剂/胺菊酯 0.25%、氯菊酯 0.15%/2016.02.10 至 2021.02.10/微毒

卫生 蚊、蝇、蜚蠊 / 喷雾

山东省聊城市东昌府区金洁日化有限公司 (聊城市东昌府区凤凰工业园纬三路中段路南 252000 0635-6108666)

WP20090021 杀虫气雾剂/0.29%/气雾剂/胺菊酯 0.26%、高效氯氰菊酯 0.03%/2014.01.08 至 2019.01.08/低毒

卫生 蚊、蝇、蜚蠊 / 喷雾

山东省聊城市东昌府区康美精细化工厂 (山东省聊城市许营乡绣衣集村 252023 0635-8595868)

WP20110104 杀虫气雾剂/0.5%/气雾剂/胺菊酯 0.3%、氯菊酯 0.2%/2011.04.22 至 2016.04.22/微毒

卫生 蜚蠊、蚊、蝇 / 喷雾

WP20150210 蚊香/0.05%/蚊香/四氟苯菊酯 0.05%/2015.12.18 至 2020.12.18/微毒

室内 蚊 / 点燃

山东省聊城市东昌府区水城爱家精细化工厂 (山东省聊城市凤凰工业园 252000 0635-8577099)

WP20100147 杀虫气雾剂/0.55%/气雾剂/胺菊酯 0.3%、富右旋反式烯丙菊酯 0.1%、氯菊酯 0.15%/2015.11.30 至 2020.11.30/微毒

卫生 蚊、蝇 / 喷雾

山东省聊城市金霸王精细化工厂 (山东省聊城市东昌府区侯营镇驻地 252028 0635-8562266)

WP20080550 蚊香/0.2%/蚊香/富右旋反式烯丙菊酯 0.2%/2013.12.24 至 2018.12.24/低毒

卫生 蚊 / 点燃

WP20090234 杀虫气雾剂/0.52%/气雾剂/胺菊酯 0.33%、氯菊酯 0.19%/2014.04.14 至 2019.04.14/低毒

卫生 蚊、蝇 / 喷雾

山东省聊城市经济开发区嘉乐宝日化厂 (山东省聊城市东昌府区乐园小区10号楼 252000 0635-8986749)

WP20080528 杀虫气雾剂/0.46%/气雾剂/胺菊酯 0.26%、氯菊酯 0.2%/2013.12.23 至 2018.12.23/微毒

卫生 蚊、蝇 / 喷雾

WP20150209 电热蚊香液/0.6%/电热蚊香液/氯氟醚菊酯 .6%/2015.10.25 至 2020.10.25/微毒

室内 蚊 / 电热加温

山东省聊城市康泰精细化工厂 (山东省阳谷县张秋镇景阳岗旅游区北邻 252319 0635-6732766)

WP20080504 杀虫气雾剂/0.24%/气雾剂/高效氯氰菊酯 0.04%、右旋胺菊酯 0.20%/2013.12.22 至 2018.12.22/低毒

卫生 蚊、蝇 / 喷雾

WP20090171 蚊香/0.2%/蚊香/富右旋反式烯丙菊酯 0.2%/2014.03.09 至 2019.03.09/微毒

卫生 蚊 / 点燃

山东省聊城市鲁西精细化工厂 (山东省聊城市南东外环路南首 252000 0635-8530066)

WP20080537 杀虫气雾剂/0.37%/气雾剂/胺菊酯 0.33%、氯氰菊酯 0.04%/2013.12.23 至 2018.12.23/低毒

卫生 蚊、蝇 / 喷雾

山东省聊城市鲁亚精细化工厂 (山东省聊城市东昌府区南外环路东首 252000 0635-8531389)

WP20080416 杀虫气雾剂/0.37%/气雾剂/胺菊酯 0.33%、氯氰菊酯 0.04%/2013.12.12 至 2018.12.12/低毒

卫生 蚊、蝇 / 喷雾

WP20080581 杀虫气雾剂/0.6%/气雾剂/胺菊酯 0.15%、富右旋反式烯丙菊酯 0.15%、氯菊酯 0.3%/2013.12.29 至 2018.12.29/低毒

卫生 蚊、蝇 / 喷雾

WP20110110 杀虫气雾剂/0.37%/气雾剂/胺菊酯 0.25%、氯菊酯 0.12%/2011.04.25 至 2016.04.25/微毒

卫生 蚊、蝇、蜚蠊 / 喷雾

WP20150044 电热蚊香液/0.6%/电热蚊香液/氯氟醚菊酯 0.6%/2015.03.20 至 2020.03.20/微毒

室内 蚊 / 电热加温

WP20150086 电热蚊香片/10毫克/片/电热蚊香片/炔丙菊酯 5毫克/片、氯氟醚菊酯 5毫克/片/2015.05.18 至 2020.05.18/微毒

室内 蚊 / 电热加温
WP20150087 蚊香/0.05%/蚊香/氯氟醚菊酯 0.05%/2015.05.18 至 2020.05.18/微毒
室内 蚊 / 点燃

山东省聊城市齐鲁精细化工厂 （山东省聊城市南东外环路 252024 0635-8591099）

WP20080094 杀虫气雾剂/0.37%/气雾剂/胺菊酯 0.33%、氯氰菊酯 0.04%/2013.09.01 至 2018.09.01/低毒
卫生 蚊、蝇 / 喷雾
WP20110130 杀虫气雾剂/0.65%/气雾剂/胺菊酯 0.56%、氯氰菊酯 0.09%/2011.06.02 至 2016.06.02/微毒
室内 蚊、蝇、蜚蠊 / 喷雾

山东省聊城市圣达日化科技有限公司 （山东省聊城市东昌府区侯营镇驻地圣达日化公司 252000 0635-8562266）

WP20080063 杀虫气雾剂/0.26%/气雾剂/胺菊酯 0.21%、氯氰菊酯 0.05%/2013.04.29 至 2018.04.29/低毒
卫生 蚊、蝇、蜚蠊 / 喷雾
WP20140044 蚊香/0.05%/蚊香/氯氟醚菊酯 0.05%/2014.03.06 至 2019.03.06/微毒
室内 蚊 / 点燃
WP20140045 杀虫气雾剂/0.45%/气雾剂/胺菊酯 0.25%、氯菊酯 0.2%/2014.03.06 至 2019.03.06/微毒
室内 蚊、蝇 / 喷雾
WP20150049 电热蚊香片/10毫克/片/电热蚊香片/炔丙菊酯 5毫克/片、氯氟醚菊酯 5毫克/片/2015.03.20 至 2020.03.20/微毒
室内 蚊 / 电热加温
WP20150114 电热蚊香液/0.8%/电热蚊香液/氯氟醚菊酯 0.8%/2015.06.26 至 2020.06.26/微毒
室内 蚊 / 电热加温

山东省聊城市曙光化工有限公司 （山东省聊城市东昌府区侯营工业园区 252000 0635-8569188）

WP20130149 杀虫气雾剂/0.31%/气雾剂/胺菊酯 0.26%、高效氯氰菊酯 0.05%/2013.07.05 至 2018.07.05/微毒
卫生 蚊、蝇 / 喷雾
WP20140115 蚊香/0.05%/蚊香/氯氟醚菊酯 0.05%/2014.05.12 至 2019.05.12/微毒
室内 蚊 / 点燃
WP20140120 电热蚊香液/0.8%/电热蚊香液/氯氟醚菊酯 0.8%/2014.06.04 至 2019.06.04/微毒
室内 蚊 / 电热加温
WP20150063 电热蚊香液/0.9%/电热蚊香液/四氟苯菊酯 .9%/2015.04.17 至 2020.04.17/微毒
室内 蚊 / 电热加温

山东省聊城市泰鑫化工有限公司 （山东省聊城市开发区东城工业园 252000 0635-8530068）

WP20080444 蚊香/0.28%/蚊香/富右旋反式炔丙菊酯 0.28%/2013.12.15 至 2018.12.15/微毒
卫生 蚊 / 点燃
WP20080448 杀虫气雾剂/0.4%/气雾剂/胺菊酯 0.25%、氯菊酯 0.15%/2013.12.16 至 2018.12.16/低毒
卫生 蚊、蝇 / 喷雾
WP20080587 杀虫气雾剂/0.24%/气雾剂/高效氯氰菊酯 0.04%、右旋胺菊酯 0.20%/2013.12.29 至 2018.12.29/低毒
卫生 蚊、蝇 / 喷雾

山东省聊城市新兴卫生药剂厂 （山东省聊城市西外环侯营工业园区 252028 0635-8568168）

WP20090046 杀虫气雾剂/0.34%/气雾剂/胺菊酯 0.30%、高效氯氰菊酯 0.04%/2014.01.20 至 2019.01.20/低毒
卫生 蚊、蝇 / 喷雾
WP20090172 杀虫粉剂/0.05%/粉剂/高效氯氰菊酯 0.05%/2014.03.10 至 2019.03.10/低毒
卫生 麦蛾、米象 0.2-0.6毫克/千克 拌粮
卫生 虱、跳蚤 3克制剂/平方米 撒布
WP20090200 杀虫水乳剂/0.36%/水乳剂/高效氯氰菊酯 0.06%、氯菊酯 0.3%/2014.03.23 至 2019.03.23/低毒
卫生 蚊、蝇 喷射

山东省聊城天骄日用化工有限公司 （山东省聊城市东昌府区闫寺工业区 252036 0635-8722689）

WP20080520 蚊香/0.26%/蚊香/富右旋反式炔丙菊酯 0.26%/2013.12.23 至 2018.12.23/低毒
卫生 蚊 / 点燃
WP20090221 杀虫气雾剂/0.25%/气雾剂/胺菊酯 0.2%、高效氯氰菊酯 0.05%/2014.04.09 至 2019.04.09/低毒
卫生 蚊、蝇 / 喷雾

山东省聊城同大纳米科技有限公司 （山东省聊城市东昌府区闫寺工业区 252000 0635-8721336）

WP20090198 杀虫气雾剂/0.33%/气雾剂/胺菊酯 0.15%、氯菊酯 0.18%/2014.03.23 至 2019.03.23/低毒
卫生 蚊、蝇 / 喷雾

山东省临清市第一农用制剂厂 （山东省聊城市临清市康庄镇康四街296号 252656 0635-2714060）

WP20090047 杀虫气雾剂/0.48%/气雾剂/胺菊酯 0.33%、氯菊酯 0.15%/2014.01.21 至 2019.01.21/低毒
卫生 蚊、蝇 / 喷雾

山东省临沂红星日用化学有限公司 （山东省临沂市罗庄区双月湖街道三岗子工业园 276000 0539-8101083）

WP20080602 杀虫气雾剂/0.26%/气雾剂/胺菊酯 0.21%、氯氰菊酯 0.05%/2013.12.31 至 2018.12.31/低毒
卫生 蚊、蝇 / 喷雾
WP20120050 杀虫气雾剂/0.4/气雾剂/胺菊酯 0.3%、富右旋反式烯丙菊酯 0.06%、高效氯氰菊酯 0.04%/2012.03.28 至 2017.03.28/微毒
卫生 蚊、蝇、蜚蠊 / 喷雾

山东省临沂圣健工贸有限公司 （山东省临沂市河东区九曲办事处北王庄村工业园 276034 0539-8086555）

WP20110270 杀虫气雾剂/0.6%/气雾剂/胺菊酯 0.3%、富右旋反式烯丙菊酯 0.1%、氯菊酯 0.2%/2011.12.14 至 2016.12.14/微毒
卫生 蚊、蝇、蜚蠊 / 喷雾

WP20120257 杀虫气雾剂/0.32%/气雾剂/胺菊酯 0.27%、氯氰菊酯 0.05%/2012.12.26 至 2017.12.26/微毒
卫生 蚊、蝇、蜚蠊 / 喷雾
WP20130096 蚊香/0.05%/蚊香/氯氟醚菊酯 0.05%/2013.05.20 至 2018.05.20/微毒
室内 蚊 / 点燃
WP20150146 电热蚊香片/10毫克/片/电热蚊香片/炔丙菊酯 5毫克/片、氯氟醚菊酯 5毫克/片/2015.07.31 至 2020.07.31/微毒
室内 蚊 / 电热加温
WP20150165 电热蚊香液/0.8%/电热蚊香液/氯氟醚菊酯 0.8%/2015.08.28 至 2020.08.28/微毒
卫生 蚊 / 电热加温

山东省临沂市宝韵化妆品有限公司 (山东省临沂市罗庄区双月湖街道化武路西段 276000 0539-8101083)

WP20120089 杀虫气雾剂/0.5%/气雾剂/胺菊酯 0.25%、富右旋反式烯丙菊酯 0.15%、氯氰菊酯 0.1%/2012.05.11 至2017.05.11/微毒
卫生 蚊、蝇、蜚蠊 / 喷雾

山东省临沂市昌运卫生用品有限公司 (山东省临沂市河东区凤凰岭西许庄工业园 276000 0539-8060170)

WP20090373 杀虫气雾剂/0.4%/气雾剂/胺菊酯 0.21%、富右旋反式烯丙菊酯 0.06%、氯菊酯 0.13%/2014.11.30 至 2019.11.30/微毒
卫生 蜚蠊、蚊、蝇 / 喷雾
WP20150185 杀虫气雾剂/0.37%/气雾剂/胺菊酯 0.25%、氯菊酯 0.12%/2015.09.22 至 2020.09.22/微毒
室内 蚊、蝇、蜚蠊 / 喷雾

山东省临沂市罗庄区恒谊精细化工厂 (山东省临沂市罗庄区罗庄街道韦姜屯村南 276017 0539-8246226)

WP20110161 杀虫气雾剂/0.51%/气雾剂/胺菊酯 0.3%、氯菊酯 0.21%/2011.06.20 至 2016.06.20/微毒
卫生 蜚蠊、蚊、蝇 / 喷雾

山东省临沂市奇星精细化工厂 (山东省临沂市河东区相公镇 276025 0539-8881482)

WP20080544 杀虫气雾剂/0.35%/气雾剂/胺菊酯 0.18%、氯菊酯 0.17%/2013.12.24 至 2018.12.24/微毒
卫生 蚊、蝇 / 喷雾

山东省临沂市胜豹日用化工有限公司 (山东省临沂市河东区相公镇小茅茨村 276025 0539-8360330)

WP20110039 杀虫气雾剂/0.45%/气雾剂/胺菊酯 0.25%、氯菊酯 0.2%/2016.02.11 至 2021.02.11/微毒
卫生 蚊、蝇、蜚蠊 / 喷雾

山东省临沂市圣亚精细化工有限公司 (山东省临沂市工业开发区临西十路中段 276000 0539-8532599)

WP20080563 杀虫气雾剂/0.28%/气雾剂/胺菊酯 0.23%、氯氰菊酯 0.05%/2013.12.24 至 2018.12.24/低毒
卫生 蚂蚁、蚊、蝇、蜚蠊 / 喷雾
WP20080577 杀虫气雾剂/0.52%/气雾剂/胺菊酯 0.33%、氯菊酯 0.19%/2013.12.29 至 2018.12.29/低毒
卫生 蚊、蝇 / 喷雾
WP20090054 蚊香/0.25%/蚊香/富右旋反式烯丙菊酯 0.25%/2014.01.21 至 2019.01.21/低毒
卫生 蚊 / 点燃
WP20090083 杀虫气雾剂/0.36%/气雾剂/胺菊酯 0.15%、富右旋反式烯丙菊酯 0.11%、氯菊酯 0.1%/2014.02.02 至 2019.02.02/低毒
卫生 蜚蠊、蚂蚁、蚊、蝇 / 喷雾
WP20090149 杀虫气雾剂/0.15%/气雾剂/Es-生物烯丙菊酯 0.1%、氯氰菊酯 0.05%/2014.03.03 至 2019.03.03/微毒
卫生 蚊、蝇 / 喷雾
WP20150126 电热蚊香片/15毫克/片/电热蚊香片/四氟苯菊酯 15毫克/片/2015.07.30 至 2020.07.30/微毒
室内 蚊 / 电热加温
WL20130014 电热蚊香液/1.2%/电热蚊香液/四氟苯菊酯 1.2%/2015.02.21 至 2016.02.21/微毒
卫生 蚊 / 电热加温

山东省临沂市威克气雾剂有限公司 (山东省临沂市南坊镇赵岔河村 276000 0539-8951859)

WP20080533 杀虫气雾剂/0.55%/气雾剂/胺菊酯 0.3%、富右旋反式烯丙菊酯 0.15%、氯菊酯 0.1%/2013.12.23 至 2018.12.23/微毒
卫生 蚊、蝇、蜚蠊 / 喷雾

山东省临沂市友谊日化有限公司 (山东省临沂市兰山区兰山办事处郭庄工业园 276012 0539-8417708)

WP20080346 杀虫气雾剂/0.35%/气雾剂/胺菊酯 0.30%、氯氰菊酯 0.05%/2013.12.09 至 2018.12.09/低毒
卫生 蜚蠊、蚊、蝇 / 喷雾
WP20110129 蚊香/0.3%/蚊香/Es-生物烯丙菊酯 0.3%/2011.05.30 至 2016.05.30/微毒
卫生 蚊 / 点燃
WP20130127 电热蚊香液/1.3%/电热蚊香液/炔丙菊酯 1.3%/2013.06.08 至 2018.06.08/微毒
卫生 蚊 / 电热加温
WP20130167 蚊香/0.05%/蚊香/氯氟醚菊酯 0.05%/2013.07.29 至 2018.07.29/微毒
室内 蚊 / 点燃
WP20130198 杀虫气雾剂/0.4%/气雾剂/胺菊酯 0.25%、氯菊酯 0.15%/2013.09.24 至 2018.09.24/微毒
卫生 蚊、蝇、蜚蠊 / 喷雾
WP20140075 杀虫气雾剂/0.28%/气雾剂/胺菊酯 0.15%、富右旋反式烯丙菊酯 0.08%、氯氰菊酯 0.05%/2014.04.08 至2019.04.08/低毒
室内 蚊、蝇、蜚蠊 / 喷雾
WL20130002 电热蚊香片/10毫克/片/电热蚊香片/炔丙菊酯 5毫克/片、氯氟醚菊酯 5毫克/片/2014.01.04 至 2015.01.04/微毒
室内 蚊 / 电热加温

山东省临沂市靓宣化妆品厂 (山东省临沂市河东区九曲镇九曲村 276000 0539-8201217)

WP20110158 杀虫气雾剂/0.32%/气雾剂/胺菊酯 0.17%、氯菊酯 0.15%/2011.06.20 至 2016.06.20/微毒
卫生 蚊、蝇、蜚蠊 / 喷雾

山东省龙口市化工厂 (山东省烟台市龙口市兰高镇四平路北 265709 0535-8637869)

PD84121-5 磷化铝/56%/片剂/磷化铝 56%/2014.04.14 至 2019.04.14/高毒

洞穴	室外啮齿动物	根据洞穴大小而定	密闭熏蒸
货物	仓储害虫	5-10片/1000千克	密闭熏蒸
空间	多种害虫	1-4片/立方米	密闭熏蒸
粮食、种子	储粮害虫	3-10片/1000千克	密闭熏蒸

PD20095559 磷化铝/85%/原药/磷化铝 85%/2014.05.12 至 2019.05.12/高毒

PD20110859 硫酰氟/99%/气体制剂/硫酰氟 99%/2011.08.23 至 2016.08.23/中等毒

黄瓜(保护地)	根结线虫	50-70克/平方米	土壤熏蒸
原粮	仓储害虫	10克/立方米	密闭熏蒸

注:仅限专业人员使用。

WP20060013 硫酰氟/99%/原药/硫酰氟 99%/2011.11.01 至 2016.11.01/中等毒

WP20060014 硫酰氟/99%/熏蒸剂/硫酰氟 99%/2011.11.01 至 2016.11.01/中等毒

卫生	蜚蠊	/	熏蒸

山东省绿士农药有限公司 (山东省齐河经济开发区金能大道北首 251100 0534-5756113)

PD86157-17 硫磺/50%/悬浮剂/硫磺 50%/2015.01.27 至 2020.01.27/低毒

果树	白粉病	200-400倍液	喷雾
花卉	白粉病	750-1500克/公顷	喷雾
黄瓜	白粉病	1125-1500克/公顷	喷雾
橡胶树	白粉病	1875-3000克/公顷	喷雾
小麦	白粉病、螨	3000克/公顷	喷雾

PD20040421 高效氯氰菊酯/4.5%/乳油/高效氯氰菊酯 4.5%/2014.12.19 至 2019.12.19/中等毒

韭菜	迟眼蕈蚊	6.75-13.5克/公顷	喷雾
辣椒	烟青虫	24-34克/公顷	喷雾
荔枝树	蒂蛀虫	45-56.25克/公顷	喷雾
棉花	棉铃虫	15-30克/公顷	喷雾
十字花科蔬菜	菜蚜	13.5-18克/公顷	喷雾

PD20081286 多效唑/15%/可湿性粉剂/多效唑 15%/2013.09.25 至 2018.09.25/低毒

水稻育秧田	促分蘖、控制生长	200-300毫克/千克	喷雾

PD20081960 噁酮·乙草胺/36%/乳油/噁草酮 6%、乙草胺 30%/2013.11.24 至 2018.11.24/低毒

花生田	一年生杂草	810-1350克/公顷	播后苗前土壤喷雾

PD20082113 甲硫·福美双/50%/可湿性粉剂/福美双 20%、甲基硫菌灵 30%/2013.11.25 至 2018.11.25/中等毒

苹果树	轮纹病	500-700倍液	喷雾

PD20084129 啶虫脒/3%/可湿性粉剂/啶虫脒 3%/2013.12.16 至 2018.12.16/低毒

柑橘树	蚜虫	8.6-12毫克/千克	喷雾

PD20084585 氰戊·马拉松/20%/乳油/马拉硫磷 15%、氰戊菊酯 5%/2013.12.18 至 2018.12.18/中等毒

苹果树	桃小食心虫	133-200毫克/千克	喷雾
小麦	蚜虫	60-90克/公顷	喷雾

PD20084749 甲氰·辛硫磷/25%/乳油/甲氰菊酯 3%、辛硫磷 22%/2013.12.22 至 2018.12.22/中等毒

棉花	棉铃虫	281.25-375克/公顷	喷雾

PD20085121 氰戊·氧乐果/25%/乳油/氰戊菊酯 5%、氧乐果 20%/2013.12.23 至 2018.12.23/中等毒(原药高毒)

棉花	棉铃虫	112.5-187.5克/公顷	喷雾

PD20090237 乙铝·百菌清/75%/可湿性粉剂/百菌清 37%、三乙膦酸铝 38%/2014.01.09 至 2019.01.09/低毒

黄瓜	霜霉病	1406-2109克/公顷	喷雾

PD20092559 啶虫脒/5%/乳油/啶虫脒 5%/2014.02.26 至 2019.02.26/低毒

莲藕	莲缢管蚜	15-22.5克/公顷	喷雾
苹果树	蚜虫	15-20毫克/千克	喷雾
烟草	蚜虫	13.5-18克/公顷	喷雾

PD20093624 仲丁灵/360克/升/乳油/仲丁灵 360克/升/2014.03.25 至 2019.03.25/低毒

烟草	抑制腋芽生长	72-90毫克/株	杯淋法

PD20093896 代森锰锌/80%/可湿性粉剂/代森锰锌 80%/2014.03.25 至 2019.03.25/低毒

苹果树	轮纹病	1000-1333毫克/千克	喷雾

PD20095706 阿维菌素/1.8%/乳油/阿维菌素 1.8%/2014.05.15 至 2019.05.15/低毒(原药高毒)

甘蓝	菜青虫	8.1-10.8克/公顷	喷施
茭白	二化螟	9.5-13.5克/公顷	喷雾

PD20095995 乙铝·锰锌/50%/可湿性粉剂/代森锰锌 22%、三乙膦酸铝 28%/2014.06.11 至 2019.06.11/低毒

黄瓜	霜霉病	1400-4200克/公顷	喷雾

PD20096068 辛硫·高氯氟/16%/乳油/高效氯氟氰菊酯 0.7%、辛硫磷 15.3%/2014.06.18 至 2019.06.18/低毒

棉花	棉铃虫	144-204克/公顷	喷雾

PD20096526 阿维·高氯/1.8%/乳油/阿维菌素 0.3%、高效氯氰菊酯 1.5%/2014.08.20 至 2019.08.20/低毒(原药高毒)

甘蓝	菜青虫、小菜蛾	7.5-15克/公顷	喷雾

PD20097587 吗胍·乙酸铜/20%/可湿性粉剂/盐酸吗啉胍 16%、乙酸铜 4%/2014.11.03 至 2019.11.03/低毒

番茄	病毒病	499.5-750克/公顷	喷雾
烟草	病毒病	500-750克/公顷	喷雾

PD20100957　毒死蜱/45%/乳油/毒死蜱 45%/2015.01.19 至 2020.01.19/中等毒
　苹果树　绵蚜　1500-2000倍液　喷雾
PD20101884　甲氨基阿维菌素苯甲酸盐/1%/乳油/甲氨基阿维菌素 1%/2015.08.09 至 2020.08.09/低毒
　甘蓝　小菜蛾　2.25-3克/公顷　喷雾
　注:甲氨基阿维菌素苯甲酸盐含量: 1.14%。
PD20131026　哒螨灵/15%/乳油/哒螨灵 15%/2013.05.13 至 2018.05.13/低毒
　柑橘树　红蜘蛛　75-100毫克/千克　喷雾
PD20140573　阿维菌素/5%/乳油/阿维菌素 5%/2014.03.06 至 2019.03.06/中等毒(原药高毒)
　甘蓝　小菜蛾　9-11.25克/公顷　喷雾
PD20142175　苯醚甲环唑/37%/水分散粒剂/苯醚甲环唑 37%/2014.09.18 至 2019.09.18/低毒
　香蕉　叶斑病　92.5-123.3毫克/千克　喷雾
PD20151362　苏云金杆菌/8000IU/毫升/悬浮剂/苏云金杆菌 8000IU/毫升/2015.07.30 至 2020.07.30/低毒
　林木　美国白蛾　250-300倍液　喷雾
　棉花　棉铃虫　3750-6000克制剂/公顷　喷雾
PD20151945　氟虫腈/5%/悬浮种衣剂/氟虫腈 5%/2015.08.30 至 2020.08.30/低毒
　玉米　蛴螬　100-200克/100千克种子　种子包衣
PD20152169　阿维・四螨嗪/20.8%/悬浮剂/阿维菌素 0.8%、四螨嗪 20%/2015.09.22 至 2020.09.22/低毒(原药高毒)
　苹果树　红蜘蛛　83.2-138.7毫克/千克　喷雾
PD20152328　甲基硫菌灵/80%/可湿性粉剂/甲基硫菌灵 80%/2015.10.22 至 2020.10.22/低毒
　番茄　叶霉病　720-960克/公顷　喷雾
PD20152558　阿维菌素/1%/颗粒剂/阿维菌素 1%/2015.12.05 至 2020.12.05/低毒(原药高毒)
　黄瓜　根结线虫　220-260克/公顷　沟施、穴施
LS20150111　甲硫・己唑醇/45%/悬浮剂/甲基硫菌灵 40%、己唑醇 5%/2015.05.12 至 2016.05.12/低毒
　水稻　纹枯病　202.5-270克/公顷　喷雾
LS20150156　苯醚・甲硫/50%/悬浮剂/苯醚甲环唑 8%、甲基硫菌灵 42%/2015.06.10 至 2016.06.10/低毒
　苹果树　斑点落叶病　375-562.5毫克/千克　喷雾

山东省农科院植保所新农药中试厂　(山东省济南市历城区桑园路28号　250100　0531-88669286)

PD20093751　啶虫脒/5%/乳油/啶虫脒 5%/2014.03.25 至 2019.03.25/低毒
　苹果树　蚜虫　12-15毫克/千克　喷雾

山东省农业科学院高效农药实验厂　(山东省济南市桑园路2号　250100　0531-88275296)

PD20050052　高氯・吡虫啉/5%/乳油/吡虫啉 2%、高效氯氰菊酯 3%/2015.04.29 至 2020.04.29/低毒
　苹果树　蚜虫　16.7-25毫克/千克　喷雾
　小麦　蚜虫　15-22.5克/公顷　喷雾
PD20080841　多・福/50%/可湿性粉剂/多菌灵 20%、福美双 30%/2013.06.23 至 2018.06.23/低毒
　苹果树　轮纹病　500-600倍液　喷雾
PD20085130　氰戊・灭多威/20%/乳油/灭多威 18%、氰戊菊酯 2%/2013.12.23 至 2018.12.23/中等毒(原药高毒)
　棉花　棉铃虫　200-300克/公顷　喷雾

山东省平邑县蒙阳精细化工厂　(山东省平邑县柏林镇东武安村　273304　0539-4409181)

WP20110151　杀虫气雾剂/0.48%/气雾剂/胺菊酯 0.26%、氯菊酯 0.22%/2011.06.20 至 2016.06.20/微毒
　卫生　蚊、蝇　/　喷雾

山东省栖霞市化工厂　(山东省烟台市栖霞市文化路624号　265300　0535-5207792)

PD20080915　氟乐灵/480克/升/乳油/氟乐灵 480克/升/2013.07.14 至 2018.07.14/低毒
　棉花田　一年生禾本科杂草及部分阔叶杂草　864-1080克/公顷　土壤喷雾
PD20081483　硫磺・多菌灵/50%/可湿性粉剂/多菌灵 15%、硫磺 35%/2013.11.04 至 2018.11.04/低毒
　花生　叶斑病　1200-1800克/公顷　喷雾
PD20081611　硫磺・多菌灵/50%/悬浮剂/多菌灵 15%、硫磺 35%/2013.11.12 至 2018.11.12/中等毒
　花生　叶斑病　1200-1800克/公顷　喷雾
PD20081663　乙草胺/50%/乳油/乙草胺 50%/2013.11.14 至 2018.11.14/低毒
　春玉米田　部分阔叶杂草、一年生禾本科杂草　1500-2250克/公顷　喷雾
PD20086369　硫磺・三唑酮/50%/悬浮剂/硫磺 45%、三唑酮 5%/2013.12.31 至 2018.12.31/低毒
　小麦　白粉病　600-750克公顷　喷雾
PD20092239　异丙草・莠/42%/悬乳剂/异丙草胺 22%、莠去津 20%/2014.02.24 至 2019.02.24/低毒
　夏玉米田　一年生杂草　1260-1575克/公顷　播后苗前土壤喷雾
PD20095141　井冈・多菌灵/28%/悬浮剂/多菌灵 24%、井冈霉素 4%/2014.04.24 至 2019.04.24/低毒
　小麦　赤霉病　420-525克/公顷　喷雾
PD20100087　氰戊・灭多威/12%/乳油/灭多威 8%、氰戊菊酯 4%/2015.01.04 至 2020.01.04/高毒
　棉花　棉铃虫　60-90克/公顷　喷雾

山东省栖霞市通达化工有限公司　(山东省烟台市栖霞市市府路西首　265300　0535-5203233)

PD20083170　虫酰肼/20%/悬浮剂/虫酰肼 20%/2013.12.11 至 2018.12.11/低毒
　苹果　卷叶蛾　100-120毫克/千克　喷雾
PD20084485　腐霉・福美双/25%/可湿性粉剂/腐霉利 5%、福美双 20%/2013.12.17 至 2018.12.17/低毒
　番茄　灰霉病　225-375克/公顷　喷雾
PD20084537　杀螟丹/50%/可溶粉剂/杀螟丹 50%/2013.12.18 至 2018.12.18/中等毒

	水稻	二化螟	600-900克/公顷	喷雾
PD20084687	毒死蜱/40%/乳油/毒死蜱 40%/2013.12.22 至 2018.12.22/低毒			
	苹果树	绵蚜	160-266.7毫克/千克	喷雾
PD20084732	井冈霉素/5%/水剂/井冈霉素 5%/2013.12.22 至 2018.12.22/低毒			
	水稻	纹枯病	75-112.5克/公顷	喷雾
PD20085205	丁·莠/40%/悬浮剂/丁草胺 20%、莠去津 20%/2013.12.23 至 2018.12.23/低毒			
	夏玉米田	一年生杂草	1200-1500克/公顷	土壤喷雾
PD20085677	异菌脲/50%/可湿性粉剂/异菌脲 50%/2013.12.26 至 2018.12.26/低毒			
	苹果树	斑点落叶病	333-500毫克/千克	喷雾
PD20086205	甲硫·锰锌/50%/可湿性粉剂/甲基硫菌灵 15%、代森锰锌 35%/2013.12.30 至 2018.12.30/低毒			
	苹果树	炭疽病	500-1000毫克/千克	喷雾
PD20086209	霜脲·锰锌/36%/悬浮剂/代森锰锌 32%、霜脲氰 4%/2013.12.30 至 2018.12.30/低毒			
	黄瓜	霜霉病	1440-1800克/公顷	喷雾
PD20090966	甲硫·福美双/30%/悬浮剂/福美双 20%、甲基硫菌灵 10%/2014.01.20 至 2019.01.20/低毒			
	番茄	灰霉病	675-843.75克/公顷	喷雾
PD20091218	多·福/30%/可湿性粉剂/多菌灵 5%、福美双 25%/2014.02.01 至 2019.02.01/低毒			
	辣椒	立枯病	3-6克/平方米	每平米的用药量与15-20千克细土混匀,1/3撒于苗床底部,2/3覆盖在种子上面
PD20091736	腈菌唑/12.5%/乳油/腈菌唑 12.5%/2014.02.04 至 2019.02.04/低毒			
	梨树	黑星病	62.5-41.7毫克/千克	喷雾
PD20091779	啶虫脒/5%/乳油/啶虫脒 5%/2014.02.04 至 2019.02.04/低毒			
	柑橘树	蚜虫	10-12.5毫克/千克	喷雾
PD20091964	唑螨酯/5%/悬浮剂/唑螨酯 5%/2014.02.12 至 2019.03.26/低毒			
	苹果树	红蜘蛛	16.7-25毫克/千克	喷雾
PD20092006	三唑锡/20%/悬浮剂/三唑锡 20%/2014.02.12 至 2019.02.12/低毒			
	苹果	红蜘蛛	100-200毫克/千克	喷雾
PD20092988	氟铃·辛硫磷/20%/乳油/氟铃脲 2%、辛硫磷 18%/2014.03.09 至 2019.03.09/低毒			
	甘蓝	小菜蛾	90-150克/公顷	喷雾
PD20093009	烯酰·锰锌/69%/可湿性粉剂/代森锰锌 60%、烯酰吗啉 9%/2014.03.09 至 2019.03.09/低毒			
	黄瓜	霜霉病	1035-1380克/公顷	喷雾
PD20094632	灭多威/10%/可湿性粉剂/灭多威 10%/2014.04.10 至 2019.04.10/中等毒(原药高毒)			
	棉花	棉铃虫	270-360克/公顷	喷雾
PD20094633	三唑锡/8%/乳油/三唑锡 8%/2014.04.10 至 2019.04.10/中等毒			
	柑橘树	红蜘蛛	800-1200倍液	喷雾
PD20094642	高效氯氰菊酯/4.5%/乳油/高效氯氰菊酯 4.5%/2014.04.10 至 2019.04.10/中等毒			
	番茄	美洲斑潜蝇	18.75-22.5克/公顷	喷雾
PD20094883	硫磺·多菌灵/25%/可湿性粉剂/多菌灵 10%、硫磺 15%/2014.04.13 至 2019.04.13/低毒			
	黄瓜	白粉病	1350-1800克/公顷	喷雾
PD20097035	乙铝·多菌灵/60%/可湿性粉剂/多菌灵 20%、三乙膦酸铝 40%/2014.10.10 至 2019.10.10/低毒			
	苹果树	轮纹病	1000-1250毫克/千克	喷雾
PD20097359	混合氨基酸铜/10%/水剂/混合氨基酸铜 10%/2014.10.27 至 2019.10.27/低毒			
	西瓜	枯萎病	0.25-4.2克/株	灌根
PD20097573	哒螨灵/20%/可湿性粉剂/哒螨灵 20%/2014.11.03 至 2019.11.03/低毒			
	苹果树	红蜘蛛	50-60毫克/千克	喷雾
PD20097829	吡虫啉/10%/可湿性粉剂/吡虫啉 10%/2014.11.20 至 2019.11.20/低毒			
	水稻	稻飞虱	22.5-30克/公顷	喷雾
PD20100088	阿维菌素/1.8%/乳油/阿维菌素 1.8%/2015.01.04 至 2020.01.04/低毒(原药高毒)			
	柑橘树	潜叶蛾	6-9毫克/千克	喷雾
PD20100220	高氯·辛硫磷/20%/乳油/高效氯氰菊酯 1.5%、辛硫磷 18.5%/2015.01.11 至 2020.01.11/中等毒			
	苹果树	桃小食心虫	133.3-200mg/kg	喷雾
PD20110075	阿维·矿物油/30%/乳油/阿维菌素 0.3%、矿物油 29.7%/2016.01.20 至 2021.01.20/低毒(原药高毒)			
	小油菜	斑潜蝇	225-315克/公顷	喷雾
PD20120585	戊唑醇/25%/悬浮剂/戊唑醇 25%/2012.03.30 至 2017.03.30/低毒			
	苹果树	斑点落叶病	83.3-125毫克/千克	喷雾
山东省青岛奥迪斯生物科技有限公司 (山东省青岛莱西市昌阳工业园 266603 0532-82472068)				
PD88105-11	硫酸铜/96%,93%/原药/硫酸铜 96%,93%/2013.08.22 至 2018.08.22/低毒			
PD20060097	氯氰菊酯/5%/乳油/氯氰菊酯 5%/2011.05.22 至 2016.05.22/低毒			
	棉花	棉铃虫	67.5-90克/公顷	喷雾
	十字花科蔬菜	菜青虫	30-45克/公顷	喷雾
PD20060115	哒螨灵/15%/乳油/哒螨灵 15%/2011.06.13 至 2016.06.13/低毒			

苹果树　红蜘蛛　43-50毫克/千克　喷雾

PD20060125　吡虫啉/10%/可湿性粉剂/吡虫啉 10%/2011.06.26 至 2016.06.26/低毒

菠菜　蚜虫　30-45克/公顷　喷雾

韭菜　韭蛆　300-450克/公顷　药土法

莲藕　莲缢管蚜　15-30克/公顷　喷雾

芹菜　蚜虫　15-30克/公顷　喷雾

十字花科蔬菜　蚜虫　12-18克/公顷　喷雾

小麦　蚜虫　60-75克/公顷　喷雾

PD20070568　灭多威/40%/可溶粉剂/灭多威 40%/2012.12.03 至 2017.12.03/低毒

棉花　棉铃虫　180-240克/公顷　喷雾

PD20070574　虫酰肼/20%/悬浮剂/虫酰肼 20%/2012.12.03 至 2017.12.03/低毒

甘蓝　甜菜夜蛾　225-300克/公顷　喷雾

PD20080260　嘧霉胺/20%/可湿性粉剂/嘧霉胺 20%/2013.02.20 至 2018.02.20/低毒

黄瓜　灰霉病　360－540克/公顷　喷雾

PD20080567　甲霜・锰锌/58%/可湿性粉剂/甲霜灵 10%、代森锰锌 48%/2013.05.12 至 2018.05.12/低毒

黄瓜　霜霉病　1050－1305克/公顷　喷雾

PD20080840　草甘膦/95%/原药/草甘膦 95%/2013.06.20 至 2018.06.20/低毒

PD20080908　百菌清/75%/可湿性粉剂/百菌清 75%/2013.07.09 至 2018.07.09/低毒

黄瓜　霜霉病　1800－2400克/公顷　喷雾

苦瓜　霜霉病　1125-2250克/公顷　喷雾

PD20081335　烯酰・锰锌/69%/可湿性粉剂/代森锰锌 60%、烯酰吗啉 9%/2013.10.21 至 2018.10.21/低毒

黄瓜　霜霉病　1035－1380克/公顷　喷雾

PD20081880　噻酮・炔螨特/22%/乳油/炔螨特 20%、噻螨酮 2%/2013.11.20 至 2018.11.20/低毒

苹果树　二斑叶螨　137.5-275毫克/千克　喷雾

PD20082317　代森锰锌/70%/可湿性粉剂/代森锰锌 70%/2013.12.01 至 2018.12.01/低毒

番茄　早疫病　1837.5-2362.5克/公顷　喷雾

柑橘树　疮痂病、炭疽病　1333-2000毫克/千克　喷雾

梨树　黑星病　800-1600毫克/千克　喷雾

荔枝树　霜疫霉病　1333-2000毫克/千克　喷雾

苹果树　斑点落叶病、轮纹病、炭疽病　1000-1600毫克/千克　喷雾

西瓜　炭疽病　1560-2520　喷雾

PD20082365　草甘膦异丙胺盐/30%/水剂/草甘膦 30%/2013.12.01 至 2018.12.01/低毒

非耕地　杂草　1125-3000克/公顷　茎叶喷雾

注:草甘膦异丙胺盐含量：41%。

PD20082795　苏云金杆菌/8000IU/毫克/可湿性粉剂/苏云金杆菌 8000IU/毫克/2013.12.09 至 2018.12.09/低毒

茶树　茶毛虫　400-800倍液　喷雾

棉花　二代棉铃虫　3000-4500克制剂/公顷　喷雾

森林　松毛虫　600-800倍液　喷雾

十字花科蔬菜　小菜蛾　1500-2250克制剂/公顷　喷雾

十字花科蔬菜　菜青虫　750-1500克制剂/公顷　喷雾

水稻　稻纵卷叶螟　3000-4500克制剂/公顷　喷雾

烟草　烟青虫　1500-3000克制剂/公顷　喷雾

玉米　玉米螟　1500-3000克制剂/公顷　加细沙灌心

枣树　枣尺蠖　600-800倍液　喷雾

PD20084111　唑螨酯/5%/悬浮剂/唑螨酯 5%/2013.12.16 至 2018.12.16/低毒

柑橘树　红蜘蛛　25-50毫克/千克　喷雾

PD20084118　氯氰・敌敌畏/20%/乳油/敌敌畏 18%、氯氰菊酯 2%/2013.12.16 至 2018.12.16/低毒

十字花科蔬菜　黄条跳甲　150-225克/公顷　喷雾

PD20085723　三唑锡/25%/可湿性粉剂/三唑锡 25%/2013.12.26 至 2018.12.26/低毒

柑橘树　红蜘蛛　125-166.67毫克/千克　喷雾

PD20085877　啶虫脒/5%/可湿性粉剂/啶虫脒 5%/2013.12.29 至 2018.12.29/低毒

十字花科蔬菜　蚜虫　15-22.5克/公顷　喷雾

PD20085935　咪鲜胺/25%/乳油/咪鲜胺 25%/2013.12.29 至 2018.12.29/低毒

芒果树　炭疽病　250-500毫克/千克　喷雾

芹菜　斑枯病　187.5-262.5克/公顷　喷雾

PD20090199　阿维・炔螨特/56%/微乳剂/阿维菌素 0.3%、炔螨特 55.7%/2014.01.09 至 2019.01.09/中等毒(原药高毒)

柑橘树　红蜘蛛　140-280毫克/千克　喷雾

PD20090304　阿维菌素/3.2%/乳油/阿维菌素 3.2%/2014.01.12 至 2019.01.12/低毒(原药高毒)

十字花科蔬菜　小菜蛾　8.1-10.8克/公顷　喷雾

PD20090585　稻瘟灵/40%/可湿性粉剂/稻瘟灵 40%/2014.01.14 至 2019.01.14/低毒

水稻　稻瘟病　450-600克/公顷　喷雾

PD20090590　代森锌/80%/可湿性粉剂/代森锌 80%/2014.01.14 至 2019.01.14/低毒

苹果树　斑点落叶病　1143-1600毫克/千克　喷雾

PD20090763 甲氰·噻螨酮/7.5%/乳油/甲氰菊酯 5%、噻螨酮 2.5%/2014.01.19 至 2019.01.19/低毒
柑橘树 红蜘蛛 75-100毫克/千克 喷雾
PD20091858 阿维菌素/1.8%/乳油/阿维菌素 1.8%/2014.02.09 至 2019.02.09/低毒(原药高毒)
梨树 梨木虱 6-12毫克/千克 喷雾
十字花科蔬菜 小菜蛾 8.1-10.8克/公顷 喷雾
PD20093524 苯丁·哒螨灵/15%/乳油/苯丁锡 10%、哒螨灵 5%/2014.03.23 至 2019.03.23/低毒
柑橘树 红蜘蛛 75-100毫克/千克 喷雾
PD20093635 氟啶脲/50克/升/乳油/氟啶脲 50克/升/2014.03.25 至 2019.03.25/低毒
甘蓝 菜青虫 45-60克/公顷 喷雾
PD20093687 阿维·啶虫脒/4%/乳油/阿维菌素 1%、啶虫脒 3%/2014.03.25 至 2019.03.25/低毒(原药高毒)
黄瓜 蚜虫 6-12克/公顷 喷雾
PD20094695 阿维·甲氰/2.8%/乳油/阿维菌素 0.1%、甲氰菊酯 2.7%/2014.04.10 至 2019.04.10/低毒(原药高毒)
十字花科蔬菜 小菜蛾 29.4-42克/公顷 喷雾
PD20095883 精喹禾灵/5%/乳油/精喹禾灵 5%/2014.05.31 至 2019.05.31/低毒
春大豆田 一年生禾本科杂草 60—75克/公顷 茎叶喷雾
夏大豆田 一年生禾本科杂草 45—52.5克/公顷 茎叶喷雾
PD20095907 丙溴磷/40%/乳油/丙溴磷 40%/2014.06.02 至 2019.06.02/低毒
棉花 棉铃虫 300-450克/公顷 喷雾
十字花科蔬菜 小菜蛾 360-450克/公顷 喷雾
PD20096011 吡虫啉/20%/可溶液剂/吡虫啉 20%/2014.06.11 至 2019.06.11/低毒
十字花科蔬菜 蚜虫 15-30克/公顷 喷雾
PD20098089 吡虫·噻嗪酮/20%/可湿性粉剂/吡虫啉 2%、噻嗪酮 18%/2014.12.08 至 2019.12.08/低毒
水稻 飞虱 90-150克/公顷 喷雾
PD20098150 苏云金杆菌/8000IU/微升/悬浮剂/苏云金杆菌 8000IU/微升/2014.12.14 至 2019.12.14/低毒
茶树 茶毛虫 100-200倍液 喷雾
棉花 二代棉铃虫 6000-7500毫升制剂/公顷 喷雾
森林 森林松毛虫 100-200倍液 喷雾
十字花科蔬菜 菜青虫、小菜蛾 3000-4500毫升制剂/公顷 喷雾
水稻 稻纵卷叶螟 6000-7500毫升制剂/公顷 喷雾
烟草 烟青虫 6000-7500毫升制剂/公顷 喷雾
玉米 玉米螟 4500-6000毫升制剂/公顷 拌细沙撒心
枣树 枣尺蠖 100-200倍液 喷雾
PD20098152 丙环唑/250克/升/乳油/丙环唑 250克/升/2014.12.14 至 2019.12.14/低毒
莲藕 叶斑病 75-112.5克/公顷 喷雾
香蕉 叶斑病 250-500毫克/千克 喷雾
PD20098523 啶虫脒/5%/乳油/啶虫脒 5%/2014.12.24 至 2019.12.24/低毒
菠菜 蚜虫 22.5-37.5克/公顷 喷雾
柑橘树 蚜虫 16.7-20毫克/千克 喷雾
莲藕 莲缢管蚜 15-22.5克/公顷 喷雾
小麦 蚜虫 18-30克/公顷 喷雾
PD20100151 三乙膦酸铝/40%/可湿性粉剂/三乙膦酸铝 40%/2015.01.05 至 2020.01.05/低毒
黄瓜 霜霉病 1410-2820克/公顷 喷雾
PD20100156 炔螨·矿物油/73%/乳油/矿物油 33%、炔螨特 40%/2015.01.05 至 2020.01.05/低毒
柑橘树 红蜘蛛 243.3-365毫克/千克 喷雾
PD20101088 福·福锌/80%/可湿性粉剂/福美双 30%、福美锌 50%/2015.01.25 至 2020.01.25/低毒
黄瓜 炭疽病 1200-1800克/公顷 喷雾
PD20101125 苯丁锡/50%/可湿性粉剂/苯丁锡 50%/2015.01.25 至 2020.01.25/低毒
柑橘树 红蜘蛛 167-250毫克/千克 喷雾
PD20101247 盐酸吗啉胍/5%/可溶粉剂/盐酸吗啉胍 5%/2015.03.01 至 2020.03.01/低毒
番茄 病毒病 300-375克/公顷 喷雾
PD20101598 高效氯氟氰菊酯/25克/升/乳油/高效氯氟氰菊酯 25克/升/2015.06.03 至 2020.06.03/中等毒
棉花 棉铃虫 15-22.5克/公顷 喷雾
十字花科蔬菜 菜青虫 7.5-15克/公顷 喷雾
小麦 蚜虫 7.5-11.25克/公顷 喷雾
PD20101740 氰戊·喹硫磷/12.5%/乳油/喹硫磷 10.5%、氰戊菊酯 2%/2015.06.28 至 2020.06.28/中等毒
柑橘树 介壳虫 125-167毫克/千克 喷雾
PD20102053 十三吗啉/750克/升/乳油/十三吗啉 750克/升/2015.11.03 至 2020.11.03/低毒
橡胶树 红根病 15--22.5克/株 灌淋
PD20110128 辛硫·灭多威/20%/乳油/灭多威 8%、辛硫磷 12%/2011.01.28 至 2016.01.28/中等毒(原药高毒)
棉花 棉铃虫 150-300克/公顷 喷雾
PD20110722 苯甲·丙环唑/300克/升/乳油/苯醚甲环唑 150克/升、丙环唑 150克/升/2011.07.07 至 2016.07.07/低毒
水稻 纹枯病 67.5-78.75克/公顷 喷雾
PD20110759 甲氨基阿维菌素苯甲酸盐/2%/乳油/甲氨基阿维菌素 2%/2011.07.25 至 2016.07.25/低毒

甘蓝　甜菜夜蛾　2.85-4.5克/公顷　喷雾

注:甲氨基阿维菌素苯甲酸盐含量：2.3%。

PD20111219　吡虫啉/600克/升/悬浮剂/吡虫啉 600克/升/2011.11.17 至 2016.11.17/低毒

水稻　飞虱　12.5-15克/公顷　喷雾

PD20111348　吡虫·毒死蜱/22%/乳油/吡虫啉 2%、毒死蜱 20%/2011.12.09 至 2016.12.09/低毒

水稻　稻飞虱　115.5-132克/公顷　喷雾

PD20111458　戊唑醇/430克/升/悬浮剂/戊唑醇 430克/升/2011.12.31 至 2016.12.31/低毒

苦瓜　白粉病　77.4-116.1克/公顷　喷雾

苹果树　斑点落叶病　61.4-86毫克/千克　喷雾

小麦　叶锈病　75-120克/公顷　喷雾

PD20120261　香菇多糖/0.5%/水剂/香菇多糖 0.5%/2012.02.14 至 2017.02.14/低毒

番茄　病毒病　15.6－18.75克/公顷　喷雾

PD20120435　甲基硫菌灵/70%/可湿性粉剂/甲基硫菌灵 70%/2012.03.14 至 2017.03.14/低毒

番茄　叶霉病　375-562.5克/公顷　喷雾

PD20120737　氟虫腈/5%/悬浮种衣剂/氟虫腈 5%/2012.05.03 至 2017.05.03/低毒

玉米　蛴螬　1-2克/千克种子　拌种

PD20120739　50%醚菌酯水分散粒剂/50%/水分散粒剂/醚菌酯 50%/2012.05.03 至 2017.05.03/低毒

黄瓜　白粉病　120-165克/公顷　喷雾

PD20121080　吡虫啉/70%/种子处理可分散粉剂/吡虫啉 70%/2012.07.19 至 2017.07.19/低毒

玉米　蚜虫　420-490克/100千克种子　拌种

PD20121438　甲维·毒死蜱/30%/乳油/毒死蜱 29.7%、甲氨基阿维菌素苯甲酸盐 0.3%/2012.10.08 至 2017.10.08/中等毒

水稻　二化螟　270-382.5克/公顷　喷雾

PD20121439　矿物油/96.5%/乳油/矿物油 96.5%/2012.10.08 至 2017.10.08/低毒

柑橘树　红蜘蛛　4400-6600毫克/千克　喷雾

PD20121956　甲硫·戊唑醇/48%/可湿性粉剂/甲基硫菌灵 38%、戊唑醇 10%/2012.12.12 至 2017.12.12/低毒

苹果树　斑点落叶病　480-600毫克/千克　喷雾

PD20130025　氟环唑/12.5%/悬浮剂/氟环唑 12.5%/2013.01.04 至 2018.01.04/低毒

柑橘树　炭疽病　53-63毫克/千克　喷雾

小麦　锈病　90-112.5克/公顷　喷雾

PD20130029　甲氨基阿维菌素苯苯甲酸盐/5%/悬浮剂/甲氨基阿维菌素 5%/2013.01.07 至 2018.01.07/低毒

水稻　稻纵卷叶螟　7.5-15克/公顷　喷雾

注:甲氨基阿维菌素苯苯甲酸盐含量：5.7%。

PD20130070　噻唑膦/10%/颗粒剂/噻唑膦 10%/2013.01.07 至 2018.01.07/低毒

黄瓜　根结线虫　2250-3000克/公顷　撒施

PD20130235　唑酯·炔螨特/13%/水乳剂/炔螨特 10%、唑螨酯 3%/2013.01.30 至 2018.01.30/低毒

柑橘树　红蜘蛛　86.7-130毫克/千克　喷雾

PD20130608　吡蚜酮/50%/水分散粒剂/吡蚜酮 50%/2013.04.03 至 2018.04.03/低毒

水稻　稻飞虱　90-150克/公顷　喷雾

PD20130609　氯氟·啶虫脒/26%/水分散粒剂/啶虫脒 23.5%、高效氯氟氰菊酯 2.5%/2013.04.03 至 2018.04.03/低毒

小白菜　蚜虫　15.6-31.2克/公顷　喷雾

PD20130670　噻虫嗪/25%/水分散粒剂/噻虫嗪 25%/2013.04.08 至 2018.04.08/低毒

菠菜　蚜虫　22.5-30克/公顷　喷雾

芹菜、烟草　蚜虫　15-30克/公顷　喷雾

水稻　稻飞虱　7.5-15克/公顷　喷雾

PD20130690　吡蚜酮/25%/可湿性粉剂/吡蚜酮 25%/2013.04.09 至 2018.04.09/低毒

莲藕　莲缢管蚜　45-67.5克/公顷　喷雾

芹菜　蚜虫　75-120克/公顷　喷雾

水稻　稻飞虱　60-90克/公顷　喷雾

小麦　蚜虫　60-75克/公顷　喷雾

PD20130701　己唑醇/10%/悬浮剂/己唑醇 10%/2013.04.11 至 2018.04.11/低毒

水稻　纹枯病　45-75克/公顷　喷雾

小麦　锈病　22.5-30克/公顷　喷雾

PD20130722　烯酰吗啉/10%/水乳剂/烯酰吗啉 10%/2013.04.12 至 2018.04.12/低毒

黄瓜　霜霉病　225-300克/公顷　喷雾

PD20130725　嘧胺·乙霉威/26%/水分散粒剂/乙霉威 16%、嘧霉胺 10%/2013.04.12 至 2018.04.12/低毒

黄瓜　灰霉病　390-585克/公顷　喷雾

PD20130905　阿维·吡虫啉/5%/乳油/阿维菌素 0.5%、吡虫啉 4.5%/2013.04.27 至 2018.04.27/低毒(原药高毒)

梨树　梨木虱　8.33—12.5毫克/千克　喷雾

PD20130906　灭胺·杀虫单/30%/可湿性粉剂/灭蝇胺 5%、杀虫单 25%/2013.04.27 至 2018.04.27/低毒

菜豆　美洲斑潜蝇　225-337.5克/公顷　喷雾

PD20131094　烯酰·甲霜灵/30%/水分散粒剂/甲霜灵 8%、烯酰吗啉 22%/2013.05.20 至 2018.05.20/低毒

黄瓜　霜霉病　300-450克/公顷　喷雾

PD20131096　杀螺胺/70%/可湿性粉剂/杀螺胺 70%/2013.05.20 至 2018.05.20/低毒

水稻 福寿螺 315-420克 喷雾
PD20131185 联苯菊酯/4.5%/水乳剂/联苯菊酯 4.5%/2013.05.27 至 2018.05.27/低毒
黄瓜 白粉虱 9-15.75克/公顷 喷雾
PD20131255 阿维·灭蝇胺/31%/悬浮剂/阿维菌素 0.7%、灭蝇胺 30.3%/2013.06.04 至 2018.06.04/低毒(原药高毒)
菜豆 美洲斑潜蝇 75-100克/公顷 喷雾
PD20131358 噁霉·福美双/54.5%/可湿性粉剂/噁霉灵 9.5%、福美双 45%/2013.06.20 至 2018.06.20/低毒
黄瓜 立枯病 2.0－2.5克/平方米 苗床浇洒
PD20131662 氰氟草酯/10%/乳油/氰氟草酯 10%/2013.08.01 至 2018.08.01/低毒
水稻秧田 稗草 75-105克/公顷 喷雾
PD20132106 甲维·虫酰肼/8.8%/乳油/虫酰肼 8.4%、甲氨基阿维菌素苯甲酸盐 0.4%/2013.10.24 至 2018.10.24/低毒
甘蓝 甜菜夜蛾 39.6-52.8克/公顷 喷雾
PD20132148 阿维·吡虫啉/36%/水分散粒剂/阿维菌素 0.3%、吡虫啉 35.7%/2013.10.29 至 2018.10.29/低毒(原药高毒)
小白菜 蚜虫 27-37.8克/公顷 喷雾
PD20132374 丙环唑/48%/微乳剂/丙环唑 48%/2013.11.20 至 2018.11.20/低毒
香蕉 叶斑病 240-480毫升/千克 喷雾
PD20132438 草甘膦/50%/可溶粉剂/草甘膦 50%/2013.11.20 至 2018.11.20/低毒
苹果园 一年生杂草 1575-2250克/公顷 定向茎叶喷雾
PD20132660 茚虫威/15%/悬浮剂/茚虫威 15%/2013.12.20 至 2018.12.20/低毒
水稻 稻纵卷叶螟 33.75-45克/公顷 喷雾
PD20140094 联菊·啶虫脒/7.5%/乳油/啶虫脒 5%、联苯菊酯 2.5%/2014.01.20 至 2019.01.20/低毒
茶树 茶小绿叶蝉 45-60克/公顷 喷雾
PD20140234 螺螨酯/240克/升/悬浮剂/螺螨酯 240克/升/2014.01.29 至 2019.01.29/低毒
柑橘树 红蜘蛛 40-60毫克/千克 喷雾
PD20140532 吡虫·毒死蜱/25%/微囊悬浮剂/吡虫啉 5%、毒死蜱 20%/2014.03.06 至 2019.03.06/低毒
花生 金针虫 2025—2250克/公顷 药土法
PD20140561 硝磺草酮/15%/悬浮剂/硝磺草酮 15%/2014.03.06 至 2019.03.06/低毒
玉米田 一年生杂草 129.4-146.25克/公顷 茎叶喷雾
PD20140569 苯丁·炔螨特/38%/乳油/苯丁锡 8%、炔螨特 30%/2014.03.06 至 2019.03.06/低毒
柑橘树 红蜘蛛 190-253.3毫克/千克 喷雾
PD20140576 噻虫嗪/30%/悬浮剂/噻虫嗪 30%/2014.03.06 至 2019.03.06/低毒
水稻 稻飞虱 9-18克/公顷 喷雾
PD20140866 阿维.吡虫啉/15%/微囊悬浮剂/阿维菌素 3%、吡虫啉 12%/2014.04.08 至 2019.04.08/低毒(原药高毒)
番茄 根结线虫 675-900克/公顷 沟施
PD20140867 阿维·吡蚜酮/18%/悬浮剂/阿维菌素 2%、吡蚜酮 16%/2014.04.08 至 2019.04.08/低毒(原药高毒)
水稻 稻飞虱 54.5-68.5克/公顷 喷雾
PD20141059 阿维·螺螨酯/20%/悬浮剂/阿维菌素 2%、螺螨酯 18%/2014.04.25 至 2019.04.25/低毒(原药高毒)
柑橘树 红蜘蛛 86-50毫克/千克 喷雾
PD20141273 甲氨基阿维菌素苯甲酸盐/1%/水乳剂/甲氨基阿维菌素 1%/2014.05.12 至 2019.05.12/低毒
烟草 烟青虫 1.5-3克/公顷 喷雾
注:甲氨基阿维菌素苯甲酸盐含量:1.1%。
PD20141611 阿维菌素/5%/悬浮剂/阿维菌素 5%/2014.06.24 至 2019.06.24/中等毒(原药高毒)
水稻 稻纵卷叶螟 12-15克/公顷 喷雾
PD20141748 吡蚜酮/25%/悬浮剂/吡蚜酮 25%/2014.07.02 至 2019.07.02/低毒
水稻 稻飞虱 90-150克/公顷 喷雾
PD20142002 阿维·噻虫嗪/12%/悬浮剂/阿维菌素 2%、噻虫嗪 10%/2014.08.14 至 2019.08.14/低毒(原药高毒)
水稻 稻飞虱 21.5-27克/公顷 喷雾
PD20142366 氟菌唑/30%/可湿性粉剂/氟菌唑 30%/2014.11.04 至 2019.11.04/低毒
黄瓜 白粉病 67.5－90克/公顷 喷雾
PD20142462 菌核净/40%/可湿性粉剂/菌核净 40%/2014.11.17 至 2019.11.17/低毒
烟草 赤星病 1080-1980克/公顷 喷雾
PD20142553 苯醚甲环唑/40%/悬浮剂/苯醚甲环唑 40%/2014.12.15 至 2019.12.15/低毒
水稻 纹枯病 60~108克/公顷 喷雾
PD20142565 腈菌唑/40%/可湿性粉剂/腈菌唑 40%/2014.12.15 至 2019.12.15/低毒
黄瓜 白粉病 60-75克/公顷 喷雾
PD20150227 聚醛·甲萘威/30%/颗粒剂/甲萘威 20%、四聚乙醛 10%/2015.01.15 至 2020.01.15/低毒
棉花 蜗牛 1125-2250克/公顷 撒施
PD20150410 苯醚·甲硫/45%/可湿性粉剂/苯醚甲环唑 5%、甲基硫菌灵 40%/2015.03.19 至 2020.03.19/低毒
苹果树 斑点落叶病 265－409毫克/千克 喷雾
PD20150411 毒死蜱/15%/颗粒剂/毒死蜱 15%/2015.03.19 至 2020.03.19/低毒
花生 蛴螬 2250-2812.5克/公顷 撒施
PD20150417 草铵膦/200克/升/水剂/草铵膦 200克/升/2015.03.19 至 2020.03.19/低毒
非耕地 杂草 1056-1512克/公顷 喷雾
PD20150748 多杀·虫螨腈/14%/悬浮剂/虫螨腈 11.5%、多杀霉素 2.5%/2015.04.21 至 2020.04.21/低毒

甘蓝 小菜蛾 37-56克/公顷 喷雾

PD20150758 氰霜唑/20%/悬浮剂/氰霜唑 20%/2015.05.12 至 2020.05.12/微毒

黄瓜 霜霉病 75-120克/公顷 喷雾

PD20150899 肟菌·戊唑醇/75%/水分散粒剂/戊唑醇 50%、肟菌酯 25%/2015.06.08 至 2020.06.08/低毒

黄瓜 白粉病 135-168.75克/公顷 喷雾

PD20151108 敌草快/25%/水剂/敌草快 25%/2015.06.24 至 2020.06.24/低毒

非耕地 杂草 900-1200克/公顷 喷雾

PD20151399 丙溴·炔螨特/40%/乳油/丙溴磷 15%、炔螨特 25%/2015.07.30 至 2020.07.30/低毒

柑橘树 红蜘蛛 200-320毫克/千克 喷雾

PD20151588 烯啶虫胺 /10%/水剂/烯啶虫胺 10%/2015.08.28 至 2020.08.28/低毒

棉花 蚜虫 15-45克/公顷 喷雾

PD20151802 咯菌·戊唑醇/10%/悬浮种衣剂/咯菌腈 4%、戊唑醇 6%/2015.08.28 至 2020.08.28/微毒

小麦 散黑穗病 3-5克/100千克种子 种子包衣

PD20151915 烯啶·联苯/25%/可溶液剂/联苯菊酯 10%、烯啶虫胺 15%/2015.08.30 至 2020.08.30/中等毒

棉花 蚜虫 33.75-45克/亩 喷雾

PD20152298 葡聚烯糖/0.5%/可溶粉剂/葡聚烯糖 0.5%/2015.10.21 至 2020.10.21/低毒

番茄 病毒病 0.75-1.13克/公顷 喷雾

PD20152563 吡醚·代森联/60%/水分散粒剂/吡唑醚菌酯 5%、代森联 55%/2015.12.05 至 2020.12.05/低毒

黄瓜 霜霉病 540-720克/公顷 喷雾

PD20152564 烯酰·吡唑酯/18.7%/水分散粒剂/吡唑醚菌酯 6.7%、烯酰吗啉 12%/2015.12.05 至 2020.12.05/低毒

黄瓜 霜霉病 280-350克/公顷 喷雾

PD20152631 氢氧化铜/77%/可湿性粉剂/氢氧化铜 77%/2015.12.18 至 2020.12.18/低毒

番茄 早疫病 1545-2310克/公顷 喷雾

PD20152637 丙森锌/70/水分散粒剂/丙森锌 70%/2015.12.18 至 2020.12.18/低毒

黄瓜 霜霉病 1889-2835克/公顷 喷雾

LS20120306 甲硫·己唑醇/50%/悬浮剂/甲基硫菌灵 45%、己唑醇 5%/2014.08.28 至 2015.08.28/低毒

水稻 纹枯病 225-300克/公顷 喷雾

LS20130011 烯酰·嘧菌酯/30%/水分散粒剂/嘧菌酯 20%、烯酰吗啉 10%/2015.01.07 至 2016.01.07/低毒

黄瓜 霜霉病 225～315克/公顷 喷雾

LS20130080 甲维·茚虫威/9%/悬浮剂/甲氨基阿维菌素苯甲酸盐 1.5%、茚虫威 7.5%/2015.03.08 至 2016.03.08/低毒

水稻 稻纵卷叶螟 13.5-27克/公顷 喷雾

LS20130144 戊唑·嘧菌酯/50%/悬浮剂/嘧菌酯 20%、戊唑醇 30%/2015.04.03 至 2016.04.03/低毒

水稻 纹枯病 60-112克/公顷 喷雾

LS20130199 苯甲·嘧菌酯/32.5%/悬浮剂/苯醚甲环唑 12.5%、嘧菌酯 20%/2015.04.09 至 2016.04.09/低毒

水稻 纹枯病 1463-195克/公顷 喷雾

LS20130238 丙环·嘧菌酯/32%/悬浮剂/丙环唑 12%、嘧菌酯 20%/2015.04.28 至 2016.04.28/低毒

水稻 纹枯病 120-216克/公顷 喷雾

LS20130323 噻虫·吡蚜酮/35%/水分散粒剂/吡蚜酮 20%、噻虫嗪 15%/2015.06.09 至 2016.06.09/低毒

水稻 稻飞虱 21-31.5克/公顷 喷雾

LS20130386 丙森锌/70%/水分散粒剂/丙森锌 70%/2015.07.29 至 2016.07.29/低毒

黄瓜 霜霉病 1890—2835克/公顷 喷雾

LS20140141 联苯肼酯/24%/悬浮剂/联苯肼酯 24%/2015.04.10 至 2016.04.10/微毒

柑橘树 红蜘蛛 160-240毫克/千克 喷雾

LS20140142 乙嘧酚磺酸酯/25%/微乳剂/乙嘧酚磺酸酯 25%/2015.04.10 至 2016.04.10/低毒

葡萄 白粉病 350-500毫克/千克 喷雾

LS20140290 苯醚甲环唑/60%/水分散粒剂/苯醚甲环唑 60%/2015.09.02 至 2016.09.02/低毒

黄瓜 炭疽病 96-132克/公顷 喷雾

LS20150140 苯甲·乙嘧磺/30%/微乳剂/苯醚甲环唑 10%、乙嘧酚磺酸酯 20%/2015.06.08 至 2016.06.08/低毒

黄瓜 白粉病 270-337.5克/公顷 喷雾

LS20150328 唑醚·丙森锌/67%/水分散粒剂/丙森锌 59.6%、吡唑醚菌酯 7.4%/2015.12.04 至 2016.12.04/低毒

黄瓜 霜霉病 1105.5-1407克/公顷 喷雾

WP20120231 氟虫腈/3%/微乳剂/氟虫腈 3%/2012.11.28 至 2017.11.28/低毒

室内 蝇 稀释20倍液 喷雾

山东省青岛东生药业有限公司 (山东省青岛平度市云山镇驻地 266745 0532-83341209)

PD20050067 哒螨灵/20%/可湿性粉剂/哒螨灵 20%/2015.06.24 至 2020.06.24/中等毒

苹果树 红蜘蛛 50-67毫克/千克 喷雾

PD20050123 高效氯氰菊酯/4.5%/乳油/高效氯氰菊酯 4.5%/2015.08.15 至 2020.08.15/中等毒

韭菜 迟眼蕈蚊 6.75-13.5克/公顷 喷雾

梨树 梨木虱 12.5-20.8毫克/千克 喷雾

PD20050124 氯氰菊酯/5%/乳油/氯氰菊酯 5%/2015.08.15 至 2020.08.15/中等毒

棉花 棉铃虫 45-90克/公顷 喷雾

PD20081879 锰锌·百菌清/64%/可湿性粉剂/百菌清 8%、代森锰锌 56%/2013.11.20 至 2018.11.20/低毒

番茄 早疫病 1028.6-1440克/公顷 喷雾

PD20082312 高氯·辛硫磷/20%/乳油/高效氯氰菊酯 1%、辛硫磷 19%/2013.12.01 至 2018.12.01/中等毒
十字花科蔬菜 菜青虫 60-90克/公顷 喷雾

PD20082460 代森锰锌/70%/可湿性粉剂/代森锰锌 70%/2013.12.02 至 2018.12.02/低毒
番茄 早疫病 1845-2370克/公顷 喷雾

PD20082814 马拉硫磷/45%/乳油/马拉硫磷 45%/2013.12.09 至 2018.12.09/低毒
十字花科蔬菜 黄条跳甲 607.5-742.5克/公顷 喷雾

PD20083643 联苯菊酯/25克/升/乳油/联苯菊酯 25克/升/2013.12.12 至 2018.12.12/低毒
茶树 茶小绿叶蝉 30-37.5克/公顷 喷雾

PD20084098 氯氰菊酯/10%/乳油/氯氰菊酯 10%/2013.12.16 至 2018.12.16/中等毒
棉花 棉铃虫 60-90克/公顷 喷雾

PD20084240 福美双/70%/可湿性粉剂/福美双 70%/2013.12.17 至 2018.12.17/低毒
黄瓜(保护地) 霜霉病 840-1260克/公顷 喷雾

PD20090201 霜霉威/722克/升/水剂/霜霉威 722克/升/2014.01.09 至 2019.01.09/低毒
黄瓜 霜霉病 866.4-1083克/公顷 喷雾

PD20090467 代森锰锌/80%/可湿性粉剂/代森锰锌 80%/2014.01.12 至 2019.01.12/低毒
番茄 早疫病 1845-2370克/公顷 喷雾

PD20090810 阿维·敌敌畏/40%/乳油/阿维菌素 0.3%、敌敌畏 39.7%/2014.01.19 至 2019.01.19/中等毒(原药高毒)
小油菜 小菜蛾 300-360克/公顷 喷雾

PD20091021 氰戊·辛硫磷/25%/乳油/氰戊菊酯 5%、辛硫磷 20%/2014.01.21 至 2019.01.21/中等毒
棉花 棉铃虫 281.25-375克/公顷 喷雾

PD20091285 灭多威/90%/可溶粉剂/灭多威 90%/2014.02.01 至 2019.02.01/高毒
棉花 棉铃虫 105-180克/公顷 喷雾

PD20091340 唑磷·毒死蜱/25%/乳油/毒死蜱 8.3%、三唑磷 16.7%/2014.02.01 至 2019.02.01/中等毒
水稻 二化螟 225-300克/公顷 喷雾

PD20091456 灭多威/20%/乳油/灭多威 20%/2014.02.02 至 2019.02.02/高毒
棉花 棉铃虫 150-225克/公顷 喷雾
棉花 蚜虫 75-150克/公顷 喷雾

PD20091459 福·福锌/60%/可湿性粉剂/福美双 30%、福美锌 30%/2014.02.02 至 2019.02.02/低毒
黄瓜 炭疽病 900-1350克/公顷 喷雾

PD20091629 高效氯氟氰菊酯/25克/升/乳油/高效氯氟氰菊酯 25克/升/2014.02.03 至 2019.02.03/中等毒
甘蓝 菜青虫 15-22.5克/公顷 喷雾

PD20091735 阿维·毒死蜱/24%/乳油/阿维菌素 0.15%、毒死蜱 23.85%/2014.02.04 至 2019.02.04/中等毒(原药高毒)
梨树 梨木虱 80-100毫克/千克 喷雾

PD20091883 多·锰锌/40%/可湿性粉剂/多菌灵 20%、代森锰锌 20%/2014.02.09 至 2019.02.09/低毒
梨树 黑星病 1000-1250毫克/千克 喷雾

PD20091888 乙铝·锰锌/50%/可湿性粉剂/代森锰锌 22%、三乙膦酸铝 28%/2014.02.09 至 2019.02.09/低毒
黄瓜 霜霉病 1400-4200克/公顷 喷雾

PD20091903 多·锰锌/50%/可湿性粉剂/多菌灵 8%、代森锰锌 42%/2014.02.09 至 2019.02.09/低毒
苹果树 斑点落叶病 1000-1250毫克/千克 喷雾

PD20092230 苯醚甲环唑/10%/水分散粒剂/苯醚甲环唑 10%/2014.02.24 至 2019.02.24/低毒
苦瓜 白粉病 105-150克/公顷 喷雾
梨树 黑星病 14.3-16.7毫克/千克 喷雾

PD20092567 灭多威/10%/可湿性粉剂/灭多威 10%/2014.02.26 至 2019.02.26/中等毒(原药高毒)
棉花 棉铃虫 270-360克/公顷 喷雾

PD20093098 吡虫·灭多威/10%/可湿性粉剂/吡虫啉 2%、灭多威 8%/2014.03.09 至 2019.03.09/中等毒(原药高毒)
棉花 蚜虫 60-75克/公顷 喷雾

PD20093254 炔螨特/40%/乳油/炔螨特 40%/2014.03.11 至 2019.03.11/低毒
柑橘树 红蜘蛛 266.7-400毫克/千克 喷雾

PD20093476 啶虫脒/5%/乳油/啶虫脒 5%/2014.03.23 至 2019.03.23/低毒
柑橘树、苹果树 蚜虫 12-15毫克/千克 喷雾
黄瓜 蚜虫 18-22.5克/公顷 喷雾
萝卜 黄条跳甲 45-90克/公顷 喷雾

PD20094891 螨醇·哒螨灵/20%/乳油/哒螨灵 5%、三氯杀螨醇 15%/2014.04.13 至 2019.04.13/低毒
苹果树 山楂红蜘蛛 100-133毫克/千克 喷雾

PD20095670 阿维菌素/1.8%/乳油/阿维菌素 1.8%/2014.05.14 至 2019.05.14/低毒(原药高毒)
甘蓝 小菜蛾 6-9克/公顷 喷雾

PD20096320 阿维·甲氰/1.8%/乳油/阿维菌素 0.1%、甲氰菊酯 1.7%/2014.07.22 至 2019.07.22/低毒(原药高毒)
苹果树 红蜘蛛 12-18毫克/千克 喷雾

PD20098351 吡虫啉/25%/可湿性粉剂/吡虫啉 25%/2014.12.18 至 2019.12.18/低毒
水稻 稻飞虱 15-30克/公顷 喷雾

PD20098405 吗胍·乙酸铜/20%/可湿性粉剂/盐酸吗啉胍 16%、乙酸铜 4%/2014.12.18 至 2019.12.18/低毒
番茄 病毒病 500-750克/公顷 喷雾

PD20098464 阿维菌素/3.2%/乳油/阿维菌素 3.2%/2014.12.24 至 2019.12.24/中等毒(原药高毒)

甘蓝 小菜蛾 8.1-10.8克/公顷 喷雾

PD20100055 吡虫啉/5%/乳油/吡虫啉 5%/2015.01.04 至 2020.01.04/低毒

小麦 蚜虫 15-30克/公顷(南方地区)45-60克/公顷(北方地区) 喷雾

PD20100169 啶虫脒/20%/可溶粉剂/啶虫脒 20%/2015.01.05 至 2020.01.05/低毒

黄瓜 蚜虫 54-72克/公顷 喷雾

PD20100265 多抗霉素/10%/可湿性粉剂/多抗霉素B 10%/2015.01.11 至 2020.01.11/低毒

番茄 叶霉病 150—210克/公顷 喷雾

PD20100312 异菌脲/50%/可湿性粉剂/异菌脲 50%/2015.01.11 至 2020.01.11/低毒

番茄 灰霉病 375—750克/公顷 喷雾

PD20100372 春雷霉素/2%/可湿性粉剂/春雷霉素 2%/2015.01.11 至 2020.01.11/低毒

黄瓜 枯萎病 210-270克/公顷 灌根

PD20101729 丙溴磷/40%/乳油/丙溴磷 40%/2015.06.28 至 2020.06.28/中等毒

棉花 棉铃虫 480-600克/公顷 喷雾

PD20111056 五硝·多菌灵/40%/可湿性粉剂/多菌灵 32%、五氯硝基苯 8%/2011.10.10 至 2016.10.10/低毒

西瓜 枯萎病 0.25-0.33克/株 灌根

PD20111227 咪鲜·多菌灵/25%/可湿性粉剂/多菌灵 12.5%、咪鲜胺 12.5%/2011.11.18 至 2016.11.18/低毒

西瓜 炭疽病 281.25-375克/公顷 喷雾

PD20111238 苯丁·哒螨灵/25%/可湿性粉剂/苯丁锡 8%、哒螨灵 17%/2011.11.18 至 2016.11.18/中等毒

柑橘树 红蜘蛛 166.7-250毫克/千克 喷雾

PD20111328 吡虫啉/480克/升/悬浮剂/吡虫啉 480克/升/2011.12.06 至 2016.12.06/低毒

甘蓝 蚜虫 21.6-28.8克/公顷 喷雾

PD20120569 唑螨酯/5%/悬浮剂/唑螨酯 5%/2012.03.28 至 2017.03.28/低毒

苹果树 红蜘蛛 16-25毫克/千克 喷雾

PD20120935 甲硫·乙霉威/66%/可湿性粉剂/甲基硫菌灵 54%、乙霉威 12%/2012.06.04 至 2017.06.04/低毒

番茄 灰霉病 557-742.5克/公顷 喷雾

PD20121409 丙森锌/70%/可湿性粉剂/丙森锌 70%/2012.09.19 至 2017.09.19/低毒

黄瓜 霜霉病 1575-2250克/公顷 喷雾

PD20130226 甲维·丙溴磷/15.2%/乳油/丙溴磷 15%、甲氨基阿维菌素苯甲酸盐 0.2%/2013.01.30 至 2018.01.30/中等毒

甘蓝 小菜蛾 182.4-228克/公顷 喷雾

PD20130271 高氯·氟啶脲/5%/乳油/氟啶脲 1%、高效氯氰菊酯 4%/2013.02.21 至 2018.02.21/中等毒

甘蓝 甜菜夜蛾 37.5-52.5克/公顷 喷雾

PD20130633 咪鲜·抑霉唑/14%/乳油/咪鲜胺 12%、抑霉唑 2%/2013.04.05 至 2018.04.05/低毒

柑橘 青霉病 175-233毫克/千克 浸果

PD20130732 甲维·氟啶脲/2.2%/乳油/氟啶脲 2%、甲氨基阿维菌素苯甲酸盐 0.2%/2013.04.12 至 2018.04.12/低毒

甘蓝 斜纹夜蛾 19.8-26.4克/公顷 喷雾

PD20130733 嘧胺·乙霉威/26%/水分散粒剂/乙霉威 16%、嘧霉胺 10%/2013.04.12 至 2018.04.12/低毒

黄瓜 灰霉病 390-585克/公顷 喷雾

PD20130813 氟硅唑/10%/水乳剂/氟硅唑 10%/2013.04.22 至 2018.04.22/低毒

番茄 叶霉病 60-75克/公顷 喷雾

PD20130819 烯酰吗啉/40%/水分散粒剂/烯酰吗啉 40%/2013.04.22 至 2018.04.22/低毒

黄瓜 霜霉病 225-300克/公顷 喷雾

PD20130876 苯甲·丙环唑/30%/乳油/苯醚甲环唑 15%、丙环唑 15%/2013.04.25 至 2018.04.25/微毒

香蕉 叶斑病 150-300毫克/千克 喷雾

PD20131792 甲维盐·氯氰/3.2%/微乳剂/甲氨基阿维菌素苯甲酸盐 0.2%、氯氰菊酯 3%/2013.09.09 至 2018.09.09/中等毒

甘蓝 甜菜夜蛾 19.2-28.8克/公顷 喷雾

PD20131799 甲氨基阿维菌素苯甲酸盐/5%/微乳剂/甲氨基阿维菌素 5%/2013.09.09 至 2018.09.09/低毒

甘蓝 甜菜夜蛾 1.8 2.25克/公顷 喷雾

注:甲氨基阿维菌素苯甲酸盐含量：5.7%。

PD20131869 阿维·三唑锡/5.5%/乳油/阿维菌素 0.2%、三唑锡 5.3%/2013.09.25 至 2018.09.25/低毒(原药高毒)

柑橘树 红蜘蛛 22-36.7毫克/千克 喷雾

PD20131946 啶虫·毒死蜱/40%/乳油/啶虫脒 5%、毒死蜱 35%/2013.10.10 至 2018.10.10/中等毒

柑橘树 介壳虫 133.3-200毫克/千克 喷雾

PD20131947 己唑醇/5%/微乳剂/己唑醇 5%/2013.10.10 至 2018.10.10/低毒

水稻 稻曲病 52.5-75克/公顷 喷雾

PD20132044 吡蚜酮/50%/水分散粒剂/吡蚜酮 50%/2013.10.22 至 2018.10.22/低毒

水稻 稻飞虱 120-150克/公顷 喷雾

PD20132152 氯氰·啶虫脒/10%/乳油/啶虫脒 1%、氯氰菊酯 9%/2013.10.29 至 2018.10.29/中等毒

苹果树 棉蚜 50-100毫克/千克 喷雾

PD20132427 氟氯氰菊酯/5.7%/水乳剂/氟氯氰菊酯 5.7%/2013.11.20 至 2018.11.20/低毒

甘蓝 菜青虫 25.8-34.1克/公顷 喷雾

PD20140335 毒死蜱/40%/水乳剂/毒死蜱 40%/2014.02.17 至 2019.02.17/低毒

水稻 稻纵卷叶螟 450-600克/公顷 喷雾

PD20140383 烯酰·锰锌/69%/可湿性粉剂/代森锰锌 60%、烯酰吗啉 9%/2014.02.20 至 2019.02.20/低毒
黄瓜 霜霉病 1035-1380克/公顷 喷雾
PD20141012 丙溴·炔螨特/50%/乳油/丙溴磷 20%、炔螨特 30%/2014.04.21 至 2019.04.21/低毒
柑橘树 红蜘蛛 200-333.3毫克/千克 喷雾
PD20142237 高效氯氟氰菊酯/5%/微乳剂/高效氯氟氰菊酯 5%/2014.09.28 至 2019.09.28/中等毒
甘蓝 菜青虫 9-13.5克/公顷 喷雾
PD20150007 啶虫·哒螨灵/20%/微乳剂/哒螨灵 15%、啶虫脒 5%/2015.01.04 至 2020.01.04/中等毒
棉花 蚜虫 22.5-30克/公顷 喷雾
PD20150009 毒死蜱/36%/微囊悬浮剂/毒死蜱 36%/2015.01.04 至 2020.01.04/中等毒
花生 蛴螬 1620-2268克/公顷 喷雾于播种穴
PD20150120 戊唑·丙森锌/60%/可湿性粉剂/丙森锌 50%、戊唑醇 10%/2015.01.07 至 2020.01.07/低毒
苹果树 斑点落叶病 400-667毫克/千克 喷雾
PD20150174 戊唑醇/50%/悬浮剂/戊唑醇 50%/2015.01.15 至 2020.01.15/低毒
苹果树 斑点落叶病 71.4-100毫克/千克 喷雾
PD20151011 阿维·四螨嗪/20.8%/悬浮剂/阿维菌素 0.8%、四螨嗪 20%/2015.06.12 至 2020.06.12/低毒(原药高毒)
苹果树 红蜘蛛 104-138.7毫克/千克 喷雾
PD20151849 阿维·螺螨酯/22%/悬浮剂/阿维菌素 2%、螺螨酯 20%/2015.08.30 至 2020.08.30/低毒(原药高毒)
柑橘树 红蜘蛛 34-44毫克/千克 喷雾

山东省青岛丰邦农化有限公司 (山东省青岛市胶州市胶州西路66号 266300 0532-87259751)

PD20083459 氟啶脲/50克/升/乳油/氟啶脲 50克/升/2013.12.12 至 2018.12.12/低毒
韭菜 韭蛆 150-225克/公顷 药土法
十字花科蔬菜 小菜蛾 45-60克/公顷 喷雾
PD20083841 高效氯氟氰菊酯/25克/升/乳油/高效氯氟氰菊酯 25克/升/2013.12.15 至 2018.12.15/中等毒
十字花科蔬菜 蚜虫 5.625-7.5克/公顷 喷雾
PD20085556 吡虫啉/20%/可溶液剂/吡虫啉 20%/2013.12.25 至 2018.12.25/低毒
棉花 蚜虫 30-45克/公顷 喷雾
PD20090341 啶虫脒/5%/乳油/啶虫脒 5%/2014.01.12 至 2019.01.12/低毒
黄瓜 蚜虫 18-22.5克/公顷 喷雾
PD20090479 精喹禾灵/10%/乳油/精喹禾灵 10%/2014.01.12 至 2019.01.12/低毒
夏大豆田 一年生禾本科杂草 37.5-52.5克/公顷 茎叶喷雾
PD20090523 草甘膦铵盐/30%/水剂/草甘膦 30%/2014.01.12 至 2019.01.12/低毒
苹果园 杂草 1125-2250克/公顷 定向茎叶喷雾
注:草甘膦铵盐含量: 33%。
PD20090551 氯氰·丙溴磷/440克/升/乳油/丙溴磷 400克/升、氯氰菊酯 40克/升/2014.01.13 至 2019.01.13/中等毒
棉花 棉铃虫 528-660克/公顷 喷雾
PD20091011 氟乐灵/480克/升/乳油/氟乐灵 480克/升/2014.01.21 至 2019.01.21/低毒
棉花田 一年生杂草 900-1080克/公顷 土壤喷雾
PD20091201 乙草胺/900克/升/乳油/乙草胺 900克/升/2014.02.01 至 2019.02.01/低毒
棉花田 一年生禾本科杂草及部分小粒种子阔叶杂草 1080-1350克/公顷 土壤喷雾
PD20091365 乙草胺/50%/乳油/乙草胺 50%/2014.02.02 至 2019.02.02/低毒
花生田 杂草 900-1125克/公顷 播后苗前土壤喷雾
PD20091965 氟磺胺草醚/250克/升/水剂/氟磺胺草醚 250克/升/2014.02.12 至 2019.02.12/低毒
夏大豆田 一年生阔叶杂草 225-375克/公顷 茎叶喷雾
PD20091983 氟磺胺草醚/95%/原药/氟磺胺草醚 95%/2014.02.12 至 2019.02.12/低毒
PD20093517 甲氰菊酯/20%/乳油/甲氰菊酯 20%/2014.03.23 至 2019.03.23/中等毒
苹果树 桃小食心虫 80-100毫克/千克 喷雾
PD20093926 联苯菊酯/100克/升/乳油/联苯菊酯 100克/升/2014.03.26 至 2019.03.26/中等毒
茶树 茶小绿叶蝉 30-37.5克/公顷 喷雾
PD20094095 氯氟吡氧乙酸/22%/乳油/氯氟吡氧乙酸异辛酯 22%/2014.03.27 至 2019.03.27/低毒
水田畦畔 空心莲子草 150-180克/公顷 定向茎叶喷雾
PD20094897 异噁草松/480克/升/乳油/异噁草松 480克/升/2014.04.13 至 2019.04.13/低毒
春大豆田 一年生杂草 1100-1200克/公顷 播后苗前土壤喷雾
PD20095475 烯草酮/120克/升/乳油/烯草酮 120克/升/2014.05.11 至 2019.05.11/低毒
春大豆田 一年生禾本科杂草 63-72克/公顷 茎叶喷雾
PD20095540 甲哌鎓/250克/升/水剂/甲哌鎓 250克/升/2014.05.12 至 2019.05.12/低毒
棉花 调节生长 45-60克/公顷 喷雾
PD20095584 精噁唑禾草灵/69克/升/水乳剂/精噁唑禾草灵 69克/升/2014.05.12 至 2019.05.12/低毒
冬小麦田 一年生禾本科杂草 51.75-62.1克/公顷 茎叶喷雾
PD20095918 异丙甲草胺/720克/升/乳油/异丙甲草胺 720克/升/2014.06.02 至 2019.06.02/低毒
春玉米田 一年生禾本科杂草及部分阔叶杂草 1296-1620克/公顷 土壤喷雾
夏玉米田 一年生禾本科杂草及部分阔叶杂草 972-1296克/公顷 土壤喷雾
PD20096259 苯磺隆/10%/可湿性粉剂/苯磺隆 10%/2014.07.15 至 2019.07.15/低毒

小麦田　一年生阔叶杂草　13.5-22.5克/公顷　茎叶喷雾
PD20098031　吡嘧磺隆/10%/可湿性粉剂/吡嘧磺隆 10%/2014.12.07 至 2019.12.07/低毒
水稻移栽田　阔叶杂草　15-30克/公顷　毒土法
PD20098063　氟硅唑/400克/升/乳油/氟硅唑 400克/升/2014.12.07 至 2019.12.07/低毒
菜豆　白粉病　45-60克/公顷　喷雾
PD20098072　甲氰·噻螨酮/7.5%/乳油/甲氰菊酯 5%、噻螨酮 2.5%/2014.12.08 至 2019.12.08/中等毒
柑橘树　红蜘蛛　75-125毫克/千克　喷雾
PD20100337　三唑磷/20%/乳油/三唑磷 20%/2015.01.11 至 2020.01.11/中等毒
水稻　二化螟　1500-2250毫升/公顷　喷雾
PD20100891　高氯·马/20%/乳油/高效氯氰菊酯 2%、马拉硫磷 18%/2015.01.19 至 2020.01.19/低毒
甘蓝　黄条跳甲　180-260克/公顷　喷雾
PD20101817　阿维·高氯/3%/乳油/阿维菌素 0.2%、高效氯氰菊酯 2.8%/2015.07.19 至 2020.07.19/中等毒(原药高毒)
甘蓝　菜青虫、小菜蛾　13.5-27克/公顷　喷雾
PD20102086　甲氨基阿维菌素苯甲酸盐/1%/乳油/甲氨基阿维菌素 1%/2015.11.25 至 2020.11.25/低毒
甘蓝　甜菜夜蛾　3-3.75克/公顷　喷雾
注:甲氨基阿维菌素苯甲酸盐含量:1.14%
PD20131982　阿维·炔螨特/40%/乳油/阿维菌素 0.3%、炔螨特 39.7%/2013.10.10 至 2018.10.10/低毒(原药高毒)
柑橘树　红蜘蛛　200-400毫克/千克　喷雾
PD20132649　辛硫磷/3%/颗粒剂/辛硫磷 3%/2013.12.20 至 2018.12.20/低毒
花生　蛴螬　1800-3600克/公顷　沟施
PD20140734　烯酰·锰锌/69%/可湿性粉剂/代森锰锌 60%、烯酰吗啉 9%/2014.03.24 至 2019.03.24/低毒
黄瓜　霜霉病　1035-1397.25克/公顷　喷雾
PD20141117　异丙草·莠/42%/悬乳剂/异丙草胺 22%、莠去津 20%/2014.04.27 至 2019.04.27/低毒
夏玉米田　一年生杂草　1134-1512克/公顷　土壤喷雾
PD20141279　高效氯氰菊酯/4.5%/乳油/高效氯氰菊酯 4.5%/2014.05.12 至 2019.05.12/中等毒
甘蓝　菜青虫　15-22.5克/公顷　喷雾
PD20141296　苯醚甲环唑/10%/水分散粒剂/苯醚甲环唑 10%/2014.05.12 至 2019.05.12/低毒
黄瓜　白粉病　90-120克/公顷　喷雾
PD20151219　草铵膦/200克/升/水剂/草铵膦 200克/升/2015.07.30 至 2020.07.30/低毒
非耕地　杂草　600-900克/公顷　茎叶喷雾
PD20151383　松·喹·氟磺胺/18%/乳油/氟磺胺草醚 5.5%、精喹禾灵 1.5%、异噁草松 11%/2015.07.30 至 2020.07.30/低毒
春大豆田　一年生杂草　540-594克/公顷　茎叶喷雾
PD20151861　磺草·莠去津/40%/悬浮剂/磺草酮 10%、莠去津 30%/2015.08.30 至 2020.08.30/低毒
夏玉米田　一年生杂草　1200-1500克/公顷　茎叶喷雾

山东省青岛富尔农艺生化有限公司　(山东省青岛市平度市兰底镇　266734　0532-82345678)

PD20083379　阿维菌素/3.2%/乳油/阿维菌素 3.2%/2013.12.11 至 2018.12.11/低毒(原药高毒)
菜豆　美洲斑潜蝇　10.8-21.6克/公顷　喷雾
PD20084450　异丙威/20%/乳油/异丙威 20%/2013.12.17 至 2018.12.17/中等毒
水稻　稻飞虱　450-600克/公顷　喷雾
PD20085243　辛硫·灭多威/20%/乳油/灭多威 10%、辛硫磷 10%/2013.12.23 至 2018.12.23/高毒
棉花　棉蚜　75-150克/公顷　喷雾
棉花　棉铃虫　100-150克/公顷　喷雾
PD20085629　腈菌唑/12.5%/乳油/腈菌唑 12.5%/2013.12.25 至 2018.12.25/低毒
黄瓜　白粉病　30-60克/公顷　喷雾
PD20085873　啶虫脒/5%/乳油/啶虫脒 5%/2013.12.29 至 2018.12.29/低毒
黄瓜　蚜虫　18-22.5克/公顷　喷雾
PD20091208　氟乐灵/45.5%/乳油/氟乐灵 45.5%/2014.02.01 至 2019.02.01/低毒
棉花田　一年生禾本科杂草及部分小粒种子阔叶杂草　540-1080克/公顷　土壤喷雾
PD20092096　氟铃脲/5%/乳油/氟铃脲 5%/2014.02.16 至 2019.02.16/低毒
甘蓝　小菜蛾　45-56.25克/公顷　喷雾
PD20095076　异丙甲草胺/720克/升/乳油/异丙甲草胺 720克/升/2014.04.22 至 2019.04.22/低毒
花生田　一年生杂草　1350-1620克/公顷　土壤喷雾
PD20095896　乙草胺/81.5%/乳油/乙草胺 81.5%/2014.05.31 至 2019.05.31/低毒
棉花田　一年生杂草　810-1080克/公顷　土壤喷雾
PD20097810　甲基硫菌灵/70%/可湿性粉剂/甲基硫菌灵 70%/2014.11.20 至 2019.11.20/低毒
苹果树　轮纹病　650—750毫克/千克　喷雾
PD20098475　吡虫·杀虫单/70%/可湿性粉剂/吡虫啉 2%、杀虫单 68%/2014.12.24 至 2019.12.24/低毒
水稻　稻飞虱、稻纵卷叶螟　630-735克/公顷　喷雾
PD20100879　氟铃·辛硫磷/20%/乳油/氟铃脲 2%、辛硫磷 18%/2015.01.19 至 2020.01.19/低毒
棉花　棉铃虫　150—225克/公顷　喷雾
PD20101094　高氯·马/20%/乳油/高效氯氰菊酯 1.5%、马拉硫磷 18.5%/2015.01.25 至 2020.01.25/低毒
苹果树　桃小食心虫　133-200mg/kg　喷雾

PD20111019　高氯·氟铃脲/5.7%/乳油/氟铃脲 1.9%、高效氯氰菊酯 3.8%/2011.09.30 至 2016.09.30/低毒
甘蓝　小菜蛾　42.75-51.3克/公顷　喷雾

PD20111167　哒螨灵/15%/乳油/哒螨灵 15%/2011.11.07 至 2016.11.07/低毒
苹果树　红蜘蛛　50-75毫克/千克　喷雾

山东省青岛格力斯药业有限公司　(山东省胶州市惠州路53号　266300　0532-87205913)

PD20085309　高效氯氟氰菊酯/25克/升/乳油/高效氯氟氰菊酯 25克/升/2013.12.23 至 2018.12.23/中等毒
十字花科蔬菜　蚜虫　3.75-7.5克/公顷　喷雾

PD20085805　代森锌/80%/可湿性粉剂/代森锌 80%/2013.12.29 至 2018.12.29/低毒
番茄　早疫病　2550-3600克/公顷　喷雾

PD20090040　甲基硫菌灵/70%/可湿性粉剂/甲基硫菌灵 70%/2014.01.06 至 2019.01.06/低毒
水稻　稻瘟病　1050-1500克/公顷　喷雾

PD20090059　代森锰锌/80%/可湿性粉剂/代森锰锌 80%/2014.01.08 至 2019.01.08/低毒
番茄　早疫病　1560-2520克/公顷　喷雾

PD20091354　井冈霉素/5%/水剂/井冈霉素 5%/2014.02.02 至 2019.02.02/低毒
水稻　纹枯病　150-187.5克/公顷　喷雾

PD20091744　噻嗪·异丙威/25%/可湿性粉剂/噻嗪酮 5%、异丙威 20%/2014.02.04 至 2019.02.04/低毒
水稻　稻飞虱　450-562.5克/公顷　喷雾

PD20091791　多·锰锌/50%/可湿性粉剂/多菌灵 8%、代森锰锌 42%/2014.02.04 至 2019.02.04/低毒
苹果树　斑点落叶病　1000-1250毫克/千克　喷雾

PD20092451　多·福/40%/可湿性粉剂/多菌灵 35%、福美双 5%/2014.02.25 至 2019.02.25/低毒
梨树　黑星病　1000-1500毫克/千克　喷雾

PD20098540　精喹禾灵/15%/乳油/精喹禾灵 15%/2014.12.25 至 2019.12.25/低毒
大豆田　一年生禾本科杂草　45-78.7克/公顷　茎叶喷雾

PD20110436　丙环唑/50%/微乳剂/丙环唑 50%/2011.04.21 至 2016.04.21/低毒
香蕉　叶斑病　250-500毫克/千克　喷雾

PD20110895　苯醚甲环唑/37%/水分散粒剂/苯醚甲环唑 37%/2011.08.17 至 2016.08.17/低毒
苦瓜　白粉病　105-150克/公顷　喷雾
西瓜　炭疽病　77.7-111克/公顷　喷雾

PD20120380　吡虫啉/10%/可湿性粉剂/吡虫啉 10%/2012.02.24 至 2017.02.24/低毒
小麦　蚜虫　15-30克/公顷(南方地区)45-60克/公顷(北方地区)　喷雾

PD20120525　烯酰吗啉/50%/水分散粒剂/烯酰吗啉 50%/2012.03.28 至 2017.03.28/低毒
黄瓜　霜霉病　225-375克/公顷　喷雾

PD20121185　甲氨基阿维菌素苯甲酸盐/5%/水分散粒剂/甲氨基阿维菌素 5%/2012.08.06 至 2017.08.06/低毒
甘蓝　甜菜夜蛾　2.25-3.75克/公顷　喷雾
注:甲氨基阿维菌素苯甲酸盐含量:5.7%。

PD20132645　甲维·毒死蜱/20%/乳油/毒死蜱 19.5%、甲氨基阿维菌素苯甲酸盐 0.5%/2013.12.20 至 2018.12.20/中等毒
棉花　棉铃虫　300-450克/公顷　喷雾

PD20141521　甲硫·戊唑醇/55%/可湿性粉剂/甲基硫菌灵 45%、戊唑醇 10%/2014.06.16 至 2019.06.16/低毒
苹果树　轮纹病　275-550毫克/千克　喷雾

PD20150114　苯甲·醚菌酯/30%/水分散粒剂/苯醚甲环唑 10%、醚菌酯 20%/2015.01.05 至 2020.01.05/低毒
黄瓜　白粉病　90-135克/公顷　喷雾

PD20150128　高效氯氟氰菊酯/10%/水乳剂/高效氯氟氰菊酯 10%/2015.01.07 至 2020.01.07/中等毒
棉花　棉铃虫　15-27克/公顷　喷雾

山东省青岛海贝尔化工有限公司　(山东省青岛市平度市张家坊　266728　0532-82379998)

PD20092843　敌敌畏/77.50%/乳油/敌敌畏 77.5%/2014.03.05 至 2019.03.05/中等毒
苹果树　蚜虫　400-500毫克/千克　喷雾

PD20093494　灭多威/20%/乳油/灭多威 20%/2014.03.23 至 2019.03.23/高毒
棉花　棉铃虫　150-225克/公顷　喷雾
棉花　蚜虫　75-150克/公顷　喷雾

PD20094298　三唑锡/25%/可湿性粉剂/三唑锡 25%/2014.03.31 至 2019.03.31/低毒
柑橘树　红蜘蛛　125～175毫克/千克　喷雾

PD20094410　三唑锡/20%/悬浮剂/三唑锡 20%/2014.04.01 至 2019.04.01/低毒
苹果树　红蜘蛛　100-200毫克/千克　喷雾

PD20094528　福·克/20%/悬浮种衣剂/福美双 10%、克百威 10%/2014.04.09 至 2019.04.09/中等毒(原药高毒)
玉米　地下害虫、黑粉病　1:50(药种比)　种子包衣

PD20094664　高效氯氟氰菊酯/25克/升/乳油/高效氯氟氰菊酯 25克/升/2014.04.10 至 2019.04.10/中等毒
苹果树　桃小食心虫　5-6.3毫克/千克　喷雾

PD20095793　精喹禾灵/10%/乳油/精喹禾灵 10%/2014.05.27 至 2019.05.27/低毒
大豆田　一年生禾本科杂草　45-60克/公顷　茎叶喷雾

PD20097717　多抗霉素/1.5%/可湿性粉剂/多抗霉素 1.5%/2014.11.04 至 2019.11.04/低毒
黄瓜　霜霉病　160-270克/公顷　喷雾

PD20100228　阿维菌素/1.8%/乳油/阿维菌素 1.8%/2015.01.11 至 2020.01.11/低毒(原药高毒)

甘蓝　小菜蛾　9.45-13.5克/公顷　喷雾

PD20101010　烟嘧磺隆/40克/升/可分散油悬浮剂/烟嘧磺隆 40克/升/2015.01.20 至 2020.01.20/低毒

玉米田　一年生杂草　1125-1500克制剂/公顷　茎叶喷雾

PD20101081　矮壮素/50%/水剂/矮壮素 50%/2015.01.25 至 2020.01.25/低毒

棉花　调节生长　8000-10000倍液　喷雾

PD20102084　草甘膦异丙胺盐/30%/水剂/草甘膦 30%/2015.11.25 至 2020.11.25/低毒

柑橘园　杂草　200-400毫升制剂/亩　定向茎叶喷雾

注:草甘膦异丙胺盐含量:41%

PD20152356　毒死蜱/3%/颗粒剂/毒死蜱 3%/2015.10.22 至 2020.10.22/低毒

花生　地下害虫　1800-2250克/公顷　沟施

山东省青岛好利特生物农药有限公司　(山东省莱西市马连庄　266617　0532-85432888)

PD20083352　甲氰·辛硫磷/25%/乳油/甲氰菊酯 5%、辛硫磷 20%/2013.12.11 至 2018.12.11/低毒

棉花　棉铃虫　225-375克/公顷　喷雾

PD20083832　联苯菊酯/25克/升/乳油/联苯菊酯 25克/升/2013.12.15 至 2018.12.15/低毒

番茄　白粉虱　7.5-15克/公顷　喷雾

PD20083861　多·锰锌/50%/可湿性粉剂/多菌灵 8%、代森锰锌 42%/2013.12.15 至 2018.12.15/低毒

苹果树　斑点落叶病　400-500倍液　喷雾

PD20083903　高氯·马/20%/乳油/高效氯氰菊酯 1.5%、马拉硫磷 18.5%/2013.12.15 至 2018.12.15/低毒

苹果树　桃小食心虫　133-200毫克/千克　喷雾

PD20083943　高氯·辛硫磷/20%/乳油/高效氯氰菊酯 1%、辛硫磷 19%/2013.12.15 至 2018.12.15/低毒

甘蓝　菜青虫　90-150克/公顷　喷雾

PD20083950　代森锰锌/80%/可湿性粉剂/代森锰锌 80%/2013.12.15 至 2018.12.15/低毒

番茄　早疫病　1845-2370克/公顷　喷雾

PD20084203　敌百·辛硫磷/50%/乳油/敌百虫 25%、辛硫磷 25%/2013.12.16 至 2018.12.16/中等毒

十字花科蔬菜　菜青虫　450-600克/公顷　喷雾

PD20084479　硫磺·三唑酮/20%/可湿性粉剂/硫磺 10%、三唑酮 10%/2013.12.17 至 2018.12.17/低毒

小麦　白粉病　150-225克/公顷　喷雾

PD20084841　苏云金杆菌/16000IU/毫克/可湿性粉剂/苏云金杆菌 16000IU/毫克/2013.12.22 至 2018.12.22/低毒

茶树　茶毛虫　800-1600倍液　喷雾

棉花　二代棉铃虫　1500-2250克制剂/公顷　喷雾

森林　松毛虫　1200-1600倍液　喷雾

十字花科蔬菜　小菜蛾　750-1125克制剂/公顷　喷雾

十字花科蔬菜　菜青虫　375-750克制剂/公顷　喷雾

水稻　稻纵卷叶螟　1500-2250克制剂/公顷　喷雾

烟草　烟青虫　750-1500克制剂/公顷　喷雾

玉米　玉米螟　750-1500克制剂/公顷　加细沙灌心

枣树　尺蠖　1200-1600倍液　喷雾

PD20084927　多·福/40%/可湿性粉剂/多菌灵 5%、福美双 35%/2013.12.22 至 2018.12.22/低毒

梨树　黑星病　1000-1250毫克/千克　喷雾

葡萄　霜霉病　1000-1250毫克/千克　喷雾

PD20085002　啶虫脒/5%/乳油/啶虫脒 5%/2013.12.22 至 2018.12.22/低毒

菠菜　蚜虫　22.5-37.5克/公顷　喷雾

柑橘树　蚜虫　6-10毫克/千克　喷雾

PD20085023　苏云金杆菌/32000IU/毫克/可湿性粉剂/苏云金杆菌 32000IU/毫克/2013.12.22 至 2018.12.22/低毒

茶树　茶毛虫　400-800倍液　喷雾

棉花　二代棉铃虫　3000-4500克制剂/公顷　喷雾

森林　松毛虫　600-800倍液　喷雾

十字花科蔬菜　菜青虫　750-1500克制剂/公顷　喷雾

十字花科蔬菜　小菜蛾　1500-2250克制剂/公顷　喷雾

水稻　稻纵卷叶螟　3000-4500克制剂/公顷　喷雾

烟草　烟青虫　1500-3000克制剂/公顷　喷雾

玉米　玉米螟　1500-3000克制剂/公顷　拌细沙灌心

枣树　尺蠖　600-800倍液　喷雾

PD20085209　吡虫啉/10%/可湿性粉剂/吡虫啉 10%/2013.12.23 至 2018.12.23/低毒

韭菜　韭蛆　300-450克/公顷　药土法

芹菜　蚜虫　15-30克/公顷　喷雾

水稻　稻飞虱　15-30克/公顷　喷雾

小麦　蚜虫　15-30克/公顷（南方）；45-60克/公顷（北方）　喷雾

PD20085545　三唑磷/20%/乳油/三唑磷 20%/2013.12.25 至 2018.12.25/低毒

水稻　二化螟　300-450克/公顷　喷雾

PD20091068　阿维·甲氰/1.8%/乳油/阿维菌素 0.1%、甲氰菊酯 1.7%/2014.01.21 至 2019.01.21/低毒(原药高毒)

苹果树　红蜘蛛　12-18毫克/千克　喷雾

PD20092128 烯酰·锰锌/69%/可湿性粉剂/代森锰锌 60%、烯酰吗啉 9%/2014.02.23 至 2019.02.23/低毒
黄瓜 霜霉病 1035-1380克/公顷 喷雾
PD20093015 阿维·敌敌畏/40%/乳油/阿维菌素 0.3%、敌敌畏 39.7%/2014.03.09 至 2019.03.09/中等毒(原药高毒)
黄瓜 美洲斑潜蝇 360-450克/公顷 喷雾
PD20095546 氟铃·辛硫磷/20%/乳油/氟铃脲 2%、辛硫磷 18%/2014.05.12 至 2019.05.12/低毒
棉花 棉铃虫 150-300克/公顷 喷雾
PD20096040 氧氟·甲戊灵/20%/乳油/二甲戊灵 17.5%、乙氧氟草醚 2.5%/2014.06.15 至 2019.06.15/低毒
姜 一年生杂草 390-540克/公顷 土壤喷雾
PD20096127 高效氯氰菊酯/4.5%/乳油/高效氯氰菊酯 4.5%/2014.06.19 至 2019.06.19/低毒
甘蓝 菜青虫 600-900毫升制剂/公顷 喷雾
韭菜 迟眼蕈蚊 6.75-13.5克/公顷 喷雾
辣椒 烟青虫 24-34克/公顷 喷雾
PD20096898 哒螨灵/20%/可湿性粉剂/哒螨灵 20%/2014.09.23 至 2019.09.23/低毒
苹果树 红蜘蛛 50-67毫克/千克 喷雾
PD20097200 毒死蜱/97%/原药/毒死蜱 97%/2014.10.11 至 2019.10.11/中等毒
PD20097630 吡虫啉/95%/原药/吡虫啉 95%/2014.11.03 至 2019.11.03/低毒
PD20098082 福美双/50%/可湿性粉剂/福美双 50%/2014.12.08 至 2019.12.08/低毒
水稻 稻瘟病 200-250克/100千克种子 拌种
PD20100203 福·福锌/80%/可湿性粉剂/福美双 30%、福美锌 50%/2015.01.05 至 2020.01.05/低毒
苹果树 炭疽病 1333-1600毫克/千克 喷雾
PD20100344 敌畏·毒死蜱/35%/乳油/敌敌畏 30%、毒死蜱 5%/2015.01.11 至 2020.01.11/中等毒
水稻 稻纵卷叶螟 420-525克/公顷 喷雾
PD20100822 硫磺·三环唑/45%/可湿性粉剂/硫磺 40%、三环唑 5%/2015.01.20 至 2020.01.20/低毒
水稻 稻瘟病 1012.5-1215克/公顷 喷雾
PD20101018 辛硫·矿物油/40%/乳油/矿物油 20%、辛硫磷 20%/2015.01.20 至 2020.01.20/低毒
棉花 棉铃虫 600-900克/公顷 喷雾
PD20110556 阿维·矿物油/24.5%/乳油/阿维菌素 0.2%、矿物油 24.3%/2011.05.20 至 2016.05.20/低毒(原药高毒)
柑橘树 红蜘蛛 123-245毫克/千克 喷雾
PD20110912 甲氨基阿维菌素苯甲酸盐/5%/水分散粒剂/甲氨基阿维菌素 5%/2011.08.22 至 2016.08.22/低毒
甘蓝 甜菜夜蛾 2.25-3.75克/公顷 喷雾
注:甲氨基阿维菌素苯甲酸盐含量: 5.7%。
PD20121195 阿维·哒螨灵/10.5%/乳油/阿维菌素 0.3%、哒螨灵 10.2%/2012.08.06 至 2017.08.06/中等毒(原药高毒)
柑橘树 红蜘蛛 35-52.5毫克/千克 喷雾
PD20121707 炔螨·矿物油/73%/乳油/矿物油 33%、炔螨特 40%/2012.11.05 至 2017.11.05/低毒
柑橘树 红蜘蛛 243-365毫克/千克 喷雾
PD20130255 阿维·毒死蜱/15%/乳油/阿维菌素 0.1%、毒死蜱 14.9%/2013.02.06 至 2018.02.06/中等毒(原药高毒)
水稻 稻纵卷叶螟 180-225克/公顷 喷雾
PD20150620 螺螨酯/240克/升/悬浮剂/螺螨酯 240克/升/2015.04.16 至 2020.04.16/微毒
柑橘树 红蜘蛛 40-60毫克/千克 喷雾
PD20150632 戊唑醇/60克/升/悬浮种衣剂/戊唑醇 60克/升/2015.04.16 至 2020.04.16/低毒
小麦 散黑穗病 1.8-2.7克/100千克种子 种子包衣

山东省青岛金尔农化研制开发有限公司 (青岛市胶州市经济技术开发区胶州湾工业园 266300 0532-87219838)

PD20083656 苯磺隆/10%/可湿性粉剂/苯磺隆 10%/2013.12.16 至 2018.12.16/低毒
冬小麦田 一年生阔叶杂草 13.5-22.5克/公顷 茎叶喷雾
PD20095830 氟磺胺草醚/250克/升/水剂/氟磺胺草醚 250克/升/2014.06.11 至 2019.06.11/低毒
夏大豆田 一年生阔叶杂草 150-225克/公顷 茎叶喷雾
PD20095917 精喹禾灵/10%/乳油/精喹禾灵 10%/2014.06.02 至 2019.06.02/低毒
夏大豆田 一年生禾本科杂草 48.6-64.8克/公顷 茎叶喷雾
PD20096166 乙草胺/81.5%/乳油/乙草胺 81.5%/2014.06.24 至 2019.06.24/低毒
夏玉米田 一年生杂草 810-1350克/公顷 土壤喷雾
PD20096313 高效氯氟氰菊酯/25克/升/乳油/高效氯氟氰菊酯 25克/升/2014.07.22 至 2019.07.22/中等毒
甘蓝 菜青虫 9.375-18.75克/公顷 喷雾
PD20096611 精噁唑禾草灵/69克/升/水乳剂/精噁唑禾草灵 69克/升/2014.09.02 至 2019.09.02/低毒
冬小麦田 一年生禾本科杂草 41.4-51.75克/公顷 茎叶喷雾
PD20096891 2甲4氯钠/56%/可溶粉剂/2甲4氯钠 56%/2014.09.23 至 2019.09.23/低毒
夏玉米田 一年生阔叶杂草 900-1200克/公顷 茎叶喷雾
PD20096907 毒·辛/40%/乳油/毒死蜱 10%、辛硫磷 30%/2014.09.23 至 2019.09.23/低毒
棉花田 棉铃虫 975-1800毫升制剂/公顷 喷雾
PD20096936 甲基硫菌灵/500克/升/悬浮剂/甲基硫菌灵 500克/升/2014.09.29 至 2019.09.29/低毒
水稻 纹枯病 750-1125克/公顷 喷雾
PD20097725 二甲戊灵/330克/升/乳油/二甲戊灵 330克/升/2014.11.04 至 2019.11.04/低毒
甘蓝田 一年生杂草 618.75-742.5克/公顷 移栽前土壤喷雾
PD20097771 莠去津/38%/悬浮剂/莠去津 38%/2014.11.12 至 2019.11.12/低毒

夏玉米田 一年生杂草 540-600克/公顷 茎叶喷雾

PD20097902 烟嘧磺隆/40克/升/可分散油悬浮剂/烟嘧磺隆 40克/升/2014.11.30 至 2019.11.30/低毒

玉米田 一年生杂草 48-60克/公顷 茎叶喷雾

PD20098032 烯草酮/120克/升/乳油/烯草酮 120克/升/2014.12.07 至 2019.12.07/低毒

冬油菜田 一年生禾本科杂草 54-72克/公顷 茎叶喷雾

PD20098218 炔螨特/57%/乳油/炔螨特 57%/2014.12.16 至 2019.12.16/低毒

棉花 红蜘蛛 273.75-383.25克/公顷 喷雾

PD20098224 丙环唑/250克/升/乳油/丙环唑 250克/升/2014.12.16 至 2019.12.16/低毒

小麦 白粉病 124.5－140克/公顷 喷雾

PD20100076 稻瘟灵/40%/乳油/稻瘟灵 40%/2015.01.04 至 2020.01.04/低毒

水稻 稻瘟病 500－600克/公顷 喷雾

PD20100288 复硝酚钠/1.8%/水剂/5-硝基邻甲氧基苯酚钠 0.3%、对硝基苯酚钠 0.9%、邻硝基苯酚钠 0.6%/2015.01.11 至2020.01.11/低毒

棉花 调节生长 6-9毫克/千克 茎叶喷雾

PD20100528 异丙甲草胺/720克/升/乳油/异丙甲草胺 720克/升/2015.01.14 至 2020.01.14/低毒

花生田 一年生禾本科杂草及部分阔叶杂草 1080-1620克/公顷 土壤喷雾

西瓜田 一年生禾本科杂草及部分小粒种子阔叶杂草 810-1620克/公顷 土壤喷雾

PD20100643 氯氟吡氧乙酸/200克/升/乳油/氯氟吡氧乙酸 200克/升/2015.01.15 至 2020.01.15/低毒

冬小麦田 一年生阔叶杂草 150-199.5克/公顷 茎叶喷雾

PD20100693 烯禾啶/20%/乳油/烯禾啶 20%/2015.01.16 至 2020.01.16/低毒

棉花田 一年生禾本科杂草 240-360克/公顷 茎叶喷雾

PD20100793 乙·莠/40%/悬乳剂/乙草胺 15%、莠去津 25%/2015.01.19 至 2020.01.19/低毒

夏玉米田 一年生杂草 1200-1500克/公顷 播后苗前土壤喷雾

PD20100829 乙草胺/50%/乳油/乙草胺 50%/2015.01.19 至 2020.01.19/低毒

夏玉米田 一年生禾本科杂草及部分阔叶杂草 900-1125克/公顷 播后苗前土壤喷雾

PD20100840 代森锰锌/80%/可湿性粉剂/代森锰锌 80%/2015.01.19 至 2020.01.19/低毒

苹果树 斑点落叶病 1000-1333毫克/千克 喷雾

PD20100922 甲氰菊酯/20%/乳油/甲氰菊酯 20%/2015.01.19 至 2020.01.19/中等毒

甘蓝 菜青虫 75-105克/公顷 喷雾

PD20100972 异丙草·莠/40%/悬乳剂/异丙草胺 24%、莠去津 16%/2015.01.19 至 2020.01.19/低毒

夏玉米田 一年生杂草 170-250毫升制剂/亩 播后苗前土壤喷雾

PD20101041 2甲4氯钠/13%/水剂/2甲4氯钠 13%/2015.01.21 至 2020.01.21/低毒

移栽水稻田 一年生阔叶杂草 345-460克制剂/亩 茎叶喷雾

PD20101325 乙草胺/89%/乳油/乙草胺 89%/2015.03.17 至 2020.03.17/低毒

春大豆田 一年生杂草 1485-1930.5克/公顷 播后苗前土壤喷雾

PD20101823 精噁唑禾草灵/10%/乳油/精噁唑禾草灵 10%/2015.07.28 至 2020.07.28/低毒

冬小麦田 一年生禾本科杂草 45-60克/公顷 茎叶喷雾

PD20102197 甲氨基阿维菌素苯甲酸盐/2%/微乳剂/甲氨基阿维菌素 2%/2015.12.16 至 2020.12.16/低毒

甘蓝 小菜蛾 1.3-1.96克/公顷 喷雾

注:甲氨基阿维菌素苯甲酸盐含量:2.3%。

PD20110355 甲氨基阿维菌素苯甲酸盐/1%/微乳剂/甲氨基阿维菌素 1%/2016.03.24 至 2021.03.24/低毒

甘蓝 小菜蛾 2.25-3.0克/公顷 喷雾

注:甲氨基阿维菌素苯甲酸盐含量:1.14%。

PD20110447 莠去津/48%/可湿性粉剂/莠去津 48%/2016.04.08 至 2021.04.08/低毒

春玉米田 一年生杂草 2160-2880克/公顷 播后苗前土壤喷雾

PD20111384 苄嘧磺隆/30%/可湿性粉剂/苄嘧磺隆 30%/2011.12.14 至 2016.12.14/低毒

移栽水稻田 一年生阔叶杂草 60-90克/公顷 毒土法

PD20120195 乙羧氟草醚/10%/乳油/乙羧氟草醚 10%/2012.01.30 至 2017.01.30/低毒

夏大豆田 一年生阔叶杂草 60-90克/公顷 茎叶喷雾

PD20121406 烯酰吗啉/50%/可湿性粉剂/烯酰吗啉 50%/2012.09.19 至 2017.09.19/低毒

黄瓜 霜霉病 225－300克/公顷 喷雾

PD20130501 高效氯氟氰菊酯/2.5%/微乳剂/高效氯氟氰菊酯 2.5%/2013.03.26 至 2018.03.26/中等毒

甘蓝 菜青虫 7.5-11.25克/公顷 喷雾

PD20130512 阿维·高氯/1.8%/微乳剂/阿维菌素 0.6%、高效氯氰菊酯 1.2%/2013.03.27 至 2018.03.27/低毒(原药高毒)

甘蓝 小菜蛾 12.15-16.2克/公顷 喷雾

PD20130513 阿维菌素/5%/乳油/阿维菌素 5%/2013.03.27 至 2018.03.27/中等毒(原药高毒)

甘蓝 小菜蛾 9-12.6克/公顷 喷雾

PD20130539 精吡氟禾草灵/150克/升/乳油/精吡氟禾草灵 150克/升/2013.04.01 至 2018.04.01/低毒

冬油菜田 一年生禾本科杂草 135-157.5克/公顷 茎叶喷雾

PD20130540 高效氟吡甲禾灵/108克/升/乳油/高效氟吡甲禾灵 108克/升/2013.04.01 至 2018.04.01/低毒

冬油菜田 一年生禾本科杂草 30-45克/公顷 茎叶喷雾

PD20130573 松·喹·氟磺胺/18%/乳油/氟磺胺草醚 5.5%、精喹禾灵 1.5%、异噁草松 11%/2013.04.02 至 2018.04.02/低毒

春大豆田　一年生杂草　486-540克/公顷　茎叶喷雾

PD20130588　甲氨基阿维菌素苯甲酸盐/5.7%/水分散粒剂/甲氨基阿维菌素 5%/2013.04.02 至 2018.04.02/低毒
甘蓝　小菜蛾　1.5-3克/公顷　喷雾
注:甲氨基阿维菌素苯甲酸盐含量:5.7%。

PD20130591　戊唑醇/430克/升/悬浮剂/戊唑醇 430克/升/2013.04.02 至 2018.04.02/低毒
苹果树　斑点落叶病　71.7-86毫克/千克　喷雾

PD20130592　氰氟草酯/10%/乳油/氰氟草酯 10%/2013.04.02 至 2018.04.02/低毒
水稻田(直播)　一年生禾本科杂草　75-105克/公顷　茎叶喷雾

PD20130598　烟嘧磺隆/6%/可分散油悬浮剂/烟嘧磺隆 6%/2013.04.02 至 2018.04.02/低毒
玉米田　一年生杂草　40.5-58.5克/公顷　茎叶喷雾

PD20130599　烟嘧磺隆/8%/可分散油悬浮剂/烟嘧磺隆 8%/2013.04.02 至 2018.04.02/低毒
夏玉米田　一年生杂草　48-60克/公顷　茎叶喷雾

PD20130832　草除灵/500克/升/悬浮剂/草除灵 500克/升/2013.04.22 至 2018.04.22/低毒
冬油菜田　一年生阔叶杂草　200-225克/公顷　喷雾

PD20130946　毒死蜱/45%/乳油/毒死蜱 45%/2013.05.02 至 2018.05.02/低毒
水稻　稻纵卷叶螟　600-900克/公顷　喷雾

PD20131019　烟嘧磺隆/75%/水分散粒剂/烟嘧磺隆 75%/2013.05.13 至 2018.05.13/低毒
玉米田　一年生杂草　40-60克/公顷　茎叶喷雾

PD20131023　氯吡·苯磺隆/20%/可湿性粉剂/苯磺隆 2.7%、氯氟吡氧乙酸 17.3%/2013.05.13 至 2018.05.13/低毒
冬小麦田　一年生阔叶杂草　90-120克/公顷　茎叶喷雾

PD20131589　烟嘧·莠去津/22%/可分散油悬浮剂/烟嘧磺隆 2%、莠去津 20%/2013.07.29 至 2018.07.29/低毒
玉米田　一年生杂草　492-528克/公顷　茎叶喷雾

PD20131635　草铵膦/200克/升/水剂/草铵膦 200克/升/2013.07.30 至 2018.07.30/低毒
柑橘园　杂草　1050-1750克/公顷　定向茎叶喷雾

PD20131744　烯草酮/240克/升/乳油/烯草酮 240克/升/2013.08.16 至 2018.08.16/低毒
春大豆田　一年生禾本科杂草　90-108克/公顷　茎叶喷雾

PD20131806　毒死蜱/30%/微囊悬浮剂/毒死蜱 30%/2013.09.16 至 2018.09.16/中等毒
花生　蛴螬　1575-2250克/公顷　灌根

PD20131808　甲·灭·敌草隆/72%/可湿性粉剂/敌草隆 5%、2甲4氯 8%、莠灭净 59%/2013.09.16 至 2018.09.16/低毒
甘蔗田　一年生杂草　1620-2160克/公顷　定向茎叶喷雾

PD20132099　炔草酯/15%/可湿性粉剂/炔草酯 15%/2013.10.24 至 2018.10.24/低毒
小麦田　一年生禾本科杂草　56.25-67.5克/公顷　茎叶喷雾

PD20132109　醚菌酯/30%/悬浮剂/醚菌酯 30%/2013.10.24 至 2018.10.24/低毒
小麦　锈病　225-315克/公顷　喷雾

PD20132181　烟嘧·莠去津/52%/可湿性粉剂/烟嘧磺隆 4%、莠去津 48%/2013.10.29 至 2018.10.29/低毒
玉米田　一年生杂草　682.5-780克/公顷　茎叶喷雾

PD20132245　砜嘧磺隆/25%/水分散粒剂/砜嘧磺隆 25%/2013.11.05 至 2018.11.05/低毒
烟草田　一年生杂草　18.75-22.5克/公顷　定向茎叶喷雾

PD20140023　苯甲·丙环唑/30%/悬浮剂/苯醚甲环唑 15%、丙环唑 15%/2014.01.02 至 2019.01.02/低毒
水稻　纹枯病　67.5-90克/公顷　喷雾

PD20140864　烟嘧·莠去津/25%/可分散油悬浮剂/烟嘧磺隆 2.5%、莠去津 22.5%/2014.04.08 至 2019.04.08/低毒
玉米田　一年生杂草　375-450克/公顷　茎叶喷雾

PD20141214　二氯喹啉酸/25%/悬浮剂/二氯喹啉酸 25%/2014.05.06 至 2019.05.06/低毒
水稻田(直播)　稗草　281.25-375克/公顷　茎叶喷雾

PD20141404　甲维·虫酰肼/25%/悬浮剂/虫酰肼 24%、甲氨基阿维菌素苯甲酸盐 1%/2014.06.05 至 2019.06.05/低毒
甘蓝　甜菜夜蛾　187.5-225克/公顷　喷雾

PD20142286　精异丙甲草胺/960克/升/乳油/精异丙甲草胺 960克/升/2014.11.02 至 2019.11.02/低毒
番茄田　一年生杂草　720-936克/公顷（其它地区）；936-1224克/顷（东北地区）　土壤喷雾

PD20142494　螺螨酯/34%/悬浮剂/螺螨酯 34%/2014.11.21 至 2019.11.21/低毒
柑橘树　红蜘蛛　40-60毫克/千克　喷雾

PD20150210　硝磺草酮/15%/悬浮剂/硝磺草酮 15%/2015.01.15 至 2020.01.15/低毒
玉米田　一年生杂草　112.5-146.25克/公顷　茎叶喷雾

PD20150265　春雷·王铜/47%/可湿性粉剂/春雷霉素 2%、王铜 45%/2015.01.20 至 2020.01.20/低毒
柑橘树　溃疡病　1000-1250毫克/千克　喷雾

PD20150334　二氯吡啶酸/30%/水剂/二氯吡啶酸 30%/2015.03.03 至 2020.03.03/低毒
春油菜田　一年生阔叶杂草　213.75-270克 / 公顷　茎叶喷雾

PD20150443　吡蚜酮/25%/悬浮剂/吡蚜酮 25%/2015.03.20 至 2020.03.20/低毒
水稻　稻飞虱　75-105克/公顷　茎叶喷雾

PD20150444　草甘膦异丙胺盐/41%/水剂/草甘膦 30%/2015.03.20 至 2020.03.20/低毒
柑橘园　杂草　1125-2250克/公顷　定向茎叶喷雾
注:草甘膦异丙胺盐含量: 41%。

PD20150487　甲咪唑烟酸/240克/升/水剂/甲咪唑烟酸 240克/升/2015.03.20 至 2020.03.20/低毒

花生田 一年生杂草 72-108克/公顷 茎叶喷雾

PD20151025 烟嘧磺隆/10%/可分散油悬浮剂/烟嘧磺隆 10%/2015.06.14 至 2020.06.14/低毒

玉米田 一年生杂草 37.5-52.5克/公顷 茎叶喷雾

PD20151406 灭草松钠盐/25%/水剂/灭草松 25%/2015.07.30 至 2020.07.30/低毒

春大豆田 一年生阔叶杂草 1312.5-1687.5克/公顷 茎叶喷雾

PD20151767 阿维·螺螨酯/20%/悬浮剂/阿维菌素 2%、螺螨酯 18%/2015.08.28 至 2020.08.28/低毒

柑橘树 红蜘蛛 50-60毫克/千克 喷雾

PD20151934 高效氯氟氰菊酯/5%/水乳剂/高效氯氟氰菊酯 5%/2015.08.30 至 2020.08.30/中等毒

甘蓝 菜青虫 13.5-18克/公顷 喷雾

PD20152082 氰氟草酯/15%/水乳剂/氰氟草酯 15%/2015.09.22 至 2020.09.22/低毒

水稻移栽田 一年生杂草 112.5-157.5克/公顷 茎叶喷雾

PD20152595 精喹·氟磺胺/15%/乳油/氟磺胺草醚 12%、精喹禾灵 3%/2015.12.17 至 2020.12.17/低毒

花生田 一年生杂草 225-315克/公顷 茎叶喷雾

山东省青岛金汇丰化学有限公司 (山东省青岛市开发区汇丰化学实验厂长江西路 266555 0532-86721178)

WP20110012 杀虫气雾剂/0.43%/气雾剂/胺菊酯 0.28%、氯菊酯 0.15%/2016.01.04 至 2021.01.04/微毒

卫生 蚊、蝇 / 喷雾

山东省青岛金正农药有限公司 (山东省青岛市莱西市望城办事处辇止头村东 266601 0532-88481368)

PD20083366 苏云金杆菌/16000IU/毫克/可湿性粉剂/苏云金杆菌 16000IU/毫克/2013.12.11 至 2018.12.11/低毒

茶树 茶毛虫 800-1600倍液 喷雾

棉花 二代棉铃虫 1500-2250克制剂/公顷 喷雾

森林 松毛虫 1200-1600倍液 喷雾

十字花科蔬菜 小菜蛾 750-1125克制剂/公顷 喷雾

十字花科蔬菜 菜青虫 375-750克制剂/公顷 喷雾

水稻 稻纵卷叶螟 1500-2250克制剂/公顷 喷雾

烟草 烟青虫 750-1500克制剂/公顷 喷雾

玉米 玉米螟 750-1500克制剂/公顷 加细沙灌心

枣树 枣尺蠖 1200-1600倍液 喷雾

PD20084000 多·锰锌/50%/可湿性粉剂/多菌灵 8%、代森锰锌 42%/2013.12.16 至 2018.12.16/低毒

苹果树 斑点落叶病 1000-1250毫克/千克 喷雾

PD20084171 高氯·马/20%/乳油/高效氯氰菊酯 1.5%、马拉硫磷 18.5%/2013.12.16 至 2018.12.16/低毒

苹果 桃小食心虫 133-200毫克/千克 喷雾

PD20084463 乙酰甲胺磷/20%/乳油/乙酰甲胺磷 20%/2013.12.17 至 2018.12.17/低毒

十字花科蔬菜 菜青虫 450-540克/公顷 喷雾

PD20084571 福美双/50%/可湿性粉剂/福美双 50%/2013.12.18 至 2018.12.18/低毒

葡萄 白腐病 500-1000毫克/千克 喷雾

PD20084655 多·福/50%/可湿性粉剂/多菌灵 25%、福美双 25%/2013.12.22 至 2018.12.22/低毒

梨树 黑星病 833.3-1250毫克/千克 喷雾

PD20084745 代森锰锌/70%/可湿性粉剂/代森锰锌 70%/2013.12.22 至 2018.12.22/低毒

番茄 早疫病 1845-2370克/公顷 喷雾

PD20086240 三唑磷/20%/乳油/三唑磷 20%/2013.12.31 至 2018.12.31/低毒

水稻 二化螟 300-450克/公顷 喷雾

PD20086263 联苯菊酯/25克/升/乳油/联苯菊酯 25克/升/2013.12.31 至 2018.12.31/低毒

茶树 茶小绿叶蝉 30-37.5克/公顷 喷雾

PD20090215 烯酰·锰锌/69%/可湿性粉剂/代森锰锌 60%、烯酰吗啉 9%/2014.01.09 至 2019.01.09/低毒

黄瓜 霜霉病 1035-1380克/公顷 喷雾

PD20090516 高效氯氟氰菊酯/25克/升/乳油/高效氯氟氰菊酯 25克/升/2014.01.12 至 2019.01.12/中等毒

十字花科蔬菜 蚜虫 6-9克/公顷 喷雾

PD20093888 二甲戊灵/20%/悬浮剂/二甲戊灵 20%/2014.03.25 至 2019.03.25/低毒

甘蓝田 一年生杂草 600-750克/公顷 土壤喷雾

PD20094041 哒螨灵/20%/可湿性粉剂/哒螨灵 20%/2014.03.27 至 2019.03.27/低毒

苹果树 红蜘蛛 50-100毫克/千克 喷雾

PD20094263 多·福/40%/可湿性粉剂/多菌灵 5%、福美双 35%/2014.03.31 至 2019.03.31/低毒

葡萄 霜霉病 1000-1250毫克/千克 喷雾

PD20094411 甲氰·辛硫磷/25%/乳油/甲氰菊酯 5%、辛硫磷 20%/2014.04.01 至 2019.04.01/中等毒

棉花 棉铃虫 225-345克/公顷 喷雾

PD20095168 异丙草·莠/40%/悬乳剂/异丙草胺 24%、莠去津 16%/2014.04.24 至 2019.04.24/低毒

夏玉米田 一年生杂草 1200-1500克/公顷 土壤喷雾

PD20095553 吡虫啉/10%/可湿性粉剂/吡虫啉 10%/2014.05.12 至 2019.05.12/低毒

水稻 稻飞虱 11.25-22.5克/公顷 喷雾

PD20096433 高效氯氰菊酯/4.5%/乳油/高效氯氰菊酯 4.5%/2014.08.05 至 2019.08.05/低毒

梨树 梨木虱 16.7-25毫克/千克 喷雾

PD20100081 阿维·高氯/1.8%/乳油/阿维菌素 0.3%、高效氯氰菊酯 1.5%/2015.01.04 至 2020.01.04/低毒(原药高毒)

甘蓝 菜青虫、小菜蛾 7.5-15克/公顷 喷雾

黄瓜 美洲斑潜蝇 15-30克/公顷 喷雾
黄瓜(保护地) 美洲斑潜蝇 16.2-21.6克/公顷 喷雾
PD20100108 吗胍·乙酸铜/20%/可湿性粉剂/盐酸吗啉胍 16%、乙酸铜 4%/2015.01.04 至 2020.01.04/低毒
番茄 病毒病 500-750克/公顷 喷雾
PD20110548 辛硫·矿物油/40%/乳油/矿物油 20%、辛硫磷 20%/2011.05.12 至 2016.05.12/低毒
棉花 棉铃虫 720-900克/公顷 喷雾
PD20110943 炔螨·矿物油/73%/乳油/矿物油 33%、炔螨特 40%/2011.09.07 至 2016.09.07/低毒
柑橘树 红蜘蛛 243-365克/公顷 喷雾

山东省青岛凯源祥化工有限公司 (山东省青岛莱西市水集沽河工业园 266600 0532-58659399)

PD20070575 吡虫啉/95%/原药/吡虫啉 95%/2012.12.03 至 2017.12.03/低毒
PD20080913 高效氯氟氰菊酯/96%/原药/高效氯氟氰菊酯 96%/2013.07.14 至 2018.07.14/中等毒
PD20082289 稻瘟灵/40%/可湿性粉剂/稻瘟灵 40%/2013.12.01 至 2018.12.01/低毒
水稻 稻瘟病 400-600克/公顷 喷雾
PD20082636 甲氰·噻螨酮/7.5%/乳油/甲氰菊酯 5%、噻螨酮 2.5%/2013.12.04 至 2018.12.04/低毒
柑橘树 红蜘蛛 75-100毫克/千克 喷雾
PD20082641 霜霉威/722克/升/水剂/霜霉威 722克/升/2013.12.04 至 2018.12.04/低毒
黄瓜 霜霉病 650-1083克/公顷 喷雾
PD20082834 丙环唑/250克/升/乳油/丙环唑 250克/升/2013.12.09 至 2018.12.09/低毒
莲藕 叶斑病 75-112.5克/公顷 喷雾
香蕉树 叶斑病 250-500毫克/千克 喷雾
PD20084219 杀螟丹/50%/可溶粉剂/杀螟丹 50%/2013.12.17 至 2018.12.17/中等毒
水稻 二化螟 525-750克/公顷 喷雾
PD20090574 噻嗪酮/25%/可湿性粉剂/噻嗪酮 25%/2014.01.14 至 2019.01.14/低毒
水稻 稻飞虱 93.75-112.5克/公顷 喷雾
PD20091139 甲基硫菌灵/70%/可湿性粉剂/甲基硫菌灵 70%/2014.01.21 至 2019.01.21/低毒
番茄 叶霉病 375-562.5克/公顷 喷雾
PD20091845 百菌清/40%/悬浮剂/百菌清 40%/2014.02.06 至 2019.02.06/低毒
番茄 早疫病 750-1050克/公顷 喷雾
PD20093981 啶虫脒/10%/乳油/啶虫脒 10%/2014.03.27 至 2019.03.27/低毒
菠菜 蚜虫 22.5-37.5克/公顷 喷雾
柑橘树 蚜虫 12.5-22.5毫克/千克 喷雾
莲藕 莲缢管蚜 15-22.5克/公顷 喷雾
PD20096275 甲氨基阿维菌素苯甲酸盐/83.6%/原药/甲氨基阿维菌素 83.6%/2014.07.22 至 2019.07.22/中等毒
注:甲氨基阿维菌素苯甲酸盐含量: 95%。
PD20097609 甲氨基阿维菌素苯甲酸盐(5.7%)///水分散粒剂/甲氨基阿维菌素 5%/2014.11.03 至 2019.11.03/中等毒
甘蓝 甜菜夜蛾 2.25-3.375克/公顷 喷雾
PD20097909 啶虫脒/99%/原药/啶虫脒 99%/2014.11.30 至 2019.11.30/中等毒
PD20098477 双甲脒/200克/升/乳油/双甲脒 200克/升/2014.12.24 至 2019.12.24/低毒
柑橘树 介壳虫 100-200毫克/千克 喷雾
PD20101068 代森锌/65%/可湿性粉剂/代森锌 65%/2015.01.21 至 2020.01.21/低毒
番茄 早疫病 1500—2025克/公顷 喷雾
PD20101295 吡虫啉/25%/可湿性粉剂/吡虫啉 25%/2015.03.10 至 2020.03.10/低毒
韭菜 韭蛆 300-450克/公顷 药土法
莲藕 莲缢管蚜 15-30克/公顷 喷雾
芹菜 蚜虫 15-30克/公顷 喷雾
水稻 稻飞虱 15-30克/公顷 喷雾
PD20101649 氟虫腈/95%/原药/氟虫腈 95%/2015.06.03 至 2020.06.03/中等毒
PD20101653 唑螨酯/5%/悬浮剂/唑螨酯 5%/2015.06.03 至 2020.06.03/低毒
柑橘树 红蜘蛛 25-50毫克/千克 喷雾
PD20110964 氟虫腈/50克/升/悬浮剂/氟虫腈 50克/升/2011.09.08 至 2016.09.08/低毒
注:专供出口，不得在国内销售。
PD20121445 吡虫啉/70%/种子处理可分散粉剂/吡虫啉 70%/2012.10.08 至 2017.10.08/低毒
玉米 蚜虫 420-490克/100千克种子 拌种
PD20121470 戊唑醇/250克/升/水乳剂/戊唑醇 250克/升/2012.10.08 至 2017.10.08/低毒
苦瓜 白粉病 75-112.5克/公顷 喷雾
香蕉 叶斑病 167-250毫克/千克 喷雾
PD20121560 高效氯氟氰菊酯/2.5%/微乳剂/高效氯氟氰菊酯 2.5%/2012.10.25 至 2017.10.25/中等毒
小白菜 菜青虫 11.25-15克/公顷 喷雾
PD20121718 吡虫啉/30%/微乳剂/吡虫啉 30%/2012.11.08 至 2017.11.08/低毒
水稻 稻飞虱 24-30克/公顷 喷雾
PD20121827 矿物油/99%/乳油/矿物油 99%/2012.11.22 至 2017.11.22/低毒
柑橘树 红蜘蛛 4400-6600毫克/千克 喷雾
PD20122085 草甘膦/65%/可溶粉剂/草甘膦 65%/2012.12.24 至 2017.12.24/低毒

苹果园 一年生杂草 1575-2250克/公顷 定向茎叶喷雾
注:草甘膦铵盐含量:71.5%。
PD20130094 丙环唑/95%/原药/丙环唑 95%/2013.01.17 至 2018.01.17/低毒
PD20130805 氟虫腈/5%/悬浮种衣剂/氟虫腈 5%/2013.04.22 至 2018.04.22/低毒
玉米 蛴螬 100-200克/100千克种子 拌种
PD20131684 苯醚甲环唑/95%/原药/苯醚甲环唑 95%/2013.08.07 至 2018.08.07/低毒
PD20132129 噻虫嗪/25%/水分散粒剂/噻虫嗪 25%/2013.10.24 至 2018.10.24/低毒
菠菜 蚜虫 22.5-30克/公顷 喷雾
芹菜 蚜虫 15-30克/公顷 喷雾
水稻 稻飞虱 7.5-15克/公顷 喷雾
PD20132176 噻嗪·毒死蜱/42%/乳油/毒死蜱 28%、噻嗪酮 14%/2013.10.29 至 2018.10.29/中等毒
水稻 稻飞虱 126-189克/公顷 喷雾
PD20132205 丙环唑/50%/微乳剂/丙环唑 50%/2013.10.29 至 2018.10.29/低毒
香蕉 叶斑病 250—500毫克/千克 喷雾
PD20132357 啶虫脒/50%/水分散粒剂/啶虫脒 50%/2013.11.20 至 2018.11.20/低毒
茶树 茶小绿叶蝉 15-22.5克/公顷 喷雾
PD20132379 甲维·杀虫单/22%/微乳剂/甲氨基阿维菌素苯甲酸盐 0.2%、杀虫单 21.8%/2013.11.20 至 2018.11.20/低毒(原药中等毒)
甘蓝 甜菜夜蛾 198-247.5克/公顷 喷雾
PD20132414 苯甲·嘧菌酯/32.5%/悬浮剂/苯醚甲环唑 12.5%、嘧菌酯 20%/2013.11.20 至 2018.11.20/低毒
水稻 纹枯病 100-195克/公顷 喷雾
PD20140183 戊唑·嘧菌酯/50%/悬浮剂/嘧菌酯 20%、戊唑醇 30%/2014.01.29 至 2019.01.29/低毒
水稻 纹枯病 38-112克/公顷 喷雾
PD20140526 噻虫嗪/30%/悬浮剂/噻虫嗪 30%/2014.03.06 至 2019.03.06/低毒
水稻 稻飞虱 9—18克/公顷 喷雾
PD20140529 阿维·吡蚜酮/18%/悬浮剂/阿维菌素 2%、吡蚜酮 16%/2014.03.06 至 2019.03.06/低毒(原药高毒)
水稻 稻飞虱 54-67.5克/公顷 喷雾
PD20140531 阿维·噻虫嗪/12%/悬浮剂/阿维菌素 2%、噻虫嗪 10%/2014.03.06 至 2019.03.06/低毒(原药高毒)
水稻 稻飞虱 21.5—27克/公顷 喷雾
PD20140559 甲氨基阿维菌素苯甲酸盐/5%/微乳剂/甲氨基阿维菌素 5%/2014.03.06 至 2019.03.06/低毒
水稻 稻纵卷叶螟 11.25-15克/公顷 喷雾
茭白 二化螟 12-17克/公顷 喷雾
注:甲氨基阿维菌素苯甲酸盐含量: 5.7%。
PD20140567 阿维菌素/5%/悬浮剂/阿维菌素 5%/2014.03.06 至 2019.03.06/中等毒(原药高毒)
水稻 稻纵卷叶螟 9—15克/公顷 喷雾
PD20140574 噻虫·吡蚜酮/35%/水分散粒剂/吡蚜酮 20%、噻虫嗪 15%/2014.03.06 至 2019.03.06/低毒
水稻 稻飞虱 21-31.5克/公顷 喷雾
PD20141101 吡蚜酮/25%/悬浮剂/吡蚜酮 25%/2014.04.27 至 2019.04.27/低毒
水稻 稻飞虱 90—150克/公顷 喷雾
PD20141116 吡蚜酮/50%/水分散粒剂/吡蚜酮 50%/2014.04.27 至 2019.04.27/低毒
水稻 稻飞虱 90—150克/公顷 喷雾
PD20141366 嘧菌酯/25%/悬浮剂/嘧菌酯 25%/2014.06.04 至 2019.06.04/低毒
水稻 纹枯病 225—262.5克/公顷 喷雾
PD20141783 阿维·三唑锡/20%/悬浮剂/阿维菌素 0.5%、三唑锡 19.5%/2014.07.14 至 2019.07.14/低毒(原药高毒)
柑橘树 红蜘蛛 66.7-100毫克/千克 喷雾
PD20142393 虱螨脲/5%/悬浮剂/虱螨脲 5%/2014.11.06 至 2019.11.06/低毒
甘蓝 甜菜夜蛾 22.5-30克/公顷 喷雾
PD20150110 甲维·虫酰肼/21%/悬浮剂/虫酰肼 20.5%、甲氨基阿维菌素苯甲酸盐 0.5%/2015.01.05 至 2020.01.05/低毒
甘蓝 甜菜夜蛾 141.75-283.5克/公顷 喷雾
PD20150132 四聚乙醛/15%/颗粒剂/四聚乙醛 15%/2015.01.07 至 2020.01.07/低毒
水稻 福寿螺 360-540克/公顷 撒施
PD20150461 阿维·螺螨酯/20%/悬浮剂/阿维菌素 2%、螺螨酯 18%/2015.03.20 至 2020.03.20/低毒
柑橘树 红蜘蛛 33.3-50毫克/千克 喷雾
PD20150658 毒死蜱/15%/颗粒剂/毒死蜱 15%/2015.04.17 至 2020.04.17/低毒
花生 蛴螬 2250-3375克/公顷 撒施
PD20152060 咪锰·代森联/52%/可湿性粉剂/代森联 40%、咪鲜胺锰盐 12%/2015.09.07 至 2020.09.07/低毒
芒果树 炭疽病 433-867毫克/千克 喷雾
PD20152512 阿维·炔螨特/30%/水乳剂/阿维菌素 0.3%、炔螨特 29.7%/2015.12.05 至 2020.12.05/中等毒(原药高毒)
柑橘树 红蜘蛛 202-303毫克/千克 喷雾
PD20152652 丙环·嘧菌酯/32%/悬浮剂/丙环唑 12%、嘧菌酯 20%/2015.12.19 至 2020.12.19/低毒
水稻 纹枯病 120-216克/公顷 喷雾
LS20130205 苯醚甲环唑/60%/水分散粒剂/苯醚甲环唑 60%/2015.04.09 至 2016.04.09/低毒
黄瓜 炭疽病 108—135克/公顷 喷雾

苦瓜 白粉病 105-150克/公顷 喷雾
芹菜 斑枯病 52.5-67.5克/公顷 喷雾

山东省青岛朗格尔日用品有限公司 （山东省青岛市城阳区城阳街道仲旺路6号 266100 0532-8775177）

WP20080261 杀虫气雾剂/0.35%/气雾剂/胺菊酯 0.20%、氯菊酯 0.15%/2013.11.27 至 2018.11.27/低毒
卫生 蜚蠊、蚊、蝇 / 喷雾

山东省青岛农冠农药有限责任公司 （山东省青岛市黄岛区泊里镇 266409 0532-84183222）

PD90105-5 石硫合剂/45%/结晶粉/石硫合剂 45%/2015.03.17 至 2020.03.17/低毒
茶树 叶螨 150倍液 喷雾
柑橘树 锈壁虱 300-500倍液 晚秋喷雾
柑橘树 介壳虫、螨 1)180-300倍液2)300-500倍液 1)早春喷雾2)晚秋喷雾
麦类 白粉病 150倍液 喷雾
苹果树 叶螨 20-30倍液 萌芽前喷雾

PD20040787 三唑磷/20%/乳油/三唑磷 20%/2014.12.19 至 2019.12.19/中等毒
水稻 二化螟、三化螟 300-450克/公顷 喷雾

PD20060155 甲拌・辛硫磷/10%/粉粒剂/甲拌磷 4%、辛硫磷 6%/2011.08.29 至 2016.08.29/高毒
小麦 地下害虫 200-300克/100千克种子 拌种

PD20070283 高氯・吡虫啉/3%/乳油/吡虫啉 1.5%、高效氯氰菊酯 1.5%/2012.09.03 至 2017.09.03/低毒
甘蓝 蚜虫 18-27克/公顷 喷雾

PD20082182 丁・莠/48%/悬乳剂/丁草胺 19%、莠去津 29%/2013.12.01 至 2018.12.01/低毒
夏玉米田 一年生杂草 1080-1440克/公顷 播后苗前土壤喷雾

PD20082522 精喹禾灵/5%/乳油/精喹禾灵 5%/2013.12.03 至 2018.12.03/低毒
棉花田 一年生禾本科杂草 37.5-60克/公顷 茎叶喷雾

PD20083447 氰戊・马拉松/21%/乳油/马拉硫磷 15%、氰戊菊酯 6%/2013.12.12 至 2018.12.12/中等毒
苹果树 食心虫 60-100毫克/千克 喷雾
苹果树 蚜虫 50-75毫克/千克 喷雾
苹果树 红蜘蛛 60-150毫克/千克 喷雾

PD20083784 乙草胺/50%/乳油/乙草胺 50%/2013.12.15 至 2018.12.15/低毒
春大豆田 一年生禾本科杂草及部分小粒种子阔叶杂草 1200-1875克/公顷 播后苗前土壤喷雾
夏大豆田 一年生禾本科杂草及部分小粒种子阔叶杂草 750-1050克/公顷 播后苗前土壤喷雾

PD20084659 丁・莠/25%/悬乳剂/丁草胺 10%、莠去津 15%/2013.12.22 至 2018.12.22/低毒
夏玉米田 一年生杂草 1125-1500克/公顷 播后苗前土壤喷雾

PD20090569 异丙草・莠/50%/悬乳剂/异丙草胺 30%、莠去津 20%/2014.01.14 至 2019.01.14/低毒
春玉米田 一年生杂草 1500-2250克/公顷 播后苗前土壤喷雾

PD20121611 双草醚/100克/升/悬浮剂/双草醚 100克/升/2012.10.30 至 2017.10.30/微毒
水稻田(直播) 稗草、莎草及阔叶杂草 22.5-30克/公顷南方地区；30-37.5克/公顷北方地区 茎叶喷雾

PD20141548 莠去津/25%/可分散油悬浮剂/莠去津 25%/2014.06.17 至 2019.06.17/微毒
夏玉米田 一年生杂草 600-750克/公顷 茎叶喷雾

PD20141809 草甘膦异丙胺盐/30%/水剂/草甘膦 30%/2014.07.14 至 2019.07.14/低毒
非耕地 杂草 1230-2460克/公顷 喷雾
注:草甘膦异丙胺盐含量41%

PD20150360 双氟・氯氟吡/16%/悬乳剂/氯氟吡氧乙酸 15%、双氟磺草胺 1%/2015.03.03 至 2020.03.03/微毒
冬小麦、高羊茅草坪 一年生阔叶杂草 72-96克/公顷 茎叶喷雾

PD20150420 双氟・滴辛酯/459克/升/悬乳剂/2,4-滴异辛酯 453克/升、双氟磺草胺 6克/升/2015.03.19 至 2020.03.19/低毒
冬小麦田 一年生阔叶杂草 206.4-275.2克/公顷 茎叶喷雾

PD20150614 硝磺・ 莠去津/25%/可分散油悬浮剂/莠去津 23.5%、硝磺草酮 1.5%/2015.04.16 至 2020.04.16/低毒
夏玉米田 一年生杂草 750-1125克/公顷 茎叶喷雾

PD20151206 丁 ・莠 ・烟嘧/32%/可分散油悬浮剂/丁草胺 10%、烟嘧磺隆 2%、莠去津 20%/2015.07.29 至 2020.07.29/低毒
春玉米田 一年生禾本科杂草及阔叶杂草 480-720克/公顷 茎叶喷雾

PD20151471 双氟・氯氟吡/16%/悬乳剂/氯氟吡氧乙酸 15%、双氟磺草胺 1%/2015.07.31 至 2020.07.31/微毒
注:扩作出新号，待删除。

PD20152440 乙羧・ 草铵膦/20%/可分散油悬浮剂/乙羧氟草醚 0.7%、草铵膦 19.3%/2015.12.04 至 2020.12.04/低毒
非耕地 杂草 600-1200克/公顷 茎叶喷雾

PD20152522 喹・羧・草甘膦/33%/可分散油悬浮剂/草甘膦 30%、精喹禾灵 2.3%、乙羧氟草醚 0.7%/2015.12.05 至2020.12.05/低毒
非耕地 杂草 990-1485克/公顷 茎叶喷雾

LS20130431 双氟・氯氟吡/16%/悬乳剂/氯氟吡氧乙酸 15%、双氟磺草胺 1%/2015.09.09 至 2016.09.09/微毒
高羊茅草坪 一年生阔叶杂草 72-96克/公顷 茎叶喷雾

LS20140305 2甲・双氟/36%/可分散油悬浮剂/2甲4氯钠 35%、双氟磺草胺 1%/2015.10.15 至 2016.10.15/低毒
冬小麦田 一年生阔叶杂草 162-216克/公顷 茎叶喷雾

LS20140361 双氟・二磺/1%/可分散油悬浮剂/甲基二磺隆 0.75%、双氟磺草胺 0.25%/2015.12.11 至 2016.12.11/低毒

冬小麦田 一年生杂草 12-18克/公顷 茎叶喷雾

LS20140365 双氟·炔草酯/7%/可分散油悬浮剂/双氟磺草胺 0.5%、炔草酯 6.5%/2015.12.11 至 2016.12.11/低毒

冬小麦田 一年生杂草 52.5-84克/公顷 茎叶喷雾

LS20150043 氰氟草酯/10%/可分散油悬浮剂/氰氟草酯 10%/2016.03.18 至 2017.03.18/微毒

水稻田(直播) 一年生禾本科杂草 75-105克/公顷 茎叶喷雾

LS20150201 氰氟·二氯喹/17%/可分散油悬浮剂/二氯喹啉酸 10%、氰氟草酯 7%/2015.07.29 至 2016.07.29/低毒

水稻田(直播) 稗草、千金子等禾本科杂草 255-382.5克/公顷 茎叶喷雾

山东省青岛润生农化有限公司 (山东省莱西市姜山镇小泊村 266604 0532-86411166)

PD20083232 联苯菊酯/25克/升/乳油/联苯菊酯 25克/升/2013.12.11 至 2018.12.11/低毒

茶树 茶尺蠖 7.5-15克/公顷 喷雾

PD20083829 丙环唑/250克/升/乳油/丙环唑 250克/升/2013.12.15 至 2018.12.15/低毒

莲藕 叶斑病 75-112.5克/公顷 喷雾

香蕉 叶斑病 250-500毫克/千克 喷雾

PD20084263 马拉硫磷/45%/乳油/马拉硫磷 45%/2013.12.17 至 2018.12.17/低毒

十字花科蔬菜 黄条跳甲 562.5-750克/公顷 喷雾

PD20084351 炔螨特/57%/乳油/炔螨特 57%/2013.12.17 至 2018.12.17/低毒

柑橘 叶螨 285-365毫克/千克 喷雾

PD20084452 甲基硫菌灵/70%/可湿性粉剂/甲基硫菌灵 70%/2013.12.17 至 2018.12.17/低毒

番茄 叶霉病 375-562.5克/公顷 喷雾

PD20084802 百菌清/75%/可湿性粉剂/百菌清 75%/2013.12.22 至 2018.12.22/低毒

黄瓜 霜霉病 1650-3000克/公顷 喷雾

PD20085437 联苯菊酯/100克/升/乳油/联苯菊酯 100克/升/2013.12.24 至 2018.12.24/中等毒

茶树 茶小绿叶蝉 30-37.5克/公顷 喷雾

PD20085649 氯氟氰菊酯/25克/升/乳油/高效氯氟氰菊酯 25克/升/2013.12.26 至 2018.12.26/中等毒

十字花科蔬菜 菜青虫 15-18.75克/公顷 喷雾

PD20090548 草甘膦/30%/水剂/草甘膦 30%/2014.01.13 至 2019.01.13/低毒

苹果园 杂草 1125-2250克/公顷 定向喷雾

PD20090622 苯醚甲环唑/15%/水分散粒剂/苯醚甲环唑 15%/2014.01.14 至 2019.01.14/低毒

苦瓜 白粉病 105-150克/公顷 喷雾

梨树 黑星病 11.2-14.3毫克/千克 喷雾

PD20091470 灭蝇胺/50%/可湿性粉剂/灭蝇胺 50%/2014.02.04 至 2019.02.04/低毒

黄瓜 美洲斑潜蝇 150-225克/公顷 喷雾

PD20091561 霜霉威/722克/升/水剂/霜霉威 722克/升/2014.02.03 至 2019.02.03/低毒

黄瓜 霜霉病 649.8-1083克/公顷 喷雾

PD20091943 井冈霉素/4%/水溶粉剂/井冈霉素 4%/2014.02.12 至 2019.02.12/低毒

水稻 纹枯病 150-187.5克/公顷 喷雾

PD20092067 唑磷·毒死蜱/20%/乳油/毒死蜱 10%、三唑磷 10%/2014.02.16 至 2019.02.16/中等毒

水稻 二化螟 225-300克/公顷 喷雾

PD20092198 氟磺胺草醚/250克/升/水剂/氟磺胺草醚 250克/升/2014.02.23 至 2019.02.23/低毒

春大豆田 一年生阔叶杂草 300-375克/公顷 茎叶喷雾

PD20093029 烯酰·乙膦铝/50%/可湿性粉剂/烯酰吗啉 9%、三乙膦酸铝 41%/2014.03.09 至 2019.03.09/低毒

黄瓜 霜霉病 1050-1350克/公顷 喷雾

PD20093189 氟乐灵/480克/升/乳油/氟乐灵 480克/升/2014.03.11 至 2019.03.11/低毒

棉花田 一年生杂草 720-1080克/公顷 播后苗前土壤喷雾

PD20093220 代森锌/80%/可湿性粉剂/代森锌 80%/2014.03.11 至 2019.03.11/低毒

番茄 早疫病 2550-3600克/公顷 喷雾

PD20093307 马拉·杀扑磷/40%/乳油/马拉硫磷 30%、杀扑磷 10%/2014.03.13 至 2015.09.30/中等毒(原药高毒)

柑橘 介壳虫 400 000毫克/千克 喷雾

PD20096991 阿维菌素/1.8%/乳油/阿维菌素 1.8%/2014.09.29 至 2019.09.29/低毒(原药高毒)

十字花科蔬菜 小菜蛾 9-13.5克/公顷 喷雾

PD20097016 毒死蜱/480克/升/乳油/毒死蜱 480克/升/2014.10.10 至 2019.10.10/中等毒

苹果树 绵蚜 1769-2359倍液 喷雾

PD20097022 噻嗪酮/25%/可湿性粉剂/噻嗪酮 25%/2014.10.10 至 2019.10.10/低毒

水稻 稻飞虱 75-115.5克/公顷 喷雾

PD20097213 速灭威/25%/可湿性粉剂/速灭威 25%/2014.10.19 至 2019.10.19/中等毒

水稻 稻飞虱 562.5-750克/公顷 喷雾

PD20097248 氟啶脲/50克/升/乳油/氟啶脲 50克/升/2014.10.19 至 2019.10.19/低毒

甘蓝 小菜蛾 60-80毫升制剂/亩 喷雾

韭菜 韭蛆 150-225克/公顷 药土法

PD20097277 氯氰·丙溴磷/440克/升/乳油/丙溴磷 400克/升、氯氰菊酯 40克/升/2014.10.26 至 2019.10.26/中等毒

棉花 棉铃虫 65.9-100毫升制剂/亩 喷雾

PD20097279 苯丁锡/50%/可湿性粉剂/苯丁锡 50%/2014.10.26 至 2019.10.26/低毒

柑橘树 红蜘蛛 150-250mg/kg 喷雾

PD20097283 杀扑磷/40%/乳油/杀扑磷 40%/2014.10.26 至 2015.09.30/高毒
柑橘树 红蜡蚧 400-600mg/kg 喷雾
PD20097803 啶虫脒/10%/可湿性粉剂/啶虫脒 10%/2014.11.20 至 2019.11.20/低毒
十字花科蔬菜 蚜虫 13.5-15克/公顷 喷雾
PD20098027 甲氨基阿维菌素苯甲酸盐(2.3%)///乳油/甲氨基阿维菌素 2%/2014.12.07 至 2019.12.07/低毒
甘蓝 小菜蛾 1.5-3克/公顷 喷雾
PD20098153 多抗霉素/3%/可湿性粉剂/多抗霉素 3%/2014.12.14 至 2019.12.14/微毒
苹果树 斑点落叶病 100—200毫克/千克 喷雾
PD20098322 甲氨基阿维菌素苯甲酸盐/0.5%/微乳剂/甲氨基阿维菌素 0.5%/2014.12.18 至 2019.12.18/低毒
甘蓝 甜菜夜蛾 1.5-2.25克/公顷 喷雾
注:甲氨基阿维菌素苯甲酸盐含量: 0.57%。
PD20098400 吡虫啉/70%/水分散粒剂/吡虫啉 70%/2014.12.18 至 2019.12.18/低毒
水稻 稻飞虱 21-31.5克/公顷 喷雾
PD20101661 高效氯氰菊酯/4.5%/微乳剂/高效氯氰菊酯 4.5%/2015.06.03 至 2020.06.03/低毒
甘蓝 菜青虫 20.25-27克/公顷 喷雾
PD20110420 高效氯氟氰菊酯/5%/微乳剂/高效氯氟氰菊酯 5%/2011.04.15 至 2016.04.15/中等毒
甘蓝 菜青虫 9-13.5克/公顷 喷雾
PD20110700 嘧霉胺/40%/水分散粒剂/嘧霉胺 40%/2011.07.05 至 2016.07.05/低毒
黄瓜 灰霉病 375-562.5克/公顷 喷雾
PD20111302 吡虫啉/600克/升/悬浮剂/吡虫啉 600克/升/2011.11.24 至 2016.11.24/中等毒
水稻 稻飞虱 36-45克/公顷 喷雾
PD20120307 甲维・虫酰肼/10.5%/乳油/虫酰肼 10%、甲氨基阿维菌素苯甲酸盐 0.5%/2012.02.17 至 2017.02.17/低毒
甘蓝 甜菜夜蛾 47.25-78.75克/公顷 喷雾
PD20120348 炔螨特/730克/升/乳油/炔螨特 730克/升/2012.02.23 至 2017.02.23/低毒
柑橘树 红蜘蛛 243-365毫克/千克 喷雾
PD20120961 氯氟・啶虫脒/6.5%/乳油/啶虫脒 5%、高效氯氟氰菊酯 1.5%/2012.06.14 至 2017.06.14/低毒
甘蓝 蚜虫 14.625-19.5克/公顷 喷雾
PD20121898 抗蚜・吡虫啉/24%/可湿性粉剂/吡虫啉 2%、抗蚜威 22%/2012.12.07 至 2017.12.07/中等毒
小麦 蚜虫 54-72克/公顷 喷雾
PD20130115 噻嗪・毒死蜱/40%/乳油/毒死蜱 20%、噻嗪酮 20%/2013.01.17 至 2018.01.17/中等毒
水稻 稻飞虱 120-180克/公顷 喷雾
PD20130422 咪鲜胺/40%/水乳剂/咪鲜胺 40%/2013.03.18 至 2018.03.18/低毒
水稻 恶苗病 56.25-112.5毫克/千克 浸种
PD20130444 啶虫脒/40%/水分散粒剂/啶虫脒 40%/2013.03.18 至 2018.03.18/低毒
甘蓝 蚜虫 18-24克/公顷 喷雾
PD20130833 烯酰吗啉/50%/水分散粒剂/烯酰吗啉 50%/2013.04.22 至 2018.04.22/低毒
黄瓜 霜霉病 225-300克/公顷 喷雾
PD20131521 苯丁・炔螨特/38%/乳油/苯丁锡 8%、炔螨特 30%/2013.07.17 至 2018.07.17/低毒
柑橘树 红蜘蛛 152-253毫克/千克 喷雾
PD20131817 阿维菌素/3%/微囊悬浮剂/阿维菌素 3%/2013.09.17 至 2018.09.17/低毒(原药高毒)
黄瓜 根结线虫 180-225克/公顷 灌根
PD20131903 烯酰吗啉/80%/水分散粒剂/烯酰吗啉 80%/2013.09.25 至 2018.09.25/低毒
黄瓜 霜霉病 225-300克/公顷 喷雾
PD20131953 苯醚・甲硫/45%/可湿性粉剂/苯醚甲环唑 3%、甲基硫菌灵 42%/2013.10.10 至 2018.10.10/微毒
苹果树 斑点落叶病 562.5-750毫克/千克 喷雾
PD20131961 嘧菌酯/50%/水分散粒剂/嘧菌酯 50%/2013.10.10 至 2018.10.10/低毒
草坪 褐斑病 300-400克/公顷 喷雾
PD20132049 吡蚜酮/50%/水分散粒剂/吡蚜酮 50%/2013.10.22 至 2018.10.22/低毒
水稻 稻飞虱 120-150克/公顷 喷雾
PD20132136 甲氨基阿维菌素苯甲酸盐/5%/微乳剂/甲氨基阿维菌素 5%/2013.10.24 至 2018.10.24/低毒
甘蓝 甜菜夜蛾 1.8-2.25克/公顷 喷雾
注:甲氨基阿维菌素苯甲酸盐含量: 5.7%。
PD20132617 苯甲・丙环唑/30%/乳油/苯醚甲环唑 15%、丙环唑 15%/2013.12.20 至 2018.12.20/低毒
香蕉 叶斑病 150-300毫克/千克 喷雾
PD20140134 阿维・三唑锡/16.8%/可湿性粉剂/阿维菌素 0.3%、三唑锡 16.5%/2014.01.20 至 2019.01.20/低毒(原药高毒)
柑橘树 红蜘蛛 84-112毫克/千克 喷雾
PD20140467 戊唑醇/85%/水分散粒剂/戊唑醇 85%/2014.02.25 至 2019.02.25/低毒
苹果树 斑点落叶病 100-130毫克/千克 喷雾
水稻 稻曲病、纹枯病 64.5-96.75克/公顷 喷雾
PD20140564 丙溴・氟铃脲/32%/乳油/丙溴磷 30%、氟铃脲 2%/2014.03.06 至 2019.03.06/低毒
棉花 棉铃虫 240-336克/公顷 喷雾
PD20140575 阿维・苯丁锡/10%/乳油/阿维菌素 0.5%、苯丁锡 9.5%/2014.03.06 至 2019.03.06/低毒(原药高毒)
柑橘树 红蜘蛛 50-100毫克/千克 喷雾

PD20141742　四螨嗪/80%/水分散粒剂/四螨嗪 80%/2014.06.30 至 2019.06.30/低毒
柑橘树　红蜘蛛　133.3-200毫克/千克　喷雾
PD20141934　噻虫嗪/30%/悬浮种衣剂/噻虫嗪 30%/2014.08.04 至 2019.08.04/低毒
水稻　稻飞虱　70-105克/100千克种子　种子包衣
PD20141982　毒死蜱/36%/微囊悬浮剂/毒死蜱 36%/2014.08.14 至 2019.08.14/中等毒
花生　蛴螬　1620-2268克/公顷　喷雾于播种穴
PD20142207　螺螨酯/240克/升/悬浮剂/螺螨酯 240克/升/2014.09.28 至 2019.09.28/低毒
柑橘树　红蜘蛛　40-60毫克/千克　喷雾
PD20150339　己唑醇/40%/悬浮剂/己唑醇 40%/2015.03.03 至 2020.03.03/低毒
水稻　稻曲病、纹枯病　60-84克/公顷　喷雾
PD20152058　苯醚甲环唑/30克/升/悬浮种衣剂/苯醚甲环唑 30克/升/2015.09.07 至 2020.09.07/低毒
小麦　散黑穗病　6-9克/100千克种子　种子包衣

山东省青岛泰生生物科技有限公司　(山东省莱西市深圳南路208号　266600　0532-66773222)

PD20097944　氟啶脲/50克/升/乳油/氟啶脲 50克/升/2014.11.30 至 2019.11.30/低毒
甘蓝　菜青虫　45-60克/公顷　喷雾
韭菜　韭蛆　150-225克/公顷　药土法
PD20097997　噻嗪・异丙威/25%/可湿性粉剂/噻嗪酮 5%、异丙威 20%/2014.12.07 至 2019.12.07/低毒
水稻　稻飞虱　375-562.5克/公顷　喷雾
PD20097999　联苯菊酯/100克/升/乳油/联苯菊酯 100克/升/2014.12.07 至 2019.12.07/中等毒
茶树　茶小绿叶蝉　30-37.5克/公顷　喷雾
PD20098127　噻螨酮/5%/可湿性粉剂/噻螨酮 5%/2014.12.08 至 2019.12.08/低毒
柑橘树　红蜘蛛　1667-2000倍液　喷雾
PD20100368　春雷霉素/2%/可湿性粉剂/春雷霉素 2%/2015.01.11 至 2020.01.11/低毒
大白菜　黑腐病　22.5-36克/公顷　喷雾
黄瓜　枯萎病　150-210克/公顷　灌根
PD20101624　烯酰・福美双/55%/可湿性粉剂/福美双 47%、烯酰吗啉 8%/2015.06.03 至 2020.06.03/微毒
黄瓜　霜霉病　825－1320克/公顷　喷雾
PD20111376　阿维菌素/5%/乳油/阿维菌素 5%/2011.12.14 至 2016.12.14/中等毒(原药高毒)
甘蓝　小菜蛾　7.2-10.8克/公顷　喷雾
茭白　二化螟　9.5-13.5克/公顷　喷雾
PD20111431　烯酰吗啉/80%/水分散粒剂/烯酰吗啉 80%/2011.12.28 至 2016.12.28/低毒
黄瓜　霜霉病　225－300克/公顷　喷雾
烟草　黑胫病　228－300克/公顷　喷雾
PD20120113　咪鲜胺/45%/微乳剂/咪鲜胺 45%/2012.01.29 至 2017.01.29/低毒
水稻　稻瘟病　225-375克/公顷　喷雾
PD20120628　唑螨酯/5%/悬浮剂/唑螨酯 5%/2012.04.12 至 2017.04.12/低毒
苹果树　红蜘蛛　12.5-25毫克/千克　喷雾
PD20120814　高效氯氟氰菊酯/5%/水乳剂/高效氯氟氰菊酯 5%/2012.05.17 至 2017.05.17/中等毒
甘蓝　菜青虫　11.25-15克/公顷　喷雾
PD20130698　丙森・霜脲氰/60%/可湿性粉剂/丙森锌 50%、霜脲氰 10%/2013.04.11 至 2018.04.11/低毒
黄瓜　霜霉病　540-720克/公顷　喷雾
PD20130874　氟硅唑/10%/水乳剂/氟硅唑 10%/2013.04.25 至 2018.04.25/低毒
番茄　叶霉病　60-75克/公顷　喷雾
PD20131608　苯甲・丙环唑/500克/升/乳油/苯醚甲环唑 250克/升、丙环唑 250克/升/2013.07.29 至 2018.07.29/低毒
水稻　纹枯病　68-113克/公顷　喷雾
PD20131834　毒死蜱/36%/微囊悬浮剂/毒死蜱 36%/2013.09.17 至 2018.09.17/中等毒
花生　蛴螬　1620-2268克/公顷　喷雾于播种穴
PD20131870　高氯・氟啶脲/5%/乳油/氟啶脲 1%、高效氯氰菊酯 4%/2013.09.25 至 2018.09.25/中等毒
甘蓝　甜菜夜蛾　37.5-52.5克/公顷　喷雾
PD20131901　噁霉・福美双/36%/可湿性粉剂/噁霉灵 18%、福美双 18%/2013.09.25 至 2018.09.25/低毒
水稻　立枯病　0.36-0.54克/平方米　喷淋
PD20131904　啶虫脒/70%/水分散粒剂/啶虫脒 70%/2013.09.25 至 2018.09.25/中等毒
黄瓜　蚜虫　21-26.25克/公顷　喷雾
烟草　蚜虫　12.6-18.9克/公顷　喷雾
PD20131958　炔螨特/50%/水乳剂/炔螨特 50%/2013.10.10 至 2018.10.10/中等毒
柑橘树　红蜘蛛　277.8-400毫克/千克　喷雾
PD20131969　吡蚜酮/50%/水分散粒剂/吡蚜酮 50%/2013.10.10 至 2018.10.10/低毒
水稻　稻飞虱　90-120克/公顷　喷雾
PD20132023　嘧霉胺/80%/水分散粒剂/嘧霉胺 80%/2013.10.21 至 2018.10.21/低毒
黄瓜　灰霉病　360-540克/公顷　喷雾
PD20132041　甲氨基阿维菌素苯甲酸盐/5%/微乳剂/甲氨基阿维菌素 5%/2013.10.22 至 2018.10.22/低毒
甘蓝　甜菜夜蛾　1.8-2.25克/公顷　喷雾
注:甲氨基阿维菌素苯甲酸盐5.7%。

PD20132064 苯醚甲环唑/30%/悬浮剂/苯醚甲环唑 30%/2013.10.22 至 2018.10.22/低毒
西瓜 炭疽病 75-90克/公顷 喷雾
PD20132122 甲维·氟铃脲/5%/乳油/氟铃脲 4.2%、甲氨基阿维菌素苯甲酸盐 0.8%/2013.10.24 至 2018.10.24/低毒
甘蓝 甜菜夜蛾 12-18克/公顷 喷雾
PD20132150 甲氨基阿维菌素苯甲酸盐/5%/可溶粒剂/甲氨基阿维菌素 5%/2013.10.29 至 2018.10.29/中等毒
水稻 稻纵卷叶螟 9-11.25克/公顷 喷雾
烟草 烟青虫 2.25-3克/公顷 喷雾
注:甲氨基阿维菌素苯甲酸盐含量: 5.7%。
PD20132159 己唑醇/30%/悬浮剂/己唑醇 30%/2013.10.29 至 2018.10.29/低毒
水稻 纹枯病 58.5-76.5克/公顷 喷雾
PD20132428 阿维·炔螨特/40%/乳油/阿维菌素 0.3%、炔螨特 39.7%/2013.11.20 至 2018.11.20/中等毒(原药高毒)
柑橘树 红蜘蛛 200-400毫克/千克 喷雾
PD20140076 烯酰吗啉/40%/悬浮剂/烯酰吗啉 40%/2014.01.20 至 2019.01.20/低毒
黄瓜 霜霉病 225-300克/公顷 喷雾
PD20140873 氟环唑/30%/悬浮剂/氟环唑 30%/2014.04.08 至 2019.04.08/低毒
葡萄 白粉病 130-187.5毫克/千克 喷雾
PD20141195 氯溴异氰尿酸/50%/可溶粉剂/氯溴异氰尿酸 50%/2014.05.06 至 2019.05.06/低毒
烟草 病毒病 337.5-450克/公顷 喷雾
PD20141402 苯甲·咪鲜胺/35%/水乳剂/苯醚甲环唑 10%、咪鲜胺 25%/2014.06.05 至 2019.06.05/低毒
黄瓜 靶斑病 315-472.5克/公顷 喷雾
PD20141603 阿维菌素/3%/微囊悬浮剂/阿维菌素 3%/2014.06.24 至 2019.06.24/中等毒(原药高毒)
黄瓜 根结线虫 180-225克/公顷 灌根
PD20141762 戊唑·嘧菌酯/40%/悬浮剂/嘧菌酯 10%、戊唑醇 30%/2014.07.02 至 2019.07.02/低毒
苹果树 斑点落叶病 80-100毫克/千克 喷雾
PD20142660 灭胺·杀虫单/50%/可溶粉剂/灭蝇胺 15%、杀虫单 35%/2014.12.18 至 2019.12.18/低毒
菜豆 斑潜蝇 262.5-337.5克/公顷 喷雾
PD20150008 甲维·杀虫单/30%/微乳剂/甲氨基阿维菌素苯甲酸盐 0.5%、杀虫单 29.5%/2015.01.04 至 2020.01.04/低毒
水稻 稻纵卷叶螟 198-247.5克/公顷 喷雾
PD20150593 烟嘧·莠去津/22%/可分散油悬浮剂/烟嘧磺隆 2%、莠去津 20%/2015.04.15 至 2020.04.15/低毒
玉米田 一年生杂草 330-495克/公顷 茎叶喷雾
PD20150626 戊唑醇/85%/水分散粒剂/戊唑醇 85%/2015.04.16 至 2020.04.16/低毒
苹果树 斑点落叶病 100-130毫克/千克 喷雾
PD20150757 螺螨酯/34%/悬浮剂/螺螨酯 34%/2015.05.12 至 2020.05.12/低毒
柑橘树 红蜘蛛 40－60毫克/千克 喷雾
PD20151342 联菊·丁醚脲/13%/悬浮剂/丁醚脲 10%、联苯菊酯 3%/2015.07.30 至 2020.07.30/低毒
苹果树 红蜘蛛 32.5-43.3毫克/千克 喷雾
PD20152623 炔螨特/73%/乳油/炔螨特 73%/2015.12.17 至 2020.12.17/低毒
棉花 红蜘蛛 383.25-492.75克/公顷 喷雾
LS20120297 啶虫脒/30%/微乳剂/啶虫脒 30%/2014.08.10 至 2015.08.10/低毒
黄瓜 白粉虱 18-22.5克/公顷 喷雾

山东省青岛泰源科技发展有限公司 (山东省青岛市莱西市望城街道办事处工业园 266601 0532-88419066)

PD20083315 高氯·辛硫磷/20%/乳油/高效氯氰菊酯 1.5%、辛硫磷 18.5%/2013.12.11 至 2018.12.11/低毒
十字花科蔬菜 菜青虫 120-180克/公顷 喷雾
PD20084044 多·锰锌/50%/可湿性粉剂/多菌灵 8%、代森锰锌 42%/2013.12.16 至 2018.12.16/低毒
苹果树 斑点落叶病 1000-1250毫克/千克 喷雾
PD20084346 高效氯氟氰菊酯/25克/升/乳油/高效氯氟氰菊酯 25克/升/2013.12.17 至 2018.12.17/中等毒
十字花科蔬菜 蚜虫 7.5-15克/公顷 喷雾
PD20084465 苏云金杆菌/16000IU/毫克/可湿性粉剂/苏云金杆菌 16000IU/毫克/2013.12.17 至 2018.12.17/低毒
茶树 茶毛虫 稀释400-800倍 喷雾
番茄 催熟 500-666.7毫克/千克 喷雾
棉花 二代棉铃虫 3000-4500克制剂/公顷 喷雾
森林 松毛虫 稀释600-800倍 喷雾
十字花科蔬菜 小菜蛾 1500-2250克制剂/公顷 喷雾
十字花科蔬菜 菜青虫 750-1500克制剂/公顷 喷雾
水稻 稻纵卷叶螟 3000-4500克制剂/公顷 喷雾
烟草 烟青虫 1500-3000克制剂/公顷 喷雾
玉米 玉米螟 1500-3000克制剂/公顷 加细沙灌心
枣树 枣尺蠖 稀释600-800倍 喷雾
PD20085151 阿维·高氯/1.8%/乳油/阿维菌素 0.3%、高效氯氰菊酯 1.5%/2013.12.23 至 2018.12.23/低毒(原药高毒)
十字花科蔬菜 菜青虫、小菜蛾 7.5-15克/公顷 喷雾
PD20085411 氧氟·乙草胺/42%/乳油/乙草胺 34%、乙氧氟草醚 8%/2013.12.24 至 2018.12.24/低毒
大蒜田 一年生杂草 567-693克/公顷 播后苗前土壤喷雾
PD20091037 丙溴·辛硫磷/24%/乳油/丙溴磷 10%、辛硫磷 14%/2014.01.21 至 2019.01.21/低毒

甘蓝 菜青虫 108-144克/公顷 喷雾

PD20091687 代森锰锌/80%/可湿性粉剂/代森锰锌 80%/2014.02.03 至 2019.02.03/低毒

番茄 早疫病 1842-2370克/公顷 喷雾

PD20094011 福美双/70%/可湿性粉剂/福美双 70%/2014.03.27 至 2019.03.27/低毒

黄瓜 霜霉病 682.5-1102.5克/公顷 喷雾

PD20098028 吡虫啉/20%/可溶液剂/吡虫啉 20%/2014.12.07 至 2019.12.07/低毒

水稻 稻飞虱 24-30克/公顷 喷雾

PD20101543 联苯菊酯/25克/升/乳油/联苯菊酯 25克/升/2015.05.19 至 2020.05.19/低毒

茶树 茶小绿叶蝉 80-100毫升制剂/亩 喷雾

PD20101843 联苯菊酯/100克/升/乳油/联苯菊酯 100克/升/2015.07.28 至 2020.07.28/低毒

茶树 茶小绿叶蝉 20-25毫升制剂/亩 喷雾

PD20101977 代森锌/65%/可湿性粉剂/代森锌 65%/2015.09.21 至 2020.09.21/低毒

番茄 早疫病 2535-3670克/公顷 喷雾

PD20111046 甲氨基阿维菌素苯甲酸盐/3%/微乳剂/甲氨基阿维菌素 3%/2011.10.10 至 2016.10.10/低毒

甘蓝 甜菜夜蛾 1.8-2.25克/公顷 喷雾

注:甲氨基阿维菌素苯甲酸盐含量: 3.4%。

PD20111177 啶虫脒/5%/乳油/啶虫脒 5%/2011.11.15 至 2016.11.15/低毒

菠菜 蚜虫 22.5-37.5克/公顷 喷雾

柑橘树 蚜虫 7.5-15毫克/千克 喷雾

PD20121221 戊唑醇/430克/升/悬浮剂/戊唑醇 430克/升/2012.08.10 至 2017.08.10/低毒

苹果树 斑点落叶病 61.4-86.0mg/kg 喷雾

PD20121237 阿维·矿物油/24.5%/乳油/阿维菌素 0.2%、矿物油 24.3%/2012.08.27 至 2017.08.27/低毒(原药高毒)

柑橘树 红蜘蛛 122.5-245毫克/千克 喷雾

PD20122067 阿维·三唑磷/20%/乳油/阿维菌素 0.2%、三唑磷 19.8%/2012.12.24 至 2017.12.24/中等毒(原药高毒)

水稻 二化螟 180-210克/公顷 喷雾

PD20141532 己唑醇/10%/悬浮剂/己唑醇 10%/2014.06.17 至 2019.06.17/低毒

水稻 纹枯病 45-75克/公顷 喷雾

PD20150942 阿维·炔螨特/56%/微乳剂/阿维菌素 0.3%、炔螨特 55.7%/2015.06.10 至 2020.06.10/低毒(原药高毒)

柑橘树 红蜘蛛 140-280毫克/千克 喷雾

WP20140142 氟虫腈/6%/微乳剂/氟虫腈 6%/2014.06.17 至 2019.06.17/低毒

室内 蝇 30-50毫克/平方米 滞留喷洒

山东省青岛现代农化有限公司 (山东省青岛市胶州九龙工业园 266300 0532-87217666)

PD20090293 氟啶脲/50克/升/乳油/氟啶脲 50克/升/2014.01.09 至 2019.01.09/低毒

棉花 棉铃虫 75-105克/公顷 喷雾

PD20091004 乙草胺/900克/升/乳油/乙草胺 900克/升/2014.01.21 至 2019.01.21/低毒

玉米田 一年生杂草 1350-1620克/公顷(东北地区)10 土壤喷雾

80-1350克/公顷(其它地区)

PD20091094 毒死蜱/45%/乳油/毒死蜱 45%/2014.01.21 至 2019.01.21/中等毒

水稻 稻纵卷叶螟 504-648克/公顷 喷雾

PD20091289 二甲戊灵/330克/升/乳油/二甲戊灵 330克/升/2014.02.01 至 2019.02.01/低毒

韭菜田 一年生杂草 618.75-742.5克/公顷 土壤喷雾

PD20091309 精吡氟禾草灵/150克/升/乳油/精吡氟禾草灵 150克/升/2014.02.01 至 2019.02.01/低毒

大豆田 一年生禾本科杂草 112.5-150克/公顷 茎叶喷雾

PD20091328 高效氟吡甲禾灵/108克/升/乳油/高效氟吡甲禾灵 108克/升/2014.02.01 至 2019.02.01/低毒

棉花田 一年生禾本科杂草 40.5-48.6克/公顷 茎叶喷雾

PD20091712 莠去津/48%/可湿性粉剂/莠去津 48%/2014.02.03 至 2019.02.03/低毒

春玉米田 一年生杂草 300-500克/亩 土壤喷雾

夏玉米田 一年生杂草 200 240克/亩 土壤喷雾

PD20092584 异丙甲草胺/720克/升/乳油/异丙甲草胺 720克/升/2014.02.27 至 2019.02.27/低毒

花生田 一年生杂草 1080-1620克/公顷 土壤喷雾

PD20093207 氟磺胺草醚/250克/升/水剂/氟磺胺草醚 250克/升/2014.03.11 至 2019.03.11/低毒

春大豆田 一年生阔叶杂草 300-375克/公顷 茎叶喷雾

PD20095067 精噁唑禾草灵/69克/升/水乳剂/精噁唑禾草灵 69克/升/2014.04.21 至 2019.04.21/低毒

小麦田 一年生禾本科杂草 51.75-62.1克/公顷 茎叶喷雾

PD20096414 烟嘧磺隆/40克/升/可分散油悬浮剂/烟嘧磺隆 40克/升/2014.08.04 至 2019.08.04/微毒

玉米田 一年生杂草 42-60克/公顷 茎叶喷雾

PD20097076 灭草松/480克/升/可溶液剂/灭草松 480克/升/2014.10.10 至 2019.10.10/低毒

移栽水稻田 一年生阔叶杂草 960-1440克/公顷 茎叶喷雾

PD20097273 草甘膦异丙胺盐(41%)////水剂/草甘膦 30%/2014.10.26 至 2019.10.26/低毒

柑橘园 杂草 1050-3750克/公顷 定向茎叶喷雾

PD20097421 烯草酮/120克/升/乳油/烯草酮 120克/升/2014.10.28 至 2019.10.28/低毒

油菜田 一年生禾本科杂草 54-72克/公顷 喷雾

PD20110482 精喹禾灵/15%/乳油/精喹禾灵 15%/2011.04.29 至 2016.04.29/低毒

冬油菜田　一年生禾本科杂草　40.5-64.8克/公顷　茎叶喷雾
PD20110878　丁硫克百威/35%/种子处理干粉剂/丁硫克百威 35%/2011.08.16 至 2016.08.16/中等毒
水稻　稻蓟马　315-420克/100千克种子　拌种
PD20120840　甲氨基阿维菌素苯甲酸盐/2.0%/微乳剂/甲氨基阿维菌素 2%/2012.05.22 至 2017.05.22/低毒
甘蓝　甜菜夜蛾　18.2-3.64克/公顷　喷雾
注:甲氨基阿维菌素苯甲酸盐含量: 2.2%。
PD20122030　莎稗磷/30%/乳油/莎稗磷 30%/2012.12.19 至 2017.12.19/低毒
移栽水稻田　莎草及稗草　225-315克/公顷（南方地区）；270-315克/公顷（北方地区）　毒土法
PD20130211　乙羧氟草醚/10%/乳油/乙羧氟草醚 10%/2013.01.30 至 2018.01.30/低毒
春大豆田　一年生阔叶杂草　90-105克/公顷　茎叶喷雾
PD20130474　氰氟草酯/100克/升/乳油/氰氟草酯 100克/升/2013.03.20 至 2018.03.20/低毒
水稻田(直播)　部分禾本科杂草　75-105克/公顷　茎叶喷雾
PD20131202　松·喹·氟磺胺/18%/乳油/氟磺胺草醚 5.5%、精喹禾灵 1.5%、异噁草松 11%/2013.05.27 至 2018.05.27/低毒
春大豆田　一年生杂草　486-540克/公顷　茎叶喷雾
PD20151225　烟嘧·莠去津/24%/可分散油悬浮剂/烟嘧磺隆 4%、莠去津 20%/2015.07.30 至 2020.07.30/低毒
玉米田　一年生杂草　288-360克/公顷　茎叶喷雾
PD20151752　苯甲·醚菌酯/40%/可湿性粉剂/苯醚甲环唑 10.0%、醚菌酯 30.0%/2015.08.28 至 2020.08.28/低毒
西瓜　炭疽病　108-180毫克/千克　喷雾
PD20151975　氧氟·甲戊灵/34%/乳油/二甲戊灵 20%、乙氧氟草醚 14%/2015.08.30 至 2020.08.30/低毒
水稻移栽田　一年生杂草　127.5-204克/公顷　药土法
PD20152354　噁草酮/380克/升/悬浮剂/噁草酮 380克/升/2015.10.22 至 2020.10.22/低毒
移栽水稻田　一年生杂草　360-480克/公顷　药土法

山东省青岛瀚生生物科技股份有限公司　(山东省莱西市深圳南路210号　266600　0532-68870170)

PD20080279　杀扑磷/93%/原药/杀扑磷 93%/2013.02.25 至 2018.02.25/高毒
PD20081496　氟磺胺草醚/95%/原药/氟磺胺草醚 95%/2013.11.05 至 2018.11.05/低毒
PD20081518　炔螨特/90.8%/原药/炔螨特 90.8%/2013.11.06 至 2018.11.06/低毒
PD20081527　氟乐灵/96%/原药/氟乐灵 96%/2013.11.06 至 2018.11.06/低毒
PD20081532　阿维菌素/95%/原药/阿维菌素 95%/2013.11.06 至 2018.11.06/高毒
PD20081730　氟啶脲/95%/原药/氟啶脲 95%/2013.11.18 至 2018.11.18/低毒
PD20081753　代森锰锌/70%/可湿性粉剂/代森锰锌 70%/2013.11.18 至 2018.11.18/低毒
番茄　早疫病　1845-2370克/公顷　喷雾
PD20081878　甲基硫菌灵/70%/可湿性粉剂/甲基硫菌灵 70%/2013.11.20 至 2018.11.20/低毒
黄瓜　白粉病　337.5-506克/公顷　喷雾
PD20081890　氯氰菊酯/10%/乳油/氯氰菊酯 10%/2013.11.20 至 2018.11.20/中等毒
棉花　棉铃虫　60-90克/公顷　喷雾
PD20082041　乙铝·百菌清/75%/可湿性粉剂/百菌清 37%、三乙膦酸铝 38%/2013.11.25 至 2018.11.25/低毒
黄瓜　霜霉病　1406-2109克/公顷　喷雾
PD20082052　甲基硫菌灵/50%/可湿性粉剂/甲基硫菌灵 50%/2013.11.25 至 2018.11.25/低毒
番茄　叶霉病　375-562.5克/公顷　喷雾
PD20082056　乙草胺/50%/乳油/乙草胺 50%/2013.11.25 至 2018.11.25/低毒
大豆田　一年生禾本科杂草及部分小粒种子阔叶杂草　春大豆田：1200-1875克/公顷；夏大豆田：750-1050克/公顷　播后苗前土壤喷雾
花生田　一年生禾本科杂草及部分小粒种子阔叶杂草　750-1200克/公顷　播后苗期土壤喷雾
油菜田　一年生禾本科杂草及部分小粒种子阔叶杂草　525-750克/公顷　土壤喷雾
玉米田　一年生禾本科杂草及部分小粒种子阔叶杂草　春玉米田：900-1875克/公顷；夏玉米田：750-1050克/公顷　播后苗前土壤喷雾
PD20082138　溴氰菊酯/25克/升/乳油/溴氰菊酯 25克/升/2013.11.25 至 2018.11.25/低毒
大白菜　菜青虫　7.5-15克/公顷　喷雾
PD20082156　联苯菊酯/25克/升/乳油/联苯菊酯 25克/升/2013.11.26 至 2018.11.26/中等毒
茶树　茶小绿叶蝉　30-37.5克/公顷　喷雾
PD20082268　苯磺隆/75%/水分散粒剂/苯磺隆 75%/2013.11.27 至 2018.11.27/低毒
小麦田　阔叶杂草　10-19.5克/公顷　茎叶喷雾
PD20082583　顺式氯氰菊酯/50克/升/乳油/顺式氯氰菊酯 50克/升/2013.12.04 至 2018.12.04/中等毒
棉花　盲蝽蟓　30-37.5克/公顷　喷雾
PD20083173　炔螨特/73%/乳油/炔螨特 73%/2013.12.11 至 2018.12.11/低毒
柑橘树　红蜘蛛　243-365毫克/千克　喷雾
PD20083674　甲霜·锰锌/58%/可湿性粉剂/甲霜灵 10%、代森锰锌 48%/2013.12.15 至 2018.12.15/低毒
黄瓜　霜霉病　675-1050克/公顷　喷雾
PD20084491　代森锰锌/80%/可湿性粉剂/代森锰锌 80%/2013.12.17 至 2018.12.17/低毒
番茄　早疫病　1845—2370克/公顷　喷雾

PD20085419 氟硅唑/400克/升/乳油/氟硅唑 400克/升/2013.12.24 至 2018.12.24/低毒
黄瓜 黑星病 45-56.25克/公顷 喷雾

PD20085429 乙铝·锰锌/50%/可湿性粉剂/代森锰锌 22%、三乙膦酸铝 28%/2013.12.24 至 2018.12.24/低毒
黄瓜 霜霉病 1400-4200克/公顷 喷雾

PD20085568 乙氧氟草醚/240克/升/乳油/乙氧氟草醚 240克/升/2013.12.25 至 2018.12.25/低毒
大蒜田 一年生杂草 144-180克/公顷 播后苗前土壤喷雾

PD20090159 霜脲·锰锌/72%/可湿性粉剂/代森锰锌 64%、霜脲氰 8%/2014.01.08 至 2019.01.08/低毒
黄瓜 霜霉病 1440-1800克/公顷 喷雾

PD20090248 炔螨特/40%/水乳剂/炔螨特 40%/2014.01.09 至 2019.01.09/低毒
柑橘树 红蜘蛛 266.7-400毫克/千克 喷雾

PD20090433 咪鲜胺/25%/乳油/咪鲜胺 25%/2014.01.12 至 2019.01.12/低毒
柑橘 青霉病 333.3-500毫克/千克 浸果

PD20090473 烯禾啶/12.5%/乳油/烯禾啶 12.5%/2014.01.12 至 2019.01.12/低毒
春大豆田 一年生禾本科杂草 187.5-281.3克/公顷 茎叶喷雾
夏大豆田 一年生禾本科杂草 150-187.5克/公顷 茎叶喷雾

PD20090484 精喹禾灵/8.8%/乳油/精喹禾灵 8.8%/2014.01.12 至 2019.01.12/低毒
夏大豆田 一年生禾本科杂草 48.6-64.8克/公顷 茎叶喷雾

PD20090485 精喹禾灵/10%/乳油/精喹禾灵 10%/2014.01.12 至 2019.01.12/低毒
春大豆田 一年生禾本科杂草 50-75克/公顷 茎叶喷雾
夏大豆田 一年生禾本科杂草 37.5-52.5克/公顷 喷雾

PD20090654 阿维菌素/1.8%/乳油/阿维菌素 1.8%/2014.01.15 至 2019.01.15/中等毒(原药高毒)
十字花科蔬菜 小菜蛾 8.1-10.8克/公顷 喷雾

PD20090699 乙草胺/81.5%/乳油/乙草胺 81.5%/2014.01.19 至 2019.01.19/低毒
春大豆田 一年生禾本科杂草及部分小粒种子杂草 1350-2025克/公顷 土壤喷雾
夏玉米田 一年生禾本科杂草及部分小粒种子杂草 1080-1350克/公顷 土壤喷雾

PD20090818 阿维·敌敌畏/40%/乳油/阿维菌素 0.3%、敌敌畏 39.7%/2014.01.19 至 2019.01.19/中等毒(原药高毒)
黄瓜 美洲斑潜蝇 360-450克/公顷 喷雾

PD20090819 烯酰·锰锌/69%/可湿性粉剂/代森锰锌 60%、烯酰吗啉 9%/2014.01.19 至 2019.01.19/低毒
黄瓜 霜霉病 1035-1380克/公顷 喷雾

PD20090892 阿维·甲氰/1.8%/乳油/阿维菌素 0.1%、甲氰菊酯 1.7%/2014.01.19 至 2019.01.19/低毒(原药高毒)
苹果树 红蜘蛛 12-18毫克/千克 喷雾

PD20090958 甲硫·福美双/70%/可湿性粉剂/福美双 30%、甲基硫菌灵 40%/2014.01.20 至 2019.01.20/低毒
苹果树 轮纹病 875-1167毫克/千克 喷雾

PD20090967 吡虫·毒死蜱/22%/乳油/吡虫啉 2%、毒死蜱 20%/2014.01.20 至 2019.01.20/中等毒
苹果树 绵蚜 88-146.7毫克/千克 喷雾

PD20091014 嘧霉胺/20%/可湿性粉剂/嘧霉胺 20%/2014.01.21 至 2019.01.21/低毒
黄瓜 灰霉病 360-540克/公顷 喷雾

PD20091163 毒死蜱/40%/乳油/毒死蜱 40%/2014.01.22 至 2019.01.22/中等毒
苹果树 绵蚜 200-250毫克/千克 喷雾

PD20091286 氟乐灵/480克/升/乳油/氟乐灵 480克/升/2014.02.01 至 2019.02.01/低毒
棉花田 一年生杂草 720-1080克/公顷 土壤喷雾

PD20091371 三氟羧草醚/95%/原药/三氟羧草醚 95%/2014.02.02 至 2019.02.02/低毒

PD20091503 高效氯氰菊酯/4.5%/微乳剂/高效氯氰菊酯 4.5%/2014.02.02 至 2019.02.02/中等毒
甘蓝 菜青虫 20.25-27克/公顷 喷雾

PD20091527 烯酰吗啉/50%/可湿性粉剂/烯酰吗啉 50%/2014.02.03 至 2019.02.03/低毒
黄瓜 霜霉病 225-300克/公顷 喷雾

PD20091531 丙溴·辛硫磷/24%/乳油/丙溴磷 10%、辛硫磷 14%/2014.02.03 至 2019.02.03/中等毒
十字花科蔬菜 菜青虫 108-144克/公顷 喷雾

PD20091634 甲氰·辛硫磷/25%/乳油/甲氰菊酯 5%、辛硫磷 20%/2014.02.03 至 2019.02.03/中等毒
棉花 棉铃虫 225-345克/公顷 喷雾

PD20091738 高效氟吡甲禾灵/108克/升/乳油/高效氟吡甲禾灵 108克/升/2014.02.04 至 2019.02.04/低毒
春大豆田 一年生禾本科杂草 48.6-56.7克/公顷 茎叶喷雾
冬油菜田 一年生禾本科杂草 32.4-48.6克/公顷 茎叶喷雾
夏大豆田 一年生禾本科杂草 45.4-48.6克/公顷 茎叶喷雾

PD20091743 三氟羧草醚/21.4%/水剂/三氟羧草醚 21.4%/2014.02.04 至 2019.02.04/低毒
大豆田 一年生阔叶杂草 360-480克/公顷 茎叶喷雾

PD20091766 高效氯氰菊酯/25克/升/乳油/高效氯氰菊酯 25克/升/2014.02.04 至 2019.02.04/中等毒
茶树 茶尺蠖 3.75-7.5克/公顷 喷雾
十字花科蔬菜 菜青虫 7.5-15克/公顷 喷雾

PD20091817 烯草酮/12%/乳油/烯草酮 12%/2014.02.05 至 2019.02.05/低毒
春大豆田 一年生禾本科杂草 72-108克/公顷 茎叶喷雾
冬油菜田 一年生禾本科杂草 54-72克/公顷 茎叶喷雾
夏大豆田 一年生禾本科杂草 63-72克/公顷 茎叶喷雾

PD20092071	氟磺胺草醚/25%/水剂/氟磺胺草醚 25%/2014.02.16 至 2019.02.16/低毒			
	春大豆田	一年生阔叶杂草	375-450克/公顷	茎叶喷雾
	夏大豆田	一年生阔叶杂草	262.5-375克/公顷	茎叶喷雾
PD20092073	乳氟禾草灵/95%/原药/乳氟禾草灵 95%/2014.02.16 至 2019.02.16/低毒			
PD20092248	杀螟丹/50%/可溶粉剂/杀螟丹 50%/2014.02.24 至 2019.02.24/低毒			
	水稻	二化螟	600-750克/公顷	喷雾
PD20092551	丙森·多菌灵/70%/可湿性粉剂/丙森锌 30%、多菌灵 40%/2014.02.26 至 2019.02.26/低毒			
	苹果树	斑点落叶病	467-700毫克/千克	喷雾
PD20092641	啶虫脒/5%/乳油/啶虫脒 5%/2014.03.03 至 2019.03.03/低毒			
	柑橘树	蚜虫	12-15毫克/千克	喷雾
	黄瓜	蚜虫	18-36克/公顷	喷雾
PD20092680	苯醚甲环唑/10%/水分散粒剂/苯醚甲环唑 10%/2014.03.03 至 2019.03.03/低毒			
	梨树	黑星病	14.3-16.7毫克/千克	喷雾
	芹菜	斑枯病	52.5-67.5克/公顷	喷雾
PD20092697	氯氟吡氧乙酸(酯)/200克/升/乳油/氯氟吡氧乙酸 200克/升/2014.03.03 至 2019.03.03/低毒			
	冬小麦田	一年生阔叶杂草	150-200克/公顷	茎叶喷雾
PD20093061	异丙草·莠/40%/悬乳剂/异丙草胺 24%、莠去津 16%/2014.03.09 至 2019.03.09/低毒			
	夏玉米田	一年生杂草	1200-1500克/公顷	土壤喷雾
PD20093239	辛硫·灭多威/20%/乳油/灭多威 10%、辛硫磷 10%/2014.03.11 至 2019.03.11/高毒			
	棉花	棉蚜	75-150克/公顷	喷雾
PD20093264	阿维·炔螨特/56%/乳油/阿维菌素 0.3%、炔螨特 55.7%/2014.03.11 至 2019.03.11/低毒(原药高毒)			
	柑橘树	红蜘蛛	186.7-280毫克/千克	喷雾
PD20093267	代森锌/65%/可湿性粉剂/代森锌 65%/2014.03.11 至 2019.03.11/低毒			
	番茄	早疫病	975-1200克/公顷	喷雾
PD20093459	甲维盐·氯氰/3.2%/微乳剂/甲氨基阿维菌素苯甲酸盐 0.2%、氯氰菊酯 3%/2014.03.23 至 2019.03.23/低毒			
	十字花科蔬菜	甜菜夜蛾	19.2-28.8克/公顷	喷雾
PD20093475	丙溴·辛硫磷/40%/乳油/丙溴磷 20%、辛硫磷 20%/2014.03.23 至 2019.03.23/中等毒			
	棉花	棉铃虫	480-600克/公顷	喷雾
PD20093537	烯酰·福美双/55%/可湿性粉剂/福美双 47%、烯酰吗啉 8%/2014.03.23 至 2019.03.23/低毒			
	黄瓜	霜霉病	1072.5-1320克/公顷	喷雾
PD20093698	灭蝇胺/70%/可湿性粉剂/灭蝇胺 70%/2014.03.25 至 2019.03.25/低毒			
	黄瓜	美洲斑潜蝇	157.5-220.5克/公顷	喷雾
PD20093814	甲·乙·莠/42%/悬乳剂/甲草胺 2%、乙草胺 25%、莠去津 15%/2014.03.25 至 2019.03.25/低毒			
	春玉米田	一年生杂草	1260-2520克/公顷	播后苗前土壤喷雾
	夏玉米田	一年生杂草	945-1260克/公顷	土壤喷雾
PD20094284	噻嗪·杀扑磷/20%/乳油/噻嗪酮 15%、杀扑磷 5%/2014.03.31 至 2015.09.30/中等毒(原药高毒)			
	柑橘树	介壳虫	200-250毫克/千克	喷雾
PD20094774	乳氟禾草灵/240克/升/乳油/乳氟禾草灵 240克/升/2014.04.13 至 2019.04.13/低毒			
	春大豆田	一年生阔叶杂草	108-144克/公顷	茎叶喷雾
	夏大豆田	一年生阔叶杂草	90-108克/公顷	茎叶喷雾
PD20096538	啶虫脒/20%/可溶粉剂/啶虫脒 20%/2014.08.20 至 2019.08.20/低毒			
	黄瓜	蚜虫	36-72克/公顷	喷雾
PD20096672	啶虫脒/40%/水分散粒剂/啶虫脒 40%/2014.09.07 至 2019.09.07/低毒			
	黄瓜	蚜虫	21.6-32.4克/公顷	喷雾
	烟草	蚜虫	12-18克/公顷	喷雾
PD20096926	盐酸吗啉胍/5%/可溶粉剂/盐酸吗啉胍 5%/2014.09.23 至 2019.09.23/低毒			
	番茄	病毒病	300-375克/公顷	喷雾
PD20097000	三乙膦酸铝/40%/可湿性粉剂/三乙膦酸铝 40%/2014.09.29 至 2019.09.29/低毒			
	十字花科蔬菜	霜霉病	1410-2820克/公顷	喷雾
PD20097199	烟嘧磺隆/40克/升/可分散油悬浮剂/烟嘧磺隆 40克/升/2014.10.16 至 2019.10.16/低毒			
	玉米田	一年生杂草	40-60克/公顷	茎叶喷雾
PD20097461	甲氨基阿维菌素苯甲酸盐/3%/微乳剂/甲氨基阿维菌素 3%/2014.11.03 至 2019.11.03/低毒			
	甘蓝	甜菜夜蛾	1.8-2.25克/公顷	喷雾
	水稻	稻纵卷叶螟	9-13.5克/公顷	喷雾
	注:甲氨基阿维菌素苯甲酸盐：3.4%。			
PD20097653	精噁唑禾草灵/69克/升/水乳剂/精噁唑禾草灵 69克/升/2014.11.04 至 2019.11.04/低毒			
	冬小麦田	一年生禾本科杂草	41.4-62.1克/公顷	茎叶喷雾
PD20098025	甲氨基阿维菌素苯甲酸盐(1.14%)///微乳剂/甲氨基阿维菌素 1%/2014.12.07 至 2019.12.07/低毒			
	甘蓝	小菜蛾	1.5-1.8克/公顷	喷雾
PD20098034	甲氨基阿维菌素苯甲酸盐(1.14%)///乳油/甲氨基阿维菌素 1%/2014.12.07 至 2019.12.07/低毒			
	甘蓝	小菜蛾	1.5-3克/公顷	喷雾
PD20098527	吡虫啉/10%/可湿性粉剂/吡虫啉 10%/2014.12.24 至 2019.12.24/低毒			
	韭菜	韭蛆	300-450克/公顷	药土法

小麦 蚜虫 15-30克/公顷（南方）；45-60克/公顷（北方） 喷雾

PD20100353 吡虫啉/70%/水分散粒剂/吡虫啉 70%/2015.01.11 至 2020.01.11/低毒
甘蓝 蚜虫 15.75-21克/公顷 喷雾

PD20100418 噻吩磺隆/75%/水分散粒剂/噻吩磺隆 75%/2015.01.14 至 2020.01.14/低毒
大豆田 一年生阔叶杂草 东北地区：20-25克/公顷；华北地区：15-20克/公顷 土壤喷雾

PD20100635 二甲戊灵/95%/原药/二甲戊灵 95%/2015.01.14 至 2020.01.14/低毒

PD20100720 乙酸铜/20%/可湿性粉剂/乙酸铜 20%/2015.01.16 至 2020.01.16/低毒
黄瓜 猝倒病 3000-4500克/公顷 灌根

PD20100784 莠去津/38%/悬浮剂/莠去津 38%/2015.01.18 至 2020.01.18/低毒
春玉米田 一年生阔叶杂草 1710-2280克/公顷 土壤喷雾

PD20100929 吗胍·乙酸铜/20%/可湿性粉剂/盐酸吗啉胍 10%、乙酸铜 10%/2015.01.19 至 2020.01.19/低毒
番茄 病毒病 500-750克/公顷 喷雾

PD20101129 多抗霉素/10%/可湿性粉剂/多抗霉素B 10%/2015.01.25 至 2020.01.25/低毒
苹果树 斑点落叶病 67-100毫克/千克 喷雾

PD20101137 氟磺胺草醚/250克/升/水剂/氟磺胺草醚 250克/升/2015.01.25 至 2020.01.25/微毒
大豆田 一年生阔叶杂草 春大豆：300-375克/公顷；夏大豆：225-300克/公顷 茎叶喷雾

PD20101246 精喹禾灵/5%/乳油/精喹禾灵 5%/2015.03.01 至 2020.03.01/低毒
春大豆田 一年生禾本科杂草 37.5-60克/公顷 茎叶喷雾

PD20110421 烯酰吗啉/40%/水分散粒剂/烯酰吗啉 40%/2011.04.15 至 2016.04.15/低毒
黄瓜 霜霉病 225-300克/公顷 喷雾

PD20110471 乙羧·氟磺胺/30%/水剂/氟磺胺草醚 25%、乙羧氟草醚 5%/2011.04.22 至 2016.04.22/低毒
春大豆田 一年生阔叶杂草 180-270克公顷 茎叶喷雾

PD20110493 苯甲·丙环唑/30%/乳油/苯醚甲环唑 15%、丙环唑 15%/2011.05.03 至 2016.05.03/低毒
水稻 纹枯病 90-112.5克/公顷 喷雾
香蕉 叶斑病 150-300毫克/千克 喷雾

PD20110652 乙羧氟草醚/10%/乳油/乙羧氟草醚 10%/2011.06.22 至 2016.06.22/低毒
春大豆田 一年生阔叶杂草 75-90克/公顷 茎叶喷雾
棉花田 一年生阔叶杂草 45-60克/公顷 定向茎叶喷雾

PD20110898 高效氯氟氰菊酯/5%/水乳剂/高效氯氟氰菊酯 5%/2011.08.17 至 2016.08.17/中等毒
甘蓝 菜青虫 11.25-15克/公顷 喷雾

PD20110947 丙环唑/40%/微乳剂/丙环唑 40%/2011.09.07 至 2016.09.07/低毒
香蕉 叶斑病 266.7－400毫克/千克 喷雾

PD20110999 烯酰吗啉/80%/水分散粒剂/烯酰吗啉 80%/2011.09.28 至 2016.09.28/低毒
黄瓜 霜霉病 225-300克/公顷 喷雾
马铃薯 晚疫病 204-288克/公顷 喷雾

PD20111041 高效氯氟氰菊酯/2.5%/微乳剂/高效氯氟氰菊酯 2.5%/2011.10.10 至 2016.10.10/中等毒
甘蓝 菜青虫 7.5-15克/公顷 喷雾

PD20111230 氟硅唑/10%/水乳剂/氟硅唑 10%/2011.11.18 至 2016.11.18/低毒
菜豆 白粉病 60－75克/公顷 喷雾

PD20111253 腈菌唑/12.5%/水乳剂/腈菌唑 12.5%/2011.11.23 至 2016.11.23/低毒
黄瓜 白粉病 45－60克/公顷 喷雾

PD20111342 苯醚甲环唑/20%/水乳剂/苯醚甲环唑 20%/2011.12.06 至 2016.12.06/低毒
黄瓜 白粉病 90-120克/公顷 喷雾

PD20120029 嘧胺·乙霉威/26%/水分散粒剂/乙霉威 16%、嘧霉胺 10%/2012.01.09 至 2017.01.09/低毒
黄瓜 灰霉病 375 502.5克/公顷 喷雾

PD20120107 乙·莠/52%/悬乳剂/乙草胺 26%、莠去津 26%/2012.01.29 至 2017.01.29/低毒
夏玉米田 一年生杂草 1248-1560克/公顷 土壤喷雾

PD20120108 嘧霉胺/400克/升/悬浮剂/嘧霉胺 400克/升/2012.01.29 至 2017.01.29/低毒
番茄 灰霉病 375－562.5克/公顷 喷雾

PD20120109 氟磺胺草醚/12.8%/微乳剂/氟磺胺草醚 12.8%/2012.01.29 至 2017.01.29/低毒
春大豆田 一年生阔叶杂草 192-230.4克/公顷 茎叶喷雾

PD20120110 乙草胺/40%/水乳剂/乙草胺 40%/2012.01.29 至 2017.01.29/低毒
春大豆田 一年生禾本科杂草及部分小粒种子阔叶杂草 1500-1800克/公顷 播后苗前土壤喷雾

PD20120679 咪鲜胺/450克/升/水乳剂/咪鲜胺 450克/升/2012.04.18 至 2017.04.18/低毒
柑橘 炭疽病 225～450毫克/千克 浸果

PD20120695 霜霉威盐酸盐/66.5%/水剂/霜霉威盐酸盐 66.5%/2012.04.18 至 2017.04.18/低毒
黄瓜 霜霉病 866-1083克/公顷 喷雾

PD20121288 阿维·三唑锡/16.8%/可湿性粉剂/阿维菌素 0.3%、三唑锡 16.5%/2012.09.06 至 2017.09.06/低毒(原药高毒)
柑橘树 红蜘蛛 84-112毫克/千克 喷雾

PD20121363 草除灵/500克/升/悬浮剂/草除灵 500克/升/2012.09.13 至 2017.09.13/低毒
油菜田 一年生阔叶杂草 225-300克/公顷 茎叶喷雾
PD20121372 草甘膦铵盐/68%/可溶粒剂/草甘膦 68%/2012.09.13 至 2017.09.13/微毒
柑橘园 杂草 1530-2040克/公顷 行间茎叶定向喷雾
注:草甘膦铵盐含量: 74.7%。
PD20121561 戊唑醇/430克/升/悬浮剂/戊唑醇 430克/升/2012.10.25 至 2017.10.25/低毒
苹果树 斑点落叶病 61.4-86毫克/千克 喷雾
PD20130170 吡蚜酮/50%/水分散粒剂/吡蚜酮 50%/2013.01.24 至 2018.01.24/低毒
水稻 稻飞虱 150-225克/公顷 喷雾
PD20130244 乙羧氟草醚/20%/乳油/乙羧氟草醚 20%/2013.02.05 至 2018.02.05/低毒
夏大豆田 一年生阔叶杂草 60-75克/公顷 茎叶喷雾
PD20130279 戊唑醇/25%/乳油/戊唑醇 25%/2013.02.21 至 2018.02.21/低毒
香蕉 叶斑病 200-300毫克/千克 喷雾
PD20130294 氯吡·苯磺隆/20%/可湿性粉剂/苯磺隆 2.7%、氯氟吡氧乙酸 17.3%/2013.02.26 至 2018.02.26/低毒
冬小麦田 一年生阔叶杂草 90-120克/公顷 茎叶喷雾
PD20131419 阿维·四螨嗪/20.8%/悬浮剂/阿维菌素 0.8%、四螨嗪 20%/2013.07.02 至 2018.07.02/低毒(原药高毒)
苹果树 红蜘蛛 83.2-138.7毫克/千克 喷雾
PD20131737 烟嘧·莠·异丙/42%/可分散油悬浮剂/烟嘧磺隆 2%、异丙草胺 20%、莠去津 20%/2013.08.16 至 2018.08.16/低毒
夏玉米田 一年生杂草 945-1260克/公顷 茎叶喷雾
PD20131821 阿维菌素/5%/水乳剂/阿维菌素 5%/2013.09.17 至 2018.09.17/中等毒(原药高毒)
水稻 稻纵卷叶螟 6.75-8.25克/公顷 喷雾
PD20131908 草甘膦异丙胺盐/30%/水剂/草甘膦 30%/2013.09.25 至 2018.09.25/低毒
非耕地 杂草 1687.5-2250克/公顷 定向茎叶喷雾
注:草甘膦异丙胺盐含量: 41%。
PD20132112 烟嘧·莠去津/52%/可湿性粉剂/烟嘧磺隆 4%、莠去津 48%/2013.10.24 至 2018.10.24/低毒
夏玉米田 一年生杂草 624-702克/公顷 茎叶喷雾
PD20132597 丙森·戊唑醇/60%/可湿性粉剂/丙森锌 50%、戊唑醇 10%/2013.12.17 至 2018.12.17/低毒
苹果树 斑点落叶病 400-666.7毫克/千克 喷雾
PD20132619 烯酰吗啉/20%/悬浮剂/烯酰吗啉 20%/2013.12.20 至 2018.12.20/低毒
葡萄 霜霉病 167-250毫克/千克 喷雾
PD20140015 阿维·毒死蜱/41%/乳油/阿维菌素 1%、毒死蜱 40%/2014.01.02 至 2019.01.02/中等毒(原药高毒)
柑橘树 介壳虫 1500-2500倍液 喷雾
水稻 稻纵卷叶螟 246-369克/公顷 喷雾
PD20140084 硝磺草酮/15%/悬浮剂/硝磺草酮 15%/2014.01.20 至 2019.01.20/低毒
玉米田 一年生杂草 112.5-146.25克/公顷 茎叶喷雾
PD20140256 松·喹·氟磺胺/35%/乳油/氟磺胺草醚 9.5%、精喹禾灵 2.5%、异噁草松 23%/2014.01.29 至 2019.01.29/低毒
春大豆田 一年生杂草 525-787.5克/公顷 茎叶喷雾
PD20140570 啶虫脒/40%/水分散粒剂/啶虫脒 40%/2014.03.06 至 2019.03.06/低毒
烟草 蚜虫 12-18克/公顷 喷雾
PD20140728 氰氟草酯/15%/水乳剂/氰氟草酯 15%/2014.03.24 至 2019.03.24/低毒
水稻田(直播) 一年生杂草 74.25-112.5克/公顷 茎叶喷雾
PD20140738 噻呋酰胺/96%/原药/噻呋酰胺 96%/2014.03.24 至 2019.03.24/低毒
PD20140961 异松·乙草胺/75%/乳油/乙草胺 60%、异噁草松 15%/2014.04.14 至 2019.04.14/中等毒(原药高毒)
冬油菜(移栽田) 一年生杂草 506.25-618.75克/公顷 土壤喷雾
PD20140963 精喹·氟磺胺/15%/乳油/氟磺胺草醚 12%、精喹禾灵 3%/2014.04.14 至 2019.04.14/低毒
春大豆田 一年生杂草 337.5-405克/公顷 茎叶喷雾
PD20141144 烟嘧·莠去津/23%/可分散油悬浮剂/烟嘧磺隆 3%、莠去津 20%/2014.04.28 至 2019.04.28/低毒
夏玉米田 一年生杂草 310.5-414克/公顷 茎叶喷雾
PD20141584 苯甲·嘧菌酯/40%/悬浮剂/苯醚甲环唑 15%、嘧菌酯 25%/2014.06.17 至 2019.06.17/低毒
西瓜 白粉病 180-240克/公顷 喷雾
PD20142016 噻虫嗪/70%/种子处理可分散粉剂/噻虫嗪 70%/2014.08.25 至 2019.08.25/低毒
水稻 蓟马 70-105克/100千克种子 拌种
玉米 灰飞虱 140-210克/100千克种子 拌种
PD20142252 2甲·灭草松/460克/升/可溶液剂/2甲4氯 60克/升、灭草松 400克/升/2014.09.28 至 2019.09.28/低毒
水稻田(直播) 阔叶杂草及莎草科杂草 920-1150克/公顷 茎叶喷雾
PD20142285 噻呋酰胺/240克/升/悬浮剂/噻呋酰胺 240克/升/2014.10.29 至 2019.10.29/低毒
水稻 纹枯病 61.2-79.2克/公顷 喷雾
PD20142595 氟磺胺草醚/42%/水剂/氟磺胺草醚 42%/2014.12.15 至 2019.12.15/低毒
春大豆田 一年生阔叶杂草 302.4-365.4克/公顷 茎叶喷雾
夏大豆田 一年生阔叶杂草 126-189克/公顷 茎叶喷雾
PD20150010 异丙甲草胺/960克/升/乳油/异丙甲草胺 960克/升/2015.01.04 至 2020.01.04/低毒
花生田 一年生杂草 1440-2160克/公顷 土壤喷雾
PD20150627 敌草快/200克/升/水剂/敌草快 200克/升/2015.04.16 至 2020.04.16/低毒

非耕地 杂草 900-1050克/公顷 茎叶喷雾
PD20151043 炔草酯/15%/微乳剂/炔草酯 15%/2015.06.14 至 2020.06.14/低毒
小麦田 一年生禾本科杂草 45-56.2克/公顷 茎叶喷雾
PD20151804 唑嘧磺草胺/80%/水分散粒剂/唑嘧磺草胺 80%/2015.08.28 至 2020.08.28/低毒
小麦田 一年生阔叶杂草 24-30克/公顷 茎叶喷雾
PD20151925 吡虫啉/30%/微乳剂/吡虫啉 30%/2015.08.30 至 2020.08.30/低毒
节瓜 蓟马 29.25-35.1克/公顷 喷雾
PD20152013 双草醚/20%/悬浮剂/双草醚 20%/2015.09.21 至 2020.09.21/低毒
水稻田(直播) 一年生杂草 22.5-30克/公顷（南方），30-37.5克/公顷（北方）， 茎叶喷雾
PD20152257 二氯吡啶酸/30%/水剂/二氯吡啶酸 30%/2015.10.19 至 2020.10.19/低毒
玉米田 一年生阔叶杂草 135-180克/公顷 茎叶喷雾
LS20150232 草铵膦/30%/水剂/草铵膦 30%/2015.07.30 至 2016.07.30/低毒
非耕地 杂草 1575-1800克/公顷 茎叶喷雾

山东省曲阜市尔福农药厂 （山东省济宁市曲阜市旅游经济开发区 273100 0537-4422083)

PD20081255 甲基硫菌灵/70%/可湿性粉剂/甲基硫菌灵 70%/2013.09.18 至 2018.09.18/低毒
番茄 叶霉病 375－562.5克/公顷 喷雾
PD20082377 乙铝·福美双/64%/可湿性粉剂/福美双 32%、三乙膦酸铝 32%/2013.12.01 至 2018.12.01/低毒
黄瓜 霜霉病 1440-1880克/公顷 喷雾
PD20082378 毒死蜱/40%/乳油/毒死蜱 40%/2013.12.01 至 2018.12.01/中等毒
水稻 稻飞虱 450-600克/公顷 喷雾
PD20082547 阿维菌素/3.2%/乳油/阿维菌素 3.2%/2013.12.03 至 2019.01.24/低毒(原药高毒)
十字花科蔬菜 小菜蛾 8.1-10.8克/公顷 喷雾
PD20082779 啶虫脒/5%/乳油/啶虫脒 3%/2013.12.08 至 2019.01.24/低毒
小麦 蚜虫 13.5-18克/公顷 喷雾
PD20083127 阿维菌素/1.8%/乳油/阿维菌素 1.8%/2013.12.10 至 2019.01.24/低毒(原药高毒)
十字花科蔬菜 菜青虫 8.1-10.8克/公顷 喷雾
PD20083272 氰铃·辛硫磷/20%/乳油/氰铃脲 2%、辛硫磷 18%/2013.12.11 至 2018.12.11/低毒
棉花 棉铃虫 180-240克/公顷 喷雾
PD20085349 辛硫·灭多威/20%/乳油/灭多威 8%、辛硫磷 12%/2013.12.24 至 2018.12.24/高毒
棉花 棉铃虫 100-150克/公顷 喷雾
PD20090634 三唑酮/25%/可湿性粉剂/三唑酮 25%/2014.01.14 至 2019.01.14/低毒
小麦 白粉病 112.5-131.25克/公顷 喷雾
PD20091662 代森锰锌/70%/可湿性粉剂/代森锰锌 70%/2014.02.03 至 2019.02.03/低毒
番茄 早疫病 1837.5－2362.5克/公顷 喷雾
PD20091879 氟铃脲/5%/乳油/氟铃脲 5%/2014.02.09 至 2019.02.09/低毒
棉花 棉铃虫 75-112.5克/公顷 喷雾
PD20092398 烯唑·福美双/42%/可湿性粉剂/福美双 39.5%、烯唑醇 2.5%/2014.02.25 至 2019.02.25/低毒
梨树 黑星病 168-210毫克/千克 喷雾
PD20092896 氰戊·马拉松/20%/乳油/马拉硫磷 15%、氰戊菊酯 5%/2014.03.05 至 2019.03.05/低毒
苹果树 桃小食心虫 200-333.3毫克/千克 喷雾
PD20094898 二氯异氰尿酸钠/50%/可溶粉剂/二氯异氰尿酸钠 50%/2014.04.13 至 2019.04.13/低毒
番茄 早疫病 562.5-750克/公顷 喷雾
PD20095402 烷醇·硫酸铜/6%/可湿性粉剂/硫酸铜 5.9%、三十烷醇 0.1%/2014.04.27 至 2019.04.27/低毒
番茄 病毒病 112.5-140.6克/公顷 喷雾
PD20097702 井冈·硫酸铜/4.5%/水剂/井冈霉素 4%、硫酸铜 0.5%/2014.11.04 至 2019.11.04/低毒
水稻 纹枯病 59.06-78.75克/公顷 喷雾
PD20098333 双甲脒/200克/升/乳油/双甲脒 200克/升/2014.12.18 至 2019.12.18/低毒
苹果树 山楂红蜘蛛 130-200mg/kg 喷雾
PD20100079 醚菊酯/10%/悬浮剂/醚菊酯 10%/2015.01.04 至 2020.01.04/低毒
甘蓝 菜青虫 45-60克/公顷 喷雾
PD20100657 溴氰菊酯/25克/升/乳油/溴氰菊酯 25克/升/2015.01.15 至 2020.01.15/低毒
小麦 蚜虫 12.5-15毫升制剂/亩 喷雾
PD20101163 虫酰肼/20%/悬浮剂/虫酰肼 20%/2015.01.26 至 2020.01.26/低毒
苹果树 卷叶蛾 100-133.3毫克/千克 喷雾
PD20110542 吡虫啉/25%/可湿性粉剂/吡虫啉 25%/2016.05.12 至 2021.05.12/低毒
水稻 稻飞虱 15-30克/公顷 喷雾
PD20110794 烷醇·硫酸铜/0.5%/乳油/硫酸铜 0.4%、三十烷醇 0.1%/2016.07.26 至 2021.07.26/低毒
番茄 病毒病 3.75-5.5克/公顷 喷雾
PD20120621 甲氨基阿维菌素苯甲酸盐/0.5%/乳油/甲氨基阿维菌素 0.5%/2012.04.11 至 2017.04.11/低毒
甘蓝 甜菜夜蛾 1.8-2.25克/公顷 喷雾
注:甲氨基阿维菌素苯甲酸盐含量：0.57%。
PD20151065 三唑磷/20%/乳油/三唑磷 20%/2015.06.14 至 2020.06.14/中等毒

水稻 二化螟 360-450克/公顷 喷雾

山东省曲阜市兴卫消杀药厂 （山东省济宁市曲阜市歧黄街22号 273100 0537-4423137）

WP20090288 杀虫气雾剂/0.55%/气雾剂/胺菊酯 0.30%、氯菊酯 0.25%/2014.03.23 至 2019.03.23/低毒

卫生 蜚蠊、蚊、蝇 / 喷雾

山东省乳山韩威生物科技有限公司 （山东省威海市乳山市崖子镇马石店 264502 0631-6384686）

PD90106-30 苏云金杆菌/8000IU/微升/悬浮剂/苏云金杆菌 8000IU/微升/2015.06.23 至 2020.06.23/低毒

作物	防治对象	用药量	施用方法
白菜、萝卜、青菜	菜青虫、小菜蛾	1500-2250克制剂/公顷	喷雾
茶树	茶毛虫	3000克制剂/公顷	喷雾
高粱、玉米	玉米螟	2250-3000克制剂/公顷	加细沙灌心叶
梨树、苹果树、桃树、枣树	尺蠖、食心虫	200倍液	喷雾
林木	尺蠖、柳毒蛾、松毛虫	150-200倍液	喷雾
棉花	棉铃虫、造桥虫	3750-6000克制剂/公顷	喷雾
水稻	稻苞虫、螟虫	3000-6000克制剂/公顷	喷雾
烟草	烟青虫	3000克制剂/公顷	喷雾

PD20040344 高效氯氰菊酯/4.5%/乳油/高效氯氰菊酯 4.5%/2014.12.19 至 2019.12.19/中等毒

作物	防治对象	用药量	施用方法
茶树	茶尺蠖	15-25.5克/公顷	喷雾
柑橘树	红蜡蚧	50毫克/千克	喷雾
柑橘树	潜叶蛾	15-20毫克/千克	喷雾
韭菜	迟眼蕈蚊	6.75-13.5克/公顷	喷雾
棉花	红铃虫、棉铃虫、蚜虫	15-30克/公顷	喷雾
苹果树	桃小食心虫	20-33毫克/千克	喷雾
十字花科蔬菜	菜蚜	3-18克/公顷	喷雾
十字花科蔬菜	菜青虫、小菜蛾	9-25.5克/公顷	喷雾
烟草	烟青虫	15-25.5克/公顷	喷雾

PD20081364 苏云金杆菌/50000IU/毫克/原药/苏云金杆菌 50000IU/毫克/2013.10.22 至 2018.10.22/低毒

PD20091321 多抗霉素/0.3%/水剂/多抗霉素 0.3%/2014.02.01 至 2019.02.01/低毒

作物	防治对象	用药量	施用方法
番茄	早疫病	27-45克/公顷	喷雾
苹果树	斑点落叶病	10-15毫克/千克	喷雾

PD20096143 苏云金杆菌/8000IU/毫克/可湿性粉剂/苏云金杆菌 8000IU/毫克/2014.06.24 至 2019.06.24/低毒

作物	防治对象	用药量	施用方法
茶树	茶毛虫	400-800倍液	喷雾
棉花	二代棉铃虫	3000-4500克制剂/公顷	喷雾
森林	松毛虫	600-800倍液	喷雾
十字花科蔬菜	小菜蛾	1500-2250克制剂/公顷	喷雾
十字花科蔬菜	菜青虫	750-1500克制剂/公顷	喷雾
水稻	稻纵卷叶螟	3000-4500克制剂/公顷	喷雾
烟草	烟青虫	1500-3000克制剂/公顷	喷雾
玉米	玉米螟	1500-3000克制剂/公顷	拌细沙灌心
枣树	枣尺蠖	600-800倍液	喷雾

PD20096222 苏云金杆菌/16000IU/毫克/可湿性粉剂/苏云金杆菌 16000IU/毫克/2014.07.15 至 2019.07.15/低毒

作物	防治对象	用药量	施用方法
茶树	茶毛虫	800-1600倍液	喷雾
棉花	二代棉铃虫	1500-2250克制剂/公顷	喷雾
森林	松毛虫	1200-1600倍液	喷雾
十字花科蔬菜	小菜蛾	750-1125克制剂/公顷	喷雾
十字花科蔬菜	菜青虫	375-750克制剂/公顷	喷雾
水稻	稻纵卷叶螟	1500-2250克制剂/公顷	喷雾
烟草	烟青虫	750-1500克制剂/公顷	喷雾
玉米	玉米螟	750-1500克制剂/公顷	加细沙灌心
枣树	枣尺蠖	1200-1600倍液	喷雾

PD20096715 多抗霉素/1.5%/可湿性粉剂/多抗霉素 1.5%/2014.09.07 至 2019.09.07/低毒

作物	防治对象	用药量	施用方法
苹果	斑点落叶病	100-200毫克/千克	喷雾

PD20096862 多抗霉素/3%/可湿性粉剂/多抗霉素 3%/2014.09.22 至 2019.09.22/低毒

作物	防治对象	用药量	施用方法
黄瓜	霜霉病	150-200单位倍液	喷雾

PD20097294 多抗霉素/34%/原药/多抗霉素 34%/2014.10.26 至 2019.10.26/低毒

PD20097613 春雷·王铜/47%/可湿性粉剂/春雷霉素 2%、王铜 45%/2014.11.20 至 2019.11.20/低毒

作物	防治对象	用药量	施用方法
番茄	叶霉病	770-877克/公顷	喷雾
柑橘树	溃疡病	470-580倍液	喷雾

PD20098522 甲氨基阿维菌素苯甲酸盐(0.55%)///乳油/甲氨基阿维菌素 0.5%/2014.12.24 至 2019.12.24/低毒

作物	防治对象	用药量	施用方法
十字花科蔬菜	小菜蛾	1.5-1.8克/公顷	喷雾

PD20100249 井冈霉素/3%/水剂/井冈霉素 3%/2015.01.11 至 2020.01.11/低毒

作物	防治对象	用药量	施用方法
水稻	纹枯病	75—112.5克/公顷	喷雾

PD20100258 氨基寡糖素/0.5%/水剂/氨基寡糖素 0.5%/2015.01.11 至 2020.01.11/低毒

作物	防治对象	用药量	施用方法
番茄	晚疫病	14.06-18.75克/公顷	喷雾

PD20100286 多抗霉素/10%/可湿性粉剂/多抗霉素B 10%/2015.01.11 至 2020.01.11/低毒
番茄 叶霉病 180－210克/公顷 喷雾
烟草 赤星病 105-135克/公顷 喷雾
PD20100329 春雷霉素/4%/可湿性粉剂/春雷霉素 4%/2015.01.11 至 2020.01.11/低毒
水稻 稻瘟病 40－50毫克/千克 喷雾
PD20100358 井冈霉素（20%）///可溶粉剂/井冈霉素A 16%/2015.01.11 至 2020.01.11/低毒
水稻 纹枯病 93.75－112.5克/公顷 喷雾
PD20100479 井冈霉素/5%/水溶粉剂/井冈霉素 5%/2015.01.14 至 2020.01.14/低毒
水稻 纹枯病 93.75－112.5克/公顷 喷雾
PD20101397 春雷霉素/2%/水剂/春雷霉素 2%/2015.04.14 至 2020.04.14/低毒
水稻 稻瘟病 30-33克/公顷 喷雾
PD20102101 苦参碱/0.3%/水剂/苦参碱 0.3%/2015.11.30 至 2020.11.30/低毒
十字花科蔬菜 菜青虫 2.4-3克/公顷 喷雾
PD20140520 印楝素/0.3%/乳油/印楝素 0.3%/2014.03.06 至 2019.03.06/低毒
甘蓝 小菜蛾 13.5-22.5克/公顷 喷雾
PD20140868 春雷霉素/70%/原药/春雷霉素 70%/2014.04.08 至 2019.04.08/低毒
PD20141011 枯草芽孢杆菌/1000亿孢子/克/可湿性粉剂/枯草芽孢杆菌 1000亿孢子/克/2014.04.21 至 2019.04.21/低毒
黄瓜 白粉病 840-1260克/公顷 喷雾
PD20142564 多杀霉素/5%/悬浮剂/多杀霉素 5%/2014.12.15 至 2019.12.15/低毒
甘蓝 小菜蛾 17.5-26.25克/公顷 喷雾

山东省寿光市立英日化有限责任公司 （山东省寿光市东城工业园区尧河 262700 0536-5803006）

WP20120087 杀虫气雾剂/0.46%/气雾剂/胺菊酯 0.25%、氯菊酯 0.21%/2012.05.11 至 2017.05.11/微毒
卫生 蚊、蝇 / 喷雾

山东省泰安市宝丰农药厂 （山东省泰安市岱岳区满庄工业园 271024 0538-8531588）

PD20093057 多·福/50%/可湿性粉剂/多菌灵 25%、福美双 25%/2014.03.09 至 2019.03.09/中等毒
梨树 黑星病 300-500倍液 喷雾
PD20093320 阿维菌素/1.8%/乳油/阿维菌素 1.8%/2014.03.13 至 2019.03.13/低毒(原药高毒)
甘蓝 菜青虫、小菜蛾 8.1-10.8克/公顷 喷雾
PD20094900 乙铝·锰锌/50%/可湿性粉剂/代森锰锌 27%、三乙膦酸铝 23%/2014.04.13 至 2019.04.13/低毒
黄瓜 霜霉病 937-1400克/公顷 喷雾
PD20094953 烟嘧磺隆/40克/升/可分散油悬浮剂/烟嘧磺隆 40克/升/2014.04.20 至 2019.04.20/低毒
玉米田 一年生杂草 42-60克/公顷 茎叶喷雾
PD20097390 莠去津/38%/悬浮剂/莠去津 38%/2014.10.28 至 2019.10.28/低毒
春玉米田 一年生杂草 250-400毫升制剂/亩 播后苗前土壤喷雾
PD20100482 吗胍·乙酸铜/20%/可湿性粉剂/盐酸吗啉胍 10%、乙酸铜 10%/2015.01.14 至 2020.01.14/低毒
番茄 病毒病 499.5-750克/公顷 喷雾
PD20101279 霜脲·锰锌/72%/可湿性粉剂/代森锰锌 64%、霜脲氰 8%/2015.03.10 至 2020.03.10/低毒
黄瓜 霜霉病 1440-1800克/公顷 喷雾

山东省泰安市利邦农化有限公司 （山东省泰安市岱岳区化马湾乡 271042 0538-8642016）

PD20084478 高效氯氟氰菊酯/25克/升/乳油/高效氯氟氰菊酯 25克/升/2013.12.17 至 2018.12.17/中等毒
十字花科蔬菜 菜青虫 5.625-9.375克/公顷 喷雾
PD20084758 啶虫脒/5%/乳油/啶虫脒 5%/2013.12.22 至 2018.12.22/低毒
黄瓜 蚜虫 18－22.5克/公顷 喷雾
PD20085233 苏云金杆菌/16000IU/毫克/可湿性粉剂/苏云金杆菌 16000IU/毫克/2013.12.23 至 2018.12.23/低毒
甘蓝 小菜蛾 450-1050克制剂/公顷 喷雾
棉花 棉铃虫 1875-3750克制剂/公顷 喷雾
PD20090613 阿维菌素/1.8%/乳油/阿维菌素 1.8%/2014.01.14 至 2019.01.14/低毒(原药高毒)
十字花科蔬菜 小菜蛾 8.1-10.8克/公顷 喷雾
PD20090918 异丙甲草胺/720克/升/乳油/异丙甲草胺 720克/升/2014.01.19 至 2019.01.19/低毒
春大豆田 一年生杂草 1620-2160克/公顷 土壤喷雾
夏大豆田 一年生杂草 1080-1620克/公顷 土壤喷雾
PD20091008 乙草胺/81.5%/乳油/乙草胺 81.5%/2014.01.21 至 2019.01.21/低毒
春大豆田 一年生杂草 1620-2025克/公顷 土壤喷雾
夏大豆田 一年生杂草 810-1350克/公顷 土壤喷雾
PD20096254 多·锰锌/50%/可湿性粉剂/多菌灵 8%、代森锰锌 42%/2014.07.15 至 2019.07.15/低毒
苹果树 斑点落叶病 1000-1250毫克/千克 喷雾
PD20096335 氯氰·仲丁威/20%/乳油/氯氰菊酯 2%、仲丁威 18%/2014.07.22 至 2019.07.22/中等毒
甘蓝 菜青虫 60-120克/公顷 喷雾
PD20101013 联苯菊酯/100克/升/乳油/联苯菊酯 100克/升/2015.01.20 至 2020.01.20/中等毒
茶树 茶小绿叶蝉 20-25毫升制剂/亩 喷雾
PD20120622 高效氟吡甲禾灵/108克/升/乳油/高效氟吡甲禾灵 108克/升/2012.04.11 至 2017.04.11/低毒
春大豆田 一年生禾本科杂草 48.6-56.7克/公顷 茎叶喷雾
夏大豆田 一年生禾本科杂草 40.5-48.6克/公顷 茎叶喷雾

PD20121920 毒死蜱/30%/微囊悬浮剂/毒死蜱 30%/2012.12.07 至 2017.12.07/低毒
花生 蛴螬 1575-2250克/公顷 灌根

山东省泰安市泰山现代农业科技有限公司 (泰安市宁阳县经济技术开发区国家庄东800米 271000 0538-8506399)

PD20082324 甲氰·辛硫磷/25%/乳油/甲氰菊酯 5%、辛硫磷 20%/2013.12.01 至 2018.12.01/中等毒
棉花 棉铃虫 225-345克/公顷 喷雾

PD20083108 灭多威/40%/可溶粉剂/灭多威 40%/2013.12.10 至 2018.12.10/中等毒(原药高毒)
棉花 蚜虫 105-180克/公顷 喷雾

PD20083164 乙·莠/40%/可湿性粉剂/乙草胺 14%、莠去津 26%/2013.12.11 至 2018.12.11/低毒
夏玉米田 一年生杂草 900-1500克/公顷 播后苗前土壤喷雾

PD20110570 阿维菌素/0.5%/颗粒剂/阿维菌素 0.5%/2011.05.27 至 2016.05.27/低毒(原药高毒)
黄瓜 根结线虫 225-262.5克/公顷 沟施
烟草 根结线虫 225-300克/公顷 沟施、穴施

PD20120258 氨基寡糖素/0.5%/可湿性粉剂/氨基寡糖素 0.5%/2012.02.14 至 2017.02.14/低毒
番茄 调节生长、增产 16.7-25毫克/千克 喷雾

PD20120759 唑螨酯/5%/悬浮剂/唑螨酯 5%/2012.05.05 至 2017.05.05/低毒
柑橘树 红蜘蛛 25-50毫克/千克 喷雾

PD20120921 草甘膦铵盐/65%/可溶粉剂/草甘膦 65%%/2012.06.04 至 2017.06.04/低毒
非耕地 杂草 1170-1462.5克/公顷 定向茎叶喷雾
注:草甘膦铵盐含量: 72%。

PD20150997 甲维·丁醚脲/21%/水乳剂/丁醚脲 20%、甲氨基阿维菌素苯甲酸盐 1%/2015.06.12 至 2020.06.12/低毒
小白菜 小菜蛾 94.5-220.5克/公顷 喷雾

山东省天润化工有限公司 (山东省博兴县湖滨工业园 256500 0543-2300182)

PD20101355 烟嘧磺隆/40克/升/可分散油悬浮剂/烟嘧磺隆 40克/升/2015.04.02 至 2020.04.02/低毒
玉米田 一年生杂草 50-60克/公顷 茎叶喷雾

PD20102117 精喹禾灵/10%/乳油/精喹禾灵 10%/2015.12.02 至 2020.12.02/低毒
大豆田 一年生禾本科杂草 58.3-87.8克/公顷 喷雾

PD20140519 氟磺胺草醚/250克/升/水剂/氟磺胺草醚 250克/升/2014.03.06 至 2019.03.06/低毒
春大豆田 一年生阔叶杂草 281.3-393.8克/公顷 茎叶喷雾
夏大豆田 一年生阔叶杂草 187.5-281.3克/公顷 茎叶喷雾

PD20140566 烟嘧·莠去津/20%/可分散油悬浮剂/烟嘧磺隆 3%、莠去津 17%/2014.03.06 至 2019.03.06/低毒
玉米田 一年生杂草 300-360克/公顷 茎叶喷雾

山东省潍坊鸿汇化工有限公司 (山东省潍坊市青州市东夏镇二府村 262514 0536-3256717)

PD20090283 丙环唑/250克/升/乳油/丙环唑 250克/升/2014.01.09 至 2019.01.09/低毒
香蕉 叶斑病 250-500毫克/千克 喷雾

PD20091130 福美双/50%/可湿性粉剂/福美双 50%/2014.01.21 至 2019.01.21/低毒
黄瓜 白粉病 525-1050克/公顷 喷雾

PD20091264 联苯菊酯/100克/升/乳油/联苯菊酯 100克/升/2014.02.01 至 2019.02.01/中等毒
茶树 茶小绿叶蝉 30-37.5克/公顷 喷雾

PD20091912 福·福锌/80%/可湿性粉剂/福美双 30%、福美锌 50%/2014.02.12 至 2019.02.12/低毒
黄瓜 炭疽病 1500-1800克/公顷 喷雾

PD20092202 三唑锡/25%/可湿性粉剂/三唑磷 25%/2014.02.23 至 2019.02.23/微毒
柑橘树 红蜘蛛 125-250毫克/千克 喷雾

PD20092330 高效氯氟氰菊酯/25克/升/乳油/高效氯氟氰菊酯 25克/升/2014.02.24 至 2019.02.24/中等毒
甘蓝 菜青虫 7.5-11.25克/公顷 喷雾

PD20093561 多菌灵/25%/可湿性粉剂/多菌灵 25%/2014.03.23 至 2019.03.23/微毒
小麦 赤霉病 750-900克/公顷 喷雾

PD20093865 顺式氯氰菊酯/50克/升/乳油/顺式氯氰菊酯 50克/升/2014.03.25 至 2019.03.25/低毒
棉花 棉铃虫 30-37.5克/公顷 喷雾

PD20094360 氯氰菊酯/50克/升/乳油/氯氰菊酯 50克/升/2014.04.01 至 2019.04.01/中等毒
甘蓝 菜青虫 37.5-52.5克/公顷 喷雾

PD20095578 多·锰锌/50%/可湿性粉剂/多菌灵 8%、代森锰锌 42%/2014.05.12 至 2019.05.12/低毒
苹果树 斑点落叶病 1000-1250毫克/千克 喷雾

PD20100272 甲氰菊酯/20%/乳油/甲氰菊酯 20%/2015.01.11 至 2020.01.11/低毒
苹果树 桃小食心虫 67-120毫克/千克 喷雾

PD20100483 吗胍·乙酸铜/20%/可湿性粉剂/盐酸吗啉胍 10%、乙酸铜 10%/2015.01.14 至 2020.01.14/低毒
番茄 病毒病 500-750克/公顷 喷雾

PD20100738 马拉硫磷/45%/乳油/马拉硫磷 45%/2015.01.16 至 2020.01.16/低毒
甘蓝 蚜虫 562.5-750克/公顷 喷雾

PD20100768 甲硫·福美双/70%/可湿性粉剂/福美双 40%、甲基硫菌灵 30%/2015.01.18 至 2020.01.18/低毒
苹果树 轮纹病 467-875毫克/千克 喷雾

PD20101514 苦参碱/0.3%/水剂/苦参碱 0.3%/2015.05.10 至 2020.05.10/低毒
甘蓝 菜青虫 2.4-3.0克/公顷 喷雾

PD20101892 联苯菊酯/25克/升/乳油/联苯菊酯 25克/升/2015.08.09 至 2020.08.09/低毒

柑橘树　红蜘蛛　30-40毫克/千克　喷雾

PD20111400　精喹禾灵/10%/乳油/精喹禾灵 10%/2011.12.22 至 2016.12.22/低毒

夏大豆田　一年生禾本科杂草　52.8-66克/公顷　茎叶喷雾

PD20120906　乙羧氟草醚/10%/乳油/乙羧氟草醚 10%/2012.05.24 至 2017.05.24/低毒

夏大豆田　一年生阔叶杂草　60-90克/公顷　茎叶喷雾

山东省潍坊科力化工有限公司　(山东省潍坊市奎文区宏伟中路5号　261051　0536-8807826)

WP20140023　杀虫气雾剂/0.46%/气雾剂/胺菊酯 0.28%、氯菊酯 0.18%/2014.01.29 至 2019.01.29/微毒

室内　蚊、蝇、蜚蠊　/　喷雾

山东省潍坊绿霸化工有限公司　(山东省济南市工业南路100号三庆枫润大厦A座18楼　250100　0531-81795669)

PD20110297　百草枯/30.5%/母药/百草枯 30.5%/2016.03.17 至 2021.03.17/中等毒

PD20110639　百草枯/200克/升/水剂/百草枯 200克/升/2014.07.01 至 2019.07.01/中等毒

注:专供出口，不得在国内销售。

PD20121201　氨氯吡啶酸/95%/原药/氨氯吡啶酸 95%/2012.08.06 至 2017.08.06/低毒

PD20130755　氯氟吡氧乙酸异辛酯/97%/原药/氯氟吡氧乙酸异辛酯 97%/2013.04.16 至 2018.04.16/低毒

PD20151117　烟嘧磺隆/95%/原药/烟嘧磺隆 95%/2015.06.25 至 2020.06.25/微毒

山东省武城县恒达精细化工有限公司　(山东省武城县工业园　253300　0534-6652999)

WP20110043　杀虫气雾剂/0.4%/气雾剂/胺菊酯 0.25%、氯菊酯 0.15%/2011.02.17 至 2016.02.17/微毒

卫生　蚊、蝇　/　喷雾

山东省夏津县捷豹精细化工厂　(山东省夏津县田庄乡谷庄村　253200　0534-3523752)

WP20080031　杀虫气雾剂/0.4%/气雾剂/胺菊酯 0.25%、氯菊酯 0.15%/2013.02.26 至 2018.02.26/低毒

卫生　蚊、蝇、蜚蠊　/　喷雾

山东省烟台博瑞特生物科技有限公司　(山东省龙口市徐福镇儒林庄　265713　0535-8558297)

PD20082057　高氯·辛硫磷/20%/乳油/高效氯氰菊酯 1.5%、辛硫磷 18.5%/2013.11.25 至 2018.11.25/中等毒

棉花　棉铃虫　180-240克/公顷　喷雾

PD20091761　啶虫脒/5%/乳油/啶虫脒 5%/2014.02.04 至 2019.02.04/低毒

黄瓜　蚜虫　18-22.5克/公顷　喷雾

PD20093062　高氯·氟铃脲/5.7%/乳油/氟铃脲 1.9%、高效氯氰菊酯 3.8%/2014.03.09 至 2019.03.09/低毒

甘蓝　小菜蛾　51.3-68.4克/公顷　喷雾

PD20094610　苏云金杆菌/16000IU/毫克/粉剂/苏云金杆菌 16000IU/毫克/2014.04.10 至 2019.04.10/低毒

茶树　茶毛虫　400-800倍液　喷雾

棉花　棉铃虫　3000-4500克制剂/公顷　喷雾

森林　松毛虫　600-800倍液　喷雾

十字花科蔬菜　小菜蛾　1500-2250克制剂/公顷　喷雾

十字花科蔬菜　菜青虫　750-1500克制剂/公顷　喷雾

水稻　稻纵卷叶螟　3000-4500克制剂/公顷　喷雾

烟草　烟青虫　1500-3000克制剂/公顷　喷雾

玉米　玉米螟　1500-3000克制剂/公顷　喷雾

枣树　枣尺蠖　600-800倍液　喷雾

PD20094917　哒螨灵/20%/可湿性粉剂/哒螨灵 20%/2014.04.13 至 2019.04.13/低毒

苹果树　红蜘蛛　50-60毫克/千克　喷雾

PD20095378　毒死蜱/40%/乳油/毒死蜱 40%/2014.04.27 至 2019.04.27/中等毒

苹果树　绵蚜　200-250毫克/千克　喷雾

PD20096650　高效氯氰菊酯/4.5%/乳油/高效氯氰菊酯 4.5%/2014.09.02 至 2019.09.02/低毒

棉花　棉铃虫　20.25-30.375克/公顷　喷雾

PD20097855　多抗霉素/3%/可湿性粉剂/多抗霉素 3%/2014.11.20 至 2019.11.20/低毒

黄瓜　霜霉病　210-270克/公顷　喷雾

PD20097930　高效氯氟氰菊酯/25克/升/乳油/高效氯氟氰菊酯 25克/升/2014.11.30 至 2019.11.30/中等毒

苹果树　桃小食心虫　5-6.3毫克/千克　喷雾

PD20100043　多抗霉素/34%/母药/多抗霉素 34%/2015.01.04 至 2020.01.04/低毒

PD20100294　甲硫·福美双/50%/可湿性粉剂/福美双 40%、甲基硫菌灵 10%/2015.01.11 至 2020.01.11/低毒

苹果树　轮纹病　625-833毫克/千克　喷雾

PD20100469　苏云金杆菌/50000IU/毫克/原药/苏云金杆菌 50000IU/毫克/2015.01.14 至 2020.01.14/低毒

PD20100782　阿维菌素/95%/原药/阿维菌素 95%/2015.01.18 至 2020.01.18/高毒

PD20110118　春雷霉素/70%/原药/春雷霉素 70%/2016.01.26 至 2021.01.26/低毒

PD20121351　苯醚甲环唑/25%/微乳剂/苯醚甲环唑 25%/2012.09.13 至 2017.09.13/低毒

梨树　黑星病　12.5-16.7毫克/千克　喷雾

PD20121354　啶虫脒/30%/可溶液剂/啶虫脒 30%/2012.09.13 至 2017.09.13/低毒

黄瓜　蚜虫　18-22.5克/公顷　喷雾

PD20121808　丙环唑/45%/微乳剂/丙环唑 45%/2012.11.22 至 2017.11.22/低毒

香蕉　叶斑病　250-400毫克/千克　喷雾

PD20130917　甲氨基阿维菌素苯甲酸盐/5%/微乳剂/甲氨基阿维菌素 5%/2013.04.28 至 2018.04.28/低毒

甘蓝　甜菜夜蛾　1.5-2.25克/公顷　喷雾

注:甲氨基阿维菌素苯甲酸盐含量：5.7%

PD20131315 苯甲·丙环唑/30%/微乳剂/苯醚甲环唑 15%、丙环唑 15%/2013.06.08 至 2018.06.08/低毒
水稻 纹枯病 60-120克/公顷 喷雾
PD20150239 烯酰吗啉/15%/水乳剂/烯酰吗啉 15%/2015.01.15 至 2020.01.15/微毒
葡萄 霜霉病 180-225克/公顷 喷雾
PD20150249 松脂酸铜/20%/水乳剂/松脂酸铜 20%/2015.01.15 至 2020.01.15/微毒
葡萄 霜霉病 200－250克/公顷 喷雾
PD20151181 毒死蜱/50%/微乳剂/毒死蜱 50%/2015.06.27 至 2020.06.27/中等毒
苹果树 绵蚜 240-320毫克/千克 喷雾
LS20130035 松脂酸铜/20%/水乳剂/松脂酸铜 20%/2014.01.15 至 2015.01.15/微毒
葡萄 霜霉病 200～250克/公顷 喷雾
WP20110041 联苯菊酯/5%/悬浮剂/联苯菊酯 5%/2016.02.16 至 2021.02.16/低毒
卫生 白蚁 625毫克/千克 土壤喷洒/木材浸泡
WL20130036 氟虫腈/5%/悬浮剂/氟虫腈 5%/2015.08.01 至 2016.08.01/低毒
室内 蜚蠊 25毫克/平方米 滞留喷洒

山东省烟台科达化工有限公司 (山东省烟台市招远市泉山路100号 265400 0535-8382018)

PD20070092 丙溴磷/89%/原药/丙溴磷 89%/2012.04.18 至 2017.04.18/中等毒
PD20070485 嘧霉胺/95%/原药/嘧霉胺 95%/2012.11.28 至 2017.11.28/低毒
PD20070583 高氯·辛硫磷/25%/乳油/高效氯氰菊酯 2.5%、辛硫磷 22.5%/2012.12.03 至 2017.12.03/低毒
棉花 棉铃虫 187.5-300克/公顷 喷雾
PD20070626 硫磺·三唑酮/50%/悬浮剂/硫磺 45%、三唑酮 5%/2012.12.14 至 2017.12.14/低毒
黄瓜 白粉病 375-600克/公顷 喷雾
小麦 白粉病 600-750克/公顷 喷雾
PD20080136 嘧霉胺/40%/悬浮剂/嘧霉胺 40%/2013.01.04 至 2018.01.04/低毒
番茄 灰霉病 375-562.5克/公顷 喷雾
PD20080212 嘧霉胺/20%/悬浮剂/嘧霉胺 20%/2013.01.11 至 2018.01.11/低毒
黄瓜 灰霉病 375-562.5克/公顷 喷雾
PD20081541 多·福/50%/可湿性粉剂/多菌灵 16.6%、福美双 33.4%/2013.11.11 至 2018.11.11/中等毒
葡萄 霜霉病 1000-1250毫克/千克 喷雾
PD20081682 丙溴磷/40%/乳油/丙溴磷 40%/2013.11.17 至 2018.11.17/中等毒
棉花 棉铃虫 480-600克/公顷 喷雾
PD20082223 丙溴·辛硫磷/35%/乳油/丙溴磷 8.5%、辛硫磷 26.5%/2013.11.26 至 2018.11.26/中等毒
棉花 棉铃虫 262.5-393.75克/公顷 喷雾
PD20086008 井冈·多菌灵/28%/悬浮剂/多菌灵 24%、井冈霉素 4%/2013.12.29 至 2018.12.29/低毒
水稻 稻瘟病、纹枯病 450-525克/公顷 喷雾
PD20086177 阿维·杀虫单/20%/微乳剂/阿维菌素 0.2%、杀虫单 19.8%/2013.12.30 至 2018.12.30/低毒(原药高毒)
菜豆 美洲斑潜蝇 90-180克/公顷 喷雾
PD20086336 嘧霉·多菌灵/30%/悬浮剂/多菌灵 25%、嘧霉胺 5%/2013.12.31 至 2018.12.31/低毒
黄瓜 灰霉病 495-675克/公顷 喷雾
PD20090110 高氯·灭多威/12%/乳油/高效氯氰菊酯 1.5%、灭多威 10.5%/2014.01.08 至 2019.01.08/中等毒(原药高毒)
棉花 棉铃虫 90-108克/公顷 喷雾
PD20091053 阿维·甲氰/1.8%/乳油/阿维菌素 0.2%、甲氰菊酯 1.6%/2014.01.21 至 2019.01.21/低毒(原药高毒)
苹果树 山楂红蜘蛛 12-18毫克/千克 喷雾
PD20091650 乙铝·锰锌/50%/可湿性粉剂/代森锰锌 22%、三乙膦酸铝 28%/2014.02.03 至 2019.02.03/低毒
黄瓜 霜霉病 1125-1406克/公顷 喷雾
PD20092312 嘧霉·福美双/30%/悬浮剂/福美双 24%、嘧霉胺 6%/2014.02.24 至 2019.02.24/低毒
番茄 灰霉病 482-675克/公顷 喷雾
PD20096876 三唑磷/20%/乳油/三唑磷 20%/2014.09.23 至 2019.09.23/中等毒
水稻 二化螟 202.5-303.75克/公顷 喷雾
PD20110834 甲氨基阿维菌素苯甲酸盐/5%/水分散粒剂/甲氨基阿维菌素 5%/2011.08.10 至 2016.08.10/低毒
甘蓝 甜菜夜蛾 1.69-2.25克/公顷 喷雾
注:甲氨基阿维菌素苯甲酸盐含量:5.7%。
PD20130803 戊唑醇/430克/升/悬浮剂/戊唑醇 430克/升/2013.04.22 至 2018.04.22/低毒
苹果树 斑点落叶病 61.4-86毫克/千克 喷雾
PD20132303 醚菌酯/50%/水分散粒剂/醚菌酯 50%/2013.11.08 至 2018.11.08/低毒
黄瓜 白粉病 100-150克/公顷 喷雾
PD20140130 苯醚甲环唑/37%/水分散粒剂/苯醚甲环唑 37%/2014.01.20 至 2019.01.20/低毒
苦瓜 白粉病 105-150克/公顷 喷雾
芹菜 斑枯病 52.5-67.5克/公顷 喷雾
香蕉 叶斑病 74-123.3毫克/千克 喷雾
PD20150316 毒死蜱/30%/微囊悬浮剂/毒死蜱 30%/2015.02.05 至 2020.02.05/中等毒
杨树 美国白蛾 150-300毫克/千克 喷雾
PD20151468 苯醚甲环唑/3%/悬浮种衣剂/苯醚甲环唑 3%/2015.07.31 至 2020.07.31/微毒

小麦 全蚀病 7.5-10克/100千克种子 喷雾
WP20140010 高效氯氟氰菊酯/2.5%/微囊悬浮剂/高效氯氟氰菊酯 2.5%/2014.01.20 至 2019.01.20/中等毒
室外 蝇 20-30毫克/平方米 滞留喷雾

山东省烟台市福山区强力日用制品厂 (山东省烟台市高疃镇陈家庄 265505 0535-6996196)
WP20120174 防蛀片剂/99%/片剂/对二氯苯 99%/2012.09.12 至 2017.09.12/低毒
卫生 黑皮蠹 / 投放

山东省烟台鑫润精细化工有限公司 (山东省烟台开发区长江路150号海诺大厦811室 264006 0535-6522209)
PD20080857 恶霉灵/99%/原药/噁霉灵 99%/2013.06.23 至 2018.06.23/低毒
PD20082237 啶虫脒/5%/可湿性粉剂/啶虫脒 5%/2013.11.26 至 2018.11.26/低毒
柑橘树 蚜虫 8.6-12毫克/千克 喷雾
PD20082851 霜霉威盐酸盐/35%/水剂/霜霉威盐酸盐 35%/2013.12.09 至 2018.12.09/低毒
黄瓜 霜霉病 650-1083克/公顷 喷雾
PD20083661 氯氰·辛硫磷/30%/乳油/氯氰菊酯 1.5%、辛硫磷 28.5%/2013.12.12 至 2018.12.12/中等毒
十字花科蔬菜 菜青虫 90-112.5克/公顷 喷雾
PD20083723 毒死蜱/40%/乳油/毒死蜱 40%/2013.12.15 至 2018.12.15/低毒
柑橘树 介壳虫 250-500毫克/千克 喷雾
PD20083911 吡虫啉/20%/可溶液剂/吡虫啉 20%/2013.12.15 至 2018.12.15/低毒
棉花 蚜虫 30-45克/公顷 喷雾
PD20084040 阿维菌素/1.8%/可湿性粉剂/阿维菌素 1.8%/2013.12.16 至 2018.12.16/低毒(原药高毒)
十字花科蔬菜 小菜蛾 8.1-10.8克/公顷 喷雾
PD20084956 井冈霉素/5%/水剂/井冈霉素 5%/2013.12.22 至 2018.12.22/低毒
水稻 纹枯病 150-187.5克/公顷 喷雾
PD20085667 炔螨特/57%/乳油/炔螨特 57%/2013.12.26 至 2018.12.26/低毒
柑橘树 红蜘蛛 285-380毫克/千克 喷雾
PD20085834 噁霉灵/70%/可湿性粉剂/噁霉灵 70%/2013.12.29 至 2018.12.29/低毒
黄瓜(苗床) 立枯病 0.875-1.225克/平方米 喷雾
PD20085991 噁霉灵/15%/水剂/噁霉灵 15%/2013.12.29 至 2018.12.29/低毒
辣椒 立枯病 0.75-1.05克/平方米 泼浇
水稻苗床、水稻育秧箱 立枯病 9000-18000克/公顷 土壤处理
PD20090728 霜霉威盐酸盐/66.5%/水剂/霜霉威盐酸盐 66.5%/2014.01.19 至 2019.01.19/低毒
花椰菜 霜霉病 866-1083克/公顷 喷雾
黄瓜 霜霉病 650-1100克/公顷 喷雾
PD20098163 毒死蜱/45%/乳油/毒死蜱 45%/2014.12.14 至 2019.12.14/中等毒
柑橘树 介壳虫 360-480毫克/千克 喷雾
苹果树 绵蚜 200-320毫克/千克 喷雾
PD20098248 联苯菊酯/100克/升/乳油/联苯菊酯 100克/升/2014.12.16 至 2019.12.16/中等毒
茶树 茶小绿叶蝉 20-25毫升制剂/亩 喷雾
PD20098317 丙环唑/250克/升/乳油/丙环唑 250克/升/2014.12.18 至 2019.12.18/低毒
香蕉 叶斑病 250－500毫克/千克 喷雾
小麦 白粉病 131－150克/公顷 喷雾
PD20100596 福美双/95%/原药/福美双 95%/2015.01.14 至 2020.01.14/低毒

山东省亿美家生活用品有限公司 (山东省茌平县杜郎口镇孙桥 252000 0635-4891555)
WP20130165 杀虫气雾剂/0.34%/气雾剂/胺菊酯 0.3%、高效氯氰菊酯 0.04%/2013.07.29 至 2018.07.29/微毒
室内 蚊、蝇 / 喷雾

山东省禹城市农药厂 (山东省德州市禹城市解放路211号 251200 0534-7321223)
PD20093803 高效氯氟氰菊酯/25克/升/乳油/高效氯氟氰菊酯 25克/升/2014.03.25 至 2019.03.25/中等毒
十字花科蔬菜 菜青虫 7.5-11.25克/公顷 喷雾
PD20097793 多抗霉素/3%/可湿性粉剂/多抗霉素 3%/2014.11.20 至 2019.11.20/低毒
黄瓜 霜霉病 160-270克/公顷 喷雾
PD20100703 阿维菌素/1.8%/乳油/阿维菌素 1.8%/2015.01.16 至 2020.01.16/低毒(原药高毒)
甘蓝 小菜蛾 9.45-13.5克/公顷 喷雾

山东省招远三联远东化学有限公司 (山东省招远市金岭镇大户陈家村 265407 0535-8436009)
PD20070015 炔螨特/90.6%/原药/炔螨特 90.6%/2012.01.18 至 2017.01.18/低毒
PD20070430 炔螨特/40%/乳油/炔螨特 40%/2012.11.12 至 2017.11.12/低毒
柑橘树 红蜘蛛 266.7-400毫克/千克 喷雾
苹果树 红蜘蛛 200-400毫克/千克 喷雾
PD20082663 炔螨特/73%/乳油/炔螨特 73%/2013.12.04 至 2018.12.04/低毒
柑橘树 红蜘蛛 243.3-365毫克/千克 喷雾
PD20083168 毒死蜱/45%/乳油/毒死蜱 45%/2013.12.11 至 2018.12.11/中等毒
柑橘树 介壳虫 160-267毫克/千克 喷雾
苹果树 绵蚜 200-400毫克/千克 喷雾
水稻 稻纵卷叶螟 450～600克/公顷 喷雾

PD20140181 噻呋酰胺/96%/原药/噻呋酰胺 96%/2014.01.29 至 2019.01.29/低毒
PD20140285 螺螨酯/98%/原药/螺螨酯 98%/2014.02.12 至 2019.02.12/低毒
PD20140305 咯菌腈/98%/原药/咯菌腈 98%/2014.02.12 至 2019.02.12/低毒
PD20140346 虱螨脲/98%/原药/虱螨脲 98%/2014.02.18 至 2019.02.18/低毒
PD20140462 茚虫威/90%/原药/茚虫威 90%/2014.02.25 至 2019.02.25/低毒
PD20142253 草甘膦/97%/原药/草甘膦 97%/2014.09.28 至 2019.09.28/低毒

山东省招远市金虹精细化工有限公司 (山东省招远市晨钟路65号 265400 0535-8213457)

PD20070683 高氯·辛硫磷/25%/乳油/高效氯氰菊酯 2.5%、辛硫磷 22.5%/2012.12.17 至 2017.12.17/低毒
棉花 棉铃虫 150-225克/公顷 喷雾
PD20082964 福·克/20%/种衣剂/福美双 10%、克百威 10%/2013.12.09 至 2018.12.09/高毒
玉米 蝼蛄、蚜虫 1:40(药种比) 种子包衣
PD20082982 毒死蜱/45%/乳油/毒死蜱 45%/2013.12.09 至 2018.12.09/中等毒
柑橘树 介壳虫 320-480毫克/千克 喷雾
PD20083007 甲·克/20%/悬浮种衣剂/甲拌磷 5%、克百威 15%/2013.12.10 至 2018.12.10/高毒
花生 金针虫 0.8-1千克/100千克种子0.8-1千克/100千克种子0.8-1千克/100千克种子 种子包衣
花生 地老虎、蝼蛄、蛴螬 0.8-1千克/100千克种子 种子包衣
PD20083754 甲·克/25%/悬浮种衣剂/甲拌磷 5%、克百威 20%/2013.12.15 至 2018.12.15/高毒
花生 地老虎、蝼蛄、蛴螬、蚜虫 700-1000克/100千克种子 种子包衣
PD20084319 戊唑醇/2%/湿拌种剂/戊唑醇 2%/2013.12.17 至 2018.12.17/低毒
玉米 丝黑穗病 10-12克/100千克种子 拌种
PD20086362 炔螨特/73%/乳油/炔螨特 73%/2013.12.31 至 2018.12.31/低毒
苹果树 红蜘蛛 243-365毫克/千克(2000-3000倍) 喷雾
PD20090765 吡虫啉/20%/可溶液剂/吡虫啉 20%/2014.01.19 至 2019.01.19/低毒
水稻 稻飞虱 24-36克/公顷 喷雾
PD20090853 啶虫脒/5%/乳油/啶虫脒 5%/2014.01.19 至 2019.01.19/低毒
菠菜 蚜虫 22.5-37.5克/公顷 喷雾
柑橘树 蚜虫 10-12毫克/千克 喷雾
小麦 蚜虫 11.25-18.75克/公顷 喷雾
PD20091183 克·酮·多菌灵/17%/悬浮种衣剂/多菌灵 11.2%、克百威 4.3%、三唑酮 1.5%/2014.01.22 至 2019.01.22/高毒
小麦 白粉病、地下害虫 1:50-60(药种比) 种子包衣
PD20091425 高效氯氟氰菊酯/25克/升/乳油/高效氯氟氰菊酯 25克/升/2014.02.02 至 2019.02.02/中等毒
苹果树 桃小食心虫 5-6.25毫克/千克 喷雾
PD20095625 丙溴磷/40%/乳油/丙溴磷 40%/2014.05.12 至 2019.05.12/中等毒
棉花 棉铃虫 480-600克/公顷 喷雾
PD20095632 扑·乙/40%/乳油/扑草净 15%、乙草胺 25%/2014.05.12 至 2019.05.12/低毒
春玉米田 一年生杂草 1200-1500克/公顷 播后苗前土壤喷雾
PD20097036 三唑磷/20%/乳油/三唑磷 20%/2014.10.10 至 2019.10.10/中等毒
水稻 二化螟 202.5-303.75克/公顷 喷雾
PD20098529 戊唑醇/60克/升/悬浮种衣剂/戊唑醇 60克/升/2014.12.24 至 2019.12.24/低毒
小麦 散黑穗病 1.8-2.7克/100千克种子 种子包衣
PD20101026 噻螨酮/5%/可湿性粉剂/噻螨酮 5%/2015.01.20 至 2020.01.20/低毒
柑橘树 红蜘蛛 25-30mg/kg 喷雾
PD20120116 多·福/15%/悬浮种衣剂/多菌灵 7.5%、福美双 7.5%/2012.01.29 至 2017.01.29/低毒
棉花 苗期立枯病 250—375克/100千克种子 种子包衣
PD20121592 毒死蜱/30%/微囊悬浮剂/毒死蜱 30%/2012.10.25 至 2017.10.25/低毒
花生 蛴螬 1575-2250克/公顷 灌根
PD20121887 甲氨基阿维菌素苯甲酸盐/5%/微乳剂/甲氨基阿维菌素 5%/2012.11.28 至 2017.11.28/低毒
甘蓝 小菜蛾 1.125-2.25克/公顷 喷雾
注:甲氨基阿维菌素苯甲酸盐含量: 5.7%。
PD20151499 苯醚甲环唑/3%/悬浮种衣剂/苯醚甲环唑 3%/2015.07.31 至 2020.07.31/微毒
小麦 全蚀病 7.5-10克 /100千克种子 种子包衣
PD20151863 咯菌腈/25克/升/悬浮种衣剂/咯菌腈 25克/升/2015.08.30 至 2020.08.30/低毒
马铃薯 黑痣病 2.5-5克/100千克种子 种子包衣
水稻 恶苗病 10-15克/100千克种子 种子包衣

山东省植物保护总站服务部 (山东省济南市历城区桑园路2号 250100 0531-82378751)

PD20091098 辛硫·灭多威/20%/乳油/灭多威 10%、辛硫磷 10%/2014.01.21 至 2019.01.21/中等毒(原药高毒)
棉花 棉铃虫 150-300克/公顷 喷雾
PD20091947 灭多威/10%/可湿性粉剂/灭多威 10%/2014.02.12 至 2019.02.12/低毒(原药高毒)
棉花 棉铃虫 360-450克/公顷 喷雾
PD20092383 高氯·马/20%/乳油/高效氯氰菊酯 1.5%、马拉硫磷 18.5%/2014.02.25 至 2019.02.25/中等毒
蝗区 蝗虫 150-210克/公顷 喷雾

PD20093153 高氯·灭多威/10%/乳油/高效氯氰菊酯 1.2%、灭多威 8.8%/2014.03.11 至 2019.03.11/中等毒(原药高毒)
棉花 棉铃虫 90-120克/公顷 喷雾
PD20093297 吡虫啉/5%/可湿性粉剂/吡虫啉 5%/2014.03.13 至 2019.03.13/低毒
水稻 飞虱 15-22.5克/公顷 喷雾
PD20094821 乙铝·锰锌/50%/可湿性粉剂/代森锰锌 22%、三乙膦酸铝 28%/2014.04.13 至 2019.04.13/低毒
黄瓜 霜霉病 1400-4200克/公顷 喷雾
PD20095008 复硝酚钠/1.4%/水剂/5-硝基邻甲氧基苯酚钠 0.3%、对硝基苯酚钾 0.7%、邻硝基苯酚钠 0.4%/2014.04.21 至2019.04.21/低毒
番茄 调节生长 3000－4000倍 茎叶喷雾
PD20110981 烷醇·辛菌胺/2.2%/可湿性粉剂/三十烷醇 0.05%、辛菌胺 2.15%/2011.09.15 至 2016.09.15/低毒
番茄 病毒病 78.8-126克/公顷 喷雾

山东省淄博丰登农药化工有限公司 (山东省淄博市周村区周村经济开发区 255300 0533-6533388)

PD20080958 高氯·辛硫磷/20%/乳油/高效氯氰菊酯 1.5%、辛硫磷 18.5%/2013.07.23 至 2018.07.23/低毒
棉花 棉铃虫 180-300克/公顷 喷雾
PD20084557 啶虫脒/5%/可湿性粉剂/啶虫脒 5%/2013.12.18 至 2018.12.18/低毒
柑橘 蚜虫 7.5-15毫克/千克 喷雾
PD20090650 毒死蜱/40%/乳油/毒死蜱 40%/2014.01.15 至 2019.01.15/中等毒
苹果树 绵蚜 200-320毫克/千克 喷雾
PD20091384 霜脲·锰锌/72%/可湿性粉剂/代森锰锌 64%、霜脲氰 8%/2014.02.02 至 2019.02.02/低毒
黄瓜 霜霉病 1440-1800克/公顷 喷雾
PD20092474 炔螨特/57%/乳油/炔螨特 57%/2014.02.25 至 2019.02.25/低毒
柑橘树 红蜘蛛 300-380毫克/千克 喷雾
PD20093101 高效氯氟氰菊酯/25克/升/乳油/高效氯氟氰菊酯 25克/升/2014.03.09 至 2019.03.09/中等毒
茶树 茶尺蠖 5.625-7.5克/公顷 喷雾
十字花科蔬菜 蚜虫 5.625-7.5克/公顷 喷雾
PD20095436 辛硫磷/3%/颗粒剂/辛硫磷 3%/2014.05.11 至 2019.05.11/低毒
花生 地下害虫 1800-3600克/公顷 撒施
PD20096342 啶虫脒/5%/乳油/啶虫脒 5%/2014.07.28 至 2019.07.28/低毒
柑橘树 蚜虫 10-15毫克/千克 喷雾
芹菜 蚜虫 18-27克/公顷 喷雾
PD20111025 毒死蜱/30%/微囊悬浮剂/毒死蜱 30%/2011.09.30 至 2016.09.30/低毒
花生 蛴螬 1687.5-2250克/公顷 喷雾于播种穴

山东省淄博恒生农药有限公司 (山东省淄博市淄川区罗村镇西首 355100 0533-5673799)

PD20083425 高氯·辛硫磷/20%/乳油/高效氯氰菊酯 1.5%、辛硫磷 18.5%/2013.12.11 至 2018.12.11/低毒
十字花科蔬菜 菜青虫 100-150克/公顷 喷雾
PD20084459 硫磺·三唑酮/20%/可湿性粉剂/硫磺 10%、三唑酮 10%/2013.12.17 至 2018.12.17/低毒
小麦 白粉病 150-250克/公顷 喷雾
PD20084970 代森锰锌/80%/可湿性粉剂/代森锰锌 80%/2013.12.22 至 2018.12.22/低毒
番茄 早疫病 1845-2370克/公顷 喷雾
PD20085623 啶虫脒/5%/可湿性粉剂/啶虫脒 5%/2013.12.25 至 2018.12.25/低毒
柑橘树 蚜虫 7.5-15毫克/千克 喷雾
PD20085691 啶虫脒/20%/可溶粉剂/啶虫脒 20%/2013.12.26 至 2018.12.26/低毒
黄瓜 蚜虫 30-45克/公顷 喷雾
PD20086189 福·甲·硫磺/70%/可湿性粉剂/福美双 20%、甲基硫菌灵 14%、硫磺 36%/2013.12.30 至 2018.12.30/低毒
黄瓜 炭疽病 840-1260克/公顷 喷雾
PD20091734 高效氯氟氰菊酯/25克/升/乳油/高效氯氟氰菊酯 25克/升/2014.02.04 至 2019.02.04/低毒
十字花科蔬菜 蚜虫 5.625-9.375克/公顷 喷雾
PD20092536 硫磺·多菌灵/42%/悬浮剂/多菌灵 7%、硫磺 35%/2014.02.26 至 2019.02.26/低毒
黄瓜 白粉病 1575-2363克/公顷 喷雾
PD20093035 阿维菌素/1.8%/乳油/阿维菌素 1.8%/2014.03.09 至 2019.03.09/低毒(原药高毒)
十字花科蔬菜 小菜蛾 8.1-10.8克/公顷 喷雾
PD20097345 福美双/80%/可湿性粉剂/福美双 80%/2014.10.27 至 2019.10.27/低毒
黄瓜 霜霉病 656-1123.5克/公顷 喷雾
PD20097607 多·福/60%/可湿性粉剂/多菌灵 8%、福美双 52%/2014.11.03 至 2019.11.03/低毒
梨树 黑星病 1000－1500毫克/千克 喷雾
PD20098138 毒死蜱/40%/乳油/毒死蜱 40%/2014.12.08 至 2019.12.08/中等毒
棉花 棉铃虫 112.5-150毫升制剂/亩 喷雾
PD20098281 甲基硫菌灵/70%/可湿性粉剂/甲基硫菌灵 70%/2014.12.18 至 2019.12.18/低毒
番茄 叶霉病 375－562.5克/公顷 喷雾
PD20101990 多菌灵/50%/可湿性粉剂/多菌灵 50%/2015.09.25 至 2020.09.25/低毒
水稻 稻瘟病 700－750克/公顷 喷雾
PD20102118 阿维菌素/5%/乳油/阿维菌素 5%/2015.12.02 至 2020.12.02/中等毒(原药高毒)
甘蓝 小菜蛾 9-11.25克/公顷 喷雾

PD20110048 吡虫·噻嗪酮/20%/可湿性粉剂/吡虫啉 2%、噻嗪酮 18%/2016.01.11 至 2021.01.11/低毒
水稻 稻飞虱 90-150克/公顷 喷雾
PD20110416 吡虫啉/10%/可湿性粉剂/吡虫啉 10%/2011.04.15 至 2016.04.15/低毒
小麦 蚜虫 15-22.5克/公顷 喷雾
PD20121220 阿维·哒螨灵/10.5%/乳油/阿维菌素 0.3%、哒螨灵 10.2%/2012.08.10 至 2017.08.10/中等毒(原药高毒)
柑橘树 红蜘蛛 35～52.5毫克/千克 喷雾
PD20121471 氟铃·毒死蜱/22%/乳油/毒死蜱 20%、氟铃脲 2%/2012.10.08 至 2017.10.08/中等毒
棉花 棉铃虫 297-330克/公顷 喷雾
PD20131704 阿维·矿物油/24.5%/乳油/阿维菌素 0.2%、矿物油 24.3%/2013.08.07 至 2018.08.07/低毒(原药高毒)
柑橘树 红蜘蛛 122.5-245毫克/千克 喷雾

山东省淄博科龙生物药业有限公司 (山东省淄博市高新技术开发区东张村 255075 0533-2060448)

PD20092920 硫双威/95%/原药/硫双威 95%/2014.03.05 至 2019.03.05/中等毒
PD20094359 硫双威/75%/可湿性粉剂/硫双威 75%/2014.04.01 至 2019.04.01/中等毒
棉花 棉铃虫 450-675克/公顷 喷雾
PD20094445 乙铝·锰锌/50%/可湿性粉剂/代森锰锌 22%、三乙膦酸铝 28%/2014.04.01 至 2019.04.01/低毒
黄瓜 霜霉病 2700-4200克/公顷 喷雾
PD20094733 甲氰·辛硫磷/25%/乳油/甲氰菊酯 5%、辛硫磷 20%/2014.04.10 至 2019.04.10/低毒
棉花 棉铃虫 225-375克/公顷 喷雾

山东省淄博绿晶农药有限公司 (山东省淄博市周村区周村彭阳电信局西南侧 255321 0533-6610065)

PD20060100 高效氯氰菊酯/4.5%/乳油/高效氯氰菊酯 4.5%/2011.05.22 至 2016.05.22/中等毒
梨树 梨木虱 20.8-31.25毫克/千克 喷雾
PD20070521 氰戊·马拉松/20%/乳油/马拉硫磷 15%、氰戊菊酯 5%/2012.11.28 至 2017.11.28/低毒
苹果树 桃小食心虫 160-333毫克/千克 喷雾
PD20082405 高效氯氟氰菊酯/25克/升/乳油/高效氯氟氰菊酯 25克/升/2013.12.01 至 2018.12.01/中等毒
十字花科蔬菜 菜青虫 5.625-9.375克/公顷 喷雾
PD20082965 联苯菊酯/25克/升/乳油/联苯菊酯 25克/升/2013.12.09 至 2018.12.09/低毒
茶树 茶小绿叶蝉 30-37.5克/公顷 喷雾
PD20082974 代森锰锌/80%/可湿性粉剂/代森锰锌 80%/2013.12.09 至 2018.12.09/低毒
番茄 早疫病 1560-2520克/公顷 喷雾
PD20082981 联苯菊酯/100克/升/乳油/联苯菊酯 100克/升/2013.12.09 至 2018.12.09/中等毒
番茄 白粉虱 7.5-15克/公顷 喷雾
PD20083000 噻嗪酮/25%/可湿性粉剂/噻嗪酮 25%/2013.12.10 至 2018.12.10/低毒
柑橘树 矢尖蚧 166.7-250毫克/千克 喷雾
PD20083074 啶虫脒/5%/可湿性粉剂/啶虫脒 5%/2013.12.10 至 2018.12.10/低毒
柑橘树 蚜虫 10-12毫克/千克 喷雾
PD20083499 甲基硫菌灵/70%/可湿性粉剂/甲基硫菌灵 70%/2013.12.12 至 2018.12.12/低毒
水稻 纹枯病 1050-1500克/公顷 喷雾
PD20084604 高效氟吡甲禾灵/108克/升/乳油/高效氟吡甲禾灵 108克/升/2013.12.18 至 2018.12.18/低毒
冬油菜田 一年生禾本科杂草 30-45克/公顷 茎叶喷雾
PD20084610 多菌灵/50%/可湿性粉剂/多菌灵 50%/2013.12.18 至 2018.12.18/低毒
水稻 稻瘟病 750-1000克/公顷 喷雾
PD20084852 敌敌畏/15%/烟剂/敌敌畏 15%/2013.12.22 至 2018.12.22/低毒
黄瓜(保护地) 蚜虫 1125-1350克/公顷 熏蒸
PD20084932 毒死蜱/45%/乳油/毒死蜱 45%/2013.12.22 至 2018.12.22/中等毒
棉花 棉铃虫 648-864克/公顷 喷雾
PD20090701 氟铃·辛硫磷/20%/乳油/氟铃脲 2%、辛硫磷 18%/2014.01.19 至 2019.01.19/低毒
十字花科蔬菜 小菜蛾 90-150克/公顷 喷雾
PD20091081 高氯·辛硫磷/20%/乳油/高效氯氰菊酯 2%、辛硫磷 18%/2014.01.21 至 2019.01.21/低毒
甘蓝 菜青虫 90-120克/公顷 喷雾
PD20091148 氟铃·辛硫磷/42%/乳油/氟铃脲 2%、辛硫磷 40%/2014.01.21 至 2019.01.21/低毒
十字花科蔬菜 小菜蛾 504—693克/公顷 喷雾
PD20091171 氟铃脲/5%/乳油/氟铃脲 5%/2014.01.22 至 2019.01.22/低毒
棉花 棉铃虫 75-120克/公顷 喷雾
PD20092525 阿维菌素/5%/乳油/阿维菌素 5%/2014.02.26 至 2019.02.26/低毒(原药高毒)
十字花科蔬菜 小菜蛾 8.1-10.8克/公顷 喷雾
PD20094816 甲霜·锰锌/58%/可湿性粉剂/甲霜灵 10%、代森锰锌 48%/2014.04.13 至 2019.04.13/低毒
黄瓜 霜霉病 850-1050克/公顷 喷雾
PD20100437 福美双/50%/可湿性粉剂/福美双 50%/2015.01.14 至 2020.01.14/低毒
黄瓜 霜霉病 562.5-900克/公顷 喷雾
PD20100592 哒螨·矿物油/34%/乳油/哒螨灵 4%、矿物油 30%/2015.01.14 至 2020.01.14/低毒
柑橘树 红蜘蛛 227-340毫克/千克 喷雾
PD20100630 甲硫·福美双/70%/可湿性粉剂/福美双 50%、甲基硫菌灵 20%/2015.01.14 至 2020.01.14/低毒
苹果树 轮纹病 700-875毫克/千克 喷雾

PD20100852 吗胍·乙酸铜/20%/可湿性粉剂/盐酸吗啉胍 16%、乙酸铜 4%/2015.01.19 至 2020.01.19/低毒
番茄 病毒病 510-750克/公顷 喷雾
PD20111310 甲氨基阿维菌素苯甲酸盐/0.5%/微乳剂/甲氨基阿维菌素 0.5%/2011.11.24 至 2016.11.24/低毒
甘蓝 甜菜夜蛾 1.5-2.25克/公顷 喷雾
注:甲氨基阿维菌素苯甲酸盐含量：0.57%。
PD20120164 啶虫脒/25%/乳油/啶虫脒 25%/2012.01.30 至 2017.01.30/低毒
菠菜 蚜虫 22.5-37.5克/公顷 喷雾
柑橘树 蚜虫 10-15毫克/千克 喷雾
萝卜 黄条跳甲 45-90克/公顷 喷雾
PD20120259 啶虫脒/20%/可湿性粉剂/啶虫脒 20%/2012.02.14 至 2017.02.14/低毒
柑橘树 蚜虫 12-16毫克/千克 喷雾
PD20130811 吡虫啉/70%/可湿性粉剂/吡虫啉 70%/2013.04.22 至 2018.04.22/低毒
菠菜 蚜虫 30-45克/公顷 喷雾
棉花 蚜虫 26.25-31.5克/公顷 喷雾
PD20130841 甲维·高氯氟/4.8%/乳油/高效氯氟氰菊酯 4.5%、甲氨基阿维菌素苯甲酸盐 0.3%/2013.04.22 至 2018.04.22/低毒(原药中等毒)
甘蓝 甜菜夜蛾 8.64-12.96克/公顷 喷雾
PD20140865 唑螨酯/5%/悬浮剂/唑螨酯 5%/2014.04.08 至 2019.04.08/低毒
柑橘树 红蜘蛛 20-25毫克/千克 喷雾
PD20141522 毒死蜱/30%/微囊悬浮剂/毒死蜱 30%/2014.06.16 至 2019.06.16/低毒
花生 蛴螬 1687.5-2250克/公顷 喷雾于播种穴内

山东省淄博美田农药有限公司 (山东省淄博市张店区房镇东首 255095 0533-3885086)

PD20040593 哒螨灵/15%/乳油/哒螨灵 15%/2014.12.19 至 2019.12.19/中等毒
苹果树 叶螨 45-50毫克/千克 喷雾
PD20090722 硫双威/25%/可湿性粉剂/硫双威 25%/2014.01.19 至 2019.01.19/低毒
棉花 棉铃虫 600-900克/公顷 喷雾
PD20091554 马拉硫磷/45%/乳油/马拉硫磷 45%/2014.02.03 至 2019.02.03/低毒
十字花科蔬菜 蚜虫 562.5-750克/公顷 喷雾
PD20092710 甲基硫菌灵/70%/可湿性粉剂/甲基硫菌灵 70%/2014.03.04 至 2019.03.04/低毒
番茄 叶霉病 375-562.5克/公顷 喷雾
PD20092712 多·福/50%/可湿性粉剂/多菌灵 15%、福美双 35%/2014.03.04 至 2019.03.04/低毒
梨树 黑星病 1000-1500毫克/千克 喷雾
PD20092713 多·锰锌/50%/可湿性粉剂/多菌灵 8%、代森锰锌 42%/2014.03.04 至 2019.03.04/低毒
苹果树 斑点落叶病 1000-1250毫克/千克 喷雾
PD20092714 三唑锡/25%/可湿性粉剂/三唑锡 25%/2014.03.04 至 2019.03.04/低毒
柑橘树 红蜘蛛 125—250毫克/千克 喷雾
PD20093746 丙溴磷/40%/乳油/丙溴磷 40%/2014.03.25 至 2019.03.25/中等毒
棉花 棉铃虫 300-450克/公顷 喷雾
PD20096321 高效氯氟氰菊酯/25克/升/乳油/高效氯氟氰菊酯 25克/升/2014.07.22 至 2019.07.22/中等毒
十字花科蔬菜 菜青虫 5.625-11.25克/公顷 喷雾
PD20100317 福·福锌/80%/可湿性粉剂/福美双 30%、福美锌 50%/2015.01.11 至 2020.01.11/低毒
黄瓜 炭疽病 1500-1800克/公顷 喷雾
PD20101292 毒死蜱/45%/乳油/毒死蜱 45%/2015.03.10 至 2020.03.10/中等毒
苹果树 绵蚜 200—266.7毫克/千克 喷雾
PD20101341 辛硫磷/40%/乳油/辛硫磷 40%/2015.03.23 至 2020.03.23/低毒
棉花 棉铃虫 300-360克/公顷 喷雾
PD20101342 氯氰·丙溴磷/440克/升/乳油/丙溴磷 400克/升、氯氰菊酯 40克/升/2015.03.23 至 2020.03.23/低毒
棉花 棉铃虫 462—660克/公顷 喷雾
PD20101465 吡虫啉/10%/可湿性粉剂/吡虫啉 10%/2015.05.04 至 2020.05.04/低毒
水稻 稻飞虱 15-30克/公顷 喷雾
PD20101903 哒螨·矿物油/34%/乳油/哒螨灵 4%、矿物油 30%/2015.08.27 至 2020.08.27/中等毒
柑橘树 红蜘蛛 226.7-340毫克/千克 喷雾
PD20102069 联苯菊酯/25克/升/乳油/联苯菊酯 25克/升/2015.11.03 至 2020.11.03/中等毒
柑橘树 红蜘蛛 20-40毫克/千克 喷雾
PD20151860 毒死蜱/30%/微囊悬浮剂/毒死蜱 30%/2015.08.30 至 2020.08.30/微毒
花生 蛴螬 1687.5-2250克/公顷 喷雾于播种穴内

山东省淄博市周村穗丰农药化工有限公司 (山东省淄博市周村区兴鲁大道1668号 255300 0533-6182525)

PD84118-25 多菌灵/25%/可湿性粉剂/多菌灵 25%/2014.12.30 至 2019.12.30/低毒
果树 病害 0.05-0.1%药液 喷雾
花生 倒秧病 750克/公顷 喷雾
麦类 赤霉病 750克/公顷 喷雾,泼浇
棉花 苗期病害 500克/100千克种子 拌种
水稻 稻瘟病、纹枯病 750克/公顷 喷雾,泼浇

油菜 菌核病 1125-1500克/公顷 喷雾

PD85156-4 辛硫磷/90%、87%、80%/原药/辛硫磷 90%、87%、80%/2016.03.14 至 2021.03.14/低毒

PD85157-8 辛硫磷/40%/乳油/辛硫磷 40%/2015.08.15 至 2020.08.15/低毒

茶树、桑树 食叶害虫 200-400毫克/千克 喷雾
果树 食心虫、蚜虫、螨 200-400毫克/千克 喷雾
林木 食叶害虫 3000-6000克/公顷 喷雾
棉花 棉铃虫、蚜虫 300-600克/公顷 喷雾
蔬菜 菜青虫 300-450克/公顷 喷雾
烟草 食叶害虫 300-600克/公顷 喷雾
玉米 玉米螟 450-600克/公顷 灌心叶

PD86131-5 硫磺/45%/悬浮剂/硫磺 45%/2011.09.10 至 2016.09.10/低毒

黄瓜 白粉病 300-500倍液 喷雾
小麦 白粉病 3375克/公顷 喷雾
枸杞 锈蜘蛛 300倍液 喷雾

PD20040155 甲拌磷/5%/颗粒剂/甲拌磷 5%/2014.12.19 至 2019.12.19/中等毒(原药高毒)

高粱 蚜虫 150-300克/公顷 撒施
棉花 蚜虫 1125-1875克/公顷 沟施,穴施

PD20040413 吡虫啉/5%/乳油/吡虫啉 5%/2014.12.19 至 2019.12.19/低毒

水稻 飞虱 9-18克/公顷 喷雾
小麦 蚜虫 7.5-15克/公顷 喷雾
枸杞 蚜虫 33.5-50克/公顷 喷雾

PD20070076 氰戊・辛硫磷/25%/乳油/氰戊菊酯 6.25%、辛硫磷 18.75%/2012.04.12 至 2017.04.12/中等毒

棉花 棉铃虫 270-300克/公顷 喷雾

PD20081720 扑・乙/40%/乳油/扑草净 15%、乙草胺 25%/2013.11.18 至 2018.11.18/低毒

花生田 一年生杂草 1200-1500克/公顷 播后苗前土壤喷雾

PD20083327 硫磺・三环唑/45%/可湿性粉剂/硫磺 40%、三环唑 5%/2013.12.11 至 2018.12.11/低毒

水稻 稻瘟病 843.75-1012.5克/公顷 喷雾

PD20083584 灭线磷/95%/原药/灭线磷 95%/2013.12.12 至 2018.12.12/中等毒

PD20083705 氰戊・马拉松/20%/乳油/马拉硫磷 15%、氰戊菊酯 5%/2013.12.15 至 2018.12.15/中等毒

苹果树 桃小食心虫 160-333毫克/千克 喷雾

PD20083922 氯氰菊酯/50克/升/乳油/氯氰菊酯 50克/升/2013.12.15 至 2018.12.15/低毒

棉花 棉铃虫 45-60克/公顷 喷雾

PD20084231 霜霉威盐酸盐/66.5%/水剂/霜霉威盐酸盐 66.5%/2013.12.17 至 2018.12.17/低毒

黄瓜 霜霉病 649.8-1083克/公顷 喷雾

PD20084315 仲丁威/20%/乳油/仲丁威 20%/2013.12.17 至 2018.12.17/低毒

水稻 稻飞虱 375-562.5克/公顷 喷雾

PD20084382 多・福/40%/可湿性粉剂/多菌灵 10%、福美双 30%/2013.12.17 至 2018.12.17/低毒

梨树 黑星病 1000-1500毫克/千克 喷雾

PD20084588 灭线磷/40%/乳油/灭线磷 40%/2013.12.18 至 2018.12.18/中等毒(原药高毒)

花生 根结线虫 3900—4800克/公顷 沟施

PD20084818 灭线磷/10%/颗粒剂/灭线磷 10%/2013.12.22 至 2018.12.22/中等毒(原药高毒)

水稻 稻瘿蚊 1500-1800克/公顷 拌土撒施

PD20085336 灭线磷/5%/颗粒剂/灭线磷 5%/2013.12.24 至 2018.12.24/低毒(原药高毒)

红薯 茎线虫病 750-1125克/公顷 拌土穴施
花生 根结线虫 4500-5250克/公顷 沟施

PD20085456 辛硫磷/3%/颗粒剂/辛硫磷 3%/2013.12.24 至 2018.12.24/低毒

玉米 玉米螟 112.5-157.5克/公顷 加细沙后在喇叭口处均匀撒施

PD20085725 硫磺・甲硫灵/50%/悬浮剂/甲基硫菌灵 20%、硫磺 30%/2013.12.26 至 2018.12.26/低毒

黄瓜 炭疽病 703.1-937.5克/公顷 喷雾

PD20085791 异丙草・莠/40%/悬乳剂/异丙草胺 24%、莠去津 16%/2013.12.29 至 2018.12.29/低毒

夏玉米田 一年生杂草 1200-1500克/公顷 土壤喷雾

PD20090487 百菌清/30%/烟剂/百菌清 30%/2014.01.12 至 2019.01.12/低毒

黄瓜(保护地) 霜霉病 750-1200克/公顷 点燃放烟

PD20090698 氯氰・丙溴磷/440克/升/乳油/丙溴磷 400克/升、氯氰菊酯 40克/升/2014.01.19 至 2019.01.19/中等毒

棉花 棉铃虫 528-660克/公顷 喷雾

PD20092922 异甲・莠去津/45%/悬乳剂/异丙甲草胺 25%、莠去津 20%/2014.03.05 至 2019.03.05/低毒

春玉米田 一年生杂草 300-350毫升制剂/亩 播后苗前土壤喷雾
夏玉米田 一年生杂草 1012.5-1350克/公顷 播后苗前喷雾

PD20092924 丁・莠/48%/悬乳剂/丁草胺 19%、莠去津 29%/2014.03.05 至 2019.03.05/低毒

春玉米田 一年生杂草 300-350毫升制剂/亩 播后苗前土壤喷雾
夏玉米田 一年生杂草 1224—1584克/公顷 土壤喷雾

PD20093506 马拉硫磷/45%/乳油/马拉硫磷 45%/2014.03.23 至 2019.03.23/低毒

棉花　盲蝽蟓　506.3-607.5克/公顷　喷雾

PD20110726　辛硫·甲拌磷/5%/颗粒剂/甲拌磷 4%、辛硫磷 1%/2011.07.11 至 2016.07.11/中等毒(原药高毒)

花生　蛴螬　1875-2250克/公顷　播种时沟施

PD20120270　甲氨基阿维菌素苯甲酸盐/5%/水分散粒剂/甲氨基阿维菌素 5%/2012.02.15 至 2017.02.15/低毒

甘蓝　小菜蛾　2.25-3.75克/公顷　喷雾

注:甲氨基阿维菌素苯甲酸盐含量:5.7%。

PD20130912　阿维菌素/0.5%/颗粒剂/阿维菌素 0.5%/2013.04.28 至 2018.04.28/低毒(原药高毒)

黄瓜　根结线虫　220-260克/公顷　沟施、穴施

PD20131217　阿维菌素/3%/水乳剂/阿维菌素 3%/2013.05.28 至 2018.05.28/低毒(原药高毒)

水稻　二化螟　12-15克/公顷　喷雾

PD20132590　啶虫脒/20%/可溶粉剂/啶虫脒 20%/2013.12.17 至 2018.12.17/低毒

甘蓝　蚜虫　24-36克/公顷　喷雾

PD20151000　毒死蜱/15%/颗粒剂/毒死蜱 15%/2015.06.12 至 2020.06.12/低毒

花生　蛴螬　2250-2700克/公顷　撒施

PD20151254　噻唑膦/10%/颗粒剂/噻唑膦 10%/2015.07.30 至 2020.07.30/中等毒

黄瓜　根结线虫　2250-3000克/公顷　撒施

山东省淄博市淄川黉阳农药有限公司　(山东省淄博市淄川区洪山镇聊斋路81号　255120　0533-5811410)

PD20040075　三唑酮/20%/乳油/三唑酮 20%/2014.12.19 至 2019.12.19/低毒

小麦　白粉病　120-127.5克/公顷　喷雾

PD20040077　硫磺·三唑酮/20%/悬浮剂/硫磺 10%、三唑酮 10%/2014.12.19 至 2019.12.19/低毒

小麦　白粉病　150-225克/公顷　喷雾

PD20080953　霜脲·锰锌/72%/可湿性粉剂/代森锰锌 64%、霜脲氰 8%/2013.07.23 至 2018.07.23/低毒

黄瓜　霜霉病　1440-1800克/公顷　喷雾

PD20080961　甲基硫菌灵/70%/可湿性粉剂/甲基硫菌灵 70%/2013.07.23 至 2018.07.23/低毒

番茄　叶霉病　375-562.5克/公顷　喷雾

PD20081334　辛硫·甲拌磷/10%/粉粒剂/甲拌磷 4%、辛硫磷 6%/2013.10.21 至 2018.10.21/高毒

小麦　地下害虫　200-300克/100千克种子　拌种

PD20081360　高氯·辛硫磷/18%/乳油/高效氯氰菊酯 2%、辛硫磷 16%/2013.10.22 至 2018.10.22/中等毒

棉花　棉铃虫　216-270克/公顷　喷雾

PD20082524　硫·酮·多菌灵/50%/可湿性粉剂/多菌灵 15%、硫磺 33%、三唑酮 2%/2013.12.03 至 2018.12.03/低毒

苹果树　炭疽病　400-600倍液　喷雾

PD20082667　多·福/50%/可湿性粉剂/多菌灵 8%、福美双 42%/2013.12.05 至 2018.12.05/低毒

梨树　黑星病　1000-1500毫克/千克　喷雾

葡萄　霜霉病　1000-1250毫克/千克　喷雾

PD20083545　多菌灵/50%/可湿性粉剂/多菌灵 50%/2013.12.12 至 2018.12.12/低毒

花生　倒秧病　750-900克/公顷　喷雾

PD20084153　高氯·马/25%/乳油/高效氯氰菊酯 3%、马拉硫磷 22%/2013.12.16 至 2019.04.30/低毒

苹果树　桃小食心虫　125-167毫克/千克　喷雾

PD20085474　井冈·多菌灵/12%/可湿性粉剂/多菌灵 8%、井冈霉素 4%/2013.12.25 至 2018.12.25/低毒

水稻　稻瘟病　420－525克/公顷　喷雾

PD20090337　高氯·灭多威/12%/乳油/高效氯氰菊酯 2%、灭多威 10%/2014.01.12 至 2019.01.12/中等毒(原药高毒)

棉花　棉铃虫　72-90克/公顷　喷雾

PD20092571　福·福锌/80%/可湿性粉剂/福美双 30%、福美锌 50%/2014.02.26 至 2019.02.26/低毒

苹果树　炭疽病　1143-1600毫克/千克　喷雾

PD20092740　高效氯氟氰菊酯/25克/升/乳油/高效氯氟氰菊酯 25克/升/2014.03.04 至 2019.03.04/中等毒

十字花科蔬菜　菜青虫　7.5-15克/公顷　喷雾

PD20092768　硫磺·多菌灵/40%/悬浮剂/多菌灵 20%、硫磺 20%/2014.03.04 至 2019.03.04/低毒

水稻　稻瘟病　1200-1800克/公顷　喷雾

甜菜　褐斑病　900-1200克/公顷　喷雾

PD20092772　福·甲·硫磺/50%/可湿性粉剂/福美双 15%、甲基硫菌灵 10%、硫磺 25%/2014.03.04 至 2019.03.04/低毒

辣椒　炭疽病　900-1125克/公顷　喷雾

PD20092877　扑·乙/30%/悬浮剂/扑草净 10%、乙草胺 20%/2014.03.05 至 2019.03.05/低毒

花生田　一年生杂草　900-1350克/公顷　播后苗前土壤喷雾

PD20094823　代森锰锌/80%/可湿性粉剂/代森锰锌 80%/2014.04.13 至 2019.04.13/低毒

番茄　早疫病　1800-2200克/公顷　喷雾

PD20096188　井冈·多菌灵/28%/悬浮剂/多菌灵 24%、井冈霉素 4%/2014.07.10 至 2019.07.10/低毒

小麦　赤霉病　420-525克/公顷　喷雾

PD20100202　吗胍·乙酸铜/20%/可溶粉剂/盐酸吗啉胍 15%、乙酸铜 5%/2015.01.05 至 2020.01.05/低毒

番茄　病毒病　500-750克/公顷　喷雾

PD20101519　硫磺·多菌灵/42%/悬浮剂/多菌灵 7%、硫磺 35%/2015.05.19 至 2020.05.19/低毒

黄瓜　白粉病　1575-2363克/公顷　喷雾

PD20101677　阿维·矿物油/24.5%/乳油/阿维菌素 0.5%、矿物油 24%/2015.06.08 至 2020.06.08/低毒(原药高毒)

苹果树　红蜘蛛　123-245毫克/千克　喷雾

PD20110097 啶虫脒/5%/乳油/啶虫脒 5%/2016.01.26 至 2021.01.26/低毒
柑橘树 蚜虫 7.5-15毫升制剂/公顷 喷雾

PD20110822 甲氨基阿维菌素苯甲酸盐/0.5%/乳油/甲氨基阿维菌素 0.5%/2011.08.04 至 2016.08.04/低毒
甘蓝 小菜蛾 1.5-1.8克/公顷 喷雾
注:甲氨基阿维菌素苯甲酸盐含量为:0.57%。

PD20111075 井冈·三唑酮/15%/悬浮剂/井冈霉素A 10%、三唑酮 5%/2011.10.12 至 2016.10.12/低毒
小麦 纹枯病 180-300克/公顷 喷雾

山东省淄博新农基农药化工有限公司 (山东省淄博市淄博开发区北首(金晶工业园北邻) 256410 0533-8409882)

PD85140-5 拌种双/40%/可湿性粉剂/拌种灵 20%、福美双 20%/2015.08.15 至 2020.08.15/低毒
高粱 黑穗病 120-200克/100千克种子 拌种
红麻 炭疽病 160倍液 浸种
花生 锈病 500倍液 喷雾
棉花 苗期病害 200克/100千克斤种子 拌种
小麦 黑穗病 40-80克/100千克种子 拌种
玉米 黑穗病 200克/100千克种子 拌种

PD20082159 甲硫·福美双/50%/可湿性粉剂/福美双 25%、甲基硫菌灵 25%/2013.11.26 至 2018.11.26/低毒
黄瓜 炭疽病 525-600克/公顷 喷雾

PD20082499 精喹禾灵/10%/乳油/精喹禾灵 10%/2013.12.03 至 2018.12.03/低毒
冬油菜田 一年生禾本科杂草 375-600毫升/公顷(制剂) 茎叶喷雾
夏大豆田 一年生禾本科杂草 450-600毫升/公顷(制剂) 茎叶喷雾

PD20082504 苯磺隆/75%/水分散粒剂/苯磺隆 75%/2013.12.03 至 2018.12.03/低毒
小麦田 一年生阔叶杂草 11.25-18克/公顷 茎叶喷雾

PD20082505 精喹禾灵/5%/乳油/精喹禾灵 5%/2013.12.03 至 2018.12.03/低毒
春大豆田 一年生禾本科杂草 52.5-75克/公顷(东北地区) 茎叶喷雾
夏大豆田 一年生禾本科杂草 45-52.5克/公顷(其它地区) 茎叶喷雾
油菜田 一年生禾本科杂草 45-52.5克/公顷 茎叶喷雾

PD20082554 咪唑乙烟酸/70%/可湿性粉剂/咪唑乙烟酸 70%/2013.12.04 至 2018.12.04/低毒
春大豆田 一年生杂草 84—105克/公顷 茎叶喷雾

PD20082618 咪唑乙烟酸/5%/水剂/咪唑乙烟酸 5%/2013.12.04 至 2018.12.04/低毒
春大豆田 一年生杂草 75-105克/公顷(东北地区) 喷雾

PD20082619 异丙草·莠/40%/悬乳剂/异丙草胺 16%、莠去津 24%/2013.12.04 至 2018.12.04/低毒
春玉米田 一年生杂草 1500-1800克/公顷(东北地区) 播后苗前土壤喷雾

PD20082902 咪唑乙烟酸/95%/原药/咪唑乙烟酸 95%/2013.12.09 至 2018.12.09/低毒

PD20083058 咪唑乙烟酸/20%/水剂/咪唑乙烟酸 20%/2013.12.10 至 2018.12.10/低毒
春大豆田 一年生杂草 375-525毫升/公顷(制剂) 茎叶喷雾

PD20083631 异噁草松/48%/乳油/异噁草松 48%/2013.12.12 至 2018.12.12/低毒
春大豆田 一年生杂草 2085-2505毫升/公顷(制剂) 播后苗前土壤喷雾

PD20083638 咪唑乙烟酸/10%/水剂/咪唑乙烟酸 10%/2013.12.12 至 2018.12.12/低毒
春大豆田 一年生杂草 90—105克/公顷 喷雾

PD20085431 丙环唑/250克/升/乳油/丙环唑 250克/升/2013.12.24 至 2018.12.24/低毒
香蕉 叶斑病 250-500毫克/千克 喷雾

PD20085897 烟嘧磺隆/95%/原药/烟嘧磺隆 95%/2013.12.29 至 2018.12.29/低毒

PD20090225 精喹禾灵/8.8%/乳油/精喹禾灵 8.8%/2014.01.09 至 2019.01.09/低毒
春大豆田 一年生禾本科杂草 66-79.2克/公顷 茎叶喷雾

PD20090280 精喹·草除灵/17.5%/乳油/草除灵 12.5%、精喹禾灵 5%/2014.01.09 至 2019.01.09/低毒
油菜田 一年生杂草 328-393克/公顷 茎叶喷雾

PD20090307 莠去津/48%/可湿性粉剂/莠去津 48%/2014.01.12 至 2019.01.12/低毒
春玉米田 一年生杂草 2160-2520克/公顷 土壤喷雾

PD20090633 莠去津/80%/可湿性粉剂/莠去津 80%/2014.01.14 至 2019.01.14/低毒
夏玉米田 一年生杂草 1200-1500克/公顷 播后苗前土壤喷雾

PD20090960 氟磺胺草醚/250克/升/水剂/氟磺胺草醚 250克/升/2014.01.20 至 2019.01.20/低毒
春大豆田 一年生阔叶杂草 225-375克/公顷 茎叶喷雾
夏大豆田 一年生阔叶杂草 187.5-225克/公顷 茎叶喷雾

PD20091723 莠去津/38%/悬浮剂/莠去津 38%/2014.02.04 至 2019.02.04/低毒
春玉米田 一年生杂草 1995-2280克/公顷 土壤喷雾

PD20091841 烯草酮/120克/升/乳油/烯草酮 120克/升/2014.02.06 至 2019.02.06/低毒
油菜田 一年生禾本科杂草 54-72克/公顷 茎叶喷雾

PD20092876 乳氟禾草灵/240克/升/乳油/乳氟禾草灵 240克/升/2014.03.05 至 2019.03.05/低毒
春大豆田 一年生阔叶杂草 108-162克/公顷 茎叶喷雾
夏大豆田 一年生阔叶杂草 54-108克/公顷 茎叶喷雾

PD20094166 烟嘧磺隆/40克/升/可分散油悬浮剂/烟嘧磺隆 40克/升/2014.03.27 至 2019.03.27/低毒
玉米田 一年生杂草 42-60克/公顷 茎叶喷雾

PD20098129 除虫脲/25%/可湿性粉剂/除虫脲 25%/2014.12.08 至 2019.12.08/低毒

甘蓝 菜青虫 225-262.5克/公顷 喷雾

PD20098485 氟铃脲/5%/乳油/氟铃脲 5%/2014.12.24 至 2019.12.24/低毒

甘蓝 小菜蛾 37.5-60克/公顷 喷雾

棉花 棉铃虫 105-150克/公顷 喷雾

PD20101224 戊唑醇/60克/升/悬浮种衣剂/戊唑醇 60克/升/2015.03.01 至 2020.03.01/低毒

玉米 丝黑穗病 6-12克/100千克种子 种子包衣

PD20102153 乙羧氟草醚/10%/乳油/乙羧氟草醚 10%/2015.12.08 至 2020.12.08/低毒

夏大豆田 一年生阔叶杂草 60-75克/公顷 茎叶喷雾

PD20110521 戊唑醇/96%/原药/戊唑醇 96%/2016.05.09 至 2021.05.09/低毒

PD20111286 烟嘧磺隆/80%/可湿性粉剂/烟嘧磺隆 80%/2011.11.23 至 2016.11.23/低毒

玉米田 一年生单、双子叶杂草 45-60克/公顷 茎叶喷雾

PD20111406 烟嘧·莠去津/52%/可湿性粉剂/烟嘧磺隆 4%、莠去津 48%/2011.12.22 至 2016.12.22/低毒

玉米田 一年生杂草 682.5-780克/公顷 茎叶喷雾

PD20120221 烟嘧·莠去津/22%/可分散油悬浮剂/烟嘧磺隆 2%、莠去津 20%/2012.02.09 至 2017.02.09/低毒

玉米田 一年生杂草 495-577.5克/公顷 茎叶喷雾

PD20120437 戊唑醇/80%/可湿性粉剂/戊唑醇 80%/2012.03.14 至 2017.03.14/低毒

苹果树 斑点落叶病 50－100毫克/千克 喷雾

PD20121281 草甘膦/95%/原药/草甘膦 95%/2012.09.06 至 2017.09.06/低毒

PD20121772 乙羧氟草醚/15%/乳油/乙羧氟草醚 15%/2012.11.16 至 2017.11.16/低毒

大豆田 一年生阔叶杂草 67.5-112.5克/公顷 茎叶喷雾

PD20121802 双草醚/95%/原药/双草醚 95%/2012.11.22 至 2017.11.22/低毒

PD20121868 烟嘧磺隆/75%/水分散粒剂/烟嘧磺隆 75%/2012.11.28 至 2017.11.28/低毒

玉米田 一年生杂草 49.5-59.6克/公顷 茎叶喷雾

PD20130263 萎锈·福美双/400克/升/悬浮剂/福美双 200克/升、萎锈灵 200克/升/2013.02.06 至 2018.02.06/低毒

大豆 根腐病 200～260克/100公斤种子 拌种

PD20130632 草甘膦异丙胺盐/30%/水剂/草甘膦 30%/2013.04.05 至 2018.04.05/低毒

非耕地 杂草 1125-2250克/公顷 茎叶喷雾

注:草甘膦异丙胺盐含量: 41%。

PD20130848 吡虫啉/70%/可湿性粉剂/吡虫啉 70%/2013.04.22 至 2018.04.22/低毒

甘蓝 蚜虫 31.5-42克/公顷 喷雾

韭菜 韭蛆 300-450克/公顷 药土法

PD20131715 高氯·甲维盐/3%/乳油/高效氯氰菊酯 2.5%、甲氨基阿维菌素苯甲酸盐 0.5%/2013.08.16 至 2018.08.16/低毒(原药中等毒)

棉花 棉铃虫 36-45克/公顷 喷雾

PD20131999 阿维·氟铃脲/2.5%/乳油/阿维菌素 0.5%、氟铃脲 2%/2013.10.10 至 2018.10.10/低毒(原药高毒)

甘蓝 菜青虫 15-22.5克/公顷 喷雾

甘蓝 小菜蛾 11.25-18.75克/公顷 喷雾

PD20132558 烟嘧磺隆/8%/可分散油悬浮剂/烟嘧磺隆 8%/2013.12.17 至 2018.12.17/低毒

玉米田 一年生杂草 50-60克/公顷 茎叶喷雾

PD20140380 异松·乙草胺/75%/乳油/乙草胺 60%、异噁草松 15%/2014.02.20 至 2019.02.20/低毒

油菜田 一年生和多年生杂草 450-675克/公顷 土壤喷雾

山东省邹平县德兴精细化工有限公司 (山东省邹平县开发区工业园 256205 0543-4811902)

PD20122021 烯酰吗啉/50%/水分散粒剂/烯酰吗啉 50%/2012.12.19 至 2017.12.19/低毒

黄瓜 霜霉病 225-300克/公顷 喷雾

PD20150941 吡虫啉/70%/水分散粒剂/吡虫啉 70%/2015.06.10 至 2020.06.10/低毒

甘蓝 蚜虫 31.5-42克/公顷 喷雾

PD20151067 甲氨基阿维菌素苯甲酸盐/5%/水分散粒剂/甲氨基阿维菌素 5%/2015.06.14 至 2020.06.14/低毒

水稻 稻纵卷叶螟 7.5-11.25克/公顷 喷雾

注:甲氨基阿维菌素苯甲酸盐含量: 5.7%。

山东省邹平县绿大药业有限公司 (山东省滨州市邹平县好生工业园 256219 0543-4501664)

PD20081861 苯丁锡/20%/可湿性粉剂/苯丁锡 20%/2013.11.20 至 2018.11.20/低毒

柑橘树 红蜘蛛 133.3-200毫克/千克 喷雾

PD20082800 啶虫脒/5%/可湿性粉剂/啶虫脒 5%/2013.12.09 至 2018.12.09/低毒

柑橘树 蚜虫 8.6-12毫克/千克 喷雾

PD20084348 联苯菊酯/25克/升/乳油/联苯菊酯 25克/升/2013.12.17 至 2018.12.17/低毒

茶树 茶小绿叶蝉 25-37.5克/公顷 喷雾

PD20085018 阿维菌素/1.8%/乳油/阿维菌素 1.8%/2013.12.22 至 2018.12.22/低毒(原药高毒)

柑橘树 锈壁虱 2.25-4.5毫克/千克 喷雾

柑橘树 红蜘蛛、潜叶蛾 4.5-9毫克/千克 喷雾

梨树 梨木虱 6-12毫克/千克 喷雾

棉花 棉铃虫 21.6-32.4克/公顷 喷雾

棉花 红蜘蛛 10.8-16.2克/公顷 喷雾

苹果树 红蜘蛛 3-6毫克/千克 喷雾

苹果树 二斑叶螨 4.5-6毫克/千克 喷雾
苹果树 桃小食心虫 4.5-9毫克/千克 喷雾
十字花科蔬菜 小菜蛾 8.1-10.8克/公顷 喷雾

PD20085866 丙溴·辛硫磷/24%/乳油/丙溴磷 10%、辛硫磷 14%/2013.12.29 至 2018.12.29/低毒
十字花科蔬菜 菜青虫 108-180克/公顷 喷雾

PD20090575 甲硫·福美双/70%/可湿性粉剂/福美双 22%、甲基硫菌灵 48%/2014.01.14 至 2019.01.14/低毒
黄瓜 白粉病 525-787.5克/公顷 喷雾

PD20090885 高效氟吡甲禾灵/108克/升/乳油/高效氟吡甲禾灵 108克/升/2014.01.19 至 2019.01.19/低毒
油菜田 一年生禾本科杂草 30-45克/公顷 茎叶喷雾

PD20090917 高氯·马/20%/乳油/高效氯氰菊酯 1.5%、马拉硫磷 18.5%/2014.01.19 至 2019.01.19/低毒
苹果树 桃小食心虫 133-200毫克/千克 喷雾

PD20091838 二甲戊灵/330克/升/乳油/二甲戊灵 330克/升/2014.02.06 至 2019.02.06/低毒
玉米地 一年生杂草 750-1500克/公顷 播后苗前土壤喷雾

PD20100263 氟磺胺草醚/250克/升/水剂/氟磺胺草醚 250克/升/2010.01.11 至 2015.01.11/低毒
夏大豆田 一年生阔叶杂草 187.5-225克/公顷 茎叶喷雾

PD20100595 哒螨灵/15%/乳油/哒螨灵 15%/2010.01.14 至 2015.01.14/中等毒
苹果树 红蜘蛛 50-75毫克/千克 喷雾

PD20110667 阿维菌素/1.8%/可湿性粉剂/阿维菌素 1.8%/2011.06.20 至 2016.06.20/低毒(原药高毒)
甘蓝 小菜蛾 / 喷雾

PD20110929 甲氨基阿维菌素苯甲酸盐/0.5%/乳油/甲氨基阿维菌素 0.5%/2011.09.06 至 2016.09.06/低毒
甘蓝 小菜蛾 1.5-1.8克/公顷 喷雾
注:甲氨基阿维菌素苯甲酸盐含量:0.57%。

PD20111381 阿维菌素/5%/乳油/阿维菌素 5%/2011.12.14 至 2016.12.14/中等毒(原药高毒)
甘蓝 小菜蛾 9.45-10.8克/公顷 喷雾

PD20120598 甲氨基阿维菌素苯甲酸盐/2%/乳油/甲氨基阿维菌素 2%/2012.04.11 至 2017.04.11/低毒
甘蓝 小菜蛾 2.3-2.9克/公顷 喷雾
注:甲氨基阿维菌素苯甲酸盐含量：2.3%。

PD20121275 吡虫啉/20%/可溶液剂/吡虫啉 20%/2012.09.06 至 2017.09.06/低毒
番茄(保护地) 白粉虱 45-60克/公顷 喷雾

PD20130224 咪鲜胺/450克/升/水乳剂/咪鲜胺 450克/升/2013.01.30 至 2018.01.30/低毒
柑橘(果实) 炭疽病 255-450毫克/千克 浸果

山东省兖州市天成化工有限公司 (山东省济宁市兖州市北站西路 272117 0537-3482493)

WP20080042 高效氯氰菊酯/5%/可湿性粉剂/高效氯氰菊酯 5%/2013.03.04 至 2018.03.04/低毒
卫生 蜚蠊 50毫克/平方米 滞留喷洒
卫生 蚊、蝇 30毫克/平方米 滞留喷洒

山东省泗水丰田农药有限公司 (山东省济宁市泗水县拓沟镇 273214 0537-4371067)

PD85150-18 多菌灵/50%/可湿性粉剂/多菌灵 50%/2015.08.15 至 2020.08.15/低毒
果树 病害 0.05-0.1%药液 喷雾
花生 倒秧病 750克/公顷 喷雾
麦类 赤霉病 750克/公顷 喷雾、泼浇
棉花 苗期病害 500克/100千克种子 拌种
水稻 稻瘟病、纹枯病 750克/公顷 喷雾、泼浇
油菜 菌核病 1125-1500克/公顷 喷雾

PD85166-2 25%绿麦隆可湿性粉剂//可湿性粉剂/绿麦隆 25%/2011.12.26 至 2016.12.26/低毒
大麦田、小麦田、玉米田 一年生杂草 1500-3000克/公顷(北方地区) 600-1500克/公顷(南方地区) 播后苗前或苗期喷雾

PD20060130 吡虫啉/2.5%/乳油/吡虫啉 2.5%/2011.06.29 至 2016.06.29/低毒
棉花 蚜虫 11.25-22.5克/公顷 喷雾

PD20092829 硫磺·多菌灵/50%/可湿性粉剂/多菌灵 15%、硫磺 35%/2014.03.05 至 2019.03.05/低毒
花生 叶斑病 1200-1800克/公顷 喷雾

PD20092934 辛硫·甲拌磷/10%/粉粒剂/甲拌磷 4%、辛硫磷 6%/2014.03.05 至 2019.03.05/高毒
花生 蛴螬 600-900克/公顷 毒土盖种
小麦 地下害虫 200-300克/100千克种子 拌种

PD20094216 辛硫磷/3%/颗粒剂/辛硫磷 3%/2014.03.31 至 2019.03.31/低毒
花生 地下害虫 1800-2250克/公顷 撒施

PD20094266 井冈·多菌灵/28%/悬浮剂/多菌灵 24%、井冈霉素 4%/2014.03.31 至 2019.03.31/低毒
小麦 赤霉病 630-840克/公顷 喷雾

PD20094780 高效氯氟氰菊酯/25克/升/乳油/高效氯氟氰菊酯 25克/升/2014.04.13 至 2019.04.13/中等毒
十字花科蔬菜 菜青虫 7.5-11.25克/公顷 喷雾

PD20095045 联苯菊酯/100克/升/乳油/联苯菊酯 100克/升/2014.04.21 至 2019.04.21/中等毒
茶树 茶小绿叶蝉 30-37.5克/公顷 喷雾

PD20095058 硫磺·多菌灵/50%/悬浮剂/多菌灵 15%、硫磺 35%/2014.04.21 至 2019.04.21/低毒
花生 叶斑病 1200-1800克/公顷 喷雾

登记证号	登记作物	防治对象	用药量	施用方法
PD20097164	辛硫磷/1.5%/颗粒剂/辛硫磷 1.5%/2014.10.16 至 2019.10.16/低毒			
	玉米	玉米螟	112.5-168.75克/公顷	撒心(喇叭口)
PD20100705	精噁唑禾草灵/69%/水乳剂/精噁唑禾草灵 69%/2015.01.16 至 2020.01.16/低毒			
	小麦田	一年生禾本科杂草	51.75-62.10克/公顷	茎叶喷雾
PD20100798	阿维·哒螨灵/6.78%/乳油/阿维菌素 0.11%、哒螨灵 6.67%/2015.01.19 至 2020.01.19/低毒(原药高毒)			
	苹果树	红蜘蛛	22.6-33.9毫克/千克	喷雾
PD20100827	阿维菌素/1.8%/乳油/阿维菌素 1.8%/2015.01.19 至 2020.01.19/低毒(原药高毒)			
	甘蓝	小菜蛾	8.1-10.8克/公顷	喷雾
PD20100993	辛硫·甲拌磷/5%/粉粒剂/甲拌磷 4%、辛硫磷 1%/2015.01.20 至 2020.01.20/中等毒(原药高毒)			
	花生	地下害虫	1875-2250克/公顷	沟施
PD20130427	毒死蜱/30%/微囊悬浮剂/毒死蜱 30%/2013.03.18 至 2018.03.18/低毒			
	花生	蛴螬	1575-2250克/公顷	喷雾于播种穴
PD20150958	噻唑膦/10%/颗粒剂/噻唑膦 10%/2015.06.11 至 2020.06.11/中等毒			
	黄瓜	根结线虫	2250-3000克/公顷	撒施
PD20151518	硝磺草酮/15%/悬浮剂/硝磺草酮 15%/2015.08.03 至 2020.08.03/低毒			
	玉米田	一年生杂草	157.5～191.25克/公顷	茎叶喷雾
PD20151743	甲氨基阿维菌素苯甲酸盐/2%/乳油/甲氨基阿维菌素 2%/2015.08.28 至 2020.08.28/低毒			
	甘蓝	小菜蛾	1.8-2.4克/公顷	喷雾
	注:甲氨基阿维菌素苯甲酸盐含量：2.3%。			
山东胜邦绿野化学有限公司 （山东省济南市章丘刁镇工业园 250204 0531-88725060）				
PD85112-17	莠去津/38%/悬浮剂/莠去津 38%/2015.04.14 至 2020.04.14/低毒			
	茶园	一年生杂草	1125-1875克/公顷	喷于地表
	防火隔离带、公路、森林、铁路	一年生杂草	0.8-2克/平方米	喷于地表
	甘蔗	一年生杂草	1050-1500克/公顷	喷于地表
	高粱、糜子、玉米	一年生杂草	1800-2250克/公顷(东北地区)	喷于地表
	红松苗圃	一年生杂草	0.2-0.3克/平方米	喷于地表
	梨树、苹果树	一年生杂草	1625-1875克/公顷	喷于地表
	橡胶园	一年生杂草	2250-3750克/公顷	喷于地表
PD85159-29	草甘膦铵盐/30%/水剂/草甘膦 30%/2015.07.12 至 2020.07.12/低毒			
	茶树、甘蔗、果园、剑麻、林木、桑树、橡胶树	一年生杂草和多年生恶性杂草	1125-2250克/公顷	定向喷雾
	注:草甘膦铵盐含量：33%。			
PD86126-7	扑草净/50%/可湿性粉剂/扑草净 50%/2011.10.25 至 2016.10.25/低毒			
	茶园、成年果园、苗圃	阔叶杂草	1875-3000克/公顷	喷于地表，切勿喷至树上
	大豆田、花生田	阔叶杂草	750-1125克/公顷	喷雾
	甘蔗田、棉花田、苎麻	阔叶杂草	750-1125克/公顷	播后苗前土壤喷雾
	谷子田	阔叶杂草	375克/公顷	喷雾
	麦田	阔叶杂草	450-750克/公顷	喷雾
	水稻本田、水稻秧田	阔叶杂草	150-900克/公顷	撒毒土
PD20060128	乙草胺/93%/原药/乙草胺 93%/2011.06.26 至 2016.06.26/低毒			
PD20060205	草甘膦/95%/原药/草甘膦 95%/2011.12.07 至 2016.12.07/低毒			
PD20070018	丁草胺/60%/乳油/丁草胺 60%/2012.01.18 至 2017.01.18/低毒			
	水稻田	稗草、牛毛草、鸭舌草	750-1275克/公顷	毒土、喷雾
PD20070020	丁草胺/50%/乳油/丁草胺 50%/2012.01.18 至 2017.01.18/低毒			
	水稻移栽田	一年生禾本科杂草及部分阔叶杂草	1125-1500克/公顷	毒土法
PD20070023	二甲戊灵/90%/原药/二甲戊灵 90%/2012.01.18 至 2017.01.18/低毒			
PD20070025	丁草胺/90%/原药/丁草胺 90%/2012.01.18 至 2017.01.18/低毒			
PD20070029	西玛津/90%/原药/西玛津 90%/2012.01.18 至 2017.01.18/低毒			
PD20070070	乙草胺/50%/乳油/乙草胺 50%/2012.03.21 至 2017.03.21/低毒			
	大豆田	一年生禾本科杂草及小粒阔叶杂草	1200-1875克/公顷(东北地区)，750-1050克/公顷(其它地区)	播前、播后苗前土壤处理
	花生田	一年生禾本科杂草及小粒阔叶杂草	525-750克/公顷、50-1200克/公顷(覆膜时药量酌减)	栽前土壤处理、播后苗前土壤喷雾处理
	油菜田	一年生禾本科杂草及小粒阔叶杂草	525-750克/公顷	栽前土壤喷雾处理
	玉米田	一年生禾本科杂草及小粒阔叶杂草	900-1875克/公顷(东北地区)750-1050克/公顷(其它地区)	播前或播后苗前土壤处理
PD20070170	扑草净/95%/原药/扑草净 95%/2012.06.25 至 2017.06.25/低毒			
PD20070181	乙草胺/880克/升/乳油/乙草胺 880克/升/2012.06.25 至 2017.06.25/低毒			

大豆田 一年生禾本科杂草及部分阔叶杂草 924-1320克/公顷 土壤喷雾
花生田 一年生禾本科杂草及部分阔叶杂草 924-1056克/公顷 土壤喷雾
棉花田 部分阔叶杂草、一年生禾本科杂草 924-1188克/公顷 土壤喷雾
夏玉米田 一年生禾本科杂草及部分阔叶杂草 792-1056克/公顷 土壤喷雾

PD20070230 莠去津/95%/原药/莠去津 95%/2012.08.08 至 2017.08.08/低毒

PD20080569 莠去津/50%/悬浮剂/莠去津 50%/2013.05.12 至 2018.05.12/低毒
春玉米田 一年生杂草 1500-2250克/公顷 播后苗前土壤喷雾
夏玉米田 一年生杂草 1125-1500克/公顷 喷雾

PD20080570 乙草胺/900克/升/乳油/乙草胺 900克/升/2013.05.12 至 2018.05.12/低毒
春大豆田、春玉米田 部分阔叶杂草、一年生禾本科杂草 1620-1890克/公顷(东北地区) 土壤喷雾

PD20080608 二甲戊灵/330克/升/乳油/二甲戊灵 330克/升/2013.05.12 至 2018.05.12/低毒
甘蓝田 一年生杂草 495-742.5克/公顷 土壤喷雾
棉花田 一年生杂草 742.5-990克/公顷 土壤喷雾

PD20080657 乙草胺/50%/微乳剂/乙草胺 50%/2013.05.27 至 2018.05.27/低毒
花生田、夏玉米田 一年生禾本科杂草及部分阔叶杂草 900-1125克/公顷 土壤喷雾

PD20080722 咪唑乙烟酸/10%/水剂/咪唑乙烟酸 10%/2013.06.11 至 2018.06.11/低毒
春大豆田 一年生杂草 90-105克/公顷 喷雾

PD20080727 甲戊·扑草净/35%/乳油/二甲戊灵 15%、扑草净 20%/2013.06.11 至 2018.06.11/低毒
大蒜、姜 一年生杂草 787.5-1050克/公顷 土壤喷雾

PD20080746 精喹禾灵/10%/乳油/精喹禾灵 10%/2013.06.11 至 2018.06.11/低毒
花生田、棉花田 一年生禾本科杂草 45－60克/公顷 茎叶喷雾

PD20081303 扑·乙/40%/乳油/扑草净 15%、乙草胺 25%/2013.10.09 至 2018.10.09/低毒
花生田 一年生杂草 900-1500克/公顷 土壤喷雾
棉花田 一年生杂草 1200-1500克/公顷 土壤喷雾

PD20081310 草甘膦异丙胺盐/30%/水剂/草甘膦 30%/2013.10.17 至 2018.10.17/低毒
非耕地、柑橘园 杂草 1230-1845克/公顷 定向茎叶喷雾
注:草甘膦异丙胺盐含量：41%。

PD20081314 苯磺隆/10%/可湿性粉剂/苯磺隆 10%/2013.10.17 至 2018.10.17/低毒
冬小麦田 阔叶杂草 15－22.5克/公顷 茎叶喷雾

PD20081489 精喹·草除灵/17.5%/乳油/草除灵 15%、精喹禾灵 2.5%/2013.11.05 至 2018.11.05/低毒
冬油菜田 一年生杂草 262.5-393.8克/公顷 喷雾

PD20082108 噁草·丁草胺/60%/乳油/丁草胺 50%、噁草酮 10%/2013.11.25 至 2018.11.25/低毒
水稻旱直播田 一年生杂草 720-900克/公顷 播后苗前土壤喷雾

PD20082273 莠灭净/80%/可湿性粉剂/莠灭净 80%/2013.11.27 至 2018.11.27/低毒
甘蔗田 一年生杂草 1560-2400克/公顷 土壤喷雾

PD20082992 精吡氟禾草灵/150克/升/乳油/精吡氟禾草灵 150克/升/2013.12.10 至 2018.12.10/低毒
大豆田 一年生及部分多年生禾本科杂草 112.5-157.5克/公顷 茎叶喷雾

PD20082993 精噁唑禾草灵/69克/升/水乳剂/精噁唑禾草灵 69克/升/2013.12.10 至 2018.12.10/低毒
冬小麦田 一年生禾本科杂草 41.4-51.75克/公顷 茎叶喷雾

PD20082994 灭草松/480克/升/水剂/灭草松 480克/升/2013.12.10 至 2018.12.10/低毒
春大豆田 一年生阔叶杂草 1440-1800克/公顷 茎叶喷雾
夏大豆田 一年生阔叶杂草 1080-1440克/公顷 茎叶喷雾

PD20083076 高效氟吡甲禾灵/108克/升/乳油/高效氟吡甲禾灵 108克/升/2013.12.10 至 2018.12.10/低毒
冬油菜田 一年生禾本科杂草 32.4-48.6克/公顷 茎叶喷雾

PD20083486 苄·丁/35%/可湿性粉剂/苄嘧磺隆 1.5%、丁草胺 33.5%/2013.12.12 至 2018.12.12/低毒
水稻抛秧田、水稻移栽田 部分多年生杂草、一年生杂草 525-787.5克/公顷 药土法

PD20083529 苯磺隆/75%/水分散粒剂/苯磺隆 75%/2013.12.12 至 2018.12.12/低毒
冬小麦田 阔叶杂草 13.5-22.5克/公顷 茎叶喷雾

PD20083758 氟乐灵/480克/升/乳油/氟乐灵 480克/升/2013.12.15 至 2018.12.15/低毒
棉花田 一年生禾本科杂草及部分阔叶杂草 720-1080克/公顷 土壤喷雾

PD20083895 噁酮·乙草胺/54%/乳油/噁草酮 9%、乙草胺 45%/2013.12.15 至 2018.12.15/低毒
花生田 一年生杂草 567-729克/公顷 播后苗前土壤喷雾
夏大豆田 一年生杂草 486-648克/公顷 播后苗前土壤喷雾

PD20084229 异丙草·莠/41%/悬乳剂/异丙草胺 21%、莠去津 20%/2013.12.17 至 2018.12.17/低毒
春玉米田 一年生杂草 1845-2460克/公顷 播后苗前土壤喷雾
夏玉米田 一年生杂草 1230-1537.5克/公顷 播后苗前土壤喷雾

PD20084283 丁·异·莠去津/42%/悬乳剂/丁草胺 4%、异丙草胺 20%、莠去津 18%/2013.12.17 至 2018.12.17/低毒
春玉米田 一年生杂草 1260-1890克/公顷 播后苗前土壤喷雾
夏玉米田 一年生杂草 1360.8-1750克/公顷 播后苗前土壤喷雾

PD20084347 乙草胺/990克/升/乳油/乙草胺 990克/升/2013.12.17 至 2018.12.17/低毒
春大豆田、春玉米田 一年生禾本科杂草及部分小粒种子阔叶杂草 1485-1930.5克/公顷 土壤喷雾

PD20084387 草甘膦异丙胺盐/62%/母液/草甘膦异丙胺盐 62%/2013.12.17 至 2018.12.17/低毒

PD20084423 莠去津/80%/可湿性粉剂/莠去津 80%/2013.12.17 至 2018.12.17/低毒
春玉米田 一年生杂草 1380-1500克/公顷 土壤喷雾

PD20085115 苄·乙/18%/可湿性粉剂/苄嘧磺隆 4%、乙草胺 14%/2013.12.23 至 2018.12.23/低毒
水稻移栽田 一年生及部分多年生杂草 84-118克/公顷 药土法

PD20085500 异丙草胺/90%/原药/异丙草胺 90%/2013.12.25 至 2018.12.25/低毒

PD20085756 莠去津/90%/水分散粒剂/莠去津 90%/2013.12.29 至 2018.12.29/低毒
春玉米田 一年生杂草 1485-1755克/公顷 土壤喷雾
夏玉米田 一年生杂草 1215-1485克/公顷 土壤喷雾

PD20085895 丁·异·莠去津/50%/悬乳剂/丁草胺 5%、异丙草胺 25%、莠去津 20%/2013.12.29 至 2018.12.29/低毒
夏玉米田 一年生杂草 1537.5-1875克/公顷 土壤喷雾

PD20085929 甲·异·莠去津/42%/悬乳剂/甲草胺 10%、异丙草胺 14%、莠去津 18%/2013.12.29 至 2018.12.29/低毒
春玉米田 一年生杂草 1890-2520克/公顷 播后苗前土壤喷雾
夏玉米田 一年生杂草 1260-1890克/公顷 播后苗前土壤喷雾

PD20086283 甲·乙·莠/55%/悬乳剂/甲草胺 6%、乙草胺 24%、莠去津 25%/2013.12.31 至 2018.12.31/低毒
春玉米田 一年生杂草 1650-2475克/公顷 播后苗前土壤喷雾
夏玉米田 一年生杂草 990-1485克/公顷 播后苗前土壤喷雾

PD20090302 乙·莠/55%/悬浮剂/乙草胺 33%、莠去津 22%/2014.01.12 至 2019.01.12/低毒
春玉米田 一年生杂草 1650-2475克/公顷 播后苗前土壤喷雾
夏玉米田 一年生杂草 990-1650克/公顷 播后苗前土壤喷雾

PD20090346 乙·莠/52%/悬乳剂/乙草胺 26%、莠去津 26%/2014.01.12 至 2019.01.12/低毒
夏玉米田 一年生杂草 1248-1560克/公顷 土壤喷雾

PD20090609 甲·灭·莠去津/35%/可湿性粉剂/2甲4氯 2%、莠去津 3%、莠灭净 30%/2014.01.14 至 2019.01.14/低毒
甘蔗田 一年生杂草 1312.5-1837.5克/公顷 喷雾

PD20090687 氟磺胺草醚/250克/升/水剂/氟磺胺草醚 250克/升/2014.01.19 至 2019.01.19/低毒
春大豆田 一年生阔叶杂草 300-375克/公顷 茎叶喷雾
夏大豆田 一年生阔叶杂草 187.5-225克/公顷 茎叶喷雾

PD20090693 2甲4氯钠/56%/可溶粉剂/2甲4氯钠 56%/2014.01.19 至 2019.01.19/低毒
冬小麦田 一年生阔叶杂草 840-1260克/公顷 茎叶喷雾

PD20090947 2,4-滴丁酯/57%/乳油/2,4-滴丁酯 57%/2014.01.19 至 2019.01.19/低毒
冬小麦田 一年生阔叶杂草 342-427.5克/公顷 喷雾

PD20091455 仲丁灵/48%/乳油/仲丁灵 48%/2014.02.02 至 2019.02.02/低毒
西瓜 一年生禾本科杂草及部分小粒种子阔叶杂草 1080-1440克/公顷 土壤喷雾

PD20091794 乙氧氟草醚/240克/升/乳油/乙氧氟草醚 240克/升/2014.02.04 至 2019.02.04/低毒
大蒜田、姜田 一年生杂草 144-180克/公顷 播后苗前土壤喷雾
水稻移栽田 一年生杂草 54-72克/公顷 药土法

PD20092469 氯氟吡氧乙酸异辛酯/200克/升/乳油/氯氟吡氧乙酸 200克/升/2014.02.25 至 2019.02.25/低毒
冬小麦田 阔叶杂草 150-210克/公顷 茎叶喷雾
玉米田 一年生阔叶杂草 150-210克/公顷 茎叶喷雾
注:氯氟吡氧乙酸异辛酯含量为: 288克/升。

PD20095349 苄·二氯/36%/可湿性粉剂/苄嘧磺隆 3%、二氯喹啉酸 33%/2014.04.27 至 2019.04.27/低毒
水稻田(直播) 一年生杂草 216-270克/公顷 喷雾

PD20095388 滴丁·乙草胺/990克/升/乳油/2,4-滴丁酯 330克/升、乙草胺 660克/升/2014.04.27 至 2019.04.27/低毒
春大豆田、春玉米田 一年生杂草 1485-1930.5克/公顷 播后苗前土壤喷雾

PD20097029 乙·嗪·滴丁酯/60%/乳油/2,4-滴丁酯 15%、嗪草酮 5%、乙草胺 40%/2014.10.10 至 2019.10.10/低毒
春大豆田、春玉米田 一年生杂草 1800-2250克/公顷 土壤喷雾

PD20097450 烟嘧磺隆/40克/升/可分散油悬浮剂/烟嘧磺隆 40克/升/2014.10.28 至 2019.10.28/低毒
玉米田 一年生杂草 42-60克/公顷 茎叶喷雾

PD20100117 甲氨基阿维菌素苯甲酸盐/1%/乳油/甲氨基阿维菌素 1%/2015.01.05 至 2020.01.05/低毒
甘蓝 甜菜夜蛾 2.25-3克/公顷 喷雾
注:甲氨基阿维菌素苯甲酸盐含量: 1.14%。

PD20101360 辛菌胺/40%/母药/辛菌胺 40%/2015.04.02 至 2020.04.02/中等毒

PD20101473 辛菌胺醋酸盐/1.2%/水剂/辛菌胺 1.2%/2015.05.04 至 2020.05.04/低毒
番茄、辣椒 病毒病 40-60毫克/千克 喷雾
棉花 枯萎病 40-60毫克/千克 喷雾
苹果树 腐烂病 120-240毫克/千克 涂抹、喷雾
水稻 细菌性条斑病 23.4-30.1克/公顷 喷雾
注:辛菌胺醋酸盐含量: 1.8%。

PD20110013 阿维菌素/1.8%/乳油/阿维菌素 1.8%/2016.01.04 至 2021.01.04/低毒(原药高毒)
柑橘树 红蜘蛛 4.5-9毫克/千克 喷雾

PD20110033 草甘膦铵盐/68%/可溶粒剂/草甘膦 68%/2016.01.07 至 2021.01.07/低毒
柑橘 杂草 1120.5-2252.5克/公顷 茎叶喷雾

注:草甘膦铵盐含量:74.7%。

PD20110658 苯磺·异丙隆/70%/可湿性粉剂/苯磺隆 1.2%、异丙隆 68.8%/2011.06.20 至 2016.06.20/低毒
小麦田 一年生杂草 840-1260克/公顷 茎叶喷雾

PD20110776 烟嘧·莠去津/52%/可湿性粉剂/烟嘧磺隆 4%、莠去津 48%/2011.07.25 至 2016.07.25/低毒
玉米田 一年生杂草 429-741克/公顷 茎叶喷雾

PD20110812 松·喹·氟磺胺/18%/乳油/氟磺胺草醚 5.5%、精喹禾灵 1.5%、异噁草松 11%/2011.08.04 至 2016.08.04/低毒
春大豆田 一年生杂草 486-540克/公顷 茎叶喷雾

PD20111103 苄嘧磺隆/10%/可湿性粉剂/苄嘧磺隆 10%/2011.10.17 至 2016.10.17/低毒
冬小麦田 一年生阔叶杂草 45-60克/公顷 茎叶喷雾

PD20111135 烟嘧·莠去津/20%/可分散油悬浮剂/烟嘧磺隆 2%、莠去津 18%/2011.11.03 至 2016.11.03/低毒
夏玉米田 一年生杂草 夏玉米:360-450克/公顷;春玉米:450-600克/公顷 茎叶喷雾

PD20111153 异丙甲草胺/960克/升/乳油/异丙甲草胺 960克/升/2011.11.04 至 2016.11.04/低毒
花生田 一年生禾本科杂草及阔叶杂草 1320-1980克/公顷 土壤喷雾

PD20111154 乙羧氟草醚/10%/乳油/乙羧氟草醚 10%/2011.11.04 至 2016.11.04/低毒
花生田 一年生阔叶杂草 30-45克/公顷 茎叶喷雾

PD20111344 草甘膦铵盐/30%/可溶粉剂/草甘膦 30%/2011.12.06 至 2016.12.06/低毒
柑橘园 杂草 1350-2250克/公顷 定向茎叶喷雾
注:草甘膦铵盐含量:33%。

PD20120119 戊唑醇/430克/升/悬浮剂/戊唑醇 430克/升/2012.01.29 至 2017.01.29/低毒
梨树 黑星病 107.5-215毫克/千克 喷雾

PD20120172 阿维菌素/3.2%/乳油/阿维菌素 3.2%/2012.01.30 至 2017.01.30/中等毒(原药高毒)
水稻 稻纵卷叶螟 4.32-5.28克/公顷 喷雾

PD20120271 草甘膦铵盐/80%/可溶粒剂/草甘膦 80%/2012.02.15 至 2017.02.15/低毒
非耕地 杂草 1440-1920克/公顷 定向茎叶喷雾
注:草甘膦铵盐含量:88%。

PD20120537 草甘膦铵盐/35%/水剂/草甘膦 35%/2012.03.28 至 2017.03.28/低毒
非耕地 杂草 1050-2100克/公顷 定向茎叶喷雾
注:草甘膦铵盐含量:38.5%。

PD20120745 氯吡·苯磺隆/20%/可湿性粉剂/苯磺隆 4%、氯氟吡氧乙酸 16%/2012.05.05 至 2017.05.05/低毒
冬小麦田 一年生阔叶杂草 90-120克/公顷 茎叶喷雾

PD20121212 苄嘧·苯磺隆/30%/可湿性粉剂/苯磺隆 10%、苄嘧磺隆 20%/2012.08.10 至 2017.08.10/低毒
冬小麦田 一年生阔叶杂草 45-67.5克/公顷 茎叶喷雾

PD20121498 吡嘧·丙草胺/20%/可湿性粉剂/吡嘧磺隆 1%、丙草胺 19%/2012.10.09 至 2017.10.09/低毒
水稻田(直播) 一年生杂草 300-450克/公顷 喷雾

PD20121506 苄嘧·苯噻酰/68%/可湿性粉剂/苯噻酰草胺 64.8%、苄嘧磺隆 3.2%/2012.10.09 至 2017.10.09/低毒
水稻移栽田 一年生杂草 612-816克/公顷 毒土法
注:仅限东北地区使用。

PD20121513 甲·灭·敌草隆/72%/可湿性粉剂/敌草隆 5%、2甲4氯 8%、莠灭净 59%/2012.10.09 至 2017.10.09/低毒
甘蔗田 一年生杂草 1620-2160克/公顷 定向茎叶喷雾

PD20121580 扑·乙/53%/乳油/扑草净 13%、乙草胺 40%/2012.10.25 至 2017.10.25/低毒
花生田 一年生杂草 1192.5-1590克/公顷 土壤喷雾

PD20121582 氟胺·烯禾啶/20.8%/乳油/氟磺胺草醚 12.5%、烯禾啶 8.3%/2012.10.25 至 2017.10.25/低毒
春大豆田 一年生杂草 405.6-468克/公顷 茎叶喷雾

PD20121650 吡嘧磺隆/10%/可湿性粉剂/吡嘧磺隆 10%/2012.10.30 至 2017.10.30/低毒
水稻田(直播) 一年生阔叶杂草及莎草科杂草 15-30克/公顷 喷雾

PD20121723 氟吡·草除灵/20%/乳油/草除灵 17.5%、高效氟吡甲禾灵 2.5%/2012.11.08 至 2017.11.08/低毒
冬油菜 一年生杂草 210-270克/公顷 茎叶喷雾

PD20121936 苄嘧·丙草胺/40%/可湿性粉剂/苄嘧磺隆 4%、丙草胺 36%/2012.12.12 至 2017.12.12/低毒
水稻田(直播) 一年生杂草 420-480克/公顷 喷雾

PD20122110 氰氟草酯/100克/升/乳油/氰氟草酯 100克/升/2012.12.26 至 2017.12.26/低毒
水稻田(直播) 稗草、千金子等禾本科杂草 75-105克/公顷 茎叶喷雾

PD20131748 噻苯隆/80%/可湿性粉剂/噻苯隆 80%/2013.08.16 至 2018.08.16/低毒
棉花 脱叶 240-360克/公顷 定向茎叶喷雾

PD20131907 乙·莠·滴丁酯/60%/悬乳剂/2,4-滴丁酯 10%、乙草胺 30%、莠去津 20%/2013.09.25 至 2018.09.25/低毒
春玉米田 一年生杂草 1800-2700克/公顷 土壤喷雾

PD20131913 烟嘧·乙·莠/40%/可分散油悬浮剂/烟嘧磺隆 2%、乙草胺 22%、莠去津 16%/2013.09.25 至 2018.09.25/低毒
玉米田 一年生杂草 900-1200克/公顷 茎叶喷雾

PD20131952 甲·灭·敌草隆/81%/可湿性粉剂/敌草隆 16%、2甲4氯 15%、莠灭净 50%/2013.10.10 至 2018.10.10/低毒
甘蔗田 一年生杂草 1215-1822.5克/公顷 茎叶喷雾

PD20131972 丁·乙·莠去津/42%/悬乳剂/丁草胺 4%、乙草胺 18%、莠去津 20%/2013.10.10 至 2018.10.10/低毒
玉米田 一年生杂草 1575-1890克/公顷(东北地区),1260-1575克/公顷(其它地区) 播后苗前土壤喷雾

PD20132043 硝磺草酮/10%/可分散油悬浮剂/硝磺草酮 10%/2013.10.22 至 2018.10.22/低毒
春玉米田 一年生阔叶杂草及禾本科杂草 225-300克/公顷 茎叶喷雾
夏玉米田 一年生阔叶杂草及禾本科杂草 150-195克/公顷 茎叶喷雾
PD20140348 硝磺·莠去津/25%/可分散油悬浮剂/莠去津 20%、硝磺草酮 5%/2014.02.18 至 2019.02.18/低毒
玉米田 一年生杂草 750-937.5克/公顷 茎叶喷雾
PD20140471 丙森锌/70%/可湿性粉剂/丙森锌 70%/2014.02.25 至 2019.02.25/低毒
苹果树 斑点落叶病 1000-1167毫克/千克 喷雾
PD20140730 草铵膦/200克/升/水剂/草铵膦 200克/升/2014.03.24 至 2019.03.24/低毒
非耕地 杂草 600-1200克/公顷 茎叶喷雾
PD20140736 炔草酯/20%/可湿性粉剂/炔草酯 20%/2014.03.24 至 2019.03.24/低毒
小麦田 禾本科杂草 45-66克/公顷 茎叶喷雾
PD20141933 敌草隆/80%/水分散粒剂/敌草隆 80%/2014.08.04 至 2019.08.04/低毒
甘蔗田 一年生杂草 1800-2400克/公顷 土壤喷雾
PD20142098 噁草酮/35%/悬浮剂/噁草酮 35%/2014.09.02 至 2019.09.02/低毒
水稻移栽田 一年生杂草 367.5-577.5克/公顷 药土法
PD20150257 吡虫啉/600克/升/悬浮种衣剂/吡虫啉 600克/升/2015.01.15 至 2020.01.15/低毒
小麦 蚜虫 180-360克/100千克种子 种子包衣
PD20151168 双氟磺草胺/50克/升/悬浮剂/双氟磺草胺 50克/升/2015.06.26 至 2020.06.26/低毒
冬小麦田 一年生阔叶杂草 3.75-5.25克/公顷 茎叶喷雾
PD20151684 吡唑醚菌酯/98%/原药/吡唑醚菌酯 98%/2015.08.28 至 2020.08.28/低毒
PD20152041 戊·氧·乙草胺/44%/乳油/二甲戊灵 17%、乙草胺 22%、乙氧氟草醚 5%/2015.09.07 至 2020.09.07/低毒
大蒜田 一年生杂草 990-1320克/公顷 土壤喷雾
PD20152338 滴酸·草甘膦/33%/水剂/草甘膦 30.5%、2,4-滴 2.5%/2015.10.22 至 2020.10.22/低毒
非耕地 杂草 1237.5-1980克/公顷 定向茎叶喷雾
PD20152373 2甲·草甘膦/80%/可溶粒剂/草甘膦铵盐 75%、2甲4氯钠 5%/2015.10.22 至 2020.10.22/微毒
非耕地 杂草 1200-1920克/公顷 茎叶喷雾
LS20150061 滴酸·草甘膦/33%/水剂/草甘膦 30.5%、2,4-滴 2.5%/2015.03.20 至 2016.03.20/低毒
非耕地 杂草 1237.5-1980克/公顷 喷雾

山东圣鹏科技股份有限公司 (山东省济宁市任城区喻屯镇驻地 272063 0537-2539999)

PD20081587 磷化铝/56%/片剂/磷化铝 56%/2013.11.12 至 2018.11.12/高毒
原粮 储粮害虫 5-7克/立方米 密闭熏蒸
PD20083693 多·锰锌/50%/可湿性粉剂/多菌灵 8%、代森锰锌 42%/2013.12.15 至 2018.12.15/低毒
梨树 黑星病 1000-1250毫克/千克 喷雾
PD20085372 炔螨特/57%/乳油/炔螨特 57%/2013.12.24 至 2018.12.24/中等毒
柑橘树 红蜘蛛 285-356.25毫克/千克 喷雾
PD20090038 联苯菊酯/100克/升/乳油/联苯菊酯 100克/升/2014.01.06 至 2019.01.06/低毒
茶树 茶小绿叶蝉 30-37.5克/公顷 喷雾
PD20091795 氯氰·毒死蜱/522.5克/升/乳油/毒死蜱 475克/升、氯氰菊酯 47.5克/升/2014.02.04 至 2019.02.04/中等毒
柑橘树 潜叶蛾 435.42-550毫升/千克 喷雾
PD20098240 氯氰·丙溴磷/440克/升/乳油/丙溴磷 400克/升、氯氰菊酯 40克/升/2014.12.16 至 2019.12.16/中等毒
棉花 棉铃虫 528-660克/公顷 喷雾
PD20121944 唑磷·毒死蜱/30%/乳油/毒死蜱 15%、三唑磷 15%/2012.12.12 至 2017.12.12/中等毒
水稻 三化螟 270-360克/公顷 喷雾
PD20121960 香菇多糖/0.5%/水剂/菇类蛋白多糖 0.5%/2012.12.12 至 2017.12.12/微毒
番茄 病毒病 12.45-18.75克/公顷 喷雾
PD20121963 草甘膦异丙胺盐/41%/水剂/草甘膦 41%/2012.12.12 至 2017.12.12/低毒
非耕地 杂草 1125-2250克/公顷 茎叶喷雾
注:草甘膦异丙胺盐含量: 55.3%。
PD20122099 香菇多糖/10%/原药/香菇多糖 10%/2012.12.26 至 2017.12.26/低毒
PD20130095 吡虫·杀虫单/35%/可湿性粉剂/吡虫啉 1%、杀虫单 34%/2013.01.17 至 2018.01.17/中等毒
水稻 稻飞虱、稻纵卷叶螟、二化螟、三化螟 450-750克/公顷 喷雾
PD20131084 甲氨基阿维菌素苯甲酸盐/1%/乳油/甲氨基阿维菌素 1%/2013.05.20 至 2018.05.20/低毒
甘蓝 小菜蛾 1.8-3克/公顷 喷雾
注:甲氨基阿维菌素苯甲酸盐含量:1.14%。
PD20131247 烯酰·锰锌/69%/可湿性粉剂/代森锰锌 60%、烯酰吗啉 9%/2013.06.03 至 2018.06.03/低毒
黄瓜 霜霉病 1035-1397.5克/公顷 喷雾
PD20131533 阿维菌素/3%/水乳剂/阿维菌素 3%/2013.07.17 至 2018.07.17/低毒(原药高毒)
水稻 稻纵卷叶螟 8.1-10.8克/公顷 喷雾
PD20132500 香菇多糖/2%/水剂/香菇多糖 2%/2013.12.10 至 2018.12.10/低毒
水稻 条纹叶枯病 15-18克/公顷 喷雾
烟草 病毒病 7.5-12.5克/公顷 喷雾
PD20132706 毒死蜱/30%/微囊悬浮剂/毒死蜱 30%/2013.12.30 至 2018.12.30/低毒
花生 蛴螬 1575-2250克/公顷 喷雾于播种穴内

PD20151112 氨基寡糖素/3%/水剂/氨基寡糖素 3%/2015.06.25 至 2020.06.25/低毒
棉花 黄萎病 36-45克/公顷 喷雾
西瓜 枯萎病 36-45克/公顷 喷雾
PD20151304 小檗碱/0.5%/水剂/小檗碱 0.5%/2015.07.30 至 2020.07.30/低毒
辣椒 疫霉病 15-18.75克/公顷 喷雾
PD20151745 苦皮藤素/1%/水乳剂/苦皮藤素 1%/2015.08.28 至 2020.08.28/低毒
甘蓝 甜菜夜蛾 13.5-18毫升/公顷 喷雾
PD20152465 啶虫脒/70%/水分散粒剂/啶虫脒 70%/2015.12.04 至 2020.12.04/中等毒
黄瓜 蚜虫 21-26.25克/公顷 喷雾
WP20130221 杀虫气雾剂/0.55%/气雾剂/胺菊酯 0.3%、氯菊酯 0.25%/2013.10.29 至 2018.10.29/微毒
室内 蚂蚁、蚊、蝇、蜚蠊 / 喷雾
WP20130222 杀虫气雾剂/0.46%/气雾剂/Es-生物烯丙菊酯 0.2%、右旋苯醚菊酯 0.26%/2013.10.29 至 2018.10.29/微毒
室内 蚂蚁、蚊、蝇、蜚蠊 / 喷雾
WP20130268 杀虫气雾剂/0.4%/气雾剂/胺菊酯 0.35%、高效氯氰菊酯 0.05%/2013.12.30 至 2018.12.30/微毒
室内 蚂蚁、蚊、蝇、蜚蠊 / 喷雾
WP20150077 电热蚊香液/0.8%/电热蚊香液/氯氟醚菊酯 0.8%/2015.05.13 至 2020.05.13/微毒
室内 蚊 / 电热加温

山东寿光德力生物农化有限公司 (山东省寿光市古城街办西三公里处 262700 0536-3529527)

PD20152605 草甘膦异丙胺盐/41%/水剂/草甘膦 30%/2015.12.17 至 2020.12.17/低毒
非耕地 杂草 900-2250克/公顷 喷雾
注:草甘膦异丙胺盐含量: 41%。

山东松冈化学有限公司 (山东省济南市历城区遥墙镇工业路7号 250100 0531-88733470)

PD20093939 阿维·高氯/3%/乳油/阿维菌素 0.2%、高效氯氰菊酯 2.8%/2014.03.27 至 2019.03.27/低毒(原药高毒)
甘蓝 菜青虫、小菜蛾 13.5-27克/公顷 喷雾
PD20096237 高效氯氟氰菊酯/25克/升/乳油/高效氯氟氰菊酯 25克/升/2014.07.15 至 2019.07.15/低毒
十字花科蔬菜 蚜虫 7.5-11.25克/公顷 喷雾
PD20098534 辛硫·高氯氟/16%/乳油/高效氯氟氰菊酯 0.7%、辛硫磷 15.3%/2014.12.24 至 2019.12.24/低毒
棉花 棉铃虫 174-204克/公顷 喷雾
PD20100619 福美双/50%/可湿性粉剂/福美双 50%/2015.01.14 至 2020.01.14/低毒
黄瓜 霜霉病 750-1125克/公顷 喷雾
PD20100909 福·福锌/80%/可湿性粉剂/福美双 30%、福美锌 50%/2015.01.19 至 2020.01.19/低毒
黄瓜 炭疽病 1500-1800克/公顷 喷雾
PD20101642 水胺·灭多威/25%/乳油/灭多威 5%、水胺硫磷 20%/2015.06.03 至 2020.06.03/高毒
棉花 棉铃虫 150-225克/公顷 喷雾
PD20110409 吡虫啉/20%/可湿性粉剂/吡虫啉 20%/2011.04.12 至 2016.04.12/低毒
小麦 蚜虫 15-30克/公顷(南方地区)45-60克/公顷(北方地区) 喷雾
PD20110619 阿维菌素/3.2%/乳油/阿维菌素 3.2%/2011.06.08 至 2016.06.08/低毒(原药高毒)
甘蓝 小菜蛾 8.1-10.8克/公顷 喷雾
PD20120257 甲氨基阿维菌素苯甲酸盐/1%/乳油/甲氨基阿维菌素 1%/2012.02.14 至 2017.02.14/低毒
甘蓝 小菜蛾 1.5-3克/公顷 喷雾
注:甲氨基阿维菌素苯甲酸盐含量: 1.14%。
PD20120339 高氯·氟铃脲/5.7%/乳油/氟铃脲 1.9%、高效氯氰菊酯 3.8%/2012.02.17 至 2017.02.17/低毒
甘蓝 小菜蛾 42.75-51.3克/公顷 喷雾
PD20120818 啶虫脒/10%/乳油/啶虫脒 10%/2012.05.22 至 2017.05.22/低毒
棉花 蚜虫 9-18克/公顷 喷雾
PD20130613 阿维菌素/1%/颗粒剂/阿维菌素 1%/2013.04.03 至 2018.04.03/低毒(原药高毒)
黄瓜 根结线虫 244-263克/公顷 穴施、沟施
PD20151337 烯酰·锰锌//可湿性粉剂/代森锰锌 60%、烯酰吗啉 9%/2015.07.30 至 2020.07.30/低毒
黄瓜 霜霉病 1035-1397.25克/公顷 喷雾
WP20140219 氟虫腈/5%/悬浮剂/氟虫腈 5%/2014.11.03 至 2019.11.03/低毒
室内 蜚蠊 25-50毫克/平方米 滞留喷洒

山东松井农化有限公司 (山东省济南市经七路843号泰山大厦19－B10号 250022 0531-82342566)

PD20100924 多抗霉素/10%/可湿性粉剂/多抗霉素B 10%/2010.01.19 至 2015.01.19/低毒
苹果树 斑点落叶病 67-100毫克/千克 喷雾

山东松田化工有限公司 (山东省阳谷县经济开发区南环路西首 252300 0635-6381268)

PD20080019 福美双/50%/可湿性粉剂/福美双 50%/2013.01.03 至 2018.01.03/低毒
黄瓜 霜霉病 1000-1200克/公顷 喷雾
PD20082418 吡虫啉/200克/升/可溶液剂/吡虫啉 200克/升/2013.12.02 至 2018.12.24/低毒
十字花科蔬菜 蚜虫 15－30克/公顷 喷雾
PD20084138 多·福/40%/可湿性粉剂/多菌灵 5%、福美双 35%/2013.12.16 至 2018.12.16/低毒
葡萄 霜霉病 1000-1250毫克/千克 喷雾
PD20090746 多·锰锌/50%/可湿性粉剂/多菌灵 8%、代森锰锌 42%/2014.01.19 至 2019.01.19/低毒

苹果树　斑点落叶病　1000-1250毫克/千克　喷雾
PD20094294　联苯菊酯/100克/升/乳油/联苯菊酯 100克/升/2014.03.31 至 2019.03.31/中等毒
茶树　茶小绿叶蝉　30-37.5克/公顷　喷雾
PD20101091　福・福锌/80%/可湿性粉剂/福美双 30%、福美锌 50%/2010.01.25 至 2015.01.25/低毒
黄瓜　炭疽病　1500-1800克/公顷　喷雾
PD20101195　阿维・辛硫磷/35%/乳油/阿维菌素 0.3%、辛硫磷 34.7%/2015.02.08 至 2020.02.08/中等毒(原药高毒)
甘蓝　小菜蛾　210-262.5克/公顷　喷雾
PD20101489　阿维・高氯/1.8%/乳油/阿维菌素 0.3%、高效氯氰菊酯 1.5%/2015.05.10 至 2020.05.10/低毒(原药高毒)
甘蓝　菜青虫、小菜蛾　7.5-15克/公顷　喷雾
PD20120914　吡虫啉/50%/可湿性粉剂/吡虫啉 50%/2012.06.04 至 2017.06.04/低毒
小麦　蚜虫　15-30克/公顷(南方地区)45-60克/公顷(北方地区)　喷雾

山东泰来化学有限公司　(山东省寿光市文家开发区　262712　0536-5502858)

PD20085250　丙环唑/250克/升/乳油/丙环唑 250克/升/2013.12.23 至 2018.12.23/低毒
小麦　白粉病　112.5-150克/公顷　喷雾
PD20085390　噻嗪酮/25%/可湿性粉剂/噻嗪酮 25%/2013.12.24 至 2018.12.24/低毒
水稻　稻飞虱　75-112.5克/公顷　喷雾
PD20085779　腐霉利/50%/可湿性粉剂/腐霉利 50%/2013.12.29 至 2018.12.29/低毒
黄瓜　灰霉病　525-750克/公顷　喷雾
PD20086141　福美双/50%/可湿性粉剂/福美双 50%/2013.12.30 至 2018.12.30/低毒
黄瓜　白粉病　525-1125克/公顷　喷雾
PD20086202　氟啶脲/50克/升/乳油/氟啶脲 50克/升/2013.12.30 至 2018.12.30/低毒
甘蓝　小菜蛾　30-60克/公顷　喷雾
PD20091464　多菌灵/50%/可湿性粉剂/多菌灵 50%/2014.02.02 至 2019.02.02/低毒
梨树　黑星病　750-1000毫克/千克　喷雾
PD20091591　吡虫啉/20%/可溶液剂/吡虫啉 20%/2014.02.03 至 2019.02.03/低毒
水稻　稻飞虱　21-30克/公顷　喷雾
PD20093129　异菌脲/50%/可湿性粉剂/异菌脲 50%/2014.03.10 至 2019.03.10/低毒
番茄　灰霉病　375-750克/公顷　喷雾
PD20093149　甲霜・锰锌/58%/可湿性粉剂/甲霜灵 10%、代森锰锌 48%/2014.03.11 至 2019.03.11/低毒
黄瓜　霜霉病　1305-1566克/公顷　喷雾
PD20093949　赤霉酸/4%/乳油/赤霉酸 4%/2014.03.27 至 2019.03.27/微毒
芹菜　调节生长　50-100毫克/千克　喷雾
PD20093967　氢氧化铜/77%/可湿性粉剂/氢氧化铜 77%/2014.03.27 至 2019.03.27/低毒
番茄　早疫病　1386-2310克/公顷　喷雾
PD20094268　福・福锌/80%/可湿性粉剂/福美双 30%、福美锌 50%/2014.03.31 至 2019.03.31/低毒
黄瓜　炭疽病　1500-2100克/公顷　喷雾
PD20094310　氯氰菊酯/50克/升/乳油/氯氰菊酯 50克/升/2014.03.31 至 2019.03.31/中等毒
棉花　棉铃虫　45-60克/公顷　喷雾
PD20094720　霜霉威/722克/升/水剂/霜霉威 722克/升/2014.04.10 至 2019.04.10/低毒
黄瓜　疫病　3.6-5.4克/平方米　苗床浇灌
PD20100124　乙烯利/40%/水剂/乙烯利 40%/2015.01.05 至 2020.01.05/低毒
棉花　催熟　800-1333毫克/千克　茎叶喷雾
PD20100588　高效氯氟氰菊酯/25克/升/乳油/高效氯氟氰菊酯 25克/升/2015.01.14 至 2020.01.14/中等毒
十字花科叶菜　菜青虫　11.25-15克/公顷　喷雾
PD20122093　春雷・王铜/50%/可湿性粉剂/春雷霉素 5%、王铜 45%/2012.12.26 至 2017.12.26/低毒
柑橘树　溃疡病　625-1000毫克/千克　喷雾

山东泰诺药业有限公司　(山东省诸城市相州镇郭家屯村　262213　0536-6308568)

PD90106-21　苏云金杆菌/8000IU/微升/悬浮剂/苏云金杆菌 8000IU/微升/2011.10.15 至 2016.10.15/低毒
茶树　茶毛虫　400-800倍液　喷雾
林木　松毛虫　400-800倍液　喷雾
棉花　二代棉铃虫　1500-1875毫升/公顷　喷雾
十字花科蔬菜　菜青虫、小菜蛾　750-1125毫升/公顷　喷雾
水稻　稻纵卷叶螟　1500-1875毫升/公顷　喷雾
烟草　烟青虫　1500-1875毫升/公顷　喷雾
玉米　玉米螟　1125-1500毫升/公顷　加细沙灌心叶
枣树　尺蠖　400-800倍液　喷雾
PD20080488　啶虫脒/5%/乳油/啶虫脒 5%/2013.04.07 至 2018.04.07/低毒
苹果树　蚜虫　10-15毫克/千克　喷雾
PD20082894　氰戊・辛硫磷/25%/乳油/氰戊菊酯 5%、辛硫磷 20%/2013.12.09 至 2018.12.09/低毒
小麦　蚜虫　112.5-150克/公顷　喷雾
PD20083257　马拉・辛硫磷/20%/乳油/马拉硫磷 10%、辛硫磷 10%/2013.12.11 至 2018.12.11/低毒
棉花　棉铃虫　225-300克/公顷　喷雾

PD20084501 阿维菌素/1.8%/乳油/阿维菌素 1.8%/2013.12.18 至 2018.12.18/低毒(原药高毒)
菜豆 美洲斑潜蝇 10.8-16.2克/公顷 喷雾
PD20091129 氰戊菊酯/20%/乳油/氰戊菊酯 20%/2014.01.21 至 2019.01.21/中等毒
十字花科蔬菜 菜青虫 90-120克/公顷 喷雾
PD20092318 苏云金杆菌/16000IU/毫克/可湿性粉剂/苏云金杆菌 16000IU/毫克IU/毫克/2014.02.24 至 2019.02.24/低毒
十字花科蔬菜 小菜蛾 1500－2250克制剂/公顷 喷雾
PD20093875 吡虫・杀虫单/30%/可湿性粉剂/吡虫啉 1%、杀虫单 29%/2014.03.25 至 2019.03.25/中等毒
水稻 稻飞虱、稻纵卷叶螟、二化螟、三化螟 450-750克/公顷 喷雾
PD20094534 蜡质芽孢杆菌/8亿个/克/可湿性粉剂/蜡质芽孢杆菌 8亿个/克/2014.04.09 至 2019.04.09/低毒
姜 瘟病 1)240-320克制剂/100千克种姜 2)6000-12000克制剂/公顷 1)浸泡种姜30分钟2)顺垄灌根
PD20094604 吡虫啉/10%/可湿性粉剂/吡虫啉 10%/2014.04.10 至 2019.04.10/低毒
小麦 蚜虫 15-30克/公顷(南方地区)45-60克/公顷(北方地区) 喷雾
PD20095493 异丙草・莠/40%/悬浮剂/异丙草胺 24%、莠去津 16%/2014.05.11 至 2019.05.11/低毒
夏玉米田 一年生杂草 1200－1500克/公顷 土壤喷雾
PD20095881 联苯菊酯/25克/升/乳油/联苯菊酯 25克/升/2014.05.31 至 2019.05.31/低毒
茶树 茶毛虫 11.25-15克/公顷 喷雾
PD20096832 木霉菌/25亿活孢子/克/母药/木霉菌 25亿活孢子/克/2014.09.21 至 2019.09.21/低毒
PD20096833 木霉菌/2亿活孢子/克/可湿性粉剂/木霉菌 2亿活孢子/克/2014.09.21 至 2019.09.21/低毒
黄瓜 灰霉病 1875-3750克制剂/公顷 喷雾
PD20101573 木霉菌/1亿活孢子/克/水分散粒剂/木霉菌 1亿孢子/克/2015.06.01 至 2020.06.01/低毒
小麦 纹枯病 1)2500-5000克制剂/100千克种子2)750-1500克制剂/公顷 1)拌种2)顺垄灌根两次
PD20101765 啶虫脒/20%/可溶液剂/啶虫脒 20%/2015.07.07 至 2020.07.07/低毒
小麦 蚜虫 13.5-18克/公顷 喷雾
PD20122088 甲氨基阿维菌素苯甲酸盐/1%/乳油/甲氨基阿维菌素 1%/2012.12.26 至 2017.12.26/低毒
甘蓝 小菜蛾 1.5-2.25克/公顷 喷雾
注:甲氨基阿维菌素苯甲酸盐含量: 1.14%。
PD20130914 咪鲜胺/40%/水乳剂/咪鲜胺 40%/2013.04.28 至 2018.04.28/低毒
香蕉 炭疽病 250-500毫克/千克 浸果
PD20140874 荧光假单胞杆菌/5亿芽孢/克/可湿性粉剂/荧光假单胞杆菌 5亿芽孢/克/2014.04.08 至 2019.04.08/低毒
小麦 全蚀病 1)1000-1500克制剂/100千克种子2)1500-2250克制剂/公顷 1)拌种2)灌根
PD20151255 戊唑醇/25%/可湿性粉剂/戊唑醇 25%/2015.07.30 至 2020.07.30/低毒
苹果树 斑点落叶病 100-125毫克/千克 喷雾
PD20151479 醚菌酯/30%/可湿性粉剂/醚菌酯 30%/2015.07.31 至 2020.07.31/低毒
黄瓜 白粉病 123.75-157.5克/公顷 喷雾

山东泰阳生物科技有限公司 (山东省泰安市宁阳县经济开发区化学工业园石崮河街 271408 0538-5866687)

PD20093606 氯氰菊酯/5%/乳油/氯氰菊酯 5%/2014.03.23 至 2019.03.23/低毒
甘蓝 菜青虫 30-45克/公顷 喷雾
PD20094456 异丙草・莠/40%/悬乳剂/异丙草胺 24%、莠去津 16%/2014.04.01 至 2019.04.01/低毒
夏玉米田 一年生杂草 1200-1500克/公顷 土壤喷雾
PD20098341 敌・辛/50%/乳油/敌百虫 30%、辛硫磷 20%/2014.12.18 至 2019.12.18/低毒
棉花 棉铃虫 450-600克/公顷 喷雾
PD20100704 阿维菌素/1.8%/乳油/阿维菌素 1.8%/2015.01.16 至 2020.01.16/中等毒(原药高毒)
甘蓝 小菜蛾 8.1-10.8克/公顷 喷雾
PD20101682 乙草胺/89%/乳油/乙草胺 89%/2015.06.08 至 2020.06.08/低毒
夏玉米田 一年生禾本科杂草及部分阔叶杂草 810-1620克/公顷 播后苗前土壤喷雾
PD20140133 烟嘧・莠去津/20%/可分散油悬浮剂/烟嘧磺隆 3%、莠去津 17%/2014.01.20 至 2019.01.20/低毒
玉米田 一年生杂草 240-360克/公顷 茎叶喷雾

山东天成生物科技有限公司 (山东省淄博市博山区 255202 0533-4682517)

PD20083302 毒死蜱/97%/原药/毒死蜱 97%/2013.12.11 至 2018.12.11/中等毒
PD20092910 代森锰锌/70%/可湿性粉剂/代森锰锌 70%/2014.03.05 至 2019.03.05/低毒
番茄 早疫病 1575-1995克/公顷 喷雾
PD20093284 乙铝・锰锌/70%/可湿性粉剂/代森锰锌 40%、三乙膦酸铝 30%/2014.03.11 至 2019.03.11/低毒
黄瓜 霜霉病 2100-4200克/公顷 喷雾
PD20094857 多・福/40%/可湿性粉剂/多菌灵 5%、福美双 35%/2014.04.13 至 2019.04.13/低毒
葡萄 霜霉病 1000-1250毫克/千克 喷雾
PD20094932 代森锰锌/88%/原药/代森锰锌 88%/2014.04.13 至 2019.04.13/低毒
PD20095810 多・锰锌/50%/可湿性粉剂/多菌灵 8%、代森锰锌 42%/2014.05.27 至 2019.05.27/低毒
苹果树 斑点落叶病 1000-1250毫克/千克 喷雾
PD20096217 二甲戊灵/96%/原药/二甲戊灵 96%/2014.07.15 至 2019.07.15/低毒

PD20096572 吡虫啉/10%/可湿性粉剂/吡虫啉 10%/2014.08.24 至 2019.08.24/低毒
水稻 稻飞虱 15-30克/公顷 喷雾
PD20097579 福美双/70%/可湿性粉剂/福美双 70%/2014.11.03 至 2019.11.03/低毒
黄瓜 霜霉病 840-1260克/公顷 喷雾
PD20100529 毒死蜱/40%/乳油/毒死蜱 40%/2015.01.14 至 2020.01.14/中等毒
棉花 棉铃虫 675-900克/公顷 喷雾

山东天道生物工程有限公司 （山东省菏泽市丹阳工业园松花江路 274000 0530-3977619）

PD20091638 二甲戊灵/330克/升/乳油/二甲戊灵 330克/升/2014.02.03 至 2019.02.03/低毒
韭菜田 一年生杂草 495-742.5克/公顷 土壤喷雾
PD20091960 百菌清/75%/可湿性粉剂/百菌清 75%/2014.02.12 至 2019.02.12/低毒
番茄 早疫病 1650-3000克/公顷 喷雾
PD20091974 三唑锡/25%/可湿性粉剂/三唑锡 25%/2014.02.12 至 2019.02.12/中等毒
柑橘树 红蜘蛛 125-166.7毫克/千克 喷雾
PD20132424 丙环唑/25%/乳油/丙环唑 25%/2013.11.20 至 2018.11.20/低毒
香蕉 叶斑病 250-500毫克/千克 喷雾
PD20140211 腐霉利/50%/可湿性粉剂/腐霉利 50%/2014.01.29 至 2019.01.29/低毒
黄瓜 灰霉病 562.5-750克/公顷 喷雾
PD20140394 氟硅唑/400克/升/乳油/氟硅唑 400克/升/2014.02.20 至 2019.02.20/低毒
菜豆 白粉病 45-56.25克/公顷 喷雾
PD20141479 苯丁锡/50%/可湿性粉剂/苯丁锡 50%/2014.06.09 至 2019.06.09/低毒
柑橘树 红蜘蛛 150-250毫克/千克 喷雾

山东天威农药有限公司 （山东省济南市东二环路2216号 250100 0531-88110469）

PD20100089 敌敌畏/80%/乳油/敌敌畏 80%/2010.01.04 至 2015.01.04/低毒
十字花科蔬菜 菜青虫 720-840克/公顷 喷雾
PD20100415 仲丁威/25%/乳油/仲丁威 25%/2010.01.14 至 2015.01.14/低毒
水稻 稻飞虱、叶蝉 468.75-562.5克/公顷 喷雾
PD20100457 辛硫磷/40%/乳油/辛硫磷 40%/2010.01.14 至 2015.01.14/低毒
棉花 棉铃虫 480-600克/公顷 喷雾
PD20100656 丙环唑/250克/升/乳油/丙环唑 250克/升/2010.01.15 至 2015.01.15/低毒
香蕉 叶斑病 250－500毫克/千克 喷雾
PD20101035 噻嗪酮/25%/可湿性粉剂/噻嗪酮 25%/2010.01.21 至 2015.01.21/低毒
茶树 茶小绿叶蝉 166-250毫克/千克 喷雾
水稻 飞虱 93.75-150克/公顷 喷雾
PD20101388 三乙膦酸铝/40%/可湿性粉剂/三乙膦酸铝 40%/2015.04.14 至 2020.04.14/低毒
黄瓜 霜霉病 1800－2820克/公顷 喷雾
PD20102106 敌磺钠/70%/可溶粉剂/敌磺钠 70%/2015.11.30 至 2020.11.30/中等毒
黄瓜 立枯病 2625-5250克/公顷 喷雾或泼浇
PD20110084 代森锰锌/70%/可湿性粉剂/代森锰锌 70%/2016.01.21 至 2021.01.21/低毒
番茄 早疫病 1837.5-2362.5克/公顷 喷雾
PD20121323 炔螨特/73%/乳油/炔螨特 73%/2012.09.11 至 2017.09.11/低毒
柑橘树 红蜘蛛 243－365毫克/千克 喷雾
PD20121628 百菌清/75%/可湿性粉剂/百菌清 75%/2012.10.30 至 2017.10.30/低毒
黄瓜 霜霉病 1653.75-3003.75克/公顷 喷雾
PD20130192 烟嘧磺隆/40克/升/可分散油悬浮剂/烟嘧磺隆 40克/升/2013.01.24 至 2018.01.24/低毒
玉米田 一年生杂草 40-60克/公顷 茎叶喷雾
PD20130223 咪鲜胺/450克/升/水乳剂/咪鲜胺 450克/升/2013.01.30 至 2018.01.30/低毒
柑橘 炭疽病 225-450毫克/千克 浸果
水稻 恶苗病 75-112.5毫克/千克 浸种
PD20130349 多菌灵/80%/可湿性粉剂/多菌灵 80%/2013.03.11 至 2018.03.11/低毒
苹果树 轮纹病 667-1000毫克/千克 喷雾
PD20131739 甲基硫菌灵/70%/可湿性粉剂/甲基硫菌灵 70%/2013.08.16 至 2018.08.16/低毒
水稻 纹枯病 1275-1500克/公顷 喷雾

山东通用化学品有限公司 （山东省阳谷县寿张镇双庙杜村 252300 0635-6820127）

PD20085247 高效氯氟氰菊酯/25克/升/乳油/高效氯氟氰菊酯 25克/升/2013.12.23 至 2018.12.23/中等毒
甘蓝 菜青虫 7.5-11.25克/公顷 喷雾
小麦 蚜虫 7.5-11.25克/公顷 喷雾
PD20090457 乙草胺/900克/升/乳油/乙草胺 900克/升/2014.01.12 至 2019.01.12/低毒
春玉米田 一年生禾本科杂草及部分小粒种子阔叶杂草 1350-1620克/公顷 土壤喷雾
夏玉米田 一年生禾本科杂草及部分小粒种子阔叶杂草 810-1350克/公顷 土壤喷雾
PD20097145 烟嘧磺隆/40克/升/可分散油悬浮剂/烟嘧磺隆 40克/升/2014.10.16 至 2019.10.16/低毒
玉米田 一年生杂草 42-60克/公顷 茎叶喷雾

PD20097224 氟乐灵/480克/升/乳油/氟乐灵 480克/升/2014.10.19 至 2019.10.19/低毒
棉花田 一年生杂草 720-1080克/公顷 土壤喷雾
PD20098459 乙草胺/48%/水乳剂/乙草胺 48%/2014.12.24 至 2019.12.24/低毒
花生田 一年生禾本科杂草及部分阔叶杂草 1080-1440克/公顷 播后苗前土壤喷雾

山东潍坊润丰化工股份有限公司 (山东省潍坊市滨海经济开发区海源街600号 262737 0531-88875222)

PD20070627 扑草净/95%/原药/扑草净 95%/2012.12.14 至 2017.12.14/低毒
PD20070628 草甘膦/95%/原药/草甘膦 95%/2012.12.14 至 2017.12.14/低毒
PD20080023 丁草胺/95%/原药/丁草胺 95%/2013.01.03 至 2018.01.03/低毒
PD20080087 乙草胺/95%/原药/乙草胺 95%/2013.01.03 至 2018.01.03/低毒
PD20080089 甲草胺/95%/原药/甲草胺 95%/2013.01.03 至 2018.01.03/低毒
PD20080142 氟乐灵/96%/原药/氟乐灵 96%/2013.01.03 至 2018.01.03/低毒
PD20080224 莠去津/98%/原药/莠去津 98%/2013.01.11 至 2018.01.11/低毒
PD20080238 西玛津/98%/原药/西玛津 98%/2013.02.14 至 2018.02.14/低毒
PD20080239 二甲戊灵/95%/原药/二甲戊灵 95%/2013.02.14 至 2018.02.14/低毒
PD20081098 莠灭净/98%/原药/莠灭净 98%/2013.08.18 至 2018.08.18/低毒
PD20081487 多菌灵/98%/原药/多菌灵 98%/2013.11.05 至 2018.11.05/低毒
PD20081534 百草枯/42%/母药/百草枯 42%/2013.11.06 至 2018.11.06/中等毒
PD20083670 异丙甲草胺/96%/原药/异丙甲草胺 96%/2013.12.15 至 2018.12.15/低毒
PD20084119 敌稗/96%/原药/敌稗 96%/2013.12.16 至 2018.12.16/低毒
PD20085921 毒死蜱/97%/原药/毒死蜱 97%/2013.12.29 至 2018.12.29/中等毒
PD20090668 莠去津/90%/水分散粒剂/莠去津 90%/2014.01.19 至 2019.01.19/低毒
夏玉米田 一年生杂草 1215-1485克/公顷 播后苗前土壤喷雾
PD20090807 莠去津/80%/可湿性粉剂/莠去津 80%/2014.01.19 至 2019.01.19/低毒
夏玉米田 一年生杂草 1200-1680克/公顷 土壤喷雾
PD20091224 异丙甲草胺/720克/升/乳油/异丙甲草胺 720克/升/2014.02.01 至 2019.02.01/低毒
夏玉米田 一年生禾本科杂草及部分阔叶杂草 1620-2160克/公顷 土壤喷雾
PD20091606 莠去津/38%/悬浮剂/莠去津 38%/2014.02.03 至 2019.02.03/低毒
夏玉米田 一年生杂草 1140-1425克/公顷 土壤喷雾
PD20092670 扑草净/50%/可湿性粉剂/扑草净 50%/2014.03.03 至 2019.03.03/低毒
水稻 稗草、莎草及阔叶杂草 150-900克/公顷 毒土法
PD20092690 莠去津/50%/悬浮剂/莠去津 50%/2014.03.03 至 2019.03.03/低毒
夏玉米田 一年生杂草 1125-1500克/公顷 土壤喷雾
PD20092692 丁草胺/50%/乳油/丁草胺 50%/2014.03.03 至 2019.03.03/低毒
移栽水稻田 一年生杂草 750-1200克/公顷 药土法
PD20093443 莠灭净/50%/悬浮剂/莠灭净 50%/2014.03.23 至 2019.03.23/低毒
甘蔗田 一年生杂草 1500-1725克/公顷 喷雾
PD20093457 2,4-滴/98%/原药/2,4-滴 98%/2014.03.23 至 2019.03.23/低毒
PD20093520 乙草胺/50%/乳油/乙草胺 50%/2014.03.23 至 2019.03.23/低毒
夏玉米田 一年生杂草 900-1350克/公顷 土壤喷雾
PD20093688 吡虫啉/96%/原药/吡虫啉 96%/2014.03.25 至 2019.03.25/低毒
PD20093784 莠灭净/90%/水分散粒剂/莠灭净 90%/2014.03.25 至 2019.03.25/低毒
甘蔗田 部分禾本科杂草、一年生阔叶杂草 1500-1800克/公顷 喷雾
PD20093961 敌敌畏/95%/原药/敌敌畏 95%/2014.03.27 至 2019.03.27/中等毒
PD20094323 代森锰锌/90%/原药/代森锰锌 90%/2014.03.31 至 2019.03.31/低毒
PD20094442 莠灭净/80%/可湿性粉剂/莠灭净 80%/2014.04.01 至 2019.04.01/低毒
甘蔗田 一年生杂草 1200-1920克/公顷 喷雾
PD20094802 敌百虫/97%/原药/敌百虫 97%/2014.04.13 至 2019.04.13/低毒
PD20095380 草甘膦异丙胺盐/30%/水剂/草甘膦 30%/2014.04.27 至 2019.04.27/低毒
茶园 杂草 1125-2250克/公顷 定向茎叶喷雾
注:草甘膦异丙胺盐含量为：41%。草甘膦异丙胺盐水剂质量浓度为480克/升。
PD20096060 阿维菌素/95%/原药/阿维菌素 95%/2014.06.18 至 2019.06.18/高毒
PD20096989 百菌清/98.5%/原药/百菌清 98.5%/2014.09.29 至 2019.09.29/低毒
PD20097077 2,4-滴钠盐/80.5%/原药/2,4-滴 80.5%/2014.10.10 至 2019.10.10/低毒
注:2,4-滴钠盐含量：95%.
PD20097137 2,4-滴二甲胺盐/860克/升/水剂/2,4-滴二甲胺盐 860克/升/2014.10.16 至 2019.10.16/低毒
小麦田 一年生阔叶杂草 645-903克/公顷 茎叶喷雾
PD20097447 草甘膦铵盐/30%/水剂/草甘膦 30%/2014.10.28 至 2019.10.28/低毒
苹果园 杂草 1125-2250克/公顷 茎叶喷雾
注:草甘膦铵盐含量：33%。
PD20097521 环嗪酮/98%/原药/环嗪酮 98%/2014.11.03 至 2019.11.03/低毒
PD20097918 辛酰溴苯腈/97%/原药/辛酰溴苯腈 97%/2014.11.30 至 2019.11.30/低毒
PD20097977 2,4-滴二甲胺盐/600克/升/水剂/2,4-滴二甲胺盐 600克/升/2014.12.01 至 2019.12.01/低毒
柑橘园 阔叶杂草 2250-2700克/公顷 定向茎叶喷雾

PD20098514 杀螟丹/98%/原药/杀螟丹 98%/2014.12.24 至 2019.12.24/中等毒

PD20100240 精喹禾灵/95%/原药/精喹禾灵 95%/2015.01.11 至 2020.01.11/低毒

PD20100411 麦草畏/98%/原药/麦草畏 98%/2015.01.14 至 2020.01.14/低毒

PD20100492 2,4-滴丁酯/96%/原药/2,4-滴丁酯 96%/2015.01.14 至 2020.01.14/低毒

PD20100510 丙草胺/95%/原药/丙草胺 95%/2015.01.14 至 2020.01.14/低毒

PD20100576 丙环唑/95%/原药/丙环唑 95%/2015.01.14 至 2020.01.14/低毒

PD20100603 阿维菌素/1.8%/乳油/阿维菌素 1.8%/2015.01.14 至 2020.01.14/低毒(原药高毒)

甘蓝 小菜蛾 33.3-50毫升制剂/亩 喷雾

PD20100810 苯磺隆/95%/原药/苯磺隆 95%/2015.01.19 至 2020.01.19/低毒

PD20100920 戊唑醇/97%/原药/戊唑醇 97%/2015.01.19 至 2020.01.19/低毒

PD20101252 2,4-滴丁酯/57%/乳油/2,4-滴丁酯 57%/2015.03.05 至 2020.03.05/低毒

小麦田 一年生阔叶杂草 540-756克/公顷 茎叶喷雾

PD20101349 甲霜灵/95%/原药/甲霜灵 95%/2015.03.26 至 2020.03.26/低毒

PD20102157 敌草隆/80%/可湿性粉剂/敌草隆 80%/2015.12.08 至 2020.12.08/低毒

甘蔗田 一年生杂草 1200-2400克/公顷 土壤或定向喷雾

PD20102185 2,4-滴二甲胺盐/720克/升/水剂/2,4-滴二甲胺盐 720克/升/2010.12.15 至 2015.12.15/低毒

注:专供出口，不得在国内销售。

PD20110021 草甘膦异丙胺盐/46%/水剂/草甘膦 46%/2016.01.04 至 2021.01.04/低毒

苹果园 杂草 1125-2250克/公顷 定向茎叶喷雾

注:草甘膦异丙胺盐含量:62%。

PD20110050 草甘膦铵盐/68%/可溶粒剂/草甘膦 68%/2016.01.11 至 2021.01.11/低毒

柑橘园 杂草 1125-2250克/公顷 定向茎叶喷雾

注:草甘膦铵盐含量: 74.7%。

PD20111287 百草枯/200克/升/水剂/百草枯 200克/升/2011.11.23 至 2016.11.23/中等毒

注:专供出口，不得在国内销售。

PD20120279 代森锰锌/80%/可湿性粉剂/代森锰锌 80%/2012.02.15 至 2017.02.15/低毒

注:专供出口，不得在国内销售。

PD20121545 毒死蜱/480克/升/乳油/毒死蜱 480克/升/2012.10.25 至 2017.10.25/中等毒

注:专供出口,不得在国内销售。

PD20121765 敌草隆/97%/原药/敌草隆 97%/2012.11.15 至 2017.11.15/低毒

注:专供出口,不得在国内销售。

PD20122091 戊唑醇/430克/升/悬浮剂/戊唑醇 430克/升/2012.12.26 至 2017.12.26/低毒

注:专供出口,不得在国内销售。

PD20130246 草铵膦/95%/原药/草铵膦 95%/2013.02.05 至 2018.02.05/低毒

注:专供出口，不得在国内销售。

PD20130344 麦草畏/480克/升/水剂/麦草畏 480克/升/2013.03.11 至 2018.03.11/低毒

注:专供出口,不得在国内销售。

PD20130359 2甲4氯异辛酯/95%/原药/2甲4氯异辛酯 95%/2013.03.11 至 2018.03.11/中等毒

注:专供出口,不得在国内销售.

PD20130360 特丁净/97%/原药/特丁净 97%/2013.03.11 至 2018.03.11/中等毒

注:专供出口,不得在国内销售。

PD20130362 特丁津/97%/原药/特丁津 97%/2013.03.11 至 2018.03.11/中等毒

注:专供出口，不得在国内销售。

PD20130536 2,4-滴异辛酯/96%/原药/2,4-滴异辛酯 96%/2013.04.01 至 2018.04.01/低毒

注:专供出口,不得在国内销售。

PD20130574 氨氯吡啶酸/95%/原药/氨氯吡啶酸 95%/2013.04.02 至 2018.04.02/低毒

PD20130664 西玛津/90%/水分散粒剂/西玛津 90%/2013.04.08 至 2018.04.08/低毒

玉米田 一年生杂草 春玉米田: 2160-2700克/公顷; 夏玉米田:1620-2160克/公顷 播后苗前土壤喷雾

PD20130809 2甲4氯/96%/原药/2甲4氯 96%/2013.04.22 至 2018.04.22/低毒

注:专供出口，不得在国内销售。

PD20130853 苯醚甲环唑/95%/原药/苯醚甲环唑 95%/2013.04.22 至 2018.04.22/低毒

注:专供出口,不得在国内销售。

PD20130855 氟环唑/97%/原药/氟环唑 97%/2013.04.22 至 2018.04.22/低毒

PD20131223 敌草隆/80%/水分散粒剂/敌草隆 80%/2013.05.28 至 2018.05.28/低毒

甘蔗田 一年生杂草 1200-1800克/公顷 土壤喷雾

PD20131227 双氟磺草胺/97%/原药/双氟磺草胺 97%/2013.05.28 至 2018.05.28/低毒

PD20131371 2,4-滴异辛酯/50%/乳油/2,4-滴异辛酯 50%/2013.06.24 至 2018.06.24/低毒

小麦田 一年生阔叶杂草 562.5-750克/公顷 茎叶喷雾

PD20131372 异丙甲草胺/960克/升/乳油/异丙甲草胺 960克/升/2013.06.24 至 2018.06.24/低毒

注:专供出口,不得在国内销售。

PD20131393 烯草酮/90%/原药/烯草酮 90%/2013.06.24 至 2018.06.24/低毒

注:专供出口，不得在国内销售。

PD20131425 麦草畏钠盐/70%/可溶粒剂/麦草畏 70%/2013.07.03 至 2018.07.03/中等毒
注:麦草畏钠盐含量：77%。专供出口，不得在国内销售。
PD20131488 2,4-滴二甲胺盐/80%/可溶粒剂/2,4-滴 80%/2013.07.05 至 2018.07.05/中等毒
注： 专供出口，不得在国内销售。 2,4-滴二甲胺盐含量：96%。
PD20131500 氨氯吡啶酸/240克/升/水剂/氨氯吡啶酸 240克/升/2013.07.05 至 2018.07.05/低毒
注:专供出口，不得在国内销售。
PD20131511 三氯吡氧乙酸丁氧基乙酯/97.3%/原药/三氯吡氧乙酸丁氧基乙酯 97.3%/2013.07.17 至 2018.07.17/低毒
注:专供出口,不得在国内销售。
PD20131622 草铵膦/200克/升/水剂/草铵膦 200克/升/2013.07.30 至 2018.07.30/低毒
注:专供出口，不得在国内销售。
PD20131630 嗪草酮/95%/原药/嗪草酮 95%/2013.07.30 至 2018.07.30/低毒
PD20131728 滴·氨氯/304克/升/水剂/氨氯吡啶酸 64克/升、2,4-滴 240克/升/2013.08.16 至 2018.08.16/低毒
注:专供出口，不得在国内销售。
PD20131738 敌草快/41%/母药/敌草快 41%/2013.08.16 至 2018.08.16/中等毒
PD20131835 噻虫嗪/98%/原药/噻虫嗪 98%/2013.09.17 至 2018.09.17/低毒
PD20131962 双草醚/97%/原药/双草醚 97%/2013.10.10 至 2018.10.10/低毒
PD20131984 二氯吡啶酸/95%/原药/二氯吡啶酸 95%/2013.10.10 至 2018.10.10/中等毒
PD20132036 百菌清/40%/悬浮剂/百菌清 40%/2013.10.21 至 2018.10.21/低毒
注:专供出口，不得在国内销售。
PD20132097 丙溴磷/94%/原药/丙溴磷 94%/2013.10.24 至 2018.10.24/中等毒
注:专供出口，不得在国内销售。
PD20132171 咪唑乙烟酸/98%/原药/咪唑乙烟酸 98%/2013.10.29 至 2018.10.29/低毒
PD20132172 2甲4氯二甲胺盐/750克/升/水剂/2甲4氯二甲胺盐 750克/升/2013.10.29 至 2018.10.29/低毒
注:专供出口，不得在国内销售。
PD20132212 克菌丹/50%/可湿性粉剂/克菌丹 50%/2013.10.29 至 2018.10.29/低毒
注:专供出口，不得在国内销售。
PD20132213 百菌清/720克/升/悬浮剂/百菌清 720克/升/2013.10.29 至 2018.10.29/低毒
注:专供出口，不得在国内销售。
PD20132232 氟乐灵/480克/升/乳油/氟乐灵 480克/升/2013.11.05 至 2018.11.05/低毒
注:专供出口，不得在国内销售。
PD20132234 多菌灵/500克/升/悬浮剂/多菌灵 500克/升/2013.11.05 至 2018.11.05/低毒
注:专供出口，不得国在国内销售。
PD20132248 甲氧虫酰肼/98%/原药/甲氧虫酰肼 98%/2013.11.05 至 2018.11.05/低毒
PD20132277 吡虫啉/70%/水分散粒剂/吡虫啉 70%/2013.11.08 至 2018.11.08/中等毒
注:专供出口，不得在国内销售。
PD20132287 甲磺草胺/94%/原药/甲磺草胺 94%/2013.11.08 至 2018.11.08/低毒
注:专供出口，不得在国内销售。
PD20132325 甲磺草胺/500克/升/悬浮剂/甲磺草胺 500克/升/2013.11.13 至 2018.11.13/低毒
注:专供出口，不得在国内销售。
PD20132410 烯草酮/240克/升/乳油/烯草酮 240克/升/2013.11.20 至 2018.11.20/低毒
注:专供出口，不得在国内销售。
PD20132463 异噁草松/95%/原药/异噁草松 95%/2013.12.02 至 2018.12.02/低毒
PD20132495 乙氧氟草醚/97%/原药/乙氧氟草醚 97%/2013.12.10 至 2018.12.10/低毒
注:专供出口，不得在国内销售。
PD20132515 克菌丹/80%/水分散粒剂/克菌丹 80%/2013.12.16 至 2018.12.16/低毒
注:专供出口，不得在国内销售。
PD20132559 代森锰锌/75%/水分散粒剂/代森锰锌 75%/2013.12.17 至 2018.12.17/低毒
注:专供出口，不得在国内销售。
PD20132564 草甘膦铵盐/86.3%/可溶粒剂/草甘膦 86.3%/2013.12.17 至 2018.12.17/低毒
注:专供出口，不得在国内销售。 草甘膦铵盐含量：95%
PD20132574 乙草胺/900克/升/乳油/乙草胺 900克/升/2013.12.17 至 2018.12.17/低毒
注:专供出口，不得在国内销售。
PD20132662 氯氟吡氧乙酸异辛酯/200克/升/乳油/氯氟吡氧乙酸 200克/升/2013.12.20 至 2018.12.20/低毒
注: 氯氟吡氧乙酸异辛酯含量：288克/升。 专供出口，不得在国内销售。
PD20132666 敌草隆/800克/升/悬浮剂/敌草隆 800克/升/2013.12.20 至 2018.12.20/低毒
注:专供出口，不得在国内销售。
PD20132673 异噁草松/480克/升/乳油/异噁草松 480克/升/2013.12.25 至 2018.12.25/低毒
注:专供出口，不得在国内销售。
PD20132675 草甘膦异丙胺盐/450克/升/水剂/草甘膦 450克/升/2013.12.25 至 2018.12.25/低毒
注: 草甘膦异丙胺盐含量：600克/升； 专供出口，不得在国内销售。
PD20140022 二氯吡啶酸/75%/可溶粒剂/二氯吡啶酸 75%/2014.01.02 至 2019.01.02/低毒
注:专供出口，不得在国内销售。
PD20140080 2,4-滴丁酯/1000克/升/乳油/2,4-滴丁酯 1000克/升/2014.01.20 至 2019.01.20/低毒

注:专供出口，不得在国内销售

PD20140140 乙氧氟草醚/240克/升/乳油/乙氧氟草醚 240克/升/2014.01.20 至 2019.01.20/低毒
注:专供出口，不得在国内销售。

PD20140142 醚菌酯/95%/原药/醚菌酯 95%/2014.01.20 至 2019.01.20/低毒

PD20140187 丙环唑/250克/升/乳油/丙环唑 250克/升/2014.01.29 至 2019.01.29/低毒
注:专供出口，不得在国内销售。

PD20140191 嗪草酮/75%/水分散粒剂/嗪草酮 75%/2014.01.29 至 2019.01.29/低毒
注:专供出口，不得在国内销售。

PD20140465 硝磺草酮/97%/原药/硝磺草酮 97%/2014.02.25 至 2019.02.25/低毒
注:专供出口，不得在国内销售。

PD20140522 氯氟吡氧乙酸异辛酯/95%/原药/氯氟吡氧乙酸异辛酯 95%/2014.03.06 至 2019.03.06/中等毒

PD20140666 丙溴磷/500克/升/乳油/丙溴磷 500克/升/2014.03.14 至 2019.03.14/低毒
注:专供出口，不得在国内销售。

PD20140729 唑草酮/91%/原药/唑草酮 91%/2014.03.24 至 2019.03.24/低毒

PD20140743 啶虫脒/99%/原药/啶虫脒 99%/2014.03.24 至 2019.03.24/中等毒

PD20140748 高效氯氟氰菊酯/96%/原药/高效氯氟氰菊酯 96%/2014.03.24 至 2019.03.24/中等毒

PD20140869 茚虫威/80%/母药/茚虫威 80%/2014.04.08 至 2019.04.08/中等毒

PD20140939 高效氟吡甲禾灵/97%/原药/高效氟吡甲禾灵 97%/2014.04.14 至 2019.04.14/低毒

PD20140945 氟磺胺草醚/250克/升/水剂/氟磺胺草醚 250克/升/2014.04.14 至 2019.04.14/低毒
注:专供出口产品，不得在国内销售。

PD20140998 克菌丹/95%/原药/克菌丹 95%/2014.04.21 至 2019.04.21/低毒

PD20141095 多菌灵/80%/水分散粒剂/多菌灵 80%/2014.04.27 至 2019.04.27/低毒
注:专供出口，不得在国内销售。

PD20141096 二甲戊灵/500克/升/乳油/二甲戊灵 500克/升/2014.04.27 至 2019.04.27/低毒
注:专供出口，不得在国内销售。

PD20141119 虱螨脲/98%/原药/虱螨脲 98%/2014.04.27 至 2019.04.27/低毒

PD20141120 咯菌腈/95%/原药/咯菌腈 95%/2014.04.27 至 2019.04.27/低毒

PD20141245 乙酰甲胺磷/98%/原药/乙酰甲胺磷 98%/2014.05.07 至 2019.05.07/低毒

PD20141275 吡虫啉/600克/升/悬浮剂/吡虫啉 600克/升/2014.05.12 至 2019.05.12/中等毒
注:专供出口，不得在国内销售。

PD20141281 2,4-滴异辛酯/1025克/升/乳油/2,4-滴异辛酯 1025克/升/2014.05.12 至 2019.05.12/低毒
注:专供出口，不得在国内销售。

PD20141369 精异丙甲草胺/98%/原药/精异丙甲草胺 98%/2014.06.04 至 2019.06.04/低毒

PD20141374 烯酰吗啉/97%/原药/烯酰吗啉 97%/2014.06.04 至 2019.06.04/低毒

PD20141399 双草醚/400克/升/悬浮剂/双草醚 400克/升/2014.06.05 至 2019.06.05/低毒
注:专供出口，不得在国内销售。

PD20141400 百菌清/90%/水分散粒剂/百菌清 90%/2014.06.05 至 2019.06.05/低毒
注:专供出口，不得在国内销售。

PD20141403 硫双威/97%/原药/硫双威 97%/2014.06.05 至 2019.06.05/中等毒

PD20141442 氰氟草酯/97.4%/原药/氰氟草酯 97.4%/2014.06.09 至 2019.06.09/低毒

PD20141478 唑嘧磺草胺/97%/原药/唑嘧磺草胺 97%/2014.06.09 至 2019.06.09/低毒

PD20141480 环嗪·敌草隆/60%/水分散粒剂/敌草隆 46.8%、环嗪酮 13.2%/2014.06.09 至 2019.06.09/低毒
注:专供出口，不得在国内销售。

PD20141482 烟嘧磺隆/97%/原药/烟嘧磺隆 97%/2014.06.09 至 2019.06.09/低毒

PD20141547 百菌清/75%/可湿性粉剂/百菌清 75%/2014.06.17 至 2019.06.17/低毒
注:专供出口，不得在国内销售。

PD20141585 吡嘧磺隆/98%/原药/吡嘧磺隆 98%/2014.06.17 至 2019.06.17/低毒

PD20141606 敌草快/200克/升/水剂/敌草快 200克/升/2014.06.24 至 2019.06.24/中等毒
注:专供出口，不得在国内销售。

PD20141613 灭草松/480克/升/水剂/灭草松 480克/升/2014.06.24 至 2019.06.24/低毒
注:专供出口，不得在国内销售。

PD20141696 苄嘧磺隆/97%/原药/苄嘧磺隆 97%/2014.06.30 至 2019.06.30/低毒

PD20141736 己唑醇/95/原药/己唑醇 95%/2014.06.30 至 2019.06.30/低毒

PD20141744 除虫脲/98%/原药/除虫脲 98%/2014.06.30 至 2019.06.30/低毒

PD20141798 甲咪唑烟酸/97%/原药/甲咪唑烟酸 97%/2014.07.14 至 2019.07.14/低毒

PD20141810 噁草酮/97%/原药/噁草酮 97%/2014.07.14 至 2019.07.14/低毒

PD20141913 螺螨酯/98%/原药/螺螨酯 98%/2014.08.01 至 2019.08.01/低毒

PD20141940 敌稗/480克/升/乳油/敌稗 480克/升/2014.08.04 至 2019.08.04/低毒
注:专供出口，不得在国内销售。

PD20141993 吡蚜酮/98%/原药/吡蚜酮 98%/2014.08.14 至 2019.08.14/低毒

PD20142026 咪鲜胺/97%/原药/咪鲜胺 97%/2014.08.27 至 2019.08.27/低毒

PD20142195 甲基硫菌灵/95%/原药/甲基硫菌灵 95%/2014.09.28 至 2019.09.28/中等毒

PD20142212 烟嘧磺隆/75%/水分散粒剂/烟嘧磺隆 75%/2014.09.28 至 2019.09.28/低毒

注:专供出口，不得在国内销售。

PD20142306 禾草灵/97%/原药/禾草灵 97%/2014.11.03 至 2019.11.03/中等毒

PD20142344 草甘膦铵盐/80%/可溶粒剂/草甘膦铵盐 80%/2014.11.03 至 2019.11.03/低毒
注:草甘膦铵盐含量：88.8%；专供出口，不得在国内销售。

PD20142354 唑嘧磺草胺/80%/水分散粒剂/唑嘧磺草胺 80%/2014.11.04 至 2019.11.04/低毒
注:专供出口，不得在国内销售。

PD20142361 二氯喹啉酸/96%/原药/二氯喹啉酸 96%/2014.11.04 至 2019.11.04/中等毒

PD20142379 丙草胺/500克/升/乳油/丙草胺 500克/升/2014.11.04 至 2019.11.04/低毒
注:专供出口，不得在国内销售。

PD20142443 氟硅唑/95%/原药/氟硅唑 95%/2014.11.15 至 2019.11.15/低毒

PD20142458 氯嘧磺隆/98%/原药/氯嘧磺隆 98%/2014.11.15 至 2019.11.15/低毒
注:专供出口，不得在国内销售。

PD20142459 苯醚甲环唑/250克/升/乳油/苯醚甲环唑 250克/升/2014.11.15 至 2019.11.15/低毒
注:专供出口，不得在国内销售。

PD20142483 双氟・滴辛酯/459克/升/悬乳剂/2,4-滴异辛酯 453克/升、双氟磺草胺 6克/升/2014.11.19 至 2019.11.19/低毒
注:专供出口，不得在国内销售。

PD20142488 乙酰甲胺磷/75%/可溶粉剂/乙酰甲胺磷 75%/2014.11.19 至 2019.11.19/低毒
注:专供出口，不得在国内销售。

PD20150080 杀螺胺乙醇胺盐/98%/原药/杀螺胺乙醇胺盐 98%/2015.01.05 至 2020.01.05/低毒

PD20150163 氟啶胺/98%/原药/氟啶胺 98%/2015.01.14 至 2020.01.14/低毒

PD20150207 嘧霉胺/98%/原药/嘧霉胺 98%/2015.01.15 至 2020.01.15/低毒

PD20150248 虫螨腈/97%/原药/虫螨腈 97%/2015.01.15 至 2020.01.15/中等毒

PD20150318 多效唑/95%/原药/多效唑 95%/2015.02.05 至 2020.02.05/低毒

PD20150563 乙氧磺隆/96%/原药/乙氧磺隆 96%/2015.03.24 至 2020.03.24/低毒

PD20150657 霜脲氰/98%/原药/霜脲氰 98%/2015.04.16 至 2020.04.16/低毒

PD20150674 咪唑烟酸/98%/原药/咪唑烟酸 98%/2015.04.17 至 2020.04.17/低毒

PD20150742 异菌脲/96%/原药/异菌脲 96%/2015.04.20 至 2020.04.20/低毒

PD20150879 噻菌灵/98.5%/原药/噻菌灵 98.5%/2015.05.19 至 2020.05.19/低毒

PD20150880 二嗪磷/97%/原药/二嗪磷 %%/2015.05.19 至 2020.05.19/低毒

PD20150999 甲氧咪草烟/98%/原药/甲氧咪草烟 98%/2015.06.12 至 2020.06.12/低毒

PD20151001 甲氨基阿维菌素苯甲酸盐/95%/原药/甲氨基阿维菌素苯甲酸盐 96%/2015.06.12 至 2020.06.12/中等毒
注:甲氨基阿维菌素苯甲酸盐含量：96%。

PD20151035 灭草松/97%/原药/灭草松 97%/2015.06.14 至 2020.06.14/低毒

PD20151097 嘧菌酯/95%/原药/嘧菌酯 95%/2015.06.14 至 2020.06.14/低毒

PD20151193 啶酰菌胺/96%/原药/啶酰菌胺 96%/2015.06.27 至 2020.06.27/低毒

PD20151524 氟磺胺草醚/95%/原药/氟磺胺草醚 95%/2015.08.03 至 2020.08.03/低毒

PD20151652 精吡氟禾草灵/92%/原药/精吡氟禾草灵 92%/2015.08.28 至 2020.08.28/低毒

PD20151724 氨氯吡啶酸/95%/原药/氨氯吡啶酸 95%/2015.08.28 至 2020.08.28/低毒

PD20151790 野麦畏/94%/原药/野麦畏 94%/2015.08.28 至 2020.08.28/低毒

PD20151803 吡唑醚菌酯/98%/原药/吡唑醚菌酯 98%/2015.08.28 至 2020.08.28/低毒

PD20151868 三唑酮/96%/原药/三唑酮 96%/2015.08.30 至 2020.08.30/低毒

PD20151941 苯醚甲环唑/95%/原药/苯醚甲环唑 95%/2015.08.30 至 2020.08.30/低毒

PD20152034 2,4-滴异辛酯/96%/原药/2,4-滴异辛酯 96%/2015.09.06 至 2020.09.06/低毒

PD20152084 敌草隆/98.5%/原药/敌草隆 98.5%/2015.09.22 至 2020.09.22/低毒

PD20152532 烯草酮/94%/原药/烯草酮 94%/2015.12.17 至 2020.12.17/低毒

LS20130046 环丙唑醇/95%/原药/环丙唑醇 95%/2014.02.06 至 2015.02.06/低毒
注:专供出口，不得在国内销售。

LS20130105 环嗪酮/90%/水分散粒剂/环嗪酮 90%/2014.03.11 至 2015.03.11/低毒
注:专供出口,不得在国内销售。

LS20130134 特丁净/50%/悬浮剂/特丁净 50%/2014.04.02 至 2015.04.02/低毒
注:专供出口，不得在国内销售。

LS20130135 2甲4氯异辛酯/890克/升/乳油/2甲4氯异辛酯 890克/升/2014.04.02 至 2015.04.02/低毒
注:专供出口，不得在国内销售。

LS20130197 高效氟吡甲禾灵/520克/升/乳油/高效氟吡甲禾灵 520克/升/2014.04.09 至 2015.04.09/中等毒
注:专供出口，不得在国内销售。

LS20140010 草甘膦钾盐/540克/升/水剂/草甘膦 540克/升/2014.01.14 至 2015.01.14/低毒
注:专供出口，不得在国内销售。 草甘膦钾盐含量：622克/升。

LS20140012 环丙唑醇/100克/升/水剂/环丙唑醇 100克/升/2014.01.14 至 2015.01.14/低毒
注:专供出口，不得在国内销售。

LS20140015 硝磺草酮/480克/升/悬浮剂/硝磺草酮 480克/升/2014.01.14 至 2015.01.14/低毒
注:专供出口，不得在国内销售。

LS20140026 2甲4氯二甲胺盐/500克/升/水剂/2甲4氯 500克/升/2014.01.14 至 2015.01.14/低毒
注:专供出口，不得在国内销售。 2甲4氯二甲胺盐含量：612克/升。

LS20140054 烯草酮/360克/升/乳油/烯草酮 360克/升/2014.02.18 至 2015.02.18/低毒
注:专供出口，不得在国内销售。
LS20140063 2,4-滴·氨氯/90%/可溶粒剂/2,4-滴 72%、氨氯吡啶酸钾盐 18%/2014.02.18 至 2015.02.18/低毒
注:专供出口，不得在国内销售。
LS20140075 醚菌·氟环唑/250克/升/悬浮剂/氟环唑 125克/升、醚菌酯 125克/升/2014.03.03 至 2015.03.03/低毒
注:专供出口，不得在国内销售。
LS20140076 氟环·多菌灵/80%/水分散粒剂/多菌灵 40%、氟环唑 40%/2014.03.03 至 2015.03.03/低毒
注:专供出口，有得在国内销售。
LS20140099 环唑·嘧菌酯/84%/水分散粒剂/嘧菌酯 60%、环丙唑醇 24%/2014.03.14 至 2015.03.14/低毒
注:专供出口，不得在国内销售。
LS20140115 环唑· 嘧菌酯/280克/升/悬浮剂/嘧菌酯 200克/升、环丙唑醇 80克/升/2014.03.17 至 2015.03.17/低毒
注:专供出口，不得在国内销售。
LS20140130 滴钠·麦草畏/90%/可溶性粒剂/2,4-滴 68%、麦草畏 22%/2014.03.17 至 2015.03.17/低毒
注:专供出口，不得在国内销售。
LS20140134 唑草酮/400克/升/乳油/唑草酮 400克/升/2014.03.24 至 2015.03.24/低毒
注:专供出口，不得在国内销售。
LS20140278 异噁唑草酮/97%/原药/异噁唑草酮 97%/2015.08.25 至 2016.08.25/低毒

山东潍坊双星农药有限公司 (山东省潍坊滨海开发区工业街以北 262700 0536-5226126)

PD20070163 虫酰肼/95%/原药/虫酰肼 95%/2012.06.14 至 2017.06.14/低毒
PD20080455 啶虫脒/5%/乳油/啶虫脒 5%/2013.03.27 至 2018.03.27/低毒

苹果树	蚜虫	12-15毫克/千克	喷雾

PD20080552 嘧霉胺/400克/升/悬浮剂/嘧霉胺 400克/升/2013.05.08 至 2018.05.08/低毒

番茄、黄瓜	灰霉病	375-562.5克/公顷	喷雾

PD20081038 灭蝇胺/10%/悬浮剂/灭蝇胺 10%/2013.08.06 至 2018.08.06/低毒

黄瓜	美洲斑潜蝇	120-150克/公顷	喷雾

PD20081957 阿维菌素/1.8%/乳油/阿维菌素 1.8%/2013.11.24 至 2018.11.24/低毒(原药高毒)

菜豆	美洲斑潜蝇	10.8-21.6克/公顷	喷雾

PD20081975 炔螨特/40%/乳油/炔螨特 40%/2013.11.25 至 2018.11.25/低毒

柑橘树	红蜘蛛	200-400毫克/千克	喷雾

PD20082002 代森锰锌/70%/可湿性粉剂/代森锰锌 70%/2013.11.25 至 2018.11.25/低毒

番茄	早疫病	1800－2400克/公顷	喷雾
柑橘树	疮痂病、炭疽病	1333-2000毫克/千克	喷雾
梨树	黑星病	800-1600毫克/千克	喷雾
荔枝树	霜疫霉病	/	/
苹果树	斑点落叶病、轮纹病、炭疽病	1000-1600毫克/千克	喷雾
葡萄	白腐病、黑痘病、霜霉病	1000-1600毫克/千克	喷雾
西瓜	炭疽病	1560-2520克/公顷	喷雾

PD20082003 丙环唑/250克/升/乳油/丙环唑 250克/升/2016.02.16 至 2021.02.16/低毒

莲藕	叶斑病	75-112.5克/公顷	喷雾
香蕉	叶斑病	250-500毫克/千克	喷雾
小麦	白粉病	105－125克/公顷	喷雾

PD20082004 溴氰菊酯/25克/升/乳油/溴氰菊酯 25克/升/2013.11.25 至 2018.11.25/中等毒

大白菜	菜青虫	11.25-15克/公顷	喷雾
棉花	棉铃虫	11.25-18.75克/公顷	喷雾

PD20082121 杀扑磷/40%/乳油/杀扑磷 40%/2013.11.25 至 2015.09.30/高毒

柑橘树	介壳虫	333.3－500毫克/千克	喷雾

PD20082614 代森锰锌/80%/可湿性粉剂/代森锰锌 80%/2013.12.04 至 2018.12.04/低毒

番茄	早疫病	1800－2400克/公顷	喷雾

PD20083047 虫酰肼/20%/悬浮剂/虫酰肼 20%/2013.12.10 至 2018.12.10/低毒

甘蓝	甜菜夜蛾	210-300克/公顷	喷雾

PD20083298 丙环唑/95%/原药/丙环唑 95%/2013.12.11 至 2018.12.11/低毒
PD20083376 三唑锡/25%/可湿性粉剂/三唑锡 25%/2013.12.11 至 2018.12.11/低毒

苹果树	红蜘蛛	125-167毫克/千克	喷雾

PD20084073 霜脲·锰锌/72%/可湿性粉剂/代森锰锌 64%、霜脲氰 8%/2013.12.16 至 2018.12.16/低毒

黄瓜	霜霉病	1440-1800克/公顷	喷雾

PD20084330 高效氯氟氰菊酯/25克/升/乳油/高效氯氟氰菊酯 25克/升/2013.12.17 至 2018.12.17/中等毒

十字花科蔬菜	菜青虫	11.25-13.125克/公顷	喷雾
小麦	蚜虫	4.5-7.5克/公顷	喷雾

PD20084372 多·福/50%/可湿性粉剂/多菌灵 15%、福美双 35%/2013.12.17 至 2018.12.17/低毒

梨树	黑星病	1000-1500毫克/千克	喷雾

PD20084487 灭幼脲/25%/悬浮剂/灭幼脲 25%/2013.12.17 至 2018.12.17/低毒

甘蓝	菜青虫	75-112.5克/公顷	喷雾
林木	美国白蛾	100-167毫克/千克	喷雾

松树 松毛虫 100-167毫克/千克 喷雾

PD20084756 毒死蜱/480克/升/乳油/毒死蜱 480克/升/2013.12.22 至 2018.12.22/低毒
水稻 稻纵卷叶螟 300-600克/公顷 喷雾

PD20084767 代森锰锌/85%/原药/代森锰锌 85%/2013.12.22 至 2018.12.22/低毒

PD20084782 腈菌唑/12.5%/乳油/腈菌唑 12.5%/2013.12.22 至 2018.12.22/低毒
黄瓜 白粉病 47-94克/公顷 喷雾

PD20084833 联苯菊酯/25克/升/乳油/联苯菊酯 25克/升/2013.12.22 至 2018.12.22/低毒
茶树 茶小绿叶蝉 30-37.5克/公顷 喷雾

PD20084865 乙铝・锰锌/70%/可湿性粉剂/代森锰锌 40%、三乙膦酸铝 30%/2013.12.22 至 2018.12.22/低毒
辣椒 疫病 787.5-1050克/公顷 喷雾

PD20084877 顺式氯氰菊酯/50克/升/乳油/顺式氯氰菊酯 50克/升/2013.12.22 至 2018.12.22/中等毒
棉花 棉铃虫 20-25克/公顷 喷雾
十字花科蔬菜 小菜蛾 10-20克/公顷 喷雾

PD20084914 氟啶脲/50克/升/乳油/氟啶脲 50克/升/2013.12.22 至 2018.12.22/低毒
韭菜 韭蛆 150-225克/公顷 药土法
十字花科蔬菜 甜菜夜蛾 30-60克/公顷 喷雾

PD20084917 多・锰锌/70%/可湿性粉剂/多菌灵 30%、代森锰锌 40%/2013.12.22 至 2018.12.22/低毒
梨树 黑星病 1000-1250毫克/千克 喷雾
苹果树 斑点落叶病 1000-1250毫克/千克 喷雾

PD20085509 阿维・辛硫磷/15%/乳油/阿维菌素 0.1%、辛硫磷 14.9%/2013.12.25 至 2018.12.25/低毒(原药高毒)
十字花科蔬菜 小菜蛾 112.5-168.75克/公顷 喷雾

PD20085679 多・锰锌/60%/可湿性粉剂/多菌灵 20%、代森锰锌 40%/2013.12.26 至 2018.12.26/低毒
梨 黑星病 1000-1250毫克/千克 喷雾
苹果 斑点落叶病 1000-1250毫克/千克 喷雾

PD20085832 甲霜・福美双/35%/可湿性粉剂/福美双 30%、甲霜灵 5%/2013.12.29 至 2018.12.29/低毒
水稻 立枯病 787.5-1050克/公顷 苗床喷雾

PD20085838 吡虫・灭多威/10%/乳油/吡虫啉 1%、灭多威 9%/2013.12.29 至 2018.12.29/低毒(原药高毒)
小麦 蚜虫 90-120克/公顷 喷雾

PD20086082 甲硫・锰锌/50%/可湿性粉剂/甲基硫菌灵 15%、代森锰锌 35%/2013.12.30 至 2018.12.30/低毒
苹果树 炭疽病 500-1000倍液 喷雾
西瓜 炭疽病 375-562.5克/公顷 喷雾

PD20090071 咪鲜・异菌脲/16%/悬浮剂/咪鲜胺 8%、异菌脲 8%/2014.01.08 至 2019.01.08/低毒
香蕉 叶斑病 200-266.7毫克/千克 喷雾

PD20090203 氟氯氰菊酯/50克/升/乳油/氟氯氰菊酯 50克/升/2014.01.09 至 2019.01.09/低毒
棉花 棉铃虫 24-37.5克/公顷 喷雾
十字花科蔬菜 菜青虫 20-25克/公顷 喷雾

PD20090210 顺式氯氰菊酯/30克/升/乳油/顺式氯氰菊酯 30克/升/2014.01.09 至 2019.01.09/低毒
甘蓝 小菜蛾 10-20克/公顷 喷雾

PD20090217 吡虫啉/10%/可湿性粉剂/吡虫啉 10%/2014.01.09 至 2019.01.09/低毒
菠菜 蚜虫 30-45克/公顷 喷雾
韭菜 韭蛆 300-450克/公顷 药土法
莲藕 莲缢管蚜 15-30克/公顷 喷雾
芹菜 蚜虫 15-30克/公顷 喷雾
水稻 稻飞虱 15-30克/公顷 喷雾
小麦 蚜虫 15-30克/公顷(南方地区)45-60克/公顷(北方地区) 喷雾

PD20090820 戊唑醇/12.5%/水乳剂/戊唑醇 12.5%/2014.01.19 至 2019.01.19/低毒
苦瓜 白粉病 75-112.5克/公顷 喷雾
香蕉 叶斑病 156.25-250毫克/千克 喷雾

PD20090878 氯氰菊酯/5%/乳油/氯氰菊酯 5%/2014.01.19 至 2019.01.19/低毒
苹果树 桃小食心虫 60-75毫克/千克 喷雾

PD20091301 乙铝・多菌灵/75%/可湿性粉剂/多菌灵 37.5%、三乙膦酸铝 37.5%/2014.02.01 至 2019.02.01/低毒
苹果树 轮纹病 500-800倍液 喷雾

PD20091859 代森锌/80%/可湿性粉剂/代森锌 80%/2014.02.09 至 2019.02.09/低毒
番茄 早疫病 2250-3600克/公顷 喷雾
苹果 斑点落叶病 1143-1600毫克/千克 喷雾

PD20091860 锰锌・三唑酮/33%/可湿性粉剂/代森锰锌 25%、三唑酮 8%/2014.02.09 至 2019.02.09/低毒
梨树 黑星病 800-1200倍液 喷雾

PD20091980 乙铝・锰锌/50%/可湿性粉剂/代森锰锌 20%、三乙膦酸铝 30%/2014.02.12 至 2019.02.12/低毒
黄瓜 霜霉病 1125-1875克/公顷 喷雾

PD20093165 三唑磷/20%/乳油/三唑磷 20%/2014.03.11 至 2019.03.11/低毒
水稻 二化螟 300-450克/公顷 喷雾

PD20093467 高效氯氰菊酯/4.5%/水乳剂/高效氯氰菊酯 4.5%/2014.03.23 至 2019.03.23/低毒

十字花科蔬菜 菜青虫 22.5-37.5克/公顷 喷雾
PD20096830 乙酸铜/95%/原药/乙酸铜 95%/2014.09.21 至 2019.09.21/低毒
PD20096933 乙酸铜/20%/可湿性粉剂/乙酸铜 20%/2014.09.25 至 2019.09.25/低毒
黄瓜 苗期猝倒病 3000-4500克/公顷 灌根
PD20097183 吗胍·乙酸铜/20%/可湿性粉剂/盐酸吗啉胍 16%、乙酸铜 4%/2014.10.16 至 2019.10.16/低毒
番茄 病毒病 499.5-750克/公顷 喷雾
PD20097623 戊唑醇/95%/原药/戊唑醇 95%/2014.11.03 至 2019.11.03/微毒
PD20097801 啶虫脒/99%/原药/啶虫脒 99%/2014.11.20 至 2019.11.20/中等毒
PD20098157 吡虫啉/200克/升/可溶液剂/吡虫啉 200克/升/2014.12.14 至 2019.12.14/低毒
甘蓝 蚜虫 15-30克/公顷 喷雾
水稻 稻飞虱 22.5-30克/公顷 喷雾
PD20098172 吡虫啉/95%/原药/吡虫啉 95%/2014.12.14 至 2019.12.14/低毒
PD20100009 甲氨基阿维菌素苯甲酸盐(1.14%)///乳油/甲氨基阿维菌素 1%/2015.01.04 至 2020.01.04/低毒
甘蓝 小菜蛾 1.5-2.25克/公顷 喷雾
PD20100633 啶虫脒/40%/水分散粒剂/啶虫脒 40%/2015.01.14 至 2020.01.14/低毒
黄瓜 蚜虫 27-32.4克/公顷 喷雾
PD20101046 吗胍·乙酸铜/20%/可湿性粉剂/盐酸吗啉胍 10%、乙酸铜 10%/2015.01.21 至 2020.01.21/低毒
烟草 病毒病 450-600克/公顷 喷雾
PD20101737 吡虫啉/25%/可湿性粉剂/吡虫啉 25%/2015.06.28 至 2020.06.28/低毒
水稻 稻飞虱 15-30克/公顷 喷雾
小麦 蚜虫 15-30克/公顷(南方地区)45-60克/公顷(北方地区) 喷雾
PD20110303 苯醚甲环唑/250克/升/乳油/苯醚甲环唑 250克/升/2016.03.21 至 2021.03.21/低毒
香蕉 叶斑病 83.3—125毫克/千克 喷雾
PD20110749 苯醚甲环唑/10%/水分散粒剂/苯醚甲环唑 10%/2011.07.25 至 2016.07.25/低毒
番茄 早疫病 100.5-150克/公顷 喷雾
苦瓜 白粉病 105-150克/公顷 喷雾
梨树 黑星病 14.3-16.7毫克/千克 喷雾
芹菜 斑枯病 52.5-67.5克/公顷 喷雾
PD20111156 苯醚甲环唑/30%/水分散粒剂/苯醚甲环唑 30%/2011.11.04 至 2016.11.04/低毒
芹菜 斑枯病 52.5-67.5克/公顷 喷雾
香蕉 叶斑病 85—120毫克/千克 喷雾
PD20111183 甲维·虫酰肼/25%/悬浮剂/虫酰肼 24%、甲氨基阿维菌素苯甲酸盐 1%/2011.11.15 至 2016.11.15/低毒
甘蓝 甜菜夜蛾、斜纹夜蛾 150-225克/公顷 喷雾
PD20111184 吡虫啉/50%/可湿性粉剂/吡虫啉 50%/2011.11.16 至 2016.11.16/低毒
水稻 稻飞虱 15-30克/公顷 喷雾
小麦 蚜虫 15-30克/公顷(南方地区)45-60克/公顷(北方地区) 喷雾
PD20111185 氟硅唑/10%/水乳剂/氟硅唑 10%/2011.11.16 至 2016.11.16/低毒
番茄 叶霉病 60-75克/公顷 喷雾
PD20111208 丙环唑/40%/微乳剂/丙环唑 40%/2011.11.17 至 2016.11.17/低毒
香蕉 叶斑病 266.7-400毫克/千克 喷雾
PD20120033 烯酰吗啉/40%/水分散粒剂/烯酰吗啉 40%/2012.01.09 至 2017.01.09/低毒
黄瓜 霜霉病 225-300克/公顷 喷雾
苦瓜 霜霉病 300-450克/公顷 喷雾
PD20120043 苯醚甲环唑/10%/可湿性粉剂/苯醚甲环唑 10%/2012.01.10 至 2017.01.10/低毒
苹果树 斑点落叶病 50-66.67毫克/千克 喷雾
PD20120148 苯甲·丙环唑/500克/升/乳油/苯醚甲环唑 250克/升、丙环唑 250克/升/2012.01.30 至 2017.01.30/低毒
水稻 纹枯病 90-112.5克/公顷 喷雾
PD20120404 芸苔素内酯/0.0016%/水剂/芸苔素内酯 0.0016%/2012.03.07 至 2017.03.07/低毒
苹果 调节生长、增产 0.010-0.016毫克/千克 喷雾
小麦 调节生长 0.025-0.04毫克/千克 喷雾
PD20120650 虫螨腈/95%/原药/虫螨腈 95%/2012.01.18 至 2017.01.18/低毒
PD20120769 苯醚甲环唑/40%/悬浮剂/苯醚甲环唑 40%/2012.05.05 至 2017.05.05/低毒
西瓜 炭疽病 60-120克/公顷 喷雾
PD20121698 苯醚甲环唑/95%/原药/苯醚甲环唑 95%%/2012.11.05 至 2017.11.05/低毒
PD20121847 醚菌酯/30%/悬浮剂/醚菌酯 30%/2012.11.28 至 2017.11.28/低毒
黄瓜 白粉病 124-158克/公顷 喷雾
PD20122094 嘧菌酯/98%/原药/嘧菌酯 98%/2012.12.26 至 2017.12.26/低毒
PD20130300 虫螨腈/10%/悬浮剂/虫螨腈 10%/2013.02.26 至 2018.02.26/低毒
杨树 美国白蛾 30-60毫克/千克 喷雾
PD20130326 高效氯氟氰菊酯/2.5%/水乳剂/高效氯氟氰菊酯 2.5%/2013.03.04 至 2018.03.04/中等毒
甘蓝 菜青虫 9.375-13.125克/公顷 喷雾

PD20130407 阿维菌素/1.8%/水乳剂/阿维菌素 1.8%/2013.03.12 至 2018.03.12/低毒(原药高毒)
菜豆 斑潜蝇 10.8-21.6克/公顷 喷雾
PD20130416 甲基硫菌灵/36%/悬浮剂/甲基硫菌灵 36%/2013.03.15 至 2018.03.15/低毒
水稻 纹枯病 750-1125克/公顷 喷雾
PD20130739 丙溴・氟铃脲/32%/乳油/丙溴磷 30%、氟铃脲 2%/2013.04.12 至 2018.04.12/低毒
棉花 棉铃虫 144-336克/公顷 喷雾
PD20130779 甲维・丙溴磷/31%/乳油/丙溴磷 30.5%、甲氨基阿维菌素苯甲酸盐 0.5%/2013.04.22 至 2018.04.22/低毒
甘蓝 斜纹夜蛾 186-306.9克/公顷 喷雾
PD20130957 联苯菊酯/2.5%/水乳剂/联苯菊酯 2.5%/2013.05.02 至 2018.05.02/低毒
茶树 茶小绿叶蝉 30-37.5克/公顷 喷雾
PD20131047 甲氨基阿维菌素苯甲酸盐/1%/微乳剂/甲氨基阿维菌素 1%/2013.05.13 至 2018.05.13/低毒
甘蓝 小菜蛾 1.5-2.25克/公顷 喷雾
花椰菜 小菜蛾 1.5-3克/公顷 喷雾
辣椒 烟青虫 1.5-3克/公顷 喷雾
注:甲氨基阿维菌素苯甲酸盐含量: 1.14%。
PD20131812 溴菌・多菌灵/25%/可湿性粉剂/多菌灵 20%、溴菌腈 5%/2013.09.17 至 2018.09.17/低毒
蔷薇科观赏花卉 炭疽病 400-667毫克/千克 喷雾
PD20140058 虫螨腈/240克/升/悬浮剂/虫螨腈 240克/升/2014.01.20 至 2019.01.20/低毒
茶树 茶小绿叶蝉 75-90克/公顷 喷雾
PD20140267 芸苔素内酯/90%/原药/芸苔素内酯 90%/2014.02.11 至 2019.02.11/低毒
PD20141027 苯甲・ 嘧菌酯/325克/升/悬浮剂/苯醚甲环唑 125克/升、嘧菌酯 200克/升/2014.04.21 至 2019.04.21/低毒
西瓜 蔓枯病 146.25-243.75克/公顷 喷雾
PD20141324 嘧菌酯/250克/升/悬浮剂/嘧菌酯 250克/升/2014.06.03 至 2019.06.03/低毒
黄瓜 蔓枯病 225-337.5克/公顷 喷雾
葡萄 霜霉病 125-250毫克/千克 喷雾
PD20142139 氯氟・啶虫脒/5%/微乳剂/啶虫脒 3.5%、高效氯氟氰菊酯 1.5%/2014.09.18 至 2019.09.18/中等毒
甘蓝 蚜虫 15-22.5克/公顷 喷雾
PD20142321 嘧菌酯/50%/水分散粒剂/嘧菌酯 50%/2014.11.03 至 2019.11.03/低毒
草坪 褐斑病 300-375克/公顷 喷雾
PD20142659 戊唑醇/60克/升/悬浮种衣剂/戊唑醇 60克/升/2014.12.18 至 2019.12.18/低毒
小麦 散黑穗病 2.4-3.6克/100千克种子 种子包衣
PD20150131 乙霉威/96%/原药/乙霉威 96%/2015.01.07 至 2020.01.07/低毒
PD20150405 乙霉・多菌灵/60%/可湿性粉剂/多菌灵 30%、乙霉威 30%/2015.03.18 至 2020.03.18/低毒
番茄 灰霉病 810-1080克/公顷 喷雾
PD20150406 苯甲・醚菌酯/30%/悬浮剂/苯醚甲环唑 10%、醚菌酯 20%/2015.03.18 至 2020.03.18/低毒
黄瓜 白粉病 135-180克/公顷 喷雾
PD20150852 茚虫威/71.25/母药/茚虫威 71.25%/2015.05.18 至 2020.05.18/低毒
PD20151339 虫螨腈/360克/升/悬浮剂/虫螨腈 360克/升/2015.07.30 至 2020.07.30/中等毒
甘蓝 小菜蛾 48.6-86.4克/公顷 喷雾
PD20151470 烯酰吗啉/98%/原药/烯酰吗啉 98%/2015.07.31 至 2020.07.31/微毒
PD20151530 吡唑醚菌酯/98%/原药/吡唑醚菌酯 98%/2015.08.03 至 2020.08.03/中等毒
PD20151944 低聚糖素/2%/水剂/低聚糖素 2%/2015.08.30 至 2020.08.30/低毒
水稻 纹枯病 9-18克/公顷 喷雾
LS20120217 丙溴・氟铃脲/32%/乳油/丙溴磷 30%、氟铃脲 2%/2014.06.15 至 2015.06.15/低毒
棉花 棉铃虫 240-336克/公顷 喷雾

山东沃康生物科技有限公司 (山东省寿光市公园街西首 262700 0536-5206588)

PD20122103 苏云金杆菌/8000IU/微升/悬浮剂/苏云金杆菌 8000IU/微升/2012.12.26 至 2017.12.26/低毒
甘蓝 小菜蛾 1500-2250毫升/公顷 喷雾

山东先达农化股份有限公司 (山东省博兴经济开发区 250100 0531-88875375)

PD20060055 烯禾啶/96%/原药/烯禾啶 96%/2016.03.06 至 2021.03.06/低毒
PD20060163 异噁草松/96%/原药/异噁草松 96%/2011.10.11 至 2016.10.11/低毒
PD20070066 烯草酮/90%/原药/烯草酮 90%/2012.03.21 至 2017.03.21/低毒
PD20080919 烯酰吗啉/96%/原药/烯酰吗啉 96%/2013.07.17 至 2018.07.17/低毒
PD20081040 烯草酮/240克/升/乳油/烯草酮 240克/升/2013.08.06 至 2018.08.06/低毒
春大豆田 一年生禾本科杂草 72-90克/公顷 茎叶喷雾
PD20081060 异噁草松/480克/升/乳油/异噁草松 480克/升/2013.08.14 至 2018.08.14/低毒
春大豆田 一年生杂草 1008-1080克/公顷 茎叶喷雾
直播水稻田 一年生杂草 190270克/公顷 茎叶喷雾
PD20081264 烯酰・福美双/55%/可湿性粉剂/福美双 47%、烯酰吗啉 8%/2013.09.18 至 2018.09.18/低毒
黄瓜 霜霉病 825-1320克/公顷 喷雾
PD20081269 烯草酮/13%/乳油/烯草酮 13%/2013.09.18 至 2018.09.18/低毒
春大豆田 一年生禾本科杂草 63-81克/公顷 茎叶喷雾
油菜田 一年生禾本科杂草 54-72克/公顷 茎叶喷雾

PD20081873　氟磺胺草醚/25%/水剂/氟磺胺草醚 25%/2013.11.20 至 2018.11.20/低毒
春大豆田　一年生阔叶杂草　450－562.5克/公顷　茎叶喷雾

PD20082266　丙环唑/250克/升/乳油/丙环唑 250克/升/2013.11.27 至 2018.11.27/低毒
香蕉树　叶斑病　250-500毫克/千克　喷雾

PD20082886　烯禾啶/12.5%/乳油/烯禾啶 12.5%/2013.12.09 至 2018.12.09/低毒
春大豆田　一年生禾本科杂草　187.5-281.3克/公顷　茎叶喷雾

PD20083086　乳氟禾草灵/240克/升/乳油/乳氟禾草灵 240克/升/2013.12.10 至 2018.12.10/低毒
春大豆田　一年生阔叶杂草　108-144克/公顷　茎叶喷雾

PD20085548　烯酰·百菌清/15%/烟剂/百菌清 12.5%、烯酰吗啉 2.5%/2013.12.25 至 2018.12.25/低毒
黄瓜　霜霉病　675－900克/公顷　点燃放烟

PD20085995　咪唑乙烟酸/5%/微乳剂/咪唑乙烟酸 5%/2013.12.29 至 2018.12.29/低毒
春大豆田　一年生杂草　75-105克/公顷　土壤或茎叶喷雾

PD20093432　多菌灵/50%/悬浮剂/多菌灵 50%/2014.03.23 至 2019.03.23/低毒
水稻　纹枯病　562.5-750克/公顷　喷雾

PD20094693　萎锈·福美双/400克/升/悬浮剂/福美双 200克/升、萎锈灵 200克/升/2014.04.10 至 2019.04.10/低毒
春小麦　散黑穗病　112-144克/100千克种子　拌种

PD20095431　烟嘧磺隆/40克/升/可分散油悬浮剂/烟嘧磺隆 40克/升/2014.05.11 至 2019.05.11/低毒
玉米田　一年生杂草　48-60克/公顷　茎叶喷雾

PD20095875　咪唑喹啉酸/97%/原药/咪唑喹啉酸 97%/2014.05.27 至 2019.05.27/低毒

PD20095943　咪唑乙烟酸/10%/水剂/咪唑乙烟酸 10%/2014.06.02 至 2019.06.02/低毒
大豆田　一年生杂草　90－105克/公顷　土壤或茎叶喷雾

PD20095945　咪唑乙烟酸/5%/水剂/咪唑乙烟酸 5%/2014.06.02 至 2019.06.02/低毒
春大豆田　一年生杂草　75-100克/公顷(东北地区)　播后苗前或苗后早期喷雾

PD20096057　烯酰·锰锌/69%/可湿性粉剂/代森锰锌 60%、烯酰吗啉 9%/2014.06.18 至 2019.06.18/低毒
黄瓜　霜霉病　1035-1397.25克/公顷　喷雾

PD20096076　烟嘧磺隆/95%/原药/烟嘧磺隆 95%/2014.06.18 至 2019.06.18/低毒

PD20096184　咪唑乙烟酸/70%/可溶粉剂/咪唑乙烟酸 70%/2014.07.10 至 2019.07.10/低毒
春大豆田　一年生杂草　90-120克/公顷　茎叶喷雾

PD20096660　二甲戊灵/330克/升/乳油/二甲戊灵 330克/升/2014.09.07 至 2019.09.07/低毒
甘蓝田　一年生杂草　594-742.5克/公顷　土壤喷雾

PD20096916　咪唑乙烟酸/98%/原药/咪唑乙烟酸 98%/2014.09.23 至 2019.09.23/低毒

PD20097392　氟磺胺草醚/95%/原药/氟磺胺草醚 95%/2014.10.28 至 2019.10.28/低毒

PD20097509　灭草松/95%/原药/灭草松 95%/2014.11.03 至 2019.11.03/低毒

PD20101656　苯磺隆/75%/水分散粒剂/苯磺隆 75%/2015.06.03 至 2020.06.03/低毒
小麦田　一年生阔叶杂草　10.1-19.1克/公顷　茎叶喷雾

PD20101824　精喹禾灵/10%/乳油/精喹禾灵 10%/2015.07.28 至 2020.07.28/低毒
春大豆田　一年生禾本科杂草　43-54毫升制剂/亩　茎叶喷雾

PD20101981　戊唑醇/25%/乳油/戊唑醇 25%/2015.09.21 至 2020.09.21/低毒
香蕉树　叶斑病　156.25-312.5毫克/千克　喷雾

PD20110283　烯酰吗啉/50%/可湿性粉剂/烯酰吗啉 50%/2011.03.11 至 2016.03.11/低毒
黄瓜　霜霉病　260-300克/公顷　喷雾

PD20120189　咪唑烟酸/25%/水剂/咪唑烟酸 25%/2012.01.30 至 2017.01.30/低毒
非耕地　杂草　750-1500克/公顷　喷雾

PD20120544　双草醚/95%/原药/双草醚 95%/2012.03.28 至 2017.03.28/低毒

PD20120643　松·烟·氟磺胺/38%/微乳剂/氟磺胺草醚 12%、咪唑乙烟酸 3%、异噁草松 23%/2012.04.12 至 2017.04.12/低毒
春大豆田　一年生杂草　513-627克/公顷　茎叶喷雾

PD20120861　唑草酮/90%/原药/唑草酮 90%/2012.05.23 至 2017.05.23/低毒

PD20121098　丙草胺/50%/乳油/丙草胺 50%/2012.07.19 至 2017.07.19/低毒
水稻移栽田　一年生杂草　450-525克/公顷　毒土法

PD20121290　异丙甲草胺/720克/升/乳油/异丙甲草胺 720克/升/2012.09.06 至 2017.09.06/低毒
花生田　一年生杂草　1350-1620克/公顷　播后苗前土壤喷雾

PD20121365　精喹禾灵/5%/乳油/精喹禾灵 5%/2012.09.13 至 2017.09.13/低毒
春大豆田　一年生禾本科杂草　48.75-60克/公顷　茎叶喷雾

PD20121748　烯禾啶/50%/母药/烯禾啶 50%/2012.11.15 至 2017.11.15/微毒

PD20121881　烟嘧·莠去津/22%/油悬浮剂/烟嘧磺隆 2%、莠去津 20%/2012.11.28 至 2017.11.28/低毒
玉米田　一年生杂草　412.5-577.5克/公顷　茎叶喷雾

PD20121916　噁草酮/13%/乳油/噁草酮 13%/2012.12.07 至 2017.12.07/低毒
水稻移栽田　一年生杂草　360-480克/公顷　撒施

PD20121954　灭草松/480克/升/水剂/灭草松 480克/升/2012.12.12 至 2017.12.12/低毒
大豆田　一年生阔叶杂草　1080-1440克/公顷　茎叶喷雾
水稻移栽田　一年生阔叶杂草及莎草科杂草　960-1440克/公顷　茎叶喷雾

PD20122011　烟嘧·莠去津/52%/可湿性粉剂/烟嘧磺隆 4%、莠去津 48%/2012.12.19 至 2017.12.19/低毒

玉米田　一年生杂草　585-780克/公顷　喷雾
PD20122114　烯草酮/37%/母药/烯草酮 37%/2012.12.26 至 2017.12.26/低毒
PD20122115　苄嘧磺隆/30%/可湿性粉剂/苄嘧磺隆 30%/2012.12.26 至 2017.12.26/低毒
水稻移栽田　一年生阔叶杂草及莎草科杂草　45-90克/公顷　毒土法
PD20130172　吡草醚/95%/原药/吡草醚 95%/2013.01.24 至 2018.01.24/低毒
PD20130188　吡草醚/2%/悬浮剂/吡草醚 2%/2013.01.24 至 2018.01.24/低毒
小麦田　一年生阔叶杂草　9-12克/公顷　茎叶喷雾
PD20130195　二氯喹啉酸/25%/悬浮剂/二氯喹啉酸 25%/2013.01.24 至 2018.01.24/低毒
水稻田(直播)　稗草　287.5-375克/公顷　茎叶喷雾
PD20130713　双草醚/100克/升/悬浮剂/双草醚 100克/升/2013.04.11 至 2018.04.11/低毒
水稻田(直播)　稗草、莎草及阔叶杂草　22.5-37.5克/公顷　茎叶喷雾
PD20131350　草甘・吡草醚/30.2%/悬浮剂/吡草醚 0.2%、草甘膦 30%/2013.06.19 至 2018.06.19/低毒
非耕地　杂草　1207.5-1518克/公顷　茎叶喷雾
PD20132453　硝磺草酮/15%/悬浮剂/硝磺草酮 15%/2013.12.02 至 2018.12.02/低毒
玉米田　一年生杂草　135-157.5克/公顷　茎叶喷雾
PD20132681　莠去津/38%/悬浮剂/莠去津 38%/2013.12.25 至 2018.12.25/低毒
春玉米田　一年生杂草　1567.5-2137.5克/公顷　土壤喷雾
夏玉米田　一年生杂草　997.5-1567.5克/公顷　土壤喷雾
PD20141118　烯酰吗啉/50%/悬浮剂/烯酰吗啉 50%/2014.04.27 至 2019.04.27/低毒
黄瓜　霜霉病　262.5—300克/公顷　喷雾
PD20141365　异噁・异丙甲/80%/乳油/异丙甲草胺 64%、异噁草松 16%/2014.06.04 至 2019.06.04/低毒
春大豆田　一年生杂草　1800-2400克/公顷　土壤喷雾
PD20142071　烯酰吗啉/10%/悬浮剂/烯酰吗啉 10%/2014.09.02 至 2019.09.02/低毒
黄瓜　霜霉病　262.5-300克/公顷　喷雾
PD20150819　甲咪唑烟酸胺盐/240克/升/水剂/甲咪唑烟酸 240克/升/2015.05.14 至 2020.05.14/微毒
花生田　一年生杂草　72-108克/公顷　茎叶喷雾
注:甲咪唑烟酸胺盐含量：255克/升。
PD20151502　氰氟草酯/100克/升/乳油/氰氟草酯 100克/升/2015.07.31 至 2020.07.31/低毒
水稻秧田　稗草、千金子等禾本科杂草　75~105 克/公顷　茎叶喷雾
PD20152193　草甘膦异丙胺盐/41%/水剂/草甘膦 30%/2015.09.23 至 2020.09.23/低毒
非耕地　杂草　900-1800克/公顷　茎叶喷雾
注:草甘膦异丙胺盐含量：41%。
LS20140009　烯酰吗啉/50%/悬浮剂/烯酰吗啉 50%/2014.01.14 至 2015.01.14/低毒
黄瓜　霜霉病　225-300克/公顷　喷雾

山东先隆达农药有限公司　(山东省滨州市邹平县九户镇工业园　256211　0543-4718777)

PD85154-53　氰戊菊酯/20%/乳油/氰戊菊酯 20%/2015.07.07 至 2020.07.07/中等毒
柑橘树　潜叶蛾　10-20毫克/千克　喷雾
果树　梨小食心虫　10-20毫克/千克　喷雾
棉花　红铃虫、蚜虫　75-150克/公顷　喷雾
蔬菜　菜青虫、蚜虫　60-120克/公顷　喷雾
PD20091414　溴氰・马拉松/25%/乳油/马拉硫磷 24.4%、溴氰菊酯 0.6%/2014.02.02 至 2019.02.02/中等毒
甘蓝　菜青虫　112.5-187.5克/公顷　喷雾
PD20092011　灭威・高氯氟/15%/乳油/高效氯氟氰菊酯 0.8%、灭多威 14.2%/2014.02.12 至 2019.02.12/高毒
棉花　棉铃虫　112.5-157.5克/公顷　喷雾
PD20093145　氰戊・辛硫磷/35%/乳油/氰戊菊酯 10%、辛硫磷 25%/2014.03.11 至 2019.03.11/中等毒
十字花科蔬菜　菜青虫　157.5-262.5克/公顷　喷雾
PD20130776　甲氨基阿维菌素苯甲酸盐/0.5%/微乳剂/甲氨基阿维菌素 0.5%/2013.04.18 至 2018.04.18/低毒
甘蓝　甜菜夜蛾　1.5-2.25克/公顷　喷雾
注:甲氨基阿维菌素苯甲酸盐含量：0.57%。
PD20152603　丁醚脲/50%/悬浮剂/丁醚脲 50%/2015.12.17 至 2020.12.17/低毒
甘蓝　小菜蛾　300-450克/公顷　喷雾

山东乡村生物科技有限公司　(山东省临邑县恒源开发区一号县乡路路东　250108　0531-88872611)

PD20082948　毒死蜱/45%/乳油/毒死蜱 45%/2013.12.09 至 2018.12.09/中等毒
水稻　稻飞虱　468-612克/公顷　喷雾
PD20083520　高效氯氟氰菊酯/25克/升/乳油/高效氯氟氰菊酯 25克/升/2013.12.12 至 2018.12.12/中等毒
茶树　茶小绿叶蝉　22.5-30克/公顷　喷雾
PD20090240　联苯菊酯/25克/升/乳油/联苯菊酯 25克/升/2014.01.09 至 2019.01.09/低毒
茶树　茶小绿叶蝉　30-37.5克/公顷　喷雾
PD20095482　福美双/50%/可湿性粉剂/福美双 50%/2014.05.11 至 2019.05.11/低毒
黄瓜　霜霉病　600-900克/公顷　喷雾
PD20096219　三环唑/75%/可湿性粉剂/三环唑 75%/2014.07.15 至 2019.07.15/中等毒
水稻　稻瘟病　225-300克/公顷　喷雾
PD20096256　啶虫脒/20%/可湿性粉剂/啶虫脒 20%/2014.07.15 至 2019.07.15/低毒

柑橘树 蚜虫 10-13.33毫克/千克 喷雾
PD20096282 氰戊菊酯/40%/乳油/氰戊菊酯 40%/2014.07.22 至 2019.07.22/低毒
棉花 棉铃虫 112.5-150克/公顷 喷雾
PD20096291 甲基硫菌灵/70%/可湿性粉剂/甲基硫菌灵 70%/2014.07.22 至 2019.07.22/低毒
小麦 赤霉病 900-1050克/公顷 喷雾
PD20096643 多菌灵/25%/可湿性粉剂/多菌灵 25%/2014.09.02 至 2019.09.02/低毒
水稻 纹枯病 750-900克/公顷 喷雾
PD20096663 阿维菌素/5%/乳油/阿维菌素 5%/2014.09.07 至 2019.09.07/低毒(原药高毒)
甘蓝 小菜蛾 10.8-13.5克/公顷 喷雾
PD20097409 丙环唑/250克/升/乳油/丙环唑 250克/升/2014.10.28 至 2019.10.28/低毒
香蕉 叶斑病 250-500毫升/千克 喷雾
PD20097507 代森锰锌/80%/可湿性粉剂/代森锰锌 80%/2014.11.03 至 2019.11.03/低毒
苹果树 轮纹病 1000－1333.3毫克/千克 喷雾
PD20101864 甲氨基阿维菌素苯甲酸盐(0.57%)////微乳剂/甲氨基阿维菌素 0.5%/2015.08.04 至 2020.08.04/低毒
甘蓝 甜菜夜蛾 1.5－2.25克/公顷 喷雾
PD20110625 甲维·氟铃脲/2.2%/乳油/氟铃脲 2%、甲氨基阿维菌素苯甲酸盐 0.2%/2011.06.08 至 2016.06.08/低毒
杨树 美国白蛾 1500-2200倍 喷雾
PD20110704 阿维菌素/2%/微囊悬浮剂/阿维菌素 2%/2011.07.05 至 2016.07.05/低毒(原药高毒)
蔷薇科观赏花卉 红蜘蛛 10-20毫克/千克 喷雾
PD20111091 毒死蜱/30%/微囊悬浮剂/毒死蜱 30%/2011.10.13 至 2016.10.13/低毒
杨树 美国白蛾 150-300毫克/千克 喷雾
PD20111123 甲维·辛硫磷/15%/乳油/甲氨基阿维菌素苯甲酸盐 0.1%、辛硫磷 14.9%/2011.10.27 至 2016.10.27/低毒
杨树 美国白蛾 75-150毫克/千克 喷雾
PD20121864 甲氨基阿维菌素苯甲酸盐/1%/乳油/甲氨基阿维菌素 1%/2012.11.28 至 2017.11.28/低毒
甘蓝 小菜蛾 1.5-3克/公顷 喷雾
注:甲氨基阿维菌素苯甲酸盐含量:1.14%。
PD20130436 阿维.啶虫脒/4%/微乳剂/阿维菌素 .5%、啶虫脒 3.5%/2013.03.18 至 2018.03.18/低毒(原药高毒)
蔷薇科观赏花卉 蚜虫 20-30毫克/千克 喷雾
PD20130481 阿维.甲氰/10%/微乳剂/阿维菌素 0.5%、甲氰菊酯 9.5%/2013.03.20 至 2018.03.20/低毒(原药高毒)
蔷薇科观赏花卉 红蜘蛛 50-75毫克/千克 喷雾
PD20141143 苦参碱/0.3%/水剂/苦参碱 0.3%/2014.04.28 至 2019.04.28/低毒
杨树 美国白蛾 3-4毫克/千克 喷雾
PD20142258 苏云金杆菌/8000IU/微升/悬浮剂/苏云金杆菌 8000IU/微升/2014.09.28 至 2019.09.28/低毒
甘蓝 菜青虫 200-300毫升(制剂)/亩 喷雾
PD20151590 烟嘧磺隆/95%/原药/烟嘧磺隆 95%/2015.08.28 至 2020.08.28/低毒
PD20151766 吡蚜酮/96%/原药/吡蚜酮 96%/2015.08.28 至 2020.08.28/低毒
WP20110121 高效氯氟氰菊酯/2.5%/微囊悬浮剂/高效氯氟氰菊酯 2.5%/2011.05.12 至 2016.05.12/低毒
卫生 蝇 20毫克/平方米 滞留喷洒

山东新禾农药化工有限公司 (山东省潍坊市寒亭区朱里镇 261111 0536-7380188)

PD20084146 阿维菌素/1.8%/可湿性粉剂/阿维菌素 1.8%/2013.12.16 至 2018.12.16/低毒(原药高毒)
甘蓝 小菜蛾 6-9克/公顷 喷雾
PD20090597 精喹禾灵/10%/乳油/精喹禾灵 10%/2014.01.14 至 2019.01.14/低毒
冬油菜田 一年生禾本科杂草 39.6-52.8克/公顷 喷雾
PD20100467 高效氯氰菊酯/4.5%/乳油/氯氰菊酯 4.5%/2010.01.14 至 2015.01.14/中等毒
棉花 棉铃虫 18.75-26.25克/公顷 喷雾
PD20120696 二嗪磷/5%/颗粒剂/二嗪磷 5%/2012.04.18 至 2017.04.18/低毒
小白菜 小地老虎 600-900克/公顷 撒施

山东新势立生物科技有限公司 (济南市高新区世纪大道15612号理想嘉园2#161楼 250101 0531-88888470)

PD20082768 啶虫脒/20%/可溶粉剂/啶虫脒 20%/2013.12.08 至 2018.12.08/低毒
黄瓜 蚜虫 36-72克/公顷 喷雾
PD20084447 阿维菌素/1.8%/乳油/阿维菌素 1.8%/2013.12.17 至 2018.12.17/低毒(原药高毒)
十字花科蔬菜 菜青虫 8.1-10.8克/公顷 喷雾
PD20085034 联苯菊酯/100克/升/乳油/联苯菊酯 100克/升/2013.12.22 至 2018.12.22/中等毒
茶树 茶小绿叶蝉 30-37.5克/公顷 喷雾
PD20086140 乙铝·锰锌/50%/可湿性粉剂/代森锰锌 30%、三乙膦酸铝 20%/2013.12.30 至 2018.12.30/低毒
黄瓜 霜霉病 1400-2800克/公顷 喷雾
PD20086311 马拉·高氯氟/20%/乳油/高效氯氟氰菊酯 0.5%、马拉硫磷 19.5%/2013.12.31 至 2018.12.31/低毒
十字花科蔬菜 菜青虫 120-150克/公顷 喷雾
PD20090254 高氯·马/20%/乳油/高效氯氰菊酯 2%、马拉硫磷 18%/2014.01.09 至 2019.01.09/中等毒
苹果树 桃小食心虫 1500-2000倍液 喷雾
PD20090859 乙草胺/990克/升/乳油/乙草胺 990克/升/2014.01.19 至 2019.01.19/低毒
春玉米田 一年生杂草 1336-1633.5克/公顷 播后苗前土壤喷雾
夏玉米田 一年生杂草 1188-1336克/公顷 播后苗前土壤喷雾

PD20091000 烯草酮/240克/升/乳油/烯草酮 240克/升/2014.01.21 至 2019.01.21/低毒
春大豆田 一年生禾本科杂草 108-144克/公顷 茎叶喷雾
夏大豆田 一年生禾本科杂草 72-108克/公顷 茎叶喷雾
PD20091136 精喹禾灵/5%/乳油/精喹禾灵 5%/2014.01.21 至 2019.01.21/低毒
夏大豆田 一年生禾本科杂草 37.5-52.5克/公顷 喷雾
PD20091198 草甘膦异丙胺盐/41%/水剂/草甘膦异丙胺盐 41%/2014.02.01 至 2019.02.01/低毒
玉米田 一年生和多年生杂草 1230-1537.5克/公顷 定向茎叶喷雾
PD20091549 莠去津/38%/悬浮剂/莠去津 38%/2014.02.03 至 2019.02.03/低毒
春玉米田 一年生杂草 1938-2137.5克/公顷 土壤喷雾
夏玉米田 一年生杂草 1140-1710克/公顷 土壤喷雾
PD20091570 氟吡甲禾灵/108克/升/乳油/高效氟吡甲禾灵 108克/升/2014.02.03 至 2019.02.03/低毒
春大豆田 一年生禾本科杂草 48.6-56.7克/公顷 茎叶喷雾
夏大豆田 一年生禾本科杂草 42.1-48.6克/公顷 茎叶喷雾
PD20091715 精喹禾灵/10%/乳油/精喹禾灵 10%/2014.02.04 至 2019.02.04/低毒
夏大豆田 一年生禾本科杂草 37.5-52.5克/公顷 喷雾
PD20091751 异丙甲草胺/720克/升/乳油/异丙甲草胺 720克/升/2014.02.04 至 2019.02.04/低毒
春玉米田 一年生杂草 1458-1944克/公顷 播后苗前土壤喷雾
夏玉米田 一年生杂草 972-1458克/公顷 播后苗前土壤喷雾
PD20093682 多抗霉素/10%/可湿性粉剂/多抗霉素 10%/2014.03.25 至 2019.03.25/低毒
苹果树 斑点落叶病 70-100毫克/千克 喷雾
PD20095487 异丙草·莠/40%/悬乳剂/异丙草胺 24%、莠去津 16%/2014.05.11 至 2019.05.11/低毒
夏玉米田 一年生杂草 1200-1500克/公顷 土壤喷雾
PD20095856 烟嘧磺隆/40克/升/可分散油悬浮剂/烟嘧磺隆 40克/升/2014.05.27 至 2019.05.27/低毒
玉米田 一年生杂草 42-60克/公顷 茎叶喷雾
PD20096629 多抗霉素/3%/可湿性粉剂/多抗霉素 3%/2014.09.02 至 2019.09.02/低毒
番茄 晚疫病 160-270克/公顷 喷雾
PD20097476 啶虫脒/40%/水分散粒剂/啶虫脒 40%/2014.11.03 至 2019.11.03/低毒
黄瓜 蚜虫 18-24克/公顷 喷雾
PD20100296 阿维·哒螨灵/6.78%/乳油/阿维菌素 0.11%、哒螨灵 6.67%/2015.01.11 至 2020.01.11/低毒(原药高毒)
苹果树 二斑叶螨 27.12-45.2毫克/千克 喷雾
PD20101338 吡虫啉/50%/可湿性粉剂/吡虫啉 50%/2015.03.23 至 2020.03.23/低毒
小麦 蚜虫 15-30克/公顷(南方地区)45-60克/公顷(北方地区) 喷雾
PD20110488 甲氨基阿维菌素苯甲酸盐/3%/微乳剂/甲氨基阿维菌素 3%/2011.05.03 至 2016.05.03/低毒
甘蓝 小菜蛾 1.5-2.25克/公顷 喷雾
注:甲氨基阿维菌素苯甲酸盐含量：3.4%。
PD20120707 毒死蜱/50%/乳油/毒死蜱 50%/2012.04.18 至 2017.04.18/中等毒
水稻 稻纵卷叶螟 525-600克/公顷 喷雾
PD20121101 松·喹·氟磺胺/18%/乳油/氟磺胺草醚 5.5%、精喹禾灵 1.5%、异噁草松 11%/2012.07.19 至 2017.07.19/低毒
春大豆田 一年生杂草 486-540克/公顷 茎叶喷雾
PD20121637 戊唑·多菌灵/20%/可湿性粉剂/多菌灵 10%、戊唑醇 10%/2012.10.30 至 2017.10.30/低毒
苹果树 轮纹病 100-200毫克/千克 喷雾
PD20121661 甲维·丙溴磷/20%/乳油/丙溴磷 19.5%、甲氨基阿维菌素苯甲酸盐 0.5%/2012.10.30 至 2017.10.30/低毒
甘蓝 小菜蛾 90-120克/公顷 喷雾
PD20130106 苯醚甲环唑/40%/悬浮剂/苯醚甲环唑 40%/2013.01.17 至 2018.01.17/低毒
香蕉 叶斑病 100-125毫克/千克 喷雾
PD20140460 苯甲·嘧菌酯/32.5%/悬浮剂/苯醚甲环唑 12.5%、嘧菌酯 20%/2014.02.25 至 2019.02.25/低毒
水稻 稻瘟病 146.25-195克/公顷 喷雾
PD20141368 氟环唑/25%/悬浮剂/氟环唑 25%/2014.06.04 至 2019.06.04/低毒
小麦 锈病 93.75-112.5克/公顷 喷雾
PD20141685 草甘·氯氟吡/58%/可湿性粉剂/草甘膦 50%、氯氟吡氧乙酸 8%/2014.06.30 至 2019.06.30/低毒
非耕地 杂草 1305-2175克/公顷 喷雾
PD20141952 氟环·多菌灵/30%/悬浮剂/多菌灵 25%、氟环唑 5%/2014.08.13 至 2019.08.13/低毒
小麦 赤霉病 270-450克/公顷 喷雾
LS20130459 烯酰·霜脲氰/48%/悬浮剂/霜脲氰 8%、烯酰吗啉 40%/2015.10.10 至 2016.10.10/低毒
葡萄 霜霉病 160-240毫克/千克 喷雾
LS20140004 草甘·氯氟吡/66.5%/可湿性粉剂/草甘膦铵盐 55%、氯氟吡氧乙酸异辛酯 11.5%/2016.01.14 至 2017.01.14/低毒
非耕地 杂草 1305-2175克/公顷 喷雾
LS20150245 氯氟·吡虫啉/15%/悬浮剂/吡虫啉 10%、高效氯氟氰菊酯 5%/2015.07.30 至 2016.07.30/低毒
小麦 蚜虫 33.75-45克/公顷 喷雾

山东信邦生物化学有限公司 (山东省烟台市栖霞市栖霞民营经济园 265300 0535-5205958)

PD20082432 阿维·甲氰/1.8%/乳油/阿维菌素 0.1%、甲氰菊酯 1.7%/2013.12.02 至 2018.12.02/低毒(原药高毒)
苹果 红蜘蛛 12-15毫克/千克 喷雾

PD20084685 氯氰菊酯/5%/乳油/氯氰菊酯 5%/2013.12.22 至 2018.12.22/低毒
棉花 棉铃虫 75-90克/公顷 喷雾
PD20084729 联苯菊酯/25克/升/乳油/联苯菊酯 25克/升/2013.12.22 至 2018.12.22/中等毒
苹果树 桃小食心虫 25-31.25毫克/千克 喷雾
PD20084779 多菌灵/50%/可湿性粉剂/多菌灵 50%/2013.12.22 至 2018.12.22/低毒
苹果树 轮纹病 625-1000毫克/千克 喷雾
PD20085224 辛硫・灭多威/20%/乳油/灭多威 10%、辛硫磷 10%/2013.12.23 至 2018.12.23/高毒
棉花 棉蚜 75-150克/公顷 喷雾
PD20086213 甲基硫菌灵/70%/可湿性粉剂/甲基硫菌灵 70%/2013.12.31 至 2018.12.31/低毒
苹果树 轮纹病 700-875毫克/千克 喷雾
PD20091387 高效氟吡甲禾灵/108克/升/乳油/高效氟吡甲禾灵 108克/升/2014.02.02 至 2019.02.02/低毒
春大豆田 一年生禾本科杂草 48.6-64.8克/公顷 茎叶喷雾
PD20091916 井冈・蜡芽菌/12.5%/水剂/井冈霉素A 2.5%、蜡质芽孢杆菌 10%/2014.02.12 至 2019.02.12/低毒
水稻 纹枯病 56.25-93.75克/公顷 喷雾
PD20095241 锰锌・腈菌唑/52.5%/可湿性粉剂/腈菌唑 2%、代森锰锌 50.5%/2014.04.27 至 2019.04.27/低毒
黄瓜 白粉病 1575-1968克/公顷 喷雾
PD20095688 高氯・氟啶脲/5%/乳油/氟啶脲 1.5%、高效氯氰菊酯 3.5%/2014.05.15 至 2019.05.15/低毒
甘蓝 小菜蛾 60-75克/公顷 喷雾
PD20095829 多抗霉素/3%/可湿性粉剂/多抗霉素 3%/2014.05.27 至 2019.05.27/低毒
黄瓜 霜霉病 150-200克/公顷 喷雾
PD20098253 苯丁锡/25%/可湿性粉剂/苯丁锡 25%/2014.12.16 至 2019.12.16/低毒
柑橘树 红蜘蛛 125-250毫克/千克 喷雾
PD20111282 戊唑醇/430克/升/悬浮剂/戊唑醇 430克/升/2011.11.23 至 2016.11.23/低毒
苹果树 斑点落叶病 61.4—86毫克/千克 喷雾
PD20132451 丙森锌/70%/可湿性粉剂/丙森锌 70%/2013.12.02 至 2018.12.02/低毒
苹果树 斑点落叶病 1000-1167毫克/千克 喷雾
PD20140466 阿维・三唑锡/20%/可湿性粉剂/阿维菌素 0.3%、三唑锡 19.7%/2014.02.25 至 2019.02.25/低毒(原药高毒)
柑橘树 红蜘蛛 100-133.3毫克/千克 喷雾
PD20140476 吡蚜酮/25%/悬浮剂/吡蚜酮 25%/2014.02.25 至 2019.02.25/低毒
水稻 稻飞虱 75-90克/公顷 喷雾
PD20140568 嘧霉胺/20%/可湿性粉剂/嘧霉胺 20%/2014.03.06 至 2019.03.06/低毒
黄瓜 灰霉病 360-540克/公顷 喷雾

山东兴禾作物科学技术有限公司 (山东省商河县经济开发区汇源路南侧 251601 0531-88018781)

PD20085436 联苯菊酯/25克/升/乳油/联苯菊酯 25克/升/2013.12.24 至 2018.12.24/低毒
茶树 茶小绿叶蝉 30-37.5克/公顷 喷雾
PD20085439 三唑锡/25%/可湿性粉剂/三唑锡 25%/2013.12.24 至 2018.12.24/低毒
柑橘树 红蜘蛛 125-166.7毫克/千克 喷雾
PD20093943 氯氟吡氧乙酸异辛酯/200克/升/乳油/氯氟吡氧乙酸异辛酯 200克/升/2014.03.27 至 2019.03.27/低毒
水田畦畔 空心莲子草(水花生) 150-210克/公顷 茎叶喷雾
PD20094587 高效氯氟氰菊酯/25克/升/乳油/高效氯氟氰菊酯 25克/升/2014.04.10 至 2019.04.10/中等毒
甘蓝 蚜虫 7.5-15克/公顷 喷雾
PD20094796 高效氟吡甲禾灵/108克/升/乳油/高效氟吡甲禾灵 108克/升/2014.04.13 至 2019.04.13/低毒
油菜田 一年生禾本科杂草 40.5-48.6克/公顷 茎叶喷雾
PD20095160 烯酰・锰锌/69%/可湿性粉剂/代森锰锌 60%、烯酰吗啉 9%/2014.04.24 至 2019.04.24/低毒
黄瓜 霜霉病 1035-1397.25克/公顷 喷雾
PD20096116 啶虫脒/5%/可湿性粉剂/啶虫脒 5%/2014.06.18 至 2019.06.18/低毒
柑橘树 蚜虫 8.6-10毫克/千克 喷雾
PD20097346 精喹禾灵/15%/乳油/精喹禾灵 15%/2014.10.27 至 2019.10.27/低毒
油菜田 一年生禾本科杂草 20-30毫升制剂/亩 茎叶喷雾
PD20097618 吡虫啉/10%/可湿性粉剂/吡虫啉 10%/2014.11.03 至 2019.11.03/低毒
菠菜 蚜虫 30-45克/公顷 喷雾
韭菜 韭蛆 300-450克/公顷 药土法
莲藕 莲缢管蚜 15-30克/公顷 喷雾
芹菜 蚜虫 15-30克/公顷 喷雾
水稻 稻飞虱 15-22.5克/公顷 喷雾
PD20098002 氟硅唑/400克/升/乳油/氟硅唑 400克/升/2014.12.07 至 2019.12.07/中等毒
黄瓜 黑星病 45—75克/公顷 喷雾
PD20100400 毒・辛/20%/乳油/毒死蜱 4%、辛硫磷 16%/2015.01.14 至 2020.01.14/中等毒
水稻 三化螟 360-450克/公顷 喷雾
PD20100905 氯氰・丙溴磷/440克/升/乳油/丙溴磷 400克/升、氯氰菊酯 40克/升/2015.01.19 至 2020.01.19/中等毒
棉花 棉铃虫 80-100毫升制剂/亩 喷雾
PD20101132 敌畏・矿物油/80%/乳油/敌敌畏 30%、矿物油 50%/2015.01.25 至 2020.01.25/中等毒
棉花 蚜虫 960-1440克/公顷 喷雾

PD20110009　阿维菌素/1.8%/乳油/阿维菌素 1.8%/2016.01.04 至 2021.01.04/中等毒(原药高毒)
甘蓝　小菜蛾　6-9克/公顷　喷雾
茭白　二化螟　9.5-13.5克/公顷　喷雾
PD20110404　精喹·乳氟禾/11.8%/乳油/精喹禾灵 10%、乳氟禾草灵 1.8%/2016.04.12 至 2021.04.12/低毒
花生　一年生杂草　53.1-70.8克/公顷　茎叶喷雾
PD20111127　吡虫啉/70%/可湿性粉剂/吡虫啉 70%/2011.10.28 至 2016.10.28/低毒
菠菜　蚜虫　30-45克/公顷　喷雾
韭菜　韭蛆　300-450克/公顷　药土法
莲藕　莲缢管蚜　15-30克/公顷　喷雾
芹菜　蚜虫　15-30克/公顷　喷雾
水稻　稻飞虱　18.9-27.3克/公顷　喷雾
PD20120002　苦参碱/0.5%/水剂/苦参碱 0.5%/2012.01.05 至 2017.01.05/低毒
梨树　黑星病　5-7毫克/千克　喷雾
林木　美国白蛾　2.5-5毫克/千克　喷雾
PD20120106　咪鲜胺/450克/升/水乳剂/咪鲜胺 450克/升/2012.01.29 至 2017.01.29/低毒
柑橘　炭疽病　225-450毫克/千克　浸果
PD20121499　哒螨·矿物油/40%/乳油/哒螨灵 5%、矿物油 35%/2012.10.09 至 2017.10.09/中等毒
苹果树　红蜘蛛　200-266.7毫克/千克　喷雾
PD20130847　阿维·三唑磷/10.2%/乳油/阿维菌素 0.2%、三唑磷 10%/2013.04.22 至 2018.04.22/中等毒(原药高毒)
水稻　三化螟　153-183.6克/公顷　喷雾
PD20131125　烟嘧·莠去津/22%/可分散油悬浮剂/烟嘧磺隆 2%、莠去津 20%/2013.05.20 至 2018.05.20/低毒
玉米田　一年生杂草　330-495克/公顷　茎叶喷雾
PD20131293　炔螨·矿物油/73%/乳油/矿物油 33%、炔螨特 40%/2013.06.08 至 2018.06.08/低毒
柑橘树　红蜘蛛　243.3-365毫克/千克　喷雾
PD20131671　啶虫脒/10%/微乳剂/啶虫脒 10%/2013.08.07 至 2018.08.07/低毒
苹果树　蚜虫　10-12.5毫克/千克　喷雾
PD20131742　甲氨基阿维菌素苯甲酸盐/3%/微乳剂/甲氨基阿维菌素 3%/2013.08.16 至 2018.08.16/低毒
甘蓝　甜菜夜蛾　1.8-2.25克/公顷　喷雾
注:甲氨基阿维菌素苯甲酸盐含量: 3.4%。
PD20132404　硝磺草酮/15%/悬浮剂/硝磺草酮 15%/2013.11.20 至 2018.11.20/低毒
玉米田　一年生杂草　101.25-146.25克/公顷　茎叶喷雾
PD20140203　戊唑醇/25%/水乳剂/戊唑醇 25%/2014.01.29 至 2019.01.29/低毒
苹果树　斑点落叶病　100-125毫克/千克　喷雾
PD20141196　氰氟草酯/10%/乳油/氰氟草酯 10%/2014.05.06 至 2019.05.06/低毒
水稻移栽田　稗草、千金子等禾本科杂草　75-105克/公顷　喷雾
PD20141401　草甘膦铵盐/65%/可溶粉剂/草甘膦 65%/2014.06.05 至 2019.06.05/低毒
非耕地　杂草　1170-1413.75克/公顷　定向茎叶喷雾
注:草甘膦铵盐含量: 71.5%。
PD20141481　高效氯氰菊酯/4.5%/微乳剂/高效氯氰菊酯 4.5%/2014.06.09 至 2019.06.09/中等毒
甘蓝　菜青虫　13.5-27克/公顷　喷雾
PD20142435　己唑醇/50%/水分散粒剂/己唑醇 50%/2014.11.15 至 2019.11.15/低毒
水稻　纹枯病　60-75克/公顷　喷雾
PD20152292　咪鲜·己唑醇/25%/微乳剂/己唑醇 5%、咪鲜胺 20%/2015.10.20 至 2020.10.20/低毒
水稻　纹枯病　60-90克/公顷　喷雾
PD20152414　噻虫嗪/25%/水分散粒剂/噻虫嗪 25%/2015.10.25 至 2020.10.25/低毒
烟草　蚜虫　11.25-30克/公顷　喷雾
PD20152456　草铵膦/200克/升/水剂/草铵膦 200克/升/2015.12.04 至 2020.12.04/低毒
非耕地　杂草　900-1200克/公顷　喷雾
LS20120054　二甲基二硫醚/2%/乳油/二甲基二硫醚 2%/2014.02.09 至 2015.02.09/低毒
棉花　红蜘蛛　3-3.75克/公顷　喷雾
LS20130350　硝磺·莠去津/55%/悬浮剂/莠去津 50%、硝磺草酮 5%/2015.07.02 至 2016.07.02/低毒
玉米田　一年生杂草　660-990克/公顷　茎叶喷雾

山东亚星农药有限公司　(山东省济南市历城区山大南路27号　250100　0531-88364485)

PD20100845　烷醇·硫酸铜/0.5%/水乳剂/硫酸铜 0.4%、三十烷醇 0.1%/2015.01.19 至 2020.01.19/低毒
番茄　病毒病　11.25-16.5克/公顷　喷雾
PD20101880　烷醇·硫酸铜/1.5%/可湿性粉剂/硫酸铜 1.4%、三十烷醇 0.1%/2015.08.09 至 2020.08.09/低毒
番茄　病毒病　18.8-28.2克/公顷　喷雾
PD20131389　草甘膦异丙胺盐/30%/水剂/草甘膦 30%/2013.06.24 至 2018.06.24/低毒
非耕地　杂草　1500－2400克/公倾　茎叶喷雾
注:草甘膦异丙胺盐含量: 41%。

山东燕山三丰生物科技有限公司　(山东省济南市长清区孝里镇孝里村　250302　0531-87388679)

PD20092903　乙铝·锰锌/50%/可湿性粉剂/代森锰锌 28%、三乙膦酸铝 22%/2014.03.05 至 2019.03.05/低毒
黄瓜　霜霉病　937-1406克/公顷　喷雾

PD20093498　多·福/40%/可湿性粉剂/多菌灵 20%、福美双 20%/2014.03.23 至 2019.03.23/低毒
　梨树　黑星病　1000-1500毫克/千克　喷雾
PD20094568　二氯异氰尿酸钠/20%/可溶粉剂/二氯异氰尿酸钠 20%/2014.04.09 至 2019.04.09/低毒
　黄瓜　霜霉病　562.5-750克/公顷　喷雾
PD20095177　氰戊·马拉松/40%/乳油/马拉硫磷 35%、氰戊菊酯 5%/2014.04.24 至 2019.04.24/中等毒
　苹果树　桃小食心虫　200-400毫克/千克　喷雾

山东一览科技有限公司　(山东省寿光市侯镇海洋化工园区丰南路以南　262724　0536-5285682)

PD20100572　三唑锡/20%/悬浮剂/三唑锡 20%/2015.01.14 至 2020.01.14/中等毒
　柑橘树　红蜘蛛　100-200毫克/千克　喷雾
PD20122063　已唑醇/30%/悬浮剂/已唑醇 30%/2012.12.24 至 2017.12.24/低毒
　水稻　纹枯病　58.5-76.5克/公顷　喷雾
PD20130229　氟氯氰菊酯/5.7%/水乳剂/氟氯氰菊酯 5.7%/2013.01.30 至 2018.01.30/低毒
　甘蓝　菜青虫　17.1-25.65克/公顷　喷雾
PD20130286　高效氯氟氰菊酯/2.5%/水乳剂/高效氯氟氰菊酯 2.5%/2013.02.26 至 2018.02.26/低毒
　甘蓝　菜青虫　7.5-9.375克/公顷　喷雾
PD20130319　啶虫脒/3%/微乳剂/啶虫脒 3%/2013.02.26 至 2018.02.26/低毒
　苹果树　蚜虫　12-15毫克/千克　喷雾
PD20130393　甲氨基阿维菌素苯甲酸盐/3%/微乳剂/甲氨基阿维菌素 3%/2013.03.12 至 2018.03.12/低毒
　甘蓝　甜菜夜蛾　2.7-3.375克/公顷　喷雾
　注:甲氨基阿维菌素苯甲酸盐含量:3.4%。
PD20130394　戊唑醇/430克/升/悬浮剂/戊唑醇 430克/升/2013.03.12 至 2018.03.12/低毒
　苦瓜　白粉病　77.4-116.1克/公顷　喷雾
　苹果树　斑点落叶病　61.4-86毫克/千克　喷雾
PD20130720　草甘膦铵盐/65%/可溶粉剂/草甘膦 65%/2013.04.12 至 2018.04.12/低毒
　非耕地　杂草　1170-1462.5克/公顷　茎叶喷雾
　注:草甘膦铵盐含量: 71.5%。
PD20130827　苯醚甲环唑/37%/水分散粒剂/苯醚甲环唑 37%/2013.04.22 至 2018.04.22/低毒
　梨树　黑星病　14.8-16.8毫克/千克　喷雾
PD20131100　氟环唑/125克/升/悬浮剂/氟环唑 125克/升/2013.05.20 至 2018.05.20/低毒
　香蕉　叶斑病　140-188毫克/千克　喷雾
PD20131106　嘧霉胺/70%/水分散粒剂/嘧霉胺 70%/2013.05.20 至 2018.05.20/低毒
　黄瓜　灰霉病　472.5-577.5克/公顷　喷雾
PD20131760　四聚乙醛/6%/颗粒剂/四聚乙醛 6%/2013.09.06 至 2018.09.06/低毒
　甘蓝　蜗牛　450-540克/公顷　撒施
PD20140524　高效氯氟氰菊酯/15%/微乳剂/高效氯氟氰菊酯 15%/2014.03.06 至 2019.03.06/中等毒
　甘蓝　小菜蛾　22.5-33.75克/公顷　喷雾
PD20141969　烯酰吗啉/80%/水分散粒剂/烯酰吗啉 80%/2014.08.13 至 2019.08.13/低毒
　黄瓜　霜霉病　240-300克/公顷　喷雾
PD20142446　吡虫啉/10%/微乳剂/吡虫啉 10%/2014.11.15 至 2019.11.15/低毒
　甘蓝　蚜虫　15-22.5克/公顷　喷雾
PD20142599　甲维·三唑磷/20%/微乳剂/甲氨基阿维菌素苯甲酸盐 0.5%、三唑磷 19.5%/2014.12.15 至 2019.12.15/中等毒
　水稻　二化螟　120-180克/公顷　喷雾

山东一松生化有限公司　(山东省滨州市沾化高新技术开发区　256800　0543-7316705)

PD20098406　高效氯氟氰菊酯/25克/升/乳油/高效氯氟氰菊酯 25克/升/2014.12.18 至 2019.12.18/中等毒
　十字花科蔬菜　蚜虫　6.25-7.5克/公顷　喷雾
PD20101084　高效氯氰菊酯/4.5%/乳油/高效氯氰菊酯 4.5%/2015.01.25 至 2020.01.25/低毒
　甘蓝　菜青虫　11.25-15克/公顷　喷雾
PD20120985　阿维·哒螨灵/10%/乳油/阿维菌素 0.3%、哒螨灵 9.7%/2012.06.21 至 2017.06.21/低毒(原药高毒)
　棉花　红蜘蛛　60-90克/公顷　喷雾
PD20130745　甲维·氟铃脲/2.2%/乳油/氟铃脲 2%、甲氨基阿维菌素苯甲酸盐 0.2%/2013.04.12 至 2018.04.12/低毒
　甘蓝　甜菜夜蛾　16.5-19.8克/公顷　喷雾
PD20131299　氟乐灵/480克/升/乳油/氟乐灵 480克/升/2013.06.08 至 2018.06.08/低毒
　棉花田　一年生禾本科杂草及部分阔叶杂草　720-1080克/公顷　土壤喷雾
PD20131602　烟嘧·莠去津/24%/可分散油悬浮剂/烟嘧磺隆 4%、莠去津 20%/2013.07.29 至 2018.07.29/低毒
　玉米田　一年生杂草　288-360克/公顷　茎叶喷雾
PD20140571　精喹禾灵/10%/乳油/精喹禾灵 10%/2014.03.06 至 2019.03.06/低毒
　棉花田　一年生禾本科杂草　45-60克/公顷　茎叶喷雾
PD20141601　烟嘧·莠·异丙/37%/可分散油悬浮剂/烟嘧磺隆 2%、异丙草胺 15%、莠去津 20%/2014.06.24 至 2019.06.24/低毒
　玉米田　一年生杂草　832.5-1110克/公顷　茎叶喷雾
PD20141754　高效氟吡甲禾灵/108克/升/乳油/高效氟吡甲禾灵 108克/升/2014.07.02 至 2019.07.02/低毒
　棉花田　芦苇　97.2-145.8克/公顷　茎叶喷雾
PD20150538　啶虫脒/5%/乳油/啶虫脒 5%/2015.03.23 至 2020.03.23/低毒
　黄瓜　蚜虫　18-22.5克/公顷　喷雾

PD20151245 乙烯利/40%/水剂/乙烯利 40%/2015.07.30 至 2020.07.30/低毒
棉花 催熟 1000-1333毫克/千克 喷雾
PD20151303 阿维·高氯氟/1.3%/乳油/阿维菌素 0.3%、高效氯氟氰菊酯 1%/2015.07.30 至 2020.07.30/低毒(原药高毒)
甘蓝 小菜蛾 7.8-9.75克/公顷 喷雾

山东亿尔化学有限公司 (山东省滨州市滨城区滨北办新永莘路南侧 256601 0543-2229420)

PD20084267 噁霉灵/99%/原药/噁霉灵 99%/2013.12.17 至 2018.12.17/低毒
PD20095302 烯草酮/240克/升/乳油/烯草酮 240克/升/2014.04.27 至 2019.04.27/低毒
春大豆田 一年生禾本科杂草 100.8-126克/公顷 茎叶喷雾
夏大豆田 一年生禾本科杂草 61.2-100.8克/公顷 茎叶喷雾
PD20101097 氯氟吡氧乙酸异辛酯(288克/升)// /乳油/氯氟吡氧乙酸 200克/升/2015.01.25 至 2020.01.25/低毒
玉米田 阔叶杂草 50-70毫升制剂/亩 茎叶喷雾
PD20101153 烟嘧磺隆/40克/升/可分散油悬浮剂/烟嘧磺隆 40克/升/2015.01.25 至 2020.01.25/低毒
玉米田 一年生杂草 42-60克/公顷 茎叶喷雾
PD20102034 氯氟吡氧乙酸异辛酯/95%/原药/氯氟吡氧乙酸异辛酯 95%/2015.10.19 至 2020.10.19/低毒
PD20131442 异丙草·莠/50%/悬乳剂/异丙草胺 22%、莠去津 28%/2013.07.05 至 2018.07.05/低毒
玉米田 一年生杂草 1620-2025克/公顷(东北地区); 土壤喷雾
1215-1620克/公顷(其他地区)
PD20131520 异丙·乙·莠/52%/悬乳剂/乙草胺 9%、异丙草胺 13%、莠去津 30%/2013.07.17 至 2018.07.17/低毒
玉米田 一年生杂草 1560-1950克/公顷(东北地区) 土壤喷雾
1170-1560克/公顷(其他地区)
PD20141097 草甘膦/95%/原药/草甘膦 95%/2014.04.27 至 2019.04.27/低毒
PD20141857 2,4-滴丁酯/72%/乳油/2,4-滴丁酯 72%/2014.07.24 至 2019.07.24/低毒
小麦田 一年生阔叶杂草 486-648克/公顷 茎叶喷雾
PD20141869 草铵膦/88%/可溶粒剂/草铵膦 88%/2014.07.24 至 2019.07.24/低毒
非耕地 杂草 660-1320克/公顷 定向茎叶喷雾
PD20150148 莠去津/90%/水分散粒剂/莠去津 90%/2015.01.14 至 2020.01.14/低毒
玉米田 一年生杂草 1485-1890克/公顷(东北地区), 土壤喷雾
945-1485克/公顷(其他地区)
PD20152555 精喹·氟磺胺/21%/乳油/氟磺胺草醚 17.5%、精喹禾灵 3.5%/2015.12.05 至 2020.12.05/低毒
大豆田 一年生杂草 267.5-378克/公顷 茎叶喷雾
LS20140067 硝磺·莠去津/55%/悬浮剂/莠去津 50%、硝磺草酮 5%/2015.02.18 至 2016.02.18/低毒
春玉米田 一年生杂草 825-1237.5克/公顷 茎叶喷雾
夏玉米田 一年生杂草 660--990克/公顷 茎叶喷雾

山东亿嘉农化有限公司 (山东省寿光市开发区 262700 0536-5196561)

PD20084876 噻嗪·异丙威/25%/可湿性粉剂/噻嗪酮 5%、异丙威 20%/2013.12.22 至 2018.12.22/低毒
水稻 稻飞虱 450-562.5克/公顷 喷雾
PD20085254 吡虫啉/20%/可溶液剂/吡虫啉 20%/2013.12.23 至 2018.12.23/低毒
水稻 稻飞虱 22.5-30克/公顷 喷雾
PD20085495 甲霜·锰锌/58%/可湿性粉剂/甲霜灵 10%、代森锰锌 48%/2013.12.25 至 2018.12.25/低毒
黄瓜 霜霉病 675-1050克/公顷 喷雾
PD20091367 霜霉威盐酸盐/ 66.5%/水剂/霜霉威盐酸盐 66.5%/2014.02.02 至 2019.02.02/低毒
菠菜 霜霉病 948-1300克/公顷 喷雾
花椰菜 霜霉病 866-1083克/公顷 喷雾
黄瓜 霜霉病 650-1083克/公顷 喷雾
PD20097198 甲硫·锰锌/50%/可湿性粉剂/甲基硫菌灵 15%、代森锰锌 35%/2014.10.16 至 2019.10.16/微毒
苹果树 炭疽病 500-1000毫克/千克 喷雾
PD20098078 多·锰锌/60%/可湿性粉剂/多菌灵 20%、代森锰锌 40%/2014.12.08 至 2019.12.08/低毒
苹果树 斑点落叶病 1000－1500毫克/千克 喷雾
PD20098227 高效氯氰菊酯/4.5%/水乳剂/高效氯氰菊酯 4.5%/2014.12.16 至 2019.12.16/低毒
甘蓝 菜青虫 22.5－37.5克/公顷 喷雾
PD20100579 氢氧化铜/77%/可湿性粉剂/氢氧化铜 77%/2015.01.14 至 2020.01.14/低毒
黄瓜 细菌性角斑病 519.75-693克/公顷 喷雾
PD20100847 甲氨基阿维菌素苯甲酸盐/2%/微乳剂/甲氨基阿维菌素 2%/2015.01.19 至 2020.01.19/低毒
甘蓝 小菜蛾 1.5-2.5克/公顷 喷雾
花椰菜 小菜蛾 1.5-3克/公顷 喷雾
辣椒 烟青虫 1.5-3克/公顷 喷雾
注:甲氨基阿维菌素苯甲酸盐含量: 2.2%。
PD20110920 戊唑醇/430克/升/悬浮剂/戊唑醇 430克/升/2011.09.05 至 2016.09.05/微毒
苦瓜 白粉病 77.4-116.1克/公顷 喷雾
苹果树 斑点落叶病 61.4－86毫克/千克 喷雾
PD20111460 苯甲·丙环唑/30%/悬浮剂/苯醚甲环唑 15%、丙环唑 15%/2011.12.31 至 2016.12.31/低毒
水稻 纹枯病 90－112.5克/公顷 喷雾
PD20120355 氨基寡糖素/0.5%/水剂/氨基寡糖素 0.5%/2012.02.23 至 2017.02.23/低毒

番茄　晚疫病　14.06-18.75克/公顷　喷雾
PD20120482　灭蝇胺/30%/悬浮剂/灭蝇胺 30%/2012.03.19 至 2017.03.19/低毒
黄瓜　美洲斑潜蝇　135-225克/公顷　喷雾
PD20120905　氟硅唑/10%/水乳剂/氟硅唑 10%/2012.05.24 至 2017.05.24/低毒
番茄　叶霉病　60-75克/公顷　喷雾
PD20121054　咪鲜胺/450克/升/水乳剂/咪鲜胺 450克/升/2012.07.12 至 2017.07.12/低毒
香蕉　冠腐病　250-500毫克/千克　浸果
PD20121145　苯醚甲环唑/30%/水分散粒剂/苯醚甲环唑 30%/2012.07.20 至 2017.07.20/低毒
苦瓜　白粉病　105-150克/公顷　喷雾
芹菜　斑枯病　52.5-67.5克/公顷　喷雾
香蕉树　叶斑病　85-120毫克/千克　喷雾
PD20121217　丁子香酚/0.3%/可溶液剂/丁子香酚 0.3%/2012.08.10 至 2017.08.10/低毒
番茄　灰霉病、晚疫病　4-5.3克/公顷　喷雾
PD20121770　甲氨基阿维菌素苯甲酸盐/5%/水分散粒剂/甲氨基阿维菌素 5%/2012.11.15 至 2017.11.15/低毒
甘蓝　甜菜夜蛾　2.25-3.75克/公顷　喷雾
注：甲氨基阿维菌素苯甲酸盐含量：5.7%。
PD20121845　丙环唑/40%/微乳剂/丙环唑 40%/2012.11.28 至 2017.11.28/微毒
香蕉　叶斑病　270-400毫克/千克　喷雾
PD20121992　戊唑醇/80%/水分散粒剂/戊唑醇 80%/2012.12.18 至 2017.12.18/低毒
苹果树　炭疽病　80-133毫克/千克　喷雾
PD20130479　高效氯氟氰菊酯/2.5%/水乳剂/高效氯氟氰菊酯 2.5%/2013.03.20 至 2018.03.20/中等毒
甘蓝　菜青虫　7.5-15克/公顷　喷雾
PD20130511　啶虫脒/10%/微乳剂/啶虫脒 10%/2013.03.27 至 2018.03.27/低毒
棉花　蚜虫　13.5-22.5克/公顷　喷雾
PD20130528　阿维菌素/0.5%/颗粒剂/阿维菌素 0.5%/2013.03.27 至 2018.03.27/低毒(原药高毒)
黄瓜　根结线虫　225-263克/公顷　沟施、穴施
PD20130790　啶虫脒/40%/水分散粒剂/啶虫脒 40%/2013.04.22 至 2018.04.22/低毒
黄瓜　蚜虫　21.6-32.4克/公顷　喷雾
PD20131631　烯酰·锰锌/69%/可湿性粉剂/代森锰锌 60%、烯酰吗啉 9%/2013.07.30 至 2018.07.30/低毒
黄瓜　霜霉病　1035-1380克/公顷　喷雾
PD20132362　甲氨基阿维菌素苯甲酸盐/5%/悬浮剂/甲氨基阿维菌素 5%/2013.11.20 至 2018.11.20/低毒
水稻　稻纵卷叶螟　11.25-15克/公顷　喷雾
注：甲氨基阿维菌素苯甲酸盐含量：5.7%。
PD20140292　吡蚜酮/25%/悬浮剂/吡蚜酮 25%/2014.02.12 至 2019.02.12/低毒
水稻　稻飞虱　60-75克/公顷　喷雾
PD20140523　甲维·茚虫威/10%/悬浮剂/甲氨基阿维菌素苯甲酸盐 1.5%、茚虫威 8.5%/2014.03.06 至 2019.03.06/低毒
观赏菊花　斜纹夜蛾　12-18克/公顷　喷雾
PD20141436　噻虫嗪/25%/水分散粒剂/噻虫嗪 25%/2014.06.06 至 2019.06.06/低毒
菠菜　蚜虫　22.5-30克/公顷　喷雾
茶树　茶小绿叶蝉　15-22.5克/公顷　喷雾
棉花、芹菜　蚜虫　15-30克/公顷　喷雾
水稻　稻飞虱　11.25-15克/公顷　喷雾
PD20142658　苯醚甲环唑/25%/悬浮剂/苯醚甲环唑 25%/2014.12.18 至 2019.12.18/低毒
香蕉　叶斑病　100-125毫克/千克　喷雾
PD20150407　丁醚脲/25%/悬浮剂/丁醚脲 25%/2015.03.18 至 2020.03.18/低毒
茶树　茶小绿叶蝉　600-900克/公顷　喷雾
PD20151053　苯甲·嘧菌酯/30%/悬浮剂/苯醚甲环唑 8%、嘧菌酯 22%/2015.06.14 至 2020.06.14/低毒
西瓜　白粉病　180-225克/公顷　喷雾
PD20151392　苯醚甲环唑/98%/原药/苯醚甲环唑 98%/2015.07.30 至 2020.07.30/低毒
PD20151824　香菇多糖/1%/水剂/香菇多糖 1%/2015.08.28 至 2020.08.28/低毒
番茄　病毒病　12-18克/公顷　喷雾

山东亿星生物科技有限公司　(山东省潍坊市滨海经济开发区临港工业园　262737　0536-53023597)

PD20151101　2甲4氯/97%/原药/2甲4氯 97%/2015.06.23 至 2020.06.23/低毒
PD20151227　甲氧咪草烟/97%/原药/甲氧咪草烟 97%/2015.07.30 至 2020.07.30/低毒
PD20151291　甲咪唑烟酸/97%/原药/甲咪唑烟酸 97%/2015.07.30 至 2020.07.30/低毒

山东玉成生化农药有限公司　(山东省潍坊市安丘市206国道安丘收费处南　262100　0536-4390588)

PD20040694　高氯·吡虫啉/3%/乳油/吡虫啉 1.5%、高效氯氰菊酯 1.5%/2014.12.19 至 2019.12.19/中等毒
十字花科蔬菜　蚜虫　18-27克/公顷　喷雾
小麦　蚜虫　15.75-24.75克/公顷　喷雾
PD20060156　代森锰锌/80%/可湿性粉剂/代森锰锌 80%/2011.08.29 至 2016.08.29/低毒
番茄　早疫病　1845-2370克/公顷　喷雾
柑橘树　疮痂病、炭疽病　1333-2000毫克/千克　喷雾
梨树　黑星病　800-1600毫克/千克　喷雾

荔枝树 霜疫霉病 1333-2000毫克/千克 喷雾
苹果树 斑点落叶病、轮纹病、炭疽病 1000-1500毫克/千克 喷雾
葡萄 白腐病、黑痘病、霜霉病 1000-1600毫克/千克 喷雾
西瓜 炭疽病 1560-2520克/公顷 喷雾

PD20080041 多·锰锌/50%/可湿性粉剂/多菌灵 8%、代森锰锌 42%/2013.01.04 至 2018.01.04/低毒
苹果树 斑点落叶病 400-500倍液 喷雾

PD20080065 炔螨特/73%/乳油/炔螨特 73%/2013.01.03 至 2018.01.03/低毒
棉花 红蜘蛛 383.25-492.75克/公顷 喷雾

PD20080547 氟乐灵/480克/升/乳油/氟乐灵 480克/升/2013.05.08 至 2018.05.08/低毒
棉花田 一年生杂草 900-1080克/公顷 播后苗前土壤喷雾

PD20080577 仲丁灵/360克/升/乳油/仲丁灵 360克/升/2013.05.12 至 2018.05.12/低毒
烟草 抑制腋芽生长 80-100倍液 杯淋

PD20080720 高效氯氟氰菊酯/25克/升/乳油/高效氯氟氰菊酯 25克/升/2013.06.11 至 2018.06.11/低毒
小麦 蚜虫 4.5-7.5克/公顷 喷雾
烟草 烟青虫 7.5-9.375克/公顷 喷雾

PD20080903 异噁草松/480克/升/乳油/异噁草松 480克/升/2013.07.09 至 2018.07.09/低毒
春大豆田 一年生杂草 1000.5-1200克/公顷 土壤喷雾

PD20081257 精喹禾灵/5%/乳油/精喹禾灵 5%/2013.09.18 至 2018.09.18/低毒
棉花田 一年生禾本科杂草 37.5-60克/公顷 茎叶喷雾

PD20081379 代森锌/65%/可湿性粉剂/代森锌 65%/2013.10.27 至 2018.10.27/低毒
番茄 早疫病 2550-3600克/公顷 喷雾

PD20081382 多菌灵/80%/可湿性粉剂/多菌灵 80%/2013.10.28 至 2018.10.28/低毒
苹果树 炭疽病 533-800毫克/千克 喷雾

PD20081560 稻瘟灵/40%/可湿性粉剂/稻瘟灵 40%/2013.11.11 至 2018.11.11/低毒
水稻 稻瘟病 480-600克/公顷 喷雾

PD20081634 氯氟吡氧乙酸/200克/升/乳油/氯氟吡氧乙酸 200克/升/2013.11.14 至 2018.11.14/低毒
冬小麦田 一年生阔叶杂草 150-210克/公顷 茎叶喷雾

PD20081954 高效氟吡甲禾灵/108克/升/乳油/高效氟吡甲禾灵 108克/升/2013.11.24 至 2018.11.24/低毒
棉花田 一年生禾本科杂草 40.5-48.6克/公顷 茎叶喷雾

PD20082185 代森锌/80%/可湿性粉剂/代森锌 80%/2013.11.26 至 2018.11.26/低毒
番茄 早疫病 2550-3600克/公顷 喷雾

PD20082192 高氯·辛硫磷/25%/乳油/高效氯氰菊酯 2.5%、辛硫磷 22.5%/2013.11.26 至 2018.11.26/中等毒
棉花 棉铃虫 225-300克/公顷 喷雾

PD20083845 氰戊·马拉松/20%/乳油/马拉硫磷 15%、氰戊菊酯 5%/2013.12.15 至 2018.12.15/中等毒
苹果树 桃小食心虫 160-333毫克/千克 喷雾

PD20091142 霜霉威盐酸盐/66.5%/水剂/霜霉威 66.5%/2014.01.21 至 2019.01.21/低毒
黄瓜 猝倒病 3.6-5.4克/平方米 苗床浇灌

PD20091836 毒死蜱/45%/乳油/毒死蜱 45%/2014.02.06 至 2019.02.06/中等毒
水稻 稻纵卷叶螟 360-612克/公顷 喷雾

PD20092038 氟铃脲/5%/乳油/氟铃脲 5%/2014.02.12 至 2019.02.12/低毒
十字花科蔬菜 小菜蛾 30-60克/公顷 喷雾

PD20092302 高氯·氟铃脲/5.7%/乳油/氟铃脲 1.9%、高效氯氰菊酯 3.8%/2014.02.24 至 2019.02.24/低毒
十字花科蔬菜 小菜蛾 42.75-51.3克/公顷 喷雾

PD20096028 噻嗪酮/25%/可湿性粉剂/噻嗪酮 25%/2014.06.15 至 2019.06.15/低毒
水稻 稻飞虱 112.5−150克/公顷 喷雾

PD20097298 烟嘧磺隆/40克/升/可分散油悬浮剂/烟嘧磺隆 40克/升/2014.10.26 至 2019.10.26/低毒
玉米田 一年生杂草 42-60克/公顷 茎叶喷雾

PD20097497 三环唑/75%/可湿性粉剂/三环唑 75%/2014.11.03 至 2019.11.03/低毒
水稻 稻瘟病 281.25−375克/公顷 喷雾

PD20097792 啶虫脒/40%/水分散粒剂/啶虫脒 40%/2014.11.20 至 2019.11.20/低毒
甘蓝 蚜虫 18-22.5克/公顷 喷雾

PD20097984 乙烯利/40%/水剂/乙烯利 40%/2014.12.01 至 2019.12.01/低毒
棉花 催熟 300-500倍液 喷雾

PD20098291 苏云金杆菌/16000IU/毫克/可湿性粉剂/苏云金杆菌 16000IU/毫克/2014.12.18 至 2019.12.18/低毒
水稻 稻纵卷叶螟 100-150克制剂/亩 喷雾
烟草 烟青虫 900-1500克制剂/公顷 喷雾

PD20100302 吗胍·乙酸铜/20%/可湿性粉剂/盐酸吗啉胍 16%、乙酸铜 4%/2015.01.11 至 2020.01.11/低毒
番茄 病毒病 500-750克/公顷 喷雾
烟草 病毒病 600-1000克/公顷 喷雾

PD20100759 多抗霉素/34%/原药/多抗霉素 34%/2015.01.18 至 2020.01.18/低毒

PD20101667 阿维菌素/3.2%/乳油/阿维菌素 3.2%/2015.06.08 至 2020.06.08/低毒(原药高毒)
棉花 红蜘蛛 10.8-16.2克/公顷 喷雾
水稻 稻纵卷叶螟 7.2-8.4克/公顷 喷雾

PD20121339 甲氨基阿维菌素苯甲酸盐/5%/水分散粒剂/甲氨基阿维菌素 5%/2012.09.11 至 2017.09.11/低毒
甘蓝 甜菜夜蛾 3-3.75克/公顷 喷雾
注:甲氨基阿维菌素苯甲酸盐含量:5.7%。

PD20121615 几丁聚糖/2%/水剂/几丁聚糖 2%/2012.10.30 至 2017.10.30/微毒
番茄 晚疫病 37.5-45克/公顷 喷雾

PD20121703 烯酰吗啉/50%/可湿性粉剂/烯酰吗啉 50%/2012.11.05 至 2017.11.05/低毒
黄瓜 霜霉病 225-300克/公顷 喷雾

PD20121814 矿物油/99%/乳油/矿物油 99%/2012.11.22 至 2017.11.22/低毒
柑橘树 红蜘蛛 4950-9900毫克/千克 喷雾

PD20132105 枯草芽孢杆菌/1000亿活芽孢/克/可湿性粉剂/枯草芽孢杆菌 1000亿活芽孢/克/2013.10.24 至 2018.10.24/低毒
水稻 稻瘟病 300－450克制剂/公顷 喷雾
烟草 黑胫病 675－975克制剂/公顷 喷雾

PD20132284 噻唑膦/10%/颗粒剂/噻唑膦 10%/2013.11.08 至 2018.11.08/中等毒
番茄 根结线虫 2250-3000克/公顷 土壤撒施

PD20132561 阿维菌素/3%/微囊悬浮剂/阿维菌素 3%/2013.12.17 至 2018.12.17/低毒(原药高毒)
烟草 根结线虫 225-450克/公顷 移栽时穴施

PD20150377 草甘膦铵盐/80%/可溶粒剂/草甘膦 80%/2015.03.03 至 2020.03.03/低毒
非耕地 杂草 1200-2280克/公顷 茎叶喷雾

PD20150562 草甘膦异丙胺盐/46%/水剂/草甘膦 46%/2015.03.24 至 2020.03.24/低毒
非耕地 杂草 897-1725克/公顷 茎叶喷雾
注:草甘膦异丙胺盐含量: 62%。

PD20151113 高效氯氟氰菊酯/10%/水乳剂/高效氯氟氰菊酯 10%/2015.06.25 至 2020.06.25/中等毒
烟草 烟青虫 6-12克/公顷 喷雾

山东源丰生物科技有限公司 (山东省菏泽市黄岗工业园 274000 0530-5663339)

PD20084943 氰戊·马拉松/30%/乳油/马拉硫磷 22.5%、氰戊菊酯 7.5%/2013.12.22 至 2018.12.22/中等毒
苹果树 桃小食心虫 1000-2000倍液 喷雾

PD20086387 辛硫·灭多威/20%/乳油/灭多威 10%、辛硫磷 10%/2013.12.31 至 2018.12.31/中等毒(原药高毒)
棉花 棉铃虫 150-300克/公顷 喷雾

PD20090498 灭多威/20%/乳油/灭多威 20%/2014.01.12 至 2019.01.12/高毒
棉花 棉铃虫 150-225克/公顷 喷雾
棉花 蚜虫 75-150克/公顷 喷雾

PD20091566 高效氯氟氰菊酯/25克/升/乳油/高效氯氟氰菊酯 25克/升/2014.02.03 至 2019.02.03/中等毒
茶树 茶小绿叶蝉 22.5-37.5克/公顷 喷雾
茶树 茶尺蠖 7.5-15克/公顷 喷雾
棉花 红蚜虫、棉铃虫、蚜虫 15-30克/公顷 喷雾
十字花科蔬菜 菜青虫 15-30克/公顷 喷雾
小麦 蚜虫 7.5-11.25克/公顷 喷雾

PD20100937 阿维菌素/3.2%/乳油/阿维菌素 3.2%/2015.01.19 至 2020.01.19/低毒(原药高毒)
棉花 棉铃虫 21.6-32.4克/公顷 喷雾
棉花 红蜘蛛 10.8-16.2克/公顷 喷雾
十字花科蔬菜 小菜蛾 8.1-10.8克/公顷 喷雾

PD20101769 甲氨基阿维菌素苯甲酸盐/2/微乳剂/甲氨基阿维菌素 2%/2015.07.07 至 2020.07.07/低毒
甘蓝 小菜蛾 2.31-3.63克/公顷 喷雾
注:甲氨基阿维菌素苯甲酸盐含量: 2.3%。

PD20140347 烯酰吗啉/80%/水分散粒剂/烯酰吗啉 80%/2014.02.18 至 2019.02.18/低毒
黄瓜 霜霉病 264-300克/公顷 喷雾

PD20140373 己唑醇/5%/悬浮剂/己唑醇 5%/2014.02.20 至 2019.02.20/低毒
水稻 纹枯病 56-68克/公顷 喷雾

PD20140875 苯醚甲环唑/40%/悬浮剂/苯醚甲环唑 40%/2014.04.08 至 2019.04.08/低毒
香蕉 叶斑病 100-120毫克/千克 喷雾

PD20151476 苏云金杆菌/8000IU/微升/悬浮剂/苏云金杆菌 8000IU/微升/2015.07.31 至 2020.07.31/低毒
甘蓝 小菜蛾 3000-4500毫升制剂/公顷 喷雾

WP20140211 吡丙醚/5%/微乳剂/吡丙醚 5%/2014.09.28 至 2019.09.28/低毒
室外 蝇(幼虫) 100毫克/平方米 喷洒

山东兆丰年生物科技有限公司 (山东省济南市章丘高官寨工业区工业路26号 250209 0531-58773835)

PD85154-43 氰戊菊酯/20%/乳油/氰戊菊酯 20%/2015.08.15 至 2020.08.15/中等毒
柑橘树 潜叶蛾 10-20毫克/千克 喷雾
果树 梨小食心虫 10-20毫克/千克 喷雾
棉花 红铃虫、蚜虫 75-150克/公顷 喷雾
蔬菜 菜青虫、蚜虫 60-120克/公顷 喷雾

PD20040205 氯氰菊酯/10%/乳油/氯氰菊酯 10%/2014.12.19 至 2019.12.19/低毒
十字花科蔬菜 菜青虫 37.5-52.5克/公顷 喷雾

PD20040800 哒螨灵/15%/乳油/哒螨灵 15%/2014.12.19 至 2019.12.19/中等毒

	苹果树	红蜘蛛	31.7-47.5毫克/千克	喷雾
PD20050064	氯氰菊酯/5%/乳油/氯氰菊酯 5%/2015.06.24 至 2020.06.24/中等毒			
	十字花科蔬菜	菜青虫	30-45克/公顷	喷雾
PD20070499	福美双/50%/可湿性粉剂/福美双 50%/2012.11.28 至 2017.11.28/低毒			
	黄瓜	霜霉病	562.5-1125克/公顷	喷雾
PD20070599	多菌灵/50%/可湿性粉剂/多菌灵 50%/2012.12.14 至 2017.12.14/低毒			
	水稻	纹枯病	750-900克/公顷	喷雾
PD20080568	代森锰锌/80%/可湿性粉剂/代森锰锌 80%/2013.05.12 至 2018.05.12/低毒			
	番茄	早疫病	1560-2520克/公顷	喷雾
PD20082334	腈菌唑/12.5%/乳油/腈菌唑 12.5%/2013.12.01 至 2018.12.01/低毒			
	黄瓜	白粉病	30-60克/公顷	喷雾
PD20082883	噁霜・锰锌/64%/可湿性粉剂/噁霜灵 8%、代森锰锌 56%/2013.12.09 至 2018.12.09/低毒			
	黄瓜	霜霉病	1650-1950克/公顷	喷雾
PD20082933	硫磺/50%/悬浮剂/硫磺 50%/2013.12.09 至 2018.12.09/低毒			
	苹果树	白粉病	200-300倍液	喷雾
PD20083300	四螨嗪/500克/升/悬浮剂/四螨嗪 500克/升/2013.12.11 至 2018.12.11/低毒			
	苹果树	红蜘蛛	83.3-100毫克/千克	喷雾
PD20083463	甲基硫菌灵/500克/升/悬浮剂/甲基硫菌灵 500克/升/2013.12.12 至 2018.12.12/低毒			
	水稻	稻瘟病	937.5-1125克/公顷	喷雾
PD20083695	溴氰菊酯/25克/升/乳油/溴氰菊酯 25克/升/2013.12.15 至 2018.12.15/低毒			
	甘蓝	菜青虫	7.5-15克/公顷	喷雾
PD20083764	双甲脒/200克/升/乳油/双甲脒 200克/升/2013.12.15 至 2018.12.15/低毒			
	梨树	梨木虱	166.7-250毫克/千克	喷雾
PD20083765	氟啶脲/50克/升/乳油/氟啶脲 50克/升/2013.12.15 至 2018.12.15/低毒			
	韭菜	韭蛆	150-225克/公顷	药土法
	十字花科蔬菜	甜菜夜蛾	45-60克/公顷	喷雾
PD20083802	三乙膦酸铝/40%/可湿性粉剂/三乙膦酸铝 40%/2013.12.15 至 2018.12.15/低毒			
	黄瓜	霜霉病	2160-2700克/公顷	喷雾
PD20083807	炔螨特/57%/乳油/炔螨特 57%/2013.12.15 至 2018.12.15/低毒			
	柑橘树	红蜘蛛	225-380毫克/千克	喷雾
PD20083808	高效氯氟氰菊酯/25克/升/乳油/高效氯氟氰菊酯 25克/升/2013.12.15 至 2018.12.15/中等毒			
	棉花	棉铃虫	22.5-26.25克/公顷	喷雾
PD20083867	氟氯氰菊酯/50克/升/乳油/氟氯氰菊酯 50克/升/2013.12.15 至 2018.12.15/低毒			
	甘蓝	菜青虫	22.25-26.25克/公顷	喷雾
PD20084046	多菌灵/80%/可湿性粉剂/多菌灵 80%/2013.12.16 至 2018.12.16/低毒			
	莲藕	叶斑病	375-450克/公顷	喷雾
	水稻	稻瘟病	750-900克/公顷	喷雾
PD20084085	丙环唑/250克/升/乳油/丙环唑 250克/升/2013.12.16 至 2018.12.16/低毒			
	莲藕	叶斑病	75-112.5克/公顷	喷雾
	香蕉	叶斑病	250-500毫克/千克	喷雾
PD20084120	丁硫克百威/20%/乳油/丁硫克百威 20%/2013.12.16 至 2018.12.16/中等毒			
	棉花	蚜虫	120-180克/公顷	喷雾
PD20084183	阿维菌素/3.2%/乳油/阿维菌素 3.2%/2013.12.16 至 2018.12.16/低毒(原药高毒)			
	十字花科蔬菜	小菜蛾	8.1-10.8克/公顷	喷雾
	茭白	二化螟	9.5-13.5克/公顷	喷雾
PD20084258	多菌灵/40%/悬浮剂/多菌灵 40%/2013.12.17 至 2018.12.17/低毒			
	水稻	纹枯病	250-300克/公顷	喷雾
PD20084341	二嗪磷/50%/乳油/二嗪磷 50%/2013.12.17 至 2018.12.17/低毒			
	水稻	二化螟	675-900克/公顷	喷雾
PD20084391	虫酰肼/20%/悬浮剂/虫酰肼 20%/2013.12.17 至 2018.12.17/低毒			
	十字花科蔬菜	甜菜夜蛾	250-300克/公顷	喷雾
PD20084409	异丙威/20%/乳油/异丙威 20%/2013.12.17 至 2018.12.17/中等毒			
	水稻	稻飞虱	450-600克/公顷	喷雾
PD20084410	辛硫磷/40%/乳油/辛硫磷 40%/2013.12.17 至 2018.12.17/低毒			
	十字花科蔬菜	菜青虫	300-450克/公顷	喷雾
PD20084413	甲基硫菌灵/70%/可湿性粉剂/甲基硫菌灵 70%/2013.12.17 至 2018.12.17/低毒			
	番茄	叶霉病	367.5-787.5克/公顷	喷雾
PD20085346	阿维菌素/1.8%/可湿性粉剂/阿维菌素 1.8%/2013.12.24 至 2018.12.24/低毒(原药高毒)			
	苹果树	红蜘蛛	3.3-6毫克/千克	喷雾
PD20085463	阿维・高氯/2.8%/乳油/阿维菌素 0.3%、高效氯氰菊酯 2.5%/2013.12.24 至 2018.12.24/低毒(原药高毒)			
	十字花科蔬菜	小菜蛾	14.7-27.4克/公顷	喷雾
PD20085638	氯氰・丙溴磷/440克/升/乳油/丙溴磷 400克/升、氯氰菊酯 40克/升/2013.12.26 至 2018.12.26/中等毒			
	棉花	棉铃虫	528-660克/公顷	喷雾

PD20085888 甲硫·福美双/70%/可湿性粉剂/福美双 40%、甲基硫菌灵 30%/2013.12.29 至 2018.12.29/低毒

苹果树 轮纹病 600-800倍液 喷雾

PD20090474 啶虫脒/5%/微乳剂/啶虫脒 5%/2014.01.12 至 2019.01.12/低毒

甘蓝 蚜虫 15-30克/公顷 喷雾

PD20090562 高氯·灭多威/15%/乳油/高效氯氰菊酯 2.5%、灭多威 12.5%/2014.01.13 至 2019.01.13/高毒

棉花 棉铃虫 90-112.5克/公顷 喷雾

PD20091352 丙草胺/30%/乳油/丙草胺 30%/2014.02.02 至 2019.02.02/低毒

水稻秧田 一年生杂草 450-562.5克/公顷 播后苗前土壤喷雾

PD20091402 草甘膦异丙胺盐/41%/水剂/草甘膦异丙胺盐 41%/2014.02.02 至 2019.02.02/低毒

柑橘园 杂草 1125-2250克/公顷 定向茎叶喷雾

PD20091407 氟磺胺草醚/250克/升/水剂/氟磺胺草醚 250克/升/2014.02.02 至 2019.02.02/低毒

春大豆田 一年生阔叶杂草 300-375克/公顷 茎叶喷雾

夏大豆田 一年生阔叶杂草 187.5-225克/公顷 茎叶喷雾

PD20091622 二甲戊灵/330克/升/乳油/二甲戊灵 330克/升/2014.02.03 至 2019.02.03/低毒

春玉米田 一年生杂草 990-1485克/公顷 播后苗前土壤喷雾

夏玉米田 一年生杂草 742.5-990克/公顷 播后苗前土壤喷雾

PD20092405 高效氟吡甲禾灵/108克/升/乳油/高效氟吡甲禾灵 108克/升/2014.02.25 至 2019.02.25/低毒

甘蓝田 一年生禾本科杂草 48.6-64.8克/公顷 茎叶喷雾

PD20092659 百菌清/75%/可湿性粉剂/百菌清 75%/2014.03.03 至 2019.03.03/低毒

黄瓜 霜霉病 1650-3000克/公顷 喷雾

PD20093154 乙草胺/900克/升/乳油/乙草胺 900克/升/2014.03.11 至 2019.03.11/低毒

春玉米田 一年生禾本科杂草及部分小粒种子阔叶杂草 1620-1890克/公顷 播后苗前土壤喷雾

夏玉米田 一年生禾本科杂草及部分小粒种子阔叶杂草 1080-1350克/公顷 播后苗前土壤喷雾

PD20093190 噻嗪酮/25%/可湿性粉剂/噻嗪酮 25%/2014.03.11 至 2019.03.11/低毒

水稻 稻飞虱 112.5－150克/公顷 喷雾

PD20093242 异菌脲/255克/升/悬浮剂/异菌脲 255克/升/2014.03.11 至 2019.03.11/低毒

香蕉 冠腐病 1275-1700毫克/千克 浸果

PD20094779 稻瘟灵/30%/乳油/稻瘟灵 30%/2014.04.13 至 2019.04.13/低毒

水稻 稻瘟病 450-675克/公顷 喷雾

PD20095040 莠去津/38%/悬浮剂/莠去津 38%/2014.04.21 至 2019.04.21/低毒

春玉米田 一年生杂草 1710-2280克/公顷 土壤喷雾

PD20095825 敌百虫/40%/乳油/敌百虫 40%/2014.05.27 至 2019.05.27/低毒

十字花科蔬菜 菜青虫 480-720克/公顷 喷雾

PD20095992 啶虫脒/20%/可溶液剂/啶虫脒 20%/2014.06.11 至 2019.06.11/低毒

黄瓜 蚜虫 15-30克/公顷 喷雾

PD20097123 烟嘧磺隆/40克/升/可分散油悬浮剂/烟嘧磺隆 40克/升/2014.10.16 至 2019.10.16/低毒

玉米田 一年生杂草 42-60克/公顷 茎叶喷雾

PD20097304 霜霉威盐酸盐/66.5%/水剂/霜霉威盐酸盐 66.5%/2014.10.26 至 2019.10.26/低毒

黄瓜 霜霉病 649.8-1083克/公顷 喷雾

PD20097628 噁霉灵/15%/水剂/噁霉灵 15%/2014.11.03 至 2019.11.03/低毒

辣椒 立枯病 0.75-1.05克/平方米 泼浇

水稻 立枯病 0.9-1.8克/平方米 苗床土壤喷雾

PD20097632 甲霜·锰锌/58%/可湿性粉剂/甲霜灵 10%、代森锰锌 48%/2014.11.03 至 2019.11.03/低毒

黄瓜 霜霉病 1160-1740克/公顷 喷雾

PD20098058 氟硅唑/400克/升/乳油/氟硅唑 400克/升/2014.12.07 至 2019.12.07/低毒

梨树 黑星病 40－50毫克/千克 喷雾

PD20098471 吗胍·乙酸铜/20%/可湿性粉剂/盐酸吗啉胍 10%、乙酸铜 10%/2014.12.24 至 2019.12.24/低毒

番茄 病毒病 480-750克/公顷 喷雾

PD20100742 噁霉灵/70%/可湿性粉剂/噁霉灵 70%/2015.01.16 至 2020.01.16/低毒

甜菜 立枯病 385－490克/100千克种子 拌种

PD20101923 喹硫磷/25%/乳油/喹硫磷 25%/2015.08.27 至 2020.08.27/中等毒

水稻 二化螟 450-525克/公顷 喷雾

PD20102033 阿维·炔螨特/40%/乳油/阿维菌素 0.3%、炔螨特 39.7%/2015.10.19 至 2020.10.19/低毒(原药高毒)

柑橘树 红蜘蛛 200-400毫克/千克 喷雾

PD20102129 咪鲜胺/450克/升/水乳剂/咪鲜胺 450克/升/2015.12.02 至 2020.12.02/低毒

香蕉 冠腐病 225－450毫克/千克 浸果

PD20110130 顺式氯氰菊酯/50克/升/乳油/顺式氯氰菊酯 50克/升/2016.01.28 至 2021.01.28/低毒

甘蓝 菜青虫 7.5-15克/公顷 喷雾

PD20110201 啶虫脒/20%/可溶粉剂/啶虫脒 20%/2016.02.18 至 2021.02.18/低毒

黄瓜 蚜虫 36-72克/公顷 喷雾

PD20110331 苯甲·丙环唑/300克/升/乳油/苯醚甲环唑 150克/升、丙环唑 150克/升/2016.03.24 至 2021.03.24/低毒

水稻	纹枯病	67.5-112.5克/公顷	喷雾

PD20110502 吡虫啉/30%/微乳剂/吡虫啉 30%/2011.05.03 至 2016.05.03/低毒

水稻	稻飞虱	22.5-31.5克/公顷	喷雾

PD20110515 高效氯氰菊酯/4.5%/微乳剂/高效氯氰菊酯 4.5%/2011.05.03 至 2016.05.03/低毒

甘蓝	菜青虫	13.5-27克/公顷	喷雾

PD20110583 高效氯氰菊酯/4.5%/水乳剂/高效氯氰菊酯 4.5%/2011.05.27 至 2016.05.27/中等毒

甘蓝	菜青虫	16.875-27克/公顷	喷雾

PD20110603 联苯菊酯/2.5%/水乳剂/联苯菊酯 2.5%/2011.06.07 至 2016.06.07/低毒

茶树	茶小绿叶蝉	30-45克/公顷	喷雾

PD20110705 咪鲜胺/25%/水乳剂/咪鲜胺 25%/2011.07.05 至 2016.07.05/低毒

香蕉	炭疽病	333.3-500毫克/千克	浸果

PD20110851 烯酰吗啉/80%/水分散粒剂/烯酰吗啉 80%/2011.08.10 至 2016.08.10/低毒

黄瓜	霜霉病	240-300克/公顷	喷雾

PD20110894 腈菌唑/40%/悬浮剂/腈菌唑 40%/2011.08.17 至 2016.08.17/低毒

梨树	黑星病	40-50毫克/千克	喷雾

PD20110957 噻嗪酮/50%/悬浮剂/噻嗪酮 50%/2011.09.08 至 2016.09.08/低毒

水稻	飞虱	112.5-150克/公顷	喷雾

PD20110982 硫双威/75%/可湿性粉剂/硫双威 75%/2011.09.15 至 2016.09.15/中等毒

棉花	棉铃虫	506.25-675克/公顷	喷雾

PD20110997 毒死蜱/15%/颗粒剂/毒死蜱 15%/2011.09.21 至 2016.09.21/低毒

花生	蛴螬	2700-3600克/公顷	撒施

PD20111039 阿维菌素/3%/水乳剂/阿维菌素 3%/2011.10.10 至 2016.10.10/中等毒(原药高毒)

甘蓝	小菜蛾	9-10.8克/公顷	喷雾

PD20111045 苯醚甲环唑/37%/水分散粒剂/苯醚甲环唑 37%/2011.10.10 至 2016.10.10/低毒

香蕉	叶斑病	92.5-123.3毫克/千克	喷雾

PD20111236 灭蝇胺/20%/可溶粉剂/灭蝇胺 20%/2011.11.18 至 2016.11.18/低毒

菜豆	美洲斑潜蝇	150--180克/公顷	喷雾

PD20111295 己唑醇/25%/悬浮剂/己唑醇 25%/2011.11.24 至 2016.11.24/低毒

黄瓜	白粉病	22.5-37.5克/公顷	喷雾

PD20111300 甲氨基阿维菌素苯甲酸盐/3%/微乳剂/甲氨基阿维菌素 3%/2011.11.24 至 2016.11.24/低毒

甘蓝	甜菜夜蛾	1.875-3克/公顷	喷雾
辣椒	烟青虫	1.35-3.15克/公顷	喷雾

注:甲氨基阿维菌素苯甲酸盐含量:3.4%。

PD20120051 嘧霉胺/400克/升/悬浮剂/嘧霉胺 400克/升/2012.01.11 至 2017.01.11/低毒

番茄	灰霉病	375-562.5克/公顷	喷雾

PD20120062 吡虫啉/70%/水分散粒剂/吡虫啉 70%/2012.01.16 至 2017.01.16/低毒

甘蓝	蚜虫	10.5-21克/公顷	喷雾

PD20120081 三唑磷/15%/水乳剂/三唑磷 15%/2012.01.19 至 2017.01.19/中等毒

水稻	二化螟	270-337.5克/公顷	喷雾

PD20120111 甲氨基阿维菌素苯甲酸盐/0.5%/微乳剂/甲氨基阿维菌素 0.5%/2012.01.29 至 2017.01.29/低毒

甘蓝	甜菜夜蛾	1.5-2.25克/公顷	喷雾

注:甲氨基阿维菌素苯甲酸盐含量:0.57%。

PD20120112 高氯·甲维盐/5%/微乳剂/高效氯氰菊酯 4.5%、甲氨基阿维菌素苯甲酸盐 0.5%/2012.01.29 至 2017.01.29/中等毒

甘蓝	甜菜夜蛾	15-22.5克/公顷	喷雾

PD20120144 联苯菊酯/10%/水乳剂/联苯菊酯 10%/2012.01.29 至 2017.01.29/中等毒

茶树	茶小绿叶蝉	30-37.5克/公顷	喷雾

PD20120178 阿维菌素/0.5%/颗粒剂/阿维菌素 0.5%/2012.01.30 至 2017.01.30/低毒(原药高毒)

黄瓜	根结线虫	225-262.5克/公顷	沟施、穴施

PD20120336 啶虫脒/3%/微乳剂/啶虫脒 3%/2012.02.17 至 2017.02.17/低毒

苹果树	蚜虫	10-15毫克/千克	喷雾

PD20120480 草甘膦铵盐/50%/可溶粉剂/草甘膦 50%/2012.03.19 至 2017.03.19/低毒

柑橘园	杂草	1125-2250克/公顷	定向茎叶喷雾

注:草甘膦铵盐含量:55%。

PD20120523 甲氨基阿维菌素苯甲酸盐/3%/水分散粒剂/甲氨基阿维菌素 3%/2012.03.28 至 2017.03.28/低毒

甘蓝	甜菜夜蛾	2.7-4.5克/公顷	喷雾

注:甲氨基阿维菌素苯甲酸盐含量: 3.4%。

PD20120528 啶虫脒/40%/可溶粉剂/啶虫脒 40%/2012.03.28 至 2017.03.28/低毒

黄瓜	蚜虫	24-36克/公顷	喷雾

PD20120720 高效氯氟氰菊酯/2.5%/水乳剂/高效氯氟氰菊酯 2.5%/2012.04.28 至 2017.04.28/中等毒

甘蓝	菜青虫	7.5-11.25克/公顷	喷雾

PD20120743 阿维·哒螨灵/10.5%/乳油/阿维菌素 0.3%、哒螨灵 10.2%/2012.05.03 至 2017.05.03/低毒(原药高毒)

柑橘树	红蜘蛛	70-105毫克/千克	喷雾

PD20120868 甲氨基阿维菌素苯甲酸盐/5%/水分散粒剂/甲氨基阿维菌素 5%/2012.05.24 至 2017.05.24/低毒

甘蓝 甜菜夜蛾 2.25-3.75 喷雾
注:甲氨基阿维菌素苯甲酸盐含量: 5.7%。
PD20120945 阿维·高氯氟/3%/水乳剂/阿维菌素 .6%、高效氯氟氰菊酯 2.4%/2012.06.14 至 2017.06.14/中等毒
甘蓝 菜青虫 6.75—11.25克/公顷 喷雾
PD20121187 嘧菌酯/50%/水分散粒剂/嘧菌酯 50%/2012.08.06 至 2017.08.06/低毒
黄瓜 霜霉病 120-180克/公顷 喷雾
PD20121218 戊唑醇/430克/升/悬浮剂/戊唑醇 430克/升/2012.08.10 至 2017.08.10/低毒
梨树 黑星病 86-108毫克/千克 喷雾
PD20121286 丙森锌/70%/可湿性粉剂/丙森锌 70%/2012.09.06 至 2017.09.06/低毒
黄瓜 霜霉病 1575-2205克/公顷 喷雾
PD20121287 毒死蜱/20%/水乳剂/毒死蜱 20%/2012.09.06 至 2017.09.06/中等毒
水稻 稻纵卷叶螟 450-540克/公顷 喷雾
PD20121325 醚菌酯/30%/悬浮剂/醚菌酯 30%/2012.09.11 至 2017.09.11/低毒
番茄 早疫病 180-270克/公顷 喷雾
PD20121355 噻嗪·异丙威/25%/可湿性粉剂/噻嗪酮 5%、异丙威 20%/2012.09.13 至 2017.09.13/低毒
水稻 稻飞虱 450-562.5克/公顷 喷雾
PD20121475 阿维·丙溴磷/20%/乳油/阿维菌素 1%、丙溴磷 19%/2012.10.08 至 2017.10.08/低毒(原药高毒)
棉花 红蜘蛛 90-150克/公顷 喷雾
PD20121648 四螨·三唑锡/20%/悬浮剂/四螨嗪 5%、三唑锡 15%/2012.10.30 至 2017.10.30/低毒
柑橘树 红蜘蛛 50-66.7毫克/千克 喷雾
PD20121739 四聚乙醛/6%/颗粒剂/四聚乙醛 6%/2012.11.08 至 2017.11.08/低毒
甘蓝 蜗牛 360—540克/公顷 撒施
PD20121742 三唑锡/20%/悬浮剂/三唑锡 20%/2012.11.08 至 2017.11.08/低毒
柑橘树 红蜘蛛 100—200毫克/千克 喷雾
PD20121926 氟硅唑/8%/微乳剂/氟硅唑 8%/2012.12.07 至 2017.12.07/低毒
黄瓜 白粉病 48-72克/公顷 喷雾
PD20121982 己唑醇/5%/微乳剂/己唑醇 5%/2012.12.18 至 2017.12.18/低毒
梨树 黑星病 40-50毫克/千克 喷雾
PD20130053 戊唑·异菌脲/20%/悬浮剂/戊唑醇 8%、异菌脲 12%/2013.01.07 至 2018.01.07/低毒
苹果树 斑点落叶病 100—200毫克/千克 喷雾
PD20130112 苯甲·中生/8%/可湿性粉剂/苯醚甲环唑 5%、中生菌素 3%/2013.01.17 至 2018.01.17/低毒
苹果树 斑点落叶病 40-53毫克/千克 喷雾
PD20130671 烯酰吗啉/50%/可湿性粉剂/烯酰吗啉 50%/2013.04.08 至 2018.04.08/低毒
黄瓜 霜霉病 300-375克/公顷 喷雾
PD20130763 高效氯氟氰菊酯/5%/微乳剂/高效氯氟氰菊酯 5%/2013.04.16 至 2018.04.16/中等毒
甘蓝 蚜虫 11.25-18.75克/公顷 喷雾
PD20130881 中生菌素/3%/可湿性粉剂/中生菌素 3%/2013.04.25 至 2018.04.25/低毒
番茄 青枯病 37.5-50毫克/千克 灌根
PD20130994 草甘膦铵盐/68%/可溶粒剂/草甘膦 68%/2013.05.07 至 2018.05.07/低毒
柑橘园 杂草 1125-2250克/公顷 定向茎叶喷雾
注:草甘膦铵盐含量:74.7%。
PD20131022 阿维·吡虫啉/5%/乳油/阿维菌素 0.5%、吡虫啉 4.5%/2013.05.13 至 2018.05.13/低毒(原药高毒)
梨树 梨木虱 8.33-12.5毫克/千克 喷雾
PD20131592 甲维·丁醚脲/43.7%/悬浮剂/丁醚脲 42.3%、甲氨基阿维菌素苯甲酸盐 1.4%/2013.07.29 至 2018.07.29/中等毒
甘蓝 小菜蛾 56-78.7克/公顷 喷雾
PD20131860 丁醚脲/25%/乳油/丁醚脲 25%/2013.09.24 至 2018.09.24/低毒
甘蓝 小菜蛾 300-450克/公顷 喷雾
PD20131862 烯酰吗啉/25%/悬浮剂/烯酰吗啉 25%/2013.09.24 至 2018.09.24/低毒
葡萄 霜霉病 166.7-250毫克/千克 喷雾
PD20131876 丁醚脲/25%/悬浮剂/丁醚脲 25%/2013.09.25 至 2018.09.25/低毒
甘蓝 小菜蛾 300-450克/公顷 喷雾
PD20132307 丁醚·哒螨灵/50%/悬浮剂/哒螨灵 10%、丁醚脲 40%/2013.11.08 至 2018.11.08/低毒
柑橘树 红蜘蛛 166.7-250毫克/千克 喷雾
PD20132355 代锰·戊唑醇/50%/可湿性粉剂/代森锰锌 45%、戊唑醇 5%/2013.11.20 至 2018.11.20/低毒
苹果树 褐斑病 250-500毫克/千克 喷雾
PD20132358 丁醚·三唑锡/40%/悬浮剂/丁醚脲 20%、三唑锡 20%/2013.11.20 至 2018.11.20/低毒
柑橘树 红蜘蛛 114.3-160毫克/千克 喷雾
PD20132489 阿维·四螨嗪/10%/悬浮剂/阿维菌素 0.1%、四螨嗪 9.9%/2013.12.10 至 2018.12.10/低毒(原药高毒)
柑橘树 红蜘蛛 50-66.7毫克/千克 喷雾
PD20132691 吡蚜酮/50%/水分散粒剂/吡蚜酮 50%/2013.12.25 至 2018.12.25/低毒
水稻 稻飞虱 60-120克/公顷 喷雾
PD20140090 阿维·三唑锡/21%/悬浮剂/阿维菌素 1%、三唑锡 20%/2014.01.20 至 2019.01.20/低毒(原药高毒)
柑橘树 红蜘蛛 70-105毫克/千克 喷雾

PD20140252　苯醚甲环唑/10%/水乳剂/苯醚甲环唑 10%/2014.01.29 至 2019.01.29/低毒
苹果树　斑点落叶病　50-66.7毫克/千克　喷雾
PD20140253　吡虫啉/10%/微乳剂/吡虫啉 10%/2014.01.29 至 2019.01.29/低毒
甘蓝　蚜虫　15-30克/公顷　喷雾
PD20140261　甲维・高氯氟/3%/水乳剂/高效氯氟氰菊酯 2.5%、甲氨基阿维菌素苯甲酸盐 0.5%/2014.01.29 至 2019.01.29/中等毒
甘蓝　甜菜夜蛾　4.5-9克/公顷　喷雾
PD20140369　噻嗪酮/65%/可湿性粉剂/噻嗪酮 65%/2014.02.20 至 2019.02.20/低毒
水稻　稻飞虱　97.5-146.25克/公顷　喷雾
PD20140374　异丙威/20%/悬浮剂/异丙威 20%/2014.02.20 至 2019.02.20/低毒
水稻　稻飞虱　450-600克/公顷　喷雾
PD20140533　甲氨基阿维菌素苯甲酸盐/1%/微乳剂/甲氨基阿维菌素 1%/2014.03.06 至 2019.03.06/低毒
水稻　稻纵卷叶螟　6.75-11.25克/公顷　喷雾
注:甲氨基阿维菌素苯甲酸盐含量: 1.1%。
PD20141173　甲维・虫酰肼/20%/悬浮剂/虫酰肼 19%、甲氨基阿维菌素苯甲酸盐 1%/2014.04.28 至 2019.04.28/低毒
甘蓝　甜菜夜蛾　48-60克/公顷　喷雾
PD20141230　阿维・甲氰/5%/微乳剂/阿维菌素 0.5%、甲氰菊酯 4.5%/2014.05.07 至 2019.05.07/中等毒(原药高毒)
柑橘树　红蜘蛛　33.3-50毫克/千克　喷雾
PD20141305　吡蚜・噻嗪酮/25%/可湿性粉剂/吡蚜酮 10%、噻嗪酮 15%/2014.05.12 至 2019.05.12/低毒
水稻　稻飞虱　112.5-150克/公顷　喷雾
PD20141367　高效氯氟氰菊酯/5%/水乳剂/高效氯氟氰菊酯 5%/2014.06.04 至 2019.06.04/中等毒
甘蓝　菜青虫　11.25-15克/公顷　喷雾
PD20141421　甲氨基阿维菌素苯甲酸盐/3%/悬浮剂/甲氨基阿维菌素 3%/2014.06.06 至 2019.06.06/低毒
甘蓝　甜菜夜蛾　2.25-2.7克/公顷　喷雾
注:甲氨基阿维菌素苯甲酸盐含量: 3.4%。
PD20141588　高效氟氯氰菊酯/5%/水乳剂/高效氟氯氰菊酯 5%/2014.06.17 至 2019.06.17/中等毒
甘蓝　菜青虫　7.5-11.25克/公顷　喷雾
PD20141602　烯酰・锰锌/69%/可湿性粉剂/代森锰锌 60%、烯酰吗啉 9%/2014.06.24 至 2019.06.24/低毒
黄瓜　霜霉病　1293.75-1552克/公顷　喷雾
PD20141634　甲硫・异菌脲/30%/悬浮剂/甲基硫菌灵 22%、异菌脲 8%/2014.06.24 至 2019.06.24/低毒
苹果树　轮纹病　500-750毫克/千克　喷雾
PD20141637　甲氨基阿维菌素苯甲酸盐/2%/水乳剂/甲氨基阿维菌素 2%/2014.06.24 至 2019.06.24/低毒
甘蓝　甜菜夜蛾　2.4-3克/公顷　喷雾
注:甲氨基阿维菌素苯甲酸盐含量: 2.2%。
PD20141816　草铵膦/200克/升/水剂/草铵膦 200克/升/2014.07.14 至 2019.07.14/低毒
柑橘园　杂草　1050-1575克/公顷　定向茎叶喷雾
PD20141828　阿维菌素/1.8%/微乳剂/阿维菌素 1.8%/2014.07.24 至 2019.07.24/低毒(原药高毒)
水稻　二化螟　8.1-10.8克/公顷　喷雾
PD20142512　甲维・虫螨腈/12%/悬浮剂/虫螨腈 10%、甲氨基阿维菌素苯甲酸盐 2%/2014.11.21 至 2019.11.21/低毒
甘蓝　甜菜夜蛾　10.8-14.4克/公顷　喷雾
PD20150702　苯醚甲环唑/20%/微乳剂/苯醚甲环唑 20%/2015.04.20 至 2020.04.20/低毒
西瓜　炭疽病　75-90克/公顷　喷雾
PD20150710　甲维・灭幼脲/25%/悬浮剂/甲氨基阿维菌素苯甲酸盐 0.5%、灭幼脲 24.5%/2015.04.20 至 2020.04.20/低毒
甘蓝　小菜蛾　18.75-56.25克/公顷　喷雾
PD20150716　氟环唑/125克/升/悬浮剂/氟环唑 125克/升/2015.04.20 至 2020.04.20/低毒
香蕉　叶斑病　125-250毫克/千克　喷雾
PD20150799　吡蚜酮/25%/可湿性粉剂/吡蚜酮 25%/2015.05.14 至 2020.05.14/低毒
水稻　稻飞虱　60-75克/公顷　喷雾
PD20150860　螺螨酯/24%/悬浮剂/螺螨酯 24%/2015.05.18 至 2020.05.18/低毒
柑橘树　红蜘蛛　40-60毫克/千克　喷雾
PD20150987　粉唑醇/25%/悬浮剂/粉唑醇 25%/2015.06.11 至 2020.06.11/低毒
小麦　条锈病　60-90克/公顷　喷雾
PD20151014　苯醚・甲硫/40%/可湿性粉剂/苯醚甲环唑 5%、甲基硫菌灵 35%/2015.06.12 至 2020.06.12/低毒
苹果树　炭疽病　444.4-666.7毫克/千克　喷雾
PD20151541　甲硫・戊唑醇/43%/悬浮剂/甲基硫菌灵 30%、戊唑醇 13%/2015.08.03 至 2020.08.03/低毒
苹果树　轮纹病　268.75-385.3毫克/千克　喷雾
PD20151827　噻呋酰胺/240克/升/悬浮剂/噻呋酰胺 240克/升/2015.08.28 至 2020.08.28/微毒
水稻　纹枯病　61.2-79.2克/公顷　喷雾
PD20151935　嘧菌酯/10%/悬浮种衣剂/嘧菌酯 10%/2015.08.30 至 2020.08.30/低毒
棉花　立枯病　25-35克/100千克种子　种子包衣
PD20152059　烯啶虫胺/10%/水剂/烯啶虫胺 10%/2015.09.07 至 2020.09.07/低毒
棉花　蚜虫　15-30克/公顷　喷雾
PD20152553　嘧菌酯/25%/悬浮剂/嘧菌酯 25%/2015.12.05 至 2020.12.05/低毒
水稻　纹枯病　243.75-262.5克/公顷　喷雾

LS20130031 丁醚·三唑锡/40%/悬浮剂/丁醚脲 20%、三唑锡 20%/2014.01.15 至 2015.01.15/低毒
柑橘树 红蜘蛛 114.29-160毫克/千克 喷雾

LS20150003 吡虫·氟虫腈/42%/悬浮种衣剂/吡虫啉 30%、氟虫腈 12%/2016.01.15 至 2017.01.15/低毒
花生 蛴螬 120-150克/100千克种子 种子包衣

山东志诚化工有限公司 (山东省平原县兴平路9号 253100 0534-7883879)

PD20094209 阿维菌素/92%/原药/阿维菌素 92%/2014.03.31 至 2019.03.31/高毒

山东中禾化学有限公司 (山东省滨州市滨北办事处凤凰九路东侧 256600 0543-3357097)

PD20082593 草甘膦/95%/原药/草甘膦 95%/2013.12.04 至 2018.12.04/低毒

PD20082843 苯磺隆/75%/水分散粒剂/苯磺隆 75%/2013.12.09 至 2018.12.09/低毒
冬小麦田 一年生阔叶杂草 11.25-20.25克/公顷 喷雾

PD20093341 异丙草·莠/40%/悬浮剂/异丙草胺 24%、莠去津 16%/2014.03.18 至 2019.03.18/低毒
夏玉米田 一年生杂草 1200—1500克/公顷 土壤喷雾

PD20120063 精喹禾灵/15%/乳油/精喹禾灵 15%/2012.01.16 至 2017.01.16/低毒
春大豆田、夏大豆田 一年生禾本科杂草 67.5-78.75(东北地区)、56.25-67.5(其他地区) 茎叶喷雾
花生田 一年生禾本科杂草 45-56.25克/公顷 茎叶喷雾
油菜田 一年生禾本科杂草 45-67.5克/公顷 茎叶喷雾

PD20120101 乙草胺/50%/乳油/乙草胺 50%/2012.01.29 至 2017.01.29/低毒
大豆田、玉米田 一年生禾本科杂草及部分小粒种子阔叶杂草 1200-1500克/公顷(东北地区); 750-900克/公顷(其他地区) 播后苗前土壤喷雾

PD20120177 异丙甲草胺/960克/升/乳油/异丙甲草胺 960克/升/2012.01.30 至 2017.01.30/低毒
大豆田 一年生杂草 1440-2016克/公顷 播后苗前土壤喷雾
玉米田 一年生杂草 1296-1548克/公顷 播后苗前土壤喷雾

PD20120211 草甘膦异丙胺盐/46%/水剂/草甘膦 46%/2012.02.07 至 2017.02.07/低毒
非耕地 杂草 1209-2325克/公顷 定向茎叶喷雾
注:草甘膦异丙胺盐含量: 62%。

PD20121852 乙·莠/50%/悬浮剂/乙草胺 25%、莠去津 25%/2012.11.28 至 2017.11.28/低毒
夏玉米田 一年生杂草 1260-1560克/公顷 播后苗前土壤喷雾

PD20130685 灭草松/480克/升/水剂/灭草松 480克/升/2013.04.09 至 2018.04.09/低毒
马铃薯田 一年生阔叶杂草 1080-1440克/公顷 茎叶喷雾

PD20130826 精喹禾灵/10%/乳油/精喹禾灵 10%/2013.04.22 至 2018.04.22/低毒
大豆田 一年生禾本科杂草 48.6-64.8克/公顷 茎叶喷雾

PD20131462 烟嘧·莠去津/52%/可湿性粉剂/烟嘧磺隆 4%、莠去津 48%/2013.07.05 至 2018.07.05/低毒
玉米田 一年生杂草 585-780克/公顷 茎叶喷雾

PD20132433 高效氟吡甲禾灵/108克/升/乳油/高效氟吡甲禾灵 108克/升/2013.11.20 至 2018.11.20/低毒
大豆田 一年生禾本科杂草 48.6-72.9克/公顷 茎叶喷雾
花生田 一年生禾本科杂草 32.4-48.6克/公顷 茎叶喷雾

PD20140378 精喹禾灵/60%/水分散粒剂/精喹禾灵 60%/2014.02.20 至 2019.02.20/低毒
春大豆 一年生禾本科杂草 54-75克/公顷 茎叶喷雾
夏大豆 一年生禾本科杂草 45-54克/公顷 茎叶喷雾

PD20140878 莠去津/90%/水分散粒剂/莠去津 90%/2014.04.08 至 2019.04.08/低毒
春玉米田 一年生杂草 1485-1755克/公顷 土壤喷雾
夏玉米田 一年生杂草 1215-1485克/公顷 土壤喷雾

PD20142510 甲·灭·敌草隆/65%/可湿性粉剂/敌草隆 15%、2甲4氯 10%、莠灭净 40%/2014.11.21 至 2019.11.21/低毒
甘蔗田 一年生杂草 1755-2145克/公顷 定向茎叶喷雾

PD20142572 氟磺·烯禾啶/20.8%/微乳剂/氟磺胺草醚 12.5%、烯禾啶 8.3%/2014.12.15 至 2019.12.15/低毒
春大豆田 一年生杂草 405.6-468克/公顷 茎叶喷雾

PD20150238 唑草·苯磺隆/36%/水分散粒剂/苯磺隆 14%、唑草酮 22%/2015.01.15 至 2020.01.15/低毒
春小麦田 一年生杂草 43.2-54克/公顷 茎叶喷雾
冬小麦田 一年生杂草 27-43.2克/公顷 茎叶喷雾

PD20150664 硝磺·莠去津/88.8%/水分散粒剂/莠去津 80.8%、硝磺草酮 8%/2015.04.17 至 2020.04.17/低毒
春玉米田 一年生杂草 1398.6-1600克/公顷 茎叶喷雾
夏玉米田 一年生杂草 1065.6-1332克/公顷 茎叶喷雾

PD20150939 硝·灭·氰草津/38%/可湿性粉剂/氰草津 14%、莠灭净 20%、硝磺草酮 4%/2015.06.10 至 2020.06.10/低毒
甘蔗田 一年生杂草 912-1140克/公顷 茎叶喷雾

PD20151184 异·嗪·滴丁酯/88%/乳油/2,4-滴丁酯 13.8%、嗪草酮 9.2%、异丙甲草胺 65%/2015.06.27 至 2020.06.27/低毒
春大豆田 一年生杂草 2397.6-2930.4克/公顷 播后苗前土壤喷雾

PD20151275 精异丙甲草胺/960克/升/乳油/精异丙甲草胺 960克/升/2015.07.30 至 2020.07.30/低毒
西瓜田 一年生杂草 756-936克/公顷 土壤喷雾

PD20151341 草甘膦铵盐/80%/可溶粉剂/草甘膦 80%/2015.07.30 至 2020.07.30/低毒
非耕地 杂草 960-1200克/公顷 茎叶喷雾
注:草甘膦铵盐含量: 88%。

PD20151905 异·乙·扑草净/61%/悬浮剂/扑草净 7%、异丙甲草胺 51.2%、乙氧氟草醚 2.8%/2015.08.30 至 2020.08.30/低毒

花生田 一年生杂草 1185.6-1368克/公顷 土壤喷雾
PD20152043 氰氟草酯/100克/升/水乳剂/氰氟草酯 100克/升/2015.09.07 至 2020.09.07/低毒
移栽水稻田 一年生杂草 70-105克/公顷 茎叶喷雾
PD20152051 麦草畏/480克/升/水剂/麦草畏 480克/升/2015.09.07 至 2020.09.07/低毒
玉米田 一年生阔叶杂草 190-280克/公顷 茎叶喷雾
PD20152518 硝磺·莠去津/25%/可分散油悬浮剂/莠去津 20%、硝磺草酮 5%/2015.12.05 至 2020.12.05/低毒
春玉米田 一年生杂草 750-862.5克/公顷 茎叶喷雾
夏玉米田 一年生杂草 562.5-750克/公顷 茎叶喷雾
PD20152540 草铵膦/200克/升/水剂/草铵膦 200克/升/2015.12.05 至 2020.12.05/低毒
柑橘园 杂草 750-1050克/公顷 定向茎叶喷雾
LS20130434 硝磺·烟嘧·莠/26%/可分散油悬浮剂/烟嘧磺隆 2%、莠去津 20%、硝磺草酮 4%/2015.09.09 至 2016.09.09/低毒
玉米田 一年生杂草 702-780克/公顷(东北地区)546-702克/公顷(其他地区) 茎叶喷雾
LS20140128 硝·乙·莠去津/58%/悬乳剂/乙草胺 34%、莠去津 20%、硝磺草酮 4%/2015.03.17 至 2016.03.17/低毒
春玉米田 一年生杂草 1740-2175克/公顷 茎叶喷雾
夏玉米田 一年生杂草 1392-1740克/公顷 茎叶喷雾
LS20150121 砜嘧·精喹/11%/可分散油悬浮剂/砜嘧磺隆 2.5%、精喹禾灵 8.5%/2015.05.12 至 2016.05.12/低毒
马铃薯田 一年生杂草 90.75-99克/公顷 茎叶喷雾

山东中凯生物科技有限公司 (山东省滨州市阳信县经济开发区工业5路 251800 0543-8382777)

PD20120633 高效氯氟氰菊酯/2.5%/微乳剂/高效氯氟氰菊酯 2.5%/2012.04.12 至 2017.04.12/中等毒
甘蓝 菜青虫 7.5-15克/公顷 喷雾
PD20120864 甲氨基阿维菌素苯甲酸盐/1%/乳油/甲氨基阿维菌素 1%/2012.05.23 至 2017.05.23/低毒
甘蓝 小菜蛾 1.5-3克/公顷 喷雾
注:甲氨基阿维菌素苯甲酸盐含量: 1.14%
PD20120913 阿维菌素/3.2%/乳油/阿维菌素 3.2%/2012.06.04 至 2017.06.04/中等毒(原药高毒)
甘蓝 小菜蛾 5.4-10.8克/公顷 喷雾
PD20130437 啶虫脒/5%/乳油/啶虫脒 5%/2013.03.18 至 2018.03.18/低毒
柑橘树 蚜虫 10-15毫克/千克 喷雾

山东中农民昌化学工业有限公司 (山东省滨州市滨城区滨北办事处永莘路516号 256600 0543-3356831)

PD20091071 草甘膦/95%/原药/草甘膦 95%/2014.01.21 至 2019.01.21/低毒
PD20096206 烟嘧磺隆/95%/原药/烟嘧磺隆 95%/2014.07.13 至 2019.07.13/低毒
PD20098510 氟磺胺草醚/95%/原药/氟磺胺草醚 95%/2014.12.24 至 2019.12.24/低毒
PD20100144 异菌脲/50%/可湿性粉剂/异菌脲 50%/2015.01.05 至 2020.01.05/低毒
番茄 灰霉病 375-750克/公顷 喷雾
PD20100336 灭草松/96%/原药/灭草松 96%/2015.01.11 至 2020.01.11/低毒
PD20100614 甲基硫菌灵/70%/可湿性粉剂/甲基硫菌灵 70%/2015.01.14 至 2020.01.14/低毒
苹果树 轮纹病 700—875毫克/千克 喷雾
PD20120057 乙草胺/89%/乳油/乙草胺 89%/2012.01.16 至 2017.01.16/低毒
大豆田、玉米田 一年生杂草 1335-1735.5克/公顷(东北地区);1068-1335克/公顷(其它地区) 播后苗前土壤喷雾
PD20121986 三环唑/75%/可湿性粉剂/三环唑 75%/2012.12.18 至 2017.12.18/低毒
水稻 稻瘟病 225-300克/公顷 喷雾
PD20121987 噁霉灵/70%/可湿性粉剂/噁霉灵 70%/2012.12.18 至 2017.12.18/低毒
甜菜 立枯病 385-490克/100千克种子 湿拌种
PD20122065 丁草胺/60%/乳油/丁草胺 60%/2012.12.24 至 2017.12.24/低毒
移栽水稻田 一年生杂草 990-1260克/公顷 药土法
PD20130438 乙草胺/81.5%/乳油/乙草胺 81.5%/2013.03.18 至 2018.03.18/低毒
春大豆田 一年生杂草 1215-1350克/公顷 播后苗前土壤喷雾
春玉米田 一年生杂草 1350-1620克/公顷 播后苗前土壤喷雾
夏大豆田 一年生杂草 1080-1215克/公顷 播后苗前土壤喷雾
夏玉米田 一年生杂草 1080—1350克/公顷 播后苗前土壤喷雾
注:备注:乙草胺含量:900克/升
PD20131892 嘧霉胺/40%/悬浮剂/嘧霉胺 40%/2013.09.25 至 2018.09.25/低毒
番茄 灰霉病 360-540克/公顷 喷雾
PD20132383 氟磺胺草醚/250克/升/水剂/氟磺胺草醚 250克/升/2013.11.20 至 2018.11.20/低毒
春大豆田 一年生阔叶杂草 298.5-375克/公顷 茎叶喷雾
夏大豆田 一年生阔叶杂草 187.5-225克/公顷 茎叶喷雾
PD20132524 莠去津/80%/可湿性粉剂/莠去津 80%/2013.12.16 至 2018.12.16/低毒
夏玉米田 一年生杂草 1200-1500克/公顷 土壤喷雾
PD20132608 丙森锌/70%/可湿性粉剂/丙森锌 70%/2013.12.20 至 2018.12.20/低毒
番茄 晚疫病 1890-2625克/公顷 喷雾
番茄 早疫病 1575-1974克/公顷 喷雾
PD20140073 精异丙甲草胺/96%/原药/精异丙甲草胺 96%/2014.01.20 至 2019.01.20/低毒

PD20141656 阿维菌素/5%/水乳剂/阿维菌素 5%/2014.06.24 至 2019.06.24/中等毒(原药高毒)
水稻 稻纵卷叶螟 7.5-11.25克/公顷 喷雾
PD20151904 苯甲·丙环唑/50%/微乳剂/苯醚甲环唑 25%、丙环唑 25%/2015.08.30 至 2020.08.30/低毒
香蕉 叶斑病 135-180毫克/千克 喷雾
PD20151923 吡唑醚菌酯/98%/原药/吡唑醚菌酯 98%/2015.08.30 至 2020.08.30/低毒
PD20151946 苯甲·咪鲜胺/40%/水乳剂/苯醚甲环唑 10%、咪鲜胺 30%/2015.08.30 至 2020.08.30/低毒
西瓜 炭疽病 48－66克/公顷 喷雾
WP20140242 氟虫腈/5%/悬浮剂/氟虫腈 5%/2014.11.17 至 2019.11.17/低毒
室内 蜚蠊 20-25毫克/平方米 滞留喷洒

山东中诺药业有限公司　(山东省滨州市博兴县工业园　256500　0543-2283738)

PD20092913 多·锰锌/50%/可湿性粉剂/多菌灵 8%、代森锰锌 42%/2014.03.05 至 2019.03.05/低毒
苹果 斑点落叶病 1000-1250毫克/千克 喷雾
PD20093856 阿维菌素/1.8%/乳油/阿维菌素 1.8%/2014.03.25 至 2019.03.25/中等毒(原药高毒)
柑橘树 红蜘蛛 4.5-9毫克/千克 喷雾
PD20095322 吗胍·乙酸铜/20%/可湿性粉剂/盐酸吗啉胍 16%、乙酸铜 4%/2014.04.27 至 2019.04.27/低毒
番茄 病毒病 500－750克/公顷 喷雾
PD20100395 多菌灵/25%/可湿性粉剂/多菌灵 25%/2015.01.14 至 2020.01.14/低毒
水稻 稻瘟病 750-937.5克/公顷 喷雾
PD20100861 代森锌/65%/可湿性粉剂/代森锌 65%/2015.01.19 至 2020.01.19/微毒
番茄 早疫病 2535-3607.5克/公顷 喷雾
PD20102196 联苯菊酯/25克/升/乳油/联苯菊酯 25克/升/2015.12.16 至 2020.12.16/低毒
柑橘树 红蜘蛛 25－31.25毫克/千克 喷雾
PD20121066 草甘膦铵盐/65%/可溶粉剂/草甘膦 65%/2012.07.12 至 2017.07.12/低毒
柑橘园 杂草 1414-1813.5克/公顷 定向茎叶喷雾
注:草甘膦铵盐含量:71.5%。
PD20131373 阿维菌素/5%/乳油/阿维菌素 5%/2013.06.24 至 2018.06.24/中等毒(原药高毒)
甘蓝 小菜蛾 9-11.25克/公顷 喷雾
PD20131483 烟嘧磺隆/40克/升/可分散油悬浮剂/烟嘧磺隆 40克/升/2013.07.05 至 2018.07.05/低毒
玉米田 一年生杂草 42-60克/公顷 茎叶喷雾
PD20131526 烯酰吗啉/80%/水分散粒剂/烯酰吗啉 80%/2013.07.17 至 2018.07.17/低毒
黄瓜 霜霉病 240-300克/公顷 喷雾
PD20132034 精喹禾灵/15%/乳油/精喹禾灵 15%/2013.10.21 至 2018.10.21/低毒
大豆田 一年生禾本科杂草 45-67.5克/公顷 茎叶喷雾
PD20142518 戊唑醇/430克/升/悬浮剂/戊唑醇 430克/升/2014.11.21 至 2019.11.21/低毒
水稻 稻曲病 64.5-96.75克/公顷 喷雾
PD20150967 硝磺草酮/15%/悬浮剂/硝磺草酮 15%/2015.06.11 至 2020.06.11/低毒
玉米田 一年生杂草 105~150克/公顷 茎叶喷雾
PD20151456 枯草芽孢杆菌/1000亿个/克/可湿性粉剂/枯草芽孢杆菌 1000亿个/克/2015.07.31 至 2020.07.31/低毒
草莓 灰霉病 600-900克制剂/公顷 喷雾
辣椒 枯萎病 3000-4500克制剂/公顷 灌根
水稻 纹枯病 1125-1500克制剂/公顷 喷雾
烟草 黑胫病 1500-1875克制剂/公顷 喷雾

山东中石药业有限公司　(山东省莘县古云经济技术开发区祥云街中段北500米　252300　0635-6820989)

PD20040046 高效氯氰菊酯/4.5%/乳油/高效氯氰菊酯 4.5%/2014.12.19 至 2019.12.19/中等毒
茶树 茶尺蠖 15-25.5克/公顷 喷雾
柑橘树 红蜡蚧 50毫克/千克 喷雾
柑橘树 潜叶蛾 15-20毫克/千克 喷雾
棉花 红铃虫、棉铃虫、棉蚜 15-30克/公顷 喷雾
苹果树 桃小食心虫 20-33毫克/千克 喷雾
十字花科蔬菜 菜蚜 3-18克/公顷 喷雾
十字花科蔬菜 菜青虫、小菜蛾 9-25.5克/公顷 喷雾
烟草 烟青虫 15-25.5克/公顷 喷雾
PD20080344 乙草胺/93%/原药/乙草胺 93%/2013.02.26 至 2018.02.26/低毒
PD20080419 氯·马·辛硫磷/30%/乳油/高效氯氰菊酯 1.5%、马拉硫磷 10%、辛硫磷 18.5%/2013.03.04 至 2018.03.04/中等毒
棉花 棉铃虫 225-337.5克/公顷 喷雾
PD20080501 乙草胺/50%/乳油/乙草胺 50%/2013.04.10 至 2018.04.10/低毒
花生田、夏大豆田 部分阔叶杂草、一年生禾本科杂草 1050-1350克/公顷 土壤喷雾
玉米田 小粒种子阔叶杂草、一年生禾本科杂草 1200-1875克/公顷(东北地区),750-1050克/公顷(其它地区) 播后苗前喷雾
PD20080566 丁草胺/95%/原药/丁草胺 95%/2013.05.12 至 2018.05.12/低毒
PD20080574 丙草胺/95%/原药/丙草胺 95%/2013.05.12 至 2018.05.12/低毒
PD20080590 乙草胺/900克/升/乳油/乙草胺 900克/升/2013.05.12 至 2018.05.12/低毒
春大豆田、春玉米田 一年生禾本科杂草及部分阔叶杂草 1350-1890克/公顷 土壤喷雾

	花生田	部分阔叶杂草、一年生禾本科杂草	1080-1350克/公顷	土壤喷雾
	夏玉米田	一年生禾本科杂草及部分阔叶杂草	1080-1350克/公顷	土壤喷雾
PD20080591	莠去津/38%/悬浮剂/莠去津 38%/2013.05.12 至 2018.05.12/低毒			
	夏玉米田	一年生杂草	1140-1425克/公顷	土壤喷雾
PD20080620	甲草胺/95%/原药/甲草胺 95%/2013.05.12 至 2018.05.12/低毒			
PD20080744	异丙甲草胺/96%/原药/异丙甲草胺 96%/2013.06.11 至 2018.06.11/低毒			
PD20081405	乙草胺/48%/水乳剂/乙草胺 48%/2013.10.28 至 2018.10.28/低毒			
	花生田	部分阔叶杂草、一年生禾本科杂草、一年生禾本科杂草及小粒阔叶杂草	1080-1440克/公顷	土壤喷雾
	夏大豆田	部分阔叶杂草、一年生禾本科杂草	1080-1440克/公顷	土壤喷雾
	夏玉米田	一年生杂草	1080-1440克/公顷	土壤喷雾
PD20082436	甲氰·辛硫磷/25%/乳油/甲氰菊酯 5%、辛硫磷 20%/2013.12.02 至 2018.12.02/中等毒			
	棉花	棉铃虫	225-345克/公顷	喷雾
PD20082549	异丙草·莠/40%/悬乳剂/异丙草胺 24%、莠去津 16%/2013.12.22 至 2018.12.22/低毒			
	春玉米田	一年生杂草	1500-1800克/公顷	播后苗前土壤喷雾
	夏玉米田	一年生杂草	1200-1500克/公顷	播后苗前土壤喷雾
PD20085676	氯氰菊酯/5%/乳油/氯氰菊酯 5%/2013.12.26 至 2018.12.26/中等毒			
	十字花科蔬菜	菜青虫	37.5-52.5克/公顷	喷雾
PD20091604	异丙甲草胺/720克/升/乳油/异丙甲草胺 720克/升/2014.02.03 至 2019.02.03/低毒			
	春玉米田	一年生杂草	1458-1944克/公顷	土壤喷雾
	夏玉米田	一年生杂草	972-1944克/公顷	土壤喷雾
PD20091721	乙·莠/72.4%/悬乳剂/乙草胺 54.4%、莠去津 18%/2014.02.04 至 2019.02.04/低毒			
	夏玉米田	一年生杂草	1086-1303.2克/公顷	土壤喷雾
PD20093810	阿维·高氯/1.8%/微乳剂/阿维菌素 0.6%、高效氯氰菊酯 1.2%/2014.03.25 至 2019.03.25/低毒(原药高毒)			
	甘蓝	小菜蛾	8.1-16.2克/公顷	喷雾
PD20094306	氟铃脲/4.5%/悬浮剂/氟铃脲 4.5%/2014.03.31 至 2019.03.31/低毒			
	甘蓝	甜菜夜蛾	40.5-60.75克/公顷	喷雾
PD20095956	异丙草胺/90%/原药/异丙草胺 90%/2014.06.03 至 2019.06.03/低毒			
PD20096946	绿·莠·乙草胺/40%/悬乳剂/绿麦隆 1%、乙草胺 31%、莠去津 8%/2014.09.29 至 2019.09.29/低毒			
	夏玉米田	一年生杂草	3000-3750毫升制剂/公顷	土壤喷雾
PD20101669	高效氯氰菊酯/4.5%/水乳剂/氯氰菊酯 4.5%/2015.06.08 至 2020.06.08/中等毒			
	甘蓝	菜青虫	27-54克/公顷	喷雾
PD20110640	高效氯氟氰菊酯/2.5%/水乳剂/高效氯氟氰菊酯 2.5%/2011.06.13 至 2016.06.13/中等毒			
	甘蓝	菜青虫	7.5—9.375克/公顷	喷雾
LS20120027	吡唑草胺/97%/原药/吡唑草胺 97%/2014.01.11 至 2015.01.11/低毒			
WP20100154	高效氯氰菊酯/4.5%/水乳剂/高效氯氰菊酯 4.5%/2015.12.08 至 2020.12.08/中等毒			
	室外	蚊、蝇	40毫克/平方米	喷洒

山东中新科农生物科技有限公司　(山东省德州市夏津县苏留庄镇后屯村　253211　4000808677)

PD20096149	溴氰菊酯/25克/升/乳油/溴氰菊酯 25克/升/2014.06.24 至 2019.06.24/低毒			
	烟草	烟青虫	20-25毫升制剂/亩	喷雾
PD20096164	阿维·高氯/1.8%/乳油/阿维菌素 0.3%、高效氯氰菊酯 1.5%/2014.06.24 至 2019.06.24/低毒(原药高毒)			
	甘蓝	菜青虫、小菜蛾	7.5-15克/公顷	喷雾
PD20096586	丙环唑/250克/升/乳油/丙环唑 250克/升/2014.08.25 至 2019.08.25/低毒			
	香蕉	叶斑病	250-500毫克/千克	喷雾
PD20097313	高效氯氟氰菊酯/25克/升/乳油/高效氯氟氰菊酯 25克/升/2014.10.27 至 2019.10.27/中等毒			
	甘蓝	菜青虫	11.25-15克/公顷	喷雾
PD20098330	虫酰肼/20%/悬浮剂/虫酰肼 20%/2014.12.18 至 2019.12.18/低毒			
	苹果树	卷叶蛾	80-100毫克/千克	喷雾
PD20100045	异菌脲/50%/可湿性粉剂/异菌脲 50%/2015.01.04 至 2020.01.04/低毒			
	番茄	灰霉病	375—750克/公顷	喷雾
	辣椒	立枯病	1-2克/平方米	泼浇
PD20101040	噻嗪·异丙威/25%/可湿性粉剂/噻嗪酮 5%、异丙威 20%/2015.01.21 至 2020.01.21/低毒			
	水稻	稻飞虱	468.75-562.5克/公顷	喷雾
PD20101531	多·锰锌/50%/可湿性粉剂/多菌灵 8%、代森锰锌 42%/2015.05.19 至 2020.05.19/低毒			
	苹果树	斑点落叶病	1000-1250毫克/千克	喷雾
PD20101626	吡虫啉/10%/可湿性粉剂/吡虫啉 10%/2015.06.03 至 2020.06.03/低毒			
	菠菜	蚜虫	30-45克/公顷	喷雾
	小麦	蚜虫	15-30克/公顷(南方地区)45-60克/公顷(北方地区)	喷雾
PD20110826	啶虫脒/20%/可湿性粉剂/啶虫脒 20%/2011.08.10 至 2016.08.10/低毒			
	柑橘树	蚜虫	10.3-13.3毫克/千克	喷雾
PD20110896	甲氨基阿维菌素苯甲酸盐/0.5%/微乳剂/甲氨基阿维菌素 0.5%/2011.08.17 至 2016.08.17/低毒			
	甘蓝	甜菜夜蛾	20-40毫升/亩	喷雾

注:甲氨基阿维菌素苯甲酸盐含量:0.57%。
PD20120594 苯甲·醚菌酯/60%/可湿性粉剂/苯醚甲环唑 20%、醚菌酯 40%/2012.04.11 至 2017.04.11/低毒
蔷薇科观赏花卉 白粉病 150-300毫克/千克 喷雾
PD20120723 阿维菌素/5%/乳油/阿维菌素 5%/2012.05.02 至 2017.05.02/中等毒(原药高毒)
棉花 红蜘蛛 9-15克/公顷 喷雾
茭白 二化螟 9.5-13.5克/公顷 喷雾
PD20120730 啶虫脒/10%/乳油/啶虫脒 10%/2012.05.02 至 2017.05.02/中等毒
柑橘树 蚜虫 12.5-16.7毫克/千克 喷雾
萝卜 黄条跳甲 45-90克/公顷 喷雾
PD20121076 戊唑醇/430克/升/悬浮剂/戊唑醇 430克/升/2012.07.19 至 2017.07.19/低毒
苦瓜 白粉病 77.4-116.1克/公顷 喷雾
苹果树 斑点落叶病 71.6-86毫克/千克 喷雾
PD20131220 苯甲·嘧菌酯/30%/悬浮剂/苯醚甲环唑 11%、嘧菌酯 19%/2013.05.28 至 2018.05.28/低毒
蔷薇科观赏花卉 白粉病 108-163毫克/千克 喷雾
PD20132250 咪鲜·己唑醇/28%/悬浮剂/己唑醇 8%、咪鲜胺 20%/2013.11.05 至 2018.11.05/低毒
蔷薇科观赏花卉 白粉病 140-280毫克/千克 喷雾
PD20140470 苯甲·咪鲜胺/20%/微乳剂/苯醚甲环唑 5%、咪鲜胺 15%/2014.02.25 至 2019.02.25/低毒
蔷薇科观赏花卉 炭疽病 100-200毫克/千克 喷雾
PD20140473 吡蚜酮/50%/水分散粒剂/吡蚜酮 50%/2014.02.25 至 2019.02.25/低毒
观赏菊花 蚜虫 150-225克/公顷 喷雾
PD20141085 精喹禾灵/10%/乳油/精喹禾灵 10%/2014.04.27 至 2019.04.27/低毒
大豆田 一年生禾本科杂草 45-60克/公顷 喷雾
PD20142014 敌草快/20%/水剂/敌草快 20%/2014.08.14 至 2019.08.14/低毒
非耕地 一年生杂草 750-1050克/公顷 茎叶喷雾
PD20142634 草铵膦/200克/升/水剂/草铵膦 200克/升/2014.12.15 至 2019.12.15/低毒
非耕地 杂草 1200-1800克/公顷 茎叶喷雾
PD20151810 阿维菌素/3.2%/乳油/阿维菌素 3.2%/2015.08.28 至 2020.08.28/中等毒(原药高毒)
棉花 红蜘蛛 9-15克/公顷 喷雾
PD20151855 阿维菌素/1.8%/乳油/阿维菌素 1.8%/2015.08.30 至 2020.08.30/中等毒(原药高毒)
棉花 红蜘蛛 9-15克/公顷 喷雾
PD20151875 啶虫脒/70%/水分散粒剂/啶虫脒 70%/2015.08.30 至 2020.08.30/中等毒
黄瓜 蚜虫 21-26.25克/公顷 喷雾
PD20152232 噻虫嗪/70%/水分散粒剂/噻虫嗪 70%/2015.09.23 至 2020.09.23/低毒
水稻 稻飞虱 10.5-15.75克/公顷 喷雾
LS20140048 阿维·三唑磷/11%/微乳剂/阿维菌素 1%、三唑磷 10%/2015.02.18 至 2016.02.18/中等毒(原药高毒)
蔷薇科观赏花卉 红蜘蛛 55-110毫克/千克 喷雾
LS20140191 甲维·虫螨腈/10%/悬浮剂/虫螨腈 9.5%、甲氨基阿维菌素苯甲酸盐 0.5%/2015.05.06 至 2016.05.06/低毒
杨树 美国白蛾 33.3-50克/公顷 喷雾
WP20120066 高氯·氟铃脲/5%/悬浮剂/氟铃脲 1%、高效氯氰菊酯 4%/2012.04.11 至 2017.04.11/低毒
室内 蝇 0.25克/平方米 滞留喷洒
WP20120095 氟虫腈/3%/微乳剂/氟虫腈 3%/2012.05.22 至 2017.05.22/低毒
卫生 蝇 2.25毫克/立方米 喷雾(室内)
WP20120193 高氯·残杀威/0.6%/粉剂/残杀威 0.45%、高效氯氰菊酯 0.15%/2012.10.17 至 2017.10.17/低毒
卫生 蜚蠊 3克/平方米(制剂量) 撒布
WP20120196 高氯·残杀威/0.5%/微乳剂/残杀威 0.3%、高效氯氰菊酯 0.2%/2012.10.17 至 2017.10.17/低毒
卫生 蜚蠊 75毫克/平方米 喷雾
WP20120206 高氯·甲嘧磷/7%/微乳剂/高效氯氰菊酯 1%、甲基嘧啶磷 6%/2012.10.30 至 2017.10.30/低毒
卫生 蜚蠊 210毫克/平方米 滞留喷洒
WP20150042 氟虫腈/5%/悬浮剂/氟虫腈 5%/2015.03.20 至 2020.03.20/低毒
室内 蜚蠊 50毫克/平方米 滞留喷洒
山东中信化学有限公司 (山东省济南市历城区遥墙镇工业区 250100 0531-88733558)
PD20092333 代森锰锌/80%/可湿性粉剂/代森锰锌 80%/2014.02.24 至 2019.02.24/低毒
番茄 早疫病 1560-2520克/公顷 喷雾
PD20092918 高效氯氟氰菊酯/25克/升/乳油/高效氯氟氰菊酯 25克/升/2014.03.05 至 2019.03.05/中等毒
甘蓝 蚜虫 7.5-11.25克/公顷 喷雾
PD20093668 甲氰菊酯/20%/乳油/甲氰菊酯 20%/2014.03.25 至 2019.03.25/中等毒
十字花科蔬菜 小菜蛾 75-90克/公顷 喷雾
PD20094040 氯氰菊酯/10%/乳油/氯氰菊酯 10%/2014.03.27 至 2019.03.27/中等毒
甘蓝 菜青虫 22.5-30克/公顷 喷雾
PD20095057 联苯菊酯/25克/升/乳油/联苯菊酯 25克/升/2014.04.21 至 2019.04.21/低毒
番茄(保护地) 白粉虱 7.5-15克/公顷 喷雾
PD20095976 氢氧化铜/77%/可湿性粉剂/氢氧化铜 77%/2014.06.04 至 2019.06.04/低毒
番茄 早疫病 1927.5-2310克/公顷 喷雾

PD20100968 阿维菌素/1.8%/乳油/阿维菌素 1.8%/2015.01.19 至 2020.01.19/低毒(原药高毒)
甘蓝 小菜蛾 33.3-50毫升制剂/亩 喷雾
PD20101181 福·福锌/80%/可湿性粉剂/福美双 30%、福美锌 50%/2015.01.28 至 2020.01.28/中等毒
黄瓜 炭疽病 1500-1800克/公顷 喷雾
PD20150822 己唑醇/50%/水分散粒剂/己唑醇 50%/2015.05.14 至 2020.05.14/低毒
水稻 纹枯病 60-75克/公顷 喷雾
PD20150872 噻呋酰胺/240克/升/悬浮剂/噻呋酰胺 240克/升/2015.05.18 至 2020.05.18/低毒
水稻 纹枯病 72—90克/公顷 喷雾
PD20151160 醚菌酯/40%/悬浮剂/醚菌酯 40%/2015.06.26 至 2020.06.26/低毒
香蕉 叶斑病 333.3-500毫克/千克 喷雾
PD20152278 甲维·茚虫威/20%/悬浮剂/甲氨基阿维菌素苯甲酸盐 4%、茚虫威 16%/2015.10.20 至 2020.10.20/低毒
水稻 稻纵卷叶螟 30-36克/公顷 喷雾
WP20130188 高效氯氟氰菊酯/5%/微囊悬浮剂/高效氯氟氰菊酯 5%/2013.09.17 至 2018.09.17/低毒
室外 蚊、蝇、蜚蠊 蚊、蝇30毫克/平方米；蜚蠊50毫克/平方米 喷雾

山东淄博康力农药有限公司 (山东省淄博市淄川区龙泉镇麓村北首 255144 0533-5883996)

PD20091917 多·福/50%/可湿性粉剂/多菌灵 8%、福美双 42%/2014.02.12 至 2019.02.12/低毒
梨树 黑星病 1000-1500毫克/千克 喷雾
PD20092149 高效氯氟氰菊酯/25克/升/乳油/高效氯氟氰菊酯 25克/升/2014.02.23 至 2019.02.23/中等毒
棉花 棉铃虫 18.75-26.25克/公顷 喷雾
PD20095295 硫磺·三环唑/45%/可湿性粉剂/硫磺 40%、三环唑 5%/2014.04.27 至 2019.04.27/低毒
水稻 稻瘟病 810-1215克/公顷 喷雾
PD20122108 福·福锌/80%/可湿性粉剂/福美双 30%、福美锌 50%/2012.12.26 至 2017.12.26/低毒
黄瓜 炭疽病 1500-1800克/公顷 喷雾

山东邹平农药有限公司 (山东省滨州市邹平县县城环城北路190号 256200 0543-4321332)

PD85150-24 多菌灵/50%/可湿性粉剂/多菌灵 50%/2015.07.06 至 2020.07.06/低毒
果树 病害 0.05-0.1%药液 喷雾
花生 倒秧病 750克/公顷 喷雾
麦类 赤霉病 750克/公顷 喷雾、泼浇
棉花 苗期病害 250克/50千克种子 拌种
水稻 稻瘟病、纹枯病 750克/公顷 喷雾、泼浇
油菜 菌核病 1125-1500克/公顷 喷雾
PD86157-12 硫磺/50%/悬浮剂/硫磺 50%/2011.11.29 至 2016.11.29/低毒
果树 白粉病 200-400倍液 喷雾
花卉 白粉病 750-1500克/公顷 喷雾
黄瓜 白粉病 1125-1500克/公顷 喷雾
芦笋 茎枯病 870-1170克/公顷 喷雾
橡胶树 白粉病 1875-3000克/公顷 喷雾
小麦 白粉病、螨 3000克/公顷 喷雾
PD91106-12 甲基硫菌灵/70%,50%/可湿性粉剂/甲基硫菌灵 70%,50%/2011.03.28 至 2016.03.28/低毒
番茄 叶霉病 375-562.5克/公顷 喷雾
甘薯 黑斑病 360-450毫克/千克 浸薯块
瓜类 白粉病 337.5-506.25克/公顷 喷雾
梨树 黑星病 360-450毫克/千克 喷雾
苹果树 轮纹病 700毫克/千克 喷雾
水稻 稻瘟病、纹枯病 1050-1500克/公顷 喷雾
小麦 赤霉病 750-1050克/公顷 喷雾
PD92101-6 多菌灵/40%/可湿性粉剂/多菌灵 40%/2012.05.10 至 2017.05.10/低毒
果树 病害 0.05-0.1%药液 喷雾
花生 倒秧病 750克/公顷 喷雾
麦类 赤霉病 750克/公顷 喷雾,泼浇
棉花 苗期病害 500克/100千克种子 拌种
水稻 稻瘟病、纹枯病 750克/公顷 喷雾,泼浇
油菜 菌核病 1025-1500克/公顷 喷雾
PD20040161 三唑酮/20%/乳油/三唑酮 20%/2014.12.19 至 2019.12.19/低毒
小麦 白粉病 120-127.5克/公顷 喷雾
PD20040332 三唑酮/15%/可湿性粉剂/三唑酮 15%/2014.12.19 至 2019.12.19/低毒
小麦 白粉病、锈病 135-180克/公顷 喷雾
玉米 丝黑穗病 60-90克/100千克种子 拌种
PD20040740 甲拌·多菌灵/20%/悬浮种衣剂/多菌灵 10%、甲拌磷 10%/2014.12.19 至 2019.12.19/高毒
小麦 地下害虫、纹枯病 1:35-45(药种比) 种子包衣
PD20080139 啶虫脒/5%/可湿性粉剂/啶虫脒 5%/2013.01.03 至 2018.01.03/低毒
柑橘树 蚜虫 8.6-12毫克/千克 喷雾

PD20080160 硫磺·三唑酮/20%/悬浮剂/硫磺 10%、三唑酮 10%/2013.01.04 至 2018.01.04/低毒
小麦 白粉病 150-225克/公顷 喷雾
PD20080637 毒·辛/40%/乳油/毒死蜱 10%、辛硫磷 30%/2013.05.13 至 2018.05.13/中等毒
棉花 棉铃虫 360－450克/公顷 喷雾
PD20080940 丙森·多菌灵/70%/可湿性粉剂/丙森锌 30%、多菌灵 40%/2013.07.17 至 2018.07.17/低毒
苹果树 斑点落叶病 1000-1500倍液 喷雾
PD20081033 马拉·辛硫磷/25%/乳油/马拉硫磷 12.5%、辛硫磷 12.5%/2013.08.06 至 2018.08.06/低毒
水稻 稻纵卷叶螟 300-375克/公顷 喷雾
PD20081061 毒死蜱/40%/乳油/毒死蜱 40%/2013.08.14 至 2018.08.14/中等毒
柑橘树 矢尖蚧 333.3-500毫克/千克 喷雾
PD20081889 多效唑/15%/可湿性粉剂/多效唑 15%/2013.11.20 至 2018.11.20/低毒
水稻育秧田 控制生长 200-300毫克/千克 喷雾
PD20082087 抗蚜威/50%/可湿性粉剂/抗蚜威 50%/2013.11.25 至 2018.11.25/中等毒
小麦 蚜虫 75-150克/公顷 喷雾
PD20083618 啶虫脒/5%/乳油/啶虫脒 5%/2013.12.12 至 2018.12.12/低毒
萝卜 黄条跳甲 45-90克/公顷 喷雾
苹果树 蚜虫 12-15毫克/千克 喷雾
PD20083692 硫磺·多菌灵/50%/可湿性粉剂/多菌灵 15%、硫磺 35%/2013.12.15 至 2018.12.15/低毒
花生 叶斑病 1200-1800克/公顷 喷雾
PD20085307 硫磺·多菌灵/50%/悬浮剂/多菌灵 15%、硫磺 35%/2013.12.23 至 2018.12.23/低毒
花生 叶斑病 1200-1800克/公顷 喷雾
PD20085496 丙溴·辛硫磷/24%/乳油/丙溴磷 10%、辛硫磷 14%/2013.12.25 至 2018.12.25/低毒
十字花科蔬菜 菜青虫 108-180克/公顷 喷雾
PD20090705 福·克/20%/悬浮种衣剂/福美双 10%、克百威 10%/2014.01.19 至 2019.01.19/高毒
玉米 茎基腐病、金针虫、苗期害虫、蛴螬 1:40（药种比） 种子包衣
PD20092326 氟铃脲/5%/乳油/氟铃脲 5%/2014.02.24 至 2019.02.24/低毒
甘蓝 小菜蛾 28.125-56.25克/公顷 喷雾
PD20092363 溴氰菊酯/25克/升/乳油/溴氰菊酯 25克/升/2014.02.24 至 2019.02.24/中等毒
十字花科蔬菜 菜青虫 7.5-15克/公顷 喷雾
PD20092705 氰戊菊酯/20%/乳油/氰戊菊酯 20%/2014.03.03 至 2019.03.03/中等毒
棉花 棉铃虫 112.5-150克/公顷 喷雾
PD20093288 醚菊酯/10%/悬浮剂/醚菊酯 10%/2014.03.11 至 2019.03.11/低毒
甘蓝 菜青虫 45-60克/公顷 喷雾
PD20093613 甲基硫菌灵/500克/升/悬浮剂/甲基硫菌灵 500克/升/2014.03.25 至 2019.03.25/低毒
水稻 稻瘟病、纹枯病 750-1125克/公顷 喷雾
PD20093616 甲氰菊酯/20%/乳油/甲氰菊酯 20%/2014.03.25 至 2019.03.25/中等毒
苹果树 红蜘蛛 100-133.3毫克/千克 喷雾
PD20093864 马拉·杀螟松/12%/乳油/马拉硫磷 10%、杀螟硫磷 2%/2014.03.25 至 2019.03.25/低毒
水稻 二化螟 225-270克/公顷 喷雾
PD20093998 联苯菊酯/25克/升/乳油/联苯菊酯 25克/升/2014.03.27 至 2019.03.27/低毒
茶树 茶小绿叶蝉 30-37.5克/公顷 喷雾
PD20093999 氟氯氰菊酯/50克/升/乳油/氟氯氰菊酯 50克/升/2014.03.27 至 2019.03.27/低毒
棉花 棉铃虫 37.5-51克/公顷 定向喷雾
PD20094020 高效氯氟氰菊酯/2.5%/水乳剂/高效氯氟氰菊酯 2.5%/2014.03.27 至 2019.03.27/中等毒
甘蓝 菜青虫 7.5-15克/公顷 喷雾
PD20094286 硅唑·多菌灵/21%/悬浮剂/多菌灵 16%、氟硅唑 5%/2014.03.31 至 2019.03.31/低毒
梨树 黑星病 2000-3000倍液 喷雾
PD20094358 代森锌/80%/可湿性粉剂/代森锌 80%/2014.04.01 至 2019.04.01/低毒
马铃薯 晚疫病 960-1200克/公顷 喷雾
PD20095845 福·福锌/80%/可湿性粉剂/福美双 30%、福美锌 50%/2014.05.27 至 2019.05.27/低毒
苹果树 炭疽病 1333-1600毫克/千克 喷雾
PD20097692 阿维菌素/1.8%/乳油/阿维菌素 1.8%/2014.11.04 至 2019.11.04/中等毒(原药高毒)
十字花科蔬菜 小菜蛾 9-11.25克/公顷 喷雾
PD20100257 吗胍·乙酸铜/20%/可湿性粉剂/盐酸吗啉胍 10%、乙酸铜 10%/2015.01.11 至 2020.01.11/低毒
番茄 病毒病 500-750克/公顷 喷雾
PD20110435 啶虫脒/20%/可溶液剂/啶虫脒 20%/2011.04.21 至 2016.04.21/低毒
黄瓜 蚜虫 15－22.5克/公顷 喷雾
PD20110934 高效氯氰菊酯/4.5%/微乳剂/高效氯氰菊酯 4.5%/2011.09.28 至 2016.09.28/低毒
甘蓝 菜青虫 20.25－27克/公顷 喷雾
PD20120025 甲氨基阿维菌素苯甲酸盐/1%/乳油/甲氨基阿维菌素 1%/2012.01.09 至 2017.01.09/低毒
甘蓝 甜菜夜蛾 2.25-3.75克/公顷 喷雾
注:甲氨基阿维菌素苯甲酸盐含量：1.14%。
PD20120524 吡虫·噻嗪酮/10%/可湿性粉剂/吡虫啉 2%、噻嗪酮 8%/2012.03.28 至 2017.03.28/低毒

水稻 稻飞虱 60-75克/公顷 喷雾
PD20120652 阿维·哒螨灵/10%/乳油/阿维菌素 0.3%、哒螨灵 9.7%/2012.04.18 至 2017.04.18/中等毒(原药高毒)
苹果树 二斑叶螨 40-50毫克/千克 喷雾
PD20121010 哒螨灵/20%/可湿性粉剂/哒螨灵 20%/2012.06.21 至 2017.06.21/低毒
柑橘树 红蜘蛛 80-100毫克/千克 喷雾
PD20121105 阿维·炔螨特/40%/乳油/阿维菌素 0.3%、炔螨特 39.7%/2012.07.19 至 2017.07.19/低毒(原药高毒)
苹果树 红蜘蛛 160-200毫克/千克 喷雾
PD20121447 丙溴磷/50%/乳油/丙溴磷 50%/2012.10.08 至 2017.10.08/低毒
甘蓝 小菜蛾 390-480克/公顷 喷雾
PD20121787 阿维·三唑磷/20%/乳油/阿维菌素 0.2%、三唑磷 19.8%/2012.11.22 至 2017.11.22/中等毒(原药高毒)
水稻 二化螟 150-210克/公顷 喷雾
PD20130144 苯甲·多菌灵/32.8%/可湿性粉剂/苯醚甲环唑 6%、多菌灵 26.8%/2013.01.17 至 2018.01.17/低毒
苹果树 轮纹病 164-217毫克/千克 喷雾
PD20131670 高氯·甲维盐/5%/微乳剂/高效氯氰菊酯 4.5%、甲氨基阿维菌素苯甲酸盐 0.5%/2013.08.07 至 2018.08.07/中等毒
甘蓝 甜菜夜蛾 18.75-22.5克/公顷 喷雾
PD20131693 咪鲜胺/450克/升/水乳剂/咪鲜胺 450克/升/2013.08.07 至 2018.08.07/低毒
香蕉 炭疽病 250-500毫克/千克 浸果
PD20131820 戊唑醇/430克/升/悬浮剂/戊唑醇 430克/升/2013.09.17 至 2018.09.17/低毒
苹果树 斑点落叶病 60-85毫克/千克 喷雾
PD20132318 多抗霉素/10%/可湿性粉剂/多抗霉素 10%/2013.11.13 至 2018.11.13/低毒
苹果树 斑点落叶病 67-100毫克/千克 喷雾
PD20132580 烯酰吗啉/20%/悬浮剂/烯酰吗啉 20%/2013.12.17 至 2018.12.17/低毒
葡萄 霜霉病 167-250毫克/千克 喷雾
PD20141444 已唑醇/10%/悬浮剂/已唑醇 10%/2014.06.09 至 2019.06.09/低毒
水稻 纹枯病 60-75克/公顷 喷雾
PD20141462 螺螨酯/240克/升/悬浮剂/螺螨酯 240克/升/2014.06.09 至 2019.06.09/低毒
柑橘树 红蜘蛛 40-60毫克/千克 喷雾
PD20141546 吡蚜酮/25%/可湿性粉剂/吡蚜酮 25%/2014.06.17 至 2019.06.17/低毒
水稻 飞虱 60-75克/公顷 喷雾
PD20141758 嘧菌酯/250克/升/悬浮剂/嘧菌酯 250克/升/2014.07.02 至 2019.07.02/低毒
黄瓜 白粉病 225-337.5克/公顷 喷雾
PD20141782 吡蚜酮/25%/悬浮剂/吡蚜酮 25%/2014.07.14 至 2019.07.14/低毒
水稻 稻飞虱 75-105克/公顷 喷雾
PD20142374 毒死蜱/30%/微囊悬浮剂/毒死蜱 30%/2014.11.04 至 2019.11.04/低毒
花生 蛴螬 1575-2250克/公顷 灌根
PD20150928 多效唑/25%/悬浮剂/多效唑 25%/2015.06.23 至 2020.06.23/低毒
小麦 调节生长 100-150毫克/千克 喷雾
PD20151099 阿维菌素/5%/悬浮剂/阿维菌素 5%/2015.06.23 至 2020.06.23/中等毒(原药高毒)
水稻 稻纵卷叶螟 9-15克/公顷 喷雾
PD20151211 毒·辛/5%/颗粒剂/毒死蜱 2%、辛硫磷 3%/2015.07.30 至 2020.07.30/低毒
花生 蛴螬 1875～2250克/公顷 撒施
PD20151212 噻呋酰胺/240克/升/悬浮剂/噻呋酰胺 240克/升/2015.07.30 至 2020.07.30/低毒
水稻 纹枯病 54-72克/公顷 喷雾
PD20151416 氟虫腈/5%/悬浮种衣剂/氟虫腈 5%/2015.07.30 至 2020.07.30/低毒
玉米 蛴螬 1-2克/千克种子 拌种
PD20151508 噻唑膦/10%/颗粒剂/噻唑膦 10%/2015.07.31 至 2020.07.31/中等毒
黄瓜 根结线虫 2250-3000克/公顷 土壤撒施
PD20151511 氟啶胺/500克/升/悬浮剂/氟啶胺 500克/升/2015.07.31 至 2020.07.31/低毒
大白菜 根肿病 2025-2475克/公顷 土壤喷雾

山东兖州新天地农药有限公司　(山东省济宁市兖州市西环路龙桥　272100　0537-3415630)

PD20040219 甲拌·辛硫磷/10%/细粒剂/甲拌磷 6%、辛硫磷 4%/2014.12.19 至 2019.12.19/高毒
花生 蛴螬 600-900克/公顷 毒土盖种
PD20083615 辛硫磷/3%/颗粒剂/辛硫磷 3%/2013.12.12 至 2018.12.12/低毒
花生 蛴螬 1800-3600克/公顷 撒施
PD20090724 马拉·灭多威/35%/乳油/马拉硫磷 25%、灭多威 10%/2014.01.19 至 2019.01.19/中等毒(原药高毒)
棉花 棉铃虫 210-315克/公顷 喷雾
PD20101509 苦参碱/0.3%/水剂/苦参碱 0.3%/2015.05.10 至 2020.05.10/低毒
苹果树 红蜘蛛 7.5-22.5克/公顷 喷雾

山东怡浦农业科技有限公司　(山东省桓台县果里镇义和路20号　256410　0533－8431565)

PD20111162 苯甲·丙环唑/300克/升/乳油/苯醚甲环唑 150克/升、丙环唑 150克/升/2011.11.07 至 2016.11.07/低毒
水稻 纹枯病 78-90克/公顷 喷雾
PD20120682 苯醚甲环唑/10%/水分散粒剂/苯醚甲环唑 10%/2012.04.18 至 2017.04.18/低毒
梨树 黑星病 14.3-16.7毫克/千克 喷雾

PD20131321 吡虫啉/600克/升/悬浮种衣剂/吡虫啉 600克/升/2013.06.08 至 2018.06.08/低毒
棉花 蚜虫 350-500克/100千克种子 种子包衣
小麦 蚜虫 360-420克/100千克种子 种子包衣
PD20131324 高效氯氰菊酯/2.5%/水乳剂/高效氯氰菊酯 2.5%/2013.06.08 至 2018.06.08/中等毒
甘蓝 菜青虫 7.5-15克/公顷 喷雾
PD20131983 百菌清/40%/悬浮剂/百菌清 40%/2013.10.10 至 2018.10.10/低毒
番茄 早疫病 900-1050克/公顷 喷雾
PD20132083 代森锰锌/80%/可湿性粉剂/代森锰锌 80%/2013.10.24 至 2018.10.24/低毒
苹果树 斑点落叶病 1000-1500毫克/千克 喷雾
PD20140249 戊唑醇/250克/升/水乳剂/戊唑醇 250克/升/2014.01.29 至 2019.01.29/低毒
香蕉 叶斑病 167-250毫克/千克 喷雾
PD20140461 嘧菌酯/25%/悬浮剂/嘧菌酯 25%/2014.02.25 至 2019.02.25/低毒
黄瓜 霜霉病 150-180克/公顷 喷雾
PD20140731 甲氨基阿维菌素苯甲酸盐/5%/水分散粒剂/甲氨基阿维菌素 5%/2014.03.24 至 2019.03.24/中等毒
甘蓝 甜菜夜蛾 2.25-3.375克/公顷 喷雾
注:甲氨基阿维菌素苯甲酸盐含量: 5.7%。
PD20141000 丙森锌/70%/可湿性粉剂/丙森锌 70%/2014.04.21 至 2019.04.21/低毒
柑橘树 炭疽病 875-1167毫克/千克 喷雾
葡萄 霜霉病 1400-1750毫克/千克 喷雾
PD20141259 高效氯氰菊酯/4.5%/水乳剂/高效氯氰菊酯 4.5%/2014.05.07 至 2019.05.07/中等毒
甘蓝 菜青虫 27-40.5克/公顷 喷雾
PD20141693 戊唑醇/430克/升/悬浮剂/戊唑醇 430克/升/2014.06.30 至 2019.06.30/低毒
水稻 稻曲病 64.5-96.75克/公顷 喷雾
PD20150348 阿维菌素/1.8%/水乳剂/阿维菌素 1.8%/2015.03.03 至 2020.03.03/低毒(原药高毒)
甘蓝 小菜蛾 10.8-13.5克/公顷 喷雾
PD20150715 2甲4氯钠/56%/可溶粉剂/2甲4氯钠 56%/2015.04.20 至 2020.04.20/低毒
小麦田 一年生阔叶杂草 840-1260克/公顷 茎叶喷雾
PD20152166 双草醚/40%/悬浮剂/双草醚 40%/2015.09.22 至 2020.09.22/低毒
水稻田(直播) 稗草、部分一年生阔叶草及莎草 30-42克/公顷 茎叶喷雾

山东鑫玛生物科技有限公司 (山东省莒县城西莒沂路北侧 276521 0633-6790199)

PD20092752 甲硫·福美双/50%/可湿性粉剂/福美双 30%、甲基硫菌灵 20%/2014.03.04 至 2019.03.04/中等毒
苹果树 轮纹病 500-700倍液 喷雾
PD20094543 高效氯氟氰菊酯/25克/升/乳油/高效氯氟氰菊酯 25克/升/2014.04.09 至 2019.04.09/中等毒
甘蓝 菜青虫 11.25-15克/公顷 喷雾
PD20094653 草甘膦/95%/原药/草甘膦 95%/2014.04.10 至 2019.04.10/低毒
PD20095313 甲戊·莠去津/40%/悬乳剂/二甲戊灵 20%、莠去津 20%/2014.04.27 至 2019.04.27/低毒
夏玉米田 一年生杂草 1080-1320克/公顷 土壤喷雾
PD20095889 苄·丁/32%/颗粒剂/苄嘧磺隆 0.5%、丁草胺 31.5%/2014.05.31 至 2019.05.31/低毒
水稻移栽田 部分多年生杂草、一年生杂草 600-900克/公顷 拌药土(沙)撒施
PD20098531 扑·乙/20%/乳油/扑草净 8%、乙草胺 12%/2014.12.24 至 2019.12.24/低毒
花生田 一年生杂草 600-750克/公顷 土壤喷雾
PD20110174 草甘膦异丙胺盐/30%/水剂/草甘膦 30%/2011.02.16 至 2016.02.16/低毒
柑橘园 杂草 180-360毫升/亩 定向喷雾
注:草甘膦异丙胺盐含量: 41%。

山东鑫农农药有限公司 (山东省济南市济阳县崔寨镇南赵村西 251401 0531-84242996)

PD20102223 甲氨基阿维菌素苯甲酸盐/0.5%/乳油/甲氨基阿维菌素 0.5%/2015.12.31 至 2020.12.31/低毒
甘蓝 甜菜夜蛾 17.3-20毫升制剂/亩 喷雾
注:甲氨基阿维菌素苯甲酸盐含量;0.57%。
PD20130935 啶虫脒/40%/水分散粒剂/啶虫脒 40%/2013.05.02 至 2018.05.02/低毒
黄瓜 蚜虫 18-23克/公顷 喷雾
PD20140039 高效氯氰菊酯/4.5%/乳油/高效氯氰菊酯 4.5%/2014.01.02 至 2019.01.02/中等毒
甘蓝 菜青虫 20-27克/公顷 喷雾
PD20140390 草甘膦异丙胺盐/30%/水剂/草甘膦 30%/2014.02.20 至 2019.02.20/低毒
非耕地 杂草 1125-2250克/公顷 茎叶喷雾
注:草甘膦异丙胺盐含量: 41%。

山东鑫星农药有限公司 (山东省潍坊市青州市东青高速公路王母宫下道口南1公里 262500 0536-3524077)

PD20092172 代森锰锌/80%/可湿性粉剂/代森锰锌 80%/2014.02.23 至 2019.02.23/低毒
番茄 早疫病 1560-2520克/公顷 喷雾
柑橘树 疮痂病、炭疽病 1333-2000毫克/千克 喷雾
花生 叶斑病 720-900克/公顷 喷雾
黄瓜 霜霉病 2040-3000克/公顷 喷雾
辣椒、甜椒 炭疽病、疫病 1800-2520克/公顷 喷雾
梨树 黑星病 800-1600毫克/千克 喷雾

荔枝树 霜疫霉病 1333-2000毫克/千克 喷雾
马铃薯 晚疫病 1440-2160克/公顷 喷雾
苹果树 斑点落叶病、轮纹病、炭疽病 1000-1500毫克/千克 喷雾
葡萄 白腐病、黑痘病、霜霉病 1000-1600毫克/千克 喷雾
西瓜 炭疽病 1560-2520克/公顷 喷雾
烟草 赤星病 1440-1920克/公顷 喷雾

PD20092533 百菌清/75%/可湿性粉剂/百菌清 75%/2014.02.26 至 2019.02.26/低毒
黄瓜 白粉病 1500-1725克/公顷 喷雾

PD20092635 多菌灵/50%/可湿性粉剂/多菌灵 50%/2014.03.02 至 2019.03.02/低毒
小麦 赤霉病 750-1125克/公顷 喷雾

PD20092905 敌敌畏/48%/乳油/敌敌畏 48%/2014.03.05 至 2019.03.05/中等毒
十字花科蔬菜 菜青虫 600-800克/公顷 喷雾

PD20092921 三乙膦酸铝/80%/可湿性粉剂/三乙膦酸铝 80%/2014.03.05 至 2019.03.05/低毒
黄瓜 霜霉病 1440-2880克/公顷 喷雾

PD20093603 噁霜・锰锌/64%/可湿性粉剂/噁霜灵 8%、代森锰锌 56%/2014.03.23 至 2019.03.23/低毒
黄瓜 霜霉病 1650-1950克/公顷 喷雾

PD20093846 三唑锡/25%/可湿性粉剂/三唑锡 25%/2014.03.25 至 2019.03.25/中等毒
苹果树 红蜘蛛 125-250毫克/千克 喷雾

PD20093936 腐霉利/50%/可湿性粉剂/腐霉利 50%/2014.03.27 至 2019.03.27/低毒
番茄 灰霉病 375-700克/公顷 喷雾

PD20094039 甲基硫菌灵/70%/可湿性粉剂/甲基硫菌灵 70%/2014.03.27 至 2019.03.27/低毒
番茄 叶霉病 525-630克/公顷 喷雾

PD20094049 丙环唑/250克/升/乳油/丙环唑 250克/升/2014.03.27 至 2019.03.27/低毒
香蕉 叶斑病 250-500毫克/千克 喷雾

PD20094505 联苯菊酯/100克/升/乳油/联苯菊酯 100克/升/2014.04.09 至 2019.04.09/中等毒
茶树 茶尺蠖 11.25-15克/公顷 喷雾

PD20094545 三环唑/75%/可湿性粉剂/三环唑 75%/2014.04.09 至 2019.04.09/低毒
水稻 稻瘟病 225-300克/公顷 喷雾

PD20094585 高效氯氟氰菊酯/25克/升/乳油/高效氯氟氰菊酯 25克/升/2014.04.10 至 2019.04.10/中等毒
甘蓝 菜青虫 11.25-13.125克/公顷 喷雾

PD20095165 异菌脲/50%/可湿性粉剂/异菌脲 50%/2014.04.24 至 2019.04.24/低毒
番茄 灰霉病 562.5-750克/公顷 喷雾

PD20096171 高氯・辛硫磷/20%/乳油/高效氯氰菊酯 2%、辛硫磷 18%/2014.06.29 至 2019.06.29/低毒
十字花科蔬菜 菜青虫 120～150克/公顷 喷雾

PD20096494 氟氯氰菊酯/5.1%/乳油/氟氯氰菊酯 5.1%/2014.08.14 至 2019.08.14/低毒
棉花 棉铃虫 30-37.5克/公顷 喷雾

PD20096929 高氯・马/20%/乳油/高效氯氰菊酯 1.5%、马拉硫磷 18.5%/2014.09.23 至 2019.09.23/中等毒
苹果树 桃小食心虫 133.3-200毫克/千克 喷雾

PD20097026 阿维菌素/1.8%/乳油/阿维菌素 1.8%/2014.10.10 至 2019.10.10/低毒(原药高毒)
甘蓝 小菜蛾 8.1-10.8克/公顷 喷雾

PD20098466 甲维盐・氯氰/3.2%/微乳剂/甲氨基阿维菌素苯甲酸盐 0.2%、氯氰菊酯 3%/2014.12.24 至 2019.12.24/低毒
甘蓝 甜菜夜蛾 19.2-28.8克/公顷 喷雾

PD20100136 精喹禾灵/5%/乳油/精喹禾灵 5%/2015.01.05 至 2020.01.05/低毒
大豆田 一年生杂草 50-70毫升制剂/亩 茎叶喷雾

PD20100224 代森锌/80%/可湿性粉剂/代森锌 80%/2015.01.11 至 2020.01.11/低毒
番茄 早疫病 2550-3600克/公顷 喷雾

PD20100538 吡虫啉/20%/可溶液剂/吡虫啉 20%/2010.01.14 至 2015.01.14/低毒
水稻 稻飞虱 21-30克/公顷 喷雾

PD20100853 吗胍・乙酸铜/20%/可湿性粉剂/盐酸吗啉胍 10%、乙酸铜 10%/2015.01.19 至 2020.01.19/低毒
番茄 病毒病 600-750克/公顷 喷雾

PD20142414 醚菌酯/30%/悬浮剂/醚菌酯 30%/2014.11.13 至 2019.11.13/微毒
黄瓜 白粉病 123.75-157.5克/公顷 喷雾

PD20150088 苯醚甲环唑/10%/水分散粒剂/苯醚甲环唑 10%/2015.01.05 至 2020.01.05/低毒
番茄 早疫病 100-150毫克/千克 喷雾

山东麒麟农化有限公司 （山东省菏泽市巨野县麒麟镇 250100 0531－83173266）

PD20083414 炔螨特/570克/升/乳油/炔螨特 570克/升/2013.12.11 至 2018.12.11/低毒
柑橘树 红蜘蛛 240-360毫克/千克 喷雾

PD20083487 啶虫脒/20%/可溶粉剂/啶虫脒 20%/2013.12.12 至 2018.12.12/低毒
黄瓜 蚜虫 60-90克/公顷 喷雾

PD20084013 炔螨特/90.5%/原药/炔螨特 90.5%/2013.12.16 至 2018.12.16/低毒

PD20084543 炔螨特/40%/乳油/炔螨特 40%/2013.12.18 至 2018.12.18/低毒
柑橘树 红蜘蛛 200-400毫克/千克 喷雾

PD20085092 啶虫脒/5%/乳油/啶虫脒 5%/2013.12.23 至 2018.12.23/低毒

苹果树 黄蚜 12-20毫克/千克 喷雾

PD20085499 乙草胺/900克/升/乳油/乙草胺 900克/升/2013.12.25 至 2018.12.25/低毒

玉米田 一年生禾本科杂草及部分小粒种子阔叶杂草 1350-1620克/公顷(东北地区)810-1350克/公顷(其它地区) 土壤喷雾

PD20085665 吡虫啉/96%/原药/吡虫啉 96%/2013.12.26 至 2018.12.26/低毒

PD20085760 辛硫磷/3%/颗粒剂/辛硫磷 3%/2013.12.29 至 2018.12.29/低毒

花生 地老虎、金针虫、蝼蛄、蛴螬 2250-3600克/公顷 沟施

PD20090092 精喹禾灵/10%/乳油/精喹禾灵 10%/2014.01.08 至 2019.01.08/低毒

夏大豆田 一年生禾本科杂草 37.5-45克/公顷 喷雾

PD20090847 马拉硫磷/45%/乳油/马拉硫磷 45%/2014.01.19 至 2019.01.19/低毒

棉花 盲蝽蟓 337.5-607.5克/公顷 喷雾

PD20091039 高效氯氟氰菊酯/25克/升/乳油/高效氯氟氰菊酯 25克/升/2014.01.21 至 2019.01.21/中等毒

棉花 棉铃虫 15-22.5克/公顷 喷雾

PD20092887 多·福/70%/可湿性粉剂/多菌灵 10%、福美双 60%/2014.03.05 至 2019.03.05/低毒

葡萄 霜霉病 1000-1250毫克/千克 喷雾

PD20093152 毒死蜱/40%/乳油/毒死蜱 40%/2014.03.11 至 2019.03.11/中等毒

水稻 稻纵卷叶螟 432-576克/公顷 喷雾

PD20093184 多·福/40%/可湿性粉剂/多菌灵 5%、福美双 35%/2014.03.11 至 2019.03.11/低毒

葡萄 霜霉病 1000-1540毫克/千克 喷雾

PD20093950 氟磺胺草醚/250克/升/水剂/氟磺胺草醚 250克/升/2014.03.27 至 2019.03.27/低毒

春大豆田 一年生阔叶杂草 300-375克/公顷 茎叶喷雾

夏大豆田 一年生阔叶杂草 187.5-225克/公顷 茎叶喷雾

PD20095265 异丙草·莠/42%/悬乳剂/异丙草胺 22%、莠去津 20%/2014.04.27 至 2019.04.27/低毒

夏玉米田 一年生杂草 1260-1575克/公顷 土壤喷雾

PD20095808 二甲戊灵/330克/升/乳油/二甲戊灵 330克/升/2014.05.27 至 2019.05.27/低毒

棉花田 一年生杂草 742.5-990克/公顷 土壤喷雾

PD20095948 乙草胺/50%/乳油/乙草胺 50%/2014.06.02 至 2019.06.02/低毒

棉花田 一年生禾本科杂草及部分小粒种子阔叶杂草 150-200毫升制剂/亩 播后苗前土壤喷雾

PD20096963 异丙甲草胺/720克/升/乳油/异丙甲草胺 720克/升/2014.09.29 至 2019.09.29/低毒

水稻移栽田 一年生杂草 108-216克/公顷 毒土法

PD20097055 烟嘧磺隆/40克/升/可分散油悬浮剂/烟嘧磺隆 40克/升/2014.10.10 至 2019.10.10/低毒

玉米田 杂草 45-60克/公顷 茎叶喷雾

PD20097494 吡虫啉/10%/可湿性粉剂/吡虫啉 10%/2014.11.03 至 2019.11.03/低毒

水稻 稻飞虱 15-30克/公顷 喷雾

小麦 蚜虫 15-30克/公顷(南方地区)45-60克/公顷(北方地区) 喷雾

PD20097797 乙氧氟草醚/240克/升/乳油/乙氧氟草醚 240克/升/2014.11.20 至 2019.11.20/低毒

水稻移栽田 一年生杂草 36-72克/公顷 毒土法

PD20100790 甲氨基阿维菌素苯甲酸盐(0.57%)///乳油/甲氨基阿维菌素 0.5%/2015.01.19 至 2020.01.19/低毒(原药高毒)

甘蓝 甜菜夜蛾 10.8-13.5克/公顷 喷雾

PD20100939 辛硫·三唑磷/20%/乳油/三唑磷 10%、辛硫磷 10%/2015.01.19 至 2020.01.19/中等毒

水稻 二化螟 390-480克/公顷 喷雾

PD20101143 阿维·甲氰/2.8%/乳油/阿维菌素 0.1%、甲氰菊酯 2.7%/2015.01.25 至 2020.01.25/低毒(原药高毒)

甘蓝 小菜蛾 25.5-42克/公顷 喷雾

PD20102156 草甘膦异丙胺盐/30%/水剂/草甘膦 30%/2015.12.08 至 2020.12.08/低毒

桑园 杂草 922.5-2460克/公顷 定向茎叶喷雾

注:草甘膦异丙胺盐含量: 41%

PD20102208 阿维·高氯/2.4%/乳油/阿维菌素 0.2%、高效氯氰菊酯 2.2%/2015.12.23 至 2020.12.23/中等毒(原药高毒)

甘蓝 菜青虫、小菜蛾 13.5-27克/公顷 喷雾

PD20110197 吡虫啉/70%/可湿性粉剂/吡虫啉 70%/2016.02.18 至 2021.02.18/低毒

水稻 飞虱 22.5-30克/公顷 喷雾

PD20110622 炔螨·矿物油/73%/乳油/矿物油 40%、炔螨特 33%/2011.06.08 至 2016.06.08/低毒

柑橘树 红蜘蛛 292-365毫克/千克 喷雾

PD20110708 吡虫啉/20%/可湿性粉剂/吡虫啉 20%/2011.07.05 至 2016.07.05/低毒

小麦 蚜虫 15-30克/公顷(南方地区)45-60克/公顷(北方地区) 喷雾

PD20110709 氟铃·高氯/5.7%/乳油/氟铃脲 1.9%、高效氯氰菊酯 3.8%/2011.07.05 至 2016.07.05/低毒

甘蓝 小菜蛾 42.75-51.3克/公顷 喷雾

PD20110796 阿维·高氯/3%/可湿性粉剂/阿维菌素 0.2%、高效氯氰菊酯 2.8%/2011.07.26 至 2016.07.26/低毒(原药高毒)

甘蓝 菜青虫、小菜蛾 13.5-27克/公顷 喷雾

PD20111316 啶虫脒/40%/水分散粒剂/啶虫脒 40%/2011.12.09 至 2016.12.09/低毒

甘蓝 蚜虫 18—22.5克/公顷 喷雾

PD20121599 吡虫啉/70%/水分散粒剂/吡虫啉 70%/2012.10.25 至 2017.10.25/低毒
甘蓝 蚜虫 14-20克/公顷 喷雾

PD20140983 苯醚甲环唑/10%/水分散粒剂/苯醚甲环唑 10%/2014.04.14 至 2019.04.14/低毒
梨树 黑星病 14.3-16.7毫克/千克 喷雾

PD20141420 高效氯氰菊酯/4.5%/乳油/高效氯氰菊酯 4.5%/2014.06.06 至 2019.06.06/低毒
棉花 棉铃虫 22.5-27克/公顷 喷雾

PD20142248 高效氯氟氰菊酯/5%/水乳剂/高效氯氟氰菊酯 5%/2014.09.28 至 2019.09.28/中等毒
甘蓝 菜青虫 11.25-15克/公顷 喷雾

PD20142255 嘧霉胺/40%/悬浮剂/嘧霉胺 40%/2014.09.28 至 2019.09.28/低毒
黄瓜 灰霉病 375-580克/公顷 喷雾

PD20151262 戊唑醇/430克/升/悬浮剂/戊唑醇 430克/升/2015.07.30 至 2020.07.30/低毒
苹果树 斑点落叶病 61.4-86毫克/千克 喷雾

PD20151765 烯酰吗啉/50%/可湿性粉剂/烯酰吗啉 50%/2015.08.28 至 2020.08.28/低毒
黄瓜 霜霉病 225-300克/公顷 喷雾

寿光新龙生物工程有限公司 (山东省寿光市田柳镇王高新龙工业园 273408 0539-5958000)

PD20132397 草甘膦铵盐/50%/可溶粉剂/草甘膦 50%/2013.11.20 至 2018.11.20/低毒
非耕地 杂草 1125-2250克/公顷 喷雾
注:草甘膦铵盐含量：55%。

威海韩孚生化药业有限公司 (山东省威海市乳山市乳山寨镇 264508 0631-6834818)

PD84118-34 多菌灵/25%/可湿性粉剂/多菌灵 25%/2015.01.12 至 2020.01.12/低毒
果树 病害 0.05-0.1%药液 喷雾
花生 倒秧病 750克/公顷 喷雾
麦类 赤霉病 750克/公顷 喷雾
棉花 苗期病害 500克/100千克种子 拌种
水稻 稻瘟病、纹枯病 750克/公顷 喷雾,泼浇
油菜 菌核病 1125-1500克/公顷 喷雾

注：原文中"麦类 赤霉病 750克/公顷"行施用方法为"喷雾,泼浇"，"棉花"行为"拌种"，"水稻"行为"喷雾,泼浇"。

PD85122-18 福美双/50%/可湿性粉剂/福美双 50%/2015.06.23 至 2020.06.23/中等毒
黄瓜 白粉病、霜霉病 500-1000倍液 喷雾
葡萄 白腐病 500-1000倍液 喷雾
水稻 稻瘟病、胡麻叶斑病 250克/100千克种子 拌种
甜菜、烟草 根腐病 500克/500千克温床土 土壤处理
小麦 白粉病、赤霉病 500倍液 喷雾

PD85150-25 多菌灵/50%/可湿性粉剂/多菌灵 50%/2015.07.14 至 2020.07.14/低毒
果树 病害 0.05-0.1%药液 喷雾
花生 倒秧病 750克/公顷 喷雾
麦类 赤霉病 750克/公顷 喷雾、泼浇
棉花 苗期病害 250克/100千克种子 拌种
水稻 稻瘟病、纹枯病 750克/公顷 喷雾、泼浇
油菜 菌核病 1125-1500克/公顷 喷雾

PD91106-11 甲基硫菌灵/70%/可湿性粉剂/甲基硫菌灵 70%/2011.03.26 至 2016.03.26/低毒
番茄 叶霉病 375-562.5克/公顷 喷雾
甘薯 黑斑病 360-450毫克/千克 浸薯块
瓜类 白粉病 337.5-506.25克/公顷 喷雾
梨树 黑星病 360-450毫克/千克 喷雾
苹果树 轮纹病 700毫克/千克 喷雾
水稻 稻瘟病、纹枯病 1050-1500克/公顷 喷雾
小麦 赤霉病 750-1050克/公顷 喷雾

PD91106-27 甲基硫菌灵/50%/可湿性粉剂/甲基硫菌灵 50%/2011.03.26 至 2016.03.26/低毒
番茄 叶霉病 375-562.5克/公顷 喷雾
甘薯 黑斑病 360-450毫克/千克 浸薯块
瓜类 白粉病 337.5-506.25克/公顷 喷雾
梨树 黑星病 360-450毫克/千克 喷雾
苹果树 轮纹病 700毫克/千克 喷雾
水稻 稻瘟病、纹枯病 1050-1500克/公顷 喷雾
小麦 赤霉病 750-1050克/公顷 喷雾

PD20040415 吡虫啉/10%/可湿性粉剂/吡虫啉 10%/2014.12.19 至 2019.12.19/低毒
韭菜 韭蛆 300-450克/公顷 药土法
水稻 飞虱 15-30克/公顷 喷雾
小麦 蚜虫 15-30克/公顷(南方地区)45-60克/公顷(北方地区) 喷雾

PD20040723 吡虫啉/5%/乳油/吡虫啉 5%/2014.12.19 至 2019.12.19/低毒
棉花 蚜虫 15-22.5克/公顷 喷雾
小麦 蚜虫 7.5-11.2克/公顷 喷雾

PD20060111　哒螨灵/20%/可湿性粉剂/哒螨灵 20%/2011.06.13 至 2016.06.13/低毒
　苹果树　红蜘蛛　50-67毫克/千克　喷雾
PD20070461　多·福/50%/可湿性粉剂/多菌灵 20%、福美双 30%/2012.11.20 至 2017.11.20/低毒
　梨树　黑星病　1000-1500毫克/千克　喷雾
　葡萄　霜霉病　1000-1250毫克/千克　喷雾
PD20080678　噁霉灵/99%/原药/噁霉灵 99%/2013.06.04 至 2018.06.04/低毒
PD20080733　噁霉灵/15%/水剂/噁霉灵 15%/2013.06.11 至 2018.06.11/低毒
　水稻苗床　立枯病　9000-18000克/公顷　土壤喷雾处理
PD20080998　炔螨特/40%/乳油/炔螨特 40%/2013.08.06 至 2018.08.06/低毒
　柑橘树　红蜘蛛　200-400毫克/千克　喷雾
PD20080999　代森锰锌/50%/可湿性粉剂/代森锰锌 50%/2013.08.06 至 2018.08.06/低毒
　番茄　早疫病　1845-2370克/公顷　喷雾
PD20081000　甲氰·辛硫磷/25%/乳油/甲氰菊酯 5%、辛硫磷 20%/2013.08.06 至 2018.08.06/中等毒
　棉花　棉铃虫　281.25-375克/公顷　喷雾
PD20081002　辛硫磷/40%/乳油/辛硫磷 40%/2013.08.06 至 2018.08.06/低毒
　棉花　棉铃虫　450-600克/公顷　喷雾
PD20081011　甲草胺/43%/乳油/甲草胺 43%/2013.08.06 至 2018.08.06/低毒
　夏大豆田　一年生禾本科杂草及部分阔叶杂草　1290-1935克/公顷　喷雾
PD20081013　抑食肼/95%/原药/抑食肼 95%/2013.08.06 至 2018.08.06/低毒
PD20081028　螨醇·哒螨灵/20%/乳油/哒螨灵 5%、三氯杀螨醇 15%/2013.08.06 至 2018.08.06/低毒
　苹果树　红蜘蛛　100-133毫克/千克　喷雾
PD20081032　代森锰锌/70%/可湿性粉剂/代森锰锌 70%/2013.08.06 至 2018.08.06/低毒
　番茄　早疫病　1845-2370克/公顷　喷雾
　柑橘树　疮痂病、炭疽病　1333-2000毫克/千克　喷雾
　梨树　黑星病　800-1600毫克/千克　喷雾
　荔枝树　霜疫霉病　1333-2000毫克/千克　喷雾
　苹果树　轮纹病、炭疽病　1000-1600毫克/千克　喷雾
　苹果树　斑点落叶病　1000-1500毫克/千克　喷雾
　葡萄　白腐病、黑痘病、霜霉病　1000-1600毫克/千克　喷雾
　西瓜　炭疽病　1560-2520克/公顷　喷雾
PD20081035　四螨·哒螨灵/10%/悬浮剂/哒螨灵 6.5%、四螨嗪 3.5%/2013.08.06 至 2018.08.06/低毒
　苹果树　红蜘蛛　1500-2000倍液　喷雾
PD20081361　腈菌·福美双/20%/可湿性粉剂/福美双 18%、腈菌唑 2%/2013.10.22 至 2018.10.22/低毒
　黄瓜　黑星病　210-390克/公顷　喷雾
PD20081366　腈菌·咪鲜胺/12.5%/乳油/腈菌唑 10%、咪鲜胺 2.5%/2013.10.22 至 2018.10.22/低毒
　香蕉　叶斑病　600-800倍液　喷雾
PD20082020　阿维·苏云菌//可湿性粉剂/阿维菌素 0.1%、苏云金杆菌 100亿活芽孢/克/2013.11.25 至 2018.11.25/低毒(原药高毒)
　十字花科蔬菜　小菜蛾　1125-1500克制剂/公顷　喷雾
PD20082470　阿维菌素/3.2%/乳油/阿维菌素 3.2%/2013.12.03 至 2018.12.03/低毒(原药高毒)
　梨树　梨木虱　6-12毫克/千克　喷雾
PD20082623　硫磺·多菌灵/50%/悬浮剂/多菌灵 15%、硫磺 35%/2013.12.04 至 2018.12.04/低毒
　花生　叶斑病　1200-1800克/公顷　喷雾
PD20083057　氯氰·毒死蜱/55%/乳油/毒死蜱 50%、氯氰菊酯 5%/2013.12.10 至 2018.12.10/中等毒
　龙眼树　蒂蛀虫　367-550毫克/千克　喷雾
PD20083118　阿维·高氯/1.8%/乳油/阿维菌素 0.15%、高效氯氰菊酯 1.65%/2013.12.10 至 2018.12.10/低毒(原药高毒)
　黄瓜　美洲斑潜蝇　9-18克/公顷　喷雾
PD20083124　阿维·杀虫单/20%/微乳剂/阿维菌素 0.2%、杀虫单 19.8%/2013.12.10 至 2018.12.10/低毒(原药高毒)
　菜豆　斑潜蝇　150-210克/公顷　喷雾
PD20083259　多·锰锌/40%/可湿性粉剂/多菌灵 20%、代森锰锌 20%/2013.12.11 至 2018.12.11/低毒
　梨树　黑星病　1000-1250毫克/千克　喷雾
　苹果树　斑点落叶病　1000-1250毫克/千克　喷雾
PD20083973　高效氯氰菊酯/4.5%/微乳剂/高效氯氰菊酯 4.5%/2013.12.16 至 2018.12.16/中等毒
　苹果树　桃小食心虫　22.5-30毫克/千克　喷雾
PD20084252　阿维菌素/5%/乳油/阿维菌素 5%/2013.12.17 至 2018.12.17/低毒(原药高毒)
　甘蓝　小菜蛾　8.1-10.8克/公顷　喷雾
PD20084435　百菌清/75%/可湿性粉剂/百菌清 75%/2013.12.17 至 2018.12.17/低毒
　花生　叶斑病　1125-1350克/公顷　喷雾
PD20084855　丙溴磷/89%/原药/丙溴磷 89%/2013.12.22 至 2018.12.22/中等毒
PD20085317　硫磺·多菌灵/25%/可湿性粉剂/多菌灵 10%、硫磺 15%/2013.12.24 至 2018.12.24/低毒
　花生　叶斑病　900-1350克/公顷　喷雾
PD20085321　马拉硫磷/45%/乳油/马拉硫磷 45%/2013.12.24 至 2018.12.24/低毒
　十字花科蔬菜　黄条跳甲　540-742.5克/公顷　喷雾
PD20085356　硫磺·多菌灵/50%/可湿性粉剂/多菌灵 15%、硫磺 35%/2013.12.24 至 2018.12.24/低毒

花生 叶斑病 1200-1800克/公顷 喷雾
PD20085593 杀单·灭多威/75%/可溶粉剂/灭多威 15%、杀虫单 60%/2013.12.25 至 2018.12.25/低毒(原药高毒)
水稻 二化螟 787.5-900克/公顷 喷雾
PD20085675 阿维·高氯/2%/微乳剂/阿维菌素 0.2%、高效氯氰菊酯 1.8%/2013.12.26 至 2018.12.26/低毒(原药高毒)
十字花科蔬菜 小菜蛾 13.5-27克/公顷 喷雾
PD20086068 氟虫脲/95%/原药/氟虫脲 95%/2013.12.30 至 2018.12.30/低毒
PD20086292 井冈·多菌灵/28%/悬浮剂/多菌灵 24%、井冈霉素 4%/2013.12.31 至 2018.12.31/低毒
水稻 稻瘟病 420-525克/公顷 喷雾
小麦 赤霉病 420-525克/公顷 喷雾
PD20091055 井冈·蜡芽菌/12.5%/水剂/井冈霉素 25000微克/毫升、蜡质芽孢杆菌 100000微克/毫升/2014.01.21 至 2019.01.21/低毒
水稻 纹枯病 56.25-93.75克/公顷 喷雾
PD20091557 阿维·啶虫脒/4%/乳油/阿维菌素 1%、啶虫脒 3%/2014.02.03 至 2019.02.03/低毒(原药高毒)
黄瓜 蚜虫 9-12克/公顷 喷雾
PD20091653 福美锌/72%/可湿性粉剂/福美锌 72%/2014.02.03 至 2019.02.03/低毒
苹果树 炭疽病 1200-1800毫克/千克 喷雾
PD20091756 代森锌/80%/可湿性粉剂/代森锌 80%/2014.02.04 至 2019.02.04/低毒
花生 叶斑病 750-960克/公顷 喷雾
PD20092642 噻嗪·杀扑磷/20%/乳油/噻嗪酮 15%、杀扑磷 5%/2014.03.03 至 2015.09.30/中等毒(原药高毒)
柑橘树 矢尖蚧 200-250毫克/千克 喷雾
PD20092770 甲硫·福美双/70%/可湿性粉剂/福美双 40%、甲基硫菌灵 30%/2014.03.04 至 2019.03.04/中等毒
苹果树 轮纹病 800-1500倍液 喷雾
PD20092780 敌百·辛硫磷/50%/乳油/敌百虫 25%、辛硫磷 25%/2014.03.04 至 2019.03.04/低毒
棉花 棉铃虫、蚜虫 450-600克/公顷 喷雾
PD20093133 草甘膦/95%/原药/草甘膦 95%/2014.03.10 至 2019.03.10/低毒
PD20093262 甲维盐·氯氰/3.2%/微乳剂/甲氨基阿维菌素苯甲酸盐 0.2%、氯氰菊酯 3%/2014.03.11 至 2019.03.11/中等毒
十字花科蔬菜 甜菜夜蛾 19.2-28.8克/公顷 喷雾
PD20093742 啶虫脒/20%/可溶粉剂/啶虫脒 20%/2014.03.25 至 2019.03.25/低毒
黄瓜 蚜虫 18-27克/公顷 喷雾
PD20094757 氟铃·辛硫磷/20%/乳油/氟铃脲 2%、辛硫磷 18%/2014.04.13 至 2019.04.13/低毒
棉花 棉铃虫 150-300克/公顷 喷雾
PD20094987 烯唑·多菌灵/30%/可湿性粉剂/多菌灵 27%、烯唑醇 3%/2014.04.21 至 2019.04.21/低毒
梨树 黑星病 250-375毫克/千克 喷雾
PD20095007 聚醛·甲萘威/6%/颗粒剂/甲萘威 1.5%、四聚乙醛 4.5%/2014.04.21 至 2019.04.21/低毒
旱地 蜗牛 540-675克/公顷 撒施
PD20095555 二氯异氰尿酸钠/20%/可溶粉剂/二氯异氰尿酸钠 20%/2014.05.12 至 2019.05.12/低毒
番茄 早疫病 562.5-750克/公顷 喷雾
黄瓜 霜霉病 562.5-750克/公顷 喷雾
辣椒 根腐病 300-400倍液 灌根
茄子 灰霉病 562.5-750克/公顷 喷雾
PD20096129 乙铝·锰锌/50%/可湿性粉剂/代森锰锌 28%、三乙膦酸铝 22%/2014.06.24 至 2019.06.24/低毒
黄瓜 霜霉病 937-1400克/公顷 喷雾
PD20096642 乙·莠/40%/可湿性粉剂/乙草胺 14%、莠去津 26%/2014.09.02 至 2019.09.02/低毒
夏玉米田 一年生杂草 1080－1500克/公顷 土壤喷雾
PD20096671 吡虫·灭多威/10%/可湿性粉剂/吡虫啉 2.75%、灭多威 7.25%/2014.09.07 至 2019.09.07/低毒(原药高毒)
棉花 蚜虫 45-60克/公顷 喷雾
PD20097232 烟嘧磺隆/40克/升/可分散油悬浮剂/烟嘧磺隆 40克/升/2014.10.19 至 2019.10.19/低毒
玉米田 一年生杂草 80-100毫升制剂/亩 茎叶喷雾
PD20098390 氯氰·丙溴磷/440克/升/乳油/丙溴磷 400克/升、氯氰菊酯 40克/升/2014.12.18 至 2019.12.18/中等毒
棉花 棉铃虫 66-100毫升制剂/亩 喷雾
PD20098396 盐酸吗啉胍/5%/可溶粉剂/盐酸吗啉胍 5%/2014.12.18 至 2019.12.18/低毒
番茄 病毒病 300-375克/公顷 喷雾
PD20098525 联苯菊酯/25克/升/乳油/联苯菊酯 25克/升/2014.12.24 至 2019.12.24/低毒
苹果树 桃小食心虫 20.8-31.25毫克/千克 喷雾
PD20100050 草甘膦异丙胺盐(41%)///水剂/草甘膦 30%/2015.01.04 至 2020.01.04/低毒
柑橘园 杂草 1050-2400克/公顷 定向茎叶喷雾
PD20100273 顺式氯氰菊酯/100克/升/乳油/顺式氯氰菊酯 100克/升/2015.01.11 至 2020.01.11/低毒
豇豆 大豆卷叶螟 15-19.5克/公顷 喷雾
PD20100293 三唑锡/25%/可湿性粉剂/三唑锡 25%/2015.01.11 至 2020.01.11/低毒
柑橘树 红蜘蛛 125-166.7毫克/千克 喷雾
PD20100306 噁霉灵/70%/可湿性粉剂/噁霉灵 70%/2015.01.11 至 2020.01.11/低毒
甜菜 立枯病 280-490克/100千克种子 拌种
PD20100309 氟虫脲/50克/升/可分散液剂/氟虫脲 50克/升/2015.01.11 至 2020.01.11/低毒

柑橘树 潜叶蛾 1000-1300倍 喷雾
PD20100338 甲氰·噻螨酮/7.5%/乳油/甲氰菊酯 5%、噻螨酮 2.5%/2015.01.11 至 2020.01.11/中等毒
柑橘树 红蜘蛛 75-100毫克/千克 喷雾
PD20100397 杀扑磷/40%/乳油/杀扑磷 40%/2015.01.14 至 2015.09.30/高毒
柑橘树 介壳虫 400-600毫克/千克 喷雾
PD20101169 丙环唑/250克/升/乳油/丙环唑 250克/升/2015.01.28 至 2020.01.28/低毒
香蕉 叶斑病 375－500毫克/千克 喷雾
PD20101315 嘧霉胺/20%/悬浮剂/嘧霉胺 20%/2015.03.17 至 2020.03.17/低毒
黄瓜 灰霉病 1440-1800克/公顷 喷雾
PD20101418 哒螨·矿物油/80%/乳油/哒螨灵 10%、矿物油 70%/2015.04.26 至 2020.04.26/低毒
柑橘树 红蜘蛛 2000-3000倍液 喷雾
PD20101425 甲基硫菌灵/3%/糊剂/甲基硫菌灵 3%/2015.04.26 至 2020.04.26/低毒
苹果树 腐烂病 6-9克/平方米 涂抹
PD20101466 硫丹·辛硫磷/40%/乳油/硫丹 5%、辛硫磷 35%/2015.05.04 至 2020.05.04/高毒
棉花 棉铃虫 200-300克/公顷 喷雾
PD20101503 毒死蜱/40%/乳油/毒死蜱 40%/2015.05.10 至 2020.05.10/中等毒
水稻 二化螟 576-720克/公顷 喷雾
水稻 三化螟 360-576我/公顷 喷雾
PD20101526 精喹禾灵/5%/乳油/精喹禾灵 5%/2015.05.19 至 2020.05.19/低毒
大豆田 一年生禾本科杂草 37.5-60克/公顷 茎叶喷雾
PD20101665 啶虫脒/5%/乳油/啶虫脒 5%/2015.06.03 至 2020.06.03/低毒
苹果树 蚜虫 12-15毫克/千克 喷雾
PD20101777 哒螨·矿物油/34%/乳油/哒螨灵 4%、矿物油 30%/2015.07.07 至 2020.07.07/中等毒
柑橘树 红蜘蛛 226.7-340毫克/千克 喷雾
PD20110472 烯酰·锰锌/69%/可湿性粉剂/代森锰锌 60%、烯酰吗啉 9%/2011.04.22 至 2016.04.22/低毒
黄瓜 霜霉病 1211-1387克/公顷 喷雾
PD20110535 虫酰肼/20%/悬浮剂/虫酰肼 20%/2011.05.12 至 2016.05.12/低毒
甘蓝 甜菜夜蛾 210-300克/公顷 喷雾
PD20120787 2,4-滴/98%/原药/2,4-滴 98%/2012.05.11 至 2017.05.11/中等毒
注:专供出口，不得在国内销售。
PD20130808 菌核·福美双/50%/可湿性粉剂/福美双 40%、菌核净 10%/2013.04.22 至 2018.04.22/低毒
油菜 菌核病 525-750克/公顷 喷雾
PD20140435 草甘膦铵盐/80%/可溶粒剂/草甘膦 80%/2014.02.24 至 2019.02.24/低毒
柑橘园 杂草 1198.8-2264.4克/公顷 茎叶喷雾
注:草甘膦铵盐含量: 88.8%。
PD20140611 2甲4氯钠/56%/可溶粉剂/2甲4氯钠 56%/2014.03.07 至 2019.03.07/低毒
水稻移栽田 一年生杂草 450-900克/公顷 喷雾
PD20140832 2,4-滴二甲胺盐/860克/升/水剂/2,4-滴二甲胺盐 860克/升/2014.04.08 至 2019.04.08/低毒
注:专供出口，不得在国内销售。
PD20141102 虱螨脲/5%/悬浮剂/虱螨脲 5%/2014.04.27 至 2019.04.27/低毒
苹果树 小卷叶蛾 25-50毫克/千克 喷雾
PD20142284 2,4-滴丁酯/57.0%/乳油/2,4-滴丁酯 57.0%/2014.10.27 至 2019.10.27/低毒
小麦田 一年生阔叶杂草 540-810克/公顷 茎叶喷雾
PD20142386 13%2甲4氯钠水剂/13.0%/水剂/2甲4氯钠 13.0%/2014.11.04 至 2019.11.04/低毒
冬小麦田 一年生阔叶杂草 877.5－1170克/公顷 茎叶喷雾
PD20150293 甲维·灭幼脲/25%/悬浮剂/甲氨基阿维菌素苯甲酸盐 0.2%、灭幼脲 24.8%/2015.02.04 至 2020.02.04/低毒
杨树 舟蛾 125-250毫克/千克 喷雾
WP20120111 氟虫腈/3%/微乳剂/氟虫腈 3%/2012.06.14 至 2017.06.14/低毒
室内 蝇 40毫克/平方米 滞留喷洒
WP20120251 杀虫粉剂/0.2%/粉剂/高效氯氰菊酯 0.2%/2012.12.19 至 2017.12.19/低毒
室内 蚂蚁 / 撒布

威海崴威利科技有限公司 (山东省威海市经济技术开发区贝卡尔特路南 264200 0631-5237157)

PD20110842 硅藻土/85%/粉剂/硅藻土 85%/2011.08.10 至 2016.08.10/微毒
原粮 仓储害虫 500-700毫克/千克 拌粮

潍坊华诺生物科技有限公司 (山东省潍坊市北宫西街潍城交警队300米 261021 0536-8958326)

PD20070677 灭幼脲/25%/悬浮剂/灭幼脲 25%/2012.12.17 至 2017.12.17/低毒
苹果树 金纹细蛾 100-167毫克/千克 喷雾
PD20090157 虫酰肼/20%/悬浮剂/虫酰肼 20%/2014.01.08 至 2019.01.08/低毒
十字花科蔬菜 甜菜夜蛾 210-300克/公顷 喷雾
PD20090887 高效氯氟氰菊酯/25克/升/乳油/高效氯氟氰菊酯 25克/升/2014.01.19 至 2019.01.19/低毒
十字花科蔬菜 菜青虫 15-22.5克/公顷 喷雾
PD20091035 多抗霉素/34%/原药/多抗霉素 34%/2014.01.21 至 2019.01.21/低毒
PD20091913 阿维菌素/3.2%/乳油/阿维菌素 3.2%/2014.02.12 至 2019.02.12/低毒(原药高毒)

菜豆 美洲斑潜蝇 10.8-21.6克/公顷 喷雾

PD20093534 啶虫脒/5%/乳油/啶虫脒 5%/2014.03.23 至 2019.03.23/低毒

黄瓜 蚜虫 18-22.5克/公顷 喷雾

PD20096305 噁霉灵/99%/原药/噁霉灵 99%/2014.07.22 至 2019.07.22/低毒

PD20098077 多抗霉素/3%/可湿性粉剂/多抗霉素 3%/2014.12.08 至 2019.12.08/低毒

黄瓜 霜霉病 210—270克/公顷 喷雾

PD20098393 甲哌鎓/99%/原药/甲哌鎓 99%/2014.12.18 至 2019.12.18/低毒

PD20098440 噁霉灵/30%/水剂/噁霉灵 30%/2014.12.24 至 2019.12.24/低毒

辣椒 立枯病 0.75-1.05克/平方米 泼浇

西瓜 枯萎病 350-500毫克/千克 本田灌根

LS20120353 氨基寡糖素/80%/母药/氨基寡糖素 80%/2014.10.25 至 2015.10.25/低毒

潍坊区天博家用日化厂 (山东省潍坊市潍坊区军埠口工业区 261000 0536-8127188)

WP20120052 杀虫气雾剂/0.46/气雾剂/胺菊酯 0.26%、氯菊酯 0.2%/2012.03.28 至 2017.03.28/微毒

卫生 蚊、蝇 / 喷雾

潍坊万胜生物农药有限公司 (山东省潍坊市经济开发区友爱路1888号 261057 0536-8657208)

PD20080807 毒死蜱/40%/乳油/毒死蜱 40%/2013.06.20 至 2018.06.20/中等毒

水稻 稻飞虱 450-600克/公顷 喷雾

PD20081770 草甘膦异丙胺盐/30%/水剂/草甘膦 30%/2013.11.18 至 2018.11.18/低毒

免耕玉米田 杂草 922.5-1537.5克/公顷 茎叶喷雾

水稻田埂 杂草 1230-2460克/公顷 茎叶喷雾

注:草甘膦异丙胺盐: 41%。

PD20082040 甲硫·福美双/70%/可湿性粉剂/福美双 40%、甲基硫菌灵 30%/2013.11.25 至 2018.11.25/低毒

苹果树 轮纹病 875-1167毫克/千克 喷雾

PD20082678 氰戊·马拉松/20%/乳油/马拉硫磷 15%、氰戊菊酯 5%/2013.12.05 至 2018.12.05/中等毒

小麦 蚜虫 60-90克/公顷 喷雾

PD20090881 联苯菊酯/25克/升/乳油/联苯菊酯 25克/升/2014.01.19 至 2019.01.19/低毒

茶树 茶小绿叶蝉 30-37.5克/公顷 喷雾

PD20091462 醚菊酯/10%/悬浮剂/醚菊酯 10%/2014.02.02 至 2019.02.02/低毒

十字花科蔬菜 菜青虫 45-60克/公顷 喷雾

PD20091567 高效氯氟氰菊酯/2.5%/微乳剂/高效氯氟氰菊酯 2.5%/2014.02.03 至 2019.02.03/中等毒

棉花 棉铃虫 15-22.5克/公顷 喷雾

十字花科蔬菜 甜菜夜蛾 15-22.5克/公顷 喷雾

PD20091981 高氯·辛硫磷/25%/乳油/高效氯氰菊酯 2.5%、辛硫磷 22.5%/2014.02.12 至 2019.02.12/中等毒

棉花 棉铃虫 150-281.25克/公顷 喷雾

PD20092282 嘧霉胺/40%/悬浮剂/嘧霉胺 40%/2014.02.24 至 2019.02.24/低毒

番茄 灰霉病 450-562.5克/公顷 喷雾

PD20092427 高效氯氰菊酯/4.5%/乳油/高效氯氰菊酯 4.5%/2014.02.25 至 2019.02.25/低毒

韭菜 迟眼蕈蚊 6.75-13.5克/公顷 喷雾

梨树 梨木虱 25-31.25毫克/千克 喷雾

PD20093140 马拉硫磷/45%/乳油/马拉硫磷 45%/2014.03.11 至 2019.03.11/低毒

棉花 盲蝽蟓 371.25-540克/公顷 喷雾

PD20094129 多·福/50%/可湿性粉剂/多菌灵 25%、福美双 25%/2014.03.27 至 2019.03.27/低毒

葡萄 霜霉病 250-400倍液 喷雾

PD20096326 丁硫克百威/200克/升/乳油/丁硫克百威 200克/升/2014.07.22 至 2019.07.22/中等毒

棉花 蚜虫 135-180克/公顷 喷雾

PD20098247 吗胍·乙酸铜/20%/可湿性粉剂/盐酸吗啉胍 10%、乙酸铜 10%/2014.12.16 至 2019.12.16/低毒

番茄 病毒病 600-750克/公顷 喷雾

PD20100423 阿维·矿物油/24.5%/乳油/阿维菌素 0.2%、矿物油 24.3%/2015.01.14 至 2020.01.14/低毒(原药高毒)

柑橘树 红蜘蛛 123-245毫克/千克 喷雾

棉花 蚜虫 30-37.5克/公顷 喷雾

PD20101748 阿维菌素/1.8%/乳油/阿维菌素 1.8%/2015.06.28 至 2020.06.28/低毒(原药高毒)

十字花科蔬菜 小菜蛾 8.1-10.8克/公顷 喷雾

PD20132406 木霉菌/2亿活孢子/克/可湿性粉剂/木霉菌 2亿活孢子/克/2013.11.20 至 2018.11.20/微毒

黄瓜 灰霉病 187.5-250克制剂/亩 喷雾

PD20132408 枯草芽孢杆菌/10亿个/克/可湿性粉剂/枯草芽孢杆菌 10亿个/克/2013.11.20 至 2018.11.20/微毒

水稻 稻曲病 1125-1500克制剂/公顷 喷雾

烟草 赤星病 1125-1500克制剂/公顷 喷雾

PD20142070 啶虫脒/70%/水分散粒剂/啶虫脒 70%/2014.08.28 至 2019.08.28/中等毒

烟草 蚜虫 26.25-36.75克/公顷 喷雾

PD20142340 溴菌·壬菌铜/25%/微乳剂/壬菌铜 5%、溴菌腈 20%/2014.11.03 至 2019.11.03/低毒

烟草 青枯病 150—206.25克/公顷 灌根

PD20142672 霜霉·乙酸铜/51%/可溶液剂/霜霉威 28%、乙酸铜 23%/2014.12.18 至 2019.12.18/低毒

烟草 黑胫病 267.75-306克/公顷 喷淋

PD20150073 丁硫·甲维盐/25%/水乳剂/丁硫克百威 23%、甲氨基阿维菌素苯甲酸盐 2%/2015.01.05 至 2020.01.05/中等毒
烟草 小地老虎 83.33-125毫克/千克 灌根或穴施
烟草 根结线虫 93.75-131.25克/公顷 灌根或穴施
PD20150971 啶虫脒/99%/原药/啶虫脒 99%/2015.06.11 至 2020.06.11/中等毒
PD20151359 氟节胺/40%/水分散粒剂/氟节胺 40%/2015.07.30 至 2020.07.30/低毒
烟草 抑制腋芽生长 400-500毫克/千克 杯淋
PD20152263 腈菌唑/20%/微乳剂/腈菌唑 20%/2015.10.20 至 2020.10.20/低毒
烟草 白粉病 45-75克/公顷 喷雾
PD20152635 混脂·络胺铜/30%/水乳剂/混合脂肪酸 28.5%、络氨铜 1.5%/2015.12.18 至 2020.12.18/低毒
烟草 病毒病 180-225克/公顷 喷雾

潍坊先达化工有限公司 (山东省潍坊市滨海经济开发区临港化工园东二户 262737 0531-88875376)

PD20096211 咪唑烟酸/95%/原药/咪唑烟酸 95%/2014.07.15 至 2019.07.15/低毒
PD20102218 异噁草松/96%/原药/异噁草松 96%/2015.12.30 至 2020.12.30/低毒
PD20102219 咪唑乙烟酸/98%/原药/咪唑乙烟酸 98%/2015.12.30 至 2020.12.30/低毒
PD20120836 氟磺胺草醚/250克/升/水剂/氟磺胺草醚 250克/升/2012.05.22 至 2017.05.22/低毒
大豆田 一年生阔叶杂草 375-450克/公顷 茎叶喷雾
PD20120967 烯草酮/90%/原药/烯草酮 90%/2012.06.15 至 2017.06.15/低毒
PD20121250 灭草松/95%/原药/灭草松 95%/2012.09.04 至 2017.09.04/中等毒
PD20121334 精噁唑禾草灵/69克/升/水乳剂/精噁唑禾草灵 69克/升/2012.09.11 至 2017.09.11/低毒
小麦田 一年生禾本科杂草 41.4-62.1克/公顷 茎叶喷雾
PD20121957 甲咪唑烟酸/98%/原药/甲咪唑烟酸 98%/2012.12.12 至 2017.12.12/微毒
注:专供出口,不得在国内销售。
PD20122016 吡嘧磺隆/10%/可湿性粉剂/吡嘧磺隆 10%/2012.12.19 至 2017.12.19/低毒
水稻移栽田 稗草、莎草及阔叶杂草 22.5-30克/公顷 药土法
PD20132498 氯氟吡氧乙酸异辛酯/200克/升/乳油/氯氟吡氧乙酸 200克/升/2013.12.10 至 2018.12.10/低毒
冬小麦田 一年生阔叶杂草 174-201克/公顷 茎叶喷雾
注:氯氟吡氧乙酸异辛酯含量: 288克/升。
PD20141405 唑草酮/40%/水分散粒剂/唑草酮 40%/2014.06.05 至 2019.06.05/低毒
小麦田 一年生阔叶杂草 24-36克/公顷 茎叶喷雾
PD20142206 异噁草松/360克/升/微囊悬浮剂/异噁草松 360克/升/2014.09.28 至 2019.09.28/低毒
水稻 千金子 180-270克/公顷 土壤喷雾
PD20142542 甲咪唑烟酸/97%/原药/甲咪唑烟酸 97%/2014.12.12 至 2019.12.12/微毒
PD20150065 甲氧咪草烟/98%/原药/甲氧咪草烟 98%/2015.01.05 至 2020.01.05/中等毒
PD20150767 甲氧咪草烟/4%/水剂/甲氧咪草烟 4%/2015.05.12 至 2020.05.12/低毒
春大豆田 一年生杂草 45-50克/公顷 土壤喷雾
PD20151420 敌稗·异噁松/39%/乳油/敌稗 27%、异噁草松 12%/2015.07.30 至 2020.07.30/低毒
水稻田(直播) 一年生杂草 585-877.5克/公顷 茎叶喷雾
PD20151895 烯酰吗啉/98%/原药/烯酰吗啉 98%/2015.08.30 至 2020.08.30/低毒
PD20152144 嘧草醚/97%/原药/嘧草醚 97%/2015.09.22 至 2020.09.22/低毒
PD20152244 噁嗪草酮/97%/原药/噁嗪草酮 97%/2015.09.23 至 2020.09.23/低毒
LS20140229 敌稗·异噁松/39%/乳油/敌稗 27%、异噁草松 12%/2015.06.24 至 2016.06.24/低毒
水稻田(直播) 一年生杂草 585-877.5克/公顷 茎叶喷雾

潍坊中农联合化工有限公司 (山东省潍坊市滨海经济开发区临港工业园 262500 4000306372)

PD20081142 仲丁灵/36%/乳油/仲丁灵 36%/2013.09.01 至 2018.09.01/低毒
烟草 抑制腋芽生长 80-100倍液 杯淋法
PD20081607 仲丁灵/95%/原药/仲丁灵 95%/2013.11.12 至 2018.11.12/低毒
PD20095715 威百亩/35%/水剂/威百亩 35%/2014.05.18 至 2019.05.18/低毒
烟草(苗床) 猝倒病 17.5-26.25克/平方米 土壤处理
PD20097230 烟嘧磺隆/40克/升/可分散油悬浮剂/烟嘧磺隆 40克/升/2014.10.19 至 2019.10.19/低毒
玉米田 一年生杂草 42-60克/公顷 茎叶喷雾
PD20097888 甲戊·乙草胺/40%/乳油/二甲戊灵 15%、乙草胺 25%/2014.11.20 至 2019.11.20/低毒
棉花田 一年生杂草 150-175毫升制剂/亩 移栽前土壤喷雾
PD20100964 二甲戊灵/330克/升/乳油/二甲戊灵 330克/升/2015.01.19 至 2020.01.19/低毒
烟草 抑制腋芽生长 60-80毫克/株 杯淋法
PD20101028 王铜/47%/可湿性粉剂/王铜 47%/2015.01.20 至 2020.01.20/低毒
黄瓜 细菌性角斑病 300-500倍液 喷雾
PD20101272 抑芽丹/30.2%/水剂/抑芽丹 30.2%/2015.03.05 至 2020.03.05/低毒
烟草 抑制腋芽生长 1950-2400克/公顷(50-60倍液每株20-25毫升) 茎叶喷雾
PD20131968 阿维菌素/0.5%/颗粒剂/阿维菌素 0.5%/2013.10.10 至 2018.10.10/低毒(原药高毒)
烟草(苗床) 线虫 225-300克/公顷 沟施或穴施
PD20132593 甲氨基阿维菌素苯甲酸盐/5%/水分散粒剂/甲氨基阿维菌素 5%/2013.12.17 至 2018.12.17/低毒
甘蓝 甜菜夜蛾 1.5-2.25克/公顷 喷雾

注:甲氨基阿维菌素苯甲酸盐含量：5.7%。
PD20132598 精喹·异噁松/29%/乳油/精喹禾灵 5%、异噁草松 24%/2013.12.17 至 2018.12.17/低毒
烟草田 一年生杂草 217.5-304.5克/公顷 定向茎叶喷雾
PD20140863 赤霉酸/2%/水剂/赤霉酸 2%/2014.04.08 至 2019.04.08/低毒
烟草 调节生长 2-4毫克/千克 茎叶喷雾
PD20152322 麦草畏/98%/原药/麦草畏 98%/2015.10.21 至 2020.10.21/低毒

夏津金三笑卫生杀虫剂有限公司 （山东省夏津县田庄乡谷庄村 253200 0534-3686518)

WP20110002 杀虫气雾剂/0.35%/气雾剂/胺菊酯 0.3%、高效氯氰菊酯 0.05%/2011.01.04 至 2016.01.04/微毒
卫生 蚊、蝇 / 喷雾

烟台绿云生物科技有限公司 （山东省烟台市莱山区莱山工业园隆昌路7号 264003 0535-6919385)

PD20082898 虫酰肼/20%/悬浮剂/虫酰肼 20%/2013.12.09 至 2018.12.09/低毒
苹果树 卷叶蛾 100-133毫克/千克 喷雾
PD20083892 甲基硫菌灵/3%/糊剂/甲基硫菌灵 3%/2013.12.15 至 2018.12.15/低毒
苹果树 腐烂病 6-9克/平方米 涂沫
PD20083897 毒死蜱/40%/乳油/毒死蜱 40%/2013.12.15 至 2018.12.15/中等毒
棉花 棉铃虫 225-300克/公顷 喷雾
苹果树 绵蚜 133.3-200毫克/千克 喷雾
PD20084905 异菌·多菌灵/20%/悬浮剂/多菌灵 15%、异菌脲 5%/2013.12.22 至 2018.12.22/低毒
苹果树 斑点落叶病 400-500倍液 喷雾
苹果树 轮纹病 400-600倍液 喷雾
PD20085219 三唑锡/20%/悬浮剂/三唑锡 20%/2013.12.23 至 2018.12.23/低毒
苹果树 红蜘蛛 80-133.3毫克/千克 喷雾
PD20085824 甲基硫菌灵/10%/悬浮剂/甲基硫菌灵 10%/2013.12.29 至 2018.12.29/低毒
苹果树 轮纹病 10-15倍液 涂抹
PD20085825 甲基硫菌灵/36%/悬浮剂/甲基硫菌灵 36%/2013.12.29 至 2018.12.29/低毒
苹果树 白粉病 300-450毫克/千克 喷雾
PD20091700 戊唑醇/430克/升/悬浮剂/戊唑醇 430克/升/2014.02.03 至 2019.02.03/低毒
苹果树 腐烂病 123－143毫克/千克 喷雾
苹果树 斑点落叶病 61.4-86毫克/千克 喷雾
PD20101695 辛菌胺醋酸盐/1.26%/水剂/辛菌胺 1.26%/2015.06.17 至 2020.06.17/低毒
苹果树 腐烂病 500-1000毫克/千克 喷雾
注:辛菌胺醋酸盐含量：1.8%。
PD20101985 已唑醇/5%/悬浮剂/已唑醇 5%/2015.09.25 至 2020.09.25/低毒
梨树 黑星病 33.3-50毫克/千克 喷雾
苹果树 斑点落叶病 33.3-50毫克/千克 喷雾
PD20110199 毒死蜱/30%/水乳剂/毒死蜱 30%/2016.02.18 至 2021.02.18/中等毒
苹果树 棉蚜 1200-1500倍液 喷雾
PD20120192 戊唑醇/12.5%/悬浮剂/戊唑醇 12.5%/2012.01.30 至 2017.01.30/低毒
梨树 黑星病 100-125毫克/千克 喷雾
苹果树 斑点落叶病 62.5-83.3毫克/千克 喷雾
PD20120504 赤霉酸/2.7%/脂膏/赤霉酸A4+A7 1.35%、赤霉酸A3 1.35%/2012.03.19 至 2017.03.19/低毒
梨树 调节生长、增产 0.54-0.67毫克/果 涂抹果柄
PD20120616 四螨嗪/500克/升/悬浮剂/四螨嗪 500克/升/2012.04.11 至 2017.04.11/低毒
苹果树 红蜘蛛 83-100毫克/千克 喷雾
PD20130049 氟硅唑/10%/水乳剂/氟硅唑 10%/2013.01.07 至 2018.01.07/低毒
葡萄 白腐病 40-50毫克/千克 喷雾
PD20132276 腐殖·硫酸铜/4.5%/水剂/腐殖酸 4.4%、硫酸铜 0.1%/2013.11.08 至 2018.11.08/低毒
苹果树 腐烂病 9－14克/平方米 涂抹病疤

烟台欧贝斯生物化学有限公司 （山东省烟台市海阳市旅游度假区 265118 0535-3316288)

PD20082308 灭幼脲/25%/悬浮剂/灭幼脲 25%/2013.12.01 至 2018.12.01/低毒
苹果树 金纹细蛾 125-167毫克/千克 喷雾
PD20084045 高氯·灭幼脲/15%/悬浮剂/高效氯氰菊酯 2%、灭幼脲 13%/2013.12.16 至 2018.12.16/低毒
甘蓝 菜青虫 112.5-157.5克/公顷 喷雾
PD20085706 阿维·高氯/1.8%/乳油/阿维菌素 0.12%、高效氯氰菊酯 1.68%/2013.12.26 至 2018.12.26/低毒(原药高毒)
黄瓜 美洲斑潜蝇 15-30克/公顷 喷雾
PD20122051 戊唑醇/430克/升/悬浮剂/戊唑醇 430克/升/2012.12.24 至 2017.12.24/低毒
苹果树 斑点落叶病 61.4-86毫克/千克 喷雾
PD20141926 嘧菌酯/250克/升/悬浮剂/嘧菌酯 250克/升/2014.08.04 至 2019.08.04/低毒
番茄 晚疫病 225-337.5克/公顷 喷雾
PD20152554 螺螨酯/240克/升/悬浮剂/螺螨酯 240克/升/2015.12.05 至 2020.12.05/低毒
柑橘树 红蜘蛛 40-60毫克/千克 喷雾

烟台万丰生物科技有限公司 （山东省烟台市芝罘区幸福中路217号 264002 0535-6837238)

PD85159-20 草甘膦/30%/水剂/草甘膦 30%/2015.08.15 至 2020.08.15/低毒

茶树、甘蔗、果园、剑麻、林木、桑树、橡胶树　一年生杂草和多年生恶性杂草　1125-2250克/公顷　定向喷雾

PD91106-16　甲基硫菌灵/70%/可湿性粉剂/甲基硫菌灵 70%/2011.04.26 至 2016.04.26/低毒

番茄　叶霉病　375-562.5克/公顷　喷雾

甘薯　黑斑病　360-450毫克/千克　浸薯块

瓜类　白粉病　337.5-506.25克/公顷　喷雾

梨树　黑星病　360-450毫克/千克　喷雾

苹果树　轮纹病　700毫克/千克　喷雾

水稻　稻瘟病、纹枯病　1050-1500克/公顷　喷雾

小麦　赤霉病　750-1050克/公顷　喷雾

PD91106-25　甲基硫菌灵/50%/可湿性粉剂/甲基硫菌灵 50%/2011.04.26 至 2016.04.26/低毒

番茄　叶霉病　375-562.5克/公顷　喷雾

甘薯　黑斑病　360-450毫克/千克　浸薯块

瓜类　白粉病　337.5-506.25克/公顷　喷雾

梨树　黑星病　360-450毫克/千克　喷雾

苹果树　轮纹病　700毫克/千克　喷雾

水稻　稻瘟病、纹枯病　1050-1500克/公顷　喷雾

小麦　赤霉病　750-1050克/公顷　喷雾

PD20082434　阿维·高氯/1.8%/乳油/阿维菌素 0.3%、高效氯氰菊酯 1.5%/2013.12.02 至 2018.12.02/低毒(原药高毒)

黄瓜　美洲斑潜蝇　10.8-16.2克/公顷　喷雾

PD20084079　噻嗪酮/25%/可湿性粉剂/噻嗪酮 25%/2013.12.22 至 2018.12.22/低毒

柑橘树　矢尖蚧　166.7-250毫克/千克　喷雾

PD20084760　三唑锡/25%/可湿性粉剂/三唑锡 25%/2013.12.22 至 2018.12.22/低毒

苹果树　红蜘蛛　188-250毫克/千克　喷雾

PD20085392　精喹禾灵/5%/乳油/精喹禾灵 5%/2013.12.24 至 2018.12.24/低毒

花生田　一年生禾本科杂草　45-60克/公顷　茎叶喷雾

PD20086262　霜霉威盐酸盐/66.5%/水剂/霜霉威盐酸盐 66.5%/2013.12.31 至 2018.12.31/低毒

黄瓜　疫病　3.6-5.4克/平方米　苗床浇灌

PD20090571　高氯·灭多威/12%/乳油/高效氯氰菊酯 1.5%、灭多威 10.5%/2014.01.14 至 2019.01.14/中等毒(原药高毒)

棉花　棉铃虫　90-126克/公顷　喷雾

PD20090715　吡虫·灭多威/10%/乳油/吡虫啉 1%、灭多威 9%/2014.01.19 至 2019.01.19/中等毒(原药高毒)

小麦　蚜虫　90-120克/公顷　喷雾

PD20094174　高效氯氟氰菊酯/25克/升/乳油/高效氯氟氰菊酯 25克/升/2014.03.27 至 2019.03.27/中等毒

苹果树　桃小食心虫　5-6.3毫克/千克　喷雾

PD20095928　氟铃·毒死蜱/10%/乳油/毒死蜱 8.5%、氟铃脲 1.5%/2014.06.02 至 2019.06.02/低毒

棉花　棉铃虫　120-150克/公顷　喷雾

PD20098226　氯氰·毒死蜱/522.5克/升/乳油/毒死蜱 475克/升、氯氰菊酯 47.5克/升/2014.12.16 至 2019.12.16/中等毒

棉花　棉铃虫　548.625-783.75克/公顷　喷雾

PD20098493　阿维菌素/18克/升/乳油/阿维菌素 18克/升/2014.12.24 至 2019.12.24/低毒(原药高毒)

甘蓝　小菜蛾　8.1-13.5克/公顷　喷雾

PD20100478　吡虫啉/25%/可湿性粉剂/吡虫啉 25%/2015.01.14 至 2020.01.14/低毒

水稻　稻飞虱　15-30克/公顷　喷雾

PD20121125　毒死蜱/30%/水乳剂/毒死蜱 30%/2012.07.20 至 2017.07.20/中等毒

苹果树　绵蚜　200-250毫克/千克　喷雾

PD20121547　草甘膦铵盐/50%/可溶粉剂/草甘膦 50%/2012.10.25 至 2017.10.25/低毒

柑橘园　一年生和多年生杂草　1125-2250克/公顷　定向茎叶喷雾

注:草甘膦铵盐含量: 55%。

PD20130873　戊唑醇/430克/升/悬浮剂/戊唑醇 430克/升/2013.04.25 至 2018.04.25/低毒

苹果树　斑点落叶病　61.4-86毫升/千克　喷雾

PD20132101　多抗霉素B/10%/可湿性粉剂/多抗霉素B 10%/2013.10.24 至 2018.10.24/低毒

苹果树　斑点落叶病　67-100毫克/千克　喷雾

PD20132473　丙森锌/70%/可湿性粉剂/丙森锌 70%/2013.12.09 至 2018.12.09/低毒

苹果树　斑点落叶病　833-1167毫克/千克　喷雾

PD20142209　多菌灵/80%/可湿性粉剂/多菌灵 80%/2014.09.28 至 2019.09.28/低毒

苹果树　轮纹病　667-1000毫克/千克　喷雾

PD20142593　甲氨基阿维菌素苯甲酸盐/5%/微乳剂/甲氨基阿维菌素 5%/2014.12.15 至 2019.12.15/低毒

甘蓝　小菜蛾　1.5-2.25克/公顷　喷雾

注:甲氨基阿维菌素苯甲酸盐含量: 5.7%。

烟台沐丹阳药业有限公司　(山东省海阳市徐家店镇　265141　0535-3858798)

PD20095116　多·锰锌/40%/可湿性粉剂/多菌灵 20%、代森锰锌 20%/2014.04.24 至 2019.04.24/低毒

梨树　黑星病　1000-1250毫克/千克　喷雾

PD20100466　高效氯氟氰菊酯/25克/升/乳油/高效氯氟氰菊酯 25克/升/2015.01.14 至 2020.01.14/中等毒

甘蓝 蚜虫 20-30毫升制剂/亩 喷雾

PD20101510 草甘膦/95%/原药/草甘膦 95%/2015.05.10 至 2020.05.10/微毒

PD20101946 草甘膦异丙胺盐/30%/水剂/草甘膦 30%/2015.09.20 至 2020.09.20/微毒

柑橘园 杂草 1125-2250克/公顷 定向茎叶喷雾

注:草甘膦异丙胺盐含量: 41%。

PD20101969 甲氰菊酯/20%/乳油/甲氰菊酯 20%/2015.09.21 至 2020.09.21/中等毒

苹果树 桃小食心虫 67-100毫克/千克 喷雾

苹果树 红蜘蛛 100毫克/千克 喷雾

PD20151455 草甘膦铵盐/50%/可溶性粉剂/草甘膦 50%/2015.07.31 至 2020.07.31/低毒

柑橘园 杂草 1687.5-2250克/公顷 定向茎叶喷雾

注:草甘膦铵盐含量: 55%

沾化国昌精细化工有限公司 (山东省沾化县滨海镇耿局村北1公里(滨海产业园内) 262500 0536-3265021)

PD20092971 马拉硫磷/45%/乳油/马拉硫磷 45%/2014.03.09 至 2019.03.09/低毒

十字花科蔬菜 蚜虫 562.5—750克/公顷 /喷雾

PD20093614 三唑锡/25%/可湿性粉剂/三唑锡 25%/2014.03.25 至 2019.03.25/低毒

柑橘树 红蜘蛛 125-250毫克/千克 喷雾

PD20093628 噻嗪·异丙威/25%/可湿性粉剂/噻嗪酮 5%、异丙威 20%/2014.03.25 至 2019.03.25/低毒

水稻 稻飞虱 450-562.5克/公顷 喷雾

PD20093991 多·锰锌/50%/可湿性粉剂/多菌灵 8%、代森锰锌 42%/2014.03.27 至 2019.03.27/低毒

苹果树 斑点落叶病 1000-1250毫克/千克 喷雾

PD20094047 敌畏·氧乐果/30%/乳油/敌敌畏 15%、氧乐果 15%/2014.03.27 至 2019.03.27/高毒

棉花 蚜虫 225-337.5克/公顷 喷雾

小麦 蚜虫 148.5-247克/公顷 喷雾

PD20094541 硫磺·多菌灵/50%/悬浮剂/多菌灵 15%、硫磺 35%/2014.04.09 至 2019.04.09/低毒

花生 叶斑病 1200-1800克/公顷 喷雾

PD20094939 苏云金杆菌/8000IU/毫克/可湿性粉剂/苏云金杆菌 8000IU/毫克/2014.04.16 至 2019.04.16/低毒

茶树 茶毛虫 400-800倍 喷雾

棉花 棉铃虫 3000-4500克制剂/公顷 喷雾

森林 松毛虫 600-800倍 喷雾

十字花科蔬菜 菜青虫 750-1500克制剂/公顷 喷雾

十字花科蔬菜 小菜蛾 1500-2250克制剂/公顷 喷雾

水稻 稻纵卷叶螟 3000-4500克制剂/公顷 喷雾

烟草 烟青虫 1500-3000克制剂/公顷 喷雾

玉米 玉米螟 1500-3000克制剂/公顷 喷雾

枣树 枣尺蠖 600-800倍 喷雾

PD20095181 硫磺·甲硫灵/40%/悬浮剂/甲基硫菌灵 20%、硫磺 20%/2014.04.24 至 2019.04.24/低毒

黄瓜、小麦 白粉病 450-562.5克/公顷 喷雾

PD20096449 吡虫啉/10%/可湿性粉剂/吡虫啉 10%/2014.08.05 至 2019.08.05/低毒

小麦 蚜虫 15-30克/公顷(南方地区)45-60克/公顷(北方地区) 喷雾

PD20096558 高效氯氟氰菊酯/25克/升/乳油/高效氯氟氰菊酯 25克/升/2014.08.24 至 2019.08.24/中等毒

甘蓝 蚜虫 9.4-11.5克/公顷 喷雾

PD20100580 吗胍·乙酸铜/20%/可湿性粉剂/盐酸吗啉胍 10%、乙酸铜 10%/2015.01.14 至 2020.01.14/低毒

番茄 病毒病 500-750克/公顷 喷雾

PD20101007 乙铝·锰锌/50%/可湿性粉剂/代森锰锌 27%、三乙膦酸铝 23%/2015.01.20 至 2020.01.20/低毒

黄瓜 霜霉病 937-1400克/公顷 喷雾

招远三联化工厂有限公司 (山东省招远市金岭镇大户陈家村 265407 0535-8436000)

PDN40-96 三唑锡/20%/悬浮剂/三唑锡 20%/2016.03.22 至 2021.03.22/中等毒

柑橘树、苹果树 螨 100-200毫克/千克 喷雾

PD20060183 丙环唑/95%/原药/丙环唑 95%/2011.11.10 至 2016.11.10/低毒

PD20070011 三唑锡/95%/原药/三唑锡 95%/2012.01.18 至 2017.01.18/低毒

PD20070047 多·锰锌/50%/可湿性粉剂/多菌灵 8%、代森锰锌 42%/2012.03.06 至 2017.03.06/低毒

梨树 黑星病 1000-1250毫克/千克 喷雾

苹果树 轮纹病 600-800倍液 喷雾

苹果树 斑点落叶病 1000-1250毫克/千克 喷雾

PD20070089 吡虫·三唑锡/20%/可湿性粉剂/吡虫啉 2%、三唑锡 18%/2012.04.18 至 2017.04.18/低毒

柑橘树 红蜘蛛、蚜虫 1000-2000倍液 喷雾

苹果树 红蜘蛛、黄蚜 100-200毫克/千克 喷雾

PD20070144 三唑锡/25%/可湿性粉剂/三唑锡 25%/2012.05.30 至 2017.05.30/低毒

柑橘树 红蜘蛛 125-250毫克/千克 喷雾

苹果树 红蜘蛛 125-167毫克/千克 喷雾

PD20070145 丙环唑/250克/升/乳油/丙环唑 250克/升/2012.05.30 至 2017.05.30/低毒

香蕉 叶斑病 250-500毫克/千克 喷雾

PD20080810 炔螨特/40%/乳油/炔螨特 40%/2013.06.20 至 2018.06.20/低毒
柑橘树 红蜘蛛 266.7-400毫克/千克 喷雾

PD20081019 丙唑·多菌灵/25%/悬乳剂/丙环唑 11.4%、多菌灵 13.6%/2013.08.06 至 2018.08.06/低毒
香蕉 叶斑病 208.33-312.55毫克/千克 喷雾

PD20081644 哒螨·灭幼脲/30%/可湿性粉剂/哒螨灵 10%、灭幼脲 20%/2013.11.14 至 2018.11.14/中等毒
苹果树 金纹细蛾、山楂红蜘蛛 150-200毫克/千克 喷雾

PD20090113 氯氰·毒死蜱/22%/乳油/毒死蜱 20%、氯氰菊酯 2%/2014.01.08 至 2019.01.08/中等毒
荔枝树 蒂蛀虫 220-366.7毫克/千克 喷雾
苹果树 桃小食心虫 144-220毫克/千克 喷雾

PD20111232 丙唑·多菌灵/35%/悬乳剂/丙环唑 7.0%、多菌灵 28.0%/2011.11.18 至 2016.11.18/微毒
苹果树 轮纹病 417-625毫克/千克 喷雾
苹果树 腐烂病 417-625毫克/千克 涂沫病疤、喷雾

PD20130101 阿维·三唑锡/11%/悬浮剂/阿维菌素 .4%、三唑锡 10.6%/2013.01.17 至 2018.01.17/低毒(原药高毒)
柑橘树 红蜘蛛 55-110毫克/千克 喷雾

PD20150622 苯醚甲环唑/40%/悬浮剂/苯醚甲环唑 40%/2015.04.16 至 2020.04.16/低毒
葡萄 炭疽病 80-100毫克/千克 喷雾

PD20152102 毒死蜱/40%/水乳剂/毒死蜱 40%/2015.09.22 至 2020.09.22/中等毒
苹果树 绵蚜 200-266.7毫克/千克 喷雾

山西省

霍州市绿洲农药有限公司 (山西省霍州市大张镇靳壁村南 031400 0357-5650666)

PD20085168 氧乐果/10%/乳油/氧乐果 10%/2013.12.23 至 2018.12.23/中等毒(原药高毒)
小麦 蚜虫 60-120克/公顷 喷雾

PD20085689 腐霉·百菌清/15%/烟剂/百菌清 12%、腐霉利 3%/2013.12.26 至 2018.12.26/低毒
番茄(保护地) 灰霉病 450-675克/公顷 点燃放烟

PD20090478 氯氰·辛硫磷/20%/乳油/氯氰菊酯 1.5%、辛硫磷 18.5%/2014.01.12 至 2019.01.12/中等毒
棉花 棉铃虫 150-210克/公顷 喷雾

PD20091610 异丙威/10%/烟剂/异丙威 10%/2014.02.03 至 2019.02.03/中等毒
黄瓜(保护地) 蚜虫 450-600克/公顷 点燃放烟

PD20097358 混合氨基酸铜/10%/水剂/混合氨基酸铜 10%/2014.10.27 至 2019.10.27/低毒
黄瓜 枯萎病 1)300-750克/公顷2)300-450毫克/千克 1)喷雾2)灌根或浇茎

PD20097508 腐霉利/50%/可湿性粉剂/腐霉利 50%/2014.11.03 至 2019.11.03/低毒
黄瓜 灰霉病 525-750克/公顷 喷雾

PD20097522 霜霉威盐酸盐/66.5%/水剂/霜霉威盐酸盐 66.5%/2014.11.03 至 2019.11.03/低毒
甜椒 疫病 975-1350克/公顷 喷雾

PD20097535 噁霜·锰锌/64%/可湿性粉剂/噁霜灵 8%、代森锰锌 56%/2014.11.03 至 2019.11.03/低毒
黄瓜 霜霉病 1632-2016克/公顷 喷雾

PD20097941 高效氯氟氰菊酯/25克/升/乳油/高效氯氟氰菊酯 25克/升/2014.11.30 至 2019.11.30/中等毒
柑橘树 潜叶蛾 25-31.25毫克/千克 喷雾

PD20098004 百菌清/75%/可湿性粉剂/百菌清 75%/2014.12.07 至 2019.12.07/低毒
花生 叶斑病 1383.75-1507.5克/公顷 喷雾

PD20100082 溴氰菊酯/25克/升/乳油/溴氰菊酯 25克/升/2015.01.04 至 2020.01.04/低毒
苹果树 桃小食心虫 10-12.5毫克/千克 喷雾

PD20100362 联苯菊酯/100克/升/乳油/联苯菊酯 100克/升/2015.01.11 至 2020.01.11/中等毒
茶树 茶小绿叶蝉 37.5-46.5克/公顷 喷雾

PD20100406 异菌脲/50%/可湿性粉剂/异菌脲 50%/2015.01.14 至 2020.01.14/低毒
番茄 灰霉病 555-750克/公顷 喷雾

PD20100506 多菌灵/50%/可湿性粉剂/多菌灵 50%/2015.01.11 至 2020.01.14/低毒
水稻 纹枯病 825-900克/公顷 喷雾

PD20100567 五氯硝基苯/40%/粉剂/五氯硝基苯 40%/2015.01.14 至 2020.01.14/低毒
棉花 苗期立枯病 600克/100千克种子 拌种

PD20100945 福美双/50%/可湿性粉剂/福美双 50%/2015.01.19 至 2020.01.19/低毒
黄瓜 白粉病 1312.5-1500克/公顷 喷雾

PD20100985 甲基硫菌灵/70%/可湿性粉剂/甲基硫菌灵 70%/2015.01.19 至 2020.01.19/低毒
苹果树 轮纹病 1000-1170毫克/千克 喷雾

PD20101002 三唑酮/25%/可湿性粉剂/三唑酮 25%/2015.01.20 至 2020.01.20/低毒
小麦 白粉病 125-150克/公顷 喷雾

PD20101989 代森锌/80%/可湿性粉剂/代森锌 80%/2015.09.25 至 2020.09.25/低毒
番茄 早疫病 2520-3600克/公顷 喷雾

PD20102172 毒死蜱/40%/乳油/毒死蜱 40%/2015.12.14 至 2020.12.14/中等毒
棉花 棉铃虫 750-900克/公顷 喷雾

山西安顺生物科技有限公司 (山西省运城市盐湖区龙居镇雷家坡村南 044000 0359-2833558)

PD20101227 苦参碱/0.3%/水剂/苦参碱 0.3%/2015.03.01 至 2020.03.01/低毒

甘蓝 菜青虫、蚜虫 4.5-6.75克/公顷 喷雾

山西奥赛诺生物科技有限公司 (山西省运城市经济技术开发区(禹都立交桥北) 044004 0359-2580524)

PD20040578 哒螨灵/20%/乳油/哒螨灵 20%/2014.12.19 至 2019.12.19/中等毒
苹果树 红蜘蛛 50-67毫克/千克 喷雾

PD20091378 高氯·灭多威/12%/乳油/高效氯氰菊酯 1.5%、灭多威 10.5%/2014.02.02 至 2019.02.02/高毒
棉花 棉铃虫 72-90克/公顷 喷雾

PD20091730 腈菌·三唑酮/12%/乳油/腈菌唑 2%、三唑酮 10%/2014.02.04 至 2019.02.04/低毒
小麦 白粉病 45-54克/公顷 喷雾

PD20095516 霜脲·锰锌/72%/可湿性粉剂/代森锰锌 64%、霜脲氰 8%/2014.05.11 至 2019.05.11/低毒
黄瓜 霜霉病 1440-1800克/公顷 喷雾

PD20142590 咪鲜胺/45%/水乳剂/咪鲜胺 45%/2014.12.15 至 2019.12.15/低毒
香蕉 炭疽病 300－500毫克/千克 浸果

山西北方果康宝农药有限公司 (山西省太原市店坡路2号 030032 0351-7098165)

PD20096077 甲基硫菌灵/3%/糊剂/甲基硫菌灵 3%/2014.06.18 至 2019.06.18/低毒
苹果树 腐烂病 4000-6000毫克/千克 涂抹病斑

PD20152069 甲基硫菌灵/8%/糊剂/甲基硫菌灵 8%/2015.09.07 至 2020.09.07/低毒
苹果树 腐烂病 4000-5333毫克/千克 涂抹

山西德威生化有限责任公司 (山西省运城嵋阳镇东街丰喜工业园8号 044105 0359-4379999)

PD20080639 复硝酚钠/1.8%/水剂/复硝酚钠 1.8%/2013.05.13 至 2018.05.13/低毒
番茄 调节生长、增产 3000－4000倍液 茎叶喷雾

PD20085230 氰戊·马拉松/40%/乳油/马拉硫磷 30%、氰戊菊酯 10%/2013.12.23 至 2018.12.23/中等毒
苹果树 桃小食心虫 160-333毫克/千克 喷雾
十字花科蔬菜 菜青虫、蚜虫 90-150克/公顷 喷雾

PD20091132 毒死蜱/480克/升/乳油/毒死蜱 480克/升/2014.01.21 至 2019.01.21/中等毒
苹果树 绵蚜 240-320毫克/千克 喷雾

PD20093232 多·锰锌/50%/可湿性粉剂/多菌灵 8%、代森锰锌 42%/2014.03.11 至 2019.03.11/低毒
苹果树 斑点落叶病 1000-1250毫克/千克 喷雾

PD20093982 三唑锡/25%/可湿性粉剂/三唑锡 25%/2014.03.27 至 2019.03.27/低毒
柑橘树 红蜘蛛 125-167毫克/千克 喷雾

PD20097642 代森锰锌/80%/可湿性粉剂/代森锰锌 80%/2014.11.04 至 2019.11.04/低毒
苹果树 斑点落叶病 1000－1600毫克/千克 喷雾

PD20097648 甲基硫菌灵/70%/可湿性粉剂/甲基硫菌灵 70%/2014.11.04 至 2019.11.04/低毒
苹果树 轮纹病 700－875毫克/千克 喷雾

PD20098377 多菌灵/50%/可湿性粉剂/多菌灵 50%/2014.12.18 至 2019.12.18/低毒
梨树 黑星病 750－1000毫克/千克 喷雾

PD20101419 苦参碱/0.3%/水剂/苦参碱 0.3%/2015.04.26 至 2020.04.26/低毒
茶树 茶毛虫 4.05-6.75克/公顷 喷雾
梨树 黑星病 600-800倍液 喷雾

PD20120146 吡虫啉/25%/可湿性粉剂/吡虫啉 25%/2012.01.29 至 2017.01.29/低毒
小麦 蚜虫 15-30克/公顷(南方地区)45-60克/公顷(北方地区) 喷雾

PD20130298 啶虫脒/20%/可溶液剂/啶虫脒 20%/2013.02.26 至 2018.02.26/低毒
棉花 蚜虫 24-36克/公顷 喷雾

PD20130353 苯醚甲环唑/25%/微乳剂/苯醚甲环唑 25%/2013.03.11 至 2018.03.11/低毒
梨树 黑星病 25-31毫克/千克 喷雾

PD20131043 甲维·氟铃脲/2.2%/乳油/氟铃脲 2%、甲氨基阿维菌素苯甲酸盐 0.2%/2013.05.13 至 2018.05.13/低毒
甘蓝 甜菜夜蛾 16.5-19.8克/公顷 喷雾

PD20131549 甲基硫菌灵/500克/升/悬浮剂/甲基硫菌灵 500克/升/2013.07.22 至 2018.07.22/低毒
水稻 纹枯病 750-1125克/公顷 喷雾

PD20132052 戊唑醇/430克/升/悬浮剂/戊唑醇 430克/升/2013.10.22 至 2018.10.22/低毒
苹果树 斑点落叶病 60-71.5毫克/千克 喷雾

PD20141586 己唑醇/30%/悬浮剂/己唑醇 30%/2014.06.17 至 2019.06.17/低毒
水稻 纹枯病 67.5－90克/公顷 喷雾

PD20141683 阿维·高氯/3%/微乳剂/阿维菌素 0.6%、高效氯氰菊酯 2.4%/2014.06.30 至 2019.06.30/低毒(原药高毒)
梨树 梨木虱 6-12毫克/千克 喷雾

PD20141831 苯甲·嘧菌酯/32.5%/悬浮剂/苯醚甲环唑 12.5%、嘧菌酯 20%/2014.07.24 至 2019.07.24/低毒
葡萄 白腐病 130－162.5毫克/千克 喷雾

PD20150189 苦参·蛇床素/1.5%/水剂/苦参碱 0.5%、蛇床子素 1.0%/2015.01.15 至 2020.01.15/低毒
番茄 灰霉病 9－11.25克/公顷 喷雾
花卉 白粉病 6.75－7.875克/公顷 喷雾
辣椒 炭疽病 6.75－7.875克/公顷 喷雾
葡萄 霜霉病 15－18.75毫克/千克 喷雾

PD20150437 苦参碱/1.3%/水剂/苦参碱 1.3%/2015.03.20 至 2020.03.20/低毒

甘蓝 菜青虫、蚜虫 4.5-6.75克/公顷 喷雾

山西浩之大生物科技有限公司 （山西省绛县开发区工业园区18号 043600 0359-6569797）

PD20084207 高效氯氟氰菊酯/25克/升/乳油/高效氯氟氰菊酯 25克/升/2013.12.16 至 2018.12.16/低毒
十字花科蔬菜 蚜虫 7.5-11.25克/公顷 喷雾

PD20084903 甲氰菊酯/20%/乳油/甲氰菊酯 20%/2013.12.22 至 2018.12.22/中等毒
柑橘树 红蜘蛛 66.7-133.3毫克/千克 喷雾

PD20084959 甲基硫菌灵/70%/可湿性粉剂/甲基硫菌灵 70%/2013.12.22 至 2018.12.22/低毒
番茄 叶霉病 577.5-787.5克/公顷 喷雾

PD20085628 霜脲·锰锌/72%/可湿性粉剂/代森锰锌 64%、霜脲氰 8%/2013.12.25 至 2018.12.25/低毒
黄瓜 霜霉病 1440－1800克/公顷 喷雾

PD20090333 腐霉利/15%/烟剂/腐霉利 15%/2014.01.12 至 2019.01.12/低毒
韭菜 灰霉病 300-750克/公顷 点燃放烟

PD20091097 阿维·苏云菌//可湿性粉剂/阿维菌素 0.1%、苏云金杆菌 100亿活芽孢/克/2014.01.21 至 2019.01.21/低毒(原药高毒)
十字花科蔬菜 小菜蛾 750-1125克制剂/公顷 喷雾

PD20092080 代森锰锌/80%/可湿性粉剂/代森锰锌 80%/2014.02.16 至 2019.02.16/低毒
番茄 早疫病 1920-2400克/公顷 喷雾

PD20092209 三唑锡/25%/可湿性粉剂/三唑锡 25%/2014.02.24 至 2019.02.24/低毒
柑橘树 红蜘蛛 125-166.7毫克/千克 喷雾

PD20093097 代森锌/65%/可湿性粉剂/代森锌 65%/2014.03.09 至 2019.03.09/低毒
番茄 早疫病 3120-3607.5克/公顷 喷雾

PD20093102 丙环唑/250克/升/乳油/丙环唑 25%/2014.03.09 至 2019.03.09/低毒
香蕉 叶斑病 250-500毫克/千克 喷雾

PD20093127 高效氯氰菊酯/4.5%/乳油/高效氯氰菊酯 4.5%/2014.03.10 至 2019.03.10/低毒
棉花 棉铃虫 1050-1500克/公顷 喷雾
十字花科蔬菜 菜青虫 20.25-27克/公顷 喷雾

PD20093167 高氯·辛硫磷/20%/乳油/高效氯氰菊酯 4%、辛硫磷 16%/2014.03.11 至 2019.03.11/中等毒
棉花 棉铃虫 300-375克/公顷 喷雾

PD20095748 联苯菊酯/100克/升/乳油/联苯菊酯 100克/升/2014.05.18 至 2019.05.18/中等毒
茶树 茶小绿叶蝉 30-45克/公顷 喷雾

PD20096444 二氯异氰尿酸钠/20%/可溶粉剂/二氯异氰尿酸钠 20%/2014.08.05 至 2019.08.05/低毒
黄瓜 霜霉病 562.5-750克/公顷 喷雾

PD20100300 福·福锌/80%/可湿性粉剂/福美双 30%、福美锌 50%/2015.01.11 至 2020.01.11/低毒
黄瓜 炭疽病 1800-2100克/公顷 喷雾

PD20100637 高氯·马/20%/乳油/高效氯氰菊酯 2%、马拉硫磷 18%/2015.01.14 至 2020.01.14/低毒
棉花 棉铃虫 210-300克/公顷 喷雾

PD20101681 苦参碱/0.3%/可溶液剂/苦参碱 0.3%/2015.06.08 至 2020.06.08/低毒
梨树 黑星病 800-600倍液 喷雾

PD20110212 氟铃脲/5%/乳油/氟铃脲 5%/2011.02.24 至 2016.02.24/低毒
棉花 棉铃虫 2100-2400毫升/公顷 喷雾

PD20110264 胺鲜·乙烯利/30%/水剂/胺鲜酯 3%、乙烯利 27%/2011.03.07 至 2016.03.07/低毒
玉米 调节生长、增产 90－112.5克/公顷 喷雾

PD20110462 啶虫脒/5%/乳油/啶虫脒 5%/2011.04.21 至 2016.04.21/低毒
柑橘树 蚜虫 10-12.5毫克/千克 喷雾

PD20110593 阿维菌素/1.8%/可湿性粉剂/阿维菌素 1.8%/2011.05.30 至 2016.05.30/低毒(原药高毒)
甘蓝 小菜蛾 8.1-10.8克/公顷 喷雾

PD20120418 四螨嗪/20%/悬浮剂/四螨嗪 20%/2012.03.12 至 2017.03.12/低毒
柑橘树 全爪螨 100-166.7毫克/千克 喷雾

PD20120785 高效氯氟氰菊酯/5%/微乳剂/高效氯氟氰菊酯 5%/2012.05.11 至 2017.05.11/中等毒
白菜 菜青虫 9-15克/公顷 喷雾

PD20130646 咪鲜胺/450克/升/水乳剂/咪鲜胺 450克/升/2013.04.05 至 2018.04.05/低毒
香蕉 冠腐病 333.3-500毫克/千克 喷雾

PD20130682 胺鲜·甲哌鎓/27.5%/水剂/胺鲜酯 2.5%、甲哌鎓 25%/2013.04.09 至 2018.04.09/低毒
Bt棉花 调节生长 111.4-185.6克/公顷 喷雾法

PD20130757 胺鲜酯/8%/水剂/胺鲜酯 8%/2013.04.16 至 2018.04.16/低毒
白菜 调节生长、增产 53.3-80毫克/千克 茎叶喷雾

PD20150129 烯效·甲哌鎓/20.8%/微乳剂/甲哌鎓 20%、烯效唑 0.8%/2015.01.07 至 2020.01.07/低毒
冬小麦 调节生长 93.6-124.8克/公顷 喷雾

山西稼稷丰农业科技开发有限公司 （山西省太原市晋源区果树场 030025 0351-6945515）

PD20100314 氯氰·丙溴磷/440克/升/乳油/丙溴磷 400克/升、氯氰菊酯 40克/升/2010.01.11 至 2015.01.11/低毒
棉花 棉铃虫 425.6-660克/亩 喷雾

PD20100371 丙溴磷/40%/乳油/丙溴磷 40%/2010.01.11 至 2015.01.11/低毒
棉花 棉铃虫 360-450克/公顷 喷雾

PD20101513 苦参碱/0.3%/水剂/苦参碱 0.3%/2010.05.10 至 2015.05.10/低毒

十字花科蔬菜 蚜虫 4.5-6.75克/公顷 喷雾
十字花科蔬菜 菜青虫 2.7-3.6克/公顷 喷雾

山西康派伟业生物科技有限公司 （山西运城盐湖工业园区蓝马路2号 044000 0359-2508600）

PD20090007 二氯异氰尿酸钠/91%/原药/二氯异氰尿酸钠 91%/2014.01.04 至 2019.01.04/低毒

PD20090008 二氯异氰尿酸钠/40%/可溶粉剂/二氯异氰尿酸钠 40%/2014.01.04 至 2019.01.04/低毒
黄瓜 霜霉病 360-480克/公顷 喷雾
平菇 木霉菌 40-48克/100千克干料 拌料

PD20090721 三唑锡/25%/可湿性粉剂/三唑锡 25%/2014.01.19 至 2019.01.19/低毒
柑橘树 红蜘蛛 125-167毫克/千克 喷雾

PD20090733 吡虫啉/10%/可湿性粉剂/吡虫啉 10%/2014.01.19 至 2019.01.19/中等毒
水稻 稻飞虱 15-30克/公顷 喷雾

PD20111120 丙森·多菌灵/70%/可湿性粉剂/丙森锌 30%、多菌灵 40%/2011.10.27 至 2016.10.27/低毒
苹果树 斑点落叶病 466.7-700毫克/千克 喷雾

PD20120174 噻螨·哒螨灵/20%/乳油/哒螨灵 16%、噻螨酮 4%/2012.01.30 至 2017.01.30/中等毒
苹果树 红蜘蛛 100-133.3毫克/千克 喷雾

PD20120236 二氯异氰尿酸钠/66%/烟剂/二氯异氰尿酸钠 66%/2012.02.13 至 2017.02.13/低毒
菇房 霉菌 3.96-5.28克/立方米 点燃放烟

PD20120687 啶虫脒/10%/乳油/啶虫脒 10%/2012.04.18 至 2017.04.18/低毒
柑橘树 蚜虫 10-12.5毫克/千克 喷雾

山西科锋农业科技有限公司 （山西省太原市小店区坞城路南519号 030031 0351-7123328）

PD20082916 阿维·杀虫单/20%/微乳剂/阿维菌素 0.2%、杀虫单 19.8%/2013.12.09 至 2018.12.09/低毒(原药高毒)
菜豆 美洲斑潜蝇 90-180克/公顷 喷雾
甘蓝 小菜蛾 60-120克/公顷 喷雾

PD20091483 毒死蜱/40%/乳油/毒死蜱 40%/2014.02.02 至 2019.02.02/中等毒
棉花 棉铃虫 648-864克/公顷 喷雾
水稻 稻纵卷叶螟、二化螟 576-720克/公顷 喷雾

PD20092126 噁霉灵/15%/水剂/噁霉灵 15%/2014.02.23 至 2019.02.23/低毒
水稻 立枯病 0.9-1.8克/平方米 苗床喷洒

PD20092597 氰戊·马拉松/21%/乳油/马拉硫磷 15%、氰戊菊酯 6%/2014.02.27 至 2019.02.27/中等毒
苹果树 蚜虫 50-75毫克/千克 喷雾
苹果树 红蜘蛛 60-150毫克/千克 喷雾
苹果树 食心虫 60-100毫克/千克 喷雾

PD20093104 联苯菊酯/100克/升/乳油/联苯菊酯 100克/升/2014.03.09 至 2019.03.09/中等毒
茶树 茶小绿叶蝉 30-45克/公顷 喷雾

PD20093123 炔螨特/73%/乳油/炔螨特 73%/2014.03.10 至 2019.03.10/低毒
柑橘树、苹果树 红蜘蛛 243.3-365毫克/千克 喷雾

PD20093128 代森锰锌/80%/可湿性粉剂/代森锰锌 80%/2014.03.10 至 2019.03.10/低毒
番茄 早疫病 1630-2370克/公顷 喷雾

PD20094708 高效氟吡甲禾灵/108克/升/乳油/高效氟吡甲禾灵 108克/升/2014.04.10 至 2019.04.10/低毒
春大豆田 一年生禾本科杂草 48.6-56.7克/公顷 茎叶喷雾
夏大豆田 一年生禾本科杂草 40.5-48.6克/公顷 茎叶喷雾

PD20095852 高氯·辛硫磷/25%/乳油/高效氯氰菊酯 2.5%、辛硫磷 22.5%/2014.05.27 至 2019.05.27/低毒
甘蓝 菜青虫 150-225克/公顷 喷雾

PD20096336 阿维菌素/3%/微乳剂/阿维菌素 3%/2014.07.22 至 2019.07.22/低毒(原药高毒)
甘蓝 小菜蛾 8.1-10.8克/公顷 喷雾

PD20097315 烟嘧磺隆/40克/升/可分散油悬浮剂/烟嘧磺隆 40克/升/2014.10.27 至 2019.10.27/低毒
春玉米田 一年生杂草 50-60克/公顷 茎叶喷雾
夏玉米田 一年生杂草 40-50克/公顷 茎叶喷雾

PD20097720 噻嗪酮/25%/可湿性粉剂/噻嗪酮 25%/2014.11.04 至 2019.11.04/低毒
水稻 稻飞虱 112.5-150克/公顷 喷雾

PD20097827 乙草胺/81.5%/乳油/乙草胺 81.5%/2014.11.20 至 2019.11.20/低毒
春大豆田、春玉米田 一年生杂草 1215-1620克/公顷 播后苗前土壤喷雾
夏大豆田、夏玉米田 一年生杂草 945-1215克/公顷 播后苗前土壤喷雾

PD20100616 虫酰肼/20%/悬浮剂/虫酰肼 20%/2015.01.14 至 2020.01.14/低毒
甘蓝 甜菜夜蛾 210-300克/公顷 喷雾

PD20100687 五氯硝基苯/40%/种子处理干粉剂/五氯硝基苯 40%/2015.01.16 至 2020.01.16/低毒
棉花 苗期病害 400-600克/100千克种子 拌种

PD20100930 高氯·甲维盐/4%/微乳剂/高效氯氰菊酯 3.7%、甲氨基阿维菌素苯甲酸盐 0.3%/2015.01.19 至 2020.01.19/低毒
甘蓝 甜菜夜蛾 24-30克/公顷 喷雾

PD20101917 甲氨基阿维菌素苯甲酸盐(2.2%)/2%/微乳剂/甲氨基阿维菌素 2%/2015.08.27 至 2020.08.27/低毒
甘蓝 小菜蛾 1.32-1.65克/公顷 喷雾
甘蓝 甜菜夜蛾 1.65-3.3克/公顷 喷雾

PD20101992 甲氨基阿维菌素苯甲酸盐(0.57%)/0.5/微乳剂/甲氨基阿维菌素 0.5%/2015.09.25 至 2020.09.25/低毒

甘蓝 甜菜夜蛾、小菜蛾 1.5-1.8克/公顷 喷雾

PD20102020 高效氯氰菊酯/4.5%/微乳剂/高效氯氰菊酯 4.5%/2015.09.25 至 2020.09.25/低毒

甘蓝 菜青虫 13.5-27克/公顷 喷雾

山西科谷生物农药有限公司 (山西省太谷县太东路2.6公里处 030800 0354-6110124)

PD20093404 苏云金杆菌/8000IU/毫克/可湿性粉剂/苏云金杆菌 8000IU/毫克/2014.03.20 至 2019.03.20/低毒

茶树	茶毛虫	400-800倍液	喷雾
棉花	二代棉铃虫	3000-4500克制剂/公顷	喷雾
森林	松毛虫	600-800倍液	喷雾
十字花科蔬菜	小菜蛾	1500-2250克制剂/公顷	喷雾
十字花科蔬菜	菜青虫	750-1500克制剂/公顷	喷雾
水稻	稻纵卷叶螟	3000-4500克制剂/公顷	喷雾
烟草	烟青虫	1500-3000克制剂/公顷	喷雾
玉米	玉米螟	1500-3000克制剂/公顷	加细沙灌心
枣树	枣尺蠖	600-800倍液	喷雾

PD20093717 苏云金杆菌/16000IU/毫克/可湿性粉剂/苏云金杆菌 16000IU/毫克/2014.03.25 至 2019.03.25/低毒

茶树	茶毛虫	800-1600倍液	喷雾
棉花	二代棉铃虫	1500-2250克制剂/公顷	喷雾
森林	松毛虫	1200-1600倍液	喷雾
十字花科蔬菜	菜青虫	375-750克制剂/公顷	喷雾
十字花科蔬菜	小菜蛾	750-1125克制剂/公顷	喷雾
水稻	稻纵卷叶螟	1500-2250克制剂/公顷	喷雾
烟草	烟青虫	750-1500克制剂/公顷	喷雾
玉米	玉米螟	750-1500克制剂/公顷	加细沙灌心
枣树	枣尺蠖	1200-1600倍液	喷雾

PD20140681 球孢白僵菌/100亿孢子/毫升/可分散油悬浮剂/球孢白僵菌 100亿孢子/毫升/2014.03.24 至 2019.03.24/低毒

草原 蝗虫 150-200毫升制剂/亩 超低容量喷雾

PD20140682 球孢白僵菌/1000亿孢子/克/母药/球孢白僵菌 1000亿孢子/克/2014.03.24 至 2019.03.24/低毒

山西科力科技有限公司 (山西省太原市坞城南路59号北营66389部队卫训队西 030031 0351-7184658)

PD85122-8 福美双/50%/可湿性粉剂/福美双 50%/2011.06.19 至 2016.06.19/中等毒

黄瓜	白粉病、霜霉病	500-1000倍液	喷雾
葡萄	白腐病	500-1000倍液	喷雾
水稻	稻瘟病、胡麻叶斑病	250克/100千克种子	拌种
甜菜、烟草	根腐病	500克/500千克温床土	土壤处理
小麦	白粉病、赤霉病	500倍液	喷雾

PD85140-3 福美·拌种灵/40%/可湿性粉剂/拌种灵 20%、福美双 20%/2011.06.19 至 2016.06.19/中等毒

高粱	黑穗病	120-200克/100千克种子	拌种
红麻	炭疽病	160倍液	浸种
花生	锈病	500倍液	喷雾
棉花	苗期病害	200克/100千克种子	拌种
小麦	黑穗病	40-80克/100千克种子	拌种
玉米	黑穗病	200克/100千克种子	拌种

PD20095296 硅藻土/85%/粉剂/硅藻土 85%/2014.04.27 至 2019.04.27/微毒

原粮 储粮害虫 500-600毫克/千克 拌谷

WP20090357 杀虫粉剂/85%/粉剂/硅藻土 85%/2014.11.03 至 2019.11.03/微毒

卫生 蜚蠊、蚂蚁 3克制剂/平方米 撒布

山西科星农药液肥有限公司 (山西省临猗县临解路 044100 0359-4065438)

PD20085657 萘乙酸/0.1%/水剂/萘乙酸 0.1%/2013.12.26 至 2018.12.26/低毒

棉花 调节生长 750-1000倍液 喷雾

PD20091121 灭·辛·高氯氟/30%/乳油/高效氯氟氰菊酯 0.4%、灭多威 7%、辛硫磷 22.6%/2014.01.21 至 2019.01.21/高毒

棉花 棉铃虫 112.5-225克/公顷 喷雾

PD20098067 二甲戊灵/330克/升/乳油/二甲戊灵 330克/升/2014.12.07 至 2019.12.07/低毒

玉米田 一年生杂草 750-1050克/公顷 播后苗前土壤喷雾

PD20098463 香菇多糖/0.5%/水剂/香菇多糖 0.5%/2014.12.24 至 2019.12.24/低毒

番茄	病毒病	12.45-18.75克/公顷	喷雾
辣椒、西瓜	病毒病	16.67-25毫克/千克	喷雾
水稻	条纹叶枯病	16.67-25毫克/千克	喷雾

PD20098512 毒死蜱/45%/乳油/毒死蜱 45%/2014.12.24 至 2019.12.24/中等毒

柑橘树 介壳虫 240-480毫克/千克 喷雾

PD20100365 噻螨酮/5%/乳油/噻螨酮 5%/2015.01.11 至 2020.01.11/低毒

苹果树 红蜘蛛 25-33.3毫克/千克 喷雾

PD20100384 三环唑/75%/可湿性粉剂/三环唑 75%/2015.01.14 至 2020.01.14/中等毒

水稻 稻瘟病 225－300克/公顷 喷雾

PD20101714 复硝酚钠/1.4%/水剂/5-硝基邻甲氧基苯酚钠 0.3%、对硝基苯酚钠 0.75%、邻硝基苯酚钠 0.4%/2015.06.28 至2020.06.

28/低毒
番茄 调节生长 6000-8000倍液 喷雾
小麦 调节生长 4000-5000倍液 喷雾
PD20111191 络氨铜/25%/水剂/络氨铜 25%/2011.11.16 至 2016.11.16/低毒
西瓜 枯萎病 0.06-0.09克/株 灌根

山西绿海农药科技有限公司 (山西省运城市临猗县工业园区 044100 0359-4098705)

PD20080792 吡虫啉/5%/可湿性粉剂/吡虫啉 5%/2013.06.20 至 2018.06.20/低毒
水稻 飞虱 15-30克/公顷 喷雾
小麦 蚜虫 7.5-15克/公顷 喷雾
PD20081272 醚菊酯/96%/原药/醚菊酯 96%/2013.09.25 至 2018.09.25/低毒
PD20081569 醚菊酯/10%/悬浮剂/醚菊酯 10%/2013.11.12 至 2018.11.12/低毒
甘蓝 菜青虫 45-60克/公顷 喷雾
林木 松毛虫 33.3－50毫克/千克 喷雾
水稻 稻飞虱 75-105克/公顷 喷雾
水稻 稻水象甲 120-150克/公顷 喷雾
PD20083524 啶虫脒/5%/乳油/啶虫脒 5%/2013.12.12 至 2018.12.12/低毒
苹果树 蚜虫 12-15毫克/千克 喷雾
PD20083872 辛硫磷/3%/水乳种衣剂/辛硫磷 3%/2013.12.15 至 2018.12.15/低毒
玉米 金针虫、蛴螬、小地老虎 1：30－40（药种比） 种子包衣
PD20084385 苏云金杆菌/16000IU/毫克/可湿性粉剂/苏云金杆菌 16000IU/毫克/2013.12.17 至 2018.12.17/低毒
茶树 茶毛虫 400-800倍 喷雾
PD20084868 氧乐果/18%/乳油/氧乐果 18%/2013.12.22 至 2018.12.22/中等毒(原药高毒)
棉花、小麦 蚜虫 81-162克/公顷 喷雾
水稻 飞虱 135-270克/公顷 喷雾
PD20084989 阿维菌素/1.8%/乳油/阿维菌素 1.8%/2013.12.22 至 2018.12.22/低毒(原药高毒)
十字花科蔬菜 菜青虫 4.05-6.75克/公顷 喷雾
PD20085118 氰戊・辛硫磷/50%/乳油/氰戊菊酯 4.5%、辛硫磷 45.5%/2013.12.23 至 2018.12.23/中等毒
甘蓝 菜青虫、蚜虫 75-150克/公顷 喷雾
棉花 棉铃虫 450-562.5克/公顷 喷雾
棉花 蚜虫 150-225克/公顷 喷雾
小麦 蚜虫 90克/公顷 喷雾
PD20085127 氰戊・辛硫磷/20%/乳油/氰戊菊酯 2%、辛硫磷 18%/2013.12.23 至 2018.12.23/中等毒
棉花 棉铃虫 135-180克/公顷 喷雾
棉花 蚜虫 150-225克/公顷 喷雾
苹果树 桃小食心虫 133-200毫克/千克 喷雾
小麦 蚜虫 90-120克/公顷 喷雾
PD20086226 硫磺・甲硫灵/70%/可湿性粉剂/甲基硫菌灵 25%、硫磺 45%/2013.12.31 至 2018.12.31/低毒
黄瓜 白粉病 840-1260克/公顷 喷雾
PD20086315 杀虫双/3%/颗粒剂/杀虫双 3%/2013.12.31 至 2018.12.31/低毒
水稻 稻纵卷叶螟 810-900克/公顷 撒施
PD20086325 氰戊・氧乐果/30%/可分散油悬浮剂/氰戊菊酯 10%、氧乐果 20%/2013.12.31 至 2018.12.31/中等毒
棉花 红铃虫、棉铃虫 90-180克/公顷 喷雾
棉花 蚜虫 67.5-135克/公顷 喷雾
PD20090931 螨醇・哒螨灵/20%/乳油/哒螨灵 5%、三氯杀螨醇 15%/2014.01.19 至 2019.01.19/中等毒
苹果树 山楂红蜘蛛 100-133毫克/千克 喷雾
PD20091111 氰戊・氧乐果/30%/乳油/氰戊菊酯 3%、氧乐果 27%/2014.01.21 至 2019.01.21/中等毒
大豆 食心虫 135-180克/公顷 喷雾
棉花 红铃虫、棉铃虫 90-180克/公顷 喷雾
棉花 蚜虫 120-150克/公顷 喷雾
PD20091446 百菌清/45%/烟剂/百菌清 45%/2014.02.02 至 2019.02.02/低毒
黄瓜(保护地) 霜霉病 750-1200克/公顷 点燃放烟
PD20092155 硫磺・三环唑/20%/可湿性粉剂/硫磺 8%、三环唑 12%/2014.02.23 至 2019.02.23/中等毒
水稻 稻瘟病 300-450克/公顷 喷雾
PD20093354 甲硫・福美双/70%/可湿性粉剂/福美双 40%、甲基硫菌灵 30%/2014.03.18 至 2019.03.18/低毒
苹果 轮纹病 700-875毫克/千克 喷雾
PD20093401 氰戊・乐果/25%/乳油/乐果 22.5%、氰戊菊酯 2.5%/2014.03.20 至 2019.03.20/中等毒
十字花科蔬菜 菜青虫 720－1200毫克制剂/公顷 喷雾
PD20093558 多・福・克/30%/悬浮种衣剂/多菌灵 15%、福美双 10%、克百威 5%/2014.03.23 至 2019.03.23/中等毒(原药高毒)
大豆 地下害虫、根腐病 500-750克/100千克种子 种子包衣
PD20100005 草除灵/95%/原药/草除灵 95%/2015.01.04 至 2020.01.04/低毒
PD20100445 吡虫啉/95%/原药/吡虫啉 95%/2015.01.14 至 2020.01.14/中等毒
PD20100513 四螨嗪/95%/原药/四螨嗪 95%/2015.01.14 至 2020.01.14/低毒
PD20100605 啶虫脒/96%/原药/啶虫脒 96%/2015.01.14 至 2020.01.14/中等毒

PD20100953 丙环唑/88%/原药/丙环唑 88%/2015.01.19 至 2020.01.19/低毒
PD20101327 硫磺·锰锌/70%/可湿性粉剂/硫磺 42%、代森锰锌 28%/2015.03.17 至 2020.03.17/低毒
豇豆 锈病 1575-2625克/公顷 喷雾
PD20102073 哒螨·矿物油/40%/乳油/哒螨灵 5%、矿物油 35%/2015.11.03 至 2020.11.03/中等毒
苹果树 红蜘蛛 200-267毫克/千克 喷雾
PD20110926 三唑酮/96%/原药/三唑酮 96%/2011.09.06 至 2016.09.06/低毒
PD20111061 虫酰肼/95%/原药/虫酰肼 95%/2011.10.11 至 2016.10.11/低毒
PD20111273 麦草畏/80%/原药/麦草畏 80%/2011.11.23 至 2016.11.23/低毒
PD20120138 丙溴磷/89%/原药/丙溴磷 89%/2012.01.29 至 2017.01.29/中等毒
PD20120485 多抗霉素B/31%/母药/多抗霉素B 31%/2012.03.19 至 2017.03.19/低毒
PD20121860 马拉硫磷/95%/原药/马拉硫磷 95%/2012.11.28 至 2017.11.28/低毒
PD20140079 吡虫啉/25%/可湿性粉剂/吡虫啉 25%/2014.01.20 至 2019.01.20/低毒
春小麦 蚜虫 45-60克/公顷 喷雾
冬小麦 蚜虫 15-30克/公顷 喷雾
PD20142078 球孢白僵菌/400亿孢子/克/水分散粒剂/球孢白僵菌 400亿孢子/克/2014.09.02 至 2019.09.02/低毒
水稻 稻纵卷叶螟 450－525克制剂/公顷 喷雾
PD20142429 炔螨特/95%/原药/炔螨特 95%/2014.11.14 至 2019.11.14/低毒
PD20150125 戊唑醇/43%/悬浮剂/戊唑醇 43%/2015.01.07 至 2020.01.07/低毒
苹果树 斑点落叶病 61－86毫克/千克 喷雾
PD20150126 稻瘟灵/40%/可湿性粉剂/稻瘟灵 40%/2015.01.07 至 2020.01.07/低毒
水稻 稻瘟病 480－600克/公顷 喷雾
PD20150307 虫酰肼/24%/悬浮剂/虫酰肼 24%/2015.02.05 至 2020.02.05/低毒
松树 松毛虫 96-120毫克/千克 喷雾
PD20151012 唑螨酯/96%/原药/唑螨酯 96%/2015.06.12 至 2020.06.12/中等毒
PD20151527 多·酮/40%/可湿性粉剂/多菌灵 35%、三唑酮 5%/2015.08.03 至 2020.08.03/低毒
小麦 白粉病 780-840克/公顷 喷雾
PD20151560 烯草酮/95%/原药/烯草酮 95%/2015.08.03 至 2020.08.03/低毒
PD20152325 噻虫嗪/98%/原药/噻虫嗪 98%/2015.10.21 至 2020.10.21/低毒
PD20152506 球孢白僵菌/1000孢子/克/母药/球孢白僵菌 1000孢子/克/2015.12.05 至 2020.12.05/低毒
PD20152520 多抗霉素/10%/可湿性粉剂/多抗霉素B 10%/2015.12.05 至 2020.12.05/低毒
苹果树 斑点病、轮斑病 60-100毫克/千克 喷雾
LS20130109 醚菊酯/30%/悬浮剂/醚菊酯 30%/2015.03.11 至 2016.03.11/低毒
水稻 稻水象甲 112.5-157.5克/公顷 喷雾
水稻 稻飞虱 90-112.5克/公顷 喷雾
LS20140217 球孢白僵菌/100亿孢子/克/可分散油悬浮剂/球孢白僵菌 100亿孢子/克/2015.06.17 至 2016.06.17/低毒
草原 蝗虫 2625-3000毫升制剂/公顷 超低容量喷雾

山西美源化工有限公司 （山西省芮城县风陵渡开发区汉渡村北 044602 0359-3362178）

PD20096944 噁霉灵/15%/水剂/噁霉灵 15%/2014.09.29 至 2019.09.29/低毒
水稻 立枯病 9000-18000克/公顷 苗床喷洒
PD20101382 辛菌胺醋酸盐/1.8%/水剂/辛菌胺醋酸盐 1.8%/2015.04.14 至 2020.04.14/低毒
苹果树 腐烂病 500-1000毫克/千克 涂抹
PD20150709 苦参碱/0.5%/水剂/苦参碱 0.5%/2015.04.20 至 2020.04.20/低毒
桃树 蚜虫 2.5-5毫克/千克 喷雾

山西农丰宝农药有限公司 （山西省运城市绛县卫庄镇新三村 043600 0359-6566099）

PD20083691 高氯·辛硫磷/22%/乳油/高效氯氰菊酯 2%、辛硫磷 20%/2013.12.15 至 2018.12.15/中等毒
棉花 棉铃虫 99-132克/公顷 喷雾
PD20100653 五氯硝基苯/40%/粉剂/五氯硝基苯 40%/2015.01.15 至 2020.01.15/低毒
棉花 苗期立枯病、苗炭疽病 400-800克/100千克种子 拌种
PD20100816 甲柳·三唑酮/20.8%/乳油/甲基异柳磷 19.6%、三唑酮 1.2%/2015.01.19 至 2020.01.19/中等毒(原药高毒)
小麦 白粉病、地下害虫、金针虫 10.4-31.2克/100千克种子 拌种

山西农药厂 （山西省永济市中山东街1号 044500 0359-8081084）

PD85105-8 敌敌畏/77.5%/乳油/敌敌畏 77.5%/2014.11.09 至 2019.11.09/中等毒
茶树 食叶害虫 600克/公顷 喷雾
粮仓 多种储藏害虫 1)400-500倍液2)0.4-0.5克/立方米 1)喷雾2)挂条熏蒸
棉花 蚜虫、造桥虫 600-1200克/公顷 喷雾
苹果树 小卷叶蛾、蚜虫 400-500毫克/千克 喷雾
青菜 菜青虫 600克/公顷 喷雾
桑树 尺蠖 600克/公顷 喷雾
卫生 多种卫生害虫 1)300-400倍液2)0.08克/立方米 1)泼洒2)挂条熏蒸
小麦 黏虫、蚜虫 600克/公顷 喷雾

山西普鑫药业有限公司 （山西省运城市盐湖区关公故里开发区中段 044000 0359-2508130）

PD85131-35 井冈霉素/2.4%/水剂/井冈霉素 2.4%/2015.12.20 至 2020.12.20/低毒

水稻 纹枯病 75-112.5克/公顷 喷雾,泼浇

PD20092898 炔螨特/40%/乳油/炔螨特 40%/2014.03.05 至 2019.03.05/低毒
柑橘树 红蜘蛛 266.7-400毫克/千克 喷雾

PD20094764 异稻・稻瘟灵/40%/乳油/稻瘟灵 10%、异稻瘟净 30%/2014.04.13 至 2019.04.13/中等毒
水稻 稻瘟病 600-1000克/公顷 喷雾

PD20096986 乐果・氰戊/40%/乳油/乐果 39.2%、氰戊菊酯 0.8%/2014.09.29 至 2019.09.29/中等毒
棉花 蚜虫 150-225克/公顷 喷雾

PD20097286 甲基硫菌灵/70%/可湿性粉剂/甲基硫菌灵 70%/2014.10.26 至 2019.10.26/低毒
苹果树 轮纹病 700-875毫克/千克 喷雾

PD20100527 毒死蜱/40%/乳油/毒死蜱 40%/2015.01.14 至 2020.01.14/中等毒
水稻 飞虱 468－612克/公顷 喷雾

PD20100890 高效氯氟氰菊酯/25克/升/乳油/高效氯氟氰菊酯 25克/升/2015.01.19 至 2020.01.19/中等毒
苹果树 桃小食心虫 6.25-8.33毫克/千克 喷雾

PD20110352 代森锰锌/80%/可湿性粉剂/代森锰锌 80%/2011.03.24 至 2016.03.24/低毒
苹果树 斑点落叶病 1000-1600毫克/千克 喷雾

PD20121902 吡虫啉/25%/可湿性粉剂/吡虫啉 25%/2012.12.07 至 2017.12.07/低毒
水稻 飞虱 22.5－30克/公顷 喷雾

PD20121908 高效氯氰菊酯/4.5%/水乳剂/高效氯氰菊酯 4.5%/2012.12.07 至 2017.12.07/低毒
甘蓝 菜青虫 40.5-47.25克/公顷 喷雾

PD20130490 哒螨灵/20%/可湿性粉剂/哒螨灵 20%/2013.03.20 至 2018.03.20/低毒
柑橘树 红蜘蛛 67-100毫克/千克 喷雾

PD20140739 甲氨基阿维菌素苯甲酸盐/5%/水分散粒剂/甲氨基阿维菌素 5%/2014.03.24 至 2019.03.24/低毒
甘蓝 甜菜夜蛾 4.5-6克/公顷 喷雾
注:甲氨基阿维菌素苯甲酸盐含量: 5.7%。

山西奇星农药有限公司 (山西省运城市黄河大道北端 044000 0359-2166591)

PD20085306 多・福/45%/可湿性粉剂/多菌灵 9%、福美双 36%/2013.12.23 至 2018.12.23/低毒
苹果树 轮纹病 643-900毫克/千克 喷雾

PD20090181 百菌清/45%/烟雾剂/百菌清 45%/2014.01.08 至 2019.01.08/低毒
黄瓜 霜霉病 750－1200克/公顷 点燃放烟

PD20090295 百菌清/30%/烟剂/百菌清 30%/2014.01.09 至 2019.01.09/低毒
黄瓜 霜霉病 765-1215克/公顷 点燃放烟

PD20090401 阿维菌素/1.8%/乳油/阿维菌素 1.8%/2014.01.12 至 2019.01.12/低毒(原药高毒)
苹果树 红蜘蛛 3-4.5毫克/千克 喷雾
十字花科蔬菜 菜青虫 8.1-10.8克/公顷 喷雾

PD20090957 硫磺・甲硫灵/70%/可湿性粉剂/甲基硫菌灵 40%、硫磺 30%/2014.01.20 至 2019.01.20/低毒
黄瓜 白粉病 840-1260克/公顷 喷雾

PD20091805 代森锰锌/80%/可湿性粉剂/代森锰锌 80%/2014.02.04 至 2019.02.04/低毒
苹果树 炭疽病 1000-1333.3毫克/千克 喷雾

PD20092717 甲基硫菌灵/70%/可湿性粉剂/甲基硫菌灵 70%/2014.03.04 至 2019.03.04/低毒
苹果树 轮纹病 700-875毫克/千克 喷雾

PD20094270 吡虫・杀虫单/35%/可湿性粉剂/吡虫啉 1%、杀虫单 34%/2014.03.31 至 2019.03.31/低毒
水稻 稻飞虱、稻纵卷叶螟、二化螟、三化螟 450-750克/公顷 喷雾

PD20094297 联苯菊酯/100克/升/乳油/联苯菊酯 100克/升/2014.03.31 至 2019.03.31/中等毒
棉花 棉铃虫 45-60克/公顷 喷雾

PD20094570 硫磺・锰锌/70%/可湿性粉剂/硫磺 42%、代森锰锌 28%/2014.04.09 至 2019.04.09/低毒
豇豆 锈病 1575-2100克/公顷 喷雾

PD20095979 乙烯利/40%/水剂/乙烯利 40%/2014.06.04 至 2019.06.04/低毒
棉花 催熟 300-500倍 茎叶喷雾

PD20096655 高效氟吡甲禾灵/108克/升/乳油/高效氟吡甲禾灵 108克/升/2014.09.07 至 2019.09.07/低毒
大豆田 一年生禾本科杂草 48.6-64.8克/公顷 茎叶喷雾

PD20098339 吗胍・乙酸铜/20%/可湿性粉剂/盐酸吗啉胍 16%、乙酸铜 4%/2014.12.18 至 2019.12.18/低毒
番茄 病毒病 500－750克/公顷 喷雾

PD20100037 三唑锡/25%/可湿性粉剂/三唑锡 25%/2015.01.04 至 2020.01.04/低毒
苹果树 红蜘蛛 125-167毫克/千克 喷雾

PD20100718 虫酰肼/20%/悬浮剂/虫酰肼 20%/2015.01.16 至 2020.01.16/低毒
苹果树 卷叶蛾 100-133毫克/千克 喷雾

PD20110459 吡虫啉/40%/水分散粒剂/吡虫啉 40%/2011.04.21 至 2016.04.21/低毒
棉花 蚜虫 30-37.5克/公顷 喷雾

PD20110876 戊唑醇/430克/升/悬浮剂/戊唑醇 430克/升/2011.08.16 至 2016.08.16/低毒
苹果树 斑点落叶病 61.4—86毫克/千克 喷雾

PD20111077 啶虫脒/20%/微乳剂/啶虫脒 20%/2011.10.12 至 2016.10.12/低毒
苹果树 蚜虫 13.3-16.6毫克/千克 喷雾

PD20120474 烯酰吗啉/50%/可湿性粉剂/烯酰吗啉 50%/2012.03.19 至 2017.03.19/低毒

黄瓜 霜霉病 262.5-300克/公顷 喷雾
PD20120568 锰锌·烯唑醇/32.5%/可湿性粉剂/代森锰锌 30%、烯唑醇 2.5%/2012.03.28 至 2017.03.28/低毒
梨树 黑星病 541.7-812.5毫克/千克 喷雾
苹果树 斑点落叶病 541.7-812.5毫克/千克 喷雾
PD20121211 多·锰锌/50%/可湿性粉剂/多菌灵 8%、代森锰锌 42%/2012.08.10 至 2017.08.10/低毒
梨树 黑星病 1000-1250毫克/千克 喷雾
苹果树 斑点落叶病 1000-1250毫克/千克 喷雾
PD20121623 甲氨基阿维菌素苯甲酸盐/1%/乳油/甲氨基阿维菌素苯甲酸盐 1%/2012.10.30 至 2017.10.30/低毒
甘蓝 小菜蛾 1.125-2.25克/公顷 喷雾
注:甲氨基阿维菌素苯甲酸盐含量：1.14%。
PD20121759 哒螨灵/15%/乳油/哒螨灵 15%/2012.11.15 至 2017.11.15/低毒
棉花 红蜘蛛 45-90克/公顷 喷雾
苹果树 红蜘蛛 50-75毫克/千克 喷雾
PD20130024 烯唑醇/12.5%/可湿性粉剂/烯唑醇 12.5%/2013.01.04 至 2018.01.04/低毒
梨树 黑星病 31-42毫克/千克 喷雾
PD20130132 啶虫脒/5%/可湿性粉剂/啶虫脒 5%/2013.01.17 至 2018.01.17/低毒
柑橘树 蚜虫 10-12毫克/千克 喷雾
PD20131015 毒死蜱/30%/微乳剂/毒死蜱 30%/2013.05.13 至 2018.05.13/中等毒
苹果树 绵蚜 200-250毫克/千克 喷雾
PD20131095 甲氨基阿维菌素苯甲酸盐/3%/微乳剂/甲氨基阿维菌素 3%/2013.05.20 至 2018.05.20/低毒
甘蓝 小菜蛾 3.6-4.5克/公顷 喷雾
注:甲氨基阿维菌素苯甲酸盐含量：3.4%。
PD20132015 异菌脲/50%/可湿性粉剂/异菌脲 50%/2013.10.21 至 2018.10.21/低毒
苹果树 褐斑病 330-500毫克/千克 喷雾
PD20132563 丙环唑/40%/微乳剂/丙环唑 40%/2013.12.17 至 2018.12.17/低毒
香蕉 叶斑病 333-400毫克/千克 喷雾
PD20140562 芸苔素内酯//水剂/芸苔素内酯 0.01%/2014.03.06 至 2019.03.06/低毒
黄瓜 调节生长 0.03-0.05毫克/千克 喷雾
PD20140746 苯醚甲环唑/10%/水分散粒剂/苯醚甲环唑 10%/2014.03.24 至 2019.03.24/低毒
番茄 早疫病 100-150克/公顷 喷雾
PD20140959 氟乐灵/480克/升/乳油/氟乐灵 480克/升/2014.04.14 至 2019.04.14/低毒
棉花田 一年生杂草 720-1080克/公顷 土壤喷雾
PD20141241 腈菌唑/40%/可湿性粉剂/腈菌唑 40%/2014.05.07 至 2019.05.07/低毒
苹果树 白粉病 50—66.7毫克/千克 喷雾
PD20141242 吡蚜酮/50%/水分散粒剂/吡蚜酮 50%/2014.05.07 至 2019.05.07/微毒
水稻 飞虱 90-120克/公顷 喷雾
PD20141700 多抗霉素//可湿性粉剂/多抗霉素 10%/2014.06.30 至 2019.06.30/低毒
苹果树 斑点落叶病 67-100毫升/千克 喷雾
PD20141876 高效氯氟氰菊酯//水乳剂/高效氯氟氰菊酯 2.5%/2014.07.24 至 2019.07.24/低毒
梨树 梨小食心虫 8.3-10毫克/千克 喷雾
PD20142372 嘧菌酯/250克/升/悬浮剂/嘧菌酯 250克/升/2014.11.04 至 2019.11.04/低毒
葡萄 白腐病 200-300毫克/千克 喷雾
PD20142554 毒·辛/30%/微囊悬浮剂/毒死蜱 10%、辛硫磷 20%/2014.12.15 至 2019.12.15/低毒
花生 蛴螬 2138-2550克/公顷 灌根
PD20150016 甲维·毒死蜱/32%/水乳剂/毒死蜱 31.2%、甲氨基阿维菌素 0.8%/2015.01.04 至 2020.01.04/低毒
水稻 稻纵卷叶螟 275-300克/公顷 喷雾
PD20150062 己唑醇/5%/微乳剂/己唑醇 5%/2015.01.05 至 2020.01.05/低毒
水稻 纹枯病 60-75克/公顷 喷雾
PD20150200 草甘膦铵盐/68%/可溶粒剂/草甘膦 68%/2015.01.15 至 2020.01.15/低毒
柑橘园 杂草 1020-2040克/公顷 茎叶喷雾
注:草甘膦铵盐含量为74.7%。
PD20150299 阿维菌素/3%/微乳剂/阿维菌素 3%/2015.02.04 至 2020.02.04/中等毒(原药高毒)
梨树 梨木虱 5-10毫克/千克 喷雾
PD20150341 甲氨基阿维菌素苯甲酸盐/5%/水分散粒剂/甲氨基阿维菌素 5%/2015.03.03 至 2020.03.03/低毒
甘蓝 甜菜夜蛾 2.25-3.75克/公顷 喷雾
注:甲氨基阿维菌素苯甲酸盐含量：5.7%。
PD20150357 甲维·丁醚脲/30%/悬浮剂/丁醚脲 29%、甲氨基阿维菌素 1%/2015.03.03 至 2020.03.03/低毒
甘蓝 甜菜夜蛾 22.5-31.5克/公顷 喷雾
PD20150371 戊唑·多菌灵/55%/可湿性粉剂/多菌灵 30%、戊唑醇 25%/2015.03.03 至 2020.03.03/低毒
苹果树 褐斑病 200-333.3毫克/千克 喷雾
PD20150440 唑螨酯/20%/悬浮剂/唑螨酯 20%/2015.03.20 至 2020.03.20/中等毒
柑橘树 红蜘蛛 33.3-50毫克/千克 喷雾
PD20150468 戊唑·丙森锌/70%/可湿性粉剂/丙森锌 60%、戊唑醇 10%/2015.03.20 至 2020.03.20/低毒

苹果树 褐斑病 280-466.6毫克/千克 喷雾
PD20150929 甲基硫菌灵/500克/升/悬浮剂/甲基硫菌灵 500克/升/2015.06.10 至 2020.06.10/低毒
小麦 赤霉病 937.5-1125克/公顷 喷雾

山西三立化工有限公司 (山西省临汾市尧都区大阳镇上陈村 041000 0357-3085663)

PD85114 五氯硝基苯/40%/粉剂/五氯硝基苯 40%/2015.04.25 至 2020.04.25/低毒
棉花 苗期病害、苗期立枯病 400克/100千克种子 拌种
小麦 黑穗病 200克/100千克种子 拌种
PD20083428 阿维菌素/1.8%/乳油/阿维菌素 1.8%/2013.12.11 至 2018.12.11/低毒(原药高毒)
十字花科蔬菜 小菜蛾 8.1-10.8克/公顷 喷雾
PD20090208 甲霜·锰锌/58%/可湿性粉剂/甲霜灵 10%、代森锰锌 48%/2014.01.09 至 2019.01.09/低毒
黄瓜 霜霉病 1305-1632克/公顷 喷雾
PD20092077 福·克/20%/悬浮种衣剂/福美双 10%、克百威 10%/2014.02.16 至 2019.02.16/中等毒(原药高毒)
玉米 地下害虫、茎基腐病 1:35-40(药种比) 种子包衣
PD20094791 多·五·克百威/20%/悬浮种衣剂/多菌灵 5%、克百威 10%、五氯硝基苯 5%/2014.04.13 至 2019.04.13/高毒
棉花 立枯病、苗蚜、炭疽病 700-1000克/100千克种子 种子包衣
PD20097140 五氯硝基苯/95%/原药/五氯硝基苯 95%/2014.10.16 至 2019.10.16/低毒
PD20097156 五氯硝基苯/20%/粉剂/五氯硝基苯 20%/2014.10.16 至 2019.10.16/低毒
小麦 黑穗病 200克/100千克种子 拌种
PD20101384 氯氟·毒死蜱/20%/微乳剂/毒死蜱 19%、氯氟氰菊酯 1%/2015.04.14 至 2020.04.14/中等毒
棉花 蚜虫 120-180克/公顷 喷雾
PD20110998 五硝·多菌灵/40%/可湿性粉剂/多菌灵 20%、五氯硝基苯 20%/2011.09.21 至 2016.09.21/低毒
西瓜 枯萎病 0.25-0.33克/株 灌根

山西三维丰海化工有限公司 (山西省运城市运解公路中段二十里店南 044000 0359-8691181)

PD20070085 毒死蜱/95%/原药/毒死蜱 95%/2012.04.18 至 2017.04.18/中等毒

山西省长治市森晟化工有限公司 (山西省长治市郊区堠北庄镇南津良村 046000 0355-6057308)

PD20070208 硫磺/91%/粉剂/硫磺 91%/2012.08.07 至 2017.08.07/低毒
橡胶树 白粉病 10237.5-13650克/公顷 喷粉

山西省临汾海兰实业有限公司 (山西省临汾市经济技术开发区河汾一路 041000 0357-3096269)

PD20083226 克百威/10%/悬浮种衣剂/克百威 10%/2013.12.11 至 2018.12.11/中等毒(原药高毒)
玉米 地下害虫 1:40-50(药种比) 种子包衣
PD20090334 多·福·克/35%/悬浮种衣剂/多菌灵 15%、福美双 10%、克百威 10%/2014.01.12 至 2019.01.12/中等毒(原药高毒)
大豆 根腐病、蚜虫 525-700克/100千克种子 种子包衣
PD20091044 福·克/20%/悬浮种衣剂/福美双 10%、克百威 10%/2014.01.21 至 2019.01.21/中等毒(原药高毒)
玉米 地下害虫、茎基腐病 1:40-50(药种比) 种子包衣
PD20093042 甲基硫菌灵/70%/可湿性粉剂/甲基硫菌灵 70%/2014.03.09 至 2019.03.09/低毒
梨树 黑星病 1000-1500倍液 喷雾
PD20121525 五硝·辛硫磷/15%/悬浮种衣剂/五氯硝基苯 10%、辛硫磷 5%/2012.10.09 至 2017.10.09/低毒
小麦 地老虎、黑穗病、金针虫、蝼蛄、蛴螬 250-375克/100千克种子 种子包衣
PD20130012 五氯硝基苯/15%/悬浮种衣剂/五氯硝基苯 15%/2013.01.04 至 2018.01.04/低毒
棉花 立枯病 300-375克/100千克种子 种子包衣
PD20152093 丁硫·戊唑醇/8%/悬浮种衣剂/丁硫克百威 7.5%、戊唑醇 0.5%/2015.09.22 至 2020.09.22/中等毒
玉米 金针虫、蝼蛄、蛴螬、丝黑穗病 125～187.5克/100公斤种子 种子包衣

山西省临猗县精细化工有限公司 (山西省临猗县城南环路王村18号 044100 0359-4379029)

PD20121927 柠铜·络氨铜/21.4%/水剂/络氨铜 15%、柠檬酸铜 6.4%/2012.12.07 至 2017.12.07/低毒
西瓜 枯萎病 1)0.09-0.1克/株2)388.5克/公顷 1)灌根2)喷雾

山西省临猗县三晋化工总厂 (山西省临猗县临晋镇西环路 044102 0359-4321357)

PD20085428 丁·莠/48%/悬乳剂/丁草胺 19%、莠去津 29%/2013.12.24 至 2018.12.24/低毒
夏玉米田 一年生杂草 1080-1440克/公顷 播后苗前土壤喷雾

山西省临猗中晋化工有限公司 (山西省运城市临猗县临晋镇政府街 044102 0359-4321318)

PD20084314 三环唑/75%/可湿性粉剂/三环唑 75%/2013.12.17 至 2018.12.17/中等毒
水稻 稻瘟病 247.5-337.5克/公顷 喷雾
PD20085543 异菌脲/50%/可湿性粉剂/异菌脲 50%/2013.12.25 至 2018.12.25/低毒
番茄 灰霉病 375-750克/公顷 喷雾
辣椒 立枯病 1-2克/平方米 泼浇
PD20090191 稻瘟灵/40%/乳油/稻瘟灵 40%/2014.01.08 至 2019.01.08/低毒
水稻 稻瘟病 500-700克/公顷 喷雾
PD20090964 阿维·哒螨灵/5%/乳油/阿维菌素 0.2%、哒螨灵 4.8%/2014.01.20 至 2019.01.20/低毒(原药高毒)
苹果树 红蜘蛛 25-33.3毫克/千克 喷雾
PD20091575 毒死蜱/45%/乳油/毒死蜱 45%/2014.02.03 至 2019.02.03/中等毒
水稻 二化螟 468-576克/公顷 喷雾
PD20092811 敌百·毒死蜱/40%/乳油/敌百虫 20%、毒死蜱 20%/2014.03.04 至 2019.03.04/中等毒
棉花 棉铃虫 367.5-472.5克/公顷 喷雾
PD20093119 联苯菊酯/25克/升/乳油/联苯菊酯 25克/升/2014.03.10 至 2019.03.10/低毒

茶树	茶小绿叶蝉	37.5-41.25克/公顷	喷雾

PD20093933 代森锰锌/80%/可湿性粉剂/代森锰锌 80%/2014.03.27 至 2019.03.27/低毒

苹果树	斑点落叶病	1000-1500毫克/千克	喷雾

PD20094042 精喹禾灵/5%/乳油/精喹禾灵 5%/2014.03.27 至 2019.03.27/低毒

花生田	一年生禾本科杂草	37.5-60克/公顷	茎叶喷雾

PD20094737 甲霜·锰锌/58%/可湿性粉剂/甲霜灵 10%、代森锰锌 48%/2014.04.10 至 2019.04.10/低毒

黄瓜	霜霉病	978-1632克/公顷	喷雾

PD20096220 炔螨特/57%/乳油/炔螨特 57%/2014.07.15 至 2019.07.15/低毒

苹果树	红蜘蛛	285—475毫克/千克	喷雾

PD20097638 溴氰·矿物油/85%/乳油/矿物油 85%、溴氰菊酯 0.025%/2014.11.03 至 2019.11.03/低毒

棉花	红蜘蛛、蚜虫	1275-1950克/公顷	喷雾

PD20098180 甲基硫菌灵/50%/可湿性粉剂/甲基硫菌灵 50%/2014.12.14 至 2019.12.14/低毒

水稻	纹枯病	1050—1500克/公顷	喷雾

PD20100724 氯氰·丙溴磷/440克/升/乳油/丙溴磷 400克/升、氯氰菊酯 40克/升/2015.01.16 至 2020.01.16/中等毒

棉花	棉铃虫	528-792克/公顷	喷雾

PD20111436 苯醚甲环唑/37%/水分散粒剂/苯醚甲环唑 37%/2011.12.29 至 2016.12.29/低毒

梨树	黑星病	14.3-16.7毫克/千克	喷雾

PD20130787 啶虫脒/5%/乳油/啶虫脒 5%/2013.05.20 至 2018.05.20/低毒

柑橘树	蚜虫	7.5-10毫克/千克	喷雾

PD20131006 吡虫啉/20%/可溶液剂/吡虫啉 20%/2013.05.13 至 2018.05.13/低毒

水稻	稻飞虱	25-30克/公顷	喷雾

PD20131594 阿维菌素/1.8%/乳油/阿维菌素 1.8%/2013.07.29 至 2018.07.29/低毒(原药高毒)

柑橘树	红蜘蛛	4.5-9毫克/千克	喷雾

PD20131859 多粘类芽孢杆菌/50亿CFU/克/母药/多粘类芽孢杆菌 50亿CFU/克/2013.09.24 至 2018.09.24/微毒

PD20132014 春雷霉素/6%/可湿性粉剂/春雷霉素 6%/2013.10.21 至 2018.10.21/低毒

黄瓜	枯萎病	266.7-400毫克/千克	喷雾

PD20132151 高氯·吡虫啉/3%/乳油/吡虫啉 1.5%、高效氯氰菊酯 1.5%/2013.10.29 至 2018.10.29/低毒

小麦	蚜虫	13.5-22.5克/公顷	喷雾

PD20132173 三唑锡/25%/可湿性粉剂/三唑锡 25%/2013.10.29 至 2018.10.29/低毒

柑橘树	红蜘蛛	125-166.7毫克/千克	喷雾

PD20132480 烯酰吗啉/80%/水分散粒剂/烯酰吗啉 80%/2013.12.09 至 2018.12.09/低毒

黄瓜	霜霉病	240-300克/公顷	喷雾

PD20141417 井冈·三环唑/20%/可湿性粉剂/井冈霉素A 5%、三环唑 15%/2014.06.06 至 2019.06.06/低毒

水稻	稻曲病、稻瘟病、纹枯病	300-450克/公顷	喷雾

PD20152586 噻虫嗪/25%/水分散粒剂/噻虫嗪 25%/2015.12.17 至 2020.12.17/低毒

水稻	稻飞虱	7.5-15克/公顷	喷雾

山西省南风化工集团股份有限公司 (山西省运城市盐湖区解放路294号 044000 0359-8967089)

WP20130139 杀蟑气雾剂/0.2%/气雾剂/炔咪菊酯 0.1%、右旋苯醚氰菊酯 0.1%/2013.06.24 至 2018.06.24/低毒

卫生	蜚蠊	/	喷雾

WP20140206 杀虫气雾剂/0.33%/气雾剂/炔丙菊酯 0.06%、右旋胺菊酯 0.18%、右旋苯醚菊酯 0.09%/2014.09.03 至2019.09.03/低毒

室内	蚊、蝇		喷雾

山西省农科院棉花所三联农化实验厂 (山西省运城市盐湖区黄河大道118号 044000 0359-2128120)

PD20092111 甲硫·福美双/70%/可湿性粉剂/福美双 30%、甲基硫菌灵 40%/2014.02.23 至 2019.02.23/低毒

苹果树	轮纹病	600-800倍液	喷雾

PD20094393 唑酮·氧乐果/21%/乳油/三唑酮 6%、氧乐果 15%/2014.04.01 至 2019.04.01/中等毒(原药高毒)

小麦	白粉病、蚜虫	378-472.5克/公顷	喷雾

PD20097582 复硝酚钠/0.7%/水剂/复硝酚钠 0.7%/2014.11.03 至 2019.11.03/低毒

番茄	调节生长	2000 3000倍液	茎叶喷雾

山西省平陆环球植保农药厂 (山西省运城地区平陆县常乐镇东大街3号 044307 0359-3632320)

PD20085567 丁硫克百威/200克/升/乳油/丁硫克百威 200克/升/2013.12.25 至 2018.12.25/中等毒

棉花	蚜虫	135-180克/公顷	喷雾

PD20090748 高氯·马/37%/乳油/高效氯氰菊酯 0.8%、马拉硫磷 36.2%/2014.01.19 至 2019.01.19/中等毒

甘蓝	菜青虫	194.25-360.75克/公顷	喷雾
柑橘树	蚜虫	92.5-185毫克/千克	喷雾

PD20098280 联苯菊酯/25克/升/乳油/联苯菊酯 25克/升/2014.12.18 至 2019.12.18/低毒

苹果树	桃小食心虫	20.8-31.25毫克/千克	喷雾

PD20100367 毒死蜱/40%/乳油/毒死蜱 40%/2015.01.11 至 2020.01.11/中等毒

水稻	二化螟	468-576克/公顷	喷雾

山西省太原高新技术产业西芮生物有限公司 (山西省太原市高新区创业街8号 030006 0351-2209721)

PD90106-24 苏云金杆菌/100亿活芽孢/毫升/悬浮剂/苏云金杆菌 100亿活芽孢/毫升/2015.07.12 至 2020.07.12/低毒

白菜、萝卜、青菜	菜青虫、小菜蛾	1500-2250克制剂/公顷	喷雾
茶树	茶毛虫	3000克制剂/公顷	喷雾
高粱、玉米	玉米螟	2250-3000克制剂/公顷	加细沙灌心叶

梨树、苹果树、桃树、枣树 尺蠖、食心虫 200倍液 喷雾
林木 尺蠖、柳毒蛾、松毛虫 150-200倍液 喷雾
棉花 棉铃虫、造桥虫 3750-6000毫升制剂/公顷 喷雾
水稻 稻苞虫、螟虫 3000-6000毫升制剂/公顷 喷雾
烟草 烟青虫 3000克制剂/公顷 喷雾

山西省阳泉市双泉化工厂 (山西省阳泉市李家庄东 045000 0353-2110166)

PD20096838 腐植酸·铜/2.12%/水剂/腐殖酸 2%、硫酸铜 0.12%/2014.09.21 至 2019.09.21/低毒
苹果树 腐烂病 200克制剂/平方米 涂抹病疤
WP20090264 杀虫块剂/25%/块剂/敌敌畏 25%/2014.05.11 至 2019.05.11/低毒
卫生 蝇 25克制剂/立方米 投放

山西省运城精化农药有限公司 (山西省运城市19号信箱 044000 0359-2899338)

PD20092844 甲基硫菌灵/36%/悬浮剂/甲基硫菌灵 36%/2014.03.05 至 2019.03.05/低毒
水稻 纹枯病 330-470克/公顷 喷雾
PD20092914 代森锰锌/70%/可湿性粉剂/代森锰锌 70%/2014.03.05 至 2019.03.05/低毒
番茄 早疫病 1837.5-2362.5克/公顷 喷雾
PD20095206 百菌清/45%/烟剂/百菌清 45%/2014.04.24 至 2019.04.24/低毒
黄瓜 霜霉病 750—1200克/公顷 点燃放烟
PD20095396 吡虫·辛硫磷/25%/乳油/吡虫啉 1%、辛硫磷 24%/2014.04.27 至 2019.04.27/低毒
白菜 蚜虫 56.25-75克/公顷 喷雾
PD20097418 腐霉·百菌清/25%/烟剂/百菌清 20%、腐霉利 5%/2014.10.28 至 2019.10.28/低毒
番茄(保护地) 灰霉病 750-937.5克/公顷 点燃放烟

山西省芮城华农生物化学有限公司 (山西省芮城县东郊 044600 0359-3080094)

PD20082374 硫磺/10%/脂膏/硫磺 10%/2013.12.01 至 2018.12.01/低毒
苹果树 腐烂病 原液100-150克/平方米 先刮除病疤后用原液涂患处
PD20084861 代森锰锌/80%/可湿性粉剂/代森锰锌 80%/2013.12.22 至 2018.12.22/低毒
柑橘树 疮痂病 1333-1000毫克/千克 喷雾
PD20092728 百菌清/75%/可湿性粉剂/百菌清 75%/2014.03.04 至 2019.03.04/低毒
水稻 稻瘟病 1125-1462.5克/公顷 喷雾
PD20094703 甲基硫菌灵/70%/可湿性粉剂/甲基硫菌灵 70%/2014.04.10 至 2019.04.10/低毒
番茄 叶霉病 420-630克/公顷 喷雾

山西省芮城县生物农药厂 (山西省芮城县县城西郊 044600 0359-3072070)

PD20092430 苏云金杆菌/4000IU/微升/悬浮剂/苏云金杆菌 4000IU/微升/2014.02.25 至 2019.02.25/低毒
棉花 棉铃虫 3750-6000克制剂/公顷 喷雾
十字花科蔬菜 小菜蛾 1500-2250克制剂/公顷 喷雾
PD20100958 毒死蜱/480克/升/乳油/毒死蜱 480克/升/2010.01.19 至 2015.01.19/中等毒
苹果树 桃小食心虫 240-300毫克/千克 喷雾
水稻 二化螟 576-720克/公顷 喷雾

山西向阳生物科技有限公司 (山西省吕梁市交城县安定工业区 030507 0358-3906197)

PD20090465 敌敌畏/28%/缓释剂/敌敌畏 28%/2014.01.12 至 2019.01.12/中等毒
玉米 玉米象 2.8-4.2克/立方米 熏蒸
WP20080289 杀蝇饵剂/1%/毒饵/高效氯氰菊酯 1%/2013.12.03 至 2018.12.03/低毒
卫生 蝇 / 投放
WP20080296 蚊香/0.2%/蚊香/富右旋反式烯丙菊酯 0.2%/2013.12.03 至 2018.12.03/低毒
卫生 蚊 / 点燃

山西永合化工有限公司 (山西省临猗县临晋镇 044102 0359-4321844)

PD20082209 异菌·福美双/50%/可湿性粉剂/福美双 40%、异菌脲 10%/2013.11.26 至 2018.11.26/低毒
番茄 灰霉病 705-937.5克/公顷 喷雾
PD20082578 代森锰锌/80%/可湿性粉剂/代森锰锌 80%/2013.12.04 至 2018.12.04/低毒
番茄 早疫病 1845-2370克/公顷 喷雾
苹果树 轮纹病 640-800倍液 喷雾
PD20084151 氯氰·辛硫磷/20%/乳油/氯氰菊酯 1.5%、辛硫磷 18.5%/2013.12.16 至 2018.12.16/中等毒
棉花 棉铃虫、蚜虫 225-300克/公顷 喷雾
PD20092173 毒死蜱/480克/升/乳油/毒死蜱 480克/升/2014.02.23 至 2019.02.23/中等毒
水稻 二化螟 360-576克/公顷 喷雾
PD20092719 丁硫克百威/200克/升/乳油/丁硫克百威 200克/升/2014.03.04 至 2019.03.04/中等毒
棉花 蚜虫 90-180克/公顷 喷雾
PD20093197 萘乙酸/0.03%/水剂/萘乙酸 0.03%/2014.03.11 至 2019.03.11/低毒
棉花 调节生长 300-500倍液 喷雾
PD20094484 萘乙酸/1%/水剂/萘乙酸 1%/2014.04.09 至 2019.04.09/低毒
小麦 调节生长、增产 3000-5000倍液 喷雾
PD20094533 甲基硫菌灵/50%/可湿性粉剂/甲基硫菌灵 50%/2014.04.09 至 2019.04.09/低毒

苹果树　轮纹病　625-833毫克/千克　喷雾
水稻　稻瘟病　938-1250克/公顷　喷雾
PD20094806　联苯菊酯/25克/升/乳油/联苯菊酯 25克/升/2014.04.13 至 2019.04.13/低毒
茶树　茶小绿叶蝉　30-37.5克/公顷　喷雾
PD20094893　萘乙酸/0.6%/水剂/萘乙酸 0.6%/2014.04.13 至 2019.04.13/低毒
棉花　调节生长、增产　2000-3000倍液　喷雾
PD20095085　速灭威/25%/可湿性粉剂/速灭威 25%/2014.04.22 至 2019.04.22/低毒
水稻　稻飞虱　562.5-750克/公顷　喷雾
PD20095156　萘乙酸/0.1%/水剂/萘乙酸 0.1%/2014.04.24 至 2019.04.24/低毒
棉花　调节生长　750-1000倍液　喷雾
PD20096118　代森锌/80%/可湿性粉剂/代森锌 80%/2014.06.18 至 2019.06.18/低毒
花生　叶斑病　1000-1200克/公顷　喷雾
PD20097386　吗胍·乙酸铜/20%/可溶粉剂/盐酸吗啉胍 18%、乙酸铜 2%/2014.10.28 至 2019.10.28/低毒
番茄　病毒病　499.5-750克/公顷　喷雾
PD20100346　哒螨·矿物油/34%/乳油/哒螨灵 4%、矿物油 30%/2015.01.11 至 2020.01.11/中等毒
柑橘树　红蜘蛛　226.7-340毫克/千克　喷雾
PD20100806　甲氰·矿物油/65%/乳油/甲氰菊酯 0.5%、矿物油 64.5%/2015.01.19 至 2020.01.19/中等毒
棉花　蚜虫　198-274.22克/公顷　喷雾
苹果树　黄蚜　650-812.5毫克/千克　喷雾
PD20100889　精喹禾灵/5%/乳油/精喹禾灵 5%/2015.01.19 至 2020.01.19/低毒
大豆田　一年生禾本科杂草　37.5-60克/公顷　喷雾
PD20100956　氟乐灵/480克/升/乳油/氟乐灵 480克/升/2015.01.19 至 2020.01.19/低毒
棉花田　一年生禾本科杂草　720-1080克/公顷　土壤喷雾
PD20101027　三唑酮/25%/可湿性粉剂/三唑酮 25%/2015.01.20 至 2020.01.20/低毒
小麦　白粉病　105－130克/公顷　喷雾
PD20102067　络氨铜/15%/水剂/络氨铜 15%/2015.11.03 至 2020.11.03/低毒
苹果树　腐烂病　100克原液/平方米　涂抹病疤
PD20110111　甲氰·矿物油/28%/乳油/甲氰菊酯 3%、矿物油 25%/2016.01.26 至 2021.01.26/中等毒
柑橘树　红蜘蛛　187-280毫克/千克　喷雾
PD20110205　络氨铜/25%/水剂/络氨铜 25%/2016.02.18 至 2021.02.18/低毒
棉花　立枯病、炭疽病　99-132克/100千克种子　拌种
水稻　纹枯病　465-690克/公顷　喷雾
西瓜　枯萎病　0.2-0.25克/株　灌根
PD20110220　络铜·柠铜/21.4%/水剂/络氨铜 15%、柠檬酸铜 6.4%/2016.02.24 至 2021.02.24/低毒
西瓜　枯萎病　500-600倍液　灌根
PD20152475　啶虫脒/70%/水分散粒剂/啶虫脒 70%/2015.12.04 至 2020.12.04/低毒
黄瓜　蚜虫　15.75-26.25克/公顷　喷雾

山西运城绿康实业有限公司　（山西省运城空港开发区关公西街　044000　0359-2538395）

PD86109-17　苏云金杆菌/16000IU/毫克/可湿性粉剂/苏云金杆菌 16000IU/毫克/2011.11.26 至 2016.11.26/低毒
白菜、萝卜、青菜　菜青虫、小菜蛾　1500-4500克制剂/公顷　喷雾
茶树　茶毛虫　1500-7500克制剂/公顷　喷雾
大豆、甘薯　天蛾　1500-2250克制剂/公顷　喷雾
柑橘树　柑橘凤蝶　2250-3750克制剂/公顷　喷雾
高粱、玉米　玉米螟　3750-4500克制剂/公顷　喷雾、毒土
梨树　天幕毛虫　1500-3750克制剂/公顷　喷雾
林木　尺蠖、柳毒蛾、松毛虫　2250-7500克制剂/公顷　喷雾
棉花　棉铃虫、造桥虫　1500-7500克制剂/公顷　喷雾
苹果树　巢蛾　2250-3750克制剂/公顷　喷雾
水稻　稻苞虫、稻纵卷叶螟　1500-6000克制剂/公顷　喷雾
烟草　烟青虫　3750-7500克制剂/公顷　喷雾
枣树　尺蠖　3750-4500克制剂/公顷　喷雾
PD20040490　吡虫啉/5%/乳油/吡虫啉 5%/2014.12.19 至 2019.12.19/低毒
小麦　蚜虫　11.25-18.75克/公顷　喷雾
枸杞　蚜虫　33.3-50毫克/千克　喷雾
PD20040572　吡虫·三唑酮/15%/可湿性粉剂/吡虫啉 2.5%、三唑酮 12.5%/2014.12.19 至 2019.12.19/低毒
小麦　白粉病、蚜虫　135-180克/公顷　喷雾
PD20083493　多菌灵/25%/可湿性粉剂/多菌灵 25%/2013.12.12 至 2018.12.12/低毒
油菜　菌核病　1125-1500克/公顷　喷雾
PD20083884　异丙威/10%/烟剂/异丙威 10%/2013.12.15 至 2018.12.15/低毒
黄瓜(保护地)　蚜虫　525-750克/公顷　点燃放烟
PD20085290　三唑锡/20%/可湿性粉剂/三唑锡 20%/2013.12.23 至 2018.12.23/低毒
柑橘树　红蜘蛛　125-167毫克/千克　喷雾
PD20085699　霜脲·锰锌/36%/悬浮剂/代森锰锌 32%、霜脲氰 4%/2013.12.26 至 2018.12.26/低毒

黄瓜　霜霉病　1440－1800克/公顷　喷雾
PD20085807　四螨嗪/500克/升/悬浮剂/四螨嗪 500克/升/2013.12.29 至 2018.12.29/低毒
苹果树　红蜘蛛　83-100毫克/千克　喷雾
PD20090895　苯丁锡/50%/可湿性粉剂/苯丁锡 50%/2014.01.19 至 2019.01.19/低毒
柑橘树　红蜘蛛　200-250毫克/千克　喷雾
PD20090975　高氯・马/20%/乳油/高效氯氰菊酯 2%、马拉硫磷 18%/2014.01.20 至 2019.01.20/低毒
十字花科蔬菜　菜青虫　120-180克/公顷　喷雾
PD20091196　多・锰锌/50%/可湿性粉剂/多菌灵 8%、代森锰锌 42%/2014.02.01 至 2019.02.01/低毒
苹果　斑点落叶病　1000-1250毫克/千克　喷雾
PD20091949　异稻・三环唑/30%/悬浮剂/三环唑 10%、异稻瘟净 20%/2014.02.12 至 2019.02.12/低毒
水稻　稻瘟病　315-450克/公顷　喷雾
PD20091977　代森锰锌/30%/悬浮剂/代森锰锌 30%/2014.02.12 至 2019.02.12/低毒
番茄　早疫病　1080-1440克/公顷　喷雾
PD20092087　硫磺・三唑酮/20%/可湿性粉剂/硫磺 10%、三唑酮 10%/2014.02.16 至 2019.02.16/低毒
小麦　白粉病　180-300克/公顷　喷雾
PD20092335　噻嗪・异丙威/25%/可湿性粉剂/噻嗪酮 5%、异丙威 20%/2014.02.24 至 2019.02.24/低毒
水稻　稻飞虱　450-562.5克/公顷　喷雾
PD20092462　丙环唑/250克/升/乳油/丙环唑 250克/升/2014.02.25 至 2019.02.25/低毒
香蕉　叶斑病　250-500毫克/千克　喷雾
PD20092654　腐霉利/15%/烟剂/腐霉利 15%/2014.03.03 至 2019.03.03/低毒
韭菜　灰霉病　450-750克/公顷　点燃放烟
PD20092681　井冈・三环唑/20%/可湿性粉剂/井冈霉素A 5%、三环唑 15%/2014.03.03 至 2019.03.03/低毒
水稻　稻曲病、稻瘟病、纹枯病　300-450克/公顷　喷雾
PD20093106　三唑锡/20%/悬浮剂/三唑锡 20%/2014.03.09 至 2019.03.09/低毒
柑橘树　红蜘蛛　100-200毫克/千克　喷雾
PD20093233　甲基硫菌灵/500克/升/悬浮剂/甲基硫菌灵 500克/升/2014.03.11 至 2019.03.11/低毒
水稻　纹枯病　1125-1500克/公顷　喷雾
PD20093425　联苯菊酯/100克/升/乳油/联苯菊酯 100克/升/2014.03.23 至 2019.03.23/中等毒
茶树　茶小绿叶蝉　30-37.5克/公顷　喷雾
PD20094429　复硝酚钾/2%/水剂/2,4-二硝基苯酚钾 0.1%、对硝基苯酚钾 1%、邻硝基苯酚钾 0.9%/2014.04.01 至 2019.04.01/低毒
十字花科蔬菜　调节生长　2000-3000倍液　喷雾
PD20094714　百菌清/45%/烟剂/百菌清 45%/2014.04.10 至 2019.04.10/低毒
黄瓜(保护地)　霜霉病　1200-1485克/公顷　点燃放烟
PD20095646　锰锌・腈菌唑/60%/可湿性粉剂/腈菌唑 2%、代森锰锌 58%/2014.05.12 至 2019.05.12/低毒
梨树　黑星病　1000-1500倍液　喷雾
PD20097257　盐酸吗啉胍/5%/可溶粉剂/盐酸吗啉胍 5%/2014.10.19 至 2019.10.19/低毒
番茄　病毒病　140.6-281.2克/公顷　喷雾
PD20097454　吡虫・杀虫单/35%/可湿性粉剂/吡虫啉 1%、杀虫单 34%/2014.10.28 至 2019.10.28/低毒
水稻　稻飞虱、稻纵卷叶螟、二化螟、三化螟　450-750克/公顷　喷雾
PD20098081　哒螨灵/15%/乳油/哒螨灵 15%/2014.12.08 至 2019.12.08/中等毒
苹果树　红蜘蛛　47.5-63.3毫克/千克　喷雾
PD20100465　复硝酚钾/95%/原药/2,4-二硝基苯酚钾 4.75%、对硝基苯酚钾 47.5%、邻硝基苯酚钾 42.75%/2015.01.14 至2020.01.14/低毒
PD20101296　甲基硫菌灵/70%/可湿性粉剂/甲基硫菌灵 70%/2015.03.10 至 2020.03.10/低毒
苹果树　轮纹病　623－1157毫克/千克　喷雾
PD20101324　多・锰锌/40%/可湿性粉剂/多菌灵 20%、代森锰锌 20%/2015.03.17 至 2020.03.17/低毒
梨树　黑星病　400-600倍液　喷雾
PD20101627　五氯硝基苯/40%/粉剂/五氯硝基苯 40%/2015.06.03 至 2020.06.03/低毒
小麦　黑穗病　150-200克/100千克种子　拌种
PD20101678　辛菌・吗啉胍/5.9%/水剂/盐酸吗啉胍 5%、辛菌胺 0.9%/2015.06.08 至 2020.06.08/低毒
番茄　病毒病　121-141克/公顷　喷雾
PD20110649　啶虫脒/5%/可湿性粉剂/啶虫脒 5%/2011.06.20 至 2016.06.20/低毒
柑橘树　蚜虫　8.6-12毫克/千克　喷雾
PD20111298　甲氰・噻螨酮/7.5%/乳油/甲氰菊酯 5%、噻螨酮 2.5%/2011.11.24 至 2016.11.24/低毒
苹果树　红蜘蛛　75-100毫克/千克　喷雾
PD20111404　苯醚甲环唑/37%/水分散粒剂/苯醚甲环唑 37%/2011.12.22 至 2016.12.22/低毒
香蕉　叶斑病　74-92.5毫克/千克　喷雾
PD20111442　腈菌唑/40%/可湿性粉剂/腈菌唑 40%/2011.12.29 至 2016.12.29/低毒
梨树　黑星病　40-66.7毫克/千克　喷雾
PD20120019　己唑醇/30%/悬浮剂/己唑醇 30%/2012.01.06 至 2017.01.06/低毒
苹果树　斑点落叶病　42.9-60毫克/千克　喷雾
水稻　纹枯病　54-67.5克/公顷　喷雾
PD20120129　甲氨基阿维菌素苯甲酸盐/5%/水分散粒剂/甲氨基阿维菌素 5%/2012.01.29 至 2017.01.29/低毒

甘蓝 小菜蛾 1.5-2.25克/公顷 喷雾
注:甲氨基阿维菌素苯甲酸盐含量:5.7%。

PD20121022 嘧霉胺/40%/水分散粒剂/嘧霉胺 40%/2012.07.02 至 2017.07.02/低毒
黄瓜 灰霉病 360-540克/公顷 喷雾

PD20121031 烯酰吗啉/80%/水分散粒剂/烯酰吗啉 80%/2012.07.02 至 2017.07.02/低毒
黄瓜 霜霉病 216-384克/公顷 喷雾

PD20121695 噁霉灵/70%/可湿性粉剂/噁霉灵 70%/2012.11.05 至 2017.11.05/低毒
甜菜 立枯病 385-490克/100千克种子 拌种

PD20121700 戊唑醇/430克/升/悬浮剂/戊唑醇 430克/升/2012.11.05 至 2017.11.05/低毒
苹果树 斑点落叶病 71.7-86.0毫克/千克 喷雾

PD20121705 甲霜・噁霉灵/3%/水剂/噁霉灵 2.5%、甲霜灵 0.5%/2012.11.05 至 2017.11.05/微毒
水稻育秧田 立枯病 0.36-0.54克/平方米 喷雾

PD20131392 噻螨酮/5%/可湿性粉剂/噻螨酮 5%/2013.06.24 至 2018.06.24/低毒
柑橘树 红蜘蛛 25-50毫克/千克 喷雾

PD20142007 苯甲・嘧菌酯/325克/升/悬浮剂/苯醚甲环唑 125克/升、嘧菌酯 200克/升/2014.08.14 至 2019.08.14/低毒
西瓜 蔓枯病 146.25—243.75克/公顷 喷雾

PD20142613 春雷霉素/6%/可湿性粉剂/春雷霉素 6%/2014.12.15 至 2019.12.15/低毒
水稻 稻瘟病 27—36克/公顷 喷雾

PD20151292 高效氯氰菊酯/4.5%/水乳剂/高效氯氰菊酯 4.5%/2015.07.30 至 2020.07.30/低毒
甘蓝 菜青虫 21.95—27克/公顷 喷雾

PD20152285 噻虫・吡蚜酮/50%/水分散粒剂/吡蚜酮 30%、噻虫嗪 20%/2015.10.20 至 2020.10.20/低毒
水稻 稻飞虱 22.5-37.5克/公顷 喷雾

PD20152479 戊唑・醚菌酯/70%/水分散粒剂/醚菌酯 30%、戊唑醇 40%/2015.12.04 至 2020.12.04/低毒
苹果树 斑点落叶病 117-140毫克/千克 喷雾

LS20140013 戊唑・嘧菌酯/50%/水分散粒剂/嘧菌酯 20%、戊唑醇 30%/2015.01.14 至 2016.01.14/低毒
观赏玫瑰 褐斑病 83-125毫克/千克 喷雾

LS20140016 烯酰・嘧菌酯/50%/水分散粒剂/嘧菌酯 20%、烯酰吗啉 30%/2015.01.14 至 2016.01.14/低毒
观赏菊花 霜霉病 200-333毫克/千克 喷雾

LS20140064 嘧环・异菌脲/50%/水分散粒剂/异菌脲 20%、嘧菌环胺 30%/2015.02.18 至 2016.02.18/低毒
观赏百合 灰霉病 168-225克/公顷 喷雾

LS20150082 戊唑・醚菌酯/40%/悬浮剂/醚菌酯 25%、戊唑醇 15%/2015.04.16 至 2016.04.16/低毒
草坪 褐斑病 160-200毫克/千克 喷雾

山西泓洋化工有限公司 (山西省临猗县临晋镇农贸街西 044102 0359-4321695)

PD20085135 阿维・高氯/1.8%/乳油/阿维菌素 0.3%、高效氯氰菊酯 1.5%/2014.12.23 至 2019.12.23/低毒(原药高毒)
梨树 梨木虱 6-12毫克/千克 喷雾
十字花科蔬菜 菜青虫、小菜蛾 7.5-15克/公顷 喷雾

PD20086216 百菌清/45%/烟剂/百菌清 45%/2013.12.31 至 2018.12.31/低毒
黄瓜(保护地) 霜霉病 750—1200克/公顷 点燃放烟

PD20094721 联苯菊酯/25克/升/乳油/联苯菊酯 25克/升/2014.04.10 至 2019.04.10/低毒
苹果树 桃小食心虫 25-31.25毫克/千克 喷雾

PD20110012 毒死蜱/45%/乳油/毒死蜱 45%/2016.01.04 至 2021.01.04/中等毒
柑橘树 红蜘蛛 480-600毫升/千克 喷雾

太原市华罡化工科技有限公司 (山西省太原市尖草坪区阳曲镇皇后园 030008 0351-3946499)

PD85151-2 2,4-滴丁酯/57%/乳油/2,4-滴丁酯 57%/2010.08.15 至 2015.08.15/低毒
谷子、小麦 双子叶杂草 525克/公顷 喷雾
水稻 双子叶杂草 300-525克/公顷 喷雾
玉米 双子叶杂草 1)1050克/公顷2)450-525克/公顷 1)苗前土壤处理2)喷雾

万荣欣苗农药化工有限公司 (山西省万荣县荣河化工工业园区A区1号 044205 0359-4588336)

PDN58-98 辛硫・甲拌磷/10%/粉粒剂/甲拌磷 4%、辛硫磷 6%/2013.12.10 至 2018.12.10/中等毒(原药高毒)
大豆 地下害虫 900-1125克/公顷 播种时撒毒砂
红麻 根结线虫 4500-6000克/公顷 沟施
花生 蛴螬 600-900克/公顷 毒土盖种
棉花 苗蚜、小地老虎 600-800克/100千克种子 拌种
小麦 地下害虫 200-300克/100千克种子 拌种

运城绿齐农药有限公司 (山西省临猗县东环路188号 044000 0359-2025999)

PD20091484 联苯菊酯/100克/升/乳油/联苯菊酯 100克/升/2014.02.02 至 2019.02.02/中等毒
柑橘树 红蜘蛛 20-40毫克/千克 喷雾

PD20092158 霜霉威盐酸盐/66.5%/水剂/霜霉威盐酸盐 66.5%/2014.02.23 至 2019.02.23/低毒
黄瓜 霜霉病 650-1083克/公顷 喷雾

PD20093747 吡虫・辛硫磷/25%/乳油/吡虫啉 1.5%、辛硫磷 23.5%/2014.03.25 至 2019.03.25/低毒
萝卜 蚜虫 150-225克/公顷 喷雾

PD20098401 双甲脒/200克/升/乳油/双甲脒 200克/升/2014.12.18 至 2019.12.18/低毒

柑橘树 介壳虫 200-250毫克/千克 喷雾

PD20130180 苦参碱/0.3%/水剂/苦参碱 0.3%/2013.01.24 至 2018.01.24/低毒

甘蓝 菜青虫 4.05-5.13克/公顷 喷雾

梨树 黑星病 6-7.2毫克/千克 喷雾

运城市星海化工有限公司 (山西省运城市盐湖区大渠乡羊驮寺村(运临老路) 044000 0359-8687900)

PD20093886 联苯菊酯/100克/升/乳油/联苯菊酯 100克/升/2014.03.25 至 2019.03.25/中等毒

茶树 茶小绿叶蝉 30-45克/公顷 喷雾

PD20094199 甲基硫菌灵/70%/可湿性粉剂/甲基硫菌灵 70%/2014.03.30 至 2019.03.30/低毒

水稻 纹枯病 1050-1500克/公顷 喷雾

PD20094367 噻嗪酮/25%/可湿性粉剂/噻嗪酮 25%/2014.04.01 至 2019.04.01/低毒

水稻 稻飞虱 93.75-112.5克/公顷 喷雾

PD20094712 代森锰锌/80%/可湿性粉剂/代森锰锌 80%/2014.04.10 至 2019.04.10/低毒

苹果树 斑点落叶病 1000-1333.3毫克/千克 喷雾

PD20094713 丙环唑/250克/升/乳油/丙环唑 250克/升/2014.04.10 至 2019.04.10/低毒

香蕉 叶斑病 250-500毫克/千克 喷雾

PD20094783 三唑酮/25%/可湿性粉剂/三唑酮 25%/2014.04.13 至 2019.04.13/低毒

小麦 白粉病、锈病 105-142.5克/公顷 喷雾

PD20096001 氰戊菊酯/20%/乳油/氰戊菊酯 20%/2014.06.11 至 2019.06.11/低毒

苹果树 桃小食心虫 80-100毫克/千克 喷雾

PD20098446 溴氰菊酯/25克/升/乳油/溴氰菊酯 25克/升/2014.12.24 至 2019.12.24/低毒

苹果树 蚜虫 8.3-12.5毫克/千克 喷雾

陕西省

陕西安德瑞普生物化学有限公司 (陕西省大荔火车站 714000 029-86210198)

PD20082737 多·福/60%/可湿性粉剂/多菌灵 30%、福美双 30%/2013.12.08 至 2018.12.08/低毒

梨树 黑星病 400-600倍液 喷雾

PD20083894 氯氰·马拉松/36%/乳油/氯氰菊酯 0.8%、马拉硫磷 35.2%/2013.12.15 至 2018.12.15/中等毒

棉花 棉铃虫 264.6-353.7克/公顷 喷雾

PD20085707 克百·敌百虫/3%/颗粒剂/敌百虫 2%、克百威 1%/2013.12.26 至 2018.12.26/低毒(原药高毒)

棉花 蚜虫 900-1350克/公顷 沟施、穴施

PD20091509 代森锰锌/88%/原药/代森锰锌 88%/2014.02.02 至 2019.02.02/低毒

PD20091564 甲基硫菌灵/70%/可湿性粉剂/甲基硫菌灵 70%/2014.02.03 至 2019.02.03/低毒

苹果树 轮纹病 875-1167毫克/千克 喷雾

PD20092493 代森锰锌/80%/可湿性粉剂/代森锰锌 80%/2014.02.26 至 2019.02.26/低毒

番茄 早疫病 1560-2520克/公顷 喷雾

苹果树 炭疽病 1000-1333.3毫克/千克 喷雾

PD20098037 代森锌/80%/可湿性粉剂/代森锌 80%/2014.12.07 至 2019.12.07/低毒

番茄 早疫病 2550-3600克/公顷 喷雾

PD20100725 唑螨酯/5%/悬浮剂/唑螨酯 5%/2015.01.16 至 2020.01.16/低毒

柑橘树 红蜘蛛 25-50毫克/千克 喷雾

PD20100785 联苯菊酯/100克/升/乳油/联苯菊酯 100克/升/2015.01.18 至 2020.01.18/中等毒

茶树 茶小绿叶蝉 30-37.5克/公顷 喷雾

PD20140539 吡虫啉/70%/水分散粒剂/吡虫啉 70%/2014.03.06 至 2019.03.06/低毒

甘蓝 蚜虫 15.75-26.26克/公顷 喷雾

PD20151647 戊唑醇/80%/可湿性粉剂/戊唑醇 80%/2015.08.28 至 2020.08.28/低毒

小麦 锈病 75-120克/公顷 喷雾

PD20151667 噻虫嗪/30%/悬浮剂/噻虫嗪 30%/2015.08.28 至 2020.08.28/低毒

水稻 稻飞虱 13.5-18克/公顷 喷雾

PD20151731 氯氟·啶虫脒/26%/水分散粒剂/啶虫脒 23.5%、高效氯氟氰菊酯 2.5%/2015.08.28 至 2020.08.28/低毒

小白菜 蚜虫 23.4-31.2克/公顷 喷雾

陕西白鹿农化有限公司 (陕西省咸阳市三原县陵前镇 713806 029-32334246)

PD85105-16 敌敌畏/80%/乳油/敌敌畏 77.5%/2010.01.30 至 2015.01.30/中等毒

茶树 食叶害虫 600克/公顷 喷雾

粮仓 多种储藏害虫 1)400-500倍液2)0.4-0.5克/立方米 1)喷雾2)挂条熏蒸

棉花 蚜虫、造桥虫 600-1200克/公顷 喷雾

苹果树 小卷叶蛾、蚜虫 400-500毫克/千克 喷雾

青菜 菜青虫 600克/公顷 喷雾

桑树 尺蠖 600克/公顷 喷雾

卫生 多种卫生害虫 1)300-400倍液2)0.08克/立方米 1)泼洒2)挂条熏蒸

小麦 黏虫、蚜虫 600克/公顷 喷雾

PD85122-17 福美双/50%/可湿性粉剂/福美双 50%/2010.07.16 至 2015.07.16/中等毒

黄瓜 白粉病、霜霉病 500-1000倍液 喷雾

葡萄 白腐病 500-1000倍液 喷雾

水稻 稻瘟病、胡麻叶斑病 250克/100千克种子 拌种
甜菜、烟草 根腐病 500克/500千克温床土 土壤处理
小麦 白粉病、赤霉病 500倍液 喷雾
PD92101-8 多菌灵/40%/可湿性粉剂/多菌灵 40%/2012.04.25 至 2017.04.25/低毒
果树 病害 0.05-0.1%药液 喷雾
花生 倒秧病 70克/公顷 喷雾
麦类 赤霉病 750克/公顷 喷雾，泼浇
棉花 苗期病害 500克/100千克种子 拌种
水稻 稻瘟病、纹枯病 750克/公顷 喷雾，泼浇
油菜 菌核病 1025-1500克/公顷 喷雾

陕西标正作物科学有限公司 （陕西省渭南市高新区朝阳大街西段67号 714000 0913-2103863）

PD86157-14 硫磺/50%/悬浮剂/硫磺 50%/2014.01.16 至 2019.01.16/低毒
果树 白粉病 200-400倍液 喷雾
花卉 白粉病 750-1500克/公顷 喷雾
黄瓜 白粉病 1125-1500克/公顷 喷雾
橡胶树 白粉病 1875-3000克/公顷 喷雾
小麦 白粉病、螨 3000克/公顷 喷雾
PD20083011 马拉·辛硫磷/20%/乳油/马拉硫磷 10%、辛硫磷 10%/2013.12.10 至 2018.12.10/低毒
棉花 棉铃虫 240-300克/公顷 喷雾
PD20083353 百菌清/40%/悬浮剂/百菌清 40%/2013.12.11 至 2018.12.11/低毒
黄瓜 霜霉病 900-1200克/公顷 喷雾
PD20083400 多·福/50%/可湿性粉剂/多菌灵 20%、福美双 30%/2013.12.11 至 2018.12.11/低毒
葡萄 霜霉病 1000-1250毫克/千克 喷雾
PD20083415 杀螟丹/98%/可溶粉剂/杀螟丹 98%/2013.12.11 至 2018.12.11/中等毒
水稻 二化螟 735-882克/公顷 喷雾
PD20083431 毒死蜱/45%/乳油/毒死蜱 45%/2013.12.11 至 2018.12.11/中等毒
棉花 棉铃虫 576-864克/公顷 喷雾
PD20083432 丙环唑/250克/升/乳油/丙环唑 250克/升/2013.12.11 至 2018.12.11/低毒
香蕉 叶斑病 250-500毫克/千克 喷雾
PD20083471 代森锌/80%/可湿性粉剂/代森锌 80%/2013.12.12 至 2018.12.12/低毒
番茄 早疫病 2400-3600克/公顷 喷雾
PD20083477 甲基硫菌灵/500克/升/悬浮剂/甲基硫菌灵 500克/升/2013.12.12 至 2018.12.12/低毒
水稻 稻瘟病 750-1125克/公顷 喷雾
PD20083697 甲基硫菌灵/70%/可湿性粉剂/甲基硫菌灵 70%/2013.12.15 至 2018.12.15/低毒
番茄 叶霉病 420-630克/公顷 喷雾
PD20083776 三唑锡/20%/悬浮剂/三唑锡 20%/2013.12.15 至 2018.12.15/低毒
柑橘树 红蜘蛛 100-133毫克/千克 喷雾
PD20083923 异菌脲/255克/升/悬浮剂/异菌脲 255克/升/2013.12.15 至 2018.12.15/低毒
香蕉 冠腐病 1500-2250毫克/千克 浸果
PD20083937 联苯菊酯/25克/升/乳油/联苯菊酯 25克/升/2013.12.15 至 2018.12.15/低毒
茶树 小绿叶蝉 30-37.5克/公顷 喷雾
PD20084155 丙溴磷/500克/升/乳油/丙溴磷 500克/升/2013.12.16 至 2018.12.16/中等毒
棉花 棉铃虫 600-750克/公顷 喷雾
PD20084269 噻嗪·异丙威/25%/可湿性粉剂/噻嗪酮 5%、异丙威 20%/2013.12.17 至 2018.12.17/低毒
水稻 飞虱 375～562.5克/公顷 喷雾
PD20084305 多菌灵/80%/可湿性粉剂/多菌灵 80%/2013.12.17 至 2018.12.17/低毒
苹果 褐斑病 666.7-800毫克/千克 喷雾
PD20084313 杀螟丹/50%/可溶粉剂/杀螟丹 50%/2013.12.17 至 2018.12.17/低毒
水稻 二化螟 750-900克/公顷 喷雾
PD20084339 噻嗪酮/25%/可湿性粉剂/噻嗪酮 25%/2013.12.17 至 2018.12.17/低毒
水稻 稻飞虱 112.5-150克/公顷 喷雾
PD20084608 氟啶脲/50克/升/乳油/氟啶脲 50克/升/2013.12.18 至 2018.12.18/低毒
十字花科蔬菜 甜菜夜蛾 45-60克/公顷 喷雾
PD20084615 氯氰·丙溴磷/440克/升/乳油/丙溴磷 400克/升、氯氰菊酯 40克/升/2013.12.18 至 2018.12.18/低毒
棉花 棉铃虫 528-660克/公顷 喷雾
PD20084719 联苯菊酯/100克/升/乳油/联苯菊酯 100克/升/2013.12.22 至 2018.12.22/中等毒
茶树 茶小绿叶蝉 37.5-45克/公顷 喷雾
PD20084744 氯氰·毒死蜱/522.5克/升/乳油/毒死蜱 475克/升、氯氰菊酯 47.5克/升/2013.12.22 至 2018.12.22/中等毒
棉花 棉铃虫 548.6～783.75克/公顷 喷雾
PD20084824 高效氯氟氰菊酯/25克/升/乳油/高效氯氟氰菊酯 25克/升/2013.12.22 至 2018.12.22/中等毒
十字花科蔬菜 菜青虫 11.25-15克/公顷 喷雾
PD20084844 四螨嗪/500克/升/悬浮剂/四螨嗪 500克/升/2013.12.22 至 2018.12.22/低毒
苹果树 红蜘蛛 83-100毫克/千克 喷雾

PD20084862 多·锰锌/40%/可湿性粉剂/多菌灵 20%、代森锰锌 20%/2013.12.22 至 2018.12.22/低毒
苹果树 斑点落叶病 1000-1250毫克/千克 喷雾
PD20085039 三环唑/75%/可湿性粉剂/三环唑 75%/2013.12.23 至 2018.12.23/低毒
水稻 稻瘟病 225-337.5克/公顷 喷雾
PD20085059 多菌灵/40%/悬浮剂/多菌灵 40%/2013.12.23 至 2018.12.23/低毒
苹果树 轮纹病 667-1000毫克/千克 喷雾
PD20085060 噁霉灵/15%/水剂/噁霉灵 15%/2013.12.23 至 2018.12.23/低毒
水稻 立枯病 13500-18000克/公顷 苗床、育秧箱土壤处理
PD20085334 霜霉威盐酸盐/35%/水剂/霜霉威盐酸盐 35%/2013.12.24 至 2018.12.24/低毒
黄瓜 霜霉病 866.25-1081.5克/公顷 喷雾
PD20085554 代森锰锌/80%/可湿性粉剂/代森锰锌 80%/2013.12.25 至 2018.12.25/低毒
苹果树 斑点落叶病 1000-1333.3毫克/千克 喷雾
PD20085814 氟氯氰菊酯/50克/升/乳油/氟氯氰菊酯 50克/升/2013.12.29 至 2018.12.29/低毒
十字花科蔬菜 菜青虫 18.75-26.25克/公顷 喷雾
PD20090053 甲基硫菌灵/36%/悬浮剂/甲基硫菌灵 36%/2014.01.08 至 2019.01.08/低毒
苹果树 白粉病 300-450毫克/千克 喷雾
PD20090632 井冈霉素/4%/水剂/井冈霉素 4%/2014.01.14 至 2019.01.14/低毒
水稻 纹枯病 150-187.5克/公顷 喷雾
PD20090726 甲硫·福美双/50%/可湿性粉剂/福美双 20%、甲基硫菌灵 30%/2014.01.19 至 2019.01.19/中等毒
小麦 赤霉病 900-1200克/公顷 喷雾
PD20091029 四螨嗪/20%/悬浮剂/四螨嗪 20%/2014.01.21 至 2019.01.21/低毒
柑橘树 红蜘蛛 100-200毫克/千克 喷雾
PD20092393 氟硅唑/400克/升/乳油/氟硅唑 400克/升/2014.02.25 至 2019.02.25/低毒
梨树 黑星病 40-50毫克/千克 喷雾
PD20093117 多抗霉素/0.3%/水剂/多抗霉素 0.3%/2014.03.10 至 2019.03.10/低毒
苹果树 斑点落叶病 15-30毫克/千克 喷雾
PD20093143 噻螨酮/5%/乳油/噻螨酮 5%/2014.03.11 至 2019.03.11/低毒
柑橘树 红蜘蛛 25-33.3毫克/千克 喷雾
PD20094744 草甘膦异丙胺盐(41%)///水剂/草甘膦 30%/2014.04.10 至 2019.04.10/中等毒
柑橘园 杂草 1230-2460克/公顷 定向茎叶喷雾
PD20094831 烯酰吗啉/50%/可湿性粉剂/烯酰吗啉 50%/2014.04.13 至 2019.04.13/低毒
葡萄 霜霉病 247.5-547.5克/公顷 喷雾
PD20094886 啶虫脒/40%/可溶粉剂/啶虫脒 40%/2014.04.13 至 2019.04.13/低毒
黄瓜 蚜虫 24-48克/公顷 喷雾
PD20096443 福·福锌/80%/可湿性粉剂/福美双 30%、福美锌 50%/2014.08.05 至 2019.08.05/低毒
黄瓜 炭疽病 1656-1800克/公顷 喷雾
PD20096556 速灭威/25%/可湿性粉剂/速灭威 25%/2014.08.24 至 2019.08.24/中等毒
水稻 稻飞虱 2250-3000克制剂/公顷 喷雾
PD20096771 甲霜·锰锌/58%/可湿性粉剂/甲霜灵 10%、代森锰锌 48%/2014.09.15 至 2019.09.15/低毒
黄瓜 霜霉病 1305－1653克/公顷 喷雾
PD20096778 丙环唑/50%/乳油/丙环唑 50%/2014.09.15 至 2019.09.15/低毒
香蕉 叶斑病 250－500毫克/千克 喷雾
PD20096782 霜霉威盐酸盐/66.5%/水剂/霜霉威盐酸盐 66.5%/2014.09.15 至 2019.09.15/低毒
黄瓜 霜霉病 866.4-1083克/公顷 喷雾
PD20096789 三环唑/20%/可湿性粉剂/三环唑 20%/2014.09.15 至 2019.09.15/低毒
水稻 稻瘟病 225－300克/公顷 喷雾
PD20096801 福·福锌/40%/可湿性粉剂/福美双 15%、福美锌 25%/2014.09.15 至 2019.09.15/低毒
西瓜 炭疽病 1500－1800克/公顷 喷雾
PD20097208 百菌清/75%/可湿性粉剂/百菌清 75%/2014.10.19 至 2019.10.19/低毒
黄瓜 霜霉病 125-150克制剂/亩 喷雾
PD20097210 代森锌/65%/可湿性粉剂/代森锌 65%/2014.10.19 至 2019.10.19/低毒
番茄 早疫病 2925－3412.5克/公顷 喷雾
PD20097268 啶虫脒/3%/微乳剂/啶虫脒 3%/2014.10.26 至 2019.10.26/低毒
苹果树 蚜虫 12-15毫克/千克 喷雾
PD20097384 毒·矿物油/48%/乳油/毒死蜱 16%、矿物油 32%/2014.10.28 至 2019.10.28/中等毒
棉花 棉铃虫 576-720克/公顷 喷雾
PD20097770 炔螨特/57%/乳油/炔螨特 57%/2014.11.12 至 2019.11.12/低毒
柑橘树 红蜘蛛 285-380毫克/千克 喷雾
PD20098093 噁霉灵/70%/可湿性粉剂/噁霉灵 70%/2014.12.08 至 2019.12.08/低毒
甜菜 立枯病 280－490克/100千克种子 拌种
PD20098158 异丙威/20%/乳油/异丙威 20%/2014.12.14 至 2019.12.14/低毒
水稻 稻飞虱 450-600克/公顷 喷雾

PD20100356 唑螨酯/5%/悬浮剂/唑螨酯 5%/2015.01.11 至 2020.01.11/低毒
柑橘树 红蜘蛛 25-50毫克/千克 喷雾
PD20100935 苯醚甲环唑/25%/乳油/苯醚甲环唑 25%/2015.01.19 至 2020.01.19/低毒
香蕉 叶斑病 100-125毫克/千克 喷雾
PD20100995 啶虫脒/20%/可溶液剂/啶虫脒 20%/2015.01.20 至 2020.01.20/低毒
黄瓜 蚜虫 18-22.5克/公顷 喷雾
PD20101317 十三吗啉/750克/升/乳油/十三吗啉 750克/升/2015.03.17 至 2020.03.17/低毒
橡胶树 红根病 22.5-30克/株 灌根
PD20101443 炔螨·矿物油/73%/乳油/矿物油 43%、炔螨特 30%/2015.05.04 至 2020.05.04/低毒
柑橘树 红蜘蛛 365-486.7毫克/千克 喷雾
PD20101874 阿维菌素/1.8%/水乳剂/阿维菌素 1.8%/2015.08.09 至 2020.08.09/中等毒(原药高毒)
十字花科蔬菜 小菜蛾 8.1-10.8克/公顷 喷雾
PD20102039 烯酰吗啉/80%/水分散粒剂/烯酰吗啉 80%/2015.10.19 至 2020.10.19/低毒
黄瓜 霜霉病 240-300克/公顷 喷雾
葡萄 霜霉病 240-360克/公顷 喷雾
PD20102178 啶虫脒/20%/可溶粉剂/啶虫脒 20%/2015.12.15 至 2020.12.15/低毒
黄瓜 蚜虫 12－36克/公顷 喷雾
PD20110003 甲氨基阿维菌素苯甲酸盐/3%/微乳剂/甲氨基阿维菌素 3%/2016.01.04 至 2021.01.04/低毒
甘蓝 甜菜夜蛾 2.25-45克/公顷 喷雾
注:甲氨基阿维菌素苯甲酸盐含量: 3.4%。
PD20110017 氟硅唑/10%/水乳剂/氟硅唑 10%/2016.01.04 至 2021.01.04/微毒
黄瓜 白粉病 60－75克/公顷 喷雾
PD20110019 阿维菌素/1.8%/微乳剂/阿维菌素 1.8%/2016.01.04 至 2021.01.04/中等毒(原药高毒)
甘蓝 小菜蛾 7.5-9克/公顷 喷雾
PD20110086 噻嗪酮/25%/悬浮剂/噻嗪酮 25%/2016.01.24 至 2021.01.24/低毒
柑橘树 介壳虫 125-167毫克/千克 喷雾
PD20110165 苯甲·丙环唑/300克/升/乳油/苯醚甲环唑 150克/升、丙环唑 150克/升/2016.02.11 至 2021.02.11/低毒
水稻 纹枯病 67.5-112.5克/公顷 喷雾
PD20110219 己唑醇/25%/悬浮剂/己唑醇 25%/2016.02.24 至 2021.02.24/微毒
黄瓜 白粉病 22.5-37.5克公顷 喷雾
PD20110222 吡虫啉/20%/可湿性粉剂/吡虫啉 20%/2016.02.24 至 2021.02.24/低毒
小麦 蚜虫 15-30克/公顷(南方地区)45-60克/公顷(北方地区) 喷雾
PD20110412 高效氯氟氰菊酯/2.5%/水乳剂/高效氯氟氰菊酯 2.5%/2016.04.15 至 2021.04.15/中等毒
甘蓝 菜青虫 7.5-11.25克/公顷 喷雾
PD20110458 烯酰吗啉/50%/水分散粒剂/烯酰吗啉 50%/2016.04.21 至 2021.04.21/低毒
黄瓜 霜霉病 300－375克/公顷 喷雾
PD20110484 苯醚甲环唑/10%/可湿性粉剂/苯醚甲环唑 10%/2011.05.03 至 2016.05.03/低毒
苹果树 斑点落叶病 40-67毫克/千克 喷雾
PD20110485 高效氯氟氰菊酯/4.5%/水乳剂/高效氯氟氰菊酯 4.5%/2011.05.03 至 2016.05.03/低毒
甘蓝 菜青虫 20.25-27克/公顷 喷雾
PD20110585 吡虫啉/30%/微乳剂/吡虫啉 30%/2011.05.30 至 2016.05.30/低毒
水稻 稻飞虱 22.5-30克/公顷 喷雾
PD20110616 高效氯氟氰菊酯/5%/水乳剂/高效氯氟氰菊酯 5%/2011.06.07 至 2016.06.07/中等毒
甘蓝 蚜虫 7.5－11.25克/公顷 喷雾
PD20110691 苯醚甲环唑/10%/水分散粒剂/苯醚甲环唑 10%/2011.06.22 至 2016.06.22/低毒
西瓜 炭疽病 75-90克/公顷 喷雾
PD20110707 苯醚甲环唑/37%/水分散粒剂/苯醚甲环唑 37%/2011.07.26 至 2016.07.26/低毒
西瓜 炭疽病 77.7-122.1克/公顷 喷雾
PD20111083 杀虫单/50%/可溶粉剂/杀虫单 50%/2011.10.13 至 2016.10.13/中等毒
水稻 二化螟 750-900克/公顷 喷雾
PD20111084 高氯·甲维盐/5%/微乳剂/高效氯氟氰菊酯 4.5%、甲氨基阿维菌素苯甲酸盐 0.5%/2011.10.13 至 2016.10.13/低毒
甘蓝 甜菜夜蛾 15-18.75克/公顷 喷雾
PD20111113 丙环唑/40%/微乳剂/丙环唑 40%/2011.10.27 至 2016.10.27/低毒
香蕉 叶斑病 266.7－400毫克/千克 喷雾
PD20111129 醚菌酯/30%/悬浮剂/醚菌酯 30%/2011.10.28 至 2016.10.28/低毒
番茄 早疫病 180－270克/公顷 喷雾
PD20111259 腈菌唑/40%/悬浮剂/腈菌唑 40%/2011.11.23 至 2016.11.23/低毒
梨树 黑星病 40－66.7毫克/千克 喷雾
PD20111291 异丙威/20%/悬浮剂/异丙威 20%/2011.11.24 至 2016.11.24/低毒
水稻 飞虱 450－600克/公顷 喷雾
PD20111297 咪鲜胺/25%/水乳剂/咪鲜胺 25%/2011.11.24 至 2016.11.24/低毒
香蕉 炭疽病 333.3-500毫克/千克 浸果

PD20111408 灭蝇胺/50%/可溶粉剂/灭蝇胺 50%/2011.12.22 至 2016.12.22/低毒
菜豆 美洲斑潜蝇 187.5－225克/公顷 喷雾
PD20120045 己唑醇/10%/悬浮剂/己唑醇 10%/2012.01.10 至 2017.01.10/低毒
黄瓜 白粉病 22.5-37.5克/公顷 喷雾
PD20120095 灭蝇胺/75%/可溶粉剂/灭蝇胺 75%/2012.01.29 至 2017.01.29/低毒
菜豆 美洲斑潜蝇 168.75-225克/公顷 喷雾
PD20120097 吡虫啉/10%/可湿性粉剂/吡虫啉 10%/2012.01.29 至 2017.01.29/低毒
小麦 蚜虫 15-30克/公顷(南方地区)45-60克/公顷(北方地区) 喷雾
PD20120125 甲氨基阿维菌素苯甲酸盐/2%/微乳剂/甲氨基阿维菌素 2%/2012.01.29 至 2017.01.29/低毒
甘蓝 甜菜夜蛾 1.5-2.25克/公顷 喷雾
注:甲氨基阿维菌素苯甲酸盐含量：2.3%。
PD20120137 己唑醇/5%/微乳剂/己唑醇 5%/2012.01.29 至 2017.01.29/低毒
葡萄 白粉病 20-30毫克/千克 喷雾
PD20120496 腈菌唑/40%/可湿性粉剂/腈菌唑 40%/2012.03.19 至 2017.03.19/低毒
梨树 黑星病 40-66.7毫克/千克 喷雾
PD20120657 咪鲜胺/40%/水乳剂/咪鲜胺 40%/2012.04.18 至 2017.04.18/低毒
香蕉 炭疽病 333.3－500毫克/千克 浸果
PD20120669 嘧啶核苷类抗菌素/4%/水剂/嘧啶核苷类抗菌素 4%/2012.04.18 至 2017.04.18/低毒
西瓜 枯萎病 100-133毫克/千克 灌根
PD20120684 灭蝇胺/20%/可溶粉剂/灭蝇胺 20%/2012.04.18 至 2017.04.18/低毒
菜豆 美洲斑潜蝇 150-210克/公顷 喷雾
PD20120808 嘧霉胺/40%/悬浮剂/嘧霉胺 40%/2012.05.17 至 2017.05.17/低毒
番茄 灰霉病 378-558克/公顷 喷雾
PD20120809 嘧霉胺/20%/悬浮剂/嘧霉胺 20%/2012.05.17 至 2017.05.17/低毒
番茄 灰霉病 360－540克/公顷 喷雾
PD20120890 戊唑醇/430克/升/悬浮剂/戊唑醇 430克/升/2012.05.24 至 2017.05.24/低毒
苹果树 斑点落叶病 71.6-107.5毫克/千克 喷雾
PD20120900 甲氨基阿维菌素苯甲酸盐/0.5%/微乳剂/甲氨基阿维菌素 0.5%/2012.05.24 至 2017.05.24/低毒
甘蓝 甜菜夜蛾 2.25-3克/公顷 喷雾
注:甲氨基阿维菌素苯甲酸盐含量：0.6%。
PD20121051 草甘膦铵盐/50%/可溶粉剂/草甘膦 50%/2012.07.12 至 2017.07.12/低毒
柑橘园 杂草 1125-2250克/公顷 定向茎叶喷雾
注:草甘膦铵盐含量：55%。
PD20121144 甲氰菊酯/20%/水乳剂/甲氰菊酯 20%/2012.07.20 至 2017.07.20/中等毒
柑橘树 潜叶蛾 66.7-100毫克/千克 喷雾
PD20121255 戊唑醇/12.5%/水乳剂/戊唑醇 12.5%/2012.09.04 至 2017.09.04/低毒
苹果树 斑点落叶病 83.3-125毫克/千克 喷雾
PD20121302 吡虫啉/70%/水分散粒剂/吡虫啉 70%/2012.09.06 至 2017.09.06/中等毒
甘蓝 蚜虫 10.5－21克/公顷 喷雾
PD20121342 戊唑醇/25%/水乳剂/戊唑醇 25%/2012.09.12 至 2017.09.12/低毒
苹果树 斑点落叶病 100-125毫克/千克 喷雾
PD20121384 醚菌酯/50%/水分散粒剂/醚菌酯 50%/2012.09.13 至 2017.09.13/低毒
黄瓜 白粉病 112.5－150克/公顷 喷雾
PD20121402 毒死蜱/30%/水乳剂/毒死蜱 30%/2012.09.19 至 2017.09.19/中等毒
水稻 稻纵卷叶螟 450－540克/公顷 喷雾
PD20121405 吡虫啉/600克/升/悬浮剂/吡虫啉 600克/升/2012.09.19 至 2017.09.19/低毒
水稻 飞虱 14.4-28.8克/公顷 喷雾
PD20121407 烯酰吗啉/20%/悬浮剂/烯酰吗啉 20%/2012.09.19 至 2017.09.19/低毒
葡萄 霜霉病 167-250毫克/千克 喷雾
PD20121514 丙森锌/70%/可湿性粉剂/丙森锌 70%/2012.10.09 至 2017.10.09/低毒
黄瓜 霜霉病 1575～2205克/公顷 喷雾
PD20121930 噻嗪·毒死蜱/42%/乳油/毒死蜱 28%、噻嗪酮 14%/2012.12.07 至 2017.12.07/中等毒
水稻 稻飞虱 189－252克/公顷 喷雾
PD20121948 氟环唑/125克/升/悬浮剂/氟环唑 125克/升/2012.12.12 至 2017.12.12/低毒
香蕉 叶斑病 125～250毫克/千克 喷雾
PD20121996 苯醚甲环唑/10%/水乳剂/苯醚甲环唑 10%/2012.12.18 至 2017.12.18/低毒
苹果树 斑点落叶病 50－66.7毫克/千克 喷雾
PD20122096 中生菌素/3%/可湿性粉剂/中生菌素 3%/2012.12.26 至 2017.12.26/低毒
番茄 青枯病 38-50毫克/千克 灌根
PD20122129 咪鲜胺/45%/微乳剂/咪鲜胺 45%/2012.12.26 至 2017.12.26/低毒
芒果 炭疽病 375-563毫克/千克 喷雾
PD20130065 醚菌酯/40%/悬浮剂/醚菌酯 40%/2013.01.07 至 2018.01.07/低毒

香蕉 叶斑病 250-500毫克/千克 喷雾

PD20130234 高效氯氟氰菊酯/5%/微乳剂/高效氯氟氰菊酯 5%/2013.01.30 至 2018.01.30/中等毒

甘蓝 菜青虫 13.5-18克/公顷 喷雾

PD20130614 吡蚜酮/25%/可湿性粉剂/吡蚜酮 25%/2013.04.03 至 2018.04.03/低毒

芹菜 蚜虫 75-120克/公顷 喷雾

水稻 稻飞虱 60-75克/公顷 喷雾

PD20131524 异丙威/40%/可湿性粉剂/异丙威 40%/2013.07.17 至 2018.07.17/低毒

水稻 稻飞虱 450-600克/公顷 喷雾

PD20131559 高效氯氟氰菊酯/2.5%/微乳剂/高效氯氟氰菊酯 2.5%/2013.07.23 至 2018.07.23/低毒

甘蓝 蚜虫 7.5-11.25克/公顷 喷雾

PD20131563 氟氯氰菊酯/5.7%/水乳剂/氟氯氰菊酯 5.7%/2013.07.23 至 2018.07.23/中等毒

甘蓝 蚜虫 20.52-25.65克/公顷 喷雾

PD20131567 烯酰·锰锌/50%/可湿性粉剂/代森锰锌 60%、烯酰吗啉 9%/2013.07.23 至 2018.07.23/低毒

黄瓜 霜霉病 1035-1552.5克/公顷 喷雾

PD20131686 丁醚脲/50%/悬浮剂/丁醚脲 50%/2013.08.07 至 2018.08.07/低毒

甘蓝 小菜蛾 375-562.5克/公顷 喷雾

PD20132124 高氯·甲维盐/4.2%/水乳剂/高效氯氰菊酯 4%、甲氨基阿维菌素苯甲酸盐 0.2%/2013.10.24 至 2018.10.24/低毒

甘蓝 甜菜夜蛾 22.05-28.35克/公顷 喷雾

PD20132395 甲硫·戊唑醇/43%/悬浮剂/甲基硫菌灵 30%、戊唑醇 13%/2013.11.20 至 2018.11.20/低毒

苹果树 轮纹病 268.75-358.3毫克/千克 喷雾

PD20132556 吡虫·噻嗪酮/18%/悬浮剂/吡虫啉 2%、噻嗪酮 16%/2013.12.17 至 2018.12.17/微毒

水稻 稻飞虱 81-94.5克/公顷 喷雾

PD20132603 丁醚脲/25%/乳油/丁醚脲 25%/2013.12.17 至 2018.12.17/低毒

甘蓝 小菜蛾 300-450克/公顷 喷雾

PD20140213 苯醚甲环唑/25%/悬浮剂/苯醚甲环唑 25%/2014.01.29 至 2019.01.29/低毒

番茄 炭疽病 112.5-150克/公顷 喷雾

PD20140247 苯甲·醚菌酯/30%/悬浮剂/苯醚甲环唑 10%、醚菌酯 20%/2014.01.29 至 2019.01.29/低毒

辣椒 炭疽病 112.5-135克/公顷 喷雾

PD20140356 苯甲·多菌灵/30%/可湿性粉剂/苯醚甲环唑 5%、多菌灵 25%/2014.02.19 至 2019.02.19/低毒

苹果树 炭疽病 200-300毫克/千克 喷雾

PD20140363 苯甲·嘧菌酯/30%/悬浮剂/苯醚甲环唑 18%、嘧菌酯 12%/2014.02.19 至 2019.02.19/低毒

辣椒 炭疽病 90-144克/公顷 喷雾

PD20140364 烯酰·嘧菌酯/40%/悬浮剂/嘧菌酯 20%、烯酰吗啉 20%/2014.02.19 至 2019.02.19/低毒

葡萄 霜霉病 133.3-200毫克/千克 喷雾

PD20140372 烯酰吗啉/40%/悬浮剂/烯酰吗啉 40%/2014.02.20 至 2019.02.20/低毒

葡萄 霜霉病 200-266.7毫克/千克 喷雾

PD20140388 戊唑·异菌脲/20%/悬浮剂/戊唑醇 8%、异菌脲 12%/2014.02.20 至 2019.02.20/低毒

苹果树 斑点落叶病 133.3-200毫克/千克 喷雾

PD20140399 烯酰·醚菌酯/50%/水分散粒剂/醚菌酯 15%、烯酰吗啉 35%/2014.02.20 至 2019.02.20/低毒

黄瓜 霜霉病 225-375克/公顷 喷雾

PD20140477 醚菌·氟环唑/40%/悬浮剂/氟环唑 15%、醚菌酯 25%/2014.02.25 至 2019.02.25/低毒

香蕉 叶斑病 200-400毫克/千克 喷雾

PD20140483 丙环唑/25%/水乳剂/丙环唑 25%/2014.02.25 至 2019.02.25/低毒

苹果树 褐斑病 167-250毫克/千克 喷雾

PD20140547 甲维·毒死蜱/21%/微乳剂/毒死蜱 20.5%、甲氨基阿维菌素苯甲酸盐 0.5%/2014.03.06 至 2019.03.06/中等毒

水稻 稻纵卷叶螟 252-315克/公顷 喷雾

PD20140589 苯甲·锰锌/55%/可湿性粉剂/苯醚甲环唑 5%、代森锰锌 50%/2014.03.06 至 2019.03.06/低毒

苹果树 斑点落叶病 305.6-458.3毫克/千克 喷雾

PD20140757 氟氯氰菊酯/5.7%/水乳剂/氟氯氰菊酯 5.7%/2014.03.24 至 2019.03.24/中等毒

甘蓝 蚜虫 20.52-25.65克/公顷 喷雾

PD20141232 烯酰·丙森锌/70%/可湿性粉剂/丙森锌 55%、烯酰吗啉 15%/2014.05.07 至 2019.05.07/低毒

黄瓜 霜霉病 735-945克/公顷 喷雾

PD20141362 烯啶虫胺/10%/水剂/烯啶虫胺 10%/2014.06.04 至 2019.06.04/微毒

棉花 蚜虫 15-30克/公顷 喷雾

PD20141363 哒螨灵/30%/悬浮剂/哒螨灵 30%/2014.06.04 至 2019.06.04/低毒

柑橘树 红蜘蛛 100-150毫克/千克 喷雾

PD20141954 阿维·甲氰/5%/微乳剂/阿维菌素 0.5%、甲氰菊酯 4.5%/2014.08.13 至 2019.08.13/低毒(原药高毒)

柑橘树 红蜘蛛 25-50毫克/千克 喷雾

PD20141970 苯醚·甲硫/40%/可湿性粉剂/苯醚甲环唑 5%、甲基硫菌灵 35%/2014.08.13 至 2019.08.13/低毒

苹果树 炭疽病 444.4-666.6毫克/千克 喷雾

PD20142674 阿维·三唑锡/21%/悬浮剂/阿维菌素 1%、三唑锡 20%/2014.12.18 至 2019.12.18/低毒(原药高毒)

柑橘树 红蜘蛛 70-105毫克/千克 喷雾

PD20150418 精甲·咯·嘧菌/11%/悬浮种衣剂/咯菌腈 1.1%、精甲霜灵 3.3%、嘧菌酯 6.6%/2015.03.19 至 2020.03.19/低毒

玉米　茎基腐病　25-50克/100千克种子　种子包衣
PD20150628　联苯菊酯/2.5%/水乳剂/联苯菊酯 2.5%/2015.04.16 至 2020.04.16/低毒
茶树　小绿叶蝉　30－45克/公顷　喷雾
PD20150638　烯酰·乙膦铝/60%/可湿性粉剂/烯酰吗啉 15%、三乙膦酸铝 45%/2015.04.16 至 2020.04.16/低毒
黄瓜　霜霉病　900－1080克/公顷　喷雾
PD20151555　唑醚·丙森锌/50%/水分散粒剂/丙森锌 45%、吡唑醚菌酯 5%/2015.09.21 至 2020.09.21/低毒
苹果树　斑点落叶病　416.7-625毫克/千克　喷雾
PD20151911　咯菌腈/25克/升/悬浮种衣剂/咯菌腈 25克/升/2015.08.30 至 2020.08.30/低毒
水稻　恶苗病　10-15克/100千克种子　种子包衣
PD20152129　戊唑·醚菌酯/75%/水分散粒剂/醚菌酯 25%、戊唑醇 50%/2015.09.22 至 2020.09.22/低毒
梨树　黑星病　83-150毫克/千克　喷雾
PD20152155　戊唑·咪鲜胺/40%/水乳剂/咪鲜胺 26.7%、戊唑醇 13.3%/2015.09.22 至 2020.09.22/低毒
香蕉　黑星病　266.7-400毫克/千克　喷雾
PD20152156　草铵膦/200克/升/水剂/草铵膦 200克/升/2015.09.22 至 2020.09.22/微毒
柑橘园　杂草　1050-2100克/公顷　定向茎叶喷雾
LS20120311　硅唑·多菌灵/55%/可湿性粉剂/多菌灵 50%、氟硅唑 5%/2014.09.04 至 2015.09.04/低毒
苹果树　轮纹病　275-550毫克/千克　喷雾
LS20130029　烯酰·嘧菌酯/40%/悬浮剂/嘧菌酯 20%、烯酰吗啉 20%/2014.01.15 至 2015.01.15/低毒
葡萄　霜霉病　133-200毫克/千克　喷雾
LS20130073　苯甲·醚菌酯/30%/悬浮剂/苯醚甲环唑 10%、醚菌酯 20%/2014.02.26 至 2015.02.26/低毒
辣椒　炭疽病　112.5～135克/公顷　喷雾
LS20130228　醚菌·氟环唑/40%/悬浮剂/氟环唑 15%、醚菌酯 25%/2014.04.28 至 2015.04.28/低毒
香蕉　叶斑病　200-400毫克/千克　喷雾
LS20130393　阿维·螺螨酯/22%/悬浮剂/阿维菌素 2%、螺螨酯 20%/2015.07.29 至 2016.07.29/中等毒(原药高毒)
柑橘树　红蜘蛛　36.7-55毫克/千克　喷雾
LS20150009　烯酰·氟啶胺/40%/悬浮剂/氟啶胺 15%、烯酰吗啉 25%/2016.01.15 至 2017.01.15/低毒
马铃薯　晚疫病　198-240克/公顷　喷雾
LS20150041　阿维·噻唑膦/11%/颗粒剂/阿维菌素 1%、噻唑膦 10%/2015.03.18 至 2016.03.18/低毒(原药高毒)
黄瓜　根结线虫　2062.5-2457克/公顷　沟施或撒施
LS20150152　精甲·嘧菌酯/0.8%/颗粒剂/精甲霜灵 0.3%、嘧菌酯 0.5%/2015.06.09 至 2016.06.09/低毒
草坪　腐霉枯萎病　240-600克/公顷　撒施
LS20150270　噻呋·戊唑醇/32%/悬浮剂/噻呋酰胺 10%、戊唑醇 22%/2015.08.28 至 2016.08.28/低毒
水稻　纹枯病　96-120克/公顷　喷雾

陕西博宇农化有限公司　(陕西省渭南市蒲城县蒲石火车站西　715500　0913-7214167)

PD20092039　高效氯氟氰菊酯/25克/升/乳油/高效氯氟氰菊酯 25克/升/2014.02.12 至 2019.02.12/中等毒
棉花　棉铃虫　20.625-22.5克/公顷　喷雾
PD20092874　多·福/40%/可湿性粉剂/多菌灵 5%、福美双 35%/2014.03.05 至 2019.03.05/低毒
葡萄　霜霉病　1000-1250毫克/千克　喷雾
PD20093602　甲基硫菌灵/70%/可湿性粉剂/甲基硫菌灵 70%/2014.03.23 至 2019.03.23/低毒
小麦　赤霉病　892.5-1050克/公顷　喷雾
PD20094184　代森锰锌/80%/可湿性粉剂/代森锰锌 80%/2014.03.30 至 2019.03.30/低毒
番茄　早疫病　1845-2370克/公顷　喷雾
PD20094551　多·锰锌/70%/可湿性粉剂/多菌灵 20%、代森锰锌 50%/2014.04.09 至 2019.04.09/低毒
梨树　黑星病　1000-1250毫克/千克　喷雾
PD20098455　毒死蜱/40/乳油/毒死蜱 40%/2014.12.24 至 2019.12.24/中等毒
苹果树　绵蚜　200-266.7毫克/千克　喷雾
PD20100426　石硫合剂/29%/水剂/石硫合剂 29%/2015.01.14 至 2020.01.14/低毒
苹果树　白粉病　4142.86－5272.73毫克/千克　喷雾
PD20100721　吡虫·辛硫磷/25%/乳油/吡虫啉 1%、辛硫磷 24%/2015.01.16 至 2020.01.16/低毒
甘蓝　蚜虫　75-150克/公顷　喷雾
PD20132161　啶虫脒/5%/乳油/啶虫脒 5%/2013.10.29 至 2018.10.29/低毒
柑橘树　蚜虫　16.7-25毫克/公顷　喷雾
PD20132166　溴氰菊酯/25克/升/乳油/溴氰菊酯 25克/升/2013.10.29 至 2018.10.29/低毒
梨树　梨小食心虫　6.25-10毫克/千克　喷雾
PD20132177　甲氰菊酯/20%/乳油/甲氰菊酯 20%/2013.10.29 至 2018.10.29/中等毒
苹果树　桃小食心虫　66.7-100毫克/千克　喷雾
WP20090223　杀虫粉剂/1.8%/粉剂/马拉硫磷 1.8%/2014.04.09 至 2019.04.09/低毒
卫生　跳蚤　10克制剂/平方米　撒布

陕西国丰化工有限公司　(陕西省杨凌区常青北路9号　712100　029-87073602)

PD20080233　代森锰锌/70%/可湿性粉剂/代森锰锌 70%/2013.02.14 至 2018.02.14/低毒
番茄　早疫病　1837.5-2362.5克/公顷　喷雾
PD20081150　甲基硫菌灵/70%/可湿性粉剂/甲基硫菌灵 70%/2013.09.01 至 2018.09.01/低毒
番茄　叶霉病　420-577.5克/公顷　喷雾

PD20081221 多·锰锌/40%/可湿性粉剂/多菌灵 20%、代森锰锌 20%/2013.09.11 至 2018.09.11/低毒
梨树 黑星病 1000-1250毫克/千克 喷雾
PD20081227 氯氰·辛硫磷/20%/乳油/氯氰菊酯 1.5%、辛硫磷 18.5%/2013.09.11 至 2018.09.11/中等毒
十字花科蔬菜 蚜虫 150-240克/公顷 喷雾
PD20081234 霜脲·锰锌/72%/可湿性粉剂/代森锰锌 64%、霜脲氰 8%/2013.09.16 至 2018.09.16/低毒
黄瓜 霜霉病 1440-1800克/公顷 喷雾
PD20082124 硫磺·三环唑/45%/可湿性粉剂/硫磺 40%、三环唑 5%/2013.11.25 至 2018.11.25/低毒
水稻 稻瘟病 1012.5-1215克/公顷 喷雾
PD20082244 高效氯氰菊酯/4.5%/乳油/高效氯氰菊酯 4.5%/2013.11.27 至 2018.11.27/低毒
十字花科蔬菜 蚜虫 3.375-13.5克/公顷 喷雾
PD20085740 阿维菌素/0.5%/乳油/阿维菌素 0.5%/2013.12.26 至 2018.12.26/低毒(原药高毒)
十字花科蔬菜 菜青虫 8.1-10.8克/公顷 喷雾
PD20096228 阿维·辛硫磷/15%/乳油/阿维菌素 0.1%、辛硫磷 14.9%/2014.07.15 至 2019.07.15/低毒(原药高毒)
十字花科蔬菜 小菜蛾 112.5-168.75克/公顷 喷雾
PD20097961 福·福锌/80%/可湿性粉剂/福美双 30%、福美锌 50%/2014.12.01 至 2019.12.01/低毒
苹果树 炭疽病 1333.3-1600毫克/千克 喷雾
PD20100192 吗胍·乙酸铜/20%/可湿性粉剂/盐酸吗啉胍 16%、乙酸铜 4%/2015.01.05 至 2020.01.05/低毒
番茄 病毒病 625-750克/公顷 喷雾
PD20100499 多菌灵/80%/可湿性粉剂/多菌灵 80%/2015.01.14 至 2020.01.14/低毒
水稻 稻瘟病 750—900克/公顷 喷雾
PD20100573 甲霜·锰锌/58%/可湿性粉剂/甲霜灵 10%、代森锰锌 48%/2015.01.14 至 2020.01.14/低毒
黄瓜 霜霉病 862.5—1050克/公顷 喷雾
PD20100601 三乙膦酸铝/40%/可湿性粉剂/三乙膦酸铝 40%/2015.01.14 至 2020.01.14/低毒
黄瓜 霜霉病 2115—2820克/公顷 喷雾
PD20100843 噻螨酮/5%/乳油/噻螨酮 5%/2015.01.19 至 2020.01.19/低毒
柑橘树 红蜘蛛 25-30毫克/千克 喷雾
PD20101062 毒死蜱/45%/乳油/毒死蜱 45%/2015.01.21 至 2020.01.21/中等毒
苹果树 绵蚜 1500-2000倍液 喷雾
PD20101093 炔螨特/57%/乳油/炔螨特 57%/2015.01.25 至 2020.01.25/低毒
柑橘树 红蜘蛛 1500-2000倍液 喷雾
PD20102002 阿维·矿物油/24.5%/乳油/阿维菌素 0.2%、矿物油 24.3%/2015.09.25 至 2020.09.25/低毒(原药高毒)
柑橘树 红蜘蛛 123—245毫克/千克 喷雾
PD20110116 苦参碱/0.3%/水剂/苦参碱 0.3%/2016.01.26 至 2021.01.26/低毒
十字花科蔬菜 蚜虫 6.24-8.58克/公顷 喷雾
PD20110468 噻嗪·异丙威/25%/可湿性粉剂/噻嗪酮 5%、异丙威 20%/2016.04.22 至 2021.04.22/低毒
水稻 稻飞虱 375-562.5克/公顷 喷雾
PD20150219 烯酰吗啉/40%/悬浮剂/烯酰吗啉 40%/2015.01.15 至 2020.01.15/低毒
葡萄 霜霉病 167-250毫克/千克 喷雾
PD20150364 噻虫嗪/30%/悬浮剂/噻虫嗪 30%/2015.03.03 至 2020.03.03/低毒
水稻 稻飞虱 9-18克/公顷 喷雾
PD20151055 吡蚜酮/25%/悬浮剂/吡蚜酮 25%/2015.06.14 至 2020.06.14/微毒
水稻 稻飞虱 71.25-75克/公顷 喷雾
PD20151302 苯醚甲环唑/40%/悬浮剂/苯醚甲环唑 40%/2015.07.30 至 2020.07.30/低毒
水稻 纹枯病 90-120克/公顷 喷雾
PD20151538 醚菌酯/30%/悬浮剂/醚菌酯 30%/2015.08.03 至 2020.08.03/微毒
番茄 早疫病 180-270克/公顷 喷雾
PD20151720 螺螨酯/240克/升/悬浮剂/螺螨酯 240克/升/2015.08.28 至 2020.08.28/微毒
柑橘树 红蜘蛛 40-60毫克/千克 喷雾

陕西恒润化学工业有限公司 (陕西省三原县西阳镇原兵马俑皮革厂院内 713807 0910-2598008)

PD20085601 氟硅唑/95%/原药/氟硅唑 95%/2013.12.25 至 2018.12.25/低毒
PD20092422 丙环唑/250克/升/乳油/丙环唑 250克/升/2014.02.25 至 2019.05.17/低毒
香蕉 叶斑病 250-500毫克/千克 喷雾
PD20094230 联苯菊酯/100克/升/乳油/联苯菊酯 100克/升/2014.03.31 至 2019.05.17/中等毒
茶树 茶小绿叶蝉 30-37.5克/公顷 喷雾
PD20096685 氟硅唑/400克/升/乳油/氟硅唑 400克/升/2014.09.07 至 2019.09.07/低毒
梨树 黑星病 40—50毫克/千克 喷雾
PD20111200 唑螨酯/5%/悬浮剂/唑螨酯 5%/2011.11.16 至 2016.11.16/低毒
柑橘树 红蜘蛛 33.3-50毫克/千克 喷雾
PD20120333 氟氯氰菊酯/50克/升/乳油/氟氯氰菊酯 50克/升/2012.02.17 至 2017.02.17/低毒
甘蓝 菜青虫 22.5-26.5克/公顷 喷雾
PD20121726 咪鲜·异菌脲/20%/悬浮剂/咪鲜胺 10%、异菌脲 10%/2012.11.08 至 2017.11.08/低毒
香蕉 冠腐病 333—400毫克/千克 浸果
PD20130417 氟硅唑/10%/水分散粒剂/氟硅唑 10%/2013.03.18 至 2018.03.18/低毒

葡萄 白腐病 40-50毫克/千克 喷雾
PD20130645 氯氟·吡虫啉/7.5%/悬浮剂/吡虫啉 5.0%、高效氯氟氰菊酯 2.5%/2013.04.05 至 2018.04.05/低毒
小麦 蚜虫 33.75-39.375克/公顷 喷雾
PD20131034 硅唑·咪鲜胺/25%/可溶液剂/氟硅唑 5%、咪鲜胺 20%/2013.05.13 至 2018.05.13/低毒
黄瓜 炭疽病 160-200克/公顷 喷雾
PD20131296 硅唑·多菌灵/40%/悬浮剂/多菌灵 27.5%、氟硅唑 12.5%/2013.06.08 至 2018.06.08/低毒
黄瓜 白粉病 84-96克/公顷 喷雾
PD20151922 联苯·三唑磷/20%/微乳剂/联苯菊酯 3%、三唑磷 17%/2015.08.30 至 2020.08.30/中等毒
小麦 蚜虫 60-120克/公顷 喷雾
PD20152053 咯菌腈/98%/原药/咯菌腈 98%/2015.09.07 至 2020.09.07/低毒
WP20120041 吡丙醚/98%/原药/吡丙醚 98%/2012.03.14 至 2017.03.14/低毒

陕西恒田化工有限公司 (陕西省渭南市渭南国家农业科技园大荔核心区 710018 029-86517322)

PD20040451 哒螨灵/20%/可湿性粉剂/哒螨灵 20%/2014.12.19 至 2019.12.19/低毒
柑橘树 红蜘蛛 50-67毫克/千克 喷雾
PD20040469 高效氯氰菊酯/4.5%/乳油/高效氯氰菊酯 4.5%/2014.12.19 至 2019.12.19/低毒
梨树 梨木虱 16.7-25毫克/千克 喷雾
PD20070476 啶虫脒/96%/原药/啶虫脒 96%/2012.11.28 至 2017.11.28/低毒
PD20070487 吡虫啉/95%/原药/吡虫啉 95%/2012.11.28 至 2017.11.28/低毒
PD20070516 啶虫脒/5%/乳油/啶虫脒 5%/2012.11.28 至 2017.11.28/低毒
小麦 蚜虫 18-31.5克/公顷 喷雾
PD20080510 啶虫脒/5%/可湿性粉剂/啶虫脒 5%/2013.04.23 至 2018.04.23/低毒
柑橘树 蚜虫 10-15毫克/千克 喷雾
PD20081027 氰戊·马拉松/20%/乳油/马拉硫磷 15%、氰戊菊酯 5%/2013.08.06 至 2018.08.06/低毒
苹果树 桃小食心虫 160-333.3毫克/千克 喷雾
PD20081088 高效氯氟氰菊酯/25克/升/乳油/高效氯氟氰菊酯 25克/升/2013.08.18 至 2018.08.18/中等毒
甘蓝 菜青虫 7.5-15克/公顷 喷雾
PD20082091 多·锰锌/40%/可湿性粉剂/多菌灵 20%、代森锰锌 20%/2013.11.25 至 2018.11.25/低毒
梨树 黑星病 1000-1250毫克/千克 喷雾
PD20082518 丙环唑/250克/升/乳油/丙环唑 250克/升/2013.12.03 至 2018.12.03/低毒
小麦 白粉病 131.25-150克/公顷 喷雾
PD20082733 甲霜·锰锌/58%/可湿性粉剂/甲霜灵 10%、代森锰锌 48%/2013.12.08 至 2018.12.08/低毒
黄瓜 霜霉病 1305-1632克/公顷 喷雾
PD20082888 阿维菌素/1.8%/乳油/阿维菌素 1.8%/2013.12.09 至 2018.12.09/中等毒(原药高毒)
梨树 梨木虱 6-12毫克/千克 喷雾
PD20082961 三唑锡/25%/可湿性粉剂/三唑锡 25%/2013.12.09 至 2018.12.09/中等毒
柑橘树 红蜘蛛 125-166.7毫克/千克 喷雾
PD20083206 毒死蜱/40%/乳油/毒死蜱 40%/2013.12.11 至 2018.12.11/中等毒
苹果树 绵蚜 240-480毫克/千克 喷雾
PD20083436 吡虫啉/10%/可湿性粉剂/吡虫啉 10%/2013.12.11 至 2018.12.11/低毒
水稻 稻飞虱 15-30克/公顷 喷雾
PD20083835 高氯·毒死蜱/12%/乳油/毒死蜱 9.5%、高效氯氰菊酯 2.5%/2013.12.15 至 2018.12.15/低毒
棉花 棉铃虫 270-324克/公顷 喷雾
PD20083933 甲氰菊酯/20%/乳油/甲氰菊酯 20%/2013.12.15 至 2018.12.15/中等毒
苹果树 桃小食心虫 80-100毫克/千克 喷雾
PD20084047 萎锈灵/98%/原药/萎锈灵 98%/2013.12.16 至 2018.12.16/低毒
PD20084078 噁霉灵/15%/水剂/噁霉灵 15%/2013.12.16 至 2018.12.16/低毒
水稻 立枯病 11250-18000克/公顷 苗床喷雾
PD20084152 丙环唑/250克/升/乳油/丙环唑 250克/升/2013.12.16 至 2018.12.16/低毒
香蕉 叶斑病 250-500毫克/千克 喷雾
PD20084227 百菌清/75%/可湿性粉剂/百菌清 75%/2013.12.17 至 2018.12.17/低毒
番茄 灰霉病 1687.5－2250克/公顷 喷雾
PD20084254 霜霉威/66.5%/水剂/霜霉威 66.5%/2013.12.17 至 2018.12.17/低毒
黄瓜 霜霉病 942-1180克/公顷 喷雾
PD20084407 吡虫啉/20%/可溶液剂/吡虫啉 20%/2013.12.17 至 2018.12.17/低毒
水稻 稻飞虱 24-30克/公顷 喷雾
PD20084420 高效氯氟氰菊酯/25克/升/乳油/高效氯氟氰菊酯 25克/升/2013.12.17 至 2018.12.17/中等毒
茶树 茶小绿叶蝉 22.5-30克/公顷 喷雾
PD20084443 乙酰甲胺磷/30%/乳油/乙酰甲胺磷 30%/2013.12.17 至 2018.12.17/低毒
柑橘树 介壳虫 400-500毫克/千克 喷雾
水稻 二化螟 600-900克/公顷 喷雾
PD20084548 炔螨特/73%/乳油/炔螨特 73%/2013.12.18 至 2018.12.18/低毒
柑橘 红蜘蛛 243-365毫克/千克 喷雾
PD20084596 苯磺隆/75%/水分散粒剂/苯磺隆 75%/2013.12.18 至 2018.12.18/低毒

登记证号	登记作物 / 产品信息	防治对象	用药量	施用方法
	冬小麦田	一年生阔叶杂草	14.6-20.3克/公顷	茎叶喷雾
PD20084661	氰戊·乐果/40%/乳油/乐果 39.2%、氰戊菊酯 0.8%/2013.12.22 至 2018.12.22/中等毒			
	棉花	蚜虫	150-225克/公顷	喷雾
	桃树	蚜虫	160-200毫克/千克	喷雾
	小麦	蚜虫	90克/公顷	喷雾
	叶菜类蔬菜	蚜虫	150-195克/公顷	喷雾
PD20084750	代森锰锌/80%/可湿性粉剂/代森锰锌 80%/2013.12.22 至 2018.12.22/低毒			
	黄瓜	霜霉病	2520-3000克/公顷	喷雾
	苹果	斑点落叶病	1000-1333毫克/千克	喷雾
PD20084988	联苯菊酯/25克/升/乳油/联苯菊酯 25克/升/2013.12.22 至 2018.12.22/低毒			
	茶树	茶小绿叶蝉	30-37.5克/公顷	喷雾
PD20085048	霜霉威盐酸盐/96%/原药/霜霉威盐酸盐 96%/2013.12.23 至 2018.12.23/低毒			
PD20085686	啶虫脒/20%/可溶粉剂/啶虫脒 20%/2013.12.26 至 2018.12.26/中等毒			
	柑橘树	蚜虫	20-40毫克/千克	喷雾
PD20085885	甲基硫菌灵/70%/可湿性粉剂/甲基硫菌灵 70%/2013.12.29 至 2018.12.29/低毒			
	梨树	黑星病	1500-1700倍液	喷雾
PD20090016	阿维菌素/1.8%/可湿性粉剂/阿维菌素 1.8%/2014.01.06 至 2019.01.06/低毒(原药高毒)			
	十字花科蔬菜	小菜蛾	8.1-10.8克/公顷	喷雾
PD20090094	甲硫·福美双/70%/可湿性粉剂/福美双 40%、甲基硫菌灵 30%/2014.01.08 至 2019.01.08/低毒			
	苹果树	轮纹病	875-1167毫克/千克	喷雾
PD20090524	噻嗪·杀扑磷/20%/乳油/噻嗪酮 15%、杀扑磷 5%/2014.01.12 至 2015.09.30/中等毒(原药高毒)			
	柑橘树	矢尖蚧	200-250毫克/千克	喷雾
PD20090919	啶虫脒/20%/可溶液剂/啶虫脒 20%/2014.01.19 至 2019.01.19/低毒			
	棉花	蚜虫	24-36克/公顷	喷雾
PD20091072	马拉硫磷/45%/乳油/马拉硫磷 45%/2014.01.21 至 2019.01.21/低毒			
	十字花科蔬菜	黄条跳甲	675-810克/公顷	喷雾
PD20091632	三乙膦酸铝/40%/可湿性粉剂/三乙膦酸铝 40%/2014.02.03 至 2019.02.03/低毒			
	黄瓜	霜霉病	1800-2700克/公顷	喷雾
PD20092219	三唑磷/20%/乳油/三唑磷 20%/2014.02.24 至 2019.02.24/中等毒			
	水稻	二化螟	360-540克/公顷	喷雾
PD20092832	苯磺隆/10%/可湿性粉剂/苯磺隆 10%/2014.03.05 至 2019.03.05/低毒			
	冬小麦田	一年生阔叶杂草	15-22.5克/公顷	茎叶喷雾
PD20092879	福美锌/72%/可湿性粉剂/福美锌 72%/2014.03.05 至 2019.03.05/低毒			
	苹果树	炭疽病	1200-1800毫克/千克	喷雾
PD20092973	草甘膦/30%/水剂/草甘膦 30%/2014.03.09 至 2019.03.09/低毒			
	柑橘园	杂草	1125-2250克/公顷	定向茎叶喷雾
PD20093177	萎锈·福美双/400克/升/悬浮种衣剂/福美双 200克/升、萎锈灵 200克/升/2014.03.11 至 2019.03.11/低毒			
	棉花	立枯病	64-80克/100千克种子	种子包衣
PD20093672	精喹禾灵/5%/乳油/精喹禾灵 5%/2014.03.25 至 2019.03.25/低毒			
	夏大豆田	一年生禾本科杂草	45-52.5克/公顷	茎叶喷雾
PD20093809	莠灭净/40%/可湿性粉剂/莠灭净 40%/2014.03.25 至 2019.03.25/低毒			
	甘蔗田	一年生杂草	1560-2400克/公顷	喷雾
PD20094292	氟磺胺草醚/250克/升/水剂/氟磺胺草醚 250克/升/2014.03.31 至 2019.03.31/低毒			
	春大豆田	一年生阔叶杂草	450-562.5克/公顷(东北地区)	茎叶喷雾
	夏大豆田	一年生阔叶杂草	375-450克/公顷(其它地区)	茎叶喷雾
PD20094329	乳氟禾草灵/240克/升/乳油/乳氟禾草灵 240克/升/2014.03.31 至 2019.03.31/低毒			
	花生田	一年生阔叶杂草	54-108克/公顷	茎叶喷雾
PD20094377	福美双/70%/可湿性粉剂/福美双 70%/2014.04.01 至 2019.04.01/低毒			
	黄瓜	霜霉病	840-1050克/公顷	喷雾
PD20094798	莠去津/38%/悬浮剂/莠去津 38%/2014.04.13 至 2019.04.13/低毒			
	春玉米田	一年生杂草	2023.5-2251.5克/公顷	土壤喷雾
PD20095264	高效氟吡甲禾灵/108克/升/乳油/高效氟吡甲禾灵 108克/升/2014.04.27 至 2019.04.27/低毒			
	春大豆田	一年生禾本科杂草	48.6-56.7克/公顷	茎叶喷雾
	夏大豆田	一年生禾本科杂草	40.5-48.6克/公顷	茎叶喷雾
PD20095588	氟铃脲/5%/乳油/氟铃脲 5%/2014.05.12 至 2019.05.12/低毒			
	甘蓝	小菜蛾	52.25-67.5克/公顷	喷雾
PD20096925	高氯·马/20%/乳油/高效氯氰菊酯 2%、马拉硫磷 18%/2014.09.23 至 2019.09.23/低毒			
	苹果树	桃小食心虫	133.3-250毫克/千克	喷雾
PD20097185	莠去津/48%/可湿性粉剂/莠去津 48%/2014.10.16 至 2019.10.16/低毒			
	春玉米田	一年生杂草	2160-2880克/公顷(东北地区)	土壤喷雾
	夏玉米田	一年生杂草	1269-1440克/公顷(其它地区)	土壤喷雾
PD20097962	哒螨灵/15%/乳油/哒螨灵 15%/2014.12.01 至 2019.12.01/低毒			
	柑橘树	红蜘蛛	75-100毫克/千克	喷雾

萝卜 黄条跳甲 90-135克/公顷 喷雾

PD20098079 毒死蜱/45%/乳油/毒死蜱 45%/2014.12.08 至 2019.12.08/中等毒

苹果树 桃小食心虫 240-320毫克/千克 喷雾

PD20098325 炔螨·矿物油/73%/乳油/矿物油 40%、炔螨特 33%/2014.12.18 至 2019.12.18/低毒

柑橘树 红蜘蛛 292-365毫克/千克 喷雾

PD20100114 咪鲜胺锰盐/50%/可湿性粉剂/咪鲜胺锰盐 50%/2015.01.05 至 2020.01.05/低毒

黄瓜 炭疽病 450-600克/公顷 喷雾

PD20100209 腐酸·硫酸铜/2.4%/水剂/腐殖酸 2.07%、硫酸铜 0.33%/2015.01.05 至 2020.01.05/低毒

苹果树 腐烂病 200克制剂/平方米病疤 涂抹病疤

PD20101256 矿物油/95%/乳油/矿物油 95%/2015.03.05 至 2020.03.05/低毒

柑橘树 失尖介 9500-19000毫克/千克 喷雾

PD20101597 吡虫啉/25%/可湿性粉剂/吡虫啉 25%/2015.06.03 至 2020.06.03/低毒

韭菜 韭蛆 300-450克/公顷 药土法

水稻 稻飞虱 15-30克/公顷 喷雾

PD20101920 吡虫·噻嗪酮/20%/可湿性粉剂/吡虫啉 2%、噻嗪酮 18%/2015.08.27 至 2020.08.27/低毒

水稻 稻飞虱 120-150克/公顷 喷雾

PD20101968 啶虫脒/40%/水分散粒剂/啶虫脒 40%/2015.09.21 至 2020.09.21/低毒

水稻 稻飞虱 31.5-36克/公顷 喷雾

PD20110815 阿维·啶虫脒/8.8%/乳油/阿维菌素 0.4%、啶虫脒 8.4%/2011.08.04 至 2016.08.04/低毒(原药高毒)

柑橘树 黑刺粉虱 17.6-22毫克/千克 喷雾

PD20110827 甲氨基阿维菌素苯甲酸盐/1%/乳油/甲氨基阿维菌素 1%/2011.08.10 至 2016.08.10/低毒

甘蓝 小菜蛾 1.5-3克/公顷 喷雾

注:甲氨基阿维菌素苯甲酸盐含量: 1.14%。

PD20111272 吡虫啉/70%/水分散粒剂/吡虫啉 70%/2011.11.23 至 2016.11.23/低毒

甘蓝 蚜虫 15.75-21克/公顷 喷雾

PD20111334 苯醚甲环唑/10%/水分散粒剂/苯醚甲环唑 10%/2011.12.06 至 2016.12.06/低毒

西瓜 炭疽病 75-120克/公顷 喷雾

PD20120098 阿维·高氯/1.8%/乳油/阿维菌素 0.3%、高效氯氰菊酯 1.5%/2012.01.29 至 2017.01.29/低毒(原药高毒)

甘蓝 菜青虫、小菜蛾 7.5-15克/公顷 喷雾

PD20120356 哒螨·矿物油/28%/乳油/哒螨灵 5%、矿物油 23%/2012.02.23 至 2017.02.23/低毒

苹果树 红蜘蛛 112-186.7毫克/千克 喷雾

PD20120636 阿维·吡虫啉/5%/乳油/阿维菌素 0.5%、吡虫啉 4.5%/2012.04.12 至 2017.04.12/低毒(原药高毒)

梨树 梨木虱 6.25-10毫克/千克 喷雾

PD20120821 毒死蜱/30%/水乳剂/毒死蜱 30%/2012.05.22 至 2017.05.22/中等毒

水稻 稻纵卷叶螟 360-540克/公顷 喷雾

PD20120822 咪鲜胺/450克/升/水乳剂/咪鲜胺 450克/升/2012.05.22 至 2017.05.22/低毒

香蕉 炭疽病 250-500毫克/千克 浸果

PD20120979 氟硅唑/400克/升/乳油/氟硅唑 400克/升/2012.06.21 至 2017.06.21/低毒

黄瓜 黑星病 45-75克/公顷 喷雾

PD20120982 高效氯氟氰菊酯/2.5%/水乳剂/高效氯氟氰菊酯 2.5%/2012.06.21 至 2017.06.21/中等毒

甘蓝 菜青虫 7.5-9.375克/公顷 喷雾

PD20120991 草甘膦铵盐/58%/可溶粉剂/草甘膦 58%/2012.06.21 至 2017.06.21/低毒

柑橘园 杂草 1131-2175克/公顷 定向茎叶喷雾

注:草甘膦铵盐含量: 63.8%。

PD20121025 高氯·啶虫脒/10.5%/乳油/啶虫脒 7%、高效氯氰菊酯 3.5%/2012.07.02 至 2017.07.02/低毒

柑橘树 矢尖蚧 26.25-35毫克/千克 喷雾

苹果树 蚜虫 15-17.5毫克/千克 喷雾

PD20121377 丙森锌/70%/可湿性粉剂/丙森锌 70%/2012.09.13 至 2017.09.13/低毒

黄瓜 霜霉病 1890－2205克/公顷 喷雾

PD20121450 戊唑醇/430克/升/悬浮剂/戊唑醇 430克/升/2012.10.08 至 2017.10.08/低毒

苹果树 斑点落叶病 71.7-86.0mg/kg 喷雾

PD20121460 甲氨基阿维菌素苯甲酸盐/5.0%/水分散粒剂/甲氨基阿维菌素 5%/2012.10.08 至 2017.10.08/低毒

甘蓝 小菜蛾 2.25-3.75克/公顷 喷雾

注:甲氨基阿维菌素苯甲酸盐含量: 5.7%。

PD20121521 霜脲氰/98%/原药/霜脲氰 98%/2012.10.09 至 2017.10.09/低毒

PD20122022 醚菌酯/30%/悬浮剂/醚菌酯 30%/2012.12.19 至 2017.12.19/低毒

番茄 早疫病 225～270克/公顷 喷雾

PD20131062 甲基硫菌灵/500克/升/悬浮剂/甲基硫菌灵 500克/升/2013.05.20 至 2018.05.20/低毒

小麦 赤霉病 750～1125克/公顷 喷雾

PD20131121 氟铃脲/5%/乳油/氟铃脲 5%/2013.05.20 至 2018.05.20/低毒

甘蓝 小菜蛾 37.5-56.25克/公顷 喷雾

PD20131784 吡虫啉/480克/升/悬浮剂/吡虫啉 480克/升/2013.09.09 至 2018.09.09/低毒

甘蓝 蚜虫 14.4-28.8克/公顷 喷雾

PD20132653 丙溴磷/50%/乳油/丙溴磷 50%/2013.12.20 至 2018.12.20/低毒
水稻 稻纵卷叶螟 750-900克/公顷 喷雾
PD20141177 烯酰·霜脲氰/70%/水分散粒剂/霜脲氰 20%、烯酰吗啉 50%/2014.04.28 至 2019.04.28/低毒
黄瓜 霜霉病 315-420克/公顷 喷雾
PD20141178 噁霜·锰锌/64%/可湿性粉剂/噁霜灵 8%、代森锰锌 56%/2014.04.28 至 2019.04.28/低毒
黄瓜 霜霉病 1632-2016克/公顷 喷雾
PD20141579 苯醚·咪鲜胺/28%/悬浮剂/苯醚甲环唑 8%、咪鲜胺锰盐 20%/2014.06.17 至 2019.06.17/低毒
水稻 纹枯病 168-210克/公顷 喷雾
PD20141600 丁硫克百威/20%/乳油/丁硫克百威 20%/2014.06.24 至 2019.06.24/中等毒
棉花 蚜虫 90-135克/公顷 喷雾
PD20141650 己唑·稻瘟灵/35%/悬浮剂/稻瘟灵 30%、己唑醇 5%/2014.06.24 至 2019.06.24/低毒
水稻 稻瘟病 315-420克/公顷 喷雾
PD20141959 嘧菌酯/250克/升/悬浮剂/嘧菌酯 250克/升/2014.08.13 至 2019.08.13/低毒
黄瓜 霜霉病 150-225克/公顷 喷雾
PD20142307 嘧霉胺/400克/升/悬浮剂/嘧霉胺 400克/升/2014.11.03 至 2019.11.03/低毒
番茄 灰霉病 420-558克/公顷 喷雾
PD20142444 噻虫嗪/70%/种子处理可分散粉剂/噻虫嗪 70%/2014.11.15 至 2019.11.15/低毒
玉米 灰飞虱 140-210克/100千克种子 拌种
PD20150095 阿维·毒死蜱/42%/乳油/阿维菌素 0.2%、毒死蜱 41.8%/2015.01.05 至 2020.01.05/中等毒(原药高毒)
棉花 蚜虫 504-567克/公顷 喷雾
PD20150141 异菌脲/500克/升/悬浮剂/异菌脲 500克/升/2015.01.14 至 2020.01.14/低毒
苹果树 斑点落叶病 333.3-500毫克/千克 喷雾
PD20150245 腐霉利/80%/可湿性粉剂/腐霉利 80%/2015.01.15 至 2020.01.15/低毒
黄瓜 灰霉病 600-720克/公顷 喷雾
葡萄 灰霉病 333.3-500毫克/千克 喷雾
PD20150471 噻虫嗪/50%/水分散粒剂/噻虫嗪 50%/2015.03.20 至 2020.03.20/低毒
水稻 稻飞虱 7.5-15克/公顷 喷雾
PD20150477 阿维·苯丁锡/21%/悬浮剂/阿维菌素 1%、苯丁锡 20%/2015.03.20 至 2020.03.20/低毒(原药高毒)
柑橘树 红蜘蛛 52.5-105毫克/千克 喷雾
PD20150630 螺螨酯/34%/悬浮剂/螺螨酯 34%/2015.04.16 至 2020.04.16/低毒
柑橘树 红蜘蛛 50.7-63.3毫克/千克 喷雾
PD20151205 茚虫威/30%/悬浮剂/茚虫威 30%/2015.07.29 至 2020.07.29/低毒
甘蓝 甜菜夜蛾 27.0-40.5克/公顷 喷雾
PD20151247 霜脲·锰锌/72%/可湿性粉剂/代森锰锌 64%、霜脲氰 8%/2015.07.30 至 2020.07.30/低毒
黄瓜 霜霉病 1440-1800克/公顷 喷雾
PD20151403 苯甲·霜霉威/63%/悬浮剂/苯醚甲环唑 9%、霜霉威盐酸盐 54%/2015.07.30 至 2020.07.30/低毒
葡萄 霜霉病 458-573毫克/千克 喷雾
PD20151568 吡虫啉/600克/升/悬浮种衣剂/吡虫啉 600克/升/2015.08.04 至 2020.08.04/低毒
棉花 蚜虫 350-500克/100千克种子 种子包衣
PD20151601 灭蝇胺/80%/可湿性粉剂/灭蝇胺 80%/2015.08.28 至 2020.08.28/低毒
黄瓜 美洲斑潜蝇 120-180克/公顷 喷雾
PD20151670 杀螺胺/70%/可湿性粉剂/杀螺胺 70%/2015.08.28 至 2020.08.28/低毒
水稻 福寿螺 315-420克/公顷 喷雾
PD20151697 仲丁·吡蚜酮/30%/悬浮剂/吡蚜酮 10%、仲丁威 20%/2015.08.28 至 2020.08.28/低毒
水稻 稻飞虱 180-270克/公顷 喷雾
PD20151714 克菌丹/80%/可湿性粉剂/克菌丹 80%/2015.08.28 至 2020.08.28/低毒
苹果树 轮纹病 800-1333毫克/千克 喷雾
PD20151862 氟菌唑/40%/可湿性粉剂/氟菌唑 40%/2015.08.30 至 2020.08.30/低毒
黄瓜 白粉病 72-96克/公顷 喷雾
PD20152125 精喹·草除灵/17.5%/乳油/草除灵 15%、精喹禾灵 2.5%/2015.09.22 至 2020.09.22/低毒
冬油菜 一年生杂草 262.5-393.8克/公顷 茎叶喷雾
PD20152196 咪鲜·异菌脲/16%/悬浮剂/咪鲜胺 8%、异菌脲 8%/2015.09.23 至 2020.09.23/低毒
香蕉 冠腐病 266.5-400毫克/千克 浸果
PD20152280 噻苯隆/50%/可湿性粉剂/噻苯隆 50%/2015.10.20 至 2020.10.20/低毒
棉花 脱叶 225-300克/公顷 喷雾
LS20130041 噻嗪·毒死蜱/40%/悬浮剂/毒死蜱 18%、噻嗪酮 22%/2015.02.06 至 2016.02.06/低毒
柑橘树 矢尖蚧 200-266.67毫克/千克 喷雾
LS20130383 苦参碱/5%/水剂/苦参碱 5%/2015.07.29 至 2016.07.29/低毒
甘蓝 小菜蛾 6-7.5克/公顷 喷雾
LS20130512 霜脲·霜霉威/28%/可湿性粉剂/霜霉威 14%、霜脲氰 14%/2015.12.10 至 2016.12.10/低毒
马铃薯 晚疫病 630-765克/公顷 喷雾
LS20140162 吡蚜酮/70%/可湿性粉剂/吡蚜酮 70%/2015.04.11 至 2016.04.11/低毒
水稻 稻飞虱 84-105克/公顷 喷雾

LS20140171　萎锈灵/12%/可湿性粉剂/萎锈灵 12%/2015.04.11 至 2016.04.11/低毒
　小麦　锈病　81-108克/公顷　喷雾
LS20150026　霜霉威盐酸盐/818克/升/水剂/霜霉威盐酸盐 75%/2016.01.15 至 2017.01.15/低毒
　甜椒　疫病　981.6-1227克/公顷　喷雾
LS20150165　溴菌·福美锌/75%/可湿性粉剂/福美锌 50%、溴菌腈 25%/2015.06.12 至 2016.06.12/低毒
　苹果树　炭疽病　625-1250毫克/千克　喷雾

陕西皇牌作物科技有限公司　(陕西省渭南高新区朝阳大街西段　714000　0913-2103960)

PD20083183　毒死蜱/45%/乳油/毒死蜱 45%/2013.12.11 至 2018.12.11/中等毒
　水稻　二化螟　504-648克/公顷　喷雾
PD20083192　硫双威/75%/可湿性粉剂/硫双威 75%/2013.12.11 至 2018.12.11/中等毒
　棉花　棉铃虫　562.5-675克/公顷　喷雾
PD20083828　速灭威/25%/可湿性粉剂/速灭威 25%/2013.12.15 至 2018.12.15/中等毒
　水稻　稻飞虱　562.5-750克/公顷　喷雾
PD20083839　噁霜·锰锌/64%/可湿性粉剂/噁霜灵 8%、代森锰锌 56%/2013.12.15 至 2018.12.15/低毒
　黄瓜　霜霉病　1632-1920克/公顷　喷雾
PD20083928　杀螺胺/70%/可湿性粉剂/杀螺胺 70%/2013.12.15 至 2018.12.15/低毒
　水稻　福寿螺　367.5-472.5克/公顷　喷雾
PD20083930　甲氰菊酯/20%/乳油/甲氰菊酯 20%/2013.12.15 至 2018.12.15/中等毒
　苹果树　红蜘蛛　100-133.3毫克/千克　喷雾
PD20084248　三环唑/20%/可湿性粉剂/三环唑 20%/2013.12.17 至 2018.12.17/低毒
　水稻　稻瘟病　240-300克/公顷　喷雾
PD20084260　氯氰·丙溴磷/440克/升/乳油/丙溴磷 400克/升、氯氰菊酯 40克/升/2013.12.17 至 2018.12.17/低毒
　棉花　棉铃虫　528-660克/公顷　喷雾
PD20084262　稻瘟灵/40%/乳油/稻瘟灵 40%/2013.12.17 至 2018.12.17/低毒
　水稻　稻瘟病　600-720克/公顷　喷雾
PD20084270　百菌清/75%/可湿性粉剂/百菌清 75%/2013.12.17 至 2018.12.17/低毒
　葡萄　白粉病　1071-1250毫克/千克　喷雾
PD20084323　甲霜·锰锌/58%/可湿性粉剂/甲霜灵 10%、代森锰锌 48%/2013.12.17 至 2018.12.17/低毒
　黄瓜　霜霉病　1305-1635.6克/公顷　喷雾
PD20084342　异丙威/20%/乳油/异丙威 20%/2013.12.17 至 2018.12.17/低毒
　水稻　稻飞虱　510-600克/公顷　喷雾
PD20084363　噻嗪·异丙威/25%/可湿性粉剂/噻嗪酮 5%、异丙威 20%/2013.12.17 至 2018.12.17/低毒
　水稻　稻飞虱　450-562.5克/公顷　喷雾
PD20084365　异稻瘟净/40%/乳油/异稻瘟净 40%/2013.12.17 至 2018.12.17/低毒
　水稻　稻瘟病　1020-1200克/公顷　喷雾
PD20084472　敌敌畏/77.5%/乳油/敌敌畏 77.5%/2013.12.22 至 2018.12.22/中等毒
　十字花科蔬菜　菜青虫　600-960克/公顷　喷雾
PD20084600　三唑锡/25%/可湿性粉剂/三唑锡 25%/2013.12.18 至 2018.12.18/低毒
　柑橘树　红蜘蛛　125-166毫克/千克　喷雾
PD20084699　辛硫磷/40%/乳油/辛硫磷 40%/2013.12.22 至 2018.12.22/低毒
　十字花科蔬菜　菜青虫　300-420克/公顷　喷雾
PD20084746　溴氰菊酯/25克/升/乳油/溴氰菊酯 25克/升/2013.12.22 至 2018.12.22/低毒
　大白菜　菜青虫　11.25-15克/公顷　喷雾
PD20084813　氟啶脲/50克/升/乳油/氟啶脲 50克/升/2013.12.22 至 2018.12.22/低毒
　甘蓝　菜青虫　37.5-45克/公顷　喷雾
PD20084864　代森锰锌/80%/可湿性粉剂/代森锰锌 80%/2013.12.22 至 2018.12.22/低毒
　西瓜　炭疽病　1560-2520克/公顷　喷雾
PD20084871　丙环唑/25%/乳油/丙环唑 25%/2013.12.22 至 2018.12.22/低毒
　香蕉　叶斑病　250-500毫克/千克　喷雾
PD20084922　噁霉灵/30%/水剂/噁霉灵 30%/2013.12.22 至 2018.12.22/低毒
　水稻苗床　立枯病　0.9-1.8克/平方米　苗床喷雾或浇灌
PD20084991　异菌脲/255克/升/悬浮剂/异菌脲 255克/升/2013.12.22 至 2018.12.22/低毒
　香蕉　冠腐病　1275-2550毫克/千克　浸果
PD20085231　三乙膦酸铝/90%/可溶粉剂/三乙膦酸铝 90%/2013.12.23 至 2018.12.23/微毒
　黄瓜　霜霉病　2025-2700克/公顷　喷雾
PD20085443　仲丁威/50%/乳油/仲丁威 50%/2013.12.24 至 2018.12.24/低毒
　水稻　稻飞虱　600-900克/公顷　喷雾
PD20085604　异菌脲/50%/可湿性粉剂/异菌脲 50%/2013.12.25 至 2018.12.25/低毒
　番茄　早疫病　1050-1500克/公顷　喷雾
PD20085624　三环唑/75%/可湿性粉剂/三环唑 75%/2013.12.25 至 2018.12.25/低毒
　水稻　稻瘟病　225-300克/公顷　喷雾
PD20085653　仲丁威/80%/乳油/仲丁威 80%/2013.12.26 至 2018.12.26/低毒
　水稻　稻飞虱　480-600克/公顷　喷雾

PD20085712 三唑锡/20%/悬浮剂/三唑锡 20%/2013.12.26 至 2018.12.26/低毒
柑橘树 红蜘蛛 133.3-200毫克/千克 喷雾
PD20085786 四螨嗪/500克/升/悬浮剂/四螨嗪 500克/升/2013.12.29 至 2018.12.29/低毒
苹果树 红蜘蛛 83.3-100毫克/千克 喷雾
PD20086383 杀螟丹/98%/可溶粉剂/杀螟丹 98%/2013.12.31 至 2018.12.31/中等毒
水稻 二化螟 661.5-808.5克/公顷 喷雾
PD20090439 多菌灵/80%/可湿性粉剂/多菌灵 80%/2014.01.12 至 2019.01.12/低毒
水稻 纹枯病 720-900克/公顷 喷雾
PD20090612 氟氯氰菊酯/50克/升/乳油/氟氯氰菊酯 50克/升/2014.01.14 至 2019.01.14/低毒
甘蓝 菜青虫 18.75-26.25克/公顷 喷雾
PD20091016 多菌灵/40%/悬浮剂/多菌灵 40%/2014.01.21 至 2019.01.21/低毒
苹果树 轮纹病 800-1000毫克/千克 喷雾
PD20091143 联苯菊酯/100克/升/乳油/联苯菊酯 100克/升/2014.01.21 至 2019.01.21/中等毒
茶树 茶小绿叶蝉 37.5-45克/公顷 喷雾
PD20091322 甲基硫菌灵/500克/升/悬浮剂/甲基硫菌灵 500克/升/2014.02.01 至 2019.02.01/低毒
水稻 稻瘟病 937.5-1125克/公顷 喷雾
PD20091376 杀螟丹/50%/可溶粉剂/杀螟丹 50%/2014.02.02 至 2019.02.02/中等毒
水稻 二化螟 600-900克/公顷 喷雾
PD20091843 氯氰·毒死蜱/522.5克/升/乳油/毒死蜱 475克/升、氯氰菊酯 47.5克/升/2014.02.06 至 2019.02.06/中等毒
棉花 棉铃虫 705.375-825克/公顷 喷雾
PD20091850 甲基硫菌灵/70%/可湿性粉剂/甲基硫菌灵 70%/2014.02.06 至 2019.02.06/低毒
水稻 纹枯病 1260-1470克/公顷 喷雾
PD20092310 代森锌/65%/可湿性粉剂/代森锌 65%/2014.02.24 至 2019.02.24/低毒
番茄 早疫病 2535-3510克/公顷 喷雾
PD20092653 高效氯氟氰菊酯/25克/升/乳油/高效氯氟氰菊酯 25克/升/2014.03.03 至 2019.03.03/中等毒
十字花科蔬菜 菜青虫 7.5-15克/公顷 喷雾
PD20093038 联苯菊酯/25克/升/乳油/联苯菊酯 25克/升/2014.03.09 至 2019.03.09/低毒
茶树 茶小绿叶蝉 30-37.5克/公顷 喷雾
PD20093983 喹硫磷/25%/乳油/喹硫磷 25%/2014.03.27 至 2019.03.27/低毒(原药高毒)
棉花 棉铃虫 100-150克制剂/亩 喷雾
PD20094232 噻螨酮/5%/乳油/噻螨酮 5%/2014.03.31 至 2019.03.31/低毒
柑橘树 红蜘蛛 33.33-50毫克/千克 喷雾
PD20094504 仲丁威/20%/乳油/仲丁威 20%/2014.04.09 至 2019.04.09/低毒
水稻 稻飞虱 450-525克/公顷 喷雾
PD20096763 百菌清/40%/悬浮剂/百菌清 40%/2014.09.15 至 2019.09.15/低毒
黄瓜 霜霉病 1080克公顷 喷雾
PD20096791 四螨嗪/20%/悬浮剂/四螨嗪 20%/2014.09.15 至 2019.09.15/低毒
柑橘树 红蜘蛛 133.3-200毫克/千克 喷雾
PD20096859 炔螨特/57%/乳油/炔螨特 57%/2014.09.22 至 2019.09.22/低毒
柑橘树 红蜘蛛 228-380毫克/千克 喷雾
PD20096866 辛硫磷/56%/乳油/辛硫磷 56%/2014.09.23 至 2019.09.23/低毒
甘蓝 菜青虫 360-450克/公顷 喷雾
PD20096971 双甲脒/200克/升/乳油/双甲脒 200克/升/2014.09.29 至 2019.09.29/低毒
柑橘树 红蜘蛛 133-200毫克/千克 喷雾
PD20096996 阿维菌素/1.8%/乳油/阿维菌素 1.8%/2014.09.29 至 2019.09.29/中等毒(原药高毒)
十字花科蔬菜 小菜蛾 8.1-10.8克/公顷 喷雾
PD20097046 甲基硫菌灵/50%/可湿性粉剂/甲基硫菌灵 50%/2014.10.10 至 2019.10.10/低毒
番茄 叶霉病 337.5-562.5克/公顷 喷雾
PD20097148 霜霉威盐酸盐/66.5%/水剂/霜霉威盐酸盐 66.5%/2014.10.16 至 2019.10.16/低毒
黄瓜 霜霉病 649.8-1083克/公顷 喷雾
注:霜霉威盐酸盐质量浓度: 722克/升。
PD20097162 复硝酚钠/1.8%/水剂/5-硝基邻甲氧基苯酚钠 0.3%、对硝基苯酚钠 0.9%、邻硝基苯酚钠 0.6%/2014.10.16 至2019.10.16/低毒
番茄 调节生长 6-9mg/kg 喷雾
PD20097226 三唑酮/25%/可湿性粉剂/三唑酮 25%/2014.10.19 至 2019.10.19/低毒
小麦 白粉病 150-168.75克/公顷 喷雾
PD20097563 噻嗪酮/25%/可湿性粉剂/噻嗪酮 25%/2014.11.12 至 2019.11.12/低毒
柑橘树 介壳虫 166.7-250毫克/千克 喷雾
PD20097932 四螨·三唑锡/20%/悬浮剂/四螨嗪 5%、三唑锡 15%/2014.11.30 至 2019.11.30/低毒
柑橘树 红蜘蛛 50-66.7毫克/千克 喷雾
PD20097947 杀扑磷/40%/乳油/杀扑磷 40%/2014.11.30 至 2015.09.30/高毒
柑橘树 红蜡蚧 400-500毫克/千克 喷雾
PD20097987 碱式硫酸铜/30%/悬浮剂/碱式硫酸铜 30%/2014.12.01 至 2019.12.01/低毒

番茄 早疫病 651-813.6克/公顷 喷雾
PD20098070 氟硅唑/400克/升/乳油/氟硅唑 400克/升/2014.12.08 至 2019.12.08/低毒
梨树 黑星病 40～50毫克/千克 喷雾
PD20098165 井冈霉素/16%/可溶粉剂/井冈霉素A 16%/2014.12.14 至 2019.12.14/低毒
小麦 纹枯病 120－150克/公顷 喷雾
注:井冈霉素含量: 20%。
PD20098168 腐霉利/50%/可湿性粉剂/腐霉利 50%/2014.12.14 至 2019.12.14/低毒
油菜 菌核病 450－600克/公顷 喷雾
PD20100711 十三吗啉/750克/升/乳油/十三吗啉 750克/升/2015.01.16 至 2020.01.16/低毒
橡胶树 红根病 22.5－30克/株 灌淋
PD20101236 草甘膦异丙胺盐/30%/水剂/草甘膦 30%/2015.03.01 至 2020.03.01/低毒
柑橘园 杂草 200-366毫升制剂/亩 茎叶定向喷雾
注:草甘膦异丙胺盐含量: 41%。
PD20101916 啶虫脒/5%/可湿性粉剂/啶虫脒 5%/2015.08.27 至 2020.08.27/低毒
柑橘树 蚜虫 10-12毫克/ 喷雾
PD20101956 联苯菊酯/10%/微乳剂/联苯菊酯 10%/2015.09.20 至 2020.09.20/中等毒
茶树 茶小绿叶蝉 30-37.5克/公顷 喷雾
PD20102072 噻嗪酮/50%/悬浮剂/噻嗪酮 50%/2015.11.03 至 2020.11.03/低毒
水稻 稻飞虱 225-300克制剂/公顷 喷雾
PD20110068 咪鲜胺/25%/乳油/咪鲜胺 25%/2016.01.11 至 2021.01.11/低毒
水稻 恶苗病 83.3-100毫克/千克 浸种
PD20110131 草甘膦异丙胺盐/41%/水剂/草甘膦 41%/2016.01.28 至 2021.01.28/低毒
柑橘园 杂草 1800-2250克/公顷 定向茎叶喷雾
注:草甘膦异丙胺盐含量: 55%
PD20110135 高效氯氰菊酯/4.5%/水乳剂/高效氯氰菊酯 4.5%/2016.02.09 至 2021.02.09/中等毒
甘蓝 菜青虫 20.25-33.75克/公顷 喷雾
PD20110136 丙环唑/50%/乳油/丙环唑 50%/2016.02.09 至 2021.02.09/低毒
香蕉 叶斑病 250－500毫克/千克 喷雾
PD20110142 高效氯氰菊酯/4.5%/微乳剂/高效氯氰菊酯 4.5%/2016.02.10 至 2021.02.10/中等毒
甘蓝 菜青虫 20.25－27克/公顷 喷雾
PD20110164 杀螺胺乙醇胺盐/50%/可湿性粉剂/杀螺胺乙醇胺盐 50%/2016.02.11 至 2021.02.11/低毒
水稻 福寿螺 450-600克/公顷 撒施
PD20110224 草甘膦铵盐/58%/可溶粒剂/草甘膦 58%/2016.02.25 至 2021.02.25/微毒
柑橘园 杂草 1081-1618克/公顷 定向茎叶喷雾
注:草甘膦铵盐含量: 64%。
PD20110358 甲氨基阿维菌素苯甲酸盐/1%/乳油/甲氨基阿维菌素 1%/2016.03.31 至 2021.03.31/低毒
甘蓝 小菜蛾 2.25-3克/公顷 喷雾
注:甲氨基阿维菌素苯甲酸盐含量: 1.1%。
PD20110401 吡虫啉/70%/水分散粒剂/吡虫啉 70%/2016.04.12 至 2021.04.12/低毒
甘蓝 蚜虫 15.75－21克/公顷 喷雾
PD20110773 阿维菌素/1.8%/微乳剂/阿维菌素 1.8%/2011.07.25 至 2016.07.25/低毒(原药高毒)
甘蓝 小菜蛾 8.1-10.8克/公顷 喷雾
PD20110881 苯醚甲环唑/250克/升/乳油/苯醚甲环唑 250克/升/2011.08.16 至 2016.08.16/低毒
香蕉 叶斑病 100-125毫克/千克 喷雾
PD20110905 吡虫啉/30%/微乳剂/吡虫啉 30%/2011.08.17 至 2016.08.17/低毒
水稻 飞虱 22.5-29.25克/公顷 喷雾
PD20110944 吡虫啉/600克/升/悬浮剂/吡虫啉 600克/升/2011.09.07 至 2016.09.07/低毒
水稻 稻飞虱 27-36克/公顷 喷雾
PD20110967 毒死蜱/15%/颗粒剂/毒死蜱 15%/2011.09.13 至 2016.09.13/中等毒
花生 蛴螬 2250－3600克/公顷 撒施
PD20111002 高效氯氟氰菊酯/2.5%/水乳剂/高效氯氟氰菊酯 2.5%/2011.09.21 至 2016.09.21/中等毒
甘蓝 蚜虫 7.5-15克/公顷 喷雾
PD20111044 联苯菊酯/2.5%/水乳剂/联苯菊酯 2.5%/2011.10.10 至 2016.10.10/低毒
茶树 茶小绿叶蝉 30～45克/公顷 /喷雾
PD20111097 灭蝇胺/50%/可溶粉剂/灭蝇胺 50%/2011.10.13 至 2016.10.13/低毒
菜豆 美洲斑潜蝇 168.75－225克/公顷 喷雾
PD20111195 戊唑醇/430克/升/悬浮剂/戊唑醇 430克/升/2011.11.16 至 2016.11.16/低毒
苹果树 斑点落叶病 86－107.5毫克/千克 喷雾
PD20111270 三唑锡/40%/悬浮剂/三唑锡 40%/2011.11.23 至 2016.11.23/中等毒
柑橘树 红蜘蛛 100-200毫克/千克 喷雾
PD20111304 联苯菊酯/10%/水乳剂/联苯菊酯 10%/2011.11.24 至 2016.11.24/中等毒
茶树 茶小绿叶蝉 30－37.5克/公顷 喷雾
PD20111340 氟硅唑/10%/水乳剂/氟硅唑 10%/2011.12.06 至 2016.12.06/低毒

	黄瓜	白粉病	60—90克/公顷	喷雾
PD20111413	烯酰吗啉/50%/水分散粒剂/烯酰吗啉 50%/2011.12.22 至 2016.12.22/低毒			
	黄瓜	霜霉病	225—300克/公顷	喷雾
PD20120066	噻嗪酮/25%/悬浮剂/噻嗪酮 25%/2012.01.16 至 2017.01.16/低毒			
	水稻	稻飞虱	75-112.5克/公顷	喷雾
PD20120091	己唑醇/25%/悬浮剂/己唑醇 25%/2012.01.29 至 2017.01.29/微毒			
	黄瓜	白粉病	22.5—37.5克/公顷	喷雾
PD20120169	联苯菊酯/4%/微乳剂/联苯菊酯 4%/2012.01.30 至 2017.01.30/中等毒			
	茶树	茶小绿叶蝉	30-36克/公顷	喷雾
PD20120216	腈菌唑/40%/悬浮剂/腈菌唑 40%/2012.02.09 至 2017.02.09/低毒			
	梨树	黑星病	40—50毫克/千克	喷雾
PD20120302	吡虫啉/20%/可湿性粉剂/吡虫啉 20%/2012.02.17 至 2017.02.17/低毒			
	小麦	蚜虫	15-30克/公顷(南方地区)45-60克/公顷(北方地区)	喷雾
PD20120417	啶虫脒/20%/可溶液剂/啶虫脒 20%/2012.03.12 至 2017.03.12/低毒			
	黄瓜	蚜虫	24-48克/公顷	喷雾
PD20120451	阿维菌素/3%/水乳剂/阿维菌素 3%/2012.03.14 至 2017.03.14/低毒(原药高毒)			
	甘蓝	小菜蛾	8.1—10.8克/公顷	喷雾
PD20120453	苯醚甲环唑/10%/水分散粒剂/苯醚甲环唑 10%/2012.03.14 至 2017.03.14/微毒			
	西瓜	炭疽病	75-90克/公顷	喷雾
PD20120471	啶虫脒/10%/微乳剂/啶虫脒 10%/2012.03.19 至 2017.03.19/低毒			
	甘蓝	蚜虫	15-22.5克/公顷	喷雾
PD20120475	高氯・毒死蜱/44.5%/乳油/毒死蜱 41.5%、高效氯氰菊酯 3%/2012.03.19 至 2017.03.19/中等毒			
	棉花	棉铃虫	400.5-534克/公顷	喷雾
PD20120477	咪鲜胺/45%/水乳剂/咪鲜胺 45%/2012.03.19 至 2017.03.19/低毒			
	香蕉	炭疽病	250—500毫克/千克	浸果
PD20120511	咪鲜胺/25%/水乳剂/咪鲜胺 25%/2012.03.28 至 2017.03.28/低毒			
	水稻	恶苗病	62.5—125毫克/千克	浸种
PD20120892	甲氨基阿维菌素苯甲酸盐/1%/微乳剂/甲氨基阿维菌素 1%/2012.05.24 至 2017.05.24/微毒			
	水稻	二化螟	11.25-15克/公顷	喷雾
	注:甲氨基阿维菌素苯甲酸盐含量:1.1%。			
PD20120919	甲氨基阿维菌素苯甲酸盐/5%/微乳剂/甲氨基阿维菌素 5%/2012.06.04 至 2017.06.04/低毒			
	甘蓝	甜菜夜蛾	2.25-3克/公顷	喷雾
	辣椒	烟青虫	1.5-3克/公顷	喷雾
	注:甲氨基阿维菌素苯甲酸盐含量:5.7%。			
PD20121128	戊唑醇/25%/水乳剂/戊唑醇 25%/2012.09.04 至 2017.09.04/低毒			
	香蕉	叶斑病	167～250毫克/千克	喷雾
PD20121130	啶虫脒/70%/水分散粒剂/啶虫脒 70%/2012.07.20 至 2017.07.20/中等毒			
	黄瓜	蚜虫	21—26.25克/公顷	喷雾
PD20121253	啶虫脒/40%/水分散粒剂/啶虫脒 40%/2012.09.04 至 2017.09.04/低毒			
	黄瓜	蚜虫	24-36克/公顷	喷雾
PD20121651	丙环唑/40%/微乳剂/丙环唑 40%/2012.10.30 至 2017.10.30/低毒			
	香蕉	叶斑病	266.7-400毫克/千克	喷雾
PD20121720	灭蝇胺/20%/可溶粉剂/灭蝇胺 20%/2012.11.08 至 2017.11.08/低毒			
	菜豆	美洲斑潜蝇	168-225克/公顷	喷雾
PD20121721	草甘膦铵盐/50%/可溶粉剂/草甘膦 50%/2012.11.08 至 2017.11.08/低毒			
	柑橘园	杂草	1125-2250克/公顷	定向茎叶喷雾
	注:草甘膦铵盐含量:55%。			
PD20121784	高效氯氟氰菊酯/5%/水乳剂/高效氯氟氰菊酯 5%/2012.11.20 至 2017.11.20/中等毒			
	甘蓝	蚜虫	6-7.5克/公顷	喷雾
PD20121800	三唑酮/15%/可湿性粉剂/三唑酮 15%/2012.11.22 至 2017.11.22/低毒			
	小麦	白粉病	157.5-180克/公顷	喷雾
PD20121816	高氯・甲维盐/4.2%/微乳剂/高效氯氰菊酯 4%、甲氨基阿维菌素苯甲酸盐 0.2%/2012.11.22 至 2017.11.22/中等毒			
	甘蓝	甜菜夜蛾	25.2-31.5克/公顷	喷雾
PD20121869	甲氨基阿维菌素苯甲酸盐/2%/微乳剂/甲氨基阿维菌素 2%/2012.11.28 至 2017.11.28/低毒			
	甘蓝	甜菜夜蛾	1.96-2.61克/公顷	喷雾
	注:甲氨基阿维菌素苯甲酸盐含量:2.3%。			
PD20121900	三唑磷/40%/乳油/三唑磷 40%/2012.12.07 至 2017.12.07/中等毒			
	水稻	二化螟	300—420克/公顷	喷雾
PD20121901	三唑磷/20%/乳油/三唑磷 20%/2012.12.07 至 2017.12.07/中等毒			
	水稻	二化螟	375—450克/公顷	喷雾
PD20130892	烯酰吗啉/50%/可湿性粉剂/烯酰吗啉 50%/2013.04.25 至 2018.04.25/低毒			
	黄瓜	霜霉病	300-375克/公顷	喷雾

PD20131214　高氯·毒死蜱/44.5%/微乳剂/毒死蜱 41.5%、高效氯氰菊酯 3%/2013.05.28 至 2018.05.28/中等毒
棉花　棉铃虫　467.25-534克/公顷　喷雾
PD20131238　异菌脲/500克/升/悬浮剂/异菌脲 500克/升/2013.05.29 至 2018.05.29/低毒
番茄　灰霉病　656-750克/公顷　喷雾
PD20131243　苯醚甲环唑/37%/水分散粒剂/苯醚甲环唑 37%/2013.05.29 至 2018.05.29/低毒
西瓜　炭疽病　90-120克/公顷　喷雾
PD20131254　高效氯氟氰菊酯/2.5%/微乳剂/高效氯氟氰菊酯 2.5%/2013.06.04 至 2018.06.04/中等毒
甘蓝　菜青虫　7.5-15克/公顷　喷雾
PD20131268　仲丁威/20%/微乳剂/仲丁威 20%/2013.06.05 至 2018.06.05/低毒
水稻　稻飞虱　450—540克/公顷　喷雾
PD20131273　戊醇·异菌脲/20%/悬浮剂/戊唑醇 8%、异菌脲 12%/2013.06.05 至 2018.06.05/低毒
苹果树　斑点落叶病　105—154毫克/千克　喷雾
PD20131314　丙森锌/70%/可湿性粉剂/丙森锌 70%/2013.06.08 至 2018.06.08/低毒
黄瓜　霜霉病　1910-2250克/公顷　喷雾
PD20131708　丁醚脲/25%/乳油/丁醚脲 25%/2013.08.07 至 2018.08.07/低毒
甘蓝　小菜蛾　300-450克/公顷　喷雾
PD20131709　高效氯氟氰菊酯/5%/微乳剂/高效氯氟氰菊酯 5%/2013.08.07 至 2018.08.07/中等毒
甘蓝　菜青虫　11.25—15克/公顷　喷雾
PD20132154　吡蚜酮/25%/悬浮剂/吡蚜酮 25%/2013.10.29 至 2018.10.29/低毒
水稻　稻飞虱　75-90克/公顷　喷雾
PD20132302　丁醚脲/500克/升/悬浮剂/丁醚脲 500克/升/2013.11.08 至 2018.11.08/低毒
甘蓝　小菜蛾　375-525克/公顷　喷雾
PD20132311　戊唑醇/12.5%/水乳剂/戊唑醇 12.5%/2013.11.08 至 2018.11.08/低毒
香蕉　叶斑病　156.3—250毫克/千克　喷雾
PD20132421　苯甲·锰锌/55%/可湿性粉剂/苯醚甲环唑 5%、代森锰锌 50%/2013.11.20 至 2018.11.20/低毒
梨树　黑星病　122.2—157.1毫克/千克　喷雾
PD20132485　醚菌酯/80%/水分散粒剂/醚菌酯 80%/2013.12.09 至 2018.12.09/低毒
黄瓜　白粉病　108～144克/公顷　喷雾
PD20140002　四聚乙醛/6%/颗粒剂/四聚乙醛 6%/2014.01.02 至 2019.01.02/低毒
甘蓝　蜗牛　450-585克/公顷　撒施
PD20140118　烯酰·乙膦铝/60%/可湿性粉剂/烯酰吗啉 15%、三乙膦酸铝 45%/2014.01.20 至 2019.01.20/低毒
黄瓜　霜霉病　1080-1350克/公顷　喷雾
PD20140596　戊唑·多菌灵/42%/悬浮剂/多菌灵 30%、戊唑醇 12%/2014.03.06 至 2019.03.06/低毒
苹果树　轮纹病　280～420毫克/千克　喷雾
PD20140606　苯甲·嘧菌酯/32%/悬浮剂/苯醚甲环唑 12%、嘧菌酯 20%/2014.03.07 至 2019.03.07/低毒
番茄　炭疽病　117～234克/公顷　喷雾
PD20140607　茚虫威/30%/悬浮剂/茚虫威 30%/2014.03.07 至 2019.03.07/低毒
甘蓝　小菜蛾　36-45克/公顷　喷雾
PD20140775　嘧菌酯/25%/悬浮剂/嘧菌酯 25%/2014.03.25 至 2019.03.25/低毒
水稻　纹枯病　243—300克/公顷　喷雾
PD20140776　甲氨基阿维菌素苯甲酸盐/2%/水乳剂/甲氨基阿维菌素 2%/2014.03.25 至 2019.03.25/低毒
甘蓝　甜菜夜蛾　3-3.75克/公顷　喷雾
注:甲氨基阿维菌素苯甲酸盐含量: 2.3%。
PD20150202　氟氯氰菊酯/5.7%/水乳剂/氟氯氰菊酯 5.7%/2015.01.15 至 2020.01.15/低毒
甘蓝　蚜虫　20.52-23.08克/公顷　喷雾
PD20151315　甲维·丁醚脲/48%/悬浮剂/丁醚脲 46.5%、甲氨基阿维菌素苯甲酸盐 1.5%/2015.07.30 至 2020.07.30/低毒
甘蓝　小菜蛾　54-72克/公顷　喷雾
PD20151519　苯甲·中生/8%/可湿性粉剂/苯醚甲环唑 5%、中生菌素 3%/2015.08.03 至 2020.08.03/低毒
苹果树　斑点落叶病　40-53.3毫克/千克　喷雾
PD20151730　氟硅唑/8%/微乳剂/氟硅唑 8%/2015.08.28 至 2020.08.28/低毒
黄瓜　白粉病　48-90克/公顷　喷雾
PD20151813　吡虫啉/600克/升/悬浮种衣剂/吡虫啉 600克/升/2015.08.28 至 2020.08.28/低毒
花生　蛴螬　120-180克/100千克种子　种子包衣
PD20151829　戊唑醇/60克/升/悬浮种衣剂/戊唑醇 60克/升/2015.08.28 至 2020.08.28/低毒
小麦　散黑穗病　2-3克/100千克种子　种子包衣
PD20151852　甲氰菊酯/20%/水乳剂/甲氰菊酯 20%/2015.08.30 至 2020.08.30/中等毒
苹果树　红蜘蛛　100-133.3毫克/千克　喷雾
PD20151902　甲维·虫螨腈/12%/悬浮剂/虫螨腈 10%、甲氨基阿维菌素苯甲酸盐 2%/2015.08.30 至 2020.08.30/低毒
甘蓝　斜纹夜蛾　14.4-18克/公顷　喷雾
PD20151930　己唑醇/5%/微乳剂/己唑醇 5%/2015.08.30 至 2020.08.30/低毒
梨树　黑星病　40-50毫克/千克　喷雾
PD20151977　吡蚜酮/25%/可湿性粉剂/吡蚜酮 25%/2015.08.30 至 2020.08.30/微毒
水稻　稻飞虱　67.5-75克/公顷　喷雾

PD20152089 氟环唑/125克/升/悬浮剂/氟环唑 125克/升/2015.09.22 至 2020.09.22/低毒
香蕉 叶斑病 100-187.5毫克/千克 喷雾
PD20152126 中生菌素/3%/可湿性粉剂/中生菌素 3%/2015.09.22 至 2020.09.22/微毒
番茄 青枯病 37.5-50克/公顷 灌根
PD20152183 甲维·灭幼脲/25%/悬浮剂/甲氨基阿维菌素苯甲酸盐 0.5%、灭幼脲 24.5%/2015.09.22 至 2020.09.22/微毒
甘蓝 小菜蛾 37.5-56.25克/公顷 喷雾
PD20152207 锰锌·腈菌唑/60%/可湿性粉剂/腈菌唑 2%、代森锰锌 58%/2015.09.23 至 2020.09.23/低毒
梨树 黑星病 400-666.7毫克/千克 喷雾
PD20152212 丁醚·哒螨灵/50%/悬浮剂/哒螨灵 10%、丁醚脲 40%/2015.09.23 至 2020.09.23/中等毒
柑橘树 红蜘蛛 166.67-200毫克/千克 喷雾
PD20152213 甲氨基阿维菌素苯甲酸盐/1%/水乳剂/甲氨基阿维菌素 1%/2015.09.23 至 2020.09.23/低毒
甘蓝 小菜蛾 2.25-3克/公顷 喷雾
注:甲氨基阿维菌素苯甲酸盐含量：1.1%
LS20120106 阿维·三唑锡/21%/悬浮剂/阿维菌素 1%、三唑锡 20%/2014.03.14 至 2015.03.14/低毒(原药高毒)
柑橘树 红蜘蛛 105-140毫克/千克 喷雾
LS20120235 氟硅唑/20%/微乳剂/氟硅唑 20%/2014.07.02 至 2015.07.02/低毒
黄瓜 白粉病 69～90克/公顷 喷雾
LS20130038 吡蚜酮/25%/悬浮剂/吡蚜酮 25%/2014.01.17 至 2015.01.17/低毒
水稻 稻飞虱 75-90克/公顷 喷雾
LS20130492 戊唑·嘧菌酯/40%/悬浮剂/嘧菌酯 15%、戊唑醇 25%/2015.11.08 至 2016.11.08/低毒
水稻 稻曲病 108-132克/公顷 喷雾
LS20140210 多杀霉素/20%/悬浮剂/多杀霉素 20%/2015.06.16 至 2016.06.16/低毒
甘蓝 小菜蛾 21-30克/公顷 喷雾
LS20140216 虫螨·丁醚脲/50%/悬浮剂/虫螨腈 10%、丁醚脲 40%/2015.06.17 至 2016.06.17/低毒
甘蓝 小菜蛾 112.5-262.5克/公顷 喷雾
LS20150186 硅唑·多菌灵/55%/可湿性粉剂/多菌灵 50%、氟硅唑 5%/2015.06.14 至 2016.06.14/低毒
苹果树 轮纹病 458.3-687.5毫克/千克 喷雾

陕西锦兴生物工程有限公司 (陕西省杨凌示范区南纬七路 710021 029-87077000)

PD20092018 吡虫·辛硫磷/25%/乳油/吡虫啉 1%、辛硫磷 24%/2014.02.12 至 2019.02.12/低毒
萝卜 蚜虫 37.5克/公顷 喷雾
PD20093972 多·锰锌/40%/可湿性粉剂/多菌灵 20%、代森锰锌 20%/2014.03.27 至 2019.03.27/低毒
梨树 黑星病 400－600倍液 喷雾
PD20151815 烯酰吗啉/80%/水分散粒剂/烯酰吗啉 80%/2015.08.28 至 2020.08.28/低毒
黄瓜 霜霉病 264-300克/公顷 喷雾

陕西康禾立丰生物科技药业有限公司 (陕西省渭南市华县工业园区瓜坡精细化工区 710016 029-87976222)

PD20093594 代森锰锌/80%/可湿性粉剂/代森锰锌 80%/2014.03.23 至 2019.03.23/低毒
番茄 早疫病 1845-2370克/公顷 喷雾
PD20094350 四螨嗪/500克/升/悬浮剂/四螨嗪 500克/升/2014.04.01 至 2019.04.01/低毒
苹果树 红蜘蛛 80-100毫克/千克 喷雾
PD20094876 辛硫磷/40%/乳油/辛硫磷 40%/2014.04.13 至 2019.04.13/低毒
甘蓝 菜青虫 360-480克/公顷 喷雾
PD20098118 毒死蜱/45%/乳油/毒死蜱 45%/2014.12.08 至 2019.12.08/低毒
苹果树 桃小食心虫 160-240毫克/千克 喷雾
PD20100140 速灭威/25%/可湿性粉剂/速灭威 25%/2015.01.05 至 2020.01.05/低毒
水稻 稻飞虱 562.5-750克/公顷 喷雾
PD20100171 异丙威/20%/乳油/异丙威 20%/2015.01.05 至 2020.01.05/低毒
水稻 稻飞虱 450-600克/公顷 喷雾
PD20120442 阿维·吡虫啉/2%/乳油/阿维菌素 0.2%、吡虫啉 1.8%/2012.03.14 至 2017.03.14/低毒(原药高毒)
甘蓝 小菜蛾、蚜虫 15-24克/公顷 喷雾
PD20120522 阿维·炔螨特/56%/乳油/阿维菌素 0.3%、炔螨特 55.7%/2012.03.28 至 2017.03.28/低毒(原药高毒)
柑橘树 红蜘蛛 224-280毫克/千克 喷雾
PD20120634 甲氨基阿维菌素苯甲酸盐/2%/微乳剂/甲氨基阿维菌素 2%/2012.04.12 至 2017.04.12/低毒
甘蓝 小菜蛾 1.65-2.31克/公顷 喷雾
注:甲氨基阿维菌素苯甲酸盐含量:2.2%。
PD20120635 阿维·啶虫脒/5%/微乳剂/阿维菌素 0.5%、啶虫脒 4.5%/2012.04.12 至 2017.04.12/低毒(原药高毒)
甘蓝 蓟马 11.25-15克/公顷 喷雾
PD20120702 嘧霉胺/40%/可湿性粉剂/嘧霉胺 40%/2012.04.18 至 2017.04.18/低毒
番茄 灰霉病 375-562.5克/公顷 喷雾
PD20120727 烯酰·锰锌/80%/可湿性粉剂/代森锰锌 70%、烯酰吗啉 10%/2012.05.02 至 2017.05.02/低毒
黄瓜 霜霉病 1200-1500克/公顷 喷雾
PD20121108 吡虫啉/25%/可湿性粉剂/吡虫啉 25%/2012.07.19 至 2017.07.19/低毒
水稻 稻飞虱 15-30克/公顷 喷雾
PD20121458 烯酰吗啉/80%/水分散粒剂/烯酰吗啉 80%/2012.10.08 至 2017.10.08/低毒

黄瓜 霜霉病 240-300克/公顷 喷雾
PD20121819 己唑·醚菌酯/30%/悬浮剂/己唑醇 5%、醚菌酯 25%/2012.11.22 至 2017.11.22/低毒
黄瓜 白粉病 30-60克/公顷 喷雾
PD20121988 咪鲜胺/15%/微乳剂/咪鲜胺 15%/2012.12.18 至 2017.12.18/低毒
柑橘(果实) 青霉病 250-300毫克/千克 浸果
PD20121994 胺鲜·甲哌鎓/80%/可溶粉剂/胺鲜酯 7%、甲哌鎓 73%/2012.12.18 至 2017.12.18/低毒
棉花 调节生长 66-72克/公顷 喷雾2次
PD20130406 苯醚甲环唑/20%/微乳剂/苯醚甲环唑 20%/2013.03.12 至 2018.03.12/低毒
西瓜 炭疽病 90-120克/公顷 喷雾
PD20130423 戊唑醇/430克/升/悬浮剂/戊唑醇 430克/升/2013.03.18 至 2018.03.18/低毒
苹果 斑点落叶病 86-123毫克/千克 喷雾
PD20130428 苦参碱/0.5%/水剂/苦参碱 .5%/2013.03.18 至 2018.03.18/低毒
柑橘树 矢尖蚧 36－48毫克/千克 喷雾
PD20130439 阿维菌素/3%/微乳剂/阿维菌素 3%/2013.03.18 至 2018.03.18/低毒(原药高毒)
甘蓝 小菜蛾 8.1-10.8克/公顷 喷雾
PD20130484 溴菌·咪鲜胺/30%/可湿性粉剂/咪鲜胺 15%、溴菌腈 15%/2013.03.20 至 2018.03.20/低毒
西瓜 炭疽病 190-200克/公顷 喷雾
PD20130485 藜芦碱/0.5%/可溶液剂/藜芦碱 0.5%/2013.03.20 至 2018.03.20/低毒
甘蓝 菜青虫 5.625－7.5克/公顷 喷雾
PD20130578 啶虫脒/40%/可溶粉剂/啶虫脒 40%/2013.04.02 至 2018.04.02/低毒
黄瓜 蚜虫 24－48克/公顷 喷雾
PD20130604 吡蚜酮/50%/水分散粒剂/吡蚜酮 50%/2013.04.02 至 2018.04.02/低毒
水稻 稻飞虱 75-90克/公顷 喷雾
PD20130605 茚虫威/150克/升/悬浮剂/茚虫威 150克/升/2013.04.02 至 2018.04.02/低毒
甘蓝 菜青虫 11.25-22.5克/公顷 喷雾
PD20130749 高效氯氟氰菊酯/7%/微乳剂/高效氟氯氰菊酯 7%/2013.04.15 至 2018.04.15/中等毒
甘蓝 菜青虫 5.25-8.4克/公顷 喷雾
PD20140586 春雷霉素/10%/可湿性粉剂/春雷霉素 10%/2014.03.06 至 2019.03.06/低毒
水稻 稻瘟病 35-40克/公顷 喷雾
PD20140916 螺螨酯/97%/原药/螺螨酯 97%/2014.04.10 至 2019.04.10/低毒
PD20141309 噻虫嗪/30%/悬浮剂/噻虫嗪 30%/2014.05.30 至 2019.05.30/低毒
观赏花卉 蓟马 54-72克/公顷 喷雾
PD20141514 戊唑醇/80%/可湿性粉剂/戊唑醇 80%/2014.06.16 至 2019.06.16/低毒
小麦 锈病 84-120克/公顷 喷雾
PD20141951 茚虫威/30%/水分散粒剂/茚虫威 30%/2014.08.13 至 2019.08.13/微毒
水稻 稻纵卷叶螟 33.75-40.5克/公顷 喷雾
PD20142171 烯啶·吡蚜酮/25%/可湿性粉剂/吡蚜酮 15%、烯啶虫胺 10%/2014.09.18 至 2019.09.18/低毒
水稻 稻飞虱 37.5-45克/公顷 喷雾
PD20142339 戊唑·嘧菌酯/50%/悬浮剂/嘧菌酯 20%、戊唑醇 30%/2014.11.03 至 2019.11.03/低毒
黄瓜 炭疽病 135-180克/公顷 喷雾
PD20142615 吡蚜酮/25%/可湿性粉剂/吡蚜酮 25%/2014.12.15 至 2019.12.15/微毒
甘蓝 蚜虫 75-112.5克/公顷 喷雾
PD20150393 苦参碱/0.3%/水剂/苦参碱 0.3%/2015.03.18 至 2020.03.18/低毒
葡萄 炭疽病 3.75-6毫克/千克 喷雾
PD20150488 氨基寡糖素/0.5%/水剂/氨基寡糖素 0.5%/2015.04.15 至 2020.04.15/低毒
棉花 黄萎病 11.25-15克/公顷 喷雾
PD20150557 氟虫腈/5%/悬浮种衣剂/氟虫腈 5%/2015.03.24 至 2020.03.24/低毒
玉米 蛴螬 100-200克/100千克种子 种子包衣
PD20150901 嘧菌酯/80%/水分散粒剂/嘧菌酯 80%/2015.06.08 至 2020.06.08/低毒
草坪 枯萎病 300-400克/公顷 喷雾
PD20150902 烯啶·吡蚜酮/60%/可湿性粉剂/吡蚜酮 36%、烯啶虫胺 24%/2015.06.08 至 2020.06.08/微毒
水稻 稻飞虱 37.5-45克/公顷 喷雾
PD20150903 氟环唑/30%/悬浮剂/氟环唑 30%/2015.06.08 至 2020.06.08/低毒
苹果树 斑点落叶病 100-180毫克/千克 喷雾
PD20150904 甲氧虫酰肼/24%/悬浮剂/甲氧虫酰肼 24%/2015.06.08 至 2020.06.08/低毒
水稻 二化螟 85-100克/公顷 喷雾
PD20150916 噻虫嗪/50%/水分散粒剂/噻虫嗪 50%/2015.06.09 至 2020.06.09/低毒
水稻 稻飞虱 11.25-15克/公顷 喷雾
PD20151152 茚虫威/15%/悬浮剂/茚虫威 15%/2015.06.26 至 2020.06.26/低毒
水稻 稻纵卷叶螟 31.5-36克/公顷 喷雾
PD20151165 阿维·螺螨酯/33%/悬浮剂/阿维菌素 3%、螺螨酯 30%/2015.06.26 至 2020.06.26/中等毒(原药高毒)
柑橘树 红蜘蛛 60-66毫克/千克 喷雾
PD20151167 苦参·藜芦碱/0.6%/水剂/苦参碱 0.3%、藜芦碱 0.3%/2015.06.26 至 2020.06.26/低毒

	茶树	茶小绿叶蝉	5.4-6.75克/公顷	喷雾
PD20151176	虫螨腈/30%/悬浮剂/虫螨腈 30%/2015.06.26 至 2020.06.26/低毒			
	甘蓝	小菜蛾	90－120克/公顷	喷雾
PD20151279	己唑醇/30%/悬浮剂/己唑醇 30%/2015.07.30 至 2020.07.30/低毒			
	水稻	纹枯病	67.5-90克/公顷	喷雾
PD20151673	烯酰·嘧菌酯/50%/悬浮剂/嘧菌酯 20%、烯酰吗啉 30%/2015.08.28 至 2020.08.28/低毒			
	葡萄	霜霉病	200-300毫克/千克	喷雾
PD20151997	戊唑·醚菌酯/70%/水分散粒剂/醚菌酯 20%、戊唑醇 50%/2015.08.31 至 2020.08.31/低毒			
	苹果树	斑点落叶病	87.5-117毫克/千克	喷雾
PD20152360	噻虫嗪/70%/种子处理可分散粉剂/噻虫嗪 70%/2015.10.22 至 2020.10.22/低毒			
	玉米	灰飞虱	70-210克/100千克种子	种子包衣
LS20140043	虫螨·茚虫威/14%/悬浮剂/虫螨腈 10%、茚虫威 4%/2016.02.18 至 2017.02.18/中等毒			
	甘蓝	小菜蛾	21-42克/公顷	喷雾
LS20150074	甲硫·氟环唑/35%/悬浮剂/氟环唑 3%、甲基硫菌灵 32%/2015.04.15 至 2016.04.15/低毒			
	小麦	白粉病、赤霉病、锈病	488.25-525克/公顷	喷雾
LS20150110	氰霜唑/20%/悬浮剂/氰霜唑 20%/2015.05.12 至 2016.05.12/低毒			
	葡萄	霜霉病	40-50毫克/千克	喷雾
LS20150142	床子素/1%/水剂/蛇床子素 1%/2015.06.08 至 2016.06.08/低毒			
	葡萄	白粉病	5-10毫克/千克	喷雾
LS20150144	噻虫·吡蚜酮/70%/水分散粒剂/吡蚜酮 50%、噻虫嗪 20%/2015.06.08 至 2016.06.08/低毒			
	水稻	稻飞虱	42-63克/公顷	喷雾
LS20150145	咪鲜·咯菌腈/5%/悬浮种衣剂/咯菌腈 2.5%、咪鲜胺 2.5%/2015.06.08 至 2016.06.08/低毒			
	水稻	恶苗病	10-15克/100千克种子	种子包衣
LS20150150	噻呋·己唑醇/40%/悬浮剂/己唑醇 32%、噻呋酰胺 8%/2015.06.09 至 2016.06.09/低毒			
	水稻	纹枯病	72-120克/公顷	喷雾
LS20150227	呋虫胺/40%/水分散粒剂/呋虫胺 40%/2015.07.30 至 2016.07.30/低毒			
	水稻	稻飞虱	90-120克/公顷	喷雾
陕西麦可罗生物科技有限公司　（陕西省渭南市蒲城县农化工业园　715511　0913-7161777）				
PD86109-5	苏云金杆菌/16000IU/毫克/可湿性粉剂/苏云金杆菌 16000IU/毫克/2011.10.15 至 2016.10.15/低毒			
	白菜、萝卜、青菜	菜青虫、小菜蛾	1500-4500克制剂/公顷	喷雾
	茶树	茶毛虫	1500-7500克制剂/公顷	喷雾
	大豆、甘薯	天蛾	1500-2250克制剂/公顷	喷雾
	柑橘树	柑橘凤蝶	2250-3750克制剂/公顷	喷雾
	高粱、玉米	玉米螟	3750-4500克制剂/公顷	喷雾、毒土
	梨树	天幕毛虫	1500-3750克制剂/公顷	喷雾
	林木	尺蠖、柳毒蛾、松毛虫	2250-7500克制剂/公顷	喷雾
	棉花	棉铃虫、造桥虫	1500-7500克制剂/公顷	喷雾
	苹果树	巢蛾	2250-3750克制剂/公顷	喷雾
	水稻	稻苞虫、稻纵卷叶螟	1500-6000克制剂/公顷	喷雾
	烟草	烟青虫	3750-7500克制剂/公顷	喷雾
	枣树	尺蠖	3750-4500克制剂/公顷	喷雾
PD86110-3	嘧啶核苷类抗菌素/2%/水剂/嘧啶核苷类抗菌素 2%/2011.10.15 至 2016.10.15/低毒			
	大白菜	黑斑病	100毫克/千克	喷雾
	番茄	疫病	100毫克/千克	喷雾
	瓜类、花卉、苹果、葡萄、烟草	白粉病	100毫克/千克	喷雾
	水稻	炭疽病、纹枯病	150-180克/公顷	喷雾
	西瓜	枯萎病	100毫克/千克	灌根
	小麦	锈病	100毫克/千克	喷雾
PD86110-11	嘧啶核苷类抗菌素/4%/水剂/嘧啶核苷类抗菌素 4%/2011.10.15 至 2016.10.15/低毒			
	大白菜	黑斑病	100毫克/千克	喷雾
	番茄	疫病	100毫克/千克	喷雾
	瓜类、花卉、苹果、葡萄、烟草	白粉病	100毫克/千克	喷雾
	水稻	炭疽病、纹枯病	150-180克/公顷	喷雾
	西瓜	枯萎病	100毫克/千克	灌根
	小麦	锈病	100毫克/千克	喷雾
PD20040181	高氯·辛硫磷/35%/乳油/高效氯氰菊酯 1%、辛硫磷 34%/2014.12.19 至 2019.12.19/低毒			
	苹果树	食心虫	175-350毫克/千克	喷雾
PD20040689	吡虫·杀虫单/70%/可湿性粉剂/吡虫啉 2%、杀虫单 68%/2014.12.19 至 2019.12.19/中等毒			
	水稻	稻飞虱、稻纵卷叶螟、二化螟、三化螟	450-750克/公顷	喷雾
PD20060084	吡虫啉/2.5%/可湿性粉剂/吡虫啉 2.5%/2011.05.09 至 2016.05.09/低毒			
	烟草	蚜虫	15-22.5克/公顷	喷雾

PD20083193 多抗霉素/34%/原药/多抗霉素 34%/2013.12.11 至 2018.12.11/低毒

PD20083420 啶虫脒/5%/乳油/啶虫脒 5%/2013.12.11 至 2018.12.11/低毒
黄瓜 蚜虫 18-27克/公顷 喷雾

PD20085067 井冈霉素/10%/水剂/井冈霉素 10%/2013.12.23 至 2018.12.23/低毒
水稻 纹枯病 150-187.5克/公顷 喷雾

PD20085698 多抗霉素/1.5%/可湿性粉剂/多抗霉素 1.5%/2013.12.26 至 2018.12.26/低毒
苹果树 灰斑病 50-75毫克/千克 喷雾

PD20086062 苯丁·哒螨灵/10%/乳油/苯丁锡 5%、哒螨灵 5%/2013.12.30 至 2018.12.30/低毒
柑橘树 红蜘蛛 50-66.7毫克/千克 喷雾

PD20086073 甲霜·锰锌/58%/可湿性粉剂/甲霜灵 10%、代森锰锌 48%/2013.12.30 至 2018.12.30/低毒
葡萄 霜霉病 1087.5-1740克/公顷 喷雾

PD20086102 井冈·多菌灵/28%/悬浮剂/多菌灵 24%、井冈霉素 4%/2013.12.30 至 2018.12.30/低毒
水稻 稻瘟病 450-525克/公顷 喷雾

PD20086142 氯氰·毒死蜱/50%/乳油/毒死蜱 45%、氯氰菊酯 5%/2013.12.30 至 2018.12.30/低毒
棉花 棉铃虫 225-375克/公顷 喷雾

PD20086143 阿维·高氯/2%/乳油/阿维菌素 0.45%、高效氯氰菊酯 1.55%/2013.12.30 至 2018.12.30/低毒(原药高毒)
梨树 梨木虱 6-12毫克/千克 喷雾
苹果树 红蜘蛛 5-6.7毫克/千克 喷雾
十字花科蔬菜 菜青虫、小菜蛾 7.5-15克/公顷 喷雾

PD20086190 阿维·辛硫磷/15%/乳油/阿维菌素 0.1%、辛硫磷 14.9%/2013.12.30 至 2018.12.30/低毒(原药高毒)
十字花科蔬菜 小菜蛾 112.5-168.75克/公顷 喷雾

PD20086191 阿维菌素/1.8%/乳油/阿维菌素 1.8%/2013.12.30 至 2018.12.30/低毒(原药高毒)
苹果树 红蜘蛛 10.8-21.6毫克/千克 喷雾

PD20086218 乙铝·多菌灵/45%/可湿性粉剂/多菌灵 20%、三乙膦酸铝 25%/2013.12.31 至 2018.12.31/低毒
苹果树 轮纹病 400-600倍液 喷雾

PD20090081 春雷霉素/55%/原药/春雷霉素 55%/2014.01.08 至 2019.01.08/微毒

PD20091083 丙环唑/250克/升/乳油/丙环唑 250克/升/2014.01.21 至 2019.01.21/低毒
香蕉 叶斑病 500-1000倍液 喷雾

PD20091102 异丙威/20%/乳油/异丙威 20%/2014.01.21 至 2019.01.21/低毒
水稻 稻飞虱 450-600克/公顷 喷雾

PD20093287 抗蚜威/50%/可湿性粉剂/抗蚜威 50%/2014.03.11 至 2019.03.11/低毒
甘蓝 蚜虫 75-135克/公顷 喷雾

PD20093921 四螨嗪/20%/悬浮剂/四螨嗪 20%/2014.03.26 至 2019.03.26/低毒
柑橘树 红蜘蛛 100-125毫克/千克 喷雾

PD20094261 速灭威/20%/乳油/速灭威 20%/2014.03.31 至 2019.03.31/低毒
水稻 稻飞虱 450-600克/公顷 喷雾

PD20094304 噻嗪酮/25%/可湿性粉剂/噻嗪酮 25%/2014.03.31 至 2019.03.31/低毒
茶树 茶小绿叶蝉 150-225克/公顷 喷雾

PD20094523 噻螨酮/5%/乳油/噻螨酮 5%/2014.04.09 至 2019.04.09/低毒
苹果树 红蜘蛛 25-33.3毫克/千克 喷雾

PD20094609 仲丁威/25%/乳油/仲丁威 25%/2014.04.10 至 2019.04.10/低毒
水稻 叶蝉 375-562.5克/公顷 喷雾

PD20094672 多抗霉素/1%/水剂/多抗霉素 1%/2014.04.10 至 2019.04.10/低毒
黄瓜 白粉病 112.5-150克/公顷 喷雾

PD20094970 烯唑醇/12.5%/可湿性粉剂/烯唑醇 12.5%/2014.04.21 至 2019.04.21/低毒
梨树 黑星病 3000-4000倍液 喷雾

PD20095099 春雷霉素/2%/可湿性粉剂/春雷霉素 2%/2014.04.24 至 2019.04.24/低毒
黄瓜 枯萎病 200-400毫克/千克 灌根

PD20095262 春雷霉素/6%/可湿性粉剂/春雷霉素 6%/2014.04.27 至 2019.04.27/低毒
大白菜 黑腐病 22.5-36克/公顷 喷雾
水稻 稻瘟病 36-45克/公顷 喷雾

PD20095386 羟烯·吗啉胍/40.0004%/可湿性粉剂/盐酸吗啉胍 40%、羟烯腺嘌呤 0.0004%/2014.04.27 至 2019.04.27/低毒
番茄 病毒病 600-900克/公顷 喷雾

PD20095774 毒死蜱/40%/乳油/毒死蜱 40%/2014.05.18 至 2019.05.18/中等毒
柑橘树 介壳虫 266.7-400毫克/千克 喷雾

PD20095977 唑螨酯/5%/悬浮剂/唑螨酯 5%/2014.06.04 至 2019.06.04/低毒
柑橘树 红蜘蛛 25-33.3毫克/千克 喷雾

PD20096041 杀单·苏云菌///可湿性粉剂/杀虫单 51%、苏云金杆菌 8000IU/毫克/2014.06.15 至 2019.06.15/低毒
水稻 三化螟 750-1125克/公顷 喷雾

PD20096092 阿维·苏云菌/1.2%/可湿性粉剂/阿维菌素 0.2%、苏云金杆菌 1.0%/2014.06.18 至 2019.06.18/低毒(原药高毒)
甘蓝 小菜蛾 750-1500克制剂/公顷 喷雾

PD20096240 炔螨特/40%/乳油/炔螨特 40%/2014.07.15 至 2019.07.15/低毒
柑橘树 红蜘蛛 266.7-400毫克/千克 喷雾

登记证号	农药名称/总含量/剂型/有效成分及含量/有效期/毒性（登记作物）	防治对象	用药量	施用方法
PD20097180	腈菌唑/25%/乳油/腈菌唑 25%/2014.10.16 至 2019.10.16/低毒			
	小麦	白粉病	30-60克/公顷	喷雾
PD20097878	多抗霉素/3%/可湿性粉剂/多抗霉素 3%/2014.11.20 至 2019.11.20/低毒			
	番茄	晚疫病	160－270克/公顷	喷雾
PD20100091	三环唑/75%/可湿性粉剂/三环唑 75%/2015.01.04 至 2020.01.04/低毒			
	水稻	稻瘟病	225－300克/公顷	喷雾
PD20100318	联苯菊酯/100克/升/乳油/联苯菊酯 100克/升/2015.01.11 至 2020.01.11/低毒			
	茶树	茶小绿叶蝉	30-37.5克/公顷	喷雾
PD20100340	福美双/50%/可湿性粉剂/福美双 50%/2010.01.11 至 2015.01.11/低毒			
	黄瓜	白粉病	525－1050克/公顷	喷雾
PD20100504	喹硫磷/25%/乳油/喹硫磷 25%/2010.01.14 至 2015.01.14/低毒			
	柑橘树	介壳虫	250-312.5毫克/千克	喷雾
PD20101413	嘧啶核苷类抗菌素/6%/水剂/嘧啶核苷类抗菌素 6%/2015.04.26 至 2020.04.26/低毒			
	番茄	早疫病	78.75－112.5克/公顷	喷雾
PD20101502	阿维・矿物油/24.5%/乳油/阿维菌素 0.2%、矿物油 24.3%/2015.05.10 至 2020.05.10/低毒(原药高毒)			
	十字花科蔬菜	小菜蛾	110.25-183.75克/公顷	喷雾
PD20101911	哒螨・矿物油/41%/乳油/哒螨灵 8%、矿物油 33%/2015.08.27 至 2020.08.27/低毒			
	柑橘树	红蜘蛛	205-273.3毫克/千克	喷雾
PD20121558	春雷・王铜/47%/可湿性粉剂/春雷霉素 2%、王铜 45%/2012.10.25 至 2017.10.25/低毒			
	柑橘树	溃疡病	625-1000毫克/千克	喷雾
	黄瓜	霜霉病	620-705克/公顷	喷雾
	荔枝树	霜疫霉病	685-785毫克/千克	喷雾
PD20122104	苯甲・嘧苷素/12%/可湿性粉剂/苯醚甲环唑 8%、嘧啶核苷类抗菌素 4%/2012.12.26 至 2017.12.26/低毒			
	苹果树	斑点落叶病	60～120毫克/千克	喷雾
PD20131677	嘧啶核苷类抗菌素/10%/可湿性粉剂/嘧啶核苷类抗菌素 10%/2013.08.07 至 2018.08.07/低毒			
	苹果树	斑点落叶病	50-66.7毫克/千克	喷雾
PD20132009	苦皮藤素/0.2%/水乳剂/苦皮藤素 0.2%/2013.10.21 至 2018.10.21/低毒			
	槐树	尺蠖	1-2毫克/千克	喷雾
PD20132380	多抗霉素/10%/可湿性粉剂/多抗霉素B 10%/2013.11.20 至 2018.11.20/低毒			
	烟草	赤星病	120-135克/公顷	喷雾
PD20140387	咪鲜・异菌脲/16%/悬浮剂/咪鲜胺 8%、异菌脲 8%/2014.02.20 至 2019.02.20/低毒			
	香蕉	冠腐病	266.7-400毫克/千克	浸果
PD20140482	春雷霉素/4%/水剂/春雷霉素 4%/2014.02.25 至 2019.02.25/低毒			
	水稻	稻瘟病	37.8-42克/公顷	喷雾

陕西美邦农药有限公司　(陕西蒲城县农化基地工业园区　715500　029-87999509)

登记证号	农药名称/总含量/剂型/有效成分及含量/有效期/毒性（登记作物）	防治对象	用药量	施用方法
PD85124-17	福・福锌/80%/可湿性粉剂/福美双 30%、福美锌 50%/2015.02.01 至 2020.02.01/中等毒			
	黄瓜、西瓜	炭疽病	1500-1800克/公顷	喷雾
	麻	炭疽病	240-400克/100千克种子	拌种
	棉花	苗期病害	0.5%药液	浸种
	苹果树、杉木、橡胶	炭疽病	500-600倍液	喷雾
PD20040162	氯氰菊酯/5%/乳油/氯氰菊酯 5%/2014.12.19 至 2019.12.19/低毒			
	十字花科蔬菜	菜青虫	37.5-45克/公顷	喷雾
PD20040396	哒螨灵/20%/可湿性粉剂/哒螨灵 20%/2014.12.19 至 2019.12.19/中等毒			
	苹果树	红蜘蛛	50-67毫克/千克	喷雾
PD20040458	哒螨灵/15%/乳油/哒螨灵 15%/2014.12.19 至 2019.12.19/低毒			
	柑橘树	红蜘蛛	50-67毫克/千克	喷雾
	萝卜	黄条跳甲	90-135克/公顷	喷雾
PD20040467	高效氯氰菊酯/4.5%/乳油/高效氯氰菊酯 4.5%/2014.12.19 至 2019.12.19/低毒			
	梨树	梨木虱	20.8-31.25毫克/千克	喷雾
PD20040735	吡虫啉/10%/可湿性粉剂/吡虫啉 10%/2014.12.19 至 2019.12.19/低毒			
	韭菜	韭蛆	300-450克/公顷	药土法
	十字花科蔬菜	蚜虫	7.5-15克/公顷	喷雾
	水稻	稻飞虱	15-30克/公顷	喷雾
PD20050098	氯氰・吡虫啉/5%/乳油/吡虫啉 1%、氯氰菊酯 4%/2015.07.13 至 2020.07.13/中等毒			
	甘蓝	蚜虫	22.5-37.5克/公顷	喷雾
PD20070026	代森锰锌/80%/可湿性粉剂/代森锰锌 80%/2012.01.18 至 2017.01.18/低毒			
	番茄	早疫病	1800-2400克/公顷	喷雾
PD20070027	代森锰锌/50%/可湿性粉剂/代森锰锌 50%/2012.01.18 至 2017.01.18/低毒			
	番茄	早疫病	1845-2370克/公顷	喷雾
PD20070028	代森锰锌/70%/可湿性粉剂/代森锰锌 70%/2012.01.18 至 2017.01.18/低毒			
	番茄	早疫病	1848-2362.5克/公顷	喷雾
PD20070083	锰锌・甲霜灵/58%/可湿性粉剂/甲霜灵 10%、代森锰锌 48%/2012.04.12 至 2017.04.12/低毒			
	黄瓜	霜霉病	1305-1632克/公顷	喷雾

PD20070194 多·福/50%/可湿性粉剂/多菌灵 10%、福美双 40%/2012.07.17 至 2017.07.17/低毒
梨树 黑星病 1000-1500毫克/千克 喷雾
PD20070234 福美双/50%/可湿性粉剂/福美双 50%/2012.08.08 至 2017.08.08/低毒
小麦 白粉病 675-937.5克/公顷 喷雾
PD20070275 硫磺/50%/悬浮剂/硫磺 50%/2012.09.05 至 2017.09.05/低毒
小麦 白粉病 2625-3375克/公顷 喷雾
PD20070295 多·福·硫磺/25%/可湿性粉剂/多菌灵 7.5%、福美双 5%、硫磺 12.5%/2012.09.21 至 2017.09.21/低毒
小麦 赤霉病 750-1125克/公顷 喷雾
PD20070567 腐霉·福美双/25%/可湿性粉剂/腐霉利 5%、福美双 20%/2012.12.03 至 2017.12.03/低毒
番茄 灰霉病 263-300克/公顷 喷雾
PD20080027 氯氰·丙溴磷/44%/乳油/丙溴磷 40%、氯氰菊酯 4%/2013.01.03 至 2018.01.03/中等毒
棉花 蚜虫 396-528克/公顷 喷雾
PD20080047 啶虫脒/5%/乳油/啶虫脒 5%/2013.01.03 至 2018.01.03/低毒
柑橘树 蚜虫 10-15毫克/千克 喷雾
PD20080137 多·锰锌/40%/可湿性粉剂/多菌灵 20%、代森锰锌 20%/2013.01.04 至 2018.01.04/低毒
梨树 黑星病 1000-1250毫克/千克 喷雾
苹果树 斑点落叶病 1000-1250毫克/千克 喷雾
PD20080725 甲氰菊酯/20%/乳油/甲氰菊酯 20%/2013.06.11 至 2018.06.11/中等毒
甘蓝 菜青虫 90-120克/公顷 喷雾
PD20081723 三唑锡/25%/可湿性粉剂/三唑锡 25%/2013.11.18 至 2018.11.18/低毒
柑橘树 红蜘蛛 125-166.7毫克/千克 喷雾
PD20081909 代森锌/65%/可湿性粉剂/代森锌 65%/2013.11.21 至 2018.11.21/低毒
番茄 早疫病 2555-3600克/公顷 喷雾
PD20081929 硫磺·多菌灵/50%/可湿性粉剂/多菌灵 15%、硫磺 35%/2013.11.24 至 2018.11.24/低毒
花生 叶斑病 1200-1800克/公顷 喷雾
PD20082008 霜脲·锰锌/72%/可湿性粉剂/代森锰锌 64%、霜脲氰 8%/2013.11.25 至 2018.11.25/低毒
黄瓜 霜霉病 1440－1800克/公顷 喷雾
PD20082615 灭多威/10%/可湿性粉剂/灭多威 10%/2013.12.04 至 2018.12.04/高毒
棉花 棉铃虫 270-360克/公顷 喷雾
PD20082683 多·酮/33%/可湿性粉剂/多菌灵 24%、三唑酮 9%/2013.12.05 至 2018.12.05/低毒
小麦 白粉病 450-599克/公顷 喷雾
PD20082764 氰戊菊酯/20%/乳油/氰戊菊酯 20%/2013.12.08 至 2018.12.08/中等毒
十字花科蔬菜 菜青虫 60-120克/公顷 喷雾
PD20082827 福·福锌/40%/可湿性粉剂/福美双 15%、福美锌 25%/2013.12.09 至 2018.12.09/低毒
苹果树 炭疽病 250-300倍液 喷雾
PD20082925 高氯·灭多威/12%/乳油/高效氯氰菊酯 1.5%、灭多威 10.5%/2013.12.09 至 2018.12.09/中等毒(原药高毒)
棉花 棉铃虫 90-108克/公顷 喷雾
PD20083309 仲丁威/50%/乳油/仲丁威 50%/2013.12.11 至 2018.12.11/低毒
水稻 飞虱 600-900克/公顷 喷雾
PD20083338 吡虫·灭多威/10%/可湿性粉剂/吡虫啉 1%、灭多威 9%/2013.12.11 至 2018.12.11/低毒(原药高毒)
棉花 蚜虫 75-105克/公顷 喷雾
PD20083378 阿维菌素/1.8%/乳油/阿维菌素 1.8%/2013.12.11 至 2018.12.11/中等毒(原药高毒)
梨树 梨木虱 1-2毫克/千克 喷雾
PD20083505 阿维菌素/1.8%/可湿性粉剂/阿维菌素 1.8%/2013.12.12 至 2018.12.12/低毒(原药高毒)
十字花科蔬菜 小菜蛾 8.1-10.8克/公顷 喷雾
PD20083617 甲基硫菌灵/36%/悬浮剂/甲基硫菌灵 36%/2013.12.12 至 2018.12.12/低毒
花生 叶斑病 180-225克/公顷 喷雾
PD20083778 多菌灵/40%/悬浮剂/多菌灵 40%/2013.12.15 至 2018.12.15/低毒
苹果树 炭疽病 667-1000毫克/千克 喷雾
PD20083791 霜霉威盐酸盐/66.5%/水剂/霜霉威盐酸盐 66.5%/2013.12.15 至 2018.12.15/低毒
黄瓜 霜霉病 648.4-1077.3克/公顷 喷雾
PD20083799 灭多威/20%/可溶粉剂/灭多威 20%/2013.12.15 至 2018.12.15/中等毒(原药高毒)
棉花 棉铃虫 225-300克/公顷 喷雾
PD20083947 苯丁锡/50%/可湿性粉剂/苯丁锡 50%/2013.12.15 至 2018.12.15/低毒
柑橘树 红蜘蛛 150-250毫克/千克 喷雾
PD20084176 氯氰·毒死蜱/25%/乳油/毒死蜱 22.5%、氯氰菊酯 2.5%/2013.12.16 至 2018.12.16/中等毒
棉花 棉铃虫 300-375克/公顷 喷雾
PD20084177 四螨嗪/500克/升/悬浮剂/四螨嗪 500克/升/2013.12.16 至 2018.12.16/低毒
苹果树 红蜘蛛 83-100毫克/千克 喷雾
PD20084256 速灭威/25%/可湿性粉剂/速灭威 25%/2013.12.17 至 2018.12.17/中等毒
水稻 飞虱 375-750克/公顷 喷雾
PD20084417 多菌灵/80%/可湿性粉剂/多菌灵 80%/2013.12.17 至 2018.12.17/低毒
水稻 纹枯病 750-900克/公顷 喷雾

PD20084438 春雷霉素/2%/可湿性粉剂/春雷霉素 2%/2013.12.17 至 2018.12.17/低毒
黄瓜 枯萎病 202-270克/公顷 灌根

PD20084498 丙环唑/250克/升/乳油/丙环唑 250克/升/2013.12.18 至 2018.12.18/低毒
香蕉 叶斑病 250-500毫克/千克 喷雾

PD20084587 三乙膦酸铝/40%/可湿性粉剂/三乙膦酸铝 40%/2013.12.18 至 2018.12.18/低毒
黄瓜 霜霉病 1800-2820克/公顷 喷雾

PD20084643 阿维菌素/1.8%/乳油/阿维菌素 1.8%/2013.12.18 至 2018.12.18/低毒(原药高毒)
十字花科蔬菜 小菜蛾 8.1-10.8克/公顷 喷雾

PD20084789 稻瘟灵/40%/可湿性粉剂/稻瘟灵 40%/2013.12.22 至 2018.12.22/低毒
水稻 稻瘟病 600-720克/公顷 喷雾

PD20084810 硫双威/25%/可湿性粉剂/硫双威 25%/2013.12.22 至 2018.12.22/中等毒
棉花 棉铃虫 600-750克/公顷 喷雾

PD20084838 除虫脲/25%/可湿性粉剂/除虫脲 25%/2013.12.22 至 2018.12.22/低毒
甘蓝 菜青虫 187.5-262.5克/公顷 喷雾

PD20084939 S-氰戊菊酯/50克/升/乳油/S-氰戊菊酯 50克/升/2013.12.22 至 2018.12.22/中等毒
十字花科蔬菜 菜青虫 11.25-18.75克/公顷 喷雾

PD20084960 双甲脒/200克/升/乳油/双甲脒 200克/升/2013.12.22 至 2018.12.22/中等毒
梨树 梨木虱 125-250毫克/千克 喷雾

PD20084980 三环唑/75%/可湿性粉剂/三环唑 75%/2013.12.22 至 2018.12.22/低毒
水稻 稻瘟病 225-300克/公顷 喷雾

PD20085010 多菌灵/25%/可湿性粉剂/多菌灵 25%/2013.12.22 至 2018.12.22/低毒
水稻 纹枯病 750-825克/公顷 喷雾

PD20085072 硫磺·锰锌/70%/可湿性粉剂/硫磺 42%、代森锰锌 28%/2013.12.23 至 2018.12.23/低毒
豇豆 锈病 1575-2100克/公顷 喷雾

PD20085073 锰锌·百菌清/64%/可湿性粉剂/百菌清 8%、代森锰锌 56%/2013.12.23 至 2018.12.23/低毒
番茄 早疫病 1028—1440克/公顷 喷雾

PD20085083 杀螟丹/50%/可溶粉剂/杀螟丹 50%/2013.12.23 至 2018.12.23/中等毒
水稻 二化螟 750-825克/公顷 喷雾

PD20085293 溴氰菊酯/2.5%/可湿性粉剂/溴氰菊酯 2.5%/2013.12.23 至 2018.12.23/中等毒
十字花科蔬菜 菜青虫 11.25-15克/公顷 喷雾

PD20085342 马拉·灭多威/35%/乳油/马拉硫磷 25%、灭多威 10%/2013.12.24 至 2018.12.24/高毒
棉花 棉铃虫 210-315克/公顷 喷雾

PD20085370 氟氯氰菊酯/50克/升/乳油/氟氯氰菊酯 50克/升/2013.12.24 至 2018.12.24/低毒
甘蓝 蚜虫 20-25克/公顷 喷雾

PD20085521 福美锌/72%/可湿性粉剂/福美锌 72%/2013.12.25 至 2018.12.25/低毒
苹果树 炭疽病 1200-1800克/公顷 喷雾

PD20085599 甲基硫菌灵/70%/可湿性粉剂/甲基硫菌灵 70%/2013.12.25 至 2018.12.25/低毒
水稻 纹枯病 1275-1500克/公顷 喷雾

PD20085633 甲基硫菌灵/80%/可湿性粉剂/甲基硫菌灵 80%/2013.12.26 至 2018.12.26/低毒
番茄 叶霉病 720-990克/公顷 喷雾

PD20085701 阿维菌素/3.2%/乳油/阿维菌素 3.2%/2013.12.26 至 2018.12.26/低毒(原药高毒)
菜豆 美洲斑潜蝇 10.8-21.6克/公顷 喷雾

PD20085764 甲硫·福美双/70%/可湿性粉剂/福美双 55%、甲基硫菌灵 15%/2013.12.29 至 2018.12.29/低毒
黄瓜 枯萎病 1400-1750毫克/千克 灌根

PD20085960 甲硫·福美双/70%/可湿性粉剂/福美双 40%、甲基硫菌灵 30%/2013.12.29 至 2018.12.29/中等毒
苹果树 轮纹病 800-1000倍液 喷雾

PD20086243 杀扑磷/40%/乳油/杀扑磷 40%/2013.12.31 至 2015.09.30/高毒
柑橘树 介壳虫 200-400毫克/千克 喷雾

PD20086309 氟啶脲/50克/升/乳油/氟啶脲 50克/升/2013.12.31 至 2018.12.31/低毒
甘蓝 甜菜夜蛾 30-60克/公顷 喷雾

PD20090082 甲硫·福美双/81%/可湿性粉剂/福美双 48%、甲基硫菌灵 33%/2014.01.08 至 2019.01.08/中等毒
苹果树 轮纹病 1012.5-1350毫克/千克 喷雾

PD20090271 氰戊·马拉松/20%/乳油/马拉硫磷 15%、氰戊菊酯 5%/2014.01.09 至 2019.01.09/中等毒
苹果树 桃小食心虫 160-333毫克/千克 喷雾

PD20090328 高效氟吡甲禾灵/108克/升/乳油/高效氟吡甲禾灵 108克/升/2014.01.12 至 2019.01.12/低毒
大豆田 一年生禾本科杂草 48.6-72.9克/公顷 茎叶喷雾

PD20090550 高氯·马/20%/乳油/高效氯氰菊酯 2%、马拉硫磷 18%/2014.01.13 至 2019.01.13/中等毒
苹果树 蚜虫 50-200毫克/千克 喷雾

PD20090994 溴螨酯/500克/升/乳油/溴螨酯 500克/升/2014.01.21 至 2019.01.21/低毒
苹果树 红蜘蛛 250-500毫克/千克 喷雾

PD20091076 氟磺胺草醚/250克/升/水剂/氟磺胺草醚 250克/升/2014.01.21 至 2019.01.21/低毒
夏大豆田 一年生阔叶杂草 247.5-375克/公顷 茎叶喷雾

PD20091084 乙铝·锰锌/70%/可湿性粉剂/代森锰锌 45%、三乙膦酸铝 25%/2014.01.21 至 2019.01.21/低毒

黄瓜	霜霉病	2803.5-4200克/公顷	喷雾
PD20091211 氯氰·敌百虫/25%/乳油/敌百虫 23%、氯氰菊酯 2%/2014.02.01 至 2019.02.01/中等毒			
十字花科蔬菜	菜青虫	225-281.25克/公顷	喷雾
PD20091597 烯酰·锰锌/69%/可湿性粉剂/代森锰锌 60%、烯酰吗啉 9%/2014.02.03 至 2019.02.03/低毒			
黄瓜	霜霉病	1035-1380克/公顷	喷雾
PD20091702 唑螨酯/5%/悬浮剂/唑螨酯 5%/2014.02.03 至 2019.02.03/中等毒			
苹果树	红蜘蛛	16-25毫克/千克	喷雾
PD20091718 精唑禾灵/5%/乳油/精唑禾灵 5%/2014.02.04 至 2019.02.04/低毒			
夏大豆田	一年生禾本科杂草	37.5-52.5克/公顷	茎叶喷雾
PD20091985 乙铝·锰锌/50%/可湿性粉剂/代森锰锌 22%、三乙膦酸铝 28%/2014.02.12 至 2019.02.12/低毒			
黄瓜	霜霉病	900-1400克/公顷	喷雾
PD20092142 多抗霉素/1.5%/可湿性粉剂/多抗霉素 1.5%/2014.02.23 至 2019.02.23/低毒			
黄瓜	霜霉病	117-133克/公顷	喷雾
PD20092857 井冈霉素/4%/水剂/井冈霉素A 4%/2014.03.05 至 2019.03.05/低毒			
水稻	纹枯病	150-187.5克/公顷	喷雾
PD20093050 福美双/70%/可湿性粉剂/福美双 70%/2014.03.09 至 2019.03.09/低毒			
黄瓜	霜霉病	840-1260克/公顷	喷雾
PD20093067 咪鲜胺/25%/乳油/咪鲜胺 25%/2014.03.09 至 2019.03.09/低毒			
水稻	恶苗病	62.5-125毫克/千克	浸种
PD20093198 甲硫·福美双/50%/可湿性粉剂/福美双 20%、甲基硫菌灵 30%/2014.03.11 至 2019.03.11/中等毒			
小麦	赤霉病	1050-1200克/公顷	喷雾
PD20093417 辛硫磷/40%/乳油/辛硫磷 40%/2014.03.20 至 2019.03.20/低毒			
棉花	棉铃虫	240-300克/公顷	喷雾
PD20093857 马拉硫磷/1.8%/粉剂/马拉硫磷 1.8%/2014.03.25 至 2019.03.25/低毒			
仓储原粮	储粮害虫	12-24克/1000千克	撒施(拌粮)
PD20094013 醚菊酯/10%/悬浮剂/醚菊酯 10%/2014.03.27 至 2019.03.27/低毒			
甘蓝	菜青虫	45-60克/公顷	喷雾
PD20094212 咪鲜胺/45%/水乳剂/咪鲜胺 45%/2014.03.31 至 2019.03.31/低毒			
香蕉	炭疽病	500-900毫克/千克	浸果
PD20094339 石硫合剂/29%/水剂/石硫合剂 29%/2014.04.01 至 2019.04.01/低毒			
柑橘树	红蜘蛛	20-40倍液	喷雾
PD20094710 除脲·辛硫磷/20%/乳油/除虫脲 1%、辛硫磷 19%/2014.04.10 至 2019.04.10/低毒			
十字花科蔬菜	菜青虫	90-120克/公顷	喷雾
PD20095148 锰锌·烯唑醇/32.5%/可湿性粉剂/代森锰锌 30%、烯唑醇 2.5%/2014.04.24 至 2019.04.24/低毒			
梨树	黑星病	400-600倍液	喷雾
PD20095205 三唑锡/8%/乳油/三唑锡 8%/2014.04.24 至 2019.04.24/低毒			
柑橘树	红蜘蛛	53.3-80毫克/千克	喷雾
PD20095532 烟嘧磺隆/40克/升/可分散油悬浮剂/烟嘧磺隆 40克/升/2014.05.11 至 2019.05.11/低毒			
玉米田	一年生杂草	42-60克/公顷	茎叶喷雾
PD20095586 二嗪磷/50%/乳油/二嗪磷 50%/2014.05.12 至 2019.05.12/中等毒			
水稻	二化螟	450-900克/公顷	喷雾
PD20096122 精吡氟禾草灵/150克/升/乳油/精吡氟禾草灵 150克/升/2014.06.18 至 2019.06.18/低毒			
大豆田	一年生禾本科杂草	112.5-157.5克/公顷	茎叶喷雾
PD20096236 吡虫·辛硫磷/25%/乳油/吡虫啉 1.5%、辛硫磷 23.5%/2014.07.15 至 2019.07.15/低毒			
十字花科蔬菜	蚜虫	56.25-93.75克/公顷	喷雾
PD20096377 异菌脲/23.5%/悬浮剂/异菌脲 23.5%/2014.08.04 至 2019.08.04/低毒			
油菜	菌核病	459-765克/公顷	喷雾
PD20096383 异稻瘟净/40%/乳油/异稻瘟净 40%/2014.08.04 至 2019.08.04/低毒			
水稻	稻瘟病	900-1200克/公顷	喷雾
PD20096605 杀螟硫磷/50%/乳油/杀螟硫磷 50%/2014.09.02 至 2019.09.02/低毒			
水稻	稻纵卷叶螟	375-562.5克/公顷	喷雾
PD20096774 甲基硫菌灵/500克/升/悬浮剂/甲基硫菌灵 500克/升/2014.09.15 至 2019.09.15/低毒			
苹果树	轮纹病	625-833.3毫克/千克	喷雾
水稻	纹枯病	937.5—1125克/公顷	喷雾
PD20097171 抑霉唑/50%/乳油/抑霉唑 50%/2014.10.16 至 2019.10.16/低毒			
柑橘	青霉病	333-500毫克/千克	浸果
PD20097432 硫丹/350克/升/乳油/硫丹 350克/升/2014.10.28 至 2019.10.28/中等毒			
棉花	棉铃虫	682.5-840克/公顷	喷雾
PD20097581 阿维·啶虫脒/4%/乳油/阿维菌素 1%、啶虫脒 3%/2014.11.03 至 2019.11.03/低毒(原药高毒)			
黄瓜	蚜虫	9-12克/公顷	喷雾
PD20097709 噻嗪·杀扑磷/20%/乳油/噻嗪酮 15%、杀扑磷 5%/2014.11.04 至 2015.09.30/中等毒(原药高毒)			
柑橘树	矢尖蚧	200-250毫克/千克	喷雾
PD20097740 戊唑醇/95%/原药/戊唑醇 95%/2014.11.12 至 2019.11.12/低毒			

PD20097747 丙环唑/50%/乳油/丙环唑 50%/2014.11.12 至 2019.11.12/低毒
香蕉 叶斑病 250—500毫克/千克 喷雾
PD20097791 阿维·三唑锡/12.15%/可湿性粉剂/阿维菌素 0.15%、三唑锡 12%/2014.11.20 至 2019.11.20/低毒(原药高毒)
柑橘树 红蜘蛛 61-81毫克/千克 喷雾
PD20097880 噁霉灵/30%/水剂/噁霉灵 30%/2014.11.20 至 2019.11.20/低毒
西瓜 枯萎病 428.6—500毫克/千克 灌根
PD20098135 哒螨·矿物油/34%/乳油/哒螨灵 4%、矿物油 30%/2014.12.08 至 2019.12.08/低毒
苹果树 红蜘蛛 226.7-340毫克/千克 喷雾
PD20098458 乙铝·福美双/80%/可湿性粉剂/福美双 50%、三乙膦酸铝 30%/2014.12.24 至 2019.12.24/低毒
苹果树 炭疽病 1000-1333毫克/千克 喷雾
PD20098537 氯氰·啶虫脒/5%/乳油/啶虫脒 1%、氯氰菊酯 4%/2014.12.24 至 2019.12.24/低毒
棉花 棉铃虫、蚜虫 45-52.5克/公顷 喷雾
PD20100017 氯氰·矿物油/32%/乳油/矿物油 30%、氯氰菊酯 2%/2015.01.04 至 2020.01.04/低毒
棉花 蚜虫 192-288克/公顷 喷雾
PD20100033 吡虫·异丙威/25%/可湿性粉剂/吡虫啉 5%、异丙威 20%/2015.01.04 至 2020.01.04/低毒
水稻 稻飞虱 62.625-75克/公顷 喷雾
PD20100101 氢氧化铜/77%/可湿性粉剂/氢氧化铜 77%/2015.01.04 至 2020.01.04/低毒
柑橘树 溃疡病 1283.3-1925毫克/千克 喷雾
PD20100102 吗胍·乙酸铜/20%/可湿性粉剂/盐酸吗啉胍 10%、乙酸铜 10%/2015.01.04 至 2020.01.04/低毒
番茄 病毒病 500-750克/公顷 喷雾
PD20100369 噻菌灵/450克/升/悬浮剂/噻菌灵 450克/升/2015.01.11 至 2020.01.11/低毒
柑橘 青霉病 1125—1500毫克/千克 浸果
PD20100436 氟啶脲/95%/原药/氟啶脲 95%/2015.01.14 至 2020.01.14/低毒
PD20100556 噻嗪·杀扑磷/20%/可湿性粉剂/噻嗪酮 15%、杀扑磷 5%/2015.01.14 至 2015.09.30/中等毒(原药高毒)
柑橘树 介壳虫 200-250毫克/千克 喷雾
PD20100594 阿维·四螨嗪/5.1%/可湿性粉剂/阿维菌素 0.1%、四螨嗪 5%/2015.01.14 至 2020.01.14/低毒(原药高毒)
柑橘树 红蜘蛛 34-51毫克/千克 喷雾
PD20100634 甲维·辛硫磷/21%/乳油/甲氨基阿维菌素苯甲酸盐 0.1%、辛硫磷 20.9%/2015.01.14 至 2020.01.14/低毒
甘蓝 小菜蛾 263.25-283.5克/公顷 喷雾
PD20100662 高效氯氟氰菊酯/2.5%/微乳剂/高效氯氟氰菊酯 2.5%/2015.01.15 至 2020.01.15/中等毒
小白菜 菜青虫 11.25-15克/公顷 喷雾
PD20100665 啶虫脒/20%/可湿性粉剂/啶虫脒 20%/2015.01.15 至 2020.01.15/低毒
柑橘树 蚜虫 10-20毫克/千克 喷雾
PD20100712 十三吗啉/750克/升/乳油/十三吗啉 750克/升/2015.01.16 至 2020.01.16/中等毒
橡胶树 红根病 15-30克/株 灌淋
PD20100741 氢铜·福美锌/64%/可湿性粉剂/福美锌 48%、氢氧化铜 16%/2015.01.16 至 2020.01.16/低毒
番茄 早疫病 980-1123克/公顷 喷雾
PD20100786 春雷霉素/65%/原药/春雷霉素 65%/2015.01.18 至 2020.01.18/低毒
PD20101459 苯醚·丙环唑/30%/乳油/苯醚甲环唑 15%、丙环唑 15%/2015.05.04 至 2020.05.04/低毒
水稻 纹枯病 60-120克/公顷 喷雾
PD20101553 吡虫·噻嗪酮/10%/可湿性粉剂/吡虫啉 1%、噻嗪酮 9%/2015.05.19 至 2020.05.19/低毒
水稻 飞虱 45-90克/公顷 喷雾
PD20101621 阿维·哒螨灵/10%/乳油/阿维菌素 0.2%、哒螨灵 9.8%/2015.06.03 至 2020.06.03/中等毒(原药高毒)
柑橘树 红蜘蛛 33.3-50毫克/千克 喷雾
PD20101640 噻嗪酮/25%/可湿性粉剂/噻嗪酮 25%/2015.06.03 至 2020.06.03/低毒
水稻 稻飞虱 90-120克/公顷 喷雾
PD20101723 啶虫脒/40%/水分散粒剂/啶虫脒 40%/2015.06.28 至 2020.06.28/低毒
十字花科蔬菜 蚜虫 18-27克/公顷 喷雾
PD20101731 杀螟丹/98%/可溶粉剂/杀螟丹 98%/2015.06.28 至 2020.06.28/中等毒
白菜、甘蓝 菜青虫 441-588克/公顷 喷雾
PD20101952 联苯菊酯/100克/升/乳油/联苯菊酯 100克/升/2015.09.20 至 2020.09.20/中等毒
柑橘树 红蜘蛛 25-33.3毫克/千克 喷雾
PD20101958 己唑醇/5%/悬浮剂/己唑醇 5%/2015.09.20 至 2020.09.20/低毒
水稻 纹枯病 60-75克/公顷 喷雾
小麦 白粉病 15-22.5克/公顷 喷雾
PD20101986 三唑磷/20%/乳油/三唑磷 20%/2015.09.25 至 2020.09.25/中等毒
水稻 二化螟 202.5-303.75克/公顷 喷雾
PD20102025 高效氯氟氰菊酯/10%/可湿性粉剂/高效氯氟氰菊酯 10%/2015.09.28 至 2020.09.28/中等毒
甘蓝 菜青虫 11.25-15克/公顷 喷雾
PD20102119 辛菌胺醋酸盐/1.26%/水剂/辛菌胺 1.26%/2015.12.02 至 2020.12.02/低毒
苹果树 腐烂病 500-1000毫克/千克 涂抹、喷雾
注:辛菌胺醋酸盐含量1.8%
PD20102203 阿维·溴氰/1.8%/可湿性粉剂/阿维菌素 0.3%、溴氰菊酯 1.5%/2015.12.22 至 2020.12.22/低毒(原药高毒)

	甘蓝	菜青虫	8.1～10.8克/公顷	喷雾
PD20110153	炔螨·矿物油/73%/乳油/矿物油 33%、炔螨特 40%/2016.02.10 至 2021.02.10/低毒			
	苹果树	红蜘蛛	243.3-365毫克/千克	喷雾
PD20110451	噁霉灵/70%/可湿性粉剂/噁霉灵 70%/2011.04.21 至 2016.04.21/低毒			
	甜菜	立枯病	385－490克/100千克种子	湿拌种
PD20110466	咪鲜胺锰盐/50%/可湿性粉剂/咪鲜胺锰盐 50%/2011.04.22 至 2016.04.22/低毒			
	柑橘	青霉病	250－500毫克/千克	浸果
	水稻	稻曲病	187.5－225克/公顷	喷雾
PD20110538	苯醚甲环唑/12%/可湿性粉剂/苯醚甲环唑 12%/2011.05.12 至 2016.05.12/低毒			
	梨树	黑星病	15－20毫克/千克	喷雾
PD20110645	甲氰·矿物油/65%/乳油/甲氰菊酯 0.5%、矿物油 64.5%/2011.06.13 至 2016.06.13/中等毒			
	棉花	蚜虫	198-274.22克/公顷	喷雾
PD20110684	阿维·炔螨特/40%/乳油/阿维菌素 0.3%、炔螨特 39.7%/2011.06.20 至 2016.06.20/低毒(原药高毒)			
	柑橘树	红蜘蛛	200-400毫克/千克	喷雾
PD20110693	丙环唑/62%/乳油/丙环唑 62%/2011.06.22 至 2016.06.22/低毒			
	香蕉	叶斑病	310－517毫克/千克	喷雾
PD20110694	吡虫啉/600克/升/悬浮剂/吡虫啉 600克/升/2011.06.22 至 2016.06.22/低毒			
	水稻	稻飞虱	28.8-42.2克/公顷	喷雾
	小麦	蚜虫	31.5-42克/公顷	喷雾
PD20110714	高效氯氟氰菊酯/15%/可湿性粉剂/高效氯氟氰菊酯 15%/2011.07.06 至 2016.07.06/中等毒			
	甘蓝	菜青虫	9-15.75克/公顷	喷雾
PD20110910	噻嗪酮/80%/可湿性粉剂/噻嗪酮 80%/2011.08.22 至 2016.08.22/低毒			
	水稻	稻飞虱	120-168克/公顷	喷雾
PD20110933	甲氨基阿维菌素苯甲酸盐/0.5%/乳油/甲氨基阿维菌素 0.5%/2011.09.21 至 2016.09.21/低毒			
	甘蓝	小菜蛾	1.5-1.8克/公顷	喷雾
	注:甲氨基阿维菌素苯甲酸盐含量:0.57%。			
PD20110950	烯酰吗啉/80%/水分散粒剂/烯酰吗啉 80%/2011.09.08 至 2016.09.08/低毒			
	黄瓜	霜霉病	228-300克/公顷	喷雾
PD20110959	高效氯氟氰菊酯/4.5%/微乳剂/高效氯氟氰菊酯 4.5%/2011.09.08 至 2016.09.08/中等毒			
	甘蓝	菜青虫	13.5-20.25克/公顷	喷雾
PD20110992	己唑醇/50%/水分散粒剂/己唑醇 50%/2011.09.21 至 2016.09.21/低毒			
	苹果树	斑点落叶病	50-62.5毫克/千克	喷雾
	水稻	纹枯病	60-75克/公顷	喷雾
PD20111100	戊唑醇/80%/水分散粒剂/戊唑醇 80%/2011.10.17 至 2016.10.17/低毒			
	苹果树	斑点落叶病	100-133毫克/千克	喷雾
PD20111147	吡虫啉/5%/乳油/吡虫啉 5%/2011.11.03 至 2016.11.03/低毒			
	水稻	稻飞虱	15-30克/公顷	喷雾
PD20111311	己唑醇/30%/悬浮剂/己唑醇 30%/2011.11.24 至 2016.11.24/低毒			
	水稻	纹枯病	72－81克/公顷	喷雾
PD20120034	甲硫·己唑醇/27%/悬浮剂/甲基硫菌灵 24%、己唑醇 3%/2012.01.09 至 2017.01.09/低毒			
	水稻	纹枯病	506.25－607.5克/公顷	喷雾
PD20120131	吡蚜酮/70%/水分散粒剂/吡蚜酮 70%/2012.01.29 至 2017.01.29/低毒			
	甘蓝	蚜虫	84－126克/公顷	喷雾
	水稻	稻飞虱	84－126克/公顷	喷雾
PD20120277	唑螨酯/28%/悬浮剂/唑螨酯 28%/2012.02.15 至 2017.02.15/低毒			
	柑橘树	红蜘蛛	28-46.7毫克/千克	喷雾
PD20120596	醚菌酯/50%/可湿性粉剂/醚菌酯 50%/2012.04.11 至 2017.04.11/低毒			
	苹果树	斑点落叶病	125－166.7毫克/千克	喷雾
PD20120680	甲氨基阿维菌素苯甲酸盐/2.5%/水乳剂/甲氨基阿维菌素 2.5%/2012.04.18 至 2017.04.18/低毒			
	甘蓝	小菜蛾	2.25-3克/公顷	喷雾
	注:甲氨基阿维菌素苯甲酸盐含量: 2.8%。			
PD20120762	代锰·戊唑醇/25%/可湿性粉剂/代森锰锌 22.7%、戊唑醇 2.3%/2012.05.05 至 2017.05.05/低毒			
	苹果树	斑点落叶病	333-500毫克/千克	喷雾
PD20120841	香菇多糖/0.5%/水剂/香菇多糖 0.5%/2012.05.22 至 2017.05.22/低毒			
	番茄	病毒病	12.45-18.75克/公顷	喷雾
PD20120851	己唑醇/40%/悬浮剂/己唑醇 40%/2012.05.22 至 2017.05.22/低毒			
	水稻	纹枯病	60－84克/公顷	喷雾
PD20120872	苯醚甲环唑/5%/水乳剂/苯醚甲环唑 5%/2012.05.24 至 2017.05.24/低毒			
	梨树	黑星病	13.8－16.7毫克/千克	喷雾
PD20120965	高效氯氟氰菊酯/5%/水乳剂/高效氯氟氰菊酯 5%/2012.06.15 至 2017.06.15/中等毒			
	甘蓝	菜青虫	15－22.5克/公顷	喷雾
PD20121023	烯酰吗啉/50%/水分散粒剂/烯酰吗啉 50%/2012.07.02 至 2017.07.02/低毒			
	黄瓜	霜霉病	225-300克/公顷	喷雾

PD20121117 炔螨·溴螨酯/50%/乳油/炔螨特 25%、溴螨酯 25%/2012.07.20 至 2017.07.20/低毒
柑橘树 红蜘蛛 200—333.3毫克/千克 喷雾
PD20121120 阿维·三唑磷/15%/乳油/阿维菌素 0.1%、三唑磷 14.9%/2012.07.20 至 2017.07.20/中等毒(原药高毒)
棉花 棉铃虫 112.5—157.5克/公顷 喷雾
PD20121155 苯醚甲环唑/37%/水分散粒剂/苯醚甲环唑 37%/2012.07.30 至 2017.07.30/低毒
苹果树 斑点落叶病 49-67毫克/千克 喷雾
PD20121319 丙森锌/80%/水分散粒剂/丙森锌 80%/2012.09.11 至 2017.09.11/低毒
苹果树 斑点落叶病 1000-1333毫克/千克 喷雾
PD20121459 联苯·哒螨灵/25%/乳油/哒螨灵 20%、联苯菊酯 5%/2012.10.08 至 2017.10.08/中等毒
柑橘树 红蜘蛛 71.43—83.33毫克/千克 喷雾
PD20121462 甲氨基阿维菌素苯甲酸盐/5%/水分散粒剂/甲氨基阿维菌素 5%/2012.10.08 至 2017.10.08/低毒
甘蓝 甜菜夜蛾 2.25—3.75克/公顷 喷雾
注:甲氨基阿维菌素苯甲酸盐含量:5.7%。
PD20121464 甲维·氟铃脲/4%/乳油/氟铃脲 3.5%、甲氨基阿维菌素苯甲酸盐 0.5%/2012.10.08 至 2017.10.08/低毒
甘蓝 甜菜夜蛾 15-21克/公顷 喷雾
PD20121474 氟菌唑/30%/可湿性粉剂/氟菌唑 30%/2012.10.08 至 2017.10.08/低毒
黄瓜 白粉病 67.5-90克/公顷 喷雾
PD20121687 氟硅唑/20%/可湿性粉剂/氟硅唑 20%/2012.11.05 至 2017.11.05/低毒
梨树 黑星病 40—66.7毫克/千克 喷雾
PD20121805 苯甲·锰锌/45%/可湿性粉剂/苯醚甲环唑 3%、代森锰锌 42%/2012.11.22 至 2017.11.22/低毒
梨树 黑星病 187.5-225毫克/千克 喷雾
PD20121846 烟嘧磺隆/20%/可分散油悬浮剂/烟嘧磺隆 20%/2012.11.28 至 2017.11.28/低毒
玉米田 一年生杂草 45-60克/公顷 茎叶喷雾
PD20122002 腈菌唑/40%/可湿性粉剂/腈菌唑 40%/2012.12.19 至 2017.12.19/低毒
梨树 黑星病 50-70毫克/千克 喷雾
PD20122024 苯醚甲环唑/30%/可湿性粉剂/苯醚甲环唑 30%/2012.12.19 至 2017.12.19/低毒
苹果树 斑点落叶病 50—75毫克/千克 喷雾
PD20130062 烯酰吗啉/20%/悬浮剂/烯酰吗啉 20%/2013.01.07 至 2018.01.07/低毒
黄瓜 霜霉病 270-300克/公顷 喷雾
PD20130794 代锰·戊唑醇/70%/可湿性粉剂/代森锰锌 63.6%、戊唑醇 6.4%/2013.04.22 至 2018.04.22/低毒
苹果树 斑点落叶病 467-700毫克/千克 喷雾
PD20131145 三唑锡/50%/水分散粒剂/三唑锡 50%/2013.05.20 至 2018.05.20/低毒
柑橘树 红蜘蛛 125-166.7毫克/千克 喷雾
PD20131147 盐酸吗啉胍/80%/水分散粒剂/盐酸吗啉胍 80%/2013.05.20 至 2018.05.20/低毒
番茄 病毒病 480-720克/公顷 喷雾
PD20131149 腐霉利/80%/水分散粒剂/腐霉利 80%/2013.05.20 至 2018.05.20/低毒
番茄 灰霉病 384-744克/公顷 喷雾
PD20131164 嘧霉胺/80%/水分散粒剂/嘧霉胺 80%/2013.05.27 至 2018.05.27/低毒
黄瓜 灰霉病 360-540克/公顷 喷雾
PD20131175 灭蝇胺/75%/可湿性粉剂/灭蝇胺 75%/2013.05.27 至 2018.05.27/低毒
黄瓜 美洲斑潜蝇 168.75-225克/公顷 喷雾
PD20131250 氟胺·烯禾啶/20.8%/乳油/氟磺胺草醚 12.5%、烯禾啶 8.3%/2013.06.04 至 2018.06.04/低毒
春大豆田 一年生杂草 436.8-468克/公顷 茎叶喷雾
PD20131284 苯醚甲环唑/10%/水分散粒剂/苯醚甲环唑 10%/2013.06.08 至 2018.06.08/低毒
苹果树 斑点落叶病 40～67毫克/千克 喷雾
PD20131313 丙森锌/70%/可湿性粉剂/丙森锌 70%/2013.06.08 至 2018.06.08/低毒
番茄 早疫病 1313-1974克/公顷 喷雾
PD20131327 三环唑/80%/水分散粒剂/三环唑 80%/2013.06.08 至 2018.06.08/低毒
水稻 稻瘟病 228-300克/公顷 喷雾
PD20131375 苯甲·多菌灵/30%/悬浮剂/苯醚甲环唑 3%、多菌灵 27%/2013.06.24 至 2018.06.24/低毒
水稻 纹枯病 675-900克/公顷 喷雾
PD20131381 福美双/80%/水分散粒剂/福美双 80%/2013.06.24 至 2018.06.24/低毒
黄瓜 白粉病 600-1080克/公顷 喷雾
PD20131464 抑霉唑/10%/水乳剂/抑霉唑 10%/2013.07.05 至 2018.07.05/低毒
苹果树 炭疽病 143-200毫克/千克 喷雾
PD20131510 福·甲·硫磺/70%/可湿性粉剂/福美双 25%、甲基硫菌灵 14%、硫磺 31%/2013.07.17 至 2018.07.17/低毒
小麦 赤霉病 1575-2100克/公顷 喷雾
PD20131550 氯氟·啶虫脒/15%/水分散粒剂/啶虫脒 12%、高效氯氟氰菊酯 3%/2013.07.23 至 2018.07.23/低毒
甘蓝 蚜虫 18-27克/公顷 喷雾
PD20131562 代森锰锌/80%/水分散粒剂/代森锰锌 80%/2013.07.23 至 2018.07.23/低毒
苹果树 斑点落叶病 1143-1333毫克/千克 喷雾
PD20131579 烯唑醇/50%/水分散粒剂/烯唑醇 50%/2013.07.23 至 2018.07.23/低毒
梨树 黑星病 33-50毫克/千克 喷雾

PD20131605 嘧菌酯/25%/悬浮剂/嘧菌酯 25%/2013.07.29 至 2018.07.29/低毒
葡萄 霜霉病 125-250克/公顷 喷雾
PD20131695 苯甲·多菌灵/60%/可湿性粉剂/苯醚甲环唑 6%、多菌灵 54%/2013.08.07 至 2018.08.07/低毒
梨树 黑星病 120-200毫克/千克 喷雾
PD20131701 哒螨·三唑锡/16%/可湿性粉剂/哒螨灵 10%、三唑锡 6%/2013.08.07 至 2018.08.07/低毒
柑橘树 红蜘蛛 107-160毫克/千克 喷雾
PD20131743 苯醚甲环唑/25%/水乳剂/苯醚甲环唑 25%/2013.08.16 至 2018.08.16/低毒
梨树 黑星病 28-31毫克/千克 喷雾
PD20131827 咪鲜胺锰盐/60%/可湿性粉剂/咪鲜胺锰盐 60%/2013.09.17 至 2018.09.17/低毒
柑橘 青霉病 250－500毫克/千克 浸果
PD20131832 氟环唑/30%/悬浮剂/氟环唑 30%/2013.09.17 至 2018.09.17/低毒
水稻 纹枯病 90－112.5克/公顷 喷雾
香蕉 叶斑病 125-166.67毫克/千克 喷雾
小麦 锈病 90－135克/公顷 喷雾
PD20131905 戊唑醇/60克/升/悬浮种衣剂/戊唑醇 60克/升/2013.09.25 至 2018.09.25/微毒
高粱 丝黑穗病 6-9克/100千克种子 种子包衣
小麦 纹枯病 3-4克/100千克种子 种子包衣
小麦 散黑穗病 1.8-2.7克/100千克种子 种子包衣
玉米 丝黑穗病 6-12克/100千克种子 种子包衣
PD20131987 草铵膦/23%/水剂/草铵膦 23%/2013.10.10 至 2018.10.10/低毒
非耕地 杂草 1050-1750克/公顷 定向茎叶喷雾
PD20132003 噻苯隆/0.1%/可溶液剂/噻苯隆 0.1%/2013.10.10 至 2018.10.10/低毒
葡萄 调节生长 4-6毫克/千克 喷雾
PD20132203 戊唑·丙森锌/55%/可湿性粉剂/丙森锌 50%、戊唑醇 5%/2013.10.29 至 2018.10.29/低毒
苹果树 斑点落叶病 688-917毫克/千克 喷雾
PD20132233 福·甲·硫磺/50%/可湿性粉剂/福美双 18%、甲基硫菌灵 10%、硫磺 22%/2013.11.05 至 2018.11.05/低毒
小麦 赤霉病 1575-2100克/公顷 喷雾
PD20132257 苯醚甲环唑/30克/升/悬浮种衣剂/苯醚甲环唑 30克/升/2013.11.05 至 2018.11.05/微毒
小麦 全蚀病 16.5-18克/100千克种子 种子包衣
小麦 纹枯病 7.5-9克/100千克种子 种子包衣
小麦 散黑穗病 6-9克/100千克种子 种子包衣
PD20132294 丁醚脲/50%/可湿性粉剂/丁醚脲 50%/2013.11.08 至 2018.11.08/低毒
甘蓝 小菜蛾 375-562.5克/公顷 喷雾
PD20132347 甲维·毒死蜱/30%/水乳剂/毒死蜱 29%、甲氨基阿维菌素苯甲酸盐 1%/2013.11.20 至 2018.11.20/中等毒
水稻 稻纵卷叶螟 225-270克/公顷 喷雾
PD20132518 苯甲·丙森锌/50%/可湿性粉剂/苯醚甲环唑 5%、丙森锌 45%/2013.12.16 至 2018.12.16/低毒
苹果树 斑点落叶病 227－278毫克/千克 喷雾
PD20132587 阿维·苏云菌/1.1%/可湿性粉剂/阿维菌素 0.1%、苏云金杆菌 1%/2013.12.17 至 2018.12.17/低毒(原药高毒)
甘蓝 小菜蛾 1125-1500克制剂/公顷 喷雾
注:苏云金杆菌含量以毒素蛋白计。
PD20132651 高氯·甲维盐/5%/水乳剂/高效氯氰菊酯 4.5%、甲氨基阿维菌素苯甲酸盐 0.5%/2013.12.20 至 2018.12.20/中等毒
甘蓝 菜青虫 7.5-11.25克/公顷 喷雾
PD20132652 丙森·异菌脲/80%/可湿性粉剂/丙森锌 70%、异菌脲 10%/2013.12.20 至 2018.12.20/低毒
苹果树 斑点落叶病 800-1000毫克/千克 喷雾
PD20132693 芸苔素内酯/0.1%/水分散粒剂/芸苔素内酯 0.1%/2013.12.25 至 2018.12.25/低毒
苹果树 调节生长、增产 0.017-0.025毫克/千克 喷雾
PD20132697 甲氨基阿维菌素苯甲酸盐/1.5%/泡腾片剂/甲氨基阿维菌素 1.5%/2013.12.25 至 2018.12.25/低毒
甘蓝 甜菜夜蛾 3.375-4.5克/公顷 喷雾
注:甲氨基阿维菌素苯甲酸盐含量: 1.7%。
PD20140093 硅唑·多菌灵/50%/可湿性粉剂/多菌灵 45%、氟硅唑 5%/2014.01.20 至 2019.01.20/低毒
梨树 黑星病 312.5-416.7毫克/千克 喷雾
PD20140215 丙森·多菌灵/70%/可湿性粉剂/丙森锌 30%、多菌灵 40%/2014.01.29 至 2019.01.29/低毒
苹果树 斑点落叶病 466.7-700毫克/千克 喷雾
PD20140251 螺螨酯/98%/原药/螺螨酯 98%/2014.01.29 至 2019.01.29/低毒
PD20140350 锰锌·氟硅唑/50%/可湿性粉剂/氟硅唑 10%、代森锰锌 40%/2014.02.18 至 2019.02.18/低毒
梨树 黑星病 167－250毫克/千克 喷雾
PD20140377 丁醚·高氯氟/30%/可湿性粉剂/丁醚脲 25%、高效氯氟氰菊酯 5%/2014.02.20 至 2019.02.20/低毒
甘蓝 小菜蛾 90-135克/公顷 喷雾
PD20140381 氟环唑/50%/水分散粒剂/氟环唑 50%/2014.02.20 至 2019.02.20/低毒
苹果树 斑点落叶病 100-125毫克/千克 喷雾
香蕉树 叶斑病 125－166.67毫克/千克 喷雾
PD20140542 甲硫·福美双/50%/可湿性粉剂/福美双 40%、甲基硫菌灵 10%/2014.03.06 至 2019.03.06/低毒
小麦 赤霉病 1050-1200克/公顷 喷雾

PD20140650 噻呋酰胺/240克/升/悬浮剂/噻呋酰胺 240克/升/2014.03.14 至 2019.03.14/低毒
水稻 纹枯病 54—72克/公顷 喷雾
PD20140851 氟环唑/12.5%/悬浮剂/氟环唑 12.5%/2014.04.08 至 2019.04.08/低毒
小麦 锈病 90-115克/公顷 喷雾
PD20140852 甲硫·氟硅唑/70%/可湿性粉剂/氟硅唑 10%、甲基硫菌灵 60%/2014.04.08 至 2019.04.08/低毒
梨树 黑星病 233.3-350毫克/千克 喷雾
PD20141111 阿维·吡蚜酮/36%/水分散粒剂/阿维菌素 2%、吡蚜酮 34%/2014.04.27 至 2019.04.27/低毒(原药高毒)
甘蓝 蚜虫 40.5—54克/公顷 喷雾
PD20141112 醚菌酯/50%/水分散粒剂/醚菌酯 50%/2014.04.27 至 2019.04.27/低毒
苹果树 斑点落叶病 125—166.7毫克/千克 喷雾
PD20141176 阿维菌素/5%/悬浮剂/阿维菌素 5%/2014.04.28 至 2019.04.28/低毒(原药高毒)
柑橘树 红蜘蛛 10-12.5毫克/千克 喷雾
PD20141198 莠去津/25%/可分散油悬浮剂/莠去津 25%/2014.05.06 至 2019.05.06/低毒
春玉米田 一年生杂草 1350-1500克/公顷 茎叶喷雾
夏玉米田 一年生杂草 675—750克/公顷 茎叶喷雾
PD20141235 草甘膦铵盐/80%/可溶粒剂/草甘膦 80%/2014.05.07 至 2019.05.07/低毒
非耕地 杂草 1080-1560克/公顷 茎叶喷雾
注:草甘膦铵盐含量: 88.8%。
PD20141291 吡蚜酮/98%/原药/吡蚜酮 98%/2014.05.12 至 2019.05.12/低毒
PD20141304 甲硫·氟环唑/50%/悬浮剂/氟环唑 10%、甲基硫菌灵 40%/2014.05.12 至 2019.05.12/低毒
小麦 白粉病 487.5-525克/公顷 喷雾
PD20141502 咯菌腈/97%/原药/咯菌腈 97%/2014.06.09 至 2019.06.09/低毒
PD20141663 甲维·虫酰肼/8.2%/乳油/虫酰肼 8%、甲氨基阿维菌素苯甲酸盐 0.2%/2014.06.27 至 2019.06.27/低毒
甘蓝 甜菜夜蛾 61.5-92.25克/公顷 喷雾
PD20141667 双氟磺草胺/98%/原药/双氟磺草胺 98%/2014.06.27 至 2019.06.27/低毒
PD20141838 噻虫嗪/70%/种子处理可分散粉剂/噻虫嗪 70%/2014.07.24 至 2019.07.24/低毒
棉花 苗蚜 210-315克/100千克种子 拌种
PD20141846 嘧菌酯/98%/原药/嘧菌酯 98%/2014.07.24 至 2019.07.24/低毒
PD20141981 苯甲·嘧菌酯/325克/升/悬浮剂/苯醚甲环唑 125克/升、嘧菌酯 200克/升/2014.08.14 至 2019.08.14/低毒
香蕉 叶斑病 162.25-217毫克/千克 喷雾
PD20142470 灭菌唑/96%/原药/灭菌唑 96%/2014.11.17 至 2019.11.17/低毒
PD20142537 噻虫嗪/25%/可湿性粉剂/噻虫嗪 25%/2014.12.11 至 2019.12.11/低毒
水稻 稻飞虱 7.5-15克/公顷 喷雾
PD20150028 唑草酮/10%/可湿性粉剂/唑草酮 10%/2015.01.04 至 2020.01.04/低毒
春小麦田 一年生阔叶杂草 33-36克/公顷 茎叶喷雾
冬小麦田 一年生阔叶杂草 24-30克/公顷 茎叶喷雾
PD20150258 虫螨腈/96%/原药/虫螨腈 96%/2015.01.15 至 2020.01.15/低毒
PD20150328 啶酰菌胺/97%/原药/啶酰菌胺 97%/2015.03.02 至 2020.03.02/微毒
PD20150344 哒螨灵/45%/悬浮剂/哒螨灵 45%/2015.03.03 至 2020.03.03/低毒
柑橘树 红蜘蛛 64-90毫克/千克 喷雾
PD20150347 嘧菌酯/80%/水分散粒剂/嘧菌酯 80%/2015.03.03 至 2020.03.03/低毒
黄瓜 霜霉病 150-180克/公顷 喷雾
PD20150350 三乙膦酸铝/80%/水分散粒剂/三乙膦酸铝 80%/2015.03.03 至 2020.03.03/低毒
黄瓜 霜霉病 2160-2880克/公顷 喷雾
PD20150374 异丙威/40%/可湿性粉剂/异丙威 40%/2015.03.03 至 2020.03.03/低毒
水稻 稻飞虱 525-600克/公顷 喷雾
PD20150375 已唑·多菌灵/50%/可湿性粉剂/多菌灵 48%、已唑醇 2%/2015.03.03 至 2020.03.03/低毒
水稻 纹枯病 900-975克/公顷 喷雾
PD20150376 噁唑菌酮/98.5%/原药/噁唑菌酮 98.5%/2015.03.03 至 2020.03.03/低毒
PD20150464 吡蚜·毒死蜱/50%/可湿性粉剂/吡蚜酮 20%、毒死蜱 30%/2015.03.20 至 2020.03.20/低毒
水稻 稻飞虱 112.5-187.5克/公顷 喷雾
PD20150644 三环唑/40%/悬浮剂/三环唑 40%/2015.04.16 至 2020.04.16/低毒
水稻 稻瘟病 210-300克/公顷 喷雾
PD20150665 吡蚜·啶虫脒/30%/水分散粒剂/吡蚜酮 20%、啶虫脒 10%/2015.04.17 至 2020.04.17/低毒
甘蓝 蚜虫 36—54克/公顷 喷雾
PD20150766 烟嘧·莠·异丙/42%/可分散油悬浮剂/烟嘧磺隆 2%、异丙草胺 20%、莠去津 20%/2015.05.12 至 2020.05.12/低毒
玉米田 一年生杂草 976.5—1134克/公顷 茎叶喷雾
PD20150790 阿维菌素/0.5%/颗粒剂/阿维菌素 0.5%/2015.05.13 至 2020.05.13/低毒(原药高毒)
黄瓜 根结线虫 225-300克/公顷 穴施、沟施
PD20150840 戊唑醇/50%/悬浮剂/戊唑醇 50%/2015.05.18 至 2020.05.18/低毒
苹果树 斑点落叶病 100-125毫克/千克 喷雾
PD20150843 甲硫·醚菌酯/25%/悬浮剂/甲基硫菌灵 20%、醚菌酯 5%/2015.05.18 至 2020.05.18/低毒
苹果树 轮纹病 333-500毫克/千克 喷雾

PD20150870 氰霜唑/94%/原药/氰霜唑 94%/2015.05.18 至 2020.05.18/低毒
PD20150889 苯甲·丙环唑/50%/乳油/苯醚甲环唑 25%、丙环唑 25%/2015.05.19 至 2020.05.19/低毒
水稻 纹枯病 90-120克/公顷 喷雾
PD20150964 阿维·吡蚜酮/30%/可湿性粉剂/阿维菌素 1%、吡蚜酮 29%/2015.06.11 至 2020.06.11/低毒(原药高毒)
甘蓝 蚜虫 45-67.5克/公顷 喷雾
PD20150998 丙环·嘧菌酯/25%/悬浮剂/丙环唑 15%、嘧菌酯 10%/2015.06.12 至 2020.06.12/低毒
草坪 褐斑病 562.5-750克/公顷 喷雾
PD20151031 多效唑/25%/悬浮剂/多效唑 25%/2015.06.14 至 2020.06.14/低毒
水稻 调节生长 125-150毫克/千克 喷雾
PD20151096 丙森·咪鲜胺/60%/可湿性粉剂/丙森锌 40%、咪鲜胺 20%/2015.06.14 至 2020.06.14/低毒
苹果树 炭疽病 500-750毫克/千克 喷雾
PD20151135 春雷·氯尿/22%/可湿性粉剂/春雷霉素 2%、氯溴异氰尿酸 20%/2015.06.25 至 2020.06.25/低毒
水稻 稻瘟病 231-297克/公顷 喷雾
PD20151139 戊唑·醚菌酯/30%/悬浮剂/醚菌酯 10.0%、戊唑醇 20.0%/2015.06.26 至 2020.06.26/低毒
梨树 黑星病 100-150毫克/千克 喷雾
PD20151261 苯甲·醚菌酯/60%/可湿性粉剂/苯醚甲环唑 20%、醚菌酯 40%/2015.07.30 至 2020.07.30/低毒
苹果树 斑点落叶病 90-145毫克/千克 喷雾
PD20151343 醚菌·多菌灵/40%/可湿性粉剂/多菌灵 32%、醚菌酯 8%/2015.07.30 至 2020.07.30/低毒
梨树 黑星病 250-500毫克/千克 喷雾
PD20151363 戊唑·咪鲜胺/30%/可湿性粉剂/咪鲜胺锰盐 20%、戊唑醇 10%/2015.07.30 至 2020.07.30/低毒
苹果树 炭疽病 150-300毫克/千克 喷雾
PD20151421 戊唑· 醚菌酯/48%/水分散粒剂/醚菌酯 8%、戊唑醇 40%/2015.07.30 至 2020.07.30/低毒
苹果树 斑点落叶病 96-160毫克/千克 喷雾
PD20151443 稻瘟酰胺/20%/可湿性粉剂/稻瘟酰胺 20%/2015.07.30 至 2020.07.30/低毒
水稻 稻瘟病 240-300克/公顷 喷雾
PD20151460 烯酰·醚菌酯/80.0%/水分散粒剂/醚菌酯 30%、烯酰吗啉 50%/2015.07.31 至 2020.07.31/低毒
黄瓜 霜霉病 180-300克/公顷 喷雾
PD20151480 氟环唑/70%/水分散粒剂/氟环唑 70%/2015.07.31 至 2020.07.31/低毒
香蕉 叶斑病 140-175毫克/千克 喷雾
PD20151592 多抗·克菌丹/65%/可湿性粉剂/多抗霉素 5%、克菌丹 60%/2015.08.28 至 2020.08.28/低毒
苹果树 斑点落叶病 541.6-650毫克/千克 喷雾
PD20151608 吡蚜·异丙威/40%/可湿性粉剂/吡蚜酮 8%、异丙威 32%/2015.08.28 至 2020.08.28/低毒
水稻 稻飞虱 240-360克/公顷 喷雾
PD20151649 噻虫嗪/25%/水分散粒剂/噻虫嗪 25%/2015.08.28 至 2020.08.28/低毒
水稻 稻飞虱 11.25-15克/公顷 喷雾
PD20151676 吡唑醚菌酯/98%/原药/吡唑醚菌酯 98%/2015.08.28 至 2020.08.28/低毒
PD20151718 代森联/70%/可湿性粉剂/代森联 70%/2015.08.28 至 2020.08.28/低毒
苹果树 斑点落叶病 1000-1400毫克/千克 喷雾
PD20151747 阿维·螺螨酯/30%/悬浮剂/阿维菌素 3%、螺螨酯 27%/2015.08.28 至 2020.08.28/低毒(原药高毒)
柑橘树 红蜘蛛 37.5-50毫克/千克 喷雾
PD20151847 甲硫·戊唑醇/80%/可湿性粉剂/甲基硫菌灵 72%、戊唑醇 8%/2015.08.30 至 2020.08.30/低毒
苹果树 轮纹病 667-1000毫克/千克 喷雾
PD20151853 多抗·戊唑醇/30%/可湿性粉剂/多抗霉素 10%、戊唑醇 20%/2015.08.30 至 2020.08.30/低毒
苹果树 褐斑病 100-150毫克/千克 喷雾
PD20151865 烯酰·霜脲氰/70%/水分散粒剂/霜脲氰 20%、烯酰吗啉 50%/2015.08.30 至 2020.08.30/低毒
黄瓜 霜霉病 210-420克/公顷 喷雾
PD20151952 甲维·虫螨腈/12%/悬浮剂/虫螨腈 10%、甲氨基阿维菌素苯甲酸盐 2%/2015.08.30 至 2020.08.30/低毒
甘蓝 甜菜夜蛾 9-18克/公顷 喷雾
PD20152182 阿维·茚虫威/15%/悬浮剂/阿维菌素 3%、茚虫威 12%/2015.09.22 至 2020.09.22/低毒(原药高毒)
水稻 稻纵卷叶螟 29.25-36克/公顷 喷雾
PD20152204 氰霜·嘧菌酯/40%/悬浮剂/嘧菌酯 25%、氰霜唑 15%/2015.09.23 至 2020.09.23/低毒
黄瓜 霜霉病 120-240克/公顷 喷雾
PD20152229 烯酰·嘧菌酯/40%/悬浮剂/嘧菌酯 20%、烯酰吗啉 20%/2015.09.23 至 2020.09.23/低毒
黄瓜 霜霉病 180-300克/公顷 喷雾
PD20152397 噻虫·吡蚜酮/50%/水分散粒剂/吡蚜酮 40%、噻虫嗪 10%/2015.10.23 至 2020.10.23/低毒
水稻 稻飞虱 56.25-75克/公顷 喷雾
LS20120086 阿维·烯啶/30%/可湿性粉剂/阿维菌素 1%、烯啶虫胺 29%/2014.03.07 至 2015.03.07/低毒(原药高毒)
甘蓝 蚜虫 27-36克/公顷 喷雾
LS20130146 吡蚜·噻虫啉/30%/水分散粒剂/吡蚜酮 15%、噻虫啉 15%/2015.04.03 至 2016.04.03/低毒
甘蓝 蚜虫 112.5-157.5克/公顷 喷雾
LS20130513 噻虫啉/25%/可湿性粉剂/噻虫啉 25%/2015.12.10 至 2016.12.10/低毒
水稻 稻飞虱 75-105克/公顷 喷雾
LS20140007 2甲·氯氟吡/38.6%/可湿性粉剂/2甲4氯钠 30%、氯氟吡氧乙酸异辛酯 8.6%/2016.01.14 至 2017.01.14/低毒

冬小麦田 一年生阔叶杂草 405-675克/公顷 茎叶喷雾
LS20140028 多抗·丙森锌/62%/可湿性粉剂/丙森锌 60%、多抗霉素 2%/2016.01.14 至 2017.01.14/低毒
苹果树 斑点落叶病 775-1035毫克/千克 喷雾
LS20140052 戊唑·嘧菌酯/40%/悬浮剂/嘧菌酯 12%、戊唑醇 28%/2016.02.18 至 2017.02.18/低毒
蔷薇科观赏花卉 褐斑病 133-200毫克/千克 喷雾
LS20140083 辛·烟·莠去津/38%/可分散油悬浮剂/辛酰溴苯腈 13%、烟嘧磺隆 3%、莠去津 22%/2015.03.14 至 2016.03.14/低毒
玉米田 一年生杂草 513-684克/公顷 茎叶喷雾
LS20140088 噻虫·高氯氟/10%/悬浮剂/高效氯氟氰菊酯 4%、噻虫嗪 6%/2015.03.14 至 2016.03.14/中等毒
小麦 蚜虫 13.5-22.5克/公顷 喷雾
LS20140122 氟环·嘧菌酯/32%/悬浮剂/氟环唑 12%、嘧菌酯 20%/2015.03.17 至 2016.03.17/低毒
水稻 纹枯病 168-216克/公顷 喷雾
香蕉 叶斑病 213-320毫克/千克 喷雾
LS20140159 阿维·噻唑膦/10.5%/颗粒剂/阿维菌素 0.5%、噻唑膦 10%/2015.04.11 至 2016.04.11/中等毒(原药高毒)
黄瓜 根结线虫 2362.5-2835克/公顷 土壤撒施
LS20140168 苯甲·醚菌酯/40.0%/悬浮剂/苯醚甲环唑 13.3%、醚菌酯 26.7%/2015.04.11 至 2016.04.11/低毒
蔷薇科观赏花卉 白粉病 200-266.67毫克/千克 喷雾
LS20140193 戊唑·嘧菌酯/80%/水分散粒剂/嘧菌酯 24%、戊唑醇 56%/2015.05.06 至 2016.05.06/低毒
蔷薇科观赏花卉 褐斑病 160-200毫克/千克 喷雾
LS20140247 硝·烟·辛酰溴/22.0%/可分散油悬浮剂/辛酰溴苯腈 15%、烟嘧磺隆 2%、硝磺草酮 5%/2015.07.14 至 2016.07.14/中等毒
玉米田 一年生杂草 495-594克/公顷 茎叶喷雾
LS20140270 噻虫·吡蚜酮/30.0%/悬浮剂/吡蚜酮 24.0%、噻虫嗪 6.0%/2015.08.25 至 2016.08.25/低毒
水稻 稻飞虱 54-72克/公顷 喷雾
LS20140295 醚菌·氟环唑/75%/水分散粒剂/氟环唑 25%、醚菌酯 50%/2015.09.18 至 2016.09.18/低毒
苹果树 斑点落叶病 150-187.5毫克/千克 喷雾
LS20140347 阿维·烯啶/30%/水分散粒剂/阿维菌素 1%、烯啶虫胺 29%/2015.11.21 至 2016.11.21/低毒(原药高毒)
甘蓝 蚜虫 22.5-27克/公顷 喷雾
LS20150001 甲硫·醚菌酯/50%/悬浮剂/甲基硫菌灵 40%、醚菌酯 10%/2016.01.15 至 2017.01.15/低毒
苹果树 轮纹病 333.3-500毫克/千克 喷雾
LS20150021 丙森·醚菌酯/70%/水分散粒剂/丙森锌 57.3%、醚菌酯 12.7%/2016.01.15 至 2017.01.15/低毒
苹果树 褐斑病 466.7-700毫克/千克 喷雾
LS20150083 氯氟·吡虫啉/30%/悬浮剂/吡虫啉 20%、高效氯氟氰菊酯 10%/2015.04.16 至 2016.04.16/中等毒
小麦 吸浆虫 18-22.5克/公顷 喷雾
LS20150098 阿维·吡虫啉/10%/悬浮剂/阿维菌素 1.0%、吡虫啉 9.0%/2015.04.17 至 2016.04.17/低毒(原药高毒)
小麦 蚜虫 15-22.5克/公顷 喷雾
LS20150116 联肼·螺螨酯/40%/悬浮剂/螺螨酯 10%、联苯肼酯 30%/2015.05.12 至 2016.05.12/低毒
柑橘树 红蜘蛛 133.3-200毫克/千克 喷雾
LS20150129 双氟磺草胺/10%/可湿性粉剂/双氟磺草胺 10%/2015.05.18 至 2016.05.18/微毒
冬小麦田 一年生阔叶杂草 3.75-4.5克/公顷 茎叶喷雾
LS20150220 噻虫嗪/35%/悬浮种衣剂/噻虫嗪 35%/2015.07.30 至 2016.07.30/低毒
水稻 蓟马 70-105克/100千克种子 种子包衣
玉米 灰飞虱 140-210克/100千克种子 种子包衣
LS20150243 虫螨·茚虫威/30.0%/悬浮剂/虫螨腈 18.0%、茚虫威 12.0%/2015.07.30 至 2016.07.30/低毒
甘蓝 甜菜夜蛾 67.5-90克/公顷 喷雾
LS20150258 精甲·霜脲氰/38%/水分散粒剂/精甲霜灵 10%、霜脲氰 28%/2015.08.28 至 2016.08.28/低毒
葡萄 霜霉病 95-126.7毫克/千克 喷雾
LS20150261 螺螨酯/40%/悬浮剂/螺螨酯 40%/2015.08.28 至 2016.08.28/微毒
柑橘树 红蜘蛛 47-57毫克/千克 喷雾
LS20150266 螺螨·三唑锡/30.0%/悬浮剂/螺螨酯 10.0%、三唑锡 20.0%/2015.08.28 至 2016.08.28/微毒
柑橘树 红蜘蛛 120-150毫克/千克 喷雾
LS20150279 阿维·灭蝇胺/33%/悬浮剂/阿维菌素 3%、灭蝇胺 30%/2015.08.30 至 2016.08.30/低毒(原药高毒)
黄瓜 美洲斑潜蝇 89.1-108.9克/公顷 喷雾
LS20150301 二氰蒽醌/71%/水分散粒剂/二氰蒽醌 71%/2015.09.23 至 2016.09.23/低毒
苹果树 炭疽病 700-875毫克/千克 喷雾
LS20150311 甲硫·戊唑醇/80%/水分散粒剂/甲基硫菌灵 72%、戊唑醇 8%/2015.10.22 至 2016.10.22/低毒
苹果树 轮纹病 666.7-1000毫克/千克 喷雾
LS20150317 吡唑醚菌酯/30%/悬浮剂/吡唑醚菌酯 30%/2015.12.03 至 2016.12.03/低毒
苹果树 褐斑病 50-60毫克/千克 喷雾
LS20150319 吡唑醚菌酯/30%/水分散粒剂/吡唑醚菌酯 30%/2015.12.03 至 2016.12.03/微毒
黄瓜 霜霉病 81-99克/公顷 喷雾
LS20150325 甲氧·虫螨腈/24%/悬浮剂/虫螨腈 16%、甲氧虫酰肼 8%/2015.12.04 至 2016.12.04/低毒
甘蓝 甜菜夜蛾 72-90克/公顷 喷雾
LS20150340 噻虫·咪鲜胺/35%/悬浮种衣剂/咪鲜胺 5%、噻虫嗪 30%/2015.12.17 至 2016.12.17/微毒

水稻 恶苗病、蓟马 70-87.5克/100千克种子 种子包衣
LS20150345 乙嘧酚磺酸酯/25%/微乳剂/乙嘧酚磺酸酯 25%/2015.12.18 至 2016.12.18/低毒
黄瓜 白粉病 225-262.5克/公顷 喷雾

陕西农大德力邦科技股份有限公司 (陕西省西安市未央区未央湖阳光大道一号 710021 029-88609233)

PD91106-9 甲基硫菌灵/50%/可湿性粉剂/甲基硫菌灵 50%/2011.06.27 至 2016.06.27/低毒
番茄 叶霉病 375-562.5克/公顷 喷雾
甘薯 黑斑病 360-450毫克/千克 浸薯块
瓜类 白粉病 337.5-506.25克/公顷 喷雾
梨树 黑星病 360-450毫克/千克 喷雾
苹果树 轮纹病 700毫克/千克 喷雾
水稻 稻瘟病、纹枯病 1050-1500克/公顷 喷雾
小麦 赤霉病 750-1050克/公顷 喷雾
PD20083465 噁霜·锰锌/64%/可湿性粉剂/噁霜灵 8%、代森锰锌 56%/2013.12.12 至 2018.12.12/低毒
黄瓜 霜霉病 1650-1950克/公顷 喷雾
PD20090103 抑霉唑/500克/升/乳油/抑霉唑 500克/升/2014.01.08 至 2019.01.08/低毒
柑橘 绿霉病、青霉病 500-800毫克/千克 浸果
PD20092464 甲硫·福美双/50%/可湿性粉剂/福美双 30%、甲基硫菌灵 20%/2014.02.25 至 2019.02.25/中等毒
苹果树 轮纹病 400-600倍液 喷雾
PD20093268 多·福/40%/可湿性粉剂/多菌灵 5%、福美双 35%/2014.03.11 至 2019.03.11/低毒
梨树 黑星病 1000-1500毫克/千克 喷雾
葡萄 霜霉病 1000-1250毫克/千克 喷雾
PD20095227 野燕枯/40%/水剂/野燕枯 40%/2014.04.27 至 2019.04.27/中等毒
小麦田 野燕麦 1200-1500克/公顷 茎叶喷雾
PD20095228 野燕枯/96%/原药/野燕枯 96%/2014.04.27 至 2019.04.27/中等毒
PD20120802 抑霉唑/3%/膏剂/抑霉唑 3%/2012.05.17 至 2017.05.17/低毒
苹果树 腐烂病 6-9克/平方米 涂抹
PD20120803 抑霉唑硫酸盐/10%/水剂/抑霉唑 10%/2012.05.17 至 2017.05.17/低毒
柑橘 绿霉病、青霉菌 665-1064毫克/千克 浸果
注:抑霉唑硫酸盐含量:13.3%。
PD20131775 抑霉唑/15%/烟剂/抑霉唑 15%/2013.09.06 至 2018.09.06/低毒
番茄 叶霉病 500-750克/公顷 点燃

陕西喷得绿生物科技有限公司 (陕西省富平县留古镇 711700 029-86711381)

PD20040386 氯氰·吡虫啉/5%/乳油/吡虫啉 1%、氯氰菊酯 4%/2014.12.19 至 2019.12.19/中等毒
甘蓝 菜青虫、蚜虫 22.5-37.5克/公顷 喷雾
PD20040466 哒螨灵/20%/可湿性粉剂/哒螨灵 20%/2014.12.19 至 2019.12.19/中等毒
苹果树 红蜘蛛 50-67毫克/千克 喷雾
PD20040480 吡虫啉/10%/可湿性粉剂/吡虫啉 10%/2014.12.19 至 2019.12.19/低毒
水稻 飞虱 15-30克/公顷 喷雾
PD20081185 高效氯氟氰菊酯/2.5%/乳油/高效氯氟氰菊酯 2.5%/2013.09.11 至 2018.09.11/中等毒
十字花科蔬菜 菜青虫 11.25-15克/公顷 喷雾
PD20081186 联苯菊酯/25克/升/乳油/联苯菊酯 25克/升/2013.09.11 至 2018.09.11/低毒
茶树 茶尺蠖 12.5-16.7毫克/千克 喷雾
PD20090579 硫磺/45%/悬浮剂/硫磺 45%/2014.01.14 至 2019.01.14/低毒
黄瓜 白粉病 1012.5-1687.5克/公顷 喷雾
PD20091006 代森锰锌/30%/悬浮剂/代森锰锌 30%/2014.01.21 至 2019.01.21/低毒
番茄 早疫病 900-1350克/公顷 喷雾
PD20091141 硫磺·百菌清/50%/悬浮剂/百菌清 15%、硫磺 35%/2014.01.21 至 2019.01.21/低毒
黄瓜 霜霉病 1125-1875克/公顷 喷雾
PD20091205 氰戊·马拉松/21%/乳油/马拉硫磷 15%、氰戊菊酯 6%/2014.02.01 至 2019.02.01/中等毒
棉花 棉铃虫 126-189克/公顷 喷雾
苹果树 桃小食心虫 105-140毫克/千克 喷雾
小麦 蚜虫 63-94.5克/公顷 喷雾
PD20091228 三唑锡/20%/悬浮剂/三唑锡 20%/2014.02.01 至 2019.02.01/低毒
柑橘树 红蜘蛛 100-200毫克/千克 喷雾
PD20091537 噻嗪酮/25%/可湿性粉剂/噻嗪酮 25%/2014.02.03 至 2019.02.03/低毒
茶树 小绿叶蝉 225-281.25克/公顷 喷雾
柑橘树 矢尖蚧 167-250毫克/千克 喷雾
PD20091804 甲硫·福美双/70%/可湿性粉剂/福美双 40%、甲基硫菌灵 30%/2014.02.04 至 2019.02.04/低毒
苹果树 轮纹病 875-1167毫克/千克 喷雾
PD20092226 敌百虫/30%/乳油/敌百虫 30%/2014.02.24 至 2019.02.24/低毒
甘蓝 菜青虫 450-675克/公顷 喷雾
PD20092565 福·甲·硫磺/70%/可湿性粉剂/福美双 25%、甲基硫菌灵 14%、硫磺 31%/2014.02.26 至 2019.02.26/低毒
辣椒 炭疽病 525-945克/公顷 喷雾

PD20093323　马拉·灭多威/30%/乳油/马拉硫磷 20%、灭多威 10%/2014.03.16 至 2019.03.16/中等毒(原药高毒)
　棉花　棉铃虫　300-450克/公顷　喷雾
PD20093411　硫磺·多菌灵/50%/可湿性粉剂/多菌灵 15%、硫磺 35%/2014.03.20 至 2019.03.20/低毒
　花生　叶斑病　1200-1800克/公顷　喷雾
PD20093434　马拉·异丙威/30%/乳油/马拉硫磷 15%、异丙威 15%/2014.03.23 至 2019.03.23/中等毒
　水稻　飞虱、叶蝉　450-600克/公顷　喷雾
PD20093894　多·福/60%/可湿性粉剂/多菌灵 30%、福美双 30%/2014.03.25 至 2019.03.25/低毒
　梨树　黑星病　1000-1500毫克/千克　喷雾
PD20093969　甲霜·锰锌/58%/可湿性粉剂/甲霜灵 10%、代森锰锌 48%/2014.03.27 至 2019.03.27/低毒
　葡萄　霜霉病　1087.5-1740克/公顷　喷雾
PD20095291　毒死蜱/40%/乳油/毒死蜱 40%/2014.04.27 至 2019.04.27/中等毒
　苹果树　桃小食心虫　160-240毫克/千克　喷雾
PD20096180　炔螨特/40%/乳油/炔螨特 40%/2014.07.03 至 2019.07.03/低毒
　柑橘树　红蜘蛛　266.7-400毫克/千克　喷雾
PD20100290　硫磺·锰锌/70%/可湿性粉剂/硫磺 42%、代森锰锌 28%/2015.01.11 至 2020.01.11/低毒
　豇豆　锈病　2100-2625克/公顷　喷雾
PD20100316　高效氯氰菊酯/4.5%/乳油/高效氯氰菊酯 4.5%/2015.01.11 至 2020.01.11/低毒
　甘蓝　菜青虫　13.5-27克/公顷　喷雾
PD20101533　代森锰锌/80%/可湿性粉剂/代森锰锌 80%/2015.05.19 至 2020.05.19/低毒
　番茄　早疫病　1848-2376克/公顷　喷雾
PD20101888　啶虫脒/5%/可湿性粉剂/啶虫脒 5%/2015.08.09 至 2020.08.09/低毒
　柑橘树　蚜虫　3000-4000倍液　喷雾
PD20102008　阿维菌素/1.8%/可湿性粉剂/阿维菌素 1.8%/2015.09.25 至 2020.09.25/低毒(原药高毒)
　小油菜　菜青虫　3-6克/公顷　喷雾
PD20110005　灭幼脲/25%/悬浮剂/灭幼脲 25%/2016.01.04 至 2021.01.04/低毒
　甘蓝　菜青虫　56.25-75克/公顷　喷雾
PD20110440　哒螨·矿物油/34%/乳油/哒螨灵 4%、矿物油 30%/2011.04.21 至 2016.04.21/中等毒
　柑橘树　红蜘蛛　226.7-340毫克/千克　喷雾
PD20110441　矿物油/95%/乳油/矿物油 95%/2011.04.21 至 2016.04.21/低毒
　柑橘树　介壳虫　13500-19000毫克/千克　喷雾
PD20110742　甲氰·矿物油/65%/乳油/甲氰菊酯 0.5%、矿物油 64.5%/2011.07.18 至 2016.07.18/中等毒
　棉花　蚜虫　198-274.22克/公顷　喷雾
PD20110760　阿维·矿物油/24.5%/乳油/阿维菌素 0.2%、矿物油 24.3%/2011.07.25 至 2016.07.25/低毒(原药高毒)
　柑橘树　红蜘蛛　123-245毫克/千克　喷雾
PD20110930　杀虫双/18%/水剂/杀虫双 18%/2011.09.06 至 2016.09.06/中等毒
　水稻　二化螟　540-675克/公顷　喷雾

陕西秦丰农化有限公司　(陕西省杨凌区杨凌农业高新技术产业示范区新桥路　712100　029-87071580)

PD85124-16　福·福锌/80%/可湿性粉剂/福美双 30%、福美锌 50%/2014.06.28 至 2019.06.28/中等毒
　黄瓜、西瓜　炭疽病　1500-1800克/公顷　喷雾
　麻　炭疽病　240-400克/100千克种子　拌种
　棉花　苗期病害　0.5%药液　浸种
　苹果树、杉木、橡胶树　炭疽病　500-600倍液　喷雾
PD85136-13　速灭威/25%/可湿性粉剂/速灭威 25%/2015.07.01 至 2020.07.01/中等毒
　水稻　飞虱、叶蝉　375-750克/公顷　喷雾
PD20040405　多菌灵/40%/悬浮剂/多菌灵 40%/2014.12.19 至 2019.12.19/低毒
　小麦　赤霉病　0.025%药液　喷雾
PD20070603　咪鲜胺/97%/原药/咪鲜胺 97%/2012.12.14 至 2017.12.14/低毒
PD20080009　咪鲜胺/25%/乳油/咪鲜胺 25%/2013.01.03 至 2018.01.03/低毒
　辣椒　炭疽病　217.5-375克/公顷　喷雾
　水稻　恶苗病　62.5-125毫克/千克　浸种
PD20085742　克·酮·多菌灵/17%/悬浮种衣剂/多菌灵 11.2%、克百威 4.3%、三唑酮 1.5%/2013.12.26 至 2018.12.26/中等毒(原药高毒)
　小麦　白粉病、地下害虫　1:50-60(药种比)　种子包衣
PD20091487　福·克/15%/悬浮种衣剂/福美双 8%、克百威 7%/2014.02.02 至 2019.02.02/中等毒(原药高毒)
　玉米　地下害虫、茎基腐病　1：40-50药种比　种子包衣
PD20101462　咪鲜胺锰盐/50%/可湿性粉剂/咪鲜胺锰盐 50%/2015.05.04 至 2020.05.04/低毒
　柑橘　青霉病　333-500毫克/千克　浸果
PD20101564　灭幼脲/25%/悬浮剂/灭幼脲 25%/2015.05.19 至 2020.05.19/低毒
　甘蓝　菜青虫　56.25-90克/公顷　喷雾

陕西秦乐药业化工有限公司　(陕西省渭南市大荔县北新街市场南路13号　715100　0913-3222657)

PD20080287　溴敌隆/95%/原药/溴敌隆 95%/2013.02.25 至 2018.02.25/剧毒
PD20081804　溴敌隆/0.5%/母液/溴敌隆 0.5%/2013.11.19 至 2018.11.19/中等毒(原药高毒)

室内 家鼠 配成0.005%的毒饵饱和投饵 堆施或穴施
PD20081832 溴敌隆/0.005%/毒饵/溴敌隆 0.005%/2013.11.20 至 2018.11.20/低毒(原药高毒)
室内、外 家鼠 饱和投饵 穴施或堆施
PD20091811 阿维·辛硫磷/15%/乳油/阿维菌素 0.1%、辛硫磷 14.9%/2014.02.04 至 2019.02.04/低毒(原药高毒)
十字花科蔬菜 小菜蛾 112.5-168.75克/公顷 喷雾
PD20092496 多·锰锌/70%/可湿性粉剂/多菌灵 20%、代森锰锌 50%/2014.02.26 至 2019.02.26/低毒
梨树 黑星病 1000-1250毫克/千克 喷雾
PD20094130 多·福/40%/可湿性粉剂/多菌灵 5%、福美双 35%/2014.03.27 至 2019.03.27/低毒
葡萄 霜霉病 1000-1250毫克/千克 喷雾
PD20095157 溴鼠灵/0.005%/毒饵/溴鼠灵 0.005%/2014.04.24 至 2019.04.24/低毒(原药高毒)
室内、外 家鼠 饱和投饵 投饵
WP20090117 杀虫粉剂/0.05%/粉剂/高效氯氰菊酯 0.05%/2014.02.10 至 2019.02.10/低毒
卫生 跳蚤 3-5克制剂/平方米 撒布
WP20090215 杀虫粉剂/0.1%/粉剂/高效氯氰菊酯 0.1%/2014.04.01 至 2019.04.01/低毒
卫生 跳蚤 3-5克制剂/平方米 撒布

陕西上格之路生物科学有限公司 (陕西省西安市周至县集贤产业园创业大道9号 710065 029-88256421-8013)

PD20082458 甲基硫菌灵/500克/升/悬浮剂/甲基硫菌灵 500克/升/2013.12.02 至 2018.12.02/低毒
水稻 纹枯病 750-1125克/公顷 喷雾
小麦 赤霉病 750-1125克/公顷 喷雾
PD20083015 丙环唑/25%/乳油/丙环唑 25%/2013.12.10 至 2018.12.10/低毒
莲藕 叶斑病 75-112.5克/公顷 喷雾
香蕉树 叶斑病 250-500毫克/千克 喷雾
小麦 白粉病 112.5-135克/公顷 喷雾
茭白 胡麻斑病 56-75克/公顷 喷雾
PD20083191 醚菊酯/10%/悬浮剂/醚菊酯 10%/2013.12.11 至 2018.12.11/低毒
甘蓝 菜青虫 45-60克/公顷 喷雾
PD20083266 百菌清/75%/可湿性粉剂/百菌清 75%/2013.12.11 至 2018.12.11/低毒
黄瓜 霜霉病 2328.75-3003.75克/公顷 喷雾
苦瓜 霜霉病 1125-2250克/公顷 喷雾
PD20083283 四螨嗪/500克/升/悬浮剂/四螨嗪 500克/升/2013.12.11 至 2018.12.11/低毒
苹果树 红蜘蛛 80-100毫克/千克 喷雾
PD20083335 唑螨酯/5%/悬浮剂/唑螨酯 5%/2013.12.11 至 2018.12.11/低毒
苹果树 红蜘蛛 20-25毫克/千克 喷雾
PD20083364 氯氰菊酯/25%/乳油/氯氰菊酯 25%/2013.12.11 至 2018.12.11/低毒
棉花 棉铃虫 56.25-75克/公顷 喷雾
十字花科蔬菜 菜青虫 37.5-56.25克/公顷 喷雾
PD20083578 啶虫脒/20%/可溶粉剂/啶虫脒 20%/2013.12.12 至 2018.12.12/低毒
柑橘树 蚜虫 30-40毫克/千克 喷雾
棉花 蚜虫 21-27克/公顷 喷雾
PD20083579 三环唑/75%/可湿性粉剂/三环唑 75%/2013.12.12 至 2018.12.12/中等毒
水稻 稻瘟病 264.38-303.75克/公顷 喷雾
PD20083622 三唑锡/20%/悬浮剂/三唑锡 20%/2013.12.12 至 2018.12.12/低毒
柑橘树 红蜘蛛 133-200毫克/千克 喷雾
PD20083704 乙烯利/40%/水剂/乙烯利 40%/2013.12.15 至 2018.12.15/低毒
棉花 催熟 800-1212毫克/千克 喷雾
PD20083721 腈菌唑/25%/乳油/腈菌唑 25%/2013.12.15 至 2018.12.15/低毒
香蕉 叶斑病 277.7-357.1毫克/千克 喷雾
PD20083779 虫酰肼/20%/悬浮剂/虫酰肼 20%/2013.12.15 至 2018.12.15/微毒
十字花科蔬菜 甜菜夜蛾 250-300克/公顷 喷雾
PD20084215 啶虫脒/5%/乳油/啶虫脒 5%/2013.12.16 至 2018.12.16/低毒
柑橘树 蚜虫 8.3-10毫克/千克 喷雾
莲藕 莲缢管蚜 15-22.5克/公顷 喷雾
萝卜 黄条跳甲 45-90克/公顷 喷雾
PD20084395 三乙膦酸铝/90%/可溶粉剂/三乙膦酸铝 90%/2013.12.17 至 2018.12.17/低毒
黄瓜 霜霉病 900-1350克/公顷 喷雾
PD20084397 二嗪磷/50%/乳油/二嗪磷 50%/2013.12.17 至 2018.12.17/中等毒
小麦 地下害虫 150-200克/100千克种子 拌种
PD20084597 氟啶脲/5%/乳油/氟啶脲 5%/2013.12.18 至 2018.12.18/低毒
韭菜 韭蛆 150-225克/公顷 药土法
萝卜、青菜 甜菜夜蛾 45-60克/公顷 喷雾
PD20085044 炔螨特/73%/乳油/炔螨特 73%/2013.12.23 至 2018.12.23/中等毒
柑橘树 红蜘蛛 243.3-365毫克/千克 喷雾
PD20085177 硫磺·锰锌/70%/可湿性粉剂/硫磺 42%、代森锰锌 28%/2013.12.23 至 2018.12.23/低毒

登记证号	登记作物	防治对象	用药量	施用方法
	豇豆	锈病	1575-2100克/公顷	喷雾
PD20085193	苯丁锡/50%/可湿性粉剂/苯丁锡 50%/2013.12.23 至 2018.12.23/低毒			
	柑橘树	红蜘蛛	150-250毫克/千克	喷雾
PD20085244	联苯菊酯/25克/升/乳油/联苯菊酯 25克/升/2013.12.23 至 2018.12.23/低毒			
	茶树	茶小绿叶蝉	30-37.5克/公顷	喷雾
PD20085498	阿维菌素/1.8%/乳油/阿维菌素 1.8%/2013.12.25 至 2018.12.25/低毒(原药高毒)			
	十字花科蔬菜	小菜蛾	8.1-10.8克/公顷	喷雾
	茭白	二化螟	9.5-13.5克/公顷	喷雾
PD20085558	氯氰·丙溴磷/440克/升/乳油/丙溴磷 400克/升、氯氰菊酯 40克/升/2013.12.25 至 2018.12.25/中等毒			
	棉花	棉铃虫	462～660克/公顷	喷雾
PD20085648	噻螨酮/5%/可湿性粉剂/噻螨酮 5%/2013.12.26 至 2018.12.26/低毒			
	柑橘树	红蜘蛛	25-30毫克/千克	喷雾
PD20085743	吡嘧磺隆/10%/可湿性粉剂/吡嘧磺隆 10%/2013.12.26 至 2018.12.26/低毒			
	移栽水稻田	稗草	22.5-30 克/公顷	毒土法
PD20085816	霜脲·锰锌/72%/可湿性粉剂/代森锰锌 64%、霜脲氰 8%/2013.12.29 至 2018.12.29/低毒			
	黄瓜	霜霉病	1440-1800克/公顷	喷雾
PD20085886	嘧霉胺/40%/悬浮剂/嘧霉胺 40%/2013.12.29 至 2018.12.29/微毒			
	黄瓜	灰霉病	468-564克/公顷	喷雾
PD20085892	甲基硫菌灵/70%/可湿性粉剂/甲基硫菌灵 70%/2013.12.29 至 2018.12.29/低毒			
	番茄	叶霉病	375-756克/公顷	喷雾
	苹果树	轮纹病	700-1167毫克/千克	喷雾
PD20085905	丙森锌/70%/可湿性粉剂/丙森锌 70%/2013.12.29 至 2018.12.29/低毒			
	大白菜	霜霉病	1575-2250克/公顷	喷雾
	番茄	晚疫病	1913-2250克/公顷	喷雾
	番茄	早疫病	1640-1970克/公顷	喷雾
	柑橘树	炭疽病	875-1167毫克/千克	喷雾
	黄瓜	霜霉病	1913-2250克/公顷	喷雾
	苹果树	斑点落叶病	1000-1167毫克/千克	喷雾
	葡萄	霜霉病	1167-1750毫克/千克	喷雾
PD20090347	稻丰散/50%/乳油/稻丰散 50%/2014.01.12 至 2019.01.12/中等毒			
	柑橘树	矢尖蚧	333-500毫克/千克	喷雾
	水稻	稻纵卷叶螟	750-900克/公顷	喷雾
PD20090692	顺式氯氰菊酯/100克/升/乳油/顺式氯氰菊酯 100克/升/2014.01.19 至 2019.01.19/中等毒			
	棉花	棉铃虫	22.5-30克/公顷	喷雾
PD20090840	阿维菌素/5%/乳油/阿维菌素 5%/2014.01.19 至 2019.01.19/中等毒(原药高毒)			
	梨树	梨木虱	2.5-3.33毫克/千克	喷雾
	茭白	二化螟	9.5-13.5克/公顷	喷雾
PD20090948	乙铝·锰锌/50%/可湿性粉剂/代森锰锌 28%、三乙膦酸铝 22%/2014.01.19 至 2019.01.19/低毒			
	黄瓜	霜霉病	1155-1402.5克/公顷	喷雾
PD20090984	抑霉唑/500克/升/乳油/抑霉唑 500克/升/2014.01.20 至 2019.01.20/低毒			
	柑橘	绿霉病、青霉病	250-500毫克/千克	浸果
PD20091103	高效氯氟氰菊酯/25克/升/乳油/高效氯氟氰菊酯 25克/升/2014.01.21 至 2019.01.21/中等毒			
	十字花科蔬菜	菜青虫	11.25-15克/公顷	喷雾
PD20092076	高效氯氟氰菊酯/10%/可湿性粉剂/高效氯氟氰菊酯 10%/2014.02.16 至 2019.02.16/中等毒			
	甘蓝	菜青虫	12-15克/公顷	喷雾
PD20092628	异菌脲/50%/可湿性粉剂/异菌脲 50%/2014.03.02 至 2019.03.02/微毒			
	番茄	灰霉病	375-750克/公顷	喷雾
	辣椒	立枯病	1 2克/平方米	泼浇
PD20092726	腐霉利/50%/可湿性粉剂/腐霉利 50%/2014.03.04 至 2019.03.04/微毒			
	黄瓜	灰霉病	562.5-750克/公顷	喷雾
	油菜	菌核病	300-500克/公顷	喷雾
PD20092795	苯磺隆/75%/水分散粒剂/苯磺隆 75%/2014.03.04 至 2019.03.04/微毒			
	冬小麦田	阔叶杂草	15.75-20.25克/公顷	茎叶喷雾
PD20093125	二甲戊灵/330克/升/乳油/二甲戊灵 330克/升/2014.03.10 至 2019.03.10/低毒			
	甘蓝田	一年生杂草	618.8-742.5克/公顷	移栽前土壤喷雾
	棉花田	一年生杂草	742.5-990.0克/公顷	土壤喷雾
PD20093433	精噁唑禾草灵/69克/升/水乳剂/精噁唑禾草灵 69克/升/2014.03.23 至 2019.03.23/低毒			
	冬小麦田	一年生禾本科杂草	46.6-51.8克/公顷	茎叶喷雾
PD20093545	四聚乙醛/6%/颗粒剂/四聚乙醛 6%/2014.03.23 至 2019.03.23/低毒			
	十字花科蔬菜	蜗牛	450-585克/公顷	撒施
PD20093793	乐果/40%/乳油/乐果 40%/2014.03.25 至 2019.03.25/低毒			
	棉花	蚜虫	540-600克/公顷	喷雾
PD20093885	高氯·辛硫磷/20%/乳油/高效氯氰菊酯 4%、辛硫磷 16%/2014.03.25 至 2019.03.25/中等毒			

	棉花	棉铃虫	300-450克/公顷	喷雾
PD20093951	莠去津/38%/悬浮剂/莠去津 38%/2014.03.27 至 2019.03.27/低毒			
	春玉米田	一年生杂草	1995-2280克/公顷	土壤喷雾
	夏玉米田	一年生杂草	1425-1710克/公顷	土壤喷雾
PD20094808	高效氯氟氰菊酯/2.5%/水乳剂/高效氯氟氰菊酯 2.5%/2014.04.13 至 2019.04.13/中等毒			
	甘蓝	菜青虫	7.5-11.25克/公顷	喷雾
PD20094965	烟嘧磺隆/40克/升/可分散油悬浮剂/烟嘧磺隆 40克/升/2014.04.21 至 2019.04.21/低毒			
	玉米田	一年生杂草	42-60克/公顷	茎叶喷雾
PD20095044	除虫脲/25%/可湿性粉剂/除虫脲 25%/2014.04.21 至 2019.04.21/低毒			
	甘蓝	菜青虫	187.5-225克/公顷	喷雾
	苹果树	金纹细蛾	125-250毫克/千克	喷雾
PD20095267	噻苯隆/50%/可湿性粉剂/噻苯隆 50%/2014.04.27 至 2019.04.27/低毒			
	棉花	脱叶	150-300克/公顷	茎叶喷雾
PD20095297	烯唑醇/12.5%/可湿性粉剂/烯唑醇 12.5%/2014.04.27 至 2019.04.27/低毒			
	梨树	黑星病	35.7-50毫克/千克	喷雾
PD20095629	苄嘧磺隆/10%/可湿性粉剂/苄嘧磺隆 10%/2014.05.12 至 2019.05.12/低毒			
	冬小麦田	一年生阔叶杂草	60-75克/公顷	喷雾
PD20095769	高效氟吡甲禾灵/108克/升/乳油/高效氟吡甲禾灵 108克/升/2014.05.18 至 2019.05.18/低毒			
	油菜田	一年生禾本科杂草	30-45克/公顷	茎叶喷雾
PD20096487	乙氧氟草醚/240克/升/乳油/乙氧氟草醚 240克/升/2014.08.14 至 2019.08.14/低毒			
	甘蔗田	一年生杂草	144-180克/公顷	土壤喷雾
PD20096541	2甲4氯钠/56%/可溶粉剂/2甲4氯钠 56%/2014.08.20 至 2019.08.20/低毒			
	冬小麦田、玉米田	一年生阔叶杂草	900-1200克/公顷	茎叶喷雾
PD20096604	异丙甲草胺/720克/升/乳油/异丙甲草胺 720克/升/2014.09.02 至 2019.09.02/低毒			
	大豆田	一年生杂草	1522.8-1954.8克/公顷	土壤喷雾
	甘蔗田、花生田	一年生杂草	1350-1620克/公顷	土壤喷雾
PD20096679	代森锰锌/80%/可湿性粉剂/代森锰锌 80%/2014.09.07 至 2019.09.07/低毒			
	番茄	早疫病	1560-2520克/公顷	喷雾
	柑橘树	疮痂病	1333-2000毫克/千克	喷雾
	黄瓜	霜霉病	2040-3000克/公顷	喷雾
	苹果树	斑点落叶病	1000-1333毫克/千克	喷雾
	葡萄	霜霉病	1000-1600毫克/千克	喷雾
PD20096877	抗蚜威/50%/水分散粒剂/抗蚜威 50%/2014.09.23 至 2019.09.23/中等毒			
	小麦	蚜虫	112.5-150克/公顷	喷雾
	烟草	烟蚜	120-165克/公顷	喷雾
PD20097095	杀螟硫磷/45%/乳油/杀螟硫磷 45%/2014.10.10 至 2019.10.10/低毒			
	苹果树	卷叶蛾	300－500毫克/千克	喷雾
	水稻	稻纵卷叶螟	472.5－560.25克/公顷	喷雾
PD20097161	氟节胺/125克/升/乳油/氟节胺 125克/升/2014.10.16 至 2019.10.16/低毒			
	烟草	抑制腋芽生长	0.5-0.417mg/kg	杯淋法
PD20097170	碱式硫酸铜/27.12%/悬浮剂/碱式硫酸铜 27.12%/2014.10.16 至 2019.10.16/微毒			
	苹果树	轮纹病	542-678毫克/千克	喷雾
PD20097194	稻瘟灵/40%/可湿性粉剂/稻瘟灵 40%/2014.10.16 至 2019.10.16/低毒			
	水稻	稻瘟病	500－600克/公顷	喷雾
PD20097558	王铜/70%/可湿性粉剂/王铜 70%/2014.11.20 至 2019.11.20/低毒			
	柑橘树	溃疡病	583-700毫克/千克	喷雾
PD20097572	甲维·丙溴磷/24.3%/乳油/丙溴磷 24%、甲氨基阿维菌素苯甲酸盐 0.3%/2014.11.03 至 2019.11.03/低毒			
	棉花	红蜘蛛	164.025-218.7克/公顷	喷雾
PD20097619	苯菌灵/50%/可湿性粉剂/苯菌灵 50%/2014.11.03 至 2019.11.03/低毒			
	梨树	黑星病	500-667毫克/千克	喷雾
PD20097640	溴螨酯/500克/升/乳油/溴螨酯 500克/升/2014.11.04 至 2019.11.04/低毒			
	柑橘树	红蜘蛛	333-500毫克/千克	喷雾
PD20097665	氯氟吡氧乙酸异辛酯/200克/升/乳油/氯氟吡氧乙酸 200克/升/2014.11.04 至 2019.11.04/低毒			
	冬小麦田	一年生阔叶杂草	150-210克/公顷	茎叶喷雾
	注:氯氟吡氧乙酸异辛酯含水量：288克/升。			
PD20097673	甲基硫菌灵/3%/糊剂/甲基硫菌灵 3%/2014.11.04 至 2019.11.04/低毒			
	苹果树	腐烂病	6－9克/平方米	涂抹病斑
PD20097812	霜霉威盐酸盐/66.5%/水剂/霜霉威盐酸盐 66.5%/2014.11.20 至 2019.11.20/低毒			
	菠菜	霜霉病	948-1300克/公顷	喷雾
	花椰菜	霜霉病	866-1083克/公顷	喷雾
	黄瓜	霜霉病	649.8-1083克/公顷	喷雾
PD20097874	杀螺胺/70%/可湿性粉剂/杀螺胺 70%/2014.11.20 至 2019.11.20/低毒			
	水稻	福寿螺	315-367.5克/公顷	毒土法

PD20097917 噁霉灵/30%/水剂/噁霉灵 30%/2014.11.30 至 2019.11.30/低毒
辣椒 立枯病 0.75-1.05克/平方米 泼浇
水稻 立枯病 9000－18000克/公顷 浇灌

PD20098008 春雷霉素/6%/可湿性粉剂/春雷霉素 6%/2014.12.07 至 2019.12.07/微毒
大白菜 黑腐病 22.5-36克/公顷 喷雾
水稻 稻瘟病 27.9-33.3克/公顷 喷雾

PD20098035 硫磺/50%/悬浮剂/硫磺 50%/2014.12.07 至 2019.12.07/低毒
苹果树 白粉病 1250-2500毫克/千克 喷雾

PD20098059 联苯菊酯/100克/升/乳油/联苯菊酯 100克/升/2014.12.07 至 2019.12.07/中等毒
茶树 茶小绿叶蝉 30-37.5克/公顷 喷雾
番茄 白粉虱 12-15克/公顷 喷雾

PD20098141 氯氰·毒死蜱/522.5克/升/乳油/毒死蜱 475克/升、氯氰菊酯 47.5克/升/2014.12.08 至 2019.12.08/中等毒
柑橘树 潜叶蛾 475-580.6毫克/千克 喷雾
苹果树 桃小食心虫 275-366.67毫克/千克 喷雾
桃树 介壳虫 298.57-348.33毫克/千克 喷雾

PD20098260 吡虫啉/20%/可溶液剂/吡虫啉 20%/2014.12.16 至 2019.12.16/低毒
棉花 蚜虫 30-45克/公顷 喷雾
水稻 稻飞虱 20-30克/公顷 喷雾

PD20098384 甲霜·锰锌/72%/可湿性粉剂/甲霜灵 8%、代森锰锌 64%/2014.12.18 至 2019.12.18/低毒
烟草 黑胫病 1080-1296克/公顷 喷雾

PD20098387 毒死蜱/45%/乳油/毒死蜱 45%/2014.12.18 至 2019.12.18/中等毒
柑橘树 矢尖蚧 320-480毫克/千克 喷雾
苹果树 绵蚜 203.5-271.3毫克/千克 喷雾
十字花科蔬菜 黄条跳甲 45-60毫升制剂/亩 喷雾
水稻 稻纵卷叶螟 63-83毫升制剂/亩 喷雾

PD20098448 噻吩磺隆/75%/水分散粒剂/噻吩磺隆 75%/2014.12.24 至 2019.12.24/低毒
大豆田 一年生阔叶杂草 22.5-24.75克/公顷 播后苗前土壤喷雾

PD20100276 氢氧化铜/53.8%/水分散粒剂/氢氧化铜 53.8%/2015.01.11 至 2020.01.11/低毒
黄瓜 角斑病 538-670克/公顷 喷雾

PD20100292 多抗霉素/10%/可湿性粉剂/多抗霉素B 10%/2015.01.11 至 2020.01.11/低毒
番茄 叶霉病 150-210克/公顷 喷雾
黄瓜 灰霉病 150-210克/公顷 喷雾
苹果树 斑点落叶病 80.3-100毫克/千克 喷雾

PD20100305 咪鲜胺/450克/升/水乳剂/咪鲜胺 450克/升/2015.01.11 至 2020.01.11/低毒
香蕉 冠腐病 250-500毫克/千克 浸果

PD20100342 代森锌/65%/可湿性粉剂/代森锌 65%/2015.01.11 至 2020.01.11/低毒
花生 叶斑病 860-960克/公顷 喷雾

PD20100376 萎锈·福美双/400克/升/悬浮种衣剂/福美双 200克/升、萎锈灵 200克/升/2015.01.11 至 2020.01.11/低毒
棉花 立枯病 160－200克/100千克种子 拌种

PD20100379 石硫合剂/29%/水剂/石硫合剂 29%/2015.01.11 至 2020.01.11/低毒
苹果树 白粉病 5272.7－7250毫克/千克 喷雾

PD20100699 十三吗啉/750克/升/乳油/十三吗啉 750克/升/2015.01.16 至 2020.01.16/低毒
橡胶树 红根病 18.75－22.5克/株 灌淋

PD20101072 氨基寡糖素/0.5%/水剂/氨基寡糖素 0.5%/2015.01.21 至 2020.01.21/低毒
番茄 晚疫病 16.45-18.75克/公顷 喷雾

PD20101159 三唑酮/25%/可湿性粉剂/三唑酮 25%/2015.01.25 至 2020.01.25/低毒
小麦 白粉病 105－125克/公顷 喷雾

PD20101374 甲霜·噁霉灵/3%/水剂/噁霉灵 2.5%、甲霜灵 0.5%/2015.04.02 至 2020.04.02/微毒
水稻 立枯病 0.42-0.54克/平方米 土壤喷雾

PD20101757 己唑醇/5%/悬浮剂/己唑醇 5%/2015.07.07 至 2020.07.07/低毒
梨树 黑星病 33.3-50毫克/千克 喷雾
苹果树 白粉病、斑点落叶病 33.3-50毫克/千克 喷雾
葡萄 白粉病 50-62.5毫克/千克 喷雾
水稻 纹枯病 60-75克/公顷 喷雾

PD20102024 己唑醇/30%/悬浮剂/己唑醇 30%/2015.09.25 至 2020.09.25/低毒
梨树 黑星病 33.3-50毫克/千克 喷雾
苹果树 斑点落叶病 33-50毫克/千克 喷雾
水稻 稻曲病 67.5-90克/公顷 喷雾
水稻 纹枯病 58.5-76.5克/公顷 喷雾
小麦 白粉病 45-54克/公顷 喷雾
小麦 赤霉病、条锈病 36～54克/公顷 喷雾

PD20102095 甲氨基阿维菌素苯甲酸盐/5%/水分散粒剂/甲氨基阿维菌素 5%/2015.11.25 至 2020.11.25/低毒
甘蓝 甜菜夜蛾 1.75-2.63克制剂/亩 喷雾

注:甲氨基阿维菌素苯甲酸盐含量: 5.7%

PD20102212 吡虫啉/20%/可湿性粉剂/吡虫啉 20%/2015.12.23 至 2020.12.23/低毒

作物	防治对象	用药量	施用方法
菠菜	蚜虫	30-45克/公顷	喷雾
茶树	茶小绿叶蝉	30-50毫克/千克	喷雾
韭菜	韭蛆	300-450克/公顷	药土法
梨树	梨木虱	40-50毫克/千克	喷雾
莲藕	莲缢管蚜	15-30克/公顷	喷雾
棉花、芹菜、小麦、烟草	蚜虫	15-30克/公顷	喷雾
水稻	稻飞虱	15-30克/公顷	喷雾

PD20110047 草甘膦异丙胺盐/30%/水剂/草甘膦 30%/2016.01.11 至 2021.01.11/低毒

作物	防治对象	用药量	施用方法
柑橘园	杂草	1230-2460克/公顷	定向茎叶喷雾

注:草甘膦异丙胺盐含量: 41%。

PD20110202 甲氨基阿维菌素苯甲酸盐/1%/乳油/甲氨基阿维菌素 1%/2016.02.18 至 2021.02.18/低毒

作物	防治对象	用药量	施用方法
棉花	棉铃虫	53-66毫升/亩	喷雾

注:甲氨基阿维菌素苯甲酸盐含量:1.14%。

PD20110225 三唑磷/40%/乳油/三唑磷 40%/2016.02.25 至 2021.02.25/中等毒

作物	防治对象	用药量	施用方法
水稻	二化螟	480-600克/公顷	喷雾

PD20110550 吡虫啉/70%/水分散粒剂/吡虫啉 70%/2011.06.03 至 2016.06.03/中等毒

作物	防治对象	用药量	施用方法
茶树	茶小绿叶蝉	21-42克/公顷	喷雾
甘蓝	蚜虫	15.75-21克/公顷	喷雾
棉花	蚜虫	21-31.5克/公顷	喷雾
水稻	稻飞虱	21-31.5克/公顷	喷雾
小麦	蚜虫	21-42克/公顷	喷雾

PD20110571 苯甲·丙环唑/300克/升/乳油/苯醚甲环唑 150克/升、丙环唑 150克/升/2011.05.27 至 2016.05.27/低毒

作物	防治对象	用药量	施用方法
水稻	纹枯病	60-120克/公顷	喷雾

PD20110657 毒死蜱/40%/水乳剂/毒死蜱 40%/2011.06.20 至 2016.06.20/中等毒

作物	防治对象	用药量	施用方法
苹果树	绵蚜	228.6-266.7毫克 / 千克	喷雾
水稻	稻纵卷叶螟	450-540克/公顷	喷雾

PD20111073 多菌灵/75%/水分散粒剂/多菌灵 75%/2011.10.12 至 2016.10.12/低毒

作物	防治对象	用药量	施用方法
苹果树	轮纹病	750-937.5毫克/千克	喷雾

PD20111252 氯氟·吡虫啉/7.5%/悬浮剂/吡虫啉 5%、高效氯氟氰菊酯 2.5%/2011.11.23 至 2016.11.23/低毒

作物	防治对象	用药量	施用方法
小麦	蚜虫	33.75-39.375克/公顷	喷雾
小麦	吸浆虫	33.75-56.25克/公顷	喷雾

PD20111255 甲基硫菌灵/70%/水分散粒剂/甲基硫菌灵 70%/2011.11.23 至 2016.11.23/低毒

作物	防治对象	用药量	施用方法
苹果树	轮纹病	700-875毫克/千克	喷雾

PD20120135 氟胺 ·烯禾啶/20.8%/乳油/氟磺胺草醚 12.5%、烯禾啶 8.3%/2012.01.29 至 2017.01.29/低毒

作物	防治对象	用药量	施用方法
春大豆田	一年生杂草	421.2-468克/公顷	茎叶喷雾

PD20120165 烯草酮/120克/升/乳油/烯草酮 120克/升/2012.01.30 至 2017.01.30/低毒

作物	防治对象	用药量	施用方法
大豆田	一年生禾本科杂草	63-72克/公顷	茎叶喷雾

PD20120443 苯醚甲环唑/30%/悬浮剂/苯醚甲环唑 30%/2012.03.14 至 2017.03.14/低毒

作物	防治对象	用药量	施用方法
香蕉	叶斑病	83.3-125毫克/千克	喷雾

PD20120538 阿维菌素/3%/微乳剂/阿维菌素 3%/2012.03.28 至 2017.03.28/低毒(原药高毒)

作物	防治对象	用药量	施用方法
甘蓝	小菜蛾	6.3-10.5克/公顷	喷雾
甘蓝	菜青虫	8.1-10.8克/公顷	喷雾
梨树	梨木虱	6-12毫克/千克	喷雾
苹果树	红蜘蛛	3-6毫克/千克	喷雾
苹果树	桃小食心虫	4.5-9毫克/千克	喷雾
苹果树	二斑叶螨	4.5-6毫克/千克	喷雾
水稻	稻纵卷叶螟	6-7.5克/公顷	喷雾

PD20120557 腈菌唑/40%/水分散粒剂/腈菌唑 40%/2012.03.28 至 2017.03.28/低毒

作物	防治对象	用药量	施用方法
柑橘树	疮痂病、炭疽病	83-100毫克/千克	喷雾
苹果树	斑点落叶病	57.14-66.67毫克/千克	喷雾

PD20120663 毒死蜱/15%/颗粒剂/毒死蜱 15%/2012.04.18 至 2017.04.18/低毒

作物	防治对象	用药量	施用方法
花生	蛴螬等地下害虫	2812.5-3375克/公顷	撒施

PD20120671 草除灵/500克/升/悬浮剂/草除灵 500克/升/2012.04.18 至 2017.04.18/低毒

作物	防治对象	用药量	施用方法
冬油菜田	一年生阔叶杂草	195-300克/公顷	茎叶喷雾

PD20120791 氯吡·苯磺隆/19%/可湿性粉剂/苯磺隆 2.5%、氯氟吡氧乙酸 16.5%/2012.05.11 至 2017.05.11/低毒

作物	防治对象	用药量	施用方法
冬小麦田	一年生阔叶杂草	85.5-114克/公顷	茎叶喷雾

PD20121003 2甲·唑草酮/70.5%/可湿性粉剂/2甲4氯钠 66.5%、唑草酮 4%/2012.06.21 至 2017.06.21/低毒

作物	防治对象	用药量	施用方法
冬小麦田	一年生阔叶杂草	423-475.9克/公顷	茎叶喷雾

PD20121055 苯醚甲环唑/30克/升/悬浮种衣剂/苯醚甲环唑 30克/升/2012.07.12 至 2017.07.12/低毒

作物	防治对象	用药量	施用方法
小麦	散黑穗病、纹枯病	6-9克/100千克种子	种子包衣

PD20121170 吡虫啉/600克/升/悬浮剂/吡虫啉 600克/升/2012.07.30 至 2017.07.30/低毒
水稻 稻飞虱 27-45克/公顷 喷雾
PD20121207 戊唑醇/60克/升/悬浮种衣剂/戊唑醇 60克/升/2012.08.08 至 2017.08.08/低毒
小麦 纹枯病 3.5-4克/100千克种子 种子包衣
小麦 散黑穗病 1.8-2.7克/100千克种子 种子包衣
玉米 丝黑穗病 6-12克/100千克种子 种子包衣
PD20121357 代森锌/65%/水分散粒剂/代森锌 65%/2012.09.13 至 2017.09.13/低毒
花生 叶斑病 877.5-975克/公顷 喷雾
PD20121737 噻嗪酮/50%/悬浮剂/噻嗪酮 50%/2012.11.08 至 2017.11.08/低毒
水稻 飞虱 112.5—150克/公顷 喷雾
PD20121793 阿维菌素/0.5%/颗粒剂/阿维菌素 0.5%/2012.11.22 至 2017.11.22/低毒(原药高毒)
黄瓜 根结线虫 243.75-262.5克/公顷 沟施
PD20122037 高效氯氟氰菊酯/10%/水乳剂/高效氯氟氰菊酯 10%/2012.12.24 至 2017.12.24/中等毒
烟草 烟青虫 18-27克/公顷 喷雾
PD20122043 醚菌酯/30%/悬浮剂/醚菌酯 30%/2012.12.24 至 2017.12.24/低毒
番茄 早疫病 180-270克/公顷 喷雾
PD20130351 苄嘧·丙草胺/30%/可湿性粉剂/苄嘧磺隆 3%、丙草胺 27%/2013.03.11 至 2018.03.11/低毒
水稻田(直播) 一年生及部分多年生杂草 360-450克/公顷 播后苗前土壤喷雾
PD20130694 螺螨酯/240克/升/悬浮剂/螺螨酯 240克/升/2013.04.11 至 2018.04.11/低毒
柑橘树 红蜘蛛 40-60毫克/千克 喷雾
PD20130727 阿维·哒螨灵/10%/微乳剂/阿维菌素 0.4%、哒螨灵 9.6%/2013.04.12 至 2018.04.12/低毒(原药高毒)
苹果树 红蜘蛛 33.3-50毫克/千克 喷雾
PD20130764 阿维·灭蝇胺/11%/悬浮剂/阿维菌素 1%、灭蝇胺 10%/2013.04.16 至 2018.04.16/低毒(原药高毒)
黄瓜 美洲斑潜蝇 74.25-115.5克/公顷 喷雾
PD20130773 高效氯氟氰菊酯/20%/水乳剂/高效氯氟氰菊酯 20%/2013.04.18 至 2018.04.18/中等毒
甘蓝 菜青虫 12-15克/公顷 喷雾
PD20130780 嘧菌酯/250克/升/悬浮剂/嘧菌酯 250克/升/2013.04.22 至 2018.04.22/低毒
黄瓜 霜霉病 120～180克/公顷 喷雾
水稻 纹枯病 112.5—150克/公顷 喷雾
PD20130928 烯酰吗啉/50%/水分散粒剂/烯酰吗啉 50%/2013.04.28 至 2018.04.28/低毒
花椰菜 霜霉病 240-360克/公顷 喷雾
黄瓜 霜霉病 225-300克/公顷 喷雾
苦瓜 霜霉病 300-450克/公顷 喷雾
PD20130995 氰戊菊酯/20%/水乳剂/氰戊菊酯 20%/2013.05.07 至 2018.05.07/低毒
苹果树 桃小食心虫 80-100毫克/千克 喷雾
PD20131330 草甘膦铵盐/68%/可溶粒剂/草甘膦 68%/2013.06.08 至 2018.06.08/低毒
柑橘园 杂草 1125-2250克/公顷 定向茎叶喷雾
注:草甘膦铵盐含量:74.7%。
PD20131356 阿维·联苯菊/5.6%/水乳剂/阿维菌素 0.6%、联苯菊酯 5%/2013.06.20 至 2018.06.20/低毒(原药高毒)
苹果树 桃小食心虫 18.67-28毫克/千克 喷雾
PD20131411 2甲·唑草酮/70.5%/可湿性粉剂/2甲4氯钠 66.5%、唑草酮 4%/2013.07.02 至 2018.07.02/低毒
水稻移栽田 一年生杂草 370-423克/公顷 茎叶喷雾
PD20131441 炔草酯/15%/可湿性粉剂/炔草酯 15%/2013.07.03 至 2018.07.03/低毒
小麦田 一年生禾本科杂草 36-45克/公顷 茎叶喷雾
PD20131555 三唑磷/25%/微乳剂/三唑磷 25%/2013.07.23 至 2018.07.23/中等毒
小麦 蚜虫 187.5-262.5克/公顷 喷雾
PD20131576 联苯菊酯/4%/微乳剂/联苯菊酯 4%/2013.07.23 至 2018.07.23/中等毒
小麦 红蜘蛛 18—30克/公顷 喷雾
PD20131619 复硝酚钠/2%/可溶粉剂/5-硝基邻甲氧基苯酚钠 0.33%、对硝基苯酚钠 1.0%、邻硝基苯酚钠 0.67%/2013.07.29 至 2018.07.29/低毒
小麦 调节生长 3000-4000倍液 喷雾
PD20131696 灭蝇胺/75%/可湿性粉剂/灭蝇胺 75%/2013.08.07 至 2018.08.07/低毒
黄瓜 美洲斑潜蝇 140.63-168.75克/公顷 喷雾
PD20131856 三环唑/40%/悬浮剂/三环唑 40%/2013.09.24 至 2018.09.24/低毒
水稻 稻瘟病 210-300克/公顷 喷雾
PD20132056 吡虫啉/600克/升/悬浮种衣剂/吡虫啉 600克/升/2013.10.22 至 2018.10.22/低毒
棉花 蚜虫 350-500克/100千克种子 种子包衣
PD20132120 草铵膦/200克/升/水剂/草铵膦 200克/升/2013.10.24 至 2018.10.24/低毒
柑橘园 杂草 1380-1740克/公顷 定向茎叶喷雾
PD20132260 苯丁锡/40%/悬浮剂/苯丁锡 40%/2013.11.05 至 2018.11.05/低毒
柑橘树 红蜘蛛 200-250毫克/千克 喷雾
PD20132345 苯丁·炔螨特/40%/乳油/苯丁锡 10%、炔螨特 30%/2013.11.20 至 2018.11.20/低毒
柑橘树 红蜘蛛 200—267毫克/千克 喷雾

PD20132350 戊唑醇/430克/升/悬浮剂/戊唑醇 430克/升/2013.11.20 至 2018.11.20/低毒

苦瓜	白粉病	77.4-116.1克/公顷	喷雾
苹果树	斑点落叶病	61.4-86毫克/千克	喷雾

PD20132409 氟环唑/125克/升/悬浮剂/氟环唑 125克/升/2013.11.20 至 2018.11.20/低毒

小麦	锈病	90-112.5克/公顷	喷雾

PD20132423 吡蚜酮/25%/悬浮剂/吡蚜酮 25%/2013.11.20 至 2018.11.20/低毒

水稻	飞虱	67.5-75克/公顷	喷雾

PD20132527 噻虫嗪/25%/水分散粒剂/噻虫嗪 25%/2013.12.16 至 2018.12.16/低毒

菠菜、棉花	蚜虫	22.5-30克/公顷	喷雾
黄瓜	白粉虱	42.19-46.88克/公顷	喷雾
芹菜、烟草	蚜虫	15-30克/公顷	喷雾
水稻	稻飞虱	11.25-15克/公顷	喷雾

PD20132595 四聚乙醛/80%/可湿性粉剂/四聚乙醛 80%/2013.12.17 至 2018.12.17/中等毒

甘蓝	蜗牛	562.5-750克/公顷	喷雾

PD20140027 双草醚/10%/可分散油悬浮剂/双草醚 10%/2014.01.02 至 2019.01.02/低毒

水稻田(直播)	一年生杂草	30-37.5克/公顷	茎叶喷雾

PD20140139 莠去津/25%/可分散油悬浮剂/莠去津 25%/2014.01.20 至 2019.01.20/低毒

春玉米田	一年生杂草	1200-1500克/公顷	茎叶喷雾
夏玉米田	一年生杂草	600-750克/公顷	茎叶喷雾

PD20140360 吡蚜酮/50%/可湿性粉剂/吡蚜酮 50%/2014.02.19 至 2019.02.19/低毒

莲藕	莲缢管蚜	45-67.5克/公顷	喷雾
芹菜	蚜虫	75-120克/公顷	喷雾
水稻	稻飞虱	75-90克/公顷	喷雾
小麦	蚜虫、灰飞虱	60-75克/公顷	喷雾

PD20140416 氰氟草酯/20%/可分散油悬浮剂/氰氟草酯 20%/2014.02.24 至 2019.02.24/低毒

水稻田(直播)	一年生禾本科杂草	75-105克/公顷	茎叶喷雾

PD20140417 联苯·三唑磷/20%/微乳剂/联苯菊酯 3%、三唑磷 17%/2014.02.24 至 2019.02.24/低毒

小麦	红蜘蛛、蚜虫	60－90克/公顷	喷雾
小麦	吸浆虫	90-120克/公顷	喷雾

PD20140418 多杀霉素/5%/悬浮剂/多杀霉素 5%/2014.02.24 至 2019.02.24/低毒

花椰菜	小菜蛾	15-22.5克/公顷	喷雾
节瓜	蓟马	30-37.5克/公顷	喷雾

PD20140419 甲氰菊酯/20%/水乳剂/甲氰菊酯 20%/2014.02.24 至 2019.02.24/中等毒

柑橘树	红蜘蛛	80-100毫克/千克	喷雾

PD20140494 己唑·三环唑/30%/悬浮剂/己唑醇 10%、三环唑 20%/2014.03.06 至 2019.03.06/低毒

水稻	稻瘟病	315-405克/公顷	喷雾

PD20140495 硝磺草酮/10%/可分散油悬浮剂/硝磺草酮 10%/2014.03.06 至 2019.03.06/低毒

玉米田	一年生杂草	127.5-150克/公顷	茎叶喷雾

PD20140496 噻虫嗪/70%/种子处理可分散粉剂/噻虫嗪 70%/2014.03.06 至 2019.03.06/低毒

棉花	苗期蚜虫	210-420克/100千克种子	拌种
玉米	飞虱	140-210克/100千克种子	拌种

PD20140754 唑螨·三唑锡/20%/悬浮剂/唑螨酯 4%、三唑锡 16%/2014.03.24 至 2019.03.24/低毒

苹果树	二斑叶螨	57-80毫克/千克	喷雾

PD20140755 阿维·苯丁锡/10.6%/悬浮剂/阿维菌素 0.6%、苯丁锡 10%/2014.03.24 至 2019.03.24/低毒(原药高毒)

柑橘树	红蜘蛛	34.3-53毫克/千克	喷雾

PD20140756 四螨·联苯肼/30%/悬浮剂/四螨嗪 10%、联苯肼酯 20%/2014.03.24 至 2019.03.24/低毒

柑橘树	红蜘蛛	100-150毫克/千克	喷雾

PD20140858 杀虫·啶虫脒/28%/可湿性粉剂/啶虫脒 3%、杀虫环 25%/2014.04.08 至 2019.04.08/低毒

甘蓝	黄条跳甲	126-168克/公顷	喷雾
节瓜	蓟马	84-126克/公顷	喷雾

PD20140930 烟嘧·莠·异丙/42%/可分散油悬浮剂/烟嘧磺隆 2%、异丙草胺 20%、莠去津 20%/2014.04.11 至 2019.04.11/低毒

玉米田	杂草	945～1260克/公顷	茎叶喷雾

PD20140969 吡蚜·噻嗪酮/18%/悬浮剂/吡蚜酮 4%、噻嗪酮 14%/2014.04.14 至 2019.04.14/低毒

水稻	稻飞虱	81-108克/公顷	喷雾

PD20140999 苯·唑·氯氟吡/29.5%/可湿性粉剂/苯磺隆 3.5%、唑草酮 1.5%、氯氟吡氧乙酸异辛酯 24.5%/2014.04.21 至2019.04.21/低毒

冬小麦田	一年生阔叶杂草	97.35-132.75克/公顷	茎叶喷雾

PD20141065 噻嗪·毒死蜱/30%/可湿性粉剂/毒死蜱 15%、噻嗪酮 15%/2014.04.25 至 2019.04.25/低毒

水稻	稻飞虱	135-180克/公顷	喷雾

PD20141067 氰烯·己唑醇/20%/悬浮剂/己唑醇 5%、氰烯菌酯 15%/2014.04.25 至 2019.04.25/微毒

小麦	白粉病、赤霉病、纹枯病	330－420克/公顷	喷雾

PD20141146 麦草·草甘膦/70%/可溶粉剂/草甘膦铵盐 59.5%、麦草畏 10.5%/2014.04.28 至 2019.04.28/低毒

非耕地	杂草	598.5-892.5克/公顷	茎叶喷雾

PD20141175 王铜·代森锌/52%/可湿性粉剂/代森锌 15%、王铜 37%/2014.04.28 至 2019.04.28/低毒
柑橘树 溃疡病 1733-2600毫克/千克 喷雾
PD20141199 苯甲·丙环唑/300克/升/微乳剂/苯醚甲环唑 150克/升、丙环唑 150克/升/2014.05.06 至 2019.05.06/低毒
水稻 纹枯病 63－117克/公顷 喷雾
PD20141215 苯丁·联苯肼/30%/悬浮剂/苯丁锡 15%、联苯肼酯 15%/2014.05.06 至 2019.05.06/低毒
柑橘树 红蜘蛛 120－150毫克/千克 喷雾
PD20141261 甲氨基阿维菌素苯甲酸盐/3%/悬浮剂/甲氨基阿维菌素 3%/2014.05.07 至 2019.05.07/低毒
水稻 稻纵卷叶螟 6.75-13.5克/公顷 喷雾
注:甲氨基阿维菌素苯甲酸盐含量：3.4%。
PD20141289 噻虫·敌敌畏/50%/乳油/敌敌畏 49%、噻虫嗪 1%/2014.05.12 至 2019.05.12/中等毒
水稻 飞虱 600-750克/公顷 喷雾
PD20141360 丙环·嘧菌酯/18.7%/悬浮剂/丙环唑 11.7%、嘧菌酯 7%/2014.06.04 至 2019.06.04/低毒
香蕉 叶斑病 150-250毫克/千克 喷雾
PD20141364 丙森·己唑醇/60%/水分散粒剂/丙森锌 56%、己唑醇 4%/2014.06.04 至 2019.06.04/低毒
苹果树 褐斑病 343-400毫克/千克 喷雾
PD20141398 阿维·甲虫肼/10%/悬浮剂/阿维菌素 2%、甲氧虫酰肼 8%/2014.06.05 至 2019.06.05/低毒(原药高毒)
水稻 二化螟 60-75克/公顷 喷雾
水稻 稻纵卷叶螟 60-75克/公顷 喷雾
PD20141590 丙森锌/70%/水分散粒剂/丙森锌 70%/2014.06.17 至 2019.06.17/低毒
苹果树 斑点落叶病 1000-1167毫克/千克 喷雾
PD20141593 氟虫腈/5%/悬浮种衣剂/氟虫腈 5%/2014.06.17 至 2019.06.17/低毒
玉米 金针虫、蛴螬 50-60克/100千克种子 种子包衣
PD20141767 烟·硝·莠去津/30%/可分散油悬浮剂/烟嘧磺隆 3%、莠去津 20%、硝磺草酮 7%/2014.07.02 至 2019.07.02/低毒
玉米田 一年生杂草 450-540克/公顷 茎叶喷雾
PD20141877 甲硫·腈菌唑/45%/水分散粒剂/甲基硫菌灵 40%、腈菌唑 5%/2014.07.24 至 2019.07.24/低毒
苹果树 轮纹病、炭疽病 450-563毫克/千克 喷雾
PD20141904 联苯肼酯/43%/悬浮剂/联苯肼酯 43%/2014.08.01 至 2019.08.01/低毒
柑橘树 红蜘蛛 180-225毫克/千克 喷雾
PD20142165 氰氟·双草醚/20%/可分散油悬浮剂/氰氟草酯 15.0%、双草醚 5.0%/2014.09.18 至 2019.09.18/低毒
水稻田(直播) 一年生杂草 81-105克/公顷 茎叶喷雾
PD20142208 吡蚜·高氯氟/10%/悬浮剂/吡蚜酮 5.0%、高效氯氟氰菊酯 5.0%/2014.09.28 至 2019.09.28/低毒
棉花 蚜虫 26.25-30克/公顷 喷雾
PD20142217 烟嘧磺隆/8.0%/可分散油悬浮剂/烟嘧磺隆 8.0%/2014.09.28 至 2019.09.28/低毒
玉米田 一年生杂草 52.8-60克/公顷 茎叶喷雾
PD20142347 噻呋酰胺/240克/升/悬浮剂/噻呋酰胺 240克/升/2014.11.03 至 2019.11.03/低毒
水稻 纹枯病 63.4-81.5克/公顷 喷雾
PD20142453 双氟磺草胺/50克/升/悬浮剂/双氟磺草胺 50克/升/2014.11.15 至 2019.11.15/低毒
冬小麦田 阔叶杂草 3.75-4.5克/公顷 茎叶喷雾
PD20150425 氟啶胺/500克/升/悬浮剂/氟啶胺 500克/升/2015.03.19 至 2020.03.19/低毒
辣椒 疫病 225－247.5克/公顷 喷雾
马铃薯 晚疫病 225－247.5克/公顷 喷雾
PD20150503 烟嘧·莠·氯吡/30%/可分散油悬浮剂/氯氟吡氧乙酸 5%、烟嘧磺隆 3%、莠去津 22%/2015.03.23 至 2020.03.23/低毒
玉米田 一年生杂草 382.5-450克/公顷 茎叶喷雾
PD20150540 氰草·莠去津//悬浮剂/氰草津 20%、莠去津 20%/2015.03.23 至 2020.03.23/中等毒
夏玉米田 一年生杂草 1500-1800克/公顷 茎叶喷雾
PD20150660 炔草酯/15%/微乳剂/炔草酯 15%/2015.04.17 至 2020.04.17/低毒
小麦田 一年生禾本科杂草 56.25-67.5克/公顷 茎叶喷雾
PD20150713 多杀·吡虫啉/16%/悬浮剂/吡虫啉 14%、多杀霉素 2%/2015.04.20 至 2020.04.20/低毒
节瓜 蓟马 36-48克/公顷 喷雾
PD20150719 烟嘧·莠去津/30%/可分散油悬浮剂/烟嘧磺隆 3%、莠去津 27%/2015.04.20 至 2020.04.20/低毒
玉米田 一年生杂草 375-450克/公顷 茎叶喷雾
PD20150738 丁醚脲/500克/升/悬浮剂/丁醚脲 500克/升/2015.04.20 至 2020.04.20/低毒
茶树 茶小绿叶蝉 750-900克/公顷 喷雾
PD20150773 甲维·氟铃脲/6%/乳油/氟铃脲 5%、甲氨基阿维菌素苯甲酸盐 1%/2015.05.13 至 2020.05.13/低毒
棉花 棉铃虫 28.8－32.4克/公顷 喷雾
PD20150810 噻呋酰胺/30%/悬浮剂/噻呋酰胺 30%/2015.05.14 至 2020.05.14/低毒
水稻 纹枯病 63-82克/公顷 喷雾
PD20151038 乙铝·代森锌/70%/水分散粒剂/代森锌 45%、三乙膦酸铝 25%/2015.06.14 至 2020.06.14/低毒
荔枝 霜疫霉病 875-1167毫克/千克 喷雾
PD20151046 噻呋·嘧菌酯/30%/悬浮剂/嘧菌酯 20%、噻呋酰胺 10%/2015.06.14 至 2020.06.14/低毒
水稻 纹枯病 101.25-135克/公顷 喷雾
PD20151062 甲基二磺隆/30克/升/可分散油悬浮剂/甲基二磺隆 30克/升/2015.06.14 至 2020.06.14/低毒
冬小麦田 一年生禾本科杂草 9-15.7克/公顷 茎叶喷雾

PD20151149　吡嘧·莎稗磷/24%/可湿性粉剂/吡嘧磺隆 1.5%、莎稗磷 22.5%/2015.06.26 至 2020.06.26/低毒
　移栽水稻田　一年生杂草　288-432克/公顷　药土法
PD20151228　噻苯·敌草隆/540克/升/悬浮剂/敌草隆 180克/升、噻苯隆 360克/升/2015.07.30 至 2020.07.30/低毒
　棉花　脱叶　72.9-97.2克/公顷　茎叶喷雾
PD20151666　2甲·麦草畏/30%/水剂/2甲4氯钠 22.8%、麦草畏 7.2%/2015.08.28 至 2020.08.28/低毒
　小麦田　一年生阔叶杂草　450-675克/公顷　茎叶喷雾
PD20151858　硫磺/80%/水分散粒剂/硫磺 80%/2015.08.30 至 2020.08.30/低毒
　柑橘树　疮痂病　2162.17-2666.67毫克/千克　喷雾
　黄瓜　白粉病　2400-2760克/公顷　喷雾
　苹果树　白粉病　1142.86-1600毫克/千克　喷雾
PD20152302　多杀·甲维盐/5%/悬浮剂/多杀霉素 4%、甲氨基阿维菌素苯甲酸盐 1%/2015.10.21 至 2020.10.21/低毒
　水稻　稻纵卷叶螟、二化螟　22.5-37.5克/公顷　喷雾
PD20152340　代森联/70%/水分散粒剂/代森联 70%/2015.10.22 至 2020.10.22/低毒
　黄瓜　霜霉病　1120-1750克/公顷　喷雾
PD20152374　砜嘧磺隆/25%/水分散粒剂/砜嘧磺隆 25%/2015.10.22 至 2020.10.22/低毒
　烟草田　一年生杂草　18.75-22.5克/公顷　茎叶喷雾
PD20152497　氟唑磺隆/70%/水分散粒剂/氟唑磺隆 70%/2015.12.05 至 2020.12.05/微毒
　冬小麦田　部分禾本科杂草　31.5-42克/公顷　茎叶喷雾
PD20152536　杀螟丹/50%/可溶粉剂/杀螟丹 50%/2015.12.05 至 2020.12.05/中等毒
　水稻　二化螟　600-900克/公顷　喷雾
PD20152597　氰霜唑/100克/升/悬浮剂/氰霜唑 100克/升/2015.12.17 至 2020.12.17/低毒
　黄瓜　霜霉病　82.5-97.5克/公顷　喷雾
　葡萄　霜霉病　40-50毫克/千克　喷雾
LS20120084　嘧菌环胺/50%/水分散粒剂/嘧菌环胺 50%/2014.03.07 至 2015.03.07/低毒
　葡萄　灰霉病　500-800毫克/千克　喷雾
LS20120109　醚菊酯/20%/悬浮剂/醚菊酯 20%/2014.03.14 至 2015.03.14/低毒
　水稻　稻飞虱　120-150克/公顷　喷雾
LS20130025　茚虫威/6%/微乳剂/茚虫威 6%/2015.01.14 至 2016.01.14/低毒
　水稻　稻纵卷叶螟　27-36克/公顷　喷雾
LS20130081　噻嗪·醚菊酯/15%/悬浮剂/醚菊酯 4.8%、噻嗪酮 10.2%/2015.03.08 至 2016.03.08/低毒
　水稻　稻飞虱　90-135克/公顷　喷雾
LS20130091　吡蚜·醚菊酯/25%/悬浮剂/吡蚜酮 19%、醚菊酯 6%/2015.03.18 至 2016.03.18/低毒
　水稻　稻飞虱　56.25-93.75克/公顷　喷雾
LS20130281　阿维·茚虫威/6.1%/微乳剂/阿维菌素 1.6%、茚虫威 4.5%/2015.05.07 至 2016.05.07/低毒
　水稻　稻纵卷叶螟、二化螟　28.5-39.9克/公顷　喷雾
LS20130432　甲氧·虫螨腈/12%/悬浮剂/虫螨腈 8%、甲氧虫酰肼 4%/2015.09.09 至 2016.09.09/低毒
　甘蓝　甜菜夜蛾　54-81克/公顷　喷雾
LS20130506　氰烯·己唑醇/20%/悬浮剂/己唑醇 5%、氰烯菌酯 15%/2014.12.09 至 2015.12.09/微毒
　小麦　赤霉病　240-330克/公顷　喷雾
　小麦　白粉病　240-420克/公顷　喷雾
　小麦　纹枯病　330-420克/公顷　喷雾
LS20140242　阿维·噻唑膦/10.5%/颗粒剂/阿维菌素 0.5%、噻唑膦 10%/2015.07.14 至 2016.07.14/低毒(原药高毒)
　黄瓜　根结线虫　2756-3150克/公顷　撒施
LS20140307　2甲·氯·双氟/48%/悬浮剂/双氟磺草胺 0.4%、2甲4氯异辛酯 35.6%、氯氟吡氧乙酸异辛酯 12%/2015.10.15 至2016.10.15/低毒
　冬小麦田　一年生阔叶杂草　360-432克/公顷　茎叶喷雾
LS20150072　氰烯·苯醚甲/30%/悬浮种衣剂/苯醚甲环唑 27%、氰烯菌酯 3%/2015.03.24 至 2016.03.24/低毒
　小麦　全蚀病　15.6-16.8克/100千克种子　种子包衣
LS20150137　甾烯醇/0.66%/母药/甾烯醇 0.66%/2015.05.19 至 2016.05.19/微毒
LS20150138　甾烯醇/0.06%/微乳剂/甾烯醇 0.06%/2015.05.19 至 2016.05.19/微毒
　番茄、辣椒、烟草　花叶病毒病　0.27-0.54克/公顷　喷雾
　水稻　条纹叶枯病、黑条矮缩病　0.27-0.36克/公顷　喷雾
　小麦　花叶病毒病　0.27-0.36克/公倾　喷雾

陕西省宝鸡市力华精细化工厂　(陕西省宝鸡市大庆路西段　721004　0917-3412870)

WP20030012　杀虫气雾剂/0.3%/气雾剂/胺菊酯 0.2%、氯菊酯 0.1%/2013.06.25 至 2018.06.25/微毒
　卫生　蚊、蝇　/　喷雾

陕西省汉中市瑞丰生物科技有限责任公司　(陕西省汉中市城固县三合乡　723200　0916-7292966)

PD20094102　甲氰·辛硫磷/25%/乳油/甲氰菊酯 5%、辛硫磷 20%/2014.03.27 至 2019.03.27/中等毒
　苹果树　红蜘蛛　200-250毫克/千克　喷雾
PD20100913　三唑磷/20%/乳油/三唑磷 20%/2015.01.19 至 2020.01.19/中等毒
　水稻　二化螟　225-300克/公顷　喷雾
PD20101278　吡虫·杀虫单/35%/可湿性粉剂/吡虫啉 1%、杀虫单 34%/2015.03.10 至 2020.03.10/中等毒
　水稻　稻纵卷叶螟、二化螟、飞虱、三化螟　450-750克/公顷　喷雾

PD20120268 阿维·高氯/2%/乳油/阿维菌素 0.4%、高效氯氰菊酯 1.6%/2012.02.15 至 2017.02.15/低毒(原药高毒)
小白菜 菜青虫、小菜蛾 7.5-15克/公顷 喷雾

陕西省化工总厂 (陕西省渭南市临渭区东风街96号 714000 0913-2138680)

PD86123-6 矮壮素/50%/水剂/矮壮素 50%/2011.12.04 至 2016.12.04/低毒
棉花 提高产量、植株紧凑 1)10000倍液2)0.3-0.5%药液 1)喷雾2)浸种
棉花 防止疯长 25000倍液 喷顶
棉花 防止徒长,化学整枝 10000倍液 喷顶,后期喷全株
小麦 防止倒伏,提高产量 1)3-5%药液 2)100-400倍液 1)拌种2)返青、拔节期喷雾
玉米 增产 0.5%药液 浸种

陕西省蒲城华迪药业有限责任公司 (陕西省蒲城县苏坊镇东街 715514 0913-7322029)

WP20090102 高效氯氰菊酯/5%/微乳剂/高效氯氰菊酯 5%/2014.02.04 至 2019.02.04/低毒
卫生 蚊、蝇 玻璃面20毫克/平方米;木板面40毫克/平方米;石灰面60毫克/平方米 滞留喷洒

陕西省蒲城美尔果农化有限责任公司 (陕西省蒲城县陈庄镇东鲁村(农化工业园) 715500 0913-7213173)

PD85105-11 敌敌畏/80%/乳油/敌敌畏 77.5%(气谱法)/2015.02.04 至 2020.02.04/中等毒
茶树 食叶害虫 600克/公顷 喷雾
粮仓 多种储藏害虫 1)400-500倍液2)0.4-0.5克/立方米 1)喷雾2)挂条熏蒸
棉花 蚜虫、造桥虫 600-1200克/公顷 喷雾
苹果树 小卷叶蛾、蚜虫 400-500毫克/千克 喷雾
青菜 菜青虫 600克/公顷 喷雾
桑树 尺蠖 600克/公顷 喷雾
卫生 多种卫生害虫 1)300-400倍液2)0.08克/立方米 1)泼洒2)挂条熏蒸
小麦 黏虫、蚜虫 600克/公顷 喷雾

PD20040545 氯氰·吡虫啉/5%/乳油/吡虫啉 1%、氯氰菊酯 4%/2014.12.19 至 2019.12.19/低毒
十字花科蔬菜 蚜虫 22.5-30克/公顷 喷雾

PD20040687 哒螨灵/20%/可湿性粉剂/哒螨灵 20%/2014.12.19 至 2019.12.19/中等毒
苹果树 红蜘蛛 50-67毫克/千克 喷雾

PD20070150 石硫合剂/29%/水剂/石硫合剂 29%/2012.06.07 至 2017.06.07/低毒
苹果树 白粉病 55-70倍液 喷雾

PD20070330 硫磺·多菌灵/42%/悬浮剂/多菌灵 7%、硫磺 35%/2012.10.12 至 2017.10.12/低毒
黄瓜 白粉病 1575-2363克/公顷 喷雾

PD20081351 多·锰锌/40%/可湿性粉剂/多菌灵 20%、代森锰锌 20%/2013.10.21 至 2018.10.21/低毒
梨树 黑星病 1000-1250毫克/千克 喷雾

PD20082396 毒死蜱/40%/乳油/毒死蜱 40%/2013.12.01 至 2018.12.01/中等毒
苹果树 桃小食心虫 200-267毫克/千克 喷雾

PD20082464 联苯菊酯/100克/升/乳油/联苯菊酯 100克/升/2013.12.02 至 2018.12.02/低毒
茶树 茶小绿叶蝉 30-37.5克/公顷 喷雾

PD20083089 福·福锌/80%/可湿性粉剂/福美双 30%、福美锌 50%/2013.12.10 至 2018.12.10/低毒
苹果树 炭疽病 500-600倍液 喷雾

PD20083747 多菌灵/80%/可湿性粉剂/多菌灵 80%/2013.12.15 至 2018.12.15/低毒
水稻 稻瘟病 937.5-1125克/公顷 喷雾

PD20085269 四螨嗪/500克/升/悬浮剂/四螨嗪 500克/升/2013.12.23 至 2018.12.23/低毒
苹果树 红蜘蛛 83.33-100毫克/千克 喷雾

PD20085365 代森锰锌/80%/可湿性粉剂/代森锰锌 80%/2013.12.24 至 2018.12.24/低毒
番茄 早疫病 1920 2400克/公顷 喷雾

PD20085555 硫丹/350克/升/乳油/硫丹 350克/升/2013.12.25 至 2018.12.25/中等毒(原药高毒)
棉花 棉铃虫 525-866.25克/公顷 喷雾

PD20085663 啶虫脒/5%/乳油/啶虫脒 5%/2013.12.26 至 2018.12.26/低毒
苹果树 蚜虫 15-20毫克/千克 喷雾

PD20085975 腈菌·福美双/20%/可湿性粉剂/福美双 18%、腈菌唑 2%/2013.12.29 至 2018.12.29/低毒
黄瓜 白粉病 240-360克/公顷 喷雾

PD20086206 甲基硫菌灵/70%/可湿性粉剂/甲基硫菌灵 70%/2013.12.30 至 2018.12.30/低毒
苹果树 轮纹病 700-1167毫克/千克 喷雾

PD20090152 苯丁·哒螨灵/10%/乳油/苯丁锡 5%、哒螨灵 5%/2014.01.08 至 2019.01.08/低毒
柑橘树 红蜘蛛 1000-1500倍液 喷雾

PD20090424 高效氯氟氰菊酯/25克/升/乳油/高效氯氟氰菊酯 25克/升/2014.01.12 至 2019.01.12/中等毒
茶树 茶小绿叶蝉 22.5-30克/公顷 喷雾

PD20091030 噻嗪·异丙威/25%/可湿性粉剂/噻嗪酮 5%、异丙威 20%/2014.01.21 至 2019.01.21/低毒
水稻 稻飞虱 450-562.5克/公顷 喷雾

PD20091051 丙环唑/250克/升/乳油/丙环唑 250克/升/2014.01.21 至 2019.01.21/低毒

香蕉 叶斑病 250-500毫克/千克 喷雾
PD20091112 氯氰·毒死蜱/20%/乳油/毒死蜱 16.6%、氯氰菊酯 3.4%/2014.01.21 至 2019.01.21/中等毒
棉花 棉铃虫 180-240克/公顷 喷雾
PD20091245 速灭威/25%/可湿性粉剂/速灭威 25%/2014.02.01 至 2019.02.01/低毒
水稻 稻飞虱 562.5-750克/公顷 喷雾
PD20092095 虫酰肼/200克/升/悬浮剂/虫酰肼 200克/升/2014.02.16 至 2019.02.16/低毒
十字花科蔬菜 甜菜夜蛾 250-300克/公顷 喷雾
PD20092643 福·甲·硫磺/70%/可湿性粉剂/福美双 25%、甲基硫菌灵 14%、硫磺 31%/2014.03.03 至 2019.03.03/低毒
辣椒 炭疽病 735-945克/公顷 喷雾
PD20093115 多·锰锌/80%/可湿性粉剂/多菌灵 15%、代森锰锌 65%/2014.03.10 至 2019.03.10/低毒
苹果树 斑点落叶病 1000-1250毫克/千克 喷雾
PD20093384 代森锌/65%/可湿性粉剂/代森锌 65%/2014.03.19 至 2019.03.19/低毒
番茄 早疫病 2550-3600克/公顷 喷雾
PD20093460 联苯菊酯/25克/升/乳油/联苯菊酯 25克/升/2014.03.23 至 2019.03.23/低毒
茶树 茶尺蠖 7.5～15克/公顷 喷雾
PD20094805 炔螨特/57%/乳油/炔螨特 57%/2014.04.13 至 2019.04.13/低毒
柑橘树 红蜘蛛 258-356.25毫克/千克 喷雾
PD20097767 福·福锌/40%/可湿性粉剂/福美双 15%、福美锌 25%/2014.11.12 至 2019.11.12/低毒
苹果树 炭疽病 1333.3—1600毫克/千克 喷雾
PD20100060 氟啶脲/50克/升/乳油/氟啶脲 50克/升/2015.01.04 至 2020.01.04/低毒
甘蓝 甜菜夜蛾 45-60克/公顷 喷雾
PD20100131 噻嗪酮/25%/可湿性粉剂/噻嗪酮 25%/2015.01.05 至 2020.01.05/低毒
水稻 飞虱 112.5-15.克/公顷 喷雾
PD20100227 高氯·马/20%/乳油/高效氯氰菊酯 1.5%、马拉硫磷 18.5%/2015.01.11 至 2020.01.11/低毒
苹果树 桃小食心虫 133-200毫克/千克 喷雾
PD20100307 多菌灵/25%/可湿性粉剂/多菌灵 25%/2015.01.11 至 2020.01.11/低毒
水稻 纹枯病 600—900克/公顷 喷雾
PD20100374 吡虫啉/25%/可湿性粉剂/吡虫啉 25%/2015.01.11 至 2020.01.11/低毒
芹菜 蚜虫 15-30克/公顷 喷雾
水稻 稻飞虱 30-45克/公顷 喷雾
PD20100380 福美双/50%/可湿性粉剂/福美双 50%/2015.01.11 至 2020.01.11/低毒
葡萄 白腐病 625—1250毫克/千克 喷雾
PD20101646 辛菌胺醋酸盐(1.8%)///水剂/辛菌胺 1.26%/2015.06.03 至 2020.06.03/低毒
番茄 病毒病 187.5-281.25克/公顷 喷雾
PD20101774 毒·矿物油/40%/乳油/毒死蜱 15%、矿物油 25%/2015.07.07 至 2020.07.07/中等毒
柑橘树 介壳虫 400-500毫克/千克 喷雾
PD20110467 苯醚甲环唑/10%/水分散粒剂/苯醚甲环唑 10%/2011.04.22 至 2016.04.22/低毒
梨树 黑星病 14.3—16.7毫克/千克 喷雾
PD20110624 啶虫脒/20%/可湿性粉剂/啶虫脒 20%/2011.06.08 至 2016.06.08/低毒
柑橘树 蚜虫 13.3—16.7毫克/千克 喷雾
PD20110821 咪鲜胺/45%/水乳剂/咪鲜胺 45%/2011.08.04 至 2016.08.04/低毒
香蕉 炭疽病 450—750毫克/千克 浸果
PD20110828 嘧霉胺/40%/悬浮剂/嘧霉胺 40%/2011.08.10 至 2016.08.10/低毒
黄瓜 灰霉病 468—568克/公顷 喷雾
PD20111081 烯酰吗啉/80%/水分散粒剂/烯酰吗啉 80%/2011.10.12 至 2016.10.12/低毒
花椰菜 霜霉病 240-360克/公顷 喷雾
黄瓜 霜霉病 240—300克/公顷 喷雾
PD20121026 高效氯氰菊酯/4.5%/微乳剂/高效氯氰菊酯 4.5%/2012.07.02 至 2017.07.02/低毒
甘蓝 菜青虫 13.5-27克/公顷 喷雾
PD20121353 甲氨基阿维菌素苯甲酸盐/2%/微乳剂/甲氨基阿维菌素 2%/2012.09.13 至 2017.09.13/低毒
甘蓝 小菜蛾 1.65-1.98克/公顷 喷雾
辣椒 烟青虫 1.5-3克/公顷 喷雾
注:甲氨基阿维菌素苯甲酸盐含量：2.2%。
PD20121358 阿维菌素/5%/水乳剂/阿维菌素 5%/2012.09.13 至 2017.09.13/中等毒(原药高毒)
甘蓝 小菜蛾 9-12克/公顷 喷雾
PD20121476 嘧霉胺/40%/水分散粒剂/嘧霉胺 40%/2012.10.08 至 2017.10.08/低毒
黄瓜 灰霉病 465-570克/公顷 喷雾
PD20121550 啶虫脒/10%/微乳剂/啶虫脒 10%/2012.10.25 至 2017.10.25/低毒
苹果树 蚜虫 12.5-20毫克/千克 喷雾
PD20121607 高效氯氟氰菊酯/5%/微乳剂/高效氯氟氰菊酯 5%/2012.10.25 至 2017.10.25/中等毒
甘蓝 菜青虫 15-18.75克/公顷 喷雾
PD20130177 高效氯氟氰菊酯/10%/水乳剂/高效氯氟氰菊酯 10%/2013.01.24 至 2018.01.24/中等毒
甘蓝 菜青虫 10.5-15.75克/公顷 喷雾

PD20131448 戊唑醇/430克/升/悬浮剂/戊唑醇 430克/升/2013.07.05 至 2018.07.05/低毒
苹果树 斑点落叶病 86-108毫克/千克 喷雾
PD20131459 吡虫啉/10%/可湿性粉剂/吡虫啉 10%/2013.07.05 至 2018.07.05/低毒
水稻 飞虱 15-30克/公顷 喷雾
小麦 蚜虫 15-30克/公顷(南方地区)45-60克/公顷(北方地区) 喷雾
PD20132704 啶虫脒/40%/水分散粒剂/啶虫脒 40%/2013.12.25 至 2018.12.25/低毒
甘蓝 蚜虫 18-30克/公顷 喷雾
PD20141113 醚菌酯/50%/水分散粒剂/醚菌酯 50%/2014.04.27 至 2019.04.27/低毒
黄瓜 白粉病 90－150克/公顷 喷雾
PD20141638 苯醚甲环唑/37%/水分散粒剂/苯醚甲环唑 37%/2014.06.24 至 2019.06.24/低毒
西瓜 炭疽病 111-138.7克/公顷 喷雾
PD20151326 苯甲・醚菌酯/40%/水分散粒剂/苯醚甲环唑 10%、醚菌酯 30%/2015.07.30 至 2020.07.30/低毒
黄瓜 白粉病 120-180克/公顷 喷雾
PD20152276 甲硫.己唑醇/30%/悬浮剂/甲基硫菌灵 27%、己唑醇 3%/2015.10.20 至 2020.10.20/低毒
水稻 纹枯病 450-540克/公顷 喷雾
LS20150101 甲硫.己唑醇/30%/悬浮剂/甲基硫菌灵 27%、己唑醇 3%/2015.04.20 至 2016.04.20/低毒
水稻 纹枯病 360-540克/公顷 喷雾

陕西省商州市农药厂 (陕西省商洛市商州区孝义镇 726005 0914-2459060)

PD20084657 霜脲・百菌清/18%/悬浮剂/百菌清 16%、霜脲氰 2%/2014.12.22 至 2019.12.22/低毒
黄瓜 霜霉病 405-506克/公顷 喷雾
PD20085928 克百・敌百虫/3%/颗粒剂/敌百虫 2%、克百威 1%/2014.12.29 至 2019.12.29/低毒(原药高毒)
棉花 蚜虫 1350-1800克/公顷 穴施
PD20090377 阿维菌素/1.8%/乳油/阿维菌素 1.8%/2014.01.12 至 2019.01.12/低毒(原药高毒)
十字花科蔬菜 菜青虫 8.1-10.8克/公顷 喷雾

陕西省渭南经济开发区望康农化有限责任公司 (陕西省渭南市经济开发区西潼路南侧 714000 0913-2111579)

PD20040471 氯氰・吡虫啉/5%/乳油/吡虫啉 1%、氯氰菊酯 4%/2014.12.19 至 2019.12.19/中等毒
甘蓝 蚜虫 22.5-37.5克/公顷 喷雾
PD20060169 多・锰锌/40%/可湿性粉剂/多菌灵 20%、代森锰锌 20%/2011.10.31 至 2016.10.31/低毒
梨树 黑星病 1000-1250毫克/千克 喷雾
PD20080185 毒・辛/40%/乳油/毒死蜱 20%、辛硫磷 20%/2013.01.07 至 2018.01.07/低毒
棉花 棉铃虫 360-480克/公顷 喷雾
PD20082363 多・福/50%/可湿性粉剂/多菌灵 10%、福美双 40%/2013.12.01 至 2018.12.01/中等毒
梨树 黑星病 1000-1500毫克/千克 喷雾
PD20083016 高氯・马/20%/乳油/高效氯氰菊酯 2%、马拉硫磷 18%/2013.12.10 至 2018.12.10/中等毒
甘蓝 菜青虫 40-120克/公顷 喷雾
PD20092315 灭多威/10%/可湿性粉剂/灭多威 10%/2014.02.24 至 2019.02.24/中等毒(原药高毒)
棉花 棉铃虫 300-360克/公顷 喷雾
PD20092749 霜霉威盐酸盐/66.5%/水剂/霜霉威盐酸盐 66.5%/2014.03.04 至 2019.03.04/低毒
黄瓜 霜霉病 649.8-1083克/公顷 喷雾
PD20097513 阿维・矿物油/24.5%/乳油/阿维菌素 0.2%、矿物油 24.3%/2014.11.03 至 2019.11.03/低毒(原药高毒)
柑橘树 红蜘蛛 123-245毫克/千克 喷雾
PD20101420 辛菌胺・吗啉胍/5.9%/水剂/盐酸吗啉胍 5%、辛菌胺 0.9%/2015.04.26 至 2020.04.26/低毒
番茄 病毒病 196.9-225克/公顷 喷雾
PD20101582 辛菌胺醋酸盐/1.26%/水剂/辛菌胺 1.26%/2015.06.03 至 2020.06.03/低毒
苹果树 腐烂病 500-1000毫克/千克 涂病疤
注:辛菌胺醋酸盐含量：1.8%。
PD20101712 络氨铜/25%/水剂/络氨铜 25%/2015.06.28 至 2020.06.28/低毒
西瓜 枯萎病 0.2-0.25克/株 灌根

陕西省渭南生乐有限责任公司 (陕西省渭南市华山大街东段 714000 0913-2094090)

WP20090068 杀虫粉剂/2.01%/粉剂/马拉硫磷 2%、溴氰菊酯 0.01%/2014.02.01 至 2019.02.01/低毒
粮仓 谷蛾、麦蛾、米象 600-900克制剂/1000千克贮粮 撒布
卫生 蜚蠊 10克制剂/平方米 撒布
卫生 跳蚤 5克制剂/平方米 撒布

陕西省西安常隆正华作物保护有限公司 (陕西省西安市临潼区新丰镇道北路 710600 029-83979980)

PD20080227 多・锰锌/40%/可湿性粉剂/多菌灵 20%、代森锰锌 20%/2013.01.11 至 2018.01.11/低毒
梨树 黑星病 320-400毫克/千克 喷雾
PD20082095 腐霉利/50%/可湿性粉剂/腐霉利 50%/2013.11.25 至 2018.11.25/低毒
番茄 灰霉病 562.5-750克/公顷 喷雾
PD20082391 代森锰锌/80%/可湿性粉剂/代森锰锌 80%/2013.12.01 至 2018.12.01/低毒
番茄 早疫病 1845-2370克/公顷 喷雾
PD20085688 高效氯氟氰菊酯/25克/升/乳油/高效氯氟氰菊酯 25克/升/2013.12.26 至 2018.12.26/低毒
十字花科蔬菜 菜青虫 7.5-11.25克/公顷 喷雾

PD20093021 多·福/50%/可湿性粉剂/多菌灵 20%、福美双 30%/2014.03.09 至 2019.03.09/低毒
梨树 黑星病 1000-1500毫克/千克 喷雾
PD20093283 草甘膦/50%/可溶粉剂/草甘膦 50%/2014.03.11 至 2019.03.11/低毒
苹果园 杂草 1125-2250克/公顷 定向茎叶喷雾
PD20093538 锰锌·百菌清/70%/可湿性粉剂/百菌清 30%、代森锰锌 40%/2014.03.23 至 2019.03.23/低毒
番茄 早疫病 1315-1575克/公顷 喷雾
PD20093872 多菌灵/80%/可湿性粉剂/多菌灵 80%/2014.03.25 至 2019.03.25/低毒
苹果树 轮纹病 800-1333毫克/千克 喷雾
PD20096566 三唑锡/25%/可湿性粉剂/三唑锡 25%/2014.08.24 至 2019.08.24/低毒
柑橘树 红蜘蛛 125-166.7毫克/千克 喷雾
PD20096772 井冈霉素（5%）///水剂/井冈霉素A 4%/2014.09.15 至 2019.09.15/低毒
水稻 纹枯病 150-187.5克/公顷 喷雾
PD20096931 联苯菊酯/25克/升/乳油/联苯菊酯 25克/升/2014.09.23 至 2019.09.23/低毒
茶树 茶小绿叶蝉 30-37.5克/公顷 喷雾
PD20097297 噻嗪·异丙威/25%/可湿性粉剂/噻嗪酮 5%、异丙威 20%/2014.10.26 至 2019.10.26/低毒
水稻 稻飞虱 337.5-450克/公顷 喷雾
PD20100695 硫磺·锰锌/70%/可湿性粉剂/硫磺 40%、代森锰锌 30%/2015.01.16 至 2020.01.16/低毒
苹果树 白粉病 1167-1400毫克/千克 喷雾
PD20101314 阿维·矿物油/24.5%/乳油/阿维菌素 0.2%、矿物油 24.3%/2015.03.17 至 2020.03.17/低毒(原药高毒)
柑橘树 红蜘蛛 122.5-245毫克/千克 喷雾
PD20101606 草甘膦异丙胺盐(41%)///水剂/草甘膦 30%/2015.06.03 至 2020.06.03/低毒
非耕地 杂草 1230-2460克/公顷 喷雾
PD20111410 苯甲·丙环唑/300克/升/乳油/苯醚甲环唑 150克/升、丙环唑 150克/升/2011.12.22 至 2016.12.22/低毒
水稻 纹枯病 78.75—90克/公顷 喷雾
PD20130191 哒螨灵/15%/乳油/哒螨灵 15%/2013.01.24 至 2018.01.24/低毒
苹果树 红蜘蛛 50-75毫克/千克 喷雾
PD20150186 高效氯氟氰菊酯/5%/水乳剂/高效氯氟氰菊酯 5%/2015.01.15 至 2020.01.15/低毒
甘蓝 菜青虫 7.5-9克/公顷 喷雾

陕西省西安华阳化工科技有限公司 （陕西省西安市西影路45号 710054 029-85518286）

PD85124-15 福·福锌/80%/可湿性粉剂/福美双 30%、福美锌 50%/2010.07.04 至 2015.07.04/中等毒
黄瓜、西瓜 炭疽病 1500-1800克/公顷 喷雾
麻 炭疽病 240-400克/100千克种子 拌种
棉花 苗期病害 0.5%药液 浸种
苹果树、杉木、橡胶树 炭疽病 500-600倍液 喷雾
PD86116-4 甲基硫菌灵/36%/悬浮剂/甲基硫菌灵 36%/2011.08.15 至 2016.08.15/低毒
甘薯 黑斑病 800-1000倍液 浸种、喷雾
柑橘树 绿霉病、青霉病 800倍液 浸果
禾谷类 黑穗病 1000-2000倍液 喷雾
花生 叶斑病 1500-1800倍液 喷雾
梨树、苹果树 白粉病、黑星病 800-1200倍液 喷雾
马铃薯 环腐病 800倍液 浸种
毛竹 枯梢病 1500倍液 喷雾
棉花 枯萎病 170倍液 浸种
葡萄、桑树、烟草 白粉病 800-1000倍液 喷雾
蔬菜 多种病害 400-1200倍液 喷雾
水稻 稻瘟病、纹枯病 800-1500倍液 喷雾
甜菜 褐斑病 1300倍液 喷雾
小麦 白粉病、赤霉病 1500倍液 喷雾
油菜 菌核病 1500倍液 喷雾

陕西省西安嘉科农化有限公司 （陕西省西安市长安区鸣犊镇 710102 029-85835328）

PD20050133 哒螨灵/20%/可湿性粉剂/哒螨灵 20%/2015.09.09 至 2020.09.09/中等毒
苹果树 红蜘蛛 2000-3000倍液 喷雾
PD20060152 氯氰·吡虫啉/5%/乳油/吡虫啉 1%、氯氰菊酯 4%/2011.08.28 至 2016.08.28/中等毒
甘蓝 蚜虫 22.5-37.5克/公顷 喷雾
PD20070546 多·锰锌/40%/可湿性粉剂/多菌灵 20%、代森锰锌 20%/2012.12.03 至 2017.12.03/低毒
梨树 黑星病 1000-1250毫克/千克 喷雾
PD20080788 霜霉威/35%/水剂/霜霉威 35%/2013.06.20 至 2018.06.20/低毒
黄瓜 霜霉病 651-1102.5克/公顷 喷雾
PD20083216 噻嗪·杀扑磷/20%/乳油/噻嗪酮 15%、杀扑磷 5%/2013.12.11 至 2015.09.30/中等毒(原药高毒)
柑橘树 介壳虫 200-250毫克/千克 喷雾
PD20084070 霜霉威盐酸盐/66.5%/水剂/霜霉威盐酸盐 66.5%/2013.12.16 至 2018.12.16/低毒
黄瓜 霜霉病 649.8-1083克/公顷 喷雾

PD20084856 灭多威/10%/可湿性粉剂/灭多威 10%/2013.12.22 至 2018.12.22/中等毒(原药高毒)
棉花 棉铃虫 315-360克/公顷 喷雾
PD20085176 阿维菌素/1.8%/乳油/阿维菌素 1.8%/2013.12.23 至 2018.12.23/低毒(原药高毒)
柑橘树 锈壁虱 2.25-4.5毫克/千克 喷雾
柑橘树 红蜘蛛、潜叶蛾 4.5-9毫克/千克 喷雾
梨树 梨木虱 6-12毫克/千克 喷雾
棉花 红蜘蛛 10.8-16.2克/公顷 喷雾
棉花 棉铃虫 21.6-32.4克/公顷 喷雾
苹果树 桃小食心虫 4.5-9毫克/千克 喷雾
苹果树 红蜘蛛 3-6毫克/千克 喷雾
苹果树 二斑叶螨 4.5-6毫克/千克 喷雾
十字花科蔬菜 小菜蛾 6.75-10.8克/公顷 喷雾
PD20085537 阿维·甲氰/1.8%/乳油/阿维菌素 0.2%、甲氰菊酯 1.6%/2013.12.25 至 2018.12.25/低毒(原药高毒)
苹果树 红蜘蛛 12-18毫克/千克 喷雾
PD20086154 氰戊·马拉松/20%/乳油/马拉硫磷 15%、氰戊菊酯 5%/2013.12.30 至 2018.12.30/中等毒
苹果树 桃小食心虫 222-333毫克/千克 喷雾
PD20091574 吡虫·灭多威/10%/可湿性粉剂/吡虫啉 1%、灭多威 9%/2014.02.03 至 2019.02.03/中等毒(原药高毒)
棉花 蚜虫 75-120克/公顷 喷雾
PD20094778 高效氯氰菊酯/4.5%/微乳剂/高效氯氰菊酯 4.5%/2014.04.13 至 2019.04.13/低毒
十字花科蔬菜 菜青虫 20.25-27克/公顷 喷雾
PD20095504 盐酸吗啉胍/20%/可湿性粉剂/盐酸吗啉胍 20%/2014.05.11 至 2019.05.11/低毒
番茄 病毒病 500-750克/公顷 喷雾
PD20101188 辛菌胺醋酸盐/1.8%/水剂/辛菌胺醋酸盐 1.8%/2015.02.08 至 2020.02.08/低毒
苹果树 腐烂病 180-360毫克/千克 涂病疤
PD20101189 辛菌胺/30%/母药/辛菌胺 30%/2015.02.08 至 2020.02.08/低毒
PD20101921 苦参碱/0.3%/水剂/苦参碱 0.3%/2015.08.27 至 2020.08.27/低毒
十字花科蔬菜 菜青虫 3.12-3.9克/公顷 喷雾
PD20101995 氯氰·矿物油/32%/乳油/矿物油 30%、氯氰菊酯 2%/2015.09.25 至 2020.09.25/中等毒
棉花 蚜虫 240-336克/公顷 喷雾
PD20102061 络氨铜/15%/水剂/络氨铜 15%/2015.11.03 至 2020.11.03/低毒
柑橘树 溃疡病 466.7-933.3毫克/千克 喷雾
PD20122057 阿维·三唑磷/20.5%/乳油/阿维菌素 0.3%、三唑磷 20.2%/2012.12.24 至 2017.12.24/中等毒(原药高毒)
水稻 二化螟 307.5-369克/公顷 喷雾
PD20132174 阿维·哒螨灵/10%/乳油/阿维菌素 0.2%、哒螨灵 9.8%/2013.10.29 至 2018.10.29/低毒(原药高毒)
柑橘树 红蜘蛛 40-50毫克/千克 喷雾
PD20151864 毒死蜱/40%/水乳剂/毒死蜱 40%/2015.08.30 至 2020.08.30/中等毒
苹果树 绵蚜 200-333.3毫克/千克 喷雾
PD20152007 吡虫啉/10%/可湿性粉剂/吡虫啉 10%/2015.08.31 至 2020.08.31/低毒
甘蓝 蚜虫 15-30克/公顷 喷雾
LS20140333 苯甲·丙环唑/30%/水乳剂/苯醚甲环唑 15%、丙环唑 15%/2015.11.17 至 2016.11.17/低毒
水稻 纹枯病 67.5-112.5克/公顷 喷雾
LS20140345 苯醚甲环唑/25%/水乳剂/苯醚甲环唑 25%/2015.11.21 至 2016.11.21/低毒
梨树 黑星病 27.78-31.25毫克/千克 喷雾

陕西省西安市植丰农药厂 (陕西省西安市周至县西关 710400 029-87154406)

PD20092252 代森锰锌/88%/原药/代森锰锌 88%/2014.02.24 至 2019.02.24/低毒
PD20092579 乙铝·锰锌/50%/可湿性粉剂/代森锰锌 22%、三乙膦酸铝 28%/2014.02.27 至 2019.02.27/低毒
黄瓜 霜霉病 900-1400克/公顷 喷雾
PD20093063 代森锰锌/70%/可湿性粉剂/代森锰锌 70%/2014.03.09 至 2019.03.09/低毒
番茄 早疫病 1837.5-2362.5克/公顷 喷雾
PD20093100 代森锰锌/80%/可湿性粉剂/代森锰锌 80%/2014.03.09 至 2019.03.09/低毒
番茄 早疫病 1560-2520克/公顷 喷雾
PD20095208 甲霜·锰锌/58%/可湿性粉剂/甲霜灵 10%、代森锰锌 48%/2014.04.24 至 2019.04.24/低毒
葡萄 霜霉病 1087.5-1740克/公顷 喷雾
PD20140839 吡虫啉/10%/可湿性粉剂/吡虫啉 10%/2014.04.08 至 2019.04.08/低毒
水稻 稻飞虱 15-30克/公顷 喷雾
PD20141632 啶虫脒/5%/微乳剂/啶虫脒 5%/2014.06.24 至 2019.06.24/低毒
苹果树 蚜虫 12-15毫克/千克 喷雾

陕西省西安文远化学工业有限公司 (陕西省西安市碑林区和平路99号榕园公寓1106号 710001 029-86035247)

PD20080819 霜脲氰/96%/原药/霜脲氰 96%/2013.06.20 至 2018.06.20/低毒
PD20081203 萎锈灵/97.9%/原药/萎锈灵 97.9%/2013.09.11 至 2018.09.11/低毒
PD20094398 霜脲·锰锌/72%/可湿性粉剂/代森锰锌 64%、霜脲氰 8%/2014.04.01 至 2019.04.01/低毒
黄瓜 霜霉病 1440-1800克/公顷 喷雾

陕西省西安西诺农化有限责任公司 (陕西省西安市灞桥区田王街特字1号 710025 029-83603743)

PD20040454　氯氰·吡虫啉/5%/乳油/吡虫啉 1%、氯氰菊酯 4%/2014.12.19 至 2019.12.19/低毒
十字花科蔬菜　蚜虫　22.5-37.5克/公顷　喷雾

PD20083231　阿维菌素/0.9%/乳油/阿维菌素 0.9%/2013.12.11 至 2018.12.11/低毒(原药高毒)
梨树　梨木虱　6-12毫克/千克　喷雾

PD20084398　多·锰锌/70%/可湿性粉剂/多菌灵 20%、代森锰锌 50%/2013.12.17 至 2018.12.17/低毒
梨树　黑星病　1000-1250毫克/千克　喷雾

PD20084559　噻螨酮/5%/乳油/噻螨酮 5%/2013.12.18 至 2018.12.18/低毒
柑橘树　红蜘蛛　25-31.25毫克/千克　喷雾

PD20084992　丁硫克百威/200克/升/乳油/丁硫克百威 200克/升/2013.12.22 至 2018.12.22/中等毒
棉花　蚜虫　90-180克/公顷　喷雾

PD20084997　毒死蜱/40%/乳油/毒死蜱 40%/2013.12.22 至 2018.12.22/中等毒
棉花　棉铃虫　675-900克/公顷　喷雾

PD20085283　唑螨酯/5%/悬浮剂/唑螨酯 5%/2013.12.23 至 2018.12.23/低毒
苹果树　红蜘蛛　20-25毫克/千克　喷雾

PD20085606　多·福/60%/可湿性粉剂/多菌灵 30%、福美双 30%/2013.12.25 至 2018.12.25/低毒
梨树　黑星病　1000-1500毫克/千克　喷雾

PD20086232　三唑锡/25%/可湿性粉剂/三唑锡 25%/2013.12.31 至 2018.12.31/低毒
柑橘树　红蜘蛛　125-250毫克/千克　喷雾

PD20091982　高氯·马/20%/乳油/高效氯氰菊酯 2%、马拉硫磷 18%/2014.02.12 至 2019.02.12/低毒
苹果树　黄蚜　100-133毫克/千克　喷雾

PD20093227　高氯·灭多威/10%/乳油/高效氯氰菊酯 1.2%、灭多威 8.8%/2014.03.11 至 2019.03.11/中等毒(原药高毒)
棉花　棉铃虫　75-105克/公顷　喷雾

PD20094535　福·甲·硫磺/70%/可湿性粉剂/福美双 25%、甲基硫菌灵 14%、硫磺 31%/2014.04.09 至 2019.04.09/低毒
辣椒　炭疽病　525-945克/公顷　喷雾

PD20097212　溴螨酯/500克/升/乳油/溴螨酯 500克/升/2014.10.19 至 2019.10.19/低毒
柑橘树　红蜘蛛　333-500毫克/千克　喷雾

PD20097240　代森锰锌/80%/可湿性粉剂/代森锰锌 80%/2014.10.19 至 2019.10.19/低毒
番茄　早疫病　2160-2550克/公顷　喷雾

PD20097753　联苯菊酯/100克/升/乳油/联苯菊酯 100克/升/2014.11.12 至 2019.11.12/中等毒
茶树　茶小绿叶蝉　30-37.5克/公顷　喷雾

PD20097836　百菌清/40%/悬浮剂/百菌清 40%/2014.11.20 至 2019.11.20/低毒
番茄　早疫病　900－1050克/公顷　喷雾

PD20097846　甲霜·锰锌/58%/可湿性粉剂/甲霜灵 10%、代森锰锌 48%/2014.11.20 至 2019.11.20/低毒
黄瓜　霜霉病　862.5－1050克/公顷　喷雾

PD20097887　氰戊·鱼藤酮/1.3%/乳油/氰戊菊酯 0.5%、鱼藤酮 0.8%/2014.11.20 至 2019.11.20/低毒
十字花科叶菜　菜青虫　19.5-24克/公顷　喷雾

PD20097985　吡虫啉/10%/可湿性粉剂/吡虫啉 10%/2014.12.01 至 2019.12.01/低毒
水稻　稻飞虱　15-30克/公顷　喷雾

PD20098026　氟硅唑/400克/升/乳油/氟硅唑 400克/升/2014.12.07 至 2019.12.07/低毒
梨树　黑星病　40－50毫克/千克　喷雾

PD20098038　炔螨特/57%/乳油/炔螨特 57%/2014.12.07 至 2019.12.07/低毒
苹果树　红蜘蛛　237-356毫克/千克　喷雾

PD20098183　丙环唑/250克/升/乳油/丙环唑 250克/升/2014.12.14 至 2019.12.14/低毒
香蕉　叶斑病　250-500毫克/千克　喷雾

PD20098256　异菌脲/255克/升/悬浮剂/异菌脲 255克/升/2014.12.16 至 2019.12.16/低毒
香蕉　冠腐病　1500-1700毫克/千克　浸果

PD20098265　吡虫·杀虫单/35%/可湿性粉剂/吡虫啉 1%、杀虫单 34%/2014.12.16 至 2019.12.16/中等毒
水稻　稻飞虱、稻纵卷叶螟、二化螟、三化螟　450-750克/公顷　喷雾

PD20098366　甲基硫菌灵/500克/升/悬浮剂/甲基硫菌灵 500克/升/2014.12.18 至 2019.12.18/低毒
水稻　稻瘟病　750-1125克/公顷　喷雾

PD20098416　阿维菌素/1.8%/乳油/阿维菌素 1.8%/2014.12.24 至 2019.12.24/低毒(原药高毒)
十字花科蔬菜　小菜蛾　8.1-13.5克/公顷　喷雾

PD20120303　苯醚甲环唑/10%/水分散粒剂/苯醚甲环唑 10%/2012.02.17 至 2017.02.17/低毒
梨树　黑星病　20－25毫克/千克　喷雾

PD20120361　吡虫啉/70%/水分散粒剂/吡虫啉 70%/2012.02.23 至 2017.02.23/低毒
甘蓝　蚜虫　13.65-19.95克/公顷　喷雾

PD20130977　阿维菌素/1.8%/水乳剂/阿维菌素 1.8%/2013.05.02 至 2018.05.02/低毒(原药高毒)
甘蓝　小菜蛾　8.1-10.8克/公顷　喷雾

PD20131038　甲氨基阿维菌素苯甲酸盐/5%/水分散粒剂/甲氨基阿维菌素 5%/2013.05.13 至 2018.05.13/低毒
甘蓝　小菜蛾　1.5-2.25克/公顷　喷雾
注:甲氨基阿维菌素苯甲酸盐含量:5.7%。

PD20132466　哒螨灵/20%/悬浮剂/哒螨灵 20%/2013.12.02 至 2018.12.02/低毒
柑橘树　红蜘蛛　50-66.7毫克/千克　喷雾

PD20132494 啶虫脒/40%/水分散粒剂/啶虫脒 40%/2013.12.10 至 2018.12.10/中等毒
甘蓝 蚜虫 18-24克/公顷 喷雾
PD20132557 腈菌唑/40%/悬浮剂/腈菌唑 40%/2013.12.17 至 2018.12.17/低毒
梨树 黑星病 40-50毫克/千克 喷雾
PD20140541 毒死蜱/30%/水乳剂/毒死蜱 30%/2014.03.06 至 2019.03.06/中等毒
水稻 稻纵卷叶螟 450-540克/公顷 喷雾
PD20140546 苯丁锡/50%/悬浮剂/苯丁锡 50%/2014.03.06 至 2019.03.06/低毒
柑橘树 红蜘蛛 200-250毫克/千克 喷雾
PD20141043 噻嗪酮/8%/展膜油剂/噻嗪酮 8%/2014.04.23 至 2019.04.23/低毒
水稻 稻飞虱 150-180克/公顷 洒滴

陕西省咸阳德丰有限责任公司 (陕西省咸阳市秦都区马庄镇 712000 0910-3541031)

PD20101353 噻苯隆/0.1%/可溶液剂/噻苯隆 0.1%/2015.03.31 至 2020.03.31/低毒
葡萄 提高产量 4-6毫克/千克 花期喷雾
PD20101354 噻苯隆/98%/原药/噻苯隆 98%/2015.03.31 至 2020.03.31/低毒

陕西省杨凌大地化工有限公司 (陕西省杨凌区康乐路29号 712100 029-87099608-11)

PD20101280 阿维·高氯/6%/乳油/阿维菌素 0.4%、高效氯氰菊酯 5.6%/2015.03.10 至 2020.03.10/低毒(原药高毒)
十字花科蔬菜 菜青虫、小菜蛾 13.5-27克/公顷 喷雾

陕西省泾阳微生物厂 (陕西省咸阳市泾阳县永乐镇 713702 0910-6382529)

PD86109-20 苏云金杆菌/100亿活芽孢/克/可湿性粉剂/苏云金杆菌 100亿活芽孢/克/2012.09.02 至 2017.09.02/低毒
白菜、萝卜、青菜 菜青虫、小菜蛾 1500-4500克制剂/公顷 喷雾
茶树 茶毛虫 1500-7500克制剂/公顷 喷雾
大豆、甘薯 天蛾 1500-2250克制剂/公顷 喷雾
柑橘树 柑橘凤蝶 2250-3750克制剂/公顷 喷雾
高粱、玉米 玉米螟 3750-4500克制剂/公顷 喷雾、毒土
梨树 天幕毛虫 1500-3750克制剂/公顷 喷雾
林木 尺蠖、柳毒蛾、松毛虫 2250-7500克制剂/公顷 喷雾
棉花 棉铃虫、造桥虫 1500-7500克制剂/公顷 喷雾
苹果树 巢蛾 2250-3750克制剂/公顷 喷雾
水稻 稻苞虫、稻纵卷叶螟 1500-6000克制剂/公顷 喷雾
烟草 烟青虫 3750-7500克制剂/公顷 喷雾
枣树 尺蠖 3750-4500克制剂/公顷 喷雾

陕西盛德邦生物科技有限公司 (陕西省大荔县安仁镇通润村 715108 029-82589337)

PD20101658 吡虫啉/10%/可湿性粉剂/吡虫啉 10%/2010.06.03 至 2015.06.03/中等毒
小麦 蚜虫 15-30克/公顷(南方地区)45-60克/公顷(北方地区) 喷雾
PD20110588 吡虫啉/70%/水分散粒剂/吡虫啉 70%/2011.05.30 至 2016.05.30/低毒
甘蓝 蚜虫 15-22.5克/公顷 喷雾
WP20090316 杀虫粉剂/3.18%/粉剂/敌敌畏 3%、氯氰菊酯 0.18%/2014.09.07 至 2019.09.07/低毒
卫生 印度客蚤 3-5克制剂/平方米 撒布

陕西汤普森生物科技有限公司 (陕西省蒲城县北环路中段 715500 0913-7261180)

PD20082280 代森锰锌/80%/可湿性粉剂/代森锰锌 80%/2013.12.01 至 2018.12.01/低毒
黄瓜 霜霉病 2040-3000克/公顷 喷雾
PD20082917 甲基硫菌灵/50%/可湿性粉剂/甲基硫菌灵 50%/2013.12.09 至 2018.12.09/低毒
番茄 叶霉病 450-562.5克/公顷 喷雾
PD20082932 甲霜·锰锌/58%/可湿性粉剂/甲霜灵 10%、代森锰锌 48%/2013.12.09 至 2018.12.09/低毒
黄瓜 霜霉病 675-1050克/公顷 喷雾
PD20083092 杀虫双/3.6%/颗粒剂/杀虫双 3.6%/2013.12.10 至 2018.12.10/中等毒
水稻 二化螟 540 645克/公顷 撒施
水稻 三化螟 540-750克/公顷 撒施
PD20083289 溴氰菊酯/25克/升/乳油/溴氰菊酯 25克/升/2013.12.11 至 2018.12.11/中等毒
苹果树 桃小食心虫 12.5-16.7毫克/千克 喷雾
PD20083394 多·锰锌/70%/可湿性粉剂/多菌灵 20%、代森锰锌 50%/2013.12.11 至 2018.12.11/低毒
苹果树 斑点落叶病 1000-1250毫克/千克 喷雾
PD20083530 炔螨特/73%/乳油/炔螨特 73%/2013.12.12 至 2018.12.12/低毒
柑橘树 红蜘蛛 292-365毫克/千克 喷雾
PD20083533 联苯菊酯/25克/升/乳油/联苯菊酯 25克/升/2013.12.12 至 2018.12.12/中等毒
棉花 棉铃虫 30-52.5克/公顷 喷雾
PD20083538 甲基硫菌灵/70%/可湿性粉剂/甲基硫菌灵 70%/2013.12.12 至 2018.12.12/低毒
番茄 叶霉病 525-735克/公顷 喷雾
PD20083554 三唑锡/20%/悬浮剂/三唑锡 20%/2013.12.12 至 2018.12.12/低毒
苹果树 红蜘蛛 100-200毫克/千克 喷雾
PD20083558 马拉硫磷/45%/乳油/马拉硫磷 45%/2013.12.12 至 2018.12.12/低毒
十字花科蔬菜 蚜虫 540-810克/公顷 喷雾

PD20083560 三唑锡/25%/可湿性粉剂/三唑锡 25%/2013.12.12 至 2018.12.12/中等毒
苹果树 红蜘蛛 125-250毫克/千克 喷雾
PD20083613 噻嗪·异丙威/25%/可湿性粉剂/噻嗪酮 5%、异丙威 20%/2013.12.12 至 2018.12.12/低毒
水稻 稻飞虱 450-562.5克/公顷 喷雾
PD20083650 硫双威/75%/可湿性粉剂/硫双威 75%/2013.12.12 至 2018.12.12/低毒
棉花 棉铃虫 421.9-506.3克/公顷 喷雾
PD20083744 百菌清/75%/可湿性粉剂/百菌清 75%/2013.12.15 至 2018.12.15/低毒
黄瓜 霜霉病 1653.75-3003.75克/公顷 喷雾
PD20083790 噻嗪酮/25%/可湿性粉剂/噻嗪酮 25%/2013.12.15 至 2018.12.15/低毒
柑橘树 介壳虫 125-250毫克/千克 喷雾
PD20083819 百菌清/40%/悬浮剂/百菌清 40%/2013.12.15 至 2018.12.15/低毒
番茄 早疫病 900-1050克/公顷 喷雾
PD20083869 三环唑/20%/可湿性粉剂/三环唑 20%/2013.12.15 至 2018.12.15/中等毒
水稻 稻瘟病 300-375克/公顷 喷雾
PD20083890 异菌脲/50%/可湿性粉剂/异菌脲 50%/2013.12.15 至 2018.12.15/低毒
番茄 早疫病 1050-1500克/公顷 喷雾
PD20084058 速灭威/25%/可湿性粉剂/速灭威 25%/2013.12.16 至 2018.12.16/中等毒
水稻 飞虱 375-750克/公顷 喷雾
PD20084068 多菌灵/25%/可湿性粉剂/多菌灵 25%/2013.12.16 至 2018.12.16/低毒
水稻 纹枯病 675-825克/公顷 喷雾
PD20084226 甲基硫菌灵/50%/悬浮剂/甲基硫菌灵 50%/2013.12.17 至 2018.12.17/低毒
小麦 赤霉病 750-1125克/公顷 喷雾
PD20084376 氟啶脲/50克/升/乳油/氟啶脲 50克/升/2013.12.17 至 2018.12.17/低毒
十字花科蔬菜 甜菜夜蛾 30-60克/公顷 喷雾
PD20084451 锰锌·噁霜灵/64%/可湿性粉剂/噁霜灵 8%、代森锰锌 56%/2013.12.17 至 2018.12.17/低毒
黄瓜 霜霉病 1651-1949克/公顷 喷雾
PD20084770 春雷霉素/2%/水剂/春雷霉素 2%/2013.12.22 至 2018.12.22/低毒
番茄 叶霉病 42-52.5克/公顷 喷雾
PD20084976 除虫脲/5%/可湿性粉剂/除虫脲 5%/2013.12.22 至 2018.12.22/低毒
苹果树 金纹细蛾 125-250毫克/千克 喷雾
PD20085024 多·福/40%/可湿性粉剂/多菌灵 5%、福美双 35%/2013.12.22 至 2018.12.22/低毒
梨树 黑星病 1000-1500毫克/千克 喷雾
PD20085035 氯氰菊酯/250克/升/乳油/氯氰菊酯 250克/升/2013.12.22 至 2018.12.22/低毒
十字花科蔬菜 菜青虫 41.25-56.25克/公顷 喷雾
PD20085289 噻螨酮/5%/可湿性粉剂/噻螨酮 5%/2013.12.23 至 2018.12.23/低毒
柑橘树 红蜘蛛 27.78-33.33毫克/千克 喷雾
PD20085727 赤霉酸/4%/乳油/赤霉酸 4%/2013.12.26 至 2018.12.26/低毒
芹菜 调节生长 66.7-100毫克/千克 喷雾
PD20085919 甲硫·福美双/70%/可湿性粉剂/福美双 22%、甲基硫菌灵 48%/2013.12.29 至 2018.12.29/中等毒
黄瓜 炭疽病 787.5-1312.5克/公顷 喷雾
PD20086071 多·锰锌/80%/可湿性粉剂/多菌灵 20%、代森锰锌 60%/2013.12.30 至 2018.12.30/低毒
苹果树 斑点落叶病 1000-1250毫克/千克 喷雾
PD20086198 乙铝·锰锌/50%/可湿性粉剂/代森锰锌 27%、三乙膦酸铝 23%/2013.12.30 至 2018.12.30/低毒
黄瓜 霜霉病 1125-1875克/公顷 喷雾
PD20090311 异丙甲草胺/720克/升/乳油/异丙甲草胺 720克/升/2014.01.12 至 2019.01.12/低毒
移栽水稻田 一年生杂草 108-216克/公顷 喷雾
PD20090359 噻螨酮/5%/乳油/噻螨酮 5%/2014.01.12 至 2019.01.12/中等毒
柑橘树 红蜘蛛 25—33.3毫克/千克 喷雾
PD20090505 甲草胺/480克/升/乳油/甲草胺 480克/升/2014.01.12 至 2019.01.12/低毒
棉花田 一年生杂草 1080-1440克/公顷 播后苗前土壤喷雾
PD20090578 吡嘧磺隆/10%/可湿性粉剂/吡嘧磺隆 10%/2014.01.14 至 2019.01.14/低毒
移栽水稻田 一年生阔叶杂草 22.5-30克/公顷 毒土法
PD20090956 福美双/50%/可湿性粉剂/福美双 50%/2014.01.20 至 2019.01.20/中等毒
黄瓜 白粉病 787.5-1050克/公顷 喷雾
PD20091033 乙草胺/900克/升/乳油/乙草胺 900克/升/2014.01.21 至 2019.01.21/低毒
春大豆田 一年生杂草 1350-1890克/公顷 土壤喷雾
夏大豆田 一年生杂草 1080-1350克/公顷 土壤喷雾
PD20091312 硫双威/375克/升/悬浮剂/硫双威 375克/升/2014.02.01 至 2019.02.01/中等毒
棉花 棉铃虫 421.9-506.3克/公顷 喷雾
PD20091502 扑草净/25%/可湿性粉剂/扑草净 25%/2014.02.02 至 2019.02.02/低毒
移栽水稻田 一年生阔叶杂草 431.25-562.5克/公顷 毒土法
PD20092381 井冈霉素/5%/水剂/井冈霉素A 5%/2014.02.25 至 2019.02.25/低毒
水稻 纹枯病 150-187.5克/公顷 喷雾

PD20092527 福·福锌/80%/可湿性粉剂/福美双 30%、福美锌 50%/2014.02.26 至 2019.02.26/中等毒
黄瓜 炭疽病 1500-1800克/公顷 喷雾
PD20092694 丁草胺/600克/升/水乳剂/丁草胺 600克/升/2014.03.03 至 2019.03.03/低毒
移栽水稻田 一年生杂草 990-1260克/公顷 毒土法
PD20092833 氟硅唑/40%/乳油/氟硅唑 40%/2014.03.05 至 2019.03.05/低毒
黄瓜 黑星病 45-75克/公顷 喷雾
PD20094344 高效氯氟氰菊酯/25克/升/乳油/高效氯氟氰菊酯 25克/升/2014.04.01 至 2019.04.01/中等毒
十字花科叶菜 菜青虫 9.4-11.25克/公顷 喷雾
PD20096467 苯磺隆/75%/水分散粒剂/苯磺隆 75%/2014.08.14 至 2019.08.14/低毒
冬小麦田 一年生阔叶杂草 13.5-22.5克/公顷 茎叶喷雾
PD20096546 代森锌/80%/可湿性粉剂/代森锌 80%/2014.08.24 至 2019.08.24/低毒
花生 叶斑病 960-1200克/公顷 喷雾
PD20096573 顺式氯氰菊酯/100克/升/乳油/顺式氯氰菊酯 100克/升/2014.08.24 至 2019.08.24/中等毒
甘蓝 菜青虫 7.5-15克/公顷 喷雾
PD20096736 丙草胺/30%/乳油/丙草胺 30%/2014.09.07 至 2019.09.07/低毒
移栽水稻田 一年生杂草 450-540克/公顷 毒土法
PD20096737 苯丁锡/25%/可湿性粉剂/苯丁锡 25%/2014.09.07 至 2019.09.07/低毒
柑橘树 红蜘蛛 166.7-250毫克/千克 喷雾
PD20096756 虫酰肼/20%/悬浮剂/虫酰肼 20%/2014.09.07 至 2019.09.07/低毒
甘蓝 甜菜夜蛾 200-300克/公顷 喷雾
PD20096802 异丙威/20%/乳油/异丙威 20%/2014.09.15 至 2019.09.15/低毒
水稻 稻飞虱 450-600克/公顷 喷雾
PD20096807 三唑酮/25%/可湿性粉剂/三唑酮 25%/2014.09.15 至 2019.09.15/低毒
小麦 白粉病 187.5—225克/公顷 喷雾
PD20096858 抑霉唑/22.2%/乳油/抑霉唑 22.2%/2014.09.22 至 2019.09.22/低毒
柑橘 青霉病 247—493毫克/千克 浸果
PD20097326 福·福锌/40%/可湿性粉剂/福美双 15%、福美锌 25%/2014.10.27 至 2019.10.27/中等毒
黄瓜 炭疽病 1500-1800克/公顷 喷雾
PD20097339 杀螟丹/98%/可溶粉剂/杀螟丹 98%/2014.10.27 至 2019.10.27/中等毒
十字花科叶菜 菜青虫 441-588克/公顷 喷雾
PD20097351 春雷霉素/6%/可湿性粉剂/春雷霉素 6%/2014.10.27 至 2019.10.27/低毒
黄瓜 枯萎病 200—300毫克/千克 灌根
PD20097851 吡虫啉/25%/可湿性粉剂/吡虫啉 25%/2014.11.20 至 2019.11.20/低毒
水稻 稻飞虱 15-30克/公顷 喷雾
PD20097871 速灭威/70%/可湿性粉剂/速灭威 70%/2014.11.20 至 2019.11.20/中等毒
水稻 稻飞虱 525-735克/公顷 喷雾
PD20098319 甲氰·噻螨酮/7.5%/乳油/甲氰菊酯 5%、噻螨酮 2.5%/2014.12.18 至 2019.12.18/低毒
柑橘树 红蜘蛛 75-100毫克/千克 喷雾
PD20098320 高氯·马/20%/乳油/高效氯氰菊酯 2%、马拉硫磷 18%/2014.12.18 至 2019.12.18/中等毒
苹果树 桃小食心虫 166.7-250毫克/千克 喷雾
PD20098338 啶虫脒/5%/可湿性粉剂/啶虫脒 5%/2014.12.18 至 2019.12.18/低毒
小麦 蚜虫 22.5-30克/公顷 喷雾
PD20100153 嘧霉胺/20%/可湿性粉剂/嘧霉胺 20%/2015.01.05 至 2020.01.05/低毒
黄瓜 灰霉病 360-480克/公顷 喷雾
PD20100195 啶虫脒/20%/可湿性粉剂/啶虫脒 20%/2015.01.05 至 2020.01.05/低毒
甘蓝 蚜虫 13.5-15.75克/公顷 喷雾
PD20100214 井冈霉素/16%/可溶粉剂/井冈霉素A 16%/2015.01.05 至 2020.01.05/低毒
水稻 纹枯病 150-187.5克/公顷 喷雾
PD20100215 乙铝·多菌灵/75%/可湿性粉剂/多菌灵 25%、三乙膦酸铝 50%/2015.01.05 至 2020.01.05/低毒
苹果树 轮纹病 1250-1875毫克/千克 喷雾
PD20100354 唑磷·毒死蜱/30%/乳油/毒死蜱 10%、三唑磷 20%/2015.01.11 至 2020.01.11/中等毒
水稻 二化螟 225-270克/公顷 喷雾
PD20100440 毒死蜱/30%/水乳剂/毒死蜱 30%/2015.01.14 至 2020.01.14/中等毒
水稻 稻纵卷叶螟 562.5-675克/公顷 喷雾
PD20100597 甲维·高氯氟/2.3%/乳油/高效氯氟氰菊酯 2.15%、甲氨基阿维菌素苯甲酸盐 0.15%/2015.01.14 至 2020.01.14/低毒
甘蓝 小菜蛾 6.9-8.625克/公顷 喷雾
PD20100690 氢氧化铜/53.8%/水分散粒剂/氢氧化铜 53.8%/2015.01.16 至 2020.01.16/低毒
黄瓜 角斑病 550-672克/公顷 喷雾
PD20101011 嘧霉胺/40%/悬浮剂/嘧霉胺 40%/2015.01.20 至 2020.01.20/低毒
番茄 灰霉病 378-564克/公顷 喷雾
PD20101512 霜脲·锰锌/72%/可湿性粉剂/代森锰锌 64%、霜脲氰 8%/2015.05.10 至 2020.05.10/低毒
黄瓜 霜霉病 1436-1803克/公顷 喷雾
PD20101615 溴氰菊酯/5%/可湿性粉剂/溴氰菊酯 5%/2015.06.03 至 2020.06.03/低毒

甘蓝 菜青虫 15-22.5克/公顷 喷雾

PD20101687 草甘膦异丙胺盐(41%)///水剂/草甘膦 30%/2015.06.08 至 2020.06.08/低毒
苹果园 杂草 1125-2250克/公顷 定向茎叶喷雾

PD20101704 甲维·氟啶脲/2.5%/乳油/氟啶脲 2.4%、甲氨基阿维菌素苯甲酸盐 0.1%/2015.06.28 至 2020.06.28/低毒
甘蓝 菜青虫 22.5-30克/公顷 喷雾

PD20101879 甲氨基阿维菌素苯甲酸盐(2.3%)///乳油/甲氨基阿维菌素 2%/2015.08.09 至 2020.08.09/低毒
甘蓝 小菜蛾 1.8-2.25克/公顷 喷雾

PD20102006 吡虫啉/10%/可湿性粉剂/吡虫啉 10%/2015.09.25 至 2020.09.25/低毒
水稻 稻飞虱 15-30克/公顷 喷雾

PD20110154 吡虫啉/70%/水分散粒剂/吡虫啉 70%/2016.02.10 至 2021.02.10/中等毒
甘蓝 蚜虫 21-31.5克/公顷 喷雾

PD20110155 吡虫啉/70%/可湿性粉剂/吡虫啉 70%/2016.02.10 至 2021.02.10/低毒
水稻 稻飞虱 15-30克/公顷 喷雾

PD20110203 高效氯氟氰菊酯/2.5%/可湿性粉剂/高效氯氟氰菊酯 2.5%/2016.02.18 至 2021.02.18/中等毒
甘蓝 蚜虫 7.5-11.25克/公顷 喷雾

PD20110418 苄嘧磺隆/10%/可湿性粉剂/苄嘧磺隆 10%/2016.04.15 至 2021.04.15/低毒
移栽水稻田 一年生阔叶杂草 33-45克/公顷 毒土法

PD20110438 腈菌唑/20%/悬浮剂/腈菌唑 20%/2011.04.21 至 2016.04.21/低毒
梨树 黑星病 44.4-66.7毫克/千克 喷雾

PD20110486 毒死蜱/40%/水乳剂/毒死蜱 40%/2011.05.03 至 2016.05.03/中等毒
水稻 稻纵卷叶螟 570-690克/公顷 喷雾

PD20110503 甲氨基阿维菌素苯甲酸盐/1%/水乳剂/甲氨基阿维菌素 1%/2011.05.03 至 2016.05.03/低毒
甘蓝 小菜蛾 1.8-2.25克/公顷 喷雾
注:甲氨基阿维菌素苯甲酸盐含量: 1.1%。

PD20110551 啶虫脒/40%/水分散粒剂/啶虫脒 40%/2011.05.12 至 2016.05.12/低毒
甘蓝 蚜虫 17.82-22.275克/公顷 喷雾

PD20110601 甲氨基阿维菌素苯甲酸盐/5%/水分散粒剂/甲氨基阿维菌素 5%/2011.05.30 至 2016.05.30/低毒
甘蓝 甜菜夜蛾 1.5-2.55克/公顷 喷雾
注:甲氨基阿维菌素苯甲酸盐含量: 5.7%。

PD20110642 甲氨基阿维菌素苯甲酸盐/5%/乳油/甲氨基阿维菌素 5%/2011.06.13 至 2016.06.13/低毒
甘蓝 小菜蛾 1.5—3克/公顷 喷雾
注:甲氨基阿维菌素苯甲酸盐含量:5.7%。

PD20110809 啶虫脒/70%/水分散粒剂/啶虫脒 70%/2011.08.04 至 2016.08.04/低毒
甘蓝 蚜虫 26.25-36.75克/公顷 喷雾

PD20110949 苯醚甲环唑/10%/水乳剂/苯醚甲环唑 10%/2011.09.07 至 2016.09.07/微毒
苹果树 斑点落叶病 50—100毫克/千克 喷雾

PD20111017 高效氯氟氰菊酯/5%/水乳剂/高效氯氟氰菊酯 5%/2011.09.30 至 2016.09.30/中等毒
甘蓝 菜青虫 15-22.5克/公顷 喷雾

PD20120494 烯酰吗啉/80%/水分散粒剂/烯酰吗啉 80%/2012.03.19 至 2017.03.19/低毒
黄瓜 霜霉病 228-300克/公顷 喷雾

PD20120686 联苯菊酯/2.5%/水乳剂/联苯菊酯 2.5%/2012.04.18 至 2017.04.18/低毒
茶树 茶小绿叶蝉 30-37.5克/公顷 喷雾

PD20120752 咪鲜胺锰盐/60%/可湿性粉剂/咪鲜胺锰盐 60%/2012.05.05 至 2017.05.05/低毒
黄瓜 炭疽病 450-585克/公顷 喷雾

PD20120756 甲氨基阿维菌素苯甲酸盐/5%/水分散粒剂/甲氨基阿维菌素 5%/2012.05.05 至 2017.05.05/低毒
甘蓝 甜菜夜蛾 2.25-3.75克/公顷 喷雾
注:甲氨基阿维菌素苯甲酸盐含量:5.7%。

PD20120917 氯氟·啶虫脒/7.5%/可湿性粉剂/啶虫脒 6.5%、高效氯氟氰菊酯 1%/2012.06.04 至 2017.06.04/低毒
甘蓝 蚜虫 22.5-30克/公顷 喷雾

PD20120989 毒死蜱/40%/水乳剂/毒死蜱 40%/2012.06.21 至 2017.06.21/中等毒
水稻 稻纵卷叶螟 540—720克/公顷 喷雾

PD20120994 己唑醇/50%/可湿性粉剂/己唑醇 50%/2012.06.21 至 2017.06.21/低毒
水稻 纹枯病 60—75克/公顷 喷雾

PD20121134 醚菌酯/60%/水分散粒剂/醚菌酯 60%/2012.07.20 至 2017.07.20/低毒
苹果树 斑点落叶病 150—200毫克/千克 喷雾

PD20121390 高效氯氟氰菊酯/10%/水分散粒剂/高效氯氟氰菊酯 10%/2012.09.14 至 2017.09.14/低毒
甘蓝 蚜虫 15-22.5克/公顷 喷雾

PD20121544 己唑醇/5%/悬浮剂/己唑醇 5%/2012.10.25 至 2017.10.25/微毒
水稻 纹枯病 67.5-75克/公顷 喷雾

PD20121577 苯醚·戊唑醇/20%/可湿性粉剂/苯醚甲环唑 2%、戊唑醇 18%/2012.10.25 至 2017.10.25/低毒
梨树 黑星病 80—133.3毫克/千克 喷雾

PD20121921 氯氟·吡虫啉/33%/水分散粒剂/吡虫啉 30%、高效氯氟氰菊酯 3%/2012.12.07 至 2017.12.07/低毒
甘蓝 白粉虱 34.65-39.6克/公顷 喷雾

PD20130035 咪鲜胺/40%/水乳剂/咪鲜胺 40%/2013.01.07 至 2018.01.07/低毒
苹果树 炭疽病 250～333.3毫克/千克 喷雾

PD20130660 啶虫脒/60%/泡腾片剂/啶虫脒 60%/2013.04.08 至 2018.04.08/低毒
甘蓝 蚜虫 13.5-22.5克/公顷 喷雾

PD20130760 甲氨基阿维菌素苯甲酸盐/3%/泡腾片剂/甲氨基阿维菌素 3%/2013.04.16 至 2018.04.16/低毒
甘蓝 甜菜夜蛾 2.7-3.6克/公顷 喷雾
注:甲氨基阿维菌素苯甲酸盐含量:3.4%。

PD20130791 噻菌灵/60%/水分散粒剂/噻菌灵 60%/2013.04.22 至 2018.04.22/低毒
苹果树 轮纹病 300-400毫克/千克 喷雾

PD20130793 苯醚甲环唑/20%/水乳剂/苯醚甲环唑 20%/2013.04.22 至 2018.04.22/低毒
苹果树 斑点落叶病 50-67毫克/千克 喷雾

PD20131289 烯酰吗啉/50%/水分散粒剂/烯酰吗啉 50%/2013.06.08 至 2018.06.08/低毒
黄瓜 霜霉病 225-300克/公顷 喷雾

PD20131326 丙森锌/80%/可湿性粉剂/丙森锌 80%/2013.06.08 至 2018.06.08/低毒
番茄 早疫病 1560-1920克/公顷 喷雾

PD20131522 吡虫·噻嗪酮/20%/可湿性粉剂/吡虫啉 2%、噻嗪酮 18%/2013.07.17 至 2018.07.17/低毒
水稻 稻飞虱 120-150克/公顷 喷雾

PD20131534 咪鲜胺/10%/水乳剂/咪鲜胺 10%/2013.07.17 至 2018.07.17/低毒
柑橘 绿霉病、青霉病 333-500毫克/千克 浸果

PD20131538 甲维·氟铃脲/5%/乳油/氟铃脲 4.5%、甲氨基阿维菌素苯甲酸盐 0.5%/2013.07.17 至 2018.07.17/低毒
甘蓝 小菜蛾 15-22.5克/公顷 喷雾

PD20131676 甲氨基阿维菌素苯甲酸盐/5%/悬浮剂/甲氨基阿维菌素 5%/2013.08.07 至 2018.08.07/低毒
甘蓝 小菜蛾 2.63-3.75克/公顷 喷雾
注:甲氨基阿维菌素苯甲酸盐含量: 5.7%。

PD20131690 甲基硫菌灵/80%/水分散粒剂/甲基硫菌灵 80%/2013.08.07 至 2018.08.07/低毒
苹果树 轮纹病 667-889毫克/千克 喷雾

PD20131691 氯氟·啶虫脒/10%/水分散粒剂/啶虫脒 7.5%、高效氯氟氰菊酯 2.5%/2013.08.07 至 2018.08.07/中等毒
甘蓝 蚜虫 18-27克/公顷 喷雾

PD20131787 阿维·啶虫脒/10%/水分散粒剂/阿维菌素 2%、啶虫脒 8%/2013.09.09 至 2018.09.09/低毒(原药高毒)
甘蓝 蚜虫 9－18克/公顷 喷雾

PD20131788 戊唑醇/30%/水分散粒剂/戊唑醇 30%/2013.09.09 至 2018.09.09/微毒
苹果树 斑点落叶病 100-120毫克/千克 喷雾

PD20132100 阿维·吡虫啉/1.8%/可湿性粉剂/阿维菌素 0.1%、吡虫啉 1.7%/2013.10.24 至 2018.10.24/低毒(原药高毒)
甘蓝 蚜虫 10.8-16.2克/公顷 喷雾

PD20132102 苯甲·多菌灵/20%/悬浮剂/苯醚甲环唑 5%、多菌灵 15%/2013.10.24 至 2018.10.24/低毒
水稻 纹枯病 240-300克/公顷 喷雾

PD20132117 醚菌酯/80%/水分散粒剂/醚菌酯 80%/2013.10.24 至 2018.10.24/低毒
苹果树 斑点落叶病 133-160毫克/千克 喷雾

PD20132130 苯甲·抑霉唑/10%/水乳剂/苯醚甲环唑 5%、抑霉唑 5%/2013.10.24 至 2018.10.24/低毒
苹果树 炭疽病 83-100毫克/千克 喷雾

PD20132204 甲硫·己唑醇/25%/悬浮剂/甲基硫菌灵 20%、己唑醇 5%/2013.10.29 至 2018.10.29/低毒
水稻 纹枯病 225-300克/公顷 喷雾

PD20132229 醚菌酯/10%/水乳剂/醚菌酯 10%/2013.11.05 至 2018.11.05/低毒
苹果树 斑点落叶病 125-167毫克/千克 喷雾

PD20132231 赤霉酸A4+A7/10%/水分散粒剂/赤霉酸A4+A7 10%/2013.11.05 至 2018.11.05/低毒
苹果树 调节生长 12.5-25毫克/千克 兑水喷雾

PD20132240 阿维·唑螨酯/10%/悬浮剂/阿维菌素 2%、唑螨酯 8%/2013.11.05 至 2018.11.05/低毒(原药高毒)
柑橘树 红蜘蛛 20-25毫克/千克 喷雾

PD20132273 戊唑醇/60克/升/悬浮种衣剂/戊唑醇 60克/升/2013.11.05 至 2018.11.05/微毒
高粱 丝黑穗病 6-9克/100千克种子 种子包衣
小麦 散黑穗病 1.8-2.7克/100千克种子 种子包衣
小麦 纹枯病 2-4克/100千克种子 种子包衣
玉米 丝黑穗病 6-12克/100千克种子 种子包衣

PD20132289 戊唑·醚菌酯/30%/水分散粒剂/醚菌酯 15%、戊唑醇 15%/2013.11.08 至 2018.11.08/低毒
苹果树 斑点落叶病 100-150毫克/千克 喷雾

PD20132295 苯醚甲环唑/40%/悬浮剂/苯醚甲环唑 40%/2013.11.08 至 2018.11.08/低毒
水稻 纹枯病 90-120克/公顷 喷雾

PD20132346 甲维·氟铃脲/5%/水分散粒剂/氟铃脲 4%、甲氨基阿维菌素苯甲酸盐 1%/2013.11.20 至 2018.11.20/低毒
甘蓝 小菜蛾 7.5－10.5克/公顷 喷雾

PD20132419 己唑醇/30%/水分散粒剂/己唑醇 30%/2013.11.20 至 2018.11.20/低毒
水稻 纹枯病 67-80克/公顷 喷雾

PD20132507 戊唑·丙森锌/70%/可湿性粉剂/丙森锌 65%、戊唑醇 5%/2013.12.16 至 2018.12.16/低毒
苹果树 斑点落叶病 583.3－875毫克/千克 喷雾

PD20132658 多菌灵/80%/可湿性粉剂/多菌灵 80%/2013.12.20 至 2018.12.20/低毒
苹果树 轮纹病 666.7-1000毫克/千克 喷雾
PD20140035 三唑锡/80%/水分散粒剂/三唑锡 80%/2014.01.02 至 2019.01.02/低毒
柑橘树 红蜘蛛 200-250毫克/千克 喷雾
PD20140557 丙唑·多菌灵/35%/悬乳剂/丙环唑 7%、多菌灵 28%/2014.03.06 至 2019.03.06/低毒
苹果树 轮纹病 500-625毫克/千克 喷雾
PD20140649 吡蚜酮/60%/水分散粒剂/吡蚜酮 60%/2014.03.14 至 2019.03.14/低毒
甘蓝 蚜虫 99-117克/公顷 喷雾
PD20140658 螺螨酯/240克/升/悬浮剂/螺螨酯 240克/升/2014.03.14 至 2019.03.14/低毒
柑橘树 红蜘蛛 40-60毫克/千克 喷雾
PD20140753 阿维菌素/5%/悬浮剂/阿维菌素 5%/2014.03.24 至 2019.03.24/低毒(原药高毒)
柑橘树 红蜘蛛 10-12.5毫克/千克 喷雾
PD20140759 丙森·醚菌酯/55%/水分散粒剂/丙森锌 45%、醚菌酯 10%/2014.03.24 至 2019.03.24/低毒
苹果树 斑点落叶病 275～550毫克/千克 喷雾
PD20140760 吗胍·乙酸铜/60%/水分散粒剂/盐酸吗啉胍 30%、乙酸铜 30%/2014.03.24 至 2019.03.24/低毒
番茄 病毒病 540-720克/公顷 喷雾
PD20141024 丙森·己唑醇/45%/水分散粒剂/丙森锌 40%、己唑醇 5%/2014.04.21 至 2019.04.21/低毒
苹果树 斑点落叶病 225－300毫克/千克 喷雾
PD20141026 嘧菌酯/30%/悬浮剂/嘧菌酯 30%/2014.04.21 至 2019.04.21/低毒
水稻 稻瘟病 157.5-202.5克/公顷 喷雾
香蕉 叶斑病 200-250毫克/千克 喷雾
PD20141197 噻虫嗪/50%/水分散粒剂/噻虫嗪 50%/2014.05.06 至 2019.05.06/低毒
水稻 稻飞虱 7.5-15克/公顷 喷雾
PD20141233 阿维·吡蚜酮/36%/水分散粒剂/阿维菌素 2%、吡蚜酮 34%/2014.05.07 至 2019.05.07/低毒(原药高毒)
甘蓝 蚜虫 27-54克/公顷 喷雾
PD20141246 嘧菌酯/80%/水分散粒剂/嘧菌酯 80%/2014.05.07 至 2019.05.07/低毒
黄瓜 霜霉病 150-180克/公顷 喷雾
PD20141302 咪鲜·多菌灵/25%/可湿性粉剂/多菌灵 12.5%、咪鲜胺 12.5%/2014.05.12 至 2019.05.12/低毒
西瓜 炭疽病 281.25-375克/公顷 喷雾
PD20141361 戊唑·丙森锌/70%/水分散粒剂/丙森锌 60%、戊唑醇 10%/2014.06.04 至 2019.06.04/低毒
苹果树 斑点落叶病 350－700毫克/千克 喷雾
PD20141419 甲硫·戊唑醇/60%/可湿性粉剂/甲基硫菌灵 50%、戊唑醇 10%/2014.06.06 至 2019.06.06/低毒
苹果树 轮纹病 500-750毫克/千克 喷雾
PD20141450 阿维·吡蚜酮/50%/可湿性粉剂/阿维菌素 2%、吡蚜酮 48%/2014.06.09 至 2019.06.09/低毒(原药高毒)
甘蓝 蚜虫 90-112.5克/公顷 喷雾
PD20141500 甲硫·醚菌酯/30%/悬浮剂/甲基硫菌灵 24%、醚菌酯 6%/2014.06.09 至 2019.06.09/低毒
苹果树 轮纹病 250-500毫克/千克 喷雾
PD20141705 氯氟吡氧乙酸异辛酯/20%/可湿性粉剂/氯氟吡氧乙酸 20%/2014.06.30 至 2019.06.30/低毒
冬小麦田 一年生阔叶杂草 159-210克/公顷 茎叶喷雾
注:氯氟吡氧乙酸异辛酯含量: 28.8%。
PD20141795 甲硫·戊唑醇/30%/悬浮剂/甲基硫菌灵 25%、戊唑醇 5%/2014.07.14 至 2019.07.14/低毒
苹果树 轮纹病 250－500毫克/千克 喷雾
PD20141804 苯甲·咪鲜胺/20%/水乳剂/苯醚甲环唑 5%、咪鲜胺 15%/2014.07.14 至 2019.07.14/低毒
苹果树 炭疽病 118-167毫克/千克 喷雾
PD20142030 烯啶虫胺/20%/水分散粒剂/烯啶虫胺 20%/2014.08.27 至 2019.08.27/低毒
甘蓝 蚜虫 22.5-30克/公顷 喷雾
水稻 稻飞虱 45-60克/公顷 喷雾
PD20142044 噻呋酰胺/240克/升/悬浮剂/噻呋酰胺 240克/升/2014.08.27 至 2019.08.27/低毒
水稻 纹枯病 65-83克/公顷 喷雾
PD20142045 苯甲·醚菌酯/40%/悬浮剂/苯醚甲环唑 13.3%、醚菌酯 26.7%/2014.08.27 至 2019.08.27/低毒
蔷薇科观赏花卉 白粉病 200-266.67毫克/千克 喷雾
香蕉 叶斑病 200-266.67毫克/千克 喷雾
PD20142049 吡虫啉/5%/乳油/吡虫啉 5%/2014.08.27 至 2019.08.27/低毒
水稻 稻飞虱 15-30克/公顷 喷雾
PD20142064 苯醚甲环唑/30克/升/悬浮种衣剂/苯醚甲环唑 30克/升/2014.08.28 至 2019.08.28/微毒
小麦 全蚀病 15-18克/100千克种子 种子包衣
小麦 散黑穗病、纹枯病 6-9克/100千克种子 种子包衣
PD20142160 氯吡·苯磺隆/20%/可湿性粉剂/苯磺隆 2.7%、氯氟吡氧乙酸 17.3%/2014.09.18 至 2019.09.18/低毒
冬小麦田 一年生阔叶杂草 105-120克/公顷 茎叶喷雾
PD20142440 联苯菊酯/10%/水乳剂/联苯菊酯 10%/2014.11.15 至 2019.11.15/中等毒
茶树 茶小绿叶蝉 30-45克/公顷 喷雾
PD20142547 阿维·吡虫啉/27%/可湿性粉剂/阿维菌素 1.5%、吡虫啉 25.5%/2014.12.15 至 2019.12.15/低毒(原药高毒)
甘蓝 蚜虫 10.8-16.2克/公顷 喷雾

PD20142558 戊唑·醚菌酯/70%/水分散粒剂/醚菌酯 35%、戊唑醇 35%/2014.12.15 至 2019.12.15/低毒
苹果树 斑点落叶病 100-150毫克/千克 喷雾

PD20150019 辛酰溴苯腈/25%/可分散油悬浮剂/辛酰溴苯腈 25%/2015.01.04 至 2020.01.04/低毒
玉米田 一年生阔叶杂草 375-564克/公顷 茎叶喷雾

PD20150086 氟环唑/30%/悬浮剂/氟环唑 30%/2015.01.05 至 2020.01.05/低毒
小麦 锈病 90-135克/公顷 喷雾

PD20150107 多抗·丙森锌/70%/可湿性粉剂/丙森锌 68.5%、多抗霉素 1.5%/2015.01.05 至 2020.01.05/低毒
苹果树 斑点落叶病 700-875毫克/千克 喷雾

PD20150118 戊唑·咪鲜胺/50%/可湿性粉剂/咪鲜胺锰盐 37.5%、戊唑醇 12.5%/2015.01.07 至 2020.01.07/低毒
苹果树 炭疽病 200-333.3毫克/千克 喷雾

PD20150209 吡虫啉/600克/升/悬浮种衣剂/吡虫啉 600克/升/2015.01.15 至 2020.01.15/低毒
棉花 蚜虫 350-500克/100千克种子 种子包衣

PD20150262 2甲4氯钠/56%/可湿性粉剂/2甲4氯钠 56%/2015.01.15 至 2020.01.15/低毒
冬小麦田 一年生阔叶杂草 1050－1260克/公顷 茎叶喷雾

PD20150448 烯啶虫胺/20%/可湿性粉剂/烯啶虫胺 20%/2015.03.20 至 2020.03.20/低毒
甘蓝 蚜虫 18-24克/公顷 喷雾
水稻 稻飞虱 30-60克/公顷 喷雾

PD20150489 甲硫·咪鲜胺/48%/可湿性粉剂/甲基硫菌灵 38%、咪鲜胺锰盐 10%/2015.03.20 至 2020.03.20/低毒
苹果树 炭疽病 480-960毫克/千克 喷雾

PD20150507 甲硫·己唑醇/50%/悬浮剂/甲基硫菌灵 40%、己唑醇 10%/2015.03.23 至 2020.03.23/低毒
水稻 纹枯病 262.5-300克/公顷 喷雾

PD20150769 苯甲·抑霉唑/30%/水乳剂/苯醚甲环唑 15%、抑霉唑 15%/2015.05.13 至 2020.05.13/低毒
苹果树 炭疽病 83.3-100毫克/千克 喷雾

PD20150796 吡蚜酮/50%/可湿性粉剂/吡蚜酮 50%/2015.05.14 至 2020.05.14/低毒
水稻 稻飞虱 90-120克/公顷 喷雾

PD20150797 草铵膦/23%/水剂/草铵膦 23%/2015.05.14 至 2020.05.14/低毒
非耕地 杂草 1050-1750克/公顷 茎叶喷雾

PD20150806 硅唑·咪鲜胺/20%/水乳剂/氟硅唑 5%、咪鲜胺 15%/2015.05.14 至 2020.05.14/低毒
苹果树 炭疽病 125-166.7毫克/千克 喷雾

PD20150845 高效氯氟氰菊酯/5%/悬浮剂/高效氯氟氰菊酯 5%/2015.05.18 至 2020.05.18/中等毒
小麦 蚜虫 4.5-7.5克/公顷 喷雾

PD20150936 嘧菌酯/50%/水分散粒剂/嘧菌酯 50%/2015.06.10 至 2020.06.10/低毒
黄瓜 霜霉病 150-180克/公顷 喷雾

PD20150949 醚菌酯/40%/悬浮剂/醚菌酯 40%/2015.06.10 至 2020.06.10/低毒
苹果树 斑点落叶病 125-166.7毫克/千克 喷雾

PD20151061 烯酰·嘧菌酯/80%/水分散粒剂/嘧菌酯 22.8%、烯酰吗啉 57.2%/2015.06.14 至 2020.06.14/低毒
黄瓜 霜霉病 240-360克/公顷 喷雾

PD20151070 噻唑膦/10%/颗粒剂/噻唑膦 10%/2015.06.14 至 2020.06.14/中等毒
黄瓜 根结线虫 2250-3000克/公顷 撒施

PD20151249 己唑·嘧菌酯/30%/悬浮剂/己唑醇 10%、嘧菌酯 20%/2015.07.30 至 2020.07.30/低毒
葡萄 白粉病 50-75毫克/千克 喷雾
水稻 纹枯病 135-202.5克/公顷 喷雾

PD20151296 阿维·螺螨酯/20%/悬浮剂/阿维菌素 2%、螺螨酯 18%/2015.07.30 至 2020.07.30/低毒(原药高毒)
柑橘树 红蜘蛛 36.4-44.4毫克/千克 喷雾

PD20151333 甲维·虫螨腈/21%/悬浮剂/虫螨腈 19%、甲氨基阿维菌素苯甲酸盐 2%/2015.07.30 至 2020.07.30/低毒
甘蓝 甜菜夜蛾 28.75-37.8克/公顷 喷雾

PD20151423 哒螨·螺螨酯/35%/悬浮剂/哒螨灵 20%、螺螨酯 15%/2015.07.30 至 2020.07.30/中等毒
柑橘树 红蜘蛛 78-100毫克/千克 喷雾

PD20151498 咪鲜·抑霉唑/20%/水乳剂/咪鲜胺 15%、抑霉唑 5%/2015.07.31 至 2020.07.31/低毒
苹果树 炭疽病 250-333毫克/千克 喷雾

PD20151584 苯甲·嘧菌酯/45%/悬浮剂/苯醚甲环唑 15%、嘧菌酯 30%/2015.08.28 至 2020.08.28/低毒
水稻 纹枯病 101.25-168.75克/公顷 喷雾

PD20151674 氟菌·多菌灵/30%/可湿性粉剂/多菌灵 25%、氟菌唑 5%/2015.08.28 至 2020.08.28/低毒
梨树 黑星病 375-500毫克/千克 喷雾

PD20151732 嘧菌·多菌灵/30%/悬浮剂/多菌灵 25%、嘧菌酯 5%/2015.08.28 至 2020.08.28/低毒
蔷薇科观赏花卉 白粉病 400-600毫克/千克 喷雾
水稻 纹枯病 360-720克/公顷 喷雾

PD20151733 硝磺草酮/25%/可分散油悬浮剂/硝磺草酮 25%/2015.08.28 至 2020.08.28/微毒
玉米田 一年生阔叶杂草 127.5-150克/公顷 定向茎叶喷雾

PD20151931 噻虫嗪/30%/悬浮剂/噻虫嗪 30%/2015.08.30 至 2020.08.30/低毒
水稻 稻飞虱 10.5-15.75克/公顷 喷雾

PD20152099 2甲·炔草酯/45%/可湿性粉剂/2甲4氯钠 40%、炔草酯 5%/2015.09.22 至 2020.09.22/低毒
冬小麦田 一年生杂草 438.8-506.3克/公顷 茎叶喷雾

PD20152127 烟·硝·莠去津/30%/可分散油悬浮剂/烟嘧磺隆 3%、莠去津 20%、硝磺草酮 7%/2015.09.22 至 2020.09.22/低毒
玉米田 一年生杂草 495-585克/公顷 茎叶喷雾

PD20152181 阿维·茚虫威/8%/悬浮剂/阿维菌素 2%、茚虫威 6%/2015.09.22 至 2020.09.22/低毒(原药高毒)
水稻 稻纵卷叶螟 18-24克/公顷 喷雾

PD20152214 稻瘟·己唑醇/30%/悬浮剂/稻瘟酰胺 20%、己唑醇 10%/2015.09.23 至 2020.09.23/低毒
水稻 稻瘟病 112.5-157.5克/公顷 喷雾

PD20152216 氰氟·双草醚/28%/可分散油悬浮剂/氰氟草酯 21%、双草醚 7%/2015.09.23 至 2020.09.23/低毒
水稻田(直播) 一年生杂草 84-105克/公顷 茎叶喷雾

PD20152230 烟嘧·辛酰溴/20%/可分散油悬浮剂/辛酰溴苯腈 16%、烟嘧磺隆 4%/2015.09.23 至 2020.09.23/低毒
玉米田 一年生杂草 240—300克/公顷 茎叶喷雾

PD20152316 丙环·戊唑醇/30%/悬浮剂/丙环唑 15%、戊唑醇 15%/2015.10.21 至 2020.10.21/低毒
水稻 纹枯病 90-112.5克/公顷 喷雾

PD20152320 噻虫嗪/70%/种子处理可分散粉剂/噻虫嗪 70%/2015.10.21 至 2020.10.21/低毒
玉米 灰飞虱 105-210克/100千克种子 拌种

PD20152534 氰氟草酯/20%/可湿性粉剂/氰氟草酯 20%/2015.12.05 至 2020.12.05/微毒
水稻田(直播) 稗草、千金子等禾本科杂草 90-105克/公顷 茎叶喷雾

PD20152628 2甲·唑草酮/70.5%/可湿性粉剂/2甲4氯钠 66.5%、唑草酮 4%/2015.12.18 至 2020.12.18/低毒
冬小麦田 一年生阔叶杂草 423-475.9克/公顷 茎叶喷雾

LS20120007 阿维·烯啶/15%/可湿性粉剂/阿维菌素 0.5%、烯啶虫胺 14.5%/2014.01.06 至 2015.01.06/低毒(原药高毒)
甘蓝 蚜虫 27-36克/公顷 喷雾

LS20120076 氯氟·噻虫啉/30%/水分散粒剂/高效氯氟氰菊酯 3%、噻虫啉 27%/2014.03.07 至 2015.03.07/低毒
甘蓝 蚜虫 27-45克/公顷 喷雾

LS20120340 阿维·烯啶/10%/水分散粒剂/阿维菌素 1%、烯啶虫胺 9%/2014.10.08 至 2015.10.08/低毒(原药高毒)
甘蓝 蚜虫 18—21克/公顷 喷雾

LS20120343 烯啶·噻虫啉/20%/水分散粒剂/烯啶虫胺 6.7%、噻虫啉 13.3%/2014.10.09 至 2015.10.09/低毒
甘蓝 蚜虫 36—60克/公顷 喷雾

LS20130362 烯啶·吡蚜酮/30%/可湿性粉剂/吡蚜酮 22.5%、烯啶虫胺 7.5%/2015.07.05 至 2016.07.05/低毒
甘蓝 蚜虫 45-63克/公顷 喷雾
水稻 稻飞虱 67.5-90克/公顷 喷雾

LS20140062 苯甲·醚菌酯/40%/悬浮剂/苯醚甲环唑 13.33%、醚菌酯 26.67%/2014.02.18 至 2015.02.18/低毒
蔷薇科观赏花卉 白粉病 160-267毫克/千克 喷雾

LS20140126 噻虫·高氯氟/22%/悬浮剂/高效氯氟氰菊酯 9.4%、噻虫嗪 12.6%/2015.03.17 至 2016.03.17/中等毒
小麦 蚜虫 16.5-23.1克/公顷 喷雾

LS20140250 硅唑·咪鲜胺/40%/水乳剂/氟硅唑 10%、咪鲜胺 30%/2015.07.14 至 2016.07.14/低毒
苹果树 炭疽病 125-166.7毫克/千克 喷雾

LS20140253 阿维·吡虫啉/8%/悬浮剂/阿维菌素 0.5%、吡虫啉 7.5%/2015.07.14 至 2016.07.14/低毒(原药高毒)
小麦 蚜虫 18-21.6克/公顷 喷雾

LS20140268 烯啶·吡蚜酮/60%/可湿性粉剂/吡蚜酮 45%、烯啶虫胺 15%/2015.08.25 至 2016.08.25/微毒
甘蓝 蚜虫 45-63克/公顷 喷雾

LS20140274 丙环·嘧菌酯/40%/悬乳剂/丙环唑 24%、嘧菌酯 16%/2015.08.25 至 2016.08.25/低毒
香蕉 叶斑病 200-400毫克/千克 喷雾

LS20140297 嘧菌酯/50%/悬浮剂/嘧菌酯 50%/2015.09.18 至 2016.09.18/低毒
水稻 稻瘟病 157.5-202.5克/公顷 喷雾
香蕉 叶斑病 200-250毫克/千克 喷雾

LS20140319 氟菌·多菌灵/60%/可湿性粉剂/多菌灵 50%、氟菌唑 10%/2015.10.27 至 2016.10.27/微毒
梨树 黑星病 428.6-500毫克/千克 喷雾

LS20140325 烯啶·吡蚜酮/30.0%/水分散粒剂/吡蚜酮 22.5%、烯啶虫胺 7.5%/2015.10.27 至 2016.10.27/微毒
甘蓝 蚜虫 45-63克/公顷 喷雾

LS20150012 赤霉·胺鲜酯/10%/可溶性粒剂/胺鲜酯 9.6%、赤霉酸A3 0.4%/2016.01.15 至 2017.01.15/低毒
大白菜 调节生长 41.6-52毫克/千克 喷雾

LS20150060 稻瘟酰胺/30%/悬浮剂/稻瘟酰胺 30%/2015.03.20 至 2016.03.20/低毒
水稻 稻瘟病 225-270克/公顷 喷雾

LS20150117 稻瘟·丙环唑/30%/悬浮剂/丙环唑 10%、稻瘟酰胺 20%/2015.05.12 至 2016.05.12/低毒
水稻 稻瘟病 202.5-225克/公顷 喷雾

LS20150131 稻瘟·三环唑/40%/悬浮剂/稻瘟酰胺 15%、三环唑 25%/2015.05.19 至 2016.05.19/低毒
水稻 稻瘟病 360-420克/公顷 喷雾

LS20150146 噻呋·氟环唑/30%/悬浮剂/氟环唑 20%、噻呋酰胺 10%/2015.06.08 至 2016.06.08/低毒
水稻 稻曲病、纹枯病 90-135克/公顷 喷雾

LS20150166 丙环唑/50%/水乳剂/丙环唑 50.0%/2015.06.12 至 2016.06.12/低毒
苹果树 褐斑病 100-166.7毫克/千克 喷雾

LS20150172 甲维·甲虫肼/20%/悬浮剂/甲氨基阿维菌素苯甲酸盐 2%、甲氧虫酰肼 18%/2015.06.14 至 2016.06.14/低毒
甘蓝 甜菜夜蛾 24-30克/公顷 喷雾

LS20150178 噻虫·噻嗪酮/30%/悬浮剂/噻虫嗪 5%、噻嗪酮 25%/2015.06.14 至 2016.06.14/低毒

水稻 稻飞虱 54-72克/公顷 喷雾
LS20150191 噻虫·吡蚜酮/70%/水分散粒剂/吡蚜酮 56%、噻虫嗪 14%/2015.06.14 至 2016.06.14/微毒
水稻 稻飞虱 42-63克/公顷 喷雾
LS20150198 噻呋·嘧菌酯/30%/悬浮剂/嘧菌酯 20%、噻呋酰胺 10%/2015.06.14 至 2016.06.14/低毒
水稻 纹枯病 135-180克/公顷 喷雾
LS20150248 精甲·嘧菌酯/39%/悬乳剂/精甲霜灵 10.8%、嘧菌酯 28.2%/2015.07.30 至 2016.07.30/低毒
草坪 腐霉枯萎病 438.75-585克/公顷 喷雾
LS20150257 阿维·烯啶/50.0%/水分散粒剂/阿维菌素 5%、烯啶虫胺 45%/2015.08.28 至 2016.08.28/低毒(原药高毒)
甘蓝 蚜虫 15-21克/公顷 喷雾
LS20150263 噻虫·咪鲜胺/35.0%/悬浮种衣剂/咪鲜胺 5%、噻虫嗪 30%/2015.08.28 至 2016.08.28/低毒
水稻 恶苗病、蓟马 70-87.5克/100千克种子 种子包衣
LS20150304 肟菌酯/50%/水分散粒剂/肟菌酯 50%/2015.10.21 至 2016.10.21/微毒
苹果树 褐斑病 62.5-71.4毫克/千克 喷雾
LS20150318 唑醚·代森联/72%/水分散粒剂/吡唑醚菌酯 6%、代森联 66%/2015.12.03 至 2016.12.03/低毒
黄瓜 霜霉病 324-540克/公顷 喷雾
LS20150346 联肼·螺螨酯/30%/悬浮剂/螺螨酯 15%、联苯肼酯 15%/2015.12.18 至 2016.12.18/低毒
柑橘树 红蜘蛛 85.7-120毫克/千克 喷雾
WP20090231 杀虫喷射剂/0.4%/喷射剂/胺菊酯 0.2%、高效氯氰菊酯 0.2%/2014.04.13 至 2019.04.13/低毒
卫生 蚊、蝇 / 喷射
WP20110231 杀虫粉剂/2.01%/粉剂/马拉硫磷 2%、溴氰菊酯 0.01%/2011.10.11 至 2016.10.11/低毒
室内 跳蚤 60-100毫克/平方米 撒施

陕西韦尔奇作物保护有限公司 (陕西蒲城农化基地工业园区 715500 029-87999234)

PD20083184 甲基硫菌灵/70%/可湿性粉剂/甲基硫菌灵 70%/2013.12.11 至 2018.12.11/低毒
苹果树 轮纹病 778～1000毫克/千克 喷雾
小麦 赤霉病 750-1050克/公顷 喷雾
PD20083228 三乙膦酸铝/80%/可湿性粉剂/三乙膦酸铝 80%/2013.12.11 至 2018.12.11/低毒
黄瓜 霜霉病 2200-2800克/公顷 喷雾
PD20083305 多菌灵/80%/可湿性粉剂/多菌灵 80%/2013.12.11 至 2018.12.11/低毒
水稻 纹枯病 750-900克/公顷 喷雾
PD20083314 虫酰肼/20%/悬浮剂/虫酰肼 20%/2013.12.11 至 2018.12.11/低毒
甘蓝 甜菜夜蛾 240-300克/公顷 喷雾
PD20083413 三唑酮/25%/可湿性粉剂/三唑酮 25%/2013.12.11 至 2018.12.11/低毒
小麦 白粉病 150-168.7克/公顷 喷雾
PD20083644 异菌脲/50%/可湿性粉剂/异菌脲 50%/2013.12.12 至 2018.12.12/低毒
番茄 早疫病 562.5-750克/公顷 喷雾
辣椒 立枯病 1-2克/平方米 泼浇
PD20083777 噻嗪酮/25%/可湿性粉剂/噻嗪酮 25%/2013.12.15 至 2018.12.15/低毒
水稻 稻飞虱 112.5-150克/公顷 喷雾
PD20084276 腐霉利/50%/可湿性粉剂/腐霉利 50%/2013.12.17 至 2018.12.17/低毒
黄瓜 灰霉病 375-750克/公顷 喷雾
PD20084329 甲基硫菌灵/36%/悬浮剂/甲基硫菌灵 36%/2013.12.17 至 2018.12.17/低毒
水稻 纹枯病 330-470克/公顷 喷雾
PD20084527 多菌灵/40%/悬浮剂/多菌灵 40%/2013.12.18 至 2018.12.18/低毒
水稻 纹枯病 960-1080克/公顷 喷雾
PD20084653 多菌灵/25%/可湿性粉剂/多菌灵 25%/2013.12.22 至 2018.12.22/低毒
水稻 稻瘟病 750-937.5克/公顷 喷雾
PD20084798 三唑锡/20%/悬浮剂/三唑锡 20%/2013.12.22 至 2018.12.22/低毒
柑橘树 红蜘蛛 133.3-200毫克/千克 喷雾
PD20084834 四螨嗪/500克/升/悬浮剂/四螨嗪 500克/升/2013.12.22 至 2018.12.22/低毒
苹果树 红蜘蛛 83.3-100毫克/千克 喷雾
PD20085076 四螨嗪/20%/悬浮剂/四螨嗪 20%/2013.12.23 至 2018.12.23/低毒
柑橘树 红蜘蛛 133.3-200毫克/千克 喷雾
PD20086054 速灭威/25%/可湿性粉剂/速灭威 25%/2013.12.29 至 2018.12.29/中等毒
水稻 稻飞虱 562.5-750克/公顷 喷雾
PD20090042 代森锰锌/80%/可湿性粉剂/代森锰锌 80%/2014.01.06 至 2019.01.06/低毒
番茄 早疫病 1800-2400克/公顷 喷雾
PD20090858 除虫脲/25%/可湿性粉剂/除虫脲 25%/2014.01.19 至 2019.01.19/低毒
苹果树 金纹细蛾 125-250毫克/千克 喷雾
PD20091238 苄嘧磺隆/10%/可湿性粉剂/苄嘧磺隆 10%/2014.02.01 至 2019.02.01/低毒
移栽水稻田 阔叶杂草 32.4-45克/公顷 毒土法
PD20093395 醚菊酯/10%/悬浮剂/醚菊酯 10%/2014.03.19 至 2019.03.19/低毒
甘蓝 菜青虫 45-60克/公顷 喷雾
PD20093509 苯丁锡/50%/可湿性粉剂/苯丁锡 50%/2014.03.23 至 2019.03.23/低毒

柑橘树 红蜘蛛 200-250毫克/千克 喷雾

PD20093658 春雷霉素/6%/可湿性粉剂/春雷霉素 6%/2014.03.25 至 2019.03.25/低毒

黄瓜 枯萎病 180-270克/公顷 灌根

PD20094228 唑螨酯/5%/悬浮剂/唑螨酯 5%/2014.03.31 至 2019.03.31/低毒

柑橘树 红蜘蛛 25-50毫克/千克 喷雾

PD20095627 乙烯利/40%/水剂/乙烯利 40%/2014.05.12 至 2019.05.12/低毒

香蕉 催熟 800-1000毫克/千克 浸渍

PD20095963 三唑锡/25%/可湿性粉剂/三唑锡 25%/2014.06.04 至 2019.06.04/低毒

柑橘树 红蜘蛛 125-250毫克/千克 喷雾

PD20097329 代森锌/80%/可湿性粉剂/代森锌 80%/2014.10.27 至 2019.10.27/低毒

花生 叶斑病 750-960克/公顷 喷雾

PD20097823 福·福锌/40%/可湿性粉剂/福美双 15%、福美锌 25%/2014.11.20 至 2019.11.20/中等毒

苹果树 炭疽病 1333－1600毫克/千克 喷雾

PD20100735 吗胍·乙酸铜/20%/可湿性粉剂/盐酸吗啉胍 10%、乙酸铜 10%/2015.01.16 至 2020.01.16/低毒

番茄 病毒病 625－750克/公顷 喷雾

PD20110385 腐霉利/80%/可湿性粉剂/腐霉利 80%/2011.04.12 至 2016.04.12/低毒

黄瓜 灰霉病 562.5－750克/公顷 喷雾

PD20110580 毒死蜱/25%/水乳剂/毒死蜱 25%/2011.05.27 至 2016.05.27/中等毒

水稻 稻纵卷叶螟 450-562.5克/公顷 喷雾

PD20110586 四螨·三唑锡/15%/悬浮剂/四螨嗪 5%、三唑锡 10%/2011.05.30 至 2016.05.30/低毒

柑橘树 红蜘蛛 75-150毫克/千克 喷雾

PD20110725 唑螨酯/20%/悬浮剂/唑螨酯 20%/2011.07.11 至 2016.07.11/低毒

柑橘树 红蜘蛛 33.3-50毫克/千克 喷雾

PD20110728 烯唑醇/12.5%/可湿性粉剂/烯唑醇 12.5%/2011.07.11 至 2016.07.11/低毒

梨树 黑星病 31-41毫克/千克 喷雾

PD20110732 矮壮素/50%/水剂/矮壮素 50%/2011.07.11 至 2016.07.11/低毒

棉花 调节生长 50-62.5毫克/千克 喷雾

PD20110861 甲氨基阿维菌素苯甲酸盐/5%/微乳剂/甲氨基阿维菌素 5%/2011.08.10 至 2016.08.10/低毒

甘蓝 甜菜夜蛾、小菜蛾 4.5-6克/公顷 喷雾

注:甲氨基阿维菌素苯甲酸盐含量:5.7%。

PD20110975 戊唑醇/40%/可湿性粉剂/戊唑醇 40%/2011.09.14 至 2016.09.14/低毒

苹果树 斑点落叶病 100－133.3毫克/千克 喷雾

PD20120026 噻嗪·异丙威/60%/可湿性粉剂/噻嗪酮 12%、异丙威 48%/2012.01.09 至 2017.01.09/低毒

水稻 稻飞虱 495-585克/公顷 喷雾

PD20120306 四螨·唑螨酯/21%/悬浮剂/四螨嗪 18%、唑螨酯 3%/2012.02.17 至 2017.02.17/低毒

柑橘树 红蜘蛛 70－105毫克/千克 喷雾

PD20120678 醚菌酯/40%/悬浮剂/醚菌酯 40%/2012.04.18 至 2017.04.18/低毒

苹果树 斑点落叶病 125－166.7毫克/千克 喷雾

香蕉 叶斑病 250-333.3毫克/千克 喷雾

PD20120697 烯酰吗啉/40%/可湿性粉剂/烯酰吗啉 40%/2012.04.18 至 2017.04.18/低毒

黄瓜 霜霉病 270－300克/公顷 喷雾

PD20120750 阿维·吡虫啉/18%/可湿性粉剂/阿维菌素 1%、吡虫啉 17%/2012.05.05 至 2017.05.05/低毒(原药高毒)

甘蓝 蚜虫 16.2-21.6克/公顷 喷雾

PD20121063 氟铃脲/20%/水分散粒剂/氟铃脲 20%/2012.07.12 至 2017.07.12/低毒

甘蓝 小菜蛾 45－60克/公顷 喷雾

PD20121088 甲硫·己唑醇/45%/可湿性粉剂/甲基硫菌灵 40%、己唑醇 5%/2012.07.19 至 2017.07.19/低毒

水稻 纹枯病 472.5－540克/公顷 喷雾

PD20121095 甲氨基阿维菌素苯甲酸盐/3%/悬浮剂/甲氨基阿维菌素 3%/2012.07.19 至 2017.07.19/低毒

甘蓝 小菜蛾 2.65-3.75克/公顷 喷雾

注:甲氨基阿维菌素苯甲酸盐含量: 3.4%。

PD20121249 烯酰吗啉/80%/水分散粒剂/烯酰吗啉 80%/2012.09.04 至 2017.09.04/低毒

黄瓜 霜霉病 264-300克/公顷 喷雾

PD20121269 高效氯氟氰菊酯/5%/水乳剂/高效氯氟氰菊酯 5%/2012.09.06 至 2017.09.06/中等毒

甘蓝 菜青虫 15－22.5克/公顷 喷雾

PD20121284 阿维菌素/6%/水分散粒剂/阿维菌素 6%/2012.09.06 至 2017.09.06/低毒(原药高毒)

甘蓝 小菜蛾 10.8-13.5克/公顷 喷雾

PD20121289 甲维·高氯氟/5%/水乳剂/高效氯氟氰菊酯 4.5%、甲氨基阿维菌素苯甲酸盐 0.5%/2012.09.06 至 2017.09.06/中等毒

甘蓝 菜青虫 7.5-11.25克/公顷 喷雾

PD20121292 戊唑醇/80%/可湿性粉剂/戊唑醇 80%/2012.09.06 至 2017.09.06/低毒

苹果树 斑点落叶病 106.7－133.3毫克/千克 喷雾

PD20121295 苯醚甲环唑/40%/悬浮剂/苯醚甲环唑 40%/2012.09.06 至 2017.09.06/低毒

水稻 纹枯病 90－120克/公顷 喷雾

香蕉 叶斑病 83.3-125毫克/千克 喷雾

PD20121392 苯醚甲环唑/10%/水乳剂/苯醚甲环唑 10%/2012.09.14 至 2017.09.14/低毒
苹果树 斑点落叶病 50-100毫克/千克 喷雾
PD20130339 己唑·多菌灵/30%/悬浮剂/多菌灵 28%、己唑醇 2%/2013.03.08 至 2018.03.08/低毒
水稻 纹枯病 562.5-675克/公顷 喷雾
PD20130352 草甘膦异丙胺盐/41%/水剂/草甘膦 41%/2013.03.11 至 2018.03.11/低毒
非耕地 杂草 1230-2460克/公顷 茎叶喷雾
注:草甘膦异丙胺盐含量:55%。
PD20130354 阿维菌素/5%/悬浮剂/阿维菌素 5%/2013.03.11 至 2018.03.11/低毒(原药高毒)
柑橘树 红蜘蛛 10-12.5毫克/千克 喷雾
水稻 稻纵卷叶螟 6.75-8.25克/公顷 喷雾
小麦 红蜘蛛 3-6克/公顷 喷雾
PD20130743 苯醚·甲硫/25%/可湿性粉剂/苯醚甲环唑 3%、甲基硫菌灵 22%/2013.04.12 至 2018.04.12/低毒
梨树 黑星病 96-125毫克/千克 喷雾
PD20130798 草铵膦/10%/水剂/草铵膦 10%/2013.04.22 至 2018.04.22/低毒
非耕地 杂草 1050-1800克/公顷 茎叶喷雾
PD20131118 烯酰·丙森锌/75%/可湿性粉剂/丙森锌 60%、烯酰吗啉 15%/2013.05.20 至 2018.05.20/低毒
黄瓜 霜霉病 900-1125克/公顷 喷雾
PD20131150 苯醚·丙环唑/30%/悬浮剂/苯醚甲环唑 15%、丙环唑 15%/2013.05.20 至 2018.05.20/低毒
水稻 纹枯病 67.5～112.5克/公顷 喷雾
PD20131224 丙森锌/80%/可湿性粉剂/丙森锌 80%/2013.05.28 至 2018.05.28/低毒
黄瓜 霜霉病 1920-2280克/公顷 喷雾
苹果树 斑点落叶病 1000-1143毫克/千克 喷雾
PD20131234 戊唑·异菌脲/25%/悬浮剂/戊唑醇 10%、异菌脲 15%/2013.05.28 至 2018.05.28/低毒
苹果树 斑点落叶病 125～250毫克/千克 喷雾
PD20131317 丙环唑/40%/悬浮剂/丙环唑 40%/2013.06.08 至 2018.06.08/低毒
水稻 稻瘟病 120-180克/公顷 喷雾
PD20131616 嘧菌酯/25%/悬浮剂/嘧菌酯 25%/2013.07.29 至 2018.07.29/低毒
葡萄 霜霉病 125-250毫克/千克 喷雾
香蕉 叶斑病 166.7-250毫克/千克 喷雾
PD20131712 阿维·唑螨酯/5%/悬浮剂/阿维菌素 0.5%、唑螨酯 4.5%/2013.08.16 至 2018.08.16/低毒(原药高毒)
柑橘树 红蜘蛛 20～25毫克/千克 喷雾
PD20131759 苯甲·醚菌酯/40%/水分散粒剂/苯醚甲环唑 10%、醚菌酯 30%/2013.09.06 至 2018.09.06/低毒
苹果树 斑点落叶病 80-133毫克/千克 喷雾
PD20131920 吡虫啉/600克/升/悬浮种衣剂/吡虫啉 600克/升/2013.09.25 至 2018.09.25/低毒
棉花 蚜虫 350-500克/100千克种子 种子包衣
小麦 蚜虫 360-420克/100千克种子 种子包衣
PD20131975 咪鲜·丙森锌/60%/可湿性粉剂/丙森锌 40%、咪鲜胺锰盐 20%/2013.10.10 至 2018.10.10/低毒
苹果树 炭疽病 600-750毫克/千克 喷雾
PD20131994 丙森·腈菌唑/45%/可湿性粉剂/丙森锌 40%、腈菌唑 5%/2013.10.10 至 2018.10.10/低毒
苹果树 斑点落叶病 225～450毫克/千克 喷雾
PD20132103 阿维·氟铃脲/11%/水分散粒剂/阿维菌素 1%、氟铃脲 10%/2013.10.24 至 2018.10.24/低毒(原药高毒)
甘蓝 小菜蛾 33—49.5克/公顷 喷雾
PD20132108 甲硫·醚菌酯/50%/可湿性粉剂/甲基硫菌灵 40%、醚菌酯 10%/2013.10.24 至 2018.10.24/低毒
苹果树 轮纹病 250-500毫克/千克 喷雾
PD20132126 氟啶脲/10%/水分散粒剂/氟啶脲 10%/2013.10.24 至 2018.10.24/低毒
甘蓝 小菜蛾 30—60克/公顷 喷雾
PD20132153 咪鲜胺锰盐/25%/可湿性粉剂/咪鲜胺锰盐 25%/2013.10.29 至 2018.10.29/低毒
苹果树 炭疽病 250-417毫克/千克 喷雾
PD20132188 甲硫·醚菌酯/25%/悬浮剂/甲基硫菌灵 20%、醚菌酯 5%/2013.10.29 至 2018.10.29/低毒
苹果树 轮纹病 250-500毫克/千克 喷雾
PD20132225 丙森·醚菌酯/48%/可湿性粉剂/丙森锌 40%、醚菌酯 8%/2013.11.05 至 2018.11.05/低毒
苹果树 斑点落叶病 300-600毫克/千克 喷雾
PD20132259 戊唑·丙森锌/70%/水分散粒剂/丙森锌 60%、戊唑醇 10%/2013.11.05 至 2018.11.05/低毒
苹果树 斑点落叶病 350-700毫克/千克 喷雾
PD20132292 炔草酯/15%/可湿性粉剂/炔草酯 15%/2013.11.08 至 2018.11.08/低毒
小麦田 一年生禾本科杂草 45-67.5克/公顷（冬小麦田），36-45克/公顷（春小麦田） 茎叶喷雾
PD20132324 戊唑醇/60克/升/悬浮种衣剂/戊唑醇 60克/升/2013.11.13 至 2018.11.13/微毒
高粱 丝黑穗病 6-9克/100千克种子 种子包衣
小麦 纹枯病 2-4克/100千克种子 种子包衣
小麦 散黑穗病 1.8-2.7克/100千克种子 种子包衣
玉米 丝黑穗病 6-12克/100千克种子 种子包衣
PD20132348 甲维·氟啶脲/15%/水分散粒剂/氟啶脲 14%、甲氨基阿维菌素 1%/2013.11.20 至 2018.11.20/低毒

	甘蓝	小菜蛾	18-27克/公顷	喷雾
PD20132349	甲维·高氯氟/10%/水乳剂/高效氯氟氰菊酯 9%、甲氨基阿维菌素苯甲酸盐 1%/2013.11.20 至 2018.11.20/中等毒			
	甘蓝	菜青虫	10.5-13.5克/公顷	喷雾
PD20132351	氯氟·啶虫脒/25%/水分散粒剂/啶虫脒 20%、高效氯氟氰菊酯 5%/2013.11.20 至 2018.11.20/中等毒			
	甘蓝	蚜虫	15－18.75克/公顷	喷雾
PD20132425	戊唑·咪鲜胺/30%/可湿性粉剂/咪鲜胺锰盐 20%、戊唑醇 10%/2013.11.20 至 2018.11.20/低毒			
	苹果树	炭疽病	200-300毫克/千克	喷雾
PD20132508	阿维·啶虫脒/30%/水分散粒剂/阿维菌素 2%、啶虫脒 28%/2013.12.16 至 2018.12.16/低毒(原药高毒)			
	甘蓝	蚜虫	9-13.5克/公顷	喷雾
PD20132680	炔螨特/40%/水乳剂/炔螨特 40%/2013.12.25 至 2018.12.25/低毒			
	柑橘树	红蜘蛛	200-400毫克/千克	喷雾
PD20132698	戊唑·多菌灵/45%/可湿性粉剂/多菌灵 39%、戊唑醇 6%/2013.12.25 至 2018.12.25/低毒			
	苹果树	轮纹病	375-562.5毫克/千克	喷雾
PD20140044	氰氟草酯/20%/可分散油悬浮剂/氰氟草酯 20%/2014.01.15 至 2019.01.15/低毒			
	水稻田(直播)	一年生禾本科杂草	90-105克/公顷	茎叶喷雾
PD20140355	氟硅唑/20%/水乳剂/氟硅唑 20%/2014.02.19 至 2019.02.19/低毒			
	梨树	黑星病	40-50毫克/千克	喷雾
PD20140545	甲基硫菌灵/500克/升/悬浮剂/甲基硫菌灵 500克/升/2014.03.06 至 2019.03.06/低毒			
	苹果树	轮纹病	625-833毫克/千克	喷雾
PD20140648	联苯肼酯/43%/悬浮剂/联苯肼酯 43%/2014.03.14 至 2019.03.14/低毒			
	柑橘树	红蜘蛛	165-239毫克/千克	喷雾
PD20140652	哒螨灵/45%/悬浮剂/哒螨灵 45%/2014.03.14 至 2019.03.14/低毒			
	柑橘树	红蜘蛛	64－90毫克/千克	喷雾
PD20140758	甲硫·戊唑醇/43%/悬浮剂/甲基硫菌灵 30%、戊唑醇 13%/2014.03.24 至 2019.03.24/低毒			
	苹果树	轮纹病	215-287毫克/千克	喷雾
PD20140761	苄氨·赤霉酸/3.6%/可溶液剂/苄氨基嘌呤 1.8%、赤霉酸A4+A7 1.8%/2014.03.24 至 2019.03.24/低毒			
	黄瓜	调节生长	36-45毫克/千克	喷雾
PD20140853	双草醚/10%/可分散油悬浮剂/双草醚 10%/2014.04.08 至 2019.04.08/低毒			
	水稻田(直播)	稗草、莎草及阔叶杂草	22.5-30克/公顷	茎叶喷雾
PD20140940	氯溴异氰尿酸/50%/可湿性粉剂/氯溴异氰尿酸 50%/2014.04.14 至 2019.04.14/低毒			
	水稻	细菌性条斑病	375－450克/公顷	喷雾
PD20141022	噻虫嗪/21%/悬浮剂/噻虫嗪 21%/2014.04.21 至 2019.04.21/低毒			
	观赏玫瑰	蓟马	63-78.8克/公顷	喷雾
	水稻	稻飞虱	9.45-15.75克/公顷	喷雾
	小麦	蚜虫	12.6-15.75克/公顷	喷雾
PD20141063	吡蚜酮/50%/可湿性粉剂/吡蚜酮 50%/2014.04.25 至 2019.04.25/低毒			
	甘蓝	蚜虫	90-120克/公顷	喷雾
	水稻	稻飞虱	90-120克/公顷	喷雾
	小麦	蚜虫	60-75克/公顷	喷雾
PD20141066	氟菌·醚菌酯/30%/可湿性粉剂/氟菌唑 10%、醚菌酯 20%/2014.04.25 至 2019.04.25/低毒			
	梨树	黑星病	75-150毫克/千克	喷雾
PD20141449	吡蚜·高氯氟/24%/可湿性粉剂/吡蚜酮 21%、高效氯氟氰菊酯 3%/2014.06.09 至 2019.06.09/低毒			
	甘蓝	蚜虫	54-72克/公顷	喷雾
PD20141506	苯醚·甲硫/50%/可湿性粉剂/苯醚甲环唑 6%、甲基硫菌灵 44%/2014.06.09 至 2019.06.09/低毒			
	梨树	黑星病	96-125毫克/千克	喷雾
PD20141562	吡蚜·噻嗪酮/50%/可湿性粉剂/吡蚜酮 10%、噻嗪酮 40%/2014.06.17 至 2019.06.17/低毒			
	水稻	稻飞虱	112.5-150克/公顷	喷雾
PD20142040	噁酮·霜脲/52.5%/水分散粒剂/噁唑菌酮 22.5%、霜脲氰 30%/2014.09.02 至 2019.09.02/低毒			
	黄瓜	霜霉病	196.875-275.6克/公顷	喷雾
PD20142047	苄氨·赤霉酸/1.8%/水分散粒剂/苄氨基嘌呤 0.9%、赤霉酸A4+A7 0.9%/2014.08.27 至 2019.08.27/低毒			
	黄瓜	调节生长	36-45毫克/千克	喷雾
PD20142197	稻瘟·戊唑醇/30%/悬浮剂/稻瘟酰胺 20%、戊唑醇 10%/2014.09.28 至 2019.09.28/低毒			
	水稻	稻瘟病	135-225克/公顷	喷雾
PD20142431	氟菌唑/35%/可湿性粉剂/氟菌唑 35%/2014.11.15 至 2019.11.15/低毒			
	梨树	黑星病	78-100毫克/千克	喷雾
PD20142579	稻瘟酰胺/40%/悬浮剂/稻瘟酰胺 40%/2014.12.15 至 2019.12.15/低毒			
	水稻	稻瘟病	180－300克/公顷	喷雾
PD20150056	苯醚·甲硫/70%/可湿性粉剂/苯醚甲环唑 8.4%、甲基硫菌灵 61.6%/2015.01.05 至 2020.01.05/低毒			
	梨树	黑星病	100-116.7毫克/千克	喷雾
PD20150355	噻虫·毒死蜱/30%/悬乳剂/毒死蜱 25%、噻虫嗪 5%/2015.03.03 至 2020.03.03/中等毒			
	草坪	蛴螬	225-675克/公顷	喷雾
PD20150455	嘧菌酯/80%/水分散粒剂/嘧菌酯 80%/2015.03.20 至 2020.03.20/低毒			
	黄瓜	霜霉病	120-180克/公顷	喷雾

PD20150838 草铵膦/50%/水剂/草铵膦 50%/2015.05.18 至 2020.05.18/低毒
非耕地 杂草 1050-1425克/公顷 茎叶喷雾
PD20150890 甲硫·醚菌酯/50%/水分散粒剂/甲基硫菌灵 40%、醚菌酯 10%/2015.05.19 至 2020.05.19/微毒
苹果树 轮纹病 250-500毫克/千克 喷雾
PD20151044 氟环·嘧菌酯/32%/悬浮剂/氟环唑 12%、嘧菌酯 20%/2015.06.14 至 2020.06.14/低毒
香蕉 叶斑病 213-320毫克/千克 喷雾
PD20151071 氟虫腈/5%/悬浮种衣剂/氟虫腈 5%/2015.06.14 至 2020.06.14/低毒
玉米 蛴螬 75-125克/100千克种子 种子包衣
PD20151072 多杀霉素/10%/悬浮剂/多杀霉素 10%/2015.06.14 至 2020.06.14/低毒
茄子 蓟马 24-37.5克/公顷 喷雾
PD20151526 联肼·螺螨酯/40%/悬浮剂/螺螨酯 10%、联苯肼酯 30%/2015.08.03 至 2020.08.03/低毒
柑橘树 红蜘蛛 100-200毫克/千克 喷雾
PD20151578 丙环·嘧菌酯/40%/悬乳剂/丙环唑 24%、嘧菌酯 16%/2015.08.28 至 2020.08.28/低毒
香蕉 叶斑病 200-400毫克/千克 喷雾
PD20151668 苯甲·嘧菌酯/36%/悬浮剂/苯醚甲环唑 12%、嘧菌酯 24%/2015.08.28 至 2020.08.28/低毒
香蕉 叶斑病 180-225毫克/千克 喷雾
PD20151675 吡蚜·甲萘威/24%/可湿性粉剂/吡蚜酮 3%、甲萘威 21%/2015.08.28 至 2020.08.28/低毒
水稻 稻飞虱 396-612克/公顷 喷雾
PD20151719 阿维菌素/0.5%/颗粒剂/阿维菌素 0.5%/2015.08.28 至 2020.08.28/低毒
黄瓜 根结线虫 225-300克/公顷 沟施、穴施
PD20151721 丙森·醚菌酯/48%/水分散粒剂/丙森锌 40%、醚菌酯 8%/2015.08.28 至 2020.08.28/低毒
苹果树 斑点落叶病 300-600毫克/千克 喷雾
PD20151811 氟啶胺/500克/升/悬浮剂/氟啶胺 500克/升/2015.08.28 至 2020.08.28/低毒
马铃薯 晚疫病 202.5-247.5克/公顷 喷雾
PD20151814 烯酰·嘧菌酯/70%/水分散粒剂/嘧菌酯 20%、烯酰吗啉 50%/2015.08.28 至 2020.08.28/低毒
黄瓜 霜霉病 262.5-367.5克/公顷 喷雾
PD20151830 阿维·吡蚜酮/25%/可湿性粉剂/阿维菌素 1%、吡蚜酮 24%/2015.08.28 至 2020.08.28/低毒(原药高毒)
甘蓝 蚜虫 45-75克/公顷 喷雾
PD20151859 甲基硫菌灵/3%/糊剂/甲基硫菌灵 3%/2015.08.30 至 2020.08.30/低毒
苹果树 腐烂病 3-9克/平方米 涂抹
PD20151871 阿维·茚虫威/10%/悬浮剂/阿维菌素 2%、茚虫威 8%/2015.08.30 至 2020.08.30/低毒(原药高毒)
水稻 稻纵卷叶螟 22.5-37.5克/公顷 喷雾
PD20151901 苯甲·醚菌酯/72%/水分散粒剂/苯醚甲环唑 18%、醚菌酯 54%/2015.08.30 至 2020.08.30/微毒
苹果树 斑点落叶病 80-133毫克/千克 喷雾
PD20151903 噻虫啉/50%/水分散粒剂/噻虫啉 50%/2015.08.30 至 2020.08.30/低毒
甘蓝 蚜虫 45-105克/公顷 喷雾
水稻 稻飞虱 75－105克/公顷 喷雾
PD20151927 醚菌·氟环唑/50%/水分散粒剂/氟环唑 30%、醚菌酯 20%/2015.08.30 至 2020.08.30/低毒
苹果树 斑点落叶病 100-142.9毫克/千克 喷雾
PD20151954 阿维·螺螨酯/24%/悬浮剂/阿维菌素 3%、螺螨酯 21%/2015.08.30 至 2020.08.30/低毒(原药高毒)
柑橘树 红蜘蛛 34-48毫克/千克 喷雾
PD20151962 阿维·联苯肼/20%/悬浮剂/阿维菌素 1%、联苯肼酯 19%/2015.08.30 至 2020.08.30/低毒(原药高毒)
柑橘树 红蜘蛛 80-133.3毫克/千克 喷雾
PD20152175 甲硫·醚菌酯/50%/悬浮剂/甲基硫菌灵 40%、醚菌酯 10%/2015.09.22 至 2020.09.22/低毒
苹果树 轮纹病 250-500毫克/千克 喷雾
PD20152228 戊唑·醚菌酯/30%/悬浮剂/醚菌酯 15%、戊唑醇 15%/2015.09.23 至 2020.09.23/低毒
苹果树 斑点落叶病 100-150毫克/千克 喷雾
PD20152515 烯啶虫胺/5%/水剂/烯啶虫胺 5%/2015.12.05 至 2020.12.05/低毒
棉花 蚜虫 15－30克/公顷 喷雾
PD20152517 噻唑膦/20%/水乳剂/噻唑膦 20%/2015.12.05 至 2020.12.05/中等毒
黄瓜 根结线虫 2250-3000克/公顷 灌根
PD20152546 戊唑·咪鲜胺/40%/水乳剂/咪鲜胺 26.7%、戊唑醇 13.3%/2015.12.05 至 2020.12.05/低毒
香蕉 黑星病 267-400毫克/千克 喷雾
PD20152584 霜脲·嘧菌酯/60%/水分散粒剂/嘧菌酯 10%、霜脲氰 50%/2015.12.17 至 2020.12.17/低毒
黄瓜 霜霉病 126-162克/公顷 喷雾
PD20152614 烯啶·吡蚜酮/40%/可湿性粉剂/吡蚜酮 30%、烯啶虫胺 10%/2015.12.17 至 2020.12.17/低毒
甘蓝 蚜虫 60-90克/公顷 喷雾
LS20120038 烯啶虫胺/20%/水剂/烯啶虫胺 20%/2014.02.06 至 2015.02.06/低毒
棉花 蚜虫 30-36克/公顷 喷雾
LS20120223 嘧菌环胺/50%/可湿性粉剂/嘧菌环胺 50%/2014.06.15 至 2015.06.15/低毒
苹果树 斑点落叶病 100-125毫克/千克 喷雾
LS20130379 芸苔·赤霉酸/1.51%/水分散粒剂/赤霉酸A4+A7 1.5%、芸苔素内酯 0.01%/2015.07.29 至 2016.07.29/低毒
苹果树 调节生长 2.323-2.745毫克/千克 茎叶喷雾

LS20130389 芸苔·嘌呤/2.01%/水分散粒剂/苄氨基嘌呤 2%、芸苔素内酯 0.01%/2015.07.29 至 2016.07.29/低毒
苹果树 调节生长 3.09-3.65毫克/千克 喷雾
LS20130413 嘧菌环胺/30%/悬浮剂/嘧菌环胺 30%/2015.07.30 至 2016.07.30/微毒
观赏百合 灰霉病 225-675克/公顷 喷雾
水稻 稻瘟病 90-112.5克/公顷 喷雾
LS20140094 噻虫·高氯氟/22%/悬浮剂/高效氯氟氰菊酯 9.4%、噻虫嗪 12.6%/2015.03.14 至 2016.03.14/中等毒
小麦 蚜虫 14.85-21.45克/公顷 喷雾
LS20140116 烯啶·吡蚜酮/60%/可湿性粉剂/吡蚜酮 45%、烯啶虫胺 15%/2015.03.17 至 2016.03.17/微毒
甘蓝 蚜虫 72-90克/公顷 喷雾
水稻 稻飞虱 63-117克/公顷 喷雾
LS20140195 烯啶·吡蚜酮/40%/水分散粒剂/吡蚜酮 30%、烯啶虫胺 10%/2015.05.06 至 2016.05.06/低毒
甘蓝 蚜虫 60-90克/公顷 喷雾
LS20140209 烯酰·丙森锌/75%/水分散粒剂/丙森锌 60%、烯酰吗啉 15%/2015.06.16 至 2016.06.16/低毒
黄瓜 霜霉病 675-1125克/公顷 喷雾
LS20140243 多杀·噻虫嗪/30%/悬浮剂/多杀霉素 10%、噻虫嗪 20%/2015.07.14 至 2016.07.14/微毒
观赏玫瑰 蓟马 45-90克/公顷 喷雾
LS20140303 氯吡·炔草酯/18%/可湿性粉剂/氯氟吡氧乙酸 12%、炔草酯 6%/2015.09.18 至 2016.09.18/低毒
冬小麦田 一年生杂草 108-189克/公顷 茎叶喷雾
LS20150024 戊唑·代森联/70%/可湿性粉剂/代森联 65%、戊唑醇 5%/2016.01.15 至 2017.01.15/低毒
苹果树 斑点落叶病 1000—1167毫克/千克 喷雾
LS20150056 联苯·哒螨灵/45%/悬浮剂/哒螨灵 15%、联苯肼酯 30%/2015.03.20 至 2016.03.20/低毒
柑橘树 红蜘蛛 180-225毫克/千克 喷雾
LS20150167 噻呋·己唑醇/50%/悬浮剂/己唑醇 40%、噻呋酰胺 10%/2015.06.12 至 2016.06.12/低毒
水稻 纹枯病 60-90克/公顷 喷雾
LS20150192 烯酰·嘧菌酯/42%/悬浮剂/嘧菌酯 12%、烯酰吗啉 30%/2015.06.14 至 2016.06.14/低毒
黄瓜 霜霉病 189-315克/公顷 喷雾
LS20150200 多杀·甲维盐/7%/悬浮剂/多杀霉素 5%、甲氨基阿维菌素苯甲酸盐 2%/2015.07.29 至 2016.07.29/低毒
甘蓝 小菜蛾 6.3-8.4克/公顷 喷雾
LS20150262 阿维·灭蝇胺/33%/悬浮剂/阿维菌素 3%、灭蝇胺 30%/2015.08.28 至 2016.08.28/低毒(原药高毒)
黄瓜 美洲斑潜蝇 89.1-113.85克/公顷 喷雾
LS20150264 三环·己唑醇/40%/悬浮剂/己唑醇 10%、三环唑 30%/2015.08.28 至 2016.08.28/低毒
水稻 稻瘟病 240-270克/公顷 喷雾
LS20150267 二氰蒽醌/40%/悬浮剂/二氰蒽醌 40%/2015.08.28 至 2016.08.28/低毒
苹果树 轮纹病 571-800毫克/千克 喷雾
LS20150269 戊唑·代森联/70%/水分散粒剂/代森联 65%、戊唑醇 5%/2015.08.28 至 2016.08.28/微毒
苹果树 斑点落叶病 1000-1167毫克/千克 喷雾
LS20150272 苯甲·嘧菌酯/60%/水分散粒剂/苯醚甲环唑 20%、嘧菌酯 40%/2015.08.28 至 2016.08.28/低毒
黄瓜 白粉病 180-225克/公顷 喷雾
LS20150276 肟菌酯/40%/悬浮剂/肟菌酯 40%/2015.08.30 至 2016.08.30/低毒
苹果树 褐斑病 61.5-72.7毫克/千克 喷雾
LS20150278 多杀·虫螨腈/12%/悬浮剂/虫螨腈 10%、多杀霉素 2%/2015.08.30 至 2016.08.30/低毒
甘蓝 小菜蛾 36-72克/公顷 喷雾
LS20150283 氰霜唑/50%/水分散粒剂/氰霜唑 50%/2015.08.30 至 2016.08.30/低毒
葡萄 霜霉病 40-50毫克/千克 喷雾
LS20150288 双氟·氯氟吡/15%/可湿性粉剂/双氟磺草胺 0.5%、氯氟吡氧乙酸异辛酯 14.5%/2015.09.22 至 2016.09.22/低毒
冬小麦田 一年生阔叶杂草 90-135克/公顷 茎叶喷雾
LS20150298 甲维·甲虫肼/20%/悬浮剂/甲氨基阿维菌素苯甲酸盐 2%、甲氧虫酰肼 18%/2015.09.23 至 2016.09.23/低毒
甘蓝 小菜蛾 24-30克/公顷 喷雾
LS20150302 氟环·咪鲜胺/40%/悬浮剂/氟环唑 8%、咪鲜胺 32%/2015.09.23 至 2016.09.23/低毒
水稻 稻瘟病、纹枯病 240-270克/公顷 喷雾
LS20150320 吡唑醚菌酯/30%/水乳剂/吡唑醚菌酯 30%/2015.12.03 至 2016.12.03/低毒
苹果树 褐斑病 50-60毫克/千克 喷雾
LS20150323 硝磺·异甲·莠/45%/可分散油悬浮剂/异丙甲草胺 20%、莠去津 20%、硝磺草酮 5%/2015.12.04 至 2016.12.04/低毒
玉米田 一年生杂草 810-1350克/公顷 茎叶喷雾
LS20150330 氯氟·吡虫啉/15%/悬浮剂/吡虫啉 10%、高效氯氟氰菊酯 5%/2015.12.04 至 2016.12.04/低毒
小麦 吸浆虫、蚜虫 13.5-22.5克/公顷 喷雾

陕西西大华特科技实业有限公司 (陕西省西安市高新区科技二路65号清华科技园A座308室 710075 029-89529300)

PD20086022 噻霉酮/95%/原药/噻霉酮 95%/2013.12.29 至 2018.12.29/低毒
PD20086023 噻霉酮/1.5%/水乳剂/噻霉酮 1.5%/2013.12.29 至 2018.12.29/低毒
黄瓜 霜霉病 26.1-39.4克/公顷 喷雾
梨树 黑星病 15-18.75毫克/千克 喷雾
苹果树 轮纹病 20-25毫克/千克 喷雾
小麦 赤霉病 9-11.25克/公顷 喷雾

PD20092957 腈菌·福美双/20%/可湿性粉剂/福美双 18%、腈菌唑 2%/2014.03.09 至 2019.03.09/低毒
黄瓜 黑星病 200-400克/公顷 喷雾
PD20093331 乙铝·锰锌/70%/可湿性粉剂/代森锰锌 45%、三乙膦酸铝 25%/2014.03.18 至 2019.03.18/低毒
黄瓜 霜霉病 1575-3937.5克/公顷 喷雾
PD20093519 四螨嗪/10%/可湿性粉剂/四螨嗪 10%/2014.03.23 至 2019.03.23/低毒
柑橘树 红蜘蛛 100-125毫克/千克 喷雾
PD20093653 噁霉灵/8%/水剂/噁霉灵 8%/2014.03.25 至 2019.03.25/低毒
辣椒 立枯病 0.75-1.05克/平方米 泼浇
水稻育秧田 立枯病 11250-15000克/公顷 苗床土壤处理
PD20093678 炔螨特/40%/乳油/炔螨特 40%/2014.03.25 至 2019.03.25/低毒
柑橘 红蜘蛛 300-400毫克/千克 喷雾
PD20093853 噻嗪·异丙威/25%/可湿性粉剂/噻嗪酮 6%、异丙威 19%/2014.03.25 至 2019.03.25/低毒
水稻 稻飞虱 262.5-300克/公顷 喷雾
PD20093942 四螨嗪/50%/悬浮剂/四螨嗪 50%/2014.03.27 至 2019.03.27/低毒
苹果树 红蜘蛛 83.3-100毫克/千克 喷雾
PD20094222 多·锰锌/50%/可湿性粉剂/多菌灵 8%、代森锰锌 42%/2014.03.31 至 2019.03.31/低毒
苹果树 斑点落叶病 1000-1250毫克/千克 喷雾
PD20094267 硫磺·甲硫灵/70%/可湿性粉剂/甲基硫菌灵 30%、硫磺 40%/2014.03.31 至 2019.03.31/中等毒
黄瓜 白粉病 840-1050克/公顷 喷雾
PD20094293 多·福/30%/可湿性粉剂/多菌灵 15%、福美双 15%/2014.03.31 至 2019.03.31/低毒
辣椒 立枯病 3-4.5克/平方米 药土法
PD20094459 硫磺·三环唑/40%/悬浮剂/硫磺 35%、三环唑 5%/2014.04.01 至 2019.04.01/低毒
水稻 稻瘟病 960-1200克/公顷 喷雾
PD20094671 苯丁·哒螨灵/10%/乳油/苯丁锡 5%、哒螨灵 5%/2014.04.10 至 2019.04.10/中等毒
柑橘树 红蜘蛛 50-100毫克/千克 喷雾
PD20094776 阿维·吡虫啉/1.8%/可湿性粉剂/阿维菌素 0.1%、吡虫啉 1.7%/2014.04.13 至 2019.04.13/低毒(原药高毒)
萝卜 蚜虫 8.1-13.5克/公顷 喷雾
PD20094841 阿维·高氯/5%/乳油/阿维菌素 0.5%、高效氯氰菊酯 4.5%/2014.04.13 至 2019.04.13/低毒(原药高毒)
十字花科蔬菜 菜青虫、小菜蛾 13.5-27克/公顷 喷雾
PD20095064 锰锌·百菌清/64%/可湿性粉剂/百菌清 8%、代森锰锌 56%/2014.04.21 至 2019.04.21/低毒
番茄 早疫病 1248-1632克/公顷 喷雾
PD20095201 阿维·杀虫单/20%/微乳剂/阿维菌素 0.2%、杀虫单 19.8%/2014.04.24 至 2019.04.24/低毒(原药高毒)
菜豆 美洲斑潜蝇 90-270克/公顷 喷雾
PD20096216 哒螨灵/15%/乳油/哒螨灵 15%/2014.07.15 至 2019.07.15/中等毒
苹果树 红蜘蛛 50-66.7毫克/千克 喷雾
PD20096864 三唑锡/20%/可湿性粉剂/三唑锡 20%/2014.09.22 至 2019.09.22/低毒
柑橘树 红蜘蛛 125-250毫克/千克 喷雾
PD20097323 阿维·高氯/2.4%/可湿性粉剂/阿维菌素 0.2%、高效氯氰菊酯 2.2%/2014.10.27 至 2019.10.27/低毒(原药高毒)
黄瓜 美洲斑潜蝇 15-30克/公顷 喷雾
PD20097330 氯氰·毒死蜱/522.5克/升/乳油/毒死蜱 475克/升、氯氰菊酯 47.5克/升/2014.10.27 至 2019.10.27/中等毒
柑橘树 潜叶蛾 458-550毫克/千克 喷雾
PD20097332 毒死蜱/40%/乳油/毒死蜱 40%/2014.10.27 至 2019.10.27/中等毒
棉花 棉铃虫 75-150毫升制剂/亩 喷雾
PD20097606 氯氰·毒死蜱/25%/乳油/毒死蜱 22.5%、氯氰菊酯 2.5%/2014.11.03 至 2019.11.03/低毒
棉花 棉铃虫 300-375克/公顷 喷雾
PD20097637 甲霜·锰锌/58%/可湿性粉剂/甲霜灵 10%、代森锰锌 48%/2014.11.03 至 2019.11.03/低毒
黄瓜 霜霉病 675－1050克/公顷 喷雾
PD20097680 甲基硫菌灵/70%/可湿性粉剂/甲基硫菌灵 70%/2014.11.04 至 2019.11.04/低毒
苹果树 轮纹病 700-1167毫克/千克 喷雾
PD20097760 联苯菊酯/90%/原药/联苯菊酯 90%/2014.11.12 至 2019.11.12/中等毒
PD20097762 代森锰锌/80%/可湿性粉剂/代森锰锌 80%/2014.11.12 至 2019.11.12/低毒
番茄 早疫病 2160－2520克/公顷 喷雾
PD20097809 虫酰肼/20%/悬浮剂/虫酰肼 20%/2014.11.20 至 2019.11.20/低毒
甘蓝 甜菜夜蛾 255-300克/公顷 喷雾
PD20097824 戊唑醇/95%/原药/戊唑醇 95%/2014.11.20 至 2019.11.20/低毒
PD20097835 氟啶脲/94%/原药/氟啶脲 94%/2014.11.20 至 2019.11.20/低毒
PD20097882 联苯菊酯/100克/升/乳油/联苯菊酯 100克/升/2014.11.20 至 2019.11.20/低毒
茶树 茶小绿叶蝉 30-37.5克/公顷 喷雾
PD20097894 虫酰肼/95%/原药/虫酰肼 95%/2014.11.30 至 2019.11.30/低毒
PD20097897 喹硫磷/25%/乳油/喹硫磷 25%/2014.11.30 至 2019.11.30/中等毒
柑橘树 介壳虫 250-312毫克/千克 喷雾
PD20097928 百菌清/75%/可湿性粉剂/百菌清 75%/2014.11.30 至 2019.11.30/低毒
番茄 早疫病 1653.8－3000克/公顷 喷雾

PD20097966 丙环唑/250克/升/乳油/丙环唑 250克/升/2014.12.01 至 2019.12.01/低毒
香蕉树 叶斑病 250-500毫克/千克 喷雾
PD20098065 丙环唑/88%/原药/丙环唑 88%/2014.12.07 至 2019.12.07/低毒
PD20098324 炔螨特/73%/乳油/炔螨特 73%/2014.12.18 至 2019.12.18/低毒
柑橘树 红蜘蛛 292-365毫克/千克 喷雾
PD20100039 噁霜·锰锌/64%/可湿性粉剂/噁霜灵 8%、代森锰锌 56%/2015.01.04 至 2020.01.04/低毒
黄瓜 霜霉病 1650－1950克/公顷 喷雾
PD20100058 噻螨酮/5%/乳油/噻螨酮 5%/2015.01.04 至 2020.01.04/低毒
柑橘树 红蜘蛛 25-33.33毫克/千克 喷雾
PD20100161 噻霉酮/3%/可湿性粉剂/噻霉酮 3%/2015.01.05 至 2020.01.05/低毒
黄瓜 细菌性角斑病 32.85－39.6克/公顷 喷雾
PD20100255 哒螨灵/20%/可湿性粉剂/哒螨灵 20%/2015.01.11 至 2020.01.11/低毒
苹果树 红蜘蛛 50-75毫克/千克 喷雾
PD20100266 唑螨酯/5%/悬浮剂/唑螨酯 5%/2015.01.11 至 2020.01.11/低毒
柑橘树 红蜘蛛 25-50毫克/千克 喷雾
PD20100450 吡虫啉/10%/可湿性粉剂/吡虫啉 10%/2015.01.14 至 2020.01.14/低毒
水稻 稻飞虱 15-30克/公顷 喷雾
小麦 蚜虫 15-30克/公顷 喷雾
PD20100871 除虫脲/25%/可湿性粉剂/除虫脲 25%/2015.01.19 至 2020.01.19/低毒
柑橘树 锈壁虱 62.5-83.3毫克/千克 喷雾
PD20101008 氟氯氰菊酯/5.7%/乳油/氟氯氰菊酯 5.7%/2015.01.20 至 2020.01.20/低毒
甘蓝 菜青虫 25.65-34.2克/公顷 喷雾
PD20120375 噻霉酮/1.6%/涂抹剂/噻霉酮 1.6%/2012.02.24 至 2017.02.24/低毒
苹果树 腐烂病 1.28-1.92克/平方米 涂抹
PD20130018 高效氯氟氰菊酯/5%/水乳剂/高效氯氟氰菊酯 5%/2013.01.04 至 2018.01.04/中等毒
甘蓝 小菜蛾 11.25-15克/公顷 喷雾
小麦 蚜虫 7.5-10.5克/公顷 喷雾
小麦 吸浆虫 5.25-8.25克/公顷 喷雾
PD20130231 苯醚甲环唑/30%/水分散粒剂/苯醚甲环唑 30%/2013.01.30 至 2018.01.30/低毒
苦瓜 白粉病 105-150克/公顷 喷雾
芹菜 斑枯病 52.5-67.5克/公顷 喷雾
香蕉 叶斑病 83-125毫克/千克 喷雾
PD20130594 戊唑醇/12.5%/水乳剂/戊唑醇 12.5%/2013.04.02 至 2018.04.02/低毒
苦瓜 白粉病 75-112.5克/公顷 喷雾
香蕉 叶斑病 208-313毫克/千克 喷雾
小麦 条锈病 75-123.75克/公顷 喷雾
PD20130595 烯酰·丙森锌/72%/可湿性粉剂/丙森锌 60%、烯酰吗啉 12%/2013.04.02 至 2018.04.02/低毒
黄瓜 霜霉病 1835-2160克/公顷 喷雾
PD20131030 丙森·膦酸铝/72%/可湿性粉剂/丙森锌 60%、三乙膦酸铝 12%/2013.05.13 至 2018.05.13/低毒
黄瓜 霜霉病 1804-2160克/公顷 喷雾
PD20131418 吡虫啉/600克/升/悬浮剂/吡虫啉 600克/升/2013.07.02 至 2018.07.02/低毒
甘蓝 蚜虫 21.6-28.8克/公顷 喷雾
PD20131644 苯醚甲环唑/95%/原药/苯醚甲环唑 95%/2013.07.30 至 2018.07.30/低毒
PD20132230 苯醚·噻霉酮/12%/水乳剂/苯醚甲环唑 10%、噻霉酮 2%/2013.11.05 至 2018.11.05/低毒
梨树 炭疽病 24-30毫克/千克 喷雾
PD20140601 霜霉威盐酸盐/35%/水剂/霜霉威盐酸盐 35%/2014.03.06 至 2019.03.06/低毒
黄瓜 霜霉病 840-1050克/公顷 喷雾
PD20141591 啶虫脒/20%/可溶液剂/啶虫脒 20%/2014.06.17 至 2019.06.17/低毒
柑橘树 蚜虫 8.0-13.3毫克/千克 喷雾
PD20141717 阿维菌素/3%/水乳剂/阿维菌素 3%/2014.06.30 至 2019.06.30/中等毒(原药高毒)
水稻 稻纵卷叶螟 5.4-8.1克/公顷 喷雾
PD20141781 氟环唑/12.5%/悬浮剂/氟环唑 12.5%/2014.07.14 至 2019.07.14/低毒
香蕉 叶斑病 150-168.75克/公顷 喷雾
PD20141923 嘧菌酯/50%/水分散粒剂/嘧菌酯 50%/2014.08.01 至 2019.08.01/低毒
黄瓜 霜霉病 120-180克/公顷 喷雾
PD20142296 醚菌酯/30%/悬浮剂/醚菌酯 30%/2014.11.02 至 2019.11.02/低毒
小麦 锈病 225-315克/公顷 喷雾
PD20150040 甲氨基阿维菌素苯甲酸盐/5%/水分散粒剂/甲氨基阿维菌素 5%/2015.01.04 至 2020.01.04/中等毒
水稻 稻纵卷叶螟 7.5-11.25克/公顷 喷雾
注:甲氨基阿维菌素苯甲酸盐含量：5.7%。
PD20150508 戊唑醇/430克/升/悬浮剂/戊唑醇 430克/升/2015.03.23 至 2020.03.23/低毒
苹果树 斑点落叶病 71.7-86毫克/千克 喷雾
PD20150739 阿维菌素/5%/微乳剂/阿维菌素 5%/2015.04.20 至 2020.04.20/中等毒(原药高毒)

水稻 稻纵卷叶螟 4.4-8.8克/公顷 喷雾
PD20150979 戊唑·噻霉酮/27%/水乳剂/噻霉酮 2%、戊唑醇 25%/2015.06.11 至 2020.06.11/低毒
苹果树 斑点落叶病 54-67.5毫克/千克 喷雾
PD20151083 茚虫威/150克/升/悬浮剂/茚虫威 150克/升/2015.06.14 至 2020.06.14/低毒
甘蓝 菜青虫 11.25-22.5克/公顷 喷雾
PD20151515 噻霉酮/3%/水分散粒剂/噻霉酮 3%/2015.08.03 至 2020.08.03/低毒
烟草 野火病 29--40克/公顷 喷雾
PD20151595 吡虫啉/600克/升/悬浮种衣剂/吡虫啉 600克/升/2015.08.28 至 2020.08.28/低毒
棉花 蚜虫 353-500克/100千克种子 种子包衣
PD20151671 吡唑醚菌酯/97.5%/原药/吡唑醚菌酯 97.5%/2015.08.28 至 2020.08.28/低毒
PD20151722 丙森锌/70%/可湿性粉剂/丙森锌 70%/2015.08.28 至 2020.08.28/低毒
苹果树 斑点落叶病 1000－1167毫克/千克 喷雾
PD20151778 噻霉酮/5%/悬浮剂/噻霉酮 5%/2015.08.28 至 2020.08.28/低毒
水稻 细菌性条斑病 26.25-37.5克/公顷 喷雾
PD20151870 苯醚甲环唑/30克/升/悬浮种衣剂/苯醚甲环唑 30克/升/2015.08.30 至 2020.08.30/低毒
小麦 散黑穗病 7.5-9克/100千克种子 种子包衣
LS20140037 噻虫·吡蚜酮/40%/水分散粒剂/吡蚜酮 28.4%、噻虫嗪 11.6%/2016.02.13 至 2017.02.13/低毒
观赏菊花 蚜虫 60-90克/公顷 喷雾
水稻 稻飞虱 24-36克/公顷 喷雾
LS20140111 噻虫·高氯/26%/悬浮剂/高效氯氟氰菊酯 14.9%、噻虫嗪 11.1%/2016.03.17 至 2017.03.17/低毒
观赏菊花 蓟马 39-58.5克/公顷 喷雾
LS20140237 嘧菌·噻霉酮/23%/悬浮剂/嘧菌酯 20%、噻霉酮 3%/2015.07.14 至 2016.07.14/低毒
水稻 稻瘟病 157-199克/公顷 喷雾
LS20150223 氨基寡糖素/5%/水剂/氨基寡糖素 5%/2015.07.30 至 2016.07.30/低毒
辣椒 病毒病 24.75-37.13克/公顷 喷雾

陕西先农生物科技有限公司 （陕西省西安市未央区凤城二路海璟国际B2座15楼 710018 029-65693055）

PD20070570 毒死蜱/40%/乳油/毒死蜱 40%/2012.12.03 至 2017.12.03/低毒
棉花 棉铃虫 375-600克/公顷 喷雾
PD20080096 高效氯氟氰菊酯/25克/升/乳油/高效氯氟氰菊酯 25克/升/2013.01.03 至 2018.01.03/低毒
甘蓝 菜青虫 11.25-15克/公顷 喷雾
PD20082550 啶虫脒/5%/可湿性粉剂/啶虫脒 5%/2013.12.03 至 2018.12.03/低毒
柑橘树 蚜虫 7.5-10毫克/千克 喷雾
PD20083244 三唑磷/20%/乳油/三唑磷 20%/2013.12.11 至 2018.12.11/低毒
水稻 二化螟 300-450克/公顷 喷雾
PD20083360 溴敌隆/0.5%/母液/溴敌隆 0.5%/2013.12.11 至 2018.12.11/中等毒(原药高毒)
室内、外 家鼠 饱和投饵 配成0.005%的毒饵，投饵
PD20083375 速灭威/25%/可湿性粉剂/速灭威 25%/2013.12.11 至 2018.12.11/中等毒
水稻 稻飞虱 375-750克/公顷 喷雾
PD20083406 三唑酮/15%/可湿性粉剂/三唑酮 15%/2013.12.11 至 2018.12.11/低毒
小麦 白粉病 157.5-180克/公顷 喷雾
PD20083442 吡虫啉/10%/可湿性粉剂/吡虫啉 10%/2013.12.11 至 2018.12.11/低毒
水稻 飞虱 15-30克/公顷 喷雾
PD20083587 氯氰·丙溴磷/440克/升/乳油/丙溴磷 400克/升、氯氰菊酯 40克/升/2013.12.12 至 2018.12.12/中等毒
棉花 棉铃虫 528-660克/公顷 喷雾
PD20083637 甲基硫菌灵/70%/可湿性粉剂/甲基硫菌灵 70%/2013.12.12 至 2018.12.12/低毒
番茄 叶霉病 375-562.8克/公顷 喷雾
PD20083685 三唑锡/25%/可湿性粉剂/三唑锡 25%/2013.12.15 至 2018.12.15/低毒
柑橘树 红蜘蛛 125-166.7毫克/千克 喷雾
PD20084087 硫丹/350克/升/乳油/硫丹 350克/升/2013.12.16 至 2018.12.16/中等毒(原药高毒)
棉花 棉铃虫 682.5-840克/公顷 喷雾
PD20084367 异菌脲/50%/可湿性粉剂/异菌脲 50%/2013.12.17 至 2018.12.17/低毒
番茄 灰霉病 375-750克/公顷 喷雾
PD20085376 溴敌隆/0.005%/毒饵/溴敌隆 0.005%/2013.12.24 至 2018.12.24/低毒(原药高毒)
室内、外 家鼠 饱和投饵 投饵
PD20085769 阿维菌素/1.8%/乳油/阿维菌素 1.8%/2013.12.29 至 2018.12.29/低毒(原药高毒)
十字花科蔬菜 菜青虫 8.1-10.8克/公顷 喷雾
PD20090500 霜脲·锰锌/72%/可湿性粉剂/代森锰锌 64%、霜脲氰 8%/2014.01.12 至 2019.01.12/低毒
黄瓜 霜霉病 1440-1800克/公顷 喷雾
PD20090750 吡虫啉/20%/可溶液剂/吡虫啉 20%/2014.01.19 至 2019.01.19/低毒
水稻 稻飞虱 20-30克/公顷 喷雾
PD20091067 噻嗪·异丙威/25%/可湿性粉剂/噻嗪酮 5%、异丙威 20%/2014.01.21 至 2019.01.21/低毒
水稻 稻飞虱 450-562.5克/公顷 喷雾

PD20091513 多·福/80%/可湿性粉剂/多菌灵 10%、福美双 70%/2014.02.02 至 2019.02.02/低毒

葡萄 霜霉病 1000-1250毫克/千克 喷雾

PD20091535 乙草胺/50%/乳油/乙草胺 50%/2014.02.03 至 2019.02.03/低毒

春大豆田 部分阔叶杂草、一年生禾本科杂草 1500-2250克/公顷(东北地区) 土壤喷雾

夏大豆田 部分阔叶杂草、一年生禾本科杂草 975-1350克/公顷(其它地区) 土壤喷雾

PD20092301 丙环唑/250克/升/乳油/丙环唑 250克/升/2014.02.24 至 2019.02.24/低毒

香蕉 叶斑病 250-500毫克/千克 喷雾

PD20093168 多·福/40%/可湿性粉剂/多菌灵 5%、福美双 35%/2014.03.11 至 2019.03.11/低毒

梨树 黑星病 1000-1500毫克/千克 喷雾

PD20094472 噻嗪酮/25%/可湿性粉剂/噻嗪酮 25%/2014.04.02 至 2019.04.02/低毒

柑橘树 介壳虫 166.7-250毫克/千克 喷雾

PD20096210 噁霜·锰锌/64%/可湿性粉剂/噁霜灵 8%、代森锰锌 56%/2014.07.15 至 2019.07.15/低毒

黄瓜 霜霉病 1632-1920克/公顷 喷雾

PD20096341 杀扑磷/40%/乳油/杀扑磷 40%/2014.07.28 至 2015.09.30/中等毒(原药高毒)

柑橘树 介壳虫 400-600毫克/千克 喷雾

PD20096744 多菌灵/80%/可湿性粉剂/多菌灵 80%/2014.09.07 至 2019.09.07/低毒

莲藕 叶斑病 375-450克/公顷 喷雾

苹果树 轮纹病 800-1000毫克/千克 喷雾

PD20096747 马拉硫磷/45%/乳油/马拉硫磷 45%/2014.09.07 至 2019.09.07/低毒

甘蓝 黄条跳甲 607.5-742.5克/公顷 喷雾

PD20096751 代森锌/80%/可湿性粉剂/代森锌 80%/2014.09.07 至 2019.09.07/低毒

马铃薯 早疫病 960-1200克/公顷 喷雾

PD20096752 炔螨特/57%/乳油/炔螨特 57%/2014.09.07 至 2019.09.07/低毒

柑橘树 红蜘蛛 228-380毫克/千克 喷雾

PD20096753 百菌清/75%/可湿性粉剂/百菌清 75%/2014.09.07 至 2019.09.07/低毒

花生 叶斑病 1312－1500克/公顷 喷雾

PD20097739 甲霜·锰锌/58%/可湿性粉剂/甲霜灵 10%、代森锰锌 48%/2014.11.12 至 2019.11.12/低毒

黄瓜 霜霉病 675－1050克/公顷 喷雾

PD20097808 多抗霉素B/10%/可湿性粉剂/多抗霉素B 10%/2014.11.20 至 2019.11.20/低毒

苹果树 斑点落叶病 67－100毫克/千克 喷雾

PD20097886 甲氰菊酯/20%/乳油/甲氰菊酯 20%/2014.11.20 至 2019.11.20/中等毒

苹果树 桃小食心虫 67-100毫克/千克 喷雾

PD20098211 春雷霉素/2%/水剂/春雷霉素 2%/2014.12.16 至 2019.12.16/低毒

大白菜 黑腐病 22.5-36克/公顷 喷雾

黄瓜 角斑病 42－52.5克/公顷 喷雾

PD20098340 三十烷醇/0.1%/微乳剂/三十烷醇 0.1%/2014.12.18 至 2019.12.18/低毒

花生 调节生长 0.8-1.0毫克/千克 喷雾

PD20101500 甲霜·锰锌/58%/可湿性粉剂/甲霜灵 10%、代森锰锌 48%/2015.05.10 至 2020.05.10/低毒

葡萄 霜霉病 1087.5-1740克/公顷 喷雾

PD20101594 福·福锌/80%/可湿性粉剂/福美双 30%、福美锌 50%/2015.06.03 至 2020.06.03/低毒

西瓜 炭疽病 1500－1800克/公顷 喷雾

PD20101618 络氨铜/15%/水剂/络氨铜 15%/2015.06.03 至 2020.06.03/低毒

柑橘树 溃疡病 466.7-933.3毫克/千克 喷雾

PD20110656 阿维菌素/1.8%/乳油/阿维菌素 1.8%/2011.06.20 至 2016.06.20/低毒(原药高毒)

棉花 红蜘蛛 8.1-10.8克/公顷 喷雾

PD20110838 吡虫·噻嗪酮/18%/可湿性粉剂/吡虫啉 4%、噻嗪酮 14%/2011.08.10 至 2016.08.10/低毒

水稻 稻飞虱 67.5-81克/公顷 喷雾

PD20111194 烯酰吗啉/80%/水分散粒剂/烯酰吗啉 80%/2011.11.16 至 2016.11.16/低毒

黄瓜 霜霉病 240－300克/公顷 喷雾

PD20111218 己唑醇/25%/悬浮剂/己唑醇 25%/2011.11.17 至 2016.11.17/低毒

黄瓜 白粉病 30－37.5克/公顷 喷雾

PD20111290 啶虫脒/20%/可湿性粉剂/啶虫脒 20%/2011.11.24 至 2016.11.24/低毒

柑橘树 蚜虫 12.5-16毫克/千克 喷雾

PD20120364 戊唑醇/80%/可湿性粉剂/戊唑醇 80%/2012.02.24 至 2017.02.24/低毒

小麦 锈病 75－120克/公顷 喷雾

PD20120368 阿维菌素/5%/乳油/阿维菌素 5%/2012.02.24 至 2017.02.24/中等毒(原药高毒)

甘蓝 小菜蛾 9－11.25克/公顷 喷雾

PD20130283 苯醚甲环唑/30%/悬浮剂/苯醚甲环唑 30%/2013.02.26 至 2018.02.26/低毒

香蕉 叶斑病 100-125毫克/千克 喷雾

PD20130379 己唑醇/50%/可湿性粉剂/己唑醇 50%/2013.03.12 至 2018.03.12/低毒

水稻 纹枯病 68-75克/公顷 喷雾

PD20130399 己唑醇/5%/悬浮剂/己唑醇 5%/2013.03.12 至 2018.03.12/低毒

水稻 纹枯病 68-75克/公顷 喷雾

PD20130577 阿维菌素/3%/水乳剂/阿维菌素 3%/2013.04.02 至 2018.04.02/中等毒(原药高毒)
水稻 稻纵卷叶螟 9-13.5克/公顷 喷雾
PD20131761 苯醚甲环唑/10%/水分散粒剂/苯醚甲环唑 10%/2013.09.06 至 2018.09.06/低毒
芹菜 斑枯病 52.5-67.5克/公顷 喷雾
西瓜 炭疽病 75-90克/公顷 喷雾
PD20140563 吡蚜酮/50%/水分散粒剂/吡蚜酮 50%/2014.03.06 至 2019.03.06/低毒
水稻 稻飞虱 90-150克/公顷 喷雾
PD20140814 甲硫·己唑醇/70%/可湿性粉剂/甲基硫菌灵 66%、己唑醇 4%/2014.03.26 至 2019.03.26/低毒
水稻 纹枯病 945-997.5克/公顷 喷雾
PD20142008 啶虫脒/60%/可湿性粉剂/啶虫脒 60%/2014.08.14 至 2019.08.14/中等毒
黄瓜 蚜虫 13.5-22.5克/公顷 喷雾
PD20142150 螺螨酯/95.5%/原药/螺螨酯 95.5%/2014.09.18 至 2019.09.18/微毒
PD20142508 嘧菌酯/25%/悬浮剂/嘧菌酯 25%/2014.11.21 至 2019.11.21/低毒
黄瓜 霜霉病 225-337.5克/公顷 喷雾
PD20150590 高效氯氟氰菊酯/10%/水乳剂/高效氯氟氰菊酯 10%/2015.04.15 至 2020.04.15/中等毒
茶树 茶小绿叶蝉 22.5～30克/公顷 喷雾
PD20150591 精甲·噁霉灵/30%/水剂/噁霉灵 25%、精甲霜灵 5%/2015.04.15 至 2020.04.15/低毒
草坪 枯萎病 67.5-81克/公顷 喷雾
PD20150592 戊唑醇/430克/升/悬浮剂/戊唑醇 430克/升/2015.04.15 至 2020.04.15/低毒
小麦 白粉病 80.625-96.75克/公顷 喷雾
PD20151749 烯酰吗啉/40%/悬浮剂/烯酰吗啉 40%/2015.08.28 至 2020.08.28/低毒
葡萄 霜霉病 166.7-250毫克/千克 喷雾
PD20151754 己唑·多菌灵/45%/悬浮剂/多菌灵 40%、己唑醇 5%/2015.08.28 至 2020.08.28/低毒
水稻 纹枯病 337.5-405克/公顷 喷雾
PD20151973 戊唑·丙森锌/70%/可湿性粉剂/丙森锌 60%、戊唑醇 10%/2015.08.30 至 2020.08.30/低毒
苹果树 斑点落叶病 350～583毫克/千克 喷雾
LS20130028 解淀粉芽孢杆菌/100亿活芽孢/克/母药/解淀粉芽孢杆菌 100亿活芽孢/克/2015.01.15 至 2016.01.15/低毒
LS20130033 解淀粉芽孢杆菌/10亿活芽孢/克/可湿性粉剂/解淀粉芽孢杆菌 10亿活芽孢/克/2015.01.15 至 2016.01.15/低毒
水稻 稻瘟病 100-120克制剂/亩 喷雾
LS20130070 烯酰·嘧菌酯/70%/水分散粒剂/嘧菌酯 15%、烯酰吗啉 55%/2015.02.21 至 2016.02.21/低毒
黄瓜 霜霉病 420-472.5克/公顷 喷雾
LS20130248 苯甲·丙森锌/70%/可湿性粉剂/苯醚甲环唑 6%、丙森锌 64%/2015.04.28 至 2016.04.28/低毒
苹果树 轮纹病 350-467毫克/千克 喷雾
WP20130159 杀虫泡腾片/8.5%/泡腾片剂/高效氯氟氰菊酯 2.5%、甲基嘧啶磷 6%/2013.07.23 至 2018.07.23/低毒
卫生 蚊、蝇、蜚蠊 100毫克/平方米 滞留喷洒

陕西亿农高科药业有限公司 (陕西省商洛市洛南县卫东镇 710003 029-87431959, 87443659)

PD20060046 腐霉利/98.5%/原药/腐霉利 98.5%/2011.02.21 至 2016.02.21/低毒
PD20060181 代森锰锌/70%/可湿性粉剂/代森锰锌 70%/2011.11.10 至 2016.11.10/低毒
番茄 早疫病 1837.5-2362.5克/公顷 喷雾
PD20070185 福美双/50%/可湿性粉剂/福美双 50%/2012.07.10 至 2017.07.10/低毒
黄瓜 白粉病 525－1050克/公顷 喷雾
PD20082425 阿维菌素/1.8%/可湿性粉剂/阿维菌素 1.8%/2013.12.02 至 2018.12.02/低毒(原药高毒)
十字花科蔬菜 小菜蛾 8.1-10.8克/公顷 喷雾
PD20082987 百菌清/75%/可湿性粉剂/百菌清 75%/2013.12.10 至 2018.12.10/低毒
黄瓜 霜霉病 1200-1687.5克/公顷 喷雾
PD20083909 高效氯氟氰菊酯/25克/升/乳油/高效氯氟氰菊酯 25克/升/2013.12.15 至 2018.12.15/中等毒
茶树 尺蠖 3.75-7.5克/公顷 喷雾
PD20084419 毒死蜱/45%/乳油/毒死蜱 45%/2013.12.17 至 2018.12.17/中等毒
柑橘树 红蜘蛛 240-480毫克/千克 喷雾
PD20084436 甲基硫菌灵/500克/升/悬浮剂/甲基硫菌灵 500克/升/2013.12.17 至 2018.12.17/低毒
水稻 稻瘟病 937.5-1125克/公顷 喷雾
PD20084982 腐霉利/50%/可湿性粉剂/腐霉利 50%/2013.12.22 至 2018.12.22/低毒
韭菜 灰霉病 300-450克/公顷 喷雾
PD20085246 硫磺·锰锌/70%/可湿性粉剂/硫磺 42%、代森锰锌 28%/2013.12.23 至 2018.12.23/低毒
豇豆 锈病 1575-2100克/公顷 喷雾
PD20085998 甲霜·锰锌/58%/可湿性粉剂/甲霜灵 10%、代森锰锌 48%/2013.12.29 至 2018.12.29/低毒
葡萄 霜霉病 1418.1-1740克/公顷 喷雾
PD20086151 百·福/70%/可湿性粉剂/百菌清 20%、福美双 50%/2013.12.30 至 2018.12.30/低毒
葡萄 霜霉病 1000-1250毫克/千克 喷雾
PD20086207 甲基硫菌灵/95%/原药/甲基硫菌灵 95%/2013.12.30 至 2018.12.30/低毒
PD20090860 腐霉利/15%/烟剂/腐霉利 15%/2014.01.19 至 2019.01.19/低毒
韭菜(保护地) 灰霉病 525－750克/公顷 点燃放烟
PD20091749 百菌清/45%/烟剂/百菌清 45%/2014.02.04 至 2019.02.04/微毒

黄瓜(保护地) 霜霉病 750—1200克/公顷 点燃放烟
PD20095188 噻嗪酮/99%/原药/噻嗪酮 99%/2014.04.24 至 2019.04.24/低毒
PD20095456 吡虫·杀虫单/35%/可湿性粉剂/吡虫啉 1%、杀虫单 34%/2014.05.11 至 2019.05.11/中等毒
水稻 稻飞虱、稻纵卷叶螟、二化螟、三化螟 450-750克/公顷 喷雾
PD20096450 哒螨灵/15%/乳油/哒螨灵 15%/2014.08.05 至 2019.08.05/低毒
苹果树 红蜘蛛 31.7-47.5毫克/千克 喷雾
PD20097303 吡虫啉/95%/原药/吡虫啉 95%/2014.10.26 至 2019.10.26/中等毒
PD20097324 多菌灵/25%/可湿性粉剂/多菌灵 25%/2014.10.27 至 2019.10.27/低毒
小麦 赤霉病 844-937.5克/公顷 喷雾
PD20098125 甲基硫菌灵/70%/可湿性粉剂/甲基硫菌灵 70%/2014.12.08 至 2019.12.08/低毒
苹果 轮纹病 700—1167毫克/千克 喷雾
PD20132391 苯醚甲环唑/40%/悬浮剂/苯醚甲环唑 40%/2013.11.20 至 2018.11.20/低毒
香蕉 叶斑病 114.3-125毫克/千克 喷雾
PD20132632 啶虫脒/40%/可溶粉剂/啶虫脒 40%/2013.12.20 至 2018.12.20/低毒
黄瓜 蚜虫 24-48克/公顷 喷雾
PD20142317 戊唑醇/80%/可湿性粉剂/戊唑醇 80%/2014.11.03 至 2019.11.03/低毒
小麦 锈病 96-120克/公顷 喷雾

西安北农华农作物保护有限公司(西安市未央区凤城十一路中段首创国际城18栋1单元701室 710018 029-86171522-803)

PD20082947 代森锌/80%/可湿性粉剂/代森锌 80%/2013.12.09 至 2018.12.09/低毒
番茄 旱疫病 3075-3600克/公顷 喷雾
PD20082958 多菌灵/80%/可湿性粉剂/多菌灵 80%/2013.12.09 至 2018.12.09/低毒
苹果树 褐斑病 571-800毫克/千克 喷雾
PD20083498 毒死蜱/480克/升/乳油/毒死蜱 480克/升/2013.12.12 至 2018.12.12/中等毒
苹果树 绵蚜 240-320毫克/千克 喷雾
PD20083518 多·锰锌/50%/可湿性粉剂/多菌灵 8%、代森锰锌 42%/2013.12.12 至 2018.12.12/低毒
苹果树 斑点落叶病 1000-1250毫克/千克 喷雾
PD20084595 吡虫啉/10%/可湿性粉剂/吡虫啉 10%/2013.12.18 至 2018.12.18/低毒
水稻 稻飞虱 15-30克/公顷 喷雾
PD20086066 虫酰肼/20%/悬浮剂/虫酰肼 20%/2013.12.30 至 2018.12.30/低毒
甘蓝 甜菜夜蛾 200-1500克/公顷 喷雾
PD20091852 甲基硫菌灵/70%/可湿性粉剂/甲基硫菌灵 70%/2014.02.06 至 2019.02.06/低毒
苹果树 轮纹病 700-875毫克/千克 喷雾
PD20093690 甲硫·福美双/70%/可湿性粉剂/福美双 40%、甲基硫菌灵 30%/2014.03.25 至 2019.03.25/低毒
苹果树 轮纹病 875-1167毫克/千克 喷雾
PD20094521 多·福/40%/可湿性粉剂/多菌灵 5%、福美双 35%/2014.04.09 至 2019.04.09/低毒
梨树 黑星病 1000-1500毫克/千克 喷雾
PD20096428 甲基硫菌灵/500克/升/悬浮剂/甲基硫菌灵 500克/升/2014.08.04 至 2019.08.04/低毒
水稻 纹枯病 937.5—1125克/公顷 喷雾
PD20096855 高效氯氟氰菊酯/25克/升/乳油/高效氯氟氰菊酯 25克/升/2014.09.22 至 2019.09.22/中等毒
十字花科叶菜 菜青虫 7.5-15克/公顷 喷雾
PD20097534 多菌灵/40%/悬浮剂/多菌灵 40%/2014.11.03 至 2019.11.03/低毒
苹果树 轮纹病 667-1000毫克/千克 喷雾
PD20097758 噻螨酮/5%/可湿性粉剂/噻螨酮 5%/2014.11.12 至 2019.11.12/低毒
柑橘树 红蜘蛛 33.3-50毫克/千克 喷雾
PD20097943 氯氰·丙溴磷/440克/升/乳油/丙溴磷 400克/升、氯氰菊酯 40克/升/2014.11.30 至 2019.11.30/中等毒
棉花 棉铃虫 528-660克/公顷 喷雾
PD20098001 多抗霉素/10%/可湿性粉剂/多抗霉素B 10%/2014.12.07 至 2019.12.07/低毒
黄瓜 灰霉病 187.5—225克/公顷 喷雾
PD20098007 甲霜·锰锌/58%/可湿性粉剂/甲霜灵 10%、代森锰锌 48%/2014.12.07 至 2019.12.07/低毒
黄瓜 霜霉病 1305—1636.6克/公顷 喷雾
PD20098041 噁霉灵/70%/可湿性粉剂/噁霉灵 70%/2014.12.07 至 2019.12.07/低毒
甜菜 立枯病 280—490克/100千克种子 拌种
PD20098144 甲基硫菌灵/3%/糊剂/甲基硫菌灵 3%/2014.12.14 至 2019.12.14/低毒
苹果树 腐烂病 3.75—4.5克/平方米 涂抹
PD20100860 阿维·甲氰/1.8%/乳油/阿维菌素 0.2%、甲氰菊酯 1.6%/2015.01.19 至 2020.01.19/低毒(原药高毒)
甘蓝 菜青虫 5.4-8.1克/公顷 喷雾
PD20101112 啶虫脒/5%/乳油/啶虫脒 5%/2015.01.25 至 2020.01.25/低毒
柑橘树 蚜虫 10-12.5毫克/千克 喷雾
PD20120352 甲氨基阿维菌素苯甲酸盐/1%/微乳剂/甲氨基阿维菌素 1%/2012.03.28 至 2017.03.28/低毒
小油菜 甜菜夜蛾 3—3.75克/公顷 喷雾
注:甲氨基阿维菌素苯甲酸盐含量:1.2%。
PD20120465 甲氨基阿维菌素苯甲酸盐/5%/微乳剂/甲氨基阿维菌素 5%/2012.03.19 至 2017.03.19/低毒
小油菜 甜菜夜蛾 3—3.75克/公顷 喷雾

注:甲氨基阿维菌素苯甲酸盐含量：5.7%。

PD20121624 嘧菌酯/250克/升/悬浮剂/嘧菌酯 250克/升/2012.10.30 至 2017.10.30/低毒
黄瓜 白粉病 280-338克/公顷 喷雾

PD20121985 苯醚甲环唑/40%/悬浮剂/苯醚甲环唑 40%/2012.12.18 至 2017.12.18/低毒
香蕉 叶斑病 100-125毫克/千克 喷雾

PD20122023 氯氟·吡虫啉/15%/可湿性粉剂/吡虫啉 12%、高效氯氟氰菊酯 3%/2012.12.19 至 2017.12.19/低毒
甘蓝 蚜虫 33.75-39.375克/公顷 喷雾

PD20130292 烯酰吗啉/40%/悬浮剂/烯酰吗啉 40%/2013.02.26 至 2018.02.26/低毒
葡萄 霜霉病 167-250毫克/千克 喷雾

PD20130979 己唑醇/40%/悬浮剂/己唑醇 40%/2013.05.02 至 2018.05.02/低毒
水稻 纹枯病 60～78克/公顷 喷雾

PD20141333 甲硫·己唑醇/24%/悬浮剂/甲基硫菌灵 20%、己唑醇 4%/2014.06.04 至 2019.06.04/低毒
水稻 纹枯病 504-604.8克/公顷 喷雾

PD20152252 1-甲基环丙烯/3.3%/微囊粒剂/1-甲基环丙烯 3.3%/2015.09.24 至 2020.09.24/微毒
番茄 保鲜 1.7-2.3毫克/立方米 熏蒸

西安鼎盛生物化工有限公司 (陕西省西安市朱雀大街南段3号 710061 029-85401875)

PD20081629 异菌脲/50%/可湿性粉剂/异菌脲 50%/2013.11.12 至 2018.11.12/低毒
番茄 灰霉病 562.5-750克/公顷 喷雾

PD20081639 甲霜·锰锌/58%/可湿性粉剂/甲霜灵 10%、代森锰锌 48%/2013.11.14 至 2018.11.14/低毒
黄瓜 霜霉病 862.5-1050克/公顷 喷雾

PD20081640 除虫脲/25%/可湿性粉剂/除虫脲 25%/2013.11.14 至 2018.11.14/低毒
苹果树 金纹细蛾 166.7-250毫克/千克 喷雾

PD20081651 三唑锡/25%/可湿性粉剂/三唑锡 25%/2013.11.14 至 2018.11.14/低毒
苹果树 红蜘蛛 200-250毫克/千克 喷雾

PD20081652 噻嗪·异丙威/25%/可湿性粉剂/噻嗪酮 5%、异丙威 20%/2013.11.14 至 2018.11.14/低毒
水稻 稻飞虱 450-562.5克/公顷 喷雾

PD20081653 吡虫啉/200克/升/可溶液剂/吡虫啉 200克/升/2013.11.14 至 2018.11.14/低毒
棉花 蚜虫 36-45克/公顷 喷雾

PD20095237 甲基硫菌灵/3%/糊剂/甲基硫菌灵 3%/2014.04.27 至 2019.04.27/低毒
苹果 腐烂病 3.75-4.5克/平方米 涂抹病斑

PD20100048 高效氯氟氰菊酯/5%/水乳剂/高效氯氟氰菊酯 5%/2015.01.04 至 2020.01.04/中等毒
甘蓝 菜青虫 7.5-9克/公顷 喷雾

PD20120372 戊唑醇/430克/升/悬浮剂/戊唑醇 430克/升/2012.02.24 至 2017.02.24/低毒
苹果树 斑点落叶病 71.66-107.5毫克/千克 喷雾

PD20121822 啶虫脒/40%/可溶粉剂/啶虫脒 40%/2012.11.22 至 2017.11.22/低毒
黄瓜 蚜虫 24-48克/公顷 喷雾

PD20132227 甲维·高氯氟/5%/水乳剂/高效氯氟氰菊酯 4%、甲氨基阿维菌素苯甲酸盐 1%/2013.11.05 至 2018.11.05/中等毒
甘蓝 甜菜夜蛾 6-9克/公顷 喷雾

西安航天动力试验技术研究所 (陕西省西安市15号信箱165分箱化工厂 710100 029-85615142)

PD20096469 丁酰肼/92%/可溶粉剂/丁酰肼 92%/2014.08.14 至 2019.08.14/低毒
观赏菊花 调节生长 2500-3000毫克/千克 喷雾

西安近代农药科技有限公司 (陕西省西安市泾河工业园区泾渭南路 710201 029-86030165)

PDN53-97 代森锰锌/70%/可湿性粉剂/代森锰锌 70%/2012.12.05 至 2017.12.05/低毒
番茄 早疫病 1837.5-2362.5克/公顷 喷雾

PDN54-97 代森锰锌/80%/原药/代森锰锌 80%/2012.12.05 至 2017.12.05/低毒

PD20060098 代森锰锌/80%/可湿性粉剂/代森锰锌 80%/2011.05.22 至 2016.05.22/低毒
番茄 早疫病 1845-2370克/公顷 喷雾
柑橘树 疮痂病、炭疽病 1333-2000毫克/千克 喷雾
梨树 黑星病 800-1600毫克/千克 喷雾
荔枝树 霜疫霉病 1333-2000毫克/千克 喷雾
苹果树 斑点落叶病、轮纹病、炭疽病 1000-1600毫克/千克 喷雾
葡萄 白腐病、黑痘病、霜霉病 1000-1600毫克/千克 喷雾
西瓜 炭疽病 1560-2520克/公顷 喷雾

PD20070490 灭多威/98%/原药/灭多威 98%/2012.11.28 至 2017.11.28/高毒

PD20080277 硫磺·三唑酮/20%/可湿性粉剂/硫磺 10%、三唑酮 10%/2013.02.22 至 2018.02.22/低毒
小麦 白粉病 180-240克/公顷 喷雾

PD20080303 多·锰锌/40%/可湿性粉剂/多菌灵 20%、代森锰锌 20%/2013.02.25 至 2018.02.25/低毒
梨树 黑星病 1000-1250毫克/千克 喷雾

PD20080741 三唑锡/25%/可湿性粉剂/三唑锡 25%/2013.06.11 至 2018.06.11/低毒
柑橘树 红蜘蛛 166.7-250毫克/千克 喷雾

PD20080945 霜脲·锰锌/72%/可湿性粉剂/代森锰锌 64%、霜脲氰 8%/2013.07.23 至 2018.07.23/低毒
黄瓜 霜霉病 1440-1800克/公顷 喷雾

PD20081632 噁霜灵/96%/原药/噁霜灵 96%/2013.11.12 至 2018.11.12/低毒

PD20081809 腈菌唑/5%/乳油/腈菌唑 5%/2013.11.19 至 2018.11.19/低毒
香蕉 叶斑病 800-1200倍液 喷雾
PD20082332 霜霉威盐酸盐/66.5%/水剂/霜霉威盐酸盐 66.5%/2013.12.01 至 2018.12.01/低毒
黄瓜 霜霉病 649.8-1083克/公顷 喷雾
注:霜霉威盐酸盐质量浓度为:722克/升。
PD20082502 硫磺·锰锌/70%/可湿性粉剂/硫磺 42%、代森锰锌 28%/2013.12.03 至 2018.12.03/低毒
豇豆 锈病 1575-2100克/公顷 喷雾
PD20082811 腈菌·福美双/20%/可湿性粉剂/福美双 18%、腈菌唑 2%/2013.12.09 至 2018.12.09/低毒
黄瓜 黑星病 300－400克/公顷 喷雾
PD20083137 多·福/50%/可湿性粉剂/多菌灵 25%、福美双 25%/2013.12.10 至 2018.12.10/中等毒
梨树 黑星病 1000-1500毫克/千克 喷雾
PD20083699 灭多威/90%/可溶粉剂/灭多威 90%/2013.12.15 至 2018.12.15/高毒
棉花 棉铃虫 150-225克/公顷 喷雾
PD20083974 噁霜·锰锌/64%/可湿性粉剂/噁霜灵 8%、代森锰锌 56%/2013.12.16 至 2018.12.16/低毒
黄瓜 霜霉病 1650-1950克/公顷 喷雾
PD20084793 霜霉威盐酸盐/90%/原药/霜霉威盐酸盐 90%/2013.12.22 至 2018.12.22/低毒
PD20084894 百·福/70%/可湿性粉剂/百菌清 20%、福美双 50%/2013.12.22 至 2018.12.22/低毒
葡萄 霜霉病 600-800倍液 喷雾
PD20085581 硫磺·百菌清/50%/悬浮剂/百菌清 15%、硫磺 35%/2013.12.25 至 2018.12.25/低毒
黄瓜 霜霉病 1125-1875克/公顷 喷雾
PD20085802 灭多威/20%/可溶粉剂/灭多威 20%/2013.12.29 至 2018.12.29/中等毒(原药高毒)
棉花 棉铃虫 150-225克/公顷 喷雾
PD20086295 灭多威/10%/可湿性粉剂/灭多威 10%/2013.12.31 至 2018.12.31/中等毒(原药高毒)
棉花 棉铃虫 270-360克/公顷 喷雾
烟草 烟青虫 180-270克/公顷 喷雾
PD20090264 四螨·哒螨灵/16%/可湿性粉剂/哒螨灵 7%、四螨嗪 9%/2014.01.09 至 2019.01.09/低毒
苹果树 红蜘蛛 80-100毫克/千克 喷雾
PD20091221 乙铝·锰锌/50%/可湿性粉剂/代森锰锌 28%、三乙膦酸铝 22%/2014.02.01 至 2019.02.01/低毒
黄瓜 霜霉病 1400-4200克/公顷 喷雾
PD20092757 代森锰锌/30%/悬浮剂/代森锰锌 30%/2014.03.04 至 2019.03.04/低毒
番茄 早疫病 1080-1440克/公顷 喷雾
PD20092792 毒死蜱/45%/乳油/毒死蜱 45%/2014.03.04 至 2019.03.04/低毒
苹果树 绵蚜 200-300毫克/千克 喷雾
PD20093428 阿维·哒螨灵/5%/乳油/阿维菌素 0.2%、哒螨灵 4.8%/2014.03.23 至 2019.03.23/低毒(原药高毒)
柑橘树 红蜘蛛 1000-1500倍液 喷雾
PD20093547 溴氰 ·敌敌畏/20.5%/乳油/敌敌畏 20%、溴氰菊酯 0.5%/2014.03.23 至 2019.03.23/中等毒
棉花 棉蚜 246-307.5克/公顷 喷雾
PD20100674 壬菌铜/92%/原药/壬菌铜 92%/2015.01.15 至 2020.01.15/低毒
PD20100681 壬菌铜/30%/微乳剂/壬菌铜 30%/2015.01.15 至 2020.01.15/低毒
黄瓜 霜霉病 540-675克/公顷 喷雾
PD20101931 辛菌胺醋酸盐/1.26%/水剂/辛菌胺 1.26%/2015.08.27 至 2020.08.27/低毒
苹果树 果锈病 166.7-250毫克/千克 喷雾
苹果树 腐烂病 500-1000毫克/千克 涂病疤
注:辛菌胺醋酸盐含量:1.8%。
PD20101999 锰锌·百菌清/70%/可湿性粉剂/百菌清 30%、代森锰锌 40%/2015.09.25 至 2020.09.25/低毒
番茄 早疫病 1050-1575克/公顷 喷雾
PD20110552 甲嘧磺隆/10%/悬浮剂/甲嘧磺隆 10%/2011.05.12 至 2016.05.12/低毒
防火隔离带、非耕地、林地 杂灌 1050-3000克/公顷 喷雾
防火隔离带、非耕地、林地 杂草 375-750克/公顷 喷雾
针叶苗圃 杂草 105-210克/公顷 喷雾
PD20110553 甲嘧磺隆/10%/可湿性粉剂/甲嘧磺隆 10%/2011.05.12 至 2016.05.12/低毒
防火隔离带、非耕地、林地 杂灌 1050-3000克/公顷 喷雾
防火隔离带、非耕地、林地 杂草 375-750克/公顷 喷雾
针叶苗圃 杂草 105-210克/公顷 喷雾
PD20110554 甲嘧磺隆/95%/原药/甲嘧磺隆 95%/2011.05.12 至 2016.05.12/低毒
PD20140860 戊唑醇/430克/升/悬浮剂/戊唑醇 430克/升/2014.04.08 至 2019.04.08/低毒
苹果树 斑点落叶病 71—86毫克/千克 喷雾
PD20141763 苯醚甲环唑/30%/微乳剂/苯醚甲环唑 30%/2014.07.02 至 2019.07.02/低毒
西瓜 炭疽病 108-153克/公顷 喷雾

PD20142153 苯醚甲环唑/10%/微乳剂/苯醚甲环唑 10%/2014.09.18 至 2019.09.18/低毒
西瓜 炭疽病 75-112.5克/公顷 喷雾
PD20142369 咯菌腈/98%/原药/咯菌腈 98%/2014.11.04 至 2019.11.04/微毒
PD20142409 氰霜唑/94%/原药/氰霜唑 94%/2014.11.13 至 2019.11.13/微毒
PD20150259 精异丙甲草胺/96%/原药/精异丙甲草胺 96%/2015.01.15 至 2020.01.15/低毒
PD20151798 噻呋酰胺/240克/升/悬浮剂/噻呋酰胺 240克/升/2015.08.28 至 2020.08.28/低毒
水稻 纹枯病 72-86.4克/公顷 喷雾
PD20152028 甲基硫菌灵/70%/可湿性粉剂/甲基硫菌灵 70%/2015.08.31 至 2020.08.31/低毒
苹果树 轮纹病 700-875毫克/千克 喷雾
LS20120411 乙嘧酚磺酸酯/25%/微乳剂/乙嘧酚磺酸酯 25%/2014.12.19 至 2015.12.19/低毒
黄瓜 白粉病 225-300克/公顷 喷雾
LS20120412 乙嘧酚磺酸酯/97%/原药/乙嘧酚磺酸酯 97%/2014.12.19 至 2015.12.19/低毒

杨凌翔林农业科技化工有限公司 （陕西省杨凌农业高新技术产业示范区新桥路北段 712100 029-87074958）

PD20085539 多·锰锌/40%/可湿性粉剂/多菌灵 20%、代森锰锌 20%/2013.12.25 至 2018.12.25/低毒
梨树 黑星病 1000-1250毫克/千克 喷雾
PD20090226 甲硫·福美双/70%/可湿性粉剂/福美双 40%、甲基硫菌灵 30%/2014.01.09 至 2019.01.09/低毒
苹果树 轮纹病 800-1000倍液 喷雾
PD20093831 溴氰·马拉松/2.012%/粉剂/马拉硫磷 2%、溴氰菊酯 0.012%/2013.03.25 至 2018.03.25/中等毒
贮粮 赤拟谷盗、谷蠹、玉米象 20克/1000千克贮粮 拌粮
PD20122118 阿维·矿物油/24.5%/乳油/阿维菌素 0.2%、柴油 24.3%/2012.12.26 至 2017.12.26/低毒(原药高毒)
柑橘 红蜘蛛 122.5-245毫克/千克 喷雾

上海市

礼来（上海）动物保健有限公司 （上海市奉贤区五四农场场中路1号 201423 021-57160810）

WP20110124 杀蝇饵粒/1.1%/饵粒/噻虫嗪 1%、诱虫烯 0.1%/2011.05.27 至 2016.05.27/微毒
卫生 蝇 / 投饵

墨西哥英吉利工业公司 （上海市静安区南京西路1168号中信泰富广场2306室 200041 021-52929933）

PD20095697 氢氧化铜/77%/可湿性粉剂/氢氧化铜 77%/2014.05.15 至 2019.05.15/低毒
番茄 早疫病 1545－2310克/公顷 喷雾
PD20101291 硫酸铜钙/77%/可湿性粉剂/硫酸铜钙 77%/2015.03.10 至 2020.03.10/低毒
柑橘树 溃疡病 1283－1925毫克/千克 喷雾
黄瓜 霜霉病 1444－2022克/公顷 喷雾

上海百雀羚日用化学有限公司 （上海市胶州路941号长久商务中心21楼 200060 021-62993388）

WP20080366 驱蚊花露水/4%/驱蚊花露水/避蚊胺 4%/2013.12.10 至 2018.12.10/微毒
卫生 蚊 / 涂抹

上海东风农药厂有限公司 （上海市嘉定区沪宜公路1288号 201802 021-59128707）

PDN5-88 三环唑/20%/可湿性粉剂/三环唑 20%/2013.11.18 至 2018.11.18/中等毒
水稻 稻瘟病 225-300克/公顷 喷雾
PDN35-95 噻嗪酮/25%/可湿性粉剂/噻嗪酮 25%/2015.10.15 至 2020.10.15/低毒
茶树 茶小绿叶蝉 166－250毫克/千克 喷雾
水稻 飞虱 75-112.5克/公顷 喷雾
PD85136-9 速灭威/25%/可湿性粉剂/速灭威 25%/2015.07.14 至 2020.07.14/中等毒
水稻 飞虱、叶蝉 375-750克/公顷 喷雾
PD86148-62 异丙威/20%/乳油/异丙威 20%/2011.11.01 至 2016.11.01/中等毒
水稻 飞虱、叶蝉 450-600克/公顷 喷雾
PD91109-8 速灭威/20%/乳油/速灭威 20%/2011.07.02 至 2016.07.02/中等毒
水稻 飞虱、叶蝉 450-600克/公顷 喷雾
PD20040302 吡虫啉/20%/可溶液剂/吡虫啉 20%/2014.12.19 至 2019.12.19/低毒
柑橘树 潜叶蛾 2600-3000倍液 喷雾
水稻 飞虱 15-45克/公顷 喷雾
PD20040316 吡虫啉/10%/可湿性粉剂/吡虫啉 10%/2014.12.19 至 2019.12.19/低毒
菠菜 蚜虫 30-45克/公顷 喷雾
水稻 飞虱 15-30克/公顷 喷雾
小麦 蚜虫 15-30克/公顷(南方地区)45-60克/公顷(北方地区) 喷雾
PD20040605 吡虫啉/25%/可湿性粉剂/吡虫啉 25%/2014.12.19 至 2019.12.19/低毒
水稻 飞虱 15-30克/公顷 喷雾
小麦 蚜虫 15-30克/公顷(南方地区)45-60克/公顷(北方地区) 喷雾
PD20040731 吡虫·杀虫单/70%/可湿性粉剂/吡虫啉 2%、杀虫单 68%/2014.12.19 至 2019.12.19/中等毒
水稻 稻飞虱、螟虫 450-750克/公顷 喷雾
PD20081677 三环唑/75%/可湿性粉剂/三环唑 75%/2013.11.17 至 2018.11.17/中等毒
水稻 稻瘟病 225-300克/公顷 喷雾
PD20083243 硫磺·三环唑/45%/可湿性粉剂/硫磺 40%、三环唑 5%/2013.12.11 至 2018.12.11/中等毒

水稻	稻瘟病	675-1012克/公顷	喷雾
PD20101067	噻嗪·速灭威/30%/乳油/噻嗪酮 4%、速灭威 26%/2010.01.21 至 2015.01.21/中等毒		
水稻	稻飞虱	450-540克/公顷	喷雾
PD20101927	啶虫脒/20%/可溶液剂/啶虫脒 20%/2015.08.27 至 2020.08.27/低毒		
甘蓝	蚜虫	18.9-25.2克/公顷	喷雾
PD20110177	啶虫脒/5%/乳油/啶虫脒 5%/2016.02.17 至 2021.02.17/中等毒		
柑橘树、苹果树	蚜虫	12-15毫克/千克	喷雾
黄瓜	蚜虫	18-22.5克/公顷	喷雾

上海东樱日化有限公司　(上海市铜川路185号金盛宾馆综合楼203-204室　200333　021-62168923)

WP20090220	防蛀片剂/98%/片剂/对二氯苯 98%/2014.04.09 至 2019.04.09/低毒		
卫生	黑皮蠹	40克制剂/立方米	投放

上海杜邦农化有限公司　(上海市浦东新区浦东北路3055号　200137　021-58672488)

PD219-97	灭多威/90%/可溶粉剂/灭多威 90%/2012.05.28 至 2017.05.28/高毒		
棉花	棉铃虫、棉蚜	105-180克/公顷	喷雾
小麦	蚜虫	101.25-202.5克/公顷	喷雾
烟草	烟青虫	135-195克/公顷	喷雾
PD246-98	灭多威/40%/可溶粉剂/灭多威 40%/2012.09.27 至 2017.09.27/中等毒(原药高毒)		
棉花	棉铃虫、棉蚜	105-180克/公顷	喷雾
烟草	烟青虫	135-195克/公顷	喷雾
PD20020101	苄嘧磺隆/30%/可湿性粉剂/苄嘧磺隆 30%/2012.09.10 至 2017.09.10/低毒		
水稻田	一年生阔叶杂草及莎草科杂草	30-60克/公顷	毒土法
水稻田	多年生阔叶杂草及莎草科杂草	60-90克/公顷或45-67.5克/公顷(第1次)30-67.5克/公顷(第2次)	毒土法
PD20020102	苄嘧磺隆/10%/可湿性粉剂/苄嘧磺隆 10%/2012.12.23 至 2017.12.23/低毒		
水稻田	阔叶杂草及莎草科杂草	19.95-45克/公顷	毒土或喷雾
PD20030011	苄嘧·甲磺隆/10%/可湿性粉剂/苄嘧磺隆 8.25%、甲磺隆 1.75%/2015.06.07 至 2020.06.07/低毒		
	注:专供出口，不得在国内销售。		
PD20030017	甲磺隆/96%/原药/甲磺隆 96%/2015.06.08 至 2020.06.08/低毒		
	注:专供出口，不得在国内销售。		
PD20040008	苯磺隆/95%/原药/苯磺隆 95%/2014.08.06 至 2019.08.06/低毒		
PD20050099	苯磺隆/75%/水分散粒剂/苯磺隆 75%/2015.07.14 至 2020.07.14/低毒		
冬小麦	一年生阔叶杂草	11.3-16.9克/公顷	喷雾
PD20060148	苄嘧磺隆/97.5%/原药/苄嘧磺隆 97.5%/2011.08.21 至 2016.08.21/低毒		
PD20070294	苯磺隆/18%/可湿性粉剂/苯磺隆 18%/2012.09.21 至 2017.09.21/低毒		
冬小麦田	一年生阔叶杂草	11.34-18.9克/公顷	茎叶喷雾
PD20070636	苄嘧·禾草丹/35.75%/可湿性粉剂/苄嘧磺隆 0.75%、禾草丹 35%/2012.12.14 至 2017.12.14/低毒		
水稻田(直播)	稗草、莎草及阔叶杂草	1072.5-1605克/公顷(南方地区)1605-2145克/公顷(北方地区)	毒土法
水稻秧田	一年生杂草	804.5-1072.5克/公顷(南方地区)	喷雾或毒土法
PD20082742	苄·二氯/32%/可湿性粉剂/苄嘧磺隆 6%、二氯喹啉酸 26%/2013.12.08 至 2018.12.08/低毒		
水稻抛秧田	部分多年生杂草、一年生杂草	288-336克/公顷	药土法
水稻移栽田	部分多年生杂草、一年生杂草	240-336克/公顷	喷雾,毒土法
PD20085522	苄嘧·唑草酮/38%/可湿性粉剂/苄嘧磺隆 30%、唑草酮 8%/2013.12.25 至 2018.12.25/低毒		
水稻移栽田	阔叶杂草及莎草科杂草	57-78.8克/公顷	茎叶喷雾
PD20092359	霜脲·锰锌/72%/可湿性粉剂/代森锰锌 64%、霜脲氰 8%/2014.02.24 至 2019.02.24/微毒		
番茄	晚疫病	1440-1944克/公顷	喷雾
黄瓜	霜霉病	1440-1800克/公顷	喷雾
荔枝	霜疫霉病	1030-1440毫克/千克	喷雾
马铃薯	晚疫病	1157-1620克/公顷	喷雾
PD20092956	吡嘧磺隆/10%/可湿性粉剂/吡嘧磺隆 10%/2014.03.09 至 2019.03.09/微毒		
水稻移栽田	一年生及部分多年生杂草	22.5-30克/公顷	毒土法
PD20101971	氯虫苯甲酰胺/95.3%/原药/氯虫苯甲酰胺 95.3%/2015.09.21 至 2020.09.21/微毒		
PD20110091	噻吩磺隆/96%/原药/噻吩磺隆 96%/2016.01.25 至 2021.01.25/微毒		
PD20120828	甲嘧磺隆/95%/原药/甲嘧磺隆 95%/2012.05.22 至 2017.05.22/微毒		
	注:专供出口，不得在国内销售。		
PD20120829	氯嘧磺隆/97.8%/原药/氯嘧磺隆 97.8%/2012.05.22 至 2017.05.22/微毒		
	注:专供出口不得在国内销售。		
PD20151151	溴氰虫酰胺/94%/原药/溴氰虫酰胺 94%/2015.06.26 至 2020.06.26/微毒		

上海杜梆技术有限公司　(上海市奉贤区闸园新路35号碧瑶别墅30幢　201401　021-57157900)

WP20090074	避蚊胺/95%/原药/避蚊胺 95%/2014.02.01 至 2019.02.01/低毒		

上海福音日化厂　(上海市奉贤区钱桥镇草庵村　201407　021-57596379)

WP20090222	杀虫喷射剂/1.25%/喷射剂/氯菊酯 0.5%、氯氰菊酯 0.75%/2014.04.09 至 2019.04.09/微毒		
卫生	蚊、蝇、蜚蠊	/	喷射

上海高伦现代农化股份有限公司　(上海市徐汇区斜土路2356号中汇商务楼3楼　200032　021-64872035)

PDN55-98　溴敌隆/98%,95%,92%/原药/溴敌隆 98%,95%,92%/2013.03.10 至 2018.03.10/高毒

PDN56-98　溴敌隆/0.5%/母液/溴敌隆 0.5%/2013.03.10 至 2018.03.10/高毒

农田　田鼠　300-450点/公顷,每点2-5克0.005%毒饵　配成0.005%毒饵后堆施或穴施

PDN57-98　溴敌隆/0.5%/母粉/溴敌隆 0.5%/2013.03.10 至 2018.03.10/高毒

农田　田鼠　300-450点/公顷,每点2-5克0.005%毒饵　堆、穴投放毒饵

PD20060208　溴鼠灵/93%/原药/溴鼠灵 93%/2011.12.07 至 2016.12.07/高毒

PD20082007　溴鼠灵/0.5%/母药/溴鼠灵 0.5%/2013.11.25 至 2018.11.25/中等毒(原药高毒)

农田　田鼠　饱和投饵　配制成0.005%毒饵

PD20082970　溴敌隆/0.005%/毒饵/溴敌隆 0.005%/2013.12.09 至 2018.12.09/低毒(原药高毒)

室内　家鼠　饱和投饵　投饵

PD20091904　溴鼠灵/0.005%/毒饵/溴鼠灵 0.005%/2014.02.09 至 2019.02.09/低毒(原药高毒)

室内　家鼠　饱和投饵　投饵

上海禾本药业股份有限公司　(上海市金山区亭林镇林宝路2号　201505　021-57231676)

PD20084050　戊唑醇/95%/原药/戊唑醇 95%/2013.12.16 至 2018.12.16/低毒

PD20092000　虫酰肼/20%/悬浮剂/虫酰肼 20%/2014.02.12 至 2019.02.12/低毒

十字花科蔬菜　甜菜夜蛾　240-300克/公顷　喷雾

PD20094265　三环唑/75%/水分散粒剂/三环唑 75%/2014.03.31 至 2019.03.31/低毒

水稻　稻瘟病　225-337.5克/公顷　喷雾

PD20096120　烟嘧磺隆/40克/升/可分散油悬浮剂/烟嘧磺隆 40克/升/2014.06.18 至 2019.06.18/低毒

玉米田　一年生杂草　42-60克/公顷　茎叶喷雾

PD20097759　毒死蜱/40%/乳油/毒死蜱 40%/2014.11.12 至 2019.11.12/中等毒

水稻　二化螟　432-576克/公顷　喷雾

PD20100754　苯丁锡/95%/原药/苯丁锡 95%/2015.01.16 至 2020.01.16/低毒

PD20101528　嘧菌酯/98%/原药/嘧菌酯 98%/2015.05.19 至 2020.05.19/低毒

PD20110536　草甘膦铵盐/50%/可溶粉剂/草甘膦 50%/2016.05.12 至 2021.05.12/低毒

非耕地　杂草　2100-3000克/公顷　定向茎叶喷雾

注:草甘膦铵盐含量:55%。

PD20110646　吡虫啉/70%/水分散粒剂/吡虫啉 70%/2016.06.13 至 2021.06.13/低毒

甘蓝　蚜虫　15.75-31.5克/公顷　喷雾

PD20110783　嘧菌酯/250克/升/悬浮剂/嘧菌酯 250克/升/2011.07.25 至 2016.07.25/低毒

黄瓜　霜霉病　200-250毫克/千克　喷雾

PD20120460　戊唑醇/430克/升/悬浮剂/戊唑醇 430克/升/2012.03.14 至 2017.03.14/低毒

苦瓜　白粉病　77.4-116.1克/公顷　喷雾

梨树　黑星病　107.5-143毫克/千克　喷雾

PD20120487　甲氨基阿维菌素苯甲酸盐/2%/水分散粒剂/甲氨基阿维菌素 2%/2012.03.19 至 2017.03.19/低毒

甘蓝　甜菜夜蛾　2.25-3克/公顷　喷雾

注:甲氨基阿维菌素苯甲酸盐含量: 2.3%。

PD20120602　高效氯氟氰菊酯/2.5%/水乳剂/高效氯氟氰菊酯 2.5%/2012.04.11 至 2017.04.11/低毒

甘蓝　菜青虫　7.5-15克/公顷　喷雾

PD20120800　烯酰吗啉/50%/水分散粒剂/烯酰吗啉 50%/2012.05.17 至 2017.05.17/低毒

黄瓜　霜霉病　225－300克/公顷　喷雾

PD20121398　嘧菌酯/95%/原药/嘧菌酯 95%/2012.09.14 至 2017.09.14/低毒

PD20121984　苯醚甲环唑/10%/水分散粒剂/苯醚甲环唑 10%/2012.12.18 至 2017.12.18/低毒

苦瓜　白粉病　105-150克/公顷　喷雾

芹菜　斑枯病　52.5-67.5克/公顷　喷雾

西瓜　炭疽病　75-112.5克/公顷　喷雾

PD20130619　多菌灵/90%/水分散粒剂/多菌灵 90%/2013.04.03 至 2018.04.03/低毒

油菜　菌核病　1125-1500克/公顷　喷雾

PD20131200　戊唑醇/80%/水分散粒剂/戊唑醇 80%/2013.05.27 至 2018.05.27/低毒

水稻　稻曲病　65-97克/公顷　喷雾

小麦　白粉病　96-180克/公顷　喷雾

PD20131505　噻虫嗪/98%/原药/噻虫嗪 98%/2013.07.15 至 2018.07.15/低毒

PD20131971　嘧菌酯/80%/水分散粒剂/嘧菌酯 80%/2013.10.10 至 2018.10.10/低毒

草坪　枯萎病　300—400克/公顷　喷雾

PD20140411　多效唑/25%/悬浮剂/多效唑 25%/2014.02.24 至 2019.02.24/低毒

苹果　调节生长　50-90毫克/千克　沟施

PD20140414　噻虫嗪/25%/水分散粒剂/噻虫嗪 25%/2014.02.24 至 2019.02.24/低毒

菠菜　蚜虫　22.5-30克/公顷　喷雾

水稻　稻飞虱　15-22.5克/公顷　兑水喷雾

PD20142130 代森锰锌/75%/水分散粒剂/代森锰锌 75%/2014.09.03 至 2019.09.03/低毒
黄瓜 霜霉病 1687.5-2250克/公顷 喷雾
PD20142238 戊唑·嘧菌酯/45%/水分散粒剂/嘧菌酯 10%、戊唑醇 35%/2014.09.28 至 2019.09.28/低毒
水稻 纹枯病 202.5-270克/公顷 喷雾
PD20142367 甲霜·锰锌/72%/水分散粒剂/甲霜灵 8%、代森锰锌 64%/2014.11.04 至 2019.11.04/低毒
黄瓜 霜霉病 1620-2160克/公顷 喷雾
PD20151619 吡唑醚菌酯/97.5%/原药/吡唑醚菌酯 97.5%/2015.08.28 至 2020.08.28/低毒

上海赫腾精细化工有限公司 (上海市金山区金山卫镇金山大道4688号 201512 021-67262277-828)

PD20120583 乙虫腈/95%/原药/乙虫腈 95%/2012.03.28 至 2017.03.28/低毒
PD20151589 双氟磺草胺/97%/原药/双氟磺草胺 97%/2015.08.28 至 2020.08.28/低毒
PD20151700 嘧菌酯/98%/原药/嘧菌酯 98%/2015.08.28 至 2020.08.28/低毒
PD20152265 噻虫嗪/98%/原药/噻虫嗪 98%/2015.10.20 至 2020.10.20/低毒
PD20152313 咯菌腈/98%/原药/咯菌腈 98%/2015.10.21 至 2020.10.21/低毒
LS20120034 呋草酮/98%/原药/呋草酮 98%/2014.02.06 至 2015.02.06/低毒
注:专供出口，不是在国内销售。

上海沪江生化有限公司 (上海市奉贤区南桥镇新建东路355号 201416 021-57493657)

PD86101-26 赤霉酸/3%/乳油/赤霉酸 3%/2011.09.19 至 2016.09.19/低毒
菠菜 增加鲜重 7.5-18.75毫克/千克 叶面处理1-3次
菠萝 果实增大、增重 30-60毫克/千克 喷花
柑橘树 果实增大、增重 15-30毫克/千克 喷花
花卉 提前开花 525毫克/千克 叶面处理涂抹花芽
绿肥 增产 7.5-15毫克/千克 喷雾
马铃薯 苗齐、增产 0.375-0.75毫克/千克 浸薯块10-30分钟
棉花 提高结铃率、增产 7.5-15毫克/千克 点喷、点涂或喷雾
葡萄 无核、增产 37.5-150毫克/千克 花后1周处理果穗
芹菜 增产 15-75毫克/千克 叶面处理1次
人参 增加发芽率 15毫克/千克 播前浸种15分钟
水稻 增加千粒重、制种 15-22.5毫克/千克 喷雾
PD86183-29 赤霉酸/75%/粉剂/赤霉酸 75%/2011.12.06 至 2016.12.06/低毒
菠菜 增加鲜重 10-25毫克/千克 叶面处理1-3次
菠萝 果实增大、增重 40-80毫克/千克 喷花
柑橘树 果实增大、增重 20-40毫克/千克 喷花
花卉 提前开花 700毫克/千克 叶面处理涂抹花芽
绿肥 增产 10-20毫克/千克 喷雾
马铃薯 苗齐、增产 0.5-1毫克/千克 浸薯块10-30分钟
棉花 提高结铃率、增产 10-20毫克/千克 点喷、点涂或喷雾
葡萄 无核、增产 50-200毫克/千克 花后一周处理果穗
芹菜 增加鲜重 20-100毫克/千克 叶面处理1次
人参 增加发芽率 20毫克/千克 播种前浸种15分钟
水稻 增加千粒重、制种 20-30毫克/千克 喷雾
PD20060151 草甘膦/95%/原药/草甘膦 95%/2011.08.29 至 2016.08.29/微毒
PD20070637 草甘膦异丙胺盐/41%/水剂/草甘膦异丙胺盐 41%/2012.12.14 至 2017.12.14/低毒
柑橘园 杂草 1230-2214克/公顷 定向茎叶喷雾
PD20083544 草甘膦/62%/水剂/草甘膦 62%/2013.12.12 至 2018.12.12/微毒
非耕地 一年生及部分多年生杂草 1125-3000克/公顷 茎叶喷雾
柑橘园 一年生及部分多年生杂草 1125-2250克/公顷 定向茎叶喷雾
PD20095255 草甘膦/65%/可溶粉剂/草甘膦 65%/2014.04.27 至 2019.04.27/微毒
非耕地 一年生及部分多年生杂草 1125-3000克/公顷 茎叶喷雾
PD20101261 草甘膦钠盐(33.9%)///可溶粉剂/草甘膦 30%/2015.03.05 至 2020.03.05/微毒
非耕地 一年生和多年生杂草 1125-3000克/公顷 茎叶喷雾
PD20151533 草甘膦铵盐/30%/水剂/草甘膦 30%/2015.08.03 至 2020.08.03/微毒
非耕地 杂草 1350-1800克/公顷 茎叶喷雾
注:草甘膦铵盐含量：33%。

上海华谊集团华原化工有限公司彭浦化工厂 (上海市金山区金山卫镇华通路200号-20幢 201512 021-51392925)

PD84125-2 乙烯利/40%/水剂/乙烯利 40%/2014.11.29 至 2019.11.29/低毒
番茄 催熟 800-1000倍液 喷雾或浸渍
棉花 催熟、增产 330-500倍液 喷雾
柿子、香蕉 催熟 400倍液 喷雾或浸渍
水稻 催熟、增产 800倍液 喷雾
橡胶树 增产 5-10倍液 涂布
烟草 催熟 1000-2000倍液 喷雾
PD20110419 乙烯利/91%/原药/乙烯利 91%/2011.04.15 至 2016.04.15/低毒

上海惠光环境科技有限公司 (上海市奉贤区泰日镇航塘公路2701号 201405 021-64148568)

登记证号	登记作物	防治对象	用药量	施用方法
PD20030006	草甘膦异丙胺盐/41%/水剂/草甘膦异丙胺盐 41%/2013.07.09 至 2018.07.09/低毒			
	茶园	杂草	1230-2460克/公顷	定向茎叶喷雾
	非耕地、公路、森林防火道、铁路	杂草	1125-3000克/公顷	定向茎叶喷雾
	柑橘园	杂草	1125-2250克/公顷	定向茎叶喷雾
PD20060173	代森锰锌/80%/可湿性粉剂/代森锰锌 80%/2011.11.01 至 2016.11.01/低毒			
	番茄	早疫病	1845-2370克/公顷	喷雾
	柑橘树	疮痂病、炭疽病	1333-2000毫克/千克	喷雾
	梨树	黑星病	800-1600毫克/千克	喷雾
	荔枝树	霜疫霉病	1333-2000毫克/千克	喷雾
	苹果树	轮纹病、炭疽病	1000-1500毫克/千克	喷雾
	苹果树	斑点落叶病	600-800倍液	喷雾
	葡萄	白腐病、黑痘病、霜霉病	1000-1600毫克/千克	喷雾
	西瓜	炭疽病	1560-2520克/公顷	喷雾
PD20060203	百菌清/75%/可湿性粉剂/百菌清 75%/2011.12.07 至 2016.12.07/低毒			
	黄瓜	霜霉病	1125-1462.5克/公顷	喷雾
PD20070656	甲霜・锰锌/58%/可湿性粉剂/甲霜灵 10%、代森锰锌 48%/2012.12.17 至 2017.12.17/低毒			
	番茄	晚疫病	896.1-1096.2克/公顷	喷雾
	黄瓜	霜霉病	1305-1632克/公顷	喷雾
	荔枝树	霜疫霉病	966.7-1450毫克/千克	喷雾
PD20080438	乙氧氟草醚/23.5%/乳油/乙氧氟草醚 23.5%/2013.03.13 至 2018.03.13/低毒			
	大蒜田	一年生杂草	141-176.3克/公顷	喷雾
	森林苗圃	一年生杂草	176.25-317.25克/公顷	土壤喷雾
PD20080893	代森锌/65%/可湿性粉剂/代森锌 65%/2013.07.09 至 2018.07.09/低毒			
	柑橘树	炭疽病	1083.3-1300毫克/千克	喷雾
	芦笋	茎枯病	780-975克/公顷	喷雾
	马铃薯	晚疫病、早疫病	960-1200克/公顷	喷雾
	西瓜	炭疽病	975-1170克/公顷	喷雾
PD20081231	溴氰菊酯/25克/升/乳油/溴氰菊酯 25克/升/2013.09.11 至 2018.09.11/低毒			
	烟草	烟青虫	7.5-11.25克/公顷	喷雾
PD20081849	锰锌・腈菌唑/62.25%/可湿性粉剂/腈菌唑 2.25%、代森锰锌 60%/2013.11.20 至 2018.11.20/低毒			
	梨树	黑星病	400-600倍液	喷雾
PD20082474	苯丁锡/50%/可湿性粉剂/苯丁锡 50%/2013.12.03 至 2018.12.03/低毒			
	柑橘树	红蜘蛛	250-333毫克/千克	喷雾
	柑橘树	锈壁虱	200-333.3毫克/千克	喷雾
PD20083734	杀螟丹/4%/颗粒剂/杀螟丹 4%/2013.12.15 至 2018.12.15/低毒			
	水稻	稻纵卷叶螟	900-1350克/公顷	喇叭口撒施
PD20083888	吡虫・毒死蜱/33%/可湿性粉剂/吡虫啉 3%、毒死蜱 30%/2013.12.15 至 2018.12.15/低毒			
	梨树	梨木虱	165-330毫克/千克	喷雾
PD20085448	苄嘧・苯噻酰/53%/可湿性粉剂/苯噻酰草胺 50%、苄嘧磺隆 3%/2013.12.24 至 2018.12.24/微毒			
	水稻移栽田	部分多年生杂草、一年生杂草	397.5-556.5克/公顷(南方地区)	药土法
PD20086135	甲基硫菌灵/70%/可湿性粉剂/甲基硫菌灵 70%/2013.12.30 至 2018.12.30/低毒			
	西瓜	炭疽病	525-840克/公顷	喷雾
PD20091017	咪鲜・多菌灵/25%/可湿性粉剂/多菌灵 12.5%、咪鲜胺 12.5%/2014.01.21 至 2019.01.21/低毒			
	芒果树	炭疽病	250-416.7毫克/千克	喷雾
	水稻	稻瘟病	225-262.5克/公顷	喷雾
	西瓜	炭疽病	281.25-375克/公顷	喷雾
PD20091157	毒死蜱/40%/乳油/毒死蜱 40%/2014.01.22 至 2019.01.22/中等毒			
	荔枝树	蒂蛀虫	400-500毫克/千克	喷雾
	水稻	稻瘿蚊	1800-2160克/公顷	喷雾
	水稻	稻纵卷叶螟	480-600克/公顷	喷雾
	玉米	地下害虫	900-1080克/公顷	灌根
PD20091495	高效氟吡甲禾灵/108克/升/乳油/高效氟吡甲禾灵 108克/升/2014.02.02 至 2019.02.02/低毒			
	油菜田	一年生禾本科杂草	35-45克/公顷	茎叶喷雾
PD20091824	丙森・霜脲氰/60%/可湿性粉剂/丙森锌 50%、霜脲氰 10%/2014.02.05 至 2019.02.05/微毒			
	黄瓜	霜霉病	630-720克/公顷	喷雾
	马铃薯	晚疫病	720-900克/公顷	喷雾
PD20095556	盐酸吗啉胍/20%/可湿性粉剂/盐酸吗啉胍 20%/2014.05.12 至 2019.05.12/微毒			
	番茄	病毒病	600-1200克/公顷	喷雾
PD20096144	氧氟・乙草胺/43%/乳油/乙草胺 37.5%、乙氧氟草醚 5.5%/2014.06.24 至 2019.06.24/低毒			
	大蒜田	一年生杂草	645-967.5克/公顷	土壤喷雾
	花生田	一年生杂草	645-967克/公顷	喷雾
	棉花田	一年生杂草	645-967克/公顷	土壤喷雾

PD20097537 三环唑/75%/可湿性粉剂/三环唑 75%/2014.11.03 至 2019.11.03/低毒

水稻 稻瘟病 225-337.5克/公顷 喷雾

PD20098316 乙草胺/81.5%/乳油/乙草胺 81.5%/2014.12.18 至 2019.12.18/低毒

夏玉米田 一年生禾本科杂草及部分小粒种子阔叶杂草 1080-1350克/公顷 播后苗前土壤喷雾

PD20100145 噻嗪·异丙威/25%/可湿性粉剂/噻嗪酮 5%、异丙威 20%/2015.01.05 至 2020.01.05/低毒

水稻 飞虱 375-562.5克/公顷 喷雾

PD20101966 甲氨基阿维菌素苯甲酸盐(1.14%)///乳油/甲氨基阿维菌素 1%/2015.09.21 至 2020.09.21/低毒

甘蓝 甜菜夜蛾 2.25-4.5克/公顷 喷雾

PD20110880 高效氯氟氰菊酯/2.5%/微乳剂/高效氯氟氰菊酯 2.5%/2011.08.16 至 2016.08.16/中等毒

茶树 茶尺蠖 3.75-7.5克/公顷 喷雾

PD20111262 戊唑醇/430克/升/悬浮剂/戊唑醇 430克/升/2011.11.23 至 2016.11.23/低毒

苦瓜 白粉病 77.4-116.1克/公顷 喷雾

水稻 稻曲病 80.625-96.75克/公顷 喷雾

PD20120564 异丙甲草胺/720克/升/乳油/异丙甲草胺 720克/升/2012.03.28 至 2017.03.28/低毒

花生田 一年生杂草 1350-1620克/公顷 播后苗前土壤喷雾

PD20120763 高氯·甲维盐/3.2%/微乳剂/高效氯氰菊酯 3%、甲氨基阿维菌素苯甲酸盐 0.2%/2012.05.05 至 2017.05.05/中等毒

甘蓝 甜菜夜蛾 12-14.4克/公顷 喷雾

PD20121065 阿维·三唑磷/20%/乳油/阿维菌素 0.2%、三唑磷 19.8%/2012.07.12 至 2017.07.12/中等毒(原药高毒)

水稻 二化螟 180-210克/公顷 喷雾

PD20121518 草铵膦/200克/升/水剂/草铵膦 200克/升/2012.10.09 至 2017.10.09/低毒

非耕地 杂草 1050-1500克/公顷 茎叶喷雾

PD20121529 丁草胺/60%/乳油/丁草胺 60%/2012.10.09 至 2017.10.09/低毒

水稻移栽田 一年生杂草 1080-1350克/公顷 毒土法

PD20121783 二甲戊灵//乳油/二甲戊灵 330克/升/2012.11.20 至 2017.11.20/低毒

甘蓝 一年生杂草 618.75-742.5克/公顷 土壤喷雾

PD20131078 毒死蜱//乳油/毒死蜱 480克/升/2013.05.20 至 2018.05.20/低毒

柑橘树 矢尖蚧 240—480毫克/千克 喷雾

苹果树 绵蚜 200—267毫克/千克 喷雾

PD20131542 甲氨基阿维菌素苯甲酸盐/5%/水分散粒剂/甲氨基阿维菌素 5%/2013.07.17 至 2018.07.17/低毒

甘蓝 小菜蛾 2.25-3.75克/公顷 喷雾

水稻 稻纵卷叶螟 11.25-15克/公顷 喷雾

注:甲氨基阿维菌素苯甲酸盐含量: 5.7%。

PD20141397 井冈·己唑醇/11%/悬浮剂/井冈霉素A 8.5%、己唑醇 2.5%/2014.06.05 至 2019.06.05/微毒

水稻 纹枯病 49.5-57.75克/公顷 喷雾

PD20141644 苯醚甲环唑/30%/悬浮剂/苯醚甲环唑 30%/2014.06.24 至 2019.06.24/低毒

葡萄 白腐病 50-75毫克/千克 喷雾

PD20150292 戊唑醇/80%/水分散粒剂/戊唑醇 80%/2015.02.04 至 2020.02.04/低毒

苹果树 斑点落叶病 100-133.3毫克/千克 喷雾

PD20150304 烯啶虫胺/10%/水剂/烯啶虫胺 10%/2015.02.05 至 2020.02.05/低毒

水稻 稻飞虱 37.5-45克/公顷 喷雾

PD20150539 炔螨特/73%/乳油/炔螨特 73%/2015.03.23 至 2020.03.23/低毒

柑橘树 红蜘蛛 182.5-243毫克/千克 喷雾

PD20151060 唑螨酯/5%/悬浮剂/唑螨酯 5%/2015.06.14 至 2020.06.14/低毒

柑橘树 红蜘蛛 33.3-50毫克/千克 喷雾

PD20151250 氟硅唑/10%/水乳剂/氟硅唑 10%/2015.07.30 至 2020.07.30/低毒

黄瓜 白粉病 60-75克/公顷 喷雾

PD20151307 苯甲·嘧菌酯/30%/悬浮剂/苯醚甲环唑 18.5%、嘧菌酯 11.5%/2015.07.30 至 2020.07.30/低毒

水稻 纹枯病 195-243.75克/公顷 喷雾

PD20151425 醚菌酯/10%/悬浮剂/醚菌酯 10%/2015.07.30 至 2020.07.30/低毒

苹果树 白粉病 100-166.7毫克/千克 喷雾

上海嘉定鑫明日用化工厂 (上海市嘉定区曹王镇前曹公路65号 201809 021-59946796)

WP20090338 防蛀球剂/94%/球剂/樟脑 94%/2014.10.10 至 2019.10.10/低毒

卫生 黑皮蠹 200克制剂/立方米 投放

上海嘉亨日用化学品有限公司 (上海市松江区佘山镇陶干路1069号 201602 021-33730666)

WPN29-99 驱蚊液/4%/驱蚊液/避蚊胺 4%/2014.03.19 至 2019.03.19/微毒

卫生 蚊 / 涂抹

WP20080610 驱蚊花露水/4%/驱蚊花露水/避蚊胺 4%/2013.12.31 至 2018.12.31/微毒

卫生 蚊 / 涂抹

上海家化联合股份有限公司 (上海市虹口区保定路527号 200082 8008203808)

WP20080601 驱蚊花露水/4.5%/驱蚊花露水/驱蚊酯 4.5%/2013.12.30 至 2018.12.30/微毒

卫生 蚊 / 涂抹

注:本品有三种香型：薄荷香型、冰莲香型、花香型。

WP20090167 驱蚊花露水/2.8%/驱蚊花露水/驱蚊酯 2.8%/2014.03.09 至 2019.03.09/微毒
卫生 蚊 / 涂抹
注:本产品有二种香型:清香型、汉草型。

上海皆丰药械有限公司 (上海市奉贤区南桥镇解放东路曙光工业区 201400 021-67186281)

WP20120131 杀虫气体制剂/50%/气体制剂/硫酰氟 50%/2012.07.12 至 2017.07.12/微毒
卫生 黑皮蠹、蚊、蝇、蜚蠊 15克制剂/立方米 在密闭环境中释放

上海皆乐药械厂 (上海市奉贤区江海镇九华村 201400 021-67102398)

WP20070040 杀虫气雾剂/2%/气雾剂/右旋苯醚菊酯 2%/2012.12.17 至 2017.12.17/低毒
卫生 蜚蠊、蚊、蝇 / 喷雾
注:航空专用。

上海金鹿化工有限公司 (上海市普陀区古浪路1680号 200331 021-62506113)

WP20100004 防蛀球剂/96%/球剂/樟脑 96%/2015.01.05 至 2020.01.05/低毒
卫生 黑皮蠹 200克制剂/立方米 投放
WP20100006 防蛀片剂/96%/片剂/樟脑 96%/2015.01.05 至 2020.01.05/低毒
卫生 黑皮蠹 200克制剂/立方米 投放
WP20100030 樟脑/98%/原药/樟脑 98%/2015.01.21 至 2020.01.21/低毒

上海科捷佳实业有限公司 (上海市松江区荣乐东路1085号 201613 021-67740903)

PD20141792 锰锌·霜脲//可湿性粉剂/代森锰锌 64%、霜脲氰 8%/2014.07.14 至 2019.07.14/低毒
黄瓜 霜霉病 1566-1782克/公顷 喷雾

上海菱农化工有限公司 (上海市嘉定区南翔扬子路625号 201802 021-59123055)

PD20101634 禾草丹/90%/乳油/禾草丹 90%/2010.06.03 至 2015.06.03/低毒
水稻 一年生杂草 2025-2700克/公顷 喷雾

上海绿伞环保科技发展有限公司 (上海市青浦区华新镇华丹路368号 200436 021-69790805)

WP20090282 防蛀防霉片剂/99.5%/防蛀剂/对二氯苯 99.5%/2014.06.02 至 2019.06.02/低毒
卫生 黑皮蠹、霉菌、衣蛾 40克制剂/立方米 投放
WP20090284 防蛀防霉球剂/99.5%/防蛀球剂/对二氯苯 99.5%/2014.06.11 至 2019.06.11/低毒
卫生 黑皮蠹、霉菌 40克制剂/立方米 投放
WP20090298 杀虫气雾剂/0.9%/气雾剂/胺菊酯 0.3%、氯菊酯 0.6%/2014.07.15 至 2019.07.15/微毒
卫生 尘螨、黑皮蠹、蚂蚁、跳蚤、蚊、蝇、蜚蠊 / 喷雾
WP20140074 电热蚊香液/0.6%/电热蚊香液/氯氟醚菊酯 0.6%/2014.04.08 至 2019.04.08/低毒
室内 蚊 / 电热加温
WL20130034 电热蚊香片/10毫克/片/电热蚊香片/炔丙菊酯 5毫克/片、氯氟醚菊酯 5毫克/片/2014.07.29 至 2015.07.29/微毒
室内 蚊 / 电热加温

上海绿泽生物科技有限责任公司 (上海市松江区华加路200号 201611 021-67748095)

PD20040220 多·酮/30%/可湿性粉剂/多菌灵 20%、三唑酮 10%/2014.12.19 至 2019.12.19/低毒
水稻 稻瘟病、纹枯病、叶尖枯病 450-600克/公顷 喷雾
小麦 白粉病、赤霉病 360-450克/公顷 喷雾
PD20040414 吡虫啉/10%/可湿性粉剂/吡虫啉 10%/2014.12.19 至 2019.12.19/低毒
水稻 飞虱 15-30克/公顷 喷雾
小麦 蚜虫 15-30克/公顷 喷雾
PD20040416 吡虫·三唑酮/22%/可湿性粉剂/吡虫啉 2%、三唑酮 20%/2014.12.19 至 2019.12.19/低毒
小麦 白粉病、蚜虫 165-198克/公顷 喷雾
PD20040705 杀虫单/80%/可溶粉剂/杀虫单 80%/2014.12.19 至 2019.12.19/中等毒
水稻 螟虫 675-810克/公顷 喷雾
PD20040753 吡虫·杀虫单/80%/可湿性粉剂/吡虫啉 2%、杀虫单 78%/2014.12.19 至 2019.12.19/低毒
水稻 稻飞虱、三化螟 600-750克/公顷 喷雾
PD20081679 麦草畏/48%/水剂/麦草畏 48%/2013.11.17 至 2018.11.17/低毒
冬小麦田 一年生阔叶杂草 144-216克/公顷 茎叶喷雾
PD20081743 苄嘧磺隆/30%/可湿性粉剂/苄嘧磺隆 30%/2013.11.18 至 2018.11.18/低毒
水稻移栽田 多年生阔叶杂草及莎草科杂草 60-90克/公顷 毒土法
水稻移栽田 一年生阔叶杂草及莎草科杂草 30-60克/公顷 毒土法
PD20081808 苄嘧·苯噻酰/53%/可湿性粉剂/苯噻酰草胺 50%、苄嘧磺隆 3%/2013.11.19 至 2018.11.19/低毒
水稻抛秧田 一年生及部分多年生杂草 318-397.5克/公顷(南方地区) 药土法
PD20081942 苯磺隆/75%/水分散粒剂/苯磺隆 75%/2013.11.24 至 2018.11.24/低毒
冬小麦田 一年生阔叶杂草 13.5—22.5克/公顷 茎叶喷雾
PD20082153 精喹禾灵/5%/乳油/精喹禾灵 5%/2013.11.26 至 2018.11.26/低毒
花生田 一年生禾本科杂草 45-60克/公顷 茎叶喷雾
夏大豆田 一年生禾本科杂草 37.5-52.5克/公顷 茎叶喷雾
油菜田 一年生禾本科杂草 45-67.5克/公顷 茎叶喷雾
PD20082278 乙氧氟草醚/24%/乳油/乙氧氟草醚 24%/2013.11.27 至 2018.11.27/低毒
大蒜田 一年生杂草 144-216克/公顷 播后苗前土壤喷雾
PD20082726 苯磺隆/10%/可湿性粉剂/苯磺隆 10%/2013.12.08 至 2018.12.08/低毒

冬小麦田　一年生阔叶杂草　13.5-22.5克/公顷　茎叶喷雾

PD20083292　多·福·锰锌/50%/可湿性粉剂/多菌灵 15%、福美双 25%、代森锰锌 10%/2013.12.11 至 2018.12.11/中等毒
苹果树　轮纹病　833.3-1250毫克/千克　喷雾

PD20083562　氧氟·异丙草/50%/可湿性粉剂/异丙草胺 45%、乙氧氟草醚 5%/2013.12.12 至 2018.12.12/低毒
水稻移栽田　一年生杂草　112.5-150克/公顷　药土法

PD20083582　霜脲·锰锌/72%/可湿性粉剂/代森锰锌 64%、霜脲氰 8%/2013.12.12 至 2018.12.12/低毒
番茄　晚疫病　1440-1944克/公顷　喷雾
黄瓜　霜霉病　1440-1800克/公顷　喷雾

PD20084029　精喹禾灵/10%/乳油/精喹禾灵 10%/2013.12.16 至 2018.12.16/低毒
大豆田、花生田　一年生禾本科杂草　40.5-64.8克/公顷　茎叶喷雾
油菜田　一年生禾本科杂草　45-67.5克/公顷　茎叶喷雾

PD20084234　氧氟·乙草胺/40%/乳油/乙草胺 34%、乙氧氟草醚 6%/2013.12.17 至 2018.12.17/低毒
大蒜田　一年生杂草　540-840克/公顷　播后苗前土壤喷雾
花生田　一年生杂草　600-720克/公顷　播后苗前土壤喷雾

PD20084401　苯磺隆/20%/可溶粉剂/苯磺隆 20%/2013.12.17 至 2018.12.17/低毒
冬小麦田　一年生阔叶杂草　13.5－22.5克/公顷　茎叶喷雾

PD20085438　草甘膦铵盐/50%/可溶粉剂/草甘膦 50%/2013.12.24 至 2018.12.24/低毒
果园　杂草　1125-2250克/公顷　定向茎叶喷雾
注:草甘膦铵盐含量: 54.7%。

PD20085515　苄·丁/35%/可湿性粉剂/苄嘧磺隆 1.5%、丁草胺 33.5%/2013.12.25 至 2018.12.25/低毒
水稻移栽田　一年生杂草　600-900克/公顷　毒土法

PD20085575　高氯·辛硫磷/20%/乳油/高效氯氰菊酯 2%、辛硫磷 18%/2013.12.25 至 2018.12.25/中等毒
大豆　甜菜夜蛾　240-300克/公顷　喷雾
棉花　棉铃虫　150-225克/公顷　喷雾
十字花科蔬菜　菜青虫、蚜虫　150-225克/公顷　喷雾

PD20085711　阿维·杀虫单/20%/微乳剂/阿维菌素 0.2%、杀虫单 19.8%/2013.12.26 至 2018.12.26/低毒(原药高毒)
菜豆　美洲斑潜蝇　90-180克/公顷　喷雾

PD20085813　苄·二氯/36%/可湿性粉剂/苄嘧磺隆 4%、二氯喹啉酸 32%/2013.12.29 至 2018.12.29/低毒
水稻移栽田　一年生杂草　216-270克/公顷　喷雾

PD20085840　阿维·哒螨灵/5%/乳油/阿维菌素 0.2%、哒螨灵 4.8%/2013.12.29 至 2018.12.29/低毒(原药高毒)
柑橘树　红蜘蛛　33.3-50毫克/千克　喷雾

PD20085933　苄·乙/30%/可湿性粉剂/苄嘧磺隆 4%、乙草胺 26%/2013.12.29 至 2018.12.29/低毒
水稻移栽田　一年生及部分多年生杂草　90-135克/公顷　药土法

PD20086145　腐霉·福美双/25%/可湿性粉剂/腐霉利 5%、福美双 20%/2013.12.30 至 2018.12.30/中等毒
番茄　灰霉病　225-300克/公顷　喷雾

PD20090069　高氯·马/24%/乳油/高效氯氰菊酯 2%、马拉硫磷 22%/2014.01.08 至 2019.01.08/中等毒
十字花科蔬菜　菜青虫、蚜虫　108-144克/公顷　喷雾

PD20090497　异丙·苄/30%/可湿性粉剂/苄嘧磺隆 5%、异丙草胺 25%/2014.01.12 至 2019.01.12/低毒
水稻抛秧田　一年生及部分多年生杂草　135-180克/公顷　药土法
水稻移栽田　一年生杂草　135-180克/公顷　药土法

PD20090528　复硝酚钠/1.8%/水剂/5-硝基邻甲氧基苯酚钠 0.3%、对硝基苯酚钾 0.9%、邻硝基苯酚钠 0.6%/2014.01.12 至2019.01.12/低毒
番茄　调节生长　2000-3000倍液　兑水喷雾

PD20091654　乙·莠/40%/可湿性粉剂/乙草胺 14%、莠去津 26%/2014.02.03 至 2019.02.03/低毒
夏玉米田　一年生杂草　1200-1500克/公顷　播后苗前土壤喷雾

PD20092774　阿维·高氯/6%/乳油/阿维菌素 0.4%、高效氯氰菊酯 5.6%/2014.03.04 至 2019.03.04/低毒(原药高毒)
黄瓜　斑潜蝇　22.5－24毫克/千克　喷雾
梨树　梨木虱　8.6-12毫克/千克　喷雾
苹果树　黄蚜　8.6-12毫克/千克　喷雾
十字花科蔬菜　小菜蛾　18-22.5克/公顷　喷雾
十字花科蔬菜　菜青虫　13.5-18克/公顷　喷雾

PD20094772　杀虫单/50%/可溶粉剂/杀虫单 50%/2014.04.13 至 2019.04.13/中等毒
水稻　螟虫　750-900克/公顷　毒土法

PD20095661　阿维·高氯/6.3%/可湿性粉剂/阿维菌素 0.7%、高效氯氰菊酯 5.6%/2014.05.13 至 2019.05.13/低毒(原药高毒)
甘蓝　小菜蛾　18.9-28.35克/公顷　喷雾
甘蓝　菜青虫　9.45-14.18克/公顷　喷雾
柑橘树　潜叶蛾　4000-5000倍液　喷雾

PD20095666　烯唑·多菌灵/30%/可湿性粉剂/多菌灵 26%、烯唑醇 4%/2014.05.14 至 2019.05.14/低毒
梨树　黑星病　900-1200倍液　喷雾

PD20096304　苄·乙·甲/25%/可湿性粉剂/苄嘧磺隆 1.3%、甲磺隆 0.3%、乙草胺 23.4%/2009.07.22 至 2015.06.30/低毒
水稻移栽田　一年生及部分多年生杂草　75-93.8克/公顷　毒土法

PD20098279　吗胍·乙酸铜/20%/可湿性粉剂/盐酸吗啉胍 10%、乙酸铜 10%/2014.12.18 至 2019.12.18/低毒
番茄　病毒病　500-750克/公顷　喷雾

PD20101522 络氨铜/25%/水剂/络氨铜 25%/2015.05.19 至 2020.05.19/低毒

棉花	立枯病、炭疽病	99-132克/公顷	拌种
水稻	纹枯病	465-690克/公顷	喷雾
西瓜	枯萎病	0.2-0.25克/株	灌根

PD20101741 吡虫啉/25%/可湿性粉剂/吡虫啉 25%/2015.06.28 至 2020.06.28/低毒

水稻	稻飞虱	15-30克/公顷	喷雾

PD20130042 芸苔素内酯/0.01%/可溶液剂/芸苔素内酯 0.01%/2013.01.07 至 2018.01.07/低毒

柑橘树、棉花	调节生长	0.03-0.04毫克/千克	茎叶喷雾
水稻	调节生长、增产	0.033-0.05毫克/千克	喷雾
小麦	调节生长、增产	0.05-0.067毫克/千克	喷雾
玉米	调节生长	0.06-0.08毫克/千克	茎叶喷雾

WL20130040 杀虫粉剂/0.8%/粉剂/右旋苯醚菊酯 0.8%/2015.10.10 至 2016.10.10/低毒

室内	蜚蠊	20克制剂/平方米	撒施

上海美臣化妆品有限公司 (上海市松江区民益路735号 201612 021-57687080)

WP20080304 驱蚊液/2.5%/驱蚊液/驱蚊酯 2.5%/2013.12.04 至 2018.12.04/微毒

卫生	蚊	/	涂抹

上海美兴化工股份有限公司 (上海市金山区枫泾镇兴塔兴福利路258号 201502 021-57360080)

WP20120217 驱蚊液/6%/驱蚊液/避蚊胺 6%/2012.11.08 至 2017.11.08/低毒

卫生	蚊	/	涂抹

上海梦利日化厂 (上海市闵行区浦江镇汇红四队 201112 021-64914627)

WP20080165 杀虫喷射剂/0.11%/喷射剂/Es-生物烯丙菊酯 0.06%、氯氰菊酯 0.05%/2013.11.14 至 2018.11.14/微毒

卫生	蚊、蝇	/	喷射

上海农乐生物制品股份有限公司 (上海市奉贤区雷州路158号 201419 021-57784569)

PD84118-47 多菌灵/25%/可湿性粉剂/多菌灵 25%/2015.01.25 至 2020.01.25/低毒

果树	病害	0.05-0.1%药液	喷雾
花生	倒秧病	750克/公顷	喷雾
麦类	赤霉病	750克/公顷	喷雾,泼浇
棉花	苗期病害	500克/100千克种子	拌种
水稻	稻瘟病、纹枯病	750克/公顷	喷雾,泼浇
油菜	菌核病	1125-1500克/公顷	喷雾

PD86116-5 甲基硫菌灵/36%/悬浮剂/甲基硫菌灵 36%/2011.12.25 至 2016.12.25/低毒

甘薯	黑斑病	800-1000倍液	浸种,喷雾
柑橘	绿霉病、青霉病	800倍液	浸果
禾谷类	黑穗病	1000-2000倍液	浸种
花生	叶斑病	1500-1800倍液	喷雾
梨树、苹果树	白粉病、黑星病	800-1200倍液	喷雾
马铃薯	环腐病	800倍液	浸种
毛竹	枯梢病	1500倍液	喷雾
棉花	枯萎病	170倍液	浸种
葡萄、桑树、烟草	白粉病	800-1000倍液	喷雾
蔬菜	多种病害	400-1000倍液	喷雾
水稻	稻瘟病、纹枯病	800-1500倍液	喷雾
甜菜	褐斑病	1300倍液	喷雾
小麦	白粉病、赤霉病	1500倍液	喷雾
油菜	菌核病	1500倍液	喷雾

PD91106-20 甲基硫菌灵/70%,50%/可湿性粉剂/甲基硫菌灵 70%, 50%/2012.05.27 至 2017.05.27/低毒

番茄	叶霉病	375-562.5克/公顷	喷雾
甘薯	黑斑病	360-450毫克/千克	浸薯块
瓜类	白粉病	337.5-506.25克/公顷	喷雾
梨树	黑星病	360-450毫克/千克	喷雾
苹果树	轮纹病	700毫克/千克	喷雾
水稻	稻瘟病、纹枯病	1050-1500克/公顷	喷雾
小麦	赤霉病	750-1050克/公顷	喷雾

PD20040224 高效氯氰菊酯/4.5%/乳油/高效氯氰菊酯 4.5%/2014.12.19 至 2019.12.19/中等毒

韭菜	迟眼蕈蚊	6.75-13.5克/公顷	喷雾
辣椒	烟青虫	24-34克/公顷	喷雾
十字花科蔬菜	菜青虫	9-25.5克/公顷	喷雾
枸杞	蚜虫	18-22.25毫克/千克	喷雾

PD20040346 氯氰菊酯/5%/乳油/氯氰菊酯 5%/2014.12.19 至 2019.12.19/中等毒

十字花科蔬菜	菜青虫	30-45克/公顷	喷雾

PD20040481 井冈·杀虫单/50%/可湿性粉剂/井冈霉素 6.5%、杀虫单 43.5%/2014.12.19 至 2019.12.19/中等毒

水稻	稻纵卷叶螟、纹枯病	600-750克/公顷	喷雾

PD20040686 三唑磷/20%/乳油/三唑磷 20%/2014.12.19 至 2019.12.19/中等毒

水稻 二化螟 300-450克/公顷 喷雾
PD20040692 井冈·吡虫啉/10%/可湿性粉剂/吡虫啉 2%、井冈霉素 8%/2014.12.19 至 2019.12.19/低毒
水稻 飞虱、纹枯病 90-105克/公顷 喷雾
PD20040698 吡虫啉/20%/可溶液剂/吡虫啉 20%/2014.12.19 至 2019.12.19/低毒
水稻 稻飞虱 15-30克/公顷 喷雾
PD20040700 吡虫啉/10%/可溶液剂/吡虫啉 10%/2014.12.19 至 2019.12.19/低毒
水稻 飞虱 22.5-30克/公顷 喷雾
PD20040757 吡虫啉/10%/乳油/吡虫啉 10%/2014.12.19 至 2019.12.19/低毒
水稻 飞虱 15-30克/公顷 喷雾
PD20040779 吡·井·杀虫单/50%/可湿性粉剂/吡虫啉 1%、井冈霉素 6.5%、杀虫单 42.5%/2014.12.19 至 2019.12.19/低毒
水稻 稻纵卷叶螟、飞虱、纹枯病 750-900克/公顷 喷雾
PD20050020 吡虫啉/10%/可湿性粉剂/吡虫啉 10%/2015.04.15 至 2020.04.15/低毒
菠菜 蚜虫 30-45克/公顷 喷雾
韭菜 韭蛆 300-450克/公顷 药土法
水稻 稻飞虱 22.5-30克/公顷 喷雾
PD20050021 高氯·吡虫啉/5%/乳油/吡虫啉 2.5%、高效氯氰菊酯 2.5%/2015.04.15 至 2020.04.15/低毒
十字花科蔬菜 菜青虫、蚜虫 22.5-30克/公顷 喷雾
PD20050082 吡虫·杀虫单/74%/可湿性粉剂/吡虫啉 2%、杀虫单 72%/2015.06.24 至 2020.06.24/中等毒
水稻 飞虱、三化螟 555-666克/公顷 喷雾
PD20080098 啶虫脒/5%/乳油/啶虫脒 5%/2013.01.03 至 2018.01.03/低毒
柑橘树 蚜虫 10-15毫克/千克 喷雾
萝卜 黄条跳甲 45-90克/公顷 喷雾
PD20082027 草甘膦异丙胺盐/41%/水剂/草甘膦异丙胺盐 41%/2013.11.25 至 2018.11.25/低毒
柑橘园 一年生和多年生杂草 1125-2250克/公顷 定向茎叶喷雾
PD20082426 阿维菌素/3.2%/乳油/阿维菌素 3.2%/2013.12.02 至 2018.12.02/中等毒(原药高毒)
水稻 稻纵卷叶螟 6-9克/公顷 喷雾
PD20082536 阿维菌素/1.8%/乳油/阿维菌素 1.8%/2013.12.03 至 2018.12.03/低毒(原药高毒)
十字花科蔬菜 小菜蛾 8.1-10.8克/公顷 喷雾
茭白 二化螟 9.5-13.5克/公顷 喷雾
PD20084075 高氯·马/20%/乳油/高效氯氰菊酯 2%、马拉硫磷 18%/2013.12.16 至 2018.12.16/中等毒
甘蓝 小菜蛾 150-300克/公顷 喷雾
甘蓝 菜青虫、蚜虫 45-120克/公顷 喷雾
柑橘树 蚜虫 50-200毫克/千克 喷雾
棉花 棉铃虫、蚜虫 60-180克/公顷 喷雾
PD20084909 阿维·高氯/5%/乳油/阿维菌素 0.5%、高效氯氰菊酯 4.5%/2013.12.22 至 2018.12.22/低毒(原药高毒)
十字花科蔬菜 小菜蛾 11.25-18.75克/公顷 喷雾
PD20085731 阿维·三唑磷/20%/乳油/阿维菌素 0.2%、三唑磷 19.8%/2013.12.26 至 2018.12.26/中等毒(原药高毒)
水稻 二化螟 180-240克/公顷 喷雾
PD20086224 井冈·杀虫双/22%/水剂/井冈霉素 2%、杀虫双 20%/2013.12.31 至 2018.12.31/中等毒
水稻 螟虫、纹枯病 660-825克/公顷 喷雾
PD20086347 阿维·吡虫啉/5%/乳油/阿维菌素 0.5%、吡虫啉 4.5%/2013.12.31 至 2018.12.31/低毒(原药高毒)
梨树 梨木虱 6.25-10毫克/千克 喷雾
PD20090009 蜡质芽孢杆菌/90亿个/克/母药/蜡质芽孢杆菌 90亿个/克/2014.01.04 至 2019.01.04/低毒
PD20090010 井冈·蜡芽菌///悬浮剂/井冈霉素 2%、蜡质芽孢杆菌 8亿个/克/2014.01.04 至 2019.01.04/低毒
水稻 稻曲病、稻瘟病 150-180克/公顷 喷雾
水稻 纹枯病 240-300克/公顷 喷雾
小麦 赤霉病、纹枯病 300-390克/公顷 喷雾
PD20090874 井冈·蜡芽菌///可湿性粉剂/井冈霉素 4%、蜡质芽孢杆菌 16亿个/克/2014.01.19 至 2019.01.19/低毒
水稻 纹枯病 300-360克/公顷 喷雾
小麦 赤霉病、纹枯病 300-390克/公顷 喷雾
PD20092826 井冈·蜡芽菌///水剂/井冈霉素 2.5%、蜡质芽孢杆菌 10亿个/克/2014.03.04 至 2019.03.04/低毒
水稻 纹枯病 56.25-93.75克/公顷 喷雾
PD20093663 高效氯氰菊酯/4.5%/水乳剂/高效氯氰菊酯 4.5%/2014.03.25 至 2019.03.25/低毒
十字花科蔬菜 菜青虫 20.25-33.75克/公顷 喷雾
PD20094015 井冈·蜡芽菌///可湿性粉剂/井冈霉素 8%、蜡质芽孢杆菌 32亿个/克/2014.03.27 至 2019.03.27/低毒
水稻 纹枯病 300-360克/公顷 喷雾
PD20094682 杀双·毒死蜱/24%/水乳剂/毒死蜱 10%、杀虫双 14%/2014.04.10 至 2019.04.10/低毒
水稻 稻纵卷叶螟、二化螟 270-360克/公顷 喷雾
PD20095780 高氯·辛硫磷/40%/乳油/高效氯氰菊酯 2.5%、辛硫磷 37.5%/2014.05.21 至 2019.05.21/低毒
棉花 棉铃虫 360-480克/公顷 喷雾
PD20096362 井冈·蜡芽菌/4%+16亿个/克蜡芽菌/悬浮剂/井冈霉素 4%、蜡质芽孢杆菌 16亿个/克蜡芽菌/2014.07.28 至 2019.07.28/低毒
水稻 纹枯病 240-300克/公顷 喷雾

登记证号	登记作物	防治对象	用药量	施用方法
PD20110314	申嗪霉素/95%/原药/申嗪霉素 95%/2016.03.23 至 2021.03.23/中等毒			
PD20110315	申嗪霉素/1%/悬浮剂/申嗪霉素 1%/2016.03.23 至 2021.03.23/低毒			
	黄瓜	灰霉病、霜霉病	15-18克/公顷	喷雾
	辣椒	疫病	50-120毫升/亩	喷雾
	水稻	稻曲病、稻瘟病	9-13.5克/公顷	喷雾
	水稻	纹枯病	50-70毫升/亩	喷雾
	西瓜	枯萎病	500-1000倍液	灌根
PD20111187	高效氯氟氰菊酯/2.5%/水乳剂/高效氯氟氰菊酯 2.5%/2011.11.16 至 2016.11.16/中等毒			
	甘蓝	菜青虫	9.375-13.125克/公顷	喷雾
PD20111394	四聚乙醛/96%/原药/四聚乙醛 96%/2011.12.21 至 2016.12.21/中等毒			
PD20111397	阿维菌素/3%/水乳剂/阿维菌素 3%/2011.12.21 至 2016.12.21/低毒(原药高毒)			
	水稻	稻纵卷叶螟	4.95-6.6克/公顷	喷雾
PD20120150	戊唑醇/430克/升/悬浮剂/戊唑醇 430克/升/2012.01.30 至 2017.01.30/低毒			
	黄瓜	白粉病	96.75-135.45克/公顷	喷雾
PD20121142	毒死蜱/20%/水乳剂/毒死蜱 20%/2012.07.20 至 2017.07.20/低毒			
	水稻	稻纵卷叶螟	450-540克/公顷	喷雾
	水稻	稻飞虱、二化螟	450-600克/公顷	喷雾
PD20121304	多杀霉素/90%/原药/多杀霉素 90%/2012.09.11 至 2017.09.11/低毒			
PD20121785	多杀霉素/10%/悬浮剂/多杀霉素 10%/2012.11.22 至 2017.11.22/低毒			
	甘蓝	小菜蛾	18.75-26.25克/公顷	喷雾
	水稻	稻纵卷叶螟	37.5-45克/公顷	喷雾
PD20130765	甲氨基阿维菌素苯甲酸盐/0.5%/水乳剂/甲氨基阿维菌素 0.5%/2013.04.16 至 2018.04.16/低毒			
	水稻	二化螟	5.4-7.2克/公顷	喷雾
	注:甲氨基阿维菌素苯甲酸盐含量: 0.57%。			
PD20131153	多杀霉素/10%/水分散粒剂/多杀霉素 10%/2013.05.20 至 2018.05.20/低毒			
	甘蓝	小菜蛾	18.75-26.25克/公顷	喷雾
	水稻	稻纵卷叶螟	37.5-45克/公顷	喷雾
PD20131193	氰氟草酯/10%/水乳剂/氰氟草酯 10%/2013.05.27 至 2018.05.27/低毒			
	直播水稻田	稗草、千金子等禾本科杂草	90-120克/公顷	茎叶喷雾
PD20132622	吡虫啉/350克/升/悬浮剂/吡虫啉 350克/升/2013.12.20 至 2018.12.20/低毒			
	水稻	稻飞虱	33.75-45克/公顷	喷雾
PD20140544	吡蚜酮/50%/水分散粒剂/吡蚜酮 50%/2014.03.06 至 2019.03.06/低毒			
	水稻	稻飞虱	90-120克/公顷	喷雾
PD20141229	阿维·吡虫啉/5%/悬乳剂/阿维菌素 0.5%、吡虫啉 4.5%/2014.05.07 至 2019.05.07/低毒(原药高毒)			
	梨树	梨木虱	16.7-25毫克/千克	喷雾

上海农药厂有限公司　(上海市浦东新区江心沙路9号　200137　021-58611010)

登记证号	登记作物	防治对象	用药量	施用方法
PD84108	敌百虫/90%/可溶粉剂/敌百虫 90%/2015.01.21 至 2020.01.21/低毒			
	白菜、青菜	地下害虫	750-1500克/公顷	喷雾
	白菜、青菜	菜青虫	960-1200克/公顷	喷雾
	茶树	尺蠖、刺蛾	450-900毫克/千克	喷雾
	大豆	造桥虫	1800克/公顷	喷雾
	柑橘树	卷叶蛾	600-750毫克/千克	喷雾
	林木	松毛虫	600-900毫克/千克	喷雾
	水稻	螟虫	1500-1800克/公顷	喷雾，泼浇活毒土
	小麦	粘虫	1800克/公顷	喷雾
	烟草	烟青虫	900毫克/千克	喷雾
PD85105-7	敌敌畏/80%/乳油/敌敌畏 77.5%(气谱法)/2010.01.21 至 2015.01.21/中等毒			
	茶树	食叶害虫	600克/公顷	喷雾
	粮仓	多种储藏害虫	1)400-500倍液2)0.4-0.5克/立方米	1)喷雾2)挂条熏蒸
	棉花	蚜虫、造桥虫	600-1200克/公顷	喷雾
	苹果树	小卷叶蛾、蚜虫	400-500毫克/千克	喷雾
	青菜	菜青虫	600克/公顷	喷雾
	桑树	尺蠖	600克/公顷	喷雾
	卫生	多种卫生害虫	1)300-400倍液2)0.08克/立方米	1)泼洒2)挂条熏蒸
	小麦	黏虫、蚜虫	600克/公顷	喷雾
PD20050041	三唑磷/20%/乳油/三唑磷 20%/2010.04.15 至 2015.04.15/中等毒			
	水稻	二化螟	300-450克/公顷	喷雾

上海萨莎化妆品有限公司　(上海市宝山区真大路454号　200436　021-56683881)

登记证号	登记作物	防治对象	用药量	施用方法
WP20110212	驱蚊花露水/4.5%/驱蚊花露水/驱蚊酯 4.5%/2011.09.15 至 2016.09.15/低毒			
	卫生	蚊	/	涂抹
	注:本产品有一种香型:薄荷香型。			
WP20150091	驱蚊露/2.8%/驱蚊露/驱蚊酯 2.8%/2015.05.18 至 2020.05.18/微毒			

卫生 蚊 / 涂抹

上海三樱扑雷药业有限公司 (上海市松江区洞泾镇洞库路725号4幢2层-1区 201219 021-66308872)

WP20090088 电热蚊香片/27毫克/片/电热蚊香片/Es-生物烯丙菊酯 27毫克/片/2014.02.03 至 2019.02.03/低毒
卫生 蚊 / 电热加温

WP20090208 防蛀防霉片剂/96%/片剂/对二氯苯 96%/2014.03.27 至 2019.03.27/低毒
卫生 黑皮蠹、霉菌 40克制剂/立方米 投放

WP20090294 杀蟑饵剂/1.0%/毒饵/毒死蜱 1.0%/2014.07.13 至 2019.07.13/低毒
卫生 蜚蠊 / 投放

WP20110141 防蛀细粒剂/38%/细粒剂/右旋樟脑 38%/2011.06.08 至 2016.06.08/微毒
卫生 黑皮蠹 500克/立方米 投放

上海生农生化制品有限公司 (上海市松江区洞泾镇洞舟路51号 201619 021-67679572)

PD20070684 丙环唑/25%/乳油/丙环唑 25%/2012.12.17 至 2017.12.17/低毒
香蕉 叶斑病 250-500毫克/千克 喷雾

PD20080390 啶虫脒/20%/可溶液剂/啶虫脒 20%/2013.02.28 至 2018.02.28/低毒
黄瓜 蚜虫 45-72克/公顷 喷雾

PD20080555 四聚乙醛/99%/原药/四聚乙醛 99%/2013.05.09 至 2018.05.09/低毒

PD20081293 乙氧氟草醚/240克/升/乳油/乙氧氟草醚 240克/升/2013.09.26 至 2018.09.26/低毒
大蒜田 一年生杂草 180-216克/公顷 土壤喷雾
森林苗圃 一年生杂草 240.12-298.8克/公顷 喷雾
水稻移栽田 一年生杂草 54-72克/公顷 药土法

PD20081590 氟啶脲/5%/乳油/氟啶脲 5%/2013.11.12 至 2018.11.12/低毒
青菜 菜青虫 37.5-45克/公顷 喷雾

PD20081710 苯醚甲环唑/95%/原药/苯醚甲环唑 95%/2013.11.17 至 2018.11.17/低毒

PD20082131 咪鲜胺锰盐/50%/可湿性粉剂/咪鲜胺锰盐 50%/2013.11.25 至 2018.11.25/低毒
柑橘 绿霉病、青霉病 250-500毫克/千克 浸果1分钟

PD20082166 戊唑醇/96%/原药/戊唑醇 96%/2013.11.26 至 2018.11.26/低毒

PD20083666 丙环唑/95%/原药/丙环唑 95%/2013.12.12 至 2018.12.12/低毒

PD20085514 代森锌/65%/可湿性粉剂/代森锌 65%/2013.12.25 至 2018.12.25/低毒
番茄 早疫病 1828-2438克/公顷 喷雾

PD20085976 精噁唑禾草灵/10/乳油/精噁唑禾草灵 10%/2013.12.29 至 2018.12.29/低毒
冬油菜田 一年生禾本科杂草 54.3-72.5克/公顷 茎叶喷雾

PD20090372 除虫脲/98%/原药/除虫脲 98%/2014.01.12 至 2019.01.12/低毒

PD20090608 毒死蜱/40%/乳油/毒死蜱 40%/2014.01.14 至 2019.01.14/中等毒
水稻 稻飞虱、稻纵卷叶螟 450-600克/公顷 喷雾

PD20091209 戊唑醇/6%/种子处理悬浮剂/戊唑醇 6%/2014.02.01 至 2019.02.01/低毒
小麦 散黑穗病 1.8-2.7克/100千克种子 拌种

PD20092098 氟啶脲/96%/原药/氟啶脲 96%/2014.02.16 至 2019.02.16/低毒

PD20093399 氟菌唑/95%/原药/氟菌唑 95%/2014.03.20 至 2019.03.20/低毒

PD20093799 除虫脲/20%/悬浮剂/除虫脲 20%/2014.03.25 至 2019.03.25/低毒
甘蓝 菜青虫 90-150克/公顷 喷雾

PD20094023 苯醚甲环唑/10%/水分散粒剂/苯醚甲环唑 10%/2014.03.27 至 2019.03.27/低毒
西瓜 炭疽病 75-112.5克/公顷 喷雾

PD20094986 十三吗啉/750克/升/乳油/十三吗啉 750克/升/2014.04.21 至 2019.04.21/低毒
橡胶树 红根病 15-30克/株 灌淋

PD20095003 十三吗啉/95%/原药/十三吗啉 95%/2014.04.21 至 2019.04.21/低毒

PD20098094 乙氧氟草醚/97%/原药/乙氧氟草醚 97%/2014.12.08 至 2019.12.08/低毒

PD20098261 氯氟吡氧乙酸异辛酯(288克/升)///乳油/氯氟吡氧乙酸 200克/升/2014.12.16 至 2019.12.16/低毒
冬小麦田 阔叶杂草 150-180克/公顷 茎叶喷雾

PD20100022 氟菌唑/30%/可湿性粉剂/氟菌唑 30%/2014.01.04 至 2019.01.04/低毒
黄瓜 白粉病 67.5–90克/公顷 喷雾

PD20110018 吡虫啉/70%/水分散粒剂/吡虫啉 70%/2016.01.04 至 2021.01.04/低毒
甘蓝 蚜虫 15.75-21克/公顷 喷雾

PD20110313 四聚乙醛/6%/颗粒剂/四聚乙醛 6%/2016.03.23 至 2021.03.23/低毒
叶菜类蔬菜 蜗牛 450-630克/公顷 撒施

PD20110870 戊唑醇/80%/可湿性粉剂/戊唑醇 80%/2011.08.16 至 2016.08.16/低毒
水稻 稻曲病 96-120克/公顷 喷雾
香蕉 叶斑病 200-300毫克/千克 喷雾

PD20111325 戊唑醇/25%/乳油/戊唑醇 25%/2011.12.05 至 2016.12.05/低毒
香蕉 叶斑病 250-300毫克/千克 喷雾
注:戊唑醇质量浓度250克/升。

PD20120087 顺式氯氰菊酯/10%/水乳剂/顺式氯氰菊酯 10%/2012.01.19 至 2017.01.19/中等毒
甘蓝 菜青虫 37.5-52.5克/公顷 喷雾

PD20120202 四聚乙醛/80%/可湿性粉剂/四聚乙醛 80%/2012.02.06 至 2017.02.06/中等毒

	甘蓝	蜗牛	300-480克/公顷	喷雾
PD20120444	氰氟草酯/100克/升/乳油/氰氟草酯 100克/升/2012.03.28 至 2017.03.28/低毒			
	直播水稻田	稗草、千金子等禾本科杂草	75-90克/公顷	茎叶喷雾
PD20120462	苯甲·丙环唑/300克/升/乳油/苯醚甲环唑 150克/升、丙环唑 150克/升/2012.03.16 至 2017.03.16/低毒			
	水稻	纹枯病	67.5-112.5克/公顷	喷雾
PD20120483	戊唑醇/430克/升/悬浮剂/戊唑醇 430克/升/2012.03.28 至 2017.03.28/低毒			
	梨树	黑星病	107.5-143.3ppm	喷雾
PD20120508	氰氟草酯/97.4%/原药/氰氟草酯 97.4%/2012.03.28 至 2017.03.28/低毒			
PD20120704	吡丙·吡虫啉/10%/悬浮剂/吡虫啉 7.5%、吡丙醚 2.5%/2012.04.18 至 2017.04.18/低毒			
	番茄	粉虱	45－75克/公顷	喷雾
PD20121258	氟环·多菌灵/40%/悬浮剂/多菌灵 20%、氟环唑 20%/2012.09.04 至 2017.09.04/低毒			
	水稻	纹枯病	120-180克/公顷	喷雾
	香蕉树	叶斑病	200-270毫克/千克	喷雾
PD20121260	精噁唑禾草灵/100克/升/乳油/精噁唑禾草灵 100克/升/2012.09.04 至 2017.09.04/低毒			
	春小麦田	一年生禾本科杂草	60-75克/公顷	茎叶喷雾
	冬小麦田	一年生禾本科杂草	45-75克/公顷	茎叶喷雾
PD20121265	霜脲·锰锌/72%/可湿性粉剂/代森锰锌 64%、霜脲氰 8%/2012.09.04 至 2017.09.04/低毒			
	黄瓜	霜霉病	1440-1800克/公顷	喷雾
PD20131935	吡丙醚/100克/升/乳油/吡丙醚 100克/升/2013.09.29 至 2018.09.29/低毒			
	番茄	白粉虱	71.25-90克/公顷	喷雾
PD20131936	吡丙醚/95%/原药/吡丙醚 95%/2013.09.29 至 2018.09.29/低毒			
PD20141025	氰霜唑/100克/升/悬浮剂/氰霜唑 100克/升/2014.04.21 至 2019.04.21/低毒			
	黄瓜	霜霉病	82.5-105克/公顷	喷雾
PD20141964	噁酮·霜脲氰/52.5%/水分散粒剂/噁唑菌酮 22.5%、霜脲氰 30%/2014.08.13 至 2019.08.13/低毒			
	黄瓜	霜霉病	236.25-315克/公顷	喷雾
	辣椒	疫病	275.6-354.4克/公顷	喷雾
PD20150419	吡丙·虫螨腈/30%/悬浮剂/吡丙醚 10%、虫螨腈 20%/2015.03.19 至 2020.03.19/中等毒			
	甘蓝	小菜蛾	90-112.5克/公顷	喷雾
PD20150654	噻苯隆/50%/可湿性粉剂/噻苯隆 50%/2015.04.16 至 2020.04.16/低毒			
	棉花	调节生长	225-300克/公顷	喷雾
LS20120384	甲维·吡丙醚/20%/悬浮剂/吡丙醚 18%、甲氨基阿维菌素苯甲酸盐 2%/2014.11.08 至 2015.11.08/低毒			
	水稻	稻纵卷叶螟	180－240克/公顷	喷雾
LS20150095	环氧虫啶/97%/原药/环氧虫啶 97%/2015.04.17 至 2016.04.17/低毒			
LS20150097	环氧虫啶/25%/可湿性粉剂/环氧虫啶 25%/2015.04.17 至 2016.04.17/低毒			
	水稻	稻飞虱	60-90克/公顷	喷雾
WP20080026	吡丙醚/95%/原药/吡丙醚 95%/2013.02.19 至 2018.02.19/低毒			
WP20090030	驱蚊酯/99.5%/原药/驱蚊酯 99.5%/2014.01.12 至 2019.01.12/低毒			
WP20090087	避蚊胺/98%/原药/避蚊胺 98%/2014.02.02 至 2019.02.02/低毒			
WP20100057	杀蟑饵膏/15%/饵膏/硼酸 15%/2010.04.02 至 2015.04.02/低毒			
	卫生	蜚蠊	/	投放
WP20110239	杀虫粉剂/0.3%/粉剂/氟氯氰菊酯 0.3%/2011.10.18 至 2016.10.18/低毒			
	室内	蜚蠊	3克制剂/平方米	撒布
WP20140007	驱蚊液/15%/驱蚊液/避蚊胺 15%/2014.01.16 至 2019.01.16/低毒			
	卫生	蚊	/	涂抹
WL20120040	右胺·氯菊/6.5%/水乳剂/氯菊酯 4.5%、右旋胺菊酯 2%/2014.07.12 至 2015.07.12/低毒			
	卫生	蜚蠊	80毫克/平方米（吸收板面）；40毫克/平方米（半吸收面），20毫克/平方米（不吸收面）	滞留喷洒

上海升联化工有限公司　（上海市奉贤区柘林镇宅兴路59号　201416　021-57490222）

PD84118-30	多菌灵/25%/可湿性粉剂/多菌灵 25%/2015.01.31 至 2020.01.31/低毒			
	果树	病害	0.05-0.1%药液	喷雾
	花生	倒秧病	750克/公顷	喷雾
	麦类	赤霉病	750克/公顷	喷雾,泼浇
	棉花	苗期病害	500克/100千克种子	拌种
	水稻	稻瘟病、纹枯病	750克/公顷	喷雾,泼浇
	油菜	菌核病	1125-1500克/公顷	喷雾
PD85136	速灭威/25%/可湿性粉剂/速灭威 25%/2015.07.14 至 2020.07.14/中等毒			
	水稻	飞虱、叶蝉	375-750克/公顷	喷雾
PD85150-6	多菌灵/50%/可湿性粉剂/多菌灵 50%/2015.08.15 至 2020.08.15/低毒			
	果树	病害	0.05-0.1%药液	喷雾
	花生	倒秧病	750克/公顷	喷雾
	麦类	赤霉病	750克/公顷	喷雾、泼浇
	棉花	苗期病害	250克/50千克种子	拌种

水稻 稻瘟病、纹枯病 750克/公顷 喷雾、泼浇
油菜 菌核病 1125-1500克/公顷 喷雾
PD86138 氯菊酯/10%/乳油/氯菊酯 10%/2013.02.19 至 2018.02.19/低毒
茶树 茶毛虫、尺蠖、蚜虫 20-50毫克/千克 喷雾
果树 潜叶蛾、食心虫、蚜虫 30-60毫克/千克 喷雾
棉花 红铃虫、棉铃虫、蚜虫 25-100毫克/千克 喷雾
蔬菜 菜青虫、小菜蛾、蚜虫 10-25毫克/千克 喷雾
卫生 白蚁 120毫克/千克 滞留喷射
卫生 蚊、蝇 1-3毫克/立方米 喷雾
小麦 黏虫 20毫克/千克 喷雾
烟草 烟青虫 10-20毫克/千克 喷雾
PD92103-5 草甘膦/95%,93%,90%/原药/草甘膦 95%,93%,90%/2012.08.08 至 2017.08.08/低毒
PD20040114 高效氯氰菊酯/4.5%/乳油/高效氯氰菊酯 4.5%/2014.12.19 至 2019.12.19/中等毒
柑橘树 潜叶蛾 1000-2000倍液 喷雾
棉花 棉铃虫 20.25-33.75克/公顷 喷雾
十字花科蔬菜 菜青虫 13.5-20.25克/公顷 喷雾
PD20040250 三唑酮/20%/乳油/三唑酮 20%/2014.12.19 至 2019.12.19/低毒
小麦 白粉病 120-127.5克/公顷 喷雾
PD20040272 吡虫啉/10%/可湿性粉剂/吡虫啉 10%/2014.12.19 至 2019.12.19/低毒
柑橘树 蚜虫 20-25毫克/千克 喷雾
水稻 飞虱 15-30克/公顷 喷雾
PD20040352 氯氰菊酯/10%/乳油/氯氰菊酯 10%/2014.12.19 至 2019.12.19/中等毒
棉花 棉铃虫、棉蚜 45-90克/公顷 喷雾
十字花科蔬菜 菜青虫 30-45克/公顷 喷雾
PD20040355 氯氰菊酯/5%/乳油/氯氰菊酯 5%/2014.12.19 至 2019.12.19/中等毒
棉花 棉铃虫、棉蚜 45-90克/公顷 喷雾
十字花科蔬菜 菜青虫 30-45克/公顷 喷雾
PD20040402 三唑酮/15%/可湿性粉剂/三唑酮 15%/2014.12.19 至 2019.12.19/低毒
小麦 白粉病、锈病 135-180克/公顷 喷雾
玉米 丝黑穗病 60-90克/100千克种子 拌种
PD20040492 三唑磷/20%/乳油/三唑磷 20%/2014.12.19 至 2019.12.19/中等毒
棉花 红铃虫 600-900克/公顷 喷雾
水稻 二化螟 300-450克/公顷 喷雾
PD20040538 哒螨灵/15%/乳油/哒螨灵 15%/2014.12.19 至 2019.12.19/中等毒
柑橘树 红蜘蛛 50-67毫克/千克 喷雾
苹果树 叶螨 50-67毫克/千克 喷雾
PD20040679 哒螨灵/20%/可湿性粉剂/哒螨灵 20%/2014.12.19 至 2019.12.19/中等毒
柑橘树、苹果树 红蜘蛛 50-67毫克/千克 喷雾
PD20050083 三唑酮/95%/原粉/三唑酮 95%/2015.06.24 至 2020.06.24/低毒
PD20081566 霜脲氰/97%/原药/霜脲氰 97%/2013.11.11 至 2018.11.11/低毒
PD20082252 毒死蜱/98%/原药/毒死蜱 98%/2013.11.27 至 2018.11.27/中等毒
PD20086312 多效唑/15%/可湿性粉剂/多效唑 15%/2013.12.31 至 2018.12.31/低毒
水稻(育秧苗) 控制生长 200-300毫克/千克 喷雾
油菜(苗床) 控制生长 100-200毫克/千克 喷雾
PD20091435 毒死蜱/40%/乳油/毒死蜱 40%/2014.02.02 至 2019.02.02/中等毒
棉花 棉铃虫、蚜虫 450-600克/公顷 喷雾
PD20091450 甲基硫菌灵/70%/可湿性粉剂/甲基硫菌灵 70%/2014.02.02 至 2019.02.02/低毒
水稻 纹枯病 1365-1680克/公顷 喷雾
小麦 赤霉病 945-1260克/公顷 喷雾
PD20091489 代森锰锌/80%/可湿性粉剂/代森锰锌 80%/2014.02.02 至 2019.02.02/微毒
番茄 早疫病 1800-2100克/公顷 喷雾
PD20091539 甲霜·锰锌/58%/可湿性粉剂/甲霜灵 10%、代森锰锌 48%/2014.02.03 至 2019.02.03/低毒
黄瓜 霜霉病 1305-1566克/公顷 喷雾
PD20091642 氯氰·毒死蜱/52.25%/乳油/毒死蜱 47.75%、氯氰菊酯 4.5%/2014.02.03 至 2019.02.03/中等毒
柑橘树 潜叶蛾 522.5-1045毫克/千克 喷雾
PD20091972 草甘膦异丙胺盐/41%/水剂/草甘膦异丙胺盐 41%/2014.02.12 至 2019.02.12/低毒
柑橘园 杂草 1230-2460克/公顷 定向喷雾
PD20092526 噻嗪酮/25%/可湿性粉剂/噻嗪酮 25%/2014.02.26 至 2019.02.26/低毒
茶树 小绿叶蝉 166-250毫克/千克 喷雾
柑橘树 矢尖蚧 150-250毫克/千克 喷雾
水稻 飞虱 75-112.5克/公顷 喷雾
PD20092558 草甘膦铵盐/95%/可溶粒剂/草甘膦铵盐 95%/2014.02.26 至 2019.02.26/低毒
柑橘园 杂草 1282.5-2280克/公顷 定向喷雾

PD20092604 灭多威/20%/乳油/灭多威 20%/2014.02.27 至 2019.02.27/高毒
棉花 蚜虫 75-150克/公顷 喷雾
棉花 棉铃虫 150-225克/公顷 喷雾
PD20092636 百菌清/75%/可湿性粉剂/百菌清 75%/2014.03.02 至 2019.03.02/低毒
黄瓜 霜霉病 1200-1650克/公顷 喷雾
PD20092947 乙烯利/40%/水剂/乙烯利 40%/2014.03.09 至 2019.03.09/低毒
棉花 催熟 300-500倍液 茎叶喷雾
香蕉 催熟 1000-1500倍液 浸果
PD20093452 丙环唑/25%/乳油/丙环唑 25%/2014.03.23 至 2019.03.23/低毒
香蕉 叶斑病 250-500毫克/千克 喷雾
PD20093479 草甘膦/50%/可溶粉剂/草甘膦 50%/2014.03.23 至 2019.03.23/微毒
非耕地 杂草 1125-2250克/公顷 喷雾
PD20093573 三环唑/20%/可湿性粉剂/三环唑 20%/2014.03.23 至 2019.03.23/中等毒
水稻 稻瘟病 225-300克/公顷 喷雾
PD20095024 多效唑/96%/原药/多效唑 96%/2014.04.21 至 2019.04.21/低毒
PD20097483 阿维菌素/1.8%/乳油/阿维菌素 1.8%/2014.11.03 至 2019.11.03/低毒(原药高毒)
甘蓝 菜青虫 6-7.5克/公顷 喷雾
PD20097857 毒死蜱/45%/乳油/毒死蜱 45%/2014.11.20 至 2019.11.20/中等毒
柑橘树 介壳虫 320-480毫克/千克 喷雾
苹果树 绵蚜 240-320毫克/千克 喷雾
水稻 二化螟 648-864克/公顷 喷雾
水稻 稻飞虱、稻纵卷叶螟 576-864克/公顷 喷雾
PD20131184 吡蚜酮/50%/水分散粒剂/吡蚜酮 50%/2013.05.27 至 2018.05.27/低毒
水稻 稻飞虱 90-120克/公顷 喷雾
PD20140908 戊唑醇/80%/可湿性粉剂/戊唑醇 80%/2014.04.09 至 2019.04.09/低毒
小麦 白粉病、赤霉病、锈病 96-120克/公顷 喷雾
PD20152363 草甘膦铵盐/30%/水剂/草甘膦 30%/2015.10.22 至 2020.10.22/低毒
非耕地 杂草 1350-1800克/公顷 喷雾
注:草甘膦铵盐含量: 33%。
PD20152476 滴酸·草甘膦/39.5%/水剂/草甘膦 37.1%、2,4-滴 2.4%/2015.12.04 至 2020.12.04/低毒
非耕地 杂草 950.4-1900.8克/公顷 定向茎叶喷雾
注:草甘膦异丙胺盐含量: 53%。
LS20130054 戊唑·百菌清/75%/可湿性粉剂/百菌清 62.5%、戊唑醇 12.5%/2015.02.06 至 2016.02.06/低毒
小麦 白粉病 450-562.5克/公顷 喷雾
小麦 赤霉病 506.25-675克/公顷 喷雾
LS20130310 噻虫·吡蚜酮/25%/可湿性粉剂/吡蚜酮 12.5%、噻虫嗪 12.5%/2015.06.04 至 2016.06.04/微毒
水稻 稻飞虱 11.25-22.5克/公顷 喷雾
LS20150006 阿维·虫螨腈/15%/悬乳剂/阿维菌素 1%、虫螨腈 14%/2016.01.15 至 2017.01.15/低毒(原药高毒)
甘蓝 小菜蛾 56.25-67.5克/公顷 喷雾
WPN16-97 杀虫气雾剂/0.85%/气雾剂/残杀威 0.23%、氯菊酯 0.54%、右旋烯丙菊酯 0.077%/2013.02.27 至 2018.02.27/低毒
卫生 蜚蠊、蚊、蝇 / 喷雾
WPN17-97 氰·烯·氯菊/0.29%/喷射剂/氯菊酯 0.2%、氯氰菊酯 0.04%、右旋烯丙菊酯 0.05%/2013.07.29 至 2018.07.29/低毒
卫生 蜚蠊、蚊、蝇 / 喷射
WP86137 氯菊酯/90%、85%、80%/原药/氯菊酯 90%、85%、80%/2011.10.23 至 2016.10.23/低毒

上海同瑞生物科技有限公司 (上海市奉贤区南奉公路3528号 201414 021-57561314)

PD85131-27 井冈霉素/2.4%,4%/水剂/井冈霉素A 2.4%,4%/2011.04.29 至 2016.04.29/低毒
水稻 纹枯病 75-112.5克/公顷 喷雾、泼浇
PD86101 赤霉酸/3%/乳油/赤霉酸 3%/2011.07.26 至 2016.07.26/低毒
菠菜 增加鲜重 7.5-18.75毫克/千克 叶面处理1-3次
菠萝 果实增大、增重 30-60毫克/千克 喷花
柑橘树 果实增大、增重 15-30毫克/千克 喷花
花卉 提前开花 525毫克/千克 叶面处理涂抹花芽
绿肥 增产 7.5-15毫克/千克 喷雾
马铃薯 苗齐、增产 0.375-0.75毫克/千克 浸薯块10-30分钟
棉花 提高结铃率、增产 7.5-15毫克/千克 点喷、点涂或喷雾
葡萄 无核、增产 37.5-150毫克/千克 花后1周处理果穗
芹菜 增产 15-75毫克/千克 叶面处理1次
人参 增加发芽率 15毫克/千克 播前浸种15分钟
水稻 增加千粒重、制种 15-22.5毫克/千克 喷雾
PD86183-35 赤霉酸/75%/结晶粉/赤霉酸 75%/2011.07.26 至 2016.07.26/低毒
菠菜 增加鲜重 10-25毫克/千克 叶面处理1-3次
菠萝 果实增大、增重 40-80毫克/千克 喷花
柑橘树 果实增大、增重 20-40毫克/千克 喷花

花卉 提前开花 700毫克/千克 叶面处理涂抹花芽
绿肥 增产 10-20毫克/千克 喷雾
马铃薯 苗齐、增产 0.5-1毫克/千克 浸薯块10-30分钟
棉花 提高结铃率、增产 10-20毫克/千克 点喷、点涂或喷雾
葡萄 无核、增产 50-200毫克/千克 花后一周处理果穗
芹菜 增加鲜重 20-100毫克/千克 叶面处理1次
人参 增加发芽率 20毫克/千克 播种前浸种15分钟
水稻 增加千粒重、制种 20-30毫克/千克 喷雾

PD20083607 赤霉酸/40%/可溶粒剂/赤霉酸 40%/2013.12.12 至 2018.12.12/低毒
菠菜 增加鲜重 10-25毫克/千克 叶面处理1-3次
菠萝 果实增大、增重 40-80毫克/千克 喷花
柑橘树 果实增大、增重 20-40毫克/千克 喷花
花卉 提高开花 700毫克/千克 叶面处理涂抹花芽
绿肥 增产 10-20毫克/千克 喷雾
马铃薯 苗齐、增产 0.5-1毫克/千克 浸薯块10-30分钟
棉花 提高结铃率、增产 10-20毫克/千克 点喷,点涂或喷雾
葡萄 无核、增产 50-200毫克/千克 花后一周处理果实
芹菜 增加鲜重 20-100毫克/千克 叶面处理1次
人参 增加发芽率 20毫克/千克 播前浸种15分钟
水稻 增加千粒重、制种 20-30毫克/千克 喷雾

PD20095565 赤霉酸/20%/可溶片剂/赤霉酸 20%/2014.05.12 至 2019.05.12/微毒
芹菜 调节生长、增产 35-50毫克/千克 茎叶喷雾

上海万佳日用化工有限公司 (上海市松江区茸北镇茸北路333弄8号 201613 021-57786058)

WP20080283 杀虫喷射剂/1.45%/喷射剂/胺菊酯 0.25%、氯菊酯 1.20%/2013.12.01 至 2018.12.01/低毒
卫生 尘螨、蜚蠊、蚊、衣蛾、蝇 / 喷射

WP20090361 防蛀防霉球剂/96%/球剂/对二氯苯 96%/2014.11.09 至 2019.11.09/低毒
卫生 黑毛皮蠹、霉菌、衣蛾 40克制剂/立方米 投放

WP20100049 防蛀防霉片剂/96%/片剂/对二氯苯 96%/2015.03.10 至 2020.03.10/低毒
卫生 黑毛皮蠹、霉菌、衣蛾 40克制剂/立方米 投放

上海英达精细化工有限公司 (上海市普陀区澳门路356号三维大厦11楼B座 200060 021-62983846)

WP20090116 防霉防蛀片剂/99.5%/片剂/对二氯苯 99.5%/2014.02.10 至 2019.02.10/低毒
卫生 黑皮蠹、霉菌、衣蛾 40克/立方米 投放

WP20150100 杀虫气雾剂/0.4%/气雾剂/氯菊酯 0.4%/2015.06.11 至 2020.06.11/低毒
室内 黑毛皮蠹 0.04克/平方米 喷雾

上海悦家清洁用品有限公司 (上海市嘉定区宝安公路4756号 201814 021-62983846)

WP20110024 防蛀片剂/94%/片剂/樟脑 94%/2011.01.24 至 2016.01.24/低毒
卫生 黑皮蠹 40克制剂/立方米 投放

上海悦联化工有限公司 (上海市奉贤区宅兴路169号 201416)

PD86101-33 赤霉酸/3%/乳油/赤霉酸 3%/2011.06.26 至 2016.06.26/低毒
菠菜 增加鲜重 7.5-18.75毫克/千克 叶面处理1-3次
菠萝 果实增大、增重 30-60毫克/千克 喷花
柑橘树 果实增大、增重 15-30毫克/千克 喷花
花卉 提前开花 525毫克/千克 叶面处理涂抹花芽
绿肥 增产 7.5-15毫克/千克 喷雾
马铃薯 苗齐、增产 0.375-0.75毫克/千克 浸薯块10-30分钟
棉花 提高结铃率、增产 7.5-15毫克/千克 点喷、点涂或喷雾
葡萄 无核、增产 37.5-150毫克/千克 花后1周处理果穗
芹菜 增产 15-75毫克/千克 叶面处理1次
人参 增加发芽率 15毫克/千克 播前浸种15分钟
水稻 增加千粒重、制种 15-22.5毫克/千克 喷雾

PD86183 赤霉酸/75%/结晶粉/赤霉酸 75%/2011.06.26 至 2016.06.26/低毒
菠菜 增加鲜重 10-25毫克/千克 叶面处理1-3次
菠萝 果实增大、增重 40-80毫克/千克 喷花
柑橘树 果实增大、增重 20-40毫克/千克 喷花
花卉 提前开花 700毫克/千克 叶面处理涂抹花芽
绿肥 增产 10-20毫克/千克 喷雾
马铃薯 苗齐、增产 0.5-1毫克/千克 浸薯块10-30分钟
棉花 提高结铃率、增产 10-20毫克/千克 点喷、点涂或喷雾
葡萄 无核、增产 50-200毫克/千克 花后一周处理果穗
芹菜 增加鲜重 20-100毫克/千克 叶面处理1次
人参 增加发芽率 20毫克/千克 播种前浸种15分钟
水稻 增加千粒重、制种 20-30毫克/千克 喷雾

PD87110-2 敌磺钠/70%,50%/可溶粉剂/敌磺钠 70%,50%/2012.10.24 至 2017.10.24/中等毒

黄瓜、西瓜 枯萎病、立枯病 2625-5250克/公顷 泼浇或喷雾
马铃薯 环腐病 210克/100千克种子 拌种
棉花 立枯病 210克/100千克种子 拌种
水稻秧田 立枯病 13125克/公顷 泼浇或喷雾
松杉苗木 根腐病、立枯病 140-350克/100千克种子 拌种
甜菜 根腐病、立枯病 475-760克/100千克种子 拌种
烟草 黑胫病 3000克/公顷 泼浇或喷雾

PD20082373 三环唑/20%/可湿性粉剂/三环唑 20%/2013.12.01 至 2018.12.01/低毒
水稻 稻瘟病 225-375克/公顷 喷雾

PD20082376 多·福/50%/可湿性粉剂/多菌灵 10%、福美双 40%/2013.12.01 至 2018.12.01/低毒
梨树 黑星病 1000-1500毫克/千克 喷雾

PD20082400 啶虫脒/10%/乳油/啶虫脒 10%/2013.12.01 至 2018.12.01/低毒
十字花科蔬菜 蚜虫 13.5-15克/公顷 喷雾

PD20082484 甲基硫菌灵/70%/可湿性粉剂/甲基硫菌灵 70%/2013.12.03 至 2018.12.03/低毒
水稻 纹枯病 1050-1500克/公顷 喷雾
小麦 赤霉病 1050-1260克/公顷 喷雾

PD20082719 多菌灵/50%/可湿性粉剂/多菌灵 50%/2013.12.05 至 2018.12.05/微毒
苹果 炭疽病 1000-1500毫克/千克 喷雾
水稻 纹枯病 562.5-750克/公顷 喷雾

PD20082746 敌敌畏/77.5%/乳油/敌敌畏 77.5%/2013.12.08 至 2018.12.08/中等毒
十字花科蔬菜 菜青虫 600-840克/公顷 喷雾

PD20083605 三环唑/75%/可湿性粉剂/三环唑 75%/2013.12.12 至 2018.12.12/低毒
水稻 稻瘟病 225-375克/公顷 喷雾

PD20083862 啶虫脒/10%/可湿性粉剂/啶虫脒 10%/2013.12.15 至 2018.12.15/低毒
十字花科蔬菜 蚜虫 13.5-15克/公顷 喷雾

PD20084530 高效氯氰菊酯/10%/乳油/高效氯氰菊酯 10%/2013.12.18 至 2018.12.18/中等毒
十字花科蔬菜 菜青虫 37.5-60克/公顷 喷雾

PD20084781 硫磺·三环唑/45%/可湿性粉剂/硫磺 40%、三环唑 5%/2013.12.22 至 2018.12.22/微毒
水稻 稻瘟病 843.75-1012.5克/公顷 喷雾

PD20086266 多效唑/15%/可湿性粉剂/多效唑 15%/2013.12.31 至 2018.12.31/低毒
水稻 控制生长 200-300毫克/千克 喷雾

PD20090258 甲霜·霜霉威/25%/可湿性粉剂/甲霜灵 15%、霜霉威 10%/2014.01.09 至 2019.01.09/低毒
黄瓜 霜霉病 670-870克/公顷 喷雾

PD20090626 毒死蜱/45%/乳油/毒死蜱 45%/2014.01.14 至 2019.01.14/中等毒
水稻 稻纵卷叶螟 450-540克/公顷 喷雾

PD20090635 乙草胺/50%/乳油/乙草胺 50%/2014.01.14 至 2019.01.14/低毒
冬油菜田 一年生杂草 600-750克/公顷 土壤喷雾

PD20090719 多菌灵/40%/悬浮剂/多菌灵 40%/2014.01.19 至 2019.01.19/低毒
苹果 炭疽病 750-1000毫克/千克 喷雾

PD20092338 三唑酮/20%/乳油/三唑酮 20%/2014.02.24 至 2019.02.24/低毒
小麦 白粉病 120-135克/公顷 喷雾

PD20092345 三唑酮/25%/可湿性粉剂/三唑酮 25%/2014.02.24 至 2019.02.24/低毒
小麦 白粉病 105-123.5克/公顷 喷雾

PD20092434 马拉硫磷/45%/乳油/马拉硫磷 45%/2014.02.25 至 2019.02.25/低毒
十字花科蔬菜 黄条跳甲 742.5-945克/公顷 喷雾

PD20092575 高效氯氰菊酯/4.5%/乳油/高效氯氰菊酯 4.5%/2014.02.27 至 2019.02.27/中等毒
十字花科蔬菜 菜青虫 13.5-27克/公顷 喷雾

PD20092881 多菌灵/80%/可湿性粉剂/多菌灵 80%/2014.03.05 至 2019.03.05/低毒
水稻 纹枯病 750-990克/公顷 喷雾
小麦 赤霉病 720-1200克/公顷 喷雾

PD20093059 异稻瘟净/40%/乳油/异稻瘟净 40%/2014.03.09 至 2019.03.09/低毒
水稻 稻瘟病 900-1200克/公顷 喷雾

PD20093531 速灭威/25%/可湿性粉剂/速灭威 25%/2014.03.23 至 2019.03.23/低毒
水稻 稻飞虱 750-1125克/公顷 喷雾

PD20093557 氰戊菊酯/20%/乳油/氰戊菊酯 20%/2014.03.23 至 2019.03.23/中等毒
十字花科蔬菜 菜青虫 90-120克/公顷 喷雾

PD20093918 阿维菌素/1.8%/乳油/阿维菌素 1.8%/2014.03.26 至 2019.03.26/中等毒(原药高毒)
菜豆 美洲斑潜蝇 7.5-9克/公顷 喷雾
水稻 稻纵卷叶螟 6-9克公顷 喷雾

PD20094090 吡虫啉/10%/可湿性粉剂/吡虫啉 10%/2014.03.27 至 2019.03.27/低毒
菠菜 蚜虫 30-45克/公顷 喷雾
水稻 稻飞虱 22.5-30克/公顷 喷雾
小麦 蚜虫 37.5-45克/公顷 喷雾

PD20094276 高氯·辛硫磷/20%/乳油/高效氯氰菊酯 2%、辛硫磷 18%/2014.03.31 至 2019.03.31/中等毒
甘蓝 菜青虫 270-360克/公顷 喷雾
PD20094724 噻嗪酮/25%/可湿性粉剂/噻嗪酮 25%/2014.04.10 至 2019.04.10/低毒
水稻 稻飞虱 112.5-150克/公顷 喷雾
PD20094742 吡虫·异丙威/25%/可湿性粉剂/吡虫啉 2%、异丙威 23%/2014.04.10 至 2019.04.10/低毒
水稻 稻飞虱 112.5-150克/公顷 喷雾
PD20094825 代森锰锌/80%/可湿性粉剂/代森锰锌 80%/2014.04.13 至 2019.04.13/低毒
番茄 早疫病 1920-2400克/公顷 喷雾
PD20095002 马拉·杀螟松/12%/乳油/马拉硫磷 10%、杀螟硫磷 2%/2014.04.21 至 2019.04.21/中等毒
十字花科蔬菜 菜青虫 72-90克/公顷 喷雾
水稻 二化螟 234-270克/公顷 喷雾
PD20101905 乙酰甲胺磷/30%/乳油/乙酰甲胺磷 30%/2015.08.27 至 2020.08.27/中等毒
水稻 二化螟 810-990克/公顷 喷雾
PD20110214 阿维菌素/5%/乳油/阿维菌素 5%/2016.03.23 至 2021.03.23/中等毒(原药高毒)
柑橘树 红蜘蛛 4.5-9毫克/千克 喷雾
PD20110509 甲氨基阿维菌素苯甲酸盐/2%/微乳剂/甲氨基阿维菌素 2%/2016.05.03 至 2021.05.03/低毒
甘蓝 甜菜夜蛾 2.25－3.375克/公顷 喷雾
注:甲氨基阿维菌素苯甲酸盐含量:2.2%。
PD20110524 四聚乙醛/6%/颗粒剂/四聚乙醛 6%/2011.05.12 至 2016.05.12/低毒
叶菜 蜗牛 360-620克/公顷 撒施
PD20111013 草甘膦铵盐/86%/可溶粒剂/草甘膦 86%/2011.11.15 至 2016.11.15/低毒
柑橘园 杂草 1282.5-2280克/公顷 定向茎叶喷雾
注:草甘膦铵盐含量: 95%。
PD20120409 高效氯氟氰菊酯/10%/水乳剂/氯氟氰菊酯 10%/2012.03.09 至 2017.03.09/中等毒
茶树 茶小绿叶蝉 20-30克/公顷 喷雾
小麦 蚜虫 12-18克/公顷 喷雾
PD20121753 苄嘧·丙草胺/40%/可湿性粉剂/苄嘧磺隆 4%、丙草胺 36%/2012.11.15 至 2017.11.15/低毒
水稻田(直播) 一年生杂草 420-480克/公顷 喷雾
PD20121862 哒螨灵/15%/乳油/哒螨灵 15%/2012.11.28 至 2017.11.28/中等毒
柑橘树 红蜘蛛 60-67毫克/千克 喷雾
PD20132078 啶虫·哒螨灵/42%/可湿性粉剂/哒螨灵 21%、啶虫脒 21%/2013.10.23 至 2018.10.23/中等毒
甘蓝 黄条跳甲 252-378克/公顷 喷雾
PD20132079 乙酰甲胺磷/95%/可溶粒剂/乙酰甲胺磷 95%/2013.10.23 至 2018.10.23/低毒
水稻 二化螟 855-1140克/公顷 喷雾
PD20132338 嘧菌酯/250克/升/悬浮剂/嘧菌酯 250克/升/2013.11.20 至 2018.11.20/微毒
黄瓜 霜霉病 150-180克/公顷 喷雾
PD20132339 苯甲·丙环唑/50%/水乳剂/苯醚甲环唑 25%、丙环唑 25%/2013.11.20 至 2018.11.20/低毒
水稻 纹枯病 67.5-90克/公顷 喷雾
PD20140599 戊唑醇/430克/升/悬浮剂/戊唑醇 430克/升/2014.03.06 至 2019.03.06/低毒
苹果树 斑点落叶病 86-107.5毫克/千克 喷雾
PD20140740 咪鲜胺/450克/升/水乳剂/咪鲜胺 450克/升/2014.03.24 至 2019.03.24/低毒
香蕉 炭疽病 375-500毫克/千克 浸果
PD20141132 噻虫嗪/25%/水分散粒剂/噻虫嗪 25%/2014.04.28 至 2019.04.28/微毒
菠菜 蚜虫 22.5-30克/公顷 喷雾
水稻 稻飞虱 15.0-18.75克/公顷 喷雾
PD20141145 联苯菊酯/20%/水乳剂/联苯菊酯 20%/2014.04.28 至 2019.04.28/中等毒
茶树 茶小绿叶蝉 36-45克/公顷 喷雾
PD20141155 氟环唑/30%/悬浮剂/氟环唑 30%/2014.04.28 至 2019.04.28/低毒
小麦 锈病 112.5-135克/公顷 喷雾
PD20142516 多效唑/95%/原药/多效唑 95%/2014.11.21 至 2019.11.21/低毒
PD20142538 嘧菌酯/97%/原药/嘧菌酯 97%/2014.12.11 至 2019.12.11/低毒
PD20142539 草甘膦/97%/原药/草甘膦 97%/2014.12.11 至 2019.12.11/低毒
PD20150001 联苯菊酯/96%/原药/联苯菊酯 96%/2015.01.04 至 2020.01.04/中等毒
PD20150617 氰霜唑/20%/悬浮剂/氰霜唑 20%/2015.04.16 至 2020.04.16/微毒
番茄 晚疫病 90-105克/公顷 喷雾
PD20150640 草铵膦/23%/水剂/草铵膦 23%/2015.04.16 至 2020.04.16/微毒
非耕地 杂草 690-1035克/公顷 喷雾
PD20150759 噻呋酰胺/30%/悬浮剂/噻呋酰胺 30%/2015.05.12 至 2020.05.12/微毒
水稻 纹枯病 45-81克/公顷 喷雾
PD20150805 氰氟草酯/98%/原药/氰氟草酯 98%/2015.05.14 至 2020.05.14/低毒
PD20150811 螺螨酯/98%/原药/螺螨酯 98%/2015.05.14 至 2020.05.14/低毒
PD20150826 吡蚜酮/96%/原药/吡蚜酮 96%/2015.05.14 至 2020.05.14/低毒
PD20150832 戊唑醇/96%/原药/戊唑醇 96%/2015.05.18 至 2020.05.18/低毒

PD20150888 咪鲜胺/96%/原药/咪鲜胺 96%/2015.05.19 至 2020.05.19/低毒

PD20150915 稻瘟酰胺/20%/悬浮剂/稻瘟酰胺 20%/2015.06.09 至 2020.06.09/微毒

水稻 稻瘟病 180-240克/公顷 喷雾

PD20151086 噻虫嗪/98%/原药/噻虫嗪 98%/2015.06.14 至 2020.06.14/低毒

PD20151350 高效氯氟氰菊酯/95%/原药/高效氯氟氰菊酯 95%/2015.07.30 至 2020.07.30/中等毒

PD20151544 茚虫威/95%/原药/茚虫威 95%/2015.08.03 至 2020.08.03/中等毒

PD20151797 赤霉酸/80%/可溶粒剂/赤霉酸 80%/2015.08.28 至 2020.08.28/微毒

水稻 调节生长 20-40毫克/千克 喷雾

PD20152254 多效唑/25%/悬浮剂/多效唑 25%/2015.10.19 至 2020.10.19/低毒

小麦 调节生长 100-150毫克/千克 喷雾

LS20140070 粉唑·嘧菌酯/40%/悬浮剂/嘧菌酯 20%、粉唑醇 20%/2015.03.03 至 2016.03.03/低毒

水稻 纹枯病 240-300克/公顷 喷雾

小麦 白粉病 180-210克/公顷 喷雾

LS20140073 乙虫·异丙威/60%/可湿性粉剂/异丙威 50%、乙虫腈 10%/2016.03.03 至 2017.03.03/低毒

水稻 稻飞虱 270-360克/公顷 喷雾

上海悦联生物科技有限公司 (上海市金山区金山卫镇海金路899号 201512 021-37901818)

PD20096208 草甘膦异丙胺盐/30%/水剂/草甘膦 30%/2014.07.15 至 2019.07.15/微毒

柑橘园 一年生及部分多年生杂草 200-350毫升制剂/亩 定向茎叶喷雾

注:草甘膦异丙胺盐含量: 41%。

PD20096403 炔螨特/73%/乳油/炔螨特 73%/2014.08.04 至 2019.08.04/低毒

柑橘树 红蜘蛛 234.3－365毫克/千克 喷雾

PD20096413 百菌清/75%/可湿性粉剂/百菌清 75%/2014.08.04 至 2019.08.04/低毒

黄瓜 霜霉病 1642.5－2092.5克/公顷 喷雾

PD20111051 草甘膦铵盐/68%/可溶粒剂/草甘膦 68%/2011.10.10 至 2016.10.10/低毒

柑橘园 杂草 1155-2310克/公顷 茎叶喷雾

注:草甘膦铵盐含量: 74.7%。

PD20120075 甲氨基阿维菌素苯甲酸盐/5%/水分散粒剂/甲氨基阿维菌素 5%/2012.01.18 至 2017.01.18/低毒

甘蓝 小菜蛾 2.25-3克/公顷 喷雾

注:甲氨基阿维菌素苯甲酸盐含量:5.7%。

PD20120586 滴酸·草甘膦/82.2%/可溶粒剂/草甘膦 78.2%、2,4-滴 4%/2012.03.31 至 2017.03.31/低毒

非耕地 杂草 1125-2160克/公顷 茎叶喷雾

注:草甘膦铵盐含量:86%; 2, 4-滴钠盐含量: 4.4%。

PD20121043 阿维菌素/3.2%/乳油/阿维菌素 3.2%/2012.07.04 至 2017.07.04/中等毒(原药高毒)

柑橘树 红蜘蛛 6-10毫克/千克 喷雾

PD20121391 吡蚜酮/25%/可湿性粉剂/吡蚜酮 25%/2012.09.14 至 2017.09.14/低毒

水稻 飞虱 67.5-75克/公顷 喷雾

小麦 蚜虫 75-93.75克/公顷 喷雾

PD20121559 滴酸·草甘膦/40.9%/水剂/草甘膦 38.2%、2,4-滴 2.7%/2012.10.25 至 2017.10.25/低毒

非耕地 杂草 1125-1500克/公顷 茎叶喷雾

注:滴酸·草甘膦异丙胺盐含量: 55% (2,4-滴异丙胺盐含量: 3.4%, 草甘膦异丙胺盐含量:51.5%)。

PD20121646 2甲·草甘膦/50%/水剂/草甘膦异丙胺盐 42.5%、2甲4氯异丙胺盐 7.5%/2012.10.30 至 2017.10.30/低毒

非耕地 杂草 1500-2100克/公顷 茎叶喷雾

注:2甲·草甘膦含量:50%(草甘膦异丙胺盐42.5%,2甲4氯异丙胺盐7.5%)。

PD20121654 啶虫脒/70%/水分散粒剂/啶虫脒 70%/2012.10.30 至 2017.10.30/低毒

黄瓜 蚜虫 21-26.25克/公顷 喷雾

PD20132320 阿维·螺螨酯/20%/悬浮剂/阿维菌素 1.0%、螺螨酯 19.0%/2013.11.13 至 2018.11.13/低毒(原药高毒)

柑橘树 红蜘蛛 30-40毫克/千克 喷雾

PD20141083 顺氯·啶虫脒/25%/水分散粒剂/啶虫脒 22.5%、顺式氯氰菊酯 2.5%/2014.04.27 至 2019.04.27/低毒

甘蓝 蚜虫 22.5-33.75克/公顷 喷雾

PD20141483 甲氨基阿维菌素苯甲酸盐/5%/微乳剂/甲氨基阿维菌素 5%/2014.06.09 至 2019.06.09/低毒

水稻 二化螟 11.3-15克/公顷 喷雾

注:甲氨基阿维菌素苯甲酸盐含量: 5.7%。

LS20150033 阿维·螺螨酯/30%/悬浮剂/阿维菌素 3%、螺螨酯 27%/2015.03.17 至 2016.03.17/低毒(原药高毒)

柑橘树 红蜘蛛 40-50毫克/千克 喷雾

LS20150042 阿维·虫螨腈/20%/悬乳剂/阿维菌素 2%、虫螨腈 18%/2015.03.18 至 2016.03.18/中等毒(原药高毒)

甘蓝 斜纹夜蛾 45-60克/公顷 喷雾

上海中科昆虫生物技术开发有限公司 (上海市卢湾区桂平路470号12号楼404 200233 021-64852026)

WP20080175 杀蟑饵剂/1.8%/饵剂/乙酰甲胺磷 1.8%/2013.11.18 至 2018.11.18/低毒

卫生 蜚蠊 / 投放

WP20090301 电热蚊香液/2.3%/电热蚊香液/Es-生物烯丙菊酯 2.3%/2014.07.27 至 2019.07.27/低毒

卫生 蚊 / 电热加温

上海庄臣有限公司 (上海市浦东新区新金桥路932号 201206 021-58994833)

WP20030018 蚊香/0.2%/蚊香/右旋烯丙菊酯 0.2%/2013.11.24 至 2018.11.24/低毒

卫生 蚊 / 点燃

WP20050003 电热蚊香片/50毫克/片/电热蚊香片/右旋烯丙菊酯 50毫克/片/2015.02.16 至 2020.02.16/微毒
卫生 蚊 / 电热加温
注:本品有三种香型：清香型、桉树香型、无香型。

WP20060004 杀飞虫气雾剂/0.55%/气雾剂/胺菊酯 0.35%、氯菊酯 0.1%、右旋烯丙菊酯 0.1%/2011.03.03 至 2016.03.03/微毒
卫生 蚊、蝇 / 喷雾

WP20060005 电热蚊香液/1.25%/电热蚊香液/炔丙菊酯 1.25%/2011.03.24 至 2016.03.24/微毒
卫生 蚊 / 电热加温

WP20060006 电热蚊香片/32毫克/片/电热蚊香片/炔丙菊酯 7毫克/片、右旋烯丙菊酯 25毫克/片/2011.03.24 至 2016.03.24/微毒
卫生 蚊 / 电热加温

WP20060015 杀虫气雾剂/0.5%/气雾剂/胺菊酯 0.3%、氯氰菊酯 0.2%/2011.12.07 至 2016.12.07/微毒
卫生 蜚蠊、蚂蚁、蚊、蝇、印度谷螟 / 喷雾

WP20070018 杀飞虫气雾剂/0.2%/气雾剂/氯菊酯 0.1%、炔丙菊酯 0.1%/2012.09.21 至 2017.09.21/微毒
卫生 蚊、蝇 / 喷雾

WP20070019 杀蟑气雾剂/0.2%/气雾剂/氯氰菊酯 0.1%、炔咪菊酯 0.1%/2012.10.24 至 2017.10.24/微毒
卫生 蜚蠊 / 喷雾

WP20070023 杀虫气雾剂/0.6%/气雾剂/胺菊酯 0.3%、氯氰菊酯 0.2%、右旋烯丙菊酯 0.1%/2012.11.20 至 2017.11.20/微毒
卫生 蜚蠊、蚂蚁、蚊、蝇 / 喷雾

WP20080238 电热蚊香液/1.6%/电热蚊香液/炔丙菊酯 1.6%/2013.11.25 至 2018.11.25/微毒
卫生 蚊 / 电热加温

WP20080325 杀虫气雾剂/0.065%/气雾剂/氟氯氰菊酯 0.015%、炔咪菊酯 0.05%/2013.12.05 至 2018.12.05/微毒
卫生 蚊、蝇、蜚蠊 / 喷雾

WP20100041 电热蚊香液/0.31%/电热蚊香液/四氟甲醚菊酯 0.31%/2015.02.21 至 2020.02.21/微毒
卫生 蚊 / 电热加温
注:本品有三种香型：清香型、草本香型、无香型。

WP20100044 杀虫气雾剂/0.55%/气雾剂/胺菊酯 0.3%、氯氰菊酯 0.15%、右旋烯丙菊酯 0.1%/2015.03.01 至 2020.03.01/微毒
室内 蚂蚁、蚊、蝇、蜚蠊 / 喷雾
注:本品有三种香型：清香型、柑橘香型、无香型。

WP20100079 电热蚊香片/40毫克/片/电热蚊香片/右旋烯丙菊酯 40毫克/片/2010.06.03 至 2015.06.03/微毒
卫生 蚊 / 电热加温
注:本产品有一种香型：松木香型。

WP20100183 杀蟑气雾剂/0.2%/气雾剂/氯氰菊酯 0.1%、炔咪菊酯 0.1%/2015.12.22 至 2020.12.22/微毒
卫生 蜚蠊 / 喷雾
注:本产品有两种香型:清香型、薰衣草香型。

WP20110013 杀虫气雾剂/0.161%/气雾剂/氯氰菊酯 0.1%、炔丙菊酯 0.03%、炔咪菊酯 0.031%/2016.01.11 至 2021.01.11/微毒
卫生 蚂蚁、蚊、蝇、蜚蠊 / 喷雾
注:本产品有三种香型：柑橘香型、清香香型、无香型。

WP20110021 驱蚊液/7%/驱蚊液/避蚊胺 7%/2016.01.21 至 2021.01.21/微毒
卫生 蚊 / 涂抹
注:本产品有三种香型：清新芦荟香型、金银花香型、艾草清香香型。

WP20110023 电热蚊香块/70毫克/块/电热蚊香块/四氟苯菊酯 70毫克/块/2011.01.24 至 2016.01.24/微毒
卫生 蚊 / 电热加温

WP20110042 杀飞虫气雾剂/0.35%/气雾剂/右旋苯醚菊酯 0.1%、右旋烯丙菊酯 0.25%/2011.02.17 至 2016.02.17/微毒
卫生 蚊 / 喷雾
注:本产品有一种香型：清香型。

WP20110048 蚊香/0.3%/蚊香/右旋烯丙菊酯 0.3%/2011.02.18 至 2016.02.18/微毒
卫生 蚊 / 点燃
注:本产品有一种香型：白兰花香型。

WP20110073 蚊香/0.012%/蚊香/四氟甲醚菊酯 0.012%/2011.03.24 至 2016.03.24/微毒
卫生 蚊 / 点燃
注:本产品有三种香型：绿茶香型、檀香型、驱蚊草香型。

WP20110103 蚊香/0.02%/蚊香/四氟甲醚菊酯 0.02%/2011.04.22 至 2016.04.22/微毒
卫生 蚊 / 点燃
注:本产品有三种香型：驱蚊香型、经茶香型、檀香型。

WP20110147 电热蚊香块/300毫克/块/电热蚊香块/四氟苯菊酯 300毫克/块/2011.06.16 至 2016.06.16/微毒
卫生 蚊 / 电热加温

WP20110157 电热蚊香液/0.62%/电热蚊香液/四氟甲醚菊酯 0.62%/2011.06.20 至 2016.06.20/微毒
卫生 蚊 / 电热加温
注:本产品有三种香型：桉树香型、薰衣草香型、无香型。

WP20110169 杀虫气雾剂/0.55%/气雾剂/胺菊酯 0.35%、氯菊酯 0.1%、右旋烯丙菊酯 0.1%/2011.07.05 至 2016.07.05/微毒
卫生 蚂蚁、蚊、蝇、蜚蠊 / 喷雾
注:本产品为水基型产品，香型为：柑橘香型。

WP20120007 杀飞虫气雾剂/0.23%/气雾剂/炔丙菊酯 0.1%、右旋苯醚菊酯 0.13%/2012.01.16 至 2017.01.16/微毒

室内 麦蛾 / 喷雾
卫生 蚊、蝇 / 喷雾
注:本产品有两种香型:无香型、柑橘香型。
WP20120029 杀飞虫气雾剂/0.575%/气雾剂/胺菊酯 0.35%、右旋苯醚菊酯 0.125%、右旋烯丙菊酯 0.1%/2012.02.17 至 2017.02.17/微毒
卫生 蚊、蝇 / 喷雾
注:本产品有两种香型:柑橘香型、无香型。
WP20120079 驱蚊气雾剂/15%/气雾剂/避蚊胺 15%/2012.04.18 至 2017.04.18/微毒
卫生 蚊 / 喷雾
注:本产品有一种香型:薰衣草香型。
WP20120229 杀飞虫气雾剂/0.58%/气雾剂/胺菊酯 0.35%、右旋苯醚菊酯 0.13%、右旋烯丙菊酯 0.1%/2012.11.22 至 2017.11.22/微毒
卫生 蚊、蝇 喷雾
WP20130051 蚊香/0.035%/蚊香/氯氟醚菊酯 0.035%/2013.03.27 至 2018.03.27/微毒
卫生 蚊 点燃
注:本产品有三种香型:驱蚊草香型、檀香型、桉树香型。 本产品有两种坯体:炭坯、纸炭坯。
WP20130062 杀虫气雾剂/0.23%/气雾剂/炔丙菊酯 0.1%、右旋苯醚菊酯 0.13%/2013.04.16 至 2018.04.16/微毒
室内 蜚蠊、麦蛾、蚂蚁、跳蚤、蚊、蝇 / 喷雾
注:本产品有两种香型:柑橘香型、无香型。
WP20140002 电热蚊香液/1.2%/电热蚊香液/氯氟醚菊酯 1.2%/2014.01.02 至 2019.01.02/微毒
室内 蚊 / 电热加温
注:本产品有两种香型:无香型、薰衣草香型、艾草香型。
WP20140046 驱蚊液/15%/驱蚊液/避蚊胺 15%/2014.03.06 至 2019.03.06/微毒
卫生 蚊 / 涂抹
注:本产品有一种香型:清爽草本香型。
WP20140105 电热蚊香液/0.8%/电热蚊香液/氯氟醚菊酯 0.8%/2014.05.06 至 2019.05.06/微毒
室内 蚊 / 电热加温
注:本产品有三种香型:清香型、草本香型、无香型。
WP20140119 蚊香/0.015%/蚊香/氯氟醚菊酯 0.015%/2014.06.04 至 2019.06.04/微毒
室内 蚊 / 点燃
注:本产品有两种香型:檀香型:驱蚊草香型。
WP20140135 电热蚊香片/4毫克/片/电热蚊香片/氯氟醚菊酯 4毫克/片/2014.06.17 至 2019.06.17/微毒
卫生 蚊 / 电热加温
注:本产品有三种香型:无香型、桉树香型、草本香型。
WL20120032 杀飞虫气雾剂/0.5%/油基气雾剂/胺菊酯 0.35%、右旋烯丙菊酯 0.15%/2014.06.04 至 2015.06.04/微毒
室内 蚊、蝇 喷雾
注:本产品有一种香型:清香型。
WL20150012 杀虫气雾剂/0.35%/气雾剂/胺菊酯 0.2%、氯氰菊酯 0.15%/2015.07.30 至 2016.07.30/微毒
室内 蚂蚁、蚊、蝇、蜚蠊 / 喷雾

上海萃精杀虫技术有限公司 (上海市剑河路599弄77号 200335 021-52205188)

WP20070005 杀螟硫磷/1%/胶饵/杀螟硫磷 1%/2012.04.19 至 2017.04.19/微毒
卫生 蜚蠊 / 投放

台湾嘉泰企业股份有限公司 (上海市外高桥保税区富特西一路139号1303室 200131 021-33634273)

PD20121946 己唑醇/25%/悬浮剂/己唑醇 25%/2012.12.12 至 2017.12.12/低毒
水稻 纹枯病 69-86克/公顷 喷雾
PD20150367 百菌清/40%/悬浮剂/百菌清 40%/2015.03.03 至 2020.03.03/低毒
黄瓜 霜霉病 900～1050克/公顷 喷雾

兴农药业(中国)有限公司 (上海市奉贤区柘林镇北村路28号 201416 021-57493733-5231)

PD20070225 甲草胺/92%/原药/甲草胺 92%/2012.08.08 至 2017.08.08/低毒
PD20070227 乙酰甲胺磷/95%/原药/乙酰甲胺磷 95%/2012.08.08 至 2017.08.08/低毒
PD20070458 哒螨灵/15%/乳油/哒螨灵 15%/2012.11.20 至 2017.11.20/低毒
柑橘树 红蜘蛛 50-75毫克/千克 喷雾
萝卜 黄条跳甲 90-135克/公顷 喷雾
PD20070566 三唑酮/25%/可湿性粉剂/三唑酮 25%/2012.12.03 至 2017.12.03/低毒
小麦 白粉病 112.5-187.5克/公顷 喷雾
PD20070659 草甘膦异丙胺盐/30%/水剂/草甘膦 30%/2012.12.17 至 2017.12.17/低毒
柑橘园 杂草 1125-2250克/公顷 定向茎叶喷雾
注:草甘膦异丙胺盐含量:41%。
PD20070660 百菌清/40%/悬浮剂/百菌清 40%/2012.12.17 至 2017.12.17/低毒
番茄 早疫病 900-1200克/公顷 喷雾
PD20080042 丁草胺/60%/乳油/丁草胺 60%/2013.01.03 至 2018.01.03/低毒
水稻田(直播) 一年生禾本科杂草及部分阔叶杂草 720-1080克/公顷 土壤喷雾
水稻移栽田 一年生禾本科杂草及部分阔叶杂草 720-990克/公顷 药土法

PD20080044 多菌灵/40%/悬浮剂/多菌灵 40%/2013.01.03 至 2018.01.03/低毒
小麦 赤霉病 480-600克/公顷 喷雾
PD20080056 噻嗪酮/25%/可湿性粉剂/噻嗪酮 25%/2013.01.03 至 2018.01.03/低毒
茶树 茶小绿叶蝉 166.7-250毫克/千克 喷雾
PD20080083 氰戊菊酯/20%/乳油/氰戊菊酯 20%/2013.01.03 至 2018.01.03/中等毒
十字花科蔬菜 菜青虫 60-90克/公顷 喷雾
PD20080153 氯氰菊酯/10%/乳油/氯氰菊酯 10%/2013.01.03 至 2018.01.03/低毒
十字花科蔬菜 菜青虫 45-60克/公顷 喷雾
PD20080157 杀螟丹/50%/可溶粉剂/杀螟丹 50%/2013.01.03 至 2018.01.03/中等毒
水稻 二化螟 562.5-750克/公顷 喷雾
PD20080163 多菌灵/50%/可湿性粉剂/多菌灵 50%/2013.01.03 至 2018.01.03/低毒
莲藕 叶斑病 375-450克/公顷 喷雾
水稻 纹枯病 525-900克/公顷 喷雾
PD20080389 三环唑/75%/可湿性粉剂/三环唑 75%/2013.02.28 至 2018.02.28/低毒
水稻 稻瘟病 225-337.5克/公顷 喷雾
PD20080717 丁草胺/92%/原药/丁草胺 92%/2013.06.11 至 2018.06.11/低毒
PD20081420 丙环唑/25%/乳油/丙环唑 25%/2013.10.31 至 2018.10.31/低毒
莲藕 叶斑病 75-112.5克/公顷 喷雾
香蕉 叶斑病 333.3-500毫克/千克 喷雾
茭白 胡麻斑病 56-75克/公顷 喷雾
PD20081459 甲基硫菌灵/70%/可湿性粉剂/甲基硫菌灵 70%/2013.11.04 至 2018.11.04/微毒
黄瓜 白粉病 420-840克/公顷 喷雾
苹果 轮纹病 600-875毫克/千克 喷雾
PD20081708 灭草松/480克/升/水剂/灭草松 480克/升/2013.11.17 至 2018.11.17/低毒
水稻移栽田 阔叶杂草及莎草科杂草 1200-1440克/公顷 喷雾
PD20081897 二甲戊灵/330克/升/乳油/二甲戊灵 330克/升/2013.11.21 至 2018.11.21/低毒
大蒜田 一年生杂草 544.5-742.5克/公顷 土壤喷雾
棉花田、水稻旱育秧田 一年生杂草 742.5-990克/公顷 土壤喷雾
PD20081899 吡虫啉/20%/可溶液剂/吡虫啉 20%/2013.11.21 至 2018.11.21/低毒
水稻 稻飞虱 15-30克/公顷 喷雾
PD20082383 异菌脲/50%/可湿性粉剂/异菌脲 50%/2013.12.01 至 2018.12.01/微毒
番茄 早疫病 750-1500克/公顷 喷雾
辣椒 立枯病 1-2克/平方米 泼浇
PD20082384 高效氯氟氰菊酯/25克/升/乳油/高效氯氟氰菊酯 25克/升/2013.12.01 至 2018.12.01/中等毒
茶树 茶尺蠖 7.5-15克/公顷 喷雾
茶树 小绿叶蝉 22.5-37.5克/公顷 喷雾
柑橘树 潜叶蛾 12.5-31.25毫克/千克 喷雾
梨树 梨小食心虫 6.25-16.7毫克/千克 喷雾
荔枝树 蒂蛀虫 12.5-25毫克/千克 喷雾
荔枝树 蝽蟓 6.25-12.5毫克/千克 喷雾
棉花 红铃虫、棉铃虫、蚜虫 15-30克/公顷 喷雾
苹果树 桃小食心虫 6.25-16.7毫克/千克 喷雾
小麦 蚜虫 7.5-11.25克/公顷 喷雾
烟草 蚜虫、烟青虫 11.25-22.5克/公顷 喷雾
叶菜 菜青虫 15-30克/公顷 喷雾
PD20082389 吡虫啉/10%/可溶液剂/吡虫啉 10%/2013.12.01 至 2018.12.01/低毒
水稻 稻飞虱 15-30克/公顷 喷雾
PD20082482 百菌清/75%/可湿性粉剂/百菌清 75%/2013.12.03 至 2018.12.03/低毒
黄瓜 霜霉病 1687.5-2250克/公顷 喷雾
苦瓜 霜霉病 1125-2250克/公顷 喷雾
PD20082548 甲萘威/25%/可湿性粉剂/甲萘威 25%/2013.12.03 至 2018.12.03/低毒
棉花 红铃虫 750-1125克/公顷 喷雾
PD20082552 甲霜·锰锌/58%/可湿性粉剂/甲霜灵 10%、代森锰锌 48%/2013.12.04 至 2018.12.04/低毒
黄瓜 霜霉病 1305-1827克/公顷 喷雾
烟草 黑胫病 696-1044克/公顷 喷雾
PD20082861 双甲脒/20%/乳油/双甲脒 20%/2013.12.09 至 2018.12.09/低毒
柑橘树 红蜘蛛 133.3-250毫克/千克 喷雾
棉花 红蜘蛛 120-150克/公顷 喷雾
PD20082972 阿维菌素/1.8%/乳油/阿维菌素 1.8%/2013.12.09 至 2018.12.09/中等毒(原药高毒)
十字花科蔬菜 小菜蛾 8.1-10.8克/公顷 喷雾
茭白 二化螟 9.5-13.5克/公顷 喷雾
PD20083038 咪鲜胺/25%/乳油/咪鲜胺 25%/2013.12.10 至 2018.12.10/低毒

柑橘(果实) 青霉病 250－500毫克/千克 浸果
芒果 炭疽病 250-500毫克/千克 喷雾
芹菜 斑枯病 187.5-262.5克/公顷 喷雾
PD20083043 甲氰菊酯/20%/乳油/甲氰菊酯 20%/2013.12.10 至 2018.12.10/中等毒
柑橘树 红蜘蛛 66.7-133.3毫克/千克 喷雾
棉花 棉铃虫 90-120克/公顷 喷雾
PD20083138 苯丁锡/50%/可湿性粉剂/苯丁锡 50%/2013.12.10 至 2018.12.10/低毒
柑橘树 红蜘蛛 166.7-250毫克/千克 喷雾
PD20083772 乐果/40%/乳油/乐果 40%/2013.12.15 至 2018.12.15/中等毒
柑橘树 蚜虫 400-500毫克/千克 喷雾
PD20085330 霜霉威盐酸盐/66.5%/水剂/霜霉威盐酸盐 66.5%/2013.12.24 至 2018.12.24/微毒
菠菜 霜霉病 948-1300克/公顷 喷雾
花椰菜 霜霉病 866-1083克/公顷 喷雾
黄瓜 霜霉病 866.4－1083克/公顷 喷雾
PD20085704 马拉硫磷/45%/乳油/马拉硫磷 45%/2013.12.26 至 2018.12.26/低毒
柑橘树 蚜虫 225-300毫克/千克 喷雾
PD20085715 抗蚜威/50%/可湿性粉剂/抗蚜威 50%/2013.12.26 至 2018.12.26/中等毒
小麦 蚜虫 75-150克/公顷 喷雾
PD20085719 硫磺/50%/悬浮剂/硫磺 50%/2013.12.26 至 2018.12.26/微毒
芒果 白粉病 1250-2500毫克/千克 喷雾
PD20085966 腐霉利/50%/可湿性粉剂/腐霉利 50%/2013.12.29 至 2018.12.29/低毒
葡萄 灰霉病 250-333.3毫克/千克 喷雾
PD20086085 三乙膦酸铝/80%/可湿性粉剂/三乙膦酸铝 80%/2013.12.30 至 2018.12.30/微毒
黄瓜 霜霉病 2170-2880克/公顷 喷雾
PD20086264 噁霜·锰锌/64%/可湿性粉剂/噁霜灵 8%、代森锰锌 56%/2013.12.31 至 2018.12.31/微毒
烟草 黑胫病 2160-2400克/公顷 喷雾
PD20086285 毒死蜱/40%/乳油/毒死蜱 40%/2013.12.31 至 2018.12.31/中等毒
水稻 二化螟 540－600克/公顷 喷雾
PD20086340 春雷霉素/6%/可湿性粉剂/春雷霉素 6%/2013.12.31 至 2018.12.31/微毒
大白菜 黑腐病 22.5-36克/公顷 喷雾
水稻 稻瘟病 36-45克/公顷 喷雾
西瓜 细菌性角斑病 28.8-36克/公顷 喷雾
PD20090896 炔螨特/570克/升/乳油/炔螨特 570克/升/2014.01.19 至 2019.01.19/中等毒
柑橘树 红蜘蛛 228-380毫克/千克 喷雾
苹果树 红蜘蛛 285-380毫克/千克 喷雾
PD20090900 霜脲·锰锌/72%/可湿性粉剂/代森锰锌 64%、霜脲氰 8%/2014.01.19 至 2019.01.19/微毒
番茄 晚疫病 1782-1944克/公顷 喷雾
PD20091210 高效氟吡甲禾灵/108克/升/乳油/高效氟吡甲禾灵 108克/升/2014.02.01 至 2019.02.01/微毒
大豆田 一年生禾本科杂草 32.4-48.6克/公顷 茎叶喷雾
PD20091247 代森锰锌/80%/可湿性粉剂/代森锰锌 80%/2014.02.01 至 2019.02.01/微毒
柑橘 炭疽病 1333-2000毫克/千克 喷雾
苹果 斑点落叶病 1000-1400毫克/千克 喷雾
PD20091717 联苯菊酯/25克/升/乳油/联苯菊酯 25克/升/2014.02.04 至 2019.02.04/低毒
茶树 茶尺蠖 11.25-18.75克/公顷 喷雾
PD20092732 甲氨基阿维菌素苯甲酸盐(1.14%)///乳油/甲氨基阿维菌素 1%/2014.03.04 至 2019.03.04/低毒
甘蓝 小菜蛾 1.5-2.25克/公顷 喷雾
PD20093026 炔螨特/73%/乳油/炔螨特 73%/2014.03.09 至 2019.03.09/低毒
柑橘树 红蜘蛛 243.3-365毫克/千克 喷雾
PD20093478 氟硅唑/400克/升/乳油/氟硅唑 400克/升/2014.03.23 至 2019.03.23/低毒
梨树 黑星病 40-50毫克/千克 喷雾
PD20093760 井冈霉素/5%/水剂/井冈霉素 5%/2014.03.25 至 2019.03.25/微毒
辣椒 立枯病 0.1-0.15克/平方米 泼浇
水稻 纹枯病 150-187.5克/公顷 喷雾
PD20093825 啶虫脒/20%/可溶粉剂/啶虫脒 20%/2014.03.25 至 2019.03.25/低毒
黄瓜 蚜虫 15-20克/公顷 喷雾
PD20093917 精喹禾灵/5%/乳油/精喹禾灵 5%/2014.03.26 至 2019.03.26/微毒
大白菜田、西瓜田 一年生禾本科杂草 30-45克/公顷 茎叶喷雾
大豆田、花生田、棉花田、油菜田 一年生禾本科杂草 37.5-60克/公顷 茎叶喷雾
芝麻田 一年生禾本科杂草 37.5-45克/公顷 茎叶喷雾
PD20094045 氯菊酯/10%/乳油/氯菊酯 10%/2014.03.27 至 2019.03.27/低毒
十字花科蔬菜 蚜虫 15-22.5克/公顷 喷雾
PD20094859 氟啶脲/50克/升/乳油/氟啶脲 50克/升/2014.04.13 至 2019.04.13/低毒

十字花科蔬菜 菜青虫 45-60克/公顷 喷雾

PD20094915 噻菌灵/450克/升/悬浮剂/噻菌灵 450克/升/2014.04.13 至 2019.04.13/低毒

柑橘 青霉病 1000-1500毫克/千克 浸果

PD20094971 倍硫磷/50%/乳油/倍硫磷 50%/2014.04.21 至 2019.04.21/中等毒

大豆 食心虫 900-1200克/公顷 喷雾

PD20095031 溴氰菊酯/25克/升/乳油/溴氰菊酯 25克/升/2014.04.21 至 2019.04.21/中等毒

荔枝树 蝽蟓 5-8.33毫克/千克 喷雾

PD20095547 苄嘧磺隆/10%/可湿性粉剂/苄嘧磺隆 10%/2014.05.12 至 2019.05.12/微毒

移栽水稻田 阔叶杂草及莎草科杂草 30-45克/公顷（南方） 毒土法

PD20095786 多抗霉素/3%/可湿性粉剂/多抗霉素 3%/2014.05.27 至 2019.05.27/微毒

苹果树 斑点落叶病 100-150毫克/千克 喷雾

PD20095807 丙溴磷/40%/乳油/丙溴磷 40%/2014.05.27 至 2019.05.27/低毒

棉花 棉铃虫 600-720克/公顷 喷雾

PD20095925 嗪草酮/70%/可湿性粉剂/嗪草酮 70%/2014.06.02 至 2019.06.02/低毒

春大豆田 一年生阔叶杂草 577.5-787.5克/公顷 土壤喷雾

PD20101168 苯菌灵/50%/可湿性粉剂/苯菌灵 50%/2015.01.28 至 2020.01.28/微毒

梨树 黑星病 250-500毫克/千克 喷雾

PD20110644 乙酰甲胺磷/75%/可溶粉剂/乙酰甲胺磷 75%/2011.06.20 至 2016.06.20/低毒

水稻 稻纵卷叶螟 900-1125克/公顷 喷雾

PD20111434 噁酮·霜脲氰/52.5%/水分散粒剂/噁唑菌酮 22.5%、霜脲氰 30%/2011.12.29 至 2016.12.29/低毒

黄瓜 霜霉病 236.25-315克/公顷 喷雾

PD20120391 异菌·多菌灵/52.5%/悬浮剂/多菌灵 17.5%、异菌脲 35%/2012.03.07 至 2017.03.07/低毒

苹果树 斑点落叶病 350-525毫克/千克 喷雾

PD20120775 四螨·苯丁锡/45%/悬浮剂/苯丁锡 25%、四螨嗪 20%/2012.05.05 至 2017.05.05/低毒

柑橘树 红蜘蛛 180-225毫克/千克 喷雾

PD20120951 多抗霉素/10%/可湿性粉剂/多抗霉素 10%/2012.06.14 至 2017.06.14/低毒

番茄 叶霉病 180-210克/公顷 喷雾

黄瓜 灰霉病 180-210克/公顷 喷雾

苹果树 斑点落叶病、轮斑病 67-100毫克/千克 喷雾

烟草 赤星病 120-135克/公顷 喷雾

PD20122069 草甘膦铵盐/41%/水剂/草甘膦 41%/2012.12.24 至 2017.12.24/低毒

非耕地 杂草 1230-2460克/公顷 茎叶喷雾

注:草甘膦铵盐含量：45.1%。

PD20130003 精吡氟禾草灵/150克/升/乳油/精吡氟禾草灵 150克/升/2013.01.04 至 2018.01.04/低毒

棉花田 一年生禾本科杂草 112.5-146.25克/公顷 茎叶喷雾

PD20130004 矿物油/95%/乳油/矿物油 95%/2013.01.04 至 2018.01.04/低毒

柑橘树 红蜘蛛 4750-9500毫克/千克 喷雾

PD20130208 苯甲·丙环唑/300克/升/乳油/苯醚甲环唑 150克/升、丙环唑 150克/升/2013.01.30 至 2018.01.30/低毒

水稻 纹枯病 60-120克/公顷 喷雾

PD20130317 甲萘威/85%/可湿性粉剂/甲萘威 85%/2013.02.26 至 2018.02.26/中等毒

水稻 稻飞虱 1020-1275克/公顷 喷雾

PD20130419 甲草胺/480克/升/微囊悬浮剂/ /2013.03.18 至 2018.03.18/低毒

大豆田 一年生禾本科杂草及部分小粒种子阔叶杂草 2520-2880克/公顷（东北地区）；1800-2520克/公顷（其他地区） 喷雾

PD20130771 甲氨基阿维菌素苯甲酸盐/5%/乳油/甲氨基阿维菌素苯甲酸盐 5%/2013.04.17 至 2018.04.17/中等毒

甘蓝 小菜蛾 2.25-3克/公顷 喷雾

注:甲氨基阿维菌素苯甲酸盐含量：5.7%。

PD20131443 三唑醇/15%/可湿性粉剂/三唑醇 15%/2013.07.05 至 2018.07.05/低毒

香蕉 叶斑病 188-300毫克/千克 喷雾

PD20131512 氯虫苯甲酰胺/0.4%/颗粒剂/氯虫苯甲酰胺 0.4%/2013.07.17 至 2018.07.17/微毒

水稻 稻纵卷叶螟、二化螟 36-42克/公顷 撒施

PD20131633 毒死蜱/15%/颗粒剂/毒死蜱 15%/2013.07.30 至 2018.07.30/中等毒

花生 蛴螬 1800-3600克/公顷 撒施

PD20131959 草铵膦/200克/升/水剂/草铵膦 200克/升/2013.10.10 至 2018.10.10/低毒

非耕地 杂草 900-1200克/公顷 茎叶喷雾

柑橘园 杂草 900-1200克/公顷 定向茎叶喷雾

PD20132066 除虫脲/25%/可湿性粉剂/除虫脲 25%/2013.10.22 至 2018.10.22/低毒

注:专供出口，不得在国内销售。

PD20132297 苯醚甲环唑/10%/水分散粒剂/苯醚甲环唑 10%/2013.11.08 至 2018.11.08/微毒

梨树 黑星病 14.3-16.7毫克/千克 喷雾

PD20132341 氯氟吡氧乙酸异辛酯/200克/升/乳油/氯氟吡氧乙酸 200克/升/2013.11.20 至 2018.11.20/低毒

水田畦畔 空心莲子草 150-210克/公顷 茎叶喷雾

注:氯氟吡氧乙酸异辛酯含量：288克/升。

PD20140429 丙森锌/70%/可湿性粉剂/丙森锌 70%/2014.02.24 至 2019.02.24/微毒
大白菜 霜霉病 1575-2205克/公顷 喷雾
柑橘树 炭疽病 1000-1167毫克/千克 喷雾
梨树 黑星病 1000-1167毫克/千克 喷雾
苹果树 斑点落叶病 1000-1167毫克/千克 喷雾

PD20140431 戊唑醇/430克/升/悬浮剂/戊唑醇 430克/升/2014.02.24 至 2019.02.24/低毒
梨树 黑星病 107.5-143.3毫克/千克 喷雾
水稻 稻曲病 64.5-96.75克/公顷 喷雾

PD20141854 多效唑/25%/悬浮剂/多效唑 25%/2014.07.24 至 2019.07.24/低毒
水稻 调节生长 125-156.25毫克/千克 喷雾

PD20142422 烯酰吗啉/80%/水分散粒剂/烯酰吗啉 80%/2014.11.14 至 2019.11.14/低毒
黄瓜 霜霉病 240-300克/公顷 喷雾

PD20150297 甲基硫菌灵/500克/升/悬浮剂/甲基硫菌灵 500克/升/2015.02.04 至 2020.02.04/低毒
苹果树 轮纹病 500-625 毫克/千克 喷雾
小麦 赤霉病 900-1125克/公顷 喷雾

PD20150431 粉唑醇/95%/原药/粉唑醇 95%/2015.03.20 至 2020.03.20/低毒

PD20150445 喹啉铜/33.5%/悬浮剂/喹啉铜 33.5%/2015.03.20 至 2020.03.20/低毒
黄瓜 霜霉病 170-190克/公顷 喷雾

PD20150564 粉唑醇/12.5%/悬浮剂/粉唑醇 12.5%/2015.03.24 至 2020.03.24/低毒
草莓、小麦 白粉病 56.25－112.5克/公顷 喷雾

PD20150861 苯甲·嘧菌酯/325克/升/悬浮剂/苯醚甲环唑 125克/升、嘧菌酯 200克/升/2015.05.18 至 2020.05.18/低毒
西瓜 炭疽病 195-243.75克/公顷 喷雾

PD20151183 苄氨基嘌呤/2%/可溶液剂/苄氨基嘌呤 2%/2015.06.27 至 2020.06.27/低毒
柑橘 调节生长、增产 40-50毫克/千克 喷雾

PD20151263 赤霉酸/20%/可溶粉剂/赤霉酸 20%/2015.07.30 至 2020.07.30/微毒
葡萄 调节生长 5.4-6.7毫克/千克（花前）；15-20毫克/千克（花后） 喷雾

PD20151325 喹啉铜/98%/原药/喹啉铜 98%/2015.07.30 至 2020.07.30/低毒

PD20151483 多抗霉素/16%/可溶粒剂/多抗霉素B 16%/2015.07.31 至 2020.07.31/微毒
苹果树 斑点落叶病 32-40毫克/千克 喷雾
葡萄 炭疽病 53.3-64毫克/千克 喷雾

PD20151691 多抗·喹啉铜/50%/可湿性粉剂/多抗霉素 5%、喹啉铜 45%/2015.08.28 至 2020.08.28/低毒
梨树 黑斑病 500-625毫克/千克 喷雾

PD20152038 复硝酚钠/2.1%/水剂/5-硝基邻甲氧基苯酚钠 0.3%、对硝基苯酚钠 1.05%、邻硝基苯酚钠 0.75%/2015.09.07至2020.09.07/微毒
番茄 调节生长、增产 6.7-10毫克/千克 喷雾

PD20152177 吡虫啉/600克/升/悬浮种衣剂/吡虫啉 600克/升/2015.09.22 至 2020.09.22/低毒
花生 蛴螬 120-240克/100千克 种子包衣
水稻 稻飞虱、蓟马 120-240克/100千克 种子包衣

LS20140069 草铵膦/200克/升/水剂/草铵膦 200克/升/2014.02.18 至 2015.02.18/低毒
柑橘园 杂草 900-1200克/公顷 行间定向茎叶喷雾

LS20150092 敌草快/25%/水剂/敌草快 25%/2015.04.17 至 2016.04.17/低毒
非耕地 杂草 600-750克/公顷 茎叶喷雾

LS20150176 杀螟丹/6%/颗粒剂/杀螟丹 6%/2015.06.14 至 2016.06.14/低毒
水稻 二化螟 900-1350克/公顷 撒施

LS20150204 春雷·己唑醇/15%/悬浮剂/春雷霉素 2.5%、己唑醇 12.5%/2015.07.30 至 2016.07.30/低毒
水稻 纹枯病 90-112.5克/公顷 喷雾

LS20150206 五氟磺草胺/0.12%/颗粒剂/五氟磺草胺 0.12%/2015.07.30 至 2016.07.30/微毒
水稻田(直播) 稗草、莎草及阔叶杂草 27-36克/公顷 撒施

允发化工(上海)有限公司 (上海市奉贤区金汇镇航塘公路1500号 201405 021-57589888)

PD84102-6 杀螟硫磷/45%/乳油/杀螟硫磷 45%/2014.11.02 至 2019.11.02/中等毒
茶树 尺蠖、毛虫、小绿叶蝉 250-500毫克/千克 喷雾
甘薯 小象甲 525-900克/公顷 浸鲜薯片诱杀
果树 卷叶蛾、毛虫、食心虫 250-500毫克/千克 喷雾
棉花 蚜虫、叶蝉、造桥虫 375-562.5克/公顷 喷雾
棉花 红铃虫、棉铃虫 375-750克/公顷 喷雾
水稻 飞虱、螟虫、叶蝉 375-562.5克/公顷 喷雾

PD85121-34 乐果/40%/乳油/乐果 40%/2014.11.22 至 2019.11.22/中等毒
茶树 蚜虫、叶蝉、螨 1000-2000倍液 喷雾
甘薯 小象甲 2000倍液 浸鲜薯片诱杀
柑橘树、苹果树 鳞翅目幼虫、蚜虫、螨 800-1600倍液 喷雾
棉花 蚜虫、螨 450-600克/公顷 喷雾
蔬菜 蚜虫、螨 300-600克/公顷 喷雾

水稻 飞虱、螟虫、叶蝉 450-600克/公顷 喷雾
烟草 蚜虫、烟青虫 300-600克/公顷 喷雾
PD86180-12 百菌清/75%/可湿性粉剂/百菌清 75%/2011.12.13 至 2016.12.13/低毒
茶树 炭疽病 600-800倍液 喷雾
豆类 炭疽病、锈病 1275-2325克/公顷 喷雾
柑橘树 疮痂病 750-900毫克/千克 喷雾
瓜类 白粉病、霜霉病 1200-1650克/公顷 喷雾
果菜类蔬菜 多种病害 1125-2400克/公顷 喷雾
花生 锈病、叶斑病 1125-1350克/公顷 喷雾
梨树 斑点落叶病 500倍液 喷雾
苹果树 多种病害 600倍液 喷雾
葡萄 白粉病、黑痘病 600-700倍液 喷雾
水稻 稻瘟病、纹枯病 1125-1425克/公顷 喷雾
橡胶树 炭疽病 500-800倍液 喷雾
小麦 叶斑病、叶锈病 1125-1425克/公顷 喷雾
叶菜类蔬菜 白粉病、霜霉病 1275-1725克/公顷 喷雾
PD20040235 顺式氯氰菊酯/100克/升/乳油/顺式氯氰菊酯 100克/升/2014.12.19 至 2019.12.19/低毒
十字花科蔬菜 菜青虫 30-45克/公顷 喷雾
PD20040455 哒螨灵/20%/可湿性粉剂/哒螨灵 20%/2014.12.19 至 2019.12.19/低毒
柑橘树 红蜘蛛 50-67毫克/千克 喷雾
PD20040493 吡虫啉/20%/可溶液剂/吡虫啉 20%/2014.12.19 至 2019.12.19/低毒
水稻 稻飞虱 20-30克/公顷 喷雾
PD20040496 吡虫啉/25%/可湿性粉剂/吡虫啉 25%/2014.12.19 至 2019.12.19/低毒
水稻 飞虱 30-45克/公顷 喷雾
PD20040763 多菌灵/50%/可湿性粉剂/多菌灵 50%/2014.12.19 至 2019.12.19/低毒
小麦 赤霉病 750-1125克/公顷 喷雾
PD20080319 啶虫脒/5%/乳油/啶虫脒 5%/2013.02.28 至 2018.02.28/低毒
黄瓜 蚜虫 18-22.5克/公顷 喷雾
PD20081208 草甘膦异丙胺盐/41%/水剂/草甘膦异丙胺盐 41%/2013.09.11 至 2018.09.11/低毒
柑橘园 杂草 1230-2152.5克/公顷 定向茎叶喷雾
PD20081211 草甘膦异丙胺盐/62%/水剂/草甘膦异丙胺盐 62%/2013.09.11 至 2018.09.11/低毒
柑橘园 杂草 1209-2325克/公顷 定向茎叶喷雾
PD20081291 丁草胺/60%/乳油/丁草胺 60%/2013.09.26 至 2018.09.26/低毒
水稻移栽田 一年生杂草 900-1350克/公顷 药土法
PD20081381 咪唑乙烟酸/5%/水剂/咪唑乙烟酸 5%/2013.10.27 至 2018.10.27/低毒
春大豆田 一年生杂草 100-150克/公顷 喷雾
PD20081528 百菌清/98%/原药/百菌清 98%/2013.11.06 至 2018.11.06/微毒
PD20081659 异菌脲/50%/可湿性粉剂/异菌脲 50%/2013.11.14 至 2018.11.14/低毒
番茄 早疫病 750-1500克/公顷 喷雾
辣椒 立枯病 1-2克/平方米 泼浇
PD20081764 代森锰锌/80%/可湿性粉剂/代森锰锌 80%/2013.11.18 至 2018.11.18/低毒
番茄 早疫病 2000－2370克/公顷 喷雾
PD20082098 甲基硫菌灵/70%/可湿性粉剂/甲基硫菌灵 70%/2013.11.25 至 2018.11.25/低毒
柑橘树 疮痂病 583.3-875毫克/千克 喷雾
小麦 赤霉病 735-945克/公顷 喷雾
PD20082117 杀螟丹/50%/可溶粉剂/杀螟丹 50%/2013.11.25 至 2018.11.25/中等毒
水稻 二化螟 525-750克/公顷 喷雾
PD20082154 甲萘威/85%/可湿性粉剂/甲萘威 85%/2013.11.26 至 2018.11.26/中等毒
水稻 稻飞虱 765-1275克/公顷 喷雾
PD20082220 毒死蜱/40%/乳油/毒死蜱 40%/2013.11.26 至 2018.11.26/中等毒
苹果树 绵蚜 266.7-400毫克/千克 喷雾
苹果树 桃小食心虫 200-267毫克/千克 喷雾
水稻 稻纵卷叶螟 480-720克/公顷 喷雾
PD20082631 百菌清/40%/悬浮剂/百菌清 40%/2013.12.04 至 2018.12.04/微毒
黄瓜 霜霉病 900-1050克/公顷 喷雾
PD20082709 多菌灵/98%/原药/多菌灵 98%/2013.12.05 至 2018.12.05/微毒
PD20082919 咪鲜胺/250克/升/乳油/咪鲜胺 250克/升/2013.12.09 至 2018.12.09/低毒
柑橘 蒂腐病、绿霉病、青霉病、炭疽病 250-500毫克/千克 浸果
芒果树 炭疽病 400-600毫克/千克 喷雾
水稻 恶苗病 2000-4000倍液 浸种
PD20083160 乙氧氟草醚/20%/乳油/乙氧氟草醚 20%/2013.12.11 至 2018.12.11/低毒
移栽水稻田 一年生杂草 45-60克/公顷(南方地区) 药土法
PD20083241 溴氰菊酯/25克/升/乳油/溴氰菊酯 25克/升/2013.12.11 至 2018.12.11/中等毒

	十字花科蔬菜	蚜虫	7.5-15克/公顷	喷雾
PD20083357	腈菌唑/25%/乳油/腈菌唑 25%/2013.12.11 至 2018.12.11/低毒			
	小麦	白粉病	37.5—60克/公顷	喷雾
PD20083992	阿维菌素/1.8%/微乳剂/阿维菌素 1.8%/2013.12.16 至 2018.12.16/低毒(原药高毒)			
	十字花科蔬菜	小菜蛾	8.1-13.5克/公顷	喷雾
PD20084360	阿维菌素/1.8%/乳油/阿维菌素 1.8%/2013.12.17 至 2018.12.17/中等毒(原药高毒)			
	十字花科蔬菜	菜青虫	8.1-10.8克/公顷	喷雾
PD20085611	克百威/3%/颗粒剂/克百威 3%/2013.12.25 至 2018.12.25/高毒			
	棉花	苗蚜	675-900克/公顷	条施、沟施
PD20086178	三乙膦酸铝/80%/可湿性粉剂/三乙膦酸铝 80%/2013.12.30 至 2018.12.30/低毒			
	黄瓜	霜霉病	2115-2820克/公顷	喷雾
PD20090136	百草枯/32.6%/母药/百草枯 32.6%/2014.01.08 至 2019.01.08/中等毒			
PD20090648	丁硫克百威/20%/乳油/丁硫克百威 20%/2014.01.15 至 2019.01.15/中等毒			
	棉花	蚜虫	90-180克/公顷	喷雾
PD20091093	异噁草松/480克/升/乳油/异噁草松 480克/升/2014.01.21 至 2019.01.21/低毒			
	大豆田	一年生杂草	1000.5-1200克/公顷	土壤喷雾
PD20091375	草甘膦/95%/原药/草甘膦 95%/2014.02.02 至 2019.02.02/微毒			
PD20092618	倍硫磷/50%/乳油/倍硫磷 50%/2014.03.02 至 2019.03.02/中等毒			
	十字花科蔬菜	蚜虫	300-450克/公顷	喷雾
PD20092819	高效氯氟氰菊酯/25克/升/乳油/高效氯氟氰菊酯 25克/升/2014.03.04 至 2019.03.04/低毒			
	十字花科蔬菜	菜青虫	7.5-15克/公顷	喷雾
PD20093423	多效唑/15%/可湿性粉剂/多效唑 15%/2014.03.23 至 2019.03.23/低毒			
	油菜	调节生长	150-200毫克/千克	茎叶喷雾
PD20093664	联苯菊酯/25克/升/乳油/联苯菊酯 25克/升/2014.03.25 至 2019.03.25/低毒			
	苹果树	桃小食心虫	20.8-31.25毫克/千克	喷雾
PD20093739	三环唑/75%/可湿性粉剂/三环唑 75%/2014.03.25 至 2019.03.25/中等毒			
	水稻	稻瘟病	225-300克/公顷	喷雾
PD20093786	吡嘧磺隆/10%/可湿性粉剂/吡嘧磺隆 10%/2014.03.25 至 2019.03.25/低毒			
	移栽水稻田	一年生阔叶杂草及莎草科杂草	22.5-30克/公顷	药土法
	直播水稻(南方)	一年生阔叶杂草及莎草科杂草	15-22.5克/公顷	喷雾法
PD20093828	高效氯氟氰菊酯/25克/升/微乳剂/高效氯氟氰菊酯 25克/升/2014.03.25 至 2019.03.25/中等毒			
	甘蓝	菜青虫	7.5-15克/公顷	喷雾
PD20094288	烯唑醇/12.5%/可湿性粉剂/烯唑醇 12.5%/2014.03.31 至 2019.03.31/低毒			
	小麦	白粉病	60-120克/公顷	喷雾
PD20094316	噻菌灵/42%/悬浮剂/噻菌灵 42%/2014.03.31 至 2019.03.31/微毒			
	柑橘	保鲜、防腐	1000-1500毫克/千克	浸果
PD20094581	赤霉酸/20%/可溶片剂/赤霉酸 20%/2014.04.09 至 2019.04.09/低毒			
	芹菜	调节生长、增产	60-100毫克/千克	茎叶喷雾
PD20094611	甲霜・锰锌/72%/可湿性粉剂/甲霜灵 8%、代森锰锌 64%/2014.04.10 至 2019.04.10/低毒			
	黄瓜	霜霉病	1620-2160克/公顷	喷雾
PD20095051	噻嗪酮/25%/可湿性粉剂/噻嗪酮 25%/2014.04.21 至 2019.04.21/低毒			
	水稻	飞虱	75-112.5克/公顷	喷雾
PD20095240	多菌灵/500克/升/悬浮剂/多菌灵 500克/升/2014.04.27 至 2019.04.27/低毒			
	小麦	赤霉病	750-937.5克/公顷	喷雾
PD20095426	乙烯利/40%/水剂/乙烯利 40%/2014.05.11 至 2019.05.11/低毒			
	番茄	催熟	800-1000倍液	涂果或喷雾
PD20095499	苄嘧磺隆/10%/可湿性粉剂/苄嘧磺隆 10%/2014.05.11 至 2019.05.11/低毒			
	水稻移栽田	阔叶杂草及莎草科杂草	22.5-45克/公顷	药土法
PD20095544	氟磺胺草醚/250克/升/水剂/氟磺胺草醚 250克/升/2014.05.12 至 2019.05.12/低毒			
	春大豆田	一年生阔叶杂草	375-525克/公顷	喷雾
	夏大豆田	一年生阔叶杂草	225-375克/公顷	喷雾
PD20096140	丁草胺/90%/原药/丁草胺 90%/2014.06.24 至 2019.06.24/低毒			
PD20096153	精喹禾灵/5%/乳油/精喹禾灵 5%/2014.06.24 至 2019.06.24/低毒			
	冬油菜田	一年生禾本科杂草	45-52.5克/公顷	茎叶喷雾
PD20100543	二甲戊灵/330克/升/乳油/二甲戊灵 330克/升/2015.01.14 至 2020.01.14/低毒			
	甘蓝田	一年生杂草	618.8-742.5克/公顷	移栽前土壤喷雾
PD20100839	精喹禾灵/10%/乳油/精喹禾灵 10%/2015.01.19 至 2020.01.19/低毒			
	大豆田	一年生禾本科杂草	39.6-52.8克/公顷	喷雾
PD20110129	2,4-滴二甲胺盐/720克/升/水剂/2,4-滴二甲胺盐 720克/升/2016.01.28 至 2021.01.28/低毒			
	冬小麦	一年生阔叶杂草	540—756克/公顷	茎叶喷雾
PD20110636	氯氰菊酯/92%/原药/氯氰菊酯 92%/2011.06.13 至 2016.06.13/中等毒			
PD20111164	乙酰甲胺磷/95%/原药/乙酰甲胺磷 95%/2011.11.07 至 2016.11.07/低毒			
PD20120692	苯菌灵/50%/可湿性粉剂/苯菌灵 50%/2012.04.18 至 2017.04.18/低毒			

芦笋 茎枯病 266.7-333.3毫克/千克 喷雾

PD20130973 丁硫克百威/40%/悬浮剂/丁硫克百威 40%/2013.05.02 至 2018.05.02/中等毒
棉花 蚜虫 90-180克/公顷 喷雾

PD20131352 草铵膦/200克/升/水剂/草铵膦 200克/升/2013.06.20 至 2018.06.20/低毒
柑橘园 杂草 900-1500克/公顷 定向茎叶喷雾

PD20131751 草甘膦铵盐/68%/可溶粒剂/草甘膦 68%/2013.08.16 至 2018.08.16/低毒
柑橘园 杂草 1122-2244克/公顷 定向茎叶喷雾
注:草甘膦铵盐含量: 74.7%。

PD20140302 吡虫啉/97%/原药/吡虫啉 97%/2014.02.12 至 2019.02.12/低毒

PD20141192 敌草快/200克/升/水剂/敌草快 200克/升/2014.05.06 至 2019.05.06/低毒
苹果园 杂草 600-900克/公顷 喷雾

PD20150467 灭草松/480克/升/水剂/灭草松 480克/升/2015.03.20 至 2020.03.20/低毒
水稻移栽田 一年生阔叶杂草及部分莎草科杂草 936-1440克/公顷 茎叶喷雾

PD20150809 草甘膦异丙胺盐/46%/母药/草甘膦 46%/2015.05.14 至 2020.05.14/微毒
注:草甘膦异丙胺盐含量: 62%。

PD20151089 乙酰甲胺磷/75%/可溶性粉剂/乙酰甲胺磷 75%/2015.06.14 至 2020.06.14/低毒
棉花 棉铃虫 787.5-900克/公顷 喷雾

PD20151609 双草醚/98%/原药/双草醚 98%/2015.08.28 至 2020.08.28/微毒

四川省

安岳县腾达蚊香厂 (四川省安岳县石桥铺镇石桥村一组 642350 0832-4512168)

WP20070016 蚊香/0.3%/蚊香/烯丙菊酯 0.3%/2012.08.03 至 2017.08.03/微毒
卫生 蚊 / 点燃

拜耳(四川)动物保健有限公司 (四川省成都市西南航空港经济开发区长城路一段189号 610225 028-85860347)

WP20100089 溴氰菊酯/25克/升/悬浮剂/溴氰菊酯 25克/升/2010.06.08 至 2015.06.08/微毒
室内 蜚蠊 15毫克/平方米 滞留喷雾

成都邦农化学有限公司 (四川省成都市双流县金桥镇金桥社区三组 610200 028-85851587)

PD20083914 三唑酮/25%/可湿性粉剂/三唑酮 25%/2013.12.15 至 2018.12.15/低毒
小麦 锈病 187.5-225克/公顷 喷雾

PD20084690 炔螨特/73%/乳油/炔螨特 73%/2013.12.22 至 2018.12.22/低毒
柑橘树 红蜘蛛 292-365毫克/千克 喷雾

PD20086038 甲基硫菌灵/70%/可湿性粉剂/甲基硫菌灵 70%/2013.12.29 至 2018.12.29/低毒
黄瓜 白粉病 420-483克/公顷 喷雾

PD20086118 稻瘟灵/40%/乳油/稻瘟灵 40%/2013.12.30 至 2018.12.30/低毒
水稻 稻瘟病 600-900克/公顷 喷雾

PD20093436 三环唑/75%/可湿性粉剂/三环唑 75%/2014.03.23 至 2019.03.23/中等毒
水稻 稻瘟病 225-300克/公顷 喷雾

PD20094242 氯氟吡氧乙酸异辛酯(288克/升)///乳油/氯氟吡氧乙酸 200克/升/2014.03.31 至 2019.03.31/低毒
春小麦田 一年生阔叶杂草 150-210克/公顷 茎叶喷雾
玉米田 阔叶杂草 180-210克/公顷 茎叶喷雾

PD20100531 苯磺隆/75%/水分散粒剂/苯磺隆 75%/2015.01.14 至 2020.01.14/低毒
冬小麦田 一年生阔叶杂草 18-22.5克/公顷 茎叶喷雾

PD20101991 草甘膦异丙胺盐(41%)///水剂/草甘膦 30%/2015.09.25 至 2020.09.25/低毒
柑橘园 杂草 1125-2250克/公顷 定向茎叶喷雾

PD20110350 高效氯氰菊酯/4.5%/微乳剂/高效氯氰菊酯 4.5%/2016.03.24 至 2021.03.24/中等毒
甘蓝 菜青虫 20.25-27克/公顷 喷雾

PD20110661 草甘膦铵盐/68%/可溶粒剂/草甘膦 68%/2011.06.20 至 2016.06.20/低毒
非耕地 一年生及部分多年生杂草 1125-2250克/公顷 茎叶喷雾
注:草甘膦胺盐含量:74.7%。

PD20120681 吡虫啉/70%/水分散粒剂/吡虫啉 70%/2012.04.18 至 2017.04.18/低毒
甘蓝 蚜虫 21-31.5克/公顷 喷雾

PD20132296 吡嘧・苯噻酰/8%/颗粒剂/苯噻酰草胺 7.5%、吡嘧磺隆 0.5%/2013.11.08 至 2018.11.08/低毒
水稻抛秧田 一年生杂草 450-672克/公顷 药土法

PD20150244 烯草酮/24%/乳油/烯草酮 24%/2015.01.15 至 2020.01.15/低毒
油菜田 一年生禾本科杂草 54-72克/公顷 茎叶喷雾

PD20150490 草铵膦/200克/升/水剂/草铵膦 200克/升/2015.03.20 至 2020.03.20/低毒
非耕地 杂草 1140-1500克/公顷 茎叶喷雾

成都观智农业科技有限公司 (四川省乐至县全胜乡街村 610041 028-65638330)

PD20096868 氰戊・乐果/25%/乳油/乐果 22%、氰戊菊酯 3%/2014.09.23 至 2019.09.23/中等毒
小麦 蚜虫 75-112.5克/公顷 喷雾

PD20097465 杀虫双/3.6%/大粒剂/杀虫双 3.6%/2014.11.03 至 2019.11.03/低毒
水稻 二化螟 540-810克/公顷 撒施

PD20151185 噻苯隆/0.1%/可溶液剂/噻苯隆 0.1%/2015.06.27 至 2020.06.27/低毒
葡萄 调节生长 5-6毫克/千克 喷雾

成都华西农药有限公司　(四川省成都市新津县花源镇官林村四组　611432　028-82411168)

PD20040726　氯氰·三唑磷/16%/乳油/氯氰菊酯 1.5%、三唑磷 14.5%/2014.12.19 至 2019.12.19/中等毒
柑橘树　潜叶蛾　80-160毫克/千克　喷雾
PD20092904　甲氰菊酯/20%/乳油/甲氰菊酯 20%/2014.03.05 至 2019.03.05/中等毒
十字花科蔬菜　菜青虫　75-90克/公顷　喷雾
PD20093092　氰戊菊酯/20%/乳油/氰戊菊酯 20%/2014.03.09 至 2019.03.09/低毒
十字花科蔬菜　菜青虫　60-120克/公顷　喷雾
PD20093367　敌畏·毒死蜱/40%/乳油/敌敌畏 30%、毒死蜱 10%/2014.03.18 至 2019.03.18/中等毒
水稻　稻纵卷叶螟　360-480克/公顷　喷雾
PD20094592　高效氯氟氰菊酯/25克/升/乳油/高效氯氟氰菊酯 25克/升/2014.04.10 至 2019.04.10/低毒
十字花科蔬菜　菜青虫　11.25-15克/公顷　喷雾
PD20095668　溴氰·毒死蜱/10%/乳油/毒死蜱 9.5%、溴氰菊酯 0.5%/2014.05.14 至 2019.05.14/中等毒
棉花　棉铃虫　32.55-48.75克/公顷　喷雾
PD20097360　琥铜·甲霜灵/50%/可湿性粉剂/琥胶肥酸铜 40%、甲霜灵 10%/2014.10.27 至 2019.10.27/低毒
番茄　早疫病　1125-1500克/公顷　喷雾
黄瓜　霜霉病、细菌性角斑病　1125-1500克/公顷　喷雾
PD20101544　琥·铝·甲霜灵/60%/可湿性粉剂/琥胶肥酸铜 41.5%、甲霜灵 2.5%、三乙膦酸铝 16%/2015.05.19 至 2020.05.19/低毒
黄瓜　霜霉病　1125-1500克/公顷　喷雾

成都金牌农化有限公司　(四川省成都市龙泉驿区南京路33号龙府花园12-4　610100　028-83934866)

PD20150546　甲基碘磺隆钠盐/91%/原药/甲基碘磺隆钠盐 91%/2015.03.23 至 2020.03.23/中等毒
PD20150689　甲基二磺隆/95%/原药/甲基二磺隆 95%/2015.04.17 至 2020.04.17/微毒
PD20150823　茚虫威/71%/母药/茚虫威 71%/2015.05.14 至 2020.05.14/低毒
PD20151546　氰霜唑/94%/原药/氰霜唑 94%/2015.08.03 至 2020.08.03/微毒
LS20150183　1-甲基环丙烯/0.03%/粉剂/1-甲基环丙烯 0.03%/2015.06.14 至 2016.06.14/低毒
苹果　保鲜　4.5-7.5毫克/立方米　密闭薰蒸

成都科利隆生化有限公司　(四川省成都市青白江区工业集中发展区同济大道903号　610300　028-67965012)

PD20082097　炔螨特/40%/乳油/炔螨特 40%/2013.11.25 至 2018.11.25/低毒
柑橘树　红蜘蛛　267-400毫克/千克　喷雾
PD20084680　氯氰·丙溴磷/440克/升/乳油/丙溴磷 400克/升、氯氰菊酯 40克/升/2013.12.22 至 2018.12.22/中等毒
棉花　棉铃虫　561-660克/公顷　喷雾
PD20091799　三乙膦酸铝/80%/可湿性粉剂/三乙膦酸铝 80%/2014.02.04 至 2019.02.04/低毒
黄瓜　霜霉病　2160-2880克/公顷　喷雾
PD20092082　氰戊·乐果/25%/乳油/乐果 22%、氰戊菊酯 3%/2014.02.16 至 2019.02.16/中等毒
甘蓝　菜青虫　75-150克/公顷　喷雾
柑橘树　潜叶蛾、锈壁虱　125-250毫克/千克　喷雾
小麦　蚜虫　75-112.5克/公顷　喷雾
烟草　蚜虫、烟青虫　75-187.5克/公顷　喷雾
PD20092467　腐霉·福美双/50%/可湿性粉剂/腐霉利 10%、福美双 40%/2014.02.25 至 2019.02.25/低毒
番茄　灰霉病　600-900克/公顷　喷雾
PD20093528　甲霜·锰锌/58%/可湿性粉剂/甲霜灵 10%、代森锰锌 48%/2014.03.23 至 2019.03.23/低毒
黄瓜　霜霉病　696-1044克/公顷　喷雾
PD20096952　霜霉威盐酸盐/66.5%/水剂/霜霉威盐酸盐 66.5%/2014.09.29 至 2019.09.29/低毒
黄瓜　霜霉病　866.4－1083克/公顷　喷雾
PD20098071　丙环唑/250克/升/乳油/丙环唑 250克/升/2014.12.08 至 2019.12.08/低毒
香蕉　叶斑病　250-500毫克/千克　喷雾
PD20098119　高效氯氟氰菊酯/25克/升/乳油/高效氯氟氰菊酯 25克/升/2014.12.08 至 2019.12.08/中等毒
十字花科叶菜　菜青虫　7.5-15克/公顷　喷雾
PD20098170　甲基硫菌灵/500克/升/悬浮剂/甲基硫菌灵 500克/升/2014.12.14 至 2019.12.14/低毒
小麦　赤霉病　750－1125克/公顷　喷雾
PD20098205　多菌灵/80%/可湿性粉剂/多菌灵 80%/2014.12.16 至 2019.12.16/低毒
苹果树　褐斑病　800－1000毫克/千克　喷雾
PD20098267　石硫合剂/29%/水剂/石硫合剂 29%/2014.12.18 至 2019.12.18/低毒
苹果树　白粉病　4143－5800毫克/千克　喷雾
PD20098272　甲氰·噻螨酮/7.5%/乳油/甲氰菊酯 5%、噻螨酮 2.5%/2014.12.18 至 2019.12.18/中等毒
苹果树　红蜘蛛　50-75毫克/千克　喷雾
PD20098303　硫双威/75%/可湿性粉剂/硫双威 75%/2014.12.18 至 2019.12.18/低毒
棉花　棉铃虫　562.5-675克/公顷　喷雾
PD20098327　马拉硫磷/45%/乳油/马拉硫磷 45%/2014.12.18 至 2019.12.18/低毒
十字花科蔬菜　黄条跳甲　810-945克/公顷　喷雾
PD20098328　联苯菊酯/100克/升/乳油/联苯菊酯 100克/升/2014.12.18 至 2019.12.18/低毒
茶树　茶小绿叶蝉　30-45克/公顷　喷雾
PD20098365　三环唑/75%/可湿性粉剂/三环唑 75%/2014.12.18 至 2019.12.18/低毒
水稻　稻瘟病　225－337.5克/公顷　喷雾

PD20098368 甲基硫菌灵/3%/糊剂/甲基硫菌灵 3%/2014.12.18 至 2019.12.18/低毒
苹果树 腐烂病 3.75-4.5克/平方米 涂抹
PD20098439 虫酰肼/200克/升/悬浮剂/虫酰肼 200克/升/2014.12.24 至 2019.12.24/低毒
甘蓝 甜菜夜蛾 80-100毫升制剂/亩 喷雾
PD20098516 醚菊酯/10%/悬浮剂/醚菊酯 10%/2014.12.24 至 2019.12.24/低毒
甘蓝 菜青虫 45-60克/公顷 喷雾
PD20100475 杀虫双/18%/水剂/杀虫双 18%/2015.01.14 至 2020.01.14/低毒
水稻 三化螟 540-675克/公顷 喷雾
PD20120082 百菌清/54%/悬浮剂/百菌清 54%/2012.01.19 至 2017.01.19/低毒
番茄 早疫病 900—1050克/公顷 喷雾
注:百菌清质量浓度为: 720克/升。
PD20120086 啶虫脒/3%/微乳剂/啶虫脒 3%/2012.01.19 至 2017.01.19/低毒
苹果树 蚜虫 10—15毫克/千克 喷雾
PD20120837 草甘膦铵盐/58%/可溶粒剂/草甘膦 58%/2012.05.22 至 2017.05.22/低毒
柑橘园 杂草 1131-2175克/公顷 行间定向茎叶喷雾
注:草甘膦铵盐含量:63.8%。
PD20120847 毒死蜱/30%/水乳剂/毒死蜱 30%/2012.05.22 至 2017.05.22/中等毒
水稻 稻飞虱 450-585克/公顷 喷雾
PD20120901 烯酰吗啉/50%/可湿性粉剂/烯酰吗啉 50%/2012.05.24 至 2017.05.24/低毒
黄瓜 霜霉病 225-300克/公顷 喷雾
PD20120904 代森锰锌/80%/可湿性粉剂/代森锰锌 80%/2012.05.24 至 2017.05.24/低毒
苹果树 斑点落叶病 1000-1600毫克/千克 喷雾
PD20121336 高效氯氟氰菊酯/5%/水乳剂/高效氯氟氰菊酯 5%/2012.09.11 至 2017.09.11/中等毒
甘蓝 菜青虫 11.25—15克/公顷 喷雾
PD20121656 甲基硫菌灵/500克/升/悬浮剂/甲基硫菌灵 500克/升/2012.10.30 至 2017.10.30/低毒
水稻 纹枯病 937.5-1125克/公顷 喷雾
PD20121719 三唑酮/25%/可湿性粉剂/三唑酮 25%/2012.11.08 至 2017.11.08/低毒
小麦 白粉病 120～180克/公顷 喷雾
PD20121976 戊唑醇/25%/水乳剂/戊唑醇 25%/2012.12.18 至 2017.12.18/低毒
苦瓜 白粉病 75-112.5克/公顷 喷雾
苹果树 斑点落叶病 83.3～125毫克/千克 喷雾
PD20122035 代森锌/65%/可湿性粉剂/代森锌 65%/2012.12.19 至 2017.12.19/低毒
番茄 早疫病 2550-3600克/公顷 喷雾
PD20130137 戊唑醇/430克/升/悬浮剂/戊唑醇 430克/升/2013.01.17 至 2018.01.17/低毒
梨树 黑星病 107.5～143.3毫克/千克 喷雾
PD20130209 吡蚜酮/25%/可湿性粉剂/吡蚜酮 25%/2013.01.30 至 2018.01.30/低毒
水稻 稻飞虱 60-75克/公顷 喷雾
PD20130295 阿维菌素/3%/水乳剂/阿维菌素 3%/2013.02.26 至 2018.02.26/低毒(原药高毒)
水稻 稻纵卷叶螟 5.4～8.1克/公顷 喷雾
PD20130440 氟氯氰菊酯/50克/升/乳油/氟氯氰菊酯 50克/升/2013.03.18 至 2018.03.18/中等毒
棉花 棉铃虫 22.5-52.5克/公顷 喷雾
PD20130795 烯酰吗啉/50%/水分散粒剂/烯酰吗啉 50%/2013.05.13 至 2018.05.13/低毒
黄瓜 霜霉病 263-300克/公顷 喷雾
PD20131048 精喹禾灵/15%/乳油/精喹禾灵 15%/2013.05.13 至 2018.05.13/低毒
油菜田 一年生禾本科杂草 45-67.5克/公顷 茎叶喷雾
PD20131163 啶虫脒/40%/水分散粒剂/啶虫脒 40%/2013.05.27 至 2018.05.27/中等毒
甘蓝 蚜虫 18-22.5克/公顷 喷雾
PD20131267 甲维·氯氰/3.2%/微乳剂/甲氨基阿维菌素 0.2%、氯氰菊酯 3%/2013.06.04 至 2018.06.04/低毒
甘蓝 甜菜夜蛾 24-28.8克/公顷 喷雾
PD20131311 氟硅唑/10%/水乳剂/氟硅唑 10%/2013.06.08 至 2018.06.08/低毒
梨树 黑星病 40-50毫克/千克 喷雾
PD20131374 联苯菊酯/2.5%/水乳剂/联苯菊酯 2.5%/2013.06.24 至 2018.06.24/低毒
番茄 白粉虱 11.25—15克/公顷 喷雾
PD20131569 稻瘟灵/40%/可湿性粉剂/稻瘟灵 40%/2013.07.23 至 2018.07.23/低毒
水稻 稻瘟病 480-720克/公顷 喷雾
PD20132552 灭蝇胺/70%/可湿性粉剂/灭蝇胺 70%/2013.12.16 至 2018.12.16/低毒
黄瓜 美洲斑潜蝇 157.5-210克/公顷 喷雾
PD20140783 霜脲·锰锌/72%/可湿性粉剂/代森锰锌 64%、霜脲氰 8%/2014.03.25 至 2019.03.25/低毒
黄瓜 霜霉病 1440-1800克/公顷 喷雾
PD20141223 哒螨灵/10%/水乳剂/哒螨灵 10%/2014.05.06 至 2019.05.06/中等毒
柑橘树 红蜘蛛 66.7—100毫克/千克 喷雾
PD20141899 硅唑·咪鲜胺/20%/水乳剂/氟硅唑 4%、咪鲜胺 16%/2014.08.01 至 2019.08.01/低毒
黄瓜 炭疽病 165-210克/公顷 喷雾

PD20150226 丙森锌/70%/可湿性粉剂/丙森锌 70%/2015.01.15 至 2020.01.15/低毒
苹果树 斑点落叶病 1000-1167毫克/千克 喷雾
PD20151741 氯氟·丙溴磷/12%/乳油/丙溴磷 10%、高效氯氟氰菊酯 2%/2015.08.28 至 2020.08.28/低毒
棉花 棉铃虫 90-126克/公顷 喷雾
PD20152056 氟环唑/25%/悬浮剂/氟环唑 25%/2015.09.07 至 2020.09.07/低毒
香蕉 叶斑病 125-166.7毫克/千克 喷雾
PD20152321 咪鲜胺/450克/升/水乳剂/咪鲜胺 450克/升/2015.10.21 至 2020.10.21/低毒
柑橘 炭疽病 250-500毫克/千克 浸果
LS20120215 阿维·毒死蜱/25%/水乳剂/阿维菌素 0.3%、毒死蜱 24.7%/2014.06.14 至 2015.06.14/低毒(原药高毒)
水稻 稻纵卷叶螟 225-300克/公顷 喷雾
LS20130034 阿维·三唑磷/20%/水乳剂/阿维菌素 0.5%、三唑磷 19.5%/2015.01.15 至 2016.01.15/中等毒(原药高毒)
水稻 二化螟 240—300克/公顷 喷雾
LS20130346 阿维·炔螨特/30%/水乳剂/阿维菌素 0.3%、炔螨特 29.7%/2015.07.02 至 2016.07.02/低毒(原药高毒)
柑橘树 红蜘蛛 200-300毫克/千克 喷雾
LS20130357 烯酰·丙森锌/72%/可湿性粉剂/丙森锌 60%、烯酰吗啉 12%/2015.07.03 至 2016.07.03/低毒
黄瓜 霜霉病 1296-1620克/公顷 喷雾
LS20130491 甲维·毒死蜱/20%/微乳剂/毒死蜱 19.5%、甲氨基阿维菌素苯甲酸盐 .5%/2015.11.08 至 2016.11.08/中等毒
水稻 稻纵卷叶螟 195-225克/公顷 喷雾
LS20140041 苯甲·溴菌腈/25%/可湿性粉剂/苯醚甲环唑 5%、溴菌腈 20%/2015.02.17 至 2016.02.17/低毒
西瓜 炭疽病 225-300克/公顷 喷雾
LS20140226 氟环·嘧菌酯/45%/悬浮剂/氟环唑 15%、嘧菌酯 30%/2015.06.17 至 2016.06.17/低毒
香蕉 叶斑病 150-225毫克/千克 喷雾
LS20140255 螺螨酯/15%/水乳剂/螺螨酯 15%/2015.07.14 至 2016.07.14/低毒
柑橘树 红蜘蛛 42.9-60毫克/千克 喷雾
LS20140318 甲维·虫螨腈/6%/微乳剂/虫螨腈 5%、甲氨基阿维菌素 1%/2015.10.27 至 2016.10.27/低毒
甘蓝 甜菜夜蛾 13.5-18克/公顷 喷雾
注:甲氨基阿维菌素苯甲酸盐含量：1.1%。
LS20150008 精喹·草除灵/34%/悬浮剂/草除灵 30%、精喹禾灵 4%/2016.01.15 至 2017.01.15/低毒
油菜田 一年生杂草 255-357克/公顷 茎叶喷雾
LS20150010 阿维·螺螨酯/13%/水乳剂/阿维菌素 1%、螺螨酯 12%/2016.01.15 至 2017.01.15/低毒(原药高毒)
柑橘树 红蜘蛛 37.1-43.3毫克/千克 喷雾
LS20150234 甲硫·乙嘧酚/70%/可湿性粉剂/甲基硫菌灵 50%、乙嘧酚 20%/2015.07.30 至 2016.07.30/低毒
苹果树 白粉病 233.3-350毫克/千克 喷雾

成都蓝风（集团）股份有限公司 (四川省成都市经济技术开发区星光中路109号 610100 028-84846245)

WP20100068 驱蚊花露水/5%/驱蚊花露水/避蚊胺 5%/2015.05.10 至 2020.05.10/微毒
卫生 蚊 / 涂抹
注:本品有三种香型：清新铃兰香型、芳香型、百合香型。

成都丽雅嘉化妆品有限公司 (四川省成都市双流县西南航空港工业集中开发区2号路 610200 028-85745396)

WP20110171 驱蚊花露水/4.5%/驱蚊花露水/驱蚊酯 4.5%/2011.07.07 至 2016.07.07/微毒
卫生 蚊 涂抹
注:本产品有一种香型：薄荷香型。

成都绿金生物科技有限责任公司 (四川省成都市邛崃市临邛渔唱村（临邛工业园区） 611530 028-85141030，852377

PD20101579 印楝素/10%/母药/印楝素 10%/2015.06.01 至 2020.06.01/低毒
PD20101580 印楝素/0.3%/乳油/印楝素 0.3%/2015.06.01 至 2020.06.01/低毒
草原 蝗虫 8.1-11.25克/公顷 喷雾
茶树 茶毛虫 5.4-6.75克/公顷 喷雾
柑橘树 潜叶蛾 5-7.5毫克/千克 喷雾
高粱 玉米螟 3.6-4.5克/公顷 喷雾
十字花科蔬菜 小菜蛾 2.7-4.05克/公顷 喷雾
烟草 烟青虫 2.7-4.5克/公顷 喷雾
PD20101807 阿维·印楝素/0.8%/乳油/阿维菌素 0.5%、印楝素 0.3%/2015.07.14 至 2020.07.14/低毒(原药高毒)
甘蓝 小菜蛾 4.8-7.2克/公顷 喷雾
PD20130449 阿维菌素/1.8%/乳油/阿维菌素 1.8%/2013.03.18 至 2018.03.18/低毒(原药高毒)
甘蓝 小菜蛾 8.1-10.8克/公顷 喷雾
PD20131157 高氯·甲维盐/5%/微乳剂/高效氯氰菊酯 4.5%、甲氨基阿维菌素苯甲酸盐 0.5%/2013.05.24 至 2018.05.24/中等毒
甘蓝 甜菜夜蛾 15-22.5克/公顷 喷雾
PD20141339 咪鲜胺/40%/水乳剂/咪鲜胺 40%/2014.06.04 至 2019.06.04/低毒
柑橘 炭疽病 267-400毫升/千克 浸果

成都民航六维航化有限责任公司 (四川省成都市二环路南二段17号 610041 028-82909887)

WP20080486 杀虫气雾剂/2%/气雾剂/氯菊酯 2%/2013.12.17 至 2018.12.17/微毒
卫生 蚊、蝇、蜚蠊 / 喷雾
WP20100028 杀虫气雾剂/4%/气雾剂/氯菊酯 2%、右旋苯醚菊酯 2%/2015.01.19 至 2020.01.19/微毒
卫生 蚊、蝇、蜚蠊 / 喷雾

WP20100058 杀虫气雾剂/2%/气雾剂/右旋苯醚菊酯 2%/2015.04.14 至 2020.04.14/微毒

卫生	蚊、蝇、蜚蠊	/	喷雾

成都普惠生物工程有限公司 (四川省成都市新都区如意大道223号 610500 028-83972346)

PD86101-40 赤霉酸/4%/乳油/赤霉酸 4%/2011.02.25 至 2016.02.25/低毒

菠菜	增加鲜重	10-25毫克/千克	叶面处理1-3次
菠萝	果实增大、增重	40-80毫克/千克	喷花
柑橘树	果实增大、增重	20-40毫克/千克	喷花
花卉	提前开花	700毫克/千克	叶面处理涂抹花芽
绿肥	增产	10-20毫克/千克	喷雾
马铃薯	苗齐、增产	0.5-1毫克/千克	浸薯块10-30分钟
棉花	提高结铃率、增产	10-20毫克/千克	点喷、点涂或喷雾
葡萄	无核、增产	50-200毫克/千克	花后1周处理果穗
芹菜	增产	20-100毫克/千克	叶面处理1次
人参	增加发芽率	20毫克/千克	播前浸种15分钟
水稻	增加千粒重、制种	20-30毫克/千克	喷雾

PD91107-2 农用硫酸链霉素/72%/可溶粉剂/链霉素 72%/2011.03.20 至 2016.03.20/低毒

大白菜	软腐病	150-300克/公顷	喷雾
柑橘树	溃疡病	150-300克/公顷	喷雾
水稻	白叶枯病	150-300克/公顷	喷雾

成都士发生物科技有限公司 (四川省新津县五津镇儒林路558号 881508 0595-88150891)

WP20140129 杀虫气雾剂/0.33%/气雾剂/胺菊酯 0.2%、氯菊酯 0.13%/2014.06.09 至 2019.06.09/微毒

室内	蚊、蝇、蜚蠊	/	喷雾

成都特普科技发展有限公司 (四川省成都市高新西区模具工业园 611731 028-66348339)

PD20120349 几丁聚糖/0.5%/水剂/几丁聚糖 0.5%/2012.03.28 至 2017.03.28/微毒

番茄	病毒病	300-500倍液	喷雾
黄瓜	白粉病	100-500倍液	喷雾
黄瓜	霜霉病	300-500倍液	喷雾
水稻	黑条矮缩病	12.5-37.5克/公顷	喷雾

PD20150694 哈茨木霉菌/1.0亿cfu/克/水分散粒剂/哈茨木霉菌 1亿CFU/克/2015.04.20 至 2020.04.20/微毒

番茄	灰霉病	60-100g/亩	/喷雾

PD20151514 枯草芽孢杆菌/1亿活芽孢/克/微囊粒剂/枯草芽孢杆菌 1亿CFU/克/2015.07.31 至 2020.07.31/微毒

番茄	立枯病	100-167克制剂/亩	喷雾

成都西部爱地作物科学有限公司 (四川省成都市邛崃市羊安镇工业点 611530 028-82630285)

PD86110-5 嘧啶核苷类抗菌素/2%/水剂/嘧啶核苷类抗菌素 2%/2016.01.05 至 2021.01.05/低毒

大白菜	黑斑病	100毫克/千克	喷雾
番茄	疫病	100毫克/千克	喷雾
瓜类、花卉、苹果树、葡萄、烟草	白粉病	100毫克/千克	喷雾
水稻	炭疽病、纹枯病	150-180克/公顷	喷雾
西瓜	枯萎病	100毫克/千克	灌根
小麦	锈病	100毫克/千克	喷雾

PD86110-10 嘧啶核苷类抗菌素/4%/水剂/嘧啶核苷类抗菌素 4%/2013.03.12 至 2018.03.12/低毒

大白菜	黑斑病	100毫克/千克	喷雾
番茄	疫病	100毫克/千克	喷雾
瓜类、花卉、苹果树、葡萄、烟草	白粉病	100毫克/千克	喷雾
水稻	炭疽病、纹枯病	150-180克/公顷	喷雾
西瓜	枯萎病	100毫克/千克	灌根
小麦	锈病	100毫克/千克	喷雾

PD88109-10 井冈霉素/10%,20%/水溶粉剂/井冈霉素 10%,20%/2013.11.07 至 2018.11.07/低毒

水稻	纹枯病	75-112.5克/公顷	喷雾、泼浇

PD90106-15 苏云金杆菌/8000IU/微升/悬浮剂/苏云金杆菌 8000IU/微升/2011.05.23 至 2016.05.23/低毒

茶树	茶毛虫	100-200倍液	喷雾
林木	松毛虫	100-200倍液	喷雾
棉花	二代棉铃虫	6000-7500毫升制剂/公顷	喷雾
十字花科蔬菜	菜青虫、小菜蛾	3000-4500毫升制剂/公顷	喷雾
水稻	稻纵卷叶螟	6000-7500毫升制剂/公顷	喷雾
烟草	烟青虫	6000-7500毫升制剂/公顷	喷雾
玉米	玉米螟	4500-6000毫升制剂/公顷	加细沙灌心叶
枣树	尺蠖	100-200倍液	喷雾

PD20101703 矿物油/95%/乳油/矿物油 95%/2015.06.28 至 2020.06.28/微毒

柑橘树	矢尖蚧	9500-19000毫升/千克	喷雾

PD20110854 苯醚甲环唑/37%/水分散粒剂/苯醚甲环唑 37%/2011.08.10 至 2016.08.10/低毒

香蕉　叶斑病　92.5－123.3毫克/千克　喷雾

PD20110924　吡虫啉/350克/升/悬浮剂/吡虫啉 350克/升/2011.09.06 至 2016.09.06/低毒
水稻　稻飞虱　27－45克/公顷　喷雾

PD20111040　阿维菌素/1.8%/水乳剂/阿维菌素 1.8%/2011.10.10 至 2016.10.10/低毒(原药高毒)
甘蓝　小菜蛾　8.1－10.8克/公顷　喷雾

PD20111053　联苯菊酯/10%/水乳剂/联苯菊酯 10%/2011.10.10 至 2016.10.10/中等毒
茶树　茶小绿叶蝉　30-37.5克/公顷　喷雾

PD20111181　噻嗪酮/50%/悬浮剂/噻嗪酮 50%/2011.11.15 至 2016.11.15/低毒
水稻　稻飞虱　112.5－150克/公顷　喷雾

PD20111398　高效氯氰菊酯/2.5%/水乳剂/高效氯氰菊酯 2.5%/2011.12.22 至 2016.12.22/中等毒
甘蓝　菜青虫　7.5～11.25克/公顷　/喷雾

PD20120136　高效氯氰菊酯/4.5%/水乳剂/高效氯氰菊酯 4.5%/2012.01.29 至 2017.01.29/中等毒
甘蓝　菜青虫　21.94-27克/公顷　喷雾

PD20120183　戊唑醇/25%/水乳剂/戊唑醇 25%/2012.01.30 至 2017.01.30/低毒
梨树　黑星病　83.3－125毫克/千克　喷雾

PD20120199　吡虫啉/20%/可湿性粉剂/吡虫啉 20%/2012.01.30 至 2017.01.30/低毒
小麦　蚜虫　15-30克/公顷(南方地区)45-60克/公顷(北方地区)　喷雾

PD20120503　阿维菌素/1.8%/微乳剂/阿维菌素 1.8%/2012.03.19 至 2017.03.19/低毒(原药高毒)
甘蓝　小菜蛾　6.75－8.1克/公顷　喷雾

PD20120664　四螨·三唑锡/20%/悬浮剂/四螨嗪 5%、三唑锡 15%/2012.04.18 至 2017.04.18/低毒
柑橘树　红蜘蛛　50-66.7毫克/千克　喷雾

PD20120709　啶虫脒/20%/可溶液剂/啶虫脒 20%/2012.04.18 至 2017.04.18/低毒
黄瓜　蚜虫　15-30克/公顷　喷雾

PD20120788　毒死蜱/40%/乳油/毒死蜱 40%/2012.05.11 至 2017.05.11/中等毒
水稻　稻纵卷叶螟　525－600克/公顷　喷雾

PD20120963　苯醚甲环唑/10%/水分散粒剂/苯醚甲环唑 10%/2012.06.14 至 2017.06.14/低毒
西瓜　炭疽病　75-90克/公顷　喷雾

PD20120988　吡虫啉/600克/升/悬浮剂/吡虫啉 600克/升/2012.06.21 至 2017.06.21/低毒
水稻　稻飞虱　36-45克/公顷　喷雾

PD20120997　吡虫啉/70%/水分散粒剂/吡虫啉 70%/2012.06.21 至 2017.06.21/低毒
甘蓝　蚜虫　15.75-21克/公顷　喷雾

LS20120011　联苯菊酯/4.5%/水乳剂/联苯菊酯 4.5%/2014.01.09 至 2015.01.09/低毒
茶树　茶小绿叶蝉　30-37克/公顷　喷雾

LS20120044　高氯·甲维盐/5%/水乳剂/高效氯氰菊酯 4%、甲氨基阿维菌素苯甲酸盐 1%/2014.02.07 至 2015.02.07/低毒
甘蓝　甜菜夜蛾　15-18.75克/公顷　喷雾

LS20120051　甲维·高氯氟/3%/水乳剂/高效氯氟氰菊酯 2.5%、甲氨基阿维菌素苯甲酸盐 0.5%/2014.02.09 至 2015.02.09/低毒
甘蓝　甜菜夜蛾　9－11.25克/公顷　喷雾

成都新朝阳作物科学有限公司　(四川省成都市蒲江县鹤山镇工业五路35号　611630　028-88555498)

PD20070288　芸苔素内酯/0.01%/可溶粉剂/芸苔素内酯 0.01%/2012.09.07 至 2017.09.07/微毒
水稻　调节生长、增产　0.025-0.1毫克/千克　水稻齐穗喷药一次

PD20070289　芸苔素内酯/80%/原药/芸苔素内酯 80%/2012.09.07 至 2017.09.07/微毒

PD20081164　芸苔素内酯/0.0075%/水剂/芸苔素内酯 0.0075%/2013.09.11 至 2018.09.11/微毒
柑橘树　调节生长、增产　0.05-0.08毫克/千克　喷雾
水稻、小麦　调节生长、增产　0.025-0.1毫克/千克　喷雾
小白菜　调节生长、增产　0.05-0.075毫克/千克　喷雾

PD20081454　甲哌鎓/96%/原药/甲哌鎓 96%/2013.11.04 至 2018.11.04/低毒

PD20082609　代森锰锌/80%/可湿性粉剂/代森锰锌 80%/2013.12.04 至 2018.12.04/低毒
草坪　叶斑病　720-900克/公顷　喷雾
柑橘　炭疽病　1333-2000毫克/千克　喷雾
黄瓜　霜霉病　2040-3000克/公顷　喷雾
苹果　斑点落叶病　1000-1500毫克/千克　喷雾
葡萄　黑痘病　1000-1600毫克/千克　喷雾

PD20095001　三唑酮/25%/可湿性粉剂/三唑酮 25%/2014.04.21 至 2019.04.21/低毒
小麦　白粉病、锈病　187.5-300克/公顷　喷雾

PD20096920　咪鲜胺/25%/乳油/咪鲜胺 25%/2014.09.23 至 2019.09.23/低毒
草坪　枯萎病　562.5-937.5克/公顷　喷雾
柑橘　蒂腐病、绿霉病、青霉病、炭疽病　333-500毫克/千克　浸果
水稻　恶苗病　62.5-125毫克/千克　浸种

PD20097050　联苯菊酯/25克/升/乳油/联苯菊酯 25克/升/2014.10.10 至 2019.10.10/低毒
茶树　茶毛虫　7.5－11.25克/公顷　喷雾
柑橘树　潜叶蛾　10-12.5毫克/千克　喷雾

PD20100617　咪鲜胺锰盐/50%/可湿性粉剂/咪鲜胺锰盐 50%/2015.01.14 至 2020.01.14/低毒

	柑橘	绿霉病、青霉病	250-500毫克/千克	浸果
	月季	炭疽病	225-300克/公顷	喷雾
PD20122127	苄嘧·草甘膦/75%/可湿性粉剂/苄嘧磺隆 1%、草甘膦 74%/2012.12.26 至 2017.12.26/低毒			
	柑橘园	杂草	1125-1687.5克/公顷	定向茎叶喷雾
PD20131041	甲维·毒死蜱/40%/水乳剂/毒死蜱 39.5%、甲氨基阿维菌素 0.5%/2013.05.13 至 2018.05.13/中等毒			
	草坪	蛴螬	630-720克/公顷	喷雾
	水稻	二化螟	120-180克/公顷	喷雾
PD20131180	联苯菊酯/12.5%/乳油/联苯菊酯 12.5%/2013.05.27 至 2018.05.27/低毒			
	柑橘	潜叶蛾	156-208克/公顷	喷雾
PD20131286	甲维·三唑磷/20%/乳油/甲氨基阿维菌素苯甲酸盐 0.5%、三唑磷 19.5%/2013.06.08 至 2018.06.08/中等毒			
	水稻	二化螟	120-180克/公顷	喷雾
PD20131287	烯酰吗啉/80%/水分散粒剂/烯酰吗啉 80%/2013.06.08 至 2018.06.08/低毒			
	黄瓜	霜霉病	240-300克/公顷	喷雾
PD20131647	甲氨基阿维菌素苯甲酸盐/2%/微乳剂/甲氨基阿维菌素 2%/2013.08.01 至 2018.08.01/低毒			
	甘蓝	甜菜夜蛾	3-4.5克/公顷	喷雾
	注:甲氨基阿维菌素苯甲酸盐含水量：2.3%。			
PD20131807	藜芦碱/0.5%/可溶液剂/藜芦碱 0.5%/2013.09.16 至 2018.09.16/低毒			
	草莓、辣椒、茄子	红蜘蛛	9-10.5克/公顷	喷雾
	茶叶	茶黄螨	3.33-5毫克/千克	喷雾
	柑橘树、枣树	红蜘蛛	6.25-8.33毫克/千克	喷雾
PD20132132	氨基寡糖素/0.5%/水剂/氨基寡糖素 0.5%/2013.10.24 至 2018.10.24/低毒			
	黄瓜	根结线虫	45—60克/公顷	灌根
	猕猴桃树	根结线虫	45-60克/公顷	灌根
PD20132216	香菇多糖/0.5%/水剂/香菇多糖 0.5%/2013.11.05 至 2018.11.05/低毒			
	辣椒、西葫芦	病毒病	15-22.5克/公顷	喷雾
PD20132487	苦皮藤素/1%/水乳剂/苦皮藤素 1%/2013.12.09 至 2018.12.09/低毒			
	茶叶	茶尺蠖	4.5-6克/公顷	喷雾
	甘蓝	菜青虫	7.5-10.5克/公顷	喷雾
	葡萄	绿盲蝽	4.5-6克/公顷	喷雾
	芹菜	甜菜夜蛾	13.5-18克/公顷	喷雾
	水稻	稻纵卷叶螟	4.5-6克/公顷	喷雾
	猕猴桃树	小卷叶蛾	2-2.5毫克/千克	喷雾
	豇豆	斜纹夜蛾	13.5-18克/公顷	喷雾
PD20132710	苦参碱/1.5%/可溶液剂/苦参碱 1.5%/2013.12.30 至 2018.12.30/低毒			
	草莓	蚜虫	9-10.35克/公顷	喷雾
	番茄、甘蓝、黄瓜、苦瓜、辣椒、茄子、芹菜、西葫芦、豇豆	蚜虫	6.75-9克/公顷	喷雾
	柑橘树、葡萄、枸杞	蚜虫	3.75-5毫克/千克	喷雾
	黄瓜、西葫芦	霜霉病	5.4-7.2克/公顷	喷雾
	葡萄	霜霉病	23.07-30毫克/千克	喷雾
	水稻	稻飞虱	2.25-2.925毫克/千克	喷雾
PD20140665	吡蚜酮/50%/泡腾片剂/吡蚜酮 50%/2014.03.14 至 2019.03.14/低毒			
	水稻	稻飞虱	60-120克/公顷	喷雾
	小麦	蚜虫	60-120克/公顷	喷雾
PD20141626	香芹酚/10%/母药/香芹酚 10%/2014.06.24 至 2019.06.24/低毒			
PD20152443	小檗碱/0.5%/水剂/小檗碱 0.5%/2015.12.04 至 2020.12.04/低毒			
	猕猴桃树	褐斑病	10-12.5毫克/千克	喷雾
PD20152651	香芹酚/0.5%/水剂/香芹酚 0.5%/2015.12.19 至 2020.12.19/低毒			
	枣树	锈病	5-6.25毫克/千克	喷雾
	猕猴桃树	灰霉病	5-6.25毫克/千克	喷雾
	枸杞	白粉病	5-6.25毫克/千克	喷雾

成都迅强生物科技有限公司　(四川省成都市青白江区工业集中发展区同辉路118号　610300　028-67965026)

PD20090162	氰戊·乐果/25%/乳油/乐果 22%、氰戊菊酯 3%/2014.01.08 至 2019.01.08/中等毒			
	十字花科蔬菜	菜青虫	180-300克/公顷	喷雾
PD20090855	杀虫双/3.6%/颗粒剂/杀虫双 3.6%/2014.01.19 至 2019.01.19/中等毒			
	水稻	螟虫	540-675克/公顷	撒施
PD20090920	氰戊·马拉松/20%/乳油/马拉硫磷 15%、氰戊菊酯 5%/2014.01.19 至 2019.01.19/中等毒			
	十字花科蔬菜	菜青虫	90-150克/公顷	喷雾

广安诚信化工有限责任公司　(四川省广安市经济开发区新桥能源化工集中区　638000　0826-2820002)

PD20111021	草甘膦/95%/原药/草甘膦 95%/2011.09.30 至 2016.09.30/微毒			

广汉二仙蚊香厂　(四川省广汉市三水镇光明村　618301　028-81534372)

WP20080258	杀虫气雾剂/0.15%/气雾剂/富右旋反式胺菊酯 0.05%、高效氯氰菊酯 0.1%/2013.11.26 至 2023.11.26/微毒			

卫生　蚊、蝇、蜚蠊　/　喷雾
WP20090022　电热蚊香片/24毫克/片/电热蚊香片/Es-生物烯丙菊酯 24毫克/片/2014.01.08 至 2019.01.08/低毒
卫生　蚊　/　电热加温
WP20130023　蚊香/0.05%/蚊香/氯氟醚菊酯 0.05%/2013.01.30 至 2018.01.30/微毒
卫生　蚊　/　点燃
注:本产品有一种香型:百花香型。
WP20150025　电热蚊香液/0.6%/电热蚊香液/氯氟醚菊酯 0.6%/2015.01.15 至 2020.01.15/微毒
室内　蚊　/　电热加温
WL20120048　杀虫喷射剂/0.4%/喷射剂/氯烯炔菊酯 0.4%/2014.08.10 至 2015.08.10/低毒
卫生　蝇　/　喷射

乐山新路化工有限公司　(四川省乐山市市中区凤凰路中段126号53幢　614000　0833-2304099)

PD84104-15　杀虫双/18%/水剂/杀虫双 18%/2014.10.10 至 2019.10.10/中等毒
甘蔗、蔬菜、水稻、小麦、玉米　多种害虫　540-675克/公顷　喷雾
果树　多种害虫　225-360毫克/千克　喷雾
PD85158-10　喹硫磷/25%/乳油/喹硫磷 25%/2015.07.20 至 2020.07.20/低毒
棉花　棉铃虫、蚜虫　180-600克/公顷　喷雾
水稻　螟虫　375-495克/公顷　喷雾
PD20092060　杀虫双/3.6%/大粒剂/杀虫双 3.6%/2014.02.13 至 2019.02.13/中等毒
水稻　螟虫　540-675克/公顷　撒施
PD20131349　杀虫单/90%/可溶粉剂/杀虫单 90%/2013.06.19 至 2018.06.19/中等毒
水稻　二化螟　675-945克/公顷　喷雾
PD20141394　辛硫磷/3%/颗粒剂/辛硫磷 3%/2014.06.05 至 2019.06.05/低毒
玉米　蛴螬　1800-2250克/公顷　沟施

利尔化学股份有限公司　(四川省绵阳市经济技术开发区　621000　0816-2841584)

PD20050010　氨氯吡啶酸/95%/原药/氨氯吡啶酸 95%/2015.04.05 至 2020.04.05/低毒
PD20050168　氯氟吡氧乙酸异辛酯/95%/原药/氯氟吡氧乙酸异辛酯 95%/2015.11.14 至 2020.11.14/低毒
PD20070420　毒死蜱/97%/原药/毒死蜱 97%/2012.11.06 至 2017.11.06/中等毒
PD20070571　丙环唑/95%/原药/丙环唑 95%/2012.12.03 至 2017.12.03/低毒
PD20080179　三氯吡氧乙酸丁氧基乙酯/99%/原药/三氯吡氧乙酸丁氧基乙酯 99%/2013.01.03 至 2018.01.03/低毒
PD20081432　二氯吡啶酸/95%/原药/二氯吡啶酸 95%/2013.10.31 至 2018.10.31/低毒
PD20091060　高效氟吡甲禾灵/95%/原药/高效氟吡甲禾灵 95%/2014.01.21 至 2019.01.21/低毒
PD20096786　草甘膦/95%/原药/草甘膦 95%/2014.09.15 至 2019.09.15/低毒
PD20110578　草铵膦/95%/原药/草铵膦 95%/2011.05.27 至 2016.05.27/低毒
PD20111317　苯醚甲环唑/95%/原药/苯醚甲环唑 95%/2011.12.05 至 2016.12.05/低毒
PD20111383　氟环唑/96%/原药/氟环唑 96%/2011.12.14 至 2016.12.14/低毒
PD20120009　嘧菌酯/95%/原药/嘧菌酯 95%/2012.01.05 至 2017.01.05/低毒
PD20120452　醚菌酯/95%/原药/醚菌酯 95%/2012.03.14 至 2017.03.14/低毒
PD20120690　炔草酯/95%/原药/炔草酯 95%/2012.04.18 至 2017.04.18/低毒
PD20131010　草铵膦/50%/母药/草铵膦 50%/2013.05.13 至 2018.05.13/低毒
PD20151988　三氯吡氧乙酸/98%/原药/三氯吡氧乙酸 98%/2015.08.30 至 2020.08.30/低毒
LS20130370　甲噻诱胺/96%/原药/甲噻诱胺 96%/2015.07.23 至 2016.07.23/低毒

眉山市民威林产制品有限公司　(四川省眉山市青神县工业园集中区　620460　0833-8811839)

WP20120081　蚊香/0.25%/蚊香/富右旋反式烯丙菊酯 0.25%/2012.05.03 至 2017.05.03/微毒
卫生　蚊　/　点燃
注:本产品有一种香型:檀香型。
WP20150095　蚊香/0.05%/蚊香/氯氟醚菊酯 0.05%/2015.06.10 至 2020.06.10/微毒
室内　蚊　/　点燃
WP20150099　电热蚊香液/0.4%/电热蚊香液/氯氟醚菊酯 0.4%/2015.06.11 至 2020.06.11/微毒
室内　蚊　/　电热加温

四川贝尔化工集团有限公司　(四川省成都市高新区府城大道西段399号9栋13层2号　610041　028-85243548)

PD20080409　啶虫脒/5%/乳油/啶虫脒 5%/2013.03.04 至 2018.03.04/低毒
菠菜　蚜虫　22.5-37.5克/公顷　喷雾
柑橘树　蚜虫　10-12毫克/千克　喷雾
莲藕　莲缢管蚜　15-22.5克/公顷　喷雾
芹菜　蚜虫　18-27克/公顷　喷雾
小麦　蚜虫　13.5-27克/公顷　喷雾
PD20081223　草甘膦异丙胺盐/30%/水剂/草甘膦 30%/2013.09.11 至 2018.09.11/低毒
柑橘园　杂草　1230-2460克/公顷　定向茎叶喷雾
注:草甘膦异丙胺盐含量: 41%。
PD20085005　三环唑/75%/可湿性粉剂/三环唑 75%/2013.12.22 至 2018.12.22/低毒
水稻　稻瘟病　225-300克/公顷　喷雾
PD20090097　克百·敌百虫/3%/颗粒剂/敌百虫 1.5%、克百威 1.5%/2014.01.08 至 2019.01.08/高毒

水稻 螟虫 1125-1350克/公顷 撒施

PD20090129 阿维·苏云菌/2%/可湿性粉剂/阿维菌素 0.1%、苏云金杆菌 1.9%/2014.01.08 至 2019.01.08/低毒(原药高毒)

十字花科蔬菜 小菜蛾 750-1500克制剂/公顷 喷雾

PD20090286 草甘膦铵盐/50%/可溶粉剂/草甘膦 50%/2014.01.09 至 2019.01.09/低毒

柑橘园 杂草 1125-2250克/公顷 定向茎叶喷雾

注:草甘膦铵盐含量: 55%。

PD20090893 克百威/3%/颗粒剂/克百威 3%/2014.01.19 至 2019.01.19/高毒

水稻 螟虫 900-1350克/公顷 撒施

PD20091034 阿维·敌敌畏/40%/乳油/阿维菌素 0.3%、敌敌畏 39.7%/2014.01.21 至 2019.01.21/中等毒(原药高毒)

黄瓜 美洲斑潜蝇 360-450克/公顷 喷雾

PD20091036 精喹禾灵/10%/乳油/精喹禾灵 10%/2014.01.21 至 2019.01.21/低毒

油菜田 一年生及部分多年生禾本科杂草 32.4-56.7克/公顷 喷雾

PD20092322 辛硫磷/3%/颗粒剂/辛硫磷 3%/2014.02.24 至 2019.02.24/低毒

花生 地老虎、金针虫、蝼蛄、蛴螬 2700-3600克/公顷 沟施

PD20102026 炔螨特/570克/升/乳油/炔螨特 570克/升/2015.10.08 至 2020.10.08/低毒

柑橘树 红蜘蛛 285-380毫克/千克 喷雾

PD20102163 草甘膦铵盐/68%/可溶粒剂/草甘膦 68%/2015.12.22 至 2020.12.22/低毒

柑橘园 杂草 100-200克/亩 定向茎叶喷雾

注:草甘膦铵盐含量: 74.7%

PD20121112 苯醚甲环唑/10%/水分散粒剂/苯醚甲环唑 10%/2012.07.19 至 2017.07.19/低毒

苦瓜 白粉病 105-150克/公顷 喷雾

梨树 黑星病 14.3-16.7毫克/千克 喷雾

芹菜 斑枯病 52.5-67.5克/公顷 喷雾

PD20132239 异丙隆/50%/可湿性粉剂/异丙隆 50%/2013.11.05 至 2018.11.05/低毒

小麦田 一年生杂草 900-1350克/公顷 茎叶喷雾

PD20140024 高效氯氰菊酯/4.5%/微乳剂/高效氯氰菊酯 4.5%/2014.01.02 至 2019.01.02/低毒

甘蓝 菜青虫 20.25-27克/公顷 喷雾

PD20140534 毒死蜱/30%/水乳剂/毒死蜱 30%/2014.03.06 至 2019.03.06/中等毒

水稻 稻纵卷叶螟 562.5-675克/公顷 喷雾

PD20140861 噁草·丁草胺/36%/水乳剂/丁草胺 30%、噁草酮 6%/2014.04.08 至 2019.04.08/低毒

水稻(早育秧及半旱育秧田) 一年生杂草 810-1080克/公顷 喷雾

PD20141445 苯醚·丙环唑/30%/水乳剂/苯醚甲环唑 15%、丙环唑 15%/2014.06.09 至 2019.06.09/低毒

水稻 纹枯病 90－112.5克/公顷 喷雾

PD20141446 甲维·毒死蜱/20%/水乳剂/毒死蜱 19.5%、甲氨基阿维菌素苯甲酸盐 0.5%/2014.06.09 至 2019.06.09/中等毒

水稻 稻纵卷叶螟 330-360克/公顷 喷雾

PD20141868 吡虫·异丙威/25%/可湿性粉剂/吡虫啉 2%、异丙威 23%/2014.07.24 至 2019.07.24/中等毒

水稻 稻飞虱 112.5-150克/公顷 喷雾

PD20142179 2甲·草甘膦/47%/水剂/草甘膦异丙胺盐 40.5%、2甲4氯异丙胺盐 6.5%/2014.09.18 至 2019.09.18/低毒

非耕地 杂草 1410-2467.5克/公顷 喷雾

PD20142308 氯吡·苯磺隆/20%/可湿性粉剂/苯磺隆 2.7%、氯氟吡氧乙酸 17.3%/2014.11.03 至 2019.11.03/低毒

冬小麦田 一年生阔叶杂草 90-150克/公顷 茎叶喷雾

PD20142509 吡蚜酮/50%/水分散粒剂/吡蚜酮 50%/2014.11.21 至 2019.11.21/低毒

水稻 稻飞虱 90-150克/公顷 喷雾

PD20142543 霜脲·锰锌/72%/可湿性粉剂/代森锰锌 64%、霜脲氰 8%/2014.12.15 至 2019.12.15/低毒

黄瓜 霜霉病 1512－1782克/公顷 喷雾

PD20150017 吡虫啉/70%/水分散粒剂/吡虫啉 70%/2015.01.04 至 2020.01.04/中等毒

水稻 稻飞虱 21-31.5克/公顷 喷雾

PD20150457 戊唑醇/80%/水分散粒剂/戊唑醇 80%/2015.03.20 至 2020.03.20/低毒

小麦 锈病 84-108克/公顷 喷雾

PD20152519 苄嘧·苯噻酰/50%/可湿性粉剂/苯噻酰草胺 47.5%、苄嘧磺隆 2.5%/2015.12.05 至 2020.12.05/微毒

水稻抛秧田 一年生杂草 375-450克/公顷 药土法

四川长寿生物工程有限责任公司 (四川省双流县正兴镇 610218 028-85671336)

PD20090393 井冈霉素A/60%/原药/井冈霉素A 60%/2014.01.12 至 2019.01.12/微毒

PD20097229 井冈霉素/20%/可溶粉剂/井冈霉素 20%/2014.10.19 至 2019.10.19/低毒

水稻 纹枯病 105-150克/公顷 喷雾

四川迪美特生物科技有限公司 (四川省彭山观音工业园区 610041 028-85243548)

PD85144-2 叶枯唑/20%/可湿性粉剂/叶枯唑 20%/2012.12.10 至 2017.12.10/低毒

水稻 白叶枯病 375克/公顷 喷雾、弥雾

PD85159-19 草甘膦铵盐/30%/水剂/草甘膦 30%/2015.07.29 至 2020.07.29/低毒

茶树、甘蔗、果园、剑麻、林木、桑树、橡胶树 一年生杂草和多年生恶性杂草 1125-2250克/公顷 定向茎叶喷雾

注:草甘膦铵盐含量：33%。

PD92103 草甘膦/95%,93%,90%/原药/草甘膦 95%,93%,90%/2012.12.10 至 2017.12.10/低毒

PD20040202 三唑酮/15%/可湿性粉剂/三唑酮 15%/2014.12.19 至 2019.12.19/低毒

小麦	白粉病、锈病	135-180克/公顷	喷雾

PD20083907 三环唑/94%/原药/三环唑 94%/2013.12.15 至 2018.12.15/中等毒

PD20084099 三环唑/20%/可湿性粉剂/三环唑 20%/2013.12.16 至 2018.12.16/中等毒

水稻	稻瘟病	225-300克/公顷	喷雾

PD20085696 草甘膦/50%/可溶粉剂/草甘膦 50%/2013.12.26 至 2018.12.26/低毒

柑橘园	杂草	1125-2250克/公顷	定向茎叶喷雾

PD20090767 多效唑/15%/可湿性粉剂/多效唑 15%/2014.01.19 至 2019.01.19/低毒

水稻育秧田	控制生长	200-300毫克/千克	茎叶喷雾
油菜(苗床)	控制生长	100-200毫克/千克	茎叶喷雾

PD20131400 草甘膦铵盐/30%/可溶粉剂/草甘膦 30%/2013.07.02 至 2018.07.02/低毒

柑橘园	杂草	1125-2250克/公顷	定向茎叶喷雾

注:草甘膦铵盐含量：33%。

PD20141549 草甘膦异丙胺盐/41%/水剂/草甘膦 41%/2014.06.17 至 2019.06.17/低毒

柑橘园	杂草	1125-2250克/公顷	定向茎叶喷雾

注:草甘膦异丙胺盐含量：55.5%。

四川国光农化股份有限公司　(四川省简阳市平泉镇　641400　028-66876901)

PD84116-8 代森锌/80%/可湿性粉剂/代森锌 80%/2014.12.20 至 2019.12.20/低毒

茶树	炭疽病	1143-1600毫克/千克	喷雾
观赏植物	炭疽病、锈病、叶斑病	1143-1600毫克/千克	喷雾
花生	叶斑病	750-960克/公顷	喷雾
梨树、苹果树	多种病害	1143-1600毫克/千克	喷雾
马铃薯	晚疫病、早疫病	960-1200克/公顷	喷雾
麦类	锈病	960-1440克/公顷	喷雾
蔬菜、油菜	多种病害	960-1200克/公顷	喷雾
烟草	立枯病、炭疽病	960-1200克/公顷	喷雾

PD84118-40 多菌灵/25%/可湿性粉剂/多菌灵 25%/2014.11.16 至 2019.11.16/低毒

果树	病害	0.05-0.1%药液	喷雾
花生	倒秧病	750克/公顷	喷雾
麦类	赤霉病	750克/公顷	喷雾,泼浇
棉花	苗期病害	500克/100千克种子	拌种
水稻	稻瘟病、纹枯病	750克/公顷	喷雾,泼浇
油菜	菌核病	1125-1500克/公顷	喷雾

PD84118-41 多菌灵/25%/可湿性粉剂/多菌灵 25%/2014.12.20 至 2019.12.20/低毒

甘薯（种薯）	黑斑病	250-312.5毫克/千克	浸薯块
果树	病害	0.05-0.1%药液	喷雾
花生	倒秧病	750克/公顷	喷雾
麦类	赤霉病	750克/公顷	喷雾,泼浇
棉花	苗期病害	500克/100千克种子	拌种
水稻	稻瘟病、纹枯病	750克/公顷	喷雾,泼浇
油菜	菌核病	1125-1500克/公顷	喷雾

PD84121-14 磷化铝/56%/片剂/磷化铝 56%/2014.11.16 至 2019.11.16/高毒

洞穴	室外啮齿动物	根据洞穴大小而定	密闭熏蒸
货物	仓储害虫	5-10片/1000千克	密闭熏蒸
空间	多种害虫	1-4片/立方米	密闭熏蒸
粮食、种子	储粮害虫	3-10片/1000千克	密闭熏蒸

PD84125-25 乙烯利/40%/水剂/乙烯利 40%/2014.03.17 至 2019.03.17/低毒

番茄	催熟	800-1000倍液	喷雾或浸渍
棉花	催熟、增产	330-500倍液	喷雾
柿子、香蕉	催熟	400倍液	喷雾或浸渍
水稻	催熟、增产	800倍液	喷雾
橡胶树	增产	5-10倍液	涂布
烟草	催熟	1000-2000倍液	喷雾

PD85150-35 多菌灵/50%/可湿性粉剂/多菌灵 50%/2015.07.14 至 2020.07.14/低毒

果树	病害	0.05-0.1%药液	喷雾
花生	倒秧病	750克/公顷	喷雾
莲藕	叶斑病	375-450克/公顷	喷雾
麦类	赤霉病	750克/公顷	喷雾、泼浇
棉花	苗期病害	250克/50千克种子	拌种
水稻	稻瘟病、纹枯病	750克/公顷	喷雾、泼浇
油菜	菌核病	1125-1500克/公顷	喷雾

PD85166-18 绿麦隆/25%/可湿性粉剂/绿麦隆 25%/2014.12.27 至 2019.12.27/低毒
　　大麦、小麦、玉米 一年生杂草 1500-3000克/公顷(北方地区),600-1500克/公顷(南方地区) 播后苗前或苗期喷雾

PD86123-7 矮壮素/50%/水剂/矮壮素 50%/2014.03.17 至 2019.03.17/低毒
　　棉花 防止徒长,化学整枝 10000倍液 喷顶，后期喷全株
　　棉花 防止疯长 25000倍液 喷顶
　　棉花 提高产量、植株紧凑 1)10000倍液2)0.3-0.5%药液 1)喷雾2)浸种
　　小麦 防止倒伏,提高产量 1)3-5%药液 2)100-400倍液 1)拌种2)返青、拔节期喷雾
　　玉米 增产 0.5%药液 浸种

PD86124-3 萘乙酸/80%/原药/萘乙酸 80%/2011.10.25 至 2016.10.25/低毒
　　豆类 籽粒增重 0.001-0.01%药液 盛花期喷洒
　　甘薯 促进生长 50000-10000倍液 浸薯秧下部
　　谷子、玉米 促进生长 25000-50000倍液 浸种
　　果树、蔬菜 多结果实 0.001-0.005%药液 适期喷雾
　　棉花 增产 100000倍液 盛药期开始喷雾
　　水稻、小麦 促进生长、早熟、增产 5000倍液 浸种或生育期喷洒

PD87110-4 敌磺钠/70%/可溶粉剂/敌磺钠 70%/2015.01.05 至 2020.01.05/中等毒
　　黄瓜、西瓜 枯萎病、立枯病 2625-5250克/公顷 泼浇或喷雾
　　马铃薯 环腐病 210克/100千克种子 拌种
　　棉花 立枯病 210克/100千克种子 拌种
　　水稻秧田 立枯病 13125克/公顷 泼浇或喷雾
　　松杉苗木 根腐病、立枯病 140-350克/100千克种子 拌种
　　甜菜 根腐病、立枯病 475-760克/100千克种子 拌种
　　烟草 黑胫病 3000克/公顷 泼浇或喷雾

PD88105-21 硫酸铜/98%/原药/硫酸铜 98%/2013.06.12 至 2018.06.12/低毒

PD20040091 氯氰菊酯/5%/乳油/氯氰菊酯 5%/2014.12.19 至 2019.12.19/中等毒
　　烟草 小地老虎、烟青虫 5.6-7.5克/公顷 喷雾

PD20040283 三唑酮/15%/可湿性粉剂/三唑酮 15%/2014.12.19 至 2019.12.19/低毒
　　小麦 白粉病 135-180克/公顷 喷雾

PD20060168 三乙膦酸铝/40%/可湿性粉剂/三乙膦酸铝 40%/2011.10.31 至 2016.10.31/低毒
　　黄瓜 霜霉病 1500-2700克/公顷 喷雾

PD20060171 五氯硝基苯/40%/粉剂/五氯硝基苯 40%/2011.11.01 至 2016.11.01/微毒
　　茄子 猝倒病 34000-40000克/公顷 土壤处理

PD20060172 代森锌/90%/原药/代森锌 90%/2011.11.01 至 2016.11.01/低毒

PD20060177 福美双/50%/可湿性粉剂/福美双 50%/2011.11.09 至 2016.11.09/低毒
　　黄瓜 白粉病 525-1050克/公顷 喷雾

PD20060179 代森锰锌/70%/可湿性粉剂/代森锰锌 70%/2011.11.09 至 2016.11.09/低毒
　　番茄 早疫病 1845-2370克/公顷 喷雾

PD20060210 代森锰锌/50%/可湿性粉剂/代森锰锌 50%/2011.12.11 至 2016.12.11/低毒
　　番茄 早疫病 1845-2370克/公顷 喷雾
　　辣椒 炭疽病 2250-2625克/公顷 喷雾

PD20070030 代森锌/65%/可湿性粉剂/代森锌 65%/2012.01.18 至 2017.01.18/低毒
　　番茄 早疫病 2550-3600克/公顷 喷雾

PD20070033 福美・拌种灵/40%/可湿性粉剂/拌种灵 20%、福美双 20%/2012.01.29 至 2017.01.29/低毒
　　花生 锈病 720克/公顷 喷雾

PD20070167 锰锌・多菌灵/25%/可湿性粉剂/多菌灵 8%、代森锰锌 17%/2012.06.25 至 2017.06.25/低毒
　　花生 叶斑病 375-750克/公顷 喷雾

PD20070173 三十烷醇/90%/原药/三十烷醇 90%/2012.06.25 至 2017.06.25/低毒

PD20070243 代森锰锌/88%/原药/代森锰锌 88%/2012.08.30 至 2017.08.30/低毒

PD20070244 腐霉利/50%/可湿性粉剂/腐霉利 50%/2012.08.30 至 2017.08.30/低毒
　　葡萄 灰霉病 250-500毫克/千克 喷雾

PD20070255 锰锌・三唑酮/40%/可湿性粉剂/代森锰锌 30%、三唑酮 10%/2012.09.04 至 2017.09.04/低毒
　　黄瓜 白粉病 600-675克/公顷 喷雾

PD20070471 苄嘧磺隆/10%/可湿性粉剂/苄嘧磺隆 10%/2012.11.20 至 2017.11.20/低毒
　　水稻移栽田 阔叶杂草、莎草科杂草 22.5-30克/公顷 毒土法

PD20080872 三十烷醇/0.1%/微乳剂/三十烷醇 0.1%/2013.06.27 至 2018.06.27/低毒
　　花生 调节生长、增产 0.75-1.0毫克/千克 喷雾
　　平菇 调节生长 0.5-0.75毫克/千克 喷雾

PD20080993 氯吡脲/97%/原药/氯吡脲 97%/2013.08.06 至 2018.08.06/低毒

PD20081422 咪鲜胺/25%/乳油/咪鲜胺 25%/2013.10.31 至 2018.10.31/低毒
　　草坪 枯萎病 562.5-937克/公顷 喷雾
　　柑橘 蒂腐病、绿霉病、青霉病、炭疽病 250-500毫克/千克 浸果

芒果树 炭疽病 250-500毫克/千克 喷雾
芹菜 斑枯病 187.5-262.5克/公顷 喷雾
PD20081509 萘乙酸/20%/粉剂/萘乙酸 20%/2013.11.06 至 2018.11.06/低毒
苹果树 调节生长、增产 8000-10000倍液 喷药二次
葡萄 提高成活率 1000-2000倍液(插条) 浸插条
PD20081543 多效唑/15%/可湿性粉剂/多效唑 15%/2013.11.11 至 2018.11.11/低毒
水稻秧田 控制生长 200-300毫克/千克 喷雾
PD20081592 苄氨基嘌呤/99%/原药/苄氨基嘌呤 99%/2013.11.12 至 2018.11.12/低毒
PD20082370 氯吡脲/0.1%/可溶液剂/氯吡脲 0.1%/2013.12.01 至 2018.12.01/低毒
黄瓜 调节生长 10-15毫克/千克 浸瓜胎
葡萄 果实增大、增产 10-20毫克/千克 浸幼果穗
脐橙 调节生长 10-15毫克/千克 涂抹幼果果柄蜜盘
甜瓜 调节生长 10-20毫克/千克 涂抹瓜胎
西瓜 调节生长 25-35毫克/千克 涂瓜柄
猕猴桃 调节生长、增产 5-20毫克/千克 浸幼果
PD20082601 甲哌鎓/98%/原药/甲哌鎓 98%/2013.12.04 至 2018.12.04/低毒
PD20083484 多·锰锌/50%/可湿性粉剂/多菌灵 16%、代森锰锌 34%/2013.12.12 至 2018.12.12/低毒
苹果树 斑点落叶病 1000-1250毫克/千克 喷雾
PD20083813 乙烯利/10%/可溶粉剂/乙烯利 10%/2013.12.15 至 2018.12.15/低毒
番茄 催熟 200-300倍液 喷雾
PD20085793 甲哌鎓/10%/可溶粉剂/甲哌鎓 10%/2013.12.29 至 2018.12.29/低毒
甘薯 控制藤蔓、增产 200-300毫克/千克 喷雾
马铃薯 调节生长 60-120克/公顷 喷雾
PD20086156 丙溴·辛硫磷/45%/乳油/丙溴磷 10%、辛硫磷 35%/2013.12.30 至 2018.12.30/中等毒
棉花 棉铃虫 225-337.5克/公顷 喷雾
PD20091337 多唑·甲哌鎓/10%/可湿性粉剂/多效唑 2.5%、甲哌鎓 7.5%/2014.02.01 至 2019.02.01/低毒
大豆 调节生长、增产 97.5-120克/公顷 喷雾
花生 调节生长、增产 200-250克/公顷 喷雾
小麦 调节生长、增产 200-300毫克/千克 喷雾
PD20092279 甲基硫菌灵/50%/可湿性粉剂/甲基硫菌灵 50%/2014.02.24 至 2019.02.24/低毒
苹果树 轮纹病 850毫克/千克 喷雾
PD20092472 代森锰锌/80%/可湿性粉剂/代森锰锌 80%/2014.02.25 至 2019.02.25/微毒
柑橘树 疮痂病 1333-2000毫克/千克 喷雾
梨树 黑星病 800-1600毫克/千克 喷雾
苹果树 斑点落叶病 1000-1600毫克/千克 喷雾
葡萄 黑痘病 1000-1600毫克/千克 喷雾
PD20093610 甲哌鎓/250克/升/水剂/甲哌鎓 250克/升/2014.03.25 至 2019.03.25/低毒
棉花 调节生长、增产 45-60克/公顷 喷雾
PD20095517 乙铝·锰锌/70%/可湿性粉剂/代森锰锌 25%、三乙膦酸铝 45%/2014.05.11 至 2019.05.11/低毒
黄瓜 霜霉病 1500-4200克/公顷 喷雾
PD20096071 烯唑醇/12.5%/可湿性粉剂/烯唑醇 12.5%/2014.06.18 至 2019.06.18/低毒
梨树 黑星病 3000-4000倍液 喷雾
PD20096156 苯丁·哒螨灵/10%/乳油/苯丁锡 5%、哒螨灵 5%/2014.06.24 至 2019.06.24/低毒
柑橘树 红蜘蛛 50-66.7毫克/千克 喷雾
PD20096280 甲霜·锰锌/58%/可湿性粉剂/甲霜灵 10%、代森锰锌 48%/2014.07.22 至 2019.07.22/低毒
马铃薯 晚疫病 1044-1218克/公顷 喷雾
葡萄 霜霉病 1452.9-1635.6克/公顷 喷雾
烟草 黑胫病 696-1044克/公顷 喷雾
PD20097072 矮壮素/95%/原药/矮壮素 95%/2014.10.10 至 2019.10.10/低毒
PD20097445 噻苯隆/50%/可湿性粉剂/噻苯隆 50%/2014.10.28 至 2019.10.28/低毒
棉花 脱叶 225-300克/公顷 喷雾
PD20097655 赤霉酸/3%/乳油/赤霉酸 3%/2014.11.04 至 2019.11.04/微毒
柑橘树 调节生长 18.75-30毫克/千克 喷雾
葡萄 调节生长 75-150毫克/千克 浸果穗
PD20098046 磷化铝/56%/片剂/磷化铝 56%/2014.12.07 至 2019.12.07/剧毒
粮食 储粮害虫 5-8克/立方米 密闭熏蒸
PD20098337 氯氟吡氧乙酸异辛酯(288克/升)///乳油/氯氟吡氧乙酸 200克/升/2014.12.18 至 2019.12.18/微毒
冬小麦田、玉米田 一年生阔叶杂草 150-210克/公顷 茎叶喷雾
水田畦畔 空心莲子草(水花生) 150-210克/公顷 茎叶喷雾
PD20100086 氰戊菊酯/20%/乳油/氰戊菊酯 20%/2015.01.04 至 2020.01.04/中等毒
烟草 小地老虎、烟青虫 11.25-15克/公顷 喷雾
PD20100321 吲哚丁酸/95%/原药/吲哚丁酸 95%/2015.01.11 至 2020.01.11/低毒
PD20100745 噁霉灵/30%/水剂/噁霉灵 30%/2015.01.16 至 2020.01.16/低毒

草坪 腐霉枯萎病 300-600毫克/千克 喷雾
辣椒 立枯病 0.75-1.05克/平方米 泼浇
水稻苗床 立枯病 10000－18000克/公顷 喷雾

PD20100986 烯效唑/5%/可湿性粉剂/烯效唑 5%/2015.01.19 至 2020.01.19/低毒
花生 调节生长、增产 62.5-125毫克/千克 喷雾
水稻秧田 调节生长 100-150毫克/千克 浸种
油菜 调节生长、增产 93.75-125毫克/千克 喷雾

PD20101488 三环唑/75%/可湿性粉剂/三环唑 75%/2015.05.10 至 2020.05.10/低毒
水稻 稻瘟病 250－375克/公顷 喷雾

PD20101490 复硝酚钠/1.4%/水剂/5-硝基邻甲氧基苯酚钠 0.3%、对硝基苯酚钠 0.7%、邻硝基苯酚钠 0.4%/2015.05.10 至2020.05.10/低毒
番茄 调节生长 1.75-2.8毫克(5000-8000倍) 喷雾

PD20101571 胺鲜酯/8%/可溶粉剂/胺鲜酯 8%/2015.06.01 至 2020.06.01/微毒
大白菜 调节生长 40-60毫克/千克 喷雾

PD20101572 胺鲜酯/98%/原药/胺鲜酯 98%/2015.06.01 至 2020.06.01/低毒

PD20101581 噻苯隆/98%/原药/噻苯隆 98%/2015.06.03 至 2020.06.03/微毒

PD20101693 2,4-滴钠盐(96%)///原药/2,4-滴 81.3%/2015.06.17 至 2020.06.17/低毒

PD20102040 丁酰肼/50%/可溶粉剂/丁酰肼 50%/2015.10.27 至 2020.10.27/低毒
观赏菊花 调节生长 2000-4000毫克/千克 喷雾

PD20102168 2,4-滴钠盐/85%/可溶粉剂/2,4-滴钠盐 85%/2015.12.09 至 2020.12.09/低毒
番茄 调节生长 10-20毫克/千克 涂花柄

PD20110290 氯苯胺灵/99%/原药/氯苯胺灵 99%/2011.03.11 至 2016.03.11/低毒

PD20110292 S-诱抗素/90%/原药/S-诱抗素 90%/2011.03.11 至 2016.03.11/低毒

PD20110559 吲丁・萘乙酸/5%/可溶液剂/萘乙酸 2.5%、吲哚丁酸 2.5%/2011.05.20 至 2016.05.20/微毒
杨树 促进生根 100-150毫克/千克 浸泡插条基部

PD20111247 氯苯胺灵/2.5%/粉剂/氯苯胺灵 2.5%/2011.11.23 至 2016.11.23/微毒
马铃薯 抑制出芽 12.5-15克/1000千克 撒施

PD20120527 苄氨基嘌呤/2%/可溶液剂/苄氨基嘌呤 2%/2012.04.10 至 2017.04.10/微毒
柑橘树 调节生长 33.3-50毫克/千克 喷雾

PD20120603 烯酰吗啉/10%/水乳剂/烯酰吗啉 10%/2012.04.11 至 2017.04.11/微毒
辣椒 疫病 225-450克/公顷 喷雾

PD20130104 三唑酮/20%/乳油/三唑酮 20%/2013.01.17 至 2018.01.17/低毒
小麦 白粉病 120-150克/公顷 喷雾

PD20130807 S-诱抗素水剂/0.1%/水剂/S-诱抗素 0.1%/2013.04.22 至 2018.04.22/微毒
烟草 调节生长、增产 2.7-3.5毫克/千克 茎叶喷雾

PD20131016 2，4-滴钠盐/2%/水剂/2,4-滴钠盐 2%/2013.05.13 至 2018.05.13/微毒
番茄 调节生长 10-20毫克/千克 蘸花

PD20131024 苄氨・ 赤霉酸/3.6%/可溶液剂/苄氨基嘌呤 1.8%、赤霉酸A4+A7 1.8%/2013.05.13 至 2018.05.13/低毒
苹果树 调节生长 45-60毫克/千克 喷雾

PD20131044 啶虫脒/50%/水分散粒剂/啶虫脒 50%/2013.05.13 至 2018.05.13/中等毒
柑橘树 蚜虫 10-20毫克/千克 喷雾

PD20131080 胺鲜・乙烯利/30%/水剂/胺鲜酯 3%、乙烯利 27%/2013.05.20 至 2018.05.20/低毒
玉米 调节生长、增产 101.25-112.5克/公顷 喷雾

PD20131395 赤霉酸/20%/可溶粉剂/赤霉酸 20%/2013.07.02 至 2018.07.02/低毒
葡萄 调节生长 15-20毫克/千克 喷果穗

PD20131453 甲哌鎓/98%/可溶粉剂/甲哌鎓 98%/2013.07.05 至 2018.07.05/低毒
棉花田 调节生长 45-60克/公顷 茎叶喷雾

PD20131727 杀虫单/90%/可溶粉剂/杀虫单 90%/2013.08.16 至 2018.08.16/中等毒
水稻 二化螟 810-1080克/公顷 喷雾

PD20132332 赤霉酸//乳油/ /2013.11.20 至 2018.11.20/低毒
柑橘树 调节生长 25-40毫克/千克 喷雾法

PD20140197 萘乙酸/5%/水剂/萘乙酸 5%/2014.01.29 至 2019.01.29/微毒
棉花 调节生长 5.0-7.5毫克/千克 喷雾
苹果树 调节生长 20-25毫克/千克 喷雾

PD20140602 嘧霉胺/80%/水分散粒剂/嘧霉胺 80%/2014.03.06 至 2019.03.06/低毒
观赏菊花 灰霉病 400-800毫克/千克 喷雾

PD20140683 吡虫・杀虫单/50%/水分散粒剂/吡虫啉 25%、杀虫单 25%/2014.03.24 至 2019.03.24/低毒
椰树 椰心叶甲 625-833毫克/千克 喷雾

PD20140847 噻苯隆/0.1%/可溶液剂/噻苯隆 0.1%/2014.04.08 至 2019.04.08/微毒
葡萄 调节生长 4-6毫克/千克 喷雾

PD20140849 苯磺隆/10%/可湿性粉剂/苯磺隆 10%/2014.04.08 至 2019.04.08/低毒
冬小麦田 一年生阔叶杂草 15-22.5克/公顷 茎叶喷雾

PD20140856 四聚乙醛/6%/颗粒剂/四聚乙醛 6%/2014.04.08 至 2019.04.08/低毒

登记证号	内容			
	草坪	蜗牛	450-540克/公顷	撒施
PD20142294	三唑酮/25%/可湿性粉剂/三唑酮 25%/2014.11.02 至 2019.11.02/低毒			
	小麦	白粉病	150-225克/公顷	喷雾
PD20151570	对氯苯氧乙酸钠/8%/可溶粉剂/对氯苯氧乙酸钠 8%/2015.08.28 至 2020.08.28/低毒			
	番茄	调节生长	16-25毫克/千克	喷花
PD20151572	对氯苯氧乙酸钠/96%/原药/对氯苯氧乙酸钠 96%/2015.08.28 至 2020.08.28/低毒			
WP20080505	防蛀液剂/0.3%/防蛀液剂/氯菊酯 0.3%/2013.12.22 至 2018.12.22/低毒			
	毛织物	黑皮蠹	/	喷雾
	室外	白蚁	/	涂刷或浸渍
	室外	蚊、蝇、蜚蠊	/	直接喷雾
四川海润作物科学技术有限公司 (四川省南充市顺庆区潆溪镇杨家桥 637141 0817-2801757)				
PD20083130	辛硫磷/1.5%/颗粒剂/辛硫磷 1.5%/2013.12.10 至 2018.12.10/微毒			
	玉米	玉米螟	112.5-168.75克/公顷	撒施(喇叭口)
PD20085163	杀虫双/3.6%/大粒剂/杀虫双 3.6%/2013.12.23 至 2018.12.23/中等毒			
	水稻	螟虫	540-675克/公顷	撒施
四川和邦生物科技股份有限公司 (四川省乐山市五通桥区牛华镇沔坝村 614801 0833-3207356)				
PD20082928	稻瘟灵/40%/乳油/稻瘟灵 40%/2013.12.09 至 2018.12.09/低毒			
	水稻	稻瘟病	450-675克/公顷	喷雾
PD20083295	辛硫磷/3%/颗粒剂/辛硫磷 3%/2013.12.11 至 2018.12.11/低毒			
	花生	地老虎、金针虫、蝼蛄、蛴螬	2700-3600克/公顷	撒施
PD20086259	氯氰·马拉松/37%/乳油/氯氰菊酯 1%、马拉硫磷 36%/2013.12.31 至 2018.12.31/中等毒			
	十字花科蔬菜	菜青虫	333-444克/公顷	喷雾
PD20090067	氰戊·马拉松/20%/乳油/马拉硫磷 15%、氰戊菊酯 5%/2014.01.08 至 2019.01.08/中等毒			
	十字花科蔬菜	菜青虫	90-150克/公顷	喷雾
PD20091070	草甘膦/95%/原药/草甘膦 95%/2014.01.21 至 2019.01.21/低毒			
PD20093311	乙草胺/50%/乳油/乙草胺 50%/2014.03.13 至 2019.03.13/低毒			
	夏玉米田	一年生禾本科杂草及部分阔叶杂草	750-1050克/公顷	土壤喷雾
PD20093575	乐果/50%/乳油/乐果 50%/2014.03.23 至 2019.03.23/中等毒			
	水稻	三化螟	600-750克/公顷	喷雾
PD20094741	多·福/40%/可湿性粉剂/多菌灵 5%、福美双 35%/2014.04.10 至 2019.04.10/低毒			
	葡萄	霜霉病	1000-1250毫克/千克	喷雾
PD20095631	丁草胺/50%/乳油/丁草胺 50%/2014.05.12 至 2019.05.12/低毒			
	水稻移栽田	一年生杂草	750-1050克/公顷	毒土法
PD20101908	溴氰菊酯/25克/升/乳油/溴氰菊酯 25克/升/2010.08.27 至 2015.08.27/中等毒			
	棉花	棉铃虫	3.15-4.5克/公顷	喷雾
PD20111058	草甘膦异丙胺盐/30%/水剂/草甘膦 30%/2011.10.11 至 2016.10.11/低毒			
	柑橘园	杂草	200-400毫升/亩	定向茎叶喷雾
	注:草甘膦异丙胺盐含量: 41%。			
PD20111166	三唑磷/20%/乳油/三唑磷 20%/2011.11.07 至 2016.11.07/中等毒			
	水稻	二化螟	225-300克/公顷	喷雾
PD20131853	辛硫·矿物油/40%/乳油/矿物油 25%、辛硫磷 15%/2013.09.24 至 2018.09.24/低毒			
	甘蓝	菜青虫	300-480克/公顷	喷雾
四川红种子高新农业有限责任公司 (四川省成都市温江区柳城永兴路839号 611130 028-82637688)				
PD20090344	克百·甲硫灵/12%/悬浮种衣剂/甲基硫菌灵 4%、克百威 8%/2014.01.12 至 2019.01.12/高毒			
	玉米	地下害虫	1:40-50(药种比)	种子包衣
PD20090795	唑醇·福美双/24%/悬浮种衣剂/福美双 21%、三唑醇 3%/2014.01.19 至 2019.01.19/低毒			
	小麦	黑穗病、锈病	160-200克/100千克种子	种子包衣
PD20091636	福·克/15%/悬浮种衣剂/福美双 8%、克百威 7%/2014.02.03 至 2019.02.03/中等毒(原药高毒)			
	花生	立枯病、蛴螬	1: 40-50 (药种比)	种子包衣
PD20097190	多·福/20%/悬浮种衣剂/多菌灵 10%、福美双 10%/2014.10.16 至 2019.10.16/低毒			
	水稻	稻瘟病	1:40-50(药种比)	种子包衣
PD20098030	克·硝·福美双/25%/悬浮种衣剂/福美双 10%、克百威 5%、五氯硝基苯 10%/2014.12.07 至 2019.12.07/中等毒(原药高毒)			
	棉花	立枯病、蚜虫	1:30-40(药种比)	种子包衣
PD20111338	咪鲜·吡虫啉/7%/悬浮种衣剂/吡虫啉 5%、咪鲜胺 2%/2011.12.06 至 2016.12.06/微毒			
	水稻	恶苗病、蓟马	58.3-87.5克/100千克种子	种子包衣
PD20111341	甲霜·多菌灵/13%/悬浮种衣剂/多菌灵 10%、甲霜灵 3%/2011.12.06 至 2016.12.06/低毒			
	大豆	根腐病	216.67-260克/100千克种子	种子包衣
PD20120512	戊唑醇/2%/悬浮种衣剂/戊唑醇 2%/2012.03.28 至 2017.03.28/低毒			
	小麦	散黑穗病	2.22-3.33克/100千克种子	种子包衣
	玉米	丝黑穗病	11.11-16.67克/100千克种子	种子包衣
PD20131854	吡虫啉/350克/升/悬浮剂/吡虫啉 350克/升/2013.09.24 至 2018.09.24/低毒			
	甘蓝	蚜虫	22.5-30克/公顷	喷雾

PD20141064 戊唑醇/430克/升/悬浮剂/戊唑醇 430克/升/2014.04.25 至 2019.04.25/低毒
苦瓜 白粉病 77.4-116.1克/公顷 喷雾
苹果树 斑点落叶病 107.5-143.3毫克/千克 喷雾
PD20151713 高效氟氯氰菊酯/6%/悬浮剂/高效氟氯氰菊酯 6%/2015.08.28 至 2020.08.28/中等毒
甘蓝 菜青虫 9-13.5克/公顷 喷雾

四川华英化工有限责任公司　(四川省成都市新津县邓双镇新桥村　610041　028-85557512)

PD20081434 草甘膦/95%/原药/草甘膦 95%/2013.10.31 至 2018.10.31/微毒
PD20085088 毒死蜱/98%/原药/毒死蜱 98%/2013.12.23 至 2018.12.23/中等毒
PD20110285 草甘膦铵盐/87%/原药/草甘膦 87%/2016.03.11 至 2021.03.11/低毒
注:草甘膦铵盐含量:95%。
PD20111178 草甘膦铵盐/50%/可溶粉剂/草甘膦 50%/2011.11.15 至 2016.11.15/低毒
非耕地 杂草 1125-2250克/公顷 定向茎叶喷雾
注:草甘膦铵盐含量:55%。
PD20120054 草甘膦铵盐/30%/可溶粉剂/草甘膦 30%/2012.01.16 至 2017.01.16/低毒
非耕地、柑橘园 杂草 1125-2250克/公顷 定向茎叶喷雾
注:草甘膦铵盐含量: 33%。

四川稼得利科技开发有限公司　(四川省简阳市贾家镇竹林村九社　641421　028-27921270)

PD20080695 三环唑/75%/可湿性粉剂/三环唑 75%/2013.06.04 至 2018.06.04/中等毒
水稻 稻瘟病 225-375克/公顷 喷雾
PD20080875 丙环唑/250克/升/乳油/丙环唑 250克/升/2013.07.01 至 2018.07.01/低毒
香蕉 叶斑病 333.3-500毫克/千克 喷雾
PD20083407 百菌清/40%/悬浮剂/百菌清 40%/2013.12.11 至 2018.12.11/微毒
黄瓜 霜霉病 900-1050克/公顷 喷雾
PD20083675 多菌灵/80%/可湿性粉剂/多菌灵 80%/2013.12.15 至 2018.12.15/低毒
油菜 菌核病 1320-1500克/公顷 喷雾
PD20083718 甲基硫菌灵/36%/悬浮剂/甲基硫菌灵 36%/2013.12.15 至 2018.12.15/微毒
花生 叶斑病 180-225克/公顷 喷雾
PD20084691 三乙膦酸铝/90%/可溶粉剂/三乙膦酸铝 90%/2013.12.22 至 2018.12.22/微毒
莴笋 霜霉病 540-1080克/公顷 喷雾
PD20085170 毒死蜱/40%/乳油/毒死蜱 40%/2013.12.23 至 2018.12.23/中等毒
苹果树 桃小食心虫 240-480毫克/千克 喷雾
PD20091156 乐果/40%/乳油/乐果 40%/2014.01.22 至 2019.01.22/中等毒
小麦 蚜虫 135-270克/公顷 喷雾
PD20093018 炔螨特/73%/乳油/炔螨特 73%/2014.03.09 至 2019.03.09/低毒
柑橘树 红蜘蛛 243.3-365毫克/千克 喷雾
PD20094277 三唑酮/25%/可湿性粉剂/三唑酮 25%/2014.03.31 至 2019.03.31/低毒
小麦 锈病 105-142.5克/公顷 喷雾
PD20141699 高氯・吡虫啉/30%/悬浮剂/吡虫啉 20%、高效氯氰菊酯 10%/2014.06.30 至 2019.06.30/低毒
观赏菊花 蚜虫 54-63克/公顷 喷雾
PD20150215 甲维・虫酰肼/15%/悬浮剂/虫酰肼 12%、甲氨基阿维菌素苯甲酸盐 3%/2015.01.15 至 2020.01.15/低毒
马尾松 松毛虫 100-150毫克/千克 喷雾

四川金广地生物科技有限公司　(四川省自贡市沿滩区卫坪镇打谷村12组　643031　0813-3860372)

PD20086129 草甘膦/50%/可溶粉剂/草甘膦 50%/2013.12.30 至 2018.12.30/低毒
柑橘园 杂草 1275－2250克/公顷 定向茎叶喷雾
PD20092580 高效氯氰菊酯/4.5%/乳油/高效氯氰菊酯 4.5%/2014.02.27 至 2019.02.27/低毒
十字花科蔬菜 菜青虫 13.5-20.25克/公顷 喷雾
PD20095185 甲氰菊酯/20%/乳油/甲氰菊酯 20%/2014.04.24 至 2019.04.24/中等毒
甘蓝 小菜蛾 75-90克/公顷 喷雾
PD20101943 氯氰菊酯/5%/乳油/氯氰菊酯 5%/2015.09.20 至 2020.09.20/低毒
甘蓝 菜青虫 37.5-52.5克/公顷 喷雾
PD20110036 乙铝・锰锌/70%/可湿性粉剂/代森锰锌 45%、三乙膦酸铝 25%/2016.01.11 至 2021.01.11/低毒
黄瓜 霜霉病 1575-2625克/公顷 喷雾
PD20110415 草甘膦异丙胺盐/30%/水剂/草甘膦 30%/2011.04.15 至 2016.04.15/低毒
茶园、柑橘园 杂草 1125-2250克/公顷 定向茎叶喷雾
注:草甘膦异丙胺盐含量: 41%

四川金珠生态农业科技有限公司　(四川省成都市高新区九兴大道10号　610041　028-85140056)

PD20142384 甲氨基阿维菌素苯甲酸盐/5%/水分散粒剂/甲氨基阿维菌素苯甲酸盐 5%/2014.11.04 至 2019.11.04/低毒
甘蓝 小菜蛾 3-4.5克/公顷 喷雾
注:甲氨基阿维菌素苯甲酸盐含量: 5.7%。

四川锦辰生物科技股份有限公司　(四川省眉山市东坡区东坡大道南三段　620020　028-38506699)

WP20110079 溴敌隆/0.005%/饵粒/溴敌隆 0.005%/2011.03.31 至 2016.03.31/低毒(原药高毒)
卫生 家鼠 / 饱和投饵

四川锦泰植保技术有限公司　(四川省南充市嘉陵区西路818号　637004　0817-3631215)

PD20085728 杀虫双/3.6%/大粒剂/杀虫双 3.6%/2013.12.26 至 2018.12.26/中等毒
水稻 螟虫 540-675克/公顷 撒施

PD20090588 杀虫双/18%/水剂/杀虫双 18%/2014.01.14 至 2019.01.14/低毒
水稻 二化螟 675-810克/公顷 喷雾

四川科瑞森生物工程有限公司 (四川省成都市洗面桥街27号 610041 028-85512458)

PD20142152 S-诱抗素/98%/原药/S-诱抗素 98%/2014.09.18 至 2019.09.18/低毒

四川利尔作物科学有限公司 (四川省绵阳涪城区丰谷镇双拥路77号 621000 0816-2544477)

PD20080097 高效氯氟氰菊酯/25克/升/乳油/高效氯氟氰菊酯 25克/升/2013.01.03 至 2018.01.03/中等毒
十字花科蔬菜 菜青虫 7.5-15克/公顷 喷雾
烟草 烟青虫 7.5-11.25克/公顷 喷雾

PD20080994 氯氟吡氧乙酸异辛酯/200克/升/乳油/氯氟吡氧乙酸 200克/升/2013.08.06 至 2018.08.06/低毒
冬小麦田 部分多年生阔叶杂草、一年生杂草 150-210克/公顷 茎叶喷雾
水田畦畔 水花生 150—210克/公顷 茎叶喷雾
玉米田 阔叶杂草 150-210克/公顷 茎叶喷雾
注:氯氟吡氧乙酸异辛酯:288克/升。

PD20081462 三环唑/20%/可湿性粉剂/三环唑 20%/2013.11.04 至 2018.11.04/低毒
水稻 稻瘟病 225-300克/公顷 喷雾

PD20081986 丙环唑/250克/升/乳油/丙环唑 250克/升/2013.11.25 至 2018.11.25/低毒
香蕉 叶斑病 250-500毫克/千克 喷雾
小麦 条锈病 124.5-187.5克/公顷 喷雾
小麦 白粉病 112.5-187.5克/公顷 喷雾

PD20082155 硫磺/50%/悬浮剂/硫磺 50%/2013.11.26 至 2018.11.26/低毒
黄瓜 白粉病 1125-1875克/公顷 喷雾
小麦 白粉病、螨 3000-3750克/公顷 喷雾

PD20082247 精喹禾灵/50克/升/乳油/精喹禾灵 50克/升/2013.11.27 至 2018.11.27/低毒
春大豆田、春油菜 一年生禾本科杂草 52.5-75克/公顷 茎叶喷雾
冬油菜田、夏大豆田 一年生禾本科杂草 45-52.5克/公顷 茎叶喷雾

PD20083516 毒死蜱/45%/乳油/毒死蜱 45%/2013.12.12 至 2018.12.12/中等毒
柑橘树 介壳虫 320-480毫克/千克 喷雾
水稻 稻飞虱、稻纵卷叶螟、三化螟 504-648克/公顷 喷雾

PD20083942 氯氟·毒死蜱/48%/乳油/毒死蜱 44%、高效氯氟氰菊酯 4%/2015.03.25 至 2020.03.25/中等毒
小麦 吸浆虫 144-288克/公顷 喷雾

PD20084202 氰戊·马拉松/21%/乳油/马拉硫磷 15%、氰戊菊酯 6%/2013.12.16 至 2018.12.16/中等毒
棉花 棉铃虫 120-180克/公顷 喷雾

PD20084880 辛硫磷/40%/乳油/辛硫磷 40%/2013.12.22 至 2018.12.22/低毒
烟草 烟青虫 300-450克/公顷 喷雾

PD20085963 二氯吡啶酸/30%/水剂/二氯吡啶酸 30%/2013.12.29 至 2018.12.29/低毒
春小麦田 一年生阔叶杂草 202.5-270克/公顷 茎叶喷雾
春油菜 一年生阔叶杂草 157.5-270克/公顷 茎叶喷雾

PD20090146 氯氟吡氧乙酸异辛酯/250克/升/乳油/氯氟吡氧乙酸 250克/升/2014.01.08 至 2019.01.08/低毒
冬小麦 一年生阔叶杂草 150-180克/公顷 茎叶喷雾
非耕地 空心莲子草 150-180克/公顷 茎叶喷雾
注:氯氟吡氧乙酸异辛酯含量:360克/升。

PD20090611 氰戊·马拉松/20%/乳油/马拉硫磷 15%、氰戊菊酯 5%/2014.01.14 至 2019.01.14/中等毒
棉花 棉铃虫 90-150克/公顷 喷雾
小麦 蚜虫 60-90克/公顷 喷雾

PD20090826 高效氟吡甲禾灵/108克/升/乳油/高效氟吡甲禾灵 108克/升/2014.01.19 至 2019.01.19/低毒
春油菜、大豆田、冬油菜田、花生田、棉花田 禾本科杂草 32.4-48.6克/公顷 茎叶喷雾

PD20090952 高效氯氟氰菊酯/25克/升/乳油/高效氯氟氰菊酯 25克/升/2014.01.20 至 2019.01.20/中等毒
十字花科蔬菜 菜青虫 7.5-15克/公顷 喷雾
烟草 烟青虫 7.5-15克/公顷 喷雾

PD20091089 敌草胺/50%/可湿性粉剂/敌草胺 50%/2014.01.21 至 2019.01.21/低毒
烟草 一年生杂草 1500-2000克/公顷 移栽前土壤喷雾

PD20092273 代森锌/80%/可湿性粉剂/代森锌 80%/2014.02.24 至 2019.02.24/低毒
烟草 立枯病、炭疽病 960-1200克/公顷 喷雾

PD20092796 二甲戊灵/330克/升/乳油/二甲戊灵 330克/升/2014.03.04 至 2019.03.04/低毒
烟草 抑制腋芽生长 60-80毫克/株 杯淋法

PD20092813 毒死蜱/40%/乳油/毒死蜱 40%/2014.03.04 至 2019.03.04/中等毒
柑橘 矢尖蚧 266.7-500毫克/千克 喷雾
水稻 稻纵卷叶螟 480-600克/公顷 喷雾
水稻 稻飞虱 450-600克/公顷 喷雾

PD20093744　咪鲜胺/250克/升/乳油/咪鲜胺 250克/升/2014.03.25 至 2019.03.25/低毒
柑橘　蒂腐病、绿霉病、青霉病　333.3-500毫克/千克　浸果
水稻　恶苗病　62.5-125毫克/升　浸种

PD20094788　草甘膦/50%/可溶粉剂/草甘膦 50%/2014.04.13 至 2019.04.13/低毒
柑橘园　杂草　1125-2250克/公顷　定向喷雾

PD20095115　三氯吡氧乙酸丁氧基乙酯/480克/升/乳油/三氯吡氧乙酸 480克/升/2014.04.24 至 2019.04.24/低毒
森林　杂草、杂灌　2000-3000克/公顷　茎叶喷雾
注:三氯吡氧乙酸丁氧基乙酯含量：667克/升。

PD20095759　氯吡·苯磺隆/20%/可湿性粉剂/苯磺隆 2.7%、氯氟吡氧乙酸 17.3%/2014.05.18 至 2019.05.18/低毒
冬小麦田　一年生阔叶杂草　90-120克/公顷　茎叶喷雾

PD20096969　草甘膦异丙胺盐/30%/水剂/草甘膦 30%/2014.09.29 至 2019.09.29/微毒
柑橘园　杂草　200-400毫升制剂/亩　定向茎叶喷雾
玉米田　杂草　200-250毫升制剂/亩　定向茎叶喷雾
注:草甘膦异丙胺盐含量：41%。

PD20097425　滴·氨氯/304克/升/水剂/氨氯吡啶酸 64克/升、2,4-滴 240克/升/2014.10.28 至 2019.10.28/低毒
春小麦田　一年生阔叶杂草　312-390克/公顷　茎叶喷雾
非耕地　一年生阔叶杂草　456-684克/公顷　茎叶喷雾

PD20097825　氨氯吡啶酸/24%/水剂/氨氯吡啶酸 24%/2014.11.20 至 2019.11.20/低毒
非耕地　灌木　1080-1440克/公顷　茎叶喷雾
非耕地　紫茎泽兰　1080-2160克/公顷　茎叶喷雾

PD20101243　甲氨基阿维菌素苯甲酸盐/1%/乳油/甲氨基阿维菌素 1%/2015.03.01 至 2020.03.01/低毒
甘蓝　小菜蛾　1.5-2.25克/公顷　喷雾
棉花　棉铃虫　9.75-11.25克/公顷　喷雾
注:甲氨基阿维菌素苯甲酸盐含量：1.14%。

PD20102190　苯醚·丙环唑/300克/升/乳油/苯醚甲环唑 150克/升、丙环唑 150克/升/2015.12.15 至 2020.12.15/低毒
水稻　纹枯病　78.75-90克/公顷　喷雾

PD20110377　烟嘧磺隆/80%/可湿性粉剂/烟嘧磺隆 80%/2016.04.11 至 2021.04.11/低毒
玉米田　一年生杂草　48-60克/公顷　茎叶喷雾

PD20110507　草铵膦/200克/升/水剂/草铵膦 200克/升/2016.05.03 至 2021.05.03/低毒
非耕地　杂草　1050-1750克/公顷　茎叶喷雾
柑橘园　杂草　1050-1750克/公顷　定向茎叶喷雾

PD20110671　2甲·氯氟吡/42%/乳油/2甲4氯 33.5%、氯氟吡氧乙酸 8.5%/2011.06.20 至 2016.06.20/低毒
冬小麦田　一年生阔叶杂草　318.8-478.1克/公顷　茎叶喷雾
移栽水稻田　水花生　318.8-478.1克/公顷　茎叶喷雾

PD20111018　氨氯·二氯吡/28.6%/水剂/氨氯吡啶酸 5.7%、二氯吡啶酸 22.9%/2011.09.30 至 2016.09.30/低毒
油菜田　一年生阔叶杂草　103--154克/公顷　茎叶喷雾

PD20120407　烯酰·锰锌/69%/可湿性粉剂/代森锰锌 60%、烯酰吗啉 9%/2012.03.07 至 2017.03.07/低毒
黄瓜　霜霉病　1035-1552.5克/公顷　喷雾

PD20120454　唑磷·毒死蜱/25%/乳油/毒死蜱 10%、三唑磷 15%/2012.03.14 至 2017.03.14/中等毒
水稻　二化螟　337.5-375克/公顷　喷雾

PD20120500　氟环唑/12.5%/悬浮剂/氟环唑 12.5%/2012.03.19 至 2017.03.19/低毒
香蕉　叶斑病　134-178克/公顷　喷雾

PD20120701　醚菌酯/50%/水分散粒剂/醚菌酯 50%/2012.04.18 至 2017.04.18/低毒
黄瓜　白粉病　130－150克/公顷　喷雾

PD20120706　嘧菌酯/250克/升/悬浮剂/嘧菌酯 250克/升/2012.04.18 至 2017.04.18/低毒
番茄　晚疫病　225－337.5克/公顷　喷雾
葡萄　霜霉病　125－250毫克/千克　喷雾

PD20120897　草甘·三氯吡/70%/可溶粉剂/草甘膦 50.4%、三氯吡氧乙酸 19.6%/2012.05.24 至 2017.05.24/低毒
非耕地　杂草　840-1260克/公顷　茎叶喷雾
免耕油菜田　杂草　630-840克/公顷　茎叶喷雾

PD20121020　炔草酯/15%/可湿性粉剂/炔草酯 15%/2012.07.02 至 2017.07.02/低毒
小麦田　一年生禾本科杂草　36-45克/公顷　茎叶喷雾

PD20121453　联苯·三唑锡/55%/可湿性粉剂/联苯菊酯 5%、三唑锡 50%/2012.10.08 至 2017.10.08/中等毒
柑橘树　红蜘蛛　137.5-183.3毫克/千克　喷雾

PD20122004　苯甲·丙环唑/300克/升/微乳剂/苯醚甲环唑 150克/升、丙环唑 150克/升/2012.12.19 至 2017.12.19/低毒
水稻　纹枯病　67.5～90克/公顷　喷雾

PD20122013　炔草酯/24%/乳油/炔草酯 24%/2012.12.19 至 2017.12.19/低毒
小麦田　一年生禾本科杂草　36-43.2克/公顷　茎叶喷雾

PD20130041　啶虫·毒死蜱/41.5%/乳油/啶虫脒 1.5%、毒死蜱 40%/2013.01.07 至 2018.01.07/中等毒
苹果树　绵蚜　138.3-207.5毫克/千克　喷雾
小麦　蚜虫　62.25-93.375克/公顷　喷雾

PD20130390　苯甲·锰锌/64%/可湿性粉剂/苯醚甲环唑 8%、代森锰锌 56%/2013.03.12 至 2018.03.12/低毒
苹果树　斑点落叶病　290－355毫克/千克　喷雾

PD20131271 二氯吡啶酸钾盐/75%/可溶粉剂/二氯吡啶酸 75%/2013.06.05 至 2018.06.05/低毒
玉米田 一年生阔叶杂草 202.5-236.25克/公顷 茎叶喷雾
注:二氯吡啶酸钾盐含量: 90%
PD20131298 二氯吡啶酸/75%/可溶粒剂/二氯吡啶酸 75%/2013.06.08 至 2018.06.08/低毒
玉米田 一年生阔叶杂草 202.5-236.25克/公顷 茎叶喷雾
PD20131458 吡虫啉/70%/种子处理可分散粉剂/吡虫啉 70%/2013.07.05 至 2018.07.05/低毒
夏玉米 蚜虫 350-490克/100千克种子 拌种
PD20131539 吡虫啉/70%/水分散粒剂/吡虫啉 70%/2013.07.17 至 2018.07.17/低毒
甘蓝 蚜虫 15.75-21克/公顷 喷雾
烟草 蚜虫 21-31.5克/公顷 喷雾
PD20131551 丙环唑/40%/微乳剂/丙环唑 40%/2013.07.23 至 2018.07.23/低毒
香蕉 叶斑病 267-400毫克/千克 喷雾
PD20131595 氟硅唑/10%/水乳剂/氟硅唑 10%/2013.07.29 至 2018.07.29/低毒
番茄 叶霉病 67.5-75克/公顷 喷雾
PD20131603 烯酰吗啉/80%/水分散粒剂/烯酰吗啉 80%/2013.07.29 至 2018.07.29/低毒
黄瓜 霜霉病 240-300克/公顷 喷雾
苦瓜 霜霉病 300-450克/公顷 喷雾
PD20131957 甲氰菊酯/20%/乳油/甲氰菊酯 20%/2013.10.10 至 2018.10.10/中等毒
苹果树 红蜘蛛 50-150毫克/千克 喷雾
PD20132135 四聚乙醛/80%/可湿性粉剂/四聚乙醛 80%/2013.10.24 至 2018.10.24/中等毒
甘蓝 蜗牛 300-480克/公顷 喷雾
PD20140037 苯醚甲环唑/40%/悬浮剂/苯醚甲环唑 40%/2014.01.02 至 2019.01.02/低毒
西瓜 炭疽病 90-120克/公顷 喷雾
PD20140295 咪鲜胺/45%/水乳剂/咪鲜胺 45%/2014.02.12 至 2019.02.12/低毒
水稻 稻瘟病 236-371克/公顷 喷雾
PD20140301 甲氨基阿维菌素苯甲酸盐/3%/微乳剂/甲氨基阿维菌素 3%/2014.02.12 至 2019.02.12/低毒
水稻 稻纵卷叶螟 9-13.5克/公顷 喷雾
注:甲氨基阿维菌素苯甲酸盐含量: 3.4%。
PD20140780 啶虫·毒死蜱/41.5%/微乳剂/啶虫脒 1.5%、毒死蜱 40%/2014.03.25 至 2019.03.25/中等毒
小麦 蚜虫 74.7-93.375克/公顷 喷雾
PD20141126 精噁·炔草酯/16%/可湿性粉剂/精噁唑禾草灵 7.5%、炔草酯 8.5%/2014.04.27 至 2019.04.27/低毒
小麦田 一年生禾本科杂草 48-57.6克/公顷 茎叶喷雾
PD20141221 草甘·三氯吡/60%/可湿性粉剂/草甘膦 50%、三氯吡氧乙酸 10%/2014.05.06 至 2019.05.06/低毒
非耕地 杂草 900-1080克/公顷 茎叶喷雾
PD20141295 草铵膦/10%/水剂/草铵膦 10%/2014.05.12 至 2019.05.12/低毒
非耕地 杂草 1050-1740克/公顷 茎叶喷雾
PD20141648 嘧菌·腐霉利/30%/悬浮剂/腐霉利 23.7%、嘧菌酯 6.3%/2014.06.24 至 2019.06.24/低毒
番茄 灰霉病 450-495克/公顷 喷雾
PD20141651 霜霉·嘧菌酯/30%/悬浮剂/嘧菌酯 20%、霜霉威盐酸盐 10%/2014.06.24 至 2019.06.24/低毒
番茄 晚疫病 315-360克/公顷 喷雾
PD20141989 噁霉灵/70%/可溶粉剂/噁霉灵 70%/2014.08.14 至 2019.08.14/低毒
西瓜 枯萎病 380—500毫克/千克 灌根
PD20142566 氧氟·草铵膦/17%/微乳剂/乙氧氟草醚 2.8%、草铵膦 14.2%/2014.12.15 至 2019.12.15/低毒
非耕地 杂草 510-637.5克/公顷 茎叶喷雾
PD20150097 井冈·氟环唑/14%/悬浮剂/氟环唑 5%、井冈霉素 9%/2015.01.05 至 2020.01.05/低毒
水稻 稻曲病、纹枯病 42-84克/公顷 喷雾
PD20150255 氨氯·氯氟吡/15%/水乳剂/氨氯吡啶酸 7.5%、氯氟吡氧乙酸异辛酯 7.5%/2015.01.15 至 2020.01.15/低毒
非耕地 阔叶杂草 240—480克/公顷 茎叶喷雾
注:氨氯吡啶酸含量: 80克/升; 氯氟吡氧乙酸异辛酯80克/升
PD20151504 己唑醇/30%/悬浮剂/己唑醇 30%/2015.07.31 至 2020.07.31/低毒
水稻 纹枯病 72-81克/公顷 喷雾
PD20151794 双氟磺草胺/50克/升/悬浮剂/双氟磺草胺 50克/升/2015.08.28 至 2020.08.28/低毒
冬小麦田 阔叶杂草 3-4.5克/公顷 茎叶喷雾
PD20152075 2甲·氯氟吡/42%/微乳剂/2甲4氯异辛酯 33.5%、氯氟吡氧乙酸异辛酯 8.5%/2015.09.22 至 2020.09.22/低毒
冬小麦田 一年生阔叶杂草 318.8-478.1克/公顷 茎叶喷雾
LS20130369 甲噻诱胺/25%/悬浮剂/甲噻诱胺 25%/2015.07.23 至 2016.07.23/低毒
烟草 病毒病 208.3-250毫克/千克 喷雾
LS20140053 氯氟吡氧乙酸异辛酯/17%/水乳剂/氯氟吡氧乙酸 17%/2016.02.18 至 2017.02.18/低毒
狗牙根草坪 阔叶杂草 115-230克/公顷 茎叶喷雾
注:氯氟吡氧乙酸异辛酯含量: 25%。
LS20140245 甲诱·吗啉胍/24%/悬浮剂/盐酸吗啉胍 16%、甲噻诱胺 8%/2015.07.14 至 2016.07.14/低毒
烟草 病毒病 500-700毫克/千克 喷雾
LS20140286 氟唑·福美双/27%/可湿性粉剂/福美双 24%、氟环唑 3%/2015.08.25 至 2016.08.25/低毒

玉米　小斑病　243-324克/公顷　喷雾
LS20150064　氟氯・毒死蜱/39%/种子处理乳剂/毒死蜱 36%、高效氟氯氰菊酯 3%/2015.03.20 至 2016.03.20/中等毒
花生　小地老虎　650-910克/100千克种子　拌种

四川龙蟒福生科技有限责任公司　(四川省眉山市东坡区经济开发区东区　620036　028-38608181)

PD20050198　S-诱抗素/0.1%/水剂/S-诱抗素 0.1%/2015.12.13 至 2020.12.13/微毒
番茄　调节生长　2.5-5毫克/千克　喷雾
水稻　调节生长　1.0-1.33毫克/千克　喷雾
烟草(苗床)　调节生长　2.7-3.5毫克/千克　喷雾
PD20050199　S-诱抗素/0.006%/水剂/S-诱抗素 0.006%/2015.12.13 至 2020.12.13/微毒
水稻　调节生长　0.3-0.4毫克/千克　浸种
PD20050201　S-诱抗素/90%/原药/S-诱抗素 90%/2015.12.13 至 2020.12.13/微毒
PD20093848　S-诱抗素/1%/可溶粉剂/S-诱抗素 1%/2014.03.25 至 2019.03.25/微毒
番茄　调节生长　3.33-10毫克/千克　喷雾
PD20097554　吲哚丁酸/98%/原药/吲哚丁酸 98%/2014.11.03 至 2019.11.03/低毒
PD20100501　吲丁・诱抗素/1%/可湿性粉剂/S-诱抗素 0.1%、吲哚丁酸 0.9%/2015.01.14 至 2020.01.14/微毒
水稻秧田　促进新根生长　500-1000倍液　喷雾
PD20131338　赤霉酸/90%/原药/赤霉酸 90%/2013.06.09 至 2018.06.09/低毒
PD20140946　S-诱抗素/0.25%/水剂/S-诱抗素 0.25%/2014.04.14 至 2019.04.14/微毒
棉花　调节生长　1.67-2.5毫克/千克　茎叶喷雾
PD20152047　赤霉酸/40%/可溶粒剂/赤霉酸 40%/2015.09.07 至 2020.09.07/微毒
水稻　调节生长、增产　150-225克/公顷　喷雾
PD20152355　S-诱抗素/5%/可溶液剂/S-诱抗素 5%/2015.10.22 至 2020.10.22/微毒
葡萄　促进着色　200-300毫克/千克　喷雾
LS20150066　赤霉酸/4%/可溶液剂/赤霉酸 4%/2015.03.24 至 2016.03.24/低毒
柑橘树　促进果实生长　20-30毫克/千克　喷雾
LS20150280　S-诱抗素/10%/可溶粉剂/S-诱抗素 10%/2015.08.30 至 2016.08.30/微毒
葡萄　促进生长　10-20毫克/千克　灌根

四川绿润科技开发有限公司　(四川省成都市星辉西路18号省林科院大楼408　610066　028-83228200)

PD20082023　灭幼脲/25%/悬乳剂/灭幼脲 25%/2013.11.25 至 2018.11.25/微毒
苹果树　金纹细蛾　125-167毫克/千克　喷雾
PD20141094　高氯・乙酰甲/0.17%/粉剂/高效氯氰菊酯 0.1%、乙酰甲胺磷 0.07%/2014.04.27 至 2019.04.27/低毒
松树　松毛虫　75-112.5克/公顷　喷粉

四川绵阳康尔日化有限公司　(四川省绵阳市三台县北坝镇北泉路22号　621100　0816-5332266)

WP20080013　杀虫气雾剂/0.4%/气雾剂/胺菊酯 0.25%、氯菊酯 0.15%/2013.01.04 至 2018.01.04/微毒
卫生　蜚蠊、蚊、蝇　/　喷雾
注:本品有三种香型:青苹果香型、铃兰花香型、百花清香型。
WP20080117　蚊香/0.15%/蚊香/富右旋反式烯丙菊酯 0.15%/2013.10.27 至 2018.10.27/微毒
卫生　蚊　/　点燃
注:本品有三种香型:檀香型、百合香型、果香型。

四川南充邦威药业有限责任公司　(四川省南充市南坪区龙门镇金龙大道8号　637102　0817-3589966)

WP20090154　蚊香/0.3%/蚊香/富右旋反式烯丙菊酯 0.3%/2014.03.04 至 2019.03.04/低毒
卫生　蚊　/　点燃

四川赛威生物工程有限公司　(四川省成都市双流县中和镇双龙村九组　610212　028-36051066)

PD20080682　溴氰・杀螟松/1.01%/微胶囊粉剂/杀螟硫磷 1%、溴氰菊酯 0.01%/2013.06.04 至 2018.06.04/低毒
仓储原粮　仓储害虫　2-5毫克/千克　拌粮
PD20082523　高氯・辛硫磷/25%/乳油/高效氯氰菊酯 2.5%、辛硫磷 22.5%/2013.12.03 至 2018.12.03/中等毒
棉花　棉铃虫　93.75-187.5克/公顷　喷雾
PD20091999　顺式氯氰菊酯/50g/L/乳油/顺式氯氰菊酯 50克/升/2014.02.12 至 2019.02.12/中等毒
十字花科蔬菜　蚜虫　15-22.5克/公顷　喷雾
PD20100042　高效氯氟氰菊酯/25克/升/乳油/高效氯氟氰菊酯 25克/升/2015.01.04 至 2020.01.04/中等毒
十字花科蔬菜　菜青虫　7.5-11.25克/公顷　喷雾
PD20100238　阿维菌素/1.8%/乳油/阿维菌素 1.8%/2015.01.11 至 2020.01.11/中等毒(原药高毒)
甘蓝　小菜蛾　8.1-10.8克/公顷　喷雾
PD20100740　毒死蜱/45%/乳油/毒死蜱 45%/2015.01.16 至 2020.01.16/中等毒
水稻　二化螟　360-576克/公顷　喷雾
PD20131600　草甘膦铵盐/68%/可溶粒剂/草甘膦 68%/2013.07.29 至 2018.07.29/低毒
非耕地　杂草　1125-2250克/公顷　茎叶喷雾
注:草甘膦铵盐含量:74.7%。
PD20140848　高氯・啶虫脒/3%/微乳剂/啶虫脒 1%、高效氯氰菊酯 2%/2014.04.08 至 2019.04.08/低毒
甘蓝　蚜虫　22.5-27克/公顷　喷雾
PD20140857　阿维・毒死蜱/15%/水乳剂/阿维菌素 0.2%、毒死蜱 14.8%/2014.04.08 至 2019.04.08/中等毒(原药高毒)
水稻　二化螟　112.5-135克/公顷　喷雾
PD20150937　草甘膦异丙胺盐/46%/水剂/草甘膦 46%/2015.06.10 至 2020.06.10/低毒

非耕地 杂草 1125-2028.6克/公顷 茎叶喷雾
注:草甘膦异丙胺盐含量:62%。
PD20152388 高氯·毒死蜱/12%/乳油/毒死蜱 9.5%、高效氯氰菊酯 2.5%/2015.10.23 至 2020.10.23/中等毒
棉花 棉铃虫 225-270克/公顷 喷雾

四川上景植物保护有限公司 (四川省成都市锦江区静居寺路20号科源大厦608室 642150 0832-3954258)

PD20085114 杀虫双/3.6%/颗粒剂/杀虫双 3.6%/2013.12.23 至 2018.12.23/中等毒
水稻 螟虫 540-675克/公顷 撒施

四川省成都彩虹电器(集团)股份有限公司 (四川省成都市武侯区武侯大道顺江段73号 610045 028-85373624)

WPN25-99 电热蚊香片/35毫克/片/电热蚊香片/炔丙菊酯 7毫克/片、右旋烯丙菊酯 28毫克/片/2014.03.11 至 2019.03.11/微毒
卫生 蚊 / 电热加温
注:本品有三种香型:芳香型、柠檬香型、薰衣草香型。
WP20060010 电热蚊香液/2.6%/电热蚊香液/Es-生物烯丙菊酯 2.6%/2011.05.19 至 2016.05.19/微毒
卫生 蚊 / 电热加温
WP20060011 杀虫气雾剂/0.72%/气雾剂/胺菊酯 0.48%、富右旋反式烯丙菊酯 0.12%、氯氰菊酯 0.12%/2011.05.22 至2016.05.22/微毒
卫生 尘螨、蜚蠊、麦蛾、蚂蚁、跳蚤、蚊、蝇、印度谷螟 / 喷雾
注:本产品有三种香型:原野花香型、柠檬香型、清香型。
WP20060012 杀虫气雾剂/0.36%/气雾剂/胺菊酯 0.30%、氯氰菊酯 0.06%/2011.06.02 至 2016.06.02/微毒
卫生 蜚蠊、蚂蚁、跳蚤、蚊、蝇 / 喷雾
注:本品有一种香型:清香型。
WP20070010 蚊香/0.25%/蚊香/富右旋反式烯丙菊酯 0.25%/2012.06.07 至 2017.06.07/微毒
卫生 蚊 / 点燃
注:本品有三种香型:桂花香型、檀香香型、栀子花香型。
WP20070012 蚊香/0.25%/蚊香/Es-生物烯丙菊酯 0.25%/2012.06.14 至 2017.06.14/微毒
卫生 蚊 / 点燃
WP20070013 电热蚊香片/22毫克/片/电热蚊香片/富右旋反式烯丙菊酯 12毫克/片、炔丙菊酯 10毫克/片/2012.06.14 至 2017.06.14/微毒
卫生 蚊 / 电热加温
WP20080006 电热蚊香片/47毫克/片/电热蚊香片/炔丙菊酯 11毫克/片、右旋烯丙菊酯 36毫克/片/2013.01.03 至 2018.01.03/微毒
卫生 蚊 / 电热加温
注:本品有三种香型:芳香型、柠檬香型、薰衣草香型。
WP20080076 驱蚊霜/20%/驱蚊霜/避蚊胺 20%/2013.05.30 至 2018.05.30/微毒
卫生 蚊 / 涂抹
注:本品有两种香型:清香型、果香型。
WP20080222 杀虫气雾剂/0.58%/气雾剂/Es-生物烯丙菊酯 0.24%、胺菊酯 0.32%、溴氰菊酯 0.02%/2013.11.25 至 2018.11.25/微毒
室内 尘螨、蜚蠊、麦蛾、蚂蚁、跳蚤、蚊、蝇、印度谷螟 / 喷雾
注:本品有三种香型:柑橘香型、柠檬香型、无香型。
WP20080458 杀蟑饵剂/2.5%/饵剂/吡虫啉 2.5%/2013.12.16 至 2018.12.16/微毒
卫生 蜚蠊 / 投放
WP20080491 杀虫气雾剂/0.7%/气雾剂/胺菊酯 0.3%、氯氰菊酯 0.2%、炔咪菊酯 0.2%/2013.12.17 至 2018.12.17/微毒
卫生 蚂蚁、跳蚤、蚊、蝇、蜚蠊 / 喷雾
注:本品有两种香型:麝香玫瑰香型、清香型。
WP20080493 电热蚊香液/1.3%/电热蚊香液/炔丙菊酯 1.3%/2013.12.18 至 2018.12.18/微毒
卫生 蚊 / 电热加温
注:本品有三种香型:冰橙香型、柠檬香型、清香型。
WP20080498 电热蚊香液/1.3%/电热蚊香液/四氟苯菊酯 1.3%/2013.12.18 至 2018.12.18/微毒
卫生 蚊 / 电热加温
注:本品有三种香型:清香型、柠檬香型、冰橙香型。
WP20080523 杀虫气雾剂/0.4%/气雾剂/右旋胺菊酯 0.2%、右旋苯醚氰菊酯 0.2%/2013.12.23 至 2018.12.23/微毒
卫生 蚂蚁、跳蚤、蚊、蝇、蜚蠊 / 喷雾
注:本品有两种香型:1、柠檬香型、无香型。 2、本产品为水基型。
WP20090246 防蛀防霉片剂/99%/片剂/对二氯苯 99%/2014.04.24 至 2019.04.24/低毒
卫生 黑皮蠹、霉菌 40克制剂/立方米 投放
注:本产品有三种香型:薰衣草香型、柠檬香型、无香型。
WP20100145 杀蚊气雾剂/0.6%/气雾剂/胺菊酯 0.35%、富右旋反式烯丙菊酯 0.15%、氯菊酯 0.1%/2015.11.30 至 2020.11.30/微毒
室内 蚊 / 喷雾
注:本品有三种香型:柚叶香型、哈密瓜香型、绿茶香型。
WP20100146 驱蚊片/60毫克/片/驱蚊片/四氟醚菊酯 60毫克/片/2015.11.30 至 2020.11.30/微毒
卫生 蚊 / 电吹风
注:本品有两种香型:柠檬香型、清香型。
WP20100148 杀蟑气雾剂/0.7%/气雾剂/氯氰菊酯 0.2%、炔咪菊酯 0.2%、右旋苯醚氰菊酯 0.3%/2015.11.30 至 2020.11.30/微毒

室内 蜚蠊 / 喷雾
注:本品有三香型:柠檬香型、冰橙香型、无香型。
WP20100155 电热蚊香片/10毫克/片/电热蚊香片/炔丙菊酯 5毫克/片、四氟甲醚菊酯 5毫克/片/2015.12.09 至 2020.12.09/微毒
室内 蚊 / 电热加温
注:本品有三种香型:草本茉莉清香型、植物驱蚊草香型、芳香型。
WP20110025 蚊香/0.03%/蚊香/四氟甲醚菊酯 0.03%/2016.01.26 至 2021.01.26/微毒
室内 蚊 / 点燃
注:本品有三种香型:桂花檀香型、野菊花香型、无香型。
WP20110029 电热蚊香片/8毫克/片/电热蚊香片/炔丙菊酯 4毫克/片、四氟甲醚菊酯 4毫克/片/2016.01.26 至 2021.01.26/微毒
室内 蚊 / 电热加温
注:本产品有三种香型:清香型、无香型、柠檬香型。
WP20110102 防蛀片剂/94%/防蛀片剂/樟脑 94%/2011.04.22 至 2016.04.22/低毒
卫生 黑皮蠹 / 投放
WP20110176 电热蚊香片/40毫克/片/电热蚊香片/Es-生物烯丙菊酯 32毫克/片、炔丙菊酯 8毫克/片/2011.07.25 至 2016.07.25/微毒
卫生 蚊 / 电热加温
注:本产品有三种香型:植物驱蚊草香型、植物香茅香型、无香型。
WP20110198 电热蚊香液/1.5%/电热蚊香液/四氟醚菊酯 1.5%/2011.09.07 至 2016.09.07/微毒
卫生 蚊 / 电热加温
注:本产品有三种香型:植物驱蚊草香型、植物香茅香型、无香型。
WP20110206 驱蚊液/10%/驱蚊液/驱蚊酯 10%/2011.09.08 至 2016.09.08/微毒
卫生 蚊 / 涂抹
注:本产品有三种香型:香水香型、清香型、花香型。
WP20110227 电热蚊香液/0.31%/电热蚊香液/四氟甲醚菊酯 0.31%/2011.10.10 至 2016.10.10/微毒
卫生 蚊 / 电热加温
注:本产品有三种香型:柠檬香型、草本清香型、无香型。
WP20110275 电热蚊香液/0.9%/电热蚊香液/四氟苯菊酯 0.9%/2011.12.30 至 2016.12.30/微毒
卫生 蚊 / 电热加温
注:该产品有三种香型:清香型、柠檬香型、无香型。
WP20120009 电热蚊香液/1.5%/电热蚊香液/四氟苯菊酯 1.5%/2012.01.18 至 2017.01.18/微毒
卫生 蚊 / 电热加温
注:本产品有三种香型:草本清香型、柠檬香型、无香型。
WP20120018 电热蚊香片/47毫克/片/电热蚊香片/富右旋反式炔丙菊酯 12毫克/片、右旋烯丙菊酯 35毫克/片/2012.01.30 至 2017.01.30/微毒
卫生 蚊 / 电热加温
注:本产品有三种香型:芳香型、柠檬香型、清香型。
WP20120019 电热蚊香液/0.93%/电热蚊香液/四氟甲醚菊酯 0.93%/2012.01.30 至 2017.01.30/微毒
卫生 蚊 / 电热加温
注:本品有三种香型:草本清香型、柠檬香型、无香型。
WP20120024 电热蚊香浆/450毫克/盒/电热蚊香浆/四氟苯菊酯 450毫克/盒/2012.02.09 至 2017.02.09/微毒
卫生 蚊 / 电热加温
注:本产品有三种香型:清香型、柠檬香型、无香型。
WP20120065 杀飞虫气雾剂/0.5%/气雾剂/胺菊酯 0.2%、炔丙菊酯 0.1%、右旋苯醚菊酯 0.2%/2012.04.11 至 2017.04.11/微毒
室内 蚊、蝇 / 喷雾
注:本产品有两种香型:柑橘香型、无香型。
WP20120074 蚊香/0.08%/蚊香/四氟醚菊酯 0.08%/2012.04.18 至 2017.04.18/微毒
卫生 蚊 / 点燃
注:本产品有两种香型:桂花檀香型、檀香型。
WP20120094 电热蚊香液/0.62%/电热蚊香液/四氟甲醚菊酯 0.62%/2012.05.17 至 2017.05.17/微毒
卫生 蚊 / 电热加温
注:本产品有三种香型:草本清香型、柠檬香型、无香型。
WP20120151 电热蚊香液/0.8%/电热蚊香液/四氟醚菊酯 0.8%/2012.08.27 至 2017.08.27/微毒
卫生 蚊 / 电热加温
WP20120201 杀蟑烟片/10%/烟片/残杀威 5%、右旋苯醚氰菊酯 5%/2012.10.25 至 2017.10.25/低毒
卫生 蜚蠊 / 点燃
WP20120207 蚊香/0.08%/蚊香/氯氟醚菊酯 0.08%/2012.10.30 至 2017.10.30/微毒
卫生 蚊 / 点燃
注:本产品有三种香型:桂花檀香型、无香型、草本栀子花香型。
WP20120224 电热蚊香液/0.47%/电热蚊香液/四氟甲醚菊酯 0.47%/2012.11.22 至 2017.11.22/微毒
卫生 蚊 / 电热加温
注:本产品有三种香型:清香型、柠檬香型、无香型。
WP20120232 电热蚊香液/1.2%/电热蚊香液/氯氟醚菊酯 1.2%/2012.12.07 至 2017.12.07/微毒
卫生 蚊 / 电热加温
注:本产品有三种香型:草本清香型、乔木青柠香型、无香型。

WP20130002 电热蚊香液/0.9%/电热蚊香液/氯氟醚菊酯 0.9%/2013.01.07 至 2018.01.07/微毒
卫生 蚊 / 电热加温
注:本产品有三种香型：草本清香型、柠檬香型、薰衣草香型。
WP20130020 杀蟑烟片/7.2%/烟片/右旋苯醚氰菊酯 7.2%/2013.01.24 至 2018.01.24/低毒
室内 蜚蠊 点燃
注:本产品有一种香型：清香型。
WP20130021 电热蚊香片/13毫克/片/电热蚊香片/炔丙菊酯 5.2毫克/片、氯氟醚菊酯 7.8毫克/片/2013.01.30 至 2018.01.30/微毒
卫生 蚊 电热加温
注:本产品有三种香型：芳香型、薰衣草香型、无香型。
WP20130024 杀虫气雾剂/1.25%/气雾剂/胺菊酯 0.15%、残杀威 1%、富右旋反式烯丙菊酯 0.1%/2013.01.30 至 2018.01.30/微毒
卫生 蚂蚁、蚊、蝇、蜚蠊 /喷雾
注:本产品有两种香型：柠檬香型、清香型。
WP20130045 蟑香/7.2%/蟑香/右旋苯醚氰菊酯 7.2%/2013.03.20 至 2018.03.20/微毒
卫生 蜚蠊 点燃
注:本产品有两种香型：檀香型、无香型。
WP20130200 杀虫气雾剂/0.7%/气雾剂/胺菊酯 0.3%、氯菊酯 0.3%、右旋苯醚氰菊酯 0.1%/2013.09.25 至 2018.09.25/微毒
室内 蚂蚁、跳蚤、蚊、蝇、蜚蠊 喷雾
注:本产品有两种香型： 1、 清香型、无香型。 2、 本产品水基型。
WP20130237 杀蟑饵剂/0.05%/饵剂/氟虫腈 0.05%/2013.11.20 至 2018.11.20/微毒
室内 蜚蠊 投放
WP20130269 杀虫气雾剂/0.68%/气雾剂/胺菊酯 0.3%、氯菊酯 0.32%、氯氰菊酯 0.06%/2013.12.30 至 2018.12.30/微毒
室内 蜚蠊、蚂蚁、跳蚤、蚊、蝇 喷雾
注:本产品有两种香型：清香型、无香型。
WP20140035 杀虫气雾剂/0.7%/气雾剂/胺菊酯 0.3%、氯菊酯 0.3%、右旋苯醚氰菊酯 0.1%/2014.02.19 至 2019.02.19/微毒
卫生 蜚蠊、蚂蚁、跳蚤、蚊、蝇 喷雾
WP20140104 蚊香/0.05%/蚊香/氯氟醚菊酯 0.05%/2014.05.06 至 2019.05.06/微毒
室内 蚊 / 点燃
注:本产品有三种香型：中草药香型、桂花香型、无香型。
WP20140158 电热蚊香液/0.6%/电热蚊香液/氯氟醚菊酯 0.6%/2014.07.02 至 2019.07.02/微毒
室内 蚊 / 电热加温
WP20140196 电热蚊香液/0.8%/电热蚊香液/氯氟醚菊酯 0.8%/2014.08.27 至 2019.08.27/微毒
室内 蚊 电热加温
注:本品有两种香型：清香型、无香型。
WP20140227 电热蚊香液/0.4%/电热蚊香液/氯氟醚菊酯 0.4%/2014.11.04 至 2019.11.04/微毒
室内 蚊 电热加温
WP20140232 杀虫喷射剂/0.36%/喷射剂/胺菊酯 0.15%、氯氰菊酯 0.13%、四氟苯菊酯 0.08%/2014.11.13 至 2019.11.13/微毒
室内 蜚蠊、蚂蚁、蚊、蝇 喷射
WP20150039 蚊香/0.04%/蚊香/氯氟醚菊酯 0.04%/2015.03.20 至 2020.03.20/微毒
室内 蚊 点燃
注:本品有一种香型：无香型。
WP20150059 电热蚊香片/10毫克/片/电热蚊香片/炔丙菊酯 5毫克/片、氯氟醚菊酯 5毫克/片/2015.04.16 至 2020.04.16/微毒
室内 蚊 电热加温
WP20150082 防蛀片剂/30%/防蛀片剂/右旋烯炔菊酯 30%/2015.05.15 至 2020.05.15/微毒
室内 黑皮蠹 投放
注:本产品有一种香型：无香型。
WP20150083 电热蚊香片/15毫克/片/电热蚊香片/四氟苯菊酯 8毫克/片、氯氟醚菊酯 7毫克/片/2015.05.15 至 2020.05.15/微毒
室内 蚊 电热加温
注:本产品有一种香型：柠檬香型。
WP20150162 杀蟑胶饵/0.05%/胶饵/氟虫腈 0.05%/2015.09.21 至 2020.09.21/微毒
室内 蜚蠊 投放
WP20150172 电热蚊香液/1%/电热蚊香液/氯氟醚菊酯 1%/2015.08.30 至 2020.08.30/微毒
室内 蚊 / 电热加温
WP20150205 防蛀片剂/600毫克/片/防蛀片剂/右旋烯炔菊酯 600毫克/片/2015.10.20 至 2020.10.20/微毒
室内 黑皮蠹 / 投放
注:本产品有一种香型：无香型。
WL20130025 杀蟑气雾剂/0.35%/气雾剂/炔咪菊酯 0.15%、右旋苯醚氰菊酯 0.2%/2015.05.07 至 2016.05.07/微毒
室内 蜚蠊 喷雾
注:本产品有一种香型：无香型。

四川省成都海宁化工实业有限公司 (四川省成都市新津县花源镇 611433 028-82481661)

PD20050108 甲氰菊酯/20%/乳油/甲氰菊酯 20%/2015.08.15 至 2020.08.15/中等毒
甘蓝 菜青虫 75-90克/公顷 喷雾
PD20083186 稻瘟灵/95%/原药/稻瘟灵 95%/2013.12.11 至 2018.12.11/低毒
PD20083969 溴氰菊酯/25克/升/乳油/溴氰菊酯 25克/升/2013.12.16 至 2018.12.16/中等毒

甘蓝	菜青虫	11.25-18.75克/公顷	喷雾
棉花	棉铃虫	11.25-18.75克/公顷	喷雾

PD20085236　稻瘟灵/40%/乳油/稻瘟灵 40%/2013.12.23 至 2018.12.23/低毒

水稻	稻瘟病	600－690克/公顷	喷雾

PD20085746　稻瘟灵/30%/乳油/稻瘟灵 30%/2013.12.26 至 2018.12.26/低毒

水稻	稻瘟病	450-675克/公顷	喷雾

PD20090841　代森锰锌/70%/可湿性粉剂/代森锰锌 70%/2014.01.19 至 2019.01.19/微毒

番茄	早疫病	1845-2370克/公顷	喷雾

PD20101998　代森锰锌/88%/原药/代森锰锌 88%/2015.09.25 至 2020.09.25/低毒

四川省成都宏丰日用品发展有限公司　(成都市温江区成都海峡两岸科技产业开发园西区　611136　028-82620633)

WP20100062　杀虫气雾剂/0.36%/气雾剂/胺菊酯 0.3%、高效氯氰菊酯 0.06%/2010.04.26 至 2015.04.26/微毒

卫生	蚊、蝇、蜚蠊	/	喷雾

WP20130039　蚊香/0.05%/蚊香/氯氟醚菊酯 0.05%/2013.03.12 至 2018.03.12/微毒

卫生	蚊	/	点燃

四川省成都年年丰农化有限公司　(四川省成都市新都区西街48号　610500　028-83015896)

PD20090376　代森锰锌/80%/可湿性粉剂/代森锰锌 80%/2014.01.12 至 2019.01.12/微毒

番茄	早疫病	1800-2400克/公顷	喷雾

PD20090422　马拉硫磷/45%/乳油/马拉硫磷 45%/2014.01.12 至 2019.01.12/低毒

十字花科蔬菜	黄条跳甲	607.5-742.5克/公顷	喷雾

PD20090491　高效氯氟氰菊酯/25克/升/乳油/高效氯氟氰菊酯 25克/升/2014.01.12 至 2019.01.12/中等毒

烟草	烟青虫	5.63-7.5克/公顷	喷雾

PD20090568　顺式氯氰菊酯/50克/升/乳油/顺式氯氰菊酯 50克/升/2014.01.13 至 2019.01.13/中等毒

十字花科蔬菜	小菜蛾	9-18克/公顷	喷雾

PD20090846　毒死蜱/40%/乳油/毒死蜱 40%/2014.01.19 至 2019.01.19/中等毒

水稻	二化螟	750-1050克/公顷	喷雾

PD20090942　福美双/50%/可湿性粉剂/福美双 50%/2014.01.19 至 2019.01.19/低毒

黄瓜	霜霉病	750-1050克/公顷	喷雾

PD20091797　多菌灵/25%/可湿性粉剂/多菌灵 25%/2014.02.04 至 2019.02.04/低毒

小麦	赤霉病	750-900克/公顷	喷雾

PD20092523　仲丁威/20%/乳油/仲丁威 20%/2014.02.26 至 2019.02.26/低毒

水稻	稻飞虱	450-570克/公顷	喷雾

PD20092534　稻瘟灵/30%/乳油/稻瘟灵 30%/2014.02.26 至 2019.02.26/低毒

水稻	稻瘟病	450-675克/公顷	喷雾

PD20093523　高效氯氟氰菊酯/25克/升/乳油/高效氯氟氰菊酯 25克/升/2014.03.23 至 2019.03.23/中等毒

棉花	红铃虫	15-22.5克/公顷	喷雾

PD20096918　阿维·高氯/2%/乳油/阿维菌素 0.2%、高效氯氰菊酯 1.8%/2014.09.23 至 2019.09.23/低毒(原药高毒)

甘蓝	菜青虫、小菜蛾	13.5-27克/公顷	喷雾

PD20100666　阿维·辛硫磷/15%/乳油/阿维菌素 0.1%、辛硫磷 14.9%/2015.01.15 至 2020.01.15/低毒(原药高毒)

甘蓝	小菜蛾	112.5-225克/公顷	喷雾

PD20110531　联苯菊酯/25克/升/乳油/联苯菊酯 25克/升/2011.05.12 至 2016.05.12/低毒

茶树	粉虱	30-37.5克/公顷	喷雾

PD20110541　阿维菌素/1.8%/乳油/阿维菌素 1.8%/2011.05.12 至 2016.05.12/低毒(原药高毒)

菜豆	美洲斑潜蝇	6-8.4克/公顷	喷雾

PD20110670　氰戊·乐果/25%/乳油/乐果 22%、氰戊菊酯 3%/2011.06.20 至 2016.06.20/中等毒

小麦	蚜虫	75-112.5克/公顷	喷雾

PD20110915　嘧啶核苷类抗菌素/2%/水剂/嘧啶核苷类抗菌素 2%/2011.08.22 至 2016.08.22/低毒

小麦	锈病	56.4-75克/公顷	喷雾

PD20130545　毒死蜱/0.5%/颗粒剂/毒死蜱 0.5%/2013.04.01 至 2018.04.01/低毒

玉米	蛴螬	1500－1875克/公顷	沟施

注:本产品为药肥混剂。

PD20131059　苄·丁/0.32%/颗粒剂/苄嘧磺隆 0.016%、丁草胺 0.304%/2013.05.20 至 2018.05.20/低毒

水稻抛秧田	一年生杂草	681.75-757.5克/公顷	撒施

注:本产品为药肥混剂。

PD20140540　氯氰·吡虫啉/5%/乳油/吡虫啉 1%、氯氰菊酯 4%/2014.03.06 至 2019.03.06/低毒

甘蓝	蚜虫	30-37.5克/公顷	喷雾

PD20140643　苄嘧·丙草胺/0.2%/颗粒剂/苄嘧磺隆 0.025%、丙草胺 0.175%/2014.03.07 至 2019.03.07/低毒

直播水稻(南方)	一年生杂草	300-360克/公顷	撒施

注:本产品为药肥混剂。

PD20141228　井冈霉素/2.4%/水剂/井冈霉素A 2.4%/2014.05.07 至 2019.05.07/微毒

水稻	纹枯病	120-150克/公顷	喷雾

四川省成都泉源卫生用品有限公司　(四川省成都市双流西南航空经济开发区空港二路415号　610207　028-85880322)

WP20050005　蚊香/0.25%/蚊香/右旋烯丙菊酯 0.25%/2010.05.09 至 2015.05.09/低毒

卫生	蚊	/	点燃

WP20050013 电热蚊香液/1.2%/电热蚊香液/炔丙菊酯 1.2%/2015.09.09 至 2020.09.09/微毒
卫生 蚊 / 电热加温

WP20080381 蚊香/0.03%/蚊香/四氟甲醚菊酯 0.03%/2013.12.11 至 2018.12.11/低毒
卫生 蚊 / 点燃

WP20080438 杀蟑气雾剂/0.64%/气雾剂/炔咪菊酯 0.16%、右旋苯醚氰菊酯 0.48%/2013.12.15 至 2018.12.15/微毒
卫生 蜚蠊 / 喷雾

四川省成都市红牛实业有限责任公司 (成都市温江区成都海峡两岸科技产业开发园西区 611137 028-82620111)

WP20080072 蚊香/0.25%/蚊香/富右旋反式烯丙菊酯 0.25%/2013.05.13 至 2018.05.13/微毒
卫生 蚊 / 点燃
注:本品有三种香型：花香型、檀香型、清香型。

WP20080194 杀虫气雾剂/0.4%/气雾剂/胺菊酯 0.2%、氯氰菊酯 0.2%/2013.11.20 至 2018.11.20/微毒
卫生 蚊、蝇、蜚蠊 / 喷雾
注:本品有三种香型：花香型、檀香型、清香型。

WP20100129 电热蚊香片/11毫克/片/电热蚊香片/炔丙菊酯 11毫克/片/2015.11.01 至 2020.11.01/微毒
卫生 蚊 / 电热加温
注:本品有三种香型：清香型、花香型、檀香型。

WP20120149 蚊香/0.2%/蚊香/Es-生物烯丙菊酯 0.2%/2012.08.10 至 2017.08.10/低毒
卫生 蚊 / 点燃

WP20130011 蚊香/0.05%/蚊香/氯氟醚菊酯 0.05%/2013.01.17 至 2018.01.17/微毒
卫生 蚊 / 点燃
注:本产品有三种香型：茉莉花香型、檀香型、薄荷香型。

WP20130012 电热蚊香液/0.8%/电热蚊香液/炔丙菊酯 0.8%/2013.01.17 至 2018.01.17/微毒
卫生 蚊 / 电热加温
注:本产品有三种香型：花香型、檀香型、清香型。

WP20130037 杀虫气雾剂/0.37%/气雾剂/高效氯氰菊酯 0.05%、右旋胺菊酯 0.16%、右旋苯醚氰菊酯 0.16%/2013.03.11 至2018.03.11/微毒
卫生 蚊、蝇、蜚蠊 / 喷雾

WP20150207 电热蚊香液/0.4%/电热蚊香液/氯氟醚菊酯 0.4%/2015.10.23 至 2020.10.23/微毒
室内 蚊 / 电热加温

四川省成都市牛头蚊香有限责任公司 (四川省成都市青白江区城厢镇余家湾49号 610306 028-83632191)

WP20120044 蚊香/0.3%/蚊香/富右旋反式烯丙菊酯 0.3%/2012.03.19 至 2017.03.19/微毒
卫生 蚊 / 点燃

四川省成都市新津生化工程研究所 (四川省新津县永商镇望江村 611430 028-82599938)

PD20101198 石硫·矿物油/30%/微乳剂/矿物油 14%、石硫合剂 16%/2015.02.08 至 2020.02.08/低毒
柑橘树 矢尖蚧 200-400倍液 喷雾
梨树 梨木虱 500-750毫克/千克 喷雾

四川省成都市兴中化妆品有限公司金菊日用化学制品分公司(成都市金牛区高家村5组 610091 028-87511411)

WP20090148 蚊香/0.3%/蚊香/富右旋反式烯丙菊酯 0.3%/2014.03.02 至 2019.03.02/低毒
卫生 蚊 / 点燃

四川省成都田丰农业有限公司 (四川省成都市青白江区祥福镇 610306 028-81326896)

PD20080428 草甘膦/30%/可溶粉剂/草甘膦 30%/2013.03.10 至 2018.03.10/低毒
柑橘园 杂草 1125-2250克/公顷 定向喷雾

PD20080436 三环唑/75%/可湿性粉剂/三环唑 75%/2013.03.13 至 2018.03.13/低毒
水稻 稻瘟病 281.25-337.5克/公顷 喷雾

PD20080437 三唑酮/25%/可湿性粉剂/三唑酮 25%/2013.03.13 至 2018.03.13/低毒
小麦 白粉病 135-180克/公顷 喷雾
小麦 锈病 135-157.5克/公顷 喷雾

PD20080439 百菌清/75%/可湿性粉剂/百菌清 75%/2013.03.13 至 2018.03.13/低毒
黄瓜 霜霉病 1406.25-1687.5克/公顷 喷雾
苦瓜 霜霉病 1125-2250克/公顷 喷雾

PD20097690 高效氯氟氰菊酯/25克/升/乳油/高效氯氟氰菊酯 25克/升/2014.11.04 至 2019.11.04/中等毒
十字花科蔬菜 菜青虫 7.5-15克/公顷 喷雾

PD20100728 阿维菌素/18克/升/乳油/阿维菌素 18克/升/2010.01.16 至 2015.01.16/中等毒(原药高毒)
甘蓝 小菜蛾 8.1-10.8克/公顷 喷雾

PD20100967 丙环唑/250克/升/乳油/丙环唑 250克/升/2015.01.19 至 2020.01.19/低毒
香蕉 叶斑病 375－500毫克/千克 喷雾

PD20120370 联苯菊酯/25克/升/乳油/联苯菊酯 25克/升/2012.02.24 至 2017.02.24/低毒
茶树 小绿叶蝉 30-45克/公顷 喷雾

四川省成都宇辰农药有限责任公司 (四川省成都市双流县籍田镇地平村二组 610222 028-85692908)

PD20083334 三环唑/75%/可湿性粉剂/三环唑 75%/2013.12.11 至 2018.12.11/低毒
水稻 稻瘟病 225-337.5克/公顷 喷雾

PD20086056 杀虫双/3.6%/大粒剂/杀虫双 3.6%/2013.12.29 至 2018.12.29/中等毒
水稻 二化螟 540-675克/公顷 撒施

PD20094448 氰戊·乐果/25%/乳油/乐果 22%、氰戊菊酯 3%/2014.04.01 至 2019.04.01/中等毒
小麦 蚜虫 75-112.5克/公顷 喷雾
PD20096405 乐果/40%/乳油/乐果 40%/2014.08.04 至 2019.08.04/中等毒
小麦 蚜虫 135-270克/公顷 喷雾
PD20096976 喹硫磷/25%/乳油/喹硫磷 25%/2014.09.29 至 2019.09.29/中等毒
柑橘树 红蜡蚧、矢尖蚧 183.3-270毫克/千克 喷雾
棉花 棉铃虫 330-412.5克/公顷 喷雾
PD20101552 烯酰·锰锌/69%/可湿性粉剂/代森锰锌 60%、烯酰吗啉 9%/2015.05.19 至 2020.05.19/低毒
黄瓜 霜霉病 1380-2070克/公顷 喷雾
PD20130128 唑磷·毒死蜱/25%/乳油/毒死蜱 5%、三唑磷 20%/2013.01.17 至 2018.01.17/中等毒
水稻 二化螟 300-375克/公顷 喷雾

四川省川东丰乐化工有限公司 (四川省达州市渠县东大街转盘处 635200 0818-7344253)

PD20083875 顺式氯氰菊酯/30克/升/乳油/顺式氯氰菊酯 30克/升/2013.12.15 至 2018.12.15/中等毒
柑橘树 潜叶蛾 10-15毫克/千克 喷雾
PD20083901 三环唑/75%/可湿性粉剂/三环唑 75%/2013.12.15 至 2018.12.15/低毒
水稻 稻瘟病 270-300克/公顷 喷雾
PD20084205 高效氯氟氰菊酯/25克/升/乳油/高效氯氟氰菊酯 25克/升/2013.12.16 至 2018.12.16/中等毒
十字花科蔬菜 菜青虫 7.5-11.25克/公顷 喷雾
PD20084344 稻瘟灵/40%/乳油/稻瘟灵 40%/2013.12.17 至 2018.12.17/低毒
水稻 稻瘟病 498-600克/公顷 喷雾
PD20084831 丙溴·辛硫磷/40%/乳油/丙溴磷 6%、辛硫磷 34%/2013.12.22 至 2018.12.22/中等毒
棉花 棉铃虫 450-600克/公顷 喷雾
PD20093020 螨醇·哒螨灵/20%/乳油/哒螨灵 8%、三氯杀螨醇 12%/2014.03.09 至 2019.03.09/中等毒
苹果树 山楂红蜘蛛 100-133毫克/千克 喷雾
PD20094082 苯磺隆/10%/可湿性粉剂/苯磺隆 10%/2014.03.27 至 2019.03.27/微毒
冬小麦田 一年生阔叶杂草 15-22.5克/公顷 茎叶喷雾
PD20096227 氰戊·辛硫磷/25%/乳油/氰戊菊酯 5%、辛硫磷 20%/2014.07.15 至 2019.07.15/中等毒
棉花 棉铃虫 270-300克/公顷 喷雾
PD20097683 毒死蜱/40%/乳油/毒死蜱 40%/2014.11.04 至 2019.11.04/中等毒
棉花 棉铃虫 675-900克/公顷 喷雾
PD20131244 阿维·三唑磷/20%/乳油/阿维菌素 0.1%、三唑磷 19.9%/2013.05.29 至 2018.05.29/中等毒(原药高毒)
水稻 二化螟 240-300克/公顷 喷雾
PD20141958 杀虫单//可溶粉剂/杀虫单 90%/2014.08.13 至 2019.08.13/中等毒
水稻 二化螟 540-810克/公顷 喷雾
PD20150115 毒死蜱/0.5%/颗粒剂/毒死蜱 0.5%/2015.01.07 至 2020.01.07/低毒
玉米 地老虎、蛴螬 1500-1875克/公顷 沟施
注:本产品为药肥混剂。

四川省川东农药化工有限公司 (四川省达州市渠县渠江镇东大街 635200 0818-7344232)

PD85105-91 敌敌畏/80%/乳油/敌敌畏 77.5%/2015.01.21 至 2020.01.21/中等毒
茶树 食叶害虫 600克/公顷 喷雾
粮仓 多种储藏害虫 1)400-500倍液2)0.4-0.5克/立方米 1)喷雾2)挂条熏蒸
棉花 蚜虫、造桥虫 600-1200克/公顷 喷雾
苹果树 小卷叶蛾、蚜虫 400-500毫克/千克 喷雾
青菜 菜青虫 600克/公顷 喷雾
桑树 尺蠖 600克/公顷 喷雾
卫生 多种卫生害虫 1)300-400倍液2)0.08克/立方米 1)泼洒2)挂条熏蒸
小麦 黏虫、蚜虫 600克/公顷 喷雾
PD85121-35 乐果/40%/乳油/乐果 40%/2015.07.01 至 2020.07.01/中等毒
茶树 蚜虫、叶蝉、螨 1000-2000倍液 喷雾
甘薯 小象甲 2000倍液 浸鲜薯片诱杀
柑橘树、苹果树 鳞翅目幼虫、蚜虫、螨 800-1600倍液 喷雾
棉花 蚜虫、螨 450-600克/公顷 喷雾
蔬菜 蚜虫、螨 300-600克/公顷 喷雾
水稻 飞虱、螟虫、叶蝉 450-600克/公顷 喷雾
烟草 蚜虫、烟青虫 300-600克/公顷 喷雾
PD85154-28 氰戊菊酯/20%/乳油/氰戊菊酯 20%/2016.01.16 至 2021.01.16/中等毒
柑橘树 潜叶蛾 10-20毫克/千克 喷雾
果树 梨小食心虫 10-20毫克/千克 喷雾
棉花 红铃虫、蚜虫 75-150克/公顷 喷雾
蔬菜 菜青虫、蚜虫 60-120克/公顷 喷雾
PD85157-37 辛硫磷/40%/乳油/辛硫磷 40%/2015.07.01 至 2020.07.01/低毒
茶树、桑树 食叶害虫 200-400毫克/千克 喷雾

	果树	食心虫、蚜虫、螨	200-400毫克/千克	喷雾
	林木	食叶害虫	3000-6000克/公顷	喷雾
	棉花	棉铃虫、蚜虫	300-600克/公顷	喷雾
	蔬菜	菜青虫	300-450克/公顷	喷雾
	烟草	食叶害虫	300-600克/公顷	喷雾
	玉米	玉米螟	450-600克/公顷	灌心叶
PD86180-13	百菌清/75%/可湿性粉剂/百菌清 75%/2011.11.15 至 2016.11.15/低毒			
	茶树	炭疽病	600-800倍液	喷雾
	豆类	炭疽病、锈病	1275-2325克/公顷	喷雾
	柑橘树	疮痂病	750-900毫克/千克	喷雾
	瓜类	白粉病、霜霉病	1200-1650克/公顷	喷雾
	果菜类蔬菜	多种病害	1125-2400克/公顷	喷雾
	花生	锈病、叶斑病	1125-1350克/公顷	喷雾
	梨树	斑点落叶病	500倍液	喷雾
	苹果树	多种病害	600倍液	喷雾
	葡萄	白粉病、黑痘病	600-700倍液	喷雾
	水稻	稻瘟病、纹枯病	1125-1425克/公顷	喷雾
	橡胶树	炭疽病	500-800倍液	喷雾
	小麦	叶斑病、叶锈病	1125-1425克/公顷	喷雾
	叶菜类蔬菜	白粉病、霜霉病	1275-1725克/公顷	喷雾
PD86182-8	稻瘟灵/30%/乳油/稻瘟灵 30%/2011.11.15 至 2016.11.15/低毒			
	水稻	稻瘟病	450-675克/公顷	喷雾
PD91106-24	甲基硫菌灵/70%,50%/可湿性粉剂/甲基硫菌灵 70%，50%/2015.07.01 至 2020.07.01/低毒			
	番茄	叶霉病	375-562.5克/公顷	喷雾
	甘薯	黑斑病	360-450毫克/千克	浸薯块
	瓜类	白粉病	337.5-506.25克/公顷	喷雾
	梨树	黑星病	360-450毫克/千克	喷雾
	苹果树	轮纹病	700毫克/千克	喷雾
	水稻	稻瘟病、纹枯病	1050-1500克/公顷	喷雾
	小麦	赤霉病	750-1050克/公顷	喷雾
PD20040070	三唑酮/15%/可湿性粉剂/三唑酮 15%/2014.12.19 至 2019.12.19/低毒			
	小麦	白粉病、锈病	135-180克/公顷	喷雾
	玉米	丝黑穗病	60-90克/100千克种子	拌种
PD20040074	多·酮/30%/可湿性粉剂/多菌灵 25%、三唑酮 5%/2014.12.19 至 2019.12.19/低毒			
	小麦	白粉病	450-600克/公顷	喷雾
PD20070261	高效氯氰菊酯/4.5%/乳油/高效氯氰菊酯 4.5%/2012.09.04 至 2017.09.04/低毒			
	棉花	棉铃虫	33.75-47.25克/公顷	喷雾
PD20070326	稻瘟灵/95%/原药/稻瘟灵 95%/2012.10.10 至 2017.10.10/低毒			
PD20080203	噻嗪·异丙威/25%/可湿性粉剂/噻嗪酮 5%、异丙威 20%/2013.01.11 至 2018.01.11/低毒			
	水稻	稻飞虱	450-562.5克/公顷	喷雾
PD20080215	稻瘟灵/40%/乳油/稻瘟灵 40%/2013.01.11 至 2018.01.11/低毒			
	水稻	稻瘟病	450-675克/公顷	喷雾
PD20080724	高效氯氟氰菊酯/25克/升/乳油/高效氯氟氰菊酯 25克/升/2013.06.11 至 2018.06.11/中等毒			
	棉花	棉铃虫	18.75-26.25克/公顷	喷雾
PD20081157	啶虫脒/5%/乳油/啶虫脒 5%/2013.09.11 至 2018.09.11/低毒			
	柑橘树	蚜虫	10-12毫克/千克	喷雾
PD20082186	硫磺·多菌灵/25%/可湿性粉剂/多菌灵 12.5%、硫磺 12.5%/2013.11.26 至 2018.11.26/低毒			
	水稻	稻瘟病	1200-1800克/公顷	喷雾
PD20082514	稻瘟灵/30%/可湿性粉剂/稻瘟灵 30%/2013.12.03 至 2018.12.03/低毒			
	水稻	稻瘟病	450-675克/公顷	喷雾
PD20082836	腐霉·多菌灵/50%/可湿性粉剂/多菌灵 40%、腐霉利 10%/2013.12.09 至 2018.12.09/低毒			
	油菜	菌核病	600-750克/公顷	喷雾
PD20083513	硫磺·三环唑/45%/可湿性粉剂/硫磺 40%、三环唑 5%/2013.12.12 至 2018.12.12/中等毒			
	水稻	稻瘟病	540-945克/公顷	喷雾
PD20084213	杀虫双/3.6%/大粒剂/杀虫双 3.6%/2013.12.16 至 2018.12.16/中等毒			
	水稻	螟虫	540-675克/公顷	撒施
PD20085030	辛硫磷/3%/颗粒剂/辛硫磷 3%/2013.12.22 至 2018.12.22/微毒			
	花生	地老虎、金针虫、蝼蛄、蛴螬	2250-2700克/公顷	沟施
PD20085109	氰戊·氧乐果/20%/乳油/氰戊菊酯 4%、氧乐果 16%/2013.12.23 至 2018.12.23/中等毒(原药高毒)			
	棉花	红蜘蛛、棉蚜	90-120克/公顷	喷雾
PD20085128	氰戊·马拉松/21%/乳油/马拉硫磷 15%、氰戊菊酯 6%/2013.12.23 至 2018.12.23/中等毒			
	十字花科蔬菜	蚜虫	30-60克/公顷	喷雾
PD20085333	氰戊·杀螟松/20%/乳油/氰戊菊酯 6%、杀螟硫磷 14%/2013.12.24 至 2018.12.24/中等毒			

苹果树 桃小食心虫 160-333毫克/千克 喷雾
蔬菜 菜青虫、蚜虫 90-180克/公顷 喷雾
小麦 蚜虫 90-120克/公顷 喷雾
PD20085562 氰戊·马拉松/20%/乳油/马拉硫磷 15%、氰戊菊酯 5%/2013.12.25 至 2018.12.25/中等毒
棉花 棉铃虫 90-150克/公顷 喷雾
苹果树 桃小食心虫 160-333毫克/千克 喷雾
十字花科蔬菜 菜青虫、蚜虫 90-150克/公顷 喷雾
小麦 蚜虫 60-90克/公顷 喷雾
PD20086228 硫磺·甲硫灵/70%/可湿性粉剂/甲基硫菌灵 35%、硫磺 35%/2013.12.31 至 2018.12.31/微毒
黄瓜 白粉病 840-1050克/公顷 喷雾
PD20090318 丙环唑/250克/升/乳油/丙环唑 250克/升/2014.01.12 至 2019.01.12/低毒
香蕉 叶斑病 250-500毫克/千克 喷雾
小麦 白粉病 112.5-150克/公顷 喷雾
PD20090421 氰戊·乐果/25%/乳油/乐果 22%、氰戊菊酯 3%/2014.01.12 至 2019.01.12/中等毒
柑橘树 潜叶蛾、锈壁虱 125-250毫克/千克 喷雾
小麦 蚜虫 75-112.5克/公顷 喷雾
PD20091443 草甘膦异丙胺盐/41%/水剂/草甘膦异丙胺盐 41%/2014.02.02 至 2019.02.02/微毒
柑橘园 杂草 1125-2250克/公顷 茎叶喷雾
PD20091506 速灭威/20%/乳油/速灭威 20%/2014.02.02 至 2019.02.02/低毒
水稻 稻飞虱 525-600克/公顷 喷雾
PD20091569 甲氰·噻螨酮/7.5%/乳油/甲氰菊酯 5%、噻螨酮 2.5%/2014.02.03 至 2019.02.03/低毒
柑橘树 红蜘蛛 75～100毫克/千克 喷雾
PD20091593 氯氟吡氧乙酸异辛酯/200克/升/乳油/氯氟吡氧乙酸异辛酯 200克/升/2014.02.03 至 2019.02.03/低毒
水田畦畔 空心莲子草 150-165克/公顷 茎叶喷雾
PD20091783 溴氰菊酯/25克/升/乳油/溴氰菊酯 25克/升/2014.02.04 至 2019.02.04/中等毒
十字花科蔬菜叶菜 菜青虫 11.25-18.75克/公顷 喷雾
PD20091787 毒·辛/25%/乳油/毒死蜱 7%、辛硫磷 18%/2014.02.04 至 2019.02.04/中等毒
水稻 稻纵卷叶螟 450-562.5克/公顷 喷雾
PD20092035 高效氟吡甲禾灵/108克/升/乳油/高效氟吡甲禾灵 108克/升/2014.02.12 至 2019.02.12/低毒
花生田 一年生禾本科杂草 32.4-48.6克/公顷 茎叶喷雾
PD20092471 草甘膦/30%/可溶粉剂/草甘膦 30%/2014.02.25 至 2019.02.25/微毒
柑橘园 杂草 1125-2250克/公顷 喷雾
PD20092514 氯氰·丙溴磷/440克/升/乳油/丙溴磷 400克/升、氯氰菊酯 40克/升/2014.02.26 至 2019.02.26/低毒
棉花 蚜虫 330-396克/公顷 喷雾
PD20092871 双甲·高氯氟/12%/乳油/高效氯氟氰菊酯 1.5%、双甲脒 10.5%/2014.03.05 至 2019.03.05/低毒
柑橘树 红蜘蛛 60-80毫克/千克 喷雾
PD20092960 三环唑/20%/可湿性粉剂/三环唑 20%/2014.03.09 至 2019.03.09/低毒
水稻 稻瘟病 225-375克/公顷 喷雾
PD20093212 毒死蜱/45%/乳油/毒死蜱 480克/升/2014.03.11 至 2019.03.11/中等毒
柑橘 介壳虫 320-480毫克/千克 喷雾
水稻 稻纵卷叶螟 504-648克/公顷 喷雾
PD20093237 炔螨特/57%/乳油/炔螨特 57%/2014.03.11 至 2019.03.11/低毒
柑橘树、苹果树 红蜘蛛 243-365毫克/千克 喷雾
PD20093349 联苯菊酯/25克/升/乳油/联苯菊酯 25克/升/2014.03.18 至 2019.03.18/低毒
茶树 茶尺蠖 7.5-15克/公顷 喷雾
棉花 棉铃虫 37.5-52.5克/公顷 喷雾
PD20093409 苄·乙/20%/可湿性粉剂/苄嘧磺隆 4.5%、乙草胺 15.5%/2014.03.20 至 2019.03.20/低毒
水稻移栽田 一年生及部分多年生杂草 84-118克/公顷 毒土法
PD20093512 三环唑/75%/可湿性粉剂/三环唑 75%/2014.03.23 至 2019.03.23/低毒
水稻 稻瘟病 225-300克/公顷 喷雾
PD20095042 毒死蜱/98%/原药/毒死蜱 98%/2014.04.21 至 2019.04.21/中等毒
PD20095412 草甘膦/95%/原药/草甘膦 95%/2014.05.11 至 2019.05.11/低毒
PD20095736 扑草净/40%/可湿性粉剂/扑草净 40%/2014.05.18 至 2019.05.18/低毒
冬小麦田 一年生阔叶杂草 480-720克/公顷 喷雾
PD20096562 莠去津/38%/悬浮剂/莠去津 38%/2014.08.24 至 2019.08.24/低毒
玉米田 一年生杂草 300-400毫升制剂/亩（东北地区），200-300毫升制剂/亩（其他地区） 土壤喷雾
PD20096606 甲氰菊酯/20%/乳油/甲氰菊酯 20%/2014.09.02 至 2019.09.02/中等毒
甘蓝 菜青虫 75-90克/公顷 喷雾
PD20096607 二甲戊灵/330克/升/乳油/二甲戊灵 330克/升/2014.09.02 至 2019.09.02/低毒
玉米田 一年生杂草 750-1125克/公顷 土壤喷雾
PD20096666 毒死蜱/40%/乳油/毒死蜱 40%/2014.09.07 至 2019.09.07/中等毒

水稻 稻纵卷叶螟 480-600克/公顷 喷雾

PD20096731 多菌灵/50%/可湿性粉剂/多菌灵 50%/2014.09.07 至 2019.09.07/微毒

花生 倒秧病 750－900克/公顷 喷雾

PD20097019 2甲4氯钠/56%/可溶粉剂/2甲4氯钠 56%/2014.10.10 至 2019.10.10/低毒

玉米田 一年生阔叶杂草 840-1176克/公顷 茎叶喷雾

PD20097092 石硫合剂/29%/水剂/石硫合剂 29%/2014.10.10 至 2019.10.10/低毒

柑橘树 红蜘蛛 0.5-0.7波美 喷雾

PD20097946 异丙威/2%/粉剂/异丙威 2%/2014.11.30 至 2019.11.30/低毒

水稻 叶蝉 750-900克/公顷 毒土撒施

PD20097959 苄嘧磺隆/10%/可湿性粉剂/苄嘧磺隆 10%/2014.12.01 至 2019.12.01/微毒

移栽水稻田 一年生阔叶杂草 22.5-37.5克/公顷 毒土法

PD20098117 唑磷・毒死蜱/25%/乳油/毒死蜱 10%、三唑磷 15%/2014.12.08 至 2019.12.08/中等毒

水稻 二化螟 300-375克/公顷 喷雾

PD20101152 石硫合剂/45%/结晶粉/石硫合剂 45%/2015.01.25 至 2020.01.25/低毒

柑橘树 介壳虫 900-1500毫克/千克 喷雾

PD20101356 杀单・苏云菌/46%/可湿性粉剂/杀虫单 45%、苏云金杆菌 1%/2015.04.02 至 2020.04.02/低毒

水稻 二化螟 345-517.5克/公顷 喷雾

PD20101436 草甘膦铵盐(71.5%)///可溶粉剂/草甘膦 65%/2015.05.04 至 2020.05.04/微毒

柑橘园 杂草 1416.2-1816.8克/公顷 行间定向茎叶喷雾

PD20101711 辛硫・高氯氟/26%/乳油/高效氯氟氰菊酯 1%、辛硫磷 25%/2015.06.28 至 2020.06.28/中等毒

棉花 棉铃虫 163.8-187.2克/公顷 喷雾

PD20101804 吡虫啉/200克/升/可溶液剂/吡虫啉 200克/升/2015.07.13 至 2020.07.13/低毒

甘蓝 蚜虫 15-30克/公顷 喷雾

PD20120388 高效氯氰菊酯/4.5%/水乳剂/高效氯氰菊酯 4.5%/2012.03.07 至 2017.03.07/低毒

甘蓝 菜青虫 20.25－33.75克/公顷 喷雾

PD20121113 草甘膦/58%/可溶粉剂/草甘膦 58%/2012.07.19 至 2017.07.19/微毒

柑橘园 杂草 1125-2250克/公顷 定向茎叶喷雾

注:草甘膦铵盐含量:63.8%。

PD20121530 吡虫・毒死蜱/13%/乳油/吡虫啉 3%、毒死蜱 10%/2012.10.16 至 2017.10.16/中等毒

棉花 蚜虫 97.5-136.5克/公顷 喷雾

PD20121696 苄・丁/0.21%/颗粒剂/苄嘧磺隆 0.01%、丁草胺 0.2%/2012.11.05 至 2017.11.05/微毒

移栽水稻田 一年生杂草 630-945克/公顷 撒施

PD20130005 烯草酮/26%/乳油/烯草酮 26%/2013.01.04 至 2018.01.04/低毒

冬油菜田 一年生禾本科杂草 39-78克/公顷 茎叶喷雾

PD20131680 高效氯氟氰菊酯/5%/水乳剂/高效氯氟氰菊酯 5%/2013.08.07 至 2018.08.07/中等毒

甘蓝 菜青虫 11.25-15克/公顷 喷雾

PD20132249 烟嘧・莠去津/25%/可分散油悬浮剂/烟嘧磺隆 3%、莠去津 22%/2013.11.05 至 2018.11.05/低毒

春玉米田 一年生杂草 487.5-600克/公顷 茎叶喷雾

夏玉米田 一年生杂草 300-375克/公顷 茎叶喷雾

PD20140299 苄嘧・丙草胺/40%/可湿性粉剂/苄嘧磺隆 4%、丙草胺 36%/2014.02.12 至 2019.02.12/低毒

水稻田(直播) 一年生杂草 420-480克/公顷 喷雾

PD20141987 草甘膦铵盐/30%/水剂/草甘膦 30%/2014.08.14 至 2019.08.14/低毒

非耕地 杂草 1125-2250克/公顷 茎叶喷雾

注:草甘膦铵盐含量：33%。

PD20142027 辛硫・三唑磷/30%/乳油/三唑磷 15%、辛硫磷 15%/2014.08.27 至 2019.08.27/中等毒

水稻 三化螟 405-495克/公顷 喷雾

PD20142665 毒死蜱/15%/颗粒剂/毒死蜱 15%/2014.12.18 至 2019.12.18/低毒

花生 蛴螬 1800-2700克/公顷 撒施

PD20151317 草铵膦/200克/升/水剂/草铵膦 200克/升/2015.07.30 至 2020.07.30/低毒

非耕地 杂草 1050-1500克/公顷 茎叶喷雾

四川省达州市澳诗商贸有限责任公司 (四川省达州市朝阳中路富德大厦6-5号 635000 0818-2139614)

WP20090029 蚊香/0.2%/蚊香/富右旋反式烯丙菊酯 0.2%/2014.01.12 至 2019.01.12/微毒

卫生 蚊 / 点燃

四川省达州市兴隆化工有限公司 (四川省达州市达县河市镇河龙路 635000 0818-7344253)

PD85154-49 氰戊菊酯/20%/乳油/氰戊菊酯 20%/2015.08.15 至 2020.08.15/中等毒

柑橘树 潜叶蛾 10-20毫克/千克 喷雾

果树 梨小食心虫 10-20毫克/千克 喷雾

棉花 红铃虫、蚜虫 75-150克/公顷 喷雾

蔬菜 菜青虫、蚜虫 60-120克/公顷 喷雾

PD20082344 苄嘧・苯噻酰/37%/可湿性粉剂/苯噻酰草胺 34%、苄嘧磺隆 3%/2013.12.01 至 2018.12.01/低毒

水稻移栽田 一年生及部分多年生杂草 388.5-444克/公顷(南方地区) 药土法

PD20083476 氰戊・乐果/25%/乳油/乐果 22%、氰戊菊酯 3%/2013.12.12 至 2018.12.12/中等毒

甘蓝 菜青虫 75-150克/公顷 喷雾

PD20086060　杀虫双/3.6%/大粒剂/杀虫双 3.6%/2013.12.30 至 2018.12.30/中等毒
水稻　螟虫　540-675克/公顷　撒施
PD20091024　氰戊·马拉松/20%/乳油/马拉硫磷 15%、氰戊菊酯 5%/2014.01.21 至 2019.01.21/中等毒
十字花科蔬菜　菜青虫　90-150克/公顷　喷雾
PD20091647　稻瘟灵/40%/乳油/稻瘟灵 40%/2014.02.03 至 2019.02.03/低毒
水稻　稻瘟病　600-900克/公顷　喷雾
PD20091829　草甘膦/30%/水剂/草甘膦 30%/2014.02.06 至 2019.02.06/低毒
柑橘园　杂草　1125-2250克/公顷　定向茎叶喷雾
PD20092466　噻嗪酮/25%/可湿性粉剂/噻嗪酮 25%/2014.02.25 至 2019.02.25/微毒
水稻　稻飞虱　112.5-150克/公顷　喷雾
PD20094137　稻瘟灵/30%/乳油/稻瘟灵 30%/2014.03.27 至 2019.03.27/低毒
水稻　稻瘟病　450-675克/公顷　喷雾
PD20097679　莠去津/38%/悬浮剂/莠去津 38%/2014.11.04 至 2019.11.04/低毒
春玉米田　一年生杂草　350-400毫升制剂/亩　播后苗前土壤喷雾
PD20100328　三环唑/20%/可湿性粉剂/三环唑 20%/2015.01.11 至 2020.01.11/低毒
水稻　稻瘟病　300－375克/公顷　喷雾
PD20100763　异丙威/4%/粉剂/异丙威 4%/2015.01.18 至 2020.01.18/低毒
水稻　稻飞虱　450-600克/公顷　喷粉
PD20101164　毒死蜱/40%/乳油/毒死蜱 40%/2015.01.26 至 2020.01.26/中等毒
水稻　稻纵卷叶螟　360-600克/公顷　喷雾
PD20110388　唑磷·毒死蜱/30%/乳油/毒死蜱 15%、三唑磷 15%/2011.04.12 至 2016.04.12/中等毒
水稻　三化螟　270-450克/公顷　喷雾
PD20121980　草甘膦铵盐/65%/可溶粉剂/草甘膦铵盐 65%/2012.12.18 至 2017.12.18/低毒
柑橘树　杂草　1500-3000克/公顷　定向喷雾
注:草甘膦铵盐含量：71.5%。

四川省德阳市鸿发化工有限公司　(四川省德阳市中江县南华镇西江北路171号　618100　0838-7131756)

PD20086358　杀虫双/3.6%/颗粒剂/杀虫双 3.6%/2013.12.31 至 2018.12.31/中等毒
水稻　螟虫　540-675克/公顷　撒施
PD20090507　异稻·三环唑/20%/可湿性粉剂/三环唑 10%、异稻瘟净 10%/2014.01.12 至 2019.01.12/低毒
水稻　稻瘟病　300-450克/公顷　喷雾
PD20091339　氰戊·马拉松/20%/乳油/马拉硫磷 15%、氰戊菊酯 5%/2014.02.01 至 2019.02.01/中等毒
小麦　蚜虫　60-90克/公顷　喷雾
PD20091934　氰戊·乐果/25%/乳油/乐果 22%、氰戊菊酯 3%/2014.02.12 至 2019.02.12/中等毒
小麦　蚜虫　300-450克/公顷　喷雾

四川省富贵日化用品有限公司　(四川省什邡市云西镇　618408　0838-8604399)

WP20080401　蚊香/0.3%/蚊香/富右旋反式烯丙菊酯 0.3%/2013.12.11 至 2018.12.11/低毒
卫生　蚊　/　点燃

四川省广汉市小太阳农用化工厂　(四川省广汉市三星镇红星桥　618300　0838-5560013)

PD20081551　稻瘟灵/40%/乳油/稻瘟灵 40%/2013.11.11 至 2018.11.11/低毒
水稻　稻瘟病　600-900克/公顷　喷雾
PD20081623　三环唑/75%/可湿性粉剂/三环唑 75%/2013.11.12 至 2018.11.12/低毒
水稻　稻瘟病　225-300克/公顷　喷雾
PD20081709　异稻·稻瘟灵/30%/乳油/稻瘟灵 7.5%、异稻瘟净 22.5%/2013.11.17 至 2018.11.17/低毒
水稻　稻瘟病　675-1125克/公顷　喷雾
PD20084840　硫磺·三环唑/45%/可湿性粉剂/硫磺 40%、三环唑 5%/2013.12.22 至 2018.12.22/低毒
水稻　稻瘟病　810-1215克/公顷　喷雾

四川省好利尔生物化工有限公司　(四川省内江市市中区伏龙乡水口村三组　641008　0832-2670388)

PD85105-76　敌敌畏/80%/乳油/敌敌畏 77.5%/2015.02.02 至 2020.02.02/中等毒
茶树　食叶害虫　600克/公顷　喷雾
粮仓　多种储藏害虫　1)400-500倍液2)0.4-0.5克/立方米　1)喷雾2)挂条熏蒸
棉花　蚜虫、造桥虫　600-1200克/公顷　喷雾
苹果树　小卷叶蛾、蚜虫　400-500毫克/千克　喷雾
青菜　菜青虫　600克/公顷　喷雾
桑树　尺蠖　600克/公顷　喷雾
卫生　多种卫生害虫　1)300-400倍液2)0.08克/立方米　1)泼洒2)挂条熏蒸
小麦　黏虫、蚜虫　600克/公顷　喷雾

四川省禾康生物科技有限公司　(四川省宜宾市珙县巡场镇友谊路川南商业中心二楼　644501　0831-4039826)

PD20080676　草甘膦异丙胺盐/30%/水剂/草甘膦 30%/2013.06.04 至 2018.06.04/低毒
柑橘园　杂草　1125-2250克/公顷　定向茎叶喷雾
注:草甘膦异丙胺盐含量：41%。
PD20101645　阿维·高氯/1.8%/乳油/阿维菌素 0.1%、高效氯氰菊酯 1.7%/2010.06.03 至 2015.06.03/低毒(原药高毒)
黄瓜　美洲斑潜蝇　16.2-29.7克/公顷　喷雾

四川省化学工业研究设计院　(四川省成都市武侯区武侯祠大街30号　610041　028-85557512)

PD85158-2　喹硫磷/25%/乳油/喹硫磷 25%/2015.07.05 至 2020.07.05/低毒
　棉花　棉铃虫、蚜虫　180-600克/公顷　喷雾
　水稻　螟虫　375-495克/公顷　喷雾

PD86153-12　叶枯唑/20%/可湿性粉剂/叶枯唑 20%/2011.08.24 至 2016.08.24/低毒
　水稻　白叶枯病　300-375克/公顷　喷雾、弥雾

PD86176-8　乙酰甲胺磷/30%/乳油/乙酰甲胺磷 30%/2011.11.13 至 2016.11.13/低毒
　柑橘树　介壳虫、螨　500-1000倍液　喷雾
　果树　食心虫　500-1000倍液　喷雾
　棉花　棉铃虫、蚜虫　450-900克/公顷　喷雾
　蔬菜　菜青虫、蚜虫　337.5-540克/公顷　喷雾
　水稻　螟虫、叶蝉　562.5-1012.5克/公顷　喷雾
　小麦、玉米　黏虫、玉米螟　540-1080克/公顷　喷雾
　烟草　烟青虫　450-900克/公顷　喷雾

PD20050162　三唑酮/20%/乳油/三唑酮 20%/2015.11.03 至 2020.11.03/低毒
　小麦　白粉病　120-127.5克/公顷　喷雾

PD20060056　三唑酮/15%/可湿性粉剂/三唑酮 15%/2011.03.05 至 2016.03.05/低毒
　小麦　白粉病、锈病　135-180克/公顷　喷雾
　玉米　丝黑穗病　60-90克/100千克种子　拌种

PD20070022　三唑酮/95%/原药/三唑酮 95%/2012.01.18 至 2017.01.18/低毒

PD20070665　三环唑/95%/原药/三环唑 95%/2012.12.17 至 2017.12.17/低毒

PD20080334　稻瘟灵/98%/原药/稻瘟灵 98%/2013.02.26 至 2018.02.26/低毒

PD20080772　硝虫硫磷/30%/乳油/硝虫硫磷 30%/2013.06.16 至 2018.06.16/低毒
　柑橘树　矢尖蚧　375-500毫克/千克　喷雾

PD20080777　硝虫硫磷/90%/原药/硝虫硫磷 90%/2013.06.18 至 2018.06.18/中等毒

PD20080825　杀螺胺乙醇胺盐/98%/原药/杀螺胺乙醇胺盐 98%/2013.06.20 至 2018.06.20/低毒

PD20080890　杀螺胺乙醇胺盐/50%/可湿性粉剂/杀螺胺乙醇胺盐 50%/2013.07.09 至 2018.07.09/低毒
　水稻　福寿螺　450-525克/公顷　喷雾或撒毒土
　滩涂　钉螺　1) 0.5-1克/平方米; 2) 0.5-1毫克/升　1) 喷洒; 2) 浸杀

PD20081230　多效唑/15%/可湿性粉剂/多效唑 15%/2013.09.11 至 2018.09.11/低毒
　水稻育秧田　控制生长　200-300毫克/千克　喷雾

PD20081263　多效唑/95%/原药/多效唑 95%/2013.09.18 至 2018.09.18/低毒

PD20082831　三环唑/75%/可湿性粉剂/三环唑 75%/2013.12.09 至 2018.12.09/中等毒
　水稻　稻瘟病　225-300克/公顷　喷雾

PD20083619　草除灵/95%/原药/草除灵 95%/2013.12.12 至 2018.12.12/低毒

PD20083781　三环唑/20%/可湿性粉剂/三环唑 20%/2013.12.15 至 2018.12.15/中等毒
　水稻　稻瘟病　225-300克/公顷　喷雾

PD20086365　草除灵/15%/乳油/草除灵 15%/2013.12.31 至 2018.12.31/低毒
　油菜田　多种一年生阔叶杂草　225-300克/公顷　喷雾

PD20092343　杀螺胺乙醇胺盐/70%/可湿性粉剂/杀螺胺乙醇胺盐 70%/2014.02.24 至 2019.02.24/低毒
　水稻　福寿螺　420-525克/公顷　喷雾

PD20092731　三唑酮/25%/可湿性粉剂/三唑酮 25%/2014.03.04 至 2019.03.04/低毒
　小麦　白粉病、锈病　135-180克/公顷　喷雾
　烟草　白粉病　75～150克/公顷　喷雾

PD20094667　烯效唑/90%/原药/烯效唑 90%/2014.04.10 至 2019.04.10/低毒

PD20097479　草除灵/50%/悬浮剂/草除灵 50%/2014.11.03 至 2019.11.03/低毒
　冬油菜田　一年生阔叶杂草　225-375克/公顷　喷雾

PD20100104　喹硫磷/70%/原药/喹硫磷 70%/2015.01.04 至 2020.01.04/高毒

PD20101494　烯效唑/5%/可湿性粉剂/烯效唑 5%/2015.05.10 至 2020.05.10/低毒
　水稻　增加分蘖　100-150毫克/千克　喷雾

四川省化学工业研究设计院广汉试验厂　(四川省广汉市向阳镇　618300　0838-5400802)

PD86182-10　稻瘟灵/30%/乳油/稻瘟灵 30%/2015.06.24 至 2020.06.24/低毒
　水稻　稻瘟病　450-675克/公顷　喷雾

PD20083480　克百威/3%/颗粒剂/克百威 3%/2013.12.12 至 2018.12.12/中等毒(原药高毒)
　水稻　二化螟、三化螟、瘿蚊　900-1350克/公顷　撒施

PD20083975　稻瘟灵/40%/乳油/稻瘟灵 40%/2013.12.16 至 2018.12.16/低毒
　水稻　稻瘟病　450-675克/公顷　喷雾

PD20092377　稻瘟灵/40%/可湿性粉剂/稻瘟灵 40%/2014.02.25 至 2019.02.25/微毒
　水稻　稻瘟病　562.5-675克/公顷　喷雾

PD20095849　稻瘟灵/98%/原药/稻瘟灵 98%/2014.05.27 至 2019.05.27/低毒

四川省金蜘蛛日化有限公司　(四川省成都市武侯区金花镇江安街2号　0832-3512888)

WP20080390　蚊香/0.3%/蚊香/富右旋反式烯丙菊酯 0.3%/2013.12.11 至 2018.12.11/低毒

卫生 蚊 / 点燃

四川省精细化工研究设计院 (四川省自贡市鸿鹤路41号 643000 0813-2760540)

PD84125-22 乙烯利/40%/水剂/乙烯利 40%/2014.11.18 至 2019.11.18/低毒

番茄	催熟	800-1000倍液	喷雾或浸渍
棉花	催熟、增产	330-500倍液	喷雾
柿子、香蕉	催熟	400倍液	喷雾或浸渍
水稻	催熟、增产	800倍液	喷雾
橡胶树	增产	5-10倍液	涂布
烟草	催熟	1000-2000倍液	喷雾

四川省科鑫化工厂 (四川省渠县渠江镇东大街 635200 0818-7344517)

PD20082882 杀虫双/3.6%/颗粒剂/杀虫双 3.6%/2013.12.09 至 2018.12.09/中等毒

水稻	螟虫	540-675克/公顷	撒施

PD20084772 敌敌畏/50%/乳油/敌敌畏 50%/2013.12.22 至 2018.12.22/中等毒

十字花科蔬菜	菜青虫	600-750克/公顷	喷雾

PD20121771 甲氰菊酯/20%/乳油/甲氰菊酯 20%/2012.11.16 至 2017.11.16/中等毒

甘蓝	菜青虫	90－105克/公顷	喷雾

四川省兰月科技有限公司 (四川省成都市双流县西南航空港经济开发区空港三路779号 610207 028-85305199)

PD84118-49 多菌灵/25%/可湿性粉剂/多菌灵 25%/2014.12.22 至 2019.12.22/低毒

果树	病害	0.05-0.1%药液	喷雾
花生	倒秧病	750克/公顷	喷雾
麦类	赤霉病	750克/公顷	喷雾、泼浇
棉花	苗期病害	500克-100千克种子	拌种
水稻	稻瘟病	750克/公顷	喷雾、泼浇
水稻	纹枯病	1125-1700克/公顷	喷雾
油菜	菌核病	750克/公顷	喷雾、泼浇

PD20070454 氯吡脲/97%/原药/氯吡脲 97%/2012.11.20 至 2017.11.20/低毒

PD20070455 氯吡脲/0.1%/可溶液剂/氯吡脲 0.1%/2012.11.20 至 2017.11.20/微毒

黄瓜	调节生长	10-20毫克/千克	浸瓜胎
葡萄	调节生长、增产	10-20毫克/千克	浸幼穗
甜瓜	调节生长、增产	10-20毫克/千克	喷瓜胎
西瓜	提高座瓜率	7.5-10毫克/千克	喷瓜胎
猕猴桃、枇杷	调节生长、增产	10-20毫克/千克	浸幼果

PD20080328 咪鲜胺/25%/乳油/咪鲜胺 25%/2013.02.28 至 2018.02.28/低毒

柑橘	蒂腐病、绿霉病、青霉病、炭疽病	250-500毫克/千克	浸果

PD20081605 苄氨基嘌呤/97%/原药/苄氨基嘌呤 97%/2013.11.12 至 2018.11.12/低毒

PD20081657 多效唑/15%/可湿性粉剂/多效唑 15%/2013.11.14 至 2018.11.14/低毒

花生	调节生长	100-150毫克/千克	喷雾

PD20082325 苄氨基嘌呤/1%/可溶粉剂/苄氨基嘌呤 1%/2013.12.01 至 2018.12.01/低毒

白菜	调节生长、增产	20-40毫克/千克	喷雾

PD20082455 萘乙酸/81%/原药/萘乙酸 81%/2013.12.02 至 2018.12.02/微毒

PD20085861 萘乙酸/5%/水剂/萘乙酸 5%/2013.12.29 至 2018.12.29/低毒

番茄	调节生长、增产	10-12.5毫克/千克	喷花

PD20085948 甲硫·福美双/40%/可湿性粉剂/福美双 25%、甲基硫菌灵 15%/2013.12.29 至 2018.12.29/低毒

西瓜	枯萎病	1000-1333毫克/千克	灌根

PD20086136 矮壮素/50%/水剂/矮壮素 50%/2013.12.30 至 2018.12.30/低毒

小麦	调节生长、增产	1250-2500毫克/千克	喷雾

PD20090261 三乙膦酸铝/40%/可湿性粉剂/三乙膦酸铝 40%/2014.01.09 至 2019.01.09/微毒

烟草	黑胫病	4500克/公顷，0.8克/株	喷雾，灌根

PD20092572 芸苔素内酯/0.004%/水剂/芸苔素内酯 0.004%/2014.02.27 至 2019.02.27/微毒

白菜	促进生长	0.02-0.04毫克/千克	茎叶喷雾

PD20092727 甲霜·锰锌/58%/可湿性粉剂/甲霜灵 10%、代森锰锌 48%/2014.03.04 至 2019.03.04/低毒

葡萄	霜霉病	1087.5-1740克/公顷	喷雾

PD20092837 乙铝·锰锌/50%/可湿性粉剂/代森锰锌 22%、三乙膦酸铝 28%/2014.03.05 至 2019.03.05/低毒

黄瓜	霜霉病	1400-2800克/公顷	喷雾

PD20094177 烯效唑/5%/可湿性粉剂/烯效唑 5%/2014.04.09 至 2019.04.09/微毒

水稻	控制生长	50-150毫克/千克	浸种

PD20097788 吲哚丁酸/98%/原药/吲哚丁酸 98%/2014.11.20 至 2019.11.20/低毒

PD20097789 吲丁·萘乙酸/2%/可溶粉剂/萘乙酸 1%、吲哚丁酸 1%/2014.11.20 至 2019.11.20/低毒

水稻	调节生长、增产	26.7-40毫克/千克	浸种10-12小时

PD20097832 吗胍·乙酸铜/15%/水剂/盐酸吗啉胍 7.5%、乙酸铜 7.5%/2014.11.20 至 2019.11.20/低毒

番茄	病毒病	495-780克/公顷	喷雾

PD20100303 芸苔素内酯/95%/原药/芸苔素内酯 95%/2015.01.11 至 2020.01.11/低毒

PD20101863 赤霉酸/75%/结晶粉/赤霉酸 75%/2015.08.04 至 2020.08.04/微毒

菠萝 果实增大 40-80毫克/千克 喷雾
PD20102029 多效唑/25%/悬浮剂/多效唑 25%/2015.10.19 至 2020.10.19/低毒
芒果树 调节生长 9-12克制剂/株 浇灌法
PD20110278 赤霉酸/20%/可溶粉剂/赤霉酸 20%/2016.03.11 至 2021.03.11/微毒
葡萄 调节生长、增产 15-20毫克/千克 沾果穗
PD20110772 苄氨基嘌呤/2%/可溶液剂/苄氨基嘌呤 2%/2011.07.25 至 2016.07.25/微毒
柑橘 调节生长、增产 33.3-50毫克/千克 喷雾
PD20110820 氯吡脲/0.5%/可溶液剂/氯吡脲 0.5%/2011.08.04 至 2016.08.04/微毒
西瓜 提高座果率 7.5-10毫克/千克 喷瓜胎
PD20120332 噻苯隆/0.1%/可溶液剂/噻苯隆 0.1%/2012.02.17 至 2017.02.17/微毒
黄瓜 调节生长 4-5毫克/千克 浸瓜胎(子房)
甜瓜 调节生长、增产 4-6毫克/千克 浸瓜胎
PD20120786 丁酰肼/50%/可溶粉剂/丁酰肼 50%/2012.05.11 至 2017.05.11/微毒
观赏菊花 促矮化 2500-4000毫克/千克 喷雾
PD20131658 赤霉·氯吡脲/0.3%/可溶液剂/赤霉酸 0.2%、氯吡脲 0.1%/2013.08.01 至 2018.08.01/微毒
葡萄 调节生长 15-30毫克/千克 浸果穗
PD20142479 噻苯·敌草隆/540克/升/悬浮剂/敌草隆 180克/升、噻苯隆 360克/升/2014.11.19 至 2019.11.19/微毒
棉花 脱叶 72.9-97.2克/公顷 茎叶喷雾

四川省乐山市福华通达农药科技有限公司 (四川省乐山市五通桥区桥沟镇共裕村 614800 0833-3350538)

PD92103-23 草甘膦/95%,93%,90%/原药/草甘膦 95%,93%,90%/2012.08.14 至 2017.08.14/低毒
PD20070383 草甘膦异丙胺盐/30%/水剂/草甘膦 30%/2012.10.24 至 2017.10.24/低毒
茶园、甘蔗地、果园、剑麻园、林地、桑园、橡胶园 一年生杂草和多年生恶性杂草 1125-2250克/公顷 定向喷雾
柑橘园 一年生和多年生杂草 1230-2460克/公顷 定向茎叶喷雾
注:草甘膦异丙胺盐含量: 41%。
PD20102066 草甘膦异丙胺盐/46%/水剂/草甘膦 46%/2015.11.03 至 2020.11.03/低毒
柑橘园 一年生及部分多年生杂草 130-250毫升制剂/亩 定向茎叶喷雾
注:草甘膦异丙胺盐含量62%。
PD20110422 草甘膦铵盐/30%/水剂/草甘膦 30%/2011.04.15 至 2016.04.15/低毒
柑橘园 一年生和多年生杂草 1125-1350克/公顷 定向茎叶喷雾
注:草甘膦铵盐含量: 33%
PD20111320 草甘膦铵盐/68%/可溶粒剂/草甘膦 68%/2011.12.05 至 2016.12.05/低毒
柑橘园 杂草 1164-2328克/公顷 定向茎叶喷雾
注:草甘膦铵盐含量: 75.7%。
PD20121744 嘧菌酯/98%/原药/嘧菌酯 98%/2012.11.15 至 2017.11.15/低毒
PD20121933 氯氟吡氧乙酸异辛酯/98%/原药/氯氟吡氧乙酸异辛酯 98%/2012.12.07 至 2017.12.07/低毒
PD20130949 乙草胺/95%/原药/乙草胺 95%/2013.05.02 至 2018.05.02/低毒
PD20131029 吡虫啉/98%/原药/吡虫啉 98%/2013.05.13 至 2018.05.13/低毒
PD20131186 灭草松/98%/原药/灭草松 98%/2013.05.27 至 2018.05.27/低毒
PD20131306 丙溴磷/94%/原药/丙溴磷 94%/2013.06.08 至 2018.06.08/中等毒
PD20131564 噻虫嗪/98%/原药/噻虫嗪 98%/2013.07.23 至 2018.07.23/低毒
PD20131611 硝磺草酮/97.5%/原药/硝磺草酮 97.5%/2013.07.29 至 2018.07.29/低毒
PD20131732 吡蚜酮/98.5%/原药/吡蚜酮 98.5%/2013.08.16 至 2018.08.16/低毒
PD20141592 麦草畏/98%/原药/麦草畏 98%/2014.06.17 至 2019.06.17/低毒
PD20142076 精异丙甲草胺/98%/原药/精异丙甲草胺 98%/2014.09.02 至 2019.09.02/低毒
PD20150424 草铵膦/95%/原药/草铵膦 95%/2015.03.19 至 2020.03.19/低毒
PD20150891 草甘膦铵盐/50%/可溶粉剂/草甘膦 50%/2015.05.19 至 2020.05.19/低毒
柑橘园 杂草 1125-2250克/公顷 定向茎叶喷雾
注:草甘膦铵盐含量: 55%。
PD20152087 草甘膦铵盐/89%/原药/草甘膦 89%/2015.09.22 至 2020.09.22/低毒
注:草甘膦铵盐含量: 98%。

四川省仁寿县神牛蚊香厂 (四川省仁寿县双龙桥 612500 0833-6319006)

WP20080125 蚊香/0.3%/蚊香/富右旋反式烯丙菊酯 0.3%/2013.10.29 至 2018.10.29/微毒
卫生 蚊 / 点燃

四川省遂宁市川宁农药有限责任公司 (四川省遂宁市保升乡 629001 0825-2940039)

PD90105-6 石硫合剂/45%/结晶粉/石硫合剂 45%/2010.04.14 至 2015.04.14/低毒
茶树 叶螨 150倍液 喷雾
柑橘树 介壳虫、螨 1)180-300倍液2)300-500倍液 1)早春喷雾2)晚秋喷雾
柑橘树 锈壁虱 300-500倍液 晚秋喷雾
麦类 白粉病 150倍液 喷雾
苹果树 叶螨 20-30倍液 萌芽前喷雾

四川省万源市海豹蚊香有限责任公司　（四川省万源市长坝乡街道　636352　0818-8676068）				
WP20080237	蚊香/0.3%/蚊香/富右旋反式烯丙菊酯 0.3%/2013.11.25 至 2018.11.25/低毒			
	卫生	蚊	/	点燃
四川省宜宾川安高科农药有限责任公司　（四川省江安县井口镇　644219　0831-2850517）				
PD86157-18	硫磺/50%/悬浮剂/硫磺 50%/2015.06.17 至 2020.06.17/低毒			
	果树	白粉病	200-400倍液	喷雾
	花卉	白粉病	750-1500克/公顷	喷雾
	黄瓜	白粉病	1125-1500克/公顷	喷雾
	橡胶树	白粉病	1875-3000克/公顷	喷雾
	小麦	白粉病、螨	3000克/公顷	喷雾
PD90105	石硫合剂/45%/结晶粉/石硫合剂 45%/2015.07.11 至 2020.07.11/低毒			
	茶树	叶螨	150倍液	喷雾
	柑橘树	锈壁虱	300-500倍液	晚秋喷雾
	柑橘树	介壳虫、螨	1)180-300倍液2)300-500倍液	1)早春喷雾2)晚秋喷雾
	麦类	白粉病	150倍液	喷雾
	苹果树	叶螨	20-30倍液	萌芽前喷雾
PD20040140	吡虫啉/10%/可湿性粉剂/吡虫啉 10%/2014.12.19 至 2019.12.19/低毒			
	小麦	蚜虫	15-30克/公顷(南方地区)45-60克/公顷(北方地区)	喷雾
PD20070108	敌草胺/96%/原药/敌草胺 96%/2012.04.26 至 2017.04.26/低毒			
PD20070172	腐霉利/98.5%/原药/腐霉利 98.5%/2012.06.25 至 2017.06.25/低毒			
PD20070465	敌草胺/50%/可湿性粉剂/敌草胺 50%/2012.11.20 至 2017.11.20/低毒			
	烟草田	一年生禾本科杂草及部分阔叶杂草	1125-1875克/公顷	土壤喷雾
PD20082137	烯酰吗啉/95%/原药/烯酰吗啉 95%/2013.11.25 至 2018.11.25/低毒			
PD20082516	腐霉利/50%/可湿性粉剂/腐霉利 50%/2013.12.03 至 2018.12.03/低毒			
	番茄	灰霉病	375-750克/公顷	喷雾
	油菜	菌核病	300-600克/公顷	喷雾
PD20085745	腐霉·福美双/50%/可湿性粉剂/腐霉利 10%、福美双 40%/2013.12.26 至 2018.12.26/中等毒			
	油菜	菌核病	975-1350克/公顷	喷雾
PD20086249	烯酰吗啉/10%/水乳剂/烯酰吗啉 10%/2013.12.31 至 2018.12.31/低毒			
	黄瓜	霜霉病	225-300克/公顷	喷雾
PD20090029	硫磺·多菌灵/50%/悬浮剂/多菌灵 15%、硫磺 35%/2014.01.06 至 2019.01.06/微毒			
	花生	叶斑病	1200-1440克/公顷	喷雾
PD20090925	硫磺·三环唑/45%/悬浮剂/硫磺 40%、三环唑 5%/2014.01.19 至 2019.01.19/低毒			
	水稻	稻瘟病	675-810克/公顷	喷雾
PD20091530	腐霉利/35%/悬浮剂/腐霉利 35%/2014.02.03 至 2019.02.03/微毒			
	番茄	灰霉病	393.75-656.25克/公顷	喷雾
PD20091863	苄·二氯/36%/可湿性粉剂/苄嘧磺隆 3%、二氯喹啉酸 33%/2014.02.09 至 2019.02.09/低毒			
	水稻移栽田	一年生及部分多年生杂草	216-270克/公顷	药土法
PD20095292	石硫合剂/29%/水剂/石硫合剂 29%/2014.04.27 至 2019.04.27/低毒			
	柑橘树	红蜘蛛	0.5-1(波美)	喷雾
	苹果树	白粉病	0.5(波美)	喷雾
PD20096714	烯酰·锰锌/69%/可湿性粉剂/代森锰锌 60%、烯酰吗啉 9%/2014.09.07 至 2019.09.07/低毒			
	黄瓜	霜霉病	1035-1367.55克/公顷	喷雾
PD20122082	稻瘟灵/40%/可湿性粉剂/稻瘟灵 40%/2012.12.24 至 2017.12.24/低毒			
	水稻	稻瘟病	498～600克/公顷	喷雾
四川省自贡市恒达农药厂　（四川省自贡市沿滩区邓关镇顺昌美村5组　643033　0813-3902208）				
PD20083301	四聚乙醛/6%/颗粒剂/四聚乙醛 6%/2013.12.11 至 2018.12.11/低毒			
	十字花科蔬菜	蜗牛	360-540克/公顷	撒施
	水稻	福寿螺	360-540克/公顷	撒施
PD20085149	杀虫双/3.6%/大粒剂/杀虫双 3.6%/2013.12.23 至 2018.12.23/中等毒			
	水稻	螟虫	540-675克/公顷	撒施
PD20141805	草甘膦异丙胺盐/30%/水剂/草甘膦 30%/2014.07.14 至 2019.07.14/低毒			
	非耕地	杂草	1575-2250克/公顷	定向茎叶喷雾
	注:草甘膦异丙胺盐含量41%。			
四川施特优化工有限公司　（四川省成都市武侯区盛隆街七号　610041　028-85234995）				
PD20070131	氯吡脲/0.1%/可溶液剂/氯吡脲 0.1%/2012.05.21 至 2017.05.21/微毒			
	黄瓜	提高座瓜率、增产	5-20毫克/千克	浸、喷瓜胎
	葡萄	果实增大、增产	10-20毫克/千克	浸幼果穗
	甜瓜	调节生长、增产	5-20毫克/千克	浸、喷瓜胎
	西瓜	增产	5-20毫克/千克	浸、喷瓜胎
	西瓜	提高座瓜率	10-20毫克/千克	喷瓜胎

猕猴桃　促进果实生长　5-20毫克/千克　花后20-25天,药液浸幼果
枇杷　果实增大、增产　10-20毫克/千克　浸幼果1-2次
PD20070132　氯吡脲/97%/原药/氯吡脲 97%/2012.05.21 至 2017.05.21/低毒

四川蜀峰化工有限公司　(四川省成都市双流县东升街道办事处三里坝社区六社　610200　028-85811505)

PD20098215　唑磷·毒死蜱/30%/乳油/毒死蜱 15%、三唑磷 15%/2015.12.16 至 2020.12.16/中等毒
水稻　三化螟　225-270克/公顷　喷雾

四川泰杰植保技术有限公司　(四川省江油市大埝乡开花路　621707　0816-3406188)

PD20095256　杀虫双/3.6%/大粒剂/杀虫双 3.6%/2014.04.27 至 2019.04.27/中等毒
水稻　螟虫　810-1080克/公顷　撒施

四川沃野农化有限公司　(四川省成都市青白江区工业集中发展区黄金路16号　610300　028-67965012)

PD20097124　杀虫双/3.6%/大粒剂/杀虫双 3.6%/2014.10.16 至 2019.10.16/微毒
水稻　二化螟　810-1080克/公顷　撒施
PD20111086　甲氨基阿维菌素苯甲酸盐/3%/微乳剂/甲氨基阿维菌素 3%/2011.10.13 至 2016.10.13/低毒
甘蓝　小菜蛾　1.8－2.7克/公顷　喷雾
注:甲氨基阿维菌素苯甲酸盐含量: 3.4%。
PD20120048　苄嘧·丙草胺/40%/可湿性粉剂/苄嘧磺隆 4%、丙草胺 36%/2012.01.10 至 2017.01.10/低毒
水稻田(直播)　一年生杂草　360-480克/公顷　茎叶喷雾
PD20120214　噁草·丁草胺/40%/乳油/丁草胺 34%、噁草酮 6%/2012.02.09 至 2017.02.09/低毒
水稻旱育秧田　一年生杂草　600-750克/公顷　土壤喷雾
PD20121216　吡嘧·二氯喹/50%/可湿性粉剂/吡嘧磺隆 3%、二氯喹啉酸 47%/2012.08.10 至 2017.08.10/低毒
水稻田(直播)　一年生杂草　225-300克/公顷　茎叶喷雾
PD20121971　烯酰吗啉/80%/水分散粒剂/烯酰吗啉 80%/2012.12.18 至 2017.12.18/低毒
黄瓜　霜霉病　240～300克/公顷　喷雾
PD20121972　精喹禾灵/10%/乳油/精喹禾灵 10%/2012.12.18 至 2017.12.18/低毒
油菜田　一年生禾本科杂草　45-60克/公顷　茎叶喷雾
PD20130117　灭草松/480克/升/水剂/灭草松 480克/升/2013.01.17 至 2018.01.17/低毒
大豆田　一年生阔叶杂草　1080-1440克/公顷　茎叶喷雾
PD20130600　阿维菌素/1.8%/水乳剂/阿维菌素 1.8%/2013.04.02 至 2018.04.02/低毒(原药高毒)
水稻　稻纵卷叶螟　5.4－8.1克/公顷　喷雾
PD20131061　吡嘧·丙草胺/35%/可湿性粉剂/吡嘧磺隆 2%、丙草胺 33%/2013.05.20 至 2018.05.20/低毒
水稻田(直播)　一年生杂草　315-420克/公顷　茎叶喷雾
PD20131113　吡嘧·苯噻酰/50%/可湿性粉剂/苯噻酰草胺 48%、吡嘧磺隆 2%/2013.05.20 至 2018.05.20/低毒
水稻抛秧田　一年生杂草　300-450克/公顷　药土法
PD20131301　烯啶虫胺/10%/水剂/烯啶虫胺 10%/2013.06.08 至 2018.06.08/低毒
水稻　稻飞虱　30-45克/公顷　喷雾
PD20131951　氰氟草酯/15%/乳油/氰氟草酯 15%/2013.10.10 至 2018.10.10/低毒
水稻田(直播)　千金子　90-112.5克/公顷　茎叶喷雾
PD20140379　草铵膦/200克/升/水剂/草铵膦 200克/升/2014.02.20 至 2019.02.20/低毒
非耕地　杂草　900-1500克/公顷　茎叶喷雾
PD20141897　精喹禾灵/10.8%/水乳剂/精喹禾灵 10.8%/2014.08.01 至 2019.08.01/低毒
大豆田　一年生禾本科杂草　56.7-72.9克/公顷　茎叶喷雾
PD20142254　噻嗪酮/37%/悬浮剂/噻嗪酮 37%/2014.09.28 至 2019.09.28/低毒
水稻　稻飞虱　120-150克/公顷　喷雾
PD20151229　吡蚜酮/25%/可湿性粉剂/吡蚜酮 25%/2015.07.30 至 2020.07.30/低毒
水稻　稻飞虱　60-75克/公顷　喷雾
LS20120004　二氯喹啉酸/75%/可湿性粉剂/二氯喹啉酸 75%/2014.01.05 至 2015.01.05/低毒
水稻移栽田　稗草　225-337.5克/公顷　茎叶喷雾
LS20130391　戊唑·异菌脲/25%/悬浮剂/戊唑醇 5%、异菌脲 20%/2015.07.29 至 2016.07.29/低毒
苹果树　斑点落叶病　62.5-83.3毫克/千克　喷雾
LS20130416　咪鲜·三环唑/40%/可湿性粉剂/咪鲜胺 10%、三环唑 30%/2015.07.30 至 2016.07.30/低毒
水稻　稻瘟病　180-270克/公顷　喷雾
LS20130440　氟环唑/70%/水分散粒剂/氟环唑 70%/2015.09.09 至 2016.09.09/低毒
小麦　锈病　84-126克/公顷　喷雾
LS20130516　阿维·唑螨酯/4.0%/水乳剂/阿维菌素 1%、唑螨酯 3%/2015.12.10 至 2016.12.10/低毒(原药高毒)
柑橘树　红蜘蛛　20-26.7毫克/千克　喷雾
LS20140040　吡·松·丙草胺/38%/可湿性粉剂/吡嘧磺隆 2%、丙草胺 26%、异噁草松 10%/2015.02.17 至 2016.02.17/低毒
水稻田(直播)　一年生杂草　171-228克/公顷　土壤喷雾
LS20150295　精喹·乙羧氟/12%/水乳剂/精喹禾灵 4%、乙羧氟草醚 8%/2015.09.22 至 2016.09.22/低毒
大豆田　一年生杂草　90-108克/公顷　茎叶喷雾
WP20150124　联苯菊酯/2.5%/水乳剂/联苯菊酯 2.5%/2015.07.30 至 2020.07.30/低毒
木材　白蚁　500毫克/千克　浸泡或涂刷
土壤　白蚁　4-5克/平方米　喷洒

四川先易达农化有限公司　（四川省简阳市平武镇安兴街30号　641406　0832-7299796）

PD84116-2　代森锌/80%/可湿性粉剂/代森锌 80%/2014.11.26 至 2019.11.26/低毒

作物	防治对象	用药量	施用方法
茶树	炭疽病	1143-1600毫克/千克	喷雾
观赏植物	炭疽病、锈病、叶斑病	1143-1600毫克/千克	喷雾
花生	叶斑病	750-960克/公顷	喷雾
梨树、苹果树	多种病害	1143-1600毫克/千克	喷雾
马铃薯	晚疫病、早疫病	960-1200克/公顷	喷雾
麦类	锈病	960-1440克/公顷	喷雾
蔬菜、油菜	多种病害	960-1200克/公顷	喷雾
烟草	立枯病、炭疽病	960-1200克/公顷	喷雾

PD20081993　草甘膦异丙胺盐/41%/水剂/草甘膦异丙胺盐 41%/2013.11.25 至 2018.11.25/微毒

作物	防治对象	用药量	施用方法
柑橘园	杂草	1125-2250克/公顷	定向喷雾

PD20082196　草甘膦/30%/水剂/草甘膦 30%/2013.11.26 至 2018.11.26/低毒

作物	防治对象	用药量	施用方法
柑橘园	杂草	1125-2250克/公顷	定向茎叶喷雾

PD20085320　辛硫磷/3%/颗粒剂/辛硫磷 3%/2013.12.24 至 2018.12.24/微毒

作物	防治对象	用药量	施用方法
花生	地下害虫	1800-3600克/公顷	撒施

PD20090017　辛硫磷/40%/乳油/辛硫磷 40%/2014.01.06 至 2019.01.06/低毒

作物	防治对象	用药量	施用方法
棉花	棉铃虫	300-375克/公顷	喷雾

PD20091282　代森锰锌/70%/可湿性粉剂/代森锰锌 70%/2014.02.01 至 2019.02.01/低毒

作物	防治对象	用药量	施用方法
番茄	早疫病	1845-2370克/公顷	喷雾
柑橘树	疮痂病、炭疽病	1333－2000毫克/千克	喷雾
花生	叶斑病	720－900克/公顷	喷雾
梨树	黑星病	800－1600毫克/千克	喷雾
荔枝树	霜疫霉病	1333－2000毫克/千克	喷雾
马铃薯	晚疫病	1440－2160克/公顷	喷雾
苹果树	斑点落叶病、轮纹病、炭疽病	1000－1600毫克/千克	喷雾
葡萄	白腐病、黑痘病、霜霉病	1000－1600毫克/千克	喷雾
西瓜	炭疽病	1560－2520克/公顷	喷雾
烟草	赤星病	1440－1920克/公顷	喷雾

PD20093056　甲硫・三唑酮/20%/可湿性粉剂/甲基硫菌灵 8%、三唑酮 12%/2014.03.09 至 2019.03.09/低毒

作物	防治对象	用药量	施用方法
小麦	白粉病	180-300克/公顷	喷雾

PD20096636　代森锰锌/50%/可湿性粉剂/代森锰锌 50%/2014.09.02 至 2019.09.02/低毒

作物	防治对象	用药量	施用方法
番茄	早疫病	1845-2370克/公顷	喷雾
黄瓜	霜霉病	2040－3000克/公顷	喷雾
辣椒、甜椒	炭疽病、疫病	1800－2520克/公顷	喷雾

PD20098095　草甘膦铵盐/50%/可溶粉剂/草甘膦 50%/2014.12.08 至 2019.12.08/低毒

作物	防治对象	用药量	施用方法
柑橘园	杂草	1125-2250克/公顷	定向喷雾

注:草甘膦铵盐含量：55%。

PD20131000　高效氯氟氰菊酯/25克/升/乳油/高效氯氟氰菊酯 25克/升/2013.05.07 至 2018.05.07/低毒

作物	防治对象	用药量	施用方法
柑橘树	潜叶蛾	12.5-25毫克/千克	喷雾
梨树	梨小食心虫	12.5-25毫克/千克	喷雾

四川新朝阳邦威生物科技有限公司　（四川省成都市天然产物蒲江高科技产业园　611630　028-88555480）

PD20100413　三环唑/75%/可湿性粉剂/三环唑 75%/2015.01.14 至 2020.01.14/低毒

作物	防治对象	用药量	施用方法
水稻	稻瘟病	225－304克/公顷	喷雾

WP20080265　电热蚊香片/14毫克/片/电热蚊香片/炔丙菊酯 14毫克/片/2013.11.27 至 2018.11.27/微毒

作物	防治对象	用药量	施用方法
卫生	蚊	/	电热加温

WP20080380　电热蚊香液/1.25%/电热蚊香液/炔丙菊酯 1.25%/2013.12.11 至 2018.12.11/微毒

作物	防治对象	用药量	施用方法
卫生	蚊	/	电热加温

WP20090028　电热蚊香片/35毫克/片/电热蚊香片/炔丙菊酯 7毫克/片、右旋烯丙菊酯 28毫克/片/2014.01.12 至 2019.01.12/微毒

作物	防治对象	用药量	施用方法
卫生	蚊	/	电热加温

WP20090166　杀虫气雾剂/0.33%/气雾剂/胺菊酯 0.25%、富右旋反式烯丙菊酯 0.08%/2014.03.09 至 2019.03.09/微毒

作物	防治对象	用药量	施用方法
卫生	蚊、蝇、蜚蠊	/	喷雾

WP20090170　杀虫气雾剂/0.3%/气雾剂/除虫菊素(Ⅰ+Ⅱ) 0.3%/2014.03.09 至 2019.03.09/微毒

作物	防治对象	用药量	施用方法
卫生	蚊、蝇、蜚蠊	/	喷雾

WP20090272　电热蚊香片/15毫克/片/电热蚊香片/除虫菊素(Ⅰ+Ⅱ) 15毫克/片/2014.05.18 至 2019.05.18/微毒

作物	防治对象	用药量	施用方法
卫生	蚊	/	电热加温

WP20090281　蚊香/0.25%/蚊香/除虫菊素(Ⅰ+Ⅱ) 0.25%/2014.06.02 至 2019.06.02/微毒

作物	防治对象	用药量	施用方法
卫生	蚊	/	点燃

四川新洁灵生化科技有限公司　（四川省成都市温江区海峡两岸科技产业开发园(温江区创新中心对面)　611130　028-82

PD20101332　α-氯代醇/1%/饵剂/α-氯代醇 1%/2015.03.18 至 2020.03.18/中等毒

作物	防治对象	用药量	施用方法
室内	家鼠	饱和投饵	投饵

PD20101333　α-氯代醇/80%/原药/α-氯代醇 80%/2015.03.18 至 2020.03.18/中等毒

泸州东方农化有限公司　（四川省泸州市纳溪区新乐镇天桥化工园区　646300　0830-4692825）

PD20093958 稻瘟灵/95%/原药/稻瘟灵 95%/2014.03.27 至 2019.03.27/低毒
PD20110476 甲霜灵/98%/原药/甲霜灵 98%/2011.04.22 至 2016.04.22/低毒
PD20111362 克菌丹/95%/原药/克菌丹 95%/2011.12.12 至 2016.12.12/低毒
注:专供出口，不得在国内销售。
PD20120947 唑草酮/95%/原药/唑草酮 95%/2012.06.14 至 2017.06.14/低毒
PD20131590 唑草酮/40%/水分散粒剂/唑草酮 40%/2013.07.29 至 2018.07.29/低毒
冬小麦田 一年生阔叶杂草 24-30克/公顷 茎叶喷雾
PD20132694 唑草酮/400克/升/乳油/唑草酮 400克/升/2013.12.25 至 2018.12.25/低毒
注:专供出口，不得在国内销售。
PD20140690 嘧菌酯/95%/原药/嘧菌酯 95%/2014.03.24 至 2019.03.24/微毒
PD20140691 噻虫嗪/98%/原药/噻虫嗪 98%/2014.03.24 至 2019.03.24/低毒
PD20141349 抑霉唑/98%/原药/抑霉唑 98%/2014.06.04 至 2019.06.04/中等毒
PD20150526 克菌丹/95%/原药/克菌丹 95%/2015.03.23 至 2020.03.23/低毒
PD20150764 腐霉利/99%/原药/腐霉利 99%/2015.05.12 至 2020.05.12/低毒
PD20150925 氨氟乐灵/97%/原药/氨氟乐灵 97%/2015.06.10 至 2020.06.10/低毒
PD20150926 氨氟乐灵/65%/水分散粒剂/氨氟乐灵 65%/2015.06.10 至 2020.06.10/低毒
非耕地 一年生杂草 780-1121克/公顷 土壤喷雾
PD20151632 吡唑醚菌酯/97.5%/原药/吡唑醚菌酯 97.5%/2015.08.28 至 2020.08.28/低毒
LS20140144 氟噻草胺/98%/原药/氟噻草胺 98%/2014.04.10 至 2015.04.10/中等毒
注:专供出口，不得在国内销售。

台湾省

（台湾）环益顾问有限公司 （台湾省台北县新店市民权路137号5楼 214043 ）

WP20140148 杀蟑饵剂/50%/饵剂/硼酸 50%/2014.06.24 至 2019.06.24/微毒
室内 蜚蠊 / 投放

龙杏生技制药股份有限公司 （台湾省台南县佳里镇嘉福里115号之1 722 +886-6-7220666）

LS20130320 1-甲基环丙烯/0.18%/泡腾片剂/1-甲基环丙烯 0.18%/2015.06.08 至 2016.06.08/低毒
番茄 保鲜 0.6微升/升 密闭熏蒸

台湾日产化工股份有限公司 （台湾省台北市复兴路57号10楼 105 02-27217371-12）

PD20084433 代森锰锌/80%/可湿性粉剂/代森锰锌 80%/2013.12.17 至 2018.12.17/低毒
西瓜 炭疽病 1995-3000克/公顷 喷雾

台湾隽农实业股份有限公司 （台湾省台中市华美西街二段369号10F-1 00886-4-23126656）

PD20050095 噻菌灵/98.5%/原药/噻菌灵 98.5%/2015.07.04 至 2020.07.04/低毒
PD20050096 噻菌灵/40%/可湿性粉剂/噻菌灵 40%/2015.07.04 至 2020.07.04/低毒
蘑菇 褐腐病 0.3-0.4克/平方米 菇床喷雾
苹果树 轮纹病 267-400毫克/千克 喷雾
葡萄 黑痘病 267～400毫克/千克 喷雾
香蕉 储藏病害 400-800毫克/千克 浸果1分钟

兴农股份有限公司 （上海市奉贤区柘林镇北村路28号 201416 021-57493733-5231）

PD20080851 百草枯二氯化物/阳离子32.6%/母药/百草枯二氯化物 阳离子32.6%/2013.06.23 至 2018.06.23/剧毒
PD20080870 代森锰锌/80%/可湿性粉剂/代森锰锌 80%/2013.06.27 至 2018.06.27/低毒
番茄 早疫病 1875-2100克/公顷 喷雾
梨树 黑星病 1000-1333.3毫克/千克 喷雾
PD20081619 腈菌·锰锌/62.25%/可湿性粉剂/腈菌唑 2.25%、代森锰锌 60%/2013.11.12 至 2018.11.12/低毒
黄瓜 白粉病 1867.5-2340克/公顷 喷雾
PD20090969 戊唑醇/430克/升/悬浮剂/戊唑醇 430克/升/2014.01.20 至 2019.01.20/低毒
梨树 黑星病 3000－4000倍液 喷雾
PD20092501 丙森锌/70%/可湿性粉剂/丙森锌 70%/2014.02.26 至 2019.02.26/低毒
大白菜 霜霉病 1575－2250克/公顷 喷雾
PD20095128 敌瘟磷/94%/原药/敌瘟磷 94%/2014.04.24 至 2019.04.24/中等毒
PD20095865 喹啉铜/98%/原药/喹啉铜 98%/2014.05.27 至 2019.05.27/低毒
PD20095866 喹啉铜/33.5%/悬浮剂/喹啉铜 33.5%/2014.05.27 至 2019.05.27/低毒
黄瓜 霜霉病 300-405克/公顷 喷雾
PD20150850 嘧菌酯/98%/原药/嘧菌酯 98%/2015.05.18 至 2020.05.18/低毒
PD20151405 草铵膦/95%/原药/草铵膦 95%/2015.07.30 至 2020.07.30/低毒

天津市

天津阿斯化学有限公司 （天津经济技术开发区西区新安路98号 300462 022-59832120）

PD20081779 杀鼠灵/0.05%/毒饵/杀鼠灵 0.05%/2013.11.19 至 2018.11.19/高毒
室内 家鼠 15克×2堆/15平方米 投放毒饵
WP20070021 杀虫粉剂/0.4%/粉剂/残杀威 0.4%/2012.09.21 至 2017.09.21/低毒
空间 黑皮蠹、蚂蚁 3克制剂/平方米 撒布
WP20080016 电热蚊香液/0.81%/电热蚊香液/炔丙菊酯 0.81%/2013.01.11 至 2018.01.11/低毒
卫生 蚊 / 电热加温
注:本品有两种香型：花香型、无香型。

WP20080025 电热蚊香片/10毫克/片/电热蚊香片/炔丙菊酯 10毫克/片/2013.02.14 至 2018.02.14/低毒
卫生 蚊 电热加温
注:本品有两种香型:花香型、无香型。

WP20080071 杀虫气雾剂/0.31%/气雾剂/氯菊酯 0.1%、炔丙菊酯 0.01%、右旋胺菊酯 0.2%/2013.05.12 至 2018.05.12/低毒
卫生 蜚蠊、蚂蚁、跳蚤、蚊、蝇、螨 / 喷雾
注:本品有三种香型:无香型、柠檬香型、苹果香型。

WP20080574 电热蚊香液/1.5%/电热蚊香液/炔丙菊酯 1.5%/2013.12.26 至 2018.12.26/低毒
卫生 蚊 / 电热加温
注:本品有两种香型:薰衣草香型、无香型。

WP20090002 杀飞虫气雾剂/0.25%/气雾剂/生物苄呋菊酯 0.03%、右旋胺菊酯 0.22%/2014.01.04 至 2019.01.04/低毒
卫生 蚊、蝇 / 喷雾
注:本品有两种香型:无香型、柑桔香型。

WP20090059 驱蚊片/500毫克/片/驱蚊片/四氟苯菊酯 500毫克/片/2014.01.21 至 2019.01.21/微毒
卫生 蚊 电吹风

WP20090110 杀蟑气雾剂/0.4%/气雾剂/炔咪菊酯 0.1%、右旋苯醚氰菊酯 0.3%/2014.02.09 至 2019.02.09/低毒
卫生 蜚蠊 喷雾

WP20090273 杀蟑饵剂/35%/饵剂/硼酸 35%/2014.05.27 至 2019.05.27/低毒
卫生 蜚蠊 2.1克/平方米 投放

WP20090296 杀虫烟雾剂/7.2%/烟雾剂/右旋苯醚氰菊酯 7.2%/2014.07.15 至 2019.07.15/低毒
卫生 蜚蠊 0.36克/立方米 加水发烟
卫生 跳蚤、螨 / 加水发烟

WP20100094 杀螨纸/0.25克/平方米 /杀螨纸/右旋苯醚菊酯 0.25克/平方米/2010.06.28 至 2015.06.28/低毒
卫生 尘螨 / 铺放

WP20110057 杀蚁饵剂/0.9%/饵剂/氟蚁腙 0.9%/2016.02.25 至 2021.02.25/低毒
卫生 蚂蚁 / 投放

WP20110069 电热蚊香片/36毫克/片/电热蚊香片/右旋烯丙菊酯 36毫克/片/2011.03.24 至 2016.03.24/微毒
卫生 蚊 / 电热加温

WP20110248 杀蚁粉剂/0.55%/粉剂/残杀威 0.5%、氟氯氰菊酯 0.05%/2011.11.04 至 2016.11.04/低毒
室内 蚂蚁 / 撒布

WP20110250 杀蟑饵剂/0.05%/饵剂/氟虫腈 0.05%/2011.11.15 至 2016.11.15/低毒
卫生 蜚蠊 / 投放

WP20120195 防蛀片剂/400毫克/片/防蛀片剂/右旋烯炔菊酯 400毫克/片/2012.10.17 至 2017.10.17/低毒
卫生 黑皮蠹 / 投放
注:本产品有三种香型:薰衣草型、葡萄柚香型、无香型。

WP20130113 防蛀片剂/300毫克/片/防蛀片剂/右旋烯炔菊酯 300毫克/片/2013.05.28 至 2018.05.28/低毒
卫生 黑毛皮蠹 / 投放
注:本产品有三联单种香型:薰衣草香型、葡萄柚香型、无香型。

WP20130114 杀虫喷射剂/1.7%/喷射剂/四氟苯菊酯 1.7%/2013.05.29 至 2018.05.29/低毒
卫生 蚊 / 喷射
注:本产品有一种香型:无香型。

天津艾格福农药科技有限公司 (天津市宁河县芦台镇北胡村 301500 022-26530361)

PD20080578 啶虫脒/5%/乳油/啶虫脒 5%/2013.05.12 至 2018.05.12/低毒
菠菜 蚜虫 22.5-37.5克/公顷 喷雾
黄瓜、芹菜 蚜虫 18-27克/公顷 喷雾
莲藕 莲缢管蚜 15-22.5克/公顷 喷雾
萝卜 黄条跳甲 45-90克/公顷 喷雾

PD20081903 辛硫磷/40%/乳油/辛硫磷 40%/2013.11.21 至 2018.11.21/低毒
甘蓝 菜青虫 420-450克/公顷 喷雾

PD20082044 氯氰菊酯/5%/乳油/氯氰菊酯 5%/2013.11.25 至 2018.11.25/低毒
十字花科蔬菜 菜青虫 30-45克/公顷 喷雾

PD20082109 敌敌畏/80%/乳油/敌敌畏 80%/2013.11.25 至 2018.11.25/中等毒
棉花 棉蚜 900-1200克/公顷 喷雾

PD20082749 高效氯氰菊酯/4.5%/乳油/高效氯氰菊酯 4.5%/2013.12.08 至 2018.12.08/低毒
甘蓝 菜青虫 27-33.75克/公顷 喷雾
韭菜 迟眼蕈蚊 6.75-13.5克/公顷 喷雾
辣椒 烟青虫 24-34克/公顷 喷雾

PD20092034 阿维·敌敌畏/40%/乳油/阿维菌素 0.3%、敌敌畏 39.7%/2014.02.12 至 2019.02.12/中等毒(原药高毒)
黄瓜 美洲斑潜蝇 405-450克/公顷 喷雾

PD20092216 乙铝·多菌灵/60%/可湿性粉剂/多菌灵 20%、三乙膦酸铝 40%/2014.02.24 至 2019.02.24/低毒
苹果树 轮纹病 1000-1250毫克/千克 喷雾

PD20094597 毒·辛/40%/乳油/毒死蜱 10%、辛硫磷 30%/2014.04.10 至 2019.04.10/中等毒
棉花 棉铃虫 450-600克/公顷 喷雾

PD20097898 氟乐灵/480克/升/乳油/氟乐灵 480克/升/2014.11.30 至 2019.11.30/低毒

大豆田 一年生杂草 900-1260克/公顷 播后苗前土壤喷雾
PD20098329 百菌清/75%/可湿性粉剂/百菌清 75%/2014.12.18 至 2019.12.18/低毒
黄瓜 霜霉病 2325－3000克/公顷 喷雾
苦瓜 霜霉病 1125-2250克/公顷 喷雾
PD20100031 百菌清/40%/悬浮剂/百菌清 40%/2015.01.04 至 2020.01.04/低毒
花生 叶斑病 750－900克/公顷 喷雾
PD20100080 多菌灵/50%/可湿性粉剂/多菌灵 50%/2015.01.04 至 2020.01.04/低毒
莲藕 叶斑病 375-450克/公顷 喷雾
水稻 稻瘟病 500－1000克/公顷 喷雾
PD20100173 二嗪磷/50%/乳油/二嗪磷 50%/2015.01.05 至 2020.01.05/低毒
水稻 二化螟 675-900克/公顷 喷雾
PD20100311 速灭威/20%/乳油/速灭威 20%/2015.01.11 至 2020.01.11/低毒
水稻 稻飞虱 525-600克/公顷 喷雾
PD20100574 溴氰菊酯/25克/升/乳油/溴氰菊酯 25克/升/2015.01.14 至 2020.01.14/低毒
梨树 梨小食心虫 8.33-10毫克/千克 喷雾
PD20100776 仲丁威/50%/乳油/仲丁威 50%/2015.01.18 至 2020.01.18/中等毒
水稻 叶蝉 375-562.5克/公顷 喷雾
PD20100885 精喹禾灵/5%/乳油/精喹禾灵 5%/2015.01.19 至 2020.01.19/低毒
夏大豆田 一年生禾本科杂草 37.5-60克/公顷 喷雾
PD20122074 炔螨特/57%/乳油/炔螨特 57%/2012.12.24 至 2017.12.24/低毒
苹果树 红蜘蛛 250-380毫克/千克 喷雾
PD20130092 虫酰肼/20%/悬浮剂/虫酰肼 20%/2013.01.17 至 2018.01.17/低毒
甘蓝 甜菜夜蛾 210-300克/公顷 喷雾
PD20130110 二甲戊灵/330克/升/乳油/二甲戊灵 330克/升/2013.01.17 至 2018.01.17/低毒
甘蓝田 一年生杂草 618.8-742.5克/公顷 土壤喷雾
PD20130161 甲基硫菌灵/70%/可湿性粉剂/甲基硫菌灵 70%/2013.01.24 至 2018.01.24/低毒
水稻 纹枯病 1050-1500克/公顷 喷雾
PD20130627 联苯菊酯/25克/升/乳油/联苯菊酯 25克/升/2013.04.03 至 2018.04.03/低毒
茶树 茶小绿叶蝉 30-37.5克/公顷 喷雾
PD20130642 阿维菌素/5%/乳油/阿维菌素 5%/2013.04.05 至 2018.04.05/中等毒(原药高毒)
甘蓝 小菜蛾 8.1－10.8克/公顷 喷雾
茭白 二化螟 9.5-13.5克/公顷 喷雾
PD20130822 甲维・氟铃脲/10.5%/水分散粒剂/氟铃脲 10%、甲氨基阿维菌素苯甲酸盐 .5%/2013.04.22 至 2018.04.22/低毒
甘蓝 小菜蛾 23.625-47.25克/公顷 喷雾
PD20140958 吡虫啉/70%/可湿性粉剂/吡虫啉 70%/2014.04.14 至 2019.04.14/低毒
菠菜 蚜虫 30-45克/公顷 喷雾
韭菜 韭蛆 300-450克/公顷 药土法
莲藕 莲缢管蚜 15-30克/公顷 喷雾
棉花 蚜虫 26.25-31.5克/公顷 喷雾
芹菜 蚜虫 15-30克/公顷 喷雾
PD20150475 苦参碱/1.3%/水剂/苦参碱 1.3%/2015.03.20 至 2020.03.20/微毒
甘蓝 蚜虫 4.875-7.8克/公顷 喷雾
PD20151422 苦参碱/2%/水剂/苦参碱 2%/2015.07.30 至 2020.07.30/低毒
甘蓝 菜青虫 4.5-6克/公顷 喷雾
PD20152147 戊唑醇/80%/可湿性粉剂/戊唑醇 80%/2015.09.22 至 2020.09.22/低毒
梨树 黑星病 110-143毫克/千克 喷雾
WP20120235 高氯・残杀威/8%/悬浮剂/残杀威 5%、高效氯氰菊酯 3%/2012.12.07 至 2017.12.07/低毒
卫生 蝇 50-100毫克/平方米 滞留喷洒

天津博克百胜科技有限公司 (天津市滨海新区大港中塘镇刘塘庄化工区 300270 022-63252218)

PD20080801 啶虫脒/5%/可湿性粉剂/啶虫脒 5%/2013.06.20 至 2018.06.20/低毒
甘蓝 蚜虫 15-22.5克/公顷 喷雾
PD20081894 马拉硫磷/45%/乳油/马拉硫磷 45%/2013.11.20 至 2018.11.20/低毒
棉花 盲蝽蟓 405-607.5克/公顷 喷雾
PD20082147 高效氯氟氰菊酯/25克/升/乳油/高效氯氟氰菊酯 25克/升/2013.11.25 至 2018.11.25/低毒
苹果树 桃小食心虫 5－6.3毫克/千克 喷雾
PD20082174 多菌灵/80%/可湿性粉剂/多菌灵 80%/2013.11.26 至 2018.11.26/低毒
苹果树 轮纹病 500-1000毫克/千克 喷雾
PD20083589 马拉・辛硫磷/20%/乳油/马拉硫磷 10%、辛硫磷 10%/2013.12.12 至 2018.12.12/低毒
棉花 棉铃虫 150-225克/公顷 喷雾
小麦 红蜘蛛 135-180克/公顷 喷雾
PD20084887 毒死蜱/480克/升/乳油/毒死蜱 480克/升/2013.12.22 至 2018.12.22/中等毒
苹果树 桃小食心虫 200-240毫克/千克 喷雾
PD20090378 啶虫脒/5%/乳油/啶虫脒 5%/2014.01.12 至 2019.01.12/低毒

黄瓜 蚜虫 18-22.5克/公顷 喷雾
PD20090990 甲基硫菌灵/70%/可湿性粉剂/甲基硫菌灵 70%/2014.01.21 至 2019.01.21/低毒
苹果树 轮纹病 600-800毫克/千克 喷雾
PD20092399 高效氯氟氰菊酯/25克/升/乳油/高效氯氟氰菊酯 25克/升/2014.02.25 至 2019.02.25/中等毒
苹果树 桃小食心虫 6.25-8.3克/公顷 喷雾
PD20093294 联苯菊酯/25克/升/乳油/联苯菊酯 25克/升/2014.03.11 至 2019.03.11/低毒
棉花 棉铃虫 41.25-52.5克/公顷 喷雾
PD20093862 多菌灵/80%/可湿性粉剂/多菌灵 80%/2014.03.25 至 2019.03.25/低毒
苹果树 轮纹病 500-1000毫克/千克 喷雾
PD20094164 烟嘧磺隆/40克/升/可分散油悬浮剂/烟嘧磺隆 40克/升/2014.03.27 至 2019.03.27/低毒
春玉米田 一年生杂草 50-60克/公顷 茎叶喷雾
夏玉米田 一年生杂草 42-60克/公顷 茎叶喷雾
PD20094656 精喹禾灵/50克/升/乳油/精喹禾灵 50克/升/2014.04.10 至 2019.04.10/低毒
棉花田 一年生禾本科杂草 37.5-60克/公顷 茎叶喷雾
PD20094732 异丙甲草胺/720克/升/乳油/异丙甲草胺 720克/升/2014.04.10 至 2019.04.10/低毒
夏玉米田 一年生禾本科杂草及部分小粒种子阔叶杂草 1080-1350克/公顷 播后苗前土壤喷雾
PD20095225 高效氟吡甲禾灵/108克/升/乳油/高效氟吡甲禾灵 108克/升/2014.04.24 至 2019.04.24/低毒
夏大豆田 一年生禾本科杂草 48.6-56.7克/公顷 茎叶喷雾
PD20095362 石硫合剂/29%/水剂/石硫合剂 29%/2014.04.27 至 2019.04.27/低毒
柑橘树 红蜘蛛 0.75-1.0Be(波美) 喷雾
PD20095929 二甲戊灵/330克/升/乳油/二甲戊灵 330克/升/2014.06.02 至 2019.06.02/低毒
甘蓝田 一年生杂草 495-742.5克/公顷 移栽前土壤喷雾
PD20097343 精喹禾灵/15%/乳油/精喹禾灵 15%/2014.10.27 至 2019.10.27/低毒
夏大豆田 一年生禾本科杂草 52.5-65克/公顷 茎叶喷雾
PD20098318 氟磺胺草醚/250克/升/水剂/氟磺胺草醚 250克/升/2014.12.18 至 2019.12.18/低毒
春大豆田 一年生阔叶杂草 80-100毫升制剂/亩 茎叶喷雾
PD20098504 甲氨基阿维菌素苯甲酸盐/1%/乳油/甲氨基阿维菌素 1%/2014.12.24 至 2019.12.24/低毒
甘蓝 小菜蛾 1.5-3克/公顷 喷雾
注:甲氨基阿维菌素苯甲酸盐含量: 1.14%。
PD20100947 烯唑醇/12.5%/可湿性粉剂/烯唑醇 12.5%/2015.01.19 至 2020.01.19/低毒
梨树 黑星病 31-53毫克/千克 喷雾
PD20110669 络氨铜/15%/水剂/络氨铜 15%/2011.06.20 至 2016.06.20/低毒
西瓜 枯萎病 0.2-0.25克/株 灌根
PD20111068 代森锌/80%/可湿性粉剂/代森锌 80%/2011.10.11 至 2016.10.11/低毒
苹果树 炭疽病 1143-1600毫克/千克 喷雾
PD20120859 三氯异氰尿酸/85%/可溶粉剂/三氯异氰尿酸 85%/2012.05.22 至 2017.05.22/低毒
棉花 枯萎病 432-540克/公顷 喷雾
PD20121587 乙·莠/55%/悬乳剂/乙草胺 29%、莠去津 26%/2012.10.25 至 2017.10.25/低毒
春玉米田 一年生杂草 1650-2475克/公顷 播后苗前土壤喷雾
夏玉米田 一年生杂草 990-1650克/公顷 播后苗前土壤喷雾
PD20121595 乙羧氟草醚/20%/乳油/乙羧氟草醚 20%/2012.10.25 至 2017.10.25/低毒
夏大豆田 一年生阔叶杂草 60-90克/公顷 茎叶喷雾
PD20132594 阿维菌素/18克/升/乳油/阿维菌素 18克/升/2013.12.17 至 2018.12.17/低毒(原药高毒)
棉花 红蜘蛛 10.8-16.2克/公顷 喷雾
LS20140183 硝磺·异丙·莠/46%/可分散油悬浮剂/异丙草胺 19%、莠去津 22%、硝磺草酮 5%/2015.05.06 至 2016.05.06/低毒
玉米田 一年生杂草 1380-1725克/公顷 茎叶喷雾
LS20140184 烟·莠·异丙甲/42%/可分散油悬浮剂/烟嘧磺隆 2%、异丙甲草胺 17%、莠去津 23%/2015.05.06 至 2016.05.06/低毒
玉米田 一年生杂草 945-1260克/公顷 茎叶喷雾

天津东方红化工有限公司 (天津市大港区上古林乡上古林村 300270 022-63223577)

WP20090090 驱蚊液/4.5%/驱蚊液/避蚊胺 4.5%/2014.02.03 至 2019.02.03/低毒
卫生 蚊 / 涂抹

天津京津农药有限公司 (天津市武清区大黄堡乡东八里庄 301702 022-82251032)

PD84111-9 氧乐果/40%/乳油/氧乐果 40%/2014.10.28 至 2019.10.28/中等毒(原药高毒)
棉花 蚜虫、螨 375-600克/公顷 喷雾
森林 松干蚧、松毛虫 500倍液 喷雾或直接涂树干
水稻 稻纵卷叶螟、飞虱 375-600克/公顷 喷雾
小麦 蚜虫 300-450克/公顷 喷雾
PD20040536 哒螨灵/15%/乳油/哒螨灵 15%/2014.12.19 至 2019.12.19/中等毒
柑橘树 红蜘蛛 50-67毫克/千克 喷雾
PD20050090 高效氯氰菊酯/4.5%/乳油/高效氯氰菊酯 4.5%/2015.07.01 至 2020.07.01/低毒
十字花科蔬菜 菜青虫 20.25-27克/公顷 喷雾
PD20080835 啶虫脒/5%/乳油/啶虫脒 5%/2013.06.20 至 2018.06.20/低毒

	黄瓜	蚜虫	18-22.5克/公顷	喷雾
PD20082071	代森锰锌/80%/可湿性粉剂/代森锰锌 80%/2013.11.25 至 2018.11.25/低毒			
	番茄	早疫病	1845-2370克/公顷	喷雾
PD20083792	霜霉威盐酸盐/35%/水剂/霜霉威盐酸盐 35%/2013.12.15 至 2018.12.15/低毒			
	黄瓜	霜霉病	866-1083克/公顷	喷雾
PD20084246	阿维·高氯/1.8%/乳油/阿维菌素 0.3%、高效氯氰菊酯 1.5%/2013.12.17 至 2018.12.17/低毒(原药高毒)			
	梨树	梨木虱	6-12毫克/千克	喷雾
	十字花科蔬菜	菜青虫、小菜蛾	8.1-16.2克/公顷	喷雾
PD20084578	甲基硫菌灵/50%/可湿性粉剂/甲基硫菌灵 50%/2013.12.18 至 2018.12.18/低毒			
	番茄	叶霉病	375-562.5克/公顷	喷雾
PD20090666	锰锌·乙铝/64%/可湿性粉剂/代森锰锌 40%、三乙膦酸铝 24%/2014.01.19 至 2019.01.19/低毒			
	黄瓜	霜霉病	1350-1920克/公顷	喷雾
PD20091771	二甲戊灵/33%/乳油/二甲戊灵 33%/2014.02.04 至 2019.02.04/低毒			
	花生田	一年生杂草	742.5-990克/公顷	土壤喷雾
PD20092055	嘧霉胺/20%/悬浮剂/嘧霉胺 20%/2014.02.13 至 2019.02.13/低毒			
	黄瓜	灰霉病	375-562.5克/公顷	喷雾
PD20092165	毒·辛/40%/乳油/毒死蜱 10%、辛硫磷 30%/2014.02.23 至 2019.02.23/低毒			
	棉花	棉铃虫	420-450克/公顷	喷雾
PD20093992	高氯·辛硫磷/20%/乳油/高效氯氰菊酯 2%、辛硫磷 18%/2014.03.27 至 2019.03.27/中等毒			
	棉花	棉铃虫	150-225克/公顷	喷雾
PD20094815	乙酰甲胺磷/30%/乳油/乙酰甲胺磷 30%/2014.04.13 至 2019.04.13/低毒			
	棉花	蚜虫	750-900克/公顷	喷雾
PD20096333	丙溴磷/40%/乳油/丙溴磷 40%/2014.07.22 至 2019.07.22/低毒			
	棉花	棉铃虫	450-600克/公顷	喷雾
PD20096757	代森锌/90%/原药/代森锌 90%/2014.09.07 至 2019.09.07/低毒			
PD20097288	烟嘧磺隆/40克/升/可分散油悬浮剂/烟嘧磺隆 40克/升/2014.10.26 至 2019.10.26/低毒			
	玉米田	一年生杂草	42-60克/公顷	茎叶喷雾
PD20097719	福·福锌/60%/可湿性粉剂/福美双 20%、福美锌 40%/2014.11.04 至 2019.11.04/低毒			
	黄瓜	炭疽病	1440-1800克/公顷	喷雾
PD20100259	代森锌/80%/可湿性粉剂/代森锌 80%/2015.01.11 至 2020.01.11/低毒			
	花生	叶斑病	850—950克/公顷	喷雾
PD20100505	毒死蜱/45%/乳油/毒死蜱 45%/2015.01.14 至 2020.01.14/中等毒			
	水稻	稻纵卷叶螟	432-576克/公顷	喷雾
PD20100586	联苯菊酯/100克/升/乳油/联苯菊酯 100克/升/2015.01.14 至 2020.01.14/中等毒			
	苹果树	桃小食心虫	25-33毫克/千克	喷雾
PD20100641	丙溴磷/89%/原药/丙溴磷 89%/2015.01.15 至 2020.01.15/中等毒			
PD20100649	马拉硫磷/45%/乳油/马拉硫磷 45%/2015.01.15 至 2020.01.15/低毒			
	棉花	盲蝽蟓	405-607.5克/公顷	喷雾
PD20100844	异丙甲草胺/720克/升/乳油/异丙甲草胺 720克/升/2015.01.19 至 2020.01.19/低毒			
	玉米田	一年生杂草	1080-1620克/公顷	土壤喷雾
PD20100884	噁霉灵/15%/水剂/噁霉灵 15%/2015.01.19 至 2020.01.19/低毒			
	水稻	立枯病	13500—18000克/公顷	苗床、育秧箱土壤处理
PD20101841	杀螟丹/98%/原药/杀螟丹 98%/2015.07.28 至 2020.07.28/中等毒			
PD20110927	烟嘧磺隆/95%/原药/烟嘧磺隆 95%/2011.09.06 至 2016.09.06/低毒			
天津久日化学股份有限公司 (天津市新技术产业园区北辰科技工业园双辰中路22号 300400 022-83719710)				
PD20083004	氟硅唑/93%/原药/氟硅唑 93%/2013.12.10 至 2018.12.10/低毒			
PD20093522	氟硅唑/10%/水乳剂/氟硅唑 10%/2014.03.23 至 2019.03.23/低毒			
	番茄	叶霉病	60-75克/公顷	喷雾
PD20093719	硅唑·咪鲜胺/20%/水乳剂/氟硅唑 4%、咪鲜胺 16%/2014.03.25 至 2019.03.25/低毒			
	黄瓜	炭疽病	120-200克/公顷	喷雾
PD20094219	氟硅唑/40%/乳油/氟硅唑 40%/2014.03.31 至 2019.03.31/低毒			
	梨树	黑星病	40-50毫克/千克	喷雾
PD20094352	氟硅唑/2.5%/热雾剂/氟硅唑 2.5%/2014.04.01 至 2019.04.01/低毒			
	梨树	黑星病	112.5-131.25克/公顷	烟雾机喷雾
PD20102195	毒死蜱/15%/烟雾剂/毒死蜱 15%/2015.12.16 至 2020.12.16/低毒			
	甘蔗	绵蚜	225-337.5克/公顷	喷烟雾
天津科润北方种衣剂有限公司 (天津市西青区杨柳青镇津同公路15号 300380 022-27393880)				
PD20081045	甲拌·多菌灵/15%/悬浮种衣剂/多菌灵 5%、甲拌磷 10%/2013.08.14 至 2018.08.14/高毒			
	小麦	地下害虫	333-400克/100千克种子	种子包衣
PD20082411	异菌脲/50%/可湿性粉剂/异菌脲 50%/2013.12.02 至 2018.12.02/低毒			
	番茄	早疫病	750-1500克/公顷	喷雾
PD20082675	高效氯氟氰菊酯/25克/升/乳油/高效氯氟氰菊酯 25克/升/2013.12.05 至 2018.12.05/低毒			

十字花科蔬菜　菜青虫　11.25-15克/公顷　喷雾
PD20083365　炔螨特/730克/升/乳油/炔螨特 730克/升/2013.12.11 至 2018.12.11/中等毒
柑橘树　红蜘蛛　243.3-365毫克/千克　喷雾
PD20083446　氯氰・辛硫磷/26%/乳油/氯氰菊酯 1%、辛硫磷 25%/2013.12.12 至 2018.12.12/低毒
棉花　棉铃虫　390-468克/公顷　喷雾
PD20083775　多・福/15%/种衣剂/多菌灵 6%、福美双 9%/2013.12.15 至 2018.12.15/低毒
水稻　苗期病害　240-325克/100千克种子　种子包衣
PD20084926　甲・克/25%/悬浮种衣剂/甲拌磷 5%、克百威 20%/2013.12.22 至 2018.12.22/高毒
花生　地下害虫、蚜虫　0.7%-1%种子量　种子包衣
PD20085749　三唑锡/25%/可湿性粉剂/三唑锡 25%/2013.12.26 至 2018.12.26/中等毒
柑橘树　红蜘蛛　125-166.7毫克/千克　喷雾
PD20086326　甲基硫菌灵/70%/可湿性粉剂/甲基硫菌灵 70%/2013.12.31 至 2018.12.31/低毒
番茄　叶霉病　525-630克/公顷　喷雾
PD20090096　多・福/17%/悬浮种衣剂/多菌灵 5%、福美双 12%/2014.01.08 至 2019.01.08/中等毒
小麦　根腐病、黑穗病　1:60-70(药种比)　种子包衣
PD20090115　福・克/20%/悬浮种衣剂/福美双 12%、克百威 8%/2014.01.08 至 2019.01.08/高毒
玉米　地下害虫、茎基腐病　1:35-45(药种比)　种子包衣
PD20090228　三唑酮/25%/可湿性粉剂/三唑酮 25%/2014.01.09 至 2019.01.09/低毒
小麦　白粉病　112.5-150克/公顷　喷雾
PD20090263　克百・多菌灵/25%/悬浮种衣剂/多菌灵 10%、克百威 15%/2014.01.09 至 2019.01.09/高毒
棉花　苗期立枯病、蚜虫　700-1000克/100千克种子　种子包衣
PD20090281　腈・克・福美双/20.75%/悬浮种衣剂/福美双 13%、腈菌唑 0.75%、克百威 7%/2014.01.09 至 2019.01.09/中等毒(原药高毒)
玉米　地下害虫、茎基腐病、丝黑穗病　1:40-50(药种比)　种子包衣
PD20091429　多・福・甲拌磷/17%/悬浮种衣剂/多菌灵 5%、福美双 4%、甲拌磷 8%/2014.02.02 至 2019.02.02/高毒
小麦　地下害虫、黑穗病　1:40-50(药种比)　种子包衣
PD20091666　福・克/20%/悬浮种衣剂/福美双 10%、克百威 10%/2014.02.03 至 2019.02.03/中等毒(原药高毒)
玉米　地下害虫、蓟马、黏虫、蚜虫、玉米螟　1:40(药种比)　种子包衣
PD20091901　多・福・克/25%/悬浮种衣剂/多菌灵 8%、福美双 10%、克百威 7%/2014.02.09 至 2019.02.09/中等毒(原药高毒)
大豆　地下害虫、根腐病　1:50-60(药种比)　种子包衣
PD20092263　多・福・克/35%/悬浮种衣剂/多菌灵 15%、福美双 10%、克百威 10%/2014.02.24 至 2019.02.24/高毒
大豆　根腐病、蓟马、蚜虫　1.2-1.5%种子量　种子包衣
PD20094254　多・咪・福美双/18%/悬浮种衣剂/多菌灵 9%、福美双 7%、咪鲜胺 2%/2014.03.31 至 2019.03.31/低毒
水稻　恶苗病、立枯病　450-600克/100千克种子　种子包衣
PD20095012　噁霜・锰锌/64%/可湿性粉剂/噁霜灵 8%、代森锰锌 56%/2014.04.21 至 2019.04.21/低毒
黄瓜　霜霉病　1650-1950克/公顷　喷雾
PD20095851　甲・克/20%/悬浮种衣剂/甲拌磷 8%、克百威 12%/2014.05.27 至 2019.05.27/高毒
花生　蚜虫　243-283克/100千克种子　种子包衣
PD20110335　苯醚甲环唑/3%/悬浮种衣剂/苯醚甲环唑 3%/2011.03.24 至 2016.03.24/低毒
小麦　全蚀病、散黑穗病　7.5-10克/100千克种子　种子包衣
玉米　丝黑穗病　10-12克/100千克种子　种子包衣
PD20110473　吡・萎・多菌灵/16%/悬浮种衣剂/吡虫啉 5%、多菌灵 6%、萎锈灵 5%/2016.04.22 至 2021.04.22/低毒
棉花　棉蚜、苗期病害　533-800克/100千克种子　种子包衣
PD20111420　氟虫腈/8%/悬浮种衣剂/氟虫腈 8%/2011.12.23 至 2016.12.23/中等毒
玉米　蛴螬　药剂种子质量比1:3750-1:3125　种子包衣

天津绿源生物药业有限公司　(天津市滨海新区大港中塘镇马圈村东　300270　022-63303706)

PD20094072　复硝酚钠/1.4%/水剂/5-硝基邻甲氧基苯酚钠 0.3%、对硝基苯酚钠 0.7%、邻硝基苯酚钠 0.4%/2014.03.27 至2019.03.27/低毒
番茄　调节生长　2000-3000倍液　喷雾法
PD20096680　灭草松/480克/升/水剂/灭草松 480克/升/2014.09.07 至 2019.09.07/低毒
春大豆田　一年生阔叶杂草　1123.2-1497.6克/公顷　茎叶喷雾
PD20096958　乳氟禾草灵/240克/升/乳油/乳氟禾草灵 240克/升/2014.09.29 至 2019.09.29/低毒
花生田　阔叶杂草　82.8-108克/公顷　茎叶喷雾
PD20097135　四螨嗪/20%/悬浮剂/四螨嗪 20%/2014.10.16 至 2019.10.16/低毒
柑橘树　全爪螨　100-125毫克/千克　喷雾
PD20130965　乙・莠/52%/悬乳剂/乙草胺 26%、莠去津 26%/2013.05.02 至 2018.05.02/低毒
玉米田　一年生杂草　1560-2340克/公顷（东北地区），1248-1560克/公顷（其他地区）　播后苗前土壤喷雾
PD20131248　烟嘧・莠去津/22%/可分散油悬浮剂/烟嘧磺隆 2%、莠去津 20%/2013.06.03 至 2018.06.03/低毒
玉米田　一年生杂草　412.5—577.5克/公顷　茎叶喷雾
PD20152486　烟嘧・莠・氯吡/35%/可分散油悬浮剂/氯氟吡氧乙酸 6.5%、烟嘧磺隆 3.5%、莠去津 25%/2015.12.05 至2020.12.05/低毒
玉米田　一年生杂草　420-578克/公顷　茎叶喷雾

LS20150221 烟嘧·莠·氯吡/35%/可分散油悬浮剂/氯氟吡氧乙酸 6.5%、烟嘧磺隆 3.5%、莠去津 25%/2015.07.30 至2016.07.30/低毒

玉米田 一年生杂草 420-577.5克/公顷 茎叶喷雾

天津农药股份有限公司 (天津市北辰区铁东路 300400 022-26391188)

PD85104 敌敌畏/95%/原药/敌敌畏 95%/2010.01.13 至 2015.01.13/中等毒

PD85105 敌敌畏/80%/乳油/敌敌畏 77.5%/2010.01.13 至 2015.01.13/中等毒

茶树 食叶害虫 600克/公顷 喷雾

粮仓 多种储藏害虫 1)400-500倍液2)0.4-0.5克/立方米 1)喷雾2)挂条熏蒸

棉花 蚜虫、造桥虫 600-1200克/公顷 喷雾

苹果树 小卷叶蛾、蚜虫 400-500毫克/千克 喷雾

青菜 菜青虫 600克/公顷 喷雾

桑树 尺蠖 600克/公顷 喷雾

卫生 多种卫生害虫 1)300-400倍液2)0.08克/立方米 1)泼洒2)挂条熏蒸

小麦 黏虫、蚜虫 600克/公顷 喷雾

PD85108 甲拌磷/80%/原药/甲拌磷 80%/2010.01.13 至 2015.01.13/高毒

PD85109 甲拌磷/55%/乳油/甲拌磷 55%/2010.01.13 至 2015.01.13/高毒

棉花 地下害虫、蚜虫、螨 600-800克/100千克种子 浸种、拌种

注:甲拌磷乳油只准用于浸、拌种,严禁喷雾使用。

PD85156 辛硫磷/85%/原药/辛硫磷 85%/2010.07.14 至 2015.07.14/低毒

PD85157 辛硫磷/40%/乳油/辛硫磷 40%/2010.07.14 至 2015.07.14/低毒

茶树、桑树 食叶害虫 200-400毫克/千克 喷雾

果树 食心虫、蚜虫、螨 200-400毫克/千克 喷雾

林木 食叶害虫 3000-6000克/公顷 喷雾

棉花 棉铃虫、蚜虫 300-600克/公顷 喷雾

蔬菜 菜青虫 300-450克/公顷 喷雾

烟草 食叶害虫 300-600克/公顷 喷雾

玉米 玉米螟 450-600克/公顷 灌心叶

PD86154-2 杀螟硫磷/93%、85%、75%/原药/杀螟硫磷 93%、85%、75%/2011.11.02 至 2016.11.02/中等毒

PD91104-3 敌敌畏/50%/乳油/敌敌畏 48%/2011.02.20 至 2016.02.20/中等毒

茶树 食叶害虫 600克/公顷 喷雾

粮仓 多种储粮害虫 1)300-400倍液2)0.4-0.5克/立方米 1)喷雾2)挂条熏蒸

棉花 蚜虫、造桥虫 600-1200克/公顷 喷雾

苹果树 小卷叶蛾、蚜虫 400-500毫克/千克 喷雾

青菜 菜青虫 600克/公顷 喷雾

桑树 尺蠖 600克/公顷 喷雾

卫生 多种卫生害虫 1)250-300倍液2)0.08克/立方米 1)泼洒2)挂条熏蒸

小麦 黏虫、蚜虫 600克/公顷 喷雾

天津人农药业有限责任公司 (天津市北辰区京津公路双发商业街122号 300400 022-26832701)

PD84119 代森铵/45%/水剂/代森铵 45%/2010.12.27 至 2015.12.27/中等毒

白菜、黄瓜 霜霉病 525克/公顷 喷雾

甘薯 黑斑病 200-400倍液 浸种

谷子 白发病 180-360倍液 浸种

水稻 白叶枯病、纹枯病 337.5克/公顷 喷雾

水稻 稻瘟病 525-675克/公顷 喷雾

橡胶树 条溃疡病 150倍液 涂抹

玉米 大斑病、小斑病 525-675克/公顷 喷雾

PD20100097 2,4-滴丁酯/总酯72%,2,4-滴丁酯57%/乳油/2,4-滴丁酯 72%/2010.01.04 至 2015.01.04/低毒

小麦田 一年生阔叶杂草 50-60毫升制剂/亩 茎叶喷雾

PD20100473 二甲戊灵/330克/升/乳油/二甲戊灵 330克/升/2010.01.14 至 2015.01.14/低毒

玉米田 一年生杂草 750-1125克/公顷 播后苗前土壤喷雾

PD20100970 草甘膦/95%/原药/草甘膦 95%/2010.01.19 至 2015.01.19/低毒

天津市阿格罗帕克农药有限公司 (天津市津南区小站镇东 300353 022-28618480)

WP20120099 顺式氯氰菊酯/10%/悬浮剂/顺式氯氰菊酯 10%/2012.05.24 至 2017.05.24/低毒

卫生 蚊、蝇 20毫克/平方米 滞留喷洒

天津市大安农药有限公司 (天津市东丽区军粮城镇大安村 300301 022-84871760)

PD85109-13 甲拌磷/55%/乳油/甲拌磷 55%/2015.01.13 至 2020.01.13/高毒

棉花 地下害虫、蚜虫、螨 600-800克/100千克种子 浸种、拌种

注:甲拌磷乳油只准用于浸、拌种,严禁喷雾使用。

PD85150-43 多菌灵/50%/可湿性粉剂/多菌灵 50%/2011.08.02 至 2016.08.02/低毒

果树 病害 0.05-0.1%药液 喷雾

花生 倒秧病 750克/公顷 喷雾

麦类 赤霉病 750克/公顷 喷雾、泼浇
棉花 苗期病害 250克/50千克种子 拌种
水稻 稻瘟病、纹枯病 750克/公顷 喷雾、泼浇
油菜 菌核病 1125-1500克/公顷 喷雾

PD91106-23 甲基硫菌灵/70%/可湿性粉剂/甲基硫菌灵 70%/2015.01.13 至 2020.01.13/低毒
番茄 叶霉病 375-562.5克/公顷 喷雾
甘薯 黑斑病 360-450毫克/千克 浸薯块
瓜类 白粉病 337.5-506.25克/公顷 喷雾
梨树 黑星病 360-450毫克/千克 喷雾
苹果树 轮纹病 700毫克/千克 喷雾
水稻 稻瘟病、纹枯病 1050-1500克/公顷 喷雾
小麦 赤霉病 750-1050克/公顷 喷雾

PD20040160 氯氰菊酯/5%/乳油/氯氰菊酯 5%/2014.12.19 至 2019.12.19/中等毒
十字花科蔬菜 菜青虫 30-45克/公顷 喷雾

PD20090888 甲霜·噁霉灵/3%/水剂/噁霉灵 2.5%、甲霜灵 0.5%/2014.01.19 至 2019.01.19/低毒
水稻育秧田 立枯病 0.36-0.54克/平方米 喷雾

天津市东方农药有限公司 (天津市东丽区新立街窑上村 300300 022-84991175)

PD20081956 多·福/50%/可湿性粉剂/多菌灵 25%、福美双 25%/2013.11.24 至 2018.11.24/中等毒
梨树 黑星病 1000-1500毫克/千克 喷雾

PD20085147 霜脲·锰锌/72%/可湿性粉剂/代森锰锌 64%、霜脲氰 8%/2013.12.23 至 2018.12.23/低毒
黄瓜 霜霉病 1440-1800克/公顷 喷雾

PD20090021 代森锰锌/70%/可湿性粉剂/代森锰锌 70%/2014.01.06 至 2019.01.06/低毒
番茄 早疫病 1837.5-2362.5克/公顷 喷雾

PD20090105 代森锰锌/80%/可湿性粉剂/代森锰锌 80%/2014.01.08 至 2019.01.08/低毒
苹果树 斑点落叶病 1000-1500毫克/千克 喷雾

PD20090703 氯氰·仲丁威/20%/乳油/氯氰菊酯 4%、仲丁威 16%/2014.01.19 至 2019.01.19/中等毒
甘蓝 菜青虫、蚜虫 67-100毫克/千克 喷雾

PD20095685 甲硫·福美双/70%/可湿性粉剂/福美双 40%、甲基硫菌灵 30%/2014.05.15 至 2019.05.15/中等毒
苹果树 轮纹病 600-800倍液 喷雾

天津市富达化学农药制造有限公司 (天津市汉沽区新华路东 300480 022-67116056)

PD85105-81 敌敌畏/80%/乳油/敌敌畏 77.5%/2010.04.22 至 2015.04.22/中等毒
茶树 食叶害虫 600克/公顷 喷雾
粮仓 多种储藏害虫 1)400-500倍液2)0.4-0.5克/立方米 1)喷雾2)挂条熏蒸
棉花 蚜虫、造桥虫 600-1200克/公顷 喷雾
苹果树 小卷叶蛾、蚜虫 400-500毫克/千克 喷雾
青菜 菜青虫 600克/公顷 喷雾
桑树 尺蠖 600克/公顷 喷雾
卫生 多种卫生害虫 1)300-400倍液2)0.08克/立方米 1)泼洒2)挂条熏蒸
小麦 黏虫、蚜虫 600克/公顷 喷雾

PD85109-14 甲拌磷/55%/乳油/甲拌磷 55%/2010.04.22 至 2015.04.22/高毒
棉花 地下害虫、蚜虫、螨 600-800克/100千克种子 浸种、拌种
注:甲拌磷乳油只准用于浸种、拌种，严禁喷雾使用。

天津市汉邦植物保护剂有限责任公司 (天津市静海县静海镇高家楼东104国道旁 300160 022-23950219)

PD20040730 高效氯氰菊酯/2.5%/乳油/高效氯氰菊酯 2.5%/2014.12.19 至 2019.12.19/低毒
梨树 梨木虱 16.7-25毫克/千克 喷雾

PD20083317 代森锰锌/80%/可湿性粉剂/代森锰锌 80%/2013.12.11 至 2018.12.11/低毒
番茄 早疫病 1845-2370克/公顷 喷雾
柑橘树 疮痂病、炭疽病 1333-2000毫克/千克 喷雾
梨树 黑星病 800-1600毫克/千克 喷雾
荔枝树 霜疫霉病 1333-2000毫克/千克 喷雾
苹果树 斑点落叶病、轮纹病、炭疽病 1000-1500毫克/千克 喷雾
葡萄 白腐病、黑痘病、霜霉病 1000-1600毫克/千克 喷雾
西瓜 炭疽病 1560-2520克/公顷 喷雾

PD20083767 多菌灵/50%/可湿性粉剂/多菌灵 50%/2013.12.15 至 2018.12.15/低毒
水稻 稻瘟病 562.5-937.5克/公顷 喷雾

PD20083848 啶虫脒/5%/乳油/啶虫脒 5%/2013.12.15 至 2018.12.15/低毒
菠菜 蚜虫 22.5-37.5克/公顷 喷雾
黄瓜 蚜虫 18-22.5克/公顷 喷雾
莲藕 莲缢管蚜 15-22.5克/公顷 喷雾
萝卜 黄条跳甲 45-90克/公顷 喷雾
芹菜 蚜虫 18-27克/公顷 喷雾

PD20083931 多菌灵/80%/可湿性粉剂/多菌灵 80%/2013.12.15 至 2018.12.15/低毒

	苹果树	轮纹病	400-800毫克/千克	喷雾
PD20084292	甲基硫菌灵/70%/可湿性粉剂/甲基硫菌灵 70%/2013.12.17 至 2018.12.17/低毒			
	番茄	叶霉病	375-562.5克/公顷	喷雾
PD20084698	多·锰锌/70%/可湿性粉剂/多菌灵 20%、代森锰锌 50%/2013.12.22 至 2018.12.22/低毒			
	苹果树	斑点落叶病	1000-1250毫克/千克	喷雾
PD20085166	辛硫·灭多威/20%/乳油/灭多威 10%、辛硫磷 10%/2013.12.23 至 2018.12.23/中等毒(原药高毒)			
	棉花	棉铃虫	225-300克/公顷	喷雾
PD20085516	啶虫脒/20%/可溶粉剂/啶虫脒 20%/2013.12.25 至 2018.12.25/低毒			
	黄瓜	蚜虫	24-36克/公顷	喷雾
PD20085717	多菌灵/40%/悬浮剂/多菌灵 40%/2013.12.26 至 2018.12.26/低毒			
	花生	倒秧病	750-900克/公顷	喷雾
PD20085792	甲基硫菌灵/500克/升/悬浮剂/甲基硫菌灵 500克/升/2013.12.29 至 2018.12.29/低毒			
	水稻	稻瘟病	750-1125克/公顷	喷雾
PD20086042	噻嗪酮/25%/可湿性粉剂/噻嗪酮 25%/2013.12.29 至 2018.12.29/低毒			
	水稻	稻飞虱	75-112.5克/公顷	喷雾
PD20086097	三唑锡/20%/悬浮剂/三唑锡 20%/2013.12.30 至 2018.12.30/低毒			
	柑橘树	红蜘蛛	133-200毫克/千克	喷雾
PD20086211	甲硫·福美双/70%/可湿性粉剂/福美双 30%、甲基硫菌灵 40%/2013.12.31 至 2018.12.31/低毒			
	黄瓜	炭疽病	750-975克/公顷	喷雾
PD20090214	毒死蜱/45%/乳油/毒死蜱 45%/2014.01.09 至 2019.01.09/中等毒			
	苹果树	桃小食心虫	240-320毫克/千克	喷雾
PD20090391	福美双/80%/可湿性粉剂/福美双 80%/2014.01.12 至 2019.01.12/中等毒			
	黄瓜	霜霉病	840-1050克/公顷	喷雾
PD20090561	炔螨特/73%/乳油/炔螨特 73%/2014.01.13 至 2019.01.13/低毒			
	苹果树	红蜘蛛	243-365毫克/千克	喷雾
PD20090662	三环唑/20%/可湿性粉剂/三环唑 20%/2014.01.15 至 2019.01.15/低毒			
	水稻	稻瘟病	225-300克/公顷	喷雾
PD20090903	顺式氯氰菊酯/100克/升/乳油/顺式氯氰菊酯 100克/升/2014.01.19 至 2019.01.19/低毒			
	甘蓝	菜青虫	7.5-15克/公顷	喷雾
PD20092587	多·福/80%/可湿性粉剂/多菌灵 30%、福美双 50%/2014.02.27 至 2019.02.27/低毒			
	葡萄	霜霉病	1000-1250毫克/千克	喷雾
PD20094302	高效氯氟氰菊酯/25克/升/乳油/高效氯氟氰菊酯 25克/升/2014.03.31 至 2019.03.31/低毒			
	十字花科叶菜	菜青虫	7.5-11.25克/公顷	喷雾
PD20094303	二甲戊灵/330克/升/乳油/二甲戊灵 330克/升/2014.03.31 至 2019.03.31/低毒			
	甘蓝田	一年生杂草	495-742.5克/公顷	土壤喷雾
PD20094307	高效氯氰菊酯/4.5%/微乳剂/高效氯氰菊酯 4.5%/2014.03.31 至 2019.03.31/低毒			
	甘蓝	菜青虫	20.25-27克/公顷	喷雾
PD20094401	噁霜·锰锌/64%/可湿性粉剂/噁霜灵 8%、代森锰锌 56%/2014.04.01 至 2019.04.01/低毒			
	黄瓜	霜霉病	1650-1950克/公顷	喷雾
PD20094817	阿维·高氯/5%/乳油/阿维菌素 0.3%、高效氯氰菊酯 4.7%/2014.04.13 至 2019.04.13/低毒(原药高毒)			
	黄瓜	美洲斑潜蝇	15-30克/公顷	喷雾
PD20095091	高效氟吡甲禾灵/108克/升/乳油/高效氟吡甲禾灵 108克/升/2014.04.24 至 2019.04.24/低毒			
	大豆田	一年生禾本科杂草	48.6-72.9克/公顷	茎叶喷雾
PD20095117	乙草胺/81.5%/乳油/乙草胺 81.5%/2014.04.24 至 2019.04.24/低毒			
	玉米田	一年生禾本科杂草及部分小粒种子阔叶杂草	东北地区：1350-1620克/公顷；其他地区：1080-1350克/公顷	播后苗前土壤喷雾
PD20095118	烯酰·福美双/35%/可湿性粉剂/福美双 30.5%、烯酰吗啉 4.5%/2014.04.24 至 2019.04.24/低毒			
	黄瓜	霜霉病	1050-1470克/公顷	喷雾
PD20096398	代森锌/80%/可湿性粉剂/代森锌 80%/2014.08.04 至 2019.08.04/低毒			
	花生	叶斑病	750-960克/公顷	喷雾
PD20097291	阿维菌素/1.8%/乳油/阿维菌素 1.8%/2014.10.26 至 2019.10.26/低毒(原药高毒)			
	菜豆	美洲斑潜蝇	10.8-21.6克/公顷	喷雾
PD20097907	阿维·矿物油/24.5%/乳油/阿维菌素 0.2%、矿物油 24.3%/2014.11.30 至 2019.11.30/低毒(原药高毒)			
	柑橘树	红蜘蛛	122.5-245毫克/千克	喷雾
PD20098090	噁霉灵/30%/水剂/噁霉灵 30%/2014.12.08 至 2019.12.08/低毒			
	辣椒	立枯病	0.75-1.05克/平方米	泼浇
	西瓜	枯萎病	375-500毫克/千克	灌根
PD20100795	霜霉威盐酸盐/66.5%/水剂/霜霉威盐酸盐 66.5%/2015.01.19 至 2020.01.19/低毒			
	菠菜	霜霉病	948-1300克/公顷	喷雾
	花椰菜	霜霉病	866-1083克/公顷	喷雾
	黄瓜	霜霉病	649.8-1083克/公顷	喷雾
PD20101583	虫酰肼/20%/悬浮剂/虫酰肼 20%/2015.06.03 至 2020.06.03/低毒			
	甘蓝	甜菜夜蛾	200-300克/公顷	喷雾

登记证号	内容			
PD20102214	甲氨基阿维菌素苯甲酸盐/1%/乳油/甲氨基阿维菌素 1%/2015.12.23 至 2020.12.23/低毒			
	甘蓝	小菜蛾	1.5-2.25克/公顷	喷雾
	注:甲氨基阿维菌素苯甲酸盐含量：1.14%。			
PD20110532	醚菊酯/10%/悬浮剂/醚菊酯 10%/2011.05.12 至 2016.05.12/低毒			
	室内	蜚蠊	25毫克/平方米	滞留喷洒
PD20110811	吡虫啉/20%/乳油/吡虫啉 20%/2011.08.04 至 2016.08.04/低毒			
	小麦	蚜虫	15-30克/公顷(南方地区)45-60克/公顷(北方地区)	喷雾
PD20110883	戊唑醇/430克/升/悬浮剂/戊唑醇 430克/升/2011.08.16 至 2016.08.16/低毒			
	黄瓜	白粉病	96.75—116.1克/公顷	喷雾
	苦瓜	白粉病	77.4-116.1克/公顷	喷雾
PD20110884	咪鲜胺/25%/乳油/咪鲜胺 25%/2011.08.16 至 2016.08.16/低毒			
	芹菜	斑枯病	187.5-262.5克/公顷	喷雾
	水稻	恶苗病	62.5—125毫克/千克	浸种
PD20110900	阿维菌素/5%/乳油/阿维菌素 5%/2011.08.17 至 2016.08.17/低毒(原药高毒)			
	甘蓝	小菜蛾	8.1-10.8克/公顷	喷雾
PD20110921	烯酰吗啉/50%/可湿性粉剂/烯酰吗啉 50%/2011.09.06 至 2016.09.06/低毒			
	花椰菜	霜霉病	225-375克/公顷	喷雾
	黄瓜	霜霉病	225—375克/公顷	喷雾
	苦瓜	霜霉病	300-450克/公顷	喷雾
PD20120092	精喹禾灵/10%/乳油/精喹禾灵 10%/2012.01.29 至 2017.01.29/低毒			
	大豆田	一年生禾本科杂草	48.6-72.9克/公顷	茎叶喷雾
PD20120160	吡虫啉/70%/可湿性粉剂/吡虫啉 70%/2012.01.30 至 2017.01.30/低毒			
	菠菜	蚜虫	30-45克/公顷	喷雾
	甘蓝	蚜虫	21-31.5克/公顷	喷雾
	莲藕	莲缢管蚜	15-30克/公顷	喷雾
	芹菜	蚜虫	15-30克/公顷	喷雾
PD20120305	氟磺胺草醚/20%/乳油/氟磺胺草醚 20%/2012.02.17 至 2017.02.17/低毒			
	大豆田	一年生阔叶杂草	210-270克/公顷	茎叶喷雾
PD20120325	醚菌酯/10%/悬浮剂/醚菌酯 10%/2012.02.17 至 2017.02.17/微毒			
	苹果树	白粉病	100—166.7毫克/千克	喷雾
PD20120458	苯醚甲环唑/40%/悬浮剂/苯醚甲环唑 40%/2012.03.14 至 2017.03.14/低毒			
	香蕉	叶斑病	104.2—125毫克/千克	喷雾
PD20120529	吡虫啉/5%/乳油/吡虫啉 5%/2012.03.28 至 2017.03.28/低毒			
	甘蓝	蚜虫	11.25-22.5克/公顷	喷雾
PD20120581	异菌脲/50%/可湿性粉剂/异菌脲 50%/2012.03.28 至 2017.03.28/低毒			
	番茄	灰霉病	562.5-750克/公顷	喷雾
	辣椒	立枯病	1-2克/平方米	泼浇
PD20120941	烯酰吗啉/40%/悬浮剂/烯酰吗啉 40%/2012.06.12 至 2017.06.12/低毒			
	葡萄	霜霉病	167—250毫克/千克	喷雾
PD20120981	丙溴磷/40%/乳油/丙溴磷 40%/2012.06.21 至 2017.06.21/低毒			
	棉花	棉铃虫	480-600克/公顷	喷雾
PD20121314	苯醚甲环唑/10%/水分散粒剂/苯醚甲环唑 10%/2012.09.11 至 2017.09.11/低毒			
	番茄	早疫病	100.5-150克/公顷	喷雾
	苦瓜	白粉病	105-150克/公顷	喷雾
	芹菜	斑枯病	52.5-67.5克/公顷	喷雾
PD20121693	丙森锌/70%/可湿性粉剂/丙森锌 70%/2012.11.05 至 2017.11.05/低毒			
	黄瓜	霜霉病	1575-2250克/公顷	喷雾
PD20121715	腈菌唑/40%/悬浮剂/腈菌唑 40%/2012.11.08 至 2017.11.08/低毒			
	梨树	黑星病	40～50毫克/千克	喷雾
PD20121780	盐酸吗啉胍/20%/可湿性粉剂/盐酸吗啉胍 20%/2012.11.16 至 2017.11.16/低毒			
	番茄	病毒病	703-1406克/公顷	喷雾
PD20121796	甲维·虫酰肼/10.5%/乳油/虫酰肼 10%、甲氨基阿维菌素苯甲酸盐 0.5%/2012.11.22 至 2017.11.22/低毒			
	甘蓝	甜菜夜蛾	47.24-78.75克/公顷	喷雾
PD20122041	四螨嗪/20%/悬浮剂/四螨嗪 20%/2012.12.24 至 2017.12.24/低毒			
	柑橘树	红蜘蛛	100-150毫克/千克	喷雾
PD20122042	氟铃脲/5%/乳油/氟铃脲 5%/2012.12.24 至 2017.12.24/低毒			
	甘蓝	小菜蛾	30-56.25克/公顷	喷雾
PD20130080	杀螟丹/98%/可溶粉剂/杀螟丹 98%/2013.01.15 至 2018.01.15/中等毒			
	甘蓝	菜青虫	441-588克/公顷	喷雾
PD20130232	高效氯氟氰菊酯/10%/悬浮剂/高效氯氟氰菊酯 10%/2013.01.30 至 2018.01.30/中等毒			
	黄瓜	蚜虫	6—9克/公顷	喷雾
PD20130233	嘧霉胺/40%/悬浮剂/嘧霉胺 40%/2013.01.30 至 2018.01.30/微毒			

番茄 灰霉病 470-563克/公顷 喷雾
PD20130276 哒螨灵/40%/可湿性粉剂/哒螨灵 40%/2013.02.21 至 2018.02.21/低毒
柑橘树 红蜘蛛 100-133毫克/千克 喷雾
PD20130306 丙环唑/250克/升/乳油/丙环唑 250克/升/2013.02.26 至 2018.02.26/低毒
香蕉 叶斑病 375-500毫克/千克 喷雾
PD20130386 甲霜·锰锌/58%/可湿性粉剂/甲霜灵 10%、代森锰锌 48%/2013.03.12 至 2018.03.12/低毒
黄瓜 霜霉病 675-1050克/公顷 喷雾
PD20130431 己唑醇/25%/悬浮剂/己唑醇 25%/2013.03.18 至 2018.03.18/微毒
黄瓜 白粉病 30-45克/公顷 喷雾
PD20130971 嘧菌酯/25%/悬浮剂/嘧菌酯 25%/2013.05.02 至 2018.05.02/微毒
黄瓜 白粉病 225～337.5克/公顷 喷雾
PD20131037 氟啶胺/50%/悬浮剂/氟啶胺 50%/2013.06.07 至 2018.06.07/微毒
马铃薯 晚疫病 187.5-262.5克/公顷 喷雾
PD20131098 乙蒜素/80%/乳油/乙蒜素 80%/2013.05.20 至 2018.05.20/中等毒
苹果树 叶斑病 800-1000毫克/千克 喷雾
PD20132073 吡蚜酮/25%/悬浮剂/吡蚜酮 25%/2013.10.23 至 2018.10.23/微毒
小麦 蚜虫 60-90克/公顷 喷雾
PD20140672 灭蝇胺/10%/悬浮剂/灭蝇胺 10%/2014.03.24 至 2019.03.24/低毒
黄瓜 美洲斑潜蝇 150-225克/公顷 喷雾
PD20140673 螺螨酯/24%/悬浮剂/螺螨酯 24%/2014.03.24 至 2019.03.24/微毒
柑橘树 红蜘蛛 40-60毫克/千克 喷雾
PD20140674 噻唑膦/10%/颗粒剂/噻唑膦 10%/2014.03.24 至 2019.03.24/中等毒
黄瓜 根结线虫 2250-3000克/公顷 土壤撒施
PD20141040 硝磺草酮/15%/悬浮剂/硝磺草酮 15%/2014.04.23 至 2019.04.23/低毒
玉米田 一年生杂草 123.8-146.3克/公顷 茎叶喷雾
PD20141041 茚虫威/150克/升/悬浮剂/茚虫威 150克/升/2014.04.23 至 2019.04.23/微毒
大白菜 甜菜夜蛾 31.5-40.5克/公顷 喷雾
PD20142648 苯丁锡/20%/悬浮剂/苯丁锡 20%/2014.12.15 至 2019.12.15/微毒
柑橘树 红蜘蛛 100-200毫克/千克 喷雾
PD20150486 敌草快/20%/水剂/敌草快 20%/2015.03.20 至 2020.03.20/低毒
非耕地 杂草 900-1050克/公顷 茎叶喷雾
PD20150611 氟环唑/25%/悬浮剂/氟环唑 25%/2015.04.16 至 2020.04.16/低毒
小麦 锈病 90-112.5克/公顷 喷雾
PD20150633 草甘膦异丙胺盐/30%/水剂/草甘膦 30%/2015.04.16 至 2020.04.16/低毒
玉米田 杂草 650-1750克/公顷 定向茎叶喷雾
注:草甘膦异丙胺盐含量：41%。
PD20150634 戊唑·嘧菌酯/30%/悬浮剂/嘧菌酯 10%、戊唑醇 20%/2015.04.16 至 2020.04.16/低毒
黄瓜 白粉病 157.5-202.5克/公顷 喷雾
PD20150636 唑螨酯/20%/悬浮剂/唑螨酯 20%/2015.04.16 至 2020.04.16/低毒
柑橘树 红蜘蛛 33.3-50毫克/千克 喷雾
PD20150746 炔草酯/8%/水乳剂/炔草酯 8%/2015.04.20 至 2020.04.20/低毒
冬小麦田 部分禾本科杂草、一年生禾本科杂草 56.25-67.5克/公顷 茎叶喷雾
PD20151105 噻虫嗪/30%/种子处理悬浮剂/噻虫嗪 30%/2015.06.23 至 2020.06.23/微毒
花生 蚜虫 70-110克/100千克种子 拌种
PD20151380 氰霜唑/100克/升/悬浮剂/氰霜唑 100克/升/2015.07.30 至 2020.07.30/微毒
马铃薯 晚疫病 48-60克/公顷 喷雾
PD20151381 吡虫·氟虫腈/30%/种子处理悬浮剂/吡虫啉 20%、氟虫腈 10%/2015.07.30 至 2020.07.30/低毒
玉米 蛴螬 100-200克/100千克种子 拌种
PD20151536 苯甲·吡虫啉/35%/种子处理悬浮剂/苯醚甲环唑 3%、吡虫啉 32%/2015.08.03 至 2020.08.03/低毒
小麦 全蚀病、蚜虫 140-210克/100千克种子 拌种
PD20151616 稻瘟酰胺/30%/悬浮剂/稻瘟酰胺 30%/2015.08.28 至 2020.08.28/微毒
水稻 稻瘟病 193.5-225克/公顷 喷雾
PD20151809 草铵膦/30%/水剂/草铵膦 30%/2015.09.21 至 2020.09.21/低毒
非耕地 杂草 1350-1800克/公顷 茎叶喷雾
PD20152666 烯啶虫胺/10%/水剂/烯啶虫胺 10%/2015.12.19 至 2020.12.19/微毒
棉花 蚜虫 15-30克/公顷 喷雾
WP20110166 杀蚁饵粉/33.3%/饵剂/硼酸 33.3%/2011.06.29 至 2016.06.29/低毒
卫生 蚂蚁 / 投饵
WP20110199 高效氯氰菊酯/5%/可湿性粉剂/高效氯氰菊酯 5%/2011.09.07 至 2016.09.07/微毒
卫生 蝇 20毫克/平方米 滞留喷洒
WP20110218 杀蟑胶饵/0.05%/胶饵/氟虫腈 0.05%/2011.09.21 至 2016.09.21/低毒
卫生 蜚蠊 / 投放
WP20120253 杀蟑饵粒/2.5%/饵粒/乙酰甲胺磷 2.5%/2012.12.19 至 2017.12.19/低毒

卫生 蜚蠊 / 投放

天津市恒源伟业生物科技发展有限公司 （天津市津南区北闸口镇光明村 300353 022-88610288）

PD20120631 阿维菌素/5%/水乳剂/阿维菌素 5%/2012.04.12 至 2017.04.12/中等毒(原药高毒)
甘蓝 小菜蛾 5.4-10.8克/公顷 喷雾

PD20121488 苦参碱/1.3%/水剂/苦参碱 1.3%/2012.10.09 至 2017.10.09/低毒
甘蓝 蚜虫 4.875-7.8克/公顷 喷雾

PD20121750 苦参碱/2%/水剂/苦参碱 2%/2012.11.15 至 2017.11.15/低毒
甘蓝 菜青虫 4.5-6克/公顷 喷雾

PD20121791 高效氯氟氰菊酯/5%/水乳剂/高效氯氟氰菊酯 5%/2012.11.22 至 2017.11.22/中等毒
甘蓝 甜菜夜蛾 18.75—22.5克/公顷 喷雾

PD20121914 吡虫啉/20%/可溶液剂/吡虫啉 20%/2012.12.07 至 2017.12.07/低毒
水稻 稻飞虱 25—30克/公顷 喷雾

PD20140188 苦参碱/5%/水剂/苦参碱 5%/2014.01.29 至 2019.01.29/低毒
梨树 黑星病 5-7.5毫克/千克 喷雾

PD20151243 苦参碱/0.5%/水剂/苦参碱 0.5%/2015.07.30 至 2020.07.30/低毒
茶树 茶尺蠖 5.625-6.75克/公顷 喷雾

天津市华宇农药有限公司 （天津市青泊洼农场 300385 022-83718955）

PD85105-84 敌敌畏/80%/乳油/敌敌畏 77.5%(气谱法)/2015.03.11 至 2020.03.11/中等毒
茶树 食叶害虫 600克/公顷 喷雾
粮仓 多种储藏害虫 1)400-500倍液2)0.4-0.5克/立方米 1)喷雾2)挂条熏蒸
棉花 蚜虫、造桥虫 600-1200克/公顷 喷雾
苹果树 小卷叶蛾、蚜虫 400-500毫克/千克 喷雾
青菜 菜青虫 600克/公顷 喷雾
桑树 尺蠖 600克/公顷 喷雾
卫生 多种卫生害虫 1)300-400倍液2)0.08克/立方米 1)泼洒2)挂条熏蒸
小麦 黏虫、蚜虫 600克/公顷 喷雾

PD85109-11 甲拌磷/55%/乳油/甲拌磷 55%/2012.04.30 至 2017.04.30/高毒
棉花 地下害虫、蚜虫、螨 600-800克/100千克种子 浸种、拌种
注:甲拌磷乳油只准用于浸、拌种,严禁喷雾使用。

PD20040122 高效氯氰菊酯/4.5%/乳油/高效氯氰菊酯 4.5%/2014.12.19 至 2019.12.19/中等毒
茶树 茶尺蠖、茶小绿叶蝉 20.25-40.5克/公顷 喷雾
韭菜 迟眼蕈蚊 6.75-13.5克/公顷 喷雾
辣椒 烟青虫 24-34克/公顷 喷雾
马铃薯 二十八星瓢虫 13.5-27克/公顷 喷雾
棉花 红铃虫、棉铃虫、蚜虫 27-54克/公顷 喷雾
十字花科蔬菜 菜青虫 9-25.5克/公顷 喷雾
烟草 蚜虫、烟青虫 13.5-27克/公顷 喷雾

PD20040153 氯氰菊酯/5%/乳油/氯氰菊酯 5%/2014.12.19 至 2019.12.19/中等毒
棉花 蚜虫 45-90克/公顷 喷雾

PD20040516 氯氰菊酯/5%/微乳剂/氯氰菊酯 5%/2014.12.19 至 2019.12.19/低毒
十字花科蔬菜 菜青虫 30-45克/公顷 喷雾

PD20060118 螨醇·哒螨灵/15%/乳油/哒螨灵 5%、三氯杀螨醇 10%/2011.06.15 至 2016.06.15/中等毒
苹果树 叶螨 60-75毫克/千克 喷雾

PD20070427 多·福/50%/可湿性粉剂/多菌灵 25%、福美双 25%/2012.11.12 至 2017.11.12/低毒
梨树 黑星病 1000-1500毫克/千克 喷雾

PD20080508 霜脲·锰锌/72%/可湿性粉剂/代森锰锌 64%、霜脲氰 8%/2013.04.10 至 2018.04.10/低毒
黄瓜 霜霉病 1458-1782克/公顷 喷雾

PD20080845 石硫合剂/29%/水剂/石硫合剂 29%/2013.06.23 至 2018.06.23/低毒
苹果树 白粉病 72-57倍(0.4-0.5Be) 喷雾
葡萄 白粉病 9-6倍(3.2-4.8Be) 喷雾

PD20080866 氯氰·辛硫磷/20%/乳油/氯氰菊酯 1.5%、辛硫磷 18.5%/2013.06.27 至 2018.06.27/中等毒
棉花 棉铃虫 150-210克/公顷 喷雾

PD20082908 苯磺隆/10%/可湿性粉剂/苯磺隆 10%/2013.12.09 至 2018.12.09/低毒
冬小麦田 一年生阔叶杂草 13.5-22.5克/公顷 茎叶喷雾

PD20083694 异丙甲草胺/720克/升/乳油/异丙甲草胺 720克/升/2013.12.15 至 2018.12.15/低毒
夏玉米田 部分阔叶杂草、一年生禾本科杂草 1296-1620克/公顷 土壤喷雾

PD20084764 辛硫磷/40%/乳油/辛硫磷 40%/2013.12.22 至 2018.12.22/低毒
十字花科蔬菜 菜青虫 360-540克/公顷 喷雾

PD20084768 锰锌·腈菌唑/60%/可湿性粉剂/腈菌唑 2%、代森锰锌 58%/2013.12.22 至 2018.12.22/低毒
黄瓜 霜霉病 675-846克/公顷 喷雾

PD20085003 精喹禾灵/20%/乳油/精喹禾灵 20%/2013.12.22 至 2018.12.22/低毒
夏大豆田 一年生禾本科杂草 37.5-52.5克/公顷 茎叶喷雾

PD20085210 氟硅唑/400克/升/乳油/氟硅唑 400克/升/2013.12.23 至 2018.12.23/低毒
黄瓜 黑星病 75-105克/公顷 喷雾

PD20085432 杀螟丹/50%/可溶粉剂/杀螟丹 50%/2013.12.24 至 2018.12.24/低毒
水稻 三化螟 600-750克/公顷 喷雾

PD20085600 阿维·辛硫磷/15%/乳油/阿维菌素 0.3%、辛硫磷 14.7%/2013.12.25 至 2018.12.25/低毒(原药高毒)
十字花科蔬菜 小菜蛾 90-135克/公顷 喷雾

PD20086333 炔螨特/73%/乳油/炔螨特 73%/2013.12.31 至 2018.12.31/低毒
柑橘树 红蜘蛛 243-365毫克/千克 喷雾

PD20090554 毒死蜱/40%/乳油/毒死蜱 40%/2014.01.13 至 2019.01.13/中等毒
水稻 稻纵卷叶螟 480-600克/公顷 喷雾

PD20090558 氯氟吡氧乙酸/200克/升/乳油/氯氟吡氧乙酸 200克/升/2014.01.13 至 2019.01.13/低毒
水田畦畔 空心莲子草(水花生) 120-150克/公顷 茎叶喷雾

PD20090802 啶虫脒/3%/微乳剂/啶虫脒 3%/2014.01.19 至 2019.01.19/低毒
黄瓜 蚜虫 13.5-22.5克/公顷 喷雾

PD20090991 烟嘧磺隆/40克/升/悬浮剂/烟嘧磺隆 40克/升/2014.01.21 至 2019.01.21/低毒
玉米田 一年生单子叶杂草、一年生双子叶杂草 67-100毫升制剂/亩 茎叶喷雾

PD20091026 辛硫磷/3%/颗粒剂/辛硫磷 3%/2014.01.21 至 2019.01.21/低毒
玉米 玉米螟 135-180克/公顷 喇叭口撒施

PD20091056 啶虫脒/10%/微乳剂/啶虫脒 10%/2014.01.21 至 2019.01.21/低毒
十字花科蔬菜 蚜虫 18-22.5克/公顷 喷雾

PD20091087 霜霉威盐酸盐/66.5%/水剂/霜霉威 66.5%/2014.01.21 至 2019.01.21/低毒
菠菜 霜霉病 948-1300克/公顷 喷雾
花椰菜 霜霉病 866-1083克/公顷 喷雾
黄瓜 猝倒病 3.6-5.4克/平方米 苗床浇灌

PD20091748 草甘膦/30%/水剂/草甘膦 30%/2014.02.04 至 2019.02.04/低毒
柑橘园 杂草 1500-2250克/公顷 定向喷雾

PD20092048 二甲戊灵/330克/升/乳油/二甲戊灵 330克/升/2014.02.12 至 2019.02.12/低毒
甘蓝田 一年生杂草 618.75-742.5克/公顷 土壤喷雾

PD20092063 精喹禾灵/5%/乳油/精喹禾灵 5%/2014.02.16 至 2019.02.16/低毒
夏大豆田 一年生禾本科杂草 45-52.5克/公顷 茎叶喷雾

PD20092083 敌畏·氧乐果/40%/乳油/敌敌畏 20%、氧乐果 20%/2014.02.16 至 2019.02.16/中等毒(原药高毒)
小麦 蚜虫 240-360克/公顷 喷雾

PD20092497 啶虫脒/10%/可湿性粉剂/啶虫脒 10%/2014.02.26 至 2019.02.26/低毒
小麦 蚜虫 13.5-18克/公顷 喷雾

PD20092622 马拉硫磷/45%/乳油/马拉硫磷 45%/2014.03.02 至 2019.03.02/中等毒
棉花 盲蝽蟓 469-562克/毫升 喷雾
小麦 蚜虫 371.5-749.25克/公顷 喷雾

PD20094786 高效氟吡甲禾灵/108克/升/乳油/高效氟吡甲禾灵 108克/升/2014.04.13 至 2019.04.13/低毒
冬油菜田 一年生禾本科杂草 32.4-45.4克/公顷 茎叶喷雾

PD20096251 喹硫磷/25%/乳油/喹硫磷 25%/2014.07.15 至 2019.07.15/中等毒
水稻 二化螟 450-525克/公顷 喷雾

PD20096544 仲丁灵/48%/乳油/仲丁灵 48%/2014.08.20 至 2019.08.20/低毒
西瓜田 一年生杂草 1080-1440克/公顷 土壤喷雾

PD20098385 乙氧氟草醚/240克/升/乳油/乙氧氟草醚 240克/升/2014.12.18 至 2019.12.18/低毒
移栽水稻田 一年生杂草 54-72克/公顷 毒土法

PD20101048 精吡氟禾草灵/150克/升/乳油/精吡氟禾草灵 150克/升/2015.01.21 至 2020.01.21/低毒
冬油菜田 一年生禾本科杂草 90-150克/公顷 茎叶喷雾

PD20101791 阿维·矿物油/18%/乳油/阿维菌素 0.5%、矿物油 17.5%/2015.07.13 至 2020.07.13/低毒(原药高毒)
苹果树 桃小食心虫 120-180毫克/千克 喷雾

PD20110866 甲氨基阿维菌素苯甲酸盐/5%/水分散粒剂/甲氨基阿维菌素 5%/2011.08.10 至 2016.08.10/低毒
甘蓝 小菜蛾 1.125－2.25克/公顷 喷雾
注:甲氨基阿维菌素苯甲酸盐含量:5.7%。

PD20110917 吡虫啉/50%/可湿性粉剂/吡虫啉 50%/2011.08.22 至 2016.08.22/低毒
菠菜 蚜虫 30-45克/公顷 喷雾
韭菜 韭蛆 300-450克/公顷 毒土撒施
芹菜 蚜虫 15-30克/公顷 喷雾
水稻 飞虱 15－30克/公顷 喷雾

PD20111035 咪鲜胺/40%/水乳剂/咪鲜胺 40%/2011.10.09 至 2016.10.09/低毒
香蕉 炭疽病 333.3－500毫克/千克 浸果

PD20111109 高效氯氟氰菊酯/2.5%/水乳剂/高效氯氟氰菊酯 2.5%/2011.10.18 至 2016.10.18/低毒
甘蓝 菜青虫 5.625－7.5克/公顷 喷雾

PD20120889 甲氨基阿维菌素苯甲酸/2%/乳油/甲氨基阿维菌素 2%/2012.05.24 至 2017.05.24/低毒
甘蓝 小菜蛾 2.1-3.3克/公顷 喷雾

注:甲氨基阿维菌素苯甲酸含量:2.3%。

PD20120908 乙羧氟草醚/20%/乳油/乙羧氟草醚 20%/2012.05.31 至 2017.05.31/低毒
春大豆田 多种阔叶杂草 60-75克/公顷 茎叶喷雾

PD20121015 苯甲·丙环唑/30%/悬浮剂/苯醚甲环唑 15%、丙环唑 15%/2012.07.02 至 2017.07.02/低毒
水稻 纹枯病 67.5-90克/公顷 喷雾

PD20121077 高效氯氰菊酯/4.5%/水乳剂/高效氯氰菊酯 4.5%/2012.07.19 至 2017.07.19/低毒
甘蓝 菜青虫 40.5-45.25克/公顷 喷雾

PD20121103 甲氨基阿维菌素苯甲酸盐/1%/乳油/甲氨基阿维菌素 1%/2012.07.19 至 2017.07.19/低毒
甘蓝 小菜蛾 1.5-2.25克/公顷 喷雾
注:甲氨基阿维菌素苯甲酸盐含量: 1.1%。

PD20121104 阿维菌素/18克/升/乳油/阿维菌素 18克/升/2012.07.19 至 2017.07.19/低毒(原药高毒)
甘蓝 小菜蛾 8.1-10.8克/公顷 喷雾
茭白 二化螟 9.5-13.5克/公顷 喷雾

PD20121642 烟嘧·莠去津/52%/可湿性粉剂/烟嘧磺隆 4%、莠去津 48%/2012.10.30 至 2017.10.30/低毒
夏玉米田 一年生杂草 585-780克/公顷 茎叶喷雾

PD20121658 阿维菌素/3.2%/乳油/阿维菌素 3.2%/2012.10.30 至 2017.10.30/低毒(原药高毒)
小白菜 小菜蛾 8.1-10.8克/公顷 喷雾
茭白 二化螟 9.5-13.5克/公顷 喷雾

PD20122070 烯酰吗啉/80%/水分散粒剂/烯酰吗啉 80%/2012.12.24 至 2017.12.24/低毒
花椰菜 霜霉病 240-360克/公顷 喷雾
黄瓜 霜霉病 240-300克/公顷 喷雾
苦瓜 霜霉病 300-450克/公顷 喷雾

PD20130189 阿维菌素/5%/水乳剂/阿维菌素 5%/2013.01.24 至 2018.01.24/中等毒(原药高毒)
甘蓝 小菜蛾 9.45-10.8克/公顷 喷雾

PD20130517 乙·莠/40%/悬乳剂/乙草胺 20%、莠去津 20%/2013.03.27 至 2018.03.27/低毒
春玉米田 一年生杂草 2100-2400克/公顷 播后苗前土壤喷雾
夏玉米田 一年生杂草 1200-1500克/公顷 播后苗前土壤喷雾

PD20130687 草铵膦/200克/升/水剂/草铵膦 200克/升/2013.04.09 至 2018.04.09/低毒
柑橘园 杂草 900-1050克/公顷 定向茎叶喷雾

PD20130970 莠去津/90%/水分散粒剂/莠去津 90%/2013.05.02 至 2018.05.02/低毒
夏玉米田 一年生杂草 1350-1620克/公顷 播后苗前土壤喷雾

PD20130989 噻虫嗪/98%/原药/噻虫嗪 98%/2013.05.06 至 2018.05.06/低毒

PD20131852 毒·辛/5%/颗粒剂/毒死蜱 2%、辛硫磷 3%/2013.09.24 至 2018.09.24/低毒
甘蔗 蔗螟 2625-3000克/公顷 撒施

PD20140909 吡蚜酮/25%/悬浮剂/吡蚜酮 25%/2014.04.09 至 2019.04.09/低毒
水稻 稻飞虱 75-90克/公顷 喷雾

PD20141972 吡虫啉/600克/升/悬浮种衣剂/吡虫啉 600克/升/2014.08.13 至 2019.08.13/低毒
棉花 蚜虫 425-500克/100千克种子 种子包衣

PD20142018 戊唑醇/6%/悬浮种衣剂/戊唑醇 6%/2014.08.27 至 2019.08.27/低毒
玉米 丝黑穗病 8-12克/100千克种子 种子包衣

PD20150170 唑草·苯磺隆/28%/可湿性粉剂/苯磺隆 16%、唑草酮 12%/2015.01.14 至 2020.01.14/低毒
冬小麦田 一年生阔叶杂草 21-25.2克/公顷 茎叶喷雾

PD20150578 苯醚甲环唑/30克/升/悬浮种衣剂/苯醚甲环唑 30克/升/2015.04.15 至 2020.04.15/低毒
小麦 纹枯病 6-9克/100千克种子 种子包衣

PD20150597 烟嘧·莠去津/24%/可分散油悬浮剂/烟嘧磺隆 4%、莠去津 20%/2015.04.15 至 2020.04.15/低毒
玉米田 一年生杂草 288-360克/公顷 茎叶喷雾

PD20150615 硝磺草酮/25%/悬浮剂/硝磺草酮 25%/2015.04.16 至 2020.04.16/低毒
玉米田 一年生杂草 127.5-150克/公顷 茎叶喷雾

WP20130255 氟虫腈/3%/微乳剂/氟虫腈 3%/2013.12.16 至 2018.12.16/低毒
室内 蝇 / 滞留喷洒

天津市汇源化学品有限公司 (天津市宝坻区津围公路58公里处 301801 022-29689848)

PD20040313 高效氯氰菊酯/4.5%/乳油/高效氯氰菊酯 4.5%/2014.12.19 至 2019.12.19/中等毒
甘蓝 菜青虫 9-25.5克/公顷 喷雾

PD20040395 氯氰菊酯/5%/乳油/氯氰菊酯 5%/2014.12.19 至 2019.12.19/低毒
十字花科蔬菜 菜青虫 30-45克/公顷 喷雾

PD20082480 啶虫脒/5%/乳油/啶虫脒 5%/2013.12.03 至 2018.12.03/低毒
黄瓜 蚜虫 18-22.5克/公顷 喷雾

PD20083803 代森锰锌/70%/可湿性粉剂/代森锰锌 70%/2013.12.15 至 2018.12.15/低毒
番茄 早疫病 1837.5-2887.5克/公顷 喷雾

PD20084071 福美双/50%/可湿性粉剂/福美双 50%/2013.12.16 至 2018.12.16/低毒
黄瓜 霜霉病 375-750克/公顷 喷雾

PD20084142 辛硫磷/40%/乳油/辛硫磷 40%/2013.12.16 至 2018.12.16/低毒
十字花科蔬菜 菜青虫 300-450克/公顷 喷雾

PD20084189 敌敌畏/77.5%/乳油/敌敌畏 77.5%/2013.12.16 至 2018.12.16/中等毒
十字花科蔬菜 菜青虫 600-780克/公顷 喷雾

PD20084399 石硫合剂/29%/水剂/石硫合剂 29%/2013.12.17 至 2018.12.17/低毒
苹果树 白粉病 0.4-0.6Be 喷雾

PD20084913 乙酰甲胺磷/30%/乳油/乙酰甲胺磷 30%/2013.12.22 至 2018.12.22/低毒
棉花 棉铃虫 900-1200克/公顷 喷雾

PD20084977 马拉硫磷/45%/乳油/马拉硫磷 45%/2013.12.22 至 2018.12.22/低毒
苹果树 蝽蟓 300-450毫克/千克 喷雾

PD20086053 高效氯氟氰菊酯/2.8%/乳油/高效氯氟氰菊酯 2.8%/2013.12.29 至 2018.12.29/中等毒
苹果树 桃小食心虫 7-9.3毫克/千克 喷雾

PD20090434 氰戊・敌敌畏/20%/乳油/敌敌畏 15%、氰戊菊酯 5%/2014.01.12 至 2019.01.12/中等毒
桃树 蚜虫 66.67-100毫克/千克 喷雾

PD20091408 嗪酮・乙草胺/24%/可湿性粉剂/嗪草酮 10%、乙草胺 14%/2014.02.02 至 2019.02.02/低毒
夏玉米田 一年生杂草 540-720克/公顷 播后苗前土壤喷雾

PD20091849 草甘膦/30%/水剂/草甘膦 30%/2014.02.06 至 2019.02.06/低毒
苹果园 一年生和多年生杂草 1125-2250克/公顷 定向茎叶喷雾

PD20091914 高氯・辛硫磷/25%/乳油/高效氯氰菊酯 2.5%、辛硫磷 22.5%/2014.02.12 至 2019.02.12/中等毒
棉花 棉铃虫 281.25-375克/公顷 喷雾

PD20092121 霜脲・锰锌/72%/可湿性粉剂/代森锰锌 64%、霜脲氰 8%/2014.02.23 至 2019.02.23/低毒
黄瓜 霜霉病 1440-1800克/公顷 喷雾

PD20092907 吡虫・氧乐果/20%/乳油/吡虫啉 1%、氧乐果 19%/2014.03.05 至 2019.03.05/中等毒(原药高毒)
小麦 蚜虫 45-60克/公顷 喷雾

PD20092976 阿维・辛硫磷/15%/乳油/阿维菌素 0.3%、辛硫磷 14.7%/2014.03.09 至 2019.03.09/低毒(原药高毒)
十字花科蔬菜 小菜蛾 112.5-168.75克/公顷 喷雾

PD20093215 多菌灵/50%/可湿性粉剂/多菌灵 50%/2014.03.11 至 2019.03.11/低毒
苹果树 轮纹病 600-1000毫克/千克 喷雾

PD20094696 精喹禾灵/5%/乳油/精喹禾灵 5%/2014.04.10 至 2019.04.10/低毒
大豆田 一年生禾本科杂草 37.5-60克/公顷 茎叶喷雾

PD20095888 螨醇・哒螨灵/15%/乳油/哒螨灵 5%、三氯杀螨醇 10%/2014.05.31 至 2019.05.31/中等毒
苹果树 叶螨 67-75毫克/千克 喷雾

PD20096618 喹硫磷/25%/乳油/喹硫磷 25%/2014.09.02 至 2019.09.02/中等毒
水稻 二化螟 375-615克/公顷 喷雾

PD20097954 阿维・高氯/1.8%/乳油/阿维菌素 0.3%、高效氯氰菊酯 1.5%/2015.03.04 至 2020.03.04/低毒(原药高毒)
甘蓝 菜青虫 7.5-15克/公顷 喷雾

PD20100427 氰戊・马拉松/20%/乳油/马拉硫磷 15%、氰戊菊酯 5%/2015.01.14 至 2020.01.14/低毒
十字花科蔬菜 菜青虫 120-150克/公顷 喷雾

PD20121078 苯醚甲环唑/10%/水分散粒剂/苯醚甲环唑 10%/2012.07.19 至 2017.07.19/低毒
西瓜 炭疽病 75-112.5克/公顷 喷雾

PD20130531 甲氨基阿维菌素苯甲酸盐/2%/乳油/甲氨基阿维菌素 2%/2013.03.29 至 2018.03.29/低毒
甘蓝 小菜蛾 1.5-4.5克/公顷 喷雾
注:甲氨基阿维菌素苯甲酸盐含量: 2.3%。

PD20130532 阿维菌素/5%/水乳剂/阿维菌素 5%/2013.03.29 至 2018.03.29/低毒(原药高毒)
水稻 稻纵卷叶螟 11.25-13.25克/公顷 喷雾

PD20131028 联苯菊酯/25克/升/乳油/联苯菊酯 25克/升/2013.05.13 至 2018.05.13/低毒
茶树 茶小绿叶蝉 30-37.5克/公顷 喷雾

PD20141297 嘧菌酯/25%/悬浮剂/嘧菌酯 25%/2014.05.12 至 2019.05.12/低毒
黄瓜 白粉病 225-337.5克/公顷 喷雾

天津市津绿宝农药制造有限公司 (天津市津南区小站镇四道沟村 300353 022-88625401)

PD88105-9 硫酸铜/96%/原药/硫酸铜 96%/2013.04.04 至 2018.04.04/低毒

PD20092562 多菌灵/50%/可湿性粉剂/多菌灵 50%/2014.02.26 至 2019.02.26/低毒
苹果树 轮纹病 250-500毫克/千克 喷雾

PD20093880 氯氰菊酯/5%/乳油/氯氰菊酯 5%/2014.03.25 至 2019.03.25/低毒
甘蓝 菜青虫 30-60克/公顷 喷雾

PD20094312 甲基硫菌灵/70%/可湿性粉剂/甲基硫菌灵 70%/2014.03.31 至 2019.03.31/低毒
番茄 叶霉病 375-562.5克/公顷 喷雾

PD20094518 福美双/50%/可湿性粉剂/福美双 50%/2014.04.09 至 2019.04.09/低毒
黄瓜 霜霉病 450-900克/公顷 喷雾

PD20094608 代森锰锌/80%/可湿性粉剂/代森锰锌 80%/2014.04.10 至 2019.04.10/低毒
番茄 早疫病 1800-2400克/公顷 喷雾

PD20096654 代森锰锌/90%/原药/代森锰锌 90%/2014.09.03 至 2019.09.03/低毒

PD20110060 代森锌/90%/原药/代森锌 90%/2011.01.11 至 2016.01.11/低毒

PD20120796 啶虫脒/40%/水分散粒剂/啶虫脒 40%/2012.05.17 至 2017.05.17/低毒
甘蓝 蚜虫 12-24克/公顷 喷雾

天津市绿保农用化学科技开发有限公司　(天津市卫津路94号(南开大学内)　300071　022-23504375)

PD20070368　单嘧磺隆/10%/可湿性粉剂/单嘧磺隆 10%/2012.10.24 至 2017.10.24/低毒
冬小麦田　一年生阔叶杂草　45-60克/公顷　茎叶喷雾
谷子田　一年生阔叶杂草　15-30克/公顷　播后苗前土壤喷雾

PD20070369　单嘧磺隆/90%/原药/单嘧磺隆 90%/2012.10.24 至 2017.10.24/低毒

PD20130371　单嘧磺酯/10%/可湿性粉剂/单嘧磺酯 10%/2013.03.11 至 2018.03.11/低毒
春小麦田　一年生阔叶杂草　22.5-30克/公顷(西北地区)　茎叶喷雾
冬小麦田　一年生阔叶杂草　18-22.5克/公顷　茎叶喷雾

PD20130372　单嘧磺酯/90%/原药/单嘧磺酯 90%/2013.03.11 至 2018.03.11/低毒

天津市绿亨化工有限公司　(天津市大港区石化产业园区凯旋街1239号　300270　022-63232133)

PD20090416　嘧霉・福美双/30%/悬浮剂/福美双 25%、嘧霉胺 5%/2014.01.12 至 2019.01.12/低毒
黄瓜　灰霉病　600-900克/公顷　喷雾

PD20091230　烯酰・福美双/35%/可湿性粉剂/福美双 30.5%、烯酰吗啉 4.5%/2014.02.01 至 2019.02.01/低毒
黄瓜　霜霉病　1050-1470克/公顷　喷雾

PD20091399　氟硅唑/8%/微乳剂/氟硅唑 8%/2014.02.02 至 2019.02.02/低毒
黄瓜　白粉病　48-72克/公顷　喷雾

PD20092109　丙环唑/250克/升/乳油/丙环唑 250克/升/2014.02.23 至 2019.02.23/低毒
小麦　锈病　124-155克/公顷　喷雾
茭白　胡麻斑病　56-75克/公顷　喷雾

PD20092116　醚菊酯/10%/悬浮剂/醚菊酯 10%/2014.02.23 至 2019.02.23/低毒
甘蓝　菜青虫　45-65克/公顷　喷雾

PD20092176　甲霜・锰锌/58%/可湿性粉剂/甲霜灵 10%、代森锰锌 48%/2014.02.23 至 2019.02.23/低毒
黄瓜　霜霉病　1131-1740克/公顷　喷雾

PD20092349　顺式氯氰菊酯/100克/升/乳油/顺式氯氰菊酯 100克/升/2014.02.24 至 2019.02.24/中等毒
甘蓝　菜青虫　7.5-15克/公顷　喷雾

PD20092691　甲霜・噁霉灵/3%/水剂/噁霉灵 2.5%、甲霜灵 0.5%/2014.03.03 至 2019.03.03/低毒
水稻　立枯病　0.36-0.54克/平方米　喷雾

PD20092845　S-氰戊菊酯/50克/升/乳油/S-氰戊菊酯 50克/升/2014.03.05 至 2019.03.05/中等毒
十字花科蔬菜　菜青虫　15-22.5克/公顷　喷雾

PD20092964　氟虫脲/50克/升/可分散液剂/氟虫脲 50克/升/2014.03.09 至 2019.03.09/低毒
柑橘树　红蜘蛛、锈壁虱　50-80毫克/千克　喷雾
柑橘树　潜叶蛾　40-66.67毫克/千克　喷雾
苹果树　红蜘蛛　50-80毫克/千克　喷雾

PD20093415　甲氰・辛硫磷/28%/乳油/甲氰菊酯 6%、辛硫磷 22%/2014.03.20 至 2019.03.20/中等毒
棉花　棉铃虫　285-345克/公顷　喷雾

PD20093696　三乙膦酸铝/90%/可溶粉剂/三乙膦酸铝 90%/2014.03.25 至 2019.03.25/低毒
番茄　晚疫病　2300-2700克/公顷　喷雾
水稻　纹枯病　1500-1650克/公顷　喷雾

PD20093890　噁霉灵/15%/水剂/噁霉灵 15%/2014.03.25 至 2019.03.25/低毒
水稻　立枯病　9000-18000克/公顷　苗床、育秧箱土壤处理

PD20093909　异稻瘟净/50%/乳油/异稻瘟净 50%/2014.03.26 至 2019.03.26/低毒
水稻　稻瘟病　900-1200克/公顷　喷雾

PD20093919　炔螨特/73%/乳油/炔螨特 73%/2014.03.26 至 2019.03.26/低毒
柑橘树、苹果树　红蜘蛛　245-400毫克/千克　喷雾

PD20093937　丁硫克百威/200克/升/乳油/丁硫克百威 200克/升/2014.03.27 至 2019.03.27/中等毒
棉花　棉蚜　90-180克/公顷　喷雾

PD20094026　氟啶脲/50克/升/乳油/氟啶脲 50克/升/2014.03.27 至 2019.03.27/低毒
甘蓝　甜菜夜蛾　50-70克/公顷　喷雾

PD20094063　三环唑/75%/可湿性粉剂/三环唑 75%/2014.03.27 至 2019.03.27/低毒
水稻　稻瘟病　225-337.5克/公顷　喷雾

PD20094517　杀螟丹/50%/可溶粉剂/杀螟丹 50%/2014.04.09 至 2019.04.09/中等毒
水稻　二化螟　525-750克/公顷　喷雾

PD20094691　氯氰・毒死蜱/522.5克/升/乳油/毒死蜱 475克/升、氯氰菊酯 47.5克/升/2014.04.10 至 2019.04.10/中等毒
棉花　棉铃虫　627-783.75克/公顷　喷雾

PD20094766　联苯菊酯/100克/升/乳油/联苯菊酯 100克/升/2014.04.13 至 2019.04.13/中等毒
茶树　茶尺蠖　7.5-15克/公顷　喷雾

PD20094771　毒死蜱/45%/乳油/毒死蜱 45%/2014.04.13 至 2019.04.13/中等毒
水稻　稻纵卷叶螟　576-648克/公顷　喷雾

PD20094812　四螨嗪/20%/悬浮剂/四螨嗪 20%/2014.04.13 至 2019.04.13/低毒
柑橘树　红蜘蛛　100-200毫克/千克　喷雾

PD20095086　虫酰肼/20%/悬浮剂/虫酰肼 20%/2014.04.22 至 2019.04.22/低毒
十字花科蔬菜　甜菜夜蛾　210-300克/公顷　喷雾

PD20095114 双甲脒/200克/升/乳油/双甲脒 200克/升/2014.04.24 至 2019.04.24/低毒
柑橘树、苹果树 红蜘蛛 133.3-200毫克/千克 喷雾

PD20095278 灭草松/25%/水剂/灭草松 25%/2014.04.27 至 2019.04.27/低毒
冬小麦田 一年生阔叶杂草 750-937.5克/公顷 茎叶喷雾

PD20095387 稻瘟灵/40%/乳油/稻瘟灵 40%/2014.04.27 至 2019.04.27/低毒
水稻 稻瘟病 600-800克/公顷 喷雾

PD20095579 吡嘧磺隆/10%/可湿性粉剂/吡嘧磺隆 10%/2014.05.12 至 2019.05.12/低毒
移栽水稻田 一年生阔叶杂草 15-30克/公顷 毒土法

PD20095746 精喹禾灵/5%/乳油/精喹禾灵 5%/2014.05.18 至 2019.05.18/低毒
大豆田 一年生禾本科杂草 48.75-60克/公顷 茎叶喷雾

PD20096233 喹硫磷/25%/乳油/喹硫磷 25%/2014.07.15 至 2019.07.15/中等毒
水稻 二化螟 487.5-600克/公顷 喷雾

PD20096576 复硝酚钠/1.4%/水剂/5-硝基邻甲氧基苯酚钠 0.3%、对硝基苯酚钠 0.7%、邻硝基苯酚钠 0.4%/2014.08.24至2019.08.24/低毒
番茄、黄瓜 调节生长 6000-8000倍液 喷雾
小麦 调节生长 4000-5000倍液 喷雾

PD20097152 甲哌鎓/98%/可溶粉剂/甲哌鎓 98%/2014.10.16 至 2019.10.16/低毒
棉花 调节生长 73-86毫克/升 茎叶喷雾

PD20100003 噻嗪·异丙威/25%/可湿性粉剂/噻嗪酮 5%、异丙威 20%/2015.01.04 至 2020.01.04/低毒
水稻 稻飞虱 375－562.5克/公顷 喷雾

PD20100877 噁霉灵/70%/可湿性粉剂/噁霉灵 70%/2015.01.19 至 2020.01.19/低毒
甜菜 立枯病 280-490克加福美双200克/100千克种子 拌种

PD20101844 氯菊酯/10%/乳油/氯菊酯 10%/2015.07.28 至 2020.07.28/低毒
茶树 茶毛虫 30－60毫克/千克 喷雾
甘蓝 菜青虫 15-45克/公顷 喷雾

PD20130044 氧化亚铜/86.2%/可湿性粉剂/氧化亚铜 86.2%/2013.01.07 至 2018.01.07/低毒
葡萄 霜霉病 720-1080毫克/千克 喷雾

PD20130505 灭蝇胺/10%/悬浮剂/灭蝇胺 10%/2013.03.27 至 2018.03.27/低毒
黄瓜 斑潜蝇 150-225克/公顷 喷雾

PD20131269 敌畏·吡虫啉/26.5%/乳油/吡虫啉 1.5%、敌敌畏 25%/2013.06.05 至 2018.06.05/中等毒
水稻 飞虱 278.5-318克/公顷 喷雾
小麦 蚜虫 238.5-318克/公顷 喷雾

PD20141610 阿维菌素/1.8%/水乳剂/阿维菌素 1.8%/2014.06.24 至 2019.06.24/低毒(原药高毒)
甘蓝 小菜蛾 8.1－10.8克/公顷 喷雾

PD20142198 噁霉·福美双/80%/可湿性粉剂/噁霉灵 10%、福美双 70%/2014.09.28 至 2019.09.28/低毒
棉花 枯萎病 1000-2000毫克/千克 灌根

PD20150495 吗胍·乙酸铜/20%/可湿性粉剂/盐酸吗啉胍 10%、乙酸铜 10%/2015.03.23 至 2020.03.23/低毒
水稻 条纹叶枯病 450-750克/公顷 喷雾

天津市绿农生物技术有限公司 (天津市河东区津塘路2号桥167号 300384 022-83718911)

PD20060121 苯磺隆/95%/原药/苯磺隆 95%/2011.06.15 至 2016.06.15/低毒

PD20070329 丁草胺/90%/原药/丁草胺 90%/2012.10.10 至 2017.10.10/低毒

PD20080106 乙草胺/93%/原药/乙草胺 93%/2013.01.04 至 2018.01.04/低毒

PD20080495 乙草胺/900克/升/乳油/乙草胺 900克/升/2013.04.07 至 2018.04.07/低毒
夏玉米田 部分阔叶杂草、一年生禾本科杂草及部分小粒种子阔叶杂草 1080-1350克/公顷 土壤喷雾

PD20081138 氯嘧磺隆/95%/原药/氯嘧磺隆 95%/2013.09.01 至 2018.09.01/低毒

PD20081742 苯磺隆/10%/可湿性粉剂/苯磺隆 10%/2013.11.18 至 2018.11.18/低毒
冬小麦田 一年生阔叶杂草 13.5-18克/公顷 茎叶喷雾

PD20082717 丁草胺/60%/乳油/丁草胺 60%/2013.12.05 至 2018.12.05/低毒
水稻移栽田 多种一年生杂草 765-1350克/公顷 毒土法

PD20084440 乙草胺/50%/乳油/乙草胺 50%/2013.12.17 至 2018.12.17/低毒
玉米田 小粒种子阔叶杂草、一年生禾本科杂草 900-1875克/公顷(东北地区)750-1050克/公顷(其他地区) 播后苗前土壤喷雾处理

PD20097032 乙草胺/89%/乳油/乙草胺 89%/2014.10.10 至 2019.10.10/低毒
夏玉米田 部分阔叶杂草、一年生禾本科杂草 924-1056克/公顷 土壤喷雾

PD20097184 苄·丁/30%/可湿性粉剂/苄嘧磺隆 1.3%、丁草胺 28.7%/2014.10.16 至 2019.10.16/低毒
水稻移栽田 部分多年生杂草、一年生杂草 450-675克/公顷 喷雾

天津市南洋兄弟化学有限公司 (天津市津南区南洋工业园区 300350 022-88711769)

WP20080484 蚊香/0.23%/蚊香/富右旋反式烯丙菊酯 0.23%/2013.12.17 至 2018.12.17/低毒
卫生 蚊 / 点燃

WP20090269 杀虫气雾剂/1%/气雾剂/胺菊酯 0.50%、高效氯氰菊酯 0.05%、氯菊酯 0.45%/2014.05.12 至 2019.05.12/低毒
卫生 蜚蠊、蚊、蝇 / 喷雾

WP20100143　杀虫气雾剂/0.8%/气雾剂/胺菊酯 0.4%、高效氯氰菊酯 0.05%、氯菊酯 0.35%/2015.11.25 至 2020.11.25/低毒
卫生　蚊、蝇、蜚蠊　/　喷雾

WP20110056　电热蚊香片/10毫克/片/电热蚊香片/炔丙菊酯 10毫克/片/2011.02.25 至 2016.02.25/微毒
卫生　蚊　/　电热加温

WP20110197　电热蚊香液/0.8%/电热蚊香液/炔丙菊酯 0.8%/2011.09.07 至 2016.09.07/低毒
卫生　蚊　/　电热加温

天津市农药研究所　(天津市北辰区北仓化工区富锦道　300400　022-26391140)

PD85122-1　福美双/50%/可湿性粉剂/福美双 50%/2015.06.30 至 2020.06.30/中等毒
黄瓜　白粉病、霜霉病　500-1000倍液　喷雾
葡萄　白腐病　500-1000倍液　喷雾
水稻　稻瘟病、胡麻叶斑病　250克/100千克种子　拌种
甜菜、烟草　根腐病　500克/500千克温床土　土壤处理
小麦　白粉病、赤霉病　500倍液　喷雾

PD85124　福·福锌/80%/可湿性粉剂/福美双 30%、福美锌 50%/2015.06.30 至 2020.06.30/中等毒
黄瓜、西瓜　炭疽病　1500-1800克/公顷　喷雾
麻　炭疽病　240-400克/100千克种子　拌种
棉花　苗期病害　0.5%药液　浸种
苹果树、杉木、橡胶树　炭疽病　500-600倍液　喷雾

PD85133-5　福美双/95%/原药/福美双 95%/2015.07.13 至 2020.07.13/中等毒

PD20040253　高效氯氰菊酯/4.5%/乳油/高效氯氰菊酯 4.5%/2014.12.19 至 2019.12.19/中等毒
棉花　红铃虫、棉铃虫、蚜虫　15-30克/公顷　喷雾
十字花科蔬菜　蚜虫　3-18克/公顷　喷雾
十字花科蔬菜　菜青虫、小菜蛾　9-25.5克/公顷　喷雾

PD20040255　氯氰菊酯/5%/乳油/氯氰菊酯 5%/2014.12.19 至 2019.12.19/中等毒
棉花　棉铃虫、棉蚜　45-90克/公顷　喷雾
蔬菜　菜青虫　30-45克/公顷　喷雾

PD20040553　哒螨灵/15%/乳油/哒螨灵 15%/2014.12.19 至 2019.12.19/中等毒
苹果树　叶螨　50-67毫克/千克　喷雾

PD20080638　四螨嗪/20%/悬浮剂/四螨嗪 20%/2013.05.13 至 2018.05.13/低毒
柑橘树　全爪螨　100-125毫克/千克　喷雾
苹果树　叶螨　80-100毫克/千克　喷雾

PD20081400　多·福/40%/可湿性粉剂/多菌灵 5%、福美双 35%/2013.10.28 至 2018.10.28/低毒
葡萄　霜霉病　1000-1250毫克/千克　喷雾

PD20081671　锰锌·腈菌唑/60%/可湿性粉剂/腈菌唑 2%、代森锰锌 58%/2013.11.17 至 2018.11.17/低毒
梨树　黑星病　400-600毫克/千克　喷雾

PD20081756　多·福/60%/可湿性粉剂/多菌灵 30%、福美双 30%/2013.11.18 至 2018.11.18/低毒
梨树　黑星病　1000-1500毫克/千克　喷雾

PD20082771　百·多·福/75%/可湿性粉剂/百菌清 20%、多菌灵 25%、福美双 30%/2013.12.08 至 2018.12.08/中等毒
苹果树　轮纹病　937.5-1250毫克/千克（600-800倍液）　喷雾

PD20083514　乙酰甲胺磷/30%/乳油/乙酰甲胺磷 30%/2013.12.12 至 2018.12.12/低毒
棉花　棉铃虫　900-1350克/公顷　喷雾

PD20084620　代森锰锌/80%/可湿性粉剂/代森锰锌 80%/2013.12.18 至 2018.12.18/低毒
番茄　早疫病　1845-2895克/公顷　喷雾

PD20085617　杀扑磷/40%/乳油/杀扑磷 40%/2013.12.25 至 2015.09.30/高毒
柑橘树　矢尖蚧　400-500毫克/千克　喷雾

PD20090236　多·福·锌/80%/可湿性粉剂/多菌灵 25%、福美双 25%、福美锌 30%/2014.01.09 至 2019.01.09/中等毒
苹果树　轮纹病、炭疽病　1000-1143毫克/千克　喷雾

PD20090573　甲硫·福美双/70%/可湿性粉剂/福美双 22%、甲基硫菌灵 48%/2014.01.14 至 2019.01.14/中等毒
黄瓜　白粉病、炭疽病　525-787.5克/公顷　喷雾

PD20091854　氰戊·马拉松/12%/乳油/马拉硫磷 8%、氰戊菊酯 4%/2014.02.06 至 2019.02.06/中等毒
白菜、甘蓝　菜青虫　54-108克/公顷　喷雾
白菜、甘蓝　蚜虫　36-72克/公顷　喷雾

PD20094354　福·甲·硫磺/45%/悬浮剂/福美双 9%、甲基硫菌灵 16%、硫磺 20%/2014.04.01 至 2019.04.01/低毒
苹果树　轮纹病　500-700倍液　喷雾

PD20102049　高效氯氰菊酯/4.5%/微乳剂/高效氯氰菊酯 4.5%/2015.11.01 至 2020.11.01/低毒
甘蓝　菜青虫　13.5-27克/公顷　喷雾

PD20102182　阿维·高氯/1.8%/乳油/阿维菌素 0.3%、高效氯氰菊酯 1.5%/2015.12.15 至 2020.12.15/低毒(原药高毒)
甘蓝　菜青虫、小菜蛾　7.5-15克/公顷　喷雾

PD20110167　啶虫脒/5%/乳油/啶虫脒 5%/2016.02.11 至 2021.02.11/低毒
黄瓜　蚜虫　18-22.5克/公顷　喷雾

PD20130877　啶虫脒/20%/可湿性粉剂/啶虫脒 20%/2013.04.25 至 2018.04.25/低毒

	柑橘树	蚜虫	10-12毫克/千克	喷雾
PD20131335	丙森锌/70%/可湿性粉剂/丙森锌 70%/2013.06.09 至 2018.06.09/低毒			
	黄瓜	霜霉病	1911-2247克/公顷	喷雾
PD20140047	高效氯氟氰菊酯/10%/水乳剂/高效氯氟氰菊酯 10%/2014.01.16 至 2019.01.16/中等毒			
	甘蓝	菜青虫	7.5-15克/公顷	喷雾
WP20070033	杀虫气雾剂/0.5%/气雾剂/胺菊酯 0.4%、氯菊酯 0.1%/2012.11.30 至 2017.11.30/低毒			
	卫生	蜚蠊、蚊、蝇	/	喷雾
WP20090259	驱蚊液/15%/驱蚊液/避蚊胺 15%/2014.04.27 至 2019.04.27/低毒			
	卫生	蚊	/	涂抹
WL20120023	高效氯氟氰菊酯/10%/水乳剂/高效氯氟氰菊酯 10%/2014.05.05 至 2015.05.05/低毒			
	卫生	蚊、蝇	3毫克/平方米（喷雾）；25毫克/平方米（滞留喷洒）	喷雾或滞留喷洒
	注:仅限专业人员使用			

天津市施普乐农药技术发展有限公司　（天津市华苑工华道南大科技园C座4层　300384　022-83718911）

PD84116-7	代森锌/80%/可湿性粉剂/代森锌 80%/2014.12.30 至 2019.12.30/低毒			
	茶树	炭疽病	1143-1600毫克/千克	喷雾
	观赏植物	炭疽病、锈病、叶斑病	1143-1600毫克/千克	喷雾
	花生	叶斑病	750-960克/公顷	喷雾
	梨树、苹果树	多种病害	1143-1600毫克/千克	喷雾
	马铃薯	晚疫病、早疫病	960-1200克/公顷	喷雾
	麦类	锈病	960-1440克/公顷	喷雾
	蔬菜、油菜	多种病害	960-1200克/公顷	喷雾
	烟草	立枯病、炭疽病	960-1200克/公顷	喷雾
PD85105-87	敌敌畏/77.5%/乳油/敌敌畏 77.5%/2014.12.30 至 2019.12.30/中等毒			
	茶树	食叶害虫	600克/公顷	喷雾
	粮仓	多种储藏害虫	1)400-500倍液2)0.4-0.5克/立方米	1)喷雾2)挂条熏蒸
	棉花	蚜虫、造桥虫	600-1200克/公顷	喷雾
	苹果树	小卷叶蛾、蚜虫	400-500毫克/千克	喷雾
	青菜	菜青虫	600克/公顷	喷雾
	桑树	尺蠖	600克/公顷	喷雾
	卫生	多种卫生害虫	1)300-400倍液2)0.08克/立方米	1)泼洒2)挂条熏蒸
	小麦	黏虫、蚜虫	600克/公顷	喷雾
PD85109-16	甲拌磷/55%/乳油/甲拌磷 55%/2014.12.30 至 2019.12.30/高毒			
	棉花	地下害虫、蚜虫、螨	600-800克/100千克种子	浸种、拌种
	注:甲拌磷乳油只准用于浸、拌种,严禁喷雾使用。			
PD85126-19	三氯杀螨醇/20%/乳油/三氯杀螨醇 20%/2015.06.16 至 2020.06.16/低毒			
	棉花	红蜘蛛	225-300克/公顷	喷雾
	苹果树	红蜘蛛、锈蜘蛛	800-1000倍液	喷雾
PD86159-4	三乙膦酸铝/40%/可湿性粉剂/三乙膦酸铝 40%/2011.09.20 至 2016.09.20/低毒			
	胡椒	瘟病	1克/株	灌根
	棉花	疫病	1410-2820克/公顷	喷雾
	蔬菜	霜霉病	1410-2820克/公顷	喷雾
	水稻	稻瘟病、纹枯病	1410克/公顷	喷雾
	橡胶树	割面条溃疡病	100倍液	1)切口涂药2)喷雾
	烟草	黑胫病	1)4500克/公顷2)0.8克/株	1)喷雾2)灌根
PD86160-5	三乙膦酸铝/80%/可湿性粉剂/三乙膦酸铝 80%/2011.09.20 至 2016.09.20/低毒			
	胡椒	瘟病	1克/株	灌根
	棉花	疫病	1410-2820克/公顷	喷雾
	蔬菜	霜霉病	1410-2820克/公顷	喷雾
	水稻	稻瘟病、纹枯病	1410克/公顷	喷雾
	橡胶	割面条溃疡病	100倍液	切口涂药、喷雾
	烟草	黑胫病	1)0.8克/株2)4500克/公顷	1)灌根2)喷雾
PD91104-31	敌敌畏/48%/乳油/敌敌畏 48%/2014.12.30 至 2019.12.30/中等毒			
	茶树	食叶害虫	600克/公顷	喷雾
	粮仓	多种储粮害虫	1)300-400倍液2)0.4-0.5克/立方米	1)喷雾2)挂条熏蒸
	棉花	蚜虫、造桥虫	600-1200克/公顷	喷雾
	苹果树	小卷叶蛾、蚜虫	400-500毫克/千克	喷雾
	青菜	菜青虫	600克/公顷	喷雾
	桑树	尺蠖	600克/公顷	喷雾
	卫生	多种卫生害虫	1)250-300倍液2)0.08克/立方米	1)泼洒2)挂条熏蒸
	小麦	黏虫、蚜虫	600克/公顷	喷雾

PD20040128 高效氯氰菊酯/2.5%/乳油/高效氯氰菊酯 2.5%/2014.12.19 至 2019.12.19/低毒
苹果树 桃小食心虫 12.5-25毫克/千克 喷雾
PD20040238 氯氰菊酯/5%/乳油/氯氰菊酯 5%/2014.12.19 至 2019.12.19/中等毒
棉花 棉铃虫、棉蚜 45-90克/公顷 喷雾
蔬菜 菜青虫 30-45克/公顷 喷雾
PD20040257 高效氯氰菊酯/4.5%/乳油/高效氯氰菊酯 4.5%/2014.12.19 至 2019.12.19/低毒
茶树 茶尺蠖、茶小绿叶蝉 20.25-40.5克/公顷 喷雾
柑橘树 介壳虫 37.5-50毫克/千克 喷雾
马铃薯 二十八星瓢虫 15-30克/公顷 喷雾
棉花 红铃虫、棉铃虫、蚜虫 27-54克/公顷 喷雾
苹果树 桃小食心虫 20-33毫克/千克 喷雾
烟草 蚜虫、烟青虫 13.5-27克/公顷 喷雾
PD20040586 高效氯氰菊酯/4.5%/微乳剂/高效氯氰菊酯 4.5%/2014.12.19 至 2019.12.19/中等毒
十字花科蔬菜 菜青虫、蚜虫 20.25-27克/公顷 喷雾
PD20040706 氯氰·吡虫啉/5%/乳油/吡虫啉 1%、氯氰菊酯 4%/2014.12.19 至 2019.12.19/中等毒
甘蓝 蚜虫 30-45克/公顷 喷雾
PD20060085 三乙膦酸铝/95%/原药/三乙膦酸铝 95%/2011.04.26 至 2016.04.26/低毒
PD20060123 代森锰锌/90%/原药/代森锰锌 90%/2011.06.26 至 2016.06.26/低毒
PD20060143 禾草敌/99%/原药/禾草敌 99%/2011.08.07 至 2016.08.07/低毒
PD20060146 霜霉威盐酸盐/96%/原药/霜霉威盐酸盐 96%/2011.08.14 至 2016.08.14/低毒
PD20060159 代森锰锌/50%/可湿性粉剂/代森锰锌 50%/2011.09.22 至 2016.09.22/低毒
番茄 早疫病 1845-2370克/公顷 喷雾
PD20060160 代森锰锌/70%/可湿性粉剂/代森锰锌 70%/2011.09.22 至 2016.09.22/低毒
番茄 早疫病 1837.5-2362.5克/公顷 喷雾
辣椒、甜椒 炭疽病、疫病 1800-2520克/公顷 喷雾
注:黄瓜、辣椒、甜椒有效期至2011年5月17日。
PD20060161 代森锰锌/80%/可湿性粉剂/代森锰锌 80%/2011.09.22 至 2016.09.22/低毒
番茄 早疫病 1845-2370克/公顷 喷雾
柑橘树 疮痂病、炭疽病 1333-2000毫克/千克 喷雾
花生 叶斑病 720-900克/公顷 喷雾
黄瓜 霜霉病 2040-3000克/公顷 喷雾
辣椒、甜椒 炭疽病、疫病 1800-2520克/公顷 喷雾
梨树 黑星病 800-1600毫克/千克 喷雾
荔枝树 霜疫霉病 1333-2000毫克/千克 喷雾
马铃薯 晚疫病 1440-2160克/公顷 喷雾
苹果树 斑点落叶病、轮纹病、炭疽病 1000-1600毫克/千克 喷雾
葡萄 白腐病、黑痘病、霜霉病 1000-1600毫克/千克 喷雾
西瓜 炭疽病 1560-2520克/公顷 喷雾
烟草 赤星病 1440-1920克/公顷 喷雾
PD20060206 螨醇·哒螨灵/25%/乳油/哒螨灵 5%、三氯杀螨醇 20%/2011.12.07 至 2016.12.07/中等毒
苹果树 叶螨 83-100毫克/千克 喷雾
PD20070004 代森锌/90%/原药/代森锌 90%/2012.01.08 至 2017.01.08/低毒
PD20070078 锰锌·福美双/70%/可湿性粉剂/福美双 50%、代森锰锌 20%/2012.04.12 至 2017.04.12/低毒
苹果树 轮纹病 875-1166毫克/千克 喷雾
PD20070232 福·甲·硫磺/70%/可湿性粉剂/福美双 25%、甲基硫菌灵 14%、硫磺 31%/2012.08.08 至 2017.08.08/低毒
小麦 赤霉病 1575-2100克/公顷 喷雾
PD20070238 百·福/70%/可湿性粉剂/百菌清 20%、福美双 50%/2012.08.08 至 2017.08.08/低毒
葡萄 霜霉病 875-1167毫克/千克 喷雾
PD20070239 多·福/50%/可湿性粉剂/多菌灵 25%、福美双 25%/2012.08.08 至 2017.08.08/中等毒
梨树 黑星病 1000-1500毫克/千克 喷雾
PD20070382 噁霜·锰锌/64%/可湿性粉剂/噁霜灵 8%、代森锰锌 56%/2012.10.24 至 2017.10.24/低毒
黄瓜 霜霉病 1650-1950克/公顷 喷雾
PD20070473 甲硫·福美双/70%/可湿性粉剂/福美双 40%、甲基硫菌灵 30%/2012.11.20 至 2017.11.20/低毒
苹果树 轮纹病 875-1167毫克/千克 喷雾
PD20080036 多·福·硫磺/50%/可湿性粉剂/多菌灵 15%、福美双 10%、硫磺 25%/2013.01.04 至 2018.01.04/低毒
小麦 赤霉病 975-1200克/公顷 喷雾
PD20080140 嘧霉胺/98%/原药/嘧霉胺 98%/2013.01.04 至 2018.01.04/低毒
PD20080381 福·甲·硫磺/50%/可湿性粉剂/福美双 18%、甲基硫菌灵 10%、硫磺 22%/2013.02.28 至 2018.02.28/中等毒
小麦 赤霉病 1575-2100克/公顷 喷雾
PD20080382 灭幼脲/25%/悬浮剂/灭幼脲 25%/2013.02.28 至 2018.02.28/低毒
苹果树 金纹细蛾 100-167毫克/千克 喷雾
PD20080415 高效氯氟氰菊酯/25克/升/乳油/高效氯氟氰菊酯 25克/升/2013.03.04 至 2018.03.04/中等毒
茶树 茶小绿叶蝉 22.5-37.5克/公顷 喷雾

茶树　茶尺蠖　7.5-15克/公顷　喷雾
柑橘树　潜叶蛾　12.5-31.25毫克/千克　喷雾
梨树　梨小食心虫　6.25-16.7毫克/千克　喷雾
荔枝树　蝽蟓　6.25-12.5毫克/千克　喷雾
荔枝树　蒂蛀虫　12.5-25毫克/千克　喷雾
棉花　红铃虫、棉铃虫、蚜虫　15-30克/公顷　喷雾
苹果树　桃小食心虫　6.25-8.33毫克/千克　喷雾
烟草　蚜虫、烟青虫　11.25-22.5克/公顷　喷雾
叶菜　蚜虫　11.25-22.5克/公顷　喷雾
叶菜　菜青虫、甜菜夜蛾、小菜蛾　15-30克/公顷　喷雾

PD20080545　硫磺/45%/悬浮剂/硫磺 45%/2013.05.08 至 2018.05.08/低毒
黄瓜　白粉病　1012.5-1687.5克/公顷　喷雾

PD20080731　烟嘧磺隆/95%/原药/烟嘧磺隆 95%/2013.06.11 至 2018.06.11/低毒

PD20080743　草除灵/95%/原药/草除灵 95%/2013.06.11 至 2018.06.11/低毒

PD20080760　霜霉威盐酸盐/35%/水剂/霜霉威盐酸盐 35%/2013.06.11 至 2018.06.11/低毒
黄瓜　霜霉病　866－1083克/公顷　喷雾

PD20081692　锰锌·腈菌唑/50%/可湿性粉剂/腈菌唑 2%、代森锰锌 48%/2013.11.17 至 2018.11.17/低毒
梨树　黑星病　1500-1700倍液　喷雾

PD20082039　禾草敌/90.9%/乳油/禾草敌 90.9%/2013.11.25 至 2018.11.25/低毒
水稻秧田　稗草　2045.3-2727克/公顷　茎叶喷雾

PD20082294　甲硫·福美双/50%/可湿性粉剂/福美双 20%、甲基硫菌灵 30%/2013.12.01 至 2018.12.01/低毒
小麦　赤霉病　900-1200克/公顷　喷雾

PD20082769　嘧霉胺/37%/悬浮剂/嘧霉胺 37%/2013.12.08 至 2018.12.08/低毒
黄瓜　灰霉病　375-562.5克/公顷　喷雾

PD20082859　啶虫脒/5%/乳油/啶虫脒 5%/2013.12.09 至 2018.12.09/低毒
柑橘树　蚜虫　12.5-16.7毫克/千克　喷雾
黄瓜　蚜虫　13.5-22.5克/公顷　喷雾

PD20082952　辛硫磷/40%/乳油/辛硫磷 40%/2013.12.09 至 2018.12.09/低毒
十字花科蔬菜　菜青虫　360-480克/公顷　喷雾

PD20083306　霜霉威盐酸盐/66.5%/水剂/霜霉威盐酸盐 66.5%/2013.12.11 至 2018.12.11/低毒
黄瓜　霜霉病　649.8-1083克/公顷　喷雾

PD20083345　丙环唑/25%/乳油/丙环唑 25%/2013.12.11 至 2018.12.11/低毒
香蕉　叶斑病　250-500毫克/千克　喷雾

PD20083918　三环唑/75%/可湿性粉剂/三环唑 75%/2013.12.15 至 2018.12.15/低毒
水稻　稻瘟病　225-300克/公顷　喷雾

PD20083926　三唑酮/25%/可湿性粉剂/三唑酮 25%/2013.12.15 至 2018.12.15/低毒
小麦　白粉病　105-125克/公顷　喷雾

PD20083960　硫磺·锰锌/70%/可湿性粉剂/硫磺 42%、代森锰锌 28%/2013.12.16 至 2018.12.16/低毒
苹果树　白粉病　500-700倍液　喷雾

PD20083996　联苯菊酯/100克/升/乳油/联苯菊酯 100克/升/2013.12.16 至 2018.12.16/中等毒
苹果树　桃小食心虫　20-33.3毫克/千克　喷雾

PD20084132　氟硅唑/40%/乳油/氟硅唑 40%/2013.12.16 至 2018.12.16/低毒
梨树　黑星病　33.3-50毫克/千克　喷雾

PD20084222　稻瘟灵/40%/乳油/稻瘟灵 40%/2013.12.17 至 2018.12.17/低毒
水稻　稻瘟病　480-600克/公顷　喷雾

PD20084308　氟啶脲/50克/升/乳油/氟啶脲 50克/升/2013.12.17 至 2018.12.17/低毒
甘蓝　甜菜夜蛾　45-60克/公顷　喷雾

PD20084773　福·克/18%/悬浮种衣剂/福美双 10%、克百威 8%/2013.12.22 至 2018.12.22/高毒
玉米　地下害虫、茎腐病　1:40-50(药种比)　种子包衣

PD20084918　甲氨基阿维菌素苯甲酸盐(1.14%)///乳油/甲氨基阿维菌素 1%/2013.12.22 至 2018.12.22/低毒
甘蓝　小菜蛾　1.5-2.25克/公顷　喷雾

PD20085227　草甘膦/30%/水剂/草甘膦 30%/2013.12.23 至 2018.12.23/低毒
苹果园　杂草　1125-2250克/公顷　定向茎叶喷雾

PD20085486　精喹禾灵/20%/乳油/精喹禾灵 20%/2013.12.25 至 2018.12.25/低毒
冬油菜田　一年生禾本科杂草　225-270毫升(制剂)/公顷　茎叶喷雾

PD20085559　乙铝·锰锌/70%/可湿性粉剂/代森锰锌 45%、三乙膦酸铝 25%/2013.12.25 至 2018.12.25/低毒
黄瓜　霜霉病　1399.95-4200克/公顷　喷雾

PD20085829　三乙膦酸铝/90%/可溶粉剂/三乙膦酸铝 90%/2013.12.29 至 2018.12.29/低毒
黄瓜　霜霉病　2025-2700克/公顷　喷雾

PD20086002　敌百·辛硫磷/50%/乳油/敌百虫 25%、辛硫磷 25%/2013.12.29 至 2018.12.29/低毒
棉花　蚜虫　450-600克/公顷　喷雾

PD20086075　多菌灵/80%/可湿性粉剂/多菌灵 80%/2013.12.30 至 2018.12.30/低毒
苹果树　轮纹病　667-1000毫克/千克　喷雾

PD20086161 甲霜·锰锌/58%/可湿性粉剂/甲霜灵 10%、代森锰锌 48%/2013.12.30 至 2018.12.30/低毒
黄瓜 霜霉病 1305-1632克/公顷 喷雾
葡萄 霜霉病 1087.5-1740克/公顷 喷雾

PD20086353 代森锌/65%/可湿性粉剂/代森锌 65%/2013.12.31 至 2018.12.31/低毒
番茄、黄瓜 多种病害 960-1200克/公顷 喷雾
观赏植物 炭疽病、锈病、叶斑病 1143-1600毫克/千克 喷雾
马铃薯 晚疫病、早疫病 960-1200克/公顷 喷雾

PD20090080 烯草酮/240克/升/乳油/烯草酮 240克/升/2014.01.08 至 2019.01.08/低毒
大豆田 一年生禾本科杂草 97.5-144克/公顷 茎叶喷雾

PD20090323 毒·辛/40%/乳油/毒死蜱 10%、辛硫磷 30%/2014.01.12 至 2019.01.12/低毒
棉花 棉铃虫 360-450克/公顷 喷雾

PD20090544 精喹禾灵/5%/乳油/精喹禾灵 5%/2014.01.13 至 2019.01.13/低毒
大豆田 一年生禾本科杂草 48.75-60 克/公顷 茎叶喷雾

PD20090680 嘧霉·福美双/30%/悬浮剂/福美双 25%、嘧霉胺 5%/2014.01.19 至 2019.01.19/低毒
黄瓜 灰霉病 600-900克/公顷 喷雾

PD20090709 虫酰肼/20%/悬浮剂/虫酰肼 20%/2014.01.19 至 2019.01.19/低毒
甘蓝 甜菜夜蛾 250-300克/公顷 喷雾
苹果树 卷叶蛾 100-125毫克/千克 喷雾

PD20091305 氟磺胺草醚/250克/升/水剂/氟磺胺草醚 250克/升/2014.02.01 至 2019.02.01/低毒
春大豆田 一年生阔叶杂草 375-487.5克/公顷 茎叶喷雾
夏大豆田 一年生阔叶杂草 262.5-375克/公顷 茎叶喷雾

PD20091415 异丙甲草胺/720克/升/乳油/异丙甲草胺 720克/升/2014.02.02 至 2019.02.02/低毒
春玉米田 一年生杂草 2160-2700克/公顷 土壤喷雾
夏玉米田 一年生杂草 1458-1944克/公顷 土壤喷雾

PD20091431 高效氟吡甲禾灵/108克/升/乳油/高效氟吡甲禾灵 108克/升/2014.02.02 至 2019.02.02/低毒
棉花田 一年生禾本科杂草 40.5-48.6克/公顷 茎叶喷雾

PD20091719 氟乐灵/480克/升/乳油/氟乐灵 480克/升/2014.02.04 至 2019.02.04/低毒
棉花田 一年生禾本科杂草及阔叶杂草 720-1080克/公顷 喷雾

PD20092074 二甲戊灵/33%/乳油/二甲戊灵 33%/2014.02.16 至 2019.02.16/低毒
姜田 一年生杂草 643.5-742.5克/公顷 播后苗前土壤喷雾
玉米田 一年生杂草 1125-1500克/公顷 播后苗前土壤喷雾

PD20092360 精噁唑禾草灵/69克/升/水乳剂/精噁唑禾草灵 69克/升/2014.02.24 至 2019.02.24/低毒
冬小麦田 一年生禾本科杂草 41.49-51.75克/公顷 茎叶喷雾

PD20092367 阿维·高氯/1.8%/乳油/阿维菌素 0.3%、高效氯氰菊酯 1.5%/2014.02.24 至 2019.02.24/低毒(原药高毒)
十字花科蔬菜 小菜蛾 13.5-18.9克/公顷 喷雾

PD20092522 福美锌/72%/可湿性粉剂/福美锌 72%/2014.02.26 至 2019.02.26/低毒
苹果树 炭疽病 1200-1800毫克/千克 喷雾

PD20092605 乙氧氟草醚/240克/升/乳油/乙氧氟草醚 240克/升/2014.02.27 至 2019.02.27/低毒
大蒜田 一年生杂草 126-180克/公顷 土壤喷雾
水稻移栽田 一年生杂草 54-72克/公顷 毒土法

PD20092688 烯酰·福美双/35%/可湿性粉剂/福美双 30.5%、烯酰吗啉 4.5%/2014.03.03 至 2019.03.03/低毒
黄瓜 霜霉病 1050-1470克/公顷 喷雾

PD20094692 乙铝·福美双/80%/可湿性粉剂/福美双 50%、三乙膦酸铝 30%/2014.04.10 至 2019.04.10/低毒
苹果树 炭疽病 600-800倍液 喷雾

PD20094813 草甘膦/50%/可溶粉剂/草甘膦 50%/2014.04.13 至 2019.04.13/低毒
非耕地 杂草 1125-2250克/公顷 茎叶喷雾

PD20095405 苯醚甲环唑/10%/水分散粒剂/苯醚甲环唑 10%/2014.04.27 至 2019.04.27/低毒
梨树 黑星病 14.3-16.7毫克/千克 喷雾

PD20095567 杀螟·辛硫磷/46%/乳油/杀螟硫磷 30%、辛硫磷 16%/2014.05.12 至 2019.05.12/中等毒
棉花 棉铃虫 276-345克/公顷 喷雾

PD20096315 氯氟吡氧乙酸异辛酯(288克/升)///乳油/氯氟吡氧乙酸 200克/升/2014.07.22 至 2019.07.22/低毒
小麦田 一年生阔叶杂草 150-199.5克/公顷 茎叶喷雾

PD20096374 氯氰·毒死蜱/522.5克/升/乳油/毒死蜱 475克/升、氯氰菊酯 47.5克/升/2015.06.27 至 2020.06.27/中等毒
荔枝树 蒂蛀虫 391-522.5毫克/千克 喷雾

PD20096385 甲基硫菌灵/48.5%/悬浮剂/甲基硫菌灵 48.5%/2014.08.04 至 2019.08.04/低毒
水稻 纹枯病 750-1125克/公顷 喷雾

PD20097028 矮壮·甲哌鎓/45%/水剂/矮壮素 43%、甲哌鎓 2%/2014.10.10 至 2019.10.10/低毒
棉花 调节生长 54-81克/公顷 喷雾

PD20097167 氢氧化铜/77%/可湿性粉剂/氢氧化铜 77%/2014.10.16 至 2019.10.16/低毒
柑橘树 溃疡病 400-600倍液 喷雾

PD20097626 杀螟丹/98%/可溶粉剂/杀螟丹 98%/2014.11.03 至 2019.11.03/中等毒
白菜 菜青虫 441-588克/公顷 喷雾

PD20097682 烟嘧磺隆/40克/升/可分散油悬浮剂/烟嘧磺隆 40克/升/2014.11.04 至 2019.11.04/低毒

玉米田 一年生杂草 45-60克/公顷 茎叶喷雾

PD20098311 噻嗪酮/25%/可湿性粉剂/噻嗪酮 25%/2014.12.18 至 2019.12.18/低毒

水稻 飞虱 75-112.5克/公顷 喷雾

PD20098409 吗胍·乙酸铜/20%/可湿性粉剂/盐酸吗啉胍 16%、乙酸铜 4%/2014.12.18 至 2019.12.18/低毒

番茄 病毒病 500-750克/公顷 喷雾

PD20100132 氟铃脲/5%/乳油/氟铃脲 5%/2015.01.05 至 2020.01.05/低毒

甘蓝 小菜蛾 45-60克/公顷 喷雾

PD20100347 阿维·矿物油/24.5%/乳油/阿维菌素 0.2%、矿物油 24.3%/2015.01.11 至 2020.01.11/低毒(原药高毒)

柑橘树 红蜘蛛 123-245毫克/千克 喷雾

PD20100398 草除灵/42%/悬浮剂/草除灵 42%/2015.01.14 至 2020.01.14/低毒

冬油菜田 一年生阔叶杂草 200-300克/公顷 茎叶喷雾

PD20100407 唑螨酯/5%/悬浮剂/唑螨酯 5%/2015.01.14 至 2020.01.14/低毒

苹果树 红蜘蛛 16.7-25毫克/千克 喷雾

PD20100664 炔螨·矿物油/73%/乳油/矿物油 43%、炔螨特 30%/2015.01.15 至 2020.01.15/低毒

柑橘树 红蜘蛛 365-486.7毫克/千克 喷雾

PD20100684 啶虫脒/5%/可湿性粉剂/啶虫脒 5%/2015.01.16 至 2020.01.16/低毒

十字花科蔬菜 蚜虫 15-22.5克/公顷 喷雾

PD20101054 烯唑醇/12.5%/可湿性粉剂/烯唑醇 12.5%/2015.01.21 至 2020.01.21/低毒

梨树 黑星病 30-41毫克/千克 喷雾

PD20102060 喹硫磷/25%/乳油/喹硫磷 25%/2015.11.03 至 2020.11.03/中等毒

柑橘树 介壳虫 125-166.7毫克/千克 喷雾

PD20102184 莠去津/38%/悬浮剂/莠去津 38%/2015.12.15 至 2020.12.15/低毒

春玉米田 一年生杂草 1800-2250克/公顷 播后苗前土壤喷雾

PD20110002 毒死蜱/45%/乳油/毒死蜱 45%/2016.01.04 至 2021.01.04/中等毒

水稻 稻纵卷叶螟 450-600克/公顷 喷雾

PD20110120 松脂酸铜/12%/乳油/松脂酸铜 12%/2016.01.27 至 2021.01.27/低毒

黄瓜 霜霉病 315-420克/公顷 喷雾

PD20120039 阿维·哒螨灵/5%/乳油/阿维菌素 0.2%、哒螨灵 4.8%/2012.01.10 至 2017.01.10/低毒(原药高毒)

柑橘树 红蜘蛛 25-50毫克/千克 喷雾

PD20121308 啶虫脒/40%/水分散粒剂/啶虫脒 40%/2012.09.11 至 2017.09.11/低毒

甘蓝 蚜虫 18－22.5克/公顷 喷雾

PD20121312 烯酰吗啉/50%/水分散粒剂/烯酰吗啉 50%/2012.09.11 至 2017.09.11/低毒

黄瓜 霜霉病 225-300克/公顷 喷雾

PD20121553 吡虫啉/25%/可湿性粉剂/吡虫啉 25%/2012.10.25 至 2017.10.25/低毒

小麦 蚜虫 15-30克/公顷(南方地区)45-60克/公顷(北方地区) 喷雾

PD20121804 烯酰吗啉/80%/水分散粒剂/烯酰吗啉 80%/2012.11.22 至 2017.11.22/低毒

黄瓜 霜霉病 225～300克/公顷 喷雾

PD20130883 戊唑醇/430克/升/悬浮剂/戊唑醇 430克/升/2013.04.25 至 2018.04.25/低毒

黄瓜 白粉病 106-116克/公顷 喷雾

PD20131232 吡虫啉/70%/水分散粒剂/吡虫啉 70%/2013.05.28 至 2018.05.28/低毒

甘蓝 蚜虫 15－30克/公顷 喷雾

PD20131274 甲氨基阿维菌素苯甲酸盐/5%/水分散粒剂/甲氨基阿维菌素 5%/2013.06.05 至 2018.06.05/低毒

甘蓝 甜菜夜蛾 2.25－3.375克/公顷 喷雾

注:甲氨基阿维菌素苯甲酸盐含量：5.7%。

PD20131336 阿维菌素/5%/乳油/阿维菌素 5%/2013.06.09 至 2018.06.09/中等毒(原药高毒)

甘蓝 小菜蛾 8.1－10.8克/公顷 喷雾

PD20131653 吡虫啉/70%/可湿性粉剂/吡虫啉 70%/2013.08.01 至 2018.08.01/低毒

甘蓝 蚜虫 21-31.5克/公顷 喷雾

PD20140072 高效氯氰菊酯/10%/水乳剂/高效氯氰菊酯 10%/2014.01.20 至 2019.01.20/低毒

棉花 棉铃虫 45-75克/公顷 喷雾

PD20140146 高效氯氟氰菊酯/10%/水乳剂/高效氯氟氰菊酯 10%/2014.01.20 至 2019.01.20/中等毒

甘蓝 菜青虫 7.5-15克/公顷 喷雾

PD20140504 己唑醇/30%/悬浮剂/己唑醇 30%/2014.03.06 至 2019.03.06/微毒

水稻 纹枯病 58.5-76.5克/公顷 喷雾

PD20141254 咪鲜胺/450克/升/水乳剂/咪鲜胺 450克/升/2014.05.07 至 2019.05.07/低毒

香蕉 炭疽病 250—375毫克/千克 浸果

天津市塘沽农药厂 (天津市塘沽区中心庄 300454 022-25367082)

PD20081140 霜脲·锰锌/72%/可湿性粉剂/代森锰锌 64%、霜脲氰 8%/2013.09.01 至 2018.09.01/低毒

黄瓜 霜霉病 1440－1800克/公顷 喷雾

PD20101077 异噁草松/48%/乳油/异噁草松 48%/2010.01.25 至 2015.01.25/低毒

春大豆田 一年生杂草 936-1152克/公顷 喷雾

PD20101428 精喹禾灵/15%/乳油/精喹禾灵 15%/2015.04.26 至 2020.04.26/低毒

	春大豆田	一年生禾本科杂草	52.5-65.6克/公顷	茎叶喷雾
PD20101708	精喹禾灵/10%/乳油/精喹禾灵 10%/2015.06.28 至 2020.06.28/低毒			
	春大豆田	一年生禾本科杂草	40-50毫升制剂/亩	茎叶喷雾

天津市天环药业有限公司　(天津市北辰区双口镇上河头村北　300401　022-86832578)

PD85105-88	敌敌畏/77.5%/乳油/敌敌畏 77.5%/2015.03.24 至 2020.03.24/中等毒			
	茶树	食叶害虫	600克/公顷	喷雾
	粮仓	多种储藏害虫	1)400-500倍液2)0.4-0.5克/立方米	1)喷雾2)挂条熏蒸
	棉花	蚜虫、造桥虫	600-1200克/公顷	喷雾
	苹果树	小卷叶蛾、蚜虫	400-500毫克/千克	喷雾
	青菜	菜青虫	600克/公顷	喷雾
	桑树	尺蠖	600克/公顷	喷雾
	卫生	多种卫生害虫	1)300-400倍液2)0.08克/立方米	1)泼洒2)挂条熏蒸
	小麦	黏虫、蚜虫	600克/公顷	喷雾
PD85109-15	甲拌磷/55%/乳油/甲拌磷 55%/2015.03.24 至 2020.03.24/高毒			
	棉花	地下害虫、蚜虫、螨	600-800克/100千克种子	浸种、拌种
	注:甲拌磷乳油只准用于浸、拌种,严禁喷雾使用。			
PD20040239	高效氯氰菊酯/4.5%/乳油/高效氯氰菊酯 4.5%/2014.12.19 至 2019.12.19/中等毒			
	十字花科蔬菜	菜青虫	9-25.5克/公顷	喷雾
PD20040399	氯氰菊酯/5%/乳油/氯氰菊酯 5%/2014.12.19 至 2019.12.19/中等毒			
	十字花科蔬菜	菜青虫	30-45克/公顷	喷雾
PD20080658	吡虫啉/10%/可湿性粉剂/吡虫啉 10%/2013.05.27 至 2018.05.27/低毒			
	小麦	蚜虫	15-22.5克/公顷	喷雾
PD20082035	辛硫磷/40%/乳油/辛硫磷 40%/2013.11.25 至 2018.11.25/低毒			
	十字花科蔬菜	菜青虫	300-450克/公顷	喷雾
PD20083711	敌敌畏/48%/乳油/敌敌畏 48%/2013.12.15 至 2018.12.15/中等毒			
	十字花科蔬菜	菜青虫	600-750克/公顷	喷雾
PD20094322	辛硫磷/40%/乳油/辛硫磷 40%/2014.03.31 至 2019.03.31/低毒			
	十字花科蔬菜	蚜虫	120-150克/公顷	喷雾
PD20096202	吡虫啉/5%/乳油/吡虫啉 5%/2014.07.13 至 2019.07.13/低毒			
	苹果树	蚜虫	10-12.5毫克/千克	喷雾
PD20100870	石硫合剂/29%/水剂/石硫合剂 29%/2015.01.19 至 2020.01.19/低毒			
	茶树	红蜘蛛	0.5-1Be(制剂)	喷雾
PD20110117	草甘膦异丙胺盐/30%/水剂/草甘膦 30%/2016.01.26 至 2021.01.26/低毒			
	苹果园	杂草	1125-2250克/公顷	定向茎叶喷雾
	注:草甘膦异丙胺盐含量:41%。			

天津市天庆化工有限公司　(天津市津南区咸水沽小营盘　300350　022-28396858)

PDN60-99	溴敌隆/98%,95%/原药/溴敌隆 98%,95%/2014.03.10 至 2019.03.10/高毒			
PDN61-99	溴敌隆/0.5%/母药/溴敌隆 0.5%/2014.03.10 至 2019.03.10/高毒			
	室外	田鼠	(2-5)克0.005%毒饵×(300-450)点/公顷	配成毒饵后堆施或穴施
PDN62-99	溴敌隆/0.5%/母药/溴敌隆 0.5%/2014.03.10 至 2019.03.10/高毒			
	室外	田鼠	(2-5)克0.005%毒饵×(300-450)点/公顷	配成毒饵后堆施或穴施
PD20080195	溴鼠灵/0.005%/毒饵/溴鼠灵 0.005%/2013.01.11 至 2018.01.11/低毒(原药高毒)			
	室内	家鼠	60克毒饵/15平方米	堆施或穴施
	室外	田鼠	1500-2250克毒饵/公顷	堆施或穴施
PD20080196	溴鼠灵/95%/原药/溴鼠灵 95%/2013.01.11 至 2018.01.11/剧毒			
PD20080197	溴鼠灵/0.5%/母液/溴鼠灵 0.5%/2013.01.11 至 2018.01.11/高毒(原药剧毒)			
	室内	家鼠	配成0.005%毒饵60克毒饵/15平方米	配成毒饵堆施或穴施
	室外	田鼠	配成0.005%毒饵1500-2250克毒饵/公顷	配成毒饵堆施或穴施
PD20080198	溴敌隆/0.005%/饵剂/溴敌隆 0.005%/2013.01.11 至 2018.01.11/低毒(原药高毒)			
	室内	家鼠	10-20克制剂/10平方米	堆施或穴施
	室外	田鼠	(2-5)克制剂×(300-450)点/公顷	堆施或穴施

天津市兴光农药厂　(天津市北辰区宜兴埠津围公路丰产河北　300402　022-26995317)

PD84119-7	代森铵/45%/水剂/代森铵 45%/2015.02.23 至 2020.02.23/中等毒			
	白菜、黄瓜	霜霉病	525克/公顷	喷雾
	甘薯	黑斑病	200-400倍液	浸种
	谷子	白发病	180-360倍液	浸种
	水稻	稻瘟病	535-675克/公顷	喷雾
	水稻	白叶枯病、纹枯病	337.5克/公顷	喷雾

	橡胶树	条溃疡病	150倍液	涂抹
	玉米	大斑病、小斑病	525-675克/公顷	喷雾
PD85122-6	福美双/50%/可湿性粉剂/福美双 50%/2015.07.06 至 2020.07.06/中等毒			
	黄瓜	白粉病、霜霉病	500-1000倍液	喷雾
	葡萄	白腐病	500-1000倍液	喷雾
	水稻	稻瘟病、胡麻叶斑病	250克/100千克种子	拌种
	甜菜、烟草	根腐病	500克/500千克温床土	土壤处理
	小麦	白粉病、赤霉病	500倍液	喷雾
PD85124-3	福·福锌/80%/可湿性粉剂/福美双 30%、福美锌 50%/2015.07.14 至 2020.07.14/中等毒			
	黄瓜、西瓜	炭疽病	1500-1800克/公顷	喷雾
	麻	炭疽病	240-400克/100千克种子	拌种
	棉花	苗期病害	0.5%药液	浸种
	苹果树、杉木、橡胶	炭疽病	500-600倍液	喷雾
PD20092120	代森锰锌/70%/可湿性粉剂/代森锰锌 70%/2014.02.23 至 2019.02.23/低毒			
	番茄	早疫病	1845-2370克/公顷	喷雾
PD20094731	三乙膦酸铝/90%/可溶粉剂/三乙膦酸铝 90%/2014.04.10 至 2019.04.10/低毒			
	黄瓜	霜霉病	2025-2700克/公顷	喷雾
PD20094811	代森锌/80%/可湿性粉剂/代森锌 80%/2014.04.13 至 2019.04.13/低毒			
	番茄	早疫病	2250-3600克/公顷	喷雾
PD20094818	霜脲·锰锌/72%/可湿性粉剂/代森锰锌 64%、霜脲氰 8%/2014.04.13 至 2019.04.13/低毒			
	黄瓜	霜霉病	1440-1800克/公顷	喷雾
PD20094819	三乙膦酸铝/80%/可湿性粉剂/三乙膦酸铝 80%/2014.04.13 至 2019.04.13/低毒			
	黄瓜	霜霉病	1410-2820克/公顷	喷雾

天津市兴果农药厂　(天津市北辰区津围公路北孙庄东　300402　022-86854568)

PD85122-11	福美双/50%/可湿性粉剂/福美双 50%/2015.07.14 至 2020.07.14/中等毒			
	黄瓜	白粉病、霜霉病	500-1000倍液	喷雾
	葡萄	白腐病	500-1000倍液	喷雾
	水稻	稻瘟病、胡麻叶斑病	250克/100千克种子	拌种
	甜菜、烟草	根腐病	500克/500千克温床土	土壤处理
	小麦	白粉病、赤霉病	500倍液	喷雾
PD85124-4	福·福锌/80%/可湿性粉剂/福美双 30%、福美锌 50%/2015.07.14 至 2020.07.14/中等毒			
	黄瓜、西瓜	炭疽病	1500-1800克/公顷	喷雾
	麻	炭疽病	240-400克/100千克种子	拌种
	棉花	苗期病害	0.5%药液	浸种
	苹果树、杉木、橡胶树	炭疽病	500-600倍液	喷雾
PD96101-2	福·福锌/40%/可湿性粉剂/福美双 15%、福美锌 25%/2011.09.13 至 2016.09.13/中等毒			
	黄瓜、西瓜	炭疽病	1500-1800克/公顷	喷雾
	麻	炭疽病	240-400克/100千克种子	拌种
	棉花	苗期病害	1.0%药液	浸种
	苹果树、杉木、橡胶树	炭疽病	250-300倍液	喷雾
PD20081465	福美双/95%/原药/福美双 95%/2013.11.04 至 2018.11.04/低毒			
PD20082490	代森锌/80%/可湿性粉剂/代森锌 80%/2013.12.03 至 2018.12.03/低毒			
	番茄	早疫病	2550-3600克/公顷	喷雾
PD20082612	代森锰锌/70%/可湿性粉剂/代森锰锌 70%/2013.12.04 至 2018.12.04/低毒			
	番茄	早疫病	1845-2370克/公顷	喷雾
PD20091182	代森锌/65%/可湿性粉剂/代森锌 65%/2014.01.22 至 2019.01.22/低毒			
	番茄	早疫病	2550-3600克/公顷	喷雾
PD20092388	多·福/40%/可湿性粉剂/多菌灵 5%、福美双 35%/2014.02.25 至 2019.02.25/中等毒			
	葡萄	霜霉病	1000-1250毫克/千克	喷雾
PD20100807	多·福·锌/25%/可湿性粉剂/多菌灵 5%、福美双 10%、福美锌 10%/2015.01.19 至 2020.01.19/中等毒			
	番茄	叶霉病	321.4-450克/公顷	喷雾
	黄瓜	白粉病	437.5-656.3克/公顷	喷雾
	辣椒	炭疽病	312.5-375克/公顷	喷雾

天津市中景百英化工有限公司　(天津市河北区张兴庄大道86号　300402　022-26940961)

WP20090048	电热蚊香片/12毫克/片/电热蚊香片/炔丙菊酯 12毫克/片/2014.01.21 至 2019.01.21/低毒			
	卫生	蚊	/	电热加温
WP20090104	蚊香/0.23%/蚊香/富右旋反式烯丙菊酯 0.23%/2014.02.05 至 2019.02.05/低毒			
	卫生	蚊	/	点燃
WP20090144	杀虫气雾剂/0.64%/气雾剂/Es-生物烯丙菊酯 0.36%、右旋苯醚菊酯 0.28%/2014.02.26 至 2019.02.26/低毒			
	卫生	蚊、蝇、蜚蠊	/	喷雾
WP20090159	杀虫气雾剂/0.18%/气雾剂/胺菊酯 0.14%、高效氯氰菊酯 0.04%/2014.03.05 至 2019.03.05/低毒			

卫生 蚊、蝇、蜚蠊 / 喷雾
WP20120115 电热蚊香液/0.85%/电热蚊香液/炔丙菊酯 0.85%/2012.06.14 至 2017.06.14/微毒
卫生 蚊 / 电热加温

天津市鑫卫化工有限责任公司 (天津市西青区辛口镇政府北侧 300380 022-27992150，27993375)

PD20120222 烯丙苯噻唑/95%/原药/烯丙苯噻唑 95%/2012.02.10 至 2017.02.10/低毒
PD20130303 烯丙苯噻唑/8%/颗粒剂/烯丙苯噻唑 8%/2013.02.26 至 2018.02.26/微毒
水稻 稻瘟病 3000-3600克/公顷 撒施

天津永阔国际贸易有限公司 (天津市华苑产业园区华天道8号海泰信息广场F-南-721 300384 022-23708997)

WP20140116 驱蚊帐/0.3%/驱蚊帐/溴氰菊酯 0.3%/2014.05.29 至 2019.05.29/低毒
卫生 蚊 / 悬挂

天津郁美净集团有限公司 (天津市南开区红旗路188号 300110 022-27032459)

WP20080394 驱蚊花露水/1.8%/驱蚊花露水/驱蚊酯 1.8%/2013.12.11 至 2018.12.11/微毒
卫生 蚊 / 涂抹

源达日化(天津)有限公司 (天津市经济技术开发区微电子工业区微二路 300385 022-83962633)

WP20090003 防蛀防霉球剂/99%/球剂/对二氯苯 99%/2014.01.04 至 2019.01.04/低毒
卫生 黑皮蠹、红斑皮蠹、霉菌、青霉菌 40克制剂/立方米 投放
WP20090010 防蛀防霉片剂/99%/片剂/对二氯苯 99%/2014.01.04 至 2019.01.04/低毒
卫生 黑皮蠹、红斑皮蠹、霉菌、青霉菌 40克制剂/立方米 投放
注:本品有三种香型：薰衣草香型、自然香型、柠檬香型。
WP20090324 防蛀球剂/94%/球剂/樟脑 94%/2014.09.21 至 2019.09.21/低毒
卫生 黑皮蠹 200克/立方米 投放
WP20090325 防蛀片剂/94%/片剂/樟脑 94%/2014.09.21 至 2019.09.21/低毒
卫生 黑皮蠹 200克/立方米 投放
WP20100135 杀虫气雾剂/0.2%/气雾剂/氯菊酯 0.1%、炔丙菊酯 0.1%/2010.11.03 至 2015.11.03/低毒
卫生 蚊 / 喷雾
卫生 蝇 / 喷雾
WP20110055 蚊香/0.23%/蚊香/富右旋反式烯丙菊酯 0.23%/2011.02.25 至 2016.02.25/微毒
卫生 蚊 / 点燃
WP20110091 驱蚊液/10%/驱蚊液/避蚊胺 10%/2011.04.21 至 2016.04.21/微毒
卫生 蚊 / 涂抹
注:本产品有一种香型：自然香型。
WP20110096 电热蚊香液/0.8%/电热蚊香液/炔丙菊酯 0.8%/2011.04.21 至 2016.04.21/微毒
卫生 蚊 / 电热加温
WP20110114 电热蚊香片/12毫克/片/电热蚊香片/炔丙菊酯 12毫克/片/2011.05.03 至 2016.05.03/微毒
卫生 蚊 / 电热加温
WP20110182 防蛀片剂/125毫克/片/防蛀片剂/右旋烯炔菊酯 125毫克/片/2011.08.04 至 2016.08.04/低毒
卫生 黑皮蠹 / 投放
WP20120142 驱蚊花露水/5%/驱蚊花露水/驱蚊酯 5%/2012.07.20 至 2017.07.20/微毒
卫生 蚊 / 涂抹
WP20130073 蚊香/0.05%/蚊香/氯氟醚菊酯 0.05%/2013.04.22 至 2018.04.22/微毒
卫生 蚊 / 点燃
WP20140126 电热蚊香液/0.4%/电热蚊香液/氯氟醚菊酯 0.4%/2014.06.05 至 2019.06.05/微毒
室内 蚊 / 电热加温
WP20140181 电热蚊香液/0.6%/电热蚊香液/氯氟醚菊酯 0.6%/2014.08.14 至 2019.08.14/微毒
室内 蚊 / 电热加温
WP20150072 电热蚊香片/10毫克/片/电热蚊香片/炔丙菊酯 5毫克/片、氯氟醚菊酯 5毫克/片/2015.04.20 至 2020.04.20/微毒
室内 蚊 / 电热加温
WL20120054 电热蚊香液/0.8%/电热蚊香液/氯氟醚菊酯 0.8%/2014.11.05 至 2015.11.05/微毒
室内 蚊 / 电热加温

中农立华(天津)农用化学品有限公司 (天津市武清区农场南津蓟铁路东侧 301700 022-26976655)

PD20080278 稻瘟灵/40%/乳油/稻瘟灵 40%/2013.02.22 至 2018.02.22/低毒
水稻 稻瘟病 450-675克/公顷 喷雾
PD20082815 S-氰戊菊酯/50克/升/乳油/S-氰戊菊酯 50克/升/2013.12.09 至 2018.12.09/中等毒
甘蓝 菜青虫 7.5-15克/公顷 喷雾
棉花 棉铃虫 18.75-26.25克/公顷 喷雾
苹果树 桃小食心虫 16-25毫克/千克 喷雾
小麦 蚜虫 9-11.25克/公顷 喷雾
PD20082962 甲氰菊酯/20%/乳油/甲氰菊酯 20%/2013.12.09 至 2018.12.09/中等毒
甘蓝 菜青虫 75-90克/公顷 喷雾
柑橘树 红蜘蛛 67-100毫克/千克 喷雾
棉花 棉铃虫 90-120克/公顷 喷雾
苹果树 山楂红蜘蛛 100毫克/千克 喷雾
PD20083655 噁霉灵/30%/水剂/噁霉灵 30%/2013.12.12 至 2018.12.12/低毒

辣椒 立枯病 0.75-1.05克/平方米 泼浇
水稻 立枯病 0.9-1.8克/平方米 喷雾

PD20090901 甲霜·噁霉灵/30%/水剂/噁霉灵 24%、甲霜灵 6%/2014.01.19 至 2019.01.19/低毒
黄瓜 苗期立枯病 0.3-0.6克/平方米 喷雾
水稻 苗期立枯病 0.36-0.54克/平方米 苗床喷雾

PD20092640 草甘膦异丙胺盐/30%/水剂/草甘膦 30%/2014.03.02 至 2019.03.02/低毒
柑橘园 杂草 900-1800克/公顷 定向喷雾
注:草甘膦异丙胺盐含量: 41%

PD20093755 阿维·辛硫磷/15%/乳油/阿维菌素 0.1%、辛硫磷 14.9%/2014.03.25 至 2019.03.25/低毒(原药高毒)
十字花科蔬菜 小菜蛾 112.5-168.75克/公顷 喷雾

PD20094390 扑·乙/45%/乳油/扑草净 17%、乙草胺 28%/2014.04.01 至 2019.04.01/低毒
春大豆田、春玉米田 一年生杂草 1350-1687.5克/公顷 喷雾
花生田 一年生杂草 1012.5-1687.5克/公顷 喷雾

PD20094997 甲霜·噁霉灵/3%/水剂/噁霉灵 2.4%、甲霜灵 0.6%/2014.04.21 至 2019.04.21/低毒
水稻 苗期立枯病 0.36-0.54克/平方米 苗床喷雾

PD20095727 滴丁·乙草胺/70%/乳油/2,4-滴丁酯 20%、乙草胺 50%/2014.05.18 至 2019.05.18/低毒
春大豆田、春玉米田 一年生杂草 2100-2625克/公顷(东北地区) 喷雾

PD20095860 精喹禾灵/5%/乳油/精喹禾灵 5%/2014.05.27 至 2019.05.27/低毒
大白菜田、西瓜田 一年生禾本科杂草 30-45克/公顷 茎叶喷雾
大豆田、花生田、棉花田、油菜田 一年生禾本科杂草 37.5-60克/公顷 茎叶喷雾
芝麻田 一年生禾本科杂草 37.5-45克/公顷 茎叶喷雾

PD20095988 烟嘧磺隆/40克/升/可分散油悬浮剂/烟嘧磺隆 40克/升/2014.06.11 至 2019.06.11/低毒
玉米田 一年生杂草 36-60克/公顷 茎叶喷雾

PD20096922 炔螨特/57%/乳油/炔螨特 57%/2014.09.23 至 2019.09.23/低毒
棉花 红蜘蛛 384.75-513克/公顷 喷雾

PD20097565 烯禾啶/12.5%/乳油/烯禾啶 12.5%/2014.11.03 至 2019.11.03/低毒
春大豆田 一年生禾本科杂草 156.2-187.5克/公顷(东北地区) 喷雾
花生田 一年生禾本科杂草 150-187.5克/公顷 喷雾

PD20097590 丙溴·辛硫磷/25%/乳油/丙溴磷 5%、辛硫磷 20%/2014.11.03 至 2019.11.03/低毒
棉花 棉铃虫 187.5-281.25克/公顷 喷雾

PD20120201 毒死蜱/45%/乳油/毒死蜱 45%/2012.02.06 至 2017.02.06/中等毒
柑橘树 介壳虫 450-600毫克/千克 喷雾
苹果树 绵蚜、桃小食心虫 240-320毫克/千克 喷雾
水稻 稻飞虱、稻纵卷叶螟 576-720克/公顷 喷雾
小麦 蚜虫 180—250克/公顷 喷雾

PD20130958 灭草松/480克/升/水剂/灭草松 480克/升/2013.05.02 至 2018.05.02/低毒
大豆田 一年生阔叶杂草 936-1440克/公顷 茎叶喷雾
移栽水稻田 一年生阔叶杂草 1080-1440克/公顷 茎叶喷雾

PD20131002 氟磺胺草醚/250克/升/水剂/氟磺胺草醚 250克/升/2013.05.13 至 2018.05.13/微毒
大豆田 一年生阔叶杂草 225-375克/公顷(春大豆田),187.5-225克/公顷(夏大豆田) 茎叶喷雾

PD20131162 甲基硫菌灵/70%/可湿性粉剂/甲基硫菌灵 70%/2013.05.27 至 2018.05.27/低毒
苹果树 轮纹病 700-1000毫克/千克 喷雾
水稻 纹枯病 1300-1500克/公顷 喷雾
西瓜 炭疽病 420-525克/公顷 喷雾

PD20131216 草甘膦铵盐/58%/可溶粒剂/草甘膦 58%/2013.05.28 至 2018.05.28/微毒
柑橘园 杂草 1131-2175克/公顷 定向茎叶喷雾
注:草甘膦铵盐含量: 63.8%。

PD20140063 草铵膦/200克/升/水剂/草铵膦 200克/升/2014.01.20 至 2019.01.20/低毒
非耕地 杂草 900-1800克/公顷 茎叶喷雾

PD20140309 丙酰芸苔素内酯/0.003%/水剂/丙酰芸苔素内酯 0.003%/2014.02.12 至 2019.02.12/微毒
葡萄 增产 0.0075-0.01毫克/千克 喷雾

PD20141053 甲维·氟酰胺/12%/微乳剂/甲氨基阿维菌素苯甲酸盐 4%、氟苯虫酰胺 8%/2014.04.24 至 2019.04.24/低毒
水稻 稻纵卷叶螟 28.8—36克/公顷 喷雾

PD20142336 二甲戊灵/30%/悬浮剂/二甲戊灵 30%/2014.11.03 至 2019.11.03/微毒
甘蓝田 一年生杂草 495-765克/公顷 土壤喷雾
棉花田 一年生杂草 675-945克/公顷 土壤喷雾

PD20150208 虫酰肼/20%/悬浮剂/虫酰肼 20%/2015.01.15 至 2020.01.15/微毒
甘蓝 甜菜夜蛾 180-216克/公顷 喷雾
松树 松毛虫 60-90毫克/千克 喷雾

LS20150109 氰霜·百菌清/43%/悬浮剂/百菌清 39.8%、氰霜唑 3.2%/2015.05.12 至 2016.05.12/低毒
黄瓜 霜霉病 453.6-842.4克/公顷 喷雾

LS20150315 吡嘧·丙草胺/2%/颗粒剂/吡嘧磺隆 0.18%、丙草胺 1.82%/2015.10.23 至 2016.10.23/低毒
移栽水稻田 一年生杂草 600-750克/公顷 撒施

香港

乐信药业有限公司 (香港大埔工业村大富街12号2楼及3楼A室 00852-24970311)

WP20120120 驱蚊液/10%/驱蚊液/避蚊胺 10%/2012.06.21 至 2017.06.21/微毒
卫生 蚊 / 涂抹

新疆维吾尔自治区

五家渠农佳绿和生物科技有限公司 (新疆兵团六师五家渠新湖农场北工业园 832200 0994-6229211)

PD20101319 苦参碱/0.3%/水剂/苦参碱 0.3%/2015.03.17 至 2020.03.17/低毒
十字花科蔬菜 蚜虫 7.56-8.64克/公顷 喷雾
十字花科蔬菜 菜青虫 4.32-6.48克/公顷 喷雾

新疆金棉科技有限责任公司 (新疆维吾尔自治区玛纳斯县包家店镇乌伊路北侧 0994-6337196)

PD20152036 甲哌鎓/25%/水剂/甲哌鎓 25%/2015.09.07 至 2020.09.07/低毒
棉花 调节生长 45-60克/公顷 茎叶喷雾

PD20152054 乙烯利/40%/水剂/乙烯利 40%/2015.09.07 至 2020.09.07/低毒
棉花 催熟 1000-1333毫升/千克 喷雾

新疆锦华农药有限公司 (新疆维吾尔自治区五家渠市工业园区 831300 0994-5829056)

PD20083468 福·克/20%/悬浮种衣剂/福美双 10%、克百威 10%/2013.12.12 至 2018.12.12/高毒
玉米 地老虎、蚜虫 1:40(药种比) 种子包衣

PD20090090 多·福·立枯磷/26%/悬浮种衣剂/多菌灵 6%、福美双 12%、甲基立枯磷 8%/2014.01.08 至 2019.01.08/低毒
棉花 苗期立枯病 1:40-50(药种比) 种子包衣

PD20094257 甲枯·福美双/20%/悬浮种衣剂/福美双 15%、甲基立枯磷 5%/2014.03.31 至 2019.03.31/低毒
棉花 苗期立枯病 1:30-50(药种比) 种子包衣

PD20100743 吡虫啉/200克/升/可溶液剂/吡虫啉 200克/升/2015.01.16 至 2020.01.16/低毒
棉花 蚜虫 30-45克/公顷 喷雾

PD20110584 戊唑·福美双/23%/悬浮种衣剂/福美双 22%、戊唑醇 1%/2011.05.27 至 2016.05.27/低毒
小麦 根腐病 1:400-550(药种比) 种子包衣

PD20121301 五氯·福美双/20%/悬浮种衣剂/福美双 10%、五氯硝基苯 10%/2012.09.06 至 2017.09.06/低毒
棉花 立枯病 250—300克/100千克种子 拌种

PD20121320 烯酰吗啉//水乳剂/烯酰吗啉 10%/2012.09.11 至 2017.09.11/低毒
葡萄 霜霉病 167～250毫克/千克 喷雾

PD20121374 萎锈·福美双/400克/升/悬浮剂/福美双 200克/升、萎锈灵 200克/升/2012.09.13 至 2017.09.13/低毒(原药高毒)
棉花 立枯病 180—200克/100千克种子 拌种

PD20141750 啶虫脒//可溶液剂/啶虫脒 20%/2014.07.02 至 2019.07.02/低毒
棉花 蚜虫 15—18克/公顷 喷雾

PD20141887 噻苯隆/50%/悬浮剂/噻苯隆 50%/2014.08.01 至 2019.08.01/低毒
棉花 脱叶 225-300克/公顷 茎叶喷雾

PD20150124 二甲戊灵/40%/悬浮剂/二甲戊灵 40%/2015.01.07 至 2020.01.07/低毒
棉花田 一年生杂草 840-960克/公顷 土壤喷雾

新疆绿洲兴源农业科技有限责任公司 (新疆维吾尔自治区乌鲁木齐市南昌路403号核生所 830091 0991-4593597)

PD20070137 福美·拌种灵/7.2%/悬浮种衣剂/拌种灵 3.6%、福美双 3.6%/2012.05.30 至 2017.05.30/低毒
棉花 立枯病 144-180克/100千克种子 种子包衣

PD20110907 拌·福·乙酰甲/18.6%/悬浮种衣剂/拌种灵 3.6%、福美双 3.6%、乙酰甲胺磷 11.4%/2011.08.22 至 2016.08.22/低毒
棉花 蓟马、立枯病 338—372克/100千克种子 种子包衣

新疆塔河勤丰植物科技有限公司 (新疆维吾尔自治区阿拉尔市二号工业园区 843300 0997-4928685)

PD20095338 福·克/20%/悬浮种衣剂/福美双 10%、克百威 10%/2014.04.27 至 2019.04.27/高毒
玉米 地下害虫、茎腐病 1:40-50(药种比) 种子包衣

PD20101131 多·福·立枯磷/26%/悬浮种衣剂/多菌灵 5%、福美双 15%、甲基立枯磷 6%/2015.01.25 至 2020.01.25/中等毒
棉花 苗期立枯病、猝倒病 1:50-60(药种比) 种子包衣

新疆兴林农资有限公司 (新疆阿克苏地区新和县工业园区 842100 0997-8195228)

PD20140614 石硫合剂/29%/水剂/石硫合剂 29%/2014.03.07 至 2019.03.07/低毒
苹果树 白粉病 2417-2900毫克/千克 喷雾

PD20152287 硫磺/50%/悬浮剂/硫磺 50%/2015.10.20 至 2020.10.20/低毒
苹果树 白粉病 1250-1666.7毫克/千克 喷雾

新疆伊宁市合美化工厂 (新疆维吾尔自治区伊宁市英也尔乡工业园管理中心 835000)

PD20094697 硫丹/35%/乳油/硫丹 35%/2014.04.10 至 2019.04.10/高毒
棉花 棉铃虫 682.5-840克/公顷 喷雾

新疆伊宁市雨露化工厂 (新疆维吾尔自治区伊宁市经济开发区仁和工业园（原二毛院内） 835000)

PD20101694 硫丹/35%/乳油/硫丹 35%/2010.06.17 至 2015.06.17/高毒
棉花 棉铃虫 525-787.5克/公顷 喷雾

新疆友合生物科技有限公司 (新疆维吾尔自治区五家渠市国际蓝湾23号楼3单元401室 831300 0994-5678556)

PD20096867 氟乐灵/480克/升/乳油/氟乐灵 480克/升/2014.09.23 至 2019.09.23/低毒
棉花田 一年生禾本科杂草及部分阔叶杂草 100-150毫升制剂/亩 土壤喷雾

PD20100842 精喹禾灵/15%/乳油/精喹禾灵 15%/2015.01.19 至 2020.01.19/低毒
油菜田 禾本科杂草 45-67.5克/公顷 喷雾
PD20151710 阿维菌素/5%/乳油/阿维菌素 5%/2015.08.28 至 2020.08.28/中等毒(原药高毒)
十字花科蔬菜 小菜蛾 7.5-9克/公顷 喷雾
PD20152039 啶虫脒/20%/可溶液剂/啶虫脒 20%/2015.09.07 至 2020.09.07/低毒
棉花 蚜虫 24-30克/公顷 喷雾
PD20152565 烯酰吗啉/80%/水分散粒剂/烯酰吗啉 80%/2015.12.05 至 2020.12.05/低毒
黄瓜 霜霉病 225-300克/公顷 喷雾

云南省

昆明百事德生物化学科技有限公司 (云南省昆明市高新区高新区科高路新光巷285号 650106 0871-8353755)

PD20090375 高效氯氟氰菊酯/25克/升/乳油/高效氯氟氰菊酯 25克/升/2014.01.12 至 2019.01.12/中等毒
十字花科蔬菜 蚜虫 7.5-11.25克/公顷 喷雾
PD20091750 丙环唑/250克/升/乳油/丙环唑 250克/升/2014.02.04 至 2019.02.04/低毒
香蕉 叶斑病 250-500毫克/千克 喷雾
PD20100470 甲维·高氯氟/2%/微乳剂/高效氯氟氰菊酯 1.8%、甲氨基阿维菌素苯甲酸盐 0.2%/2015.01.14 至 2020.01.14/低毒
甘蓝 小菜蛾 9-12克/公顷 喷雾
PD20130160 溴氰菊酯/25克/升/乳油/溴氰菊酯 25克/升/2013.01.24 至 2018.01.24/中等毒
烟草 烟青虫 6-9克/公顷 喷雾
PD20130164 吡虫啉/70%/水分散粒剂/吡虫啉 70%/2013.01.24 至 2018.01.24/低毒
烟草 蚜虫 15.7-21克/公顷 喷雾
PD20130205 吡虫啉/20%/可溶液剂/吡虫啉 20%/2013.01.30 至 2018.01.30/低毒
烟草 蚜虫 15-45克/公顷 喷雾
PD20130206 噁霜·锰锌/64%/可湿性粉剂/噁霜灵 8%、代森锰锌 56%/2013.01.30 至 2018.01.30/低毒
烟草 黑胫病 1950-2400克/公顷 喷雾
PD20130615 二甲戊灵/330克/升/乳油/二甲戊灵 330克/升/2013.04.03 至 2018.04.03/低毒
烟草 抑制腋芽生长 60-80毫克/株 杯淋
PD20130831 稻瘟灵/40%/乳油/稻瘟灵 40%/2013.04.22 至 2018.04.22/低毒
水稻 稻瘟病 450-600克/公顷 喷雾
PD20131158 王铜·代森锌/52%/可湿性粉剂/代森锌 15%、王铜 37%/2013.05.24 至 2018.05.24/低毒
烟草 野火病 1170-1560克/公顷 喷雾
PD20131159 多抗霉素/10%/可湿性粉剂/多抗霉素 10%/2013.05.24 至 2018.05.24/低毒
烟草 赤星病 105-135克/公顷 喷雾
PD20141028 甲基硫菌灵/70%/可湿性粉剂/甲基硫菌灵 70%/2014.04.21 至 2019.04.21/低毒
水稻 纹枯病 1050－1470克/公顷 喷雾

昆明农药有限公司 (云南省昆明市富民县罗免乡高仓村 650401 0871-68830879)

PD84111-53 氧乐果/40%/乳油/氧乐果 40%/2014.12.20 至 2019.12.20/高毒
棉花 蚜虫、螨 375-600克/公顷 喷雾
森林 松干蚧、松毛虫 500倍液 喷雾或直接涂树干
水稻 稻纵卷叶螟、飞虱 375-600克/公顷 喷雾
小麦 蚜虫 300-450克/公顷 喷雾
PD85105-80 敌敌畏/77.5%/乳油/敌敌畏 77.5%(气谱法)/2014.12.20 至 2019.12.20/中等毒
茶树 食叶害虫 600克/公顷 喷雾
粮仓 多种储藏害虫 1)400-500倍液2)0.4-0.5克/立方米 1)喷雾2)挂条熏蒸
棉花 蚜虫、造桥虫 600-1200克/公顷 喷雾
苹果树 小卷叶蛾、蚜虫 400-500毫克/千克 喷雾
青菜 菜青虫 600克/公顷 喷雾
桑树 尺蠖 600克/公顷 喷雾
卫生 多种卫生害虫 1)300-400倍液2)0.08克/立方米 1)泼洒2)挂条熏蒸
小麦 黏虫、蚜虫 600克/公顷 喷雾
PD85112-11 莠去津/38%/悬浮剂/莠去津 38%/2016.03.14 至 2021.03.14/低毒
茶园 一年生杂草 1125-1875克/公顷 喷于地表
防火隔离带、公路、森林、铁路 一年生杂草 0.8-2克/平方米 喷于地表
甘蔗 一年生杂草 1050-1500克/公顷 喷于地表
高粱、糜子、玉米 一年生杂草 1800-2250克/公顷(东北地区) 喷于地表
红松苗圃 一年生杂草 0.2-0.3克/平方米 喷于地表
梨树(12年以上树龄)、苹果树(12年以上树龄) 一年生杂草 1625-1875克/公顷 喷于地表
橡胶园 一年生杂草 2250-3750克/公顷 喷于地表
PD85121-31 乐果/40%/乳油/乐果 40%/2015.07.05 至 2020.07.05/中等毒
茶树 蚜虫、叶蝉、螨 1000-2000倍液 喷雾

甘薯 小象甲 2000倍液 浸鲜薯片诱杀
柑橘树、苹果树 鳞翅目幼虫、蚜虫、螨 800-1600倍液 喷雾
棉花 蚜虫、螨 450-600克/公顷 喷雾
蔬菜 蚜虫、螨 300-600克/公顷 喷雾
水稻 飞虱、螟虫、叶蝉 450-600克/公顷 喷雾
烟草 蚜虫、烟青虫 300-600克/公顷 喷雾

PD86125 扑草净/90%,80%/原药/扑草净 90%,80%/2011.12.26 至 2016.12.26/低毒

PD86126 扑草净/50%/可湿性粉剂/扑草净 50%/2011.11.22 至 2016.11.22/低毒
茶园、成年果园、苗圃 阔叶杂草 1875-3000克/公顷 喷于地表切勿喷至树上
大豆田、花生田 阔叶杂草 750-1125克/公顷 喷雾
甘蔗田、棉花田、苎麻 阔叶杂草 750-1125克/公顷 播后苗前土壤喷雾
谷子田 阔叶杂草 375克/公顷 喷雾
麦田 阔叶杂草 450-750克/公顷 喷雾
水稻本田、水稻秧田 阔叶杂草 150-900克/公顷 撒毒土

PD86157-15 硫磺/50%/悬浮剂/硫磺 50%/2014.12.20 至 2019.12.20/低毒
果树 白粉病 200-400倍液 喷雾
花卉 白粉病 750-1500克/公顷 喷雾
黄瓜 白粉病 1125-1500克/公顷 喷雾
橡胶树 白粉病 1875-3000克/公顷 喷雾
小麦 白粉病、螨 3000克/公顷 喷雾

PD20070653 氯氰・毒死蜱/22%/乳油/毒死蜱 20%、氯氰菊酯 2%/2012.12.17 至 2017.12.17/低毒
苹果树 桃小食心虫 147-220毫克/千克 喷雾

PD20070668 氯氰・敌敌畏/10%/乳油/敌敌畏 8%、氯氰菊酯 2%/2012.12.17 至 2017.12.17/低毒
十字花科蔬菜 蚜虫 45-75克/公顷 喷雾

PD20080039 草甘膦/30%/水剂/草甘膦 30%/2013.01.04 至 2018.01.04/微毒
茶园 杂草 250-400毫升制剂/亩 定向喷雾
甘蔗田 杂草 250-500毫升制剂/亩 茎叶喷雾

PD20080686 莠去津/92%/原药/莠去津 92%/2013.06.04 至 2018.06.04/低毒

PD20081406 扑草净/25%/可湿性粉剂/扑草净 25%/2013.10.28 至 2018.10.28/低毒
水稻田 稗草、莎草及阔叶杂草 300-562.5克/公顷 毒土法

PD20081411 灭蝇胺/50%/可湿性粉剂/灭蝇胺 50%/2013.10.29 至 2018.10.29/低毒
菜豆 斑潜蝇 150-225克/公顷 喷雾

PD20082775 莠灭净/80%/可湿性粉剂/莠灭净 80%/2013.12.08 至 2018.12.08/低毒
甘蔗田 一年生杂草 1800-2400克/公顷 土壤或定向茎叶喷雾

PD20083120 高效氯氰菊酯/4.5%/乳油/高效氯氰菊酯 4.5%/2013.12.10 至 2018.12.10/低毒
韭菜 迟眼蕈蚊 6.75-13.5克/公顷 喷雾
辣椒 烟青虫 24-34克/公顷 喷雾
十字花科蔬菜 菜青虫 20.25-27克/公顷 喷雾

PD20083936 硫磺・多菌灵/40%/悬浮剂/多菌灵 20%、硫磺 20%/2013.12.15 至 2018.12.15/低毒
水稻 稻瘟病 1200-1800克/公顷 喷雾

PD20084277 多・硫/50%/可湿性粉剂/多菌灵 15%、硫磺 35%/2013.12.17 至 2018.12.17/低毒
花生 叶斑病 1500-1875克/公顷 喷雾

PD20084520 三环唑/75%/可湿性粉剂/三环唑 75%/2013.12.18 至 2018.12.18/中等毒
水稻 稻瘟病 225-300克/公顷 喷雾

PD20084854 多菌灵/50%/可湿性粉剂/多菌灵 50%/2013.12.22 至 2018.12.22/低毒
莲藕 叶斑病 375-450克/公顷 喷雾
水稻 纹枯病 750-900克/公顷 喷雾

PD20085106 莠・乙/40%/可湿性粉剂/乙草胺 14%、莠去津 26%/2013.12.23 至 2018.12.23/低毒
甘蔗田 一年生杂草 1200-1500克/公顷 土壤喷雾

PD20085354 丁草胺/50%/乳油/丁草胺 50%/2013.12.24 至 2018.12.24/低毒
移栽水稻田 一年生杂草 750-1275克/公顷 药土法

PD20085576 硫磺・三环唑/40%/悬浮剂/硫磺 35%、三环唑 5%/2013.12.25 至 2018.12.25/低毒
水稻 稻瘟病 675-1012.5克/公顷 喷雾

PD20092541 扑草净/25%/泡腾颗粒剂/扑草净 25%/2014.02.26 至 2019.02.26/低毒
水稻移栽田 多种阔叶杂草 225-300克/公顷 毒土法

PD20094510 氰戊・辛硫磷/25%/乳油/氰戊菊酯 2.5%、辛硫磷 22.5%/2014.04.09 至 2019.04.09/低毒
十字花科蔬菜 菜青虫 150-225克/公顷 喷雾

PD20095944 代森锰锌/70%/可湿性粉剂/代森锰锌 70%/2014.06.02 至 2019.06.02/微毒
番茄 早疫病 1560-2520克/公顷 喷雾

PD20097945 毒死蜱/40%/乳油/毒死蜱 40%/2014.11.30 至 2019.11.30/中等毒

苹果树 桃小食心虫 240-320毫克/千克 喷雾
水稻 稻纵卷叶螟 63-83毫升制剂/亩 喷雾
PD20098006 甲霜·锰锌/58%/可湿性粉剂/甲霜灵 10%、代森锰锌 48%/2014.12.07 至 2019.12.07/低毒
黄瓜 霜霉病 1305－1632克/公顷 喷雾
PD20100349 王铜/30%/悬浮剂/王铜 30%/2015.01.11 至 2020.01.11/低毒
柑橘树 溃疡病 437.5－500毫克/千克 喷雾
烟草 赤星病 540-675克/公顷 喷雾
PD20121052 敌百·毒死蜱/4.5%/颗粒剂/敌百虫 3%、毒死蜱 1.5%/2012.07.12 至 2017.07.12/低毒
花生 蛴螬 1687.5-2362.5克/公顷 撒施
PD20121416 噻嗪酮/25%/可湿性粉剂/噻嗪酮 25%/2012.09.19 至 2017.09.19/低毒
水稻 稻飞虱 93.75-112.5克/公顷 喷雾
PD20142550 硝磺草酮/10%/悬浮剂/硝磺草酮 10%/2014.12.15 至 2019.12.15/低毒
玉米田 一年生杂草 150-195克/公顷 茎叶喷雾
PD20150646 莠去津/90%/水分散粒剂/莠去津 90%/2015.04.16 至 2020.04.16/低毒
玉米田 一年生杂草 1215-1485克/公顷 土壤喷雾
PD20150695 烯酰吗啉//水分散粒剂/烯酰吗啉 50%/2015.04.20 至 2020.04.20/低毒
黄瓜 霜霉病 225－300克/公顷 喷雾
PD20150947 苄嘧·扑草净/26%/可湿性粉剂/苄嘧磺隆 1%、扑草净 25%/2015.06.10 至 2020.06.10/低毒
水稻移栽田 一年生杂草 225-300克/公顷 药土法
PD20152416 噻虫嗪/25%/水分散粒剂/噻虫嗪 25%/2015.10.25 至 2020.10.25/微毒
水稻 稻飞虱 11.25-15克/公顷 喷雾

云南创森实业有限公司 (昆明市高新区昌源路与科发路交汇处中天花园商业8幢 650106 0871-4602946-814)
PD20092513 除虫菊素/70%/原药/除虫菊素 70%/2014.02.26 至 2019.02.26/低毒
PD20095107 除虫菊素/5%/乳油/除虫菊素 5%/2014.04.24 至 2019.04.24/微毒
十字花科蔬菜 蚜虫 22.5-37.5克/公顷 喷雾

云南光明印楝产业开发股份有限公司 (云南省昆明市盘龙区北京路延长线银座大厦10楼 650224 0871-5745261)
PD20110336 苦参·印楝素/1%/乳油/苦参碱 0.4%、印楝素 0.6%/2011.03.31 至 2016.03.31/低毒
甘蓝 小菜蛾 9-12克/公顷 喷雾
PD20110360 印楝素/0.5%/乳油/印楝素 0.5%/2011.03.31 至 2016.03.31/低毒
甘蓝 小菜蛾 9.375-11.25克/公顷 喷雾

云南海通生物科技有限公司 (云南省玉溪市高新技术开发区 653100 0877-2663660)
PD20110974 烟碱/10%/乳油/烟碱 10%/2011.09.14 至 2016.09.14/中等毒(原药高毒)
烟草 烟青虫 75-112.5克/公顷 喷雾

云南建元生物开发有限公司 (云南省昆明市西山区滇池路166号省人大后院 650228 0871-4141240)
PD20102030 印楝素/20%/母药/印楝素 20%/2010.10.19 至 2015.10.19/微毒

云南金色太阳农药有限公司 (云南省昆明市官渡区东郊大石坝黑马山 650051 0871-3176826)
PD20092974 氯氰·马拉松/37%/乳油/氯氰菊酯 2%、马拉硫磷 35%/2014.03.09 至 2019.03.09/低毒
十字花科蔬菜 菜青虫 222-333克/公顷 喷雾
PD20100106 乐果·敌敌畏/50%/乳油/敌敌畏 32%、乐果 18%/2015.01.04 至 2020.01.04/中等毒
甘蓝 蚜虫 562.5-750克/公顷 喷雾
PD20131504 硅藻土/85%/粉剂/硅藻土 85%/2013.07.11 至 2018.07.11/低毒
原粮 仓储害虫 500-700毫克/千克 拌粮
WP20130212 杀虫粉剂/85%/粉剂/硅藻土 85%/2013.10.10 至 2018.10.10/低毒
室内 蜚蠊、蚂蚁 3克制剂/平方米 撒布

云南陆良酶制剂有限责任公司 (云南省曲靖市陆良县中枢镇北坛山121号 655600 0874-6260247)
PD20070380 厚孢轮枝菌/25亿个孢子/克/母粉/厚孢轮枝菌 25亿个孢子/克/2012.10.24 至 2017.10.24/低毒
PD20070381 厚孢轮枝菌/2.5亿个孢子/克/微粒剂/厚孢轮枝菌 2.5亿个孢子/克/2012.10.24 至 2017.10.24/低毒
烟草 根结线虫 22.5-30千克制剂/公顷 穴施

云南南宝生物科技有限责任公司 (云南省玉溪市高新技术产业开发区腾宵路5号 653100 0877-2077047)
PD20092509 除虫菊素/70%/原药/除虫菊素 70%/2014.02.26 至 2019.02.26/低毒
PD20098425 除虫菊素/1.5%/水乳剂/除虫菊素 1.5%/2014.12.24 至 2019.12.24/低毒
十字花科蔬菜 蚜虫 27-40.5克/公顷 喷雾
PD20150623 鱼藤酮/5%/可溶液剂/鱼藤酮 5%/2015.04.16 至 2020.04.16/中等毒
油菜 斑潜蝇、黄条跳甲 112.5-150克/公顷 喷雾
WP20110080 除虫菊素/1.5%/水乳剂/除虫菊素 1.5%/2011.03.31 至 2016.03.31/低毒
卫生 蚊 20倍稀释 喷雾
卫生 蝇 1.125毫克/立方米 喷雾
卫生 跳蚤 5.625毫克/立方米 喷雾
WP20120248 杀虫气雾剂/0.9%/气雾剂/除虫菊素 0.9%/2012.12.19 至 2017.12.19/微毒
卫生 蚊、蝇、蜚蠊 / 喷雾
WP20140149 杀虫气雾剂/0.6%/气雾剂/除虫菊素 0.6%/2014.06.24 至 2019.06.24/微毒
室内 蚊、蝇、蜚蠊 / 喷雾
WL20130004 除虫菊素/1.8%/热雾剂/除虫菊素 1.8%/2015.01.04 至 2016.01.04/微毒

卫生　跳蚤、蚊、蝇、蜚蠊　3毫升制剂/立方米　热雾机喷雾
WL20130023　除虫菊素/0.1%/驱蚊乳/除虫菊素 0.1%/2015.05.07 至 2016.05.07/低毒
室内、外　蚊　/　涂抹

云南省昆明爱德望化工有限责任公司　(云南省昆明市官渡区关南大道曹家桥新一村　650028　0871-7326170)

PD85105-89　敌敌畏/80%/乳油/敌敌畏 77.5%(气谱法)/2015.06.20 至 2020.06.20/中等毒
茶树　食叶害虫　600克/公顷　喷雾
粮仓　多种储藏害虫　1)400-500倍液2)0.4-0.5克/立方米　1)喷雾2)挂条熏蒸
棉花　蚜虫、造桥虫　600-1200克/公顷　喷雾
苹果树　小卷叶蛾、蚜虫　400-500毫克/千克　喷雾
青菜　菜青虫　600克/公顷　喷雾
桑树　尺蠖　600克/公顷　喷雾
卫生　多种卫生害虫　1)300-400倍液2)0.08克/立方米　1)泼洒2)挂条熏蒸
小麦　黏虫、蚜虫　600克/公顷　喷雾
PD86182-9　稻瘟灵/30%/乳油/稻瘟灵 30%/2015.06.20 至 2020.06.20/低毒
水稻　稻瘟病　450-675克/公顷　喷雾

云南省玉溪安安绿色气雾剂有限公司　(云南省玉溪市高新区常井路2幢　653100　0877-2067150)

WP20110111　电热蚊香片/40毫克/片/电热蚊香片/除虫菊素 40毫克/片/2011.04.29 至 2016.04.29/微毒
卫生　蚊　/　电热加温

云南省玉溪山水生物科技有限责任公司　(云南省玉溪市高新技术产业开发区瑞峰路11号　653100　0877-2661199)

PD20141627　虫菊・苦参碱/1%/微囊悬浮剂/除虫菊素 0.67%、苦参碱 0.33%/2014.06.24 至 2019.06.24/低毒
十字花科蔬菜　蚜虫　7.5-9克/公顷　喷雾

云南省玉溪市红云化工有限公司　(云南省文山县追栗街道　663300　0877-2030626)

PD20080533　百菌清/40%/悬浮剂/百菌清 40%/2013.04.29 至 2018.04.29/低毒
黄瓜　霜霉病　960-1110克/公顷　喷雾
PD20080606　甲基硫菌灵/500克/升/悬浮剂/甲基硫菌灵 500克/升/2013.05.12 至 2018.05.12/低毒
水稻　稻瘟病　900-1425克/公顷　喷雾
PD20080705　硫磺/50%/悬浮剂/硫磺 50%/2013.06.04 至 2018.06.04/微毒
黄瓜　白粉病　1200-1425克/公顷　喷雾

云南省种衣剂有限责任公司　(云南省玉溪市高新技术开发区高仓块　653100　0877-2076777)

PD20120623　戊唑醇/2%/悬浮种衣剂/戊唑醇 2%/2012.04.11 至 2017.04.11/微毒
小麦　散黑穗病　2-2.86克/100千克种子　种子包衣

云南师范大学农药研究所　(云南省昆明市一.二一大街298号云南师范大学内　650092　0871-5515881)

PD20091737　扑・乙/20%/粉剂/扑草净 13.5%、乙草胺 6.5%/2014.02.04 至 2019.02.04/微毒
水稻移栽田　一年生杂草　240-300克/公顷(南方地区)　毒土法
PD20095728　苄・乙・甲/15.6%/粉剂/苄嘧磺隆 0.49%、甲磺隆 0.11%、乙草胺 15%/2014.05.18 至 2015.06.30/低毒
水稻移栽田　多年生杂草、一年生杂草　93.6-117克/公顷　药土法

云南天丰农药有限公司　(云南省昆明市安宁市草铺镇　650300　0871-8675508)

PD20080770　硫磺・三唑酮/50%/悬浮剂/硫磺 46%、三唑酮 4%/2013.06.11 至 2018.06.11/低毒
小麦　白粉病　600-750克/公顷　喷雾
PD20082508　硫磺/45%/悬浮剂/硫磺 45%/2013.12.05 至 2018.12.05/低毒
黄瓜　白粉病　1013-1350克/公顷　喷雾
PD20084640　百菌清/40%/悬浮剂/百菌清 40%/2013.12.18 至 2018.12.18/低毒
番茄　早疫病　900-1050克/公顷　喷雾
PD20084701　百菌清/60%/可湿性粉剂/百菌清 60%/2013.12.22 至 2018.12.22/低毒
水稻　稻瘟病、炭疽病　1125-1425克/公顷　喷雾
PD20091426　草甘膦/95%/原药/草甘膦 95%/2014.02.02 至 2019.02.02/低毒
PD20091773　硫磺・三环唑/40%/悬浮剂/硫磺 35%、三环唑 5%/2014.02.04 至 2019.02.04/低毒
水稻　稻瘟病　1200克/公顷　喷雾
PD20092557　腐霉・百菌清/20%/烟剂/百菌清 15%、腐霉利 5%/2014.02.26 至 2019.02.26/低毒
黄瓜　霜霉病　600-900克/公顷　点燃放烟
PD20094879　百菌清/10%/烟剂/百菌清 10%/2014.04.13 至 2019.04.13/低毒
黄瓜(保护地)　霜霉病　750-1200克/公顷　点燃放烟
PD20100004　氯氰・敌敌畏/45%/乳油/敌敌畏 42%、氯氰菊酯 3%/2015.01.04 至 2020.01.04/中等毒
甘蓝　菜青虫　236.25-315克/公顷　喷雾
PD20150035　乙烯利/2%/涂抹剂/乙烯利 2%/2015.01.04 至 2020.01.04/低毒
橡胶树　增产　0.02-0.06克/株　涂抹

云南文山润泽生物农药厂　(云南省文山壮族苗族自治州文山县攀枝花红旗社区　663000　0876-2623318)

PD20151543　苦参碱/2%/水剂/苦参碱 2%/2015.09.21 至 2020.09.21/微毒
茶树　茶小绿叶蝉　30-36克/公顷　喷雾
烟草　烟青虫　24-36克/公顷　喷雾

云南星耀生物制品有限公司　(云南省昆明市官渡区矣六乡普自村323号　650224　0871-3126355)

PD20097312　枯草芽孢杆菌/10亿个/克/可湿性粉剂/枯草芽孢杆菌 10亿个/克/2014.10.27 至 2019.10.27/低毒

	辣椒	枯萎病	3000-4500克/公顷	灌根
	三七	根腐病	2250-3000克制剂/公顷	喷雾
	水稻	纹枯病	1125-1500克制剂/公顷	喷雾
	烟草	黑胫病	1500-1875克制剂/公顷	喷雾
PD20152110	枯草芽孢杆菌/100亿个/克/可湿性粉剂/枯草芽孢杆菌 100亿个/克/2015.09.22 至 2020.09.22/低毒			
	大白菜	根肿病	500-650倍液	蘸根、灌根；拌种
PD20152195	木霉菌/2亿个/克/水分散粒剂/木霉菌 2亿个/克/2015.09.23 至 2020.09.23/低毒			
	番茄	灰霉病	1500-1875克制剂/公顷	喷雾
云南云大科技农化有限公司 (云南省曲靖经济技术开发区西城工业园人民公社17-18社 650106 0874-3339120)				
PD20070019	高效氯氰菊酯/4.5%/微乳剂/高效氯氰菊酯 4.5%/2012.01.18 至 2017.01.18/低毒			
	十字花科蔬菜	菜青虫	13.5-27克/公顷	喷雾
PD20082256	三唑酮/25%/可湿性粉剂/三唑酮 25%/2013.11.27 至 2018.11.27/低毒			
	小麦	锈病	150-187.5克/公顷	喷雾
PD20082793	芸苔素内酯/90%/原药/芸苔素内酯 90%/2013.12.09 至 2018.12.09/低毒			
PD20082806	芸苔素内酯/0.004%/水剂/芸苔素内酯 0.004%/2013.12.09 至 2018.12.09/低毒			
	甘蔗	增糖产量	0.01-0.04毫克/千克	分蘖、抽节期叶面喷雾
	水稻	提高产量	0.01-0.02毫克/千克	浸种或苗期及生殖生长期茎叶喷雾
	小麦	促进生长	0.02-0.04毫克/千克	苗期扬花时茎叶喷雾
	叶菜类蔬菜	提高产量	0.01-0.02毫克/千克	苗期及莲座期叶面喷雾
	玉米	提高产量	0.01-0.04毫克/千克	浸种或苗期及生殖生长期茎叶喷雾
PD20083019	芸苔素内酯/0.0016%/水剂/芸苔素内酯 0.0016%/2013.12.10 至 2018.12.10/低毒			
	大白菜	调节生长、增产	0.012-0.016毫克/千克	茎叶喷雾
	大豆、番茄、水稻、油菜	调节生长、增产	0.01-0.02毫克/千克	茎叶喷雾
	柑橘树、黄瓜、梨树、苹果树、烟草	调节生长、增产	800-1000倍液	喷雾3次
	荔枝树	调节生长、增产	800-1000倍液	茎叶喷雾
	棉花	调节生长、增产	750-1500倍液	喷雾3次
	小麦	调节生长、增产	0.01-0.04毫克/千克	茎叶喷雾
PD20085041	啶虫脒/3%/微乳剂/啶虫脒 3%/2013.12.23 至 2018.12.23/低毒			
	十字花科蔬菜	蚜虫	13.5-22.5克/公顷	喷雾
PD20085900	代森锰锌/80%/可湿性粉剂/代森锰锌 80%/2013.12.29 至 2018.12.29/低毒			
	番茄	早疫病	2160-2400克/公顷	喷雾
	黄瓜	霜霉病	2040-3000克/公顷	喷雾
	苹果树	炭疽病	1000-1333.3毫克/千克	喷雾
	甜椒	疫病	2160-2400克/公顷	喷雾
PD20090814	高效氟吡甲禾灵/108克/升/乳油/高效氟吡甲禾灵 108克/升/2014.01.19 至 2019.01.19/低毒			
	春大豆田	一年生禾本科杂草	48.6-56.7克/公顷	茎叶喷雾
	冬油菜田	一年生禾本科杂草	38.9-45.4克/公顷	茎叶喷雾
	花生田	一年生禾本科杂草	45.4-56.7克/公顷	茎叶喷雾
	夏大豆田	一年生禾本科杂草	45.4-48.6克/公顷	茎叶喷雾
PD20091191	阿维·哒螨灵/5%/乳油/阿维菌素 0.2%、哒螨灵 4.8%/2014.02.01 至 2019.02.01/低毒(原药高毒)			
	柑橘树	红蜘蛛	33.3-50毫克/千克	喷雾
PD20091500	霜脲·锰锌/72%/可湿性粉剂/代森锰锌 64%、霜脲氰 8%/2014.02.02 至 2019.02.02/低毒			
	黄瓜	霜霉病	1440-1800克/公顷	喷雾
PD20092528	阿维·高氯/1.8%/乳油/阿维菌素 0.3%、高效氯氰菊酯 1.5%/2014.02.26 至 2019.02.26/低毒(原药高毒)			
	梨树	梨木虱	6-12毫克/千克	喷雾
	十字花科蔬菜	菜青虫、小菜蛾	7.5-15克/公顷	喷雾
PD20092782	己唑醇/5%/微乳剂/己唑醇 5%/2014.03.04 至 2019.03.04/低毒			
	苹果树	白粉病	20-40毫克/千克	喷雾
PD20093632	芸苔·赤霉酸/0.4%/水剂/赤霉酸A4+A7 0.398%、芸苔素内酯 0.002%/2014.03.25 至 2019.03.25/低毒			
	柑橘树、龙眼树	调节生长、增产	800-1600倍	茎叶喷雾
	荔枝树	调节生长、增产	800-1800倍	茎叶喷雾
PD20094318	吡虫·辛硫磷/25%/乳油/吡虫啉 1.5%、辛硫磷 23.5%/2014.03.31 至 2019.03.31/低毒			
	甘蓝	蚜虫	150-187.5克/公顷	喷雾
PD20095342	芸苔·烯效唑/0.751%/水剂/烯效唑 0.75%、芸苔素内酯 0.001%/2014.04.27 至 2019.04.27/低毒			
	水稻	增产	500-750倍液	浸种
	小麦	增产	250-500倍液	浸种

PD20097376 芸苔·甲哌鎓/22.5%/水剂/甲哌鎓 22.5%、芸苔素内酯 0.002%/2014.10.28 至 2019.10.28/低毒
棉花 调节生长、增产 151.9-227.8克/公顷 茎叶喷雾
PD20101565 甲氨基阿维菌素苯甲酸盐(2.28%)///乳油/甲氨基阿维菌素 2%/2015.05.19 至 2020.05.19/低毒
甘蓝 甜菜夜蛾 3.375-4.5克/公顷 喷雾
PD20140167 甲氨基阿维菌素苯甲酸盐/5%/水分散粒剂/甲氨基阿维菌素 5%/2014.01.28 至 2019.01.28/低毒
甘蓝 甜菜夜蛾 2.5-3.75克/公顷 喷雾
注:甲氨基阿维菌素苯甲酸盐含量：5.7%。

云南中科生物产业有限公司 (云南省昆明市高新开发区海源中路18号 650106 0871-8323776)

PD20101139 甲氨基阿维菌素苯甲酸盐/1%/微乳剂/甲氨基阿维菌素苯甲酸盐 1%/2015.01.25 至 2020.01.25/低毒
烟草 烟青虫 1.5-2.25克/公顷 喷雾
PD20101766 阿维·吡虫啉/1.7%/微乳剂/阿维菌素 0.2%、吡虫啉 1.5%/2015.07.07 至 2020.07.07/低毒(原药高毒)
烟草 蚜虫 10.2-12.75克/公顷 喷雾
PD20101937 印楝素/40%/母药/印楝素 40%/2010.08.27 至 2015.08.27/微毒
PD20101938 印楝素/0.3%/乳油/印楝素 0.3%/2010.08.27 至 2015.08.27/低毒
甘蓝 小菜蛾 13.5-22.5克/公顷 喷雾

云南中植生物科技开发有限责任公司 (云南省昆明市盘龙区黑龙潭龙都大厦4层 650204 0871-5150279)

WP20080074 除虫菊素/60%/原药/除虫菊素 60%/2013.05.27 至 2018.05.27/低毒
WP20080075 杀虫气雾剂/0.2%/气雾剂/除虫菊素 0.2%/2013.05.27 至 2018.05.27/低毒
卫生 蚊、蝇、蜚蠊 / 喷雾

浙江省

拜耳作物科学(中国)有限公司 (浙江省杭州市经济技术开发区内5号路 310018 0571-87265252)

PD20060053 氟虫腈/4克/升/超低容量剂/氟虫腈 4克/升/2011.03.06 至 2016.03.06/低毒
注:专供出口，不得在国内销售。
PD20060186 氟虫腈/95%/原药/氟虫腈 95%/2011.11.24 至 2016.11.24/中等毒
PD20070007 氟虫腈/50克/升/悬浮剂/氟虫腈 50克/升/2012.01.16 至 2017.01.16/低毒
注:专供出口，不得在国内销售。
PD20070143 氟虫腈/50克/升/种子处理悬浮剂/氟虫腈 50克/升/2012.05.30 至 2017.05.30/低毒
注:专供出口，不得在国内销售。
PD20070317 异菌脲/255克/升/悬浮剂/异菌脲 255克/升/2012.09.27 至 2017.09.27/低毒
香蕉 冠腐病、贮藏期轴腐病 1500毫克/千克 浸果
PD20070395 异菌脲/500克/升/悬浮剂/异菌脲 500克/升/2012.11.05 至 2017.11.05/低毒
番茄 灰霉病、早疫病 375-750克/公顷 喷雾
苹果树 斑点落叶病 1000-2000倍液 喷雾
葡萄 灰霉病 750-1000倍液 喷雾
PD20080883 溴氰菊酯/25克/升/乳油/溴氰菊酯 25克/升/2013.07.09 至 2018.07.09/中等毒
茶树 茶小绿叶蝉 7.5-11.25克/公顷 喷雾
大豆 食心虫 7.5-9.375克/公顷 喷雾
柑橘树 蚜虫 8.3-12.5毫克/千克 喷雾
柑橘树 潜叶蛾 10-16.7毫克/千克 喷雾
荒地 飞蝗 11.25-18.75克/公顷 喷雾
梨树 梨小食心虫 8.3-10毫克/千克 喷雾
荔枝 蝽蟓 7.14-8.33毫克/千克 喷雾
棉花 棉铃虫、蚜虫 15-18.75克/公顷 喷雾
苹果树 桃小食心虫 10-16.7毫克/千克/ 喷雾
苹果树 蚜虫 10-16.7毫克/千克 喷雾
十字花科蔬菜 菜青虫、蚜虫 15-18.75克/公顷 喷雾
小麦 粘虫 3.75-5.625克/公顷 喷雾
小麦、油菜 蚜虫 5.625-9.375克/公顷 喷雾
烟草 烟青虫 7.5-11.25克/公顷 喷雾
玉米 玉米螟 7.375-11.25克/公顷 拌毒土于喇叭口期撒施
PD20101057 咪鲜胺/450克/升/水乳剂/咪鲜胺 450克/升/2010.01.21 至 2015.01.21/低毒
柑橘 蒂腐病、绿霉病、青霉病、炭疽病 225～450毫克/千克 浸果
水稻 恶苗病 56.25-112.5毫克/千克 浸种
香蕉 冠腐病、炭疽病 250～500毫克/千克 浸果
PD20101230 精噁唑禾草灵/69克/升/水乳剂/精噁唑禾草灵 69克/升/2015.08.04 至 2020.08.04/低毒
春油菜田 一年生禾本科杂草 51.75-72.45克/公顷 茎叶喷雾
花生田 一年生禾本科杂草 51.75-62.1/公顷 茎叶喷雾
PD20101630 精噁唑禾草灵/69克/升/水乳剂/精噁唑禾草灵 69克/升/2015.06.03 至 2020.06.03/低毒
大麦田 一年生禾本科杂草 51.75-62.1克/公顷 茎叶喷雾
PD20101760 精噁唑禾草灵/69克/升/水乳剂/精噁唑禾草灵 69克/升/2015.07.07 至 2020.07.07/低毒
春小麦田 野燕麦等一年生禾本科杂草 62.1-72.45克/公顷 茎叶喷雾
冬小麦田 看麦娘等一年生禾本科杂草 51.75-62.1克/公顷 茎叶喷雾

PD20110287 戊唑醇/430克/升/悬浮剂/戊唑醇 430克/升/2011.03.11 至 2016.03.11/低毒

登记作物	防治对象	用药量	施用方法
大白菜	黑斑病	96.75-116克/公顷	喷雾
黄瓜	白粉病	96.75-116克/公顷	喷雾
梨树	黑星病	107.5-143毫克/千克	喷雾
苹果树	斑点落叶病	61-86毫克/千克	喷雾
水稻	稻曲病、纹枯病	64.5-96.75克/公顷	喷雾
小麦	白粉病	96.75-161.25克/公顷	喷雾

PD20111312 螺螨酯/240克/升/悬浮剂/螺螨酯 240克/升/2011.12.02 至 2016.12.02/低毒

登记作物	防治对象	用药量	施用方法
柑橘树、苹果树	红蜘蛛	40-60毫克/千克	喷雾
棉花	红蜘蛛	36-72克/公顷	喷雾

PD20111451 氟虫腈/80%/水分散粒剂/氟虫腈 80%/2011.12.30 至 2016.12.30/中等毒

注:仅供出口，不得在国内销售。

PD20120072 吡虫啉/70%/水分散粒剂/吡虫啉 70%/2012.01.18 至 2017.01.18/低毒

登记作物	防治对象	用药量	施用方法
茶树	小绿叶蝉	21-42克/公顷	喷雾
番茄	白粉虱	42-63克/公顷	喷雾
甘蓝	蚜虫	21-31.5克/公顷	喷雾
杭白菊	蚜虫	42-63克/公顷	喷雾
棉花、小麦	蚜虫	21-42克/公顷	喷雾
苹果树	黄蚜	28-50毫克/千克	喷雾
水稻	稻飞虱	21-42克/公顷	喷雾

PD20120362 霜霉威盐酸盐/722克/升/水剂/霜霉威盐酸盐 722克/升/2012.02.23 至 2017.02.23/低毒

登记作物	防治对象	用药量	施用方法
黄瓜	疫病、猝倒病	3.6-5.4克/平方米	苗床浇灌
黄瓜	霜霉病	649.8-1083克/公顷	喷雾
甜椒	疫病	775.5-1164克/公顷	喷雾

PD20120373 氟菌·霜霉威/687.5克/升/悬浮剂/霜霉威盐酸盐 625克/升、氟吡菌胺 62.5克/升/2012.02.24 至 2017.02.24/低毒

登记作物	防治对象	用药量	施用方法
大白菜	霜霉病	618.8-773.4克/公顷	喷雾
番茄	晚疫病	618.8-773.4克/公顷	喷雾
黄瓜	霜霉病	620-774克/公顷	喷雾
辣椒、西瓜	疫病	618.8～773.4克/公顷	喷雾
马铃薯	晚疫病	618.8～773.4克/公顷	喷雾

PD20121181 吡虫啉/600克/升/悬浮种衣剂/吡虫啉 600克/升/2012.08.06 至 2017.08.06/低毒

登记作物	防治对象	用药量	施用方法
花生	蛴螬	120-240克/100千克种子	种子包衣
马铃薯	蛴螬	24-30克/100千克种薯	种薯包衣
棉花	蚜虫	360-480克/100千克种子	拌种
水稻	蓟马	120-240克/100千克种子	种子包衣
小麦	蚜虫	120-360克/100千克种子	种子包衣
玉米	蛴螬	120-360克/100千克种子	种子包衣

PD20121777 乙虫腈/94%/原药/乙虫腈 94%/2012.11.16 至 2017.11.16/低毒

PD20130157 阿维·氟酰胺/10%/悬浮剂/阿维菌素 3.3%、氟苯虫酰胺 6.7%/2013.01.18 至 2018.01.18/低毒(原药高毒)

登记作物	防治对象	用药量	施用方法
水稻	稻纵卷叶螟、二化螟	30-45克/公顷	喷雾

PD20130380 乙虫腈/100克/升/悬浮剂/乙虫腈 100克/升/2013.03.12 至 2018.03.12/低毒

登记作物	防治对象	用药量	施用方法
水稻	稻飞虱	45-60克/公顷	喷雾

PD20140200 咪鲜胺//水乳剂/ /2014.01.29 至 2019.01.29/低毒

登记作物	防治对象	用药量	施用方法
水稻	恶苗病	56.25—112.5毫克/千克	浸种

PD20141909 戊唑醇/60克/升/种子处理悬浮剂/戊唑醇 60克/升/2014.08.01 至 2019.08.01/低毒

登记作物	防治对象	用药量	施用方法
小麦	散黑穗病	1.8-2.7克/100千克种子	种子包衣
小麦	纹枯病	3-4克/100千克种子	种子包衣
玉米	丝黑穗病	6-12克/100千克种子	种子包衣

LS20140182 戊唑·吡虫啉/31.9%/悬浮种衣剂/吡虫啉 30.8%、戊唑醇 1.1%/2015.04.27 至 2016.04.27/低毒

登记作物	防治对象	用药量	施用方法
水稻	恶苗病、蓟马	111.75-335.25克/100千克种子	种子包衣
小麦	纹枯病、蚜虫	111.75-260.75克/100千克种子	种子包衣
小麦	散黑穗病	111.75-186.25克/100千克种子	种子包衣

LS20140352 吡虫·氟虫腈/44%/悬浮种衣剂/吡虫啉 29%、氟虫腈 15%/2015.12.11 至 2016.12.11/低毒

登记作物	防治对象	用药量	施用方法
玉米	蛴螬	162-216克/100千克种子	种子包衣

东阳市康家日用品有限公司 (浙江省东阳市吴宁街道兴平社区蒋桥头村工业区 322100 0579-86686638)

WP20080225 电热蚊香片/10毫克/片/电热蚊香片/炔丙菊酯 10毫克/片/2013.11.25 至 2018.11.25/低毒

登记作物	防治对象	用药量	施用方法
卫生	蚊	/	电热加温

注:本产品有三种香型：花香型、绿茶香型、柠檬香型。

WP20080387 电热蚊香液/0.86%/电热蚊香液/炔丙菊酯 0.86%/2013.12.11 至 2018.12.11/低毒

登记作物	防治对象	用药量	施用方法
卫生	蚊	/	电热加温

注:本产品有三种香型：花香型、绿茶香型、柠檬香型。

WP20080588 窗纱涂剂/1.08%/涂抹剂/氯菊酯 0.5%、氯氰菊酯 0.58%/2013.12.29 至 2018.12.29/低毒

登记作物	防治对象	用药量	施用方法
卫生	蚊、蝇	/	涂抹

卫生 蜚蠊 324毫克/平方米 涂抹

杭州邦化化工有限公司 (浙江省杭州市临安市太阳镇枫树岭村 311314 0571-63861306)

PD20096136 草甘膦异丙胺盐/30%/水剂/草甘膦 30%/2014.06.24 至 2019.06.24/低毒
柑橘园 杂草 1230-2460克/公顷 定向喷雾
注:草甘膦异丙胺盐含量: 41%。

PD20100837 马拉·三唑磷/20%/乳油/马拉硫磷 10%、三唑磷 10%/2010.01.19 至 2015.01.19/中等毒
水稻 二化螟 300-360克/公顷 喷雾

PD20100892 敌百·辛硫磷/30%/乳油/敌百虫 20%、辛硫磷 10%/2010.01.19 至 2015.01.19/低毒
水稻 二化螟 450-540克/公顷 喷雾

杭州恩孚生化有限公司 (浙江省杭州市江干区艮山西路99号 310004 0571-86971520)

PD20086115 聚醛·甲萘威/6%/颗粒剂/甲萘威 1.5%、四聚乙醛 4.5%/2013.12.30 至 2018.12.30/低毒
旱地 蜗牛 450-540克/公顷 撒施

WP20090180 杀蚁饵剂/10%/饵剂/硼酸 10%/2014.03.18 至 2019.03.18/微毒
卫生 蜚蠊、蚂蚁 / 投放

杭州丰收农药有限公司 (浙江省杭州市莫干山路长命桥 311115 0571-88532536)

PD20082692 异丙威/20%/乳油/异丙威 20%/2013.12.05 至 2018.12.05/低毒
水稻 稻飞虱 450-600克/公顷 喷雾

PD20091147 草甘膦异丙胺盐/30%/水剂/草甘膦 30%/2014.01.21 至 2019.01.21/低毒
柑橘园 一年生及部分多年生杂草 1125-2250克/公顷 定向茎叶喷雾
注:草甘膦异丙胺盐含量: 41%。

杭州禾新化工有限公司 (浙江省杭州市萧山区南阳街道坞里村 311227 0571-86625864)

PD20040254 甲拌磷/3%/颗粒剂/甲拌磷 3%/2014.12.19 至 2019.12.19/高毒
甘蔗 蔗螟 2250-3000克/公顷 沟施

PD20070312 三环唑/95%/原药/三环唑 95%/2012.09.21 至 2017.09.21/中等毒

PD20070495 噻嗪酮/20%/可湿性粉剂/噻嗪酮 20%/2013.02.05 至 2018.02.05/低毒
水稻 飞虱 90-150克/公顷 喷雾

PD20080384 三环唑/75%/可湿性粉剂/三环唑 75%/2013.02.28 至 2018.02.28/中等毒
水稻 稻瘟病 225-337.5克/公顷 喷雾

PD20081513 硫磺·三环唑/45%/可湿性粉剂/硫磺 40%、三环唑 5%/2013.11.06 至 2018.11.06/中等毒
水稻 稻瘟病 843.75-1012.5克/公顷 喷雾

PD20081712 克百威/3%/颗粒剂/克百威 3%/2013.11.18 至 2018.11.18/中等毒(原药高毒)
甘蔗 蚜虫、蔗龟 1350-2250克/公顷 沟施
花生 线虫 1800-2250克/公顷 条施、沟施
棉花 蚜虫 675-900克/公顷 条施、沟施
水稻 螟虫、瘿蚊 900-1350克/公顷 撒施

PD20082625 毒死蜱/3%/颗粒剂/毒死蜱 3%/2013.12.04 至 2018.12.04/低毒
花生 地下害虫 1800-2250克/公顷 播种期沟施
花生 蛴螬 900-1350克/公顷 开花期穴施

PD20083269 辛硫磷/3%/颗粒剂/辛硫磷 3%/2013.12.11 至 2018.12.11/微毒
花生 地下害虫 2700-3600克/公顷 撒施

PD20083458 硫磺·多菌灵/25%/可湿性粉剂/多菌灵 10%、硫磺 15%/2013.12.12 至 2018.12.12/低毒
水稻 稻瘟病 1200-1800克/公顷 喷雾

PD20085951 克百·敌百虫/3%/颗粒剂/敌百虫 2%、克百威 1%/2013.12.29 至 2018.12.29/中等毒(原药高毒)
水稻 二化螟 1575-1800克/公顷 撒施

PD20092629 噻嗪·杀虫单/25%/可湿性粉剂/噻嗪酮 5%、杀虫单 20%/2014.03.02 至 2019.03.02/中等毒
水稻 稻飞虱 187.5-281.25克/公顷 喷雾

PD20092631 草甘膦/95%/原药/草甘膦 95%/2014.03.02 至 2019.03.02/低毒

PD20092633 草甘膦/30%/水剂/草甘膦 30%/2014.03.02 至 2019.03.02/低毒
柑橘树 杂草 4000-7500克制剂/公顷 定向喷雾

PD20142363 丁硫克百威/5%/颗粒剂/丁硫克百威 5%/2014.11.04 至 2019.11.04/低毒
甘蔗 蔗龟 2625-3000克/公顷 沟施

杭州华艺气雾制品有限公司 (浙江省金华市东阳市人民路129号 322100 0579-6642777)

WP20080037 电热蚊香片/12.5毫克/片/电热蚊香片/炔丙菊酯 12.5毫克/片/2013.02.28 至 2018.02.28/低毒
卫生 蚊 / 电热加温

WP20080047 杀虫气雾剂/0.35%/气雾剂/富右旋反式烯丙菊酯 0.10%、氯菊酯 0.25%/2013.03.04 至 2018.03.04/低毒
卫生 蜚蠊、蚊、蝇 / 喷雾

WP20080149 杀虫气雾剂/0.55%/气雾剂/胺菊酯 0.2%、富右旋反式烯丙菊酯 0.1%、氯菊酯 0.25%/2013.11.05 至 2018.11.05/低毒
卫生 蜚蠊、蚊、蝇 / 喷雾

WP20080151 杀虫气雾剂/0.6%/气雾剂/胺菊酯 0.3%、氯菊酯 0.3%/2013.11.05 至 2018.11.05/低毒
卫生 蜚蠊、蚊、蝇 / 喷雾

WP20080269 杀虫气雾剂/0.65%/气雾剂/胺菊酯 0.5%、氯氰菊酯 0.15%/2013.12.01 至 2018.12.01/低毒
卫生 蚊、蝇 / 喷雾

WP20090006 杀虫气雾剂/0.45%/气雾剂/富右旋反式烯丙菊酯 0.15%、氯菊酯 0.3%/2014.01.04 至 2019.01.04/低毒

卫生 蜚蠊、蚊、蝇 / 喷雾

杭州家得好日用品有限公司 (浙江省杭州市萧山区戴村镇沈村 311263 0571-82256197)

WP20140093 蚊香/0.05%/蚊香/氯氟醚菊酯 0.05%/2014.04.27 至 2019.04.27/微毒
室内 蚊 / 点燃

杭州绿普达生物科技有限公司 (浙江省桐庐县江南镇珠山村 311510 0571-64257999)

PD20050170 吡虫啉/10%/可湿性粉剂/吡虫啉 10%/2010.11.14 至 2015.11.14/低毒
水稻 稻飞虱 30-45克/公顷 喷雾

PD20082863 噻嗪酮/25%/可湿性粉剂/噻嗪酮 25%/2013.12.09 至 2018.12.09/低毒
水稻 飞虱 93.75-131.25克/公顷 喷雾

PD20082890 克百威/3%/颗粒剂/克百威 3%/2013.12.09 至 2018.12.09/中等毒(原药高毒)
甘蔗 蚜虫、蔗龟 1350-2250克/公顷 沟施
花生 线虫 1800-2250克/公顷 条施、沟施
棉花 蚜虫 675-900克/公顷 条施、沟施
水稻 螟虫、瘿蚊 900-1350克/公顷 撒施

杭州茂宇电子化学有限公司 (浙江省杭州市下沙经济开发区M18-3-3地块 310018 0571-86911506)

PD20096462 硫酰氟/99.8%/原药/硫酰氟 99.8%/2014.08.14 至 2019.08.14/中等毒

WP20090307 硫酰氟/99.8%/气体制剂/硫酰氟 99.8%/2014.08.17 至 2019.08.17/中等毒
集装箱 蜚蠊、鼠、蚊、蝇 10克制剂/立方米 密闭熏蒸
注:要求仅限专业人员使用。

杭州万得仕日用品有限公司 (浙江省杭州市萧山区萧然东路318号 311225 0571-22899888)

WP20120219 蚊香/0.3%/蚊香/富右旋反式烯丙菊酯 0.3%/2012.11.16 至 2017.11.16/微毒
卫生 蚊 / 点燃

WP20130006 蚊香/0.05%/蚊香/氯氟醚菊酯 0.05%/2013.01.07 至 2018.01.07/微毒
卫生 蚊 / 点燃

杭州颖泰生物科技有限公司 (浙江省杭州市萧山区临江工业园区红十五路9777号 311228 0571-56030355)

PDN11-91 丁草胺/60%/乳油/丁草胺 60%/2011.06.11 至 2016.06.11/低毒
水稻 稗草、牛毛草、鸭舌草 750-1275克/公顷 喷雾,毒土

PDN12-91 丁草胺/50%/乳油/丁草胺 50%/2011.06.11 至 2016.06.11/低毒
水稻 稗草、牛毛草、鸭舌草 750-1275克/公顷 喷雾,毒土

PDN42-96 四螨嗪/20%/悬浮剂/四螨嗪 20%/2011.11.29 至 2016.11.29/低毒
柑橘树 全爪螨 100-125毫克/千克 喷雾

PDN43-96 四螨嗪/95%, 90%/原药/四螨嗪 95%, 90%/2011.11.29 至 2016.11.29/低毒

PD84111-2 氧乐果/40%/乳油/氧乐果 40%/2014.11.09 至 2019.11.09/中等毒(原药高毒)
棉花 蚜虫、螨 375-600克/公顷 喷雾
森林 松干蚧、松毛虫 500倍液 喷雾或直接涂树干
水稻 稻纵卷叶螟、飞虱 375-600克/公顷 喷雾
小麦 蚜虫 300-450克/公顷 喷雾

PD85120-2 乐果/90%,85%,80%/原药/乐果 90%,85%,80%/2015.12.25 至 2020.12.25/中等毒

PD85142-8 氧乐果/92%/原药/氧乐果 92%/2015.07.14 至 2020.07.14/高毒

PD85154-14 氰戊菊酯/20%/乳油/氰戊菊酯 20%/2015.08.15 至 2020.08.15/中等毒
柑橘树 潜叶蛾 10-20毫克/千克 喷雾
果树 梨小食心虫 10-20毫克/千克 喷雾
棉花 红铃虫、蚜虫 75-150克/公顷 喷雾
蔬菜 菜青虫、蚜虫 60-120克/公顷 喷雾

PD86152-8 乙酰甲胺磷/40%/乳油/乙酰甲胺磷 40%/2011.10.15 至 2016.10.15/低毒
棉花 棉铃虫、蚜虫 600-750克/公顷 喷雾
玉米 黏虫、玉米螟 500-1000倍液 喷雾

PD86175-11 乙酰甲胺磷/95%/原药/乙酰甲胺磷 95%/2011.10.15 至 2016.10.15/低毒

PD86176-12 乙酰甲胺磷/30%/乳油/乙酰甲胺磷 30%/2011.10.15 至 2016.10.15/低毒
棉花 棉铃虫、蚜虫 450-900克/公顷 喷雾
玉米 黏虫、玉米螟 540-1080克/公顷 喷雾

PD96102 丁草胺/80%,85%,92%/原药/丁草胺 80%,85%,92%/2014.01.18 至 2019.01.18/低毒

PD20040393 高效氯氰菊酯/4.5%/乳油/高效氯氰菊酯 4.5%/2014.12.19 至 2019.12.19/中等毒
甘蓝 菜青虫 13.5-20.25克/公顷 喷雾

PD20060072 丙草胺/95%/原药/丙草胺 95%/2011.04.13 至 2016.04.13/低毒

PD20060080 异丙甲草胺/97%/原药/异丙甲草胺 97%/2011.04.14 至 2016.04.14/低毒

PD20070032 丙草胺/300克/升/乳油/丙草胺 300克/升/2012.01.29 至 2017.01.29/低毒
水稻田(直播) 一年生杂草 450-675克/公顷 喷雾、毒土
水稻秧田 一年生杂草 450-562.5克/公顷 喷雾、毒土

PD20070142 乙草胺/93%/原药/乙草胺 93%/2012.05.30 至 2017.05.30/低毒

PD20070282 咪鲜胺/95%/原药/咪鲜胺 95%/2012.09.05 至 2017.09.05/低毒

PD20070421 氯氰菊酯/95%/原药/氯氰菊酯 95%/2012.11.06 至 2017.11.06/中等毒

PD20070630 异丙甲草胺/720克/升/乳油/异丙甲草胺 720克/升/2012.12.14 至 2017.12.14/低毒

甘蔗田　一年生禾本科杂草及部分阔叶杂草　1080-1620克/公顷　植后芽前土壤喷雾
红小豆田　一年生禾本科杂草及部分阔叶杂草　1296-1620克/公顷　土壤喷雾
花生田　一年生禾本科杂草及部分阔叶杂草　1080-1620克/公顷　播后芽前土壤喷雾
西瓜田　一年生禾本科杂草及部分阔叶杂草　1080-1620克/公顷　土壤喷雾
PD20080008　咪鲜胺锰盐/97%/原药/咪鲜胺锰盐 97%/2013.01.03 至 2018.01.03/低毒
PD20080416　乙草胺/900克/升/乳油/乙草胺 900克/升/2013.03.03 至 2018.03.03/低毒
春大豆田　一年生禾本科杂草及部分小粒种子阔叶杂草　1350-1890克/公顷　土壤喷雾
夏大豆田、夏玉米田　一年生禾本科杂草及部分小粒种子阔叶杂草　810-1350克/公顷　土壤喷雾
PD20080809　草甘膦/95%/原药/草甘膦 95%/2013.06.20 至 2018.06.20/微毒
PD20080881　乙草胺/50%/乳油/乙草胺 50%/2013.07.09 至 2018.07.09/低毒
花生田、夏大豆田、夏玉米田　一年生禾本科杂草及小粒阔叶杂草　900-1200克/公顷　喷雾
油菜田　一年生禾本科杂草及小粒阔叶杂草　525-750克/公顷　喷雾
PD20080882　甲草胺/95%/原药/甲草胺 95%/2013.07.09 至 2018.07.09/低毒
PD20082000　咪鲜胺/25%/乳油/咪鲜胺 25%/2013.11.25 至 2018.11.25/低毒
辣椒　白粉病　187.5-234.4克/公顷　喷雾
芒果　炭疽病　500-1000毫克/千克　浸果
葡萄　炭疽病　166.7-315毫克/千克　喷雾
水稻　恶苗病　62.5-125毫克/千克　浸种
PD20085992　四螨·哒螨灵/10%/悬浮剂/哒螨灵 6.5%、四螨嗪 3.5%/2013.12.29 至 2018.12.29/低毒
柑橘树　红蜘蛛　1000-1500倍液　喷雾
PD20090185　氰戊·氧乐果/20%/乳油/氰戊菊酯 3%、氧乐果 17%/2014.01.08 至 2019.01.08/中等毒(原药高毒)
棉花　棉蚜　112.5-150克/公顷　喷雾
PD20090927　乙草胺/40%/可湿性粉剂/乙草胺 40%/2014.01.19 至 2019.01.19/低毒
水稻移栽田　一年生杂草　90-120克/公顷　毒土法
PD20092658　异丙甲草胺/960克/升/乳油/异丙甲草胺 960克/升/2014.03.03 至 2019.03.03/低毒
高粱、玉米　一年生禾本科杂草及部分阔叶杂草　1296-1584克/公顷　播后苗前土壤喷雾
PD20093229　丙草胺/50%/乳油/丙草胺 50%/2014.03.11 至 2019.03.11/低毒
水稻移栽田　一年生杂草　375-525克/公顷　毒土法
PD20093280　丁草胺/85%/乳油/丁草胺 85%/2014.03.11 至 2019.03.11/低毒
移栽水稻田　一年生杂草　810-1350克/公顷　药土法
PD20095721　苄·乙/25%/可湿性粉剂/苄嘧磺隆 5.6%、乙草胺 19.4%/2014.05.18 至 2019.05.18/低毒
水稻移栽田　一年生杂草　84-118克/公顷　毒土法
PD20110508　乙草胺/50%/水乳剂/乙草胺 50%/2011.05.03 至 2016.05.03/低毒
冬油菜田　一年生禾本科杂草及小粒阔叶杂草　637.5-750克/公顷　土壤喷雾
花生田　一年生禾本科杂草及部分小粒种子阔叶杂草　900-1200克/公顷　土壤喷雾
PD20121179　咪鲜胺/25%/水乳剂/咪鲜胺 25%/2012.07.30 至 2017.07.30/低毒
柑橘　蒂腐病、绿霉病　250-500mg/kg　浸果
水稻　稻瘟病　225-375克/公顷　喷雾
PD20131766　精异丙甲草胺/98%/原药/精异丙甲草胺 98%/2013.09.06 至 2018.09.06/低毒
WP20090276　氰戊菊酯/20%/乳油/氰戊菊酯 20%/2014.05.27 至 2019.05.27/低毒
卫生　白蚁　1)3升/平方米(0.125%药液)2)0.25%药液　1)土壤处理2)涂抹木材
WP20140228　依维菌素/0.3%/乳油/依维菌素 0.3%/2014.11.04 至 2019.11.04/微毒
木材　白蚁　40.5克/立方米（750毫克/千克）　木材浸泡
土壤　白蚁　7.5-15克/平方米（1500毫克/千克）　土壤喷洒
WL20140003　杀白蚁粉剂/3%/粉剂/依维菌素 3%/2016.01.14 至 2017.01.14/低毒
卫生　白蚁　/　喷粉球喷粉

黑猫神日化股份有限公司　(浙江省诸暨市城西工业开发区建工路2号　311800　0575-87380508)

WP20080032　电热蚊香液/0.86%/电热蚊香液/炔丙菊酯 0.86%/2013.02.26 至 2018.02.26/微毒
卫生　蚊　/　电热加温
WP20080155　蚊香/0.014%/蚊香/四氟甲醚菊酯 0.014%/2013.11.06 至 2018.11.06/微毒
卫生　蚊　/　点燃
WP20100112　蚊香/0.03%/蚊香/四氟甲醚菊酯 0.03%/2015.08.27 至 2020.08.27/微毒
卫生　蚊　/　点燃
WP20100161　蚊香/0.3%/蚊香/富右旋反式烯丙菊酯 0.3%/2015.12.14 至 2020.12.14/微毒
卫生　蚊　/　点燃
WP20100188　电热蚊香片/10毫克/片/电热蚊香片/炔丙菊酯 10毫克/片/2015.12.31 至 2020.12.31/微毒
卫生　蚊　/　电热加温

WP20120011 杀蟑气雾剂/0.2%/气雾剂/氯氰菊酯 0.1%、炔咪菊酯 0.1%/2012.01.29 至 2017.01.29/微毒
卫生 蜚蠊 喷雾
WP20130047 杀虫气雾剂/0.23%/气雾剂/高效氯氰菊酯 0.1%、右旋胺菊酯 0.03%、右旋苯醚氰菊酯 0.1%/2013.03.20 至2018.03.20/微毒
卫生 蚊、蝇、蜚蠊 / 喷雾
WP20130049 蚊香/0.08%/蚊香/氯氟醚菊酯 0.08%/2013.03.20 至 2018.03.20/微毒
卫生 蚊 / 点燃
WP20130097 电热蚊香液/0.31%/电热蚊香液/四氟甲醚菊酯 0.31%/2013.05.20 至 2018.05.20/微毒
卫生 蚊 / 电热加温
WP20130118 杀虫气雾剂/0.21%/气雾剂/Es-生物烯丙菊酯 0.2%、溴氰菊酯 0.01%/2013.06.04 至 2018.06.04/微毒
卫生 蚊、蝇、蜚蠊 / 喷雾
WP20140079 电热蚊香片/10 毫克/片/电热蚊香片/炔丙菊酯 5毫克/片、四氟甲醚菊酯 5毫克/片/2014.04.08 至 2019.04.08/微毒
室内 蚊 / 电热加温
WP20140080 蚊香/0.05%/蚊香/氯氟醚菊酯 0.05%/2014.04.08 至 2019.04.08/微毒
室内 蚊 / 点燃
WP20140100 电热蚊香液/0.4%/电热蚊香液/氯氟醚菊酯 0.4%/2014.04.28 至 2019.04.28/微毒
室内 蚊 / 电热加温
WP20140167 杀蟑烟片/7%/烟片/右旋苯醚氰菊酯 7%/2014.08.01 至 2019.08.01/低毒
室内 蜚蠊 / 点燃
WP20140180 电热蚊香片/10毫克/片/电热蚊香片/炔丙菊酯 5毫克/片、氯氟醚菊酯 5毫克/片/2014.08.14 至 2019.08.14/微毒
室内 蚊 / 电热加温
WP20150020 杀虫气雾剂/0.35%/气雾剂/炔丙菊酯 0.25%、右旋苯醚菊酯 0.1%/2015.01.15 至 2020.01.15/微毒
室内 蚊、蝇 / 喷雾

捷马化工股份有限公司 (浙江省龙游县宝塔路50号 324400 0570-7856256)

PD85159-14 草甘膦/30%/水剂/草甘膦 30%/2015.08.15 至 2020.08.15/低毒
茶树、甘蔗、果园、剑麻、林木、桑树、橡胶树 一年生杂草和多年生恶性杂草 1125-2250克/公顷 定向喷雾
PD20070148 草甘膦/96%/原药/草甘膦 96%/2012.05.30 至 2017.05.30/低毒
PD20070335 敌稗/95%/原药/敌稗 95%/2012.10.12 至 2017.10.12/低毒
PD20070422 精噁唑禾草灵/95%/原药/精噁唑禾草灵 95%/2012.11.06 至 2017.11.06/低毒
PD20070661 禾草灵/97%/原药/禾草灵 97%/2012.12.17 至 2017.12.17/低毒
PD20080347 噻嗪酮/95%/原药/噻嗪酮 95%/2013.02.26 至 2018.02.26/低毒
PD20080429 精噁唑禾草灵/7.5%/水乳剂/精噁唑禾草灵 7.5%/2013.03.10 至 2018.03.10/低毒
小麦田 野燕麦、一年生禾本科杂草 56.3-67.5克/公顷 茎叶喷雾
PD20081588 氟乐灵/96%/原药/氟乐灵 96%/2013.11.12 至 2018.11.12/低毒
PD20082290 草甘膦异丙胺盐（41%）////水剂/草甘膦 30%/2013.12.01 至 2018.12.01/低毒
柑橘园 杂草 1125-2250克/公顷 定向茎叶喷雾
PD20083042 噻嗪酮/25%/可湿性粉剂/噻嗪酮 25%/2013.12.10 至 2018.12.10/低毒
茶树 小绿叶蝉 166-250毫克/千克 喷雾
柑橘树 矢尖蚧 150-250毫克/千克 喷雾
水稻 飞虱 75-112.5克/公顷 喷雾
PD20083177 烟嘧磺隆/95%/原药/烟嘧磺隆 95%/2013.12.11 至 2018.12.11/低毒
PD20085985 苯磺隆/95%/原药/苯磺隆 95%/2013.12.29 至 2018.12.29/低毒
PD20095787 草甘膦异丙胺盐（62%）//母药/草甘膦 46%/2014.05.27 至 2019.05.27/低毒
PD20096279 苯磺隆/75%/水分散粒剂/苯磺隆 75%/2014.07.22 至 2019.07.22/低毒
冬小麦田 一年生阔叶杂草 15-22.5克/公顷 茎叶喷雾
PD20100965 氟乐灵/480克/升/乳油/氟乐灵 480克/升/2015.01.19 至 2020.01.19/低毒
大豆田 一年生禾本科杂草及部分阔叶杂草 1080-1440克/公顷 土壤喷雾
棉花田 一年生禾本科杂草及部分阔叶杂草 720-1440克/公顷 土壤喷雾
PD20100988 敌草隆/97%/原药/敌草隆 97%/2015.01.20 至 2020.01.20/低毒
PD20111224 2,4-滴/96%/原药/2,4-滴 96%/2011.11.17 至 2016.11.17/中等毒
注:专供出口，不得在国内销售。
PD20111313 草甘膦铵盐/68%/可溶粒剂/草甘膦 68%/2011.12.02 至 2016.12.02/低毒
柑橘园 杂草 1125-2250克/公顷 定向茎叶喷雾
注:草甘膦铵盐含量: 74.7%。
PD20120381 双草醚/95%/原药/双草醚 95%/2012.02.24 至 2017.02.24/低毒
PD20120387 2,4-滴二甲胺盐/860克/升/水剂/2,4-滴二甲胺盐 860克/升/2012.03.07 至 2017.03.07/低毒
注:专供出口，不得在国内销售。
PD20120638 环嗪酮/98%/原药/环嗪酮 98%/2012.04.12 至 2017.04.12/低毒
PD20120931 敌草隆/80%/可湿性粉剂/敌草隆 80%/2012.06.04 至 2017.06.04/低毒
非耕地 杂草 4500-8000克/公顷 定向茎叶喷雾
PD20121068 莠去津/97%/原药/莠去津 97%/2012.07.12 至 2017.07.12/低毒

PD20121573 嘧菌酯/95%/原药/嘧菌酯 95%/2012.10.25 至 2017.10.25/低毒

兰溪市京杭生物科技有限公司 (浙江省金华市兰溪市女埠街道女埠工业园B区 321112 0571-88173291)

PD20097439 杀虫双/3.6%/大粒剂/杀虫双 3.6%/2014.10.28 至 2019.10.28/中等毒

水稻	螟虫	540-675克/公顷	撒施

PD20097979 草甘膦异丙胺盐(41%)///水剂/草甘膦 30%/2014.12.01 至 2019.12.01/微毒

非耕地	一年生及部分多年生杂草	1125-3000克/公顷	茎叶喷雾

丽水市绿谷生物药业有限公司 (浙江省丽水市天宁工业区科技创业园 323000 0578-2268670)

PD20097408 松脂酸钠/30%/水乳剂/松脂酸钠 30%/2014.10.28 至 2019.10.28/微毒

柑橘树	介壳虫	1500-2000毫克/千克	喷雾
杨梅树	介壳虫	1000毫克/千克	喷雾

PD20140550 苦参碱/0.3%/水剂/苦参碱 0.3%/2014.03.06 至 2019.03.06/低毒

十字花科蔬菜	菜青虫	4.5-6.75克/公顷	喷雾

临海市利民化工有限公司 (浙江省临海市涌泉镇西管岙村 317021 0576-85683166)

PD86185 硫酰氟/99.8%/原药/硫酰氟 99.8%/2011.11.12 至 2016.11.12/中等毒

堤围、土坝	黑翅土白蚁	800-1000克/巢	由主蚁道注入气体熏蒸
建筑物	白蚁	30克/立方米	密闭熏蒸
林木、木材、种子	蛀虫	25-30克/立方米	密闭熏蒸
棉花	仓储害虫	40-50克/立方米	密闭熏蒸
文史档案及图书	蛀虫	30-40克/立方米	密闭熏蒸
衣料	蛀虫	30克/立方米	密闭熏蒸

美丰农化有限公司 (浙江省温州市经济技术开发区九峰山路2号 325011 0577-86521217)

PD20080217 苯噻酰草胺/95%/原药/苯噻酰草胺 95%/2013.01.11 至 2018.01.11/低毒

PD20080442 草甘膦异丙胺盐/30%/水剂/草甘膦 30%/2013.03.13 至 2018.03.13/低毒

茶园、桑园	杂草	280-470毫升制剂/亩	定向茎叶喷雾
春玉米田	杂草	157-220毫升制剂/亩	定向茎叶喷雾
防火隔离带、公路、铁路	杂草	314-627毫升制剂/亩	茎叶喷雾
非耕地	杂草	220-672毫升制剂/亩	定向茎叶喷雾
柑橘园	杂草	1125-2250克/公顷	定向茎叶喷雾
剑麻园、梨园、苹果园、香蕉园、橡胶园	杂草	235-315毫升制剂/亩	定向茎叶喷雾
棉花田、夏玉米田	杂草	220-345毫升制剂/亩	定向茎叶喷雾

注:草甘膦异丙胺盐含量:41%。

PD20080541 苯噻酰草胺/50%/可湿性粉剂/苯噻酰草胺 50%/2013.05.04 至 2018.05.04/低毒

水稻抛秧田	稗草、异型莎草	450-600克/公顷(北方地区)375-450克/公顷(南方地区)	毒土法

PD20080592 霜脲·锰锌/72%/可湿性粉剂/代森锰锌 64%、霜脲氰 8%/2013.05.12 至 2018.05.12/低毒

番茄	晚疫病	1440-1944克/公顷	喷雾
黄瓜	霜霉病	1440-1800克/公顷	喷雾

PD20080971 吡虫啉/25%/可湿性粉剂/吡虫啉 25%/2013.07.24 至 2018.07.24/低毒

韭菜	韭蛆	300-450克/公顷	药土法
水稻	稻飞虱	15-30克/公顷	喷雾
小麦	蚜虫	45-60克/公顷	喷雾
烟草	蚜虫	15-30克/公顷	喷雾

PD20080973 二氯喹啉酸/50%/可湿性粉剂/二氯喹啉酸 50%/2013.07.24 至 2018.07.24/低毒

水稻秧田	稗草等杂草	225－300克/公顷	喷雾
水稻移栽田	稗草	202.5-390克/公顷(北方地区)	喷雾

PD20081153 苄·二氯/35%/可湿性粉剂/苄嘧磺隆 6%、二氯喹啉酸 29%/2013.09.02 至 2018.09.02/低毒

水稻秧田	部分多年生杂草、一年生杂草	157.5-262.5克/公顷	茎叶喷雾
水稻移栽田	稗草、多种阔叶杂草	157.5-262.5克/公顷	喷雾

PD20081728 乙草胺/900克/升/乳油/乙草胺 900克/升/2013.11.18 至 2018.11.18/低毒

春大豆田、春玉米田	一年生杂草	1620-2025克/公顷	土壤喷雾
春油菜田、冬油菜田、花生田、夏大豆田、夏玉米田	一年生禾本科杂草及部分小粒种子杂草	810-1215克/公顷	播后苗前土壤喷雾

PD20081731 丁草胺/900克/升/乳油/丁草胺 900克/升/2013.11.18 至 2018.11.18/低毒

抛秧水稻	一年生杂草	600-900克/公顷	药土法

PD20081852 苯磺隆/75%/水分散粒剂/苯磺隆 75%/2013.11.20 至 2018.11.20/低毒

冬小麦	一年生阔叶杂草	13.5-22.5克/公顷	茎叶喷雾

PD20082198 苄嘧·禾草丹/50%/可湿性粉剂/苄嘧磺隆 1%、禾草丹 49%/2013.11.26 至 2018.11.26/低毒

水稻田(直播)、水稻秧田	部分多年生杂草、一年生杂草	1500-2250克/公顷	喷雾或毒土法

PD20082358　苄嘧磺隆/30%/可湿性粉剂/苄嘧磺隆 30%/2013.12.01 至 2018.12.01/低毒
水稻移栽田　阔叶杂草、莎草科杂草　45-90克/公顷　毒土法

PD20082382　苄嘧·苯噻酰/60%/可湿性粉剂/苯噻酰草胺 53.5%、苄嘧磺隆 6.5%/2013.12.01 至 2018.12.01/低毒
水稻抛秧田　部分多年生杂草、一年生杂草　450-500克/公顷(北方地区)300-600克/公顷(南方地区)　毒土法

PD20082553　异丙甲·苄/20%/可湿性粉剂/苄嘧磺隆 3%、异丙甲草胺 17%/2013.12.04 至 2018.12.04/低毒
水稻插秧田　杂草　135-195克/公顷　毒土法
水稻抛秧田　一年生杂草　90-120克/公顷　药土法

PD20082799　丙草胺/30%/乳油/丙草胺 30%/2013.12.09 至 2018.12.09/低毒
水稻田(直播)　一年生杂草　450-540克/公顷　播后苗前土壤喷雾

PD20082809　吡嘧磺隆/10%/可湿性粉剂/吡嘧磺隆 10%/2013.12.09 至 2018.12.09/低毒
水稻移栽田　阔叶杂草、莎草科杂草　22.5-30克/公顷　药土法

PD20082817　丁草胺/60%/乳油/丁草胺 60%/2013.12.09 至 2018.12.09/低毒
水稻移栽田　一年生杂草　900-1350克/公顷　药土法

PD20083739　丙草胺/50%/乳油/丙草胺 50%/2013.12.15 至 2018.12.15/低毒
水稻移栽田　一年生杂草　450-525克/公顷　药土法

PD20085271　苄·乙/25%/可湿性粉剂/苄嘧磺隆 5.6%、乙草胺 19.4%/2013.12.23 至 2018.12.23/低毒
水稻移栽田　部分多年生杂草、一年生杂草　84-118克/公顷　药土法

PD20085605　苄·丁/37.5%/可湿性粉剂/苄嘧磺隆 1.5%、丁草胺 36%/2013.12.25 至 2018.12.25/低毒
水稻抛秧田　一年生及部分多年生杂草　562.5-843.8克/公顷(南方地区)　药土法
水稻移栽田　一年生及部分多年生杂草　562.5-843.8克/公顷　药土法

PD20086376　精喹禾灵/10%/乳油/精喹禾灵 10%/2013.12.31 至 2018.12.31/低毒
大豆田　一年生禾本科杂草　48.6-64.8克/公顷　喷雾
花生田　一年生禾本科杂草　32.4-64.8克/公顷　茎叶喷雾
西瓜田　一年生禾本科杂草　48.6-64.8克/公顷　茎叶喷雾
油菜田　一年生禾本科杂草　40.5-56.7克/公顷　喷雾

PD20090294　苄嘧·苯噻酰/53%/可湿性粉剂/苯噻酰草胺 50%、苄嘧磺隆 3%/2014.01.09 至 2019.01.09/低毒
水稻抛秧田　一年生及部分多年生杂草　318-397.5克/公顷(南方地区)　毒土法

PD20091611　精喹·草除灵/17.5%/乳油/草除灵 15%、精喹禾灵 2.5%/2014.02.03 至 2019.02.03/低毒
冬油菜田　一年生杂草　262.5-393.75克/公顷　茎叶喷雾

PD20092201　莠去津/90%/水分散粒剂/莠去津 90%/2014.02.23 至 2019.02.23/低毒
春玉米田　一年生杂草　1620-2025克/公顷(东北地区)　土壤喷雾
夏玉米田　一年生杂草　1350-1620克/公顷(其它地区)　土壤喷雾

PD20095333　丙草·异丙隆/60%/可湿性粉剂/丙草胺 23%、异丙隆 37%/2014.04.27 至 2019.04.27/低毒
冬小麦田　一年生杂草　1125—1350克/公顷　喷雾

PD20096241　毒死蜱/40%/乳油/毒死蜱 40%/2014.07.15 至 2019.07.15/中等毒
棉花　棉铃虫　675-800克/公顷　喷雾
水稻　稻纵卷叶螟　450-600克/公顷　喷雾

PD20096658　高效氯氟氰菊酯/2.5%/微乳剂/高效氯氟氰菊酯 2.5%/2014.09.07 至 2019.09.07/中等毒
甘蓝　菜青虫　7.5-15克/公顷　喷雾
棉花　棉铃虫　15-22.5克/公顷　喷雾

PD20096713　代森锰锌/80%/可湿性粉剂/代森锰锌 80%/2014.09.07 至 2019.09.07/低毒
葡萄　霜霉病　1200-2160克/公顷　喷雾
烟草　赤星病　1440-1680克/公顷　喷雾

PD20096762　多菌灵/80%/可湿性粉剂/多菌灵 80%/2014.09.15 至 2019.09.15/低毒
苹果　轮纹病　1000—1500毫克/千克　喷雾
油菜　菌核病　1200—1440克/公顷　喷雾

PD20096775　噻嗪酮/25%/可湿性粉剂/噻嗪酮 25%/2014.09.15 至 2019.09.15/低毒
水稻　稻飞虱　75-112.5克/公顷　喷雾

PD20097615　异丙隆/50%/可湿性粉剂/异丙隆 50%/2014.11.03 至 2019.11.03/低毒
冬小麦田　一年生杂草　900—1050克/公顷　土壤或茎叶喷雾

PD20098343　2甲·苄/18%/可湿性粉剂/苄嘧磺隆 3%、2甲4氯钠 15%/2014.12.18 至 2019.12.18/低毒
冬小麦田　一年生阔叶杂草　216-270克/公顷　茎叶喷雾
水稻移栽田　阔叶杂草及莎草科杂草　270-405克/公顷　茎叶喷雾

PD20100584　精喹禾灵/5%/乳油/精喹禾灵 5%/2015.01.14 至 2020.01.14/低毒
油菜田　一年生禾本科杂草　37.5-45克/公顷　茎叶喷雾

PD20100979　百菌清/75%/可湿性粉剂/百菌清 75%/2015.01.19 至 2020.01.19/低毒
黄瓜　霜霉病　1650—3000克/公顷　喷雾

PD20101393　丁草胺/600克/升/水乳剂/丁草胺 600克/升/2015.04.14 至 2020.04.14/低毒
移栽水稻田　一年生杂草　900-1350克/公顷　毒土法

PD20101887　莠去津/48%/可湿性粉剂/莠去津 48%/2015.08.09 至 2020.08.09/低毒
春玉米田　一年生杂草　2250-3000克/公顷　播后苗前土壤喷雾

PD20110911　草甘膦铵盐/68%/可溶粒剂/草甘膦 68%/2011.08.22 至 2016.08.22/低毒

柑橘园 杂草 1120-2240克/公顷 定向茎叶茎叶

注:草甘膦铵盐含量为：74.7%。

PD20111307 啶虫脒/20%/可湿性粉剂/啶虫脒 20%/2011.11.24 至 2016.11.24/低毒

柑橘树 蚜虫 10-15毫克/千克 喷雾

PD20111308 醚菌酯/30%/可湿性粉剂/醚菌酯 30%/2011.11.24 至 2016.11.24/低毒

草莓 白粉病 135-180克/公顷 喷雾

PD20120326 乙草胺/50%/水乳剂/乙草胺 50%/2012.02.17 至 2017.02.17/低毒

玉米田 一年生禾本科杂草及部分阔叶杂草 1500-1875克/公顷（东北地区）； 土壤喷雾

900-1200克/公顷（其它地区）

PD20120344 苄嘧·丙草胺/40%/可湿性粉剂/苄嘧磺隆 4%、丙草胺 36%/2012.02.20 至 2017.02.20/低毒

水稻田(直播) 一年生杂草 300-420克/公顷 播后苗前土壤喷雾

PD20120415 苯磺隆/10%/可湿性粉剂/苯磺隆 10%/2012.03.12 至 2017.03.12/低毒

冬小麦田 一年生阔叶杂草 15-22.5克/公顷 茎叶喷雾

PD20120626 氯氟吡氧乙酸/200克/升/乳油/氯氟吡氧乙酸 200克/升/2012.04.11 至 2017.04.11/低毒

冬小麦田 一年生阔叶杂草 150-210克/公顷 茎叶喷雾

注:氯氟吡氧乙酸异辛酯含量:288克/升。

PD20120683 三环唑/75%/可湿性粉剂/三环唑 75%/2012.04.18 至 2017.04.18/低毒

水稻 稻瘟病 225-450克/公顷 喷雾

PD20120980 高效氟吡甲禾灵/108克/升/乳油/高效氟吡甲禾灵 108克/升/2012.06.21 至 2017.06.21/低毒

大豆田 一年生禾本科杂草 48.6-81.0克/公顷 茎叶喷雾

油菜田 一年生禾本科杂草 32.4-48.6克/公顷 茎叶喷雾

PD20121009 精噁唑禾草灵/69克/升/水乳剂/精噁唑禾草灵 69克/升/2012.06.21 至 2017.06.21/低毒

冬小麦田 一年生禾本科杂草 41.4-51.75克/公顷 茎叶喷雾

PD20121436 甲氨基阿维菌素苯甲酸盐/0.5%/微乳剂/甲氨基阿维菌素 0.5%/2012.10.08 至 2017.10.08/低毒

甘蓝 甜菜夜蛾、小菜蛾 1.5-1.8克/公顷 喷雾

茭白 二化螟 12-17克/公顷 喷雾

注:甲氨基阿维菌素苯甲酸盐含量:0.57%。

PD20130219 炔草酯/15%/可湿性粉剂/炔草酯 15%/2013.01.30 至 2018.01.30/低毒

冬小麦田 一年生禾本科杂草 45-67.5克/公顷 茎叶喷雾

PD20130736 烟嘧磺隆/75%/水分散粒剂/烟嘧磺隆 75%/2013.04.12 至 2018.04.12/低毒

玉米 一年生杂草 45-60克/公顷 茎叶喷雾

PD20131292 腈菌唑/40%/可湿性粉剂/腈菌唑 40%/2013.06.08 至 2018.06.08/低毒

小麦 白粉病 60-90克/公顷 喷雾

PD20140670 氰氟草酯/10%/水乳剂/氰氟草酯 10%/2014.03.17 至 2019.03.17/低毒

水稻田(直播) 稗草、千金子等禾本科杂草 75-105克/公顷 茎叶喷雾

PD20140769 吡嘧·丙草胺/36%/可湿性粉剂/吡嘧磺隆 2.5%、丙草胺 33.5%/2014.03.24 至 2019.03.24/低毒

水稻抛秧田 一年生及部分多年生杂草 324-432克/公顷 药土法

PD20141170 吡蚜酮/50%/可湿性粉剂/吡蚜酮 50%/2014.04.28 至 2019.04.28/低毒

水稻 稻飞虱 60-120克/公顷 喷雾

PD20141701 甲氨基阿维菌素苯甲酸盐/5%/微乳剂/甲氨基阿维菌素 5%/2014.06.30 至 2019.06.30/低毒

甘蓝 甜菜夜蛾 2.25-3.0克/公顷 喷雾

注:甲氨基阿维菌素苯甲酸盐含量：5.7%

PD20141796 乙羧氟草醚/20%/乳油/乙羧氟草醚 20%/2014.07.14 至 2019.07.14/低毒

花生田 一年生阔叶杂草 60-90克/公顷 茎叶喷雾

PD20150765 草铵膦/23%/水剂/草铵膦 23%/2015.05.12 至 2020.05.12/低毒

非耕地 杂草 690-1380克/公顷 定向茎叶喷雾

PD20151318 硝磺草酮/15%/悬浮剂/硝磺草酮 15%/2015.07.30 至 2020.07.30/低毒

玉米田 一年生杂草 112.5-157.5克/公顷 茎叶喷雾

PD20152140 氰氟草酯/25%/水乳剂/氰氟草酯 25%/2015.09.22 至 2020.09.22/低毒

水稻田(直播) 稗草、千金子等禾本科杂草 75-150克/公顷 茎叶喷雾

PD20152464 炔草酯/15%/水乳剂/炔草酯 15%/2015.12.04 至 2020.12.04/低毒

冬小麦田 一年生禾本科杂草 45-90克/公顷 茎叶喷雾

LS20130269 吡嘧·丙草胺/36%/可湿性粉剂/吡嘧磺隆 2.5%、丙草胺 33.5%/2014.05.02 至 2015.05.02/低毒

水稻抛秧田 一年生及部分多年生杂草 324-432克/公顷 药土法

LS20130270 吡蚜酮/50%/可湿性粉剂/吡蚜酮 50%/2014.05.02 至 2015.05.02/低毒

水稻 稻飞虱 60-120克/公顷 喷雾

LS20150348 吡嘧·苯噻酰草胺/75%/可湿性粉剂/苯噻酰草胺 70.5%、吡嘧磺隆 4.5%/2015.12.18 至 2016.12.18/低毒

水稻抛秧田 一年生杂草 337.5-675克/公顷 药土法

宁波纽康生物技术有限公司 （浙江省宁波市北仑区新安江路300号 315800 0574-86113161）

PD20098255 松脂酸钠/45%/可溶粉剂/松脂酸钠 45%/2014.12.16 至 2019.12.16/低毒

柑橘树 红蜡蚧 80-120倍液 喷雾

LS20150334 二化螟性诱剂/0.55%/诱芯/顺-9-十六碳烯醛 0.05%、顺-11-十六碳烯醛 0.5%/2015.12.05 至 2016.12.05/低毒

水稻 二化螟 1-3枚诱芯制剂/亩 诱捕

LS20150352 斜纹夜蛾性诱剂诱芯/1.1%/诱芯/顺9反12-十四碳烯乙酸酯 0.1%、顺9反11-十四碳烯乙酸酯 1%/2015.12.19至 2016.12.19/微毒

十字花科蔬菜	斜纹夜蛾	每个诱捕器放入1枚诱芯	诱捕

宁波三江益农化学有限公司 (浙江省宁波市镇海区宁波化学工业区北海路1165号 315204 0574-87770003)

PD84101 马拉硫磷/95%,90%,85%/原药/马拉硫磷 95%,90%,85%/2014.10.26 至 2019.10.26/低毒

PD84102 杀螟硫磷/45%/乳油/杀螟硫磷 45%/2014.10.26 至 2019.10.26/中等毒

茶树	尺蠖、毛虫、小绿叶蝉	250-500毫克/千克	喷雾
甘薯	小象甲	525-900克/公顷	喷雾
果树	卷叶蛾、毛虫、食心虫	250-500毫克/千克	喷雾
棉花	蚜虫、叶蝉、造桥虫	375-562.5克/公顷	喷雾
棉花	红铃虫、棉铃虫	375-750毫克/千克	喷雾
水稻	飞虱、螟虫、叶蝉	375-562.5克/公顷	喷雾

PD84105 马拉硫磷/45%/乳油/马拉硫磷 45%/2014.12.27 至 2019.12.27/低毒

茶树	长白蚧、象甲	625-1000毫克/千克	喷雾
果树	蝽蟓、蚜虫	250-333毫克/千克	喷雾
林木、牧草、农田	蝗虫	450-600克/公顷	喷雾
棉花	盲蝽蟓、蚜虫、叶跳虫	375-562.2克/公顷	喷雾
蔬菜	黄条跳甲、蚜虫	562.5-750克/公顷	喷雾
水稻	飞虱、蓟马、叶蝉	562.5-750克/公顷	喷雾
小麦	黏虫、蚜虫	562.5-750克/公顷	喷雾

PD85129 马拉硫磷/70%/乳油/马拉硫磷 70%/2016.01.15 至 2021.01.15/低毒

大麦原粮、稻谷原粮、高粱原粮、小麦原粮、玉米原粮	仓储害虫	10-30毫克/千克	喷雾或砻糠载体法

PD86154-3 杀螟硫磷/93%,85%,75%/原药/杀螟硫磷 93%,85%,75%/2011.08.28 至 2016.08.28/中等毒

PD20030015 二甲戊灵/≥95/原药/二甲戊灵 ≥95%/2013.11.27 至 2018.11.27/低毒

PD20060048 二甲戊灵/330克/升/乳油/二甲戊灵 330克/升/2016.02.27 至 2021.02.27/低毒

大蒜田、甘蓝田	一年生杂草	618.75-742.5克/公顷	土壤喷雾
韭菜田	一年生禾本科杂草及部分小粒种子阔叶杂草	495-742.5克/公顷	土壤喷雾
棉花田	一年生杂草	742.5-990克/公顷	毒土法
水稻旱育秧田	一年生杂草	742.5-990克/公顷	土壤喷雾
烟草	抑制腋芽生长	66-80毫克/株	杯淋

PD20070248 精吡氟禾草灵/90%/原药/精吡氟禾草灵 90%/2012.08.30 至 2017.08.30/低毒

PD20070320 溴螨酯/95%/原药/溴螨酯 95%/2012.09.27 至 2017.09.27/低毒

PD20070632 硫双威/95%/原药/硫双威 95%/2012.12.14 至 2017.12.14/低毒

PD20080601 氧氟・甲戊灵/34%/乳油/二甲戊灵 20%、乙氧氟草醚 14%/2013.05.12 至 2018.05.12/低毒

大蒜田	一年生杂草	255-408克/公顷	土壤喷雾

PD20080640 戊唑醇/96%/原药/戊唑醇 96%/2013.05.13 至 2018.05.13/低毒

PD20080834 高效氟吡甲禾灵/90%/原药/高效氟吡甲禾灵 90%/2013.06.20 至 2018.06.20/低毒

PD20082177 精吡氟禾草灵/150克/升/乳油/精吡氟禾草灵 150克/升/2013.11.26 至 2018.11.26/低毒

大豆田、冬油菜田	一年生禾本科杂草	112.5-157.5克/公顷	茎叶喷雾
棉花田	一年生禾本科杂草	78.75-112.5克/公顷	茎叶喷雾

PD20082533 高效氟吡甲禾灵/108克/升/乳油/高效氟吡甲禾灵 108克/升/2013.12.03 至 2018.12.03/低毒

大豆田	一年生禾本科杂草	40.5-48.6克/公顷	茎叶喷雾
花生田	一年生禾本科杂草	32.4-40.5克公顷	茎叶喷雾
棉花田	一年生禾本科杂草	45-52.5克/公顷	茎叶喷雾

PD20083064 吡虫啉/98%/原药/吡虫啉 98%/2013.12.10 至 2018.12.10/低毒

PD20083917 丙环唑/95%/原药/丙环唑 95%/2013.12.15 至 2018.12.15/低毒

PD20084858 硫双威/75%/可湿性粉剂/硫双威 75%/2013.12.22 至 2018.12.22/中等毒

棉花	棉铃虫	506.25-675克/公顷	喷雾

PD20091534 戊唑醇/430克/升/悬浮剂/戊唑醇 430克/升/2014.02.03 至 2019.02.03/低毒

梨树	黑星病	108.5-143.3毫克/千克	喷雾
苹果树	斑点落叶病	61.4-86毫克/千克	喷雾
水稻	稻曲病	64.5-129克/公顷	喷雾

PD20095772 烟嘧磺隆/98%/原药/烟嘧磺隆 98%/2014.05.18 至 2019.05.18/低毒

PD20096016 氟虫腈/95%/原药/氟虫腈 95%/2014.06.15 至 2019.06.15/中等毒
注:专供出口，不得在国内销售。

PD20096585 烟嘧磺隆/40克/升/可分散油悬浮剂/烟嘧磺隆 40克/升/2014.08.25 至 2019.08.25/低毒

玉米田	一年生杂草	42-60克/公顷	茎叶喷雾

PD20097597 氟虫腈/50克/升/悬浮剂/氟虫腈 50克/升/2014.11.03 至 2019.11.03/低毒
注:专供出口，不得在国内销售。

PD20097674 丙环唑/250克/升/乳油/丙环唑 250克/升/2014.11.04 至 2019.11.04/低毒

香蕉　叶斑病　375－500毫克/千克　喷雾
小麦　白粉病、锈病　124.5－137.5克/公顷　喷雾
小麦　根腐病　124.5－150克/公顷　喷雾
茭白　胡麻斑病　56-75克/公顷　喷雾
PD20101897　吡虫啉/70%/种子处理可分散粉剂/吡虫啉 70%/2015.08.27 至 2020.08.27/低毒
棉花　蚜虫　280-350克/100千克种子　种子处理
PD20102111　啶虫脒/20%/可溶液剂/啶虫脒 20%/2015.11.30 至 2020.11.30/低毒
柑橘树　蚜虫　8.0－13.3毫克/千克　喷雾
PD20102112　苯醚甲环唑/10%/水分散粒剂/苯醚甲环唑 10%/2015.11.30 至 2020.11.30/低毒
大白菜　黑斑病　63.75-75克/公顷　喷雾
番茄　早疫病　125-150克/公顷　喷雾
黄瓜　白粉病　100-125克/公顷　喷雾
西瓜　炭疽病　100-125克/公顷　喷雾
PD20102222　吡虫啉/25%/可湿性粉剂/吡虫啉 25%/2015.12.31 至 2020.12.31/低毒
水稻　稻飞虱　22.5-30克/公顷　喷雾
PD20110054　苯醚甲环唑/250克/升/乳油/苯醚甲环唑 250克/升/2016.01.11 至 2021.01.11/低毒
香蕉树　叶斑病　104.15－125毫克/千克　喷雾
PD20110813　啶虫脒/20%/可溶粉剂/啶虫脒 20%/2011.08.04 至 2016.08.04/低毒
甘蓝　蚜虫　18-36克/公顷　喷雾
PD20110886　啶虫脒/99%/原药/啶虫脒 99%/2011.08.16 至 2016.08.16/低毒
PD20111049　吡虫啉/70%/水分散粒剂/吡虫啉 70%/2011.10.10 至 2016.10.10/中等毒
甘蓝　蚜虫　14-20克/公顷　喷雾
棉花　蚜虫　21-31.5克/公顷　喷雾
PD20121746　戊唑醇/250克/升/水乳剂/戊唑醇 250克/升/2012.11.15 至 2017.11.15/低毒
黄瓜　白粉病　90-113克/公顷　喷雾
葡萄　白腐病　75-125毫克/千克　喷雾
PD20121792　吡虫啉/20%/可溶液剂/吡虫啉 20%/2012.11.22 至 2017.11.22/低毒
苹果树　黄蚜　30.8-40毫克/千克　喷雾
水稻　稻飞虱　22.5-30克/公顷　喷雾
PD20121794　阿维菌素/1.8%/乳油/阿维菌素 1.8%/2012.11.22 至 2017.11.22/低毒(原药高毒)
棉花　红蜘蛛　8.1-10.8克/公顷　喷雾
PD20121815　乙草胺/81.5%/乳油/乙草胺 81.5%/2012.11.22 至 2017.11.22/低毒
花生田　一年生禾本科杂草及部分阔叶杂草　978-1222.5克/公顷　播后苗前土壤喷雾
PD20121854　烟嘧磺隆/75%/水分散粒剂/烟嘧磺隆 75%/2012.11.28 至 2017.11.28/低毒
玉米田　一年生杂草　39.38-59.63克/公顷　茎叶喷雾
PD20121962　啶虫脒/70%/水分散粒剂/啶虫脒 70%/2012.12.12 至 2017.12.12/低毒
番茄　白粉虱　21－31.5克/公顷　喷雾
西瓜　蚜虫　21-42克/公顷　喷雾
PD20132613　草甘膦铵盐/68%/可溶粒剂/草甘膦 68%/2013.12.20 至 2018.12.20/低毒
注:草甘膦铵盐含量：75.7%。　专供出口，不进在国内销售。
PD20132637　氟虫腈/80%/水分散粒剂/氟虫腈 80%/2013.12.20 至 2018.12.20/中等毒
注:专供出口，不得在国内销售。
PD20132664　莠去津/500克/升/悬浮剂/莠去津 500克/升/2013.12.20 至 2018.12.20/低毒
注:专供出口，不得在国内销售。
PD20140770　苯甲·丙环唑/30%/悬浮剂/苯醚甲环唑 15%、丙环唑 15%/2014.03.24 至 2019.03.24/低毒
水稻　纹枯病　67.5-90克/公顷　喷雾
PD20140817　苯甲·嘧菌酯/325克/升/悬浮剂/苯醚甲环唑 125克/升、嘧菌酯 200克/升/2014.03.31 至 2019.03.31/低毒
西瓜　炭疽病　146.25－243.75克/公顷　喷雾
PD20141187　草甘膦异丙胺盐/30%/水剂/草甘膦 30%/2014.05.06 至 2019.05.06/低毒
非耕地　杂草　900-1800克/公顷　茎叶喷雾
柑橘园　杂草　1230-2460克/公顷　喷雾
注:草甘膦异丙胺盐含量：41%。
PD20141966　氟虫腈/200克/升/悬浮剂/氟虫腈 200克/升/2014.08.13 至 2019.08.13/低毒
注:专供出口，不得在国内销售。
PD20142056　茚虫威/72%/原药/茚虫威 72%/2014.08.27 至 2019.08.27/低毒
PD20142569　茚虫威/150克/升/悬浮剂/茚虫威 150克/升/2014.12.15 至 2019.12.15/低毒
甘蓝　小菜蛾　22.5-45克/公顷　喷雾
PD20150005　吡蚜酮/50%/可湿性粉剂/吡蚜酮 50%/2015.01.04 至 2020.01.04/低毒
水稻　稻飞虱　75-90克/公顷　喷雾
PD20150167　己唑醇/40%/悬浮剂/己唑醇 40%/2015.01.14 至 2020.01.14/低毒
水稻　纹枯病　60-72克/公顷　喷雾
PD20150395　烯啶虫胺/50%/可溶粉剂/烯啶虫胺 50%/2015.03.18 至 2020.03.18/低毒
水稻　稻飞虱　60-90克/公顷　喷雾

PD20150684 氟虫腈/95%/原药/氟虫腈 95%/2015.04.17 至 2020.04.17/中等毒
PD20150762 氰氟草酯/100克/升/水乳剂/氰氟草酯 100克/升/2015.05.12 至 2020.05.12/低毒
移栽水稻田 一年生杂草 90-105克/公顷 茎叶喷雾
PD20151110 噻呋酰胺/96%/原药/噻呋酰胺 96%/2015.06.24 至 2020.06.24/微毒
PD20151967 氟环唑/70%/水分散粒剂/氟环唑 70%/2015.08.30 至 2020.08.30/低毒
水稻 纹枯病 73.5-94.5克/公顷 喷雾
PD20152009 苯醚甲环唑/95%/原药/苯醚甲环唑 95%/2015.08.31 至 2020.08.31/低毒
LS20150011 氟啶脲/25%/悬浮剂/氟啶脲 25%/2016.01.15 至 2017.01.15/低毒
甘蓝 小菜蛾 45-60克/公顷 喷雾
LS20150343 吡虫·硫双威/35%/悬浮种衣剂/吡虫啉 9%、硫双威 26%/2015.12.17 至 2016.12.17/低毒
玉米 小地老虎 567-729克/100千克种子 种子包衣
WP20080027 杀螟硫磷/40%/可湿性粉剂/杀螟硫磷 40%/2013.02.28 至 2018.02.28/低毒
卫生 蜚蠊、蚊、蝇 2克/平方米 滞留喷洒

宁波新大昌织造有限公司 (浙江省宁波市江北区环城北路东段814弄75号 315211 0574-87266765)

WP20140216 驱蚊帐/0.6%/驱蚊帐/顺式氯氰菊酯 0.6%/2014.09.28 至 2019.09.28/微毒
卫生 蚊 / 悬挂

宁波中北生物科技发展股份有限公司 (浙江省宁波市宁海长街工业开发园区 315603 0574-65321000)

PD20132335 矿物油/38%/微乳剂/矿物油 38%/2013.11.20 至 2018.11.20/低毒
柑橘树 红蜘蛛 760-1266.7毫克/千克 喷雾

上虞颖泰精细化工有限公司 (浙江省杭州湾上虞经济技术开发区纬九路9号 312369 0575-82738589)

PD20081793 乙氧氟草醚/97%/原药/乙氧氟草醚 97%/2013.11.19 至 2018.11.19/低毒
PD20082118 异丙甲草胺/97%/原药/异丙甲草胺 97%/2013.11.25 至 2018.11.25/低毒
PD20082135 乙草胺/93%/原药/乙草胺 93%/2013.11.25 至 2018.11.25/低毒
PD20082603 戊唑醇/98%/原药/戊唑醇 98%/2013.12.04 至 2018.12.04/低毒
PD20082606 乳氟禾草灵/85%/原药/乳氟禾草灵 85%/2013.12.04 至 2018.12.04/低毒
PD20085670 双甲脒/98.5%/原药/双甲脒 98.5%/2013.12.26 至 2018.12.26/低毒
PD20095757 甲哌鎓/98%/原药/甲哌鎓 98%/2014.05.18 至 2019.05.18/低毒
PD20096019 甲草胺/97%/原药/甲草胺 97%/2014.06.15 至 2019.06.15/低毒
PD20096066 氟磺胺草醚/95%/原药/氟磺胺草醚 95%/2014.06.18 至 2019.06.18/低毒
PD20096225 三氟羧草醚/96%/原药/三氟羧草醚 96%/2014.07.15 至 2019.07.15/低毒
PD20097056 甲霜灵/98%/原药/甲霜灵 98%/2014.10.10 至 2019.10.10/低毒
PD20097221 噻菌灵/98.5%/原药/噻菌灵 98.5%/2014.10.19 至 2019.10.19/低毒
PD20098483 双甲脒/200克/升/乳油/双甲脒 200克/升/2014.12.24 至 2019.12.24/低毒
柑橘树 介壳虫 1000-1500倍液 喷雾
苹果树 红蜘蛛 1000-1500倍液 喷雾
PD20100163 环嗪酮/98%/原药/环嗪酮 98%/2015.01.05 至 2020.01.05/低毒
PD20101289 氟磺胺草醚/250克/升/水剂/氟磺胺草醚 250克/升/2015.03.10 至 2020.03.10/低毒
春大豆田 一年生阔叶杂草 300-375克/公顷 茎叶喷雾
PD20102114 丙环唑/98%/原药/丙环唑 98%/2015.11.30 至 2020.11.30/低毒
PD20110052 嘧菌酯/98%/原药/嘧菌酯 98%/2011.01.11 至 2016.01.11/低毒
注:专供出口，不得在国内销售。
PD20110417 喹禾糠酯/95%/原药/喹禾糠酯 95%/2011.04.15 至 2016.04.15/低毒
注:专供出口，不得在国内销售。
PD20120402 三氟羧草醚钠盐/40%/原药/三氟羧草醚 40%/2012.03.07 至 2017.03.07/低毒
注:三氟羧草醚钠盐含量:42%; 专供出口，不得在国内销售。
PD20121205 精异丙甲草胺/96%/原药/精异丙甲草胺 96%/2012.08.08 至 2017.08.08/低毒
PD20121245 丙炔氟草胺/99.2%/原药/丙炔氟草胺 99.2%/2012.08.28 至 2017.08.28/低毒
PD20121328 烟嘧磺隆/95%/原药/烟嘧磺隆 95%/2012.09.11 至 2017.09.11/低毒
PD20121410 啶嘧磺隆/98%/原药/啶嘧磺隆 98%/2012.09.19 至 2017.09.19/低毒
PD20121491 咯菌腈/98%/原药/咯菌腈 98%/2012.10.09 至 2017.10.09/低毒
PD20121570 除虫脲/98%/原药/除虫脲 98%/2012.10.25 至 2017.10.25/低毒
PD20121912 硝磺草酮/98%/原药/硝磺草酮 98%/2012.12.07 至 2017.12.07/低毒
注:专供出口,不得在国内销售。
PD20122012 戊唑醇/430克/升/悬浮剂/戊唑醇 430克/升/2012.12.19 至 2017.12.19/低毒
苦瓜 白粉病 77.4-116.1克/公顷 喷雾
水稻 纹枯病 64.5-96.75克/公顷 喷雾
PD20122031 茚虫威/71%/母药/茚虫威 71%/2012.12.19 至 2017.12.19/中等毒
PD20130037 磺草酮/98%/原药/磺草酮 98%/2013.01.07 至 2018.01.07/低毒
注:专供出口，不得在国内销售。
PD20130196 唑草酮/95%/原药/唑草酮 95%/2013.01.24 至 2018.01.24/低毒
PD20130343 丙环唑/25%/水乳剂/丙环唑 25%/2013.03.11 至 2018.03.11/低毒
香蕉 叶斑病 250-500毫克/千克 喷雾
PD20130767 烟嘧磺隆/75%/水分散粒剂/烟嘧磺隆 75%/2013.04.16 至 2018.04.16/低毒

注:专供出口，不得在国内销售。
PD20130792 丙环·戊唑醇/45%/悬浮剂/丙环唑 25%、戊唑醇 20%/2013.04.22 至 2018.04.22/低毒
注:专供出口，不得在国内销售。
PD20130804 嘧菌酯/98%/原药/嘧菌酯 98%/2013.04.22 至 2018.04.22/低毒
PD20131132 嘧菌酯/250克/升/悬浮剂/嘧菌酯 250克/升/2013.05.20 至 2018.05.20/低毒
番茄 晚疫病、叶霉病 281.25－337.5克/公顷 喷雾
马铃薯 晚疫病 63.75-75克/公顷 喷雾
葡萄 黑痘病 200-300毫克/千克 喷雾
水稻 稻瘟病 243.75-262.5克/公顷 喷雾
PD20131341 茚虫威/30%/水分散粒剂/茚虫威 30%/2013.06.09 至 2018.06.09/低毒
水稻 稻纵卷叶螟 20-40克/公顷 喷雾
PD20131344 咯菌腈/25克/升/悬浮种衣剂/咯菌腈 25克/升/2013.06.09 至 2018.06.09/低毒
棉花 立枯病 15-25克/100千克种子 种子包衣
水稻 恶苗病 10-15克/100千克种子，5-7.5克/100千克种子 种子包衣，浸种
PD20131664 环嗪酮/75%/水分散粒剂/环嗪酮 75%/2013.08.01 至 2018.08.01/低毒
注:专供出口，不得在国内销售。
PD20132352 唑草酮/40%/水分散粒剂/唑草酮 40%/2013.11.20 至 2018.11.20/低毒
小麦田 一年生阔叶杂草 24-36克/公顷 茎叶喷雾
PD20132535 二吡·烯草酮/8%/可分散油悬浮剂/二氯吡啶酸 4%、烯草酮 4%/2013.12.16 至 2018.12.16/低毒
油菜田 一年生杂草 120-150克/公顷 茎叶喷雾
PD20140604 二吡·烯·草灵/16%/可分散油悬浮剂/草除灵 10%、二氯吡啶酸 2%、烯草酮 4%/2014.03.06 至 2019.03.06/低毒
油菜田 一年生禾本科杂草及阔叶杂草 240-300克/公顷 茎叶喷雾
PD20140667 环嗪酮/25%/可溶液剂/环嗪酮 25%/2014.03.17 至 2019.03.17/低毒
注:专供出口，不得在国内销售。
PD20140859 噻虫嗪/98%/原药/噻虫嗪 98%/2014.04.08 至 2019.04.08/低毒
PD20141418 嘧菌酯/50%/水分散粒剂/嘧菌酯 50%/2014.06.06 至 2019.06.06/低毒
草坪 枯萎病 225－375克/公顷 喷雾
PD20150283 硝磺草酮/98%/原药/硝磺草酮 98%/2015.02.04 至 2020.02.04/低毒
PD20150326 硝磺草酮/10%/悬浮剂/硝磺草酮 10%/2015.03.02 至 2020.03.02/低毒
玉米田 一年生杂草 105-150克/公顷 茎叶喷雾
PD20150966 粉唑醇/95%/原药/粉唑醇 95%/2015.06.11 至 2020.06.11/低毒
PD20151795 虱螨脲/98%/原药/虱螨脲 98%/2015.08.28 至 2020.08.28/低毒
PD20152171 氯吡·硝·烟嘧/50%/水分散粒剂/烟嘧磺隆 15%、硝磺草酮 25%、氯氟吡氧乙酸异辛酯 10%/2015.09.22 至 2020.09.22/低毒
春玉米田 一年生杂草 120-180克/公顷 茎叶喷雾
夏玉米田 一年生杂草 75-120克/公顷 茎叶喷雾
PD20152346 喹禾糠酯/95%/原药/喹禾糠酯 95%/2015.10.22 至 2020.10.22/低毒
PD20152574 磺草酮/98%/原药/磺草酮 98%/2015.12.06 至 2020.12.06/低毒
LS20120373 精异丙甲草胺/40%/微囊悬浮剂/精异丙甲草胺 40%/2014.11.08 至 2015.11.08/低毒
玉米田 一年生禾本科杂草及阔叶杂草 900-1020克/公顷 播后苗前土壤喷雾
LS20120378 草胺·特丁津/50%/悬乳剂/精异丙甲草胺 31.25%、特丁津 18.75%/2014.11.08 至 2015.11.08/低毒
春玉米田 一年生杂草 1400-1800克/公顷 播后苗前土壤喷雾
LS20120398 嘧环·咯菌腈/63%/水分散粒剂/咯菌腈 25%、嘧菌环胺 38%/2014.12.12 至 2015.12.12/低毒
芒果树 炭疽病 521-781.25毫克/千克 喷雾
LS20140029 三氟羧草醚钠盐/18.9%/水剂/三氟羧草醚 18.9%/2014.01.14 至 2015.01.14/低毒
注:专供出口，不得在国内销售。 三氟羧草醚钠盐含量：20.1%。
LS20140121 异噁唑草酮/98%/原药/异噁唑草酮 98%/2014.03.17 至 2015.03.17/低毒
注:专供出口，不得在国内销售。

台州市大鹏药业有限公司 （浙江省台州市椒江江滨路2号 317016 0576-85588223）

PD20040377 哒螨灵/15%/乳油/哒螨灵 15%/2014.12.19 至 2019.12.19/中等毒
柑橘树 红蜘蛛 50-67毫克/千克 喷雾
PD20040608 三唑磷/20%/乳油/三唑磷 20%/2014.12.19 至 2019.12.19/中等毒
水稻 二化螟 202.5-303.75克/公顷 喷雾
PD20050005 多·酮/40%/可湿性粉剂/多菌灵 35%、三唑酮 5%/2015.01.04 至 2020.01.04/低毒
水稻 叶尖枯病 450-600克/公顷 喷雾
PD20080817 抑食肼/95%/原药/抑食肼 95%/2013.06.20 至 2018.06.20/低毒
PD20081547 腈菌唑/95%/原药/腈菌唑 95%/2013.11.11 至 2018.11.11/低毒
PD20081600 苄氨基嘌呤/98.5%/原药/苄氨基嘌呤 98.5%/2013.11.12 至 2018.11.12/低毒
PD20081649 腈菌唑/12%/乳油/腈菌唑 12%/2013.11.14 至 2018.11.14/低毒
香蕉 叶斑病 150-200毫克/千克 喷雾
PD20081666 腈菌唑/5%/乳油/腈菌唑 5%/2013.11.14 至 2018.11.14/低毒
小麦 白粉病 30-60克/公顷 喷雾

PD20083013 阿维菌素/1.8%/乳油/阿维菌素 1.8%/2013.12.10 至 2018.12.10/低毒(原药高毒)
十字花科蔬菜 小菜蛾 6-9克/公顷 喷雾
PD20084238 苄氨基嘌呤/2%/可溶液剂/苄氨基嘌呤 2%/2013.12.17 至 2018.12.17/低毒
柑橘树 调节生长、增产 400-600倍液 喷药2-3次
PD20084730 抑食肼/20%/可湿性粉剂/抑食肼 20%/2013.12.22 至 2018.12.22/低毒
水稻 稻纵卷叶螟 150-300克/公顷 喷雾
PD20085351 杀扑磷/40%/乳油/杀扑磷 40%/2013.12.24 至 2015.09.30/高毒
柑橘树 介壳虫 333-500毫克/千克 喷雾
PD20090335 噻嗪·杀扑磷/20%/乳油/噻嗪酮 15%、杀扑磷 5%/2014.01.12 至 2015.09.30/低毒(原药高毒)
柑橘树 矢尖蚧 200-250毫克/千克 喷雾
PD20092259 噻嗪·哒螨灵/20%/乳油/哒螨灵 10%、噻嗪酮 10%/2014.02.24 至 2019.02.24/中等毒
柑橘树 红蜘蛛、矢尖蚧 800-1000倍液 喷雾
PD20092311 腈菌·福美双/20%/可湿性粉剂/福美双 18%、腈菌唑 2%/2014.02.24 至 2019.02.24/低毒
黄瓜 黑星病 360-562.5克/公顷 喷雾
PD20095126 三十烷醇/0.1%/可溶液剂/三十烷醇 0.1%/2014.04.24 至 2019.04.24/低毒
柑橘树 调节生长、增产 1500-2000倍液 喷雾
PD20097385 松脂酸钠/45%/可溶粉剂/松脂酸钠 45%/2014.10.28 至 2019.10.28/低毒
柑橘树 矢尖蚧 4500-5625毫克/千克 喷雾
杨梅树 粉介壳虫 2250-4500毫克/千克 喷雾
PD20100422 三唑锡/20%/悬浮剂/三唑锡 20%/2015.01.14 至 2020.01.14/低毒
柑橘树 红蜘蛛 100-200毫克/千克 喷雾
PD20100444 甲氰菊酯/20%/乳油/甲氰菊酯 20%/2015.01.14 至 2020.01.14/中等毒
柑橘树 红蜘蛛 133-200毫克/千克 喷雾
PD20100865 毒死蜱/95%/原药/毒死蜱 95%/2015.01.19 至 2020.01.19/中等毒
PD20131508 吲哚丁酸/98%/原药/吲哚丁酸 98%/2013.07.17 至 2018.07.17/低毒
PD20131661 嘧菌酯/97%/原药/嘧菌酯 97%/2013.08.01 至 2018.08.01/低毒
PD20132026 萘乙酸钠/85.8%/原药/萘乙酸 85.8%/2013.10.21 至 2018.10.21/低毒
注:萘乙酸钠含量：96%。
PD20140352 棉隆/98%/原药/棉隆 98%/2014.02.18 至 2019.02.18/低毒
PD20140605 嘧菌酯/250克/升/悬浮剂/嘧菌酯 250克/升/2014.03.06 至 2019.03.06/低毒
黄瓜 霜霉病 187.5-225克/公顷 喷雾
PD20150659 茚虫威/71.25%/母药/茚虫威 71.25%/2015.04.17 至 2020.04.17/中等毒
PD20152481 吡唑醚菌酯/97.5%/原药/吡唑醚菌酯 97.5%/2015.12.04 至 2020.12.04/低毒

温州绿佳化工有限公司 (浙江省温州市龙湾区扶贫经济开发区金瓯路12号 325013 0577-86639741)

PD20070579 丙环唑/25%/乳油/丙环唑 25%/2012.12.03 至 2017.12.03/低毒
小麦 白粉病 112.5-150克/公顷 喷雾
PD20070610 丙环唑/95%/原药/丙环唑 95%/2012.12.14 至 2017.12.14/低毒
PD20140315 苯醚甲环唑/95%/原药/苯醚甲环唑 95%/2014.02.12 至 2019.02.12/低毒

温州市鹿城东瓯染料中间体厂 (浙江省温州市双屿镇温化总厂内 325007 0577-89770658)

PDN6-90 三环唑/20%/可湿性粉剂/三环唑 20%/2015.03.28 至 2020.03.28/中等毒
水稻 稻瘟病 225-300克/公顷 喷雾
PD86153 叶枯唑/20%/可湿性粉剂/叶枯唑 20%/2011.10.09 至 2016.10.09/低毒
水稻 白叶枯病 300-375克/公顷 喷雾、弥雾
PD20040628 哒螨灵/15%/乳油/哒螨灵 15%/2014.12.19 至 2019.12.19/中等毒
柑橘树 红蜘蛛 50-67毫克/千克 喷雾
PD20040639 杀虫单/90%/可溶粉剂/杀虫单 90%/2014.12.19 至 2019.12.19/中等毒
水稻 二化螟 675-810克/公顷 喷雾
PD20080172 甲霜·锰锌/72%/可湿性粉剂/甲霜灵 8%、代森锰锌 64%/2013.01.03 至 2018.01.03/低毒
黄瓜 霜霉病 1620-2268克/公顷 喷雾
PD20080959 唑酮·三环唑/20%/可湿性粉剂/三环唑 10%、三唑酮 10%/2013.07.23 至 2018.07.23/低毒
水稻 稻瘟病 300-450克/公顷 喷雾
PD20081141 草甘膦异丙胺盐/41%/水剂/草甘膦异丙胺盐 41%/2013.09.01 至 2018.09.01/低毒
柑橘园 杂草 1230-1845克/公顷 行间定向茎叶喷雾
PD20081693 腐霉·百菌清/50%/可湿性粉剂/百菌清 33.3%、腐霉利 16.7%/2013.11.17 至 2018.11.17/低毒
番茄 灰霉病 562.5-750克/公顷 喷雾
PD20086180 甲霜·锰锌/58%/可湿性粉剂/甲霜灵 10%、代森锰锌 48%/2013.12.30 至 2018.12.30/低毒
烟草 黑胫病 696-1044克/公顷 喷雾
PD20092101 井冈霉素/20%/可溶粉剂/井冈霉素 20%/2014.02.23 至 2019.02.23/低毒
水稻 纹枯病 150-187.5克/公顷 喷雾
PD20093265 二嗪磷/50%/乳油/二嗪磷 50%/2014.03.11 至 2019.03.11/低毒
水稻 二化螟 750-900克/公顷 喷雾
PD20095667 杀虫双/18%/水剂/杀虫双 18%/2014.05.14 至 2019.05.14/中等毒
水稻 二化螟 555-693.5克/公顷 喷雾

PD20097428 二嗪磷/95%/原药/二嗪磷 95%/2014.10.28 至 2019.10.28/低毒

PD20110994 吡虫啉/70%/可湿性粉剂/吡虫啉 70%/2011.09.21 至 2016.09.21/低毒

烟草 蚜虫 31.5-42克/公顷 喷雾

PD20120640 甲氨基阿维菌素苯甲酸盐/3%/微乳剂/甲氨基阿维菌素 3%/2012.04.12 至 2017.04.12/低毒

甘蓝 甜菜夜蛾 2.25-2.7克/公顷 喷雾

注:甲氨基阿维菌素苯甲酸盐含量:3.4%。

PD20120943 烯酰吗啉/50%/可湿性粉剂/烯酰吗啉 50%/2012.06.14 至 2017.06.14/低毒

黄瓜 霜霉病 225—300克/公顷 喷雾

PD20130259 王铜·菌核净/40%/可湿性粉剂/菌核净 20%、王铜 20%/2013.02.06 至 2018.02.06/低毒

烟草 赤星病 600-900克/公顷 喷雾

PD20130689 毒死蜱/40%/乳油/毒死蜱 40%/2013.04.09 至 2018.04.09/中等毒

水稻 稻纵卷叶螟 504-648克/公顷 喷雾

PD20130821 仲丁威/20%/乳油/仲丁威 20%/2013.04.22 至 2018.04.22/低毒

水稻 稻飞虱 450-570克/公顷 喷雾

PD20130879 噻嗪酮/25%/可湿性粉剂/噻嗪酮 25%/2013.04.25 至 2018.04.25/低毒

水稻 稻飞虱 112.5-150克/公顷 喷雾

PD20140428 二嗪磷/10%/颗粒剂/二嗪磷 10%/2014.02.24 至 2019.02.24/低毒

花生 蛴螬 1350-1800克/公顷 沟施或穴施

PD20141971 砜嘧磺隆/25%/水分散粒剂/砜嘧磺隆 25%/2014.08.13 至 2019.08.13/低毒

烟草田 一年生杂草 18.75-22.5克/公顷 定向喷雾

LS20130158 二嗪磷/50%/水乳剂/二嗪磷 50%/2015.04.03 至 2016.04.03/低毒

水稻 二化螟 900-1125克/公顷 喷雾

温州英杰工艺品有限公司 (浙江省平阳县万全镇郑楼工业区 325400 0577-58128601)

WP20080341 电热蚊香液/0.86%/电热蚊香液/炔丙菊酯 0.86%/2013.12.09 至 2018.12.09/微毒

卫生 蚊 / 电热加温

WP20080362 电热蚊香片/18毫克/片/电热蚊香片/富右旋反式烯丙菊酯 6毫克/片、炔丙菊酯 12毫克/片/2013.12.10 至 2018.12.10/微毒

卫生 蚊 / 电热加温

WP20080503 杀虫气雾剂/0.65%/气雾剂/胺菊酯 0.26%、高效氯氰菊酯 0.13%、氯菊酯 0.26%/2013.12.18 至 2018.12.18/微毒

卫生 蚊、蝇、蜚蠊 / 喷雾

WP20120168 蚊香/0.28%/蚊香/富右旋反式烯丙菊酯 0.28%/2012.09.11 至 2017.09.11/微毒

卫生 蚊 / 点燃

一帆生物科技集团有限公司 (浙江省温州市工业园区中兴路136号 325013 0577-86637855-810)

PD86153-10 叶枯唑/20%/可湿性粉剂/叶枯唑 20%/2011.12.20 至 2016.12.20/低毒

大白菜 软腐病 300-450克/公顷 喷雾

水稻 白叶枯病 300克/公顷 喷雾、弥雾

PD20040501 三唑磷/40%/乳油/三唑磷 40%/2014.12.19 至 2019.12.19/低毒

苹果树 桃小食心虫 200-400毫克/千克 喷雾

水稻 二化螟 300-420克/公顷 喷雾

注:在苹果树的有效期至2006年3月9日。

PD20040515 三唑磷/20%/乳油/三唑磷 20%/2014.12.23 至 2019.12.23/中等毒

棉花 棉铃虫 375-450克/公顷 喷雾

水稻 二化螟 300-450克/公顷 喷雾

注:棉花有效期为2005年5月23日至2006年5月23日。

PD20040532 哒螨灵/15%/乳油/哒螨灵 15%/2014.12.19 至 2019.12.19/中等毒

柑橘树 红蜘蛛 50-67毫克/千克 喷雾

萝卜 黄条跳甲 90-135克/公顷 喷雾

PD20050130 三唑磷/85%/原药/三唑磷 85%/2015.09.07 至 2020.09.07/中等毒

PD20060078 乙氧氟草醚/97%/原药/乙氧氟草醚 97%/2011.04.14 至 2016.04.14/低毒

PD20060114 抑霉唑/98%/原药/抑霉唑 98%/2011.06.13 至 2016.06.13/中等毒

PD20060154 甲霜灵/97%/原药/甲霜灵 97%/2011.08.29 至 2016.08.29/低毒

PD20060182 霜霉威/98%/原药/霜霉威 98%/2011.11.10 至 2016.11.10/低毒

PD20060197 甲基嘧啶磷/90%/原药/甲基嘧啶磷 90%/2011.12.06 至 2016.12.06/低毒

PD20070016 禾草灵/97%/原药/禾草灵 97%/2012.01.18 至 2017.01.18/低毒

PD20070211 丙溴磷/89%/原药/丙溴磷 89%/2012.08.07 至 2017.08.07/中等毒

PD20081371 腈菌唑/95%/原药/腈菌唑 95%/2013.10.23 至 2018.10.23/低毒

PD20082164 禾草灵/28%/乳油/禾草灵 28%/2013.11.26 至 2018.11.26/低毒

春小麦田 野燕麦等一年生禾本科杂草 840—980克/公顷 茎叶喷雾

PD20082168 腈菌唑/10%/乳油/腈菌唑 10%/2013.11.26 至 2018.11.26/低毒

黄瓜 白粉病 45-60克/公顷 喷雾

PD20082176 禾草灵/36%/乳油/禾草灵 36%/2013.11.26 至 2018.11.26/低毒

春小麦田 野燕麦等一年生禾本科杂草 972—1080克/公顷 茎叶喷雾

PD20082311 氟硅唑/93%/原药/氟硅唑 93%/2013.12.01 至 2018.12.01/低毒

PD20083198 阿维菌素/1.8%/乳油/阿维菌素 1.8%/2013.12.11 至 2018.12.11/低毒(原药高毒)
十字花科蔬菜 小菜蛾 4.5-7.5克/公顷 喷雾
茭白 二化螟 9.5-13.5克/公顷 喷雾
PD20083386 腈菌唑/25%/乳油/腈菌唑 25%/2013.12.11 至 2018.12.11/低毒
香蕉 叶斑病 800-1000倍液 喷雾
PD20083593 异稻·稻瘟灵/30%/乳油/稻瘟灵 5%、异稻瘟净 25%/2013.12.12 至 2018.12.12/中等毒
水稻 稻瘟病 720-900克/公顷 喷雾
PD20083706 乙氧氟草醚/240克/升/乳油/乙氧氟草醚 240克/升/2013.12.15 至 2018.12.15/低毒
大蒜田 一年生杂草 144-180克/公顷 土壤喷雾
水稻移栽田 一年生杂草 72-108克/公顷 毒土法
PD20084337 甲霜·锰锌/58%/可湿性粉剂/甲霜灵 10%、代森锰锌 48%/2013.12.17 至 2018.12.17/低毒
黄瓜 霜霉病 870-1305克/公顷 喷雾
PD20084614 杀扑磷/40%/乳油/杀扑磷 40%/2013.12.18 至 2015.09.30/高毒
柑橘树 矢尖蚧 106.6-160毫克/千克 喷雾
PD20084710 毒死蜱/40%/乳油/毒死蜱 40%/2013.12.22 至 2018.12.22/中等毒
水稻 稻纵卷叶螟 504-648克/公顷 喷雾
PD20084867 杀扑磷/95%/原药/杀扑磷 95%/2013.12.22 至 2018.12.22/高毒
PD20084923 硫磺·三环唑/45%/可湿性粉剂/硫磺 40%、三环唑 5%/2013.12.22 至 2018.12.22/低毒
水稻 稻瘟病 675-1012.5克/公顷 喷雾
PD20085506 氟乐灵/96%/原药/氟乐灵 96%/2013.12.25 至 2018.12.25/低毒
PD20085565 锰锌·腈菌唑/60%/可湿性粉剂/腈菌唑 3%、代森锰锌 57%/2013.12.25 至 2018.12.25/低毒
黄瓜 白粉病 675-843.75克/公顷 喷雾
PD20085797 噻嗪·杀虫单/25%/可湿性粉剂/噻嗪酮 2%、杀虫单 23%/2013.12.29 至 2018.12.29/中等毒
水稻 稻飞虱 375-562.5克/公顷 喷雾
PD20085937 异稻·三环唑/20%/可湿性粉剂/三环唑 6.7%、异稻瘟净 13.3%/2013.12.29 至 2018.12.29/中等毒
水稻 稻瘟病 300-450克/公顷 喷雾
PD20086003 异稻·稻瘟灵/40%/乳油/稻瘟灵 10%、异稻瘟净 30%/2013.12.29 至 2018.12.29/低毒
水稻 稻瘟病 600-1000克/公顷 喷雾
PD20086016 福·甲·硫磺/50%/可湿性粉剂/福美双 15%、甲基硫菌灵 15%、硫磺 20%/2013.12.29 至 2018.12.29/低毒
辣椒 炭疽病 315-630克/公顷 喷雾
PD20086305 腈菌·福美双/20%/可湿性粉剂/福美双 18%、腈菌唑 2%/2013.12.31 至 2018.12.31/低毒
梨树 黑星病 133.3-200毫克/千克 喷雾
PD20090064 异稻·三环唑/20%/可湿性粉剂/三环唑 10%、异稻瘟净 10%/2014.01.08 至 2019.01.08/中等毒
水稻 稻瘟病 300-450克/公顷 喷雾
PD20090128 福·甲·硫磺/70%/可湿性粉剂/福美双 20%、甲基硫菌灵 20%、硫磺 30%/2014.01.08 至 2019.01.08/低毒
青椒 炭疽病 315-630克/公顷 喷雾
PD20090287 乙铝·多菌灵/45%/可湿性粉剂/多菌灵 20%、三乙膦酸铝 25%/2014.01.09 至 2019.01.09/低毒
苹果树 轮纹病 750-1125毫克/千克 喷雾
PD20090761 吡虫·噻嗪酮/10.5%/可湿性粉剂/吡虫啉 1.5%、噻嗪酮 9%/2014.01.19 至 2019.01.19/低毒
水稻 稻飞虱 78.8-110.3克/公顷 喷雾
PD20090797 烯草酮/240克/升/乳油/烯草酮 240克/升/2014.01.19 至 2019.01.19/低毒
大豆田 禾本科杂草 108-144克/公顷 茎叶喷雾
PD20091145 多·福·硫磺/50%/可湿性粉剂/多菌灵 15%、福美双 10%、硫磺 25%/2014.01.21 至 2019.01.21/低毒
小麦 赤霉病 750-1125克/公顷 喷雾
PD20091177 炔螨特/40%/乳油/炔螨特 40%/2014.01.22 至 2019.01.22/低毒
柑橘树 红蜘蛛 250-357毫克/千克 喷雾
PD20093488 烯草酮/94%/原药/烯草酮 94%/2014.03.23 至 2019.03.23/低毒
PD20094670 苯醚甲环唑/95%/原药/苯醚甲环唑 95%/2014.04.10 至 2019.04.10/低毒
PD20096599 吡虫啉/95%/原药/吡虫啉 95%/2014.09.02 至 2019.09.02/低毒
PD20096761 噻嗪·异丙威/25%/可湿性粉剂/噻嗪酮 5%、异丙威 20%/2014.09.15 至 2019.09.15/低毒
水稻 稻飞虱 375-562.5克/公顷 喷雾
PD20097125 氟硅唑/400克/升/乳油/氟硅唑 400克/升/2014.10.16 至 2019.10.16/低毒
黄瓜 白粉病 56.25-75克/公顷 喷雾
梨树 黑星病 40-50毫克/千克 喷雾
PD20097153 稻瘟灵/40%/乳油/稻瘟灵 40%/2014.10.16 至 2019.10.16/低毒
水稻 稻瘟病 525－600克/公顷 喷雾
PD20097379 多菌灵/80%/可湿性粉剂/多菌灵 80%/2014.10.28 至 2019.10.28/低毒
莲藕 叶斑病 375-450克/公顷 喷雾
小麦 赤霉病 843.75－937.5克/公顷 喷雾
PD20097769 抑霉唑/500克/升/乳油/抑霉唑 500克/升/2014.11.12 至 2019.11.12/低毒
柑橘 绿霉病、青霉病 600－800毫克/千克 浸果
PD20097772 氟虫腈/95%/原药/氟虫腈 95%/2014.11.12 至 2019.11.12/中等毒
PD20098221 吗胍·乙酸铜/20%/可湿性粉剂/盐酸吗啉胍 10%、乙酸铜 10%/2014.12.16 至 2019.12.16/低毒

	番茄	病毒病	500-750克/公顷	喷雾
PD20098312	霜霉威盐酸盐/722克/升/水剂/霜霉威盐酸盐 722克/升/2014.12.18 至 2019.12.18/低毒			
	花椰菜	霜霉病	866-1083克/公顷	喷雾
	黄瓜	霜霉病	866.4－1083克/公顷	喷雾
	烟草	黑胫病	1083-1299.6克/公顷	喷雾
PD20100274	氧氟·乙草胺/40%/乳油/乙草胺 34%、乙氧氟草醚 6%/2015.01.11 至 2020.01.11/低毒			
	花生田	一年生杂草	600-720克/公顷	土壤喷雾
PD20102125	苯醚甲环唑/250克/升/乳油/苯醚甲环唑 250克/升/2015.12.02 至 2020.12.02/低毒			
	香蕉	叶斑病	83.3-125毫克/千克	喷雾
PD20110057	氟虫腈/50克/升/悬浮剂/氟虫腈 50克/升/2016.01.11 至 2021.01.11/低毒			
	注:专供出口，不得在国内销售。			
PD20110410	苯甲·丙环唑/300克/升/乳油/苯醚甲环唑 150克/升、丙环唑 150克/升/2011.04.15 至 2016.04.15/低毒			
	水稻	纹枯病	67.5-90克/公顷	喷雾
PD20120849	苯醚甲环唑/10%/水分散粒剂/苯醚甲环唑 10%/2012.05.22 至 2017.05.22/低毒			
	梨树	黑星病	12.5-16.7毫克/千克	喷雾
	芹菜	斑枯病	52.5-67.5克/公顷	喷雾
PD20120916	炔草酯/95%/原药/炔草酯 95%/2012.06.04 至 2017.06.04/低毒			
	注:专供出口，不得在国内销售。			
PD20121629	三环唑/75%/可湿性粉剂/三环唑 75%/2012.10.30 至 2017.10.30/中等毒			
	水稻	稻瘟病	250-300克/公顷	喷雾
PD20121851	嘧霉·百菌清/40%/可湿性粉剂/百菌清 27%、嘧霉胺 13%/2012.11.28 至 2017.11.28/低毒			
	番茄	灰霉病	600-800克/公顷	喷雾
PD20130450	炔草酯/95%/原药/炔草酯 95%/2013.03.18 至 2018.03.18/低毒			
PD20131199	噻唑膦/15%/颗粒剂/噻唑膦 15%/2013.05.27 至 2018.05.27/低毒			
	番茄	根结线虫	2625-3000克/公顷	土壤撒施或沟施
PD20132045	炔草酯/8%/乳油/炔草酯 8%/2013.10.22 至 2018.10.22/低毒			
	小麦田	禾本科杂草	30-44.4克/公顷	茎叶喷雾
PD20132236	甲霜·锰锌/72%/可湿性粉剂/甲霜灵 8%、代森锰锌 64%/2013.11.05 至 2018.11.05/低毒			
	注:专供出口，不得在国内销售。			
PD20132242	啶虫脒/20%/可溶性粉剂/啶虫脒 20%/2013.11.05 至 2018.11.05/低毒			
	黄瓜	蚜虫	36-48克/公顷	喷雾
PD20132550	阿维·毒死蜱/30.2%/微乳剂/阿维菌素 0.2%、毒死蜱 30%/2013.12.16 至 2018.12.16/低毒(原药高毒)			
	水稻	稻纵卷叶螟	135-202.5克/公顷	喷雾
PD20140254	甲基硫菌灵/70%/可湿性粉剂/甲基硫菌灵 70%/2014.01.29 至 2019.01.29/低毒			
	苹果树	轮纹病	700—875毫克/千克	喷雾
PD20141554	硝磺草酮/10%/悬浮剂/硝磺草酮 10%/2014.06.17 至 2019.06.17/低毒			
	玉米田	一年生阔叶杂草及禾本科杂草	150-210克/公顷	茎叶喷雾
PD20141563	高效氯氟氰菊酯/10%/水乳剂/高效氯氟氰菊酯 10%/2014.06.17 至 2019.06.17/中等毒			
	大白菜	菜青虫	7.5-15克/公顷	喷雾
PD20141660	炔草酯/15%/可湿性粉剂/炔草酯 15%/2014.06.24 至 2019.06.24/低毒			
	小麦田	禾本科杂草	36-45克/公顷	茎叶喷雾
PD20142202	精甲霜灵/91%/原药/精甲霜灵 91%/2014.09.28 至 2019.09.28/低毒			
PD20142441	丙炔氟草胺/99.2%/原药/丙炔氟草胺 99.2%/2014.11.15 至 2019.11.15/微毒			
PD20142627	氟虫腈/5%/悬浮种衣剂/氟虫腈 5%/2014.12.15 至 2019.12.15/低毒			
	玉米	蛴螬	100－200克/100千克种子	种子包衣
PD20142630	精甲霜·锰锌/68%/水分散粒剂/精甲霜灵 4%、代森锰锌 64%/2014.12.15 至 2019.12.15/低毒			
	烟草	黑胫病	1122-1224克/公顷	喷雾
PD20150784	烯草酮/37%/母药/烯草酮 37%/2015.05.13 至 2020.05.13/低毒			
PD20151432	抑霉唑/20%/水乳剂/抑霉唑 20%/2015.07.30 至 2020.07.30/低毒			
	葡萄	炭疽病	167-250毫克/千克	喷雾
PD20151756	苯甲·多菌灵/50%/悬浮剂/苯醚甲环唑 5%、多菌灵 45%/2015.08.28 至 2020.08.28/低毒			
	水稻	纹枯病	435-517.5克/公顷	喷雾
PD20152469	腈菌唑/40%/悬浮剂/腈菌唑 40%/2015.12.04 至 2020.12.04/低毒			
	梨树	黑星病	45-50毫克/千克	喷雾

永农生物科学有限公司　(浙江杭州湾上虞经济技术开发区　312369　0575-82728868)

PD20040476	三唑磷/20%/乳油/三唑磷 20%/2014.12.19 至 2019.12.19/中等毒			
	水稻	二化螟、三化螟	300-450克/公顷	喷雾
PD20040521	三唑磷/40%/乳油/三唑磷 40%/2014.12.19 至 2019.12.19/中等毒			
	水稻	二化螟	300-420克/公顷	喷雾
PD20040625	哒螨灵/15%/乳油/哒螨灵 15%/2014.12.19 至 2019.12.19/中等毒			
	柑橘树、苹果树	红蜘蛛	50-67毫克/千克	喷雾
PD20080108	炔螨特/73%/乳油/炔螨特 73%/2013.01.04 至 2018.01.04/低毒			
	柑橘树	红蜘蛛	2000-2500倍液	喷雾

PD20081166 杀扑磷/40%/乳油/杀扑磷 40%/2013.09.11 至 2015.09.30/高毒
柑橘树 黄圆蚧、矢尖蚧 333-400毫克/千克 喷雾
PD20082926 高效氟吡甲禾灵/108克/升/乳油/高效氟吡甲禾灵 108克/升/2013.12.09 至 2018.12.09/低毒
春大豆田、棉花田、一年生禾本科杂草 48.6-56.7克/公顷 茎叶喷雾
夏大豆田
冬油菜田 一年生禾本科杂草 32.4-40.5克/公顷 茎叶喷雾
花生田 一年生禾本科杂草 40.5-48.6克/公顷 茎叶喷雾
PD20083714 氯氰·丙溴磷/440克/升/乳油/丙溴磷 400克/升、氯氰菊酯 40克/升/2013.12.15 至 2018.12.15/中等毒
棉花 棉铃虫 462～660克/公顷 喷雾
PD20084694 氟啶脲/5%/乳油/氟啶脲 5%/2013.12.22 至 2018.12.22/低毒
甘蓝 菜青虫、小菜蛾 45-60克/公顷 喷雾
PD20085156 阿维·辛硫磷/20%/乳油/阿维菌素 0.2%、辛硫磷 19.8%/2013.12.23 至 2018.12.23/低毒(原药高毒)
十字花科蔬菜 小菜蛾 150-225克/公顷 喷雾
PD20085843 丙溴磷/40%/乳油/丙溴磷 40%/2013.12.29 至 2018.12.29/低毒
棉花 棉铃虫 480-600克/公顷 喷雾
水稻 稻纵卷叶螟 600-750克/公顷 喷雾
PD20086074 精吡氟禾草灵/15%/乳油/精吡氟禾草灵 15%/2013.12.30 至 2018.12.30/低毒
冬油菜田 一年生禾本科杂草 112.5-157.5克/公顷 茎叶喷雾
PD20086103 阿维·三唑磷/20%/乳油/阿维菌素 0.2%、三唑磷 19.8%/2013.12.30 至 2018.12.30/中等毒(原药高毒)
水稻 二化螟 150-210克/公顷 喷雾
PD20086254 氯氟吡氧乙酸/200克/升/乳油/氯氟吡氧乙酸 200克/升/2013.12.31 至 2018.12.31/低毒
春小麦田 阔叶杂草 187.5-225克/公顷 茎叶喷雾
冬小麦田 阔叶杂草 150-187.5克/公顷 茎叶喷雾
水田畦畔 空心莲子草 150-180克/公顷 定向茎叶喷雾
PD20086307 虫酰肼/20%/悬浮剂/虫酰肼 20%/2013.12.31 至 2018.12.31/低毒
甘蓝 甜菜夜蛾 180－300克/公顷 喷雾
PD20090303 丙环唑/250克/升/乳油/丙环唑 250克/升/2014.01.12 至 2019.01.12/低毒
香蕉 叶斑病 250-500毫克/千克 喷雾
小麦 白粉病、锈病 123.75-150克/公顷 喷雾
茭白 胡麻斑病 56-75克/公顷 喷雾
PD20090877 辛硫·三唑磷/40%/乳油/三唑磷 20%、辛硫磷 20%/2014.01.19 至 2019.01.19/中等毒
水稻 二化螟 360-480克/公顷 喷雾
PD20091667 甜菜安·宁/160克/升/乳油/甜菜安 80克/升、甜菜宁 80克/升/2014.02.03 至 2019.02.03/低毒
甜菜田 一年生阔叶杂草 795-975克/公顷 茎叶喷雾
PD20092966 唑磷·毒死蜱/30%/乳油/毒死蜱 10%、三唑磷 20%/2014.03.09 至 2019.03.09/中等毒
水稻 稻纵卷叶螟 225-315克/公顷 喷雾
PD20095454 苯磺隆/75%/水分散粒剂/苯磺隆 75%/2014.05.11 至 2019.05.11/低毒
冬小麦田 一年生阔叶杂草 13.5-18克/公顷 茎叶喷雾
PD20095614 二甲戊灵/330克/升/乳油/二甲戊灵 330克/升/2014.05.12 至 2019.05.12/低毒
棉花田 一年生杂草 742.5-990克/公顷 土壤喷雾
烟草 抑制腋芽生长 60-80毫克/株 杯淋
玉米田 一年生杂草 990-1485克/公顷（东北地区）， 播后苗前土壤喷雾
742.5-990克/公顷（其他地区）
PD20095669 毒死蜱/40%/乳油/毒死蜱 40%/2014.05.14 至 2019.05.14/低毒
柑橘 矢尖蚧 333-500毫克/千克 喷雾
荔枝 蒂蛀虫 400－500毫克/千克 喷雾
棉花 棉铃虫 600-900克/公顷 喷雾
棉花 蚜虫 480-600克/公顷 喷雾
苹果 绵蚜、桃小食心虫 200-266.7毫克/千克 喷雾
水稻 稻纵卷叶螟 450-900克/公顷 喷雾
PD20096296 氟硅唑/400克/升/乳油/氟硅唑 400克/升/2014.07.22 至 2019.07.22/低毒
梨树 黑星病 40－50毫克/千克 喷雾
PD20096301 草甘膦异丙胺盐/30%/水剂/草甘膦 30%/2014.07.22 至 2019.07.22/低毒
柑橘园 一年生及部分多年生杂草 200-400毫升制剂/亩 定向茎叶喷雾
注:草甘膦异丙胺盐含量：41%。
PD20096332 联苯菊酯/100克/升/乳油/联苯菊酯 100克/升/2014.07.22 至 2019.07.22/中等毒
茶树 茶尺蠖 9－15克/公顷 喷雾
PD20101415 草甘膦铵盐/68%/可溶粒剂/草甘膦 68%/2015.04.26 至 2020.04.26/低毒
柑橘园 杂草 1135.5-2271克/公顷 行间定向茎叶喷雾
注:草甘膦铵盐含量：75.7%。
PD20101501 苯甲·丙环唑/300克/升/乳油/苯醚甲环唑 150克/升、丙环唑 150克/升/2015.05.10 至 2020.05.10/低毒
水稻 纹枯病 78.75－90克/公顷 喷雾
PD20110080 苯醚甲环唑/250克/升/乳油/苯醚甲环唑 250克/升/2016.01.21 至 2021.01.21/低毒

香蕉　叶斑病　83.3-125毫克/千克　喷雾
PD20110247　吡虫啉/70%/水分散粒剂/吡虫啉 70%/2016.03.03 至 2021.03.03/低毒
甘蓝　蚜虫　15.75-21克/公顷　喷雾
PD20110320　戊唑醇/250克/升/水乳剂/戊唑醇 250克/升/2011.03.24 至 2016.03.24/低毒
苦瓜　白粉病　75-112.5克/公顷　喷雾
梨树　黑星病　100-125毫克/千克　喷雾
苹果树　斑点落叶病　100-125毫克/千克　喷雾
PD20111390　敌草快/40%/母药/敌草快 40%/2011.12.21 至 2016.12.21/低毒
PD20111391　草铵膦/95%/原药/草铵膦 95%/2011.12.21 至 2016.12.21/低毒
PD20111445　苯醚甲环唑/10%/水分散粒剂/苯醚甲环唑 10%/2011.12.30 至 2016.12.30/低毒
苦瓜　白粉病　105-150克/公顷　喷雾
梨树　黑星病　14.3-16.7毫克/千克　喷雾
芹菜　斑枯病　52.5-67.5克/公顷　喷雾
西瓜　炭疽病　75-112.5克/公顷　喷雾
PD20120031　敌草快/200克/升/水剂/敌草快 200克/升/2012.01.09 至 2017.01.09/低毒
冬油菜田（免耕）　一年生杂草　450-600克/公顷　茎叶喷雾
PD20120038　杀螺胺乙醇胺盐/50%/可湿性粉剂/杀螺胺乙醇胺盐 50%/2012.01.10 至 2017.01.10/低毒
水稻　福寿螺　450-600克/公顷　喷雾
PD20120518　嘧霉胺/400克/升/悬浮剂/嘧霉胺 400克/升/2012.03.28 至 2017.03.28/低毒
番茄　灰霉病　375-562.8克/公顷　喷雾
PD20120521　丙森锌/70%/可湿性粉剂/丙森锌 70%/2012.03.28 至 2017.03.28/低毒
葡萄　霜霉病　1166.7-1750毫克/千克　喷雾
PD20120646　草铵膦/50%/母药/草铵膦 50%/2012.04.18 至 2017.04.18/低毒
PD20121454　草铵膦/200克/升/水剂/草铵膦 200克/升/2012.10.08 至 2017.10.08/低毒
茶园、柑橘园、咖啡园、木瓜园、香蕉园、豇豆田　杂草　600-900克/公顷　定向茎叶喷雾
PD20121641　炔草酯/15%/可湿性粉剂/炔草酯 15%/2012.10.30 至 2017.10.30/低毒
小麦田　部分禾本科杂草　30-45克/公顷　茎叶喷雾
PD20122049　甲氨基阿维菌素苯甲酸盐/5%/水分散粒剂/甲氨基阿维菌素 5%/2012.12.24 至 2017.12.24/中等毒
甘蓝　甜菜夜蛾　2.25-3.75克/公顷　喷雾
茭白　二化螟　7.5-15克/公顷　喷雾
注:甲氨基阿维菌素苯甲酸盐含量：5.7%。
PD20122053　烯酰·锰锌/69%/可湿性粉剂/代森锰锌 60%、烯酰吗啉 9%/2012.12.24 至 2017.12.24/低毒
黄瓜　霜霉病　1035-1553克/公顷　喷雾
PD20130459　二氯吡啶酸/95%/原药/二氯吡啶酸 95%/2013.03.19 至 2018.03.19/低毒
PD20130818　三环唑/75%/水分散粒剂/三环唑 75%/2013.04.22 至 2018.04.22/中等毒
水稻　稻瘟病　225-338克/公顷　喷雾
PD20130945　双氟磺草胺/97%/原药/双氟磺草胺 97%/2013.05.02 至 2018.05.02/低毒
PD20130996　麦草畏/98%/原药/麦草畏 98%/2013.05.07 至 2018.05.07/低毒
PD20131297　乙氧氟草醚/240克/升/乳油/乙氧氟草醚 240克/升/2013.06.08 至 2018.06.08/低毒
大蒜田　一年生杂草　144-180克/公顷　土壤喷雾
PD20131417　氰氟草酯/100克/升/乳油/氰氟草酯 100克/升/2013.07.02 至 2018.07.02/低毒
水稻田(直播)　稗草、千金子等禾本科杂草　75-90克/公顷　茎叶喷雾
PD20131573　茚虫威/71.2%/母药/茚虫威 71.2%/2013.07.23 至 2018.07.23/低毒
PD20131689　嘧菌酯/95%/原药/嘧菌酯 95%/2013.08.07 至 2018.08.07/低毒
PD20131813　嘧菌酯/250克/升/悬浮剂/嘧菌酯 250克/升/2013.09.17 至 2018.09.17/低毒
番茄　晚疫病　225-338克/公顷　喷雾
PD20131836　草铵膦/10%/水剂/草铵膦 10%/2013.09.18 至 2018.09.18/低毒
香蕉园　杂草　600-900克/公顷　定向茎叶喷雾
PD20140170　氯氰·毒死蜱/22%/乳油/毒死蜱 20%、氯氰菊酯 2%/2014.01.28 至 2019.01.28/低毒
柑橘树　潜叶蛾　366.7-550毫克/千克　喷雾
小麦　蚜虫　132-198克/公顷　喷雾
PD20140184　氨氯吡啶酸/95%/原药/氨氯吡啶酸 95%/2014.01.29 至 2019.01.29/低毒
PD20140408　草甘·氯氟吡/58%/可湿性粉剂/草甘膦 50%、氯氟吡氧乙酸 8%/2014.02.24 至 2019.02.24/低毒
非耕地　杂草　696-1392克/公顷　茎叶喷雾
PD20140791　氯氟吡氧乙酸异辛酯/96%/原药/氯氟吡氧乙酸异辛酯 96%/2014.03.25 至 2019.03.25/低毒
PD20140996　咯菌腈/95%/原药/咯菌腈 95%/2014.04.21 至 2019.04.21/低毒
PD20141009　毒死蜱/40%/微乳剂/毒死蜱 40%/2014.04.21 至 2019.04.21/中等毒
苹果树　绵蚜　200-400毫升/千克　喷雾
PD20141147　噻虫嗪/98%/原药/噻虫嗪 98%/2014.04.28 至 2019.04.28/低毒
PD20141156　二甲戊灵/95%/原药/二甲戊灵 95%/2014.04.28 至 2019.04.28/低毒
PD20141210　二氯吡啶酸/30%/水剂/二氯吡啶酸 30%/2014.05.06 至 2019.05.06/低毒

春油菜田 一年生阔叶杂草 270-382.5克/公顷 茎叶喷雾
甜菜田 一年生阔叶杂草 270-315克/公顷 茎叶喷雾
PD20141423 吡蚜酮/50%/水分散粒剂/吡蚜酮 50%/2014.06.06 至 2019.06.06/低毒
水稻 稻飞虱 150-210克/公顷 喷雾
PD20141817 螺螨酯/96%/原药/螺螨酯 96%/2014.07.14 至 2019.07.14/低毒
PD20141979 噻虫嗪/25%/水分散粒剂/噻虫嗪 25%/2014.08.14 至 2019.08.14/低毒
菠菜 蚜虫 22.5-30克/公顷 喷雾
番茄 白粉虱 26.25-56.25克/公顷 62.5-125毫克/千克 1）喷雾；2）灌根
PD20142131 茚虫威/150克/升/悬浮剂/茚虫威 150克/升/2014.09.03 至 2019.09.03/低毒
甘蓝 甜菜夜蛾 40.5-58.5克/公顷 喷雾
PD20142154 氟环唑/97%/原药/氟环唑 97%/2014.09.18 至 2019.09.18/低毒
PD20142213 氟菌唑/30%/可湿性粉剂/氟菌唑 30%/2014.09.28 至 2019.09.28/低毒
黄瓜 白粉病 60-90克/公顷 喷雾
PD20142342 螺螨酯/240克/升/悬浮剂/螺螨酯 240克/升/2014.11.03 至 2019.11.03/低毒
柑橘树、苹果树 红蜘蛛 40-60毫克/千克 喷雾
棉花 红蜘蛛 36-72克/公顷 喷雾
PD20142428 甜菜宁/97%/原药/甜菜宁 97%/2014.11.14 至 2019.11.14/低毒
PD20142577 甜菜安/96%/原药/甜菜安 96%/2014.12.15 至 2019.12.15/低毒
PD20142596 炔草酯/95%/原药/炔草酯 95%/2014.12.15 至 2019.12.15/低毒
PD20150173 百菌清/75%/可湿性粉剂/百菌清 75%/2015.01.15 至 2020.01.15/低毒
番茄 早疫病 1687.5-2812.5克/公顷 喷雾
PD20150482 氟环唑/50%/水分散粒剂/氟环唑 50%/2015.03.20 至 2020.03.20/低毒
香蕉 叶斑病 125-166.7mg/kg 喷雾
PD20150616 春雷·王铜/47%/可湿性粉剂/春雷霉素 2%、王铜 45%/2015.04.16 至 2020.04.16/低毒
柑橘树 溃疡病 627-1000毫克/千克 喷雾
PD20150996 哒螨·螺螨酯/27%/悬浮剂/哒螨灵 9%、螺螨酯 18%/2015.06.11 至 2020.06.11/低毒
柑橘树 红蜘蛛 54-67.5毫克/千克 喷雾
PD20151006 阿维·螺螨酯/21%/悬浮剂/阿维菌素 1%、螺螨酯 20%/2015.06.12 至 2020.06.12/低毒(原药高毒)
柑橘树 红蜘蛛 35-42毫克/千克 喷雾
PD20151607 阿维·茚虫威/6%/悬浮剂/阿维菌素 1%、茚虫威 5%/2015.08.28 至 2020.08.28/低毒(原药高毒)
水稻 稻纵卷叶螟 36-45克/公顷 喷雾
PD20152245 甲霜·百菌清/72%/可湿性粉剂/百菌清 64%、甲霜灵 8%/2015.09.23 至 2020.09.23/低毒
黄瓜 霜霉病 1155.6-2084.4克/公顷 喷雾
PD20152349 氧氟·草铵膦/32%/可湿性粉剂/乙氧氟草醚 8%、草铵膦 24%/2015.10.22 至 2020.10.22/微毒
非耕地 杂草 432-576克/公顷 茎叶喷雾
LS20150014 烯酰·嘧菌酯/40%/水分散粒剂/嘧菌酯 30%、烯酰吗啉 10%/2015.01.15 至 2016.01.15/微毒
黄瓜 霜霉病 240-300克/公顷 喷雾
LS20150094 精草铵膦/91%/原药/精草铵膦 91%/2015.04.17 至 2016.04.17/低毒

浙江埃森化学有限公司 (浙江省东阳市横店镇工业区江南二路335号 322118 0579-86904490)

PD20121183 二氯吡啶酸/95%/原药/二氯吡啶酸 95%/2012.08.06 至 2017.08.06/低毒
PD20130634 氨氯吡啶酸/95%/原药/氨氯吡啶酸 95%/2013.04.05 至 2018.04.05/低毒
PD20151327 三氯吡氧乙酸/99%/原药/三氯吡氧乙酸 99%/2015.07.30 至 2020.07.30/低毒
PD20151529 二氯吡啶酸/75%/可溶粒剂/二氯吡啶酸 75%/2015.08.03 至 2020.08.03/低毒
冬油菜田 部分阔叶杂草 90-112.5克/公顷 茎叶喷雾
PD20151711 氯氟吡氧乙酸异辛酯/97%/原药/氯氟吡氧乙酸异辛酯 97%/2015.08.28 至 2020.08.28/低毒
PD20152012 二氯吡啶酸/30%/水剂/二氯吡啶酸 30%/2015.08.31 至 2020.08.31/低毒
油菜田 一年生阔叶杂草 90-112.5克/公顷 茎叶喷雾
PD20152477 氨氯吡啶酸/24%/水剂/氨氯吡啶酸 24%/2015.12.04 至 2020.12.04/低毒
非耕地 紫茎泽兰 1080-2160克/公顷 茎叶喷雾

浙江安吉邦化化工有限公司 (浙江省湖州市安吉县天荒坪填石门村 313302 0572-5041112)

PD20091825 敌·马/60%/乳油/敌百虫 40%、马拉硫磷 20%/2014.02.05 至 2019.02.05/中等毒
桑树 桑螟、野蚕 400-600毫克/千克 喷雾
PD20095017 灭多威/40%/乳油/灭多威 40%/2014.04.21 至 2019.04.21/高毒
桑树 桑螟、野蚕 50-100毫克/千克 喷雾
PD20140376 四聚乙醛/6%/颗粒剂/四聚乙醛 6%/2014.02.20 至 2019.02.20/低毒
小白菜 蜗牛 450-540克/公顷 撒施
PD20141517 炔螨特/40%/水乳剂/炔螨特 40%/2014.06.16 至 2019.06.16/低毒
桑树 红蜘蛛 200-267毫克/千克 喷雾

浙江拜克开普化工有限公司 (浙江省德清县钟管工业区 313220 0572-8402898)

PD20081775 草甘膦/95%/原药/草甘膦 95%/2013.11.18 至 2018.11.18/低毒
PD20091568 草甘膦异丙胺盐(41%)///水剂/草甘膦 30%/2014.02.03 至 2019.02.03/低毒
柑橘园 杂草 1125-2250克/公顷 定向茎叶喷雾

棉田行间 杂草 750-1650克/公顷 定向喷雾

PD20097047 草甘膦异丙胺盐(62%)///水剂/草甘膦 46%/2014.10.10 至 2019.10.10/低毒
非耕地 杂草 3000-3750毫升制剂/公顷 茎叶喷雾

浙江博仕达作物科技有限公司 (浙江省海盐经济开发区杭州湾大桥新区化工区 314304 0571-86225339)

PD84104-12 杀虫双/18%/水剂/杀虫双 18%/2014.11.04 至 2019.11.04/中等毒
甘蔗、蔬菜、水稻、小麦、玉米 多种害虫 540-675克/公顷 喷雾
果树 多种害虫 225-360毫克/千克 喷雾

PD85102 2甲4氯钠盐/13%/水剂/2甲4氯钠 13%/2015.01.14 至 2020.01.14/低毒
水稻 多种杂草 450-900克/公顷 喷雾
小麦 多种杂草 600-900克/公顷 喷雾

PD20040311 杀虫单/95%/原药/杀虫单 95%/2014.12.19 至 2019.12.19/中等毒

PD20040554 杀虫单/80%/可溶粉剂/杀虫单 80%/2014.12.19 至 2019.12.19/中等毒
水稻 稻蓟马 450-600克/公顷 喷雾
水稻 稻纵卷叶螟 450-750克/公顷 喷雾
水稻 二化螟 675-810克/公顷 喷雾

PD20040573 杀虫单/90%/可溶粉剂/杀虫单 90%/2014.12.19 至 2019.12.19/中等毒
水稻 螟虫 675-810克/公顷 喷雾
水稻 稻蓟马 450-600克/公顷 喷雾

PD20090595 阿维·杀虫单/20%/微乳剂/阿维菌素 0.2%、杀虫单 19.8%/2014.01.14 至 2019.01.14/低毒(原药高毒)
菜豆 美洲斑潜蝇 90-180克/公顷 喷雾
水稻 二化螟 210-420克/公顷 喷雾
水稻 稻纵卷叶螟 150-270克/公顷 喷雾

PD20090868 噻嗪·杀虫单/60%/可湿性粉剂/噻嗪酮 6%、杀虫单 54%/2014.01.19 至 2019.01.19/中等毒
水稻 稻纵卷叶螟、飞虱、三化螟 540-675克/公顷 喷雾

PD20090876 2甲4氯钠/56%/可溶粉剂/2甲4氯 56%/2014.01.19 至 2019.01.19/低毒
冬小麦田 莎草科杂草、一年生阔叶杂草 714-840克/公顷 茎叶喷雾
水稻移栽田 莎草科杂草、一年生阔叶杂草 504-840克/公顷(南方地区) 茎叶喷雾

PD20100828 杀螟丹/98%/原药/杀螟丹 98%/2015.01.19 至 2020.01.19/中等毒

PD20101613 噻嗪·异丙威/25%/乳油/噻嗪酮 5%、异丙威 20%/2015.06.03 至 2020.06.03/中等毒
水稻 稻飞虱 375-562.5克/公顷 喷雾

PD20101815 杀螟丹/50%/可溶粉剂/杀螟丹 50%/2015.07.19 至 2020.07.19/中等毒
水稻 二化螟 562.5-1125克/公顷 喷雾

PD20102189 苯醚甲环唑/95%/原药/苯醚甲环唑 95%/2015.12.15 至 2020.12.15/低毒

PD20120223 嘧菌酯/95%/原药/嘧菌酯 95%/2012.02.10 至 2017.02.10/低毒

PD20120353 嘧菌酯/25%/悬浮剂/嘧菌酯 25%/2012.02.23 至 2017.02.23/低毒
马铃薯 晚疫病 56.25-75克/公顷 喷雾
葡萄 霜霉病 125—250毫克/千克 喷雾

PD20121239 咯菌腈/99%/原药/咯菌腈 99%/2012.08.28 至 2017.08.28/低毒

PD20121866 噻呋酰胺/95%/原药/噻呋酰胺 95%/2012.12.19 至 2017.12.19/低毒

PD20130082 噻呋酰胺/240克/升/悬浮剂/噻呋酰胺 240克/升/2013.01.15 至 2018.01.15/低毒
水稻 纹枯病 47-83克/公顷 喷雾

PD20130420 苯甲·嘧菌酯/325克/升/悬浮剂/苯醚甲环唑 125克/升、嘧菌酯 200克/升/2013.03.18 至 2018.03.18/低毒
西瓜 炭疽病 195-243.75克/公顷 喷雾

PD20130464 噻呋·己唑醇/27.8%/悬浮剂/己唑醇 13.9%、噻呋酰胺 13.9%/2013.03.20 至 2018.03.20/低毒
水稻 纹枯病 90-112.5克/公顷 喷雾

PD20130465 噻呋·苯醚甲/27.8%/悬浮剂/苯醚甲环唑 13.9%、噻呋酰胺 13.9%/2013.03.20 至 2018.03.20/低毒
水稻 纹枯病 90-112.5克/公顷 喷雾

PD20130576 炔草酯/97%/原药/炔草酯 97%/2013.04.02 至 2018.04.02/低毒

PD20131088 四氟醚唑/95%/原药/四氟醚唑 95%/2013.05.20 至 2018.05.20/低毒

PD20131849 噁唑菌酮/98%/原药/噁唑菌酮 98%/2013.09.23 至 2018.09.23/低毒

PD20132115 磺草酮/97%/原药/磺草酮 97%/2013.10.24 至 2018.10.24/低毒
注:仅供出口，不得在国内销售。

PD20141425 多杀霉素/10%/可分散油悬浮剂/多杀霉素 10%/2014.06.06 至 2019.06.06/低毒
水稻 稻纵卷叶螟 30-37.5克/公顷 喷雾

PD20142575 炔草酯/15%/可湿性粉剂/炔草酯 15%/2014.12.15 至 2019.12.15/低毒
小麦田 一年生禾本科杂草 45—58.5克/公顷 茎叶喷雾

PD20150570 炔草酯/15%/微乳剂/炔草酯 15%/2015.03.24 至 2020.03.24/低毒
冬小麦田 一年生禾本科杂草 45-60克/公顷 茎叶喷雾

PD20150863 戊菌唑/97%/原药/戊菌唑 97%/2015.05.18 至 2020.05.18/低毒

PD20151614 吡唑醚菌酯/97%/原药/吡唑醚菌酯 97%/2015.08.28 至 2020.08.28/低毒

PD20151880 啶酰菌胺/98%/原药/啶酰菌胺 98%/2015.08.30 至 2020.08.30/低毒

PD20151886 四氟醚唑/12.5%/水乳剂/四氟醚唑 12.5%/2015.08.30 至 2020.08.30/低毒

草莓 白粉病 40-50克/公顷 喷雾

LS20140110 磺酰磺隆/96%/原药/磺酰磺隆 96%/2014.03.17 至 2015.03.17/低毒
注:专供出口，不得在国内销售。

浙江德清邦化化工有限公司 (浙江省德清市钟管工业区 313220 0571-88773592)

PD20082327 草甘膦异丙胺盐/30%/水剂/草甘膦 30%/2013.12.01 至 2018.12.01/低毒
茶园 一年生和多年生杂草 1587.5-2250克/公顷 定向茎叶喷雾
注:草甘膦异丙胺盐含量: 41%

PD20085117 毒死蜱/480克/升/乳油/毒死蜱 480克/升/2013.12.23 至 2018.12.23/中等毒
水稻 稻纵卷叶螟 504-648克/公顷 喷雾

PD20085187 乙酰甲胺磷/30%/乳油/乙酰甲胺磷 30%/2013.12.23 至 2018.12.23/低毒
水稻 二化螟 787.5-1012.5克/公顷 喷雾

PD20091494 草甘膦/95%/原药/草甘膦 95%/2014.02.02 至 2019.03.26/低毒

PD20097091 炔螨特/73%/乳油/炔螨特 73%/2014.10.10 至 2019.10.10/低毒
柑橘树 红蜘蛛 243-365毫克/千克 喷雾

PD20097635 丙环唑/250克/升/乳油/丙环唑 250克/升/2014.11.03 至 2019.11.03/低毒
小麦 白粉病 127.5—150克/公顷 喷雾

PD20097677 辛硫磷/40%/乳油/辛硫磷 40%/2014.11.04 至 2019.11.04/低毒
十字花科蔬菜 菜青虫 300-450克/公顷 喷雾

PD20098203 稻瘟灵/40%/乳油/稻瘟灵 40%/2014.12.16 至 2019.12.16/低毒
水稻 稻瘟病 400—600克/公顷 喷雾

PD20120513 草甘膦铵盐/58%/可溶粒剂/草甘膦 58%/2012.03.28 至 2017.03.28/低毒
非耕地 杂草 2000-3000克/公顷 茎叶喷雾
注:草甘膦铵盐含量:64%。

PD20120517 草甘膦异丙胺盐/41%/水剂/草甘膦 41%/2012.03.28 至 2017.03.28/低毒
非耕地 杂草 1125-3000克/公顷 定向茎叶喷雾
注:草甘膦异丙胺盐含量: 55%。

浙江迪乐化学品有限公司 (浙江省龙游县溪口镇靖林寺 324403 0577-88916148)

PD20083755 溴鼠灵/0.005%/饵剂/溴鼠灵 0.005%/2013.12.15 至 2018.12.15/低毒(原药高毒)
室内、外 家鼠 15-30克毒饵/15平方米 堆施或穴施

WP20110271 杀蟑饵粒/1%/饵剂/乙酰甲胺磷 1%/2011.12.29 至 2016.12.29/微毒
卫生 蜚蠊 0.5克/平方米 投放

WP20120127 杀虫粉剂/0.8%/粉剂/残杀威 0.5%、高效氯氰菊酯 0.3%/2012.07.02 至 2017.07.02/微毒
卫生 蜚蠊 3克制剂/平方米 撒布

WP20120135 杀蟑胶饵/2.15%/胶饵/吡虫啉 2.15%/2012.07.19 至 2017.07.19/微毒
卫生 蜚蠊 / 投放

WP20120178 电热蚊香液/0.8%/电热蚊香液/炔丙菊酯 0.8%/2012.09.12 至 2017.09.12/微毒
卫生 蚊 / 电热加温

WP20140237 高效氯氟氰菊酯/2.5%/微囊悬浮剂/高效氯氟氰菊酯 2.5%/2014.11.15 至 2019.11.15/低毒
室外 蚊、蝇、蜚蠊 20毫克/平方米 喷洒

浙江东风化工有限公司 (浙江省温州市龙湾区机场路蓝田村小陡门 325024 0577-86374778)

PD86153-9 叶枯唑/20%/可湿性粉剂/叶枯唑 20%/2011.12.04 至 2016.12.04/低毒
水稻 白叶枯病 300克/公顷 喷雾、弥雾

PD20040445 三唑磷/85%/原药/三唑磷 85%/2014.12.19 至 2019.12.19/中等毒

PD20060112 三唑磷/20%/乳油/三唑磷 20%/2011.06.13 至 2016.06.13/中等毒
水稻 二化螟、三化螟 300-450克/公顷 喷雾
水稻 稻水象甲 360-480克/公顷 喷雾

PD20060113 三唑磷/40%/乳油/三唑磷 40%/2011.06.13 至 2016.06.13/中等毒
水稻 二化螟 300-450克/公顷 喷雾
水稻 三化螟 360-600克/公顷 喷雾
水稻 稻水象甲 360-480克/公顷 喷雾

PD20080326 辛酰溴苯腈/97%/原药/辛酰溴苯腈 97%/2013.02.26 至 2018.02.26/中等毒

PD20080563 毒死蜱/97%/原药/毒死蜱 97%/2013.05.09 至 2018.05.09/中等毒

PD20080947 炔螨特/73%/乳油/炔螨特 73%/2013.07.23 至 2018.07.23/中等毒
柑橘树 红蜘蛛 2000-3000倍液 喷雾

PD20080948 炔螨特/90.6%/原药/炔螨特 90.6%/2013.07.23 至 2018.07.23/中等毒

PD20080949 炔螨特/57%/乳油/炔螨特 57%/2013.07.23 至 2018.07.23/低毒
柑橘树 红蜘蛛 225-380毫克/千克 喷雾

PD20082627 毒死蜱/40%/乳油/毒死蜱 40%/2013.12.04 至 2018.12.04/中等毒
苹果树 绵蚜 200-267毫克/千克 喷雾
苹果树 桃小食心虫 160-240毫克/千克 喷雾
水稻 稻纵卷叶螟 450-600克/公顷 喷雾

PD20083162 异稻·三环唑/20%/可湿性粉剂/三环唑 6.7%、异稻瘟净 13.3%/2013.12.16 至 2018.12.16/中等毒
水稻 稻瘟病 375-525克/公顷 喷雾

PD20083796 乙氧氟草醚/20%/乳油/乙氧氟草醚 20%/2013.12.15 至 2018.12.15/低毒
水稻移栽田 一年生杂草 45-75克/公顷 药土法
PD20084458 噻嗪酮/25%/可湿性粉剂/噻嗪酮 25%/2013.12.17 至 2018.12.17/低毒
水稻 飞虱 75-112.5克/公顷 喷雾
PD20084984 异稻·三环唑/20%/可湿性粉剂/三环唑 10%、异稻瘟净 10%/2013.12.22 至 2018.12.22/中等毒
水稻 稻瘟病 300-450克/公顷 喷雾
PD20085027 甲霜·锰锌/58%/可湿性粉剂/甲霜灵 10%、代森锰锌 48%/2013.12.22 至 2018.12.22/低毒
黄瓜 霜霉病 1305-1632克/公顷 喷雾
PD20086108 硫磺·三环唑/45%/可湿性粉剂/硫磺 40%、三环唑 5%/2013.12.30 至 2018.12.30/低毒
水稻 稻瘟病 810-1080克/公顷 喷雾
PD20090867 噻嗪·杀虫单/25%/可湿性粉剂/噻嗪酮 5%、杀虫单 20%/2014.01.19 至 2019.01.19/中等毒
水稻 稻飞虱 187.5-281.25克/公顷 喷雾
PD20110023 甲霜灵/97%/原药/甲霜灵 97%/2016.01.04 至 2021.01.04/低毒
PD20110274 噻森铜/20%/悬浮剂/噻森铜 20%/2016.03.11 至 2021.03.11/低毒
大白菜 软腐病 360-600克/公顷 喷雾
番茄 青枯病 400-666.7毫克/千克 灌根或茎基部喷雾
柑橘树 溃疡病 400-667毫克/千克 喷雾
水稻 白叶枯病、细条病 300-375克/公顷 喷雾
西瓜 角斑病 300-480克/公顷 喷雾
烟草 野火病 300-375克/公顷 喷雾
PD20110275 噻森铜/95%/原药/噻森铜 95%/2016.03.11 至 2021.03.11/低毒
PD20110736 甜菜宁/97%/原药/甜菜宁 97%/2011.07.18 至 2016.07.18/低毒
PD20110746 唑磷·毒死蜱/30%/乳油/毒死蜱 10%、三唑磷 20%/2011.07.25 至 2016.07.25/中等毒
水稻 稻纵卷叶螟、三化螟 270-315克/公顷 喷雾
PD20110769 甜菜安/96%/原药/甜菜安 96%/2011.07.25 至 2016.07.25/低毒
PD20120219 草甘膦异丙胺盐/30%/水剂/草甘膦 30%/2012.02.09 至 2017.02.09/低毒
非耕地 行间杂草 1230-2460克/公顷 定向茎叶喷雾
注:草甘膦异丙胺盐含量为:41%。
PD20120884 氯氟吡氧乙酸异辛酯/95%/原药/氯氟吡氧乙酸异辛酯 95%/2012.05.24 至 2017.05.24/低毒
PD20131768 嘧菌酯/95%/原药/嘧菌酯 95%/2013.09.06 至 2018.09.06/微毒
PD20141227 烟嘧磺隆/40克/升/可分散油悬浮剂/烟嘧磺隆 40克/升/2014.05.07 至 2019.05.07/低毒
玉米田 一年生杂草 39-60克/公顷 茎叶喷雾
PD20142170 噻森铜/30%/悬浮剂/噻森铜 30%/2014.09.18 至 2019.09.18/低毒
大白菜 软腐病 450—607.5克/公顷 喷雾
水稻 白叶枯病、细条病 315-382.5克/公顷 喷雾
PD20150952 吡蚜酮/96%/原药/吡蚜酮 96%/2015.06.10 至 2020.06.10/低毒
PD20152361 甜菜安/160克/升/乳油/甜菜安 80克/升、甜菜宁 80克/升/2015.10.22 至 2020.10.22/低毒
甜菜田 一年生阔叶杂草 865-980克/公顷 喷雾

浙江富农生物科技有限公司 (浙江省温州市海滨街道蓝田工业区 325024 0577-88957117)

PD20050060 三唑磷/85%/原药/三唑磷 85%/2015.06.12 至 2020.06.12/中等毒
PD20080076 杀扑磷/95%/原药/杀扑磷 95%/2013.01.04 至 2018.01.04/高毒
PD20080878 高效氟吡甲禾灵/95%/原药/高效氟吡甲禾灵 95%/2013.07.09 至 2018.07.09/低毒
PD20080912 精吡氟禾草灵/90%/原药/精吡氟禾草灵 90%/2013.07.14 至 2018.07.14/低毒
PD20080931 氨氯吡啶酸/95%/原药/氨氯吡啶酸 95%/2013.07.17 至 2018.07.17/低毒
PD20080982 氯氟吡氧乙酸异辛酯/95%/原药/氯氟吡氧乙酸异辛酯 95%/2013.07.24 至 2018.07.24/低毒
PD20081009 百草枯/30.5%/母药/百草枯 30.5%/2013.08.06 至 2018.08.06/中等毒
PD20081391 百草枯/200克/升/水剂/百草枯 200克/升/2014.07.01 至 2019.12.31/中等毒
注:专供出口，不得在国内销售。
PD20081470 甲基嘧啶磷/90%/原药/甲基嘧啶磷 90%/2013.11.04 至 2018.11.04/低毒
PD20081842 二嗪磷/95%/原药/二嗪磷 95%/2013.11.20 至 2018.11.20/中等毒
PD20082201 甜菜安/96%/原药/甜菜安 96%/2013.11.26 至 2018.11.26/低毒
PD20082875 虫酰肼/98%/原药/虫酰肼 98%/2013.12.16 至 2018.12.16/低毒
PD20083731 甜菜宁/97%/原药/甜菜宁 97%/2013.12.16 至 2018.12.16/低毒
PD20084512 灭线磷/95%/原药/灭线磷 95%/2013.12.18 至 2018.12.18/高毒
PD20085086 毒死蜱/90%/原药/毒死蜱 90%/2013.12.23 至 2018.12.23/中等毒
PD20092586 丙溴磷/89%/原药/丙溴磷 89%/2014.02.27 至 2019.02.27/中等毒
PD20096194 氟虫腈/95%/原药/氟虫腈 95%/2014.07.13 至 2019.07.13/中等毒
注:专供出口，不得在国内销售。
PD20110079 氟虫腈/80%/水分散粒剂/氟虫腈 80%/2016.01.21 至 2021.01.21/中等毒
注:专供出口，不得在国内销售。
PD20111392 炔草酯/95%/原药/炔草酯 95%/2011.12.21 至 2016.12.21/低毒
PD20111446 二氯吡啶酸/95%/原药/二氯吡啶酸 95%/2011.12.30 至 2016.12.30/低毒
PD20130424 氟虫腈/20%/悬浮剂/氟虫腈 20%/2013.03.18 至 2018.03.18/低毒

注:专供出口，不得在国内销售。

PD20131472 草铵膦/95%/原药/草铵膦 95%/2013.07.05 至 2018.07.05/低毒

PD20131809 乙氧呋草黄/95%/原药/乙氧呋草黄 95%/2013.09.17 至 2018.09.17/低毒

注:专供出口，不得在国内销售。

PD20132011 敌草快/150克/升/水剂/敌草快 150克/升/2013.10.21 至 2018.10.21/中等毒

注:专供出口，不得在国内销售。

PD20141734 滴·氨氯/304克/升/水剂/氨氯吡啶酸 64克/升、2,4-滴 240克/升/2014.06.30 至 2019.06.30/低毒

注:专供出口，不得在国内销售。

PD20141768 敌草快/40%/母药/敌草快 40%/2014.07.02 至 2019.07.02/中等毒

PD20150368 嘧菌酯/250克/升/悬浮剂/嘧菌酯 250克/升/2015.03.03 至 2020.03.03/低毒

番茄 晚疫病 225-337.5克/公顷 喷雾

PD20150511 草铵膦/200克/升/水剂/草铵膦 200克/升/2015.03.23 至 2020.03.23/低毒

香蕉园 杂草 600-900克/公顷 定向茎叶喷雾

PD20151878 戊唑醇/250克/升/水乳剂/戊唑醇 250克/升/2015.08.30 至 2020.08.30/低毒

梨树 黑星病 100-166.75毫克/千克 喷雾

苹果树 斑点落叶病 100-166.7毫克/千克 喷雾

PD20151881 敌草快/200克/升/水剂/敌草快 200克/升/2015.08.30 至 2020.08.30/低毒

冬油菜田（免耕） 一年生杂草 450-600克/公顷 茎叶喷雾

PD20152468 草甘·氯氟吡/58%/可湿性粉剂/草甘膦 50%、氯氟吡氧乙酸 8%/2015.12.04 至 2020.12.04/微毒

非耕地 杂草 1044-1392克/公顷 喷雾

PD20152642 草铵膦/10%/水剂/草铵膦 10%/2015.12.19 至 2020.12.19/微毒

香蕉园 杂草 600-900克/公顷 定向茎叶喷雾

浙江海正化工股份有限公司 （浙江省台州市椒江区外沙工业区 318000 0576-88827798）

PD20040246 吡虫啉/10%/可湿性粉剂/吡虫啉 10%/2014.12.19 至 2019.12.19/低毒

棉花 蚜虫 22.5-30克/公顷 喷雾

水稻 飞虱 15-30克/公顷 喷雾

PD20040247 吡虫啉/10%/乳油/吡虫啉 10%/2014.12.19 至 2019.12.19/低毒

柑橘树 潜叶蛾 50-100毫克/千克 喷雾

棉花 蚜虫 22.5-37.5克/公顷 喷雾

PD20040303 吡虫啉/20%/可溶液剂/吡虫啉 20%/2014.12.19 至 2019.12.19/低毒

棉花 蚜虫 15-30克/公顷 喷雾

水稻 稻飞虱 30-45克/公顷 喷雾

PD20040523 吡虫啉/25%/可湿性粉剂/吡虫啉 25%/2014.12.23 至 2019.12.23/低毒

水稻 飞虱 15-30克/公顷 喷雾

PD20050129 吡虫啉/98%/原药/吡虫啉 98%/2015.08.22 至 2020.08.22/低毒

PD20070409 阿维菌素/94%/原药/阿维菌素 94%/2012.11.05 至 2017.11.05/高毒

PD20080184 啶虫脒/5%/乳油/啶虫脒 5%/2013.01.07 至 2018.01.07/中等毒

柑橘树 蚜虫 12-15毫克/千克 喷雾

萝卜 黄条跳甲 45-90克/公顷 喷雾

PD20080193 啶虫脒/99%/原药/啶虫脒 99%/2013.01.07 至 2018.01.07/中等毒

PD20081439 精喹禾灵/95%/原药/精喹禾灵 95%/2013.10.31 至 2018.10.31/低毒

PD20082267 精喹禾灵/5%/乳油/精喹禾灵 5%/2013.11.27 至 2018.11.27/低毒

春大豆田 一年生禾本科杂草 45-52.5克/公顷 茎叶喷雾

夏大豆田 一年生禾本科杂草 52.5-60克/公顷 茎叶喷雾

PD20082307 阿维·吡虫啉/5%/乳油/阿维菌素 0.5%、吡虫啉 4.5%/2013.12.01 至 2018.12.01/低毒(原药高毒)

梨树 梨木虱 6.25-10毫克/千克 喷雾

PD20082355 阿维菌素/1.8%/乳油/阿维菌素 1.8%/2013.12.01 至 2018.12.01/低毒(原药高毒)

柑橘树 红蜘蛛、潜叶蛾 4.5-9毫克/千克 喷雾

柑橘树 锈壁虱 2.25-4.5毫克/千克 喷雾

梨树 梨木虱 6-12毫克/千克 喷雾

苹果树 二斑叶螨 4.5-6毫克/千克 喷雾

苹果树 红蜘蛛 3-6毫克/千克 喷雾

苹果树 桃小食心虫 4.5-9毫克/千克 喷雾

十字花科蔬菜 菜青虫、小菜蛾 8.1-10.8克/公顷 喷雾

水稻 稻纵卷叶螟 16.2-21.6克/公顷 喷雾

茭白 二化螟 9.5-13.5克/公顷 喷雾

PD20082435 阿维·辛硫磷/20%/乳油/阿维菌素 0.2%、辛硫磷 19.8%/2013.12.02 至 2018.12.02/低毒(原药高毒)

十字花科蔬菜 小菜蛾 90-150克/公顷 喷雾

PD20082545 啶虫脒/20%/可溶粉剂/啶虫脒 20%/2013.12.03 至 2018.12.03/低毒

小麦 蚜虫 36-42克/公顷 喷雾

PD20082638 阿维·三唑磷/20%/乳油/阿维菌素 0.2%、三唑磷 19.8%/2013.12.04 至 2018.12.04/中等毒(原药高毒)

水稻 二化螟 150-210克/公顷 喷雾

PD20082784 精噁唑禾草灵/100克/升/乳油/精噁唑禾草灵 100克/升/2013.12.09 至 2018.12.09/低毒

冬小麦田　一年生禾本科杂草　60-90克/公顷　喷雾
PD20082936　精噁唑禾草灵/100克/升/乳油/精噁唑禾草灵 100克/升/2013.12.09 至 2018.12.09/低毒
春大豆田　一年生禾本科杂草　60-90克/公顷　喷雾
夏大豆田　一年生禾本科杂草　60-90克/公顷　茎叶喷雾
PD20083534　精噁唑禾草灵/95%/原药/精噁唑禾草灵 95%/2013.12.12 至 2018.12.12/低毒
PD20090695　精噁唑禾草灵/7.5%/水乳剂/精噁唑禾草灵 7.5%/2014.01.19 至 2019.01.19/低毒
冬小麦田　一年生杂草　67.5-112.5克/公顷　喷雾
PD20091869　阿维・吡虫啉/1%/乳油/阿维菌素 0.1%、吡虫啉 0.9%/2014.02.09 至 2019.02.09/低毒(原药高毒)
梨树　梨木虱　6.25-10毫克/千克　喷雾
PD20094968　喹啉铜/50%/可湿性粉剂/喹啉铜 50%/2014.04.21 至 2019.04.21/低毒
苹果树　轮纹病　3000-4000倍液　喷雾
山核桃　干腐病　250-500毫克/千克　涂抹、喷雾
PD20096255　喹啉铜/95%/原药/喹啉铜 95%/2014.07.15 至 2019.07.15/低毒
PD20096331　氟虫腈/95%/原药/氟虫腈 95%/2014.07.22 至 2019.07.22/中等毒
PD20101764　吡虫啉/70%/水分散粒剂/吡虫啉 70%/2015.07.07 至 2020.07.07/低毒
水稻、小麦　蚜虫　21-42克/公顷　喷雾
PD20101862　喹啉铜/33.5%/悬浮剂/喹啉铜 33.5%/2015.08.04 至 2020.08.04/低毒
番茄　晚疫病　150-188克/公顷　喷雾
杨梅树　褐斑病　167.5-335毫克/千克　喷雾
PD20110148　氟虫腈/5%/悬浮剂/氟虫腈 5%/2016.02.10 至 2021.02.10/低毒
注:专供出口，不得在国内销售。
PD20110446　异噁草松/93%/原药/异噁草松 93%/2011.04.21 至 2016.04.21/低毒
PD20110495　甲氨基阿维菌素苯甲酸盐/2%/微乳剂/甲氨基阿维菌素 2%/2011.05.03 至 2016.05.03/低毒
甘蓝　甜菜夜蛾　3.3-4.95克/公顷　喷雾
水稻　稻纵卷叶螟　9.9-13.2克/公顷　喷雾
注:甲氨基阿维菌素苯甲酸盐含量:2.2%。
PD20110579　啶嘧磺隆/95%/原药/啶嘧磺隆 95%/2011.05.27 至 2016.05.27/低毒
PD20120410　依维菌素/95%/原药/依维菌素 95%/2012.03.12 至 2017.03.12/中等毒
PD20120411　依维菌素/0.5%/乳油/依维菌素 0.5%/2012.03.12 至 2017.03.12/低毒
甘蓝　小菜蛾　3-4.5克/公顷　喷雾
PD20120412　吡虫啉/70%/种子处理可分散粉剂/吡虫啉 70%/2012.03.12 至 2017.03.12/低毒
棉花　蚜虫　280-420克/每100千克种子　拌种
PD20120613　阿维菌素/1.8%/微乳剂/阿维菌素 1.8%/2012.04.11 至 2017.04.11/低毒(原药高毒)
甘蓝　小菜蛾　8.1-10.8克/公顷　喷雾
PD20120691　甲氨基阿维菌素苯甲酸盐/5%/水分散粒剂/甲氨基阿维菌素 5%/2012.04.18 至 2017.04.18/低毒
甘蓝　甜菜夜蛾　2.25-3.75克/公顷　喷雾
水稻　稻纵卷叶螟　11.25-15克/公顷　喷雾
注:甲氨基阿维菌素苯甲酸盐含量: 5.7%。
PD20120857　啶嘧磺隆/25%/水分散粒剂/啶嘧磺隆 25%/2012.05.22 至 2017.05.22/微毒
暖季型草坪　杂草　37.5-75克/公顷　茎叶喷雾
PD20120870　异噁草松/45%/乳油/异噁草松 45%/2012.05.24 至 2017.05.24/低毒
春大豆田　一年生杂草　864-1200克/公顷　播后苗前土壤喷雾
PD20121786　嘧菌酯/25%/悬浮剂/嘧菌酯 25%/2012.11.22 至 2017.11.22/低毒
黄瓜　霜霉病　120-180克/公顷　喷雾
PD20140081　吡虫啉/350克/升/悬浮剂/吡虫啉 350克/升/2014.01.20 至 2019.01.20/低毒
棉花　蚜虫　26.25-42克/公顷　喷雾
PD20140176　甲氨基阿维菌素苯甲酸盐/79.1%/原药/甲氨基阿维菌素 79.1%/2014.01.28 至 2019.01.28/中等毒
注:甲氨基阿维菌素苯甲酸盐含量: 93%。
PD20140597　精喹禾灵/15%/悬浮剂/精喹禾灵 15%/2014.03.06 至 2019.03.06/低毒
春大豆田　一年生禾本科杂草　67.5-90克/公顷　茎叶喷雾
夏大豆田　一年生禾本科杂草　45-67.5克/公顷　茎叶喷雾
PD20141484　棉隆/98%/原药/棉隆 98%/2014.06.09 至 2019.06.09/低毒
PD20141564　嘧菌酯/98%/原药/嘧菌酯 98%/2014.06.17 至 2019.06.17/低毒
PD20151197　棉隆/98%/微粒剂/棉隆 98%/2015.06.27 至 2020.06.27/低毒
番茄(保护地)　线虫　29.4-44.1克/平方米　土壤处理
LS20150147　喹啉・戊唑醇/36%/悬浮剂/喹啉铜 24%、戊唑醇 12%/2015.06.08 至 2016.06.08/低毒
苹果树　斑点落叶病　144-180毫克/千克　喷雾

浙江禾本科技有限公司　(浙江省温州市沿江工业区后京连墩路　325008　0577-88798888)

PD20070296　丙环唑/25%/乳油/丙环唑 25%/2012.09.21 至 2017.09.21/低毒
莲藕　叶斑病　75-112.5克/公顷　喷雾
人参　黑斑病　93.75-131.25克/公顷　喷雾
香蕉　叶斑病　500－750倍液　喷雾
小麦　白粉病　93.75-131.25克/公顷　喷雾

茭白 胡麻斑病 56-75克/公顷 喷雾

PD20070298 丙环唑/95%/原药/丙环唑 95%/2012.09.21 至 2017.09.21/低毒

PD20070410 二甲戊灵/33%/乳油/二甲戊灵 33%/2012.11.05 至 2017.11.05/低毒
甘蓝田 一年生杂草 495-742.5克/公顷 土壤喷雾

PD20070444 甲霜·锰锌/58%/可湿性粉剂/甲霜灵 10%、代森锰锌 48%/2012.11.20 至 2017.11.20/低毒
黄瓜 霜霉病 1305-1566克/公顷 喷雾

PD20070543 炔螨特/57%/乳油/炔螨特 57%/2012.12.03 至 2017.12.03/低毒
柑橘树 红蜘蛛 285-380毫克/千克 喷雾

PD20070544 炔螨特/73%/乳油/炔螨特 73%/2012.12.03 至 2017.12.03/低毒
柑橘树 红蜘蛛 243-365毫克/千克 喷雾

PD20070545 炔螨特/90.6%/原药/炔螨特 90.6%/2012.12.03 至 2017.12.03/低毒

PD20070565 嘧霉胺/96%/原药/嘧霉胺 96%/2012.12.03 至 2017.12.03/低毒

PD20080121 噻螨酮/5%/乳油/噻螨酮 5%/2013.01.03 至 2018.01.03/低毒
柑橘树 红蜘蛛 25-33.3毫克/千克 喷雾

PD20080910 甲霜灵/98%/原药/甲霜灵 98%/2013.07.14 至 2018.07.14/低毒

PD20081350 二甲戊灵/92%/原药/二甲戊灵 92%/2013.10.21 至 2018.10.21/低毒

PD20081579 甲霜灵/35%/种子处理干粉剂/甲霜灵 35%/2013.11.12 至 2018.11.12/低毒
谷子 白发病 70-105克/100千克种子 拌种

PD20081828 异噁草松/48%/乳油/异噁草松 48%/2013.11.20 至 2018.11.20/低毒
春大豆田 一年生杂草 576-648克/公顷(东北地区) 播后苗前土壤喷雾

PD20082212 苯磺隆/10%/可湿性粉剂/苯磺隆 10%/2013.11.26 至 2018.11.26/低毒
春小麦田 一年生阔叶杂草 18-27克/公顷 茎叶喷雾

PD20082315 二嗪磷/5%/颗粒剂/二嗪磷 5%/2013.12.01 至 2018.12.01/低毒
白术 小地老虎 1500-2250克/公顷 撒施
花生 蛴螬 600-900克/公顷 花期穴施

PD20082416 三唑锡/25%/可湿性粉剂/三唑锡 25%/2013.12.02 至 2018.12.02/中等毒
柑橘树 红蜘蛛 125-166.7毫克/千克 喷雾

PD20082739 苯丁锡/95%/原药/苯丁锡 95%/2013.12.08 至 2018.12.08/低毒

PD20083453 二嗪磷/50%/乳油/二嗪磷 50%/2013.12.12 至 2018.12.12/低毒
水稻 稻飞虱 562.5-750克/公顷 喷雾

PD20083679 苯丁锡/50%/可湿性粉剂/苯丁锡 50%/2013.12.15 至 2018.12.15/低毒
柑橘树 红蜘蛛 200-250毫克/千克 喷雾

PD20083682 霜脲·锰锌/72%/可湿性粉剂/代森锰锌 64%、霜脲氰 8%/2013.12.15 至 2018.12.15/低毒
黄瓜 霜霉病 1440-1800克/公顷 喷雾

PD20085479 辛酰溴苯腈/25%/乳油/辛酰溴苯腈 25%/2013.12.25 至 2018.12.25/低毒
春小麦田 一年生阔叶杂草 450—562.5克/公顷 茎叶喷雾

PD20085566 三唑锡/95%/原药/三唑锡 95%/2013.12.25 至 2018.12.25/中等毒

PD20085842 甲霜·百菌清/72%/可湿性粉剂/百菌清 64%、甲霜灵 8%/2013.12.29 至 2018.12.29/低毒
黄瓜 霜霉病 1155.6-1620克/公顷 喷雾

PD20085867 嘧霉胺/25%/可湿性粉剂/嘧霉胺 25%/2013.12.29 至 2018.12.29/低毒
黄瓜 灰霉病 450-562.5克/公顷 喷雾

PD20085871 二嗪磷/98%/原药/二嗪磷 98%/2013.12.29 至 2018.12.29/低毒

PD20085903 甲硫·福美双/30%/悬浮剂/福美双 16.5%、甲基硫菌灵 13.5%/2013.12.29 至 2018.12.29/低毒
番茄 灰霉病 675-843.75克/公顷 喷雾

PD20086169 甲霜·锰锌/72%/可湿性粉剂/甲霜灵 8%、代森锰锌 64%/2013.12.30 至 2018.12.30/低毒
黄瓜 霜霉病 1620-2250克/公顷 喷雾
烟草 黑胫病 1080-1296克/公顷 喷雾

PD20090539 霜·福·稻瘟灵/50%/可湿性粉剂/稻瘟灵 4%、福美双 32%、甲霜灵 14%/2014.01.13 至 2019.01.13/低毒
水稻秧田 立枯病 5000-7500克/公顷 喷雾

PD20090718 高效氟吡甲禾灵/108克/升/乳油/高效氟吡甲禾灵 108克/升/2014.01.19 至 2019.01.19/低毒
花生田 一年生禾本科杂草 48.6-64.8克/公顷 茎叶喷雾

PD20091325 氟菌唑/30%/可湿性粉剂/氟菌唑 30%/2014.02.01 至 2019.02.01/低毒
黄瓜 白粉病 67.5-90克/公顷 喷雾

PD20092773 甲霜·霜霉威/25%/可湿性粉剂/甲霜灵 15%、霜霉威盐酸盐 10%/2014.03.04 至 2019.03.04/低毒
黄瓜 霜霉病 468.8-675克/公顷 喷雾

PD20094902 精甲霜灵/92%/原药/精甲霜灵 92%/2014.04.13 至 2019.04.13/低毒

PD20096273 杀扑磷/40%/乳油/杀扑磷 40%/2014.07.22 至 2015.09.30/中等毒(原药高毒)
柑橘树 介壳虫 400-500毫克/千克 喷雾

PD20096349 氢氧化铜/77%/可湿性粉剂/氢氧化铜 77%/2014.07.28 至 2019.07.28/低毒
柑橘 溃疡病 962.5-1283毫克/千克 喷雾
黄瓜 细菌性角斑病 1732.5-2310克/公顷 喷雾

PD20100295 溴螨酯/500克/升/乳油/溴螨酯 500克/升/2015.01.11 至 2020.01.11/低毒
柑橘树 红蜘蛛 500-625毫克/千克 喷雾

PD20101505 麦草畏/98%/原药/麦草畏 98%/2015.05.10 至 2020.05.10/低毒
PD20101975 敌草胺/50%/水分散粒剂/敌草胺 50%/2015.09.21 至 2020.09.21/低毒
烟草田 一年生禾本科杂草 1500-1875克/公顷 土壤喷雾
PD20102132 苯醚甲环唑/250克/升/乳油/苯醚甲环唑 250克/升/2015.12.02 至 2020.12.02/低毒
香蕉 叶斑病 100-125毫克/千克 喷雾
PD20110298 三苯基乙酸锡/95%/原药/三苯基乙酸锡 95%/2011.03.18 至 2016.03.18/中等毒
PD20110299 三苯基乙酸锡/45%/可湿性粉剂/三苯基乙酸锡 45%/2011.03.18 至 2016.03.18/中等毒
甜菜 褐斑病 405-452.25克/公顷 喷雾
PD20110517 甲霜灵/25%/可湿性粉剂/甲霜灵 25%/2011.05.03 至 2016.05.03/低毒
注:专供出口，不得在国内销售。
PD20120241 三苯基氢氧化锡/95%/原药/三苯基氢氧化锡 95%/2012.02.13 至 2017.02.13/中等毒
注:仅供出口，不得在国内销售。
PD20120242 三苯基氢氧化锡/50%/悬浮剂/三苯基氢氧化锡 50%/2012.02.13 至 2017.02.13/中等毒
注:仅供出口，不得在国内销售。
PD20121356 虫酰肼/95%/原药/虫酰肼 95%/2012.09.13 至 2017.09.13/低毒
PD20121712 氟啶脲/95%/原药/氟啶脲 95%/2012.11.08 至 2017.11.08/低毒
PD20121807 氟硅唑/95%/原药/氟硅唑 95%/2012.11.22 至 2017.11.22/低毒
PD20121878 霜霉威盐酸盐/95%/原药/霜霉威盐酸盐 95%/2012.11.28 至 2017.11.28/低毒
PD20121958 溴螨酯/92%/原药/溴螨酯 92%/2012.12.12 至 2017.12.12/低毒
PD20130098 异噁草松/95%/原药/异噁草松 95%/2013.01.17 至 2018.01.17/低毒
PD20140443 噻虫嗪/98%/原药/噻虫嗪 98%/2014.02.25 至 2019.02.25/低毒
PD20140444 精甲·王铜/45%/可湿性粉剂/精甲霜灵 5%、王铜 40%/2014.02.25 至 2019.02.25/低毒
黄瓜 细菌性角斑病 675-843.75克/公顷 喷雾
PD20140595 嘧菌酯/95%/原药/嘧菌酯 95%/2014.03.06 至 2019.03.06/低毒
PD20140982 烯草酮/94%/原药/烯草酮 94%/2014.04.14 至 2019.04.14/低毒
PD20141020 氰氟·二氯喹/40%/可湿性粉剂/二氯喹啉酸 34%、氰氟草酯 6%/2014.04.21 至 2019.04.21/低毒
水稻秧田 稗草、千金子等禾本科杂草 240-360克/公顷 茎叶喷雾
PD20141212 双氟磺草胺/97%/原药/双氟磺草胺 97%/2014.05.06 至 2019.05.06/低毒
PD20141255 咯菌腈/95%/原药/咯菌腈 95%/2014.05.07 至 2019.05.07/低毒
PD20141256 噁霜灵/96%/原药/噁霜灵 96%/2014.05.07 至 2019.05.07/低毒
PD20141257 苯甲·丙环唑/30%/悬浮剂/苯醚甲环唑 15%、丙环唑 15%/2014.05.07 至 2019.05.07/低毒
水稻 纹枯病 67.5-90克/公顷 喷雾
PD20141258 茚虫威/71.2%/母药/茚虫威 71.2%/2014.05.07 至 2019.05.07/低毒
PD20141766 噻菌灵/98.5%/原药/噻菌灵 98.5%/2014.07.02 至 2019.07.02/低毒
PD20141834 戊菌唑/10%/乳油/戊菌唑 10%/2014.07.24 至 2019.07.24/低毒
葡萄 白粉病 33.3-50毫克/千克 喷雾
PD20141849 戊菌唑/97%/原药/戊菌唑 97%/2014.07.24 至 2019.07.24/低毒
PD20142644 精异丙甲草胺/96%/原药/精异丙甲草胺 96%/2014.12.15 至 2019.12.15/低毒
PD20150015 精甲·噁霉灵/30%/水剂/噁霉灵 25%、精甲霜灵 5%/2015.01.04 至 2020.01.04/低毒
辣椒(苗床) 猝倒病 135-202.5毫克/千克 苗床喷雾
PD20150053 啶酰菌胺/96%/原药/啶酰菌胺 96%/2015.01.05 至 2020.01.05/低毒
PD20150188 氰霜唑/95%/原药/氰霜唑 95%/2015.01.15 至 2020.01.15/低毒
PD20150708 烟嘧·辛酰溴/20%/可分散油悬浮剂/辛酰溴苯腈 16%、烟嘧磺隆 4%/2015.04.20 至 2020.04.20/低毒
玉米田 一年生杂草 240-300克/公顷 茎叶喷雾
PD20151344 硝磺·氰草津/48%/悬浮剂/氰草津 44%、硝磺草酮 4%/2015.07.30 至 2020.07.30/低毒
玉米田 一年生杂草 825-1237.5克/公顷 茎叶喷雾
PD20151591 烯啶虫胺/50%/可溶性粉剂/烯啶虫胺 50%/2015.08.28 至 2020.08.28/低毒
水稻 稻飞虱 37.5-45克/公顷 喷雾
PD20151612 霜霉威盐酸盐/722克/升/水剂/霜霉威盐酸盐 722克/升/2015.08.28 至 2020.08.28/低毒
黄瓜 霜霉病 649.8-1083克/公顷 喷雾
PD20151957 烯啶虫胺/97%/原药/烯啶虫胺 97%/2015.08.30 至 2020.08.30/低毒
PD20152139 烯啶虫胺/10%/水剂/烯啶虫胺 10%/2015.09.22 至 2020.09.22/低毒
棉花 蚜虫 15-30克/公顷 喷雾
PD20152315 硝磺草酮/98%/原药/硝磺草酮 98%/2015.10.21 至 2020.10.21/低毒
WP20130192 吡丙醚/95%/原药/吡丙醚 95%/2013.09.23 至 2018.09.23/低毒

浙江禾田化工有限公司 (浙江省杭州市西湖区经济技术开发区M18-5-4地块 310019 0571-85224542)

PD20080271 氟节胺/95%/原药/氟节胺 95%/2013.02.20 至 2018.02.20/低毒
PD20081670 氟节胺/25%/乳油/氟节胺 25%/2013.11.17 至 2018.11.17/低毒
烟草 抑制腋芽生长 350倍液 杯淋或涂抹
PD20081794 丁硫克百威/20%/乳油/丁硫克百威 20%/2013.11.19 至 2018.11.19/中等毒
棉花 蚜虫 60-120克/公顷 喷雾
PD20081934 丁硫克百威/90%/原药/丁硫克百威 90%/2013.11.24 至 2018.11.24/中等毒
PD20083671 炔螨特/90%,85%/原药/炔螨特 90%,85%/2013.12.15 至 2018.12.15/低毒

PD20083833 炔螨特/73%/乳油/炔螨特 73%/2013.12.15 至 2018.12.15/低毒
柑橘树 红蜘蛛 292-487毫克/千克 喷雾
PD20083905 炔螨特/40%/乳油/炔螨特 40%/2013.12.15 至 2018.12.15/低毒
棉花 红蜘蛛 300-360克/公顷 喷雾
PD20085709 氟节胺/125克/升/乳油/氟节胺 125克/升/2013.12.26 至 2018.12.26/低毒
烟草 抑制腋芽生长 250-300倍 20毫升/株 杯淋法
PD20121483 氟乐灵/96%/原药/氟乐灵 96%/2012.10.08 至 2017.10.08/低毒
注:专供出口,不得在国内销售。
PD20141524 氟啶胺/500克/升/悬浮剂/氟啶胺 500克/升/2014.06.16 至 2019.06.16/低毒
辣椒 疫病 200-300克/公顷 喷雾
PD20141525 氟啶胺/98%/原药/氟啶胺 98%/2014.06.16 至 2019.06.16/低毒
PD20150075 氟节胺/25%/悬浮剂/氟节胺 25%/2015.01.05 至 2020.01.05/低毒
棉花 调节生长 225-300克/公顷 喷雾
PD20150881 丁噻隆/95%/原药/丁噻隆 95%/2015.05.19 至 2020.05.19/低毒
注:专供出口，不得在国内销售。
PD20151573 苯醚菌酯/98%/原药/苯醚菌酯 98%/2015.08.28 至 2020.08.28/低毒
PD20151574 苯醚菌酯/10%/悬浮剂/苯醚菌酯 10%/2015.08.28 至 2020.08.28/低毒
黄瓜 白粉病 10-20毫克/千克 喷雾
LS20130530 丁噻隆/95%/原药/丁噻隆 95%/2015.12.10 至 2016.12.10/低毒

浙江花园生物高科股份有限公司 (浙江省东阳市南马镇花园村 310020 0571-86371200)

LS20120410 胆钙化醇/97%/原药/胆钙化醇 97%/2014.12.19 至 2015.12.19/高毒
WL20120066 胆钙化醇/0.075%/饵粒/胆钙化醇 0.075%/2014.12.19 至 2015.12.19/低毒(原药高毒)
室内 家鼠 饱和投饵法 投饵

浙江华京生物科技开发有限公司 (浙江省金华市人民西路737号 321000 0579-2464677)

PD20132004 小檗碱/0.5%/水剂/小檗碱 0.5%/2013.10.11 至 2018.10.11/低毒
番茄 灰霉病 11.25-14.07克/公顷 喷雾
番茄 叶霉病 14-21克/公顷 喷雾
黄瓜 白粉病、霜霉病 12.5-18.75克/公顷 喷雾
辣椒 疫霉病 14-21克/公顷 喷雾

浙江华兴化学农药有限公司 (浙江省温州市乐清市蒲岐镇北门外 325609 0577-62215555)

PD20070310 苯丁锡/95%/原药/苯丁锡 95%/2012.09.21 至 2017.09.21/低毒
PD20080007 苯丁锡/50%/可湿性粉剂/苯丁锡 50%/2013.01.04 至 2018.01.04/低毒
柑橘树 红蜘蛛 200-250毫克/千克 喷雾
PD20080054 三唑锡/20%/悬浮剂/三唑锡 20%/2013.01.07 至 2018.01.07/中等毒
柑橘树 红蜘蛛 133-200毫克/千克 喷雾
PD20082129 苯丁锡/10%/乳油/苯丁锡 10%/2013.11.25 至 2018.11.25/低毒
柑橘树 红蜘蛛 167-200毫克/千克 喷雾
PD20082146 苯丁锡/25%/可湿性粉剂/苯丁锡 25%/2013.11.25 至 2018.11.25/低毒
柑橘树 红蜘蛛 200-250毫克/千克 喷雾
PD20082188 苯丁锡/20%/可湿性粉剂/苯丁锡 20%/2013.11.26 至 2018.11.26/低毒
柑橘树 红蜘蛛 200-250毫克/千克 喷雾
PD20082309 三唑锡/95%/原药/三唑锡 95%/2013.12.01 至 2018.12.01/中等毒
PD20082496 噻嗪·杀扑磷/20%/乳油/噻嗪酮 15%、杀扑磷 5%/2013.12.03 至 2015.09.30/中等毒(原药高毒)
柑橘树 矢尖蚧 200-250毫克/千克 喷雾
PD20082503 三唑锡/10%/乳油/三唑锡 10%/2013.12.03 至 2018.12.03/低毒
柑橘树 红蜘蛛 67-100毫克/千克 喷雾
PD20082509 毒·辛/25%/乳油/毒死蜱 7%、辛硫磷 18%/2013.12.03 至 2018.12.03/中等毒
水稻 稻纵卷叶螟 450-562.5克/公顷 喷雾
PD20082690 吡虫·异丙威/20%/乳油/吡虫啉 2%、异丙威 18%/2013.12.05 至 2018.12.05/中等毒
水稻 稻飞虱 150-210克/公顷 喷雾
PD20084599 苯丁锡/50%/悬浮剂/苯丁锡 50%/2013.12.18 至 2018.12.18/低毒
柑橘树 红蜘蛛 200-250毫克/千克 喷雾
PD20090700 三唑锡/20%/可湿性粉剂/三唑锡 20%/2014.01.19 至 2019.01.19/中等毒
柑橘树 红蜘蛛 125-166毫克/千克 喷雾
PD20093343 三唑锡/25%/可湿性粉剂/三唑锡 25%/2014.03.18 至 2019.03.18/中等毒
柑橘树 红蜘蛛 125-166毫克/千克 喷雾
PD20097903 苯丁锡/20%/悬浮剂/苯丁锡 20%/2014.11.30 至 2019.11.30/低毒
柑橘树 红蜘蛛 100-200毫克/千克 喷雾

浙江黄岩鼎正化工有限公司 (浙江省台州市黄岩区轻化开发区永灵路11号 318020 0576-4179401)

PD84105-12 马拉硫磷/45%/乳油/马拉硫磷 45%/2014.12.27 至 2019.12.27/低毒
茶树 长白蚧、象甲 625-1000毫克/千克 喷雾
豆类 食心虫、造桥虫 561.5-750克/公顷 喷雾
果树 蝽蟓、蚜虫 250-333毫克/千克 喷雾

林木、牧草、农田 蝗虫 450-600克/公顷 喷雾
棉花 盲蝽蟓、蚜虫、叶跳虫 375-562.2克/公顷 喷雾
蔬菜 黄条跳甲、蚜虫 562.5-750克/公顷 喷雾
水稻 飞虱、蓟马、叶蝉 562.5-750克/公顷 喷雾
小麦 黏虫、蚜虫 562.5-750克/公顷 喷雾

PD20040595 哒螨灵/15%/乳油/哒螨灵 15%/2014.12.19 至 2019.12.19/中等毒
柑橘树 红蜘蛛 50-67毫克/千克 喷雾

PD20084874 三唑锡/90%/原药/三唑锡 90%/2013.12.22 至 2018.12.22/中等毒

PD20084891 三唑锡/25%/可湿性粉剂/三唑锡 25%/2013.12.22 至 2018.12.22/中等毒
柑橘树 红蜘蛛 125-166.7毫克/千克 喷雾

PD20090842 毒死蜱/40%/乳油/毒死蜱 40%/2014.01.19 至 2019.01.19/中等毒
水稻 稻纵卷叶螟 300-600克/公顷 喷雾

PD20091991 三唑锡/8%/乳油/三唑锡 8%/2014.02.12 至 2019.02.12/低毒
柑橘树 红蜘蛛 53.8-80毫克/千克 喷雾

PD20092678 三唑锡/20%/悬浮剂/三唑锡 20%/2014.03.03 至 2019.03.03/中等毒
柑橘树 红蜘蛛 100-200毫克/千克 喷雾

PD20093738 草甘膦/50%/可溶粉剂/草甘膦 50%/2014.03.25 至 2019.03.25/低毒
柑橘园 杂草 1125-2250克/公顷 定向喷雾

PD20110683 杀螟硫磷/95%/原药/杀螟硫磷 95%/2011.06.22 至 2016.06.22/中等毒

PD20141872 草甘膦铵盐/68%/可溶粒剂/草甘膦 68%/2014.07.24 至 2019.07.24/低毒
柑橘园 杂草 1122-2244克/公顷 定向茎叶喷雾
注:草甘膦铵盐含量: 74.7%。

PD20142167 苯丁锡/50%/可湿性粉剂/苯丁锡 50%/2014.09.18 至 2019.09.18/低毒
柑橘树 红蜘蛛 167-250毫克/千克 喷雾

PD20150133 阿维·苏云菌//可湿性粉剂/阿维菌素 0.3%、苏云金杆菌 100亿活芽孢/克/2015.01.07 至 2020.01.07/低毒(原药高毒)
马尾松 松毛虫 稀释1000－1500倍 喷雾

浙江惠光生化有限公司 (浙江省嘉兴市嘉善县惠民街道金嘉大道92号 314100 0573-84184277)

PD85131-10 井冈霉素/5%/水剂/井冈霉素 5%/2012.04.17 至 2017.04.17/低毒
水稻 纹枯病 75-112.5克/公顷 喷雾,泼浇

PD88109-7 井冈霉素/20%/可溶粉剂/井冈霉素 20%/2012.04.17 至 2017.04.17/低毒
水稻 纹枯病 75-112.5克/公顷 喷雾、泼浇

PD20070379 百草枯/30.5%/母药/百草枯 30.5%/2012.10.24 至 2017.10.24/中等毒

PD20081119 烯腺嘌呤/0.1%/母药/烯腺嘌呤 0.1%/2013.08.19 至 2018.08.19/微毒

PD20081120 羟烯腺嘌呤/0.5%/母药/羟烯腺嘌呤 0.5%/2013.08.19 至 2018.08.19/微毒

PD20081298 羟烯腺嘌呤/0.0001%/可湿性粉剂/羟烯腺嘌呤 0.0001%/2013.10.06 至 2018.10.06/低毒
大豆 调节生长 0.0017毫克/千克 喷雾
水稻、玉米 调节生长 1)0.0017毫克/千克2)100-150倍液 1)喷雾2)浸种

PD20081299 烯腺·羟烯腺/0.0004%/可溶粉剂/羟烯腺嘌呤 0.00035%、烯腺嘌呤 0.00005%/2013.10.06 至 2018.10.06/低毒
茶叶 调节生长 800-1200倍液 兑水喷雾
番茄 调节生长 0.0025毫克/千克
柑橘 调节生长 0.0027-0.0033毫克/升 喷雾

PD20082980 阿维菌素/95%/原药/阿维菌素 95%/2013.12.09 至 2018.12.09/高毒

PD20086341 阿维菌素/1.8%/乳油/阿维菌素 1.8%/2013.12.31 至 2019.03.26/低毒(原药高毒)
柑橘树 红蜘蛛、潜叶蛾 4.5-9毫克/千克 喷雾
柑橘树 锈壁虱 2.25-4.5毫克/千克 喷雾
梨树 梨木虱 6-12毫克/千克 喷雾
棉花 红蜘蛛 10.8-16.2克/公顷 喷雾
棉花 棉铃虫 21.6-32.4克/公顷 喷雾
苹果树 红蜘蛛 3-6毫克/千克 喷雾
苹果树 二斑叶螨 4.5-6毫克/千克/ 喷雾
苹果树 桃小食心虫 4.5-9毫克/千克 喷雾
十字花科蔬菜 菜青虫、小菜蛾 8.1-10.8克/公顷 喷雾

PD20096412 井冈·羟烯腺/16%/可溶粉剂/井冈霉素 16%、羟烯腺嘌呤 0.0004%/2014.08.04 至 2019.08.04/低毒
水稻 纹枯病 60-112.5克/公顷 喷雾

浙江嘉华化工有限公司 (浙江省兰溪市马涧镇赤山 321115 0579-8442877)

PD20084390 三乙膦酸铝/95%/原药/三乙膦酸铝 95%/2013.12.17 至 2018.12.17/低毒

PD20084405 三乙膦酸铝/80%/可湿性粉剂/三乙膦酸铝 80%/2013.12.17 至 2018.12.17/低毒
黄瓜 霜霉病 1500-2160克/公顷 喷雾

PD20090024 三乙膦酸铝/40%/可湿性粉剂/三乙膦酸铝 40%/2014.01.06 至 2019.01.06/低毒
黄瓜 霜霉病 800-2000毫克/千克 喷雾

PD20094436 三乙膦酸铝/96%/原药/三乙膦酸铝 96%/2014.04.01 至 2019.04.01/低毒

浙江嘉化集团股份有限公司 (浙江省海盐经济开发区杭州湾大桥新区滨海大道1号 314305 0573-86867988)

PD85118-2 异稻瘟净/95%/原药/异稻瘟净 95%/2015.07.06 至 2020.07.06/低毒

PD85119-2 异稻瘟净/40%/乳油/异稻瘟净 40%/2015.07.06 至 2020.07.06/低毒
水稻 稻瘟病 900-1200克/公顷 喷雾
PD85158 喹硫磷/25%/乳油/喹硫磷 25%/2015.08.15 至 2020.08.15/中等毒
棉花 棉铃虫、蚜虫 180-600克/公顷 喷雾
水稻 螟虫 375-495克/公顷 喷雾
PD86175-2 乙酰甲胺磷/97%/原药/乙酰甲胺磷 97%/2011.11.22 至 2016.11.22/低毒
PD86176-2 乙酰甲胺磷/30%/乳油/乙酰甲胺磷 30%/2011.11.22 至 2016.11.22/低毒
柑橘树 介壳虫、螨 500-1000倍液 喷雾
棉花 棉铃虫、蚜虫 450-900克/公顷 喷雾
苹果树 食心虫 500-1000倍液 喷雾
十字花科蔬菜 菜青虫、蚜虫 337.5-540克/公顷 喷雾
水稻 螟虫、叶蝉 562.5-1012.5克/公顷 喷雾
玉米 黏虫、玉米螟 540-1080克/公顷 喷雾
PD20084469 异稻·三环唑/20%/可湿性粉剂/三环唑 6.7%、异稻瘟净 13.3%/2013.12.17 至 2018.12.17/中等毒
水稻 稻瘟病 300-450克/公顷 喷雾
PD20092224 马拉硫磷/95%/原药/马拉硫磷 95%/2014.02.24 至 2019.02.24/低毒
PD20092632 噁草酮/96%/原药/噁草酮 96%/2014.03.02 至 2019.03.02/低毒
PD20093269 异丙威/20%/乳油/异丙威 20%/2014.03.11 至 2019.03.11/低毒
水稻 稻飞虱 480-600克/公顷 喷雾
PD20093271 杀螟硫磷/45%/乳油/杀螟硫磷 45%/2014.03.11 至 2019.03.11/低毒
水稻 二化螟 472.5-573.75克/公顷 喷雾
PD20093272 杀螟硫磷/95%/原药/杀螟硫磷 95%/2014.03.11 至 2019.03.11/低毒
PD20093577 倍硫磷/95%/原药/倍硫磷 95%/2014.03.23 至 2019.03.23/中等毒
PD20093704 百菌清/75%/可湿性粉剂/百菌清 75%/2014.03.25 至 2019.03.25/低毒
番茄 早疫病 1650-3000克/公顷 喷雾
PD20094387 异稻瘟净/50%/乳油/异稻瘟净 50%/2014.04.01 至 2019.04.01/低毒
水稻 稻瘟病 900-1200克/公顷 喷雾
PD20094973 草甘膦/95%/原药/草甘膦 95%/2014.04.21 至 2019.04.21/低毒
PD20094993 喹硫磷/10%/乳油/喹硫磷 10%/2014.04.21 至 2019.04.21/中等毒
水稻 稻纵卷叶螟 180-225克/公顷 喷雾
PD20095189 噁草酮/250克/升/乳油/噁草酮 250克/升/2014.04.24 至 2019.04.24/低毒
花生田 一年生杂草 487.5－562.5克/公顷 土壤喷雾
水稻田 一年生杂草 450-562.5克/公顷 药土法
PD20095927 喹硫磷/70%/原药/喹硫磷 70%/2014.06.02 至 2019.06.02/中等毒
PD20096953 多菌灵/50%/可湿性粉剂/多菌灵 50%/2014.09.29 至 2019.09.29/低毒
水稻 纹枯病 750-900克/公顷 喷雾
PD20098295 草甘膦异丙胺盐(41%)///水剂/草甘膦 30%/2014.12.18 至 2019.12.18/低毒
苹果园 杂草 200-350毫升制剂/亩 定向茎叶喷雾
PD20100548 草甘膦异丙胺盐(62%)///水剂/草甘膦 46%/2015.01.14 至 2020.01.14/低毒
苹果园 杂草 130-240毫升制剂/亩 定向茎叶喷雾
PD20101095 马拉硫磷/45%/乳油/马拉硫磷 45%/2010.01.25 至 2015.01.25/低毒
水稻 飞虱 675-810克/公顷 喷雾
PD20101772 乙酰甲胺磷/75%/可溶粉剂/乙酰甲胺磷 75%/2015.07.07 至 2020.07.07/低毒
水稻 稻纵卷叶螟 787.5-1125克/公顷 喷雾

浙江金帆达生化股份有限公司 (浙江省桐庐县横村镇 311500 0571-56986662)

PD92103-11 草甘膦/95%/原药/草甘膦 95%/2012.08.27 至 2017.08.27/低毒
PD20070671 草甘膦异丙胺盐/30%/水剂/草甘膦 30%/2012.12.17 至 2017.12.17/低毒
柑橘园 杂草 1125-2250克/公顷 定向茎叶喷雾
注:草甘膦异丙胺盐含量: 41%。
PD20096274 草甘膦异丙胺盐/46%/水剂/草甘膦 46%/2014.07.22 至 2019.07.22/低毒
柑橘园 杂草 1209-2325克/公顷 定向喷雾
注:草甘膦异丙胺盐含量: 62%。
PD20101676 草甘膦异丙胺盐(62%)///母药/草甘膦 46%/2015.06.08 至 2020.06.08/低毒
PD20110832 草甘膦铵盐/68%/可溶粒剂/草甘膦 68%/2011.08.10 至 2016.08.10/低毒
柑橘园 杂草 1135.5-1703.25/公顷 定向喷雾
注:草甘膦铵盐含量: 75.7%。
PD20110869 草甘膦铵盐/30%/水剂/草甘膦 30%/2011.08.15 至 2016.08.15/低毒
茶园、甘蔗地、果园、剑麻园、林场、桑园、橡胶园 一年生杂草和多年生恶性杂草 1125-2250克/公顷 定向茎叶喷雾
注:草甘膦铵盐含量: 33%。
PD20121485 草甘膦铵盐/80%/可溶粒剂/草甘膦 80%/2012.10.08 至 2017.10.08/低毒
柑橘园 一年生杂草和多年生恶性杂草 1198.8-2264.4克/公顷 定向茎叶喷雾

注:草甘膦铵盐含量: 88.8%。
PD20131108 草甘膦铵盐/30%/可溶粉剂/草甘膦 30%/2013.05.20 至 2018.05.20/低毒
柑橘园 杂草 1687.5-2250克/公顷 定向喷雾
注:草甘膦铵盐含量: 33%。
PD20150449 草甘膦铵盐/95.5%/原药/草甘膦 86.8%/2015.03.20 至 2020.03.20/低毒
PD20150735 草甘膦钾盐/草甘膦钾盐/原药/草甘膦 77.6%/2015.04.20 至 2020.04.20/低毒
注:草甘膦钾盐含量: 95%。

浙江劲豹日化有限公司 (浙江省义乌市义西工业园区 322100 0571-82256678)

WP20130043 电热蚊香片/10毫克/片/电热蚊香片/炔丙菊酯 10毫克/片/2013.03.18 至 2018.03.18/微毒
卫生 蚊 / 电热加温
WP20140207 防蛀球剂/94%/防蛀球剂/樟脑 94%/2014.09.18 至 2019.09.18/低毒
室内 黑皮蠹 40克/立方米 投放
WP20140246 电热蚊香片/10毫克/片/电热蚊香片/炔丙菊酯 5毫克/片、氯氟醚菊酯 5毫克/片/2014.12.11 至 2019.12.11/微毒
室内 蚊 / 电热加温
WP20140248 防蛀防霉球剂/99%/球剂/对二氯苯 99%/2014.12.12 至 2019.12.12/低毒
卫生 黑皮蠹、霉菌、青霉菌 40克/立方米 投放
WP20150065 电热蚊香液/0.4%/电热蚊香液/氯氟醚菊酯 0.4%/2015.04.20 至 2020.04.20/微毒
室内 蚊 / 电热加温

浙江来益生物技术有限公司 (浙江省嵊州市经济开发区城北分区罗新路69号 312400 0575-83106890)

PD20086306 苄嘧・丙草胺/25%/可湿性粉剂/苄嘧磺隆 10%、丙草胺 15%/2013.12.31 至 2018.12.31/低毒
水稻田(直播) 部分多年生杂草、一年生杂草 75-93.75克/公顷(南方地区) 土壤喷雾
PD20092619 芸苔素内酯/0.04%/水剂/芸苔素内酯 0.04%/2014.03.02 至 2019.03.02/低毒
辣椒 调节生长 0.03-0.06毫克/千克 茎叶喷雾
PD20095043 苄・乙/16%/可湿性粉剂/苄嘧磺隆 8%、乙草胺 8%/2014.04.21 至 2019.04.21/低毒
水稻抛秧田 一年生及部分多年生杂草 72-96克/公顷 毒土法
PD20095941 苄・乙/16%/可湿性粉剂/苄嘧磺隆 3.6%、乙草胺 12.4%/2014.06.02 至 2019.06.02/低毒
水稻移栽田 稗草、多年生杂草、一年生莎草 84-118克/公顷 移栽后7天药土法
PD20098300 松脂酸钠/45%/可溶粉剂/松脂酸钠 45%/2014.12.18 至 2019.12.18/低毒
柑橘树 矢尖蚧 667-833克制剂/亩 喷雾
PD20102187 印楝素/0.3%/乳油/印楝素 0.3%/2015.12.15 至 2020.12.15/低毒
十字花科蔬菜 菜青虫 4.05-6.3克/公顷 喷雾
PD20150264 氰氟・精噁唑/10%/可湿性粉剂/精噁唑禾草灵 5%、氰氟草酯 5%/2015.01.15 至 2020.01.15/低毒
水稻田(直播) 一年生禾本科杂草 45-52.5克/公顷 茎叶喷雾
LS20130253 戊唑・腐霉利/40%/悬浮剂/腐霉利 35%、戊唑醇 5%/2015.05.02 至 2016.05.02/低毒
番茄 灰霉病 252-336克/公顷 喷雾
LS20130518 吡蚜・异丙威/30%/悬浮剂/吡蚜酮 10%、异丙威 20%/2015.12.10 至 2016.12.10/低毒
水稻 稻飞虱 90-180克/公顷 喷雾

浙江蓝剑生物科技有限公司 (浙江省义乌市后宅工业区神州路212号 322000 0579-85861138)

WP20080525 电热蚊香液/2.5%/电热蚊香液/Es-生物烯丙菊酯 2.5%/2013.12.23 至 2018.12.23/微毒
卫生 蚊 / 电热加温
注:本品有三种香型:花香型、柠檬香型、野菊花香型。
WP20090027 杀虫气雾剂/0.45%/气雾剂/胺菊酯 0.3%、高效氯氰菊酯 0.05%、氯菊酯 0.1%/2014.01.12 至 2019.01.12/微毒
卫生 蚊、蝇、蜚蠊 / 喷雾
注:本品有三种香型:花香型、柠檬香型、野菊花香型。
WP20090031 电热蚊香片/38毫克/片/电热蚊香片/Es-生物烯丙菊酯 38毫克/片/2014.01.12 至 2019.01.12/微毒
卫生 蚊 / 电热加温
注:本品有三种香型:花香型、柠檬香型、绿茶香型。
WP20090120 蚊香/0.25%/蚊香/Es-生物烯丙菊酯 0.25%/2014.02.12 至 2019.02.12/微毒
卫生 蚊 / 点燃
注:本品有三种香型:花香型、檀香型、茉莉香型。
WP20090366 电热蚊香液/0.86%/电热蚊香液/炔丙菊酯 0.86%/2014.11.12 至 2019.11.12/微毒
卫生 蚊 / 电热加温
WP20130138 杀虫气雾剂/0.33%/水基气雾剂/氯菊酯 0.28%、四氟醚菊酯 0.05%/2013.06.24 至 2018.06.24/微毒
卫生 蚊、蝇、蜚蠊 / 喷雾
注:本产品有三种香型:柠檬香型、薄荷香型、无香型。
WP20130248 蚊香/0.05%/蚊香/氯氟醚菊酯 0.05%/2013.12.09 至 2018.12.09/微毒
室内 蚊 / 点燃
注:本产品有三种香型:檀香型、花香型、绿茶香型。
WP20130251 电热蚊香液/0.6%/电热蚊香液/氯氟醚菊酯 0.6%/2013.12.10 至 2018.12.10/微毒
室内 蚊 / 电热加温
注:本产品有三种香型:柠檬香型、荷花香型、无香型。
WP20140122 电热蚊香液/0.8%/电热蚊香液/氯氟醚菊酯 0.8%/2014.06.04 至 2019.06.04/微毒
室内 蚊 / 电热加温

注:本产品有三种香型:柠檬香型、荷花香型、无香型。

WP20140188 电热蚊香液/1%/电热蚊香液/氯氟醚菊酯 1%/2014.08.27 至 2019.08.27/微毒
室内 蚊 / 电热加温
注:本产品有三种香型:柠檬香型、花香型、无香型。

WP20150057 电热蚊香片/10毫克/片/电热蚊香片/炔丙菊酯 5毫克/片、氯氟醚菊酯 5毫克/片/2015.03.24 至 2020.03.24/微毒
室内 蚊 / 电热加温
注:本产品有三种香型:柠檬香型、花香型、无香型。

WL20140017 驱蚊液/9%/驱蚊液/避蚊胺 9%/2015.06.16 至 2016.06.16/微毒
卫生 蚊 / 涂抹
注:本产品有三种香型:柠檬香型、荷花香型、无香型。

浙江兰溪巨化氟化学有限公司 (浙江省兰溪经济开发区宝龙路10号 321102 0579-88849040)

PD20050109 乙氧氟草醚/97%/原药/乙氧氟草醚 97%/2010.08.15 至 2015.08.15/低毒

PD20093905 乙氧氟草醚/24%/乳油/乙氧氟草醚 24%/2014.03.26 至 2019.03.26/低毒
大蒜、姜 一年生杂草 144-180克/公顷 喷雾
花生田、棉花田、夏大豆田 一年生杂草 144-216克/公顷 喷雾
苹果园 一年生杂草 216-288克/公顷 喷雾
水稻移栽田 一年生杂草 54-72克/公顷 毒土法

PD20095898 乙氧氟草醚/2%/颗粒剂/乙氧氟草醚 2%/2014.05.31 至 2019.05.31/低毒
水稻移栽田 一年生杂草 54-75克/公顷 毒土法

LS20120082 四氟丙酸钠/60%/原药/四氟丙酸钠 60%/2014.03.07 至 2015.03.07/低毒
注:专供出口,不得在国内销售。

浙江乐吉化工股份有限公司 (浙江省温州市乐清市虹桥镇南阳 325608 0577-61352865)

PD20083034 苄嘧·苯噻酰/50%/可湿性粉剂/苯噻酰草胺 47%、苄嘧磺隆 3%/2013.12.10 至 2018.12.10/低毒
水稻抛秧田 一年生及部分多年生杂草 375-450克/公顷(南方地区) 药土法

PD20084468 苄·丁/35%/可湿性粉剂/苄嘧磺隆 1.3%、丁草胺 33.7%/2013.12.17 至 2018.12.17/低毒
水稻田(直播)、水稻育秧田 一年生及部分多年生杂草 525-750克/公顷 播前1-2天或秧苗1.5叶时喷雾1次

PD20084509 灭蝇胺/95%/原药/灭蝇胺 95%/2013.12.18 至 2018.12.18/低毒

PD20084515 精喹禾灵/5%/乳油/精喹禾灵 5%/2013.12.18 至 2018.12.18/低毒
夏大豆田 一年生禾本科杂草 37.5-52.5克/公顷 茎叶喷雾

PD20084541 灭蝇胺/50%/可湿性粉剂/灭蝇胺 50%/2013.12.18 至 2018.12.18/低毒
菜豆 美洲斑潜蝇 135-187.5克/公顷 喷雾

PD20084827 苄嘧·丙草胺/40%/可湿性粉剂/苄嘧磺隆 4.7%、丙草胺 35.3%/2013.12.22 至 2018.12.22/低毒
水稻田(直播) 部分多年生杂草、一年生杂草 360-420克/公顷 喷雾

PD20090425 草甘膦/58%/可溶粉剂/草甘膦 58%/2014.01.12 至 2019.01.12/低毒
冬油菜田(免耕) 一年生杂草 750-1200克/公顷 茎叶喷雾
柑橘园 多年生杂草、一年生杂草 1125-2250克/公顷 定向喷雾
免耕春油菜田 杂草 1500-2250克/公顷 茎叶喷雾
免耕抛秧晚稻田 杂草 2100-2550克/公顷 茎叶喷雾

PD20092292 草甘膦异丙胺盐/62%/水剂/草甘膦异丙胺盐 62%/2014.02.24 至 2019.02.24/低毒
非耕地 杂草 1950-3750毫升制剂/公顷 茎叶喷雾

PD20092328 草甘膦钠盐/58%/可溶粒剂/草甘膦钠盐 58%/2014.02.24 至 2019.02.24/低毒
非耕地 杂草 1131-2175克/公顷 喷雾

PD20092577 苄·乙/30%/可湿性粉剂/苄嘧磺隆 6.7%、乙草胺 23.3%/2014.02.27 至 2019.02.27/低毒
水稻移栽田 一年生及部分多年生杂草 84-118克/公顷 毒土法

PD20094005 苄嘧·哌草丹/17.2%/可湿性粉剂/苄嘧磺隆 0.6%、哌草丹 16.6%/2014.03.27 至 2019.03.27/低毒
水稻秧田和南方直播田 一年生单、双子叶杂草 516-774克/公顷 播后1-4天喷雾处理

PD20094201 扑·乙/40%/可湿性粉剂/扑草净 20%、乙草胺 20%/2014.03.30 至 2019.03.30/低毒
春大豆田 一年生杂草 1050-1500克/公顷(东北地区) 播后苗前土壤喷雾
春小麦田 一年生杂草 720-900克/公顷 播后苗前土壤喷雾
棉花田 一年生杂草 1050-1200克/公顷 播后苗前土壤喷雾

PD20095347 草甘膦/95%/原药/草甘膦 95%/2014.04.27 至 2019.04.27/低毒

PD20097658 苄嘧·禾草丹/35.75%/可湿性粉剂/苄嘧磺隆 0.75%、禾草丹 35%/2014.11.04 至 2019.11.04/低毒
水稻秧田 一年生杂草 804-1072.5克/公顷 喷雾

PD20100299 苄·甲·乙/15%/可湿性粉剂/苄嘧磺隆 0.8%、甲磺隆 0.2%、乙草胺 14%/2010.01.11 至 2015.06.30/低毒
水稻移栽田 一年生及部分多年生杂草 80-135克/公顷 毒土法

PD20100757 倍硫磷/50%/乳油/倍硫磷 50%/2015.01.18 至 2020.01.18/低毒
小麦 吸浆虫 375-750克/公顷 喷雾

PD20100779 精噁唑禾草灵/69克/升/水乳剂/精噁唑禾草灵 69克/升/2015.01.18 至 2020.01.18/低毒
春小麦田 一年生杂草 51.8-62.1克/公顷 茎叶喷雾
冬小麦田 一年生杂草 41.4-51.75克/公顷 茎叶喷雾

PD20100826 二甲戊灵/330克/升/乳油/二甲戊灵 330克/升/2015.01.19 至 2020.01.19/低毒
烟草 抑制腋芽生长 60-80毫克/株 杯淋法
PD20100994 苄嘧·莎稗磷/15%/可湿性粉剂/苄嘧磺隆 1.5%、莎稗磷 13.5%/2015.01.20 至 2020.01.20/低毒
水稻抛秧田、水稻移栽田 一年生及部分多年生杂草 225-360克/公顷 毒土法
PD20111452 苯甲·丙环唑/30%/乳油/苯醚甲环唑 15%、丙环唑 15%/2011.12.30 至 2016.12.30/低毒
水稻 纹枯病 67.5-112.5克/公顷 喷雾
PD20121014 嘧菌酯/250克/升/悬浮剂/嘧菌酯 250克/升/2012.07.02 至 2017.07.02/低毒
黄瓜 霜霉病 150-180克/公顷 喷雾
PD20130395 草铵膦/200克/升/水剂/草铵膦 200克/升/2013.03.12 至 2018.03.12/低毒
柑橘园 杂草 1050-2100克/公顷 定向茎叶喷雾
PD20131735 高效氟氯氰菊酯/2.5%/微乳剂/高效氟氯氰菊酯 2.5%/2013.08.16 至 2018.08.16/中等毒
甘蓝 菜青虫 7.5-11.25克/公顷 喷雾
PD20142401 苄·二氯/35%/可湿性粉剂/苄嘧磺隆 6%、二氯喹啉酸 29%/2014.11.13 至 2019.11.13/低毒
水稻田(直播) 一年生杂草 157.5-262.5克/公顷 茎叶喷雾

浙江李字日化有限责任公司 (浙江省诸暨市牌头镇李字工业城(金山村) 311825 0575-87050701)

WP20080106 蚊香/0.25%/蚊香/富右旋反式烯丙菊酯 0.25%/2013.10.21 至 2018.10.21/微毒
卫生 蚊 / 点燃
注:本品有一种香型:檀香型。
WP20080114 电热蚊香液/0.86%/电热蚊香液/炔丙菊酯 0.86%/2013.10.22 至 2018.10.22/微毒
卫生 蚊 / 电热加温
注:本品有三种香型:果香型、草本香型、玫瑰香型。
WP20080118 杀虫气雾剂/0.57%/气雾剂/胺菊酯 0.4%、氯氰菊酯 0.05%、右旋苯醚氰菊酯 0.12%/2013.10.28 至 2018.10.28/微毒
卫生 蚊、蝇、蜚蠊 / 喷雾
注:本品有三种香型:柠檬香精、白玉兰香精、草本香精。
WP20080476 电热蚊香片/60毫克/片/电热蚊香片/Es-生物烯丙菊酯 60毫克/片/2013.12.16 至 2018.12.16/微毒
卫生 蚊 / 电热加温
注:本品有三种香型:花果香型、熏衣草香型、清香型。
WP20100171 蚊香/0.05%/蚊香/四氟醚菊酯 0.05%/2010.12.15 至 2015.12.15/微毒
卫生 蚊 / 点燃
WP20110232 蚊香/0.02%/蚊香/四氟甲醚菊酯 0.02%/2011.10.13 至 2016.10.13/微毒
卫生 蚊 / 点燃
注:本产品有一种香型:檀香型。
WP20120012 蚊香/0.03%/蚊香/四氟甲醚菊酯 0.03%/2012.01.29 至 2017.01.29/微毒
卫生 蚊 / 点燃
WP20120049 杀蟑气雾剂/0.3%/气雾剂/炔咪菊酯 0.13%、右旋苯醚氰菊酯 0.17%/2012.03.19 至 2017.03.19/微毒
卫生 蜚蠊 / 喷雾
注:本产品有三种香型:清香型、草本香型、玫瑰香型。
WP20120113 蟑香/0.13%/蟑香/右旋苯醚氰菊酯 0.13%/2012.06.14 至 2017.06.14/微毒
卫生 蜚蠊 / 点燃
WP20120125 电热蚊香液/1.35%/电热蚊香液/炔丙菊酯 1.35%/2012.07.02 至 2017.07.02/微毒
卫生 蚊 / 电热加温
注:本产品有三种香型:柠檬香型、茉莉香型、清香香型。
WP20140087 蚊香/0.05%/蚊香/氯氟醚菊酯 0.05%/2014.04.14 至 2019.04.14/微毒
卫生 蚊 / 点燃
WP20150021 电热蚊香片/10毫克/片/电热蚊香片/炔丙菊酯 5毫克/片、氯氟醚菊酯 5毫克/片/2015.01.15 至 2020.01.15/微毒
室内 蚊 / 电热加温
注:本产品有三种香型:柠檬香型、草本香型、铃兰香型。
WP20150076 电热蚊香液/0.4%/电热蚊香液/氯氟醚菊酯 0.4%/2015.05.13 至 2020.05.13/微毒
室内 蚊 / 电热加温
注:本产品有三种香型:柠檬香型、薰衣草香型、铃兰香型。
WL20130045 蚊香/0.02%/蚊香/七氟甲醚菊酯 0.02%/2015.11.08 至 2016.11.08/微毒
室内 蚊 / 点然

浙江菱化实业股份有限公司 (浙江省湖州市南浔区菱湖镇人民北路131号 313018 0572-3941995)

PD86182-6 稻瘟灵/30%/乳油/稻瘟灵 30%/2011.03.20 至 2016.03.20/低毒
水稻 稻瘟病 450-675克/公顷 喷雾
PD92103-21 草甘膦/95%/原药/草甘膦 95%/2012.08.14 至 2017.08.14/低毒
PD20085286 稻瘟灵/80%/原药/稻瘟灵 80%/2013.12.23 至 2018.12.23/低毒
PD20090151 草甘膦异丙胺盐/62%/水剂/草甘膦 62%/2014.01.08 至 2019.01.08/低毒
柑橘园 杂草 1162.5-2325克/公顷 喷雾
PD20090591 草甘膦/30%/可溶粉剂/草甘膦 30%/2014.01.14 至 2019.01.14/低毒
柑橘园 杂草 1125-2250克/公顷 定向喷雾
PD20094985 草甘膦异丙胺盐(41%)///水剂/草甘膦 30%/2014.04.21 至 2019.04.21/低毒

柑橘园 杂草 1125-2250克/公顷 喷雾

PD20095248 稻瘟灵/40%/乳油/稻瘟灵 40%/2014.04.27 至 2019.04.27/低毒

水稻 稻瘟病 450-675克/公顷 喷雾

PD20110101 草甘膦异丙胺盐/46%/母药/草甘膦 46%/2016.01.26 至 2021.01.26/低毒

注:草甘膦异丙胺盐含量:62%。

PD20110260 草甘膦铵盐/30%/水剂/草甘膦 30%/2016.03.04 至 2021.03.04/低毒

柑橘园 杂草 1350-2475克/公顷 定向茎叶喷雾

注:草甘膦铵盐含量: 33%。

PD20140967 草甘膦铵盐/68%/可溶粒剂/草甘膦 68%/2014.04.14 至 2019.04.14/低毒

柑橘园 杂草 1020-2040克/公顷 定向茎叶喷雾

注:草甘膦铵盐含量为74.7%。

浙江龙湾化工有限公司 (浙江省温州市龙湾区机场大道黄山路6号 325013 0577-86636387)

PD84118-36 多菌灵/25%/可湿性粉剂/多菌灵 25%/2015.03.23 至 2020.03.23/低毒

果树 病害 0.05-0.1%药液 喷雾

花生 倒秧病 750克/公顷 喷雾

麦类 赤霉病 750克/公顷 喷雾,泼浇

棉花 苗期病害 500克/100千克种子 拌种

水稻 稻瘟病、纹枯病 750克/公顷 喷雾,泼浇

油菜 菌核病 1125-1500克/公顷 喷雾

PD86153-8 叶枯唑/20%/可湿性粉剂/叶枯唑 20%/2011.09.13 至 2016.09.13/低毒

水稻 白叶枯病 300-375克/公顷 喷雾、弥雾

PD20082473 硫磺·多菌灵/50%/可湿性粉剂/多菌灵 30%、硫磺 20%/2013.12.03 至 2018.12.03/低毒

茄子 灰霉病 1023-1249.5克/公顷 喷雾

PD20082758 三环唑/20%/可湿性粉剂/三环唑 20%/2013.12.08 至 2018.12.08/中等毒

水稻 稻瘟病 225-300克/公顷 喷雾

PD20082778 噻嗪酮/25%/可湿性粉剂/噻嗪酮 25%/2013.12.08 至 2018.12.08/低毒

茶树 小绿叶蝉 166-250毫克/千克 喷雾

柑橘树 介壳虫 150-250毫克/千克 喷雾

水稻 飞虱 75-112.5克/公顷 喷雾

PD20083408 硫磺·甲硫灵/70%/可湿性粉剂/甲基硫菌灵 40%、硫磺 30%/2013.12.11 至 2018.12.11/低毒

黄瓜 白粉病 840-1050克/公顷 喷雾

PD20085938 异稻·三环唑/20%/可湿性粉剂/三环唑 6.5%、异稻瘟净 13.5%/2013.12.29 至 2018.12.29/中等毒

水稻 稻瘟病 300-450克/公顷 喷雾

PD20085947 噻嗪·异丙威/25%/乳油/噻嗪酮 6%、异丙威 19%/2013.12.29 至 2018.12.29/中等毒

水稻 飞虱 187.5-262.5克/公顷 喷雾

PD20085949 硫磺·三环唑/45%/可湿性粉剂/硫磺 40%、三环唑 5%/2013.12.29 至 2018.12.29/低毒

水稻 稻瘟病 675-1012.5克/公顷 喷雾

PD20085996 噻嗪·异丙威/25%/可湿性粉剂/噻嗪酮 6%、异丙威 19%/2013.12.29 至 2018.12.29/中等毒

水稻 飞虱 187.5-262.5克/公顷 喷雾

PD20086024 噻菌铜/20%/悬浮剂/噻菌铜 20%/2013.12.29 至 2018.12.29/低毒

大白菜 软腐病 225－300克/公顷 喷雾

番茄 叶斑病 270-450克/公顷 喷雾

柑橘 溃疡病 300－700倍液 喷雾

柑橘 疮痂病 300－500倍液 喷雾

黄瓜 角斑病 250－500克/公顷 喷雾

兰花 软腐病 400-666.7毫克/千克 喷雾

棉花 苗期立枯病 200-300克/100千克种了 拌种

水稻 白叶枯病 300－390克/公顷 喷雾

水稻 细菌性条斑病 375－480克/公顷 喷雾

西瓜 枯萎病 225－300克/公顷 喷雾

烟草 青枯病 300-700倍液 喷雾或喷淋

烟草 野火病 300-390克/公顷 喷雾

PD20086025 噻菌铜/95%/原药/噻菌铜 95%/2013.12.29 至 2018.12.29/低毒

PD20086182 福·甲·硫磺/50%/可湿性粉剂/福美双 15%、甲基硫菌灵 15%、硫磺 20%/2013.12.30 至 2018.12.30/低毒

辣椒 炭疽病 315-630克/公顷 喷雾

PD20086338 多·福·硫磺/25%/可湿性粉剂/多菌灵 10%、福美双 5%、硫磺 10%/2013.12.31 至 2018.12.31/低毒

水稻 稻瘟病 375-600克/公顷 喷雾

PD20090987 三环唑/75%/可湿性粉剂/三环唑 75%/2014.01.20 至 2019.01.20/中等毒

水稻 稻瘟病 225-375克/公顷 喷雾

浙江龙游东方阿纳萨克作物科技有限公司 (浙江省龙游县东华街道城南 324400 0570-7855158)

PD20082144 草甘膦异丙胺盐/30%/水剂/草甘膦 30%/2013.11.25 至 2018.11.25/低毒

非耕地 杂草 1125-3000克/公顷 茎叶喷雾

注:草甘膦异丙胺盐含量: 41%

PD20086335 三唑磷/20%/乳油/三唑磷 20%/2013.12.31 至 2018.12.31/中等毒
水稻 二化螟 300-450克/公顷 喷雾
PD20110396 草甘膦铵盐/68%/可溶粒剂/草甘膦 68%/2011.04.12 至 2016.04.12/低毒
柑橘园 杂草 1135.5-1703.25克/公顷 定向茎叶喷雾
注:草甘膦铵盐含量:74.7%。
PD20110857 马拉硫磷/45%/乳油/马拉硫磷 45%/2011.08.10 至 2016.08.10/低毒
水稻 稻飞虱 540-810克/公顷 喷雾
PD20110916 高效氯氟氰菊酯/25克/升/乳油/高效氯氟氰菊酯 25克/升/2011.08.22 至 2016.08.22/中等毒
甘蓝 菜青虫 7.5-15克/公顷 喷雾
PD20120008 甲氨基阿维菌素苯甲酸盐/5%/乳油/甲氨基阿维菌素 5%/2012.01.05 至 2017.01.05/低毒
甘蓝 小菜蛾 3-4.5克/公顷 喷雾
注:甲氨基阿维菌素苯甲酸盐含量:5.7%。
PD20120123 阿维菌素/5%/乳油/阿维菌素 5%/2012.01.29 至 2017.01.29/低毒(原药高毒)
甘蓝 小菜蛾 8.1-13.5克/公顷 喷雾
茭白 二化螟 9.5-13.5克/公顷 喷雾
PD20120170 炔螨特/73%/乳油/炔螨特 73%/2012.01.30 至 2017.01.30/低毒
柑橘树 红蜘蛛 292—486.7毫克/千克 喷雾
PD20120502 联苯菊酯/100克/升/乳油/联苯菊酯 100克/升/2012.03.19 至 2017.03.19/中等毒
茶树 茶尺蠖 7.5—15克/公顷 喷雾
PD20120658 噻嗪酮/25%/可湿性粉剂/噻嗪酮 25%/2012.04.18 至 2017.04.18/低毒
水稻 飞虱 112.5-150克/公顷 喷雾
PD20131387 吡虫啉/97%/原药/吡虫啉 97%/2013.06.24 至 2018.06.24/低毒
PD20132337 吡虫啉/70%/可湿性粉剂/吡虫啉 70%/2013.11.20 至 2018.11.20/低毒
水稻 稻飞虱 22.5-30克/公顷 喷雾
PD20132541 双草醚/100克/升/悬浮剂/双草醚 100克/升/2013.12.16 至 2018.12.16/低毒
水稻田(直播) 一年生杂草 22.5-30克/公顷 茎叶喷雾
PD20140438 单氰胺/50%/水剂/单氰胺 50%/2014.02.25 至 2019.02.25/低毒
葡萄 调节生长 16.7—25克/千克 喷雾
PD20141918 戊唑醇/25%/水乳剂/戊唑醇 25%/2014.08.01 至 2019.08.01/低毒
梨树 黑星病 83.3-125毫克/千克 喷雾
PD20142534 丙环唑/250克/升/乳油/丙环唑 250克/升/2014.12.11 至 2019.12.11/低毒
小麦 纹枯病 112.5-150克/公顷 喷雾
茭白 胡麻斑病 56-75克/公顷 喷雾
PD20150453 乙烯利/40%/水剂/乙烯利 40%/2015.03.20 至 2020.03.20/低毒
棉花 催熟 800-1200mg/kg 喷雾
LS20130237 吡蚜·异丙威/45%/可湿性粉剂/吡蚜酮 15%、异丙威 30%/2015.04.28 至 2016.04.28/中等毒
水稻 飞虱 135-202.5克/公顷 喷雾

浙江绿岛科技有限公司 (浙江省台州市三门县工业园区 317100 0576-83232778)

WP20080392 电热蚊香液/0.86%/电热蚊香液/炔丙菊酯 0.86%/2013.12.11 至 2018.12.11/低毒
卫生 蚊 / 电热加温
WP20080457 杀虫气雾剂/1.1%/气雾剂/Es-生物烯丙菊酯 0.63%、胺菊酯 0.30%、氯氰菊酯 0.17%/2013.12.16 至 2018.12.16/低毒
卫生 蜚蠊、蚊、蝇 / 喷雾
WP20080509 杀虫气雾剂/0.5%/气雾剂/胺菊酯 0.1%、氯菊酯 0.2%、顺式氯氰菊酯 0.2%/2013.12.22 至 2018.12.22/微毒
卫生 蜚蠊、蚊、蝇 / 喷雾
注:本产品有三种香型:无香型、柠檬香型、清香型。
WP20100019 蚊香/0.25%/蚊香/富右旋反式烯丙菊酯 0.25%/2015.01.14 至 2020.01.14/微毒
卫生 蚊 / 点燃
WP20110209 电热蚊香片/15毫克/片/电热蚊香片/炔丙菊酯 15毫克/片/2011.09.14 至 2016.09.14/低毒
卫生 蚊 / 电热加温
注:本产品有三种香型:无香型、清香型、薰衣草香型。
WP20130256 蚊香/0.03%/蚊香/四氟甲醚菊酯 0.03%/2013.12.16 至 2018.12.16/微毒
室内 蚊 / 点燃
注:本产品有三种香型:花香香型、野菊花香型、无香型。
WP20140026 电热蚊香片/10毫克/片/电热蚊香片/炔丙菊酯 5毫克/片、四氟甲醚菊酯 5毫克/片/2014.02.12 至 2019.02.12/微毒
室内 蚊 / 电热加温
注:本产品有三种香型:无香型、清香型、薰衣草香型。
WP20140103 电热蚊香液/0.3%/电热蚊香液/四氟甲醚菊酯 0.3%/2014.05.06 至 2019.05.06/微毒
室内 蚊 / 电热加温
注:本产品有三种香型:无香型、清香型、玉兰香型。

浙江宁尔杀虫药业有限公司 (浙江省海宁市斜桥镇祝场村红辉组58号 314404 0573-7700222)

PD20081380 溴鼠灵/0.005%/饵剂/溴鼠灵 0.005%/2013.10.27 至 2018.10.27/低毒(原药高毒)
室内 家鼠 15-30克毒饵/15平方米 饱和投饵
PD20082314 溴敌隆/0.005%/饵剂/溴敌隆 0.005%/2013.12.01 至 2018.12.01/低毒(原药高毒)

室内 家鼠 饱和投饵 投饵

WP20080191 杀蟑笔剂/0.5%/笔剂/溴氰菊酯 0.5%/2013.11.20 至 2018.11.20/低毒

卫生 蜚蠊 / 涂抹

WP20080339 胺·氯菊/15%/乳油/胺菊酯 5%、氯菊酯 10%/2013.12.09 至 2018.12.09/低毒

卫生 蚊 50毫克/平方米 滞留喷洒

WP20090035 杀虫喷射剂/0.5%/喷射剂/胺菊酯 0.2%、氯菊酯 0.3%/2014.01.14 至 2019.01.14/低毒

卫生 蜚蠊、蚊、蝇 / 喷雾

WP20090112 杀蟑饵剂/3%/饵剂/乙酰甲胺磷 3%/2014.02.09 至 2019.02.09/低毒

卫生 蜚蠊 / 投放

WP20130048 杀蟑胶饵/10%/胶饵/硼酸 10%/2013.03.20 至 2018.03.20/低毒

卫生 蜚蠊 / 投放

WP20130189 高氯·胺·苯氰/5.6%/水乳剂/胺菊酯 2%、高效氯氰菊酯 2%、右旋苯氰菊酯 1.6%/2013.09.17 至 2018.09.17/低毒

卫生 蚊、蝇、蜚蠊 滞留喷洒

浙江平湖农药厂 (浙江省平湖市经济开发区 314200 0573-85116149)

PD85160-2 乙蒜素/80%/乳油/乙蒜素 80%/2010.08.15 至 2016.03.15/中等毒

大豆 紫斑病 5000倍液 浸种

甘薯 黑斑病 2000倍液 浸种

棉花 多种病害 1000-8000倍液 浸种,闷种

苹果树 叶斑病 800-1000倍液 喷雾

水稻 烂秧病 6000-8000倍液 浸种

油菜 霜霉病 5000-6000倍液 喷雾

PD20050044 哒螨·吡虫啉/17.5%/可湿性粉剂/吡虫啉 2.5%、哒螨灵 15%/2015.04.14 至 2020.04.14/低毒

柑橘树 红蜘蛛、蚜虫 87.5-116毫克/千克 喷雾

PD20070663 吡虫啉·噻嗪酮/18%/可湿性粉剂/吡虫啉 2%、噻嗪酮 16%/2012.12.17 至 2017.12.17/低毒

水稻 稻飞虱 54-81克/公顷 喷雾

PD20081029 咪鲜胺/25%/乳油/咪鲜胺 25%/2013.08.06 至 2018.08.06/低毒

水稻 恶苗病 62.5-125毫克/千克 浸种

PD20081087 高效氯氟氰菊酯/25克/升/乳油/高效氯氟氰菊酯 25克/升/2013.08.18 至 2018.08.18/低毒

茶树 茶尺蠖 3.75-7.5克/公顷 喷雾

PD20082649 精喹·草除灵/17.5%/乳油/草除灵 15%、精喹禾灵 2.5%/2013.12.04 至 2018.12.04/低毒

油菜田 一年生杂草 262.5-393.8克/公顷 茎叶喷雾

PD20083280 四聚乙醛/6%/颗粒剂/四聚乙醛 6%/2013.12.11 至 2018.12.11/低毒

小白菜 蜗牛 450-585克/公顷 撒施

PD20084191 吡嘧·丙草胺/35%/可湿性粉剂/吡嘧磺隆 0.6%、丙草胺 34.4%/2013.12.16 至 2018.12.16/低毒

水稻田(直播) 一年生杂草 367.5-420克/公顷(南方地区) 播后苗前土壤喷雾

PD20084751 敌百虫/90%/可溶粉剂/敌百虫 90%/2013.12.22 至 2018.12.22/中等毒

十字花科蔬菜 菜青虫 1080-1620克/公顷 喷雾

PD20085442 三唑酮/25%/可湿性粉剂/三唑酮 25%/2013.12.24 至 2018.12.24/低毒

小麦 白粉病 112.5-157.5克/公顷 喷雾

PD20085697 高氯·马/37%/乳油/高效氯氰菊酯 0.8%、马拉硫磷 36.2%/2013.12.26 至 2018.12.26/中等毒

甘蓝 菜青虫 194.25-360.75克/公顷 喷雾

柑橘树 橘蚜 92.5-185毫克/千克 喷雾

PD20085788 咪鲜·杀螟丹/18%/可湿性粉剂/咪鲜胺 8%、杀螟丹 10%/2013.12.29 至 2018.12.29/低毒

水稻 恶苗病、干尖线虫病 800-1000倍液 浸种

PD20085790 嗪草酮/70%/可湿性粉剂/嗪草酮 70%/2013.12.29 至 2018.12.29/低毒

大豆田 一年生阔叶杂草 577.5-787.5克/公顷 播后苗前土壤喷雾

PD20086017 井冈·三唑酮/15.5%/可湿性粉剂/井冈霉素 6.2%、三唑酮 9.3%/2013.12.29 至 2018.12.29/低毒

水稻 稻曲病、纹枯病 232.5-279克/公顷 喷雾

PD20086150 苄嘧·苯噻酰/53%/可湿性粉剂/苯噻酰草胺 49%、苄嘧磺隆 4%/2013.12.30 至 2018.12.30/低毒

水稻抛秧田 一年生及部分多年生杂草 397.5-477克/公顷(南方地区) 药土法

PD20090387 毒死蜱/15%/颗粒剂/毒死蜱 15%/2014.01.12 至 2019.01.12/低毒

花生 蛴螬 1800-3600克/公顷 撒施

PD20090436 精喹·乙草胺/30%/乳油/精喹禾灵 2.5%、乙草胺 27.5%/2014.01.12 至 2019.01.12/低毒

冬油菜田 阔叶杂草、一年生禾本科杂草 450-562.5克/公顷 喷雾

PD20090973 萎锈·福美双/400克/升/悬浮剂/福美双 200克/升、萎锈灵 200克/升/2014.01.20 至 2019.01.20/低毒

棉花 立枯病 180-260克/100千克种子 拌种

PD20091349 三环唑/20%/可湿性粉剂/三环唑 20%/2014.02.02 至 2019.02.02/低毒

水稻 稻瘟病 300-375克/公顷 喷雾

PD20091708 三环唑/75%/可湿性粉剂/三环唑 75%/2014.02.03 至 2019.02.03/中等毒

水稻 稻瘟病 281.25-393.75克/公顷 喷雾

PD20092040 丁硫克百威/35%/种子处理干粉剂/丁硫克百威 35%/2014.02.12 至 2019.02.12/中等毒

水稻秧田 蓟马 315-420克/100千克种子 拌种

PD20092296 二氯喹啉酸/25%/悬浮剂/二氯喹啉酸 25%/2014.02.24 至 2019.02.24/低毒

水稻移栽田 稗草等杂草 281.25-375克/公顷 喷雾
PD20092374 噻嗪酮/25%/可湿性粉剂/噻嗪酮 25%/2014.02.25 至 2019.02.25/低毒
水稻 稻飞虱 131.25-168.75克/公顷 喷雾
PD20092595 苄·乙/18%/可湿性粉剂/苄嘧磺隆 4%、乙草胺 14%/2014.02.27 至 2019.02.27/低毒
水稻移栽田 一年生及部分多年生杂草 81-118克/公顷 药土法
PD20092776 氟铃脲/5%/乳油/氟铃脲 5%/2014.03.04 至 2019.03.04/低毒
甘蓝 小菜蛾 30-60克/公顷 喷雾
PD20094490 氯吡脲/0.1%/可溶液剂/氯吡脲 0.1%/2014.04.09 至 2019.04.09/低毒
黄瓜 调节生长、增产 40-50毫克/千克 喷雾
PD20100029 丁草胺/600克/升/水乳剂/丁草胺 600克/升/2015.01.04 至 2020.01.04/低毒
移栽水稻田 一年生杂草 810-1350克/公顷 毒土法
PD20100868 二氯喹啉酸/50%/可湿性粉剂/二氯喹啉酸 50%/2015.01.19 至 2020.01.19/低毒
水稻田(直播) 稗草 281.25-375克/公顷 喷雾
PD20110069 四聚乙醛/98%/原药/四聚乙醛 98%/2016.01.11 至 2021.01.11/中等毒
PD20120591 杀螺胺乙醇胺盐/70%/可湿性粉剂/杀螺胺乙醇胺盐 70%/2012.04.10 至 2017.04.10/低毒
水稻 福寿螺 472.5-630克/公顷 喷雾
PD20130828 咪鲜胺/25%/水乳剂/咪鲜胺 25%/2013.04.22 至 2018.04.22/低毒
水稻 恶苗病 83-125毫克/千克 浸种
PD20131481 高效氯氟氰菊酯/25克/升/水乳剂/高效氯氟氰菊酯 25克/升/2013.07.05 至 2018.07.05/中等毒
茶树 茶尺蠖 5.625-7.5克/公顷 喷雾
PD20141137 四聚乙醛/12%/颗粒剂/四聚乙醛 12%/2014.04.28 至 2019.04.28/低毒
小白菜 蜗牛 450-585克/公顷 撒施
PD20150815 四聚乙醛/15%/颗粒剂/四聚乙醛 15%/2015.05.14 至 2020.05.14/低毒
小白菜 蜗牛 585-720克/公顷 撒施
PD20151007 四聚乙醛/10%/颗粒剂/四聚乙醛 10%/2015.06.12 至 2020.06.12/低毒
小白菜 蜗牛 450-720克/公顷 撒施
PD20151125 四聚乙醛/40%/悬浮剂/四聚乙醛 40%/2015.07.07 至 2020.07.07/低毒
滩涂 钉螺 2-4克/平方米 喷洒
PD20152633 毒死蜱/10%/颗粒剂/毒死蜱 10%/2015.12.18 至 2020.12.18/低毒
花生 蛴螬 2700-3600克/公顷 撒施

浙江钱江生物化学股份有限公司 (浙江省海宁市西山路598号 314400 0573-87035289)

PD85131 井冈霉素(3%,5%)///水剂/井冈霉素A 2.4%、4%/2015.08.15 至 2020.08.15/低毒
辣椒 立枯病 0.1-0.15克/平方米 泼浇
水稻 纹枯病 150-187.5克/公顷 喷雾、泼浇
PD85132 井冈霉素(3%、5%)///可溶粉剂/井冈霉素A 2.4,4%/2015.08.15 至 2020.08.15/低毒
水稻 纹枯病 150-187.5克/公顷 喷雾、泼浇
PD86101-5 赤霉酸/3%/乳油/赤霉酸 3%/2011.09.19 至 2016.09.19/低毒
菠菜 增加鲜重 7.5-18.75毫克/千克 叶面处理1-3次
菠萝 果实增大、增重 30-60毫克/千克 喷花
柑橘树 果实增大、增重 15-30毫克/千克 喷花
花卉 提前开花 525毫克/千克 叶面处理涂抹花芽
绿肥 增产 7.5-15毫克/千克 喷雾
马铃薯 苗齐、增产 0.375-0.75毫克/千克 浸薯块10-30分钟
棉花 提高结铃率、增产 7.5-15毫克/千克 点喷、点涂或喷雾
葡萄 无核、增产 37.5-150毫克/千克 花后1周处理果穗
芹菜 增产 15-75毫克/千克 叶面处理1次
人参 增加发芽率 15毫克/千克 播前浸种15分钟
水稻 增加千粒重、制种 15-22.5毫克/千克 喷雾
PD86183-5 赤霉酸/85%/结晶粉/赤霉酸 85%/2011.12.04 至 2016.12.04/低毒
菠菜 增加鲜重 10-25毫克/千克 叶面处理1-3次
菠萝 果实增大、增重 40-80毫克/千克 喷花
柑橘树 果实增大、增重 20-40毫克/千克 喷花
花卉 提前开花 700毫克/千克 叶面处理涂抹花芽
绿肥 增产 10-20毫克/千克 喷雾
马铃薯 苗齐、增产 0.5-1毫克/千克 浸薯块10-30分钟
棉花 提高结铃率、增产 10-20毫克/千克 点喷、点涂或喷雾
葡萄 无核、增产 50-200毫克/千克 花后一周处理果穗
芹菜 增加鲜重 20-100毫克/千克 叶面处理1次
人参 增加发芽率 20毫克/千克 播种前浸种15分钟
水稻 增加千粒重、制种 20-30毫克/千克 喷雾
PD88109-2 井冈霉素/10%,20%/水溶粉剂/井冈霉素 10%,20%/2014.01.05 至 2019.01.05/低毒
白术 白绢病 450-600克/公顷 喷淋
水稻 纹枯病 75-112.5克/公顷 喷雾、泼浇

PD20080161 阿维菌素/92%/原药/阿维菌素 92%/2013.01.04 至 2018.01.04/高毒
PD20080537 赤霉酸/90%/原药/赤霉酸 90%/2013.05.04 至 2018.05.04/低毒
PD20081015 井冈霉素A/64%/原药/井冈霉素A 64%/2013.08.06 至 2018.08.06/低毒
PD20081402 井冈霉素A/5%/可溶粉剂/井冈霉素A 5%/2013.10.28 至 2018.10.28/低毒
水稻 纹枯病 52.5-75克/公顷 喷雾
PD20082001 阿维菌素/1.8%/乳油/阿维菌素 1.8%/2013.11.25 至 2018.11.25/低毒(原药高毒)
柑橘树 潜叶蛾 4.5-6毫克/千克 喷雾
梨树 梨木虱 6-9毫克/千克 喷雾
棉花 棉铃虫 21.6-32.4克/公顷 喷雾
棉花 红蜘蛛 10.8-16.2克/公顷 喷雾
苹果树 红蜘蛛 4.5-6毫克/千克 喷雾
十字花科蔬菜 小菜蛾 8.1-10.8克/公顷 喷雾
水稻 稻纵卷叶螟 4.5-7.5克/公顷 喷雾
茭白 二化螟 9.5-13.5克/公顷 喷雾
PD20090091 赤霉酸A4+A7/90%/原药/赤霉酸A4+A7 90%/2014.01.08 至 2019.01.08/低毒
PD20090156 井冈霉素A/8%/水剂/井冈霉素A 8%/2014.01.08 至 2019.01.08/微毒
杭白菊 叶枯病 480-600克/公顷 喷雾
杭白菊 根腐病 480-600克/公顷 喷淋或灌根
辣椒 立枯病 0.1-0.15克/平方米 泼浇
水稻 纹枯病 150-187.5克/公顷 喷雾
PD20095249 赤霉酸/10%/可溶片剂/赤霉酸 10%/2014.04.27 至 2019.04.27/低毒
水稻制种 调节生长、增产 80-250毫克/千克 喷雾
PD20095250 赤霉酸/3%/可溶粉剂/赤霉酸 3%/2014.04.27 至 2019.04.27/低毒
芹菜 调节生长 20-100毫克/千克 茎叶喷雾
PD20095531 赤霉酸/2.7%/膏剂/赤霉酸 2.7%/2014.05.11 至 2019.05.11/低毒
梨树 调节生长 25-35毫克制剂/果 涂幼果柄
PD20096698 甲氨基阿维菌素苯甲酸盐/2%/乳油/甲氨基阿维菌素 2%/2014.09.07 至 2019.09.07/低毒
甘蓝 甜菜夜蛾 1.5-4.5克/公顷 喷雾
甘蓝 小菜蛾 2-3.3克/公顷 喷雾
水稻 二化螟、三化螟 7.5-15克/公顷 喷雾
元胡 白毛球象 9-15克/公顷 喷雾
注:甲氨基阿维菌素苯甲酸盐含量:2.3%。
PD20096706 赤霉酸/15%/可溶片剂/赤霉酸 15%/2014.09.07 至 2019.09.07/低毒
水稻制种 调节生长、增产 80-250毫克/千克 喷雾3次
PD20097473 甲氨基阿维菌素苯甲酸盐(90%)///原药/甲氨基阿维菌素 79.1%/2014.11.03 至 2019.11.03/中等毒
PD20110261 阿维菌素/1.8%/水乳剂/阿维菌素 1.8%/2016.03.04 至 2021.03.04/中等毒(原药高毒)
大白菜 小菜蛾 8.1～13.5克/公顷 喷雾
水稻 稻纵卷叶螟 5.4～10.8克/公顷 喷雾
PD20110266 阿维菌素/3.2%/乳油/阿维菌素 3.2%/2016.03.07 至 2021.03.07/中等毒(原药高毒)
水稻 稻纵卷叶螟 7.2—9.6克/公顷 喷雾
茭白 二化螟 9.5-13.5克/公顷 喷雾
PD20110399 阿维菌素/5%/乳油/阿维菌素 5%/2011.04.12 至 2016.04.12/中等毒(原药高毒)
十字花科叶菜 小菜蛾 7.5—11.25克/公顷 喷雾
茭白 二化螟 9.5-13.5克/公顷 喷雾
PD20110702 阿维·仲丁威/12%/乳油/阿维菌素 0.2%、仲丁威 11.8%/2011.07.05 至 2016.07.05/低毒(原药高毒)
水稻 稻纵卷叶螟、二化螟 90-108克/公顷 喷雾
PD20121231 赤霉酸/10%/可溶粉剂/赤霉酸 10%/2012.08.24 至 2017.08.24/微毒
芹菜 调节生长 90-110毫克/千克 茎叶喷雾
PD20121232 甲氨基阿维菌素苯甲酸盐/5%/水分散粒剂/甲氨基阿维菌素 5%/2012.08.24 至 2017.08.24/低毒
甘蓝 甜菜夜蛾 2.25-3.15克/公顷 喷雾
注:甲氨基阿维菌素苯甲酸盐含量:5.7%。
PD20130543 井冈·丙环唑/24%/可湿性粉剂/丙环唑 20%、井冈霉素A 4%/2013.04.01 至 2018.04.01/低毒
水稻 稻曲病、稻瘟病、纹枯病 108-162克/公顷 喷雾
PD20130580 阿维菌素/3%/可湿性粉剂/阿维菌素 3%/2013.04.02 至 2018.04.02/低毒(原药高毒)
甘蓝 小菜蛾 13.5-15.75克/公顷 喷雾
水稻 稻纵卷叶螟 6.75-10.8克/公顷 喷雾
PD20130626 甲氨基阿维菌素苯甲酸盐/2%/微乳剂/甲氨基阿维菌素 2%/2013.04.03 至 2018.04.03/低毒
花椰菜 小菜蛾 1.5-3克/公顷 喷雾
辣椒 烟青虫 1.5-3克/公顷 喷雾
水稻 二化螟 15-18克/公顷 喷雾
茭白 二化螟 12-17克/公顷 喷雾
注:甲氨基阿维菌素苯甲酸盐含量:2.2%。
PD20131893 赤霉酸/20%/可溶粉剂/赤霉酸 20%/2013.09.25 至 2018.09.25/微毒

水稻 调节生长 60-90克/公顷 茎叶喷雾

PD20140663 戊唑醇/430克/升/悬浮剂/戊唑醇 430克/升/2014.03.14 至 2019.03.14/低毒

苦瓜 白粉病 77.4-116.1克/公顷 喷雾

苹果树 轮纹病 86-110毫克/千克 喷雾

PD20141827 醚菌酯/30%/可湿性粉剂/醚菌酯 30%/2014.07.24 至 2019.07.24/微毒

草莓 白粉病 135-202.5克/公顷 喷雾

黄瓜 白粉病 157.5-189克/公顷 喷雾

PD20142324 嘧菌酯/250克/升/悬浮剂/嘧菌酯 250克/升/2014.11.03 至 2019.11.03/低毒

柑橘树 炭疽病 312.5-375毫克/千克 喷雾

黄瓜 霜霉病 216-252克/公顷 喷雾

PD20142352 井冈霉素/28%/可溶粉剂/井冈霉素A 28%/2014.11.04 至 2019.11.04/低毒

水稻 纹枯病 72-97.2克/公顷 喷雾

PD20150688 醚菌酯/50%/水分散粒剂/醚菌酯 50%/2015.04.17 至 2020.04.17/微毒

梨树 黑星病 166-200毫克/千克 喷雾

苹果树 斑点落叶病 125-200毫克/千克 喷雾

PD20150954 吡蚜酮/25%/可湿性粉剂/吡蚜酮 25%/2015.06.10 至 2020.06.10/低毒

水稻 稻飞虱 75-93.75克/公顷 喷雾

PD20151092 赤霉酸/40%/可溶粉剂/赤霉酸 40%/2015.06.14 至 2020.06.14/微毒

柑橘树、荔枝树、龙眼树 调节生长 30-40毫克/千克 茎叶喷雾

PD20151336 嘧菌酯/50%/水分散粒剂/嘧菌酯 50%/2015.07.30 至 2020.07.30/低毒

草坪 褐斑病、枯萎病 400-560克/公顷 喷雾

PD20151378 苯醚甲环唑/10%/水分散粒剂/苯醚甲环唑 10%/2015.07.30 至 2020.07.30/低毒

菜豆 锈病 124.5-162克/公顷 喷雾

辣椒 炭疽病 124.5-162克/公顷 喷雾

PD20152293 噻虫嗪/25%/水分散粒剂/噻虫嗪 25%/2015.10.20 至 2020.10.20/低毒

番茄 烟粉虱 26.25-75克/公顷 喷雾

柑橘树 蚜虫 20.8-31.25毫克/千克 喷雾

PD20152319 赤霉酸/20%/可溶片剂/赤霉酸 20%/2015.10.21 至 2020.10.21/低毒

芹菜 调节生长 67-100毫克/千克 喷雾

浙江瑞利生物科技有限公司　(浙江省衢州市常山县新都工业园区　324200　0570-5188888)

PD20083054 吡虫·噻嗪酮/22%/可湿性粉剂/吡虫啉 2.5%、噻嗪酮 19.5%/2013.12.10 至 2019.05.17/低毒

水稻 稻飞虱 55-82.5克/公顷 喷雾

PD20084825 氢铜·多菌灵/50%/可湿性粉剂/多菌灵 35%、氢氧化铜 15%/2013.12.22 至 2019.05.17/低毒

西瓜 枯萎病 750-937克制剂/公顷 喷雾、灌根

PD20085049 氢氧化铜/53.8%/水分散粒剂/氢氧化铜 53.8%/2013.12.23 至 2019.05.17/低毒

黄瓜 角斑病 538-672.5毫克/千克 喷雾

PD20095253 氢氧化铜/88%/原药/氢氧化铜 88%/2014.04.27 至 2019.05.17/低毒

PD20095254 氢氧化铜/77%/可湿性粉剂/氢氧化铜 77%/2014.04.27 至 2019.05.17/低毒

柑橘树 溃疡病 400-600倍液 喷雾

黄瓜 细菌性角斑病 1732.5-2310克/公顷 喷雾

葡萄 霜霉病 1283-1925毫克/千克 喷雾

PD20096842 松脂酸钠/20%/可溶粉剂/松脂酸钠 20%/2014.09.21 至 2019.09.21/低毒

柑橘树 介壳虫 1000-1333毫克/千克 喷雾

杨梅树 介壳虫 666.7-1000毫克/千克 喷雾

浙江锐特化工科技有限公司　(浙江省上虞市杭州湾上虞工业园区纬五路29号　312369　0575-82728378)

PD86148-16 异丙威/20%/乳油/异丙威 20%/2011.07.27 至 2016.07.27/中等毒

水稻 飞虱、叶蝉 450-600克/公顷 喷雾

PD91109-7 速灭威/20%/乳油/速灭威 20%/2011.07.27 至 2016.07.27/中等毒

水稻 飞虱、叶蝉 450-600克/公顷 喷雾

PD20040557 三唑磷/20%/乳油/三唑磷 20%/2014.12.19 至 2019.12.19/中等毒

水稻 二化螟 180-270克/公顷 喷雾

PD20070005 马拉·三唑磷/25%/乳油/马拉硫磷 12.5%、三唑磷 12.5%/2012.01.16 至 2017.01.16/中等毒

水稻 稻纵卷叶螟、二化螟 281.25-375克/公顷 喷雾

PD20070306 噻嗪·杀虫单/25%/可湿性粉剂/噻嗪酮 5%、杀虫单 20%/2012.09.21 至 2017.09.21/中等毒

水稻 稻飞虱 187.5-281.25克/公顷 喷雾

PD20070604 噻嗪酮/65%/可湿性粉剂/噻嗪酮 65%/2012.12.14 至 2017.12.14/低毒

柑橘树 介壳虫 216.7-325毫克/千克 喷雾

水稻 稻飞虱 97.5-146.25克/公顷 喷雾

杨梅树 介壳虫 216.67-260毫克/千克 喷雾

茭白 长绿飞虱 146.25-195克/公顷 喷雾

PD20080204 敌畏·毒/35%/乳油/敌敌畏 25%、毒死蜱 10%/2013.01.11 至 2018.01.11/中等毒

水稻 稻纵卷叶螟 420-525克/公顷 喷雾

PD20080207 毒死蜱/40%/乳油/毒死蜱 40%/2013.01.11 至 2018.01.11/低毒
水稻 稻纵卷叶螟 450-600克/公顷 喷雾

PD20080209 三环·异稻/20%/可湿性粉剂/三环唑 6.7%、异稻瘟净 13.3%/2013.01.11 至 2018.01.11/中等毒
水稻 稻瘟病 300-450克/公顷 喷雾

PD20080211 三环唑/75%/可湿性粉剂/三环唑 75%/2013.01.11 至 2018.01.11/中等毒
水稻 稻瘟病 225-300克/公顷 喷雾

PD20080955 乙酰甲胺磷/30%/乳油/乙酰甲胺磷 30%/2013.07.23 至 2018.07.23/低毒
水稻 稻纵卷叶螟 675-900克/公顷 喷雾

PD20082069 苄·乙/20%/可湿性粉剂/苄嘧磺隆 4.5%、乙草胺 15.5%/2013.11.25 至 2018.11.25/低毒
水稻移栽田 一年生及部分多年生杂草 84-118克/公顷 毒土法

PD20082319 噻嗪·异丙威/30%/乳油/噻嗪酮 7.5%、异丙威 22.5%/2013.12.01 至 2018.12.01/中等毒
水稻 稻飞虱 337.5-450克/公顷 喷雾

PD20082330 噻嗪·仲丁威/25%/乳油/噻嗪酮 5%、仲丁威 20%/2013.12.01 至 2018.12.01/低毒
水稻 飞虱 281.25-375克/公顷 喷雾

PD20082456 高氯·马/20%/乳油/高效氯氰菊酯 2%、马拉硫磷 18%/2013.12.02 至 2018.12.02/低毒
茶树 茶小绿叶蝉 120-180克/公顷 喷雾

PD20083640 氯氰菊酯/10%/乳油/氯氰菊酯 10%/2013.12.12 至 2018.12.12/低毒
甘蓝 菜青虫 45-60克/公顷 喷雾

PD20083646 苄·二氯/27.5%/可湿性粉剂/苄嘧磺隆 2.5%、二氯喹啉酸 25%/2013.12.12 至 2018.12.12/低毒
水稻秧田 一年生杂草 202-231克/公顷 茎叶喷雾

PD20085427 草甘膦异丙胺盐/30%/水剂/草甘膦 30%/2013.12.24 至 2018.12.24/低毒
春玉米田、棉花田、夏玉米田 一年生及部分多年生杂草 750-1650克/公顷 行间定向茎叶喷雾
冬油菜田（免耕） 一年生及部分多年生杂草 750-1200克/公顷 茎叶喷雾
非耕地 一年生及部分多年生杂草 1125-3000克/公顷 茎叶喷雾
柑橘园 杂草 1125-2250克/公顷 喷雾
免耕春油菜田 一年生及部分多年生杂草 1500-2250克/公顷 茎叶喷雾
免耕抛秧晚稻田 一年生及部分多年生杂草 2100-2550克/公顷 茎叶喷雾
注:草甘膦异丙胺盐含量：41%。

PD20090758 阿维·马拉松/15%/乳油/阿维菌素 0.1%、马拉硫磷 14.9%/2014.01.19 至 2019.01.19/低毒(原药高毒)
水稻 稻纵卷叶螟 225-270克/公顷 喷雾

PD20090771 氟乐灵/48%/乳油/氟乐灵 48%/2014.01.19 至 2019.01.19/低毒
大豆田 一年生禾本科杂草及部分阔叶杂草 600-1200克/公顷 土壤喷雾

PD20092598 硫磺·三环唑/45%/可湿性粉剂/硫磺 40%、三环唑 5%/2014.02.27 至 2019.02.27/低毒
水稻 稻瘟病 810-1080克/公顷 喷雾

PD20092838 杀单·毒死蜱/40%/可湿性粉剂/毒死蜱 10%、杀虫单 30%/2014.03.05 至 2019.03.05/低毒
水稻 稻纵卷叶螟 450-720克/公顷 喷雾

PD20095672 吡虫·噻嗪酮/10%/可湿性粉剂/吡虫啉 3.3%、噻嗪酮 6.7%/2014.05.14 至 2019.05.14/低毒
水稻 飞虱 30-45克/公顷 喷雾

PD20100333 精喹·草除灵/17.5%/乳油/草除灵 15%、精喹禾灵 2.5%/2015.01.11 至 2020.01.11/低毒
冬油菜田 一年生杂草 262.5-393.8克/公顷 茎叶喷雾

PD20110098 苯甲·丙环唑/300克/升/乳油/苯醚甲环唑 150克/升、丙环唑 150克/升/2016.01.26 至 2021.01.26/低毒
水稻 纹枯病 67.5－90克/公顷 喷雾

PD20140074 阿维菌素/3%/微乳剂/阿维菌素 3%/2014.01.20 至 2019.01.20/低毒(原药高毒)
水稻 稻纵卷叶螟 10.13-13.5克/公顷 喷雾

PD20140291 阿维·毒死蜱/30%/微乳剂/阿维菌素 0.5%、毒死蜱 29.5%/2014.02.12 至 2019.02.12/低毒(原药高毒)
水稻 二化螟 180-225克/公顷 喷雾

浙江三元农业高新技术实验有限公司 （浙江省杭州市体育场路359号 310006 0571-63372740）

PD20095226 赤霉·多效唑/3.2%/可湿性粉剂/赤霉酸 1.6%、多效唑 1.6%/2014.04.24 至 2019.04.24/低毒
水稻 调节生长、增产 12-16.8克/公顷 喷雾

浙江升华拜克生物股份有限公司 （浙江省湖州市德清县钟管工业区 313220 0572-8402918）

PD20070102 麦草畏/95%/原药/麦草畏 95%/2012.04.26 至 2017.04.26/低毒

PD20070107 氨氯吡啶酸/95%/原药/氨氯吡啶酸 95%/2012.04.26 至 2017.04.26/低毒

PD20070122 阿维菌素/90%/原药/阿维菌素 90%/2012.05.18 至 2017.05.18/高毒

PD20070184 百草枯/42%/母药/百草枯 42%/2012.07.10 至 2017.07.10/中等毒

PD20070315 麦草畏/48%/水剂/麦草畏 48%/2012.09.25 至 2017.09.25/低毒
冬小麦田 一年生阔叶杂草 216-288克/公顷 茎叶喷雾
夏玉米田 一年生阔叶杂草 216-488克/公顷 茎叶喷雾

PD20083700 阿维·三唑磷/15%/乳油/阿维菌素 0.1%、三唑磷 14.9%/2013.12.15 至 2018.12.15/中等毒(原药高毒)
棉花 棉铃虫 67-135克/公顷 喷雾

PD20083712 阿维·辛硫磷/20%/乳油/阿维菌素 0.1%、辛硫磷 19.9%/2013.12.15 至 2018.12.15/低毒(原药高毒)
十字花科蔬菜 小菜蛾 120-150克/公顷 喷雾

PD20084137 阿维·高氯/1%/乳油/阿维菌素 0.2%、高效氯氰菊酯 0.8%/2013.12.16 至 2018.12.16/低毒(原药高毒)

十字花科蔬菜 菜青虫、小菜蛾 7.5-15克/公顷 喷雾

PD20084752 阿维菌素/1.8%/乳油/阿维菌素 1.8%/2013.12.22 至 2018.12.22/低毒(原药高毒)

柑橘树 红蜘蛛、潜叶蛾 4.5-9毫克/千克 喷雾

茭白 二化螟 9.5-13.5克/公顷 喷雾

PD20086033 赤霉酸A4,A7/90%/原药/赤霉酸A4+A7 90%/2013.12.29 至 2018.12.29/低毒

PD20086034 赤霉酸/2.7%/脂膏/赤霉酸A4+A7 1.35%、赤霉酸A3 1.35%/2013.12.29 至 2018.12.29/低毒

梨树 调节生长、增产 15-25毫克制剂/果 涂果柄

PD20092017 阿维菌素/3.2%/乳油/阿维菌素 3.2%/2014.02.12 至 2019.02.12/低毒(原药高毒)

水稻 稻纵卷叶螟 6-7.5克/公顷 喷雾

松树 线虫 1.8-3.6克/株 打孔注药

PD20094648 苄氨·赤霉酸/3.6%/乳油/苄氨基嘌呤 1.8%、赤霉酸A4+A7 1.8%/2014.04.10 至 2019.04.10/低毒

苹果树 调节果型 600-800倍液(用1次)或800-1000倍液(用2次) 喷雾

PD20095626 甲氨基阿维菌素苯甲酸盐(90%)///原药/甲氨基阿维菌素 79.1%/2014.05.12 至 2019.05.12/中等毒

PD20096982 噁霉灵/30%/水剂/噁霉灵 30%/2014.09.29 至 2019.09.29/低毒

水稻苗床 立枯病 0.9—1.8克/平方米 浇灌

PD20110138 甲氨基阿维菌素苯甲酸盐/2%/乳油/甲氨基阿维菌素 2%/2016.02.09 至 2021.02.09/低毒

甘蓝 小菜蛾 1.56-1.95克/公顷 喷雾

甘蓝 甜菜夜蛾 1.98-2.97克/公顷 喷雾

注:甲氨基阿维菌素苯甲酸盐的含量：2.3%。

PD20110193 苯醚甲环唑/10%/水分散粒剂/苯醚甲环唑 10%/2016.02.18 至 2021.02.18/低毒

西瓜 炭疽病 75—105克/公顷 喷雾

PD20110250 麦畏·草甘膦/35%/水剂/草甘膦 33.2%、麦草畏 1.8%/2016.03.03 至 2021.03.03/低毒

非耕地 杂草 1200-1500克/公顷 定向茎叶喷雾

PD20111062 草甘膦异丙胺盐/41%/水剂/草甘膦 41%/2011.10.11 至 2016.10.11/低毒

柑橘园 杂草 1230-2214克/公顷 定向茎叶喷雾

注:草甘膦异丙胺盐含量：55.3%。

PD20111283 啶虫脒/20%/可溶液剂/啶虫脒 20%/2011.11.23 至 2016.11.23/低毒

黄瓜 蚜虫 18-36克/公顷 喷雾

PD20120060 高效氯氟氰菊酯/2.5%/水乳剂/高效氯氟氰菊酯 2.5%/2012.01.16 至 2017.01.16/中等毒

甘蓝 菜青虫 7.5-15克/公顷 喷雾

PD20120099 麦草畏/70%/水分散粒剂/麦草畏 70%/2012.01.29 至 2017.01.29/低毒

夏玉米田 一年生阔叶杂草 189-315克/公顷 茎叶喷雾

PD20120314 烟嘧磺隆/40克/升/可分散油悬浮剂/烟嘧磺隆 40克/升/2012.02.17 至 2017.02.17/低毒

玉米田 一年生杂草 48-72克/公顷 茎叶喷雾

PD20120358 丙环唑/25%/乳油/丙环唑 25%/2012.02.23 至 2017.02.23/低毒

香蕉树 叶斑病 250—500毫克/千克 喷雾

PD20121448 阿维·吡虫啉/4.5%/可湿性粉剂/阿维菌素 0.5%、吡虫啉 4%/2012.10.08 至 2017.10.08/低毒(原药高毒)

甘蓝 蚜虫 13.5—27克/公顷 喷雾

PD20121469 甲氨基阿维菌素苯甲酸盐/5%/水分散粒剂/甲氨基阿维菌素 5%/2012.10.08 至 2017.10.08/低毒

甘蓝 小菜蛾 1.875-2.25克/公顷 喷雾

注:甲氨基阿维菌素苯甲酸盐含量:5.7%。

PD20121649 甲氨基阿维菌素苯甲酸盐/2%/微乳剂/甲氨基阿维菌素 2%/2012.10.30 至 2017.10.30/低毒

甘蓝 甜菜夜蛾、小菜蛾 2.64-3.96克/公顷 喷雾

茭白 二化螟 12-17克/公顷 喷雾

注:甲氨基阿维菌素苯甲酸盐含量:2.3%。

PD20121911 甲氨基阿维菌素苯甲酸盐/1%/乳油/甲氨基阿维菌素 1%/2012.12.07 至 2017.12.07/低毒

甘蓝 甜菜夜蛾 2.25-3克/公顷 喷雾

甘蓝 菜青虫 1.5-2.25克/公顷 喷雾

棉花 棉铃虫 9-13.5克/公顷 喷雾

注:甲氨基阿维菌素苯甲酸盐含量：1.1%。

PD20130766 阿维菌素/5%/乳油/阿维菌素 5%/2013.04.16 至 2018.04.16/中等毒(原药高毒)

甘蓝 小菜蛾 9-12克/公顷 喷雾

PD20130878 甲维·高氯氟/1.8%/微乳剂/高效氯氟氰菊酯 1.6%、甲氨基阿维菌素苯甲酸盐 0.2%/2013.04.25 至 2018.04.25/中等毒

甘蓝 小菜蛾 10.8-16.2克/公顷 喷雾

PD20130880 甲维·啶虫脒/3%/微乳剂/啶虫脒 2.5%、甲氨基阿维菌素苯甲酸盐 0.5%/2013.04.25 至 2018.04.25/低毒

甘蓝 小菜蛾 18-22.5克/公顷 喷雾

甘蓝 蚜虫 18-20.25克/公顷 喷雾

PD20131182 吡蚜酮/25%/可湿性粉剂/吡蚜酮 25%/2013.05.27 至 2018.05.27/低毒

水稻 稻飞虱 60-90克/公顷 喷雾

PD20131226 戊唑醇/43%/悬浮剂/戊唑醇 43%/2013.05.28 至 2018.05.28/低毒

苹果树 斑点落叶病 71.7-107.5毫克/千克 喷雾

PD20131228 二氯喹啉酸/25%/悬浮剂/二氯喹啉酸 25%/2013.05.28 至 2018.05.28/低毒

水稻田(直播) 稗草 300-375克/公顷 茎叶喷雾
PD20131334 吡蚜酮/50%/水分散粒剂/吡蚜酮 50%/2013.06.09 至 2018.06.09/低毒
水稻 稻飞虱 67.5-112.5 克/公顷 喷雾
PD20131523 腈菌唑/40%/悬浮剂/腈菌唑 40%/2013.07.17 至 2018.07.17/低毒
梨树 黑星病 40-50毫克/千克 喷雾
PD20131532 草甘膦铵盐/68%/可溶粒剂/草甘膦 68%/2013.07.17 至 2018.07.17/低毒
柑橘园 杂草 1165.5-2331克/顷 定向茎叶喷雾
注:草甘膦铵盐含量: 74.7%。
PD20131536 虫酰肼/20%/悬浮剂/虫酰肼 20%/2013.07.17 至 2018.07.17/低毒
甘蓝 甜菜夜蛾 180-1300克/公顷 喷雾
PD20132182 烯酰吗啉/50%/水分散粒剂/烯酰吗啉 50%/2013.10.29 至 2018.10.29/低毒
黄瓜 霜霉病 225-300克/公顷 喷雾
PD20132243 阿维菌素/3%/微乳剂/阿维菌素 3%/2013.11.05 至 2018.11.05/中等毒(原药高毒)
梨树 梨木虱 6-12毫克/千克 喷雾
水稻 稻纵卷叶螟 6.75-9克/公顷 喷雾
PD20132290 阿维菌素/1.8%/水乳剂/阿维菌素 1.8%/2013.11.08 至 2018.11.08/低毒(原药高毒)
柑橘树 锈壁虱 3.6-4.5毫克/千克 喷雾
PD20132322 甲维·氟铃脲/2%/微乳剂/氟铃脲 1.5%、甲氨基阿维菌素苯甲酸盐 0.5%/2013.11.13 至 2018.11.13/低毒
甘蓝 甜菜夜蛾 6-9克/公顷 喷雾
PD20132400 阿维·哒螨灵/10%/微乳剂/阿维菌素 0.4%、哒螨灵 9.6%/2013.11.20 至 2018.11.20/中等毒(原药高毒)
苹果树 红蜘蛛 33.3-50毫克/千克 喷雾
PD20140171 草甘膦异丙胺盐/46%/水剂/草甘膦 46%/2014.01.28 至 2019.01.28/低毒
柑橘园 杂草 897-1794克/公顷 定向茎叶喷雾
注:草甘膦异丙胺盐含量: 62%。
PD20140172 草甘膦异丙胺盐/30%/水剂/草甘膦 30%/2014.01.28 至 2019.01.28/低毒
柑橘园 杂草 900-1800克/公顷 定向茎叶喷雾
注:草甘膦异丙胺盐含量: 41%。
PD20142398 噻虫嗪/98%/原药/噻虫嗪 98%/2014.11.06 至 2019.11.06/低毒
PD20142605 草铵膦/50%/水剂/草铵膦 50%/2014.12.15 至 2019.12.15/低毒
非耕地 杂草 2100-3000克/公顷/ 茎叶喷雾
PD20150130 阿维·毒死蜱/15%/水乳剂/阿维菌素 0.7%、毒死蜱 14.3%/2015.01.07 至 2020.01.07/低毒(原药高毒)
水稻 二化螟 225-270克/公顷 喷雾
PD20150545 多杀霉素/92%/原药/多杀霉素 92%/2015.03.23 至 2020.03.23/低毒
PD20150718 嘧菌酯/98%/原药/嘧菌酯 98%/2015.04.20 至 2020.04.20/低毒
LS20120080 烯啶虫胺/10%/水剂/烯啶虫胺 10%/2014.03.07 至 2015.03.07/低毒
棉花 蚜虫 15-30克/公顷 喷雾

浙江省长兴第一化工有限公司 (浙江省湖州市长兴县小浦镇 313116 0572-6128815)

PD85112-7 莠去津/38%/悬浮剂/莠去津 38%/2015.04.14 至 2020.04.14/低毒
茶园 一年生杂草 1125-1875克/公顷 喷于地表
防火隔离带、公路、森林、铁路 一年生杂草 0.8-2克/平方米 喷于地表
甘蔗 一年生杂草 1050-1500克/公顷 喷于地表
高粱、糜子、玉米 一年生杂草 1800-2250克/公顷(东北地区) 喷于地表
红松苗圃 一年生杂草 0.2-0.3克/平方米 喷于地表
梨树(12年以上树龄)、苹果树(12年以上树龄) 一年生杂草 1625-1875克/公顷 喷于地表
橡胶园 一年生杂草 2250-3750克/公顷 喷于地表
PD85150-28 多菌灵/50%/可湿性粉剂/多菌灵 50%/2010.08.15 至 2015.08.15/低毒
果树 病害 0.05-0.1%药液 喷雾
花生 倒秧病 750克/公顷 喷雾
麦类 赤霉病 750克/公顷 喷雾、泼浇
棉花 苗期病害 250克/50千克种子 拌种
水稻 稻瘟病、纹枯病 750克/公顷 喷雾、泼浇
油菜 菌核病 1125-1500克/公顷 喷雾
PD86103-2 莠去津/48%/可湿性粉剂/莠去津 48%/2011.09.07 至 2016.09.07/低毒
茶园 一年生杂草 1500-2250克/公顷 喷于地表
甘蔗田 一年生杂草 1125-1875克/公顷 喷于地表
高粱田、糜子 一年生杂草 1875-2625克/公顷(东北地区) 喷于地表
公路 一年生杂草 0.8-2克/平方米 喷雾
红松苗圃 一年生杂草 0.25-0.5克/平方米 喷洒苗床
梨树(12年以上树龄)、苹果树(12年以上 一年生杂草 3000-3750克/公顷(东北地区) 喷于地表

树龄)
葡萄园　一年生杂草　2250-3000克/公顷　避开葡萄根部
森林、铁路　一年生杂草　1-2.5克/平方米　喷雾
橡胶园　一年生杂草　3750-4500克/公顷　喷于地表
玉米田　一年生杂草　2250-3000克/公顷(东北地区)　喷于地表

PD86105-3　西草净/25%/可湿性粉剂/西草净 25%/2011.09.07 至 2016.09.07/低毒
水稻田　阔叶杂草、眼子菜　750-937.5克/公顷(东北地区)　撒毒土

PD86126-4　扑草净/40%/可湿性粉剂/扑草净 40%/2011.09.07 至 2016.09.07/低毒
茶园、成年果园、苗圃　阔叶杂草　1875-3000克/公顷　喷雾(喷于地表，切勿喷至树上)
大豆田、花生田　阔叶杂草　750-1125克/公顷　喷雾
甘蔗田、棉花田、苎麻　阔叶杂草　750-1125克/公顷　播后苗前土壤喷雾
谷子田　阔叶杂草　375克/公顷　喷雾
麦田　阔叶杂草　450-750克/公顷　喷雾
水稻本田、水稻秧田　阔叶杂草　150-900克/公顷　撒毒土

PD93105-2　莠去津/92%，88%，85%/原药/莠去津 92%，88%，85%/2013.06.26 至 2018.06.26/低毒

PD20080661　莠灭净/95%/原药/莠灭净 95%/2013.05.30 至 2018.05.30/低毒

PD20080669　莠灭净/80%/可湿性粉剂/莠灭净 80%/2013.05.27 至 2018.05.27/低毒
甘蔗田　一年生杂草　1560-2400克/公顷　喷雾

PD20080692　西玛津/95%/原药/西玛津 95%/2013.06.04 至 2018.06.04/低毒

PD20080693　扑草净/95%/原药/扑草净 95%/2013.06.04 至 2018.06.04/低毒

PD20081042　莠灭净/40%/可湿性粉剂/莠灭净 40%/2013.08.06 至 2018.08.06/低毒
甘蔗田　一年生杂草　1500-2100克/公顷　喷雾

PD20081094　西草净/95%/原药/西草净 95%/2013.08.18 至 2018.08.18/低毒

PD20082180　草甘膦/95%/原药/草甘膦 95%/2013.11.26 至 2018.11.26/低毒

PD20082650　莠灭净/80%/水分散粒剂/莠灭净 80%/2013.12.04 至 2018.12.04/低毒
甘蔗田　一年生杂草　1200-1680克/公顷　行间定向茎叶喷雾

PD20082672　莠去津/80%/可湿性粉剂/莠去津 80%/2013.12.05 至 2018.12.05/低毒
夏玉米田　一年生杂草　1320-1440克/公顷　播后苗前土壤喷雾

PD20082723　莠灭净/45%/悬浮剂/莠灭净 45%/2013.12.08 至 2018.12.08/低毒
甘蔗田　一年生杂草　1500-2250克/公顷　土壤喷雾

PD20082877　莠去津/50%/悬浮剂/莠去津 50%/2013.12.09 至 2018.12.09/低毒
春玉米田　一年生杂草　2100-2400克/公顷　播后苗前土壤喷雾
夏玉米田　一年生杂草　1275-1500克/公顷　播后苗前土壤喷雾

PD20085143　吡·西·扑草净/26%/可湿性粉剂/吡嘧磺隆 2%、扑草净 12%、西草净 12%/2013.12.29 至 2018.12.29/微毒
水稻移栽田　部分阔叶杂草、莎草科杂草、一年生杂草　234－390克/公顷　药土法

PD20085531　莠去津/90%/水分散粒剂/莠去津 90%/2013.12.25 至 2018.12.25/低毒
春玉米田　一年生杂草　2050-2700克/公顷　土壤喷雾
夏玉米田　一年生杂草　1350-2025克/公顷　土壤喷雾

PD20086210　扑·乙/40%/悬乳剂/扑草净 10%、乙草胺 30%/2013.12.30 至 2018.12.30/低毒
花生田　一年生杂草　900-1350克/公顷　播后苗前土壤喷雾

PD20090050　扑草净/50%/悬乳剂/扑草净 50%/2014.01.06 至 2019.01.06/低毒
花生田　一年生杂草　900－1125克/公顷　播后苗前土壤喷雾

PD20090531　异甲·莠去津/42%/悬乳剂/异丙甲草胺 15%、莠去津 27%/2014.01.12 至 2019.01.12/低毒
春玉米田　一年生杂草　1764-2145克/公顷　土壤喷雾
夏玉米田　一年生杂草　1260-1500克/公顷　土壤喷雾

PD20090804　乙草胺/50%/乳油/乙草胺 50%/2014.01.19 至 2019.01.19/低毒
夏大豆田　部分阔叶杂草、一年生禾本科杂草　900-1200克/公顷　播后苗前土壤喷雾

PD20090862　草甘膦异丙胺盐/41%/水剂/草甘膦异丙胺盐 41%/2014.01.19 至 2019.01.19/低毒
柑橘园　一年生和多年生杂草　1125-2250克/公顷　定向茎叶喷雾

PD20091032　乙·莠/40%/可湿性粉剂/乙草胺 15%、莠去津 25%/2014.01.21 至 2019.01.21/低毒
夏玉米田　一年生杂草　1200-1500克/公顷　播后苗前喷雾

PD20091548　甲·莠·敌草隆/20%/可湿性粉剂/敌草隆 6%、2甲4氯 5%、莠去津 9%/2014.02.03 至 2019.02.03/低毒
甘蔗田　一年生杂草　1500-1800克/公顷　喷雾

PD20091780　阿维·甲氰/1.8%/乳油/阿维菌素 0.3%、甲氰菊酯 1.5%/2014.02.04 至 2019.02.04/低毒(原药高毒)
苹果树　红蜘蛛　12-18毫克/千克　喷雾

PD20092220　苄嘧·苯噻酰/53%/可湿性粉剂/苯噻酰草胺 50%、苄嘧磺隆 3%/2014.02.24 至 2019.02.24/低毒
水稻移栽田　部分多年生杂草、一年生杂草　397.5-477克/公顷(南方地区)　药土法

PD20092815　甲·灭·敌草隆/55%/可湿性粉剂/敌草隆 15%、2甲4氯 10%、莠灭净 30%/2014.03.04 至 2019.03.04/低毒
甘蔗田　一年生杂草　1237.5-1732.5克/公顷　喷雾

PD20095365　异丙草·莠/40%/悬乳剂/异丙草胺 16%、莠去津 24%/2014.04.27 至 2019.04.27/低毒
春玉米田　一年生杂草　1800-2400克/公顷　播后苗前土壤喷雾

夏玉米田 一年生杂草 1080－1350克/公顷 播后苗前土壤喷雾
PD20095381 异甲·莠去津/28%/悬乳剂/异丙甲草胺 10%、莠去津 18%/2014.04.27 至 2019.04.27/低毒
夏玉米田 一年生杂草 1050-1470克/公顷 播后苗前土壤喷雾
PD20095525 莠灭·乙草胺/40%/悬乳剂/乙草胺 25%、莠灭净 15%/2014.05.11 至 2019.05.11/低毒
夏玉米田 一年生杂草 960-1260克/公顷 播后苗前土壤喷雾
PD20101806 辛菌胺醋酸盐(1.8%)////水剂/辛菌胺 1.2%/2015.07.13 至 2020.07.13/低毒
苹果树 腐烂病 500-1000毫克/千克 喷雾、涂抹
水稻 白叶枯病、细菌性条斑病 125-187.5克/公顷 喷雾
PD20121233 敌草隆/80%/水分散粒剂/敌草隆 80%/2012.08.27 至 2017.08.27/低毒
甘蔗田 一年生杂草 1200-1680克/亩 土壤喷雾
PD20131796 草甘膦铵盐/80%/可溶粒剂/草甘膦 80%/2013.09.09 至 2018.09.09/低毒
非耕地 杂草 1200—3000克/公顷 茎叶喷雾
注:草甘膦铵盐含量：88.8%。
PD20132589 西玛津/90%/水分散粒剂/西玛津 90%/2013.12.17 至 2018.12.17/低毒
甘蔗田 一年生杂草 1350-1647克/公顷 土壤喷雾
PD20140395 草甘膦铵盐/68%/可溶粒剂/草甘膦 68%/2014.02.20 至 2019.02.20/低毒
非耕地 杂草 1125-2958克/公顷 茎叶喷雾
注:草甘膦铵盐含量：74.7%。
PD20150232 丁·乙·莠去津/48%/悬乳剂/丁草胺 9%、乙草胺 9%、莠去津 30%/2015.01.15 至 2020.01.15/低毒
春玉米田 一年生杂草 1728-2160克/公顷 土壤喷雾
夏玉米田 一年生杂草 720-1008克/公顷 土壤喷雾
PD20151114 草甘膦异丙胺盐/46%/水剂/草甘膦 46%/2015.06.25 至 2020.06.25/低毒
非耕地 杂草 1104-2967克/公顷 茎叶喷雾
注:草甘膦异丙胺盐62%。

浙江省慈溪市逍林化工有限公司 (浙江省慈溪市逍林镇樟新北路505号 315321 0574-63501924)

PD20082241 溴鼠灵/0.5%/母药/溴鼠灵 0.5%/2013.11.27 至 2018.11.27/高毒
农田 田鼠 5克0.005%毒饵×(300-450点)/公顷 配成毒饵堆施或穴施
PD20082242 溴鼠灵/0.005%/饵剂/溴鼠灵 0.005%/2013.11.27 至 2018.11.27/低毒(原药高毒)
室内 家鼠 15-30克毒饵/15平方米 投饵、堆施或穴施
PD20082452 溴敌隆/0.5%/母药/溴敌隆 0.5%/2013.12.02 至 2018.12.02/高毒
农田 田鼠 5克0.005%毒饵×(300-450点)/公顷 配成毒饵后堆施或穴施
PD20082453 溴敌隆/0.005%/毒饵/溴敌隆 0.005%/2013.12.02 至 2018.12.02/中等毒(原药高毒)
室内 褐家鼠 20-30克毒饵/15平方米 饱和投饵

浙江省东阳市东农化工有限公司 (浙江省东阳市吴宁东七里 322100 0579-86675620)

PDN1-88 三环唑/20%/可湿性粉剂/三环唑 20%/2013.10.21 至 2018.10.21/中等毒
水稻 稻瘟病 225-300克/公顷 喷雾
PD20080058 代森锰锌/90%/原药/代森锰锌 90%/2013.01.04 至 2018.01.04/低毒
PD20080111 代森锰锌/70%/可湿性粉剂/代森锰锌 70%/2013.01.04 至 2018.01.04/低毒
番茄 早疫病 1837.5-2362.5克/公顷 喷雾
PD20080815 氟乐灵/55%/母液/氟乐灵 55%/2013.06.20 至 2018.06.20/低毒
注:专供出口，不得在国内销售。
PD20081078 代森锰锌/80%/可湿性粉剂/代森锰锌 80%/2013.08.18 至 2018.08.18/低毒
番茄 早疫病 1845-2370克/公顷 喷雾
PD20081100 三环唑/97%/原药/三环唑 97%/2013.08.18 至 2018.08.18/中等毒
PD20081690 三环唑/75%/可湿性粉剂/三环唑 75%/2013.11.17 至 2018.11.17/中等毒
水稻 稻瘟病 225-300克/公顷 喷雾
PD20094616 代森锌/65%/可湿性粉剂/代森锌 65%/2014.04.10 至 2019.04.10/低毒
黄瓜 霜霉病 1950-3000克/公顷 喷雾
PD20121871 氟乐灵/96%/原药/氟乐灵 96%/2012.11.28 至 2017.11.28/低毒

浙江省东阳市金鑫化学工业有限公司 (浙江省东阳市巍山镇茶场村 322109 0579-6970188)

PD85154-46 氰戊菊酯/20%/乳油/氰戊菊酯 20%/2015.08.15 至 2020.08.15/中等毒
柑橘树 潜叶蛾 10-20毫克/千克 喷雾
果树 梨小食心虫 10-20毫克/千克 喷雾
棉花 红铃虫、蚜虫 75-150克/公顷 喷雾
蔬菜 菜青虫、蚜虫 60-120克/公顷 喷雾
PD20070497 甲氰菊酯/20%/乳油/甲氰菊酯 20%/2012.11.28 至 2017.11.28/低毒
甘蓝 菜青虫 60-75克/公顷 喷雾
苹果树 红蜘蛛、桃小食心虫 67-100毫克/千克 喷雾
PD20080691 甲氰菊酯/94%/原药/甲氰菊酯 94%/2013.06.04 至 2018.06.04/中等毒
PD20122101 高效氯氰菊酯/97%/原药/高效氯氰菊酯 97%/2012.12.26 至 2017.12.26/中等毒

浙江省东阳市医药卫生用品有限公司 (浙江省东阳市六石工业功能区张麻车 322104 0579-6772698)

WP20080251 杀虫气雾剂/0.17%/气雾剂/Es-生物烯丙菊酯 0.05%、胺菊酯 0.10%、溴氰菊酯 0.02%/2013.11.26 至 2018.11.26/低毒
卫生 蜚蠊、蚊、蝇 / 喷雾
WP20090113 杀虫气雾剂/0.2%/气雾剂/胺菊酯 0.15%、高效氯氰菊酯 0.05%/2014.02.09 至 2019.02.09/微毒
卫生 蚊、蝇、蜚蠊 / 喷雾
WP20090114 杀虫气雾剂/0.45%/气雾剂/Es-生物烯丙菊酯 0.1%、胺菊酯 0.15%、氯菊酯 0.2%/2014.02.09 至 2019.02.09/低毒
卫生 蜚蠊、蚊、蝇 / 喷雾
WP20100090 电热蚊香片/10毫克/片/电热蚊香片/炔丙菊酯 10毫克/片/2015.06.17 至 2020.06.17/微毒
卫生 蚊 / 电热加温

浙江省富阳市益民农药厂 (浙江省杭州市富阳市高桥镇上陈 311402 0571-63421289)

PD20091180 苄·乙/22%/可湿性粉剂/苄嘧磺隆 4.9%、乙草胺 17.1%/2014.01.22 至 2019.01.22/低毒
水稻移栽田 一年生杂草 84-118克/公顷 毒土法
PD20091846 吡虫·灭多威/22.6%/可湿性粉剂/吡虫啉 1.3%、灭多威 21.3%/2014.02.06 至 2019.02.06/高毒
棉花 棉铃虫、蚜虫 373-441克/公顷 喷雾
PD20095673 四螨·苯丁锡/17.5%/可湿性粉剂/苯丁锡 12.5%、四螨嗪 5%/2014.05.14 至 2019.05.14/低毒
柑橘树 红蜘蛛 116.7-175毫克/千克 喷雾

浙江省杭州南郊化学有限公司 (浙江省杭州市滨江区浦沿镇镇前路310号 310053 0571-86616840)

PD20070215 三环唑/95%/原药/三环唑 95%/2012.08.07 至 2017.08.07/低毒
PD20070582 三环唑/20%/可湿性粉剂/三环唑 20%/2012.12.03 至 2017.12.03/低毒
水稻 稻瘟病 225-300克/公顷 喷雾
PD20070664 三环唑/75%/可湿性粉剂/三环唑 75%/2012.12.17 至 2017.12.17/低毒
水稻 稻瘟病 225-300克/公顷 喷雾

浙江省杭州三箭侠日化用品有限公司 (浙江省杭州市萧山区义桥镇潘山工业园区1号 311262 0571-82216367)

WP20110153 蚊香/0.15%/蚊香/Es-生物烯丙菊酯 0.15%/2011.06.20 至 2016.06.20/微毒
卫生 蚊 / 点燃
WP20110178 杀虫气雾剂/0.55%/气雾剂/胺菊酯 0.3%、高效氯氰菊酯 0.05%、氯菊酯 0.2%/2011.07.25 至 2016.07.25/微毒
卫生 蚊、蝇、蜚蠊 / 喷雾
注:本产品有三种香型：花香型、琥珀檀香型、薰衣草香型。
WP20150037 电热蚊香片/10毫克/盘/电热蚊香片/炔丙菊酯 5毫克/盘、氯氟醚菊酯 5毫克/盘/2015.03.20 至 2020.03.20/微毒
室内 蚊 / 电热加温
注:本产品有三种香型：柠檬香型、花香型、薰衣草香型。
WP20150046 电热蚊香液/0.8%/电热蚊香液/氯氟醚菊酯 0.8%/2015.03.20 至 2020.03.20/微毒
室内 蚊 / 电热加温

浙江省杭州泰丰化工有限公司 (浙江省杭州市余杭区崇贤街道老鸦桥 311108 0571-86172636)

PD20040100 高效氯氰菊酯/4.5%/乳油/高效氯氰菊酯 4.5%/2014.12.19 至 2019.12.19/中等毒
甘蓝 菜青虫 15-22.5克/公顷 喷雾
PD20040353 吡虫啉/10%/可湿性粉剂/吡虫啉 10%/2014.12.19 至 2019.12.19/低毒
水稻 飞虱 15-30克/公顷 喷雾
小麦 蚜虫 15-30克/公顷(南方地区)45-60克/公顷(北方地区) 喷雾
PD20050112 噻嗪酮/25%/可湿性粉剂/噻嗪酮 25%/2015.08.15 至 2020.08.15/低毒
柑橘树 矢尖蚧 166.7-250毫克/千克 喷雾
水稻 稻飞虱 93.75-131.25克/公顷 喷雾
PD20050209 甲基硫菌灵/70%/可湿性粉剂/甲基硫菌灵 70%/2015.12.23 至 2020.12.23/低毒
小麦 赤霉病 840-1260克/公顷 喷雾
PD20081354 氰戊菊酯/20%/乳油/氰戊菊酯 20%/2013.10.21 至 2018.10.21/中等毒
甘蓝 菜青虫 120-150克/公顷 喷雾
PD20083025 灭多威/90%/可溶粉剂/灭多威 90%/2013.12.10 至 2018.12.10/高毒
棉花 棉铃虫 405-540克/公顷 喷雾
PD20083630 灭多威/20%/乳油/灭多威 20%/2013.12.12 至 2018.12.12/中等毒(原药高毒)
棉花 棉铃虫 240-300克/公顷 喷雾
PD20085175 杀单·灭多威/16%/水剂/灭多威 4%、杀虫单 12%/2013.12.23 至 2018.12.23/低毒(原药高毒)
水稻 稻纵卷叶螟、二化螟 288-384克/公顷 喷雾
PD20090766 噻嗪·杀虫单/25%/可湿性粉剂/噻嗪酮 5%、杀虫单 20%/2014.01.19 至 2019.01.19/中等毒
水稻 稻飞虱 281.25-275克/公顷 喷雾
PD20097103 阿维·高氯氟/2%/乳油/阿维菌素 0.1%、高效氯氟氰菊酯 1.9%/2014.10.10 至 2019.10.10/低毒(原药高毒)
十字花科蔬菜 小菜蛾 9-12克/公顷 喷雾
PD20110445 高效氯氟氰菊酯/2.5%/微乳剂/高效氯氟氰菊酯 2.5%/2011.04.21 至 2016.04.21/中等毒
甘蓝 菜青虫 9.375-13.125克/公顷 喷雾
PD20132705 氯氟·啶虫脒/22.5%/可湿性粉剂/啶虫脒 20%、高效氯氟氰菊酯 2.5%/2013.12.30 至 2018.12.30/低毒
甘蓝 黄条跳甲 67.50-101.25克/公顷 喷雾

浙江省杭州萧山钱潮日化有限公司 (浙江省杭州市萧山区党山镇官一村 311245 0571-82503381)

WP20080297 杀蟑饵剂/1%/饵剂/乙酰甲胺磷 1%/2013.12.03 至 2018.12.03/低毒
卫生 蜚蠊 / 投放

WP20080487 杀蟑笔剂/0.5%/笔剂/溴氰菊酯 0.5%/2013.12.17 至 2018.12.17/低毒
卫生 蜚蠊 / 涂抹
WP20100081 杀蟑胶饵/2%/胶饵/乙酰甲胺磷 2%/2015.06.03 至 2020.06.03/微毒
卫生 蜚蠊 / 投放

浙江省杭州永新化工日用品有限公司 （浙江省杭州市富阳市大树下 311402 0571-63415195)

WP20080316 杀蟑烟片/0.13%/片剂/右旋苯醚氰菊酯 0.13%/2013.12.04 至 2018.12.04/低毒
卫生 蜚蠊 / 点燃
WP20080415 蚊香/0.25%/蚊香/富右旋反式烯丙菊酯 0.25%/2013.12.12 至 2018.12.12/低毒
卫生 蚊 / 点燃
WP20080431 电热蚊香片/13毫克/片/电热蚊香片/炔丙菊酯 13毫克/片/2013.12.15 至 2018.12.15/低毒
卫生 蚊 / 电热加温
WP20080475 电热蚊香液/0.86%/电热蚊香液/炔丙菊酯 0.86%/2013.12.16 至 2018.12.16/低毒
卫生 蚊 / 电热加温

浙江省杭州宇龙化工有限公司 （浙江省杭州市余杭区塘栖镇张家墩路172号 311106 0571-89188333)

PD20081506 苯醚甲环唑/95%/原药/苯醚甲环唑 95%/2013.11.06 至 2018.11.06/低毒
PD20081928 甲氰·噻螨酮/7.5%/乳油/甲氰菊酯 6%、噻螨酮 1.5%/2013.11.21 至 2018.11.21/中等毒
苹果树 红蜘蛛 50-75毫克/千克 喷雾
PD20082161 精噁唑禾草灵/95%(92%)/原药/精噁唑禾草灵 95%(92%)/2013.11.26 至 2018.11.26/低毒
PD20082329 精噁唑禾草灵/6.9%/水乳剂/精噁唑禾草灵 6.9%/2013.12.05 至 2018.12.05/低毒
夏大豆田 一年生禾本科杂草 62.1-72.5克/公顷 茎叶喷雾
PD20083091 硫丹/350克/升/乳油/硫丹 350克/升/2013.12.10 至 2018.12.10/中等毒
棉花 棉铃虫 制剂量：1500-2420毫升/公顷 喷雾
烟草 蚜虫、烟青虫 制剂量：1000-1500毫升/公顷 喷雾
PD20083217 高效氯氟氰菊酯/2.5%/乳油/高效氯氟氰菊酯 2.5%/2013.12.11 至 2018.12.11/中等毒
十字花科蔬菜 菜青虫 7.5-11.25克/公顷 喷雾
PD20083313 戊唑醇/95%/原药/戊唑醇 95%/2013.12.11 至 2018.12.11/低毒
PD20083367 精噁唑禾草灵/10%/乳油/精噁唑禾草灵 10%/2013.12.11 至 2018.12.11/低毒
冬小麦田 一年生禾本科杂草 51.8-72.5克/公顷 茎叶喷雾
PD20083507 联苯菊酯/25克/升/乳油/联苯菊酯 25克/升/2013.12.12 至 2018.12.12/低毒
茶树 茶尺蠖 11.25-15克/公顷 喷雾
PD20083511 苄·二氯/40%/可湿性粉剂/苄嘧磺隆 5%、二氯喹啉酸 35%/2013.12.12 至 2018.12.12/低毒
水稻移栽田 一年生及部分多年生杂草 210-300克/公顷 喷雾
PD20083624 精噁唑禾草灵/7.5%/水乳剂/精噁唑禾草灵 7.5%/2013.12.12 至 2018.12.12/低毒
冬小麦田 一年生禾本科杂草 67.5-78.8克/公顷 茎叶喷雾
PD20084117 甲氰菊酯/20%/乳油/甲氰菊酯 20%/2013.12.16 至 2018.12.16/中等毒
十字花科蔬菜 菜青虫 75-90克/公顷 喷雾
PD20085955 腈菌·福美双/20%/可湿性粉剂/福美双 18%、腈菌唑 2%/2013.12.29 至 2018.12.29/低毒
小麦 白粉病 120-150克/公顷 喷雾
PD20090589 精噁唑禾草灵/6.9%/水乳剂/精噁唑禾草灵 6.9%/2014.01.14 至 2019.01.14/低毒
春小麦田 一年生禾本科杂草 72.5-82.8克/公顷 茎叶喷雾
冬小麦田 一年生禾本科杂草 62.1-72.5克/公顷 茎叶喷雾
PD20090740 敌畏·毒死蜱/35%/乳油/敌敌畏 25%、毒死蜱 10%/2014.01.19 至 2019.01.19/中等毒
棉花 棉铃虫 367.5-472.5克/公顷 喷雾
水稻 稻纵卷叶螟 420-525克/公顷 喷雾
小麦 蚜虫 157.5-262.5克/公顷 喷雾
PD20090741 腈菌唑/5%/乳油/腈菌唑 5%/2014.01.19 至 2019.01.19/低毒
黄瓜 白粉病 22.5-30克/公顷 喷雾
梨树 黑星病 1500-2000倍液 喷雾
香蕉 叶斑病 1000-1500倍液 喷雾
PD20100421 稻瘟灵/40%/乳油/稻瘟灵 40%/2015.01.14 至 2020.01.14/低毒
水稻 稻瘟病 562.5—675克/公顷 喷雾
PD20101457 毒死蜱/45%/乳油/毒死蜱 45%/2015.05.04 至 2020.05.04/中等毒
水稻 稻纵卷叶螟 576-720克/公顷 喷雾
PD20111318 四氟醚唑/95%/原药/四氟醚唑 95%/2011.12.05 至 2016.12.05/低毒
PD20111433 炔草酯/97%/原药/炔草酯 97%/2011.12.28 至 2016.12.28/低毒
PD20120176 炔草酯/15%/可湿性粉剂/炔草酯 15%/2012.01.30 至 2017.01.30/低毒
小麦田 一年生禾本科杂草 45-60克/公顷 茎叶喷雾
PD20120347 氟环唑/12.5%/悬浮剂/氟环唑 12.5%/2012.02.23 至 2017.02.23/低毒
水稻 稻曲病、纹枯病 75-93.75克/公顷 喷雾
香蕉 叶斑病 140.55—187.5克/公顷 喷雾
小麦 白粉病 90-112.5克/公顷 喷雾
PD20120547 苯醚甲环唑/250克/升/乳油/苯醚甲环唑 250克/升/2012.03.28 至 2017.03.28/低毒
苹果树 斑点落叶病 55.6-100毫克/千克 喷雾

PD20120593 苯甲·丙环唑/300克/升/乳油/苯醚甲环唑 150克/升、丙环唑 150克/升/2012.04.11 至 2017.04.11/低毒
水稻 纹枯病 67.5-135克/公顷 喷雾
PD20130058 苯醚甲环唑/10%/微乳剂/苯醚甲环唑 10%/2013.01.07 至 2018.01.07/低毒
苹果树 斑点落叶病 67-100毫克/千克 喷雾
PD20130124 阿维·毒死蜱/15%/乳油/阿维菌素 0.1%、毒死蜱 14.9%/2013.01.17 至 2018.01.17/低毒(原药高毒)
水稻 稻纵卷叶螟 135－225克/公顷 喷雾
PD20130358 戊菌唑/10%/乳油/戊菌唑 10%/2013.03.11 至 2018.03.11/低毒
葡萄 白粉病 25-50mg/kg 喷雾
PD20130363 戊菌唑/97%/原药/戊菌唑 97%/2013.03.11 至 2018.03.11/低毒
PD20130446 四氟醚唑/12.5%/水乳剂/四氟醚唑 12.5%/2013.03.18 至 2018.03.18/低毒
草莓 白粉病 40-50克/公顷 喷雾
PD20130644 嘧菌酯/95%/原药/嘧菌酯 95%/2013.04.05 至 2018.04.05/低毒
PD20132085 草铵膦/200克/升/水剂/草铵膦 200克/升/2013.10.24 至 2018.10.24/低毒
柑橘园 杂草 600－900克/公顷 定向茎叶喷雾
PD20140768 炔草酯/15%/微乳剂/炔草酯 15%/2014.03.24 至 2019.03.24/低毒
冬小麦田 一年生禾本科杂草 45-67.5克/公顷 茎叶喷雾
PD20140774 嘧菌酯/25%/悬浮剂/嘧菌酯 25%/2014.03.25 至 2019.03.25/低毒
葡萄 霜霉病 125-250毫克/千克 喷雾
PD20141129 苯甲·嘧菌酯/325克/升/悬浮剂/苯醚甲环唑 125克/升、嘧菌酯 200克/升/2014.04.28 至 2019.04.28/低毒
西瓜 炭疽病 195-243.75克/公顷 喷雾
PD20141130 噻呋酰胺/240克/升/悬浮剂/噻呋酰胺 240克/升/2014.04.28 至 2019.04.28/低毒
水稻 纹枯病 47-83克/公顷 喷雾
PD20141424 烯酰吗啉/40%/悬浮剂/烯酰吗啉 40%/2014.06.06 至 2019.06.06/低毒
葡萄 霜霉病 166.7-250毫克/千克 喷雾
PD20142400 噻呋·苯醚甲/27.8%/悬浮剂/苯醚甲环唑 13.9%、噻呋酰胺 13.9%/2014.11.13 至 2019.11.13/低毒
水稻 纹枯病 102.2～112.6克/公顷 喷雾
PD20150560 噻呋酰胺/98%/原药/噻呋酰胺 98%/2015.03.24 至 2020.03.24/低毒
PD20150772 己唑醇/5%/悬浮剂/己唑醇 5%/2015.05.13 至 2020.05.13/低毒
番茄 灰霉病 56.25-112.5克/公顷 喷雾
PD20151890 啶酰菌胺/50%/水分散粒剂/啶酰菌胺 50%/2015.08.30 至 2020.08.30/低毒
草莓 灰霉病 225-337.5克/公顷 喷雾
番茄 灰霉病 225-375克/公顷 喷雾
葡萄 灰霉病 333-1000毫克/千克 喷雾
PD20151894 戊菌唑/10%/水乳剂/戊菌唑 10%/2015.08.30 至 2020.08.30/低毒
葡萄 白粉病 25-50毫克/千克 喷雾
PD20151982 苯醚甲环唑/40%/悬浮剂/苯醚甲环唑 40%/2015.08.30 至 2020.08.30/低毒
香蕉 叶斑病 114.5-125毫克/千克 喷雾
PD20152008 嘧肟·氰氟草/9%/微乳剂/嘧啶肟草醚 2%、氰氟草酯 7%/2015.08.31 至 2020.08.31/低毒
直播水稻田 一年生杂草 108-162克/公顷 茎叶喷雾
PD20152067 灭草松/480克/升/水剂/灭草松 480克/升/2015.09.07 至 2020.09.07/低毒
直播水稻田 莎草及阔叶杂草 1080-1440克/公顷 喷雾
PD20152119 咯菌腈/98%/原药/咯菌腈 98%/2015.09.22 至 2020.09.22/低毒

浙江省杭州运达农药制造有限公司 (浙江省杭州市余杭区塘栖镇莫家桥 311106 0571-86323383)

PD20083771 噻嗪酮/25%/可湿性粉剂/噻嗪酮 25%/2013.12.15 至 2018.12.15/低毒
水稻 稻飞虱 75-112.5克/公顷 喷雾
PD20092708 草甘膦异丙胺盐/41%/水剂/草甘膦异丙胺盐 41%/2014.03.03 至 2019.03.03/低毒
柑橘园 杂草 1125-2250克/公顷 定向茎叶喷雾

浙江省湖州荣盛农药化工有限公司 (浙江省湖州市南浔区菱湖镇人民北路131号 313018 0572-3942558)

PD20082762 草甘膦/95%/原药/草甘膦 95%/2013.12.08 至 2018.12.08/低毒
PD20082798 草甘膦异丙胺盐/41%/水剂/草甘膦异丙胺盐 41%/2013.12.09 至 2018.12.09/低毒
柑橘园 一年生及部分多年生杂草 1125-2250克/公顷 定向茎叶喷雾
PD20083722 三乙膦酸铝/95%/原药/三乙膦酸铝 95%/2013.12.15 至 2018.12.15/低毒
PD20084378 噻螨酮/98%/原药/噻螨酮 98%/2013.12.17 至 2018.12.17/低毒
PD20093266 噻螨酮/5%/乳油/噻螨酮 5%/2014.03.11 至 2019.03.11/低毒
柑橘树 红蜘蛛 12.5-16.7毫克/千克 喷雾
PD20100917 高效氯氟氰菊酯/25克/升/乳油/高效氯氟氰菊酯 25克/升/2015.01.19 至 2020.01.19/中等毒
棉花 棉铃虫 18.75-28.125克/公顷 喷雾
PD20130297 草甘膦铵盐/68%/可溶粒剂/草甘膦 68%/2013.02.26 至 2018.02.26/低毒
柑橘园 杂草 1120-2240克/公顷 定向茎叶喷雾
注:草甘膦铵盐含量: 74.7%。
PD20141211 阿维菌素/1.8%/乳油/阿维菌素 1.8%/2014.05.06 至 2019.05.06/低毒(原药高毒)
柑橘树 潜叶蛾 3.6-4.5毫克/千克 喷雾

浙江省乐斯化学有限公司 (浙江省乐清市磐石镇磐南村 325602 0577-61609982)

PD20080355 炔螨特/91%/原药/炔螨特 91%/2013.02.28 至 2018.02.28/低毒
PD20082494 炔螨特/73%/乳油/炔螨特 73%/2013.12.03 至 2018.12.03/低毒
柑橘树 红蜘蛛 292-365毫克/千克 喷雾
PD20085492 二甲戊灵/98%/原药/二甲戊灵 98%/2013.12.25 至 2018.12.25/低毒
PD20090279 阿维·苏云菌/可湿性粉剂/阿维菌素 0.18%、苏云金杆菌 100亿活芽孢/克/2014.01.09 至 2019.01.09/低毒(原药高毒)
十字花科蔬菜 小菜蛾 600-750克制剂/公顷 喷雾
PD20097633 咪鲜胺/95%/原药/咪鲜胺 95%/2014.11.03 至 2019.11.03/低毒
PD20098187 咪鲜胺/25%/乳油/咪鲜胺 25%/2014.12.14 至 2019.12.14/低毒
水稻 恶苗病 62.5-125毫克/千克 浸种
茭白 胡麻叶斑病 187.5-300克/公顷 喷雾
PD20100199 二甲戊灵/330克/升/乳油/二甲戊灵 330克/升/2015.01.05 至 2020.01.05/低毒
甘蓝 杂草 495-742.5克/公顷 土壤喷雾
PD20121191 苯嗪草酮/98%/原药/苯嗪草酮 98%/2012.08.06 至 2017.08.06/低毒
注:专供出口，不得在国内销售。
PD20141534 草铵膦/95%/原药/草铵膦 95%/2014.06.17 至 2019.06.17/低毒
PD20141859 二甲戊灵/450克/升/微囊悬浮剂/二甲戊灵 450克/升/2014.07.24 至 2019.07.24/低毒
甘蓝田 一年生杂草 742.5-945.0克/公顷 土壤喷雾
PD20142262 氨磺乐灵/96%/原药/氨磺乐灵 96%/2014.10.20 至 2019.10.20/低毒
注:专供出口，不得在国内销售。
PD20142315 咪鲜胺/450克/升/水乳剂/咪鲜胺 450克/升/2014.11.03 至 2019.11.03/低毒
香蕉(果实) 冠腐病、炭疽病 250—500毫克/千克 浸果
LS20140189 噻虫啉/1%/微囊粉剂/噻虫啉 1%/2015.05.06 至 2016.05.06/低毒
松树 天牛 45-60克/公顷 喷粉
LS20140197 噻虫啉/3%/微囊悬浮剂/噻虫啉 3%/2015.05.06 至 2016.05.06/低毒
松树 天牛 15-30毫克/千克 喷雾

浙江省临海市建新化工有限公司 (浙江省台州市临海市商检大楼四层 317000 0576-5135553)

PD84122-2 溴甲烷/99%/原药/溴甲烷 99%/2014.12.17 至 2018.12.31/高毒
土壤 根结线虫 500-750千克/公顷 土壤熏蒸

浙江省宁波舜宏化工有限公司 (浙江省宁波市余姚市世南东路以东 315400 0574-62707897)

PD20050101 杀虫单/95%/原药/杀虫单 95%/2010.07.28 至 2015.07.28/中等毒
PD20101202 杀虫安/18%/水剂/杀虫安 18%/2010.02.09 至 2015.02.09/低毒
水稻 稻纵卷叶螟、二化螟 450-600克/公顷 喷雾
PD20101284 杀虫安/50%/可溶粉剂/杀虫安 50%/2010.03.10 至 2015.03.10/中等毒
水稻 稻纵卷叶螟、二化螟 375-525克/公顷 喷雾
PD20101322 噻嗪·杀虫安/42%/可湿性粉剂/噻嗪酮 6.8%、杀虫安 35.2%/2010.03.17 至 2015.03.17/中等毒
水稻 稻飞虱、二化螟 504-630克/公顷 喷雾

浙江省上虞市银邦化工有限公司 (浙江省上虞市上虞港精细化工园区东进一号桥 312369 0575-2738118)

PD20080339 噁霉灵/95%/原药/噁霉灵 95%/2013.02.26 至 2018.02.26/低毒
PD20081724 高效氯氟氰菊酯/95%/原药/高效氯氟氰菊酯 95%/2013.11.18 至 2018.11.18/中等毒
PD20082747 烯草酮/90%/原药/烯草酮 90%/2013.12.08 至 2018.12.08/低毒
PD20083073 联苯菊酯/95%/原药/联苯菊酯 95%/2013.12.10 至 2018.12.10/中等毒
PD20096289 毒死蜱/95%/原药/毒死蜱 95%/2014.07.22 至 2019.07.22/中等毒
PD20096965 烟嘧磺隆/95%/原药/烟嘧磺隆 95%/2014.09.29 至 2019.09.29/低毒
PD20100408 草甘膦/95%/原药/草甘膦 95%/2015.01.14 至 2020.01.14/低毒
PD20100761 戊唑醇/95%/原药/戊唑醇 95%/2015.01.18 至 2020.01.18/低毒
PD20101120 毒死蜱/480克/升/乳油/毒死蜱 480克/升/2010.01.25 至 2015.01.25/中等毒
水稻 二化螟 432-576克/公顷 喷雾
水稻 稻纵卷叶螟 504-648克/公顷 喷雾
PD20110598 联苯肼酯/97%/原药/联苯肼酯 97%/2011.05.30 至 2016.05.30/低毒
PD20110774 砜嘧磺隆/99%/原药/砜嘧磺隆 99%/2011.07.25 至 2016.07.25/低毒
PD20120312 己唑醇/5%/悬浮剂/己唑醇 5%/2012.02.17 至 2017.02.17/低毒
水稻 纹枯病 60-75克/公顷 喷雾
PD20121140 吡虫啉/95%/原药/吡虫啉 95%/2012.07.20 至 2017.07.20/中等毒
PD20121618 甲氧虫酰肼/98.5%/原药/甲氧虫酰肼 98.5%/2012.10.30 至 2017.10.30/低毒
PD20121858 甲氧虫酰肼/24%/悬浮剂/甲氧虫酰肼 24%/2012.11.28 至 2017.11.28/低毒
水稻 二化螟 70-100克/公顷 喷雾
PD20140765 吡蚜酮/50%/可湿性粉剂/吡蚜酮 50%/2014.03.24 至 2019.03.24/低毒
水稻 稻飞虱 60-90克/公顷 喷雾
PD20140830 砜嘧磺隆/25%/水分散粒剂/砜嘧磺隆 25%/2014.04.08 至 2019.04.08/低毒
玉米田 一年生杂草 18.75-26.25克/公顷 茎叶喷雾
PD20141312 吡蚜酮/25%/可湿性粉剂/吡蚜酮 25%/2014.05.30 至 2019.05.30/低毒
水稻 稻飞虱 90-105克/公顷 喷雾
PD20141313 吡蚜·毒死蜱/25%/可湿性粉剂/吡蚜酮 10%、毒死蜱 15%/2014.05.30 至 2019.05.30/低毒

水稻 稻飞虱 112.5-187.5克/公顷 喷雾
LS20140204 噻虫·吡蚜酮/50%/可湿性粉剂/吡蚜酮 17%、噻虫嗪 33%/2015.06.16 至 2016.06.16/低毒
水稻 稻飞虱 75-90克/公顷 喷雾
LS20140205 阿维·甲虫肼/10%/悬浮剂/阿维菌素 2%、甲氧虫酰肼 8%/2015.06.16 至 2016.06.16/低毒(原药高毒)
水稻 二化螟 60-75克/公顷 喷雾

浙江省绍兴市东湖生化有限公司 (浙江省绍兴市斗门镇马海 312074 0575-8030502)

PD84125-12 乙烯利/40%/水剂/乙烯利 40%/2014.12.29 至 2019.12.29/低毒
番茄 催熟 800-1000倍液 喷雾或浸渍
棉花 催熟、增产 330-500倍液 喷雾
柿子、香蕉 催熟 400倍液 喷雾或浸渍
水稻 催熟、增产 800倍液 喷雾
橡胶树 增产 5-10倍液 涂布
烟草 催熟 1000-2000倍液 喷雾
PD20070321 矮壮素/98%/原药/矮壮素 98%/2012.09.27 至 2017.09.27/低毒
PD20070484 咪鲜胺/98%/原药/咪鲜胺 98%/2012.11.28 至 2017.11.28/低毒
PD20080016 霜脲氰/98%/原药/霜脲氰 98%/2013.01.03 至 2018.01.03/低毒
PD20086121 乙烯利/91%/原药/乙烯利 91%/2013.12.30 至 2018.12.30/低毒
PD20095390 矮壮素/50%/水剂/矮壮素 50%/2014.04.27 至 2019.04.27/低毒
番茄 调节生长 500-666.7毫克/千克 喷雾
棉花 调节生长 35-50毫克/千克 喷雾
小麦 调节生长 1000-1666.7毫克/千克 喷雾
PD20141378 乙烯利/5%/膏剂/乙烯利 5%/2014.06.04 至 2019.06.04/微毒
橡胶树 增产 0.04-0.08克/株 涂抹

浙江省绍兴市幸运胶囊化学有限公司 (浙江省绍兴市斗门镇西园路12号 3312071 0575-8037673)

WP20080345 杀蟑饵片/1%/饵片/乙酰甲胺磷 1%/2013.12.09 至 2018.12.09/微毒
卫生 蜚蠊 / 投放

浙江省绍兴天诺农化有限公司 (浙江省诸暨市枫桥镇学勉路99号 311811 0575-7041188)

PD20085959 氰戊·敌敌畏/25%/乳油/敌敌畏 20%、氰戊菊酯 5%/2013.12.29 至 2018.12.29/中等毒
十字花科蔬菜 蚜虫 150-262.5克/公顷 喷雾
PD20091541 丁硫·毒死蜱/5%/颗粒剂/丁硫克百威 1%、毒死蜱 4%/2014.02.03 至 2019.02.03/低毒
花生 根结线虫 2250-3750克/公顷 沟施或穴施
PD20096373 氯溴异氰尿酸/50%/可溶粉剂/氯溴异氰尿酸 50%/2014.08.04 至 2019.08.04/低毒
水稻 白叶枯病 165-420克/公顷 喷雾
PD20100244 丁硫克百威/35%/种子处理干粉剂/丁硫克百威 35%/2015.01.11 至 2020.01.11/中等毒
水稻(育秧苗) 蓟马 1：84-111(药种比) 拌种
PD20131434 草铵膦/200克/升/水剂/草铵膦 200克/升/2013.07.03 至 2018.07.03/低毒
非耕地 杂草 600-900克/公顷 茎叶喷雾
PD20150789 己唑醇/30%/悬浮剂/己唑醇 30%/2015.05.13 至 2020.05.13/微毒
水稻 纹枯病 58.5－72克/公顷 喷雾
LS20130473 高效氯氰菊酯/2%/颗粒剂/高效氯氰菊酯 2%/2015.10.24 至 2016.10.24/低毒
甘蓝 蛴螬 750-1050克/公顷 毒土法
WP20120110 杀蟑饵剂/1.5%/饵剂/乙酰甲胺磷 1.5%/2012.06.14 至 2017.06.14/低毒
卫生 蜚蠊 / 投放

浙江省台州市红梦实业有限公司 (浙江省台州市路桥区马铺工业区 318050 0576-2424589)

WP20090038 电热蚊香液/0.86%/电热蚊香液/富右旋反式炔丙菊酯 0.86%/2014.01.15 至 2019.01.15/微毒
卫生 蚊 / 电热加温
WP20100137 电热蚊香片/10毫克/片/电热蚊香片/炔丙菊酯 10毫克/片/2015.11.03 至 2020.11.03/微毒
卫生 蚊 / 电热加温
WP20110215 蚊香/0.3%/蚊香/富右旋反式烯丙菊酯 0.3%/2011.09.20 至 2016.09.20/微毒
卫生 蚊 / 点燃
WP20110243 杀虫气雾剂/0.55%/气雾剂/胺菊酯 0.3%、高效氯氰菊酯 0.05%、氯菊酯 0.2%/2011.10.27 至 2016.10.27/微毒
卫生 蚊、蝇、蜚蠊 / 喷雾

浙江省台州市黄岩永宁农药化工有限公司 (浙江省台州市黄岩区海棠新村1幢1单元102室 318020 0576-84259598)

PD86166-3 倍硫磷原油/95%/原药/倍硫磷 95%/2012.06.28 至 2017.06.28/中等毒
PD86167-2 倍硫磷/50%/乳油/倍硫磷 50%/2012.06.28 至 2017.06.28/中等毒
大豆 食心虫 562.5-1125克/公顷 喷雾
果树 桃小食心虫 1000-2000倍液 喷雾
棉花 棉铃虫、蚜虫 375-750克/公顷 喷雾
蔬菜 蚜虫 375克/公顷 喷雾
水稻 螟虫 1)562.5-1125克/公顷 2)1125克/公顷 1)喷雾2)泼浇、毒土
甜菜 叶蝇 375-562.5克/公顷 喷雾
小麦 吸浆虫 562.5克/公顷 喷雾

PD86175-12　乙酰甲胺磷/97%/原药/乙酰甲胺磷 97%/2012.06.28 至 2017.06.28/低毒

PD86176-3　乙酰甲胺磷/30%/乳油/乙酰甲胺磷 30%/2012.06.28 至 2017.06.28/低毒

作物	防治对象	用药量	施用方法
柑橘树	介壳虫、螨	500-1000倍液	喷雾
果树	食心虫	500-1000倍液	喷雾
棉花	棉铃虫、蚜虫	450-900克/公顷	喷雾
蔬菜	菜青虫、蚜虫	337.5-540克/公顷	喷雾
水稻	螟虫、叶蝉	562.5-1012.5克/公顷	喷雾
小麦、玉米	黏虫、玉米螟	540-1080克/公顷	喷雾
烟草	烟青虫	450-900克/公顷	喷雾

PD20060213　杀螟硫磷/95%/原药/杀螟硫磷 95%/2011.12.26 至 2016.12.26/中等毒

浙江省桐庐汇丰生物科技有限公司　(浙江省杭州市桐庐县桐庐镇洋塘路311号　311500　0571-64611738)

PD85131-2　井冈霉素/2.4%,4%/水剂/井冈霉素A 2.4%,4%/2015.07.29 至 2020.07.29/低毒

作物	防治对象	用药量	施用方法
水稻	纹枯病	150-187.5克/公顷	喷雾,泼浇

注:井冈霉素含量：3%，5%。

PD86109-23　苏云金杆菌/16000IU/毫克/可湿性粉剂/苏云金杆菌 16000IU/毫克/2011.11.22 至 2016.11.22/低毒

作物	防治对象	用药量	施用方法
白菜、萝卜、青菜	菜青虫、小菜蛾	1500-4500克制剂/公顷	喷雾
茶树	茶毛虫	1500-7500克制剂/公顷	喷雾
大豆、甘薯	天蛾	1500-2250克制剂/公顷	喷雾
柑橘树	柑橘凤蝶	2250-3750克制剂/公顷	喷雾
高粱、玉米	玉米螟	3750-4500克制剂/公顷	喷雾、毒土
辣椒	烟青虫	1500-2250克制剂/公顷	喷雾
梨树	天幕毛虫	1500-3750克制剂/公顷	喷雾
林木	尺蠖、柳毒蛾、松毛虫	2250-7500克制剂/公顷	喷雾
棉花	棉铃虫、造桥虫	1500-7500克制剂/公顷	喷雾
苹果树	巢蛾	2250-3750克制剂/公顷	喷雾
水稻	稻苞虫、稻纵卷叶螟	1500-6000克制剂/公顷	喷雾
烟草	烟青虫	3750-7500克制剂/公顷	喷雾
枣树	尺蠖	3750-4500克制剂/公顷	喷雾

PD86139-2　井冈霉素/5%/水溶粉剂/井冈霉素 5%/2012.08.27 至 2017.08.27/低毒

作物	防治对象	用药量	施用方法
水稻	纹枯病	75-112.5克/公顷	喷雾、泼浇

PD88109-5　井冈霉素/20%/水溶粉剂/井冈霉素 20%/2013.12.16 至 2018.12.16/低毒

作物	防治对象	用药量	施用方法
水稻	纹枯病	150-187.5克/公顷	喷雾、泼浇

PD93106-2　井冈霉素/10%/水剂/井冈霉素 10%/2013.08.26 至 2018.08.26/低毒

作物	防治对象	用药量	施用方法
水稻	纹枯病	75-112.5克/公顷	喷雾、泼浇

PD20081416　井冈霉素A/64%/原药/井冈霉素A 64%/2013.10.29 至 2018.10.29/低毒

PD20082833　井冈霉素/10%/可溶粉剂/井冈霉素A 10%/2013.12.09 至 2018.12.09/低毒

作物	防治对象	用药量	施用方法
水稻	纹枯病	52.5-75克/公顷	喷雾

PD20083081　噻嗪·异丙威/25%/可湿性粉剂/噻嗪酮 7%、异丙威 18%/2013.12.10 至 2018.12.10/中等毒

作物	防治对象	用药量	施用方法
水稻	稻飞虱	150-225克/公顷	喷雾

PD20083567　井冈霉素/15%/可溶粉剂/井冈霉素A 15%/2013.12.12 至 2018.12.12/低毒

作物	防治对象	用药量	施用方法
水稻	纹枯病	52.5-75克/公顷	喷雾

PD20083577　井冈霉素/60%/可溶粉剂/井冈霉素A 60%/2013.12.12 至 2018.12.12/低毒

作物	防治对象	用药量	施用方法
水稻	纹枯病	52.5-75克/公顷	喷雾

PD20085758　毒死蜱/480克/升/乳油/毒死蜱 480克/升/2013.12.29 至 2018.12.29/中等毒

作物	防治对象	用药量	施用方法
水稻	稻纵卷叶螟、三化螟	576-720克/公顷	喷雾

PD20090119　井冈霉素/5%/可溶粉剂/井冈霉素A 5%/2014.01.08 至 2019.01.08/低毒

作物	防治对象	用药量	施用方法
水稻	纹枯病	52.5-75克/公顷	喷雾

PD20090186　井冈·噻嗪酮/30%/可湿性粉剂/井冈霉素 14.3%、噻嗪酮 15.7%/2014.01.08 至 2019.01.08/低毒

作物	防治对象	用药量	施用方法
水稻	飞虱	157.5-189克/公顷	喷雾

PD20092299　仲丁威/20%/乳油/仲丁威 20%/2014.02.24 至 2019.02.24/低毒

作物	防治对象	用药量	施用方法
水稻	稻飞虱	2250-3000克/公顷	喷雾

PD20093382　井冈·蜡芽菌/12%/水剂/井冈霉素 2%、蜡质芽孢杆菌 10%/2014.03.19 至 2019.03.19/低毒

作物	防治对象	用药量	施用方法
水稻	纹枯病	360-450克/公顷	喷雾

PD20095232　井冈·蜡芽菌/37%/可湿性粉剂/井冈霉素 5%、蜡质芽孢杆菌 32%/2014.04.27 至 2019.04.27/低毒

作物	防治对象	用药量	施用方法
水稻	纹枯病	360.75-444克/公顷	喷雾
水稻	稻曲病	277.5-360.75克/公顷	喷雾

PD20096844　多粘类芽孢杆菌/0.1亿cfu/克/细粒剂/多粘类芽孢杆菌 0.1亿CFU/克/2014.09.21 至 2019.09.21/微毒

作物	防治对象	用药量	施用方法
番茄、辣椒、茄子、烟草	青枯病	制剂：1)300倍液2)0.3克/平方米 3)15750-21000克/公顷	1)浸种2)苗床泼浇 3)灌根

PD20101365　嘧啶核苷类抗菌素/4%/水剂/嘧啶核苷类抗菌素 4%/2015.04.08 至 2020.04.08/低毒

作物	防治对象	用药量	施用方法
菜瓜	白粉病	400倍液	喷雾
水稻	稻曲病、纹枯病	150-180克/公顷	喷雾

PD20101739　井冈·嘧苷素/3%/水剂/井冈霉素 2%、嘧啶核苷类抗菌素 1%/2015.06.28 至 2020.06.28/低毒

水稻 稻曲病 180-225克/公顷 喷雾
水稻 纹枯病 90-112.5克/公顷 喷雾
PD20111448 噻嗪·杀虫单/25%/可湿性粉剂/噻嗪酮 5%、杀虫单 20%/2011.12.30 至 2016.12.30/中等毒
水稻 稻飞虱 300-450克/公顷 喷雾
PD20120865 井冈·嘧苷素/6%/水剂/井冈霉素 5%、嘧啶核苷类抗菌素 1%/2012.05.23 至 2017.05.23/低毒
白术 白绢病 360-450克/公顷 喷淋
水稻 纹枯病 90-162克/公顷 喷雾
水稻 稻曲病 180-225克/公顷 喷雾
PD20121999 嘧啶核苷类抗菌素/4/水剂/嘧啶核苷类抗菌素 4%/2012.12.19 至 2017.12.19/—
菜瓜 白粉病 / /
水稻 纹枯病 150—180克/公顷 喷雾
PD20130758 井冈·戊唑醇/14%/可湿性粉剂/井冈霉素A 10%、戊唑醇 4%/2013.04.16 至 2018.04.16/低毒
水稻 纹枯病 63-105克/公顷 喷雾
水稻 稻曲病 95-137克/公顷 喷雾
PD20130871 井冈·蜡芽菌///水剂/井冈霉素A 6%、蜡质芽孢杆菌 1亿CFU/克/2013.04.24 至 2018.04.24/低毒
水稻 稻曲病 125-150毫升/亩 喷雾
水稻 纹枯病 85-100毫升/亩 喷雾
PD20130887 井冈霉素/13%/水剂/井冈霉素A 13%/2013.04.25 至 2018.04.25/低毒
辣椒 立枯病 0.1-0.15克/平方米 泼浇
水稻 纹枯病 82-98克/公顷 喷雾
水稻 稻曲病 68-98克/公顷 喷雾
PD20131195 井冈·多粘菌///可湿性粉剂/多粘类芽孢杆菌 1亿CFU/克、井冈霉素A 10%/2013.05.27 至 2018.05.27/低毒
水稻 纹枯病 40-60剂/公顷(制剂量) 喷雾
PD20131219 井冈霉素/28%/可溶粉剂/井冈霉素A 28%/2013.05.28 至 2018.05.28/低毒
水稻 稻曲病 126-168克/公顷 喷雾
水稻 纹枯病 60-70克/公顷 喷雾
PD20132504 井冈·硫酸铜/4.5%/水剂/井冈霉素A 4%、硫酸铜 0.5%/2013.12.12 至 2018.12.12/低毒
水稻 纹枯病 68-78克/公顷 喷雾
PD20140273 多粘类芽孢杆菌/10亿CFU/克/可湿性粉剂/多粘类芽孢杆菌 10亿CFU/克/2014.02.12 至 2019.02.12/微毒
番茄 青枯病 1)100倍 2)3000倍 3)440-680克/亩 1)浸种 2)泼浇 3)灌根
黄瓜 角斑病 100-200克/亩 喷雾
西瓜 枯萎病 1)100倍 2)3000倍 3)440-680克/亩 1)浸种2)泼浇 3)灌根
西瓜 炭疽病 100-200克/亩 喷雾
PD20140421 多粘类芽孢杆菌/50亿CUF/克/原药/多粘类芽孢杆菌 50亿CFU/克/2014.02.24 至 2019.02.24/微毒
PD20141812 嘧菌酯/25%/悬浮剂/嘧菌酯 25%/2014.07.14 至 2019.07.14/低毒
葡萄 霜霉病 166.7—250毫克/千克 喷雾
PD20142272 海洋芽孢杆菌/50亿CFU/克/原药/海洋芽孢杆菌 50亿CFU/克/2014.10.20 至 2019.10.20/低毒
PD20142273 海洋芽孢杆菌/10亿cfu/克/可湿性粉剂/海洋芽孢杆菌 10亿CFU/克/2014.10.20 至 2019.10.20/低毒
番茄 青枯病 1)30倍液;2)7500-9300克/公顷 1)苗床泼浇;2)灌根
黄瓜 灰霉病 1500-3000克/公顷 喷雾
PD20150337 枯草芽孢杆菌/10000亿CFU/克/母药/枯草芽孢杆菌 10000亿CFU/克/2015.03.03 至 2020.03.03/低毒
PD20151174 井冈·噻呋/16%/悬浮剂/井冈霉素A 13%、噻呋酰胺 3%/2015.06.26 至 2020.06.26/低毒
水稻 纹枯病 72-96克/公顷 喷雾
PD20152335 氟唑·嘧苷素/36%/悬浮剂/氟环唑 30%、嘧啶核苷类抗菌素 6%/2015.10.22 至 2020.10.22/低毒
水稻 稻曲病、纹枯病 97.2-108克/公顷 喷雾
PD20152549 氟环唑/30%/悬浮剂/氟环唑 30%/2015.12.05 至 2020.12.05/低毒
水稻 稻曲病、纹枯病 67.5-112.5克/公顷 喷雾
PD20152650 赤霉酸/40%/可溶粒剂/赤霉酸 40%/2015.12.19 至 2020.12.19/微毒
水稻 调节生长 20-25毫克/千克 喷雾
LS20150073 噻呋·嘧苷素/18%/悬浮剂/嘧啶核苷类抗菌素 6%、噻呋酰胺 12%/2015.04.15 至 2016.04.15/低毒
水稻 稻曲病、纹枯病 81-94.5克/公顷 喷雾
LS20150284 氟唑·嘧苷素/36%/悬浮剂/氟环唑 30%、嘧啶核苷类抗菌素 6%/2015.09.22 至 2016.09.22/低毒
水稻 稻曲病、纹枯病 97.2-108克/公顷 喷雾
LS20150306 井冈·枯芽菌/20%/可湿性粉剂/井冈霉素A 20%、枯草芽孢杆菌 200亿CFU/克/2015.10.21 至 2016.10.21/低毒
水稻 稻曲病、纹枯病 90-105克/公顷 喷雾

浙江省温州市展农化工农药厂 (浙江省温州市永中镇青山 325024 0577-86371707)

PD84118-39 多菌灵/25%/可湿性粉剂/多菌灵 25%/2010.01.04 至 2015.01.04/低毒
果树 病害 0.05-0.1%药液 喷雾
花生 倒秧病 750克/公顷 喷雾
麦类 赤霉病 750克/公顷 喷雾,泼浇

棉花　苗期病害　500克/100千克种子　拌种
水稻　稻瘟病、纹枯病　750克/公顷　喷雾, 泼浇
油菜　菌核病　1125-1500克/公顷　喷雾
PD86153-4　叶枯唑/20%/可湿性粉剂/叶枯唑 20%/2011.08.30 至 2016.08.30/低毒
水稻　白叶枯病　300-375克/公顷　喷雾、弥雾
PD20090976　噻嗪・杀虫单/25%/可湿性粉剂/噻嗪酮 5%、杀虫单 20%/2014.01.20 至 2019.01.20/低毒
水稻　稻飞虱　300-375克/公顷　喷雾
PD20091165　硫磺・三环唑/45%/可湿性粉剂/硫磺 40%、三环唑 5%/2014.01.22 至 2019.01.22/低毒
水稻　稻瘟病　810-1012.5克/公顷　喷雾
PD20091882　福・甲・硫磺/70%/可湿性粉剂/福美双 25%、甲基硫菌灵 14%、硫磺 31%/2014.02.09 至 2019.02.09/低毒
辣椒　炭疽病　840－1050克/公顷　喷雾
PD20093105　异稻・三环唑/20%/可湿性粉剂/三环唑 5%、异稻瘟净 15%/2014.03.09 至 2019.03.09/中等毒
水稻　稻瘟病　390-540克/公顷　喷雾
PD20095683　硫磺・多菌灵/25%/可湿性粉剂/多菌灵 10%、硫磺 15%/2014.05.15 至 2019.05.15/低毒
小麦　赤霉病　937.5-1125克/公顷　喷雾
PD20095912　硫磺・三唑酮/20%/可湿性粉剂/硫磺 15%、三唑酮 5%/2014.06.02 至 2019.06.02/低毒
小麦　白粉病　300-450克/公顷　喷雾

浙江省武义通用科技有限公司　(浙江省武义县新兴路189号　321200　0579-7623488)

WP20090011　蚊香/0.25%/蚊香/富右旋反式烯丙菊酯 0.25%/2014.01.06 至 2019.01.06/微毒
卫生　蚊　/　点燃

浙江省新昌县城关古塔化工厂　(浙江省绍兴市新昌县城关镇上石演村61号　312500　0575-6222322)

WP20080506　杀蟑烟剂/2.5%/烟剂/氯氰菊酯 2.5%/2013.12.22 至 2018.12.22/低毒
卫生　蜚蠊　/　点燃

浙江省新昌县恒达化工厂　(浙江省新昌城关长丘田　312500　0575-6120136)

WP20080028　杀蟑烟剂/2%/烟剂/氯氰菊酯 2%/2013.02.26 至 2018.02.26/低毒
卫生　蜚蠊　/　点燃
WP20080517　杀蟑笔剂/0.5%/笔剂/溴氰菊酯 0.5%/2013.12.23 至 2018.12.23/微毒
卫生　蜚蠊　/　涂抹

浙江省义乌市稠城夏宝日化厂　(浙江省义乌市稠城畈王田村　322000　0579-5625468)

WP20080421　电热蚊香液/2.6%/电热蚊香液/Es-生物烯丙菊酯 2.6%/2013.12.12 至 2018.12.12/低毒
卫生　蚊　/　电热加温
注:本品有三种香型：清香花香型、柠檬香型、熏衣草香型。
WP20080515　电热蚊香片/10毫克/片/电热蚊香片/炔丙菊酯 10毫克/片/2013.12.22 至 2018.12.22/低毒
卫生　蚊　/　电热加温
注:本品有三种香型：清香花香型、柠檬香型、熏衣草香型。
WP20080576　电热蚊香片/40毫克/片/电热蚊香片/右旋烯丙菊酯 40毫克/片/2013.12.29 至 2018.12.29/低毒
卫生　蚊　电热加温
WP20100102　电热蚊香片/20毫克/片/电热蚊香片/Es-生物烯丙菊酯 20毫克/片/2015.07.28 至 2020.07.28/微毒
卫生　蚊　电热加温
WP20130057　杀虫气雾剂/0.36%/气雾剂/胺菊酯 0.1%、氯菊酯 0.2%、氯氰菊酯 0.06%/2013.04.05 至 2018.04.05/微毒
卫生　蚊、蝇、蜚蠊(木)　/　喷雾
WP20130058　蚊香/0.28%/蚊香/富右旋反式烯丙菊酯 0.28%/2013.04.05 至 2018.04.05/微毒
卫生　蚊　/　点燃
WL20120046　电热蚊香液/0.4%/电热蚊香液/氯氟醚菊酯 0.4%/2014.08.10 至 2015.08.10/微毒
室内　蚊　/　电热加温

浙江省义乌市皇嘉生化有限公司　(浙江省金华市义乌市经济开发区城店路3号　322000　0579-5313890)

PD20080663　芸苔素内酯/0.15%/乳油/芸苔素内酯 0.15%/2013.05.27 至 2018.05.27/低毒
大豆　调节生长、增产　15000-20000倍液　喷雾
水稻　调节生长、增产　0.3-0.45毫克/千克　喷雾

浙江省永康市农药厂　(浙江省永康市西城区兴达四路8号　321300　0579-7381308)

PD20081497　苄嘧・苯噻酰/54%/可湿性粉剂/苯噻酰草胺 50%、苄嘧磺隆 4%/2013.11.05 至 2018.11.05/低毒
水稻抛秧田　部分多年生杂草、一年生杂草　364.5-445.5克/公顷(南方地区)　药土法
PD20085702　苄・丁/25%/细粒剂/苄嘧磺隆 1%、丁草胺 24%/2013.12.26 至 2018.12.26/低毒
水稻移栽田　一年生及部分多年生杂草　600-900克/公顷　毒土法
PD20150274　异丙甲・苄/0.1%/细粒剂/苄嘧磺隆 0.03%、异丙甲草胺 0.07%/2015.02.04 至 2020.02.04/低毒
移栽水稻田　一年生杂草　90-105克/公顷　撒施
注:本产品为药肥混剂。
LS20140211　异丙甲・苄/10%/细粒剂/苄嘧磺隆 3%、异丙甲草胺 7%/2015.07.14 至 2016.07.14/低毒
水稻移栽田　一年生杂草　97.5-120克/公顷　药土法

浙江省永康市西津卫生医药用品有限公司　(浙江省永康市城西工业区花海路18号　321300　0579-87176379)

WP20140127　四氟苯菊酯/0.05%/蚊香/四氟苯菊酯 0.05%/2014.06.05 至 2019.06.05/微毒
室内　蚊　/　点燃
WP20140133　电热蚊香片/12毫克/片/电热蚊香片/炔丙菊酯 12毫克/片/2014.06.09 至 2019.06.09/微毒

室内 蚊 / 电热加温

浙江省诸暨利国蚊香厂 （浙江省绍兴市诸暨市枫桥镇东和乡下姚村 311800 0575-7475917）

WP20090174 蚊香/0.3%/蚊香/富右旋反式烯丙菊酯 0.3%/2014.03.10 至 2019.03.10/低毒
卫生 蚊 / 点燃

浙江省诸暨市白蚁防制技术开发服务研究所 （浙江省绍兴市诸暨市暨阳街道滨江支路3幢 311800 0575-7014607）

WP20100133 杀蟑胶饵/2%/胶饵/残杀威 2%/2015.11.03 至 2020.11.03/低毒
卫生 蜚蠊 / 投放

浙江石原金牛农药有限公司 （浙江省杭州市经济技术开发区3号大街51号 310018 0571-86911312）

PD20081165 草甘膦异丙胺盐/41%/水剂/草甘膦异丙胺盐 41%/2013.09.11 至 2018.09.11/低毒
柑橘园 杂草 1107-2460克/公顷 定向茎叶喷雾

PD20081181 精吡氟禾草灵/15%/乳油/精吡氟禾草灵 15%/2013.09.11 至 2018.09.11/低毒
春大豆田 一年生禾本科杂草 112.5-157.5克/公顷 茎叶喷雾
冬油菜田 禾本科杂草 112.5-157.5克/公顷 茎叶喷雾
棉花田 一年生禾本科杂草 75-150克/公顷 喷雾

PD20082732 氟啶脲/50克/升/乳油/氟啶脲 50克/升/2013.12.08 至 2018.12.08/低毒
甘蓝 甜菜夜蛾、小菜蛾 30-60克/公顷 喷雾
柑橘 潜叶蛾 16.7-25毫克/千克 喷雾
韭菜 韭蛆 150-225克/公顷 药土法
棉花 棉铃虫 50-70克/公顷 喷雾

PD20095674 杀单·毒死蜱/50%/可湿性粉剂/毒死蜱 10%、杀虫单 40%/2014.05.14 至 2019.05.14/中等毒
水稻 稻纵卷叶螟 375-562.5克/公顷 喷雾
水稻 二化螟 525-750克/公顷 喷雾

PD20097986 噻唑膦/10%/颗粒剂/噻唑膦 10%/2014.12.01 至 2019.12.01/中等毒
番茄、黄瓜、西瓜 根结线虫 2250-3000克/公顷 土壤撒施

PD20098266 敌畏·毒死蜱/35%/乳油/敌敌畏 25%、毒死蜱 10%/2014.12.18 至 2019.12.18/中等毒
水稻 稻纵卷叶螟 420-525克/公顷 喷雾

PD20110066 烟嘧·莠去津/52%/可湿性粉剂/烟嘧磺隆 2%、莠去津 50%/2016.01.11 至 2021.01.11/低毒
玉米田 一年生杂草 780-1170克/公顷 茎叶喷雾

浙江世佳科技有限公司 （浙江省湖州市德清县新市工业园区 313201 0572-8668522）

PD20092537 毒死蜱/480克/升/乳油/毒死蜱 480克/升/2014.02.26 至 2019.02.26/中等毒
水稻 稻纵卷叶螟 450-600克/公顷 喷雾

PD20093082 高效氯氟氰菊酯/25克/升/乳油/高效氯氟氰菊酯 25克/升/2014.03.09 至 2019.03.09/中等毒
十字花科蔬菜 菜青虫 15-18.75克/公顷 喷雾

PD20093959 硫磺/80%/干悬浮剂/硫磺 80%/2014.03.27 至 2019.03.27/低毒
黄瓜 白粉病 2400-2800克/公顷 喷雾

PD20093960 草甘膦/95%/原药/草甘膦 95%/2014.03.27 至 2019.03.27/低毒

PD20094964 十三吗啉/99%/原药/十三吗啉 99%/2014.04.21 至 2019.04.21/低毒

PD20094991 十三吗啉/86%/油剂/十三吗啉 86%/2014.04.21 至 2019.04.21/低毒
橡胶树 红根病 20-30克/株 灌根

PD20097675 阿维菌素/1.8%/乳油/阿维菌素 1.8%/2014.11.04 至 2019.11.04/中等毒(原药高毒)
柑橘树 锈壁虱 2.25-4.5毫克/千克 喷雾
柑橘树 红蜘蛛、潜叶蛾 4.5-9毫克/千克 喷雾
黄瓜 美洲斑潜蝇 6.75-8.1克/公顷 喷雾
梨树 梨木虱 6-12毫克/千克 喷雾
苹果树 二斑叶螨 4.5-6毫克/千克 喷雾
苹果树 桃小食心虫 4.5-9毫克/千克 喷雾
苹果树 红蜘蛛 3-6毫克/千克 喷雾

PD20101347 啶虫脒/5%/乳油/啶虫脒 5%/2015.03.26 至 2020.03.26/低毒
柑橘树 蚜虫 10-12毫克/千克 喷雾

PD20101348 草甘膦异丙胺盐(41%)///水剂/草甘膦 30%/2015.03.26 至 2020.03.26/低毒
茶园 一年生和多年生杂草 1125-2250克/公顷 定向茎叶喷雾

PD20101481 苯甲·丙环唑/300克/升/乳油/苯醚甲环唑 150克/升、丙环唑 150克/升/2015.05.05 至 2020.05.05/低毒
水稻 纹枯病 60—120克/公顷 喷雾

PD20110221 苯醚甲环唑/10%/水分散粒剂/苯醚甲环唑 10%/2016.03.02 至 2021.03.02/低毒
梨树 黑星病 14.3-16.7毫克/千克 喷雾

PD20110325 吡虫啉/70%/水分散粒剂/吡虫啉 70%/2011.03.24 至 2016.03.24/低毒
甘蓝 蚜虫 10.5-31.5克/公顷 喷雾

PD20110364 甲氨基阿维菌素苯甲酸盐/0.5%/微乳剂/甲氨基阿维菌素 0.5%/2011.03.31 至 2016.03.31/低毒
甘蓝 甜菜夜蛾 1.5-2.5克/公顷 喷雾
注:甲氨基阿维菌素苯甲酸盐含量:0.57%。

PD20111358 甲氨基阿维菌素苯甲酸盐/5%/水分散粒剂/甲氨基阿维菌素 5%/2011.12.12 至 2016.12.12/低毒
甘蓝 小菜蛾 1.5-2.5克/公顷 喷雾
注:甲氨基阿维菌素苯甲酸盐含量: 5.7%。

PD20111427 草甘膦铵盐/68%/可溶粒剂/草甘膦 68%/2011.12.28 至 2016.12.28/低毒
柑橘园 杂草 1125-2250克/公顷 定向茎叶喷雾
注:草甘膦铵盐含量: 74.7%.
PD20120488 虱螨脲/50克/升/乳油/虱螨脲 50克/升/2012.03.19 至 2017.03.19/低毒
甘蓝 甜菜夜蛾 22.5-37.5克/公顷 喷雾
PD20120489 虱螨脲/96%/原药/虱螨脲 96%/2012.03.19 至 2017.03.19/低毒
PD20121047 噻苯隆/50%/可湿性粉剂/噻苯隆 50%/2012.07.11 至 2017.07.11/低毒
棉花 脱叶 225-300克/公顷 茎叶喷雾
PD20131064 嘧菌酯/250克/升/悬浮剂/嘧菌酯 250克/升/2013.05.20 至 2018.05.20/低毒
黄瓜 白粉病 225-337.5克/公顷 喷雾
PD20132505 芸苔素内酯/90%/原药/芸苔素内酯 90%/2013.12.12 至 2018.12.12/微毒
PD20140177 烯啶虫胺/10%/水剂/烯啶虫胺 10%/2014.01.28 至 2019.01.28/低毒
柑橘树 蚜虫 20-25毫克/千克 喷雾
PD20140180 甲维·虱螨脲/3%/悬浮剂/甲氨基阿维菌素苯甲酸盐 1%、虱螨脲 2%/2014.01.28 至 2019.01.28/低毒
林木 美国白蛾 15-20毫克/千克 喷雾
PD20140957 三乙膦酸铝/80%/水分散粒剂/三乙膦酸铝 80%/2014.04.14 至 2019.04.14/低毒
黄瓜 霜霉病 1200-2250克/公顷 喷雾
PD20141543 三环唑/75%/水分散粒剂/三环唑 75%/2014.06.23 至 2019.06.23/中等毒
水稻 稻瘟病 225-337.5克/公顷 喷雾
PD20141577 芸苔素内酯/0.01%/水剂/芸苔素内酯 0.01%/2014.06.23 至 2019.06.23/微毒
草莓 调节生长 0.02-0.03毫克/千克 喷雾
PD20141710 三环·丙环唑/525克/升/悬乳剂/丙环唑 125克/升、三环唑 400克/升/2014.06.30 至 2019.06.30/中等毒
水稻 稻瘟病、纹枯病 315-393.75克/公顷 喷雾
PD20141820 阿维菌素/5%/乳油/阿维菌素 5%/2014.07.23 至 2019.07.23/中等毒(原药高毒)
松树 线虫 0.09-0.18毫升/胸径 树干打孔注射
PD20151100 霜霉威盐酸盐/722克/升/水剂/霜霉威盐酸盐 722克/升/2015.06.23 至 2020.06.23/微毒
黄瓜 霜霉病 866.4-1083克/公顷 喷雾
PD20151376 草铵膦/200克/升/水剂/草铵膦 200克/升/2015.07.30 至 2020.07.30/低毒
非耕地 杂草 600-1200克/公顷 茎叶喷雾
PD20151611 噻呋酰胺/240克/升/悬浮剂/噻呋酰胺 240克/升/2015.08.28 至 2020.08.28/低毒
水稻 纹枯病 54-90克/公顷 喷雾
PD20151900 芸苔素内酯/0.0016%/水剂/芸苔素内酯 0.0016%/2015.09.21 至 2020.09.21/微毒
小麦 调节生长 0.2-0.3毫克/千克 喷雾
PD20151950 甲氧虫酰肼/24%/悬浮剂/甲氧虫酰肼 24%/2015.09.21 至 2020.09.21/微毒
水稻 二化螟 70-100克/公顷 喷雾
PD20152010 粉唑醇/95%/原药/粉唑醇 95%/2015.08.31 至 2020.08.31/低毒
WP20120145 氟虫腈/2.5%/悬浮剂/氟虫腈 2.5%/2012.07.20 至 2017.07.20/微毒
卫生 蜚蠊 62.5毫克/平方米 滞留喷洒

浙江斯佩斯植保有限公司 (浙江省温州市杨府山涂巨江东路3号 325003 0577-88130710)

PD86108-2 菌核净/40%/可湿性粉剂/菌核净 40%/2011.06.19 至 2016.06.19/低毒
水稻 纹枯病 1200-1500克/公顷 喷雾
烟草 赤星病 1125-2025克/公顷 喷雾
油菜 菌核病 600-900克/公顷 喷雾
PD20040642 吡虫·杀虫单/70%/可湿性粉剂/吡虫啉 2.5%、杀虫单 67.5%/2014.12.19 至 2019.12.19/中等毒
水稻 飞虱 630-840克/公顷 喷雾
PD20097969 霜脲·锰锌/72%/可湿性粉剂/代森锰锌 64%、霜脲氰 8%/2014.12.01 至 2019.12.01/低毒
黄瓜 霜霉病 1440-1800克/公顷 喷雾

浙江泰达作物科技有限公司 (浙江省绍兴袍江工业区临海路11号 312071 0575-88979003, 8897016)

PD85134-4 速灭威/95%/原药/速灭威 95%/2015.08.15 至 2020.08.15/中等毒
PD85136-4 速灭威/25%/可湿性粉剂/速灭威 25%/2015.08.15 至 2020.08.15/中等毒
水稻 飞虱、叶蝉 375-750克/公顷 喷雾
PD85150-23 多菌灵/50%/可湿性粉剂/多菌灵 50%/2015.08.15 至 2020.08.15/低毒
果树 病害 0.05%-0.1%药液 喷雾
花生 倒秧病 750克/公顷 喷雾
莲藕 叶斑病 375-450克/公顷 喷雾
麦类 赤霉病 750克/公顷 喷雾、泼浇
棉花 苗期病害 500克/100千克种子 拌种
水稻 稻瘟病、纹枯病 750克/公顷 喷雾、泼浇
油菜 菌核病 1125-1500克/公顷 喷雾
PD86115-3 甲基硫菌灵/95%, 92%, 85%/原药/甲基硫菌灵 95%, 92%, 85%%/2011.08.30 至 2016.08.30/低毒
PD86148-64 异丙威/20%/乳油/异丙威 20%/2011.08.30 至 2016.08.30/中等毒
水稻 飞虱、叶蝉 450-600克/公顷 喷雾
PD91106-2 甲基硫菌灵/50%/可湿性粉剂/甲基硫菌灵 50%/2011.04.18 至 2016.04.18/低毒

番茄 叶霉病 375-562.5克/公顷 喷雾
甘薯 黑斑病 360-450毫克/千克 浸薯块
瓜类 白粉病 337.5-506.25克/公顷 喷雾
梨树 黑星病 360-450毫克/千克 喷雾
苹果树 轮纹病 700毫克/千克 喷雾
水稻 稻瘟病、纹枯病 1050-1500克/公顷 喷雾
小麦 赤霉病 750-1050克/公顷 喷雾

PD91106-30 甲基硫菌灵/70%/可湿性粉剂/甲基硫菌灵 70%/2011.04.18 至 2016.04.18/低毒
番茄 叶霉病 375-562.5克/公顷 喷雾
甘薯 黑斑病 360-450毫克/千克 浸薯块
瓜类 白粉病 337.5-506.25克/公顷 喷雾
梨树 黑星病 360-450毫克/千克 喷雾
苹果树 轮纹病 700毫克/千克 喷雾
水稻 稻瘟病、纹枯病 1050-1500克/公顷 喷雾
小麦 赤霉病 750-1050克/公顷 喷雾

PD91109-9 速灭威/20%/乳油/速灭威 20%/2011.08.30 至 2016.08.30/中等毒
水稻 飞虱、叶蝉 450-600克/公顷 喷雾

PD20040631 吡虫啉/10%/可湿性粉剂/吡虫啉 10%/2014.12.19 至 2019.12.19/低毒
雷竹 蚜虫 60-90克/公顷 喷雾
莲藕 莲缢管蚜 15-30克/公顷 喷雾
芹菜 蚜虫 15-30克/公顷 喷雾
水稻 飞虱 15-30克/公顷 喷雾

PD20070634 噻嗪酮/25%/可湿性粉剂/噻嗪酮 25%/2012.12.14 至 2017.12.14/低毒
水稻 飞虱 75-112.5克/公顷 喷雾

PD20084673 异稻瘟净/95%/原药/异稻瘟净 95%/2013.12.22 至 2018.12.22/中等毒

PD20084850 异稻瘟净/50%/乳油/异稻瘟净 50%/2013.12.22 至 2018.12.22/低毒
水稻 稻瘟病 750-1000克/公顷 喷雾

PD20085276 杀扑磷/95%/原药/杀扑磷 95%/2013.12.23 至 2018.12.23/高毒

PD20093625 甲硫·百菌清/75%/可湿性粉剂/百菌清 40%、甲基硫菌灵 35%/2014.03.25 至 2019.03.25/中等毒
黄瓜 白粉病 1350-1687.5克/公顷 喷雾

PD20093973 杀扑磷/40%/乳油/杀扑磷 40%/2014.03.27 至 2015.09.30/高毒
柑橘树 矢尖蚧 320-400毫克/千克 喷雾

PD20096105 乐果·杀扑磷/40%/乳油/乐果 30%、杀扑磷 10%/2014.06.18 至 2015.09.30/中等毒(原药高毒)
柑橘树 矢尖蚧 1000-1500倍液 喷雾

PD20096827 吲丁·萘乙酸/1.05%/水剂/萘乙酸 0.2%、吲哚丁酸 0.85%/2014.09.21 至 2019.09.21/低毒
黄瓜 调节生长 1.75-2.625毫克/千克 喷雾

PD20096831 吲哚丁酸/98%/原药/吲哚丁酸 98%/2014.09.21 至 2019.09.21/低毒

PD20102143 乙酰甲胺磷/97%/原药/乙酰甲胺磷 97%/2015.12.07 至 2020.12.07/低毒

PD20110327 草甘膦异丙胺盐/30%/水剂/草甘膦 30%/2011.03.24 至 2016.03.24/低毒
注:草甘膦异丙胺盐含理:41%; 专供出口，不得在国内销售。

PD20110393 吡虫啉/98%/原药/吡虫啉 98%/2011.04.12 至 2016.04.12/低毒

PD20110576 多效唑/240克/升/悬浮剂/多效唑 240克/升/2011.05.27 至 2016.05.27/低毒
注:专供出口，不得在国内销售。

PD20110581 丙环唑/447克/升/乳油/丙环唑 447克/升/2011.05.27 至 2016.05.27/低毒
注:专供出口，不得在国内销售。

PD20111354 戊唑醇/40%/悬浮剂/戊唑醇 40%/2011.12.12 至 2016.12.12/低毒
注:专供出口，不得在国内销售。

PD20131731 异稻瘟净/50%/水乳剂/异稻瘟净 50%/2013.08.16 至 2018.08.16/低毒
水稻 稻瘟病 900-1200克/亩 喷雾

PD20132609 甲磺隆/60%/水分散粒剂/甲磺隆 60%/2013.12.20 至 2018.12.20/低毒
注:专供出口，不得在国内销售。

PD20140590 乙氧磺隆/95%/原药/乙氧磺隆 95%/2014.03.06 至 2019.03.06/低毒

PD20140598 乙酰甲胺磷/90%/可溶粒剂/乙酰甲胺磷 90%/2014.03.06 至 2019.03.06/低毒
棉花 蚜虫 756-891克/公顷 喷雾

PD20140981 砜嘧磺隆/99%/原药/砜嘧磺隆 99%/2014.04.14 至 2019.04.14/低毒

PD20141485 乙氧磺隆/15%/水分散粒剂/乙氧磺隆 15%/2014.06.09 至 2019.06.09/低毒
水稻田(直播) 一年生阔叶杂草 11.25-20.25克/公顷 茎叶喷雾

PD20141976 麦畏·草甘膦/40%/水剂/草甘膦 34%、麦草畏 6%/2014.08.14 至 2019.08.14/低毒
非耕地 杂草 600-900克/公顷 茎叶喷雾

PD20142180 砜嘧磺隆/25%/水分散粒剂/砜嘧磺隆 25%/2014.09.18 至 2019.09.18/低毒
玉米田 一年生杂草 21.5-25克/公顷 茎叶喷雾

PD20150012 甲基硫菌灵/70%/水分散粒剂/甲基硫菌灵 70%/2015.01.04 至 2020.01.04/低毒
梨树 黑星病 700-875毫克/千克 喷雾

水稻　稻瘟病　840－1470克/公顷　喷雾

PD20150666　单氰胺/50%/水剂/单氰胺 50%/2015.04.17 至 2020.04.17/中等毒

葡萄　调节生长　10000-20000毫克/千克　喷雾

PD20151305　甲基硫菌灵/50%/悬浮剂/甲基硫菌灵 50%/2015.07.30 至 2020.07.30/低毒

番茄　叶霉病　375-562.5克/公顷　喷雾

苹果树　轮纹病　714.3-1000毫克/千克　喷雾

浙江天丰生物科学有限公司　(浙江省金华市婺城区大岩路666号　321025　0579-82235923)

PD20081786　苄·乙/22%/可湿性粉剂/苄嘧磺隆 6%、乙草胺 16%/2013.11.19 至 2018.11.19/低毒

水稻移栽田　一年生及部分多年生杂草　84-118克/公顷　药土法

PD20082410　噁草·丁草胺/42%/乳油/丁草胺 36%、噁草酮 6%/2013.12.02 至 2018.12.02/低毒

水稻(旱育秧及半旱育秧田)　一年生杂草　630－945克/公顷　土壤喷雾

水稻移栽田　一年生杂草　630-945克/公顷　瓶甩法

PD20083185　苄嘧磺隆/10%/可湿性粉剂/苄嘧磺隆 10%/2013.12.11 至 2018.12.11/低毒

水稻秧田和南方直播田　一年生阔叶杂草及莎草科杂草　22.5-37.5克/公顷　喷雾

PD20083299　乙草胺/900克/升/乳油/乙草胺 900克/升/2013.12.11 至 2018.12.11/低毒

春大豆田、春玉米田　一年生禾本科杂草及部分小粒种子阔叶杂草　1350-1755克/公顷　播后苗前土壤喷雾

春油菜田、冬油菜田、棉花田　一年生禾本科杂草及部分小粒种子阔叶杂草　/　/

花生田　一年生禾本科杂草及部分小粒种子阔叶杂草　810-1215克/公顷　播后苗前土壤喷雾

夏大豆田　一年生禾本科杂草及部分小粒种子阔叶杂草　1080-1350克/公顷　播后苗前土壤喷雾

夏玉米田　一年生禾本科杂草及部分小粒种子阔叶杂草　810-1350克/公顷　播后苗前土壤喷雾

油菜田　一年生禾本科杂草及部分小粒种子阔叶杂草　810-1215克/公顷　移栽前土壤喷雾

PD20083307　异丙甲草胺/72%/乳油/异丙甲草胺 72%/2013.12.11 至 2018.12.11/低毒

花生田　一年生禾本科杂草及部分阔叶杂草　1080-1620克/公顷　土壤喷雾

西瓜　部分阔叶杂草、一年生禾本科杂草　1080-1620克/公顷　土壤喷雾

PD20083795　精喹禾灵/5%/乳油/精喹禾灵 5%/2013.12.15 至 2018.12.15/低毒

冬油菜田　一年生禾本科杂草　45-52.5克/公顷　茎叶喷雾

PD20084575　苄嘧磺隆/60%/水分散粒剂/苄嘧磺隆 60%/2013.12.18 至 2018.12.18/微毒

水稻田(直播)　一年生阔叶杂草及莎草科杂草　22.5-45克/公顷　茎叶喷雾

PD20085273　苄·丁/25%/细粒剂/苄嘧磺隆 1.1%、丁草胺 23.9%/2013.12.23 至 2018.12.23/低毒

水稻抛秧田　一年生杂草　562.5-750克/公顷　毒土法(或毒沙法)

PD20085513　苄嘧·丙草胺/20%/可湿性粉剂/苄嘧磺隆 2%、丙草胺 18%/2013.12.25 至 2018.12.25/低毒

水稻田(直播)　一年生及部分多年生杂草　300-450克/公顷　喷雾

PD20085541　精喹·草除灵/17.5%/乳油/草除灵 15%、精喹禾灵 2.5%/2013.12.25 至 2018.12.25/低毒

冬油菜田　一年生杂草　262.5-393.8克/公顷　茎叶喷雾

PD20085997　苄嘧·苯噻酰/46%/可湿性粉剂/苯噻酰草胺 43.5%、苄嘧磺隆 2.5%/2013.12.29 至 2018.12.29/低毒

水稻抛秧田　一年生及部分多年生杂草　414-552克/公顷　药土法

水稻移栽田　一年生及部分多年生杂草　414-690克/公顷　药土法

PD20090774　苯磺隆/75%/水分散粒剂/苯磺隆 75%/2014.01.19 至 2019.01.19/微毒

冬小麦田　一年生阔叶杂草　15-24克/公顷　喷雾

PD20090775　苄·二氯/32%/可湿性粉剂/苄嘧磺隆 4%、二氯喹啉酸 28%/2014.01.19 至 2019.01.19/低毒

水稻抛秧田、水稻移栽田　一年生杂草　192-240克/公顷　药土法

水稻秧田　一年生杂草　192-240克/公顷　喷雾

PD20090787　吡嘧·丙草胺/20%/可湿性粉剂/吡嘧磺隆 1%、丙草胺 19%/2014.01.19 至 2019.01.19/低毒

水稻田(直播)　一年生及部分多年生杂草　240-360克/公顷(南方地区)　喷雾

PD20093293　丙草胺/300克/升/乳油/丙草胺 300克/升/2014.03.11 至 2019.03.11/低毒

水稻田(直播)、水稻秧田　一年生杂草　495-540克/公顷　播后苗前土壤喷雾

PD20094235　异丙甲·苄/26%/可湿性粉剂/苄嘧磺隆 5%、异丙甲草胺 21%/2014.03.31 至 2019.03.31/低毒

水稻移栽田　一年生及部分多年生杂草　78-156克/公顷　药土法

PD20094474　苄·乙·甲/18%/可湿性粉剂/苄嘧磺隆 1.1%、甲磺隆 0.2%、乙草胺 16.7%/2014.04.09 至 2015.06.30/低毒

水稻移栽田　部分多年生阔叶杂草、莎草科杂草、一年生禾本科杂草　81-93克/公顷　移栽返青后药土法均匀撒施

PD20095150　草除灵/42%/悬浮剂/草除灵 42%/2014.04.24 至 2019.04.24/低毒

冬油菜田　一年生阔叶杂草　225-300克/公顷　茎叶喷雾

PD20095404 异甲·莠去津/40%/悬乳剂/异丙甲草胺 20%、莠去津 20%/2014.04.27 至 2019.04.27/低毒
夏玉米田 一年生杂草 1200-1500克/公顷 土壤喷雾
PD20096006 氯氟吡氧乙酸异辛酯/200克/升/乳油/氯氟吡氧乙酸 200克/升/2014.06.11 至 2019.06.11/低毒
冬小麦田、夏玉米田 一年生阔叶杂草 150-210克/公顷 茎叶喷雾
水田畦畔 空心莲子草(水花生) 150-210克/公顷 茎叶喷雾
注:氯氟吡氧乙酸异辛酯含量: 288克/升。
PD20111353 二氯喹啉酸/60%/可湿性粉剂/二氯喹啉酸 60%/2011.12.12 至 2016.12.12/低毒
水稻移栽田 稗草 225-405克/公顷 茎叶喷雾
PD20120792 氰氟草酯/97.4%/原药/氰氟草酯 97.4%/2012.05.11 至 2017.05.11/低毒
PD20120860 氰氟草酯/100克/升/乳油/氰氟草酯 100克/升/2012.05.23 至 2017.05.23/低毒
水稻田(直播) 稗草、千金子等禾本科杂草 75-90克/公顷 茎叶喷雾
PD20130168 杀螺胺乙醇胺盐/70%/可湿性粉剂/杀螺胺 70%/2013.01.24 至 2018.01.24/低毒
水稻 福寿螺 367.5-472.5克/公顷 喷雾
注:杀螺胺乙醇胺盐含量: 83.1%。
PD20130202 双草醚/10%/悬浮剂/双草醚 10%/2013.01.30 至 2018.01.30/低毒
水稻田(直播) 稗草、莎草及阔叶杂草 22.5-30克/公顷 茎叶喷雾
PD20130203 灭草松/480克/升/水剂/灭草松 480克/升/2013.01.30 至 2018.01.30/低毒
水稻移栽田 一年生阔叶杂草及莎草科杂草 1080-1440克/公顷 茎叶喷雾
PD20131178 吡嘧磺隆/10%/可湿性粉剂/吡嘧磺隆 10%/2013.05.27 至 2018.05.27/低毒
水稻移栽田 稗草、莎草及阔叶杂草 15-30克/公顷 药土法
PD20131963 二甲戊灵/98%/原药/二甲戊灵 98%/2013.10.10 至 2018.10.10/低毒
PD20132025 吡嘧·唑草酮/30%/可湿性粉剂/吡嘧磺隆 25%、唑草酮 5%/2013.10.21 至 2018.10.21/低毒
水稻移栽田 阔叶杂草及莎草科杂草 36-72克/公顷 茎叶喷雾
PD20132059 异噁草松/96%/原药/异噁草松 96%/2013.10.22 至 2018.10.22/低毒
PD20140594 吡嘧·二氯喹/50%/可湿性粉剂/吡嘧磺隆 3%、二氯喹啉酸 47%/2014.03.06 至 2019.03.06/低毒
水稻田(直播) 一年生及部分多年生杂草 225-300克/公顷 茎叶喷雾
PD20140773 吲哚丁酸/98%/原药/吲哚丁酸 98%/2014.03.25 至 2019.03.25/低毒
PD20141157 苄·乙/35%/细粒剂/苄嘧磺隆 10%、乙草胺 25%/2014.04.28 至 2019.04.28/低毒
水稻移栽田 一年生杂草 78.75-131.25克/公顷 药土法
PD20141594 嘧菌酯/98%/原药/嘧菌酯 98%/2014.06.17 至 2019.06.17/微毒
PD20141752 萘乙酸/98%/原药/萘乙酸 98%/2014.07.02 至 2019.07.02/低毒
PD20141756 氯氟吡氧乙酸异辛酯/97%/原药/氯氟吡氧乙酸异辛酯 97%/2014.07.02 至 2019.07.02/低毒
PD20142233 2甲4氯钠/56%/可溶粉剂/2甲4氯钠 56%/2014.09.28 至 2019.09.28/低毒
水稻移栽田 一年生阔叶杂草及莎草科杂草 420-630克/升 茎叶喷雾
PD20142628 唑草酮/95%/原药/唑草酮 95%/2014.12.15 至 2019.12.15/微毒
PD20150070 咪鲜胺/450克/升/水乳剂/咪鲜胺 450克/升/2015.01.05 至 2020.01.05/低毒
香蕉 炭疽病 250-500毫克/千克 浸果
PD20150306 嘧菌酯/25%/悬浮剂/嘧菌酯 25%/2015.02.05 至 2020.02.05/低毒
葡萄 黑痘病 172-294毫克/千克 喷雾
PD20150379 硝磺草酮/15%/悬浮剂/硝磺草酮 15%/2015.03.17 至 2020.03.17/低毒
玉米田 一年生杂草 112.5-180克/公顷 茎叶喷雾
PD20150788 复硝酚钠/1.8%/水剂/5-硝基邻甲氧基苯酚钠 0.3%、对硝基苯酚钠 0.9%、邻硝基苯酚钠 0.6%/2015.05.13 至2020.05.13/低毒
番茄 调节生长 6-9毫克/千克 喷雾
PD20151075 赤霉酸/95/原药/赤霉酸 95%/2015.06.14 至 2020.06.14/微毒
PD20151143 吡唑醚菌酯/97.5%/原药/吡唑醚菌酯 97.5%/2015.10.21 至 2020.10.21/低毒
PD20151209 氰氟草酯/30%/乳油/氰氟草酯 30%/2015.07.30 至 2020.07.30/低毒
水稻田(直播) 稗草、千金子等禾本科杂草 112.5-157.7克/公顷 茎叶喷雾
PD20151545 复硝酚钠/98%/原药/复硝酚钠 98%/2015.08.03 至 2020.08.03/低毒
PD20151622 二氯喹啉酸/96%/原药/二氯喹啉酸 96%/2015.08.28 至 2020.08.28/低毒
PD20151624 苯醚甲环唑/95%/原药/苯醚甲环唑 95%/2015.08.28 至 2020.08.28/低毒
PD20152001 苯磺隆/95%/原药/苯磺隆 95%/2015.08.31 至 2020.08.31/低毒
PD20152065 苄嘧·唑草酮/38%/可湿性粉剂/苄嘧磺隆 30%、唑草酮 8%/2015.09.07 至 2020.09.07/微毒
水稻移栽田 一年生阔叶杂草及部分莎草科杂草 57-78.7克/公顷 茎叶喷雾
PD20152066 烟嘧磺隆/95%/原药/烟嘧磺隆 95%/2015.09.07 至 2020.09.07/低毒
PD20152092 异菌脲/255克/升/悬浮剂/异菌脲 255克/升/2015.09.22 至 2020.09.22/微毒
香蕉 冠腐病 1000-2000mg/kg 浸果
PD20152120 双草醚/95%/原药/双草醚 95%/2015.09.22 至 2020.09.22/低毒
PD20152210 苄嘧磺隆/96%/原药/苄嘧磺隆 96%/2015.09.23 至 2020.09.23/低毒
PD20152219 乙氧氟草醚/97%/原药/乙氧氟草醚 97%/2015.09.23 至 2020.09.23/低毒
PD20152267 丙草胺/30%/细粒剂/丙草胺 30%/2015.10.20 至 2020.10.20/微毒
水稻移栽田 一年生杂草 450-540克/公顷 药土法
PD20152297 烟嘧磺隆/40克/升/可分散油悬浮剂/烟嘧磺隆 40克/升/2015.10.21 至 2020.10.21/微毒

	玉米田	一年生杂草	36-60克/公顷	茎叶喷雾
PD20152410	硝磺·莠去津/25%/悬浮剂/莠去津 22.7%、硝磺草酮 2.3%/2015.10.25 至 2020.10.25/低毒			
	玉米田	一年生杂草	937.5-1125克/公顷	茎叶喷雾
PD20152417	二氯吡啶酸/95%/原药/二氯吡啶酸 95%/2015.10.25 至 2020.10.25/低毒			
PD20152513	咪鲜·异菌脲/16%/悬浮剂/咪鲜胺 8%、异菌脲 8%/2015.12.05 至 2020.12.05/微毒			
	香蕉	冠腐病	400-533.3mg/kg	浸果
PD20152624	氰氟草酯/20%/可分散油悬浮剂/氰氟草酯 20%/2015.12.17 至 2020.12.17/微毒			
	水稻田(直播)	稗草、千金子等禾本科杂草	90-105克/公顷	茎叶喷雾
PD20152630	噻菌灵/500克/升/悬浮剂/噻菌灵 500克/升/2015.12.18 至 2020.12.18/低毒			
	香蕉	冠腐病	500-750毫克/千克	浸果
PD20152647	二甲戊灵/33%/乳油/二甲戊灵 33%/2015.12.19 至 2020.12.19/低毒			
	棉花田、水稻旱育秧田	一年生杂草	742.5-990克/公顷	土壤喷雾
LS20150342	苄·乙/2%/颗粒剂/苄嘧磺隆 0.6%、乙草胺 1.4%/2015.12.17 至 2016.12.17/微毒			
	移栽水稻田	一年生杂草	90-120克/公顷	撒施
WP20110022	氟蚁腙/98%/原药/氟蚁腙 98%/2016.01.21 至 2021.01.21/低毒			
WP20110032	杀蟑胶饵/2%/胶饵/氟蚁腙 2%/2016.02.10 至 2021.02.10/微毒			
	卫生	蜚蠊	/	投放
WP20140239	杀蟑胶饵/0.05%/胶饵/氟虫腈 0.05%/2014.11.15 至 2019.11.15/低毒			
	室内	蜚蠊	/	投放
WP20150031	杀蟑胶饵/2.5%/胶饵/吡虫啉 2.5%/2015.03.02 至 2020.03.02/低毒			
	室内	蜚蠊	/	投放
WP20150032	杀蝇饵剂/1%/饵剂/吡虫啉 1%/2015.03.02 至 2020.03.02/低毒			
	室内	蝇	/	投放
WP20150061	驱蚊液/10%/驱蚊液/驱蚊酯 10%/2015.04.16 至 2020.04.16/低毒			
	卫生	蚊	/	涂抹
WP20150143	杀虫饵剂/0.05%/饵剂/氟虫腈 0.05%/2015.07.31 至 2020.07.31/低毒			
	室内	蜚蠊，蚂蚁	/	投放
WP20150196	吡丙醚/0.5%/颗粒剂/吡丙醚 0.5%/2015.09.23 至 2020.09.23/低毒			
	卫生	孑孓、蝇(幼虫)	100毫克/平方米	撒施

浙江天一农化有限公司 (浙江省杭州湾上虞工业园区纬三路16号 312369 0575-89286906)

PD20040427	吡虫啉/10%/可湿性粉剂/吡虫啉 10%/2014.12.19 至 2019.12.19/低毒			
	水稻	飞虱	15-30克/公顷	喷雾
PD20081409	噻嗪酮/25%/可湿性粉剂/噻嗪酮 25%/2013.10.29 至 2018.10.29/低毒			
	水稻	飞虱	112.5-150克/公顷	喷雾
PD20081423	苄·二氯/38%/可湿性粉剂/苄嘧磺隆 4%、二氯喹啉酸 34%/2013.10.31 至 2018.10.31/低毒			
	水稻田(直播)	一年生及部分多年生杂草	228-285克/公顷	喷雾
	水稻秧田	一年生及部分多年生杂草	199.5-256.5克/公顷	喷雾
PD20081537	苄嘧·丙草胺/40%/可湿性粉剂/苄嘧磺隆 4%、丙草胺 36%/2013.11.11 至 2018.11.11/低毒			
	水稻田(直播)	一年生及部分多年生杂草	360-480克/公顷(南方地区)	喷雾
PD20081540	苄嘧磺隆/10%/可湿性粉剂/苄嘧磺隆 10%/2013.11.11 至 2018.11.11/低毒			
	水稻移栽田	阔叶杂草及莎草科杂草	22.5—30克/公顷(南方地区)	药土法
PD20081558	苄嘧磺隆/30%/可湿性粉剂/苄嘧磺隆 30%/2013.11.11 至 2018.11.11/低毒			
	水稻移栽田	阔叶杂草、莎草科杂草	45—67.5克/公顷	药土法
PD20082713	克百威/3%/颗粒剂/克百威 3%/2013.12.05 至 2018.12.05/中等毒(原药高毒)			
	甘蔗	蚜虫、蔗龟、蔗螟	1350-2250克/公顷	沟施
	花生	根结线虫	1800-2250克/公顷	条施,沟施
	棉花	蚜虫	675-900克/公顷	条施,沟施
	水稻	稻瘿蚊、二化螟、三化螟	900-1350克/公顷	撒施
PD20083596	异松·乙草胺/35%/可湿性粉剂/乙草胺 25%、异噁草松 10%/2013.12.12 至 2018.12.12/低毒			
	春大豆田	一年生杂草	787.5-1050克/公顷(东北地区)	播后苗前土壤喷雾
	冬油菜(移栽田)	一年生杂草	315-367.5克/公顷	移栽前土壤喷雾
	甘蔗田	一年生杂草	630-787.5克/公顷	土壤喷雾
	花生田	一年生杂草	630-1050克/公顷	播后苗前土壤喷雾
PD20085082	二氯喹啉酸/50%/可湿性粉剂/二氯喹啉酸 50%/2013.12.23 至 2018.12.23/低毒			
	水稻田(直播)	稗草等杂草	300—375克/公顷	喷雾
PD20085112	苄·乙/20%/可湿性粉剂/苄嘧磺隆 10%、乙草胺 10%/2013.12.23 至 2018.12.23/低毒			
	水稻抛秧田	一年生及部分多年生杂草	75-90克/公顷(南方地区)	药土法
PD20085940	苄·乙/25%/可湿性粉剂/苄嘧磺隆 4%、乙草胺 21%/2013.12.29 至 2018.12.29/低毒			
	水稻移栽田	一年生及部分多年生杂草	84-118克/公顷(南方地区)	药土法
PD20086138	2甲·草甘膦/46%/可湿性粉剂/草甘膦 38%、2甲4氯 8%/2013.12.30 至 2018.12.30/低毒			
	柑橘园、苹果园	杂草	1035-1380克/公顷	喷雾
PD20090419	敌畏·毒死蜱/35%/乳油/敌敌畏 25%、毒死蜱 10%/2014.01.12 至 2019.01.12/中等毒			

水稻　稻纵卷叶螟　472.5-525克/公顷　喷雾
PD20090932　噻嗪·杀扑磷/20%/可湿性粉剂/噻嗪酮 15%、杀扑磷 5%/2014.01.19 至 2015.09.30/中等毒(原药高毒)
柑橘树　矢尖蚧　200-250毫克/千克　喷雾
PD20095392　苄·噁·丙草胺/38%/可湿性粉剂/苄嘧磺隆 4%、丙草胺 24%、异噁草松 10%/2014.04.27 至 2019.04.27/低毒
直播水稻(南方)　一年生杂草　171-199.5克/公顷　喷雾法
PD20096087　高效氯氟氰菊酯/5%/微乳剂/高效氯氟氰菊酯 5%/2014.06.18 至 2019.06.18/中等毒
十字花科叶菜　菜青虫　11.25-20.25克/公顷　喷雾
PD20096688　甲氨基阿维菌素苯甲酸盐(1.14%)///乳油/甲氨基阿维菌素 1%/2014.09.07 至 2019.09.07/低毒
甘蓝　小菜蛾　1.5-3克/公顷　喷雾
PD20096787　高效氯氟氰菊酯/2.5%/乳油/高效氯氟氰菊酯 2.5%/2014.09.15 至 2019.09.15/中等毒
茶树　茶小绿叶蝉　22.5-30克/公顷　喷雾
PD20096895　二嗪磷/4%/颗粒剂/二嗪磷 4%/2014.09.23 至 2019.09.23/低毒
小白菜　地下害虫　720-900克/公顷　撒施
PD20096900　丁硫克百威/35%/种子处理干粉剂/丁硫克百威 35%/2014.09.23 至 2019.09.23/中等毒
水稻秧田　稻蓟马　315-420克/100千克种子　拌种
PD20131713　噻磺·乙草胺/50%/可湿性粉剂/噻吩磺隆 2%、乙草胺 48%/2013.08.16 至 2018.08.16/微毒
冬小麦田　一年生杂草　525-600克/公顷　播后苗前土壤喷雾
PD20131921　烟嘧·莠去津/53%/可湿性粉剂/烟嘧磺隆 3%、莠去津 50%/2013.09.25 至 2018.09.25/低毒
玉米田　一年生杂草　715.5-834.75克/公顷　茎叶喷雾
PD20132137　异噁·丁草胺/48%/可湿性粉剂/丁草胺 40%、异噁草松 8%/2013.10.24 至 2018.10.24/低毒
棉花田　一年生杂草　504-576克/公顷　土壤喷雾
PD20132669　噻嗪·毒死蜱/40%/可湿性粉剂/毒死蜱 30%、噻嗪酮 10%/2013.12.23 至 2018.12.23/中等毒
水稻　稻飞虱　360-600克/公顷　喷雾
PD20132712　2甲·氯氟吡/36%/可湿性粉剂/2甲4氯钠 30%、氯氟吡氧乙酸 6%/2013.12.30 至 2018.12.30/低毒
水稻移栽田　一年生阔叶杂草及莎草科杂草　324-432克/公顷　茎叶喷雾
小麦田　一年生阔叶杂草　405-540克/公顷　茎叶喷雾
PD20150830　噻呋酰胺/240克/升/悬浮剂/噻呋酰胺 240克/升/2015.05.15 至 2020.05.15/低毒
水稻　纹枯病　82.8-118.8克/公顷　喷雾
PD20151889　草铵膦/200克/升/水剂/草铵膦 200克/升/2015.08.30 至 2020.08.30/低毒
柑橘园　杂草　600-900克/公顷　定向茎叶喷雾
LS20130242　苯甲·咪鲜胺/75%/可湿性粉剂/苯醚甲环唑 15%、咪鲜胺锰盐 60%/2015.04.28 至 2016.04.28/低毒
水稻　稻曲病、稻瘟病、纹枯病　450-563克/公顷　喷雾
LS20130287　氰氟草酯/25%/水乳剂/氰氟草酯 25%/2015.05.09 至 2016.05.09/低毒
水稻田(直播)　稗草、千金子等禾本科杂草　112.5-150克/公顷　茎叶喷雾
LS20130435　吡蚜酮/50%/可湿性粉剂/吡蚜酮 50%/2015.09.09 至 2016.09.09/低毒
水稻　稻飞虱　75-112.5克/公顷　喷雾
LS20140239　苄·羧·炔草酯/30%/可湿性粉剂/苄嘧磺隆 10%、乙羧氟草醚 5%、炔草酯 15%/2015.07.14 至 2016.07.14/低毒
小麦田　一年生杂草　135-180克/公顷　茎叶喷雾
LS20140261　吡嘧·丙草胺/55%/可湿性粉剂/吡嘧磺隆 5%、丙草胺 50%/2015.07.23 至 2016.07.23/低毒
水稻抛秧田、水稻移栽田　一年生杂草　412.5-577.5克/公顷　药土法
LS20140351　阿维·吡虫啉/3%/颗粒剂/阿维菌素 1.5%、吡虫啉 1.5%/2015.11.21 至 2016.11.21/低毒(原药高毒)
花生　根结线虫、蝼蛄、蛴螬、小地老虎　675-900克/公顷　撒施

浙江桐乡钱江生物化学有限公司　(浙江省桐乡市崇福镇北沙滩58号　314511　0573-88381146)

PD85131-3　井冈霉素/2.4%,4%/水剂/井冈霉素 2.4%,4%/2015.07.29 至 2020.07.29/低毒
水稻　纹枯病　75-112.5克/公顷　喷雾、泼浇
PD88109-18　井冈霉素/20%/水溶粉剂/井冈霉素 20%/2014.01.05 至 2019.01.05/低毒
水稻　纹枯病　75-112.5克/公顷　喷雾、泼浇
PD20083684　井冈霉素A/5%/可溶粉剂/井冈霉素A 5%/2013.12.15 至 2018.12.15/低毒
水稻　纹枯病　52.5-75克/公顷　喷雾

浙江威尔达化工有限公司　(浙江省杭州市余杭区塘栖超山　311106　0571-86375788)

PD85154-42　氰戊菊酯/20%/乳油/氰戊菊酯 20%/2015.07.29 至 2020.07.29/中等毒
柑橘树　潜叶蛾　10-20毫克/千克　喷雾
果树　梨小食心虫　10-20毫克/千克　喷雾
棉花　红铃虫、蚜虫　75-150克/公顷　喷雾
蔬菜　菜青虫、蚜虫　60-120克/公顷　喷雾
PD20040372　高效氯氟氰菊酯/4.5%/乳油/高效氯氟氰菊酯 4.5%/2014.12.19 至 2019.12.19/中等毒
茶树　茶尺蠖　13.5-16.88克/公顷　喷雾
柑橘树　潜叶蛾　30-45毫克/千克　喷雾
棉花　棉铃虫　20.25-33.75克/公顷　喷雾
PD20060212　氟氯氰菊酯/92%/原药/氟氯氰菊酯 92%/2011.12.26 至 2016.12.26/中等毒
PD20070257　稻瘟灵/40%/乳油/稻瘟灵 40%/2012.09.04 至 2017.09.04/低毒
水稻　稻瘟病　600-720克/公顷　喷雾

PD20070272　甲氰菊酯/20%/乳油/甲氰菊酯 20%/2012.09.05 至 2017.09.05/中等毒

甘蓝	菜青虫	75-90克/公顷	喷雾
柑橘树	红蜘蛛	67-100毫克/千克	喷雾
棉花	棉铃虫	90-120克/公顷	喷雾
苹果树	红蜘蛛	100毫克/千克	喷雾

PD20070518　噻螨酮/5%/乳油/噻螨酮 5%/2012.11.28 至 2017.11.28/低毒

柑橘树、苹果树	红蜘蛛	25-31.25毫克/千克	喷雾

PD20080079　氟氯氰菊酯/5.7%/乳油/氟氯氰菊酯 5.7%/2013.01.04 至 2018.01.04/低毒

甘蓝	菜青虫	21.375-25.65克/公顷	喷雾
棉花	棉铃虫	25.65-38.475克/公顷	喷雾

PD20080263　己唑醇/5%/悬浮剂/己唑醇 5%/2013.02.20 至 2018.02.20/低毒

苹果树	斑点落叶病	33.3-62.5毫克/千克	喷雾
葡萄	白粉病	50-62.5毫克/千克	喷雾
水稻	纹枯病	60-75克/公顷	喷雾

PD20080833　异噁草松/480克/升/乳油/异噁草松 480克/升/2013.06.20 至 2018.06.20/低毒

春大豆田	一年生杂草	1008-1152克/公顷(东北地区)	喷雾

PD20081427　戊唑醇/95%/原药/戊唑醇 95%/2013.10.31 至 2018.10.31/低毒

PD20081868　禾草丹/50%/乳油/杀草胺 50%/2013.11.20 至 2018.11.20/低毒

水稻移栽田	一年生杂草	1875-2250克/公顷(南方地区)	喷雾

PD20081931　S-氰戊菊酯/50克/升/乳油/S-氰戊菊酯 50克/升/2013.11.24 至 2018.11.24/中等毒

甘蓝	菜青虫	7.5-15克/公顷	喷雾
棉花	棉铃虫	18.75-26.25克/公顷	喷雾
苹果树	桃小食心虫	16-25毫克/千克	喷雾
小麦	蚜虫	9-11.25克/公顷	喷雾

PD20081967　溴氰菊酯/25克/升/乳油/溴氰菊酯 25克/升/2013.11.25 至 2018.11.25/中等毒

茶树	茶尺蠖	3.75-7.5克/公顷	喷雾
甘蓝	菜青虫	7.5-15克/公顷	喷雾
柑橘树	潜叶蛾	5-10毫克/千克	喷雾
棉花	棉铃虫	7.5-15克/公顷	喷雾

PD20082387　甲基硫菌灵/70%/可湿性粉剂/甲基硫菌灵 70%/2013.12.01 至 2018.12.01/低毒

番茄	叶霉病	525-840克/公顷	喷雾
黄瓜	白粉病	420-630克/公顷	喷雾
水稻	纹枯病	1050-1260克/公顷	喷雾
小麦	赤霉病	945-1260克/公顷	喷雾

PD20082706　螨醇·噻螨酮/22.5%/乳油/三氯杀螨醇 20%、噻螨酮 2.5%/2013.12.05 至 2018.12.05/低毒

柑橘树、苹果树	红蜘蛛	150-225毫克/千克	喷雾

PD20082748　溴氰·硫丹/328克/升/乳油/硫丹 320克/升、溴氰菊酯 8克/升/2013.12.08 至 2018.12.08/中等毒

棉花	棉铃虫	390-495克/公顷	喷雾
烟草	烟青虫、烟蚜	262.4-328克/公顷	喷雾

PD20083805　高效氟氯氰菊酯/25克/升/乳油/高效氟氯氰菊酯 25克/升/2013.12.15 至 2018.12.15/中等毒

甘蓝	菜青虫	10-12.5克/公顷	喷雾
棉花	棉铃虫	9.45-13.2克/公顷	喷雾

PD20084159　高效氟氯氰菊酯/98%/原药/氟氯氰菊酯 98%/2013.12.16 至 2018.12.16/中等毒

PD20084297　甲氰·辛硫磷/25%/乳油/甲氰菊酯 5%、辛硫磷 20%/2013.12.17 至 2018.12.17/中等毒

棉花	棉铃虫	300-375克/公顷	喷雾
苹果树	蚜虫	208.3-312.5毫克/千克	喷雾
苹果树	红蜘蛛	166.7-250毫克/千克	喷雾
十字花科蔬菜	菜青虫	150-225克/公顷	喷雾

PD20085017　阿维·辛硫磷/20%/乳油/阿维菌素 0.2%、辛硫磷 19.8%/2013.12.22 至 2018.12.22/低毒(原药高毒)

十字花科蔬菜	小菜蛾	240-270克/公顷	喷雾

PD20085094　唑磷·氟氯氰/10%/乳油/氟氯氰菊酯 1%、三唑磷 9%/2013.12.23 至 2018.12.23/中等毒

棉花	棉铃虫	112-140克/公顷	喷雾

PD20085458　硫丹/350克/升/乳油/硫丹 350克/升/2013.12.24 至 2018.12.24/高毒

棉花	棉铃虫	525-870克/公顷	喷雾
烟草	烟蚜	315-420克/公顷	喷雾

PD20085986　苄嘧·苯噻酰/53%/可湿性粉剂/苯噻酰草胺 50%、苄嘧磺隆 3%/2013.12.29 至 2018.12.29/低毒

水稻抛秧田	一年生及部分多年生杂草	397.5-477克/公顷(南方地区)	药土法

PD20086015　甲氰·哒螨灵/10.5%/乳油/哒螨灵 7%、甲氰菊酯 3.5%/2013.12.29 至 2018.12.29/中等毒

柑橘树	红蜘蛛	70-105毫克/千克	喷雾

PD20086124　硫磺·甲硫灵/70%/可湿性粉剂/甲基硫菌灵 35%、硫磺 35%/2013.12.30 至 2018.12.30/低毒

黄瓜	炭疽病	1050-1470克/公顷	喷雾

PD20086199　乙铝·多菌灵/60%/可湿性粉剂/多菌灵 20%、三乙膦酸铝 40%/2013.12.30 至 2018.12.30/低毒

苹果树	轮纹病	500-300倍液	喷雾

PD20090532 阿维·甲氰/2.5%/乳油/阿维菌素 0.1%、甲氰菊酯 2.4%/2014.01.12 至 2019.01.12/低毒(原药高毒)
棉花 红蜘蛛、棉铃虫 37.5-45克/公顷 喷雾
十字花科蔬菜 小菜蛾 18.75-26.25克/公顷 喷雾
PD20091175 锰锌·腈菌唑/62.5%/可湿性粉剂/腈菌唑 2.5%、代森锰锌 60%/2014.01.22 至 2019.01.22/低毒
黄瓜 白粉病 1867.5-2340克/公顷 喷雾
梨树 黑星病 400-600倍液 喷雾
PD20092538 高效氯氟氰菊酯/25克/升/乳油/高效氯氟氰菊酯 25克/升/2014.02.26 至 2019.02.26/中等毒
茶树 茶小绿叶蝉 15-30克/公顷 喷雾
棉花 棉铃虫 15-18.75克/公顷 喷雾
十字花科蔬菜 菜青虫 7.5-11.25克/公顷 喷雾
烟草 蚜虫 11.25-15克/公顷 喷雾
PD20093743 戊唑醇/250克/升/乳油/戊唑醇 250克/升/2014.03.25 至 2019.03.25/低毒
香蕉 叶斑病 208-250毫克/千克 喷雾
PD20096278 草甘膦异丙胺盐(41%)///水剂/草甘膦 30%/2014.07.22 至 2019.07.22/低毒
柑橘园 杂草 1125-2250克/公顷 定向茎叶喷雾
PD20096525 戊唑醇/6%/种子处理悬浮剂/戊唑醇 6%/2014.08.20 至 2019.08.20/低毒
玉米 丝黑穗病 10-12克/100千克种子 种子包衣
PD20098428 己唑醇/95%/原药/己唑醇 95%/2014.12.24 至 2019.12.24/低毒
PD20110500 甲氨基阿维菌素苯甲酸盐/5%/水分散粒剂/甲氨基阿维菌素 5%/2011.05.03 至 2016.05.03/低毒
甘蓝 甜菜夜蛾 2.25～3 克/公顷 喷雾
注:甲氨基阿维菌素苯甲酸盐含量:5.7%。
PD20120659 吡虫啉/70%/水分散粒剂/吡虫啉 70%/2012.04.18 至 2017.04.18/低毒
水稻 稻飞虱 31.5-42克/公顷 喷雾
PD20120688 毒死蜱/45%/乳油/毒死蜱 45%/2012.04.18 至 2017.04.18/中等毒
水稻 稻纵卷叶螟 576-720克/公顷 喷雾
PD20120699 已唑·稻瘟灵/30%/乳油/稻瘟灵 27%、已唑醇 3%/2012.04.18 至 2017.04.18/低毒
水稻 稻曲病、稻瘟病、纹枯病 270-360克/公顷 喷雾
PD20120715 草甘膦铵盐/65%/可溶粉剂/草甘膦 65%/2012.04.18 至 2017.04.18/微毒
柑橘园 杂草 1170-1462.5克/公顷 行间定向茎叶喷雾
注:草甘膦铵盐含量: 71.5%。
PD20120790 高效氯氟氰菊酯/2.5%/水乳剂/高效氯氟氰菊酯 2.5%/2012.05.11 至 2017.05.11/中等毒
甘蓝 菜青虫 7.5-11.25克/公顷 喷雾
PD20121510 精噁唑禾草灵/69克/升/水乳剂/精噁唑禾草灵 69克/升/2012.10.09 至 2017.10.09/低毒
小麦田 一年生禾本科杂草 41.4-62.1克/公顷 茎叶喷雾
PD20121568 戊唑醇/80%/可湿性粉剂/戊唑醇 80%/2012.10.25 至 2017.10.25/低毒
梨树 黑星病 108.5-143.3毫克/千克 喷雾
PD20140311 嘧菌酯/25%/悬浮剂/嘧菌酯 25%/2014.02.12 至 2019.02.12/低毒
葡萄 霜霉病 125-250毫克/千克 喷雾
PD20141181 噻呋酰胺/240克/升/悬浮剂/噻呋酰胺 240克/升/2014.04.28 至 2019.04.28/低毒
水稻 纹枯病 43.2-86.4 g/hm2 喷雾
PD20142013 已唑醇/30%/悬浮剂/已唑醇 30%/2014.08.14 至 2019.08.14/低毒
水稻 纹枯病 45-90克/公顷 喷雾
PD20142357 甲氰菊酯/20%/水乳剂/甲氰菊酯 20%/2014.11.04 至 2019.11.04/中等毒
柑橘树 红蜘蛛 80-100mg/kg 喷雾
PD20150090 甲维·氟铃脲/11%/水分散粒剂/氟铃脲 10%、甲氨基阿维菌素苯甲酸盐 1%/2015.01.05 至 2020.01.05/低毒
甘蓝 甜菜夜蛾 33-41.25克/公顷 喷雾
PD20150370 硝磺·莠去津/550克/升/悬浮剂/莠去津 500克/升、硝磺草酮 50克/升/2015.03.03 至 2020.03.03/低毒
春玉米田 一年生杂草 825-1237.5克/公顷 喷雾
夏玉米田 一年生杂草 660-990克/公顷 喷雾
PD20150728 炔草酯/15%/可湿性粉剂/炔草酯 15%/2015.04.20 至 2020.04.20/微毒
小麦田 一年生禾本科杂草 45-56.3克/公顷 茎叶喷雾
PD20150778 井冈·戊唑醇/20%/悬浮剂/井冈霉素A 12%、戊唑醇 5%/2015.05.13 至 2020.05.13/低毒
水稻 稻曲病、纹枯病 180-240克/公顷 喷雾
PD20150791 代森锰锌/80%/可湿性粉剂/代森锰锌 80%/2015.05.14 至 2020.05.14/低毒
番茄 早疫病 1560-2520克/公顷 喷雾
PD20151419 百菌清/75%/可湿性粉剂/百菌清 75%/2015.07.30 至 2020.07.30/低毒
黄瓜 霜霉病 1350-2475克/公顷 喷雾
PD20152473 吡蚜酮/60%/水分散粒剂/吡蚜酮 60%/2015.12.17 至 2020.12.17/低毒
水稻 稻飞虱 108-144克/公顷 喷雾
PD20152502 氰氟草酯/100克/升/水乳剂/氰氟草酯 100克/升/2015.12.05 至 2020.12.05/低毒
水稻田(直播) 千金子 75-105克/公顷 茎叶喷雾
LS20130301 戊唑·菌核净/70%/水分散粒剂/菌核净 35%、戊唑醇 35%/2015.06.04 至 2016.06.04/低毒
水稻 稻曲病、纹枯病 184-210克/公顷 喷雾

LS20140262 螺螨酯/29%/悬浮剂/螺螨酯 29%/2015.07.23 至 2016.07.23/低毒
柑橘树 红蜘蛛 50-60毫克/千克 喷雾

浙江武义钓鱼实业有限公司 (浙江省武义县环城东路9号 321200 0579-87627118)

WP20080478 杀虫气雾剂/0.36%/气雾剂/胺菊酯 0.1%、氯菊酯 0.2%、氯氰菊酯 0.06%/2013.12.16 至 2018.12.16/微毒
卫生 蚊、蝇、蜚蠊 / 喷雾

WP20090099 电热蚊香片/10毫克/片/电热蚊香片/富右旋反式炔丙菊酯 10毫克/片/2014.02.04 至 2019.02.04/微毒
卫生 蚊 / 电热加温

WP20110047 蚊香/0.18%/蚊香/Es-生物烯丙菊酯 0.18%/2016.02.18 至 2021.02.18/微毒
卫生 蚊 / 点燃

WP20150018 蚊香/0.05%/蚊香/氯氟醚菊酯 0.05%/2015.01.15 至 2020.01.15/微毒
室内 蚊 0.05% 点燃

浙江武义嘉诚实业有限公司 (浙江省金华市武义县熟溪北路15号 321200 0379-7673850)

WP20090016 高氯·胺·苯氰/5.8%/水乳剂/胺菊酯 2%、高效氯氰菊酯 2.4%、右旋反式苯氰菊酯 1.4%/2014.01.08 至 2019.01.08/低毒
卫生 蜚蠊 45毫克/平方米 滞留喷洒
卫生 蚊、蝇 30毫克/平方米 滞留喷洒

浙江新安化工集团股份有限公司 (浙江省建德市新安江镇 311600 0571-64713652)

PD85159-5 草甘膦铵盐/30%/水剂/草甘膦 30%/2015.07.29 至 2020.07.29/低毒
茶树、甘蔗、果园、剑麻、林木、桑树、橡胶树 一年生杂草和多年生恶性杂草 1125-2250克/公顷 定向喷雾
注:草甘膦铵盐含量：33%。

PD92103-7 草甘膦/95%/原药/草甘膦 95%/2013.08.21 至 2018.08.21/低毒

PD20040298 哒螨灵/95%/原药/哒螨灵 95%/2014.12.19 至 2019.12.19/中等毒

PD20040394 哒螨灵/20%/可湿性粉剂/哒螨灵 20%/2014.12.19 至 2019.12.19/中等毒
柑橘树、苹果树 红蜘蛛 50-67毫克/千克 喷雾

PD20040590 哒螨灵/15%/乳油/哒螨灵 15%/2014.12.19 至 2019.12.19/中等毒
柑橘树 红蜘蛛 50-67毫克/千克 喷雾
萝卜 黄条跳甲 90-135克/公顷 喷雾

PD20080860 二氯喹啉酸/96%/原药/二氯喹啉酸 96%/2013.06.23 至 2018.06.23/低毒

PD20080895 二氯喹啉酸/50%/可湿性粉剂/二氯喹啉酸 50%/2013.07.09 至 2018.07.09/低毒
水稻移栽田 稗草 202.5-390克/公顷(北方地区) 喷雾

PD20081613 草除灵/96%/原药/草除灵 96%/2013.11.12 至 2018.11.12/低毒

PD20082393 草甘膦铵盐/30%/可溶粉剂/草甘膦 30%/2013.12.01 至 2018.12.01/低毒
柑橘园 杂草 1125-2250克/公顷 定向茎叶喷雾
注:草甘膦铵盐含量：33%。

PD20082544 草甘膦铵盐/68%/可溶粉剂/草甘膦 68%/2013.12.03 至 2018.12.03/低毒
柑橘园、苹果园 杂草 1476.2-1816.8克/公顷 定向茎叶喷雾
注:草甘膦铵盐含量：75.7%。

PD20082681 毒死蜱/45%/乳油/毒死蜱 45%/2013.12.05 至 2018.12.05/中等毒
棉花 蚜虫 450-900克/公顷 喷雾

PD20082695 草甘膦异丙胺盐/46%/水剂/草甘膦 46%/2013.12.05 至 2018.12.05/低毒
春玉米田、棉花田、夏玉米田 一年生及部分多年生杂草 750-1650克/公顷 行间定向茎叶喷雾
冬油菜田（免耕） 一年生及部分多年生杂草 750-1200克/公顷 茎叶喷雾
非耕地、公路、森林防火道、铁路 一年生及部分多年生杂草 1125-3000克/公顷 茎叶喷雾
柑橘园、剑麻园、桑园、橡胶园 一年生及部分多年生杂草 1125-2250克/公顷 定向茎叶喷雾
免耕春油菜田 一年生及部分多年生杂草 1500-2250克/公顷 茎叶喷雾
免耕抛秧晚稻田 一年生及部分多年生杂草 2100-2550克/公顷 茎叶喷雾
注:草甘膦异丙胺盐含量：62%。

PD20082838 二氯喹啉酸/25%/悬浮剂/二氯喹啉酸 25%/2013.12.09 至 2018.12.09/低毒
水稻田(直播) 稗草等杂草 187.5-225克/公顷 茎叶喷雾
水稻移栽田 稗草等杂草 187.5-375克/公顷 茎叶喷雾

PD20083169 草除灵/50%/悬浮剂/草除灵 50%/2013.12.11 至 2018.12.11/低毒
冬油菜田 一年生阔叶杂草 326.25-435克/公顷 茎叶喷雾

PD20083557 氯氰·毒死蜱/50%/乳油/毒死蜱 45%、氯氰菊酯 5%/2013.12.12 至 2018.12.12/中等毒
棉花 棉铃虫 225-375克/公顷 喷雾

PD20083667 毒死蜱/95%,90%,85%/原药/毒死蜱 95%,90%,85%/2013.12.12 至 2018.12.12/中等毒

PD20083746 草甘膦铵盐/86.8%/原药/草甘膦 86.8%/2013.12.15 至 2018.12.15/低毒
注:草甘膦铵盐含量：95.5%。

PD20084065 草甘膦铵盐/68%/可溶粒剂/草甘膦 68%/2013.12.16 至 2018.12.16/低毒

春玉米、棉花、夏玉米 行间杂草 750-1650克/公顷 定向茎叶喷雾
非耕地、公路、森林防火道、铁路 行间杂草 1125-3000克/公顷 茎叶喷雾
柑橘园 杂草 1135.5-2271克/公顷 定向喷雾
柑橘园、剑麻园、梨园、苹果园、桑园、香蕉园、橡胶园 行间杂草 1125-2250克/公顷 定向茎叶喷雾
免耕春油菜 杂草 1500-2250克/公顷 茎叶喷雾
免耕冬油菜 杂草 750-1200克/公顷 茎叶喷雾
免耕抛秧晚稻田 杂草 2100-2550克/公顷 茎叶喷雾
注:草甘膦铵盐含量:75.7%。

PD20085446 苄·二氯/36%/可湿性粉剂/苄嘧磺隆 4%、二氯喹啉酸 32%/2013.12.24 至 2018.12.24/低毒
水稻抛秧田、水稻水秧田 一年生杂草 216-270克/公顷 茎叶喷雾
水稻田(直播) 一年生杂草 216-324克/公顷 茎叶喷雾
水稻移栽田 部分多年生杂草、一年生杂草 216-270克/公顷 喷雾

PD20085912 毒死蜱/10%/颗粒剂/毒死蜱 10%/2013.12.29 至 2018.12.29/低毒
甘蔗 蔗龟 1800-2250克/公顷 拌细沙撒施
花生 地老虎、金针虫、蝼蛄、蛴螬 1800-2250克/公顷 撒施

PD20086294 毒死蜱/40%/乳油/毒死蜱 40%/2013.12.31 至 2018.12.31/中等毒
大豆 食心虫 480-600克/公顷 喷雾
甘蔗 蔗龟 1800-3000克/公顷 喷淋甘蔗根部
柑橘树 红蜘蛛、介壳虫 400-500毫克/千克 喷雾
棉花 棉铃虫、蚜虫 450-900克/公顷 喷雾
苹果 绵蚜 200-400毫克/千克 喷雾
苹果树 桃小食心虫 160-240毫克/千克 喷雾
水稻 稻纵卷叶螟 480-720克/公顷 喷雾
水稻 稻飞虱 300-600克/公顷 喷雾
水稻 二化螟、三化螟 540-660克/公顷 喷雾

PD20090075 氯氰·毒死蜱/25%/乳油/毒死蜱 22.5%、氯氰菊酯 2.5%/2014.01.08 至 2019.01.08/低毒
荔枝树、龙眼树 蒂蛀虫 250～312.5毫克/千克 喷雾
棉花 棉铃虫 225-375克/公顷 喷雾

PD20090602 草甘膦异丙胺盐/30%/水剂/草甘膦 30%/2014.01.14 至 2019.01.14/低毒
春玉米田 行间杂草 750-1650克/公顷 定向茎叶喷雾
冬油菜田(免耕) 杂草 750-1200克/公顷 茎叶喷雾
非耕地、公路、森林防火道、铁路 行间杂草 1125-3000克/公顷 茎叶喷雾
柑橘园 杂草 1125-2250克/公顷 定向茎叶喷雾
剑麻园、桑园、橡胶园 行间杂草 1125-2250克/公顷 定向茎叶喷雾
棉花田 杂草 750-1650克/公顷 定向茎叶喷雾
免耕春油菜田 杂草 1500-2250克/公顷 茎叶喷雾
免耕抛秧晚稻田 杂草 2100-2550克/公顷 茎叶喷雾
注:草甘膦异丙胺盐质量分数:41%;草甘膦异丙胺盐质量浓度:480克/升。

PD20093728 杀扑·毒死蜱/40%/乳油/毒死蜱 20%、杀扑磷 20%/2014.03.25 至 2015.09.30/中等毒(原药高毒)
柑橘 矢尖蚧 200～250毫克/千克 喷雾

PD20094698 精喹·草除灵/18%/乳油/草除灵 14%、精喹禾灵 4%/2014.04.10 至 2019.04.10/低毒
冬油菜田 一年生杂草 270-324克/公顷 茎叶喷雾

PD20095243 噁唑·草除灵/18%/乳油/草除灵 14.7%、精噁唑禾草灵 3.3%/2014.04.27 至 2019.04.27/低毒
冬油菜田 一年生杂草 1500－1800毫升制剂/公顷 茎叶喷雾

PD20095704 单甲脒盐酸盐/25%/水剂/单甲脒盐酸盐 25%/2014.05.15 至 2019.05.15/中等毒
柑橘树 红蜘蛛 250毫克/千克 喷雾

PD20100638 草甘膦异丙胺盐(62%)///母药/草甘膦 46%/2015.01.15 至 2020.01.15/低毒

PD20100984 吡氟·草甘膦/66%/可溶粒剂/草甘膦 60%、精吡氟禾草灵 6%/2015.01.19 至 2020.01.19/低毒
非耕地 杂草 1980-2970克/公顷 茎叶喷雾

PD20101037 毒死蜱/30%/水乳剂/毒死蜱 30%/2015.01.21 至 2020.01.21/中等毒
水稻 稻纵卷叶螟 450-675克/公顷 喷雾

PD20101069 啶虫·毒死蜱/30%/水乳剂/啶虫脒 1%、毒死蜱 29%/2015.01.21 至 2020.01.21/中等毒
柑橘 蚜虫 200-300毫克/千克 喷雾

PD20101417 甲维·毒死蜱/40%/水乳剂/毒死蜱 39.6%、甲氨基阿维菌素苯甲酸盐 0.4%/2015.04.26 至 2020.04.26/中等毒
水稻 稻纵卷叶螟、二化螟 120－180克/公顷 喷雾

PD20101611 唑磷·毒死蜱/30%/乳油/毒死蜱 5%、三唑磷 25%/2015.06.03 至 2020.06.03/中等毒

水稻　稻纵卷叶螟　360～450克/公顷　喷雾
PD20110984　草甘膦铵盐/50%/可溶粉剂/草甘膦 50%/2011.09.16 至 2016.09.16/低毒
非耕地　杂草　1097.25-2194.5克/公顷　定向茎叶喷雾
注:本产品草甘膦铵盐含量：55%。
PD20111104　草甘膦钾盐/58%/可溶粉剂/草甘膦 58%/2011.10.17 至 2016.10.17/低毒
非耕地　杂草　2001-3001.5克/公顷　定向茎叶喷雾
注:草甘膦钾盐含量：71%。
PD20111216　草甘膦铵盐/80%/可溶粒剂/草甘膦 80%/2011.11.17 至 2016.11.17/低毒
非耕地　杂草　1980-2970克/公顷　定向茎叶喷雾
注:草甘膦铵盐含量为:88%。
PD20111443　草甘膦二甲胺盐/35%/水剂/草甘膦 35%/2011.12.29 至 2016.12.29/低毒
非耕地　杂草　1995-3018.75克/公顷　定向茎叶喷雾
注:草甘膦二甲胺盐含量：44%
PD20111449　敌百·毒死蜱/4.5%/颗粒剂/敌百虫 3%、毒死蜱 1.5%/2011.12.30 至 2016.12.30/中等毒
花生　蛴螬　1687.5－2362.5克/公顷　毒土撒施
PD20120212　草甘膦铵盐/70.9%/可溶粒剂/草甘膦 70.9%/2012.02.07 至 2017.02.07/低毒
注:仅供出口,不得在国内销售；草甘膦铵盐含量78%。
PD20120300　草甘膦钾盐/63%/可溶粒剂/草甘膦 63%/2012.02.17 至 2017.02.17/低毒
非耕地　杂草　2021.25-3003克/公顷　定向茎叶喷雾
注:草甘膦钾盐含量：77%。
PD20120301　草甘膦钾盐/50%/可溶粒剂/草甘膦 50%/2012.02.17 至 2017.02.17/低毒
非耕地　杂草　2000-3000克/公顷　定向茎叶喷雾
注:草甘膦钾盐含量：61%。
PD20120883　戊唑醇/25%/水乳剂/戊唑醇 25%/2012.05.24 至 2017.05.24/低毒
黄瓜　白粉病　105－115克/公顷　喷雾
苦瓜　白粉病　75-112.5克/公顷　喷雾
PD20121007　二氯喹啉酸/50%/可溶粒剂/二氯喹啉酸 50%/2012.06.21 至 2017.06.21/低毒
水稻抛秧田、水稻秧田、移栽水稻田、直播水稻田　稗草　225-375克/公顷　茎叶喷雾
PD20121247　草甘膦异丙胺盐/450克/升/水剂/草甘膦 450克/升/2012.09.04 至 2017.09.04/低毒
注:专供出口，不得在国内销售。
PD20121452　草甘膦异丙胺盐/58%/可溶粒剂/草甘膦 58%/2012.10.08 至 2017.10.08/低毒
非耕地　杂草　1125-3000克/公顷　定向茎叶喷雾处理
注:草甘膦异丙胺盐含量：78%。
PD20130665　草甘膦钾盐/77.6%/原药/草甘膦 77.6%/2013.04.17 至 2018.04.17/低毒
注:草甘膦钾盐含量:95%。
PD20130797　麦畏·草甘膦/70%/可溶粒剂/草甘膦铵盐 59.5%、麦草畏 10.5%/2013.04.22 至 2018.04.22/低毒
非耕地　杂草　630-945克/公顷　茎叶喷雾
PD20131621　草甘膦钾盐/68%/可溶粒剂/草甘膦 68%/2013.07.30 至 2018.07.30/低毒
非耕地　杂草　999.6-2999.85克/公顷　定向茎叶喷雾
注:草甘膦钾盐含量：83.3%。
PD20131844　草甘膦异丙胺盐/70.5%/原药/草甘膦 70.5%/2013.09.23 至 2018.09.23/低毒
注:草甘膦异丙胺盐含量：95%。
PD20132336　烟嘧磺隆/75%/水分散粒剂/烟嘧磺隆 75%/2013.11.20 至 2018.11.20/低毒
玉米田　一年生杂草　50-60克/公顷　茎叶喷雾
PD20132422　草甘膦钾盐/30%/水剂/草甘膦 30%/2013.11.20 至 2018.11.20/低毒
非耕地　杂草　999-1998克/公顷　定向茎叶喷雾
注:草甘膦钾盐含量37%。
PD20140259　滴酸·草甘膦/75%/可溶粒剂/草甘膦铵盐 55%、2,4-滴钠盐 20%/2014.01.29 至 2019.01.29/低毒
非耕地　杂草　1125-2250克/公顷　茎叶喷雾
PD20140591　莠去津/90%/水分散粒剂/莠去津 90%/2014.03.06 至 2019.03.06/低毒
春玉米田　一年生杂草　1485-1755克/公顷　土壤喷雾
夏玉米田　一年生杂草　1215-1485克/公顷　土壤喷雾
PD20140592　草铵膦/200克/升/水剂/草铵膦 200克/升/2014.03.06 至 2019.03.06/低毒
非耕地　杂草　1050-1740克/公顷　茎叶喷雾
PD20140593　氧氟·草甘膦/80%/水分散粒剂/草甘膦铵盐 78%、乙氧氟草醚 2%/2014.03.06 至 2019.03.06/低毒
非耕地　杂草　1200～1500克/公顷　茎叶喷雾
PD20141193　吡嘧磺隆/10%/泡腾片剂/吡嘧磺隆 10%/2014.05.06 至 2019.05.06/低毒
水稻抛秧田、水稻田(直播)、水稻秧田、水稻移栽田　稗草　22.5-30克/公顷　抛施法
PD20141486　草甘膦异丙胺盐/50%/可溶粒剂/草甘膦 50%/2014.06.09 至 2019.06.09/低毒

非耕地 杂草 2000-3000克/公顷 定向茎叶喷雾
注:草甘膦异丙胺盐含量：67%。
PD20141565 草甘膦钾盐/58%/可溶粒剂/草甘膦 58%/2014.06.17 至 2019.06.17/低毒
非耕地 杂草 2001-3045克/公顷 茎叶喷雾
PD20142343 多菌灵/50%/可湿性粉剂/多菌灵 50%/2014.11.03 至 2019.11.03/低毒
水稻 纹枯病 675－900克/公顷 喷雾
PD20142521 草甘膦二甲胺盐/95%/原药/草甘膦二甲胺盐(暂定) 95%/2014.11.21 至 2019.11.21/低毒
PD20150280 草甘膦二甲胺盐/58%/可溶粒剂/草甘膦 58%/2015.02.04 至 2020.02.04/低毒
非耕地 杂草 1080-3000克/公顷 茎叶喷雾
注:草甘膦二甲胺盐含量：73.5%。
PD20150288 草甘膦二甲胺盐/50%/可溶粒剂/草甘膦 50%/2015.02.04 至 2020.02.04/低毒
非耕地 杂草 1080-3000克/公顷 茎叶喷雾
注:草甘膦二甲胺盐含量：63.3%。
PD20150454 2甲・草甘膦/36%/水剂/草甘膦 30.4%、2甲4氯 5.6%/2015.03.20 至 2020.03.20/低毒
非耕地 杂草 1134-1674克/公顷 茎叶喷雾
注:草甘膦异丙胺盐含量： 41%； 2甲4氯异丙胺盐含量：7.2%。
PD20150458 甲基硫菌灵/70%/可湿性粉剂/甲基硫菌灵 70%/2015.03.20 至 2020.03.20/低毒
番茄 叶霉病 (375～562.5) g/ha 喷雾
PD20150472 滴胺.草甘膦/43%/水剂/草甘膦异丙胺盐 40.6%、2,4-滴二甲胺盐 2.4%/2015.03.20 至 2020.03.20/低毒
非耕地 杂草 1290-2580克/公顷 茎叶喷雾
PD20150836 甲基硫菌灵/500克/升/悬浮剂/甲基硫菌灵 500克/升/2015.05.18 至 2020.05.18/低毒
水稻 纹枯病 700-1200克/公顷 喷雾
PD20150995 草甘膦二甲胺盐/68%/可溶粒剂/草甘膦 68%/2015.06.11 至 2020.06.11/低毒
非耕地 杂草 1080-3000克/公顷 茎叶喷雾
注:草甘膦二甲胺盐含量：86.2%
PD20151657 三乙膦酸铝/80%/水分散粒剂/三乙膦酸铝 80%/2015.08.28 至 2020.08.28/低毒
黄瓜 霜霉病 2160-2820克/公顷 喷雾
PD20152198 草甘・敌草隆/80%/水分散粒剂/草甘膦铵盐 43%、敌草隆 37%/2015.10.21 至 2020.10.21/微毒
非耕地 杂草 1200-2400克/公顷 茎叶喷雾
PD20152248 草甘膦二甲胺盐/63%/可溶粒剂/草甘膦 63%/2015.09.23 至 2020.09.23/低毒
非耕地 杂草 1080－3000克/公顷 茎叶喷雾
注:草甘膦二甲胺盐含量：79.8%。
PD20152268 双醚・草甘膦/79%/水分散粒剂/草甘膦铵盐 75%、双草醚 4%/2015.10.20 至 2020.10.20/微毒
非耕地 杂草 889-1778克/公顷 茎叶喷雾
PD20152419 甲硫・腈菌唑/80%/可湿性粉剂/甲基硫菌灵 71.2%、腈菌唑 8.8%/2015.10.25 至 2020.10.25/低毒
苹果树 轮纹病 727.3-1000毫克/千克 喷雾
PD20152523 吡虫啉/600克/升/悬浮种衣剂/吡虫啉 600克/升/2015.12.05 至 2020.12.05/低毒
棉花 蚜虫 279.4-395.8克/100千克种子 种子包衣
PD20152663 多菌灵/500克/升/悬浮剂/多菌灵 500克/升/2015.12.19 至 2020.12.19/低毒
水稻 纹枯病 860-1080克/公顷 喷雾
WP20090034 毒死蜱/40%/乳油/毒死蜱 40%/2014.01.14 至 2019.01.14/中等毒
卫生 白蚁 0.5-1%药液5升/平方米 土壤处理

浙江新农化工股份有限公司 (浙江省仙居县杨府三里溪 317300 0576-87733630)

PD20040285 三唑磷/85%/原药/三唑磷 85%/2014.12.19 至 2019.12.19/中等毒
PD20040491 三唑磷/40%/乳油/三唑磷 40%/2014.12.19 至 2019.12.19/中等毒
棉花 红铃虫 480-600克/公顷 喷雾
水稻 二化螟、三化螟 300-450克/公顷 喷雾
水稻 稻瘿蚊 1200-1500克/公顷 喷雾
水稻 稻水象甲 360-480克/公顷 喷雾
PD20040559 三唑磷/15%/微乳剂/三唑磷 15%/2014.12.19 至 2019.12.19/中等毒
水稻 二化螟 225-281.25克/公顷 喷雾
PD20040680 三唑磷/30%/乳油/三唑磷 30%/2014.12.19 至 2019.12.19/中等毒
棉花 棉铃虫 480-600克/公顷 喷雾
水稻 稻水象甲 240-480克/公顷 喷雾
水稻 二化螟、三化螟 300-450克/公顷 喷雾
PD20040733 三唑磷/20%/乳油/三唑磷 20%/2014.12.19 至 2019.12.19/中等毒
草地 草地螟 300-375克/公顷 喷雾
棉花 棉红铃虫 375-450克/公顷 喷雾
水稻 二化螟、三化螟 300-450克/公顷 喷雾
水稻 稻水象甲 360-480克/公顷 喷雾
PD20070002 毒死蜱/97%/原药/毒死蜱 97%/2012.01.01 至 2017.01.01/中等毒
PD20070327 二甲戊灵/98%/原药/二甲戊灵 98%/2012.10.10 至 2017.10.10/低毒
PD20070641 毒死蜱/480克/升/乳油/毒死蜱 480克/升/2012.12.14 至 2017.12.14/中等毒

柑橘树 矢尖蚧 1000-1500倍液 喷雾
水稻 稻飞虱 648-720克/公顷 喷雾
水稻 稻纵卷叶螟 70-90毫升制剂/亩 喷雾
PD20080291 毒死蜱/40%/乳油/毒死蜱 40%/2013.02.25 至 2018.02.25/中等毒
柑橘树 矢尖蚧 333-500毫克/千克 喷雾
棉花 棉铃虫 600-900克/公顷 喷雾
苹果树 绵蚜 1500-2000倍液 喷雾
水稻 稻飞虱 600-750克/公顷 喷雾
水稻 稻纵卷叶螟 300-600克/公顷 喷雾
PD20080441 二甲戊灵/330克/升/乳油/二甲戊灵 330克/升/2013.03.13 至 2018.03.13/低毒
甘蓝田、韭菜 杂草 495－742.5克/公顷 喷雾
花生田、棉花田 一年生杂草 742.5-990克/公顷 土壤喷雾
PD20081362 唑磷·毒死蜱/30%/乳油/毒死蜱 7%、三唑磷 23%/2013.10.22 至 2018.10.22/中等毒
水稻 稻纵卷叶螟 315-450克/公顷 喷雾
PD20081374 吡虫·毒死蜱/22%/乳油/吡虫啉 2%、毒死蜱 20%/2013.10.23 至 2018.10.23/中等毒
水稻 飞虱 115-132克/公顷 喷雾
PD20083079 氯氰·毒死蜱/55%/乳油/毒死蜱 50%、氯氰菊酯 5%/2013.12.10 至 2018.12.24/中等毒
荔枝树 蒂蛀虫 366.6-550毫克/千克 喷雾
棉花 棉铃虫 412.5-618.75克/公顷 喷雾
PD20083886 毒死蜱/5%/颗粒剂/毒死蜱 5%/2013.12.15 至 2018.12.15/低毒
花生 蛴螬 1125-2250克/公顷 拌毒土撒施
PD20085671 毒死蜱/30%/水乳剂/毒死蜱 30%/2013.12.26 至 2018.12.26/中等毒
水稻 稻纵卷叶螟 450-630克/公顷 喷雾
水稻 稻飞虱 540-675克/公顷 喷雾
PD20086360 辛硫·三唑磷/40%/乳油/三唑磷 20%、辛硫磷 20%/2013.12.31 至 2018.12.31/中等毒
水稻 二化螟 360-480克/公顷 喷雾
PD20090645 氯氰·毒死蜱/22%/乳油/毒死蜱 20%、氯氰菊酯 2%/2014.01.15 至 2019.01.15/中等毒
荔枝树 蒂蛀虫 366.7-550毫克/千克 喷雾
棉花 棉铃虫 412.5-618.75克/公顷 喷雾
PD20096839 噻唑锌/95%/原药/噻唑锌 95%/2014.09.21 至 2019.09.21/低毒
PD20096932 噻唑锌/20%/悬浮剂/噻唑锌 20%/2014.09.25 至 2019.09.25/低毒
柑橘树 溃疡病 400-666.7毫克/千克 喷雾
黄瓜(保护地) 细菌性角斑病 300-450克/公顷 喷雾
水稻 细菌性条斑病 300-375克/公顷 喷雾
PD20102019 毒死蜱/40%/微乳剂/毒死蜱 40%/2015.09.25 至 2020.09.25/中等毒
苹果树 绵蚜 200-267毫克/千克 喷雾
PD20132654 氰虫·毒死蜱/36%/悬乳剂/毒死蜱 32%、氰氟虫腙 4%/2013.12.20 至 2018.12.20/中等毒
水稻 稻纵卷叶螟 540－648克/公顷 喷雾
PD20141292 乙虫·毒死蜱/30%/悬乳剂/毒死蜱 28%、乙虫腈 2%/2014.05.12 至 2019.05.12/中等毒
水稻 稻飞虱 405-450克/公顷 喷雾
PD20142666 毒死蜱/25%/颗粒剂/毒死蜱 25%/2014.12.18 至 2019.12.18/低毒
花生 蛴螬 1125-2250克/公顷 撒施
PD20150885 戊唑·噻唑锌/40%/悬浮剂/戊唑醇 10%、噻唑锌 30%/2015.05.19 至 2020.05.19/低毒
水稻 纹枯病 360-420克/公顷 喷雾
PD20151116 氰虫·啶虫脒/40%/悬浮剂/啶虫脒 8%、氰氟虫腙 32%/2015.06.25 至 2020.06.25/低毒
甘蓝 小菜蛾 180-300克/公顷 喷雾
PD20151282 嘧酯·噻唑锌/50%/悬浮剂/嘧菌酯 20%、噻唑锌 30%/2015.07.30 至 2020.07.30/低毒
黄瓜 霜霉病 300-450克/公顷 喷雾
PD20151347 噻唑锌/40%/悬浮剂/噻唑锌 40%/2015.07.30 至 2020.07.30/低毒
烟草 野火病 360-510克/公顷 喷雾
PD20152654 春雷·噻唑锌/40%/悬浮剂/春雷霉素 5%、噻唑锌 35%/2015.12.19 至 2020.12.19/低毒
水稻 稻瘟病 240-300克/公顷 喷雾
LS20130167 戊唑·噻唑锌/40%/悬浮剂/戊唑醇 10%、噻唑锌 30%/2015.04.03 至 2016.04.03/低毒
水稻 纹枯病 360-420 克/公顷 喷雾
LS20150185 噻唑锌/30%/悬浮剂/噻唑锌 30%/2015.06.14 至 2016.06.14/微毒
柑橘 溃疡病 400-600毫克/千克 喷雾
黄瓜(保护地) 细菌性角斑病 375-450克/公顷 喷雾
水稻 细菌性条斑病 300-450克/公顷 喷雾
LS20150215 螺虫·毒死蜱/40%/悬乳剂/毒死蜱 32%、螺虫乙酯 8%/2015.07.30 至 2016.07.30/中等毒
柑橘树 红蜡蚧 200-266.7毫克/千克 喷雾
WP20080450 毒死蜱/40%/乳油/毒死蜱 40%/2013.12.16 至 2018.12.16/中等毒
卫生 白蚁 20克/平方米 土壤处理

浙江信心日用工业有限公司 (浙江省金华市义乌市经济开发区稠江办上崇山 322000 0579-5551379)

WP20080234 蚊香/0.25%/蚊香/富右旋反式烯丙菊酯 0.25%/2013.11.25 至 2018.11.25/低毒
卫生 蚊 / 点燃
WP20080404 电热蚊香片/25毫克/片/电热蚊香片/炔丙菊酯 8毫克/片、右旋烯丙菊酯 17毫克/片/2013.12.12 至 2018.12.12/低毒
卫生 蚊 / 电热加温
注:本品有三种香型：无香型、熏衣草香型、芳香型。
WP20080425 电热蚊香液/2.6%/电热蚊香液/Es-生物烯丙菊酯 2.6%/2013.12.15 至 2018.12.15/低毒
卫生 蚊 / 电热加温
注:本品有三种香型：无香型、芳香型、熏衣草香型。
WP20090024 杀蟑笔剂/0.5%/笔剂/溴氰菊酯 0.5%/2014.01.08 至 2019.01.08/低毒
卫生 蜚蠊 / 涂抹

浙江一点红有限公司 (浙江省浦江经济开发区一点红大道188号 322200 0579-4178828)

WP20110230 蚊香/0.28%/蚊香/富右旋反式烯丙菊酯 0.28%/2011.10.10 至 2016.10.10/微毒
卫生 蚊 / 点燃
WP20110268 杀虫气雾剂/0.36%/气雾剂/胺菊酯 0.1%、氯菊酯 0.2%、氯氰菊酯 0.06%/2011.12.13 至 2016.12.13/微毒
卫生 蚊、蝇、蜚蠊 / 喷雾

浙江正点实业有限公司 (浙江省武义县百花山工业区 321200 0579-87611273)

WP20080113 蚊香/0.18%/蚊香/Es-生物烯丙菊酯 0.18%/2013.10.22 至 2018.10.22/微毒
卫生 蚊 / 点燃
WP20080148 杀虫气雾剂/0.33%/气雾剂/胺菊酯 0.14%、高效氯氰菊酯 0.03%、氯菊酯 0.16%/2013.11.05 至 2018.11.05/低毒
卫生 蜚蠊、蚊、蝇 / 喷雾
注:本品有三种香型：柠檬香型、茉莉香型、无香型。
WP20090300 电热蚊香片/12.5毫克/片/电热蚊香片/富右旋反式炔丙菊酯 12.5毫克/片/2014.07.22 至 2019.07.22/低毒
卫生 蚊 / 电热加温
注:本品有二种香型：芳香型、无香型。
WP20110252 蚊香/0.03%/蚊香/四氟甲醚菊酯 0.03%/2011.11.15 至 2016.11.15/微毒
卫生 蚊 / 点燃
注:本产品有三种香型：檀香香型、桂花香型、草本绿茶香型。
WP20130029 杀蟑烟片/7.2%/烟片/右旋苯醚氰菊酯 7.2%/2013.02.06 至 2018.02.06/低毒
卫生 蜚蠊 / 点燃
WP20130040 蚊香/0.05%/蚊香/氯氟醚菊酯 0.05%/2013.03.12 至 2018.03.12/微毒
卫生 蚊 / 点燃
注:本产品有三种香型：无香型、薄荷香型、檀香型。
WP20130044 蚊香/0.08%/蚊香/氯氟醚菊酯 0.08%/2013.03.19 至 2018.03.19/微毒(原药低毒)
室内 蚊 / 点燃
注:本产品有一种香型：草本香型。
WP20140161 电热蚊香液/1.3%/电热蚊香液/炔丙菊酯 1.3%/2014.07.14 至 2019.07.14/微毒
室内 蚊 / 电热加温
WP20140202 电热蚊香液/0.6%/电热蚊香液/氯氟醚菊酯 0.6%/2014.09.02 至 2019.09.02/微毒
室内 蚊 / 电热加温
WP20150104 电热蚊香片/13毫克/片/电热蚊香片/炔丙菊酯 5.2毫克/片、氯氟醚菊酯 7.8毫克/片/2015.06.14 至 2020.06.14/微毒
室内 蚊 / 电热加温
WP20150137 电热蚊香片/10毫克/片/电热蚊香片/炔丙菊酯 5毫克/片、四氟甲醚菊酯 5毫克/片/2015.07.30 至 2020.07.30/低毒
室内 蚊 / 电热加温

浙江中山化工集团股份有限公司 (浙江省长兴县小浦镇中山村 313116 0572-6121378)

PD85111-2 西玛津/50%/可湿性粉剂/西玛津 50%/2015.01.25 至 2020.01.25/低毒
茶园、甘蔗 一年生杂草 1125-1875克/公顷 喷于地表
公路、森林防火道、铁路 一年生杂草 0.8-2克/平方米 喷于地表
红松苗圃 一年生杂草 0.2-0.4克/平方米 喷于地表
梨树(12年以上树龄)、苹果树(12年以上树龄) 一年生杂草 1800-3000克/公顷 喷于地表
玉米 一年生杂草 2250-3000克/公顷 喷于地表
PD85112-14 莠去津/38%/悬浮剂/莠去津 38%/2014.04.27 至 2019.04.27/低毒
茶园 一年生杂草 1125-1875克/公顷 喷于地表
防火隔离带、公路、森林、铁路 一年生杂草 0.8-2克/平方米 喷于地表
甘蔗 一年生杂草 1050-1500克/公顷 喷于地表
高粱、糜子、玉米 一年生杂草 1800-2250克/公顷(东北地区) 喷于地表
红松苗圃 一年生杂草 0.2-0.3克/平方米 喷于地表
梨树(12年以上树龄)、苹果树(12年以上树龄) 一年生杂草 1625-1875克/公顷 喷于地表

橡胶园 一年生杂草 2250-3750克/公顷 喷于地表

PD86103-3 莠去津/48%/可湿性粉剂/莠去津 48%/2011.12.29 至 2016.12.29/低毒

茶园 一年生杂草 1500-2250克/公顷 喷于地表
甘蔗田 一年生杂草 1125-1875克/公顷 喷于地表
高粱田、糜子 一年生杂草 1875-2625克/公顷(东北地区) 喷于地表
公路 一年生杂草 0.8-2克/平方米 喷雾
红松苗圃 一年生杂草 0.25-0.5克/平方米 喷洒苗床
梨树(12年以上树龄)、苹果树(12年以上树龄) 一年生杂草 3000-3750克/公顷(东北地区) 喷于地表
葡萄园 一年生杂草 2250-3000克/公顷 避开葡萄根部
森林、铁路 一年生杂草 1-2.5克/平方米 喷雾
橡胶园 一年生杂草 3750-4500克/公顷 喷于地表
玉米田 一年生杂草 2250-3000克/公顷(东北地区) 喷于地表

PD86105-4 西草净/25%/可湿性粉剂/西草净 25%/2015.01.25 至 2020.01.25/低毒

水稻田 阔叶杂草、眼子菜 750-937.5克/公顷(东北地区) 撒毒土

PD86126-6 扑草净/40%/可湿性粉剂/扑草净 40%/2011.12.29 至 2016.12.29/低毒

茶园、成年果园、苗圃 阔叶杂草 1875-3000克/公顷 喷于地表，切勿喷至树上
大豆田、花生田 阔叶杂草 750-1125克/公顷 喷雾
甘蔗田、棉花田、苎麻 阔叶杂草 750-1125克/公顷 播后苗前土壤喷雾
谷子田 阔叶杂草 375克/公顷 喷雾
麦田 阔叶杂草 450-750克/公顷 喷雾
水稻本田、水稻秧田 阔叶杂草 150-900克/公顷 撒毒土

PD20080795 西玛津/95%/原药/西玛津 95%/2013.06.20 至 2018.06.20/低毒

PD20080805 莠去津/95%/原药/莠去津 95%/2013.06.20 至 2018.06.20/低毒

PD20080842 扑草净/95%/原药/扑草净 95%/2013.06.23 至 2018.06.23/低毒

PD20081076 莠灭净/95%/原药/莠灭净 95%/2013.08.18 至 2018.08.18/低毒

PD20081077 莠灭净/80%/可湿性粉剂/莠灭净 80%/2013.08.18 至 2018.08.18/低毒

甘蔗田 一年生杂草 1560-2400克/公顷 定向茎叶喷雾

PD20081105 莠灭净/50%/悬浮剂/莠灭净 50%/2013.08.18 至 2018.08.18/低毒

甘蔗田 一年生杂草 1500-1725克/公顷 定向茎叶喷雾

PD20081426 西草净/95%/原药/西草净 95%/2013.10.31 至 2018.10.31/低毒

PD20082282 莠去津/50%/悬浮剂/莠去津 50%/2013.12.01 至 2018.12.01/低毒

春玉米田 一年生杂草 1500-1875克/公顷 播后苗前土壤喷雾
夏玉米田 一年生杂草 1125-1500克/公顷 播后苗前土壤喷雾

PD20082704 莠去津/80%/可湿性粉剂/莠去津 80%/2013.12.05 至 2018.12.05/低毒

夏玉米田 一年生杂草 1200-1440克/公顷 土壤喷雾

PD20085472 莠灭净/40%/可湿性粉剂/莠灭净 40%/2013.12.25 至 2018.12.25/低毒

甘蔗田 一年生杂草 1560-2400克/公顷 喷雾

PD20086310 阿维菌素/1.8%/乳油/阿维菌素 1.8%/2013.12.31 至 2018.12.31/低毒(原药高毒)

黄瓜 美洲斑潜蝇 10.8-21.6克/公顷 喷雾

PD20091648 硫磺/80%/水分散粒剂/硫磺 80%/2014.02.03 至 2019.02.03/低毒

小麦 白粉病 1920-3000克/公顷 喷雾

PD20092864 莠灭净/80%/水分散粒剂/莠灭净 80%/2014.03.05 至 2019.03.05/低毒

甘蔗田 一年生杂草 1500-1800克/公顷 喷雾

PD20093210 异丙草·莠/41%/悬乳剂/异丙草胺 18%、莠去津 23%/2014.03.11 至 2019.03.11/低毒

夏玉米田 一年生杂草 1230-1537.5克/公顷 土壤喷雾

PD20095415 西玛津/50%/悬浮剂/西玛津 50%/2014.05.11 至 2019.05.11/低毒

甘蔗田 一年生杂草 1500-1800 克/公顷 土壤喷雾

PD20095440 扑草净/50%/悬浮剂/扑草净 50%/2014.05.11 至 2019.05.11/低毒

大蒜田 一年生杂草 600-900克/公顷 土壤喷雾

PD20097253 莠去津/90%/水分散粒剂/莠去津 90%/2014.10.19 至 2019.10.19/低毒

春玉米田 一年生杂草 1795.5-2241克/公顷 土壤喷雾
夏玉米田 一年生杂草 1215-1350克/公顷 土壤喷雾

PD20097426 2甲4氯钠/56%/可溶粉剂/2甲4氯钠 56%/2014.10.28 至 2019.10.28/低毒

冬小麦田 多种阔叶杂草 840-1008克/公顷 茎叶喷雾

PD20110558 西玛津/90%/水分散粒剂/西玛津 90%/2011.05.20 至 2016.05.20/低毒

玉米田 一年生杂草 春玉米：2160-2700克/公顷；其它:1620-2160克/公顷 土壤喷雾

PD20111349 敌草隆/80%/水分散粒剂/敌草隆 80%/2011.12.09 至 2016.12.09/低毒

甘蔗田 一年生杂草 1200-2400克/公顷 土壤喷雾

企业/登记证号/农药名称/总含量/剂型/有效成分及含量/有效期/毒性

PD20081773-F00-0140　　山东省绿士农药有限公司
（山东省齐河经济开发区金能大道北首　251100　0534-5756113）
硫磺·多菌灵/50%/可湿性粉剂/多菌灵 15%、硫磺 35%/2016.03.11 至 2017.03.11/低毒

PD266-99-F00-0141　　山东省绿士农药有限公司
（山东省齐河经济开发区金能大道北首　251100　0534-5756113）
代森锰锌/80%/可湿性粉剂/代森锰锌 80%/2015.12.22 至 2016.12.22/低毒

PD91106-8-F00-0143　　山东省绿士农药有限公司
（山东省齐河经济开发区金能大道北首　251100　0534-5756113）
甲基硫菌灵/70%/可湿性粉剂/甲基硫菌灵 70%/2016.03.12 至 2017.03.12/低毒

PD20083974-F00-0146　　山东省绿士农药有限公司
（山东省齐河经济开发区金能大道北首　251100　0534-5756113）
噁霜·锰锌/64%/可湿性粉剂/噁霜灵 8%、代森锰锌 56%/2016.03.11 至 2017.03.11/低毒

PD20040217-F00-0151　　山东省绿士农药有限公司
（山东省齐河经济开发区金能大道北首　251100　0534-5756113）
氯氰菊酯/5%/乳油/氯氰菊酯 5%/2015.10.15 至 2016.10.15/中等毒

PD20080303-F00-0152　　山东省绿士农药有限公司
（山东省齐河经济开发区金能大道北首　251100　0534-5756113）
多·锰锌/40%/可湿性粉剂/多菌灵 20%、代森锰锌 20%/2016.02.25 至 2017.02.25/低毒

PD20040046-F00-0208　　济南绿霸农药有限公司
（山东省济南市工业南路100号三庆枫润大厦1805　251604　0531-81795669）
高效氯氰菊酯/4.5%/乳油/高效氯氰菊酯 4.5%/2015.04.22 至 2016.04.22/中等毒

PD20040085-F00-0301　　山东东泰农化有限公司
（山东省聊城市东昌府区道口铺工业区　252033　0635-8671517）
高效氯氰菊酯/4.5%/乳油/高效氯氰菊酯 4.5%/2014.12.07 至 2015.12.07/中等毒

PD20040439-F00-0309　　山东东泰农化有限公司
（山东省聊城市东昌府区道口铺工业区　252033　0635-8671517）
哒螨灵/20%/可湿性粉剂/哒螨灵 20%/2015.12.07 至 2016.12.07/中等毒

PD20040410-F00-0311　　山东东泰农化有限公司
（山东省聊城市东昌府区道口铺工业区　252033　0635-8671517）
吡虫啉/10%/可湿性粉剂/吡虫啉 10%/2012.12.07 至 2017.12.07/低毒

PD85124-13-F00-0325　　山东省淄博绿晶农药有限公司
（山东省淄博市周村区周村彭阳电信局西南侧　255321　0533-6610065）
福·福锌/80%/可湿性粉剂/福美双 30%、福美锌 50%/2016.01.18 至 2017.01.18/中等毒

PD20040789-F00-0355　　山东德州大成农药有限公司
（山东省德州市经济开发区　253000　0534-2757586）
多·福/50%/可湿性粉剂/多菌灵 25%、福美双 25%/2015.02.05 至 2016.02.05/低毒

PD20082040-F00-0366　　山东省淄博绿晶农药有限公司
（山东省淄博市周村区周村彭阳电信局西南侧　255321　0533-6610065）
甲硫·福美双/70%/可湿性粉剂/福美双 40%、甲基硫菌灵 30%/2016.01.24 至 2017.01.24/低毒

PD20080512-F00-0432　　湖南三村农业发展有限公司
（湖南省湘潭市岳塘区易家湾　411103　0731-53281165）
甲氰菊酯/20%/乳油/甲氰菊酯 20%/2015.12.31 至 2016.12.31/中等毒

PD20080925-F00-0449　　湖南省娄底农科所农药实验厂
（湖南省娄底市娄星区关家脑　417000　0738-8326272）
二氯喹啉酸/50%/可湿性粉剂/二氯喹啉酸 50%/2015.03.11 至 2016.03.11/低毒

PD20080512-F00-0458　　湖南省益阳市农业生产资料有限公司农药分装厂
（湖南省益阳市大渡口　413000　0737-4301017）
甲氰菊酯/20%/乳油/甲氰菊酯 20%/2015.03.11 至 2016.03.11/中等毒

PD20080022-F00-0461　　湖南省益阳市农业生产资料有限公司农药分装厂
（湖南省益阳市大渡口　413000　0737-4301017）
稻瘟灵/40%/乳油/稻瘟灵 40%/2015.03.11 至 2016.03.11/低毒

PD270-99-F00-0520　　江苏龙灯化学有限公司
（江苏省昆山开发区龙灯路88号　215301　0512-57718696）
硫酸铜钙/77%/可湿性粉剂/硫酸铜钙 77%/2015.11.16 至 2016.11.16/低毒

PD84125-22-F00-0705　　四川省兰月科技有限公司
（四川省成都市双流县西南航空港经济开发区空港三路779号　610207　028-85305199）
乙烯利/40%/水剂/乙烯利 40%/2015.12.22 至 2016.12.22/低毒

PD20081161-F00-0969　　黔南州中心植物医院有限责任公司
（贵州省黔南布依族苗族自治州都匀市南沙洲6号　558000　0854-8282442）
乙草胺/50%/乳油/乙草胺 50%/2015.04.14 至 2016.04.14/低毒

PD20080512-F00-0970　　黔南州中心植物医院有限责任公司
（贵州省黔南布依族苗族自治州都匀市南沙洲6号　558000　0854-8282442）
甲氰菊酯/20%/乳油/甲氰菊酯 20%/2015.04.14 至 2016.04.14/中等毒

PD20060090-F00-1047　　江西省安农生化有限公司
（江西省进贤县张公镇工业开发区　330077　0791-5537611）
三环唑/75%/可湿性粉剂/三环唑 75%/2015.05.24 至 2016.05.24/中等毒

PD20080092-F00-1048　　江西省安农生化有限公司
（江西省进贤县张公镇工业开发区　330077　0791-5537611）

*登记作物及防治对象见原登记

灭草松/480克/升/水剂/灭草松 480克/升/2015.05.24 至 2016.05.24/低毒
PD20040240-F00-1052 江西省安农生化有限公司
(江西省进贤县张公镇工业开发区 330077 0791-5537611)
高效氯氰菊酯/4.5%/乳油/高效氯氰菊酯 4.5%/2015.05.24 至 2016.05.24/中等毒
PD184-93-F00-1164 江苏省苏州富美实植物保护剂有限公司
(江苏省苏州工业园区界浦路99号 215126 0512-62863988)
异噁草松/480克/升/乳油/异噁草松 480克/升/2015.04.01 至 2016.04.01/低毒
PD380-2002-F00-1167 广东德利生物科技有限公司
(广东省茂名市化州市鉴江经济开发区试验区金垌岭 525100 0668-7363099)
苄氨嘌·赤/3.6%/液剂/苄氨基嘌呤 1.8%、赤霉酸A4+A7 1.8%/2015.03.23 至 2016.03.23/低毒
PD243-98-F00-1354 辽宁省大连越达农药化工有限公司
(辽宁省大连市旅顺口区水师营街道火石岭 116041 0411-86233103)
乙草胺/900克/升/乳油/乙草胺 900克/升/2014.04.01 至 2015.04.01/低毒
PD31-87-F00-1355 辽宁省大连越达农药化工有限公司
(辽宁省大连市旅顺口区水师营街道火石岭 116041 0411-86233103)
丁草胺/600克/升/乳油/丁草胺 600克/升/2014.04.01 至 2015.04.01/低毒
PD88-88-F00-1356 辽宁省大连越达农药化工有限公司
(辽宁省大连市旅顺口区水师营街道火石岭 116041 0411-86233103)
甲草胺/480克/升/乳油/甲草胺 480克/升/2014.04.01 至 2015.04.01/低毒
PD20070497-F01-100 四川省川东农药化工有限公司
(四川省达州市渠县渠江镇东大街 635200 0818-7344232)
甲氰菊酯/20%/乳油/甲氰菊酯 20%/2015.07.07 至 2016.07.07/中等毒
PD20050196-F01-11 先正达(苏州)作物保护有限公司
(江苏省昆山市经济技术开发区黄浦江中路255号 215301 0512-57716998)
咯菌腈/25克/升/悬浮种衣剂/咯菌腈 25克/升/2015.02.16 至 2016.02.16/低毒
PD20081918-F01-113 江门市大光明农化新会有限公司
(广东省江门市新会区沙堆镇洋关开发区 529148 0750-3508606)
戊唑醇/250克/升/水乳剂/戊唑醇 250克/升/2015.08.31 至 2016.08.31/低毒
PD86148-75-F01-183 湖南省郴州天龙农药化工有限公司
(湖南省郴州市国庆北路47号 423000 0735-2646276)
异丙威/20%/乳油/异丙威 20%/2014.04.05 至 2015.04.05/中等毒
PD390-2003-F01-203 浙江石原金牛农药有限公司
(浙江省杭州市经济技术开发区3号大街51号 310018 0571-86911312)
啶嘧磺隆/25%/水分散粒剂/啶嘧磺隆 25%/2015.03.19 至 2016.03.19/低毒
PD28-87-F01-37 江门市植保有限公司
(广东省江门市杜阮镇北环路9号之一至之四 529000 0750-3287333)
丙环唑/250克/升/乳油/丙环唑 250克/升/2015.01.22 至 2016.01.22/低毒
PD20070664-F01-419 江苏省通州正大农药化工有限公司
(江苏省南通市通州市港区通洋工业园 226017 0513-85993588)
三环唑/75%/可湿性粉剂/三环唑 75%/2015.03.25 至 2016.03.25/中等毒
PDN23-92-F01-421 江苏省通州正大农药化工有限公司
(江苏省南通市通州市港区通洋工业园 226017 0513-85993588)
三环唑/20%/可湿性粉剂/三环唑 20%/2014.07.13 至 2015.07.13/中等毒
PD54-87-F01-425 江门市植保有限公司
(广东省江门市杜阮镇北环路9号之一至之四 529000 0750-3287333)
春雷霉素/2%/水剂/春雷霉素 2%/2015.05.08 至 2016.05.08/低毒
PD283-99-F01-427 江门市植保有限公司
(广东省江门市杜阮镇北环路9号之一至之四 529000 0750-3287333)
亚胺唑/5%/可湿性粉剂/亚胺唑 5%/2015.05.08 至 2016.05.08/低毒
PD167-92-F01-431 江门市植保有限公司
(广东省江门市杜阮镇北环路9号之一至之四 529000 0750-3287333)
春雷·王铜/47%/可湿性粉剂/春雷霉素 2%、王铜 45%/2015.05.08 至 2016.05.08/低毒
WP20080147-F01-433 江苏省苏州富美实植物保护剂有限公司
(江苏省苏州工业园区界浦路99号 215126 0512-62863988)
顺式氯氰菊酯/50克/升/悬浮剂/顺式氯氰菊酯 50克/升/2015.02.28 至 2016.02.28/低毒
PD81-88-F01-434 江苏省苏州富美实植物保护剂有限公司
(江苏省苏州工业园区界浦路99号 215126 0512-62863988)
联苯菊酯/100克/升/乳油/联苯菊酯 100克/升/2015.05.18 至 2016.05.18/中等毒
PD85164-F01-453 江西省赣州宇田化工有限公司
(江西省赣州市章贡区水东镇七里村 341001 0797-8465916)
春雷霉素/2%/可湿性粉剂/春雷霉素 2%/2015.04.25 至 2016.04.25/低毒
PD20040491-F01-460 江西省安农生化有限公司
(江西省进贤县张公镇工业开发区 330077 0791-5537611)
三唑磷/40%/乳油/三唑磷 40%/2015.05.24 至 2016.05.24/中等毒
PD20070497-F01-464 江西省安农生化有限公司
(江西省进贤县张公镇工业开发区 330077 0791-5537611)
甲氰菊酯/20%/乳油/甲氰菊酯 20%/2015.05.24 至 2016.05.24/中等毒
PD20085333-F01-506 河南省博爱县田园农化厂

*登记作物及防治对象见原登记

(河南省博爱县月山镇工业路 454450 0391-8051769)
氰戊·杀螟松/20%/乳油/氰戊菊酯 6%、杀螟硫磷 14%/2015.11.05 至 2016.11.05/中等毒

PD20040121-F01-518 山东省济南绿邦化工有限公司
(山东省济南市章丘市水寨镇水南村 250101 0531-58773908)
高效氯氰菊酯/2.5%/乳油/高效氯氰菊酯 2.5%/2014.11.11 至 2015.11.11/中等毒

PD347-2001-F01-53 先正达(苏州)作物保护有限公司
(江苏省昆山市经济技术开发区黄浦江中路255号 215301 0512-57716998)
丙草胺/500克/升/乳油/丙草胺 500克/升/2016.02.16 至 2017.02.16/低毒

PD86182-6-F01-546 江西省赣州宇田化工有限公司
(江西省赣州市章贡区水东镇七里村 341001 0797-8465916)
稻瘟灵/30%/乳油/稻瘟灵 30%/2015.07.22 至 2016.07.22/低毒

PD39-87-F01-554 广东德利生物科技有限公司
(广东省茂名市化州市鉴江经济开发区试验区金垌岭 525100 0668-7363099)
顺式氯氰菊酯/100克/升/乳油/顺式氯氰菊酯 100克/升/2015.12.07 至 2016.12.07/中等毒

PD20083975-F01-569 江苏江南农化有限公司
(江苏省连云港市灌云县临港产业园区(燕尾港)经十路1号 222228 0518-88651800)
稻瘟灵/40%/乳油/稻瘟灵 40%/2015.07.14 至 2016.07.14/低毒

PD85154-33-F01-574 江苏华裕农化有限公司
(江苏省扬州市江都市小纪镇竹墩路 225246 0514-86599110)
氰戊菊酯/20%/乳油/氰戊菊酯 20%/2015.11.30 至 2016.11.30/中等毒

PD47-87-F01-577 广东德利生物科技有限公司
(广东省茂名市化州市鉴江经济开发区试验区金垌岭 525100 0668-7363099)
毒死蜱/480克/升/乳油/毒死蜱 480克/升/2015.06.17 至 2016.06.17/中等毒

PD88109-5-F01-631 广东省湛江市春江生物化学实业有限公司
(广东省湛江市遂溪县界炮镇界洋路68号 524391 0759-7353081)
井冈霉素/200克/升/可溶粉剂/井冈霉素 200克/升/2015.06.20 至 2016.06.20/低毒

PD84104-25-F01-633 广东省湛江市春江生物化学实业有限公司
(广东省湛江市遂溪县界炮镇界洋路68号 524391 0759-7353081)
杀虫双/18%/水剂/杀虫双 18%/2015.06.03 至 2016.06.03/中等毒

PD85131-2-F01-634 广东省湛江市春江生物化学实业有限公司
(广东省湛江市遂溪县界炮镇界洋路68号 524391 0759-7353081)
井冈霉素/2.4%,4%/水剂/井冈霉素A 2.4%,4%/2015.06.03 至 2016.06.03/低毒

PD20050124-F01-653 山东科大创业生物有限公司
(山东省邹平县长山工业园 256206 0543-4815111)
氯氰菊酯/5%/乳油/氯氰菊酯 5%/2015.10.11 至 2016.10.11/中等毒

PD215-97-F01-661 中农立华(天津)农用化学品有限公司
(天津市武清区农场南津蓟铁路东侧 301700 022-26976655)
高效氟吡甲禾灵/108克/升/乳油/高效氟吡甲禾灵 108克/升/2014.03.11 至 2015.03.11/低毒

PD47-87-F01-664 中农立华(天津)农用化学品有限公司
(天津市武清区农场南津蓟铁路东侧 301700 022-26976655)
毒死蜱/480克/升/乳油/毒死蜱 480克/升/2014.03.11 至 2015.03.11/中等毒

PD60-87-F01-667 甘肃省兰州固诚化工有限公司
(甘肃省兰州市西固区环行东路10号 730060 0931-7324311)
氟乐灵/480克/升/乳油/氟乐灵 480克/升/2015.06.17 至 2016.06.17/低毒

PD20080477-F01-676 广东德利生物科技有限公司
(广东省茂名市化州市鉴江经济开发区试验区金垌岭 525100 0668-7363099)
虫螨腈/10%/悬浮剂/虫螨腈 10%/2015.09.06 至 2016.09.06/低毒

PD27-87-F01-682 先正达(苏州)作物保护有限公司
(江苏省昆山市经济技术开发区黄浦江中路255号 215301 0512-57716998)
禾草敌/90.9%/乳油/禾草敌 90.9%/2015.06.28 至 2016.06.28/低毒

PD20080571-F01-714 无锡禾美农化科技有限公司
(江苏省无锡市江阴市云亭镇 214422 0510-86010565)
丁草胺/60%/乳油/丁草胺 60%/2014.01.13 至 2015.01.13/低毒

PD85122-13-F01-719 山东瑞星生物有限公司
(山东省潍坊市昌乐县北岩镇工业区 262407 0536-6743788)
福美双/50%/可湿性粉剂/福美双 50%/2015.03.14 至 2016.03.14/中等毒

PD88-88-F01-806 中农立华(天津)农用化学品有限公司
(天津市武清区农场南津蓟铁路东侧 301700 022-26976655)
甲草胺/480克/升/乳油/甲草胺 480克/升/2014.11.26 至 2015.11.26/低毒

PD243-98-F01-807 中农立华(天津)农用化学品有限公司
(天津市武清区农场南津蓟铁路东侧 301700 022-26976655)
乙草胺/900克/升/乳油/乙草胺 900克/升/2014.11.26 至 2015.11.26/低毒

PD31-87-F01-808 中农立华(天津)农用化学品有限公司
(天津市武清区农场南津蓟铁路东侧 301700 022-26976655)
丁草胺/600克/升/乳油/丁草胺 600克/升/2014.11.26 至 2015.11.26/低毒

PD20080470-F01-821 江苏龙灯化学有限公司
(江苏省昆山开发区龙灯路88号 215301 0512-57718696)
2甲·灭草松/460克/升/可溶液剂/2甲4氯 60克/升、灭草松 400克/升/2014.12.31 至 2015.12.31/低毒

*登记作物及防治对象见原登记

PD20081297-F01-832　山东省青州市日中经贸有限公司
(山东省青州市玲珑山中路234号　262500　0536-3222359)
甲硫·福美双/70%/可湿性粉剂/福美双 40%、甲基硫菌灵 30%/2015.01.08 至 2016.01.08/低毒
PD20095377-F01-833　山东省青州市日中经贸有限公司
(山东省青州市玲珑山中路234号　262500　0536-3222359)
五氯·福美双/45%/粉剂/福美双 25%、五氯硝基苯 20%/2014.12.11 至 2015.12.11/低毒
PD20040789-F01-834　山东省青州市日中经贸有限公司
(山东省青州市玲珑山中路234号　262500　0536-3222359)
多·福/50%/可湿性粉剂/多菌灵 25%、福美双 25%/2015.03.19 至 2016.03.19/低毒
PD20092739-F01-835　山东省青州市日中经贸有限公司
(山东省青州市玲珑山中路234号　262500　0536-3222359)
霜脲·锰锌/72%/可湿性粉剂/代森锰锌 64%、霜脲氰 8%/2014.12.11 至 2015.12.11/低毒
PD240-98-F01-868　广东德利生物科技有限公司
(广东省茂名市化州市鉴江经济开发区试验区金垌岭　525100　0668-7363099)
腈苯唑/24%/悬浮剂/腈苯唑 24%/2015.03.28 至 2016.03.28/低毒
PD86153-F01-894　江西禾益化工股份有限公司
(江西省彭泽县龙城镇矶山村　332700　0792-5683999)
叶枯唑/20%/可湿性粉剂/叶枯唑 20%/2014.03.17 至 2015.03.17/低毒
PD85154-31-F01-90　江苏省高邮市运东农药化工有限公司
(江苏省扬州市高邮市平胜工业区　225635　0514-4872239)
氰戊菊酯/20%/乳油/氰戊菊酯 20%/2014.05.11 至 2015.05.11/中等毒
PD20040268-F01-91　江苏省高邮市运东农药化工有限公司
(江苏省扬州市高邮市平胜工业区　225635　0514-4872239)
氯氰菊酯/10%/乳油/氯氰菊酯 10%/2014.05.25 至 2015.05.25/中等毒
PD394-2003-F01-97　广州农药厂从化市分厂
(广东省广州市从化市江埔街锦三村　510925　020-87992055)
四聚乙醛/6%/颗粒剂/四聚乙醛 6%/2015.04.29 至 2016.04.29/低毒
PD141-91-F02-0003　浙江石原金牛农药有限公司
(浙江省杭州市经济技术开发区3号大街51号　310018　0571-86911312)
氟啶脲/50克/升/乳油/氟啶脲 50克/升/2015.12.06 至 2016.12.06/低毒
PD237-98-F02-0041　中农立华(天津)农用化学品有限公司
(天津市武清区农场南津蓟铁路东侧　301700　022-26976655)
丙炔氟草胺/50%/可湿性粉剂/丙炔氟草胺 50%/2016.01.11 至 2017.01.11/低毒
PD20050191-F02-0045　浙江石原金牛农药有限公司
(浙江省杭州市经济技术开发区3号大街51号　310018　0571-86911312)
氰霜唑/100克/升/悬浮剂/氰霜唑 100克/升/2015.12.06 至 2016.12.06/低毒
PD27-87-F02-0063　中农立华(天津)农用化学品有限公司
(天津市武清区农场南津蓟铁路东侧　301700　022-26976655)
禾草敌/90.9%/乳油/禾草敌 90.9%/2016.01.11 至 2017.01.11/低毒
PD20040085-F02-0280　山东省济南海启明化工有限责任公司
(山东省济南市平阴县刁山坡镇刁山坡村　250404　0531-87785569)
高效氯氰菊酯/4.5%/乳油/高效氯氰菊酯 4.5%/2015.04.01 至 2016.04.01/中等毒
PD20081297-F02-0303　山东邹平农药有限公司
(山东省滨州市邹平县县城环城北路190号　256200　0543-4321332)
甲硫·福美双/70%/可湿性粉剂/福美双 40%、甲基硫菌灵 30%/2015.05.25 至 2016.05.25/低毒
PD84125-22-F02-0310　四川德阳万丰科技有限公司
(四川省广汉市连山镇绵远路　618300　0838-5230036)
乙烯利/40%/水剂/乙烯利 40%/2015.06.28 至 2016.06.28/低毒
PD20040626F020871　山东信邦生物化学有限公司
(山东省烟台市栖霞市栖霞民营经济园　265300　0535-5205958)
哒螨灵/15%/乳油/哒螨灵 15%/2013.12.10 至 2018.12.10/中等毒
PD91106-14F020876　广东中迅农科股份有限公司
(广东省惠州市仲恺高新技术产业开发区24号小区　516006　0752-2775592)
甲基硫菌灵/70%/可湿性粉剂/甲基硫菌灵 70%/2015.08.16 至 2016.08.16/低毒
PD20086361F020883　天津市阿格罗帕克农药有限公司
(天津市津南区小站镇东　300353　022-28618480)
波尔·锰锌/78%/可湿性粉剂/波尔多液 48%、代森锰锌 30%/2014.02.28 至 2015.02.28/低毒
PD300-99F020890　天津市阿格罗帕克农药有限公司
(天津市津南区小站镇东　300353　022-28618480)
抑霉唑/22.2%/乳油/抑霉唑 22.2%/2014.01.13 至 2015.01.13/中等毒
WP20080030F020891　允发化工(上海)有限公司
(上海市奉贤区金汇镇航塘公路1500号　201405　021-57589888)
顺式氯氰菊酯/100克/升/悬浮剂/顺式氯氰菊酯 100克/升/2016.01.22 至 2017.01.22/低毒
WP121-90F020895　允发化工(上海)有限公司
(上海市奉贤区金汇镇航塘公路1500号　201405　021-57589888)
顺式氯氰菊酯/5%/可湿性粉剂/顺式氯氰菊酯 5%/2015.06.03 至 2016.06.03/中等毒
PD20084585F020904　天津市汉邦植物保护剂有限责任公司
(天津市静海县静海镇高家楼东104国道旁　300160　022-23950219)

*登记作物及防治对象见原登记

氰戊·马拉松/20%/乳油/马拉硫磷 15%、氰戊菊酯 5%/2015.07.05 至 2016.07.05/中等毒
PD85122-15F020906 山东省青岛好利特生物农药有限公司
(山东省莱西市马连庄 266617 0532-85432888)
福美双/50%/可湿性粉剂/福美双 50%/2015.09.24 至 2016.09.24/中等毒
PD91106-23F020965 天津市汉邦植物保护剂有限责任公司
(天津市静海县静海镇高家楼东104国道旁 300160 022-23950219)
甲基硫菌灵/70%/可湿性粉剂/甲基硫菌灵 70%/2015.08.24 至 2016.08.24/低毒
PD85150-43F020967 天津市汉邦植物保护剂有限责任公司
(天津市静海县静海镇高家楼东104国道旁 300160 022-23950219)
多菌灵/50%/可湿性粉剂/多菌灵 50%/2015.07.21 至 2016.07.21/低毒
PD20060102F020974 黑龙江省哈尔滨市联丰农药化工有限公司
(黑龙江省哈尔滨市道外区松北区松北镇 150028 0451-88109023)
灭草松/480克/升/水剂/灭草松 480克/升/2014.12.16 至 2015.12.16/低毒
PD84105-7F020982 山东邹平农药有限公司
(山东省滨州市邹平县县城环城北路190号 256200 0543-4321332)
马拉硫磷/45%/乳油/马拉硫磷 45%/2015.12.31 至 2016.12.31/低毒
PD85122-13F021023 山东邹平农药有限公司
(山东省滨州市邹平县县城环城北路190号 256200 0543-4321332)
福美双/50%/可湿性粉剂/福美双 50%/2015.12.31 至 2016.12.31/中等毒
PD20083692F021030 河北冠龙农化有限公司
(河北省衡水工业新区循环经济园区威武大街8号 053000 0318-2036368)
硫磺·多菌灵/50%/可湿性粉剂/多菌灵 15%、硫磺 35%/2015.12.24 至 2016.12.24/低毒
PD20040596F021049 山东邹平农药有限公司
(山东省滨州市邹平县县城环城北路190号 256200 0543-4321332)
吡虫啉/10%/可湿性粉剂/吡虫啉 10%/2015.05.24 至 2016.05.24/低毒
PD20082211F021054 山东省青岛好利特生物农药有限公司
(山东省莱西市马连庄 266617 0532-85432888)
霜脲·锰锌/72%/可湿性粉剂/代森锰锌 64%、霜脲氰 8%/2015.01.27 至 2016.01.27/低毒
PD20060021F030003 江苏省苏州富美实植物保护剂有限公司
(江苏省苏州工业园区界浦路99号 215126 0512-62863988)
唑草酮/40%/水分散粒剂/唑草酮 40%/2016.01.14 至 2017.01.14/微毒
PD20050145F030010 浙江石原金牛农药有限公司
(浙江省杭州市经济技术开发区3号大街51号 310018 0571-86911312)
噻唑膦/10%/颗粒剂/噻唑膦 10%/2015.12.06 至 2016.12.06/中等毒
PD20092736F030013 河北省沧州志诚化工有限公司
(河北省沧州市盐山县城东化工园区 061300 0317-3301828)
高氯·马/37%/乳油/高效氯氰菊酯 0.8%、马拉硫磷 36.2%/2014.04.07 至 2015.04.07/中等毒
PD84125-22F030029 重庆市永川化学制品厂
(重庆市永川何埂镇聚美 402185 023-49815881)
乙烯利/40%/水剂/乙烯利 40%/2015.01.19 至 2016.01.19/低毒
PD86182-8F030034 湖南三村农业发展有限公司
(湖南省湘潭市岳塘区易家湾 411103 0731-53281165)
稻瘟灵/30%/乳油/稻瘟灵 30%/2015.03.07 至 2016.03.07/低毒
PD85124-2F030077 山东海讯生物化学有限公司
(山东省济南市天桥区药山办事处大鲁庄居南 250032 0531-88904638)
福·福锌/80%/可湿性粉剂/福美双 30%、福美锌 50%/2015.03.28 至 2016.03.28/中等毒
PD20040244F030081 山东省淄博美田农药有限公司
(山东省淄博市张店区房镇东首 255095 0533-3885086)
高效氯氰菊酯/4.5%/乳油/高效氯氰菊酯 4.5%/2015.04.08 至 2016.04.08/中等毒
PD20080318F030082 山东绿丰农药有限公司
(山东省青州市马氏路南段东侧 262515 0536-3529527)
多·福/40%/可湿性粉剂/多菌灵 5%、福美双 35%/2015.01.04 至 2016.01.04/低毒
PD85122-3F030086 山东海讯生物化学有限公司
(山东省济南市天桥区药山办事处大鲁庄居南 250032 0531-88904638)
福美双/50%/可湿性粉剂/福美双 50%/2015.03.28 至 2016.03.28/中等毒
PD20050150F030095 中农立华（天津）农用化学品有限公司
(天津市武清区农场南津蓟铁路东侧 301700 022-26976655)
莎稗磷/300克/升/乳油/莎稗磷 300克/升/2015.04.20 至 2016.04.20/低毒
PD20080215F030126 湖南惠民生物科技有限公司
(湖南省中方县工业园 418000 0745-2888288)
稻瘟灵/40%/乳油/稻瘟灵 40%/2015.01.08 至 2016.01.08/低毒
PD20040121F030134 河南省周口市先达化工有限公司
(河南省周口市太康县城南谢庄 461400 0394-6917209)
高效氯氰菊酯/2.5%/乳油/高效氯氰菊酯 2.5%/2015.05.25 至 2016.05.25/中等毒
PD235-98F030154 浙江石原金牛农药有限公司
(浙江省杭州市经济技术开发区3号大街51号 310018 0571-86911312)
烟嘧磺隆/40克/升/可分散油悬浮剂/烟嘧磺隆 40克/升/2015.03.16 至 2016.03.16/低毒
PD20082211F030167 山东东合生物科技有限公司

*登记作物及防治对象见原登记

(山东省商河经济开发区汇源街18号 251601 0531-82333398)
霜脲·锰锌/72%/可湿性粉剂/代森锰锌 64%、霜脲氰 8%/2015.12.31 至 2016.12.31/低毒
PD85124-8F030190 陕西省西安西诺农化有限责任公司
(陕西省西安市灞桥区田王街特字1号 710025 029-83603743)
福·福锌/80%/可湿性粉剂/福美双 30%、福美锌 50%/2016.04.19 至 2017.04.19/中等毒
PD20070009F030195 河南省郑州志信农化有限公司
(河南省新郑市欧江大道中段 451150 0371-62620388)
霜霉威盐酸盐/722克/升/水剂/霜霉威盐酸盐 722克/升/2015.05.11 至 2016.05.11/低毒
PD20085524F030218 山东省德州祥龙生化有限公司
(山东省德州市宁津县宁津镇 253400 0534-5421836)
吡虫啉/10%/可湿性粉剂/吡虫啉 10%/2015.06.30 至 2016.06.30/低毒
PD374-2001F030279 江苏龙灯化学有限公司
(江苏省昆山开发区龙灯路88号 215301 0512-57718696)
双胍三辛烷基苯磺酸盐/40%/可湿性粉剂/双胍三辛烷基苯磺酸盐 40%/2015.04.19 至 2016.04.19/低毒
PD201-95F030284 河南省郑州志信农化有限公司
(河南省新郑市欧江大道中段 451150 0371-62620388)
敌草胺/50%/水分散粒剂/敌草胺 50%/2015.07.01 至 2016.07.01/低毒
PD20070232F030288 山东东信生物农药有限公司
(山东省聊城市阳谷县阿城工业园 252321 0635-6750969)
福·甲·硫磺/70%/可湿性粉剂/福美双 25%、甲基硫菌灵 14%、硫磺 31%/2015.10.19 至 2016.10.19/中等毒
WP20080453F030319 江苏省苏州富美实植物保护剂有限公司
(江苏省苏州工业园区界浦路99号 215126 0512-62863988)
氯菊酯/380克/升/乳油/氯菊酯 380克/升/2015.03.19 至 2016.03.19/低毒
PD86153-10F030346 陕西上格之路生物科学有限公司
(陕西省西安市周至县集贤产业园创业大道9号 710065 029-88256421-8013)
叶枯唑/20%/可湿性粉剂/叶枯唑 20%/2014.10.21 至 2015.10.21/低毒
PD20082591F030349 山东省绿士农药有限公司
(山东省齐河经济开发区金能大道北首 251100 0534-5756113)
硫磺·多菌灵/25%/可湿性粉剂/多菌灵 12.5%、硫磺 12.5%/2015.11.04 至 2016.11.04/低毒
PD20083325F030356 浙江石原金牛农药有限公司
(浙江省杭州市经济技术开发区3号大街51号 310018 0571-86911312)
烟嘧磺隆/80%/可湿性粉剂/烟嘧磺隆 80%/2015.02.18 至 2016.02.18/微毒
PD20100327F030360 广东德利生物科技有限公司
(广东省茂名市化州市鉴江经济开发区试验区金垌岭 525100 0668-7363099)
氢氧化铜/37.5%/悬浮剂/氢氧化铜 37.5%/2015.12.31 至 2016.12.31/低毒
PD17-86F030374 中农立华(天津)农用化学品有限公司
(天津市武清区农场南津蓟铁路东侧 301700 022-26976655)
氰戊菊酯/20%/乳油/氰戊菊酯 20%/2014.11.16 至 2015.11.16/中等毒
PD112-89F030375 中农立华(天津)农用化学品有限公司
(天津市武清区农场南津蓟铁路东侧 301700 022-26976655)
萎锈·福美双/400克/升/悬浮剂/福美双 200克/升、萎锈灵 200克/升/2016.11.16 至 2017.11.16/低毒
PD20060147F030377 中农立华(天津)农用化学品有限公司
(天津市武清区农场南津蓟铁路东侧 301700 022-26976655)
唑酯·炔螨特/13%/水乳剂/炔螨特 10%、唑螨酯 3%/2015.11.16 至 2016.11.16/中等毒
PD207-96F030379 广东德利生物科技有限公司
(广东省茂名市化州市鉴江经济开发区试验区金垌岭 525100 0668-7363099)
氟虫脲/50克/升/可分散液剂/氟虫脲 50克/升/2015.12.07 至 2016.12.07/低毒
PD20060134F030385 河北省沧州志诚化工有限公司
(河北省沧州市盐山县城东化工园区 061300 0317-3301828)
高效氯氰菊酯/4.5%/乳油/高效氯氰菊酯 4.5%/2015.12.07 至 2016.12.07/中等毒
PD20070414F030392 天津市汉邦植物保护剂有限责任公司
(天津市静海县静海镇高家楼东104国道旁 300160 022-23950219)
代森锰锌/80%/可湿性粉剂/代森锰锌 80%/2015.10.27 至 2016.10.27/低毒
WP20090032F030403 江苏省苏州富美实植物保护剂有限公司
(江苏省苏州工业园区界浦路99号 215126 0512-62863988)
zeta-氯氰菊酯/180克/升/水乳剂/zeta-氯氰菊酯 180克/升/2015.03.19 至 2016.03.19/低毒
PD20091184F030406 江苏龙灯化学有限公司
(江苏省昆山开发区龙灯路88号 215301 0512-57718696)
戊唑醇/250克/升/水乳剂/戊唑醇 250克/升/2015.12.24 至 2016.12.24/低毒
PD215-97F030418 江苏苏州佳辉化工有限公司
(江苏省苏州市相城区东桥镇 215152 0512-65371841)
高效氟吡甲禾灵/108克/升/乳油/高效氟吡甲禾灵 108克/升/2015.11.18 至 2016.11.18/低毒
PD328-2000F030419 江苏苏州佳辉化工有限公司
(江苏省苏州市相城区东桥镇 215152 0512-65371841)
氯氰·毒死蜱/522.5克/升/乳油/毒死蜱 475克/升、氯氰菊酯 47.5克/升/2015.11.18 至 2016.11.18/中等毒
PD148-91F030420 江苏苏州佳辉化工有限公司
(江苏省苏州市相城区东桥镇 215152 0512-65371841)
氯氟吡氧乙酸/200克/升/乳油/氯氟吡氧乙酸 200克/升/2015.11.18 至 2016.11.18/低毒

*登记作物及防治对象见原登记

PD20091168F030429 辽宁省丹东市农药总厂
(辽宁省丹东市振兴区浪东路5号 118009 0415-6155350)
草甘膦异丙胺盐/30%/水剂/草甘膦 30%/2015.06.19 至 2016.06.19/低毒
PD86182-10F030433 江苏江南农化有限公司
(江苏省连云港市灌云县临港产业园区（燕尾港）经十路1号 222228 0518-88651800)
稻瘟灵/30%/乳油/稻瘟灵 30%/2016.01.05 至 2017.01.05/低毒
PD20095905F030437 江苏龙灯化学有限公司
(江苏省昆山开发区龙灯路88号 215301 0512-57718696)
抑霉唑/500克/升/乳油/抑霉唑 500克/升/2015.03.14 至 2016.03.14/低毒
PD20050011F040008 拜耳作物科学(中国)有限公司
(浙江省杭州市经济技术开发区内5号路 310018 0571-87265252)
吡虫啉/70%/水分散粒剂/吡虫啉 70%/2015.12.10 至 2016.12.10/中等毒
PD20084598F040016 湖南惠民生物科技有限公司
(湖南省中方县工业园 418000 0745-2888288)
氰戊·马拉松/20%/乳油/马拉硫磷 15%、氰戊菊酯 5%/2016.01.08 至 2017.01.08/中等毒
PD20070474F040019 先正达(苏州)作物保护有限公司
(江苏省昆山市经济技术开发区黄浦江中路255号 215301 0512-57716998)
精甲霜灵/350克/升/种子处理乳剂/精甲霜灵 350克/升/2015.02.16 至 2016.02.16/低毒
PD20085984F040021 天津市汉邦植物保护剂有限责任公司
(天津市静海县静海镇高家楼东104国道旁 300160 022-23950219)
甲霜·福美双/70%/可湿性粉剂/福美双 60%、甲霜灵 10%/2015.01.12 至 2016.01.12/低毒
PD20080180F040028 浙江石原金牛农药有限公司
(浙江省杭州市经济技术开发区3号大街51号 310018 0571-86911312)
氟啶胺/500克/升/悬浮剂/氟啶胺 500克/升/2016.01.03 至 2017.01.03/低毒
PD20040192F040029 山东省绿士农药有限公司
(山东省齐河经济开发区金能大道北首 251100 0534-5756113)
三唑酮/20%/乳油/三唑酮 20%/2016.03.11 至 2017.03.11/低毒
PD86182-8F040035 湖南惠民生物科技有限公司
(湖南省中方县工业园 418000 0745-2888288)
稻瘟灵/30%/乳油/稻瘟灵 30%/2015.01.27 至 2016.01.27/低毒
PD20050036F040042 湖南惠民生物科技有限公司
(湖南省中方县工业园 418000 0745-2888288)
高效氯氰菊酯/4.5%/乳油/高效氯氰菊酯 4.5%/2015.03.19 至 2016.03.19/中等毒
PD20070630F040048 山东瑞星生物有限公司
(山东省潍坊市昌乐县北岩镇工业区 262407 0536-6743788)
异丙甲草胺/72%/乳油/异丙甲草胺 72%/2015.03.14 至 2016.03.14/低毒
PD20081682F040075 北京中农研创高科技有限公司
(北京市海淀区中关村南大街12号中国农业科学院187号 100081 010-62145748)
丙溴磷/40%/乳油/丙溴磷 40%/2016.01.01 至 2017.01.01/中等毒
PD20082551F040086 江苏龙灯化学有限公司
(江苏省昆山开发区龙灯路88号 215301 0512-57718696)
莠灭净/80%/可湿性粉剂/莠灭净 80%/2015.03.07 至 2016.03.07/低毒
PD20080249F040087 江苏龙灯化学有限公司
(江苏省昆山开发区龙灯路88号 215301 0512-57718696)
咪鲜胺/450克/升/乳油/咪鲜胺 450克/升/2015.03.14 至 2016.03.14/低毒
PD20080466F040088 江苏龙灯化学有限公司
(江苏省昆山开发区龙灯路88号 215301 0512-57718696)
克菌丹/50%/可湿性粉剂/克菌丹 50%/2015.03.14 至 2016.03.14/低毒
PD85154-21F040108 陕西省西安常隆正华作物保护有限公司
(陕西省西安市临潼区新丰镇道北路 710600 029-83979980)
氰戊菊酯/20%/乳油/氰戊菊酯 20%/2015.04.28 至 2016.04.28/中等毒
PD29-87F040125 中农立华（天津）农用化学品有限公司
(天津市武清区农场南津蓟铁路东侧 301700 022-26976655)
炔螨特/73%/乳油/炔螨特 73%/2015.06.20 至 2016.06.20/低毒
PD300-99F040132 江苏省农垦生物化学有限公司
(江苏省南京市南京化学工业园赵丰路19号 210047 025-58392246)
抑霉唑/22.2%/乳油/抑霉唑 22.2%/2014.08.18 至 2015.08.18/中等毒
PD20060014F040137 拜耳作物科学(中国)有限公司
(浙江省杭州市经济技术开发区内5号路 310018 0571-87265252)
嘧霉胺/400克/升/悬浮剂/嘧霉胺 400克/升/2015.07.22 至 2016.07.22/低毒
PD20080846F040138 先正达(苏州)作物保护有限公司
(江苏省昆山市经济技术开发区黄浦江中路255号 215301 0512-57716998)
精甲霜·锰锌/68%/水分散粒剂/精甲霜灵 4%、代森锰锌 64%/2015.07.24 至 2016.07.24/低毒
PD20070203F040139 先正达(苏州)作物保护有限公司
(江苏省昆山市经济技术开发区黄浦江中路255号 215301 0512-57716998)
嘧菌酯/50%/水分散粒剂/嘧菌酯 50%/2015.07.25 至 2016.07.25/低毒
PD20040019F040141 上海杜邦农化有限公司
(上海市浦东新区浦东北路3055号 200137 021-58672488)

*登记作物及防治对象见原登记

砜嘧磺隆/25%/水分散粒剂/砜嘧磺隆 25%/2015.08.20 至 2016.08.20/低毒
PD85112-7F040144 山都丽化工有限公司
(河南省周口市建设路东段10号 466001 0394-8690100)
莠去津/38%/悬浮剂/莠去津 38%/2015.08.30 至 2016.08.30/低毒
PD102-89F040146 中农立华(天津)农用化学品有限公司
(天津市武清区农场南津蓟铁路东侧 301700 022-26976655)
炔螨特/57%/乳油/炔螨特 57%/2015.09.20 至 2016.09.20/低毒
PD20060041F040153 江苏苏州佳辉化工有限公司
(江苏省苏州市相城区东桥镇 215152 0512-65371841)
氰氟草酯/100克/升/乳油/氰氟草酯 100克/升/2015.10.11 至 2016.10.11/低毒
PD20070378F040156 拜耳作物科学(中国)有限公司
(浙江省杭州市经济技术开发区内5号路 310018 0571-87265252)
螺螨酯/240克/升/悬浮剂/螺螨酯 240克/升/2015.12.02 至 2016.12.02/低毒
PD109-89F040161 江苏苏州佳辉化工有限公司
(江苏省苏州市相城区东桥镇 215152 0512-65371841)
乙氧氟草醚/240克/升/乳油/乙氧氟草醚 240克/升/2015.12.21 至 2016.12.21/低毒
PD20070350F040163 江苏苏州佳辉化工有限公司
(江苏省苏州市相城区东桥镇 215152 0512-65371841)
五氟磺草胺/25克/升/可分散油悬浮剂/五氟磺草胺 25克/升/2015.12.21 至 2016.12.21/低毒
PD20070111F040164 江苏苏州佳辉化工有限公司
(江苏省苏州市相城区东桥镇 215152 0512-65371841)
双氟·唑嘧胺/58克/升/悬浮剂/双氟磺草胺 25克/升、唑嘧磺草胺 33克/升/2015.12.21 至 2016.12.21/低毒
PD20081721F050011 中农立华(天津)农用化学品有限公司
(天津市武清区农场南津蓟铁路东侧 301700 022-26976655)
氟磺胺草醚/250克/升/水剂/氟磺胺草醚 250克/升/2014.01.01 至 2015.01.01/低毒
PD85102-11F050012 广西壮族自治区化工研究院
(广西壮族自治区南宁市城北区望州路北二里7号 530001 0771-3331751)
2甲4氯钠盐/13%/水剂/2甲4氯钠 13%/2015.01.26 至 2016.01.26/低毒
PD85103-3F050013 广西壮族自治区化工研究院
(广西壮族自治区南宁市城北区望州路北二里7号 530001 0771-3331751)
2甲4氯钠/56%/可溶粉剂/2甲4氯钠 56%/2015.01.26 至 2016.01.26/低毒
PD20080532F050028 浙江威尔达化工有限公司
(浙江省杭州市余杭区塘栖超山 311106 0571-86375788)
S-氰戊菊酯/50克/升/水乳剂/S-氰戊菊酯 50克/升/2015.04.09 至 2016.04.09/中等毒
PD20030004F050030 江门市大光明农化新会有限公司
(广东省江门市新会区沙堆镇洋关开发区 529148 0750-3508606)
咪鲜胺/450克/升/水乳剂/咪鲜胺 450克/升/2015.04.12 至 2016.04.12/低毒
PD72-88F050031 江门市大光明农化新会有限公司
(广东省江门市新会区沙堆镇洋关开发区 529148 0750-3508606)
杀螟丹/98%/可溶粉剂/杀螟丹 98%/2016.04.12 至 2017.04.12/中等毒
PD20090969F050044 兴农药业(中国)有限公司
(上海市奉贤区柘林镇北村路28号 201416 021-57493733-5231)
戊唑醇/430克/升/悬浮剂/戊唑醇 430克/升/2015.05.22 至 2016.05.22/低毒
PD20080870F050045 兴农药业(中国)有限公司
(上海市奉贤区柘林镇北村路28号 201416 021-57493733-5231)
代森锰锌/80%/可湿性粉剂/代森锰锌 80%/2015.12.01 至 2016.12.01/低毒
PD20081619F050048 兴农药业(中国)有限公司
(上海市奉贤区柘林镇北村路28号 201416 021-57493733-5231)
锰锌·腈菌唑/62.25%/可湿性粉剂/腈菌唑 2.25%、代森锰锌 60%/2015.04.23 至 2016.04.23/低毒
PD20092501F050049 兴农药业(中国)有限公司
(上海市奉贤区柘林镇北村路28号 201416 021-57493733-5231)
丙森锌/70%/可湿性粉剂/丙森锌 70%/2015.06.10 至 2016.06.10/低毒
PD19-86F050060 中农立华(天津)农用化学品有限公司
(天津市武清区农场南津蓟铁路东侧 301700 022-26976655)
稻瘟灵/40%/可湿性粉剂/稻瘟灵 40%/2015.08.17 至 2016.08.17/低毒
PD20080464F050067 广东德利生物科技有限公司
(广东省茂名市化州市鉴江经济开发区试验区金垌岭 525100 0668-7363099)
吡唑醚菌酯/250克/升/乳油/吡唑醚菌酯 250克/升/2015.09.09 至 2016.09.09/中等毒
PD20081445F050068 拜耳作物科学(中国)有限公司
(浙江省杭州市经济技术开发区内5号路 310018 0571-87265252)
二磺·甲碘隆/3.6%/水分散粒剂/甲基二磺隆 3%、甲基碘磺隆钠盐 0.6%/2015.10.31 至 2016.10.31/低毒
PD20090735F050071 中农立华(天津)农用化学品有限公司
(天津市武清区农场南津蓟铁路东侧 301700 022-26976655)
氢氧化铜/57.6%/水分散粒剂/氢氧化铜 57.6%/2015.09.14 至 2016.09.14/低毒
PD243-98F050075 江苏省农垦生物化学有限公司
(江苏省南京市南京化学工业园赵丰路19号 210047 025-58392246)
乙草胺/900克/升/乳油/乙草胺 900克/升/2015.08.14 至 2016.08.14/低毒
PD137-91F050076 江苏省农垦生物化学有限公司

*登记作物及防治对象见原登记

（江苏省南京市南京化学工业园赵丰路19号　210047　025-58392246）
丁草胺/600克/升/乳油/丁草胺 600克/升/2014.10.21 至 2015.10.21/低毒
PD88-88F050077　江苏省农垦生物化学有限公司
（江苏省南京市南京化学工业园赵丰路19号　210047　025-58392246）
甲草胺/480克/升/乳油/甲草胺 480克/升/2015.02.19 至 2016.02.19/低毒
PD20050200F050080　江门市大光明农化新会有限公司
（广东省江门市新会区沙堆镇洋关开发区　529148　0750-3508606）
丙森·缬霉威/66.8%/可湿性粉剂/丙森锌 61.3%、缬霉威 5.5%/2015.11.04 至 2016.11.04/低毒
PD20070198F060002　中农立华（天津）农用化学品有限公司
（天津市武清区农场南津蓟铁路东侧　301700　022-26976655）
氯氰菊酯/300克/升/悬浮种衣剂/氯氰菊酯 300克/升/2015.01.09 至 2016.01.09/中等毒
PD85112-3F060006　辽宁省大连松辽化工有限公司
（辽宁省大连市甘井子区工兴路22号　116031　0411-86671213）
莠去津/38%/悬浮剂/莠去津 38%/2016.01.09 至 2017.01.09/低毒
PD20091168F060008　浙江威尔达化工有限公司
（浙江省杭州市余杭区塘栖超山　311106　0571-86375788）
草甘膦异丙胺盐/480克/升/水剂/草甘膦异丙胺盐 480克/升/2015.06.10 至 2016.06.10/低毒
PD20097587F060011　江苏华裕农化有限公司
（江苏省扬州市江都市小纪镇竹墩路　225246　0514-86599110）
吗胍·乙酸铜/20%/可湿性粉剂/盐酸吗啉胍 16%、乙酸铜 4%/2015.12.31 至 2016.12.31/低毒
PD20090116F060015　山东科大创业生物有限公司
（山东省邹平县长山工业园　256206　0543-4815111）
烯唑·三唑酮/15%/乳油/三唑酮 10%、烯唑醇 5%/2015.01.24 至 2016.01.24/低毒
PD20040382F060039　山东科大创业生物有限公司
（山东省邹平县长山工业园　256206　0543-4815111）
吡虫啉/10%/乳油/吡虫啉 10%/2015.03.02 至 2016.03.02/低毒
PD20100417F060044　江苏苏州佳辉化工有限公司
（江苏省苏州市相城区东桥镇　215152　0512-65371841）
毒死蜱/15%/颗粒剂/毒死蜱 15%/2014.03.09 至 2015.03.09/低毒
PD20070127F060045　江苏苏州佳辉化工有限公司
（江苏省苏州市相城区东桥镇　215152　0512-65371841）
噻呋酰胺/240克/升/悬浮剂/噻呋酰胺 240克/升/2015.03.08 至 2016.03.08/低毒
PD20050187F060047　先正达(苏州)作物保护有限公司
（江苏省昆山市经济技术开发区黄浦江中路255号　215301　0512-57716998）
精异丙甲草胺/960克/升/乳油/精异丙甲草胺 960克/升/2016.03.09 至 2017.03.09/低毒
PD20060002F060048　先正达(苏州)作物保护有限公司
（江苏省昆山市经济技术开发区黄浦江中路255号　215301　0512-57716998）
噻虫嗪/70%/种子处理可分散粉剂/噻虫嗪 70%/2015.03.09 至 2016.03.09/低毒
PD20060003F060050　先正达(苏州)作物保护有限公司
（江苏省昆山市经济技术开发区黄浦江中路255号　215301　0512-57716998）
噻虫嗪/25%/水分散粒剂/噻虫嗪 25%/2015.03.09 至 2016.03.09/低毒
PD20060033F060051　先正达(苏州)作物保护有限公司
（江苏省昆山市经济技术开发区黄浦江中路255号　215301　0512-57716998）
嘧菌酯/250克/升/悬浮剂/嘧菌酯 250克/升/2015.03.09 至 2016.03.09/低毒
PD153-92F060052　江苏苏州佳辉化工有限公司
（江苏省苏州市相城区东桥镇　215152　0512-65371841）
三氯吡氧乙酸/480克/升/乳油/三氯吡氧乙酸 480克/升/2015.03.09 至 2016.03.09/低毒
PD20090012F060053　拜耳作物科学(中国)有限公司
（浙江省杭州市经济技术开发区内5号路　310018　0571-87265252）
氟菌·霜霉威/687.5克/升/悬浮剂/霜霉威盐酸盐 625克/升、氟吡菌胺 62.5克/升/2015.03.09 至 2016.03.09/低毒
PD20086210F060087　吉林省吉林市世纪农药有限责任公司
（吉林省吉林市龙潭区黎明路38号　132021　0432-3026666）
扑·乙/40%/悬乳剂/扑草净 10%、乙草胺 30%/2015.12.30 至 2016.12.30/低毒
PD20082877F060088　吉林省吉林市世纪农药有限责任公司
（吉林省吉林市龙潭区黎明路38号　132021　0432-3026666）
莠去津/50%/悬浮剂/莠去津 50%/2015.05.12 至 2016.05.12/低毒
PD20092220F060089　吉林省吉林市世纪农药有限责任公司
（吉林省吉林市龙潭区黎明路38号　132021　0432-3026666）
苄嘧·苯噻酰/53%/可湿性粉剂/苯噻酰草胺 50%、苄嘧磺隆 3%/2015.05.12 至 2016.05.12/低毒
PD20095365F060091　吉林省吉林市世纪农药有限责任公司
（吉林省吉林市龙潭区黎明路38号　132021　0432-3026666）
异丙草·莠/40%/悬乳剂/异丙草胺 16%、莠去津 24%/2015.05.12 至 2016.05.12/低毒
PD175-93F060111　广东德利生物科技有限公司
（广东省茂名市化州市鉴江经济开发区试验区金垌岭　525100　0668-7363099）
赤霉酸/20%/可溶粉剂/赤霉酸 20%/2015.06.26 至 2016.06.26/低毒
PD20060068F060117　上海生农生化制品有限公司
（上海市松江区洞泾镇洞舟路51号　201619　021-67679572）
代森锰锌/80%/可湿性粉剂/代森锰锌 80%/2014.06.26 至 2015.06.26/低毒

*登记作物及防治对象见原登记

企业/登记证号/农药名称/总含量/剂型/有效成分及含量/有效期/毒性

PD20050014F060127 江苏省农垦生物化学有限公司
(江苏省南京市南京化学工业园赵丰路19号 210047 025-58392246)
戊唑醇/60克/升/种子处理悬浮剂/戊唑醇 60克/升/2015.09.22 至 2016.09.22/低毒

PD20040338F060128 河北威远生化农药有限公司
(河北省石家庄循环化工园区化工中路6号 050031 400-800-5888)
高氯·马/20%/乳油/高效氯氰菊酯 1.5%、马拉硫磷 18.5%/2015.09.22 至 2016.09.22/中等毒

PD20091189F060129 河北威远生化农药有限公司
(河北省石家庄循环化工园区化工中路6号 050031 400-800-5888)
高效氯氟氰菊酯/2.5%/水乳剂/高效氯氟氰菊酯 2.5%/2015.09.22 至 2016.09.22/中等毒

PD20070528F060133 江苏省苏州富美实植物保护剂有限公司
(江苏省苏州工业园区界浦路99号 215126 0512-62863988)
异噁草松/360克/升/微囊悬浮剂/异噁草松 360克/升/2015.02.28 至 2016.02.28/低毒

PD20050014F060145 拜耳作物科学(中国)有限公司
(浙江省杭州市经济技术开发区内5号路 310018 0571-87265252)
戊唑醇/60克/升/种子处理悬浮剂/戊唑醇 60克/升/2014.12.26 至 2015.12.26/低毒

PD220-97F060147 中农立华(天津)农用化学品有限公司
(天津市武清区农场南津蓟铁路东侧 301700 022-26976655)
代森锰锌/80%/可湿性粉剂/代森锰锌 80%/2015.12.26 至 2016.12.26/低毒

PD284-99F060148 江苏省苏州富美实植物保护剂有限公司
(江苏省苏州工业园区界浦路99号 215126 0512-62863988)
丁硫克百威/35%/种子处理干粉剂/丁硫克百威 35%/2015.12.26 至 2016.12.26/中等毒

PD20080512F060149 湖南省湘阴县瑞泽农药有限公司
(湖南省湘阴县玉华乡来龙村 414600 0730-2603555)
甲氰菊酯/20%/乳油/甲氰菊酯 20%/2016.01.06 至 2017.01.06/中等毒

PD6-85F060150 中农立华(天津)农用化学品有限公司
(天津市武清区农场南津蓟铁路东侧 301700 022-26976655)
三环唑/75%/可湿性粉剂/三环唑 75%/2015.12.26 至 2016.12.26/低毒

PD20070038F070002 江苏省农垦生物化学有限公司
(江苏省南京市南京化学工业园赵丰路19号 210047 025-58392246)
草甘膦异丙胺盐/30%/水剂/草甘膦 30%/2016.01.16 至 2017.01.16/低毒

PD20092309F070006 辽宁省大连松辽化工有限公司
(辽宁省大连市甘井子区工兴路22号 116031 0411-86671213)
乙草胺/90.5%/乳油/乙草胺 90.5%/2014.02.07 至 2015.02.07/低毒

PD20081161F070009 湖南省湘阴县瑞泽农药有限公司
(湖南省湘阴县玉华乡来龙村 414600 0730-2603555)
乙草胺/50%/乳油/乙草胺 50%/2016.02.08 至 2017.02.08/低毒

PD20082881F070011 山东通用化学品有限公司
(山东省阳谷县寿张镇双庙杜村 252300 0635-6820127)
乙·莠/40%/悬乳剂/乙草胺 15%、莠去津 25%/2015.04.11 至 2016.04.11/低毒

PD20070370F070015 江苏龙灯化学有限公司
(江苏省昆山开发区龙灯路88号 215301 0512-57718696)
甲咪唑烟酸/240克/升/水剂/甲咪唑烟酸 240克/升/2015.02.25 至 2016.02.25/低毒

PD20070061F070020 先正达(苏州)作物保护有限公司
(江苏省昆山市经济技术开发区黄浦江中路255号 215301 0512-57716998)
苯醚甲环唑/10%/水分散粒剂/苯醚甲环唑 10%/2015.03.20 至 2016.03.20/低毒

PD86105-4F070023 吉林邦农生物农药有限公司
(吉林省长春市绿园区青年路9549号 130114 0431-2631666)
西草净/25%/可湿性粉剂/西草净 25%/2015.03.21 至 2016.03.21/低毒

PD20097193F070024 浙江省杭州宇龙化工有限公司
(浙江省杭州市余杭区塘栖镇张家墩路172号 311106 0571-89188333)
毒死蜱/480克/升/乳油/毒死蜱 480克/升/2015.04.11 至 2016.04.11/中等毒

PD345-2000F070025 广东省汕头市宏光化工有限公司
(广东省汕头市澄海区溪南中心工业区金山路 515832 0754-85757038)
百菌清/40%/悬浮剂/百菌清 40%/2015.04.11 至 2016.04.11/低毒

PD20095828F070027 河北省邯郸市建华植物农药厂
(河北省邯郸市北环西路 056106 0310-7195018)
啶虫脒/20%/可溶粉剂/啶虫脒 20%/2015.04.12 至 2016.04.12/低毒

PD20097253F070031 吉林金秋农药有限公司
(吉林省磐石市磐石大街325号 132300 0432-5223363)
莠去津/90%/水分散粒剂/莠去津 90%/2015.03.25 至 2016.03.25/低毒

PD20082282F070032 吉林金秋农药有限公司
(吉林省磐石市磐石大街325号 132300 0432-5223363)
莠去津/50%/悬浮剂/莠去津 50%/2015.04.18 至 2016.04.18/低毒

PD20093210F070034 河北安瑞特化工有限公司
(河北省邯郸市鸡泽县曹庄工业区 057350 0310-7631888)
异丙草·莠/41%/悬乳剂/异丙草胺 18%、莠去津 23%/2015.04.18 至 2016.04.18/低毒

PD20081109F070038 上海禾本药业股份有限公司
(上海市金山区亭林镇林宝路2号 201505 021-57231676)

*登记作物及防治对象见原登记

企业/登记证号/农药名称/总含量/剂型/有效成分及含量/有效期/毒性

氟唑磺隆/70%/水分散粒剂/氟唑磺隆 70%/2015.04.20 至 2016.04.20/低毒
PD20070350F070039　中农立华（天津）农用化学品有限公司
（天津市武清区农场南津蓟铁路东侧　301700　022-26976655）
五氟磺草胺/25克/升/可分散油悬浮剂/五氟磺草胺 25克/升/2015.04.26 至 2016.04.26/低毒
PD148-91F070040　中农立华（天津）农用化学品有限公司
（天津市武清区农场南津蓟铁路东侧　301700　022-26976655）
氯氟吡氧乙酸/200克/升/乳油/氯氟吡氧乙酸 200克/升/2014.04.26 至 2015.04.26/低毒
PD20060041F070042　中农立华（天津）农用化学品有限公司
（天津市武清区农场南津蓟铁路东侧　301700　022-26976655）
氰氟草酯/100克/升/乳油/氰氟草酯 100克/升/2014.04.26 至 2015.04.26/低毒
PD20070088F070048　先正达(苏州)作物保护有限公司
（江苏省昆山市经济技术开发区黄浦江中路255号　215301　0512-57716998）
苯甲・丙环唑/300克/升/乳油/苯醚甲环唑 150克/升、丙环唑 150克/升/2015.05.09 至 2016.05.09/低毒
PD20070051F070052　拜耳作物科学(中国)有限公司
（浙江省杭州市经济技术开发区内5号路　310018　0571-87265252）
甲基二磺隆/30克/升/可分散油悬浮剂/甲基二磺隆 30克/升/2015.05.21 至 2016.05.21/低毒
PD20110357F070054　先正达(苏州)作物保护有限公司
（江苏省昆山市经济技术开发区黄浦江中路255号　215301　0512-57716998）
苯甲・嘧菌酯/325克/升/悬浮剂/苯醚甲环唑 125克/升、嘧菌酯 200克/升/2015.05.16 至 2016.05.16/低毒
PD20096700F070061　重庆中邦药业（集团）有限公司
（重庆市涪陵区清溪镇平原村　408013　023-72714888）
唑磷・毒死蜱/30%/乳油/毒死蜱 7%、三唑磷 23%/2015.06.05 至 2016.06.05/中等毒
PD20096820F070062　先正达(苏州)作物保护有限公司
（江苏省昆山市经济技术开发区黄浦江中路255号　215301　0512-57716998）
硝磺草酮/9%/悬浮剂/硝磺草酮 9%/2014.06.06 至 2015.06.06/低毒
PD20070054F070063　先正达(苏州)作物保护有限公司
（江苏省昆山市经济技术开发区黄浦江中路255号　215301　0512-57716998）
苯醚甲环唑/30克/升/悬浮种衣剂/苯醚甲环唑 30克/升/2015.06.06 至 2016.06.06/低毒
PD20070120F070064　江苏省农垦生物化学有限公司
（江苏省南京市南京化学工业园赵丰路19号　210047　025-58392246）
超敏蛋白/3%/微粒剂/超敏蛋白 3%/2015.07.17 至 2016.07.17/低毒
PD20092816F070070　陕西省蒲城美尔果农化有限责任公司
（陕西省蒲城县陈庄镇东鲁村（农化工业园）　715500　0913-7213173）
嘧霉・福美双/50%/可湿性粉剂/福美双 40%、嘧霉胺 10%/2015.08.30 至 2016.08.30/低毒
PD20060184F070071　广东德利生物科技有限公司
（广东省茂名市化州市鉴江经济开发区试验区金埚岭　525100　0668-7363099）
丙环唑/250克/升/乳油/丙环唑 250克/升/2015.09.04 至 2016.09.04/低毒
PD20085803F070082　河南远见农业科技有限公司
（河南省尉氏县新尉工业园区　450053　0371-63821932）
精唑禾灵/8.8%/乳油/精唑禾灵 8.8%/2015.10.10 至 2016.10.10/低毒
PD20050056F070087　江苏省农垦生物化学有限公司
（江苏省南京市南京化学工业园赵丰路19号　210047　025-58392246）
吡虫啉/600克/升/悬浮种衣剂/吡虫啉 600克/升/2015.11.05 至 2016.11.05/中等毒
PD20070439F070088　江苏省农垦生物化学有限公司
（江苏省南京市南京化学工业园赵丰路19号　210047　025-58392246）
三唑酮/25%/可湿性粉剂/三唑酮 25%/2015.11.05 至 2016.11.05/低毒
PD20102063F070091　先正达(苏州)作物保护有限公司
（江苏省昆山市经济技术开发区黄浦江中路255号　215301　0512-57716998）
嘧菌・百菌清/560克/升/悬浮剂/百菌清 500克/升、嘧菌酯 60克/升/2015.11.05 至 2016.11.05/低毒
PD20070088F070093　江门市植保有限公司
（广东省江门市杜阮镇北环路9号之一至之四　529000　0750-3287333）
苯甲・丙环唑/300克/升/乳油/苯醚甲环唑 150克/升、丙环唑 150克/升/2014.11.20 至 2015.11.20/低毒
PD365-2001F070094　拜耳作物科学(中国)有限公司
（浙江省杭州市经济技术开发区内5号路　310018　0571-87265252）
吡虫啉/200克/升/可溶液剂/吡虫啉 200克/升/2015.11.20 至 2016.11.20/低毒
PD20070345F070095　先正达(苏州)作物保护有限公司
（江苏省昆山市经济技术开发区黄浦江中路255号　215301　0512-57716998）
咯菌・精甲霜/35克/升/悬浮种衣剂/咯菌腈 25克/升、精甲霜灵 10克/升/2015.12.19 至 2016.12.19/低毒
PD20110690F080001　先正达(苏州)作物保护有限公司
（江苏省昆山市经济技术开发区黄浦江中路255号　215301　0512-57716998）
精甲・百菌清/440克/升/悬浮剂/百菌清 400克/升、精甲霜灵 40克/升/2015.08.23 至 2016.08.23/低毒
PD20070344F080002　先正达(苏州)作物保护有限公司
（江苏省昆山市经济技术开发区黄浦江中路255号　215301　0512-57716998）
虱螨脲/50克/升/乳油/虱螨脲 50克/升/2015.01.03 至 2016.01.03/低毒
PD187-94F080009　中农立华（天津）农用化学品有限公司
（天津市武清区农场南津蓟铁路东侧　301700　022-26976655）
吡嘧磺隆/10%/可湿性粉剂/吡嘧磺隆 10%/2016.01.24 至 2017.01.24/低毒
PD20095389F080010　中农立华（天津）农用化学品有限公司

*登记作物及防治对象见原登记

(天津市武清区农场南津蓟铁路东侧　301700　022-26976655)
赤霉酸/20%/可溶粉剂/赤霉酸 20%/2015.01.24 至 2016.01.24/微毒
PD117-90F080011　中农立华（天津）农用化学品有限公司
(天津市武清区农场南津蓟铁路东侧　301700　022-26976655)
除虫脲/25%/可湿性粉剂/除虫脲 25%/2016.01.24 至 2017.01.24/低毒
PD20100677F080016　上海生农生化制品有限公司
(上海市松江区洞泾镇洞舟路51号　201619　021-67679572)
氯虫苯甲酰胺/200克/升/悬浮剂/氯虫苯甲酰胺 200克/升/2015.02.28 至 2016.02.28/微毒
PD20101201F080017　四川稼得利科技开发有限公司
(四川省简阳市贾家镇竹林村九社　641421　028-27921270)
氨基寡糖素/0.5%/水剂/氨基寡糖素 0.5%/2015.03.04 至 2016.03.04/低毒
PD20095080F080021　辽宁省大连松辽化工有限公司
(辽宁省大连市甘井子区工兴路22号　116031　0411-86671213)
莠去津/55%/悬浮剂/莠去津 55%/2014.03.07 至 2015.03.07/低毒
PD20070365F080023　允发化工(上海)有限公司
(上海市奉贤区金汇镇航塘公路1500号　201405　021-57589888)
氟环唑/125克/升/悬浮剂/氟环唑 125克/升/2014.03.17 至 2015.03.17/低毒
PD20070375F080024　允发化工(上海)有限公司
(上海市奉贤区金汇镇航塘公路1500号　201405　021-57589888)
代森联/70%/水分散粒剂/代森联 70%/2014.03.17 至 2015.03.17/低毒
PD20070130F080026　允发化工(上海)有限公司
(上海市奉贤区金汇镇航塘公路1500号　201405　021-57589888)
四氟醚唑/4%/水乳剂/四氟醚唑 4%/2014.03.17 至 2015.03.17/低毒
PD20102139F080031　先正达(苏州)作物保护有限公司
(江苏省昆山市经济技术开发区黄浦江中路255号　215301　0512-57716998)
双炔酰菌胺/23.4%/悬浮剂/双炔酰菌胺 23.4%/2015.04.07 至 2016.04.07/低毒
PD20083580F080032　江苏苏滨生物农化有限公司
(江苏省盐城市滨海县经济开发区沿海工业园　224500　0515-82081982)
毒死蜱/40%/乳油/毒死蜱 40%/2015.05.12 至 2016.05.12/中等毒
PD20086361F080033　江苏省农垦生物化学有限公司
(江苏省南京市南京化学工业园赵丰路19号　210047　025-58392246)
波尔·锰锌/78%/可湿性粉剂/波尔多液 48%、代森锰锌 30%/2015.06.04 至 2016.06.04/低毒
PD20082590F080035　上海生农生化制品有限公司
(上海市松江区洞泾镇洞舟路51号　201619　021-67679572)
代森锰锌/75%/水分散粒剂/代森锰锌 75%/2015.06.23 至 2016.06.23/低毒
PD20060023F080040　上海生农生化制品有限公司
(上海市松江区洞泾镇洞舟路51号　201619　021-67679572)
霜脲·锰锌/72%/可湿性粉剂/代森锰锌 64%、霜脲氰 8%/2015.09.11 至 2016.09.11/低毒
PD20084775F080042　江苏苏州佳辉化工有限公司
(江苏省苏州市相城区东桥镇　215152　0512-65371841)
稻瘟灵/40%/乳油/稻瘟灵 40%/2015.09.11 至 2016.09.11/低毒
PD20120020F080043　天津市华宇农药有限公司
(天津市青泊洼农场　300385　022-83718955)
苯醚甲环唑/10%/水分散粒剂/苯醚甲环唑 10%/2015.02.26 至 2016.02.26/低毒
PD20096644F080048　先正达(苏州)作物保护有限公司
(江苏省昆山市经济技术开发区黄浦江中路255号　215301　0512-57716998)
精甲·咯菌腈/62.5克/升/悬浮种衣剂/咯菌腈 25克/升、精甲霜灵 37.5克/升/2015.11.04 至 2016.11.04/微毒
PD20102152F080050　先正达(苏州)作物保护有限公司
(江苏省昆山市经济技术开发区黄浦江中路255号　215301　0512-57716998)
硝磺·莠去津/550克/升/悬浮剂/莠去津 500克/升、硝磺草酮 50克/升/2015.11.11 至 2016.11.11/低毒
PD20094118F080052　先正达(苏州)作物保护有限公司
(江苏省昆山市经济技术开发区黄浦江中路255号　215301　0512-57716998)
吡蚜酮/50%/水分散粒剂/吡蚜酮 50%/2015.11.21 至 2016.11.21/低毒
PD9-85F080053　上海禾本药业股份有限公司
(上海市金山区亭林镇林宝路2号　201505　021-57231676)
双甲脒/200克/升/乳油/双甲脒 200克/升/2014.12.04 至 2015.12.04/中等毒
PD20098480F080054　江苏辉丰农化股份有限公司
(江苏省大丰市王港闸南首　224100　0515-83551820)
2甲4氯钠/56%/可溶粉剂/2甲4氯钠 56%/2016.12.04 至 2017.12.04/低毒
PD20110596F090001　先正达(苏州)作物保护有限公司
(江苏省昆山市经济技术开发区黄浦江中路255号　215301　0512-57716998)
氯虫·噻虫嗪/40%/水分散粒剂/噻虫嗪 20%、氯虫苯甲酰胺 20%/2015.12.14 至 2016.12.14/低毒
PD20093924F090002　先正达(苏州)作物保护有限公司
(江苏省昆山市经济技术开发区黄浦江中路255号　215301　0512-57716998)
灭蝇胺/75%/可湿性粉剂/灭蝇胺 75%/2015.01.06 至 2016.01.06/低毒
PD20096187F090003　辽宁双博农化科技有限公司
(辽宁省沈阳市经济技术开发区开发二十六号路3号　110178　024-89254001)
灭草松/560克/升/水剂/灭草松 560克/升/2015.03.12 至 2016.03.12/低毒

*登记作物及防治对象见原登记

PD20095400F090004 先正达(苏州)作物保护有限公司
(江苏省昆山市经济技术开发区黄浦江中路255号 215301 0512-57716998)
咯菌腈/50%/可湿性粉剂/咯菌腈 50%/2015.01.15 至 2016.01.15/低毒
PD20030018F090005 江门市大光明农化新会有限公司
(广东省江门市新会区沙堆镇洋关开发区 529148 0750-3508606)
咪鲜胺/250克/升/乳油/咪鲜胺 250克/升/2015.01.15 至 2016.01.15/低毒
PD20084737F090006 江苏省农垦生物化学有限公司
(江苏省南京市南京化学工业园赵丰路19号 210047 025-58392246)
甲基硫菌灵/70%/可湿性粉剂/甲基硫菌灵 70%/2015.01.19 至 2016.01.19/低毒
PD20084731F090008 江苏省农垦生物化学有限公司
(江苏省南京市南京化学工业园赵丰路19号 210047 025-58392246)
毒死蜱/480克/升/乳油/毒死蜱 480克/升/2015.01.19 至 2016.01.19/中等毒
PD20091721F090009 辽宁省大连松辽化工有限公司
(辽宁省大连市甘井子区工兴路22号 116031 0411-86671213)
乙·莠/72.4%/悬乳剂/乙草胺 54.4%、莠去津 18%/2016.01.19 至 2017.01.19/低毒
PD20095075F090010 辽宁省大连松辽化工有限公司
(辽宁省大连市甘井子区工兴路22号 116031 0411-86671213)
灭草松/480克/升/水剂/灭草松 480克/升/2013.01.19 至 2018.01.19/低毒
PD64-88F090014 江门市大光明农化新会有限公司
(广东省江门市新会区沙堆镇洋关开发区 529148 0750-3508606)
异菌脲/50%/可湿性粉剂/异菌脲 50%/2015.01.19 至 2016.01.19/低毒
PD268-99F090016 江苏苏州佳辉化工有限公司
(江苏省苏州市相城区东桥镇 215152 0512-65371841)
碱式硫酸铜/27.12%/悬浮剂/碱式硫酸铜 27.12%/2014.02.12 至 2019.02.12/低毒
WP20090313F090020 先正达(苏州)作物保护有限公司
(江苏省昆山市经济技术开发区黄浦江中路255号 215301 0512-57716998)
杀蟑饵剂/0.1%/饵剂/甲氨基阿维菌素苯甲酸盐 0.1%/2015.03.02 至 2016.03.02/微毒
PD20094930F090022 江苏省农垦生物化学有限公司
(江苏省南京市南京化学工业园赵丰路19号 210047 025-58392246)
丙环·咪鲜胺/490克/升/乳油/丙环唑 90克/升、咪鲜胺 400克/升/2015.03.16 至 2016.03.16/低毒
PD85103F090024 山东省青岛现代农化有限公司
(山东省青岛市胶州九龙工业园 266300 0532-87217666)
2甲4氯钠/56%/粉剂/2甲4氯钠 56%/2015.03.18 至 2016.03.18/低毒
PD20093429F090025 山东省青岛现代农化有限公司
(山东省青岛市胶州九龙工业园 266300 0532-87217666)
灭草松/480克/升/水剂/灭草松 480克/升/2015.03.18 至 2016.03.18/低毒
PD20093210F090026 山东省青岛现代农化有限公司
(山东省青岛市胶州九龙工业园 266300 0532-87217666)
异丙草·莠/41%/悬乳剂/异丙草胺 18%、莠去津 23%/2015.03.18 至 2016.03.18/低毒
PD20070425F090028 济南泰禾化工有限公司
(山东省商河经济开发区天河路中段 251600 0531-82331008)
氯氰·辛硫磷/20%/乳油/氯氰菊酯 1.5%、辛硫磷 18.5%/2015.03.18 至 2016.03.18/低毒
PD20094928F090031 江苏省农垦生物化学有限公司
(江苏省南京市南京化学工业园赵丰路19号 210047 025-58392246)
戊唑·咪鲜胺/400克/升/水乳剂/咪鲜胺 267克/升、戊唑醇 133克/升/2015.03.18 至 2016.03.18/低毒
PD20082139F090032 湖南瑞泽农化有限公司
(湖南省长沙市芙蓉区荷花园中扬华苑701室 410016 0731-4770396)
噻嗪酮/25%/可湿性粉剂/噻嗪酮 25%/2015.03.18 至 2016.03.18/低毒
PD20095741F090033 湖南瑞泽农化有限公司
(湖南省长沙市芙蓉区荷花园中扬华苑701室 410016 0731-4770396)
苄嘧磺隆/10%/可湿性粉剂/苄嘧磺隆 10%/2015.03.18 至 2016.03.18/低毒
PD20090407F090034 山东省青岛现代农化有限公司
(山东省青岛市胶州九龙工业园 266300 0532-87217666)
松·喹·氟磺胺/35%/乳油/氟磺胺草醚 9.5%、精喹禾灵 2.5%、异噁草松 23%/2015.03.18 至 2016.03.18/低毒
WP120-90F090039 江门市大光明农化新会有限公司
(广东省江门市新会区沙堆镇洋关开发区 529148 0750-3508606)
溴氰菊酯/2.5%/可湿性粉剂/溴氰菊酯 2.5%/2015.03.18 至 2016.03.18/低毒
PD386-2003F090040 江门市大光明农化新会有限公司
(广东省江门市新会区沙堆镇洋关开发区 529148 0750-3508606)
咪鲜胺锰盐/50%/可湿性粉剂/咪鲜胺锰盐 50%/2015.03.18 至 2016.03.18/低毒
PD20110319F090041 江苏龙灯化学有限公司
(江苏省昆山开发区龙灯路88号 215301 0512-57718696)
氟苯虫酰胺/20%/水分散粒剂/氟苯虫酰胺 20%/2015.06.17 至 2016.06.17/低毒
PD20110319F090043 中农立华(天津)农用化学品有限公司
(天津市武清区农场南津蓟铁路东侧 301700 022-26976655)
氟苯虫酰胺/20%/水分散粒剂/氟苯虫酰胺 20%/2015.06.24 至 2016.06.24/低毒
PD20082529F090044 中农立华(天津)农用化学品有限公司
(天津市武清区农场南津蓟铁路东侧 301700 022-26976655)

*登记作物及防治对象见原登记

喹禾糠酯/40克/升/乳油/喹禾糠酯 40克/升/2015.03.25 至 2016.03.25/低毒
PD76-88F090047 江苏省农垦生物化学有限公司
(江苏省南京市南京化学工业园赵丰路19号 210047 025-58392246)
丁草胺/600克/升/水乳剂/丁草胺 600克/升/2014.03.31 至 2015.03.31/低毒
PD20111010F090049 先正达(苏州)作物保护有限公司
(江苏省昆山市经济技术开发区黄浦江中路255号 215301 0512-57716998)
氯虫·噻虫嗪/300克/升/悬浮剂/噻虫嗪 200克/升、氯虫苯甲酰胺 100克/升/2015.12.14 至 2016.12.14/低毒
PD20081132F090051 广东德利生物科技有限公司
(广东省茂名市化州市鉴江经济开发区试验区金垌岭 525100 0668-7363099)
代森锰锌/430克/升/悬浮剂/代森锰锌 430克/升/2015.04.13 至 2016.04.13/低毒
PD20110185F090055 江苏省苏州富美实植物保护剂有限公司
(江苏省苏州工业园区界浦路99号 215126 0512-62863988)
氟吡磺隆/10%/可湿性粉剂/氟吡磺隆 10%/2015.04.13 至 2016.04.13/低毒
PD20070342F090060 广东德利生物科技有限公司
(广东省茂名市化州市鉴江经济开发区试验区金垌岭 525100 0668-7363099)
烯酰吗啉/50%/可湿性粉剂/烯酰吗啉 50%/2014.04.13 至 2015.04.13/低毒
PD20080512F090062 湖南湘西自治州植保技术开发服务中心
(湖南省湘西土家族苗族自治州吉首市吉北新路2号 416000 0743-2145788)
甲氰菊酯/20%/乳油/甲氰菊酯 20%/2015.04.15 至 2016.04.15/中等毒
PD142-91F090066 中农立华（天津）农用化学品有限公司
(天津市武清区农场南津蓟铁路东侧 301700 022-26976655)
氟菌唑/30%/可湿性粉剂/氟菌唑 30%/2015.04.20 至 2016.04.20/低毒
PD20080506F090067 广东德利生物科技有限公司
(广东省茂名市化州市鉴江经济开发区试验区金垌岭 525100 0668-7363099)
唑醚·代森联/60%/水分散粒剂/吡唑醚菌酯 5%、代森联 55%/2014.04.20 至 2015.04.20/低毒
PD20060066F090071 天津市阿格罗帕克农药有限公司
(天津市津南区小站镇东 300353 022-28618480)
高效氯氰菊酯/100克/升/乳油/高效氯氰菊酯 100克/升/2014.04.20 至 2015.04.20/低毒
PD20080776F090072 天津市阿格罗帕克农药有限公司
(天津市津南区小站镇东 300353 022-28618480)
硅噻菌胺/125克/升/悬浮剂/硅噻菌胺 125克/升/2014.04.20 至 2015.04.20/低毒
PD20081302F090074 山东海讯生物化学有限公司
(山东省济南市天桥区药山办事处大鲁庄居南 250032 0531-88904638)
甲基硫菌灵/70%/可湿性粉剂/甲基硫菌灵 70%/2015.04.20 至 2016.04.20/低毒
PD20090601F090075 山东海讯生物化学有限公司
(山东省济南市天桥区药山办事处大鲁庄居南 250032 0531-88904638)
代森锰锌/80%/可湿性粉剂/代森锰锌 80%/2015.04.20 至 2016.04.20/低毒
PD20070124F090077 广东德利生物科技有限公司
(广东省茂名市化州市鉴江经济开发区试验区金垌岭 525100 0668-7363099)
醚菌酯/50%/水分散粒剂/醚菌酯 50%/2015.05.12 至 2016.05.12/低毒
PD20094448F090078 山东奥坤生物科技有限公司
(山东省济南市济北开发区 251400 0531-55516888)
氰戊·乐果/25%/乳油/乐果 22%、氰戊菊酯 3%/2015.05.27 至 2016.05.27/中等毒
PD20091877F090080 浙江省永康市农药厂
(浙江省永康市西城区兴达四路8号 321300 0579-7381308)
异丙甲·苄/9%/细粒剂/苄嘧磺隆 2%、异丙甲草胺 7%/2015.06.10 至 2016.06.10/低毒
PD20094678F090081 山东奥坤生物科技有限公司
(山东省济南市济北开发区 251400 0531-55516888)
莠去津/48%/可湿性粉剂/莠去津 48%/2015.06.24 至 2016.06.24/低毒
PD20092157F090082 山东奥坤生物科技有限公司
(山东省济南市济北开发区 251400 0531-55516888)
多效唑/15%/可湿性粉剂/多效唑 15%/2015.06.24 至 2016.06.24/低毒
PD20110064F090084 河北荣威生物药业有限公司
(河北省廊坊市固安县公主府固东路南侧 065500 0311-686129962)
滴丁·乙草胺/855克/升/乳油/2,4-滴丁酯 305克/升、乙草胺 550克/升/2015.07.10 至 2016.07.10/低毒
PD20095218F090085 河北荣威生物药业有限公司
(河北省廊坊市固安县公主府固东路南侧 065500 0311-686129962)
扑·乙/40%/悬乳剂/扑草净 10%、乙草胺 30%/2015.07.10 至 2016.07.10/低毒
PD20070158F090088 拜耳作物科学(中国)有限公司
(浙江省杭州市经济技术开发区内5号路 310018 0571-87265252)
精噁唑禾草灵/69克/升/水乳剂/精噁唑禾草灵 69克/升/2015.07.15 至 2016.07.15/低毒
PD20060044F090089 拜耳作物科学(中国)有限公司
(浙江省杭州市经济技术开发区内5号路 310018 0571-87265252)
酰嘧·甲碘隆/6.25%/水分散粒剂/酰嘧磺隆 5%、甲基碘磺隆钠盐 1.25%/2015.07.15 至 2016.07.15/低毒
PD238-98F090090 拜耳作物科学(中国)有限公司
(浙江省杭州市经济技术开发区内5号路 310018 0571-87265252)
精噁唑禾草灵/69克/升/水乳剂/精噁唑禾草灵 69克/升/2015.07.15 至 2016.07.15/低毒
PD20095866F090091 兴农药业(中国)有限公司

*登记作物及防治对象见原登记

(上海市奉贤区柘林镇北村路28号　201416　021-57493733-5231)
喹啉铜/33.5%/悬浮剂/喹啉铜 33.5%/2015.07.20 至 2016.07.20/低毒
PD20102141F090095　先正达(苏州)作物保护有限公司
(江苏省昆山市经济技术开发区黄浦江中路255号　215301　0512-57716998)
唑啉·炔草酯/5%/乳油/唑啉草酯 2.5%、炔草酯 2.5%/2015.07.22 至 2016.07.22/低毒
PD20095656F090097　山东科大创业生物有限公司
(山东省邹平县长山工业园　256206　0543-4815111)
聚醛·甲萘威/6%/颗粒剂/甲萘威 1.5%、四聚乙醛 4.5%/2015.08.14 至 2016.08.14/中等毒
PD20084982F090098　山东海讯生物化学有限公司
(山东省济南市天桥区药山办事处大鲁庄居南　250032　0531-88904638)
腐霉利/50%/可湿性粉剂/腐霉利 50%/2015.08.14 至 2016.08.14/低毒
PD20085998F090099　山东海讯生物化学有限公司
(山东省济南市天桥区药山办事处大鲁庄居南　250032　0531-88904638)
甲霜·锰锌/58%/可湿性粉剂/甲霜灵 10%、代森锰锌 48%/2015.08.14 至 2016.08.14/低毒
PD20060012F090103　中农立华(天津)农用化学品有限公司
(天津市武清区农场南津蓟铁路东侧　301700　022-26976655)
双氟·滴辛酯/459克/升/悬乳剂/2,4-滴异辛酯 453克/升、双氟磺草胺 6克/升/2015.08.31 至 2016.08.31/低毒
PD20090444F090104　中农立华(天津)农用化学品有限公司
(天津市武清区农场南津蓟铁路东侧　301700　022-26976655)
噻苯·敌草隆/540克/升/悬浮剂/敌草隆 180克/升、噻苯隆 360克/升/2015.08.31 至 2016.08.31/中等毒
PD20094515F090106　山东乡村生物科技有限公司
(山东省临邑县恒源开发区一号县乡路路东　250108　0531-88872611)
氟铃·辛硫磷/20%/乳油/氟铃脲 2%、辛硫磷 18%/2015.08.31 至 2016.08.31/低毒
PD20120807F090107　先正达(苏州)作物保护有限公司
(江苏省昆山市经济技术开发区黄浦江中路255号　215301　0512-57716998)
苯醚·咯菌腈/4.8%/悬浮种衣剂/苯醚甲环唑 2.4%、咯菌腈 2.4%/2015.07.03 至 2016.07.03/低毒
PD20110053F090110　上海生农生化制品有限公司
(上海市松江区洞泾镇洞舟路51号　201619　021-67679572)
氢氧化铜/46%/水分散粒剂/氢氧化铜 46%/2015.09.07 至 2016.09.07/低毒
PD20102160F090111　拜耳作物科学(中国)有限公司
(浙江省杭州市经济技术开发区内5号路　310018　0571-87265252)
肟菌·戊唑醇/75%/水分散粒剂/戊唑醇 50%、肟菌酯 25%/2015.03.17 至 2016.03.17/低毒
PD20110281F090112　拜耳作物科学(中国)有限公司
(浙江省杭州市经济技术开发区内5号路　310018　0571-87265252)
螺虫乙酯/22.4%/悬浮剂/螺虫乙酯 22.4%/2015.09.07 至 2016.09.07/低毒
WP20080054F090114　允发化工(上海)有限公司
(上海市奉贤区金汇镇航塘公路1500号　201405　021-57589888)
双硫磷/1%/颗粒剂/双硫磷 1%/2015.09.07 至 2016.09.07/低毒
PD20101542F090116　中农立华(天津)农用化学品有限公司
(天津市武清区农场南津蓟铁路东侧　301700　022-26976655)
顺式氯氰菊酯/200克/升/悬浮种衣剂/顺式氯氰菊酯 200克/升/2015.09.23 至 2016.09.23/中等毒
PD20120824F090117　先正达(苏州)作物保护有限公司
(江苏省昆山市经济技术开发区黄浦江中路255号　215301　0512-57716998)
高效氯氟氰菊酯/10%/种子处理微囊悬浮剂/高效氯氟氰菊酯 10%/2015.07.03 至 2016.07.03/中等毒
PD171-92F090118　允发化工(上海)有限公司
(上海市奉贤区金汇镇航塘公路1500号　201405　021-57589888)
氟醚·灭草松/440克/升/水剂/三氟羧草醚 80克/升、灭草松 360克/升/2015.09.23 至 2016.09.23/低毒
PD20120438F090119　先正达(苏州)作物保护有限公司
(江苏省昆山市经济技术开发区黄浦江中路255号　215301　0512-57716998)
双炔·百菌清/440克/升/悬浮剂/百菌清 400克/升、双炔酰菌胺 40克/升/2015.07.03 至 2016.07.03/低毒
PD20101191F090132　广东德利生物科技有限公司
(广东省茂名市化州市鉴江经济开发区试验区金埚岭　525100　0668-7363099)
氰氟虫腙/22%/悬浮剂/氰氟虫腙 22%/2015.11.04 至 2016.11.04/低毒
PD20096813F090134　广东省佛山市盈辉作物科学有限公司
(广东省佛山市高明区更合镇合和大道白石工业区内　528522　0757-83032181)　赤·吲乙·芸苔/0.136%
/可湿性粉剂/赤霉酸 0.135%、吲哚乙酸 0.00052%、芸苔素内酯 0.00031%/2015.11.12 至 2016.11.12/低毒
PD20120215F090135　广东金农达生物科技有限公司
(广东省清远市清城区龙塘镇浩良工业园　511540　0763-3695028)
乙螨唑/110克/升/悬浮剂/乙螨唑 110克/升/2015.05.15 至 2016.05.15/低毒
PD20095615F090137　招远三联化工厂有限公司
(山东省招远市金岭镇大户陈家村　265407　0535-8436000)
矿物油/99%/乳油/矿物油 99%/2015.11.30 至 2016.11.30/微毒
PD20080730F090139　江门市植保有限公司
(广东省江门市杜阮镇北环路9号之一至之四　529000　0750-3287333)
苯醚甲环唑/250克/升/乳油/苯醚甲环唑 250克/升/2014.12.14 至 2015.12.14/低毒
PD20096032F100001　先正达南通作物保护有限公司
(江苏省南通市经济开发区中央路1号　226009　0513-81150600)
草甘膦钾盐/35%/水剂/草甘膦 35%/2016.01.11 至 2017.01.11/微毒

*登记作物及防治对象见原登记

PD20040007F100008　　广东德利生物科技有限公司
（广东省茂名市化州市鉴江经济开发区试验区金垌岭　525100　0668-7363099）
苏云金杆菌/15000IU/毫克/水分散粒剂/苏云金杆菌 15000IU/毫克/2016.02.21 至 2017.02.21/低毒

PD44-87F100010　　上海禾本药业股份有限公司
（上海市金山区亭林镇林宝路2号　201505　021-57231676）
杀虫环/50%/可溶粉剂/杀虫环 50%/2015.03.10 至 2016.03.10/中等毒

PD20096815F100014　　中农立华（天津）农用化学品有限公司
（天津市武清区农场南津蓟铁路东侧　301700　022-26976655）
丙酰芸苔素内酯/0.003%/水剂/丙酰芸苔素内酯 0.003%/2014.04.14 至 2015.04.14/低毒

PD138-91F100015　　中农立华（天津）农用化学品有限公司
（天津市武清区农场南津蓟铁路东侧　301700　022-26976655）
多抗霉素/10%/可湿性粉剂/多抗霉素 10%/2015.04.14 至 2016.04.14/低毒

PD20101017F100017　　广东德利生物科技有限公司
（广东省茂名市化州市鉴江经济开发区试验区金垌岭　525100　0668-7363099）
醚菌·啶酰菌/300克/升/悬浮剂/醚菌酯 100克/升、啶酰菌胺 200克/升/2015.05.12 至 2016.05.12/低毒

PD20093402F100018　　广东德利生物科技有限公司
（广东省茂名市化州市鉴江经济开发区试验区金垌岭　525100　0668-7363099）
吡唑醚菌酯·烯酰吗啉/18.7%/水分散粒剂/吡唑醚菌酯 6.7%、烯酰吗啉 12%/2014.05.12 至 2015.05.12/低毒

PD20120240F100019　　广东德利生物科技有限公司
（广东省茂名市化州市鉴江经济开发区试验区金垌岭　525100　0668-7363099）
乙基多杀菌素/60克/升/悬浮剂/乙基多杀菌素 60克/升/2015.07.03 至 2016.07.03/低毒

PD20096826F100020　　上海绿泽生物科技有限责任公司
（上海市松江区华加路200号　201611　021-67748095）
炔草酯/15%/可湿性粉剂/炔草酯 15%/2015.07.13 至 2016.07.13/低毒

PD20096847F100027　　拜耳作物科学(中国)有限公司
（浙江省杭州市经济技术开发区内5号路　310018　0571-87265252）
草铵膦/18%/可溶液剂/草铵膦 18%/2015.07.19 至 2016.07.19/中等毒

PD20120464F100029　　先正达(苏州)作物保护有限公司
（江苏省昆山市经济技术开发区黄浦江中路255号　215301　0512-57716998）
精甲·咯·嘧菌/11%/悬浮种衣剂/咯菌腈 1.1%、精甲霜灵 3.3%、嘧菌酯 6.6%/2015.09.03 至 2016.09.03/微毒

PD20080991F100031　　广东珠海经济特区瑞农植保技术有限公司
（广东省珠海市金湾区临港工业区大浪湾工业小区　519050　0756-7268813）
代森锰锌/420克/升/悬浮剂/代森锰锌 420克/升/2014.09.21 至 2015.09.21/低毒

PD20040025F100032　　中农立华（天津）农用化学品有限公司
（天津市武清区农场南津蓟铁路东侧　301700　022-26976655）
吡嘧磺隆/7.5%/可湿性粉剂/吡嘧磺隆 7.5%/2015.09.21 至 2016.09.21/低毒

PD20101127F100033　　江苏省农垦生物化学有限公司
（江苏省南京市南京化学工业园赵丰路19号　210047　025-58392246）
克菌丹/80%/水分散粒剂/克菌丹 80%/2014.11.03 至 2015.11.03/低毒

PD20070112F100034　　江苏苏州佳辉化工有限公司
（江苏省苏州市相城区东桥镇　215152　0512-65371841）
双氟·唑嘧胺/175克/升/悬浮剂/双氟磺草胺 75克/升、唑嘧磺草胺 100克/升/2015.11.03 至 2016.11.03/低毒

PD188-94F100035　　江苏省通州正大农药化工有限公司
（江苏省南通市通州市港区通洋工业园　226017　0513-85993588）
烯草酮/240克/升/乳油/烯草酮 240克/升/2015.11.03 至 2016.11.03/低毒

PD74-88F100036　　河北中天邦正生物科技股份公司
（河北省青县周官屯镇小许庄村工业园　062650　0317-4286958）
腐霉利/50%/可湿性粉剂/腐霉利 50%/2015.11.03 至 2016.11.03/低毒

PD20070064F100037　　河北中天邦正生物科技股份公司
（河北省青县周官屯镇小许庄村工业园　062650　0317-4286958）
甲硫·乙霉威/65%/可湿性粉剂/甲基硫菌灵 52.5%、乙霉威 12.5%/2015.11.03 至 2016.11.03/低毒

PD20060050F100041　　广东珠海经济特区瑞农植保技术有限公司
（广东省珠海市金湾区临港工业区大浪湾工业小区　519050　0756-7268813）
草甘膦铵盐/68%/水溶粒剂/草甘膦 68%/2015.12.09 至 2016.12.09/低毒

PD20050192F110004　　拜耳作物科学(中国)有限公司
（浙江省杭州市经济技术开发区内5号路　310018　0571-87265252）
丙森锌/70%/可湿性粉剂/丙森锌 70%/2015.01.11 至 2016.01.11/低毒

PD20132405F110005　　先正达(苏州)作物保护有限公司
（江苏省昆山市经济技术开发区黄浦江中路255号　215301　0512-57716998）
阿维·氯苯酰/6%/悬浮剂/阿维菌素 1.7%、氯虫苯甲酰胺 4.3%/2015.11.10 至 2016.11.10/低毒(原药高毒)

PD20096069F110009　　江苏龙灯化学有限公司
（江苏省昆山开发区龙灯路88号　215301　0512-57718696）
矿物油/97%/乳油/矿物油 97%/2015.04.12 至 2016.04.12/低毒

PD20086020F110011　　江苏省农垦生物化学有限公司
（江苏省南京市南京化学工业园赵丰路19号　210047　025-58392246）
嘧草醚/10%/可湿性粉剂/嘧草醚 10%/2015.05.10 至 2016.05.10/低毒

PD20040014F110013　　江苏省农垦生物化学有限公司
（江苏省南京市南京化学工业园赵丰路19号　210047　025-58392246）

*登记作物及防治对象见原登记

双草醚/100克/升/悬浮剂/双草醚 100克/升/2015.05.10 至 2016.05.10/低毒

PD20110463F110017 上海生农生化制品有限公司
(上海市松江区洞泾镇洞舟路51号 201619 021-67679572)
氯虫苯甲酰胺/35%/水分散粒剂/氯虫苯甲酰胺 35%/2015.06.13 至 2016.06.13/微毒

PD20110255F110021 浙江威尔达化工有限公司
(浙江省杭州市余杭区塘栖超山 311106 0571-86375788)
三氟甲吡醚/10.5%/乳油/三氟甲吡醚 10.5%/2015.10.12 至 2016.10.12/低毒

PD363-2001F110026 中农立华（天津）农用化学品有限公司
(天津市武清区农场南津蓟铁路东侧 301700 022-26976655)
虫酰肼/24%/悬浮剂/虫酰肼 24%/2015.11.17 至 2016.11.17/低毒

PD20141777F110029 先正达(苏州)作物保护有限公司
(江苏省昆山市经济技术开发区黄浦江中路255号 215301 0512-57716998)
丙环·嘧菌酯/18.7%/悬乳剂/丙环唑 11.7%、嘧菌酯 7%/2015.10.20 至 2016.10.20/低毒

PD20110324F120002 浙江石原金牛农药有限公司
(浙江省杭州市经济技术开发区3号大街51号 310018 0571-86911312)
氟啶虫酰胺/10%/水分散粒剂/氟啶虫酰胺 10%/2015.02.06 至 2016.02.06/低毒

PD20110960F120003 浙江石原金牛农药有限公司
(浙江省杭州市经济技术开发区3号大街51号 310018 0571-86911312)
烟嘧磺隆/60克/升/可分散油悬浮剂/烟嘧磺隆 60克/升/2015.02.06 至 2016.02.06/低毒

PD20120231F120005 中农立华（天津）农用化学品有限公司
(天津市武清区农场南津蓟铁路东侧 301700 022-26976655)
甲霜·种菌唑/4.23%/微乳剂/甲霜灵 1.88%、种菌唑 2.35%/2015.02.06 至 2016.02.06/低毒

PD20080675F120007 允发化工(上海)有限公司
(上海市奉贤区金汇镇航塘公路1500号 201405 021-57589888)
精高效氯氟氰菊酯/1.5%/微囊悬浮剂/精高效氯氟氰菊酯 1.5%/2015.03.07 至 2016.03.07/低毒

PD20110530F120008 广东珠海经济特区瑞农植保技术有限公司
(广东省珠海市金湾区临港工业区大浪湾工业小区 519050 0756-7268813)
碱式硫酸铜/70%/水分散粒剂/碱式硫酸铜 70%/2015.03.07 至 2016.03.07/低毒

PD166-92F120009 江门市植保有限公司
(广东省江门市杜阮镇北环路9号之一至之四 529000 0750-3287333)
春雷·王铜/50%/可湿性粉剂/春雷霉素 5%、王铜 45%/2015.05.16 至 2016.05.16/低毒

PD276-99F120010 江门市植保有限公司
(广东省江门市杜阮镇北环路9号之一至之四 529000 0750-3287333)
亚胺唑/15%/可湿性粉剂/亚胺唑 15%/2015.05.16 至 2016.05.16/低毒

PD20081044F120012 广东珠海经济特区瑞农植保技术有限公司
(广东省珠海市金湾区临港工业区大浪湾工业小区 519050 0756-7268813)
波尔多液/80%/可湿性粉剂/波尔多液 80%/2015.05.31 至 2016.05.31/低毒

PD20110918F120013 广东珠海经济特区瑞农植保技术有限公司
(广东省珠海市金湾区临港工业区大浪湾工业小区 519050 0756-7268813)
福美双/80%/水分散粒剂/福美双 80%/2015.05.31 至 2016.05.31/低毒

PD20120015F120016 江苏省南通泰禾化工有限公司
(江苏省南通市如东县洋口化工聚集区 226407 0513-68925288)
啶磺草胺/7.5%/水分散粒剂/啶磺草胺 7.5%/2015.07.04 至 2016.07.04/微毒

LS20120135F120018 牡丹江佰佳信生物科技有限公司
(黑龙江省牡丹江市阳明区机车路55号 157013 010-57283082)
烯啶·吡蚜酮/60%/水分散粒剂/吡蚜酮 45%、烯啶虫胺 15%/2014.07.04 至 2015.07.04/低毒

PD20111160F120019 江苏艾津农化有限责任公司
(江苏省南京市六合区红山精细化工园双巷路58号 211511 025-68172666)
嘧菌酯/250克/升/悬浮剂/嘧菌酯 250克/升/2015.07.04 至 2016.07.04/微毒

LS20120183F120020 中农立华（天津）农用化学品有限公司
(天津市武清区农场南津蓟铁路东侧 301700 022-26976655)
氯吡嘧磺隆/75%/水分散粒剂/氯吡嘧磺隆 75%/2014.08.10 至 2015.08.10/低毒

PD20120734F120021 陕西上格之路生物科学有限公司
(陕西省西安市周至县集贤产业园创业大道9号 710065 029-88256421-8013)
噻唑膦/10%/颗粒剂/噻唑膦 10%/2015.08.10 至 2016.08.10/中等毒

LS20120141F120023 先正达(苏州)作物保护有限公司
(江苏省昆山市经济技术开发区黄浦江中路255号 215301 0512-57716998)
硝磺·莠去津/25%/悬浮剂/莠去津 22.7%、硝磺草酮 2.3%/2014.09.13 至 2015.09.13/低毒

LS20120067F120024 先正达(苏州)作物保护有限公司
(江苏省昆山市经济技术开发区黄浦江中路255号 215301 0512-57716998)
硝磺草酮/40%/悬浮剂/硝磺草酮 40%/2014.09.13 至 2015.09.13/微毒

LS20120132F120025 先正达(苏州)作物保护有限公司
(江苏省昆山市经济技术开发区黄浦江中路255号 215301 0512-57716998)
噻虫·咯·霜灵/29%/悬浮种衣剂/咯菌腈 0.66%、精甲霜灵 0.26%、噻虫嗪 28.08%/2014.09.13 至 2015.09.13/微毒

LS20120131F120027 先正达(苏州)作物保护有限公司
(江苏省昆山市经济技术开发区黄浦江中路255号 215301 0512-57716998)
噻虫·咯·霜灵/25%/悬浮种衣剂/咯菌腈 1.1%、精甲霜灵 1.7%、噻虫嗪 22.2%/2014.09.13 至 2015.09.13/低毒

PD20120820F120029 江苏省农垦生物化学有限公司

*登记作物及防治对象见原登记

(江苏省南京市南京化学工业园赵丰路19号　210047　025-58392246)
克菌·戊唑醇/400克/升/悬浮剂/克菌丹 320克/升、戊唑醇 80克/升/2015.09.13 至 2016.09.13/低毒

PD20121072F120030　拜耳作物科学(中国)有限公司
(浙江省杭州市经济技术开发区内5号路　310018　0571-87265252)
二磺·甲碘隆/1.2%/可分散油悬浮剂/甲基二磺隆 1%、甲基碘磺隆钠盐 0.2%/2015.09.13 至 2016.09.13/低毒

PD20101271F120037　东部福阿母韩农（黑龙江）化工有限公司
(黑龙江省宁安市宁安农场工业开发区　157412　0453-7842871)
嘧啶肟草醚/5%/乳油/嘧啶肟草醚 5%/2014.10.15 至 2015.10.15/低毒

PD20120363F120039　江苏苏州佳辉化工有限公司
(江苏省苏州市相城区东桥镇　215152　0512-65371841)
五氟·氰氟草/60克/升/可分散油悬浮剂/氰氟草酯 50克/升、五氟磺草胺 10克/升/2015.11.08 至 2016.11.08/低毒

PD20120645F120040　江苏省通州正大农药化工有限公司
(江苏省南通市通州市港区通洋工业园　226017　0513-85993588)
2甲4氯/750克/升/水剂/2甲4氯 750克/升/2014.11.08 至 2015.11.08/低毒

PD20070316F120041　先正达(苏州)作物保护有限公司
(江苏省昆山市经济技术开发区黄浦江中路255号　215301　0512-57716998)
噻菌灵/500克/升/悬浮剂/噻菌灵 500克/升/2015.11.08 至 2016.11.08/低毒

PD20121668F120044　上海生农生化制品有限公司
(上海市松江区洞泾镇洞舟路51号　201619　021-67679572)
啶氧菌酯/22.5%/悬浮剂/啶氧菌酯 22.5%/2015.12.10 至 2016.12.10/低毒

PD20060158F120045　中农立华（天津）农用化学品有限公司
(天津市武清区农场南津蓟铁路东侧　301700　022-26976655)
代森锰锌/80%/可湿性粉剂/代森锰锌 80%/2015.12.07 至 2016.12.07/低毒

PD20080071F120047　广东珠海经济特区瑞农植保技术有限公司
(广东省珠海市金湾区临港工业区大浪湾工业小区　519050　0756-7268813)
硫磺/80%/水分散粒剂/硫磺 80%/2015.12.14 至 2016.12.14/低毒

PD20121667F130001　允发化工(上海)有限公司
(上海市奉贤区金汇镇航塘公路1500号　201405　021-57589888)
嘧苯胺磺隆/50%/水分散粒剂/嘧苯胺磺隆 50%/2014.01.08 至 2015.01.08/低毒

PD20121090F130002　江阴苏利化学股份有限公司
(江苏省江阴市利港镇润华路7号　214444　0510-86636248)
百菌清/75%/水分散粒剂/百菌清 75%/2016.01.08 至 2017.01.08/低毒

LS20120281F130003　上海绿泽生物科技有限责任公司
(上海市松江区华加路200号　201611　021-67748095)
烯酰·唑嘧菌/47%/悬浮剂/烯酰吗啉 20%、唑嘧菌胺 27%/2014.01.08 至 2015.01.08/低毒

PD20081106F130004　上海绿泽生物科技有限责任公司
(上海市松江区华加路200号　201611　021-67748095)
啶酰菌胺/50%/水分散粒剂/啶酰菌胺 50%/2014.01.10 至 2015.01.10/低毒

PD20070366F130005　上海绿泽生物科技有限责任公司
(上海市松江区华加路200号　201611　021-67748095)
灭菌唑/25克/升/悬浮种衣剂/灭菌唑 25克/升/2016.01.10 至 2017.01.10/低毒

PD20070403F130006　沈阳化工研究院（南通）化工科技发展有限公司
(江苏省南通市开发区广州路42号商贸中心420号　226009　0513-81012887)
锰锌·氟吗啉/50%/可湿性粉剂/氟吗啉 6.5%、代森锰锌 43.5%/2015.02.06 至 2016.02.06/低毒

PD20060038F130007　沈阳化工研究院（南通）化工科技发展有限公司
(江苏省南通市开发区广州路42号商贸中心420号　226009　0513-81012887)
锰锌·氟吗啉/60%/可湿性粉剂/氟吗啉 10%、代森锰锌 50%/2015.02.06 至 2016.02.06/低毒

PD20095602F130008　沈阳化工研究院（南通）化工科技发展有限公司
(江苏省南通市开发区广州路42号商贸中心420号　226009　0513-81012887)
烯酮·草除灵/12%/乳油/草除灵 9.5%、烯草酮 2.5%/2015.02.06 至 2016.02.06/低毒

PD20095953F130009　沈阳化工研究院（南通）化工科技发展有限公司
(江苏省南通市开发区广州路42号商贸中心420号　226009　0513-81012887)
氟吗啉/20%/可湿性粉剂/氟吗啉 20%/2015.02.06 至 2016.02.06/低毒

PD20096615F130010　沈阳化工研究院（南通）化工科技发展有限公司
(江苏省南通市开发区广州路42号商贸中心420号　226009　0513-81012887)
烯肟·氟环唑/18%/悬浮剂/氟环唑 6%、烯肟菌酯 12%/2015.02.06 至 2016.02.06/低毒

PD20080774F130011　沈阳化工研究院（南通）化工科技发展有限公司
(江苏省南通市开发区广州路42号商贸中心420号　226009　0513-81012887)
啶菌噁唑/25%/乳油/啶菌噁唑 25%/2015.02.06 至 2016.02.06/低毒

PD20095298F130012　沈阳化工研究院（南通）化工科技发展有限公司
(江苏省南通市开发区广州路42号商贸中心420号　226009　0513-81012887)
烯肟·多菌灵/28%/可湿性粉剂/多菌灵 21%、烯肟菌酯 7%/2015.02.06 至 2016.02.06/低毒

PD20096896F130013　沈阳化工研究院（南通）化工科技发展有限公司
(江苏省南通市开发区广州路42号商贸中心420号　226009　0513-81012887)
烯肟·霜脲氰/25%/可湿性粉剂/霜脲氰 12.5%、烯肟菌酯 12.5%/2015.02.06 至 2016.02.06/低毒

PD20121666F130014　江苏省南通泰禾化工有限公司
(江苏省南通市如东县洋口化工聚集区　226407　0513-68925288)
氯酯磺草胺/84%/水分散粒剂/氯酯磺草胺 84%/2016.02.06 至 2017.02.06/低毒

*登记作物及防治对象见原登记

企业/登记证号/农药名称/总含量/剂型/有效成分及含量/有效期/毒性

PD20090493F130015 沈阳化工研究院（南通）化工科技发展有限公司
（江苏省南通市开发区广州路42号商贸中心420号 226009 0513-81012887）
氟吗·乙铝/50%/可湿性粉剂/氟吗啉 5%、三乙膦酸铝 45%/2015.02.06 至 2016.02.06/低毒
PD20081066F130016 沈阳化工研究院（南通）化工科技发展有限公司
（江苏省南通市开发区广州路42号商贸中心420号 226009 0513-81012887）
吡嘧·二氯喹/34.5%/可湿性粉剂/吡嘧磺隆 2%、二氯喹啉酸 32.5%/2015.02.06 至 2016.02.06/低毒
PD20095462F130017 沈阳化工研究院（南通）化工科技发展有限公司
（江苏省南通市开发区广州路42号商贸中心420号 226009 0513-81012887）
氟吗·乙铝/50%/水分散粒剂/氟吗啉 5%、三乙膦酸铝 45%/2015.02.06 至 2016.02.06/低毒
PD20093355F130018 沈阳化工研究院（南通）化工科技发展有限公司
（江苏省南通市开发区广州路42号商贸中心420号 226009 0513-81012887）
啶菌·福美双/40%/悬乳剂/啶菌噁唑 8%、福美双 32%/2015.02.06 至 2016.02.06/低毒
PD20083606F130019 沈阳化工研究院（南通）化工科技发展有限公司
（江苏省南通市开发区广州路42号商贸中心420号 226009 0513-81012887）
二氯喹啉酸/45%/可溶粉剂/二氯喹啉酸 45%/2015.02.06 至 2016.02.06/低毒
LS20120269F130020 天津博克百胜科技有限公司
（天津市滨海新区大港中塘镇刘塘庄化工区 300270 022-63252218）
辛·烟·莠去津/38%/可分散油悬浮剂/辛酰溴苯腈 13%、烟嘧磺隆 3%、莠去津 22%/2015.02.06 至 2016.02.06/低毒
PD20070448F130021 中农立华（天津）农用化学品有限公司
（天津市武清区农场南津蓟铁路东侧 301700 022-26976655）
四聚乙醛/5%/颗粒剂/四聚乙醛 5%/2015.03.07 至 2016.03.07/低毒
PD20120151F130022 先正达(苏州)作物保护有限公司
（江苏省昆山市经济技术开发区黄浦江中路255号 215301 0512-57716998）
异丙·莠去津/670克/升/悬乳剂/精异丙甲草胺 350克/升、莠去津 320克/升/2016.03.07 至 2017.03.07/低毒
PD20121664F130024 拜耳作物科学(中国)有限公司
（浙江省杭州市经济技术开发区内5号路 310018 0571-87265252）
氟吡菌酰胺/41.7%/悬浮剂/氟吡菌酰胺 41.7%/2015.04.02 至 2016.04.02/低毒
PD20111314F130026 广西壮族自治区化工研究院
（广西壮族自治区南宁市城北区望州路北二里7号 530001 0771-3331751）
毒死蜱/0.5%/颗粒剂/毒死蜱 0.5%/2015.04.02 至 2016.04.02/低毒
PD20120863F130027 河北荣威生物药业有限公司
（河北省廊坊市固安县公主府固东路南侧 065500 0311-686129962）
烟嘧·莠去津/20%/可分散油悬浮剂/烟嘧磺隆 3.5%、莠去津 16.5%/2015.04.02 至 2016.04.02/低毒
PD20101291F130028 江苏省太仓市长江化工厂
（江苏省太仓市城厢镇昆太路吴塘桥西堍 215400 0512-53103536）
硫酸铜钙/77%/可湿性粉剂/硫酸铜钙 77%/2014.05.13 至 2015.05.13/低毒
LS20130042F130031 上海绿泽生物科技有限责任公司
（上海市松江区华加路200号 201611 021-67748095）
醚菌·氟环唑/23%/悬浮剂/氟环唑 11.5%、醚菌酯 11.5%/2015.05.13 至 2016.05.13/微毒
PD20110315F130032 河北三农农用化工有限公司
（河北省石家庄市栾城县窦妪工业区 051430 0311-85468822）
申嗪霉素/1%/悬浮剂/申嗪霉素 1%/2015.05.13 至 2016.05.13/低毒
LS20130086F130033 江阴苏利化学股份有限公司
（江苏省江阴市利港镇润华路7号 214444 0510-86636248）
嘧菌酯/20%/水分散粒剂/嘧菌酯 20%/2014.05.13 至 2015.05.13/低毒
PD20130533F130035 广东德利生物科技有限公司
（广东省茂名市化州市鉴江经济开发区试验区金垌岭 525100 0668-7363099）
虫螨腈/240克/升/悬浮剂/虫螨腈 240克/升/2015.06.05 至 2016.06.05/中等毒
PD20122132F130036 广州农密生物科技有限公司白云分公司
（广东省广州市白云区钟落潭五龙岗康杜岭5号 514700 020-37401360）
四聚乙醛/40%/悬浮剂/ /2015.06.14 至 2016.06.14/中等毒
LS20130089F130037 先正达(苏州)作物保护有限公司
（江苏省昆山市经济技术开发区黄浦江中路255号 215301 0512-57716998）
苯醚·咯·噻虫/27%/悬浮种衣剂/苯醚甲环唑 2.2%、咯菌腈 2.2%、噻虫嗪 22.6%/2015.07.05 至 2016.07.05/低毒
PD20050197F130039 广东德利生物科技有限公司
（广东省茂名市化州市鉴江经济开发区试验区金垌岭 525100 0668-7363099）
甲氧虫酰肼/240克/升/悬浮剂/甲氧虫酰肼 240克/升/2015.07.05 至 2016.07.05/低毒
LS20130077F130040 中农立华（天津）农用化学品有限公司
（天津市武清区农场南津蓟铁路东侧 301700 022-26976655）
呋虫胺/20%/可溶粒剂/呋虫胺 20%/2015.07.05 至 2016.07.05/低毒
PD20070662F130041 上海绿泽生物科技有限责任公司
（上海市松江区华加路200号 201611 021-67748095）
噁酮·氟硅唑/206.7克/升/乳油/噁唑菌酮 100克/升、氟硅唑 106.7克/升/2014.08.07 至 2015.08.07/低毒
PD376-2002F130042 上海绿泽生物科技有限责任公司
（上海市松江区华加路200号 201611 021-67748095）
氟硅唑/400克/升/乳油/氟硅唑 400克/升/2014.08.07 至 2015.08.07/低毒
PD20110172F130044 上海绿泽生物科技有限责任公司
（上海市松江区华加路200号 201611 021-67748095）

*登记作物及防治对象见原登记

氯虫苯甲酰胺/5%/悬浮剂/氯虫苯甲酰胺 5%/2015.04.07 至 2016.04.07/微毒
PD20101870F130045 上海绿泽生物科技有限责任公司
(上海市松江区华加路200号 201611 021-67748095)
茚虫威/150克/升/乳油/茚虫威 150克/升/2015.08.07 至 2016.08.07/低毒
LS20130251F130046 江阴苏利化学股份有限公司
(江苏省江阴市利港镇润华路7号 214444 0510-86636248)
甲·嘧·甲霜灵/12%/悬浮种衣剂/甲基硫菌灵 6%、甲霜灵 3%、嘧菌酯 3%/2014.09.24 至 2015.09.24/低毒
PD20060008F130047 上海生农生化制品有限公司
(上海市松江区洞泾镇洞舟路51号 201619 021-67679572)
噁酮·霜脲氰/52.5%/水分散粒剂/噁唑菌酮 22.5%、霜脲氰 30%/2015.09.24 至 2016.09.24/低毒
PD20131474F130049 上海生农生化制品有限公司
(上海市松江区洞泾镇洞舟路51号 201619 021-67679572)
噻虫嗪/21%/悬浮剂/噻虫嗪 21%/2015.09.24 至 2016.09.24/低毒
PD294-99F130050 上海生农生化制品有限公司
(上海市松江区洞泾镇洞舟路51号 201619 021-67679572)
氢氧化铜/53.8%/水分散粒剂/氢氧化铜 53.8%/2015.09.24 至 2016.09.24/低毒
PD20090685F130051 上海生农生化制品有限公司
(上海市松江区洞泾镇洞舟路51号 201619 021-67679572)
噁酮·锰锌/68.75%/水分散粒剂/噁唑菌酮 6.25%、代森锰锌 62.5%/2015.09.24 至 2016.09.24/低毒
PD20050216F130052 广东珠海经济特区瑞农植保技术有限公司
(广东省珠海市金湾区临港工业区大浪湾工业小区 519050 0756-7268813)
戊唑醇/430克/升/悬浮剂/戊唑醇 430克/升/2015.09.24 至 2016.09.24/低毒
PD20121230F130053 先正达南通作物保护有限公司
(江苏省南通市经济开发区中央路1号 226009 0513-81150600)
氯虫·高氯氟/14%/微囊悬浮－悬浮剂/高效氯氟氰菊酯 4.7%、氯虫苯甲酰胺 9.3%/2015.09.24 至 2016.09.24/中等毒
PD361-2001F130057 广东珠海经济特区瑞农植保技术有限公司
(广东省珠海市金湾区临港工业区大浪湾工业小区 519050 0756-7268813)
精噁唑禾草灵/69克/升/水乳剂/精噁唑禾草灵 69克/升/2015.10.10 至 2016.10.10/低毒
PD20120035F130058 先正达南通作物保护有限公司
(江苏省南通市经济开发区中央路1号 226009 0513-81150600)
噻虫·高氯氟/22%/微囊悬浮－悬浮剂/高效氯氟氰菊酯 9.4%、噻虫嗪 12.6%/2015.11.12 至 2016.11.12/中等毒
LS20130312F130059 广东省东莞市瑞德丰生物科技有限公司
(广东省东莞市大岭山镇大片美管理区 523832 0769-85611090)
苯酰·锰锌/75%/水分散粒剂/代森锰锌 66.7%、苯酰菌胺 8.3%/2015.11.12 至 2016.11.12/微毒
LS20130039F130063 江苏苏州佳辉化工有限公司
(江苏省苏州市相城区东桥镇 215152 0512-65371841)
五氟磺草胺/22%/悬浮剂/五氟磺草胺 22%/2015.11.18 至 2016.11.18/微毒
PD20121586F130064 山东省青岛泰生生物科技有限公司
(山东省莱西市深圳南路208号 266600 0532-66773222)
蛇床子素/1%/水乳剂/蛇床子素 1%/2015.11.18 至 2016.11.18/微毒
LS20130225F130065 沈阳化工研究院(南通)化工科技发展有限公司
(江苏省南通市开发区广州路42号商贸中心420号 226009 0513-81012887)
四氯虫酰胺/10%/悬浮剂/四氯虫酰胺 10%/2015.11.18 至 2016.11.18/低毒
PD20130675F130068 山东省绿士农药有限公司
(山东省齐河经济开发区金能大道北首 251100 0534-5756113)
多·锰锌/75%/可湿性粉剂/多菌灵 12%、代森锰锌 63%/2015.12.10 至 2016.12.10/微毒
LS20130334F130069 中农立华(天津)农用化学品有限公司
(天津市武清区农场南津蓟铁路东侧 301700 022-26976655)
2甲·双氟/43%/悬乳剂/双氟磺草胺 0.39%、2甲4氯异辛酯 42.61%/2014.12.10 至 2015.12.10/低毒
PD20130218F130072 山东省绿士农药有限公司
(山东省齐河经济开发区金能大道北首 251100 0534-5756113)
乙酰甲胺磷/97%/水分散粒剂/乙酰甲胺磷 97%/2015.12.13 至 2016.12.13/低毒
PD20070199F140001 江苏省农垦生物化学有限公司
(江苏省南京市南京化学工业园赵丰路19号 210047 025-58392246)
腈菌唑/40%/可湿性粉剂/腈菌唑 40%/2015.01.20 至 2016.01.20/低毒
LS20130445F140002 上海绿泽生物科技有限责任公司
(上海市松江区华加路200号 201611 021-67748095)
唑醚·氟酰胺/42.4%/悬浮剂/吡唑醚菌酯 21.2%、氟唑菌酰胺 21.2%/2015.02.12 至 2016.02.12/中等毒
PD20081118F140003 上海绿泽生物科技有限责任公司
(上海市松江区华加路200号 201611 021-67748095)
二氯吡啶酸/75%/可溶粒剂/二氯吡啶酸 75%/2015.02.12 至 2016.02.12/低毒
PD20130364F140005 上海绿泽生物科技有限责任公司
(上海市松江区华加路200号 201611 021-67748095)
三氟啶磺隆钠盐/11%/可分散油悬浮剂/三氟啶磺隆钠盐 11%/2015.02.14 至 2016.02.14/微毒
PD20060025F140006 拜耳作物科学(中国)有限公司
(浙江省杭州市经济技术开发区内5号路 310018 0571-87265252)
高效氟氯氰菊酯/25克/升/乳油/高效氟氯氰菊酯 25克/升/2015.02.14 至 2016.02.14/低毒
LS20130338F140007 拜耳作物科学(中国)有限公司

*登记作物及防治对象见原登记

企业/登记证号/农药名称/总含量/剂型/有效成分及含量/有效期/毒性

(浙江省杭州市经济技术开发区内5号路 310018 0571-87265252)
氟菌·肟菌酯/42.8%/悬浮剂/氟吡菌酰胺 21.4%、肟菌酯 21.4%/2015.02.14 至 2016.02.14/低毒

PD20131930F140009 允发化工(上海)有限公司
(上海市奉贤区金汇镇航塘公路1500号 201405 021-57589888)
苯嘧磺草胺/70%/水分散粒剂/苯嘧磺草胺 70%/2016.02.14 至 2017.02.14/低毒

PD20131931F140010 允发化工(上海)有限公司
(上海市奉贤区金汇镇航塘公路1500号 201405 021-57589888)
苯唑草酮/30%/悬浮剂/苯唑草酮 30%/2016.02.14 至 2017.02.14/低毒

LS20130114F140011 江门市植保有限公司
(广东省江门市杜阮镇北环路9号之一至之四 529000 0750-3287333)
精甲·嘧菌酯/39%/悬乳剂/精甲霜灵 10.6%、嘧菌酯 28.4%/2015.02.14 至 2016.02.14/低毒

PD20110528F140012 河北三农农用化工有限公司
(河北省石家庄市栾城县窦妪工业区 051430 0311-85468822)
代森锰锌/75%/水分散粒剂/代森锰锌 75%/2015.02.14 至 2016.02.14/低毒

PD20131926F140014 上海绿泽生物科技有限责任公司
(上海市松江区华加路200号 201611 021-67748095)
氨氟乐灵/65%/水分散粒剂/氨氟乐灵 65%/2015.03.18 至 2016.03.18/低毒

LS20130290F140015 江苏苏州佳辉化工有限公司
(江苏省苏州市相城区东桥镇 215152 0512-65371841)
氟啶虫胺腈/50%/水分散粒剂/氟啶虫胺腈 50%/2015.03.24 至 2016.03.24/低毒

LS20130291F140016 江苏苏州佳辉化工有限公司
(江苏省苏州市相城区东桥镇 215152 0512-65371841)
氟啶虫胺腈/22%/悬浮剂/氟啶虫胺腈 22%/2015.04.16 至 2016.04.16/微毒

PD20096463F140017 山东省绿士农药有限公司
(山东省齐河经济开发区金能大道北首 251100 0534-5756113)
硫磺/80%/水分散粒剂/硫磺 80%/2015.05.05 至 2016.05.05/低毒

PD20070359F140018 江苏省南通泰禾化工有限公司
(江苏省南通市如东县洋口化工聚集区 226407 0513-68925288)
唑嘧磺草胺/80%/水分散粒剂/唑嘧磺草胺 80%/2015.05.05 至 2016.05.05/低毒

PD20132197F140019 青岛星牌作物科学有限公司
(山东省青岛市莱西市姜山镇前垛埠村(釜山工业园) 266603 0532-85738177)
烯酰·中生/25%/可湿性粉剂/烯酰吗啉 22%、中生菌素 3%/2014.05.16 至 2015.05.16/低毒

LS20130328F140020 江阴苏利化学股份有限公司
(江苏省江阴市利港镇润华路7号 214444 0510-86636248)
霜脲·嘧菌酯/60%/水分散粒剂/嘧菌酯 10%、霜脲氰 50%/2014.06.18 至 2015.06.18/低毒

LS20140105F140021 中农立华(天津)农用化学品有限公司
(天津市武清区农场南津蓟铁路东侧 301700 022-26976655)
双氟·氯氟吡/15%/悬乳剂/双氟磺草胺 0.5%、氯氟吡氧乙酸异辛酯 14.5%/2015.06.18 至 2016.06.18/微毒

PD20081164F140022 深圳诺普信农化股份有限公司
(广东省深圳市宝安区西乡水库路113号 518102 0755-29977776)
芸苔素内酯/0.0075%/水剂/芸苔素内酯 0.0075%/2015.06.18 至 2016.06.18/微毒

PD20140322F140023 上海绿泽生物科技有限责任公司
(上海市松江区华加路200号 201611 021-67748095)
溴氰虫酰胺/10%/可分散油悬浮剂/溴氰虫酰胺 10%/2015.06.23 至 2016.06.23/微毒

PD20120252F140024 江门市植保有限公司
(广东省江门市杜阮镇北环路9号之一至之四 529000 0750-3287333)
嘧环·咯菌腈/62%/水分散粒剂/咯菌腈 25%、嘧菌环胺 37%/2015.07.14 至 2016.07.14/低毒

LS20130292F140025 江苏省农垦生物化学有限公司
(江苏省南京市南京化学工业园赵丰路19号 210047 025-58392246)
苯甲·嘧菌酯/30%/悬浮剂/苯醚甲环唑 12%、嘧菌酯 18%/2014.07.14 至 2015.07.14/低毒

LS20140001F140026 江苏省农垦生物化学有限公司
(江苏省南京市南京化学工业园赵丰路19号 210047 025-58392246)
茚虫威/15%/乳油/茚虫威 15%/2015.07.14 至 2016.07.14/低毒

LS20140136F140027 江苏省南通泰禾化工有限公司
(江苏省南通市如东县洋口化工聚集区 226407 0513-68925288)
双氟·氟氯酯/20%/水分散粒剂/双氟磺草胺 10%、氟氯吡啶酯 10%/2015.07.14 至 2016.07.14/微毒

PD20090010F140028 河北三农农用化工有限公司
(河北省石家庄市栾城县窦妪工业区 051430 0311-85468822)
井冈·蜡芽菌/10%/悬浮剂/井冈霉素 2%、蜡质芽孢杆菌 8亿个/克/2015.07.14 至 2016.07.14/低毒

PD20096837F140029 中农立华(天津)农用化学品有限公司
(天津市武清区农场南津蓟铁路东侧 301700 022-26976655)
联苯肼酯/43%/悬浮剂/联苯肼酯 43%/2015.08.22 至 2016.08.22/低毒

PD225-97F140030 中农立华(天津)农用化学品有限公司
(天津市武清区农场南津蓟铁路东侧 301700 022-26976655)
霜霉威盐酸盐/722克/升/水剂/霜霉威盐酸盐 722克/升/2015.08.22 至 2016.08.22/低毒

PD1-85F140031 中农立华(天津)农用化学品有限公司
(天津市武清区农场南津蓟铁路东侧 301700 022-26976655)
溴氰菊酯/25克/升/乳油/溴氰菊酯 25克/升/2015.08.22 至 2016.08.22/中等毒

*登记作物及防治对象见原登记

企业/登记证号/农药名称/总含量/剂型/有效成分及含量/有效期/毒性

PD37-87F140032 巴斯夫植物保护（江苏）有限公司
（江苏省如东沿海经济开发区通海二路1号 226400 0513-84151119）
灭草松/480克/升/水剂/灭草松 480克/升/2015.08.25 至 2016.08.25/低毒

PD20081106F140033 巴斯夫植物保护（江苏）有限公司
（江苏省如东沿海经济开发区通海二路1号 226400 0513-84151119）
啶酰菌胺/50%/水分散粒剂/啶酰菌胺 50%/2015.08.25 至 2016.08.25/低毒

PD20070375F140034 巴斯夫植物保护（江苏）有限公司
（江苏省如东沿海经济开发区通海二路1号 226400 0513-84151119）
代森联/70%/水分散粒剂/代森联 70%/2015.08.25 至 2016.08.25/低毒

PD20070365F140035 巴斯夫植物保护（江苏）有限公司
（江苏省如东沿海经济开发区通海二路1号 226400 0513-84151119）
氟环唑/125克/升/悬浮剂/氟环唑 125克/升/2015.08.25 至 2016.08.25/低毒

PD20070456F140036 巴斯夫植物保护（江苏）有限公司
（江苏省如东沿海经济开发区通海二路1号 226400 0513-84151119）
二甲戊灵/450克/升/微囊悬浮剂/二甲戊灵 450克/升/2015.08.25 至 2016.08.25/低毒

PD20080506F140037 巴斯夫植物保护（江苏）有限公司
（江苏省如东沿海经济开发区通海二路1号 226400 0513-84151119）
唑醚·代森联/60%/水分散粒剂/吡唑醚菌酯 5%、代森联 55%/2015.09.16 至 2016.09.16/低毒

PD20070342F140038 巴斯夫植物保护（江苏）有限公司
（江苏省如东沿海经济开发区通海二路1号 226400 0513-84151119）
烯酰吗啉/50%/可湿性粉剂/烯酰吗啉 50%/2015.09.16 至 2016.09.16/低毒

PD20093402F140039 巴斯夫植物保护（江苏）有限公司
（江苏省如东沿海经济开发区通海二路1号 226400 0513-84151119）
烯酰·吡唑酯/18.7%/水分散粒剂/吡唑醚菌酯 6.7%、烯酰吗啉 12%/2015.09.16 至 2016.09.16/低毒

LS20140158F140040 浙江威尔达化工有限公司
（浙江省杭州市余杭区塘栖超山 311106 0571-86375788）
丙嗪嘧磺隆/9.5%/悬浮剂/丙嗪嘧磺隆 9.5%/2015.09.16 至 2016.09.16/低毒

PD20140319F140041 海南博士威农用化学有限公司
（海南省澄迈县老城开发区工业大道美朗路东侧 571100 0898-65868371）
哈茨木霉菌/3亿CFU/克/可湿性粉剂/哈茨木霉菌 3亿CFU/克/2014.09.16 至 2015.09.16/微毒

PD20121225F140042 海南博士威农用化学有限公司
（海南省澄迈县老城开发区工业大道美朗路东侧 571100 0898-65868371）
矿物油/95%/乳油/矿物油 95%/2014.09.16 至 2015.09.16/低毒

PD20102063F140043 先正达(苏州)作物保护有限公司
（江苏省昆山市经济技术开发区黄浦江中路255号 215301 0512-57716998）
嘧菌·百菌清/560克/升/悬浮剂/百菌清 500克/升、嘧菌酯 60克/升/2014.10.15 至 2015.10.15/低毒

LS20140123F140044 先正达(苏州)作物保护有限公司
（江苏省昆山市经济技术开发区黄浦江中路255号 215301 0512-57716998）
三环·己唑醇/27%/悬浮剂/己唑醇 4.5%、三环唑 22.5%/2015.10.15 至 2016.10.15/低毒

PD20140137F140045 江苏苏州佳辉化工有限公司
（江苏省苏州市相城区东桥镇 215152 0512-65371841）
草甘·2甲胺/47.5%/可溶液剂/草甘膦异丙胺盐 41%、2甲4氯异丙胺盐 6.5%/2015.10.15 至 2016.10.15/低毒

PD20140417F140046 河北双吉化工有限公司
（河北省石家庄市辛集市东郊 052360 0311-83372618）
联苯·三唑磷/20%/微乳剂/联苯菊酯 3%、三唑磷 17%/2014.10.15 至 2015.10.15/中等毒

LS20140137F140047 江苏苏州佳辉化工有限公司
（江苏省苏州市相城区东桥镇 215152 0512-65371841）
五氟·丁草胺/39.8%/悬乳剂/丁草胺 38.8%、五氟磺草胺 1%/2015.10.15 至 2016.10.15/微毒

PD20131783F140048 广东珠海经济特区瑞农植保技术有限公司
（广东省珠海市金湾区临港工业区大浪湾工业小区 519050 0756-7268813）
二甲戊灵/330克/升/乳油/二甲戊灵 330克/升/2015.10.15 至 2016.10.15/低毒

LS20130259F140049 中农立华（天津）农用化学品有限公司
（天津市武清区农场南津蓟铁路东侧 301700 022-26976655）
腐霉利/43%/悬浮剂/腐霉利 43%/2015.10.15 至 2016.10.15/低毒

PD20140661F140050 中农立华（天津）农用化学品有限公司
（天津市武清区农场南津蓟铁路东侧 301700 022-26976655）
氟苯虫酰胺/20%/悬浮剂/氟苯虫酰胺 20%/2015.10.15 至 2016.10.15/低毒

LS20140132F140051 先正达(苏州)作物保护有限公司
（江苏省昆山市经济技术开发区黄浦江中路255号 215301 0512-57716998）
氟唑环菌胺/44%/悬浮种衣剂/氟唑环菌胺 44%/2014.10.15 至 2015.10.15/低毒

LS20140260F140052 江苏明德立达作物科技有限公司
（江苏淮安盐化新材料产业园区孔莲路9号 223215 0517-89906688）
氨唑草酮/70%/水分散粒剂/氨唑草酮 70%/2015.12.10 至 2016.12.10/低毒

PD20140269F140053 江苏艾津农化有限责任公司
（江苏省南京市六合区红山精细化工园双巷路58号 211511 025-68172666）
螺螨酯/240克/升/悬浮剂/螺螨酯 240克/升/2015.12.11 至 2016.12.11/低毒

LS20140101F140054 江阴苏利化学股份有限公司
（江苏省江阴市利港镇润华路7号 214444 0510-86636248）

*登记作物及防治对象见原登记

吡虫·咯·苯甲/23%/悬浮种衣剂/苯醚甲环唑 2%、吡虫啉 20%、咯菌腈 1%/2015.12.11 至 2016.12.11/低毒
PD20141595F140055 江阴苏利化学股份有限公司
(江苏省江阴市利港镇润华路7号 214444 0510-86636248)
嘧菌酯/20%/水分散粒剂/嘧菌酯 20%/2015.12.11 至 2016.12.11/低毒
PD20141996F140056 江阴苏利化学股份有限公司
(江苏省江阴市利港镇润华路7号 214444 0510-86636248)
氟胺·嘧菌酯/20%/水分散粒剂/氟酰胺 10%、嘧菌酯 10%/2015.12.11 至 2016.12.11/低毒
LS20140208F140057 江阴苏利化学股份有限公司
(江苏省江阴市利港镇润华路7号 214444 0510-86636248)
甲·戊·嘧菌酯/10%/悬浮种衣剂/甲霜灵 2%、嘧菌酯 4%、戊唑醇 4%/2015.12.11 至 2016.12.11/低毒
PD20141943F140058 江阴苏利化学股份有限公司
(江苏省江阴市利港镇润华路7号 214444 0510-86636248)
戊唑·嘧菌酯/75%/水分散粒剂/嘧菌酯 25%、戊唑醇 50%/2015.12.11 至 2016.12.11/低毒
PD20140270F140059 江苏艾津农化有限责任公司
(江苏省南京市六合区红山精细化工园双巷路58号 211511 025-68172666)
苯甲·嘧菌酯/325克/升/悬浮剂/苯醚甲环唑 200克/升、嘧菌酯 125克/升/2015.12.11 至 2016.12.11/低毒
LS20140257F140060 先正达(苏州)作物保护有限公司
(江苏省昆山市经济技术开发区黄浦江中路255号 215301 0512-57716998)
吡萘·嘧菌酯/29%/悬浮剂/嘧菌酯 17.8%、吡唑萘菌胺 11.2%/2014.12.11 至 2015.12.11/低毒
PD20110690F140061 先正达(苏州)作物保护有限公司
(江苏省昆山市经济技术开发区黄浦江中路255号 215301 0512-57716998)
精甲·百菌清/440克/升/悬浮剂/百菌清 400克/升、精甲霜灵 40克/升/2014.12.15 至 2015.12.15/低毒
LS20140288F140062 拜耳作物科学(中国)有限公司
(浙江省杭州市经济技术开发区内5号路 310018 0571-87265252)
氟菌·戊唑醇/35%/悬浮剂/氟吡菌酰胺 17.5%、戊唑醇 17.5%/2015.12.18 至 2016.12.18/低毒
PD20141821F140063 上海绿泽生物科技有限责任公司
(上海市松江区华加路200号 201611 021-67748095)
吡蚜·异丙威/50%/可湿性粉剂/吡蚜酮 10%、异丙威 40%/2015.12.18 至 2016.12.18/低毒
LS20140233F140064 上海绿泽生物科技有限责任公司
(上海市松江区华加路200号 201611 021-67748095)
溴氰虫酰胺/19%/悬浮剂/溴氰虫酰胺 19%/2015.12.18 至 2016.12.18/微毒
PD20140013F140065 上海绿泽生物科技有限责任公司
(上海市松江区华加路200号 201611 021-67748095)
吡虫啉/600克/升/悬浮种衣剂/吡虫啉 600克/升/2015.12.18 至 2016.12.18/低毒
PD20140192F140066 上海绿泽生物科技有限责任公司
(上海市松江区华加路200号 201611 021-67748095)
戊唑醇/25%/水乳剂/戊唑醇 25%/2015.12.18 至 2016.12.18/低毒
PD20140043F140067 天津绿源生物药业有限公司
(天津市滨海新区大港中塘镇马圈村东 300270 022-63303706)
乙·莠·滴丁酯/63%/悬乳剂/2,4-滴丁酯 12%、乙草胺 38%、莠去津 13%/2015.12.18 至 2016.12.18/低毒
LS20140192F140068 上海绿泽生物科技有限责任公司
(上海市松江区华加路200号 201611 021-67748095)
三环·氟环唑/30%/悬浮剂/氟环唑 5%、三环唑 25%/2014.12.18 至 2015.12.18/中等毒
LS20140202F140069 上海绿泽生物科技有限责任公司
(上海市松江区华加路200号 201611 021-67748095)
阿维·茚虫威/8%/水分散粒剂/阿维菌素 2%、茚虫威 6%/2015.12.18 至 2016.12.18/低毒(原药高毒)
LS20130482F150001 先正达(苏州)作物保护有限公司
(江苏省昆山市经济技术开发区黄浦江中路255号 215301 0512-57716998)
咯菌腈/12%/悬浮剂/咯菌腈 12%/2016.01.13 至 2017.01.13/低毒
PD20121850F150002 天津博克百胜科技有限公司
(天津市滨海新区大港中塘镇刘塘庄化工区 300270 022-63252218)
乙·莠·滴丁酯/70%/悬乳剂/2,4-滴丁酯 8%、乙草胺 34%、莠去津 28%/2016.01.13 至 2017.01.13/低毒
LS20140292F150003 拜耳作物科学(中国)有限公司
(浙江省杭州市经济技术开发区内5号路 310018 0571-87265252)
螺虫·噻虫啉/22%/悬浮剂/噻虫啉 11%、螺虫乙酯 11%/2015.01.13 至 2016.01.13/中等毒
PD20130473F150004 沈阳化工研究院(南通)化工科技发展有限公司
(江苏省南通市开发区广州路42号商贸中心420号 226009 0513-81012887)
阿维·多·福/35.6%/悬浮种衣剂/阿维菌素 0.6%、多菌灵 10%、福美双 25%/2016.01.13 至 2017.01.13/低毒(原药高毒)
LS20120247F150005 沈阳化工研究院(南通)化工科技发展有限公司
(江苏省南通市开发区广州路42号商贸中心420号 226009 0513-81012887)
氟吗·唑菌酯/25%/悬浮剂/氟吗啉 20%、唑菌酯 5%/2015.01.13 至 2016.01.13/低毒
PD20142270F150006 中农立华(天津)农用化学品有限公司
(天津市武清区农场南津蓟铁路东侧 301700 022-26976655)
氯氨吡啶酸(暂定)/21%/水剂/氯氨吡啶酸 21%/2016.01.13 至 2017.01.13/低毒
PD20070611F150007 江苏剑牌农化股份有限公司
(江苏省盐城市建湖县城冠华东路1008号 224700 0515-86253585)
丙炔噁草酮/80%/可湿性粉剂/丙炔噁草酮 80%/2016.01.13 至 2017.01.13/低毒
PD20130688F150008 沈阳化工研究院(南通)化工科技发展有限公司

*登记作物及防治对象见原登记

(江苏省南通市开发区广州路42号商贸中心420号 226009 0513-81012887)
戊唑·福美双/16%/悬浮种衣剂/福美双 15.7%、戊唑醇 0.3%/2015.01.13 至 2016.01.13/低毒
PD20131017F150009 先正达(苏州)作物保护有限公司
(江苏省昆山市经济技术开发区黄浦江中路255号 215301 0512-57716998)
唑啉草酯/5%/乳油/唑啉草酯 5%/2016.01.13 至 2017.01.13/微毒
LS20140326F150010 中农立华（天津）农用化学品有限公司
(天津市武清区农场南津蓟铁路东侧 301700 022-26976655)
嗪吡嘧磺隆/33%/水分散粒剂/嗪吡嘧磺隆 33%/2016.01.13 至 2017.01.13/低毒
PD20142241F150011 江阴苏利化学股份有限公司
(江苏省江阴市利港镇润华路7号 214444 0510-86636248)
霜脲·嘧菌酯/60%/水分散粒剂/嘧菌酯 10%、霜脲氰 50%/2015.03.12 至 2016.03.12/低毒
PD20142264F150012 上海绿泽生物科技有限责任公司
(上海市松江区华加路200号 201611 021-67748095)
烯酰·唑嘧菌/47%/悬浮剂/烯酰吗啉 20%、唑嘧菌胺 27%/2015.03.18 至 2016.03.18/低毒
PD20121946F150013 上海禾本药业股份有限公司
(上海市金山区亭林镇林宝路2号 201505 021-57231676)
己唑醇/25%/悬浮剂/己唑醇 25%/2015.03.25 至 2016.03.25/低毒
PD20080675F150014 允发化工(上海)有限公司
(上海市奉贤区金汇镇航塘公路1500号 201405 021-57589888)
精高效氯氟氰菊酯/1.5%/微囊悬浮剂/精高效氯氟氰菊酯 1.5%/2015.03.25 至 2016.03.25/低毒
PD20142387F150015 先正达(苏州)作物保护有限公司
(江苏省昆山市经济技术开发区黄浦江中路255号 215301 0512-57716998)
嘧菌环胺/50%/水分散粒剂/嘧菌环胺 50%/2015.04.17 至 2016.04.17/低毒
PD20142375F150016 江苏苏州佳辉化工有限公司
(江苏省苏州市相城区东桥镇 215152 0512-65371841)
噻呋酰胺/240克/升/悬浮剂/噻呋酰胺 240克/升/2015.04.20 至 2016.04.20/微毒
LS20130463F150017 先正达(苏州)作物保护有限公司
(江苏省昆山市经济技术开发区黄浦江中路255号 215301 0512-57716998)
硝·精·莠去津/38.5%/悬乳剂/精异丙甲草胺 24.7%、莠去津 10.8%、硝磺草酮 3%/2015.04.20 至 2016.04.20/低毒
LS20140313F150018 江苏省昆山市鼎烽农药有限公司
(江苏省昆山市周市镇尉州路21号 215314 0512-57621705)
四氟·嘧菌酯/17%/悬浮剂/嘧菌酯 9.5%、四氟醚唑 7.5%/2015.04.20 至 2016.04.20/低毒
PD20094930F150019 江苏省农垦生物化学有限公司
(江苏省南京市南京化学工业园赵丰路19号 210047 025-58392246)
丙环·咪鲜胺/490克/升/乳油/丙环唑 90克/升、咪鲜胺 400克/升/2015.04.20 至 2016.04.20/低毒
PD20142224F150020 江苏省农垦生物化学有限公司
(江苏省南京市南京化学工业园赵丰路19号 210047 025-58392246)
苯甲·嘧菌酯/30%/悬浮剂/苯醚甲环唑 12%、嘧菌酯 18%/2015.05.11 至 2016.05.11/低毒
PD165-92F150021 福建省旭化学工业(漳州)有限公司
(福建省漳州市芗城区蓝田工业开发区纵四路 363007 0596-2107556) 复硝酚钠/1.8%
/水剂/5-硝基邻甲氧基苯酚钠 0.3%、对硝基苯酚钠 0.9%、邻硝基苯酚钠 0.6%/2015.05.19 至 2016.05.19/低毒
PD142-91F150022 中农立华（天津）农用化学品有限公司
(天津市武清区农场南津蓟铁路东侧 301700 022-26976655)
氟菌唑/30%/可湿性粉剂/氟菌唑 30%/2015.05.19 至 2016.05.19/低毒
PD20070203F150023 先正达(苏州)作物保护有限公司
(江苏省昆山市经济技术开发区黄浦江中路255号 215301 0512-57716998)
嘧菌酯/50%/水分散粒剂/嘧菌酯 50%/2015.05.19 至 2016.05.19/低毒
LS20130219F150024 广东德利生物科技有限公司
(广东省茂名市化州市鉴江经济开发区试验区金垌岭 525100 0668-7363099)
硝苯菌酯/36%/乳油/硝苯菌酯 36%/2015.05.19 至 2016.05.19/低毒
PD20110520F150025 河北圣亚达化工有限公司
(河北省沧州市盐山县沧乐路常金路口西侧 061300 0317-6320159)
氧化亚铜/86.2%/可湿性粉剂/氧化亚铜 86.2%/2015.05.19 至 2016.05.19/低毒
PD20110480F150026 河北圣亚达化工有限公司
(河北省沧州市盐山县沧乐路常金路口西侧 061300 0317-6320159)
氧化亚铜/86.2%/水分散粒剂/氧化亚铜 86.2%/2015.05.19 至 2016.05.19/低毒
PD20142177F150028 江苏省通州正大农药化工有限公司
(江苏省南通市通州市港区通洋工业园 226017 0513-85993588)
氟环唑/125克/升/悬浮剂/氟环唑 125克/升/2015.05.19 至 2016.05.19/低毒
PD20142503F150029 江苏省通州正大农药化工有限公司
(江苏省南通市通州市港区通洋工业园 226017 0513-85993588)
嘧菌酯/250克/升/悬浮剂/嘧菌酯 250克/升/2015.05.19 至 2016.05.19/低毒
PD20110690F150031 先正达(苏州)作物保护有限公司
(江苏省昆山市经济技术开发区黄浦江中路255号 215301 0512-57716998)
精甲·百菌清/440克/升/悬浮剂/百菌清 400克/升、精甲霜灵 40克/升/2015.05.19 至 2016.05.19/低毒
PD20142162F150032 江苏省农垦生物化学有限公司
(江苏省南京市南京化学工业园赵丰路19号 210047 025-58392246)
氟虫腈/5%/悬浮种衣剂/氟虫腈 5%/2015.05.19 至 2016.05.19/低毒

*登记作物及防治对象见原登记

企业/登记证号/农药名称/总含量/剂型/有效成分及含量/有效期/毒性

PD20090894F150033　江苏省通州正大农药化工有限公司
（江苏省南通市通州市港区通洋工业园　226017　0513-85993588）
噻嗪酮/25%/可湿性粉剂/噻嗪酮 25%/2015.05.19 至 2016.05.19/低毒
PD20142275F150034　先正达(苏州)作物保护有限公司
（江苏省昆山市经济技术开发区黄浦江中路255号　215301　0512-57716998）
吡萘·嘧菌酯/29%/悬浮剂/嘧菌酯 17.8%、吡唑萘菌胺 11.2%/2015.05.19 至 2016.05.19/低毒
PD20110357F150035　先正达(苏州)作物保护有限公司
（江苏省昆山市经济技术开发区黄浦江中路255号　215301　0512-57716998）
苯甲·嘧菌酯/325克/升/悬浮剂/苯醚甲环唑 125克/升、嘧菌酯 200克/升/2015.05.27 至 2016.05.27/低毒
PD20111315F150036　先正达(苏州)作物保护有限公司
（江苏省昆山市经济技术开发区黄浦江中路255号　215301　0512-57716998）
抗倒酯/250克/升/乳油/抗倒酯 250克/升/2015.06.15 至 2016.06.15/低毒
LS20130314F150037　先正达(苏州)作物保护有限公司
（江苏省昆山市经济技术开发区黄浦江中路255号　215301　0512-57716998）
苯锈·丙环唑/42%/乳油/丙环唑 13.16%、苯锈啶 28.95%/2015.06.15 至 2016.06.15/低毒
PD20095337F150038　巴斯夫植物保护（江苏）有限公司
（江苏省如东沿海经济开发区通海二路1号　226400　0513-84151119）
氟环唑/75克/升/乳油/氟环唑 75克/升/2015.06.16 至 2016.06.16/低毒
PD20080776F150039　中农立华（天津）农用化学品有限公司
（天津市武清区农场南津蓟铁路东侧　301700　022-26976655）
硅噻菌胺/125克/升/悬浮剂/硅噻菌胺 125克/升/2015.06.16 至 2016.06.16/低毒
PD20142649F150040　江苏苏州佳辉化工有限公司
（江苏省苏州市相城区东桥镇　215152　0512-65371841）
毒死蜱/40%/水乳剂/毒死蜱 40%/2015.06.16 至 2016.06.16/中等毒
LS20140367F150041　巴斯夫植物保护（江苏）有限公司
（江苏省如东沿海经济开发区通海二路1号　226400　0513-84151119）
唑醚·啶酰菌/38%/水分散粒剂/吡唑醚菌酯 12.8%、啶酰菌胺 25.2%/2015.06.16 至 2016.06.16/低毒
PD20130863F150042　先正达(苏州)作物保护有限公司
（江苏省昆山市经济技术开发区黄浦江中路255号　215301　0512-57716998）
嘧肟·丙草胺/30.6%/乳油/丙草胺 28.7%、嘧啶肟草醚 1.9%/2015.06.16 至 2016.06.16/低毒
LS20130447F150043　巴斯夫植物保护（江苏）有限公司
（江苏省如东沿海经济开发区通海二路1号　226400　0513-84151119）
氟菌·氟环唑/12%/乳油/氟环唑 6%、氟唑菌酰胺 6%/2015.06.16 至 2016.06.16/低毒
LS20140301F150044　巴斯夫植物保护（江苏）有限公司
（江苏省如东沿海经济开发区通海二路1号　226400　0513-84151119）
二甲戊灵/35%/悬浮剂/二甲戊灵 35%/2015.06.16 至 2016.06.16/低毒
LS20140368F150045　巴斯夫植物保护（江苏）有限公司
（江苏省如东沿海经济开发区通海二路1号　226400　0513-84151119）
唑醚·氟环唑/17%/悬乳剂/吡唑醚菌酯 12.3%、氟环唑 4.7%/2015.06.16 至 2016.06.16/中等毒
PD20130400F150046　巴斯夫植物保护（江苏）有限公司
（江苏省如东沿海经济开发区通海二路1号　226400　0513-84151119）
灭菌唑/28%/悬浮种衣剂/灭菌唑 28%/2015.06.16 至 2016.06.16/低毒
LS20140369F150047　先正达(苏州)作物保护有限公司
（江苏省昆山市经济技术开发区黄浦江中路255号　215301　0512-57716998）
溴酰·噻虫嗪/40%/种子处理悬浮剂/噻虫嗪 20%、溴氰虫酰胺 20%/2015.06.16 至 2016.06.16/低毒
PD20142522F150048　江阴苏利化学股份有限公司
（江苏省江阴市利港镇润华路7号　214444　0510-86636248）
甲·嘧·甲霜灵/12%/悬浮种衣剂/甲基硫菌灵 6%、甲霜灵 3%、嘧菌酯 3%/2015.06.16 至 2016.06.16/低毒
PD20150321F150049　先正达(苏州)作物保护有限公司
（江苏省昆山市经济技术开发区黄浦江中路255号　215301　0512-57716998）
氟唑环菌胺/44%/悬浮种衣剂/氟唑环菌胺 44%/2015.07.09 至 2016.07.09/低毒
PD20150430F150050　先正达(苏州)作物保护有限公司
（江苏省昆山市经济技术开发区黄浦江中路255号　215301　0512-57716998）
噻虫·咯·霜灵/29%/悬浮种衣剂/咯菌腈 0.66%、精甲霜灵 0.26%、噻虫嗪 28.08%/2015.07.09 至 2016.07.09/微毒
PD220-97F150051　中农立华（天津）农用化学品有限公司
（天津市武清区农场南津蓟铁路东侧　301700　022-26976655）
代森锰锌/80%/可湿性粉剂/代森锰锌 80%/2015.07.09 至 2016.07.09/低毒
PD20080464F150052　广东德利生物科技有限公司
（广东省茂名市化州市鉴江经济开发区试验区金垌岭　525100　0668-7363099）
吡唑醚菌酯/250克/升/乳油/吡唑醚菌酯 250克/升/2015.07.09 至 2016.07.09/中等毒
PD20070130F150053　广东金农达生物科技有限公司
（广东省清远市清城区龙塘镇浩良工业园　511540　0763-3695028）
四氟醚唑/4%/水乳剂/四氟醚唑 4%/2015.07.09 至 2016.07.09/低毒
LS20130054F150054　河北赞峰生物工程有限公司
（河北省武邑县清凉店镇长兴路19号　053411　0318-5811111）
戊唑·百菌清/75%/可湿性粉剂/百菌清 62.5%、戊唑醇 12.5%/2015.07.09 至 2016.07.09/低毒
LS20150015F150055　中农立华（天津）农用化学品有限公司
（天津市武清区农场南津蓟铁路东侧　301700　022-26976655）

*登记作物及防治对象见原登记

啶磺草胺/4%/可分散油悬浮剂/啶磺草胺 4%/2015.07.09 至 2016.07.09/低毒
PD20141919F150056 江门市植保有限公司
(广东省江门市杜阮镇北环路9号之一至之四 529000 0750-3287333)
精甲·嘧菌酯/39%/悬乳剂/精甲霜灵 10.6%、嘧菌酯 28.4%/2015.07.29 至 2016.07.29/低毒
PD20142620F150057 江苏省农垦生物化学有限公司
(江苏省南京市南京化学工业园赵丰路19号 210047 025-58392246)
百菌清/54%/悬浮剂/百菌清 54%/2015.07.29 至 2016.07.29/低毒
PD20140831F150058 山东中新科农生物科技有限公司
(山东省德州市夏津县苏留庄镇后屯村 253211 4000808677)
毒死蜱/480克/升/乳油/毒死蜱 480克/升/2015.07.29 至 2016.07.29/中等毒
PD20140432F150059 山东中新科农生物科技有限公司
(山东省德州市夏津县苏留庄镇后屯村 253211 4000808677)
代森锰锌/80%/可湿性粉剂/代森锰锌 80%/2015.07.29 至 2016.07.29/低毒
PD20150447F150060 江苏省昆山市鼎烽农药有限公司
(江苏省昆山市周市镇尉州路21号 215314 0512-57621705)
四氟醚唑/12.5%/水乳剂/四氟醚唑 12.5%/2015.08.28 至 2016.08.28/低毒
LS20150018F150061 先正达南通作物保护有限公司
(江苏省南通市经济开发区中央路1号 226009 0513-81150600)
甲维·虱螨脲/45%/水分散粒剂/甲氨基阿维菌素苯甲酸盐 5%、虱螨脲 40%/2015.08.28 至 2016.08.28/低毒
PD20132274F150062 山东省邹平县德兴精细化工有限公司
(山东省邹平县开发区工业园 256205 0543-4811902)
噻唑膦/10%/颗粒剂/噻唑膦 10%/2015.08.28 至 2016.08.28/中等毒
LS20150059F150063 先正达(苏州)作物保护有限公司
(江苏省昆山市经济技术开发区黄浦江中路255号 215301 0512-57716998)
氟环·咯·苯甲/9%/种子处理悬浮剂/苯醚甲环唑 2.2%、咯菌腈 2.2%、氟唑环菌胺 4.6%/2015.08.28 至 2016.08.28/低毒
PD20150435F150064 中农立华（天津）农用化学品有限公司
(天津市武清区农场南津蓟铁路东侧 301700 022-26976655)
2甲·双氟/43%/悬乳剂/双氟磺草胺 0.39%、2甲4氯异辛酯 42.61%/2015.08.28 至 2016.08.28/低毒
PD20150683F150065 山东省邹平县德兴精细化工有限公司
(山东省邹平县开发区工业园 256205 0543-4811902)
克菌丹/50%/可湿性粉剂/克菌丹 50%/2015.08.28 至 2016.08.28/低毒
PD20150397F150066 先正达(苏州)作物保护有限公司
(江苏省昆山市经济技术开发区黄浦江中路255号 215301 0512-57716998)
噻虫嗪/30%/种子处理悬浮剂/噻虫嗪 30%/2015.08.28 至 2016.08.28/低毒
PD20140644F150067 江苏省农垦生物化学有限公司
(江苏省南京市南京化学工业园赵丰路19号 210047 025-58392246)
禾草敌/90.9%/乳油/禾草敌 90.9%/2015.08.28 至 2016.08.28/低毒
PD20140189F150068 江苏省农垦生物化学有限公司
(江苏省南京市南京化学工业园赵丰路19号 210047 025-58392246)
灭草松/480克/升/水剂/灭草松 480克/升/2015.08.28 至 2016.08.28/低毒
PD20150683F150069 江苏省农垦生物化学有限公司
(江苏省南京市南京化学工业园赵丰路19号 210047 025-58392246)
克菌丹/50%/可湿性粉剂/克菌丹 50%/2015.09.22 至 2016.09.22/低毒
LS20150084F150070 广东德利生物科技有限公司
(广东省茂名市化州市鉴江经济开发区试验区金垌岭 525100 0668-7363099)
氟虫·乙多素/40%/水分散粒剂/乙基多杀菌素 20%、氟啶虫胺腈 20%/2015.09.22 至 2016.09.22/微毒
PD20110357F150071 先正达(苏州)作物保护有限公司
(江苏省昆山市经济技术开发区黄浦江中路255号 215301 0512-57716998)
苯甲·嘧菌酯/325克/升/悬浮剂/苯醚甲环唑 125克/升、嘧菌酯 200克/升/2015.09.22 至 2016.09.22/低毒
PD20150729F150072 先正达(苏州)作物保护有限公司
(江苏省昆山市经济技术开发区黄浦江中路255号 215301 0512-57716998)
噻虫·咯·霜灵/25%/悬浮种衣剂/咯菌腈 1.1%、精甲霜灵 1.7%、噻虫嗪 22.2%/2015.09.22 至 2016.09.22/低毒
PD20121091F150073 江阴苏利化学股份有限公司
(江苏省江阴市利港镇润华路7号 214444 0510-86636248)
三乙膦酸铝/80%/可湿性粉剂/三乙膦酸铝 80%/2015.10.20 至 2016.10.20/低毒
PD20141645F150074 江苏安邦电化有限公司
(江苏省淮安市清浦区化工路30号 223002 0517-83556168)
抑霉唑硫酸盐/75%/可溶粒剂/抑霉唑硫酸盐 75%/2015.10.20 至 2016.10.20/低毒
PD20060068F150075 广东珠海经济特区瑞农植保技术有限公司
(广东省珠海市金湾区临港工业区大浪湾工业小区 519050 0756-7268813)
代森锰锌/80%/可湿性粉剂/代森锰锌 80%/2015.10.20 至 2016.10.20/低毒
LS20150115F150076 江苏省农垦生物化学有限公司
(江苏省南京市南京化学工业园赵丰路19号 210047 025-58392246)
戊唑·嘧菌酯/29%/悬浮剂/嘧菌酯 11%、戊唑醇 18%/2015.10.20 至 2016.10.20/低毒
LS20150135F150077 广东德利生物科技有限公司
(广东省茂名市化州市鉴江经济开发区试验区金垌岭 525100 0668-7363099)
乙多·甲氧虫/34%/悬浮剂/甲氧虫酰肼 28.3%、乙基多杀菌素 5.7%/2015.10.20 至 2016.10.20/微毒
LS20150034F150078 拜耳作物科学(中国)有限公司

*登记作物及防治对象见原登记

(浙江省杭州市经济技术开发区内5号路 310018 0571-87265252)
氟酮磺草胺/19%/悬浮剂/氟酮磺草胺 19%/2015.10.20 至 2016.10.20/低毒
LS20150048F150079 拜耳作物科学(中国)有限公司
(浙江省杭州市经济技术开发区内5号路 310018 0571-87265252)
氟唑菌苯胺/22%/种子处理悬浮剂/氟唑菌苯胺 22%/2015.10.20 至 2016.10.20/低毒
PD20095697F150080 江苏安邦电化有限公司
(江苏省淮安市清浦区化工路30号 223002 0517-83556168)
氢氧化铜/77%/可湿性粉剂/氢氧化铜 77%/2015.10.20 至 2016.10.20/低毒
PD20150972F150082 先正达(苏州)作物保护有限公司
(江苏省昆山市经济技术开发区黄浦江中路255号 215301 0512-57716998)
硝磺·莠去津/25%/悬浮剂/莠去津 22.7%、硝磺草酮 2.3%/2015.12.06 至 2016.12.06/低毒
PD20151131F150083 先正达(苏州)作物保护有限公司
(江苏省昆山市经济技术开发区黄浦江中路255号 215301 0512-57716998)
苯醚·咯·噻虫/27%/悬浮种衣剂/苯醚甲环唑 2.2%、咯菌腈 2.2%、噻虫嗪 22.6%/2015.12.06 至 2016.12.06/低毒
LS20150133F150084 先正达(苏州)作物保护有限公司
(江苏省昆山市经济技术开发区黄浦江中路255号 215301 0512-57716998)
丙环·嘧菌酯/1%/颗粒剂/丙环唑 0.7%、嘧菌酯 0.3%/2015.12.06 至 2016.12.06/微毒
PD20150818F150085 江苏苏州佳辉化工有限公司
(江苏省苏州市相城区东桥镇 215152 0512-65371841)
五氟磺草胺/22%/悬浮剂/五氟磺草胺 22%/2015.12.06 至 2016.12.06/微毒
LS20150246F150086 江苏苏州佳辉化工有限公司
(江苏省苏州市相城区东桥镇 215152 0512-65371841)
氟啶·毒死蜱/37%/悬乳剂/毒死蜱 34%、氟啶虫胺腈 3%/2015.12.18 至 2016.12.18/中等毒
PD20101017F150087 巴斯夫植物保护(江苏)有限公司
(江苏省如东沿海经济开发区通海二路1号 226400 0513-84151119)
醚菌·啶酰菌/300克/升/悬浮剂/醚菌酯 100克/升、啶酰菌胺 200克/升/2015.12.18 至 2016.12.18/低毒
PD20142052F150088 江苏省昆山市鼎烽农药有限公司
(江苏省昆山市周市镇尉州路21号 215314 0512-57621705)
异甲·莠去津/45%/悬乳剂/异丙甲草胺 27%、莠去津 18%/2015.12.18 至 2016.12.18/低毒
LS20150151F150089 拜耳作物科学(中国)有限公司
(浙江省杭州市经济技术开发区内5号路 310018 0571-87265252)
氟噻·吡酰·呋/33%/悬浮剂/吡氟酰草胺 11%、呋草酮 11%、氟噻草胺 11%/2015.12.18 至 2016.12.18/中等毒
PD20151500F150090 中农立华(天津)农用化学品有限公司
(天津市武清区农场南津蓟铁路东侧 301700 022-26976655)
腐霉利/43%/悬浮剂/腐霉利 43%/2015.12.18 至 2016.12.18/低毒
PD20142264F150091 巴斯夫植物保护(江苏)有限公司
(江苏省如东沿海经济开发区通海二路1号 226400 0513-84151119)
烯酰·唑嘧菌/47%/悬浮剂/烯酰吗啉 20%、唑嘧菌胺 27%/2015.12.18 至 2016.12.18/低毒
PD20083328F150092 中农立华(天津)农用化学品有限公司
(天津市武清区农场南津蓟铁路东侧 301700 022-26976655)
克菌丹/450克/升/悬浮种衣剂/克菌丹 450克/升/2015.12.18 至 2016.12.18/低毒
PD20120820F150093 江苏省农垦生物化学有限公司
(江苏省南京市南京化学工业园赵丰路19号 210047 025-58392246)
克菌·戊唑醇/400克/升/悬浮剂/克菌丹 320克/升、戊唑醇 80克/升/2015.12.19 至 2016.12.19/低毒

*登记作物及防治对象见原登记

索 引（一）

（按中文通用名称）

1-甲基环丙烯　20, 342, 826, 1110, 1140, 1174

2, 4-滴　62, 129, 219, 244, 245, 309, 362, 438, 449, 482, 542, 543, 551, 595, 610, 634, 736, 767, 791, 804, 836, 876, 887, 976, 981, 983, 986, 1020, 1126, 1130, 1151, 1155, 1212, 1230

2, 4-滴丁酯　61, 147, 148, 173, 182, 264, 285, 308, 309, 324, 341, 342, 3 68, 412, 419, 422, 423, 424, 425, 426, 427, 428, 429, 430, 431, 437, 438, 439 , 490, 492, 493, 496, 497, 499, 500, 501, 502, 503, 504, 505, 508, 513, 524, 525, 526, 551, 552, 553, 564, 580, 610, 693, 759, 760, 762, 763, 764, 766, 767, 768, 769, 771, 781, 786, 803, 804, 833, 834, 835, 847, 851, 876, 877, 889, 898, 906, 907, 908, 909, 974, 975, 982, 983, 997, 1006, 1020, 1040, 1180, 1200

2, 4-滴二甲胺盐　91, 94, 226, 285, 432, 438, 449, 542, 551, 552, 565, 595, 610, 634, 768, 835, 876, 890, 981, 982, 1020, 1138, 1212, 1271

2, 4-滴钠盐　129, 438, 552, 610, 1151, 1270

2, 4 滴三乙醇胺盐　766

2, 4-滴异辛酯　24, 91, 379, 391, 393, 434, 492, 493, 496, 497, 498, 552, 573, 595, 610, 639, 640, 763, 768, 769, 781, 821, 825, 836, 890, 945, 982, 984, 985

2, 4-二硝基苯酚钾　163, 196, 1039

2 甲 4 氯　1, 2, 4, 62, 63, 91, 97, 100, 127, 222, 226, 227, 230, 235, 241, 244, 334, 342, 353, 375, 430, 438, 441, 498, 508, 543, 551, 553, 558, 595, 610, 636, 664, 742, 748, 756, 771, 804, 808, 821, 831, 834, 836, 877, 887, 889, 890, 898, 907, 941, 955, 974, 975, 982, 985, 998, 1006, 1155, 1227, 1249, 1264, 1271

2 甲 4 氯二甲胺盐　983

2 甲 4 氯钠　2, 22, 60, 61, 68, 80, 89, 90, 91, 93, 118, 119, 125, 126, 127, 128, 148, 217, 226, 231, 235, 237, 239, 241, 242, 244, 245, 246, 252, 285, 348, 355, 357, 358, 362, 371, 375, 376, 387, 391, 420, 434, 437, 438, 441, 487, 490, 492, 498, 501, 513, 550, 553, 557, 579, 580, 590, 595, 600, 603, 610, 618, 642, 644, 670, 684, 713, 726, 742, 760, 761, 762, 763, 764, 774, 800, 831, 834, 888, 909, 939, 940, 945, 974, 976, 1014, 1020, 1071, 1077, 1079, 1080, 1083, 1096, 1097, 1166, 1214, 1227, 1263, 1265, 1274

2 甲 4 氯异丙胺盐　2, 90, 664, 1130, 1147

2 甲 4 氯异辛酯　26, 86, 101, 553, 643, 982, 985, 1156

2-(乙酰氧基)苯甲酸　480

C 型肉毒梭菌毒素　789

D 型肉毒梭菌毒素　789

Es-生物烯丙菊酯　77, 81, 111, 114, 131, 132, 135, 136, 137, 138, 139, 140, 144, 145, 154, 171, 172, 174, 177, 178, 179, 185, 201, 213, 214, 222, 224, 230, 249, 262, 263, 280, 281, 282, 293, 295, 299, 330, 338, 366, 457, 480, 481, 489, 509, 511, 514, 544, 565, 593, 607, 620, 658, 672, 729, 734, 840, 924, 977, 1120, 1123, 1130, 1146, 1158, 1159, 1162, 1198, 1212, 1237, 1239, 1241, 1251, 1258, 1268, 1273

R-烯唑醇　368, 559, 585

S-氰戊菊酯　34, 199, 381, 431, 442, 547, 570, 571, 605, 612, 638, 676, 689, 691, 694, 861, 864, 917, 1064, 1189, 1199, 1266

S-生物烯丙菊酯　8, 35, 69, 231, 621, 625, 673, 870

S-诱抗素　359, 743, 1151, 1154, 1157

zeta-氯氰菊酯　19, 20, 575, 642, 643, 765

α-氯代醇　1173

阿维菌素　23, 36, 37, 40, 48, 49, 50, 52, 56, 60, 63, 64, 65, 66, 68, 69, 70, 72, 73, 74, 77, 78, 79, 81, 82, 83, 84, 85, 87, 88, 90, 94, 95, 97, 101, 102, 103, 104, 105, 106, 107, 108, 109, 113, 115, 116, 117, 119, 120, 121, 122, 123, 126, 129, 130, 134, 135, 138, 139, 141, 142, 143, 144, 146, 147, 148, 149, 150, 151, 153, 154, 156, 157, 159, 160, 161, 162, 163, 164, 165, 166, 167, 168, 169, 170, 172, 173, 174, 175, 176, 177, 178, 180, 181, 186, 187, 188, 189, 190, 191, 192, 193, 194, 200, 201, 202, 203, 204, 205, 206, 207, 208, 209, 211, 215, 216, 217, 218, 219, 220, 221, 222, 223, 225, 226, 227, 228, 229, 233, 234, 235, 236, 237, 238, 239, 240, 241, 242, 246, 247, 248, 249, 250, 252, 253, 254, 255, 256, 257, 258, 259, 260, 261, 262, 266, 267, 268, 269, 270, 271, 273, 275, 276, 277, 278, 279, 281, 282, 284, 285, 286, 287, 288, 289, 290, 291, 292, 294, 295, 296, 297, 298, 299, 300, 304, 305, 306, 307, 308, 312, 313, 316, 317, 318, 319, 320, 321, 322, 323, 325, 326, 327, 328, 329, 330, 331, 332, 333, 334, 336, 337, 338, 339, 340, 341, 342, 343, 344, 345, 346, 350, 351, 352, 353, 354, 355, 356, 357, 359, 360, 361, 364, 365, 366, 367, 369, 370, 371, 372, 373, 375, 376, 378, 380, 381, 382, 383,

385, 386, 387, 388, 389, 390, 391, 392, 393, 396, 398, 400, 403, 404, 405, 406, 407, 408, 409, 410, 411, 412, 413, 414, 415, 416, 417, 418, 419, 420, 421, 422, 423, 427, 428, 433, 434, 436, 437, 440, 441, 442, 443, 444, 445, 447, 448, 449, 450, 451, 452, 453, 456, 457, 459, 460, 462, 464, 465, 466, 468, 469, 470, 471, 474, 475, 476, 477, 478, 479, 484, 485, 486, 487, 494, 496, 498, 504, 510, 514, 515, 516, 518, 525, 528, 529, 531, 534, 535, 536, 537, 539, 540, 543, 545, 549, 551, 553, 556, 559, 560, 561, 564, 568, 576, 579, 580, 582, 584, 587, 588, 593, 594, 597, 598, 608, 609, 616, 618, 619, 620, 631, 635, 640, 641, 642, 645, 647, 649, 652, 655, 656, 657, 658, 659, 660, 662, 666, 668, 671, 676, 687, 690, 691, 692, 694, 695, 702, 704, 705, 709, 710, 711, 712, 713, 714, 715, 716, 717, 718, 720, 721, 723, 725, 726, 727, 728, 730, 731, 734, 737, 738, 739, 740, 741, 742, 743, 744, 745, 746, 747, 748, 749, 750, 752, 753, 754, 755, 756, 761, 766, 772, 775, 777, 780, 785, 787, 788, 790, 793, 794, 796, 797, 798, 799, 800, 801, 802, 803, 805, 806, 807, 808, 811, 813, 814, 815, 816, 817, 818, 819, 820, 821, 824, 826, 827, 828, 829, 830, 831, 834, 835, 836, 837, 838, 841, 844, 846, 848, 849, 850, 851, 852, 853, 855, 858, 859, 860, 861, 862, 865, 867, 868, 869, 870, 872, 873, 874, 875, 877, 878, 879, 881, 883, 884, 885, 886, 891, 892, 894, 895, 896, 897, 898, 899, 900, 901, 902, 903, 905, 909, 910, 911, 912, 913, 914, 915, 916, 918, 921, 925, 926, 927, 928, 929, 930, 931, 933, 934, 935, 936, 937, 938, 939, 940, 942, 944, 946, 947, 948, 949, 950, 951, 952, 953, 954, 955, 956, 958, 959, 960, 961, 962, 964, 965, 968, 970, 971, 972, 974, 975, 976, 977, 978, 979, 981, 982, 986, 987, 989, 992, 993, 994, 995, 996, 997, 998, 999, 1000, 1001, 1002, 1003, 1004, 1005, 1006, 1007, 1008, 1009, 1010, 1011, 1012, 1013, 1014, 1015, 1016, 1018, 1019, 1020, 1021, 1022, 1023, 1024, 1026, 1027, 1028, 1029, 1031, 1033, 1034, 1035, 1036, 1040, 1044, 1046, 1047, 1048, 1049, 1050, 1051, 1052, 1054, 1055, 1056, 1058, 1059, 1061, 1062, 1063, 1064, 1065, 1066, 1067, 1068, 1069, 1070, 1071, 1072, 1074, 1075, 1076, 1079, 1080, 1081, 1082, 1083, 1084, 1085, 1086, 1087, 1088, 1089, 1090, 1094, 1095, 1096, 1097, 1098, 1099, 1100, 1101, 1102, 1103, 1104, 1105, 1106, 1107, 1108, 1109, 1111, 1112, 1117, 1119, 1121, 1122, 1126, 1128, 1129, 1130, 1133, 1138, 1141, 1142, 1144, 1147, 1157, 1161, 1162, 1163, 1167, 1172, 1175, 1176, 1177, 1178, 1182, 1183, 1185, 1186, 1187, 1188, 1190, 1191, 1195, 1196, 1200, 1202, 1206, 1207, 1208, 1217, 1220, 1222, 1223, 1224, 1226, 1227, 1230, 1231, 1235, 1241, 1244, 1246, 1247, 1248, 1249, 1251, 1253, 1254, 1255, 1259, 1260, 1265, 1266, 1267, 1274

矮壮素 49, 117, 128, 292, 302, 345, 346, 364, 381, 388, 417, 788, 789, 803, 805, 842, 844, 871, 891, 901, 938, 1084, 1099, 1149, 1150, 1169, 1195, 1255

桉油精 116

氨氟乐灵 40, 1174

氨磺乐灵 1254

氨基寡糖素 112, 142, 219, 249, 251, 252, 260, 261, 266, 274, 295, 344, 383, 407, 569, 594, 723, 737, 757, 766, 797, 809, 811, 820, 828, 853, 856, 858, 875, 896, 901, 905, 957, 959, 977, 997, 1021, 1059, 1078, 1106, 1145

氨氯吡啶酸 128, 129, 317, 318, 465, 489, 510, 595, 619, 620, 694, 790, 791, 960, 982, 983, 985, 1146, 1155, 1156, 1225, 1226, 1229, 1230, 1246

氨氯吡啶酸钾盐 986

氨唑草酮 13

胺苯磺隆 58, 60, 61, 63, 453, 473, 538, 612, 668, 757, 782

胺菊酯 35, 69, 77, 78, 79, 83, 87, 90, 93, 104, 111, 114, 116, 123, 125, 132, 134, 135, 136, 137, 139, 144, 145, 149, 154, 156, 157, 170, 171, 172, 175, 176, 177, 178, 179, 180, 184, 185, 186, 187, 195, 200, 201, 213, 214, 215, 221, 222, 232, 236, 244, 261, 262, 263, 265, 280, 282, 292, 293, 294, 299, 300, 303, 304, 305, 307, 310, 311, 322, 330, 338, 339, 347, 351, 363, 365, 366, 379, 383, 403, 409, 440, 450, 455, 457, 463, 465, 475, 481, 483, 489, 508, 511, 513, 544, 565, 607, 608, 610, 620, 621, 625, 626, 648, 650, 655, 661, 672, 676, 677, 680, 686, 714, 728, 729, 774, 778, 791, 809, 810, 813, 823, 839, 847, 848, 857, 869, 880, 895, 902, 904, 907, 914, 915, 916, 921, 922, 923, 924, 926, 942, 945, 957, 958, 960, 962, 977, 1021, 1023, 1083, 1098, 1118, 1127, 1131, 1132, 1143, 1157, 1158, 1159, 1160, 1161, 1162, 1173, 1190, 1191, 1192, 1198, 1209, 1221, 1237, 1239, 1241, 1242, 1251, 1255, 1258, 1268, 1273

胺鲜酯 188, 196, 346, 375, 417, 418, 1028, 1059, 1097, 1151

八角茴香油　236
百草枯　42, 47, 55, 61, 93, 244, 267, 291, 297, 305, 432, 448, 458, 619, 651, 663, 693, 694, 702, 703, 754, 789, 841, 875, 881, 882, 883, 887, 889, 960, 981, 982, 1138, 1229, 1235, 1246
百草枯二氯化物　1174
百菌清　22, 23, 33, 38, 39, 40, 42, 43, 78, 84, 93, 105, 108, 109, 110, 111, 115, 160, 161, 164, 166, 188, 190, 191, 196, 199, 201, 203, 204, 210, 216, 219, 225, 238, 246, 255, 259, 284, 308, 310, 311, 320, 326, 337, 339, 347, 349, 350, 354, 359, 360, 362, 363, 364, 365, 368, 369, 380, 386, 387, 390, 391, 394, 415, 421, 434, 468, 475, 478, 482, 489, 503, 504, 514, 515, 582, 585, 586, 587, 588, 648, 659, 664, 670, 671, 680, 681, 682, 683, 684, 686, 699, 702, 703, 704, 715, 719, 746, 771, 773, 776, 780, 785, 793, 811, 814, 826, 828, 837, 840, 841, 842, 858, 863, 874, 878, 885, 897, 920, 925, 928, 932, 943, 946, 951, 967, 980, 981, 983, 984, 990, 1002, 1014, 1015, 1018, 1026, 1031, 1033, 1037, 1039, 1040, 1042, 1043, 1049, 1053, 1054, 1064, 1073, 1075, 1086, 1087, 1089, 1091, 1104, 1107, 1108, 1111, 1116, 1126, 1130, 1132, 1133, 1137, 1141, 1153, 1162, 1164, 1176, 1191, 1193, 1200, 1205, 1214, 1220, 1223, 1226, 1232, 1236, 1261, 1267
拌种灵　51, 53, 99, 313, 479, 627, 632, 633, 667, 696, 969, 1030, 1149, 1201
倍硫磷　226, 403, 646, 661, 704, 705, 812, 875, 1135, 1138, 1236, 1238, 1255
苯丁锡　102, 107, 117, 121, 169, 170, 175, 190, 191, 248, 250, 255, 344, 391, 647, 721, 929, 931, 934, 946, 947, 970, 980, 994, 1039, 1052, 1061, 1063, 1076, 1080, 1081, 1082, 1084, 1090, 1092, 1098, 1104, 1114, 1116, 1134, 1135, 1150, 1184, 1232, 1234, 1235, 1251
苯磺隆　15, 16, 45, 50, 51, 53, 59, 61, 64, 65, 67, 78, 82, 83, 84, 87, 92, 99, 100, 101, 104, 106, 115, 129, 151, 152, 172, 192, 283, 312, 319, 323, 324, 325, 329, 331, 341, 345, 348, 350, 354, 355, 356, 358, 361, 364, 369, 379, 383, 385, 386, 387, 388, 389, 394, 398, 399, 401, 404, 411, 413, 415, 416, 441, 454, 495, 509, 519, 520, 522, 524, 527, 530, 531, 534, 535, 538, 543, 558, 563, 564, 566, 567, 570, 573, 579, 583, 587, 588, 592, 598, 602, 603, 604, 605, 609, 612, 614, 617, 621, 630, 633, 640, 642, 649, 650, 656, 658, 666, 667, 668, 674, 675, 687, 700, 708, 716, 728, 736, 743, 745, 757, 758, 777, 781, 783, 785, 802, 807, 818, 821, 823, 824, 825, 832, 834, 835, 845, 847, 851, 864, 877, 888, 890, 897, 906, 907, 908, 909, 911, 935, 939, 941, 951, 955, 969, 973, 975, 982, 990, 1006, 1049, 1050, 1076, 1079, 1092, 1095, 1113, 1118, 1119, 1139, 1147, 1151, 1155, 1163, 1185, 1187, 1190, 1212, 1213, 1215, 1224, 1232, 1262, 1263
苯菌灵　62, 225, 471, 513, 576, 577, 665, 838, 1077, 1135, 1138
苯菌酮　6
苯醚甲环唑　6, 21, 23, 37, 38, 39, 40, 41, 49, 53, 62, 72, 73, 74, 86, 88, 95, 101, 102, 103, 105, 107, 109, 118, 120, 121, 131, 142, 143, 146, 149, 157, 162, 163, 164, 166, 167, 168, 173, 188, 189, 191, 193, 194, 197, 205, 206, 207, 208, 209, 210, 218, 220, 229, 238, 239, 247, 249, 252, 254, 255, 256, 257, 261, 273, 274, 275, 277, 278, 288, 290, 291, 305, 316, 322, 327, 329, 333, 337, 340, 343, 347, 351, 352, 355, 357, 359, 365, 371, 385, 391, 393, 394, 399, 406, 407, 408, 409, 414, 415, 416, 417, 423, 451, 460, 465, 468, 469, 470, 477, 478, 486, 487, 496, 498, 509, 523, 526, 530, 532, 535, 540, 543, 545, 546, 558, 560, 564, 568, 569, 573, 596, 597, 598, 602, 603, 611, 638, 639, 646, 661, 670, 675, 676, 678, 681, 684, 685, 692, 702, 703, 704, 711, 712, 718, 720, 721, 726, 735, 736, 737, 742, 747, 748, 752, 796, 797, 801, 808, 809, 811, 815, 816, 817, 819, 820, 825, 827, 828, 829, 831, 839, 845, 846, 847, 850, 852, 853, 854, 857, 858, 859, 867, 875, 892, 911, 912, 913, 918, 919, 920, 926, 929, 931, 932, 933, 934, 936, 937, 941, 944, 946, 947, 948, 949, 951, 953, 954, 955, 960, 961, 963, 982, 985, 988, 989, 993, 996, 997, 998, 1000, 1002, 1003, 1004, 1005, 1008, 1010, 1013, 1015, 1017, 1026, 1027, 1034, 1036, 1039, 1040, 1044, 1045, 1046, 1047, 1048, 1051, 1052, 1055, 1056, 1057, 1059, 1062, 1066, 1067, 1068, 1069, 1070, 1071, 1072, 1079, 1082, 1083, 1085, 1086, 1087, 1088, 1089, 1093, 1094, 1095, 1096, 1097, 1099, 1100, 1101, 1102, 1103, 1105, 1106, 1107, 1108, 1109, 1110, 1111, 1112, 1114, 1117, 1123, 1124, 1129, 1135, 1136, 1142, 1143, 1144, 1146, 1147, 1155, 1156, 1179, 1183, 1184, 1187, 1188, 1195, 1217, 1218, 1220, 1222, 1223, 1224, 1225, 1227, 1233, 1239, 1245, 1246, 1247, 1252, 1253, 1259, 1263, 1265
苯醚菌酯　1234

苯醚氰菊酯　76
苯嘧磺草胺　6
苯嗪草酮　94, 317, 605, 639, 1254
苯噻酰草胺　59, 63, 66, 68, 77, 78, 85, 88, 92, 97, 115, 118, 126, 128, 152, 190, 192, 193, 198, 199, 217, 230, 234, 239, 240, 241, 274, 324, 333, 361, 374, 413, 422, 423, 424, 427, 428, 430, 431, 432, 435, 441, 460, 467, 470, 472, 473, 479, 482, 483, 487, 489, 490, 493, 494, 498, 500, 501, 502, 519, 520, 522, 524, 527, 534, 539, 540, 567, 570, 572, 573, 575, 580, 590, 601, 603, 613, 617, 622, 629, 632, 637, 640, 644, 655, 671, 687, 693, 700, 701, 728, 729, 730, 746, 752, 755, 756, 757, 758, 760, 764, 765, 771, 772, 777, 779, 780, 781, 784, 804, 888, 890, 975, 1116, 1118, 1139, 1147, 1166, 1172, 1213, 1214, 1215, 1238, 1242, 1249, 1258, 1262, 1266
苯酰菌胺　20, 766
苯锈啶　41
苯唑草酮　6
吡丙醚　35, 55, 114, 174, 175, 226, 339, 572, 589, 592, 624, 625, 634, 679, 696, 710, 731, 896, 1000, 1049, 1124, 1233, 1264
吡草醚　31, 589, 991
吡虫啉　1, 2, 8, 9, 22, 23, 45, 48, 49, 50, 52, 53, 55, 56, 58, 59, 61, 62, 63, 64, 65, 66, 67, 68, 69, 78, 79, 84, 87, 88, 89, 90, 91, 93, 94, 95, 97, 102, 105, 106, 107, 108, 109, 112, 114, 115, 116, 118, 120, 121, 122, 123, 124, 126, 129, 130, 131, 135, 139, 140, 142, 143, 147, 149, 150, 152, 154, 158, 159, 162, 163, 164, 167, 168, 169, 170, 173, 176, 177, 178, 186, 187, 189, 190, 191, 198, 199, 200, 201, 202, 203, 206, 207, 208, 209, 210, 211, 212, 216, 218, 220, 221, 222, 223, 224, 226, 228, 229, 230, 231, 232, 233, 234, 236, 237, 238, 239, 243, 246, 248, 249, 251, 252, 253, 254, 255, 256, 257, 259, 260, 261, 263, 264, 266, 268, 269, 270, 271, 273, 275, 276, 277, 278, 279, 280, 283, 284, 286, 287, 289, 290, 291, 293, 294, 296, 298, 299, 300, 301, 302, 304, 305, 306, 307, 311, 312, 313, 314, 316, 318, 319, 320, 321, 322, 325, 326, 328, 329, 331, 332, 333, 336, 337, 338, 339, 340, 343, 344, 345, 346, 350, 351, 352, 353, 355, 357, 358, 359, 360, 362, 364, 365, 366, 367, 371, 372, 373, 375, 376, 378, 379, 380, 381, 382, 384, 387, 388, 389, 392, 393, 397, 398, 399, 401, 404, 405, 406, 407, 408, 409, 410, 413, 414, 416, 418, 419, 420, 422, 425, 427, 428, 442, 443, 446, 447, 448, 449, 450, 451, 458, 459, 460, 461, 464, 466, 468, 469, 470, 474, 475, 477, 478, 479, 485, 486, 490, 494, 496, 497, 503, 509, 510, 512, 514, 515, 516, 519, 521, 522, 523, 524, 525, 526, 527, 528, 529, 530, 533, 535, 537, 539, 541, 542, 543, 545, 546, 547, 552, 555, 557, 558, 559, 561, 562, 563, 564, 566, 567, 568, 569, 571, 572, 573, 575, 578, 582, 583, 584, 585, 586, 587, 588, 592, 594, 595, 599, 600, 601, 602, 603, 604, 605, 606, 608, 610, 611, 612, 613, 614, 615, 617, 618, 619, 620, 621, 622, 623, 624, 625, 626, 630, 631, 632, 633, 634, 636, 637, 640, 642, 643, 644, 645, 647, 649, 651, 653, 654, 655, 656, 657, 658, 659, 660, 661, 662, 663, 667, 668, 670, 671, 672, 673, 674, 675, 677, 685, 686, 687, 688, 691, 692, 695, 696, 697, 698, 699, 700, 705, 706, 707, 708, 711, 712, 715, 717, 718, 719, 721, 723, 726, 730, 736, 737, 739, 741, 742, 744, 745, 747, 749, 752, 755, 756, 760, 765, 773, 776, 781, 788, 791, 792, 793, 794, 795, 797, 798, 799, 800, 801, 802, 803, 806, 808, 809, 810, 811, 812, 813, 816, 817, 818, 819, 823, 825, 827, 828, 829, 830, 831, 834, 838, 839, 842, 843, 844, 845, 846, 847, 848, 849, 850, 851, 852, 853, 854, 855, 856, 857, 858, 859, 860, 861, 865, 866, 867, 868, 869, 870, 871, 874, 878, 879, 881, 883, 884, 885, 886, 892, 893, 896, 897, 898, 899, 900, 901, 902, 903, 904, 907, 909, 910, 911, 912, 913, 915, 916, 917, 918, 919, 920, 921, 926, 927, 928, 929, 930, 931, 933, 934, 935, 936, 937, 938, 939, 942, 943, 945, 947, 950, 952, 953, 954, 956, 962, 963, 964, 965, 966, 967, 970, 971, 976, 977, 978, 979, 980, 981, 983, 984, 987, 988, 993, 994, 995, 996, 997, 998, 1003, 1004, 1005, 1006, 1009, 1012, 1014, 1015, 1016, 1017, 1019, 1024, 1025, 1027, 1029, 1031, 1032, 1033, 1036, 1037, 1038, 1039, 1040, 1041, 1044, 1045, 1046, 1047, 1049, 1051, 1052, 1055, 1056, 1057, 1058, 1060, 1062, 1063, 1065, 1066, 1067, 1072, 1073, 1078, 1079, 1080, 1082, 1083, 1084, 1085, 1086, 1087, 1088, 1089, 1090, 1092, 1093, 1094, 1095, 1096, 1097, 1099, 1100, 1103, 1104, 1105, 1106, 1107, 1109, 1110, 1112, 1114, 1116, 1118, 1120, 1121, 1122, 1123, 1124, 1125, 1128, 1129, 1133, 1136, 1137, 1139, 1144, 1147, 1151, 1152, 1153, 1156, 1158, 1161, 1166, 1170, 1171, 1176, 1179, 1183, 1184, 1185, 1186, 1187, 1188, 1190, 1193, 1196, 1197, 1201, 1202, 1206, 1207, 1208, 1210, 1213, 1216, 1217,

1218, 1221, 1222, 1225, 1228, 1230, 1231, 1234, 1241, 1242, 1245, 1246, 1247, 1251, 1254, 1259, 1260, 1261, 1264, 1265, 1267, 1271, 1272
吡氟禾草灵　32
吡氟酰草胺　11, 12, 97, 521, 522, 552, 553, 557, 587, 626, 678, 679, 784, 785
吡嘧磺隆　31, 65, 66, 70, 79, 84, 85, 94, 118, 119, 126, 151, 174, 191, 192, 193, 194, 230, 239, 241, 246, 324, 333, 348, 392, 402, 421, 422, 423, 424, 427, 428, 429, 430, 431, 432, 435, 437, 477, 478, 483, 487, 495, 498, 500, 501, 502, 519, 522, 525, 535, 537, 558, 564, 570, 571, 572, 573, 579, 580, 585, 588, 590, 591, 599, 600, 601, 602, 603, 604, 622, 630, 631, 633, 649, 658, 668, 669, 670, 696, 712, 748, 749, 750, 752, 756, 760, 763, 764, 765, 768, 769, 770, 772, 776, 777, 779, 780, 781, 782, 804, 833, 835, 877, 907, 936, 975, 984, 1022, 1076, 1083, 1091, 1113, 1138, 1139, 1172, 1190, 1201, 1214, 1215, 1242, 1249, 1262, 1263, 1265, 1270
吡蚜酮　22, 38, 53, 54, 57, 62, 64, 67, 73, 75, 80, 92, 93, 95, 96, 101, 103, 110, 112, 119, 126, 143, 147, 154, 156, 165, 167, 168, 173, 174, 189, 193, 197, 208, 210, 218, 226, 235, 240, 247, 249, 261, 268, 269, 270, 271, 273, 278, 282, 286, 290, 305, 307, 313, 316, 322, 327, 331, 339, 344, 355, 358, 362, 385, 398, 406, 407, 408, 411, 414, 415, 438, 462, 469, 471, 473, 486, 489, 497, 504, 509, 510, 512, 513, 518, 521, 523, 531, 535, 539, 542, 546, 557, 558, 561, 563, 568, 569, 580, 582, 594, 603, 609, 611, 618, 631, 634, 638, 641, 653, 654, 658, 662, 669, 670, 675, 677, 688, 692, 695, 702, 711, 712, 716, 717, 718, 720, 721, 723, 724, 727, 734, 736, 739, 742, 748, 749, 752, 753, 756, 779 , 783, 785, 795, 796, 800, 806, 811, 816, 817, 819, 825, 847, 850, 854, 859, 878, 903, 912, 930, 931, 932, 934, 941, 944, 947, 948, 955, 984, 992, 994, 998, 1004, 1005, 1010, 1013, 1034, 1040, 1046, 1048, 1052, 1057, 1058, 1059, 1060, 1067, 1070, 1071, 1072, 1081, 1082, 1083, 1095, 1096, 1097, 1098, 1101, 1102, 1103, 1106, 1108, 1122, 1126, 1129, 1130, 1141, 1145, 1147, 1170, 1172, 1184, 1187, 1215, 1217, 1226, 1229, 1237, 1241, 1245, 1247, 1248, 1254, 1255, 1265, 1267
吡唑草胺　577, 1009
吡唑醚菌酯　4, 5, 6, 22, 120, 167, 168, 210, 291, 307, 340, 508, 510, 540, 594, 669, 684, 685, 696, 718, 720, 727, 753, 791, 797, 798, 809, 854, 873, 912, 932, 976, 985, 989, 1008, 1047, 1071, 1072, 1098, 1103, 1106, 1115, 1174, 1220, 1227, 1263
吡唑萘菌胺　40, 41, 704
避蚊胺　18, 27, 54, 111, 122, 135, 136, 137, 139, 140, 144, 154, 171, 174, 180, 184, 185, 186, 187, 194, 215, 486, 514, 544, 565, 589, 593, 595, 607, 625, 626, 644, 646, 650, 671, 673, 679, 680, 730, 812, 1112, 1113, 1117, 1120, 1124, 1131, 1132, 1142, 1158, 1177, 1192, 1199, 1201, 1238
苄氨基嘌呤　27, 536, 743, 1101, 1103, 1136, 1150, 1151, 1169, 1170, 1219, 1220, 1247
苄嘧磺隆　15, 16, 51, 57, 59, 60, 61, 62, 63, 65, 66, 67, 68, 70, 72, 75, 77, 78, 80, 82, 83, 84, 85, 86, 87, 88, 89, 91, 92, 95, 97, 98, 115, 123, 126, 128, 131, 141, 150, 151, 152, 165, 174, 178, 182, 183, 190, 192, 193, 194, 199, 217, 218, 227, 230, 234, 239, 240, 252, 256, 274, 276, 320, 331, 333, 338, 342, 343, 348, 355, 361, 374, 376, 386, 387, 392, 396, 400, 405, 413, 419, 421, 422, 423, 424, 428, 429, 430, 432, 435, 436, 439, 441, 460, 462, 464, 466, 467, 468, 469, 470, 472, 473, 476, 477, 479, 482, 483, 485, 487, 490, 491, 492, 493, 494, 495, 496, 498, 500, 501, 502, 505, 512, 513, 516, 518, 520, 521, 522, 524, 525, 526, 527, 528, 529, 534, 535, 537, 538, 539, 540, 543, 550, 556, 564, 565, 567, 570, 571, 572, 573, 579, 580, 590, 591, 593, 594, 598, 599, 600, 602, 612, 613, 614, 617, 618, 619, 620, 621, 622, 629, 630, 631, 632, 637, 640, 641, 642, 643, 644, 645, 646, 647, 649, 650, 655, 656, 658, 667, 668, 670, 671, 687, 693, 696, 700, 701, 711, 712, 715, 716, 717, 721, 723, 727, 728, 729, 730, 735, 739, 742, 743, 744, 746, 747, 749, 752, 754, 755, 758, 759, 760, 771, 772, 774, 776, 777, 779, 780, 781, 782, 783, 784, 835, 836, 846, 870, 888, 889, 890, 909, 940, 973, 974, 975, 984, 991, 1014, 1077, 1080, 1093, 1098, 1113, 1116, 1118, 1119, 1129, 1135, 1138, 1145, 1147, 1149, 1161, 1165, 1166, 1171, 1172, 1190, 1204, 1205, 1211, 1213, 1214, 1215, 1237, 1238, 1239, 1242, 1243, 1246, 1249, 1251, 1252, 1258, 1262, 1263, 1264, 1265, 1266, 1269
丙草胺　35, 36, 40, 41, 51, 54, 66, 82, 93, 95, 96, 99, 120, 152, 165, 173, 174, 192, 193, 194, 230, 240, 244, 333, 335, 354, 388, 402, 411, 422, 424, 425, 427, 428, 429, 433, 435, 439, 468, 469, 477, 478, 479, 482, 483,

487, 496, 518, 519, 520, 522, 523, 526, 528, 534, 535, 537, 538, 545, 554, 556, 564, 571, 573, 578, 591, 592, 593, 600, 606, 614, 617, 629, 630, 644, 645, 646, 658, 695, 696, 700, 701, 702, 721, 723, 739, 742, 747, 752, 760, 763, 767, 768, 769, 770, 777, 786, 804, 832, 833, 846, 887, 890, 898, 906, 907, 908, 975, 982, 985, 990, 1002, 1008, 1080, 1092, 1129, 1161, 1166, 1172, 1201, 1210, 1211, 1214, 1215, 1237, 1238, 1242, 1262, 1263, 1264, 1265

丙环唑 24, 25, 35, 36, 37, 38, 40, 41, 42, 43, 44, 50, 51, 54, 61, 62, 71, 72, 73, 74, 79, 83, 88, 89, 95, 99, 102, 107, 109, 116, 117, 120, 121, 141, 150, 157, 159, 160, 163, 164, 165, 167, 173, 180, 187, 189, 197, 200, 201, 202, 205, 206, 211, 213, 215, 216, 218, 220, 224, 238, 239, 243, 246, 252, 253, 255, 256, 257, 259, 261, 272, 273, 274, 275, 284, 287, 294, 299, 328, 329, 343, 344, 351, 365, 367, 370, 373, 379, 380, 384, 385, 386, 387, 388, 395, 399, 401, 404, 407, 408, 416, 417, 442, 449, 451, 457, 460, 468, 469, 470, 486, 488, 496, 498, 514, 515, 520, 522, 526, 530, 531, 532, 535, 543, 545, 546, 550, 560, 563, 564, 568, 578, 594, 596, 597, 598, 602, 603, 604, 605, 609, 612, 615, 632, 639, 641, 646, 652, 658, 665, 671, 674, 675, 676, 678, 684, 685, 690, 694, 701, 710, 711, 712, 717, 718, 719, 720, 724, 727, 735, 737, 742, 745, 747, 752, 754, 775, 792, 797, 799, 803, 808, 811, 814, 815, 818, 826, 828, 829, 832, 837, 839, 846, 847, 858, 861, 869, 872, 876, 884, 885, 891, 894, 899, 902, 904, 907, 911, 913, 918, 929, 931, 932, 934, 937, 940, 941, 943, 944, 946, 947, 948, 954, 959, 960, 961, 962, 969, 978, 980, 982, 984, 986, 988, 990, 992, 997, 998, 1001, 1002, 1008, 1009, 1013, 1015, 1020, 1025, 1026, 1028, 1032, 1034, 1039, 1041, 1042, 1043, 1044, 1046, 1048, 1049, 1053, 1055, 1056, 1061, 1064, 1066, 1067, 1071, 1075, 1079, 1082, 1084, 1087, 1088, 1089, 1095, 1097, 1100, 1102, 1105, 1107, 1123, 1124, 1126, 1129, 1133, 1135, 1140, 1146, 1147, 1153, 1154, 1155, 1156, 1162, 1165, 1184, 1187, 1189, 1194, 1202, 1216, 1217, 1218, 1219, 1220, 1223, 1224, 1228, 1231, 1232, 1233, 1239, 1241, 1244, 1246, 1247, 1253, 1259, 1260, 1261

丙硫克百威 31, 264, 473

丙硫唑 251

丙嗪嘧磺隆 34

丙炔噁草酮 10, 70, 100, 340, 516, 635, 686

丙炔氟草胺 34, 836, 1218, 1223

丙森锌 9, 81, 103, 119, 120, 143, 164, 180, 193, 204, 210, 229, 240, 249, 254, 256, 262, 274, 316, 337, 338, 407, 422, 518, 559, 560, 561, 615, 622, 623, 636, 683, 684, 727, 801, 806, 819, 820, 828, 839, 850, 875, 892, 932, 934, 935, 948, 953, 955, 976, 994, 1004, 1007, 1012, 1014, 1024, 1029, 1034, 1045, 1046, 1047, 1051, 1057, 1068, 1069, 1071, 1072, 1076, 1082, 1094, 1095, 1096, 1100, 1102, 1103, 1105, 1106, 1108, 1116, 1136, 1142, 1174, 1183, 1192, 1225

丙酰芸苔素内酯 33, 586, 1200

丙溴磷 36, 38, 60, 62, 63, 72, 80, 104, 107, 116, 143, 156, 162, 164, 170, 190, 203, 205, 209, 215, 218, 223, 225, 228, 229, 233, 234, 239, 240, 241, 245, 248, 260, 272, 275, 286, 302, 312, 351, 369, 386, 391, 397, 406, 417, 443, 455, 462, 466, 467, 474, 480, 485, 509, 516, 517, 518, 525, 526, 528, 530, 534, 539, 545, 546, 565, 585, 599, 615, 635, 646, 657, 687, 690, 696, 699, 702, 710, 712, 713, 717, 720, 721, 731, 734, 742, 747, 748, 751, 755, 756, 787, 793, 802, 803, 805, 811, 813, 814, 816, 818, 819, 827, 830, 834, 836, 838, 857, 859, 869, 870, 876, 881, 883, 900, 901, 904, 905, 909, 911, 913, 914, 916, 917, 918, 929, 932, 934, 935, 946, 947, 949, 952, 953, 961, 963, 966, 967, 971, 976, 983, 984, 989, 993, 994, 1001, 1004, 1012, 1013, 1018, 1019, 1028, 1032, 1036, 1042, 1052, 1053, 1063, 1076, 1077, 1106, 1109, 1135, 1140, 1142, 1150, 1163, 1165, 1170, 1178, 1183, 1200, 1221, 1224, 1229

丙酯草醚 887, 890

波尔多液 27, 28, 47, 585, 586, 645

菜青虫颗粒体病毒 462, 463

残杀威 55, 69, 114, 139, 149, 154, 157, 175, 178, 179, 185, 200, 213, 214, 222, 231, 236, 244, 245, 250, 347, 352, 356, 362, 374, 376, 398, 457, 473, 483, 523, 565, 607, 608, 621, 624, 625, 626, 638, 646, 673, 762, 765, 772, 774, 775, 778, 1010, 1126, 1159, 1160, 1174, 1175, 1176, 1228, 1259

草铵膦 11, 53, 62, 71, 73, 77, 89, 120, 152, 154, 155, 156, 165, 167, 173, 178, 208, 211, 212, 219, 226, 241, 252, 254, 256, 257, 261, 269, 282, 285, 314, 316, 321, 322, 327, 339, 365, 407, 422, 451, 493, 522, 523, 527, 536, 542, 547, 552, 566, 572, 588, 592, 597, 608, 619, 638, 639, 642, 675, 677, 678, 679, 694, 708, 710, 711, 748, 752, 753, 789, 797, 800, 809, 817, 820, 821,

835, 853, 890, 899, 907, 919, 931, 936, 941, 945, 956, 976, 982, 983, 995, 997, 1005, 1007, 1010, 1047, 1069, 1080, 1096, 1100, 1102, 1117, 1129, 1135, 1136, 1139, 1146, 1155, 1156, 1166, 1170, 1172, 1174, 1184, 1187, 1200, 1215, 1225, 1226, 1230, 1239, 1248, 1253, 1254, 1255, 1260, 1265, 1270

草除灵 51, 58, 59, 60, 61, 63, 64, 66, 67, 70, 71, 98, 100, 101, 115, 128, 151, 349, 378, 392, 401, 448, 453, 495, 506, 522, 523, 524, 525, 528, 534, 538, 575, 576, 599, 612, 613, 636, 637, 687, 707, 715, 728, 733, 754, 768, 782, 783, 882, 907, 941, 955, 969, 973, 975, 1031, 1052, 1079, 1142, 1168, 1194, 1196, 1214, 1219, 1242, 1246, 1262, 1268, 1269

草甘膦 1, 13, 20, 21, 25, 42, 46, 47, 48, 49, 50, 53, 55, 56, 57, 59, 60, 61, 62, 63, 64, 66, 71, 74, 75, 76, 77, 80, 82, 83, 84, 85, 87, 88, 90, 91, 92, 93, 101, 116, 117, 119, 122, 123, 125, 126, 127, 128, 129, 130, 133, 134, 139, 143, 148, 151, 154, 155, 156, 157, 162, 166, 168, 177, 178, 187, 191, 194, 196, 198, 205, 206, 211, 212, 216, 218, 219, 220, 221, 222, 223, 224, 225, 226, 227, 228, 229, 230, 232, 233, 234, 235, 236, 237, 240, 241, 242, 243, 244, 245, 246, 247, 250, 251, 252, 256, 258, 259, 260, 265, 267, 270, 275, 283, 291, 292, 300, 305, 314, 327, 328, 334, 335, 336, 345, 346, 347, 348, 349, 352, 353, 354, 355, 359, 360, 362, 365, 371, 374, 375, 376, 378, 380, 381, 383, 385, 391 , 392, 393, 394, 400, 402, 406, 408, 409, 414, 415, 416, 420, 421, 424, 428, 430, 432, 437, 440, 441, 442, 443, 446, 449, 451, 454, 455, 456, 458, 460, 461, 465, 466, 467, 469, 470, 474, 477, 478, 481, 482, 483, 484, 486, 487, 489, 496, 497, 498, 509, 510, 512, 514, 515, 522, 523, 525, 529, 530, 534, 536, 538, 541, 542, 543, 545, 549, 551, 554, 558, 563, 568, 569, 570, 571, 572, 573, 574, 575, 580, 583, 590, 591, 592, 596, 598, 599, 605, 606, 608, 610, 613, 614, 615, 616, 619, 623, 626, 627, 628, 629, 630, 631, 632, 633, 634, 636, 639, 645, 646, 653, 656, 658, 660, 663, 664, 665, 666, 675, 676, 677, 678, 693, 695, 696, 697, 703, 707, 708, 711, 712, 713, 715, 716, 721, 722, 723, 724, 726, 728, 732, 734, 737, 739, 740, 744, 746, 748, 751, 753, 755, 756, 762, 763, 779, 782, 788, 789, 795, 800, 803, 804, 807, 808, 809, 817, 820, 821, 822, 824, 825, 828, 831, 832, 835, 841, 842, 843, 845, 846, 849, 850, 866, 868, 870, 872, 883, 884, 887, 888, 890, 891, 894, 895, 901, 906, 908, 909, 910, 912, 919, 928, 931, 935, 938, 941, 943, 945, 946, 950, 955, 959, 963, 970, 972, 973, 974, 975, 976, 977, 981, 982, 983, 985, 991, 993, 995, 996, 997, 1000, 1003, 1004, 1006, 1007, 1008, 1014, 1016, 1017, 1019, 1020, 1021, 1023, 1024, 1025, 1034, 1043, 1045, 1050, 1051, 1055, 1056, 1070, 1079, 1080, 1087, 1093, 1100, 1114, 1115, 1119, 1125, 1126, 1129, 1130, 1132, 1135, 1138, 1139, 1141, 1145, 1146, 1147, 1148, 1152, 1153, 1155, 1156, 1157, 1162, 1165, 1166, 1167, 1170, 1171, 1173, 1180, 1184, 1186, 1188, 1194, 1195, 1197, 1200, 1203, 1205, 1209, 1211, 1212, 1213, 1214, 1217, 1224, 1225, 1226, 1227, 1228, 1229, 1230, 1235, 1236, 1237, 1238, 1239, 1240, 1241, 1246, 1247, 1248, 1249, 1250, 1253, 1254, 1259, 1260, 1261, 1264, 1267, 1268, 1269, 1270, 1271

草甘膦铵盐 62, 75, 89, 118, 125, 127, 391, 541, 623, 711, 722, 742, 804, 906, 976, 985, 993, 1081, 1125, 1167, 1270, 1271

草甘膦二甲胺盐(暂定) 1271

草甘膦钾盐 722

草甘膦钠盐 1238

草甘膦异丙胺盐 2, 21, 42, 60, 65, 87, 90, 99, 119, 134, 158, 161, 182, 189, 202, 243, 258, 259, 265, 270, 283, 342, 347, 379, 389, 405, 423, 427, 431, 448, 495, 502, 512, 549, 585, 598, 608, 616, 628, 631, 632, 646, 658, 660, 663, 664, 676, 714, 722, 734, 749, 754, 777, 788, 876, 881, 888, 900, 909, 974, 993, 1002, 1115, 1116, 1121, 1125, 1130, 1137, 1147, 1165, 1173, 1220, 1238, 1249, 1253, 1259, 1271

茶尺蠖核型多角体病毒 463

茶皂素 460

柴油 105, 106, 460, 802, 851, 867, 1112

超敏蛋白 27

赤霉酸 1, 8, 27, 155, 160, 264, 345, 347, 395, 409, 479, 487, 488, 515, 536, 636, 686, 710, 718, 725, 742, 743, 880, 881, 895, 978, 1023, 1091, 1115, 1126, 1127, 1130, 1136, 1138, 1143, 1150, 1151, 1157, 1169, 1170, 1243, 1244, 1245, 1246, 1257, 1263

赤霉酸A3 253, 479, 536, 537, 636, 743, 1023, 1097, 1247

赤霉酸 A4+A7 27, 105, 536, 537, 636, 743, 1023, 1094, 1101, 1102, 1151, 1206, 1244, 1247

虫螨腈 5, 7, 86, 110, 144, 166, 174, 193, 194, 209, 226, 241, 257, 261, 274, 302, 339, 340, 396, 510, 530,

536, 585, 670, 679, 718, 748, 797, 820, 828, 896, 912, 931, 985, 988, 989, 1005, 1010, 1057, 1058, 1060, 1070, 1071, 1072, 1083, 1096, 1103, 1124, 1126, 1130, 1142
虫酰肼 29, 56, 102, 159, 166, 173, 187, 189, 202, 213, 224, 246, 248, 251, 272, 274, 292, 297, 312, 346, 385, 402, 417, 447, 448, 464, 508, 516, 530, 538, 570, 571, 612, 626, 630, 713, 732, 745, 754, 791, 792, 798, 800, 803, 806, 807, 809, 817, 837, 853, 872, 875, 878, 881, 891, 893, 909, 913, 917, 926, 928, 931, 941, 944, 947, 956, 986, 988, 1001, 1005, 1009, 1020, 1023, 1029, 1032, 1033, 1070, 1075, 1085, 1092, 1098, 1104, 1109, 1114, 1141, 1153, 1176, 1182, 1183, 1189, 1195, 1200, 1224, 1229, 1233, 1248
除草定 552, 592, 678
除虫菊素 2, 7, 195, 196, 787, 1204, 1205, 1207
除虫菊素(Ⅰ+Ⅱ) 359, 1173
除虫脲 14, 54, 55, 84, 101, 118, 205, 291, 319, 320, 321, 322, 343, 346, 359, 360, 365, 468, 504, 543, 544, 599, 639, 681, 685, 699, 790, 808, 809, 814, 874, 969, 984, 1064, 1065, 1077, 1091, 1098, 1105, 1110, 1123, 1135, 1218
春雷霉素 22, 29, 102, 121, 142, 174, 200, 237, 250, 254, 267, 268, 275, 291, 327, 328, 336, 375, 402, 421, 431, 439, 465, 467, 504, 653, 713, 719, 731, 732, 751, 793, 810, 814, 827, 855, 858, 867, 878, 892, 934, 941, 948, 957, 958, 960, 978, 1036, 1040, 1059, 1061, 1062, 1064, 1066, 1071, 1078, 1091, 1092, 1099, 1107, 1134, 1136, 1226, 1272
哒螨灵 49, 50, 60, 63, 65, 66, 68, 79, 83, 102, 115, 116, 124, 125, 127, 133, 134, 135, 140, 143, 144, 153, 154, 158, 159, 161, 163, 165, 167, 169, 170, 175, 176, 181, 188, 191, 192, 193, 205, 206, 207, 209, 210, 216, 217, 218, 220, 221, 224, 234, 238, 248, 249, 252, 255, 257, 258, 259, 260, 262, 267, 284, 290, 297, 300, 307, 308, 310, 313, 318, 320, 323, 329, 336, 337, 338, 340, 341, 342, 344, 350, 357, 360, 362, 367, 368, 370, 388, 389, 391, 393, 398, 404, 405, 406, 412, 415, 417, 418, 419, 420, 422, 443, 444, 446, 447, 448, 468, 469, 475, 479, 494, 496, 503, 509, 514, 515, 516, 529, 548, 551, 559, 561, 567, 568, 569, 575, 576, 578, 618, 636, 637, 646, 654, 656, 657, 659, 660, 670, 674, 689, 690, 704, 711, 715, 730, 738, 739, 745, 747, 792, 793, 794, 795, 798, 799, 800, 803, 805, 813, 816, 818, 820, 827, 831, 834, 838, 844, 855, 859, 860, 861, 869, 870, 871, 872, 873, 876, 877, 878, 880, 883, 884, 886, 892, 893, 896, 900, 901, 904, 905, 912, 913, 916, 917, 918, 919, 926, 927, 929, 932, 933, 934, 935, 937, 939, 942, 960, 965, 966, 971, 972, 993, 995, 996, 1000, 1003, 1004, 1013, 1018, 1020, 1026, 1027, 1029, 1031, 1032, 1033, 1034, 1035, 1038, 1039, 1046, 1049, 1050, 1051, 1058, 1061, 1062, 1066, 1068, 1069, 1070, 1073, 1074, 1080, 1084, 1087, 1088, 1089, 1096, 1101, 1103, 1104, 1105, 1109, 1111, 1119, 1125, 1129, 1132, 1137, 1141, 1150, 1163, 1177, 1184, 1185, 1188, 1191, 1193, 1196, 1206, 1211, 1219, 1220, 1221, 1223, 1226, 1235, 1242, 1248, 1266, 1268
哒嗪硫磷 76
大孢绿僵菌 130
大黄素甲醚 787
代森铵 314, 682, 772, 851, 1180, 1197
代森联 4, 5, 340, 594, 623, 932, 944, 1071, 1083, 1098, 1103
代森锰锌 2, 16, 20, 21, 24, 25, 26, 27, 31, 35, 36, 38, 41, 43, 44, 45, 46, 49, 50, 58, 60, 70, 74, 78, 80, 84, 88, 94, 102, 103, 105, 106, 107, 108, 109, 111, 116, 117, 118, 123, 126, 127, 128, 129, 141, 142, 146, 150, 153, 157, 158, 159, 161, 162, 166, 167, 169, 170, 174, 187, 190, 191, 199, 201, 202, 204, 209, 211, 216, 219, 220, 221, 224, 225, 227, 228, 234, 243, 246, 247, 248, 249, 251, 252, 255, 257, 258, 260, 262, 269, 270, 271, 272, 273, 276, 283, 284, 285, 286, 289, 293, 299, 303, 307, 309, 313, 314, 315, 316, 317, 318, 320, 326, 327, 329, 330, 332, 336, 342, 345, 350, 354, 357, 364, 366, 368, 370, 371, 374, 376, 379, 386, 393, 395, 397, 399, 401, 403, 404, 405, 411, 413, 414, 415 , 416, 417, 422, 423, 435, 436, 440, 444, 445, 448, 451, 452, 456, 459, 467, 469, 476, 479, 494, 514, 515, 516, 517, 518, 524, 541, 576, 583, 585, 586, 587, 599, 612, 615, 616, 622, 623, 630, 637, 648, 649, 659, 683, 684, 686, 699, 701, 702, 705, 707, 711, 719, 722, 723, 731, 736, 741, 745, 746, 747, 750, 764, 766, 771, 772, 776, 777, 781, 782, 783, 788, 789, 792, 794, 795, 796, 798, 802, 805, 807, 809, 810, 813, 814, 816, 817, 818, 820, 825, 826, 827, 828, 829, 830, 836, 837, 838, 843, 844, 847, 849, 850, 851, 853, 856, 857, 858, 860, 861, 864, 869, 870, 871, 873, 874, 876, 878, 880, 882, 883, 884, 885, 886, 889, 891, 892, 893, 894, 896, 897, 899, 902, 903, 904, 908,

910, 911, 912, 913, 916, 917, 921, 925, 927, 928, 932, 933, 935, 936, 937, 938, 939, 940, 942, 949, 950, 951, 952, 956, 958, 959, 961, 964, 965, 966, 968, 976, 977, 978, 979, 980, 981, 982, 983, 986, 987, 990, 992, 994, 995, 997, 998, 999, 1001, 1002, 1004, 1005, 1008, 1009, 1010, 1014, 1015, 1018, 1019, 1020, 1024, 1025, 1026, 1027, 1028, 1029, 1032, 1033, 1034, 1035, 1036, 1037, 1038, 1039, 1041, 1043, 1046, 1047, 1048, 1049, 1050, 1052, 1053, 1057, 1058, 1061, 1062, 1063, 1064, 1065, 1067, 1068, 1069, 1073, 1074, 1075, 1076, 1077, 1078, 1084, 1085, 1086, 1087, 1088, 1089, 1090, 1091, 1092, 1098, 1104, 1105, 1106, 1107, 1108, 1109, 1110, 1111, 1112, 1113, 1115, 1116, 1118, 1119, 1124, 1125, 1129, 1133, 1134, 1137, 1138, 1140, 1141, 1144, 1147, 1149, 1150, 1153, 1155, 1161, 1163, 1169, 1171, 1173, 1174, 1178, 1179, 1181, 1182, 1184, 1185, 1187, 1188, 1189, 1191, 1193, 1194, 1195, 1196, 1198, 1202, 1203, 1204, 1206, 1213, 1214, 1220, 1222, 1223, 1225, 1229, 1232, 1250, 1260, 1267

代森锌　2, 110, 117, 126, 127, 142, 157, 159, 166, 189, 205, 210, 219, 225, 250, 259, 284, 315, 318, 404, 410, 416, 445, 525, 582, 622, 682, 683, 773, 775, 791, 803, 811, 818, 829, 830, 837, 843, 856, 859, 878, 891, 909, 928, 937, 943, 946, 950, 953, 987, 999, 1008, 1012, 1015, 1019, 1026, 1028, 1038, 1041, 1042, 1043, 1054, 1063, 1078, 1080, 1082, 1085, 1092, 1099, 1107, 1109, 1116, 1123, 1141, 1148, 1149, 1154, 1173, 1177, 1178, 1182, 1188, 1192, 1193, 1195, 1198, 1202, 1250

单甲脒　550

单甲脒盐酸盐　262, 420, 726, 1269

单嘧磺隆　1189

单嘧磺酯　1189

单氰胺　788, 1241, 1262

胆钙化醇　1234

淡紫拟青霉　131, 173, 420, 733, 736

稻丰散　134, 150, 368, 640, 666, 1076

稻瘟灵　1, 30, 82, 105, 122, 127, 129, 141, 153, 160, 169, 189, 203, 205, 216, 221, 228, 232, 236, 238, 242, 247, 259, 290, 329, 347, 355, 360, 410, 421, 426, 430, 431, 434, 460, 461, 466, 467, 473, 474, 475, 477, 481, 483, 485, 490, 491, 494, 499, 524, 528, 545, 562, 583, 588, 631, 678, 709, 712, 713, 716, 722, 725, 726, 728, 729, 730, 733, 734, 736, 738, 742, 743, 744, 750, 751, 752, 757, 760, 788, 803, 806, 874, 928, 940, 943, 999, 1002, 1032, 1033, 1035, 1052, 1053, 1064, 1077, 1139, 1141, 1152, 1160, 1161, 1163, 1164, 1167, 1168, 1171, 1174, 1190, 1194, 1199, 1202, 1205, 1222, 1228, 1232, 1239, 1240, 1252, 1265, 1267

稻瘟酰胺　428, 471, 487, 523, 526, 531, 532, 540, 695, 752, 809, 820, 921, 1071, 1097, 1101, 1130, 1184

低聚糖素　187, 260, 711, 737, 753, 797, 812, 989

敌百虫　52, 60, 62, 77, 79, 83, 97, 109, 168, 169, 170, 187, 190, 226, 227, 230, 233, 234, 243, 245, 246, 258, 264, 265, 353, 356, 363, 368, 374, 381, 382, 411, 414, 420, 446, 447, 448, 457, 471, 482, 488, 511, 517, 525, 608, 612, 626, 669, 691, 709, 710, 716, 720, 727, 731, 732, 737, 740, 750, 751, 755, 774, 811, 837, 840, 844, 862, 867, 868, 879, 902, 938, 979, 981, 1002, 1019, 1035, 1041, 1065, 1073, 1086, 1122, 1146, 1194, 1204, 1209, 1226, 1242, 1270

敌稗　41, 424, 425, 432, 629, 708, 761, 776, 981, 984, 1022, 1212

敌草胺　45, 380, 401, 570, 571, 889, 1154, 1171, 1233

敌草快　47, 56, 155, 194, 210, 212, 226, 275, 285, 292, 693, 694, 703, 790, 797, 867, 882, 884, 909, 920, 932, 955, 983, 984, 1010, 1136, 1139, 1184, 1225, 1230

敌草隆　10, 16, 55, 89, 93, 148, 222, 225, 226, 227, 230, 235, 239, 240, 241, 242, 244, 245, 246, 252, 269, 326, 334, 385, 396, 425, 492, 493, 498, 501, 513, 520, 522, 552, 555, 558, 570, 572, 577, 601, 614, 648, 685, 698, 699, 713, 726, 736, 742, 748, 756, 764, 776, 789, 804, 821, 831, 834, 835, 866, 877, 890, 898, 907, 941, 975, 976, 982, 983, 984, 985, 1006, 1083, 1170, 1212, 1249, 1250, 1271, 1274

敌敌畏　54, 56, 59, 61, 70, 71, 78, 79, 81, 83, 84, 87, 88, 93, 94, 96, 97, 103, 105, 108, 114, 122, 124, 130, 133, 146, 148, 159, 161, 169, 170, 174, 176, 177, 181, 182, 186, 190, 203, 204, 205, 210, 211, 216, 217, 221, 223, 225, 227, 228, 229, 233, 234, 236, 237, 238, 242, 243, 244, 245, 248, 250, 251, 252, 253, 265, 266, 276, 278, 282, 287, 288, 289, 297, 302, 303, 306, 308, 309, 310, 320, 346, 349, 354, 357, 359, 360, 365, 369, 373, 374, 375, 377, 378, 380, 381, 382, 386, 387, 395, 397, 399, 402, 403, 405, 410, 412, 413, 419, 434, 440, 442,

443, 444, 445, 446, 449, 453, 455, 457, 458, 459, 461, 466, 473, 475, 477, 482, 483, 484, 485, 504, 512, 547, 548, 550, 553, 554, 563, 566, 578, 593, 594, 597, 607, 627, 629, 646, 660, 661, 663, 677, 709, 712, 713, 715, 716, 723, 725, 733, 738, 740, 741, 745, 747, 750, 754, 755, 760, 761, 773, 791, 793, 798, 799, 814, 837, 840, 841, 850, 851, 854, 869, 874, 876, 879, 883, 884, 888, 891, 899, 900, 901, 903, 911, 915, 928, 933, 937, 939, 952, 965, 980, 981, 994, 1015, 1025, 1032, 1037, 1041, 1053, 1082, 1084, 1090, 1111, 1122, 1128, 1140, 1147, 1163, 1167, 1169, 1175, 1180, 1181, 1185, 1186, 1188, 1190, 1192, 1197, 1202, 1203, 1204, 1205, 1245, 1252, 1255, 1259, 1264
敌磺钠　406, 437, 440, 501, 760, 772, 897, 980, 1127, 1149
敌鼠钠盐　149, 175, 245, 346, 482, 486, 765, 766
敌瘟磷　172, 1174
地芬诺酯　780
地衣芽孢杆菌　228, 361
地中海实蝇引诱剂　212
调环酸钙　347
丁草胺　20, 26, 51, 54, 63, 69, 72, 75, 78, 79, 80, 85, 92, 99, 103, 131, 133, 150, 151, 175, 177, 178, 182, 183, 196, 211, 225, 227, 230, 234, 243, 244, 296, 320, 324, 327, 349, 354, 366, 387, 388, 391, 405, 413, 417, 421, 422, 424, 425, 428, 429, 430, 434, 436, 437, 464, 466, 470, 477, 479, 482, 485, 486, 487, 490, 491, 492, 493, 495, 496, 499, 500, 501, 505, 507, 519, 521, 522, 525, 537, 538, 539, 554, 556, 563, 571, 589, 590, 591, 594, 600, 602, 603, 609, 612, 617, 620, 626, 627, 629, 630, 632, 635, 637, 640, 641, 644, 645, 647, 649, 651, 654, 666, 670, 686, 695, 700, 701, 711, 712, 715, 716, 728, 730, 735, 744, 747, 749, 757, 763, 770, 771, 774, 779, 780, 783, 786, 793, 794, 801, 803, 804, 821, 822, 824, 830, 831, 833, 842, 867, 876, 877, 887, 888, 889, 890, 895, 898, 900, 905, 906, 908, 927, 945, 967, 972, 973, 974, 975, 981, 1007, 1008, 1014, 1035, 1092, 1117, 1119, 1132, 1133, 1137, 1138, 1147, 1152, 1161, 1166, 1172, 1190, 1203, 1210, 1211, 1213, 1214, 1238, 1243, 1250, 1258, 1262, 1265
丁虫腈　594, 759, 760
丁氟螨酯　31, 642
丁硫克百威　18, 19, 42, 75, 105, 113, 117, 164, 173, 178, 193, 239, 242, 250, 253, 254, 264, 267, 269, 270, 277, 284, 285, 295, 299, 301, 303, 316, 333, 338, 354, 355, 360, 378, 391, 442, 445, 447, 462, 471, 472, 473, 497, 503, 519, 522, 540, 555, 556, 577, 642, 647, 649, 651, 667, 697, 705, 709, 711, 713, 721, 723, 724, 745, 746, 751, 765, 787, 813, 822, 865, 874, 877, 918, 920, 951, 1001, 1021, 1022, 1035, 1036, 1037, 1052, 1089, 1138, 1139, 1189, 1209, 1233, 1242, 1255, 1265
丁醚脲　106, 110, 143, 144, 149, 165, 166, 167, 189, 207, 208, 209, 218, 409, 521, 522, 523, 530, 569, 587, 653, 756, 796, 816, 909, 920, 921, 949, 959, 991, 998, 1004, 1006, 1034, 1046, 1057, 1058, 1069, 1082
丁噻隆　523, 572, 577, 653, 677, 1234
丁酰肼　14, 341, 1110, 1151, 1170
丁香菌酯　498
丁子香酚　295, 351, 364, 562, 633, 761, 998
啶虫脒　30, 48, 49, 55, 58, 63, 64, 65, 66, 69, 78, 81, 84, 89, 91, 101, 104, 105, 106, 108, 109, 113, 120, 121, 124, 125, 134, 142, 143, 150, 151, 152, 153, 162, 163, 164, 167, 170, 172, 173, 175, 181, 188, 189, 192, 193, 199, 202, 206, 209, 211, 216, 218, 219, 220, 227, 229, 234, 235, 239, 240, 244, 247, 250, 251, 254, 255, 257, 259, 260, 262, 267, 268, 270, 273, 274, 275, 276, 277, 278, 279, 283, 284, 286, 287, 289, 292, 293, 294, 295, 296, 297, 298, 300, 301, 303, 304, 306, 307, 308, 309, 312, 313, 316, 317, 319, 320, 321, 322, 323, 325, 326, 327, 328, 329, 332, 333, 334, 336, 337, 338, 339, 341, 343, 344, 345, 346, 350, 352, 356, 361, 364, 366, 367, 370, 371, 373, 374, 377, 381, 384, 386, 387, 390, 396, 398, 399, 400, 406, 407, 408, 410, 413, 414, 417, 418, 419, 436, 441, 449, 450, 451, 453, 455, 461, 467, 476, 485, 494, 508, 509, 519, 521, 522, 523, 525, 530, 533, 534, 545, 547, 549, 559, 560, 563, 566, 567, 568, 569, 575, 576, 578, 579, 583, 585, 592, 598, 600, 601, 603, 604, 612, 614, 615, 619, 621, 626, 631, 637, 649, 652, 653, 662, 663, 670, 674, 675, 689, 690, 692, 696, 698, 700, 710, 711, 720, 734, 735, 742, 744, 747, 752, 756, 761, 765, 776, 787, 788, 792, 793, 798, 799, 800, 801, 807, 813, 815, 816, 817, 819, 820, 821, 823, 824, 826, 828, 829, 830, 834, 836, 838, 839, 842, 844, 845, 847, 848, 849, 851, 852, 853, 854, 855, 856, 857, 860, 861, 862, 866, 867, 868, 869, 871, 873, 878, 879, 880, 881, 883, 884, 885, 886, 890, 892, 893, 895, 896, 897, 898, 899, 900, 901, 902, 903, 904, 908, 910, 912, 914, 916, 917, 918, 919, 920, 925, 926, 927, 928, 929, 930,

931, 933, 934, 935, 936, 938, 943, 944, 947, 948, 949, 950, 953, 955, 956, 958, 960, 962, 963, 964, 965, 966, 968, 969, 970, 977, 978, 979, 984, 986, 988, 989, 991, 992, 993, 994, 995, 996, 998, 999, 1002, 1003, 1007, 1009, 1010, 1011, 1012, 1014, 1015, 1016, 1019, 1020, 1021, 1022, 1027, 1028, 1029, 1031, 1033, 1034, 1036, 1038, 1039, 1041, 1043, 1044, 1047, 1049, 1050, 1051, 1055, 1056, 1058, 1059, 1061, 1063, 1065, 1066, 1068, 1070, 1074, 1075, 1081, 1084, 1085, 1086, 1088, 1090, 1092, 1093, 1094, 1101, 1105, 1106, 1107, 1108, 1109, 1110, 1113, 1121, 1123, 1128, 1129, 1130, 1134, 1137, 1141, 1144, 1146, 1151, 1155, 1156, 1157, 1164, 1175, 1176, 1177, 1181, 1182, 1186, 1187, 1188, 1191, 1194, 1196, 1201, 1202, 1206, 1215, 1217, 1223, 1230, 1247, 1251, 1259, 1269, 1272

啶磺草胺 25, 26

啶菌噁唑 782, 783

啶嘧磺隆 32, 335, 601, 1218, 1231

啶酰菌胺 5, 6, 168, 340, 510, 626, 647, 682, 686, 699, 809, 985, 1070, 1227, 1233, 1253

啶氧菌酯 17

毒草胺 521, 523

毒氟磷 241

毒死蜱 1, 2, 13, 21, 23, 24, 25, 26, 42, 43, 44, 45, 46, 48, 49, 50, 51, 52, 53, 55, 56, 59, 60, 62, 63, 64, 65, 66, 70, 71, 72, 76, 77, 79, 82, 87, 88, 89, 90, 91, 92, 93, 95, 97, 99, 103, 104, 106, 109, 112, 114, 116, 117, 118, 119, 120, 124, 125, 127, 130, 133, 134, 135, 138, 141, 142, 143, 147, 150, 152, 153, 156, 157, 160, 161, 163, 164, 166, 167, 172, 173, 178, 180, 182, 183, 185, 186, 187, 190, 192, 193, 194, 196, 198, 200, 201, 202, 203, 204, 205, 206, 207, 209, 215, 216, 217, 218, 220, 221, 223, 225, 226, 227, 228, 229, 233, 234, 235, 237, 238, 239, 240, 242, 243, 245, 247, 248, 249, 251, 254, 257, 258, 260, 261, 262, 264, 266, 268, 270, 273, 276, 277, 279, 284, 285, 286, 287, 289, 294, 295, 296, 298, 300, 304, 305, 306, 309, 312, 317, 318, 320, 321, 322, 323, 326, 327, 328, 329, 331, 332, 334, 337, 338, 339, 340, 341, 342, 344, 345, 346, 355, 356, 357, 358, 360, 363, 365, 369, 371, 372, 373, 374, 376, 377, 378, 379, 380, 383, 384, 387, 388, 391, 392, 395, 396, 397, 398, 399, 404, 405, 407, 408, 410, 411, 413, 414, 415, 416, 418, 419, 423, 428, 440, 444, 445, 447, 448, 449, 452, 453, 457, 459, 460, 461, 462, 463, 465, 466, 467, 468, 469, 470, 471, 475, 476, 477, 478, 479, 480, 484, 485, 486, 488, 495, 496, 509, 510, 514, 515, 516, 517, 518, 522, 523, 524, 526, 528, 529, 530, 533, 534, 535, 537, 538, 539, 543, 545, 546, 547, 549, 550, 553, 556, 557, 559, 560, 561, 564, 566, 568, 569, 570, 571, 572, 573, 575, 576, 578, 579, 581, 583, 585, 588, 592, 593, 597, 598, 599, 605, 607, 611, 612, 613, 618, 620, 624, 626, 628, 630, 631, 634, 635, 636, 638, 641, 642, 644, 645, 646, 647, 648, 650, 651, 652, 654, 656, 657, 658, 659, 660, 661, 662, 664, 666, 669, 670, 671, 679, 689, 690, 691, 692, 695, 705, 709, 710, 712, 713, 715, 716, 717, 720, 721, 723, 724, 725, 726, 730, 731, 732, 733, 737, 738, 739, 740, 741, 742, 743, 744, 746, 747, 748, 749, 750, 751, 752, 753, 755, 756, 760, 765, 771, 773, 774, 777, 782, 785, 789, 790, 793, 795, 796, 798, 799, 800, 801, 802, 804, 805, 806, 807, 811, 814, 816, 818, 819, 820, 822, 823, 831, 837, 839, 842, 843, 844, 846, 847, 849, 850, 852, 854, 859, 864, 865, 866, 871, 872, 876, 879, 880, 881, 884, 885, 892, 894, 896, 897, 900, 901, 903, 905, 907, 909, 911, 912, 913, 914, 915, 916, 917, 918, 926, 927, 930, 931, 933, 934, 935, 937, 938, 939, 941, 944, 946, 947, 948, 950, 952, 955, 956, 959, 960, 961, 962, 963, 964, 965, 966, 968, 972, 976, 979, 980, 981, 982, 987, 991, 992, 993, 994, 999, 1003, 1004, 1012, 1013, 1016, 1018, 1020, 1021, 1023, 1024, 1026, 1027, 1029, 1030, 1033, 1034, 1035, 1036, 1037, 1040, 1042, 1043, 1045, 1046, 1047, 1048, 1049, 1051, 1052, 1053, 1054, 1055, 1056, 1057, 1058, 1061, 1063, 1069, 1070, 1074, 1078, 1079, 1081, 1084, 1085, 1086, 1088, 1089, 1090, 1092, 1093, 1099, 1101, 1104, 1106, 1108, 1109, 1111, 1114, 1116, 1117, 1121, 1122, 1123, 1125, 1126, 1128, 1134, 1135, 1137, 1140, 1141, 1142, 1144, 1145, 1146, 1147, 1153, 1154, 1155, 1156, 1157, 1158, 1161, 1163, 1165, 1166, 1167, 1172, 1175, 1176, 1178, 1182, 1186, 1187, 1189, 1195, 1196, 1200, 1203, 1204, 1209, 1214, 1220, 1221, 1222, 1223, 1224, 1225, 1228, 1229, 1234, 1235, 1242, 1243, 1245, 1246, 1248, 1252, 1253, 1254, 1255, 1256, 1259, 1264, 1265, 1267, 1268, 1269, 1270, 1271, 1272

短稳杆菌 708

对二氯苯 134, 168, 181, 184, 212, 282, 300, 481, 509, 644, 671, 675, 774, 778, 785, 841, 882, 962,

1113, 1118, 1123, 1127, 1158, 1199, 1237
对氯苯氧乙酸钠　1152
对硝基苯酚钾　163, 196, 1039
盾壳霉　460
多菌灵　45, 49, 52, 55, 56, 57, 58, 60, 62, 63, 64, 65, 67, 68, 70, 78, 79, 81, 82, 84, 89, 91, 94, 97, 99, 106, 108, 110, 116, 117, 118, 127, 128, 129, 130, 131, 140, 143, 149, 150, 158, 159, 160, 161, 164, 166, 167, 169, 170, 174, 175, 177, 180, 189, 191, 192, 196, 197, 200, 201, 203, 204, 205, 207, 208, 212, 218, 219, 221, 224, 227, 234, 236, 247, 248, 249, 251, 254, 255, 256, 259, 262, 263, 264, 269, 270, 271, 272, 273, 282, 283, 284, 285, 286, 289, 292, 293, 294, 297, 307, 308, 310, 313, 315, 316, 318, 326, 328, 330, 331, 332, 336, 339, 340, 341, 343, 344, 350, 356, 358, 360, 362, 366, 368, 370, 371, 372, 373, 376, 383, 386, 387, 389, 393, 394, 395, 397, 399, 401, 403, 404, 405, 407, 414, 415, 416, 418, 421, 422, 423, 424, 425, 426, 430, 433, 434, 435, 436, 437, 439, 440, 450, 451, 454, 461, 462, 469, 470, 471, 476, 495, 496, 498, 499, 502, 504, 505, 512, 514, 515, 516, 524, 526, 527, 529, 530, 534, 545, 547, 551, 554, 555, 556, 557, 560, 561, 562, 563, 571, 573, 574, 575, 576, 577, 580, 581, 582, 583, 585, 586, 587, 595, 598, 600, 604, 605, 606, 608, 611, 614, 615, 616, 617, 618, 620, 623, 632, 635, 640, 641, 643, 644, 645, 647, 648, 650, 651, 654, 655, 656, 657, 658, 662, 663, 664, 665, 667, 670, 674, 677, 682, 685, 696, 697, 698, 699, 705, 706, 707, 709, 710, 715, 717, 719, 720, 722, 723, 724, 725, 728, 732, 733, 738, 740, 741, 743, 745, 746, 747, 766, 771, 772, 773, 776, 779, 780, 781, 782, 783, 788, 789, 792, 793, 795, 798, 801, 802, 803, 805, 807, 813, 816, 817, 818, 819, 825, 826, 829, 830, 836, 837, 838, 839, 841, 842, 846, 848, 849, 850, 851, 852, 853, 854, 855, 856, 857, 858, 859, 860, 861, 862, 863, 864, 865, 866, 870, 871, 873, 880, 883, 884, 885, 889, 891, 892, 894, 896, 897, 899, 900, 902, 903, 904, 909, 910, 911, 913, 926, 927, 933, 934, 937, 938, 942, 949, 953, 958, 959, 961, 963, 964, 965, 966, 967, 968, 971, 976, 977, 978, 979, 980, 981, 983, 984, 986, 987, 989, 990, 992, 993, 994, 996, 997, 999, 1001, 1008, 1009, 1011, 1012, 1013, 1015, 1016, 1017, 1018, 1019, 1021, 1023, 1024, 1025, 1026, 1027, 1029, 1031, 1032, 1033, 1034, 1035, 1038, 1039, 1041, 1042, 1043, 1046, 1047, 1048, 1049, 1054, 1057, 1058, 1061, 1063, 1064, 1068, 1069, 1070, 1071, 1073, 1074, 1075, 1079, 1084, 1085, 1086, 1087, 1089, 1090, 1091, 1092, 1094, 1095, 1096, 1097, 1098, 1100, 1101, 1104, 1107, 1108, 1109, 1110, 1111, 1112, 1114, 1116, 1118, 1119, 1120, 1124, 1128, 1133, 1135, 1137, 1138, 1140, 1148, 1149, 1150, 1152, 1153, 1161, 1164, 1166, 1169, 1171, 1175, 1176, 1177, 1178, 1179, 1180, 1181, 1182, 1185, 1188, 1191, 1193, 1194, 1198, 1201, 1203, 1209, 1214, 1219, 1222, 1223, 1236, 1240, 1245, 1248, 1257, 1258, 1260, 1266, 1271
多抗霉素　30, 101, 102, 162, 220, 370, 390, 409, 452, 504, 734, 762, 776, 778, 795, 810, 856, 858, 859, 867, 873, 874, 881, 897, 937, 947, 957, 960, 962, 993, 994, 999, 1013, 1020, 1021, 1034, 1043, 1061, 1062, 1065, 1071, 1072, 1096, 1135, 1136, 1202
多抗霉素 B　103, 119, 205, 360, 537, 723, 874, 879, 901, 934, 954, 958, 977, 1024, 1032, 1062, 1078, 1107, 1109, 1136
多杀霉素　21, 24, 25, 54, 73, 80, 81, 109, 112, 119, 166, 194, 208, 257, 261, 290, 322, 326, 340, 359, 408, 438, 471, 478, 484, 498, 545, 569, 608, 667, 718, 753, 797, 868, 899, 931, 958, 1058, 1081, 1082, 1083, 1102, 1103, 1122, 1227, 1248
多效唑　64, 105, 125, 127, 196, 247, 256, 258, 346, 357, 368, 416, 417, 418, 466, 494, 515, 541, 559, 562, 563, 566, 567, 588, 596, 652, 653, 655, 662, 668, 669, 679, 725, 726, 783, 804, 925, 985, 1012, 1013, 1071, 1114, 1125, 1126, 1128, 1129, 1130, 1136, 1138, 1148, 1150, 1168, 1169, 1170, 1246, 1261
多粘类芽孢杆菌　465, 1036, 1256, 1257
莪术醇　508
噁草酮　8, 9, 51, 55, 57, 69, 75, 78, 80, 84, 85, 90, 96, 99, 100, 101, 103, 173, 309, 323, 333, 335, 354, 391, 396, 428, 430, 431, 438, 477, 486, 492, 496, 497, 498, 501, 514, 515, 525, 538, 539, 575, 583, 586, 590, 600, 601, 602, 603, 609, 612, 620, 635, 637, 641, 654, 670, 685, 686, 762, 763, 765, 768, 770, 772, 779, 780, 781, 789, 804, 822, 845, 846, 898, 906, 908, 925, 951, 973, 976, 984, 990, 1147, 1172, 1236, 1262
噁虫威　8, 400, 523
噁霉灵　31, 32, 105, 113, 143, 160, 188, 193, 204, 205, 219, 239, 247, 251, 264, 267, 272, 277, 289, 290, 295, 308, 338, 342, 356, 373, 384, 405, 422, 423, 426, 431, 434, 436, 437, 439, 460, 461, 487, 490, 498, 499,

502, 505, 508, 697, 706, 711, 719, 771, 777, 778, 781, 807, 808, 810, 814, 826, 827, 831, 839, 857, 860, 867, 903, 914, 931, 948, 962, 997, 1002, 1007, 1018, 1019, 1021, 1029, 1032, 1040, 1043, 1049, 1053, 1066, 1067, 1078, 1104, 1108, 1109, 1150, 1156, 1178, 1181, 1182, 1189, 1190, 1199, 1200, 1233, 1247, 1254

噁嗪草酮　28, 508, 639, 1022

噁霜灵　35, 36, 58, 106, 111, 117, 159, 199, 202, 252, 405, 417, 522, 597, 615, 659, 677, 701, 814, 838, 913, 1001, 1015, 1026, 1052, 1053, 1073, 1091, 1105, 1107, 1110, 1111, 1134, 1179, 1182, 1193, 1202, 1233

噁唑菌酮　16, 22, 301, 684, 696, 1070, 1101, 1124, 1135, 1227

噁唑酰草胺　12, 19, 578, 642, 643

耳霉菌　898

二甲基二硫醚　995

二甲戊灵　3, 4, 6, 44, 45, 52, 80, 83, 94, 99, 113, 117, 122, 148, 151, 162, 194, 276, 285, 297, 298, 309, 314, 333, 334, 348, 364, 395, 421, 428, 429, 436, 459, 477, 492, 502, 506, 507, 525, 529, 534, 538, 539, 584, 585, 589, 591, 600, 619, 620, 657, 675, 686, 693, 706, 715, 716, 731, 745, 755, 757, 758, 760, 769, 774, 777, 782, 783, 792, 802, 804, 822, 824, 832, 835, 836, 845, 847, 850, 864, 865, 876, 889, 892, 895, 898, 905, 907, 909, 910, 911, 920, 939, 942, 950, 951, 954, 971, 972, 973, 976, 979, 980, 981, 984, 990, 1002, 1014, 1016, 1022, 1030, 1076, 1117, 1133, 1138, 1154, 1165, 1176, 1177, 1178, 1180, 1182, 1186, 1195, 1200, 1201, 1202, 1216, 1224, 1225, 1232, 1239, 1254, 1263, 1264, 1271, 1272

二氯吡啶酸　25, 53, 129, 318, 465, 489, 565, 601, 619, 694, 736, 790, 831, 941, 956, 983, 1146, 1154, 1155, 1156, 1219, 1225, 1226, 1229, 1264

二氯喹啉酸　3, 54, 60, 63, 64, 65, 75, 78, 82, 85, 86, 87, 92, 96, 115, 123, 191, 192, 193, 194, 218, 225, 240, 386, 393, 422, 423, 424, 427, 428, 435, 447, 468, 470, 476, 477, 479, 482, 486, 487, 490, 491, 492, 494, 499, 502, 512, 515, 520, 525, 526, 528, 538, 540, 543, 565, 571, 572, 588, 589, 590, 591, 599, 601, 602, 603, 610, 612, 613, 618, 619, 621, 630, 631, 641, 646, 648, 649, 656, 668, 670, 687, 693, 717, 729, 746, 750, 755, 760, 765, 771, 777, 779, 781, 782, 783, 785, 889, 890, 907, 941, 946, 974, 985, 991, 1113, 1119, 1171, 1172, 1213, 1233, 1239, 1242, 1243, 1246, 1247, 1252, 1262, 1263, 1264, 1268, 1269, 1270

二氯异氰尿酸钠　144, 353, 956, 996, 1019, 1028, 1029

二嗪磷　43, 77, 93, 121, 160, 217, 218, 225, 347, 351, 352, 354, 456, 472, 517, 525, 528, 534, 627, 628, 632, 645, 690, 704, 707, 751, 757, 867, 917, 985, 992, 1001, 1065, 1075, 1176, 1220, 1221, 1229, 1232, 1265

二氰蒽醌　6, 103, 551, 553, 719, 720, 797, 798, 1072, 1103

酚菌酮　666

粉唑醇　152, 167, 209, 532, 546, 562, 563, 596, 597, 601, 653, 696, 921, 1005, 1130, 1136, 1219, 1260

砜嘧磺隆　15, 100, 324, 408, 540, 564, 600, 601, 603, 614, 638, 734, 761, 769, 836, 941, 1007, 1083, 1221, 1254, 1261

呋草酮　12, 1115

呋虫胺　32, 322, 340, 513, 523, 569, 611, 655, 730, 753, 798, 854, 1060

呋喃虫酰肼　638

伏杀硫磷　58

氟苯虫酰胺　11, 31, 586, 587, 588, 1200, 1208

氟吡磺隆　12

氟吡甲禾灵　893

氟吡菌胺　10, 791, 1208

氟吡菌酰胺　11

氟吡酰草胺　626

氟丙菊酯　676

氟草隆　572

氟虫胺　174, 179, 610

氟虫腈　8, 12, 22, 48, 54, 57, 61, 62, 64, 70, 71, 74, 75, 81, 86, 91, 92, 96, 103, 111, 114, 116, 119, 131, 147, 157, 172, 174, 177, 184, 195, 228, 236, 241, 261, 269, 274, 280, 288, 290, 305, 307, 329, 339, 347, 363, 392, 523, 526, 531, 536, 540, 573, 589, 608, 610, 611, 621, 625, 626, 634, 669, 670, 673, 675, 677, 678, 679, 685, 712, 718, 731, 737, 748, 753, 756, 759, 765, 775, 784, 796, 798, 804, 805, 812, 845, 868, 869, 875, 883, 912, 920, 926, 930, 932, 943, 944, 950, 961, 977, 1006, 1008, 1010, 1013, 1020, 1059, 1082, 1102, 1160, 1175, 1179, 1184, 1187, 1207, 1208, 1216, 1217, 1218, 1222, 1223, 1229, 1231, 1260, 1264

氟虫脲　3, 5, 261, 346, 677, 685, 1019, 1189

氟啶胺　32, 102, 110, 143, 210, 318, 340, 510, 589,

594, 601, 670, 675, 681, 682, 685, 686, 699, 875, 896, 921, 985, 1013, 1047, 1082, 1102, 1184, 1234
氟啶虫胺腈 26
氟啶虫酰胺 32, 33
氟啶脲 18, 32, 55, 72, 95, 161, 201, 203, 256, 257, 267, 272, 292, 295, 328, 460, 466, 467, 550, 568, 580, 597, 604, 670, 674, 690, 693, 712, 713, 748, 749, 754, 755, 790, 799, 803, 810, 814, 824, 827, 830, 838, 844, 873, 881, 886, 911, 913, 929, 934, 935, 946, 948, 950, 951, 978, 987, 994, 1001, 1042, 1053, 1064, 1066, 1075, 1085, 1091, 1093, 1100, 1104, 1123, 1134, 1189, 1194, 1218, 1224, 1233, 1259
氟硅菊酯 672, 675
氟硅唑 15, 16, 59, 88, 101, 109, 116, 121, 143, 144, 150, 157, 162, 164, 165, 167, 188, 189, 194, 204, 207, 208, 219, 249, 254, 255, 256, 257, 259, 260, 261, 262, 273, 308, 344, 380, 393, 409, 418, 469, 535, 562, 563, 678, 719, 720, 747, 750, 792, 796, 797, 803, 815, 816, 817, 823, 827, 828, 831, 857, 858, 866, 875, 877, 884, 892, 895, 901, 905, 910, 913, 934, 936, 948, 952, 954, 980, 985, 988, 994, 998, 1002, 1004, 1012, 1023, 1043, 1044, 1047, 1048, 1049, 1051, 1055, 1057, 1058, 1068, 1069, 1070, 1089, 1092, 1096, 1097, 1101, 1117, 1134, 1141, 1156, 1178, 1186, 1189, 1194, 1221, 1222, 1224, 1233
氟环唑 2, 4, 5, 6, 22, 23, 73, 81, 110, 147, 166, 209, 210, 241, 268, 274, 307, 337, 408, 416, 469, 508, 523, 531, 532, 545, 546, 552, 561, 569, 596, 597, 631, 639, 676, 678, 718, 748, 749, 752, 756, 783, 784, 796, 798, 811, 820, 920, 930, 949, 982, 986, 993, 996, 1005, 1045, 1046, 1047, 1058, 1059, 1060, 1069, 1070, 1071, 1072, 1081, 1096, 1097, 1102, 1103, 1105, 1124, 1129, 1142, 1146, 1155, 1156, 1172, 1184, 1218, 1226, 1252, 1257
氟磺胺草醚 46, 50, 52, 60, 62, 65, 67, 84, 95, 98, 99, 100, 121, 122, 133, 148, 151, 152, 164, 173, 240, 267, 296, 301, 348, 354, 358, 359, 384, 390, 391, 392, 393, 394, 401, 412, 415, 417, 423, 424, 425, 427, 429, 430, 431, 432, 433, 434, 437, 439, 441, 478, 487, 492, 493, 494, 497, 502, 503, 514, 515, 523, 524, 525, 526, 535, 538, 575, 576, 578, 579, 580, 588, 591, 614, 621, 622, 630, 633, 671, 678, 701, 745, 757, 758, 759, 760, 764, 765, 766, 767, 768, 769, 770, 771, 773, 778, 780, 782, 783, 785, 786, 788, 792, 793, 794, 802, 804, 807, 808, 813, 821, 822, 823, 824, 825, 832, 833, 834, 835, 843, 850, 872, 876, 877, 882, 887, 888, 890, 897, 898, 901, 905, 906, 908, 911, 935, 936, 939, 940, 942, 946, 950, 951, 953, 954, 955, 959, 969, 971, 974, 975, 984, 985, 990, 993, 997, 1002, 1006, 1007, 1016, 1022, 1050, 1064, 1068, 1079, 1138, 1177, 1183, 1195, 1200, 1218
氟节胺 22, 35, 54, 148, 549, 550, 685, 735, 1022, 1077, 1233, 1234
氟菌唑 29, 30, 421, 543, 797, 931, 1052, 1068, 1096, 1097, 1101, 1123, 1226, 1232
氟乐灵 43, 44, 65, 147, 148, 149, 198, 275, 276, 297, 298, 302, 334, 340, 370, 431, 432, 514, 515, 530, 533, 542, 548, 553, 580, 595, 657, 666, 686, 693, 707, 715, 771, 802, 832, 876, 887, 905, 907, 910, 926, 935, 936, 946, 951, 952, 973, 981, 983, 996, 999, 1034, 1038, 1175, 1195, 1201, 1212, 1222, 1234, 1246, 1250
氟铃脲 26, 71, 72, 73, 81, 82, 87, 106, 109, 110, 113, 141, 167, 191, 194, 218, 239, 248, 259, 261, 268, 276, 277, 278, 295, 297, 307, 312, 320, 326, 330, 332, 333, 337, 346, 358, 360, 361, 363, 365, 384, 399, 400, 405, 406, 408, 416, 468, 469, 475, 478, 509, 518, 529, 545, 569, 593, 609, 641, 644, 671, 674, 711, 713, 714, 721, 723, 734, 735, 737, 738, 752, 754, 758, 759, 790, 794, 818, 834, 838, 847, 852, 853, 856, 857, 859, 861, 867, 874, 875, 883, 893, 898, 899, 927, 936, 937, 939, 947, 949, 956, 960, 965, 970, 977, 989, 992, 996, 999, 1009, 1010, 1012, 1016, 1019, 1024, 1027, 1028, 1050, 1051, 1068, 1082, 1094, 1099, 1100, 1176, 1183, 1196, 1243, 1248, 1267
氟硫草定 25, 686
氟咯草酮 710
氟氯苯菊酯 673
氟氯吡啶酯 26
氟氯氰菊酯 7, 9, 59, 109, 115, 156, 160, 165, 175, 213, 219, 241, 398, 527, 605, 606, 624, 633, 671, 672, 675, 680, 691, 711, 813, 816, 823, 833, 870, 875, 900, 908, 934, 987, 996, 1001, 1012, 1015, 1043, 1046, 1048, 1054, 1057, 1064, 1066, 1105, 1124, 1131, 1141, 1175, 1265, 1266
氟吗啉 781, 782, 783, 784, 785
氟醚菌酰胺 921
氟噻草胺 12, 1174

氟噻唑吡乙酮　17, 18
氟鼠灵　3
氟酮磺草胺　11
氟酰胺　23, 30, 681, 682, 685, 699
氟酰脲　563, 643
氟蚁腙　6, 7, 12, 13, 114, 231, 399, 433, 463, 610, 625, 673, 675, 710, 1175, 1264
氟唑环菌胺　40
氟唑磺隆　13, 86, 340, 601, 639, 640, 791, 836, 1083
氟唑活化酯　634
氟唑菌苯胺　11, 12
氟唑菌酰胺　6
福美双　2, 14, 42, 48, 51, 52, 53, 54, 56, 58, 60, 63, 78, 79, 81, 82, 84, 87, 89, 97, 98, 99, 103, 105, 110, 127, 128, 130, 131, 138, 140, 141, 149, 158, 159, 161, 169, 170, 174, 175, 177, 180, 190, 201, 202, 205, 216, 221, 222, 248, 255, 258, 263, 264, 269, 271, 272, 273, 274, 283, 284, 286, 288, 289, 290, 294, 299, 300, 303, 305, 306, 308, 309, 312, 313, 318, 320, 328, 330, 331, 332, 339, 341, 343, 344, 350, 357, 369, 370, 371, 372, 378, 383, 386, 387, 389, 393, 394, 397, 399, 403, 404, 405, 416, 418, 422, 423, 424, 425, 426, 430, 431, 433, 434, 435, 436, 437, 438, 439, 440, 456, 458, 467, 468, 469, 470, 476, 477, 490, 495, 496, 498, 499, 500, 501, 502, 504, 505, 510, 516, 517, 555, 556 , 569, 571, 575, 576, 581, 594, 603, 615, 619, 620, 622, 627, 632, 633, 640, 645, 647, 654, 657, 661, 667, 670, 681, 694, 695, 696, 705, 707, 722, 733, 740, 745, 760, 761, 763, 764, 771, 772, 773, 776, 777, 778, 779, 780, 781, 782, 783, 784, 786, 789, 793, 794, 795, 799, 801, 802, 805, 810, 812, 813, 818, 819, 826, 827, 828, 829, 830, 836, 837, 838, 842, 844, 845, 846, 847, 848, 849, 850, 851, 852, 855, 856, 858, 860, 861, 865, 866, 869, 870, 871, 873, 874, 877, 878, 879, 880, 883, 884, 885, 886, 889, 890, 892, 893, 894, 895, 896, 897, 899, 900, 901, 902, 903, 905, 910, 913, 914, 925, 926, 927, 929, 931, 933, 937, 938, 939, 942, 948, 950, 952, 953, 956, 958, 959, 960, 961, 962, 963, 964, 965, 966, 967, 968, 969, 970, 971, 977, 978, 979, 980, 986, 987, 989, 990, 991, 996, 1001, 1002, 1011, 1012, 1014, 1016, 1017, 1018, 1019, 1020, 1021, 1026, 1028, 1030, 1031, 1033, 1035, 1036, 1037, 1041, 1042, 1043, 1047, 1048, 1050, 1062, 1063, 1064, 1065, 1066, 1068, 1069, 1073, 1074, 1075, 1078, 1084, 1085, 1086, 1087, 1089, 1091, 1092, 1099, 1104, 1107, 1108, 1109, 1111, 1112, 1119, 1128, 1140, 1149, 1152, 1156, 1161, 1169, 1171, 1178, 1179, 1181, 1182, 1185, 1187, 1188, 1189, 1190, 1191, 1193, 1194, 1195, 1198, 1201, 1220, 1222, 1232, 1240, 1242, 1252, 1258
福美锌　3, 48, 79, 175, 222, 255, 271, 272, 273, 303, 306, 313, 318, 330, 344, 386, 405, 426, 477, 793, 794, 802, 810, 812, 818, 829, 830, 842, 849, 850, 856, 858, 860, 866, 869, 871, 873, 879, 883, 893, 894, 897, 901, 903, 908, 910, 913, 929, 933, 939, 959, 966, 968, 977, 978, 1011, 1012, 1019, 1028, 1043, 1048, 1050, 1053, 1062, 1063, 1064, 1066, 1074, 1084, 1085, 1087, 1092, 1099, 1107, 1178, 1191, 1195, 1198
腐霉利　33, 34, 84, 109, 110, 129, 159, 168, 170, 202, 216, 248, 255, 259, 308, 310, 320, 347, 349, 350, 355, 360, 362, 363, 364, 365, 368, 369, 387, 421, 435, 438, 587, 596, 599, 606, 696, 718, 719, 728, 745, 773, 799, 813, 837, 845, 853, 856, 857, 860, 874, 880, 895, 896, 914, 926, 978, 980, 1015, 1026, 1028, 1037, 1039, 1052, 1055, 1063, 1068, 1076, 1086, 1098, 1099, 1108, 1119, 1134, 1140, 1149, 1156, 1164, 1171, 1174, 1205, 1220, 1237
腐殖酸　85, 149, 1023, 1037, 1051
复硝酚钠　128, 141, 180, 226, 244, 247, 248, 351, 386, 399, 401, 415, 417, 827, 900, 1027, 1036, 1263
富右旋反式胺菊酯　1145
富右旋反式苯醚菊酯　621
富右旋反式苯氰菊酯　140
富右旋反式炔丙菊酯　134, 135, 137, 138, 139, 140, 144, 145, 154, 157, 171, 172, 184, 214, 329, 339, 480, 673, 714, 729, 774, 923, 1255, 1268, 1273
富右旋反式烯丙菊酯　69, 74, 76, 77, 79, 81, 90, 112, 123, 129, 130, 131, 134, 136, 137, 138, 139, 140, 144, 145, 154, 157, 158, 171, 172, 174, 175, 176, 178, 179, 180, 184, 185, 194, 200, 201, 202, 211, 221, 230, 232, 236, 241, 252, 261, 262, 263, 265, 280, 281, 282, 292, 293, 294, 295, 299, 303, 305, 310, 311, 322, 338, 339, 345, 347, 365, 398, 409, 412, 440, 452, 454, 457, 475, 480, 481, 483, 484, 489, 509, 511, 513, 514, 531, 544, 593, 658, 660, 714, 728, 729, 730, 732, 733, 774, 778, 791, 809, 810, 839, 848, 857, 880, 907, 914, 922, 923, 924, 1037, 1146, 1157, 1158, 1160, 1162, 1166, 1167, 1168, 1170, 1171, 1173, 1190, 1198, 1199, 1209,

1210, 1211, 1221, 1239, 1241, 1252, 1255, 1258, 1259, 1273

甘蓝夜蛾核型多角体病毒 733

高效反式氯氰菊酯 688, 689

高效氟吡甲禾灵 23, 25, 50, 51, 60, 61, 63, 71, 72, 80, 85, 89, 94, 98, 99, 102, 107, 118, 152, 192, 275, 287, 308, 309, 317, 318, 348, 351, 354, 355, 378, 379, 388, 391, 392, 401, 411, 422, 433, 437, 438, 447, 448, 453, 460, 467, 495, 525, 528, 539, 549, 579, 580, 598, 601, 602, 604, 622, 633, 638, 639, 645, 670, 674, 678, 693, 694, 723, 744, 746, 751, 755, 756, 770, 777, 782, 783, 784, 787, 790, 792, 801, 823, 828, 831, 832, 846, 849, 850, 861, 869, 876, 881, 882, 886, 887, 888, 900, 903, 905, 906, 907, 910, 913, 940, 950, 952, 958, 965, 971, 973, 975, 984, 985, 993, 994, 996, 999, 1002, 1006, 1029, 1033, 1050, 1064, 1077, 1116, 1134, 1146, 1154, 1165, 1177, 1182, 1186, 1195, 1206, 1215, 1216, 1224, 1229, 1232

高效氟氯氰菊酯 10, 59, 62, 69, 111, 116, 156, 164, 194, 249, 298, 313, 356, 376, 471, 478, 606, 611, 624, 625, 641, 646, 672, 673, 691, 692, 869, 921, 1005, 1059, 1153, 1157, 1239, 1266

高效氯氟氰菊酯 1, 21, 39, 40, 46, 47, 48, 49, 52, 56, 59, 60, 62, 64, 69, 70, 72, 79, 80, 82, 83, 86, 87, 88, 89, 92, 97, 99, 101, 102, 104, 105, 106, 107, 113, 114, 116, 120, 121, 126, 128, 130, 134, 138, 139, 142, 143, 146, 151, 152, 154, 155, 156, 159, 163, 165, 166, 167, 169, 175, 178, 182, 187, 188, 191, 193, 199, 201, 202, 206, 208, 211, 213, 214, 215, 217, 219, 220, 223, 225, 226, 228, 229, 232, 233, 234, 235, 236, 237, 238, 239, 242, 246, 247, 248, 250, 251, 252, 253, 254, 256, 257, 259, 260, 263, 267, 269, 270, 272, 274, 275, 276, 277, 279, 284, 285, 286, 287, 289, 292, 295, 296, 297, 298, 299, 300, 301, 303, 304, 305, 307, 308, 312, 314, 317, 318, 322, 326, 328, 329, 332, 333, 334, 337, 338, 340, 341, 344, 348, 350, 351, 352, 353, 354, 356, 364, 367, 368, 369, 371, 372, 374, 375, 376, 377, 378, 379, 380, 381, 382, 383, 384, 385, 392, 395, 396, 398, 399, 401, 403, 406, 410, 412, 413, 414, 415, 417, 422, 434, 445, 447, 451, 456, 459, 460, 465, 466, 467, 469, 471, 472, 475, 478, 479, 485, 486, 488, 494, 508, 514, 515, 519, 521, 522, 523, 527, 528, 532, 533, 534, 535, 537, 538, 545, 547, 551, 552, 553, 554, 556, 560, 561, 562, 564, 566, 568, 569, 571, 573, 576, 577, 584, 587, 588, 589, 594, 597, 598, 602, 604, 605, 606, 607, 608, 609, 610, 611, 612, 613, 614, 621, 623, 624, 626, 627, 629, 632, 635, 637, 638, 645, 649, 650, 653, 657, 659, 660, 662, 666, 671, 672, 673 , 674, 675, 677, 689, 691, 692, 694, 696, 702, 703, 704, 709, 710, 712, 714, 717, 720, 721, 722, 723, 724, 726, 728, 731, 732, 735, 737, 738, 739, 740, 742, 743, 744, 745, 749, 750, 751, 753, 754, 755, 764, 787, 789, 790, 792, 795, 799, 800, 801, 805, 806, 807, 811, 814, 815, 816, 817, 818, 820, 823, 825, 826, 827, 828, 829, 830, 833, 837, 839, 841, 842, 843, 844, 846, 848, 849, 850, 852, 853, 855, 856, 857, 858, 859, 860, 861, 866, 867, 868, 869, 871, 872, 874, 875, 876, 880, 883, 884, 885, 886, 893, 894, 895, 896, 897, 901, 902, 903, 904, 906, 908, 910, 912, 913, 914, 915, 916, 917, 919, 920, 925, 929, 930, 933, 935, 937, 939, 940, 942, 943, 946, 947, 948, 949, 952, 954, 958, 959, 960, 962, 963, 964, 965, 966, 968, 971, 977, 978, 980, 984, 986, 988, 989, 991, 992, 993, 994, 996, 997, 998, 999, 1000, 1001, 1003, 1004, 1005, 1007, 1009, 1010, 1011, 1012, 1014, 1015, 1016, 1017, 1020, 1021, 1024, 1025, 1026, 1028, 1030, 1033, 1034, 1041, 1042, 1044, 1046, 1047, 1049, 1051, 1054, 1055, 1056, 1057, 1066, 1067, 1068, 1069, 1072, 1073, 1076, 1077, 1079, 1080, 1082, 1084, 1085, 1086, 1087, 1092, 1093, 1094, 1096, 1097, 1099, 1101, 1103, 1105, 1106, 1108, 1109, 1110, 1114, 1117, 1122, 1130, 1133, 1138, 1140, 1141, 1142, 1144, 1154, 1157, 1161, 1162, 1163, 1164, 1165, 1166, 1173, 1176, 1177, 1178, 1182, 1183, 1185, 1186, 1188, 1192, 1193, 1196, 1202, 1214, 1223, 1228, 1241, 1242, 1243, 1247, 1251, 1253, 1254, 1259, 1265, 1267

高效氯氰菊酯 27, 45, 49, 50, 52, 61, 62, 63, 65, 69, 70, 71, 72, 74, 76, 77, 78, 79, 83, 84, 87, 88, 89, 90, 93, 94, 95, 103, 104, 105, 107, 108, 109, 110, 111, 112, 113, 114, 115, 116, 118, 120, 121, 122, 123, 124, 126, 127, 129, 135, 138, 140, 141, 149, 150, 153, 154, 155, 156, 157, 162, 163, 166, 169, 170, 172, 173, 175, 176, 177, 178, 179, 180, 182, 183, 184, 185, 187, 192, 198, 199, 200, 201, 202, 205, 206, 207, 208, 210, 211, 212, 213, 214, 215, 216, 217, 218, 219, 220, 222, 223, 224, 226, 227, 229, 231, 232, 233, 234, 235, 236, 237, 238, 239, 241, 242, 243, 244, 247, 249, 250, 251, 252, 253, 255, 256, 257, 259, 261, 262, 263, 264, 266, 267, 268, 269, 270, 274, 275, 276, 277, 278, 279, 280, 281, 282,

283, 284, 285, 286, 287, 288, 289, 290, 291, 293, 294, 296, 297, 298, 299, 300, 302, 303, 304, 305, 306, 308, 309, 310, 311, 312, 313, 317, 318, 320, 321, 325, 327, 328, 330, 331, 332, 333, 334, 336, 337, 338, 339, 340, 341, 342, 343, 344, 345, 346, 347, 349, 350, 351, 352, 353, 356, 357, 358, 359, 362, 363, 365, 366, 367, 368, 371, 372, 373, 374, 375, 377, 378, 380, 381, 382, 383, 384, 385, 387, 388, 389, 390, 397, 398, 400, 401, 404, 405, 406, 407, 410, 411, 412, 414, 416, 417, 418, 419, 420, 422, 423, 425, 427, 433, 434, 439, 441, 444, 445, 447, 448, 449, 450, 453, 455, 456, 457, 458, 459, 460, 463, 465, 468, 469, 474, 476, 480, 483, 485, 487, 495, 504, 511, 516, 523, 527, 528, 533, 537, 545, 546, 548, 550, 552, 554, 555, 558, 559, 564, 568, 572, 575, 577, 578, 583, 584, 599, 603, 607, 608, 610, 612, 615, 617, 619, 620, 621, 622, 623, 624, 625, 626, 631, 632, 633, 636, 637, 638, 640, 641, 646, 652, 659, 660, 663, 667, 671, 672, 673, 674, 675, 687, 688, 690, 692, 693, 709, 711, 712, 713, 714, 715, 720, 723, 728, 729, 731, 733, 734, 739, 741, 744, 747, 754, 755, 756, 760, 761, 762, 765, 766, 770, 773, 774, 775, 776, 777, 778, 787, 789, 790, 791, 793, 794, 799, 802, 805, 810, 813, 814, 815, 817, 818, 823, 826, 828, 830, 831, 836, 837, 838, 839, 841, 844, 846, 847, 848, 849, 851, 854, 855, 856, 860, 861, 863, 864, 865, 869, 872, 873, 874, 877, 878, 880, 881, 883, 884, 885, 886, 892, 895, 896, 898, 900, 902, 903, 904, 905, 907, 909, 910, 913, 915, 916, 917, 918, 921, 922, 923, 925, 926, 927, 932, 933, 934, 936, 937, 938, 939, 940, 942, 945, 947, 948, 949, 952, 957, 960, 961, 962, 963, 964, 965, 968, 971, 977, 978, 987, 992, 994, 995, 996, 997, 998, 999, 1001, 1002, 1003, 1008, 1009, 1010, 1012, 1013, 1014, 1015, 1016, 1017, 1018, 1019, 1020, 1021, 1023, 1024, 1027, 1028, 1029, 1030, 1032, 1033, 1036, 1037, 1039, 1040, 1044, 1046, 1048, 1049, 1050, 1051, 1055, 1056, 1057, 1060, 1061, 1062, 1063, 1064, 1067, 1074, 1075, 1076, 1084, 1085, 1086, 1088, 1089, 1090, 1092, 1098, 1104, 1117, 1119, 1120, 1121, 1125, 1128, 1129, 1139, 1142, 1144, 1145, 1147, 1153, 1157, 1158, 1161, 1164, 1166, 1167, 1175, 1176, 1177, 1178, 1181, 1182, 1184, 1185, 1187, 1188, 1190, 1191, 1193, 1195, 1196, 1197, 1198, 1203, 1206, 1210, 1221, 1228, 1237, 1242, 1246, 1250, 1251, 1252, 1255, 1265, 1273

菇类蛋白多糖　765, 976

寡雄腐霉菌　13

硅丰环　499, 500

硅噻菌胺　21, 340

硅藻土　498, 1020, 1030, 1204

过氧乙酸　269, 276, 277, 283, 284, 287, 306, 309, 316, 333, 341, 364

哈茨木霉菌　15, 1143

海洋芽孢杆菌　1257

禾草丹　16, 35, 105, 125, 529, 634, 685, 707, 777, 1113, 1118, 1213, 1238

禾草敌　22, 46, 521, 634, 685, 701, 1193, 1194

禾草灵　425, 985, 1212, 1221

厚孢轮枝菌　212, 1204

琥胶肥酸铜　110, 111, 142, 259, 309, 343, 426, 435, 438, 681, 771, 780, 787, 1140

环丙嘧磺隆　3

环丙唑醇　532, 985, 986

环虫酰肼　30

环嗪酮　15, 55, 58, 93, 94, 516, 575, 576, 577, 586, 589, 603, 678, 708, 789, 981, 984, 985, 1212, 1218, 1219

环氧虫啶　1124

环酯草醚　39

蝗虫微孢子虫　111, 253

磺草酮　268, 492, 678, 756, 779, 784, 835, 877, 901, 936, 1218, 1219, 1227

磺酰磺隆　1228

混合氨基酸铜　118, 276, 304, 389, 423, 772, 847, 903, 927, 1026

混合脂肪酸　113, 120, 1022

混灭威　82, 366, 471, 519, 522, 529, 547, 751

机油　605

极细链格孢激活蛋白　344

几丁聚糖　292, 453, 739, 817, 819, 820, 825, 855, 875, 1000, 1143

己唑醇　41, 53, 73, 86, 88, 90, 109, 118, 119, 148, 164, 167, 192, 206, 207, 210, 225, 235, 251, 254, 268, 273, 292, 312, 333, 337, 344, 380, 392, 402, 407, 408, 409, 438, 452, 486, 487, 523, 526, 531, 532, 535, 539, 545, 559, 560, 561, 562, 563, 579, 580, 588, 589, 595, 596, 597, 618, 620, 641, 651, 652, 653, 658, 660, 662, 687, 695, 696, 699, 711, 713, 717, 718, 723, 726, 727, 731, 742, 749, 750, 752, 796, 797, 804, 811, 815, 819, 825, 831, 852, 857, 858, 875, 880, 895, 913, 918, 920,

921, 926, 930, 932, 934, 948, 949, 950, 984, 995, 996, 1000, 1003, 1004, 1010, 1011, 1013, 1023, 1027, 1034, 1039, 1044, 1045, 1052, 1056, 1057, 1059, 1060, 1066, 1067, 1070, 1078, 1081, 1082, 1083, 1086, 1093, 1094, 1095, 1096, 1097, 1099, 1100, 1103, 1107, 1108, 1110, 1117, 1132, 1136, 1156, 1184, 1196, 1206, 1217, 1227, 1253, 1254, 1255, 1266, 1267

甲氨基阿维菌素 49, 53, 57, 64, 69, 72, 74, 75, 78, 84, 88, 89, 95, 102, 106, 107, 109, 112, 113, 116, 120, 127, 143, 146, 148, 150, 154, 163, 164, 165, 170, 173, 174, 175, 176, 188, 191, 192, 194, 197, 200, 201, 206, 207, 208, 217, 218, 219, 220, 222, 223, 234, 235, 239, 241, 242, 248, 249, 250, 251, 252, 253, 254, 256, 257, 260, 267, 268, 269, 271, 273, 275, 277, 278, 279, 282, 284, 286, 287, 290, 291, 295, 300, 304, 306, 307, 308, 312, 314, 316, 317, 319, 320, 321, 322, 323, 325, 327, 328, 329, 331, 332, 333, 334, 335, 336, 337, 338, 339, 340, 344, 349, 355, 357, 359, 362, 363, 364, 367, 370, 371, 372, 381, 383, 385, 393, 394, 395, 398, 400, 402, 405, 406, 407, 408, 414, 416, 420, 427, 433, 436, 440, 442, 443, 445, 449, 451, 453, 454, 455, 460, 466, 467, 468, 470, 471, 475, 477, 478, 480, 485, 486, 487, 496, 498, 509, 517, 530, 535, 545, 551, 554, 556, 560, 561, 566, 568, 573, 582, 593, 597, 598, 607, 611, 620, 625, 631, 633, 638, 647, 649, 654, 659, 661, 662, 677, 687, 691, 694, 695, 702, 710, 711, 713, 716, 718, 720, 723, 724, 725, 726, 727, 731, 735, 738, 742, 747, 748, 750, 751, 752, 756, 759, 785, 787, 788, 794, 795, 799, 800, 803, 806, 807, 808, 810, 811, 815, 816, 817, 819, 820, 825, 829, 830, 831, 834, 838, 839, 842, 844, 847, 848, 849, 851, 852, 854, 855, 856, 859, 867, 871, 875, 877, 878, 880, 883, 884, 885, 892, 893, 894, 895, 898, 901, 903, 904, 905, 911, 917, 918, 920, 926, 929, 930, 931, 934, 936, 937, 939, 940, 941, 943, 944, 947, 948, 949, 950, 951, 953, 956, 957, 960, 961, 963, 966, 968, 969, 970, 971, 972, 974, 976, 977, 979, 988, 989, 991, 992, 993, 995, 996, 997, 998, 1000, 1003, 1005, 1007, 1009, 1012, 1014, 1016, 1022, 1024, 1029, 1033, 1034, 1039, 1044, 1045, 1051, 1055, 1056, 1057, 1058, 1067, 1068, 1069, 1078, 1079, 1082, 1085, 1089, 1093, 1094, 1099, 1100, 1105, 1109, 1114, 1117, 1122, 1129, 1130, 1134, 1141, 1142, 1145, 1155, 1156, 1172, 1177, 1183, 1186, 1187, 1188, 1194, 1196, 1207, 1215, 1221, 1225, 1231, 1241, 1244, 1247, 1259, 1265, 1267

甲氨基阿维菌素苯甲酸盐 38, 41, 73, 103, 105, 106, 108, 113, 118, 119, 121, 141, 143, 144, 150, 152, 153, 162, 163, 165, 166, 167, 168, 170, 187, 205, 207, 208, 209, 210, 217, 218, 219, 220, 226, 229, 239, 241, 244, 247, 250, 251, 254, 256, 257, 259, 260, 261, 268, 274, 279, 295, 306, 308, 314, 320, 321, 325, 337, 338, 343, 344, 346, 351, 360, 371, 385, 406, 407, 408, 410, 423, 433, 436, 466, 498, 504, 518, 526, 527, 528, 530, 537, 545, 546, 561, 568, 608, 618, 623, 641, 646, 653, 654, 658, 661, 662, 666, 667, 690, 692, 703, 721, 727, 731, 735, 737, 748, 749, 753, 756, 785, 790, 794, 795, 796, 797, 799, 807, 809, 816, 817, 819, 820, 823, 825, 839, 845, 851, 853, 859, 875, 878, 886, 892, 897, 905, 909, 912, 930, 931, 932, 934, 937, 941, 944, 947, 949, 953, 959, 985, 988, 989, 992, 993, 996, 998, 1003, 1004, 1005, 1010, 1011, 1013, 1015, 1019, 1020, 1022, 1027, 1029, 1034, 1044, 1046, 1056, 1057, 1058, 1066, 1068, 1069, 1070, 1071, 1077, 1082, 1083, 1092, 1093, 1094, 1096, 1097, 1099, 1101, 1103, 1110, 1117, 1124, 1135, 1142, 1144, 1145, 1147, 1153, 1176, 1183, 1200, 1202, 1207, 1247, 1248, 1260, 1267, 1269

甲拌磷 54, 68, 104, 147, 183, 263, 269, 274, 288, 333, 334, 370, 381, 426, 503, 533, 554, 555, 556, 667, 705, 757, 761, 774, 822, 848, 854, 863, 865, 868, 870, 915, 945, 963, 967, 968, 971, 972, 1011, 1013, 1040, 1178, 1179, 1180, 1181, 1185, 1192, 1197, 1209

甲草胺 20, 54, 151, 341, 520, 522, 627, 695, 763, 771, 772, 801, 818, 824, 831, 833, 848, 877, 887, 888, 889, 907, 908, 953, 974, 981, 1009, 1018, 1091, 1132, 1211, 1218

甲磺草胺 19, 518, 578, 642, 719, 983

甲磺隆 15, 63, 77, 92, 97, 128, 468, 479, 482, 483, 521, 522, 550, 552, 585, 588, 599, 600, 603, 613, 614, 619, 641, 668, 669, 728, 776, 783, 1113, 1119, 1205, 1238, 1261, 1262

甲基苯噻隆 523

甲基吡噁磷 253, 265, 300, 463

甲基碘磺隆钠盐 7, 10, 11, 639, 1140

甲基毒死蜱 25, 575, 577

甲基二磺隆 10, 11, 86, 101, 340, 540, 639, 836, 945, 1082, 1140

甲基磺草酮　119, 797
甲基立枯磷　81, 103, 489, 617, 677, 789, 791, 866, 1201
甲基硫菌灵　6, 21, 23, 29, 30, 31, 34, 42, 43, 49, 55, 56, 57, 60, 78, 79, 84, 105, 107, 111, 118, 120, 131, 138, 141, 143, 156, 158, 160, 161, 162, 167, 169, 174, 176, 180, 187, 189, 191, 193, 194, 198, 201, 202, 203, 205, 209, 210, 217, 219, 220, 224, 246, 255, 258, 259, 262, 265, 272, 282, 283, 288, 299, 300, 303, 306, 308, 312, 313, 318, 326, 328, 330, 337, 340, 350, 354, 368, 369, 371, 372, 379, 380, 386, 395, 397, 401, 404, 405, 415, 416, 459, 467, 470, 471, 476, 479, 491, 514, 515, 516, 530, 531, 554, 557, 560, 561, 574, 575, 576, 577, 583, 584, 586, 587, 615, 616, 618, 619, 620, 647, 648, 658, 660, 662, 665, 674, 683, 697, 699, 706, 710, 716, 717, 719, 722, 731, 732, 733, 747, 748, 750, 757, 788, 789, 792, 793, 795, 796, 797, 799, 801, 805, 810, 816, 818, 819, 826, 829, 831, 836, 837, 843, 844, 849, 851, 854, 855, 856, 857, 860, 863, 865, 871, 873, 874, 875, 877, 883, 885, 886, 890, 891, 897, 902, 903, 910, 913, 925, 926, 927, 930, 931, 932, 934, 936, 937, 939, 943, 946, 947, 951, 952, 956, 959, 960, 964, 965, 966, 967, 968, 969, 971, 980, 984, 987, 989, 992, 994, 997, 1001, 1002, 1005, 1007, 1011, 1012, 1014, 1015, 1017, 1019, 1020, 1021, 1023, 1024, 1025, 1026, 1027, 1028, 1031, 1033, 1035, 1036, 1037, 1039, 1041, 1042, 1043, 1046, 1047, 1050, 1051, 1054, 1060, 1063, 1064, 1065, 1067, 1068, 1069, 1070, 1071, 1072, 1073, 1075, 1076, 1077, 1079, 1082, 1084, 1085, 1086, 1087, 1089, 1090, 1091, 1094, 1095, 1096, 1098, 1099, 1100, 1101, 1102, 1104, 1106, 1108, 1109, 1110, 1112, 1116, 1120, 1125, 1128, 1133, 1136, 1137, 1139, 1140, 1141, 1142, 1150, 1152, 1153, 1164, 1165, 1169, 1173, 1176, 1177, 1178, 1179, 1181, 1182, 1188, 1191, 1193, 1194, 1195, 1200, 1202, 1205, 1222, 1223, 1232, 1240, 1251, 1258, 1260, 1261, 1262, 1266, 1271
甲基嘧啶磷　46, 47, 329, 472, 473, 483, 632, 862, 1010, 1108, 1221, 1229
甲基异柳磷　68, 70, 183, 223, 255, 263, 318, 350, 365, 374, 375, 385, 391, 397, 399, 413, 414, 415, 417, 419, 451, 458, 459, 495, 505, 812, 813, 1032
甲咪唑烟酸　4, 335, 626, 653, 654, 679, 941, 984, 991, 998, 1022
甲嘧磺隆　17, 88, 118, 521, 522, 551, 600, 613, 614, 686, 1111, 1113
甲萘威　84, 164, 193, 205, 240, 241, 448, 449, 473, 488, 520, 522, 542, 556, 569, 577, 631, 651, 686, 732, 846, 884, 931, 1019, 1102, 1133, 1135, 1137, 1209
甲哌鎓　47, 64, 105, 113, 121, 146, 276, 293, 310, 347, 357, 363, 364, 393, 417, 418, 439, 450, 462, 585, 587, 605, 609, 614, 630, 633, 634, 656, 788, 871, 872, 876, 886, 900, 901, 935, 1021, 1028, 1059, 1144, 1150, 1151, 1190, 1195, 1201, 1207, 1218
甲氰菊酯　33, 34, 42, 54, 72, 82, 87, 94, 105, 109, 113, 121, 123, 126, 129, 141, 146, 150, 153, 159, 160, 162, 166, 169, 180, 187, 198, 199, 203, 205, 208, 209, 213, 216, 217, 218, 221, 233, 237, 238, 242, 243, 246, 249, 252, 261, 262, 288, 294, 300, 317, 333, 344, 349, 351, 367, 369, 372, 383, 386, 410, 423, 425, 430, 431, 440, 442, 445, 453, 454, 455, 457, 459, 467, 478, 486, 516, 522, 546, 547, 564, 573, 577, 593, 621, 656, 658, 659, 668, 689, 690, 707, 712, 714, 717, 721, 722, 724, 731, 733, 737, 738, 740, 747, 750, 751, 755, 757, 758, 759, 764, 792, 799, 803, 815, 819, 826, 837, 839, 841, 847, 848, 855, 856, 858, 860, 865, 867, 869, 870, 874, 879, 886, 902, 909, 910, 914, 925, 929, 933, 935, 936, 938, 940, 942, 943, 952, 959, 961, 965, 992, 993, 1005, 1009, 1010, 1012, 1016, 1018, 1020, 1025, 1028, 1038, 1039, 1045, 1046, 1047, 1049, 1053, 1057, 1063, 1067, 1074, 1081, 1083, 1088, 1092, 1107, 1109, 1134, 1140, 1153, 1156, 1160, 1165, 1169, 1189, 1199, 1220, 1249, 1250, 1252, 1266, 1267
甲噻诱胺　1146, 1156
甲霜灵　14, 23, 41, 43, 45, 49, 70, 110, 111, 116, 123, 126, 127, 142, 143, 145, 146, 158, 168, 169, 188, 193, 199, 201, 202, 204, 205, 216, 221, 225, 228, 243, 246, 248, 251, 258, 276, 306, 310, 315, 316, 336, 342, 357, 364, 393, 395, 403, 405, 415, 423, 424, 426, 431, 433, 434, 435, 436, 437, 445, 451, 456, 458, 490, 495, 496, 497, 498, 499, 500, 501, 505, 516, 517, 518, 543, 585, 586, 587, 603, 604, 612, 615, 629, 630, 659, 670, 683, 695, 719, 747, 760, 764, 771, 772, 773, 777, 778, 780, 781, 793, 810, 813, 818, 827, 829, 830, 844, 853, 857, 858, 878, 885, 903, 908, 916, 928, 930, 951, 965, 978, 982, 987, 997, 1002, 1035, 1036, 1040, 1043, 1048, 1049, 1053, 1061, 1062, 1074, 1078, 1088, 1089, 1090, 1104, 1107, 1108, 1109, 1110, 1115, 1116, 1125,

1128, 1133, 1138, 1140, 1150, 1152, 1169, 1174, 1181, 1184, 1189, 1195, 1200, 1204, 1218, 1220, 1221, 1222, 1223, 1226, 1229, 1232, 1233
甲羧除草醚 553
甲氧苄氟菊酯 35, 184
甲氧虫酰肼 22, 24, 26, 210, 510, 523, 553, 557, 623, 654, 655, 695, 919, 983, 1059, 1072, 1082, 1083, 1097, 1103, 1254, 1255, 1260
甲氧咪草烟 4, 335, 639, 679, 785, 985, 998, 1022
假丝酵母 212
坚强芽孢杆菌 103, 104
碱式硫酸铜 1, 27, 138, 159, 262, 305, 797, 873, 1054, 1077
解淀粉芽孢杆菌 1108
金龟子绿僵菌 130, 343, 633, 735, 736
金龟子绿僵菌 CQMa128 130
腈苯唑 24
腈菌唑 25, 49, 60, 63, 65, 77, 84, 87, 97, 102, 107, 109, 113, 118, 131, 141, 142, 153, 161, 163, 166, 167, 180, 190, 203, 204, 206, 208, 248, 253, 257, 258, 260, 270, 290, 327, 331, 333, 336, 342, 357, 360, 368, 370, 393, 404, 413, 416, 459, 526, 540, 541, 599, 676, 707, 711, 720, 745, 771, 772, 773, 782, 783, 794, 816, 818, 820, 825, 828, 837, 855, 858, 860, 872, 893, 914, 916, 917, 927, 931, 936, 954, 987, 994, 1001, 1003, 1018, 1022, 1027, 1034, 1039, 1044, 1045, 1056, 1058, 1062, 1068, 1075, 1079, 1082, 1084, 1090, 1093, 1100, 1104, 1111, 1116, 1138, 1174, 1183, 1185, 1191, 1194, 1215, 1219, 1220, 1221, 1222, 1223, 1248, 1252, 1267, 1271
精吡氟禾草灵 32, 52, 151, 254, 425, 429, 432, 438, 453, 529, 579, 597, 599, 622, 677, 693, 777, 831, 833, 835, 836, 882, 887, 888, 940, 950, 973, 985, 1065, 1135, 1186, 1216, 1224, 1229, 1259, 1269
精草铵膦 30, 1226
精噁唑禾草灵 9, 10, 50, 51, 59, 60, 61, 67, 71, 72, 73, 75, 77, 84, 85, 88, 98, 118, 119, 130, 152, 193, 335, 343, 348, 349, 370, 391, 392, 394, 402, 412, 417, 452, 492, 495, 497, 509, 510, 529, 538, 539, 564, 572, 591, 599, 600, 615, 616, 621, 629, 630, 639, 641, 645, 657, 660, 667, 668, 678, 755, 782, 807, 808, 821, 823, 834, 877, 889, 909, 911, 935, 939, 940, 950, 953, 972, 973, 1022, 1076, 1123, 1124, 1156, 1195, 1207, 1212, 1215, 1230, 1231, 1237, 1238, 1252, 1267, 1269
精高效氯氟氰菊酯 3
精甲霜灵 38, 39, 40, 102, 103, 264, 340, 434, 469, 499, 517, 518, 702, 703, 704, 858, 918, 921, 1046, 1047, 1072, 1098, 1108, 1223, 1232, 1233
精喹禾灵 31, 50, 51, 52, 53, 58, 59, 60, 62, 63, 64, 65, 66, 67, 70, 71, 72, 83, 85, 86, 98, 99, 100, 101, 102, 103, 115, 118, 121, 128, 129, 151, 152, 173, 199, 242, 264, 274, 296, 298, 301, 302, 328, 331, 332, 335, 336, 340, 342, 348, 353, 355, 357, 358, 359, 361, 364, 365, 369, 370, 378, 379, 385, 387, 388, 389, 391, 392, 393, 394, 397, 401, 403, 405, 412, 423, 424, 425, 426, 427, 428, 430, 431, 432, 433, 434, 435, 437, 439, 441, 445, 448, 457, 467, 478, 490, 492, 493, 495, 496, 497, 502, 506, 507, 524, 525, 526, 527, 528, 533, 534, 535, 538, 543, 545, 563, 569, 572, 573, 576, 579, 583, 599, 602, 609, 612, 613, 614, 621, 622, 626, 628, 630, 637, 639, 645, 647, 656, 667, 670, 687, 694, 707, 715, 728, 733, 735, 738, 743, 746, 754, 760, 763, 764, 766, 767, 768, 769, 771, 773, 777, 779, 780, 785, 788, 791, 793, 794, 801, 804, 806, 807, 808, 819, 821, 822, 823, 824, 825, 830, 832, 833, 834, 835, 839, 843, 845, 850, 859, 861, 870, 871, 872, 876, 877, 880, 882, 883, 887, 890, 897, 898, 900, 901, 905, 906, 907, 908, 910, 913, 929, 935, 936, 937, 939, 940, 942, 945, 950, 951, 952, 954, 955, 959, 960, 969, 973, 975, 982, 990, 992, 993, 994, 995, 996, 997, 999, 1006, 1007, 1008, 1010, 1015, 1016, 1020, 1023, 1024, 1036, 1038, 1050, 1052, 1065, 1118, 1119, 1134, 1138, 1141, 1142, 1147, 1154, 1172, 1176, 1177, 1183, 1185, 1186, 1188, 1190, 1194, 1195, 1196, 1197, 1200, 1202, 1214, 1230, 1231, 1238, 1242, 1246, 1262, 1269
精异丙甲草胺 36, 39, 41, 45, 93, 120, 388, 523, 542, 554, 675, 701, 704, 836, 882, 887, 920, 921, 941, 984, 1006, 1007, 1112, 1170, 1211, 1218, 1219, 1233
井冈霉素 63, 90, 97, 126, 129, 132, 153, 154, 155, 159, 177, 181, 196, 211, 217, 218, 228, 251, 278, 327, 349, 352, 360, 366, 367, 383, 384, 389, 399, 403, 404, 405, 418, 452, 458, 473, 481, 512, 516, 525, 527, 529, 530, 537, 543, 546, 556, 561, 573, 581, 592, 605, 606, 608, 609, 612, 617, 620, 621, 635, 640, 641, 644, 645, 646, 648, 656, 657, 660, 661, 662, 665, 668, 687, 694, 709, 712, 721, 722, 724, 727, 731, 743, 744, 746, 747, 751, 752, 765, 837, 854, 873, 874, 893, 899, 900, 926, 927, 937, 946, 956, 957, 958, 961, 962, 968, 971,

1019, 1032, 1043, 1061, 1120, 1121, 1134, 1143, 1147, 1156, 1220, 1235, 1242, 1243, 1256, 1257, 1265
井冈霉素A　84, 85, 91, 94, 148, 181, 204, 212, 218, 224, 228, 229, 233, 278, 350, 376, 381, 421, 442, 452, 463, 464, 465, 473, 474, 483, 487, 545, 591, 592, 597, 618, 620, 648, 661, 662, 682, 694, 709, 717, 737, 741, 742, 743, 744, 756, 815, 837, 838, 891, 901, 915, 958, 969, 994, 1036, 1039, 1055, 1065, 1087, 1091, 1092, 1117, 1126, 1147, 1161, 1243, 1244, 1245, 1256, 1257, 1265, 1267
菌核净　127, 349, 719, 720, 860, 873, 931, 1020, 1221, 1260, 1267
抗倒酯　39, 552, 675, 686
抗坏血酸　252
抗蚜威　46, 47, 58, 199, 411, 473, 509, 568, 584, 606, 700, 701, 947, 1012, 1061, 1077, 1134
克百威　18, 19, 51, 52, 54, 56, 79, 80, 81, 83, 89, 130, 134, 178, 181, 183, 196, 223, 226, 263, 264, 310, 361, 370, 371, 382, 393, 394, 399, 422, 424, 425, 430, 433, 436, 437, 439, 445, 448, 461, 462, 471, 472, 482, 488, 495, 499, 502, 505, 519, 522, 555, 556, 575, 576, 632, 633, 667, 696, 707, 749, 754, 763, 773, 774, 780, 783, 789, 814, 822, 854, 864, 865, 885, 937, 963, 1012, 1031, 1035, 1041, 1074, 1086, 1138, 1146, 1147, 1152, 1168, 1179, 1194, 1201, 1209, 1210, 1264
克草胺　759
克菌丹　14, 22, 43, 44, 110, 182, 183, 273, 875, 983, 984, 1052, 1071, 1174
枯草芽孢杆菌　13, 54, 90, 103, 122, 126, 132, 173, 256, 274, 294, 343, 400, 412, 420, 421, 452, 464, 641, 649, 655, 662, 733, 734, 736, 737, 739, 748, 752, 759, 821, 868, 912, 958, 1000, 1008, 1021, 1143, 1205, 1206, 1257
苦参碱　13, 74, 107, 112, 116, 122, 142, 187, 188, 242, 248, 258, 276, 277, 282, 289, 295, 298, 304, 318, 322, 327, 334, 335, 343, 363, 377, 396, 411, 426, 434, 474, 510, 535, 556, 565, 623, 633, 670, 732, 757, 761, 775, 785, 787, 789, 811, 828, 829, 842, 886, 893, 899, 958, 959, 992, 995, 1013, 1026, 1027, 1028, 1032, 1041, 1048, 1052, 1059, 1088, 1145, 1176, 1185, 1201, 1204, 1205, 1213
苦皮藤素　375, 977, 1062, 1145
矿物油　12, 13, 15, 68, 85, 105, 106, 120, 162, 163, 170, 188, 191, 205, 206, 238, 248, 249, 256, 266, 267, 269, 286, 299, 300, 304, 306, 314, 316, 321, 325, 327, 350, 353, 357, 367, 375, 386, 390, 391, 398, 400, 406, 407, 410, 411, 413, 415, 417, 436, 456, 551, 616, 660, 699, 731, 739, 755, 756, 794, 795, 799, 803, 827, 831, 838, 847, 848, 849, 851, 867, 868, 874, 875, 879, 884, 891, 903, 905, 909, 910, 927, 929, 930, 939, 943, 950, 965, 966, 968, 994, 995, 1000, 1016, 1020, 1021, 1032, 1036, 1038, 1043, 1044, 1048, 1051, 1062, 1066, 1067, 1074, 1085, 1086, 1087, 1088, 1135, 1143, 1152, 1162, 1182, 1186, 1196, 1218
喹草酸　388
喹禾糠酯　14, 1218, 1219
喹禾灵　63, 396, 525, 533, 538, 613, 626, 651, 844
喹啉铜　340, 1136, 1174, 1231
喹硫磷　45, 72, 162, 169, 187, 199, 204, 227, 246, 249, 265, 377, 697, 709, 711, 712, 713, 714, 731, 732, 741, 751, 929, 1002, 1054, 1062, 1104, 1146, 1163, 1168, 1186, 1188, 1190, 1196, 1236
喹螨醚　20
蜡质芽孢杆菌　90, 481, 530, 552, 592, 648, 649, 661, 662, 737, 979, 994, 1121, 1256, 1257
狼毒素　145
乐果　50, 76, 77, 82, 87, 104, 122, 124, 125, 133, 148, 150, 154, 168, 175, 177, 181, 182, 196, 197, 199, 211, 221, 222, 225, 226, 227, 232, 243, 245, 297, 299, 316, 332, 357, 374, 409, 411, 441, 448, 454, 472, 475, 489, 528, 529, 531, 534, 544, 574, 582, 617, 618, 665, 666, 744, 761, 766, 1031, 1033, 1050, 1076, 1134, 1136, 1139, 1140, 1145, 1152, 1153, 1161, 1163, 1165, 1166, 1167, 1202, 1204, 1210, 1261
雷公藤甲素　671
藜芦碱　299, 335, 879, 1059, 1145
利谷隆　572, 601
联苯肼酯　14, 183, 250, 932, 1072, 1081, 1082, 1098, 1101, 1102, 1103, 1254
联苯菊酯　18, 19, 45, 48, 55, 62, 64, 69, 70, 72, 79, 82, 84, 85, 87, 88, 94, 95, 107, 109, 113, 116, 118, 121, 134, 139, 142, 146, 160, 163, 170, 178, 182, 187, 188, 189, 192, 194, 201, 203, 207, 211, 215, 217, 218, 219, 224, 227, 228, 232, 233, 234, 237, 238, 242, 243, 246, 249, 253, 255, 256, 257, 258, 259, 260, 268, 273, 275, 277, 289, 295, 299, 300, 301, 316, 317, 326, 328, 340, 343, 351, 352, 355, 370, 373, 376, 395, 410, 416, 418, 419, 440, 456, 460, 467, 478, 485, 508, 510, 520, 522,

527, 528, 534, 547, 549, 550, 551, 553, 554, 561, 564, 578, 585, 594, 600, 602, 605, 609, 610, 611, 621, 623, 624, 625, 632, 635, 638, 641, 642, 643, 644, 653, 660, 667, 668, 671, 672, 675, 677, 690, 691, 710, 712, 713, 715, 716, 717, 721, 724, 727, 731, 737, 744, 746, 749, 751, 753, 754, 755, 756, 791, 792, 797, 800, 802, 805, 806, 810, 814, 815, 818, 823, 825, 826, 828, 830, 838, 842, 843, 846, 848, 849, 850, 852, 854, 856, 858, 861, 867, 869, 870, 876, 879, 885, 886, 891, 893, 899, 902, 904, 909, 911, 913, 914, 916, 918, 931, 932, 933, 935, 938, 942, 946, 948, 949, 950, 951, 958, 959, 961, 962, 965, 966, 970, 971, 976, 978, 979, 987, 989, 991, 992, 994, 1003, 1008, 1010, 1012, 1015, 1019, 1021, 1026, 1028, 1029, 1033, 1035, 1036, 1038, 1039, 1040, 1041, 1042, 1047, 1048, 1049, 1050, 1054, 1055, 1056, 1062, 1066, 1068, 1073, 1076, 1078, 1080, 1081, 1084, 1085, 1087, 1089, 1090, 1093, 1095, 1104, 1129, 1134, 1138, 1140, 1141, 1144, 1145, 1155, 1161, 1162, 1165, 1172, 1176, 1177, 1178, 1188, 1189, 1194, 1224, 1241, 1252, 1254

联苯三唑醇 559, 920

链霉素 123, 1143

邻硝基苯酚钾 163, 196, 1039

磷化铝 75, 264, 308, 368, 392, 473, 635, 640, 760, 775, 776, 801, 861, 868, 899, 914, 915, 925, 976, 1148, 1150

硫丹 46, 76, 77, 109, 190, 217, 237, 303, 342, 363, 512, 534, 549, 570, 584, 727, 755, 790, 807, 815, 855, 879, 1020, 1065, 1084, 1106, 1201, 1252, 1266

硫氟肟醚 473

硫磺 4, 12, 27, 46, 47, 48, 56, 58, 68, 70, 78, 84, 87, 94, 98, 106, 126, 128, 141, 153, 158, 159, 160, 161, 162, 170, 175, 180, 197, 199, 200, 202, 204, 208, 212, 216, 220, 224, 232, 237, 238, 243, 246, 254, 255, 258, 271, 276, 282, 283, 308, 314, 315, 330, 356, 369, 372, 374, 386, 395, 397, 401, 403, 404, 409, 410, 414, 415, 418, 450, 454, 456, 462, 470, 475, 476, 486, 528, 532, 538, 543, 564, 575, 576, 581, 606, 615, 616, 617, 620, 647, 650, 656, 663, 684, 698, 712, 713, 733, 747, 771, 772, 793, 794, 801, 826, 836, 837, 841, 845, 846, 850, 851, 853, 855, 856, 870, 871, 873, 874, 883, 884, 885, 889, 891, 896, 897, 899, 902, 925, 926, 927, 938, 939, 961, 964, 967, 968, 971, 1001, 1011, 1012, 1018, 1025, 1031, 1032, 1033, 1035, 1037, 1039, 1042, 1048, 1063, 1064, 1068, 1069, 1073, 1074, 1075, 1078, 1083, 1084, 1085, 1087, 1089, 1104, 1108, 1110, 1111, 1112, 1128, 1134, 1154, 1164, 1165, 1167, 1171, 1191, 1193, 1194, 1201, 1203, 1205, 1209, 1222, 1229, 1240, 1246, 1258, 1259, 1266, 1274

硫双威 55, 148, 160, 161, 204, 323, 353, 400, 449, 465, 471, 473, 521, 522, 553, 556, 585, 587, 589, 592, 599, 600, 601, 633, 654, 685, 695, 827, 853, 864, 878, 921, 965, 966, 984, 1003, 1053, 1064, 1091, 1140, 1216, 1218

硫酸钡 780

硫酸链霉素 290, 335

硫酸铜 113, 149, 176, 308, 352, 361, 592, 663, 695, 709, 761, 927, 956, 995, 1023, 1037, 1051, 1149, 1188, 1257

硫酸铜钙 41, 42, 585, 589, 1112

硫酰氟 925, 1118, 1210, 1213

咯菌腈 23, 36, 38, 40, 41, 110, 120, 210, 264, 274, 302, 339, 414, 662, 696, 703, 704, 790, 800, 820, 868, 896, 932, 963, 984, 1046, 1047, 1049, 1060, 1070, 1112, 1115, 1218, 1219, 1225, 1227, 1233, 1253

螺虫乙酯 11, 1272

螺螨酯 10, 21, 54, 103, 110, 147, 157, 167, 194, 208, 210, 250, 261, 267, 270, 274, 290, 300, 305, 322, 326, 337, 339, 344, 351, 352, 373, 386, 398, 409, 513, 540, 562, 577, 597, 679, 685, 711, 717, 727, 753, 796, 797, 806, 817, 820, 850, 854, 872, 873, 875, 931, 935, 939, 941, 942, 944, 948, 949, 963, 984, 1005, 1013, 1023, 1047, 1048, 1052, 1059, 1069, 1071, 1072, 1080, 1095, 1096, 1098, 1102, 1108, 1129, 1130, 1142, 1184, 1208, 1226, 1268

螺威 443

络氨铜 113, 163, 222, 223, 238, 284, 361, 391, 398, 406, 450, 775, 855, 896, 1022, 1031, 1035, 1038, 1086, 1088, 1107, 1120, 1177

绿麦隆 375, 424, 557, 569, 570, 604, 631, 641, 644, 663, 781, 971, 1009, 1149

氯氨吡啶酸 26

氯苯胺灵 14, 27, 634, 686, 1151

氯吡嘧磺隆 31, 54, 639, 640

氯吡脲 125, 128, 129, 418, 537, 789, 1149, 1150, 1169, 1170, 1171, 1172, 1243

氯丙嘧啶酸 578

氯虫苯甲酰胺 16, 17, 39, 40, 200, 703, 704, 1113,

1135
氯啶菌酯 518
氯氟吡氧乙酸 23, 52, 57, 61, 62, 68, 72, 80, 84, 85, 90, 95, 99, 100, 101, 127, 128, 129, 130, 142, 152, 192, 194, 318, 329, 354, 355, 358, 364, 370, 371, 379, 380, 388, 390, 392, 412, 416, 441, 493, 494, 496, 500, 534, 538, 545, 549, 580, 622, 633, 636, 639, 657, 678, 693, 762, 777, 778, 788, 804, 809, 820, 821, 822, 823, 824, 825, 829, 833, 835, 852, 870, 882, 898, 906, 911, 940, 941, 945, 953, 955, 974, 975, 983, 993, 997, 999, 1022, 1077, 1079, 1082, 1095, 1103, 1123, 1135, 1139, 1147, 1150, 1154, 1155, 1156, 1186, 1195, 1215, 1224, 1225, 1230, 1263, 1265
氯氟吡氧乙酸异辛酯 23, 24, 26, 52, 63, 68, 100, 117, 120, 128, 152, 317, 348, 370, 465, 489, 493, 510, 529, 563, 638, 642, 678, 686, 693, 710, 881, 887, 935, 960, 984, 993, 994, 997, 1071, 1103, 1146, 1156, 1165, 1170, 1225, 1226, 1229, 1263
氯氟醚菊酯 13, 70, 81, 93, 96, 111, 112, 122, 123, 125, 130, 132, 133, 135, 136, 137, 139, 140, 144, 145, 171, 172, 183, 186, 195, 210, 215, 221, 231, 232, 236, 253, 271, 280, 281, 282, 293, 294, 303, 304, 330, 339, 345, 366, 403, 457, 475, 480, 481, 511, 514, 544, 593, 607, 650, 673, 675, 680, 708, 714, 729, 733, 734, 738, 753, 810, 840, 857, 869, 870, 895, 922, 923, 924, 977, 1118, 1132, 1146, 1159, 1160, 1161, 1162, 1199, 1210, 1212, 1237, 1238, 1239, 1251, 1258, 1268, 1273
氯氟氰菊酯 203, 852, 886, 1035, 1129
氯化胆碱 128, 129
氯化苦 766
氯磺隆 521, 613, 641, 668
氯菊酯 1, 8, 19, 32, 34, 35, 44, 45, 69, 76, 79, 81, 83, 87, 90, 104, 111, 114, 116, 125, 131, 134, 135, 136, 137, 138, 139, 140, 145, 154, 156, 158, 171, 172, 175, 176, 177, 178, 179, 180, 184, 186, 187, 194, 195, 200, 201, 213, 214, 221, 222, 231, 236, 261, 262, 263, 265, 280, 282, 292, 293, 294, 299, 303, 304, 307, 310, 311, 314, 322, 330, 338, 339, 347, 351, 363, 366, 379, 383, 398, 403, 409, 452, 457, 463, 475, 480, 483, 489, 508, 511, 513, 514, 544, 565, 575, 593, 607, 608, 610, 620, 621, 624, 625, 638, 643, 648, 655, 660, 661, 672, 673, 675, 677, 686, 706, 714, 765, 774, 791, 809, 810, 839, 847, 857, 869, 870, 880, 895, 902, 914, 916, 921, 922, 923, 924, 926, 942, 945, 957, 958, 960, 977, 1021, 1083, 1113, 1118, 1124, 1125, 1126, 1127, 1131, 1134, 1142, 1143, 1152, 1157, 1158, 1160, 1175, 1190, 1191, 1192, 1199, 1208, 1209, 1221, 1237, 1241, 1242, 1251, 1255, 1258, 1268, 1273
氯嘧磺隆 17, 64, 323, 521, 522, 600, 601, 602, 612, 614, 668, 669, 708, 758, 776, 782, 985, 1113, 1190
氯氰菊酯 1, 3, 14, 18, 19, 24, 36, 42, 44, 45, 46, 52, 64, 66, 68, 69, 72, 74, 76, 77, 78, 79, 81, 82, 83, 87, 88, 89, 104, 106, 107, 112, 114, 115, 116, 117, 123, 124, 130, 132, 134, 135, 136, 137, 138, 139, 140, 141, 144, 149, 150, 153, 155, 156, 157, 158, 160, 161, 164, 168, 169, 170, 171, 172, 174, 175, 176, 177, 178, 179, 180, 181, 182, 185, 186, 187, 189, 190, 191, 192, 195, 198, 200, 201, 202, 203, 204, 208, 211, 212, 213, 215, 216, 217, 218, 220, 222, 223, 224, 225, 226, 228, 230, 235, 236, 238, 243, 244, 245, 248, 250, 254, 262, 263, 266, 269, 270, 272, 275, 277, 278, 279, 288, 291, 292, 293, 294, 296, 297, 300, 301, 302, 303, 305, 307, 309, 311, 312, 313, 322, 331, 334, 338, 339, 340, 351, 352, 353, 354, 359, 360, 365, 368, 369, 371, 372, 373, 374, 377, 378, 380, 381, 382, 383, 385, 386, 387, 392, 396, 397, 399, 400, 404, 405, 406, 409, 411, 413, 414, 415, 419, 422, 440, 445, 447, 460, 462, 467, 476, 481, 483, 484, 485, 489, 508, 510, 511, 514, 516, 517, 528, 530, 533, 543, 546, 547, 548, 562, 565, 573, 575, 576, 577, 578, 583, 587, 593, 599, 611, 615, 621, 624, 632, 633, 636, 637, 641, 645, 648, 650, 656, 659, 671, 672, 673, 675, 680, 687, 688, 689, 690, 691, 692, 702, 706, 710, 713, 716, 717, 718, 721, 725, 726, 733, 734, 738, 739, 743, 744, 745, 751, 754, 755, 756, 764, 771, 773, 778, 782, 787, 791, 793, 794, 798, 801, 805, 806, 807, 809, 810, 813, 819, 822, 823, 827, 830, 836, 837, 839, 841, 842, 844, 845, 849, 850, 851, 852, 856, 860, 863, 864, 867, 868, 869, 871, 874, 875, 876, 878, 879, 880, 884, 893, 900, 902, 904, 910, 911, 913, 915, 916, 917, 918, 922, 923, 924, 927, 928, 932, 933, 934, 935, 946, 951, 953, 958, 959, 962, 966, 967, 976, 978, 979, 987, 992, 994, 1000, 1001, 1009, 1010, 1015, 1018, 1019, 1024, 1026, 1028, 1036, 1037, 1041, 1042, 1048, 1053, 1054, 1061, 1062, 1063, 1065, 1066, 1073, 1075, 1076, 1078, 1084, 1085, 1086, 1087, 1088, 1089, 1090, 1091, 1104, 1106, 1109, 1113, 1120, 1125, 1126, 1131, 1132, 1133, 1138, 1140, 1141, 1149, 1152, 1153, 1158, 1160, 1161, 1162, 1165, 1175, 1179, 1181, 1185,

1187, 1188, 1189, 1191, 1193, 1195, 1197, 1203, 1204, 1205, 1208, 1209, 1210, 1212, 1224, 1225, 1239, 1241, 1246, 1258, 1268, 1269, 1272, 1273
氯噻啉 628, 629
氯烯炔菊酯 1146
氯溴虫腈 473
氯溴异氰尿酸 292, 387, 480, 530, 569, 694, 695, 949, 1071, 1101, 1255
氯酯磺草胺 26, 640
马拉硫磷 48, 81, 86, 87, 98, 104, 109, 113, 115, 151, 156, 161, 168, 169, 172, 176, 186, 190, 204, 217, 220, 223, 227, 228, 230, 232, 234, 236, 237, 238, 242, 244, 245, 247, 248, 252, 263, 267, 273, 274, 275, 277, 278, 279, 284, 285, 288, 290, 292, 293, 295, 297, 301, 302, 304, 307, 308, 309, 312, 313, 317, 326, 328, 332, 334, 340, 341, 342, 346, 351, 353, 356, 357, 360, 368, 369, 371, 372, 373, 375, 376, 377, 378, 384, 385, 386, 387, 388, 389, 393, 395, 396, 404, 406, 409, 410, 411, 414, 415, 416, 417, 418, 419, 423, 424, 431, 440, 443, 453, 454, 456, 459, 462, 467, 474, 476, 481, 486, 489, 495, 496, 540, 541, 543, 545, 559, 566, 579, 603, 604, 607, 619, 639, 652, 657, 666, 677, 696 , 704, 709, 715, 716, 718, 720, 722, 731, 733, 740, 741, 746, 751, 757, 760, 766, 773, 790, 793, 794, 798, 801, 802, 805, 814, 829, 836, 837, 838, 841, 844, 845, 846, 848, 849, 851, 853, 854, 855, 860, 870, 871, 872, 873, 880, 883, 884, 886, 893, 896, 898, 900, 901, 904, 905, 910, 913, 917, 925, 933, 936, 938, 942, 945, 946, 956, 959, 963, 965, 966, 967, 968, 971, 978, 991, 992, 996, 999, 1000, 1008, 1012, 1013, 1015, 1016, 1018, 1021, 1025, 1027, 1028, 1029, 1032, 1036, 1039, 1041, 1042, 1047, 1049, 1050, 1064, 1065, 1073, 1074, 1085, 1086, 1088, 1089, 1090, 1092, 1098, 1107, 1112, 1119, 1121, 1128, 1129, 1134, 1140, 1145, 1152, 1154, 1161, 1164, 1165, 1167, 1176, 1178, 1186, 1188, 1191, 1204, 1209, 1216, 1226, 1234, 1236, 1241, 1242, 1245, 1246
麦草畏 35, 36, 53, 62, 64, 92, 93, 125, 335, 465, 498, 510, 523, 541, 549, 552, 557, 577, 587, 588, 595, 612, 665, 670, 671, 675, 678, 685, 696, 824, 835, 890, 920, 982, 983, 986, 1007, 1023, 1032, 1081, 1083, 1118, 1170, 1225, 1233, 1246, 1247, 1261, 1270
咪鲜胺 19, 43, 44, 52, 55, 86, 89, 90, 91, 95, 101, 103, 105, 107, 116, 121, 128, 130, 142, 151, 152, 153, 154, 163, 164, 165, 173, 180, 189, 202, 208, 209, 210, 215, 221, 226, 249, 253, 255, 258, 259, 260, 264, 268, 273, 299, 304, 326, 347, 351, 352, 360, 374, 385, 386, 388, 398, 403, 408, 409, 420, 423, 429, 430, 436, 438, 441, 459, 466, 471, 475, 477, 485, 486, 487, 490, 494, 496, 497, 499, 500, 505, 522, 524, 535, 539, 540, 543, 548, 549, 551, 552, 553, 560, 562, 565, 566, 569, 577, 587, 592, 594, 598, 608, 612, 618, 627, 628, 632, 635, 636, 641, 643, 657, 658, 659, 670, 689, 691, 692, 695, 696, 707, 710, 711, 722, 723, 724, 725, 738, 745, 752, 781, 782, 794, 796, 806, 811, 815, 817, 819, 821, 825, 826, 827, 839, 842, 853, 857, 858, 859, 864, 866, 875, 892, 905, 919, 928, 934, 947, 948, 949, 952, 954, 971, 979, 980, 984, 987, 995, 998, 1002, 1003, 1008, 1010, 1013, 1018, 1027, 1028, 1044, 1045, 1047, 1048, 1049, 1051, 1052, 1055, 1056, 1059, 1060, 1062, 1065, 1071, 1072, 1074, 1078, 1085, 1094, 1095, 1096, 1097, 1098, 1102, 1103, 1116, 1129, 1130, 1133 , 1137, 1141, 1142, 1144, 1149, 1152, 1155, 1156, 1169, 1172, 1178, 1179, 1183, 1186, 1196, 1207, 1210, 1211, 1242, 1243, 1254, 1255, 1263, 1264
咪鲜胺锰盐 19, 106, 150, 197, 218, 336, 417, 498, 499, 548, 561, 589, 597, 608, 623, 627, 643, 662, 690, 692, 696, 819, 944, 1051, 1052, 1067, 1069, 1071, 1074, 1093, 1096, 1100, 1101, 1123, 1144, 1211, 1265
咪唑喹啉酸 784, 990
咪唑烟酸 4, 335, 626, 639, 653, 678, 985, 990, 1022
咪唑乙烟酸 3, 4, 52, 301, 335, 421, 423, 427, 428, 429, 430, 432, 434, 435, 438, 439, 491, 495, 497, 502, 503, 523, 524, 525, 580, 599, 622, 626, 630, 639, 642, 653, 654, 678, 758, 759, 767, 768, 772, 774, 778, 779, 781, 782, 783, 784, 785, 833, 887, 907, 969, 973, 983, 990, 1022, 1137
醚苯磺隆 523, 613, 638
醚磺隆 512, 513
醚菊酯 31, 32, 42, 121, 268, 292, 301, 468, 514, 515, 549, 595, 691, 792, 815, 919, 956, 1012, 1021, 1031, 1032, 1065, 1075, 1083, 1098, 1141, 1183, 1189
醚菌酯 3, 5, 6, 53, 55, 62, 132, 144, 164, 168, 193, 197, 207, 210, 229, 240, 254, 257, 258, 274, 329, 337, 338, 394, 398, 403, 407, 408, 409, 487, 509, 530, 531, 540, 558, 561, 638, 676, 679, 719, 727, 739, 748, 749, 807, 808, 809, 811, 816, 828, 842, 843, 853, 875, 896,

898, 914, 930, 937, 941, 951, 961, 979, 984, 986, 988, 989, 1004, 1010, 1011, 1015, 1040, 1044, 1045, 1046, 1047, 1048, 1051, 1057, 1059, 1060, 1067, 1070, 1071, 1072, 1080, 1086, 1093, 1094, 1095, 1096, 1097, 1099, 1100, 1101, 1102, 1105, 1117, 1146, 1155, 1183, 1215, 1245
嘧苯胺磺隆　14, 44, 654
嘧草醚　35, 86, 1022
嘧啶核苷类抗菌素　90, 91, 131, 160, 463, 465, 715, 753, 1045, 1060, 1062, 1143, 1161, 1256, 1257
嘧啶肟草醚　12, 40, 643, 1253
嘧菌环胺　39, 40, 103, 532, 1040, 1083, 1102, 1103, 1219
嘧菌酯　2, 21, 22, 23, 38, 39, 40, 41, 44, 45, 47, 49, 53, 54, 55, 57, 64, 66, 69, 70, 73, 74, 78, 81, 85, 86, 89, 90, 93, 94, 102, 103, 106, 107, 108, 110, 119, 130, 143, 145, 147, 150, 156, 165, 168, 193, 197, 200, 210, 235, 240, 241, 247, 249, 250, 254, 261, 264, 268, 274, 291, 301, 305, 307, 312, 321, 322, 326, 328, 334, 343, 353, 393, 396, 408, 409, 414, 416, 421, 451, 454, 460, 463, 469, 471, 478, 486, 509, 513, 523, 530, 531, 532, 535, 537, 539, 540, 547, 552, 553, 554, 557, 558, 561, 566, 568, 569, 573, 587, 588, 592, 594, 597, 598, 600, 601, 611, 618, 619, 620, 631, 634, 638, 639, 641, 646, 653, 662, 669, 670, 676, 678, 679, 681, 682, 684, 685, 692, 699, 703, 704, 713, 718, 727, 731, 736, 739, 742, 748, 749, 752, 765, 795, 796, 797, 809, 811, 817, 820, 828, 850, 854, 856, 858, 867, 868, 913, 918, 919, 920, 932, 944, 947, 949, 955, 985, 986, 988, 989, 993, 998, 1004, 1005, 1010, 1013, 1014, 1023, 1027, 1034, 1040, 1046, 1047, 1052, 1057, 1058, 1059, 1060, 1069, 1070, 1071, 1072, 1080, 1082, 1095, 1096, 1097, 1098, 1100, 1101, 1102, 1103, 1105, 1106, 1108, 1110, 1114, 1115, 1117, 1129, 1130, 1136, 1142, 1146, 1155, 1156, 1170, 1174, 1184, 1188, 1213, 1217, 1218, 1219, 1220, 1225, 1226, 1227, 1229, 1230, 1231, 1233, 1239, 1245, 1248, 1253, 1257, 1260, 1263, 1267, 1272
嘧霉胺　10, 92, 101, 103, 106, 108, 116, 131, 141, 163, 166, 190, 210, 248, 253, 261, 269, 273, 289, 327, 328, 336, 337, 342, 407, 521, 522, 527, 531, 532, 541, 563, 570, 594, 670, 676, 683, 754, 792, 807, 808, 827, 828, 830, 839, 847, 853, 875, 884, 892, 893, 895, 903, 928, 930, 934, 947, 948, 952, 954, 961, 985, 986, 994, 996, 1003, 1007, 1017, 1020, 1021, 1040, 1045, 1052, 1058, 1068, 1076, 1085, 1092, 1151, 1178, 1183, 1189, 1193, 1194, 1195, 1223, 1225, 1232
嘧肽霉素　776
棉铃虫核型多角体病毒　148, 173, 186, 201, 322, 362, 364, 366, 367, 388, 410, 449, 450, 460, 733
棉隆　182, 183, 633, 1220, 1231
灭草松　3, 4, 5, 6, 22, 45, 52, 53, 79, 85, 90, 93, 95, 97, 99, 100, 118, 122, 173, 240, 268, 298, 335, 348, 355, 421, 422, 423, 424, 425, 427, 429, 430, 432, 434, 437, 438, 439, 478, 490, 493, 497, 498, 508, 525, 545, 558, 559, 562, 581, 589, 590, 591, 592, 595, 599, 600, 630, 638, 639, 643, 654, 670, 706, 751, 760, 761, 764, 765, 767, 769, 770, 771, 772, 777, 779, 782, 784, 786, 788, 808, 813, 824, 833, 834, 897, 905, 906, 942, 950, 955, 973, 984, 985, 990, 1006, 1007, 1022, 1133, 1139, 1170, 1172, 1179, 1190, 1200, 1253, 1263
灭多威　15, 48, 59, 60, 65, 78, 87, 88, 115, 147, 148, 161, 190, 198, 199, 217, 237, 238, 266, 270, 274, 291, 304, 312, 333, 351, 356, 373, 375, 382, 387, 390, 395, 397, 400, 409, 410, 411, 413, 419, 447, 476, 477, 481, 484, 488, 520, 522, 556, 584, 585, 619, 651, 652, 660, 666, 695, 700, 707, 732, 746, 755, 761, 788, 790, 793, 795, 799, 814, 815, 818, 826, 844, 855, 860, 864, 866, 869, 872, 874, 883, 885, 896, 899, 902, 914, 917, 926, 927, 928, 929, 933, 936, 937, 953, 956, 959, 961, 963, 964, 968, 977, 987, 991, 994, 1000, 1002, 1013, 1019, 1024, 1027, 1030, 1063, 1064, 1074, 1086, 1088, 1089, 1110, 1111, 1113, 1126, 1182, 1226, 1251
灭菌唑　4, 5, 508, 639, 1070
灭线磷　64, 172, 183, 245, 275, 402, 533, 534, 755, 841, 848, 915, 967, 1229
灭蝇胺　38, 106, 109, 143, 163, 164, 180, 189, 192, 207, 220, 239, 254, 256, 260, 391, 598, 612, 637, 718, 719, 720, 722, 726, 748, 757, 758, 781, 791, 811, 815, 828, 892, 893, 894, 895, 896, 905, 919, 930, 931, 946, 949, 953, 986, 998, 1003, 1045, 1052, 1055, 1056, 1068, 1072, 1080, 1103, 1141, 1184, 1190, 1203, 1238
灭幼脲　114, 152, 159, 166, 187, 189, 204, 210, 255, 316, 346, 347, 359, 360, 362, 405, 503, 504, 722, 787, 796, 798, 806, 820, 873, 986, 1005, 1020, 1023, 1026, 1058, 1074, 1157, 1193
木霉菌　821, 831, 868, 979, 1021, 1206
萘乙酸　104, 128, 129, 150, 265, 304, 346, 358, 363,

386, 417, 437, 601, 787, 901, 1030, 1037, 1038, 1149, 1150, 1151, 1169, 1220, 1261, 1263
萘乙酸钠 125
宁南霉素 420, 421, 433
柠檬酸铜 222, 1035, 1038
哌草丹 1238
硼酸 111, 176, 183, 195, 222, 1124, 1174, 1175, 1184, 1209, 1242
硼酸锌 22
平腹小蜂 138
扑草净 61, 66, 74, 84, 93, 115, 252, 400, 424, 425, 429, 431, 436, 437, 438, 439, 491, 492, 493, 495, 497, 500, 501, 502, 505, 506, 507, 524, 529, 538, 566, 581, 602, 603, 630, 641, 657, 715, 759, 760, 762, 763, 764, 767, 769, 770, 771, 804, 818, 832, 833, 834, 835, 841, 877, 887, 888, 889, 894, 899, 905, 906, 908, 909, 963, 967, 968, 972, 973, 975, 981, 1006, 1014, 1091, 1165, 1200, 1203, 1204, 1205, 1238, 1249, 1274
葡聚烯糖 797, 872, 932
七氟甲醚菊酯 135, 232, 281, 291, 293, 509, 675, 676, 1239
羟哌酯 12, 196, 626, 730
羟烯腺嘌呤 253, 254, 265, 343, 435, 513, 1061, 1235
嗪吡嘧磺隆 31
嗪草酸甲酯 19, 578, 759, 784
嗪草酮 10, 54, 59, 61, 74, 99, 151, 323, 367, 404, 411, 422, 424, 427, 429, 438, 482, 491, 496, 497, 501, 516, 525, 532, 544, 558, 559, 586, 592, 596, 600, 602, 632, 639, 647, 653, 679, 706, 757, 758, 760, 767, 768, 769, 835, 898, 974, 983, 984, 1006, 1135, 1188, 1242
氢氧化铜 1, 2, 15, 16, 161, 203, 318, 380, 484, 577, 896, 932, 978, 997, 1010, 1066, 1078, 1092, 1112, 1195, 1232, 1245
氰氨化钙 788
氰草津 342, 358, 369, 376, 411, 833, 834, 836, 841, 846, 1006, 1082, 1233
氰氟草酯 22, 24, 25, 53, 54, 55, 64, 66, 67, 71, 72, 73, 75, 80, 85, 86, 89, 95, 96, 100, 119, 138, 152, 174, 192, 193, 197, 235, 240, 329, 335, 343, 349, 358, 391, 392, 394, 402, 409, 416, 425, 428, 433, 438, 466, 472, 477, 486, 497, 498, 523, 527, 530, 535, 539, 543, 545, 551, 552, 572, 578, 587, 602, 607, 614, 619, 634, 636, 641, 643, 649, 664, 670, 679, 694, 705, 723, 739, 748, 750, 753, 778, 784, 788, 790, 804, 821, 824, 831, 835, 870, 872, 882, 897, 899, 905, 919, 931, 941, 942, 946, 951, 955, 975, 984, 991, 995, 1007, 1081, 1082, 1097, 1101, 1122, 1124, 1129, 1172, 1215, 1218, 1225, 1233, 1237, 1253, 1263, 1264, 1265, 1267
氰氟虫腙 5, 1272
氰霜唑 32, 168, 210, 340, 352, 362, 696, 854, 896, 921, 932, 1060, 1071, 1083, 1103, 1112, 1124, 1129, 1140, 1184, 1200, 1233
氰戊菊酯 33, 34, 50, 51, 54, 56, 57, 63, 64, 65, 68, 71, 74, 75, 76, 78, 79, 86, 87, 89, 92, 94, 97, 98, 103, 104, 122, 123, 124, 125, 126, 129, 139, 141, 146, 148, 150, 151, 153, 154, 156, 159, 169, 170, 179, 182, 187, 199, 201, 202, 204, 212, 221, 222, 223, 224, 226, 237, 243, 245, 247, 255, 271, 275, 277, 278, 279, 285, 287, 290, 297, 298, 307, 308, 309, 312, 314, 316, 317, 326, 334, 338, 341, 342, 346, 353, 356, 357, 358, 360, 361, 366, 369, 372, 374, 376, 378, 379, 380, 381, 387, 389, 393, 395, 396, 397, 399, 400, 404, 409, 413, 415, 418, 423, 424, 431, 440, 441, 443, 450, 453, 454, 456, 457, 462, 466, 470, 476, 483, 495, 512, 514, 518, 522, 527, 528, 532, 533, 534, 544, 546, 547, 549, 553, 556, 563, 577, 578, 579, 593, 602, 604, 605, 609, 611, 632, 635, 638, 640, 650, 655, 657, 659, 660, 666, 676, 687, 688, 691, 694, 705, 706, 709, 715, 724, 725, 726, 727, 729, 740, 741, 754, 755, 757, 764, 766, 773, 783, 793, 798, 801, 813, 815, 827, 829, 837, 841, 845, 848, 853, 862, 869, 870, 871, 886, 894, 896, 898, 899, 904, 915, 925, 926, 929, 933, 945, 956, 965, 967, 978, 979, 991, 992, 996, 999, 1000, 1012, 1021, 1027, 1029, 1031, 1033, 1041, 1049, 1050, 1063, 1064, 1073, 1080, 1088, 1089, 1128, 1133, 1139, 1140, 1145, 1150, 1152, 1154, 1161, 1163, 1164, 1165, 1166, 1167, 1188, 1191, 1203, 1210, 1211, 1250, 1251, 1255, 1265
氰烯菌酯 618, 637, 638, 1081, 1083
球孢白僵菌 343, 735, 736, 868, 1030, 1032
球形芽孢杆菌 212, 454, 655
驱蚊酯 12, 133, 140, 172, 175, 185, 195, 261, 465, 486, 565, 566, 650, 685, 1117, 1118, 1120, 1122, 1124, 1142, 1159, 1199, 1264
炔苯酰草胺 54, 332, 465, 509, 592, 626
炔丙菊酯 13, 34, 35, 69, 70, 77, 81, 93, 96, 111, 112, 125, 130, 131, 133, 134, 135, 136, 137, 138, 139, 140, 144, 145, 154, 155, 158, 171, 172, 174, 175, 179, 183,

184, 185, 186, 194, 195, 200, 201, 202, 213, 214, 215, 221, 231, 232, 261, 263, 271, 279, 280, 281, 282, 292, 293, 294, 295, 304, 311, 330, 345, 403, 434, 475, 480, 509, 511, 514, 544, 565, 592, 593, 607, 658, 671, 672, 673, 679, 680, 708, 714, 729, 732, 791, 840, 848, 870, 880, 922, 923, 924, 1036, 1118, 1131, 1132, 1158, 1159, 1160, 1162, 1173, 1174, 1175, 1191, 1198, 1199, 1208, 1209, 1211, 1212, 1221, 1228, 1237, 1238, 1239, 1241, 1251, 1252, 1255, 1258, 1273

炔草酯 38, 39, 48, 53, 54, 57, 64, 67, 73, 75, 79, 80, 85, 86, 89, 90, 96, 100, 102, 152, 349, 355, 358, 379, 392, 393, 394, 409, 412, 416, 496, 523, 527, 530, 536, 539, 540, 545, 552, 554, 565, 588, 591, 601, 603, 605, 606, 614, 619, 620, 642, 658, 659, 678, 679, 694, 705, 711, 728, 748, 753, 756, 785, 920, 941, 946, 956, 976, 1080, 1082, 1096, 1100, 1103, 1146, 1155, 1156, 1184, 1215, 1223, 1225, 1226, 1227, 1229, 1252, 1253, 1265, 1267

炔螨特 13, 14, 30, 42, 48, 56, 79, 92, 101, 106, 116, 119, 121, 122, 127, 129, 141, 160, 162, 164, 169, 188, 192, 193, 199, 202, 203, 204, 205, 207, 208, 211, 217, 219, 221, 227, 228, 239, 243, 249, 254, 255, 256, 258, 260, 261, 263, 272, 274, 275, 328, 337, 350, 351, 364, 367, 369, 372, 376, 383, 388, 392, 395, 401, 408, 409, 415, 418, 458, 459, 466, 468, 520, 522, 533, 550, 555, 558, 559, 560, 566, 567, 568, 569, 579, 598, 607, 611, 619, 632, 647, 654, 659, 689, 713, 717, 721, 722, 725, 727, 742, 746, 747, 750, 751, 754, 755, 756, 757, 758, 793, 795, 799, 801, 803, 806, 811, 813, 823, 827, 829, 832, 837, 846, 848, 852, 858, 859, 873, 877, 884, 891, 902, 903, 912, 928, 929, 930, 931, 932, 933, 935, 936, 939, 940, 943, 944, 946, 947, 948, 949, 950, 951, 952, 953, 962, 963, 964, 976, 980, 986, 995, 999, 1001, 1002, 1013, 1015, 1016, 1018, 1026, 1029, 1032, 1033, 1036, 1043, 1044, 1048, 1049, 1051, 1054, 1058, 1061, 1067, 1068, 1074, 1075, 1080, 1085, 1089, 1090, 1101, 1104, 1105, 1107, 1117, 1130, 1134, 1139, 1140, 1142, 1147, 1153, 1165, 1176, 1179, 1182, 1186, 1189, 1196, 1200, 1222, 1223, 1226, 1228, 1232, 1233, 1234, 1241, 1254

炔咪菊酯 35, 96, 133, 136, 154, 171, 176, 184, 185, 194, 195, 213, 214, 215, 231, 280, 281, 282, 293, 294, 330, 511, 544, 607, 673, 680, 714, 729, 1036, 1131, 1158, 1160, 1162, 1175, 1212, 1239

壬菌铜 1021, 1111

乳氟禾草灵 50, 85, 98, 99, 151, 396, 430, 432, 523, 524, 599, 678, 834, 911, 953, 969, 990, 995, 1050, 1179, 1218

噻苯隆 9, 10, 122, 148, 268, 269, 299, 301, 326, 343, 363, 385, 402, 418, 513, 526, 530, 531, 539, 550, 552, 599, 600, 601, 602, 603, 613, 614, 647, 658, 675, 685, 686, 696, 736, 804, 836, 882, 901, 975, 1052, 1069, 1077, 1083, 1090, 1124, 1139, 1150, 1151, 1170, 1201, 1260

噻虫胺 34, 110, 178, 222, 226, 241, 251, 269, 322, 553, 679, 718, 871

噻虫啉 11, 197, 210, 338, 594, 623, 679, 685, 727, 736, 749, 797, 853, 920, 921, 1071, 1097, 1102, 1254

噻虫嗪 37, 39, 40, 41, 53, 54, 55, 64, 71, 73, 81, 86, 95, 103, 110, 119, 120, 138, 150, 157, 166, 168, 189, 200, 210, 226, 250, 261, 264, 267, 268, 269, 270, 274, 276, 283, 290, 300, 301, 305, 316, 326, 334, 338, 339, 343, 354, 362, 369, 389, 409, 414, 460, 465, 469, 472, 473, 486, 489, 498, 509, 510, 515, 518, 522, 523, 526, 531, 536, 540, 546, 552, 553, 554, 557, 561, 562, 565, 588, 589, 592, 594, 634, 647, 648, 653, 658, 662, 675, 679, 682, 686, 696, 697, 699, 703, 706, 718, 727, 736, 749, 752, 753, 773, 796, 797, 801, 809, 811, 820, 850, 854, 868, 875, 883, 896, 897, 912, 919, 920, 921, 930, 931, 932, 944, 948, 955, 983, 995, 998, 1010, 1032, 1036, 1040, 1041, 1048, 1052, 1059, 1060, 1070, 1071, 1072, 1081, 1082, 1095, 1096, 1097, 1098, 1101, 1103, 1106, 1112, 1114, 1115, 1126, 1129, 1130, 1170, 1174, 1184, 1187, 1204, 1219, 1225, 1226, 1233, 1245, 1248, 1255

噻吩磺隆 15, 50, 51, 52, 55, 64, 65, 91, 98, 115, 151, 152, 324, 348, 358, 360, 373, 390, 399, 401, 402, 424, 425, 427, 438, 478, 493, 494, 502, 538, 539, 563, 569, 573, 587, 588, 598, 599, 600, 601, 602, 605, 612, 614, 621, 631, 638, 666, 668, 687, 693, 728, 754, 758, 759, 760, 761, 776, 777, 779, 781, 954, 1078, 1113, 1265

噻呋酰胺 26, 31, 54, 73, 74, 86, 95, 110, 119, 120, 183, 210, 268, 274, 290, 307, 326, 339, 352, 392, 408, 469, 471, 504, 531, 540, 545, 546, 566, 608, 611, 643, 653, 654, 658, 661, 662, 688, 695, 735, 739, 750, 752, 790, 797, 798, 800, 820, 872, 920, 955, 963, 1005, 1011, 1013, 1047, 1060, 1070, 1082, 1095, 1097,

1098, 1103, 1112, 1129, 1218, 1227, 1253, 1257, 1260, 1265, 1267
噻菌灵 37, 99, 204, 339, 361, 514, 515, 520, 522, 555, 639, 651, 985, 1066, 1094, 1135, 1138, 1174, 1218, 1233, 1264
噻菌铜 1240
噻螨酮 29, 56, 107, 119, 121, 134, 161, 162, 180, 187, 199, 205, 217, 254, 259, 268, 284, 333, 343, 374, 408, 418, 467, 469, 516, 543, 567, 568, 569, 583, 585, 586, 592, 605, 747, 755, 793, 796, 814, 815, 819, 826, 839, 848, 866, 873, 874, 885, 900, 902, 917, 928, 929, 936, 943, 948, 963, 1020, 1029, 1030, 1039, 1040, 1043, 1048, 1054, 1061, 1076, 1089, 1091, 1092, 1105, 1109, 1140, 1165, 1232, 1252, 1253, 1266
噻霉酮 553, 1103, 1105, 1106
噻嗪酮 1, 22, 30, 48, 51, 55, 66, 68, 70, 72, 77, 82, 87, 88, 91, 92, 94, 97, 107, 109, 110, 112, 126, 129, 133, 134, 135, 139, 141, 142, 147, 148, 149, 152, 155, 157, 159, 160, 164, 166, 167, 169, 170, 187, 190, 192, 194, 201, 203, 204, 205, 206, 207, 208, 217, 218, 219, 220, 223, 224, 225, 228, 229, 234, 236, 238, 239, 240, 246, 247, 249, 250, 251, 259, 260, 261, 273, 284, 286, 287, 327, 329, 332, 336, 337, 342, 355, 356, 359, 364, 365, 369, 383, 403, 405, 407, 408, 418, 421, 440, 443, 451, 455, 456, 462, 464, 465, 466, 468, 469, 470, 471, 475, 477, 478, 479, 481, 483, 485, 487, 488, 489, 511, 512, 513, 514, 515, 516, 519, 521, 522, 524, 527, 528, 529, 530, 533, 534, 538, 543, 546, 550, 553, 557, 558, 560, 561, 562, 563, 564, 566, 571, 573, 581, 583, 584, 593, 596, 603, 604, 605, 606, 608, 609, 611, 615, 616, 618, 623, 626, 630, 634, 637, 638, 641, 644, 645, 647, 650, 653, 654, 655, 657, 659, 660, 661, 662, 663, 668, 669, 670, 671, 677, 678, 685, 686, 687, 698, 700, 707, 709, 710, 713, 717, 718, 719, 720, 721, 722, 724, 726, 727, 728, 730, 731, 732, 734, 736, 737, 740, 741, 742, 744, 746, 747, 749, 750, 751, 752, 755, 789, 793, 794, 802, 811, 814, 815, 816, 818, 828, 831, 838, 843, 857, 859, 884, 892, 900, 904, 908, 910, 912, 917, 918, 929, 937, 943, 944, 946, 947, 948, 953, 965, 978, 980, 997, 999, 1002, 1003, 1004, 1005, 1009, 1012, 1019, 1024, 1025, 1029, 1039, 1041, 1042, 1044, 1045, 1046, 1048, 1050, 1051, 1052, 1053, 1054, 1055, 1056, 1061, 1065, 1066, 1067, 1073, 1080, 1081, 1083, 1084, 1085, 1087, 1090, 1091, 1094, 1097, 1098, 1099, 1101, 1104, 1106, 1107, 1109, 1110, 1112, 1113, 1117, 1125, 1129, 1133, 1138, 1144, 1164, 1167, 1172, 1182, 1190, 1196, 1204, 1209, 1210, 1212, 1214, 1220, 1221, 1222, 1227, 1229, 1234, 1240, 1241, 1242, 1243, 1245, 1246, 1251, 1253, 1254, 1256, 1257, 1258, 1261, 1264, 1265
噻森铜 1229
噻唑膦 21, 32, 119, 167, 173, 193, 274, 290, 291, 301, 321, 322, 326, 354, 462, 471, 497, 539, 556, 557, 727, 739, 753, 796, 820, 828, 843, 866, 893, 896, 912, 919, 920, 921, 930, 968, 972, 1000, 1013, 1047, 1072, 1083, 1096, 1102, 1184, 1223, 1259
噻唑锌 1272
三苯基氢氧化锡 1233
三苯基乙酸锡 1233
三氟啶磺隆钠盐 40
三氟甲吡醚 34
三氟羧草醚 45, 99, 225, 523, 525, 757, 758, 766, 767, 768, 769, 813, 897, 952, 1218, 1219
三环唑 23, 30, 41, 48, 56, 63, 64, 65, 68, 77, 78, 82, 87, 92, 94, 95, 97, 117, 123, 126, 129, 150, 153, 158, 160, 161, 164, 166, 174, 189, 190, 199, 200, 202, 204, 208, 216, 217, 236, 237, 243, 246, 247, 252, 255, 258, 272, 342, 347, 376, 378, 383, 386, 403, 404, 410, 421, 422, 436, 450, 451, 462, 466, 470, 482, 486, 487, 504, 512, 514, 515, 523, 524, 528, 529, 531, 532, 533, 538, 539, 540, 543, 545, 546, 556, 558, 562, 564, 578, 579, 581, 585, 586, 593, 602, 604, 606, 608, 609, 611, 612, 617, 635, 644, 645, 649, 650, 655, 656, 657, 663, 665, 671, 676, 677, 707, 710, 712, 717, 719, 720, 721, 723, 724, 725, 734, 737, 738, 740, 744, 746, 750, 751, 752, 792, 803, 805, 853, 877, 878, 884, 891, 902, 939, 967, 991, 999, 1007, 1011, 1015, 1030, 1031, 1035, 1036, 1039, 1043, 1048, 1053, 1062, 1064, 1068, 1070, 1075, 1080, 1081, 1091, 1097, 1103, 1104, 1112, 1114, 1117, 1126, 1128, 1133, 1138, 1139, 1140, 1146, 1148, 1151, 1153, 1154, 1162, 1163, 1164, 1165, 1167, 1168, 1171, 1172, 1173, 1182, 1189, 1194, 1203, 1205, 1209, 1215, 1220, 1222, 1223, 1225, 1228, 1229, 1236, 1240, 1242, 1246, 1250, 1251, 1258, 1260
三甲苯草酮 639, 677, 784
三氯吡氧乙酸 23, 317, 425, 465, 686, 724, 1146, 1155, 1156, 1226
三氯吡氧乙酸丁氧基乙酯 465, 694, 983, 1146

三氯杀虫酯　453
三氯杀螨醇　29, 63, 83, 158, 276, 369, 373, 378, 380, 389, 391, 406, 442, 509, 569, 586, 659, 673, 674, 739, 871, 873, 880, 883, 896, 933, 1018, 1031, 1163, 1185, 1188, 1192, 1193, 1266
三氯杀螨砜　791
三氯异氰尿酸　480, 705, 1177
三十烷醇　215, 221, 222, 277, 378, 761, 956, 964, 995, 1107, 1149, 1220
三乙膦酸铝　11, 22, 49, 65, 68, 78, 80, 90, 94, 110, 111, 127, 138, 141, 142, 157, 162, 166, 204, 209, 258, 260, 276, 284, 289, 307, 316, 336, 366, 370, 378, 389, 399, 404, 405, 416, 426, 431, 435, 438, 476, 483, 503, 592, 616, 681, 683, 684, 705, 708, 780, 783, 787, 796, 802, 807, 814, 818, 826, 828, 830, 840, 844, 849, 851, 857, 873, 884, 885, 893, 897, 902, 904, 908, 925, 927, 929, 933, 946, 951, 952, 953, 956, 958, 961, 964, 965, 979, 980, 987, 992, 995, 1001, 1015, 1019, 1025, 1047, 1048, 1050, 1053, 1057, 1061, 1064, 1065, 1066, 1070, 1075, 1076, 1082, 1088, 1091, 1092, 1098, 1104, 1105, 1111, 1134, 1138, 1140, 1149, 1150, 1153, 1169, 1175, 1178, 1189, 1192, 1193, 1194, 1195, 1198, 1222, 1235, 1253, 1260, 1266, 1271
三唑醇　10, 56, 263, 338, 495, 499, 556, 559, 560, 561, 596, 652, 832, 885, 1135, 1152
三唑磷　48, 50, 52, 58, 60, 63, 65, 67, 69, 70, 73, 76, 82, 83, 87, 89, 90, 92, 96, 97, 98, 99, 102, 104, 112, 118, 124, 125, 127, 133, 135, 142, 149, 150, 156, 161, 163, 165, 189, 192, 199, 206, 217, 218, 223, 224, 227, 228, 229, 23 3, 236, 237, 238, 239, 243, 244, 248, 249, 252, 273, 284, 296, 297, 303, 304, 312, 316, 323, 332, 333, 336, 343, 356, 357, 358, 367, 369, 372, 376, 378, 380, 381, 388, 397, 399, 400, 402, 404, 409, 410, 411, 412, 416, 418, 419, 420, 436, 441, 443, 444, 445, 447, 449, 452, 454, 457, 458, 459, 460, 466, 467, 471, 472, 474, 475, 476, 477, 478, 479, 484, 485, 517, 523, 524, 525, 528, 529, 534, 537, 541, 546, 564, 567, 568, 573, 578, 581, 582, 593, 605, 608, 609, 611, 618, 620, 622, 631, 635, 640, 652, 654, 657, 660, 663, 671, 694, 709, 710, 711, 712, 715, 716, 717, 720, 721, 723, 724, 725, 726, 727, 728, 729, 730, 731, 732, 733, 734, 737, 738, 739, 740, 741, 742, 743, 744, 745, 746, 749, 750, 751, 755, 756, 760, 771, 772, 791, 802, 804, 806, 807, 818, 822, 823, 830, 835, 838, 839, 844, 849, 851, 862, 874, 878, 879, 880, 883, 891, 892, 901, 919, 933, 936, 938, 942, 945, 946, 950, 956, 959, 961, 963, 976, 987, 995, 996, 1003, 1010, 1013, 1016, 1049, 1050, 1056, 1066, 1068, 1079, 1080, 1081, 1083, 1088, 1092, 1106, 1117, 1120, 1121, 1122, 1125, 1140, 1142, 1145, 1152, 1155, 1163, 1166, 1167, 1172, 1209, 1219, 1221, 1223, 1224, 1228, 1229, 1230, 1241, 1245, 1246, 1266, 1269, 1271, 1272
三唑酮　9, 21, 48, 56, 58, 62, 63, 67, 68, 70, 78, 91, 97, 117, 149, 158, 159, 190, 191, 199, 203, 253, 255, 269, 271, 279, 289, 292, 302, 305, 320, 328, 330, 333, 348, 349, 350, 351, 353, 356, 358, 359, 365, 366, 371, 373, 374, 375, 376, 377, 381, 385, 386, 387, 389, 390, 391, 393, 394, 396, 397, 399, 403, 404, 409, 410, 413, 414, 415, 416, 417, 418, 419, 424, 431, 436, 440, 451, 454, 461, 470, 485, 512, 516, 524, 527, 528, 529, 531, 534, 537, 541, 545, 556, 557, 558, 560, 562, 566, 567, 581, 587, 592, 595, 605, 606, 608, 611, 618, 620, 640, 643, 644, 645, 650, 651, 652, 654, 655, 656, 663, 667, 670, 677, 689, 696, 698, 699, 707, 745, 776, 794, 796, 800, 801, 806, 836, 841, 845, 850, 851, 854, 856, 865, 868, 872, 883, 885, 891, 926, 938, 956, 961, 963, 964, 968, 969, 985, 987, 1011, 1012, 1026, 1027, 1032, 1036, 1038, 1039, 1041, 1054, 1056, 1063, 1078, 1092, 1098, 1106, 1110, 1118, 1125, 1128, 1132, 1139, 1141, 1144, 1148, 1149, 1151, 1152, 1153, 1162, 1164, 1168, 1173, 1179, 1194, 1205, 1206, 1219, 1220, 1242, 1258
三唑锡　71, 79, 95, 101, 106, 107, 109, 121, 140, 142, 143, 158, 159, 160, 161, 169, 180, 190, 191, 192, 202, 203, 204, 208, 210, 246, 259, 267, 284, 312, 326, 336, 337, 338, 364, 367, 401, 402, 404, 411, 415, 467, 560, 561, 647, 652, 654, 714, 721, 745, 750, 764, 792, 794, 814, 818, 830, 843, 845, 847, 853, 856, 857, 865, 869, 871, 872, 873, 878, 890, 899, 902, 904, 908, 910, 927, 928, 934, 937, 944, 947, 954, 966, 980, 986, 994, 996, 1004, 1006, 1015, 1019, 1023, 1024, 1025, 1026, 1027, 1028, 1029, 1033, 1036, 1038, 1039, 1042, 1046, 1049, 1053, 1054, 1055, 1058, 1063, 1065, 1066, 1068, 1069, 1072, 1073, 1075, 1081, 1087, 1089, 1090, 1091, 1095, 1098, 1099, 1104, 1106, 1110, 1144, 1155, 1179, 1182, 1220, 1232, 1234, 1235
杀草胺　1266
杀虫安　1254

杀虫单 51, 58, 59, 60, 62, 63, 66, 68, 78, 88, 91, 92, 94, 97, 101, 102, 106, 107, 115, 116, 122, 123, 124, 126, 130, 132, 138, 149, 154, 163, 170, 172, 177, 183, 216, 217, 218, 221, 233, 234, 237, 243, 248, 251, 252, 255, 256, 260, 277, 291, 312, 320, 332, 342, 350, 352, 356, 357, 360, 366, 367, 380, 381, 404, 405, 406, 413, 414, 416, 418, 440, 444, 445, 447, 449, 453, 455, 457, 458, 461, 462, 464, 465, 466, 472, 474, 481, 482, 484, 486, 489, 512, 514, 524, 527, 528, 530, 534, 537, 538, 546, 548, 550, 555, 556, 557, 562, 566, 567, 573, 575, 581, 588, 595, 605, 606, 608, 609, 611, 612, 617, 618, 620, 635, 637, 640, 645, 650, 651, 655, 656, 657, 658, 660, 661, 667, 668, 677, 687, 694, 707, 712, 717, 720, 723, 730, 737, 739, 741, 744, 745, 748, 749, 756, 771, 776, 777, 802, 838, 892, 893, 898, 900, 903, 930, 936, 949, 961, 976, 979, 1018, 1019, 1029, 1033, 1039, 1044, 1060, 1061, 1083, 1089, 1104, 1109, 1112, 1118, 1119, 1120, 1121, 1146, 1151, 1163, 1166, 1209, 1220, 1222, 1227, 1229, 1245, 1246, 1251, 1254, 1257, 1258, 1259, 1260
杀虫环 30, 667, 706, 1081
杀虫双 56, 57, 58, 59, 61, 66, 78, 82, 123, 124, 125, 126, 129, 138, 150, 154, 169, 177, 179, 181, 211, 212, 217, 219, 223, 227, 229, 230, 235, 237, 238, 241, 242, 244, 245, 246, 334, 406, 410, 424, 443, 450, 454, 459, 462, 465, 466, 469, 472, 475, 481, 484, 486, 489, 511, 512, 513, 529, 547, 550, 566, 581, 621, 640, 667, 668, 669, 679, 687, 709, 710, 715, 720, 738, 741, 749, 755, 842, 1031, 1074, 1090, 1121, 1139, 1141, 1145, 1146, 1152, 1154, 1158, 1162, 1164, 1167, 1169, 1171, 1172, 1213, 1220, 1227
杀虫畏 318
杀铃脲 54, 503, 504, 587, 679, 797
杀螺胺 85, 91, 101, 141, 160, 229, 259, 510, 514, 515, 562, 563, 598, 619, 626, 638, 724, 796, 803, 847, 908, 930, 1052, 1053, 1077, 1263
杀螺胺乙醇胺盐 54, 91, 101, 153, 162, 176, 196, 233, 240, 241, 246, 329, 405, 474, 510, 516, 566, 573, 648, 658, 712, 721, 723, 731, 739, 742, 747, 884, 985, 1055, 1168, 1225, 1243
杀螟丹 33, 34, 48, 59, 60, 85, 101, 109, 150, 161, 191, 193, 204, 216, 225, 236, 246, 257, 259, 301, 367, 392, 452, 459, 472, 488, 489, 512, 522, 549, 597, 598, 618, 635, 667, 668, 707, 713, 717, 721, 722, 724, 727, 734, 745, 794, 809, 917, 926, 943, 953, 982, 1042, 1054, 1064, 1066, 1083, 1092, 1116, 1133, 1136, 1137, 1178, 1183, 1186, 1189, 1195, 1227, 1242
杀螟硫磷 35, 48, 169, 171, 172, 213, 223, 224, 227, 230, 238, 244, 245, 273, 342, 377, 406, 410, 468, 481, 544, 566, 582, 652, 657, 666, 685, 704, 705, 708, 709, 712, 715, 716, 740, 751, 792, 838, 848, 883, 916, 917, 1012, 1065, 1077, 1129, 1132, 1136, 1157, 1164, 1180, 1195, 1216, 1218, 1235, 1236, 1256
杀扑磷 43, 105, 107, 141, 142, 159, 203, 204, 327, 387, 401, 404, 550, 585, 659, 660, 666, 669, 746, 755, 794, 798, 802, 824, 852, 946, 947, 951, 953, 986, 1019, 1020, 1050, 1054, 1064, 1065, 1066, 1087, 1107, 1191, 1220, 1222, 1224, 1229, 1232, 1234, 1261, 1265, 1269
杀鼠灵 310, 661, 1174
杀鼠醚 7, 113, 114, 245, 311, 505, 661
莎稗磷 9, 44, 173, 174, 335, 421, 422, 428, 430, 432, 434, 493, 496, 498, 499, 763, 764, 768, 769, 770, 784, 836, 877, 951, 1083, 1239
蛇床子素 81, 90, 295, 452, 565, 641, 661, 662, 787, 1027, 1060
申嗪霉素 457, 753, 1122
生物苄呋菊酯 1175
生物烯丙菊酯 213, 214
虱螨脲 37, 38, 41, 54, 55, 240, 268, 339, 504, 510, 515, 540, 544, 563, 588, 678, 685, 749, 790, 791, 797, 809, 944, 963, 984, 1020, 1219, 1260
十三吗啉 3, 142, 162, 206, 254, 531, 578, 587, 695, 929, 1044, 1055, 1066, 1078, 1123, 1259
石硫合剂 294, 295, 314, 454, 456, 770, 848, 945, 1047, 1065, 1078, 1084, 1140, 1162, 1166, 1170, 1171, 1177, 1185, 1188, 1197, 1201
噬菌核霉 701
双草醚 35, 53, 57, 65, 80, 85, 86, 92, 99, 100, 194, 240, 267, 306, 335, 338, 392, 408, 428, 442, 466, 469, 478, 486, 487, 489, 496, 510, 539, 558, 564, 578, 600, 601, 603, 605, 613, 614, 634, 638, 639, 649, 677, 678, 748, 752, 882, 897, 945, 956, 970, 983, 984, 990, 991, 1014, 1081, 1082, 1097, 1101, 1139, 1212, 1241, 1263, 1271
双氟磺草胺 24, 25, 26, 54, 73, 86, 93, 148, 340, 355, 358, 365, 510, 554, 565, 598, 601, 639, 640, 643, 785, 790, 852, 897, 899, 907, 918, 920, 945, 946, 976,

982, 985, 1070, 1072, 1082, 1103, 1115, 1156, 1225, 1233
双胍三辛烷基苯磺酸盐 29, 589
双甲脒 28, 162, 190, 266, 279, 323, 514, 515, 544, 584, 585, 604, 609, 667, 668, 731, 811, 861, 867, 907, 917, 943, 956, 1001, 1040, 1054, 1064, 1133, 1165, 1190, 1218
双硫磷 7, 283
双炔酰菌胺 38, 39, 40, 704
双酰草胺 309
霜霉威 113, 122, 248, 516, 576, 716, 793, 933, 943, 946, 978, 999, 1021, 1049, 1052, 1087, 1128, 1186, 1221
霜霉威盐酸盐 2, 9, 10, 97, 125, 141, 159, 190, 191, 203, 210, 254, 343, 395, 397, 420, 432, 517, 576, 758, 815, 842, 876, 891, 911, 916, 954, 962, 967, 997, 1002, 1024, 1026, 1040, 1043, 1050, 1052, 1053, 1054, 1063, 1077, 1086, 1087, 1105, 1111, 1134, 1140, 1156, 1178, 1182, 1193, 1194, 1208, 1223, 1232, 1233, 1260
霜脲氰 2, 16, 23, 102, 107, 108, 117, 127, 128, 143, 146, 159, 169, 190, 191, 193, 209, 225, 234, 248, 254, 255, 258, 262, 289, 293, 303, 309, 315, 318, 320, 342, 345, 368, 386, 387, 401, 403, 423, 435, 436, 444, 494, 517, 518, 585, 588, 594, 597, 622, 633, 649, 681, 682, 683, 684, 699, 719, 727, 746, 771, 784, 788, 789, 807, 809, 830, 837, 858, 871, 878, 880, 883, 889, 899, 902, 912, 927, 948, 952, 958, 964, 968, 985, 986, 993, 1027, 1028, 1038, 1048, 1051, 1052, 1063, 1071, 1072, 1076, 1086, 1088, 1092, 1101, 1102, 1106, 1110, 1113, 1116, 1118, 1119, 1124, 1125, 1134, 1135, 1141, 1147, 1181, 1185, 1188, 1196, 1198, 1206, 1213, 1232, 1255, 1260
水胺硫磷 113, 124, 130, 249, 279, 284, 300, 304, 319, 321, 333, 375, 376, 377, 381, 385, 446, 455, 458, 460, 489, 496, 581, 609, 620, 812, 879, 977
顺-11-十六碳烯醛 1215
顺-9-十六碳烯醛 1215
顺式氯氰菊酯 3, 4, 6, 7, 14, 18, 19, 42, 44, 45, 46, 111, 122, 156, 170, 179, 182, 183, 213, 224, 232, 257, 292, 297, 322, 347, 356, 394, 418, 474, 546, 547, 608, 621, 624, 625, 641, 643, 688, 689, 691, 732, 815, 911, 951, 959, 987, 1002, 1019, 1076, 1092, 1123, 1130, 1137, 1157, 1161, 1163, 1180, 1182, 1189, 1218, 1241
四氟苯菊酯 7, 27, 28, 125, 133, 137, 144, 155, 172, 184, 186, 195, 214, 215, 221, 231, 244, 261, 262, 263, 265, 280, 281, 282, 291, 293, 299, 366, 475, 480, 481, 509, 511, 544, 671, 672, 675, 809, 880, 922, 923, 924, 1131, 1158, 1159, 1160, 1175, 1258
四氟丙酸钠 1238
四氟甲醚菊酯 13, 35, 81, 96, 130, 132, 133, 135, 145, 155, 171, 185, 195, 231, 232, 280, 281, 295, 330, 481, 607, 680, 708, 714, 729, 753, 1131, 1159, 1162, 1211, 1212, 1239, 1241, 1273
四氟醚菊酯 81, 140, 179, 231, 280, 465, 514, 607, 673, 675, 729, 1158, 1159, 1237, 1239
四氟醚唑 44, 1227, 1252, 1253
四聚乙醛 12, 35, 125, 126, 162, 164, 193, 196, 205, 209, 240, 241, 374, 510, 542, 543, 556, 573, 650, 651, 670, 705, 711, 726, 748, 796, 816, 828, 846, 879, 884, 916, 931, 944, 996, 1004, 1019, 1057, 1076, 1081, 1122, 1123, 1129, 1151, 1156, 1171, 1209, 1226, 1242, 1243
四氯虫酰胺 785
四螨嗪 43, 141, 142, 158, 159, 161, 165, 166, 180, 191, 202, 203, 209, 259, 267, 275, 290, 306, 307, 310, 333, 337, 338, 357, 391, 405, 479, 516, 559, 560, 561, 567, 622, 623, 631, 646, 718, 746, 798, 801, 814, 817, 820, 843, 862, 868, 873, 874, 886, 913, 926, 935, 948, 955, 1001, 1004, 1018, 1023, 1028, 1031, 1039, 1042, 1043, 1054, 1058, 1061, 1063, 1066, 1075, 1081, 1084, 1098, 1099, 1104, 1111, 1135, 1144, 1179, 1183, 1189, 1191, 1210, 1211, 1251
四霉素 780
四水八硼酸二钠 22
四溴菊酯 675
松毛虫赤眼蜂 114, 138
松毛虫质型多角体病毒 454, 462
松脂酸钠 140, 406, 1213, 1215, 1220, 1237, 1245
松脂酸铜 250, 260, 385, 485, 820, 857, 961, 1196
苏云金杆菌 27, 80, 94, 103, 106, 127, 132, 138, 149, 160, 161, 170, 180, 186, 188, 190, 204, 215, 242, 248, 265, 281, 283, 347, 361, 383, 384, 389, 402, 412, 421, 425, 433, 436, 442, 443, 444, 445, 449, 452, 453, 454, 456, 457, 459, 463, 464, 465, 473, 474, 476, 527, 529, 531, 544, 550, 565, 655, 657, 660, 676, 688, 705, 710, 711, 713, 714, 716, 724, 734, 737, 739, 740, 741, 746, 752, 754, 792, 802, 810, 811, 817, 820, 826, 846,

852, 855, 861, 866, 874, 880, 881, 891, 903, 916, 926, 928, 929, 938, 942, 949, 957, 958, 960, 978, 979, 989, 992, 999, 1000, 1018, 1025, 1028, 1030, 1031, 1036, 1037, 1038, 1060, 1061, 1069, 1090, 1143, 1147, 1166, 1235, 1254, 1256
苏云金杆菌(以色列亚种)　12, 132, 444, 453, 454, 465, 881
速灭威　82, 147, 160, 162, 178, 191, 203, 211, 406, 471, 472, 475, 476, 478, 479, 480, 483, 488, 518, 519, 522, 566, 654, 663, 717, 719, 732, 733, 741, 751, 810, 814, 858, 862, 863, 946, 1038, 1043, 1053, 1058, 1061, 1063, 1074, 1085, 1091, 1092, 1098, 1106, 1112, 1113, 1124, 1128, 1165, 1176, 1245, 1260, 1261
特丁津　94, 982, 1219
特丁净　94, 982, 985
涕灭威　862
田安　179
甜菜安　183, 541, 542, 1224, 1226, 1229
甜菜宁　11, 183, 542, 1224, 1226, 1229
甜菜夜蛾核型多角体病毒　366, 462, 463
土菌灵　183
王铜　2, 29, 149, 336, 385, 485, 586, 587, 719, 720, 732, 855, 892, 941, 957, 978, 1022, 1062, 1077, 1082, 1202, 1204, 1221, 1226, 1233
威百亩　684, 776, 1022
萎锈灵　14, 50, 52, 98, 99, 182, 264, 496, 549, 594, 619, 705, 912, 970, 990, 1049, 1050, 1053, 1078, 1088, 1179, 1201, 1242
肟菌酯　7, 11, 634, 932, 1098, 1103
五氟磺草胺　25, 26, 119, 120, 699, 1136
五氯硝基苯　164, 192, 248, 435, 439, 669, 795, 884, 899, 934, 1026, 1029, 1032, 1035, 1039, 1149, 1201
戊菌唑　44, 797, 1227, 1233, 1253
戊唑醇　7, 9, 10, 11, 14, 21, 22, 23, 43, 44, 53, 59, 62, 66, 67, 72, 73, 75, 81, 82, 86, 88, 89, 94, 95, 101, 103, 108, 109, 110, 119, 120, 130, 131, 137, 138, 142, 143, 147, 157, 163, 165, 167, 168, 173, 174, 188, 189, 193, 194, 200, 207, 208, 209, 220, 226, 240, 247, 257, 260, 261, 263, 264, 273, 274, 290, 302, 307, 316, 326, 329, 333, 337, 347, 352, 355, 358, 362, 385, 393, 394, 398, 399, 407, 409, 421, 424, 426, 434, 439, 465, 469, 494, 495, 496, 497, 498, 502, 506, 509, 514, 518, 520, 522, 530, 531, 532, 535, 539, 542, 545, 546, 552, 556, 558, 559, 560, 561, 562, 563, 565, 566, 568, 569, 586, 587, 588, 589, 592, 594, 595, 596, 598, 608, 610, 619, 632, 636, 637, 638, 646, 652, 653, 654, 658, 661, 662, 667, 669, 678, 681, 682, 694, 695, 696, 697, 699, 706, 718, 727, 736, 739, 748, 749, 752, 773, 780, 781, 783, 784, 786, 789, 795, 800, 801, 804, 811, 815, 816, 817, 819, 820, 821, 824, 825, 828, 829, 831, 832, 834, 839, 842, 843, 844, 845, 850, 854, 857, 859, 864, 865, 866, 867, 875, 877, 894, 895, 907, 913, 917, 919, 927, 930, 932, 935, 937, 939, 941, 943, 944, 947, 949, 950, 955, 961, 963, 970, 975, 979, 982, 987, 988, 989, 990, 993, 994, 995, 996, 997, 998, 1004, 1005, 1008, 1010, 1013, 1014, 1017, 1023, 1024, 1027, 1032, 1033, 1034, 1035, 1040, 1041, 1045, 1046, 1047, 1051, 1055, 1056, 1057, 1058, 1059, 1060, 1065, 1067, 1068, 1069, 1070, 1071, 1072, 1080, 1081, 1086, 1093, 1094, 1095, 1096, 1097, 1099, 1100, 1101, 1102, 1103, 1104, 1105, 1106, 1107, 1108, 1109, 1110, 1111, 1114, 1115, 1117, 1122, 1123, 1124, 1126, 1129, 1136, 1141, 1144, 1147, 1152, 1153, 1172, 1174, 1176, 1183, 1184, 1187, 1196, 1201, 1205, 1208, 1216, 1217, 1218, 1219, 1225, 1230, 1231, 1237, 1241, 1245, 1247, 1252, 1254, 1257, 1261, 1266, 1267, 1270, 1272
西草净　366, 422, 428, 491, 493, 499, 500, 501, 502, 506, 603, 760, 762, 764, 780, 833, 1249, 1274
西玛津　93, 505, 506, 836, 972, 981, 982, 1249, 1250, 1273, 1274
烯丙苯噻唑　30, 706, 1199
烯丙菊酯　136, 236, 483, 650, 1139
烯草酮　28, 52, 61, 64, 71, 72, 75, 98, 100, 118, 122, 151, 267, 296, 301, 309, 317, 333, 335, 343, 349, 355, 370, 392, 394, 412, 423, 425, 427, 429, 434, 441, 465, 477, 496, 523, 526, 534, 550, 551, 552, 583, 584, 596, 597, 613, 622, 633, 638, 654, 664, 677, 678, 747, 757, 758, 759, 761, 764, 769, 777, 780, 781, 783, 784, 785, 788, 800, 809, 821, 823, 831, 833, 869, 872, 887, 905, 906, 935, 940, 941, 950, 952, 969, 982, 983, 985, 986, 989, 991, 993, 997, 1022, 1032, 1079, 1139, 1166, 1195, 1219, 1222, 1223, 1233, 1254
烯啶虫胺　22, 53, 80, 90, 103, 110, 112, 119, 147, 167, 188, 194, 210, 235, 240, 241, 251, 261, 270, 309, 365, 407, 408, 421, 438, 471, 478, 523, 531, 535, 540, 558, 562, 580, 582, 594, 629, 632, 641, 670, 692, 694, 695, 720, 727, 736, 739, 752, 779, 797, 812, 825, 867, 869, 871, 896, 920, 932, 1005, 1046, 1059, 1071,

1072, 1095, 1096, 1097, 1098, 1102, 1103, 1117, 1172, 1184, 1217, 1233, 1248, 1260
烯禾啶 29, 30, 121, 173, 199, 296, 297, 317, 318, 332, 425, 427, 429, 430, 431, 432, 434, 437, 492, 526, 550, 629, 764, 767, 771, 780, 781, 785, 786, 792, 793, 804, 825, 833, 906, 940, 952, 975, 989, 990, 1006, 1068, 1079, 1200
烯肟菌胺 697, 783, 784
烯肟菌酯 782, 783, 784
烯酰吗啉 3, 4, 5, 6, 50, 51, 98, 102, 103, 106, 107, 119, 131, 141, 142, 143, 146, 150, 164, 166, 168, 193, 206, 207, 208, 209, 210, 220, 229, 253, 257, 258, 260, 261, 272, 273, 286, 288, 291, 295, 308, 316, 321, 327, 329, 336, 343, 352, 366, 394, 404, 406, 416, 419, 442, 451, 467, 478, 487, 498, 520, 521, 522, 523, 524, 537, 540, 545, 551, 552, 553, 557, 558, 561, 586, 587, 588, 589, 594, 597, 616, 623, 649, 676, 679, 684, 718, 719, 723, 726, 727, 736, 739, 748, 749, 776, 793, 795, 798, 801, 808, 809, 811, 813, 815, 816, 819, 825, 826, 829, 831, 834, 839, 845, 850, 852, 854, 856, 858, 859, 861, 875, 878, 886, 892, 894, 896, 899, 901, 903, 911, 921, 927, 928, 930, 932, 934, 935, 936, 937, 939, 940, 942, 946, 947, 948, 949, 952, 953, 954, 955, 961, 970, 976, 977, 984, 988, 989, 990, 991, 993, 994, 996, 998, 1000, 1003, 1004, 1005, 1008, 1013, 1017, 1020, 1022, 1033, 1036, 1040, 1043, 1044, 1045, 1046, 1047, 1048, 1052, 1056, 1057, 1058, 1060, 1065, 1067, 1068, 1071, 1080, 1085, 1093, 1094, 1096, 1099, 1100, 1102, 1103, 1105, 1107, 1108, 1110, 1114, 1136, 1141, 1142, 1145, 1151, 1155, 1156, 1163, 1171, 1172, 1182, 1183, 1187, 1189, 1195, 1196, 1201, 1202, 1204, 1221, 1225, 1226, 1248, 1253
烯腺嘌呤 253, 254, 265, 343, 435, 1235
烯效唑 113, 466, 559, 562, 566, 595, 652, 725, 1028, 1151, 1168, 1169, 1206
烯唑醇 56, 65, 74, 84, 88, 149, 180, 191, 234, 238, 256, 302, 320, 343, 361, 379, 397, 448, 495, 496, 521, 522, 525, 526, 543, 550, 559, 561, 563, 596, 609, 637, 641, 644, 645, 652, 669, 686, 712, 776, 797, 811, 956, 1019, 1034, 1061, 1065, 1068, 1077, 1099, 1119, 1138, 1150, 1177, 1196
酰嘧磺隆 10, 600, 601
香菇多糖 112, 118, 361, 364, 399, 407, 426, 437, 633, 733, 739, 765, 780, 828, 883, 893, 930, 976, 998, 1030, 1067, 1145
香芹酚 149, 761, 1145
硝苯菌酯 26
硝虫硫磷 1168
硝磺草酮 21, 22, 23, 38, 39, 41, 53, 54, 63, 64, 67, 68, 71, 75, 77, 80, 85, 86, 89, 93, 100, 119, 120, 148, 152, 153, 174, 194, 197, 285, 290, 322, 331, 335, 343, 349, 354, 355, 356, 358, 364, 365, 384, 385, 392, 393, 394, 395, 412, 423, 425, 428, 430, 431, 433, 439, 441, 442, 462, 492, 493, 494, 497, 498, 508, 510, 513, 518, 523, 527, 535, 536, 539, 588, 594, 601, 603, 614, 684, 688, 694, 704, 748, 762, 763, 768, 769, 770, 772, 778, 781, 784, 797, 800, 804, 809, 821, 822, 823, 824, 825, 834, 835, 836, 843, 852, 853, 868, 870, 872, 878, 887, 890, 893, 894, 899, 907, 909, 912, 931, 941, 945, 955, 972, 976, 984, 985, 991, 995, 997, 1006, 1007, 1008, 1081, 1082, 1096, 1097, 1103, 1170, 1177, 1184, 1187, 1204, 1215, 1218, 1219, 1223, 1233, 1263, 1264, 1267
小檗碱 318, 977, 1145, 1234
小菜蛾颗粒体病毒 366
斜纹夜蛾核型多角体病毒 177, 463
缬霉威 9, 10
辛菌胺 226, 229, 361, 400, 530, 796, 815, 964, 974, 1023, 1039, 1066, 1085, 1086, 1088, 1111, 1250
辛菌胺醋酸盐 191, 292, 361, 400, 817, 897, 903, 1032, 1088
辛硫磷 48, 49, 50, 51, 53, 54, 56, 57, 63, 64, 65, 67, 68, 70, 71, 72, 73, 74, 75, 76, 78, 79, 82, 83, 84, 87, 89, 90, 92, 93, 94, 96, 97, 98, 99, 103, 104, 105, 106, 107, 108, 109, 113, 114, 115, 116, 117, 120, 123, 124, 138, 141, 146, 147, 150, 153, 156, 157, 158, 159, 161, 167, 169, 170, 177, 178, 180, 182, 190, 191, 199, 203, 205, 209, 211, 215, 216, 217, 218, 219, 220, 222, 223, 224, 226, 227, 228, 229, 232, 233, 234, 236, 237, 238, 240, 242, 243, 244, 245, 246, 248, 249, 255, 256, 258, 263, 266, 267, 270, 271, 274, 275, 276, 277, 278, 279, 283, 284, 285, 286, 287, 289, 292, 293, 296, 297, 298, 299, 300, 302, 303, 304, 306, 308, 309, 310, 312, 313, 317, 319, 320, 327, 331, 332, 333, 334 , 338, 340, 341, 342, 344, 345, 346, 347, 349, 350, 351, 352, 353, 354, 356, 357, 358, 359, 360, 361, 363, 364, 366, 367, 368, 369, 370, 372, 373, 374, 375, 376, 377, 378, 380, 381, 382, 383, 384, 385, 386, 387, 388, 390, 391, 392, 395,

396, 397, 399, 400, 404, 405, 409, 410, 411, 412, 413, 414, 415, 417, 418, 419, 420, 422, 423, 426, 437, 440, 444, 445, 447, 450, 455, 458, 459, 461, 462, 465, 466, 467, 468, 470, 472, 474, 476, 480, 481, 483, 485, 486, 503, 512, 516, 517, 518, 525, 526, 527, 528, 531, 533, 537, 540, 541, 545, 546, 549, 555, 556, 557, 564, 565, 566, 571, 572, 573, 577, 578, 579, 583, 593, 597, 599, 609, 611, 612, 617, 618, 620, 621, 622, 624, 632, 635, 637, 640, 645, 646, 648, 650, 651, 656, 657, 658, 659, 660, 662, 666, 667, 670, 677, 687, 688, 690, 691, 694, 696, 705, 709, 710, 712, 714, 715, 716, 717, 720, 724, 725, 726, 727, 729, 731, 733, 737, 738, 739, 740, 741, 743, 745, 746, 749, 750, 751, 754, 755, 759, 760, 761, 764, 771, 774, 777, 788, 789, 790, 792, 793, 794, 799, 800, 802, 805, 806, 807, 811, 813, 817, 818, 822, 823, 824, 826, 830, 833, 834, 836, 837, 838, 841, 842, 844, 845, 846, 847, 848, 849, 851, 854, 855, 856, 861, 862, 866, 868, 869, 870, 871, 872, 873, 874, 876, 878, 879, 880, 881, 882, 883, 884, 885, 886, 891, 893, 894, 896, 898, 901, 902, 903, 905, 908, 910, 912, 913, 914, 915, 916, 925, 927, 929, 933, 936, 938, 939, 942, 943, 945, 949, 952, 953, 956, 959, 960, 961, 962, 963, 964, 965, 966, 967, 968, 971, 972, 977, 978, 979, 980, 987, 991, 992, 994, 999, 1000, 1001, 1008, 1009, 1012, 1013, 1015, 1016, 1018, 1019, 1020, 1021, 1026, 1028, 1029, 1030, 1031, 1032, 1034, 1035, 1037, 1040, 1042, 1047, 1048, 1053, 1054, 1058, 1060, 1061, 1065, 1066, 1075, 1076, 1083, 1086, 1119, 1121, 1129, 1146, 1147, 1150, 1152, 1154, 1157, 1161, 1163, 1164, 1165, 1166, 1173, 1175, 1176, 1178, 1179, 1180, 1182, 1185, 1186, 1187, 1188, 1189, 1194, 1195, 1197, 1200, 1203, 1206, 1209, 1224, 1228, 1230, 1234, 1246, 1266, 1272

辛酰碘苯腈　553

辛酰溴苯腈　61, 173, 301, 333, 342, 492, 523, 525, 527, 543, 549, 551, 592, 594, 599, 700, 889, 981, 1072, 1096, 1097, 1228, 1232, 1233

溴苯腈　550, 551, 553, 578

溴敌隆　12, 111, 112, 113, 129, 147, 175, 178, 231, 245, 311, 345, 347, 357, 377, 389, 390, 397, 398, 402, 403, 415, 434, 661, 754, 755, 765, 775, 1074, 1075, 1106, 1114, 1153, 1197, 1241, 1250

溴甲烷　618, 898, 1254

溴菌腈　343, 669, 747, 795, 816, 819, 989, 1021, 1053, 1059, 1142

溴螨酯　811, 1064, 1068, 1077, 1089, 1216, 1232, 1233

溴氰虫酰胺　17, 41, 1113

溴氰菊酯　7, 8, 9, 41, 42, 44, 45, 52, 54, 71, 77, 78, 81, 83, 87, 88, 96, 103, 114, 115, 123, 124, 126, 129, 131, 134, 144, 146, 154, 160, 163, 169, 175, 176, 179, 190, 200, 204, 207, 216, 217, 218, 219, 220, 221, 223, 225, 229, 232, 234, 236, 237, 243, 245, 252, 291, 293, 297, 298, 310, 327, 330, 349, 350, 356, 369, 370, 371, 372, 379, 388, 405, 411, 431, 451, 453, 467, 473, 475, 483, 485, 508, 515, 520, 522, 525, 528, 529, 544, 555, 564, 577, 578, 583, 585, 588, 589, 594, 605, 608, 621, 624, 625, 633, 646, 650, 659, 660, 661, 671, 672, 673, 674, 675, 686, 689, 690, 691, 692, 696, 707, 722, 729, 741, 745, 760, 764, 765, 787, 792, 806, 810, 838, 848, 866, 870, 910, 921, 922, 951, 956, 986, 991, 1001, 1009, 1012, 1026, 1036, 1041, 1047, 1053, 1064, 1066, 1086, 1090, 1092, 1098, 1111, 1112, 1116, 1135, 1137, 1139, 1140, 1152, 1157, 1158, 1160, 1165, 1176, 1199, 1202, 1207, 1212, 1242, 1251, 1252, 1258, 1266, 1273

溴鼠灵　46, 111, 113, 175, 231, 236, 311, 377, 389, 397, 398, 402, 403, 646, 661, 764, 765, 775, 1075, 1114, 1197, 1228, 1241, 1250

溴硝醇　772

亚胺硫磷　458, 459, 460

亚胺唑　29

烟碱　122, 245, 363, 434, 463, 787, 1204

烟嘧磺隆　32, 33, 49, 52, 53, 55, 57, 61, 62, 64, 65, 67, 68, 69, 72, 75, 77, 79, 80, 82, 83, 85, 88, 91, 95, 99, 100, 104, 106, 107, 116, 118, 121, 122, 129, 146, 148, 152, 162, 173, 253, 265, 267, 278, 279, 283, 285, 289, 296, 300, 301, 306, 308, 312, 317, 322, 324, 327, 328, 329, 331, 332, 333, 335, 341, 342, 343, 344, 348, 349, 350, 351, 354, 355, 358, 359, 362, 363, 364, 365, 370, 371, 374, 379, 380, 383, 384, 385, 387, 388, 390, 391, 392, 393, 394, 395, 402, 406, 412, 414, 417, 423, 424, 425, 427, 429, 430, 433, 438, 439, 460, 469, 477, 490, 492, 493, 494, 496, 497, 498, 499, 500, 507, 508, 522, 523, 526, 527, 529, 534, 535, 538, 545, 549, 550, 551, 553, 564, 570, 572, 586, 588, 589, 591, 594, 598, 600, 601, 603, 609, 612, 613, 616, 619, 622, 641, 649, 652, 658, 664, 668, 670, 678, 693, 694, 708, 728,

736, 761, 762, 763, 764, 768, 769, 772, 773, 777, 778, 779, 781, 784, 786, 792, 799, 800, 803, 804, 807, 808, 809, 819, 820, 821, 822, 823, 824, 825, 830, 833, 834, 835, 849, 852, 855, 868, 869, 870, 871, 872, 877, 882, 886, 887, 890, 894, 897, 898, 900, 903, 905, 907, 908, 909, 911, 912, 938, 940, 941, 942, 945, 949, 950, 951, 953, 955, 958, 959, 960, 969, 970, 974, 975, 979, 980, 984, 990, 992, 993, 995, 996, 997, 999, 1002, 1006, 1007, 1008, 1016, 1019, 1022, 1029, 1065, 1068, 1070, 1072, 1077, 1081, 1082, 1097, 1114, 1155, 1166, 1177, 1178, 1179, 1186, 1187, 1194, 1195, 1200, 1212, 1215, 1216, 1217, 1218, 1229, 1233, 1247, 1254, 1259, 1263, 1265, 1270

盐酸吗啉胍　105, 107, 111, 115, 128, 162, 191, 205, 226, 229, 251, 308, 318, 340, 361, 383, 391, 402, 406, 422, 426, 435, 438, 543, 658, 660, 719, 723, 771, 776, 780, 794, 814, 819, 824, 827, 839, 847, 856, 857, 859, 869, 881, 884, 885, 895, 897, 901, 903, 913, 925, 929, 933, 943, 953, 954, 958, 959, 966, 968, 988, 999, 1002, 1008, 1012, 1015, 1019, 1021, 1025, 1033, 1038, 1039, 1048, 1061, 1066, 1068, 1086, 1088, 1095, 1099, 1116, 1119, 1156, 1169, 1183, 1190, 1196, 1222

氧化亚铜　28, 518, 1190

氧乐果　68, 74, 79, 124, 133, 145, 146, 147, 148, 197, 221, 255, 276, 279, 284, 287, 289, 292, 303, 312, 323, 330, 334, 345, 349, 350, 351, 353, 356, 358, 368, 369, 371, 374, 375, 376, 377, 378, 380, 381, 382, 384, 385, 386, 390, 396, 397, 398, 399, 410, 411, 412, 413, 414, 419, 423, 425, 430, 444, 448, 453, 455, 461, 462, 483, 489, 605, 612, 660, 663, 754, 759, 760, 764, 783, 795, 812, 840, 847, 879, 902, 925, 1025, 1026, 1031, 1036, 1164, 1177, 1186, 1188, 1202, 1210, 1211

野麦畏　20, 149, 634, 664, 685, 985

野燕枯　1073

叶枯唑　87, 451, 461, 1147, 1168, 1220, 1221, 1228, 1240, 1258

依维菌素　1211, 1231

乙草胺　20, 51, 52, 54, 59, 60, 61, 63, 67, 68, 70, 74, 77, 78, 83, 84, 85, 92, 93, 97, 104, 115, 120, 126, 128, 147, 151, 182, 196, 211, 225, 227, 228, 229, 234, 236, 238, 242, 243, 244, 251, 252, 264, 283, 285, 296, 298, 310, 324, 329, 331, 340, 341, 342, 348, 349, 350, 351, 353, 354, 357, 358, 361, 364, 365, 367, 369, 374, 376, 379, 384, 386, 387, 388, 390, 395, 396, 399, 400, 401, 403, 404, 410, 411, 413, 417, 419, 421, 422, 423, 424, 425, 426, 427, 428, 429, 430, 431, 432, 433, 434, 438, 439, 452, 462, 466, 467, 468, 469, 470, 477, 479, 482, 483, 490, 491, 492, 493, 494, 495, 496, 497, 498, 499, 500, 501, 502, 503, 504, 505, 506, 507, 508, 513, 514, 515, 516, 519, 520, 521, 522, 524, 525, 526, 527, 529, 537, 538, 539, 550, 554, 555, 556, 557, 563, 564, 567, 569, 570, 571, 576, 580, 581, 589, 590, 591, 593, 599, 602, 604, 613, 617, 619, 622, 628, 629, 630, 633, 635, 640, 641, 642, 643, 648, 650, 656, 657, 666, 670, 687, 693, 695, 700, 701, 712, 715, 716, 728, 730, 743, 746, 754, 755, 757, 758, 759, 760, 762, 763, 764, 766, 767, 768, 769, 770, 771, 772, 779, 780, 781, 783, 784, 785, 786, 793, 799, 800, 802, 803, 804, 818, 821, 822, 823, 824, 832, 833, 834, 835, 841, 843, 844, 846, 847, 848, 852, 862, 864, 865, 867, 877, 886, 887, 888, 889, 890, 891, 893, 894, 898, 899, 900, 905, 906, 907, 908, 909, 910, 915, 925, 926, 935, 936, 939, 940, 945, 949, 950, 951, 952, 953, 954, 955, 958, 959, 963, 967, 968, 970, 972, 973, 974, 975, 976, 979, 980, 981, 983, 992, 997, 1002, 1006, 1007, 1008, 1009, 1014, 1016, 1019, 1022, 1029, 1091, 1107, 1116, 1117, 1119, 1128, 1152, 1165, 1170, 1177, 1179, 1182, 1187, 1188, 1190, 1200, 1203, 1205, 1210, 1211, 1213, 1214, 1215, 1217, 1218, 1223, 1237, 1238, 1242, 1243, 1246, 1249, 1250, 1251, 1262, 1263, 1264, 1265

乙虫腈　11, 1115, 1130, 1208, 1272

乙基多杀菌素　25, 26

乙螨唑　34, 144, 210, 634

乙霉威　34, 55, 308, 577, 795, 930, 934, 954, 989

乙嘧酚　194, 209, 594, 719, 1142

乙嘧酚磺酸酯　932, 1073, 1112

乙酸铜　107, 111, 128, 162, 191, 205, 308, 318, 340, 391, 402, 406, 422, 435, 438, 485, 543, 658, 660, 794, 814, 819, 824, 827, 847, 856, 857, 859, 869, 874, 881, 884, 885, 891, 895, 897, 901, 913, 925, 933, 943, 954, 958, 959, 966, 968, 988, 999, 1002, 1008, 1012, 1015, 1021, 1025, 1033, 1038, 1048, 1066, 1095, 1099, 1119, 1169, 1190, 1196, 1222

乙蒜素　87, 259, 261, 348, 350, 356, 363, 371, 373, 393, 396, 399, 415, 618, 757, 901, 1184, 1242

乙羧氟草醚　75, 83, 90, 251, 394, 417, 498, 523, 525, 526, 529, 531, 539, 552, 580, 602, 614, 637, 711,

753, 777, 786, 795, 804, 813, 825, 835, 873, 890, 897, 906, 940, 945, 951, 954, 955, 960, 970, 975, 1172, 1177, 1187, 1215, 1265
乙烯利　48, 76, 84, 127, 148, 150, 153, 197, 225, 230, 234, 255, 268, 277, 285, 286, 292, 297, 302, 313, 327, 332, 339, 346, 348, 350, 362, 363, 375, 380, 385, 388, 393, 401, 418, 421, 450, 500, 511, 512, 513, 514, 515, 545, 549, 550, 577, 579, 582, 594, 595, 608, 615, 616, 647, 657, 697, 722, 788, 825, 826, 838, 840, 841, 844, 853, 889, 978, 997, 999, 1028, 1033, 1075, 1099, 1115, 1126, 1138, 1148, 1150, 1151, 1169, 1201, 1205, 1241, 1255
乙酰甲胺磷　45, 111, 114, 124, 125, 153, 176, 181, 197, 200, 231, 236, 276, 285, 292, 296, 297, 298, 314, 319, 320, 321, 332, 377, 403, 410, 411, 418, 426, 430, 432, 446, 448, 449, 458, 462, 474, 475, 484, 489, 545, 564, 575, 577, 587, 617, 618, 625, 655, 656, 660, 661, 690, 695, 712, 724, 737, 740, 751, 773, 774, 776, 778, 829, 864, 865, 873, 882, 942, 984, 985, 1049, 1129, 1130, 1132, 1135, 1138, 1139, 1157, 1168, 1178, 1184, 1188, 1191, 1201, 1210, 1228, 1236, 1242, 1246, 1251, 1252, 1255, 1256, 1261
乙氧呋草黄　542, 1230
乙氧氟草醚　23, 24, 43, 62, 97, 100, 120, 150, 175, 348, 425, 428, 432, 489, 492, 525, 527, 537, 543, 566, 584, 589, 590, 594, 600, 626, 630, 640, 645, 656, 670, 677, 678, 693, 760, 763, 769, 770, 777, 788, 821, 824, 833, 836, 861, 865, 870, 887, 889, 894, 906, 907, 908, 909, 911, 920, 939, 949, 951, 952, 974, 976, 983, 984, 1006, 1016, 1077, 1116, 1118, 1119, 1123, 1137, 1156, 1186, 1195, 1216, 1218, 1221, 1222, 1223, 1225, 1226, 1229, 1238, 1263, 1270
乙氧磺隆　10, 565, 600, 601, 985, 1261
乙唑螨腈　785
异丙草胺　54, 60, 86, 92, 101, 173, 256, 283, 285, 289, 323, 324, 341, 343, 357, 358, 370, 373, 384, 386, 387, 390, 392, 402, 427, 429, 491, 492, 497, 499, 500, 505, 508, 520, 522, 538, 579, 590, 591, 599, 601, 648, 649, 700, 763, 766, 767, 768, 772, 777, 786, 794, 801, 804, 807, 813, 830, 832, 841, 848, 851, 868, 870, 877, 888, 890, 894, 901, 906, 907, 908, 926, 936, 940, 942, 945, 953, 955, 967, 969, 973, 974, 979, 993, 996, 997, 1006, 1009, 1016, 1070, 1081, 1119, 1177, 1249, 1274
异丙甲草胺　23, 61, 93, 121, 128, 131, 240, 253, 275, 348, 354, 362, 369, 379, 388, 392, 393, 405, 417, 421, 423, 429, 460, 467, 473, 477, 514, 515, 520, 521, 522, 534, 540, 549, 575, 576, 579, 580, 628, 630, 715, 728, 744, 757, 758, 763, 770, 786, 802, 805, 821, 824, 831, 833, 834, 835, 836, 846, 854, 876, 882, 887, 890, 894, 905, 908, 909, 913, 935, 936, 940, 950, 955, 958, 967, 975, 981, 982, 990, 991, 993, 1006, 1009, 1016, 1077, 1091, 1103, 1117, 1177, 1178, 1185, 1195, 1210, 1211, 1214, 1218, 1249, 1250, 1258, 1262, 1263
异丙隆　51, 54, 55, 58, 60, 85, 519, 521, 522, 527, 535, 537, 538, 540, 543, 553, 556, 558, 569, 570, 571, 589, 613, 617, 620, 630, 631, 640, 641, 643, 644, 647, 650, 654, 686, 698, 788, 975, 1147, 1214
异丙威　22, 33, 49, 55, 70, 72, 76, 82, 83, 86, 87, 90, 92, 96, 98, 109, 129, 134, 139, 140, 142, 153, 155, 157, 160, 161, 163, 168, 176, 181, 187, 190, 196, 197, 201, 203, 205, 206, 211, 215, 217, 219, 221, 223, 224, 226, 227, 228, 229, 230, 232, 235, 236, 240, 241, 242, 243, 245, 246, 256, 259, 260, 286, 327, 332, 336, 342, 347, 349, 356, 359, 360, 362, 363, 364, 365, 368, 369, 376, 387, 394, 405, 406, 408, 409, 410, 411, 418, 441, 442, 443, 445, 446, 451, 453, 456, 457, 460, 461, 465, 467, 469, 470, 471, 472, 474, 476, 477, 478, 479, 481, 482, 483, 484, 485, 488, 489, 516, 519, 522, 524, 528, 530, 531, 538, 539, 543, 547, 548, 553, 554, 556, 557, 561, 562, 569, 571, 581, 584, 585, 604 , 606, 609, 611, 616, 618, 626, 630, 631, 641, 644, 645, 650, 655, 657, 659, 662, 670, 677, 688, 706, 709, 710, 712, 714, 716, 717, 720, 721, 722, 724, 726, 727, 728, 730, 731, 732, 734, 736, 737, 738, 740, 741, 742, 744, 745, 747, 748, 749, 750, 751, 753, 755, 756, 801, 809, 811, 814, 818, 823, 838, 839, 843, 849, 857, 859, 863, 866, 878, 884, 892, 895, 900, 908, 909, 910, 936, 937, 948, 997, 1001, 1004, 1005, 1009, 1025, 1026, 1038, 1039, 1042, 1043, 1044, 1046, 1048, 1053, 1058, 1061, 1066, 1070, 1071, 1074, 1084, 1087, 1091, 1092, 1099, 1104, 1106, 1110, 1112, 1117, 1129, 1130, 1147, 1164, 1166, 1167, 1190, 1209, 1222, 1227, 1234, 1236, 1237, 1240, 1241, 1245, 1246, 1256, 1260
异丙酯草醚　887, 890
异稻瘟净　77, 82, 160, 211, 216, 221, 232, 236, 342, 410, 451, 462, 470, 474, 481, 485, 524, 532, 538, 556, 581, 585, 657, 709, 715, 716, 719, 725, 728, 729, 730, 738, 740, 742, 743, 744, 751, 788, 1033, 1039, 1053,

1065, 1128, 1167, 1189, 1222, 1228, 1229, 1235, 1236, 1240, 1246, 1258, 1261
异噁草松　18, 19, 50, 51, 52, 61, 62, 65, 67, 99, 148, 151, 152, 172, 173, 194, 242, 285, 296, 323, 324, 401, 424, 425, 427, 428, 429, 430, 431, 434, 472, 492, 494, 497, 500, 502, 516, 518, 523, 524, 525, 526, 537, 555, 562, 578, 579, 580, 586, 588, 600, 621, 622, 642, 671, 686, 715, 759, 764, 766, 767, 768, 769, 770, 773, 780, 781, 782, 785, 786, 790, 794, 804, 821, 822, 825, 832, 833, 835, 843, 877, 889, 890, 898, 901, 906, 935, 936, 940, 951, 955, 969, 970, 975, 983, 989, 990, 991, 993, 999, 1022, 1023, 1138, 1172, 1196, 1231, 1232, 1233, 1263, 1264, 1265, 1266
异噁唑草酮　679, 986, 1219
异菌脲　7, 18, 19, 107, 108, 110, 122, 154, 159, 160, 165, 168, 190, 193, 202, 203, 209, 210, 215, 219, 258, 272, 289, 307, 309, 344, 369, 387, 397, 402, 408, 435, 472, 523, 549, 550, 557, 570, 571, 575, 576, 577, 583, 586, 594, 604, 643, 678, 684, 718, 719, 720, 796, 811, 814, 819, 826, 837, 843, 845, 849, 853, 857, 858, 867, 875, 878, 886, 897, 912, 919, 927, 934, 978, 985, 987, 1002, 1004, 1005, 1007, 1009, 1015, 1023, 1026, 1034, 1035, 1037, 1040, 1042, 1046, 1048, 1052, 1053, 1057, 1062, 1065, 1069, 1076, 1089, 1091, 1098 , 1100, 1106, 1110, 1133, 1135, 1137, 1172, 1178, 1183, 1207, 1263, 1264
抑霉唑　3, 27, 43, 44, 55, 117, 215, 249, 401, 562, 696, 911, 934, 1065, 1068, 1073, 1076, 1092, 1094, 1096, 1174, 1221, 1222, 1223
抑霉唑硫酸盐　44
抑食肼　541, 620, 676, 1018, 1219, 1220
抑芽丹　14, 183, 265, 686, 1022
吲哚丁酸　125, 128, 452, 601, 787, 1150, 1151, 1157, 1169, 1220, 1261, 1263
吲哚乙酸　8, 41, 104, 340
印楝素　103, 188, 256, 295, 352, 383, 462, 682, 775, 867, 958, 1142, 1204, 1207, 1237
茚虫威　16, 21, 22, 23, 43, 54, 70, 73, 86, 89, 91, 95, 101, 110, 134, 144, 148, 167, 194, 210, 240, 268, 274, 301, 305, 322, 338, 344, 408, 423, 460, 486, 489, 498, 509, 516, 522, 523, 526, 527, 530, 539, 546, 561, 562, 565, 569, 592, 594, 608, 618, 634, 641, 646, 647, 653, 658, 661, 662, 675, 679, 688, 692, 695, 730, 753, 796, 809, 812, 854, 896, 899, 920, 921, 931, 932, 963, 984, 989, 998, 1011, 1052, 1057, 1059, 1060, 1071, 1072, 1083, 1097, 1102, 1106, 1130, 1140, 1184, 1217, 1218, 1219, 1220, 1225, 1226, 1233
荧光假单胞杆菌　212, 609, 855, 979
莠灭净　43, 93, 94, 151, 217, 222, 225, 226, 227, 230, 235, 237, 239, 240, 241, 242, 243, 244, 246, 252, 334, 492, 498, 551, 558, 591, 642, 713, 721, 723, 726, 742, 748, 756, 763, 764, 804, 821, 824, 831, 832, 834, 835, 836, 877, 888, 890, 898, 907, 941, 973, 974, 975, 981, 1006, 1050, 1203, 1249, 1250, 1274
莠去津　22, 23, 38, 39, 41, 51, 52, 54, 57, 60, 62, 64, 65, 66, 67, 68, 71, 75, 77, 80, 83, 85, 86, 93, 95, 99, 100, 101, 119, 120, 125, 129, 148, 151, 152, 153, 173, 174, 194, 197, 245, 264, 265, 268, 283, 285, 289, 290, 296, 301, 310, 322, 323, 324, 325, 327, 328, 329, 331, 341, 342, 344, 348, 349, 354, 355, 357, 358, 359, 362, 364, 365, 369, 370, 373, 375, 376, 379, 384, 385, 386, 387, 390, 391, 392, 393, 394, 395, 396, 397, 402, 405, 411, 412, 417, 423, 425, 427, 429, 430, 431, 433, 439, 477, 490, 491, 492, 493, 494, 496, 497, 498, 499, 500, 501, 503, 504, 505, 506, 507, 508, 513, 518, 524, 527, 535, 536, 539, 545, 563, 573, 576, 580, 589, 590, 591, 599, 601, 602, 614, 629, 633, 641, 649, 664, 693, 700, 704, 736, 756, 757, 759, 760, 761, 762, 763, 764, 768, 769, 770, 771, 772, 773, 778, 779, 780, 781, 784, 785, 786, 794, 797, 800, 801, 802, 803, 804, 807, 808, 809, 813, 818, 819, 820, 821, 822, 823, 824, 825, 829, 830, 831, 832, 833, 834, 835, 836, 841, 842, 843, 844, 848, 849, 851, 852, 853, 868, 870, 872, 877, 886, 887, 888, 889, 890, 893, 894, 898, 900, 901, 905, 906, 907, 908, 909, 912, 921, 926, 927, 936, 939, 940, 941, 942, 945, 949, 950, 951, 953, 954, 955, 958, 959, 967, 969, 970, 972, 973, 974, 975, 976, 979, 981, 990, 991, 993, 995, 996, 997, 1002, 1006, 1007, 1009, 1014, 1016, 1019, 1035, 1050, 1070, 1072, 1077, 1081, 1082, 1097, 1103, 1119, 1165, 1166, 1167, 1177, 1179, 1187, 1196, 1202, 1203, 1204, 1212, 1214, 1217, 1248, 1249, 1250, 1259, 1263, 1264, 1265, 1267, 1270, 1273, 1274
右旋胺菊酯　13, 34, 76, 81, 96, 111, 133, 135, 145, 154, 155, 171, 172, 176, 179, 184, 185, 187, 194, 214, 231, 263, 281, 311, 330, 365, 398, 480, 509, 607, 644, 672, 714, 729, 922, 923, 1036, 1124, 1158, 1175
右旋苯醚菊酯　1, 34, 81, 96, 133, 154, 187, 194,

213, 214, 262, 280, 281, 293, 330, 434, 481, 489, 509, 511, 593, 607, 644, 672, 680, 729, 840, 848, 977, 1036, 1118, 1120, 1131, 1132, 1142, 1143, 1159, 1175, 1198, 1212

右旋苯醚氰菊酯　13, 28, 34, 35, 111, 131, 133, 135, 136, 144, 145, 154, 172, 175, 179, 184, 185, 186, 201, 213, 214, 231, 244, 280, 281, 282, 294, 457, 480, 509, 544, 593, 607, 644, 672, 673, 680, 1036, 1158, 1159, 1160, 1162, 1175, 1212, 1239, 1252, 1273

右旋苯氰菊酯　171, 194, 213, 480, 714, 729, 1242

右旋苄呋菊酯　34

右旋反式胺菊酯　145

右旋反式氯丙炔菊酯　112, 195, 210, 607, 673

右旋反式烯丙菊酯　311, 672

右旋烯丙菊酯　34, 90, 131, 145, 174, 175, 183, 195, 213, 214, 231, 262, 263, 265, 280, 281, 282, 508, 672, 679, 680, 729, 1126, 1130, 1131, 1132, 1158, 1161, 1173, 1175, 1258, 1273

右旋烯炔菊酯　28, 35, 184, 214, 509, 672, 1160, 1175, 1199

右旋樟脑　714, 1123

诱虫烯　8, 13, 463, 1112

鱼藤酮　112, 153, 177, 187, 188, 196, 236, 290, 317, 334, 633, 1089, 1204

芸苔素内酯　8, 121, 141, 150, 153, 158, 175, 188, 198, 216, 345, 350, 361, 374, 500, 754, 755, 871, 912, 988, 989, 1034, 1069, 1102, 1103, 1120, 1144, 1169, 1206, 1207, 1237, 1258, 1260

甾烯醇　1083

樟脑　132, 134, 168, 176, 181, 212, 509, 643, 646, 648, 671, 699, 732, 882, 1117, 1118, 1127, 1159, 1199, 1237

蟑螂病毒　463

中生菌素　131, 132, 164, 166, 208, 209, 210, 594, 748, 1004, 1045, 1057, 1058

种菌唑　14

仲丁灵　1, 147, 148, 253, 586, 710, 715, 716, 722, 745, 801, 831, 832, 833, 854, 862, 887, 888, 908, 925, 974, 999, 1022, 1186

仲丁威　72, 76, 80, 82, 85, 87, 94, 104, 150, 160, 161, 187, 203, 206, 211, 216, 217, 224, 226, 228, 229, 233, 235, 237, 239, 241, 242, 246, 250, 251, 260, 366, 387, 405, 410, 442, 446, 450, 471, 472, 473, 476, 481, 484, 485, 488, 520, 522, 537, 546, 547, 556, 561, 594, 603, 620, 646, 662, 670, 671, 677, 709, 710, 713, 715, 716, 717, 724, 726, 730, 731, 732, 737, 738, 740, 741, 744, 745, 751, 752, 788, 802, 861, 863, 879, 909, 958, 967, 980, 1052, 1053, 1054, 1057, 1061, 1063, 1161, 1176, 1181, 1221, 1244, 1246, 1256

唑草酮　19, 22, 23, 53, 68, 80, 100, 148, 285, 324, 331, 335, 355, 358, 364, 371, 385, 402, 518, 540, 578, 600, 601, 642, 643, 835, 852, 984, 986, 990, 1006, 1022, 1070, 1079, 1080, 1097, 1113, 1174, 1187, 1218, 1219, 1263

唑菌酯　785

唑啉草酯　39, 40

唑螨酯　30, 52, 101, 102, 105, 109, 134, 162, 197, 205, 219, 254, 260, 292, 305, 339, 386, 529, 534, 549, 550, 623, 670, 676, 705, 805, 816, 853, 855, 916, 917, 927, 928, 930, 934, 943, 948, 959, 966, 1032, 1034, 1041, 1044, 1048, 1061, 1065, 1067, 1075, 1081, 1089, 1094, 1099, 1100, 1105, 1117, 1172, 1184, 1196

唑嘧磺草胺　25, 100, 340, 565, 601, 639, 685, 797, 956, 984, 985

唑嘧菌胺　6

索 引（二）

（中英文通用名称对照）

1-甲基环丙烯　1-methylcyclopropene(1-MCP)
2,4-滴　2,4-D
2,4-滴丁酯　2,4-D butylate
2,4-滴二甲胺盐　2,4-D dimethyl amine salt
2,4-滴钠盐　2,4-D Na
2,4 滴三乙醇胺盐
2,4-滴异辛酯　2,4-D-ethylhexyl
2,4-二硝基苯酚钾　potassium 2,4-dinitrophenolate
2,4-二硝基苯酚钠　sodium 2,4-dinitrophenolate
2 甲 4 氯　MCPA
2 甲 4 氯二甲胺盐　MCPA-dimethylamine salt
2 甲 4 氯钠　MCPA-sodium
2 甲 4 氯异丙胺盐　MCPA-isopropylamine
2 甲 4 氯异辛酯　MCPA-isooctyl
2-(乙酰氧基)苯甲酸　aspirin
5-硝基邻甲氧基苯酚钠　sodium 5-nitroguaiacolate
C 型肉毒梭菌毒素　暂无
D 型肉毒梭菌毒素　暂无
E-8-十二碳烯乙酯　E-8-dodecen-1-yl acetate
Es-生物烯丙菊酯　esbiothrin
R-烯唑醇　diniconazole-M
S-氰戊菊酯　esfenvalerate
S-生物烯丙菊酯　S-bioallethrin
S-诱抗素　(+)-abscisic acid
Z-8-十二碳烯醇　Z-8-dodecenol
Z-8-十二碳烯醇　Z-8-dodecen-1-ol
Z-8-十二碳烯乙酯　Z-8-dodecen-1-yl acetate
zeta-氯氰菊酯　zeta-cypermethrin
α-氯代醇　3-chloropropan-1,2-diol
α-萘乙酸钠　α-sodium 1-naphthal acitic acid
阿维菌素　abamectin
矮壮素　chlormequat
桉油精　eucalyptol
氨氟乐灵　prodiamine
氨磺乐灵　oryzalin
氨基寡糖素　oligosaccharins
氨氯吡啶酸　picloram
氨氯吡啶酸钾盐　picloram potassium sale
氨唑草酮　amicarbazone
胺苯磺隆　ethametsulfuron
胺菊酯　tetramethrin
胺鲜酯　diethyl aminoethyl hexanoate
八角茴香油　暂无
百草枯　paraquat
百草枯二氯化物　paraquat dichloride
百菌清　chlorothalonil
拌种灵　amicarthiazol
倍硫磷　fenthion
苯丁锡　fenbutatin oxide
苯磺隆　tribenuron-methyl
苯菌灵　benomyl
苯菌酮　暂无
苯醚甲环唑　difenoconazole
苯醚菌酯　暂无
苯醚氰菊酯　cyphenothrin
苯嘧磺草胺　saflufenacil
苯嗪草酮　metamitron
苯噻酰草胺　mefenacet
苯酰菌胺　zoxamide
苯锈啶　fenpropidine
苯唑草酮　topramezone
吡丙醚　pyriproxyfen
吡草醚　pyraflufen-ethyl
吡虫啉　imidacloprid
吡氟禾草灵　fluazifop-butyl
吡氟酰草胺　diflufenican
吡嘧磺隆　pyrazosulfuron-ethyl
吡蚜酮　pymetrozine
吡唑草胺　metazachlor
吡唑醚菌酯　pyraclostrobin
吡唑萘菌胺　isopyrazam
避蚊胺　diethyltoluamide
苄氨基嘌呤　6-benzylamino-purine
苄嘧磺隆　bensulfuron-methyl
丙草胺　pretilachlor
丙环唑　propiconazol
丙硫克百威　benfuracarb
丙硫唑　albendazole
丙嗪嘧磺隆　propyrisulfuron
丙炔噁草酮　oxadiargyl
丙炔氟草胺　flumioxazin
丙森锌　propineb
丙酰芸苔素内酯　暂无
丙溴磷　profenofos

丙酯草醚　暂无
波尔多液　bordeaux mixture
菜青虫颗粒体病毒　pierisrapae granulosis virus (PrGV)
残杀威　propoxur
草铵膦　glufosinate-ammonium
草除灵　benazolin-ethyl
草甘膦　glyphosate
草甘膦铵盐　glyphosate ammonium
草甘膦二甲胺盐　glyphosate dimethylamine salt(暂定)
草甘膦钾盐　glyphosate potassium salt
草甘膦钠盐　glyphosate-Na
草甘膦异丙胺盐　glyphosate-isopropylammonium
茶尺蠖核型多角体病毒　EONPV
茶皂素　tea saporin
柴油　petroleum oil
超敏蛋白　harpin protein
赤霉酸　gibberellic acid
赤霉酸 A3　gibberellic acid(GA3)
赤霉酸 A4＋A7　gibberellic acid A4，A7
虫螨腈　chlorfenapyr
虫酰肼　tebufenozide
除草定　bromacil
除虫菊素　pyrethrins
除虫菊素(Ⅰ＋Ⅱ)　pyrethrin(Ⅰ＋Ⅱ)
除虫脲　diflubenzuron
春雷霉素　kasugamycin
哒螨灵　pyridaben
哒嗪硫磷　pyridaphenthione
大孢绿僵菌　metarhizium majus
大黄素甲醚　暂无
代森铵　amobam
代森联　metiram
代森锰锌　mancozeb
代森锌　zineb
单甲脒　semiamitraz
单甲脒盐酸盐　semiamitraz chloride
单嘧磺隆　暂无
单嘧磺酯　暂无
单氰胺　cyanamide
胆钙化醇　cholecalciferol
淡紫拟青霉　paecilomyces lilacinus
稻丰散　phenthoate
稻瘟灵　isoprothiolane
稻瘟酰胺　fenoxanil
低聚糖素　oligosaccharins
敌百虫　trichlorfon
敌稗　propanil
敌草胺　napropamide
敌草快　diquat
敌草隆　diuron
敌敌畏　dichlorvos
敌磺钠　fenaminosulf
敌鼠钠盐　sodium diphacinone
敌瘟磷　edifenphos
地芬诺酯　difennuozhi
地衣芽孢杆菌　bacillus licheniformis
地中海实蝇引诱剂　trimedlure
调环酸钙　prohexadione calcium
丁草胺　butachlor
丁虫腈　flufiprole
丁氟螨酯　cyflumetofen
丁硫克百威　carbosulfan
丁醚脲　diafenthiuron
丁噻隆　tebuthiuron
丁酰肼　daminozide
丁香菌酯　coumoxystrobin
丁子香酚　eugenol
啶虫脒　acetamiprid
啶磺草胺　pyroxsulam
啶菌噁唑　暂无
啶嘧磺隆　flazasulfuron
啶酰菌胺　boscalid
啶氧菌酯　picoxystrobin
毒草胺　propachlor
毒氟磷　暂无
毒死蜱　chlorpyrifos
短稳杆菌　empedobacter brevis
对二氯苯　p-dichlorobenzene
对氯苯氧乙酸钠　sodium 4-CPA
对硝基苯酚铵　ammonium para-nitrophenolate
对硝基苯酚钾　potassium para-nitrophenolate
对硝基苯酚钠　sodium para-nitrophenolate
盾壳霉　coniothyrium minitans
多菌灵　carbendazim
多抗霉素　polyoxin
多抗霉素 B　polyoxin B

多杀霉素　spinosad
多效唑　paclobutrazol
多粘类芽孢杆菌　paenibacillus polymyza
莪术醇　curcumol
噁草酮　oxadiazon
噁虫威　bendiocarb
噁霉灵　hymexazol
噁嗪草酮　oxaziclomefone
噁霜灵　oxadixyl
噁唑菌酮　famoxadone
噁唑酰草胺　metamifop
耳霉菌　conidioblous thromboides
二甲基二硫醚　dithioether
二甲戊灵　pendimethalin
二氯吡啶酸　clopyralid
二氯喹啉酸　quinclorac
二氯异氰尿酸钠　sodium dichloroisocyanurate
二嗪磷　diazinon
二氰蒽醌　dithianon
酚菌酮　暂无
粉唑醇　flutriafol
砜嘧磺隆　rimsulfuron
呋草酮　flurtamone
呋虫胺　dinotefuran
呋喃虫酰肼　暂无
伏杀硫磷　phosalone
氟苯虫酰胺　flubendiamide
氟吡磺隆　flucetosulfuron
氟吡甲禾灵　haloxyfop
氟吡菌胺　fluopicolide
氟吡菌酰胺　fluopyram
氟吡酰草胺　picolinafen
氟丙菊酯　acrinathrin
氟草隆　fluometuron
氟虫胺　sulfluramid
氟虫腈　fipronil
氟虫脲　flufenoxuron
氟啶胺　fluazinam
氟啶虫胺腈　sulfoxaflor
氟啶虫酰胺　flonicamid
氟啶脲　chlorfluazuron
氟硅菊酯　silafluofen
氟硅唑　flusilazole
氟环唑　epoxiconazole
氟磺胺草醚　fomesafen
氟节胺　flumetralin
氟菌唑　triflumizole
氟乐灵　trifluralin
氟铃脲　hexaflumuron
氟硫草定　dithiopyr
氟咯草酮　fluorochloridone
氟氯苯菊酯　flumethrin
氟氯吡啶酯　暂无
氟氯氰菊酯　cyfluthrin
氟吗啉　flumorph
氟醚菌酰胺　暂无
氟噻草胺　flufenacet
氟噻唑吡乙酮　oxathiapiprolin
氟鼠灵　flocoumafen
氟酮磺草胺　triafamone
氟酰胺　flutolanil
氟酰脲　novaluron
氟蚁腙　hydramethylnon
氟唑环菌胺　sedaxane
氟唑磺隆　flucarbazone-Na
氟唑活化酯　暂无
氟唑菌苯胺　penflufen
氟唑菌酰胺　fluxapyroxad
福美双　thiram
福美锌　ziram
腐霉利　procymidone
腐殖酸　humic acids
复硝酚钠　sodium nitrophenolate
富右旋反式胺菊酯　rich-d-t-tetramethrin
富右旋反式苯醚菊酯　rich-d-t-phenothrin
富右旋反式苯氰菊酯　rich-d-t-cyphenothrin
富右旋反式炔丙菊酯　rich-d-t-prallethrin
富右旋反式烯丙菊酯　rich-d-transallethrin
甘蓝夜蛾核型多角体病毒　Mamestra brassicae multiple NPV
高效反式氯氰菊酯　theta-cypermethrin
高效氟吡甲禾灵　haloxyfop-P-methyl
高效氟氯氰菊酯　beta-cyfluthrin
高效氯氟氰菊酯　lambda-cyhalothrin
高效氯氰菊酯　beta-cypermethrin
菇类蛋白多糖　暂无
寡雄腐霉菌　pythium oligadrum
硅丰环　暂无

硅噻菌胺　silthiopham
硅藻土　silicon dioxide
过氧乙酸　peracetic acid
哈茨木霉菌　trichoderma harzianum
海洋芽孢杆菌　bacillus marinus
禾草丹　thiobencarb
禾草敌　molinate
禾草灵　diclofop-methyl
厚孢轮枝菌　verticillium chlamydosporium ZK7
琥胶肥酸铜　copper (succinate + glutarate + adipate)
环丙嘧磺隆　cyclosulfamuron
环丙唑醇　cyproconazole
环虫酰肼　chromafenozide
环嗪酮　hexazinone
环氧虫啶　cycloxaprid
环酯草醚　pyriftalid
蝗虫微孢子虫　nosema locustae
磺草酮　sulcotrione
磺酰磺隆　sulfosulfuron
混合氨基酸铜　暂无
混合脂肪酸　暂无
混灭威　dimethacarb
机油　petroleum oil
极细链格孢激活蛋白　plant activator protein
几丁聚糖　chltosan
己唑醇　hexaconazole
甲氨基阿维菌素　abamectin-aminomethyl
甲氨基阿维菌素苯甲酸盐　emamectin benzoate
甲拌磷　phorate
甲草胺　alachlor
甲磺草胺　sulfentrazone
甲磺隆　metsulfuron-methyl
甲基苯噻隆　methabenzthiazuron
甲基吡噁磷　azamethiphos
甲基碘磺隆钠盐　iodosulfuron-methyl-sodium
甲基毒死蜱　chlorpyrifos-methyl
甲基二磺隆　mesosulfuron-methyl
甲基磺草酮　mesotrione
甲基立枯磷　tolclofos-methyl
甲基硫菌灵　thiophanate-methyl
甲基嘧啶磷　pirimiphos-methyl
甲基异柳磷　isofenphos-methyl
甲咪唑烟酸　imazapic
甲嘧磺隆　sulfometuron-methyl
甲萘威　carbaryl
甲哌鎓　mepiquat chloride
甲氰菊酯　fenpropathrin
甲噻诱胺　暂无
甲霜灵　metalaxyl
甲羧除草醚　bifenox
甲氧苄氟菊酯　metofluthrin
甲氧虫酰肼　methoxyfenozide
甲氧咪草烟　imazamox
假丝酵母　torula yeast
坚强芽孢杆菌　bacillus firmus
碱式硫酸铜　copper sulfate basic
解淀粉芽孢杆菌　sphaerotheca amyloliquefaciens
金龟子绿僵菌　metarhizium anisopliae
金龟子绿僵菌 CQMa128　metarhizium anisopliae var. majus
腈苯唑　fenbuconazole
腈菌唑　myclobutanil
精吡氟禾草灵　fluazifop-P-butyl
精草铵膦　glufosinate-p
精噁唑禾草灵　fenoxaprop-P-ethyl
精高效氯氟氰菊酯　gamma cyhalothrin
精甲霜灵　metalaxyl-M
精喹禾灵　quizalofop-P-ethyl
精异丙甲草胺　s-metolachlor
井冈霉素　jingangmycin
井冈霉素 A　jingangmycin A
菌核净　dimetachlone
抗倒酯　trinexapac-ethyl
抗坏血酸　vitamin C
抗蚜威　pirimicarb
克百威　carbofuran
克草胺　ethachlor
克菌丹　captan
枯草芽孢杆菌　bacillus subtilis
苦参碱　matrine
苦皮藤素　celastrus angulatus
矿物油　petroleum oil
喹草酸　quinmerac
喹禾糠酯　quizalofop-P-tefuryl
喹禾灵　quizalofop-ethyl
喹啉铜　oxine-copper
喹硫磷　quinalphos

喹螨醚　fenazaquin
蜡质芽孢杆菌　bacillus cereus
狼毒素　neochamaejasmin
乐果　dimethoate
雷公藤甲素　triptolide
藜芦碱　vertrine
利谷隆　linuron
联苯肼酯　bifenazate
联苯菊酯　bifenthrin
联苯三唑醇　bitertanol
链霉素　streptomycin
邻苯基苯酚钠　暂无
邻硝基苯酚铵　ammonium-ortho-nitrophenolate
邻硝基苯酚钾　potassium ortho-nitrophenolate
邻硝基苯酚钠　sodium ortho-nitrophenol
磷化铝　aluminium phosphide
硫丹　endosulfan
硫氟肟醚　暂无
硫磺　sulfur
硫双威　thiodicarb
硫酸钡　barium sulfate
硫酸链霉素　streptomycin sulfate
硫酸铜　copper sulfate
硫酸铜钙　copper calcium sulphate
硫酸锌　zinc sulfate
硫酰氟　sulfuryl fluoride
咯菌腈　fludioxonil
螺虫乙酯　spirotetramat
螺螨酯　spirodiclofen
螺威　TDS
络氨铜　cuaminosulfate
绿麦隆　chlortoluron
氯氨吡啶酸　aminopyralid
氯苯胺灵　chlorpropham
氯吡嘧磺隆　halosulfuron-methyl
氯吡脲　forchlorfenuron
氯丙嘧啶酸　aminocyclopyrachlor
氯虫苯甲酰胺　chlorantraniliprole
氯啶菌酯　暂无
氯氟吡氧乙酸　fluroxypyr
氯氟吡氧乙酸异辛酯　fluroxypyr-meptyl
氯氟醚菊酯　meperfluthrin
氯氟氰菊酯　cyhalothrin
氯化胆碱　choline chloride
氯化苦　chloropicrin
氯磺隆　chlorsulfuron
氯菊酯　permethrin
氯嘧磺隆　chlorimuron-ethyl
氯氰菊酯　cypermethrin
氯噻啉　imidaclothiz
氯烯炔菊酯　chlorempenthrin
氯溴虫腈　暂无
氯溴异氰尿酸　chloroisobromine cyanuric acid
氯酯磺草胺　cloransulam-methyl
马拉硫磷　malathion
麦草畏　dicamba
咪鲜胺　prochloraz
咪鲜胺锰盐　prochloraz-manganese chloride complex
咪唑喹啉酸　imazaquin
咪唑烟酸　imazapyr
咪唑乙烟酸　imazethapyr
醚苯磺隆　triasulfuron
醚磺隆　cinosulfuron
醚菊酯　etofenprox
醚菌酯　kresoxim-methyl
嘧苯胺磺隆　orthosulfamuron
嘧草醚　pyriminobac-methyl
嘧啶核苷类抗菌素　暂无
嘧啶肟草醚　pyribenzoxim
嘧菌环胺　cyprodinil
嘧菌酯　azoxystrobin
嘧霉胺　pyrimethanil
嘧肽霉素　cytosinpeptidemycin
棉铃虫核型多角体病毒　heliothis armigera NPV
棉隆　dazomet
灭草松　bentazone
灭多威　methomyl
灭菌唑　triticonazole
灭线磷　ethoprophos
灭蝇胺　cyromazine
灭幼脲　chlorbenzuron
木霉菌　trichoderma SP
苜蓿银纹夜蛾核型多角体病毒　autographa californica NPV
萘乙酸　1-naphthyl acetic acid
萘乙酸钠　sodium 1-naphthal acitic acid
宁南霉素　ningnanmycin

柠檬酸铜　copper citrate
哌草丹　dimepiperate
硼酸　boric acid
硼酸锌　zinc borate
平腹小蜂　anastatus japonicus
扑草净　prometryn
葡聚烯糖　暂无
七氟甲醚菊酯　暂无
羟哌酯　icaridin
羟烯腺嘌呤　oxyenadenine
嗪吡嘧磺隆　metazosulfuron
嗪草酸甲酯　fluthiacet-methyl
嗪草酮　metribuzin
氢氧化铜　copper hydroxide
氰氨化钙　calcium cyanamide
氰草津　cyanazine
氰氟草酯　cyhalofop-butyl
氰氟虫腙　metaflumizone
氰霜唑　cyazofamid
氰戊菊酯　fenvalerate
氰烯菌酯　暂无
球孢白僵菌　beauveria bassiana
球形芽孢杆菌　bacillus sphaericus H5a5b
驱蚊酯　ethyl butylacetylaminopropionate
炔苯酰草胺　propyzamide
炔丙菊酯　prallethrin
炔草酯　clodinafop-propargyl
炔螨特　propargite
炔咪菊酯　imiprothrin
壬菌铜　cuppric nonyl phenolsulfonate
乳氟禾草灵　lactofen
噻苯隆　thidiazuron
噻虫胺　clothianidin
噻虫啉　thiacloprid
噻虫嗪　thiamethoxam
噻吩磺隆　thifensulfuron-methyl
噻呋酰胺　thifluzamide
噻菌灵　thiabendazole
噻菌铜　thiediazole copper
噻螨酮　hexythiazox
噻霉酮　benziothiazolinone
噻嗪酮　buprofezin
噻森铜　暂无
噻唑膦　fosthiazate
噻唑锌　暂无
三苯基氢氧化锡　fentin hydroxide
三苯基乙酸锡　fentin acetate
三氟啶磺隆钠盐　trifloxysulfuron sodium
三氟甲吡醚　pyridalyl
三氟羧草醚　acifluorfen
三环唑　tricyclazole
三甲苯草酮　tralkoxydim
三氯吡氧乙酸　triclopyr
三氯吡氧乙酸丁氧基乙酯　triclopyr-butotyl
三氯杀虫酯　plifenate
三氯杀螨醇　dicofol
三氯杀螨砜　tetradifon
三氯异氰尿酸　trichloroiso cyanuric acid
三十烷醇　triacontanol
三乙膦酸铝　fosetyl-aluminium
三唑醇　triadimenol
三唑磷　triazophos
三唑酮　triadimefon
三唑锡　azocyclotin
杀草胺　ethaprochlor
杀虫安　profurite-aminium
杀虫单　monosultap
杀虫环　thiocyclam-hydrogenoxalate
杀虫双　bisultap
杀虫畏　tetrachlorvinphos
杀铃脲　triflumuron
杀螺胺　niclosamide
杀螺胺乙醇胺盐　niclosamide ethanolamine
杀螟丹　cartap
杀螟硫磷　fenitrothion
杀扑磷　methidathion
杀鼠灵　warfarin
杀鼠醚　coumatetralyl
莎稗磷　anilofos
蛇床子素　cnidiadin
申嗪霉素　phenazino-1-carboxylic acid
生物苄呋菊酯　bioresmethrin
生物烯丙菊酯　bioallethrin
虱螨脲　lufenuron
十二烷基硫酸钠　dodecyl sodium sulphate
十三吗啉　tridemorph
石硫合剂　lime sulfur
噬菌核霉　coniothyrium minitans

双草醚　bispyribac-sodium
双氟磺草胺　florasulam
双胍三辛烷基苯磺酸盐　iminoctadine tris(albesilate)
双甲脒　amitraz
双硫磷　temephos
双炔酰菌胺　mandipropamid
双酰草胺　暂无
霜霉威　propamocarb
霜霉威盐酸盐　propamocarb hydrochloride
霜脲氰　cymoxanil
水胺硫磷　isocarbophos
顺-11-十六碳烯醛　11-hexadecenal
顺9反11-十四碳烯乙酸酯　(Z,E)-9,11-tetradecadienyl acetate
顺9反12-十四碳烯乙酸酯　(Z,E)-9,12-tetradecadienyl acetate
顺-9-十六碳烯醛　(Z)-9-hexadecenal
顺式氯氰菊酯　alpha-cypermethrin
四氟苯菊酯　transfluthrin
四氟丙酸钠　flupropanate-sodium
四氟甲醚菊酯　dimefluthrin
四氟醚菊酯　tetramethylfluthrin
四氟醚唑　tetraconazole
四聚乙醛　metaldehyde
四氯虫酰胺　暂无
四螨嗪　clofentezine
四霉素　tetramycin
四水八硼酸二钠　disodium octaborate tetrahydrate
四溴菊酯　tralomethrin
松毛虫赤眼蜂　trichogramma dendrolimi matsumura
松毛虫质型多角体病毒　dendrolimus punctatus cytoplasmic polyhedrosis virus
松脂酸钠　sodium pimaric acid
松脂酸铜　暂无
苏云金杆菌　bacillus thuringiensis
苏云金杆菌(以色列亚种)　bacillus thuringiensis H-14
速灭威　metolcarb
特丁津　terbuthylazine
特丁净　terbutryn
涕灭威　aldicarb
田安　ferric ammonium methylarsonate
甜菜安　desmedipham
甜菜宁　phenmedipham
甜菜夜蛾核型多角体病毒　LeNPV
土菌灵　etridiazole
王铜　copper oxychloride
威百亩　metam-sodium
萎锈灵　carboxin
肟菌酯　trifloxystrobin
五氟磺草胺　penoxsulam
五氯硝基苯　quintozene
戊菌唑　penconazole
戊唑醇　tebuconazole
西草净　simetryn
西玛津　simazine
烯丙苯噻唑　probenazole
烯丙菊酯　allethrin
烯草酮　clethodim
烯啶虫胺　nitenpyram
烯禾啶　sethoxydim
烯肟菌胺　暂无
烯肟菌酯　enostroburin
烯酰吗啉　dimethomorph
烯腺嘌呤　enadenine
烯效唑　uniconazole
烯唑醇　diniconazole
酰嘧磺隆　amidosulfuron
香菇多糖　fungous proteoglycan
香芹酚　carvacrol
硝苯菌酯　meptyldinocap
硝虫硫磷　xiaochongliulin
硝磺草酮　mesotrione
小檗碱　berberine
小菜蛾颗粒体病毒　plutella xylostella granulosis virus (PXGV)
斜纹夜蛾核型多角体病毒　spodopteralitura NPV
缬霉威　iprovalicarb
辛菌胺　暂无
辛菌胺醋酸盐　暂无
辛硫磷　phoxim
辛酰碘苯腈　ioxynil octanoate
辛酰溴苯腈　bromoxynil octanoate
溴苯腈　bromoxynil
溴敌隆　bromadiolone
溴甲烷　methyl bromide

溴菌腈　bromothalonil
溴螨酯　bromopropylate
溴氰虫酰胺　cyantraniliprole
溴氰菊酯　deltamethrin
溴鼠灵　brodifacoum
溴硝醇　bronopol
亚胺硫磷　phosmet
亚胺唑　imibenconazole
烟碱　nicotine
烟嘧磺隆　nicosulfuron
盐酸吗啉胍　moroxydine hydrochloride
氧化亚铜　cuprous oxide
氧乐果　omethoate
野麦畏　triallate
野燕枯　difenzoquat
叶枯唑　bismerthiazol
依维菌素　ivermectin
乙草胺　acetochlor
乙虫腈　ethiprole
乙基多杀菌素　spinetoram
乙螨唑　etoxazole
乙霉威　diethofencarb
乙嘧酚　ethirimol
乙嘧酚磺酸酯　bupirimate
乙酸铜　copper acetate
乙蒜素　ethylicin
乙羧氟草醚　fluoroglycofen-ethyl
乙烯利　ethephon
乙酰甲胺磷　acephate
乙氧呋草黄　ethofumesate
乙氧氟草醚　oxyfluorfen
乙氧磺隆　ethoxysulfuron
乙唑螨腈　暂无
异丙草胺　propisochlor
异丙甲草胺　metolachlor
异丙隆　isoproturon
异丙威　isoprocarb
异丙酯草醚　暂无
异稻瘟净　iprobenfos
异噁草松　clomazone
异噁唑草酮　isoxaflutole
异菌脲　iprodione
抑霉唑　imazalil
抑霉唑硫酸盐　imazalil sulfate
抑食肼　暂无
抑芽丹　maleic hydrazide
吲哚丁酸　4-indol-3-ylbutyric acid
吲哚乙酸　indol-3-ylacetic acid
印楝素　azadirachtin
茚虫威　indoxacarb
荧光假单胞杆菌　pseudomonas fluorescens
莠灭净　ametryn
莠去津　atrazine
右旋胺菊酯　d-tetramethrin
右旋苯醚菊酯　d-phenothrin
右旋苯醚氰菊酯　d-cyphenothrin
右旋苯氰菊酯　d-cyphenothrin
右旋苄呋菊酯　d-resmethrin
右旋反式胺菊酯　d-trans-tetramethrin
右旋反式苯氰菊酯　d-trans-cyphenothrin
右旋反式氯丙炔菊酯　暂无
右旋反式烯丙菊酯　d-transallethrin
右旋烯丙菊酯　d-allethrin
右旋烯炔菊酯　empenthrin
右旋樟脑　d-camphor
诱虫烯　muscalure
鱼藤酮　rotenone
芸苔素内酯　brassinolide
甾烯醇　β-sitosterol
粘虫颗粒体病毒　PuGV
樟脑　camphor
蟑螂病毒　periplaneta fuliginosa densovirus（PfDNV）
中生菌素　zhongshengmycin
种菌唑　ipconazole
仲丁灵　butralin
仲丁威　fenobucarb
唑草酮　carfentrazone-ethyl
唑菌酯　pyraoxystrobin
唑啉草酯　pinoxaden
唑螨酯　fenpyroximate
唑嘧磺草胺　flumetsulam
唑嘧菌胺　initium

图书在版编目（CIP）数据

农药登记产品信息汇编.2016/农业部农药检定所主编.—北京：中国农业出版社，2016.1
ISBN 978-7-109-21187-2

Ⅰ.①农… Ⅱ.①农… Ⅲ.①农药-药品管理-产品信息-汇编-中国-2016 Ⅳ.①TQ45

中国版本图书馆 CIP 数据核字（2016）第 015171 号

中国农业出版社出版
（北京市朝阳区麦子店街 18 号楼）
（邮政编码 100125）
责任编辑 段丽君 王 凯

中国农业出版社印刷厂印刷 新华书店北京发行所发行
2016 年 1 月第 1 版 2016 年 1 月北京第 1 次印刷

开本：889mm×1194mm 1/16 印张：86.25
字数：4450 千字
定价：240.00 元